"十二五"国家重点图书

中国农作物病虫害

ZHONGGUO NONGZUOWU BINGCHONGHAI

中国农业科学院植物保护研究所　中国植物保护学会　主编

第3版

中国农业出版社
北京

图书在版编目（CIP）数据

中国农作物病虫害．上册／中国农业科学院植物保护研究所，中国植物保护学会主编．—3版．—北京：中国农业出版社，2014.12

国家出版基金项目

“十二五”国家重点图书

ISBN 978-7-109-19624-7

Ⅰ．①中…　Ⅱ．①中…②中…　Ⅲ．①作物－病虫害防治－中国　Ⅳ．①S435

中国版本图书馆CIP数据核字（2014）第226301号

中国农业出版社

地址：北京市朝阳区麦子店街18号楼

邮编：100125

策划编辑：张洪光　阎莎莎

文字编辑：张洪光　阎莎莎　赵立山　孟令洋

干锦春　章　颖　傅　辽

装帧设计：杨　璞

版式设计：胡至幸

责任校对：陈晓红　周丽芳

责任印制：王　宏　刘继超

印刷：中国农业出版社印刷厂

版次：2015年3月第3版

印次：2015年3月北京第1次印刷

发行：新华书店北京发行所

开本：880mm×1230mm　1/16

印张：110.75

字数：3 695千字

印数：1～2 000册

定价：480.00元

National Publication Foundation

National Key Publication Programme in the Twelfth Five-Year Plan

Crop Diseases and Insect Pests in China

Third Edition (Vol. I)

Edited by

Institute of Plant Protection, Chinese Academy of Agricultural Sciences

China Society of Plant Protection

China Agriculture Press

第3版编辑委员会

DI 3 BAN BIANJI WEIYUANHUI

第1版编辑委员会

DI 1 BAN BIANJI WEIYUANHUI

中国农业科学院植物保护研究所
浙江省农业科学院
广东省农业科学院
上海市农业科学院
河北省植保土肥研究所
中国农业科学院油料研究所
陕西省果树研究所
中国农业科学院烟草研究所
广东省甘蔗糖业食品科学研究所
中国农业科学院麻类作物研究所
湖南省农业科学院
黑龙江省农业科学院
中国医学科学院流行病防治研究所
北京农业大学
中国科学院动物研究所
江苏省农业科学院
广西壮族自治区农业科学院
吉林省农业科学院
陕西省农林科学院
北京市农业科学院
中国农业科学院柑桔研究所
中国农业科学院甜菜研究所
中国农业科学院茶叶研究所
中国农业科学院蚕业研究所
宁夏回族自治区农业科学研究所
北京市植物保护站
山西省忻县南胡大队科技组
湖南祁东县灵官大队科技组

第2版编辑委员会

DI 2 BAN BIANJI WEIYUANHUI

第3版前言

DI 3 BAN QIANYAN

《中国农作物病虫害》于1979年出版，历经35年，已逐渐被广大植保及相关专业工作者视为一部必备的工具书。该书第1版由我国100多个科研院所、高等院校、技术推广等单位的300多位专家撰写，全面系统地概括了我国农业生产上所有重要的病虫草鼠害，涉及粮、棉、油、果、蔬、茶、麻、桑、烟、糖、牧草等植物的1 600多种有害生物的分类地位、生物学特性、发生为害规律和综合防治等方面的内容，反映了当时我国农作物病虫害科学研究与防治技术的最高水平，既有很高的学术价值，又有很强的实用性。该书第1版出版发行16年后，于1995年修订再版，对部分单元设置作了调整，增加了290种病虫草鼠害，增补了“六五”“七五”“八五”国家科技攻关计划主要农作物病虫害防治技术研究取得的主要研究成果，以及水稻、小麦、棉花三大作物主要病虫害防治策略及综合防治技术体系，成为广大农业科技人员、高等院校师生、植物保护企事业单位的研究与管理人员、基层植保人员参考的重要文献，并受到国际同行专家、学者的高度认可。

该书第2版出版至今，又过去了19年。其间，气候条件、农作物种植结构及农业生产经营方式发生了较大变化，国际贸易飞速发展，导致农业外来生物频繁入侵、农作物有害生物种类增加、主要病虫害灾变规律发生变化，病虫灾害出现突发、多发、重发和频发态势；同时，人民生活水平的提高和消费观念的转变，对食品安全和生态安全提出了新的要求，植物保护科技工作面临新的挑战。

“十五”以来，国家通过加强对植物保护学科的理论基础和应用基础、高新技术和关键防治技术的研究，推动了植物保护基础理论和应用技术的飞速发展，显著提升了我国植物保护科技的总体水平，增强了农作物病虫害的监测预警与防控能力。《中国农作物病虫害》第2版内容已不能反映当今中国植物保护领域的新理念、新成果、新策略、新技术，也不能适应当今农业科研、教学及生产发展的需求。为此，中国农业出版社与中国农业科学院植物保护研究所、中国植物保护学会商定对该书进行全面修订，使这部具有广泛社会影响的专著与时俱进。

本次再版，集成了21世纪以来中国植物保护科技发展成果，反映了当今中国植物保护科技事业蓬勃发展的概貌，展示了中国植物保护科技的发展策略与方向，突出了在现代生物技术飞速发展背景下，植物保护研究领域在基础理论研究、高新技术研发和关键防治技术开发方面取得的重大突破和重要成果，尤其是在重大病虫害成灾机理与可持续控制技术、病菌致病性和作物抗性变异机制与遗传规律、植物有害生物与寄主植物互作机理等方面的研究成果，在本书中有一定的反映，使本书内容更为全面、系统、丰富。全书分上、中、下3册，上册包括水稻病虫害、麦类病虫害、玉米病虫害、薯类病虫害、高粱及其他旱粮作物病虫害、棉花病虫害、大豆病虫害、油菜病虫害、花生及其他油料作物病虫害等9个单元，中册包括蔬菜病虫害、果树病虫害、西瓜及甜瓜病虫害、杂食性害虫、地下害虫、储粮病虫害等6个单元，下册包括茶树病虫害、热带作物病虫害、桑树及柞树病虫害、麻类作物病虫害、糖料作物病虫害、烟草病虫害、牧草病虫害、农田杂草、农牧区鼠害等9个单元，共计24个单元，包含农业病虫草鼠害对象共1 665种，其中病害775种，害虫739种，杂草109种，害鼠42种。每种病虫草鼠害的描述，仍沿用第2版的体例。着重介绍病害的分布与危害、症状、病原、病害循环、流行规律、防治技术，害虫的分布与危害、形态特征、生活习性、发生规律、防治技术，农田杂草的形态特征、生物学特性、发生规律、防除技术，农牧区鼠害的形态特征、分布与危害、生活习性、防治技术，以及水稻、小麦、玉米、棉花、茶树、储粮等病虫害综合防治技术，并附部分重要病虫害调查及测报技术规范、彩色图片及病、虫、草、鼠等学名索引。是一部兼具科学性、先进性、专业性与实用性的植物保护领域百科巨著。

《中国农作物病虫害》再版工作自2011年9月启动以来，会聚了全国植物保护领域200多个单位的700多位专家，包括6位院士，先后召开了3次编辑委员会会议和3次常务编委会会议。根据中国农业出版社、中国农业科学院植物保护研究所、中国植物保护学会共同制订的编写计划，经过全体作者的共同努力，历时3年编撰完成了这部巨著。对于当前种群数量明显减少，发生为害显著减轻，已很少有人研究的病虫害，为保持本书原版的历史资料，本版仍采用第2版的文本和插图，同时，在书末列出第2版的作者和目录，以表示对原作者及其单位的敬意，同时为读者提供相关历史信息。

为规范本书生物学名和农药名称，本书编委会邀请大连民族学院吕国忠教授和北京市农林科学院植物保护环境保护研究所刘伟成研究员，中国农业科学院植物保护研究所赵廷昌、周广和、彭德良研究员，北京市农林科学院植物保护环境保护研究所吴钜文研究员分别对植物病原真菌、细菌、病毒、线虫和昆虫的学名及其分类地位进行审核。邀请中国农业科学院植物保护研究所郑斐能、袁会珠和刘太国、陆宴辉研究员审核农药名称和英文图题、表题。

在本书编写过程中，对于个别有争议的名称或名词的用法特作以下说明：

(1) 有关“胞囊线虫”的“胞”字，作者有两种意见：一种意见为“胞囊线虫”，另一种意见为“孢囊线虫”。本书统一采用了“胞囊线虫”。

(2) 有关病情指数有两种表示方法：有的作者以“%”表示，如病情指数为60%；有的作者用数字表示，不加“%”，如病情指数为60。本书统一采用传统的表示方法，即不加“%”。

(3) 有些害虫名称有新的变化，为了保持与本书第2版的名称相一致，本版中文名称仍沿用第2版的，但在文中注明其新的中文名称，拉丁文学名以新的分类学研究结果为主。如水稻病虫害单元的“水稻大螟[*Sesamia inferens* (Walker)]”，中文名称新修订为“稻蛀茎夜蛾”，本版仍沿用“大螟”，但在文中注明“又名稻蛀茎夜蛾”。

为做好《中国农作物病虫害》(第3版)的编辑出版工作，中国植物保护学会作为主编单位之一，负责本书常务编委会办公室的工作，学会秘书处文丽萍、冯凌云、胡静明同志承担了编委会、常务编委会会议的会务以及与单元负责人、作者和审稿专家的联系、协调等工作，在本书的修订出版中发挥了重要作用。

在本书编写过程中，得到各位编委、单元负责人、作者和所在单位的大力支持，保证了按计划进度顺利完成修订再版。在此谨对为本书出版付出辛勤劳动的各位作者致以衷心的感谢。

本书再版得到了倪汉祥、吴钜文、朱国仁、冯兰香、肖悦岩、周广和、郑斐能等老专家的支持，负责审阅书稿、提出修改意见和建议，在本书出版之际谨向各位专家致以诚挚的谢意。

由于本书规模大、内容多、时间紧，同时受作者水平所限，疏漏和不足在所难免，期待读者不吝指教。

《中国农作物病虫害》第3版常务编委会

2014年11月

Foreword to the Third Edition

Since the first edition of the *Crop Diseases and Insect Pests in China* was published in 1979, it has gradually been used as an essential reference book by the majority of researchers, trainees and university students in plant protection and related subjects over the past 35 years. The first edition was written and compiled by more than 300 professors and researchers specialized in plant protection from over 100 organizations, including research institutes, universities, and extension sectors of China. It systematically summarized all of the important crop diseases, insect pests, weeds and rodents in agricultural production of China, covering the taxonomic status, biological characteristics, occurrence, and integrated control techniques of more than 1600 species of harmful organisms in grains, cotton, oil crops, fruits, vegetables, tea, bast fiber crops, mulberry, tobacco, sugar crops, forage and pasture crops and other crops. The first edition presented the highest level of research and control technologies of crop diseases and insect pests at that time, having high academic value and strong practicability. The second edition of the *Crop Diseases and Insect Pests in China* printed in 1995 supplemented 290 species of crop diseases, insect pests, weeds and rodents, and also the main achievements in IPM research for major crops, including the control tactics, and IPM technique system for rice, wheat and cotton since the National IPM Technique Research Projects started in 1983. The second edition, which deserved high praise from international experts and scholars, has become an important reference document for scientists, students and teachers in universities, research and administrative staff in enterprises and institutions of plant protection, and even the plant protection technicians at grass-root level.

So far, 19 years have passed since the second edition of the *Crop Diseases and Insect Pests in China* was published. During this period, there have been great changes in the climate, crop planting structure and agricultural production with rapid growth of international trade. These changes led to frequent invasions by alien species in agriculture, increased species of crop pests, and changed the occurrence of main diseases and insect pests with a sudden, multiple, repeated and frequent trend. For improvement of living standard and changes of consumption concept, new demands have been put forward to food safety and ecological security, which posed new challenges to the field of plant protection.

Since the Tenth State Five-year Plan, China has strengthened basic and applied research and developed the key high-tech in plant protection. The promotion of rapid development of relevant basic theories and applied technologies significantly enhanced the level of plant protection technologies, and improved the capabilities of monitoring, early warning, prevention and control of diseases and insect pests in crops. In this context, the previous version of the *Crop Diseases and Insect Pests in China* could not accurately reflect new ideas, new achievements, new strategies or new technologies in the field of plant protection in today's China. At present, it cannot meet the demands of research, teaching and production development in agriculture. Thus, it is agreed to completely revise the second edition by China Agriculture Press (CAP), the Institute of Plant Protection, Chinese Academy of Agricultural Sciences (IPPCAAS) and China Society of Plant Protection (CSPP). The monograph with an extensive social impact should advance with the times.

The third edition of the *Crop Diseases and Insect Pests in China* integrates the updated achievements of technological development in plant protection of China since the 21 century. It reflects the general picture of thriving high-tech enterprises of plant protection and displays the developmental strategy and direction of plant protection technology in today's China. The contents of the third edition are more comprehensive, systematic and informative, including 24 chapters in three volumes. The first volume includes nine chapters describing the diseases and insect pests of rice, wheat, maize, potato, sorghum and other dry crops, cotton, soybean, canola, peanut and other oil crops; the second volume includes six chapters summarizing the diseases and insect pests of vegetables, fruits, watermelon and melons, stored grains, as well as polyphagous and soil dwelling insect pests; the third volume includes nine chapters documenting plant diseases and insect pests of tropical crops, tea, mulberry and oak trees, bast fiber crops, sugar crops, tobacco, forage and pasture crops, as well as weeds in farmland and rodents in agricultural and pastoral areas. The book totally records 1 665 species of pests, includes 775 species of crop diseases, 739 species of insect pests (including mites, snails and slugs), 109 species of weeds, and 42 species of rodents in agricultural production of China, 150 species more than those in the second edition. The description for each of crop diseases, insect pests, weeds and rodents still follows the pattern of the second edition, with specific focuses on the distribution and damage, symptoms, pathogens, disease cycles, epidemiology, and control techniques of crop disease; the distribution and damage, morphological characteristics, life behavior, occurrence, and control techniques of insect pests; the morphological and biological characteristics, occurrence, and control (weeding) techniques of weeds in farmland; the morphological characteristics, distribution and damage, life behavior, and control techniques of rodents in agricultural and pastoral areas; and IPM for plant diseases and insect pests in rice, wheat, corn, cotton, and stored grains. Additionally, the rules for surveying and forecasting of some important crop diseases and insect pests and color figures are appended. The appendix index of scientific names of relevant diseases, insect pests, weeds, and rodents are also attached. Thus, the third edition of the *Crop Diseases and Insect Pests in China* represents a scientific, advanced, specialized, practical, and popular masterpiece of encyclopedia in the field of plant protection.

Six academicians and over 700 experts/professors in the field of plant protection in China have been gathered to hold three editorial board meetings plus three executive board meetings since the third revision started in September 2011. According to the compilation plan developed by CAP, IPPCAAS and CSPP, it took three years to complete this great masterpiece in plant protection with the joint efforts of all the authors. During the compilation process, it was strongly supported by the members of the editorial board, subject editors, and authors as well as their institutions, which ensured the successful completion of the third edition as scheduled. Here the heartfelt appreciation is given to all of the authors for their hard work contributing to the publication.

For a small number of crop diseases and insect pests, the population demographics and damages have significantly decreased since the late 20th century with less updated studies. To maintain historical data of the original book, the text and figures for those rare diseases and insect pests in the third edition are still adopted from the second edition. Additionally, author names and table of contents of the second edition are listed at the end of the new version to show respect for all the experts and institutions which contributed to the book and provide relevant historical information for readers.

To standardize the biology names and the names of pesticides used in the book, the editorial board invited professor Lü Guozhong of College for Nationalities of Dalian, researchers Liu Weicheng and Wu Juwen of Institute of Plant Protection and Environment Protection of Beijing Agricultural and Forestry Academy, researchers Zhao Tingchang, Zhou Guanghe, Peng Deliang of Institute of Plant Protection of Chinese Academy of Agricultural Science, to verify the names and taxonomic status of insects, and pathogenic fungi, bacteria, viruses and nematodes in plants. Researchers Zheng Feineng and Yuan Huizhu were invited to verify the names of pesticides. Researchers Liu Taiguo and Lu Yanhui were invited to verify the English titles of figures and tables.

In regard to disputable usages of some names and words, the editorial standards in this book are as the following:

(1) "胞囊线虫" is used in this book.

(2) disease index is presented as, for example, 60, without "%".

(3) the names of some insect pests have changed, but the third edition still uses the early names in the second edition (published in 1996) to maintain historical data, while giving the new Chinese names and Latin names in text.

The China Society of Plant Protection, one of the chief editorial units, was in charge of office work for the executive editorial board for better editing and publishing the third edition of the *Crop Diseases and Insect Pests in China*. Ms Wen Liping, Feng Lingyun and Hu Jingming at the Secretariat of the Society played important roles in the revision and publication as the coordinators of the editorial board meetings and executive board meetings. They also took charge of contact and coordination with subject editors, authors, and reviewers.

The editorial work was supported greatly by the members of editorial board, unit conveners, authors and the related institutes. Sincere thanks are given to all the contributors to the publication of the book.

Additionally, the publication of the third edition was supported by a number of eminent experts, who reviewed the manuscripts and provided comments and suggestions for the revision. On the occasion of the publication of the book, sincere thanks are given to these experts, including Professors Ni Hanxiang, Wu Juwen, Zhu Guoren, Feng Lanxiang, Xiao Yueyan, Zhou Guanghe and Zheng Feineng.

Because of the large scale, substantial contents, tight schedule and limit knowledge of the authors, omissions and deficiencies might not be inevitable in this book. The readers are expected to feel free to offer comments and kind advices.

Executive Editorial Board of *Crop Diseases and Insect Pests in China* (third edition)

November 2014

第1版前言

DI 1 BAN QIANYAN

我国社会主义革命和社会主义建设已进入了一个新的历史时期。为了实现新时期的总任务，适应我国社会主义农业高速发展对植保工作的需要，在农业部、中国农业科学院的领导下组成编辑委员会，由中国农业科学院植物保护研究所主持，并按不同作物病虫害单元由编委单位分工负责，组织全国一百六十多个植保科研、教学、生产单位协作，300多位同志参加执笔，将1959年出版的《中国农作物主要病虫害及其防治》一书重新编写。根据书的内容，现将书名改为《中国农作物病虫害》。

本书共分17个单元，包括病、虫、杂草、鸟兽害共1 300多种。分上、下两册出版。上册包括水稻、麦类、旱粮、棉花、油料病虫，杂食性害虫，粮食安全贮藏7个单元；下册包括麻类、桑、茶、糖料、蔬菜、烟、落叶果树、常绿果树病虫，农田杂草，鸟兽害10个单元，以及附录超低容量喷药技术。为了便于识别，附有大量彩色图、黑白图和照片。内容着重介绍其形态、生物学特性、发生规律和综合防治方法。对病虫测报的具体方法，因全国及各省(市、区)另有规定，在本书中未单设章节叙述，只在防治方法中根据需要扼要述及。本书可供各级植保工作者、农业大专院校师生和社、队中有经验的植保员，在进一步研究病、虫、鸟、兽、杂草的发生规律和指导防治时做参考。

在编写中，各单元虽经两次集体讨论修改，引用了各地科研、教学、生产单位的已发表和未发表的新成就、新经验以及图片，但由于时间关系可能仍有遗漏和错误，望读者指正。

本书由各单元负责单位分别邀请了有关专家、教授、科技人员和农民植保专家参加了审订工作，特此致谢！

《中国农作物病虫害》编辑委员会

1979年1月

第2版前言

DI 2 BAN QIANYAN

本书第1版上、下两册，分别于1979年和1981年出版。问世以后，正值“科学春天”之始，至今已历时十余载。在此期间，我国的植物保护科学技术工作，在国家、部门、地方的科技发展计划中，均受到高度重视，给予资助，使之得到长足发展，硕果累累，其中某些方面的研究进展已达到或领先于国际同类研究的水平，且大部分已在农业生产中应用，发挥了很大作用。为及时总结传播这些新经验，更好地为当前农业生产建设服务，重新厘定增补此书至感必要。为此，在农业出版社的支持下，由中国农业科学院植物保护研究所主持，邀请有关专家、教授组成编辑委员会，编委按单元分工负责，通力协作，并请110个植物保护科研、教学、生产单位直接从事研究的311位作者，分别完成本书第2版的撰写工作。

此次增订，仍沿用第1版的体例。各单元描述的病虫对象，由单元负责编委决定增补。对单元的设置，做了必要的调整。增设了亚热带作物病虫害和牧草病虫害两个单元；将落叶果树和常绿果树病虫害合并为果树病虫害单元；将麻作和常绿果树中的部分内容并入亚热带作物病虫害单元，并在此单元内增加了胡椒、咖啡、可可、木薯、香料等作物病虫害；鸟兽害单元，调整后改为农牧区鼠害。全书调整后仍分上、下两册出版。上册包括：水稻病虫害、麦类病虫害、旱粮病虫害、杂食性害虫、贮粮病虫害、油料作物病虫害和蔬菜病虫害等7个单元。下册包括：棉花病虫害、麻类作物病虫害、桑树病虫害、茶树病虫害、糖料作物病虫害、烟草病虫害、果树病虫害、亚热带作物病虫害、牧草病虫害、农田杂草、农牧区鼠害等11个单元，以及附录和病、虫、草、鼠学名索引。

本书共描述农业病虫草鼠1 648种，其中病害742种，害虫（螨）838种，杂草64种，害鼠22种；比第一版增加了290种。书内对每种病虫对象的描述，根据资料多寡，作出详简不同的表述。为使读者识别病虫，插有黑白图及照片图版1 105幅。此外，鉴于目前各种病虫彩色挂图、图册已出版很多，为降低成本，利于读者购买，此次增订删除了彩色图版。

自从1991年农业出版社与中国农业科学院植物保护研究所共同制定出本书第2版编写计划以来，得到编委、作者及其所在单位的大力支持，保证了按计划进度顺利完成厘定增补；许多同行为本书的增订提供了大量资料；黑白插图除大部沿用原书第1版外，部分引自中国科学院动物研究所、浙江农业大学、华南农业大学、西北农业大学、北京市农林科学院等单位编著的有关书刊；部分图请周至宏、董平、曹雅忠等同志根据本书第1版彩图及作者提供的照片、草图改绘。在此一并致以衷心的感谢。

我们增订此书出版，限于业务水平，在资料的收集、取舍、叙述等方面还存在不完全统一，以及缺点和错误，恳切希望读者批评指正，以利今后修改和提高。

《中国农作物病虫害》编辑委员会

总目次

Contents

目 录

第 1 单元 水稻病虫害

第 2 单元 麦类病虫害

第3单元 玉米病虫害

第 4 单元　薯类病虫害

第 5 单元　高粱及其他旱粮作物病虫害

第6单元 棉花病虫害

第 7 单元 大豆病虫害

第8单元 油菜病虫害

第9单元 花生及其他油料作物病虫害

索 引

第1单元　水稻病虫害

第1节　稻 瘟 病

一、分布与危害

稻瘟病是世界范围内的主要水稻病害之一。据统计，全世界有70多个国家稻区发生该病害，平均每年造成水稻减产10%左右，这些损失的水稻能养活6 000万人。1975—1990年，全世界由稻瘟病引起的水稻产量损失多达1.57亿t，年均超过1 000万t。在我国，各水稻栽培区均经常发生稻瘟病，年均为害面积达400万hm^2以上，导致的产量损失在20亿kg以上，是我国粮食安全生产的重要威胁之一。根据有关资料，1984年以来，该病分别于20世纪80年代中期、90年代中期以及2010年以来在我国出现了多次大流行，造成了严重的产量损失。以四川省为例，稻瘟病1985年和1993年曾由于主推品种汕优Ⅱ号和汕优63抗病性“丧失”发生大流行，发病面积分别为72.93万hm^2和49.2万hm^2，损失稻谷分别为4.1亿kg和2.5亿kg；2010年以来，稻瘟病在该省每年发生面积均超过40万hm^2，导致稻谷减产至少1.5亿kg以上。东北三省也是稻瘟病经常流行的主要地区，近几年稻瘟病在该地区的为害面积超过66.67万hm^2，造成的损失可能超过总产的10%。以佳木斯市为例，该市种植14.13万hm^2水稻，其中，有9.33万hm^2受到稻瘟病的严重为害。上述损失是在积极采取防治措施后的结果；如果不防治，稻瘟病可导致我国稻谷总产量损失30%以上，局部区域可出现绝收的局面。

稻瘟病菌除了可侵染水稻外，还可侵染大麦、小麦和黍等重要农作物，以及画眉草、马唐和稗等杂草。另外，稻瘟病菌也可为害多种禾本科牧草和草坪草。

二、症状

稻瘟病可以发生在水稻的各个生育期，根据发生时期和部位不同，可分为苗瘟、叶瘟、叶枕瘟、节瘟、穗瘟、穗颈瘟、枝梗瘟和谷粒瘟（彩图1-1-1）。

1. 苗瘟　发生在水稻3叶期以前。初期在芽和芽鞘上出现水渍状斑点，随后病苗基部变黑褐色，上部呈黄褐色或淡红色，严重时病苗枯死。潮湿时，病部可长出灰绿色霉层。

2. 叶瘟　发生在水稻3叶期以后。随水稻品种抗病性和天气条件的不同，病斑分为白点型、急性型、慢性型和褐点型4种症状类型。

（1）白点型。为初期病斑，白色，多为圆形，不产生分生孢子。在感病品种的幼嫩叶片上发生时，遇适宜温、湿度能迅速转变为急性型病斑。

（2）急性型。病斑暗绿色，多数近圆形，针头至绿豆大小，后逐渐发展为纺锤形。正、反两面密生灰绿色霉层。

（3）慢性型。遇干燥天气或经药剂防治后，急性型病斑便转化为慢性型。典型的慢性型病斑呈纺锤形，最外层黄色，内圈褐色，中央灰白色；病斑两端有向外延伸的褐色坏死线。病斑背面也产生灰绿色霉层。慢性型病斑自外向内可分为中毒部、坏死部和崩溃部。

（4）褐点型。病斑为褐色小点，多局限于叶脉间，中央为褐色坏死部，外围为黄色中毒部。病斑上无分生孢子。褐点型叶瘟常发生在抗病品种或稻株下部老叶上。

3. 叶枕瘟　叶耳易感病。初为污绿色病斑，向叶环、叶舌、叶鞘及叶片不规则扩展，最后病斑灰白色至灰褐色。潮湿时长出灰绿色霉层，病叶早期枯死，容易引起穗颈瘟。

4. 节瘟 主要发生在穗颈下第一、二节上，初为褐色或黑褐色小点，以后环状扩大至整个节部。潮湿时，节上生出灰绿色霉层，易折断。亦可造成白穗。

5. 穗颈瘟和枝梗瘟 发生于穗颈、穗轴和枝梗上。病斑初呈浅褐色小点，逐渐围绕穗颈、穗轴和枝梗向上下扩展，病部因品种不同呈黄白色、褐色或黑色。穗颈发病早的多形成全白穗，发病迟的则谷粒不充实，其为害轻重与感病迟早密切相关。

6. 谷粒瘟 发生在谷壳和护颖上。发病早的谷壳上，病斑大而呈椭圆形，中部灰白色，以后可延及整个谷粒，造成暗灰色或灰白色的瘪谷。发病迟的则为椭圆形或不规则形的褐色斑点。严重时，谷粒不饱满，米粒变黑。

稻瘟病无论在哪个部位发生，其诊断要点是病斑具明显褐色边缘，中央灰白色，遇潮湿条件，病部生灰绿色霉状物（分生孢子梗和分生孢子）。

三、病原

稻瘟病的病原为稻巨座壳（*Magnaporthe oryzae* B. C. Couch），隶属于子囊菌门巨座壳属。其无性阶段为稻梨孢（*Pyricularia oryzae* Cavara），属于子囊菌无性型梨孢属。

（一）无性阶段

在受稻瘟病侵染的水稻叶片上，稻瘟病菌分生孢子梗3～5枝成束从气孔伸出，顶部有短分枝，隔膜2～8个，基部稍膨大，无色或略带褐色，大小为（112～456）μm×（3～4）μm。分生孢子梗顶部以合轴方式产生1～20个分生孢子，分生孢子脱落处有疤痕。分生孢子洋梨形或倒棍棒形，基部圆润，顶部尖细，2个隔膜，极少数为1个或3个分隔，大小通常为（19～23）μm×（7～9）μm，基部有个1.6～2.4μm（平均2μm）的小突起。不同菌株分生孢子的大小和形状有差异。分生孢子的大小和形状还和寄主及环境条件有关，高湿、高温条件下产生的分生孢子比干燥和低温条件下产生的长（图1-1-1）。

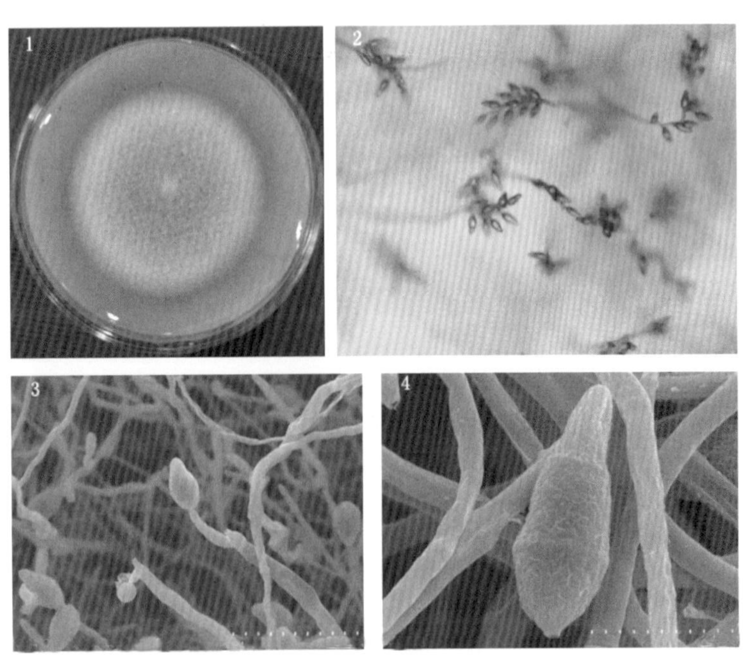

图1-1-1 稻瘟病菌的无性阶段（杨俊提供）

Figure 1-1-1 *Pyricularia oryzae* (by Yang Jun)

1. 在燕麦番茄汁培养基上的菌落 2. 在培养基上产生的分生孢子 3. 分生孢子梗（电镜） 4. 分生孢子（电镜）

温度、湿度和光照条件对稻瘟病菌的无性生长和发育影响较大。在培养条件下，稻瘟病菌菌丝生长的温度为8～37℃，其生长的适宜温度为28℃。但有研究发现，不同菌株生长的适宜温度可能有差异。分生孢子产生的温度为10～35℃，最适宜温度为28℃。不同温度下产孢的时间有差异，在28℃时，产孢迅速，但培养9d后产孢量迅速下降。而在16℃、20℃和24℃时，培养15d才可产孢。在15～35℃范围内，分生孢子从分生孢子梗上释放不受温度影响。分生孢子的致死温度是50℃水中13～15min，干燥条件下一些分生孢子可在60℃下存活30h。分生孢子的耐热性比耐冷性好，在−6～−4℃，50～60d后约有20%孢子可存活。但在速冻后，分生孢子培养物可在－30℃下存活至少 18 个月，在液氮中甚至存活更长时间。25～30℃的条件适于分生孢子萌发，最适温度为 25～28℃，但在 10～15℃下不萌发。

在水稻叶片上，稻瘟病菌菌丝最适在 93％的相对湿度条件下生长，高于或低于这个值均不利于生长。而只有空气相对湿度在 93％或以上时，病斑上才可能产生分生孢子，相对湿度越大，产孢率越高。分生孢子在水里可自由萌发，但在饱和湿度的空气中则不会萌发，孢子萌发需要 92％～96％的空气相对湿度。80％的孢子可漂浮于水面，24h 后在水面萌发。

（二）有性阶段

1971 年，Hebert 发现马唐瘟菌在培养基上可诱发形成子囊壳；1982 年，Kato 和 Yamaguchi 用从日本采集的稻瘟病菌菌株和印度尼西亚的稻瘟病菌菌株杂交在培养基上成功地形成了有性型。随后的研究发现，稻瘟病菌中存在两个不同的交配型，即 *Mat1 -1* 和 *Mat1 -2*，只有两个不同交配型菌株之间交配才能形成子囊壳。水稻来源的菌株育性低于杂草来源的菌株，水稻来源的不同菌株之间在育性方面（包括产生子囊壳及子囊孢子的能力）也有较大的差异。采用燕麦片培养基，在 20℃和 24h 光照的条件下对峙培养，是稻瘟病菌形成有性型的适宜条件。用燕麦片番茄汁培养基并添加适量的钙离子，可提高子囊孢子的成活率。尚未发现田间稻瘟病菌的有性型。

在燕麦片番茄汁培养基上，稻瘟病菌有性杂交可产生大量的子囊壳，但不同杂交组合子囊壳的形状、大小及数量有较大的差异。子囊壳为单生或群生，球部黑色，多埋生于培养基中，喙部淡褐色，无分枝或少数有分枝。喙大都伸出培养基表面，少数埋藏于培养基中。子囊形成初期多个子囊的基部着生在一起，成熟以后散开。子囊无色，呈圆筒形至棍棒状，子囊孢子成熟后子囊壁消解，释放出子囊孢子。子囊内一般含有 8 个子囊孢子，子囊发育不良时会出现子囊孢子数少或不形成子囊孢子或为空子囊。子囊孢子无色，略弯，多数具 3～4 个隔膜。子囊孢子一端或两端萌发，有时也有中间细胞萌发的。有时子囊壁尚未消解时，子囊孢子就在子囊中萌发长出芽管并穿出子囊壁，也有的子囊孢子在子囊壳中开始萌发生出芽管。不同杂交组合所产生的子囊孢子大小差异较大，一般来说，其长度为 15.3～30.7μm，宽度为 5.8～7.9μm（图 1－1－2）。

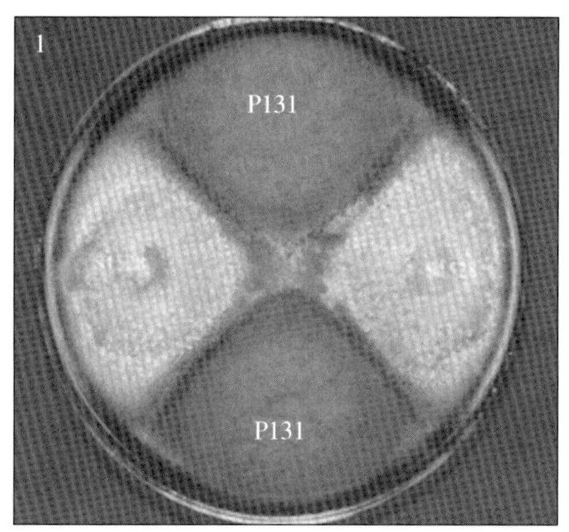

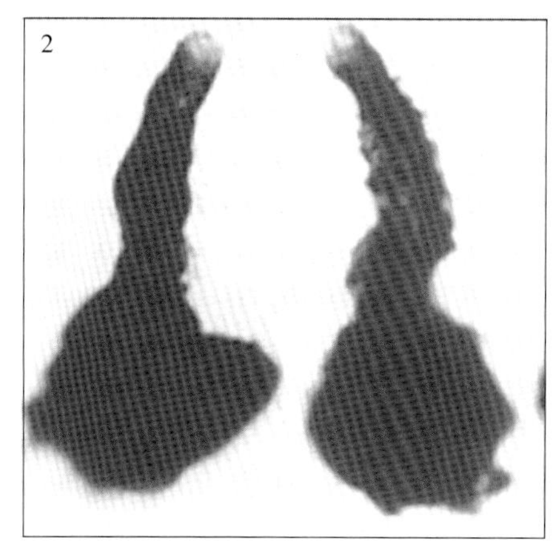

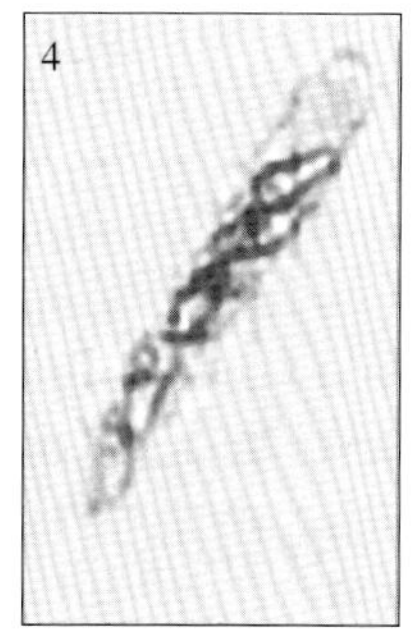

图 1－1－2　稻瘟病菌的有性阶段（引自张国珍，2002）

Figure 1－1－2　*Magnaporthe oryzae*（from Zhang Guozhen，2002）

1. 交配型相反的菌株对峙培养　2. 成熟的子囊壳　3. 子囊从子囊壳中释放　4. 成熟的子囊　5. 子囊孢子

四、病害循环

（一）侵染过程

在田间，稻瘟病菌以无性阶段完成病害循环。在湿润条件下，分生孢子与寄主表面接触时尖端释放出一种复合碳水化合物，即孢子尖端黏液（STM），该物质能将分生孢子附着在蜡质寄主表面。稻瘟病菌这种附着机制有两个好处，一是不需花费代谢能量就可快速地使分生孢子附着在寄主表面；二是分生孢子的附着能抵抗水流的冲洗。分生孢子在水中30～90min后即可萌发，通常情况下只从分生孢子顶端或基端细胞中产生单个芽管，中间细胞很少产生芽管，但在外源营养丰富的条件下，分生孢子的任一细胞都可产生多个芽管，芽管随后的生长和分化依赖于其所接触表面的特性。Lee和Dean（1993）报道，在基质疏水性和诱导附着胞形成两者之间存在相关性；Howard观察了在不同疏水性基质内附着胞形成情况发现，不同稻瘟病菌菌株对其反应存在很大的差异，但也发现基质疏水性和附着胞形成之间具有相关性。水稻叶子表面的蜡质层能刺激附着胞的形成。附着胞借助胞内产生的机械膨压穿透寄主表面。侵染钉在穿透植物角质层和细胞壁后，膨大形成初级侵染菌丝，随后分化成次级侵染菌丝，导致在亲和性互作中病害的发展（图1-1-3）。

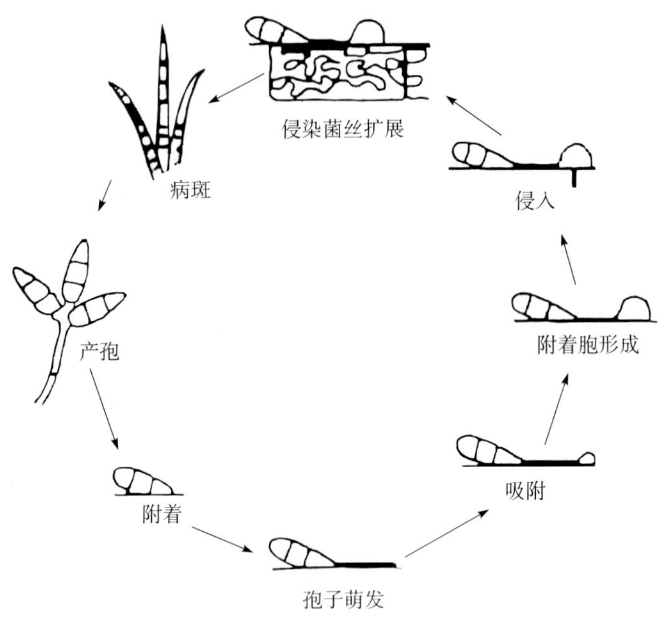

图1-1-3 稻瘟病病害循环（仿Xu和Hammer，1997）
Figure 1-1-3 Disease cycle of rice blast（from Xu and Hammer，1997）

水稻植株在接种稻瘟病菌6d后可在病斑上产生分生孢子。在实验条件下，一个典型病斑每天可产生2 000～6 000个孢子，产孢可持续14d。叶片病斑产孢的高峰发生在病斑出现后的3～8d，而穗茎病斑产孢的高峰在病斑出现后的10～20d。多数孢子在夜间，特别是2:00～6:00时产生和释放。释放的孢子造成再侵染。

（二）病害越冬

在温带稻区，稻瘟病菌以分生孢子和菌丝在稻草和稻种上越冬。在干燥条件下，孢子可存活1年以上，而菌丝体甚至能存活3年以上。但在潮湿条件下，孢子和菌丝均不能存活到下个生长季。越冬后的孢子可以直接萌发侵入水稻植株，越冬的菌丝体在潮湿的条件下产孢。田间最重要的初侵染源是稻草。在下个生长季之前，稻草垛表面的孢子和菌丝几乎全部死亡，但在草垛内部的却可安然越冬。病菌还可存活于稻谷的胚、胚乳、颖壳内。病菌也可在冬季谷物和杂草上越冬。在热带地区，病菌在一年中的任何时候都可在罹病水稻及其他寄主上生存，全年都存在气传孢子，因此没有越冬阶段。

五、流行规律

（一）环境因子的影响

苗期土壤温度20℃时稻瘟病发生最重，24℃和32℃时发生较轻，28℃时发生最轻；接种前连续几天18～20℃的低温，幼苗最易感病；在25～28℃的温度下，稻苗抗性最好，这个温度也是最适合水稻生长的温度。成株期水稻土壤温度为20～29℃时比18～24℃时更抗穗颈瘟。温度和水稻发病之间的关系，还和温度持续的时间、气温和土壤或水的温度组合、叶片的龄期以及水稻品种相关。如果种植早期水温较低而随后是不同的水温，水稻的感病性降低，但是如果早期低温时间过长，则感病性增强。气温和水温不同时，特别是气温较低（17℃）而水温较高（23℃）时，稻苗更易感病。低温对水稻发病的影响在很大程度上与接种时水稻的叶龄相关，甚至不同个体间的差异也较大。这种差异归因于水稻叶片内碳水化合物和氮含量的变化。空气相对湿度和土壤含水量对侵染水稻以及病害发展的敏感性影响很大。“干燥”土壤上生长的水稻更敏感，而在浸水土壤上生长的水稻抗性更强。不考虑品种的抗性、龄期以及是否为高地品种或低地品种，或者是水稻的受侵部位等因素，水稻对稻瘟病的敏感性不可逆地与土壤含水量相关。有研究表明，种植在有 10cm 水层的水稻比种植在有 2.5cm 水层的水稻病斑少。

利于稻瘟病菌侵染的低土壤含水量却也利于水稻叶片表皮的硅化以及其他与抗性相关的结构的形成。空气湿度大利于病斑扩展。当慢性型病斑转移到水饱和的空气中，其边缘变得和急性型病斑一样，病害发展也加速。在热带地区，温度变化很小，因此，大气候和微气候以及结露就成为病害发展的主要因子。如，在某些苗床上，中间部分的秧苗均被稻瘟病杀死，而边缘部分则很健康，就是因为中间和边缘微气候的湿度差异所致。轻度的遮阴利于病斑的发展，病斑后期发展与光强呈正相关，遮阴则抑制病斑后期扩展。

（二）营养因子的影响

氮素对病害发生的影响随着土壤、气候条件以及施肥方式而变化。过量或一次性施入速效氮如硫酸铵对病害的促进作用大，分次施入通常可降低这种影响。水稻生长早期氮肥施用偏晚或在低温天气下施用促进作用大。土壤保肥能力差如沙壤或土层浅，氮肥对病害的促进作用就小。晚期的大量追肥常导致病害严重。高氮情况下，水稻细胞内氨的累积导致表皮细胞透性增加，从而导致抗病性降低。水稻吸收大量的氮素后体内可溶性氮，尤其是氨基酸和氨含量增加。可溶性氮的含量与病害严重度呈正相关。另一方面，氮素的施用导致细胞壁中半纤维素和木质素的含量下降，从而降低了植物的物理防护作用。此外，露滴中吸收大量的氮素还可加速孢子的萌发和附着胞的形成。

磷对稻瘟病的影响不大。但在缺磷土壤中，水稻长势不好或受抑制，这种情况下，施入磷肥可降低病害的严重度。

丰富的钾肥可抑制病害的发生，而且施用钾肥也常作为控制病害的方法之一。

六、稻瘟病菌的致病性和水稻品种的抗瘟性

（一）稻瘟病菌小种的专化性

稻瘟病是比较严格的“基因对基因”病害，田间稻瘟病的发生水平取决于稻瘟病菌田间群体致病型的时空分布，当所种植的水稻品种含有的抗瘟基因与田间菌株所含的无毒基因相对应时，水稻即表现抗病；反之，如果田间菌株中不含有对应于抗瘟基因的无毒基因，水稻品种即表现感病，在适宜的条件下，极易造成稻瘟病的流行成灾。传统意义上，将稻瘟病菌的不同致病型定义为生理小种，而生理小种则是根据所测定的菌株在鉴别品种上的反应型来命名。

1. 日本水稻鉴别品种的稻瘟病菌生理小种命名 这套鉴别品种是根据八进位法进行稻瘟病菌生理小种命名的。首先把含有已知抗病基因的 9 个鉴别品种分为 3 组，给每个品种编上数码，第一组的新 2 号、爱知旭、石狩白毛分别为 1、2、4；第二组的关东 51、梅雨明、福锦分别为 10、20、40；第三组的社糯、Pi-4 号、砦 1 号依次为 100、200、400。被测菌株的生理小种名称为能侵染的鉴别品种的数字之和。如能侵染新 2 号、关东 51、梅雨明和社糯的菌株的生理小种名称是 131（1＋10＋20＋100＝131），而侵染新 2 号、爱知旭、石狩白毛菌株的小种名称为 007。

2. 国际鉴别品种的稻瘟病菌生理小种命名 国际鉴别品种包括 8 个品种，依次为 A，拉米纳德 Str. 3；B，辛尼斯；C，NP-25；D，乌尖；E，杜拉；F，关东 51；G，沙田早-S；H，卡罗柔。侵染拉米纳德 Str. 3（A）的菌株为 IA 群小种，不侵染拉米纳德 Str. 3（A），而侵染辛尼斯的菌株为 IB 群小种，其中第一个字母 I 代表国际（international）鉴别品种鉴定的生理小种。以此类推，侵染 C～H 的菌株分别为 IC 群、ID 群、IE 群、IF 群、IG 群、IH 群。在各小种群内，再根据菌株对其他品种的致病性进行小种编号，如 IA-1、IB-2 等。

3. 中国鉴别品种的稻瘟病菌生理小种命名 中国鉴别品种包括 7 个品种，按顺序依次为特特普（A）、珍龙 13（B）、四丰 43（C）、东农 363（D）、关东 51（E）、合江 18（F）、丽江新团黑谷（G）。依据中国鉴别品种的小种分群方法与依据国际鉴别品种的分群方法相似，但将各鉴别品种依次编码为 64、32、16、8、4、2、1。小种的名称是在分群品种的英文字母后，附上分群品种之后的表现抗病的各品种数字之和再加上 1。如，某一菌株的反应型为 RSRRSRS，其小种名称为 B27（16＋8＋2＋1）。在各小种群的英文字母之前冠以字母 Z（表明是利用中国鉴别品种鉴定的），所以前例小种的完全名称为 ZB27。

上述利用正式规定的鉴别品种来划分生理小种，实际上反映的是在这些品种上致病性差异的菌株群。由于所规定的鉴别品种数量有限、品种所含的抗瘟基因（型）不清，因此，所命名的生理小种（群）无法反映稻瘟病菌田间致病型的全貌。以遗传背景相同的抗瘟单基因系来鉴定生理小种，可将生理小种鉴定在已知抗瘟基因范围内提高到"基因对基因"水平。因其抗瘟基因已知，所鉴定的小种即为已知无毒基因的组合，也便于在国际上统一利用。日本学者与国际水稻研究所（IRRI）学者合作，以中国的丽江新团黑谷为轮回亲本，于2000年育成一套24个抗瘟单基因系鉴别寄主（表1-1-1）。

表1-1-1 抗瘟单基因系（引自Hiroshi，T. 等，2000）

Table 1-1-1 Monogenic rice lines resistant to *Magnaporthe oryzae*（from Hiroshi，T. et al.，2000）

品系	抗瘟基因	供体	世代
IRBLa-A	*Pia*	Aichi Asahi	BC_1F_{10}
IRBLa-C	*Pia*	CO39	BC_1F_{10}
IRBLi-F5	*Pii*	Fujisaka 5	BC_1F_{10}
IRBLks-F5	*Piks*	Fujisaka 5	BC_1F_{10}
IRBLks-S	*Piks*	Shin 2	BC_1F_{10}
IRBLk-Ka	*Pik*	Kanto 51	BC_1F_9
IRBLkm-Ts	*Pikm*	Tsuyuake	BC_1F_6
IRBLkp-K60	*Pikp*	K60	BC_1F_8
IRBLkh-K3	*Pikh*	K3	BC_1F_8
IRBLz-Fu	*Piz*	Fukunishiki	BC_1F_{10}
IRBLz5-CA	*Piz5* [=*Pi2*（t）]	C101A51	BC_3F_8
IRBLzt-T	*Pizt*	Toride 1	BC_1F_{10}
IRBLta-K1	*Pita* [=*Pi4*（t）]	K1	BC_2F_8
IRBLta-CT2	*Pita*	C105TTP2L9	BC_3F_8
IRBLta-CP1	*Pita*	C101PKT	BC_5F_6
IRBLta2-Pi	*Pita2*	Pi No. 4	BC_1F_5
IRBLta2-Re	*Pita2*	Reiho	BC_1F_6
IRBLb-B	*Pib*	BL1	BC_1F_8
IRBLsh-S	*Pish*	Shin 2	BC_1F_{10}
IRBLsh-B	*Pish*	BL1	BC_1F_8
IRBL1-CL	*Pi1*	C101LAC	BC_3F_8
IRBL3-CP4	*Pi3*	C104PKT	BC_2F_8
IRBL5-M	*Pi5*（t）	RIL249	BC_3F_8
IRBL7-M	*Pi7*（t）	RIL29	BC_3F_8
IRBL9-W	*Pi9*（t）	WHD-IS-75-1-127	BC_3F_8
IRBL11-Zh	*Pi11*（t）	Zhaiyeqing 8	BC_2F_8
IRBL12-M	*Pi12*（t）	RIL10	BC_2F_8
IRBL19-A	*Pi19*（t）	Aichi Asahi	BC_1F_{10}
IRBL20-IR24	*Pi20*	ARL24	BC_1F_6

（二）稻瘟病菌致病型的变异

稻瘟病菌致病型的变异实质上反映的是稻瘟病菌田间菌株无毒基因组合的时空分布。一个特定菌株的致病型决定于其所含无毒基因的种类和数量。而功能性无毒基因的有无则反映了该无毒基因的变异。因此，鉴定克隆功能性无毒基因将为解释无毒基因的变异机制、建立田间致病型的检测技术提供基础。迄今，已从不同菌株中鉴定了多个无毒基因（表1-1-2）。

表1-1-2 已克隆的稻瘟病菌无毒基因

Table 1-1-2 Cloned avirulence genes of *Magnaporthe oryzae*

Avr 基因	*R* 基因	编码蛋白
PWL1		富甘氨酸亲水性分泌蛋白
PWL2		富甘氨酸亲水性分泌蛋白
Avr Pita	*Pita*	分泌蛋白
Avr CO39	*PiCO39*	分泌蛋白
ACE1	*Pi33*	多肽合成酶
AvrPiz t	*Piz t*	分泌蛋白
AvrPia	*Pia*	分泌蛋白
AvrPii	*Pii*	分泌蛋白
AvrPik/km/kp	*Pik/km/kp*	分泌蛋白

AvrPita 基因编码蛋白为中性锌金属蛋白酶（neutral zinc metalloprotease），成熟蛋白的长度为176个氨基酸。该基因位于第三号染色体端粒附近，具有很高的突变率，如点突变、插入和缺失都导致基因不能发生抗性反应。在该蛋白酶基因序列中发生一个点突变，即可破坏 *AvrPita* 的无毒性功能。*Avr CO39* 基因位于第一条染色体，决定了对水稻品种CO39的无毒性。GUY11是一个不含有 *AvrCO39* 的稻瘟病菌菌株，对GUY11中 *AvrCO39* 缺失位点的分析结果表明，位于 *AvrCO39* 缺失位点左右两端的重复元件REP1和反转座子RETRO5有部分缺失现象。无毒基因 *ACE1* 决定了对含 *Pi33* 的水稻品种无毒性。*PWL2* 编码一个富含甘氨酸的疏水蛋白，作为品种特异性激发子诱导弯叶画眉草（*Eragrostis curvula*）对稻瘟病菌的抗性（Kang 等，2001）。除 *PWL2* 外，*PWL* 家族还有 *PWL1*、*PWL3* 和 *PWL4*。其中 *PWL4* 不具有无毒性，但是将 *PWL4* 置于 *PWL1* 和 *PWL2* 启动子的作用下，可诱导特异的过敏性反应（HR），说明 *PWL4* 的无毒功能丧失是由于启动子缺失，而不是编码区的突变。但是将 *PWL3* 置于 *PWL1* 和 *PWL2* 启动子的作用下并不能激发无毒反应。因此，可能 *PWL3* 是因为开放阅读框的突变而“丧失”无毒性。

在稻瘟病菌中，无毒基因 *AvrPita*、*AvrCO39*、*ACE1* 等均是通过图谱克隆法得到的。但测序菌株70-15中并不包含从其他菌株中已克隆的无毒基因 *PWL1*、*PWL4*、*AvrCO39*，这说明了无毒基因在序列上的多态性和不保守性。

日本学者对一个来源于日本的田间菌株Ina168进行了全基因组测序分析，其测序序列的覆盖量为全基因组序列的10倍左右。在测序得到的Ina168序列中，总共有1.68Mb的片段区域在70-15的基因组中找不到对应的序列，1.11Mb的片段区域在70-15的raw read中找不到对应的序列。与之相反的是，5.09Mb的70-15基因组序列在Ina168中找不到对应的序列。在这1.68Mb的片段区域中含有316个候选的激发子基因，通过关联分析发现，这其中可能含有无毒基因 *AvrPia*、*AvrPii* 和 *AvrPik/km/kp*。其中，两个无毒基因为菌株Ina168所特有，并且为长度极短的分泌性蛋白，作者推断这些蛋白可能和寄主发生了物理互作。其中，*AvrPia* 和 *AvrPii* 是通过基因得失的方式进化，而 *AvrPik/km/kp* 是通过核苷酸突变和基因得失的方式进化。

综上，点突变、基因内DNA片段缺失、整个基因片段缺失、启动子区域突变均可导致无毒基因的功能丧失。这说明了各种能够导致基因功能丧失的突变均能影响无毒基因的功能。最近，通过比较基因组研究发现，转座子跳跃可能是导致无毒基因功能丧失的重要原因。在P131、70-15和Y34三个菌株基因组中，转座子的比例均为10%左右，它们在染色体上的分布基本一致，且成簇分布。但3个菌株中各类转座子的位点数量有显著差异，两两菌株相比，仅有50%的位点是保守的；3个菌株共有的相同转座子位点仅有30%左右。各类转座子中，LINE、Maggy、RETRO5在70-15中有更多的位点数；但在P131和Y34中，转座子Pot2/Pot4、Pyret则更为丰富。P131、Y34和70-15中分别有35个、38个和116个基因被转座子插入破坏，说明转座子在基因组中的跳跃能够破坏基因，其中包括 *Avr Pita*。被破坏的基因中有 23.8%的基因有分泌性信号肽。富含转座子的区域常常位于染色体末端，并和菌株特有的序列和重复序列相关联。因此，转座子活跃的跳跃可能是导致菌株产生特有序列和基因簇不同成员位于不同位点的重要原因之一。

（三）水稻抗瘟基因

如前所述，稻瘟病是典型的“基因对基因”病害，抗稻瘟病基因（*R* 基因）被称为 *Pi* 基因（依据稻瘟病菌无性型属名 *Pyricularia* 而命名），根据鉴定和命名的先后用字母或数字表示一特定的抗瘟基因，如 *Pia*、*Pi9* 等，临时命名的基因注以（t）。迄今，有至少 85 个抗瘟主效基因和超过 100 个微效抗瘟基因被鉴定。其中，22 个抗瘟基因被克隆（表 1-1-3）。

表 1-1-3 已克隆的抗稻瘟病基因

Table 1-1-3 Cloned *R* genes from rice resistant to *Magnaporthe oryzae*

已克隆基因	染色体	蛋白类型	蛋白大小（氨基酸）
Pi37	1	NBS-LRR	1 290
Pit	1	NBS-LRR	989
Pish	1	NBS-LRR	1 289
Pib	2	NBS-LRR	1 251
Pi21	4	Proline-Containing protein	266
Pi9	6	NBS-LRR	1 032
Pi2	6	NBS-LRR	1 032
Pizt	6	NBS-LRR	1 033
Pigm	6	NBS-LRR	未知
Pid2	6	Receptor kinase	441
Pid3	6	NBS-LRR	923
Pi25	6	NBS-LRR	923
Pi36	8	NBS-LRR	1 056
Pi5	9	NBS-LRR	1 025
Pikh	11	NBS-LRR	330
Pikm	11	NBS-LRR	1 143、1 021
Pikp	11	NBS-LRR	1 142、1 021
Pil	11	NBS-LRR	1 143、1 021
Pik	11	NBS-LRR	1 143、1 052
Pia	11	NBS-LRR	966、1 116
Pb1	11	NBS-LRR	1 296
Pita	12	NBS-LRR	928

这些已克隆的抗瘟基因在结构上具有保守性（彩图 1-1-2）。除 *Pi21* 和 *Pid2* 外，均编码具有NBS-LRR 保守结构域的蛋白，即它们所编码的产物在氨基端都含有 NBS 结构（核苷酸结合位点，nucleotide binding site），在其羧基端则都具有 LRR 结构（富亮氨酸重复序列，leucine-richrepeat）。NBS 是NBS-LRR 结构域中最保守的部分，它包含 3 个高度保守的功能基序，激酶 1a、激酶 2a 和激酶 3a 基序。这些基序与 ATP 或 GTP 结合以获得能量。LRR 结构域因其中含有规律性的亮氨酸重复而得名，其基本结构为 LxxLxxLxxLxLxxxx，但每个 LRR 的结构模式相对很不规则，多样性高。不同抗病基因的 LRR 域在重复序列的长度、数和位置上相差较大。不同 *R* 基因 LRR 域的差别被认为与病原小种的特异识别相关，即 LRR 域的特异性决定了抗病基因识别无毒基因的特异性及其抗谱的宽窄。

Pid2 代表了一类特殊的抗病基因类型，其编码的蛋白质包含两个胞外结构域，分别为 B-lectin 域和 PAN 域；一个跨膜结构域（TM）和一个胞内激酶结构域（STK）。其中 B-lectin 结构域通常与蛋白质相互作用或与甘露糖配体结合相关。PAN 区域被认为具有与蛋白质或碳水化合物结合的功能。*Pid2* 等位基

因的抗感病差异在于其为位于跨膜结构域第441位氨基酸由甲硫氨酸（感）突变为异亮氨酸（抗）。

Pi21 是另一类特殊的抗病基因类型。该基因是非小种专一性抗稻瘟病隐性基因，野生型的 *Pi21* 的 cDNA 全长为1 109bp，包含有3个外显子，编码一个由266个氨基酸组成的蛋白产物，产物富含脯氨酸，包含重金属运输/解毒结构域和蛋白互作结构功能域。在抗性等位基因中，两个富含脯氨酸区内分别有21bp和48bp的缺失，这是造成水稻对稻瘟病抗、感差异的原因。

七、防治技术

稻瘟病防控策略是以抗瘟品种合理布局为基础，减少菌源为前提，加强保健栽培为关键，药剂防治为辅助。

（一）农业措施

1. 抗瘟品种合理布局 种植抗瘟品种是防治稻瘟病最经济有效的方法。抗瘟品种的选用以田间筛选和室内鉴定相结合。

2. 药剂喷雾 秧田和大田勤查病情，2～3叶期是防治苗瘟的关键时期，水稻破口期是防治穗颈瘟的关键时期。可选用的药剂有：三环唑225～300g（有效成分）/hm^2、40%稻瘟灵乳油1 500mL/hm^2；25%咪鲜胺乳油1 500mL/hm^2、15%氯啶菌酯乳油750mL/hm^2、40%稻瘟酰胺悬浮剂750mL/hm^2、30%咪鲜·嘧菌酯微乳剂600mL/hm^2。重病区叶瘟未发病的感病品种，水稻破口初期也应以每公顷使用有效成分225～300g三环唑预防一次。

（二）药剂防治

1. 种子处理 以40%多菌灵可湿性粉剂800倍液，用1kg药液浸种1kg种子，浸种48h后催芽，可兼治稻瘟病、恶苗病和稻干尖线虫病；或以25%咪鲜胺乳油、50%稻瘟净乳油1 000倍液浸种48～72h。

2. 清除病稻草，消灭越冬菌源 在秧田薄膜揭开之前，将田埂和房前屋后堆积的病稻草用薄膜覆盖，以防病菌吸水、产孢和传播。水稻整个生育期内不要将稻草裸露散放；有条件的地区稻草在水稻秧苗揭膜前应烧毁。

3. 加强栽培管理，提高抗病能力 施足基肥，适时追肥，看苗施肥。灌水应以深水返青，浅水分蘖，晒田拔节和后期浅水为原则。

赵文生　彭友良（中国农业大学农学与生物技术学院）

第2节　水稻白叶枯病

一、分布与危害

水稻白叶枯病又称地火烧、茅草瘟、白叶瘟，最早于1884年在日本发现，目前在欧洲、非洲、南美洲、亚洲以及澳大利亚、美国均有报道，以日本、印度和我国发生比较严重。在我国，1950年首先在南京郊区发现此病，目前除新疆外，全国各省份均有发生，以华南、华中和华东稻区发生普遍，在华南沿海为害严重。

白叶枯病主要为害水稻，同时可侵染李氏禾、马唐、茭白、紫云英、草芦、看麦娘、异假稻、鞘糠草和秕壳草等植物。该病主要引起叶片干枯，影响植物光合作用及养分输送，造成减产。一般在沿海、沿湖、丘陵和低洼易涝地区发生频繁，籼稻发病重于粳、糯稻，双季晚稻重于双季早稻，单季中稻重于单季晚稻。症状多发生在孕穗、抽穗阶段，如提前发病，可使抽穗延迟、穗形变小、粒数减少；孕穗后发病，病株结实差、米质松脆、出米率低；如在分蘖期出现凋萎型白叶枯，造成稻株大量枯死，损失更大。发病田块一般减产10%～30%，严重的减产50%以上，甚至颗粒无收。

二、症状

水稻整个生育期均可受白叶枯病侵害，苗期、分蘖期受害最重，各个器官均可感染，叶片最易染病，其症状因病菌侵入部位、品种抗性、环境条件等因素而有较大差异。常见的典型症状是叶枯型（叶缘型或中脉型），有时也表现急性型、凋萎型（枯心型）、黄化型等症状。

（一）叶缘型

病症从叶尖或叶缘开始，初为暗绿色水渍状短侵染线，很快变成暗褐色，然后在侵染线周围形成淡黄白色病斑，继续扩展，沿叶缘两侧或中肋向上下延伸，转为黄褐色，最后呈枯白色。症状常因品种而异，籼稻病斑多为橙黄色，粳稻病斑多为灰褐色。病斑边缘有时呈不规则波纹状，与健部界限明显。另外，在病斑的前端还有黄绿相间的断续条斑，也有的在分界处呈现暗绿色。这些特征与机械损伤或生理因素造成的叶端枯白有区别（彩图 1－2－1）。

（二）急性型

属常见病斑。多发生在多肥、深灌栽培，高温闷热、连阴雨天气和易感病的品种上。病叶灰绿色，迅速失水，向内侧卷曲，呈青枯状，多见于叶片的上部，不蔓延到全株。此种症状出现，表示病害正在急剧发展。

（三）凋萎型（枯心型）

常在杂交稻及高感品种移栽后 20～25d 出现症状。典型症状：失水、青干、皱缩、卷曲。1 穴（丛）内，主茎或分蘖同时发病，心叶失水青枯，随即凋萎死亡，其余叶片青枯卷曲，然后整株枯死；也有仅心叶枯死，其他叶片仍正常生长；还有先从下部叶片开始发病，再向上部叶片扩展，与因水稻螟虫造成的枯心苗极为相似，但基部无虫蛀孔。解剖病株，在内腔有大量菌脓；病叶的叶鞘基部，特别是连接假茎的近水面部位，常呈黄褐色病变，自外向内逐步入侵。当假茎受到严重侵染时，茎节部位变褐色。切断病节或病叶鞘，用手挤压，可溢出大量黄色菌脓。切片镜检，可见到病组织维管束内充满细菌。严重田块，病株除有凋萎枯心外，还可出现因茎节受害或剑叶枯死而引起与螟害近似的“枯孕穗”或“白穗”。

（四）中脉型

在分蘖或孕穗期，剑叶或其下一、二叶，少数在三叶的中脉中部开始表现淡黄色症状。病叶两侧有时相互折叠。病斑沿中脉逐渐往上、下延伸，可上达叶尖，下至叶鞘，并向全株扩展成为中心病株。这种病株通常穗前即死去。

（五）黄化型

初期心叶不枯死，可以平展或部分平展，常有不规则形的褪绿斑，后发展为枯黄小块或大块的病斑。病叶基部偶有水渍状断续小条斑出现，可检出病菌。该类症状不常出现。

上述各类型病叶，在天气潮湿或晨露未干时，常在叶缘或新病斑表面排出蜜黄色带黏性的小露珠——菌脓。干燥后，成鱼子状小胶粒，易掉落田间，能随灌溉水流传播侵害健苗。

在田间，水稻白叶枯病与水稻细菌性条斑病、生理性枯黄容易混淆，常常造成误诊。两者的区别见表 1－2－1。

表 1－2－1 水稻白叶枯病与细菌性条斑病的区别

Table 1－2－1 Distinction of rice bacterial blight and bacterial leaf streak

区 别	白叶枯病	细菌性条斑病
病原菌侵染途径	主要从叶片的水孔和微伤部分侵入，也可以从根部和基部伤口侵入	以气孔为主，也可从伤口和水孔侵入
病斑形状	长条状病斑，病部不透明，不是水渍状	断续短条状病斑，半透明，水渍状
发生部位	多从叶尖或叶缘开始，沿叶缘和主脉扩展	可在叶片的任何部位发生，不限于叶尖或叶缘
菌脓	湿度很高时才产生蜜黄色鱼子状菌脓	干燥条件下也可产生小而多的蜡黄色菌脓
叶片枯死程度	发病后随即引起枯死或凋萎	条斑很多时叶片才会枯死

三、病原

水稻白叶枯病原为水稻黄单胞菌白叶枯变种［*Xanthomonas oryzae* pv. *oryzae*（Ishiyama）Zoo（1990）］，隶属薄壁菌门黄单胞菌属。

（一）形态特性

水稻白叶枯病菌菌体细胞单生，短杆状，两端钝圆，大小为（1.0～2.7）μm×（0.6～1.0）μm。单鞭毛，极生或亚极生，长约 8.7μm，宽约 30nm。革兰氏染色反应阴性。不形成芽孢和荚膜，但在菌体表面有黏质的胞外多糖包围。病菌生长比较缓慢，一般培养2～3d甚至5～7d后才逐渐形成菌落。在肉汁冻琼脂培养基上的菌苔为蜜黄色，产生非水溶性的黄色素。菌落圆形，周边整齐，质地均匀，表面隆起，光滑发亮，无荧光（彩图1-2-2）。生理特性：病菌好气性，能利用多种醇、糖等碳水化合物而产酸。最适合的碳源是蔗糖；最适合的氮源是谷氨酸。不能利用淀粉、果糖和糊精等。能轻度液化明胶，产生硫化氢和氨；不产生吲哚。不能利用硝酸盐，石蕊牛乳变红色。病菌生长温度为17～33℃，最适生长温度为25～30℃；最低最高生长温度分别为5℃和40℃。致死温度在无胶质保护下（潮湿状态）为10min；有胶质保护时（干燥状态）抗热力强，需57℃经10min。病菌生长最适宜的氢离子浓度为中性偏酸（pH 6.5～7.0）。

在血清学上，我国已从水稻白叶枯病菌的种群中鉴别出3个血清型，Ⅰ型全国分布，为优势型；Ⅱ、Ⅲ型仅在南方稻区的个别地方出现，印度、日本也有报道，但它们在流行中所起的作用，还不清楚。

（二）致病型（小种）

水稻抗病基因对病菌的抗性存在明显的专化性。多年大面积种植携带单一抗病基因的水稻品种，必然促使新的致病病菌产生，导致原来抗病品种的抗性降低或“丧失”。气候和地理环境的复杂性，会造成不同水稻产区的病原菌群体毒性不同，使局部地区病害较重。而水稻品种更新换代以及频繁交流也会致使病菌变异加速。

1985—1988年南京农业大学、江苏省农业科学院、广东省农业科学院和中国农业科学院共同组成全国白叶枯病菌致病型研究协作组，统一试验方案、统一鉴别寄主（金刚30、Tetep、南粳15、Java14、IR26）进行全国菌系联合测定，共确认了SRRRR（Ⅰ型）、SSRRR（Ⅱ型）、SSSRR（Ⅲ型）、SSSSR（Ⅳ型）、SSRRS（Ⅴ型）、SRSRR（Ⅵ型）、SRSSR（Ⅶ型）7个致病型。随着各地对白叶枯病菌的致病性变异动态的监测跟踪，新的致病型亦不断被发现。2001年，在云南省水稻白叶枯病菌中检测出1个全国菌系联合测定中未见的新类型RRRSR（Ⅷ型，云南菌型）。2004年，又在广东省发现新致病型SSSSS（Ⅸ型，广东菌型）。至目前，以中国鉴别寄主鉴定的致病型有9个（表1-2-2）。

表1-2-2 我国水稻白叶枯病菌的致病型

Table 1-2-2 Pathotype of *Xanthomonas oryzae* pv. *oryzae* in China

致病型	鉴别品种				
	金刚30	Tetep (1，2)	南粳15 (3)	Java 14 (1，3，12)	IR26 (4)
Ⅰ	S	R	R	R	R
Ⅱ	S	S	R	R	R
Ⅲ	S	S	S	R	R
Ⅳ	S	S	S	S	R
Ⅴ	S	S	R	R	S
Ⅵ	S	R	S	R	R
Ⅶ	S	R	S	S	R
Ⅷ	R	R	R	S	R
Ⅸ	S	S	S	S	S

注 （1）类似金刚30的品种：沈农1033、台中本地1号、南京11、珍珠矮11等。
（2）类似南粳15反应的品种：中国45、早生爱国3号。
（3）R=抗病；S=感病。

近年，一些学者利用国际水稻研究所（IRRI）选育的抗白叶枯病近等基因系，或者结合原中国鉴别寄主中的部分品种组成的鉴别寄主，将我国水稻白叶枯病菌划分成6～18个小种。

我国白叶枯病菌致病型的分布范围和流行种群有一定的地理特点，长江流域以北以Ⅱ型和Ⅰ型为主；长江流域以南Ⅳ型为多，近年致病性较强的Ⅴ型和Ⅸ型菌在华南上升发展。

通过分析与比较，我国华南白叶枯病菌致病型Ⅲ、Ⅳ与菲律宾小种P_1，致病型Ⅴ与菲律宾小种P_4较相似；北方稻区病菌致病性与日本的小种较接近。

（三）噬菌体

噬菌体是寄生在细菌和放线菌等微生物上的一种病毒。它由蛋白质外壳和脱氧核糖核酸（DNA）组成。当细菌被噬菌体寄生后，细胞壁溶解或破裂，细胞消失。在液体培养基中，能使混浊的菌液变清；在固体培养基平板上，表现为透亮的无菌空斑，称为溶菌斑或噬菌斑。因凡有白叶枯病菌存在的场所，如病田的土壤、田水及感病的稻叶、茎和种子内，甚至灌溉水和打谷场上，几乎都有白叶枯病菌的噬菌体存在，因此，可以利用噬菌体来检验白叶枯病菌的有无或多少。目前，它已成为应用于检验和预测白叶枯病发生和流行的一个重要方法。

白叶枯病菌的噬菌体，形如蝌蚪。头部多角形，直径70nm，下连一杆状的尾，大小为（90～150）nm×（15～25）nm。分布在各地的白叶枯病菌噬菌体，在外形上区别不大，但其生理生化性状和寄主范围却不相同。经分析测定，江苏从各地收集的许多白叶枯病菌的噬菌体，分属3个类型。各型间不同，溶菌斑大小分别为7～13mm，2～3mm，1～1.2mm；潜育期分别为80～90min，210～240min，300～330min；失毒温度（致死温度）分别为63℃/10min，74～76℃/10min，76～78℃/10min。血清中和反应很专化。各自的寄主范围也有明显差别。如测定7个属25种病原细菌的结果，可以看出，Ⅰ型噬菌体的寄主范围最窄，非常专化，只能寄生白叶枯病菌；Ⅱ型稍宽，除能寄生白叶枯病菌外，还能寄生水稻条斑病菌（*Xanthomonas oryzae* pv. *oryzicola*）和李氏禾条斑病菌（*X. leersiae*）；Ⅲ型最宽，除能寄生上述3种病原细菌外，还能在棉花角斑病菌（*X. malvacearum*）、黄麻斑点病菌（*X. nakatae*）、核桃黑斑病菌（*X. uglandis*）、甘蓝黑腐病菌（*X. campestris*）及一种禾本科弱寄生菌（*X. protypus*）等黄单胞杆菌属细菌上寄生。同时也可看出，溶菌斑大的，潜育期较短，寄主范围较窄；溶菌斑小的，潜育期较长，寄主范围也较广。

白叶枯病菌噬菌体的平均繁殖量为10～30个不等，一般为12～16个。

噬菌体在低温潮湿的条件下，能长期保持活性，但在干燥条件下，夏季不超过3个月，冬季一般也不超过半年。这一特点和白叶枯病菌恰巧相反。因此，在检验稻种时须考虑到这方面因素。

噬菌体对强氧化剂和表面活性物质十分敏感，如与漂白粉、高锰酸钾、肥皂粉、洗涤剂等接触，很快钝化，故稻田喷施农药后，田水中的噬菌体数量锐减。紫外光照射，也容易使噬菌体失活或发生突变。但噬菌体对乙醇、氯仿等则不大敏感，故在测定田水中噬菌体时可用氯仿消灭杂菌。

四、病害循环

（一）越冬及初侵染源

水稻白叶枯病的初次侵染源，在老病区以病稻草和残留田间的病稻桩为主，而新病区以带病种子为主。病原菌来源：一是来源于系统侵染，病菌通过稻株维管束输导至种子内；二是在水稻抽穗开花时，病菌借风雨传播，侵染谷粒，寄藏在颖壳组织内或胚和胚乳表面越夏越冬。在干燥储存条件下，病菌可活8～10个月，直到第二年播种季节。不过在储存期，病菌会逐渐死亡，到播种时种子带菌率很低。但由于播种量大，仍有足够的传病来源。

（二）传播特点与发病过程

在稻草、稻种上的病菌，到翌年播种期间，一遇雨水，便随水流传播。对初次侵染途径有几种观点：①病种萌芽时首先感染芽鞘，当真叶穿过芽鞘接触病菌时，叶尖即受侵害而成带菌苗；②根部先受病菌污染，再从茎基叶鞘基部的伤口侵入；③稻苗叶鞘上有部分开张的变态气孔，病菌可以由此侵入，到达维管束的病菌，在其内繁殖运转直至发病；到不了维管束的，就在组织内繁殖，并泌出体外进行再侵染。上述早期进入稻体内的病菌，在维管束内繁殖转移过程中，当被局限于一处时，所表现的症状是局部的，如常见的叶部病斑，称为局部侵染；当病菌沿维管束输导到其他部位，有的就表现为枯心或全株凋萎等，有的即使未表现症状，但在叶、叶鞘、茎、穗等部均有细菌存在，这种全株性的侵染，称系统侵染。

在病区，田间传病来源很广，除了带病种子以外，还有带病稻草等。如用稻草裹秧包、覆盖或下垫催芽堆、搓秧绳、扎秧把等，都有机会与水接触，病菌随之大量释放出来。据测定，水中的细菌在28℃水温下可存活4d，21℃下可存活10d以上。由此可知，水孔和伤口等是病菌入侵的主要途径，秧苗期是建立初次侵染的关键时期。灌溉水和暴风雨是病害传播的重要媒介。秧田期淹水，会加重秧苗的感染，淹水的次数愈多，病苗数量愈大。在广东，邻接早稻病田的晚稻秧田，秧苗带病率可高达80%以上，这些带病苗，一般生长到3叶期，即出现典型症状，以5叶期病苗最普遍，至移栽前，由于老叶脱落，典型病苗率相对降低。在江苏和北方稻区，感病稻苗一般从基部叶片开始发病，但菌量少不易见到症状，经过大田内一段时间的增殖与积累菌量剧增，直到水稻封行后，田间阴湿的环境形成，稻株在生理上亦处于易感阶段，入侵处出现病斑，并发展为中心病株，开始蔓延扩大。发病快慢，与品种的抗病性、菌量的多少、温度高低、湿度大小有关。其中品种的抗性是主要的。对感病品种来说，菌量多，温度适宜，湿度大，病害潜育期就短。日平均温度稳定在25℃以上时，潜育期7～8d，遇台风暴雨，可缩短至5d；在23℃左右时约14d；低到20℃左右，则需要20d以上。病害在大田发展后，从病叶组织内泌出的菌脓越来越多，不断引起重复侵染。病菌从感染发病到排菌再传染的循环周期约10d。发病具骤发性，故在环境条件适宜时，短期内能导致白叶枯病全面暴发流行。

病菌能借灌溉水、风雨传播到较远的稻田。低洼积水，大雨涝淹以及串灌漫灌，往往引起连片发病。在风雨交加时，病菌可依风速强度和风向传播，传播半径60～100m。晨露未干时进出病田操作或沿田边行走，都能带菌，助长病害扩散。

五、流行规律

水稻白叶枯病发生的先决条件是有足够的菌源。病害流行与否和流行程度，受品种抗病性、气候条件和栽培因素等影响。

（一）品种抗病性

不同品种的抗病性有着显著的差异。一般糯稻抗病性最强，粳稻次之，籼稻最弱。籼稻品种间抗病性还有明显差异，其中不乏抗病性强的品种。

品种抗性表现与生育期、品种特性等有关。一类是全生育期抗性，即苗期到成熟期的各期都具有抗病性；另一类是成株期抗性，即苗期无抗病性，要到10叶左右时，才表现出抗性。一般植株叶面较窄、挺直不披的品种抗病性较强；稻株叶片水孔数目多的较感病，这些差异常被认为是品种的机械抗病性。另外，植株体内营养状况也是影响其抗病性的一个重要因素。感病品种体内的总氮量尤其是游离氨基酸含量高，还原性糖含量低，碳氮比小，多元酚类物质少；而抗病品种则相反。因此利用品种抗性的特点，选栽抗性品种和合理安排抗病品种布局，就可达到控制或明显减轻发病的目的。

在应用抗病品种上，要注意以下几个问题：①抗病性随品种种植时间的延长而减退；②品种抗病性对地区间的优势小种反应存在差异，各地区的新小种亦在不断涌现；③在改种双季稻而减轻发病的地区，由于品种不断更换，引起病势回升，不论早季、晚季稻都有严重发病的新情况，主要原因在于双季稻还缺乏配套的抗病品种。

（二）气候条件

水稻白叶枯病一般在气温25～30℃、相对湿度85%以上、多雨、日照不足、风速大的气候条件下暴发流行。20℃以下或30℃以上，发病就会受到抑制。天气干燥，湿度低于80%，则不利于病菌的繁殖；高湿条件对病菌的繁殖很重要。早稻前、中期和晚稻中、后期，如遇长期阴雨，稻叶上菌脓多，叶面保持潮湿时间长，气温虽低到20～22℃，病害仍可流行。台风暴雨的袭击，往往加速病害的扩展，加重病势。据华东地区多年的调查结果分析，气候对病害流行的影响是：6月下旬雨日达到8d左右，早稻发病可能严重，7～8月中旬阴雨达20d以上，气温在30℃以下，中稻有大发病危险。单季晚稻发病程度除与7月、8月雨日有关外，其间台风、暴雨如配合出现6次以上，发病往往严重。华南地区水稻白叶枯病研究结果表明，温度只影响病害潜育期的长短，而决定流行的因素是大风和雨量，特别是台风、暴雨、洪涝，损伤稻叶，助长发病。广东从早稻4月、5月、6月和晚稻7月、8月、9月来看，病害暴发的月雨量指标为250～300mm，以5d为一候计算，凡每候平均温度在22～26℃，相对湿度在87%以上，总降水量30～40mm，日照每天少于5h，风速大于2.5m/s，适于病害发展。在连续出现2～3候的这种气候条件时，病害就会在短期内暴发流行。因此，从气候上预测病害发生，早稻主要看5月、6月，晚稻看7月、8月、9月的总降水量，同时还要结合降雨频率、雨日多少和风速大小而定。

（三）栽培因素

稻株的幼穗分化期和孕穗期是两个比较容易感病的生育期。在此期间，施肥过多或过迟，对水稻白叶枯病的影响非常显著，叶色较浓绿的田块往往发病较多较重，而叶色较正常的田块发病较少、较轻或无病；甚至在同一块田中，由于施肥不均匀，叶色较浓绿的地方和边行也发病较多较重。在施肥过多或过迟，特别是穗肥施用不当时，常导致稻株疯长，稻田封行密闭，叶片浓绿柔软，稻株体内可溶性氮化物大量增加，这些因素都有利于水稻白叶枯病的发生流行。水稻在酸性土中往往发病较重，如施用石灰中和土壤酸性可减轻发病。增施钾肥可增强稻株的抗病力，在一定程度上可减轻偏施氮肥诱发病害的后果。

水的关系同样重要。水是水稻白叶枯病菌侵入稻株和传播蔓延的重要媒介。淹水、串灌、漫灌不但直接有利于传病，而且同时促成土壤还原性强，有毒物质不断累积，使根的呼吸作用减弱，活力差，黑根增多，以致降低稻株的抗病力，减弱对硅碳盐的吸收，也降低稻株组织的机械抗病能力。因此，浅水勤灌，结合干田，增强稻株抗逆力，可减轻受害。

六、防治技术

水稻白叶枯病属于细菌性病害，具有病菌来源广，传播途径多，发生速度快，侵染时间长，为害程度严重等特点，一旦发生，常规方法较难防治。因此，应采取以种植抗病品种为基础，协调秧（培育无病壮秧）、水（防淹、防串灌）、药（控制发病中心）的综合防治策略。

（一）抗病品种的应用及选育

（1）根据当地的水稻白叶枯病菌致病型分布情况，选择合适的主栽品种并合理布局。较抗的品种（组合）如黄华占、桂农占、粤晶丝苗 2 号、合美占、特籼占 25、黄莉占、粤广丝苗、白香占、新黄占、博Ⅱ优 15、湘早籼 2 号、湘早籼 7 号、湘晚籼 12、汕优 77、天优 1120、中优 85、皖稻 135、Ⅱ优 205、丰优 205、常优 2 号、新香优 906、抗优 63、嘉早 935、丰两优 4 号、新两优 6 号。

（2）采用包括传统方法、分子标记辅助选择和转基因技术，选育抗病品种。水稻品种对白叶枯病的抗性受不同的抗性基因所控制。目前，已有 37 个水稻白叶枯病抗性基因被鉴定并报道，其中 28 个被定位到染色体上，7 个被克隆（表 1-2-3，表 1-2-4）。其中多数为显性，少数为隐性或不完全显性。抗病品种大多为小种专化性抗病品种，除主效基因外，可能还存在由微效基因控制的数量性状抗性。因此，合理利用抗病基因防治水稻白叶枯病有较好的前景。

表 1-2-3 水稻抗白叶枯病基因对亚洲国家水稻白叶枯病菌群体的有效性

Table 1-2-3 Main ineffective and effective resistance genes to *Xanthomonas oryzae* pv. *oryzae* in Asia

国家	小种	测试菌株	无效抗病基因	有效抗病基因
孟加拉国	12	74	*Xa1*、*Xa2*、*Xa3*、*Xa4*、*Xa7*、*Xa10*、*Xa11*、*xa5*、*xa8*	*Xa3*、*Xa12* 基因聚合系
印度	5	58	*Xa1*、*Xa2*、*Xa3*、*Xa4*、*Xa10*、*Xa11*、*Xa12*、*xa5*	*Xa3*、*Xa10* 基因聚合系
尼泊尔	16	45	*Xa1*、*Xa2*、*Xa3*、*Xa4*、*Xa10*、*Xa11*、*Xa12*、*xa5*	*xa5*、*Xa7* 基因聚合系
缅甸	7	27	*Xa1*、*Xa4*、*Xa10*、*Xa11*、*xa5*	
泰国	5	35	*Xa1*、*Xa2*、*Xa10*、*Xa11*、*xa5*	
印度尼西亚	8	78	*Xa1*、*Xa2*、*Xa3*、*Xa10*、*Xa11*、*xa8*	*xa5*、*Xa7* 基因聚合系
菲律宾	5	61	*Xa1*、*Xa2*、*Xa4*、*Xa11*	*xa5*、*Xa7*、*Xa12* 基因聚合系
马来西亚	2	11	*Xa1*、*Xa2*、*Xa10*、*Xa11*、*xa8*	*Xa4*、*Xa7*、*Xa12*、*xa5*
中国（南方）	6	24	*Xa1*、*Xa2*、*Xa3*、*Xa4*、*Xa7*、*Xa10*、*Xa11*、*Xa12*、*xa8*	*xa5*、*Xa7*、*Xa22*、*Xa23*

表 1-2-4 水稻白叶枯病抗性基因位点

Table 1-2-4 The locus of the resistance genes to *Xanthomonas oryzae* pv. *oryzae*

基因位点（*表示已克隆基因）	无毒菌株（小种）	供体品种	染色体	连锁标记
*Xa1**	日本菌株 X-17	黄玉、Java14	4	C600（0cM）、XNpb235（0cM）、$U08_{750}$（1.5cM）
Xa2	印度尼西亚菌株 T7147	IRBB2	4	HZR950-5～HZR970-4（190kb）
*Xa3/Xa26**	印度尼西亚菌株 T7174，T7147 等	早生爱国 3 号、明恢 63、IRBB3	11	XNbp181（2.3cM）、XNbp186、G181、RM224（0.21cM）、Y6855R（1.47cM）

（续）

基因位点（*表示已克隆基因）	无毒菌株（小种）	供体品种	染色体	连锁标记
Xa4	菲律宾菌株PXo25（1）	TKM-6、IR20、IR22、IRBB4	11	XNpb181（1.7cM）、XNpb78（1.7cM）、G181、M55、RS13
*xa5**	菲律宾菌株PXo25（1），PXo61	DZ192、IR1545-339、IRBB5	5	RG556（<1cM）、RG207（<1cM）、RS7～RM611（70kb）
Xa7	中国菌株SCB4-1	DV85、IRBB7	6	GDSSR02～RM20593（0.21cM）
xa8	菲律宾菌株PXo61（1）	PI231128	7	RM214（19.9cM）
Xa10	菲律宾菌株PXo99A	IRBB10A	11	M491～M419（74kb）
Xa11	日本菌株IBT7156	IRBB11	3	RM347（2.0cM）、KUX11（1.0cM）
Xa12	印度尼西亚菌系Xo-7306（Ⅴ）	黄玉、Java14	4	—
xa13	菲律宾菌株PXo99	IRBB13	8	E6a、SR6、ST9、SR11
Xa14	菲律宾小种5	IRBB14	4	HZR648-5（1.9cM）
xa15	日本小种Ⅰ、Ⅱ、Ⅲ、Ⅳ	M41诱变体	—	—
Xa16	日本小种Ⅴ	Tetep	—	—
Xa17	日本小种Ⅱ	阿苏稔	—	—
Xa18	缅甸菌株	IR24、密阳23、丰锦	—	—
xa19	6个菲律宾小种	IR24诱变体XM5	—	—
xa20	6个菲律宾小种	IR24诱变体XM6	—	—
Xa21	菲律宾小种1、2、4、6	长药野生稻	11	RG103（0cM）、248
Xa22（t）	菲律宾菌株PXo61	扎昌龙	11	R1506（100kb）
*Xa23**	菲律宾菌株PXo99	CBB23	11	Lj211（0.2cM）、Lj74（0cM）
xa24	菲律宾小种4、6、10等	DV86	2	RM14222～RM14226（71kb）
Xa25	菲律宾小种9	明恢63	12	G1314（7.3cM）
Xa25（t）	菲律宾小种1、3、4	明恢63体细胞、无性系突变体HX3	4	RM6748（9.3cM）、RM1153（3.0cM）
xa26（t）	菲律宾小种1、2、3、5	Nep Bha Bong	—	—
*Xa27**	菲律宾小种2、5	小粒野生稻	6	M964（0cM）
xa28（t）	菲律宾小种2	Lota sail	—	—
Xa29（t）	菲律宾小种1	药用野生稻	1	C904、R596
Xa30（t）	菲律宾菌株PXo99	普通野生稻Y238	11	RM1341（11.4cM）、03STS（2.0cM）
Xa31（t）	OS105	扎昌龙	4	G235～C600（0.2cM）
Xa32（t）	菲律宾菌株1、4～9	澳洲野生稻C4064	11	RM2064（1.0cM）、ZCK24（0.5cM）
xa32（t）	菲律宾菌株PXo99	Y76	12	RM8216（6.9cM）、RM20A（1.7cM）
xa33（t）	泰国菌株TXo16	Ba7	6	RM30～RM400
xa34（t）	中国菌株5226	BG1222	1	BGID25（0.4cM）
Xa35（t）	菲律宾菌株PXo61、PXo112、PXo339	小粒野生稻	11	RM7654（1.1cM）～RM6293（0.7cM）
Xa36（t）	P6和C5	C4059	11	RM224～RM2136

（二）农业防治

（1）严格执行检疫制度，防止带菌种子传入无病区。引种时，应小面积种植，证明无病后再大面积种植。

（2）尽量使用无病种子，必要时进行种子消毒。可用20%叶枯唑可湿性粉剂500～600倍液浸种48～

72h，或链霉素200IU浸种24h。

（3）及时清理病稻草、病稻桩及病谷，以减少菌源。病区强调不用病稻草扎秧把；不用病草作草套围秧畦；不用病草作浸种催芽覆盖物；不用病草堵塞水口和涵洞；不用病草铺垫拖拉机道路等。打谷场及村庄附近应开截水沟，防止菌水流入进水渠污染秧田和大田。在华南稻区，宜在春耕及夏种前结合放养绿萍，提早整田，消除田边再生稻株和杂草。

（4）合理用肥，科学排灌。严防串灌、漫灌、深灌、水淹，健全排灌系统。多施磷、钾肥及中微量元素肥料，提高水稻抗逆性，氮肥施用宜前重后轻，避免植株生长过旺。

（三）药剂防治

秧田防治是关键，培育无病壮秧，在秧苗3叶期和移栽前5d各喷药预防一次，带药下田。大田要及时喷药封锁发病中心，如气候有利于发病，实行同类田普遍防治，从而控制病害蔓延。台风暴雨过后一定要立即全面打药防治。药剂可选用72%农用硫酸链霉素可溶性粉剂150～300g/hm²、50%氯溴异氰尿酸可溶性粉剂300～450g/hm²、20%叶枯唑可湿性粉剂300～375g/hm²、20%噻菌铜悬浮剂300～390g/hm²、20%噻森铜悬浮剂300～375g/hm²、1.8%辛菌胺醋酸盐水剂125～187.5g/hm²、36%三氯异氰尿酸可湿性粉剂324～486g/hm²等药剂。各种杀菌剂交替使用，延长农药的使用期限，一般7d左右施药1次，连续2～3次。

附：

（一）水稻白叶枯病症状诊断方法

1. 镜检法（弱光下观察） 在病叶的病健交界处，切取数毫米大小的一块叶组织，制成玻片，立即在低倍镜下稍暗的视野镜检，缺口处如有云雾状的细菌从叶脉中喷出，即为白叶枯病。

2. 保湿检查 取培养缸或玻璃杯一个，内盛清洁河沙或泥土2～3cm深，加水湿润。切取病叶在病斑处约7cm长一段，下端插入沙或泥中，上端外露，加罩保湿24h。如上端切口处有混浊黄色菌珠形成，即为水稻白叶枯病菌。如用清洁玻管内盛少量清水亦可替代河沙保湿法。

3. 玻片法 切取小块病叶，放入水滴的载玻片上，盖上盖片挤压，对光观察，可见有喷菌现象，即为白叶枯病。

4. 染色法 取饱和碱性品红酒精液，也可用红墨水代替，采病叶放入其中，通气处置0.5h左右，可见叶片健部染成红色，而枯死部分未变色，即为白叶枯病（因其维管束中充满细菌）。

（二）水稻白叶枯病菌噬菌体检验方法

通过多点取样得到的供测稻种或稻株或田水等样品，经充分混合后，随机取种子10g，或取苗10～20株，或田水70～80mL。稻种先脱壳；稻株则先经剪碎或磨碎，置于消毒后的烧杯或研钵中，加灭菌水20mL，浸泡或再研磨，0.5h后用已消毒的吸管吸取上层清液或滤液0.5mL、1.0mL、1.5mL；田水则混合后直接吸用，分别放在3个消毒后的培养皿中，然后注入新鲜（移植斜面上生长3～5d）而浓厚（每管约加灭菌水5mL）的白叶枯病菌纯培养液1mL，两相混匀，经2～3min，再各加一薄层（约10mL）融化并冷却至50℃左右的牛肉汁蛋白胨琼脂培养基或普通马铃薯琼脂（1.5%）培养基，迅速摇匀，凝成平板后，置26～28℃的温箱中（夏季在室内）培养10～15h。逐一记载各个培养皿中溶菌斑数目，并换算成每克种子或单株稻苗所含溶菌斑数。每个样品如一次测不到噬菌体，还须重复测定一次，加以校正，减少误差。如夏季高温、水中杂菌多，影响观察记载，可在水样中加入氯仿杀菌。方法是取清洁试管，吸入田水5mL，另加氯仿0.5mL，加管塞猛摇1min，静置15min，待氯仿下沉明显分层后，再小心吸取上清液测定。田水取样时，应注意避开雨天、喷药、施肥和烈日曝晒的影响。

（三）反向间接血凝法检测

本法是根据医学微生物学和兽医微生物学的血清学研究上的新进展，以血细胞为载体吸附抗原（正向）或抗体（反向），与相应的抗原相遇，发生凝集，称为间接血凝法。此法简便、灵敏度高、特异性显著。此法先制备抗血清，提取IgG血细胞致敏等步骤。具体检测方法：

测定时，用96孔V形孔有机玻璃血凝板测定，每孔先滴入磷酸盐缓冲液1滴（约0.025mL），然后分别加样品液1滴（量同上），于第一列的第一孔，由1而2，2而3……依次进行倍比稀释到第十一孔，最后一孔即第十二孔，不加样品液，做空白对照；每份样品为1列，各列按此法进行。样品液滴加妥以后，每列每孔再各滴入白叶枯病IgG致敏血细胞1滴（约0.025mL），随即置于微型混合器上（也可以手摇代替）混合约2min，置室温下经1～2h观察结果。凡血细胞均匀分布于孔底周围凝集的为阳性反应，证明有水稻白叶枯病菌存在。

（四）水稻白叶枯病病情记载分级标准

1. **大田目测普查** 适用于调查大田病害发生情况以及考察大面积防治效果。以大小一致的田块或公顷为单位，分别记载普遍率及严重度。

普遍率：按发病面积划分7级。

等级	代表值
0级：无病	
1级：零星发病或有较小的发病中心	5
2级：发病面积占总面积1/10左右	10
3级：发病面积占总面积1/4左右	25
4级：发病面积占总面积1/2左右	50
5级：发病面积占总面积3/4左右	75
6级：全田发病	100

按各田的病情换算成普遍率。

$$普遍率=\frac{\begin{array}{c}1级病田块数（或田公顷数）\times5+2级田块数\times10+3级田块数\times\\25+4级田块数\times50+5级田块数\times75+6级田块数\times100\end{array}}{调查总田块数（或公顷数）\times100}\times100\%$$

严重度：根据发病叶片多少及受害程度划分3级。记载时以调查中出现最多的级别为代表。

1级（轻）：病叶少，只有零星病斑，无或极少枯死叶片；

2级（中）：大部分叶片发黄，1/3以下的叶片枯死；

3级（重）：全部叶片发病，2/3以上的叶片枯死。

2. **小区重点调查** 适用于药剂防治效果考察和预测圃系统观察。以叶片为单位，记载病叶率和病叶严重度，求出病情指数。

病叶严重度划分5级。

0级：无病；1级：病叶占叶面积1/5以下；2级：病叶占叶面积1/3左右；3级：病叶占叶面积1/2左右；4级：病叶占叶面积3/5以上。

3. **人工接种及自然诱发记载** 适用于品种抗病性鉴定。

剪叶法分级标准：（0～9级）

0级（高抗）：剪口处无明显病斑，或者仅有褐斑反应，病斑长度纵向扩展小于1cm；1级（抗病）：病斑纵向扩展的长度为2～3cm，或病斑面积小于叶面积10%；3级（中抗）：病斑长度小于接种叶长的1/4或病斑面积小于叶面积的20%；5级（中感）：病斑长度达到或超过接种叶长的1/4，但少于1/2或病斑面积为叶面积的20%～49%；7级（感病）：病斑长度达到或超过叶长的1/2，但少于3/4或病斑面积为叶面积的50%～74%；9级（高感）：病斑长度达到或超过接种叶长的3/4，或病斑面积大于叶面积的75%。

朱小源　曾列先（广东省农业科学院植物保护研究所）

第3节　水稻细菌性条斑病

一、分布与危害

水稻细菌性条斑病（简称水稻条斑病），主要分布在南亚国家、西非和我国华南稻区、台湾省。国内最早于20世纪50年代初在珠江三角洲发现，20世纪50～60年代曾一度在海南、广东、广西、四川、浙江等省、自治区流行。80年代以来，随着杂交稻的推广和南繁稻种的调运，病区逐年扩大。除上述地区外，江西、江苏、安徽、湖南、湖北、云南、贵州等省局部地区常有发生。水稻条斑病，除侵害栽培稻外，还侵害野生稻和李氏禾等。水稻感病后，千粒重下降，穗粒数降低，并不能有效灌浆，一般减产6%～40%，病害严重时减产40%以上。

二、症状

条斑病主要侵染水稻叶片，有时也侵染叶鞘。病斑发生与扩展限制在叶脉间，初为暗绿色水渍状小斑（彩图1-3-1，2），后扩展成为黄褐色略带湿润状的条斑，长可达1cm以上。病斑上常溢出大量串珠状黄色菌脓（彩图1-3-1，2），干后呈小胶粒状。条斑病病斑边界清楚，对光观察呈半透明条斑（彩图1-3-1，3）。发病严重时条形病斑融合成不规则黄褐至枯白色大斑，严重感病稻田远望一片橘红色，似火烧状（彩图1-3-1，1）。

三、病原

水稻条斑病的病原菌为水稻黄单胞菌栖稻致病变种［*Xanthomonas oryzae* pv. *oryzicola*（Fang et al.）Swings］，属薄壁菌门黄单胞菌属，同水稻白叶枯病的病原菌［*X. oryzae* pv. *oryzae*（Ishiyama）Zoo］一样，是水稻黄单胞菌种下的致病变种。除水稻（*Oryza sativa* L.）外，条斑病菌还可寄生侵染茭白（*Zizania caduciflora*）、野生稻和李氏禾（*Leersia hexandra*）。野生稻包括辽宁杂草稻（*O. spontanea*）、尼瓦拉野生稻（*O. nivara*）、短叶舌野生稻（*O. breviligulata*）和非洲栽培稻（*O. glaberrima*，又称光身稻）等。

水稻条斑病菌菌体短杆状，大小为（1～2）μm×（0.3～0.5）μm，单生，偶成对，但不成链，比水稻白叶枯病菌菌体小。有1根极生鞭毛，不形成芽孢和荚膜。在肉汁冻琼脂培养基上菌落圆形，周边整齐，中部稍隆起，蜜黄色。革兰氏染色阴性，生理生化反应与白叶枯细菌基本相似。不同之处在于水稻条斑病菌能使明胶液化，使牛乳冻化，使阿拉伯糖发酵变酸，对青霉素和葡萄糖反应钝感等。条斑病菌具有胞外蛋白水解酶活性，白叶枯病菌则不产生。条斑病菌生长适温为28～30℃。虽然条斑病菌与白叶枯病菌在遗传学、生理生化性状和生物学特性上有很高的相似性，但该菌与白叶枯病菌侵染水稻的途径、侵染部位（前者为薄壁细胞，后者为维管束）和所致病害症状有显著区别，因而条斑病菌与白叶枯病菌为水稻黄单胞菌种的两个致病变种。

四、病害循环

水稻条斑病菌主要在病田收获的稻谷、病稻草和自生稻上越冬，并成为第二年病害发生的主要初侵染源。带菌种子的调运是病害远距离传播的主要途径。

病菌主要通过灌溉水和雨水接触秧苗，从气孔或伤口侵入，侵入后在气孔下室繁殖并扩展到薄壁组织的细胞间隙。叶脉对病菌扩展有阻挡作用，故在病部形成条斑。病斑上溢出的菌脓可借风雨、露滴、水流及叶片之间的接触等途径传播，进行再侵染。

五、流行规律

在有菌源存在的前提下，水稻条斑病的发生与流行主要取决于气候条件、品种抗性及栽培管理等因素。

1. 水稻品种抗性 水稻条斑病菌与水稻互作，不像水稻白叶枯病菌与水稻互作那样存在明显的“基因对基因”关系，品种间抗病性差异不明显。一般来说，粳稻较籼稻、糯稻抗病；常规稻较杂交稻抗病；小叶型品种较大叶型品种抗病；叶片窄而直立的品种较叶片宽而平展的品种抗病；叶片气孔密度较低及气孔开张度较小的品种抗病性较强。从水稻中还未发现抗条斑病的抗性基因，但已从玉米中鉴定和克隆了抗水稻条斑病的抗性基因 *Rxo1*。

同一水稻品种的植株在不同生育期的抗病性也有差异，苗期较感病，成株期较抗病。同一品种在不同地区的抗病性表现有很大差异，可能与各地病菌致病力差异有关。例如，IR8在国外为高感，在湖南为中感，在广西为抗病。

2. 条斑病菌致病力 水稻条斑病菌遗传上呈现多态性，有明显的致病力分化，但中国菌株的致病力弱于南亚国家来源的条斑病菌菌系。条斑病菌胞外蛋白水解酶在致病力中起作用，而白叶枯病菌无胞外蛋白水解酶活性。条斑病菌可克服抗白叶枯病水稻品种的抗病性，机理还不清楚。

3. 气候条件　水稻条斑病发生流行要求高温、高湿条件，在气温 25～28℃、相对湿度接近饱和时，最适合于病害发展。台风、暴雨或洪涝侵袭，造成叶片大量伤口，有利于病菌的侵入和传播，易引起病害流行。

不同年份间水稻条斑病流行程度的差异主要决定于此期的雨湿条件。在长江中下游地区于 6～9 月最易流行。

4. 栽培条件　稻田肥水管理不当是水稻条斑病发生流行的诱发因子。氮肥、磷肥、钾肥施用比例不当，偏施、迟施氮肥都会引起稻株抗病性下降。此外，病田水串灌、漫灌或长期灌水、失水或干旱也有利于病害的扩展和蔓延。

六、防治技术

水稻细菌性条斑病传染快，一旦发生，单纯依靠药剂防治往往很难控制，故应采取以预防为主的综合措施。

（一）加强检疫

水稻条斑病是我国国内植物检疫对象，应防止调运带菌种子导致病害远距离传播。

（二）农业防治

1. 选用抗病良种　目前还没有有效的抗病品种。若含有 *Rxo1* 抗病基因的水稻，则可种植。

2. 加强田间管理　应用“浅、薄、湿、晒”的科学排灌技术，避免深水灌溉和串灌、漫灌，防止涝害。

3. 科学施肥　适当增施磷、钾肥，以提高植株抗病性，防止过量、过迟施用氮肥。

4. 加强台风、洪水后的田间管理　台风、洪水过后，应立即排水，可撒施石灰、草木灰，抑制病害的流行扩展。

5. 摘除病叶减少菌源　对零星发病的新病田，早期摘除病叶并烧毁，减少菌源。

（三）药剂防治

目前生产上使用的杀菌剂，对控制病害流行作用不大；药剂防治只能作为防病保产的辅助措施。

1. 浸种消毒　先将种子用清水预浸 12～24h，再用 40%三氯异氰尿酸可湿性粉剂 300～500 倍液浸种 12～24h，捞起洗净后催芽播种。或用 50%代森铵水剂 500 倍液浸种 12～24h，洗净药液后催芽。

2. 喷雾　防治药剂参见水稻白叶枯病。病情蔓延较快或天气对病害流行有利时，应间隔 6～7d 喷 1 次，连续喷药 2～3 次。

陈功友（上海交通大学农业与生物学院）

第 4 节　水稻细菌性基腐病

一、分布与危害

水稻细菌性基腐病于 1979 年由 Goto 首次在日本报道，其后，东南亚一些国家水稻产区相继报道该病的发生为害。我国早在 20 世纪 60 年代初期，福建省东北部的福鼎县就发现了一种水稻茎节部腐烂并伴有恶臭的新病害，主要在沿海平原稻区、低洼田、受淹田块发病较重，并造成严重危害，发病稻田一般产量损失为 10%～20%，严重田块损失达 50%以上。由于未对病原进行鉴定，当时根据其症状称之为“水稻基腐病”。20 世纪 80 年代初该病在南方稻区陆续发生，在江苏、浙江各地不同水稻产区为害渐趋严重。1986 年在苏北沿海的如东县始见发生，其后迅速蔓延，至 1988 年发病面积已占该县水稻面积的 57.1%，其中，严重发病面积达 20%左右；当年病株率 1.0%～24.5%，平均 9.8%。由于病株多数造成枯孕穗或枯白穗，病株的产量损失在 90%以上。据刘琼光等（2008）研究，在水稻移栽期、分蘖期、孕穗期和抽穗期人工接种病菌后，产量分别下降 53.60%、40.20%、15.10%和 5.47%。

20 世纪 90 年代初，有关学者根据该病的发生为害和病原学研究，正式鉴定为水稻细菌性基腐病。2000 年以来该病的发生为害呈明显上升趋势。目前，在我国江苏、上海、浙江、福建、广东、湖南、湖北、广西、海南、江西、云南和安徽等南方稻区发生较普遍，造成的产量损失较为严重，局部地区少数田块造成毁灭性危害。水稻细菌性基腐病的扩展蔓延已成为发病地区水稻生产的重要障碍因素之一。

二、症状

水稻细菌性基腐病在水稻整个生育期均可发生，病菌在种子萌芽过程中侵入，可造成烂种、烂芽。分蘖至灌浆期发病，典型植株茎基部变黑腐烂，并伴有恶臭味，剖开病茎可见内壁呈湿腐状，手触有黏稠感。随着病情的加重，病株根颈处易折断。发病较轻时，田间病株呈零星分布，在同一稻丛中常与健株相混生。水稻分蘖期发病，病株先表现为心叶青卷，随后逐渐枯黄，外观似螟虫为害导致的枯心苗（彩图1-4-1）。暴雨或淹水田块往往突然暴发造成全田发病，大量死苗（彩图1-4-2）。圆秆拔节期病株叶片自下而上逐渐变黄，叶鞘近水面处呈边缘褐色、中间青灰色的长条形病斑。孕穗期以后发病，常表现为急性青枯死苗现象，病株先失水青枯，形成枯孕穗、半枯穗和枯穗，有的病株基部以上2～3个茎节也同时变成黑褐色，并生有少量倒生根。

三、病原

水稻细菌性基腐病菌在2005年前被称为菊欧文氏菌玉米致病变种（*Erwinia chrysanthemi* Burkholder，McFadden et Dimock pv. *zeae*）。2005年Samson等人将*Erwinia chrysanthemi*中原有的6个致病变种更名为迪基氏菌属（*Dickeya*）的6个种，并将水稻细菌性基腐病菌定名为玉米迪基氏菌（*Dickeya zeae* Samson et al.）。

水稻细菌性基腐病菌在牛肉膏蛋白胨琼脂培养基上，菌落圆形，表面微凸起，不透明，边缘光滑，初为乳白色，后为土黄色，生长温度为12～40℃，最适生长温度为28～32℃，低于12℃或高于40℃，不能生长。该菌的致死温度为54℃。该菌在pH5.2～10.0培养介质中均能生长，最适pH为6.8，当pH低于4.4时，停止生长。该菌为厌氧菌，不耐盐，能使多种糖产酸，明胶液化，产生吲哚，对红霉素敏感。

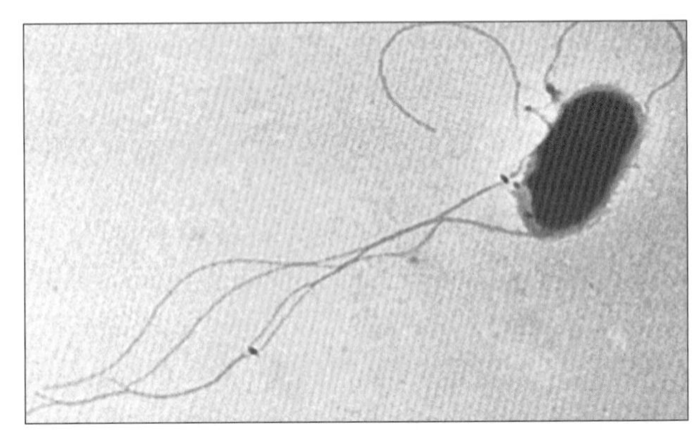

图1-4-1 水稻细菌性基腐病菌电镜形态（周海亮提供）
Figure 1-4-1 Morphology of *Dickeya zeae* under electron microscopy (by Zhou Hailiang)

培养的水稻细菌性基腐病菌不产生芽孢和荚膜，革兰氏染色为阴性。在电子显微镜下，菌体单生，短杆状，两端钝圆，大小为(2.6～3.0) μm×(0.6～0.8) μm，周生鞭毛（图1-4-1）。

水稻细菌性基腐病菌寄生范围较广，除侵染水稻外，人工接种还可以侵染玉米、小麦、高粱、甘蔗、马铃薯、大白菜、胡萝卜、花生及多种杂草等。

四、病害循环

带菌稻茬和病残体是水稻细菌性基腐病的主要初侵染源，病田土壤也具有传病的作用。病害可通过带菌种子作远距离传播。病菌可在种子萌发过程中侵入，造成幼芽变褐，幼苗生长势减弱，甚至烂种、烂芽。稻苗生长期，病菌不断侵染，引起幼苗发病。

带菌秧苗移栽本田后，随着病菌的繁殖和病害的扩展，条件适宜时表现出典型的症状。在水稻生长过程中，病菌可通过受伤的叶鞘和根系侵入，以由根系伤口侵入为主。伴随着细菌的繁殖，产生毒素等有毒物质。导致水稻基部逐渐腐烂，在分蘖期首先表现心叶枯死，因感染时期不同，在拔节期和孕穗期，可出现枯孕穗、半枯穗和枯穗，甚至感染植株呈急性青枯。

稻田土壤和带菌稻蔸盆栽传病试验结果显示，在水稻分蘖期、拔节期和孕穗期，土壤传病率分别为

23.0%、38.0%和 39.0%；带菌稻蔸的传病率在幼苗期、分蘖期、拔节期和孕穗期分别为 10.0%、56.0%、60.0%和 61.6%。由此说明，带菌稻蔸和病田土壤均可成为水稻细菌性基腐病的下一年或下一季的初侵染来源。

五、发病规律

水稻细菌性基腐病在田间的传播侵染，主要通过流水或灌溉水，尤其是暴雨过后或稻田淹水情况下，能导致病害急剧暴发，发病严重的田块分蘖期发病率可高达 80%以上，造成大量死苗。

水稻细菌性基腐病的发生程度与田间病原物基数、水稻品种抗病性、栽培管理措施和气象因素关系密切，尤其暴雨过后水涝稻田，往往导致病害严重发生。

1. 病原物基数 病害发生与否，菌源是先决条件。新病区有可能是通过种子带菌，老病区田间越冬的病原物基数与病害发生程度有一定的相关性。通常上年或上季发病重的田块，残存在田间的病原物基数较大，病害的发生程度可能较重，尤其是条件适宜时，病原物基数是影响病情的关键因素之一。

2. 品种抗性 根据不同省份对水稻品种抗细菌性基腐病鉴定的相关报道文献，目前国内尚未发现高抗品种，但品种间抗感病性存在明显差异。在相同试验条件下，不同水稻品种病害的严重程度不尽相同。由于水稻细菌性基腐病发生程度逐年上升，为我国局部水稻产区的重要病害之一，水稻品种抗性等方面的研究相对滞后，尤其是抗性机制、抗性遗传、水稻品种抗（感）性与致病小种间的互作关系的研究有待进一步加强和重视。

3. 肥水管理 在农业栽培管理措施中，肥水管理水平对病害的影响最为明显。一般而言，施足基肥，增施磷、钾肥，适时追肥，有利于水稻健壮生长，增强抗病性，具有较好的防病效果。科学管水与病害发生关系较为密切。在秧田期和大田期，实行湿润管理，浅水勤灌，水稻分蘖期，适时晒田，生长中后期，稻田适当保持薄层水，不过早断水，可推迟和减轻病害发生。

4. 气象因素 气象因素与水稻细菌性基腐病的发生关系最为密切。暴雨、洪水或稻田淹水是导致病害突发或暴发的关键因素。在病区或发病田块，由于田间残存大量病菌，稻田淹水后，加速病菌扩散蔓延和频繁侵染，加之水稻植株生长势减弱，抗性降低，从而使发病率和病害严重度急剧上升，导致病害大面积暴发成灾，造成严重损失。

六、防治技术

水稻细菌性基腐病具有突发性和暴发性特点，一旦大面积发生，单靠化学药剂防治难以达到理想的效果。因此，该病的防控应采取“降低侵染来源为前提，选用抗病品种为基础，加强栽培管理为重点，适时药剂防治为辅助”的综合防治策略。

（一）降低初侵染源

病残体是水稻细菌性基腐病的主要初侵染来源。在病区，水稻收获时应做到齐泥割稻；病稻草返田，集中销毁或做燃料，尽量减少病残体遗留在田间。为控制种子的传病，在引种时，应实行种子检测。同时，病区发病水稻品种不应外调作种用。

（二）选用抗病品种

利用抗病品种防病是最为经济安全的有效手段。目前虽然尚未发现对水稻细菌性基腐病高抗的品种，但不同地区鉴定试验结果显示，水稻品种间抗（感）病性差异明显。生产上自然发病或人工接种表现抗性较好的水稻品种主要有：二优 527、荆两优 19、Y 两优农占、D 优 781、中 9 优 2040、丰优 989、武粳 15、宁粳 1 号、扬两优 6 号、协优 930、盐稻 9 号、武育粳 3 号等。扬辐粳 8 号、中优 463、两优 537、天两优 616、二优明 86、两优 1528、深两优 5814 等均属感病品种。发病地区应根据生产实际选用适合本地种植的优良抗病品种。

（三）加强栽培管理

1. 培育无病壮秧 秧田整理平整、均匀播种、湿润管理，避免深水灌溉，有利于促进秧苗健壮生长，提倡塑盘旱育、抛秧和稀植浅插技术，减少秧苗根系损伤。

2. 合理施肥 重视施足基肥，早施追肥，注意氮、磷、钾肥配合施用，避免偏施或迟施氮肥，使稻株生长健壮。

3. 科学管水 水稻移栽后，实行浅水灌溉，分蘖末期适时适度晒田，对地势低洼、烂泥田重晒，后期湿润管理，避免长期深灌或过早断水，在发病地区或发病田块进行单灌或沟灌，防止串灌、漫灌。

（四）化学药剂防治

根据本病的发生特点，适时化学药剂防治对控制早期发病和病害扩展具有较好的效果。发病地区应在搞好种子消毒的基础上，秧田期移栽前打一次保护药，移栽后重点是分蘖期用药，拔节至孕穗期根据田间病情决定用药。施药时应以水稻基部为重点喷施部位，第一次用药后，间隔5～7d打第二次药。常用药剂主要有72%农用硫酸链霉素可溶粉剂、77%氢氧化铜可湿性粉剂、20%噻枯唑可湿性粉剂、12%氯乳铜和20%噻菌铜悬浮剂等。

侯明生（华中农业大学）

第5节 水稻细菌性褐条病

一、分布与危害

水稻细菌性褐条病，又称细菌性心腐病。1956年日本研究人员首次报道了该病害（Goto and Ohata，1956）。在亚洲、美洲、欧洲国家均有发生（Shakya，1985）。在我国，广东、广西、福建、湖南、湖北、浙江、江苏、江西、四川和台湾等省、自治区有发生（段永平等，1986；Xie，2011）。该病害在早、中稻秧田期发生普遍，在临近水边和地势低洼等易受涝、过水受淹区域，水稻成株期发病严重（陈绍光，1984；洪剑鸣等，2006；王怀震，2007）。一般情况，造成减产10%～30%，严重时会绝收（雷国明，1975；陈绍光，1984；王怀震，2007）。

二、症状

水稻细菌性褐条病从水稻秧苗期到成株期，甚至孕穗期均可发生。在华南水稻产区，早稻分蘖盛期到抽穗期多发，而晚稻分蘖期到孕穗前期发病重；在华中、西南水稻产区，早、中稻秧田多发。在其他单季水稻产区，如浙江等，在秧田、大田均有发生（王怀震，2007；洪剑鸣等，2006；徐丽慧，2008）。

（一）苗期症状

苗期发病，常在心叶下一叶出现症状，近叶枕处最先出现水渍状黄褐色小斑，其后，沿中脉向上、下扩展，在叶片和叶鞘上形成黄褐色至深褐色长条斑。病斑长度可与叶片等长，边缘清晰；在叶鞘上，病斑会扩展遍布叶鞘。最终病叶枯黄凋萎，秧苗停止生长，严重时，整株枯死。

（二）成株期症状

成株期发病，因染病植株的龄期和病原菌侵入部位不同，症状可分以下几种（彩图1-5-1）。

（1）普通型。田间最为常见的症状，节间已经伸长的成长叶片被侵染。症状与苗期发病相似，表现为在叶片与叶鞘交界的叶枕处先出现水渍状斑点，后沿叶片中脉向上扩展，形成深褐色至紫褐色的长条斑，病斑可伸长达叶尖；沿叶鞘中脊向下扩展至基部，最后，整个叶鞘呈黄褐色水渍状。

（2）伸长型。在分蘖期，节间未开始伸长的叶片被侵染。与普通型相比，病斑产生、扩展、颜色等没有差异。由于发病叶鞘对应的节间处于伸长期，病原菌的侵入产生了刺激，引起节间过度伸长，导致发病株显著高于健康植株。不过，与同叶位健康叶片、叶鞘相比，发病叶片、叶鞘的长度没有发生变化。最后，发病叶鞘发生腐烂、折倒，叶片枯黄。

（3）心腐型。刚露尖的心叶被侵染，导致幼嫩心叶腐烂，病斑往下扩展引起心腐，导致植株生长点破坏，茎基部产生新的无效分蘖。与健康植株相比，心腐型病株常多分蘖、矮化。

（4）枯心型。已伸出但未展开的心叶被侵染，病菌从叶枕处侵入，沿中脉向上扩展，再导致心叶出现深褐色条斑；向下扩展导致幼嫩叶鞘腐烂，水分运输受阻，导致心叶青卷，呈枯心状。没有虫孔，是排除螟虫为害的枯心的依据。

不论何种症状类型，用手挤压水稻褐条病的病组织，均有乳白色至淡黄色、带有恶臭味的菌液流出，田间发病组织表面也可观察到乳白色的菌脓溢出。

（三）抽穗期症状

在抽穗期发病，病株常在抽穗前枯死，导致不能抽穗或穗顶刚露出即枯死，呈死孕穗；能抽穗的常伴有早穗现象，穗从剑叶的叶枕下破鞘而出，出现穗畸形，小枝梗弯曲，谷粒不实；或穗茎异常伸长，谷粒着粒少，且多空壳（王怀震，2007；洪剑鸣等，2006；雷国明，1975）。

三、病原

对水稻细菌性褐条病的病原菌一直存在争议，以往认为是丁香假单胞菌黍致病变种［*Pseudomonas syringae* pv. *panici*（Elliott，1923）Young et al.（1978）］。该病原菌菌体为杆状，大小为（0.5～0.8）μm×（1.5～2.5）μm，不形成芽孢和荚膜，极生鞭毛1～3根，革兰氏染色为阴性。在琼脂培养基上菌落圆形，隆起，边缘整齐，乳白色，半透明，表面光滑，有荧光。发病水稻组织具有恶臭味（洪剑鸣等，2006）。除侵染水稻外，该病原菌还侵染大麦、燕麦、黍等谷物。

同时，我国研究人员从水稻植株、水稻种子中分离鉴定证实：燕麦噬酸菌燕麦亚种［*Acidovorax avenae* subsp. *avenae*（Manns）Willems（1992），异名：*Pesudomonas avenae* Manns（1909）］是引起水稻细菌性褐条病的病原菌，与日本学者1956年报道的一致（陈绍光，1983；段永平等，1986；Xie等，1998；徐丽慧，2008）。该病原菌菌体为短杆状，大小为(0.9～2.5) μm×(0.5～1.0) μm，不形成芽孢和荚膜，极生鞭毛1根（图1-5-1），革兰氏染色为阴性。在琼脂培养基上菌落圆形，隆起，边缘整齐，半透明，表面光滑，无荧光。发病组织没有恶臭气味。该病原菌还能侵染玉米、燕麦、甘蔗、黍、狐尾草等植物。

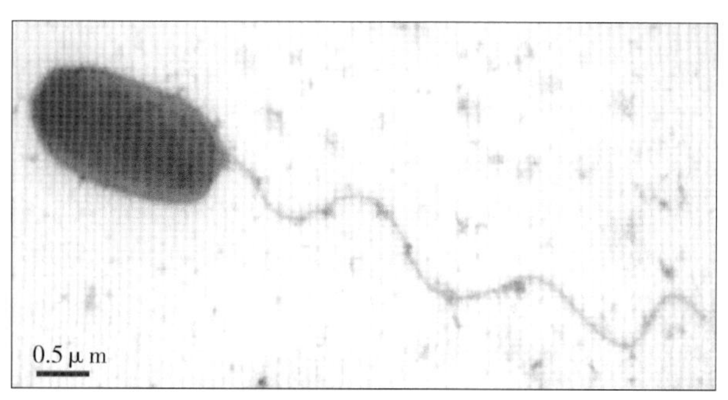

图1-5-1 透射电镜下水稻细菌性褐条病菌的形态（李斌提供）

Figure 1-5-1 TEM photograph of the pathogen of rice brown stripe disease (by Li Bin)

四、病害循环

该病害的经济意义一直未引起广泛重视，研究深度与广度均不足。丁香假单胞菌黍致病变种（*Pseudomonas syringae* pv. *panici*）和燕麦噬酸菌燕麦亚种（*Acidovorax avenae* subsp. *avenae*）两种病原菌均可在病残体或种子上越冬（段永平等，1986；Xie等，1998）。在水稻秧田期，借水流、暴风雨传播，从水稻植株伤口或自然孔口侵入。在稻苗第一片真叶出现时，即能侵染，产生明显症状，溢出的菌脓借助雨水、灌溉水、农事操作等外力传播，发生再侵染，扩大蔓延。

五、流行规律

在田间病原菌菌量足够时，水稻细菌性褐条病发生流行的主导因素如下。

1. 地势低洼，特别是洪水淹没过的稻田易引发水稻细菌性褐条病 稻田受淹决定了病害发生与为害程度（陈绍光，1984；洪剑鸣等，2006；王怀震，2007）。通常水稻植株受淹后3～5d，症状开始出现。一方面，淹水有利于病原菌传播；同时，稻株受淹后，光合作用减弱或停止，无氧呼吸增多，消耗组织内碳水化合物，生理活动紊乱，抗病力下降；再一方面，水流冲刷导致植株表面多处产生伤口，为病原菌侵入稻株组织创造了条件。水稻细菌性褐条病的发生严重程度与稻株受淹时间长短、淹水深度、水流速度密切相关。

2. 低温易引发水稻细菌性褐条病 20世纪70、80年代，浙江省临安县的观察表明，该病主要发生于早、中稻秧田，尤其是绿肥田早稻，秧田期如遇低温多雨年份则水稻细菌性褐条病发生较为普遍，而晚稻在大田期极少发病。1973年浙江省临安县秧田两次受淹，5月15日和25日的日平均温度分别为18.5℃和19.9℃，约10d后，在5月24日和6月初，田间水稻细菌性褐条病出现两次发病高峰。1983年5月29～31日浙江省临海县水洋公社秧田受淹，3d的日平均温度分别为24.9℃、24.1℃和25.2℃，在6月3日水稻细菌性褐条病即开始严重发生。室内接种试验同样证实，气温低于25℃有利于病害发生。接种后，日平均气温低于25℃时，叶片中脉明显表现褐色条斑，而日平均气温在27.7℃和28.2℃时，水稻植株仅在接种伤口处出现褐色斑点，没有病斑扩展。

3. 水稻品种、生育期和植株长势与发病程度相关 通常矮秆品种发病重，杂交稻比常规稻发病重；同一品种，秧田期重于大田期，而大田期以分蘖期发病严重，幼穗分化期发病轻；受淹、偏氮肥、密植、生长嫩绿田块发病重。

六、防治技术

防控水稻细菌性褐条病应以控制菌源、加强田间管理、培育壮秧等措施为主，化学防控为辅。

（一）做好种子处理、铲除田间越冬发病植株

种子带菌（Xie，1998）和寄主多样（段永平等，1986）已被证实，种子处理和铲除越冬寄主是控制田间菌量的主要途径。种子处理可以与水稻其他细菌性病害的防控一并进行，可以选用4.2%或5.5%二硫氰基甲烷乳油4 000倍液、85%强氯精粉剂300～500倍液、80% 402乳油2 000倍液、福尔马林50倍液或1%石灰水等浸种。

（二）加强田间管理，疏通沟渠、及时排水

保持稻田沟渠畅通，清沟排水，减少低洼积水，合理灌溉，排灌分流，防止串灌、淹苗，可以有效减少病害发生规模。大田增施磷、钾肥；发病田块，或台风雨过后，增施叶面肥，可以促进水稻植株生长恢复，提高抗病力，减轻发病程度。

（三）化学防治

在秧田期或本田期发现病株或发病中心后，或在老病区，于台风来临前或台风过后，必须对发病田或感病品种田，或受淹田块，进行全面的化学防治。可用20%叶枯唑可湿性粉剂500～600倍液，或14%络氨铜水剂300～400倍液等均匀喷雾。秧田药液每公顷施用量为600～750kg，本田每公顷900～1 125kg。施药间隔期7d左右，视病情发展决定施药次数。

刘凤权（江苏省农业科学院植物保护研究所）
范加勤（南京农业大学植物保护学院）

第6节 水稻细菌性褐斑病

一、分布与危害

水稻细菌性褐斑病，又称细菌性鞘腐病。在我国，20世纪60年代初期，方中达首次报道了浙江杭州和黑龙江发生在水稻叶片与叶鞘上的一种新病害（方中达等，1960）。同时，胡吉成对发生在吉林、黑龙江、辽宁等地的水稻叶片、叶鞘和穗部的病害进行了细致的研究，通过分离、接种、再分离、生理鉴定等，证实该病害的病原菌与匈牙利Klement在1955年报道的“Brozone”病的病原菌相同（胡吉成等，1960）。方中达、胡吉成所报道和研究的这种病害就是水稻细菌性褐斑病。该病依病原菌侵染时间、侵入部位的不同，对产量的影响差异较大。在抽穗前侵染，叶鞘发病重会导致孕穗失败，产量损失最大，一般情况下，约减产5%（胡吉成，1960）。

二、症状

只要环境条件满足，在水稻整个生育期该病可侵染水稻的叶片、叶鞘、茎、节、穗、枝梗和谷粒。苗期侵染叶尖、叶缘，随后病斑渐渐扩大至叶片其他区域。

1. 叶片受害症状 发病初期为水渍状褐色小斑，后扩大成纺锤形、长椭圆形或不规则的条斑，病斑为赤褐色。病斑边缘为水渍状黄色晕纹，中心灰褐色。多个病斑常融合成一个大条斑，最终导致叶片局部坏死，不发生穿孔，也不见菌脓。病斑常出现在叶片边缘，沿叶缘蔓延，形成红褐色至浓褐色长条斑，大小不等（胡吉成，1960）。剑叶发病严重时，会导致不抽穗。

2. 叶鞘受害症状 多发生在幼穗抽出前的穗苞上。初期，病斑为赤褐色、短条状，随着病情加重，数个小斑融合成不规则水渍状大斑。后期，病斑中央呈灰褐色，组织坏死。剥开发病的叶鞘，对应茎表面

可见黑褐色条状斑。抽穗前，穗苞发病严重，会导致闷穗不发或抽穗不孕。

3. 穗部受害症状 病原菌侵入穗轴、颖壳等部位后，产生近圆形褐色小斑。严重时，导致整个颖壳变成褐色，并深及米粒，米粒表面出现黑色斑点。切开病粒镜检，切口处有大量菌脓溢出。

三、病原

研究证实，水稻细菌性褐斑病的病原菌为丁香假单胞菌丁香致病变种（*Pseudomonas syringae* pv. *syringae* van Hall），属薄壁菌门假单胞菌属。菌体为杆状单生，极生鞭毛2～4根，大小为（1～3）μm×（0.8～1.0）μm。肉汁冻平板培养基上菌落白色、圆形、边缘整齐、表面光滑，后呈环状轮纹。

四、病害循环

病原菌在水稻、杂草病组织中可以自然越冬，发病种子也是翌年发病的初侵染源。病原菌自水稻自然孔口、伤口侵入。据胡吉成研究，病原菌可在土壤中独立存活9～13d，在水中可独立存活20d（胡吉成，1962），田间水流可导致病原菌近距离扩散；发病种子人为扩散则是病原菌远距离传播的原因。

五、发病规律

水稻发病植株残体与田间发病杂草是初侵染源。病原菌在田间残留病株中可以存活8个月左右（胡吉成，1963），带病种子可以远距离传播病害（方中达，1960）。田间多种杂草也是该病原菌的寄主（表1-6-1），且早于水稻发病（胡吉成，1962，1963）。

表1-6-1 水稻细菌性褐斑病病原菌接种禾本科植物发病症状

Table 1-6-1 Symptoms on gramineous weeds inoculated with *Pseudomonas syringae* pv. *syningae*

禾本科植物名称	叶片接种症状	自然发病症状
1. 无芒稗（*Echinochloa crus-galli* var. *mitis*）	初为紫色小点，后渐扩大，呈淡紫色，最后为紫褐色，中央病组织呈灰白色干枯状，周围稍呈黄色水渍状晕圈	叶片症状与人工接种相似，茎部病斑为紫色椭圆或短棒状斑点
2. 稗（*Echinochloa crusgalli*）	初呈浓紫色，后扩大成不规则条斑，病斑周围不具黄色晕纹	叶片、叶鞘与茎部症状与人工接种叶片相似
3. 细画眉草（*Eragrostiella lolioides*）	初为褐色小斑点，后逐渐扩大，颜色变为紫褐色，周围略带黄色晕圈	叶片症状与人工接种相似，叶鞘、茎部的病斑短棒状
4. 水稗草（*Echinochloa hispidula*）	初为紫褐色小点，后渐扩大，呈赤褐色。病斑周围带有黄色晕纹，类似水稻叶片接种该病原菌的症状	叶片症状与人工接种相似，叶鞘和茎部均常见
5. 稻田稗（*Echinochloa oryzicola*）	初为黑褐色小斑点，后扩大，呈紫褐色。病斑周围带有深黄色水渍状晕圈	叶片症状与人工接种相似
6. 狗尾草（*Setaria viridis*）	初为紫褐色斑点，后渐扩大，周围略带黄色水渍状晕纹	叶片、叶鞘症状与人工接种相似
7. 茵草（*Beckmannia syzigachne*）	初为黄褐色小斑点，后扩大，呈赤褐色，周围带有黄色晕纹	叶片症状与人工接种相似
8. 东北鹅观草（*Roegneria manshurica*）	初为褐色小点，四周黄色水渍状晕纹明显，后扩大为不规则状病斑，中央病组织枯死，呈淡黄色，外缘深褐色	叶片症状与人工接种相似，叶鞘、茎部病斑呈暗褐色条斑，病斑周围略带黄色水渍状晕纹
9. 雀麦一种（*Bromus* sp.）	初为褐色小点，后渐扩大，病斑外缘呈水渍状黄色晕纹，中央呈黑色	叶片、叶鞘、茎部症状与人工接种相近
10. 荻（*Miscanthus sacchariflorus*）	初为赤褐色小点，后扩大为红色，外缘赤褐色。不规则病斑中央干枯，呈灰白色，周围略带黄色水渍状晕纹	叶片症状与人工接种相似
11. 偃麦草（*Elytrigia repens*）	初为黄褐色小点，后扩大呈暗褐色不规则，周围呈黄色水渍状晕纹	叶片症状与人工接种相似
12. 拂子茅（*Calamagrostis epigeios*）	初为褐色小点，后转为黄褐色，病斑周围有明显的黄色晕纹，中央组织枯死呈灰白色	叶片、叶鞘症状与人工接种相似

（续）

禾本科杂草名称	叶片接种症状	自然发病症状
13. 匍茎剪股颖（*Agrostis stolonifera*）	初为紫褐色小点，后扩大呈暗褐色不规则病斑	叶片症状与人工接种相似
14. 垂披碱草（*Elymus sibiricus*）	初为暗褐色小点，后渐扩大，中央病组织枯死呈灰色，周缘为赤褐色。病斑周围略带黄色水渍状晕纹。常常数个病斑融合	叶片症状与人工接种相似
15. 披碱草（*E. dahuricus*）	初为黄绿色水渍状晕点，后渐扩大。病斑中央为黄灰色，外缘为淡褐色。病斑周围有黄色晕纹	叶片症状与人工接种相似
16. 无芒雀麦（*Bromus inermis*）	初为褐色小点，渐扩大呈不规则病斑，病斑中央组织枯死呈灰色，周围有黄色水渍状晕纹	叶片、叶鞘、茎、茎节和穗均有发生，症状与人工接种叶片相似，叶片和叶鞘上病斑多个融合
17. 陆稻（*Oryza montana*）	与水稻叶片接种该病原菌症状相似	叶片、叶鞘、穗和茎部均常发
18. 谷子（*Setaria italica*）	初为暗褐色小斑点，周围带黄色水渍状晕圈。病斑扩大后呈不规则状，中央枯死呈灰黄色	延迟出苗的谷子幼苗叶片常发
19. 高粱（*Sorghum bicolor*）	初为赤色小点，后扩大为中央灰色、边缘淡紫色的病斑，常多病斑融合	延迟出苗的高粱幼苗叶片常发
20. 小麦（*Triticum sestivum*）	初为赤褐色小点，带有黄色水渍状晕纹，后期呈暗褐色	延迟出苗的小麦苗叶片、茎部常发，茎部为褐色短条斑
21. 知风草（*Eragrostis ferruginea*）	初为褐色，并有水渍状晕纹，后渐扩大，中央枯死变成黄色，边缘呈紫色	较少发病
22. 看麦娘（*Alopecurus* sp.）	初为黄色斑点，后渐扩大，病斑中心呈黄色，边缘呈淡紫色。最后病斑中央组织枯死呈灰黄色，外缘呈紫褐色	较少发病
23. 老芒麦（*Elymus sibiricus*）	病斑中心组织枯死呈黄色，外缘呈紫褐色	较少发病
24. 泽地早熟禾（*Poa palustris*）	初为暗褐色，后渐变为淡褐色，最后呈灰黄色，病斑常融合成片	较少发病
25. 雀麦（*Bromus japonicus*）	初为淡灰色，后变暗褐色，并扩大，最后病斑中央为褐色，外缘黄色，略带水渍状晕纹	较少发病
26. 早熟禾（*Poa annua*）	初为褐色斑点，后渐扩大，中央组织枯死，呈灰色，外缘呈紫褐色。病斑前期扩展较慢，定型症状为：病斑中心为黄色，外缘紫褐色	较少发病
27. 长芒稗（*Echinochloa caudata*）	初为灰褐色斑点，后变为褐色，最后病斑中心呈黄色，外缘呈紫褐色	较少发病
28. 紫羊茅（*Festuca rubra*）	初为淡褐色小点，渐变为淡黄褐色，最后病斑中心呈灰色，外缘呈黄褐色	较少发病
29. 短穗看麦娘（*Alopecurus brachystachyus*）	初为褐色斑点，后来稍向外扩展，中心呈黄色，外缘为灰黄色	较少发病
30. 稗（*Echinochloa* sp.）	初为褐色斑点，逐渐蔓延，但较慢，最后病斑中央为褐色，边缘为黄绿色	较少发病
31. 加拿大早熟禾（*Poa compressa*）	初为暗褐色，后渐变成灰褐色，最后病斑中央为黄色，外缘淡褐色，病斑不扩大蔓延	较少发病
32. 耐酸草（*Bromus ciliatus*）	初为暗褐色，后变成黄褐色，不扩大蔓延	较少发病
33. 小糠草（*Agrostis alba*）	初为淡绿色，病斑不易扩大，最后呈黄绿色斑点状	较少发病

在初侵染源菌量满足时，气候条件对病害发生流行具有主导作用。夏季连续阴雨、气温偏低，风口区域易发生褐斑病。偏施氮肥，植株生长幼嫩，抗性下降，容易发病。田间地势低洼、积水，暴雨后受淹，水稻细菌性褐斑病会突发。

六、防治技术

目前，我国水稻细菌性褐斑病的发生格局尚处于局部发生，故采取有效的植物检疫措施，对控制该病害蔓延非常必要。

该病害与水稻其他细菌病害相似，可以根据病害实际发生情况，对多种细菌性病害进行总体防治，防治方法与水稻细菌性褐条病相同。

刘凤权（江苏省农业科学院植物保护研究所）
范加勤（南京农业大学植物保护学院）

第7节　水稻纹枯病

一、分布与危害

水稻纹枯病俗称花脚秆、烂脚秆、富贵病。该病于1910年首先在日本由宫宅发现；其后莱因金（1918）和帕洛（1926）在菲律宾，帕克和伯塔斯（1932）在斯里兰卡相继报道了此病。20世纪50年代前的一段时期，此病曾一度称为“东方病害”。迄今已广泛分布于世界各产稻区，在欧洲、非洲和美洲等国家的主要稻区均有发生，以亚洲各稻区受害严重。在我国，水稻纹枯病发生普遍，南北稻区均有分布，以长江流域和南方稻区为害较重；20世纪90年代中期以来，北方稻区纹枯病的发生趋势逐年上升。目前是我国水稻生产上发生面积最大、为害最重的病害。

水稻纹枯病在我国最早于1934年由魏景超报道。20世纪70年代，随着氮素化肥用量增加，加之矮秆、多蘖、密植的高产栽培，该病为害趋势加重。1975年将纹枯病列为全国防治对象，为水稻三大病害之一。当时发病面积占14.56%，至1983年上升到38.49%，迄今已上升到40%。植株发病后，轻者可造成叶鞘和叶片提早枯死，影响谷粒灌浆，形成大量秕谷，重者可使水稻不能正常抽穗，甚至整株腐烂枯死，严重影响水稻产量，使水稻结实率下降，千粒重减轻，秕谷增多。一般减产15%～20%，重病田可达60%～70%。据全国农业技术推广服务中心病虫测报处的资料，我国近几年的年均发病面积为1 500万～2 000万 hm^2，估计每年损失稻谷约60亿kg，占水稻病虫害损失的40%～50%。由于该病发生面积广、流行频率高，有的年份引致的总损失甚至超过稻瘟病和白叶枯病，成为水稻稳产高产的严重障碍。

二、症状

水稻纹枯病从秧苗期至穗期均可发生，以分蘖盛期至穗期受害最重，主要侵染叶鞘、叶片，严重时可侵染茎秆并蔓延至穗部。叶鞘发病，自近水面处叶鞘开始出现水渍状、暗绿色斑点，逐渐扩展成云纹状褐色病斑；后期病斑中部枯白色，潮湿时呈深灰色，边缘褐色至暗褐色，严重时病斑会合成云纹状大斑块。重病叶鞘常引致其上部的叶片发黄枯死。病害严重时或植株倒伏情况下，叶片常常受害，病斑与叶鞘相似，常会合形成不规则形大病斑。严重时延及稻穗，穗颈、穗轴以至颖壳等部位呈污绿色湿润状病斑，后变褐色，结实不良，半穗甚至全穗枯死。阴雨潮湿时，病部长出白色至淡灰色、蛛丝状霉状物，攀附于组织表面或相邻稻株之间，菌丝集结可形成白色绒球状菌丝团；最后形成暗褐色、菜籽状菌核（彩图1-7-1）。严重时后期病斑表面及其附近还可产生白色粉状物，即病菌的担子和担孢子构成的子实层。

三、病原

水稻纹枯病菌无性阶段为立枯丝核菌（*Rhizoctonia solani* Kühn），隶属担子菌无性型丝核菌属；有性阶段为瓜亡革菌［*Thanatephorus cucumeris*（Frank）Donk］，属担子菌门亡革菌属。

病菌营养菌丝无色，老熟菌丝淡褐色，分枝规整，多近于直角，分枝基部常缢缩，分枝附近具分隔。菌核由菌丝体交织纠结而成，初为白色，渐变为褐色至暗褐色，扁球形、肾形或不规则形，直径为1.5～3.5mm，有少量菌丝与寄主相连（彩图1-7-2）。

菌核表面粗糙具有圆形小孔洞，在形成过程中，由孔洞向外排出分泌物，在萌发时也由此伸出菌丝，又称萌发孔。老熟菌核分内、外层，外层由死细胞腔所组成，是菌核越冬的保护层，内层为活的细胞群，内外层的厚薄决定菌核在水中的浮沉。病斑表面的白色粉状物为病菌的子实层，由粗菌丝和担子组成。担子倒卵形或圆筒形，顶生2～4个小梗，其上各着生1个担孢子；担孢子单胞、无色、卵圆形或椭圆形，基部稍尖，大小为（6～10）μm×（5～7）μm。

病菌菌丝生长发育温度为10～36℃，最适温度为28～32℃。在适温下，如有水分，病菌经18～24h即可完成侵入。菌核萌发需96％以上的相对湿度，相对湿度低于85％则菌核萌发受抑制。菌丝在pH 2.5～7.8范围内均可生长，最适pH为5.4～6.7。光照对菌丝生长有抑制作用，但可促进菌核的形成。条件适宜时，当年新生菌核无须经休眠期或成熟期，即可萌发致病。在土表、土下及水中越冬的菌核成活率均较高。

水稻纹枯病菌的寄主范围很广，在自然情况下可寄生在15科近50种植物上，人工接种时，可侵染54科210种植物。主要寄主作物有水稻、玉米、大麦、高粱、粟、黍、大豆、花生、甘蔗和甘薯等。

水稻纹枯病菌存在生理分化现象。国际上普遍采用Ogoshi的菌丝融合群（anastomosis group，AG）标准菌株作为田间分离物测试菌。最早于20世纪70年代初采用菌丝融合法将立枯丝核菌区分为7个融合群，迄今已报道的*R. solani*共计被分为14个菌丝融合群，包括AG-1～AG-13和AG-BI，每一融合群再根据培养性状、寄主以及生理生化等特性分成不同的种内类群（intraspecifie group，ISG），种内类群至少有18个。综合所见报道，大部分地区水稻纹枯病菌皆属于立枯丝核菌第一菌丝融合群（AG-1）的AG-1-IA群，且其致病力最强，所以，目前认为AG-1-IA为导致水稻纹枯病的优势菌群。而在AG-1群各菌株间，其致病力同样存在差异，可按病菌的培养性状和致病力划分为3个型，即A、B、C型，A型致病力最强，B型次之，C型最弱。水稻纹枯病3种类型的培养性状特点：A型，菌丝生长紧贴培养基表面，气生菌丝少，常形成不规则的菌核相聚集的块状物，培养基物黑褐色；B型，菌丝生长特性同A型，培养基表面形成大小不等、表面粗糙的菌核，大小为0.7～4.8mm，每皿菌核200～600个，培养基物褐色；C型，气生菌丝繁茂，皿盖上形成少量菌核，大小为1.18～8.66mm，每皿菌核2～8个，培养基物淡褐色。AG-1融合群目前分为IA、IB和IC共3个亚群（ISG）。

四、病害循环

水稻纹枯病菌主要以菌核在土壤中越冬，同时也可以菌丝和菌核在病稻草、田边杂草及其他寄主上越冬。田间的菌核为翌年或下一季病害主要初侵染源。据江苏调查，晚稻收获后遗留在田间菌核的数量，一般每公顷150万粒，重病田900万～1 200万粒，严重病田高达3 000万～4 500万粒。翌年灌水耙田时，越冬菌核相继浮出水面，随水漂移。水稻移栽后，尤其至秧苗分蘖期，部分漂浮的菌核黏附于稻株基部叶鞘上，随着稻株分蘖数的增加，黏附在稻株基部的菌核数量也增多。在适温高湿的条件下，菌核萌发长出菌丝；菌丝在叶鞘上蔓延，从叶鞘的缝隙处深入内侧，先形成附着胞，经气孔或直接突破表皮侵入。也有报道称菌丝不从叶鞘缝隙处，而是在叶鞘表面就能完成侵染。菌核具浮水性、沉水性、转变性3种特点，形成水上病斑、水下病斑、跨越型病斑。病菌侵入后，潜育期短的1～3d，长的3～5d。

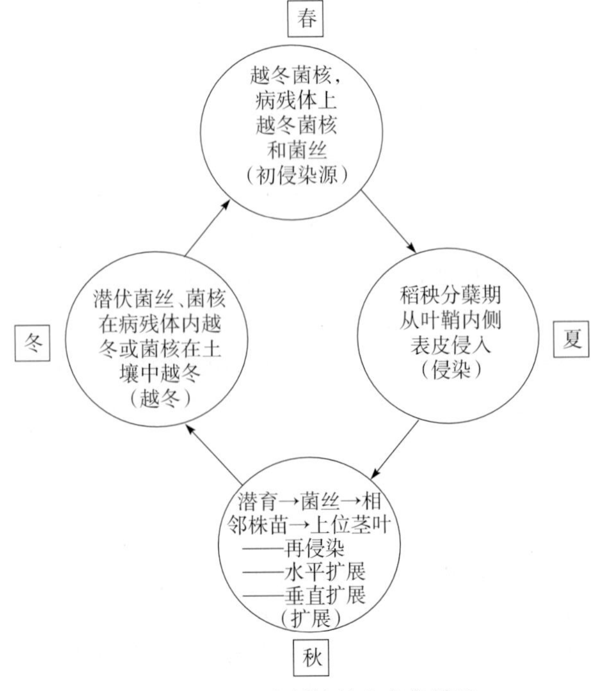

图1-7-1 水稻纹枯病病害循环

Figure 1-7-1 Disease cycle of rice sheath blight

病菌在稻株组织内不断扩展后，还可向外长出裸露的气生菌丝，在病组织附近的叶鞘或邻近的稻株间，进行再次侵染。由于菌丝蔓延的向性和水稻的生长特性，使纹枯病的发生有两个明显的阶段，即水平扩展阶段和垂直扩展阶段。在水稻分蘖盛期至孕穗期，病害多表现为从病株（丛）零星发生到田间病株（丛）率不断水平蔓延的现象，这通常是裸露于叶鞘外表的菌丝向叶鞘、叶片蔓延侵害——构成水平扩展的群体被害状，直至孕穗期达到高峰，导致病株率或病丛率增加；孕穗后期至抽穗以后至蜡熟期，接近剑叶的光合层叶鞘由于空间湿度低，菌丝一般不裸露于叶鞘的外表面，而在叶鞘内侧生长蔓延侵染叶鞘、叶片，如遇阴雨天多，湿度大，则菌丝裸露于叶鞘背面，蔓延侵染，病斑由下位叶鞘向上位叶鞘蔓延——构成垂直扩展群体的被害状，以抽穗期至乳熟期最快（彩图 1-7-1）。

研究表明，病部所产生的担孢子在人工接种条件下可引起病害，但自然情况下和病害的发生无明显关系，在病害传播中的作用尚不明确。

五、流行规律

水稻纹枯病的发生受菌核基数、气象条件、稻田生态、耕种条件、水稻抗病性以及水肥管理等多种因素的影响。

（一）菌核基数

田间越冬菌核残留量的多少与水稻纹枯病初期发病轻重有密切关系。上茬轻病田、打捞菌核彻底的田块和新垦田，发病轻；反之重病区、上茬重病田、越冬菌核量大，发病严重。病情的后续发展蔓延，受田间管理、稻苗长势、稻田小气候及水稻抗性等因素的影响较大，与菌核残留量的关系往往不显著。

（二）气象条件

高温、高湿有利于水稻纹枯病流行，在品种和栽培条件变化不大的情况下，不同年份病害发生轻重主要受温、湿度的综合影响。温度主要影响病害发生早晚和流行期长短，湿度主要影响病害发生的程度，但病害发生的轻重和流行程度常常是多种因素综合影响的结果。田间一般温度 23℃时开始发病，23～35℃有利于病害的扩展。在温度 28～32℃、相对湿度 97%以上时最适宜病害发生。长江中下游地区，由于初夏气温偏高、盛夏雨多，纹枯病发生较重。早稻发病高峰在 6 月中旬至 7 月上旬，中、晚稻发病高峰在 8 月下旬至 9 月下旬。北方稻区在分蘖盛期为始病期。决定水稻纹枯病流行的关键生态因素是降雨以及湿度，以降水量、雨日、湿度（雾、露）最为重要。雨日多、相对湿度大发病重；稻田郁闭、株间湿度大，利于病害发展。

（三）田间管理

水稻纹枯病病情的轻重在很大程度上取决于田间栽培管理，其中，又以灌水和施肥的关系最为密切。长期深灌、漫灌和串灌的灌水模式，极其利于菌核随水漂移蔓延，而且增加了田间湿度，有利于菌丝的萌发、生长、侵染和扩展。稻飞虱防治不利，往往加重病害发生。因此，根据各地经验，浅水勤灌，适时排水晒田，后期湿润灌溉，则发病减轻；但晒田过度使水稻发育不良，抗病力下降，发病也重。

施肥对水稻纹枯病的影响与稻瘟病相似，肥量过多、施用过迟以及过量施用氮肥，一方面，水稻生长前期封行过早，田间郁闭，后期稻株贪青，茎叶徒长，使田间通风透光不良，光照差，稻株内碳氮比降低，纤维素和木质素减少，茎秆柔弱，导致植株抗病力减弱，利于病菌侵入，且易引起倒伏，加重病害发生；另一方面，水稻生长过于茂盛，田间郁闭，田间小气候湿度也随之增大，造成纹枯病菌菌丝生长蔓延的有利条件，故发病程度明显加重。

（四）水稻品种抗病性及生育期

水稻品种对纹枯病的抗性具有一定差异，但生产上应用的品种多表现为感病或中感，少数中度抗病，未发现免疫和高抗的品种，这也是迄今为止水稻生产上纹枯病难以控制的一个主要原因。陈宗祥等（2000）报道，引进的 20 个抗源，在中国表现抗病（病级 1～3）的有 3 个，即 KATY（美国）、LSBR-5（美国）和 H4/CODF（来源不详），其他表现抗到中抗（病级＞3～6）的有 15 个品种，感病的有 2 个品种（病级＞6），未见高抗和免疫材料。从抗源的构成看，籼稻、粳稻、高秆和半矮秆品种都有。总体而言，抗性表现为籼稻＞粳稻＞糯稻；高秆窄叶品种＞矮秆阔叶品种；常规稻＞杂交稻。

虽然迄今尚未发现有免疫或高抗的品种，但不同水稻品种对水稻纹枯病的抗性仍然存在着显著的差异，并已发掘了一些抗性资源，对纹枯病的抗性较高且稳定，可作为抗性种质应用于水稻抗病育种。

美国在水稻纹枯病抗源筛选方面做了大量工作，现已肯定了一批稳定优良的抗源，它们分别是 Tetep、Taducan、Jasmine85、IET4699、特青、桂朝 2 号、扬稻 4 号等；在半野生的红米资源中，也发现较多抗性资源。从现有稻种资源中，也可筛选出抗病品种。袁筱萍等（2004）采用两种接种方法和3个纹枯病菌株，在两个生长季节对9个具不同抗性的水稻品种进行纹枯病抗性的综合评价，结果发现籼稻品种白叶秋在上述各条件下均表现了对纹枯病较稳定的抗性，病级仅为2级（Rush 0～9级标准）左右，相对病斑高度为0.32～0.35，可以作为抗纹枯病种质用于水稻抗病育种。陆岗等（2004）鉴定了12份来自中国广西和国际水稻研究所的深水稻品种，结果发现所有深水稻品种的纹枯病病级均为感病，Groth等（1992）从美国南部4个主要水稻生产州的水稻品种中鉴定出：Tetep、Taducan、Jasmine85、H4/coDF、Rice/Grass、特青、桂朝2号、RXCL等抗源材料。所有这些抗源均引自东南亚。McKenzie等（1986）通过Ico辐射，将Tetep改造成矮秆早熟的改良抗源P150071和P150072。

水稻对纹枯病的抗病机制包括物理抗性、生理生化抗性和生育期抗性。①物理抗性：高秆窄叶比矮秆阔叶抗病；细胞硅化程度高，纤维素、木质素含量多抗病。②生理生化抗性：过氧化物酶、多酚氧化酶与苯丙氨酸转氨酶活性高以及淀粉含量高，则抗病。③生育期抗性：一般营养生长期较抗病，转入生殖生长期抗病性逐渐减弱，易感病；植株组织幼嫩程度与发病有一定关系，2～3周龄叶鞘、叶片比5～6周龄的耐病。

水稻抗纹枯病遗传多表现为显性，也存在隐性遗传现象。从现有的研究看，抗性多是由多基因控制，且存在主效抗病的数量性状。

水稻纹枯病抗源种质的筛选和引进工作越来越受到重视，先后发掘了一批抗病的优良种质，如白叶秋、ZH5及籼粳杂交后裔突变体材料91SP、YSBR1、Ysb和转基因材料4011等。这些种质大多经过多年及多种方法的鉴定，表现出抗性水平高且稳定，同时株型优良，在水稻抗纹枯病遗传育种中有较大研究价值和应用前景。

水稻的生育期与发病也有明显关系。除南方晚稻类型在秧苗期即有发病外，大部分稻区均为水稻分蘖盛期开始发病，孕穗至抽穗期为发病高峰期，乳熟期后病势开始平缓下降，至蜡熟期基本停止。

六、防治技术

水稻纹枯病的防治应采取以清除菌源为前提，合理施肥和科学管水为核心，选用抗（耐）病品种为重点，适时药剂防治的综合治理策略。

（一）农业防治

1. 清除菌源 在春季秧田或本田翻耕灌水耙压时，多数菌核浮于水面，混杂在“浪渣”内，被风吹到田边或田角，可用细纱网或布网等工具打捞“浪渣”，并带出田外深埋或晒干后烧毁；防止病稻草和未腐熟病草还田，稻草垫栏的肥料须充分腐熟后施用；铲除田边杂草，及时拔除田中稗草。

2. 加强肥水管理 根据水稻生育时期、气象条件、土壤性质等，合理排灌，以水控病，改变长期深灌造成的高湿环境。提倡“前浅、中晒、后湿润”的用水原则，分蘖末期以前应以浅水勤灌，结合适当排水露天；分蘖末期至拔节前适时晒田、后期干干湿湿管理，降低湿度，促进稻株健壮。有的地方提出的“浅水分蘖，够苗晒田促根，肥田重晒，瘦田轻晒，浅水养胎（指穗胎），湿润保穗，不过早断水，防止早衰”的原则较为实际。

同时应贯彻“施足基肥，早施追肥，灵活追肥”的原则，氮、磷、钾肥配合施用，农家肥与化肥、长效肥与速效肥结合施用，忌偏施氮肥和中、后期大量施用氮肥，使水稻前期不披叶、中期不徒长、后期不贪青。合理密植，改善群体通透性。

（二）种植抗病品种

水稻品种间存在抗性差异，应种植抗病性或耐病性较好的品种。且应发掘抗病材料，培育抗病品种。根据当地生态特性，在农艺性状相近的情况下，选择种植抗病性或耐病性较好的品种，如特青、博优湛19、中优早81、汕优63、汕优6号、汕优/CDR22、盐恢629、恢18、红团粒粳、红团粒籼、先锋1号、豫粳6号、辐龙香糯、冀粳14、花粳45、辽粳244、沈农43和盐粳456等。

（三）化学防治

水稻分蘖末期为防治的关键期，丛发病率达5%或拔节至孕穗期丛发病率达10%～15%时，及时施药。水稻封行后至抽穗期间或发病初期，喷施井冈霉素（3%、4%、5%、10%水剂），每公顷用药150～185.5g（有效成分），对水750L喷雾或对水400L泼浇。或分蘖盛期至圆秆期，喷施甲基硫菌灵（50%、

70%可湿性粉剂），每公顷用药 1 050～1 500g（有效成分），对水喷雾 2～3 次。或水稻破口期和齐穗期，各施 1 次多菌灵（50%可湿性粉剂、40%悬浮剂），每公顷用药 750～900g（有效成分），病情严重时间隔 10～15d 再喷 1 次；或 30%稻丰灵水剂，每公顷用药 3 000～3 750g，对水喷雾，同时可兼治水稻害虫；或 15%三唑酮可湿性粉剂，每公顷用药 1 500～2 250g，对水喷雾，还可兼治水稻中、后期叶黑粉病、粒黑粉病以及稻曲病等；或 40%菌核净可湿性粉剂，每公顷用药 3 000～3 750g，在防治适期喷雾，间隔7～10d，再施药 1 次，效果较好；或分蘖盛期至拔节期，用己唑醇（5%、10%、30%悬浮剂）喷雾，每公顷用药 45～75g（有效成分）。近年生产上使用的新药剂有 30%丙环唑·苯醚甲环唑（爱苗）乳油、24%噻呋酰胺（满穗）悬浮剂等，均有较好的防控效果。

同时注重生物防治，在发病初期，喷施木霉菌、假单胞杆菌、芽孢杆菌 B908、芽孢杆菌 B916 及 NJ-18 等生防药剂。喷雾时要使药液到达稻株下部，一般连续用药 2～3 次。

刘志恒　魏松红（沈阳农业大学植物保护学院）

第 8 节　水稻菌核病

一、分布与危害

水稻菌核病是水稻的重要病害，它是指水稻受侵染后，在病部表面或组织内形成菌核的病害。国内一般将水稻菌核病分成两种病害，即稻小球菌核病和小黑菌核病。两病单独或混合发生，也称小粒菌核病或秆腐病。该病可在水稻的整个生育期为害，但以水稻抽穗期及孕穗期受害最为严重，一般乳熟期到黄熟期症状表现非常明显（叶斌等，2005）。1876 年，卡塔利奥在意大利报道了该病。此后，该病在越南、美国、菲律宾、日本、印度、莫桑比克、斯里兰卡等国家均有报道（吴海燕，2004）。水稻菌核病在我国主要分布在南方稻区，包括四川、云南、安徽、江苏、浙江、福建、广西和广东等（李国友，2010）。在北方，黑龙江、辽宁、吉林省也有发病的相关报道（尹德明等，2002）。该病发生后可引起水稻秆腐，病株易倒伏，籽粒灌浆不畅，千粒重下降。病害较重的田块一般减产 10%～25%，多的可达 50%～90%（叶斌等，2005）。

二、症状（彩图 1-8-1）

水稻菌核病以侵染稻株基部的叶鞘和茎秆为主，初期在近水面的叶鞘上产生黑褐色小病斑，以后逐渐向上扩展成黑色细条状、纺锤形或椭圆形病斑，可扩大到整个叶鞘。菌丝蔓延至叶鞘内层及茎秆后，在茎秆表面形成黑色线条状坏死线，以后发展成黑色大病斑，严重时茎秆基部变黑腐朽，最后茎秆腐烂、纵裂、软化倒伏，致使水稻后期灌浆不畅，谷粒干瘪发白。发病后期，叶鞘和茎秆内部可见灰色菌丝和黑褐色菌核。病菌的分生孢子可直接侵害穗部，引起穗枯（孙玉雷，1998；叶斌，2005；李国友，2010）。水稻小球菌核病和小黑菌核病的症状类似，两者的主要区别在于菌核的大小和形态（表 1-8-1）（吴海燕，2004）。

表 1-8-1　小球菌核病和小黑菌核病的区别（引自洪剑鸣等，2006）

Table 1-8-1　Differences between the two rice stem rot diseases in China（from Hong Jianming et al.，2006）

病菌症状		小球菌核病	小黑菌核病
病斑	形状	线条斑	线条斑
	颜色	黑色	黑色
	大小（cm）	>10	>10
	发生部位	叶鞘、秆	叶鞘、秆
菌核	形成场所及数量	茎腔内、叶鞘组织内，多	茎腔内、叶鞘组织内，多
	外表颜色	黑色有光泽	黑色粗糙
	形状	球形	球形至不规则形
	大小（mm）	0.25（0.15～0.34）	0.15（0.1～0.2）
	切面	内外二层	一层

（续）

病菌症状		小球菌核病	小黑菌核病
孢子形态		新月形，中间2胞，色较深	新月形，菌核生出的孢子有卷须
发育温度	最适	25～30℃	25～32℃
	最高	38℃	38℃
	最低	<15℃	<15℃
酸碱度	最适	pH4～5	pH6.5～7
	最高	pH9.6	pH9.6
	最低	pH3.2	pH3.0

此病害在苗期便可发生，拔节期后病情逐渐扩展，叶鞘受害导致叶片提前枯黄。抽穗期后受害茎秆变黑腐烂，乳熟期后病株迅速枯萎倒伏。

三、病原

水稻菌核病病原命名较混乱，2014年Luo和Zhang将其无性型命名为*Nakataea oryzae*（Catt.）J. Luo & N. Zhang，comb. nov.［= *Sclerotium oryzae* Catt.，*N. sigmoidea*（Cavara）Hara，*Helminthosporium sigmoideum* Cavara，*Magnaporthe salvinii*（Catt.）R. A. Krause & R. K. Webster，*Leptosphaeria salvinii*（Catt.）］，中文种名为水稻双曲孢，无性型为双曲孢属，有性型为子囊菌真菌（彩图1-8-2）。分生孢子梗深褐色，不分枝，上生新月形分生孢子，大小为（41～63）μm×（11～15）μm，有隔膜0～4个，多3隔，中间两细胞较大，暗褐色，两端细胞较小，淡褐色或无色。菌核球形，大小约0.25 mm，有内外两层，外层黑色，内层淡褐色（魏景超，1982；王疏，1998；洪剑鸣等，2006）。

一些研究表明，小黑菌核病病原与小球菌核病病原在形态上存在一些差异。小黑菌核病菌的分生孢子梗在病组织上或浮于水面的菌核上形成，单生或数枝簇生。分生孢子新月形或纺锤形，具隔膜3～4个，大小为（50～74）μm×（8～12）μm，顶细胞上生卷须状长丝，大小为（25～100）μm×2μm。菌核大小约0.15mm，球形、椭圆形、圆柱形或不规则形，表面粗糙，黑色无光泽。菌核无内外层之别，均为深橄榄色（吴海燕，2004；叶斌，2005）。

四、病害循环

水稻菌核病菌主要以菌核形式在稻草、稻茬或土壤中越冬，成为翌年的初侵染源。春耕灌水时，越冬菌核浮出水面附着于秧苗或叶鞘基部，温、湿度适宜时萌发长出菌丝，菌丝直接从叶鞘表面或伤口侵入。病害潜育期在平均气温17.5～20.2℃时为12d，23.4℃时为7d（洪剑鸣等，2006）。发病初期，病菌多在叶鞘组织内部蔓延扩展，至抽穗前后，病菌突破叶鞘到达茎秆，随后菌丝侵入到茎秆髓部，导致茎秆发黑腐朽，后期在叶鞘及茎腔内产生大量黑色小菌核。有时病斑表面产生一层薄薄的浅灰霉层，即病菌分生孢子，分生孢子随气流、水流或叶蝉、飞虱等昆虫传播，可引起再侵染，但主要以病健株接触短距离再侵染为主（图1-8-1）。水稻菌核病菌寄主

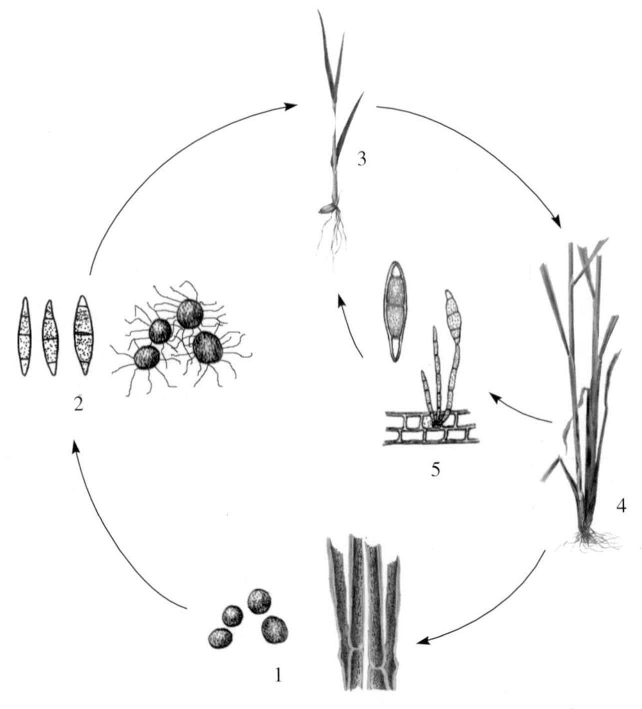

图1-8-1 水稻菌核病病害循环［杨丹参考孙恢宏（1999）绘］
Figure 1-8-1 Disease cycle of rice stem rot［Yang Dan from Sun Huihong（1999）］
1. 有菌核的病残体 2. 菌核萌发长出菌丝及分生孢子
3. 健康植株 4. 发病植株 5. 病组织上的分生孢子

有水稻、小麦、大麦、燕麦、茭白、稗草、狗尾草、泽泻等（吴海燕，2004；叶斌，2005）。该菌的菌核在干燥状态下可存活190d，沉在水下至少可存活319d，日光下145h就死亡。菌核存放于20℃的室内可存活3年，25℃下存活10～13个月，35℃下存活4个月。由此可见，低温、湿润条件利于菌核的存活，日光、高温和光照则反之（洪剑鸣等，2006）。

五、流行规律

水稻小球菌核病和小黑菌核病的病原为弱寄生菌，如将病菌人工接种到健壮稻株上不易感染，而接种到生长衰弱的稻株上极易成功感染。因此，该病的发生、发展与水稻发育是否正常及抗病能力的强弱关系密切。此外，该病的发生与菌源、气候条件、品种与生育期、栽培条件等多种因素有关。

（一）菌核基数

菌核数量是翌年发病的主要因素。田间的菌核数量越多，翌年的发病率就越高。据各地调查，在晚稻普遍发病的年份，翌年春季稻桩带菌率一般为30%～40%，而重病田或常年发病田稻桩带菌率可多达70%～80%（李国友，2010）。

（二）气候条件

高温、高湿利于水稻菌核病的发生流行。水稻生育期间，气温条件影响菌核生长。病菌生长的温度为5～35℃，以25～30 ℃最适宜。日照时间短、降水量多、昼夜温差大、相对湿度高等有利于该病的侵染发生，发病后若连续高温干旱为害程度可加重，使植株失水干枯。特别是水稻生长后期天气干旱，气温在25～30 ℃时，植株发病程度更加严重（吴海燕，2001）。

（三）肥水管理

偏施氮肥，前期施肥量大，易造成植株生长嫩绿，抵御不良环境条件的能力减弱，从而易感染菌核病。常年不施有机肥的田块以及常年有积水的田块也易发病（高扣玉，1984）。长期深水灌溉比浅水灌溉发病重。有病田块的灌溉水深以3 cm左右为宜，以浅—湿—干交替灌溉法为好。后期排水过早或开花乳熟期田面过于干燥都可促进该病的发生（王平，2002）。

（四）水稻品种抗病性

水稻菌核病的发生与水稻品种的抗病性有关，抗病性弱的水稻品种较抗病性强的易感染该病。一般高秆品种较矮秆品种抗病，生育期短的较生育期长的抗病。单季晚稻较早稻发病重，双季晚稻较中季稻发病重，糯稻抗病性强于籼稻强于粳稻。同一品种在不同生育期的抗病性也不同。通常在抽穗后抗病性减弱，尤以灌浆期后随着稻株的衰老，抗病性显著下降（李生杰，2006；李国友，2010）。

（五）其他病虫害的影响

螟虫、稻飞虱、叶蝉等害虫或纹枯病为害严重的田块，一般可加重稻菌核病的发生（辛惠普，2001）。

六、防治技术

（一）减少菌源

稻田翻耕或插秧前打捞田里的菌核，并深埋或焚烧。病稻草要高温沤肥，病田收割时要齐泥割稻，稻株要拿到田外，远离稻田脱粒，以免病菌飘落田块（郭海生，2012）。

（二）加强栽培管理

品种合理布局，杜绝“插花”种植，科学用水，疏通排灌渠道，浅水勤灌，适时晒田，孕穗到抽穗灌浆期要保持浅水层，保持田面湿润状态，不早脱水。多施有机肥，增施磷、钾肥，特别是钾肥，忌偏施氮肥。有条件的可实行水旱轮作（孙玉雷，2005）。

（三）选用抗病品种

因地制宜地选用优质、高产、抗病品种。如可选用的早稻有早籼15、香Ⅱ优87、金优424等，中稻有Ⅱ优明86、丰优559，晚稻有中优218、皖粳48、早广2号、汕优4号、粳稻184、闽晚6号等（叶斌，2005；洪剑鸣，2006）。

（四）药剂防治

根据各地试验，一般以拔节期和孕穗期用药效果好。如：在水稻拔节期和孕穗期喷洒40%敌瘟灵乳油1 000倍液、5%井冈霉素水剂1 000倍液、70%甲基硫菌灵可湿性粉剂1 000倍液、50%腐霉利可湿性粉剂 800～1 500 倍液、50%乙烯菌核利可湿性粉剂 1 000～1 500 倍液、50%异菌脲或 40%菌核净可湿性粉剂 1 000 倍液、20%甲基立枯磷乳油 1 200 倍液等，均可有效防治水稻菌核病（许轼，2005；叶斌，2005；李国友，2010）。

（五）注意其他病虫害的防治

要加强水稻螟虫、稻飞虱、叶蝉等虫害以及纹枯病、稻瘟病等病害的防治，减轻稻菌核病的病菌传播和入侵的机会，防止或减轻发病（洪剑鸣，2006）。

附：水稻小球菌核病分级标准

0 级：全株无病；1 级：茎秆基部叶鞘或茎秆外表有病斑；2 级：病斑侵入茎秆，但茎腔内未形成菌丝、菌核；3 级：茎腔内有菌丝或叶鞘上有菌核；4 级：茎腔内有菌核；5 级：全株枯黄至枯死（杨一峰，2008）。

李国庆　杨丹（华中农业大学）

第 9 节　水稻条纹叶枯病

水稻条纹叶枯病是水稻重要病毒病害之一，由灰飞虱（*Laodelphax striatellus* Fallén）以持久性方式经卵传播，主要发生在东亚的温带、亚热带地区。近年来，该病在我国江苏、山东、河南、上海、浙江等稻区暴发流行。该病最典型的症状是形成褪绿的条纹斑点或斑块，发病植株绝大部分不能正常抽穗，造成严重减产。水稻条纹叶枯病病原为水稻条纹病毒（*Rice stripe virus*，RSV），RSV 除侵染水稻外，还能够侵染小麦、大麦、燕麦、玉米等 80 多种禾本科植物。

一、分布与危害

水稻条纹叶枯病最早于 1897 年在日本关东地区的枥木、群马及长野县发生，后来在朝鲜、韩国、前苏联也有分布（Toriyama，1983）。在中国，该病于 1963 年在江苏南部地区始发（朱凤美等，1964），随后在江苏、浙江一带为害流行；20 世纪 70 年代在北京郊区发生较重，80 年代在山东南部、云南、辽宁地区曾数度流行，90 年代在全国粳稻种植区普遍流行，造成水稻产量的严重损失。在江苏，1998 年开始在部分稻区流行，2001 年在大部分稻区，如盐城、淮安、泰州、扬州、连云港、苏州等地暴发流行且不断蔓延，2002 年发生面积扩大至 100 万 hm^2，病株率 5%～25%，重病田病株率达 50%（程兆榜等，2002）。2004 年发病面积达 157 万 hm^2，占江苏水稻种植面积的 79%，成片水稻绝收，2005 年达到 187 万 hm^2，并开始向浙江、安徽、河南、山东、上海等周边地区蔓延（周益军，2010）。在江苏建湖等地，还同时出现了水稻条纹病毒侵染小麦的情况（Xiong 等，2008a）。2005 年以来，江苏省通过防控技术的推广和抗病品种的种植，水稻条纹叶枯病的为害逐渐回落，至 2008 年，几乎无因该病绝收的现象出现。目前水稻条纹叶枯病已扩及我国的 18 个省份的广大稻区，其中，以江苏、浙江、山东、河南、云南等地的粳稻田发病更为普遍（周益军，2010）。

二、寄主范围和症状

RSV 有两种不同类型的寄主，既能侵染禾本科植物，又能在昆虫体内复制和增殖。因此，认为它既是一种植物病毒，又是一种昆虫病毒。在植物寄主中，RSV 在自然条件下仅侵染禾本科植物，但与纤细病毒属其他成员相比，寄主范围相对广泛，除水稻外，还能侵染小麦、大麦、燕麦、玉米、小黑麦、看麦娘、早熟禾、狗尾草、马唐、山羊草、稗草等 80 多种禾本科植物（阮义理等，1986；Toriyama，1983；周益军，2010）。实验室条件下，RSV 可以通过摩擦接种侵染本氏烟（Yao et al.，2012），也可通过灰飞虱传毒侵染拟南芥（Sun et al.，2011）。

水稻条纹叶枯病最典型的症状就是形成褪绿的条纹斑点或斑块，一般最早出现在幼嫩的心叶上，但由于水稻品种、接种方法、水稻生育期及环境因子等因素的影响，在实际显症方面会出现较多可变性，大致可分为卷叶型和展叶型两类（彩图 1-9-1）。卷叶型症状发展为典型的假枯心，即表现心叶褪绿、捻转，并弧圈状下垂，严重的心叶枯死（周益军，2010）；展叶型的病叶不捻转，也不下垂枯死，心叶展开基本正常或完全正常，发病初期在心叶基部呈现断续的黄绿色或黄白色短条斑，以后逐渐扩展成与叶脉平行的黄白条斑或褪绿条斑。

三、病原

水稻条纹叶枯病病原为水稻条纹病毒（*Rice stripe virus*，RSV），是纤细病毒属（*Tenuivirus*）的代表种。自然情况下，RSV 主要由灰飞虱以持久性方式经卵传播。RSV 病毒粒体为直径 3～8 nm、长度不等的无包膜丝状体（图 1 -9 -1），能超螺旋形成宽 8nm 的分枝丝状体（Koganezawa et al.，1975）。病叶汁稀释限点为1 000～10 000 倍，钝化温度为 55℃/3min，－20℃ 体外保毒期（病稻）为 8 个月。

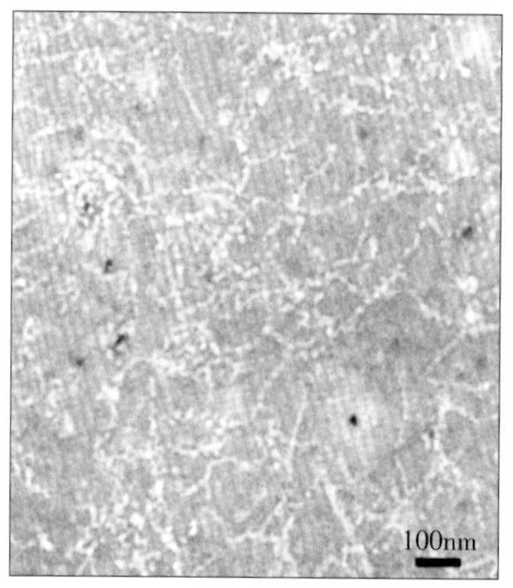

图 1 - 9 - 1　提纯 RSV 粒体的丝状体形态（周益军摄）

Figure 1 - 9 - 1　Morphology of filamentous particles of purified RSV (by Zhou Yijun)

（一）RSV 的基因组结构

RSV 是负义单链 RNA（- ssRNA）病毒，其基因组按分子质量递减的顺序分别命名为 RNA1、RNA2、RNA3 和 RNA4。Takahashi 等（1990）对 RSV 日本 T 分离物的四条单链 RNA 的 5′及 3′端进行了测序，结果发现每种单链 RNA 的 5′端及 3′端各有约 20 个核苷酸互补（只有 RNA1 的 3′端的第六位核苷酸不能配对），形成锅柄状的分子内二级结构，这种独特的二级结构可能是依赖 RNA 的 RNA 聚合酶（RNA - dependant RNA polymerase，RdRP）的识别位点。RSV 具有独特的编码策略，其中 RNA1 采用负义编码策略，编码 RdRP，RNA2、RNA3、RNA4 均采用双义编码策略，即在 RNA 的病毒义链（vRNA）和病毒互补义链（vcRNA）的靠近 5′端处各有一个大的开放阅读框（open reading frame，ORF），都可以编码蛋白质（图 1 - 9 - 2）。其结构为：5′端非编码区（UTR）- 5′端编码区-基因间隔区（IR）- 3′端编码区- 3′端 UTR。

（二）病毒基因组编码的蛋白及其生物学功能

RNA1 负义编码具有 RdRp 结构特征的复制酶，理论大小为 337ku（Toriyama et al.，1994）。Toriyama 等（1986）发现纯化的 RSV 粒体中含有两种病毒蛋白，除 35ku 的核衣壳蛋白外，还有一个分子质量大于 230ku 的蛋白，推测其为复制酶 RdRp。RdRp 理论大小与电泳检测到的复制酶的分子质量相差较大，暗示复制酶可能经历了复杂的翻译后修饰。

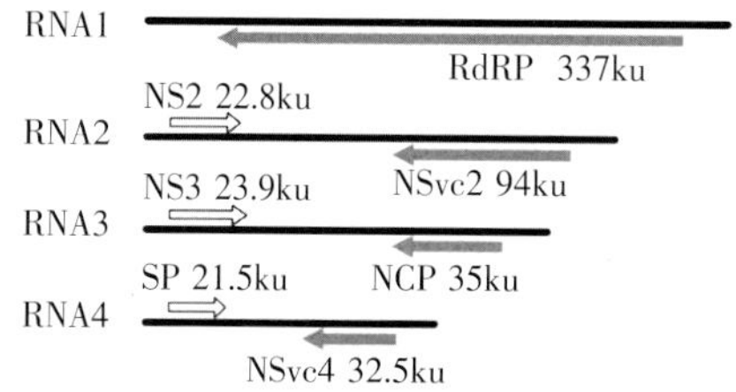

图 1 - 9 - 2　RSV 基因组结构（引自 Xiong 等，2008b）

Figure 1 - 9 - 2　Genome organization of RSV（from Xiong et al.，2008b)

白色箭头表示 RNA 病毒义链上的开放阅读框（ORF），深色箭头表示病毒互补义链上的开放阅读框，箭头的方向指示开放阅读框的翻译方向

病毒 vRNA2 5′端区域有一个开放阅读框，编码 22.8ku 的 NS2 蛋白，Takahashi 等（1999）发现，在 RSV 侵染的灰飞虱单层细胞系中，NS2 可诱导形成胞间连丝状的管状结构，推测其与病毒的胞间运动有关。Du 等（2011）证明，NS2 是 RSV 编码的一个沉默抑制子。在 vcRNA2 5′端区域含另一个长的开放阅读框，编码一个 94ku 的蛋白 NSvc2，推断为膜糖蛋白（Ramirez et al.，1994）。Liang 等（2005）在灰飞虱唾液腺和中肠的上皮细胞中定位到 NSvc2 蛋白的存在，并且可以与病害特异性蛋白（disease - specific protein，SP）在带毒昆虫中肠共积累，形成纤维质状的电子不透明（FEO）内含体，暗示 NSvc2 蛋白和 SP 都可能在病毒与昆虫介体的识别过程中起作用。Li 等（2012）发现，*NSvc2* 基因产物在水稻和灰飞虱体内以两种不同的形式存在，在水稻中存在切割现象，而在灰飞虱体内以大小为 94ku 的完整蛋白存在。Zhao 等（2012）报道 NSvc2 在水稻和昆虫 sf9 细胞中均存在切割，这种差异的原因可能是 sf9 细胞并不是 RSV 的真实寄主细胞（RSV 不能侵染 sf9 细胞）。

RSV vRNA3 5′端区域的开放阅读框编码 NS3 蛋白（23.9ku），vcRNA3 5′端区域的开放阅读框编码大小为 35ku 的核衣壳蛋白（nucleocapsid protein，NCP）。Xiong 等（2009）证实 RSV NS3 蛋白是基因

沉默的抑制子，它能与单链和双链 siRNA 结合，说明 NS3 是通过与寄主蛋白竞争结合 siRNA 而阻止沉默复合体（RISC）的形成起沉默抑制作用的，但 NS3 不是致病性决定因子。由于 RSV 粒子是无包膜的线性粒体，粒子最外层由 NCP 蛋白包裹组成，因此，普遍认为 NCP 在介体识别和传播过程中起重要作用。

病毒 RNA4 同样含有两个开放阅读框，位于 vRNA4 的 5′端区域的编码感病水稻中大量存在的非结构蛋白（Toriyama，1983），即病害特异性蛋白 SP（21.5ku）。林奇田等（1998）发现，NCP 和 SP 蛋白在病叶中的积累量与褪绿花叶症状的严重程度密切相关，推测这两种蛋白都是致病相关蛋白。Zhou 等（2012）以感病品种作为受体制备了可同时沉默 *NCP* 和 *SP* 基因的转基因水稻，该株系对 RSV 的侵染表现为高抗，这也暗示 NCP 和 SP 可能都是病毒的致病相关蛋白。另一个开放阅读框位于 vcRNA4 的 5′端区域，编码 NSvc4 蛋白（32.5ku）。Xiong 等（2008b）发现 NSvc4 蛋白能够互补运动缺陷型 PVX 的运动功能，并且主要定位于发病水稻叶片的细胞壁上，证明其为 RSV 编码的运动蛋白。

综上所述，RSV 基因组的结构和功能可归纳为表 1-9-1（周益军等，2012）。

表 1-9-1 水稻条纹病毒基因组结构和功能

Table 1-9-1 Genome organization and protein functions of RSV

区段	核苷酸数	编码链	编码蛋白（M_w）	蛋白功能	参考文献
RNA1	8 970	vcRNA1	RdRP（337 000）	复制酶	Toriyama，1986；Toriyama 等，1994
RNA2	3 514	vRNA2	NS2（22 800）	沉默抑制子 参与运动（?）	Du 等，2011；Takahashi 等，1999
RNA3	2 504	vcRNA2	NSvc2（94 000）	膜糖蛋白（?） 参与介体传播（?）	Ramirez 等，1994；Liang 等，2005
		vRNA3	NS3（23 900）	沉默抑制子	Xiong 等，2009
		vcRNA3	NCP（35 000）	核衣壳蛋白 致病相关蛋白（?）	Toriyama，1986； 林奇田等，1998
RNA4	2 157	vRNA4	SP（21 500）	病害特异性蛋白 致病相关蛋白（?） 参与介体传播（?）	林奇田等，1998；Liang 等，2005
		vcRNA4	NSvc4（32 500）	运动蛋白	Xiong 等，2008b

四、病害循环

自然情况下，水稻条纹病毒的传播介体以灰飞虱（彩图 1-9-2）为主。灰飞虱以持久方式经卵传播 RSV，并能连续传毒或间歇传毒，雌、雄个体成虫及若虫均可传毒，但雌虫传毒效率比雄虫要高（Gingery et al.，1988），灰飞虱最短接毒 3min 就可将 RSV 传到水稻植株上，一般情况下灰飞虱的传毒时间为 10～30min（Shinkai，1962），三至五龄灰飞虱若虫传毒力很强，成虫传毒力有所下降，雄虫很少传毒（Chen et al.，1986）。RSV 在灰飞虱体内的循回途径见图 1-9-3。

RSV 主要在越冬的灰飞虱若虫体内越冬，部分病毒可在大麦、小麦及杂草病株体内越冬（图 1-9-4）。因此，带毒越冬的灰飞虱是水稻条纹叶枯病的初侵染源，病害的发生流行与灰飞虱在田间的消长规律有密切关系。在长江以北稻区，灰飞虱主要以 9～10 月孵化的若虫在小麦、大麦及禾本科杂草上越冬。翌年 3 月羽化后仍然留在越冬场所繁殖。第一代若虫在 3 月底 4 月初出现，这一代若虫羽化的带毒成虫在 5～6 月迁入秧田，成为最主要的初侵染源。如果水稻移栽期与昆虫迁入期一致，病害将大量发生；如果两个时期不吻合，发病率就降低。因此，越冬后的第一代带毒虫量是病害发生的主要因子。6～7 月，田间虫口密度最高，进入发病高峰。7 月以后，因高温和早稻收割，虫量大大减少。在双季稻种植区，8 月上旬灰飞虱先后大量迁入晚稻秧田传病为害，10 月后虫口密度回升造成晚稻严重发病。晚稻收割前后灰飞虱迁到麦田及田边杂草上越冬（董金皋，2010）。

五、流行规律

灰飞虱—RSV—水稻—环境构成了水稻条纹叶枯病流行的生态系统，该系统中 4 个因子是紧密相连的互动环节，任何一个因子的变动都有可能影响病害的流行。影响水稻条纹叶枯病发生与流行的生物因子有 RSV 致病性、水稻品种类型和抗性、传毒介体灰飞虱的发生特点和带毒率、耕作栽培制度和农田生态等；非生物因子主要有气候和土壤等因素。生物因子中灰飞虱和水稻品种与病害流行直接相关，其他生物因子和非生物因子均通过影响灰飞虱的发生期、传毒概率、水稻感病状态和受侵染概率而起作用。对于水稻条纹叶枯病的流行而言，直接影响因子有时并非其暴发流行的本质，而环境因子的改变有可能才是其流行的根本原因。

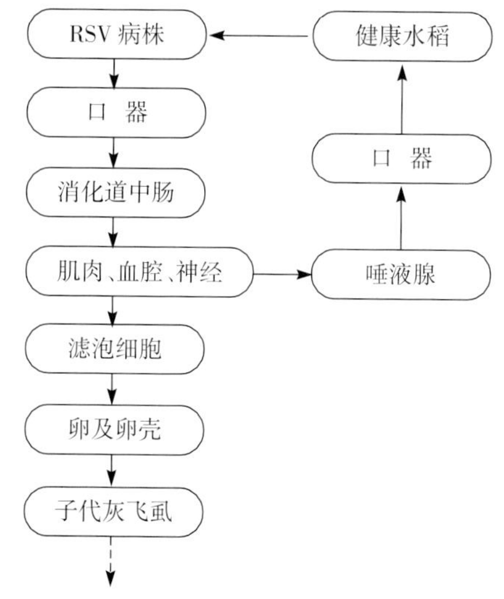

图 1-9-3 RSV 在灰飞虱体内的循回途径（周益军绘）
Figure 1-9-3 The circulative pathway of RSV in small brown planthopper (by Zhou Yijun)

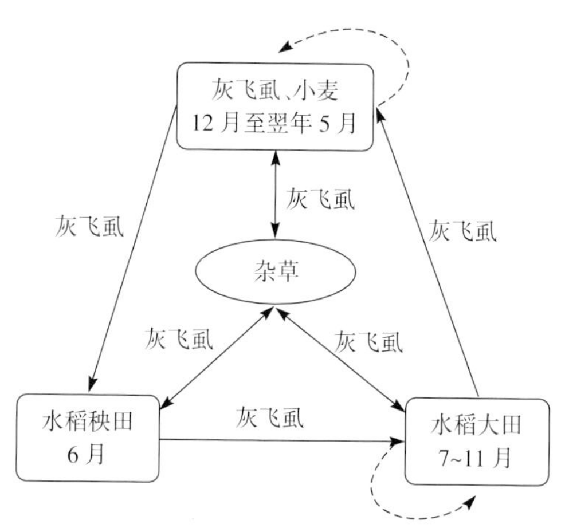

图 1-9-4 水稻条纹叶枯病病害循环（周益军绘）
Figure 1-9-4 Disease cycle of rice stripe virus (by Zhou Yijun)

(一) RSV 致病性分化

研究表明，不同地区 RSV 分离物的致病力有所差异。林含新等（2002）对我国辽宁、北京、山东、上海、福建、云南等地的 7 个 RSV 分离物在 6 个籼稻和粳稻鉴别品种上的发病率和症状严重度进行了评价，结果表明，这 7 个分离物存在致病力差异，但血清学反应结果相同。程兆榜等（2008）将采自云南大理、保山，河北唐海，山东济宁，江苏高邮、洪泽、丹阳、盐都、海安、沛县等地的 22 个 RSV 分离物在 36 个粳稻品种上进行致病力评价，按照致病力强弱划分为 5 个致病型，HV 型＞SH 型＞MV 型＞SL 型＞LV 型，发现 RSV 不同致病型呈随机分布状态，同一地区包含多个致病型，同一致病型分布于不同地区，说明 RSV 自然种群是混合致病群，其变异不是水稻条纹叶枯病突发流行的主导原因。

(二) 水稻品种类型和抗性

水稻是 RSV 的主要寄主，其中粳稻比籼稻更易感病，故水稻条纹叶枯病多在粳稻种植区流行。2000 年以来，水稻条纹叶枯病在江苏地区的流行与感病品种武育粳 3 号的推广种植紧密关联。一是江苏 2000 年以来“缩籼扩粳”，武育粳 3 号作为公认的优质品种被广泛种植，该品种对 RSV 极易感病，目前已普遍在抗水稻条纹叶枯病品种鉴定中作为感病对照使用。武育粳 3 号等感病品种种植面积的扩大为 RSV 流行提供了最基本的寄主条件。二是武育粳 3 号等优质高产品种的生育期较长，使水稻收割时间推迟，加上农村劳动力的大量外移，改变了小麦的播种方式，传统的深耕翻种麦为稻套麦等轻型栽培方式所取代，有利于灰飞虱的发生。通过对同期云南和江苏发病情况的比较发现，云南水稻品种多样化和抗性级别普遍高于江苏 1～2 个等级，这是水稻条纹叶枯病在江苏大流行之际而云南病害发生轻微的主要原因，尽管云南也是灰飞虱和 RSV 的适宜分布区以及水稻条纹叶枯病的主要适宜流行区。上述正反实例均说明，品种抗性与水稻条纹叶枯病流行的密切相关性，感病品种的大面积种植是水稻条纹叶枯病流行的首要条件。此外，植物寄主除与当年水稻条纹叶枯病流行程度关系密切外，与毒源的积累或衰减亦有关联。

(三)灰飞虱带毒率

RSV可经卵传播，理论上无须植物寄主毒源即可垂直传递。RSV主要在灰飞虱体内越冬，部分在大麦、小麦及杂草病株体内越冬，为翌年发病的初侵染源。多数情况下由于冬季气温低、灰飞虱越冬虫量低，RSV在小麦上的发生轻微，导致灰飞虱在小麦上繁殖一代后群体带毒率有所下降，而转移到水稻上之后，苗期发病的病株可作为补充毒源，使二代灰飞虱的带毒率有所上升（刘海建等，2007）。灰飞虱种群带毒率高低是水稻条纹叶枯病流行程度的重要因子。通常认为，灰飞虱种群带毒率在3%以上，条纹叶枯病就存在流行可能；带毒率超过12%，则有大流行的可能。对江苏省2002年以来年度间病害发生严重度与灰飞虱带毒率的相关性分析显示，病害严重发生后第二年灰飞虱的带毒率上升，而随着病害被控制，灰飞虱带毒率逐年下降（图1-9-5）。而灰飞虱种群带毒率的降低，又减少了毒源的积累，进一步使病害流行程度变得轻微。

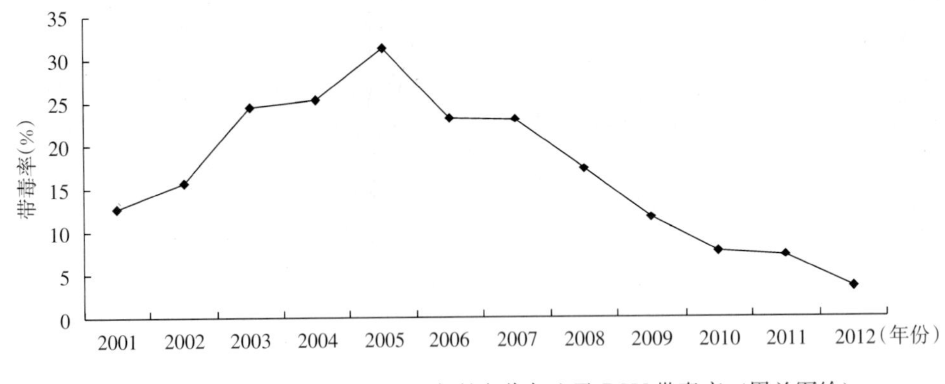

图1-9-5 江苏省2001—2012年越冬代灰飞虱RSV带毒率（周益军绘）

Figure 1-9-5 The ratio of viruliferous (RSV) SBPH in Jiangsu from 2001 to 2012 (by Zhou Yijun)

(四)环境因素

环境因子是决定水稻条纹叶枯病流行的主要因素。2002—2005年水稻条纹叶枯病在江苏中北部流行之时，江苏南部地区武育粳3号种植面积很大，但病害很轻，显示了环境因子对该病害流行的重要影响。其中，水稻播栽期、茬口、栽培方式等影响最大（周益军，2010）。水稻播栽期决定了水稻感病生育期与灰飞虱迁移扩散高峰期相遇的程度，从而显著影响病害的流行程度。水稻播种越早病害发生越重，早播是21世纪初期水稻条纹叶枯病重发的主要原因。移栽期与病害流行的关系同样密切，在相同播期的条件下，移栽相差4d发病率有5%和60%的天壤之别，移栽期相差7～10d病情相差可达40倍以上。茬口、水稻栽培方式决定或影响了水稻的播栽期，也在一定程度上影响条纹叶枯病的流行。水育秧播种早、移栽早病害发生重，旱育秧、机插秧、直播稻播栽迟病害发生轻甚至不发生。耕作栽培制度影响灰飞虱的发生量，从而影响病害的流行。气候条件和土质等对水稻条纹叶枯病的发生也有影响，但尚缺乏系统的数据支持。

六、病害的诊断

(一)症状观察

发病的水稻植株症状有卷叶型和展叶型两种。卷叶型心叶褪绿、捻转，并弧圈状下垂，严重的心叶枯死；展叶型初期在心叶基部呈现断续的黄绿色或黄白色短条斑，以后病斑逐渐扩大，扩展成与叶脉平行的黄绿色条纹，病叶不捻转，也不下垂枯死。

(二)电子显微镜观察

电子显微镜可以直观地观察病毒粒体形态结构、存在状况和寄主细胞的结构变化而被广泛地应用于植物病毒的研究中。图1-9-1是提纯的RSV病毒颗粒负染照片，可以看到RSV颗粒呈直径3～8 nm、长度不等的无包膜丝状体。由于RSV直径太小，在感染RSV的水稻和灰飞虱超薄组织切片中，很难直接观察到病毒粒体，但通过电镜可以在水稻和灰飞虱组织中观察到形态各异的RSV内含体（图1-9-6）。

(三)血清学方法

鉴于血清学方法快速简单、易操作且能大规模检测病毒的相对含量等优点，在田间检测和调查中被广泛应用。Omura等（1986）最早制备了RSV的多抗和单抗用于检测寄主植物和介体灰飞虱体内的RSV。

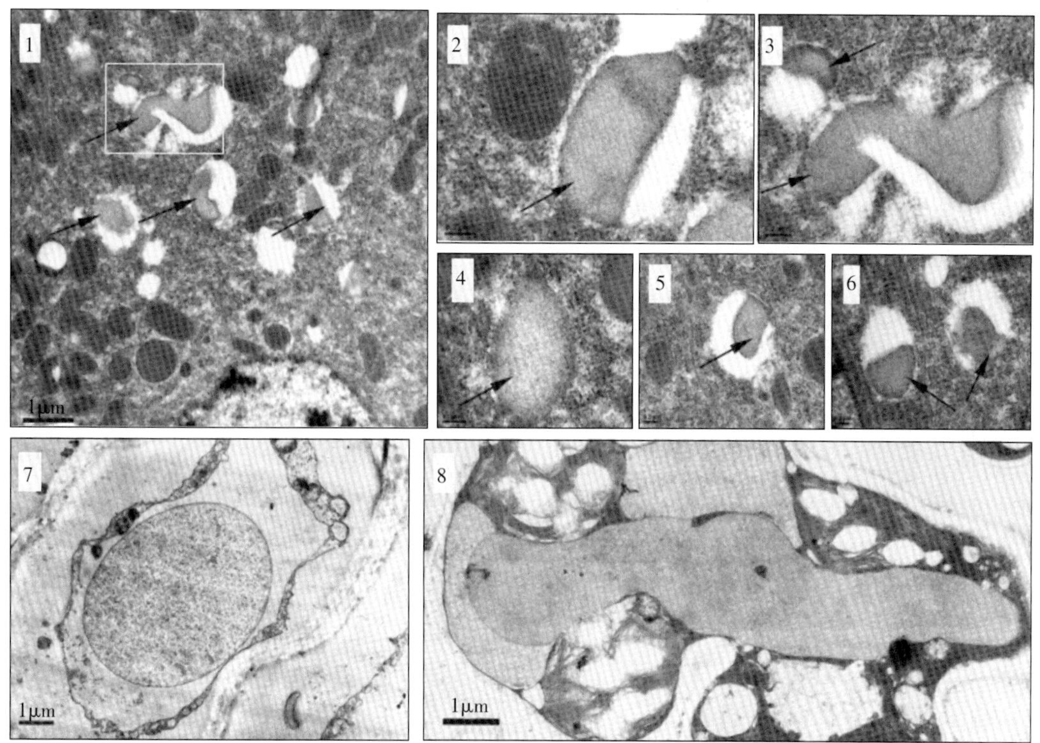

图 1-9-6　灰飞虱和水稻体内的 RSV 内含体（1～6. 引自 Deng 等，2013；7 和 8. 引自洪健等，2001）
Figure 1-9-6　Inclusion bodies of RSV（1-6. from Deng et al.，2013；7 and 8. from Hong Jian et al.，2001）
1～6. 灰飞虱体内的 RSV 内含体　7、8. 水稻叶片中的 RSV 内含体

我国也曾制备了 RSV 的多抗用于检测发病植物和介体灰飞虱体内的 RSV（陈光育，1984）。2004 年，江苏省农业科学院植物病害研究室与浙江大学合作研制了特异性好、灵敏度高的 RSV 单克隆抗体（王贵珍等，2004），并基于 DIBA 方法创制了非实验室条件下灰飞虱带毒率检测技术（周益军等，2004，2011），满足水稻生产中的检测需求。目前，该技术在华东稻区广泛应用，基于灰飞虱带毒率等预测因子，江苏省农业科学院植物病害研究室组建预测模型，制定了水稻条纹叶枯病测报技术规范（王建强等，2008），对指导条纹叶枯病的防治发挥了重要作用。另外，该试剂盒在水稻品种抗性鉴定等方面也发挥了重要作用。

（四）分子生物学方法

提取水稻叶片总 RNA，用病毒特异性引物进行 RT-PCR、DB-RT-PCR、IC-RT-PCR（周益军，2010）扩增，依据扩增获得的条带的大小和测序结果在分子水平上确定病害的病原为 RSV。目前 RT-PCR 方法在实验室中使用比较广泛。

七、预测预报及控制策略

灰飞虱—RSV—水稻—环境构成了水稻条纹叶枯病流行的生态系统，因此，灰飞虱带毒率、水稻品种与栽培方式及气候等预测因子是进行病害预测预报的重要依据。在田间通过普查和系统调查各预测因子相结合的方法可以对水稻条纹叶枯病进行预测预报。为了提高预测预报的时效性和准确率，可以在掌握发病规律的基础上进行关键预报因子的筛选，灰飞虱种群带毒率是条纹叶枯病流行程度的关键因子。

近年来，随着防控技术的推广和抗病品种的种植，水稻条纹叶枯病的为害逐渐回落，病害损失得到了有效控制，但是水稻条纹叶枯病仍在持续流行，究其原因主要与灰飞虱的再猖獗和水稻条纹病毒的有效积累有关。水稻条纹叶枯病的防治应坚持“预防为主，综合防治”的植保方针，把握周年侵染循环的薄弱环节，遵循“抗、避、断、治”综合防治策略，实现病害的可持续控制。具体地讲，即应以种植抗（耐）病品种为基础，以科学防治灰飞虱为关键，辅以调整播栽期避病和覆盖防虫网（无纺布）阻断灰飞虱传毒等。具体应用时可根据当地的生态特点和特定的防治田块类型进行组合集成，采取以其中 1～2 项为主其余为辅的策略（朱叶芹等，2005）。

（一）合理引用抗（耐）病品种

品种抗性是防治水稻条纹叶枯病最为重要的措施，在江苏等地病害的防控中发挥了重要作用。田间试验和示范结果表明，种植抗水稻条纹叶枯病品种无须防治灰飞虱，水稻条纹叶枯病的发生率一般低于3%，对产量几乎没有影响。

(二) 治虫防病

治虫防病为水稻条纹叶枯病防治的重要应急手段，江苏突发水稻条纹叶枯病之时该措施在病害防控中发挥了巨大作用，至今仍是条纹叶枯病防治的重要手段。除秧田防治外，水稻移栽后大田初期对二代若虫的防治同样重要甚至更为重要（防治方法见本单元第 31 节“灰飞虱”）。

(三) 栽培控病

栽培控病措施的有效性尚未被人们所充分认识。田间普查和小区试验示范表明，旱育秧、机插秧、抛秧等栽培方式和适期迟播迟栽可有效控制条纹叶枯病的发生，防效在 80%以上（周益军，2010）。

(四) 集成技术应用

单项技术难以完全有效地控制水稻条纹叶枯病，实践证明综合防控是水稻条纹叶枯病防治的根本出路。综合防控需要注重技术的集成应用，经初步试验示范，采用秧田防虫网或无纺布全程覆盖＋机插秧＋适期迟播＋适期移栽是一个可行的选择。该集成技术突破了品种的限制，不使用化学农药，并且针对阻断灰飞虱的传毒而设计，可以实现对灰飞虱传播的条纹叶枯病和黑条矮缩病两种水稻病毒病害的双控。

周益军（江苏省农业科学院植物保护研究所）

第 10 节 水稻黑条矮缩病

水稻黑条矮缩病俗称矮稻，是水稻的一种严重病毒病，由灰飞虱传播。该病在我国各水稻种植区均有发生，特别是华东（如江苏、浙江、山东等地）、华南地区发病较重。该病可导致水稻苗矮缩，生长缓慢，发病植株绝大部分不能正常抽穗，造成严重减产。引起水稻黑条矮缩病的病原是水稻黑条矮缩病毒（RBSDV），RBSDV 除侵染水稻外，还能够侵染玉米、小麦、大麦、高粱、粟等禾本科粮食作物，以及稗草、看麦娘和狗尾草等禾本科杂草。

一、分布与危害

水稻黑条矮缩病首先在日本报道（Uyeda，1995），主要分布于中国、朝鲜、韩国和日本等东亚国家和地区。我国自 1963 年在浙江省余姚县的早稻上首次发现后（朱凤美等，1964），1965—1967 年在浙江普遍发生。20 世纪 70、80 年代，水稻黑条矮缩病零星或局部发生，1990 年以来水稻黑条矮缩病有回升的趋势（陈声祥等，2000）。1991—1996 年水稻黑条矮缩病先后在浙江省温州、台州、丽水和金华市郊的杂交水稻上大面积流行成灾，部分重病田几乎颗粒无收（陈声祥，1996）。近年来由于主推的水稻品种不抗黑条矮缩病，致使该病在浙江、上海、江苏、安徽等地广泛流行，使其上升为水稻的主要病害，一般发病田的产量损失为 10%～40%，重病田绝产。

二、寄主和症状

水稻黑条矮缩病毒（RBSDV）主要侵染禾本科植物。杨本荣等通过灰飞虱接种试验证明 RBSDV 可侵染 57 种单子叶禾本科植物（包括高粱、谷子、水稻、玉米、大麦、燕麦、黑麦、小黑麦和小麦属的 20 个种，以及马唐、稗草、金狗尾草、画眉草等 28 种禾本科杂草），而不侵染双子叶植物（杨本荣等，1983）。

水稻黑条矮缩病毒（RBSDV）侵染水稻后典型症状是发病的水稻比健康水稻明显矮缩，叶子短小僵直、深绿，新抽出的叶片变得扭曲皱缩（彩图 1-10-1，彩图 1-10-2），发病初期叶片背面的叶脉和茎秆上有蜡泪状白色凸起（彩图 1-10-3），后来变成黑褐色的短条瘤状凸起（彩图 1-10-4），水稻不抽穗或穗小，最终可导致严重减产；非典型症状包括病苗生长缓慢，矮缩，分蘖少，叶脉和茎秆上观察不到蜡泪状凸起。

不同生长期的水稻染病后症状有所不同。

秧苗发病症状：病株心叶生长慢，叶片短宽、僵直、深绿，叶枕间距缩短，叶背面的叶脉有不规则白色瘤状凸起，后变成黑褐色。病株矮小，不抽穗。区别于由除草剂药害引起的枯黄；由植物生长调节剂药害引起的扭曲畸形。

分蘖期症状：本田初期染病的稻株，明显矮缩（约为正常株高的 1/2），上部数片叶的叶枕重叠，心叶破下叶叶鞘而出，或呈螺旋状伸出，叶片短而僵直，叶尖略有扭曲畸形，主茎和早期分蘖尚能抽穗，但结实率低或包穗、穗小，似侏儒病。区别于分蘖期药害病株的叶片均质地刚直，心叶扭曲畸形，边缘白化。

拔节期症状：病株矮缩不明显，剑叶短阔、僵直，中上部叶片基部可见纵向皱褶，茎秆下部节间和节上可见蜡泪状白色或黑褐色凸起的短条脉肿，抽穗时穗颈缩短，结实率很低。

三、病原

水稻黑条矮缩病病原为水稻黑条矮缩病毒（*Rice black - streaked dwarf virus*，RBSDV），隶属呼肠孤病毒科斐济病毒属（*Fijivirus*）。该病毒主要通过灰飞虱传播，不能通过摩擦汁液传播。研究表明，在我国广东、福建等地还有一种新发现的病毒——南方水稻黑条矮缩病毒（Southern rice black - streaked dwarf virus，SRBSDV）或水稻黑条矮缩病毒 2 号（RBSDV - 2），但 SRBSDV 主要通过白背飞虱等害虫进行传播。

（一）基本特性

水稻黑条矮缩病毒（RBSDV）的病毒粒体为等径对称的球状多面体，直径为 75～80 nm。病毒粒体有内外两层衣壳，外层衣壳表面有 12 个突起，称为 A - spike，长和宽均约 11 nm；核心粒子直径大约 50nm，表面也有 12 个突起，称为 B - spike，长约 8 nm，宽 12 nm，和 A - spike 一样位于二十面体的垂直面上（图 1 - 10 - 1）。细胞质中的病毒粒体有 3 种存在形式：①分散或不规则聚集；②有规则的晶状排列；③病毒粒体排列成串，外包一层膜呈豆荚状、鞘状或管状构造。病毒基因组由 10 条双链 RNA 构成。病毒钝化温度为 50～60℃。

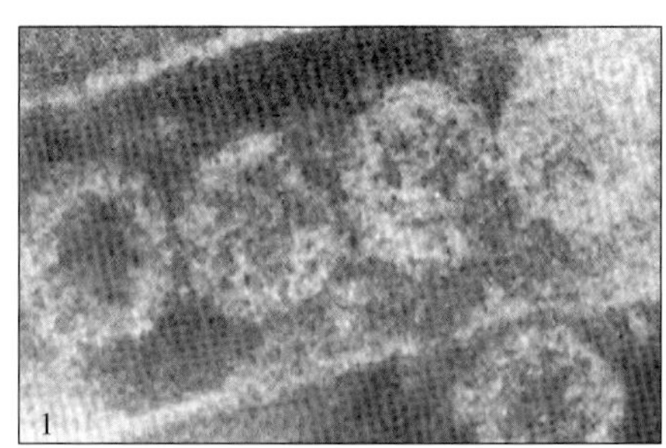

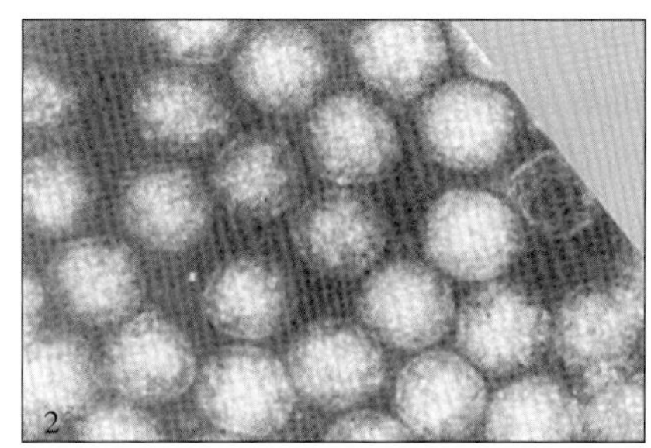

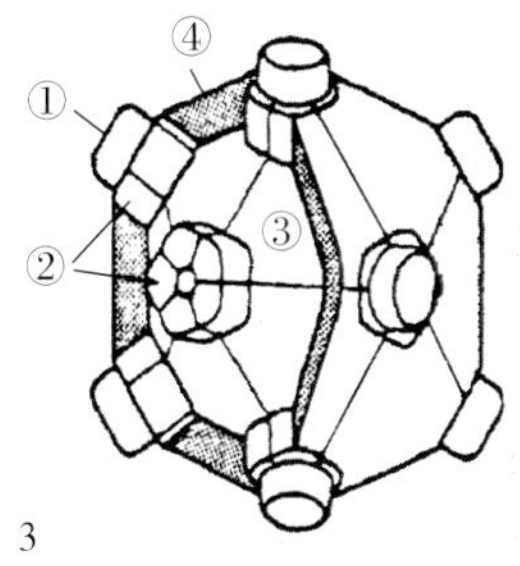

图 1 - 10 - 1　水稻叶片细胞中的水稻黑条矮缩病毒粒体和提纯的水稻黑条矮缩病毒粒体及 RBSDV 病毒粒体示意图（引自 Shikata，1973；Hatta 等，1977）

Figure 1 - 10 - 1　RBSDV particles in infected rice leaves and purified preparation and diagram（from Shikata，1973；Hatta et al.，1977）

1. 水稻叶片中的水稻黑条矮缩病毒粒体　2. 提纯的水稻黑条矮缩病毒粒体
3. 病毒粒体示意图：①A 型突起，②B 型突起，③内核，④外层

（二）基因组结构

水稻黑条矮缩病毒（RBSDV）基因组由 10 条线性双链 RNA 组成（S1～S10），其中，中国分离物的基因组 10 个片段的核苷酸序列已全部测定（Fang et al.，2001；Zhang et al.，2001）。RBSDV 的基因组全长为 29 141nt，是至今所报道的呼肠孤病毒科中最大的基因组。该病毒基因组至少含有 13 个开放阅读框（open reading frame，ORF），其中，除了 S5、S7、S9 均含有 2 个非重叠的开放阅读框，即存在双顺反子之外，其余 7 条基因组片段均仅含有一个开放阅读框，即都是单顺反子（Isogai et al.，1998）。

（三）基因组编码的蛋白及其生物学功能

基因组 S1 全长 4 501 nt，编码 168.8ku 的蛋白 P1，其具有 GDD 等特征性的结构域，可能是 RNA 依赖的 RNA 聚合酶（RNA dependant RNA polymerase，RDRP）（Zhang et al.，2001）。S2 编码大小为 142ku 的 P2 蛋白，是主要的核心蛋白（方守国等，2000）。S3 编码的 P3 蛋白大小为 131.8ku（方守国等，2001），为一种结构蛋白（孙丽英等，2004），可能与 mycoreovirus - 1 VP3 类似，具有鸟苷酰转移酶

的活性（Supyani et al.，2007）。S4 全长共 3 671 nt，编码大小约为 135.6ku 的蛋白 P4，构成外层衣壳蛋白上的突起（B-spike）（Zhang et al.，2001；王朝辉等，2004）。基因组 S5 全长 3 164 nt，含有两个部分重叠的开放阅读框，可编码两个蛋白 P5-1 与 P5-2，P5-1 是一个病毒结构蛋白，而 P5-2 是一个非结构蛋白，推测可能与病毒在水稻中的增殖有关（羊健，2007）。基因组 S6 全长共 2 645 nt，编码大小为 89.6ku的蛋白 P6（方守国等，2007）。P6 被证明是该病毒的 RNA 沉默抑制子（RNA-sliencing suppressor），且能抑制植株体内基因组 DNA 的甲基化过程（Zhang et al.，2005）。基因组 S7 全长 2 193 nt，两个开放阅读框可编码 41 ku 的 P7-1 与 36.3 ku 的 P7-2（张恒木等，2002a）。P7-1 和 P7-2 为非结构蛋白，前者可能与管状结构（Tup）的形成有关（Isogai et al.，1998；钟永旺等，2003）。基因组 S8 全长共 1 936nt，可编码内层衣壳蛋白 P8，是核心病毒粒体的一个蛋白组分（Isogai et al.，1998），具有 NTP 结合活性；另外，P8 可以在病毒与宿主植物互作的时候作为负转录调控子进入宿主植物的细胞核中调节宿主植物的基因表达，从而在病毒侵染的过程中起重要作用（Liu et al.，2007a）。基因组 S9 全长 1 900nt，含有的两个不重叠开放阅读框可编码 39.9 ku 的 P9-1 与 24.2 ku 的 P9-2（白逢伟等，2001）。P9-1 是非结构蛋白，是病毒基质（viroplasm）的组成成分之一，是一种 α 螺旋形式的多肽并具有自激活的活性（Zhang et al.，2008）。基因组 S10 全长共 1 801nt，可编码大小为 63.1ku 的蛋白 P10，是外层衣壳的一个主要结构蛋白（白逢伟等，2002；王朝辉等，2002；张恒木等，2002b）。P10 具有自激活作用，在溶解时可通过疏水作用或电荷的相互作用以低聚体的形式存在（Liu et al.，2007b）。

四、病害循环

水稻黑条矮缩病毒的传播介体以灰飞虱（*Laodelphax striatellus* Fallén）为主（图1-10-2），并以灰飞虱的持久性方式传播（阮义理等，1984）。白背飞虱、白带飞虱等也能传毒，但传毒效率较低。介体灰飞虱一经染毒，终身带毒，可连续或间歇传毒，但不经卵传毒（李德葆等，1979）。灰飞虱无毒虫一般最短获毒时间为 1 h，1～2 d 可充分获毒，病毒在灰飞虱体内循回期为 8～27 d，多数为 17～19 d；获毒最低温度能达 8℃以下，在4～5℃介体不能传毒（阮义理等，1981）。循回期在一定温度范围内随气温升高而缩短，平均气温在 21.3～22.3℃时循回期为 23～28 d；平均气温升至 28.6～31.2℃时循回期缩短至10～19 d（阮义理等，1984）。

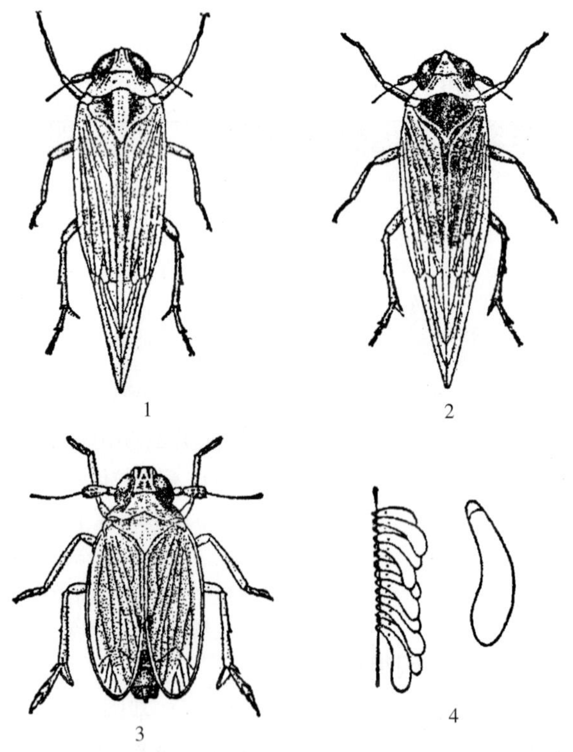

图 1-10-2 水稻黑条矮缩病毒传毒害虫灰飞虱（引自中国农业科学院植物保护研究所，1995）

Figure 1-10-2 Small brown planthopper, transmission vector of RBSDV (from Institute of Plant Protection, Chinese Academy of Agricultural Sciences, 1995)

1. 长翅型雌成虫 2. 长翅型雄成虫 3. 短翅型雌成虫 4. 卵及产在稻叶中的卵

病毒主要在大麦、小麦、杂草等病株上越冬（图1-10-3）。第一代灰飞虱在越冬的病株上获毒后将病毒传到早稻、单季稻、晚稻和春玉米上（引起玉米粗缩病，彩图1-10-5）。稻田中繁殖的第二、三代灰飞虱，在水稻病株上取食获毒后，飞入晚稻田和秋玉米田传毒，晚稻上繁殖的灰飞虱成虫和越冬代若虫又将病毒传给大麦、小麦。由于灰飞虱不能在玉米上繁殖，故玉米对该病毒再侵染的作用不大。田间病毒通过麦—早稻—晚稻的途径完成侵染循环。灰飞虱 1～2d 即可充分获毒，病毒在灰飞虱体内循回期为8～35d。传毒时间非常短，几分钟即传毒成功。病毒侵染稻株后的潜伏期为 14～24d。晚稻早播比迟播发病重，稻苗幼嫩发病重。

五、流行规律

（一）流行原因

水稻黑条矮缩病的流行原因是多方面的。首先是栽

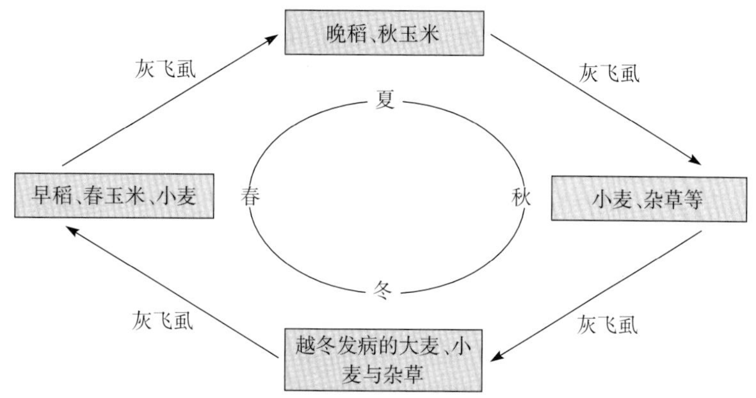

图 1-10-3 水稻黑条矮缩病病害循环（周雪平绘）

Figure 1-10-3 Disease cycle of rice black-streaked dwarf virus (by Zhou Xueping)

培方式；其次是传毒介体灰飞虱的田间数量和带毒率的高低，水稻生育时期与灰飞虱的迁飞高峰期是否吻合；再次是感病或抗病品种的栽培、气候等因素的影响。

1. 栽培方式 栽培耕作制度与水稻黑条矮缩病的流行之间有着密切的关系。例如，浙江中部地区在 20 世纪 50 年代以前推行"老三熟"（冬春作物—早中稻—秋杂粮）耕作制度，栽培的均为介体昆虫不适合的作物或非寄主作物，病害难以流行。20 世纪 50 年代后期到 60 年代初期改成"新三熟"（大麦或小麦—早稻—晚稻），三季栽培的均为灰飞虱的合适寄主，且三季作物季季衔接，因此，造成该病在 20 世纪 60 年代中期流行成灾。后由于扩大双季稻，冬作改为大麦，麦田的翻耕和早稻的移栽等农事操作使该病害的初侵染受阻，故在 60 年代末期后发生程度迅速下降。20 世纪 80 年代后，由于扩种小麦，又给该病初侵染创造了有利的寄主条件，致使该病在 90 年代中期回升。

2. 灰飞虱数量 不同水稻品种的发病程度不仅表现了品种对水稻黑条矮缩病不同的抗性水平，而且也表现了对传毒介体的诱集程度。试验表明，在不同的栽培管理条件下，灰飞虱迁入量高、发生量大，黑条矮缩病发生就重；灰飞虱发生量低，矮缩病发生就轻。

3. 水稻生育期 不同生育期接种的植株发病率也有显著差异，幼苗尤其是 3～4 叶期最为敏感（发病率>50%），而在分蘖后接种的植株没有症状或几乎不显症。

4. 品种的抗性 目前种植的水稻品种对水稻黑条矮缩病几乎没有抗性，这也为病害的流行提供了大量的寄主。

5. 气候条件 20 世纪 90 年代以来，全球气候变暖，冬季气温升高使灰飞虱能安全越冬，并促使其活动频率提高，加重了病毒在小麦及看麦娘上的越冬基数，从而提高了种群带毒率，增加了水稻被侵染传毒的概率。

（二）季节性流行规律

以浙江省为例，一年之中黑条矮缩病有 3 个发病高峰（图 1-10-4），大麦、小麦于 1 月底开始发病，3 月中、下旬形成发病高峰；早稻秧苗期症状表现不明显，6 月上旬起株发病率增加，6 月下旬形成发病高峰；晚稻育秧后 22 d 左右表现症状，移栽后 10～15 d 形成发病高峰。秧苗期感染的病株，大多易矮缩枯死，本田前期感染的病株，后期表现为穗头短少，结实

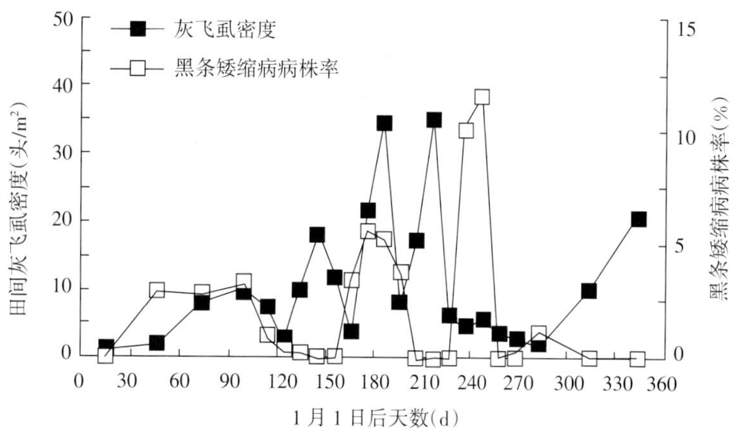

图 1-10-4 水稻黑条矮缩病病情增长与灰飞虱种群数量消长（浙江临海，2001—2005）（引自王华弟等，2007）

Figure 1-10-4 Relationship between disease incidence of RBSDV and population dynamics of small brown planthoppers in Linhai, Zhejiang Province from 2001 to 2005 (from Wang Huadi et al., 2007)

不良，甚至不能抽穗。水稻黑条矮缩病的发生流行与灰飞虱种群数量消长及携毒传播相对应（图1-10-4）。例如在浙江南部，灰飞虱1年发生5～6代，晚稻收获后，灰飞虱成虫转入田边杂草和冬播大麦、小麦上为害与越冬，越冬代成虫高峰为3月上、中旬，一代成虫高峰在5月上、中旬，迁入早稻秧田和本田传毒侵染；6月下旬至7月为二代成虫高峰期，迁入连晚秧田和单季晚稻本田传毒侵染；8～9月受高温影响，灰飞虱种群数量下降，相对传毒扩散减少；10～11月气温适宜，种群数量上升，随晚稻收获而迁入越冬场所活动。观察结果表明，水稻黑条矮缩病的季节性流行与灰飞虱种群数量特别是秧苗期带毒灰飞虱种群数量关系最为密切。

六、病害诊断

（一）田间观察

发病的水稻苗比健康苗明显矮缩，发病前期叶片背面有蜡泪状瘤状凸起。

（二）电镜检测

水稻黑条矮缩病毒（RBSDV）的颗粒较一般植物球形病毒大，直径约为76nm，用50 000倍以上显微镜可明显看到双层外壳，且纯化的病毒颗粒常是完整粒子和核心粒子的混合体。

（三）分子生物学方法

提取水稻叶片总RNA，用病毒特异性引物进行反转录PCR，依据扩增获得的条带的大小和测序结果在分子水平上确定病害的病原为水稻黑条矮缩病毒（RBSDV）或南方水稻黑条矮缩病毒（SRBSDV）。目前RT-PCR方法在实验室中使用比较广泛。

（四）血清学方法

鉴于血清学方法简单易操作，且能大规模检测病毒的相对含量，在田间检测和调查中被广泛应用。目前，浙江大学生物技术研究所制备的水稻黑条矮缩病毒（RBSDV）特异性单克隆抗体具备特异性好、灵敏度高等特点，并且建立了斑点酶联免疫法（dot-ELISA）快速检测病毒，该方法检测水稻、玉米、小麦病叶的灵敏度均达到1：320倍稀释液（m/V，g/mL），检测灰飞虱的灵敏度达到1：1 600倍稀释液（头/μL），解决了以往的血清学灵敏度低、不能有效区分水稻黑条矮缩病毒和南方水稻黑条矮缩病毒的不足。因此，可以被广泛地应用于水稻黑条矮缩病毒的田间大量样品的检测。

七、防治技术

水稻黑条矮缩病的防治目前尚无直接有效的方法，但在水稻的感病生育期严格控制迁入的带毒灰飞虱的数量，从病害的源头抓起，坚持“预防为主，综合防治”的植保方针，可以明显降低水稻黑条矮缩病的为害。

（一）选择抗病品种，改善栽培制度

在病区扩大种植抗病品种，逐步淘汰感病品种。提倡同期播种、适当推迟播栽期，避开一代灰飞虱成虫迁移传毒高峰期。早稻稍迟1周多开始移栽，麦茬后10d左右移栽晚稻能有效降低发病率。此外，要避免零星田块早播。秧田要远离麦田和上年发病重的冬闲田，提倡集中连片播种育秧，并能同时移栽；统一施肥用药，培育无病壮秧。另外，要合理施肥，平衡施肥，控氮增钾，增施微肥，提高稻株抗病力。控制氮肥的使用量，避免秧苗浓绿引诱灰飞虱取食；重视施用锌肥，并作底肥施用，平衡施用肥料，促使稻苗早生快发，缩短病害易感期，增强稻株抗病力。

（二）治虫防病

水稻黑条矮缩病是由灰飞虱为主要传毒媒介的病毒病，虽不能经灰飞虱产卵传毒，但病毒能借助小麦、禾本科杂草、水稻等寄主植物“接力”传播病害。水稻秧苗期是对黑条矮缩病的敏感致病期，其次为大田返青分蘖期。病害能否流行主要取决于秧田和本田初期的灰飞虱种群数量和带毒率。因此，关键控制技术是压低灰飞虱种群数量和带毒率，通过治虫防病的方法，把带毒灰飞虱扑灭在迁移到水稻秧苗传毒侵染之前。具体防治方法如下。

1. 清除冬作田间杂草 选用对路的除草剂防除小麦田、绿肥田、油菜田的看麦娘等杂草，恶化灰飞虱越冬场所，压低虫源、毒源。

2. 防治秧田和本田前期灰飞虱 结合防治水稻条纹叶枯病，采取“治越冬虫源田保秧田、治秧田保

大田、治前期保后期”的办法，防止灰飞虱传毒。

3. 抓好麦田和冬闲田一代灰飞虱防治 对灰飞虱虫量较大的冬闲田，可结合化学除草，通过添加毒死蜱等杀虫剂防治。

4. 狠治秧田期一代灰飞虱成虫 选择持效性较好的吡蚜酮等农药，与速效性较好的毒死蜱等结合使用。移栽前 2～3d 用好送嫁药，做到带药移栽。推广防虫网覆盖育秧，把带毒灰飞虱隔离在水稻秧苗之外，可有效防止灰飞虱传播病毒。

5. 适期防治本田前期灰飞虱 直播稻田灰飞虱的防治于播种后 7～10d（秧苗露青）用药。移栽稻本田期用药间隔期与防治次数，根据水稻品种抗病性、带毒虫量确定，如虫量大、品种高度感病，应缩短间隔期，增加用药次数。要注意交替用药，延缓灰飞虱抗药性产生。

6. 抓住一代成虫从麦田迁向稻田和二、三代成虫由早稻本田迁向晚稻秧田及玉米上，末代成虫和越冬若虫从晚稻迁到早播麦田的防治 在越冬代二、三龄若虫盛发时选择喷洒 10%吡虫啉可湿性粉剂 1 500 倍液、30%乙酰甲胺磷乳油或 50%杀螟松乳油 1 000 倍液、20%噻嗪酮乳油 2 000 倍液、50%马拉硫磷乳油 2 000 倍液，在药液中加 0.2%中性洗衣粉可提高防效。

7. 生物防治和物理防治方法 保护天敌，如蜘蛛与黑肩绿盲蝽。化学防治采用有效低浓度，对天敌杀伤力较小的施药方法。推广频振式杀虫灯诱控技术，结合稻田养鸭，以“稻＋灯＋鸭”模式防治稻飞虱。

（三）应急补救

在水稻栽后 20d 内，大田明显发病严重，对病穴率超过 7%的田块，应该及时拔除病株，从健康水稻中掰分 1/2 分蘖或将储备的秧苗移栽在病株留下的空穴中，补栽后需及时追施速效肥，以促早分蘖、多分蘖、多成穗。由于掰蘖处理后稻株抽穗时间拉长，生育期有所延迟，有利于后期其他多种病虫如水稻螟虫、细菌性条斑病等的侵害。因此，仍需关注病虫害的发生动态，加强防治以确保补救措施的成功。实践证明，作为一项应急措施，水稻掰蘖补栽（丛）是当前矮缩病发生以后最行之有效的农业防治技术。

周雪平（中国农业科学院植物保护研究所）
范在丰（中国农业大学）
王锡锋（中国农业科学院植物保护研究所）

第 11 节　南方水稻黑条矮缩病

一、分布与危害

南方水稻黑条矮缩病是 2001 年在我国广东省阳西县首次发现的一种新病害。2001—2008 年，该病在我国南方一些地区局部发生，为害不重。2009 年，该病害突然暴发并流行至我国南方 9 个省（自治区），约 33 万 hm^2 稻田受害，部分田块绝收；2010 年，该病分布区域扩大到 13 个省（自治区），超过 120 万 hm^2 稻田受害。此外，2009 年和 2010 年越南分别有 19 省的 4 万 hm^2 和 29 省的 6 万 hm^2 稻田受害，同时，该病亦蔓延至日本（彩图 1-11-1）。2011 年年初，农业部成立了南方水稻黑条矮缩病联防联控协作组和专家指导组，大力加强各发病稻区病害的防控力度，当年该病的发生面积被控制在 25 万 hm^2，但 2012 年又回升至 40 万 hm^2。该病主要侵染水稻，可使植株矮化，不能拔节、抽穗；或抽穗少，不实粒多，粒重轻，通常造成水稻减产 20%左右，严重时田间高达 50%以上植株发病甚至绝收。

二、症状

水稻各生育期均可感染南方水稻黑条矮缩病，症状因不同染病时期而异。秧苗期染病的稻株严重矮缩，不及正常株高的 1/3，不能拔节，重病株早枯死亡。分蘖初期染病的稻株明显矮缩，约为正常株高的 1/2，不抽穗或仅抽包颈穗。分蘖期和拔节期感病的稻株矮缩不明显，能抽穗，但穗小、不实粒多、粒重轻。发病稻株叶色深绿，叶片短小僵直，上部叶的叶基部可见凹凸不平的皱褶。拔节期的病株地上数节节部有气生须根及高节位分枝。圆秆后的病株茎秆表面可见大小为 1～2 mm 的瘤状突起（手摸有明显的粗糙感），瘤突呈蜡点状纵向排列，病瘤早期乳白色，后期褐黑色；产生病瘤的节位因感病时期不同而异，早期感病稻株的病瘤产生在下位节，感病时期越晚，病瘤产生的部位越高；部分品种叶鞘及叶背也产生类似的小瘤突。感病植株根系不发达，须根少而短，严重时根系呈黄褐色（彩图1-11-2）。发病植株易受其他真菌或细菌病害侵染。

三、病原

南方水稻黑条矮缩病病原为呼肠孤病毒科斐济病毒属（*Fijivirus*）建议新种，因其与水稻黑条矮缩病毒（*Rice black-streaked dwarf virus*，RBSDV）有许多相似之处，首次发现于中国南方且主要分布于北半球的南部，故被命名为南方水稻黑条矮缩病毒（Southern rice black-streaked dwarf virus，SRBSDV）。病毒粒体球状，直径70～75 nm，仅分布于感病植株的韧皮部，常在寄主细胞内聚集成晶格状结构。病毒基因组为双链RNA，共有10个片段，按分子质量从大到小分别称为S1～S10。依据病毒基因组序列同源性，SRBSDV与玉米粗缩病毒（*Maize rough dwarf virus*，MRDV）亲缘关系最近，其次为水稻黑条矮缩病毒（RBSDV）和里奥夸尔托病毒（*Mal de Rio Cuarto virus*，MRCV）。

南方水稻黑条矮缩病毒（SRBSDV）由白背飞虱（*Sogatella furcifera*）以持久性方式传播，而灰飞虱（*Laodelphax striatellus*）、褐飞虱（*Nilaparvata lugens*）、叶蝉及水稻种子均不能传播该病毒。SRBSDV可在白背飞虱体内繁殖，虫体一旦获毒即终身带毒，但该病毒不经卵传至下一代飞虱。若虫及成虫均能传毒，若虫获毒、传毒效率高于成虫。水稻病株上扩繁的二代白背飞虱群体带毒率为80%左右，若虫及成虫最短获毒时间为5 min，最短传毒时间为30 min。该病毒在白背飞虱体内的循回期为6～14 d，循回期后，多数个体可进行1次或多次间歇性传毒，间歇期为2～6 d。初孵若虫获毒后单虫一生可致22～87株（平均48.3株）水稻秧苗染病，带毒白背飞虱成虫5 d内可使8～25株秧苗感病。白背飞虱不但可在水稻植株间传播SRBSDV，还能将该病毒传至针叶期至2叶1心期的玉米幼苗上，但很难从4～5叶期以后的感病玉米植株上获得病毒。

南方水稻黑条矮缩病毒（SRBSDV）可自然侵染水稻、玉米、高粱、野燕麦（*Avena fatua*）、薏苡（*Coix lacryma-jobi*）、稗（*Echinochloa crusgalli*）、牛筋草（*Eleusine indica*）和白草（*Pennisetum flaccidum*）等禾本科植物。玉米病株明显矮缩，节间粗肿，叶片密集丛生、颜色深绿、宽短僵脆，叶面皱褶不平，多数品种叶片背面沿叶脉形成蜡点状小瘤突，部分品种茎秆上也形成条状排列的小瘤突，果穗短小，不结实或结实很少。受该病毒侵染的野燕麦、薏苡、稗草及牛筋草表现叶色深绿、叶面皱褶等症状。

四、病害循环

除海南、广东及广西南端与云南西南部外，我国大部分稻区无冬种稻栽培，传毒介体白背飞虱不能越冬。因此，每年的病毒初侵染源主要由迁入性白背飞虱成虫携毒传入，白背飞虱的越冬区即毒源越冬区。每年春季随着白背飞虱的北迁，病害由南向北逐渐扩散。

一般认为，我国白背飞虱的主要越冬基地为中南半岛，在云南西南部少数地区也可越冬。近年海南岛冬季制种稻田面积增大，具有一定数量的越冬虫源和毒源。根据早春气流方向及水稻播种期，越冬代带毒虫可在2～3月迁入广东、广西南部及越南北部。通常年份，白背飞虱长翅成虫于3月携带病毒随西南气流迁入珠江流域和云南红河州，4月迁至广东、广西北部和湖南、江西南部及贵州、福建中部，5月下旬至6月中、下旬迁至长江中下游和江淮地区，6月下旬至7月初迁至华北和东北南部；8月下旬后，季风转向，白背飞虱再携毒随东北气流南回至越冬区。

该病害的侵染循环如图1-11-1所示。在南部稻区，早春迁入代带毒白背飞虱在拔节期前后的早稻植株上取食传毒，致使染病植株表现矮缩症状。同时，迁入的雌虫在部分染病植株上产卵。由此，第二代若虫在病株上产生并获毒（获毒率约80%）；2～3周后，带毒中、高龄若虫主动或被动地在植株间移动，致使初侵染病株周边稻株染病。此时早稻已进入分蘖后期，染病植株不表现明显矮缩症状，但可作为同代及后代白背飞虱获毒的毒源植株。毒源植株上产生的第二代或第三代成虫，携病毒短距离转移或长距离迁飞至异地，成为中季稻或晚季稻秧田及早期本田的侵染源。通常晚季稻秧田期为20～25 d，如果带毒成虫在2叶期以前转入秧田并传毒、产卵，则在水稻移栽前可产生下一代中、高龄若虫并传毒，致使秧苗高比例带毒，造成本田严重发病；如果带毒成虫在秧田后期侵入，则受侵染秧苗将带卵被移栽至本田，在本田初期（分蘖期前）产生较大量的带毒若虫，这批若虫在田间进行短距离转移并传毒，致使田间病株成集团式分布；如果早稻上获毒的若虫或成虫直接转入中、晚稻初期本田，则由于白背飞虱群体带毒率比较低，只能引致少数植株染病，使矮缩病株呈零星分散分布。晚季稻田中后期产生的带毒白背飞虱，只能造成水稻后期染病，表现为抽穗不完全或其他轻微症状，但带毒白背飞虱的南回可使越冬区的毒源基数增大。

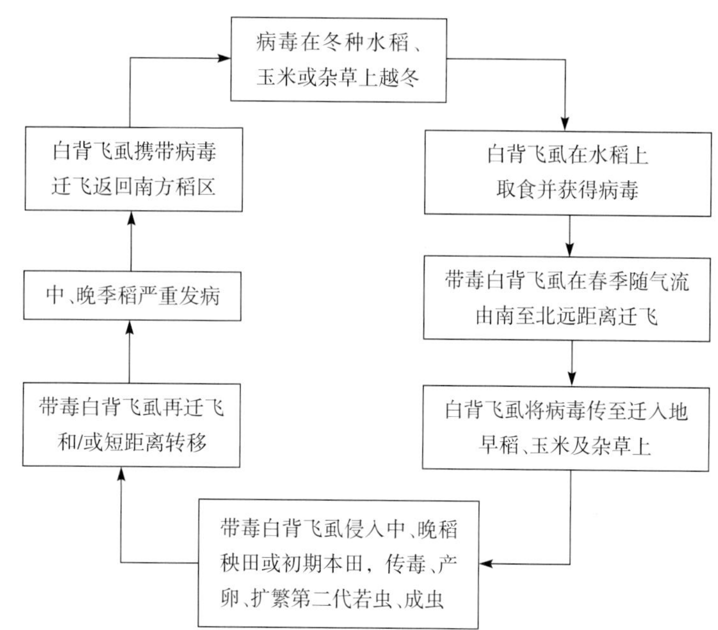

图 1-11-1　南方水稻黑条矮缩病病害循环（改编自 Zhou 等，2013）

Figure1-11-1　Disease cycle of southern rice black-streaked dwarf virus (from Zhou et al.，2013)

五、流行规律

（一）病害发生范围广，局部地区为害严重

由于南方水稻黑条矮缩病的传播介体白背飞虱是一种远距离迁飞性害虫，病毒可侵染各生育期的水稻植株。因此，带毒虫的迁飞扩散范围就是该病的分布范围。但是，地区间、年度间甚至田块间的发病程度差异很大，仅当带毒白背飞虱入侵期与水稻秧苗期或本田早期相吻合，而且其入侵数量及繁殖速率足够大时，才会引致该病严重发生。该病发生程度不但与毒源地病虫发生情况、水稻生育期及气象条件等密切相关，还与本地水稻的播种时间、栽培方式、气候条件、地形地貌等因素密切相关。

（二）中、晚季稻发病重于早季稻

该病害引致的矮缩症状主要发生于中季稻及晚季稻。除白背飞虱主要越冬区越南北部及我国海南南部的冬季稻或早季稻偶见重病田外，我国各地早季稻均发病很轻，矮缩病株率通常低于1%，仅极少数田块可达3%～5%。但是，早季稻病株（包括轻症病株或无症带毒植株）可作为当地或异地中、晚季稻的侵染源。在我国大部分地区，早季稻前期病毒感染率低，中后期有所上升，而中、晚季稻前期病毒感染率较高，这是由带毒白背飞虱的发生期及发生数量所决定的。

（三）杂交稻发病重于常规稻

各地调查资料表明，尽管目前生产上的主栽水稻品种均不同程度地感病，但多表现为杂交稻发病重于常规稻。这一现象不仅反映在杂交稻单本插植时病株易显症，而且体现在杂交稻（尤其是在其生长早期）与白背飞虱具有较高的亲和性，从而增加了杂交稻早期受病毒侵染的概率。

（四）轻病田病株呈零星分散分布，重病田病株呈集团分布

多年多地的调查结果表明，轻病田（病株率3%以下）矮缩病株呈零星分散分布，而重病田（病株率10%以上）矮缩病株呈集团分布，且矮缩病株团周边的稻株存在高比例的轻症病株（叶色深绿，茎秆表面具瘤突，但植株不显著矮化）。在同一稻区，田块间也存在类似情况，即个别田块严重发病，而相邻田块发病很轻。这一现象表明，轻病田的初侵染源未发生扩散形成再侵染，而重病田的初侵染源发生了近距离、高效率的扩散形成再侵染，其原因是多种因素影响了病株上白背飞虱的扩繁数量及迁移传毒行为。

六、防治技术

根据南方水稻黑条矮缩病发生规律及近年防控实践，长期防控该病应实施区域间、年度间、稻作间及病虫间的联防联控。各地可因地制宜，以控制传毒介体白背飞虱为中心，采取“治秧田保大田，治前期保后期”的治虫防病策略。

(一) 联防联控

加强华南等地早春毒源扩繁区的病虫防控，有利于减轻长江流域等北方稻区病害的发生程度。做好早季稻中后期病虫防控，有利于减少本地及迁入地中、晚季稻的毒源侵入基数。

(二) 治虫防病

重点抓好中、晚稻秧田及拔节期以前白背飞虱的防治。选择合适的育秧地点、适宜的播种时间或采用物理防护，避免或减少带毒白背飞虱侵入秧田。采用种衣剂或内吸性杀虫剂处理种子。移栽前，秧田喷施内吸性杀虫剂。移栽返青后，根据白背飞虱的虫情及其带毒率进行施药治虫，具体方法见本单元第30节“白背飞虱”。

(三) 选用抗病虫品种

针对该病的抗性品种尚在筛选和培育中，但生产上已有一些抗白背飞虱品种，可因地制宜地加以利用。

(四) 栽培防病

通过病害早期识别，弃用高带毒率的秧苗。对于分蘖期矮缩病株率为3%～20%的田块，应及时拔除病株，从健株上掰蘖补苗。对重病田及时翻耕改种，以减少损失。

周国辉　许东林（华南农业大学）

第12节　水稻矮缩病

水稻矮缩病又称水稻普通矮缩病、普矮、青矮等，是由叶蝉传播的一类病毒性病害，其病原为水稻矮缩病毒（*Rice dwarf virus*，RDV）。水稻上的发病症状主要表现为水稻在苗期至分蘖期感病后，植株矮缩，无效分蘖增多，叶片浓绿、僵直，根系发育不良，生长后期病稻不能抽穗，结实率降低，造成水稻减产甚至绝收。在20世纪60年代中期到70年代，水稻矮缩病在我国南方稻区曾暴发流行，水稻损失达30%～50%。21世纪以来，该病有扩散和加重的趋势。

一、分布与危害

水稻矮缩病广泛分布于日本、朝鲜、尼泊尔、韩国、菲律宾，以及我国浙江、福建、云南、广西、江苏、安徽、江西、湖南、湖北、广东、重庆、四川和贵州等稻区。在云南主要分布在滇中的昆明、玉溪和滇西滇南的德宏和西双版纳等地区。暴发流行时，可导致30%～50%的产量损失，甚至颗粒无收。

1883年日本首先报道了水稻矮缩病毒病，我国于20世纪30年代首次报道。1960年以来，水稻矮缩病发生区域不断扩大。在20世纪70年代初期和中期曾在我国长江中下游稻区和湖南与水稻黄矮病并发流行，1971年仅浙江省发病面积就超过66.67万hm^2，产量损失达2.6亿kg。1990年以来，该病害在浙江、福建和云南零星发生。2008年以来，对云南不同气候类型稻区调查、采集和检测鉴定，该病害在云南大部分稻区均有分布，不同水稻品种发病率差异显著。其中，滇中稻区个别品种发病率高达90%以上，甚至造成绝产，因种植面积不大影响较小。在南部西双版纳州和德宏州该病害常与黄矮病并发，在个别当地品种中发病率高达60%～70%，造成水稻矮化和黄化。通过2003—2012年的连续调查监测，该病害在云南有逐渐加重的趋势，但由于推广应用抗病或耐病品种，加之稻农对水稻品种选择的多样化，尚未形成大范围的暴发流行。

二、寄主范围和症状

(一) 病原的寄主范围

水稻矮缩病毒（RDV）的自然寄主以禾本科的稻属、大麦属、稗属和狗尾草属为主，包括水稻、野生稻、小麦、大麦、黑麦、燕麦、看麦娘、早熟禾、雀稗、稗和狗尾草等多种作物和杂草。在矮缩病发生流行地区，稻田及田边可见稗、旱稗、狗尾草以及看麦娘等植株发病。

(二) 主要发病症状

病株普遍表现为矮缩，分蘖增多，叶色浓绿，叶片僵硬，在叶片或叶鞘上出现白色斑点，与叶脉平行排列成虚线状。不同的品系染病后，除植株矮化为共同特征外，有的品种明显浓绿，无褪绿条斑，而有的品种则成黄化并发症，并有明显的褪绿条斑（彩图1-12-1，彩图1-12-2）。水稻矮缩病在水稻的不同生育期还会有如下不同症状特点（彩图 1－12－3）。

1. 秧苗发病症状 水稻幼苗期（秧田期）受侵染时，分蘖明显减少，植株矮化，移栽后多枯死（彩图 1－12－4）。

2. 分蘖期症状 水稻分蘖期（返青期、有效分蘖期、无效分蘖期）发病后，导致植株的矮缩僵硬，严重矮化，无效分蘖增多，叶色浓绿，叶片宽而较短，长度在 10cm 以下，病株不能抽穗结实（彩图 1－12－5）。

3. 幼穗发育期 幼穗发育期（分化期、形成期、完成期）和开花结实期（乳熟期、蜡熟期、完熟期）发病，叶部有褪绿条斑，虽能抽穗，但结实率低，多秕谷。与水稻条纹叶枯病比较，水稻矮缩病的明显特征是植株矮化，病株在田间表现为成片矮化或随机块状分布矮化（彩图 1－12－6）。

三、病原

水稻矮缩病病原为水稻矮缩病毒（*Rice dwarf virus*，RDV）。属呼肠孤病毒科植物呼肠孤病毒属（*Phytoreovirus*）。水稻矮缩病毒（RDV）粒体是一个正二十面体对称的球形结构，无脂蛋白外膜，无突起，含有双层外壳蛋白。完整粒体直径为 70nm，核心为 53nm，外壳和内壳的厚度分别为 17nm 和 7nm。在感染的水稻病株中，病毒含量很高，经超薄切片观察，病叶细胞中含有大量的病毒粒体和病毒基质（图 1－12－1、图 1－12－2）。

（一）病毒的基因组结构

水稻矮缩病毒（RDV）的基因组总长度为25 617bp，由 12 条双链 RNA 组成，根据其在聚丙烯酰胺凝胶电泳上的迁移率由慢到快，依次命名为 S1～S12。由于 RNA 在聚丙烯酰胺中的迁移率不总是按预期的相对分子质量的大小移动，因此，S4 和 S5 的大小正好相反。基因组 S2 到 S10 是单顺反子，每条链只有一个开放阅读框（ORF），编码一个多肽（彩图 1－12－7）。S1 虽然只编码一种蛋白，但在其开放阅读框前面还含有一个微型顺反子；S11 有 2 个开放阅读框，两者起始位点不同，但位于同一开放阅读框内；S12 含有 4 个非重叠的开放阅读框，其中，ORF2 和 ORF3 位于同一开放阅读框内。分析 RDV 基因组的 12 条序列时发现，每条链都存在 5′端保守序列 5′-GGCAAA-3′ 或 5′- GGUAAA－3′ 和 3′ 端保守序列为 5′- UGAU－3′ 或 5′- CCAU－3′，推测这些保守序列对于病毒的基因组复制和包装过程可能具有重要的意义。

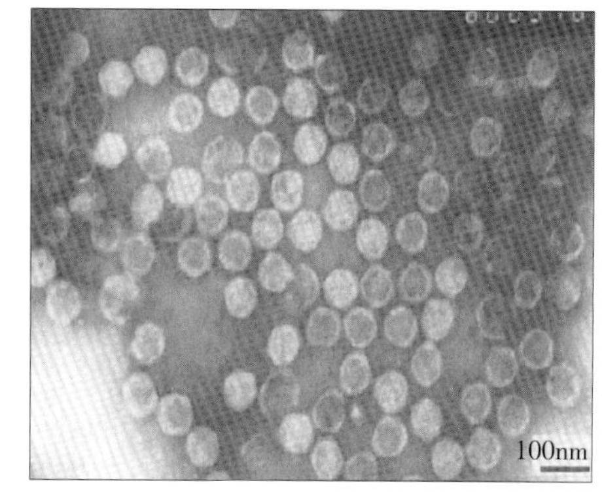

图 1－12－1 纯化的水稻矮缩病毒电镜照片（李毅提供）

Figure 1－12－1 SEM photograph of purified RDV（by Li Yi）

（二）病毒基因组编码的蛋白及其生物学功能

RDV 基因组编码 7 种结构蛋白（包括 P1、P2、P3、P5、P7、P8 和 P9）和 5 种非结构蛋白（包括 Pns4、Pns6、Pns10、Pns11 和 Pns12）。P1 的分子质量为 164ku，存在于病毒的核心颗粒中（Li et al.，2004；Cao et al.，2005；Zhong et al.，2005）。编码病毒依赖于 RNA 的 RNA 聚合酶（RDRP）。

P2 的分子质量为 123ku，是病毒的最外壳蛋白，P2 蛋白参与病毒粒体与昆虫介体的识别，是叶蝉传毒所必需的蛋白（Yan et al.，1996）；在 RDV 侵染的叶蝉细胞中，P2 能够诱导病毒的膜融合，这进一步表明 P2 在 RDV 病毒进入宿主细胞和细胞间传播过程中发挥重要作用（Zhou et al.，2007）。另外，P2 在参与病毒致病过程中同样发挥重要作用，该蛋白通过与水稻体内的贝壳杉烯氧化酶基因互作，干扰了水稻体内赤霉素的正常代谢，降低了水稻中的赤霉素含量，从而导致 RDV 感病水稻矮化症状的形成（Zhu et al.，2005）。

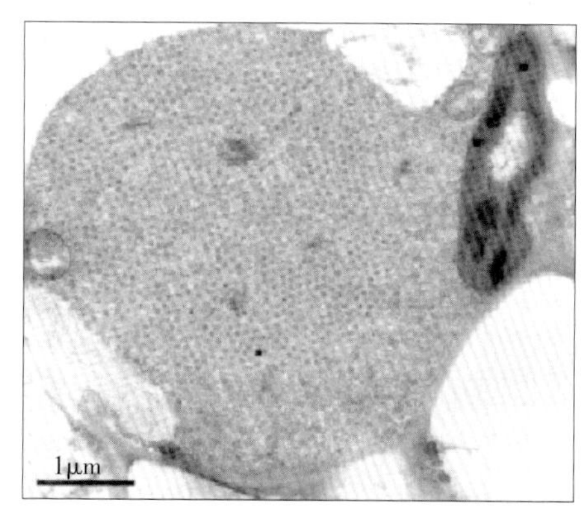

图 1－12－2 超薄切片观察水稻矮缩病毒粒体充满细胞（李毅提供）

Figure 1－12－2 Ultrathin sectioning shows that the cells are filled with RDV（by Li Yi）

P3 的分子质量为 114ku，是 RDV 的内层核心蛋白。P3 在病毒负链 RNA 合成过程中可能有重要作用（Zhang et al.，1997）。每个 RDV 粒子中含有 120 个 P3。现有的研究表明，P3 与 P3 之间存在很强的相互作用，推测 P3—P3 的相互作用是形成病毒粒体结构的基础（Ueda et al.，1997）。另有研究发现，单独表达 P3 蛋白可以在昆虫细胞中形成单层壳的核心颗粒，与 P8 共表达在昆虫细胞和转基因水稻中均可以形成双层壳的病毒样粒子（Zheng et al.，2000；Hagiwara et al.，2003；2004）。

Pns4 的分子质量为 80ku，在 Pns4 蛋白的氨基酸序列中存在一个锌指结构（231～335 位氨基酸）和一个结合嘌呤 NPT 的模式结构（李毅等，2001）。Wei 等的研究揭示，Pns4 具有磷蛋白的功能，在 RDV 侵染的叶蝉细胞中 Pns4 可以作为磷酰基底物参与磷酸化反应。对其定位研究揭示，Pns4 主要定位在病毒复制工厂或病毒胞质（Viroplasm）周围和微管中。这种定位形式揭示，Pns4 可能在病毒装配过程中起着重要作用（Wei et al.，2006a）。

P5 的分子质量为 90ku，是病毒的微核心蛋白，它能与 GTP 共价结合，说明它可能有 RDV 的鸟苷酸转移酶和核苷酸转移酶活性，在病毒 mRNA 合成时 5′ m7GpppAm -帽子结构的形成中起重要的作用（Suzuki et al.，1996）。

Pns6 的分子质量为 57ku，编码 RDV 的运动蛋白，绿色荧光蛋白标记和免疫电镜结果表明，Pns6 蛋白位于胞间连丝和细胞质中，在富集病毒胞质的区域大量存在（Li et al.，2004）。体外表达纯化 Pns6 蛋白研究发现，该蛋白是一个 RNA 结合蛋白，具有 ATP 酶活性（Ji et al.，2011）。

P7 的分子质量为 55ku，是病毒的小核心蛋白。最新研究表明，P7 蛋白能够结合 RDV 基因组中的 12 条 dsRNA，和 mRNA 有着高亲和力，并能够与 P1 和 P5 形成复合蛋白。P7 蛋白复合体与 dsRNA 基因组分别配对，随后包裹 dsRNA，然后 P7 蛋白独自或与 P1 蛋白一起联合 P3 蛋白形成内层衣壳蛋白。之后，P8 外层衣壳蛋白结合 P3 蛋白覆盖了病毒粒体的外层。最后，P2 蛋白和 P9 蛋白可能与 P8 蛋白一起结合到病毒粒体表面的某些部位，完成病毒粒体装配的全过程。P7 蛋白是病毒粒体装配中的关键蛋白，其与核酸结合是病毒粒体装配过程中的关键步骤（Zhong et al.，2005），其生理功能还有待进一步研究。

P8 的分子质量为 46ku，是病毒的外壳蛋白。研究表明，该蛋白在植物呼肠孤病毒科第一亚组中高度保守，外壳蛋白 P8 和水稻瘤矮病毒（RGDV）制备的核心颗粒可以进行体外异源重组并形成稳定的病毒粒体。现有研究发现，RDV P8 蛋白与水稻体内的一个乙醇酸氧化酶互作。乙醇酸氧化酶是过氧化物酶体中的一个关键蛋白，P8 与其互作可能使得 P8 也进入过氧化物酶体中，而过氧化物酶体可能是 RDV 的复制位点（Zhou et al.，2007）。

P9 的分子质量为 49ku，以前认为是非结构蛋白，现研究结果表明，P9 是一个结构蛋白（Zhong et al.，2003），P9、P8 和 P2 共同组成病毒粒体最外层壳，但该过程的机理尚不清楚。现有的研究揭示了 P9 具有转录激活活性。该活性可能在病毒的侵染和复制过程中参与调控病毒或寄主基因的转录表达，具体功能还有待进一步研究（尹哲等，2007）。

Pns10 的分子质量为 35ku，为非结构蛋白，编码病毒的 RNA 沉默抑制因子，在 RDV 抵制水稻的防御机制过程中起非常重要的作用（Cao et al.，2005；Ren et al.，2011）。同时，Wei 等研究发现，Pns10 能够在 RDV 侵染的单层昆虫细胞（VCM）系统中形成管状结构，并且这种管状结构能够伸出细胞表面连接到相邻的细胞，从而帮助 RDV 病毒粒体完成次级侵染（Wei et al.，2006b，2008；Chen et al.，2012）。

Pns11 的分子质量为 23ku，编码序列有两个开放阅读框，编码一个 181 个氨基酸组成的 20ku 蛋白。S11 的 3′非编码区很长，占整个片段的 46.4%，远远高于 RDV 其他片段 3′非编码区的相对长度（占 3.1%～17.7%）。其氨基酸序列 N -端含有推测的锌指结构，C 端富含碱性氨基酸。研究表明，Pns11 是一个非特异性核酸结合蛋白，N -端锌指结构对于其核酸结合活性是必需的（Xu et al.，1998）。

Pns12 序列中含 4 个开放阅读框，开放阅读框 1（编码产物最大）分子质量为 33ku。其全长 cDNA 在体外可以翻译出 4 种不同开放阅读框的多肽，其中，3 种在体内能正常表达。Pns12 是一个磷酸化蛋白，位于侵染细胞的细胞质中（Suzuki et al.，1999）。其中，开放阅读框 1 编码的 33ku 蛋白（Pns12）可能在病毒的复制、包装和侵染中起作用（李毅等，2001）。Pns12 是病毒工厂和病毒装配复合物晶核形成所必需的（Wei et al.，2006c）。最新的针对 RDV 编码的非结构蛋白介导的抗病性的研究结果显示，针对 RDV 的 S12（Pns12）和 S4（Pns4）（Pns12 和 Pns4 是 RDV 复制的关键性非结构蛋白）分别构建 RNAi 载体转化水稻后发现，针对 Pns12 的 *RNAi* 转基因水稻表现出对 RDV 的高度抗性，而 Pns4 则表现出弱抗性并延迟了 RDV 症状的产生（Shimizu et al.，2009）。该研究表明，对病毒复制关键蛋白的沉默是一种有效的防治策略，能对病毒引起的植物病害起到有效的抵抗作用。

（三）水稻矮缩病毒与寄主的互作

目前，我们对水稻矮缩病毒（RDV）本身已有了较深入的认识，但对 RDV 与寄主间的互作了解的还很少。这可能与 RDV 粒体本身的特性有关，不能进行有效的侵染性克隆，病毒的寄主范围仅限于禾本科植物，不能侵染烟草和拟南芥等容易操作的茄科和十字花科植物。

2005 年 Zhu 首次揭示了 RDV 致病的矮化机制，RDV 编码的 P2 蛋白与水稻贝壳杉烯氧化酶蛋白的互作使水稻赤霉素的合成能力大大下降，使得被 RDV 感染的水稻植株呈现矮缩症状。另外，贝壳杉烯氧化酶可能参与了水稻植保素的合成，P2 蛋白与其互作是为了阻止水稻植保素的合成，从而使得寄主植物更加适合病毒粒体的复制和侵染（Zhu et al.，2005）。还有值得我们思考的是：外源 GA 可以减轻水稻矮缩症状并不能绝对地说明赤霉素的降低是水稻矮缩的直接原因，同样外源 IAA 不能减轻矮缩症状也不能绝对地排除生长素与矮缩症状无关，因为在 RDV 侵染的水稻中生长素等的信号传导可能也遭到了破坏。

Zhou 等研究发现，RDV P8 蛋白与水稻体内的一个乙醇酸氧化酶互作（Zhou et al.，2007），乙醇酸氧化酶是过氧化物酶体中的一个关键蛋白，P8 与其互作可能使得 P8 也进入过氧化物酶体中，而过氧化物酶体可能是 RDV 的复制位点。利用水稻全基因组芯片技术对 RDV 侵染水稻进行了转录谱的分析显示，RDV 侵染水稻后引起了一系列的防御基因的表达，包括 PR 蛋白，WRKY 转录因子等，这表明水稻对 RDV 的侵染启动了防御反应。耐人寻味的是，在 RDV 侵染的水稻中，大量的细胞壁合成相关基因和叶绿体功能相关基因的表达显著下降了。细胞壁的合成是植物细胞伸长的关键因素，而细胞的伸长程度又决定了植株的高度，所以，这些细胞壁合成相关基因的抑制很可能导致了细胞壁合成的障碍，从而引起矮缩的症状（Shimizu et al.，2007；Satoh et al.，2010）。

对 RDV 介导的 miRNA 参与调控的水稻抗病毒研究显示，在 miRNA 水平上双链 RNA 病毒（RDV）和单链 RNA 病毒（*Rice stripe virus*，RSV；水稻条纹病毒）在致病机制上存在巨大差异，RDV 侵染水稻后对水稻 miRNA 影响并不明显，而 RSV 截然相反，它不但极大地影响了水稻 miRNA 的变化，而且还诱导了大量 miRNA*（miRNA star）和新的 Phased MicroRNAs 的产生，并且这些 miRNA* 和 Phased MicroRNAs 在 RSV 侵染条件下能够有效调控其靶基因的变化。这些新的发现则告诉我们：dsRNA 病毒和 ssRNA 病毒在致病机制上存在明显差异，并且水稻 miRNA 参与了 RSV 的抗病毒防御，而在 RDV 侵染过程中显得并不是那么重要（Du et al.，2011）。

四、传播介体和病害循环

（一）传播介体

水稻矮缩病毒（RDV）传播介体有黑尾叶蝉、二点黑尾叶蝉、电光叶蝉，其中，以黑尾叶蝉传播为主（彩图 1-12-8）。黑尾叶蝉的传毒能力在不同地区的虫系和个体之间差异很大，根据陈声祥等人的报道，黑尾叶蝉对 RDV 的获毒虫率，浙江、上海、江西均为 3%～10%；云南和福建为 8%～50%。叶蝉一旦获毒能终身传毒，并经卵传毒，病毒可在虫体内增殖。其经卵传递的后代虫子传毒个体率极强，为 80%～100%。黑尾叶蝉最短获毒时间为 10min，循回期 11～22d。水稻从感染病毒到发病有一段潜育期，早稻感病潜育期较晚稻长，苗期至分蘖盛期感病的潜育期短，拔节期感病的潜育期最长，甚至不显症。

（二）病害循环

病毒在看麦娘等禾本科杂草上的黑尾叶蝉体内越冬，黑尾叶蝉以若虫形态越冬，翌春羽化迁回稻田为害，早稻收割后，迁至晚稻上为害，晚稻收获后，再迁至越冬作物田、田边、沟边杂草或再生稻和落谷上越冬（图 1-12-3）。

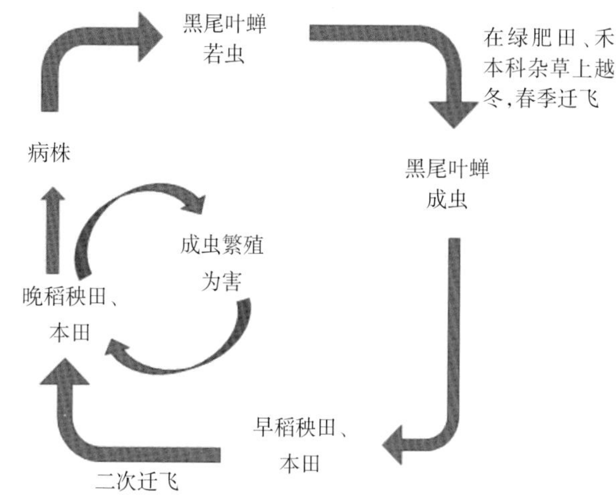

图 1-12-3　水稻矮缩病病害循环（李毅绘）

Figure 1-12-3　Disease cycle of rice dwarf（by Li Yi）

根据气候类型不同，水稻矮缩病毒的侵染循环也有所不同，在热带稻区，如广东、广西、云南南部，越冬再生稻、中间寄主植物病株、带病毒叶蝉是初侵染源，通过叶蝉取食和迁移进行传播，在早、晚稻地区首先传到早稻，由早稻再传到晚稻，由晚稻再通过再生稻病株、中间寄主植物病株及带病毒叶蝉完成病害的侵染循环（图1-12-4）。

在温带和亚热带稻区，病毒在叶蝉卵内越冬，成为初侵染源，越冬代叶蝉在绿肥作物上取食，于翌年4月中、下旬迁入早稻秧田或早栽本田传毒，早稻上繁殖的第一代虫也成为再次侵染源，由早稻本田传至晚稻秧田及早栽本田，病毒通过取食病株的叶蝉卵越冬，完成侵染循环（图1-12-5）。

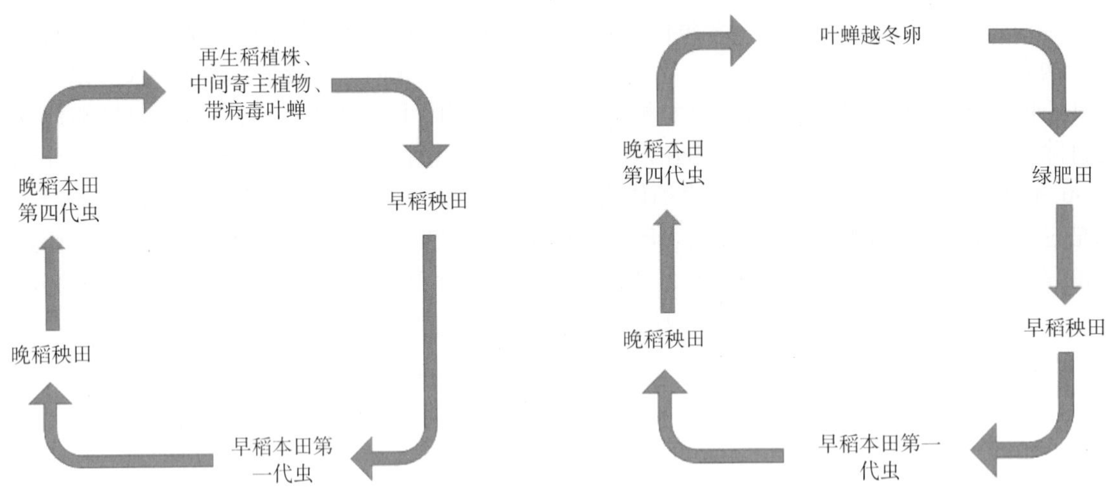

图1-12-4 热带稻区水稻矮缩病病害循环（李毅绘）

Figure 1-12-4 Disease cycle of rice dwarf virus in the tropical area (by Li Yi)

图1-12-5 温带、亚热带稻区水稻矮缩病病害循环（李毅绘）

Figure 1-12-5 Disease cycle of rice dwarf virus in the temprate and subtropical area (by Li Yi)

五、流行规律

（一）诱发原因

水稻矮缩病的发生主要由病原、传毒介体叶蝉种群的消长、水稻品种的抗性以及温、湿度等环境条件因素所决定，其中，病原是决定性因素。由于水稻矮缩病毒（RDV）只能通过昆虫介体传毒，不经种子或接触传染，因此，带毒叶蝉种群的消长与病害发生流行密切相关。病害严重程度和为害程度与感病时期相关，苗期感病则症状严重，随感病时期的推迟则症状相应减轻（图1-12-6）。

根据田间自然发病情况的调查，在亚热带、温带稻区现有籼稻类型不同栽培水稻品种间发病率及症状严重度差异较小，但粳稻不同品种之间差异大；在热带稻区，不同水稻品种的发病率及症状严重度差异较大，有的品种发病率在5%以下，而有的品种则高达70%以上。说明因生态条件不同，水稻品种的自然抗病性有较大的差异。国际水稻研究所和日本开展的水稻品种抗矮缩病鉴定的有关报道表明，水稻品种对RDV的抗病性有较大差异，已筛选到了一批高抗的水稻种质材料。

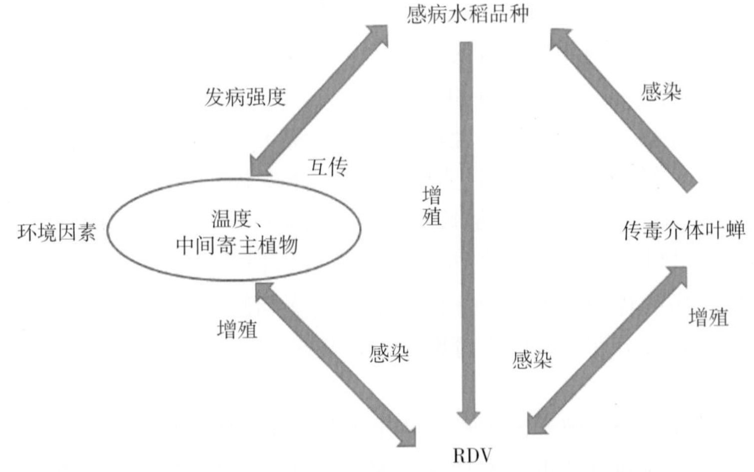

图1-12-6 水稻矮缩病的发病因子之间的相互关系（李毅绘）

Figure 1-12-6 The relationship between pathogenic factors of rice dwarf disease (by Li Yi)

水稻品种对 RDV 的抗性主要有 3 个方面，第一是对病毒感染的直接抗性，但其具体机制目前还不太清楚；第二是对传毒介体叶蝉的抗性，即通过对叶蝉取食偏好的影响，减轻感染病毒的概率；第三是生育期抗性，一般水稻在分蘖期以前极易感染，而在拔节期以后不易感病，到抽穗乳熟期或成熟期基本不感染。

影响水稻矮缩病发病的环境因素主要有温度、中间寄主植物两个方面。温度对传毒介体的发生具有决定性的影响，在冬季冰冻的条件下，叶蝉的卵很难存活，RDV 经卵传播效率下降，翌年发病率减轻；反之，如在暖冬条件下，叶蝉卵存活率较高，翌年虫口密度也高，发病就较严重。温度对病毒感染寄主后的发病也有较大影响，一般在低于 20℃ 的平均温度下，其潜育期较长，随着温度的升高，潜育期缩短，发病较快。在中间寄主植物周年生长的热带地区，毒源量大，叶蝉取食传播频率高，病害发生严重；而在亚热带及温带地区，中间寄主植物在冬季枯死，毒源量相对较少，病害发生较轻。

（二）水稻植株生育期

不同生育期水稻接种水稻矮缩病毒（RDV）的发病率也有显著差异，幼苗尤其是 3～4 叶期最为敏感（发病率>50%），随着水稻生育期推移感染 RDV 的发病率逐渐降低且发病后症状减轻（矮化不明显）。

（三）感病或抗病品种的栽培

通过对目前主栽的水稻品种对水稻矮缩病的抗性的研究发现，多数粳稻品种对水稻矮缩病表现出高度敏感，而籼稻品种，特别是杂交水稻对水稻矮缩病大多呈现较好的抗性（吴建国等，2010）。另外，对水稻矮缩病抗性资源的筛选发现，通过 *Tos17* 插入获得一份抗水稻矮缩病的突变体 *rim1 -1*，与野生型相比，突变体不矮化、生长相对缓慢、根短小、叶尖时有卷曲。*rim1 -1* 突变体只抗水稻矮缩病毒，而对水稻黄叶病毒和水稻条纹病毒不具抗性。过量表达 *RIM1* 的转基因植株对水稻矮缩病毒更加敏感（Yoshii et al.，2009；2010）。通过遗传分析和生物信息学分析发现，该基因定位在水稻第三染色体上，由于 *Tos17* 插入 *Os03g0119966* 基因第二内含子引起的突变，为 RDV 的抗性资源的研究提供了宝贵的材料。

（四）气候条件

对于多数水稻病毒病而言“冬春暖、伏秋旱”是造成病害暴发和流行的重要气候因素。从 20 世纪 90 年代以来，冬季气温普遍偏高使叶蝉能够安全越冬，并促使其活动频率提高，从而提高了叶蝉种群数量和带毒率，增加了水稻被侵染概率。

（五）其他原因

首先，基础研究相对薄弱。虽然对水稻矮缩病毒开展了一些基础性研究，取得了一定的进展，但对该病毒侵染和流行规律、抗性品种选育、监测和检测技术、防控措施等关键技术的研究相对滞后。其次，监测预警能力较低。广大农户对病毒病害的认识不足，预防意识淡薄；科研和生产部门对其早期监测预报能力和水平较低。再次，配套防控措施缺乏。在防治上，目前生产中以控制前期介体昆虫虫源基数、降低传毒概率为主，缺少行之有效的治虫防病配套技术措施，控制能力不高。病害一旦发生流行，造成较重损失将在所难免。

六、病害诊断

及时、准确地检测水稻是否感染矮缩病，不但可以提早确定对策防治病害的发生及扩散，而且也可为病毒的研究提供精确的材料。鉴于病毒的准确诊断是病害有效监测与防控的基础，应采用 2～3 种方法相互验证，以确保诊断的准确性。以下是几种目前常用的诊断方法。

（一）田间观察

根据典型症状进行田间诊断，水稻矮缩病区别于其他水稻病毒病的明显特征是植株矮化，叶色浓绿，无效分蘖增多。早期感染不能抽穗和正常结实；在孕穗期后发病，只在剑叶及其叶鞘上出现点条病斑；抽穗后发病，则仅在叶鞘上出现病斑。在轻病区，水稻矮缩病在田间呈随机分布；在重病区，有成片发病的特点。根据这些症状特点，在田间调查时通过仔细观察，不难诊断。

（二）电镜检测

对典型水稻矮缩病株或疑似病株，可取叶片加缓冲液研磨过滤后，滤液负染色制样，在透射电子显微镜下观察分离物的粒子形态，水稻矮缩病毒粒体较一般植物球形病毒大，直径约 70nm，在电子显微镜下，可明显看到双层外壳，结合症状特点可进行初步诊断。

（三）分子生物学方法

1. RT-PCR 检测法 提取水稻植株或介体昆虫中的总 RNA，反转录后获得 cDNA，以病毒核酸保守序列设计引物进行 RT-PCR，根据产物中是否含有目的条带，即可明确材料中是否含有病毒核酸。该方法方便简单，是目前鉴定水稻矮缩病常用的方法之一。同时，为了避免 PCR 易产生假阳性，可采用 Realtime-PCR 的方法来进行检测，在降低实验中的污染和结果假阳性风险的同时，还可以利用荧光杂交探针对所扩增的核酸片段进行验证，检测结果的精确度有了很大的提高。

2. 斑点杂交检测法 斑点杂交是将被检样品点到膜上，经烘烤固定后，与探针进行杂交，一般一张膜上可同时检测多个样品，是一种快速、稳定、高通量的检测方法，可做半定量分析。福建农林大学根据已报道的 RDV S12 引物合成了特异性探针，提取水稻病叶或带毒昆虫总 RNA，将核酸点膜后与含有探针的杂交液进行反应，最后进行免疫显色检测。结果显示，该方法可以从微量总核酸中检测到水稻矮缩病毒，具有经济、灵敏、快速等优点，可用于建立水稻矮缩病预测模型。

3. 直接电泳检测法 Xu 等（2010）将水稻病叶和饲毒后的虫体在灭菌水中研磨成匀浆，离心后取上清直接进行 1% 琼脂糖凝胶电泳分析，在 1 000～5 000bp 可稳定检测到 5 条特异性电泳条带，而未感病的阴性对照则检测不到任何电泳条带。该方法操作简单、快速，整个过程只需要 20min 左右，而且无须昂贵的仪器和设备，适合进行田间大量样品的检测，从而对水稻矮缩病的发生、流行和预测预报提供及时、准确的数据。

4. 血清学方法 ELISA 检测对秧田期或早期矮缩病的监测是很有效的方法。水稻矮缩病毒（RDV）易分离纯化，应用纯化的病毒制备高效价的抗血清，采用酶联免疫吸附测定（ELISA）可快速高效地检测植株或传毒介体昆虫所携带的病毒。

七、防治技术

1. 选用抗病、虫品种 抗病、虫品种的应用是防控水稻矮缩病经济、有效的措施，但在大面积推广的品种中，抗性和高产与优质往往难以兼顾。在实际生产中，容易忽视抗病、虫品种的选育，病害暴发流行时，没有适宜的品种而造成损失。随着病毒株系致病力的变异，以往的抗病、虫品种的抗性可能降低或丧失。因此，针对矮缩病抗病、虫品种筛选是一项长期的工作，应做到有备无患。

由于不同水稻品种对水稻矮缩病毒的抗性存在差异，因此，在现有推广的水稻品种中筛选抗性种质，加以创新和改良，有利于水稻普通矮缩病抗性品种的选育。吴建国等（2010）对目前农业生产上大面积推广的 16 个优良粳稻和籼稻品种进行了抗水稻矮缩病毒的筛选鉴定，发现不同水稻品种的抗病性存在很大差异，筛选出抗病性品种协优 46 和宜香 2922，免疫品种冈优 734。陈茂顺等（2002）对 7 个不同组合杂交稻进行抗水稻矮缩病毒田间试验，结果显示特优 420、冈优 22 等组合抗性较差，而 D 优 63、特优 77、协优 9308 和 D 优 68 等组合抗性较强。

2. 防虫治病 水稻矮缩病主要由黑尾叶蝉、二点黑尾叶蝉和电光叶蝉传播，其中，以黑尾叶蝉最为常见或传毒效率最高。带毒叶蝉一旦获毒就能终身传毒并经卵传给子代。因此，通过治虫防病的方法，控制叶蝉种群数量和带毒率，把带毒叶蝉扑灭在迁移到水稻秧苗传毒侵染之前。具体措施如下：①可推广防虫网覆盖育秧，把带毒叶蝉隔离在水稻秧苗之外，这样可有效防止病毒传播。②春耕前人工铲除或选用除草剂清除田埂及农田附近的杂草，减少越冬虫源。③目前尚无对水稻矮缩病有直接疗效的化学药剂，对水稻矮缩病化学防治主要指治虫防病。防治黑尾叶蝉药剂主要选用击倒作用强，低毒的农药。带药播种：在播种的同时施药，种子出苗后植株体内带药，不受黑尾叶蝉的为害。秧苗防治：在单季晚稻秧苗 1 叶 1 心期，就要喷药防治黑尾叶蝉，起到保护作用。返青期，应 5～7d 喷药 1 次，以后的防治依虫量而定。

注意一般秧田、本田在封行前以及田边喷施药剂防治黑尾叶蝉，封行后撒施毒土或泼浇药液防治黑尾叶蝉。施药时，先四周，再中间。要同时防治秧田四周杂草上的黑尾叶蝉。

3. 采取适当农业措施

（1）改变耕作制度。根据以往的调查，在早、中、晚稻或早、晚稻混栽的区，叶蝉发生频繁，易导致水稻矮缩病的暴发流行。取消中稻，避免早、晚稻混栽，可以减轻水稻矮缩病的发生。

（2）稻田合理布局。在相邻的区域内，水稻品种、育苗、移栽和收获期尽可能较一致，减少叶蝉的活动和传播效率。早稻早收，避免传毒叶蝉迁入晚稻。将相同成熟期的水稻品种连片种植，集中育苗，预防黑尾叶蝉在不同成熟期水稻品种上辗转迁移传毒，便于提高治虫防病的效果。

(3) 合理轮作。在重病区，冬作尽可能减少麦类、绿肥等中间寄主作物，而改种非寄主作物，如在热带稻区，可种植马铃薯、蔬菜等作物，减少初侵染源。

(4) 搞好田园卫生。清除田边、沟边、塘边杂草，减少叶蝉的越冬场所，尤其在育秧时严格清除在秧田周围可能的中间寄主杂草，禁止种植中间寄主作物，减少病害的传播概率。

(5) 冬季晒垡。病毒在再生稻上越冬的热带稻区，冬季翻耕晒垡，销毁再生稻中的病株，可有效减轻初侵染源数量。

李毅（北京大学）

第 13 节　水稻黄矮病

一、分布与危害

水稻黄矮病又叫黄叶病、暂黄病。在我国主要分布于华南、西南、长江中下游等稻区，由水稻黄矮病毒（*Rice yellow stunt virus*，RYSV）引起，主要侵染水稻，也可侵染大黍及李氏禾等。1957 年该病在我国的广西东兴各族自治县首次被发现，20 世纪 60 年代初期在云南南部河谷平原局部地区发生，中期在广东和广西南部大面积流行成灾，以后病害自南而北扩展到长江中下游各省稻区，成为南方稻区的一个重要病害。水稻黄矮病一般可导致水稻减产 20%左右，严重时也可导致绝收。近几年来在南方某些地区仍然有疑似病情发生，但是未见大面积流行。

二、症状

水稻黄矮病的主要症状是矮缩、花叶、黄枯。从水稻秧苗期至始穗期都能感染发病，发病越早为害越大，但以分蘖期发病最为常见，晚稻发病较早稻严重。苗期发病多从顶叶或下一叶开始，植株多严重矮缩，不分蘖，须根短小黄褐，根毛很少，易早期枯死。分蘖期发病从顶叶下一、二叶开始，分蘖减少，根系少而弱，抽穗迟而小，穗头半包或全包叶鞘内，结实很差。拔节后期水稻抗病能力较强，仅叶鞘病状明显，植株稍矮，抽穗迟而小，结实稍差。

病叶通常先从叶尖端开始发黄，后逐渐向基部发展，形成叶肉鲜黄而叶脉仍然保持绿色的条状或斑驳花叶，后期枯黄卷缩，仅中肋或中肋基部绿色，病叶与茎秆夹角增大，出现叶“平摆”症状。重病植株发病后 1 个半月到 2 个月逐渐枯死，轻病株仅 2～4 片叶子发病，新生叶片只在叶尖或上半片部分表现症状。

水稻黄矮病症状在品种间稍有差异，矮秆籼稻品种的病叶呈鲜黄色，条状花叶明显；高秆籼稻品种的病叶呈淡黄色，条状花叶不甚明显；粳稻品种病叶呈橘黄色，条状花叶较为隐约；糯稻品种病叶呈淡黄，条状花叶不清楚；杂交稻病叶与矮秆籼稻类似，但有时叶缘稍带紫色。

水稻黄矮病的症状会出现恢复现象，这也是为什么该病也称暂黄病，表现为病株发病 10～30 d 后，病叶的症状消失，植株生长比较正常，新长出的叶片变为深绿色或褐绿色，但有时 2～3 周后又会发黄，如此继续发黄和恢复，可达数次。该病的恢复或反复可能与水稻品种的抗病性相关，但是即便是表面恢复健康的植株，其细胞内仍然有病毒存在。

三、病原

水稻黄矮病病原是水稻黄矮病毒（*Rice yellow stunt virus*，RYSV），属弹状病毒科细胞核弹状病毒属（*Nucleorhabdovirus*）。从水稻黄矮病病叶的电子显微镜超薄切片中，可以观察到弹状病毒粒体的存在。它们大都存在于细胞核膜的内外层之间，有时也散布于细胞核及细胞质内。病毒粒体长 150～180nm，宽 70～90nm，壁厚 20～25nm（彩图 1-13-1）。血清学反应显示，水稻黄矮病毒和我国台湾发现的水稻暂黄病毒（*Rice transitory yellowing virus*，RTYV）有免疫交叉反应，根据这两个病毒引起的水稻病症非常相似初步判断，台湾学者报道的水稻暂黄病毒即水稻黄矮病毒，水稻暂黄病就是水稻黄矮病。最近日本学者对水稻暂黄病毒的基因组进行了测序，并与水稻黄矮病毒基因组进行比较，证明二者基因序列的相似性达 98.5%，肯定二者为同一种病毒。病毒的钝化温度为 55.5～57.5℃；稀释限点为 10^{-5}～10^{-6}。

四、病害循环

水稻黄矮病由黑尾叶蝉［*Nephotettix cincticeps*（Uhler）］、二点黑尾叶蝉［*N. virescens*（Distant）］和二条黑尾叶蝉［*N. nigropictus*（Stål）］（彩图 1-13-2）传播。摩擦接种、注射病毒等方式都不能使病毒侵染植物，而必须通过媒介昆虫才能传毒。病毒在寄主植物中生长繁殖，不但能通过细胞壁从一个细胞进入相邻的细胞进行短距离移动，还可以通过维管束进行植物体内长距离移动。叶蝉通过取食带毒叶片的汁液获得病毒，带毒的叶蝉能连续传毒，终身携毒，但是不能通过卵传毒。被病毒侵染的水稻种子也不携带病毒。在昆虫传毒过程中，无毒虫须在病株上取食一定时间后才能获得病毒，黑尾叶蝉获毒的最短时间为 5 min，多数需要 12 h 以上，传毒时间至少要 3～5 min，开始传毒虫态最早为四龄若虫，多数在成虫期。病毒在若虫体内越冬，第二年春季随越冬虫迁移侵染早稻，成为初次侵染来源。早稻上繁殖的第二代、三代昆虫从病株上取食获毒，随后迁向晚稻，把病毒传播给晚稻，10 月中、下旬，随着晚稻的黄熟和收获，病毒又在带毒的若虫体内越冬，完成病毒的年侵染循环（彩图 1-13-2）。

五、流行规律

根据侵染循环途径可以推测，带毒黑尾叶蝉的虫口密度和水稻黄矮病的发生流行程度直接相关。初侵染源主要是带毒的越冬黑尾叶蝉三、四龄若虫。这些带毒若虫在水稻田中的看麦娘上以及在田边、沟边杂草和春收作物田中取食越冬，所有影响黑尾叶蝉越冬和生长繁殖的因素也都影响病害的发生和流行程度，其中以气候条件和耕作制度最为重要。夏季少雨、干旱，促进叶蝉繁殖，有利于其活动取食，还缩短了循回期和潜育期，有利于病害流行。

六、防治技术

水稻黄矮病的防治要坚持"控虫防病，综合治理"的方针，黄矮病的发生和传播与黑尾叶蝉直接相关，因此，只要控制黑尾叶蝉就可以控制该病的发生和流行。此外，抗病品种的选育，科学的栽培措施和田间管理也是防治水稻黄矮病的有力措施。

（一）选育抗病品种

淘汰感病品种；选用抗（耐）病品种，如白壳矮、博罗矮、IR29、溪南矮、木泉等。

（二）田间管理

1. 清除杂草，减少初侵染 适时晒田，及时清除田边杂草，减少黑尾叶蝉栖息藏匿场所，尤其是冬天，深耕和铲除田边杂草非常重要，使越冬虫没有生存场所，可以减少秧苗的初始侵染，使病毒病不发生，少发生。

2. 种植成熟期一致水稻品种，切断黑尾叶蝉寄主 将相同成熟期的水稻品种连片种植，集中育苗，预防黑尾叶蝉在不同成熟期水稻品种上辗转迁移传毒，便于提高治虫防病的效果。

3. 初期拔除发病稻株 经常查田，一旦发现叶片发黄或可疑稻株及时拔除。

（三）栽培措施

轮作和合理兼作是防病的好办法。上年发病严重的地区翌年应改种其他作物，切断病毒的侵染循环链，减少带毒虫口密度，防止病害发生。育秧田尽量远离重病田，使用防虫网阻隔叶蝉，减少秧苗感染机会。在早期发现病情后，及时治虫，并加强肥水管理。

（四）药剂防治

病害流行的秧田用 3%克百威颗粒剂 1.5～2kg，拌细土 20kg，在稻谷播种后撒施。50%混灭威乳油每公顷用 1.5L，或 20%异丙威乳油每公顷用 2.25～3L，对水 600～750L，在秧苗露青后每隔 5～7 d 施药 1 次，共施 2～3 次。在本田期，可选用 90%晶体敌百虫 800 倍液、25%杀虫双水剂 600 倍液、4.5%高效氯氰菊酯乳油 1 000～1 500 倍液、25%噻嗪酮可湿性粉剂 2 000 倍液喷施，杀灭传毒叶蝉。

陈晓英（中国科学院微生物研究所）

第 14 节　水稻瘤矮病

一、分布与危害

水稻瘤矮病由水稻瘤矮病毒（*Rice gall dwarf virus*，RGDV）引起，是东亚和东南亚稻区重要的病毒病之一，可给水稻生产造成严重损失。该病最早于 1979 年在泰国中部发现，随后在马来西亚、朝鲜等国家也有发生的报道。国内自 1976 年在广东省高州市零星发生后，迅速扩展至广东省湛江市、茂名市、从化市、惠州市以及广西的部分稻区。1976—2005 年，已在广东和广西局部地区造成 7 次大流行，流行年份发病率一般在 50%～70%，重病地块颗粒无收，损失极为惨重。目前该病害已扩展至福建部分稻区，并有进一步蔓延的趋势，对整个南方稻区具有潜在重要的威胁。

二、症状

瘤矮病主要在水稻秧苗期侵染，分蘖前期症状表现最为明显。发病株显著矮缩，分蘖和抽穗显著减少，抽穗迟，有效穗数少，稻穗短，每穗总粒数少。病叶短而窄，叶色深绿，相邻叶片的叶枕距离变短甚至相互重叠。孕穗期前，叶背及叶鞘可见淡白色小瘤突，孕穗期后这些小瘤突转变成绿色或黄褐色，这是识别该病的重要标志之一。有些病叶叶尖扭曲，个别新出病叶的一边叶缘灰白色坏死，形成缺刻。病株根短而纤弱，新根少。

三、病原

水稻瘤矮病病原为水稻瘤矮病毒（*Rice gall dwarf virus*，RGDV），属于呼肠孤病毒科植物呼肠孤病毒属（*Phytoreovirus*）。为三重对称的二十面体球状结构，含有双层衣壳蛋白，分别为外层衣壳和包裹着 dsRNA 的内层衣壳（核心粒体），直径为 65～70 nm，无包膜和糖蛋白突起。病毒粒体相对比较稳定，利用有机溶剂处理无法将其外层衣壳蛋白除去。据试验，水稻瘤矮病毒（RGDV）粒体经氯仿或 50℃ 10min 热处理，并反复冻融，磷钨酸染色，仍保持完整稳定，在纯化的病毒制剂中表现出非常完整的双层结构，甚至找不到仅由核心粒体组成的病毒粒体。

RGDV 粒体在水稻病株中含量很低，主要分布在植物韧皮部细胞的细胞质、液泡以及从韧皮部细胞长出的瘤细胞中。而在昆虫介体中，病毒粒体可存在于昆虫多种细胞，包括唾腺、胃肠、脂肪、肌肉和神经细胞等的细胞质中。因此，RGDV 在植物和昆虫细胞中的分布具有其相同性和不同性。相同特征为：病毒粒体限制在细胞质中，细胞器中没有病毒粒体存在，而且它们形成晶格状排列和类病毒胞浆样基质，病毒粒体包被在小管中。不同特征为：病毒粒体在植物中仅限制在植物韧皮部组织细胞中，并且占据植物韧皮部细胞的大部分区域；但在昆虫中病毒粒体可在多种类型的昆虫细胞中存在，不过仅局限于细胞的某些区域。

RGDV 基因组全长约为 25 700 kp，依分离物不同稍有差异。基因组由 12 条双链 RNA（double-stranded RNA，dsRNA）片段组成，根据其基因组在 SDS-聚丙烯酰胺凝胶电泳中从小到大的迁移率，分别命名为 S1 到 S12。目前泰国分离物、广西分离物以及广东分离物全基因组序列已经测序完成。在基因组织结构上，除了 RGDV S9 基因片段采用多顺反子（polycistronic）编码策略外，其余基因片段都采用单顺反子，也即每个片段仅具有 1 个开放阅读框（open reading frame，ORF），相应地仅编码 1 个蛋白。完整的 RGDV 粒体包含 6 种结构蛋白，分别是由相应片段编码的 P1、P2、P3、P5、P6 和 P8，而 Pns4、Pns7、Pns9、Pns10、Pns11 和 Pns12 为非结构蛋白。至 2012 年，已初步明确大部分蛋白的功能，其中，P1 为 RNA 聚合酶蛋白，P2 和 P8 为构成内层和外层的衣壳蛋白，P7 为运动蛋白，Pns11 和 Pns12 为病毒抑制子，其中，Pns11 还是一个症状决定因子。

四、病害循环

水稻瘤矮病毒在田间的自然越冬寄主植物主要是再生稻、落粒自生稻以及部分禾本科杂草，如看麦娘（*Alopecurus aequalis*）等。人工接种成功的寄主植物还有小麦（*Triticum aestivum*）、燕麦（*Ave-*

na sativa)、野生稻（*Oryza rufipogon*）和玉米（*Zea mays*）。主要传毒介体为电光叶蝉（*Deltocephalus dorsalis* Mots.）、黑尾叶蝉［*Nephotettix cincticeps*（Uhler）］和二点黑尾叶蝉（*N. virescens* Distant）。其中，电光叶蝉是广东稻区该病毒的主要传播介体。若虫在病稻上获毒取食后经11～25d（平均16.3d，22～28℃）的循回期便能终生传毒，但不经卵传递。在广东温暖病区田间，整个冬季都有再生病稻和落粒自生稻苗，电光叶蝉等带毒虫（寿命可长达115d）仍可繁殖1～2代，成为下年度最主要的初侵染源。

在早季稻种植当季，越冬带毒叶蝉迁飞至秧苗传毒。由于该病在秧苗6叶龄前最易感染，而9叶龄后感染的不发病或发病轻，因此对于早季稻而言，由于越冬虫源数量相对较少，故一般仅零星发病，受害较轻，但却成为晚季稻的主要再侵染源。在南方稻区，晚季稻播种后从针叶期开始（一般播种后5d）即受侵染，特别是在7月中旬早季稻收割时介体叶蝉被迫大量迁移，晚季稻秧田的虫数激增，秧苗感染率也激增。由于该病在秧苗9叶龄后感染的植株不表现症状，大田的发病率基本上就是秧苗期的感染率，但这些发病株仍可能含有病毒，可能也是病害越冬的一个主要来源。

五、流行规律

（一）早季稻发病轻，晚季稻发病重

水稻瘤矮病可侵害南方早季稻和晚季稻。但早季稻仅零星发病，一般受害较轻，但成为当年晚季稻的主要侵染源。早季稻毒源及传毒昆虫数量与晚季稻的发生流行有着密切关系。一旦对早季稻有一定危害，晚季稻通常发生较重，对晚稻生产构成严重威胁。

（二）冬季温暖干旱，翌年病害可能大发生

水稻瘤矮病毒能在南方冬季的田间再生稻、落粒自生稻和传毒介体内越冬。冬季温暖、干旱少雨，则有利于带毒再生稻和带毒叶蝉的生长和繁殖，安全越冬的虫源多，则翌年叶蝉发生量大，病害可能大发生。

（三）水稻秧龄越小，受害越重

多年的调查以及实验室研究表明，水稻秧苗在6叶龄前最易感染发病，其中，1～3叶龄的秧苗最为敏感。在6叶龄前感染，通常表现为发病率高，病害潜育期短，病株矮缩严重，结实率低。在9叶龄后感染的植株基本不表现症状，对产量影响小。

（四）杂交稻发病率一般重于常规稻

在同一地区相同的温、湿度及田间自然条件下，杂交稻易感病。杂交稻病害发病率一般重于常规稻，一般常规稻的发病率比杂交稻低18.9%～76.8%。

（五）靠近早稻本田的晚季稻秧田发病重，晚季稻大田移栽后病情相应也重

由于早季稻收割后，传毒介体叶蝉被迫飞离早季稻本田而就近大量迁移到晚稻秧田，导致秧田虫口激增，秧苗感病率随之增高。据梁栋（2011）报道，将水稻“Ⅱ优3550”种子分别播于3个不同地点的秧田，其中，两份播于靠近早稻本田的大沙垌田块，另一份播于远离早稻本田的山间田块。3份秧苗同时插于大沙垌的不同田块。结果发现：源自靠近早稻本田的2份秧苗的大田发病率分别为46.4%和59.5%，而源自远离早稻本田的秧苗的大田发病率仅为7.7%，这表明，靠近早稻本田秧苗的大田发病率是远离早稻本田的6～8倍。

六、防治技术

（一）选种抗（耐）虫品种

目前尚未发现对水稻瘤矮病毒有抗性的水稻品种，但可因地制宜选用不适宜传毒昆虫叶蝉食性的抗虫品种。如早季稻选用丰优丝苗、优杂青珍、中优粤香占、华丰16、华优86、培杂双7、培杂茂选、优优128等；晚季稻选用华杂青珍、超丰占、穗科占、博优3550、博优15等。

（二）农业防治

1. 翻耕除草，减少初侵染源 早稻收割后，及时翻犁，以防早季稻病株的再生稻继续成为晚季稻毒源。晚稻收割后，及时翻犁晒白。避免再生稻和落粒自生稻的生长，减少叶蝉虫口数量。

2. 选好秧田位置，适期播种 早稻宜选择远离再生稻和自生稻等越冬寄主植物丰富的田块；晚季稻

尽可能选择远离早季稻的田块作为秧田，以减少虫媒传毒。在南方，可适当推迟播种期 7～10d，这样可避开传毒媒介迁入秧田的高峰期。有条件的区域最好实行集中连片播种，统一播种地点、播种时间和插植（或抛秧）时间，统一治虫防病，统一肥水管理，培育壮秧。

3. 插植前后及时剔除矮缩等发病明显的秧苗 插植时，选取健康秧苗，做到插无病秧。中耕期间，仔细巡查，发现病株及时拔除，深埋地下或集中烧毁，及时用健株补插，并增施适量尿素促分蘖，以增加有效蘖数，确保丰产稳产。

4. 加强栽培管理，合理施肥 在秧田期，实行疏播，施足基肥，及时追肥，培育壮秧；在本田期，合理施肥，增施钾肥，控制田间湿度，创造不利于叶蝉产卵繁殖，有利于提高植株抗病能力的条件。

（三）药剂防治

1. 种子处理 在播种前，用含有吡虫啉的药剂（如 2.5%扑虱蚜可湿性粉剂）拌种。具体方法：种子浸种催芽后，按每 5 kg 种子用 2.5%扑虱蚜 1 小包（20g）加水 1kg 溶解后拌谷芽。因吡虫啉有很强的内吸性，药效期可长达 1 个月，结合秧田施药，对防治电光叶蝉等传毒昆虫效果更加明显。

2. 田间治虫 在秧田期和大田“回青期”两个关键时期及时施药防治叶蝉。在秧田期，当秧苗起针后开始施药；在大田“回青期”，于移插后 5～7d 开始施药。依据药剂种类和有效浓度确定施药浓度和次数。一般每隔 5～7d 施药 1 次，共 4～5 次。施药时要有浅水层，并喷及田边、沟边杂草。为了有效提高同一田块所有秧苗的防病效果，同一区域最好要统一施药，最大限度地杀灭传毒媒介。

李华平（华南农业大学资源环境学院）

第 15 节　水稻胡麻斑病

一、分布与危害

水稻胡麻斑病，又称水稻胡麻叶枯病。1900 年首次被发现，亚洲、美洲、非洲等所有水稻种植国均有报道。我国各稻区均有该病发生，一般在缺肥、缺水的稻田水稻生长发育不良时发病较重，可造成减产 10%左右，重病田可减产 30%以上，并可降低稻米品质。水稻胡麻斑病菌寄主范围较广，自然条件下可侵染水稻、看麦娘、黍、稗等。

二、症状

水稻胡麻斑病症状多见于叶片和颖壳，也可在胚芽鞘、叶鞘和小穗上发生，很少在幼苗和茎部发生。叶部的典型病斑呈卵圆形，形状和大小均相当于芝麻籽，因此称作胡麻斑病。病斑褐色，发展后中心灰色或白色。刚出现或未扩展的病斑小、圆形，表现为深褐色或紫褐色的点。感病品种上的病斑大，长度可达 1cm 或以上。大量病斑的出现导致叶片枯萎。

颖壳上的病斑黑色或深褐色，严重时，颖壳的大部或全部表面被病斑覆盖。在适宜的气候条件下，病斑上产生绒状分生孢子梗和分生孢子。有时病菌可以穿透颖壳，在胚乳上留下黑色的斑点。

种子带菌可以侵染胚芽鞘。胚芽鞘上的病斑小，褐色，圆形或卵圆形。侵染幼根，表现为黑色坏死斑。茎节和节间几乎不受侵染（彩图 1-15-1）。

三、病原

水稻胡麻斑病的病原为宫部旋孢腔菌［*Cochliobolus miyabeanus*（Ito et Kurib.）Drechs. ex Dastur］，属子囊菌门旋孢腔菌属真菌。在自然状态下引起水稻发病的为该菌的无性阶段稻平脐蠕孢［*Bipolaris oryzae*（Breda de Haan）Shoem.］，子囊菌无性型平脐蠕孢属。无性阶段菌丝体发达，分枝互相啮合，深紫色或橄榄色，直径 8～15μm 或更长。菌丝侧枝形成分生孢子梗，颜色由橄榄色变为亮灰色，顶端甚至变为淡烟褐色。分生孢子梗大小为（150～600）μm×（4～8）μm，有时会见不明显的屈膝状。分生孢子顶生，大小为（35～170）μm×（11～17）μm，大的分生孢子具有 13 个分隔。典型的分生孢子中等大小，倒棍棒状或长圆筒状，微弯，中部或中下部最宽，末端部分尖细成半圆形顶端，宽度约为菌丝宽度的一半。完全成熟的分生孢子灰色或紫色，具有中等厚度的外壁，顶端的外壁进一步弱化，并立即形成不明显的脐部包围基部。成熟的分生孢子分别从两端的薄壁区萌发产生芽管，不成熟的、烟褐色的分生孢子则从中间部分萌发产生芽管。菌丝和分生孢子多核，1～14 个，以2～4 个细胞核者居多。染色体数 7 条。

水稻胡麻斑病菌有性态仅在培养基上产生。在含有稻秸的蔗糖琼脂培养基上，24℃培养 25～30d 可产生子囊壳。子囊壳大小一致，球形，具有暗黄褐色、假薄壁组织外壁，大小为（560～950）μm×（368～377）μm。子囊柱形或长梭形，大小为（142～235）μm×（21～36）μm。子囊孢子线形或长梭形，透明或浅橄榄绿色，卷曲在一起，有 6～15 个隔，大小为（240～469）μm×（6～9）μm。该菌为异宗配合真菌，基本上雌雄同体。单子囊孢子分离物中两种交配型的比例为 1∶1（图1-15-1）。

图 1-15-1 水稻胡麻斑病病原形态（引自吕佩珂等，2005）
Figure 1-15-1 Morphology of *Cochliobolus miyabeanus* (from Lü Peike et al., 2005)
1. 分生孢子梗和分生孢子 2. 分生孢子 3. 子囊壳 4. 子囊及子囊孢子 5. 子囊孢子（外有黏液膜）

四、病害循环

水稻胡麻斑病菌在罹病的植物组织上越冬。在受侵染谷粒上分生孢子可存活 396～859d（平均 2 年）。罹病组织上的菌丝体可存活 1 044～1 076d（平均 3 年）。在某些特定的情况下，病菌也可在土壤中存活。在 30℃条件下，该菌在土壤中可存活 28～29 个月，但在 35℃时，存活不会超过 5 个月。据报道，病菌不仅存在于发病变色的种子内，也可存在于健康的种子内，而且种子内病菌至少可存活 4 年。因此，种子带菌被认为是翌春病害发生的初侵染源。另外，也有研究表明，只有种子携带的病菌才能从上一年存活到下一个生长季。在人工控制的条件下，20℃低温处理 100d 后，分生孢子的存活率为 81%。但在 31℃下 100d 后，只有 6%的分生孢子存活。分生孢子在 31℃、20%相对湿度时可存活 6 个月，但在 31℃、90%相对湿度时只能存活 1 个月，说明在温暖潮湿的条件下，分生孢子不会存活太久。

初侵染源最有可能是带菌种子，尽管种子不总是引起幼苗发病，种子带菌有时可侵染胚芽鞘和根。由于在正常情况下，叶片生长很快，因此种子带菌不会侵染叶片。叶片上的病斑主要由再侵染引起（图 1-15-2）。

分生孢子萌发通常是在顶部和基部细胞产生芽管（有时也从其他细胞产生）。芽管包被一层黏液鞘，以增加附着力，芽管顶端形成附着胞，附着胞的下部形成侵染钉，可直接穿透表皮。芽管也可通过气孔侵入叶片而不形成附着胞，约占总侵染的 2%。谷粒的侵染发生在小枝的基部，随即侵入附近的上皮细胞。孢子在水稻叶片上萌发比在载玻片上好。叶片抽提物中含天冬氨酸、谷氨酸、丙氨酸和甲硫氨酸，说明这些氨基酸可能会诱使真菌定殖寄主叶片。

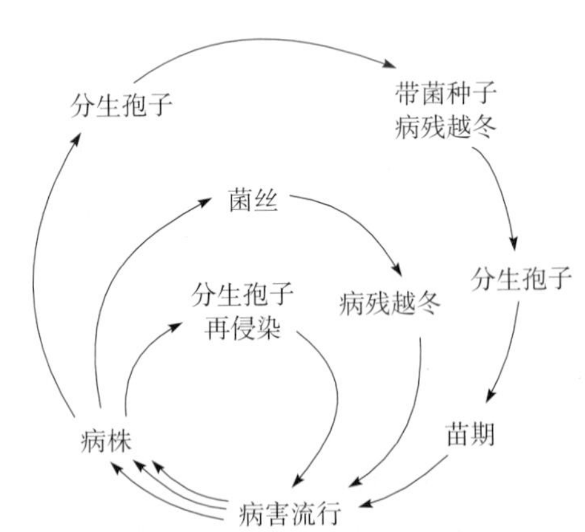

图 1-15-2 水稻胡麻斑病病害循环（赵文生绘）
Figure 1-15-2 Disease cycle of rice brown spot (by Zhao Wensheng)

五、发病条件

病菌菌丝生长适宜温度为 5～35℃，最适温度为 24～30℃；分生孢子形成的适宜温度为 8～33℃，以 30℃最适，孢子萌发的适宜温度为 2～40℃，以 24～30℃最适。分生孢子萌发须有水滴存在和相对湿度大于 92%。饱和湿度下 25～28℃，4h 分生孢子就可萌发侵入寄主。高温高湿、有雾或露存在时发病重。水稻品种间存在抗病性差异。同品种中，一般苗期最易感病，分蘖期抗性增强，分蘖末期抗性又减弱，这与水稻在不同时期对氮素吸收能力有关。一般缺肥或贫瘠的地块，缺钾肥、土壤为酸性或沙质土壤漏肥漏水严重的地块，缺水或长期积水的地块，发病重。

六、防治技术

水稻胡麻斑病为气流传播为主、多循环病害，应采取综合防治措施。

（一）农业措施

1. 选地或改良土壤 避免在沙质土壤、泥质土壤上栽培水稻，并进行土壤改良，如沙质土可多施腐熟的堆肥作基肥，酸性土可适量施用石灰。

2. 消灭菌源 种子应消毒（消毒方法同稻瘟病），病稻草应烧毁或深埋沤肥，以减少与消灭菌源，减轻发病。

3. 加强水肥管理 防止过分缺水而造成土壤干旱，但也要避免田中积水；病田一般要增施基肥，及时追肥，并做到氮、磷、钾适当配合施用，尤其钾肥不能缺乏，一旦缺乏，可能引起赤枯病的发生。

（二）药剂防治

可选用的药剂及用法：20%三唑酮可湿性粉剂，每公顷 1 500 g，加水喷雾；50%多菌灵可湿性粉剂，每公顷 1 500 mL，加水喷雾；30%苯醚甲环唑·丙环唑乳油每公顷 225mL，加水喷雾。在水稻抽穗前 7d 左右（大部分剑叶叶枕始露出）和齐穗期各喷施 1 次。

赵文生（中国农业大学农学与生物技术学院）

第 16 节　水稻云形病

一、分布与危害

水稻云形病又称褐色叶枯病，国外主要发生于东南亚各国，国内以长江流域及其以南各稻区发生较为普遍，浙江、江苏、上海、江西、湖南和广东等省份均有发生，是杂交稻和常规中籼稻生长后期的重要病害之一。该病在浙江省于 1960 年在金华首次发现，20 世纪 70 年代后，在宁波、舟山、台州、温州、绍兴和杭州等地部分县相继发现侵害早稻，至 1973 年逐渐大面积发生。近年来北方部分稻区尤其沿海稻区一些品种相继发现云形病为害。水稻受害后，常常导致叶片变黄枯死，重病田块的叶片自下而上几乎全部干枯，难以抽穗，造成的危害相当严重。

二、症状

水稻云形病可侵害水稻植株地上部各部位，主要侵害叶片。叶片受害主要出现云形型和褐色叶枯型两种症状（彩图 1－16－1）。

（一）云形型

水稻云形病发病初期先从叶尖、叶缘产生水渍状小斑点，后迅速向叶片基部内侧扩展并呈灰褐色和红褐色交互的波浪状条纹，病健部界限不甚明显；当高温低湿、病斑停止扩展时，病健部界限清晰可辨。后期病斑上产生很多波纹状褐色云纹，酷似杉木纵剖的纹理线条，此为本病病状最典型的特征。在南方籼稻品种上，若病斑扩展期间遇适温、阴雨、高湿，由于叶片很快呈水渍状腐烂，故干燥后灰褐色枯死的病斑上往往不出现暗褐色的波浪形云纹。在高湿条件下，病斑边缘产生一薄层白色粉状物，即病菌的分生孢子，后期病斑的叶尖部还可见针头状突起的小黑点，为病菌的子囊壳。

（二）褐色叶枯型

水稻云形病病叶片上先产生暗褐色小点，后扩大成椭圆形、纺锤形、长梭形或短条形不规则病斑，中心灰褐色，边缘深褐色，周围有较宽黄色晕圈，迎光观察尤为明显，病斑界限不明显，且无轮纹显现。严重时叶上病斑数目较多，常会合成片，使叶片变褐枯死。叶鞘受害，以稻株上部叶鞘尤以剑叶叶鞘为多。开始也出现暗褐色斑点，后扩大成近梭形或不规则形病斑。病斑中部浅褐色或明显淡紫褐色，周围暗褐色，最外围黄色部较宽。严重时病斑相互连接，使叶鞘整段枯死，导致叶片枯黄。有时穗轴和枝梗也可受害，形成暗褐色或淡紫褐色稍长污斑。

三、病原

水稻云形病病原为稻格氏霉［*Gerlachia oryzae*（Hashioka et Yokogi）W. Gams，异名：*Rhynchos-*

porium oryzae Hashioka et Yokogi]，属子囊菌无性型格氏霉属。其有性阶段为白色小画线壳［*Monographella albescens*（Thuem.）Parkinson，Sivanena et Booth；异名：*Metasphaeria albescens* Thuem.］，属子囊菌门亚球腔菌属。

病菌子囊壳球形或扁球形，褐色至暗褐色，具圆形孔口，大小为172μm ×71μm；子囊圆柱形，大小为（44.7～70.3）μm×（8.5～13.2）μm，内生8个子囊孢子，平行交错排列；子囊孢子椭圆形或纺锤形，两端钝圆，半成熟时单胞，无色，成熟时具3个隔膜，分隔处稍缢缩，大小为（14.9～26.4）μm×（3.6～6.4）μm（图1-16-1）。

分生孢子梗短而不明显，无色；分生孢子无色，多为短新月形、纺锤形，或一端稍钝，多数双胞，部分单胞，极少数3胞和4胞，大小为（2.6～4.9）μm×（8.4～16.8）μm。

病菌生长温度范围为5～30℃，适温为20～25℃；产生孢子温度为15～30℃，以25℃最适宜。pH6利于病菌生长，pH7利于孢子形成。高湿利于病斑上产生孢子。

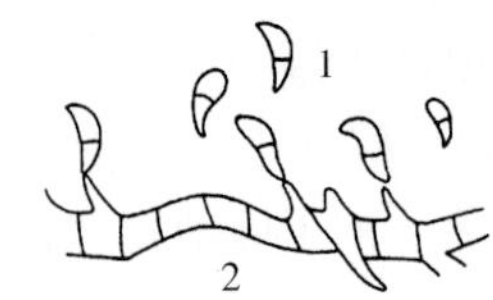

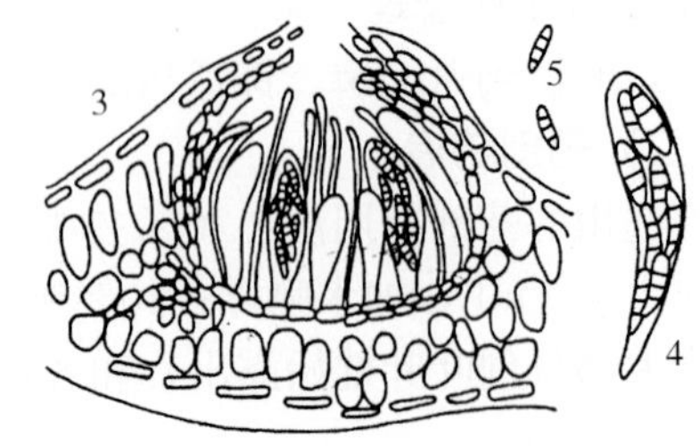

图1-16-1 水稻云形病病原形态（王世维绘）

Figure 1-16-1 The morphology of *Monographella albescens*（by Wang Shiwei）

1. 分生孢子 2. 分生孢子梗 3. 子囊壳 4. 子囊 5. 子囊孢子

四、病害循环

病菌主要以菌丝体在罹病组织内越冬，其次以分生孢子附着在种子表面越冬。病叶和带菌种子为初侵染源。翌年，水稻分蘖末期开始侵害，随后借病部产生的分生孢子扩大侵染。分生孢子借风雨传播，主要从叶片伤口或水孔侵入致病。一般稻株下部叶片先发病，逐渐向上部蔓延，至孕穗末期尤其是开花灌浆期，病害发生普遍，上升迅速，使稻株下部叶片大量枯死。

五、流行规律

水稻云形病的发生与天气条件、稻田生态环境、肥水管理和品种抗病性有密切关系。

（一）气候条件

较低温度和高湿利于云形病的发生。适宜发病的温度一般在18～27℃。水稻感病阶段的孕穗至抽穗开花末期如果遇上连续阴雨，气温偏低则发病加重。此外，大风、暴雨能使稻叶互相擦伤，也利于病菌侵入。所以，沿海地区和山区的风口田往往发病较重。

（二）栽培管理

栽培管理中施肥、灌水与病害发生关系最密切。过度密植，偏施氮肥或后期大量追施氮肥以及长期淹水等，往往造成水稻植株柔嫩，徒长，叶披，后期贪青，从而降低抗病能力和水稻冠层的通透性。

（三）品种与生育期

不同水稻品种之间对云形病的抗性差异较大，一般杂交稻的病情重于常规稻，籼稻重于粳稻，糯稻发病最轻。籼稻中又以早熟品种比中、晚熟品种更感病。同一品种的不同生育期，其感病程度似不一致。苗期极少见到病叶，一般分蘖末期开始发生，孕穗期病害上升，扬花灌浆期病情骤增；穗部以谷粒感染最早、抽穗后不久就发病，枝梗和穗轴发病都较迟。叶片窄而挺拔的品种发病较轻，叶片披而阔的品种较易发病。

六、防治技术

水稻云形病的防治，应采取种植抗病品种和无病种子为主，加强栽培管理，辅以药剂防治的综合措施。

（一）选用无病种子

避免在病田留种，做好种子消毒和病草处理。稻种消毒处理可以采用温汤浸种法：先将种子在冷水中浸24h，然后在40～45℃的温水中浸5min，再移入54℃的温水中浸10min，以后将水温保持在15℃左右浸至吸水达饱和。也可用石灰水浸种：50 kg 水加入0.5 kg 生石灰。先将石灰化开过滤，然后把种子放入石灰水内，水面应高出种子 17～20cm。浸种时间因气温不同而异。在浸种过程中，注意不要搅动，以免弄破石灰水表面薄膜，导致空气进入而影响杀菌效果。

（二）加强栽培管理

合理施肥，避免偏施或迟施氮肥，合理配施磷、钾肥，提倡施用有机肥，促使稻株生长健壮，增强抗病力。同时，提倡浅水勤灌、排水搁田、干干湿湿的水层管理措施。

（三）药剂防治

掌握在水稻破口期至齐穗期的防治关键期或发病初期用药。通常可结合稻瘟病的防治一并进行。每公顷用 20%三唑酮乳油 105～135g（有效成分），或 50%甲基硫菌灵可湿性粉剂 1 050～1 500g（有效成分）、50%多菌灵可湿性粉剂 750～900g（有效成分）、20%三环唑可湿性粉剂 225～300g（有效成分），对水喷雾。发病田每公顷用石灰 225～300kg 撒施，也有较好的防治效果。

刘志恒　魏松红（沈阳农业大学植物保护学院）

第 17 节　水稻叶鞘腐败病

一、分布与危害

水稻叶鞘腐败病简称鞘腐病，是水稻的主要病害之一。该病最早于 1922 年首次记载于我国台湾省。其后，在日本以及南亚和东南亚各产稻国家相继发现。在我国以长江流域及其以南稻区发生较多，尤以中稻及晚稻后期受害较重。杂交稻及其制种田发生也很普遍。由于水稻叶鞘腐败病发生于孕穗期剑叶鞘上，常常引起水稻空秕率增加，千粒重下降，米质变劣，严重影响水稻产量和品质。一般流行年份减产10%～20%，严重者可高达 50%以上，有的甚至绝收。

1974 年早稻抽穗期间，在江苏镇江和苏州等地区种植的二九青、矮南早 1 号品种上，剑叶叶鞘上普遍发生紫褐色斑块，许多田紫鞘株率达 60%以上。叶鞘变紫引起叶片早衰枯黄，光合能力减弱，结果不实率增加，千粒重降低。2000 年以后，杂交水稻在各地迅速发展，杂交稻的紫鞘、烂鞘也相当严重。诸葛根樟等（1991）认为，其病原菌与水稻叶鞘腐败病的是一样的，并认为如果病菌通过伤口侵入，往往造成组织坏死，出现叶鞘腐败病症状；而从自然孔口侵入的往往造成细胞死亡，则出现紫鞘病症状。

二、症状

叶鞘腐败病从水稻秧苗期至抽穗期均可发生，主要在孕穗初期和扬花期剑叶叶鞘发病造成严重危害。

幼苗染病，叶鞘上产生褐色病斑，边缘不明显。种子带菌，多数先感染不完全叶，随后新出叶鞘发生褐色病斑，严重的可导致死苗。

分蘖期染病，叶鞘上或叶片中脉上初生针头大小的深褐色小点，扩展后形成菱形深褐色斑，中间颜色较深，边缘浅褐色。叶片与叶鞘交界处常呈现褐色大病斑。

孕穗至抽穗期发病，剑叶叶鞘首先罹病且受害严重。发病初期产生暗褐色斑点，扩大后颜色黄、褐，浓淡相间，呈现虎皮斑状大型斑纹，中心部分颜色较淡，最外围褪成黄绿色，边缘暗褐色至黑褐色，较为清晰，是叶鞘腐败病的典型症状。轻者呈包颈半抽穗，造成减产；严重时病斑蔓延至整个叶鞘，形成枯穗或半包穗，包在鞘内的幼穗部分或全部枯死。湿度大时，在病叶鞘表面以及内部的幼穗上均可产生白色略带粉红色的霉状物，即病菌的菌丝体、分生孢子梗和分生孢子。病穗难以抽出，结实很少或基本不结实。穗颈、枝梗、谷粒上的症状多为不规则的褐色斑点（彩图 1-17-1）。

叶鞘腐败病病状易与纹枯病混淆，区别之处在于：①叶鞘腐败病后期发生在剑叶叶鞘上，而纹枯病多发生在下部叶鞘上；②前者病斑似虎皮纹斑，褐色斑纹相间明显；后者病斑云纹状，灰白色；③前者病部的病征为白色略带粉红色的霉状物，而后者主要为菌丝体，在后期纠结形成颗粒状褐色菌核。

三、病原

叶鞘腐败病的病原菌为稻帚枝霉［*Sarocladium oryzae*（Sawada）W. Gams et Webster，异名：*Ac-*

rocylindrium oryzae Sawada]，属子囊菌无性型帚枝霉属。

分生孢子梗轮状分枝1～2次，每次3～4根，主轴和分枝均呈长圆柱状，在分枝顶端着生分生孢子。分生孢子单胞，无色，短圆柱形至椭圆形，大小为（3～20）μm×（1.5～4）μm（图1-17-1）。

病菌生长温度10～40℃，菌丝生长和产生孢子适温为25～30℃，10℃以下和40℃以上均不能生长。适宜pH为3～9，其中pH5.5最适宜。光照对病菌的生长发育、孢子产生有抑制作用，黑暗时产孢量较大。病菌在30℃时潜育期为1d，20～28℃为2d，23℃为3d，19℃为4d。

叶鞘腐败病菌除侵染水稻外，在自然条件下还可侵染禾本科的粗芒稗、裸稗、中国千金子和野生稻等多种禾本科杂草。

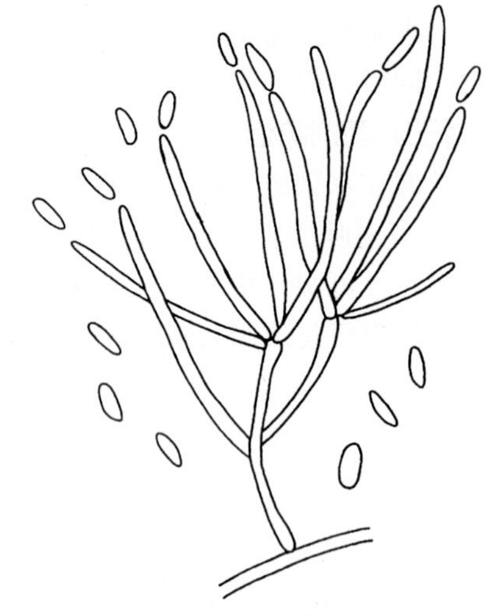

图1-17-1 水稻叶鞘腐败病菌分生孢子梗和分生孢子（王世维绘）
Figure 1-17-1 Conidiophores and conidia of *Sarocladium oryzae* (by Wang Shiwei)

四、病害循环

病菌在种子及病株残体上越冬，可随调运带病种子进行远距离传播。种子带菌率可达59.7%，病菌可侵染颖壳、米粒。病菌在种子上可存活到翌年8～9月，在稻草上可存活137d；浸泡田水中的稻草携带的病菌可存活38d；褐飞虱、蚜虫、叶螨也可带菌。病菌侵染途径可有3种：一是种子带菌，种子发芽后病菌从生长点侵入，随稻苗生长而扩展，有系统侵染的特点；二是从伤口侵入；三是从气孔、水孔等自然口侵入。病菌侵入形成病斑后，在病斑表面形成大量的分生孢子，借气流或昆虫携带传播进行再次侵染，扩展蔓延。

五、流行规律

水稻叶鞘腐败病的发生受多种因素的制约，其中，品种、栽培模式、水肥管理、土壤条件、气象因素影响较大。

（一）品种抗病性

水稻品种间抗病性差异明显，在生产上表现出不同的发病率。杂交稻尤其是制种田母本（需剪叶调节花期）比常规稻易发病；制种田一般抽穗慢不易离颈而包穗的品种皆易发病。抽穗不齐整的中、晚稻品种发病较多。早稻及高秆易倒伏的品种发病也重。

（二）栽培管理条件

生产上氮、磷、钾施用比例失调，尤其是氮肥过量、过迟或缺磷及田间缺肥时发病重；氮、磷、钾配合施用，利于增强植株抗性，减轻病害；分次施肥对减轻病害有一定作用。长期深水淹灌或冷水串灌，加之穗肥施氮过多、过迟，容易引起稻株贪青徒长，组织柔嫩，发育延迟，降低水稻抗病性，则发病严重。栽培密度也是影响水稻叶鞘腐败病发生的重要因素之一，栽培密度30 cm×10cm或30cm×13cm的田块，一般比30 cm×20cm稀植田发病率要高。

（三）气候条件

病菌侵入和在水稻体内扩展的最适温度为30℃左右，发病所需温度与水稻生长所需温度基本一致。低温条件下水稻抽穗慢，病菌侵入机会多；高温时病菌侵染率低，但病菌在水稻体内扩展快，因此病情加重。孕穗期降雨多，或雾大露重的天气有利于发病；晚稻孕穗至始穗期遇寒露风致稻株抽穗力减弱的，则更易受叶鞘腐败病侵害。

（四）虫害伤口

由于水稻叶鞘腐败病菌可以直接侵入，也可从伤口侵入，故螟害及螨害严重时，发病率随之增加。此外，水稻齿叶矮缩病也易诱发典型的叶鞘腐败病。

六、防治技术

水稻叶鞘腐败病的防治应采取选用抗病品种和农业栽培管理措施相结合的预防为主，药剂防治为辅的综合措施。

（一）选用抗病品种

品种不同水稻叶鞘腐败病发病率差异很大，各地可因地制宜选用抗病丰产品种。选栽早熟、穗颈长、抗倒、抗（耐）病品种，淘汰感病品种。早稻可选用浙辐 862、原丰早、二九丰、四梅 4 号、沪南早；晚稻可选用加湖 5 号、农试 4 号等抗病品种。

（二）清除田间病株残体

对上年发病地块，及时处理病稻草；发病重的稻田，及时清除稻草残体及田间稻茬。稻株残体用作堆肥时，必须经过充分腐熟后再行施用。铲除田边和水沟边的杂草。

（三）加强田间管理

搞好健身栽培，提高水稻植株的抗病力。实行科学的测土配方施肥，氮肥与磷、钾肥配合施用，避免偏施、过施氮肥，做到分期施肥，防止后期脱肥、早衰。沙性土壤要适当增施钾肥，使水稻生长健壮，增强抗倒能力。杂交稻制种田的母本要及时喷施赤霉素，促进抽穗，防止出现包颈穗。对易倒伏品种及时做好排水晒田，降低田间湿度。积水田要开深沟排水，一般田要浅水勤灌，适时晒田，使植株生长健壮，后期不贪青。

（四）治虫防病

应根据当地的气象条件及虫情预测预报，结合苗情及时喷药防治害虫，避免害虫的咬伤诱发病害发生。

（五）化学防治

1. 种子消毒 可结合防治其他水稻病害，进行种子消毒，以减少菌源。可用 25%咪鲜胺乳油，对杂交稻种用 2 000 倍液浸种 12～24h，浸种后直接催芽；或用 40%禾枯灵可湿性粉剂 250 倍液浸种 20～24h，捞出后洗净、催芽、播种。

2. 成株期喷雾 水稻破口到齐穗期是药剂防治的关键时期。以病丛率达到 30%为施药防治指标。可喷施 50%苯菌灵可湿性粉剂，每公顷用量 600g；或 75%三环唑可湿性粉剂，每公顷用量 300g；或 40%禾枯灵可湿性粉剂，每公顷用量 900～1 125g；或 25%咪鲜胺乳油，每公顷用量 900～1 125g，以上药剂对水喷雾，间隔 10d，防治 1～2 次。还可兼治穗颈瘟、水稻叶尖枯病和稻曲病等。

刘志恒　魏松红（沈阳农业大学植物保护学院）

第 18 节　水稻叶尖枯病

一、分布与危害

水稻叶尖枯病，也称水稻叶尖白枯病、水稻叶切病。在我国主要分布于江苏、安徽、山东、江西、湖南、广西、四川、辽宁和台湾等省份。20 世纪 80 年代以来，在江苏等地杂交稻和常规中籼稻中后期发生普遍。水稻发病后，上部功能叶提前衰枯，秕谷率增加，千粒重下降，一般减产 10%左右，严重时可达 20%以上。除侵染水稻外，水稻叶尖枯病还侵染无芒稗、西来稗、双穗雀稗、狗尾草、李氏禾、千金子、牛筋草、虎尾草、白茅、菰、马唐和芦竹等禾本科植物。

二、症状

一般水稻拔节至孕穗期发病，主要侵害叶片。初期病斑多发生在叶尖或叶缘，有时也始于叶片中部，然后向下扩展，形成长条状病斑。病斑初为墨绿色，后变灰褐色，最后呈枯白色。病健交界处常有一褐色条纹，一般抗病品种褐色条纹较明显。病部较薄、脆，易破裂，常造成叶尖呈麻丝状或病部纵裂。病害严重时，全叶枯死。也可侵害稻谷，在颖壳上形成深褐色斑点，后病斑中央呈灰褐色，病谷不充实。

后期稻叶和稻颖病部产生许多黑褐色小点，即病菌分生孢子器。

三、病原

水稻叶尖枯病病原为稻生叶点霉［*Phyllosticta oryzicola* Hara，异名：*Phoma oryzicola*（Hara）

Hara、*Phoma oryzae* Hori]，属子囊菌无性型叶点霉属。其有性型为稻暗球壳菌 [*Phaeosphaeria oryzae* I. Miyake，异名：*Leptosphaerella oryzae*（I. Miyake）Hara]，我国迄今未发现。分生孢子器散生或集生于寄主表皮下，后稍外露；近球形，直径 70～150μm；器壁拟薄壁组织状，初为黄褐色，成熟时黑褐色，顶端有一孔口，直径 8～12μm；分生孢子器内含有黏性物质，分生孢子释放时成团涌出。产孢细胞为单细胞，很短，不分枝，产孢方式为全壁芽生单体式（hb-sol）。分生孢子卵圆形或椭圆形，单细胞，无色，端部具 1～2 个小油球。在 PDA 上形成的分生孢子大小为（2.8～7.0）μm×（2.8～3.9）μm，平均 4.6μm×3.4μm，而病叶上产生的分生孢子稍大些，大小为（4.8 ～6.6）μm×（3.4～4.0）μm，平均 5.4μm×3.6μm。

在 PDA 上 25℃下培养，菌落呈放射状生长，气生菌丝稠密，基质颜色初为白色，后呈黄褐色。菌丝生长速度较慢，培养 15d 菌落直径为 6～8cm。生长温度为 10～35℃，最适为 22～25℃；分生孢子形成温度为 15～30℃，最适为 25℃；分生孢子在 10～35℃下均可萌发，最适为 30℃。菌丝生长 pH 为 3.5～11.5，最适为 6.5～7.5；分生孢子器在 pH 3.5～10.5 下均能形成；分生孢子萌发的最适 pH 为 6～8。持续光照对菌丝生长和分生孢子萌发具有一定的抑制作用，但光暗交替有刺激效应。

病菌能利用多种碳源，其中，以果糖、甘露糖、乳糖、蔗糖、葡萄糖、麦芽糖和淀粉为最佳；木糖、鼠李糖和海藻糖次之；阿拉伯糖和果胶较差；山梨糖和草酸最差；乙酸则不能被利用。氮素营养中，酪蛋白水解物和硝酸钾较好，而天冬氨酸、谷氨酸和硫酸铵则相对较差。对菌丝生长来说，查彼培养基和马铃薯稻叶培养基最好，PDA 和理查培养基次之。但是，分生孢子器在查彼和理查等合成培养基上不形成，而在麦粒或稻粒培养基上易产生，一般培养 7d 后，分生孢子器开始形成。分生孢子在加有新鲜番茄汁、橘子汁、土壤浸出液的培养液和 1%蔗糖液、1%葡萄糖液中萌发较好，培养 12～24h 后萌发率达 80%以上。

四、病害循环

病菌主要以分生孢子器在病叶和病稻种颖壳上越冬。在老病区，落在土壤中的病叶是主要的初侵染来源。据徐敬友等研究，自然土表或土下的稻叶上病菌存活率 8 个月可达 50%左右，室内存放 2 年的病叶上病菌存活率仍达 20%以上。病稻种对于新病区的形成起着重要作用。病区稻种带菌率一般为 0.5%～2.5%，其带菌部位主要是颖壳。此外，病菌还能侵染田间 10 多种禾本科杂草，因此，杂草带菌也是病害侵染循环中一个不可忽视的因素。

越冬后分生孢子器何时释放分生孢子以及与病害始发期关系如何尚不清楚。一般分生孢子随风雨传播至水稻叶片上，条件适宜时主要经叶尖、叶缘或叶部中央的伤口侵入。据江苏省东台市 1982—1990年调查，始病期一般在水稻拔节至孕穗期，开始田间形成明显的发病中心，后逐步蔓延。病菌通常侵染 6～8d 后，开始形成分生孢子器，12d 后有大量分生孢子溢出，进行再次侵染。一般在水稻灌浆初期，田间病穴率、病叶率和病情指数急剧增长，出现第二个发病高峰。就群体而言，病菌对水稻不同叶位叶片的侵染，通常有一定的序列性，即初期发病主要是倒五、倒四和倒三叶，后逐渐扩展至倒二叶和剑叶。

五、流行规律

水稻叶尖枯病的发生和流行，除菌源外，主要取决于气候、稻型与品种以及栽培措施等因素。

（一）气候

据江苏省东台市观察，水稻孕穗期至灌浆期，低温、多雨和多台风有利于病害的发生，其中，台风、暴雨是病害流行的关键气候因素。发病适温一般为 25～28℃，日平均气温在 30℃以上，病害发生迟、扩展慢。大田湿度达 82%以上，均可发病，且湿度越大，雨日越多，发病越重。台风、暴雨不仅造成大量稻叶伤口，而且创造高湿条件，因而有利于病菌的侵入、扩展和传播。所以，暴风雨后病害往往迅速蔓延。

（二）品种与生育期

一般杂交籼稻发病较重，常规中籼稻次之，粳、糯稻发病较轻。徐敬友等所做大田人工接种试验表明，包括汕优、威优、协优和 D 优等系统的 26 个籼型杂交组合大多为高感和感病类型，占 88.5%；常规中籼稻品种抗病性差异较大，45 个品种中感至高感的占 35.6%，中感的占 26.6%，中抗的占 37.8%；7

个粳、糯稻品种多为抗病类型，占 71.4%。此外，一般秆高、叶长且披软的品种较感病，如杂交籼稻和许多地方籼稻品种。抗病品种特别是粳稻品种，在接种伤口下面往往明显变褐色。

同一品种不同生育期，感病程度不同。人工接种试验显示，不同生育期的稻叶虽均可发病，但苗期和分蘖期的病害潜育期较长，病斑扩展缓慢，而孕穗期、抽穗扬花期和乳熟期的病害潜育期较短，一般为前者的 1/4 左右，病斑扩展较快。因此，自然情况下，大田发病高峰往往在水稻孕穗至灌浆阶段。

（三）栽培管理

肥、水管理与病情的关系最为密切。偏施、迟施氮肥，导致稻株旺长，叶片宽大、披垂，不仅稻株抗病性下降，而且遇风雨易产生伤口，加之田间郁闭，有利于病菌的侵染和繁殖，促进病害的发生和蔓延。多施有机肥，配施磷、钾肥，增施硅肥，可明显提高稻株的抗病能力，减轻病害的发生程度。据调查，水稻分蘖后期不及时晒田或晒田不足；生长后期田间不能实行干干湿湿的水层管理，积水较多，一般发病较重。此外，田间栽插密度越大，病害发生越重。

六、防治技术

（一）种子检疫和药剂处理

种子检疫和药剂处理是无病区防止病害传入的一项关键措施。药剂处理方法一般以 40%多菌灵悬浮剂 250 倍液或 500 倍液浸种 24～48h，或以 40%三唑酮·多（禾枯灵）可湿性超微粉剂（主要成分为多菌灵和三唑酮）250 倍液浸种 24h，杀菌效果可达 100%，且对稻种发芽率和幼苗生长无任何抑制作用。

（二）选用抗病品种

常规中籼稻中抗品种有扬稻 3 号、扬稻 4 号、3037、南农 3005 和兴籼 1 号等。籼型杂交稻一般都较感病，但协优、皖四等为中感类型。粳稻品种几乎都是抗病类型，因此，重病田可改种粳稻。

（三）加强健康栽培

多施有机肥，适施氮肥，增施磷、钾肥和硅肥。特别是贫硅土壤，每公顷以硅酸盐粉剂 105kg 或水玻璃 225kg 作基肥，或用 1%水玻璃水溶液在分蘖末期喷雾，可增强稻叶细胞的硅化程度，提高寄主的抗病力。在水浆管理上，分蘖后期要及时、适度晒田，生长后期田面保持干干湿湿，促进稻株生长老健，降低田间湿度，可抑制水稻叶尖枯病扩展。

（四）适期喷药防治

对水稻叶尖枯病防治效果较好的药剂及用量是：40%三唑酮·多可湿性超微粉剂 750～1 125g/hm^2（有效成分 300～450g/hm^2）；40%多菌灵悬浮剂 1 125mL/hm^2（有效成分 450g/hm^2）；20%三唑酮乳油 600mL/hm^2（有效成分 120g/hm^2）。上述药剂还可较好地兼治水稻云形病等。此外，禾枯灵和三唑酮对作物还有显著的增绿防衰作用。施药适期一般在水稻孕穗后期至抽穗扬花期，当田间出现发病中心后，对水 750kg/hm^{2}喷雾或对水 225kg/hm^{2}弥雾，用药 1～2 次，每次间隔 10～15d。

徐敬友（扬州大学园艺与植物保护学院）

第 19 节　稻叶黑粉病

一、分布与危害

稻叶黑粉病又称叶黑肿病，在许多国家均有发生。该病在我国为害较轻，在局部地区的杂交稻上发生偏重。主要发生区域有安徽、江苏、四川、贵州、山西、内蒙古、吉林、黑龙江、河南、湖北、湖南、江西、广西、海南、福建等。稻叶黑粉病是水稻生长后期的常见病，杂交稻在分蘖盛期和末期开始感病，扬花灌浆期达发病高峰。主要引起水稻功能叶早衰，影响光合作用，抽穗扬花时大部分叶片枯干，大大降低了稻株的成穗率和结实率，一般造成减产 8%～18%，严重者达 20%～30%甚至 30%以上。

二、症状

稻叶黑粉病主要侵害稻叶，正反面均可显症，也可侵染叶鞘及茎秆。发病多由基部叶片开始，逐渐向上扩展直达剑叶。病菌从叶缘水孔或伤口侵入，自叶尖或叶缘开始发病，逐渐扩展至叶中及叶基部。病斑初为散生或群生的褐色小斑点，沿叶脉呈断续的线状排列，斑点长 1～4mm，宽 0.2～0.5mm，后稍隆起且变成黑色，其内充满暗褐色的厚垣孢子堆，病斑四周变黄。发病严重时叶片病斑密布，有的互相连合为小斑块，致使叶片提早枯黄，甚至叶尖破裂成丝状。后期下部叶片多萎蔫、干枯（彩图 1-19-1）。

三、病原

稻叶黑粉病的病原菌是稻叶黑粉菌（*Entyloma oryzae* Syd. et P. Syd.），属担子菌门叶黑粉菌属真菌。病菌的冬孢子（厚垣孢子）堆散生，潜生在寄主表皮下，大小为宽 0.5～1.5mm，长 0.5～4mm。冬孢子近圆形或多角形，壁厚，暗褐色，表面光滑，大小为 7.5μm×（10～12.5）μm，萌发温度为 21～34℃，以 28～30℃最适。冬孢子萌发时产生担子（先菌丝）和担孢子，担子短棍棒状，无色，顶端着生 3～8 个担孢子。担孢子棒状或纺锤形，单胞，淡橄榄色，其上可再生呈叉状排列的次生担孢子。

四、病害循环

病菌以冬孢子在病残体或病草上越冬。第二年夏季在适宜温、湿度条件下萌发，产生担孢子及次生担孢子，借风雨传播侵染叶片，3～5d 开始在叶片上出现症状。

五、流行规律

该病在单季稻分蘖盛期、双晚稻播种后 35～40d 开始发病，一般在 8～10 月抽穗期发生最盛。生长弱势植株易感染稻叶黑肿病，此外，该病发生流行条件主要与以下几方面有关。

（一）种植土土质及肥力

稻叶黑肿病在土壤贫瘠尤其是缺磷、缺钾的田块发生偏重。田边、路旁或营养不良的植株基部叶片易发病。周围有竹林、树林荫蔽的山垄田、沙漏田发生较重。而偏施氮肥的田块则发病早、损失大。

（二）品种的抗病性

不同水稻品种对稻叶黑肿病的抗性有差异，早熟品种较晚熟品种发病重。

（三）水稻生长后期气候条件

稻叶黑肿病发病适温在 20℃左右，连续阴雨天或大雨均有助于病情上升。水稻抽穗扬花期遇低温阴雨的天气，病害发生趋于严重。

六、防治技术

主要采用以健身栽培为基础，穗期施药防治为重点的综合防治策略，可起到控病、防衰和增产作用。

（一）选育和种植抗病品种

在发生严重的地区，应选用经当地种植筛选出的抗病力强、丰产性能好的品种。

（二）农业防治

1. 清洁田园 重病区收获前排干田水，收割时把病稻草散开，干后填埋，然后播种紫云英、苜蓿等。

2. 适期播种，合理密植 适时播种，培育壮秧。合理密植，保持田间通风透光。适时喷施生长调节剂，保证抽穗整齐，缩短抽穗时间。

3. 管理水分 分蘖末期及时晒田，孕穗、抽穗期保持田间湿润，采取早稻间歇式、晚稻递增式的灌水方式，切勿灌深水。

4. 合理施肥 采用配方施肥技术，避免因缺肥而造成早衰，提高植株抗病力。除种绿肥、蚕豆、豌豆等以改良土壤外，氮、磷、钾按 0.75∶0.5∶1 的比例科学施肥，尤其要多施腐熟有机肥，增施硅肥 750kg/hm^2。

（三）药剂防治

在发生严重地区，对杂交稻防治应提早在分蘖盛期进行，常规稻于幼穗形成至抽穗前进行。该病一般情况下不必单独用药防治，可结合穗期防治其他病害兼防。药剂可选用 30%丙环唑·苯醚甲环唑乳油 225～300mL/hm^2、43%戊唑醇悬浮剂 180mL/hm^2、15%三唑酮可湿性粉剂 750g/hm^{2}加 50%多菌灵可湿性粉剂 750g/hm² 等。

附：稻叶黑粉病病情记载分级标准

标准一：适用于病害发生与消长规律观察。

0 级：不发病；1 级：病斑面积占全叶 5%（含 5%）以下；2 级：病斑面积占全叶 10%（含 10%）以下；3 级：病斑面积占全叶 25%（含 25%）以下；4 级：病斑面积占全叶 40%（含 40%）以下；5 级：病斑面积占全叶 65%（含 65%）以下；6 级：病斑面积占全叶 65%以上。

标准二：适用于药剂防治效果考察。

0 级：无病；1 级：叶片上病斑数量少于 5 个；3 级：叶片上病斑数量 6～10 个；5 级：叶片上病斑数量 11～20 个；7 级：叶片上病斑数量 20～40 个，叶片发黄；9 级：叶片上病斑数量 40 个以上，叶片枯死。

朱小源　冯爱卿（广东省农业科学院植物保护研究所）

第 20 节　稻粒黑粉病

一、分布与危害

稻粒黑粉病又称黑穗病、稻墨黑穗病等。1896 年日本学者 Takahashi 首次报道，目前主要发生在日本、缅甸、印度、印度尼西亚、尼泊尔、菲律宾、泰国、越南和我国。我国早在 1931 年就已有记载，分布遍及南北稻区，以浙江、江苏、安徽、江西、湖南、四川、云南、贵州、河南、辽宁、福建和台湾等稻区发生较多。随着 20 世纪 70 年代中期杂交水稻的普及推广，由于不育系的柱头外露率高，颖壳张开时间长、角度大，该病发生更为广泛，损失程度也越来越大，尤以杂交水稻制种田受害严重。稻粒黑粉病是典型的由花器侵染的局部病害，水稻感病后，病菌在子房内蔓延产生黑粉孢子，使整个籽粒完全丧失经济价值。一般减产 20%左右，重者 50%，甚至 80%以上，严重影响产量和质量，已成为我国杂交稻制种田的首要病害。

二、症状

稻粒黑粉病主要发生在水稻扬花至乳熟期，只侵害谷粒米质部分，通常在水稻成熟前才可见到病粒，每穗受害 1 粒或数粒乃至数十粒。染病稻粒全部或部分被破坏，变成青黑色粉末状物，即病原菌的厚垣孢子，俗称乌米谷。病谷内外颖间有一黑色舌状突起，并有黑色液体渗出，污染谷粒外表，外部症状主要有 3 种：①病谷不变色，只在外颖背线基部近护颖处裂开，伸出白色舌状的米粒残余物，在开裂部位常黏附散出的黑色粉末；②病谷不变色，在内外颖合缝处裂开，露出黑色圆锥形角状物，破裂后，散出黑色粉末；③谷粒变暗绿色或暗黄色，不裂开，似青秕粒，手捏有松软感，浸泡水中即显黑色，可与健粒区别。若病谷仅局部遭破坏，种胚尚保持完整，仍可萌发（彩图 1-20-1）。

三、病原

稻粒黑粉病病原是狼尾草腥黑粉菌［*Tilletia barclayana*（Bref.）Sacc. et Syd.，异名：*Neovossia horrida*（Takah.）Padw. et A. Khan.］，属担子菌门腥黑粉菌属真菌。孢子堆生在寄主子房里，被颖壳包被，部分小穗被破坏，产生黑粉。厚垣孢子球形，黑色，大小为（25～32）μm×（23～30）μm，表面密布无色或淡色的齿状突起。齿状突起在显微镜下呈网状，略弯曲，基部宽 2～3μm，高 2.5～4μm。厚垣孢子外围往往有透明的残余物。不育孢子圆形至多角形或长圆形，无色或淡黄色，大小为 15～23μm，膜厚 1.5～2μm，有一短而无色的尾突。厚垣孢子在室内干燥条件下储存 3d 左右即丧失活力。度过休眠期（5 个月）的厚垣孢子，在吸湿、感光、适宜温度及充足氧气条件下即可萌发（萌发适宜温度为 25～30℃，适宜水层厚度<0.5mm；荧光、紫外光或散射光处理均可促进萌发，光照度以 6 000lx 为宜；光照时间为10～12h/d）。萌发时长出无色先菌丝，其顶端轮生许多指状突起。担孢子集生在突起上，数目多达 50～60 个，线状，稍弯曲，无色透明，无分隔，大小为（38～55）μm×1.8μm。担孢子萌芽生菌丝或次生小孢子。次生小孢子香蕉状或针状，大小为（10～14）μm×2μm，具有侵染能力（彩图 1-20-2，

图1-20-1)。

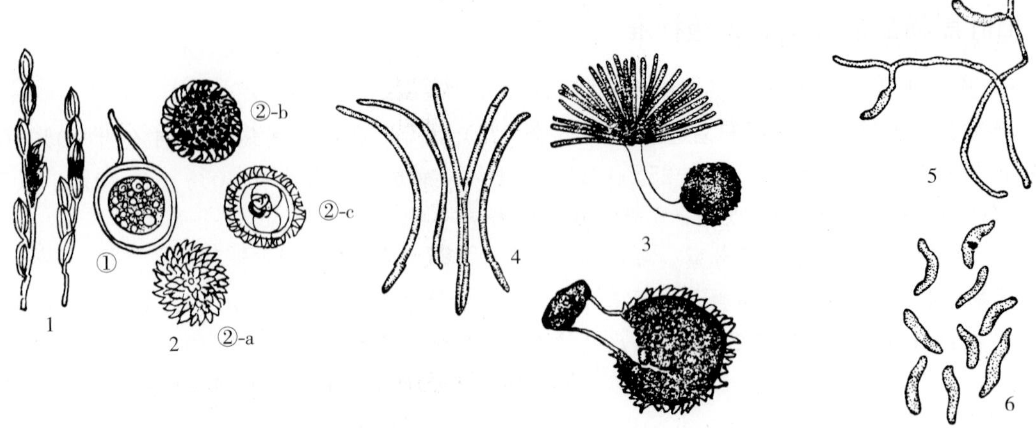

图1-20-1 狼尾草腥黑粉菌形态（引自中国农业科学院植物保护研究所，1995）

Figure 1-20-1 Morphology of *Tilletia barclayana* (from Institute of Plant Protection, Chinese Academy of Agricultural Sciences, 1995)

1. 病穗 2. 孢子：①不育孢子，②-a. 孢子表面，②-b. 齿状突起基部，②-c. 剖面 3. 厚垣孢子萌发 4. 担孢子 5. 担孢子产生次生小孢子 6. 次生小孢子

四、病害循环

稻粒黑粉病菌的厚垣孢子抗逆力强，在自然环境下能存活1年以上，在储存的种子上能存活3年，在55℃恒温水中浸10min仍能存活，通过畜、禽等消化道后病菌仍可萌发。土壤、种子、畜禽粪肥中越冬的厚垣孢子是主要的初侵染源，翌年在不育系开花授粉及灌浆初期萌发，产生担孢子或次生小孢子借助气流、雨水、露水等传播到花器、子房或幼嫩的谷粒上，病菌（菌丝）从花柱进入子房，再侵入珠心组织，入侵花器后2d，子房内出现树脂状膨大菌丝，3d形成雏形厚垣孢子，4～5d后厚垣孢子变褐色，6d形成小刺，11d病粒破裂露出黑粉，掉落田间或黏附种子上越冬，完成病害循环过程。

五、流行规律

稻粒黑粉病的发生与菌源、气候条件、品种抗性、栽培技术均有着密切的关系。适温、高湿有利于病菌的繁殖和侵染。病菌担孢子萌发的起始温度较高，适温为28～30℃；萌发时对湿度有较高的要求，相对湿度65%时不萌发，75%～86%时萌发率为13%～23%，90%时萌发率为12.3%，100%时萌发率达63%。因此，水稻从抽穗至乳熟，特别是开花期间遇阴雨天气，田间湿度增大，母本开花时间推迟，与父本开花期错开，同时父本的花粉量减少而不易散开，增加了花器同病原菌接触的机会，从而有利于发病。

不同的水稻品种对稻粒黑粉病的抗（感）病程度也有较大的差异。这种差异除品种的抗病性外，主要取决于不育系开花习性及恢复系花粉量。在杂交制种不同组合中，存在着母本内外颖最终不能闭合的现象，称作开颖。一般开颖率高、颖壳张开角度大、柱头外露率高、外露时间长的制种田母本发病重。此外，多年制种田、多施氮肥、喷施植物生长调节剂（如赤霉素）、栽培密度过大等情况下发病较重。

六、防治技术

（一）严格执行稻种检疫

在无病区或无病田中选留无病种子，禁止从病区调运种子。

（二）种子处理

1. 晒种 在种子浸泡催芽前通过日光曝晒5～6h，可杀死附在种子表面的部分病菌。

2. 盐水选种 将种子倒入盛有浓度为7%～10%的盐水的容器中，反复搅拌多次，待种粒饱满的无病种子下沉后，捞出浮在水面的病粒、秕粒，达到减少侵染源的目的。

3. 药剂浸种 种子清洗干净后，用温水浸种12h，让孢子萌发，然后用20%三氯异氰尿酸可湿性粉剂200倍液浸种12h或用50%多菌灵可湿性粉剂500倍液浸种10～12h，取出洗净再催芽播种。亦可选用多菌灵与嘧菌酯或二硫氰基甲烷复配进行种子处理。

（三）选用抗（耐）病高产品种

由于不育系之间存在着开花习性及颖壳闭合特性的差异，其抗性也有很大差异。因此，在杂交稻的配制上，各组合制种面积要合理搭配，尽量选用抗性好的组合制种，减少抗性弱的组合制种。

（四）农业防治

（1）制种基地实行2年以上轮作或水旱轮作，适时晒田。

（2）根据当地气候条件及品种特性，正确安排父母本播插期。保证父母本花期相遇又能避开适温、高湿的发病条件，使母本开颖后能及时接受到花粉，闭颖快，从而发病轻。

（3）选择地势较高、田间小气候湿度较低、通风透光条件好的田块作为制种田。

（4）根据不同品种特性合理密植，科学配方施肥，增强植株的抗病性。在管水上采取"浅水栽插、寸水活棵、薄水分蘖、够苗晒田、干湿壮籽、深水孕穗、施肥水不干"的原则。在施肥上应采取"早施、重施底肥，适氮增磷、钾，适时适量追肥"的办法。病区禽畜粪便沤制腐熟后再施用，防止土壤、粪肥传播。

（5）科学使用植物生长调节剂，改善穗层结构，提早授粉，减少侵染。赤霉素的喷施应根据不同组合特性，坚持适时、适量的原则；具体到每一个组合，应根据其亲本的特性，确定喷施时间与用量；一般使用始期以见穗3%～5%为宜。

（五）药剂防治

药剂防治一般掌握在水稻破口前3～7d、始花期、盛花期。常规品种和杂交稻，中等以下发生年份不防治，中等偏重至大发生年份在始花期防治1次。制种田中等偏轻以下发生年份于始花期防治1次，中等至大发生年份于水稻破口期前3～7d、始花期、盛花期各防治1次。喷药应避开花期，选在8:00之前或18:00之后，均匀喷洒穗层，要特别注意对中、下层穗的防治。药剂可选用17.5%烯唑·多菌灵可湿性粉剂157.5～183.75g/hm^2、30%苯甲·丙环唑乳油225～300mL/hm^2、80%戊唑醇可湿性粉剂90～120g/hm^2、20%三唑酮乳油1 200mL/hm^2或15%三唑酮可湿性粉剂1 200g/hm^2等，对水常量喷雾防治。

朱小源　冯爱卿（广东省农业科学院植物保护研究所）

第21节　稻曲病

一、分布与危害

稻曲病又称稻乌米、伪黑穗病、绿黑穗病、谷花病、青粉病和丰收病。该病1878年由Cooke首次在印度发现，随后世界范围内陆续有报道，现今已广泛分布于世界各水稻栽培区，包括亚洲的中国、印度、日本、缅甸、孟加拉国、印度尼西亚、斯里兰卡、马来西亚、菲律宾、泰国和越南；美洲的玻利维亚、巴西、哥伦比亚、圭亚那、秘鲁、委内瑞拉、苏里南、古巴、墨西哥和美国；非洲的埃及、刚果（金）、加纳、几内亚、科特迪瓦、利比里亚、马达加斯加、莫桑比克、尼日利亚、苏丹、坦桑尼亚、塞拉利昂和赞比亚；欧洲的意大利；大洋洲的斐济、巴布亚新几内亚和澳大利亚。为害严重的国家有印度、菲律宾、日本和中国。

我国各个稻作区均有稻曲病发生，主要分布于华东、华南和京、津等地。20世纪80年代以来，随着紧凑型品种的推广以及施肥水平的提高，国内主要稻区相继出现稻曲病的为害。包括北方稻区的辽宁、河北，南方稻区的浙江、江苏、安徽、湖北、湖南、广东、广西、福建等地。稻曲病在长江中下游地区发生较为普遍，造成较大损失，在很多地区甚至已经上升为水稻的主要病害。如云南省20世纪80年代稻曲病发生面积仅6 670hm^2，1991年发展到6.67万hm^2，1993年已达到12.87万hm^2，病穗率达3%～5%，重病田可高达40%以上。2004年湖南省中、晚稻上稻曲病发生严重，发病面积达63.3万hm^2，损失稻谷1.37亿kg，直接经济损失超过2亿元。

稻曲病通常在中、晚稻和杂交水稻上发生，造成的病穗率为0.6%～56%，每个病穗上一般有病粒1～10粒，多者达30～50粒。水稻感染稻曲病后，不仅严重影响病粒本身，还影响邻近谷粒的营养，导致小穗不育、谷粒发育迟缓，从而导致瘪谷增加，千粒重下降，减产可达20%～30%，甚至更高。

同时，稻曲病菌产生的毒素对人、畜有较强的毒性，用混有稻曲病病粒的稻谷饲养家禽可引起家禽慢性中毒，造成其内脏病变甚至死亡。

二、症状

稻曲病仅发生在水稻穗部，且多数发生在穗下部，发病概率达60%；穗中部和上部的发病率则低一些。稻曲病常见的症状是在稻穗上形成黄色或墨绿色的稻曲球。稻曲球呈粉状颗粒，有时表面龟裂。在稻曲病发生的稻穗上，稻曲球的数量不等，通常为2～10个，最多可达80多个（彩图1-21-1）。病菌进入谷粒后，主要侵染花丝并在颖壳内形成菌丝块，菌丝块随后增大突破内、外颖，露出块状的孢子座。孢子座最初呈现黄绿色，然后转变为墨绿色或者橄榄色，包裹颖壳，呈近球形，体积可达健粒的4～5倍。最后孢子座表面龟裂，散出墨绿色粉末即病菌的厚垣孢子。孢子座中心为菌丝组织构成的白色肉质块，外围分为3层组织：外层是最早成熟的大量松散的黄色或墨绿色的厚垣孢子；中间橙黄色是菌丝和接近成熟的厚垣孢子；里层为淡黄色的菌丝和正在形成的厚垣孢子。有的稻曲球到后期侧生黑色、稍扁平、硬质的菌核1～4粒，经风雨震动后很容易脱落在田间越冬（彩图1-21-2）。

稻曲病还可形成白色稻曲球，表层和内部均为白色，没有黄色或墨绿色的厚垣孢子存在。如印度早在1978年就报道存在一种白色的稻曲球。日本1991年也有关于白色稻曲球的报道。我国1996年报道发现了白色稻曲球，并认为白化菌株具有独立于稻曲病菌的新的分类地位。

三、病原

稻曲病病原物有性阶段为稻麦角菌（*Villosiclava virens* E. Tanaka & C. Tanaka），属子囊菌门麦角菌属真菌；无性阶段为稻绿核菌［*Ustilaginoidea virens*（Cooke）Takahashi］，属子囊菌无性型绿核菌属成员。

稻曲病厚垣孢子球形或椭圆形，大小为（4.5～7.8）μm×（4.5～7）μm，黄色至墨绿色，侧生于菌丝的微细小梗上；孢壁厚密，表面有疣状突起。未成熟的厚垣孢子较小、色淡、几乎光滑。厚垣孢子萌发后产生短小、单生或分枝、有分隔的分生孢子梗，顶端着生一至数个单胞的分生孢子。分生孢子为薄壁孢子，圆形或椭圆形，表面光滑，透明，大小为（2.6～8）μm×（2～5）μm。分生孢子萌发后产生菌丝，在菌丝上还会形成次生分生孢子。分生孢子座中的黄色部分常可形成1～4粒菌核。菌核扁平，长椭圆形，初为白色，后变成黑色，成熟时易脱落。菌核在适宜条件下萌发形成一至数个有柄头状子座。子座初呈黄色，成熟后为墨绿色，直径1～3mm，有长柄达10mm左右。子座内单层环生子囊壳。子囊壳瓶形、卵形或梨形，有孔口，大小为377.5μm×247.0μm，内生无数长圆柱形、无色透明、表面光滑的子囊。子囊内生8个平行排列的无色、丝状、单胞的子囊孢子（彩图1-21-3）。子囊孢子萌发产生芽管，在芽管上形成分生孢子；有的芽管伸长形成菌丝，再次产生次生分生孢子。

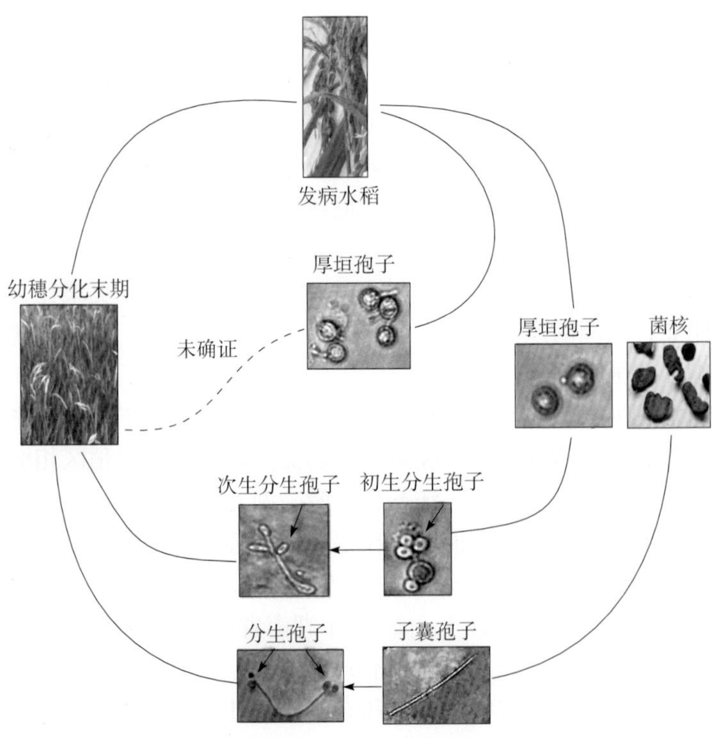

图1-21-1 稻曲病菌生活史（罗朝喜绘）
Figure 1-21-1 Life cycle of *Villosiclava virens* (by Luo Chaoxi)

四、病害循环

稻曲病菌的侵染循环目前还不十分清楚。一般认为稻曲病菌以厚垣孢子附着在稻粒上或落入田间越冬，也可以菌核在土壤中越冬，成为第二年的初侵染来源。翌年水稻幼穗分化末期，在适宜的温、湿度条件下，厚垣孢子萌发产生分生孢子或者厚垣孢子经风雨直接传播到稻穗侵入；或者菌核萌发产生子座，形成子囊壳释放子囊孢子，子囊孢子萌发产生分生孢子进行侵染（图1-21-1）。病菌在气温 24～32℃时发育良好，26～28℃最适，低于 12℃或者高于 36℃不能生长。病菌菌丝在寄主组织内经 10～15d 的潜育期后开始引致稻粒发病形成稻曲球。

五、流行规律

（一）气候条件

温度和雨量是影响稻曲病发病与流行程度的主要气象因子。稻曲病菌在 15～32℃均能生长，以 26～28℃最为适宜，34℃以上不能生长。在水稻破口期遇到雨日、雨量偏多，田间湿度大、日照少有利于病害流行。

（二）品种抗性

一般晚熟品种比早熟品种发病重，不同品种、不同播期发病有差异。秆矮、穗大、叶片较宽而角度小，耐肥抗倒伏和适宜密植的品种，有利于稻曲病的发生；一般半矮生型较密穗型耐病。颖壳表面粗糙无茸毛的品种发病重。杂交稻重于常规稻，粳稻重于籼稻，晚稻重于中稻，中稻重于早稻。

（三）栽培管理

栽培管理粗放，种植密度过大，灌水过深，排水不良，尤其在水稻分蘖期至始穗期，稻株生长茂盛，若氮肥施用过多，造成水稻贪青晚熟，剑叶含氮量偏多，会加重病情的发展，病穗病粒亦相应增多。

六、防治技术

稻曲病的防治应采取以农业防治为主，结合化学防治的方法。

（一）选用高产、抗病、早熟品种

目前的栽培品种中尚没有免疫品种，但不同品种之间的发病程度差异明显。发病较轻的品种有隆科 10 号、特优 158、天优 998、金优 601、杰优 493、K 优 77、中优 448、窄叶青、雪光、合江 23、水晶 3 号、鄂宜 105、金优 974、牡 19、牡 840、双糯 4 号、矮糯 23、汕优 36、汕优 452、嘉湖 5 号等。发病较重的品种有两优培九、粤优 938、红莲优 6 号、中莲优 950、谷优 527、II 优 725、Q 优 5 号、成乐 1104、龙特优 927、岫 207－5、冈优 3551、秀水 48、2159 糯、汕优 2 号、桂朝 2 号等。

（二）农业防治

1. 留用健康种子 建立无病留种田或者在收割前进行穗选，选取无病健株留种。

2. 选种与种子消毒 如果在病田留种，则播种前需要选种和对种子进行消毒。即用泥水或盐水选种，清除病粒，再用 1%石灰水浸种 24～48h，捞出催芽、播种，或用药剂对种子进行消毒。

（三）清除菌源

发病初期及时摘除病粒烧毁，秋收后深耕翻埋。

（四）加强栽培管理

针对不同品种，适时移栽，使水稻开花期与雨季、高温天气错开；合理密植，改善田间小气候；合理施肥，不偏施、迟施氮肥。肥沃田块施用尿素每公顷不超过 150kg，贫瘠田块每公顷不超过 225kg，这样可以减轻稻曲病的发生。水分管理上应浅水勤灌，适度晒田；水稻生长后期湿润灌溉，降低田间湿度，同样可以减轻病害的发生。

（五）药剂防治

药剂防治包括药剂消毒种子和喷施药剂于发病作物两种方法。药剂消毒种子是在选种的基础上，用 15%三唑酮可湿性粉剂 1 000 倍液，或 80%乙蒜素乳油 2 000 倍液、50%多菌灵可湿性粉剂 500 倍液浸种 24～48h，捞出催芽、播种；或者每 100kg 种子用 15%三唑酮可湿性粉剂 300～400g 拌种。喷施药剂可选用下列几种。

（1）2.5%纹曲宁（井冈霉素和枯草芽孢杆菌复配制剂）水剂。每公顷用量 3 750mL，对水 250kg，在水稻穗破口前 5～7d 喷施第一次药，施药后第七天追施第二次药。

（2）30%苯甲·丙环唑乳油。每公顷用量 262.5mL，对水 750kg，在水稻穗破口前 5～7d 喷施第一次药，施药后第七天追施第二次药。

（3）5%井冈霉素水剂。抽穗前 5～10d，每公顷用 6 750mL，对水 750kg 喷施。

（4）三环唑和稻丰灵（杀虫双与井冈霉素复配制剂）。出穗期喷施可以兼防穗颈瘟。

（5）井福合剂。每公顷用50%井冈霉素900g+福美双2 250g，对水750kg喷雾，安全、防效好而且可以兼防水稻纹枯病。

（6）20%二苯醋锡（瘟曲克星）可湿性粉剂。在破口前7d左右，每公顷用1 500g，对水750kg喷雾。

（7）20%三唑酮乳油。水稻始花和盛花期用1 000～1 500倍液喷施一次，防病效果好。但是使用三唑酮应避开花期并且在下午喷药，以免产生药害。

罗朝喜（华中农业大学植物科技学院）

第22节 水稻穗腐病

一、分布与危害

21世纪以来，我国各稻区水稻生长后期不同程度地发生一种穗部病害——穗腐病，又称颖枯病、谷枯病、黑穗病、穗褐变病、褐变穗。全国常年发病面积为80万～100万 hm^2，造成产量损失和品质降低的为33万～53万 hm^2。江苏、浙江、安徽、湖南、湖北、江西、广西、广东、黑龙江等省份的中、晚稻常年发生，并呈蔓延扩展趋势。据对长江流域部分省份中、晚粳稻及籼/粳杂交稻的多年调查、统计，该病的流行频率很高。如遇适宜的气候条件和生长环境，轻发病田（品种）会转变为重发病田并造成危害。发病严重时，丛发病率可达100%，穗发病率30%～95%，每穗病谷率30%～75%，结实率下降8%～10%，一般千粒重降低0.6～1.0g，减产5%～10%，严重时达30%以上，甚至绝收。被感染谷粒腐坏、变色，结实率降低或不实，稻米畸形（彩图1-22-1，彩图1-22-2）。

穗腐病除直接造成水稻产量损失外，由于病菌产生的色素、代谢产物含有毒素，降低稻谷（米）的外观品质和食用品质。人、畜食用过量的带菌谷粒可引起头昏、发热、呕吐和腹泻等急性中毒现象，严重危害人体健康和畜禽生长。

二、症状

穗腐病仅在水稻抽穗扬花期显症，侵染小穗和整个稻穗。发病初期，上部小穗颖壳尖端或侧面产生椭圆形小斑点，后逐渐扩大至谷粒大部或全部。病斑初期为铁锈红，逐渐变为黄褐色、褐色，水稻成熟时变为褐色或黑褐色。局部病穗有白色或粉红色的霉层，为病原菌层出镰孢（*Fusarium proliferatum*）的分生孢子。该病症状与品种（组合）及抽穗扬花期的温、湿度有关。发病早而重的稻穗不能结实，发病迟的则影响谷粒灌浆充实，千粒重明显降低（彩图1-22-3至彩图1-22-5）。

三、病原

引起水稻稻穗、谷粒病变和变色的原因很多，不同国家、不同研究者、不同研究角度进行研究所界定的病因不同。

1. 国外 在国外（主要是美国和日本）水稻穗腐病被称为稻谷霉斑病、谷斑病、混合感染病害或脏穗。有关引起水稻谷（米）粒病变（变色）的病原，认为主要有三种类型：①稻椿象取食直接引起谷粒变色，或椿象取食后利于病原真菌侵染，或病原菌由其口针带入侵染造成危害；②由多种已知和未知真菌侵染引起，至今报道的有几十种；③由颖壳伯克氏菌（*Burkholderia glumae*）引起。也有人从感病样本中分离出丁香假单胞菌（*Pseudomonas syringae*）、成团泛菌（*Pantoea ananatis*），称为细菌性颖枯病。

2. 国内 目前，国内对水稻穗腐病的研究较少，有关报道多集中在20世纪80、90年代，以变色谷（米）的病原菌分离、鉴定、接种测定致病性等基础性研究为主。在病原上，由真菌和细菌引起的谷（颖）枯病与国外报道的相似。国内未有提及由稻椿象取食引起该病的报道。但基层的农业技术人员和稻农多认为与后期蚜虫、飞虱（主要是灰飞虱）群体大，取食为害重，这些虫子排泄的粪便（蜜露）成为微生物很好的营养基质（培养基），有利于微生物附着、繁殖有关，为腐生性病害。金敏忠、柴荣耀等从全国17个省份采集的220份变色稻谷样品中，共分离到21属的真菌，其中，以链格孢属（*Alternaria* sp.），弯孢属（*Curvularia* sp.）、镰孢属（*Fusarium* sp.）及青霉属（*Penicillium* sp.）的检出率高、分布地区广，为优势真菌。人工接种测定致病性，发病率分别是 *Alternaria* sp. 1 占 70.6%，*Alternaria* sp. 2 占 92.0%，*C. lunata* 53.7%，*C. intermedia* 67.8%，*C. geniculata* 58.8%，*C. fallax* 39.7%，*F. graminearum* 41.7%，*F. nivale* 74.0%，*F. moniliforme* 95.5%，*Fusarium* sp. 71.8%。其中，仅分离鉴定的弯孢属病原菌就有 13 个种。

黄世文等从穗腐病上分离出包括真菌、细菌的十几个种，先入为主式地集中研究了真菌病原，认为层出镰孢（*F. proliferatum*）、澳大利亚平脐蠕孢（*Bipolaris australiensis*）、新月弯孢（*C. lunata*）和细链格孢（*A. tenuis*）为主要病原菌（彩图 1 - 22 - 6 至彩图 1 - 22 - 9）。采用人工注射和喷雾接种，发现镰孢菌和新月弯孢菌发病率较高。上述 4 个菌 2 个、3 个或 4 个菌混合接种均能发病（彩图 1 - 22 - 10）。

四、病害循环

（一）水稻穗腐病侵染模式

水稻穗腐病的病害循环包括病菌从初侵染源开始，接触寄主、定殖、侵入并在寄主体内繁殖扩展，最后表现症状的侵染过程，如图 1 - 22 - 1。

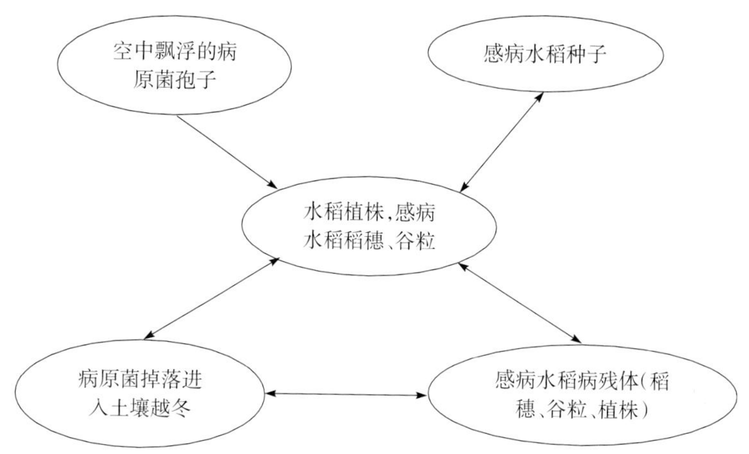

图 1 - 22 - 1　水稻穗腐病病害循环（黄世文绘）

Figure 1 - 22 - 1　Disease cycle of rice spikelet rot (by Huang Shiwen)

1. 第一阶段：初侵染（接种体）来源

（1）带菌种子。穗腐病在很大程度上是通过带菌种子传到水稻植株上。如果用感病的种子留种，翌年发病率会明显高于健康种子。

（2）土壤中的病原菌。穗腐病主要病原之一的镰孢菌可在土壤中存活很长时间，对不良环境条件的抵抗力很强。上年感病稻穗上的病原菌掉落至土壤，可能成为翌年初侵染源。

（3）水稻病残体。感穗腐病稻株（穗）残体是一种潜在初侵染源。将收获后留下的感病稻穗深埋于土壤中，翌春，从感病稻穗上可以分离到镰孢菌。而且发现翻埋在土壤中的镰孢菌菌丝体存活时间比留在土壤表面的存活时间长。因此，在穗腐病发病严重的地区，应该把感病的病穗留在土壤表面，这样可以减少初侵染源基数，减少病原菌传播。

（4）空气中飘浮的病原菌。空气中一直飘浮着各种微生物，其中含有引起穗腐病的病原菌。

2. 第二阶段：侵染定殖　水稻穗腐病的侵染过程可以分为病原菌孢子萌发、芽管伸长及附着胞形成、侵入和吸器形成几个阶段。病原菌最初侵染颖花的花药和柱头。这是因为其含有刺激和促进病菌生长的营养物质。去除感病品种的花药和柱头后，则发现病情有一定程度的减轻或延缓。花药内的病菌垂直向胚乳和颖壳蔓延，并进一步蔓延到邻近的健康的颖花或植株上。

3. 第三阶段：病情发展　穗腐病菌不仅通过气流进行长距离传播，还可以通过雨水飞溅传播。通过雨水传播，虽然距离有限，但是效率较高，这是因为孢子在潮湿条件下具有较高的萌发潜能。观察发现，低强度间断降雨且有微风时，最有利于发病。病害流行的快慢受水稻品种（组合）抗性的影响，其感病程度又受到环境条件的影响。对于穗腐病的流行，温暖（25～33℃）、阴雨（雨日超过 3d）、高湿（相对湿度 95%以上）的条件，最利于病害的发生、发展和流行；35℃以上、干燥、强日照不利于病害发生、流行。如果初始病害发生严重，同时气候条件有利于病害的发生，则流行、为害程度会严重，造成的损失会较重。

（二）穗腐病发病中心及扩展方式

穗腐病的初始发病中心是普遍存在的。初始发病中心形成后 10d 左右，流行趋于均匀化。次级中心起源于同一块田中的初始中心。根据随机分布原则，发病中心开始大多是圆形的，但由于主导风向的影响通常呈 V 形。这就说明了为何部分田块的左右两边发病情况有明显的区别。水稻穗腐病可被看成是很多单个发病中心不断发展的结果。穗腐病的发病率时间分布图通常是S形（即开花期时平缓，之后灌浆乳熟期变陡，随后又衰退变缓）（图1-22-2）。灌浆期是病害流行发展的指数增长期，病害严重度与环境条件的关联度明显高于初侵染源水平。

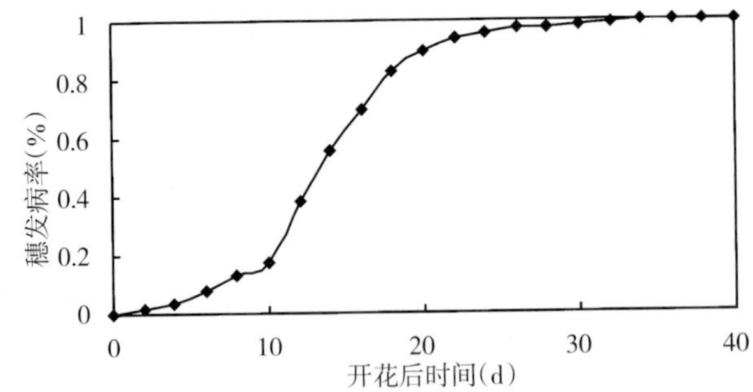

图1-22-2 感病品种秀水09抽穗扬花期后的穗发病率
Figure 1-22-2 Infected panicle rate after heading and flowering of susceptible variety "Xiushui 09"

五、流行规律

水稻穗腐病的发生、流行、为害与种子带菌量、田间残存的病菌数量、品种抗性及关键生育期（孕穗后期至抽穗扬花期）的气候条件高度相关。在水稻秧苗期，病原菌随着种子萌发进入生长点；抽穗扬花期空气中存在的大量病菌孢子飘落沉降到植株、颖花上，完成定殖、侵染。种子带菌侵染和植株生长后期侵染间的关系是稳定的，环境条件对病害传播的影响较大。在发病的幼穗上，病原菌孢子随气流飘移到邻近健康植株正在开花的花序上。随后孢子萌发，产生菌丝侵入颖壳内正在发育的谷粒，完成生活史。对于颖壳颜色没有明显变化的谷粒，肉眼很难区分受侵染的种子和健康种子。

（一）气候因子

水稻穗腐病是一种与气候密切相关的病害。温暖潮湿的气候，有利于病害发生和流行。影响穗腐病流行的气候因素主要有温度、湿度、雨日、雨量及日照等。

1. 温度 日平均气温在23℃以上，即可显现穗腐病症状，适宜温度为25～33℃，最佳温度为28℃，在适宜温度范围内，越接近最佳温度，侵入越快，潜育期越短。

2. 湿度 包括雨日、雨量和相对湿度，对病菌的发育和病害的发生流行有很大的影响。如降雨后有雨滴存在，有利于镰孢菌分生孢子的释放；阴雨天捕捉的孢子数量是晴天的2倍多；且病菌侵入穗部需要高湿度。在干燥低湿条件下，病菌往往处于潜伏状态不能萌发。

3. 日照 日照时数可以反映阴雨天气状况，阴雨天气多，日照时数就少，从而湿度随之升高，有利于穗腐病的发生，强光照及干燥条件不利于病害发生流行。

2008年、2009年中国水稻研究所富阳试验基地及其附近的中、晚稻（粳稻）水稻穗腐病严重发生。分析两年水稻关键生育期（孕穗后期至灌浆乳熟期，即8～10月）的气候资料可见，这两年8～10月的雨日分别为43d（占46.74%）和42d（占45.65%）。2008年8月平均气温24.0～31.6℃、9月平均气温21.4～29.8℃。据气象数据统计，2008年9月13～17日，富阳地区遭遇连续5d阴雨，降水量为44.8mm。2009年8月雨日更是达到20d（占当月的64.52%），平均气温21.3～31.9℃；9月雨日15d（占50%），平均气温20.5～29℃，不论是平均气温、雨日（湿度）等均非常适合穗腐病菌的侵染及病害的发生、流行和造成危害。此阶段正是当地单季水稻处于破口至抽穗期，也是穗腐病菌侵染为害的主要时期，再加上温、湿度适宜，非常有利于病原菌的扩展和蔓延，导致该地区水稻穗腐病的大发生，尤其是秀水系列品种、籼/粳杂交稻组合发病严重，给水稻生产造成很大的损失。

（二）品种类型

经多年对浙江、湖南、广东、广西、江西、安徽、湖北、江苏及东北稻区进行的调查、研究发现，水稻品种（组合）类型、穗型与其对穗腐病的抗性关系密切。一般地，粳稻、籼/粳杂交稻较籼稻和籼型杂交稻感病，大穗、紧穗型品种（组合）较穗型松散的感病，扬花灌浆期长的比短的感病。如紧（密）穗型的粳稻秀水09、秀水110、连粳7号、郑稻18等品种；大穗型、扬花灌浆期长的籼/粳杂交稻春优和甬优系列等杂交组合较穗型松散的籼稻品种（组合）更易感病（彩图1-22-11）。表1-22-1为黄世文制定的水稻穗腐病调查记载标准。表1-22-2、表1-22-3列出了黄世文对浙江省种植的水稻品种（组合）对穗腐病的抗性鉴定结果，表1-22-4为黄熟期秀水09的病粒率与千粒重、产量损失率的关系。

表 1-22-1 水稻穗腐病病害调查记载标准（黄世文制定）

Table 1-22-1 Rating scale of RSRD (by Huang Shiwen)

	病级					
	0	1	3	5	7	9
病粒数（穗）	0	1～5	6～10	11～20	21～35	≥36
穗病粒率（%）	0	0.1～2.0	2.1～5.0	5.1～10.0	10.1～25.0	≥25.1
穗（株）发病率	每一穗有 5 粒及以上谷粒发病（变褐、变黑、腐烂）即为发病穗，少于 5 粒不算发病					

表 1-22-2 浙江省常规稻对穗腐病的抗性鉴定

Table 1-22-2 Identification results of Zhejiang conventional rice varieties' resistance to RSRD

常规稻品种	籼、粳型	病级	2005—2009 年浙江省累计推广面积（万 hm²）	常规稻品种	籼、粳型	病级	2005—2009 年浙江省累计推广面积（万 hm²）
杭 43	粳	5	0.67	甬粳 18	粳	9	11.53
嘉 991	粳	5	28	甬籼 57	籼	3	4.93
嘉花 1 号	粳	5	15.6	浙 106	籼	3	0.53
嘉育 143	籼	3	2.47	浙粳 22	粳	5	13.87
嘉育 280	籼	3	3.4	浙粳 27	粳	5	0.87
嘉育 948	籼	3	0.2	浙粳 40	粳	7	6.07
秀水 03	粳	9	6.67	中丝 2 号	籼	5	0.8
秀水 09	粳	9	41.4	中早 22	籼	5	6.93
秀水 110	粳	9	11.8	中组 1 号	籼	5	0.07
秀水 114	粳	9	3.53	金早 47	籼	3	18.4
秀水 123	粳	9	4	宁 81	粳	5	3.6
秀水 33	粳	9	1.93	绍糯 9714	粳	5	6.13
秀水 994	粳	9	2.07	太湖糯	粳	7	0.13
祥湖 914	粳	5	0.87	武运粳 7 号	粳	7	1.33

表 1-22-3 浙江省杂交稻组合对穗腐病的抗性鉴定

Table 1-22-3 Identification results of Zhejiang hybrid rice combinations' resistance to RSRD

杂交稻组合	籼、粳型	病级	2005—2009 年浙江省累计推广面积（万 hm²）	杂交稻组合	籼、粳型	病级	2005—2009 年浙江省累计推广面积（万 hm²）
D 优 527	籼	3	0.27	内 2 优 6 号	籼	3	1.07
E 福丰优 11	籼	3	0.4	钱优 1 号	籼	5	2.13
Ⅱ优 084	籼	3	2.4	汕优 10 号	籼	3	1.4
Ⅱ优 3027	籼	3	1.07	汕优 63	籼	3	0.8
Ⅱ优 46	籼	3	2.73	天优 998	籼	3	0.6
Ⅱ优 7954	籼	3	6.2	天优华占	籼	3	0.13
Ⅱ优 8220	籼	3	0.87	威优 402	籼	3	1.93
Ⅱ优明 86	籼	3	0.8	协优 46	籼	5	7
Y 两优 1 号	籼	5	0.2	协优 5968	籼	3	3.33
常优 1 号	籼粳	7	0.13	协优 63	籼	3	1.87
川香 8 号	籼	5	0.13	协优 9308	籼	3	6.87
川香优 2 号	籼	5	1.2	新两优 6 号	籼	3	2.4
川香优 6 号	籼	5	0.33	秀优 5 号	粳	7	3.2

（续）

杂交稻组合	籼、粳型	病级	2005—2009年浙江省累计推广面积（万 hm^2）	杂交稻组合	籼、粳型	病级	2005—2009年浙江省累计推广面积（万 hm^2）
丰两优1号	籼	5	3.87	扬两优6号	籼	3	2.27
丰两优香1号	籼	5	1.53	宜香1577	籼	3	0.47
丰优191	籼	3	1.13	宜香2292	籼	3	0.27
丰优9号	籼	3	1.27	甬优1号	籼粳	7	7.13
丰优香占	籼	5	0.13	甬优3号	籼粳	9	1.2
冈优827	籼	3	0.47	甬优6号	籼粳	9	9.2
国稻1号	籼	3	2.73	甬优8号	籼粳	9	1.27
嘉乐优2号	粳	5	0.73	甬优9号	籼粳	7	4.33
嘉优1号	粳	3	3.47	岳优9113	籼	3	0.07
嘉优2号	粳	3	0.67	粤优938	籼	3	6.87
金优402	籼	5	1.93	中优402	籼	3	0.13
金优987	籼	5	2.73	中浙优1号	籼	5	35.53
两优0293	籼	3	4.4	中浙优8号	籼	5	4.73
两优培九	籼	3	27.73	珞优8号	籼	3	0.07

表1-22-4 黄熟期秀水09穗腐病病粒率与千粒重、产量损失率的关系

Table 1-22-4 Relationship between infected rate of grains, 1 000-grain weight and rate of yield loss of RSRD at yellow ripening stage of japonica variety Xiushui 09

	病粒率（%）	健粒率（%）	千粒重（%）	比健穗减少千粒重（g）	产量损失率（%）
健穗	1.5	98.5	27.33	/	/
不同感	14.3	85.7	25.4	1.93	5.0
病程度	36.7	63.3	24.6	2.73	11.3
病穗	82.3	17.7	23.2	4.13	19.7

（三）耕作栽培制度及肥水管理

调查及研究结果表明，长江流域及其以北稻区以粳稻和籼/粳杂交稻为主，栽培制度以单季中稻或单季晚稻为主，这类品种结合这种栽培制度，使得大部分稻区的水稻关键生育期（孕穗后期至乳熟期）正好处于当地较适宜穗腐病发生流行的气候条件下（温度25～33℃，相对湿度95%以上），是导致穗腐病发生严重的原因之一。

采用密植、直播、抛秧等栽培方式有利于穗腐病的发生。现代水稻品种多耐高肥，氮肥用量普遍超标是大多数病虫害严重发生的重要诱因。另外，长期深水漫灌，造成小环境湿度高，是穗腐病重发原因之一。

六、防控技术

水稻穗腐病过去多为零星发生，只是近年上升较快、为害较重的水稻生育后期穗部重要病害，研究上尚未得到重视，一些基础性的问题还未解决。根据水稻穗腐病病原菌及侵染循环、品种与病害发生的关系、发生流行规律等，在水稻穗腐病防控上应采取种植抗性品种并合理布局、调整栽培措施及时期、加强肥水管理、水稻关键生育期施用化学药剂防治等综合措施。

（一）选用抗（耐）病类型品种

水稻品种（组合）、株型（穗型）不同，对穗腐病抗性差异明显，生产上可选择抗（耐）穗腐病的品种、组合。如选择散穗型（稻穗抽出后很快散开）、抽穗扬花期短的品种（组合）。

品种混栽模式。以秀水09为感病品种、国稻6号为抗病品种，进行混合种植试验，结果表明，水稻品种混栽可使穗腐病的严重度降低到与单独使用抗病品种相当水平，见表1-22-5。推断其作用机制可能由于感病材料比例降低、物理障碍抑制病原物扩散。当病害在感病植株上发生流行时，抗病植株上产生的病原菌很少，从整体效果看，品种混栽病原菌数量相对有很大的降低。在病害流行的早期，混栽可有效限制病原扩散与流行。

表1-22-5 抗、感穗腐病品种混栽或单植时穗腐病发病率（%）

Table 1-22-5 Infected panicle rate at cultivar mixture with different resistance and separate planting conditions

栽培品种	感病品种病穗率（%）	抗病品种病穗率（%）	混合栽种病穗率（%）
感病品种	46.7±8.4	—	46.7±8.4A
感病：抗病=3：1	32.4±7.3	8.9±1.6	26.5±6.4B
感病：抗病=2：1	28.7±5.2	7.3±1.4	21.5±6.9B
感病：抗病=1：1	23.3±6.4	8.2±0.9	15.7±5.7C
感病：抗病=1：2	20.7±6.5	7.9±1.7	12.2±4.3C
感病：抗病=1：3	17.8±5.3	9.3±1.8	11.4±3.8C
抗病品种	—	8.3±1.4	8.3±1.4D

注 表中A～D为同列数据比较有极显著差异的4组数据。

（二）种子处理

1. 晒种和选种 将种子先在阳光下晒1～2d，再用泥水或盐水选种，剔除瘪谷、半瘪谷和感病种子。

2. 药剂消毒 对水稻种子进行药剂消毒，清除种子上的病菌，减少初侵染源，如用多菌灵、三唑酮等杀菌剂浸种。

（三）调整播栽期避病

水稻穗腐病的发生、流行与气候条件密切相关。应了解和掌握当地气候条件和水稻品种的生育特性，调整水稻的播种和移栽时期，使水稻最易感穗腐病的生育期始穗至扬花期避开当地温暖、阴雨高湿期。目前，许多稻区都为单季稻或单季晚稻，完全有条件通过采取调整水稻播栽期减轻穗腐病（对稻曲病也有效）的发生。

（四）加强肥水管理，减轻病害

肥料是作物高产、稳产的营养基础，但肥料施用不当会加重病虫害的发生。过多施用氮肥的水稻植株长势好看，嫩绿、茂盛，但会引起许多病虫害发生。氮、磷、钾要平衡施用，施足基肥，适时施用追肥，酌情施用穗肥，增施有机肥。在水的管理上做到“寸水活棵、中期浅水勤灌、后期干湿交替”，尤其不宜长期深水漫灌。

（五）化学防治

化学防治作为应急措施在水稻长势、气候条件适合穗腐病发生时采用。在水稻关键生育期（孕穗后期至乳熟期）选择高效、低毒、低残留药剂防治。防治穗腐病最佳施药时期是在水稻始穗前5～7d及破口至齐穗期各打一次药。遇连续阴雨天需在雨前或阴雨间隙施药并加大剂量。可结合防治水稻后期的穗颈瘟、纹枯病、稻曲病、褐飞虱等达到一药多治的目的。可参考黄世文等编写的农业部2011年、2012年主推技术：“一浸两喷防控稻曲病和穗腐病技术”“针对性药剂复配，下粗上细防控水稻后期复合型病虫害技术”“水稻主要病虫害简便高效‘傻瓜’式防控技术”等。

经过多年的筛选和试验、示范，下列药剂对水稻穗腐病有较好的防治效果，即20%三唑酮乳油、45%咪鲜胺乳油、50%多菌灵可湿性粉剂、30%丙环唑·苯醚甲环唑乳油、80%代森锰锌可湿性粉剂、70%甲基硫菌灵可湿性粉剂、75%肟菌·戊唑醇可分散粒剂。

针对水稻穗腐病与穗颈瘟几乎同时发生在水稻穗部的特点，下列几种药剂可用于同时防治两种病害，即三·三（三环唑+三唑酮）复配剂、三·多（三唑酮+多菌灵）复配剂、三·爱（三唑酮+丙环唑·苯醚甲环唑）复配剂及三·甲（三唑酮+甲基硫菌灵）、25%咪鲜胺乳油+15%三唑酮、25%咪鲜胺乳油+50%多菌灵可湿性粉剂复配剂。经室内共毒系数测定和大田小区防治试验，及大田大面积示范这些药剂对穗腐病和穗颈瘟均有较好的防效。

黄世文（中国水稻研究所）

第23节 水稻恶苗病

一、分布与危害

水稻恶苗病又称徒长病、白秆病。该病害广泛分布于全世界所有水稻种植地区，东南亚各国较为常见，为害较重。在菲律宾和圭亚那称为“男稻”。在我国，水稻恶苗病俗称公稻子，各主要稻区均有发生，以广东、广西、湖南、江西、云南、辽宁、陕西和黑龙江等省份较为普遍而严重。恶苗病从水稻秧苗期到抽穗期均有发生，主要引致秧苗及成株徒长，发病秧苗常枯萎死亡，即使个别能抽穗结实，但穗小粒少，谷粒不饱满，对产量影响很大。一般田块病株率0～3%，少数重病田病株率达40%以上，减产10%～40%，有的年份可成为水稻生产的重要威胁。

二、症状

水稻恶苗病从水稻苗期至抽穗期均可发生。种子带菌是引起苗期发病的主要原因，重病种子往往不能发芽，或在幼苗期死亡。发病稍轻的幼苗往往徒长，与健株相比高出1/4～1/3；受害植株细弱，叶片和叶鞘窄长，叶色淡黄绿色；根系发育不良，根毛稀少，部分病苗在移栽前即死亡。在枯死苗基部生有淡红色和白色霉状物，即病菌的分生孢子及分生孢子梗。

本田期，一般在插秧后15～30d出现病株，症状与苗期相似。病株分蘖少或不分蘖，节间显著伸长，节部常弯曲露出叶鞘之外，下部茎节倒生不定根。剥开叶鞘，有时可见节的上下组织呈褐色，茎秆上生出暗褐色条斑。剖开病茎，内部可见白色蛛丝状菌丝体，以后茎秆逐渐腐朽，重病株多在孕穗期枯死；轻病株常提早抽穗，但穗短小或秄粒不实。天气潮湿时，在枯死病株的表面长满淡红色和粉白色霉状物，后期病部可散生或群生蓝黑色粒状物，即病菌的子囊壳（彩图1-23-1）。

水稻抽穗期谷粒也可受害，严重的变为褐色，不能灌浆结实，或在颖壳合缝处生出淡红色粉状物。发病轻的仅谷粒基部或尖部变为褐色，有的外表没有症状，但内部有潜伏菌丝。

恶苗病的常见症状是徒长，但有的病株表现矮化，或是先徒长后受抑制，有的则先矮化，后来表现徒长等不同情况，有些病株则无明显的外观症状。

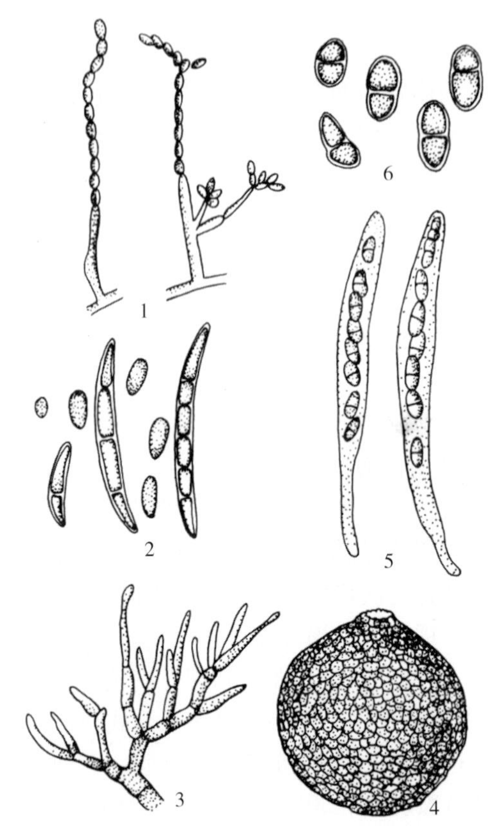

图1-23-1 水稻恶苗病病原形态（引自侯明生等，2006）
Figure 1-23-1 The morphology of *Gibberella fujikuroi* and *Fusarium verticillioides* (from Hou Mingsheng et al., 2006)
1. 小型分生孢子 2. 大型分生孢子 3. 分生孢子梗 4. 子囊壳 5. 子囊 6. 子囊孢子

三、病原

水稻恶苗病的病原菌无性阶段为子囊菌无性型镰孢属真菌（*Fusarium* spp.），其中拟轮枝镰孢［*F. verticillioides*（Sacc.）Nirenberg］为常发种类；有性阶段为藤仓赤霉［*Gibberella fujikuroi*（Sawada）Wollenw.］，属子囊菌门赤霉属真菌。

病菌分生孢子有大、小两型，以小型分生孢子为主。小型分生孢子卵形或椭圆形，无色，单胞，偶有双胞，初在分生孢子梗上串生呈链状或簇生呈球状，以后分散，大小为（4～6）μm×（2～5）μm；大型分生孢子镰刀形或新月形，无色，基部有足胞，一般3～5个隔膜，少数6～7个隔膜，大小为(17～28)μm×(2.5～4.5)μm，通常着生于多次分枝的无色的分生孢子梗上，多数分生孢子集聚时，呈淡红色或橙红色，干燥时呈粉红色或白色(图1-23-1)。

子囊壳一般在水稻近成熟时产于病株下部节附近或叶鞘上，蓝黑色，球形或卵形，表面粗糙，大小为（240～360）μm×（220～420）μm。子囊圆筒形，基部细而上部圆，内生4～8个子囊孢子，在子囊内排成一行或两行。子囊孢子长椭圆形，无色，双胞，分隔处稍缢缩，大小为（5.5～11.5）μm×（2.5～4.5）μm。

病菌菌丝生长发育温度为3～39℃，最适25～30℃；侵染寄主时以25℃为最适，并以31℃时诱发徒长病状最明显。分生孢子在25℃的水滴中经5～6h即可萌发。子囊壳形成温度为10～30℃，以26℃左右为最适。子囊孢子在25～26℃时，约经5h大部分可萌发。

病菌分泌出多种代谢物，如赤霉素、赤霉酸、镰刀菌酸及去氢镰刀菌酸等物质。赤霉素和赤霉酸有刺激水稻徒长和抑制叶绿素形成的作用；镰刀菌酸和去氢镰刀菌酸有抑制稻苗生长的作用。这些物质的形成因病菌的株系、温度和营养条件而异。

该菌自然条件下只侵染水稻。人工接种可侵染玉米、大麦、高粱、甘蔗等，并引起植株徒长。

四、病害循环

病菌主要以分生孢子在种子表面或以菌丝体潜伏于种子内部越冬，其次以潜伏在稻草内的菌丝体或子囊壳越冬。在稻草体内的菌丝和分生孢子在干燥的条件下，可分别存活3年和2年，在潮湿的土面或翻入土中的病菌一般在短期内即可死亡。浸种时带菌种子上的分生孢子也可污染无病种子。播种带菌种子或催芽时用病稻草覆盖稻种，在种子发芽后，病菌即可从芽鞘、根部或伤口侵入，并在植株体内做半系统扩展，分泌赤霉素刺激细胞伸长，引起幼苗徒长，严重时引起苗枯。在病株和枯死株表面产生的分生孢子借风雨传播，从茎部伤口侵入健株，引起再侵染。

带菌秧苗移栽到大田后，在适宜的条件下陆续显现症状。病株中的菌丝体蔓延扩展至全株，并刺激茎叶徒长，但不扩展到花器；严重情况下，使病株矮缩而不抽穗。发病后期，基部叶鞘和茎部产生大量分生孢子。分生孢子又可借气流、雨水和昆虫传播，引起再侵染。水稻抽穗扬花期长出分生孢子，靠气流传播到花器上，引起感染，从内外颖壳部位侵入颖片组织和胚乳。一般在抽穗灌浆期最易感染，接近成熟时病菌不易侵入。稻谷发病后，在内外颖合缝处产生红色或淡红色团块，造成秕谷或畸形。病菌侵入较迟、受害较轻的种子外观虽与健粒无异，但菌丝已侵入颖壳或种皮组织内，脱粒时病部的分生孢子也会黏附在健粒表面使之带菌。

五、流行规律

水稻恶苗病的发生主要受气候条件、品种抗病性以及栽培管理等条件的影响。

（一）气候条件

水稻恶苗病发生与土壤温度关系较大。土温30～35℃时，病苗出现最多，31℃最易引起稻株徒长；25℃时病苗很少出现，20℃以下病苗不表现症状，但可分离到病原菌；土温高于40℃时，病原菌和水稻的生长均受到抑制，不表现症状。秧苗移植时，若遇阳光很强及高温的天气则发病较多，反之遇阴雨或冷凉天气则发病少。

（二）品种抗病性

水稻不同品种对恶苗病的抗病性有差异，但无免疫品种。一般糯稻较籼稻发病轻，常规稻比杂交稻轻，早稻又比晚稻轻。表现较好的中抗品种有浙103、浙鉴21和甬粳18。

（三）栽培管理

秧苗受伤或不良的栽培管理条件会导致稻苗生长衰弱而降低抗病力，利于病害的发生。播种受伤种子或移栽受伤的秧苗均易发病：一般种子田未及时收割与脱谷，会增加带菌与侵染机会，此类种子播种后，往往比及时收割和脱谷的种子发病重；脱谷时，由于脱谷机空隙小，转数过快，可增加种子受伤概率，如播种这类受伤种子比未受伤种子发病重；育苗床灌水不及时，缺水受旱，发生龟裂，易使幼苗根部受伤，或拔苗时由于育苗床缺水使根部受伤，故插秧后幼苗衰弱发病重；旱育秧比水育秧的发病重；拔秧比铲秧和直播的发病重；插老秧、深插秧、中午插秧和插隔夜秧的发病较重；过量施用氮肥或施用未腐熟有机肥会使病害加重。

六、防治技术

水稻恶苗病主要是带病种子作为初侵染源，故应采取选用无病种子和播前种子处理为主的综合防治措施。

(一) 选留无病种子

不从病田及其附近的稻田留种，建立无病留种田。选栽抗病品种，避免种植感病品种。留种田及附近一般生产田，发现病株应及时拔除，以防传播蔓延。留种田应单收、单打、单储。

(二) 种子处理

1. 温汤浸种 采用52～55℃温水浸种30min。

2. 药剂浸种 用1%石灰水澄清液浸种，15～20℃时浸3d，25℃浸2d，水层要高出种子10～15cm，避免直射光；或用2%福尔马林浸、闷种3h，气温高于20℃用闷种法，低于20℃用浸种法；或用40%福美·拌种灵可湿性粉剂100g或50%多菌灵可湿性粉剂150～200g，加少量水溶解后拌稻种50kg；或用50%甲基硫菌灵可湿性粉剂1 000倍液浸种2～3d，每天翻种子2～3次；或用35%噁霉灵悬浮剂200～250倍液浸种，种子量与药液比为1∶1.5～2，温度16～18℃条件下浸3～5d，早晚各搅拌1次，浸种后带药直播或催芽。

(三) 栽培管理

播种前催芽时间不能太长，以免下种时受伤；做到稀播种，培育壮秧。拔秧移栽时应尽量减少伤根，并避免在中午高温时插秧。生产实践中有人提出“五不插”，即不插隔夜秧，不插老龄秧，不插深泥秧，不插烈日秧，不插冷水浸泡秧。

(四) 消灭菌源

及时拔除病苗、病株和处理病稻草，集中烧毁或沤制肥料；病稻草不露置堆放；避免用病稻草及其编织物覆盖秧苗、堵水口等，减少病草还田概率。

刘志恒　魏松红（沈阳农业大学植物保护学院）

第24节　水稻颖枯病

一、分布与危害

水稻颖枯病又称谷枯病。首先发现于美国、日本，后来在印度、巴西、斯里兰卡、中国、塞拉利昂、坦桑尼亚等国的水稻产区也有报道。在我国各稻区均有该病发生，为害一般不严重，但2004年以来该病发生呈上升趋势。据报道，发生相对严重的省有广东、安徽、浙江、江苏、四川。水稻颖枯病主要侵染谷粒颖壳，受害的水稻结实率和千粒重下降，导致减产。早在1932年浙江省萧山一带有过损失25%的报道；1997—1998年，广东省广州市发病面积超过1万hm^2，稻谷减产5%～8%，严重的损失20%以上；2005年安徽省天长市天长镇发病面积近1.5hm^2，重病田病穗率达60%，病穗上一般有40%的谷粒发生病变，严重的病粒占60%；2007—2009年四川省南部县亦大面积发生该病，产量明显降低。

二、症状

该病只为害颖花和谷粒。病菌在破口抽穗期开始侵染，于水稻抽穗后的2～3周侵害幼颖，以抽穗后15～20d最重。起初在颖壳尖端或侧面生出椭圆形边缘不清晰的褐色小斑点，逐渐扩大，颜色变深。有时几个病斑愈合成不规则大斑，占据谷粒的大部或全部，病斑边缘深褐色，中部色泽较浅，后期变成枯白色，中心散生无数小黑点，即病菌分生孢子器。谷粒被害早的花器全毁或形成秕谷。乳熟期，米粒变小且质地变得松脆，品质下降；接近成熟时受害，仅在谷粒上有褐色小点，对产量影响不大（彩图1-24-1）。

三、病原

水稻颖枯病的病原为颖枯茎点霉［*Phoma glumarum*（Ellis et Tracy）I. Miyake］，异名：颖枯叶点霉［*Phyllosticta glumarum*（Ell. et Tracy）Miyake］，属子囊菌无性型叶点霉属。分生孢子器初埋生于

表皮下，逐步突破表皮外露，最后成为表生，或仅留基部在病组织内，散生或群集，球形或扁球形，黑褐色，上深下浅，基部黄褐色，顶端突起有孔口，大小为（48～133）μm×（40～95）μm。分生孢子小，无色或淡色，单胞，卵形或椭圆形，大小为（3～6）μm×（2～3）μm，成熟后遇水可成群由孔口逸出，相连如带状（彩图1-24-2，彩图1-24-3）。

四、病害循环

该病以分生孢子器在稻谷上越冬，翌年水稻抽穗后，在适宜的温、湿度条件下，释放分生孢子，进行初次侵染，借助风和雨传播，在水稻抽穗时入侵花器及幼颖致病。由于该病菌只寄生在谷粒上，目前暂时未发现任何中间寄主。因此，带菌种子是该病远距离传播的唯一途径和田间发病的首要条件。

五、流行规律

该病主要侵害早稻。一般在5月下旬开始发病，6月上、中旬病株率和病情指数迅速上升。6月下旬，稻谷接近成熟时，病情趋于稳定。田间病株分布较均匀，无明显的发病中心。其发生流行条件有以下几方面。

（一）气候条件

水稻抽穗扬花至灌浆期的多雨天气，尤其是暴风雨天气是该病发生和流行的主要条件。风雨导致稻穗和谷粒相互摩擦损伤，造成伤口有利于病菌侵入。因此，在雨日多、雨量大、日照少的年份应加强监测，及早发现及早防治。

（二）品种抗病性

水稻不同品种对谷枯病的抗性有一定的差异。从品种的着粒部位看，着粒密的发病重，着粒稀的发病轻。

（三）栽培条件

偏施、过施或迟施氮肥，造成植株贪青晚熟，会增加病菌侵染的机会。一般倒伏田块、排水不良田块以及地面温、湿度高等情况，有利于病菌孢子发芽侵入。

六、防治技术

（一）种植抗（耐）病品种

选育和推广抗病品种是防治水稻谷枯病的有效措施之一。目前比较抗病的品种有籼小占、丰澳占、七山占、粤香占、优优68、粤优229、汕优、华优广抗占、抗优63、Ⅱ优98、汕优63、Ⅱ优9号、川香优907、冈优305、冈优177、冈优188等冈优系列及博优系列等。

（二）种子消毒

选用无病种子进行种子消毒。用干净冷水预浸谷种12h，再选择70%甲基硫菌灵可湿性粉剂700倍液、20%三环唑可湿性粉剂1 000倍液或50%多菌灵可湿性粉剂800倍液浸种24 h，清洗后催芽播种。

（三）加强肥水管理，培育壮苗

提倡配方施肥，重施底肥，早施追肥，做到底肥和追肥、农家肥和化肥及氮、磷、钾肥合理搭配，忌过多、过迟偏施氮肥。根据水稻吸肥规律，氮、磷、钾肥较适宜的比例为1∶0.5∶（1.0～1.5）。在水的管理上实行湿润灌溉，防止串灌、漫灌，适时晒田；水稻中后期要保持干湿排灌，防止积水过深，降低田间湿度。

（四）化学防治

在水稻谷枯病常发区、重病区可以在剑叶出全至破口期喷第一次药，齐穗期喷第二次药。重点喷湿稻穗。常规药剂可选用70%甲基硫菌灵可湿性粉剂0.9～1.5kg/hm^2、20%三环唑可湿性粉剂1.5kg/hm^2、40%多·硫悬浮剂3.0kg/hm^{2}等；新型药剂有10%苯醚甲环唑水分散粒剂0.6～1.125kg/hm^2、40%氟硅唑乳油90～112.5g/hm^2、50%咪鲜胺锰盐可湿性粉剂360～600g/hm^{2}等。在生产中，可视需要在乳熟期再喷药一次，尤其是在暴风雨过后要及时喷药保护，防止谷枯病大发生。

朱小源　冯爱卿（广东省农业科学院植物保护研究所）

第25节 水稻烂秧病

一、分布与危害

水稻烂秧病是水稻秧田期烂种、烂芽、死苗的一类病害的总称，从病因上可分为生理性烂秧和侵染性烂秧两类。主要是由于播种技术不当、气候条件不利于水稻秧苗生长和田间管理不到位等因素所造成。

水稻烂秧病在广西、广东、海南、四川、贵州、云南、安徽、湖南、湖北、江苏、浙江、福建、辽宁、吉林、黑龙江等地区均有发生。在我国北方稻区及南方早稻区普遍发生，一般年份死苗率在10%～20%，严重时高达60%～80%。

二、症状

生理性烂秧常见的有烂种、漂秧、黑根等。

烂种是播种时已丧失发芽能力的种子，或发芽势弱，在催芽过程中未能及时萌发，有的虽已发芽，但幼芽长出后立即死亡，故播种后变色腐烂。烂种一般是生理性因素引起的，主要原因包括种子未成熟、种子含水量过高引起胚芽等部位霉变但表面无明显症状表现、种子储存时间过长而丧失了发芽能力。

漂秧是指稻种出芽后长久不能扎根，稻芽漂浮倾倒，最后腐烂而死。烂种和漂秧的原因主要是种子质量差，催芽过程中受热、受寒，或秧田整地播种质量差，蓄水过深造成秧苗缺氧窒息等。

黑根是中毒的结果，当大量施用未腐熟的绿肥、农家肥或硫酸铵，又蓄水过深，土壤还原态过强，则土壤中广泛存在的硫酸根还原细菌迅速繁殖，产生大量硫化氢、硫化铁等还原性物质，毒害稻苗，使稻根变黑腐烂，叶片逐渐枯死，周围土壤也变黑，产生强烈的臭气。

侵染性病害造成的烂秧是由绵腐菌、镰刀菌、腐霉菌和立枯丝核菌等真菌侵入秧苗后造成的，包括绵腐病、立枯病和青枯病等。在气候反常、管理不善的情况下，上述病害常大量发生。

绵腐病烂秧多见于早稻水秧田，初在幼芽、幼根基部颖壳裂缝处出现乳白色胶状物，随后向四周长出白色呈放射状的絮状物，并因氧化铁沉积或藻类、污泥黏附而呈铁锈色或绿褐色。受害稻种内部腐烂，不能成苗，或成苗不久就枯死。在秧田中，这种烂秧多初为星点状分布、面积如碗口大小的烂秧中心，随着病害中心的扩大和相互连接，会出现成片烂秧死苗的严重情况，俗称为“水杨梅”。

立枯病烂秧开始时零星发生，迅速向四周蔓延，严重的成簇、成片死亡。主要发生在湿润通气秧田中，最初在根、芽基部出现稍带水渍状的淡褐色斑，随后以根、芽基部为中心长出白色绵毛样菌丝体，平贴于土表，根变成土褐色，需仔细观察才能辨认，也有的长出白色或淡粉红色霉状物。幼芽基部软弱，易拔断，最后幼芽和幼根变褐、扭曲、腐烂。

三、病原

绵腐病烂秧的病原菌均为卵菌，其中以绵霉属（*Achlya* spp.）为主，菌丝管状，无色，无隔膜，分枝发达。无性繁殖形成棒状孢子囊及肾形具鞭毛的游动孢子；有性繁殖形成球状藏卵器和棒状精子器，通过受精在雌器内形成1个或多个卵孢子。

立枯病烂秧的病原菌主要是子囊菌无性型镰孢属（*Fusarium* spp.）真菌，其次是卵菌的腐霉属（*Pythium* spp.）。镰孢菌大型分生孢子镰刀形，无色，多胞；小型分生孢子卵圆形，单胞或双胞，无色。

四、病害循环

绵腐病的绵腐菌和腐霉菌寄生性弱，主要在土壤中营腐生生活，还普遍存在于污水中。绵腐菌和腐霉菌主要以菌丝、卵孢子在土壤中越冬，条件适宜时菌丝或卵孢子产生游动孢子囊，孢子囊成熟后萌发又产生游动孢子。游动孢子借水流传播，侵染破皮裂口的稻种和生育衰弱的幼芽，随后病苗又不断产生游动孢子进行再次侵染，造成发病。

五、流行规律

绵腐病和立枯病、烂秧病病原菌均属土壤习居菌，弱寄生性，以营养体和繁殖体在土壤中存活越冬。

绵腐菌等鞭毛菌主要以游动孢子作为初侵染与再侵染接种体，借水流传播，侵染因受冷害而生活力弱的秧苗。镰刀菌等半知菌主要以分生孢子作为初侵染与再侵染接种体，借气流传播侵染致病。凡种子质量差、品种耐寒性差或秧苗处于 1 叶 1 心期即俗称的断奶期，一旦遇上持续低温（<10℃）、连绵阴雨、日照不足、低洼积水，致秧芽正常呼吸受阻，正常生理机能削弱，最易诱发烂秧。偏施氮肥，秧苗叶色浓绿、徒长柔弱或疏于水分管理，更加重受害。在一定低温条件下温差变幅大，或土壤中存在有害微生物、有毒物质或营养元素不平衡都可直接或间接地影响秧苗生活力而易诱发烂秧发生。

六、防治技术

（一）农业措施

1. 种子处理与播种 要尽量在正规公司选购种子，并注意种子外观、形状和色泽。对于自留种，首先要选取无病田、成熟良好田留种，其次要注意晒干种子，第三在播种之前要注意精选种子，并将精选的种子晒一遍，使种子含水量降低，提高种胚生活力。

浸种时要浸透，以胚部膨大突起、谷壳呈半透明并隐约可见月夏白和胚为准，但不能浸种时间过长。催芽要做到高温（36～38℃）露白、适温（28～32℃）催根、淋水长芽、低温炼苗。

根据各地气候特点，严格掌握安全播种期，精选种子并消毒，埋芽后及 1 叶 1 心期前后分别喷施 75%敌克松可湿性粉剂（对二甲基氨基苯重氮磺酸钠）200 倍液各 1 次，可有效预防苗期烂秧发生。

2. 提高秧田质量 秧田应选择土质好、肥力中等、避风向阳、排灌方便且地势较高的田块，忌四周空旷、遮阴、低洼、有潜水的田块。秧田整地时应干耕、干做和水耥，面平沟深，上糊下松，软硬适度，畦宽恰当，并改善土壤结构、增强土壤通透性，施用腐熟农肥，少施或不施含硫化肥。加强管理，出芽后视天气情况而揭膜、灌水，保持秧苗在一定的温度和湿润条件下生长。

3. 苗床管理 根据品种特性，确定播期、播种量和苗龄。日均气温稳定通过 12℃时方可播于露地育秧，均匀播种，最好播后能有 3～5 个晴天，有利于谷芽转青来调整浸种催芽时间。播后用踏板把谷粒轻踏陷入泥土，利于扎根竖芽。芽期以扎根立苗为主，保持畦面湿润，不能过早上水，遇霜冻短时灌水护芽。一叶展开后可适当灌浅水，2～3 叶期灌水以减小温差、保温防冻。施肥要掌握基肥稳、追肥少而多次，先量少后量大，提高磷、钾肥比例。齐苗后施“破口”扎根肥，可用清粪水或硫酸铵掺水洒施，二叶展开后，早施“断奶肥”。秧苗生长慢，叶色黄，连遇阴雨天气，更要注意施肥。

（二）药剂防治

目前防治侵染性烂秧所用农药以敌磺钠、乙蒜素、3.2%噁·甲水剂或 40%甲霜·福美双粉剂等药剂为主。

在播种后，预防烂秧病采用 65%敌磺钠可湿性粉剂 600 倍液，每公顷秧田用药 18.75kg 效果最好。用药前，先在清晨排出秧田积水，待 16:00 畦面稍干后，用喷雾器粗点喷雾或洒水壶浇洒，尽量使药液全部渗入土内，用药后 2d 不灌水。敌磺钠遇阳光直射或遇碱性物质易失效，所以，晴天宜在 16:00 以后使用，忌与碱性农药或化肥同时施用，但与硫酸铜（约 1 125g/hm^2）混用或与酸性化肥合用，可促进病苗恢复健康。在秧苗 1 叶 1 心期预防烂秧病用 65%敌磺钠可湿性粉剂 600 倍液浇湿苗床。露地育秧在 2～3 叶期在强冷空气到来前应及时用药防治，掌握在阴天或晴天傍晚时施药。或将浸好的稻种（包括催芽后的稻种）捞出沥水后，用 40%甲霜·福美双每 50g 拌 13～15kg 干种，拌匀后闷种 4～6h 后播种。喷雾在稻苗 1 叶 1 心期时，用 40%甲霜·福美双 50g 对水 30kg，均匀喷施 40m^2 苗床。对由绵腐病及水生藻为主引起的烂秧，在发现中心病株后，首选 25%甲霜灵可湿性粉剂 800～1 000 倍液，或 65%敌磺钠可湿性粉剂 600 倍液全田喷雾。

王疏（辽宁省农业科学院植物保护研究所）

第 26 节　水稻立枯病

一、分布与危害

水稻立枯病是水稻苗期的主要病害之一，特别是北方寒地水稻发病更为普遍。水稻在 1 叶 1 心期至 2

叶 1 心期最容易发生立枯病。从病因上可分为两种类型：一是真菌性立枯病；二是生理性立枯病，也称青枯病。

真菌性立枯病是由真菌侵染引起的侵染性病害，由于种子或床土消毒不彻底，加之幼苗的生长环境不良和管理不当，致使秧苗生长不健壮，抗病力减弱，病菌乘虚侵入，导致发病。

生理性立枯病也称青枯病，是由于不良的外界环境条件和管理措施不当，使幼苗茎叶徒长，根系发育不良，通风炼苗后水分生理失调，根系吸水满足不了叶片蒸腾需水的要求，使叶片严重失水造成的生理性病害。

水稻立枯病对水稻秧苗质量影响极大。遇到持续低温或气温忽高忽低时发病尤重，可造成秧苗大量死亡，发病重的地区可造成秧苗成片枯死。水稻立枯病每年都有不同程度的发生和为害，主要发生在广西、广东、海南、四川、贵州、云南、安徽、湖南、湖北、江苏、浙江、福建、辽宁、吉林、黑龙江等地稻区。

二、症状

水稻立枯病症状主要表现在立针期或三叶期前后。立针期即水稻出芽后尚未长成真叶，心叶如绿色针状的时期。这一时期秧苗仍依赖胚乳供给营养。当水稻长成 1 叶 1 心期时，秧苗开始靠自身根叶供给营养。在这一转折时期，秧苗易受真菌寄生而表现症状。因病原种类、侵染时期和环境条件不同，引起的立枯病症状也不同，常见的症状有以下几种类型。

芽腐：出苗前或刚出土时，幼苗的幼芽或幼根产生乳白色、泥土色、绿褐色或锈色的霉状、絮状物，病芽扭曲、腐烂而死，幼芽基部具绒毛状霉层，芽基腐烂，成小片发生，称幼芽基腐。

针腐：多发生于幼苗立针期到 2 叶期。病苗心叶枯黄、基部黄褐色，叶鞘具褐斑，病根黄褐色，种子与幼苗茎基交界处生霉层，基部腐烂，茎基软弱，易折断，育苗床中幼苗常成簇、成片发生与死亡，称立针基腐。

青枯：由于不良的外界环境条件和管理措施不当，使幼苗茎叶徒长，根系发育不良，通风炼苗后水分生理失调，根系吸水满足不了叶片蒸腾需水的要求，使叶片严重失水，所造成的生理性病害。多发生于幼苗 3 叶期前后，病苗叶尖不吐水，在天气骤晴时，幼苗迅速表现青枯，心叶及上部叶片卷曲，叶片萎蔫，幼苗叶色青绿，最后整株萎蔫。在插秧后本田可出现成片植株变青绿枯死。

三、病原

水稻立枯病属土传病害，主要由镰孢属（*Fusarium* spp.）、立枯丝核菌（*Rhizoctonia solani*）等弱寄生真菌侵染而引起。镰孢菌主要有尖镰孢（*F. oxysporum*）、禾谷镰孢（*F. graminearum*）、木贼镰孢（*F. equiseti*）、腐皮镰孢（*F. solani*）、拟轮枝镰孢（*F. verticillioides*）等真菌。

镰孢属病菌菌丝体呈白色或淡红色，分生孢子有大小两种类型。大型分生孢子镰刀状，弯曲或稍直，无色，多为 3～5 个隔膜；小型分生孢子椭圆形或卵圆形，无色，单胞或有 1 个隔膜。

立枯丝核菌只产生菌丝和菌核。菌丝幼嫩时无色，较粗，为 8～12μm。分枝与主枝成锐角分枝，分枝处缢缩，距分枝不远处有隔膜；老熟时菌丝浅褐色，隔膜增多。细胞中部膨大，分枝成直角。菌核由菌丝体交织纠结而成，初期白色，后变为暗褐色，扁球形、肾形或不规则形，表面粗糙，有菌丝相连，一般 1～5mm。

四、病害循环

镰孢菌一般以菌丝和厚垣孢子在多种寄主的病残体及土壤中越冬，在适宜条件下产生分生孢子借气流传播，进行初次侵染，随后在病苗上再产生分生孢子进行重复侵染。

丝核菌以菌丝和菌核在多种寄主病残体和土壤中越冬，借菌丝在幼苗株间进行短距离接触传播，扩展蔓延。腐霉菌以菌丝、卵孢子在土壤中越冬，条件适宜时形成游动孢子囊，再萌发产生游动孢子，借水流传播侵染秧苗，不断产生游动孢子进行再次侵染。

五、流行规律

引起水稻立枯病发生的因素很多。引起稻立枯病的镰孢菌、立枯丝核菌在土壤中普遍存在，营腐生生活，这些菌的数量或侵染力常受到环境条件及土壤中拮抗菌数量的影响，引起水稻立枯病主要与水稻幼苗在不良条件下生长衰弱、抗病力低有关。凡不利于水稻生长和削弱幼苗抗病力的环境条件，均有利于立枯病的发生。

温度与光照是影响立枯病发生的重要因素。发芽立针期的日平均气温低于13℃或2～3叶期平均气温低于15℃时，芽、苗生育受阻，水稻抗病性显著削弱，而病菌在这样的温度条件下生长发育正常，因此芽、苗易感染病害。育苗期间，冷空气活动频繁，阴雨天气较多，幼苗在冷后暴晴和温差变幅大时，特别是土壤低温时根系吸收能力弱，易发病。种植在积水地、碱性的土壤条件下易发病，施用速效氮肥过多易发病。

低温、阴雨、光照不足是诱发立枯病的重要条件，其中尤以低温影响最大。因水稻是喜温作物，当环境不利（低温）时，抗病力降低，有利于病害发生。气温过低，对病菌生育与侵染影响小，但对幼苗生长不利，使根系发育不良，吸收营养能力下降，更有助于病害发展。如天气持续低温或阴雨后暴晴，土壤水分不足，幼苗生理失调，也常使病害加重发生。

一般种子受伤、受冻或催芽时间过长以及生活力差，抗逆性弱，则发病重。育苗床土壤黏重、偏碱，以及播种过早、过密、覆土过厚，尤其苗期施肥、灌水或通风等管理不当，均有利于立枯病的发生。

六、防治技术

（一）种子处理

1. 选种与催芽　精选谷种，晒好种子，避免种子损伤，提高种子活力和发芽率。选择科学的浸种和催芽技术，浸种温度应稳定在10℃左右，催芽温度不得超过35℃，播前应在20℃左右薄摊催芽。选好秧田，整好苗床，培育壮秧，提高秧苗抗病力是防治该病的关键。

2. 拌种　将浸好的稻种捞出沥水后，用40%甲霜·福美双粉剂50g拌13～15kg干种，拌匀后闷种4～6h后播种，有较好的预防水稻幼苗立枯病的效果。

3. 播种　适时播种，一般在4月中旬前后，日平均气温达10℃以上的天气连续3d、未来几天天气晴好时播种，撒种均匀，稀植，覆土薄、匀。

（二）育秧土消毒

大力推广大棚育苗技术，改善育苗棚室的育苗环境。苗床选在避风、向阳、地势较高、地面平坦的地块，还必须排灌方便。床土要求有机质含量高、肥沃、疏松、偏酸性、无除草剂残留。如土壤酸度不够，可采取调酸措施，使pH为4.5～5.0，既可满足秧苗生长需要，又能抑制土壤中的病原菌。

水稻立枯病是以土壤传播为主的病害，病菌在土壤中存活，因此，育秧土消毒是防治立枯病的关键。可进行土壤消毒的药剂及用法：① 3%噁·甲水剂，每平方米用15～20mL，加水3L喷雾；② 40%甲霜·福美双粉剂，每50g对水30kg喷雾，喷40m^{2}苗床；③ 20%稻灵·噁霉乳油，每平方米3～4mL，加水3L喷雾；④ 30%噁霉灵水剂，每平方米用3～4mL，或15%噁霉灵水剂，每平方米用6～8mL，加水3L喷雾；⑤ 30%甲霜·噁霉灵可湿性粉剂，每平方米1mL，加水3L喷雾。

（三）苗床管理

育秧棚通风炼苗应与温度管理相结合，通风时间和通风量应依据温度而定。秧苗1叶1心期开始通风，控制棚内温度在25℃左右，最高不超过30℃，注意通风口先选在背风的一侧，尽量少浇水。立针前湿润管理，保持苗床通气。立针期开始通风炼苗，以后逐渐加大通风量，以提高秧苗素质，增强秧苗的抗病能力。2～3叶期浅水灌溉、湿润育秧。2叶1心以后，适当增加通风量和通风时间，棚内温度控制在20～25℃，锻炼秧苗适应外界环境，增强抗寒能力。3叶1心以后，棚内温度控制在20℃，依据温度情况，棚膜可昼揭夜盖，最低气温高于7℃时，可昼夜通风，自然炼苗，插秧前3d，全揭膜锻炼秧苗。遇到－7℃的低温时，要采取增温措施，如增加覆盖物、生烟增温等，防止发生冻害。遇寒流时，应灌水保温，久雨放晴时，要逐渐排水，防止秧苗地上部分蒸腾过快，造成生理失水而诱发青枯病。

（四）药剂防治

秧苗1叶1心期是预防立枯病的最佳时期。可选用40%甲霜·福美双可湿性粉剂，或用50%霜·福·稻瘟灵可湿性粉剂25g，对水30kg浇20m^{2}苗床。

对于已经发病的苗床，应及时进行药剂防治，可使用3%甲霜·噁霉灵水剂3 000倍液，喷施2～$3kg/m^2$；或用50%霜·福·稻瘟灵可湿性粉剂1.0～$1.5g/m^2$，对水浇灌，均能有效缓解病情。

另外，视秧苗情况在2叶期前后可喷施生根粉和叶面肥，以生根为主促进生长，提高秧苗抗逆抗病能力。

王疏（辽宁省农业科学院植物保护研究所）

第27节 水稻干尖线虫病

一、分布与危害

水稻干尖线虫病又称白尖病、线虫枯死病，可以在旱稻、灌溉稻和深水稻上发生，一般情况下减产10%～20%，严重的可达30%以上。此外，水稻干尖线虫还可加重水稻小球菌核病的危害。该病害最早于1915年在日本九州发现，1940年前后传入我国天津，现在亚洲、非洲、欧洲、大洋洲、南美洲和北美洲68个国家和地区均有发生，但地区一般不超过40°N。该病害在我国主要分布在浙江、江苏、安徽、广东、广西、湖北、湖南、四川、河南、河北、天津、云南、贵州、辽宁、新疆等24个省份。除侵染水稻外，该种线虫还寄生草莓、辣椒、菊花、晚香玉、苎麻、印度榕、鼠尾草、狗尾草等园艺植物和杂草，造成草莓夏矮病等病害。

二、症状

苗期症状不明显，偶尔在4～5片真叶时叶尖出现灰白色干枯，干尖扭曲，以后病部干枯脱落，症状不显。病株孕穗后干尖严重，剑叶或其下2～3叶尖端1～8cm渐枯黄，开始为半透明，干尖扭曲，后变为灰白或淡褐色，病健部界限明显（彩图1-27-1）。湿度大，有雾、露存在时，干尖叶片展平呈半透明水渍状，随风飘动，露干后复又卷曲。病株略矮，大多数能正常抽穗，但有的剑叶卷曲，包围花序，花序变小，谷粒减少，秕粒多，造成穗直立。有的病株，如常规稻武育粳3号以及杂交稻品种博优998等不显症，但稻穗带有线虫。

三、病原

水稻干尖线虫病病原是贝西滑刃线虫（亦称水稻干尖线虫）（*Aphelenchoides besseyi* Christie），属线形动物门滑刃线虫目滑刃线虫属（图1-27-1）。雌、雄虫体均为细长蠕虫形，雌虫体直或略向腹部弯曲，雄虫末端向腹部弯曲近180°。成虫体长0.44～0.84mm，宽14～22μm，雌虫比雄虫稍大。头尾钝尖、半透明。体表环纹细，侧区约1/4体宽，有4条侧线。唇区扩张，无条纹，基部缢缩明显，口针较细弱，约10μm，基部球中等大小。中食道球长卵圆形，阀门结构明显，稍后于中食道球其中心位置，峡部细。食道腺覆盖肠，覆盖长为体宽5～6倍。排泄孔距虫体前端58～83μm处，雌成虫排泄孔近神经环前缘。阴门位于虫体后部，阴门唇稍突起。卵巢1个，前伸，较短，常延伸到虫体中部稍前方，卵母细胞2～4行排列。受精囊长圆形，充满圆形精子。阴门后子宫囊窄且不清晰，长度2.5～3.5倍于肛门处体宽，但短于阴门至肛门体长的1/3，内无精子。尾部锥形，长度3～3.5倍于肛门处体宽，尾尖突常为星状，具3～4分叉。雄虫数目与雌虫相近，交合刺强大，呈玫瑰刺状，基部无背突，交合刺缘突中等发育。尾尖突2～4分叉。

四、病害循环

水稻干尖线虫在水中和土壤中不能长期生存，因而灌溉水和土壤传播较少。水稻感病种子是初侵染源。线虫以成虫或四龄幼虫在米粒与颖壳间越冬但从不侵入米粒内，干燥条件下可存活3年，浸水条件下能存活30d。种子遇水后，线虫始复苏并游离至水和土壤中，但大部分线虫死亡，少数线虫遇幼芽从芽鞘、叶鞘缝钻入，附于生长点、腋芽及新生嫩叶尖端细胞外营外寄生生活，以吻针刺入细胞吸食汁液致使被害叶形成干尖。随着稻株生长，线虫逐渐向上部移动，数量逐渐增加。在孕穗初期前，越位于植株上部几节叶鞘内，线虫数量越多。到幼穗形成时，线虫侵入穗原基，孕穗期集中在幼穗颖壳内外，花期后线虫

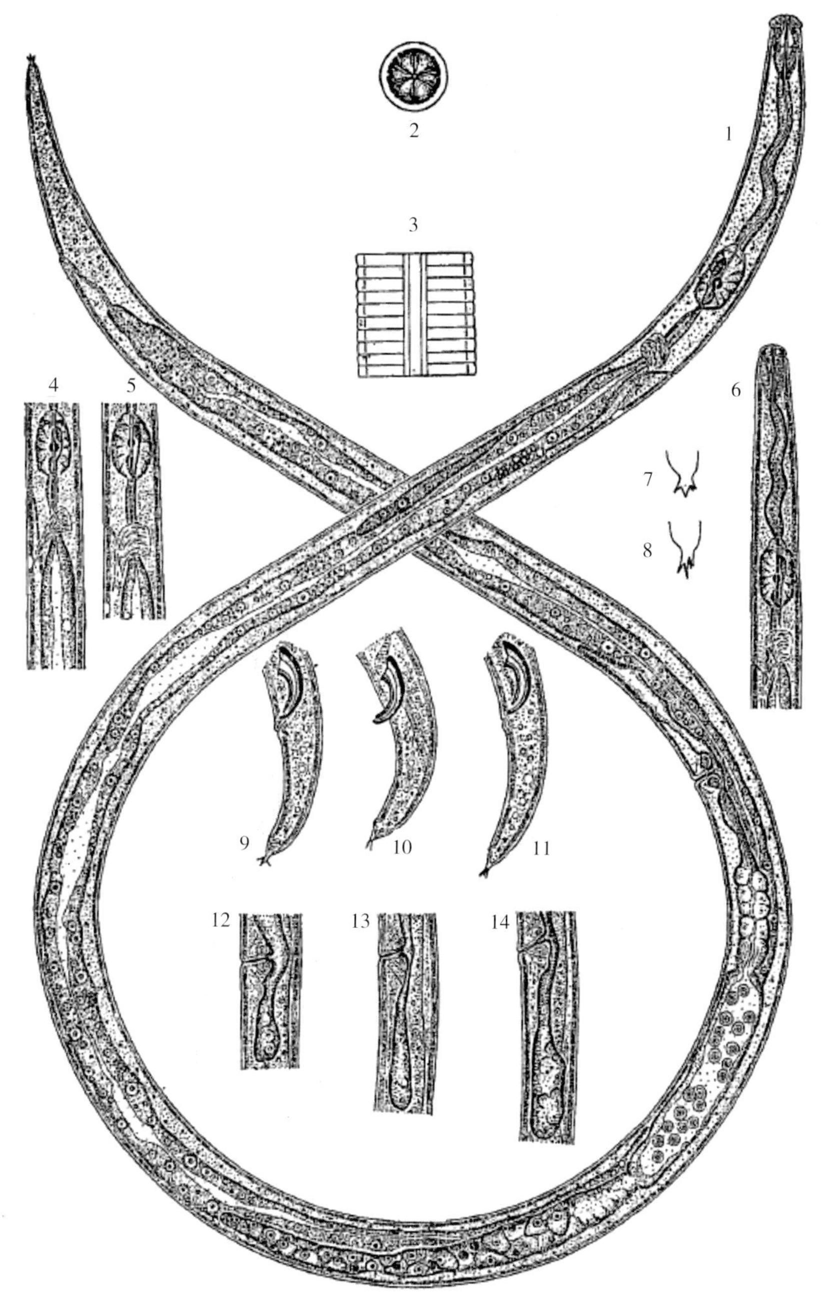

图1-27-1 水稻干尖线虫（引自Fortuner，1970）
Figure 1-27-1 *Aphelenchoides besseyi*（from Fortuner，1970）
1. 雌成虫 2. 头顶区 3. 侧区 4、5. 雌虫食道球和排泄孔位置 6. 雄虫体前端
7、8. 雌虫尾端尾尖突 9～11. 雄虫尾部 12～14. 雌虫阴门后子宫囊

主要分布于稻穗上并且虫量增幅达90.8%。线虫进入小花后繁殖迅速，25℃下10d即可完成1代，然后逐渐失水进入休眠状态，造成穗粒带虫。饱粒种子中带虫率、线虫虫量最高，其比例占总带虫数的83%～88%，秕谷中仅占12%～17%。整个水稻生育期内，线虫在稻株内繁殖1～2代。该线虫秧田期和本田初期靠灌溉水传播，扩大为害。远距离传播则主要依靠种苗调运或作为商品包装填充物的稻壳携带病菌。

五、流行规律

水稻干尖线虫幼虫和成虫在干燥条件下存活力较强。在干燥稻种内可存活3年左右，在水中甚为活跃。在土壤中不能营腐生生活。水稻干尖线虫耐寒冷，但不耐高温，其活动适温为20～26℃，临界温度为13℃和42℃。致死温度为54℃，5min；44℃，4h或42℃，16h。线虫正常发育需要相对湿度70%。线虫迁移的最适温度为25～30℃，相对湿度越高，线虫迁移率越高。但来自不同地区的线虫种群之间繁殖适温和适温下的繁殖力均存在差异。所有种群均能孤雌生殖，但后代雌雄比有较大差异。不同水稻干尖线虫种群的致病力有差异，来自草莓的群体对水稻的致病力明显弱于来自水稻上的群体。水稻干尖线虫在水稻上的繁殖数与致病力之间也并不一定呈正相关。

水稻干尖线虫对汞和氰的抵抗力较强，在0.2%升汞和氰酸钾溶液中浸种8h还不能灭死种子内部的线虫，但对硝酸银很敏感，在0.05%的溶液中浸种3h就死亡。

不同水稻品种染病后的症状和繁殖线虫数量差异较大，感病品种空瘪率可以达到40%，产量损失在17%～54%，而抗病品种产量损失在0～24%。早熟品种受害较轻，多数籼稻品种对干尖线虫表现耐病。

六、防治技术

(一) 选用抗 (耐) 病品种

避免使用感病品种，采用抗病或耐病品种。冷凉地区可选用早熟品种以降低损失。

(二) 选用无病种子

为防止病区扩大，在调种时必须严格检疫。严格禁止从病区调运种子。为此要加强监测确定疫区。

水稻干尖线虫检查办法：取至少100粒水稻种子，去壳后将颖壳和糙米粒用0.25mm孔径的尼龙纱布固定于45mm直径玻璃杯内，加水20mL，在(25±2)℃环境下保持24h，取出尼龙纱布并轻轻挤压出残留水分，将烧杯中的水倒入线虫计数板，20min后在50倍解剖镜下计数成虫和若虫量。利用基于线虫ITS序列的特异性引物5′-TCGATGAAGAACGCAGTGAATT-3′和5′-AGATCAAAAGCCAATCGAATCAT-3′，可以单条线虫DNA为模板扩增出312bp的特异性条带，实现快速分子鉴定。

(三) 种子处理

1. 温汤浸种 先将稻种在冷水中预浸24h，然后放在45～47℃温水中5min提温，再放入52～54℃温水中浸10min，取出立即冷却，催芽后播种，防效达90%。

2. 药剂浸种 用0.5%盐酸溶液浸种72h，然后用清水冲洗5次；或用16%咪鲜·杀螟丹可湿性粉剂400～700倍液浸种；或用80%敌敌畏乳油0.5kg加水500kg，浸种48h；或用50%杀螟丹（巴丹）可湿性粉剂配成3 000倍液，浸种48h后用水冲洗。用20%氰戊·马拉硫磷（稻乐丰）乳油1 000倍液+10%二硫氰基甲烷（浸种灵）5 000倍液浸种消毒也较好，水稻干尖线虫病穴发病率仅为0～3.4%；用80%敌敌畏乳油1 000倍液+10%浸种灵5 000倍液浸种消毒，病穴发病率为0～13.2%；应用6%杀螟丹水剂2 000倍液浸种48h，对水稻种子中含有的线虫杀灭效果超过93%。

用温汤或药剂浸种时，发芽势有可能降低并可能在直播时出现烂种或烂秧，故需催好芽再播种。

(四) 秧田期科学管理

秧田期可降低播种密度，防止大水漫灌、串灌，减少线虫随水流传播。

彭云良（四川省农业科学院植物保护研究所）

第28节 水稻根结线虫病

一、分布与危害

水稻根结线虫病是水稻的重要线虫病害之一，分布于世界各主要水稻产区，已日益成为各国水稻可持续生产的重要影响因素。根结线虫是一类线虫的统称，世界上已发现多种根结线虫的分布和为害。1934年美国阿肯色州记载了根结线虫对水稻的为害，此后在日本、老挝、印度、南非等国有相关报道。较为普遍发生的拟禾本科根结线虫广泛分布于各水稻产区，目前主要分布于美国、孟加拉国、缅甸、老挝、印度、泰国、越南、利比亚、南非等国，为害旱稻、水稻（Luc et al.，2005）；我国最早在海南三亚市的葱根部分离鉴定到拟禾本科根结线虫，但未有其侵害水稻的报道（赵洪海等，2001），随后在海南定安发现该线虫寄生侵染水稻（胡先奇，2003）。刘国坤等（2011）调查发现，我国福建北部山区水稻受该线虫的严重为害并有扩展趋势。南方根结线虫、爪哇根结线虫、花生根结线虫等广泛分布于国内外水稻产区，主要为害丘陵地旱稻或苗床旱秧苗，引起产量损失（Luc et al.，2005；谢志成，2007；许晓斌，2011）。水稻根结线虫在南美洲的苏里南灌溉地水稻上发现（Mass et al.，1978），萨拉斯根结线虫在哥斯达黎加、巴拿马为害水稻（Luc et al.，2005），麦稻根结线虫在印度发生。我国于1959年首先在海南岛发现水稻根部的结瘤现象，但未引起重视。1973年，国内线虫专家对海南的水稻根结线虫病进行调查研究发现，该线虫病一般可以引起水稻产量损失10%～20%，严重时可达40%～50%（广东农林学院植保系植物线虫病研究室和澄迈县农业局，1974；冯志新等，1980）。目前我国已经报道受到水稻根结线虫病为害的地区主要包括海南、广东、广西、福建、云南等地的局部地区。

二、症状

不同根结线虫引起的水稻根结线虫病的症状特点不同。海南根结线虫在水稻的整个生育期都能感染发病，一般幼虫侵入新根2～3d后开始扭曲变粗，随后膨大形成根瘤（特异症状），农民称之为“稻芋”或“稻薯”。初时引起的根结为卵圆形，后期变成长卵圆形，两端稍尖，颜色由白色逐渐变为淡黄、棕黄、棕褐色，根瘤硬度逐渐变软，最后根瘤接近于腐烂、发黑，且外皮变薄，容易破裂（彩图1-28-1）。地上部分的症状似缺肥缺水状，没有特异表现，但不同时期的表现仍有不同。①幼苗期：感病秧苗细弱，叶色稍淡、黄化。移栽后，返青慢、发根迟、死苗多、生长弱。②分蘖期：这一阶段由于增生大量新根，因此，病田中大量幼虫侵染和寄生新根，引起病株矮小，根系短，叶片发黄，茎秆纤细，分蘖迟缓，分蘖弱而少。③抽穗期和结实期：病株矮小、叶片稍黄、出穗期短、穗数少、穗常有半包或穗节包叶，甚至不能出穗，结实少，秕谷率高，千粒重下降，造成水稻产量损失（广东农林学院植保系植物线虫病研究室和澄迈县农业局，1974）。

三、病原

各地水稻根结线虫病的病原有所不同，我国水稻根结线虫病病原先后报道有：海南根结线虫（*Meloidogyne hainanensis* Liao & Feng）、林氏根结线虫（*M. lini* Yang，Hu & Xu）、拟禾本科根结线虫（*M. graminicola* Golden & Birchfield）和南方根结线虫［*M. incognita*（Kofoid & White）Chitwood］。国际上报道寄生水稻的线虫还包括水稻根结线虫（*M. oryzae* Mass，Sanders & Dede）、萨拉斯根结线虫（*M. salasi* Lopez）、麦稻根结线虫（*M. triticoryzae* Gaur，Saha & Khan）、爪哇根结线虫［*M. javanica*（Treub）Chitwood］、花生根结线虫［*M. arenaria*（Neal）Chitwood］。

海南根结线虫的主要鉴别特征：雌虫唇盘与中唇不形成典型的哑铃状结构，会阴花纹结构为卵圆形到圆形，线纹细密，平滑，背纹与腹纹相连，形成同心圆状，尾尖区花纹极细密，呈波浪至锯齿状皱褶，且种内会阴花纹变异很小，雄虫中唇外缘有缺裂；侧区一般具4条侧线，具网纹饰。二龄幼虫体长、尾长和口针长分别为481.98（442.00～536.60）μm、66.82（57.20～75.40）μm和12.82（10.40～15.10）μm；尾渐细、尖削（图1-28-1）。雌虫酯酶Rf=0.36，属VS1表型（廖金铃等，1997）。

四、病害循环

不同根结线虫的侵染循环大体相同，但其经历时间有一定差异。在稻田中，海南根结线虫二龄幼虫侵入水稻根部后，进入根皮与中柱间取食，引起取食细胞的细胞核多次分裂，形成多核的巨型细胞。根部细胞组织过度生长的结果是形成膨大的根瘤（根结）。幼虫在根组织中生长发育，先后经3次蜕皮，发育成成虫。雌虫成熟后在根结内产卵，卵发育后先在卵内形成一龄幼虫，经蜕皮，破卵壳而出成为侵染性二龄幼虫。大多数二龄幼虫直接离开根部进入稻田中，伺机侵染新根。在平均温度26℃时，海南根结线虫完成胚胎发育需14.5～17.5d；在平均温度25.4℃时，其胚后发育，即从幼虫侵染到产卵要30d，其中，二龄幼虫经蜕皮进入三龄幼虫所需时间为18d，三龄幼虫经四龄及蜕皮进入早期雌虫需6d，再经6d进入产卵期（图1-28-2）（廖金铃等，1997）。在水稻整个生育期，线虫重复侵染水稻根部。线虫在本田中一个生长季节大约有2个世代。水稻根结线虫只是二龄幼虫侵染新根。主要侵染源是带虫的病稻根、田间感病杂草、土壤和水。线虫在田间有2个侵染高峰，第一个高峰在水稻分蘖初期，第二个高峰在幼穗分化期（广东农林学院植保系植物线虫病研究室和澄迈县农业局，1974）。

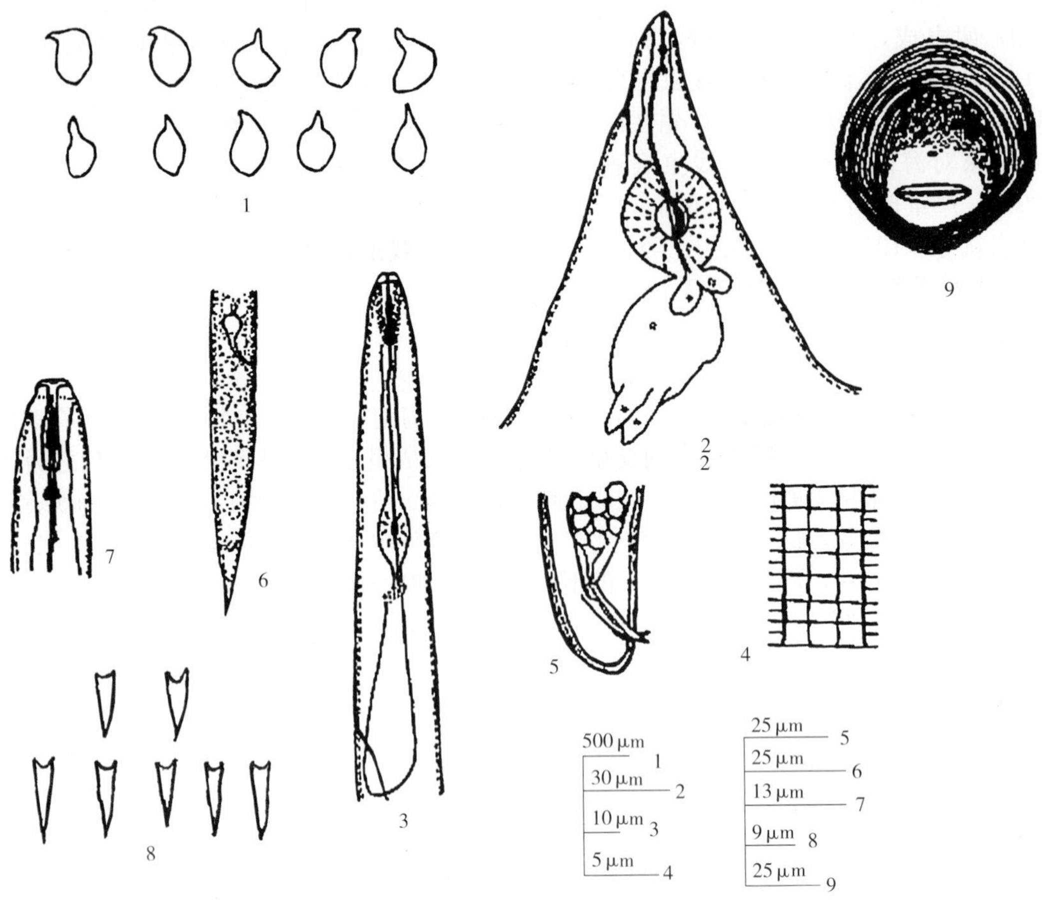

图1-28-1 寄生于水稻的海南根结线虫形态（引自廖金铃和冯志新，1995）

Figure 1-28-1 Morphology of *Meloidogyne hainanensis* parasitizing rice (from Liao Jinling and Feng Zhixin, 1995)

1、2. 分别为雌虫的整体外观、食道区 3～5. 分别为雄虫食道区、侧线和尾部 6～8. 分别为二龄幼虫尾部、唇区（侧）和尾末端 9. 雌虫会阴花纹

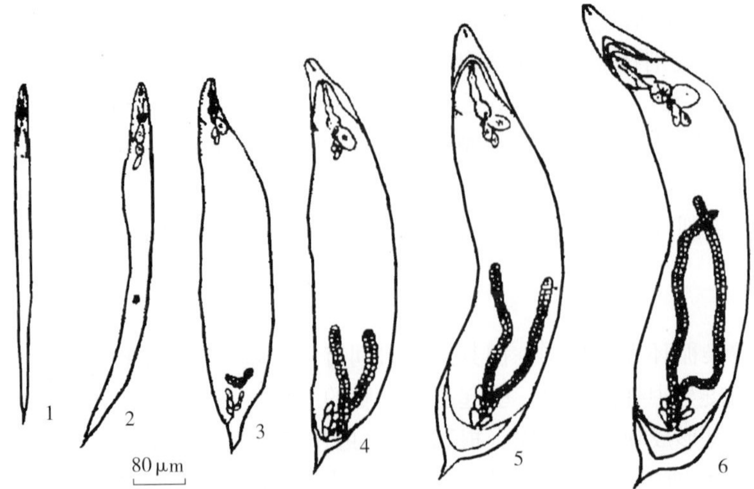

图1-28-2 寄生水稻海南根结线虫的胚后发育（引自廖金铃和冯志新，1997）

Figure 1-28-2 The postembryonic development of *Meloidogyne hainanensis* parasitizing rice (from Liao Jinling and Feng Zhixin, 1997)

1. 二龄侵染幼虫 2. 二龄寄生幼虫（早期） 3. 二龄寄生幼虫（后期） 4. 三龄幼虫 5. 四龄幼虫 6. 早期雌虫

五、流行规律

水稻根结线虫病一般发生在海拔 100～300m 高度的半山区和山区。早稻、晚稻以及水稻整个生育期都可以感染发病。不同品种水稻的感病性有一定差异，但目前我国常见品种都可感染此病。一般山坑田发病重，洋田发病轻；瘦田重，肥田轻；酸性较大田块重；沙土重，黏土轻；干湿田重，旱田轻；浸冬田重，犁冬田轻（广东农林学院植保系植物线虫病研究室和澄迈县农业局，1974）。

六、防治技术

目前，水稻根结线虫病主要采取以农业措施为主的防治技术。

1. 轮作 包括与非寄主植物轮作和水旱轮作。种植水稻后改种甘薯、花生、玉米等旱地作物。国外报道，用油菜轮作可以大大减少拟禾本科根结线虫种群数量。冬季改浸冬田为冬种田或犁冬晒白，可以大大降低下季水稻田的虫口基数。

2. 培育健康少虫水稻秧苗，减少田间侵染源 春播秧苗因育苗期短，根结线虫一般不能完成生活史，待到进入本田后根结线虫随老根的不断死亡而大大减少。秋秧由于育苗期较长，可能传带大量根结线虫，因此秋播育秧前，可用塑料薄膜覆盖秧田 3～4 周，以减少线虫数量，同时采用铲秧法插田移栽，以减少秧苗携带线虫感染本田水稻；尽量在插秧前，清除上茬残存稻根。

3. 加强栽培管理 由南方根结线虫、爪哇根结线虫、花生根结线虫侵染引起的水稻根结线虫病，可以用较长时间灌水管理的办法获得良好的防治效果；对于由海南根结线虫、拟禾本科根结线虫侵染的水稻根结线虫也可以通过育秧期和大田期持续灌水栽培管理的方法收到较好控制线虫密度的效果。在施肥控病方面，可根据土壤肥力状况，适当增施基肥和壮尾肥。水稻播种前，每公顷增施石灰 750～1 125kg。由于根结线虫的田间寄主包括一些田间杂草，因此，要清除田间杂草，以提高水稻根结线虫病的防治效果（郭玉彦等，1984；刘国坤等，2011）。

廖金铃（华南农业大学）

第 29 节 褐 飞 虱

一、分布与危害

褐飞虱［*Nilaparvata lugens*（Stål）］属半翅目飞虱科，是我国和许多亚洲国家水稻生产上的重要害虫。褐飞虱具远距离迁飞习性，国外广泛分布于南亚、东南亚、太平洋岛屿等地区及日本、朝鲜和澳大利亚等国。国内在冬春季仅局限于大陆南缘和台湾、海南岛等地越冬或发生，夏秋季除黑龙江、内蒙古、青海、新疆外，其他各省份均有分布，北界达吉林通化、延边地区，西界为西藏墨脱。在淮河以南稻区常年发生，暴发频繁。

在我国，20 世纪 60 年代中期以前，褐飞虱仅在南方稻区的广东、广西、湖南、湖北、江西、贵州、浙江、江苏等省（自治区）局部发生。20 世纪 60 年代末以来，褐飞虱上升为我国主要水稻害虫，对水稻生产构成严重威胁。褐飞虱的为害特点是发生范围广，暴发频率高，造成的经济损失十分严重。据全国农业技术推广服务中心等部门资料统计，全国性大发生的年份有 1968 年、1974 年、1975 年、1982 年、1983 年、1985 年、1987 年、1991 年、1997 年、2005 年、2006 年和 2007 年，共 12 次。20 世纪 80 年代末以来，我国褐飞虱每年发生面积为 1 300 万～2 600 万 hm^2，约占水稻种植面积的 50%，虽经防治，年均损失稻谷仍达 10 亿～15 亿 kg。1991 年褐飞虱特大发生，涉及 19 个省份，鲜有褐飞虱发生的天津及渤海湾稻区，也发生大面积枯秆倒伏，甚至绝收，估计该年全国实际损失稻谷 25 亿 kg。2005 年褐飞虱在我国长江流域及以南各省份特大发生，尤其在湖北、湖南、江西、安徽、江苏、上海等地发生严重，部分田块甚至失收，直接损失稻谷超过 26 亿 kg。

褐飞虱为单食性害虫，只能在水稻和普通野生稻上取食和繁殖后代，以成虫和若虫群集在稻株下部取食为害。用刺吸式口器吸食水稻韧皮部汁液，消耗稻株营养和水分，并在稻株上留下褐色伤痕、斑点；严重时可引起稻株枯死倒伏，俗称“冒顶”“穿顶”“虱烧”，导致严重减产，甚至失收。雌虫产卵时用产卵器刺破茎秆组织，造成大量伤口，促使水分散失；同时为病菌侵入创造了有利条件，加重纹枯病等的危害。吸食过程中还排泄蜜露污染稻株，滋生烟霉，严重时稻丛1/3以下部位变黑成“黑秆”，基部附近土壤常变黑，是褐飞虱严重为害的一个重要标志（彩图1-29-1）。白背飞虱亦能形成“黑秆”，不同之处在于其“黑秆”部位较高，可达2/3甚至更高位置。

褐飞虱可传播齿叶矮缩病（ragged stunt）和水稻草状丛矮病（grass stunt）。其中，水稻齿叶矮缩病广布于东南亚各国，我国于20世纪70年代后期在福建、台湾、广东、江西、湖南和浙江等省零星发生，且部分田块重发，之后少有发生。2005年以来，该病在福建沙县、海南三亚市及云南施甸县等地局部发生较重。水稻草状丛矮病亦于20世纪70年代在南亚、东南亚大面积发生，同期我国福建、台湾、广东、广西和海南等地有发生。

二、形态特征

成虫有长、短两种翅型（彩图1-29-2）。长翅型成虫体长（连翅）雄为3.6～4.2mm，雌为4.2～4.8mm；短翅型体长雄为2.4～2.8mm，雌为2.8～3.2mm，前翅端常伸达腹部第五、六节，后翅退化。体具浅、深两种色型，黄褐或褐色至黑褐色，具明显的油状光泽。前翅淡黄褐色，透明，端脉暗褐或黑褐色，翅斑明显，黑褐色。头顶四方形，中长与基宽相等，端缘截形；中侧脊起自侧缘基部1/4处，彼此相向延伸，在头顶端缘愈合；Y形脊主干弱；基隔室凹陷深。额中长为中部最宽处的2.2～2.4倍，侧脊近乎直，以中部较宽，中脊在额的基端分叉。触角圆筒形，第一节长为端宽的2倍，第二节为第一节长的1.7倍。前胸背板侧脊不伸达后缘。后足基跗节外侧具1～4个侧刺，胫距具缘齿30～36枚。

在灯下常见形态上与褐飞虱极为相似的两个种：拟褐飞虱［*Nilaparvata bakeri*（Muir）］和伪褐飞虱［*Nilaparvata muiri*（China）］。这两种飞虱不为害水稻，以游草和秕谷草为寄主。形态上与褐飞虱的主要区别在于生殖器、后足胫节距上小齿及颜面中脊等（表1-29-1，彩图1-29-3）。

表1-29-1 褐飞虱及其近似种成虫简易识别特征

Table 1-29-1 Identified characters of adults for three *Nilaparvata* species

识别特征		褐飞虱	拟褐飞虱	伪褐飞虱
体连翅长		通常大于4mm	通常大于4mm	通常小于4mm
体　色		黄褐至黑褐色	暗褐至黑褐色	灰黄褐至黑褐色
油状光泽		明显	强烈	无
额（颜面中脊）		中部不凹陷	中部凹陷	中部不凹陷
后足胫节距上小齿数		30～36	28～30	18～20
前翅端区后缘侧面观		无深色弧形斑	有深色弧形斑	有深色弧形斑
外生殖器	雌虫第一载瓣片内缘基部	拱凸无凹陷，呈圆弧形	凹陷窄，上下各有一突起，上方突起狭长	凹陷宽，上下各有一突起。上方突起大，近三角形；下方突起不明显
	雄虫阳基侧突分叉	不分叉	分叉，内叉明显小于外叉	分叉，分叉均匀

卵略弯曲，呈香蕉形，长约1mm，宽约0.2mm；初产时乳白色，后渐变为淡黄色，并出现红色眼点。产于叶鞘和叶片组织内，数粒或十数粒单行排列，称为卵条。卵帽排列紧密，略露出卵痕，露出部分近似椭圆形，粗看似小方块。

若虫分5龄，体近鸡蛋形，头圆尾稍尖，落水后后足向两侧平伸近“一”字形；有深浅不同的色型，三龄以上色型差异较大（彩图1-29-4）。

一龄：体长约1.1mm，灰白色；无翅芽，中、后胸后缘较平直；腹部第四节和部分第五节与背中线形成一浅色的T形斑纹。

二龄：体长约1.5mm，淡褐至黄褐色；翅芽初显，中、后胸后缘两侧向后延伸成角状，前翅芽端刚好伸过后胸前缘。腹部背面仍有浅色T形斑，但浅色斑内暂显深色斑纹。

三龄：体长约2.0mm，黄褐色至暗褐色；翅芽明显，中、后胸两侧均向后延伸成“八”字形翅芽，其中前翅芽伸达后胸中部稍前；腹部第三、四节背上各出现1对白色蜡粉样的浅色斑，与背中线和节间膜排列成“山”字形。

四龄：体长约2.4mm，体色和斑纹同三龄；翅芽更明显，前翅芽端超过后胸中部，但明显不达后翅芽端部。

五龄：体长约3.2mm，体色和斑纹同四龄；前翅芽端部接近或超过后翅芽端部。腹部第三、四节背面后缘具蜡白色横条斑，是区别于短翅型成虫的显著特征。

三、生活习性

（一）越冬

褐飞虱属喜温性昆虫，我国仅广东、广西、福建和云南南部以及台湾、海南等地区有少量成虫、若虫或卵在再生稻、落谷苗上越冬。低温和食料缺乏是限制其越冬的两个关键因子，因此，也能以冬季稻田有无稻苗存活作为褐飞虱能否越冬的生物指标。越冬北界大体在1月12℃等温线，或冬季极端低温为2～3℃的地方，大致在北回归线（23°26′N）附近。因冬季气温波动较大，每年的实际越冬北界随冬季气温高低而在21°～25°N间摆动。依据越冬情况划分为3个发生区域。

1. 终年繁殖区 19°N以南的海南省南部（五指山分界岭以南），以及100°～102°E、22°N以南的云南景洪等地。该地区最冷月平均气温在19℃以上，水稻可周年种植生长，褐飞虱能终年在水稻上繁殖。

2. 少量越冬区 北回归线两侧，即19°～25°N，又以21°N（雷州半岛中部）分为两个亚区，以南为常年稳定越冬区，以北为间歇性越冬区。

3. 不能越冬区 25°N以北的广大稻区，最冷月平均温度在10℃以下，通常不能越冬。仅在个别特殊小生境，如温泉附近冬春季有再生稻或落谷稻存活的地方，偶尔可发现个别越冬的褐飞虱。

（二）迁飞

褐飞虱是典型的迁飞性害虫，在我国每年随季风南北往返迁飞。我国东半部常年的迁飞规律：春夏季节由南往北迁飞，3月中旬前后即开始零星迁入我国广西、广东南部，随后第一次大规模的北迁出现在4月中旬至5月上旬，主要由19°N以南海南南部及中南半岛中部以南的热带终年繁殖地迁出，随西南气流主降在20°～23°N的珠江流域及福建南部等地；第二次北迁出现在5月中旬至6月初，由越南北部及海南中北部等地迁入广西、广东南部与南岭地区，成为南岭地区早期有效虫源；第三次北迁出现于6月中旬至7月初，由广西、广东南部主迁到南岭以北，波及长江流域；第四次北迁出现于7月中、下旬，由南岭南北稻区主迁到长江中下游稻区，并波及淮河流域；第五次北迁出现于7月底至8月初，由沿江偏南部及南岭以北山区迁入沿江区北部至淮北区。秋季由北往南回迁，其中第一次回迁出现于8月下旬至9月上旬，由江淮之间及淮北早熟中稻田迁入沿江稻区；第二次回迁发生于9月下旬至10月上旬，由江淮之间及沿江区迟中稻及单季晚稻区回迁至南岭以北稻区；第三次回迁则于10月中旬至11月，由沿江、南岭北部再回迁到南岭以南的华南及更南的越南北部等地。

成虫迁出时，先爬到稻株上部叶片或穗上，在气象条件适宜时主动向空中飞去。夏、秋季一般于日出前或日落后起飞，为晨暮双峰型，晚秋起飞一般都集中在暖和的下午，为日间单峰型。

（三）发生世代

褐飞虱在我国1年可发生1～12代，总的趋势是随着纬度的降低和气温的上升世代数递增。由于成虫产卵期较长，田间实际发生世代重叠严重。依据地理条件和发生世代数，我国褐飞虱的发生一般分成8个区域。

1. 琼南12代区 海南岛五指山分界岭以南（19°N或1月19℃等温线以南）的崖县、陵水、乐东等地。本区冬季最低气温在12℃以上，周年种植水稻。褐飞虱可全年连续繁殖，无越冬现象，早稻4～5月成熟，褐飞虱长翅成虫盛发迁出。全年种群季节性发生呈双峰型。

2. 琼雷10～11代区 海南岛中部、北部和雷州半岛中南部（19°～21°N）。冬季常年稳定有少量卵或若虫在再生稻、落粒稻上安全越冬。早稻田发生的褐飞虱于5月下旬至6月上旬长翅型羽化迁出。全年种群季节性发生呈双峰型。

3. 两广南部8～9代区 广东、广西南部、福建南部沿海、云南南部和台湾中、南部（21°～23°N）。暖冬年份冬季田间有再生苗及落谷稻存活时有少量褐飞虱越冬，各虫态均可越冬，但因春耕翻耕栽秧存活量甚少，难以成为春季发生的主要虫源。本区褐飞虱初次虫源仍以4～5月迁入虫源为主；6月下旬、7月初早稻近黄熟前，长翅型成虫同期盛发迁出。全年种群季节性发生呈双峰型。

4. 南岭6～7代区 广东和广西北部，福建中南部，台湾北部，湖南、江西南部，云南大部，四川东南部和贵州东南部，即南岭山脉南北（23°～26°N）。一般年份无再生苗存活，暖冬年或温泉涌水山冲田的特殊生境中偶见极少量过冬虫源，但每年春季的初次虫源，主要于4月下旬至5月中旬由外地迁入，迁入峰在5月中、下旬至6月中、下旬。7月中、下旬随着早稻成熟，长翅型盛发迁出，成为长江流域和江淮间的迁入虫源。本区为双季稻区，每年在早稻和晚稻上各有一个发生高峰（双峰型），对早、晚稻均能造成严重危害。

5. 岭北5代区 26°～28°N的湘江、赣江中下游，福建和贵州中部、北部及浙江南部。早稻上5月上、中旬开始见长翅型迁入，早发年4月下旬有零星迁入。5月中、下旬至6月出现几次迁入，7月中、下旬早稻成熟前长翅型盛发迁出。本区为双季稻区，褐飞虱常发区，全年在早稻和晚稻上各有一个发生高峰，其中晚稻常年发生较重。

6. 沿江4代区 28°～31°N（长江下游至32°N），包括湖南、湖北、江西、安徽、江苏等省的长江沿岸地区及浙江中北部、四川盆地等。6月上、中旬始见长翅型迁入，6月中、下旬至7月初大量迁入。本区单、双季稻并存，褐飞虱在早稻上发生一般较轻，单季中晚稻、连作晚稻秋季常严重发生，全年种群增长呈前小后大的马鞍型或阶梯上升型。

7. 江淮3代区 31°～34°N（长江下游32°～34°N），包括湖北北部，河南南部，江苏、安徽中部等地。本区长翅型成虫一般7月初零星迁入，迁入峰期在7月中、下旬至8月初，部分年份在穗期成灾，8月下旬至9月下旬随水稻成熟向南回迁。本区为单季稻区，褐飞虱全年种群季节性发生呈单峰型或阶梯上升型。

8. 淮北1～2代区 34°N以北，包括淮河、秦岭以北至东北南部广大地区。一般7月中旬至8月上旬迁入，8月下旬至9月中旬偶尔成灾，并同期长翅型盛发南迁。本区为单季中稻区，褐飞虱全年种群季节性发生呈单峰型。

(四) 趋光性和喜阴性

长翅型成虫有趋光性，以20:00～23:00扑灯最多，对双色灯及金属卤化物灯的趋性较强。成虫的迁入及转移、扩散，都趋向分蘖盛期、生长嫩绿的稻田；凡移栽不久或快近黄熟的田块，迁入虫量较少。

成虫和若虫多聚集在稻丛下部离水面3～5cm处取食，夏季高温天气尤喜趋向基部；当虫量过大或下部叶鞘枯死或气候异常时才爬至叶面或上部叶鞘。

(五) 求偶、交配与产卵

褐飞虱雌、雄虫均能振动腹部，带动胸腹接合部两侧的摩擦发声器，产生由稻株传播的鸣声信号，完成交尾前的求偶。雌虫羽化次日即可交尾，多数在羽化3d后交尾，一般一生只交尾1次，少数雌虫在1周后可再次交尾；雄虫羽化次日即可交尾，但多数在羽化2d后交尾，可交尾多次。

成虫产卵前期，一般短翅型为2～3d，长翅型为3～5d。产卵多在下午，产卵高峰期通常持续6～10d。每头雌虫可产卵200～700粒，多者超过1 000粒。卵成条产于叶鞘肥厚部分，在老稻株上也可产在叶片基部中肋和穗颈下方的茎秆上，有91.2%～94.4%的卵产在自下而上的第二至四叶鞘上。产卵痕初呈长条形，不太明显，以后逐渐变为褐色条斑。

(六) 历期

卵和若虫历期因温度而异（表1-29-2，表1-29-3）。适温范围（20～30℃）内，卵期7～11d，若虫历期12～22d，温度越高历期越短；高于30℃时历期反而延长。雄若虫和雄成虫的历期分别短于雌若虫和雌成虫。长翅雌成虫寿命一般15～25d，短翅雌成虫的寿命略长，雄虫寿命则相对较短。

表 1-29-2 褐飞虱卵在不同温度下的历期（d）

Table 1-29-2 Duration of *Nilaparvata lugens* eggs under different temperature（d）

日均温范围（℃）	29.7～31.2	28.1～29.2	27.6～28.0	26.6～27.5	23.1～26.1	21.3～22.1	19.6～20.5	18.8～19.5	16.7～18.1	16.1～17.1	15.6～16.1	12.9～13.3
平均温度（℃）	30.2	28.4	27.8	27.1	24.8	21.7	20.3	19.1	17.4	16.6	15.8	13.1
卵历期	6.2	7.0	7.5	8.0	8.5	9.0	11.0	12.3	15.6	18.6	19.5	38.0

表 1-29-3 褐飞虱各龄若虫在不同温度下的历期（d）

Table 1-29-3 Duration of different stage of *Nilaparvata lugens* nymphs under different temperature（d）

日均温范围（℃）	平均温度（℃）	一龄	二龄	三龄	四龄	五龄	若虫全期
29.7～30.6	30.2	3.0	2.0	2.1	1.9	2.9	11.9
28.2～28.7	28.5	2.8	2.3	2.3	2.4	3.0	12.8
27.6～28.0	27.8	2.9	2.8	2.3	2.5	3.2	13.7
25.7～26.6	26.2	3.3	3.0	2.4	2.7	3.4	14.8
22.5～23.4	22.7	3.8	3.2	2.7	3.0	4.1	16.7
21.0～22.1	21.4	3.8	4.1	3.5	4.0	5.8	21.2
17.3～21.5	18.9	4.7	4.3	5.2	6.0	8.2	28.4

四、发生与环境的关系

褐飞虱在适宜的气候和丰富的食料条件下易大量繁殖和成灾，田间天敌对褐飞虱种群的消长有重要影响，农药的不当使用易导致褐飞虱再猖獗。

（一）气候

褐飞虱喜温、湿，耐寒能力极弱，无明显休眠或滞育现象。卵和若虫的发育起点温度为 10℃，低于 17℃雌虫卵巢发育极慢。生长与繁殖的适温为 20～30℃，最适温度为 26～28℃，相对湿度在 80%以上。长江中下游地区“盛夏不热，晚秋不凉，夏秋多雨”符合褐飞虱大发生对气候条件的要求；秋季“寒露风”的迟早和强度直接影响晚稻褐飞虱的发生为害程度，来得迟或弱极易引起褐飞虱大发生。在南方双季稻区 5～6 月及 7～8 月降水量多，分布均匀，对早、晚稻褐飞虱的发生有利。

稻田小气候环境对褐飞虱的生存和繁殖有直接影响。通过科学栽培管理，及时搁田，平衡施肥，改善田间小气候环境，不仅有利于水稻生长，而且能抑制褐飞虱的种群增长。长江中下游地区随着双季稻改种单季晚稻，8 月高温期间田间植株茂密，稻丛基部平均温降低 1～3℃，32℃以上高温持续时间缩短50%～80%，有利于褐飞虱的发育和繁殖，是单季晚稻后期褐飞虱发生较重的一个重要原因。

（二）食料

褐飞虱仅取食水稻和普通野生稻，而后者在我国分布范围和规模小，因此，褐飞虱的营养主要源于水稻。耕作制度、水稻品种特性和稻田化学肥料的使用是影响褐飞虱食料条件的主要因素。

耕作制度决定了褐飞虱可利用食料的时间长短及有无。如江苏、浙江双季稻改单季稻后，避免了早稻收割时食料中断的影响，且水稻生育期延长，每季水稻褐飞虱能发生的代数由原来的 2～3 代延长到3～4 代，利于褐飞虱的发生。

化学肥料影响水稻营养状况从而影响褐飞虱食料的质量。如，过量或偏施氮肥往往改变稻株体内游离氨基酸的组成，利于褐飞虱的发生。

不同水稻品种决定褐飞虱食料的质量。抗性水稻品种上褐飞虱的种群增长能力显著较低。据观察，抗性品种 IR56 上褐飞虱的种群趋势指数不到感虫品种 TN1 的 7%。此外，水稻的营养状况直接影响褐飞虱翅型的发生。水稻生长嫩绿，营养条件好，短翅型数量远超过长翅型；水稻接近成熟，营养条件差，长翅型数量则超过短翅型。据广东调查，水稻孕穗初期至抽穗期短翅型成虫数量激增，占成虫总数的69.5%，齐穗至乳熟期占71.6%，乳熟后期至黄熟期只占19.4%。短翅型雌成虫寿命长，产卵量多，因此，其出现的早迟和数量多少，直接影响褐飞虱的发生程度。

迄今已鉴定水稻抗褐飞虱主效基因29个以上，近20个开发了分子标记，且其中*Bph14*、*Bph18*两个基因已得到了克隆（表1-29-4），有利于抗性品种的培育。生产上，含主效基因*Bph1*或*bph2*的抗性水稻品种曾在我国和东南亚等地得到大面积应用，包括国际水稻研究所育成、曾在东南亚大面积推广的IR26（含*Bph1*）、IR36（含*bph2*），以及我国以IR26为恢复系或含IR26血缘的明恢63为恢复系育成的杂交水稻，如汕优6号、威优6号、汕优63、D优63等均曾得到大面积推广种植，其中，汕优63的播种面积1986—1998年连续13年居我国水稻品种种植面积之首，1990年曾达到全国水稻播种面积的27%。

表1-29-4 已鉴定的水稻抗褐飞虱主效基因

Table 1-29-4 Identified major resistant genes of rice to *Nilaparvata lugens*

基因名称	所抗褐飞虱生物型	供体水稻品种或野生稻	所在染色体	连锁标记	文献
Bph1	Ⅰ，Ⅲ	Mudgo	12	em5814（2.7cM），R2708（3.1cM）	Sharma et al.，2002
bph2	Ⅰ，Ⅱ	ASD 7	12	G2140（3.5cM）	孙立宏等，2006
Bph3	Ⅰ，Ⅱ，Ⅲ和Ⅳ	Rathu Heenati	6	RM589～RM588	Jairin et al.，2007
bph4	Ⅰ，Ⅱ，Ⅲ和Ⅳ	Babawee	6	R2869，C76A	Kawaguchi et al.，2001；Jairin et al.，2010
bph5	Ⅳ	ARC10550	—	—	Khush et al.，1985
Bph6	Ⅳ	Swarnalata	4	Y19和Y9间25kb	Qiu et al.，2010
bph7	Ⅳ	T12	—	—	Kabis & Khush，1988
bph8	Ⅰ，Ⅱ，Ⅲ	Chin saba	—	—	Nemoto et al.，1989
Bph9	Ⅰ，Ⅱ，Ⅲ	Kaharamana	12	RM463（6.8cM），RM5341（9.7cM）	苏昌潮等，2006
Bph10	Ⅰ，Ⅱ，Ⅲ	*O. australiensis*	12	RG457（3.7cM）	Ishii et al.，1994
bph11	Ⅰ，Ⅱ	*O. officinalis*	3	G1318（12.4cM）	Hirabayashi et al.，1999
bph12	Ⅰ，Ⅱ	*O. officinalis*	4	G271（2.4cM），R93（4.0cM）	Hirabayashi et al.，1999
Bph12（t）	Ⅰ，Ⅱ，Ⅲ	*O. latifolia*	4	C946（11.6cM），RM261（1.8cM）	Yang et al.，2002；Qiu et al.，2012
Bph13（t）	Ⅰ，Ⅱ	*O. eichingeri*	2	RM240（6.1cM），RM250（5.5cM）	刘国庆等，2001
Bph13（t）	Ⅳ	*O. officinalis*	3	AJ09b（1.3cM）	Renganayaki et al.，2002
Bph14	Ⅰ，Ⅱ，Ⅲ	*O. officinalis*	3	G1318-R1925（已克隆）	Huang et al.，2001；Du et al.，2009
Bph15	Ⅰ，Ⅱ，Ⅲ	*O. officinalis*	4	C820-S11182	Huang et al.，2001
Bph17	Ⅰ，Ⅱ	Rathu Heenati	4	RM8213（3.6cM），RM5953（3.2cM）	Sun et al.，2005
Bph18（t）	Ⅰ，Ⅱ	*O. australiensis*	12	RM463-S15552（已克隆）	Jena et al.，2006；Jena & Kim，2010
bph19（t）	Ⅱ	AS20-1	3	RM6308-RM3134	Chen et al.，2006

（续）

基因名称	所抗褐飞虱生物型	供体水稻品种或野生稻	所在染色体	连锁标记	文献
bph18（t）	Ⅱ，九龙江型	*O. rufipogon*	4	RM6506（11.0cM），RM273（6.0cM）	李容柏等，2006
bph19（t）	Ⅱ，九龙江型	*O. rufipogon*	12	RM17（16.7cM）	李容柏等，2006
Bph20（t）	Ⅰ	*O. minuta*	4	短臂上193.4kb区间内	Rahman et al.，2009
Bph21（t）	Ⅰ	*O. minuta*	12	长臂上194.0kb区间内	Rahman et al.，2009
Bph22（t）	—	*O. glaberrima*	—	—	Ram et al.，2010
Bph23（t）	—	*O. minuta*	—	—	Ram et al.，2010
bph24（t）	—	*O. rufipogon*	—	—	Deen et al.，2010
bph25（t）	—	ADR52	6	—	Yara et al.，2010
Bph26（t）	—	ADR52	12	—	Yara et al.，2010

然而，随着抗性品种的大面积种植，褐飞虱对抗性品种的致害性易发生变化，进而导致原本抗虫的品种变为感虫。据监测，我国田间褐飞虱种群已发生两次明显的致害性变化，其中，第一次是20世纪80年代末，褐飞虱对含*Bph1*基因的水稻致害性增强，IR26及其衍生的杂交稻“丧失”对褐飞虱的抗性；第二次是20世纪90年代末，褐飞虱对含*bph2*基因的水稻致害性增强，IR36、ASD7等抗性水稻品种“丧失”对褐飞虱的抗性。进入21世纪以来，褐飞虱对含抗性基因*Bph3*的抗性品种IR56的致害性有增强趋势，该品种对境外虫源地越南及我国云南等地的褐飞虱的抗性开始由高抗下降为抗或中抗。这些结果是抗虫育种和抗虫品种推广利用的重要参考依据。

自含*Bph1*或*bph2*抗性基因的水稻品种抗性“丧失”以来，我国生产上水稻主栽品种对褐飞虱的抗性普遍较差。对2009—2011年我国湖南、江西、江苏、浙江、湖北、四川、云南等地收集的354份生产上使用的水稻品种的抗性鉴定发现，高抗品种（1级）仅1份（占0.3%），抗性品种（3级）8份（占2.3%），中抗品种（5级）41份（占11.6%），其余304份（占85.9%）均为7～9级的感虫或高感品种，其中，推广面积位列前茅的主栽品种抗性一般为7～9级。

值得一提的是，自2005年褐飞虱特大发生以来，抗褐飞虱水稻品种的选育和利用又受到广泛关注和重视，其中，以*Bph3*、*Bph14*、*Bph15*、*Bph18*等为代表的抗褐飞虱单基因或双基因水稻品种的培育较为活跃。一些品种开始在生产上推广应用，个别已成为生产上的主栽品种，如2011—2012年，抗褐飞虱的优质粳稻秀水134在浙江等地的年种植面积近10万hm^2。不过，适于大面积推广的抗褐飞虱品种，不仅需优质、高产还需要抗水稻病害，培育周期较长、难度大，改变生产上缺少抗褐飞虱水稻品种的局面尚需时日。

（三）天敌

褐飞虱天敌种类很多，除寄生蜂、黑肩绿盲蝽、宽黾蝽、步行虫、瓢虫等外，还有蜘蛛、线虫、病原微生物。

1. 卵期天敌 主要有寄生蜂和捕食性黑肩绿盲蝽两类。能寄生褐飞虱卵的寄生蜂主要有缨小蜂和赤眼蜂。

缨小蜂主要有稻虱缨小蜂（*Anagrus nilaparvatae* Pang et Wang）和拟稻虱缨小蜂（*Anagrus paranilaparvatae* Pang et Wang），前者平均每雌产卵20粒，选择寄主较宽，稍偏好褐飞虱卵，是褐飞虱卵期寄生蜂中的优势种，对抑制水稻中、后期飞虱发生起重要作用；拟稻虱缨小蜂数量较少，每雌产卵6～12粒，对水稻后期的褐飞虱起一定抑制作用。褐飞虱卵粒被缨小蜂寄生后变为橘黄色、微红色、黑褐色，田间寄生卵粒一般为5%～15%，最高可达80%以上。

褐腰赤眼蜂［*Paracentrobia andoi*（Ishii）］是贵州、广东、湖北、浙江、江苏等省寄生褐飞虱卵的赤眼蜂优势种，在湖北汉阳地区对褐飞虱卵的平均寄生率为15.1%。但亦有报道指出，该蜂在温州地区不寄生褐飞虱，而主要寄生黑尾叶蝉。

黑肩绿盲蝽［*Cyrtorhinus lividipennis*（Reuter）］对褐飞虱卵有较强的捕食作用。据福建观察，9月上、中旬每公顷黑肩绿盲蝽最多达225万~300万头，而1头成虫每天平均取食10粒卵，1头高龄若虫日均取食7粒卵，1头黑肩绿盲蝽一生可食飞虱卵200粒。据2009—2011年对菲律宾国际水稻研究所和我国杭州地区褐飞虱发生规律的研究，前者褐飞虱卵被黑肩绿盲蝽捕食的比例远高于后者，是前者田间褐飞虱虫口数量远低于后者的主要原因之一。

2. 成虫和若虫期天敌 寄生性天敌常见的有稻虱红单节螯蜂（*Haplogonatopus apicalis* R. C. L. Perkins）、黑双距螯蜂［*Gonatopus nigricans*（R. C. L. Perkins）］、稻虱多索线虫（*Agamermis* sp.）、稻虱两索线虫（*Amphimermi* sp.）以及白僵菌（*Beauveria* sp.）等。螯蜂类天敌常寄生在若虫的翅芽间或若虫和成虫的腹侧，一般年份被螯蜂寄生率为5%~10%；寄生后期有红色至黑色的囊瘤外露，被寄生的虫体行动呆笨，雌虫不怀卵，最后致死。寄生飞虱的线虫在8~9月寄生率高，寄生在若虫、成虫体内，尤以短翅型雌虫被寄生最多，有的田块褐飞虱被寄生率高达98%，一般为5%~20%，绿肥茬稻田和免耕麦茬稻田的褐飞虱线虫寄生率高；被寄生者腹部特别膨大，行动迟钝，雌虫不怀卵，在线虫破体而出前后死亡。白僵菌常寄生在成虫和高龄若虫体内，虫体死亡后仍抱黏在稻株上，湿度高时长出白色霉层；一般秋季多雨年份寄生率高。

捕食成虫和若虫的天敌，常见的有蜘蛛、步行虫、宽黾蝽、瓢虫等，其中，蜘蛛无论在数量上还是在功能方面评价均是重要的天敌类群，有372种，隶属于22科109属。尽管由于蜘蛛的多食性、耐饥性很强及存在种间相互残杀等生物学特性，以至于不同学者对蜘蛛的控害作用的认识和评价有所分歧，但多数学者认为蜘蛛是控制褐飞虱的重要天敌。

（四）化学农药

化学农药是诱发褐飞虱再生猖獗的一个重要原因，主要体现在以下两方面。

1. 农药诱发害虫产生高抗药性导致原有药剂失效 2005年褐飞虱特大发生的一个重要原因就是其对吡虫啉产生了极高抗药性（79~750倍）。2006年以来我国一些地区开始禁用该药防治褐飞虱，但实际生产上仍普遍使用吡虫啉防治白背飞虱（对吡虫啉仍敏感），客观上对混合发生的褐飞虱也起到了进一步选择的作用。据2006—2011年的监测，我国主要稻区田间褐飞虱种群对吡虫啉的抗性依然居高不下，且有上升趋势，其中，2006—2009年处于极高水平抗性（160~562倍），最高倍数低于2005年的750倍，但2010年部分种群的抗性又上升到700倍，2011年安徽潜山种群的抗性则达到1 936倍。抗药性监测中还发现，我国褐飞虱田间种群对其他常用药剂的抗药性，除烯啶虫胺、毒死蜱等仍然处于敏感到低水平抗性阶段外，其他多有明显上升趋势。如：对噻嗪酮由2010年前的低水平到中等水平抗性（3.0~21.8倍）迅速上升到了2011年多数种群达高抗性水平（40.7~119.7倍）；对噻虫嗪由2010年前的低到中等水平抗性（2.0~15.8倍）发展到2011年多数种群处于中到高水平抗性（12.8~62.3倍），对吡蚜酮由2010年敏感到低水平抗性（1.9~5.1倍）上升到2011年的中等水平抗性（15.7~25.4倍）。显然，若不改变目前过多依赖农药的局面，抗药性问题势必再度导致褐飞虱的再生猖獗。

2. 药剂的副作用或间接作用引起褐飞虱的再生猖獗

（1）刺激褐飞虱繁殖力增加。如，三唑磷可显著下调褐飞虱体内与生殖有关的保幼激素酯酶基因的表达，使卵黄蛋白基因的表达显著上调。三唑磷和氰氰菊酯（敌杀死）处理的褐飞虱雄虫附腺蛋白含量显著增加，与雌虫交尾后可刺激雌成虫产卵。

（2）改变水稻植株营养状况。三唑磷处理可改变水稻营养状况，提高水稻品种对褐飞虱的感虫性，进而诱发褐飞虱的发生。

（3）影响害虫天敌。农药可能对天敌产生直接杀伤作用，即使不致死，还可能影响天敌的繁殖力和行为。研究发现，亚致死剂量的氯虫苯甲酰胺、三唑磷或吡蚜酮虽不能致死褐飞虱的重要天敌——拟水狼蛛，但能显著抑制其繁殖力；三唑磷和溴氰菊酯亚致死处理的稻虱缨小蜂不能正常识别褐飞虱为害的稻株；吡虫啉处理的稻株对黑肩绿盲蝽趋性选择具有显著的负效应，即更多地选择未处理的稻株。此外，药剂处理还可能引起田间天敌外迁，进而降低其控制褐飞虱的效率。

五、防治技术

采用“预防为主，综合防治”的方针，需要改变目前过多依赖农药的严峻局面，不滥用、乱用农药，选用对路低毒农药，保护天敌；利用一切自然控制因素，如种植抗性或耐性水稻品种，合理的肥水管理、健身栽培，提高稻田生态系统抵御褐飞虱灾变的能力。

（一）农业防治

因地制宜地选用抗（耐）虫的高产良种，建立控制褐飞虱为害的第一道防线。目前生产上可资利用的高抗品种较少，但可种植中抗或耐性较强的水稻品种，并避免选用高感品种。

科学肥水管理，适时烤田，防止水稻后期贪青徒长，造成有利于水稻增产而不利于褐飞虱滋生的生态条件。在肥料使用上推荐采用“适氮、稳磷、增钾、补微（微量元素肥）”的平衡施肥原则，避免集中施用基蘖肥的施肥方式，如，氮肥按基肥、分蘖肥、穗肥 5∶3∶2 的施用比例有利于提高稻株群体素质。

（二）生物防治

保护利用自然天敌。一般可采取两种措施：一是在化学防治中不滥用药剂，并注意采用选择性药剂，尤其是水稻生长前期杜绝使用对天敌杀伤力大的药剂，或调整用药时间，改进施药方法，或减少用药次数和用量。二是创造有利于天敌生存、繁殖和活动的生态环境，如，因地制宜在田埂或稻田周边种植芝麻等显花植物，可保护褐飞虱天敌及提高天敌的捕食能力。此外，研究发现，喷施化学激发子（如 2，4-D）可诱导水稻对稻虱缨小蜂产生强烈的吸引作用，为调控和利用天敌控制褐飞虱提供了新思路。

南方水网地区采用稻田养鸭、鱼、蟹或青蛙等措施，田间褐飞虱的虫口可减少 45%～65%，在褐飞虱中等偏重及以下发生年份，无须其他防治措施即可有效控制其为害。

（三）物理防治

利用褐飞虱的趋光性，在成虫盛发期间，连片设置诱虫灯，每 2～3hm^2 1 盏，可有效减少褐飞虱的发生量。

水稻秧田重发区，采用防虫网或无纺布覆盖，可有效阻隔褐飞虱。

（四）化学防治

化学防治是褐飞虱的关键应急防治手段，同时也可能成为诱发褐飞虱再生猖獗的重要原因。当前褐飞虱对多数常用药剂的抗药性问题较突出，科学、合理地进行化学防治十分迫切和重要。

1. 防治策略 根据水稻品种类型和虫情发生情况，可采用“压前控后”或“狠治主害代”的防治策略，前者适合单季晚稻和大发生年份的连作晚稻，后者适合双季早稻及中等偏重及以下年份的连作晚稻。

2. 防治指标 在生产实践中不能见虫就打药，应仅对达到防治指标的田块进行防治。由于各地栽培制度、品种类型、水稻生育期不同，防治指标不尽相同。一般水稻前中期防治指标从严，后期适当从宽。在 5%经济允许损失水平下，双季稻地区主害代的防治指标，早稻每百丛 1 000～1 500 头；晚稻每百丛 1 500～2 000 头，黄熟期 2 500～3 000 头；压前控后，前代控制指标有虫 400～500 头或有成虫 50～100 头。不同生态区、不同类型稻田防治指标有所差异。如江苏单季晚稻的防治指标，粳稻分蘖期、拔节孕穗期、灌浆期、蜡熟期分别为每百丛 100～300 头、500～600 头、800～1 000 头和 1 200～2 000 头，籼稻分蘖期、孕穗破口期、灌浆期分别为每百丛 200～500 头、800～1 000 头和 1 500～2 000 头；浙江单季晚稻分蘖期、孕穗期、灌浆期的防治指标分别为每百丛 200～300 头、300～500 头和 1 500～2 500 头。各类单季晚稻或连作晚稻拔节孕穗期，百丛短翅雌虫达 10～20 头时应防治。

3. 选用对路药剂，注意两个原则

（1）选用低毒、高效、安全的对路药剂或配方，后期还要求低残留。具体可依据各地、各代褐飞虱防治策略进行选择。按照药剂速效性和持效性的不同，我国市场上防治褐飞虱的药剂可分为三类：第一类是以触杀性为主，杀虫作用快、持效期短的农药，如敌敌畏、毒死蜱等有机磷类农药，异丙威、仲丁威、混灭威及速灭威等氨基甲酸酯类农药；第二类是持效期长、杀虫作用较缓慢的农药，如噻嗪酮（扑虱灵）、吡蚜酮等；第三类兼有较好速杀性和较长持效期的农药，如烯啶虫胺、呋虫胺等。在实行压前控后策略的稻田，水稻前期应选用第二、三类持效期较长的药剂，同时避免使用对天敌毒性较大或对褐飞虱有刺激作用的药剂，如敌敌畏、毒死蜱、异丙威等，兼治其他害虫时避免使用三唑磷、甲氨基阿维菌素苯甲酸盐、阿维菌素及菊酯类等药剂，减轻后期防治压力。对于主害代的防治，选用第三类药剂或第一、二类药剂的混剂或混用这两类药剂，以迅速压低虫口基数，并保持一定的持效期控制残存虫的为害。

（2）严格限制使用褐飞虱抗性较突出的药剂，执行无交互抗性的杀虫剂间的合理轮用或混用。对抗药性水平居高不下的吡虫啉，暂停用于褐飞虱的防治，并控制在白背飞虱防治中的使用；啶虫脒与吡虫啉有交互抗性，也不宜使用。对开始产生高抗药性的噻嗪酮，尽量不用；对于其他药剂，尤其是抗性上升趋势明显的噻虫嗪、吡蚜酮，每季水稻的使用次数应限制在1次，严格执行无交互抗性的杀虫剂间的合理轮用或混用，以延缓褐飞虱抗药性的进一步发展，避免防治失效。

4. 施药方法 药剂防治适期在若虫一至三龄高峰期。关键是将药液喷到稻丛基部褐飞虱栖息部位，常用方法有两种。

（1）喷雾或泼浇。首先选用先进药械如担架式喷雾器和机动高压喷雾器等。其次是施药时田间应保持3～5cm浅水层。第三是保证充足的药液量，分蘖期一般每公顷对水450kg喷雾；拔节期以后水稻群体大，则需加足用水量，每公顷对水675～900kg，粗雾喷射于水稻基部，亦可大水量（3 000～4 500kg）泼浇确保药剂到达稻丛基部。

主要农药单剂每公顷推荐用量为：25%噻嗪酮可湿性粉剂600～900g，25%吡蚜酮悬浮剂270～300g，30%烯啶虫胺水分散粒剂或水剂300～450mL，20%呋虫胺可溶粒剂300～600g，25%环氧虫啶可湿性粉剂480～600g，48%噻虫胺悬浮剂225mL，40.7%毒死蜱乳油1 200～1 800mL，5%丁烯氟虫腈乳油450～600mL，80%敌敌畏乳油900～1 200mL，20%异丙威乳油2 250～3 000mL，25%仲丁威乳油1 500～3 000mL。

（2）毒土。水稻后期田间若缺水或遇干旱，用毒土熏蒸的办法使药剂作用到飞虱。每公顷用80%敌敌畏乳油1 800～2 250mL，拌225～300kg毒土，均匀撒于稻丛基部，可有较好的防效。毒土制作时，可先用少量水稀释药剂，再均匀拌入较干燥的细土或细沙。

附：

（一）褐飞虱测报调查技术

褐飞虱越冬、灯光诱测、田间虫量、天敌及为害状的调查方法和测报过程中资料的整理详见《GB/T 15794—2009 稻飞虱测报调查规范》。

1. **越冬调查** 常年冬季有落粒自生苗或再生稻，褐飞虱能越冬的地区，2月中、下旬翻耕前调查1～2次，采用目测法调查成虫和若虫数量，并取稻苗镜检查卵量。

2. **灯光诱测** 用200W白炽灯作标准光源；多年使用黑光灯的地方，仍可继续使用20W黑光灯。每年从早发年份的成虫初见前10d开始，至常年终见后10d结束。逐日将诱得的褐飞虱成虫计数，并区分性别。

3. **田间虫量系统调查** 包括田间虫量、卵量的系统调查和大田虫量普查。

（1）田间虫量。掌握秧田、本田的成虫和高龄、低龄若虫的发生动态，每隔5d调查1次。秧田调查仅在常年秧田发生量较大的地区进行，采用目测法或扫网法随机取样，每块田10个点。本田调查则在水稻移栽后，采用平行跳跃法取样，每块田查25～50丛或以上。

（2）田间卵量。掌握秧田和本田的卵量、卵发育进度及寄生情况，秧田采用棋盘式取样10点，每点10株；本田采用平行跳跃法取样，每丛拔取分蘖1株，取20～50株；取样稻株带回室内镜检。

（3）大田虫情普查。掌握面上褐飞虱发生情况。于主害前一代若虫二、三龄盛期，主害代防治前后10d，采用平行跳跃法进行调查，每块田查5～10点，每点2丛。

4. **天敌调查**

（1）捕食性天敌。选主要类型田每10d查1次，以查蜘蛛和黑肩绿盲蝽为主，有条件时可区分蜘蛛种类。

（2）寄生性天敌。在各代成虫主峰期，每代抽查雌成虫及高龄若虫50头，先目测螯蜂寄生数，再查线虫寄生虫数，计算寄生率。卵期寄生性天敌调查结合卵量调查进行。

5. **为害状况调查** 于水稻黄熟期调查冒穿（穿顶、塌秆）状况。采用大面积目测巡视法，记录调查区内有“冒穿”出现的田块数和面积，折算净“冒穿”面积。计算调查区“冒穿”田块和面积的百分比。

6. **调查资料的整理**

（1）世代的划分与命名。我国海南南部以外的非周年繁殖区，一般按照下述时间区段划分发生世代。

第一代，4月中旬以前；第二代，4月下旬至5月中旬；第三代，5月下旬至6月中旬；第四代，6月下旬至7月中旬；第五代，7月下旬至8月中旬；第六代，8月下旬至9月中旬；第七代，9月下旬至10月中旬；第八代，10月下旬以后。

一龄：体长 1.1mm，灰褐色至灰白色，腹部背中线和节间膜灰白色，形成清晰的“丰”字形浅色斑纹，后胸后缘平直。

二龄：体长 1.3mm，淡灰色至灰褐色，胸、腹部背面具灰黑色斑纹。中胸背板后侧角向后稍呈角状延伸，翅芽初显。

三龄：体长 1.7mm，腹部第三、四节各有 1 对浅色三角形大斑。深色型为灰黑色至黑褐色，背中线、节间膜及腹部背板两侧的斑纹黄白色；浅色型为灰黄褐色，胸、腹部背面散生灰黑色弧状斑和线纹（云形斑），腹部第五节背板后缘有 1 对深灰黑色条纹。中胸背板后侧角向后延伸达后胸背板近中部，翅芽明显。

四龄：体长 2.2mm，体色同三龄。前翅芽伸达后胸后缘，斑纹清楚。其余同三龄。

五龄：体长 2.9mm，前翅芽端部超过后翅芽，伸达腹部第四节，其余同四龄。

三、生活习性

（一）越冬与迁飞

白背飞虱同褐飞虱一样，是典型的远距离迁飞性害虫。其安全越冬的地域、温度及生物指标与褐飞虱大致相似，但耐寒力较强，越冬范围稍广。在海南岛南部和云南最南部地区可终年繁殖。越冬北界为 1 月平均气温 10℃等温线，极端低温 0℃左右；冬季是否有再生稻和落谷苗存活可作为越冬区的生物指标。越冬北界暖冬年份会适当北移至 26°N 左右，大致在云南省无量山以南，沿红水河、南岭山脉经江西南部至福建中部；在冬季生存区内，除了当地虫源外，还有大量外地虫源迁入。在 26°N 以北的非越冬区，每年初发虫源则全由外地迁入。

每年初迁入虫源由南向北依次推移，中南半岛是我国白背飞虱的主要初始虫源地。3 月长翅型成虫随西南或偏南气流迁入珠江流域和云南红河州，成为早稻上的主要虫源。此后，随着西南气流的加强，4 月迁至广东、广西北部与湘、赣南部及贵州、福建中部，达 29°N 左右；5 月中旬可越过 30°N；5 月下旬至 6 月中旬我国南方早稻近成熟，开始有成虫迁出，此时长江中下游地区如浙江北部、江苏南部在 6 月上、中旬，江淮之间地区在 6 月中、下旬，这次北迁可达 35°N。6 月下旬至 7 月初南岭地区早稻成熟，同期淮北地区灯下和田间均可见迁入成虫，成虫还可迁至华北和东北南部。常年 8 月下旬后，我国季风转向，北方稻区迁出虫源在东北气流运载下向南回迁，对华南双季晚稻造成危害。

白背飞虱在各地的初次迁入期比褐飞虱早，迁出期不受水稻生育期所控制，各代成虫均可向外迁出，各地都是以成虫迁入后第二代若虫高峰构成主要为害世代，羽化的成虫即为各地的主要迁出世代。

（二）世代及发生期

白背飞虱在云南及南岭以南 1 年发生 7～12 代，福建 6～8 代，湖南、四川、湖北交界处 5～7 代，湖北、上海、浙江和安徽、江苏南部每年发生 4～5 代，云南和贵州北部、淮河以北地区 2～4 代。各地从始见虫源迁入到主要为害期，一般历时 50～60d，主迁入峰后 10～20d 即为主害代二龄若虫高峰期。我国从南到北的主要为害时期依次为：广东、广西南部为 5 月中、下旬；广东、广西中部和云南南部为 6 月上、中旬；贵州南部经广西北部至福建南部一带为 6 月中、下旬；四川盆地东部、贵州东北部经湖南中部至福建北部和浙江南部一带为 7 月上、中旬；湖北南部、湖南北部至浙江北部一带为 7 月中、下旬；江苏、安徽的中部和南部为 7 月下旬至 8 月中旬；淮河以北、陕西、甘肃等地为 8 月中、下旬至 9 月上旬。

白背飞虱一般在水稻分蘖期至拔节孕穗期为害，在长江中下游及其以北地区常年只出现 1 次为害高峰，但在南方双季稻区，除 5～6 月早稻上出现 1 次为害高峰外，8～9 月晚稻上还常有 1 次为害高峰。

（三）其他习性

成虫全天均可羽化，雌虫在午夜前后（20:00 至翌日 2:00）和早晨（6:00～8:00）有两个明显的羽化高峰，雄虫羽化高峰在中午前后。在同一批卵中总是雄虫羽化比雌虫早。白背飞虱一天中 10:00～15:00 活动最盛，多在稻株茎秆和叶片背面活动，其取食部位比褐飞虱高。长翅型成虫有趋光性，灯下诱获的白背飞虱成虫性比为 1∶0.8～1.7，多数情况是雌虫多于雄虫。

同褐飞虱一样，白背飞虱雌、雄虫均能振动腹部，带动胸腹接合部两侧的摩擦发声器，产生由稻株传播的鸣声信号，完成交尾前的求偶。成虫羽化后第二天即能交尾，交尾全天均能进行，高峰在 14:00～

17:00和0:00～5:00。雌成虫一生只交尾1次，雄成虫可交尾1～3次。雌虫交尾后2～6d开始产卵，产卵高峰在12:00～16:00，产卵历期个体间不一致，多数10～15d，前5d产卵最多。每头长翅型雌虫能产200～400粒卵，短翅型雌虫产卵量比长翅型约多20%。成虫喜选择在生长茂密嫩绿的水稻上产卵，分蘖株上落卵量高于主茎，产卵量随水稻生育期而异。以分蘖期、孕穗期产卵最多，黄熟期和3叶期产卵最少。卵多在4:00～8:00孵化。

若虫多生活在稻丛下部，有部分低龄若虫在幼嫩心叶上取食，三龄前取食量小，四至五龄食量大，为害烈。水稻乳熟后常迁移到剑叶主脉上和穗部取食。

成虫迁飞时飞离稻株的时间受光照强度所制约，温度在20℃以上时，清晨和黄昏5～100lx的光照强度迁飞比例最大，呈弱光双峰型。

卵历期，在福建沙县日平均温度22.6℃为10.1d，24.3～24.4℃为8.6d，26.7℃为6.4d，28.1～28.6℃为5.9～6d。在浙江黄岩日平均温度14℃为20.9d，15.9℃为13d，21.8℃为8.5d，22.5℃为7.7d，26.9℃为6.5d，27.1℃为6.2d。在江苏苏州日平均温度23.9℃为9.5d，25.5℃为8.5d，30.1℃为6.3d。

若虫历期，在福建沙县日平均温度20.5～23.1℃为24.6～19.9d，25.6～27.7℃为19.6～14.5d，27.1～27.5℃为16.8～14.3d。在浙江黄岩日平均温度23℃为14d，26.8～27.9℃为9d，28℃为13d。在江苏苏州日平均温度21℃时为29.8d，29℃为18.1d，29.6℃为17d。

四、发生与环境的关系

白背飞虱的发生程度与迁入时间、迁入虫量、气候、水稻品种及栽培管理措施有密切关系，迁入时间、虫量及迁入后的本地繁殖状况是左右发生轻重的基础。

（一）气候

白背飞虱对温度的适应范围较宽，13～34℃成虫行为表现正常，最适宜温度是22～28℃，相对湿度为80%～90%。成虫迁入期雨日多，降水量较大，有利于迁飞虫降落、定居和繁殖。在高龄若虫期，天气干旱可加重对水稻的为害。因此，在长江中下游地区，初夏多雨，盛夏长期干旱，是大发生的预兆。

（二）水稻品种和生育期

部分水稻品种对白背飞虱具有明显抗性，已鉴定、命名了至少8个水稻主效抗性基因，其中*Wbph1*、*Wbph2*、*Wbph6*、*Wbph7*（t）和*Wbph8*（t）分别定位在水稻第七、六、十一、三、四染色体上。在抗性品种上，白背飞虱的若虫成活率低、历期长，成虫寿命短、产卵量少。白背飞虱对抗性品种的致害性没有像褐飞虱一样产生明显变异。但研究发现，连续多代胁迫饲养于抗性品种上，白背飞虱对该品种的致害性有所增强。田间监测亦发现，白背飞虱对含*Wbph1*基因的抗性水稻品种有致害性明显增强的趋势。

不同类型水稻品种对白背飞虱的抗性不同。总体而言，粳稻对白背飞虱的抗、耐性强于籼稻。据研究，我国粳稻有25%的品种具有杀卵抗性，卵死亡率超过50%；而籼稻杀卵活性普遍较弱，95%的品种卵死亡率低于30%。

20世纪70年代以来，东南亚及我国南方稻区大面积推广抗褐飞虱而不抗白背飞虱的品种如汕优6号、汕优63等，是导致80年代白背飞虱种群上升的主要原因之一，甚至有学者认为杂交水稻的大面积推广是白背飞虱发生加重的重要推手。研究发现，杂交水稻对白背飞虱有较强的耐虫性或补偿能力，如两优培九、Y两优1号、Ⅱ优838、中浙优8号等组合。在浙江富阳，白背飞虱百丛虫量高达10 000头以上时，除株高有一定程度的矮化外，水稻仍能抽穗和结实。

在水稻各生育期，白背飞虱都能取食，但以分蘖盛期至孕穗期最为适宜，增殖亦最快，虫口密度高，水稻生长进入蜡熟期以后，组织老健，不适宜其生活。水稻生育期还显著影响白背飞虱成虫的卵巢发育和起飞，各生育期对卵巢发育的适合性：分蘖初期＞拔节期＞孕穗、抽穗期；对成虫起飞率的适合性则反之，分蘖初期＜拔节期＜孕穗、抽穗期。

（三）天敌

白背飞虱的天敌种类基本与褐飞虱相同，但部分天敌有一定的寄主嗜好性。如，三种缨小蜂中，长管稻虱缨小蜂（*Anagrus longitubulosus* Pang et Wang）偏好寄生白背飞虱卵，稻虱缨小蜂（*Anagrus ni-*

laparvatae Pang et Wang）稍偏好寄生褐飞虱卵，拟稻虱缨小蜂（*Anagrus paranilaparvatae* Pang et Wang）则强偏好寄生褐飞虱卵（占90%以上）。田间采集的被寄生白背飞虱卵羽化出的长管稻虱缨小蜂可占90%以上。

五、防治技术

同褐飞虱的防治类似，生产当中应善于创造和利用不利于白背飞虱发生的控制因素，如种植抗性或耐性水稻品种；合理的肥水管理，健身栽培，提高水稻品种抵御白背飞虱的能力；不滥用、乱用农药，选用对口低毒农药，充分保护利用自然天敌的控害作用。

在防治中，农业防治、生物防治、物理防治方法可参照褐飞虱的防治，化学防治除需下述针对性措施外，其他亦与褐飞虱相似。

由于白背飞虱的为害除自身刺吸外，还与其传播南方水稻黑条矮缩病有关，故其用药策略因南方水稻黑条矮缩病流行情况而异。①非病毒病流行区，一般可采用重点防治主害代的对策，但在常年重发区或遇成虫迁入量特别大而集中的年份，可采取防治迁入高峰期成虫和主害代低龄高峰期若虫相结合的对策。在3%～5%经济允许损失水平下，防治指标主害代百丛虫量，杂交稻孕穗期、破口孕穗期分别为800～1 000头、1 000～1 500头，常规稻孕穗破口期、抽穗灌浆期分别为600～800头、1 000～1 200头；迁入代成虫则为百丛100～200头。②病毒病流行区或迁入成虫带毒率高的地区，需采取“狠治迁入代，控制主害代”的防治策略，迁入代防治指标从严，具体因白背飞虱带毒率而异，带毒率高时百丛虫量5～20头，带毒率低时百丛50～100头。

白背飞虱对吡虫啉未产生明显的抗药性。吡虫啉有较好的防效，但因田间白背飞虱常与褐飞虱混合发生，为缓解褐飞虱对吡虫啉的极高抗药性困局，在混合发生区应不再使用吡虫啉防治白背飞虱或最多在水稻苗期使用1次。

白背飞虱发生早于褐飞虱，常在南方稻区早稻秧田造成危害，加之传播南方水稻黑条矮缩病，因此，相关地区还可采用：①无纺布或防虫网覆盖阻隔白背飞虱；②种子处理，即在种子催芽后选用60%吡虫啉悬浮种衣剂，按每千克干种子2～3g的药量，先将药剂与少量清水混匀，再均匀拌种，晾4～10h后播种。

傅强　何佳春（中国水稻研究所）

第31节　灰飞虱

一、分布与危害

灰飞虱［*Laodelphax striatellus*（Fallén）］属半翅目飞虱科。国内各省、自治区、直辖市均有分布，以长江中下游及华北稻区发生较多。国外在欧洲、北非和亚洲的俄罗斯（南部）、韩国、日本、菲律宾、印度尼西亚（北苏门答腊）等国及中东地区均有分布。

灰飞虱可在发生地越冬，每年的发生早于褐飞虱和白背飞虱，主要在早、中稻秧苗期、本田分蘖期及晚稻穗期发生为害。在长江中下游仅在早稻上数量较多，局部地区晚稻穗期为害重。成、若虫都以口器刺吸水稻汁液，一般群集于稻丛中上部叶片，穗期则聚集于穗部取食（彩图1-31-1）。虫口大时，稻株因汁液大量丧失而枯黄，同时因大量蜜露洒落附近叶片或穗上而滋生霉菌，但较少出现类似褐飞虱和白背飞虱的“虱烧”或“黄塘”症状。

灰飞虱是传播水稻条纹叶枯病毒（*Rice stripe virus*，RSV）、水稻黑条矮缩病毒（*Rice black-streaked dwarf virus*，RBSDV）等多种水稻病毒病的媒介，是21世纪初以来江苏、浙江、上海、安徽等省份水稻生产的主要威胁，传播病毒所造成的危害远高于直接吸食的危害。灰飞虱还是华东、华北和西北等地小麦条纹叶枯病、小麦丛矮病和玉米粗缩病的媒介。

灰飞虱寄主范围较广，除为害水稻外，还为害小麦、大麦、玉米、高粱、甘蔗、谷子、稗、李氏禾、双穗雀稗、看麦娘、结缕草、蟋蟀草、千金子、白茅等多种禾本科作物或杂草，其中以水稻和小麦最重要。灰飞虱具有较固定的季节性寄主，如华东、华中地区主要的越冬寄主有麦类、稗草、黑麦草等，夏季主要的寄主有水稻和玉米。

二、形态特征

成虫：雌雄成虫形态特征见彩图 1-31-2。雌成虫长翅型连翅体长 3.6～4.0mm，雄成虫 3.3～3.8mm；短翅型雌成虫体长 2.1～2.6mm，雄成虫 2.0～2.3mm。雌虫体呈黄褐色，雄虫大多黑色或黑褐色。头部颜面有 2 条黑色纵沟，头顶端半部两侧脊间，额、颊、唇基和胸部侧板黑色；头顶后半部、前胸背板、中胸翅基片、额和唇基脊、触角和足淡黄褐色；雄虫中胸背板、小盾板黑色，仅小盾板末端和后侧缘黄褐色，亦有部分个体中胸背板中域的颜色较浅。雌虫中胸背板中域、小盾板中央淡黄色，侧脊外侧具暗褐色宽条；雄虫腹部黑褐色，雌虫腹部背面暗褐色，腹面黄褐色。前翅淡黄微褐色、透明，脉与翅面同色，翅斑黑褐色。

头部包括复眼窄于前胸背板。头顶近四方形，端缘截形，中侧脊在头顶端缘相连接；额长为最宽处宽的 2.2 倍，以中部为最宽，中脊在基端分叉；触角圆筒形，第一节长为端宽的 1.5 倍，第二节为第一节长的 2 倍；前胸背板侧脊不伸达后缘。胫距后缘具齿 16～20 枚。

卵：长椭圆形，稍弯曲，长约 0.78mm，宽约 0.21mm。初产卵为乳白色、半透明，后变为淡黄色，孵化前在较细一端出现 2 个红色眼点。成条产于叶鞘和叶片基部中脉两侧内，每一卵块通常有卵 4～6 粒，多者 10～20 粒，成簇或双行排列，卵帽与产卵痕持平或微露于卵痕之外，露出部分呈念珠状。

若虫：长椭圆形，有深、浅色型（彩图 1-31-3）。落水后后足向后斜伸呈“八”字形，张角小于白背飞虱。

一龄若虫体长 1.0mm，灰白色至淡黄色，腹背无斑纹，或有不明显的浅灰色横条纹。

二龄若虫体长 1.2mm，灰白色至灰黄色，身体两侧颜色开始变深，呈深灰色至灰褐色，翅芽不明显。

三龄若虫体长 1.5mm，灰黄色至黑褐色，胸部背面有不规则的深色斑纹，腹背两侧缘色深，中间色浅，第三、四节背面各有 1 对淡色“八”字形斑，有的第六至八节背面中央具模糊的浅横带。翅芽明显，前翅芽不达后胸后缘。

四龄若虫体长 2.0mm，前翅芽伸达后胸后缘，后翅芽伸达腹部第二节。其余同三龄。

五龄若虫体长 2.7mm，长翅型前翅芽伸达腹部第四至五节，短翅型伸达第三至四节，盖住后翅芽。其余同四龄。

三、生活习性

（一）越冬与迁飞

我国华南等地灰飞虱无越冬现象，冬季为害小麦；其他地区以若虫越冬，越冬虫龄不一，二至五龄均有，但以三龄、四龄居多，成虫不能正常越冬。越冬场所较多，包括麦、紫云英、蚕豆、胡萝卜等作物，以及田埂、荒地、沟渠边及路旁杂草上，以植株近地面茎基或根际较多。越冬三、四龄若虫的过冷却点为 −7.8～−7.2℃，越冬期间一般不蜕皮，以休眠或滞育方式进行越冬，可微弱活动，当气温高于 5℃时，能爬到寄主上取食，早春旬平均气温 10℃左右开始羽化，12℃左右达羽化高峰。我国华东地区，冬季 11 月开始越冬，翌年 3 月结束。

灰飞虱的迁飞特性因其能在发生地越冬而一直未受关注。但国内外早有高山网、高空网、飞机及海上捕捉到灰飞虱的报道，说明该虫存在远距离迁飞的可能性。日本学者认为，灰飞虱每年从我国大陆越过东海、黄海、渤海迁飞至日本。近年来，我国学者通过田间和灯下种群系统调查、卵巢解剖、迁飞轨迹模拟和天气背景分析等方法，进一步证实浙江、江苏等地的灰飞虱春季第一代成虫既有本地转移的，也有远距离迁飞的，而且可用卵巢解剖特征来区分虫源性质。迁出期的灰飞虱卵巢以Ⅰ级为主，迁入期卵巢则以Ⅱ、Ⅲ级及以上级别为主。

灰飞虱一年内有明显的季节性寄主转移现象。华东地区，夏季 5～6 月从越冬寄主麦类作物向夏寄主水稻、玉米上转移，而秋季 9～10 月又从夏寄主水稻上向越冬寄主迁飞转移。全年的种群密度常年以麦田第一代和稻田第五代为最高，此时正是全年传播水稻、玉米、麦类多种病毒病害的关键时期。而夏季 7～8 月的夏寄主上种群密度一般较低。

（二）世代与发生期

灰飞虱在东北的吉林1年发生3～4代，华北地区4～5代，长江流域1年发生5～6代，福建6～8代，广东、广西、云南年发生7～11代，这三个省（自治区）的南部无越冬现象。

由于成虫产卵及生活期长，各代相互重叠。华北稻区越冬若虫于4月中旬至5月中旬羽化，迁向迟播嫩绿的麦田产卵繁殖。一代若虫5月中旬至6月上旬大量孵化，5月下旬至6月中旬羽化，迁入秧田和早栽本田为害；二代成虫于6月下旬至7月下旬羽化，迁入稻田繁殖为害；稻田有2个发生高峰，第一高峰出现在7月末至8月初，为三代若虫期，水稻处于拔节孕穗期；第二高峰出现于9月初，为四代若虫期，水稻处于抽穗至乳熟阶段，此时种群密度最大，为害最重。9月中旬后，由于温度下降到19℃以下，水稻处于蜡熟期，田间灰飞虱数量急剧下降，灰飞虱迁移至越冬寄主上繁殖、越冬。

四川成都1年发生5代，第一代成虫盛发期在5月中旬至6月中旬，第二代在6月下旬至7月中旬，第三代在7月下旬至8月上旬，第四代在8月下旬至9月上旬，第五代在9月中旬盛发。

江苏南部和上海地区1年发生6代，越冬若虫一般于3月中旬至4月上、中旬羽化，成虫产卵于麦田及绿肥田的看麦娘及其他禾本科杂草上，4月下旬孵化，第一代若虫仍留在原越冬寄主上生活，部分侵入附近的早稻秧田为害。5月下旬至6月上旬羽化为第一代成虫，时值麦收季节，大量迁移到水稻秧田和本田；第二代若虫期为6月上、中旬，成虫期为6月下旬至7月上旬；第三代若虫期为7月上、中旬，成虫期为7月下旬至8月上旬；第四代若虫期为8月上、中旬，成虫期为8月下旬至9月上旬；第五代若虫期为9月上、中旬，成虫期为9月下旬至10月上旬；第六代若虫期为10月上、中旬，转移到麦田、绿肥田及杂草上过冬。

福建1年发生7代，第一代出现在3月下旬至5月中旬，第二代5月上旬至6月中旬，第三代7月上、中旬，第四代7月下旬至8月上旬，第五代8月下旬至9月上旬，第六代9月下旬至10月上旬，第七代10月下旬至11月中旬；福建西北以第七代若虫和成虫越冬，福建南部以第八代若虫和成虫越冬。

（三）各虫态历期

成虫寿命长短随地区、温度范围和世代而异。在浙江，越冬代20～50d，第一代10～30d，第二代7～26d，第三代5～11d，第四代7～24d，第五代10～50d。在福建，越冬代22～35d，其余各代在气温为20～29℃下一般4～13d，最长的可达37d。在上海，第一代在平均气温为22.3℃时长翅型和短翅型雌成虫的平均寿命分别为25d和34d，第二代在平均气温为24.8℃时分别为11.2d和15.6d，第三代在平均气温为27.9℃时分别为13.7d和11.0d，第四代在平均气温为26.9℃时分别为16.9d和23.4d。

产卵前期，随环境温度而异，在浙江，气温14℃时为16～23d，21～24℃时为6～9d，25～28℃时为4～6d，29～30℃时为5～7d。福建观察，气温在20～29℃时为4～7d。在21～30℃时，短翅型成虫产卵前期比长翅型成虫短2～4d。

卵历期，在浙江，气温为10～11℃、13～16℃、17～20℃、21～26℃、27～30℃时分别为30～38d、17～20d、13～15d、7～11d、5～7d。在福建，气温为17～18℃、20℃、23～24℃、27～28℃时分别为18d、13d、8～9d、6～7d。在江苏苏州，气温为17℃、19.9℃、23.7℃、25.4℃、25.6℃、30.2℃时分别为19.4d、14.6d、9.5d、8.2d、6.5d、5.3d。在河南，第一代气温19.6℃时为12.5d，第二代24.2℃时为9.3d，第三代28.8℃时为10.0d，第四代27.6℃时为6.8d，第五代21.9℃时为11.9d。

若虫历期，在福建，第一代气温在20℃时为24～25d，其余各代在24～28℃时为16～20d，越冬代14～15℃时为69～88d。在浙江，气温为17～19℃、20～21℃、22～23℃、24～30℃时分别为26～27d、20～25d、17d、13～16d。在苏州，28.5℃、26.2℃、20.6℃、18.8℃、7.2℃时分别为16.9d、16.8d、21.7d、26.6d、143.1d。在河南，第一代气温22.4℃时为24.7d，第二代28.6℃时为19.9d，第三代27.8℃时为20d，第四代26.9℃时为20.8d。一般雄虫比雌虫短1～3d。各龄龄期以二至三龄最短，一、四龄次之，五龄最长。

（四）其他习性

灰飞虱有较强耐寒能力，但对高温适应性差，生长发育最适温度为23～25℃，温度超过30℃则发育速率慢、死亡率高、成虫寿命短。越冬若虫耐饥力强，平均气温8.3℃和9.6℃时，若虫耐饥时间分别为

42.7d和54.8d。

雌虫一般产卵数十粒，越冬代较多，平均每头雌虫可产200多粒，最多可达500余粒。卵产于植株组织中，喜在嫩绿、高大茂密的植株上产卵。卵一般产于寄主植物下部叶鞘内，少数产于叶片基部中肋以及无效分蘖和稗草、看麦娘嫩茎内。产卵处植株表面有短线状的产卵痕，初产时呈水渍状绿色，后变为褐色。

灰飞虱长翅型成虫有趋光性，但比褐飞虱弱。成虫有明显的趋嫩性，凡早播早栽、施氮肥多、生长嫩绿茂密的稻田虫口密度高。也喜欢通透性良好的环境，因此，常栖息于植株较高的部位，并常在田边聚集。雌雄性比各代大致接近，或雌虫略多于雄虫。成虫翅型季节性变化明显。长江流域下游地区，长翅型成虫出现的数量，全年以第一代最多，第三、四代次之。短翅型以第五代最多，第二代次之。两种翅型相比，除第五代和越冬代成虫外，长翅型成虫多于短翅型，雄虫则除越冬代外几乎全为长翅型。

四、发生与环境的关系

（一）耕作与栽培

灰飞虱在进入稻田之前主要在麦田中取食和繁殖。因此，麦田（特别是小麦田）面积大的地区，由于食料丰富，繁殖量大，迁入稻田的虫口基数一般较高。在小麦与单季中、晚稻连作地区，或冬小麦—双季稻和单季中、晚稻混栽区，因寄主条件适宜，有利于灰飞虱的发生。施用氮肥过多，稀播稀植，小株或单株插秧，稻苗生长嫩绿，分蘖多，最易诱集成虫产卵并导致病毒病流行。

（二）气候

灰飞虱属于温带地区的害虫，耐寒怕热，夏季高温对其极为不利。平均气温持续在30℃以上，若虫发育缓慢，四、五龄若虫历期延长，甚至引起死亡。据上海、湖南等地观察，温度在29℃以上，相对湿度76%时，部分个体出现滞育现象。高温下还出现六龄若虫或四龄若虫羽化的不正常现象。高温下羽化的成虫，寿命缩短，不产卵而提早死亡，无效雌虫增多；即使能产卵，产卵量也显著减少。在33℃下，胚胎发育不正常，卵的孵化率降低。长江中下游常年在7月中、下旬开始进入高温干旱的盛夏，此时的第三代成虫死亡多，产卵少，第四代发生量大大减少。如果7～8月气温偏低，第四代发生就多，越冬虫口密度也高。1～3月气候温暖干燥，无特殊持续低温，有利于若虫越冬，是第一代大发生的预兆。在华北稻区，夏季极少出现平均超过30℃以上的高温，无高温限制因子，其发生量与7～9月的雨量关系密切。雨量少，短翅型雌虫大量增加，有利于大发生。在四川，大发生亦与6月雨量有关，一般6月上旬雨量适中，下旬偏少，常易大发生。

（三）天敌

天敌对灰飞虱抑制作用较强，主要种类同褐飞虱和白背飞虱，以螯蜂、线虫、稻虱缨小蜂的抑制作用相对较大。此外，还发现可捕食二、三龄若虫的捕食螨。

五、防治技术

灰飞虱的主要为害在于传播病毒，因此该虫防治主要在于控制病毒病为害。其防治措施除参照褐飞虱和白背飞虱的防治方法外，重点还需采取以下针对性防治措施。

（一）农业防治

因地制宜，适当调节水稻播种期。近年来，江苏通过适当推迟单季晚稻的播种期，显著减少了麦田迁出的灰飞虱及其病毒病的为害。

铲除田埂杂草，消灭虫源滋生地和减少毒源，适当提前耕翻红花草。因红花草田内伴生的禾本科杂草不但是灰飞虱的越冬寄主，而且带病杂草也是病毒的毒源，掌握一代成虫羽化前耕翻有较好的防效。

（二）物理防治

在病毒病流行地区，用防虫网或无纺布覆盖秧田，可以防虫并阻止病毒的传播。该法是近年来江苏等地有效控制灰飞虱及病毒病为害的关键措施之一。

（三）化学防治

在灰飞虱传播病毒病并流行成灾的地区，化学防治以治虫防病为目的，重点是消灭害虫于传毒之前，采取“狠治一代，控制二代”的防治策略。在防治时机上，要抓住一、二代成虫迁飞高峰期和低龄若虫孵化高峰期，将灰飞虱集中消灭在秧田期和本田初期。适用药剂和具体施药技术可参考褐飞虱和白背飞虱的防治。

傅强　何佳春（中国水稻研究所）

第 32 节　稻纵卷叶螟

一、分布与危害

稻纵卷叶螟［*Cnaphalocrocis medinalis*（Guenée）］属鳞翅目草螟科，异名：*Salbia medinalis* Guenée、*Botys rutilalis* Walker 等，别称稻纵卷叶虫、刮青虫。

稻纵卷叶螟在国外分布于朝鲜、日本、泰国、缅甸、印度、巴基斯坦、斯里兰卡等国，国内广泛分布于全国各稻区，北起黑龙江、内蒙古，南至台湾、海南。原是局部间歇性发生的害虫，自 20 世纪 60 年代后，其在全国范围内发生数量与为害程度逐年加重；70 年代后在全国主要稻区大发生的频率明显增加。2000 年以来在我国发生日益严重，年均造成粮食损失 76 万 t。2003 年出现全国性的特大暴发，而后连年猖獗为害，2007 年再次出现全国性的大暴发。稻纵卷叶螟已成为水稻的常发性害虫之一。

稻纵卷叶螟主要为害水稻，偶尔为害大麦、小麦、甘蔗、粟，还能取食稗、李氏禾、雀稗、马唐、狗尾草、茅草、芦苇、柳叶箬等禾本科杂草。

稻纵卷叶螟以幼虫缀丝纵卷水稻叶片成虫苞，幼虫匿居其中取食叶肉，仅留表皮，形成白色条斑，致水稻千粒重降低，秕粒增加，造成减产。初孵幼虫不结苞，在分蘖期爬入心叶或嫩叶鞘内侧啃食。在孕穗抽穗期，则爬至老虫苞或嫩叶鞘内侧啃食，这是该虫在增加体重与免遭天敌捕食之间的选择性结果。二龄幼虫爬至叶尖将其卷成小虫苞，为“束尖期”。三龄幼虫纵卷叶片，形成明显的束腰状虫苞，即“纵卷期”。四、五龄幼虫食量占总取食量的 95%左右，分别为“转苞期”和“暴食期”，为害最大。幼虫食量随虫龄增加而增大，每头幼虫平均可卷叶 5～6 片，多的达 9～10 片，其中稻纵卷叶螟一到三龄幼虫的食叶量仅在 10%以内。

二、形态特征

稻纵卷叶螟成虫、卵、幼虫、蛹的形态及其为害状如彩图 1-32-1。

成虫：体长 7～9mm，翅展 12～18mm。复眼黑色，体背与翅均为黄褐色，前、后翅外缘有黑褐色宽边，前翅前缘暗褐色，有内、中、外 3 条黑褐色横线，中横短，不伸达后缘。外缘有 1 条暗褐色宽带。后翅有黑褐色横线 2 条，内缘线短而不伸达后缘，外横线及外缘线与前翅相同。雄蛾体较小，前翅短纹前端有 1 黑色毛簇组成的眼状纹，前足跗节基部生有 1 丛黑毛，停息时尾部常向上翘起。雌蛾体较大，停息时尾部平直。

卵：近椭圆形，长约 1mm，宽 0.5mm，扁平，中央稍隆起，卵壳表面有网状纹。初产时乳白色，孵化前变为淡黄褐色。被寄生的卵呈黑褐色。在烈日曝晒下，常变成褐红色。孵化前可见卵的前端隐现 1 黑色幼虫胚胎头部，孵化后残存的卵壳白色透明。

幼虫：体细长，圆筒形，略扁。共 5 龄，少数 6 龄。一龄幼虫体长 1.7mm，头黑色，体淡黄绿色，前胸背板中央黑点不明显。一般不结苞，藏于水稻心叶取食。二龄幼虫体长 3.2mm，头淡褐色，体黄绿色，前胸背板前缘和后缘中部各出现 2 个黑点，中胸背板隐约可见 2 毛片。一般能在叶尖结 1～2cm 长的小苞。三龄幼虫体长 6.1mm，头褐色，体草绿色，前胸背板后缘 2 黑点转变为 2 个三角形黑斑，中、后胸背面斑纹清晰可见，尤以中胸更为明显。第三龄以后的幼虫都能吐丝结长苞，有时可缀数叶成苞，苞长约 6cm。四龄幼虫体长 9mm 左右，头暗褐色，体绿色，前胸背板前缘 2 黑点，两侧出现许多小黑点，连成括号形，中、后胸背面斑纹黑褐色。苞长约 10cm。五龄幼虫体长 14～19mm，头褐色，体绿色至黄绿色，老熟后带橘红色。前胸盾板淡褐色，上有 1 对黑褐色斑纹。中、后胸背面各有 8 个毛片，分成两排，前排 6 个，中间 2 个较大；后排 2 个，位于近中间。毛片均为黄绿色，周围无黑褐色纹。各刚毛及气门片都为黑褐色。腹足趾钩 34～42 个，单序缺环。苞长 15～25cm 以上。

预蛹体比五龄幼虫短，长 11.5～13.5mm，淡橙红色。体躯伸直，体节膨胀，腹足及臀足收缩，活动能力减弱。

蛹：长 7～10mm，长圆筒形，末端较尖细。初为淡黄色，后转红棕色至褐色。翅、触角及足的末端均达第四腹节后缘。腹部气门突出。第四至八腹节节间明显凹入，第五至七节近前缘处各有 1 条黑褐色横隆线，背面的粗而色深。臀棘明显突出，上有 8 根钩刺。雄蛹腹部末端较细尖，生殖孔在第九腹节上，距肛门近；雌蛹末端较圆钝，生殖孔在第九腹节后缘，距肛门远，且第九腹节节间缝中央向前延伸成“八”字形。蛹外常裹白色薄茧。

蛹的发育可分 5 级。1 级：复眼同体色，初期眼点明，后期看不清。2 级：复眼分两半，弧线当中嵌，前半新月形，后半椭圆形，色较深。3 级：复眼棕黑色，弧线全消失。4 级：复眼变乌黑，翅基、前腿黑色条斑现。5 级：复眼变赤褐，翅面线纹明，尾节有黑斑，天黑蛾化出。

三、生活习性

（一）越冬及虫源

稻纵卷叶螟具有远距离迁飞特性。在我国东半部地区的越冬北界为 1 月份平均 4℃等温线，相当于 30°N 一线，在此线以北地区，任何虫态都不能越冬，每年初发世代的虫源均由南方迁飞而来。根据越冬状况可将全国划分为 3 种类型区。

1. 周年繁殖区 1 月份平均气温 16℃等温线以南的地区，包括雷州半岛、海南岛、台湾省的南端及滇南冬季温暖区。

2. 越冬区 1 月份平均气温 4～16℃等温线之间，以南岭山脉为界，岭南为常年越冬区，以蛹和少量幼虫越冬；岭北为零星越冬区，以少量蛹越冬。

3. 冬季死亡区 1 月份平均气温 4℃等温线以北的地区。

（二）发生区划

稻纵卷叶螟在我国各地的发生世代随着纬度的升高从南向北顺次递减。海南陵水县 1 年发生 10～11 代，在黑龙江全年可以完成 1 个世代的地区，大致相当于 7 月份平均气温 22℃等温线附近。依据稻纵卷叶螟在我国东半部地区的发生代数、主害代为害时期、越冬情况及水稻栽培制度等，可以划为 5 个发生区，其中江岭区由于早稻栽插、成熟期和虫源迁出期不同，又可分为岭北和江南 2 个亚区。海南周年为害区：大陆海岸线以南，包括雷州半岛、台湾省南端、海南岛等地，发生 9～11 代，多发代为第一至二代（2～3 月）、第六至八代（7 月中旬至 9 月）；岭南区：从我国南海岸线到南岭山脉之间的地区，包括广东和广西的南部、台湾、福建南部，发生 6～8 代，多发代为第二代（4 月下旬至 5 月中旬）、第六代（9～10 月初）；岭北亚区：南岭山脉以北到洞庭湖、鄱阳湖湖滨地区的南端一线（约 29°N）之间的地区，包括广西北部、福建中部和北部、湖南、江西、浙江中部和南部，年发生 5～6 代，多发代为第二代（6 月）、第五代（8 月下旬至 9 月中旬）；江南亚区：沿长江中游两岸到洞庭湖、鄱阳湖湖滨南端一线以北，大致在 29°～31°N，包括湖南、江西、浙江三省北部，湖北、安徽两省南部，年发生 5～6 代，多发代为第二代（6 月中旬至 7 月上旬）和第五代（8 月底至 9 月中旬）；江淮区：包括沿江、沿淮、江苏南部、上海及山东和陕西南部的泰沂山区到秦岭一线以南地区，年发生 4～5 代，多发代为第二到三代（7～8 月），或第二、四代（7 月、9 月）；北方区：泰沂山区到秦岭一线以北的地区，包括华北、东北直至黑龙江等地，年发生 1～3 代，多发代为第二代（7 月中旬至 8 月）。

（三）迁飞途径

我国东半部地区稻纵卷叶螟的迁飞方向与季风环流同步，即春夏季随着高空西南气流逐代逐区北移，秋季又随着高空盛行的东北风大幅度南迁，从而完成周年的迁飞循环。在不同发生区，亦可看出成虫迁出、迁入的季节性交替和地域之间的虫源关系，表现为迁出区蛾量的突减和迁入区蛾量的突增。迁入区根据迁入虫量的多少，又可分为主降区和波及区。主降区通常即代表一个发生区，迁入的虫量大，蛾峰明显，是构成当地主害代的重要虫源，波及区迁入的虫量少，蛾峰不明显，反映了各代初发世代虫源的迁入。我国从海南岛到辽东半岛，每年 3～8 月出现 6 次同期突增现象，反映了 5 个代次的北迁实况，秋季 8 月底至 10 月自北向南有 3 次回迁。

纵观我国稻纵卷叶螟在各稻区的实际发生为害情况，基本上与划分的发生区划和迁飞途径相符。例如，长江中下游基本上属江淮发生区，年发生 4～5 代，主要为害世代为第二、三代，每代常出现两个以上的蛾峰，幼虫为害盛期在 7、8 月，与南方双季稻区春、秋两季双峰型为害迥然不同。

江苏、安徽江淮稻区北部年发生 4 代（徐州），5 月底至 6 月下旬第一代蛾从岭南区波及迁入，蛾量极少，田间第一代幼虫仅少量发生。第二代蛾发生期为 6 月下旬至 7 月下旬，少量由第一代繁殖而来，主要来自岭北亚区，徐州为波及区的主要地带，常年第一个高峰出现在 6 月下旬，第二峰在 7 月中旬，其蛾量大于第一峰，第二代幼虫为害分蘖、拔节期水稻。第三代蛾发生于 7 月下旬至 8 月中旬，部分由当地第二代发育而来，但主要还是从江岭区的江南亚区迁入，徐州处于主降区，多数年份是主发世代，常年第一峰发生在 7 月下旬至 8 月初，第二峰在 8 月上、中旬，第一峰的蛾量大于第二峰，第三代幼虫在水稻孕穗抽穗期为害。第四代发生在 8 月中旬以后，基本上由本地虫源繁殖而来，因绝大部分迁出，所以第四代幼虫发生很少。本区南部年发生 4～5 代，常年 6、7 月梅雨期出现第二代迁入高峰，蛾量大，产卵量高，卵孵化高峰期为 7 月中旬，幼虫为害高峰在 7 月下旬，水稻处于分蘖末期至拔节初期。第三代发生在 7 月下旬至 8 月上、中旬，产卵高峰在 8 月中旬，幼虫为害高峰在 8 月下旬，水稻处于抽穗期，因发生期间天敌数量多，部分蛾羽化后迁出，田间幼虫量常少于第二代，但如遇阴雨天气，本地的和补充迁入的蛾量大，则发生重。第三代幼虫在抽穗期主要为害剑叶和倒 2 叶，因此，较少的虫量却为害较重。

湖北荆州地区 1 年发生 4～5 代，常年 5 月中旬田间始见成虫，6 月上旬末为第一代蛾发生期，第一代幼虫为害早稻，发生量少。第二代蛾 6 月上旬末至 7 月上旬末发生，主峰在 6 月下旬至 7 月上旬，以迁入为主，第二代幼虫为害中稻，大发生或早发生年份，早、中稻均可受害。第三代蛾在 7 月上旬末至 8 月上旬末发生，7 月中旬有外来虫，7 月下旬至 8 月上旬多为本地虫源繁殖，幼虫为害迟熟中稻和双季晚稻，一般年份往往蛾多卵少或卵多幼虫少。如遇第二代大发生年份或第三代发生期间温度适中、多雨，幼虫仍有中等发生或大发生的可能。第四代蛾在 8 月上旬末至 9 月上旬末发生，幼虫主要为害双季晚稻。第五代蛾在 9 月中旬发生，虫源大部分外迁，一般很少造成危害。

河南信阳年发生 4～5 代，北部地区发生 3 代。信阳地区第一代蛾于 5 月底开始从岭南区波及迁入，历年蛾量极少，田间难以发现幼虫。第二代蛾于 6 月底至 7 月中旬多次迁入，主要来自江岭区，其中第一峰发生于 7 月上旬，迁入蛾量大，第二峰常年出现在 7 月中旬，第二代幼虫在 7 月中、下旬盛发，构成当地的主害代。第三代蛾于 7 月底至 8 月中旬发生，其中第一峰发生在 8 月初；第二峰发生在 8 月上、中旬，大部分为北迁蛾源。第四代蛾源南北稻区均发生在 9 月，盛期在 9 月中旬，羽化后陆续向南回迁。河南省北部稻区主要为害世代是第三代，幼虫发生在 8 月上旬至 9 月上旬，为害盛期为 8 月中、下旬，虫源主要来自江南亚区和本省南部稻区的第三代第二峰，因此，可以根据南北稻区同期突发规律，以信阳稻区三代迁出期预测北部稻区第三代迁入期和防治适期。

（四）习性

成虫羽化多在 21:00 后，少数在白天。雌雄性比各代略有差异，第二、三、四代分别为 1.3∶1、1.2∶1和 1.5∶1。

成虫交尾、产卵、飞翔等活动多在夜晚。每雌一生可产卵 40～50 粒，多的可达 210 粒。温、湿度条件不同，各代产卵量可相差 1 倍左右。遇高温干旱天气，产卵量减少或不能产卵。产卵前期第二至四代一般为 3d，第五代为 6～7d。产卵期一般为 3～4d，最长 9d，头两天产卵最多，可占 60%。成虫寿命一般为 4～5d，长的可达 10～12d，最短仅 2d。成虫具有较强的趋光性。在闷热、无风黑夜，扑灯量很大，且以上半夜为多。雌蛾强于雄蛾，在灯下雌蛾可占 58%～88%，且多数系怀卵雌蛾。白天，成虫都隐藏在生长茂密、荫蔽、湿度较大的稻田里，如无惊扰，很少活动。有的能在早上飞向稻田附近生长荫蔽茂密的瓜菜园，或棉田、薯地、屋边、甘蔗地，以及沟边、小山上的杂草、灌木丛中栖息，晚上又飞回稻田产卵。成虫产卵具有趋嫩绿性，生长嫩绿繁茂的稻田，受卵量比一般稻田高几倍，甚至十几倍。由于卵量不同，各类型水稻的被害程度差异很大。此外，近蜜源植物的稻田受卵量较多，受害亦重。因为成虫有趋蜜性，吸食花蜜及蚜虫分泌的蜜露补充营养，以延长寿命，增加产卵量。

稻纵卷叶螟成虫具有迁飞特性。稻纵卷叶螟多选择在 18:30 以后大规模起飞，空中虫群密度在 20:00～22:00 最大，迁飞过程可持续到翌日 5:00；稻纵卷叶螟主要选择在 500m 以下高度飞行。空中虫群具有聚集成层的现象，虫层多在 100～500m 高度之间形成，有时形成两个虫层，成层现象与低空急流关系密切，与温度无直接关系。交尾和食料对于稻纵卷叶螟的再迁飞能力并无影响，在迁飞过程中相当部分雌蛾可进行1～5次以上的再迁飞，卵巢发育、交尾可与再迁飞同步进行，但产卵之后是否还继续迁出尚待进一步明确。因此，这种“卵子发生与飞行共轭”现象在稻纵卷叶螟再迁飞期间并不存在。根据吊飞的累计飞行时间（accumulative flight duration，AFD）可将稻纵卷叶螟种群划分为居留型（AFD＜40min）、迁飞型（40min≤AFD≤130min）和强迁飞型（AFD＞130min）3种类型；其中居留型平均累计飞行时间为11min，迁飞型为82min，强迁飞型为232min。稻纵卷叶螟具有很强的再迁飞能力，其种群作1次迁飞的个体比率都大于90%，2次（夜）再迁飞的比率达70%以上，一般可进行4～5次（夜）再迁飞，最多可达9次（夜）。成虫的补充营养对再迁飞能力没有显著影响，但蜜水可增强成虫的飞行能力。稻纵卷叶螟迁飞受到气象条件的影响，气象条件对稻纵卷叶螟的迁飞影响因子主要是高空气流、温度、降水和湿度；对近几年稻纵卷叶螟发生情况与对应的气象条件对比分析发现，92.5～85.0kPa高度层气流是决定稻纵卷叶螟迁飞方向和速度的主导气流；温度是决定稻纵卷叶螟起飞的主要因子，适宜稻纵卷叶螟迁飞的地面温度为19～28℃；降水和下沉气流影响害虫的降落地点，稻纵卷叶螟降落高峰期当天和头天有降水的概率为85.8%；稻纵卷叶螟喜潮湿空气，适宜的空气相对湿度为70%以上，不喜强光照。

卵一般单粒散产，产卵部位因水稻生育期不同而有差异。分蘖期以第二叶最多，第三、四叶次之；圆秆拔节期以第三叶最多，第二、四叶次之，孕穗抽穗期剑叶及第二、三叶较多，第四叶次之，第五叶也着卵。卵的分布，在叶面和叶背上均有，少数产于叶鞘上。卵孵化时间以7:00～9:00最盛。孵化率受气候影响较大，26℃、相对湿度＞60%时，孵化率可达60%～90%，高温干旱（＞28℃、相对湿度＜60%）时，孵化率小于30%。

初孵幼虫在干燥环境中成活率低，湿度大有利于活动、结苞和取食。对水稻的为害因代别和水稻生育期的不同而有差异，在双季稻和1年发生5代的地区，第一和第三代第一龄幼虫正遇上早、晚稻分蘖期，稻叶幼嫩，幼虫爬入心叶或心叶附近的嫩叶鞘内啃食叶肉，被害处出现针头大小的半透明小白点。幼虫进入第二龄，有的在心叶基部结苞为害，有的爬至叶尖3cm左右处吐丝结苞为害。第二、四、五代第一龄幼虫发生时，正值早、晚稻孕穗抽穗期，水稻叶片宽大老健，幼虫多数先爬进老虫苞或嫩叶鞘内侧取食为害，孕穗末期还可取食幼嫩谷粒，然后爬至叶片结苞为害，但也有的幼虫因叶片幼嫩，上午孵出后到下午就卷叶结苞。从新虫苞到初见发白虫苞的时间，各代有所不同。第二代一般为7d，第三代为6d，第四代为12d。幼虫结好虫苞后，啃食上表皮及叶肉，仅留下表皮，被害处出现长短不一的条状白斑，虫粪排泄在苞中。随着虫体长大，食量增加，不断吐丝将虫苞向前延长。第三龄后，虫苞可长达13cm以上。幼虫每次蜕皮或受外界较强惊扰后，丢弃老虫苞而转到其他叶片上另结新苞。结虫苞或转叶再结新苞多在傍晚或早晨进行，阴雨天全天都可转叶结苞。凡吃尽叶苞或蜕皮后转苞的，多数先爬到苞端，以胸足抓住邻叶或吐丝下垂随风移至邻株，选择适当叶片再吐丝结新苞。第三龄后幼虫食量大增，第五龄食量最大，占一生总食量的40%～50%。幼虫结苞很快，一般数分钟内即可完成。虫苞大多吐丝缀合两边叶缘正向纵卷成筒状，也有少数将叶尖折向正面或仅卷一边叶缘的情形。稻纵卷叶螟幼虫并非全部栖居于新卷叶内，在上代幼虫造成的旧卷叶内亦有一定比例的幼虫栖居，盛孵期后3d，第一至二龄幼虫新卷叶有虫率为100%，旧卷叶有虫率为0～28.57%，平均为12.25%；盛孵期后5d，第一至三龄幼虫新卷叶有虫率为50%～92.86%，平均为69.02%，旧卷叶有虫率为0～32%，平均为11.28%。

末龄幼虫一般经1～2d进入预蛹阶段，然后吐丝结薄茧化蛹。化蛹部位因水稻生育期的不同而异。水稻分蘖期，多数在稻丛基部黄叶及无效分蘖的嫩叶苞中；水稻孕穗后，多数在枯叶鞘内侧化蛹。叶鞘紧包的水稻品种，有的在稻丛基部的稻株间化蛹，也有少数在老虫苞内化蛹。在稻丛基部化蛹的位置，80%左右在离田面5～6cm处，但与田间灌水深浅及当时的降水量有关。如田间灌深水或当时多雨高湿，化蛹部位高；田土干裂，可在稻丛最低处化蛹。

（五）历期

各虫态历期主要受气温、食料等环境因子的影响。在浙江、江苏等地完成一个世代的天数，第一代为34～36d，第二代28～32d，第三代27～31d，第四代35～40d，第五代早发部分可与第六代重叠，历时约60d；迟发部分则转入越冬期。

四、发生与环境的关系

稻纵卷叶螟具有南北往返迁飞的特性，各发生区的环境条件如有利于其繁殖和虫量积累，就有连年大发生的可能。对迁入区来说，迁入蛾量的多寡和迁入后的气候条件是影响发生轻重的前提，水稻生育状况和天敌数量多少等因素则关系到当年田块受害程度的轻重。

（一）耕作制度

20世纪60年代后，东南亚国家大面积推广种植矮秆阔叶水稻品种，提高了复种指数，且推广品种比较感虫。我国南方稻区也进行大规模的水稻改制，北方旱作区扩种了水稻。同时，在全国主要稻区实行了高秆改矮秆品种的更换，加之，施肥水平的提高、水稻密植程度的增加，为稻纵卷叶螟南北迁飞提供了适宜的寄主条件，这也是60年代中后期以来，该虫经常猖獗发生为害的重要原因。随着种植业结构大调整，水稻生产模式从单一纯双季向单双混栽过渡，又变为以单季为主的种植模式，极大地改变了稻纵卷叶螟的食料结构，促进了种群的增加，而虫源地越南、泰国等东南亚国家水稻种植结构和栽培水平也发生了重大变化，这些均影响稻纵卷叶螟的发生。

（二）品种及栽培管理

不同水稻品种由于叶片嫩绿程度、宽狭厚薄、质地软硬以及植株高矮等原因，着卵量、幼虫密度和受害程度有明显差异。一般叶色深绿、宽软的品种比叶色浅淡、质地硬的品种受害重，矮秆品种比高秆品种发生重，晚粳比晚籼、杂交稻比常规稻发生为害重。同一品种，幼虫取食分蘖至抽穗期水稻的成活率高，发育好。有研究表明，水稻株高、第二节间距、第二叶的长度与宽度与稻纵卷叶螟侵害呈正相关，分蘖数和叶数与受害呈负相关。在抗性品种中，硅化物在脉间部分大量沉积，叶表皮硅沉积多以及具有较致密的成单行或双行的硅链，不利于幼虫取食；若缺少硅或脉间部分存在宽硅链则不抗虫；而硅的总含量与抗（感）性并无密切联系。对取食抗性品种TKM2和感性品种IR8的幼虫上颚观察发现，饲养在抗性品种上的幼虫，上颚受到严重磨损。取食抗性品种（TKM6、黄金渡）的幼虫成活率低，老熟幼虫体长短，蛹重轻，雌雄比小，成虫产卵量少，这可能与稻株内缺少酪氨酸或较多的谷氨酸有关。在栽培措施方面，偏施氮肥或施肥过迟，造成稻苗徒长和叶片下披，同时植株含氮量高，都易诱蛾产卵，利于幼虫结苞，加重为害程度。施用硅肥可以增加水稻对稻纵卷叶螟的抗性。水培条件下，叶面施镁可以降低稻纵卷叶螟幼虫的发育历期，但雌成虫产卵量、幼虫和蛹中蛋白含量和总糖含量随着镁浓度的升高而升高。

（三）气候条件

稻纵卷叶螟的生长发育需要适温高湿。温度在22～28℃，相对湿度在80%以上最为适宜。阴雨多湿有利于发育，高温干旱或低温都不利于发育。如在29℃以上，相对湿度80%以下，雌雄成虫交尾率低，基本不产卵，即使产卵，其孵化率也受到影响。初孵幼虫在日最高温度超过35℃，相对湿度低于80%，很快就死亡。气温低于22℃，幼虫常潜伏于心叶内，取食活动迟缓。据浙江、湖北、江苏等省资料分析，凡迁入虫量大，成虫产卵至幼虫孵化期下雨10d以上，雨量接近或超过150mm，当代可能大发生；雨量和雨日还可以左右代次的为害程度。如江苏徐州多数年份第三代为主害代，但雨季早的年份，第二代发生也重。湖北荆州常年以第二代发生重，第三代发生期正值高温季节，一般蛾多卵少，但在多雨年份，气温低湿度大，有可能导致第三代持续大发生。此外，在蛾源迁入期间，锋面降雨天气还有利于迁入蛾源的降落，因此，雨日多，迁入的虫量也大。据各地观察，在卵盛孵期间，若遇连续大雨，心叶经常积水，对低龄幼虫不利，常可压低虫口密度53%～58%。

（四）天敌

天敌对稻纵卷叶螟数量的抑制具有重要的作用。稻纵卷叶螟的天敌主要有寄生性天敌和捕食性天敌两大类。在其各个虫期都有天敌寄生或捕食。卵期寄生性天敌有螟黄赤眼蜂（*Trichogramma chilonis* Ishii）、稻螟赤眼蜂（*Trichogramma japonicum* Ashmead）和松毛虫赤眼蜂（*Trichogramma dendrolimi* Matsumura）；幼虫期有纵卷叶螟绒茧蜂（*Apanteles cypris* Nixon）、螟蛉盘绒茧蜂[*Cotesia ruficrus* (Haliday)]、扁股小蜂（*Elasmus* sp.）等；蛹期有寄生蝇、姬蜂、广大腿蜂。卵期天敌寄生蜂在我国稻区分布很广，浙江、湖南等地1年可发生18～19代，寄生率高达50%～80%。幼虫寄生蜂以绒茧蜂更为重要，可把幼虫杀死在暴食期之前。捕食性天敌有青蛙、蜻蜓、豆娘、蜘蛛、隐翅虫、步甲虫等。蜘蛛类中以草间钻头蛛为常见的优势种。彩图1-32-2示田间蜘蛛捕食稻纵卷叶螟幼虫。防治稻纵卷叶螟必须保护和利用这些天敌资源，充分发挥自然因子的控制效应。

五、防治技术

稻纵卷叶螟的防治应采取农业防治为基础，通过合理使用农药，协调化学防治与保护利用自然天敌的关系，将其为害控制在经济允许水平之下。

(一) 农业防治

合理施肥，防止前期猛发旺长，后期恋青迟熟，促使水稻生长健壮、发育整齐，适期成熟，提高水稻本身的耐虫能力，缩短为害期。科学管水，适当调节搁田时期，降低幼虫孵化期的田间湿度，或在化蛹高峰期灌深水2～3d，均可收到较好的防治效果。及时收获，减少虫源。连作早稻收割时，第三代成虫羽化较少，但随着夏收时间的推迟，从早稻田羽化的成虫逐日增加。因此，应根据水稻成熟程度和虫情，抓紧夏收，及时翻耕灌水，将蛹消灭在羽化之前，以减少第三代虫源，减轻对晚稻的为害。

选用抗（耐）虫的高产良种。国际水稻研究所（IRRI）收集了62个国家的17 914个水稻品种（系）进行抗稻纵卷叶螟室内筛选，从中共筛选出TKM6、W1263、Muthuanikom、IR4707-106-3-2等35份抗性材料。稻纵卷叶螟为食叶性害虫，水稻叶片的叶型、物理及生化性状与抗虫性有关。在选用稻种时，在高产、优质的前提下，应选择叶片厚硬、主脉坚实的品种类型，使低龄幼虫卷叶困难，成活率低，达到减轻为害的目的。

(二) 生物防治

1. 保护自然天敌 在种植地进行药剂防治的同时要注重保护和利用螟黄赤眼蜂、稻螟赤眼蜂、纵卷叶螟绒茧蜂等寄生性天敌和蜘蛛等捕食性天敌。要积极创造有利于自然天敌生存、繁殖和发挥其效能的稻田环境。要避免药剂杀伤天敌。如按常规时间用药对天敌杀伤大时，应提早或推迟施药；如虫量虽已达到防治指标但天敌寄生率很高，也可不用药防治。在选择药剂种类和施药方法时，还应注意采用不杀伤或少杀伤天敌的药剂和方法。根据寄生比例来确定防治对象田，既可控制用药，又充分发挥天敌的作用，可收到十分显著的经济效益。保护稻田生态系统的生物多样性。在一个农业区内，实行合理轮作、间作或混栽，创造不利于稻纵卷叶螟发生而利于天敌繁殖的生态环境，如在田基上栽大豆，夏收夏种期间由于大豆枝叶繁茂，大量蜘蛛、隐翅虫、瓢虫等转至豆株上。在稻田设置性信息素诱杀点诱杀稻纵卷叶螟，这样其他较大面积稻田可不用药或少用药，从而保护了天敌。设置卵寄生蜂人工保护器和益虫保护笼，将卵块收集其中，待寄生蜂羽化飞回田间。还可在稻田施药之前，收集寄生天敌茧块，放入保护器中。

2. 释放赤眼蜂 根据当地虫情监测结果，于稻纵卷叶螟迁入蛾高峰期开始放蜂，即在害虫产卵始盛期开始放蜂，每隔3～4d放1次，连续放3次。放蜂量要根据害虫卵的密度大小而定，一般放蜂1万～3万头。放蜂标准为田间鳞翅目害虫（二化螟、稻纵卷叶螟、稻螟蛉、稻苞虫和黏虫等）成虫总量达每667m^2 150～200头放蜂1万只，如超过500头需放蜂1.5万只，如每667m^2虫量不足80只可不防治。放蜂应均匀，放蜂点的多少应根据蜂虫的扩散能力和温度高低、风向、风速等条件而定，一般每667m^2为6～8处。第一年晚稻采用生态防治的需配合放人工卵，在放蜂的同时于杯内放米蛾卵1万粒，并喷3%的蜂蜜水1次以保持杯内湿度，有利于在田间繁殖1代赤眼蜂。

每667m^2设置6～8个放蜂点，每点间隔8～10m，在放蜂点插1.5m高的竹竿一根，将分好的赤眼蜂卡（每份1 000～2 000头蜂）用缝衣针和棉线缝在一次性水杯的内侧底部，棉线从杯子底部穿出，捆在竹竿上，杯口向下，悬挂在竹竿上，杯口距离水稻叶片顶部10～20cm。第二次放蜂时，只要把蜂卡分好，用胶水把蜂卡粘在杯子的内侧壁上即可。

3. 性信息素 日本鉴定的稻纵卷叶螟性信息素组成是顺11-十八碳烯醛、顺13-十八碳烯醛、顺11-十八碳烯醇和顺13-十八碳烯醇，比例为11∶100∶24∶36。由此配制的诱芯在中国的南宁和杭州，越南以及印度尼西亚均能诱到大量的雄蛾。在浙江地区以顺11-十八碳烯醛、顺13-十八碳烯醛、顺11-十八碳烯醇和顺13-十八碳烯醇以60μg∶500μg∶60μg∶120μg配制的PVC毛细管诱芯对稻纵卷叶螟的诱集效果佳；顺11-十八碳烯醛、顺13-十八碳烯醛、顺11-十八碳烯醇和顺13-十八碳烯醇以60μg∶500μg∶60μg∶60μg配制的PVC毛细管诱芯在浙江、上海、江西、湖南、湖北、广西、贵州、重庆和海南等地诱集效果佳，可用于测报或诱杀雄蛾。

4. 以菌治虫 施用生物农药杀螟杆菌、青虫菌或苏云金杆菌 HD-1 菌剂（每克菌粉含活孢子 100 亿以上），每 667m² 150～200g，加 0.1%洗衣粉或茶籽饼粉作湿润剂，对水 60～75L 喷雾，若再加入少量化学农药（约为农药常用量的 1/5），则可提高防治效果。应用生物农药的防治适期，应掌握在初孵幼虫期，但在蚕桑区不宜使用，以免家蚕感染。

（三）药剂防治

1. 防治策略 根据水稻分蘖期和穗期易受稻纵卷叶螟为害，尤其是穗期损失更大的特点，药剂防治的策略，应狠治水稻穗期为害世代，但也不可放松分蘖期为害严重的代别。浙江、上海和江苏南部等地，一般采用“狠治二代，巧治三代，挑治四代”的防治策略。重点做好水稻中后期稻纵卷叶螟主害代的防治。

2. 防治指标 根据近年来的研究，稻纵卷叶螟为害所造成的产量损失，因水稻生育期而不同。分蘖期叶片受害，因光合产物主要供植株营养生长，作物有一定的补偿能力，对产量的影响较小，但孕穗后叶片的光合产物主要供给幼穗发育，稻叶受害，能导致颖花、枝梗退化，增加空秕率，降低结实率和千粒重，尤其是水稻功能叶受害，直接影响干物质的积累，对产量的影响最大。因此，水稻孕穗至抽穗期受害损失大于分蘖期。考虑到水稻不同生育期对受害的容忍度及对天敌资源的保护和利用，提倡以 2%～3%的损失作为经济允许水平的防治指标如下：分蘖期北方稻区为百丛有幼虫 50～100 头，南方稻区为百丛 100～200 头；穗期百丛为 30～50 头。江淮稻区杂交中稻拔节期的防治指标为百丛有幼虫 150～200 头，常规中稻为百丛 100～125 头。大发生情况下提倡卵孵高峰期至低龄幼虫期施药，分蘖及圆秆拔节期每百丛有 50 个束尖，穗期每 667m² 平均有幼虫 10 000 头以上，应列为防治对象田。

3. 药剂种类及施药方法 药剂防治可选择 25%杀虫双水剂、4%阿维菌素乳油、25%阿维·氟铃脲乳油、甲氨基阿维菌素苯甲酸盐水分散粒剂与微乳剂（含量不低于 2%）、10%阿维·氟酰胺悬浮剂、25.5%阿维·丙溴磷乳油、20%氯虫苯甲酰胺悬浮剂、40%氯虫·噻虫嗪水分散粒剂、15%茚虫威乳油、40%～50%丙溴磷乳油、20%甲维·毒死蜱、5%阿维·苏云金等。施药时间在 1d 内以傍晚及早晨露水未干前效果较好，晚间施药效果更好。阴天和细雨天全天均可。在施药前先用竹帚猛扫虫苞，使虫苞散开，促使幼虫受惊外出，然后施药，可提高防治效果。施药期间应灌浅水 3～6cm，保持 3～4d。如在搁田期或已播绿肥不能灌水时，药液应适当增加。施药适期因各种农药性能及发生量不同而异。稻纵卷叶螟的防治一般年份防治代只需施药 1 次，即可达到消灾保产的目的。

附：测报技术

稻纵卷叶螟测报技术规范详见《GB/T 15793—2011 稻纵卷叶螟测报技术规范》。

1. 种群调查 在稻田、绿肥田及田边、沟边等稻纵卷叶螟主要越冬场所调查稻桩、再生稻、落谷稻、冬稻及杂草上的幼虫和蛹的越冬情况；从灯下或田间始见蛾开始，至水稻齐穗期对成虫及雌蛾卵巢发育进度作调查；各代产卵高峰期开始（迁入代在蛾高峰当天，本地虫源在蛾高峰后 2d），至第三龄幼虫期为止，开展卵、幼虫种群消长及发育进度调查。在田间蛾量突增后 2～3d 开始卵量普查；在各代第二至三龄幼虫盛期开始幼虫发生程度普查；各代为害基本定局后进行残留虫量和稻叶受害率（程度）普查。

2. 预测预报 根据田间调查数据，由蛾高峰期预测卵孵高峰期和第二龄幼虫期。卵孵高峰期为田间赶蛾查得蛾高峰日，加上本地当代的产卵前期（外来虫源为主的世代或峰次不加产卵前期）；第二龄幼虫期为卵孵高峰期加上卵历期和一龄幼虫历期。

根据虫源地的残留量及发育进度，结合本地雨季和高空大气流场的天气预报，分析迁入虫源多少，预测发生趋势。如虫源地防治后残虫量多，羽化盛期当地气候对迁入有利，迁入量可能偏多。本地虫源为主时，根据残留量多少，分析下一代发生趋势。

根据田间蛾量，结合雨季的长短、雨日、雾露、温度、湿度情况，结合水稻生育期和长势等，进行综合分析预测发生量；根据卵量，考虑气候、天敌等影响因子，运用稻纵卷叶螟生命表研究成果，进行分析预报发生量。

3. **发生程度分级标准** 根据卷叶率和虫量将稻纵卷叶螟幼虫发生级别分为5级，见附表1-32-1；根据卷叶率和产量损失率将稻叶受害程度分为5级，见附表1-32-2。根据幼虫发生或稻叶受害级别以及该级面积占适生水稻面积比例（%）将稻纵卷叶螟的发生（为害）程度分为轻、偏轻、中等、偏重（比较严重）和大发生（特别严重）5个级别（附表1-32-3）。

附表1-32-1 稻纵卷叶螟幼虫发生级别分类

Supplementary Table 1-32-1 Occurrence levels of *Cnaphalocrocis medinalis* larvae

级别	分蘖期		孕穗至抽穗期	
	卷叶率（%）	每667m² 虫量（万头）	卷叶率（%）	每667m² 虫量（万头）
一	<5.0	<1.0	<1.0	<0.6
二	5.0～10.0	1.0～4.0	1.0～5.0	0.6～2.0
三	10.1～15.0	4.1～6.0	5.1～10.0	2.1～4.0
四	15.1～20.0	6.1～8.0	10.1～15.0	4.1～6.0
五	>20.0	>8.0	>15.0	>6.0

附表1-32-2 稻叶受害程度级别分类

Supplementary Table 1-32-2 Damage levels of rice leaves by *Cnaphalocrocis medinalis*

级别	分蘖期		孕穗至抽穗期	
	卷叶率（%）	产量损失率（%）	卷叶率（%）	产量损失率（%）
一	<20.0	<1.5	<5.0	<1.5
二	20.0～35.0	1.5～5.0	5.0～20.0	1.5～5.0
三	35.1～50.0	5.1～10.0	20.1～35.0	5.1～10.0
四	50.1～70.0	10.1～15.0	35.1～50.0	10.1～15.0
五	>70.0	>15.0	>50.0	>15.0

附表1-32-3 发生（为害）程度等级及其指标

Supplementary Table 1-32-3 Levels and index of *Cnaphalocrocis medinalis* occurrence and their damage

发生（为害）程度	幼虫发生或稻叶受害级别	该级面积占适生水稻面积比例（%）
轻	一级	>90
偏轻	二级	>10
中等	三级	>20
偏重（比较严重）	四级	>20
大发生（特别严重）	五级	>20

杨亚军 吕仲贤（浙江省农业科学院植物保护与微生物研究所）

第33节 三 化 螟

一、分布与危害

三化螟［*Scirpophaga incertulas*（Walker）］属鳞翅目草螟科。又名蛀心虫、钻心虫、蛀秆虫、白漂虫等。异名：*Chilo incertulas*（Walker）、*Catagela admotella*（Walker）、*Schoenobius punctellus*（Zeller）、*Schoenobius mintellus*（Zeller）、*Tipanaea bipunctifera*（Walker）、*Chilo gratioselus*（Walker）和 *Tryporyza incertulas*（Walker）。

三化螟为偏南方性（亚洲热带至温带南部）害虫。国外主要分布于日本、巴基斯坦、菲律宾、越南、柬埔寨、缅甸、马来西亚、印度尼西亚、印度、斯里兰卡和埃及等国。国内分布北限为山东莱阳、烟台、泰安、汶上，安徽宿县、砀山，河南辉县、汤阴以及陕西武功一线。此线大体接近年等温线14℃或一年中20℃以上天数达136d左右的地区。西界是四川西昌和云南西部，东至台湾，南达海南岛最南端。从垂直分布看，云南在2 000m以上、贵州在1 500m以上地区均未发现；湖南大部分地区只在海拔800m以下才见到。为害区主要在淮河以南。但如山东南部的郯城，陕西南部的商县、汉中，个别年份发生也较多，损失在10%以上。三化螟为单食性害虫，目前国内记录只为害水稻。它以幼虫钻蛀稻株，取食叶鞘组织、稻茎内壁和穗苞，主要是在分蘖期为害造成枯心，在孕穗期为害造成白穗。

20世纪50～70年代，三化螟种群密度高，为害面广，给我国水稻优质、高产造成了严重影响；70年代末期，由于大面积推广杂交稻，单、双季稻并存地区压缩双季稻种植面积，恢复单季稻种植制度，三化螟种群密度很低，构不成危害。进入20世纪90年代，受耕作制度的变更、水稻品种更换、免耕及少耕技术推广等诸多因素的影响，三化螟种群上升很快，导致1993—1995年在江苏等稻区大暴发。

二、形态特征

三化螟成虫、卵块、幼虫和蛹形态如彩图1-33-1。

雄蛾：体长8～9mm，翅展18～22mm，头、胸部背面和前翅淡灰褐色。复眼灰黑色，下唇须长，伸向前方。前翅近三角形，中央（中室下角）具1小黑点，自翅尖至内缘中央附近有1条暗褐色斜带，外缘有9个小黑点，前面7个较明显，缘毛与翅同色。后翅灰白色，外方稍带淡褐色，具臀脉3条，缘毛几为白色，腹部细瘦，灰白色，基部3节黄褐色。

雌蛾：体长10～13mm，翅展23～28mm，体黄白色或淡黄色。前翅淡黄或黄色，外方色较深，中室下角有1个明显的黑点，缘毛黄色。腹部末端有一撮淡茶褐色或淡黄褐色绒毛，产卵后脱落（黏盖于卵块上）。

卵：长0.13～0.14mm，宽0.10～0.11mm，卵粒扁平椭圆形，但常因相互挤在一起而呈不规则的四角形或五角形。初产时乳白色，后转为黄白色、黄褐色，近孵化时变为灰黑色。卵块平均长6.3mm，宽2.8mm，长椭圆形，中央稍隆起，形似半边黄豆，卵粒呈3层排列，中央3层，边缘为1、2层，卵块表面盖有淡茶褐色或淡黄色鳞毛，排列较杂乱。

幼虫：一般4～5龄，个别的6龄。末龄幼虫体长约21mm，头淡褐色或黄褐色，胸腹部黄白色或淡黄绿色，除映出淡绿色的背血管（似背线）外，无其他纵纹，气门淡茶褐色。腹足趾钩28～38个，排列整齐，为椭圆形单序全环；尾足趾钩21～31个，呈眉状半环。

初孵幼虫（又称蚁螟），头壳黑色，体灰黑，前胸盾板黑色，第一腹节的2/3淡白色，形成明显的白环。取食后，腹部变为灰白色，头壳仍为黑褐色，体长1.2～1.4mm，头宽0.23mm左右，2d后体长增长到3mm左右，背管不显现，腹足趾钩8～10个。

二龄幼虫头壳黄褐色，体黄白色，第一腹节的白环消失，体长4～7mm，头宽0.4mm左右，背管隐约可见，腹足趾钩12～16个。

三龄幼虫体黄白色，背管明显可见，体长7～9mm，头宽0.63mm左右，腹足趾钩16～22个。

四龄幼虫体较肥胖，黄绿色，体长9～15mm，头宽0.85mm左右，腹足趾钩21～27个。

五龄幼虫身体肥大，体长15～20mm，头宽1mm以上，腹足趾钩29～32个。

雄蛹：体长约12mm，较细瘦，初为黄白色，后变黄绿色，头部较小，触角长度达翅长的7/8左右，前翅端部达第四腹节后缘，中足超过翅端部伸到第五腹节，后足伸长达第七或第八腹节。

雌蛹：体长约13mm，较粗大，触角长度为翅长的一半，前翅端部达第四腹节后缘，中足较接近翅的端部，后足伸至第五腹节后缘或第六节。

三、生活习性

三化螟的年发生代数，从北向南，或从高原向平地逐渐递增。云南中部和东北部地区（海拔1 500～2 000m，年平均温度16℃左右）、贵州西北部地区（海拔1 000m左右，年平均温度15～16℃）及四川西昌地区（海拔800～1 500m）年发生2代。云南南部（海拔1 000m上下，年平均温度17～18℃）、贵州北部和中部（海拔500m以下，年平均温度17℃）、四川西北部（海拔500 m左右，年平均温度17℃）和江苏、安徽的北部、河南的南部，年发生3代。浙江杭州湾以南、福建福州以北、台湾北部，以及江西、湖南、湖北、四川盆地和安徽南部，广西桂林以北和云南、贵州两省的少数县份，年发生4代。福建福州、江西赣州、广西桂林一线以南，广东湛江以北，年发生4～5代。广东雷州半岛、云南西双版纳、台湾中部年发生5代。海南大部、台湾南部和云南元江县1年发生6代。海南南部沿海少数县份，年发生7代。

三化螟的寄主以水稻为主，陆稻和野生稻上也有发现。以幼虫在稻桩中越冬，次春气温回升到16℃以上时开始化蛹；海南岛南部沿海月平均最低气温接近16℃，三化螟基本无滞育现象。越冬幼虫由于体内水分减少，脂肪量增加，并有稻桩保护，对不良环境的抵抗力较强，冬季田间浸水1个月以上才能全部杀死。但是，越冬后将化蛹前，由于幼虫生理活动旺盛需氧量大增，稻桩组织变疏松易于渗水，故此时浸水淹没稻桩，断绝氧气供应，短期即可使幼虫全部死亡。如广州、南宁3月间浸水7～10d，浙江诸暨4月间浸水10d，幼虫全部死亡。越冬代蛹历期10～20d。早春气温高，蛹期较短，气温低，蛹期延长。

羽化时间一般在黄昏至22:00，当晚下半夜开始交尾，雌蛾一生一般交尾1次，多的3次；雄蛾一般交尾1～2次，多的5次。在气温20℃以上时，第二天晚上即开始产卵。气温低于20℃，产卵前期延长，卵块明显变小，孵化率明显降低，螟蛾平均寿命3～7d。羽化后第二天晚上有较强的趋光性，对黑光灯比较敏感，一般上半夜扑灯最盛；如天气闷热，下半夜扑灯也较多。螟蛾扑灯还受风、雨及月光的影响。雌蛾喜欢选择嫩绿的稻株上产卵，分蘖期的卵量多于秧田和圆秆拔节期，很少在抽穗后的水稻上产卵。每头雌蛾一般怀成熟卵100多粒，产卵1～5块，一般2块左右。卵块多产于叶面或叶背，秧田期多产于上部叶片，本田期产卵位置，遇大风天气多产在下部，无风则多产于上部。卵孵化的最适温度为25～29℃，相对湿度为95%～100%。卵历期一般7d左右，早春和初冬平均气温15～20℃时，卵历期长达20d左右。

蚁螟孵化后从卵块中爬出，至叶尖吐丝垂落，借风力扩散至附近稻株，寻找适当部位蛀孔取食。在苗期和分蘖期，从稻茎基部蛀入，造成枯心苗。在孕穗初期侵入，造成枯孕穗，在孕穗末期和抽穗初期侵入，咬断穗颈，造成白穗；乳熟期侵入，造成半枯穗；黄熟期侵入，则形成虫伤株。

水稻分蘖期，蚁螟蛀茎2～3d后始见青枯心，6d后始见枯心，12d后枯心苗显著增加，枯心率在15d后达高峰。此时，幼虫以三龄为主。整个幼虫期转株2～3次。在二龄至三龄间，多直接从一株转移到另一株为害，转株过程约需1h。而在三龄至四龄时，则先吐丝缀叶成筒，然后咬断筒的两端，形成一囊，幼虫负囊爬行转株，找到合适植株后，于离水面2～3cm处，吐丝将囊垂直固定在稻茎上，而后蛀茎，转株过程约需2h以上。

水稻幼穗形成期，蚁螟由稻茎蛀孔或由叶鞘缝潜入，食害已形成的幼穗，4d后整个幼穗被取食殆尽，幼虫进入二龄。水稻孕穗期，蚁螟从叶鞘蛀孔或从剑叶鞘合缝处潜入，蛀食颖壳内的雌雄蕊，并随稻穗抽出剑叶鞘，幼虫向下转移，3～5d后开始钻茎蛀食，造成断环；7d后白穗大量出现；8d后始见三龄幼虫，并开始转株。水稻抽穗期，蚁螟多从剑叶鞘口附近蛀茎侵入，5d后即出现白穗，7d后初见幼虫转株为害。秧苗期蚁螟侵入率随秧龄的增高而增加；水稻分蘖期和孕穗期的蚁螟侵入率和成活率都较高，晚稻圆秆拔节期侵入率低，早稻圆秆拔节期侵入率又稍高；水稻乳熟后，蚁螟基本不能侵入。幼虫老熟后，转移到稻茎基部结薄茧化蛹。化蛹前，幼虫在化蛹处上方不远的稻秆上咬成只留一层薄膜的羽化孔，羽化后，成虫冲破薄膜从此孔爬出。

三化螟幼虫有4～8龄，但大多数为4～5龄。蜕皮次数与食料及温度有密切关系。凡是食料充足、温度高，蜕皮次数减少；食料不足，蜕皮次数增加。由于温度低、食料差，往往使越冬幼虫多蜕皮1～2次。第一、二龄幼虫食稻花时，历期为3～4d；而吃圆秆期的稻茎时，历期为4～5d。全部用圆秆期的稻茎饲养幼虫，多数为4龄；而全部用分蘖期稻茎饲养，则第五龄幼虫数量显著增加。幼虫历期长短，随温度而异。高温会促使龄期缩短和减少龄数，整个幼虫期随之缩短；反之，低温促使龄数增加，延长各龄历期，幼虫期从而拉长。

四、发生与环境的关系

（一）气候条件

气候因素直接影响三化螟的发生量。温度29℃和相对湿度90%最适宜产卵。在适温范围内，如相对湿度低于50%时，产卵数显著减少。螟卵的发育起点温度为15℃，在温度15℃以下和相对湿度70%以下，或在42℃超过3h，卵都不能孵化。气温低于20℃，孵化率显著下降，甚至很难造成螟害。在温度25～29℃和相对湿度95%～100%的条件下，孵化率最高，一般达89%以上。在温度40℃以下时，一般不影响蚁螟的侵入活动；超过40℃时，温度越高，侵入率越低；到46℃时，仅有5.6%的蚁螟能侵入稻茎。幼虫化蛹和蛹羽化为成虫的发育起点温度为16℃，越冬幼虫在温度16℃以下时，不能化蛹和羽化。越冬幼虫过冷却点为−7.2℃，体液冰点为−4.9℃，在−5℃下持续102h，死亡率不过80%，在−10℃中持续24h，死亡率达85%。

羽化除温度外也要求一定的湿度条件。越冬幼虫在湿润的冬作田比干燥的翻耕的冬闲田中早化蛹和早羽化。越冬幼虫开始发育和化蛹后，降水量和降雨日是决定在此期间存活率的一个主要因素。其作用主要在于经雨水浸渍，稻桩容易霉烂，使幼虫窒息死亡和易遭寄生菌寄生而死亡；相反，干旱年份稻桩不易腐烂，越冬幼虫死亡率很低。因此，在越冬幼虫开始发育至羽化前，如果天气干旱少雨，往往第一代发生量大。如早春雨量充沛，及时春耕整田，也能淹死越冬幼虫。

我国稻区辽阔，春季南旱北涝，或南涝北旱，三化螟害亦随之南重北轻，或南轻北重。发生基数决定于春季螟虫的有效虫源，包括小麦、绿肥留种田以及翻耕的冬闲田，这些田块面积及稻桩里越冬幼虫能否安全化蛹羽化和产卵繁殖，与当年的螟害轻重有密切关系。

气候因素还影响发蛾期和发生量。三化螟的发育速度，主要决定于气温的高低。早春气温高的年份，越冬幼虫发育较快，第一代发生期提早，第二、三代也相应提早，第三代盛发期结束也较早。在单季稻区一代三化螟蛾飞到本田产卵的数量便大大减少，在双季稻区三代三化螟蛾飞到晚稻本田产卵的数量也大大减少。螟蛾主要在单季稻秧田及双晚秧田产卵。蚁螟在秧苗上的侵入率低，而且幼虫在秧苗里往往因为营养不足，导致转株频繁，引起大量死亡。在秧田中螟卵孵化后的成活率一般只有2%～7%。经过移栽操作，又使秧苗里的幼虫伤亡不少，因而移入本田后，能发育成螟蛾的数量不多；反之，春季气温较低，一至三代螟蛾发生期相继推迟，能在本田产卵，或在秧田产卵随着移栽而带入本田孵化的比较多。由于在本田期幼虫侵入率较高，营养充足，死亡较少，比在秧田里产卵孵化的成活率提高几倍。因此，发蛾量就显著增多。

三化螟的发生发展及其为害与气象条件紧密相关。对湖北恩施连续15年的三化螟测报资料进行分析表明，恩施第一代三化螟成虫种群数量的变动与当地5月上旬的温雨系数、5月下旬的降水、6月上旬的平均最高气温密切相关。在江西景德镇市，利用气象因子预测三化螟发生的高峰期，取得了较准确的结果。在江苏泰兴的观察发现，春季雨量对越冬代蛹羽化有明显影响。4月下旬至5月中旬雨日多雨量大，蛹死亡率高。

（二）耕作制度

在一个地区内，螟虫一年中的发生消长主要决定于当地的耕作制度。随着各地耕作制度的不断改变，各地区三化螟的发生和为害情况也在不断变化。5代区的雷州半岛海康县过去为一年两熟双季连作区，1976年开始推广三熟制（薯、稻、稻和三季连作稻）后，形成了双季稻同三季稻混栽的局面，三化螟由三代多发型变为五代多发型，螟害面积显著增加。但当三季稻发展到占优势时，螟害又趋下降。广东珠江三角洲，过去为双季稻、单季稻混栽或为双季间作稻区，当时三化螟、二化螟和台湾稻螟都有发生，螟害较重；1957年改为双季连作后，螟害大为减轻。三化螟发生型由四代多发型变为三代多发型。1964年以后推广一年三熟制，冬作面积逐年扩大，小麦田、绿肥留种田不能及时翻耕灌水浸死越冬幼虫，增加了虫源基数，三化螟再次回升为四代多发型。广东潮汕地区，过去普遍种植早稻早熟品种矮脚南特，第二代发生时，早稻已乳熟，因此白穗很轻，在晚稻秧田产卵孵化的第二代幼虫也受抑制，从而第三代发蛾量很少，形成二代多发型。20世纪60年代改种中熟品种后，第二代发生时正遇早稻孕穗抽穗期，早稻螟害增重，发生型由二代多发型变为三代多发型。江苏和浙江北部，基本上每年发生3代。20世纪50年代以前，江苏太湖沿岸，原为单季晚稻地区，由于晚播晚栽，第一代三化螟蛾绝大部分找不到秧田产卵，使二代发蛾量比一代少，三代蛾量比二代多，呈马鞍形，但由于繁殖力有限，虫量仍不很多，盛孵期虽与晚稻破口吐穗期相遇，为害仍轻。自20世纪50年代水稻改制后，单、双季并存，提早播种、插秧，一代三化螟有了繁殖场所，二、三代就一代比一代多，形成阶梯形。同时，三化螟逐年增多，二化螟就逐年下降，形成了以三化螟为主的局面。但是当双季稻扩大到80%以上，部分地区达到100%，二代三化螟蛾发生时，早稻均已齐穗灌浆，不适宜产卵，只有少数螟蛾在迟熟早稻和单季晚稻以及后季稻秧田里产卵；在单季晚稻和后季秧田里，由于防治稻叶蝉、稻蓟马等害虫，螟虫得以兼治。当前季稻抢收，后季稻抢种时，夏耕灭茬，二代三化螟绝大部分在幼虫阶段经翻耕灌水而被杀灭了，只有少数在单季晚稻和后季秧田里能羽化为三代，蛾数很少，形成了三代少于二代的二代多发型。安徽江淮稻区、贵州江口一带原以一季中稻为主，三化螟为三代多发型，改制后，单、双季并存，早、中、晚稻混栽，品种繁多，加上水利条件限制，绿肥田翻耕不及时，播、栽期拖得较长，有利于三化螟繁殖，二、三代连续多发，四代也比以前显著增多，螟害比改制前大大加重。四代区的江西丘陵地带，因水利条件限制，普遍为单、双季稻混栽，有利于螟虫辗转繁殖，发蛾量逐代增长，为四代多发型，中、晚稻白穗较多。湖北20世纪50年代种植纯早、中稻或晚稻时，均以二化螟为主；改为早、中、晚稻混栽后，三化螟增多，二化螟逐年减少；湖北黄冈地区在双季稻发展初期，三代三化螟为害处于穗期的一季晚稻与中稻，滞育量大，转化为四代的数量少，表现为三代多发型，发展为以双季稻为主后，由于三代均在早插双晚分蘖期稻田为害，滞育量少，转化率高，便由过去的三代多发型转为四代多发型。湖北的通城、汉阳等县为纯双季稻区，三化螟基本不为害水稻。原因是一季晚稻与中稻桥梁田少，二代转化为三代的虫源田少，早稻收割后，未羽化的螟虫被翻耕消灭，减少了三、四代的为害。我国西南广大稻区，过去种植一季中稻，三化螟只发生3代，推广双季稻后，灯下普遍出现第四代。单季与双季并存的稻区，以中稻为主，迟中稻比率大的地区，三化螟为害重；以双季稻为主的地区，三化螟为害轻。

（三）寄主植物与栽培管理

不同水稻品种的生物学特性不同，对三化螟的抗性和耐性就不一样，能影响三化螟种群的消长。但更重要的是不同水稻品种生长期的长短不一样，分蘖、圆秆拔节、孕穗、抽穗、灌浆成熟等各个生长发育阶段和各稻区三化螟的各世代、各虫态相互对应的状况不同，三化螟幼虫的侵入率、成活率也不同，从而导致三化螟种群大幅度的消长。最显著的事例是在20世纪70年代末80年代初全国大面积推广杂交稻，改变了长江流域大部分稻区的水稻苗情和三化螟虫情相互配合的状况。杂交稻同常规籼稻相比，对三化螟的生长、发育和繁殖更为有利。但杂交稻比常规稻的生育期提早7～10d，可避开三化螟的为害高峰，使其种群下降，为害减轻；双季稻区，早稻生育期较短，三代幼虫和蛹来不及化蛹、羽化，随稻茬耕翻而死亡，种群趋于凋落。从而使三化螟种群全面下降，二化螟种群普遍回升。而华南稻区苗情与虫情的对应状况基本未变，所以，田间仍以三化螟为主。

由于三化螟幼虫蛀入水稻内部取食和存活，因而水稻的不同生育阶段与螟虫的生长发育有极密切的关系。蚁螟多从叶鞘脉间蛀孔侵入，在稻苗幼小时，脉间狭窄，蚁螟必须咬破叶脉上的部分维管束组织才能侵入，因此蛀孔的时间较长，侵入率很低。据观察，在20d秧龄的秧苗上蛀孔，约需1.5h才能完成，侵入率仅19%，绝大部分蚁螟因不能侵入而死亡，在40d秧龄的秧苗上蛀孔，仅需15min，侵入率达59%，在分蘖期，蚁螟亦易于侵入。晚稻圆秆期，稻株外面有多层叶鞘紧密包裹，此时叶鞘比较坚硬，蚁螟蛀孔比较困难，侵入率低，90%以上的蚁螟因不能侵入而死亡。早稻圆秆期虽亦有多层叶鞘包裹，但因组织较柔嫩，蚁螟侵入率仍较高。在孕穗期只有一层叶鞘包裹，而且叶鞘两边抱合部分组织柔软，蚁螟易于侵入，在30min内的侵入率即达75%，当剑叶环伸出达10cm左右，剑叶鞘裂开至露穗时，是蚁螟侵入最有利的时期，平均一个卵块可造成24.6根白穗。水稻抽穗以后，稻株组织老化，蚁螟侵入又较困难，侵入率降低，一个卵块仅可造成11.7根白穗。到乳熟期以后，蚁螟就难以侵入，但转株迁移的幼虫蛀孔能力强，不受这些限制，即使乳熟期的水稻，也会有幼虫在其下部茎内食害，并在其中结茧化蛹，但稻株不表现白穗，这种现象称为虫伤株。据广东粤北地区在第二代三化螟化蛹期调查，虫伤株带虫率最高达75.8%，最低为45%，平均为57.3%。在虫伤株内的化蛹率最高为65.2%，最低为17.1%，平均为43.4%。所以，调查虫口密度时，应注意虫伤株内的虫态和数量。

20世纪90年代以来，我国主攻水稻单产，随着生育期较长的水稻新品种演替与北移和旱育稀植、抛秧等栽培技术的推广，水稻的生物学特性发生新的变化，群体生育阶段性相对模糊，三化螟的年发生期延伸、峰次增多，在长江流域及我国南方水稻高产主产区的发生和为害大幅度上升。

田间栽培管理（包括施肥、排灌水、中耕锄草等）直接或间接影响三化螟的为害程度。水稻各生育期全氮含量依次为分蘖期>拔节期>孕穗期，稻株全氮含量高有利于三化螟取食为害。施氮肥过量或过迟，一方面增加植株全氮含量，促进取食幼虫生长发育；另一方面导致植株稻酮含量上升，吸引成虫产卵，最终使为害加重。中耕锄草和收后耕田，可杀死田间大量幼虫，降低种群基数。适时的排灌水和搁田也可抑制三化螟发生为害。

推广免少耕技术，提高了三化螟越冬残留量。据1992年4月下旬在江苏泰兴大生镇马乔村、燕头镇跃进村等地调查，耕翻田8块平均死亡率81.25%，免少耕田6块平均死亡率24.65%，耕翻田比免少耕田死亡率高56.0%。其原因是：免少耕使半埋稻根增多，导致三化螟越冬虫量高，死亡率低；耕翻可直接杀死部分幼虫，同时使稻桩脱离土粒而失水，幼虫及蛹易干死，而且耕翻后稻桩露于土表，其温度明显比未耕翻的地下稻桩低，三化螟易受冻死亡。

（四）天敌

三化螟的捕食性天敌主要有青蛙、蜻蜓、步行虫、隐翅虫、瓢虫、虎甲、螽斯及蜘蛛等。其中最主要的类群是蜘蛛，尤以狼蛛为主，其他蜘蛛主要为蟏蛸类和嗜水新圆蛛。在秧田，9.94%的三化螟成虫被蜘蛛捕食，在大田每公顷有9 303头成虫被捕食。三化螟转株幼虫有近1/10被蜘蛛捕食。蜘蛛在三化螟成虫盛发期可起到一定的抑制作用，对转株幼虫的杀伤作用较大。另外，钩草螽和瑟氏草螽是三化螟卵期的捕食性天敌，据1984—1985年田间调查结果，它们对第二、三、四代三化螟卵块的捕食率分别为7.62%、3.00%、36.80%～69.05%。

三化螟的卵期寄生蜂主要有4种：稻螟赤眼蜂（*Trichogramma japonicun* Ashmead）、长腹黑卵蜂［*Telenomus rowani*（Gahan）］、等腹黑卵蜂［*Telenomus dignus*（Gahan）］和螟卵啮小蜂（*Tetrastichus schoenobii* Ferriere），前3种分布较广。1972年、1973年湖北省6个主要水稻产区统计，三化螟第二至四代的平均寄生率分别为：宜昌地区40.25%、荆州地区26.18%、咸宁地区25.11%、武汉地区24.91%、孝感地区22.89%、黄冈地区22.81%。

三化螟寄生性天敌除上述4种卵寄生蜂外，还已知姬蜂10种、茧蜂9种和小蜂1种：螟蛉埃姬蜂［*Itoplectis naranyae*（Ashmead）］、三化螟沟姬蜂［*Amauromorpha accepta schoenobii*（Viereck）］、爪哇邻亲姬蜂［*Gambroides javensis*（Rohwer）］、台湾弯尾姬蜂［*Diadegma akoensis*（Shiraki）］、大螟钝唇姬蜂［*Eriborus terebranus*（Gravenhorst）］、中华钝唇姬蜂［*E. sinicus*（Holmgren）］、黄眶离缘姬蜂［*Trathala flavo-orbitalis*（Cameron）］、螟黄抱缘姬蜂［*Temelucha biguttula*（Matsumura）］、菲岛抱缘姬蜂［*T. philippinensis*（Ashmead）］、三化螟抱缘姬蜂［*T. stangli*（Ashmead）］、中华茧蜂［*Amyosoma chinensis*（Szépligeti）］、螟黑纹茧蜂［*Bracon onukii*（Watanabe）］、三化螟茧蜂［*Tropobracon luteus* Cameron］、白螟窄狭茧蜂［*Stenobracon nicerillei*（Bingham）］、三化螟稻绒茧蜂［*Exoryza schoenobii*（Wilkinson）］、螟蛉盘绒茧蜂［*Cotesia ruficrus*（Haliday）］、螟黄足盘绒茧蜂［*Cotesia flavipes*（Cameron）］、稻螟小腹茧蜂［*Microgaster russata*（Haliday）］、三化螟扁股小蜂［*Elasmus albopictus*（Crawford）］。由于三化螟幼虫生活在稻茎内，因此幼虫被寄生蜂寄生的机会不多，寄生率也较低。在贵州南部，各种寄生蜂的寄生率：菲岛抱缘姬蜂为2.4%～5.5%，三化螟绒茧蜂为0.9%～4.7%，三化螟沟姬蜂为0.4%～1.6%，几种寄生蜂的总寄生率不超过9%。病原微生物的寄生，是造成三化螟越冬幼虫春季死亡的主要原因。线虫的寄生在个别地区对三化螟起相当大的抑制作用，如据浙江嘉兴观察，第一、二代三化螟幼虫被寄生率达40%～81.4%。

（五）化学农药

一些农药在低剂量时或由杀虫剂产生的次生化合物，刺激害虫产卵，导致害虫种群再猖獗。扬州大学研究发现，用防治稻飞虱的化学杀虫剂扑虱灵和吡虫啉处理非靶标害虫三化螟，刺激了三化螟产卵，其后代成虫产卵量显著高于对照。受这两种农药刺激，三化螟的卵巢蛋白质的积累、保幼激素滴度提高，生物学参数产卵量、重量、成活率、雌虫比例提高。

五、防治技术

根据三化螟的为害特点，采取“防、避、治”相结合的防治策略，以农业栽培措施为基础，科学合理用药为关键，压低基数与控制为害相结合。

（一）农业防治

1. 加强田间管理，减少虫源基数 采用低茬收割，清除稻草，在越冬代螟虫化蛹高峰期实施翻耕灌水或直接灌水，淹没稻桩，或早春气温回升蛹羽化时灌水杀蛹（蛾），可减少越冬虫源或一代虫源基数。

2. 调整播期避害 目前长江流域及其以北稻区多为中稻或单季晚稻，可根据当地情况，适当推迟播栽期并采用地膜覆盖隔离育秧技术，可以避开一代螟虫的为害。

(二) 物理防治

利用三化螟成虫的趋光性，设置频振式杀虫灯进行诱杀，从而有效降低成虫种群密度及后代数量。安装时要求棋盘状布局，单灯有效控制半径为100m左右，杀虫灯接虫口离地1.5m左右。开灯时间为20:00至翌日7:00，及时清理杀虫灯电网，以免杀虫效果下降。受气候和地形的影响，还应配合其他防治方法。另外，近灯区水稻上的卵量明显高于其他地方，需利用化学农药进行挑治。

(三) 生物防治

保护和利用田间青蛙、蜘蛛和寄生蜂等天敌，尽量减少化学农药对天敌的杀伤作用，充分发挥天敌的自然控制作用。有条件的地区可人工培养和释放卵寄生蜂控制三化螟的发生。螟卵啮小蜂寄生三化螟卵块后，幼虫可以跨卵取食三化螟卵粒，兼寄生和捕食特性，啮小蜂寄生后的三化螟卵块通常无蚁螟孵出，因此可以认为螟卵啮小蜂是寄生三化螟卵块的最有效的寄生性天敌。在田间设置螟卵寄生天敌保护器，采放害虫卵块，保护赤眼蜂、黑卵蜂、螟卵啮小蜂等天敌，有效控制了三化螟为害，白穗率显著低于对照区。在湖南进行螟卵啮小蜂的繁殖释放试验，防治效果可达70%～84.15%。广东省新丰县1973—1975年，在大面积水稻害虫综合防治示范试验中，进行了啮小蜂的释放利用试验，取得成功。由于螟卵啮小蜂的室内大量繁殖技术未能解决，对其应用防治主要为自然种群保护利用和助迁释放，其人工大量饲养技术以及科学合理的放蜂技术有待进一步研究。建立稻、鸭共作等种养模式，对控制三化螟的发生为害也具有十分重要的作用。

(四) 化学防治

防治枯心：防治指标为1 500～1 650块卵/hm^2，丛为害率为2.0%～3.0%，株为害率为1.0%～1.5%，可防治1～2次；若未达到防治指标，可挑治枯心团。防治1次应在螟卵孵化盛期用药；防治2次，在螟卵孵化始盛期开始施药1次，5～7 d再施药1次。

防治白穗：在螟卵盛孵期内，破口期是防治白穗的最好时期。破口5%～10%时，施药1次，若虫量大，再增加1～2次施药，间隔5 d。

常用药剂：20%氯虫苯甲酰胺悬浮剂150mL/hm^2，10%阿维·氟酰胺450mL/hm^2，5%甲氨基阿维菌素苯甲酸盐525～750mL/hm^2；48%毒死蜱乳油1 200 ～1 500mL/hm^2。上述药剂应交替使用，以延缓害虫产生抗药性。

水稻三化螟测报调查详见《NY/T 2359—2013 三化螟测报技术规范》。

郑许松 徐红星 吕仲贤（浙江省农业科学院植物保护与微生物研究所）

第34节 二 化 螟

一、分布与危害

二化螟［*Chilo suppressalis*（Walker）］属鳞翅目草螟科。异名：*Crambus suppressalis*（Walker）、*Jartheza simplex*（Butler）、*Chilo simplex*（Butler）、*Chilo oryzae*（Fletcher）。是我国水稻上的常发性害虫，在我国的大部分稻区都有分布，北起黑龙江，南抵海南岛，东自台湾，西至陕西、甘肃东部、四川、云南等省。年平均温度在8～18℃地区为其适生区，以湖南、湖北、福建、浙江、江西、江苏（北部）、安徽（北部）、陕西（南郑）、河南（信阳）、四川（南部）以及贵州、云南高原地带发生较多。国外分布于东南亚及印度、埃及等。

二化螟食性较杂，除为害水稻外，还为害茭白、玉米、高粱、粟、甘蔗等作物以及野茭白、稗、芦苇、慈姑、李氏禾（游草）、芒、白茅、飘拂草和荆三棱等杂草。冬后未成熟的幼虫还可转害麦类、玉米、油菜、蚕豆等作物。

20世纪90年代以后，二化螟的为害已遍及淮河以南六大稻区，至90年代末，已成为我国南方水稻上最主要的虫害。90年代后期，江苏南部稻区二化螟发生程度急剧上升，严重发生地区的螟害率达20%以上。以常熟为例，1996年冬后每667m^{2}残虫28.8头，1997年冬后达189.41头，1998年冬后达10 668.52头，个别田块达2万头以上，1999年特大发生，重发区螟害率达30%以上。浙江尤其是东南部，2000年以来二化螟发生程度回升明显，常常连年、累代大发生。90年代后期，实施“水稻无螟害行动计划”，大面积推广应用氟虫腈和三唑磷等药剂，二化螟发生为害在短期内得到有效控制，但随后又因害虫抗药性迅速上升而使种群数量大幅回升。以永康市为例，二化螟数量在1996年开始明显回升，1997—1999年连续3年大发生，其中1999年特大发生，越冬代平均每667m^{2}达1 221头，为1974年以来同期均值的14.2倍。在湖南，90年代以来改单季稻为单、双季稻并存，二化螟连年大发生。以耒阳市为例，90年代初，二化螟开始第四次回升，连年发生较重，90年代偏重以上发生7年，1995年在遥田、新市和高炉等乡镇调查14块稻田，每667m^{2}有幼虫74 225头，最高达27万头，平均虫伤株率为34.55%，严重的高达80.41%，并出现整片田倒伏现象，为历史上所罕见。此外，在安徽贵池、广德及五河等县，湖北当阳市以及江西宜丰县等地均出现了类似的二化螟种群回升或大发生的情况。在台湾省彰化县也有连年发生偏重、猖獗为害的报道。就连历史上二化螟不是主要害虫的东北，随着水稻面积的扩大，近年也出现二化螟明显为害的报道。1995—1997年，辽宁二化螟发生为害加重，表现为一代数量增加，二代发生逐年加重；发生期提前，高峰持续时间长。在吉林，90年代前二化螟属一般性害虫，1994年在吉林、通化等地暴发，90年代中期在延边地区也严重发生，现已成为延边地区水稻生产上的主要害虫之一。在黑龙江，1998年、1999年在哈尔滨、五常、双城、阿城和尚志市等稻区普遍发生，受害严重的被害株率达30%。

二、形态特征

二化螟成虫、卵块、幼虫、蛹形态及其为害状如彩图1-34-1。

雌蛾：体长14.8～16.5mm，翅展23～26mm。头小，触角丝状，复眼半圆形，黑褐色。体灰黄褐色，前翅灰黄色，略呈长方形，沿外缘有7个小黑点，后翅白色，略呈三角形。腹部为纺锤形，被灰白色鳞毛，末端无丛毛。

雄蛾：较小，体长13～15mm，翅展21～23mm。前翅中央有1个黑斑，下面还有3个不明显的小黑斑；翅色、体色均较雌蛾为深，腹部较雌蛾为瘦，呈圆筒形；其他与雌蛾同。

卵：扁平椭圆形，常数十粒至一二百粒相集成块，扁平，排列呈鱼鳞状。卵块为长圆形，有时为长方形。宽约3mm，长13～16mm。初产时为白色，以后渐变为淡黄色、深黄色、黄褐色、灰黑色，将孵化时为紫黑色。

幼虫：5～8龄不等，多数为6龄。各龄幼虫的体长由于寄主和营养条件的不同，相差很大。一般一龄1.6～3.3mm，二龄3.3～6.6mm，三龄6.6～10mm，四龄10～14.8mm，五龄14.8～20mm，六龄20～23mm，七龄23～26mm，八龄26～30mm。幼虫初孵化时为淡褐色，头为淡黄色。背部5条棕色条纹随发育渐次明显。成熟幼虫头部除大颚为棕色外，其余部分为红棕色；体色淡褐，条纹呈红棕色。

蛹：长10～13mm。初化蛹米黄色，腹部背面有5条纵纹，经时稍久，体色逐渐变为淡黄褐色、褐色，因而纵纹隐没。蛹的发育可分为6级。1级，复眼同体色，体色乳白至淡黄；2级，复眼一半褐色，体色淡黄色；3级，复眼红棕色，体色转黄褐；4级，复眼全黑色，体变棕褐色；5级，复眼黑色有膜或棕栗色；6级，复眼金黄色，翅上黑点明显。

三、生活习性

二化螟年发生代数依各地区的气温而异。在我国黑龙江的北部、西部和青藏高原等地，年平均温度在1.3℃以下，夏季高温期短，二化螟不能完成1个世代。在年平均温度为1.3～8℃的地区，每年发生1代或不完全的2代。如黑龙江的中、南部，吉林大部和内蒙古的东部。在年平均温度为8～16℃的地区，年发生2代。在年平均16℃左右的地区，高温年份有不完全的第三代发生，如辽宁的南部，河北、山西的大部分地区，陕西南部、甘肃的东南部、新疆的中北部、四川的西部、云南的北部、贵州的大部分地区、湖北的北部以及山东、河南等地。在江苏、安徽和浙江北部，原来也是这样，但自水稻单季改双季以后，经常发生不完全的第三代，特别在高温年份，如1978年第三代发生数量很多，有显著的盛发期和高峰期，为害很重。在年平均温度为16～20℃的地区，每年发生3代，如浙江、江西、湖南、湖北、四川等省的大部分地区，及广西和福建的北部、云南中部等。其中湖北、湖南和江西三省之间的滨湖地区，由于野茭白较多，营养条件较好，二化螟发生较早，每年能发生4代。在年平均20～22℃的地区，每年发生4代，如广西中南部、福建南部、台湾北部、云南南部以及广东等地。年平均温度为22～24℃的地区每年发生5～6代，如云南的西双版纳和台湾中部，每年发生5代，台湾嘉义以南稻区，每年发生6代。

二化螟以幼虫在寄主植物的根茬和茎秆中越冬，绝大部分在稻桩和稻草中越冬，也有少数在土内越冬。第二年春季，土温到7℃时，土中稻桩内的幼虫，开始爬出稻桩，转入大麦、小麦、蚕豆、油菜等冬季作物的茎秆中。土温上升到10～15℃时，为转移盛期，约有半数以上的幼虫转移到冬季作物的茎秆中，其中约有2/3的幼虫蛀食茎秆，而后陆续化蛹羽化。

二化螟成虫一般在夜间活动，具有趋光性和趋嫩绿性。成虫羽化常在15:00左右开始，以19:00～21:00为盛，23:00终止，具雄性先熟现象。羽化的适宜温度为20～34℃，相对湿度80%～100%；其中以温度25～26℃，相对湿度100%为最适宜。白天成虫多静伏在稻丛或杂草中，以稻株下部为多。趋光性甚强，对黑光灯敏感，且灯下诱得的雌蛾量比雄蛾多，而雌蛾多是未产过卵或未产完卵的。羽化后当晚或次晚交尾。成虫交尾后1～2 d即产卵，以3～5 d后的23:00以后产卵最多，每雌产卵2～3块，每块卵40～80粒，呈鱼鳞状排列。雌蛾产卵有一定的选择性，喜在叶色浓绿及粗壮高大的稻株上产卵，如杂交稻由于稻苗生长旺盛，叶宽而青绿，茎秆粗壮，生育期较长，易诱集二化螟产卵，其受害程度重于常规品种。产卵部位变化大，苗期和分蘖期多产于稻叶正面距叶尖3～7cm处，以第二、三叶上最多，分蘖后期至抽穗期多产于离水面2～7cm以上的叶鞘上，位置的高低，与灌水深浅有关，通常以第二叶鞘（即茎部第一个有绿色叶片的叶鞘）上产卵最多。

卵孵化的起点温度为12℃，最适温度为23～26℃，相对湿度为85%～100%。卵在日出后开始孵化，以6:00～12:00最盛，约占全日卵孵化量的75%。产在稻叶上的卵孵化后，蚁螟从叶上爬至茎秆，或吐丝下垂至茎秆基部，咬孔侵入；产在叶鞘上的卵孵化后，先集中在叶鞘上为害。幼虫老熟后，就转移到健株茎内或健株叶鞘内侧化蛹，也有的在被害株的叶鞘内化蛹。在稻田有水层的情况下，一般在高于水面3cm左右的部位化蛹。

不同生育期的水稻受二化螟为害后，表现为不同的被害状。水稻苗期，有的蚁螟把心叶吃成许多小孔，多数蚁螟爬入叶鞘，群集蛀食叶鞘，经2～4 d，在叶鞘外面显出水渍状黄斑，再经7～10 d，叶鞘外面出现成片火黄色，导致叶尖发黄，叶身赤枯，这段时间通称“枯鞘期”。当幼虫长到三龄时，分散钻进稻茎取食，使苗心枯死，造成枯心苗，被害稻株稍矮于健株。

水稻生长后期，蚁螟侵入稻株，先集中在叶鞘为害，使叶片出现水渍状灰色小斑，逐渐变为枯鞘，过一段时间分散为害，使稻株叶片尖端边缘出现红枯色并逐渐增加，形成枯色圈，最后植株枯塌或倒伏；幼虫在水稻孕穗期，从茎部蛀入取食，使稻穗抽不出，形成枯孕穗，又叫“胎里死”；幼虫在水稻抽穗期蛀入稻茎使稻秆内部腐烂或咬断稻茎造成白穗，或虽未咬断稻茎，但使稻穗发育不好，谷粒不饱满，米质差，形成“虫伤株”；水稻在乳熟期被害也造成“虫伤株”，严重时，引起倒伏，对产量影响较大。

各虫态的历期长短与温度有关。据湖南测定，二化螟卵期平均发育起点温度为（9.89±0.5）℃，平均发育积温为（88.24±2.59）℃；幼虫期平均发育起点温度为（14.8±1.21）℃，平均发育积温为（476.5±36.6）℃；蛹期平均发育起点温度为（10.83±0.59）℃，平均发育积温为（126.9±4.6）℃；一个世代的平均发育积温，雌虫为（770.91±43.99）℃，雄虫为（774.8±46.94）℃。

二化螟属兼性滞育昆虫，其以老熟幼虫进入滞育状态越冬。二化螟幼虫在进入滞育之前会积累大量脂肪体，滞育幼虫体内水分含量减少，抗冻保护物质浓度增高，血淋巴中溶质浓度也增高，这些因素导致其过冷却点降低。

四、发生与环境的关系

（一）水稻耕作制度

全国稻区在1956年水稻改制以前，均以二化螟为主要害虫。由于各地水稻栽培制度不同，二化螟有一代多发型、二代多发型和三代多发型之别。例如：1957年以前，江苏的苏州、无锡一带是晚播晚栽稻区，小满左右播种，夏至前后栽秧，越冬后的活虫能全部羽化为螟蛾，发蛾量多。而幼虫由于生活于晚栽的小苗和高温（田水高温）环境中，死亡率高，所以二代发蛾量少，成为一代多发型地区。在里下河地区，由于栽秧较早，越冬代二化螟尚未大量化蛹羽化时，已翻耕灌水，造成大量死亡，所以第一代发蛾量少，但幼虫生活于早栽的大苗上，当高温来临时，早中稻已经拔节孕穗，植株高大，虽田水高温，幼虫可以向植株上部移动，远离田水，逃避高温，成活率高，所以第二代发蛾量多，成为二代多发型地区。在湖南长沙，单季中、晚稻和双季稻混栽，水稻栽秧期较长，4～6 月，第一代二化螟产卵场所多，有利于繁殖，第二代又可在单季中、晚稻上顺利繁殖，三代发蛾量激增，形成三代多发型。一般在一季早、中稻地区，第一代二化螟蛾的盛发期较早，而在一季晚稻区则较迟。再例如：1965 年以前，江苏北部稻区以一季早、中稻为主，一般在 4 月中、下旬播种，8、9 月收获，冬闲面积大，春耕较早，稻桩中的二化螟大部分在羽化以前即被耕埋土中，灌水淹死，只有少数化蛹较早的能够羽化为蛾。此时虽是发蛾始盛期，但因以后不再出现真正的盛蛾期，始盛期就视为盛蛾期。因此，虽然春季气温比江苏南部回升迟，但第一代二化螟蛾盛发期却比南部早；而南部是一季晚稻区，一般于 5 月中旬播种，10 月中、下旬以后收获，春季温度虽然较高，但由于冬种面积大，麦田中越冬幼虫都能羽化，有真正的发蛾盛期，故第一代蛾盛发期反比北部迟约 1 个月。

水稻栽培改制后，三化螟上升为主要害虫，二化螟的为害程度显著下降。20 世纪 70 年代我国螟害轻微。但是，80 年代初，我国农村实行家庭联产承包责任制以后，调整了水稻种植制度，大面积推广了杂交稻，长江流域三化螟种群数量普遍下降，二化螟又回升为优势种群。20 世纪 90 年代以来，我国主要稻区水稻耕作制度发生了剧烈变化，双季稻面积缩小，单季稻面积扩大，有些地方出现单、双季稻混栽，导致二化螟在我国水稻主产区发生为害严重、甚至暴发。

（二）气候因子

二化螟抗寒能力很强，黑龙江省克山县冬季最低气温达－40℃，冻土层最深达 2～2.7 m，仍有二化螟分布。吉林省吉林市冬季最低气温达－35℃，冻土层最深达 1.5～1.7 m，二化螟在稻桩和稻草中都能安全越冬。但抗高温能力较弱，35℃以上不利其发育，幼虫容易死亡。适温范围为 16～30℃，在22～25℃下发育最适宜。因此，一般在发生期间低温多湿年份，有利于二化螟的生存，发生数量多。例如，江苏吴县一带，1954 年 6～7 月经常阴雨低温，第一代二化螟幼虫成活率高，所以第二代发蛾量多，越冬量高。因此，1955 年第一代的发蛾量也随之增加，为害重。1956 年 7 月温度很高，稻田水温最高达 43℃，使枯鞘和枯心苗中的二化螟幼虫大量死亡，第二代发蛾量大大减少，1957 年第一代发蛾量亦随之减少。1957 年 7 月温度又高，第二代发蛾量又很少。1956 年、1957 年 7 月里下河地区虽然温度也高，但其时早、中稻已经拔节孕穗，植株高大，稻田水温虽高，但对二化螟幼虫影响不大，第二代二化螟蛾仍然大发生。因此，稻田的水温仅对分蘖期的稻苗中的二化螟有影响。但是，在特殊年份，温度长期持续偏高，由于积温较多，在单、双季稻并存，早、中、晚稻混栽稻区，也可能造成特别严重的螟害。1978 年江苏省 4～9 月气温持续偏高 1～2℃，二化螟发生早，滞育迟。常年二化螟发生以二代为主，只有少数不完全的三代。但是 1978 年却基本发生三代，一、二、三代比常年早发 10～15d，使虫情与苗情相互对应的状况发生了变化，二代幼虫为害双季早稻和单季中稻，三代幼虫为害单季晚稻和双季晚稻，都在孕穗、抽穗期，幼虫成活率高，虫口密度大，侵入早，为害重，稻株倒伏，严重减产。

在盛蛹期至盛孵期间暴雨，稻田保持深水 2d 以上时，能淹死大量的蛹和初孵、低龄幼虫，大大减少发生数量，减轻为害程度，是强烈影响二化螟种群消长的重要因素之一。气候还与二化螟卵寄生蜂的寄生率有关系。卵期经常阴雨，不利于寄生蜂的活动，被寄生率低。晴朗少雨，有利于寄生蜂的寄生，被寄生率高。但是，特别高温干旱的年份，也不利于寄生蜂的寄生、繁殖，寄生率低。二化螟越冬死亡率各地不同，有的只有 20%左右，有的达 80%以上。死亡主要原因不是冬季的低温，而是初春气温回暖后，二化螟在转移的过程中，遭到天敌的捕食或寄生。在夏收过程中，尚未羽化的蛹，有的遗留在根茬中，由于翻耕灌水而死亡；有的被割入茎秆中，一部分由于曝晒而干死，一部分作燃料被烧死；也有少数在干旱情况下，勉强羽化为蛾，但活力很差。

光周期是诱导二化螟滞育的主导因子，短日照能诱导二化螟幼虫进入滞育，滞育诱导对光周期的敏感虫龄主要是三龄。不同地理种群和海拔高度种群之间滞育诱导的临界光周期存在差异，滞育诱导的临界光周期随纬度和海拔的升高延长。滞育的解除随着温度的升高而加快；在自然条件下经历的时间愈长，转入不同温度后的发育历期愈短。

(三) 寄主植物与栽培条件

二化螟喜欢选择正在分蘖盛期和孕穗期、植株高大、生长茂盛、茎秆粗壮的稻株产卵。在这类稻株上卵块密度高，侵入率和成活率也高，所以为害重。例如杂交稻由于植株高大，茎粗叶阔，茂密嫩绿，二化螟卵块密度远远超过常规品种。籼稻品种比粳稻品种对二化螟更敏感，粳稻品种茎秆细矮、叶鞘紧贴和脉间窄等形态特征均不利于螟虫侵入，即使侵入，其发育也较慢，死亡率较高。另外，二化螟为害还与水稻品种倒二叶叶角之间有显著相关性，倒二叶叶角小，螟害率低。二化螟种群消长与植株糖含量及硅质化程度有一定相关性。硅细胞多，硅质化程度高的品种对二化螟的抗性强。含糖量低的品种对二化螟抗性强。不同水稻品种的不同生育期，二化螟的侵入率和成活率也不相同，因此对水稻产量的影响差异很大。在分蘖期侵入造成枯心苗，可致完全无收，损失最大；在孕穗期侵入，造成死孕穗和虫伤株，死孕穗和枯心苗一样，完全无收，而虫伤株并未咬断，仍然抽穗灌浆，只要不被大风吹断，对产量影响不很大，损失率为10%～30%。侵入时期愈早，损失愈大，侵入时期愈迟，损失愈小。

茭白是二化螟除水稻以外的主要寄主植物，在江苏、浙江、上海和福建等省（直辖市）栽种较多，多与水稻混栽。水稻和茭白植株上越冬二化螟幼虫的虫龄结构、存活率和抗寒力有所差异，卵块和卵粒分布及卵孵化率无显著差异，茭白上的二化螟卵历期、幼虫总历期显著短于水稻上的，取食茭白的二化螟蛹和成虫显著大于取食水稻的个体，但从形态上不能将两者截然分开。室内产卵选择性试验表明，二化螟成虫均喜在高大的茭白植株上产卵，而初孵幼虫则喜欢取食嫩绿的水稻植株。两种寄主植物上二化螟的羽化节律大体一致，但酯酶同工酶、乙醇脱氢酶、雄性生殖器以及交尾节律等存在明显差异。生活在茭白上的成虫的交尾高峰出现时间比水稻上的晚2.5～3h。繁殖试验表明，茭白和水稻上的二化螟属于同一种，但存在着部分生殖隔离。另外，一般在茭白内越冬的幼虫羽化最早，稻桩内越冬的幼虫次之，冬季作物茎秆里的又次之，稻草中的越冬幼虫羽化最迟（因湿度低）。因此，在一个地区第一代二化螟常出现2～3个发蛾高峰。从稻桩中羽化出来的二化螟蛾，时间早，活力强，集中在早播秧田和早栽的本田中为害。从冬季作物茎秆中和稻草中羽化的螟蛾，时间晚，活力差，多分散在本田中为害。

轻型栽培方式有利于螟虫越冬和为害。免耕和机割技术形成的高留茬，减少了对二化螟越冬代的机械损伤。直播和抛秧无大苗移栽后的缓苗期，二化螟可由秧田直接到本田为害，卵和幼虫的成活率也显著提高。稀植栽培，水稻植株发育粗壮，为二化螟发生创造了有利条件。合理施肥，用迟效肥料作基肥，酌量搭配速效肥料，并分期看苗追肥，稻苗生长健壮正常，二化螟为害就轻。施肥不合理，即用速效肥料做基肥，或初次追肥过多，稻苗前期生长过旺，二化螟蛾集中产卵为害，就会造成严重的枯心苗；或者前期缺肥，稻苗黄瘦，幼穗分化期猛施氮肥导致水稻叶色乌绿，诱集二化螟蛾产卵为害，造成严重的虫伤株和枯孕穗。浅水勤灌，稻苗生长健壮，二化螟转株为害的现象较少，枯心率就低；如田间脱水，田土干裂，稻苗很快卷缩，由于不适其取食，二化螟转株为害频繁，就会造成枯心苗多。

(四) 天敌因子

天敌对二化螟的消长起一定作用。我国已查明的二化螟寄生性天敌计29种，包括卵期的稻螟赤眼蜂（*Trichogramma japonicum* Ashmead）和二化螟黑卵蜂（*Telenomus* sp.），幼虫期、蛹期或幼虫至蛹跨期的寄生蜂有姬蜂16种、茧蜂10种和小蜂1种。其中以广黑点瘤姬蜂［*Xanthopimpla punctata* (Fabricius)］、螟黑点瘤姬蜂［*Xanthopimpla stemmator* (Thunberg)］、二化螟亲姬蜂（*Gambrus wadai* Uchida）、黄眶离缘姬蜂［*Trathala flavo-orbitalis* (Cameron)］、夹色奥姬蜂（*Auberteterus alternecoloratus* Cushman）和中华茧蜂（*Amyosoma chinensis* Szppligeti）、螟黑纹茧蜂（*Bracon onukii* Watanabe）、螟黄足盘绒茧蜂［*Cotesia flavipes* (Cameron)］、二化螟盘绒茧蜂［*Cotesia chilonis* (Munakata)］、螟甲腹茧蜂（*Chelonus munakatae* Munakata）以及霍氏啮小蜂［*Tetrastichus howardi* (Oliff)］等较为重要。

此外，球孢白僵菌［*Beauveria bassiana* (Bals.) Vuillemin］和粉拟青霉［*Paecilomyces farinosus* (Holm. ex Gray.) Brown & Smith］寄生的现象也较普遍，有时对降低越冬幼虫密度起着很大的作用。二化螟第一代幼虫还常遭线虫和寄生蝇等的侵袭。

(五) 抗药性

二化螟抗药性与地区间施药水平有密切关系。1992年以前，大量监测工作发现二化螟的抗药性很轻。20世纪90年代中期之后，陆续在浙江、江苏和贵州等省监测到二化螟对甲胺磷、杀虫单和三唑磷等药剂产生高抗性的种群。全国二化螟种群对杀虫单抗性非常普遍，多数地区种群对三唑磷产生了较高水平的抗性，特别是浙东南地区已至极高水平的抗性。自2002年检测到浙江瑞安种群对氟虫腈有8倍左右低水平的抗性后，尽管氟虫腈在稻田已经被禁用，但目前浙东南地区二化螟对氟虫腈仍有中等水平抗性。其抗药性快速上升的重要原因是长期单一使用某一种农药。

五、防治技术

根据水稻栽培特点和二化螟的发生为害规律，防治二化螟应采取“狠治第一、三代，压低第二、四代虫口基数”；以农业防治、物理防治、生物防治为主，化学防治为辅的综合防治措施，以达到保苗、保穗效果。

（一）农业防治

利用现代农业机械，通过耕作措施，杀灭越冬代二化螟，使其无法成功越冬，从而有效地控制水稻螟虫的大发生。① 选用离地间隙小的收割机低茬收割，如能控制稻桩高度在5～10cm，则可随稻草清除70%～80%的二化螟越冬幼虫，超级稻田中可清除90%左右；② 冬前利用旋耕机旋耕灭茬，可直接杀灭稻田中半数左右的各种残余螟虫，同时由于旋耕破坏了螟虫的越冬场所，可以将各种螟虫的越冬死亡率提高到90%以上；③灌水杀蛹，即在二化螟初蛹期烤、搁田或灌浅水，以降低化蛹的部位，进入化蛹高峰期时，突然灌深水10cm以上，经3～4d，大部分老熟幼虫和蛹会被灌死。

此外，国内也研发转*Bt*基因抗虫水稻，其中转*cry*1Ab/*cry*1Ac基因的汕优63和华恢1号于2009年获得了生物安全证书。这些材料对二化螟、三化螟、大螟和稻纵卷叶螟等鳞翅目害虫均有很好的抗性，但目前均未商业化应用。

（二）物理防治

采用灯光诱杀技术，安装时要求呈棋盘状布局，灯与灯之间的距离为200m，单灯有效辐射半径100m，控制面积4hm^{2}左右，杀虫灯的高度为1.3～1.5m（接虫口对地面）。早稻螟虫初见蛾期（4月中、下旬）开始点灯，双季晚稻齐穗期（9月中旬水稻螟虫发蛾末期）撤灯，每天20:00开灯，翌日7:00关灯。在灯光物理诱杀的过程中，由于部分掉在杀虫灯周围，因而杀虫灯附近的水稻上虫卵量明显高于其他地方，应用化学防治方法进行挑治，以免造成螟害。

（三）生物防治

1. 天敌控制作用 注意保护和利用田间青蛙、蜘蛛和寄生蜂等天敌，充分发挥天敌的自然控制作用。1999—2000年在吉林稻区开展利用螟黄赤眼蜂防治水稻二化螟试验，放蜂面积6.7万hm^2，放蜂360万头，虫卵校正寄生率平均44.21%；枯鞘率平均为1.21%，下降55.84%。稻螟赤眼蜂和松毛虫赤眼蜂也是防治二化螟的较理想蜂种。此外稻鸭共育也可有效减少二化螟成虫产卵和幼虫转株取食。球孢白僵菌和苏云金杆菌制剂对二化螟有较好的防治效果且对生态环境安全。

2. 性诱剂诱捕技术 性诱剂可用于害虫监测，也可用于害虫的田间防治。目前建议推广应用的主要是水盆式诱捕器。水盆为普通塑料盆，上口直径20～30cm，深度8～12cm，盆口横穿一根细铁丝，中间拴紧悬挂1枚诱芯，盆内盛约八分满的清水，水中加入少许洗衣粉，悬挂的诱芯与盆口水面约保持1cm距离，把水盆放置在田间用木棍或竹竿支撑的三脚架上。田间设置诱捕器数量一般每667 m^2 2～3个，诱捕器间距为30m左右。稻田二化螟成虫羽化后，雄蛾受诱捕器中诱芯所释放的雌性信息素引诱，自动投入水盆中溺死。

选用塑料盆时应注意颜色，以绿色或蓝色盆的诱集效果最好；稻田水盆诱捕器的设置高度，一般以略高于稻苗和稻株为标准，水稻分蘖期为30～50cm，穗期为100～120cm较为合适；诱盆内诱芯的有效期一般可保持30d左右，诱盆内的水晴天需不断补充，加入少许洗衣粉以增强水面附着力；在诱捕技术的推广应用中，必须成规模地大面积统一设置诱捕器，才能收到良好的效果。

3. 诱虫植物诱杀技术 稻螟虫对香根草［*Vetieria zizanioides*（L.）Nash］及其提取物表现出很强的产卵选择趋性，并不能在香根草上完成生活史。香根草是稻螟虫非常有效的诱杀植物。可在稻田四周种植香根草，减轻稻田螟虫为害。在浙江余姚市以及金华试验基地进行的试验表明，在最佳情况下，田埂上种植香根草对不同类型稻田螟虫的有效控制距离可达8～12m，此区域内螟虫为害率可减轻50%～70%。在江西，研究认为利用香根草作为诱集植物来治理稻螟虫可以大大压缩施药面积和用药量，有一定的经济效益和显著的生态效益，利用香根草治理稻螟虫的最佳种植时期为3月底至4月初，种植面积应为稻田总面积的6%～10%。

(四) 化学防治

1. 防治指标 当枯鞘丛率为5%～8%，或早稻每667m²有中心受害株100株或丛害率1.0%～1.5%，或晚稻每667m²受害团多于100个时，应及时用药防治；未达到防治指标的田块可挑治受害团。

2. 用药适期 为充分利用卵期天敌，应尽量避开卵孵盛期用药。一般在早、晚稻分蘖期或晚稻孕穗、抽穗期卵孵高峰后5～7d用药。

3. 防治药剂 20%氯虫苯甲酰胺悬浮剂30～45g/hm²、10%氟虫双酰胺·阿维菌素悬浮剂300～600mL/hm²、40%氯虫苯甲酰胺·噻虫嗪水分散粒剂120～150g/hm²、5%丁烯氟虫腈乳油750～900mL/hm²、20%虫酰肼悬浮剂1 500～1 875mL/hm²。施药时田间应保持3～5cm的浅水层，并保持5～7d。同时要注意合理轮换使用，一季水稻中使用次数不要超过2次。

水稻二化螟测报技术详见《GB/T 15792—2009 水稻二化螟测报调查规范》。

徐红星 郑许松 吕仲贤（浙江省农业科学院植物保护与微生物研究所）

第35节 大 螟

一、分布与危害

大螟［*Sesamia inferens*（Walker）］属鳞翅目夜蛾科。别名：稻蛀茎夜蛾。异名：*Leucania inferens* Walker、*L. proscripta* Walker、*S. tranquilaris* Butler、*Nonagria gracilis* Butler、*S. albicillata* Snellen、*Nonagria innocens* Butler、*S. creticoides* Strand、*S. kosempoana* Strand、*S. sokutsuana* Strand、*S. hirayamae* Matsumura。主要分布在亚洲，一般认为分布在34°N以南，垂直分布范围在海拔1 700m以下。在我国，大螟主要发生在黄河以南，在长江以南稻区更属常发性害虫之一。南抵台湾、海南及广东、广西、云南南部，东至江苏滨海，西达四川、云南西部均有分布。

大螟性喜温凉，在海拔较高，夏无酷暑，冬无严寒，水稻与玉米或甘蔗混栽的地区，最适宜繁殖和为害。大螟的寄主范围很广，是典型的杂食性昆虫，除为害水稻外，也为害大麦、小麦、油菜、甘蔗、茭白、谷子、高粱等作物，以及芦苇、稗草等禾本科杂草，但仅能在水稻、茭白、玉米、小麦和甘蔗等植物上完成世代。大螟具有趋边为害习性，在水稻上为害造成枯心苗、白穗、枯孕穗和虫伤株。

大螟一直被认为是水稻上的次要害虫，没有像二化螟、三化螟那样造成大的危害。20世纪70年代后期大螟种群数量开始上升，80年代到90年代初期大螟种群数量在局部地区上升幅度很大，至90年代中期以后，大螟种群数量，在局部地区已超过二化螟，上升为主要害虫。安徽桐城全年灯诱大螟虫数由2005年的403头上升到2011年的966头；寿县全年灯诱大螟虫数由2007年的1 159头上升到2011年的3 300头；南谯地区全年灯诱大螟虫数由2006年的491头上升到2011年的1 085头，增长均达2倍以上。2011年9月调查合肥市庐阳区大杨镇未防治的试验田大螟为害造成白穗率平均为18.9%。烟墩镇部分管理粗放的田块，大螟为害严重时，白穗率最高可达36.4%。安徽南部稻区，2000—2004年单季稻穗期由大螟引起的平均白穗株率从0.43%增长至1.89%。在江苏北部稻区历史上曾一直居次要地位，在“三螟”（大螟、二化螟和三化螟）中所占比例较小，70年代中期之前一直在2%以下，70年代后期大螟种群数量开始明显增加，全年蛾量占到“三螟”总蛾量的10%～20%。90年代中期以来，大螟种群数量剧增，1997年开始在江苏北部的沿海、渠北稻区成为“三螟”中的首要害虫，中稻白穗中75%～82%是由大螟造成的，1998年部分田块有90%以上白穗是由大螟造成的。在江苏吴江，大螟越冬代基数2009年为每667m²653.1头，2010年为352.2头。2005—2008年，湖北荆门市，大螟越冬虫量由0头增至每667 m² 227头，2008年8月田间79.4%的白穗为大螟所害。

二、形态特征

大螟成虫、卵、幼虫和蛹形态如彩图1-35-1所示。

雌蛾：体长约15mm，翅展约30mm。触角丝状，头部及胸部灰黄色，腹部淡褐色。前翅略呈长方形，灰黄色，中央有4个小黑点，排列成不整齐的四角形；后翅灰白色，前后翅外缘均密生灰黄色缘毛。

静止时前后翅折叠在背上。复眼黑褐色，腹部肥大。

雄蛾：体长约 11mm，翅展约 26mm，触角栉齿状，有绒毛，喙退化。翅有光泽，微带褐色，前翅中部有 1 纵向的褐色纹，外缘线暗褐色。

卵：排列成行，常由 2～3 列组成，也有散生、重叠或不规则排列的。卵块长 20～23mm，宽约 1.7mm。每块有卵 40～50 粒，最多的达 200 粒以上。卵粒扁圆形，表面有放射状纵隆线。卵初产时乳白色，后变淡黄色、淡红色，孵化前变为灰黑色，顶端有 1 黑褐点，为即将孵化之幼虫头部。卵壳乳白色，较软，透明。

幼虫：5～7 个龄期。一龄幼虫初孵化时体长 1.7mm，至蜕皮时，长约 3.4mm；头部宽大，先为淡褐色，后变赤褐色，腹部灰白色，比头部窄，散生细毛；气门 9 对，生于第一节及第四至十一节的两侧节间，均呈小黑点。二龄幼虫体长 3.3～6.6mm。头、胸、腹三部等粗，尾端稍细；蜕皮时体色乳白，以后头部呈赤褐色，背面呈淡红色，腹面仍为白色。三龄幼虫体长 6.6～10mm，色泽与二龄幼虫相同。四龄幼虫体长 10～15mm，头部仍为赤褐色，背线白色，气门线淡灰色，背面淡紫色带灰黄色，腹面白色。五龄幼虫体长 15～21.5mm，体宽 3.3mm，头部赤色，背部淡灰紫色。六龄、七龄幼虫，体长 21.5～26.4mm，体宽 3.3mm，腹部肥壮，有光泽，背面淡紫，腹面淡白，预蛹体躯缩短，皱纹显著，色亦变暗。

蛹：长 11～16.5mm，宽 3.3mm，略呈长圆筒形，黄褐色，背面暗红色，头、胸部覆白粉状的分泌物。雄蛹外生殖器位于第九节后缘腹面中央，呈一小突起，中裂纵痕；雌蛹外生殖器仅为凹痕，位于第十节腹面前缘突起所形成之角尖与第九节后缘内陷处。

三、生活习性

云、贵高原年发生 2～3 代，江苏、浙江 3～4 代，江西、湖南、湖北和四川年发生 4 代，福建、广西及云南 4～5 代，广东南部、台湾 6～8 代。多以三龄以上幼虫在稻桩、杂草根际或玉米、茭白的秸秆中越冬，在江西、广西等地也能以蛹越冬。翌春温度上升到 8℃以上时，转移到大麦、小麦、油菜以及早播的玉米茎秆中继续取食补充营养，三龄幼虫冬后如不补充营养，则不能化蛹、羽化。四龄幼虫冬后如不补充营养，能化蛹但不能羽化，只有五龄以上的幼虫，不补充营养能化蛹、羽化。老熟幼虫冬后一般就地化蛹、羽化，未老熟的，经转移取食补充营养后，在寄主的茎秆中或叶鞘内侧化蛹；也有的爬出茎秆，转移到附近土下或根茬中化蛹。

大螟成虫白天潜伏在稻丛或杂草基部，夜晚活动，趋光性不及二化螟和三化螟。成虫羽化时间以 19:00～20:00 最盛。在长江下游地区，一代和三代末期的蛾，以及四代蛾趋光性较强，以午夜至凌晨 4:00最盛。二代和三代盛发期的蛾，趋光性弱，灯下蛾量少不能反映田间实际情况。这也与气温有关，一般在 20℃左右时，趋光性较强，25℃以上时，趋光性较弱，28℃时趋光性受抑制。一般黑光灯比白光灯诱蛾多；金属卤素灯发出的紫光和紫外线诱蛾效果特强，在各代均能诱到较多的大螟蛾。大螟具有较强的飞行能力，雌、雄虫可分别达 32 km、50 km 以上，大螟的有效飞行日龄一般为 6 d，且具有 2～3d 的生殖前期，卵巢发育为Ⅱ级时飞翔能力最强，随日龄的增加，飞翔能力逐步下降。成虫寿命：一代 6～10d，二、三代 4～6 d，四代 5～6 d。产卵前期：一代 3～4 d，二、三代 2 d 左右，四代 3 d 左右。一般在产卵后 1～2 d 即进入产卵高峰。大螟一般在晚上产卵，卵多产于叶鞘内侧近叶舌处，各代大螟成虫产卵的部位，均以第二和第三叶鞘最多，产卵期一般 3～5d，产卵最适温度为 23～25℃。大螟喜欢在孕穗盛、末期和茎秆粗壮的稻株上产卵，生长茂盛的田边稻株上产卵最多，稻田附近玉米、稗草及杂交稻制种田的父本上易着卵。田埂滋生的杂草是大螟产卵前必需的过渡寄主，杂草不仅有利于大螟白天潜伏，更是其重要的营养来源。叶鞘向外微展的稻株有利于雌蛾腹部末端插入，将卵产于叶鞘内侧。在玉米田内则喜欢选择生长欠佳，茎粗在 2cm 以下，叶鞘包茎不紧不松的玉米上产卵，一般 5～7 片叶的玉米植株上产卵较多；生长旺盛，茎秆粗壮，叶鞘紧包茎秆的玉米植株上，很少产卵。大螟还喜欢在稻田内的稗草上产卵，卵量达全田的 60%以上。但是，单纯栽植稗草，则不见产卵。产在稗草等禾本科杂草上的卵块孵化后，逐渐转移为害水稻。每头雌蛾一般产卵 2～4 块，第一、二代，每头雌蛾产卵 120～150 粒，第三代产 250～300 粒，第四代产 200～250 粒。

卵一般在 6:00～9:00 孵化，孵化率为 25%～90%。自然条件下，大螟幼虫多在上午孵出，随即在叶鞘内群集取食，同时吃掉卵壳。二龄、三龄后转移为害。蛀食一般不过茎节，1节食净即转移，幼虫一生可为害3～4株水稻。幼虫一般有5～6龄，一至二代幼虫多发育5龄，三代多为6龄。杂草茎腔小或无茎腔，是迫使幼虫转移的原因，一般在三龄以前基本全部转移完毕。大螟幼虫在不同水稻穴之间及同一水稻穴内的不同分蘖间均存在频繁的迁移扩散，且其在分蘖期水稻上的迁移扩散能力显著高于孕穗期。在整个幼虫发育过程中，大螟在分蘖期和孕穗期水稻上的平均迁移扩散距离分别为62.29cm和51.02cm，最大扩散距离为120cm。幼虫粪便排至叶鞘外或茎外。由于各种寄主植物的营养条件不同，所处环境的温度高低不一，各代幼虫历期的长短差异很大，短的17d，长的53d以上。幼虫老熟时在稻株基部枯鞘蛀屑内化蛹，少数在茎秆内化蛹。在玉米田中则在玉米枯心、断茎中化蛹。

大螟有明显趋边为害的习性，幼虫为害水稻集中在离田埂1～20行范围内，约占80%。且在不同田块之间，大螟的发生程度差异较大，具有明显的区域性。另外，大螟具有在不同寄主植物上转移为害的特点，且发生期长、峰次多、世代重叠现象严重。以在1年发生3代的江苏为例，当地大螟分布大致呈侨居代（一代）、繁殖代（二代）、主害代（三代）的发生型。一代大螟转移到水稻田外寄主上发生为害，其中野茭白、蒲等植物上一代大螟残留活虫占生态区总虫量的比例最高。二代大螟向稻田转移，对水稻及其田外寄主并重为害，水稻田残留虫量占生态区总虫量的73.6%，野茭白、蒲等占25.3%。三代大螟集中于水稻田为害，为全年主害代，且水稻破口期与大螟孵化期吻合程度越大，为害越重。

四、发生与环境的关系

（一）耕作制度与栽培条件

云贵高原的高寒地区，玉米与水稻混栽，华中的滨湖地区，茭白与芦苇混生，广西、福建以及浙江东部等地山区，甘蔗与水稻混栽，大螟发生量大。有的地区推广小麦套种春玉米，越冬幼虫可转入到麦株上取食为害、化蛹和羽化，有利于大螟的繁殖，而且越冬代发蛾盛期正值小麦黄熟收割期，成虫直接飞到玉米上产卵为害，故麦茬田玉米受害普遍较重。

稻田免耕技术的推广降低了翻耕等机械操作对越冬大螟的杀伤作用，增加了残存数量。旱育秧移栽、塑盘育秧抛栽和节水灌溉等轻型栽培措施，使水稻生育期推迟，植株嫩绿，有利于第二代大螟发生，且相应的破口抽穗期也比常规栽插的迟3～4d，通常与第三代大螟的蚁螟孵化期相吻合，因而大螟为害加重。推广油菜田免耕直播、水稻机械化收割等措施也有利于大螟种群数量提升。

（二）寄主植物

大螟具有在不同寄主植物上转移为害的特点，寄主植物的种类和理化性状影响幼虫的成活率、蛹体重量和性比以及成虫产卵量，最终显著影响大螟种群数量。油菜、甘蔗、茭白和玉米等经济、饲料作物面积缓慢增加，为大螟提供了更多的营养和生存处所，特别是对一代大螟十分有利。其中混种部分水稻的地区，大螟为害比较严重。山区种植旱稻或杂草较多，湖区芦苇较多，往往有利于大螟发生。

杂交稻及超级稻面积的不断增加，也是大螟发生加重的原因之一。由于稻秆粗高、叶鞘厚、叶鞘含糖量高而含氮量较低、维管束间距大、木质化程度低，有利于大螟产卵、蚁螟侵入和幼虫发育，而且株型高和茎秆腔大，可给大螟提供适宜的取食空间和活动区域，利于幼虫化蛹，提高其存活率。一些不合理的水稻品种搭配和布局可能为大螟世代延续提供了更好的条件。水稻品种的多样化导致大螟的发育进度不整齐，发生期延长，与水稻的敏感受害期吻合时间延长，导致早熟、中熟和迟熟中稻都受其为害。

（三）其他因素

一直以来因大螟在田边为害，造成损失不严重，人们也只是在防治二化螟或者三化螟的时候进行兼治。而且其寄主植物种类多，导致大螟的发生期不整齐而容易漏治。另外，主治药剂也是影响其数量的主要因子之一。稻螟的防治药剂主要是针对二化螟或三化螟，对大螟防效不理想。如20世纪90年代推广的氟虫腈对二化螟的杀虫效果很好，但是氟虫腈对大螟的防治效果差，导致大量应用氟虫腈的地区，虽然有效压制了二化螟的种群数量，却有利于大螟种群的发展。近年来，随着氟虫腈在水稻上的禁用和氯虫苯甲酰胺等广谱性药剂的大面积应用，大螟的种群开始有所下降。在浙江富阳，指定田块大螟对氟虫腈的耐药性呈逐年上升的趋势。以2003年的测定结果为敏感基线，大螟在2004年和2005年的耐药性分别增强了2.06倍和2.44倍。在台湾，大螟对杀螟丹的抗性仍在3倍以下，而对多杀菌素的抗性则已上升到17倍。

五、防治技术

根据大螟的发生特点，采取“以农业防治、物理防治和生物防治为主，化学防治为辅”的综合防治措施，达到保苗保穗的效果。

（一）农业防治

改进栽培技术，适当推迟水稻播栽期，可有效避开一代大螟的大量虫源，并错开水稻破口期与三代大螟的卵孵盛期，减轻为害。玉米、茭白等作物和一些杂草为大螟一代的发生提供了充足的食料，5～6月铲除田埂、沟渠和路边的杂草，对附近芦笋、玉米和茭白等作物进行药剂防治可显著降低一代大螟的虫口密度。高粱抽穗后直至收获，三代大螟成虫都喜选择其产卵。而三代大螟盛卵期多在8月上、中旬，此时绝大多数高粱已到成熟、收获期，无论多大着卵量，均不造成高粱产量损失，却能减少双晚稻和迟中稻上的着卵量，减少三代大螟对水稻的为害。大螟卵块有约70%产在以稗草为主的禾本科杂草上，卵块孵化后，幼虫陆续向水稻转移。因此，栽稗诱卵并及时拔除，可以减少大螟发生数量，减轻大螟为害程度。与豆科作物轮作，对玉米田大螟的防效可达85%以上。一代大螟的卵孵盛期，用手逐株剥下早栽长势嫩绿的玉米植株基部3片叶的叶鞘，并带出田间集中销毁，可以有效减轻一代大螟对春玉米的为害。另外，合理施肥，改善作物的营养条件提高植株的抗虫能力。水稻施用硅肥能促使稻茎坚实，减轻螟虫的为害。深耕翻土和改良土壤不仅破坏了大螟的越冬场所减少虫源基数，还可以把杂草翻入土中减少了大螟的食料。在大螟盛孵和化蛹前，田间只留遮泥水，使蚁螟为害或化蛹部位降低，盛孵或化蛹高峰后，猛灌深水13～16cm，可消灭大量螟虫。

（二）生物防治

大螟的天敌很多。据已有报道，卵期寄生蜂主要有4种：霍氏啮小蜂［*Tetrastichus howardi* (Oliff)］、螟黄赤眼蜂（*Trichogramma chilonis* Ishii）、稻螟赤眼蜂［*Trichogramma japonicun* (Ashmead)］、大螟黑卵蜂［*Telenomus sesamiae* (Wu et Chen)］。幼虫和蛹期寄生蜂有12种：螟蛉埃姬蜂［*Itoplectis naranyae* (Ashmead)］、三化螟沟姬蜂［*Amauromorpha accepta schoenobii* (Viereck)］、中华钝唇姬蜂［*Eriborus sinicus* (Holmgren)］、大螟钝唇姬蜂［*Eriborus terebranus* (Gravenhorst)］、螟黄抱缘姬蜂［*Temelucha biguttula* (Matsumura)］、黏虫白星姬蜂［*Vulgichneumon leucaniae* (Uchida)］、大螟白星姬蜂（*Ichneumon* sp.）、中华茧蜂［*Amyosoma chinensis* (Szepligeti)］、螟黑纹茧蜂［*Bracon onukii* (Watanabe)］、弄蝶长绒茧蜂［*Dolichogenidea baoris* (Wilkinson)］、螟黄足盘绒茧蜂［*Cotesia flavipes* (Cameron)］、稻螟小腹茧蜂［*Microgaster russata* (Haliday)］。

捕食性的天敌主要是青蛙和蜘蛛，如拟环纹豹蛛［*Pardosa pseudoannulata* (Boes. et Str.)］、日本水狼蛛［*Pirata japonicus* (Yaginuma)］、八斑鞘腹蛛［*Coleosoma octomaculatum* (Boes. et Str.)］和圆尾蟏蛸［*Tetragnatha vermiformis* (Emerton)］等。此外，线虫、白僵菌等微生物也是大螟的重要天敌。甜菜夜蛾核型多角体病毒和苏云金杆菌对大螟也具有较好的防治效果。

由于大螟趋光性弱，灯诱效果不稳定。性诱剂可用于大螟测报和诱杀成虫。性诱剂主要成分为顺11-十六醋酸酯和顺11-十六碳烯醇。

（三）化学防治

根据大螟的发生为害特点，化学防治策略是：在水稻与玉米混栽，单季稻与双季稻并存，早、中、晚稻混栽的地区，采取狠治一、二代，挑治第三代的对策；在纯双季稻区，狠治一代，挑治二代的枯鞘、枯心团。

1. 防治指标 早稻枯鞘丛率10%，晚稻田间出现0.36%以上白穗、枯孕穗。

2. 用药适期 防治水稻枯心苗以孵化高峰后2～3d内，初孵幼虫第一次分散为害以前，在枯鞘阶段用药防治。根据大螟喜在田边数行稻苗上产卵的习性，在田边需重点防治。

3. 防治药剂 20%氯虫苯甲酰胺悬浮剂每667m² 10～15mL；40%氯虫·噻虫嗪水分散粒剂每667m² 8～10g；30%水胺·三唑磷乳油每667m² 70～100mL；15%氟铃脲·三唑磷乳油每667m² 80～100mL。

徐红星　吕仲贤（浙江省农业科学院植物保护与微生物研究所）

第36节 台湾稻螟

一、分布与危害

台湾稻螟［*Chilo auricilius*（Dudgeon）］属鳞翅目草螟科。异名：*Chilo popescurorji*（Bleszynski）、*Chilotraea auricilia*（Kapur）、*Diatraea auricilia*（Fletcher）。分布在我国南方稻区，台湾、福建、海南、广东、广西、云南、四川均较常见，江苏、浙江也有发生。主要为害水稻，也为害甘蔗、玉米、高粱、粟等。如在四川，各代主要为害对象是：第一代早稻和早玉米，第二代迟早稻和杂交稻的夏制种田父本，第三代夏制种田和秋制种田父本、迟中稻、一季晚稻和双季晚稻，第四代（即越冬代）迟栽粳稻，第三代为害严重。20世纪90年代以来，随着轻型栽培技术、耕作制度等的变化，南方地区三化螟为害逐年减轻，而台湾稻螟的发生却逐年加重，如广东蕉岭县1995年以来每年发生面积为1 333～2 000hm^2，白穗率一般为0.1%～2%，高的达10%以上，2006年早稻白穗率高的达15.2%。在广西南宁20世纪90年代初受害率一般为1.0%～3.2%，严重的达8.6%以上。幼虫从叶鞘、叶耳处侵入后，先集中在叶鞘内取食，形成枯梢，有的蛀入茎内，形成枯心苗和白穗，幼虫常转株为害，蛀孔大，略呈方形。为害习性很像二化螟。

二、形态特征

台湾稻螟成虫、幼虫和蛹的形态见彩图1-36-1。

成虫：雄蛾体长6.5～8.5mm，翅展18～23mm，头、胸部黄褐色，常有暗褐色点，腹部灰褐色，触角略呈锯齿状，具暗褐色和淡褐色相间的环。前翅黄褐色，散布暗褐色鳞片，中央具隆起而有金属光泽的深褐色斑块4个，亚外缘线部位有暗褐色至黑色的点列，外缘有7个黑色小点，缘毛金黄色有光泽，其基部暗褐色，与外缘黑点之间有1条银灰色带。后翅淡黄褐色，缘毛略呈银白色。雌蛾体长9.2～11.8mm，翅展23～28mm。触角丝状，灰色和灰褐色相间。前翅黄褐色，中央部分的隆起斑块较雄蛾大，色较淡，其他各处点纹也不如雄蛾明显。后翅与雄蛾相似。

卵：扁平椭圆形，长0.67～0.85mm，宽0.45～0.56mm。初产时为白色，翌日转浅黄色，再后呈灰黄色，孵化前1～2d现暗黑色斑点。卵粒呈鱼鳞状排列，构成较明显的纵行，通常为1～3行，偶或可多至5行。

卵有4个明显的形态变化阶段，即可分为4级。1级：卵块和卵粒均为淡黄色，卵粒色泽及质地均匀；2级：卵块灰黄色，全部或大部分卵粒中央出现无色透明的水珠状圆斑；3级：卵块灰黄褐色，卵粒黄褐色，开始时卵粒顶部先变黄，然后逐步向四周扩展，最后整个卵粒变成黄褐色；4级：卵块暗黑色，卵粒全部呈暗黑色，卵粒孵化后留下白色薄膜状卵衣。

幼虫：一般有5～6龄。一龄头黑色，头宽0.2m，体长1.2mm，头大尾小，无背线，毛瘤灰黑色。二龄头黑色，头宽0.3mm，体长1.2～3mm，无背线，体呈半透明，前胸背板黑褐色。三龄头黑褐色，头宽0.4mm，体长3～7mm，出现虚线状背线，前胸背板靠近后缘和中线有一个半圆形黑褐色斑。四龄头黑褐色，头宽0.5～1mm，体长8～14mm，5条纵线明显，前胸背板靠近中线和后缘有2个半月形黑褐色斑。五龄头黑褐色或红褐色，头宽1.1～1.5mm，体长15～20mm，头和前胸背板黑褐色（或红褐色），前胸背板中央有明显的白色中缝线，背纵线较粗。六龄体长平均15.42mm，头宽平均1.39mm，多数幼虫前胸背板中缝线两侧颜色变淡，中缝线较粗，其他特征与五龄相同。预蛹体色变成蜡黄色，体节缩短，腹部4～6节膨大，体呈纺锤状，背线颜色变淡。

蛹：雄蛹长9～11mm，雌蛹长14～16mm；纺锤形，初化蛹时黄色，背面有5条棕色纵纹，其后体色渐深，呈黄褐色到深褐色，纵纹渐渐隐没。额略向下凹，似截断状。颊在左右两边各形成一突起，略呈三角形。中胸气门呈2个扁形的耳状突起。腹部气门略突出。第五至七腹节背面近前缘各具1横列齿状小突起，臀棘较显著，背面具4刺，作半环状排列，腹面具2刺，各刺均短直、上无毛。

蛹的形态发育根据复眼颜色可分为6级。1级：复眼淡黄色，与体色相同，复眼内有1不规则状黑斑，体色初为淡黄白色，后变为淡黄褐色；2级：复眼淡褐色，比体色稍深，复眼内的黑斑变成短棒状，体黄褐色，部分变成黑褐色；3 级：复眼红棕色，复眼内的黑斑消失；4 级：复眼乌黑色，有光泽；5 级：复眼初为灰黑色，后变灰白色，无翅斑；6 级：复眼灰白色，体蜡黄褐色（部分蛹为黑色），腹部两侧可见黑色翅斑。

三、生活习性

台湾稻螟在我国南方年发生 3～6 代，多以幼虫在稻茬或稻草中越冬，其中湖南年发生约 3 代，福建 4 代，广州 4～5 代，广西 5～6 代，四川 3～4 代。在广东中部地区，年发生 4～5 代，世代重叠，以老熟幼虫在稻秆和稻桩内越冬，尤其在低湿稻田和有冬作物覆盖的稻桩，越冬幼虫密度大，冬作小麦及甘蔗苗内亦有幼虫越冬。越冬幼虫翌年 1 月下旬化蛹，2 月中旬有个别成虫羽化，3 月中旬大量羽化。各代成虫发生期：越冬代 3 月至 5 月中旬，第一代 5 月下旬至 6 月上旬，第二代 6 月中旬至 7 月下旬，第三代 8 月上旬至 9 月上旬，第四代 9 月中旬至 10 月上、中旬，第五代 10 月下旬至 11 月上、中旬。其中，第二代幼虫数量较多，为害较重，该代成虫数量也最多。第四代幼虫在晚稻本田发生较多。以第四代的部分幼虫及第五代幼虫越冬。在广东，第一代发蛾期与二化螟的发蛾期基本一致，而以后各世代则比二化螟早发。在混栽地区的双季间作稻和单季稻比双季连作稻虫口密度大。混栽区改为双季连作制后，为害已普遍减轻。

广西百色地区，年发生 5～6 代，第一代 3～5 月，第二代 5～6 月，第三代 7 月，第四代 8～9 月，第五代 9～10 月，第六代 10～11 月。在广西南宁，年发生 5～6 代，其中以第五代越冬为主，翌年 2 月下旬至 3 月上旬越冬幼虫开始化蛹，于 3 月中、下旬羽化出成虫并进入新一年的发生周期，羽化持续至 4 月中旬。其中，第一代 3 月中旬至 5 月下旬，第二代 5 月中旬至 7 月中旬，第三代 6 月中旬至 8 月中旬，第四代 7 月下旬至 9 月中旬，第五代 8 月中旬至 10 月下旬，并有部分幼虫进入越冬，第六代 10 月上旬至次年 4 月中旬，主害代为第二代和第四代（或第五代）。

四川宜宾地区，年发生 3～4 代，以幼虫在稻桩或稻草内越冬，越冬幼虫 4 月上旬末开始化蛹，各代成虫盛发期：越冬代 4 月下旬至 5 月上旬，第一代 6 月下旬至 7 月上旬，第二代 7 月下旬末至 8 月中旬，第三代 9 月上、中旬。

成虫昼伏夜出，有趋光性，喜阴凉潮湿环境，怕高温干燥，喜在宽叶、浓绿的稻苗上产卵。成虫多在夜间羽化，其中以 20:00～23:00 最多，占 83.3 3%。雌雄比为 1∶1.06，但部分世代，特别在高温季节的世代，雄蛾羽化时间通常比雌蛾提前 4～7d，这样就造成当代雌雄成虫交尾概率减少，影响到下一代的发生量。雄蛾均在羽化当晚交尾，雌蛾大多在羽化后 1～2d 交尾，少数在羽化后 3～4d 内交尾。交尾高峰在 1:00～6:00，雌雄成虫均可多次交尾，最多 5 次，其中只交尾 1 次的占 63.3%～98.0%。雌蛾产卵时间多在 21:00 至翌日 1:00，占总数的 85%以上，部分在 2:00～6:00。卵块集中产于稻叶上（占 88.8%～99.5%），少数产于叶鞘上，极个别的尚可产在叶舌上。据调查，集中产卵叶位为下部 1、2、3 叶，卵块量占 80.9%～88.9%；卵块分布于叶片正、背面数量：第一代各约 50%，第二、三代则以背面为主，占 78.1%～84.2%；卵块多产于近叶鞘端的 1/ 3 叶段区内。卵块距叶鞘端的距离，产于背面的近，产于正面的远。雌蛾喜选择田边秧苗产卵，其平均卵块数量的比例，如以距田边 1～2 行为 100，则 5～6 行为 40.4，9～10 行为 4.4；水稻苗期至乳熟初期，雌蛾均可产卵。在此范围内，似有生育程度愈高，产卵量愈多的趋势。如，在第二代成虫发生期间，处于孕穗—乳熟期的全代产卵块量，较处于圆秆—抽穗末期的多 85.7%，较处于分蘖—孕穗初期的多 550.0%。

在四川宜宾，各代雌蛾产卵前期，平均为 1.5～2.1d；每雌蛾平均产卵量为：越冬代 96.8 粒，第一代 219.1 粒，第二代 184.5 粒，第三代 165.2 粒。在广西南宁，每雌蛾平均产卵量为：越冬代为 128 粒，第一代 215 粒，第二代 283 粒，第三代 208 粒，第四代 151 粒，第五代 264 粒。在广州，每雌蛾可产卵 4～6 块，每卵块一般有卵 30 粒，多的 190 粒左右。在广西南宁，平均成虫产卵前期和寿命，第一代各为 1.6d 和 5.5d，第二代为 1.3d 和 4.3d，第三代为 1.2 d 和 3.8d，第四代为 1.0d 和 3.8d，第五代为 1.0d 和 3.5d，第六代为 1.4d 和 4.3d。

卵的孵化时间大多在 9:00～15:00，少数在凌晨和傍晚。在广西南宁，第一至六代卵的孵化率分别为 74.7%、53.3%、60.7%、37.0%、36.1%和 93.3%。初孵幼虫吐丝飘散，多从叶鞘叶耳侵入，初孵幼虫具群聚性，先集中在叶鞘内取食，一稻株上通常有数头至数十头，使叶鞘外面呈现白色斑点，继而变为枯黄，形成变色叶鞘茎，也有蛀茎而造成枯心和白穗的。之后，幼虫转株为害，转株时幼虫蛀成的虫孔不同于二化螟，其虫孔大而呈方形，虫孔外粪多而臭。幼虫喜湿润环境，稻株被害处虽极潮湿甚至腐烂，但幼虫却喜藏身其中。幼虫一般经过4～6次蜕皮。老熟幼虫常爬到最外层的叶鞘内选择适当的位置，吐丝结薄茧化蛹。已经侵入稻茎的幼虫，则迁移到稻株近水面6～10cm处，将稻茎内壁咬一环状羽化孔，只留薄膜，然后在稻茎内化蛹，羽化后冲破此孔薄膜而出。台湾稻螟幼虫在各种密度下都是聚集的，且聚集强度随种群密度的升高而增加。雌蛾喜趋田边产卵因而在近田边发生与为害相对更严重。据查，以距田边10～11行的虫量为1，则10～11行、5～6行、1～2行的虫数比依次为1∶4.6∶7.5；螟害比则为1∶2.3∶4.4。

台湾稻螟各虫态发育历期与气温密切相关。在广西南宁，在第一、二、三、四、五和六代处于气温平均各为21.4℃、26.0℃、28.5℃、30.2℃、28.4℃、25.5℃时，卵期平均分别为8.2d、6.2d、5.1d、4.8d、5.2d、6.3d；当第一至五代处于气温平均各为23.1℃、28.3℃、28.7℃、30.5℃、27.0℃时，幼虫期平均分别为28.5d、25.8d、25.5d、20.8d、21.1d；当第一至六代处于气温平均各为25.0℃、28.8℃、29.2℃、29.7℃、25.9℃、21.2℃时，蛹期平均分别为7.6d、5.8d、5.6d、5.5d、7.2d、10.8d。在广东汕头，第一、二、三和四代的卵期平均各为11d、5d、5d、6d，幼虫期各为32d、28d、22d、26d，蛹期各为8d、6d、7d、10d，成虫寿命均为4d。在四川宜宾，越冬代、第一、二和三代的卵期平均各为9.2d、10.0d、6.5d、5.0d，幼虫期各为234.8d、34.2d、24.9d、22.8d，蛹期各为14.6d、6.6d、5.9d、9.0d，成虫寿命各为6.6d、5.2d、5.9d、6.4d。

四、发生与环境的关系

（一）气候因子

温度对台湾稻螟发生的影响研究甚少，但冬季的温度对其发育的影响较大，冬季温度越高，越冬虫源自然死亡率越低。如在广州汕头，2009年以来冬季气温上升1～3℃，客观上使台湾稻螟发生量增加。台湾稻螟在盛发期间气温不超过29℃，降水量和雨日数较大时，则发生严重。如在广东新会大发生的1976年5月下旬至6月上旬降水量388mm，雨日18d，这年第二代发生面积为0.88万hm^2，螟害严重。而1977年同期降水量减少274.5mm，雨日减少8d，第二代发生面积仅240hm^2。

（二）水稻品种与寄主植物

台湾稻螟的寄主除水稻外还有其他植物，稻田的周边植物种类较复杂的地方，其他寄主植物作为台湾稻螟的中间寄主，使其能够辗转增殖。因此，山边田重于沿海田、水旱混种区重于纯稻区。

成虫喜欢选择杂交稻及其制种田产卵，其产卵量较常规稻明显得多，成为杂交水稻及其制种田的重要螟害虫种。据调查，台湾稻螟卵块量在各稻型的三种稻螟（三化螟、二化螟、台湾稻螟）总卵块量中所占平均比例为：夏季制种田父本46.1%、秋季制种田父本11.8%、杂交晚稻19.2%、夏季制种田母本21.4%、秋季制种田母本4.6%、常规粳型双晚稻仅为3.2%。由于成虫喜在茎秆粗壮、叶片宽大及叶色浓绿的水稻上产卵，因此粗秆、宽叶、浓绿的品种上螟害往往严重。在品种布局上，早稻应以中早熟品种为主，晚稻以中迟熟品种为主，这样有利于错开螟害期与危险生育期。同一地区应选择成熟期基本一致的品种，减少混栽程度，以便更好地发挥避螟、控螟的效果。

据国外报道，不同品种对台湾稻螟的抗性也不同，如IRAT 121、CNA-108-8-42-24-2B、Biera Ocampo和Binundok表现高抗，而N22敏感。

（三）耕作制度与栽培技术

如在广东汕头，20世纪80年代中后期，耕作栽培制度由原来的稻—稻—麦改为稻—稻—冬种蔬菜，减少了虫源基数；20世纪90年代以来玉米种植面积逐年增加，而且一年四季均有种植，成为台湾稻螟的中间寄主，使之发生逐年加重。如果早春水源充足，犁田时间早，灭螟效果好，则当年发生程度轻；反之，如遇早春干旱，犁田迟，则虫源羽化率高，发生程度重。20世纪90年代开始，汕头市推广高产示范栽培技术，种植中迟熟品种，早晚稻向7、8月靠拢，充分利用高温强光，但将晚稻犁田时间推迟至8月初，使台湾稻螟第三代后期的幼虫均能顺利羽化，这也是其发生逐渐加重的原因之一。

20世纪90年代以前稻田基本自灌自排，早稻春分以前全面灌水淹田灭螟，晚稻收割后立即犁翻淹没，稻田内台湾稻螟被大量杀死。2004年以来水位逐渐下降，现水田用水80%机灌，早春干旱时机灌用水也短缺，早稻犁田时间推迟至 3 月下旬，造成越冬残留虫顺利羽化。

随着冬种蔬菜面积的扩大，晚稻收割后的稻草不是作为燃料，而是被用于冬种蔬菜畦面覆盖，使稻草中的残虫得以存活，越冬虫源增加，从而导致翌年发生基数高。

五、防治技术

防治方法可参考三化螟。在策略上根据当地发生情况，由于第一、三代成虫基本在秧田产卵，因此应抓好秧田集中防治，以减轻大田为害；抓好主害代防治，如在广州，第二代成虫高峰期比三化螟提早 2～3d，因此，防治第二代台湾稻螟可与三化螟兼治，防治期为三化螟防治适期提早 1～2d ；第四代成虫期较长，前、中期的发生期比三化螟早，可根据实际进行挑治，第四代后期的发生期与三化螟接近，可与三化螟兼治；周围环境较复杂的稻田也受第五代的为害，其防治要根据实际发生情况采取全面施药主治或局部挑治。

（一）农业防治

消灭越冬虫源或降低虫口基数。台湾稻螟为害严重的田块，稻草内有大量越冬幼虫，必须在未进入发蛾期以前处理完有虫稻草。捡拾虫害严重田块的稻桩集中销毁。早春掌握在越冬幼虫化蛹高峰时灌水浸田 3～4d，可大量杀蛹。台湾稻螟为害严重的地区，早稻收割时在茎秆内会有大量幼虫和蛹，应将割下的稻株立即挑出稻田，并及时脱粒，将脱粒后的稻草放在烈日下曝晒，既可避免幼虫爬到邻近稻田为害，又可杀死幼虫和蛹，减少晚稻的虫源。

此外，秧田期捕蛾采卵可以减轻螟害。

（二）物理防治

根据测报，在螟蛾盛发阶段，采用黑光灯或者诱虫灯诱杀螟蛾，也有一定防治效果。

（三）生物防治

国外有将 Bt 制剂和赤眼蜂用于台湾稻螟防治的，但国内这方面的研究很少。有评价认为，稻螟赤眼蜂［*Trichogramma japonicun*（Ashmead）］能够有效控制该虫，其中赤眼蜂种群增长力相对于螟虫种群是超前而不是跟随关系，值得实际应用验证。

台湾稻螟性诱剂（含顺-7-十二碳烯基乙酸酯、顺-9-十四碳烯基乙酸酯、顺-8-十三碳烯基乙酸酯和顺-10-十五碳烯基乙酸酯），可用于水稻、甘蔗上的测报和诱杀防治，每 667m^2设置 2 个诱捕器，防治效果达 80.6%。

（四）药剂防治

根据台湾稻螟发生预测预报，在蚁螟盛孵期施药。防治药剂参考三化螟。

叶恭银（浙江大学昆虫科学研究所）
郑许松（浙江省农业科学院植物保护与微生物研究所）

第 37 节　螟 蛉 类

一、分布与危害

稻螟蛉类又称螟蛉夜蛾类害虫，属鳞翅目夜蛾科，是水稻食叶类害虫，在早、中、晚稻秧田和本田均见其取食为害。一般情况下，该类虫在秧田较多，在本田密度不大，属次要害虫。稻螟蛉类幼虫的共同特点是第一、二对腹足退化，仅留痕迹，故行动似尺蠖。主要种类包括稻螟蛉［*Naranga aenescens*（Moore）］和稻条纹螟蛉［*Protodeltote distinguenda*（Staudinger）］。稻条纹螟蛉的异名有：*Jaspidia distinguenda*（Staudinger）、*Erastria distinguenda* Staudinger 和 *Lithacodia distinguenda* Staudinger。

（一）稻螟蛉

稻螟蛉又名双带夜蛾、稻螟蛉夜蛾，俗称稻青虫、粽子虫、青尺蠖。属鳞翅目夜蛾科。分布广，在我国北起黑龙江（张德），南迄海南、广西、云南，西至陕西（周至）、四川（雅安），东达台湾和沿海各省。山区海拔1 000m 左右仍有发现。国外分布于朝鲜、日本、缅甸、印度、印度尼西亚、斯里兰卡等。

稻螟蛉主要为害水稻，也能为害高粱、玉米、甘蔗、茭白、稗草、李氏禾、野黍、看麦娘、茅草等禾本科作物和杂草。稻螟蛉以幼虫咬食水稻叶片，严重时，可把秧苗期叶片吃尽，残留基部，似“平头”状；本田期为害严重时，仅剩中肋，似“洗帚把”状，严重影响水稻生长发育，造成减产。早在20世纪30年代初期，浙江、江苏等地已有间歇成灾的报道。20世纪50年代初，局部地区仍较严重，秧苗受损率达5%～10%，个别地区可高达50%左右。如，1952年前后，福州和南昌郊区的部分连作晚稻秧田，叶片被吃尽，造成缺秧；1958年，在以往虫口密度很低的吉林延边地区普遍发生。20世纪60年代由于推广使用化学农药，多数地区虫口密度下降，为害较轻。70年代随着连作稻、三熟制的发展和密植、施肥水平的提高，江苏、浙江、湖南、江西等部分地区的虫情又陆续回升，造成局部危害。如，1970年浙江曾大发生，据宁波市农科所调查，6月4日至7月4日灯下诱蛾量比常年蛾量高15～20倍。20世纪80年代末、90年代初开始又有回升。如，1989年以来在浙江等地又暴发成灾，造成连作晚稻缺秧，生育期推迟，空秕率增加，千粒重下降。在浙江衢州1989—1991年平均发生面积占水稻种植面积的21.1%。在江苏，1992年在东台第三、四代稻螟蛉严重发生，面积达2.08万hm^2，占水稻种植面积的66.7%，粳稻和杂交稻上第三代百穴虫量60～105头，粳稻上第四代百穴虫量75～120头；1999年在高邮平均百穴有第二代幼虫650头，高的达2 000头，最高达2 800头，超过防治指标的26倍。2000年以来，江苏每年发生面积在30万～37万hm^2，一般年份叶被害率为10%～20%，严重田块在50%以上，不防治田块平均叶被害率为88.6%，严重田块叶被害率达100%。2008年该虫在黑龙江泰来县暴发成灾，全县发生面积为2.83万hm^2，占水稻种植面积的64.8%，发生严重地块每平方米有虫超百头，水稻叶片被吃得残缺不全，仅留中肋，有的地块叶片被全部吃光，仅剩稻秆和稻穗；中度发生地块每平方米有幼虫30～40头，大部分叶片被吃成缺刻；轻度发生地块每平方米有虫5～6头。

（二）稻条纹螟蛉

稻条纹螟蛉又称稻白斑小夜蛾。其近缘种拟条纹螟蛉，又称淡白斑小夜蛾［*Jaspidia stygia*（Butler）］。这两种夜蛾均属鳞翅目夜蛾科。形态极为相似，常同时发生，为害水稻，以往发生甚少，未引起人们注意。1970年起在浙江、江苏、上海、湖北、福建、江西、广东等地均有发生。日本等国家也有发生。寄主除水稻外，还有一些禾本科杂草，具体不详。

稻条纹螟蛉以幼虫为害水稻，在浙江，尤以第一代和第三代幼虫分别为害早稻和分蘖期连作晚稻较重，常吃尽叶片而仅剩白斑，或者吃光整株稻叶，影响水稻正常生长，造成一定的损失。稻条纹螟蛉幼虫在田间的分布和为害不均匀。靠近菜园、竹园、灌木丛、篱笆、树荫下和堤塘边等荫蔽处的稻田受害较重；而无遮阴的稻田虫量少，受害轻，仅见零星发生。

二、形态特征

（一）稻螟蛉

稻螟蛉成虫、幼虫形态及其为害状如彩图1-37-1。

成虫：雄蛾体长6～8mm，翅展16～18mm。头、胸部深黄色，腹部较细瘦，腹背暗褐色。复眼半球形，黑色。前翅深黄色，有2条略平行的暗紫色宽斜纹，其中1条自前缘中央至内缘中央，另1条自翅尖伸至臀角附近；后翅暗褐色，缘毛淡黄色。雌蛾体长8～10mm，翅展21～24mm。头、胸部黄色，腹背黄褐色。前翅黄色，也有2条断续的淡紫褐色斜纹，外面1条近翅尖的部分较明显，内面1条近内缘部分较明显，在中室内有紫褐色小点1个；后翅淡黄色，近外缘处色较深，缘毛淡黄色。腹部较肥大，略呈纺锤形，背面黄色，稍带褐色。越冬代成虫体略小，翅面黄褐色，斜纹暗褐色，与其他各代明显不同。

卵：直径0.45～0.5mm，扁球形，表面有放射状纵纹和横纹相交成许多方格纹。初产时乳白色，后变褐色，上部呈现紫色环纹；将孵化时为灰紫色，环纹暗紫色。

幼虫：末龄幼虫体长约20mm。头部黄绿色或淡褐色，胸、腹部绿色。背线和亚背线白，气门线淡黄色。第一、二对腹足退化，仅留痕迹，故行动似尺蠖。

蛹：雄蛹长7～9mm，雌蛹长8～10mm，略呈圆锥形。初为绿色，后转褐色，羽化前全体具金黄色光泽，可透见翅上的紫褐色纹，越冬代蛹头顶为绿褐色。雄蛹触角达到或超过中足末端。雌蛹触角不达中足末端。腹部气门浓褐色，极为明显；腹末具钩刺4对，以中央1对最长。

（二）稻条纹螟蛉

稻条纹螟蛉成虫、卵、幼虫及蛹形态如图 1-37-1。

成虫：体长 9～10mm，翅展 22～25mm。体翅暗褐色，腹面灰褐色。头较小，触角丝状，复眼黑色，呈球形稍突出，下唇须上举，略与复眼齐平。前翅短而宽，停息时左右翅覆于背，接合处有 1 阔条暗褐色 X 形纹。前翅亚基线、内横线淡褐色；环状纹和楔状纹较小，外围均有白色镶边，尤以楔状纹的外围白边较明显，作新月形；肾状纹较大，外围有 B 形白边；外横线、亚外缘线白色，以前者较明显；外缘上有断续黑线排列；前、后翅缘毛先端均呈灰白色，与暗褐色斑点相间。后翅背面灰褐色，有不明显的外横线。胸足黄褐色，前足有环状黑色斑纹，中足胫节末端有 1 对距，后足胫节中部及末端各有 1 对距，均以靠内侧者较长。

成虫与拟条纹螟蛉的区别：稻条纹螟蛉前翅外缘线外侧 M_3 以下白色不明显，有半月形的白色楔状纹，而拟条纹螟蛉的外缘线外侧 M_3 以下白色非常明显，缺楔状纹。

卵：圆球形略扁，直径 0.4～0.5mm，光滑无纹，乳白色，具银色光泽，将孵化时变为暗灰色。

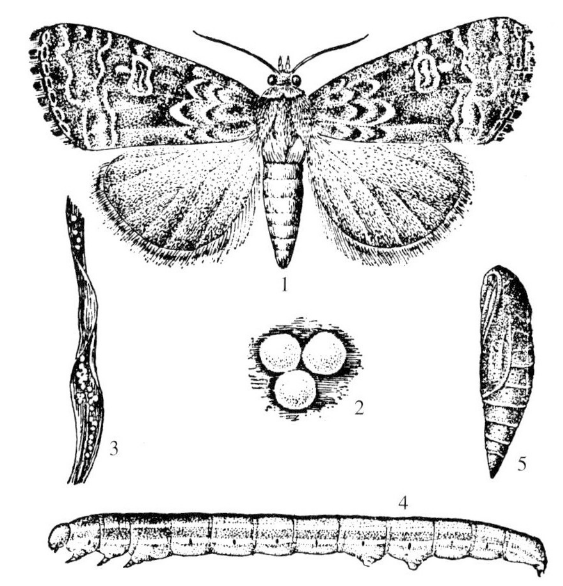

图 1-37-1　稻条纹螟蛉成虫、卵、幼虫及蛹形态（引自中国农业科学院植物保护研究所，1995）

Figure 1-37-1　Morphology of the adult, eggs, larva and pupa of *Protodeltote distinguenda* (from Institute of Plant Protection, Chinese Academy of Agricultural Sciences, 1995)

1. 成虫　2. 卵　3. 产于叶片上的卵　4. 幼虫　5. 蛹

幼虫：末龄幼虫体长 24～27mm，头黄褐色，胸腹部淡黄绿色，少数淡褐色。背线暗绿色，亚背线黄白色，气门线淡黄色。各体节有生刺毛的小黑点，其中各胸节背部有 6 个小黑点，作“一”字形排列；各腹节背部有 4 个小黑点，分前后两排，呈正梯形排列。腹足 3 对，其中第一、二对腹足退化，故爬行作尺蠖状，尾足外侧有黑色长斑纹 1 个。

蛹：淡黄褐色，长 9～11mm，头顶至翅芽超过体长 1/2。后足伸至第四腹节，与翅芽端部齐平。

三、生活习性

（一）稻螟蛉

稻螟蛉年发生代数自北向南递增。黑龙江年发生 2 代；吉林延边年发生 3 代；陕西南郑 3～4 代；江苏昆山 4 代；湖北 5 代；浙江嘉兴以 5 代为主部分 4 代，衢州 5 代；江西南昌多数 5 代部分 6 代，有些年份以 6 代为主；福建福州、广东、台湾 6～7 代。以蛹在田间稻桩丛中或稻桩内，或杂草上的叶苞内越冬，少数在稻草上的叶苞及叶鞘间越冬。在黑龙江一般 6～7 月第一代开始羽化。在江苏北部沿海，越冬蛹于 5 月下旬至 6 月中旬羽化为成虫，并在水稻秧苗上产卵为害，各代成虫发生盛期分别为：第一代 6 月上、中旬，第二代 7 月上、中旬，第三代 7 月底至 8 月中旬，第四代 8 月下旬至 9 月上旬。在湖北，越冬蛹于 3 月下旬开始羽化为成虫，各代成虫发生盛期为：越冬代 4 月中、下旬，第一代 5 月下旬，第二代 6 月下旬，第三代 7 月上旬，第四代 8 月上旬至 9 月上旬，第五代幼虫于 9 月下旬开始陆续化蛹越冬；第一代发生整齐，以后各代发生期重叠。全世代历期：第一代 47.3d，第二代 27.9d，第三代 22.9d，第四代 24.0d，第五代 42.9d。全世代的发育起点温度为 10.1℃，有效积温为 558.4℃。也有报道，在 14℃、19℃、24℃、28℃和 32℃ 恒温处理下，全世代发育历期分别为 56.6d、41.2d、32.7d、23.0d 和 16.3d；全世代发育起点温度为 9.4℃，有效积温为 395.3℃。据报道，在福建一般发生 6 代，但也有发生 3、4 代的现象，原因是第三、四代有兼性滞育蛹。兼性滞育蛹的蛹壳明显加厚变硬，体色也明显深于正常蛹。幼虫期的光周期是诱导滞育的关键因子，温度和食料也有关系。这些滞育蛹直至翌年 4

月才能羽化、产卵。

稻螟蛉在各地为害的主要时期不完全相同。黑龙江省主要以第二代幼虫在水稻生育后期发生为害。吉林延边以8月下旬第三代幼虫发生较多，9月中旬化蛹越冬。浙江衢州6月下旬至7月上旬的第二代幼虫主要为害早稻，7月中、下旬的第三代幼虫主要为害连作晚稻秧苗，8月中、下旬的第四代幼虫主要为害晚稻本田。湖南在晚稻秧苗期发生较多，为害较重。福建、广东以7、8月为害晚稻秧苗。江西南昌以7月第三代幼虫为害晚稻秧苗。

成虫多在清晨羽化，15:00～16:00也有羽化。白天潜伏于稻丛或草丛中，遇惊动即疾飞；以20:00～21:00活动最盛。趋光性强，雌蛾更易扑灯，而且多数未产卵或没有产完卵。成虫有明显的趋化性，对糖、醋、酒及淘米水等其他带有酸甜气味的发酵物质都有趋性。成虫期需取食糖蜜才能正常产卵，产卵具有明显的趋嫩绿性，尤其喜在秧田产卵。交尾多在19：00～24：00进行。产卵前期大多为2d，产卵期3～5d；产卵前期的发育起点温度和有效积温各为12.3℃和29.3℃。卵多产在稻叶中上部的背面，少数产在叶正面和叶鞘上。1个卵块有卵7～8粒，多的达20多粒，排成1～2行，少数单粒散产。每头雌蛾产卵42～534粒，平均250粒左右。不同世代成虫的性比不同，第一至四代的性比分别为1.10∶1、1.54∶1、1.35∶1、1.18∶1。

卵多在清晨孵化，不同世代卵的孵化率不同，在湖北第一至五代卵孵化率各为68.7%、82.6%、92.4%、80.5%和67.4%。在18℃、22℃、26℃、30℃、32℃和34℃下，平均卵期分别为7.7d、6.3d、4.9d、3.6d、3.1d和3.6d；卵发育起点温度和有效积温各为10.5℃和60.1℃。

幼虫分6龄，初孵幼虫先在叶片上爬行，第一、二龄幼虫啃食叶肉，仅留叶脉和一层表皮，形成许多白色长条纹。三龄幼虫自叶缘蚕食叶片，造成不规则的缺刻，也有的先在叶片中部咬孔再向周围咬食，严重时仅留叶片基部和中肋。五龄后部分幼虫在叶片中部咬孔再向周围咬食。四龄食量增大，五、六龄暴食为害，1头幼虫可食害8～14张稻叶。幼虫如受惊动，即跳跃落下，再游水爬至他株为害。幼虫老熟后爬至叶端，吐丝将叶片折成粽子状叶苞，并咬断虫苞下端的稻叶，使虫苞坠落于水面漂浮，幼虫即在苞内作薄茧化蛹。但也有少数蛹苞不脱落，或不作粽子状虫苞，而卷叶化蛹。在18℃、22℃、26℃、30℃、32℃和34℃时，幼虫平均历期各为36.1d、29.0d、21.8d、16.4d、14.5d和17.5d，蛹期平均各为10.2d、9.1d、7.6d、6.7d、4.1d和5.6d。幼虫、蛹发育起点温度各为9.2℃、12.0℃，有效积温为348.5℃、91.9℃。越冬蛹的过冷却点为−27.7℃，结冰点为−22.6℃，证实了稻螟蛉可以蛹态在沈阳地区越冬。在第三、四代幼虫盛发期，田间幼虫水平分布属于聚集分布中的奈曼分布，垂直分布多集中在稻株中上部叶片。

各虫态历期因地区而不同。在江西南昌，卵期：第一代为6d，第二代3～4d；幼虫期：第二至四代为11～16d，第一、五代为27d；蛹期：一般为4～5d，第一、五代为8d；成虫寿命：4～7d；产卵前期：2～3d，产卵期：2～4d。在浙江嘉兴，卵期：4～10d，以第三至五代最短，为4～6d；幼虫期：12～22d，一般为17～19d；蛹期：4～11d，越冬蛹长达221～223d。在湖北孝感，卵期：第一至五代平均各为6.3d、3.8d、3.3d、3.4d和4.1d；幼虫期：第一至五代平均各为28.3d、15.2d、12.4d、13.2d、26.6d；预蛹期：第一至五代平均各为2.2d、1.3d、1.2d、1.3d、2.0d；蛹期：第一至五代平均各为7.6d、5.2d、4.3d、4.4d和7.8d，其中第五代仅指少数发育至成虫的个体；产卵前期：第一至五代平均各为2.9d、2.4d、1.8d、1.8d和2.5d；产卵期：第一至五代平均各为2.0d、3.6d、4.9d、5.1d和5.6d；全世代历期：第一至五代平均各为47.3d、27.9d、22.9d、24.0d和42.9d。在湖北孝感，各龄幼虫历期也因世代而异（表1-37-1）。

（二）稻条纹螟蛉

稻条纹螟蛉在浙江杭州1年发生4～5代，但第五代成虫在9月下旬至10月气温较低时未见产卵。以第四代蛹在稻根丛内或田边松土下越冬。在福建德化1年发生5代，以第五代幼虫在田边、圳边、溪边禾本科杂草中越冬。

稻条纹螟蛉世代历期：在浙江杭州，第一代44d，第二代39d，第三代38.4d，第四代46d。在福建德化，第一代56d，第二代47d，第三代51d，第四代57d，第五代170d。各虫态历期：在浙江杭州，成虫期4～9d，卵期5～7d，幼虫期17～28d，蛹期7～14d。在福建德化，成虫期7～10d，卵期5～14d，幼虫期21～131d，蛹期9～16d。

表 1-37-1 稻螟蛉在湖北孝感各世代幼虫的各龄平均历期（d）

Table 1-37-1 The developmental duration of each instar larvae of *Naranga aenescens* in different generations at Xiaogan, Hubei Province (d)

代别	虫龄						
	一	二	三	四	五	六	七
一	5.3	4.2	4.1	4.1	4.6	6.4	5.7
二	3.2	2.3	2.1	2.1	2.2	4.1	—
三	2.7	2.1	1.8	1.9	2.1	3.4	—
四	2.5	2.2	2.1	2.1	2.0	3.6	3.1
五	3.4	3.9	4.1	4.5	5.2	6.2	5.9

注　参照吕环照，1994；第二、三代未出现七龄幼虫。

稻条纹螟蛉成虫有明显的趋荫蔽性，趋光性弱。在大田中很少见到，而在树木、竹林、篱笆、菜园和堤塘边等荫蔽处的稻田和杂草中较易发现。多数成虫停栖在稻株下部叶片或稻丛中，其头部多数朝下，少数水平状停于叶片上。成虫多在 8:00～12:00 羽化，羽化后当晚或翌晚 20:00 以后交尾。交尾时间长达 5～8h，交尾后隔 1d 产卵。

成虫产卵有明显的趋嫩性。早、晚稻分蘖期产卵于距叶尖 2.2～12.5cm 处，平均 5.1cm。卵粒作双行或单行排列，以叶片纵卷包裹，作扭曲状卷缩；在水稻圆秆拔节期，喜产于心叶中，不易被发现；在水稻孕穗后期产于稻丛下部无效分蘖叶片上，也较难发现。第一代成虫产卵期 3～4d，每头雌蛾产卵 4～5 块，总卵粒数 139～206 粒，平均每个卵块 40 粒左右。

幼虫共 5 龄。卵日夜均能孵化，尤以 6:00～12:00 孵化最盛，孵化率高达 90%左右。初孵幼虫先群集在叶片尖端或卵块附近取食，啃食叶肉成白色半透明花斑，数小时后分散到附近稻叶上为害。随着虫龄增大，向四周稻株迁移，食稻叶成缺刻，严重时吃光稻株上部叶片，剩下中脉。幼虫多在晚上取食，白天静止不动，但阴雨天例外。幼虫老熟后，体色渐转红色，向下爬至稻丛中或田边松土内吐丝作薄茧化蛹。此外，初孵幼虫抗水能力弱，到三龄以后，抗水能力才增强。各龄幼虫耐饥力均甚弱，两昼夜不供给食料，即处于半死状态或死亡。

四、发生与环境的关系

（一）气候因子

稻螟蛉喜高温高湿的环境条件，其生长发育适宜温度为 22～30℃，相对湿度为 85%～95%。在 18～30℃范围内卵孵化率为 66.9%～86.8%，幼虫死亡率平均 12.30%，而 34℃时则卵孵化率下降为 39.6%，超过 36℃卵则不能孵化；当温度高于 38℃，相对湿度低于 50%时，不仅卵不能孵化，蛹也不能羽化。但降水次数多，影响成虫的活动，幼虫取食量减少，暴雨能直接冲刷导致初龄幼虫死亡。因此，凡平均温度高，降水量适中的年份，发生量大。晚稻秧苗期，如果前期多雨，后期干旱，则稻螟蛉发生较多。

在江苏高邮第二代稻螟蛉的发生轻重与 6 月中旬至 7 月下旬的降雨有关。如此时阴雨天多，对第一代蛹的羽化及第二代卵的孵化都比较有利，第二代幼虫发生量大。若 7 月中、下旬少雨干旱，又有利于幼虫的存活。如 1999 年 6 月中旬到 7 月上旬的降水量为 201.6mm，而 7 月中、下旬降水量为 2.7mm，比常年少 90.35mm，从而造成第二代稻螟蛉暴发。在江苏，暖冬利于残虫存活，越冬基数大，成虫盛发期间低温高湿，也有利于稻螟蛉繁殖。以东台市为例，1999 年 1 月平均气温为 3.9℃，比常年平均气温高 1.57℃，1 月下旬积温高达 72.4℃，比常年平均（21.61℃）高出 50.79℃，且 8 月上旬积温为 266.1℃，低于常年平均 280.22℃，雨日 5.0d，多于常年 4.2d。同样，2001 年 1 月下旬温度也高于常年，8 月上旬与常年相比低温阴雨日多，造成 1999 年、2001 年第三代稻螟蛉大发生。相反，2000 年与常年相比，1 月低温，8 月上旬高温低湿，不利于第三代稻螟蛉发育繁殖，因而发生较轻。

就稻条纹螟蛉而言，持续阴雨、多湿有利于其发生、繁殖和为害。湖北省 5 月上、中旬气温在 22℃

左右，持续阴雨10d，田间湿度大，稻苗生长嫩绿，第一代发生为害重；8月上、中旬气温29～31℃，连续阴雨10d，第四代为害严重。

（二）栽培条件与寄主植物

双季连作稻和三熟制扩种后，由于各代食料丰富，有利于稻螟蛉生活和繁殖，为害有加重趋势；田边、沟边杂草丛生的稻田，受害较重；播种过迟及氮肥过多、生长嫩绿的秧田和本田，能引诱成虫集中产卵，受害常重。例如，1990年以来江苏全省大面积推广肥床旱育、塑盘抛秧等轻型栽培技术，水稻播种密度显著降低，氮肥用量急剧增加，水稻长势嫩绿，利于稻螟蛉取食，且吸引成虫产卵，加上直播稻面积连续扩大，水稻生育期推迟，为第三、四代后期稻螟蛉发生提供了适宜的寄主条件；同时，里下河、沿海地区寄主植物多，食料丰富，更利于稻螟蛉发生。调查发现，不同寄主植物上稻螟蛉虫口密度差异明显，水稻上明显为高，其中水稻、高粱、玉米、甘蔗、茭白、芦苇和杂草上的虫口密度分别为16.8头/m^2、0.7头/m^2、1.1头/m^2、0.2头/m^2、3.1头/m^2、0.2头/m^2、4.5头/m^2。

国外报道，稻螟蛉发生程度与水稻品种有关，如水稻品种Tarom受害重，而Sahel受害轻。

（三）天敌

稻螟蛉卵寄生蜂有稻螟赤眼蜂（*Trichogramma japonicum* Ashmead）、螟黄赤眼蜂（*T. chilonis* Ishii），其田间寄生率高，有的达92.8%；幼虫期寄生蜂有螟蛉盘绒茧蜂［*Cotesia ruficrus*（Haliday）］、黏虫盘绒茧蜂［*Cotesia kariyai*（Watanabe）］、螟蛉脊茧蜂［*Aleiodes narangae*（Rohwer）］、螟蛉悬茧蜂（*Meteorus narangae* Sonan）、螟蛉埃姬蜂［*Itoplectis naranyae*（Ashmead）］、日本黑瘤姬蜂（*Pimpla nipponicus* Uchida）、螟蛉悬茧姬蜂［*Charops bicolor*（Szepligeti）］、螟黄抱缘姬蜂［*Temelucha biguttula*（Matsumura）］等。自然条件下，稻螟赤眼蜂、螟蛉绒茧蜂等总寄生率常高达70%～90%，对抑制稻螟蛉种群大发生有很大的作用。常见的捕食性天敌有燕子、青蛙、蜘蛛、刺蝽、步甲、瓢虫和隐翅虫等。如刺蝽有侧刺蝽［*Andrallus spinidens*（Fabricius）］；步甲有印度细颈步甲［*Ophionea indica*（Thunberg）］、黑尾长颈步甲［*Mimocolliuris chaudoiri*（Boheman.）］、双斑长颈步甲［*Archicolliuris bimaculata*（L. Redtenbacher）］、双斑青步甲（*Chlaenius bioculatus* Motschulsky）、黄缘青步甲（*C. circumdatus* Brulle）、逗斑青步甲（*C. virgulifer* Chaudoir）；瓢虫有稻红瓢虫［*Micraspis discolor*（Fabricius）］；隐翅虫有黑足蚁形隐翅虫（*Paederus tamulus* Erichson）、青翅蚁形隐翅虫（*P. fuscipes* Curtis）和斑足突眼隐翅虫［*Stenus cicindeloides*（Shaller）］。双斑青步甲在福建6月中、下旬主要捕食早稻田稻螟蛉等鳞翅目幼虫，其全幼虫期可捕食稻螟蛉幼虫（多为四至五龄）30.5头。在广东南海市平洲镇稻田不施用任何化学农药时，稻田天敌可把稻螟蛉控制在完全不造成经济损失的水平，其种群发展趋势指数（I）被降至0.0025。国外报道，条胸斜蛉蟋［*Metioche vittaticollis*（Stål）］和黑肩绿盲蝽（*Cyrtorhinus lividipennis* Reuter）对稻螟蛉卵有强捕食作用。

稻条纹螟蛉的天敌研究不多，有几种蜘蛛捕食其卵和幼虫。幼虫期有螟蛉盘绒茧蜂［*Cotesia ruficrus*（Haliday）］和小蜂；蛹期有一种姬蜂，但寄生率不高，在10%以下。

五、防治技术

根据稻螟蛉的发生为害特点，宜采取以农业防治、物理防治、生物防治为主，化学防治为辅的综合防治方针。稻条纹螟蛉可参照之。药剂防治策略是：兼治第一代，狠治第二、三代，挑治第四代。

（一）农业防治

一是清洁田园，冬春清除田边、沟边杂草，捞出浮在水面的虫苞，收集散落及成堆的稻草集中处理，消灭越冬场所和越冬虫蛹，降低虫源数量。二是加强田间肥水管理，适当控制氮肥用量，增施有机肥和磷、钾肥，培育健壮植株，提高植株抗逆力。

（二）物理防治

利用成虫趋光性，于成虫盛发期结合治螟利用黑光灯或频振式杀虫灯诱杀稻螟蛉成虫，可显著减少田间落卵量。

（三）生物防治

注意保护和利用田间青蛙、蜘蛛和寄生蜂等天敌，充分发挥天敌的自然控制作用。稻螟蛉卵和幼虫自然天敌寄生率很高，其优势天敌种群为稻螟赤眼蜂和螟蛉绒茧蜂，一般年份，稻螟蛉卵被稻螟赤眼蜂寄生率常达 40%～90%。因此，轻发生年份可充分利用自然天敌来控制为害。有条件的地区，可人工培育和释放稻螟赤眼蜂和螟蛉绒茧蜂等天敌，控制稻螟蛉发生。建立稻鸭共作等种养模式，对控制稻螟蛉发生也具有十分重要的作用。用 Bt 乳剂（孢子含量为 100 亿个/mL）500 倍液喷雾防治。

国外报道，稻螟蛉性信息素主要组分为顺-9-十四碳烯醇乙酸酯［（Z）-9-tetradecenyl acetate］、顺-9-十六碳烯醇乙酸酯［（Z）-9-hexadecenyl acetate］和顺-11-十六碳烯醇乙酸酯［（Z）-11-hexadecenyl acetate］，当三者组分比例为 1∶1∶4 时在田间有较好的诱集效果，可用于测报或诱杀雄蛾。也有的尝试筛选球孢白僵菌［*Beauveria bassiana*（Bals.）Vuill.］菌株用于该虫防治。

（四）化学防治

1. 防治指标 浙江省：在允许损失为 2%时，早稻和晚稻低龄幼虫期的防治指标分别是每丛稻叶为害 0.5 片、1 片；连作晚稻秧苗期的防治指标为每 1/9m^2 有低龄幼虫 5 头。江苏省：稻螟蛉百穴卵量 300 粒以上或百穴一至二龄幼虫 150 头以上。辽宁省：稻螟蛉 7 月末、8 月初，每丛水稻有虫 3 头。一般发生年份，可结合其他病虫（二化螟、稻纵卷叶螟）一并兼治。

2. 用药适期 稻螟蛉掌握在二至三龄幼虫高峰期、稻条纹螟蛉掌握在低龄幼虫期施药。

3. 防治药剂 每公顷选用 2.5%高效氯氟氰菊酯乳油 450mL、90%杀虫单可湿性粉剂 1 125g、20% 甲维·毒死蜱可湿性粉剂 1.5～1.8kg、30.2%甲维·毒死蜱乳油 1.05～1.35kg、20%甲维·毒死蜱乳油 1.5kg、20%虫酰·辛硫磷乳油 1.5kg、5%丁烯氟虫腈乳油 0.6kg、40%二嗪·辛硫磷乳油 1.2kg。

叶恭银（浙江大学昆虫科学研究所）
郑许松（浙江省农业科学院植物保护与微生物研究所）

第 38 节 食叶夜蛾类

一、分布与危害

水稻夜蛾类属鳞翅目夜蛾科，据记载我国该类害虫有 27 种，包括钻蛀水稻茎秆的大螟，和咬食水稻叶片为主的一些种类。后者我们将其统一归纳为水稻食叶夜蛾类，其中常见的种类包括淡剑灰翅夜蛾［*Spodoptera depravata*（Butler）］、水稻叶夜蛾［*Spodoptera mauritia*（Boisduval）］、毛跗夜蛾［*Mocis frugalis*（Fabricius）］、稻金翅夜蛾含 2 种：金斑夜蛾（*Plusia festucae*（Linnaeus），又称稻金翅夜蛾［*Chrysaspidia festata*（Graeser）］）和稻金斑夜蛾（*P. putnami* Grote）、黏虫［*Mythimna separata*（Walker），异名：*Pseudaletia separata*（Walker）、*Cirphis separata*（Walker）、*Leucania separata*（Walker）］、劳氏黏虫［*Leucania loreyi*（Duponchel），异名：*Mythimna loreyi* Duponchel］、白脉黏虫（*Leucania compta* Moore，异名：*Mythimna compta* Moore）、谷黏夜蛾［*Leucania zeae* Duponchel，异名：谷黏虫（*Mythimna zeae* Duponchel）］、斜纹夜蛾［*Spodoptera litura*（Fabricius），异名：*Noctua litura* Fabricius、*Prodenia litura* Fabricius］，以及前节已经描述的稻螟蛉［*Naranga aenescens*（Moore）］和稻条纹螟蛉（又称稻俚夜蛾、稻白斑小夜蛾）［*Protodeltote distinguenda*（Staudinger）］。考虑到这些害虫食性杂，仅是水稻的次要害虫，仅在局部地区有发生或偶尔发生较重，故本节仅对淡剑灰翅夜蛾、水稻叶夜蛾、毛跗夜蛾和稻金翅夜蛾作一定的介绍。

（一）淡剑灰翅夜蛾

淡剑灰翅夜蛾又称淡剑夜蛾、淡剑袭夜蛾、小灰夜蛾、结缕草夜蛾。异名有：*Agrotis depravata* Butler、*Sidemia depravata* Butler、*S. depravata* Hamps。在我国分布于浙江、江苏、上海、福建、江西、广东、广西、湖北、四川、陕西、河北、山东、天津、辽宁、吉林等省份。在国外，日本等也有发生。

淡剑灰翅夜蛾食性较杂，以幼虫为害水稻，蚕食稻叶成缺刻，还能为害草地早熟禾、高羊茅、黑麦草、结缕草、狗牙根、雀稗、假俭草等。随着草坪面积的增加，淡剑灰翅夜蛾已对草业生产造成了严重的威胁，从水稻次要害虫转变成草坪重要害虫之一。

（二）水稻叶夜蛾

水稻叶夜蛾又称眉纹夜蛾、禾灰翅夜蛾、灰翅夜蛾。在我国分布大致以长江为北界，江苏南京、湖北远安偶见，广东、广西、江西、台湾曾有严重为害的报道。国外分布于印度、缅甸、泰国、越南、马来西亚及南太平洋诸岛、大洋洲、非洲。异名有：*Hadena mauritia* Boisduval、*Agrotis aliena* Walker、*Laphygma gratiosa* Walker、*Orthosia margarita* Hawthorne、*Agrotis yernauxi* Hulstaert、*Spodoptera acronyctoides* Guenée、*Spodoptera filum* Guenée、*Euxoa ogasawarensis* Matsumura、*Prodenia infecta* Walker 等。

除为害水稻外，还能为害麦类及甘蔗、玉米、茭白，并取食李氏禾、白茅、香附子、芋、田菁、棉、茄、花生、绿豆、红花草、乌桕、杨柳及蔬菜等。一般每年 4、5 月出现，7、8 月高温盛暑期易大发生，为害晚稻。例如，1961 年 7 月和 1976 年 7 月下旬，江西吉水县盘谷等处地势低洼的地方，曾大发生，严重为害旱粮作物，且有耕牛取食带虫杂草而中毒死亡的记载。2003 年 5 月，广西玉林市博白县、陆川县局部地方暴发，部分农作物受害严重，其中博白县水稻田受害面积达到 280 hm^2，陆川县水稻田受害面积为 47 hm^2，受害田百蔸虫量平均为 635 头，最少的 20～40 头，最多的达 1 250 头，主要啃食稻叶，受害严重的，稻叶被吃光，呈光秆状。由于其幼虫形态和为害习性似黏虫，故常被误认为黏虫。近年，随着草坪业的发展已成为草坪如高羊茅、矮生百慕大、狗牙根等的主要害虫。

（三）毛跗夜蛾

毛跗夜蛾也称实毛胫夜蛾、选毛胫夜蛾。在我国分布于广东、广西、台湾、云南、福建、湖南、湖北等省（自治区），但发生数量很少。国外分布于大洋洲、非洲及印度、缅甸、斯里兰卡、南太平洋诸岛。寄主植物有水稻、甘蔗等。幼虫吃稻叶成缺刻。异名有：*Remigia translata* Walker、*Remigia frugalis* Fabricius、*Chalciope lycopodia* Geyer。

（四）稻金翅夜蛾

稻金翅夜蛾有金斑夜蛾和稻金斑夜蛾两种，它们的成虫又叫金翅蛾。金斑夜蛾异名有：*Phalaena festucae* Linnaeus 和 *Chrysaspidia festucae*（Linnaeus）。稻金斑夜蛾异名有：*Phytometra barbara* Warren、*Plusia festata*（Graeser）、*Chrysaspidia major* Chou & Lu、*Chrysaspidia conjuncta* Chou & Lu、*Autographa gracilis* Lempke。原来记载的 *Chrysaspidia major* W. 为无效种名。

两种金翅夜蛾形态相似，在田间混合发生，但以金斑夜蛾发生较多。在我国主要分布在宁夏、黑龙江、辽宁、新疆、江苏等省（自治区），在国外分布于日本、朝鲜及前苏联。幼虫主要为害水稻和麦类，还取食稗草、看麦娘、颖草、三棱草、香蒲和其他单子叶植物。主要在 7 月中旬前为害秧苗和分蘖期春稻，严重田块减产 10%～20%。20 世纪 70 年代前后曾是水稻上最主要的食叶害虫。

二、形态特征

（一）淡剑灰翅夜蛾

成虫（彩图 1-38-1）：雄成虫体长约 12mm，翅展约 26mm，触角羽状；雌成虫体长约 14mm，翅展约 23mm，触角丝状。头灰褐色，颇小。复眼黑褐色，较突出。下唇须灰黄褐色，上举而不超过复眼。胸部灰褐色，背面密生绒毛，腹面绒毛较稀疏。胸足的腿、胫节上有绒毛，灰黄褐色。腹部灰褐色，其末端雄蛾较尖，雌蛾较钝，绒毛亦较多。前翅短桨形，雄蛾暗灰黄色，雌蛾灰黄色；中室中部有黄白色略近椭圆形的环纹，有的个体在环纹中间有褐色中心，有的则缺；中室末端有略近方形的褐色斑纹，其外侧有黄白色的半环纹镶边；中室下方近翅基部亦有 1 个长椭圆形淡黄白色的环纹，其四周有断续的深褐色线包围；前翅外缘有黑褐色断线，由 9 点组成；缘毛淡灰褐色。后翅宽，黄白色，无斑纹，翅脉略呈黄褐色；缘毛黄白色，在后缘者尤长；雄蛾外缘部分有暗灰色宽带；后翅停栖时均藏于前翅之下。

卵：馒头形，直径 0.3～0.5mm，有纵条纹。初产时淡绿色，孵化前灰褐色。重叠成块，上盖淡灰色绒毛，呈长椭圆形。

幼虫：6 龄。初孵时灰褐色，取食后呈绿色，三龄后变为黄褐色，腹部青绿色，头部浅褐色椭圆形，老龄圆筒形，沿蜕裂线有黑色“八”字形纹，幼虫亚背线内侧每 1 体节上有不规则三角形黑斑。老熟幼虫体长 13～20mm。

蛹：长 12～14mm，宽约 4.5mm。初为绿色，后变为红褐色、棕褐色，有光泽。复眼较小，与体同色。前胸背板两侧有黑色突起。气门黑色，扁椭圆形，稍突起。腹部第二至七节背面前缘有粗糙刻点，其中第五至七节刻点略隆起。臀棘2根平行。

（二）水稻叶夜蛾

成虫（彩图1-38-2）：体长14～16mm，翅展30～36mm。头、胸棕褐色，下唇须第二节有灰白环；腹部背面浅灰褐色。雄略小于雌。雄蛾前翅棕褐色；环纹淡黄白色，中心微褐，外侧伴以倾斜的白色，渐延至后角亦呈灰白色；臀纹黑褐色，周边灰白色；基线、内线断续不显，中横线黑褐色，波浪形；外横线黑色，锯齿形，外侧衬以白色；亚端线白色，不规则锯齿形；端线为一列黑点；缘毛分成浓淡两重。后翅白色半透明，翅脉褐色，外缘浅灰，后缘毛淡褐。雌蛾色较单纯，深灰色，环形纹与其外侧不呈白色。

卵：扁球形，约0.5mm，壳面有微细的格子纹，初产时淡黄白色，将孵化前变灰色。产于叶片上，聚集成块，上覆盖黄褐色绒毛。

末龄幼虫：体长30～37mm，头部淡棕色至古铜色，正面有黑褐"人"字形纹，颅顶区具暗褐色网状纹。胸、腹部颜色多变，自青绿、墨绿至暗褐色。一般6龄，一至三龄多青绿色，沿气门附近有1条紫红色线。从三龄起，各腹节在亚背线外侧有1个黑色眉状斑，大小一致。五至六龄，虫体多变为墨绿或灰黑色。

蛹：体长16～18mm。初为玉绿色，不久转红褐色。头、胸、翅带黑色。腹背二至七节前缘后方密布不规则的细小刻点。腹末有臀棘2个，大而弯曲。

（三）毛跗夜蛾

成虫、幼虫和蛹的形态如图1-38-1所示。

成虫：体长12～18mm，翅展35～40mm，体灰褐色。前翅黄褐色至灰褐色，亚基线曲折状；环状纹在中室处呈一小黑点；肾状纹椭圆形，黑色；外横线较直，从Rs脉起向内斜伸达翅后缘，呈红褐色至黑褐色，其内侧颜色较淡；亚端线暗灰色，各脉间有黑点；在亚端线与外横线间颜色较深，呈一灰黑色的三角形大斑；端线黑色，波浪形，有些个体靠近前翅后缘附近有1个黑色长椭圆形或近似三角形的大斑。后翅黄褐色至灰褐色，外横线和亚端线灰褐色。前足和中足黑褐色，后足灰褐色。雄蛾后足胫节和跗节生有密毛。雄外生殖器的抱器冠圆钝，钩状突大型，骨化强，成叉状突起。阳端基环长指状，上有1钩状突起。基腹弧三角形，囊状突如指状。抱器背上方突出如峰状，密生细毛。钩状突大而弯曲，末端尖细。阳具细长而弯，在前方约1/3处密生阳具针。雌外生殖器交配囊长椭圆形，密生小颗粒，囊导管相当骨化。

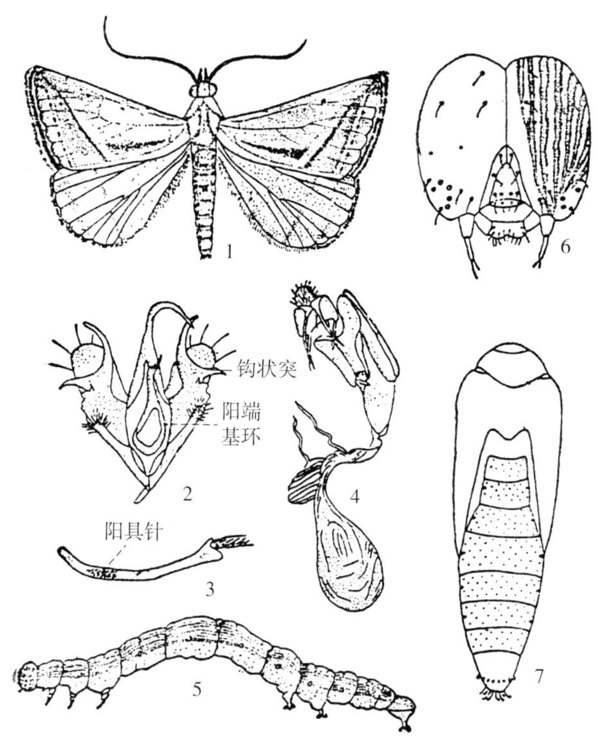

图1-38-1　毛跗夜蛾的成虫、幼虫和蛹（引自中国农业科学院植物保护研究所，1995）

Figure 1-38-1　Morphology of the adult, larva and pupa of *Mocis frugalis* (from Institute of Plant Protection, Chinese Academy of Agricultural Sciences, 1995)

1. 成虫　2. 雄蛾抱握器　3. 雄蛾阳具　4. 雌蛾外生殖器　5. 幼虫　6. 幼虫头部（正面观）　7. 蛹

末龄幼虫：体长44～50mm，鲜黄色而稍带绿色。体背上有许多褐棕色和黄白色的细纵线。背线黄白色，不明显，外侧伴有1条白色而带淡棕色边的宽带；亚背线黄色，内侧有许多黄白色和淡褐色相间的细纵线。气门周缘粉白色，中央黄褐色或淡灰褐色。头部额区粉白色，颅中沟及蜕裂线侧臂外侧伴有粉白色粗带。从正面观，头部中央粉白色，颅侧区各有8条曲折的淡褐色纵带。腹部第二、三腹节间和第四、五腹节间的上方有黑色粗纵带1条，当行走时尤为明显。腹部腹面中央有1条棕黑色的粗纵线。胸足黄白色。腹足仅存2对，棕褐色，行走时腹部拱起，似尺蠖。

毛跗夜蛾幼虫外形与为害豆科植物的豆毛胫夜蛾（*Mocis undata* Fabricius）较相似，容易混淆。它们之间的主要区别：毛跗夜蛾幼虫第二、三腹节和第四、五腹节间的上方具黑色粗纵带1条；而豆毛胫夜蛾无此特征，但第一腹节两侧各有1个黄白色的半月形斑。

蛹：长约17mm，茶褐色，表面有白粉。下唇须细长，纺锤形，下颚末端几乎与前翅末端等长，伸达第四腹节。腹部各节背面密布大刻点。臀棘黑色，背上方有8个小突起，端部有刺4对，内侧2对较长，外侧2对较短细。

（四）稻金翅夜蛾

金斑夜蛾成虫、卵、幼虫和蛹的形态如图1-38-2所示。

成虫：体长13～19.5mm，翅展28～39mm。蛾子金光闪烁，色彩富丽。体色较红赭，下唇须橘红至橘黄色，头部橘黄色，复眼深棕色。中胸背面大毛簇基部橘红色，端部棕色；侧毛簇基部橘黄色，端部深棕色。后胸背部毛簇小，棕色。前足带橘红或粉朱色，中后足黄褐色至橘黄色。前翅翅面金褐色，翅脉及各线深褐色，基线略呈弧形，内线作3形。翅面中部Cu_1脉上有两个带金色鳞片的大而明亮的银斑。银斑后缘以Cu_2为界，内侧的一个在内线与中线之间，较大，近斜方形，前角伸入中室；外侧的一个在外线与中线之间，较小，近三角形或卵形。中线从两银斑间通过。中室外侧外线与中线间有1棕黑色小点。亚外缘线深褐色，波浪形。端线棕色，内侧带灰色，缘毛红棕色至灰褐色。翅面前后四角及大银斑内侧，各有1～4枚银色至暗金色斑。前翅反面淡黄褐色，中区烟灰色，后缘灰黄色。后翅淡黄褐色有烟灰色斑，缘毛紫灰色，反面淡黄褐色。腹部黄褐带橘红色。雄蛾腹部较尖削，具翅缰1枚。雌蛾腹部较肥壮而圆，具翅缰3枚。

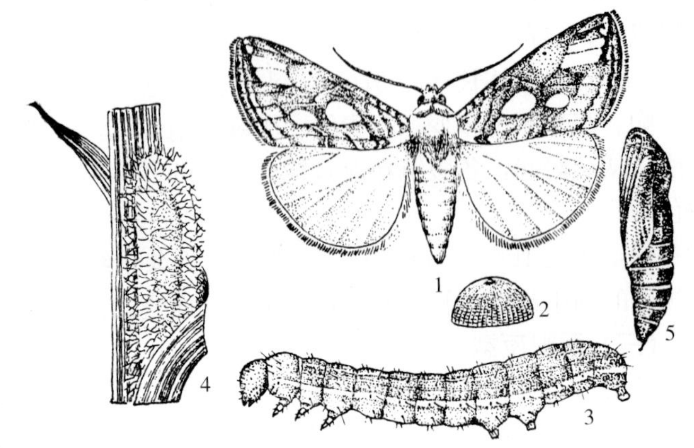

图1-38-2 金斑夜蛾成虫、卵、幼虫和蛹（引自中国农业科学院植物保护研究所，1995）

Figure 1-38-2 Morphology of the adult, egg, larva and pupa of *Plusia festucae* (from Institute of Plant Protection, Chinese Academy of Agricultural Sciences, 1995)

1. 成虫 2. 卵 3. 幼虫 4. 茧 5. 蛹

稻金斑夜蛾与金斑夜蛾的主要区别在于体色浅淡，较灰黄，前翅二大银斑较接近，少数个体二银斑相融，中线中断。但最主要的区别是本种后翅缘毛为淡黄色，而金斑夜蛾为紫灰色。

卵：馒头形，约40条纵棱和细横纹。初产时乳白色，后淡黄绿色，孵化前为暗灰色，出现褐色花斑。

幼虫：初孵化时头淡褐色，有红褐色花斑，体灰黄褐色，有黑色长毛，取食后变为青绿色。末龄幼虫体长29～35mm，头宽2.5～3mm，体宽4～5mm，以第五、六腹节最粗大。头绿色具光泽，有的有淡褐色斑纹。体绿色，背线、亚背线白色至黄白色双线，气门线为鲜明的黄色至乳黄色宽带。第一、二对腹足完全退化，第三、四对腹足及臀足趾钩均双序中带，趾钩红褐色。尾部稍细扁，曲步行走。雄性幼虫在第五腹节背面可见到1对黄色睾丸。

与银纹夜蛾［*Argyrogramma agnata*（Staudinger）］幼虫的区别，主要是银纹夜蛾幼虫头部两侧有1条光亮黑色斜纹，气门线黑褐色。

蛹：长15～19mm，宽4～5.4mm。初蛹绿色，背面有淡褐、深褐和黑色三种类型。上唇接近头顶，下唇须长柄柳叶形。下颚与前翅齐平，达第五腹节前部，象鼻状凸出于体节之外。腹部第一、四节背面前缘各有褐色沟纹1条，第五至七节背面前缘有细沟纹5～8条，其外缘外卷有边。腹部末端延伸成一方形臀棘，微弯向腹面，暗褐色，末端生粗鱼钩状刺1对，两侧各有较小鱼钩状刺1对。

三、生活习性

（一）淡剑灰翅夜蛾

淡剑灰翅夜蛾在浙江杭州1年发生4～5代，其中第五代发生不完全，以第四代及第五代幼虫在田边、路边、池塘边等处的表土下越冬；第三代以后，世代重叠；完成一个世代需要39～57d，其中第一代53d以上，第二代39.1d，第三代41.7d，第四代当年化蛹羽化的个体平均56.6d。在江苏苏州地区年发生4～5代，以老熟幼虫和蛹在土中越冬，世代重叠，整个世代历期为34～35d，各虫态平均历期为：卵期3～4d，幼虫整个历期为19d，一至六龄分别为4d、3d、3d、2d、2d和5d，预蛹期1d，蛹期6d，成虫寿命5d。成虫灯下始见于4月下旬，7月中旬开始数量突增，发蛾盛期持续到9月下旬；幼虫的为害期：第一代在5月上旬至6月中旬，第二代在6月上旬至7月下旬，第三代在7月上旬至8月下旬，第四代在8月上旬至9月下旬，第五代在9月上旬至10月下旬，其中以第三至四代发生最为严重。在江苏扬州室内发生时间：第一代为7月中旬至8月中旬，第二代为8月中旬至9月中旬；第一代幼虫期、蛹期分别为18.66d和7.27d，第二代幼虫期、蛹期分别比第一代延长7.66%和41.68%；第一代世代存活率为53.21%、单雌平均产卵量276.28粒、世代净增长率为74.383 6、内禀增长率为0.139 1、周限增长率为1.149 2，第二代比第一代分别降低了21.01%、17.39%、33.40%、24.16%和3.30%；第一代世代平均周期为31.222 7d，种群加倍时间为4.983 1d，第二代比第一代分别增加了19.52%和31.85%。在上海年发生4或5代，世代重叠，以老熟幼虫和蛹在土中越冬；越冬代成虫翌年4月下旬羽化，第一代5月下旬羽化，第二代6月下旬羽化，第三代7月中旬羽化，第四代8月上旬羽化；第三代历期33.3d，其中卵、幼虫、蛹历期各为3.5d、18.9d和5.7d，成虫寿命5.2d；每年7、8、9月3个月为幼虫为害高峰期。在江西南昌1年发生5代。各代成虫发生期：第一代在4月中旬至5月中旬，第二代在6月初至6月底，第三代在7月上旬至8月上旬，第四代在8月中旬至9月中旬，第五代在9月中、下旬至10月下旬。在广西桂林的细叶结缕草上1年发生7代，以幼虫或蛹在寄主根部越冬。其成虫发生期：第一代在3月下旬至4月上旬，第二代在5月下旬，第三代在7月上旬，第四代在8月中旬，第五代在9月下旬，第六代在11月上旬，第七代在12月上旬。完成一个世代需要23～42d。在山东、天津发生4～5代，在河北发生3～4代，在辽宁发生2～3代，在湖北发生5～6代。

成虫一般在夜间羽化，以20:00～22:00及4:00～6:00为多。白天躲在稻丛或下部叶片背面，或杂草丛中土面阴暗处停栖不动。有假死性。夜间极活跃，善飞，以20:00～22:00活动最盛，趋光性较强，灯下雄蛾多于雌蛾。雌雄蛾交尾时呈“一”字形，交尾持续30～50min，最长70min。雄蛾交尾后不久死亡。雌蛾产卵亦在夜间，无明显趋嫩性。除水稻外，还能在结缕草等杂草上产卵。每雌产卵量：在水稻上产3～5块，100～250粒，平均142粒，每卵块最少11粒，最多143粒，平均44粒；在结缕草上产122～505粒，平均212粒。雌蛾性腺体提取物中主要性信息素组分为顺-9-十四碳烯醇乙酸酯（Z9-14：Ac）和顺-9，反-12-十四碳烯醇乙酸酯（Z9E12-14：Ac）。

幼虫孵化多在8:00～10:00，初孵幼虫善爬行，或吐丝下垂，随风飘散，或受震落后向四面爬散。在每次蜕皮后也有分散爬行的习性，故在田间很少见其群集为害的现象。但是，在水稻分蘖期的嫩苗上，幼虫孵化时无风或风很小的情况下，迁移分散性较小，可见到一、二龄幼虫群集在一、二丛稻上取食的现象。幼虫有5～6龄。一至二龄幼虫一般只啃食叶肉，留下表皮，稻叶上形成白色花斑，三龄以后的幼虫蚕食稻叶形成缺刻。三龄前幼虫食量小，四龄后食量大增，特别是六龄期食量占总食量的91.3%。幼虫取食一般在夜间，白天躲于稻丛中、下部叶片背面。阴雨天也能整日取食。幼虫不善游水，三龄后，受震落常沉于水底淹死，只有一至二龄幼虫能漂浮于水面。

幼虫老熟后，即向稻株下部迁移，准备化蛹。在稻田无水的情况下，即钻入田土中或迁到田埂附近草地上，入土作蛹室化蛹，蛹室深度约3cm。如田中有水，亦可在稻丛基部缀叶作薄茧而化蛹其中。在杭州，第四、五代幼虫多数爬离稻田，在田埂，特别在附近草皮下越冬，并于翌春在该处化蛹。只有少数个体留在稻丛下部越冬。

产卵成块，在较宽的稻叶上，卵块呈椭圆形，在秧苗或狭叶杂草上部分卵产于枯叶叶尖处。卵块为长条状，上覆灰白色较疏松的绒毛。

（二）水稻叶夜蛾

水稻叶夜蛾发生于我国南部辽阔地区，1年发生代数各地不同。江西泰和、福建1年4～5代，广东广州6代，台湾7代。广东湛江、广西南部8代。以幼虫和蛹越冬。各地发生早晚差别很大。如年发生4～5代的江西泰和，越冬代成虫在4月下旬至5月上旬才开始羽化，幼虫发生期第一代为6月中旬至7月中旬，第二代7月中旬至8月上旬，第三代8月中旬至9月中旬，第四代9月下旬至10月上旬，10月下旬尚可见第五代幼虫。世代重叠。以6月中旬至7月中旬为害晚稻秧田较为严重。洪水涨过之后为害尤烈。9月下旬至10月上旬有时虫口也较多，食害晚稻叶片。年发生8代地区，如广西玉林至钦县一带，越冬代于3月中、下旬羽化，4月份可见到第一代幼虫，数量较少，为害不重；第二代发生于5月中旬，第三代发生于6月中旬，为害早稻本田和中稻秧田；第四代发生于7月中、下旬，为害晚稻秧田和中稻本田；第五代发生于8月中、下旬，为害晚稻本田；第六代发生于9～10月，有些年份与黏虫混杂为害晚稻本田；第七代发生于10～11月，为害晚稻本田；第八代发生于11～12月，取食杂草，其中以第二、三、四代为害较重。在广西中南部以7月在晚稻秧田发生最多。广东湛江8代区各代发生情况与广西南部基本相同，亦以第四代于大暑前后（7月中、下旬）发生，为害晚稻秧田为主，兼害本田，至第八代发生于大雪前后（12月上旬），取食杂草，旋即越冬。广州与海南6代区，主要以二、三两代为害水稻，即第二代幼虫发生于6月，为害早稻本田，第三代发生于7～8月为害晚稻秧田。在云南西双版纳，个别年份在7月为害晚稻秧田较为严重。

成虫有趋光性，喜食糖、酒、醋带甜酸味的混合液。日间静伏于荫蔽处，晚上飞出活动，取食、交尾和产卵。卵多产在稻叶和田边杂草上，正反面均有，聚集成块，上覆雌虫腹末脱下的黄色绒毛，每块卵少的20～30粒，多的达200～300粒。每雌可产卵1～3块，平均产卵360粒。天气干旱时，产卵量少，甚至不产。在秧田，幼虫白天躲在秧苗间接近水面处，在本田，则多躲在茂密的稻叶下面，黄昏后爬至植株上部，取食叶片。虫口密度大时，往往将秧苗叶片齐头吃光，极似被牛食。五、六龄为暴食期，有迁移习性，能成群随水漂流。所以稻田受淹退水后，有的田块虫口较多，受害也特别严重。在抽穗后的本田发生，也会像黏虫一样，将稻穗咬断。幼虫老熟后，多在田边或寄主附近土中营造土室化蛹，也有钻入稻丛基部化蛹的，冬季则以老熟幼虫和蛹在冬作物田内及田边、沟边土缝或杂草丛中越冬。

各虫态历期因时间、地区而有所不同。卵期：江西泰和与广西柳州6～7月为4d，广州越冬代为2.7～9d。幼虫有6龄，全历期：广州、广西柳州和台湾各为18～65d、16～19d和21～46d。预蛹期：1～9d。蛹期：在江西泰和6～7月为8d，广西柳州7～8d，广州各代为7～22d。成虫寿命6.5～13d；产卵前期为2～3d。

（三）毛跗夜蛾

毛跗夜蛾发生代数不详。在广东早、晚稻田间均有发生，以晚稻本田比较常见。福建沙县常见于早、晚稻秧田中。幼虫蚕食叶片形成缺刻，但由于数量不多，未见严重为害。幼虫老熟后，在稻丛内或将稻叶结成三角形的叶苞化蛹其中。蛹历期在广州9月为12～14d。在9～10月用糖蜜诱测黏虫时，常可同时诱到毛跗夜蛾成虫，可见成虫对糖醋酒液有一定的趋性。

（四）稻金翅夜蛾

稻金翅夜蛾属于高纬度稻区害虫。在宁夏1年约发生2代，4月间幼虫为害麦类及颖草，5月20日前后化蛹，6月上、中旬可见第一代成虫，7月20日前后盛发，第二代成虫于8月下旬至9月上旬盛发。江苏徐州1年发生4～5代，9～10月成虫在麦田产卵，以低龄幼虫在麦田内越冬。越冬期间，只要天气晴暖，幼虫仍可活动和取食麦叶。翌年4月中旬至5月中、下旬化蛹，5月上旬至6月中旬为越冬代成虫期，5月底6月初达成虫高峰期，第一代成虫在7月，第二代成虫在8月，第三代成虫在9月，部分第四代成虫在10月。7月以后，世代重叠。田间以第一代幼虫密度最大，因正处于水稻秧田期和本田分蘖期前后，苗小叶嫩，为害较重。

成虫有较强的趋光性，对20W黑光灯的趋性比200W白炽灯强，对卤灯的趋性更强。江苏赣榆县1977年7～10月观测，卤灯、黑光灯和白炽灯诱蛾量之比为8 714∶6∶1。因此，黑光灯和卤灯可作为测报的主要工具。

成虫对糖醋酒液稍具趋性，对蜂蜜有较强的趋性，这是由其产卵需要成虫继续取食之故。1977年5月下旬至6月上旬于江苏赣榆县在紫云英和苕子花上观察，成虫主要在20:00～20:30飞到花上吸吮花蜜，以后渐少，风力增大到4级时蛾量骤减。因此，日落后在蜜源植物上观察成虫出现的频次，可作为测报的重要依据。

成虫多在22:00至翌日1:00交尾。怀卵成虫聚集到生长嫩绿的稻田产卵，产卵多在20:00～22:00，以数粒至数十粒稀疏成块产于稻叶背面，少数产于叶鞘及叶面。秧苗上的卵和幼虫可随秧苗带到本田。在22～23℃时，卵期4.5～5.3d，平均5.1d。

幼虫多在傍晚至早晨孵化。孵化时从卵壳肩部咬孔而出，然后取食卵壳，残存卵壳底。幼虫有 6 龄，一至三龄幼虫均能吐丝下垂，逃避敌害或随风扩散。幼虫不结虫苞，为害后植株不变颜色，所以其虫体和被害植株不易引起人们的注意。在 25℃左右时，幼虫期 17～21d，平均 19.4d。一至三龄幼虫食量少，四龄幼虫食量大增，五、六龄幼虫暴食，占总食量的 85%以上。1 头幼虫可为害 10～20 片稻叶，食尽 6、9 片稻叶。暴食期幼虫常切叶，粪便和碎叶狼藉满地。幼虫具有惊落性，拍动稻株可能使其跌落水中。金斑夜蛾幼虫在短光照（9h 明：15h 暗）、15～23℃下全部进入滞育，23℃以上滞育率逐渐下降，30℃下不论长、短光照均不进入滞育；低温可降低长光照对滞育的抑制。

幼虫老熟后体变青绿色，透明状，于稻叶或麦叶背面近中部缀丝将叶片拉成弓状，结白色薄茧，经 1～2d 预蛹期后化蛹。蛹期 6～9d。蛹在发育过程中色彩变化多端，羽化前体翅出现成虫期的各种特征和斑纹。

四、发生与环境的关系

（一）气候因子

1. 温度 温度是影响淡剑灰翅夜蛾种群消长的主要气候因子。在苏州，冬季、翌年春季气温回升快，越冬虫源基数大，则发生为害重。当年 12 月及翌年 1～3 月的月平均气温均低于 18℃，处于淡剑灰翅夜蛾生长发育的滞育温度内，最低气温更是低于该虫生长发育的温度范围。此阶段的温度条件使淡剑灰翅夜蛾开始以老熟幼虫或蛹越冬。到 4 月，平均气温上升到该虫生长发育的有效温度内，开始羽化出土。在 5～10 月，各月的平均气温、最高气温和最低气温均适于该虫的生长发育，故此期间，种群数量明显高于其他各月。到 11 月，虽然月平均气温仍处于淡剑灰翅夜蛾生长发育的有效温度内，但由于日温度有时低于 18℃，因此其种群数量开始下降到较低水平。淡剑灰翅夜蛾卵在 22℃、25℃、28℃、31℃、34℃、36℃和 38℃恒温条件下，孵化率各为 96.0%、91.0%、83.9%、84.8%、83.6%、80%和 0。高龄幼虫在低温条件下，一般随温度的降低、时间的延长死亡率增加。过冷却点为（－6.81±1.63）℃，体液冰点为（－3.51±1.56）℃。

稻金翅夜蛾喜凉爽，不耐高温。在高温时成虫不易成活。江苏省赣榆县 1972—1976 年 5 年的 6 月下旬至 8 月上旬各旬的平均气温，比 1955—1971 年 17 年同期各旬平均气温低 1℃以上，除 1974 年 5 月 25 日出现过 1 次 35.2℃外，全年极端最高气温未超过 35℃，连续多年没有酷夏，可能是稻金翅夜蛾发生数量逐年递增，并构成 1976 年稻田第一代幼虫大发生的重要原因；而 1955—1971 年有 12 年 31 次超过 35℃，其中 22 次超过 36℃，最高 39.9℃，因此，这些年份发生少；1977 年、1978 年又由于高温的作用，其发生受到抑制。

2. 降水量与土壤含水量 淡剑灰翅夜蛾各虫态在温度适宜且相对湿度为 85%～95%时发育较好。灯诱结果显示，该虫种群数量在 5 月开始上升，到 6～7 月，因梅雨和季风影响，使诱捕数量有所降低。但梅雨季节同时也影响施药，而有利于该虫的发生为害。7 月底至 8 月初，降水量下降，灯诱蛾数量达到高峰期。9 月虽然有降雨，但可能由于未出现强台风，故该虫种群数量继续保持高位。因此，降水量也是影响淡剑灰翅夜蛾种群发生的重要因素之一。

稻金翅夜蛾幼虫不耐高湿，高龄幼虫尤其如此。江苏省赣榆县 1977 年 5 月越冬代幼虫生长后期相对湿度高达 82%，比常年高 11%，有 14d 超过 90%，这是该代蛾量低于 1976 年的主要原因。

土壤含水量对淡剑纹灰翅夜蛾蛹的影响是很明显的。试验结果表明，蛹在土壤含水量 10%时羽化率最高，土壤含水量从 10%增加到 30%，羽化率逐渐下降，达到 40%以上时，蛹即不能羽化。从化蛹历期来看，土壤含水量的影响不大。

（二）食料

食料植物种类和营养状况对稻金翅夜蛾幼虫生长发育有较大影响。据江苏省赣榆县 1977 年室内饲养结果，幼虫取食嫩麦叶的共蜕皮 5 次，六龄幼虫老熟，幼虫期 17～22d，平均 18.07d，蛹长 17.76mm，蛹重平均 0.180 9g；取食嫩玉米叶的幼虫期平均 18.5d，蛹长平均 18mm，蛹重 0.173 2g；取食稻叶的，由于叶片较老，营养不良，且不易控制湿度，死亡率高，幼虫期长达 50 余 d，蜕皮 9～11 次，经 10～12 龄才老熟化蛹，蛹体瘦小。但是，从稻田采来的蛹，蛹长 17.26mm，蛹重平均 0.181 1g，生长发育正常。

稻金翅夜蛾产卵需取食获得营养，主要蜜源植物是苕子和紫云英。江苏省赣榆县1966年苕子留种面积最大，1976年紫云英和苕子留种面积都大，开花期与越冬代羽化期相遇，盛花期与盛蛾期相吻合，蜜源丰富。所以，这两年稻田第一代幼虫大发生。而1978年大旱，蚜害又重，留种绿肥成块枯死，这是该年稻田第一代轻发生的原因之一。

（三）天敌

淡剑灰翅夜蛾幼虫期天敌有寄生蜂、绒茧蜂、寄生蝇等，其中寄生蝇寄生率最高。捕食性天敌有麻雀、喜鹊、野八哥、步甲等，麻雀成群在草坪上取食量最大。另外，还有绿僵菌等，使幼虫感染致死。

稻金翅夜蛾天敌种类较多，对其发生有一定的控制作用。寄生性天敌，幼虫期有绒茧蜂（*Apanteles* sp.）和一种寄生蝇。幼虫期寄生、蛹期羽化的有弧脊姬蜂（*Trichonotus* sp.）和另一种寄生蝇。1976年江苏省赣榆县第一代幼虫寄生率为16.7%，蛹寄生率为21.5%。此外，还有鸟类、青蛙、蜘蛛等多种捕食性天敌。

国内有关稻叶夜蛾天敌的报道甚少。国外报道，卵寄生蜂有黑卵蜂（*Telenomus nawaii* Ashmead），寄生率可达89%～90%。幼虫期寄生蜂有螟蛉盘绒茧蜂（*Cotesia ruficrus* Hal.）、缘腹盘绒茧蜂［*Cotesia marginiventris* (Cresson)］、悬茧蜂（*Meteorus* sp.）、螟蛉悬茧姬蜂［*Charops bicolor* (Szepl.)］、优悬茧姬蜂（*C. dominans* Wlk.）、甲腹茧蜂属（*Chelonus* sp.）、优茧蜂［*Euplectrus euplexiae* Roh.］等；寄蝇有黏虫缺须寄蝇（*Cuphocera varia* Fabr.）、软毛赘寄蝇（*Drino unisetosa* Bar.）、寄蝇（*Gonia cinerascens* Bond）等；线虫有六索线虫（*Hexamermis* sp.）。幼虫捕食性天敌有家鸭（*Corvus splendens* Vieillot）、大嘴乌鸦（*Corvus macrorhynchus* Wagler）、牛背鹭［*Bubulcus ibis coromandus* (Boddaert)］、印度池鹭［*Ardeola grayii* (Sykes)］、白胸秧鸡［*Amaurovius phoenicocurus* (Pennant)］、八哥［*Acridotheres cristatellus* (L.)］。幼虫还有核型多角体病毒和绿僵菌等病原性天敌。

（四）耕作制度

稻金翅夜蛾在9、10月必须要有早茬麦田作为产卵和越冬场所。纯稻区由于播麦迟，出苗迟，冬前苗小，不利于成虫产卵和幼虫成活，翌年第一代幼虫发生少；水旱混作区由于旱地麦多在水稻收割前播种，出苗早，有利于成虫产卵和幼虫成活，翌年第一代幼虫发生多，稻田受害重。

（五）药剂的影响

江苏省赣榆县常年第一代黏虫三龄幼虫盛期在5月5日前后，而麦田越冬的稻金翅夜蛾幼虫在5月上旬至5月下旬化蛹。因此，黏虫发生多少、施药时间和方法，对麦田稻金翅夜蛾幼虫成活数量的影响很大。例如1977年该县黏虫大发生，药剂防治范围广，既防治了黏虫，也大量杀死了稻金翅夜蛾幼虫。

五、防治技术

（一）农业防治

培育旱秧是预防稻叶夜蛾为害的最好办法。结合秧田管理，摘除卵块。广西柳江地区在晚稻秧田大面积发生稻叶夜蛾时，先灌水入秧田淹至秧尖，幼虫随水浮起，然后放鸭啄食，以0.5kg左右未长老毛的小鸭最好，333m^{2}秧田放20头小鸭捕食2h，即可将虫除净，或用除稻苞虫的大虫梳斜放水下慢慢向前梳去，将水面的幼虫梳起，再收集杀灭，或作家禽饲料，或在田块出水口处安置过滤器，用扫把将虫向出水口扫去，虫即集中流入过滤器，收集携回喂饲鸡、鸭。

根据夜蛾类成虫趋化性强的特点，可利用糖醋诱液进行诱杀。按重量取红糖2份、醋1份、白酒0.4份、90%敌百虫晶体0.1份、水10份配制。制作时先把红糖和水放在锅内煮沸，然后加入醋，闭火放凉，再加入酒和敌百虫搅匀，制成诱液。将此诱液用带盖的盆钵盛放，盆中液面高10cm左右，容器直接放在地上或用三角支架挂起，盆底稍高于作物顶端。每200～300m^{2}放1盆。晚上揭盖，早晨捞出蛾体后盖好。根据温度的高低以及诱蛾数量的多少，每5～7d换1次糖醋诱液。

此外，对稻金翅夜蛾，要搞好越冬防治、压低虫源基数，冬前和早春麦田镇压保墒，可以压死部分幼虫。

（二）物理防治

利用黑光灯或频振式诱虫灯诱杀成虫。

（三）生物防治

保护利用天敌，发挥天敌自然控制作用。如，对稻金翅夜蛾而言，多种麦田蜘蛛在越冬期间大量捕食稻金翅夜蛾幼虫，对控制第一代发生有较好的效果；在稻田发生期间，寄生和捕食性天敌，对压低稻金翅夜蛾虫口密度，减轻为害程度有重要的作用；为保护寄生性天敌，药剂防治宜在中龄幼虫以后进行。

利用苏云金杆菌或真菌制剂进行防治。如对淡剑灰翅夜蛾，在草坪上用 Bt 乳剂 200 倍液加 7.5%氰戊·鱼藤酮乳油 3 000 倍液淋灌；或者用 50 亿孢子/g 白僵菌 300 倍液加 20%甲氰菊酯 2 000 倍液淋灌。对稻叶夜蛾，在草坪上利用绿僵菌制剂稀释得孢子含量为 1×10^5 个/mL 的悬浮液进行喷洒，第十天效果达 72.4%。这些可供水稻上该类害虫防治借鉴。

利用性引诱剂进行诱杀，在淡剑灰翅夜蛾上有初步尝试。如，根据该雌蛾性腺体提取物中 2 种主要性信息素化合物配制的二元组分诱芯中，以 Z9－14：Ac/Z9E12－14：Ac 各为 5∶5 和 6∶4 比例配制成的诱芯诱蛾效果较好，田间诱蛾量显著高于 1∶9、2∶8 和 3∶7 比例的。此外，条件不足时可以饲养雌蛾代替性诱捕器放在田间，诱集雄虫，而后集中处置。这种方法在一定程度上可控制下一代幼虫发生。

（四）化学防治

1. 防治策略和防治适期 对稻金翅夜蛾，可通过适时防治苗期麦蚜、红蜘蛛、黏虫等兼治其越冬幼虫，进而减轻第一代为害。考虑到夜蛾类幼虫三龄后食量骤增，因此防治适期应在幼虫三龄以前，如淡剑灰翅夜蛾的药剂防治宜在低龄幼虫期，即在稻叶上出现被害花斑的初期施药。

2. 药剂防治 水稻上防治食叶性害虫药剂的使用尚缺乏系统研究与统一要求，因此相互间可借鉴参考。如，防治淡剑灰翅夜蛾：25%喹硫磷乳油 1 000 倍液、4.5%高效氯氰菊酯乳油 1 500 倍液、1.5%甲氨基阿维菌素苯甲酸盐乳油 3 000 倍液、15%阿维·毒乳油 1 500 倍液；防治稻叶夜蛾：每 667m^2 用 10%氯氰菊酯乳油 50mL+80%敌敌畏乳油 150mL，或用 30%高氯·马乳油（雷电杀）80～100g 对水 60kg 喷雾，均有良好效果；防治稻金翅夜蛾：2.5%敌百虫粉剂，每 667m^2 喷粉 2.5kg；或 80%敌敌畏乳油 2 500～3 000 倍液喷雾，每 667m^2 喷药液 50L。

叶恭银（浙江大学昆虫科学研究所）
陈洋（中国水稻研究所）

第 39 节　蓟　马　类

一、分布与危害

目前，我国已知为害水稻的蓟马有 13 种，其中主要有稻蓟马［*Stenchaetothrips biformis*（Bagnall)］、稻管蓟马［*Haplothrips aculeatus*（Fabricius)］、花蓟马［*Frankliniella intonsa*（Trybon)］，均属缨翅目。稻蓟马和花蓟马属蓟马科（Thripidae），稻管蓟马属管蓟马科（Phloeothripidae）。稻蓟马异名有：*Bagnallia adusta* Bagnall、*B. biformis* Bagnall、*B. melanurus* Bagnall、*Thrips oryzae*（Williams）、*T. holorphnus* Karny、*T. dobrogensis* Knechtel。稻管蓟马异名有：*Haplothrips cephalotes* Bagnall、*Phloeothrips japonicus* Matsumura、*P. oryzae* Matsumura、*P. albipennis* Burmeister、*Thrips aculeatus* Fabricius、*T. frumentarius* Beling。花蓟马异名有：*Frankliniella brevistylis* Karny、*F. formosae* Moulton、*Thrips vicina* Karny、*T. breviceps* Bagnall、*T. maritima* Priesner、*T. intonsa* Trybom、*T. pallida* Karny。水稻蓟马按其为害水稻的生育期不同，可以分为苗期蓟马和穗期蓟马。苗期蓟马是指在水稻秧田期和分蘖期为害的种类，在我国大部分稻区主要是稻蓟马。穗期蓟马是指在水稻孕穗破口期和抽穗期为害的种类，在我国则因时间因地而异，江苏以花蓟马或禾蓟马［*Frankliniella tenuicornis*（Uzel)］为主，稻管蓟马也有一定数量；在湖北、湖南和贵州以禾蓟马为主；在北方稻区如遇干旱年份，玉米黄呆蓟马［*Anaphothrips obscurus*（Müller)］也会在部分稻田发生为害。

稻蓟马在黑龙江、内蒙古、河南、安徽、江苏、湖北、浙江、广东、广西、云南、四川、贵州、海南、台湾等省（自治区）均有发生。20世纪70年代以前在迟早稻和单季稻秧田、双晚稻秧田零星发生，70年代以后随着复种指数的提高，早、中、晚稻秧田期和本田分蘖期稻蓟马为害日益严重，特别是种植杂交水稻初期，水稻蓟马的为害尤甚。成虫和若虫用口器刮破稻苗嫩叶表皮，锉吸汁液，使被害叶出现乳白色斑点，叶尖卷缩。受害严重时，全田秧苗枯黄发红，状如火烧，禾苗长势严重受挫；本田受害严重时，稻苗僵而不分蘖；穗期转入颖壳内为害，造成瘪粒。受稻蓟马为害的稻丛有时会散发出清香气味。稻蓟马除为害水稻外，还为害小麦，偶尔为害玉米、谷子等，并取食禾本科杂草。

稻管蓟马又称稻简管蓟马，在河南、江苏、浙江、福建、广东、湖北、四川等省局部稻区水稻穗期发生较多，以为害稻花为主，也为害稻叶。稻心叶被害扭曲，叶鞘不能伸展；叶片受害，尖端缢缩纵卷；孕穗后受害小穗花蕊发育不全，影响结实。稻管蓟马除为害水稻外，还为害麦类、玉米、谷子、高粱、豆、葱、烟草等，也取食禾本科杂草。

花蓟马又称丽花蓟马，分布于黑龙江、吉林、辽宁、内蒙古、宁夏、甘肃、新疆、陕西、河北、河南、山西、山东、江苏、上海、安徽、浙江、江西、福建、台湾、湖南、湖北、广东、广西、海南、四川、云南、贵州等地。寄主包括水稻、棉花、甘蔗、豆类及多种蔬菜。在江苏局部稻区发生较重，在河南局部地区轻发生。抽穗扬花时为害颖花，引起花壳和瘪粒。

各早稻区三种蓟马混合发生时，一般稻蓟马占比例最大，其次为花蓟马，稻管蓟马最轻。

二、形态特征

稻蓟马、稻管蓟马和花蓟马的形态特征分别如彩图1-39-1、彩图1-39-2和彩图1-39-3所示。

（一）稻蓟马

成虫：体长1～1.3mm，雌虫略大于雄虫。初羽化时体色为褐色，1～2d后变为深褐色至黑色；头部近方形，触角鞭状7节，第六至七节与体同色，其余各节均黄褐色。复眼黑色，两复眼间有3个单眼，呈三角形排列；前胸背板发达，后缘有鬃4根；翅2对紧贴体背，前翅较后翅大，缨毛细长，翅脉明显，上脉鬃（不连续）7根，端鬃3根；雌虫腹部末端圆锥形，具锯齿状产卵器，雄虫则较圆钝。

卵：长约0.2mm，宽约0.1mm，肾脏形，微黄色，半透明，孵化前可透见红色眼点。

若虫：共4龄。初孵时体长0.3～0.5mm，白色透明。触角念珠状，第四节特别膨大，有3个横隔膜，复眼红色。头胸部与腹部等长，腹节不明显。二龄若虫体长0.6～1.2mm，体色浅黄至深黄色，复眼褐色，腹部可透见肠道内容物。三龄若虫体长0.8～1.2mm，触角分向两边，翅芽始现，腹部显著膨大。四龄若虫体长0.8～1.3mm，淡褐色，触角向后翻，单眼3个，翅芽伸长达腹部第五、七两节。三、四龄若虫不取食，但能活动，因而也称前蛹或蛹。

（二）稻管蓟马

成虫：雌虫体长1.5mm左右，黑色略有光泽。头长于前胸。触角8节，第三、四节黄色，但端半部较暗；第三节外端侧有简单感觉锥1对，第四节有2对。长的复眼后鬃、前胸鬃（后角长鬃2对）及翅基3根鬃通常尖锐。足暗棕色，前足胫节略黄，各跗节黄。前翅无色，但基部稍暗棕色；中部收缩，端圆，后缘有间插缨5～8根。腹部末端呈管状，末端轮鬃由长如管的6根鬃及长鬃间的弯曲短鬃构成；雌虫无锯齿状产卵器，但腹部第九节有一纵走生殖孔。雄与雌同色，但较小，前足股节略膨大，前足跗节有小齿。

卵：长约0.3mm，宽约0.1mm，白色，短椭圆形，后期稍带黄色，似透明状。

若虫：体淡黄色，老熟时带桃红色，三、四龄腹末管状，且四龄腹节有不明显的红色斑纹。

（三）花蓟马

成虫：体长1.3～1.5mm，赭黄色。头、胸部稍浅，前腿节端部和胫节浅褐色。触角鞭状，8节，较粗，第三、四节具叉状感觉锥；触角第一至二和六至八节褐色，第三至五节黄色，但第五节端半部褐色。头背复眼后有横纹。单眼间鬃较粗长，位于后单眼前方。前胸背板两前角各有1根长鬃，外缘有鬃6根。前翅微黄色。前翅上脉鬃连续19～22根，下脉鬃15～17根。腹部一至七背板前缘线暗褐色。雌虫腹部末端圆锥形，具锯齿状产卵器。腹部第一背板布满横纹，第二至八背板仅两侧有横线纹。第五至八背板两侧具微弯梳，第八背板后缘梳完整，梳毛稀疏而小。雄虫较雌虫小，黄色。腹板三至七节有近似哑铃形的腺域。

卵：肾形，长0.2mm，宽0.1mm。孵化前显现出两个红色眼点。

若虫：二龄若虫体长约1mm，基色黄；复眼红；触角7节，第三、四节最长，第三节有覆瓦状环纹，第四节有环状排列的微鬃；胸、腹部背面体鬃尖端微圆钝；第九腹节后缘有一圈清楚的微齿。

三、生活习性

（一）稻蓟马

稻蓟马生活周期短，发生代数多，世代重叠现象严重，田间发生世代较难划分。1年中发生代数：安徽11代，江苏9～11代，浙江10～12代，四川成都14代，福建中部约15代，广东中、南部15代以上。一般以成虫越冬，但广东、福建冬季气候比较温暖，各虫态均可见到，无滞育现象。稻蓟马主要越冬寄主有看麦娘，其次有落谷自生苗、再生稻、小麦、李氏禾等多种禾本科作物及杂草。在寄主上的越冬部位与寄主的生育状况有关，一般在青苗期多潜藏于心叶内，草枯后多藏于基部青绿的叶鞘内。在浙江，3月上、中旬越冬成虫进入活动期，开始在禾本科杂草的嫩叶上产卵，3月中旬末前后在李氏禾上出现越冬代成虫迁入或活动高峰，3月下旬至4月初为第一代卵高峰，4月上、中旬李氏禾上出现明显第一代成虫高峰，4月底5月初为盛发期；第一代成虫（部分为第二代）迁入早稻秧田和本田后，繁殖第二、三代，部分四代，出现世代重叠现象；早稻圆秆拔节以后，以第三代成虫为主转入单晚稻、中稻和连晚稻秧田、本田，繁殖第四、五代，世代重叠现象更为严重；8月中旬在晚稻田出现第六代为主的卵盛期；此后受高温和水稻生育期的影响，稻田中虫量锐减；全年中以第二、三代发生量最大，是猖獗为害期。在江苏扬州，越冬成虫在积雪下能长期存活，－15℃可经久不死，－20℃能生存数天；早春的主要寄主是李氏禾、早熟禾，其次是看麦娘、小麦等禾本科作物及杂草；早春气温回升，稻蓟马在萌发较早的杂草上取食，3月下旬末大量产卵于李氏禾嫩叶上，4月上、中旬孵化为若虫，4月中、下旬双季早稻进入2～4叶期时成虫便开始迁入为害；自4月中旬迁入到7月持续高温出现前，秧田、本田虫口数量与日俱增，持续高温出现后，虫口数量短期内迅速下降，至9月下旬气温下降后，虫口数量则有一定的回升；水稻收获后至越冬前，稻蓟马仍以稻茬、再生稻和落谷自生苗的幼嫩小苗上虫口最多，看麦娘及李氏禾上亦有一定数量的蓟马。

世代历期因季节温度高低而异。福建沙县春、秋季一世代需15～18d，夏季只需10d左右，冬季需40d以上（表1-39-1）。据江苏观察，卵的发育起点温度为12.8℃，有效积温为55.4℃，一至二龄若虫

表1-39-1　在福建沙县室内饲养条件下稻蓟马各虫态的发育历期

Table 1-39-1　The developmental duration of various stages of rice thrips, *Stenchaetothrips biformis* reared under laboratory conditions in Shaxian, Fujian Province

饲养时间	平均温度（℃）	平均世代历期（d）	历期（d）			产卵前期（d）	成虫寿命（d）
			卵	一至二龄若虫	三至四龄若虫		
3月下旬至4月下旬	20.8	18.4	7～9 (7.7)	5～6 (5.5)	2～5 (3.1)	1～3 (2.1)	15～35 (25.5)
5月中、下旬	23.1	15.6	6	3.5～4.5 (4.2)	2.5～4 (3)	2～3 (2.4)	10～18 (15)
6月下旬	27.9	11.5	4	5	2～3 (2.5)	2	—
7月中、下旬	28.7	10.0	3～4 (3.5)	2～3 (2.5)	2	2	5
9月中旬至10月初	27.3	15.8	5～6 (5.6)	4～6 (5.2)	2～4 (3.0)	1～3 (2)	13～60 (31.7)
10月底至12月下旬	15.7	43.3	7～13 (8.8)	16～17 (16.3)	7～11 (8.3)	6～16 (9.7)	12～105 (60.2)

注　参照张左生，1995；括号内数据为平均值。

发育起点温度为 8.7℃，有效积温为 63.5℃，三至四龄若虫发育起点温度为 11.0℃，有效积温为 35.1℃，全代发育起点温度为 11.5℃，有效积温为 221.3℃。在田间稻蓟马盛发期内雌虫占比例较高，一般可达 90%以上，但在广东冬季则雄虫比例上升，雌雄比约为 1∶1。稻蓟马除两性生殖外，还能孤雌生殖，在 19℃、25℃和 35℃等温度下，孤雌均能产卵，其后代也能正常生长发育，但雄虫的比例极高，甚至全为雄虫。

成虫白天多隐藏在纵卷的叶尖、叶脉或心叶内，早晨、黄昏或阴天多在叶上活动，爬行迅速，能飞，能随气流扩散。雌虫产卵前期 1～3d，产卵时把产卵器插入稻叶表皮下，散产于叶肉内。据室内观察，成虫初期每昼夜平均产卵 7～8 粒，多的 13～14 粒，后期逐渐减少。雌虫有明显趋嫩绿稻苗产卵的习性。中、早稻秧苗一般在 2 叶期见卵，3 叶期渐增，4 叶至 5 叶期最多。但江苏的双季连作晚稻秧田露青即可见卵。卵主要分布于第一片叶，占总卵量的 60%左右，次为第二叶。幼穗形成后，卵一般分布于剑叶，占总卵量的 45%以上，次为剑叶下第一叶，第二叶卵量极少。

叶片上的卵痕呈针尖大小的白点，对光可清楚看见卵。随着胚胎发育，叶面可见微小突起，用针穿刺，未孵卵有浆液流出，已孵卵无浆液流出。卵多在 19:00～21:00 孵化，初孵若虫在叶上爬行，数分钟后即能取食。若虫多聚集于叶耳、叶舌处，尤喜在卷叶状心叶内取食，当叶片展开后，三、四龄若虫多集中在叶尖活动并使叶尖纵卷变黄。

（二）稻管蓟马

稻管蓟马年发生约 8 代，以成虫越冬。在江苏，以成虫在稻桩或落叶、树皮下及杂草中越冬。翌年春暖后开始活动，4～5 月为害小麦，水稻播种出苗后转移为害水稻。在广东，冬春季为害小麦、蚕豆、油菜等，无明显越冬现象。卵期 4～6d，一、二龄若虫 7～12d，三至五龄若虫（即预蛹、前蛹或蛹）3～6d，雌成虫存活期 34～71d。每雌虫产卵 15～20 粒。取食植物的繁殖器官对若虫发育有利。稻管蓟马在稻田发生数量以穗部多于叶部，早稻重于晚稻。为害早稻穗部的蓟马以稻管蓟马为主，约占 80%。卵散产，多产于叶片卷尖内，一般一张卷叶尖内有卵 1～2 粒，多达 6 粒。若虫和蛹多潜伏于卷叶内。成虫活泼，稍惊即飞。

（三）花蓟马

花蓟马在南方各稻区年发生 11～14 代，在华北、西北稻区年发生 6～8 代，以成虫越冬，越冬寄主与稻蓟马相类似。在江苏扬州花蓟马在早春寄主茭白或慈姑上繁殖 1 代，以后转移至秧田，水稻孕穗时迁入水稻田中为害穗部。在 20℃恒温条件下完成 1 代需 20～25d。翌年 4 月中、下旬出现第一代。10 月下旬、11 月上旬进入越冬代。10 月中旬成虫数量明显减少。世代重叠严重。成虫寿命春季约为 35d，夏季为 20～28d，秋季为 40～73d。雄成虫寿命较雌成虫短。雌雄比为 1∶0.3～0.5。成虫羽化后 2～3d 开始交尾产卵，全天均进行。卵单产于花组织表皮下，每雌可产卵 77～248 粒，产卵历期长达 20～50d。每年 6～7 月、8 月至 9 月下旬是花蓟马的为害高峰期。据报道花蓟马雄虫挥发物中含有 2 种主要的化合物，分别为乙酸薰衣草醇酯［（R）- lavandulyl acetate］和 2 -甲基丁酸橙花酯［neryl（S）- 2 - methylbutamoate］，与西花蓟马［*Frankliniella occidentalis*（Pergande）］雄虫释放的聚集信息素成分相同，但两者在花蓟马和西花蓟马雄虫中释放的比例不同。以辣椒为寄主时，卵、一龄若虫、二龄若虫、预蛹和蛹的发育起点温度分别为 13.0℃、10.4℃、12.8℃、11.9℃和 13.2℃，有效积温分别为 44.8℃、26.2℃、40.2℃、15.0℃和 22.8℃；在 19～31℃下，花蓟马各虫态的存活率与西花蓟马相比明显偏低，未成熟期的累计存活率在 19℃仅为 45.8%，25℃时最高，也只有 69.2%，分别比同温度下西花蓟马低 16.5%和 8.8%；在 19℃、22℃、25℃、28℃和 31℃下产的卵孵化出若虫数平均分别为 34.5 头、72.5 头、83.1 头、66.4 头和 56.8 头；25℃下繁殖力、种群趋势指数及净增值率最高。这些结果在水稻上也可参考。

四、发生与环境的关系

（一）发生规律

稻蓟马的年度消长，归纳起来有 3 种类型。

第一种，前期盛发型。该类型区年平均温度较高，早春气温回升快，蓟马为害的发生和结束均比较早。例如广东花县，稻蓟马发生为害盛期是 3 月下旬至 5 月，以第二至四代为害最重。早稻秧田和本田分蘖期、幼穗分化期受害严重，晚稻则很少受害。

第二种，中期盛发型。该类型区年平均气温要低一些。以江苏溧阳县为例，稻蓟马在该县一般6月上旬进入盛发期，7月下旬虫口数量显著下降，此期间发生的第三至五代主要为害三熟制早稻本田、单季晚稻、杂交稻秧田和本田、晚稻秧田。而晚稻本田虽处于返青分蘖期，但时值高温，秧苗很少受害。

第三种，后期盛发型。该类型区的气候特点是春季气温不很高，很少超过27℃，因此稻蓟马种群密度逐代累增。例如贵州锦屏县，稻蓟马盛发期一般出现在7月至8月上、中旬，以第六至八代为害迟插中稻本田、连晚秧田和本田。晚稻拔节后，种群数量才明显下降。

穗期蓟马（主要是花蓟马）与在苗期发生的稻蓟马不同，一般以成虫在各自的杂草寄主或冬作上越冬。翌春，先在杂草、绿肥或春花作物上繁殖数代，至6月中旬才大量迁入抽穗早稻为害，在早稻扬花期形成全年最大的虫量高峰。由于趋花习性，花蓟马随着各茬水稻花期更迭而辗转繁殖。10月上、中旬连作晚稻灌浆结束后，再陆续迁移至杂草或冬作上越冬。在水稻生长期，如果危险生育期（孕穗末期至扬花）与附近田块成虫羽化迁飞盛期相吻合或间隔时间不长，受害就重，反之则轻。

稻蓟马的发生、消长与气候、食料、栽培情况等因素有关。

1. 气候条件 稻蓟马耐低温的能力很强，但不耐高温，特别是不耐持续高温。从许多稻蓟马消长的资料中均可看出，由春至夏日平均气温自11℃左右渐升至25℃左右时，稻蓟马种群数量与日俱增。一般在21～22℃以后，即进入田间盛发为害期。在这段时间内，凡稻苗嫩绿的田块，稻蓟马的虫口数量均一直较高。直到盛夏持续高温出现，稻蓟马虫口才下降。秋凉以后，气温条件又适合稻蓟马的发生，这时稻蓟马种群数量又有所回升。在一年的季节性消长中，随着温度的变化，大体有两个高峰，只是后一个高峰到来时，水稻已过了幼穗分化阶段而不适宜稻蓟马取食。冬季气候温暖，有利于其越冬和提早繁殖；在6月初到7月上旬，凡阴雨日多、气温维持在22～23℃的天数长，稻蓟马则会大发生。据报道，稻蓟马卵孵化的适宜温度范围为25～30℃，超过30℃孵化率很快下降；若虫对较高温度的反应更为敏感，若虫发育最佳温度为26.4℃，若温度超过28℃羽化率就明显下降。故温度是影响稻蓟马发生和为害的关键因素之一。

稻蓟马发生适宜相对湿度为75%以上。对高湿的生态环境要求，影响着它的发生及地理分布。稻蓟马在我国北方一些稻区虽然也有分布，但因气候干燥及其他原因，发生量小，为害很轻；而南方稻区相对湿度一般能满足稻蓟马发育的需要，因而发生比较普遍和严重。在南方，通常降雨对稻蓟马的影响不在于改变湿度，而在于高温季节里的降雨导致了温度下降，可减轻高温对稻蓟马群体发展的不利影响；同时在降雨过程中，成、若虫可能由于雨滴的机械杀伤而数量下降，“蛹”及不甚活动的初羽化成虫也会因受雨水浸泡而死亡。

2. 水稻生育期 稻蓟马的为害主要发生在水稻秧田期及本田分蘖期。这是与其嗜食嫩叶，及隐蔽为害的习性分不开的。水稻心叶的喇叭口是其成虫及初孵若虫主要隐蔽场所。据报道，58%的成虫及96%的初孵若虫隐匿其中，而水稻秧田期及本田分蘖期新叶不断抽出，稻叶组织幼嫩，特别适宜其取食及产卵。此外，幼嫩的稻叶受害后易卷折，又为稻蓟马提供了良好的隐蔽及化蛹场所。因此，上述两个时期是稻蓟马在水稻上进行繁殖的主要时期。在秧田期其消长趋势为：从秧苗2～5叶期，种群数量随着秧苗叶龄的增加而呈上升趋势；6、7叶以后，虽然卷叶株率随若虫为害继续增加，但此时一则因秧田郁闭及肥力下降，二则秧苗受害后生长不良，秧苗开始落黄，引起虫、卵数趋于下降。因此，连晚稻3～5叶期，是秧田保苗治虫的重点时期；拔节以后新生叶生长减缓，老叶硬挺不易卷折减少了稻蓟马隐蔽场所，导致种群数量下降。另外，早稻穗期受害重于晚稻穗期，以盛花期侵入的虫数较多，次为初花期或谢花期，灌浆期最少。双晚稻秧田，尤其是双晚稻直播田因叶嫩多汁，易受蓟马集中为害；秧苗3叶期以后，本田自返青至分蘖期是稻蓟马的严重为害期。

3. 栽培情况 稻后种植绿肥和油菜，将为稻蓟马提供充足的食源和越冬场所，小麦面积较大的地方，稻蓟马的为害也可能较重。

4. 杂草 已发现稻蓟马能取食的杂草种类有3科58种，稻蓟马终年可在杂草上辗转繁殖越夏、越冬。稻蓟马尤其嗜好李氏禾，其他还有稗、旱稗、狗尾草、看麦娘、早熟禾等。由于李氏禾能不断地抽出心叶，且很少受药剂影响，因此是其终年活动场所。在测报时应将其作为重要观察对象。

5. 天敌 寄生性昆虫有赤眼蜂、缨小蜂、黑卵蜂；捕食性昆虫有蓟马、花蝽、姬蝽、长蝽、盲蝽、草蛉、褐蛉、瓢虫、步甲、隐翅虫、泥蜂、蚁、瘿蚊、长足虻和食蚜蝇，还有一些蜘蛛、捕食螨及病原性天敌线虫、真菌等。华南稻区常见稻田花蝽（*Orius* sp.）和叉胸花蝽（*Amphiarcus* sp.）、微蛛类、稻红瓢虫、青翅蚁形隐翅虫等捕食蓟马若虫。国外报道，卵期寄生蜂有缨翅赤眼蜂（*Megaphragma mymaripenne* Timberlake)，若虫和成虫有寄生线虫。

（二）为害程度及其影响因子

早稻播种出苗后，成虫从其他早春寄主上迁入。秧苗移栽时，各种虫态又随着秧苗带进本田或成虫直接迁入本田，这是稻蓟马向本田转移的主要途径。影响为害程度的重要因素是卵量、苗龄及温度。

1. 虫量 稻蓟马引起各受害级别所需的虫量，不同类型水稻品种有所不同。原丰早平均每株有卵5.1～10.9粒形成卷叶苗，15.0～20.2粒形成黄苗，30.5～40.4粒形成红苗，95.8粒形成僵苗。杂交稻每株有卵5.8～13.4粒形成卷叶苗，20.89粒形成黄苗，30.4～60.8粒形成红苗，74粒形成僵苗。中粳每株有卵11.6～65.7粒形成卷叶苗，85.4～107.2粒形成黄苗。后季稻每株有卵18.7～41.8粒形成卷叶苗，50.7粒形成黄苗，71.7～115.5粒形成僵苗。

2. 苗龄与品种 在平均温度为21.7℃，每株有卵30粒左右时，4叶以下的秧苗形成黄苗，4叶以上的秧苗为卷叶苗。杂交稻在平均温度为25.9℃，每株有卵30粒左右时，3叶1蘖以上的秧苗形成卷叶苗，3叶1蘖以下的苗形成黄苗。每株卵量增高到49.8～53.8粒，3叶1蘖以上的秧苗仍形成卷叶苗。

不同苗龄受害程度产生差异的原因，主要与稻苗生长速度和稻蓟马为害同一张叶片的时间长短有关。常规播种期的杂交稻3叶1蘖以上，单季晚稻、双季稻前季和后季4叶以上的秧苗，生长速度快，日生长量大，稻蓟马若虫迁移次数多，为害同一叶的时间相对缩短，因此为害叶片数虽然增多，但为害程度较轻，已卷叶片经过一段时间会平展，恢复正常生长。但秧苗移栽时带虫卵量过大，或土壤肥力差的板僵白土田，栽培措施跟不上的冷浸田，稻苗日生长量小，稻蓟马集中为害新生叶，会形成严重僵苗。

3. 温度 稻蓟马为害与苗龄有关系，稻苗生长与温度有关系。平均气温在25℃左右，稻苗生长速度快，苗龄在4叶以上的稻苗受害程度很轻，卵量多少与为害程度轻重的关系也不明显。

（三）不同为害程度对水稻的影响

1. 对稻苗素质的影响 稻蓟马为害使秧苗形成卷叶苗、黄苗、红苗和僵苗4个级别，即4种为害程度。除卷叶苗对水稻生长无明显影响外，其余3个受害级别都对叶片数、苗高、茎粗、鲜重和干重产生显著影响。

2. 对稻苗分蘖和产量的影响 在4个为害级别中，仅僵苗的分蘖明显减少，成穗显著偏低，产量减少8.79%。在单季晚稻上的观测说明，红苗分蘖数显著减少，但成穗数无明显差异。所以针对卷叶苗、红苗只要肥料跟上加强管理，仍能保证产量。

五、防治技术

（一）农业防治

1. 调整种植制度 尽量避免早、中、晚稻混栽，使播种期和栽秧期相对集中。

2. 合理施肥 按照高产栽培技术要求，在施足基肥的基础上，适期适量追施返青肥，促使秧苗正常生长。

3. 消除杂草 早春及9～11月，清除田边杂草，以减少冬后有效虫源。

（二）化学防治

1. 防治策略 采取“狠治秧田，巧治大田”的策略。秧田以3～5叶期，本田以分蘖期为重点。当秧田蓟马为害卷叶株率达10%～15%或百株虫量达100～200头时即进行防治。在秧苗4～5叶期用药一次，第二次在秧苗移栽前2～3d用药，带药下田，保护本田返青期的稻苗，可起到一保十的作用。本田蓟马为害卷叶株率达20%～25%、百株虫量200～300头时，在卵孵化盛期进行防治。防治后适当追肥，确保秧苗及时恢复生长。

穗期蓟马的防治以早稻为主，根据发生期和发生量确定防治对象田。防治要点是“巧前狠后，横喷斜打，治虫保穗”。药剂防治2次，第一次在50%破口期，防止蓟马钻入穗苞为害；第二次掌握在齐穗后扬花前，重点防治蓟马钻入颖壳。

同时，也可以通过药剂处理种子的方法，及早控制蓟马虫口基数。拌种或浸种处理能有效地控制秧苗生长初期稻蓟马的为害，具有用药量少、持效期长、对环境安全、对秧苗生长无不良影响等优点。

2. 使用药剂和方法

（1）拌种处理。如，10％吡虫啉可湿性粉剂：水稻种子催芽露白后，每公顷用药 300～375g，先与一定量细沙混匀，再与 75kg 种子搅拌均匀，闷 12h 后播种；或者，先用适量水将药剂化开，然后边喷浇边与稻种拌均匀，再继续催芽到所需要求；35％丁硫克百威种子处理干粉剂：使用剂量为药、种比为1∶80，即以每千克种子用药 12.5g 制剂或 4.375g 纯药为宜；可在谷种催芽后拌药，待药剂充分吸附后（约 30min 以上）方可播种；48％氟虫双酰胺·噻虫啉悬浮剂：每千克种子用药剂量为 4～8g 纯药，能控制水稻苗期稻蓟马和二化螟。但是 10％氟虫双酰胺·阿维菌素悬浮剂拌种处理不宜用于水稻苗期稻蓟马治理。

（2）浸种处理。用 350g/L 噻虫嗪悬浮种衣剂 100～200g 加水 125～150kg 浸 100kg 种子，在水稻苗期对蓟马控制时间长达 30d 以上；70％噻虫嗪水分散粒剂 40g 加水 125～150kg 浸 100kg 种子，浸种过程中不换水，浸种 36～48h 后沥去浸种液催芽播种（沥出的浸种液洒入秧田），对秧苗期 20d 内的稻蓟马防治效果均在 95％以上。也可将 10％吡虫啉可湿性粉剂稀释 2 500 倍，浸种 48h。

（3）茎叶喷雾。药剂可选用 90％晶体敌百虫 1 500 倍液、10％吡虫啉可湿性粉剂 2 500 倍液、40％乐果乳油 2 500 倍液、50％混灭威乳油 1 000 倍液，喷雾或弥雾，每公顷喷雾用药液量为 900～1 125kg，弥雾用药液量为 150～225kg。

附：测报技术

稻蓟马种群调查测报规程目前尚缺乏国家或行业标准，张佐生主编的《粮油作物病虫鼠害预测预报》（1995，上海科学技术出版社，第 85～90 页）可供参考。

叶恭银（浙江大学昆虫科学研究所）
陈洋（中国水稻研究所）

第 40 节　叶 蝉 类

一、分布与危害

稻叶蝉是为害水稻的叶蝉类害虫的统称，属半翅目叶蝉科，是我国水稻上的一类重要害虫，在长江流域及以南稻区发生较重。我国稻田常见的叶蝉有 22 种，包括黑尾叶蝉［别名黑尾浮尘子，*Nephotettix bipunctatus*（Fabricius），异名：*N. cincticeps*（Uhler）］、二点黑尾叶蝉［*N. virescens*（Distant）］、二条黑尾叶蝉［别名大斑黑尾叶蝉，*N. nigropictus*（Stål），异名：*N. apicalis*（Mots.）］、白翅叶蝉［*Empoasca subrufa*（de Motschulsky），异名：*Erythroneura subrufa*（Mots.），*Thaia rubiginosa* Kuoh］、电光叶蝉［*Recilia dorsalis*（Motschulsky），异名：*Deltocephalus dorsalis* Mots.］、大青叶蝉［*Tettigella viridis*（Linnaeus），异名：*Cicadella viridis*（Linnaeus）］、大白叶蝉［*Cofana spectra*（Distant）］、二点叶蝉［又名二点二叉叶蝉 *Macrosteles fascifrons*（Stål）］、稻叶蝉［*Maiestas oryzae*（Matsumura）］等种类。其中，以前 5 种发生比较普遍，数量较多，对水稻生产为害比较大。

上述 5 种叶蝉中，黑尾叶蝉的分布区域最广，几乎遍及国内所有稻区；其他 4 种仅分布于南方，其分布北界二点黑尾叶蝉在湖北，二条黑尾叶蝉在江西，白翅叶蝉和电光叶蝉大致以黄河为北界。从为害区域看，黑尾叶蝉在长江流域及以南稻区发生较多，是该区域水稻上发生密度最高、为害最重的稻叶蝉类害虫；二点黑尾叶蝉为广东、广西中部优势种，福建南部和云南发生较多，贵州、四川、江西、湖南、台湾较常见；二条黑尾叶蝉以广东、广西与云南南部发生较多，贵州、四川、台湾与江西部分地区较常见；白翅叶蝉主要发生在南方稻区的沿海、湖滨、丘陵和山区的河谷；电光叶蝉在南北稻区均发生，但通常数量不多，有时在水稻生长后期有较高虫口密度。各地的优势叶蝉种类并非一成不变，如广东中南部，20 世纪 60 年代以前以黑尾叶蝉和白翅叶蝉为主，80 年代则以二点黑尾叶蝉为优势种。60 年代以前，浙江中南部和西部丘陵半山区、山区河谷地带以白翅叶蝉为优势种，东部、东南沿海平原则以黑尾叶蝉为主；70年代后至今各地均以黑尾叶蝉为主，罕见白翅叶蝉发生。

黑尾叶蝉的寄主植物有水稻、小麦、甘蔗、野生稻、看麦娘、早熟禾、稗草、李氏禾、茭白、甘蔗、游草、狗尾草、双穗雀稗、马唐等；自然条件下，夏秋以水稻、冬春以看麦娘为主要食料。二点黑尾叶蝉的寄主范围较黑尾叶蝉窄很多，在我国主要有水稻、李氏禾、稗草、竹节草等。二条黑尾叶蝉的寄主范围介于黑尾叶蝉和二点黑尾叶蝉之间，在我国主要有水稻、李氏禾、稗草和普通野生稻等。白翅叶蝉寄主范围很广，能为害水稻、大麦、小麦、甘蔗、茭白、玉米、高粱等作物，并取食李氏禾、假稻、秕谷草、马唐、红花草等多种杂草。电光叶蝉的寄主除水稻外，还有玉米、高粱、谷子、甘蔗等，偶食柑橘和芝麻。

稻叶蝉成、若虫均刺吸稻株汁液，对水稻造成直接危害。其中，3种黑尾叶蝉取食后造成许多褐色斑点，影响水稻生长，严重时可致全株发黄、叶片枯死、茎秆基部发黑，甚至烂秆倒伏（彩图1-40-1）；穗期还会集中于稻穗，造成半枯穗或白穗。白翅叶蝉取食后，被食水稻叶片和叶鞘出现零星或成串的白斑，虫口多时，禾叶变焦白，干枯发赤色，俗称“火烧禾”，常在晚稻穗期达到发生高峰，为害也最重，受害稻株即使能抽穗，亦多空壳或秕粒，产量大减。电光叶蝉的若虫多在叶鞘上取食，成虫则在叶鞘和叶片上取食，受害稻株表现白色斑点，甚至变黄枯死，但该虫虫口密度一般不大，直接为害不重。

稻叶蝉是多种水稻病毒及类病毒的介体，其传播的病毒病对水稻的为害一般远重于直接吸食。3种黑尾叶蝉传播的病毒多相同，稻叶蝉是多种水稻病毒病及植原体的介体，其传播的病毒病为害水稻一般重于直接吸食。3种黑尾叶蝉能传播水稻矮缩病毒（RDV）、水稻簇矮病毒（RBDV）、水稻瘤矮病毒（RGDV）、水稻黄矮病毒（RYSV）、水稻东格鲁病毒（RTSV）及水稻黄萎病（RYDP）。电光叶蝉能传播水稻矮缩病毒（RDV）、水稻簇矮病毒（RGDV）、水稻东格鲁病毒（RTSV）及水稻橙叶病（ROP）。各有关病害的发生情况详见本单元水稻病害章节。

二、形态特征

（一）黑尾叶蝉、二点黑尾叶蝉、二条黑尾叶蝉

成虫：体连翅长约5mm，其中黑尾叶蝉略大。体背黄绿色至绿色，头部与前胸背板近于等宽，头冠中央向前突出呈弧形；头冠、前胸背板及前翅中域或有黑色横带与斑纹。前翅前缘黄色，基部淡黄绿色，端部则雌、雄异型，雄虫端部1/3为黑色，形似“黑尾”，雌虫端部1/4呈灰紫色。雄虫腹面与腹部背面均为黑色；雌虫腹面淡黄色，腹背灰黑色。此为3种黑尾叶蝉的共同特征，其区别特征见表1-40-1，形态见彩图1-40-2。其中，前翅中部的黑斑可作为区分特征，但因少数个体存在变化，如，黑尾叶蝉中少数个体有黑斑，二点黑尾叶蝉、二条黑尾叶蝉则有少数个体黑斑消失。因此，翅中部黑斑不能作为唯一鉴别依据，头冠复眼间的亚缘黑带及雄性外生殖器为最后判别依据。

表1-40-1 3种黑尾叶蝉成虫的主要特征比较

Table 1-40-1 Adult morphological characteristics of three *Nephotettix* species

特征指标	黑尾叶蝉	二点黑尾叶蝉	二条黑尾叶蝉
连翅体长（mm）	雄4.5～4.7，雌5.5～6.0	雄4.3～4.5，雌4.8～5.3	雄4.3～4.5，雌5.3～5.6
头冠中央长度与近复眼处长度	前者明显较大	前者甚大于后者	前者略大于后者
头冠端部亚缘黑带	有	无	无
前胸背板前缘和前翅爪片内后缘颜色	非黑色	非黑色	黑色
前翅中部黑斑	一般无，偶尔有小斑	一般有较小黑斑，偶尔缺	一般有大黑斑，且沿爪片向后延伸；偶尔斑小或缺
阳 茎	中部收缢，腹面每刺列3～4刺；侧突长而平伸，端部较粗短，基端深凹收狭	中部不收缢，腹面每刺列4～5刺；侧突较大三角形，端部较粗长，基端浅凹收狭	中部不收缢，腹面每刺列7～8刺；侧突较小三角形，端部细长，基端浅凹收狭

卵：均呈长椭圆形，长约 1.2mm，一端略尖，中间微弯曲。初产时无色透明，后转为淡黄色，并在略尖一端出现微红色眼点，眼点渐次扩大，色泽加深，接近孵化时呈暗红色。卵产于叶鞘边缘内侧组织内或叶片中肋内，呈单行排列成块，各卵粒间分离，较多地露出水稻组织，一般每个卵块具一二十粒卵，多的可达三五十粒。3 种黑尾叶蝉间卵无明显差异，难以区分。

若虫：3 种黑尾叶蝉若虫特征相似，共 5 龄，主要依据体长和翅芽区分：

一龄：体长 1.0～1.8mm，无翅芽；体色淡黄白至淡黄绿，复眼红褐至紫褐色。

二龄：体长 1.6～2.0mm，无翅芽；体色淡黄白至淡黄绿，复眼红褐至赤褐色。

三龄：体长 2.0～2.5mm，前翅芽始见；体色淡黄白至淡黄绿，复眼红褐至黑褐色。

四龄：体长 2.5～3.5mm，前后翅芽明显，前翅芽末端未达后翅芽末端；体色黄白至黄绿，复眼红褐至棕黑色。

五龄：体长 3.5～4.5mm，翅芽进一步延长，前翅芽盖住或超过后翅芽；体色黄绿至红褐，复眼红褐至棕色。

不同黑尾叶蝉若虫的区别则主要依据虫体斑纹，其中：

一龄：黑尾叶蝉胸、腹部背面无斑纹。二条黑尾叶蝉胸、腹两侧具黑褐色带。二点黑尾叶蝉胸部与第一至五腹节两侧黑褐色带相连，第八节和末节两侧具黑褐色纹。

二龄：黑尾叶蝉胸、腹部背面无斑纹。二条黑尾叶蝉胸、腹两侧黑褐色带多消失。二点黑尾叶蝉胸背和腹部第三、五、八及末节两侧黑褐色；腹背第一、二节淡褐色，第六、七节黄白色。

三龄：黑尾叶蝉复眼间有倒“八”字形褐斑，各胸节及第二至八腹节背面具 1 对小褐点。二条黑尾叶蝉腹背有 2 对小黑点及两侧黑褐色斑点。二点黑尾叶蝉第三至五腹节两侧具黑褐斑，背中有 1 对圆形黑点和 1 对黑褐色斑，第八节背板后缘黑色，中线黑带延伸至末节。

四龄：黑尾叶蝉第二至八腹节背面褐点增大，余同三龄。二条黑尾叶蝉前、中、后胸分别有 1、2、5 对黑点；腹背前缘黑色，具 3～4 对黑点，两侧具黑斑纹。二点黑尾叶蝉第一至五腹节背面有黑褐斑，第六、七节背中线具黑褐纹，第八节背板黑褐色后缘和中线黑褐色带组成“十”字形。

五龄：黑尾叶蝉中、后胸背各具 1 对倒“八”字形褐斑，腹部雌淡紫，雄黑色，余同四龄。二条黑尾叶蝉胸、腹背各节均有 2～4 对黑点，胸部侧板上缘黑褐，与翅芽前缘黑褐带相接，腹背各节两侧具黑斑。二点黑尾叶蝉胸背以 4 对黑纹为中心，周边有黑褐色斑纹；腹背正中线有 2～4 对小黑点，第一至五节黑褐色，两侧颜色尤深，第八节背板黑褐色后缘和中线黑褐色带组成“十”字形。

二点黑尾叶蝉若虫的形态特征见彩图 1-40-3。

（二）白翅叶蝉

成虫（彩图 1-40-4）：连翅体长，雌虫 3.5～3.7mm，雄虫 3.3～3.5mm。头、胸部橙红色，触角浅黄色，复眼黑色。前胸背板宽，中央有 2 个淡灰黄色的三角形斑，且左右连接。前翅白色，半透明，在日光下有虹彩闪光；后翅较前翅透明而短。足橙黄色，跗节末端的爪为棕褐色。腹部背面暗褐色，腹面黄褐色。

卵：长约 0.65mm，前端稍尖，后端钝圆，略呈长形酒瓶状。乳白色，半透明，近孵化时前端两侧出现 1 对红色眼点。

若虫：5 龄。一、二龄体长分别为 0.6～0.9mm、0.8～1.0mm，无翅芽，体近菱形，淡黄白色，复眼鲜红色，前胸发达。三龄体长 1.0～1.7mm，翅芽初现，全体呈椭圆形，复眼褐色。四龄体长 2.0～2.2mm，翅芽达第三腹节，全体近似肾形，一端略尖；复眼发达。五龄体长 2.4～3.2mm，翅芽达第四、五腹节，胸部有近半圆形排列的紫色小圆圈。

（三）电光叶蝉

成虫（彩图 1-40-4）：体长 3～4mm，全体黄白色，具淡褐色斑纹。头部黄白色，复眼暗褐色，单眼黄色。前胸背板及小盾板淡黄色。前翅淡灰黄色，其上有一黄褐色宽带自前缘近基部处斜向爪片末端，呈闪电状，色带的周缘色浓，特征明显。翅端部近爪片末端处还有 1 个较大的黄褐色斑点。胸部及腹部腹面均为黄白色，散布暗褐色斑点。腿节有暗褐色斑纹。

卵：长 1.0～1.2mm，椭圆形，稍弯曲，初产时白色，以后变为黄色。

若虫：共 5 龄。一龄体长 1.0mm，无翅芽，头部乳白色，胸部与腹部背面黑色，仅胸部中线黄色；

足淡黄色；腹部腹面乳白色。二龄体长1.5mm，无翅芽，头冠前部有褐色大斑纹，胸部及腹背褐色，胸部各节中线黄色，前胸背板具黄白色不规则斑纹，前后缘赤色；足淡褐色；腹部腹面乳白色，第一至五腹节背面各有1对淡黑色斑，第七至九腹节侧面有淡褐色大纹。三龄体长1.8mm，翅芽初现，体黄白色，头部、胸部及后足褐色，腹部最后3节侧面淡褐色，余同二龄。四龄体长2.5mm，翅芽达腹部第一、二节，体黄白色，头部后缘、胸部背面及后足褐色。五龄体长3.5mm，翅芽达第四腹节，体黄白色，头部、胸部背面、足及腹部最后3节侧面呈褐色，第一至六腹节背面各有1对褐色斑纹。

三、生活习性

(一) 黑尾叶蝉、二点黑尾叶蝉、二条黑尾叶蝉

1. 黑尾叶蝉 在广东、广西和云南南部等地冬季无越冬滞育现象，往北则一般以三、四龄若虫越冬，少数以成虫越冬。越冬场所以绿肥田、冬闲田、田埂、沟边等处的杂草为主，其中紫云英、苕子绿肥田的虫口密度最大。冬春主要寄主为看麦娘、早熟禾。越冬期间如气温达12.5℃以上，仍可活动取食。越冬若虫在次年早春旬平均气温达10℃以上时，或候平均气温在13℃以上，便陆续开始羽化。卵发育起点温度14.3℃，发育积温87.0℃；若虫发育起点温度12.0℃，发育积温雌虫为219.4℃、雄虫为201.4℃。

黑尾叶蝉在我国每年发生2～8代，自北向南世代数递增。32°N以北2～4代，如河南信阳、安徽阜阳1年发生4代；30°～32°N间为5～6代，如江苏南部、安徽南部、上海、浙江中北部以5代为主；27°～30°N间6～7代，如南昌、长沙以6代为主；27°N以南为7～8代，如福建福州、广东曲江以7代为主，广州以8代为主。不同地区各代的发生期大致如下，江苏南部越冬代成虫盛发期在4月上旬至5月上旬，以后各代分别出现在6月上旬，7月中、下旬，8月中、下旬和9月中旬。浙江黄岩和萧山等地越冬代成虫在4月上、中旬盛发，以后各代发生期分别在5月中旬至6月中旬、6月中旬至7月中旬、7月中旬至8月中旬、8月中旬至9月中旬。一般除第一、二代发生较整齐外，其余各代界限不清，世代重叠明显。一年中的猖獗为害期，各地稍有迟早，但差距并不悬殊，一般在7、8月间。

长江流域单、双季稻混栽地区，每年发生两次迁飞，第一次是4月至5月上旬，越冬代成虫迁入早稻秧田和本田，是将毒源传播到水稻上的关键时期。第二次是7月下旬，前季稻收割时，由二、三代成、若虫向后季稻秧田、本田及单晚大田迁飞扩散，这次迁移无论是在虫口数量上还是在刺吸传毒为害上都超过第一次迁飞期，尤其是邻近早稻田早栽的后季稻边行，虫量突然猛增，稻苗在短期内可被害致死。在华南稻区，6月上旬至9月下旬均有较大发生量，为害穗期早稻和营养生长期晚稻；9月以后，各地的虫量逐渐减少，但遇秋季高温、干旱年份，也可为害晚稻后期。9～10月，陆续迁移出稻田。

卵历期，17～18℃、19～21℃、22～23℃、24～25℃、26～30℃、30～32℃时分别为14～20d、13～19d、10～14d、7～11d、6～8d、5～7d。若虫历期，20～25℃时17～19d，27～29℃时最短，为14～18d，31～32℃延长为18～22d；越冬若虫在9～10℃时，为174～203d；同条件下雌性的历期长于雄性；各龄中，以二、三龄历期最短，多为2～4d，一、四龄较长，一般为3～6d，五龄最长，多数为4～8d。成虫寿命，25～27℃为13～14d，29～30℃为11d，以越冬代成虫的寿命最长，可达120～170d，其次是第一代成虫；带毒成虫寿命比正常者短。产卵前期以越冬代和末代成虫最长，18℃为17d，20～24℃为10～12d，25～31℃时为5～9d。

雌、雄成虫间以稻株传播的振动信号实现交尾前的求偶。交尾雌虫产卵一般在8:00～18:00，以14:00～16:00最多。卵块产于叶鞘边缘组织内，卵粒倾斜成单行排列，产卵处外表有隆起的斑痕，2～3d后变为黑褐色。每块卵一般为11～20粒，最多30粒。卵一般产在稻株下部第一至二叶的叶鞘内侧，随着稻株长大，下部叶片枯黄，产卵部位也相应提高。据浙江调查，秧苗期在离稻株基部3cm左右处，分蘖期在5～10cm处，抽穗期在25～35cm处产卵最多。每头雌虫一生产卵数十粒至百余粒不等。以第一代产卵量最高，可达889粒。卵多在5:00～11:00孵化，以7:00～9:00最盛。在自然情况下，卵的孵化率一般在75%～89%，但浸水或叶鞘枯萎，则能引起大量死亡。

黑尾叶蝉较飞虱活泼，受惊即横行或斜走逃逸，惊动剧烈则跳跃或飞去。若虫多群集于稻丛基部，具

体位置随水稻生育期不同而有所变化，分布一般较褐飞虱位置稍高；少数可取食叶片和穗。成虫多在7:00～10:00羽化，性活泼，白天栖息于稻株中、下部，早晚可到叶片上部为害；趋光性强，尤以无风黑夜、天气闷热时扑灯最多；有趋嫩绿习性，水稻2～3叶期及本田移栽后10～15d为成虫的主要迁入期，也是传播病毒的关键时期。

2. 二点黑尾叶蝉 广东、广西、云南南部无明显滞育休眠现象，全年连续发育和繁殖，1年发生10～11代；以北区域未见完整报道，大致发生5～9代。广东、广西及云南南部，每年2～3月第一代成虫迁入早稻秧田，后又迁入本田，经2～3代繁殖进入第一个虫口高峰；6～7月早稻收割后转入晚稻秧田，后进入本田繁殖3代后进入第二个发生高峰；10月上旬晚稻陆续成熟，气温逐渐下降后向稻田周边杂草上转移，11月上旬晚稻收割后主要取食田间及周边的竹节草、李氏禾、再生稻、落谷稻，至翌年2、3月可繁殖2代；但12月至翌年1月多数杂草枯死，虫口密度低。

卵平均历期，19～22℃、25～28℃、28～29℃时分别为11～13d、7.6～9.0d、7.4～7.8d。若虫平均历期，20～26℃、26～28℃时分别为18.7～27.0d、14.0～16.6d。成虫寿命，不同发生代次因季节、食料条件不同而有所不同，第二至四和第九代较长，一般20～40d，夏秋季节第五至八代较短，一般10～35d。雌虫产卵前期一般5～6d，产卵期10～20d。

卵发育起点温度14.3℃，发育积温98.0℃；若虫发育起点温度12℃，发育积温雌虫227.3℃，雄虫208.3℃，其中起点温度似黑尾叶蝉，积温多7～11℃。与其他两种黑尾叶蝉相比，该虫较耐高温，在28～33℃时卵历期最短，25～33℃时卵孵化率最高，但35℃以上时，发育和繁殖受明显抑制。

雌虫成块产卵于水稻叶鞘中部边缘内侧组织上，每块7～8粒，最多50余粒，卵块处稍隆起，后变淡黄色；产卵部位随水稻生育期而异，嫩秧上位置较高，老秧上近地表，分蘖期多在基部1～2片叶的叶鞘上，穗期则主要在倒二、三叶和剑叶的叶枕处。每头雌虫产卵量因季节而异，据海南观察，第二至四代134～357粒，第五至九代61～310粒。

卵孵化以8:00～9:00时为盛，初孵若虫具向上爬行群集于叶尖取食的习惯；若虫、成虫白天在稻丛基部取食，很少活动，受惊跳落地面，成虫或飞向他处。成虫黄昏活跃，有趋光性，闷热夜晚扑灯最多，也有趋向嫩绿稻株的习性。

3. 二条黑尾叶蝉 多以成虫和少数若虫在田间、田边禾本科杂草上越冬，华南南部还可能在冬稻、再生稻、自生苗上越冬。年发生世代与二点黑尾叶蝉相似，广东、广西及云南南部10～11代，往北地区年发生5～9代。广东、云南中南部无明显滞育现象，12月至翌年3月可在李氏禾上繁殖2代以上，水稻移栽后迁入稻田为害，同时在田边李氏禾等杂草上终年都有一定的数量。据四川米易县1983—1984年观察，该地年发生5代，世代不整齐，田间各代发生时间为：一代，3月下旬至5月上旬；二代，5月中旬至6月下旬；三代，7月上旬至8月下旬；四代，9月上旬至11月下旬；五代，12月上旬到翌年3月中旬。每年3月中旬，大部分越冬代成虫从水游草上迁移到早稻秧田，随后又到本田产卵繁殖；到7月上、中旬，随早稻成熟、收割再转移到晚稻秧田或田边水游草上。8月上旬转到返青的晚稻上为害，10月底晚稻收割后第四代成虫再迁至游草或再生稻苗、自生稻苗上产卵越冬。

各虫态历期、产卵习性与二点黑尾叶蝉相似。每头雌虫产卵量，在水稻上平均174粒，李氏禾上为223粒。水稻生育期影响该虫的产卵量，30～40d秧龄的老秧比幼秧上产卵多。

（二）白翅叶蝉

在华南等冬季温暖地区无须越冬，其余地区以成虫越冬。主要越冬场所为小麦田、绿肥田及田边、沟边、塘边的游草、看麦娘等杂草上。越冬期间，当天气晴朗，温度在5℃以上时仍能活动，10℃以上开始取食，甚至有少量成虫能交尾；当温度降到4℃以下时，蛰伏于越冬寄主的茎、根旁或草丛下的土面上不动；常有群集习性。

成虫寿命长，交尾产卵次数多，田间世代重叠现象突出。广东1年发生4代，第一至四代若虫盛发期分别在5月、7月、8月中旬至9月中旬、10月，以第一、二代在早稻上发生最多。福建也发生4代，各代若虫盛发期分别为5月下旬至7月上旬、7月上旬至9月上旬、8月中旬至10月上旬和10月上旬至11月上旬。湖南、浙江发生2～3代，第一代5月下旬至6月中、下旬，第二代7月下旬至9月上旬，第三代9月下旬至11月。

单、双季稻混栽区，越冬成虫于第二年早春先在大麦、小麦上生活，4月中、下旬后转移至早、中稻秧田为害；4月底至5月上旬早、中稻插秧后，转至本田为害并开始产卵繁殖。第一代羽化后，迁移到晚稻或迟熟中稻田繁殖第二代和集中为害。9月中、下旬繁殖的第二代在双季晚稻上发生较重，特别在晚稻孕穗至抽穗期，是一年中白翅叶蝉发生数量最多的时期，百丛可达500～1 500头以上。10月下旬开始迁向越冬场所。

卵产于水稻叶片背面中脉组织上。在秧苗期，由于叶片幼嫩，多产于靠近叶基部中脉内，以后随叶片的长大肥厚，而产于离基部较远处的中脉内，少数产于较粗支脉内，亦有个别卵粒暴露于叶背表面。一般每处产卵1～3粒，个别5粒。在湖南，越冬代成虫平均产卵46.6～62.2粒，第一代平均56.3～57.6粒，第二代平均25.8～27.6粒。雌虫产卵期越冬代为31～32d，第一代为50～52d，第二代23～31d；个别成虫在越冬前已开始产卵，越冬后能继续产卵，越冬前后合计产卵期长达100d以上。

卵历期，湖南第一至三代分别为11.7～17.1d、10.1～11.6d、14.8～17.1d；8:00～10:00孵化最盛。各世代若虫历期的长短与气温有关，第一、二代平均气温在24℃以上时，若虫历期平均17.5～21.0d，第三代平均气温在20℃以下时，历期达33.2～40.4d。成虫寿命较长，在湖南平均为41～63d，少数长达324d；在广东第一至三代平均49～67d，第四代（越冬代）为7～8个月；在田间常有数代成虫同时存在。自然群体中，雌虫占57.2%～63.1%，雄虫占36.9%～42.8%。产卵前期，在湖南第一、二代成虫的平均值分别为25d、23d，最长33d，最短11d；据广东观察，平均为19～23d。

白翅叶蝉平时不大活动，受惊时迅速横爬而走；遇强烈震动便迅速飞去，被击落水面后仍在水面爬行。若虫孵出后，多集中于稻叶背面取食。成虫多在长势嫩绿的稻株上部叶片背面取食，温度稍低或风大时，则栖息于稻丛下部；成虫趋光性、耐饥力均很强，在适宜气温下，无食料可存活10～20d。

（三）电光叶蝉

华南等冬季温暖地区无须越冬。在浙江东阳，12月至翌年2、3月均能采到成虫，初步认为以成虫越冬。在湖南、江西等地则可能以卵越冬。

在浙江1年发生5代，第一至五代成虫羽化期分别是6月上、中旬，7月中旬，8月中、下旬，9月下旬，11月中旬。在江西、湖南1年发生6代，第一至六代若虫盛发期分别为5月中、下旬，6月下旬至7月上旬，7月下旬至8月上旬，8月中、下旬，9月下旬至10月上旬和10月下旬至11月上旬。以晚稻田发生量较大。

卵产于稻叶背面中肋组织内，少数产于叶鞘内。卵粒排列成行，但也有产单粒的。在产卵痕的周围生有白色粉状物。每雌虫可产40～320粒卵，一般130粒左右。卵期为12～16d，若虫期为16～19d，雌虫、雄虫寿命分别为21～25d、15～20d，雌虫产卵前期为8～10d，产卵期为7～23d。

四、发生与环境的关系

（一）气候

气候对稻叶蝉发生的影响主要体现在：冬季温度是影响叶蝉越冬代存活率及决定其越冬北界的主要环境因子，早春气温回升情况决定越冬代开始取食为害的迟早；春夏至越冬前的气候影响叶蝉的繁殖力、存活率和发育速率。

黑尾叶蝉发育最适气温为28℃左右，适宜的相对湿度为70%～90%。气候主要影响越冬后的虫口基数及各代的繁殖数量和发育速率。一般冬春气温偏高，雨日、雨量少，地表湿度低时，黑尾叶蝉的越冬存活率高，且有利于病毒在体内繁殖。如湖南1974年3月中、下旬雨量少，4月气温偏高，早稻秧田黑尾叶蝉数量比1973年高16～30倍。夏秋高温干旱有利于黑尾叶蝉大发生，1971年6月中旬至8月下旬我国东部沿海连续高温干旱，浙江、江苏等地当年黑尾叶蝉大暴发。但温度持续超过30℃时，会降低黑尾叶蝉和二条黑尾叶蝉各虫态的存活率以及成虫的繁殖力。

白翅叶蝉发育适温为25～28℃，适宜相对湿度为75%～90%。其抗寒力弱，冬季低温是限制其猖獗的主要因子，故而该虫在1月4℃等温线以北地区很少猖獗为害。越冬成虫在冬春季霜冻多的年份死亡率高，虫口基数低，不利于发生。夏秋季气候对当年的发生为害也有重要影响。一般夏秋季雨水少，温度偏高，是白翅叶蝉大发生的预兆，而雨量过大则对白翅叶蝉有相当大的杀伤力。盛夏期间，台风暴雨是抑制白翅叶蝉大发生的重要原因。在20℃以下，不适于若虫生长而大量死亡；日平均气温达30℃以上时，若虫死亡率亦高，雌成虫比例低，寿命短，产卵量锐减。

（二）栽培制度

栽培制度决定叶蝉食料是否丰盈，因而水稻生育期是否与叶蝉发生期吻合是影响叶蝉发生的重要因素。单、双季稻混栽区，由于育秧早，收获迟，中间寄主不断，为各代发生提供了适宜生存的食料条件，是导致黑尾叶蝉为害加重，病毒病害流行的主要原因。纯双季稻区，7月下旬至8月上旬早稻成熟收割，各种农事操作造成大量若虫死亡，抑制了叶蝉的发生。单季晚稻区，一般5月中旬前后播种，秧苗露青时，越冬代成虫羽化盛期已过，迁入虫量少，发生为害较轻。早栽、密植以及肥水管理不当而造成稻株生长嫩绿、繁茂郁蔽，田间湿度增大，有利于该虫发生。

此外，凡冬种作物面积大，或耕作粗放、杂草多，存在大量有效越冬场所的地方，黑尾叶蝉的越冬基数就大。

栽培技术通过改变田间小气候和稻株营养状况亦可影响稻叶蝉的发生。如密植多肥，行间荫蔽及早栽早发的稻田，叶蝉发生较重。

各地的种植习惯，以及海拔、地势和地形等生态环境，决定了作物的布局、栽培制度和水稻品种，从而影响叶蝉的栖居和食料条件，直接或间接影响叶蝉的分布、发生消长和演替。

（三）水稻品种

水稻品种决定了食料的质量而直接影响叶蝉的营养，同时不同品种叶色、叶形、株型、茎秆嫩老、分蘖强弱以及生育期的差异影响其对叶蝉的引诱力和生境小气候，进而影响叶蝉的发生。不同水稻品种间，通常糯稻受黑尾叶蝉的为害程度重于粳稻，粳稻又重于籼稻。据研究，抗黑尾叶蝉的水稻品种一般为籼稻，粳稻中未发现抗虫品种；糯稻叶色深绿、组织柔软，能引诱成虫产卵，且适于取食和繁殖。白翅叶蝉的为害，也以糯稻最重，粳稻和籼稻次之。

（四）天敌

叶蝉在卵期、若虫期及成虫期均有多种天敌，在我国重要的天敌有20余种。

在卵期，最为重要的天敌是褐腰赤眼蜂［*Paracentrobia andoi*（Ishii）］和叶蝉柄翅小蜂［*Gonatocerus longicrus*（Kieffer）］。福建研究发现，二者分别占卵期寄生蜂总量的55.7%和40.7%，其中前者于早稻后期发生较多，黑尾叶蝉卵寄生率可达87.7%～98.7%；后者则主要在晚稻田发生，卵寄生率为27.5%～80.3%。局部地区褐腰赤眼蜂对黑尾叶蝉卵的寄生率较高，如在湖南长沙早稻后期寄生率为41.3%～82.0%，最高可达97.0%；浙江温州第一至六代黑尾叶蝉卵的褐腰赤眼蜂寄生率依次为10%、20%～40%、60%、40%、50%和80%。此外，还有长突寡索赤眼蜂（*Oligosita shibuyae* Ishii）、黑尾叶蝉缨小蜂（*Gonatocerus* sp.）、黑尾叶蝉大角啮小蜂（*Ootetrastichus* sp.）等。捕食性天敌则有黑肩绿盲蝽［*Cyrtorhinus lividipennis*（Reuter）］、微小花蝽［*Orius minutus*（Linnaeus）］、姬蝽（*Nabis* sp.）和姬花蝽等。

在若虫、成虫期，寄生性天敌以头蝇为主。据福建调查，头蝇可占该时期寄生性天敌的95.5%，以淡绿佗头蝇［*Tomosvaryella subvirescens*（Loew）］、黄足头蝇（*Pipunculus mulillalus*）最常见，亦有稻佗头蝇（*Tomosvaryella oryzaetora* Koizumi）。此外，重要的寄生性天敌还有酒井双距螯蜂［*Gonatopus sakaii*（Esaki et Hashimoto），又称黑尾叶蝉螯蜂（*Epigonatopus saraii*）］、二点栉蝙（*Halictophagus bipunctatus* Yang）和 *Tettigoxenos orientalis*；寄生真菌有白僵菌，多雨时，福建局部地区早稻后期黑尾叶蝉白僵菌的寄生率可达70%～80%。捕食性天敌有黑肩绿盲蝽、尖沟宽黾蝽、微小花蝽、姬猎蝽、青翅蚁形隐翅虫、步甲、瓢虫、蜘蛛、蛙类、鸟类（含鸭）等。

化学农药对叶蝉天敌有较大影响，尤其是施药时间不当、药剂种类和用量不合理造成的影响尤其大，进而影响天敌对叶蝉的自然控制作用。据浙江金华1975年调查，早稻后期黑尾叶蝉的卵寄生率，未施药田块为60%～68%，施1次、2次、3次药的田块则分别下降为52%～57%、41%、11%。

五、防治技术

以农业防治为基础，充分发挥水稻品种、自然天敌的控害作用，采用物理防治方法降低叶蝉发生基数，必要时合理使用药剂。

（一）农业防治

主要包括选用抗（耐）性品种及改进栽培技术。种植抗性品种对传病叶蝉尤为重要，但当前水稻主栽品种和备用品种抗叶蝉及病毒病的研究较少，需引起重视。栽培技术方面，主要通过加强田间肥水管理，培育壮苗，防止稻苗贪青徒长，增强耐虫能力。此外，及时翻耕绿肥田，清除看麦娘等杂草，可减少越冬虫源；在南方水源便利的地区，还可放鸭啄食。

同时，鉴于耕作制度与稻叶蝉发生演替的密切关系，应因地制宜采用单一的耕作模式。单、双季稻混栽区，应尽量避免混栽，减少桥梁田；单季稻地区，应适当推迟播种期，避开早春迁入高峰，降低发生数量。

（二）物理防治

利用稻叶蝉成虫的趋光性，采用200W白炽灯进行灯光诱杀。具体安装技术可参照褐飞虱防治技术。

（三）药剂防治

黑尾叶蝉的防治指标和是否传播病毒病有密切的关系，非病毒流行区百丛虫口早稻200～500头，晚稻300～1 000头，水稻生长早期从严，后期放宽。病毒流行区，早栽早稻百丛100头，晚稻成虫秧田20头/m^2，本田百丛50头。白翅叶蝉的防治指标为百丛500～700头。

防治适期为二、三龄若虫高峰期，传毒叶蝉则依病毒传播期确定。病毒病流行区和年份，在黑尾叶蝉的防治中主要抓住两个迁飞扩散期，第一次是从越冬寄主迁入早稻，把好早稻秧田和本田返青关，第二次是从早稻后期本田和杂草上迁入晚稻秧田，把好晚稻秧田和本田返青关，特别是在早栽双季晚稻本田初期。抓好这两个关键时期的防治，及时消灭传病介体，对控制病毒病效果较明显。

药剂防治时，从药剂种类选用、用量和用药时间上应尽量减少对天敌等自然控制因素的影响。用药时间应避开主要天敌的关键发生期，有关药剂种类、用量可参照褐飞虱和白背飞虱防治技术。

傅强　何佳春（中国水稻研究所）

第41节　稻蝽类

一、分布与危害

我国为害水稻的蝽类大约有20余种，分属半翅目的蝽科和缘蝽科。蝽科有稻绿蝽［*Nezara viridula*（Linnaeus）］、稻黑蝽［*Scotinophara lurida*（Burmeister）］、白边蝽［*Niphe elongata*（Dallas）］、四剑蝽［又称角胸蝽，*Tetroda histeroides*（Fabricius）］和淡绿蝽［又称璧蝽，*Piezodorus rubrofasciatus*（Fabricius）］等，缘蝽科则包括大稻缘蝽［*Leptocorisa acuta*（Thunberg）］、稻棘缘蝽［又称长肩棘缘蝽，*Cletus trigonus*（Thunberg），异名：*C. punctiger* Dallas］、异稻缘蝽［*Leptocorisa varicornis*（Fabricius）］和四刺缘蝽［*Clavigralla acantharis*（Fabricius）］等种类。其中，稻绿蝽、稻黑蝽、大稻缘蝽和稻棘缘蝽的数量较多，对水稻生产为害相对较大。

稻蝽的成、若虫均以口器刺吸水稻叶片、茎秆、幼穗、成穗、小穗梗和未成熟谷粒的汁液。水稻生长前期受害，叶色变黄，植株矮缩；心叶受害，虽仍能抽出，但抽出后亦在伤口处折断，不能正常生长；幼穗期受害，易造成半白穗或白穗；灌浆期受害则出现空瘪粒，或在米粒上出现褐色斑点，影响稻米外观和品质。稻蝽类害虫一般在孕穗后发生较多，主要为害穗期水稻，若不及时防治，往往导致稻谷减产和稻米品质恶化。

稻绿蝽，又名稻麦蝽。为世界广布种，在我国除新疆、宁夏、黑龙江等省份未见记载外，其余各省份均有分布。稻绿蝽食性广，寄主种类多达70余种，对水稻、玉米、大豆、小麦、菜豆等的为害较重，其为害水稻造成的损失常达10%，严重时可达20%～30%。20世纪80年代中期，曾是湖北荆州地区水稻重要害虫，仅1987年的发生面积即达当地中稻和双季晚稻总面积的20.3%。该虫也为害向日葵、南瓜、柑橘、蚕豆、烟草等作物。

稻黑蝽，在我国分布于淮河以南，即江苏江都、安徽合肥、湖北竹山、河南信阳等地为分布北界；南到海南，西至四川、云南，东至沿海各省和台湾，以长江以南地区密度较大。除水稻外，还可为害小麦、玉米、甘蔗、豆类、谷子、茭白及多种禾本科杂草。1929年我国江苏江都、宝山等县曾有猖獗成灾的记录，1936年广东番禺亦曾严重发生。新中国成立前及成立初期是我国有害稻蝽类的优势种，尤以江河沿岸稻田密度较高处，受害较重。20世纪60年代以后，由于有机氯农药的普遍使用，以及冬春期铲草修埂工作做得较好，虫口密度显著下降而成为次要害虫。80年代以来，由于有机氯农药的停止使用，冬春期田间铲草、修整堤圳工作有所放松，稻黑蝽的发生数量又有所回升，特别是在广东回升明显。

大稻缘蝽，又名稻蛛缘蝽、稻穗缘蝽。在我国主要分布于南方稻区，尤以广西、广东、云南等地发生较普遍。除为害水稻外，尚可为害小麦、玉米、甘蔗、豆类及多种禾本科杂草。以为害水稻穗部为主。一般年份多集中于抽穗特别早或晚的田块，造成点片发生，而猖獗年份则可使水稻大面积受害。1953年、1973年曾于广西、广东南部稻区大面积发生。1987年广西南宁水稻大发生，发生面积占当地种植面积的41.6%。1997年，广西南丹县在迟熟中稻田局部发生严重，发生面积达333.3hm^2，占种植面积的3.7%，一般造成减产20%～30%，严重的达50%～60%，损失粮食120万kg。

稻棘缘蝽，在我国分布于江苏、浙江、安徽、台湾、广东、广西和福建，主要为害穗期水稻，局部地区个别年份偶有成灾记录。

二、形态特征

（一）稻绿蝽

成虫：体长12～15.5mm，体宽6～8.5mm；触角5节，第四、五节末端带黑色；足绿色，跗节灰褐色，爪末端黑色。具不同色型（彩图1-41-1），曾被命名为黄肩蝽（*N. viridulatorqauta* Fabricius）和点绿蝽（*N. viridula aurantiaca* Gosta）。据湖北、广西、江西等地的田间调查、室内饲养和配对试验，证明不同色型间能相互交配和正常繁殖；如果将同色型或异色型配对，子代均有不同色型的分化；不同色型雄虫外生殖器构造完全一致，色型应属于生态型。目前，稻绿蝽按其体色及点斑的变化可分为全绿型、黄肩型、点斑型（点绿型）及综合型。其中：全绿型全体青绿色，是其他色型的祖征型，其小盾板长三角形，前缘有3个横列的小白点，末端超过腹部中央。黄肩型体绿色，但头的前半部与前胸背板前半部为黄色，黄色部分的后缘呈波纹状。点绿型体带黄色，体背有9个浓绿斑点，3个排列于前胸背板前方，小盾板前缘亦有3个，中间1个最大，小盾板末端与左右革片上又平排3个大小相似的浓绿斑点。

卵：杯形，整齐排列成卵块，卵顶端周缘有1环白色小齿，中心隆起，初产时淡土黄色，孵化前转为灰褐色，并在卵盖处可见红色梯形斑。

若虫：共5龄（彩图1-41-2）。一龄体长1.1～1.4mm，全体暗褐色，前、中胸背板有1大型橙黄色圆斑，一、二腹节背面两侧有长形白斑1个，五、六腹节背面靠中央两侧各有1黄色斑点。二龄体长1.9～2.1mm，黑褐色，前、中胸背板两侧各出现1椭圆形黄斑。三龄体长4.0～4.2mm，一、二腹节背面有2个近圆形白斑，第三腹节至腹末节背面两侧各出现6个圆形白斑。四龄体长5.2～6.0mm，色泽变化大，头部出现粗大的“上”字形黑纹，黑纹两侧黄色，是该龄的重要特征；前翅芽露出。五龄体长7.4～10mm，以绿色为主，触角先端黑色，前胸与翅芽散生黑色斑点，外缘橙红，腹部边缘具半圆形红斑，中央部亦具红斑，足赤褐色，跗节黑色。色型不同的成虫的后代若虫体色有所不同。

（二）稻黑蝽

成虫：体长6～9.5mm，宽4～4.5mm，椭圆形，全体黑色，表面粗硬，密布小黑点。触角5节，前胸背板两侧角向两侧横向突出，呈短刺状。小盾板舌形，长达腹部末端，但宽度不能完全盖住腹侧（彩图1-41-3）。

卵：杯形，顶端有圆盖，盖周围有许多小突起。初产时淡青色，后变淡红褐色，孵化前转为灰褐色（彩图1-41-3）。

若虫：有5龄。一龄体长约1.3mm，近圆形，头胸褐色，复眼鲜红，腹部黄褐至红褐，腹背有红褐色区。二龄体长约2mm，头胸大部黄褐至暗褐色，腹背暗褐色，部分散生小红点，节缝红色，中间有白色条纹，复眼红黑色。三龄体长约3.3mm，头胸大部淡褐或褐色，腹部淡褐色，散生红褐色小点。四龄体长约5mm，体色同三龄，腹背臭腺区为淡黄褐色，余均暗褐色，前翅翅芽已可辨认。五龄体长7.5～9mm，宽约5mm，体色灰褐色与成虫近似，前后翅芽均明显可见，腹部臭腺开口处黑褐色。

（三）大稻缘蝽

成虫：体细长，雄虫体长15～16mm，雌虫体长16～17mm，茶褐色或带黄绿色。头部向前突出；触角细长，4节，一、四节淡红褐色，二、三节端部带黑色。前胸背板长大于宽，密布深褐色刻点，正中有一刻点稀疏的纵纹，小盾片长三角形，喙4节，黑褐色。足细长，淡黄褐稍带绿色。雌虫腹面第八腹节裂成两片，腹末分叉；雄虫腹末钝圆，无裂缝，雄虫抱握器作镰刀状弯曲，膨大末端尖锐（彩图1-41-4）。

卵：椭圆形，长1.2mm，宽0.9mm，无明显的卵盖，前端有1小白点，初产时淡黄褐色，中期赤褐色，后期黑褐色，有光泽（彩图1-41-4）。

若虫：5龄。一龄体长1.5～2.5mm，体淡绿色，触角及足赤红色，胸部后缘平直，翅芽未现。二龄体长3.5～4.5mm，足赤褐色，胸部后缘中央向前弯曲，翅芽仍未现。三龄体长6.5～8.5mm，体色仍为淡绿色，腹背第四、五节后缘有明显弯圆形的臭腺，翅芽微现。四龄体长12～13mm，淡绿色，翅芽达第二腹节后缘，臭腺圆形，略向外突起。五龄体长14～15mm，体色大致与四龄相同，翅芽达第三腹节后缘，臭腺扁圆形，带红色。

（四）稻棘缘蝽

成虫：体狭长，但相对大稻缘蝽粗短，长9.5～11.0mm，宽2.8～3.5mm，黄褐色。头顶及前胸背板上具黑色小粒点，头顶中央具短纵沟；触角4节，第四节纺锤形。前胸背板两侧角呈刺状突出，略向上翘；前翅革片内角翅室有1大型黄白色斑点。小盾片刻点粗，前足、中足基节各具2个小黑点，后足基节1个，体下色浅，腹部有4个黑点，中间2个小或不明显（彩图1-41-5）。

卵：长1.5mm，近菱形，初乳白色，后渐变黄，具光泽，表面生有细密的六角形网纹，卵底中央具1圆形浅凹（彩图1-41-5）。

若虫：5龄。一至三龄长椭圆形，四龄后开始呈狭长形，五龄体长8.0～9.1mm，宽3.1～3.4mm，体色黄褐带绿，前胸背板侧明显伸出，前翅芽伸达第三腹节后缘。

三、生活规律

（一）稻绿蝽

在我国淮河以北地区，1年发生1代；淮河以南至南岭以北，发生2～3代；南岭至广东、广西南部1年发生3～4代，海南岛发生5代，田间世代整齐。主要以成虫群集越冬，越冬场所十分复杂，因各地生境而异，常见于松土下或田边杂草根部、树洞、林木茂密处和房舍。据报道，在川西平原以在草房上越冬为主，占75.6%，其他越冬场所见于瓦房、篱笆、草堆、芦苇丛，甚至河滩石堆中也可。在无草房的地区多在稻田附近杂草或小灌木丛、枯枝落叶中或其他作物上越冬。

2～3代区，3～4月当日平均温度稳定在15～16℃以上时，越冬成虫即开始从越冬场所迁飞到附近的早播早稻、小麦、玉米、油菜、豆类作物、芝麻及杂草上产卵为害，若虫完成发育后第一代成虫于6月下旬至7月上旬大量转移到早稻和早中稻上为害，此时正值水稻穗期，适于稻绿蝽取食，早稻黄熟后又迁入周边大豆、四季豆及花生、芝麻等作物上；第二代高龄若虫和成虫于8月中旬开始至9月上旬达到盛期并转移到处于穗期的迟中稻、单季晚稻、晚稻上为害。除早发生的部分成虫继续产卵繁殖第三代外，部分准备进入越冬的第二代成虫和第三代若虫继续为害晚稻、迟熟大豆、扁豆等，并于9月中旬开始越冬，10月下旬为进入越冬盛期。整个越冬期可长达160d之多。

稻绿蝽成虫具群集性，趋光性强，尤喜趋黑光灯。越冬期间体色常由原来的绿色变为紫褐色，越冬后又转为绿色。成虫羽化后需补充营养才交尾产卵，交尾时间可长达30～96h。每雌平均产卵量：越冬代为37.9粒，一代为214.4粒，二代约80粒。每卵块含卵量一般为30～70粒。雌虫平均寿命较长，第一代为64d，第二代为103d。卵多产于稻叶上，正反两面均有，2～6行整齐排列成块状。卵初产时乳白色或淡黄色，后转红色，最后转紫红色。卵历期在室内变温条件下，平均22.4℃时为8d，26～28℃时为5～7d。初孵若虫群集于卵壳附近，二、三龄若虫仍多群集为害，四龄后始分散。整个若虫期，一代平均约为41d，二代平均约为24d，三代平均52d。若虫与成虫均有遇惊下坠的习性。

发育起点温度及有效积温：据四川温江室内变温条件下饲养观察，全世代发育起点温度为（14.7±1.7)℃，全世代有效积温为（692.7±66.11)℃。其中，卵的发育起点温度为（13.1±0.4)℃，若虫为

(6.8±0.2)℃，成虫 (12.2±3.9)℃。有效积温分别为 80.8℃、456℃和 230.6℃。

在田间，稻绿蝽成、若虫呈聚集分布型，水稻穗期多集中于穗部为害，分蘖期则多于稻株基部取食，田间数量调查以平行线取样方式为最好。

(二) 稻黑蝽

在江苏、浙江、贵州、四川等地 1 年发生 1 代，湖南、江西和广东等地 1 年发生 1～2 代。主要以成虫越冬。有群集性，通常在稻田附近的杂草根际、甘蔗地、柑橘园、香蕉园的残枝落叶间以及稻桩泥土缝隙内蛰伏越冬。广州地区除成虫外，尚有少数以若虫越冬。

1 代区的江苏、浙江等地，越冬成虫 5～7 月迁入稻田，如果虫量大，就可造成危害。7 月中、下旬为产卵盛期，7 月下旬至 8 月上旬为孵化盛期，9 月上旬，若虫大量羽化，羽化后 1～2 周进入越冬。

2 代区，江西南昌越冬成虫 5 月中、下旬迁入稻田，6 月上旬至 7 月中旬产卵。一代若虫 6 月中旬至 7 月中旬孵出，7 月中旬开始羽化，8 月初至 9 月中旬产卵；二代若虫 8 月上旬至 9 月中旬孵出，8 月末至 9 月下旬羽化，10 月中、下旬进入越冬。在广东新会县，越冬成虫于 4 月中旬早稻回青后开始迁入稻田，4 月下旬开始产卵，5 月下旬至 7 月上旬若虫、成虫相继盛发，7 月上旬早稻黄熟，第一代成虫迁移到附近的晚稻秧田、甘蔗田、杂草根际等场所。8 月中旬，晚稻回青分蘖，又迁入本田为害并交尾产卵，繁殖第二代，为害晚稻，至 10 月下旬晚稻相继成熟，迁出稻田进入越冬。

各虫态历期：在 26～28℃时，卵历期为 6d，一龄、二龄、三龄、四龄、五龄若虫历期分别为 5d、9d、7d、9d、12d，成虫寿命 40～50d。

成虫有趋光性，但白天怕光，常隐蔽于稻株下部为害。傍晚后和阴天，爬至稻株上部活动取食。越冬成虫通常在迁入稻田后 10d 左右才开始交尾，雌虫一生可交尾 4～5 次，交尾后 7d 左右开始产卵，每雌可产卵 30～40 粒。卵多为 2～3 行排列成块，每块卵 10～14 粒；多产于稻株下部近水面的叶鞘上，并有少数产于稻叶上。若虫孵出后，先围集于卵壳四周，二龄后始行分散活动。

成、若虫在田间呈聚集分布，田间调查以平行线取样方式为最好。

(三) 大稻缘蝽

在广西中部 1 年发生 4 代，从第一至四代成虫的盛发期分别为 6 月上旬至 7 月上旬、7 月中旬至 8 月上旬、9 月上旬至下旬、10 月上旬至 11 月上旬。广西南部的东兴、合浦一带可发生 5 代。

以成虫在草丛、表土缝内越冬。但冬季温暖年份，仍可外出，于冬种小麦、绿肥的花穗上取食为害，因此，在华南南部地区，该虫并无真正越冬现象。据东兴县观察，1 月即可出现于小麦、冬薯、菜田，2、3 月扩展至早稻秧田与玉米地，4 月中、下旬进入早插本田，4 月下旬至 5 月上旬为害早熟早稻，5 月中、下旬至 6 月上旬分散到已抽穗的本田，6 月中、下旬至 7 月初，集中为害中、迟熟早稻，早稻收割后，飞到山边、村边的竹林、树林及杂草丛生的地方躲藏，或迁至甘蔗、黄麻、大豆等田中为害。8 月在抽穗的中稻田繁殖，8 月底、9 月初后又渐集中为害晚稻，11 月中旬晚稻收割时，便迁移到背风、杂草多的地方蛰伏越冬，部分飞到冬作田继续为害。

各虫态历期：在柳州，第一至四代卵的平均历期分别为 7.7d、6.4d、5.7d、6.6d；若虫平均历期分别为 23.7d、16.5d、15.0d、27.2d；成虫寿命，第一、二、三代平均分别为 46.3d、59.8d、81.5d，越冬代可达 300d。

成虫怕强光，但夜晚趋光性明显，趋黑光灯比白光灯强，但趋绿光灯更强。雄成虫对腐熟人尿有强趋性。取食以 11:00 前和 16:00 以后最盛，中午多躲于植株荫处，在田间属聚集分布。羽化成虫须经 10 余 d 才行交尾。交尾多在上午，以早晨最盛，一生可多次交尾，每次交尾后，即行产卵。卵多产于叶片上，以正面较多，有稻穗与叶鞘上也有。卵多排列成单行，少数 2～3 行，每块卵 10～15 粒。每雌一生平均产卵 130～180 粒。产卵时间以 17:00～21:00 最盛，产卵持续日数平均达 42.2d。

若虫孵出后约 15min 即可行走。行动活泼，群集性不很强，初孵出时聚于一处取食，但稍后即分散，独立生活，无假死性，受惊坠地后，立即又迁避。

(四) 稻棘缘蝽

稻棘缘蝽喜食小麦、水稻、看麦娘、稗草等禾本科植物。在长江流域 1 年发生 2～4 代，以成虫在枯枝落叶或枯草丛中越冬。据报道，10 月上、中旬羽化且尚未产卵的成虫才有足够的越冬能力，在 8 月和 9 月羽化的成虫，因大量产卵繁殖消耗过多的营养导致抗寒力差，难以越冬；而 10 月下旬以后羽化的成虫由于营养积累不足，也难以越冬。越冬代成虫寿命可长达5～7个月，翌年4月后越冬成虫开始活动取食、产卵。

成虫一般在白天活动，但夏季活动高峰一般避开高温时段。成虫飞行能力强，一次飞行距离可达20～400m。若虫活动性较弱。成、若虫均有向寄主顶端爬行和假死的习性。在自然种群中成虫雌雄比一般为1：1.5。在26～31℃条件下，卵历期为6.1d，若虫5龄共需17.7d。成虫需要大量补充营养，产卵前期变化较大，春秋季节可长达13～19d，但盛夏日平均气温在27℃以上时，产卵前期平均只有5.3d。一生可多次交尾，交尾后可立即产卵。卵多产在寄主的穗部。

四、发生与环境的关系

（一）气候条件

稻蝽的发生与温度、雨水等气候因素关系密切。据广西钦州地区观察，温度22～32℃、相对湿度50%～90%时，最适于大稻缘蝽生活繁殖，特别是早春温暖、雨水不多，有利于成虫越冬期的活动和数量积累。1987年南宁地区大稻缘蝽大发生的一个重要原因就是当地1986年12月至1987年3月的气温比常年平均高2.0～3.5℃，且1～5月降水量偏少，同时插秧期较长，导致田间苗情参差不齐，利于大稻缘蝽越冬期的活动和冬后的辗转为害和繁殖。夏季降水量偏少的年份，对稻黑蝽的发生有利。

（二）耕作制度

稻蝽的种群消长与耕作制度的关系较大。例如，在川西平原，20世纪70年代以前为一年两熟，稻绿蝽发生很轻；70年代中期改为一年三熟，田间作物有早稻、早玉米、早中稻和晚稻，为稻绿蝽的发生发展提供了持续的食物和栖息条件，从而使其种群数量剧增；70年代末耕作制度恢复到一年两熟，以中稻为主，稻绿蝽虫口密度又急剧下降。在湖北荆州地区，20世纪80年代中期为双季稻与中稻并存，稻绿蝽发生较重；21世纪以来以中稻为主，稻绿蝽数量减少，鲜有成灾报道。

稻黑蝽的发生为害，一般以早播、早插、生长茂密以及沿堤塘和山脚下的稻田为重，田畔杂草丛生和邻近甘蔗等其他作物的田块，受害也较重。

（三）天敌

在我国，稻蝽类害虫的寄生性天敌有稻蝽沟卵蜂（*Trissolcus mitsukurii* Ashmead）和稻蝽小黑卵蜂（*Telenomus gifuensis* Ashmead）。据川西平原多年的调查，稻绿蝽第二代卵的寄生率达22.3%～85.8%。其中，稻蝽小黑卵蜂是稻黑蝽和大稻缘蝽的主要卵寄生性天敌，对稻黑蝽卵的寄生率可达30%以上。在国外，如印度、马来西亚报道，大稻缘蝽卵有寄生蜂黄足厚背缘腹细蜂（*Hadronotus flavipes*）和*Ocencyrtus malayamus*。此外，白僵菌、绿僵菌也是稻蝽的常见寄生性天敌。

捕食性天敌中，捕食稻绿蝽的有蜘蛛类，如草间小黑蛛，鸟类、蛙类等均可捕食若虫；能捕食大稻缘蝽的有瓢虫、蜻蜓、蜘蛛、青蛙、鸟类及彩猎蝽（*Euagoras plagiatus* Burmeiter）与黑足真猎蝽（*Rhynocoris fuscipes* Fabricius）。但据观察，狼蛛、微蛛、隐翅虫等田间常见的捕食性天敌对稻黑蝽各虫态均无捕食行为。

五、防治技术

（一）农业防治

发生严重的地区，冬春季节可清理田边杂草，减少虫源基数；适当调整水稻播种期或选用生育期适宜的水稻品种，尽量使水稻穗期避开稻蝽发生高峰期；可采用稻鸭共育模式或在水稻穗前放鸭食虫。

防治稻黑蝽，还可利用该虫的卵产于近水面稻茎上和卵在水中浸泡24h即不能孵化的特点，在产卵期先适当排水，降低产卵位置，然后灌水至10～13cm，浸泡24h，隔3～4d再排灌1次，连续进行4～5次可杀死大量卵。

（二）物理防治

稻蝽类害虫的成虫多有较强的趋光性，可设置黑光灯进行诱杀，一般需按每2～3hm^2设置1盏灯的密度连片点灯。

（三）化学防治

一般情况下该虫可在防治稻飞虱等其他害虫时得到兼治。水稻抽穗扬花期虫口密度达每百丛100～

200 头时，需进行专门防治，药剂可选用 10%吡虫啉可湿性粉剂 1 500～2 000 倍液、80%敌敌畏乳油 800～1 200倍液或 90%敌百虫可溶粉剂 500～800 倍液，每公顷药液用量为 675～900L 喷雾。

胡阳（中国水稻研究所）

第 42 节　水稻蚜虫

一、分布与危害

水稻上发生多种蚜虫，以麦长管蚜［*Sitobion miscanthi*（Takahashi），异名：*Macrosiphu avenae*（Fabricius）］最为常见。20 世纪 60 年代，麦长管蚜在我国水稻上的为害轻微，70 年代后则在安徽、江西、浙江、江苏、上海等长江中下游流域的连作晚稻和迟熟的单季晚稻上间歇性成灾，另广西、四川、陕西、黑龙江亦有发生。如，浙江省 1973 年、1974 年和 1984 年稻田麦长管蚜中到大发生，局部地区连作晚稻，尤其是迟熟品种受害较重，减产 20%～30%，个别田块甚至成片枯死。江西崇义县 1983 年、1995 年晚稻上麦长管蚜大发生，其中 1995 年发生面积达 1 000hm^2，百丛虫量达 2 000～13 000 头，对水稻生产造成威胁。上海市 2006 年水稻上麦长管蚜发生面积近 10 000hm^2，其中 130hm^2 水稻受害严重，百株蚜量在 20 000 头以上，造成减产 8%；2 000hm^{2}发生较重，百株蚜量 12 500 头，造成减产2%～3%。麦长管蚜的寄主除水稻外，还有小麦、大麦、燕麦、玉米、甘蔗、荻草等，是小麦的主要害虫。

稻蚜对水稻的为害，主要是成虫和若虫刺吸水稻茎叶、嫩穗中的汁液，影响生长发育。同时，由于其分泌蜜露，常引致煤污病发生，影响水稻光合作用。水稻被害后，轻则生育期延缓，稻株发黄早衰，千粒重降低；重则谷粒干瘪不实，甚至提前枯萎。

二、形态特征

无翅孤雌蚜：体长 3.1mm，宽 1.4mm，长卵形，草绿色至橙红色（彩图 1－42－1）。头部略显灰色，腹侧具灰绿色斑。触角、喙端节、跗节、腹管黑色。尾片色浅。腹部第六至八节及腹面具横网纹，无缘瘤。中胸腹叉短柄。额瘤显著外倾。触角细长，全长不及体长，第三节基部具 1～4 个次生感觉圈。喙粗大，超过中足基节。端节圆锥形，是基宽的 1.8 倍。腹管长圆筒形，长为体长的 1/4，在端部有网纹十几行。尾片长圆锥形，具横纹，近基部 1/3 处收缩；长为腹管的 1/2，有 6～8 根曲毛。

有翅孤雌蚜：体长 3.0mm，椭圆形，绿色（彩图 1－42－1）。触角黑色，第三节有 8～12 个感觉圈排成一行。喙不达中足基节。腹管长圆筒形，黑色，端部具 15～16 行横行网纹。尾片长圆锥形，有 8～9 根毛。

三、生活习性

麦长管蚜在长江以南各省每年发生 20～30 代，以无翅胎生成蚜和若蚜蛰伏在麦株心叶或叶鞘内侧及早熟禾、看麦娘、马唐、双穗雀稗、狗尾草、野燕麦、荠菜、马兰头、繁缕等杂草丛中过冬，无明显休眠现象，天气暖和，仍能爬上叶面活动取食。

在浙江单、双季稻混栽区，主要为害分蘖期早稻、单晚稻秧苗及迟熟单晚稻和连晚稻的穗，尤以穗期为害剧烈。越冬蚜虫于 3～4 月平均气温达 10.4℃以上时开始活动、取食和繁殖。蛰伏在麦株下部的蚜虫，随着麦株的伸长向上移动为害；蛰伏在杂草丛中的蚜虫，也陆续产生有翅胎生蚜，迁至麦株上为害，并大量繁殖无翅胎生蚜。至 5 月上旬，大麦、小麦穗部虫口达到高峰，是为害大麦、小麦的最烈期。5 月中旬以后，大麦、小麦渐趋成熟，麦粒变硬，有翅胎生蚜陆续发生，逐渐迁入早插早稻田和单季稻秧田为害，此时寄主范围很广，虫口分散，对水稻为害不大。大麦、小麦成熟收割后，大批有翅胎生蚜分散迁飞，此时早稻正处于分蘖阶段，生长嫩绿，受虫量相对较大，并能陆续繁殖无翅胎生蚜。但随后进入梅雨季节，阴雨高湿，田间环境对蚜虫繁殖不利，因此一般年份为害不大，仅在少数少雨年份有轻度为害。6～7 月后，早稻渐趋成熟，气温不断升高，稻田环境不适其生活，蚜虫数逐渐减少，大多产生有翅胎生蚜迁至塘边、河边、山边、沟边、树荫下等阴凉处的鹅冠草、稗草、芦苇、雀稗、双穗雀稗、马唐、李氏禾、狗牙根等杂草丛中及生长旺盛的茭白、玉米、高粱上栖息、取食。继后，由于高温干旱，进入越夏状态。9～10月，天气转凉，温度多在20℃左右，适合蚜虫活动和繁殖，此时杂草等寄主已趋衰老，大批有翅胎生蚜集中迁入稻田，时值连作晚稻特别是迟熟的连作晚稻和后期贪青田块的抽穗、扬花、灌浆阶段，适合麦长管蚜取食为害稻穗，并陆续繁殖大量无翅胎生蚜，虫口急剧增加，严重为害晚稻。大发生年份，每穗虫量可高达数百头。

晚稻黄熟后，稻株及稻穗老硬，虫口下降，大多产生有翅胎生蚜陆续迁至早种麦田及附近杂草丛中栖息、取食、繁殖。继后，随着气温的下降，陆续蛰伏越冬。

四、发生规律

稻蚜在水稻上的消长，与气候条件、耕作制度、品种抗性、杂草寄主、水稻栽培技术及天敌等因子密切相关，其中耕作制度和晚秋的气候条件是引起蚜害的主导因子，天敌对抑制蚜害也有重要作用。

（一）气候条件

麦长管蚜生长发育适宜温、湿度分别为12～20℃、40%～80%，28℃以上生长停滞。因此，气候是影响其发生的最主要因素。长江中下游稻区，稻蚜在早稻上及晚稻前、中期为害不重，主要原因是受不利气候条件制约。为害早稻的适期正遇梅雨季节，阴雨高湿，对其繁殖滋生不利；晚稻前、中期，正处于高温干燥时期，稻田环境不适，蚜虫多在阴凉处的杂草上越夏。早稻在少数年份遭受一定为害，这些年份的气候条件一般都是梅雨季节不明显或梅雨推迟。

（二）耕作制度

耕作制度影响晚稻的成熟时间，进而影响稻蚜的发生。长江中下游地区，20世纪70年代推广三熟制（即大麦或小麦—早稻—晚稻三熟），由于大麦、小麦种植带来早稻和晚稻插秧时期相应推迟，造成晚稻迟熟面积相应增加，大麦、小麦播种时间也随之推迟。当9、10月稻蚜从衰老的杂草上产生有翅胎生蚜迁飞时，麦子尚未播种出苗，田间又无其他适宜寄主，而此时晚稻特别是迟熟晚稻正处于抽穗、扬花、灌浆阶段，招引大批蚜虫迁入，集中于穗部取食，并在其上迅速繁殖。20世纪90年代以来，一年二熟制（大麦、小麦—单季稻或双季连作稻）甚至一年一熟制（单季晚稻）更为普遍，稻蚜为害水稻一般不严重，仅在个别年份对早稻有轻微为害。

（三）水稻品种

不同类型水稻品种上稻蚜的发生程度明显不同，糯稻和糯性品种重于粳稻，常规粳稻重于杂交稻，杂交粳稻组合重于杂交籼稻组合。据浙江温岭调查，1995—2000年常规粳糯稻上百穗蚜量是杂交稻上的5～168倍，平均为60.5倍。1999年在品比田调查，丙1067百穗蚜量达1 375头，秀水63百穗蚜量为936头，春江123为651头，而春江糯、协优9308、协优963、协优46和协优7954的百穗蚜量仅为23～128头。

浙江台州1996年对80份水稻材料进行抗蚜性鉴定，结果表明：37个杂交稻组合中，22个表现为轻度受害，占59.5%，10个表现为中度受害，占27.0%，重度受害的有5个，全部为杂交粳稻组合，占13.5%；而43个粳、糯稻品种（包括2个粳杂不育系）中轻度受害的有13个，占30.2%，中度受害的有19个，占44.2%，11个品种为重度受害，占25.6%。从田间调查的结果还发现，凡穗形直立（穗轴不成弧形）或弧形（全穗稍弯），着粒密度高，叶片宽阔且叶色浓绿的品种（组合），受害普遍较重，表现为穗部的蚜虫多，且布满蚜虫的分泌物和蜕皮后的蜕，一般叶片均发生煤霉病，严重的整丛发黑。因蚜虫具有较强的趋嫩绿习性，粳稻叶色浓绿、叶片宽阔以及穗形直立，着粒密度高的品种（组合），易吸引蚜虫迁飞其上栖息，使得受害的概率大大增加；籼型杂交稻在田间大多表现为穗部弯曲且叶色黄绿，穗部蚜虫少或很少。

（四）杂草寄主

长江中下游地区，稻蚜一年四季除在稻、麦上交替发生和为害外，大部分时间均寄生在杂草上。因此，水稻特别是晚稻上的蚜虫主要来自杂草上，在山区、半山区及四周杂草丛生的稻田，一般虫量较多且为害较重。

（五）栽培技术

1. 施肥 在其他栽培技术相同的条件下，因施肥时间和用量不同，蚜害程度差异很大。在分蘖盛期每667m^{2}一次性施硫酸铵7.5kg，抽穗扬花、灌浆及时，成熟早，避过蚜虫迁飞高峰，蚜害较轻；

但分别在分蘖盛期和孕穗期各施硫酸铵3.75kg，则引起水稻后期贪青迟熟，抽穗、扬花、灌浆期遭遇蚜虫迁飞高峰，导致蚜虫集中为害。2006年上海蚜虫发生重的稻田，多是穗肥偏多、后期嫩绿的晚熟品种。

2. 水稻移栽期 在其他栽培技术完全相同的情况下，由于移栽期不同，蚜害程度差异很大。凡移栽早的，则抽穗、扬花、灌浆提前，成熟快，蚜害轻；凡移栽迟的，则抽穗、扬花、灌浆推迟，成熟慢，蚜害重。

（六）天敌

稻蚜的天敌很多，常见的有蚜茧蜂（*Aphidius* sp.）、稻红瓢虫［*Micraspis discolor*（Fabricius）］、龟纹瓢虫［*Propylea japonica*（Thunberg）］、异色瓢虫［*Harmonia axyridis*（Pallas）］、七星瓢虫［*Coccinella septempunctata*（Linnaeus）］、大红瓢虫（*Rodolia rufopilosa* Mulsant）以及步甲类、蜘蛛类、草蛉类以及病原菌等。蚜茧蜂在有些地区寄生率很高，可达45.5%以上；有一种真菌寄生率经常可达90%（在低温高湿条件下晚稻后期），有时甚至高达100%；另，稻红瓢虫是捕食性天敌中数量较大的优势种类，对蚜虫有较强的抑制作用。

五、防治技术

（一）农业防治

1. 除草抑虫 冬春及夏秋结合施肥和防治其他害虫，清除田边、沟边、塘边及树荫、瓜棚下等处的杂草，以减少虫源。尤其夏秋除草，对减轻晚稻蚜害尤为重要。

2. 适期播种，合理肥水管理 适期播种，避免种植过迟导致成熟滞后而与稻蚜发生适期相遇。同时，加强田间肥水管理，适时搁田，减少无效分蘖，防止后期贪青，促使水稻及时抽穗、扬花、灌浆，适时成熟，以减轻或避过蚜害。

（二）药剂防治

在晚稻蚜害高峰期，加强调查，对生长旺盛、迟熟的田块应特别注意。对水稻灌浆初期有蚜株率达20%以上或每百丛平均有蚜500头以上时，如当时要防治稻飞虱等其他害虫，可予兼治；若不防治其他害虫，应进行专门的化学防治。一般每公顷可喷施10%吡虫啉可湿性粉剂300～450g，亦可参考褐飞虱和白背飞虱的药剂防治方法进行。

傅强　罗举（中国水稻研究所）

第43节　稻　弄　蝶

一、分布与危害

稻弄蝶，又称稻苞虫，属鳞翅目弄蝶科，是我国常见的、间歇性发生的水稻害虫。我国已知有20种，各地发生的水稻弄蝶种类不尽相同，多数地区以直纹稻弄蝶为主，其次是曲纹稻弄蝶、幺纹稻弄蝶、隐纹谷弄蝶、南亚谷弄蝶等。据1979年调查，江苏六合至四川剑阁一线以南的13个省（自治区、直辖市）的直纹稻弄蝶数量占各种稻弄蝶混合种群数量比例达65.5%～99.8%。广西贺县植物保护站15年来在固定花圃周年系统观测结果，直纹稻弄蝶占混合种群的30.7%，南亚谷弄蝶占混合种群的46.4%，曲纹稻弄蝶和幺纹稻弄蝶两者合计占22.9%。据调查，在贵州，成虫中直纹稻弄蝶占57.42%、曲纹稻弄蝶占10.30%、幺纹稻弄蝶占5.93%、南亚谷弄蝶占25.13%、隐纹谷弄蝶占1.22%；五种稻弄蝶中直纹稻弄蝶为优势种。

（一）直纹稻弄蝶

直纹稻弄蝶［*Parnara guttata*（Bremer et Grey）］，又名一字纹稻苞虫，分布广。异名有：*Parnara fortunei*（Felder & Felder）、*P. kotoshona*（Sonan）、*P. wambo*（Plötz）。国外分布于朝鲜、印度、日本、马来西亚及西伯利亚。在我国，东起沿海各省和台湾省，西至甘肃东部、四川西部、云南西南部（景东河口），南迄广东、海南省，北达黑龙江的牡丹江和内蒙古南部。一般山区、半山区、滨湖地区、新垦稻区、旱改水地区，常间歇发生成灾。

直纹稻弄蝶寄主较复杂，栽培作物以水稻为主，偶见为害高粱、玉米、甘蔗、麦类和茭白等。野生寄主有李氏禾（游草）、野茭白、稗草、圆果雀稗、双穗雀稗、白茅（黄茅）、芦苇、芒草、蟋蟀草、狼尾草、知风草、三棱草等，其中以李氏禾最多。幼虫为害水稻时，缀叶成苞，蚕食稻叶，影响稻株生长，每头幼虫能食害稻叶10～14片。水稻分蘖期当每667m² 虫量达10 000～20 000头时，全部稻叶被吃光，致使植株矮小，穗短粒少；抽穗前为害，稻穗被卷在虫苞内，不能抽穗或抽出弯曲稻穗，不利于扬花结实，不实粒多。

（二）曲纹稻弄蝶

曲纹稻弄蝶［*Parnara ganga*（Evans）］，是我国稻区重要害虫之一，常与直纹稻弄蝶等混合发生。国内分布于30°N以南地区。该虫在部分地区发生量占混合种群中的10%以上，如广西贺县1978年发生量占17.7%，陕西汉中地区1979年8月至10月上旬发生量占34.45%。为害稻谷损失10%～30%，还为害高粱、甘蔗、玉米等。

（三）幺纹稻弄蝶

幺纹稻弄蝶［*Parnara bada*（Moore）］，也称姬单带弄蝶。国内仅分布于浙江、安徽、江西、湖北、湖南、福建、贵州、四川、云南、广西、广东、海南、台湾等省份。全国华中以南稻区都占有一定比例。在广西占混合种群的15.5%。幺纹稻弄蝶主要为害水稻，寄主植物有高粱、茭白、李氏禾、稗草、白茅等。为害严重的年份，损失稻谷达10%～30%不等。

（四）隐纹谷弄蝶

隐纹谷弄蝶［*Pelopidas mathias*（Fabricius）］，又称隐纹稻苞虫。异名：*Hesperia mathias*（Fabricius）、*Parnara parvimacula*（Rothschild）、*Gegenes elegans*（Mabille）、*Pamphila umbrata*（Butler）、*Hesperia octofenestrata*（Saalmüller）、*Pamphila albirostris*（Mabille）、*Hesperia chaya*（Moore）、*Hesperia julianus*（Latreille）、*Pamphila repetita*（Butler）。

在我国，除吉林、黑龙江、青海、新疆、内蒙古等地未发现外，其余各省份均有分布，不少地区发生量相当大。据调查，陕西汉中隐纹谷弄蝶占各种稻弄蝶混合种群中的28.0%，江西安义占22.7%，四川马边占14.4%、乐山占15.6%，浙江温州占7.5%，安徽绩溪、贵池占5.9%～8.0%。幼虫为害水稻、高粱、玉米、甘蔗、谷子等，野生寄主有竹、白茅、芒草、狗尾草、茭白及李氏禾等。

（五）南亚谷弄蝶

南亚谷弄蝶［*Pelopidas agna*（Moore）］，又名尖翅褐弄蝶。异名：*Pelopidas baibarana*（Matsumura）、*P. balarama*（Plötz）、*P. niasica*（Fruhstorfer）、*Parnara agna*（Moore）。是我国南方稻区水稻弄蝶中的重要种类之一。过去南方多误称为隐纹谷弄蝶，实际上99%是南亚谷弄蝶。其分布仅限于台湾、福建、广东、广西、贵州、四川、云南、海南等地。据广西贺县病虫测报站15年固定花圃观察记载结果，南亚谷弄蝶发生量占当地混合种群的46.4%，最多年份占72.1%。幼虫为害水稻、甘蔗，极少为害玉米、高粱。野生寄主有稗、芒草、狗尾草、野茭白、知风草、李氏禾等，在广西发生严重的稻田，每667m² 虫量高达10 000～40 000头，产量损失10%～15%。

二、形态特征

弄蝶成虫属于小型蝶种，体型粗壮，头大，眼的前方有睫毛。弄蝶科成虫的触角端部呈尖钩状（端部尖出有钩），触角基部互相远离；雌、雄成虫的前足均正常。飞翔迅速而带跳跃。前翅三角形，后翅卵圆形。暗黑色或棕褐色，少数种类为黄色或白色。鉴别弄蝶常用的特征如下。

成虫：前翅中室斑、翅顶斑及中域斑的数目；第十六室（第二亚臀室）内斑纹的有无，斑纹的位置（♀）；第十六室内性标的长短及位置，后翅斑纹的有无，斑纹的排列。外生殖器抱握瓣片的形状，抱握瓣片背缘的形状。

幼虫：头部正面的斑纹。

蛹：头顶的形状（尖或平），触角尖端与前足等长与否；蛹头顶锥状突起的长度，喙的游离段的长度。

五种弄蝶成虫的形态特征比较见表1-43-1，其卵、幼虫和蛹的形态特征比较见表1-43-2。直纹稻弄蝶成虫和幼虫的形态见彩图1-43-1，其他4种稻弄蝶成虫的形态见彩图1-43-2。

表 1-43-1　五种弄蝶成虫的形态特征

Table 1-43-1　Adult morphological characters of five hesperidia species

种类	直纹稻弄蝶	曲纹稻弄蝶	幺纹稻弄蝶	隐纹谷弄蝶	南亚谷弄蝶
体长（mm）	16.0～22.0	14.0～16.0	14.0～16.0	18.3～18.5	17.4～18.2
前翅斑纹	白斑 7～8 枚，排成半环状	一般 5 枚，排成直角状	一般 5 枚，排成直角状	雌白斑 8～9 枚，雄 8 枚，斑较细，均排成半环状，雌另具 2 枚淡黄色半透明斑	雌白斑 8～9 枚，雄 8 枚，斑较细，均排成半环状，雌另具 2 枚淡黄色半透明斑
后翅斑纹	翅底有斑纹 4 枚，从大至小排成一直线，故名“直纹”。雄蝶斑排列不平直，且 2 枚斑有些退化变小或变成褐色点	翅底有 4 枚白斑，排列成锯齿状，故名“曲纹”	翅底有白斑 0～5 枚，斑纹比前 2 种小，故名“幺纹”	翅底有白斑 7 枚，分散排列成弧形，翅正面多无斑，故名“隐纹”。极个别可见2～5 枚，但极小，斑轮廓不清晰	翅底有白斑 4～5 枚，分散排列成弧形，翅正面无斑，极个别可见 2～4 枚，但极小，斑轮廓不清晰

注　参照方正尧，1989。

表 1-43-2　五种弄蝶卵、幼虫和蛹的形态特征

Table 1-43-2　Morphological characters of egg, larva and pupa of five hesperidia species

种类	直纹稻弄蝶	曲纹稻弄蝶	幺纹稻弄蝶	隐纹谷弄蝶	南亚谷弄蝶
卵	半球形（略凸），初产卵泥黄色或淡灰色，后呈草绿色。卵径 0.8～0.9mm	半圆球形（略扁），草绿色，具玫瑰红色小斑驳。卵径 0.8mm	半圆球形（略凸），草绿色，卵径 0.7mm 左右	半圆球形（略扁），青灰色，卵径 1.0mm 左右	半圆球形（略凸），乳白带淡黄色，卵径 1.0mm 左右
幼虫	末龄幼虫体长 27～28mm，略呈纺锤形，头部正面中央有“山”字形褐纹，体背有宽而明显的深绿色背线，体表密布小疣突，体背各节后中部有 4～5 条横皱纹带	末龄体长 27～34mm，体长筒形，略扁，草绿色，第四至七节两腹侧各有白蜡腺 1 枚。四龄期头棕红色，具黑褐色“山”字形纹，纹宽长达单眼区	末龄幼虫体长 27.0～31.5mm，头绿色或棕黄色，体草绿色，色泽较深，颅面“山”字形纹两臂下伸仅及额高的一半	体长 33mm，颅面红褐色，“八”字形纹伸达单眼外方	体长 31～43mm，体黄绿色，颅面红褐色“八”字形纹伸达单眼内方
蛹	体长 22.0～24.5mm，圆筒形，初蛹嫩黄色后变淡黄褐色，老熟为灰黑褐色。前胸气门纺锤形，通常中央膨大。第五、六腹节中央各有 1 倒“八”字形褐色纹	体长 18.5～19.5mm，初蛹体淡黄后转黄褐色，体表无小疣突，前胸气门纺锤形，通常狭窄，两端尖瘦	体长 18.0～21.5mm，圆筒形，体灰黑带黄色或棕褐带黄色，体背比其他种光滑，前胸气门粗而十分鼓凸	体长 23～28mm，圆筒形，缢蛹型，头顶尖突如锥，喙游离段长达 7mm 以上	体长 24～33mm，圆筒形，缢蛹型，体嫩绿，头顶尖突如锥，喙游离段长度不及 6mm

注　参照方正尧，1989。

三、生活习性

（一）直纹稻弄蝶

直纹稻弄蝶年发生代数依各地的地理纬度及海拔高度而异。大致由北向南递增。全国可分为 6 个发生区。40°N 以北（相当于长城以北）为 1～2 代区，如辽宁桓仁；35°～40°N（相当于长城以南、黄河以北）为 2～3 代区，如山东烟台、郯城（其中济宁为 4～5 代区），天津，河北正定，河南辉县等；30°～35°N（相当于黄河以南、长江以北）为 4～5 代区，如河南南阳、信阳，安徽滁县地区至淮北地区等，至于江苏阜宁、赣榆、建湖，浙江嘉兴，四川马边县及剑阁县都是有名的严重发生区；25°～30°N（相当于长江以南、南岭以北）为 5～6 代区，如湖北武昌、黄陂，安徽绩溪县，浙江中南部，江西南昌、赣县，湖南长沙花垣，湖北滨湖地区以及云南的东南部和中部（海拔 1 500～2 000m，年均温度为 16℃左右）；25°N 以南（如广东的韶关，广西贺县、柳州等）为 6～7 代区；处于 23°N 以南至海南省（即广州至南宁一线以南）为 7～8 代区，云南南部海拔约 1 000m 地带，年平均温度为 17～18℃，每年少部分可完成 7 代。

同一经纬度而海拔不同的地区，其世代数亦有差别。如贵州地区处于 25°～30°N，但其东南部属温热地区，海拔为 300～850m，年平均温度约 18℃，2 年可完成 9 代，即属 4～5 代区，其东中部地处海拔

1 000m左右，年平均温度仅15～16℃，2年完成7代，即3～4代区，而西北高寒地区，海拔1 800m左右，年平均温度虽达17℃左右，1年发生2～3代。这些地区，尽管世代差别很大，自20世纪50年代以来，黔东与鄂西、湘西、川中及川东、广西、云南的东南地带等连成我国西南一大片有名的水稻弄蝶历史性猖獗区。而四川中部偏西的西北海拔500m左右，年平均温度虽达17℃，但没有成灾的报道。

直纹稻弄蝶越冬情况因南北而异，辽南、河北和苏北，均以老熟幼虫和部分蛹越冬，在李氏禾、芦苇和稻桩间越冬。长江以南各省份则以中、小幼虫在避风向阳的田边、水沟边、积水塘边，沼湖浅滩、低湿草地、山溪边等处的茭白、李氏禾、双穗雀稗等杂草间，及稻桩和再生稻上结苞越冬，天气温暖、气温达12℃以上时尚能活动取食。在南方也有在甘蔗叶鞘中越冬的。

直纹稻弄蝶在我国各地，其各世代成虫发生期因气温不同而异，同代的发生期亦随纬度不同而从南向北逐渐推迟。如越冬代成虫，南部广西、广东一般于3月中、下旬始见；四川、贵州、湖北、江西、安徽等一般于4月上、中旬始见；浙江、河南、陕西南部、江苏南部等地一般于5月上旬始见；江苏北部、山东则于6月上旬始见。其余各代均同样从南向北逐渐推迟。

直纹稻弄蝶各世代历期，在日平均25.5～28.7℃时，全世代历期为（38.7±4.1）d至（43.4±4.6）d，日平均15.8℃时，平均（167.0±16.6）d。在不同温度条件下，各虫态历期也各异。

直纹稻弄蝶成虫在日平均26～28℃条件下，4：00～8：00进入羽化高峰，羽化后20～40min即飞翔。成虫以花蜜为主作补充营养。据试验，供给花蜜，寿命增长1倍以上，卵量增加4倍左右。主要蜜源有马缨丹、千日红、黄荆、棉、芝麻、瓜、果、蔬、益母草、苕子等。成虫在相对湿度75%以上时活动频繁，每天于8:00～10:00活动，觅食花蜜、交尾、产卵，雨天整日活动。在相对湿度80%条件下，不同的温度产卵率有明显的差别。如日平均温度17.2℃时，产卵率为38.8%；21.2℃时，产卵率为54.1%；25.5℃时产卵率增加至91.8%；28.3℃时产卵率高达98.9%。平均温度高于32℃或低于20℃则不活动，不产卵。卵散产，每片稻叶上1～3粒，严重稻田每丛稻卵粒多达70粒。分蘖盛期、孕穗初期，稻株顶二、三张叶片着卵量占70%～80%。卵多产于叶正面。每雌产卵65～220粒，平均120粒左右，多的可达300粒以上。

直纹稻弄蝶成虫的生物学特性还有待于深入探讨。例如，我国长江以北不少地区发现幼虫越冬基数与当年第一代发生量很不相称，甚至不少地区至今尚未找到当地越冬虫源，因而提出了此虫是否有迁飞的可能性。20世纪70年代末，日本报道直纹稻弄蝶至少有夏季和秋季两个季节型，因而在生理特性上存在某些差异。多型现象是由幼虫期的日照决定的，即较长光照下雌虫产卵多，产卵前期短，飞行能力弱；光照短则反之。据试验，在温度25℃条件下，光照期16h饲养的雌虫产卵量是饲养在光照期14h的2倍，而且前者雌蝶交配率高，产卵前期也比后者短3d；后者翅大，翅色深，飞行能力比前者强，成为初秋迁飞的成虫，而两者雄蝶的飞翔能力却无差别。光照期为16h的雌蝶存活期内保持稳定的飞翔能力，即30%左右；相反，光照期14d的雌虫，羽化后飞行能力逐日增强，并在羽化后的5～6d内达到高峰，飞行的高峰与产卵始期相当，在此之后，飞行能力逐渐下降，这种迁飞性成虫在初秋越冬代之前产生，而迁飞性成虫所繁殖的幼虫，在短于12h光照的条件下就会进入滞育。

直纹稻弄蝶卵的孵化适温为24～30℃，相对湿度为75%～100%时，卵孵化率达93.5%～95.5%；相对湿度在60%～70%时，孵化率降低到73.0%～77.0%。卵发育起点温度为12.6℃，平均温度为15.98℃、20.7℃、21.8℃、24.8℃和27.9～32.4℃时，历期各为15d、10d、6d、5d及4d左右。

直纹稻弄蝶幼虫孵化后立即缀叶尖作苞。一龄幼虫在叶缘、叶尖卷苞，长约2cm；二龄卷苞，长4cm左右；三龄幼虫在叶尖或叶缘纵卷苞，长10cm左右，并能横折单叶成苞；四龄卷2～4片叶成苞。幼虫一生可食稻叶10多片，各龄幼虫取食稻叶数量占整个幼虫期的比率为：一龄占0.2%，二龄占0.65%，三龄占3.99%，四龄占10.08%，五龄占86.06%。三龄以前食量极微，必须抓紧防治，才能有效控制为害。初孵幼虫在不同生育期的稻株上成活率相差很大，在分蘖末期稻株上成活率为38.4%，在孕穗期稻株上存活率仅3.3%～4.5%，在分蘖盛期稻株上成活率为86.5%～90%，圆秆期成活率为75.8%，灌浆期在稻株上则全部死亡。一个龄期的幼虫有转苞为害习性，往往换2～3个虫苞。幼虫在分蘖盛期为害，其老熟幼虫均下迁至稻秆间作苞化蛹。在幼虫密度大，无稻株可以为害时，或洪水淹没时，幼虫剪断自身虫苞，随虫苞漂流迁移。

幼虫发育起点温度为9.3℃。幼虫历期：在平均温度为28～30℃时多为18d左右；当温度低于24℃

或高于30℃时，则为21d以上；越冬幼虫可达180余d。各龄历期与温度有关，在发生季节，一般一、二龄各为3d左右，三、四龄各4d左右，五龄6～7d。

幼虫老熟后缀叶成苞，在苞内化蛹，或爬到稻丛基部在丛间缀茎化蛹。一般水稻分蘖期以后者为多，生育后期以前者为多。化蛹时，一般先吐丝作薄茧，将腹部两侧的白色蜡粉状物堵塞茧之上下两端，然后蜕皮化蛹。蛹苞缀叶数3～13片不等，一般7～8片。蛹苞较幼虫苞大，两端较紧而细，呈纺锤形；幼虫苞则上下粗细相似，略呈圆筒形。

蛹耐水浸能力强，且随温度而异。23℃下浸水5d，羽化率为41%；28℃下浸水2d，羽化率下降至22%；29℃下浸水4d，羽化率仅为17%。蛹发育起点温度为14.9℃。蛹的历期：在平均温度29.5～30.5℃时为5d，28.2℃为6d，24.5℃为7d，19.8℃为10d，17.6℃为16d。

（二）曲纹稻弄蝶

曲纹稻弄蝶在华南1年发生6～7代，以第六、七代幼虫在杂草中越冬。翌春温度高于15℃以上时，开始化蛹。越冬代成虫与直纹稻弄蝶成虫同步出现。各代成虫盛期：越冬代为3月中、下旬，第一代为5月下旬至6月上旬，第二代7月上、中旬，第三代7月下旬至8月上旬，第四代8月下旬至9月上旬，第五代10月上、中旬，第六代11月中旬，后两代盛期不大明显，极少数完成7个世代。成虫寿命0.9～18.6d，蛹期6.6～14d（越冬蛹62.5d），幼虫历期20.8～27.2d（越冬幼虫86.4d），卵历期3.7～9.0d。

成虫有趋蜜习性。在27℃条件下，每雌最多产卵223粒，平均130粒，在22.0～25.9℃条件下，每雌最多产卵101粒，平均74粒。成虫产卵喜选择宽叶水稻。宽叶上比细叶上卵量多4.4倍。雌、雄蝶比例悬殊，各世代雌蝶占71%～83%，雌蝶多、卵量大，容易造成灾害。幼虫换苞转移多达6～7次，老熟幼虫多在结苞内化蛹，稻分蘖盛期也在稻茎秆间化蛹。

（三）幺纹稻弄蝶

幺纹稻弄蝶在广西年发生6～7代。常年各代成虫发生盛期：越冬代4月中、下旬，第一代5月下旬至6月上旬，第二代6月下旬至7月上、中旬，第三代7月下旬至8月上、中旬，第四代8月下旬至9月上旬，第五代10月中、下旬，第六代盛期不明显，少数完成7代。贵州东南及四川盆地第三代成虫盛发期多在7月下旬后。

（四）隐纹谷弄蝶

隐纹谷弄蝶在浙江嘉兴年发生3代。各代成虫盛期分别为7月上旬，8月上、中旬，9月中、下旬。以幼虫在杂草中越冬，翌年6月开始化蛹并羽化。江西南昌6月上旬初见第一代幼虫，6月下旬羽化，第二、三代为害水稻，第四代于12月上旬终见。四川中部盆地常年发生5代，第一代5月上、中旬发生，量极少，成虫盛期不明显，第二代成虫于6月中、下旬盛发，第三代8月上、中旬盛发，为害中稻，第四代于9月下旬至10月上旬盛发。安徽绩溪县为5代区，各代成虫盛期：第一代4月下旬至5月上旬，第二代6月上、中旬，第三代7月下旬至8月上旬，第四代9月上、中旬，第五代因受寒潮影响，盛期不明显。

隐纹谷弄蝶各虫态历期：在平均温度26.6℃及相对湿度74%的环境条件下，全世代历期（45.7±4.7）d，卵期（5.7±0.4）d，幼虫期（25.8±1.8）d，蛹期（9.8±1.8）d，成虫（5.3±0.3）d。成虫有嗜蜜习性。在安徽、四川、江西一带以瓜类花为主要蜜源。卵散产于叶面，幼虫三龄前在叶尖以纵卷叶片缀苞，四、五龄幼虫不再作苞，老熟幼虫将化蛹时，吐一束细丝缠绕胸部，蛹尾部黏在叶面或叶鞘上。

四、发生与环境的关系

稻弄蝶是一类间歇性发生的害虫，尤以半山区、山区、滨湖区特重。其发生与气候因子、栽培制度和天敌等因素有关。

（一）气候因子

冬春温度过低，是促成当年直纹稻弄蝶大发生的因素之一。如福建德化县，1974年1月平均气温仅7.8℃，比历年平均值偏低0.7℃，2月为7.9℃，比历年低5.4℃，结果1974年该虫大暴发；广西贺县地区1964—1977年的14年中有7年1～2月平均温度处于8.1～8.4℃，均低于历年平均值（9.9℃），其中有6年为中发生或大发生。此外，河南信阳、江西南昌、广东韶关也有类似报道。主要是低温抑制了越冬天敌，越冬害虫虫源基数大。

夏季高温高湿、降水量大、雨日多，有利于直纹稻弄蝶羽化、交尾、产卵、孵化和成活，而高温低湿则为限制因素。北方稻区如陕西汉中地区第二、三代直纹稻弄蝶成灾与否主要受当年7、8月降水量的影响，如1978年7月降水量219.8mm，比历年同期平均值多36.01%，第二代发生重；而8月降水量仅27mm，比历年同期平均值少79.09%，第三代发生轻微；1979年7、8月降水量比历年平均值高出12.47%及67.97%，当年第二、三代均属严重发生。南方稻区贺县1963—1976年的14年中，凡8、9月份第四、五代发生中等或严重的年份，其8月的雨日为15～23d，降水量在144.5～351.1mm，多数年份都超过历年的平均值（176.4mm）。从其生物气候图分析，8月下旬相对湿度超过75%以上，有利于盛发期成虫的产卵和卵的孵化。四川马边地区第三代发生程度与7～8月上旬降水量和降雨强度（降水量/降水日数）关系密切。降水量11.7～24.6mm/日范围内，如1973年、1974年、1975年、1977年属大发生或中等偏重发生年。贵州东南著名历史灾区，该虫发生量与5月及8月雨量有关。5月降水量为150～300mm，8月降水量为150～200mm，相对湿度高，有利于第二、三代成虫繁殖，第三代易严重成灾。

曲纹稻弄蝶以每年7～8月的三、四代发生较多，此期的成虫发生量占全年的30%以上。当5～6月多雨，相对湿度大，温度达26～29℃，7～8月雨日15d以上，第三、四代可能大发生；如5～6月少雨，温度低于25℃，虫口基数少，即使7～8月雨日在15d以上，第三、四代也不会大发生。

幺纹稻弄蝶的第三代为主害代，7月上、中旬幼虫期正好与中稻分蘖始盛期吻合，易成灾。8～9月高温干旱，不利于四、五代繁殖。成虫羽化产卵适温为27～28℃，相对湿度为75%～80%，如相对湿度在75%以下，即使温度适宜，也不会大发生。

隐纹谷弄蝶在温度为25～26℃，相对湿度为70%～75%，可大发生。分布于华北一带温度较低、雨量较少地区，说明高温、多雨、相对湿度大对该虫分布是一个限制因素。

（二）栽培制度与食料条件

稻区的生态环境改变，显著影响直纹稻弄蝶的发生型。20世纪50年代中南地区多属单季中稻区（即一季稻区），当地稻弄蝶第三、四代于7～8月为害中稻，而单季稻改为双季稻后，第二代变为多发，为害早稻，第四、五代仍可为多发型，为害晚稻。河南信阳地区为稻、麦两熟区，水稻栽培制为一季春稻、麦茬稻和双季早、晚稻，该地第三代成虫8月下旬产卵于麦茬稻及双季晚稻上，为猖獗世代。江西奉新的平原丘陵区以第五代于8月上、中旬为害双季晚稻，而当地的山区却以第二代于6月下旬严重为害一季稻，且比平原地区受害严重。

直纹稻弄蝶在蜜源充裕的地区一般发生严重，如在山边、滨湖稻田及水稻与棉花、芝麻、花生及豆类或瓜果等旱作混栽的地区发生严重。水稻分蘖期植株嫩绿，最能引诱成虫产卵，圆秆以后稻叶较黄老则成虫产卵少。水稻类型及其嫩绿程度和生育期能影响直纹稻弄蝶幼虫发育速度和存活率。在多肥、嫩绿水稻上的幼虫，比少肥、瘦黄水稻上的发育要快，在糯稻上的要比籼稻上的快，前者完成一个世代仅28.5d，后者则需30.5d。在分蘖期，幼虫存活率为32.4%，而在圆秆期仅为3.3%。凡是施肥不当，嫩绿披叶的稻田，叶色浓绿的水稻品种和正处于分蘖期的水稻，一般虫量大，受害较重。

曲纹稻弄蝶成虫发生盛期内，正值水稻分蘖盛期，稻叶嫩绿，成虫产卵多，易发生成灾，如成虫盛期内稻叶普遍转赤，成虫则多趋向田边幼嫩杂草上产卵。

（三）天敌因子

直纹稻弄蝶天敌种类颇多，对抑制其发生起到了很大作用。主要天敌种类有寄生蜂、寄生蝇、蜘蛛、蜻蜓、螳螂、步行虫、瓢虫、隐翅虫、猎蝽、蚂蚁、青蛙等。现已知的直纹稻弄蝶寄生蜂有50余种，寄生蝇10余种。重要的种类有：卵期的赤眼蜂（*Trichogramma* spp.）和黑卵蜂（*Telenomus* sp.）；幼虫期的具柄凹眼姬蜂［*Casinaria pedunculata*（Szepligeti）］、弄蝶长绒茧蜂［*Dolichogenidea baoris*（Wilkinson）］、稻苞虫鞘寄蝇［*Thecocarcelia parnarae*（Chao）］；蛹期的满点黑瘤姬蜂［*Coccygonmimus aethiops*（Curtis）］、广黑点瘤姬蜂［*Xanthopimpla punctata*（Fabricius）］、稻苞虫羽角姬小蜂（*Sympiesis* sp.）、稻苞虫柄腹姬小蜂［*Pediobius mitsukurii*（Ashmead）］、广腿小蜂［*Brachymeria lasus*（Walker）］等。它们能明显抑制当代及下代虫口密度。如贵州天柱县1964年第二代幼虫、蛹寄生率高达41.7%，三代害虫虫口骤减，不致成灾；四川马边县1974年第二、三代弄蝶卵粒受稻苞虫黑卵蜂寄生率高达64%，螟黄赤眼蜂［*Trichogramma chilonis*（Ishii）］寄生率高达87%，幼虫寄生率为20.5%～55.2%，其中以稻苞虫凹眼姬蜂、银颜筒寄蝇［*Halidaya luteicornis*（Walker)］为最多。蛹寄生率为24%～48%，以稻苞虫鞘寄蝇（幼虫—蛹跨期寄生）最多。据广西贺县1963—1975年系统考察结果，全年5个世代幼虫、蛹寄生率达15.1%～34.3%。对直纹稻弄蝶的发生起到了一定抑制作用。

曲纹稻弄蝶幼虫、蛹的天敌较多。主要寄生蜂、寄生蝇，包括银稻苞虫凹眼姬蜂、螟蛉悬茧姬蜂［*Charops bicolor*（Szepligeti)］、弄蝶绒茧蜂、银颜筒寄蝇、稻苞虫鞘寄蝇、黑盾阿克寄蝇［*Actia nigroscutellata*（Lunndbeck)］等。当总寄生率达40%～50%时，可明显降低当代虫口及抑制下代发生量。

幺纹稻弄蝶的寄生蜂有7种、寄生蝇有4种。寄生率高达40%左右时，既可压低当代虫口密度，还可控制下代发生量。寄生蜂以稻苞虫凹眼姬蜂为优势种。据广西桂东地区1966年考察，稻苞虫凹眼姬蜂寄生率高达29.3%，其次是广黑点瘤姬蜂，寄生率达16.0%；寄生蝇类以银颜筒寄蝇为最多，寄生率最高达73.3%。

五、防治技术

（一）防治策略

稻苞虫的防治策略，应根据其天敌的发生特点和作用，合理使用化学药剂，以尽最大可能发挥天敌的自然控制作用。应坚持下列原则：第一代发生量少，一般低于防治指标，为了繁育天敌，所以这一代基本不应采取药剂防治措施。但为了压低下一代虫源基数，仅对少数虫口密度较大的田块，在第一代后期（绒茧蜂等优势天敌大部分羽化后）可结合田间管理人工摘苞灭虫或其他人工防治措施；第二代严格控制用药，仅对重点田块实行药剂挑治，若有少数田块的发生量达到或高于防治指标时，为减轻为害和降低第三代虫源基数，应对这些重点田块采取药剂防治措施；第三、四代因发生量大，达到或高于防治指标，则必须合理使用药剂进行防治。

（二）防治指标

稻弄蝶幼虫（二至三龄期）的药剂防治指标应按各地不同稻种、不同生育期、天敌多少而定。常规稻防治指标为百丛有虫10～15头，而二至三龄期幼虫寄生率高的地区，如四川等地，百丛有虫30～40头乃可以不用药。安徽以2%为允许损失时，分蘖期杂交稻防治指标为百丛有虫41头，常规稻为百丛有虫36头；孕穗期杂交稻为百丛有虫33头，常规稻为百丛有虫25头。另有研究表明，对产量为7 500kg/hm^{2}的稻田，当发生期距（卵盛孵期至水稻齐穗期的期距）为5d、10d和15d时，直纹稻弄蝶达防治指标的虫口密度分别应为105头/百丛、87头/百丛和75头/百丛。这比原来的指标（10～15头/百丛）显著放宽。以该指标在陕西西乡县和汉中市176块稻田试用，证实是可行的，且节约药剂60%以上。

（三）防治方法

1. 农业防治 具体包括：①消灭越冬虫源，即铲除田基、沟边、塘边杂草，特别是李氏禾滋生场所，越冬幼虫最多。宜于2月底前结合兴修水利和积肥铲草除虫，以消灭越冬幼虫和蛹等，减少越冬虫源基数。②人工防治，即在虫口密度不十分大的稻田，于幼虫三龄期，以除虫梳梳除虫苞。每梳一次，可灭虫50%左右，梳两次可灭80%以上，这样能使水稻正常抽穗，减少用药。

2. 物理防治 在稻田用竹竿支撑紫色或者蓝色黏板于水稻顶部约10cm处，对直纹稻弄蝶也有一定诱集的效果，连续10d能分别平均诱集22.3头/板和11.0头/板。

3. 生物防治 有条件的地区，释放赤眼蜂效果显著。从成虫产卵始盛期，百丛稻有卵20粒以上时，即开始释放寄生蜂，每隔3～4d释放一次，每次每公顷放蜂15万～30万头，连放3～4次，效果达85%以上，还可兼治稻纵卷叶螟。另外，要根据虫情和天敌发生情况，尽量少用化学药剂，保护天敌并充分发挥其自然控制作用。

选用苏云金杆菌制剂进行防治，如每公顷用杀螟杆菌粉剂1.5kg（含活孢子100亿/g以上），对水900～1 500L喷雾，杀虫效果可达100%。

4. 药剂防治 喷洒50%辛硫磷乳油1 500倍液、2.5%溴氰菊酯乳油2 000倍液、10%吡虫啉可湿性粉剂1 500倍液，每公顷喷配制好的药液1 050L，隔10d左右1次，防治1次或2次。

叶恭银（浙江大学昆虫科学研究所）
郑许松（浙江省农业科学院植物保护与微生物研究所）

第 44 节 稻 眼 蝶

一、分布与危害

为害水稻的眼蝶主要有 2 种：稻眼蝶［*Mycalesis gotama*（Moore）］和稻暗褐眼蝶［*Melanitis leda*（Linnaeus）］。它们均属鳞翅目眼蝶科。

稻眼蝶又称稻眉眼蝶、日月蝶、中华眉眼蝶、姬蛇目蝶、稻叶灰褐蛇目蝶。在我国广布于河南、江苏、浙江、四川、云南、贵州、福建、江西、湖北、湖南、广东、广西、台湾、西藏。国外分布于日本、朝鲜、越南、老挝、缅甸、泰国、不丹、孟加拉国、印度。

幼虫除为害水稻外，还取食茭白、甘蔗和竹子等禾本科植物。为害特点为幼虫沿叶缘蚕食叶片成缺刻，严重时可将叶片吃光，造成水稻减产。

稻暗褐眼蝶又称稻叶暗蛇目蝶、乌云盖月蛇目蝶、珠衣蝶、伏地目蝶、暮眼蝶。在我国南方稻区广泛分布，一般为零星发生，除浙江丽水山区有过数量较多为害水稻较重的报道外，其他广大稻区，无严重为害的记载。国外日本、朝鲜、印度、缅甸、马来西亚及大洋洲、非洲，都有分布。幼虫除为害水稻外，还取食水蔗草（*Apluda matica* Linn.）。

二、形态特征

（一）稻眼蝶

稻眼蝶成虫、幼虫和蛹的形态如彩图 1-44-1 所示。

成虫：雄成虫略小于雌成虫，体长 14.6mm，翅展约 40mm；雌成虫体长 14.6～16.5mm，翅展约 47.7mm。体背及翅正面灰褐色至暗褐色，腹面及翅反面灰黄色。前翅正、反面都有 2 个蛇目状白圈白心黑色圆斑，一个在 5 室近翅尖，较小；另一个在 2 室近臀角，较大。后翅反面有 5～6 个蛇目斑，近臀角一个特别大。正面除近臀角的斑隐约可见外，其余的一概不见。前后翅反面从前缘至后缘横贯 1 条连接的黄白色带纹，外缘有 3 条暗褐色线纹。前足退化，很小。

卵：馒头形，直径 0.8～0.9mm，表面有微细网状纹。初产时淡青绿色，后转米黄色，将孵化时呈褐色，并可见黑色的幼虫胚胎头部。

幼虫：初孵时体长 2～3mm，淡白色。末龄幼虫体长约 30mm，青绿色，头大，黄褐色，两侧有单眼 7 枚及 2 个黑色条斑。头部散生颗粒并混以灰白和暗赤色斑纹，头顶两侧有角状突起 1 对，颇似猫头。腹部青绿色，有多条纵向细线。各体节散生许多小疣粒，背线、气门上线绿色，气门紫铜色。尾端有 1 对斜向后伸的尾突。全体略呈纺锤形。

蛹：长约 13mm，初为青绿色，后转灰褐色，将羽化时呈淡黑色。头部两眼左右突出呈角状，胸背中央尖突如棱角，腹背则弓起如驼背。化蛹时，吐丝将尾端系于稻叶上，身体倒挂，头部下垂，故称垂蛹。

（二）稻暗褐眼蝶

稻暗褐眼蝶成虫形态如彩图 1-44-2 所示。

成虫：体长约 22mm，翅展 65～70mm，体色灰褐、暗褐以至黑褐色。前翅外缘近翅尖处突出折成一角，后翅臀角区也有明显角状突出；前翅正面近翅尖有黑色大斑，斑内有两个白点，斑的内侧和上方围有橙红色纹，后翅正面有 4 个白色小点，其中一个在眼纹内的最大，眼纹外围也带橙红色。夏型体略小，色较浅，前翅正面黑斑所围色纹小而色浅，翅背面浅黄色，满布灰褐色细横纹，后翅近外缘的 5、6 个眼纹十分清楚。秋型色较深，前翅正面黑斑所围色纹较大而明显，翅反面枯叶色，眼纹不显，前、后翅均具暗褐色横带。

卵：球形，直径约 0.9mm，淡黄色，表面有微细网纹。

幼虫：稍呈纺锤形，末龄时体长 30～40mm，头大，灰黄色，形似猫头，有 1 对鲜红色长角状突起，内侧纵纹黑色。胸、腹部鲜绿色，背线浓绿，腹末有 1 对向后伸出的尾角。体侧还有 3～4 条不很明显的纵条纹；各体节多横皱，在皱面有横排的深绿小颗粒。

蛹：体肥短，长15～17mm，初绿色，后渐变灰绿至褐色。胸腹两端隆胀，中部稍缢，倒挂在禾叶上，腹背弓起，似驼背。

稻眼蝶与稻暗褐眼蝶成虫的主要形态区别见表1-44-1。

表1-44-1 稻眼蝶和稻暗褐眼蝶的成虫特征

Table 1-44-1 Morphological characters of *Mycalesis gotama* and *Melanitis leda* adults

成虫特征	稻眼蝶	稻暗褐眼蝶
体长	15～17mm	稍大，18～21mm
翅外缘	翅正面灰褐色，翅外缘钝圆	背面灰黄色，翅外缘波浪形
前翅	正面2眼斑各自分开，前小后大，眼斑中央白色，中圈粗呈黑色，外圈细呈黄色；反面3个眼斑，最大者与正面大眼斑对应	正面2眼斑，前大后小，中央白色，周围有大黑斑；反面2～3个眼斑
后翅	正面无眼斑，反面具5～7个大小不等眼斑	正面有1～3个眼斑，反面具6个眼斑

三、生活习性

（一）稻眼蝶

广东年发生5代，在田间世代重叠，各世代无明显界限；浙江湖州年发生4代，以蛹在杂草上越冬；福建德化年发生5代，以三、四龄幼虫及部分第四代老熟幼虫越冬，越冬幼虫于翌年3月下旬至4月下旬化蛹。

成虫羽化多在6:00～15:00。白天飞舞于花丛间采食花蜜，作为补充营养，晚上多静伏于杂草丛中。交尾前期为5～10d。交尾多在14:00～16:00，交尾后第二天即开始产卵，产卵多在6:00～18:00，产卵期长达30d。每雌平均可产卵96.4粒，最多可达166粒。卵散产于叶片两面。一般在竹园附近、山边田块及田边产卵较多。

卵日夜均有孵化，以9:00～18:00最盛，孵化率一般在90%左右。

（二）稻暗褐眼蝶

年世代数尚未明确，一般在山林、竹园、房屋边的稻田发生较多。成虫在上午羽化，畏强光，白天常隐蔽于稻丛、竹林、树荫的隐蔽处，也有的隐藏于山坡落叶多的灌木丛中，受惊时立即起飞，但飞不远便停于枝条间或落叶上，竖起双翅。由于翅色灰暗，不易被发现。天色朦胧的早晨和黄昏才开始活动，连飞带跳，动作迅捷，特别是黄昏尚有微光时最活跃，互相追逐进行交尾。喜吸食树汁或果实成熟后流出的甜液。卵散生于稻叶上，幼虫孵化后，取食稻叶，多沿叶缘蚕食成不规则缺刻。行动缓慢，不结苞。老熟后即吐丝将尾部固定于叶上，然后卷曲体躯，倒悬蜕皮化蛹。

四、防治技术

（一）农业防治

结合冬春积肥，铲除田边、沟边、塘边杂草。科学施肥，少施氮肥，避免叶片生长过于茂盛。利用幼虫假死性，震落后中耕或放鸭捕食。

（二）生物防治

注意保护利用天敌，如稻螟赤眼蜂［*Trichogramma japonicum*（Ashmead)］、弄蝶长绒茧蜂［*Dolichogenidea baorus*（Wilkinson)］、螟蛉盘绒茧蜂［*Cotesia ruficrus*（Haliday)］、广大腿小蜂［*Brachymeria lasus*（Walker)］、广黑点瘤姬蜂［*Xanthopimpla punctata*（Fabricius)］、步甲、猎蝽和蜘蛛等。

（三）化学防治

一般可在防治稻纵卷叶螟或稻弄蝶时兼治稻眼蝶，如需单独防治可在二龄幼虫为害高峰期进行。可依据实际情况，选择喷施10%吡虫啉可湿性粉剂2 500倍液、90%敌百虫可溶粉剂800倍液、2.5%溴氰菊酯乳油2 500倍液、50%杀螟松乳油800倍液等。另外，要注意药剂轮换使用，以免产生抗性。

郑许松　吕仲贤（浙江省农业科学院植物保护与微生物研究所）

第 45 节　稻水象甲

一、分布与危害

稻水象甲［*Lissorhoptrus oryzophilus*（Kuschel）］，又称稻水象，属鞘翅目象甲科，在我国属全国二类检疫性害虫。异名：*Lissorhoptrus simplex*（Leconte）。

稻水象甲原发生地为美国东部，1976 年在日本发现，1988 年在韩国和朝鲜发现，除上述几国外还分布于加拿大、墨西哥、古巴、多米尼加、哥伦比亚、圭亚那等国家和地区。1988 年在我国河北唐海发现。此后，先后在台湾、天津、北京、辽宁、山东、浙江、吉林、福建、安徽、湖南、山西、陕西、云南、江西、湖北、黑龙江、贵州、新疆、四川、重庆、广西等地发现。

稻水象甲寄主植物种类繁多。据报道，成虫可取食 13 科 100 多种植物，幼虫能在 6 科 30 余种植物上完成发育，喜食禾本科植物，在稻田嗜好在稗草上取食和产卵。成虫和幼虫均能取食水稻，但为害部位不同。成虫沿寄主植物叶脉啃食叶肉，一般从正面取食，叶片被食部位仅存透明下表皮，形成长短不等的白色长条斑；条斑宽 0.38～0.8mm，长通常为 0.5mm，一般不超过 3cm。低龄幼虫蛀食稻根，使稻根呈空筒状；高龄幼虫在稻根外部咬食，造成断根。移栽不久的稻秧被害后易形成浮秧。受害植株根系发育不良，分蘖减少，植株矮小，光合作用效率下降，从而影响产量。成虫一般为害不严重，幼虫为害根系是造成产量损失的主要原因。

二、形态特征

稻水象甲成虫、幼虫形态及其为害状如彩图 1-45-1 所示。

成虫：体长 2.6～3.8mm（不含管状喙），体壁褐色，密被相互连接的灰色鳞片。前胸背板和鞘翅的中区无鳞片，呈暗褐色或黑褐色斑。喙端部和腹面、触角沟两侧、头和前胸背板基部、眼四周，前、中、后足基节基部，腹部第三、四节腹面及腹部末端被黄色圆形鳞片，其余各部鳞片均灰色。喙和前胸背板约等长，近扁圆筒形，略弯曲。触角膝状，红褐色，着生于喙中间之前，柄节棒形，触角棒倒卵形或长椭圆形，长为宽的 2.0～2.1 倍，分为 3 节，第一节光滑无毛，第二、三节被浓密细毛；前胸背板宽略大于长，前端略收缩，两侧边近直形，小盾片不明显；鞘翅明显具肩，肩斜、翅端平截或稍凹陷，行纹细、不明显，每行间被至少 3 行鳞片，第一、三、五、七行中部之后有瘤突。腿节棒形，无齿；胫节细长弯曲，中足胫节两侧各有 1 排长的游泳毛。

卵：长约 0.8mm，初产时珍珠白色，圆柱形，有时略弯，两端圆。

幼虫：共 4 龄。老熟幼虫体长 9～10mm，白色，头部褐色，无足，腹部第二至七节背面各有 1 对向前伸的钩状呼吸管，气门位于管中。

茧：老熟幼虫在寄主根系上作茧，然后在茧中化蛹。茧黏附于根上，卵形，土灰色，长径 4～5mm，短径 3～4mm。

蛹：白色，复眼红褐色，大小、形状近似成虫。

三、生活习性

稻水象甲在我国 1 年发生 1～2 代，在单季稻区发生 1 代，在双季稻区可发生 2 代，但第二代发生量一般极轻，不造成危害。

在河北唐山，越冬成虫于 4 月上旬开始在越冬场所取食杂草，首先取食稻田周围的芦苇、白茅、假稻、假牛鞭草等杂草叶片。5 月上、中旬为取食杂草盛期，邻近的玉米苗往往严重受害，5 月中、下旬成虫大量向有水处转移，侵入稻田继续啃食水稻叶片，一般以田块的边缘处虫量大。成虫产卵于水面下的水稻叶鞘组织中。5 月初开始迁入秧田，于 5 月下旬（插秧后 1 周左右）出现迁入峰。本田越冬成虫峰期与卵峰期基本一致，6 月下旬至 7 月上旬达幼虫为害盛期。幼虫发育期为 30～45d，蛹期约 10d，7 月中、下旬为羽化盛期。从卵高峰期至第一代成虫高峰期（7 月下旬）约 60d，第一代成虫虫量明显高于越冬代成虫。8 月中、下旬，绝大部分第一代成虫离开稻田，迁入林带、房前屋后及道旁渠边、田埂、荒地等处的枯枝落叶下、土块下、土缝中及浮土中滞育越冬，少量在稻草及稻田根茬间越冬，很少量成虫在有水的渠沟稗草等杂草上可继续繁育第二代。其中，越冬种群密度以林带土下最高，占50%，房前屋后、道旁渠边密度相近，共占40%；田埂及稻田各占1.4%和0.2%。越冬个体绝大部分分布在土表3cm以内。

在辽宁丹东，沿海地区稻水象甲多在小山丘荒地越冬，山区以田埂越冬为主。5月初开始在越冬场所附近取食杂草，5月中、下旬迁入稻田。7月上、中旬为幼虫高峰期，7月下旬为化蛹高峰期，8月上旬第一代成虫羽化后继续取食稻叶，于9月上旬后逐步迁出稻田。

在浙江双季稻区，越冬成虫于4月上旬开始在越冬场所取食杂草，4月中旬陆续迁至田埂和有水田块中取食杂草，4月底至5月上旬转移至早稻秧田取食和产卵。5月中旬至6月中旬为幼虫为害盛期，6月中、下旬为蛹盛期。第一代成虫6月中旬始见，6月下旬至7月上旬为羽化出土盛期。羽化后先取食稻叶和田中杂草，7月上、中旬有较高比例的成虫转移至田埂上取食杂草。7月中、下旬，飞行肌发育后大部分成虫迁离稻田至附近的坡地上滞育越夏越冬；少量成虫迁至晚稻田取食产卵，形成第二代。第二代幼虫期从8月上旬至9月底，8月下旬见蛹，成虫于9月初始见，10～15d后达到峰期，先在无效分蘖上取食或转移到田埂杂草上取食，9月下旬至10月中旬陆续迁至越冬场所，少量个体滞留田间越冬。该地区稻水象甲的发生量第一代明显大于第二代，第二代目前不造成危害。

成虫具假死习性，不善飞行，可在水中游泳，活动和取食偏好有水的环境。对黑光灯趋性较强。成虫具夏季、冬季滞育特性，但滞育强度较弱。我国各地发生的种群均营孤雌生殖，无雄虫发生，而在原发生地美国则以两性生殖为主。一般只选择被水浸没的寄主部分产卵。在水稻上，卵产于外围2～3片叶的叶鞘近中脉组织内，大多单产，有时2粒产在一起，卵纵向排列与叶鞘维管束平行。越冬后成虫平均产卵数10粒，若寄主营养条件好可产100粒以上。初孵幼虫先在叶鞘内取食（一般不超过1d），后离开叶鞘落入水中，转移至根部取食。在水稻田，幼虫一般在0～6cm的土层中取食为害，具转移为害习性，通过身体蠕动扩散至邻近的寄主植物。三龄幼虫取食常造成寄主断根。幼虫老熟后在稻根上筑土茧化蛹，土茧多集中在上层靠外围的稻根上。

营孤雌生殖、滞育越夏越冬、寄主植物种类多，以及一定的迁飞和随水流漂移的能力，是稻水象甲入侵我国后扩散较快的重要原因。

四、发生与环境的关系

（一）栽培措施

水与稻水象甲发生关系密切。由于冬后稻水象甲的取食和产卵偏好有水的环境，多种杂草为其寄主，因此在水稻栽种前，有水层、有禾本科杂草的田块成虫数量大，成为水稻本田的重要虫源。水稻秧苗期和分蘖初期，稻田保持深水层，有利于稻水象甲产卵。在美国南方稻区，稻田内持久性灌水的早晚直接影响着稻水象甲种群的发展，水稻受害的程度取决于灌水的时间。

水稻移栽期能显著影响稻水象甲的发生时期和为害程度。若提前或推迟插秧时间，使秧苗期和分蘖初期避开冬后成虫迁入盛期，对其产卵不利。在原双季稻区，若压缩双季早稻面积或改种单季稻，有可能降低当地的发生程度。

施氮水平对稻水象甲的虫口密度有显著影响，随着氮肥使用量的加大，产卵期延长，取食量和繁殖力增加，存活率提高。

（二）水稻品种

稻水象甲在不同水稻品种上的种群增长能力存在一定差异。一些品种对稻水象甲具低到中等水平的耐害性，植株高大、长势旺、发根能力强的品种受害相对较轻。辽宁省农业科学院植物保护研究所研究发现，晚熟品种较早熟品种受害轻，原因是晚熟品种幼穗的形成时间较迟，这一敏感期可避开幼虫为害高峰期。曾报道辽宁省桓仁县主栽品种T03对稻水象甲具高水平抗性，表现为：秧苗叶片被取食为害程度明显轻于其他品种；成虫取食后寿命较短、产卵量明显降低，后代卵孵化率较低，且幼虫取食后存活率极低。

（三）杂草生长状况

多种杂草尤其是禾本科和莎草科杂草与越冬代成虫、一代成虫的发生动态关系密切。在浙江双季稻区，山上越冬代成虫早春复苏活动后偏爱取食白茅［*Imperata cylindrica* Beauv. var. *major*（Nees）C. E. Hubb.］，因此该植物发生多的坡地往往是稻水象甲越冬的主要场所。早稻移栽之前，早期迁到田块的成虫主要取食田埂和田中的一些禾本科杂草，因此，若比邻越冬场所的田块长有李氏禾等杂草，可促进冬后成虫的生殖发育，从而有利于其在早稻上的发生。另外，一代成虫迁离稻田之前偏爱取食稗草等杂草，并有一定比例的成虫可向田埂转移取食李氏禾等，因此，这些杂草的生长状况可影响一代成虫的食料条件，从而可能影响到其飞行肌发育进度、二代虫源的卵巢发育进度。

（四）气候因子

温度显著影响早春稻水象甲的迁飞动态。在日本研究发现，冬后成虫的迁飞受气温制约，要求日最高气温在25℃以上，迁飞时段的气温在20℃以上。在浙江双季稻区的研究表明，当13.8℃以上的有效积温达到90℃左右时，山上越冬种群约50%的个体完成飞行肌发育；而当有效积温达到80℃时，诱虫灯下可出现迁入峰。冬后稻水象甲的起飞除了气温需达到20℃外，还对风速要求较高，风稍大易被晃落或不能展翅而无法起飞，而无风或微风则利于起飞。雨量多少与雨日的分布，可决定当年越冬代迁入峰期的早迟。

（五）天敌

蛙类、蜘蛛、蜻蜓稚虫等是稻水象甲的潜在捕食性天敌，但其控制效果有待进一步研究。在寄生性天敌中，目前只发现线虫及球孢白僵菌［*Beauveria bassiana*（Bals.）Vuill.］、绿僵菌［*Metarhizium anisopliae*（Metsch.）］和琼斯多毛孢菌［*Hirsutella jonesii*（Speare）Evans et Samson］等寄生性真菌。许多报道表明，越冬代成虫有较高比例的个体可被白僵菌和绿僵菌感染；但由于被感染的成虫在其死亡前仍能产卵，自然条件下这两种病原真菌对稻水象甲种群的抑制作用也有待进一步研究。

五、检疫、监测和防治技术

目前，在我国各地发生的稻水象甲均营孤雌生殖，故即使少量传入便有可能定居并迅速扩散，且难以根除。严格检疫是防止该虫传入的首要措施。对邻近疫区的地区及其他高风险区，应进行系统监测，以及早掌握稻水象甲扩散动态。对现有疫区，应采取化学防治措施为主其他防治措施为辅的综合治理策略，极力压低种群数量。

（一）检疫措施

通过行政手段，划定稻水象甲疫区，设立检疫检查站。严格控制从疫区调运秧苗、稻草、稻谷和其他寄主植物及其制品，防止用寄主植物做填充材料等，延缓扩散蔓延。检疫时，对受检材料采取抖落、过筛等方法，使其中可能夹带的稻水象甲成虫显现。需注意成虫具假死习性，且活动缓慢，不易觉察，故对抖落物、过筛物的检查需十分仔细。

（二）风险区监测

在邻近疫区的地区及其他高风险区，4～6月系统调查杂草、秧苗期和分蘖初期水稻的叶片上是否有疑似稻水象甲成虫为害状。在秧田、大田内，重点调查靠近田边的水稻和田埂两侧的杂草；对空闲田，重点调查持有水层、长有禾本科植物的田块。除实地观察外，还可取较多的稻株和杂草，带回室内仔细检查有无为害状。

在水稻生长中后期，调查稻株及田中杂草的叶片上有无为害状，重点在靠近田边的区域取样。

上述调查中，若发现疑似稻水象甲为害状，应采用盘拍、目测、用手指捋等方法调查有无成虫，具体方法见附录。

（三）疫区防治方法

1. 农业防治 农业防治措施主要有调整水稻播种期或选用晚熟品种的避害措施以及排水晒田或延期灌水的水管理措施等。

在我国北方单季稻区河北、天津等地，适当迟栽以避开成虫迁移高峰，可减轻为害。同理，选用晚熟品种，使幼穗的形成在幼虫为害高峰期过后，也可减轻为害。在浙江沿海双季稻区，发生重的区域改种纯单季稻，可延迟冬后成虫进入稻田的时间，降低其在稻株上的产卵量。在美国、日本等部分地区，早播水稻在稻水象甲幼虫发生高峰时已具发达根系，故耐害性较高。

由于稻水象甲大多将卵产于水面以下的水稻叶鞘部分，因此，田块平整、排灌方便，产卵期湿润灌溉，确保无积水，是控制稻水象甲发生最为关键、有效的方法之一。美国南方研究发现，产卵期间仅保持浅水层1.3cm左右或无水，卵及幼虫发生量明显低于深灌水（5～10cm）的田块。幼虫大量发生期间尤其是蛀根为害之前排水干田，可有效调控稻水象甲幼虫种群，但此法是否适用取决于当地的灌溉条件、是否能与除草剂和肥料使用技术相协调等因素；此外，需考虑到复灌后成虫仍有可能大量扩散至稻田，继续产卵。开始排水的适宜时间是在低龄幼虫期，持续2周，太短了达不到控制效果，太长了会伤害水稻本身。

采用旱育秧和抛秧栽种均可减轻为害。采用旱育秧可防止秧苗带卵；而抛秧栽种，为了使秧苗早生根，通常是在浅水灌溉或不灌水保持湿润的条件下进行的，同样可降低秧苗落卵量。此外，选用发根能力强的品种、培育壮秧、合理施肥均可减轻为害。

2. 物理防治 稻水象甲对黑光灯的趋性很强，可以利用这一习性，在越冬场所或稻田附近设置黑光灯诱集成虫，集中消灭。

3. 生物防治 金龟子绿僵菌的一些菌株对稻水象甲成虫具较强的致病力。据报道，在浙江沿海双季稻区，早稻插秧后3～5d（稻水象甲产卵前）每公顷施用绿僵菌1×10^{14}个孢子喷雾，13d后对成虫的防治效果可达到92.5%。在北方单季稻区，水稻移栽后5～7d每公顷施用绿僵菌孢子悬浮液3×10^{13}～7.5×10^{13}个孢子喷雾，也具较好的防治效果。

4. 化学防治 使用化学农药是当前防治稻水象甲的首要方法，采用“防成虫控幼虫”的用药策略，即在越冬代成虫盛发产卵前用药，从而降低后代幼虫数量。有人提出越冬代成虫的防治指标为早稻百丛30头。不过，为了防治疫区种群数量累积，降低向周边非疫区扩散的风险，当前各疫区无论发生程度如何均应施药防治（专治或兼治）。可用药剂有：10%吡虫啉可湿性粉剂，用量为300g/hm^2；20%三唑磷乳油或40%水胺硫磷乳油，用量为1.5L/hm^2；48%毒死蜱乳油或5%氰戊菊酯乳油，用量为1.125L/hm^2；均对水750L喷雾。防治幼虫的药剂有5%甲基异柳磷颗粒剂或3%克百威颗粒剂，用量为15～22.5kg/hm^2，在移栽前撒入大田，或排水后撒入受害重的本田。

附：测报技术

1. 调查抽样技术 越冬场所稻水象甲成虫密度：成虫主要在草丛基部表土层中越冬，故目前国内外均采用取表层土筛查或水漂法估计越冬成虫密度。我国主要采取筛查法：在每类越冬场所（山坡、林带、田埂等）随机取样5～10点，每点取50cm×50cm×5cm的土样，先以8目[①]筛子过筛除去植物残枝落叶和较大土粒，然后再以20目筛子筛去较细土粒，再置于加热金属盘上加热至50～60℃，或者将土样置于水泥地板上摊晒，待土中成甲爬出时计数活虫量。

秧田和本田中越冬成虫发生动态：可采用灯诱法、盘拍法和取食斑观察法。

灯诱法：将黑光灯安装在水稻秧田和本田中或其附近，每天日落前开灯、翌晨日出前关灯，计数所诱成虫数量，据此推测该田块成虫的始见期和高峰期，以及发生数量。

盘拍法：将瓷盘靠近稻株水上部分或田埂杂草的基部，使盘面与水平面呈30°角左右，用手指拍打植株，计数落入盘中成虫的数量。盘拍法宜在无雨无风（或仅有微风）的下午和傍晚采用，此时是成虫爬上寄主叶片活动和取食的高峰期。对盘拍物，除了现场检查盘内有无成虫外，最好能将其带回，于阳光或其他光源照射下进一步观察有无成虫爬出。

取食斑观察法：俯下身目测稻株叶片上有无取食斑，若有，除了盘拍法查找成虫外，还应目测植株水面以下部分是否有成虫，或者将大拇指、食指和中指合拢从植株基部缓慢捋至水面以上进行查找。对田埂上的杂草，为方便观察，可将其从基部剪下，浸入水中防止叶片卷起，于室内仔细观察有无取食斑。盘拍和取食斑观察每3d一次，主要选择靠近越冬场所的田块，以靠近田边的稻株、田埂两侧的杂草为重点调查对象。

2. 发生程度分级标准 稻水象甲成虫发生程度分级标准见附表1-45-1。

3. 调查测报内容 重点是调查越冬成虫迁入秧田和本田的时间与数量。稻田揭膜之前、移栽之前对越冬场所、田块附近区域和田埂上的取食斑和成虫发生数量进行系统调查，可为监测秧田揭膜之后、移栽

① 目为非法定计量单位，8目孔径为2.36mm，20目孔径为0.85mm。

之后稻水象甲迁入秧田和本田的时间与数量提供依据。

附表 1-45-1 稻水象甲成虫发生程度分级标准

Supplementary Table 1-45-1 Classification index of the occurrence degree

发生（为害）级别	稻叶受害级别	平均百穴成虫数量（头）
轻	一级	1.0～10.0
中等	二级	10.1～30.0
中等偏重	三级	30.1～70.0
大发生（严重）	四级	70.1～100.0
特大发生	五级	100.1～200.0
特别严重发生	—	>200.0

注 此分级标准参考辽宁省地方标准《DB21/T 1278—2004 稻水象甲测报调查技术规范》。

春季越冬代成虫发生期间，因寄主植物相对较小，对取食斑的查找、盘拍法的实施十分有利，故是非疫区稻水象甲发生监测的关键时期。

蒋明星（浙江大学昆虫科学研究所）

第46节 稻 象 甲

一、分布与危害

稻象甲［*Echinocnemus squameus*（Billberg）］，又称稻根象甲、水稻象鼻虫，属鞘翅目象甲科。异名：*Echinocnemus bipunctatus*（Roelofs）。

我国各产稻区均有分布。北起黑龙江，南至海南岛，西抵陕西、四川和云南，东达沿海各省和台湾。国外分布于韩国、日本、印度尼西亚、琉球群岛等。寄主植物除水稻外，还有麦类、玉米、油菜、棉花、瓜类、番茄、甘蓝等作物以及稗草、光头稗、李氏禾、看麦娘、香附子、泽泻、水马齿、浮叶眼子菜等杂草。

成虫咬食水稻心叶和嫩茎，受害心叶抽出后呈现一排小孔，严重时造成断心断叶。幼虫为害稻根，为害轻时，叶尖发黄，生长停滞，影响稻株长势，虽可抽穗，但成熟不齐；为害重时，植株分蘖能力降低，矮缩甚至枯死，成穗数和穗粒数减少，甚至不能抽穗，秕谷增多，千粒重和碾米率降低，最终导致减产。

稻象甲在20世纪50年代是江西、湖南、湖北、浙江等省的主要稻虫之一。60和70年代只是零星发生。70年代末80年代初以来，随着耕作制度、栽培方式、农药品种等的变化，尤其是停止使用对稻象甲具特效的有机氯农药后，该虫种群数量在长江流域及以南稻区出现回升趋势。90年代以来，该虫已成为广西、湖北、安徽、江西、上海等省份部分地区的重要水稻害虫。

二、形态特征

稻象甲成虫形态及其为害状如彩图1-46-1所示。

成虫：体长约5mm（不包括喙管），宽约2.3mm，暗褐色，密布灰色椭圆形鳞片。头部延伸成稍向下弯的喙管，触角红褐色，端部稍膨大。每一鞘翅具有细纵沟10条，内侧3条色较深，在后部约全长1/3接近中缝处有1个由鳞片组成的长圆形白斑。

卵：椭圆形，长0.6～0.9mm，初产时乳白色，有光泽，后变黄色。

老熟幼虫：体长约9mm，乳白色，多横皱，略向腹面弯曲，具黄褐色短毛。头部褐色，无足。

蛹：长约5mm，初为乳白色，后变灰色，腹面多细皱纹，腹末背面有1对刺状突起。

三、生活习性

稻象甲在国内1年发生1～2代。年发生代数与耕作制度关系密切，单季稻区发生1代，双季稻区可发生2代。各代成虫发生期与秧苗及移栽期一致。

在发生1代区如江苏南部单季晚稻区，主要以幼虫和少量蛹在稻茬根须间越冬，亦有少量成虫在田边杂草、稻茬茎腔中及土表下越冬。翌年5月越冬幼虫相继化蛹，5月下旬至6月上旬羽化，随后在单季晚稻本田内产卵、孵化，以成虫和幼虫为害水稻，7月上旬越冬代成虫大量死亡。

浙江双季稻区年发生2代，主要以成虫和幼虫越冬。据1989年调查，越冬后幼虫3月初开始活动，4月中旬达到高峰，早稻出苗后迁至秧田为害，移栽后迁入本田为害并产卵。据永康市定田系统调查，早稻移栽后9～12d（5月5日左右）达到产卵高峰，15～17d达到卵量高峰，24～27d（5月19日左右）为卵孵化高峰，6月下旬开始化蛹，一代成虫于7月中旬前后开始羽化，在早稻收割前部分羽化成虫迁离田间。未能化蛹的幼虫、未能羽化的蛹在翻耕灌水后逐渐死亡。晚稻田移栽后稻象甲迁回田间，迅速达到成虫高峰，移栽后10d左右达到卵量高峰，16d左右为卵孵化高峰；9月上旬为高龄幼虫高峰，10月上、中旬为化蛹高峰，10月上旬开始羽化，中旬达到羽化高峰。11月上旬停止羽化，11月中、下旬以成虫和幼虫进入越冬。

广东佛山年发生2代，主要以成虫在松土或土缝中、田边杂草及落叶下越冬，少数以幼虫和蛹在稻茬根部土中越冬。越冬成虫于3月上旬开始活动，为害早稻秧田和本田，4月中、下旬为产卵盛期，幼虫于6月上、中旬化蛹，一代成虫羽化盛期在6月中、下旬，主要转移到晚稻秧田和本田为害。二代产卵盛期在8月上、中旬，9月下旬二代陆续羽化为成虫，并进入越冬。

成虫多在早晨和傍晚活动，晴朗的白天多潜伏于秧苗和稻丛基部或田边杂草丛、土缝等处，无明显趋光性，活动能力较弱，有假死习性，喜食甜物。卵多产于稻苗基部叶鞘上，产卵时用喙咬一个小孔，将卵产入其中，每孔产卵3～5粒，多者10余粒。在稻苗基部叶鞘浸水情况下，能潜入水中产卵。成虫一生产卵100多粒，产卵期长达半个多月。幼虫孵出后，沿稻株潜入土中，取食幼嫩须根，有时一丛稻根中可聚集数十以至百余头幼虫。老熟幼虫在稻根附近做土室化蛹。幼虫在长期浸水田中不能化蛹，但一旦离水，老熟幼虫即能化蛹。蛹耐水浸，但发育速度比不浸水的慢，而且蛹死亡率随浸水时间延长而增加。夏秋期间稻象甲各虫态历期为：卵期5～6d，幼虫期60～70d，蛹期6～10d，越冬虫态历期长达200d以上。

四、发生与环境的关系

稻象甲的发生与耕作栽培措施、水稻品种、防治稻虫的药剂种类、地势及土质等密切相关。

（一）栽培制度

在双季稻区，若早稻收割后耕翻沤田，大量稻象甲幼虫和蛹可被机械损伤致死，从而降低越冬基数，对其发生不利。而双季稻区改为以单季稻为主，对此虫发生有利。加上一些地区单季稻品种、生育期、播种时间参差不齐，导致秧苗期和稻象甲成虫发生期吻合程度高，对其产卵繁殖十分有利。

（二）栽培技术

大面积推广轻型栽培技术对稻象甲发生有利。以往许多稻区具有冬翻冬沤的传统习惯，而普及冬作免耕、少耕方式后，加之冬闲田的增加，使稻象甲幼虫和蛹越冬基数提高。化学除草代替人工耘耥除草，也减少了对幼虫和蛹的机械损伤。采用稻田湿润灌溉方式，田间经常干干湿湿和排水烤田，使土壤湿度降低，有利于稻象甲发育和存活；相反，稻田长期浸水，不利于稻象甲存活及化蛹和羽化。

田间粗放管理，如冬、春季不清除田边、沟渠杂草，也在一定程度上有利于稻象甲的越冬存活，提高发生基数。

（三）水稻品种

双季稻区若种植中、早熟早稻品种，早稻收割时有较多的稻象甲尚处于幼虫或蛹期，易在稻田耕翻时死亡，故发生为害较轻。而若推广种植迟熟早稻品种，收割时间延迟，并且水稻生长后期稻田干干湿湿，使幼虫和蛹发育加快，则早稻收割时大部分成虫可羽化，从而增加第二代以及翌年的虫源基数，使发生为害加重。

（四）农药种类

以往有机氯农药对稻象甲的防治有特效，禁用后稻田推广使用的大多数杀虫剂如杀虫双、乙酰甲胺磷、三唑磷、杀螟松、敌百虫、乐果等品种，对稻象甲的兼治效果差。这也是各地稻象甲种群数量逐渐回升的主要原因之一。

（五）天敌

越冬成虫和蛹可被白僵菌等自然寄生，寄生率达20%以上。另据河南省郑州市植保植检站的室内研究结果，芫菁夜蛾线虫对稻象甲幼虫具较强的致病力。

（六）稻田土质

稻田土壤含水量影响稻象甲幼虫和蛹的发育，发生量一般旱田高于低湿或积水田，旱秧田高于水秧田，沙质土高于黏质土。

五、防治技术

在防治上采用“降低虫口基数、治成虫控幼虫”的策略，具体做法是以农业防治为基础，结合应用物理防治与药剂防治的综合防治措施。

（一）农业防治

为了降低越冬基数，恶化越冬环境，减少翌年有效虫源，提倡冬季免少耕与深耕轮换，充分利用深耕对幼虫的杀伤作用；冬春铲除田边、沟边杂草；早春及时沤田，多犁多耙；化蛹期间保持田间适量浸水，或浅水勤灌，以创造不利于化蛹和羽化的条件。

（二）物理防治

利用成虫喜食甜物的习性，用糖醋稻草把诱捕。方法是，在冬后成虫盛发期，水∶糖∶醋按5∶1∶1比例加少量白酒配成混合液，将其洒于长30～35cm的草把上，于傍晚插入秧田或分蘖期大田，草把高出水面7～10cm，每公顷插450个草把，翌晨收回草把集中捕杀。也可将西瓜皮、南瓜皮、甘薯等甜物切成薄片作诱饵。此外，虽然成虫无明显趋光性，但盛发期采用杀虫灯仍可诱杀部分成虫，且诱集高峰期明显。这些诱捕方法既可作为防治手段，也可作为测报方法。

（三）药剂防治

防治成虫应掌握在盛发高峰期，防治幼虫应抓住卵孵化高峰期。也可掌握在栽后6～8d，若使用高效、残效期长的药剂防治成虫，用药时间可适当放宽，在栽后10d防治。

成虫和幼虫的防治指标分别为早稻百丛20头和百丛27头，晚稻百丛25头和百丛37头。也有报道，在江西秧苗期的防治指标为15头/m^2，返青分蘖期为百丛56头。

防治成虫的药剂：48%毒死蜱乳油，用量为900mL/hm^2；40%水胺硫磷乳油，用量为1.5L/hm^2；20%三唑磷乳油，用量为1.5L/hm^2。每公顷对水750L喷雾。根据成虫活动时间，宜选择在早晨或傍晚施药，用药后2～3d田间保持浅水层。

防治幼虫的药剂：5%甲基异柳磷颗粒剂或3%克百威颗粒剂，用量为15～22.5kg/hm^2，拌细土300kg/hm^2，在移栽前均匀撒入大田，或排水后撒入受害重的本田，施药时田间宜保持浅水层。也可用48%毒死蜱乳油，用量为900mL/hm^2，对水喷施，施药时排干田水以提高防效。

蒋明星（浙江大学昆虫科学研究所）

第47节 稻铁甲虫

一、分布与危害

稻铁甲虫［*Dicladispa armigera*（Olivier）］，属鞘翅目铁甲科。国内的分布东部北界不过长江，西部北界不过秦岭的各稻区，主要分布于南方各省稻区，尤以沿海、沿江及溪边等沙性重的稻田较常见；江苏南部、安徽南部和陕西南部偶见。国外则分布于南亚、东南亚等地稻区。稻铁甲虫在我国已知有3个亚种，即华东稻铁甲虫［*D. armigera similis*（Uhmann）］，分布很广，遍及我国主要稻区；华南稻铁甲虫［*D. armigera boutani*（Weiss）］，分布于广东、广西两省（自治区）；云南稻铁甲虫（*D. armigera yunnanica* Chen et Sun），仅分布于云南南部。

20世纪50～60年代，稻铁甲虫是我国长江流域及以南地区水稻上的重要害虫，曾猖獗一时；60～70年代，一度得到控制；80年代以来，逐年回升，并在局部稻区成灾。如，贵州普定，华东稻铁甲虫1977年仅一个乡零星发生，1980年迅速发展到7个乡，仅陇戛乡就发生超过220hm^2；部分田块每平方米秧苗上有幼虫1 860余头，受害株率达81%。重庆万县，1994年开始稻铁甲虫在部分海拔800～1 000m地段稻田严重发生，1997年扩展到100hm²，一般造成减产20%～30%，严重田块达70%。江西修水县，1981年发生面积仅几公顷，1986年该县晚稻因稻铁甲虫引起全田枯死而迫使重栽的现象出现多处，1987—1988年发生量更大，虫口密度高达每百丛2 700头，发生面积超过1万hm²。广东从化县，1998年仅个别乡镇稻田零星发生，1999年扩展至6个镇20多hm²，2000年进一步扩展至10个镇的133hm²。

稻铁甲虫除为害水稻外，尚取食甘蔗、玉米、麦类、油菜、茭白、李氏禾、芦苇、稗草、狗牙根、看麦娘、马唐等7科40多种植物。

稻铁甲虫成虫啮食叶肉组织，残留叶脉和下表皮，被害叶片呈现白色条斑；幼虫潜蛀入叶片组织中取食叶肉，起初呈红色斑点，逐渐扩大呈红褐色，透光能见幼虫，后期仅留上下表皮，形成黄白色袋状膜囊。受害水稻轻者生长不良，成熟不一致；重者叶片叶肉被吃光，田间一片枯白焦黄，甚至全株枯死，影响水稻产量。

二、形态特征

成虫（彩图1-47-1）：体长约5mm，初羽化时灰黑色，渐变黑色，有金属光泽，后光泽消失，又呈灰黑色。头小而略圆。前胸背板中央有两纵列小而密的刻点，两侧的前方各有1突起，上生4长刺，在两突起的后方又各有1根刺。鞘翅表面散生许多刻点，排列成纵行；每一鞘翅上有长短不一的刺突20～21根。长刺大多生在翅缘，短刺散生在翅背；后翅灰黑色。腹部末端密生丛毛。

3个亚种成虫的主要区别是：华东稻铁甲虫腿节黑色，前胸背板中央的两条横列凹陷显著；华南稻铁甲虫腿节棕红色，前胸背板无显著凹陷；云南稻铁甲虫，鞘翅第四、五刻点行间中部的刺很小，而前两种的都很发达。

卵：长约0.6mm，扁椭圆形，乳白色，表面覆盖黄褐色胶质物。

末龄幼虫：体长5～7mm，扁平，长圆形，腹足退化；胸腹部乳白色，自中胸到第七腹节的各节背面均有两横列小突起，腹部各节两侧向外突出，突出部呈三角形，第八腹节后缘两侧各有1根向后直伸的刺，褐色。

蛹：长5～6mm，扁长椭圆形，背面微隆起，初时乳白色，后转深黄色，羽化前为黑褐色。头、足明显，前胸两侧各有1个扁平突起，突起末端具4个短齿。各腹节两侧有小刺1对，在第五腹节两侧另有1对非常明显的大刺。

三、生活习性

稻铁甲虫在各地1年发生2～6代，由分布北限往南递增。贵州省普定县1年发生2代；重庆市万县1年发生2～3代；江西永新、修水、南昌，湖南浏阳，湖北长阳及浙江衢县等地1年均发生3代；浙江台州等南部沿海地区则以3代为主，少数4代；台湾1年发生3～5代，广东4～6代。

在贵州普定，越冬成虫于5月中、下旬进入产卵盛期，卵产于水稻秧苗上；第一代卵孵化盛期在5月下旬至6月上旬，第二代卵于6月下旬开始出现，7月上旬开始孵化，7月中旬为孵化高峰期，同时始见第二代成虫。在重庆市万县，越冬成虫4月开始迁入秧田为害，本田中第一代成虫出现在6月下旬至7月初，第二代幼虫出现在7月上旬至中旬末，蛹出现在8月上旬，成虫大量出现在8月中旬。在江西南昌，越冬代成虫4月中旬开始产卵，第一代卵5月上旬始孵，5月中旬始蛹，5月下旬开始羽化和产卵；第二代6月上旬始孵，6月中旬始蛹，6月下旬开始羽化，7月下旬始卵；第三代8月上旬始孵，8月中旬始蛹，8月下旬开始羽化，9月下旬开始越冬，至翌年3月开始活动。在江西修水县，越冬成虫4月上旬迁入早稻秧田为害，4月下旬进入早稻本田为害繁殖，以第二代于晚稻苗期为害；9月下旬至10月中旬随着晚稻成熟，成虫迁入稻田周边越冬。在湖北长阳县，第一代若虫、成虫分别在6月初至7月上旬、6月上旬至7月中旬发生；第二代若虫、成虫分别在7月初至8月中旬、7月上旬至8月下旬发生；第三代成虫在8月下旬至9月发生。

主害代和主要发生期因地区而异，但均以水稻秧苗期和分蘖期受害最重，孕穗期以后受害很轻。在江西省永新县和浙江省永嘉县，主要以越冬成虫为害早稻秧苗和第三代幼虫为害晚稻秧苗为重。在广东，全年以5～6月和8～9月虫口密度最大，分别于早稻、晚稻的生长前期为害。

稻铁甲虫各代的历期差异悬殊。在发生3代区的江西修水，第一、二、三代的世代历期分别为30～48d、61～82d和240～270d；各虫态历期，卵期分别为6～10d、4～7d、4～6d，幼虫期分别为13d、12d、12d，蛹期分别为8d、9d、9d，成虫寿命分别为30～40d、54～62d、225～250d，成虫是导致各代全生育期差异悬殊的最大原因，这与该虫以成虫越冬（第三代）或越夏（第二代）的习性有关。同为发生3代区的江西永新，第一、二、三代卵期分别为10～15d、4～7d、4～6d，其中第一代卵期略长于修水；幼虫期一般10～15d；蛹期4～9d，第一、二代成虫期为30～40d，越冬代（第三代）长达6～7个月；产卵前期9～15d。江西南昌第一、二、三代卵期分别为6～10d、4～7d、4～6d，幼虫期分别为13d、12d、12d，蛹期均为8～9d，成虫期则分别为30～40d、54～62d、225～250d。在发生2代区贵州普定，第一、二代平均卵历期8～10d，幼虫期18～20d，蛹期8～10d，越冬成虫平均寿命为274d。

各地均以成虫越冬、越夏。越冬通常在温暖干燥、避风向阳处的沟边或田边处，成虫常蛰伏于土缝、落叶、砖石下以及水稻、玉米、茭白、甘蔗、高粱等残株中，翌春气温转暖时，先在杂草、茭白、麦类上取食，待水稻秧苗返青后，逐渐集中到秧田为害并产卵，以后随秧苗移栽带入本田。据江西省修水观察，越冬场所要求有青绿的禾本科杂草，成虫在最低气温12℃的情况下仍需取食补充营养才能越冬，否则不能越冬。第二代成虫越夏期间不产卵繁殖，仍照样取食为害。在江西修水，越夏成虫从6月下旬至7月下旬取食早稻后，随着早稻黄熟，转移至晚稻本田为害。

全天均能进行羽化，但高峰时段各地报道不一，6:00～8:00、13:00～19:00及晚上均见诸报道。羽化2h后，成虫即可飞翔，但不活泼，不善飞翔；自羽化后5～6h开始取食，多在夜间、早晨或阴雨天进行。成虫白天常躲在稻叶背面或稻株基部，稍受惊动即假死跌落，并能随水流扩散为害。交尾多在白天，不受气候条件影响，晴天或雨天都能观察到成虫交尾，交尾时间有的长达十几小时；羽化后开始交尾的时间，第一、二代和越冬代分别为2～5d、18～30d、8～13d。越冬代成虫交尾后需到翌春才产卵，越夏成虫（第二代）能取食交尾，但产卵得在越夏之后；第一、二代和越冬代的产卵前期分别为4～6d、34～40d、200～210d，各代间差异大。产卵多在晚上，散产于叶片距叶尖7～20cm处叶片组织中，一片叶有卵3～7粒，多者12粒；卵多集中产于稻株上部的两片叶，倒一、二、三、四叶落卵量占每株落卵的比例分别为42.1%、40.4%、16.2%、1.3%。产卵时，雌虫先将叶面咬破，然后将卵产入，再以黄色胶质物封闭；每头雌成虫可产卵40～120粒，温暖多雨时产卵多，反之则少。

幼虫孵出后潜居叶片组织中啮食叶肉，体长3mm以上食量明显增大。幼虫期一般转移为害2～3次，在贵州贵定则观察到转移3～4次，并伴有蜕皮现象；幼虫转移时间多在清晨田间露水未干之前或阴雨天。幼虫期一头幼虫能采食427.9～475.4mm长的稻叶肉，经两次蜕皮后在受害叶膜囊中化蛹。羽化时，成虫破囊而出。成虫中以雄虫居多，第一、二代成虫的雌雄性比分别为1∶1.4、1∶1.55。

四、发生与环境的关系

（一）气候条件

稻铁甲虫喜高温高湿。在长江流域稻区，春季温暖多雨时，成虫产卵多，孵化率高，发生量大，为害严重；夏、秋两季气温高、雨量充沛亦有利于稻铁甲虫发生。

（二）耕作制度、品种与栽培技术

双季稻及单、双季稻混栽地区，食料丰富，适于稻铁甲虫的发育和繁殖。不同水稻品种影响稻铁甲虫的发生，生育期早的水稻受害轻，生育期迟的水稻受害重；糯稻一般比籼稻受害重。据贵州普定1981年7月调查，糯稻受害叶片率为88.7%时，籼稻受害叶片率仅12.7%。

稻铁甲虫成虫有趋嫩绿习性，凡播种早、生长好的早稻秧田和施肥多、生长青嫩的早稻、晚稻本田，常能诱集大批成虫取食和产卵。

（三）天敌

田间自然天敌是影响稻铁甲虫发生的重要因素。据贵州普定调查，天敌对第二代幼虫、蛹的控制力强，被寄生率分别达到72.9%和56.0%。天敌种类包括：寄生性天敌螟卵啮小蜂（*Tetrastichus schoenobii* Ferriere）和螟黑纹茧蜂（*Bracon onukii* Watanabe），捕食性天敌中华金星步甲（*Calosoma chinense* Kirby）、金斑虎甲（*Cicindela aurulenta* Fabricius）等。

（四）化学药剂

六六六和 DDT 等有机氯杀虫剂的推广和禁用，是影响我国不同年代稻铁甲虫发生消长的重要原因。该类药剂在我国于 20 世纪 50 年代后期开始推广，60～70 年代稻铁甲虫一度得到控制；随着其禁用，稻铁甲虫的发生范围与数量自 80 年代以来又有所回升并局部成灾。

五、防治技术

稻铁甲虫的防治应贯彻“预防为主，综合防治”的植保方针，以农业防治为基础，农业防治、化学防治相结合，实现对该虫的有效控制。

（一）农业防治

最大限度地压低越冬虫口，减少虫源。可采用以下措施：铲除越冬寄主，减少越冬虫源。春季耕翻土壤，铲除田边、沟边杂草，及时引水灌田，破坏越冬场所，减少越冬虫源。

合理施肥，科学用水，增施磷、钾肥，控制叶色过浓，增强植株抗性。

（二）药剂防治

重点防治成虫高峰期，若仍有较大发生量，需进一步在低龄幼虫期防治。如在重庆市万县，成虫期可主抓 5 月上旬越冬成虫大量迁入秧田为害期，及 6 月下旬和 8 月中旬本田一、二代成虫发生期进行防治。防治幼虫应在 5 月下旬和 7 月上、中旬。

秧田每平方米有成虫 5～10 头或本田每百丛有成虫 20～25 头为化学防治指标。每公顷可用 50%杀螟硫磷乳油 450～750mL、18%杀虫双水剂 1 350～1 800mL、25%杀虫双水剂 3 000mL、80%敌敌畏乳油 1 500～1 800mL 对水 675～900L 喷雾。防治幼虫，每公顷用 90%敌百虫可溶粉剂 675～900g 对水 675～900L 喷雾效果较好。

此外，在发生严重地区，按不同地段适期早播诱集田，以诱集大批越冬成虫，然后集中消灭，可事半功倍。

傅强　何佳春（中国水稻研究所）

第 48 节　水稻负泥虫

一、分布与危害

水稻负泥虫［*Oulema oryzae*（Kuwayama）］，属鞘翅目叶甲科。又名稻叶甲，俗称牛粪虫、巴巴虫、背粪虫、猪屎虫等。

水稻负泥虫在我国有两大发生区：一为东北稻区，辽宁、吉林、黑龙江；另一为南方稻区，包括秦岭以南的安徽、湖北、贵州、云南、湖南、广西、广东、江西和浙江等。多发生于新开荒的直播稻田和丘陵山区稻田，是水稻生长前期的主要害虫之一，对我国水稻生产有一定影响，局部地区成灾。如 20 世纪 80 年代曾在大别山区的中稻上每隔 2～3 年发生 1 次，可造成 5%～10%减产，严重时达 20%。21 世纪以来，随着东北稻区稻田面积迅速增加，稻负泥虫已成为当地常见水稻害虫。除水稻外，还为害粟、黍、大麦、小麦、玉米、芦苇、茭白、梯牧草、李氏禾、碱草及白茅属、甜茅属植物等。

水稻负泥虫幼虫和成虫均喜为害苗期和分蘖期水稻，以幼虫为害较重。能沿叶脉取食叶肉，造成白色纵痕。水稻负泥虫幼虫有背负粪便的习性。因此，被害叶片上常可见米粒大小的泥点，泥点内为背负粪团的头小、背大而粗、多皱纹的乳白色至黄绿色寡足型幼虫。水稻负泥虫发生严重时，田间叶片变白、破裂，甚至全株枯死，造成缺苗；即使稻苗存活，也因稻叶受损，光合效能降低，稻株发育迟缓，迟熟，影响产量。

二、形态特征

水稻负泥虫成虫和幼虫形态如彩图 1-48-1 所示。

成虫：体长 4.0～4.5mm。头、复眼黑色。前胸背板淡黄褐色，后方有 1 明显凹缢。鞘翅青蓝色，有金属光泽。身体腹面黑色，头具刻点，前胸背板长大于宽。小盾片倒梯形，鞘翅上生有纵行刻点 10 条，两侧平行。足大部分呈黄色或黄褐色。触角长度几达身体之半，第一节膨大，球形，第二至四节较细，第

一、三、四节接近等长，第二节短，第五至十一节筒形，较第三、四节稍长，末节端部收狭。

卵：椭圆形，长约0.8mm，宽约0.3mm。初产淡黄色，后变墨绿色，常多粒排列在一起。卵期7～13d。

幼虫：共4龄，老熟幼虫体长约5mm。头黑色，胸、腹部乳白色至黄绿色，背面呈球形隆起。前胸背板淡褐色，至中胸后各节具褐色毛瘤10～11对，腹末肛门孔向上，粪排出后堆积在体背上，故背上常覆有虫粪。

蛹：裸蛹，黄色。经四龄老熟的幼虫先脱去背面排泄物，爬到较完好的叶片或叶鞘外，分泌白色泡沫物，包围身体几个小时后凝结成茧，并在其内化蛹。

三、生活习性

水稻负泥虫在全国各地均1年发生1代，以成虫在稻田附近的田埂、沟渠边、向阳山坡的树木杂草根际、石块下、土块下越冬。春季越冬成虫先在水沟边杂草上栖息、取食，继而转移至秧田为害，插秧后扩展到本田。

在东北地区，越冬成虫6月初开始活动，先是群集在田边、沟塘边等嫩绿杂草上取食，并交尾产卵。当秧苗进入3叶期后，越冬成虫便飞迁到秧苗上产卵繁殖。由于成虫产卵期长，因而在同一时期常可见到成虫、卵、幼虫、蛹茧4个虫态。

在安徽岳西中稻区，5月上旬成虫从越冬场所迁移至稻田，5月中、下旬田间分别有少量卵和幼虫出现，之后卵和幼虫数量急剧增加，20d后达到最高峰，此后又急剧下降，6月底至7月上旬卵和幼虫在田间基本消失，卵和幼虫的历期分别约40d和30d。6月中旬开始出现蛹，6月下旬达最高峰，持续到7月下旬在田间消失。成虫群体历期很长，自始至终调查均有成虫。从数量上看，有两个高峰，即5月底至6月初和6月下旬至7月上旬。

水稻负泥虫卵、幼虫、蛹的发育起点温度分别为8.39℃、7.20℃和7.23℃，有效积温分别为53.01℃、118.31℃和122.36℃。各虫态历期：卵期7～8d，幼虫期11～19d，预蛹期2～4d，蛹期9～15d。雌成虫寿命300～340d，雄虫245～290d。成虫交尾适温为16～22℃，相对湿度80%，雌虫能重复交尾，雄虫则不能。第一次交尾时间9:00～16:00，第二次18:00～23:00。

越冬成虫于翌春取食后才能交尾，日均温高于15℃开始产卵，产卵时间多在晴朗的白天，阴雨天则停止产卵。卵多产在近叶尖处或叶片正面，少数产在叶背和叶鞘上，卵一般2～13粒排成2行；雌虫一生可产卵多次，每次产数粒至十多粒。初孵幼虫多在心叶内为害，后扩散到叶片上。幼虫怕光，一般多于清晨和傍晚在叶片上活动，阳光强烈时则隐蔽于叶背面，或躲在心叶内。幼虫自孵化到化蛹前均具有背粪的习性，老熟时才脱去背上粪堆，分泌白色泡沫在稻叶或叶鞘上结成茧，并在其内化蛹。

四、发生与环境的关系

（一）气候条件

水稻负泥虫的越冬成虫活动和为害时间各地不同。在北方稻区，越冬成虫通常在6月才开始活动，待水稻长到3～4片叶时，才转至秧田繁殖为害；而在南方稻区，3～4月开始活动，4～5月为害早稻秧田和本田。

秋冬干旱、温暖、少雨雪，翌春温暖、高湿，夏季阴天、小雨天多，有利于负泥虫的发生，但幼虫期若遇暴雨冲刷，幼虫自然死亡率高，对负泥虫发生不利。水稻负泥虫雌虫每日产卵数与产卵日数和气温成正相关。

（二）地势条件

水稻负泥虫喜阴凉，多发生于山区、半山区，处于山谷、山沟里的稻田受害较重。尤其是周围环山、杂草繁茂和背风阴坡的冷浸田、沟边田发生量大，为害重。山区隐蔽场所多，对成虫越冬更有利，是发生比平地重的重要原因。一般离越冬场所近的田块发生重，早插秧田比晚插秧田发生早且重。

（三）天敌昆虫

水稻负泥虫的天敌种类很多，如负泥虫瘿小蜂、负泥虫金小蜂、弓背小蜂、负泥虫瘦姬蜂及桑名驼姬蜂等。

五、防治技术

（一）农业防治

消灭越冬成虫。一般于秋、春季铲除稻田附近荒地、田埂、沟渠边的杂草，可消灭部分越冬害虫，减轻为害。

调节水稻播种期是北方地区避开稻负泥虫为害高峰的有效措施。北方地区越冬成虫通常在 6 月开始恢复活动，适当提早插秧，培育壮秧，提高秧苗的抗虫能力，可减轻稻负泥虫的为害。

此外，清晨在稻田入水口处滴几滴煤油或柴油，让水面上漂散细小油珠，用小扫帚将叶片上的幼虫轻轻地扫落水中，连续 3～4 次，或用粗绳在秧苗上来回荡扫 3～4 次，可收到较好的效果。发生量不大或有机稻米田多采用此法。

（二）药剂防治

防治成虫：在插秧直播兼作地区，当成虫在插秧田密度大、交尾多、产卵少的时期，即成虫交尾达 70%～80%，有卵株率 2%～4%时，及时进行防治效果最好，可将成虫消灭在插秧田，控制随后幼虫大量发生为害。

防治幼虫：在虫卵孵化 70%～80%，虫体大小如黄米粒，刚开始为害稻苗时，进行防治效果好。喷药时稻田保持 3～5cm 水层。

药剂及用量：90%敌百虫可溶粉剂 1 000 倍液，或 50%辛硫磷乳油 1 000～1 500 倍液、2.5%溴氰菊酯乳油或 5%氰戊菊酯乳油 3 000 倍液喷雾。

袁海滨（吉林农业大学）

第 49 节　稻食根叶甲

一、分布与危害

稻食根叶甲是幼虫食根、成虫食叶的为害水稻的叶甲类害虫的统称，属鞘翅目叶甲科，别名稻根叶甲、稻食根虫、稻根金花虫、稻水叶甲，俗称饭豆虫、下涝虫、食根蛆，是水稻根部的重要害虫之一。我国常见 4 种：长腿食根叶甲（*Donacia provosti* Fairmaire）、短腿食根叶甲（*D. frontalis* Jacoby）、多齿食根叶甲（*D. lenzi* Schönfeldt，又名斑腿食根叶甲）和云南食根叶甲（*D. tuberfrons* Goecke），其中长腿食根叶甲分布最广，国内多数省份均有分布，为害相对最重；短腿食根叶甲分布于黑龙江、北京、河北、山西、江苏、江西、福建、广西；多齿食根叶甲分布于江苏、安徽、湖北、江西、湖南、台湾；云南食根叶甲则分布于云南、四川。下文主要介绍长腿食根叶甲。

长腿食根叶甲，又名稻根叶甲、长腿水叶甲，在我国长江流域、华南及陕西、辽宁等地均见为害水稻，国外分布于日本。20 世纪 50 年代国内多省份的老沤田和山区冷水田常大发生。60 年代以来，随着排灌条件的改善，为害面积大为缩小，主要在西南的一些排灌条件仍然较差的地区发生，如 60～80 年代，贵州全省的 13 万余 hm^2 的冷、烂、锈水稻田中，约 25%常年发生该虫为害。90 年代以来，随着耕作技术改变和产业结构调整，免耕面积扩大，藕、慈姑、茭白等水生作物种植面积扩大，田间管理粗放，积水荒地增多，长腿食根叶甲发生又有所回升，西南稻区常见成灾。如云南省 90 年代以来多地有成灾记录，其中，永胜三川镇 1998 年、宁洱县 2009 年一般损失稻谷 10%～15%，严重的田块颗粒无收。在湖北利川和贵州凯里等地，2008—2012 年，年年都有发生，为害区域由原来的零星小面积发生向集中连片大面积为害发展，加重为害的趋势明显；凯里 2012 年未防治稻田的稻谷损失达 50%～70%。南方其他稻区仅偶见成灾，如 1996 年福建建瓯市迪口镇单季晚稻田发生稻根叶甲面积 500hm^2，损失稻谷 10%～20%。北方稻区近年亦偶见成灾。如 2012 年，在陕西省旬阳县仁河口镇桥上村发现有近 1hm^2 稻田发生水稻食根叶甲，平均被害丛率 8.2%，严重田块达 30%～50%。

寄主植物除水稻外，还有长叶泽泻、矮慈姑、眼子菜、鸭舌草、李氏禾、茭白、莲藕和稗等多种水生植物。

幼虫为害水稻须根，成虫取食水稻叶片，以幼虫为害较重。受幼虫为害，稻株矮小，叶片发黄，生育期推迟，有效分蘖和穗粒数减少，严重时造成整穴死苗；受害株的白根数少，须根短小，容易拔起，常可找到大量附着于稻根的幼虫或蛹。

二、形态特征

长腿食根叶甲成虫、幼虫和蛹形态见图1-49-1。

成虫：体长5～9mm，近纺锤形，绿褐色，具金属光泽，腹面和足褐色，密布银白色厚密绒毛。头部铜绿色到紫黑色，头顶有1对红褐色斑；触角第二节显著短于第三节，各分节基部黄褐色或淡棕色，端部黑褐色。前胸背板近正方形，具细微刻点；鞘翅底色棕黄，有刻点排成平行的纵沟，翅端平截；后足细长，腿节基部细狭，亮蓝色，中后部膨大，端部有一大齿；腹部末端稍露出翅外；雄虫腹部第一腹板中部有2个突起。

其他三种食根叶甲成虫的区别：短腿食根叶甲触角各节等长，后足腿节短，端部之齿较小；多齿食根叶甲触角第二节与第三节长度接近，后足腿节端部除一大齿外，尚有若干小齿，鞘翅全部金属色，无棕黄底色；云南食根叶甲头顶沟两侧明显隆起呈紫红色。

卵：长椭圆形，长0.8～1.2mm，表面稍扁平、光滑，排成卵块，上覆白色透明的胶状物，初产时乳白色，孵化前淡褐色。

幼虫：蛆状，末龄长9～10mm，体白色，全体被褐色细毛；头小，腹部肥大，体形稍弯曲；胸足3对，无腹足，尾端具1对由气门退化成的褐色爪状尾钩，尾钩基部中央有透明的圆形气门痕。取食时，用尾钩刺入稻株基部，固定身体，再用口器将稻根咬成小孔取食。老熟幼虫在根际结椭圆形红褐色胶质薄茧化蛹。

蛹：体长7～8mm，裸蛹，初时黄白色，后变褐色，羽化前呈黑褐色；蛹包于褐色的茧内。

三、生活习性

稻食根叶甲的发生代数，我国多数地区以1年1代为主，但在江苏高邮、盐城等地1年多至2年发生1代。以幼虫在寄主根部或水田土下10～30cm（多数16～25cm）处越冬，翌年当15cm深处土温稳定在18℃以上时（南方4月，北方5月中、下旬），幼虫爬至表土层6～10cm处，附着在越冬寄主根系上为害须根，土温23℃时为害最盛。

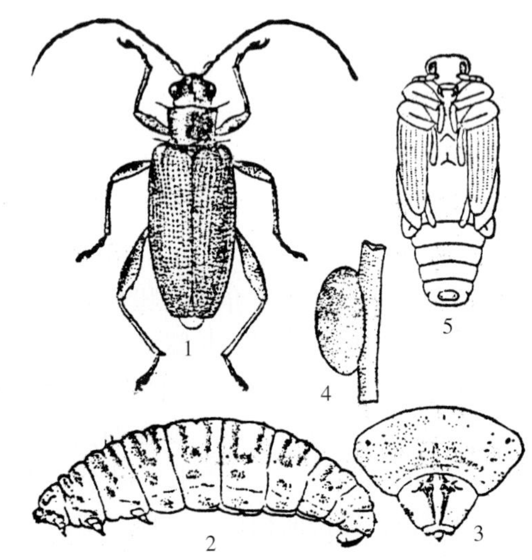

图1-49-1 长腿食根叶甲（引自中国农业科学院植物保护研究所，1995）

Figure 1-49-1 Morphology of *Donacia provosti* (from Institute of Plant Protection, Chinese Academy of Agricultural Sciences, 1995)

1. 成虫 2. 幼虫 3. 幼虫腹部末端 4. 茧 5. 蛹

四川、云南、贵州、湖北、江西、湖南、浙江等省，越冬幼虫4～5月开始上升至土表为害杂草，水稻移栽后在稻根上为害，为害盛期在6月中、下旬，并集中为害水稻须根，重灾时致稻谷绝收；化蛹在5月中、下旬至8月底，盛期在6～7月；羽化盛期在7月上旬至8月上旬，部分可至9月上旬；盛卵期为7月中旬至8月中旬，部分可至9月；盛孵期在7月下旬至8月下旬，幼虫孵出后继续食害水稻及杂草须根，随10月气温下降，开始钻入深土层越冬。具体发生期因各地温度不同而略有差异，一般早春温度回升快的地方发生较早，反之较迟；如江西的为害期较江苏北部早约半个月。在广东因早春温度回升早，其越冬幼虫冬后活动得更早，5月下旬至6月中旬稻田即始见成虫。

成虫在土中羽化出即向上爬行，浮出水面，在贴近水面的叶片上停息；行动活泼，稍受惊扰即沿水面作短距离飞行；趋光性不强，有潜水习性和假死性；能取食稻叶，但最喜食眼子菜，其次是长叶泽泻、鸭舌草、李氏禾等，常被吃成小孔或吃去叶肉。

雌成虫寿命一般为4～11d，最长16d，平均8.7d；雄成虫寿命一般为3～12 d，最长18 d，平均8.3 d。雌雄性比为1∶0.85。成虫羽化当天即行交尾，1～2 d后开始产卵，2～4d后为产卵盛期，产卵期为3～11d。据室内观察，平均每雌产卵5～6块，多者8～10块，少者2～3块，每块有卵10～12粒，多者20～40粒，呈1～5行排列；雌虫一生产卵20～224粒，平均61～132粒。

卵块多产在眼子菜背面，少数产于慈姑、长叶泽泻、莲、稻等的叶背面；紧接水面之上的叶片卵多，水中或离水面的叶片上卵少；眼子菜老叶片上卵块最多，占95.7%，嫩叶上则少，占4.3%。

卵期15～20 d，平均为17.9 d。孵化率一般为90%～92%。但与温、湿度有密切关系，20～27℃下孵化率为98%～100%，室内14℃以下或室外15℃以下，孵化率仅10%～21%，11℃时卵不能孵化。稻田缺水4～7 d也显著降低卵孵化率或不能孵化。

卵的孵化在14:00～18:00最盛。初孵幼虫2～3 d后沿植株茎秆向下爬行钻入泥土中，取食稻株须根，幼虫能爬行数米转移为害；幼虫好群集，取食时以尾端小钩插入稻根中呼吸空气，发生严重时一丛水稻有虫数十条。幼虫期330～360 d（含越冬期），长者1年以上；老熟幼虫多在受害稻根附近化蛹，蛹期13～17 d。

四、发生与环境的关系

（一）排灌条件与栽培措施

田间的积水状况是影响稻食根叶甲发生范围和程度的最关键因素。地势低洼、排水不良、常年积水的田块，眼子菜和鸭跖草等水生杂草滋生，利于幼虫的为害和成虫的取食产卵，为害较重；排灌条件好，田间不积水，及旱田或水旱轮作稻田一般不发生。前一类田块，在积水情况不改变的条件下几乎每年都会发生。

稻田灌水浅或落水晒田均不利于幼虫活动。据四川凉山调查，田间幼虫密度在灌水1～2 cm时，不及灌水3～6 cm时的50%，仅及灌水7cm以上时的10%～30%。排干水2d、5d的田块，幼虫密度分别降低35%和51%。

冬水田、新垦1～2年的稻田，基本上无寄主植物，尤其是眼子菜极少，虫量很低。开垦5年后的稻田，虽有寄主植物，但虫量不如积水的烂泥田。泥脚浅、土质硬且黏重的田块，亦不利于幼虫生存，幼虫发生量也少。

（二）其他

春季气温高，越冬幼虫上升活动早，水稻受害较重。常年单季早、中稻受害较重，晚稻受害较轻。

稻食根叶甲对不同水稻品种的为害有差异。据福建建瓯1996年调查，Ⅱ优63的受害率为1%～3%，低于汕优63和汕优78的8%～20%。

五、防治技术

采取以农业防治为主、化学防治为辅的综合防治措施，即：改善农田排灌条件；消灭田间杂草寄主，减少田间有效虫源。根据早春气温变化和虫情，按需进行化学防治。

（一）农业防治

1. 改造低洼积水田，创造有利的排灌条件，是防治该虫的最根本途径。排灌条件改善后，可在冬季排出田间积水，使土面干裂，可有效压低越冬基数；或实行水旱轮作，通过旱作改变幼虫和蛹赖以生存的土壤湿度环境，破坏滋生场所；移栽后发现此虫为害，排灌便利时可及时排水晒田，至泥土开裂后再灌水可减轻为害。此外，还可通过冬翻，将越冬幼虫翻到泥面上冻死、晒死，或被鸟啄食、被菌类寄生。

2. 清除杂草，减少中间寄主。①根除眼子菜、矮慈姑等杂草，将其清除田后，进行集中处理，以减少幼虫密度。②避免“免耕田”，清除田间杂草。

3. 放鸭食虫，在犁田或耙田时放鸭群啄食害虫，有较好的灭虫效果；有条件的地方还可进行稻鸭共育。据观察，鸭对食根叶甲较敏感，可区分有虫和无虫的稻株，啄食受害稻根上的幼虫和蛹，不会伤及无虫稻株，但受害稻株会被鸭子翻出土面而受到进一步伤害。

(二) 化学防治

重发地区，可根据发生情况，采用以下方法：

1. 除草控虫 用除草剂消灭田间眼子菜等寄主，切断和减少幼虫在水稻生长期的食料和滋生场所。

(1) 每 667m^2 可选用 25%敌草隆可湿性粉剂 75g、56% 2 甲 4 氯钠可溶性粉剂 45 g 或 10%吡嘧磺隆可湿性粉剂 10g 与 30%苄嘧磺隆可湿性粉剂 25g 混用，拌细土 20 kg 于晴天撒施，田水保持在 3～5 cm，经 7～8 d 后眼子菜、野慈姑等杂草开始腐烂死亡。

(2) 水稻移栽后 30d 和杂草 3～5 叶期，每 667m^2 用 70.5% 2 甲 4 氯·唑草酮水分散粒剂 50～60 g，对水 30～40 kg 喷雾，可有效防除眼子菜、矮慈姑、野荸荠等杂草。

2. 直接杀虫

(1) 移栽前后用药，①插秧前施毒土，结合最后一次耙田，每 667m^2 选用 50%辛硫磷乳油 250 mL、40.7%毒死蜱乳油 140 g 或 5%毒死蜱颗粒剂 1.2～1.6 kg，拌湿润细土 20～25kg 均匀施入田中；或茶籽饼粉 20kg 撒入田内杀死幼虫。②秧苗移栽后 5～7d，结合追肥和化学除草，每 667m^2 用巴丹原粉 1.5kg 或 5%辛硫磷颗粒剂 1.5 kg 与化肥拌匀施入稻田，让田水自然落干，可有效杀死幼虫。

(2) 稻食根叶甲为害水稻的初期，可进行根区土层施药，每 667m^2 撒茶籽饼粉 20kg，或 5%辛硫磷颗粒剂 3kg、50%辛硫磷乳油 160mL 对水 1.5kg 稀释后，与 25～30kg 细干土（沙）均匀混合制成毒土，于午后或傍晚撒在放干水的稻田中，翌日放水 3～5 cm 浸田，3d 后恢复正常水管理。

(3) 成虫盛发期，每 667m^2 选用 70%吡虫啉水分散粒剂 20～30g，或 40.7%毒死蜱乳油 50～60mL、90%敌百虫可溶粉剂 100～200 g 或 20%氯虫苯甲酰胺悬浮剂 30～40 mL，对水 50～60 kg 喷雾。

傅强 何佳春（中国水稻研究所）

第 50 节 稻瘿蚊

一、分布与危害

稻瘿蚊［*Orseolia oryzae*（Wood - Mason）］属双翅目瘿蚊科，先后被归为 *Cecidomyia* 属（1881）、*Pachydiplosis* 属（1921），1985 年被移至 *Orseolia* 属。异名：*Pachydiplosis oryzae*（Wood - Mason）。

稻瘿蚊是亚洲稻区的主要水稻害虫之一，分布于印度、巴基斯坦、斯里兰卡、缅甸、泰国、柬埔寨、越南、老挝、马来西亚、印度尼西亚、菲律宾、孟加拉国和也门等。在我国的发生区包括湖北、湖南、浙江、江苏、江西、福建、云南、贵州、广东、广西、海南、台湾等省（自治区、直辖市），以在广西、广东、福建、江西、湖南等地的山区晚稻上为害较重。

稻瘿蚊最早称稻瘿蝇，Y. Romachanura Roe 于 1914 年开始对此虫进行研究，赵善欢报道稻瘿蝇国内分布于广东、广西两省份。由于稻瘿蚊为害后水稻似葱状，称为“稻标葱”。1934 年前“稻标葱”并不被认为是虫害所致，而误为是水稻的生理变态，称之为“发葱病”，后经刘调化等人研发才确定由稻瘿蚊为害所致。在我国，20 世纪 40～50 年代稻瘿蚊在南方山区、丘陵地区发生并间歇性暴发成灾，50 年代中后期至 60 年代造成的危害明显减轻，70～80 年代因耕作制度的改变，杂交稻在我国全面推广，双季稻、中稻、单季稻等多种稻作在有些地方同时存在，给稻瘿蚊发生提供了极为有利的生态环境条件，使该虫由间歇性暴发成灾发展到常年发生为害，发生面积逐渐扩大，发生范围进一步向北扩展，而且开始在平原稻区发生，为害严重。据不完全统计，20 世纪 90 年代后，全国每年水稻的受害面积约 100 万 hm^2，损失稻谷 10 多亿 kg。

广西是我国稻瘿蚊发生最重的省份。20 世纪 50 年代 42 个县（市）有该虫发生。1960 年全自治区农作物病虫害普查，发现 62 个县（市）有该虫发生，主要分布于丘陵山区的阴凉山冲稻田和冷水田，间歇性零星轻度发生为害，每年发生 2 万～2.67 万 hm^2，高者 8.67 万 hm^2，损失粮食 130 万～160 万 kg。70 年代至 80 年代中期，稻瘿蚊发生区域扩大至 70 个县（市），年发生面积约 10 万 hm^2，占当时中、晚稻面积的 6%～8%，局部小面积成灾，每年造成稻谷损失 800 万～1 000 万 kg。80 年代中期以来，稻瘿蚊由局部性、间歇性发生变为普遍、经常发生，从丘陵稻区向平原稻区蔓延，由南向北扩展，从次要害虫上升为主要害虫，发生分布区域达 76 个县（市），每年发生面积达 33.33 万～40 万 hm^2，占中、晚稻面积的 30%以上，年均粮食损失约 4 000 万 kg。1988 年，全自治区稻瘿蚊特大发生，中、晚稻受害面积 43.06

万 hm^2，损失稻谷 1.03 亿 kg。1991 年广西大新县稻瘿蚊大发生，发生面积为 9.07 万 hm^2，占中、晚稻面积的 67.3%，共损失稻谷 130 万 kg。1993 年广西富川县莲山乡莲塘桐有 233.33hm^2 水田，农民害怕稻瘿蚊再度大发生，只种晚稻 2.33hm^2，其余田块全部撂荒。灾区一些干部群众视"标葱"为不治之症。2003 年晚稻期间，广西灵川县石子岭村稻瘿蚊严重发生，9 月中旬调查，有 85%的稻田受稻瘿蚊为害，其中为害严重面积约 6.67hm^2，占晚稻种植面积的 54.1%，为害率一般为 15%～30%，高的达 50%～60%；10 月上旬调查有效穗，约有 5.33hm^2 每丛平均有效穗为 4～5 穗，约有 1.33hm^2 每丛平均有效穗只有2～3 穗，受害田块每丛平均有效穗为正常田块的 25%～40%，减产幅度为 60%以上。广东省每年稻瘿蚊发生面积 6 万～7 万 hm^2，损失稻谷 4 500 万～5 250 万 kg。福建、江西、湖南等地稻瘿蚊间歇性猖獗为害。由于该虫钻蛀为害，前期为害症状不明显，植株生长点一旦受破坏，只能成"葱"，不能成穗，药剂防治难度大，在严重发生区，常造成连片失收。

二、形态特征

稻瘿蚊成虫、幼虫、蛹形态及为害状如彩图 1－50－1 所示。

成虫：外形似蚊，雌体长约 4.8mm，雄体长约 3.5mm。触角 15 节，雌第三至十四节呈长圆筒形，各节无环状丝；雄则为球形和长圆筒形交替相接，各节有半环状丝，球节的单列，长圆筒节的双列。前翅膜质透明，翅脉 4 根。雌腹部呈纺锤形，橙红色，末端有 2 小片指形的性侧片；雄腹部细瘦，淡黄红色，末端呈"山"字形。

卵：长 0.44～0.5mm，长椭圆形，头端略大，尾端略小，初产时乳白色，中期橙红色，后期紫红色。

幼虫：口器退化，胸部和腹部共 13 节。幼虫有 3 龄。一龄体形似蛆，体长（末期平均长度，下同）0.68 mm，眼点位于第三节背面中央后端。第十二节末端两侧各有 1 个管突。管突上下侧方各有 1 条短刚毛，第十三节末端中央凹入，两侧末端各有 3 条短刚毛，外侧各有 1 条长刚毛。二龄体似纺锤形，两端稍钝。体长 1.3 mm。眼点位于第二节背面中央后端。第二和第五至十二节均有 1 对黑褐色气孔。三龄体形似二龄幼虫，体长 3.3 mm。眼点位于第二节背面中央前端。第二节腹面中央有 1 红褐色的 Y 形胸骨片。

预蛹：体长 4 mm，前端钝圆，胸骨片特别明显。初期眼点位于腹面胸骨片两侧，第一至四节分界不明。

蛹：长椭圆形，雌蛹体长约 4.5mm，淡红至红褐色；雄蛹体长约 3.5mm，淡黄色。头端有额刺 1 对，刺端分叉，外长内短；前胸背面前缘有背刺 1 对。雌蛹后足短，仅达腹部第五节，雄蛹后足长，伸达腹部第七节。腹部第二至八节背面后缘生有倒向排列的刺毛。

三、生活习性

稻瘿蚊年发生代数自北向南 4～10 代，世代重叠。在广东、广西稻区，一般年发生 7～9 代，江西7～8 代，湖南、福建 6～7 代，江苏 4～5 代。稻瘿蚊越冬寄主主要是李氏禾、普通野生稻（*Oryza rufipogon* Griff）和药用野生稻（*Oryza officinalis* Wall ex Watt）。以一龄幼虫过冬。在海南省南端再生稻、野生稻上冬季可发现各种虫态。在广西南部 1 年发生 8 个完整世代，有 30%的虫体可完成 9 个世代，广西中部 1 年发生 8 个世代，广西北部 7 个世代。末代稻瘿蚊以幼虫在近水潮湿处的李氏禾上越冬。第二年 3 月下旬气候适宜时化蛹，羽化为成虫迁入早稻田产卵繁殖。第一、二 代以早稻为寄主。第三代虫量稍增，向中稻或早播晚稻秧田转移、扩散，部分仍继续以迟熟早稻无效分蘖为食。第四、五、六代虫量激增，成为为害晚稻秧田及中、晚稻本田的主害代。第七代继续侵食晚稻无效分蘖，第八、九代迁至李氏禾，并以幼虫越冬。

广东 7～8 代区，第一代成虫盛发时已是水稻分蘖期，第二、三代主要为害无效分蘖，因冬后虫源很少，一般为害不大。第三代部分成虫进入早播晚秧田，第四代是晚秧田的主害代。由于晚稻插秧期和品种成熟期有很大差异，第五至七代都可能为害。晚稻分蘖期以第六代为主害代，是全年发生面积最大、为害最重、直接造成产量损失的时期。晚稻进入幼穗分化期，该虫继续为害无效分蘖，9 月中、下旬部分成虫开始迁至稻田附近的越冬寄主上产卵，10 月中、下旬的幼虫直接进入越冬状态，成活率较高。三季中稻整个营养生长期都是该虫最适宜的生长繁殖期，若防治不及时，可造成失收。

成虫多在傍晚开始羽化，雄虫羽化盛期为 19:00～22:00，雌虫为 22:00 至翌日 2:00。雌雄性比近3～

8∶1。雄虫羽化后不久即开始交尾，雌蛹及未交尾的雌虫对雄虫有很强的引诱力，1头雄虫可分别与4～5头甚至10多头雌虫交尾。雄虫交尾后当晚到翌晨即死亡，白天田间所见成虫几乎都是已交尾的雌虫。雌虫羽化后第二晚开始产卵，卵产于近水面嫩叶上，每雌虫一生只交尾1次，产卵130～230粒，多达300余粒。20:00至翌日2:00产卵最盛，产卵期1～2d。成虫白天不活动，栖息在稻株基部阴凉湿润处。飞翔能力较弱，明显受风力影响，在50m范围内，越近虫源地的稻田受害越重，虫源下风位的稻田受害株比上风位多。成虫有趋光性，对蓝光、荧光较敏感。羽化后第二晚比第一晚趋光性强得多。灯光诱到的大多数是怀卵的雌虫。因此，灯诱虫高峰日即为田间产卵高峰日。成虫扑灯受天气条件影响很大，全年统计，第一、二代扑灯数极少，9月下旬至10月上、中旬为全年扑灯高峰期，总虫数超过全年的50%，高达80%～90%，此时成虫迁飞扩散距离较远，距虫源1～2 km的灯下，仍可诱到成虫。

卵大部分散产于叶片、叶枕上，少数产在叶鞘上。一头雌虫一晚可在35～72株秧苗上产卵，每株1～2粒。在高温干燥时，卵孵化率低，相对湿度90%以上，平均孵化率达90%以上。同一天产下的卵，在常温下从开始孵化到孵化完毕需1.5～3 d。

幼虫多在近天亮前孵出，借叶上露水下移，随水流扩散，能浮在水面蠕动，从叶鞘上部和叶舌缝隙进入生长点。未能进入生长点或在水中的幼虫可存活3～5 d。幼虫进入稻株内2～4 d，生长点周围出现凹状虫窝。二龄初期，虫窝上部出现海绵状栓塞，二龄后期叶鞘逐渐愈合成“葱”。幼虫在“葱”内生长发育，直到羽化，不转株为害。植株未形成“葱管”之前，几乎看不到被害状。在二龄末到蛹期，植株表现无心叶或心叶缩短，顶叶角度增大，叶色暗绿，或黄白色，叶质厚硬，节间缩短，茎部膨大，俗称“甲型葱管”；“葱管”伸出叶鞘到成虫羽化前的受害株俗称“乙型葱管”；成虫羽化后的受害株俗称“丙型葱管”。野生稻的被害状近似栽培稻，但在越冬李氏禾上，一龄幼虫期就表现典型的“甲型”症状，直到翌年抽出“乙型葱管”变化不大。

水稻植株整个营养生长期都可以被害成“葱”，进入生殖生长期不再受害。植株一旦形成“葱管”，便不能成穗，即使稻瘿蚊幼虫被寄生或药剂所杀死，“葱管”照常抽出。三叶期以上的植株，抽出的“丙型葱管”10d左右才腐烂消失。药剂防治一定要赶在“葱管”形成之前，即第二龄幼虫之前。

进入水稻或李氏禾蘖芽的幼虫，生长极缓慢，比进入主苗的一龄虫的历期长5～19 d，这是稻瘿蚊从第一代开始出现世代重叠的主要原因。水稻主苗受害后，可促进分蘖生长，受害蘖芽多数被刺激长成“葱管”，若防治不及时，水稻出现高位分蘖“成葱”，疯狂分蘖，植株矮小丛生状，每丛多达100苗，若防治及时，受害植株自身有一定的补偿能力。

蛹可在“葱管”内上下移动，晴天在基部，阴天和晚上在中、上部，将羽化时上升到“葱管”顶端，海绵状栓塞附近，刺孔羽化，移植时的机械损伤，可导致“葱管”破裂，折断或干枯，秧苗内部“葱管”越长损伤越重，羽化率越低。

该虫喜湿，气温25～29℃，相对湿度高于80%，多雨利于其发生。

四、发生与环境的关系

（一）虫源基数

稻瘿蚊以幼虫在田边、沟边的再生稻、李氏禾等杂草上越冬。越冬代成虫于3月下旬至4月下旬出现，飞至附近的早稻上为害。从第二代起世代重叠，一般第一、二代数量少，第三代后数量增加。早春越冬代虫源的多寡，与下半年稻瘿蚊的发生量和晚稻受害程度无直接相关性；甚至早稻无效分蘖的虫源也不足以成为晚稻“标葱”发生程度的决定因素。但是，没有大量虫源，稻瘿蚊就不会造成灾害。而造成灾害的大量虫源，却不是远代虫源，而是近代虫源。因此，控制虫源应该是控制近代虫源。

（二）气候条件

在广东，第二至六代第一、二、三龄幼虫的历期分别是5～6d、2d和3～4d。预蛹期1～2d。广东从化县测定，发育起点温度，卵期14.5℃，幼虫16.7℃，蛹17.5℃。卵期、幼虫期、蛹期发育的有效积温分别为39.9℃、115.2℃、63.0℃，全世代共计266.8℃。从3月1日开始计算，第一代成虫高峰日的有效积温为（163.0±18.5）℃。

稻瘿蚊由成虫羽化到幼虫入侵均需高湿条件。在7～8月，晚稻秧苗到本田分蘖期内，几乎每一次降雨，对该虫繁殖入侵都有利，阴雨日数多少，决定当年水稻受害轻重。成虫盛发期内，降雨超过8d，或

6～8月平均相对湿度与平均气温之比值大于3时，稻瘿蚊将大发生。晚稻回青分蘖之前，田间荫蔽性差，田水热，光照强，对稻瘿蚊繁殖极不利。若7月下旬到8月上、中旬出现明显的秋旱，即使秧期大发生，都会出现“标秧不标禾”现象，即本田受害损失很轻。

部分山坑田、小垌田日照不足，湿度大，雾大露重，石灰岩地区的地下温泉或冷泉特别利于稻瘿蚊生存繁殖，有时小气候的影响超过大气候的降雨日数，在这些地方只要有一定虫源，就会年年大发生，成为常发性灾害性害虫。

冬春期的气候对越冬幼虫虽无直接影响，但一切不利于越冬寄主生存的条件，如干旱、严寒、春水淹浸等，都可能导致稻瘿蚊大量死亡，上一年晚稻发生量与第一代发生量无显著的正相关关系。

（三）寄主植物

国内外研究均证实，不同地方的稻瘿蚊，存在着不同的生物型，它们之间外部形态无明显差别，但对不同抗性基因的水稻品种，致害力不同。用国际通用的鉴别品种及“标葱”率划分，中国稻瘿蚊至少有4个生物型，即中国生物型Ⅰ、Ⅱ、Ⅲ、Ⅳ；印度已发现了6种稻瘿蚊生物型，分别为印度生物型Ⅰ、Ⅱ、Ⅲ、Ⅳ、Ⅴ、Ⅵ；另外，Katiyar等对中国、印度、斯里兰卡、尼泊尔、老挝等国的稻瘿蚊生物型进行了聚类分析，结果表明可分为两组，中国、老挝、东印度组和印度其他样本、斯里兰卡、尼泊尔组，斯里兰卡、尼泊尔的稻瘿蚊也存在不同的生物型。中国Ⅳ型不同于国外已报道的生物型Ⅳ，大多数国外引进的抗性品种对其缺乏抗性。

目前国际上已鉴定出11个亚洲水稻抗稻瘿蚊基因，分别是*Gm1*、*Gm2*、*Gm3*、*Gm4*、*Gm5*、*Gm6*、*Gm7*、*Gm8*、*Gm9*、*Gm10*、*Gm11*（t）（表1-50-1）。研究表明*Gm1*基因抗中国生物型Ⅰ、Ⅲ，抗印度生物型Ⅰ、Ⅲ、Ⅴ、Ⅵ；*Gm2*基因抗中国生物型Ⅰ、Ⅱ，抗印度生物型Ⅰ、Ⅱ、Ⅴ；*Gm3*基因抗印度生物型Ⅰ、Ⅳ；*Gm4*基因抗印度生物型Ⅰ、Ⅱ、Ⅳ；*Gm5*基因抗中国生物型Ⅰ，抗印度生物型Ⅰ、Ⅴ，抗韩国生物型；*Gm6*基因抗中国生物型Ⅰ、Ⅱ、Ⅲ、Ⅳ；*Gm7*基因抗印度生物型Ⅰ、Ⅱ、Ⅲ、Ⅳ；*Gm8*抗印度生物型Ⅰ，其他生物型抗否未知；*Gm10*抗中国生物型Ⅰ、Ⅱ，抗印度生物型Ⅰ、Ⅱ；*Gm11*（t）抗印度生物型Ⅰ、Ⅲ、Ⅳ。在上述11个基因中唯有*Gm6*能抗中国所有的4种生物型稻瘿蚊，印度则没有能抗所有6种生物型的抗稻瘿蚊基因（表1-50-2）。

表1-50-1 已鉴定或定位的抗稻瘿蚊基因

Table 1-50-1 Gall midge resistant genes that have been identified or mapped

基因	来源	显/隐性遗传	作图群体	所在染色体	连锁标记
Gm1	Samridhi	显	W1263/TN1 F_2	9	RM316，RM444，RM219
Gm2	Surekha	显	Phalguna/Karmana F_3	4	RG329，RG476
Gm3	RP2068-18-3-5	隐	RP2068-18-3-5/MW10 F_3	—	OPU01，PRQ-12，OPAL09，OPAC02，OPAD09
Gm4	Abhaya	显	IR63429/Abhaya F_3 Nipponbare/Kasalath F_2	8	OPP-02，OPM-12，OPP09，RM210，RM223，RM256 R1813，S1633B
Gm5	ARC5984	显	ARC5984/TN1RILs-F_9	12	OPP-09，OPB-14，OPR-19，OPQ-05，OPE-01
Gm6	多抗1号	显	多抗1号/丰银占 F_3 G2417-2-1/抗蚊青占 F_2 G3004-4/抗蚊青占 F_2	4	RG214，RG163 PSM112，PSM114 PSM101，PSM106，PSM115
Gm7	RP 2333-156-8	显	RP2333-156-8/Shyamala F_5	4	SA598
Gm8	Jhitpiti	显	Jhitpiti/TN1 F_4	8	AR257，AS168，AP19587
Gm9	Line 9	显	—	—	—
Gm10	BG 380-2	显	—	—	—
Gm11（t）	CR57-MR1523	显	CR57-MR1523/TN1 RILs-F_{10}	12	RM28706，RM235，RM17，RM28784，RM28574，RM28564

注：由郭辉提供。

表1-50-2 抗稻瘿蚊基因与稻瘿蚊不同生物型的关系

Table 1-50-2 Relationship between rice gall midge (*Orseolia oryzae*) resistance genes and their different biotypes

基因	来源	中国生物型				印度生物型					
		Ⅰ	Ⅱ	Ⅲ	Ⅳ	Ⅰ	Ⅱ	Ⅲ	Ⅳ	Ⅴ	Ⅵ
Gm1	Samridhi	MR	S	R	S	R	S	R	S	R	R
Gm2	Phalguna	R	R	S	S	R	R	S	S	R	S
Gm3	RP2068-18-3-5	—	—	—	—	R	S	S	R	—	—
Gm4	Abhaya	—	—	—	—	R	R	S	R	S	—
Gm5	ARC 5984	R	S	—	R	R	R	S	S	R	—
Gm6	多抗1号	R	R	R	R	S	S	S	S	—	—
Gm7	RP 2333-156-8	S	S	S	S	R	R	R	R	S	S
Gm8	Jhitpiti	—	—	—	—	R	—	—	—	—	—
Gm9	Line 9	—	—	—	—	—	—	—	—	—	—
Gm10	BG 380-2	R	R	—	—	R	R	—	—	—	—
Gm11	CR57-MR1523	—	—	—	—	R	—	R	R	—	—

注 R：抗，MR：中抗，S：感，—：未知。由郭辉提供。

在中国，20世纪80年代初从广东地方品种资源中筛选、鉴定出高抗稻瘿蚊的大秋其、羊山占等抗源；1984年开始与国际水稻研究所合作进行抗稻瘿蚊品种杂交选育，1988年育成抗蚊1号、抗蚊2号；1989—1991年在广东、广西、湖南、江西、福建等稻瘿蚊严重发生的省份试种推广。1996—1997年选育出新品种抗蚊青占，不仅抗稻瘿蚊，还抗白叶枯病，米质优，已在广东、广西、江西、福建和湖南等省份的稻瘿蚊发生区种植，累计种植面积超过6.08万hm^2。2000—2004年用分子标记辅助选择法（MAS）成功地将*Gm6*基因导入到常规品种中，通过田间农艺性状的观察和米质分析，选育出高抗稻瘿蚊的抗蚊18和抗蚊软占等6个优质常规籼稻新品系；同时将*Gm6*基因转入恢复系中，组配了4个两系杂交稻组合培矮64S/K141、培矮64S/AK7、培矮64S/03W16、培矮64S/KG18和1个三系杂交稻组合抗蚊博优。培育出2个抗稻瘿蚊组合安两优青占和培两优抗占，分别在2004年和2005年通过江西省品种审定，这是国际上首次培育出抗稻瘿蚊的杂交稻组合。利用广西抗稻瘿蚊地方品种GX-M001与抗蚊青占、斯里兰卡的OB677（含*Gm3*）、HT1350和高产优质品种桂软占杂交，通过常规育种手段将抗性多基因聚合，提高了整体抗性水平，得到了2个免疫级抗稻瘿蚊株系。

稻瘿蚊不仅为害水稻，还为害与水稻同科的白茅草［*Imperata cylindrical*（L.）Bcauv. var. *major*（Nees）Hubb.］和野古草［*Arundinella hirta*（Thunb.）C. Tanaka］。寄主植物有水稻、李氏禾、雀稗、茭白、鸭嘴草、白羊草、大叶草、铁线草等。

（四）天敌昆虫

稻瘿蚊的捕食类天敌有：蚂蚁、青蛙、步甲、蜘蛛等。寄生性天敌主要有稻瘿蚊广腹细蜂（*Platygaster oryzae* Camerson）（卵-幼虫寄生物）、稻瘿蚊长距旋小蜂（*Neanastatus oryzae* Ferriere）（幼虫寄生物）、稻瘿蚊斑腹金小蜂［*Proriceoscytus mirificus*（Girault）］。稻瘿蚊被寄生率从第二代开始逐代增加，寄生率一般可达20%以上，晚稻秧田有时高达80%以上，这对当代"标葱"率虽没有明显控制作用，但对压低下一代虫量无疑有积极意义。在福建省大田县田间调查结果表明，黄柄黑蜂是稻瘿蚊的主要天敌，各代的一般寄生率分别为：越冬代15%～60%、第一代5%～20%、第二代15%～30%、第三代20%～45%、第四代30%～65%、第五代45%～85%。

五、防治技术

（一）农业防治

1. 清除越冬寄主 稻瘿蚊越冬寄主有李氏禾、落谷苗、再生禾等。越冬稻瘿蚊一般于3月下旬至4月下旬羽化，冬后虫量多少与越冬寄主的存活率直接相关。因此，在稻瘿蚊发生区，单季稻田于4月中旬前，双季稻田于3月底前清除越冬寄主尤显重要。稻瘿蚊一般只以一龄幼虫在田边李氏禾或田间再生苗和落谷禾上越冬，在晚稻收割后至4月底双季早稻播种前，发动农民对冬闲田全面开展翻耕晒白、灌水溶田、田边“三面光”等，以有效降低越冬虫量。越冬寄主清除实施得力，能够有效降低翌年一、二代稻瘿蚊的发生量，推迟翌年一、二代稻瘿蚊的发生为害时间。翻耕晒白，灌水溶田等农田耕作措施还同时有效地杀灭了田间越冬螟虫等残留稻桩中的各种虫源。

2. 栽培避蚊 水稻遭受稻瘿蚊为害的敏感生育阶段是秧苗期至分蘖末期。栽培避蚊的原理就是通过调整水稻播植期，使水稻易受稻瘿蚊侵害的生育敏感期与稻瘿蚊的各代幼虫为害高峰期错开。2003 年 1 月至 2004 年 12 月福建省沙县根据水稻品种特性，选择汕优 82、佳禾早占、特优 63、优明 86 等水稻优良品种，将双季早稻、中稻、单季晚稻的播种期提早至 3 月 15 日前，这样，至 6 月 25 日第三代稻瘿蚊盛发前，水稻生育期已进入抗稻瘿蚊为害的幼穗分化三期，从而避开第三代稻瘿蚊幼虫为害。

3. 集中育秧 秧田期集中育秧不仅有利于培育健壮秧苗，而且可以避免分散育秧时，散落田间的秧苗受到稻瘿蚊产卵侵害。集中育秧还可以减少施药面积和用药量，秧田期稻瘿蚊的及时防治还可避免秧田内的稻瘿蚊通过移栽扩散到本田。

4. 加强肥水管理 增强水稻抵抗稻瘿蚊侵害的能力主要采取在湿润稀播培育壮秧或旱育秧、软盘育秧等技术的基础上，插足苗数，施足基肥，早追肥，施重肥，促低位分蘖。在单季稻、烟后稻、连晚田视虫情需要，药、肥、除草剂同时施用，发挥水稻自身的抗害补偿能力，可压低出“葱”率。如连城 1994—1995 年，在抓好培育壮秧、施足面肥、早施追肥促早发、当茎蘖数达期望穗数 85%～90%时立即烤田等技术措施基础上，于防治第四代的同时补施速效钾、氮素肥或氮、磷、钾复合肥，达到控害增产目的。

（二）生物防治

稻瘿蚊的主要天敌是寄生蜂，有寄生于卵和幼虫上的黄柄黑蜂、黄斑长距小蜂等。采取湿播旱育，培育老壮秧，使秧田小气候干燥，改善生态环境，以利于寄生蜂活动。

（三）物理防治

稻瘿蚊成虫有趋光性，对蓝光、荧光较敏感。在生产上可以用频振式杀虫灯进行诱杀，杀虫灯辐射半径 80 m 内对稻瘿蚊的防治效果较理想，可以有效降低稻瘿蚊成虫的种群密度及后代的发生数量。

（四）化学防治

稻瘿蚊的药剂防治必须在预测预报和防治指标的指导下进行。施药适期为秧田在立针期至 1 叶 1 心期，本田在开始分蘖到转入幼穗分化期。防治指标为间接防治指标，以主害代的前一代“标葱”带有效虫源为依据，如在水稻分蘖初期，阴雨天多，田间带活虫的“标葱”达 2%～3%时施药，加上天敌控制因素，若寄生率达 40%，则“标葱”率可放宽到 3%～5%施药防治。防治稻瘿蚊应选用具触杀、胃毒和内吸性能的药剂品种，如每公顷 10%灭线磷颗粒剂 1 500～1 800g，或 5%毒死蜱颗粒剂 1 300～1 500g 等，施药方法为用适量细泥沙混匀撒施，施药时要保持有浅水层。施药次数应视害虫发生数量、药剂种类及持效期，降雨情况和品种成熟期等因素而定。

龙丽萍（广西壮族自治区农业科学院水稻研究所）

第 51 节　稻小潜叶蝇

一、分布与危害

稻小潜叶蝇是潜叶为害水稻的稻毛眼水蝇类害虫的通称，又称稻潜叶蝇，属双翅目水蝇科，世界各地已知至少有 3 种：稻叶毛眼水蝇（*Hydrellia sinica* Fan et Xia）、东方毛眼水蝇（*H. orientalis* Miyagi）和小灰毛眼水蝇［*H. griseola*（Fallén）］，我国仅有前两种分布。不同种类的毛眼水蝇形态相似，极易混淆。国内曾报道在东北和华北稻区为害水稻的稻小潜叶蝇［*H. griseola*（Fallén）］，又称稻潜叶水蝇、稻小潜蝇、螳螂蝇、稻小水蝇、麦叶毛眼水蝇、大麦水蝇、麦水蝇，经 20 世纪 80 年代范慈德、罗肖南和黄邦侃等人鉴定，实际上包括了为害水稻和麦类的稻叶毛眼水蝇（*H. sinica*）和为害麦类、青稞的麦鞘毛眼水蝇（*H. chinensis* Qi et Li），而真正的 *H. griseola*（小灰毛眼水蝇）分布于美洲、欧洲及亚洲的日本，我国未见分布。近年文献中，误把稻小潜叶蝇学名当作 *H. griseola* 的现象仍较常见，需引起注意。

稻叶毛眼水蝇常见于北方稻区和长江中下游，东方毛眼水蝇则见于安徽、湖南、福建、广西等南方稻区。稻叶毛眼水蝇原本是北方稻区水稻秧田期的重要害虫，但20世纪70年代以来因水稻播种和插秧期提前以及直播稻的推广，对本田分蘖期水稻也造成相当大的危害，是华北、东北水稻生长前期的重要害虫。在长江中下游双季稻种植区，是早稻苗期的偶发性害虫，早稻移栽时间提早，遇上春季低温天气，有利于其发生。但进入21世纪以来，稻水潜叶蝇仅在东北发生较重，如辽宁海城随着耕作制度的变化而呈逐渐加重趋势，据调查一般可造成减产5%～10%，严重地块减产20%～30%。在黑龙江省虎林地区每年都有不同程度发生，发生面积常达100%，一般受害田块减产10%～20%，严重的可达60%。

稻小潜叶蝇的寄主除水稻外，还有大麦、小麦、燕麦、看麦娘、长芒看麦娘、日本看麦娘、李氏禾、稗、蔺草、棒头草、狗牙根、东北甜茅、海荆三棱等禾本科、莎草科植物，还可取食毛茛科的石龙芮、天南星科的菖蒲等植物。

稻小潜叶蝇以幼虫潜叶为害。幼虫钻入幼嫩稻叶，在上下表皮之间取食叶肉，残留叶表皮，受害叶片呈现不规则的白色条斑，其中可见乳白色至黄白色长形无足小的蛆形幼虫，每一叶片少则潜虫2～3头，多则7～8头。受害处最初在叶面出现芝麻粒大小的弯曲"虫泡"，以后随着虫道的扩大和伸长，形成黄白色枯死斑，稻株下部受害叶垂入田水，发生腐烂，严重时可使稻苗成片枯萎。

二、形态特征

不同种类的稻小潜叶蝇形态相似，极易混淆。主要以稻叶毛眼水蝇为例介绍如下：

成虫（彩图1-51-1）：体长2～3 mm，翅展2.4～2.6 mm，为青灰色小蝇。头部暗灰色，额面银白色，复眼黑褐色，被短毛；单眼3个；触角黑色3节，第三节短而椭圆形，有一根粗长的触角芒，芒上侧毛5～6根。头顶有单眼刺毛1对，头顶刺毛1对，额刺毛2对，其中一对长大，一对短小；颜面刺毛4对较小，颊刺毛1对较显著。胸背长方形，前、中胸不明显，有刺毛6行。前翅淡黑色透明，Sc脉和R脉分离，停息时重叠在背面；后翅退化为黄白色平衡棒；足灰黑色，中、后足仅第一跗节基部黄褐色，余均暗色。腹部长心脏形，雄蝇第五腹板基部最宽处有1横隆条，其后缘有1对扁乳头状的小突（图1-51-1左）。雌虫受精囊略呈圆柱状，横径为高的0.77倍。东方毛眼水蝇的不同在于中、后足除第一跗节基部黄色外，转节、腿节膝部和跗节末端也为黄色。小灰毛眼水蝇的不同则在于雄虫第五腹板基部后缘无乳头状小突，雌虫受精囊略呈横径与高相等的帽状（图1-51-1右）。

卵：乳白色，长椭圆形，长约0.6mm，宽约0.16mm，卵粒上有细纵纹。

幼虫：无足蛆形，末龄体长3～4mm，圆筒形，稍扁，头尾两端较细，体乳黄色至乳白色，口器黑色，胸内有Y形悬骨；虫体有13节，各节有黑褐色短刺带围绕，短刺带在腹面稍突起似足状；尾端有两个黑褐色气门突出。

蛹：长约3.6mm，黄褐色或褐色，头胸背面呈斜切状，各节有黑褐色短刺带围绕，尾端也有两个黑色气门突起。

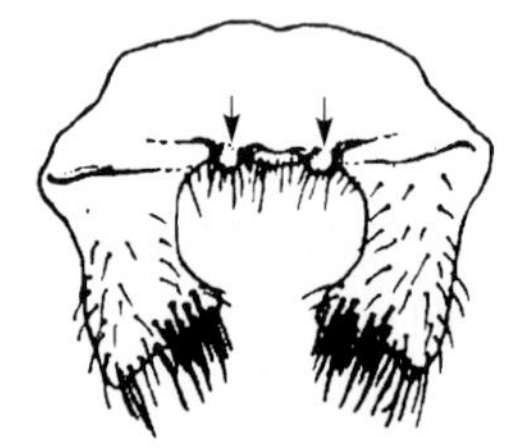

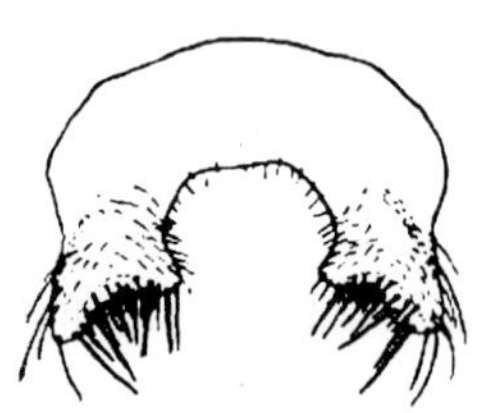

图1-51-1 稻叶毛眼水蝇（左，箭头示基部乳状突）和小灰毛眼水蝇（右）雄虫第五腹板（引自范慈德等，1983）

Figure 1-51-1 The 5th sternum of male *Hydrellia sinica* (left, arrows showed the base papillules) and *H. griseola* (right) (from Fan Cide et al., 1983)

三、生活习性

稻叶毛眼水蝇在东北1年发生4～5代，田间世代重叠，属完全变态。以成虫在水沟边的杂草上越冬。在黑龙江，越冬成虫从4月末开始活动，5月上旬即可在水稻秧田及田边稗草、三棱草等杂草叶片上产卵，5月末至6月初为产卵盛期，正值水稻移栽后，卵大量产于本田，幼虫为害盛期在6月10日前后；第二代幼虫发生在6月上旬至7月上旬，主要为害直播水稻；7月中旬至9月中旬又转回到水渠内杂草上繁殖第三、四代；9月下旬至10月上旬羽化为成虫越冬；第一、二代幼虫均为害水稻，以第一代为害重。

吉林与黑龙江的发生情况类似，5月上旬可诱到越冬代成虫，5月下旬为越冬代成虫盛发期，5月上旬成虫开始在稻苗、稗草上产卵，5月中旬后卵量渐增，5月下旬至6月上旬为产卵盛期，落卵量占全期产卵量的67.5%～95.5%，此时水稻多数移栽，绝大多数卵产在本田稻苗上；5月底至6月上旬末为第一代卵孵化盛期，6月上、中旬为幼虫为害稻苗盛期，5月中旬为化蛹初期，6月上、中旬后第一代成虫大量羽化。

在长江中下游，江苏、浙江等地以第二代幼虫对水稻的为害最烈，一般4月中旬以前第一代幼虫主要取食麦苗及看麦娘、稗草、李氏禾、雀稗等禾本科杂草，尤以看麦娘上数量较大；4月中、下旬至5月上旬发生的第二代幼虫则为害早稻苗，小苗带土移栽及早插早稻受害较重；5月下旬以后由于气温升高、寄主老健等原因，不再继续为害水稻，而转移到田边、沟边的杂草如看麦娘、李氏禾、稗草上继续繁殖。湖北为害水稻则有2个高峰，第一峰在5月中、下旬为害早稻早发的秧苗，第二峰在6月中、下旬为害直播稻和晚播晚稻秧苗。

成虫趋糖蜜，喜食甜味食物；飞行能力较强，多在白天活动，夜间潜伏不动。对低温适应能力强，在旬平均气温5℃以上开始活动，11～13℃时最为活跃，30℃以上不能正常活动。成虫羽化当日即能交尾，以羽化后2～4 d交尾最多。交尾后半天至2d开始产卵，以第二天白天产卵最多，第三天产卵很少。每雌产卵多次，每次产卵3～5粒不等。每片稻叶上产卵7～10粒，最多可达数十粒至百余粒。每头雌蝇能产47～655粒。在田水深灌条件下，喜产卵于下垂或平伏水面的叶片上，尤以嫩叶尖端较多，受害常较重。而在低于5～7 cm的浅灌稻田内，卵多产在叶片基部或中间部位。稻苗茁壮直立则产卵较少，幼虫死亡率较高，受害较轻。

卵孵化多在9:00以前，孵化率高达90%左右。大多数初孵幼虫头部伸出卵壳后，以锐利的口钩咬破稻叶表皮，侵入并潜食叶肉。也有极少数幼虫在叶面上作短暂爬行后，再侵入取食。幼虫边潜行边食害叶肉，形成不规则弯曲潜道，易致水分渗入和病菌滋生，使受害叶片常腐烂作水渍状或烫熟状，严重时稻苗成片枯萎。幼虫有转株为害习性，以孵化后1～6d转株多；转株过程中常落入水中死亡。当稻叶直立时，被食部分逐渐干枯，幼虫也会大量死亡。而当叶片平伏水面时，叶内不缺水，幼虫为害加重。幼虫期一般11～14 d。幼虫老熟后即在潜道内化蛹，蛹期一般6～15d。

四、发生与环境的关系

（一）气候条件

稻小潜叶蝇对低温适应性很强，在气温5℃左右时越冬成虫开始活动，在冬季积水的沟渠和田水中当日最高水温达到8～9℃以上，各个虫态都可发育，水温上升到10～12℃以上时，卵、幼虫、蛹都可以在近水面的杂草鲜活叶片上寄生，气温11～13℃时，成虫活动最旺盛，气温升高，稻株生长健壮，披叶少，不适其产卵。气温30℃是其正常活动的高温界限，田水温27～28℃是幼虫正常活动的高温上限，水温达30℃时幼虫死亡率在50%以上，故长江流域只有4、5月低温时该虫发生重。

稻小潜叶蝇的发生与降雨也有关系，在适宜温度范围内，降雨早，雨量多，其发生为害早而重；降雨晚，为害轻，无降雨或很少降雨，则发生为害轻微。

（二）栽培技术

稻小潜叶蝇的发生与水稻栽培制度、品种、移栽期、生育期和水层管理等因素关系密切。东北地区推广“集中育苗、集中插秧、缩短育苗期、缩短插秧期”的“两集中、两缩短”的水稻栽培方法后，播种期提前到4月上旬，在4月下旬揭膜时，稻苗高6～10 cm，正值第一代成虫盛发期，秧田受害面积和程度比薄膜育秧以前有所扩大和加重，而且插秧时有部分未孵化卵带到本田，还会受到第二代的为害。此外，深灌使稻株生长纤弱、柔软，叶片平伏水面，吸引成虫产卵，所以，灌水深的稻田比浅灌的有卵株率高，受害重。

五、防治技术

应采取农业防治与化学防治相结合的综合防治措施。

（一）农业防治

1. 清除杂草 清除田边、沟边、低湿地的禾本科杂草，可有效减少虫源，从而减轻对水稻的为害。

2. 培育壮秧，浅水勤灌 水层深度在5cm以内，促使稻苗新根的发生和苗壮成长，尤其在成虫产卵盛期7～10 d内，浅水勤灌控害效果更佳。

3. 平整土地，排水晒田 平整土地，确保稻苗在同一水层内健壮生长，减少弱苗，降低成虫产卵概率。发生严重的地块，通过排水晒田，降低田间湿度，不利于幼虫发育，可有效控制其发展和为害。

（二）化学防治

药剂防治的重点在早稻秧苗和早播早插生长嫩绿的小苗早稻田。施药时期在移栽水稻返青复活后为宜，喷药前保持田水深5 cm左右，在施药1d后再灌溉。

成虫发生盛期，每667m^{2}喷撒2.5%敌百虫粉1.5～2.0 kg，或用2.5%敌百虫粉加1.5%乐果粉按1∶4混匀后每667m^{2}用药2 kg。

幼虫发生期，选用40%乐果乳油1 000～1 500倍液、90%敌百虫可溶粉剂800～1 000倍液、80%敌敌畏乳油1 000倍液、50%杀螟松乳油1 000倍液、50%马拉硫磷乳油1 000倍液、25%亚胺硫磷乳油1 000倍液、10%吡虫啉可湿性粉剂2 500倍液喷雾，每667m^{2}喷洒药液45～60L。每667m^{2}用3%克百威颗粒剂2kg拌细土20kg均匀撒施，也有较好的防效。

袁海滨（吉林农业大学）
傅强（中国水稻研究所）

第52节 稻秆潜蝇

一、分布与危害

稻秆潜蝇［*Chlorops oryzae*（Matsumura）］，又名稻秆蝇、稻钻心蝇、双尾虫，属双翅目秆蝇（黄潜叶蝇）科。国内分布于西南、华南、长江中下游地区，在四川、重庆、湖南、湖北、江西、浙江等地较常见；国外如朝鲜、日本、越南也有该虫为害的报道。寄主植物有水稻、冬小麦、稗草、鹅观草、李氏禾、细长早熟禾、看麦娘、亨利三毛草、棒头草、大看麦娘等。

稻秆潜蝇为害水稻，在我国最早见于20世纪50年代末湖南新宁，该县曾有4 600hm^{2}早稻受其为害。自70年代末以来，随着杂交稻的推广，冬种面积的扩大，该虫发生区域扩大，在山区、丘陵区发生较多，局部地区受害严重程度甚至超过稻纵卷叶螟和稻飞虱。该虫原本以高海拔稻区发生较重，80年代以来有向低海拔山区扩展的趋势。据报道，浙江新昌从1977年开始为害加重，80年代年发生面积达2 000hm^{2}左右，每年损失稻谷15万～20万kg。浙江开化，1990年、1991年早稻和中稻合计发生面积分别达3 700hm^2、5 200hm^2，损失稻谷20%以上，且发生区域由之前的海拔200m以上扩展到海拔130m。湖南慈利丘陵山区，1980年开始杂交中稻秧苗被害株率常在40%左右，严重的达80%以上，后期被害穗率达2%左右；1982年开始该虫害向低山区发展，丘坪区早稻秧苗被害株率常达3 %左右，最高达95%；晚稻秧苗被害株率达25 %左右，后期被害穗率达1%左右。重庆涪陵，1986年首次发现稻秆潜蝇为害水稻，1998年发生面积达1.67万hm^2，占水稻种植面积的45%。四川，自90年代中期以来发生为害迅速加重，1997年发生面积曾达到15万hm^2，四川西北冷凉稻区严重发生田块虫穗率高达20%～30%，是当年仅次于螟虫的水稻第二大害虫。湖南绥宁县，2000年以来该虫害已从山区向丘陵及全县各稻区扩展，逐渐上升为当地主要害虫。

稻秆潜蝇幼虫孵化后蛀入稻茎内为害心叶、生长点或幼穗。苗期受害，被害叶出现纵向长条状裂缝，抽出的新叶扭曲或枯黄。被害株较健株矮8～12 cm，形成无心苗，并有腐臭味，但单株分蘖较健株多。幼穗分化期受害，颖花退化，抽穗后穗形扭曲，穗部分无谷粒，仅有少许退化发白的枝梗或畸形小颖壳，呈"花白穗"或"雷打稻"，严重时，稻穗呈白色，直立不弯头，与螟害白穗相似。受其为害，稻穗总粒数、实粒数明显减少，结实率降低，千粒重下降，常损失5%～10%，重的达20%～60%。

在发生3代区，全年以第一代幼虫发生较整齐，虫口密度最高，该代为害的早稻分蘖期、单晚稻苗期的被害率为全年之冠。因夏季高温第二代虫口迅速下降，取食时断时续，对晚稻苗期和分蘖期的为害不重，但为害单季稻幼穗时影响仍可能较大。

二、形态特征

成虫：体长2.3～3 mm，翅展5～6 mm；体鲜黄色（彩图1-52-1）。头、胸部等宽，头部背面有1个钻石形黑色大斑；复眼大，暗褐色；触角3节，基节黄褐色，第二节暗褐色，第三节黑色膨大呈圆板形，触角芒黄褐色，约与触角等长。胸部背面有3条黑色大纵斑。腹部纺锤形，各节背面前缘有黑褐色横带，第一节背面两侧各有1个黑色小点。体腹面淡黄色。翅透明，翅脉褐色。足黄褐色，跗节末端暗黑色。

卵：长0.7～1.0 mm，长椭圆形，白色，上有纵列细凹状，呈波形柳条状。孵化前呈淡黄色。

末龄幼虫：体长6～8mm，略呈纺锤形，淡黄白色，表皮强韧而有光泽。尾端分2叉，各叉末端尖。

蛹：长5～6mm，初期乳白色，后淡黄褐色，羽化前变为黄褐色，上有黑斑。体形稍扁，呈纺锤形，尾端也分2叉。

三、生活习性

四川1年发生1代，福建1年发生2～3代，湖南慈利、新宁、黔阳、绥宁，湖北恩施，贵州遵义、剑河，云南通海，浙江奉化、昌化、新昌、龙游等地1年发生3代，浙江龙泉、庆元等地1年发生3～4代，以3代为主。以各龄幼虫在看麦娘、大看麦娘、华北剪股颖和李氏禾等禾本科杂草上越冬。

在湖南慈利、黔阳等地，3月下旬至4月上旬越冬杂草上的幼虫化蛹，4月中旬至下旬羽化；第一代卵5月上、中旬盛孵，为害早稻秧田、本田和杂交中稻秧田；第二代卵6月中、下旬盛孵，为害晚稻秧田和杂交中稻本田，8月下旬至9月上旬化蛹，9月中、下旬至10月初羽化，羽化后的成虫转到早发的看麦娘上产卵；10月中、下旬第三代卵盛孵，发育一段时间后越冬。在湖南新宁发生稍早，于3月底至4月上旬成虫在早稻秧苗上产第一代卵，4月中旬孵化，5月中旬化蛹，6月羽化；第二代幼虫6月下旬至7月上旬孵化，为害孕穗期的早稻和中稻。

在浙江，龙泉、庆元、松阳等地越冬幼虫化蛹盛期在4月上旬，4月下旬为羽化盛期，越冬代成虫主要产卵于早稻本田；新昌县第一代幼虫出现于5月上旬，为害早稻本田和单季稻秧田，是全年为害最重的一代；第二代幼虫出现于7月中旬；第三代幼虫于10月上旬侵入田间、沟边看麦娘等禾本科杂草上越冬，也有少量在小麦苗上越冬；龙游县越冬代幼虫于4月上、中旬化蛹，5月上旬羽化。

湖北恩施，越冬幼虫于4月上旬开始化蛹，5月上旬至5月下旬为化蛹盛期，4月中旬末始见成虫，5月中旬至6月上旬为羽化盛期。

四川，稻秆潜蝇在水稻上持续发生时间长达140 d。越冬代蛹一般于4月中旬末至下旬初进入羽化高峰期；5月上旬水稻秧田期正值产卵高峰期；6月上旬本田被害株率基本趋于稳定，但被害叶率仍有所增加；8月底到9月上旬初为第一代化蛹高峰期，9月上旬末水稻进入蜡熟期后，化蛹基本结束。

稻秆潜蝇成虫白天活动，以中午活动最盛；趋光性弱，对糖醋无趋性。羽化时间与天气有关，晴天以10:00～12:00最盛，占70.2%，12:00～14:00占21.2%，凌晨1:00以前和14:00以后仅占8.6%；雨天羽化少而迟；日平均温度低于13℃时不羽化。初羽化的成虫爬出叶鞘经20～40 min飞行。羽化1.5～2.5 d后成虫交尾最多，占70.8%；最短0.5 d，最长6 d，雌雄成虫均可交尾3～6次，最多12次，每天以14:30～18:00交尾最多，占48.6%，10:00～12:00占23.8%，中午交尾仅占8.2%；每次交尾的时间平均为40～60min，最长达3 h。产卵前期3～4 d，但第二代为10～18 d。一般交尾后当天开始产卵，产卵期长达7～8 d，短的1d，长的18d。每头成虫产卵50～80粒，最少2粒，最多138粒。成虫寿命1～12 d。成虫有补充营养的习性，给予补充蜂蜜的成虫交尾次数多，产卵时间早，产卵期长，产卵量大，寿命长。

卵多产于寄主的倒二叶下部1/3处，产于叶反面与叶脉平行，仅个别产于叶面；初产时乳白色。产卵时间以15:00～18:00最多，占59%。因成虫有明显趋嫩绿、背阴产卵的习性，水稻秧苗冒青后即可受卵。卵在3:00～5:00孵化最盛。

初孵幼虫借露水沿叶往下爬行，从喇叭口钻至水稻生长点附近，为害幼嫩组织，钻入5～7d后表现症状。阴雨天有利于孵化和钻入，叶片宽、茎秆粗的品种有利于钻入为害，特别是杂交品种更有利于为害。

老熟幼虫随心叶生长而被带出喇叭口，借夜间露水往下爬至倒第二片被害叶的叶鞘靠近叶枕3cm左右处化蛹，头朝上贴于稻茎上。在看麦娘上越冬的幼虫，爬至基部叶鞘内化蛹。

据湖南慈利观察，不同世代间各虫态的发育历期，差异较大，越冬代、第一代、第二代卵期分别为12.4 d、11.3 d和6.5 d，蛹期分别为25 d、10.9 d和20.4 d。幼虫期第一代、第二代分别为22.7 d、72 d。气候对各虫态历期影响很大，尤其是盛夏高温干旱和冬季低温可使幼虫历期拉得很长，如，浙江新昌第一、二、三代幼虫历期分别为31 d、63 d和177 d，其中第二、三代分别处于夏季高温和冬季低温时期。

四、发生与环境的关系

（一）气候条件与地形

冬暖夏凉是稻秆潜蝇发生的适宜气候。冬季温暖，越冬幼虫存活多，翌年发生量大。夏季气温高于35℃，则幼虫生长发育受阻，历期显著延长，不利于发生。多雾、多露、阳光不足和雨水充足、潮湿荫蔽、湿度大的环境，田水温度低，适宜稻秆潜蝇的发生，水稻受害重。据浙江新昌调查，在山边田、光照相对不足处，晚稻平均伤穗率达18.9%；而地势开阔平坦、阳光较足的地方，伤穗率仅3.2%。

卵孵化率的高低与气候有密切关系。卵期若雨水较多，湿度大，则孵化率高；反之，孵化率低。干燥无水时不能孵化。水对幼虫侵入稻茎有重要作用，无水（如露水）幼虫不能侵入稻茎。

海拔高度不同的地区，随海拔升高气温下降，稻秆潜蝇的发生期相应推迟，每升高100m，推迟2～3d，但海拔在200～400 m发生期无明显差异。同时，因不同海拔高度的小气候特征，一般在海拔300 m以上的山区发生较多，随着海拔升高为害明显加重，以海拔600～800 m地区为害最重，而在海拔800m以上高山区为害又有所减轻。同一海拔高度，向阳干燥处发生较少，背阳潮湿处发生多，为害重。

（二）耕作制度与水稻品种

长江流域稻区单季稻面积扩大，单季与连作混栽，越夏过渡“桥梁”田增加，有利于稻秆潜蝇发生；部分地区推广免耕技术，田间看麦娘等越冬寄主增多，改善了稻秆潜蝇的越冬条件，有利于其发生。

在同样的栽培管理条件下，不同水稻品种的受害程度有明显差异。一般杂交稻受害率高于常规稻，常规稻中籼稻又重于粳、糯稻。种植杂交稻后，由于播种移栽期早，稻苗生长嫩绿，易引诱稻秆潜蝇成虫产卵、繁殖和幼虫生活，且生育期长，可多发生1个世代，受害程度明显重于常规稻。施氮肥过多的稻田，水稻徒长，叶色浓绿，成虫喜欢产卵，受害重。水稻播种移栽期的迟早也影响稻秆蝇发生时间和为害程度。抽穗早的相应缩短了稻秆潜蝇在穗内的为害时间，稻穗受害轻；抽穗迟的在穗内为害时间长，稻穗受害严重。

寄主类型也影响稻秆潜蝇发生时间的迟早，一般在看麦娘上为害的越冬幼虫发育进度比在华北剪股颖上的早8～10 d；在早稻上为害的一代幼虫发育进度比在单季稻上的快5～8d。

（三）天敌昆虫

天敌是田间稻秆潜蝇发生的重要限制因素。主要寄生性天敌有寄生预蛹的稻秆蝇啮小蜂（*Tetrastichus* sp.），寄生蛹的潜蝇姬小蜂（*Diglyphus isaea* Walker）等；据四川安县1998—1999年观察，稻秆潜蝇越冬蛹被寄生率达40.1%，均为单寄生。捕食性天敌有隐翅虫类，可捕食稻秆蝇的卵。

五、防治技术

（一）农业防治

因地制宜利用抗（耐）虫品种，调整品种布局，推迟播种期，使水稻生育期与害虫发生期错开而避免或减轻受害。单季稻、双季稻混栽山区尽量不种单季稻，可抑制发生量。单季稻区，可用中熟品种替代迟熟品种，不但可因适当推迟播种期，避过越冬代成虫的产卵高峰期，还因能使收获期提早，减少越冬代成虫羽化，从而压低越冬基数。

改进育秧技术，推广旱育稀植技术或工厂化育秧，使秧苗避过第一代稻秆潜蝇产卵高峰。改进施肥灌溉技术，可减少稻秆潜蝇的为害。针对山区冷水串灌漫灌现象严重，采取开三沟（避水沟、迂回沟、丰产沟）技术，适时排水晒搁田可减轻稻秆潜蝇发生，增加产量。

据越冬代幼虫在看麦娘等禾本科杂草和麦苗上越冬的特点，采取“除草灭虫”的措施。即在冬季抓好田埂、空闲田的除草；对早播麦田看麦娘基数高的，可于麦苗2叶期前后，按常规方法喷施绿麦隆除草剂。早稻田提早翻耕，尤其是看麦娘多的田块，应及时灌水翻耕，消灭越冬寄主上的幼虫和蛹，能有效降低虫口基数。

（二）化学防治

在发生3代区，一般采用“狠治一代，挑治二代”的防治策略。第一代发生整齐，为害面广，在发生区内普遍狠治一代，不仅当代有良好的保苗效果，而且还能压低二代基数；第二代常遇高温干旱，为害局限于山垄田和冷水田，因此对二代实行挑治可经济有效地控制局部为害。

防治适期应掌握在孵化始盛至孵化高峰期，在将为害率控制在3%左右的前提下，防治指标可确定为秧田每百丛有卵10～15粒，大田每百丛有卵15粒以上，分蘖力强的品种可适当放宽指标。在生产实际中因卵不易观察，有的地方将防治适期推迟到低龄幼虫期。如，浙江临安等地提倡在卵孵盛期后查株害率（即稻苗刚展出的“破叶”为标志），秧田期株害率在1%以上，本田期株害率4%以上进行防治。在早稻穗期常年受害较重的地区，应在水稻幼穗分化初期或即将进入拔节期时施药。

考虑到稻秆潜蝇幼虫在水稻心叶内发生为害，一定要选择内吸性药剂。一般每667 m^2用40%乐果乳油60～90 mL，拌细沙土15～20 kg撒施效果较好。也可以每667 m^2选用10%吡虫啉可湿性粉剂30～50g、40%乐果乳油45～60mL、25%杀虫双水剂150～200 mL或25%喹硫磷乳油150～200 mL，对水40～60 kg手动喷雾或对水15～20 kg机动弥雾，喷药时务必喷匀、喷透。常发区或发生较重的田块，在施药5～7d后，应再喷药1次，以保证防治效果。仅喷雾防治1次或错过防治适期，对稻秆潜蝇防效差；用毒土在根区施药效果略优于喷雾2次。此外，不管是撒毒土还是喷雾，防治时田间一定要保持浅水层3～5d。

袁海滨（吉林农业大学）

第53节　稻茎水蝇

一、分布与危害

稻茎水蝇是钻入稻茎为害心叶和幼穗的稻毛眼水蝇类害虫的通称，与稻小潜叶蝇同属双翅目水蝇科毛眼水蝇属，主要见于南方稻区。常见种有稻茎毛眼水蝇（*Hydrellia sasakii* Yuasa et Isitani）和菲岛毛眼水蝇（*H. philippina* Ferino），其中：稻茎毛眼水蝇国内见于安徽、福建、湖北、云南、江苏、湖南等省，国外见于印度、日本等国。国内有局部成灾记录。据报道，湖南黔阳20世纪70年代在水稻上发现成灾，80年代为害进一步加重，晚稻被害株率可达30%～60%；福建省三明市80年代以来发生普遍，其中仅1985年就发生2万hm^2，占当地双季晚稻面积的25%；90年代，福建、江西、湖南和湖北等省该虫发生普遍呈上升趋势，成为局部地区的主要水稻害虫之一。据江西南昌、萍乡调查，1993—1995年水稻受害株率一般为10%，部分严重的田块超过40%。福建尤溪20世纪90年代至2001年的调查发现，受害严重的田块穗被害率为20.0%～30.8%，产量损失达11.4%～17.6%。

菲岛毛眼水蝇在我国广西、海南、贵州、湖南、福建、台湾、云南、浙江等地发生；国外见于印度、菲律宾、泰国、越南等国。20世纪70～80年代，曾在广西、福建、贵州等地局部成灾。如，广西象州1975—1979年早稻株受害率多在25%以上；贵州剑河1978年开始在海拔400～900 m的坝区、山沟及高坡地区均能见到，尤以坝区受害较重，一般年份发生面积占稻田总面积的20%～25%，1982年和1987年大发生，受害株率高达50%～57%；福建省三明市1983—1984年大发生，仅沙县1983年统计4个乡的发生面积就达670hm^2，严重田块被害株率达82.5%，清溪、大田、明溪、尤溪等县一般被害株率高于20%。90年代以来，国内鲜有该虫成灾报道。

稻茎毛眼水蝇寄主有水稻、李氏禾等，菲岛毛眼水蝇则为害水稻、茭白、李氏禾等。

两种稻茎水蝇均以幼虫钻入稻茎内为害心叶和幼穗，偶见潜入叶内为害。苗期和分蘖期心叶受害，被害处留下一层表皮，严重时内部腐烂，刚伸出的被害叶有腥臭味；叶片抽出后被害处呈弧形缺刻、孔洞，或干裂成条缝或变黄白色干枯，重者烂叶；被害株光合作用能力下降，生长缓慢，矮化，成熟期推迟7～10 d，且穗粒数减少，产量受损。孕穗期嫩穗受害，常使稻穗腐烂发臭，能抽穗者亦可能影响穗粒数和千粒重，降低产量；有的抽穗后颖壳变白，不能扬花结实，形成秕谷，常被误认为是稻椿象为害。

二、形态特征

(一) 稻茎毛眼水蝇

成虫：体长雄 2.06～2.62mm，雌 2.24～2.80mm。头暗黑色；额被棕黄色微毛；颜、颊被银白色微毛。复眼黑褐至黑色，覆黄微毛；单眼鬃弱小，约为假单眼鬃的 1/4 长。触角黑色，被棕黄色微毛；触角芒栉状，具 5～7 根侧毛。下颚须金黄色。中胸背板和小盾片被棕黄色微毛；背侧板和侧片被灰白色微毛；具有 4 根背中鬃，但缝前的背中鬃仅为缝后背中鬃的 1/4 长。前足基节、各足转节和第一至三跗节均为黄色，第四跗节褐色至黑褐色，第五跗节棕色；中、后足基节及各足腿节黑色。腹暗黑色，背板被稀疏的棕黄色微毛，侧缘被灰白色微毛。雄虫第五腹板内、外叶均无齿，且内叶短，不超过外叶长度（图 1-53-1）。雄虫生殖器上生殖板宽大于长，两侧臂宽；尾须短粗；背针突愈合为一体，端半部左右分离，长约为宽的 1.5 倍，在基部中间位置具明显的背突，在 1/2 处的两侧具有细长的侧突；阳茎侧突的端突细长；阳茎呈漏斗状，基部宽，端部明显变窄；阳茎内突腹面观呈杆状，端部具不明显的分叉，侧面观端部有背突；雌虫受精囊呈圆柱状，横径为高的 0.97 倍。

卵：长约 1.2mm，长圆柱形，初产时乳白色，近孵化时米黄色，卵粒表面有细条纹。

幼虫：末龄时体长 3～4 mm，圆筒形稍扁平，乳白色至黄白色，两端细，头部口钩黑色明显，腹部末端变细呈圆柱形，末端有两个尾刺突。

蛹：黄褐色，体长 3～4 mm，末端有两个尾刺突。

(二) 菲岛毛眼水蝇

成虫：体长 1.8～2.6 mm，翅展 4～5 mm。头黑色；中额被浓密的青灰色微毛，侧额被稀疏的青黄色微毛，眶区被驼黄色微毛，颜被灰白色微毛，颊被灰黄色微毛。单眼鬃弱小，呈毛状。触角黑色，鞭节被浓密灰黄色微毛；触角芒栉状，具 8 根侧毛。下颚须黄色。中胸背板和小盾片具青灰色微毛；背侧板和上前侧片被灰黄色微毛，上后侧片、下前侧片和下后侧片被青灰色微毛。具有 2 根背中鬃。足浅色，中、后足基节棕黄色被灰黄色微毛，中、后足腿节棕色被灰黄色微毛，其他黄色。腹青色，侧缘被灰黄色微毛，背板一至四节被棕黄色微毛。雄虫腹部第五节腹板内叶顶端具 5 小齿，略长于外叶，外叶无齿（图 1-53-1）；第五腹节长约为第四腹节的 2 倍弱。雌虫第五腹节约为第四腹节的 1.5 倍弱。雄虫生殖器上生殖板宽大于长，两侧臂宽；尾须短粗；背针突愈合为一体，端半部左右分离，长约为宽的 1.5 倍，在基部中间位置具明显的背突，在端部 1/3 处的两侧具有细长的侧突；阳茎侧突的端突细长；阳茎呈漏斗状，基部宽，端部明显变窄；阳茎内突腹面观呈端部宽而基部窄的杆状，端部具明显的分叉，侧面观端部有背突。

菲岛毛眼水蝇与稻茎毛眼水蝇形态上极为相似，上述成虫特征中，触角芒上侧毛数量、胸足颜色、雄虫第五腹板内叶形态、雄虫阳茎分叉状况和背针突侧突位置是区分二者的关键。雄虫第五腹板的内、外叶还是区分这两种水蝇与东方毛眼水蝇的重要特征，前两者的外叶均无齿（内叶仅菲岛毛眼水蝇有 5 小齿），而东方毛眼水蝇的内、外叶分别具 4 个、12 个（2 行）小齿（图 1-53-1）。

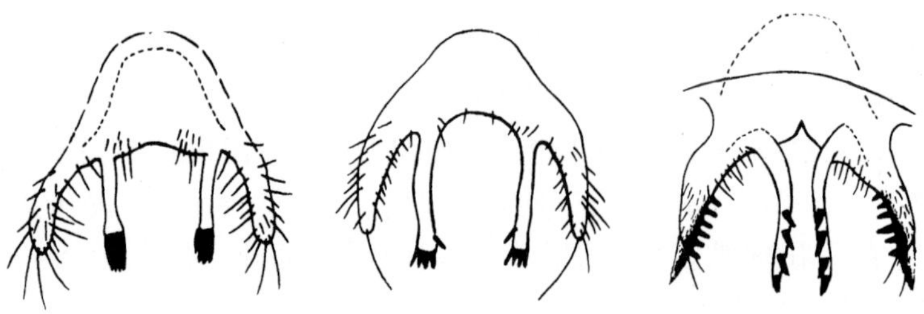

图 1-53-1 稻茎毛眼水蝇（左）、菲岛毛眼水蝇（中）和东方毛眼水蝇（右）雄虫第五腹板的腹面观（引自罗肖南和黄邦侃，1990）

Figure 1-53-1 The ventral view of the 5th sternum of male *Hydrellia sasakii* (left), *H. philippina* (middle) and *H. orientalis* (right) (from Luo Xiaonan and Huang Bangkan, 1990)

卵：长约0.6 mm，宽约0.08 mm，梭形，上有纵刻条纹；初产白色，近孵化时米黄色，尖端可见1小黑点，为幼虫口钩。

老熟幼虫：体长4～5mm，略带长筒形，头端较尾端为尖，体12节，淡黄色。头部有倒Y形黑色口钩，尾部有1对黑色锥状突起。

蛹：黄褐色，体12节，长3～4 mm，头部背面呈斜切状，腹末有1对黑色锥状突起。

三、生活习性

(一) 稻茎毛眼水蝇

在我国各地每年发生4～8代不等。湖南洪江（黔阳）1年发生4代。除卵外，各虫态均可越冬；越冬场所因虫态而异，幼虫一般在寄主植物茎内为害处，蛹在叶鞘内，成虫在潮湿处，尤其靠近水面的草丛中。因越冬虫态不一，田间越冬代成虫出现时间亦不整齐，4月中旬以后，田间成虫不断增加，6月上旬以后达盛期。第一代分别在5月中旬、6月上旬和6月下旬孵化，幼虫主要为害迟插早稻和中稻，形成伤叶；第二代于6月下旬至7月中旬孵化，幼虫为害中稻幼穗和晚稻秧苗，前者伤穗，后者伤叶；第三代8月上、中旬孵化，为害晚稻形成大量伤穗；第四代8月下旬至9月上旬孵化，在中稻落谷稻和再生稻上形成大量伤穗。除部分早羽化的成虫外，大部分在幼虫期和蛹期于被害株中越冬。但在中稻落谷稻和再生稻上越冬的幼虫和蛹，翌年4月羽化成虫前，因落谷稻和再生苗不能越冬存活而冻死，很难成为田间的主要虫源，应还有其他越冬场所。

福建三明，1年发生7代，以幼虫在沟边、田边李氏禾的叶鞘基部越冬，翌年3月中、下旬气温回升时开始化蛹、羽化、产卵。第一代幼虫仍在李氏禾上为害；第二代开始部分迁到双季早稻为害，第三代为害双季晚稻秧苗，以第四、五代为害双季晚稻秧苗及分蘖期最严重，圆秆拔节幼穗形成期水稻仍受害。

湖北荆州，1年发生7代，世代略有重叠，5～8月第二至五代为害水稻较重。4月中旬前后第一代盛发期，虫口密度低而为害轻；5月下旬前后第二代盛发，虫口数量上升；6月中、下旬第三代盛发，为害中稻和晚稻秧苗较重；7月中、下旬第四代盛发，为害晚稻；8月上、中旬第五代盛发，为害晚稻，但虫口数量下降；9月上、中旬第六代盛发，正值晚稻圆秆拔节期，为害轻；11月上、中旬第七代盛发，11月中、下旬至12月幼虫在李氏禾叶鞘的基部越冬，无绝对滞育现象，冬季气温升高时能取食。

江西南昌，1年发生7代，以幼虫在李氏禾和稻蔸中越冬，李氏禾上占总数的90.9%。南昌第一至五代幼虫盛发期依次与早稻分蘖期、中稻秧苗期、晚稻秧苗期、晚稻分蘖期和孕穗期相吻合，上述水稻生育期田间发生较多，为害较重。广西象州，1年发生8代，以幼虫在晚稻再生苗和受害稻株及李氏禾上越冬。

成虫羽化、交尾、产卵均在白天进行，夜间不活动。羽化高峰在6:00～10:00，初羽化的成虫先在寄主植物上缓慢爬行30～50 min，待翅展开后飞行；若湿度太大，初羽化的成虫爬行展翅困难，死亡率高。雌、雄成虫羽化后不须补充营养即可交尾产卵，可多次交尾，一般8～12次；每次交尾持续时间为2.5～7.0 min。雌虫产卵前期1～3d，每雌一般产卵20～30粒，最多产卵39粒，成虫寿命一般为4～5d，最长可达60 d。成虫有弱趋光性，产卵对水稻叶色无明显的趋性，但喜选择矮秆品种。卵大多数产在心叶下一、二叶的下部，单产。卵全天均可孵化，但在22:00至翌日4:00孵化最盛；正常的幼虫从卵壳破口至身体全部孵出需5～25 min，平均13 min，少数体弱的幼虫孵出需1h以上。

幼虫喜食心叶和幼穗，孵出后多数爬行至叶舌处钻入稻株内部取食心叶或幼穗，从孵出到侵入稻株多需6～20 min，平均16 min；3～5 d后受害心叶抽出，叶片中上部边缘有2～5 mm长的枯白色弧形缺口，遇大风叶片常常折断；受害稻穗的小穗、颖花退化，稻穗残缺不全。小部分初孵化幼虫在卵壳附近划破稻叶表皮，潜入叶内，沿叶脉纵向取食叶肉，留下表皮，受害部位初期轻微失绿，3～4 d后转成黄褐色，最后变成枯白色半透明条斑。幼虫在心叶和幼穗内取食，未发现转移现象，而从叶片上蛀入取食的幼虫，有的在取食一段时间后爬出来，转至其他叶片或相邻的稻株上继续取食。幼虫在田间多呈随机分布，少数呈均匀分布或聚集分布。据江西观察，呈随机分布的田块占64.3%，均匀分布的田块占28.4%，聚集分布的有7.3%。

幼虫造成的水稻产量损失因为害的水稻生育期而异。据江西观察，水稻苗期平均每丛有卵2.5粒以下，对产量无明显影响；每丛卵量在3粒以上时，每增加1粒卵，每公顷产量损失约增加45kg。水稻孕穗期平均每丛有卵1粒以下，对产量无明显影响，当超过1粒卵时，产量损失随卵量增加几乎成直线上升，每丛每增加1粒卵，每公顷产量损失增加约67.5kg；早稻与晚稻差异不大。

幼虫老熟后绝大部分爬入叶鞘内化蛹，个别在叶舌内侧化蛹，经1 d的预蛹期变成蛹。大多数（93%）情况下每片叶鞘内有1头蛹，少数有2头蛹；不同叶位化蛹的虫量不同，倒一至倒五叶叶鞘蛹数比例分别为4.8%、3.0%、35.9%、18.4%、7.9%，以倒三叶最多，倒四叶次之；绝大多数（92.4%）在靠近叶环3.0 cm的范围内化蛹。

各世代虫态历期因发生期温度等不同而有一定差异，其中，越冬代因处于全年温度最低的冬春季而最长。据江西南昌（7代区）室内自然条件饲养观察，卵历期以第七代最长，平均25 d；第一、六代次之，7.5～7.8 d；第二、三、四、五代约4 d。幼虫历期亦以第七代（越冬代）最长，达136 d；第三、四代最短，10 d；第二、五代次之，约11 d；第一、六代分别为15 d、18 d。蛹历期同样以越冬代（第七代）最长，36 d；第四代最短，5.4 d；第一、二、三、五代6～7 d；第六代11 d。成虫寿命以第一、七代最长，分别为11.5 d和13.5 d；第四代最短，仅4.3 d；其余各代在4.6～6.3 d。不同地区间有所差异，在湖南黔阳（4代区），第一、二、三代的各虫态历期，卵期分别为5.6 d、4.4 d和4.3 d，幼虫期分别为26 d、24 d和27 d，蛹期分别为7.5 d、7.2 d和7.5 d。

田间各世代在存活率、繁殖力等方面亦有所不同。据1993—1995年江西南昌的田间观察，卵孵化率、幼虫和蛹的存活率均以第一代最低，分别为82.4%、45.9%和57.4%，其余各代较高，分别为86.2%～88.1%、54.5%～59.9%和76.9%～86.9%。成虫产卵量亦以第一代最低，平均每雌产21.9粒；第二至五代相对较多，代间差异不大，每代平均约24粒。种群趋势指数以第一代最低为2.6；第二至五代较高，分别为4.6、5.4、5.6和5.0。影响卵存活率的原因是天敌捕食和不孵化，幼虫死亡源于孵化后或转株时不能侵入稻株和被姬蜂寄生，蛹期死亡则主要是寄生蜂寄生所致。

（二）菲岛毛眼水蝇

在我国1年发生4～8代，如，广西象州8代，贵州剑河4代；世代间有重叠，但各代仍有明显的盛发期。以幼虫在水沟边的李氏禾、晚稻再生苗或茭白上越冬，具体因各地生境不同而有所差异。

在广西象州，越冬幼虫于2月下旬至3月上旬化蛹，3月上、中旬羽化，3月中、下旬产卵；第一代幼虫发生盛期为3月下旬至4月下旬，主要为害沟边、塘边、河边的李氏禾；第二、三代发生盛期分别在5月中旬至6月上旬、6月下旬至7月中旬，主要为害早稻；第四至六代发生盛期分别在7月下旬至8月中旬、8月下旬至9月中旬、9月下旬至10月中旬，主要为害晚稻；第七代发生盛期在10月下旬至11月中旬，主要为害晚稻再生苗及李氏禾；第八代幼虫11月底至12月初以幼虫在水沟边的李氏禾和晚稻再生苗内越冬。

在福建三明，从双季晚稻秧苗期（7月）至10月即可完成4代，大约1个月1代，世代重叠明显，11月后以幼虫在再生稻、落谷苗和李氏禾上越冬。

在贵州剑河，发生4代区分布于海拔400～900m的坝区，越冬幼虫5月上、中旬化蛹、羽化，并迁入秧田产卵繁殖；第一代是发生为害最重的世代，成虫于6月上旬末至中旬初达高峰；第二代成虫7月中旬达高峰；第三代成虫于8月中旬末至下旬初羽化，返迁李氏禾等杂草上繁殖，以第四代老熟幼虫在李氏禾茎秆内越冬，越冬期约8个月。李氏禾冬季枯死的时间影响越冬幼虫存活率，在塘边、溪沟和湿田边的李氏禾枯死较迟，其上的越冬幼虫冬后化蛹率达85.4%～96.3%，而干田边等处的李氏禾早枯，冬后幼虫化蛹率仅为0～1.4%。

成虫多在7:00～9:00羽化，白天活动；性活泼，有一定趋光、趋化性，特别是对哺乳动物粪便有较强的趋性；成虫喜欢在嫩绿的稻苗上产卵；卵散产，多产在叶片正面。成虫寿命3～8 d，每雌可产卵10～40粒；卵期2～6 d，幼虫期11～20 d，蛹期5～11d，因环境温度而有所差异。

幼虫孵化后即钻入稻苗心叶内为害幼嫩部分，不转株；每株被害稻苗只有1虫；整个幼虫期都在稻株内活动；老熟幼虫爬至稻株最外一层叶鞘中部或上部化蛹，少数靠近水面化蛹。幼虫对水稻的为害期长，从秧苗开始到穗期都能为害，但常以分蘖期发生为害最烈，穗期为害相对较轻。

四、发生与环境的关系

（一）气候条件

稻茎水蝇生育最适宜温度26～28℃、相对湿度80%以上，温、湿度是影响其发生的主要环境因素。

据江西对稻茎毛眼水蝇的室内观察：①在20～31℃范围内，不同恒温处理对卵孵化率无显著影响，平均约93%，而17℃、35℃时分别下降为86.7%和76.4%；幼虫、蛹的存活率在28℃时最高，分别为97.3%和96.6%，其次是24℃和31℃，17℃下最低，35℃下幼虫在化蛹前即全部死亡。成虫产卵量以28℃、31℃时最多，每雌平均约22粒，17℃时下降到8.4粒，35℃时不产卵。②在63%～100%相对湿度范围内，湿度变化对各虫态历期影响不明显，但对卵孵化率、幼虫和蛹存活率、成虫产卵量影响大。高湿对卵孵化有利，80%～100%时卵孵化率>92%，比63%时高20个百分点；幼虫、蛹的存活及成虫产卵要求的最适湿度为80%～92%，此条件下的试虫与63%或100%湿度下的试虫相比，幼虫存活率高28个以上百分点，蛹存活率高7～35个百分点，产卵量多13～49个百分点。

从田间发生情况看，在广西象州，3～4月雨量、雨日多，5～6月雨量正常、不干旱时，早稻稻茎水蝇发生重。在福建三明，高温不干旱的气候有利于稻茎水蝇的发生，7～8月（第四至五代）为害盛期正值高温季节，日平均温度达28～29℃，最高温度可达33～36℃；低海拔地区的发生重于高海拔地区，原因之一在于前者日均温度相对较高。干旱气候影响卵的孵化和幼虫的侵入，气候干旱时卵易干瘪，进而影响孵化率；同时，由于初孵幼虫的侵入需要雨滴或露珠，气候干旱时幼虫难以侵入稻株内而为害较轻。

（二）水稻品种与生育期

水稻生育期对稻茎毛眼水蝇的幼虫存活率和成虫繁殖力有显著影响，不同水稻生育期，幼虫存活率和成虫繁殖力由大到小依次为孕穗期、分蘖期、苗期、齐穗期。同一栽插期及相同田间管理水平下，不同水稻品种的株为害率常相差几倍乃至几十倍。矮秆品种和迟发弱小秧苗重于高秆品种和早发健壮秧苗；杂交组合比粳、糯品种受害相对较轻，杂交组合中茎秆细硬叶鞘包裹紧的受害较轻。

稻茎水蝇喜选矮小稻苗和嫩叶产卵，栽培较迟的水稻比早插水稻矮小，成虫易择其产卵，受害较严重。在江西观察到，同一早稻品种随栽插期推迟而受害株率增加，6月15日、6月1日、5月15日和4月30日栽插的早稻在6月20日的株受害率依次为57.9%、31.1%、18.6%和8.4%，同期各批水稻分别处于分蘖初期、分蘖末期、孕穗期和齐穗期。在贵州剑河曾观察到，菲岛毛眼水蝇对糯稻为害重于籼稻；越冬幼虫化蛹羽化期较迟，秧田期为害较轻，而在本田分蘖期为害严重。

（三）栽培管理

排水不良或长期淹水田块，田间湿度大，为害偏重。施肥水平因影响稻苗嫩绿程度和长势而影响稻茎水蝇的发生。如在福建三明，偏施氮肥、使用人粪尿做基肥的稻田发生较重。但亦有报道，在江西萍乡施用不同的过磷酸钙、氯化钾、尿素组合，对稻茎毛眼水蝇为害程度无显著影响。

（四）与天敌的关系

目前对稻茎水蝇天敌的研究不多。据江西南昌观察，田间有寄生幼虫的姬蜂，寄生蛹的稻茎水蝇啮小蜂（*Tetrastichus hydrellia*）和1种茧蜂（种名待定），卵期亦有捕食性天敌。其中，第一至五代稻茎水蝇蛹，受到稻茎水蝇啮小蜂寄生率分别为1.2%、3.3%、6.7%、8.2%和10.3%，受茧蜂寄生的比例则分别为38.3%、15.7%、5.4%、5.1%和2.5%，前者随世代数增加而渐高，后者反之。1头寄生蛹中，可羽化出4～6头稻茎水蝇啮小蜂或出1头茧蜂。在湖南黔阳，稻茎水蝇蛹期天敌有蝇蛹细蜂、稻潜蝇离额茧蜂等。在福建三明，稻茎水蝇天敌有姬蜂科和小蜂科昆虫各1种优势种。广西象州发现，菲岛毛眼水蝇的寄生性天敌有1种茧蜂和1种小蜂，这些寄生蜂先寄生在幼虫体上，化蛹后才羽化破蛹壳而出，属跨期寄生。1976年田间调查，第二至六代平均寄生率为16.1%，1977年第二至七代平均寄生率为19.2%。

五、防治技术

可采取农业防治与化学防治相结合的措施。

（一）农业防治

1. 清除越冬场所，降低虫源基数 铲除沟边、塘边、田边李氏禾等越冬寄主，可减少越冬虫源。此外，在再生稻、落谷稻可安全过冬的南方部分生境，亦可通过冬耕翻田减少越冬虫源。

2. 采用合理栽培措施，减轻为害 适当提早播种，培育壮秧，大田施足基肥，早施追肥，促进水稻早生快发，可减轻为害。此外，适时排水烤田，降低田间湿度，亦可减轻为害。有条件的地方，适当安排一些迟栽稻田，诱集较多成虫产卵，然后对迟栽稻田施药防治，以减少施药面积和用药量，降低环境污染和农药残留，利于天敌的保护和利用。

（二）化学防治

在发生不重的地区或年份，可于其他害虫（如稻蓟马）防治时进行兼治，不需单独防治；但在该虫重发区域或大发生年份，可在卵盛孵期进行专门防治。防治指标：水稻分蘖期（含秧田期）株受害率达到10%、孕穗期达到5%，或分蘖期百丛有卵200～300粒、孕穗期100～150粒，可选用内吸性较好的药剂，如，每667m^{2}用20%三唑磷乳油100 mL或40%水胺硫磷乳油100 mL，对水45～60kg喷雾，施药时保持3～5cm水层，可取得较好防效。此外，本田前期发生较重的地区，可在秧苗移栽前2～3d用上述药剂喷雾，带药移栽，亦有较好防治效果。春季越冬场所或稻田成虫盛发期也可用敌敌畏进行防治。值得注意的是，在贵州剑河，25%杀虫双水剂或杀虫双大粒剂对稻田蝇类害虫（菲岛毛眼水蝇）防治效果仅为16%～21%，不宜选用。

傅强　何佳春（中国水稻研究所）

第54节　稻水蝇

一、分布与危害

稻水蝇（*Ephydra macellaria* Egger），别称稻水蝇蛆，属双翅目水蝇科。原生存于俄罗斯中亚细亚地区。1954年我国新疆首次报道稻水蝇为害水稻，目前在新疆、内蒙古、甘肃、宁夏、陕西、河北、山东、辽宁、吉林、黑龙江等北方省（自治区）均有分布，是盐碱稻田水稻生长前期的主要害虫，可造成毁灭性灾害。南方稻区罕见，仅2010年云南玉溪部分稻田秧苗移栽后黄苗死苗，疑似稻水蝇为害引起。

1990年以来北方各稻区均有稻水蝇成灾报道。如，内蒙古东部地区20世纪90年代以来连续成灾，造成的水稻产量损失5%～65%，严重的达100%。甘肃张掖市1990—1993年局部稻田受害成灾，1997年在高台、临泽县及张掖市的老稻区大面积发生，导致缺苗率达36%左右，平均每百穴虫量达1 400头。吉林长岭县自1998年以来，新开垦盐碱稻区发生较重，造成了水稻大面积减产甚至绝收。黑龙江阿城、林甸1998年在水稻田中首次发现，重发田块在插秧1周即发现大量死苗，缺苗率达60%～70%。新疆阿克苏地区2002—2003年调查，发生较轻的稻田产量损失5.8%～8.1%，较重的损失达40.5%～56.1%。

该虫除为害水稻外，还取食芦苇、三棱草、稗草、野生稻、马唐、狗尾草、节节草、莎草等多种禾本科或莎草科杂草的根系，或营腐生生活。水稻上，仅在苗期和分蘖初期根系尚处于较浅层土壤时为害。一般稻种萌发，临时根将由胚乳突破谷壳而出时，幼虫即由此处钻入；也可以在初生根长出后咬伤稻根或蛀入稻种内部，被害稻种丧失发芽生根能力，或勉强发芽但秧苗长势极度衰弱，造成严重缺苗和烂秧；及至水稻长出次生根后，幼虫又咬伤或咬断幼根，使秧苗扎根不牢，极易漂秧。老熟幼虫在稻株根系等处化蛹，阻碍根系发育，导致秧苗生长不良，植株矮小瘦弱、返青慢、分蘖迟。

二、形态特征

成虫：连翅体长6～8mm，翅展8～10mm，体灰褐色至黑灰色，头顶具金绿色光泽，胸背带紫蓝光，腹部蓝灰无光泽。触角芒基部羽毛状，端部无毛。复眼红褐色至黑色，密布黑短眼缘毛；单眼3个，淡褐色，有光泽。单眼瘤刺毛1对，头顶刺毛2对，颜面刺毛6对，颊刺毛较显著、无鬣毛。足及平衡棒黄褐色（图1-54-1）。

卵：长0.5～0.7 mm，近圆形，初乳白色，后变黄白。

幼虫：4龄，末龄体长（连呼吸管）约12mm，土灰色，口钩1对缩入胸部；体11节，各节体背有黑点，第四至八节明显，呈倒“八”字形；第四至十一节腹面各有1对伪足，共8对，最后一节最大，每对伪足末端有3排黑色小沟，前排长大，后排短小。虫体后端有能伸缩自如的分叉的呼吸管。

蛹：为围蛹，羽化时蛹壳前端环状裂开，属环裂类；与幼虫形似，体长8～10mm，宽2～3mm，体11节，圆筒形，初黄褐色，后变黄棕色或棕褐色。化蛹时，老熟幼虫尾部第九至十一节伪足形成适合固定在水稻和杂草根、茎、叶上的环钩，其他伪足萎缩，仅留痕迹。尾端仍有一叉状呼吸管（图1-54-1）。

三、生活习性

我国各地1年发生3～5代。吉林长岭1年发生3～4代，新疆阿克苏、内蒙古东部等地1年发生4代，甘肃张掖1年发生5代。世代重叠现象明显。

以成虫在田埂裂缝、大土块下、埂边盐结皮下以及芦苇、碱草等杂草残枝下或白杨树、沙枣树和杂草的落叶层下越冬，其间常可见成虫群聚一起以御冬寒。

早春，当稻田排水沟、田边低洼处水坑解冻后，即可见越冬成虫活动，并在融化的水面脏泡沫、污水水面或死水水面飞翔，间或停留在水面上或水面漂浮物上，取食腐败有机物；气温升高时尤其活跃，互相追逐交尾，并产卵于水面漂浮物上。稻田放水后成虫迁向稻田，于稻田水面漂浮物上聚集，并于附近追逐交尾，卵仍产于水面漂浮物上。因此，水面漂浮物多的田块招引和聚集成虫多，产卵量大，幼虫虫口密度也较高。漂浮物常被风刮到田边、埂角，加之该处有较多的杂草，故田边、埂角产卵量、幼虫虫量远超过田块中央，水稻受害也远较田块中央严重。

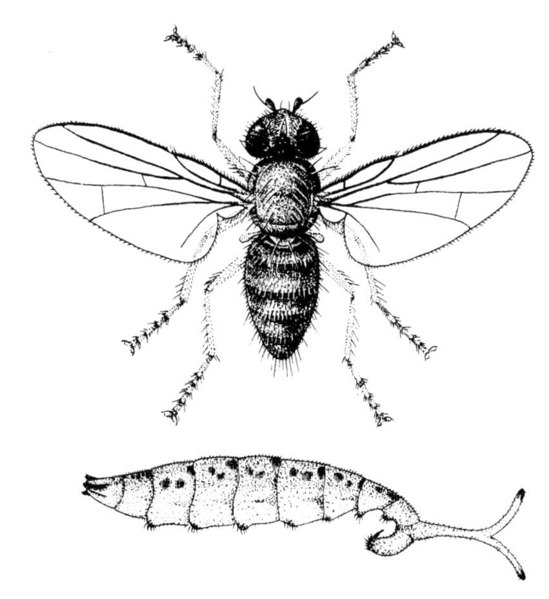

图1-54-1　稻水蝇成虫（上）和蛹（下）（引自尹益寿，1990）

Figure 1-54-1　Adult (upper) and pupa (down) of *Ephydra macellaria* (from Yin Yishou, 1990)

各世代的发生期，据在内蒙古东部的观察，4月下旬至5月中旬秧田灌水时，越冬成虫迁向稻田在水面漂浮物上产卵，5月上旬为产卵盛期；第一代幼虫于5月上旬可见，5月10日左右盛发，此时幼虫生活在秧田水中近水面的泥土里，钻蛀萌发的稻种，幼虫期可持续至6月4日，化蛹在5月25日始盛；一代成虫于5月下旬可见。第二代卵5月下旬始见，6月上旬盛发；6月上旬至7月上旬为幼虫为害期，6月中旬至7月上旬化蛹；6月下旬至7月中旬为二代成虫期。田间二代幼虫、蛹数量在各代中最多，时值水稻返青至分蘖期，咬食或钩断水稻初生根和次生根，导致漂秧死苗，是为害水稻的主要世代。第三代卵田间发生数量尽管多，但因环境温度、水稻生育期等条件的限制，孵化率低，幼虫死亡率高，发生量大幅降低；第四代数量进一步下降。第三、四代幼虫分别发生于7月上旬及7月下旬；这一时期，稻田之外的排水沟中稻水蝇幼虫较多，吸附在排水沟两侧杂草根部为害。第四代成虫于8月中旬羽化，8月下旬达到羽化高峰，除极少数个体继续产卵外，均不进行交尾产卵而越冬。

在甘肃张掖地区，越冬成虫于3月下旬开始交尾产卵，卵多散产在潮湿的植物残叶和水面漂浮物上，4月上旬在杂草上出现第一代幼虫，4月中旬化蛹；4月下旬出现第一代成虫。第二代卵产于秧田，5月下旬至6月上旬为第二代幼虫为害高峰期，可持续至水稻秧苗返青和分蘖前期（6月中旬），此期内出现的部分第三代幼虫亦可为害。水稻拔节后稻水蝇逐渐向田外迁移，继续在杂草上活动、繁殖，8月中旬至9月下旬出现第四代成虫，11月下旬第五代成虫进入越冬场所越冬。

雌、雄成虫均具较强趋光性。羽化、交尾、产卵均在白天进行，常成群栖息在稻田一角或群集于田间漂浮物上，特别是午间温度高时成虫更为活跃，遇降雨或降温时成虫又潜伏于田边土缝或土块下。雌雄性比为1∶1。羽化高峰在8：00～10：00，羽化过程需3～10 min，平均7.2 min。羽化后5～11 min，成虫双翅完全展开，复经2～4 min即可飞行。越冬代成虫早春恢复活动后即可交尾，其余各代羽化1.5～3.0 h后交尾，除夜晚栖息外，一天内其他各时段均可见，但集中出现2次高峰，分别在9：00～11:00和12:00～16:00；一生交尾3～9次，平均6.4次，每次交尾持续时间平均3.5 min。雌虫交尾1～2 d后多在稻田漂浮物上产卵，亦可见于稻株近水面叶鞘、叶片及茎秆部位。产卵对稻株叶色无明显趋性。一天内产卵亦有2次高峰，分别在9:00～11:00和14:00～16:00。雌虫一生产卵74～153粒，产卵5～14 d后死亡。

幼虫水生，喜盐碱，宜生活在pH为7.5～9.0的水中，因此，一般只在盐碱重的田间发生；唯有一报道例外，即黑龙江阿城在pH为6.5～7的稻田中也有发生。孵出过程平均10 min，完全孵出后即下潜，先取食土壤腐殖质，若此时稻种萌发、幼根已突破谷壳或长出初生根，即可钻蛀稻种内取食。二龄后叮咬水稻幼根，偶见咬食水稻叶片。老熟幼虫化蛹前停止取食，排除体内废物，并以第九至十一节上伪足形成环状结构固定于稻根或茎叶上化蛹。

各虫态历期，卵期4～7 d，幼虫历期11～39 d（平均15 d），蛹期8～11 d，雌虫产卵前期1～2 d。各虫态的发育起点温度不同，成虫为9.0℃，卵为9.5～10.0℃，幼虫为12.7℃，蛹为12.4℃，全代所需有效积温为320.4℃。

田间虫口密度与水稻产量损失密切相关。据内蒙古通辽1998—1999年的观察，每平方米幼虫与蛹的数量低于32头时产量损失＜3%，40～50头时损失5.8%～16.7%，62～183头时损失22.1%～40.1%，213～411头时损失42.3%～65.2%。

四、发生与环境的关系

（一）土壤的盐碱度

稻水蝇幼虫喜盐碱，pH小于7或大于9的环境一般无法生存，因此，稻田土壤的盐碱度是决定该虫能否发生及其为害程度的关键因子。当农田基本建设差，地不平整、排水不畅，稻水蝇发生重；盐碱地区新开垦洗碱不彻底的稻田发生重，田埂上有白碱、黑碱的稻田发生重，半干涸的浅水田和死水田发生重。盐碱较重的田块可能成片死苗，甚至颗粒无收。田水越脏，漂浮物越多，成虫聚集越密，着卵量越高，幼虫发生量越大。

（二）水稻生育期与栽培技术

水稻生育期对稻水蝇发生的影响大。该虫属于水稻生长前期害虫，仅为害苗期和分蘖初期水稻，水稻进入分蘖盛期后，根系扎稳地中，植株健壮，不易受害。据观察，在内蒙古东部，第三代卵的田间发生数量尽管是各世代中最多的，但因环境条件的限制，幼虫数量不多。环境限制因子除高温外，主要是水稻已处于分蘖盛期，植株迅速生长，分蘖增多，根系粗壮，木质化程度增加，且新生根深入稻田土层，水稻耐稻水蝇为害能力有了明显提高；加之经历一段时间的灌水，淋洗了土壤中的盐分，稻田土壤pH下降，幼虫死亡率增加，其数量大幅降低。

栽培方式亦影响稻水蝇的发生。在甘肃张掖，20世纪90年代因水稻播种期提前等栽培方式的改变，使稻水蝇第一代成虫有机会将卵直接产于稻田，是导致当地稻水蝇严重为害的主要原因。

（三）天敌

自然天敌对稻水蝇有一定的控制作用。在新疆阿克苏，稻水蝇有青蛙、鱼类、蚂蚁、步行甲、蜘蛛、鸟类等天敌，其中青蛙为主控天敌，成蛙取食稻水蝇成虫，蝌蚪取食稻水蝇幼虫。

五、防治技术

通过农业防治恶化稻水蝇发生的环境条件是防治稻水蝇的关键，必要时辅以物理防治和化学防治方法。

（一）农业防治

采取以下措施，可有效控制稻水蝇。

1. 彻底改造治理盐碱地，尤其是对新开荒地和重盐地进行泡田洗碱，降低土壤pH，创造不利于稻水蝇发生的环境。

2. 加强农田基本建设，平整土地，建设单排单灌沟渠系统，填平死水坑，减少其滋生场所。

3. 加强田间管理，勤排勤灌，变死水为活水，不仅可冲洗盐碱，造成不利于稻蝇蛆生活环境，还可冲走水面漂浮物，保持水面清洁，减少成虫栖息、产卵机会，也可将产于稻田的卵随水排出田外；拾净前茬作物秸秆，定期捞除水面的漂浮物；将稻田漂浮秧捞出，在田外暴晒，以杀死附于其上的蛹；晴日及时排水晒田1～2d，利用阳光晒死幼虫。

（二）物理防治

稻水蝇雌、雄成虫均有较强趋光性，用波长365nm的黑光灯可大量诱集稻水蝇成虫，再行毒杀或电击致死；使用普通灯光亦可诱杀到成虫。

（三）化学防治

以成虫发生盛期（第一代）或卵孵化高峰期（第二代）为防治适期，每公顷用 18%杀虫双水剂 2.7 L、20%三唑磷乳油 2.25 L 或 90%晶体敌百虫 1.5 kg，对水 750kg 喷雾。也可每公顷用 80%敌百虫可湿性粉剂 3.0～3.75 kg、5%辛硫磷颗粒剂 4.5kg 或 80%敌敌畏乳油 2.25 L，加适量水稀释或细沙混匀后，与 300kg 细沙或细土均匀混合制成毒土，撒施于稻田。施药时稻田保持浅水层 3～5 cm，可提高防效。在严重发生田块，稻水蝇为害高峰期需多施药 1～2 次。

此外，早春水稻田进水前，对周边死水坑、排碱渠等处用敌杀死或敌敌畏乳油消灭早期滋生场所的稻水蝇，也能有效降低虫口发生基数，有利于稻田稻水蝇的防治。

傅强　陈洋（中国水稻研究所）

第 55 节　稻 摇 蚊

一、分布与危害

稻摇蚊属双翅目长角亚目摇蚊科，常见种类的幼虫多呈红丝状，故称为红丝虫，或红虫子。早在 1954 年辽宁盘山农场的两个分场就报道过摇蚊的为害。王新华在 1998 年就初步整理出分布于国内 12 个省份的 19 种稻田摇蚊，并指出国内研究者常说的稻摇蚊的学名 *Chironomus oryzae* Matsumura 在分类系统学上是一个无效的裸名，根据出版的图片，他推测该摇蚊可能是稻环足摇蚊（又称林间环足摇蚊）[*Cricotopus sylvestris*（Fabricius）]。在发达国家稻田摇蚊发生量较大，有关为害和防治报道较多，估计跟水稻的直播方式有关，摇蚊在水稻幼苗期取食胚芽或根部后往往造成缺苗。而我国水稻以移栽为主，受害秧苗在移栽时被剔除，同时我国一般用种量往往较大，所以秧田期的为害往往被忽视，摇蚊以幼虫食害稻苗幼根、幼芽，或钻进尚未发芽的种子中为害，常造成浮苗或使种子不能发芽。全部被害时则呈无根苗，造成漂秧。稻苗初期被害症状不明显，7～8 d 后可见稻苗成片呈现黄绿镶嵌状，被害稻苗叶片变黄，植株矮小，叶茎细长，如将叶片变黄的稻苗连根挖出，扒开泥土，便可见到根部缠绕很多红色幼虫。此时被害的稻苗根系被吃的既短又稀，到明显出现浮苗时，幼虫已大部分老熟。稻田摇蚊在我国大多数地区均有发生，一般不认为是害虫，但在局部地区发生量过大时也会造成经济损失而需要防治。北方各省采用旱育秧和湿润育秧后，稻摇蚊的为害大大减轻。

二、形态特征

成虫：雌虫体粗短，体长约 2.5 mm；雄虫体细长，约 3 mm 左右，翅展均约 4 mm。头小，复眼漆黑色。成虫体色多样，有黄色、淡绿色、黑色等，有些种类有鲜明的色斑。胸背面有 3 条黑色纵条纹。腹部背面第二至六节黄色，具暗黑色斑纹。翅半透明，翅脉暗褐色；平衡棒小，暗黑色；足细长，暗褐色。雌虫触角短，丝状，共 6 节；雄虫触角长，羽毛状，共 12 节。雌虫腹部末端较圆钝，雄虫腹部末端尖细。

卵：多呈椭圆或卵圆形，长约 0.2 mm，宽约 0.1 mm，多为白色、红色或黄棕色，卵块呈细长囊带锁链状，在卵圆形的透明胶质囊内。胶囊吸水后长约 10 mm，宽约 5 mm，其尖端逐渐缢细成线，系在稻苗的茎或叶上。每个卵囊有卵 85～205 粒。卵块的大小、卵粒的数目与外界环境以及成虫、幼虫体型的大小及营养状态有关，卵在 20～25℃的条件下 2～3 d 便可孵化。

幼虫：体细长，圆柱形，长 4～5 mm，12 节，红色或暗黄色。眼黑色；触角 3 节。上颚发达，有 4 个钝齿，体第一节及末端有肉质胶状突起，无足，前胸及肛节各具伪足 1 对，无明显体鬃，有软毛，最后一节背部有一丛毛，行动时以腹肌的伸缩在水中上下扭动。分无气门式和后气门式二类，如黄摇蚊幼虫为无气门式，其血液中含血红素，缺氧时，血红素可使血液结合足够的氧，供呼吸之用，因而无论在浑水或污泥中均可见到它。同时，这种血红素使其体呈红色，因此人们称它为“红虫子”。黑摇蚊和绿摇蚊幼虫属后气门式，在水中缺氧时，幼虫浮于水面扭动，使后端气门浮出水面。

蛹：长 4～5 mm，黄褐色。头小，复眼黑色。圆筒形，分头胸部和腹部，前胸前角处生有与呼吸有关的构造称雄角，自由游泳的蛹虫呈角管状，如长足摇蚊亚科和寡脉摇蚊亚科（Podonominae）中的 *Podonopsis* 属和 *Lasiodiamesa* 属的蛹虫，在管形巢中栖息的蛹，则为分支众多的膜质构造或为简单的膜质囊。胸部中央有1条纵行黑斑，两边各有1个小斑纹。后胸背面黑色，腹面淡黄色，各节背面有暗黑色斑纹。腹部末端为1对扁平的肛叶以帮助游泳。蛹脱离巢穴，由水底至水面不断来回游动，经过很短时间即可羽化为成虫，尾端有长毛。

三、生活习性

每年发生2～3代，第一代为害水稻。成虫于4月出现，白天栖息于水田、水渠的杂草或稻丛中，傍晚及清晨无风时或阴天时，在空中成群飞舞。5月下旬产卵，一生一般只产1次卵，喜选择在黑土、草炭土、盐碱土等土质较黏的老稻田或水田的水面或泥面上产卵，产卵后很快死亡。卵经4～6d孵化；初孵幼虫仍在卵囊内活动，并取食胶质，3～4 d后卵囊破裂，幼虫从秧苗上沿茎下潜至根部，啮食幼根，每株稻秧可寄生10余头幼虫。幼虫长到2mm左右时，逐渐变成红色，一生完全在泥土中的稻根上生活。以泥沙碎草做筒巢，受惊时即从筒巢中逸出，作S形游动于水中，并且常放弃旧巢，另建新巢。幼虫经12～14 d老熟，但在春、秋季气温较低时则需20d以上。一般盐碱地、低洼地、终年积水的杂草地或阳光不足的稻田，幼虫发生较多。幼虫老熟后，用泥沙杂草做成穴状筒巢，开口向土面，在内化蛹；化蛹前后，直至羽化为止尾部不停地摇动。羽化前裸蛹浮至水面，全身静止；不久，成虫推开蛹的头壳爬出，在蛹壳上停留数秒钟后，即振翅飞去。成虫有强向光性，灯下常见。羽化后的摇蚊常有婚飞习性，雄成虫常在清晨或黄昏群飞，雌虫被吸引入雄虫婚飞群后即行交尾，交尾常在数秒内完成。成虫喜选择黑土、草炭土、盐碱土等黏重土壤的稻田产卵，故该类田块发生重。

四、防治技术

（一）农业防治

加强稻田水的管理：插秧水稻返青阶段，一般水层深度保持在苗高的2/3。在轻盐碱地上，每2d，最多不超过3 d，采取日灌夜排的办法换水一次，连续进行至6月底，排后浅水层保持不露地面为度。重盐碱地最多不超过每2d换水一次，至水稻穗分化为止。可在播后灌水12～15cm深，泡1～2d即将大部分水排出，换水保持12～15cm深，一直到出芽应换水3～4次。芽长1cm时要晒田48h，促根深扎，而后灌水9～12cm，每隔2～3d换水一次，直到苗高9cm，进行第二次晒田24h，以后灌水6cm深。改水育秧为旱育秧，也能够减轻稻摇蚊的为害。

（二）物理防治

由于稻摇蚊成虫趋光性强，在越冬成虫陆续飞翔活动期间于田间设置黑光灯进行诱杀，可收到一定的防治效果。

（三）药剂防治

每667m^2可用90%敌百虫可溶粉剂30～45 g，对水30～45 kg喷在稻丛中，施药时保持水深3～5 cm。

袁海滨（吉林农业大学）

第56节 稻 蝗

一、分布与危害

稻蝗属于直翅目蝗总科。我国已知有17种以上，计有中华稻蝗［*Oxya chinensis*（Thunberg）］、山稻蝗（*O. agavisa* Tsai）、无齿稻蝗（*O. adentata* Willemse）、长翅稻蝗［*O. velox*（Fabricius）］、上海稻蝗［*O. shanghaiensid* Will］、小稻蝗［*O. intricata*（Stål）］、日本稻蝗［*O. japonica*（Thunberg）］、芋蝗［*Gesonula punctifrons*（Stål）］等。其中，分布最广、为害最重的是中华稻蝗，几乎遍布所有稻区。以长江流域和黄淮稻区发生为害较重。除为害水稻外，尚可为害玉米、高粱、粟、棉及麦类、豆类、薯类作物和芦苇等禾本科和莎草科杂草。在内蒙古为害亚麻、马铃薯等。

以成虫和若虫咬食稻叶及小穗，轻者将稻叶咬成缺刻（彩图1-56-1），重者吃光全部叶片，仅留主脉。水稻抽穗后可咬断小枝梗，或造成断穗、白穗。水稻乳熟时可直接吃食乳熟谷粒；水稻黄熟时，则可弹落稻谷影响产量。

20 世纪 80 年代中期以来，由于禁用有机氯农药和耕作制度等的改变，稻蝗成为我国一些地区水稻的重要害虫。在陕西汉中稻区，受稻蝗为害水稻一般减产 5%～7%，严重的减产 10%以上。在河南信阳稻区，1983 年前极少见到稻蝗，1984 年在主要山边田块集中成灾，而 1985 年在全区 30 万 hm^2 稻田都有不同程度的发生，成灾面积约 10 万 hm^2，一般每 667m^2 秧田有蝗蝻 12 000～46 000 头；本田每 667m^2 有蝗蝻 4 000～34 000 头。河北唐山市，20 世纪 90 年代开始发生中华稻蝗，发生面积逐年扩大，密度不断提高，一般为 50～100 头/m^2，高的达到 200～300 头/m^2，为害较重，一般减产 10%左右，且影响质量。

二、形态特征

成虫（彩图 1-56-1）：雌虫体长 19～40 mm，雄虫体长 15～33mm；全身绿色、黄绿色或褐绿色。头宽大，卵圆形，头顶向前伸，颜面隆起宽，两侧缘近平行，具纵沟。复眼灰色。触角剑状。头胸部在复眼后方；前胸背板发达，呈马鞍形，向后延伸覆盖中胸，两侧各有 1 条明显的褐色纵带，直达前胸背板后缘及翅基部。前翅前缘绿色，余淡褐色，顶端部分较暗，翅长超过腹末到达后足腿节中部。后足腿节绿色，胫节也为绿色，基部略暗，胫节刺的顶端黑色。雄虫腹部末节背板无尾片，肛上板短三角形，平滑无侧沟，顶端呈锐角。雌虫腹部二至三节背板后下角具齿突，其中第二齿较大，有的第三齿不明显。下生殖板表面向外突出，纵脊不明显，后缘中央有 1 对小刺，两侧的齿较短小。产卵瓣长，上下瓣大，外缘具细齿。内地、山区和北方的个体比沿海的小。

卵：长约 3.5 mm，宽 1.0 mm，长圆筒形，中央略弯，后端钝圆，深黄色。弯壳表面黏一层不易去掉的泡沫状物。卵囊长 9～14 mm，宽 6～10 mm，后端钝圆，中部略弯，上端平截有卵盖，比水轻，能浮于水面。卵囊内有卵 10～100 粒，多为 30～40 粒，斜列 2 纵排。

若虫：通称蝗蝻，一般 5～6 龄，少数种类 4 或 7 龄，体色同成虫。蝗蝻颜面倾斜度较大，头部呈三角形。复眼长椭圆形，绛赤色。前胸背板略呈瓦状，在中部有 3 条横沟。各龄若虫体长、触角节数、翅芽长短不同。

一龄若虫灰绿色。头大高举；复眼大，银灰色，长椭圆形；触角 13 节，无翅芽。

二龄若虫体绿色。触角 14～17 节；头胸侧的黑褐色纵纹开始出现；翅芽尚不明显。

三龄若虫体浅绿色或黄褐色。触角 18～19 节；头胸侧的黑褐色纵纹明显，沿背中线淡色中带明显；翅芽明显，前翅芽向后突伸，略成三角形，后翅芽圆形。

四龄若虫体黄褐色。触角 20～22 节；头胸两侧黑色纵纹与三龄相差不大；前翅芽狭长，尖端呈三角形，后翅芽下缘也呈三角形，但不向后突出。

五龄若虫体黄褐色。触角 23～29 节；翅芽向背面折断，末龄翅芽超过腹部第三节。

三、生活习性

中华稻蝗在北方稻区和长江流域的江苏、浙江等地 1 年发生 1 代，华南各省，1 年发生 2 代，湖南、江西等地 1～2 代。该虫以卵越冬，卵的滞育决定了各地的发生世代。在北方的铁岭、济宁及泗洪种群为完全滞育，卵滞育与母代光周期及卵期的温度无关，所产卵全部进入滞育，完全由遗传控制，年发生 1 代。南方的长沙、海口种群为部分滞育，长沙种群的滞育不受母代光周期的影响，不管是长日条件还是短日条件均只有部分卵进入滞育，但滞育率受卵期温度的影响，温度越高滞育率越低；而低纬度地区的海南种群滞育受母代光周期和卵期温度的共同调控。湖南长沙第一代所产卵除 4.1%～19.4%滞育，不孵化而 1 年发生 1 代外，大部分卵继续孵化为若虫而 1 年完成 2 代，导致该地区中华稻蝗 1 年 2 代和 1 代混合发生，属于中华稻蝗一化性和二化性的交叉区域。但是，南方稻区卵的滞育状况并不影响越冬卵的存活。自然条件下，湖南长沙中华稻蝗第二代于 10～11 月所产卵块的滞育率仅约 30%，12 月以后卵滞育快速解除，进一步降低至 6.6%或以下；即使遭遇长江流域 2007 年末至 2008 年初异常寒冷的冬季，越冬卵存活率也在 98%以上。

越冬卵在稻田田埂及其周边的土中 1.5～4cm 深处越冬，孵化时间由南到北推迟，广州在 3 月下旬至 4 月上旬，南昌 5 月上、中旬，湖北汉川 5 月中旬，北京 6 月上旬，吉林公主岭 7 月上、中旬。羽化时间也如此，广州 6 月上、中旬，南昌 7 月上、中旬，汉川 7 月中、下旬，北京 8 月上、中旬，公主岭为 8 月中、下旬。2 代区二代成虫多在 9 月羽化，各地区大体相同。

年生活史，在陕西长安地区，越冬卵于 5 月上旬开始孵化，5 月下旬为盛期，直至 6 月中旬孵化出土；7 月中旬即有成虫出现，羽化盛期为 8 月上旬；8 月上旬开始交尾产卵，8 月下旬至 9 月上旬交尾最盛；9 月中、下旬产卵最多；10 月中、下旬成虫开始大量死亡，11 月初只可见少量成虫。在辽宁沈阳，若虫期为 5 月下旬至 8 月下旬，共 6 个虫龄，少数雄虫为 5 龄，约经 90d；成虫发生于 9 月上旬至 11 月初；9 月中、下旬交尾产卵，成虫产卵后相继死亡。在浙江富阳，越冬卵于 5 月上旬开始陆续孵化，6 月上旬至 7 月上旬为蝗蝻期，7 月中、下旬开始羽化，8 月下旬交尾，并于土壤中产卵、越冬。湖南长沙，第一代成虫于 6 月上旬至 8 月上旬羽化，6 月下旬至 8 月中旬产卵，除少部分滞育外，大部分不滞育而孵化；第二代若虫于 7 月初开始孵化，9～10 月羽化为成虫，10 月上旬至 11 月下旬产卵。

成虫寿命 59～113 d，一般 3 个月左右，雄性比雌性寿命短。1 代区成虫死亡期多数在 11 月，2 代区分别在 8 月中旬及 12 月中、下旬。若虫期 42～55 d，长的达 90 d。卵期较长，一般为 210～230 d，随各地有效积温不同而异；越冬卵消除滞育需低温处理 40d 以上，一般需翌春当气温上升到 18℃左右时开始孵化。蝗蝻蜕皮和羽化一般在早晨，夜间或阴雨低温天气很少蜕皮、羽化，阴雨转晴及闷热天气则显著增多。中华稻蝗卵孵化的适宜温度为 25℃左右，在陕西长安其孵化率很高（＞85%），而被寄生率则极低（1%），不同生境的蝗卵在孵化时间及孵化率上均有差异。

中华稻蝗主要取食禾本科作物的叶片以及田间杂草，尤喜食水稻叶片。成虫羽化后 20～35 d 即开始交尾，雌虫一生可交尾多次，一般以 10:00 和 18:00 为交尾高峰。交尾每次持续 4～8 h，存在“假交尾”现象。交尾后 10～30d 开始产卵，卵多在田埂、渠埂、沟边以及河滩地，一般很少产在稻田。雌虫先将腹部插入土中钻孔产卵其中，然后排出黏液状性腺体将卵粒黏在一起，形成卵囊，产卵深度一般在1.5～2.0 cm，每次产卵持续 1h 左右，最短 30 min。产卵时间以中午前后为多，每雌虫一生可产卵 1～4 块，每卵块有卵 20～56 粒，平均 37.8 粒。一、二龄蝗蝻主要集中在孵化场所附近取食幼嫩杂草；三龄蝗蝻开始进入稻田，不过多集中在田边，随着虫龄的增加逐渐向中央扩散。

据浙江富阳观察，中华稻蝗田间呈点片发生，低龄蝗蝻具有群集性；从田边杂草迁向稻田，初期田边 1～10 行的虫量占全田总虫量的 80%以上，其中以 1～5 行虫量最高。该地区稻蝗主要为害早稻和单季晚稻，以水稻分蘖期至破口抽穗期受害重，成虫单头日食叶面积平均为（6.26±1.08）cm^2。

蝗蝻和成虫白天喜在植株上活动，若受轻微惊扰，即可跳跃或飞翔或顺着植株迅速潜逃。其活动随季节有所变化。温暖季节，当太阳升起后，身体多垂直阳光取暖，然后开始取食，高温季节，身体多顺着阳光，或转向植株背阴处，17:00 阳光减弱，渐渐转向植株取食为害，一日中，稻蝗以 10:00～18:00 性成熟前活动频繁，飞翔能力强。在蝗蝻蜕皮或羽化前 16～24h 停止取食；蜕皮或羽化后食量显著增大。一日中，有 10:00～11:00 和 16:00～18:00 两次取食高峰；阴天活动减少，雨天和夜间基本停止活动。具趋光性，取食具趋嫩绿性。

四、发生与环境的关系

（一）气候条件

蝗蝻的发生期、发生量与温、湿度有密切的关系。尤其在北方地区，冬季大雪冰冻，越冬卵死亡率高；冬季温暖、干燥有利于卵的安全越冬，翌春发生量大。春季温度高，蝗蝻发生早。

（二）地势地貌

丘陵山区发生比平原重，靠近山地、河边、坟地、荒田、绿肥田的稻田发生重。在一些滨湖地区芦苇、杂草丛生，食料丰富，遇干旱年份，湖水下落，湖滩扩大，稻蝗易产卵繁殖，猖獗可能性大。

（三）耕作制度和栽培技术

冬种面积大，稻蝗的越冬分布面积大，种植双季稻、杂交稻，过量施用氮肥，禾苗生长嫩绿为稻蝗提供了丰富、质高的食料，春熟面积大，延迟了春耕灌水，有利于冬卵孵化。均有利于稻蝗的大发生。

（四）天敌

卵期捕食性天敌有芫菁幼虫、步甲；若虫、成虫期有鸟类、青蛙、蟾蜍、蜘蛛、螳螂和寄生菌等。据陕西长安稻区调查，中华稻蝗天敌共 17 种，其中，取食稻蝗卵的有大斑芫菁［*Mylabris phalerata*（Pallas］幼虫，取食低龄稻蝗蝻的有中华虎甲（*Cicindela chinensis* De Geer）、粽管巢蛛（*Clubiona japonicola* Boes. et Str.）、三突花蛛［*Misumenops tricuspidatus*（Fabricius）］、棒络新妇蛛（*Nephila clavata* L. Koch）、拟环纹豹蛛（*Pardosa pseudoannulate* Boes et Str.），取食各虫态稻蝗的有锐声鸣螽（又称大蝈螽斯）（*Gampsocleis gratiosa* Brunner von Wattenwyl）、广斧螳（*Hierodula patellifere* Serville）、中华大刀螳（*Tenodera sinensis* Saussure）、黑斑蛙（*Rana nigromaculata* Hallowell）、中华大蟾蜍（*Bufo gargarizans* Cantor）、池鹭［*Ardeola bacchus*（Bonaparte）］、普通秧鸡（*Rallus aquaticus* L.）、灰喜鹊（*Cyanopica cyana* Pallas）、秃鼻乌鸦（*Corvus frugilegus* L.）和麻雀（*Passer montanus* L.），寄生成虫的有蝗霉（*Entomophthora grylli*）。

五、防治技术

（一）农业防治

针对中华稻蝗喜产卵于田埂、渠坡、荒草地的习性，可结合开垦荒滩、修整田埂、清淤堤埝、深耕除草等措施，破坏中华稻蝗产卵和繁衍场所。及时清除田边四周杂草，减少草荒地面积，切断低龄蝗虫食料，可减少虫源。在栽培管理上，要适期播种、合理肥水，促进水稻健壮生长。南方一些地区历来有用铁锹铲田埂杂草、烧焦泥灰的习惯，既可消灭蝗卵、减轻蝗害，又可肥田、改良土壤，是控制中华稻蝗较为实用的方法。

（二）生物防治

放鸭食虫或保护田间青蛙、蟾蜍、蜘蛛、寄生蜂等自然天敌，可有效抑制稻蝗的发生。其中，稻田蛙类，特别是黑斑蛙的数量可随中华稻蝗数量的增加而增多，当蛙类稳定达到一定数量后，其控虫作用显著。保护自然天敌，需在化学防治时，注意选择高效低毒、对环境友好的农药，减少对天敌的杀伤。

（三）化学防治

一般在稻蝗向稻田扩散初期，利用蝗蝻多聚集于稻田边行的特性，以“挑治为主、普治为辅、巧治低龄”为防治策略，以二、三龄蝗蝻为防治适期，将中华稻蝗消灭在扩散于大田之前。防治指标：南方稻区（如浙江）分蘖期、孕穗至破口期百丛分别为 40～50 头和 20～25 头，北方地区通常百丛 35～40 头。

药剂可选用 1.8%阿维菌素乳油每 667m^2 40～50mL、5%氟虫脲水剂 5～10mL、20%三唑磷乳油 50～100mL、25%杀虫双水剂 120～150 mL、90%杀虫单原粉 30～50g、50%辛硫磷乳油 45～60mL、45%马拉硫磷乳油 45～60mL、20%阿维·杀虫单微乳剂 30～45mL 等，对水 45～60kg 喷雾。施药时间：防治成虫一般在早晨露水未干前，防治幼虫一般在上午 8:30 至 11:00 前施药效果最佳。

毒饵诱杀：将麦麸 100 份，清水 100 份，90%敌百虫晶体或 40%氧乐果乳油、50%辛硫磷乳油 1.5 份混拌。根据蝗虫取食习性，在取食前夕均匀撒布，23～30kg/hm^2；随配随用，不宜过夜。

袁海滨（吉林农业大学）

第 57 节　稻泥苞虫

一、分布与危害

水稻泥苞虫有：银纹长角石蛾（*Setodes argentata* Matsumura，又称银条姬长角石蛾、银星筒石蚕）、麻纹长角石蛾（*Oecetis nigropunctata* Ulmer，又称黑斑栖长角石蛾、胡麻斑长角石蚕）、稻黄石蛾（*Limnophilus correptus* McLachlan，又称切翅石蚕、切翅沼石蛾）、东北石蛾（*Limnophilus amurensis* Ulmer，又称东北沼石蛾）。4 种均属毛翅目，其中前 2 种属长角石蛾科，后 2 种属于沼石蛾科。

水稻泥苞虫，幼虫期俗称烟筒虫、截虫，是我国东北地区寒地稻作区水稻苗期的主要害虫之一。在黑龙江、吉林、辽宁、河北等省都有发生。在黑龙江省呼兰县多发生于新开垦的水直播稻田和高低不平的老稻田。主要为害水稻幼苗，还为害稗草、茅草、碱草等杂草嫩芽。该虫主要以幼虫为害水稻幼芽、幼根和幼苗。水稻种子萌发时若被咬食就不能出苗，出苗后被咬食则造成浮苗，稻苗幼根被食严重的，叶片发黄甚至枯死。

二、形态特征

水稻泥苞虫的成虫很像小蛾子，与鳞翅目蛾类的区别是：泥苞虫的成虫为咀嚼式口器，翅上有许多毛；而蛾类的口器为虹吸式，翅上有许多鳞片。

(一) 银纹长角石蛾

成虫和幼虫形态如图 1-57-1 所示。

成虫：体长 4.5～5.0mm，翅展 13～14mm。头及胸部浓褐色，并生有同样颜色的毛。头顶有“小”字形银白条纹。触角细长，约为前翅的 2 倍，各节基部银白色，上半部灰黑色，呈黑白相间的斑纹。前翅细长，生有黄褐色的毛，翅上面有 20～22 个长短不定的银白色条纹。后翅暗灰色，半透明，密生同色的毛。足黄褐色，前足胫节无距，中、后足胫节各有距 2 个。腹部黄绿色。

卵：很小，圆球形，由几十粒或几百粒聚成卵块。外面有透明无色的胶质物包围。卵块产在水面上，渐渐落到水底，沾上泥土，呈污褐色。

幼虫：体长 7～8mm，头部及前、中胸部为黑褐色。腹部各节有灰白色丝状气管鳃，各节气管鳃的分布数是：0-10-8-6-6-2-0-0-0。胸足 3 对，黄褐色，前足短，后足长。

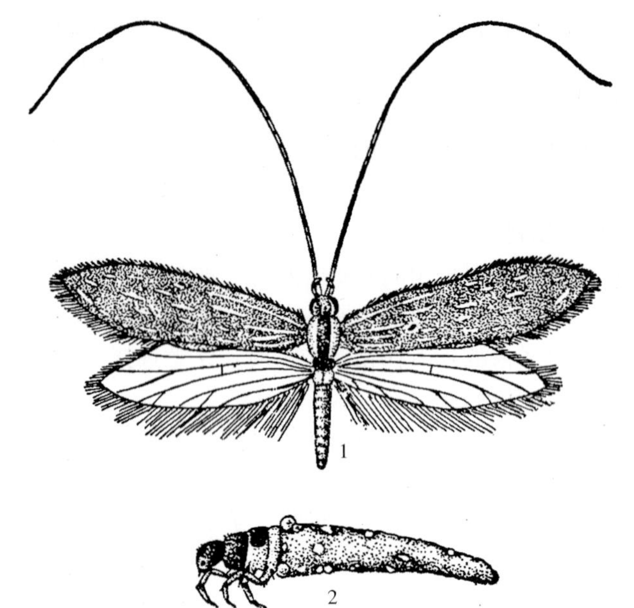

图 1-57-1 银纹长角石蛾成虫和幼虫（引自中国农业科学院植物保护研究所，1995）

Figure 1-57-1 Morphology of *Setodes argentata* adult and larva (from Institute of Plant Protection, Chinese Academy of Agricultural Sciences, 1995)

1. 成虫 2. 幼虫

蛹：长 6～7 mm。头及胸部和足均黄褐色，眼黑色。腹部青绿色，也有气管鳃。触角上有黑白斑。

筒巢：由丝及泥沙做成，圆筒形，长 7～10mm，中间稍弯曲，筒口直开是平的。幼虫存在于筒巢中。

(二) 麻纹长角石蛾

成虫：体长 5.3～5.6 mm，翅展17～19mm。触角长超过前翅的 2 倍。各节末端有不鲜明的黑色环纹。前翅上面没有银白色条纹，而有灰褐色条纹。触角黑色，没有银白色。足灰黄色，前足胫节无距，中、后足各有距 2 个。

卵：块状且较大，其中含卵 300 粒左右。

幼虫：老熟时体长 8～9mm，头部淡黄褐色，腹部淡绿色。腹部各节气管鳃分布数是：0-6-4-4-4-4-4-4-4。

蛹：体长 6～7mm。头、胸部黄褐色，腹部淡绿色。

筒巢：由泥沙和丝做成的，比银纹长角石蛾的大，长 8.8～11.6mm，弯曲度较大，牛角形，筒口斜开。

(三) 稻黄石蛾

成虫：体长 12～15mm，翅展 32～38mm。头、胸部及触角赤褐色，复眼黑色。触角与前翅等长。前翅细长，淡黄色，翅中央有较大的透明斜带；后翅宽，无色透明，翅端部黄褐色。足黄褐色，前、中、后足的胫节各有 1 个、3 个、4 个距。

幼虫：体长 12～13mm，头部及胸部黄褐色，并散生很多黑点。足黄褐色，前足粗短，中、后足稍长。

筒巢：由草根、草片做成，长 13～15 mm，状如小拇指，椭圆形。

卵与蛹的形态目前尚不十分清楚。

三、生活习性

4 种泥苞虫均 1 年发生 1 代，以幼虫吐丝黏合泥沙或草根做成筒巢，在水稻、杂草等根茬里，或畦畔、水沟等处的泥土里越冬。

银纹长角石蛾和麻纹长角石蛾的越冬幼虫于 5 月上、中旬开始活动，将头胸部伸出筒巢，在水底爬行，取食嫩草根。5月下旬至6月中旬水稻露芽时，聚集咬食，咬断水稻嫩芽或须根，使稻苗漂浮水面，造成缺苗，是其为害最严重的阶段。6月中旬至7月中旬老熟幼虫附着于稻根或水中杂草茎部，并封闭筒巢口在其中化蛹。蛹期约10d，6月下旬开始羽化，7月上、中旬为羽化盛期。成虫白天潜伏在稻秧、杂草、灌木的叶背面，17：00以后开始活动，有趋光性。成虫交尾后产卵于稻田及沟渠的水面上，产出的卵立即沉入水底。8月初卵孵化，此时水稻植株已经老壮，幼虫很小，对其为害不大。不久，幼虫便在稻根茬或杂草根部吐丝做成筒巢，潜伏越冬。

稻黄石蛾越冬幼虫于5月开始活动，5月下旬转入稻田为害稻苗，为害情况与前两种相同。6月下旬因稻苗长大、水温增高，幼虫随灌水、排水转移到荫蔽、低温的水渠周边生活，以杂草嫩芽为食。直至8月中旬才开始化蛹，8月下旬羽化，并产卵于水沟边杂草根部附近的湿润土上，9月下旬孵化，同样生活在水沟内，以幼虫越冬。

四、防治技术

（一）农业防治

1. 提高整地质量，切实耙细耙平 水稻泥苞虫多发生在高低不平和排水不良的低洼地块，因此应细致整地，并适期早播、早插，促进直播稻迅速成苗和移栽稻秧苗茁壮成长，待幼虫发生时秧苗已长大，可以减轻为害。

2. 实行浅水灌溉，适时排水晒田 在幼虫盛发期排水晒田，不仅能促使水稻生长发育，增强耐虫性，还可使幼虫干死。注意晒田必须晒至泥土将开裂时为止。

3. 清除田间杂草 应常年坚持清除排、灌沟渠边及田间杂草，破坏害虫繁殖场所，消灭部分卵块。

4. 消灭越冬幼虫 除坚持常年清除田间杂草外，还应在9月末结合秋耕灭茬，耕翻表土，将稻田附近的水沟边、洼地、田埂、撂荒地等各处的杂草除净，以破坏泥苞虫越冬场所和消灭越冬幼虫。

（二）化学防治

药剂防治时，稻田应先排水至3～4cm深，然后均匀撒施药剂或喷雾，1～2d后再灌水，确保药效。

1. 秧田施药 在水稻育苗期插秧前2～3d，每100m^{2}用70%吡虫啉水分散粒剂4g或者25%阿克泰6～8g，加水稀释后，喷雾处理稻苗。另对潜叶蝇和负泥虫也有很好的兼治作用。

2. 本田施药 可用40%乐果乳油，或90%敌百虫可溶粉剂、50%杀螟硫磷乳油，用量分别为1 125～1 150mL/hm^2、1 500～2 250g/hm^2、1 125～1 150mL/hm^2，加水喷雾。也可以用2.5%敌百虫粉剂40kg/hm^{2}做成毒土撒施。

叶恭银（浙江大学昆虫科学研究所）
陈洋（中国水稻研究所）

第58节 螨 类

一、分布与危害

在我国稻田螨类较多，包括有跗线螨、叶螨和甲螨，其中有的为害水稻或者通过其活动而传播病原菌间接为害，也有的食菌或腐殖质而营自由生活，不为害水稻而却易误被认为有害，或者有争议。因此，对其危害性、形态识别及其规律的研究尚有待加强或明确。此外，还有不少捕食性种类。

（一）跗线螨

跗线螨隶属于蛛形纲蜱螨目跗线螨科。现已查明在我国水稻上发生的跗线螨有十余种，分属狭跗线螨属（*Steneotarsonemus*）、跗线螨属（*Tarsonemus*）和分胫跗线螨属（*Lupotarsonemus*）。狭跗线螨属有5种，如斯氏狭跗线螨（*S. spinki* Smiley）、叉毛狭跗线螨（*S. furcatus* De Leon）、燕麦狭跗线螨［*S. spirifex* (Marchal)］、似苇狭跗线螨［*S. phragamitiois* (Schlechtencal)］和浙江狭跗线螨（*S. zhejiangensis* Ding et Yang）等。跗线螨属有4种，即：福州跗线螨（*T. fuzhouensis* Lin et Zhang）、鼹鼠跗线螨（*T. talpae* Schaarschmidt）、湖泊跗线螨（*T. lacustris* Weibchen）、乱跗线螨（*T. confusus* Ewing）。分胫跗线螨有4种，即：不美分胫跗线螨（*L. inornatus* Attian et Hassan）、微小分胫跗线螨（*L.*

minutus Attian et Hassan)、侧爪分胫跗线螨(*L. paraunguis* Attian et Hassan)、多花分胫跗线螨(*L. floridanus* Attian et Hassan)。这些种类往往是数种混合发生的，如，在湖南洞庭湖区叉毛狭跗线螨、燕麦狭跗线螨和一种学名待定种混合发生，其中以叉毛狭跗线螨为主，在广东广州地区以斯氏狭跗线螨为主，也有少量鼹鼠跗线螨。

斯氏狭跗线螨分布于浙江、湖北、湖南、四川、台湾、福建、广东、广西等省份；叉毛狭跗线螨分布于浙江、湖南、福建、广东、广西等省份；燕麦狭跗线螨分布于浙江、湖南、广东、广西等省份；浙江狭跗线螨、福州跗线螨各分布浙江和福建；鼹鼠跗线螨分布于四川、广东。跗线螨寄主除水稻外，尚可为害多种禾本科植物。狭跗线螨属的种类还可取食白茅、野古草、画眉草、雀稗、狼尾草、鼠尾粟、双穗雀稗、稗、菅、芒、芦苇、双花草、李氏禾、罗竹、粉单竹等。

跗线螨为害水稻，1974年首先由广西蒲北县病虫测报站发现，以后广东、福建、湖北、湖南、浙江、江苏、上海等也陆续发生。如，1981年在湖南省常德地区跗线螨重发生，造成水稻抽穗不灌浆，甚至妨碍抽穗，形成曲穗和半死穗，剑叶叶鞘变黑褐色。1990年广州市跗线蹒为害晚稻面积达2 530余hm^2，受害田褐鞘指数在35左右，1998年发生面积达到1.5万hm^2。2009年10月台湾嘉义水上及南后壁地区跗线螨在确定销声匿迹近20余年后再次发生为害，此后在台南、云林和彰化地区也有发现，为害似有日趋广泛与严重的态势。跗线螨为害水稻的特点是：水稻抽穗以前在叶鞘以及枯黄叶片上刺吸汁液；被害叶鞘先内壁后外壁出现褐色斑点，为害严重时，这些褐色斑点连成片，色泽加深，使叶鞘变成紫褐色，出现“紫鞘”症状，影响水稻的生长发育，表现为生长受阻、植株变矮、抽穗迟缓、穗变畸形等；水稻抽穗后跗线螨大量为害护颖、子房、鳞被等处，直接引起水稻不稔或影响谷粒充实。水稻齐穗至乳熟期是跗线螨发生高峰期。水稻上跗线螨为害，往往从田边向田中心逐步扩展蔓延，有明显的为害中心。此外，跗线螨还可传播水稻多种病害，而且尤其喜在纹枯病、叶鞘腐败病、紫鞘病的病斑上活动。即使像鼹鼠跗线螨这种不具备直接取食水稻能力的菌食性螨种，也由于生活在水稻上取食水稻组织中各种寄藏真菌而与水稻之间发生间接食物关系。跗线螨为害往往造成水稻空秕率增加，千粒重下降。一般空秕率增加5%～10%，千粒重下降1～2g，产量损失5%～20%，严重的高达70%。

(二)叶螨

为害水稻的叶螨均属于蛛形纲蜱螨目叶螨科。已知有4种，即稻裂爪螨(*Schizotetranychus yoshimekii* Ehara et Wongsiri)、真梶小爪螨(*Oligonychus shinkajii* Ehara)、悬钩子全爪螨(*Panonychus caglei* Mellott)和一种叶螨(*Tetranychus* sp.)，其中稻裂爪螨为害严重。

稻裂爪螨，俗称水稻黄蜘蛛；在我国分布于广东、广西等省份；寄主除水稻外，还有李氏禾、石芒草、叶下珠、牙签草、臭根子草、老虎草、燕麦草、蓉草、马唐、割人绒、铁绒草等多种杂草；该螨刺吸叶片汁液，被害稻叶先呈褪绿斑点，严重时褪色斑点连成黄白色条斑，甚至稻叶干枯，被害叶面附有幼、若螨蜕下的皮，就如被上一层灰白色的粉末，远远望去，稻株似呈重度缺肥状；被害稻株千粒重下降8%，结实率下降8.2%；一般减产10%左右，严重时损失可达30%以上。真梶小爪螨分布于江西、湖南、福建、台湾、广西及山东等省份；国外分布于日本；寄主除水稻外，还有甘蔗、高粱、野古草等。悬钩子全爪螨仅发现于江西。叶螨(*Tetranychus* sp.)仅在广东发现为害盆栽水稻，为害状与稻裂爪螨相似，但它吸食稻叶造成的针头状失绿斑呈烟灰状散生，致叶片局部或全部呈灰白色；该种除为害水稻外，尚可为害花生、冬瓜、番茄、豆角(豇豆)等多种经济作物和瓜菜。

(三)甲螨

稻田甲螨属于蛛形纲甲螨目。我国稻田已知种类有30科36属42种，其中在稻株上分布的有7种，即门罗点肋甲螨(*Punctoribates manzanoensis* Hammer)、丝管囊甲螨(*Sacculozetes filosus* Behan-Pelletier)、水稻菌甲螨(*Scheloribates oryzae* Xin et Hong)、光滑菌甲螨[*S. laevigatus* (Koch)]、棒菌甲螨[*S. latipes* (Koch)]、小头剑甲螨[*Gustavia microcephala* (Nicolet)]和一种大翼甲螨(*Galumna* sp.)。其中，门罗点肋甲螨和光滑菌甲螨为安徽凤阳和福建稻株上的优势种，丝管囊甲螨为北京稻茬上的优势种。此外，据报道在江苏淮北稻区长孔点肋甲螨(*P. longiporosus* Balogh)发生为多。

“稻叶甲螨”最初发现于重庆万县的水稻田及稻株上，当时鉴定为前翼甲螨科(Pelopidae)的一种，随后使用过中名“稻真前翼甲螨”(*Eupelops* sp.)。此后，多位学者在重庆万县调查发现，无论在稻田还是稻株上优势种类为门罗点肋甲螨，而未见真前翼甲螨属*Eupelops*种类。目前，真前翼甲螨属在我国仅记录1种，即小顶真前翼甲螨［*E. acromios*（Hermann）］，主要栖居针阔混交林、灌木和乔木混交林、阔叶林的枯枝落叶层、腐土层等生境。因此该鉴定引起了争议。

门罗点肋甲螨分布于四川、安徽、福建、海南、新疆、吉林、北京等，经研究得知其营自由生活，并发现它能取食水稻纹枯病病原菌的菌丝。稻菌甲螨在北京、安徽、福建、海南稻株或稻田土壤中有分布，曾认为是水稻害螨，后研究发现不为害水稻。这些螨类曾长期被误认是水稻刺吸性害螨，而盲目施药防治，应予以纠正。就其他稻株上的甲螨是否为害水稻研究甚少，也有争议，有待研究明确。

鉴于上述三类螨的为害与研究现状，本节除描述形态特征，将着重介绍跗线螨和叶螨种类的生活习性、发生与环境的关系以及防治技术。

二、形态特征

（一）跗线螨

1. 一般形态特征 跗线螨体型微小，雌、雄异形明显，体长仅0.1～0.3mm。一般呈乳白色、黄色、绿色或黄褐色，在成熟阶段，表皮的骨化程度比较强，体壁具光泽。身体明显分成囊状的假头、前足体和后半体3部分。假头包括由1对细小、分节的须肢和1对细针状的螯钳所构成的口器。前足体和后半体由明显的横缝分开。后半体分节或具有分节的痕迹。爪间突附着爪上，膜质下垂。体躯背面具背毛8～9对；腹面具发达的表皮内突，是跗线螨重要的特征之一。另一重要特征是具明显的性二型现象，即雌、雄形态明显不同。雌螨体型较大，椭圆形，背面凸圆；足Ⅰ、Ⅱ基节之间的背侧面一般具1对特化的、具柄的感觉器官——假气门器；足Ⅳ末端特化为2根纤细的鞭状长毛。雄螨体型较小，狭长；不具假气门器；足Ⅳ高度特化呈钳状，粗大，末端具爪，一些种类其股节内侧呈不同形状的膨大；躯体末端具生殖乳突。卵多数椭圆形，少数卵圆形，长0.12mm，宽0.07mm。初产时特别光亮，后渐变为乳白色。散产或成堆，一堆有数粒，多的达31粒。幼螨体椭圆形，长0.18 mm，宽0.08mm，乳白色稍透明，有光泽，足3对。

2. 主要种类形态特征 斯氏狭跗线螨、叉毛狭跗线螨和福州跗线螨的形态特征分别见表1-58-1和图1-58-1所示。

表1-58-1 三种跗线螨的主要形态特征

Table 1-58-1 Main morphological characteristics of three tarsonemid species

种类		斯氏狭跗线螨	叉毛狭跗线螨	福州跗线螨
属特征		雌、雄螨的颚体近圆形、宽稍大于长或几乎相等；躯体细长，体长多在200μm以上，颚体位于其前方，不被前足体背板覆盖，雄螨前半体背毛4对，几乎成直线排列	同斯氏狭跗线螨	雌、雄螨的颚体近三角形、稍细长、长稍大于宽或几乎相等；躯体卵圆形，背面略成三角形或四边形，颚体位于其前方，仅其基部一半以下被覆盖，雄螨前半体背毛4对，V_1、V_3、S_{C1}排列成一列，S_{C2}位于S_{C1}的侧方
种特征	雌螨	体长约235μm、宽约83μm；后半体背板5块，背毛排列顺序为2-0-1-2。假气门器卵圆形，着生小形突起	体长约273μm、宽约103μm；后半体背板4块，背毛排列顺序为2-1-2-1，背毛除外肩毛稍细长外其余均粗短；假气门器长卵形	体长约219μm、宽约118μm；前足体背板有毛2对；假气门器近球状，被前足体板覆盖；后半体背板4块，其刚毛排列为2-1-2-1；足Ⅳ仅3节，最后一节具端毛和亚端毛
	雄螨	体长约209μm、宽约118μm；前足体背毛4对，不排列成一直线；后半体背毛3列；足Ⅳ股膝节内侧具膨大的薄膜状凸缘，该凸缘远端部分与股膝节末端分离不明显，基腹毛和背中毛短，长度几乎相等，端腹毛剑状，约与股膝节等长	体长约113 μm、宽约81μm；前足体背毛4对，不排列成一直线；后半体背毛4对；足Ⅳ股膝节无膨大的薄膜状凸缘，股膝节外缘膨大，内缘具有粗壮、分叉的刚毛1根	体长约167μm、宽约92μm；躯体卵形，前足体背面有毛4对，第三和第四对背毛位于同一水平线上。前中表皮内突伸延至横表皮内突，后中表皮内突后面不分叉。生殖乳突位于后足体后面。足4对，足Ⅳ已失去行走机能，是交尾及背负前蛹行走的辅助器官。胫跗节分离，末端有锐利的爪

注 参照丁延宗和杨庆爽（1983）、林坚贞和张艳璇（1982）。

（二）叶螨

1. 一般形态特征 叶螨体型小，圆形或椭圆形，体长0.2～0.6mm，大型种类可达1mm。有红、

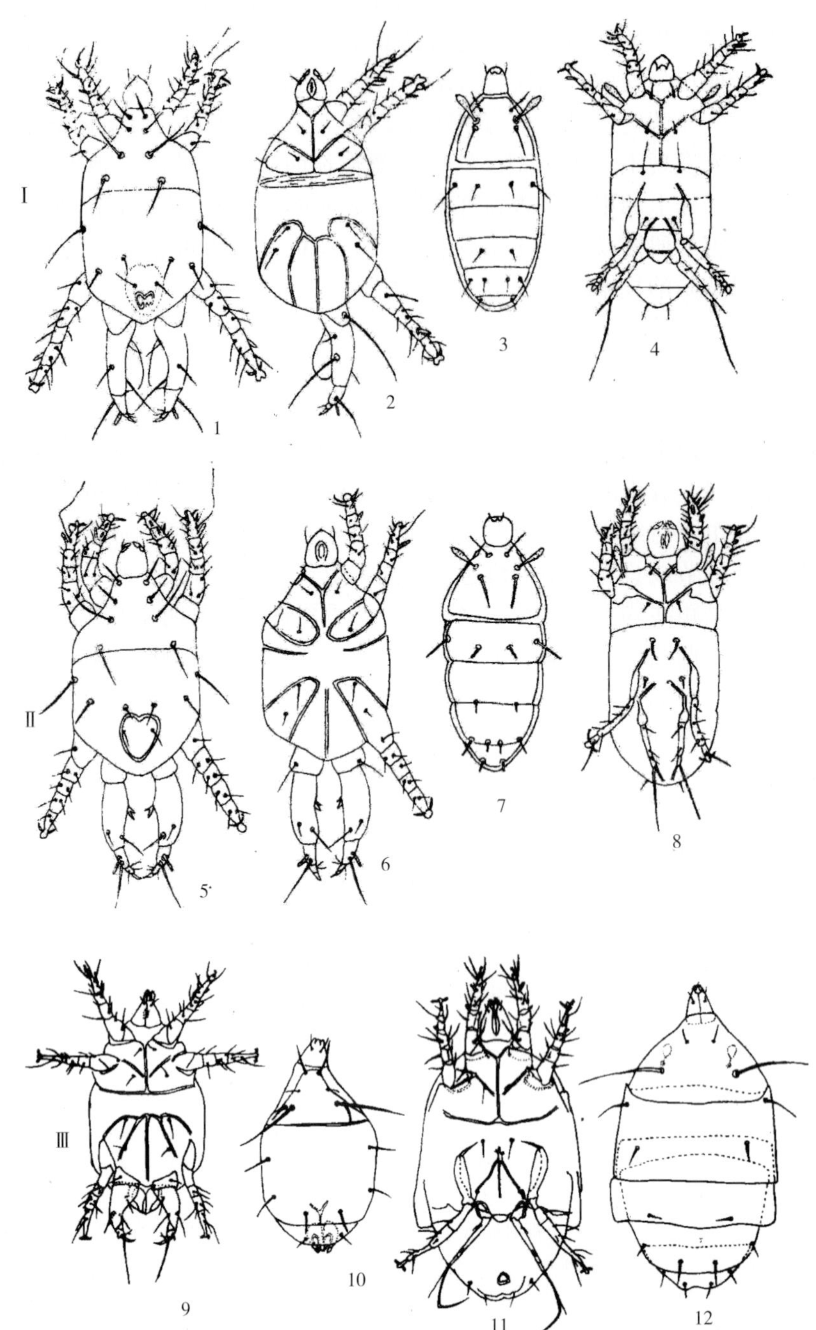

图1-58-1 三种跗线螨的雌、雄成螨（引自程家安，1996）

Figure 1-58-1 Morphology of female and male adults of three tarsonemid species (from Cheng Jiaan, 1996)

Ⅰ. 斯氏狭跗线螨：1、2. 雄性背、腹面 3、4. 雌性背、腹面

Ⅱ. 叉毛狭跗线螨：5、6. 雄性背、腹面 7、8. 雌性背、腹面

Ⅲ. 福州跗线螨：9、10. 雄性腹、背面 11、12. 雌性腹、背面

橙、褐、黄、绿等色。体侧有黑色斑点，前外侧各有1对眼，体壁柔软，表皮具线状、网状、颗粒状纹或褶皱。背面有成排的背毛，一般不超过16对，呈刚毛状、叶状或棒状。螯肢针状，位于可伸缩的针鞘内。颚体包括1对须肢口器，须肢5节，须肢跗节具6～7根刚毛。气门沟发达，位于颚体基部。各足跗节爪具黏毛，爪间突有或无黏毛。足Ⅰ、Ⅱ跗节通常具有1根感觉毛和1根触觉毛相伴而生，称为双毛结构。雌螨生殖区具褶皱，生殖孔横裂。卵近圆球形，初无色，后变橙黄色。若螨体色淡黄，椭圆形，有足3对。

2. 主要种类形态特征 稻裂爪螨和真梶小爪螨的形态特征如表1-58-2和图1-58-2所示。

表 1-58-2　二种叶螨的主要形态特征

Table 1-58-2　Main morphological characteristics of two tetranychida species *Schizotetranychus yoshimekii* and *Oligonychus shinkajii*

种类	稻裂爪螨	真梶小爪螨
雌螨	体长约 372μm，宽约 169μm。后半体横向。背毛末端尖细，具绒毛，共 13 对。后半体第一对背中毛的长度与横列间距相等；第二、三对背中毛及内骶毛的长度稍微超过横列间距。臀毛与内、外骶毛长度约等。肛侧毛 2 对。生殖盖及其前区表皮纹均为横向。足Ⅰ爪间突呈 1 对粗爪状。足Ⅰ跗节双毛近基侧有 3 根触毛和 1 根感毛；胫节有 8 根触毛和 1 根感毛。足Ⅱ跗节双毛近基侧具有触毛和感毛各 1 根；胫节有 5 根触毛	体长约 428μm，宽约 237μm。躯体两侧各有 2 块黑斑。前足体的背表皮纹纵向，后半体横向，内骶毛之间呈不规则的纵向。背毛 13 对，其长超过横列间距。肛侧毛 1 对。生殖盖表皮纹前部为纵向，后部为横向；生殖盖前区表皮纹纵向。足Ⅰ跗节爪间突的腹基侧具 3 对针状毛，双毛近基侧有 4 根触毛和 1 根感毛，前双毛的腹面有 2 根触毛；胫节有 9 根触毛和 1 根感毛。足Ⅱ跗节双毛近基侧有 4 根触毛和 1 根感毛；胫节有 7 根触毛
雄螨	体长约 275μm，宽约 133μm。足Ⅰ跗节双毛近基侧有 3 根触毛和 2 根感毛；胫节有 8 根触毛和 3 根感毛。足Ⅱ跗节双毛近基侧有触毛和感毛各 1 根；胫节有 5 根触毛。阳具柄部宽阔，弯向背面形成端锤，其横轴与柄部呈一角度，前突起较小，后突起长，端锤的长度至少为颈部宽的 2 倍，端部稍向腹面弯曲，顶端圆钝	体长约 322μm，宽约 139μm。足Ⅰ跗节爪间突的腹基侧具 1 对粗齿，足Ⅰ跗节双毛近基侧有 4 根触毛和 3 根感毛，前双毛的腹侧有 2 根触毛；胫节有 9 根触毛和 4 根感毛。足Ⅱ跗节双毛近基侧有 4 根触毛和 1 根感毛；胫节有 7 根触毛。阳具末端呈直角弯向背面形成端锤，其前突起为锐角，后突起较尖锐

注　参照程家安，1996。

（三）甲螨

1. 一般形态特征　体微小，体长 200～1 300μm。颚体通常缩入体内，并隐藏在前足体突出的吻区。螯肢突出，呈钳状，位于头或口下板上。须肢 3～5 节，下头具有 1 对突出的齿形结构，用以破碎食物。躯体分为前足体与后半体，两部分有时彼此绞连。外骨骼坚硬，结构复杂，被覆身体，状似甲虫，故得名甲螨。表皮有精细的刻纹，并覆盖微细的网纹，或粗而不规则的脊。体躯上通常有一些突出物，其中最显著的是叶形与翅形体。足的端跗节可由 1 对爪与中央爪状的爪间突构成，或仅有爪间突。

表 1-58-3　三种主要甲螨的形态特征

Table 1-58-3　Main morphological characteristics of three oribatida species

种　类	门罗点肋甲螨	稻菌甲螨	光滑菌甲螨
个体大小	长 420～437μm，宽 324～340μm	长 316～406μm，宽 217～273μm	长 550～640μm，宽 355～405μm
吻毛、梁毛	吻毛钝圆且两侧有三角形的侧盾板，梁毛和梁间毛长于吻毛，具浓密细毛	吻毛、梁毛和梁间毛皆具细毛	吻毛、梁毛和梁间毛皆具小刺毛
感器	长棒状，柄部弯曲向上	前端钝圆，似纺锤形棒状	前端尖锐，呈长梭形
翅形体	可动，左右相连并前升于前背板，两侧形成三角形尖突结构	不可动，其边缘超出后背板侧缘外	不可动，与背板最宽处侧缘齐平
后背板毛	缺，仅见 10 对毛孔	10 对，细短	10 对，极其短小
背颈缝	明显	中部向前突出呈平台状	前明显突出呈圆形，中部略弓起
基节板毛式	3-1-3-3	3-1-3-3	3-1-3-3
殖肛区毛式	6-1-2-3	4-1-2-3	4-1-2-3
足跗节	具异形 3 爪	具 3 爪，中间爪最强壮	具 3 爪，中间爪粗大

注　参照王慧芙等，1997。

2. 主要种类形态特征　三种主要甲螨的形态特征见表 1-58-3，其中水稻菌甲螨的形态特征见图 1-58-3。

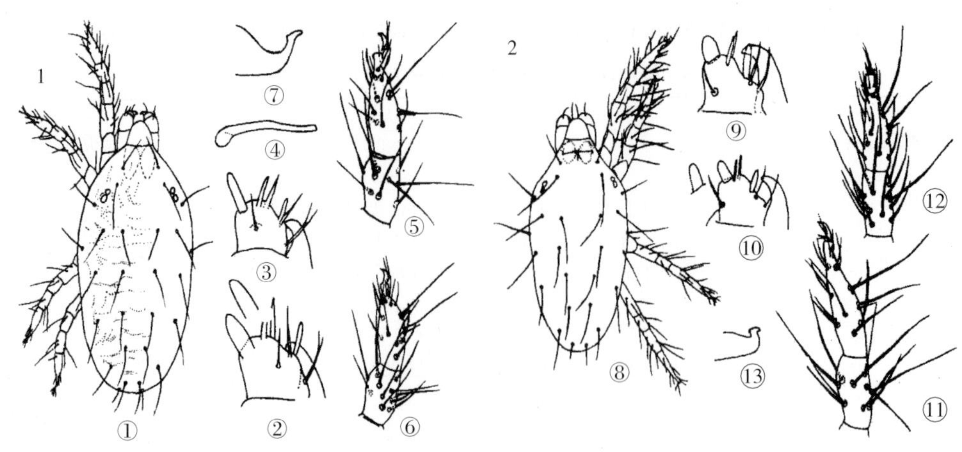

图1-58-2 稻裂爪螨和真梶小爪螨（引自程家安，1996）

Figure 1-58-2 Morphology of two tetranychida species, *Schizotetranychus yoshimekii* and *Oligonychus shinkajii* (from Cheng Jiaan, 1996)

1. 稻裂爪螨：①雌背面，②、③雌、雄须肢跗节，④雌气门沟，⑤、⑥雌足Ⅰ和Ⅱ跗节和胫节，⑦阳茎

2. 真梶小爪螨：⑧雌背面，⑨、⑩雌、雄须肢跗节，⑪、⑫雌足Ⅰ和Ⅱ跗节和胫节，⑬阳茎

三、生活习性

（一）跗线螨

跗线螨越冬情况因种类和地区而有所不同。在广东南部，斯氏狭跗线螨无明显的滞育越冬现象，整个冬春期均可在寄主上繁殖发育。福州跗线螨在福州也无明显的滞育现象，终年发生。在湖南洞庭湖地区叉毛狭跗线螨等以成螨在田间稻桩、残株、稻草堆及禾本科杂草上越冬。跗线螨在广西以卵、幼螨或成螨在稻田周围杂草上越冬，这些杂草有柳叶箬、李氏禾、雀稗和鸡脚草等。

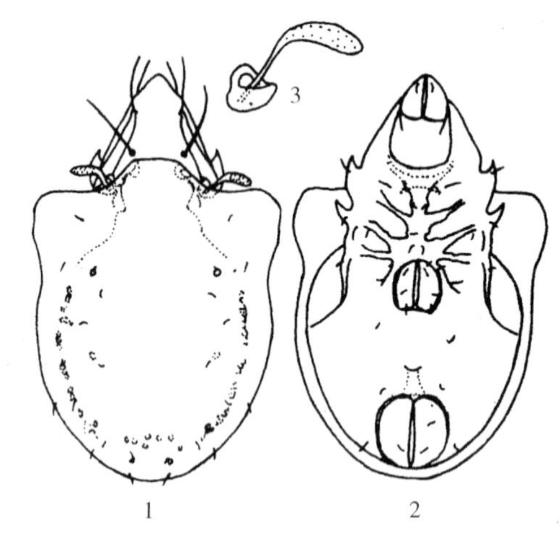

图1-58-3 水稻菌甲螨（引自程家安，1996）

Figure 1-58-3 Morphology of one oribatida specie, *Scheloribates oryzae* (from Cheng Jiaan, 1996)

1. 背面 2. 腹面 3. 假气门器

据广东南部地区调查，斯氏狭跗线螨1年发生8代。其中，第一代发生于2月中、下旬至3月中旬，主害竹和白茅；第二代发生于4月下旬至5月上旬，主害竹；第三代6月下旬至7月上旬，主害竹、早稻和中稻；第四代8月中、下旬，主害中稻和晚稻；第五代9月上、中旬，主害中迟熟中稻和晚稻翻秋种；第六代10月上、中旬，主害晚稻早熟种；第七代11月上、中旬，主害晚稻中迟熟种；第八代12月中、下旬，当晚稻收割以后，该螨最初转移到晚稻落粒自生苗或再生稻上继续为害，如冬季气温较暖，至翌年1月底、2月初尚可见，当环境条件不利再生稻生长时，则转移到其他寄主植物（粉单竹、罗竹、白茅、雀稗等）上继续活动，整个冬春季无明显滞育现象。一般情况下主要为害晚稻，其次中稻，早稻受害不重。每年春末夏初从田边杂草上迁移到早稻上为害，至6～7月早稻生长后期，田间才出现被害株，一般株被害率在25%以下，虫口密度低；同期中稻株被害率比早稻高，虫口密度也高，为害程度有时接近于晚稻；晚稻在8月中、下旬生长前中期，田间被害状不明显，但稻株基部叶鞘内有较多的螨，到10月以后，晚稻进入生长后期，此时螨大量繁殖，密度很高，田间被害株率大增，严重时常达90%～100%。在纯双季稻区，早稻收割时转移到田边杂草上取食繁殖，到8月再迁至晚稻为害。当晚稻收割后，最初转移到晚稻落谷苗或再生稻上继续为害。当环境不利于再生稻生长时，则转移到其他寄主植物上继续活动或进入越冬。在台湾台南地区，斯氏狭跗线螨种群密度在8月（水稻分蘖盛期）显著上升，9月下旬（水稻抽穗期）达到高峰，10月下旬（水稻黄熟期）迅速下降。据福建福州观察，福州跗线螨每年发生16～20代，世代重叠，在

28℃以上繁殖一代只需4d。

斯氏狭跗线螨寄主植物主要是水稻、野生稻及其他稻属植物（*Oryza* spp.），也有禾本科、莎草科、石竹科、蓼科等杂草。就广州市冬春及夏收后稻田附近共9科（禾本科、莎草科、石竹科、苋科、柳叶菜科、雨久花科、豆科、蓼科和菊科）39种植物有否该螨调查表明，在水稻（稻桩、再生稻、落粒自生稻苗）、竹、铺地藜、马唐、牛筋草、茭白和芦苇等禾本科植物上同时有斯氏狭跗线螨的卵、幼螨和成螨，而仅栖息有成螨的植物有稗草、看麦娘和川谷等禾本科植物及蓼科的水蓼、石竹科的繁缕。

跗线螨个体发育有4个阶段，即卵、幼螨、“前蛹”（或“静止期”，“蛹”）和成螨。无若螨期。斯氏狭跗线螨主要栖息于水稻叶鞘内壁并潜藏其内吸食为害。具群集性。成螨爬行能力强，1min内可爬行几厘米至10cm，但幼螨爬行能力弱。除爬行外，主要凭借风力、流水和昆虫等媒介转移扩散。对光的刺激反应不敏感。具有一定的趋鲜性，在严重受害的叶鞘上难以找到，而在同一叶鞘受害轻的部分，或在外观尚未变褐的部分，往往容易找到。一般从下部叶鞘逐步向中上部叶鞘转移吸食为害。老化叶鞘上的成、幼螨及卵粒数量均比鲜嫩叶鞘上的偏低。就单株来看，在营养生长期，由上而下计算，一般以第三、四片叶鞘中的成、幼螨及卵粒数量最多，分别占总数的约21.6%和35.2%。孕穗以后，顶叶已完全展开，则以顶部第一、二片叶鞘上的螨量最多。

跗线螨营两性生殖，但未交尾的雌成螨营孤雌产雄生殖。交尾时，雄螨在下，雌螨在其上。雄螨的足Ⅳ钳状足紧抱着雌螨的末体部，雌螨与雄螨的交尾几近直角。雄螨“背着”雌螨“前蛹”四处爬行，直至雌成螨蜕出，并立即与之交尾。整个交尾持续数分钟。据广东南部地区观察，斯氏狭跗线螨雌成螨产卵于叶鞘内壁，多数为单粒散产，个别为数粒至数十粒平列成堆产；1头雌螨一生平均产卵6.6～14.6粒；雌雄性比，在水稻上为2.7～3.4：1，在罗竹和粉单竹上为10.9：1；卵期为5～7d，幼螨期为8～10d，成螨期为12～15d，一个世代的历期为30～40d。据台湾报道，28～30℃范围内，卵至成螨仅需3～4d，25℃则需17d；在25～30℃下，雄成螨寿命为5～8d，雌成螨寿命在25℃、28℃和30℃下各为18 d、13 d和5d；产卵前期2～5d，产卵期在25℃、28℃和30℃下各为13 d、7 d和2d；雌成螨单头产卵量平均为31粒左右。据广州报道，在25～30℃、相对湿度≥90%的室内条件下，该螨均能完成正常的生命活动，发育历期较短，且随着温度的上升而缩短；卵期3.1～4.5d，幼螨期0.9～2.1d，静止期1.3～2.5d，产卵前期3.2～4.6d，产卵期17.2～25.6d，世代历期为8.5～13.6d；每雌产卵8.8～14.4粒，雌成螨寿命23.6～31.6d。25℃时的产卵前期、产卵期、产卵量以及卵期、幼螨期、静止期均与28℃和30℃时的有显著差异。28℃时的静止期、产卵前期、产卵量、寿命与30℃时的无显著差异，卵期、幼螨期、产卵期则有显著差异。雌成螨产卵时有明显的膨腹现象，产完卵又会恢复正常；在28℃和30℃时，产卵有明显高峰期，产卵后1～4d产下79.7%～83.3%的卵，25℃时产卵量分布则较分散。

斯氏狭跗线螨成螨具极强的抗逆力。据报道，37℃高温连续处理36 h后，存活率为100%，108 h后才全部死亡，39℃处理时，最长存活时间超过60 h，41℃处理时，6.7%的个体存活时间超过48 h，60 h后才全部死亡。－2℃和－5℃低温连续处理120h后，该螨的存活率仍分别有77.8%和48.9%；－8℃连续处理48h后才全部死亡。水浸环境下，成螨最长能生存23d，幼螨能存活25d，其间未提供食料，也说明其耐饥力也相当强。雌成螨抗逆力比雄成螨强，在高、低温条件下，雄成螨大多死亡后，雌成螨才开始死亡，在水中的死亡情况则无明显差异。正处于产卵期的雌成螨可在水中继续产卵，幼螨能在水中继续发育，卵可在水中孵化，孵化率高达94.3%。

福州跗线螨的卵发育起点温度为5.4℃；在10～31℃范围内，个体发育速度与温度成正相关，而发育历期随温度升高缩短。以全代历期为例，当温度为10℃、25℃和31℃时，历期各为51.3d、10.6d和3.8d。雌成螨一生可产33～45粒卵，在低温条件下，仍能继续产卵，寿命长达44d；雄成螨寿命25d；在高温条件下，寿命为2～5d。能抗高温38～40℃，耐低温0～5℃。卵不耐水浸，浸水后孵化率明显下降。

（二）叶螨

稻裂爪螨雌螨的个体发育经过5个时期，即卵、幼螨、前若螨、后若螨和成螨，有3个静止期，共蜕皮3次。雄螨无后若螨期，发育较雌螨快。营两性生殖，也可营孤雌生殖。

稻裂爪螨年发生世代数尚不明确。以成螨、若螨和卵在杂草上过冬，4～6月，有少量迁移到早稻上为害，至9～10月，数量激增，为害中、晚稻，由田边逐渐向田中蔓延，甚至遍及全田。成螨和若螨集中于叶片背面为害，被害叶片颜色转淡，或出现无数大小不同互相连接的淡白色小斑，似失去叶绿素状，最后变淡黄色而干枯。一般在高温干旱的季节，为害较严重。一片稻叶上的成螨、若螨和卵，可多达一两千个，若螨蜕的皮壳多残留于叶片上，状似蒙上一层灰尘。

四、发生与环境的关系

（一）气候因子

气温、降水和风向与跗线螨的发生蔓延有一定关系，高温少雨有利于水稻跗线螨的生长发育。如广西浦北县南部气温较高，跗线螨发生较普遍，水稻受害较重；中部次之；北部属山区，气温较低，发生最轻；凡是9、10月两月的降水量在240mm以下，雨日少于21d，两个月平均气温总和在50℃以上，则有利于跗线螨大发生。早稻生长季节，气温较低，雨水较多，不利于卵、幼螨和成螨的发育和活动，所以一般为害较轻。晚稻生长季节，气温较高，雨水较少，适于该螨的生长发育和活动，所以晚稻受害往往较重。山区气温低、雨水多，而平原和丘陵地区气温较高，雨水较少，所以平原和丘陵地区水稻要比山区水稻受害重。另据广州调查表明，斯氏狭跗线螨年发生量与温度、降水量、雨日数有关，如冬春温暖（平均温度14.5～16.2℃）、干旱年份（1991年1～2月降水量58.7mm，9～10月降水量150.3mm），比冬春期低温寒冷（平均温度11.9～13.3℃）、雨日和降水量偏多（1992—1993年1～2月降水量268.7mm，9～10月降水量335.2～431.9mm）年份的发生量显著多，受害严重。此外，在广州田间调查表明，斯氏狭跗线螨在田间可借风力扩散，稻田周边寄主植物上的成、幼螨也可随风力扩散至稻田。

对稻裂爪螨而言，高温、少雨、干燥则有利于其发育与繁殖。据广西邕宁调查，1974年7～9月月平均降水量为278.4mm，1975年为156.4mm；月平均温度1975年27.7℃，比1974年偏高1℃，1975年发生面积要比1974年大近6倍。

（二）水稻品种

水稻品种不同，跗线螨为害程度也有明显差异。在广东，晚稻迟熟品种较早熟品种受害重，晚稻的翻秋早熟种比晚稻正季品种受害重，秋二矮系统的晚稻品种受害重。1991—1994年在广州市农业科学研究所于螨为害高峰的水稻乳熟期，就相同栽培条件下的223个水稻品种和112个杂交稻组合对斯氏狭跗线螨的抗性进行了评价，结果显示品种间差异显著，褐鞘指数（螨为害等级参数）为0～73.8，在223个品种中，铁伦矮1号、丛黄占、特二青、山青2号、塘芦22、桂竹矮、中谷矮、禺外8号和广39等9个品种的褐鞘指数为0，而双华矮褐鞘指数最高，达73.8；按照抗性标准分级，轻感的品种有63个，占28.3%，中感品种87个，占39%，重感品种73个，占32.7 %。在112个杂优稻组合中，以博优8830和博优107的褐鞘指数0.7为最低，而优Ⅰ7号褐鞘指数最高达55.6，按抗性标准属轻感的组合有46个，占调查组合总数的41.1 %，中感组合35个，占31.2%，重感组合31个，占27.7%。可见，杂优稻组合间抗性差异也比较显著。近年，华南农业大学通过人工接螨的方法就284个水稻品种（系）对斯氏狭跗线螨的抗性评价发现，梅珍矮等11个品种（系）为高抗，IR56等76个为中抗，其他为敏感品种，占69.4%，在一定程度上反映了生产上该螨严重的原因。1975年在广西浦北县30个晚稻品种中，以曲山、广竹4号、塘白占、泰引等早熟品种受害最重；钢枝占、广二矮、矮中山、平广2号、团结1号次之；而大灵矮、包胎矮、包选2号、二白矮等迟熟品种受害较轻。

对稻裂爪螨而言，据广西对晚稻20多个品种的调查，发现这些品种均遭该螨为害，其中团结1号、团结17、科54等宽叶矮秆品种，比窄叶高秆品种中山红、大灵短和包胎短等受害重。在广东，黑谷糯、大糯、秋二晚和双秋矮等品种上发生量多，受害较重。

（三）耕作与栽培条件

对跗线螨而言，偏施、过施氮肥，植株长势过旺，叶片转色不正常的稻株受害重；反之，施肥得当，叶片转色正常，长势适中的稻株受害轻。但中后期追肥不足，植株表现缺肥、长势差的受害也重。另外，沙质浅脚田、酸性冷底田受害重于土层深厚、自然肥力较高稻田。同样，对叶螨也一样，偏施或过量施用氮肥，稻株长势过嫩的以及早栽的稻田，往往受害较重。

对叶螨而言，一般缺水的山坑田和山冲田比水源丰富的水稻田受害重。据调查，前者螨的密度比后者高1.84倍。在山坑的梯田上一般以背风田发生较为严重。周围杂草多和靠近竹木林的稻田，一般受害也较重。

（四）天敌

据福建调查，稻田跗线螨天敌种类丰富，尤其是植绥螨。稻田常见植绥螨有：昌德里棘螨（*Gnorimus chaudhrii* Wu et Wang）、巴氏钝绥螨［*Amblyseius barkeri*（Hughes）］、鳞纹钝绥螨（*A. imbricatus* Corpus et Rimando）和津川钝绥螨（*A. tsugawai* Ehara）。昌德里棘螨是稻田跗线螨的主要天敌，终年出现在水稻、稻桩、再生稻及田埂杂草上，具有很强的跟踪捕食跗线螨的能力；1 头雌成螨 1 h 内可连续捕食 11 头跗线螨；行动敏捷，活动能力强，能到颖壳、叶鞘内捕食跗线螨；一生产卵 20～43 粒，可捕食 200 头跗线螨；从田间消长来看，昌德里棘螨的螨量随着跗线螨螨量的增加而上升，每当跗线螨出现高峰后平均 2～5d 就可出现昌德里棘螨数量高峰。跗线螨与昌德里棘螨量之比为 10∶1 时可控制跗线螨为害。据报道，台湾毛绥螨（*Lasioseius parberles* Tseng）在台湾地区是斯氏狭跗线螨的天敌，在台湾南部地区可控制其数量使之仅仅局部发生和不造成损失。

五、防治技术

（一）农业防治

1. 根据当地农业生产的实际情况，因地制宜地选用高产抗（耐）螨品种，是控制水稻螨类为害的最有效措施。如 1998 年广州市水稻生产上应用螨害较轻的优质高产的常规品种及杂交优组合七黄占、三源占、华籼占、七山占、粳籼 89 和博优 64 等，种植面积达 18 600 hm^2以上，获得降低螨害、增产增收的效果。

2. 适时灌溉，控制虫源。利用早春温度低、雨水多且持续时间长的特点，提早犁田翻耕、灌水溶田，经 15d 浸水处理后再插秧；利用夏季高温，早稻收割后及时灌水浸死螨虫，并且用作还田的稻草要经过充分腐熟后深埋。这些都是减少螨源的有效措施。

3. 清除稻田周围杂草，减少虫源，尤其是在冬春两季以及早稻收获后晚稻栽种前是除草灭虫的重要时机，同时可与积肥、施肥相结合。

（二）生物防治

螨类的天敌种类很多，对螨害起着非常重要的自然控制作用。据福建福州初步调查，稻田跗线螨天敌种类丰富，尤其是植绥螨。实验证明，利用植绥螨能够控制跗线螨的为害。因此，在加强有关天敌种类调查及生物学特性研究基础上，采取措施，保护和利用稻田的自然天敌，或大量繁殖释放，可达到经济有效地控制螨害的目的。据报道，在跗线螨发生数量较大时，可从稻桩、再生稻及杂草上收集植绥螨回室内饲养，1～3 月喂饲看麦娘花粉，4～9 月喂饲丝瓜花粉，然后释放到跗线螨为害严重的稻田，以控制其为害。另外，每 667m^2用绿僵菌孢子粉 5g 加 4kg 水喷雾，半月后效果为 66.2%，1 个月后达 86.6%。

（三）化学防治

1. 抓防治适期　前期降低虫口数量，后期保护剑叶叶鞘是防治水稻跗线螨等的原则。跗线螨主要是影响水稻的抽穗和灌浆结实，应着重在水稻生长后期进行防治。掌握幼穗分化期至齐穗期连续喷药 3～4 次，隔 10～15d 1 次，在广东至少应在 10 月上、中旬喷药 2～3 次。

2. 药剂防治　20%双甲脒乳油 1 000 倍液、1.8%阿维菌素乳油 4 000 倍液、15%哒螨灵乳油 3 000 倍液、25%苯丁锡可湿性粉剂 1 000 倍液，防治效果在 77.38%～84.18%。施药液量一定要足够，药液量要达到 900～1 500L/hm^2。在防治跗线螨时常兼顾控病，可选用的药剂有：20%双甲脒乳油或 25%单甲脒乳油1 000倍液、5%噻螨酮乳油 1 500～2 000 倍液、5%甲氰菊酯乳油＋2.5%噻螨酮乳油 1 000 倍液、20%克螨氰菊乳油 1 500～2 000 倍液或 50%苯丁锡硫悬浮剂 500～800 倍液。

叶恭银（浙江大学昆虫科学研究所）
陈洋（中国水稻研究所）

第 59 节　福 寿 螺

一、分布与危害

福寿螺（*Ampullarium crosseana* Hidalgo），属软体动物门腹足纲中腹足目瓶螺科，又称大瓶螺、苹果螺，是原产于南美洲亚马孙河流域的一种大型淡水食用螺。异名：*Pomacea canaliculata* Lamarck，*Ampullarium insularus* D'orbigny 和 *Ampullaria gigas* Spix。

福寿螺作为一种食物在 20 世纪 80 年代被引入亚洲的许多国家，包括菲律宾、越南、泰国和中国的台湾和广东。由于管理不善，扩散到田间。目前福寿螺已经成为上述国家水稻生产中为害最严重的有害生物之一，亚洲其他国家如缅甸、孟加拉国和印度的水稻生产也遭受到福寿螺的威胁。福寿螺分布于阿根廷、玻利维亚、巴西、巴拉圭、乌拉圭、印度尼西亚、日本、朝鲜、泰国、越南、老挝、马来西亚、菲律宾和新几内亚、多米尼加共和国及美国的加利福尼亚、佛罗里达、得克萨斯和夏威夷。在我国 30°N 以南的省份均有福寿螺发生的报道，包括广东、广西、海南、台湾、福建、云南、四川和浙江等地。

福寿螺主要为害水稻、茭白、菱、莲藕、芡等水生作物以及水域附近的紫云英、甘薯、慈姑、蕹菜、白菜等作物，其中以水稻受害最重。水稻插秧后至搁田前是主要受害期。福寿螺咬切水稻主蘖及有效分蘖，致有效穗减少而造成减产。在东南亚国家可造成水稻产量损失 10%～90%。1988 年开始，我国广东省的 37 个县（区）报道遭受福寿螺不同程度的为害，发生面积达 2.53 万 hm^2，而后的几年里发生情况更加严重，秧苗和分蘖田受害率达 4.07%～6.73%，高的达 13%～15%。近年，福寿螺在我国东南沿海地区发生较为严重，一般田块，有效穗减少 11.5%，减产 8.4%，严重田块减产 50%以上。浙江省泰顺县稻田发现福寿螺为害始于 1997 年，2002 年扩大到 15 个乡镇 3 000 hm^2，损失粮食 1 500 t。广西马坡镇福寿螺发生面积超过 2 000 hm^2，由于缺乏有效的竞争物种和天敌，在全镇范围逐年扩散蔓延趋势明显，受害株率达 20%～30%，对水稻生产构成严重的威胁。同时，螺体还能传播引起人类嗜酸性脑膜炎的广东管圆线虫（*Angiostrongylus cantonensis*）。

二、形态特征

福寿螺螺体、卵块及为害状如彩图 1 - 59 - 1 所示。

卵：圆形，直径 2 mm，初产粉红色至鲜红色，表面有一层不明显的白色粉状物，后变为灰白色至褐色。卵块椭圆形，由 3～4 层卵粒叠覆成葡萄串状，大小不一，长径 2～5 cm，最长 8 cm，短径平均 1.2 cm，小卵块仅数十粒，大的可达千粒以上，一般为 200～500 粒，卵粒排列整齐，卵层不易脱落，初鲜红色，以后逐渐变淡，7～10d 后变成白色。初孵螺体高 2.0～2.4mm，淡褐色，从胚螺丝层到脐部一带为点状红色。

螺体：贝壳外观与田螺相似。贝壳较薄，卵圆形；淡绿橄榄色至黄褐色，光滑。壳顶尖，具 5～6 个增长迅速的螺层。螺旋部短圆锥形，体螺层占壳高的 5/6。缝合线深。壳口阔且连续，高度占壳高的 2/3；胼胝部薄，蓝灰色。脐孔大而深。厣角质，卵圆形，具同心圆的生长线。厣核近内唇轴缘。壳高 8 cm 以上，壳径 7 cm 以上，最大壳径可达 15 cm。头部具触角 2 对，前触角短，后触角长，后触角的基部外侧各有一只眼睛。螺体左边具 1 条粗大的肺吸管。幼贝壳薄，贝壳的缝合线处下陷呈浅沟，壳脐深而宽。雌螺的囊盖是凹形，而雄螺的囊盖是凸形，雌成螺的螺壳向内弯，而雄螺的螺壳向外弯。肉为奶白色至金粉红色或者橙色。

三、生活习性

福寿螺在广东省广州市 1 年发生 3 代，以幼螺或成螺在水生作物基部或水田土表下 2～3cm 处越冬，也可在田边或灌溉渠、河道中越冬。第一代幼螺生长 93d 开始产卵，卵期 9d，孵出二代幼螺，历期 102d；第二代螺生长 63d 开始产卵，卵期 11 d，孵出三代幼螺，历期 74 d。第三代螺生长至翌年 3 月底，共 189d，仍为幼螺。各代螺重叠发生。在浙江省的发生为不完全二代，包括越冬代和第一代。福寿螺主要以幼螺、成螺在农田、山塘、池塘、沟渠及土壤中越冬，越冬代成螺一般为直径 2～3 cm 的中型螺。福寿螺主要在 4 月和 8 月为害早、晚稻的秧苗，尤其是直播稻和移栽稻，为害的水平随着螺重的增加而增加。在浙江省温州市，翌年 3 月下旬至 4 月上旬开始活动，4 月上、中旬福寿螺成螺开始产卵，卵可产在茭白、杂草、石块等任何物体上，但主要产在离水面 10～40 cm 的茭白叶鞘中基部。初产卵块呈明亮的粉红色至红色，在快要孵化时变成浅粉红色。4 月至 7 月中旬和 9 月中旬至 11 月是福寿螺的两次繁殖高峰期。据室内饲养观察，4 月 11 日产下卵块至 5 月 9～16 日卵粒孵化，卵期长达 29～36d，在夏季气温达 32℃时卵期只有 10d，卵孵化后到成螺期需要 70～80d，完成 1 个世代只需 88d。进入秋季时，气温下降，孵化后到成螺需要160～184d，整个生长期延长，完成1个世代需要204d。水稻2.5～3叶期，重20 g以上的福寿螺日为害稻苗37.67～52株，12g左右重的福寿螺日为害稻苗20.3～25.7株，5 g以下重的福寿螺日为害水稻3～13.3株。另据推测，在我国南方的广东、广西、海南、福建、台湾地区，以及江西和云南的部分地区，该螺1年发生2代或2代以上，属特别危险区；全国大部分地区1年发生1代，属危险区；其他如黑龙江、吉林、新疆、宁夏、内蒙古、陕西、山东、四川、西藏、甘肃、青海等部分地区因年均温度较低、冬季严寒而2年不能完成1代，属于轻度发生区。

福寿螺雌雄同体，异体交配，性比大于1，其在最适宜生长温度27.7～30.6℃条件下，雌螺性成熟需60～85d，隔周产卵1次，性成熟的雌螺交配后24 h即可产卵。产卵母螺寿命一般为4～8个月，平均6个月，连续产卵期2～4个月。繁殖力极强，一代雌螺平均每只繁殖幼螺3 050只，二代雌螺平均每只繁殖幼螺1 068只，1只雌螺经1年2代即可繁殖幼螺30万只以上。交配和产卵的适宜温度为25～28℃，体内受精，交配时间达4～5h。产卵常在夜间进行，爬到高出水面10～34 cm处的干燥物体或植株的表面，如茎秆、沟壁、墙壁、田埂、杂草等上产卵，排卵时间1～2h。卵只能在有空气的环境中孵化，孵化后卵壳为白色，整个卵块呈蜂窝状。当温度为20～24℃、28～32℃时，卵块孵化时间各为18～25d和8～15 d。初孵化幼螺落入水中，以藻类和有机碎屑为食，当螺壳高达1.5 cm左右时，幼螺开始取食植物。取食植物的范围广，食性杂，但也有一定的选择性，如与浮萍、苎麻和白菜相比，水稻秧苗并不是其最喜爱的食料；中螺、成螺只有在无其他食料可食的情况下，才取食水稻秧苗。水稻秧苗从移栽到移栽后15d，直播稻播后4d到30d，最易受其为害。该螺破坏秧苗的基部，甚至在一夜间毁坏整块稻田的稻苗。

福寿螺具有避光性，在阴天或夜间活跃。多群集栖息于低地的水沟、浅水塘、鱼塘和稻田等各类静水或水体水流缓慢、一般具泥质底的淡自然水体，或吸附在水生植物茎叶上，或浮于水面，除产卵或遇有不良环境条件时迁移外，一生均栖息于淡水中，遇干旱则紧闭壳盖，静止不动，存活3～4个月或更长。福寿螺在间或干旱的溪流、微咸水水体、水流湍急的水体中不能正常生存，但水流有助于其传播蔓延；喜在洁净的水体中生活，但具有较强的耐污能力，其对氨的安全浓度为2.684mg/L；偏好稍偏碱性的水体环境（pH7.0～8.5）。当水线低于其贝壳高度时，即停止取食和交配；当水体干涸前，能深入泥中，关闭厣甲，度过数月的干旱期；当重新蓄水后，又活跃起来。具较强的耐饥力，且与个体大小密切相关。重20 g以上福寿螺的耐饥能力3～7 d，平均5 d；15.8～16.9 g的9～20 d，平均14.5 d；12.4～14.8 g的7～20 d，平均11. 3 d。以体重2. 80～8.05 g福寿螺的耐饥能力最强，98 d仍成活，但行动缓慢。体重1.6 g的耐饥能力则为45 d。

四、发生与环境的关系

（一）气候条件

福寿螺生长发育的适宜温度为8～38℃，低于0℃或高于40℃就会被冻死或灼死。卵的发育起点温度为14.0℃，有效积温为94.9℃；螺的发育起点温度为11.4℃，有效积温为1 309.2℃；全世代的发育起点温度为11.7℃，有效积温为1 404.1℃。福寿螺卵发育的适宜温度为20～35℃，成、幼螺能生存的水温为10～30℃，不耐低温。冬季暴露在空气中的福寿螺对1～2℃及其以下的低温十分敏感，持续1d的低温可导致100%死亡，而在3～5℃ 下处理30 d，没有发现任何福寿螺死亡。由于稻田土壤变干和气温下降，福寿螺成螺于每年10月上、中旬进入土表下2～3 cm处越冬。部分福寿螺在灌溉渠和附近的河道中越冬。在土壤中2～3cm深处1～2℃持续1周有50%～75%能存活。在暖冬，常年积水的稻田中经常可见到成活的螺。福寿螺耐旱力极强，在无水条件下有休眠现象，冬季室温2～17 ℃时，连续休眠3个月，福寿螺的存活率仍达57. 6 %。

（二）寄主植物

福寿螺食性杂，动、植物都能吃，但以鲜绿多汁的植物为主，对受污染、有化学刺激性的以及茎、叶长有芒刺的植物能够回避。据报道，福寿螺除为害水稻和茭白外，还侵害处于阴湿生境的芡实、菱角、荸荠、莲藕等水生蔬菜和喜旱莲子草、紫背浮萍、芜萍、满江红、水浮莲、凤眼莲、慈姑、水葫芦、鸭跖草等水生植物及水域附近的紫云英、空心菜、甘薯等旱生作物，还有蕹菜、白菜。

（三）天敌

福寿螺的天敌很多。据日本报道，有46种淡水动物均可捕食福寿螺，如水生捕食性昆虫、甲壳纲动物、鸭、水龟、蛇和水蛭等均能取食幼螺 。在菲律宾也发现螯蚁、螽能大量捕食福寿螺卵块。蚂蚁、蜘蛛、螳螂等天敌可取食孵化期间的卵和仔螺。在池塘中饲养的青鱼、鲤鱼、鲫鱼、鲶鱼、桂花鱼、淡水白鲳等鱼类，可控制福寿螺种群数量。泥鳅、鳝鱼、青蛙、蟾蜍等也能控制福寿螺，1只青蛙每天能捕食3～5只小螺。扁平虫（*Temnocephala haswelli* Ponce de Léon）可寄生于福寿螺的外套腔内致使螺体死亡。

五、防治技术

控制福寿螺的为害，应该采取农业防治、生物防治、化学防治等配套综合防治技术，目前应用最普遍的是化学防治。由于福寿螺适应性强，分布范围广，难以根除，往往是短期见效，治标不治本。在实际防治过程中，最好采取多种防治方法并举，这样才能达到较好的防治效果。由于福寿螺是一种外来生物，防止其由发生地通过附着在土壤中或水生植物的根部、茎基部随运输而扩散，是控制福寿螺继续扩大为害的关键措施。

（一）农业防治

1. 合理灌溉 一是通过稻田的灌溉来遏制福寿螺的生长，低于4cm的水位可避免稻苗受害，不需要大水漫灌的时候都保持稻田无水，就可有效地遏制福寿螺生长，甚至旱死一部分，但这只适合地势平坦的稻田。二是种植秧龄较大的稻苗减轻为害。由于福寿螺通常喜欢取食秧龄为3周之内的稻苗，用较老的秧苗可以缩短稻苗对福寿螺为害的敏感期。然而，在深水田中，即使较老的稻苗也会受到为害。三是采用水旱轮作，冬季种植旱地作物，为害严重的地区夏季改种玉米、大豆等旱地作物，能有效地控制福寿螺的发生。

2. 人工捕杀 成、幼螺一般在早晨和下午最活跃，较易被发现，此时是人工捕捉的最好时机；平时结合农事操作，见螺及卵块随即消灭；春秋两季福寿螺产卵高峰期，应组织人员摘卵捡螺。此外，在主要灌溉水进出口处放一张金属丝网或竹网，避免因串灌而造成福寿螺在田间扩散，同时也可收集到大量福寿螺。捕拾的成、幼螺可喂鸡、鸭，也可用于沤制肥料。

（二）生物防治

福寿螺及其卵体内含有丰富的蛋白质，是鸭子的极好饲料，可以采取在稻田和沟渠中放养鸭群的方法进行防治，这是控制螺害的最佳方法，简单易行，见效快，既可以控制螺害，又可以增加养鸭收入，节本增效，且有利于减少药剂使用以保护环境。鸭子要选择肉食性强，体型较小的品种，一般每667 m^2放养10～20只鸭。据报道，在池塘中饲养的青鱼、鲤鱼、桂花鱼、淡水白鲳等鱼类，可控制福寿螺种群数量，如台湾埔里水基地的试验表明，本土的鲤鱼（*Cyprinus capio* L.）、鲫鱼（*Carassius auratus* L.）、鲶鱼（*Silurus asotus* L.）、盖斑斗鱼（*Macropodus opercularis* L.）等都会吃福寿螺，而且除只剩下直径超过2cm的大中螺外吃得很干净。因此，结合稻田饲养鱼选择合适的鱼种也可起到防治作用。饲养释放水龟［*Amyda japonica*（Temm. et Schleg.）］和中华鳖［*Pelodiscus sinensis*（Wiegmann)］也可望有效控制福寿螺密度。据报道，在5月底至6月初每667m^2茭白田放养中华鳖约为200g的鳖苗120头，茭白田中的福寿螺幼、成螺和卵块密度均呈直线下降，至9月田中的福寿螺已基本被中华鳖捕净。

利用植物性提取物来防治福寿螺在国内获得较快的发展，该方法既可以收到防治效果又能对环境保持友好。如金腰箭甲醇提取物、茶皂素、夹竹桃叶都是对福寿螺控制效果较好的天然产物，在环境中易降解，对人、畜安全。在较低浓度下，上述三种植物提取物对福寿螺幼螺均有很好的浸杀作用，用2.5 mg/L茶皂素液浸幼螺3d，死亡率达100%；用50 mg/L以上的金腰箭甲醇提取物配制的溶液浸幼螺3d，死亡率也达100%；用200 mg/L的夹竹桃叶提取物处理12h，死螺率高于80%。此外，金腰箭、茶皂素对福寿螺的卵和成螺也有较强的控制作用。在大田试验中茶皂素6.0g/m^2处理在第四天或者1.5g/m^2处理在第十六天时，效果达到100%；30g/m^2和45g/m^2茶麸（茶麸是油茶果实榨油后所剩的余渣）处理以及45g/m^2生石灰处理第十六天时，效果达80%以上；不仅如此，而且这种处理对稗草也有很好的抑制作用。

此外，可利用有毒植物诱杀福寿螺，如在田中放一些烟叶或辣椒、星状花的叶片，可直接诱杀福寿螺。用楝树叶、芋头、香蕉、木瓜、牵牛花和旧报纸等引诱物可诱集福寿螺，或在田中插一些毛竹桩可诱集福寿螺成螺产卵，诱集后集中销毁。

（三）化学防治

防治适期，以产卵前为宜：4～6 月，当稻田每平方米平均有螺 2 头以上时，应进行防治。在水稻移植后 24 h 内于雨后或傍晚每 667 m^2 施用 6%四聚乙醛杀螺颗粒剂 0.5～0.7 kg，或 5%四聚乙醛颗粒剂 0.5 kg 拌细沙 5～10 kg 撒施，施药后保持 3～4cm 水层 3～5d；或每 667 m^2 用 8%四聚乙醛颗粒剂 1.5～2.0 kg，碾碎后拌细土或饼屑 5.0～7.5 kg，于温暖、土表干燥的傍晚撒于受害植株根部，2～3d 后，接触过药剂的福寿螺将分泌大量黏液而死亡。在水稻移栽后，撒施石灰调节土壤酸碱度或使用抛秧丰、乐草隆、草灭光等稻田除草剂进行化学除草的同时，也对福寿螺有一定的杀灭（驱避）作用。由于福寿螺是一种耐药性强、移动性快的有害生物，常用杀螺剂的持效期一般较短（7d），往往福寿螺高密度田块需多次施用杀螺剂灭螺或稻田灌水后再次使用杀螺剂灭螺才能控制为害。为了减少用药次数，提高防治效果，在防治稻田福寿螺时，可结合稻田化学除草或调节稻田酸碱度杀灭一部分螺，再使用杀螺剂灭螺。同时可以使用梅塔、密达等能直接被福寿螺啮食的杀螺剂，以增强速效性。

叶恭银（浙江大学昆虫科学研究所）
陈洋（中国水稻研究所）

第 60 节　水稻病虫害综合防治技术

一、我国主要稻作区的特征

我国是世界上最大的水稻生产国，近年水稻种植面积约 3 000 万 hm^2、稻谷总产约 2 亿 t，分别占全国耕地的 29%和粮食总产量的 40%以上，65%以上人口以稻米为主食，水稻生产在全国粮食生产及粮食安全维护中占有举足轻重的地位。

我国因地处东亚季风带，夏季南北温差不大，除部分高原山地外，全国大多数地方凡有水源灌溉之处均可种稻；我国水稻的种植北界达 53 °N 以北的黑龙江漠河，也是全球水稻种植的北界。

我国水稻生产历史悠久，因自然生态条件、耕作制度、品种类型和经济技术条件而形成不同的区域特征。1984—1986 年，闵绍楷等通过对各水稻种植区的自然生态条件和社会、经济、技术条件的分析和比较，将我国水稻种植区划分为 6 个稻区，其中，华南、华中与西南稻区一般统称为南方稻区，华北、西北、东北稻区统称为北方稻区。各稻作区的主要生态特征和水稻种植特点见表 1 - 60 - 1。

在影响水稻种植的生态因子中，热量资源是影响水稻布局的主要因素，一般≥10℃积温 2 000～4 500℃的地方适宜种植单季稻；4 500～7 000℃的地方适宜种植双季稻，5 300℃是双季稻的安全界限；7 000℃以上的地方可种三季稻。水是影响水稻布局的又一重要因素，“以水定稻”是水稻布局的一个原则；华北和西北稻区降水少，耗水量大，是影响水稻种植面积扩大的主要原因。海拔高度因影响温度进而影响水稻布局，西南高原稻区 2 700m 是水稻种植的海拔高限。

表 1 - 60 - 1　我国六大稻区主要生态条件和水稻种植情况

Table 1 - 60 - 1　Ecological conditions and rice planting patterns of six rice - growing regions

稻区	地理范围	生态条件	水稻种植情况
Ⅰ. 华南双季稻区	南岭以南，多在北回归线以南。包括云、桂、粤、闽南部及琼、台全部	属热带、亚热带湿暖季风气候，水热资源丰富；病虫害种类多，发生重。≥10℃积温 5 800～9 300℃，水稻生长季 260～365d，生长季日照时数 1 000～1 800h	播种面积和产量占全国的 13%～14%。以双季籼稻为主，仅台湾和少数山区种植粳稻
Ⅱ. 华中双、单季稻区	东起东海之滨，西至成都平原西缘，南接南岭，北至秦岭、淮河。包括赣、浙、沪全部及苏、皖、闽、湘、鄂、渝、川大部，豫、陕南部	属亚热带温暖湿润气候；病虫害种类多，发生重。≥10℃积温 4 500～6 500℃，水稻生长季 200～260d，生长季日照时数 700～1 500h	播种面积和产量占全国的 57%～58%，江南平原或丘陵双季籼稻，江汉、皖中和四川盆地种单季中籼稻及少部分双季籼稻，太湖、里下河种单季晚粳

（续）

稻区	地理范围	生态条件	水稻种植情况
Ⅲ. 西南高原单、双季稻区	青藏高原、云贵高原及其东部过渡丘陵山地。包括贵、藏全部，湘、川西部，桂西北和滇北	属亚热带高原型湿润季风气候，气候垂直差异明显、雨旱季节分明、昼夜温差大；病虫害种类较多，发生较重。≥10℃积温2 900～8 000℃，水稻生长季170～240d，生长季日照时数800～1 500h	播种面积和产量占全国的8%～9%。以单季籼稻、粳稻为主，黔东、湘西海拔400m以下河谷平坝有部分双季籼稻
Ⅳ. 华北单季稻区	秦岭、淮河以北，长城以南，关中平原以东。包括鲁、津、京全部，冀、豫大部，苏、皖北部，晋南、陕中	属暖温带半湿润季风气候，水是限制本区水稻发展的首要因素，病虫害种类少，发生轻。≥10℃积温4 000～5 000℃，水稻生长季160～200d	播种面积和产量占全国的3%～4%。单季中粳、中籼稻
Ⅴ. 东北单季稻区	辽东半岛和长城以北，大兴安岭以东。包括黑、吉全部，辽宁大部，内蒙古东端	属寒温带-暖温带、湿润-半干旱季风气候，温度是限制本区水稻发展的首要因素，病虫害种类少，发生较轻。≥10℃积温2 000～3 700℃，水稻生长季110～160d	播种面积和产量占全国的14%～15%，稻米品质好，最主要商品粮产地。水稻品种为单季粳稻
Ⅵ. 西北单季稻区	长城、祁连山与青藏高原以北，大兴安岭以西。包括新、宁全部，内蒙古、晋、甘大部，陕、冀、青北部，辽宁西北	东部为温带半湿润-半干旱季风气候，西部为温带-暖温带大陆性干旱气候；太阳辐射强，光热资源好，昼夜温差大，病虫害种类少，发生轻。≥10℃积温2 000～4 500℃，水稻生长季120～180d	播种面积和产量约占全国的1%，稻米品质优良。水稻品种为单季粳稻

二、我国水稻病虫害的发生特点

我国水稻病虫害种类很多，仅害虫就有600多种，但常见、真正对水稻造成产量损失的仅数十种，病害主要有稻瘟病、纹枯病、白叶枯病、恶苗病、稻曲病及病毒病（条纹叶枯病、黑条矮缩病、南方黑条矮缩病等）、穗腐病等；害虫主要有稻螟（二化螟、三化螟、大螟）、稻飞虱（褐飞虱、白背飞虱、灰飞虱）、稻纵卷叶螟、稻蓟马、稻瘿蚊、稻水象甲、稻叶蝉等。其中，稻瘟病的发生范围最广，无论南方稻区还是北方稻区均可造成严重危害，恶苗病、穗腐病也南北均可发生并造成危害；虫害中二化螟、稻水象甲等在南、北稻区均可发生并造成危害。纹枯病、白叶枯病、稻曲病、稻飞虱、稻纵卷叶螟、稻蓟马主要为南方稻区常发的病虫害；细菌性条斑病、病毒病和三化螟、稻瘿蚊则为南方稻区部分种植区的常发病虫害。

不同稻作区因生态条件、耕作制度和水稻品种不同，水稻病虫害发生种类和发生程度有明显差异。各稻作区的病虫害发生情况如下。

（一）华南双季稻区

该区属高温多湿的热带或亚热带气候，气候温和湿润，雨量充沛，有利于水稻病虫害发生和为害。主要病害有稻瘟病、纹枯病、南方黑条矮缩病、恶苗病、细菌性条斑病、白叶枯病、稻粒黑粉病；主要虫害有褐飞虱、白背飞虱、稻纵卷叶螟、三化螟、稻瘿蚊、稻蓟马、稻秆潜蝇、稻叶蝉。稻瘟病可终年发生，粤桂闽台琼平原丘陵及滇南河谷山区雨季多雨多雾，发生尤重；琼雷台地区白叶枯病发生较重；纹枯病在水稻中后期普遍发生；南方黑条矮缩病是近年来该区流行的一种新发病害。三化螟、褐飞虱、白背飞虱、稻纵卷叶螟是该区常发性害虫，其中，早、晚稻孕穗期和穗期的三化螟、稻飞虱均可造成严重危害。

（二）华中双、单季稻区

该区是我国最主要稻作区，尽管近年来因东北稻区播种面积增长迅速，该区播种面积和稻谷产量占全国的比例有所下降，但仍在57%以上。该区幅员辽阔，气候生态条件多样性高，温光、温水同步，水稻品种类型和熟期交叉复杂，对病虫害的发生和灾变有利，病虫种类多，灾变频繁，为害重。主要病害有稻瘟病、纹枯病、南方黑条矮缩病、条纹叶枯病、黑条矮缩病、恶苗病、稻曲病、细菌性条斑病、白叶枯病；虫害有褐飞虱、白背飞虱、灰飞虱、稻纵卷叶螟、二化螟、三化螟、大螟、稻蓟马、稻水象甲、潜蝇、稻叶蝉。病害尤以稻瘟病、纹枯病及病毒病发生较普遍，虫害则以褐飞虱、白背飞虱、稻纵卷叶螟和二化螟发生较重。稻瘟病在阴雨潮湿的晚稻穗期发生重；病毒病是近年来该区发生严重的病害，其中南方黑条矮缩病主要侵害江南和四川盆地的籼稻，黑条矮缩病和条纹叶枯病则主要侵害太湖流域及江淮稻区的粳稻。三种稻飞虱则在水稻的不同生育期发生，在长江中下游地区灰飞虱一般发生在早稻秧苗期或晚稻穗期，白背飞虱发生在早稻中后期和晚稻前中期，褐飞虱发生在中、晚稻后期，尤以晚稻后期褐飞虱的为害重。

该区包括鄱阳湖、洞庭湖、江汉、皖中、太湖、里下河、成都盆地等我国著名产稻区，因生态条件和熟制、品种类型不同，各地水稻病虫害的发生规律和为害程度有一定的差异。

1. 四川盆地 属内陆性气候，早春升温早，秋季气温波动大，降温早，夏季多雨，湿度大，多雾、露，日照少，品种以单季中籼稻为主，病虫害种类相对单一，主要发生稻瘟病、纹枯病、二化螟和白背飞虱，局部地区还有褐飞虱、南方黑条矮缩病等。

2. 江汉平原和皖中平原与低丘陵 属西部大陆性气候与东部海洋性气候的过渡带，早春升温较早，秋季温度波动小，常有持续高温而多伏旱，光照较充足。品种类型以单季中籼稻为主，少量单、双季籼稻混栽。病虫害发生种类年度间变动不定，但仍以稻瘟病和二化螟、稻纵卷叶螟、白背飞虱为主，纹枯病、白叶枯病、稻曲病、恶苗病、穗腐病、褐飞虱、三化螟也发生普遍。

3. 江南平原和低丘陵 气候属中亚热带向北亚热带的过渡型，春季多寒潮，雨季早，夏季常有持续高温，秋季波动小，但常有规律性的寒露，光照较充足。主要种植双季籼稻，茬口较紧，病虫害发生较重，以纹枯病、稻瘟病、南方黑条矮缩病、白背飞虱、褐飞虱、稻纵卷叶螟、二化螟为主，稻曲病、恶苗病、穗腐病、稻蓟马、大螟、稻水象甲亦发生较普遍。

4. 太湖与里下河 属海洋性气候，台风影响大，气候温和湿润，早春升温较晚，多梅雨，秋季气温波动不大，降温较晚，光照充足。主要种植单季晚粳稻，生育期长，病虫害发生重，为害较严重的有稻瘟病、纹枯病、条纹叶枯病、黑条矮缩病、白背飞虱、褐飞虱、二化螟、稻纵卷叶螟等，常见发生的还有白叶枯病、稻曲病、恶苗病、穗腐病、三化螟。其中，稻飞虱发生较突出，因生育期长，同一生长季先后受到三种飞虱为害，即：苗期发生灰飞虱，分蘖期至孕穗期发生白背飞虱，穗期发生褐飞虱，其中，褐飞虱可连续繁殖3～4代，为害严重。

（三）西南单、双季稻区

该区地形复杂多样，高海拔地带气温凉爽、湿润多雾，低海拔地区干燥炎热，因此病虫种类甚多，且随海拔高度而有较大差异，发生重。稻瘟病是最主要的病害，流行面广，尤其在黔东湘西高原山地造成的损失重，常可绝收。稻曲病、白叶枯病、南方黑条矮缩病局部地区重；三化螟、二化螟、稻蓟马、褐飞虱、白背飞虱和稻纵卷叶螟常发，并造成严重危害；偶发大螟、稻苞虫、稻瘿蚊、黏虫等；“水浸田”等排灌不畅的田块还有稻食根叶甲等害虫。

（四）华北单季稻区

该区属暖温带半湿润季风气候，严重发生的病虫害种类少。病害以稻瘟病发生最普遍，为害相对较重；南部（安徽、江苏淮河以北）条纹叶枯病和黑条矮缩病发生严重；纹枯病和白叶枯病亦在多数地区为害；部分年份局部地区还有恶苗病、立枯病、胡麻斑病、干尖线虫病等病害。虫害主要有稻蓟马、灰飞虱、二化螟，偶见稻潜叶蝇、稻苞虫、稻水象甲、黏虫、白背飞虱、稻纵卷叶螟、稻叶蝉等的为害。

（五）东北单季稻区

该区水稻种植期间往往气温较低，阴雨多湿，日照不足，稻瘟病普遍发生，并造成严重危害；胡麻斑病、稻曲病、条纹叶枯病、纹枯病、细菌性褐斑病、绵腐病、立枯病亦偶有发生，局部成灾。虫害以稻负泥虫、二化螟、潜叶蝇、稻水象甲、灰飞虱较常见；稻摇蚊、稻水蝇也在局部地区有一定为害；辽宁南部沿海地区偶见稻纵卷叶螟和褐飞虱、白背飞虱，一般不成灾。

（六）西北单季稻区

该区降水少，蒸发量大，病虫发生轻。病害以稻瘟病为主，尤以穗颈瘟为重；伊犁、博乐等地有恶苗病发生；甘宁晋蒙高原地区偶见白叶枯病为害，纹枯病有发生但不成灾。虫害主要有稻水蝇、稻摇蚊、灰飞虱、稻苞虫、稻潜叶蝇、黏虫，局部成灾；伊犁等地稻水象甲发生较重；米泉等地偶见二化螟，甘宁晋蒙高原地区偶见稻纵卷叶螟和白背飞虱，但极少成灾。

三、我国水稻病虫害综合防控技术

稻田生态系统中，水稻的生产力基本稳定，但水稻病虫害则同时受多种生态及人为因素的影响，常处于极不稳定的状态，需采取综合防治措施控制其发生和为害。

（一）防控策略

我国自20世纪70年代确立“预防为主，综合防治”的植保方针以来，至20世纪80年代形成了作物有害生物综合防控策略思想：以作物和作物栽培为中心，对有害生物进行科学管理，在阐明有害生物和环境之间的相互关系，充分发挥自然控制因素的基础上，因地制宜，协调应用各种必要措施，将有害生物控制在经济允许水平之下，达到最佳的经济、生态和社会效益。2006年，农业部全国农业技术推广服务中心召开了专家组会议，提出了新时期下必须坚持“预防为主，综合防治”的植物保护方针，同时提出“公共植保，绿色植保”的新理念，行动上采取“绿色防控，生态治理”之策略。

水稻病虫害综合防治，经过多年的研究取得了较大进展，其主要内容是：从稻作区域的特征出发，以促进水稻高产为目标，以常发性主要病虫害为控制对象；依据稻作生态区自身特点，以多抗品种为主体，结合高产栽培控害模式，创造不利于害虫发生而有利于天敌保护的农田生态条件，在此基础上实施科学用药，协调保护利用天敌，将水稻病虫为害控制在经济允许水平之下，实现经济、生态和社会效益的同步增长。其特点是：突出区域性和实用性，将病虫防治工作纳入整个水稻栽培管理的体系中，达到保护水稻、保护环境、提高综合效益的目的，从而进一步推动与发展水稻的生产。

（二）综合防治关键技术

1. 农业防治 农业防治是水稻病虫害综合防治的基础，通过农业措施减轻水稻病虫害的发生为害程度，部分病虫害还可通过农业措施得到基本甚至完全控制。主要措施有：

（1）因地制宜选用抗（耐）病虫高产良种。抗性水稻是病虫害控制的第一道防线。目前生产上普遍重视抗病水稻的培育和推广，尤其稻瘟病抗性已列为水稻新品种审定的重要指标，很多地方对高感稻瘟病的品种实行“一票否决”制，对我国各地生产上稻瘟病的有效防控起着十分重要的作用；抗条纹叶枯病水稻品种是近年江苏等地控制条纹叶枯病的一项关键技术。水稻抗虫性相对不受重视，列入国家水稻区试的稻飞虱抗性亦未实行“一票否决”，不过近年来越来越多的育种家开始重视水稻品种的抗虫性，并取得初步成效，如，抗褐飞虱和白背飞虱的粳稻品种“秀水134”在浙北、苏南等地的年推广面积达7万 hm^2 以上。此外，生产上水稻品种对病虫害的抗感程度有较大差异，应尽量选用有一定抗性或耐性的品种，避免选用高感品种。同时，应尽量使用多抗或多耐性品种。西南稻区采用不同抗、感品种的混栽，实现了对稻瘟病的生态控制。

值得注意的是，当大面积、单一化地推广一个抗性品种一段时间后，水稻病虫害常会适应并形成新的生理小种或致害型，导致原有水稻品种抗性“丧失”。生产上，抗稻瘟病、白叶枯病、褐飞虱、稻瘿蚊等水稻品种在种植一段时间后均曾出现过抗性“丧失”。因此，水稻品种抗性的可持续性是水稻抗性利用中值得关注的重要问题。对不同抗性品种进行合理布局或轮用是延缓水稻抗性“丧失”的一种重要途径，在抗稻瘟病水稻品种的利用中取得成效。同时，针对主要病虫致害性分化加强监测，对指导抗性品种的选育和评价利用、合理安排品种布局、发挥抗性品种在综合防治中的主体作用极其重要。

（2）栽培控害。栽培技术是农田生态系统多维、多变结构中的主要因素，也是水稻病虫害综合防治技术体系中的重要组成部分。耕作制度和栽培技术措施的改变对病、虫害和生物群落的演替和种群消长有极大的影响，历来都被用作控制病虫害的基本措施。特别是随着人们对稻田作物相的不稳定性、病虫相的易变性，以及生态控制的重要性认识的深入，栽培控害技术作为水稻病虫害综合防治的重要手段更受重视。一般通过外界可控环境因子的调控影响水稻生理状况，增强其抗性，造成有利于作物生长而不利于病虫生存的环境，进而减轻病虫为害。

栽培控害主要涉及栽培制度、耕作技术、品种布局、育秧方式、栽培密度、肥水管理技术等方面。

耕作改制：耕作制度关系到害虫食物链的完整性及持续时间，或影响到水稻敏感生育期与病虫害侵染高峰的吻合度，选择适宜的耕作制度可有效控制水稻病虫的发生和为害。在长江中下游流域，单、双季水稻混栽改制为纯双季稻或纯单季稻时，稻螟的发生明显减轻。主要是因为混栽时二化螟各个世代均能找到合适生育期的水稻寄主，而纯双季稻地区在早稻收割时第二代稻螟常出现食物链中断；在纯单季稻区，要么单季晚稻区播种迟导致越冬代螟蛾缺少寄主产卵，要么单季中稻区后期收割早而导致尚未进入越冬期的稻螟幼虫死亡。又如20世纪50年代，湖南洞庭湖和江苏里下河地区，一熟沤田改为二熟旱田，消灭了稻食根叶甲借以滋生的虫源地，根本上解决了该虫的为害。

耕作方式：冬季翻耕灭茬，能消灭大量的越冬三化螟、二化螟幼虫和减少纹枯病的越冬菌核数量，可用以控制三化螟、二化螟的发生和减轻纹枯病的为害。低茬收割及利用旋耕机灭茬，可有效杀灭越冬稻螟幼虫，从而减轻其发生。春季气温回升稻螟幼虫开始化蛹时，放水漫灌一次，可大量淹死越冬幼虫。通过改善排灌条件，泡田洗碱，降低土壤pH，是控制北方稻区稻水蝇最为有效的措施。

品种布局：不同熟期的水稻插花混栽，常造成水稻栽插期延长，生育期参差不一，有利于害虫转移和病害传播，常引致多种螟虫、褐飞虱、纹枯病、白叶枯病等混合暴发。因此，根据病虫害发生特点、气候、栽培条件，并在选定和推广抗性品种的基础上，合理调整布局、适当连片种植或适当调整播插期，将品种易感病虫的生育期避开病虫为害的危险期，或割断病虫转移和搭桥基地，可有效控制和减轻为害。

培育壮秧：江苏采用“两段育秧”方式，秧田靠分蘖增苗，大田靠基本苗成穗，创造出不利于病虫滋生的群体结构，对纹枯病、二化螟、稻纵卷叶螟以及稻蓟马都有减轻为害的作用。“湿润育秧”则有利于控制灌溉排水和保持良好的通气状态，通过淹水既可防止水稻白叶枯的初次感染，又可促进稻苗早发、多蘖，对防病增产均极有利。

肥水管理：科学肥水管理，适时烤田，防止水稻后期贪青徒长，促使水稻生长发育健壮、整齐，适期成熟，提高水稻本身的耐虫能力，缩短为害期；同时，还能造成有利于水稻增产而不利于害虫滋生的生态条件。在肥料使用上，推荐采用“适氮、稳磷、增钾、补微（微量元素肥）”的平衡施肥原则，避免基、蘖肥为主或全部为基、蘖肥的氮肥施用方式，如氮肥按基、蘖、穗肥5：2：3的比例施用有利于提高稻苗群体素质，减轻稻瘟病、纹枯病和稻飞虱、稻纵卷叶螟等主要病虫为害。

2. 物理防治

（1）灯光诱杀。利用水稻害虫的趋光性，在成虫盛发期，连片设置诱虫灯，每2～3hm^2一盏，可有效减少稻飞虱、二化螟、稻纵卷叶螟的发生量。在灯光诱杀的过程中，由于部分害虫在趋光扑灯飞行时落在杀虫灯周围，其附近水稻上虫卵量明显高于其他地方，需要利用化学防治进行挑治，以免造成虫害。

（2）物理阻隔。水稻秧苗期稻飞虱或其传播的水稻病毒病重发区，采用防虫网或无纺布覆盖的方式，可有效阻隔害虫从而减轻病毒病为害。

3. 生物防治

（1）保护利用田间自然天敌。有两种常见措施：一是科学用药，在化学防治中不滥用药剂，并注意采用选择性药剂，尤其是水稻生长前期杜绝使用对天敌负面影响大的药剂；调整用药时间，改进施药方法，减少用药次数和用量，以避免大量杀伤天敌。二是创造有利于天敌繁殖的生态环境，如，利用生态工程技术在田埂上栽大豆，夏收夏种期间由于大豆枝叶繁茂，大量蜘蛛、隐翅虫、瓢虫等转至豆株上得到保护；种植芝麻等显花植物，亦可保护天敌及提高天敌的捕食能力。

（2）人工释放天敌。释放赤眼蜂控制二化螟、稻纵卷叶螟等田间鳞翅目害虫，一般每667m^2目标害虫成虫达150～200头，放1万只赤眼蜂；成虫超过500头需放蜂1.5万只；不足80只可不防治。放蜂应均匀，一般每667m^2放6～8处。

（3）以菌治虫。施用生物农药杀螟杆菌、青虫菌或苏云金杆菌HD-1菌剂（每克菌粉含活孢子100亿以上），每667$m^2$150～200g，加0.1%洗衣粉或茶籽饼粉作湿润剂，对水45～60L喷雾，若再加入少量化学农药（约为农药常用量的1/5），则可提高防治效果。生物制剂的防治适期应掌握在初孵幼虫期；在栽桑养蚕区不宜使用，以免家蚕感染。

（4）性诱剂诱杀。针对二化螟等鳞翅目害虫，可推广使用水盆式性信息素诱捕器，每667 m^2放置2～3个。田间雄蛾受诱捕器中诱芯所释放的雌性信息素引诱，可落入水盆中溺死。

（5）稻鸭、稻鱼等共作控害。南方水网地区采用稻田养鸭、养鱼、养蟹或青蛙等措施可有效减轻病虫为害。如太湖稻区，稻苗移栽并成活后，每667m^2放养12～16只麻鸭直至乳熟期，可有效控制纹枯病的发生，并降低田间褐飞虱数量，在褐飞虱中等偏重及以下发生年份，无须其他防治措施即可有效控制其为害。

（6）种植诱虫植物。浙江等地利用二化螟对香根草［*Vetiveria zizanioides*（L.）］及其提取物表现出的强产卵选择性，且二化螟幼虫不能在香根草上完成生活史的特性，在稻田周边种植香根草，可有效诱杀二化螟，减轻其为害水稻。

4. 科学用药 药剂防治具有见效快，效果好，方法简便等优点，是水稻病虫害综合防治中的一项不可或缺的技术措施。药剂的不当使用可能带来众多副作用，包括：诱发病虫高抗药性、污染环境、杀伤天敌、破坏稻田生态平衡、引起病虫害再猖獗、造成稻米农药残留，等等。科学用药的关键就是协调解决药剂防治与稻田天敌保护利用的矛盾，避免或减少上述副作用。防治水稻病虫害科学用药包括以下主要措施：

（1）掌握防治指标，适期防治。综合防治的核心是指标管理或指标防治，即按经济防治指标，适期开展防治，核心是将病虫为害控制在经济允许水平之下。我国各水稻产区的社会经济水平不同，为确保病虫防治工作的社会经济合理性，具体病虫防治指标除了因防治对象、水稻品种、生育期、防治策略、防治方法等方面的不同而异之外，还与各地的社会经济发展水平密切相关，难以固定统一，我国水稻产量损失的经济允许水平一般为3%～5%。前文已介绍我国当前生产上主要病虫害的常用防治指标，此处不再赘述。因田间往往存在多种病虫同步发生混合为害的实际情况，可采用两种或多种病虫混合发生时的复合防治指标。

对达到防治指标的病虫害，应适期进行药剂防治，以收到事半功倍的效果。主要病虫害的防治适期详见前文，一般说来，虫害应在卵孵化盛期至三龄幼虫期施药，病害则在发生初期施药。

（2）选用合适药剂种类，注意合理混用、轮用。选择合适药剂种类是科学用药的又一关键，需针对防治对象，使用选择强的高效、低毒药剂，确保对病虫防效的同时，减少对天敌的负面影响。同时，应实施药剂轮用，避免连续多次使用同一种药剂或作用机制相同的药剂，提倡每种药剂或相同作用机制的药剂一季水稻仅使用1次，最多不超过2次，以延缓病虫抗药性产生。

在两种情况下可混用药剂，一是针对水稻病虫害混合发生的特点，尤其是孕穗后期实施一次施药防治多种病虫时，可选择2种或2种以上不同药剂混用，实现一药多治，提高病虫防治效率。二是针对同一防治对象，可将2种不同特性的药剂混用，以减少单种药剂的用量，并降低使用成本。然而，农药混用必须科学，需遵守以下4个原则：①混合后对水稻无不良影响；②混合后不能产生物理和化学变化；③混合后有增效作用，或至少无拮抗作用或减效作用；④混合后不能增加毒性。

（3）选用合适的药剂使用方法。合适的药剂使用方法包括采用合适的用药量、剂型和施药方法。

合适的用药量：指需要按照药剂说明书推荐的使用剂量和浓度，准确配药用药，不能为追求高防效随意加大用药量，用药量超过限度不一定增加防效，反而容易出现药害。

合适的药剂剂型：指使用环保安全、高效实用的剂型。如，采用杀虫双大粒剂、杀虫单泡腾粒剂可大大降低药剂对天敌的杀伤力，有利于蜘蛛等天敌的保护，特别重要的还在于养蚕地区使用时，无飘移问题，可有效地防止家蚕中毒，因而解决了蚕桑区治虫与养蚕的矛盾。

合适的施药方式：指因地制宜采取实用的施药技术，使药液能有效作用于目标病虫害。常用的施药方式包括喷雾、撒毒土和药剂浸种与拌种等多种类型。在种子处理阶段，一般采用浸种或拌种的方式。在稻田，使用最普遍的则是喷雾；按使用器械的不同又分为背负式手动或机动喷雾、担架式机动喷雾两种常用方式，近年来已开始飞机喷雾的尝试。喷雾效果取决于“水”，就背负式喷雾而言，为确保防效，需注意以下3点：①需用足水量，确保药液分布均匀并送到病虫发生部位，一般每667m^2用水量，秧苗期和分蘖期不少于30kg，孕穗期至穗期不低于45kg。②使用合适的喷头，防治上层叶面病虫需采用细雾喷头，使药剂能均匀分布于叶面；防治水稻基部病虫害，尤其在水稻后期应使用粗雾喷头，使药液能到达稻丛基部。③施药时田间一般需保持3～5cm水层，自然落干。近年来生产上常发现每667m^2用水量不到15kg，且施药时田间无水的情况，极大影响了防治效果，需引起高度重视。其他喷雾方式也应以确保药剂的均匀投放及作用到目标病虫害为原则，不能一味追求效率而降低防效。在水源供应困难的无水田块，一般采用撒毒土的方式，这在水稻后期无水田块褐飞虱的防治中使用较多。

（三）各稻区水稻主要病虫害综合防治技术与要点

总体上，水稻病虫害综合防治的技术要点有：对抗性育种取得成效，有抗性品种可选的稻瘟病、白叶枯病、条纹叶枯病、稻飞虱等主要病虫害，优先采用适合当地种植的高产、优质、单抗或多抗水稻品种。对主要由种、苗传染的病虫则执行种子处理和检疫。因地制宜采用高产栽培控害技术，创造不利于病虫发生而有利于天敌保护利用的生态条件。对缺少有效抗性品种的纹枯病和各种主要害虫，在充分利用农业防治和物理防治等方法的基础上，采取经济防治指标进行科学用药，协调与天敌保护利用的矛盾，有效控制病虫为害。

综合防治是一种整体性对策，必然涉及实施体系的管理，因而其体系的内涵应是“双层的病虫策略与技术”，包括个别病虫防治与多种病虫的控制相结合，多种病虫的控制与个别病虫的防治相协调。从微观落实出发，将经济防治指标落实到田块，采取相对集中分段处理的方法，实行阶段性对策，即：按照病虫的为害规律与水稻的生育过程，划分成阶段，简化防治环节，实施各种相应的防治措施，提高防治效果和效益。具体内容如下。

1. 秧苗期突出“防” 采用浸种、拌种等种子处理方式预防秧苗期病虫害或其他种传病虫害，通过适期播种避害，通过移栽前选用内吸、持效性好的药剂带药下田，预防分蘖期病虫害。

2. 分蘖期“放”、“管”结合 通过放宽防治指标等措施尽量避免在大田前期用药，并减少分蘖期用药次数，保护田间自然天敌，其中，鳞翅目害虫还可通过释放寄生蜂和使用信息素诱捕器进行控制；通过平衡施肥、合理施氮等肥水管理恶化病虫害发生条件，减轻病虫为害。

3. 穗期“防”、“保”并举 针对穗期易发病虫害，在孕穗后期通过一次用药预防穗期多种病虫害的发生；穗期进一步通过对达到防治指标的病虫害进行药剂防治实施保护。

根据各稻区的生态条件及各主要病虫的发生为害规律，利用现有水稻生产和病虫害防控技术条件，因地制宜确定各稻区的综合防治技术体系和技术要点。

华南双季稻区

1. 防治对象

（1）早稻。秧田期主防三化螟和稻蓟马、苗瘟、南方黑条矮缩病，分蘖盛期防白背飞虱、南方黑条矮缩病、纹枯病、叶瘟，孕穗中后期防三化螟、褐飞虱、稻纵卷叶螟、纹枯病、穗瘟。

（2）晚稻。秧田期防白叶枯病、细菌性条斑病、南方黑条矮缩病、三化螟、稻瘿蚊，分蘖盛期防三化螟、稻瘿蚊、白背飞虱、细菌性条斑病、白叶枯病，孕穗中后期防褐飞虱、三化螟、稻纵卷叶螟、南方黑条矮缩病、纹枯病、稻瘟病。

2. 技术要点

（1）抗性品种。因地制宜选用适合本稻区的抗稻瘟病、白叶枯病和褐飞虱、白背飞虱的高产、优质水稻品种。

（2）栽培控害。通过氮肥适当后移（穗肥所占比例提高到30%～40%），控制水稻长势，减轻纹枯病和稻飞虱为害；三化螟重发区或稻瘿蚊重发区则可通过适当调节播种期使水稻易感虫生育期避开三化螟和稻瘿蚊产卵盛期。

（3）天敌保护。稻田周边种植显花植物保护和提高天敌的控制力。

（4）科学用药。针对防治对象适时进行防治（防治指标和药剂种类参阅前文各主要病虫害介绍）。

华中双、单季稻区

该区是我国传统的水稻主产区，包括四川盆地中籼稻区、江汉平原和江淮中籼稻区、江南洞庭湖和鄱阳湖双季稻区、太湖和里下河单季晚粳稻区等重要水稻产地。除应因地制宜采取栽培控害措施和天敌保护利用措施，不再赘述外，下文就各地防治对象、抗虫品种选择、分阶段药剂防治方案等作简要介绍。

1. 四川盆地中籼稻区 盆西平原与盆东丘陵的病虫发生情况不同，防治对象和技术要点有所区别。

（1）盆西平原。以稻瘟病、纹枯病和稻螟“两病一虫”为主控对象，抗性品种以抗稻瘟病为主，避免使用纹枯病及其他病虫害高感品种；药剂防治时，水稻分蘖期以二化螟防治为主，兼治稻蝗；孕穗后期以纹枯病为主，兼治稻螟和其他病虫。

（2）盆东丘陵。以稻瘟病、白叶枯病、稻飞虱和稻螟“两病两虫”为主控对象，选择抗稻瘟病、白叶枯病和稻飞虱的水稻良种；采用抗病、感病品种混栽的方法可有效控制或明显减轻稻瘟病的为害。药剂防治时，水稻分蘖期主控二化螟，孕穗后期主控稻瘟病、白叶枯病和白背飞虱；南方黑条矮缩病或褐飞虱发生重的地区，分别应主抓秧苗期、穗期的防治。

2. 江汉平原和江淮单季中籼稻区 以稻瘟病和二化螟、稻纵卷叶螟、白背飞虱为主控对象，并视发生情况控制纹枯病、白叶枯病、稻曲病、恶苗病、穗腐病、褐飞虱、三化螟等。抗性品种选择以抗稻瘟病为主。种子处理主控恶苗病、苗瘟，水稻分蘖期主控二化螟、稻蓟马，孕穗后期主控穗期发生的穗颈瘟、纹枯病、稻曲病、稻纵卷叶螟、白背飞虱和褐飞虱，兼控白叶枯病、穗腐病、三化螟等其他病虫害。三化螟、病毒病发生重的地区还可通过调节播种期或采用适宜生育期品种进行避害控制。

3. 江南双季籼稻区 早稻以避为主，避抗结合，主控纹枯病、白背飞虱、稻纵卷叶螟、二化螟，兼控稻瘟病、稻水象甲、稻蓟马；晚稻以抗为主，抗避结合，主控稻瘟病、纹枯病、南方黑条矮缩病、稻纵卷叶螟、二化螟、褐飞虱，兼控稻曲病、恶苗病、穗腐病、稻蓟马、大螟、稻水象甲等其他病虫害。其中，"避"主要指选择中熟的水稻品种，可避开穗期稻螟为害，并因缩短稻飞虱的为害时间而减轻为害，"抗"则指抗稻瘟病兼抗/耐稻飞虱的水稻品种。不同生育期的药剂防治对象：①早稻：分蘖期以二化螟为主，孕穗后期以纹枯病、稻纵卷叶螟、白背飞虱为主；②晚稻：秧苗期以南方黑条矮缩病和白背飞虱防控为主；分蘖期以稻纵卷叶螟、白背飞虱为主，兼治南方黑条矮缩病、纹枯病、二化螟、稻蓟马、稻叶蝉；孕穗后期以纹枯病、稻瘟病、稻曲病、稻纵卷叶螟和褐飞虱为主，兼治二化螟、大螟、穗腐病；穗期视虫情控制褐飞虱为害。

4. 太湖与里下河单季晚粳稻区 主控纹枯病、稻瘟病、病毒病、稻曲病和稻飞虱（褐飞虱、白背飞虱、灰飞虱）和稻纵卷叶螟，兼控恶苗病、穗腐病、白叶枯病及二化螟、大螟、稻蓟马等其他病虫。水稻生产的不同阶段防治对象：种子处理以防治秧苗期病毒病、恶苗病、稻蓟马为主；水稻分蘖期主控二化螟、白背飞虱，兼防病毒病；拔节期以控制纹枯病和白背飞虱、稻纵卷叶螟为主；孕穗后期控制穗期发生的纹枯病、穗颈瘟、稻曲病、穗腐病、褐飞虱、稻纵卷叶螟和二化螟；穗期视情况控制褐飞虱为害。

西南单、双季稻区

1. 防控对象 水稻前期主控南方黑条矮缩病、稻蓟马等，中后期主控稻曲病、穗颈瘟、纹枯病、白叶枯病、白背飞虱、褐飞虱和稻纵卷叶螟等。

2. 技术要点 选用对稻瘟病、纹枯病、南方黑条矮缩病和白叶枯病具有抗性或耐性的高产优质良种，避免使用高感品种；改进种植制度和栽培技术，结合平衡施肥、不偏施氮肥的丰产控害栽培技术措施，加强虫情监测，适时科学用药防治主要病虫。其中，滇川高原峡谷地区稻食根叶甲发生区，通过改善排灌条件或实行水旱轮作等耕作制度或栽培技术可得到有效控制。

北方单季稻区

包括东北、华北、西北三个稻作区，病虫种类比较简单。

1. 防治对象 各区主抓稻瘟病的防治，同时根据各地病虫发生情况防治病毒病（条纹叶枯病和黑条矮缩病）、稻曲病、纹枯病、白叶枯病、二化螟、稻水象甲、稻水蝇、负泥虫、稻潜叶蝇、稻摇蚊等。

2. 技术要点

（1）抗性品种。选用抗稻瘟病的水稻良种。

（2）栽培控害。因地制宜采取栽培措施控害，如，在新疆、内蒙古等稻水蝇发生区，改善稻田排灌条件，洗碱是最根本控制方法；在辽宁、新疆等稻水象甲发生区，通过平整土地，在成虫产卵期间适时排水可基本控制其为害；在苏北、皖北等灰飞虱及其传播的病毒病流行区，通过适当调节播栽期可有效控制其为害。

（3）物理防治。在华北稻区病毒病流行区，可通过秧田期覆盖防虫网或无纺布阻隔灰飞虱取食，控制病毒病为害。

（4）科学用药。主抓两个关键时期的药剂预防，一是通过种子处理（浸种、拌种）防恶苗病、稻摇蚊、灰飞虱及其传播的黑条矮缩病、条纹叶枯病；二是孕穗后期防穗颈瘟，兼治其他病虫害。此外，在病毒病流行区，重点控制水稻秧苗期和分蘖前期的灰飞虱，实现治虫控病的目的；东北稻区适时防治一代二化螟。华北及辽宁南部注意偶发稻飞虱和稻纵卷叶螟等"两迁"害虫的防治。

傅强（中国水稻研究所）
叶恭银（浙江大学昆虫科学研究所）

主要参考文献

敖成光，朱晓群，王金良，等．2008. 灰飞虱发生规律及防治对策［J］．上海农业科技（4）：109－110.

巴音郭楞州农垦局农科所．1976. 稻摇蚊及其防治［J］．新疆农业科学（3）：23－25.

白逢伟，曲志才，曹清玉，等．2002. 水稻黑条矮缩病毒基因组组分 10 编码的外壳蛋白基因的克隆及表达［J］．复旦学报：自然科学版，41（2）：217－221.

白逢伟，曲志才，许嘉，等．2001. 水稻黑条矮缩病毒基因组第九组分 cDNA 的克隆及序列分析［J］．复旦学报：自然科学版，40（6）：692－694.
白培标．2009. 韶关市水稻白叶枯病的发生特点及防治措施［J］．现代农业科技（17）：136－137.
白先达，黄超艳，唐广田，等．2010. 气象条件对稻纵卷叶螟迁飞的影响分析［J］．中国农学通报，26（21）：262－267.
蔡邦华，黄复生，冯维熊．1964. 华北稻区灰稻虱的研究［J］．昆虫学报，13（4）：552－570.
蔡煌．1996. 福鼎县稻叶黑肿病逐年严重［J］．植物保护（3）：49.
蔡良华，卞觉时．2003. 海门发现麦长管蚜危害水稻［J］．植保技术与推广，23（7）：9－10.
蔡武宁，高黎明．2009. 水稻白叶枯病的发生及防治［J］．现代农业科技（1）：138，141.
曹杨，潘峰，周倩，等．2011. 南方水稻黑条矮缩病毒介体昆虫白背飞虱的传毒特性［J］．应用昆虫学报，48（5）：1314－1320.
柴荣耀，金敏忠，张庆生．1991. 变色稻谷寄藏的真菌种类及其致病性研究［J］．浙江农业学报，3（2）：61－64.
产祝龙，丁克坚，檀根甲，等．2004. 水稻恶苗病发生规律的探讨［J］．安徽农业大学学报，31（2）：139－142.
陈斌，李正跃，桂富荣．2004. 绿僵菌对草坪灰翅贪夜蛾和粘虫的毒力及田间防治效果［J］．植物保护，30（1）：32－36.
陈秉瑶．1994. 几种药剂防治稻田福寿螺［J］．植物保护，20（5）：46.
陈常铭．1964. 我国台湾稻螟的发生情况［J］．植物保护学报，2（4）：160.
陈栋良，宋道清，瞿富云，等．2007. 佳多频振式杀虫灯在水稻三化螟综合防治技术上的应用［J］．四川农业科技（6）：45－46.
陈观浩．1996. 台湾稻螟幼虫的空间分布型及抽样技术［J］．湖北植保（4）：4.
陈光育．1984. 酶联免疫吸附试验检测水稻条纹叶枯病介体昆虫带毒率［J］．植物保护学报，11（2）：73－78.
陈国毅，李春燕．2006. 北疆地区白翅叶蝉在玉米田暴发的成因及综防措施［J］．中国植保导刊，26（9）：14－15.
陈洪凡，寿山，张玉烛，等．2010. 稻螟赤眼蜂对二化螟和台湾稻螟的控制潜能评价［J］．应用生态学报，21（3）：743－748.
陈惠祥，胡加如，冯新民，等．2002. 水稻三化螟防治研究进展与现状［J］．湖北农学院学报，22（3）：274－277.
陈惠祥，陈小波，顾国华．1999. 三化螟危害损失与防治指标的研究［J］．昆虫知识，36（6）：322－325.
陈建明，俞晓平，郑许松，等．2003. 茭白田福寿螺的生物学特性和无害化治理技术［J］．浙江农业学报，15（3）：154－160.
陈景成．1990. 稻绿蝽空间分布型及抽样技术探讨［J］．广西植保（2）：3－6.
陈利锋，徐敬友．2006. 农业植物病理学［M］．北京：中国农业科学技术出版社．
陈茂顺，邱秀琼．2002. 水稻普通矮缩病田间抗性试验研究［J］．植保技术与推广，22（1）：7－8.
陈平福，郑冬梅，温早生，等．2006. 抗稻瘿蚊分子育种研究进展与利用［J］．江西农业学报，18（4）：78－80.
陈萍，靳自成，伍德明，等．1993. 台湾稻螟性外激素在测报及防治上的应用［J］．昆虫知识，30（1）：28－30.
陈绍光．1983. 水稻细菌性褐条病（*Pseudomonas avenae* Manns）的研究（Ⅰ）病原菌的致病性及分类地位［J］．湖南农学院学报（4）：45－54.
陈绍光．1984. 水稻细菌性褐条病（*Pseudomonas avenae* Manns 1990）的研究（Ⅱ）病害发生发展规律［J］．湖南农学院学报（1）：37－44.
陈声祥，吴惠玲，廖璇刚，等．2000. 水稻黑条矮缩病在浙中的回升流行原因分析［J］．浙江农业科学（6）：287－289.
陈声祥，阮义理，金登迪，等．1979. 水稻黄矮病的发生及流行［J］．植物病理学报（1）：43－56，71－72.
陈声祥．1996. 水稻病毒病发生现状及研究进展［J］．浙江农业科学（1）：41－42.
陈先茂，彭春瑞，姚锋先，等．1993. 利用香根草诱杀水稻螟虫的技术及效果研究［J］．江西农业学报，19（2）：51－52.
陈先玉．2008. 湖南省山区中稻病虫害调控技术［J］．植物医生，21（1）：4－6.
陈小龙，高玲玲，余磊，等．2012. 西南水稻白叶枯病菌致病型多样性的垂直分布格局及成因探讨［J］．生态环境学报，21（4）：654－660.
陈延熙，张敦华，段霞渝，等．1985. 关于 *Rhizoctonia solani* 菌丝融合分类和有性世代的研究［J］．植物病理学报，15（3）：139－143.
陈银方，王连生．1991. 稻秆蝇的发生规律及防治［J］．中国植保导刊（3）：11－12.
陈宇，傅强，赖凤香，等．2012. 水稻生育期对褐飞虱和白背飞虱卵巢发育及起飞行为的影响［J］．生态学报，32（5）：1546－1552.
陈毓苓，陈凡．1992. 杂交水稻粒黑粉病发生规律研究［J］．江苏农业科学（4）：33－35.
陈元洪，陈玉妹．1982. 捕食性天敌双斑青步甲的研究［J］．福建农业科技（4）：25－27.
陈振耀．1986. 稻绿蝽的体色变化［J］．江西植保（1）：9－10.
陈志伟，陈粟．2002. 水稻抗稻瘿蚊遗传育种研究进展［J］．福建农林大学学报：自然科学版（1）：11－15.
陈志谊，刘永锋，陆凡，等．2004. 水稻纹枯病生防菌 Bs－916 产业化生产关键技术［J］．植物保护学报，31（3）：

230-234.
陈祝安，冯惠英，施立聪，等.2000. 田间施放绿僵菌防治稻水象甲效果评价 [J]. 中国生物防治，16 (2)：53-55.
成家壮.2008. 防治水稻白叶枯病药剂的研究 [J]. 世界农药，30 (5)：13-15，47.
成尚廉，王新妩.2001. 水稻白叶枯病发生发展大流行的气象条件研究 [J]. 湖北植保 (3)：10-13.
程家安，祝增荣，2006. 2005 年长江流域稻区褐飞虱暴发成灾原因分析 [J]. 植物保护，32 (4)：1-4.
程家安.1996. 水稻害虫 [M]. 北京：中国农业出版社.
程式华，李建.2007. 现代中国水稻 [M]. 北京：金盾出版社.
程遐年，陈若篪，习学，等.1979. 稻褐飞虱迁飞规律的研究 [J]. 昆虫学报，22 (1)：1-21.
程遐年，吴进才，马飞.2003. 褐飞虱研究与防治 [M]. 北京：中国农业出版社.
程兆榜，任春梅，周益军，等.2008. 水稻条纹病毒不同地区分离物的致病性研究 [J]. 植物病理学报，38 (2)：126-131.
程兆榜，杨荣明，周益军，等.2002. 江苏稻区水稻条纹叶枯病发生新规律 [J]. 江苏农业科学 (1)：39-41.
迟军，苑克凡，沈迪山，等.2009. 水稻潜叶蝇的发生及防治 [J]. 现代农业科技 (13)：160.
褚孝渭，朱荣国，张伟. 北方稻田潜叶蝇的发生与防治 [J]. 北方水稻，41 (2)：56.
崔汝强，葛建军，胡学难，等.2010. 水稻干尖线虫快速分子检测技术研究 [J]. 植物检疫，24 (1)：10-12.
崔艳梅.2011. 水稻负泥虫的防治技术 [J]. 科技致富向导 (3)：326.
戴芳澜.1979. 中国真菌总汇 [M]. 北京：科学出版社.
戴华国，孙丽娟，王琴.2003. 二化螟水稻类群和茭白类群成虫产卵与幼虫寄主选择行为的比较研究 [J]. 应用生态学报，14 (5)：741-743.
戴雷，张道环，李寒松，等.2012. 不同杀菌剂对稻粒黑粉病菌冬孢子萌发的影响 [J]. 植物检疫，26 (3)：1-4.
戴仁怀，倪林.2011. 黑尾叶蝉对寄主选择性及机理初步研究 [J]. 湖北农业科学，50 (17)：3549-3551，3565.
戴志一，杨益众，王春安，等.1993. 不同耕作技术对二化螟、三化螟越冬存活率影响差异显著 [J]. 植物保护，19 (4)：48-49.
单玉斌，罗嵘，赵瑞昌.2000. 水稻旱育秧苗期立枯病的发生特点及防治对策 [J]. 农药，39 (7)：31.
但建国，陈长铭.1990. 食料条件对稻纵卷叶螟生长发育和繁殖的影响 [J]. 植物保护学报，17 (3)：193-199.
邓根生，陈嘉孚，杨治华，等.1999. 稻粒黑粉病主要发病因素及防治指标 [J]. 植物保护学报，26 (4)：289-293.
邓根生，陈嘉孚，杨治华.1999. 杂交稻及亲本抗稻粒黑粉病研究 [J]. 陕西农业科学 (1)：5-7.
邓理楠，李保同，徐月明，等.2011.2 种氟虫双酰胺复配制剂拌种对直播晚稻蓟马的控制效果及水稻生长的影响 [J]. 中国农学通报，27 (12)：286-290.
刁朝强，刘呈义，陈华，等.1990. 稻蓟马生物学特性及发生规律初步研究 [J]. 耕作与栽培 (5)：56-57.
丁锦华，苏建亚.2002. 农业昆虫学 [M]. 北京：中国农业出版社.
丁锦华，胡春林，傅强，等.2012. 中国稻区常见飞虱原色图鉴 [M]. 杭州：浙江科学技术出版社.
丁锦华.1991. 农业昆虫学 [M]. 南京：江苏科学技术出版社.
丁俊.1982. 稗草在大螟测报和防治上的应用 [J]. 植物保护，8 (2)：13.
丁延宗，杨庆爽.1983. 水稻跗线螨的种类识别 [J]. 植物保护，9 (6)：17-18.
丁宗泽，陈茂林.1985. 温度对稻蓟马发育影响的研究 [J]. 昆虫知识，22 (4)：151-153.
董本春，李晓光，高德宇，等.2001. 螟黄赤眼蜂防治水稻二化螟的研究 [J]. 植物保护，27 (4)：45-46.
董代文，郑永忠，李兴权.1998. 3%呋喃丹颗粒剂防治稻秆潜蝇危害稻穗小结 [J]. 植物医生，11 (6)：33.
董代文.1996. 粉锈宁多菌灵混剂防治水稻穗期病害的药效试验 [J]. 植物医生，9 (6)：12-14.
董国.1997. 麦长管蚜对水稻危害的田间调查 [J]. 杂交水稻，12 (5)：31-32.
董海，王疏，刘晓舟，等.2011. 7 种杀菌剂对水稻立枯病的防治效果 [J]. 农药，50 (5)：380-382.
董金皋.2007. 农业植物病理学 [M].2 版. 北京：中国农业出版社.
董金皋.2001. 农业植物病理学 [M]. 北京：中国农业出版社.
董淑杰，王绍忠，张喜印.2004. 盐碱稻区稻水蝇的发生与防治 [J]. 农垦与稻作 (增刊)：59.
杜正文.1991. 中国水稻病虫害综合防治策略与技术 [M]. 北京：农业出版社.
段德康，胡会军，刘兴华，等.2004. 稻瘿蚊的发生特点和综合防治技术 [J]. 江西农业科技 (4)：37-38.
段永平，陈寅，王金生，等.1986. 禾谷类作物细菌性褐条病病原菌的鉴定 [J]. 植物病理学报，16 (4)：227-235.
范怀忠，张曙光，何显志，等.1983. 水稻瘤矮病——广东湛江新发生的一种水稻病毒病 [J]. 植物病理学报，13 (4)：1-6.
范怀忠，黎毓干，裴文益，等.1965. 广东水稻黄矮病的初步调查研究 [J]. 植物保护 (4)：143-145.
范滋德，齐国俊，李美信，等.1983. 中国为害稻麦的毛眼水蝇属二新种 (双翅目：水蝇科) [J]. 昆虫分类学报，5 (1)：

7－12.

范滋德，周鹤雄，李远东，等．1985. 稻茎毛眼水蝇 *Hydrellia sasakii* Yuasa et Isitani，1939（双翅目：水蝇科）的鉴别［J］．武夷科学（5）：67－69.

方海维，倪社教，张国友，等．2004. 沿江地区稻蓟马重发原因浅析［J］．安徽农业科学（1）：58.

方继朝，杜正文．1998. 江淮稻区三化螟灾变规律和防治技术［J］．西南农业大学学报（5）：516－522.

方继朝，杜正文，程遐年，等．2001. 三化螟种群的内稳定性及其生态机制［J］．昆虫学报，44（3）：337－344.

方守国，王朝辉，韩成贵，等．2007. 水稻黑条矮缩病毒基因组片段 6 编码一种非结构蛋白［J］．华北农学报，22（6）：5－8.

方守国，于嘉林，冯继东，等．2000. 我国玉米粗缩病株上发现的水稻黑条矮缩病毒［J］．农业生物技术学报，8（1）：12.

方守国，于嘉林，冯继东，等．2001. 水稻黑条矮缩病毒基因组片段 3 全长 cDNA 的克隆及其序列分析［J］．农业生物技术学报，9（4）：311－315.

方兴洲，陈莉，产祝龙，等．2012. 水稻恶苗病与浸种、催芽和播种等因子的关系研究［J］．热带作物学报，33（6）：1107－1110.

方羽生，黄华林，陈玉托，等．2004. 水稻黑粒病菌生物学特性初步研究［J］．广东农业科学（1）：40－41.

方正尧．1978. 稻苞虫的研究［J］．广西农业科学（12）：25－37.

方正尧．1989. 常见水稻弄蝶的鉴别［J］．中国植保导刊（4）：1－9.

方正尧．1990. 桂东地区稻弄蝶寄生天敌发生动态观察［J］．广西植保（3）：17－21.

方中达，任欣正．1960. 我国水稻上的一种新的细菌性病害［J］．植物病理学报，6（1）：90－92.

费永祥．1999. 张掖地区稻水蝇的发生规律及防治技术研究［J］．甘肃农业科技（4）：41－42.

封传红，翟保平，陈庆华，等．2003. 利用 850hPa 气流资料分析稻飞虱迁飞路径［J］．中国农业气象，24（3）：31－35.

冯炳灿，蒋学辉．1997. 白背飞虱迁入虫量、气象因子与主害代发生量的关系［J］．浙江农业科学（3）：191－193.

冯成玉，张维根，陆晓峰．2010. 不同药剂对稻田稻螟蛉的防治效果［J］．作物杂志（2）：91－92.

冯春钢，郎勋才．1998. 稻铁甲虫在我区危害水稻［J］．植物医生，11（2）：8－9.

冯尔勇，周红军，吕奎生，等．2009. 楚州区稻白叶枯病的综合防治技术［J］．植物医生，22（5）：10－11.

冯丰膑，陆琦．2009. 中 9A 制种罹稻粒黑粉病的原因及防治措施［J］．广西农学报，24（3）：25－26，64.

冯明光，李隆术，胡国文．1985. 鼹鼠跗线螨（*Tarsonemus talpae* Sclarschmdt）的形态和生物学研究［J］．西南农业大学学报，7（3）：152－164.

冯启超，蓝鹏飞．2009. 水稻负泥虫的防治［J］．农村实用科技信息（8）：34.

冯祥和，杨俊德，牛泽民．1994. 中华稻蝗在水稻上危害损失及防治指标研究的商榷［J］．昆虫知识，31（4）：198－200.

冯晓慧，刘宝生，郭慧芳，等．2011. 几类药剂对大螟的室内毒力测定及田间防效评价［J］．南京农业大学学报，34（5）：67－72.

冯晓慧．2011. 大螟在不同寄主植物上发育特性及防治药剂研究［D］．南京：南京农业大学．

冯志新，关燕如，黎少梅．1980. 水稻根结线虫病的研究［J］．华南农学院学报，1（1）：73－82.

付法林，王成良，洪裕干，等．1988. 稻秆潜蝇的发生与防治途径探讨［J］．病虫测报（1）：28－30.

傅强，黄世文．2005. 水稻病虫害诊断与防治原色图谱［M］．北京：金盾出版社．

傅先源，王洪全．1999. 温度对福寿螺生长发育的影响［J］．水产学报，23（1）：21－26.

盖海涛，郅军锐，蒋永金，等．2009. 入侵种西花蓟马与本地种花蓟马生长发育的比较研究［J］．中国植物保护导刊，29（3）：9－12.

盖海涛，郅军锐，孙猛．2011. 温度对西花蓟马、花蓟马存活和繁殖的影响［J］．植物保护学报，38（6）：521－526.

高柏群．2004. 早稻烂秧的原因与防治方法［J］．中国植保导刊，34（3）：30－33.

高东明，秦文胜，李爱民，等．1993. 中国大陆水稻黄矮病与台湾省水稻暂黄病的血清鉴定［J］．中国病毒学，8：177－180.

高觉婧，赵晶，徐才国，等．2010. 创建苗期和成株期广谱高抗白叶枯病的水稻种质资源［J］．分子植物育种，8（3）：420－525.

高扣玉．1984. 水稻菌核病初步研究［J］．江西植保（4）：20－27.

高同春，叶钟音．2001. 水稻旱育秧苗立枯病研究进展［J］．世界农业（1）：34－36.

高希武，彭丽年，梁帝允．2006. 对 2005 年水稻褐飞虱大发生的思考［J］．植物保护，32（2）：23－25.

高兴华，田景花，陈 鹏．2012. 2001—2011 年云南勐海三化螟种群动态规律［J］．云南大学学报：自然科学版，34（3）：367－372.

高月波，陈晓，陈钟荣，等．2008. 稻纵卷叶螟（*Cnaphalocrocis medinalis*）迁飞的多普勒昆虫雷达观测及动态［J］．生态学报，28（1）：5238-5247.
葛钟麟，尹楚道.1988. 稻叶蝉及其防治［M］. 上海：上海科学技术出版社.
龚航莲，龚朝辉，陈全萍. 2012. 通过测定水稻秧苗期入迁白背飞虱带毒率预测南方水稻黑条矮缩病发生趋势［J］. 中国植保导刊（10）：10，38-40.
古汉明，王燕君，梁杰，等. 2005. 稻鸭共作对水稻病虫害及杂草的生物防治试验［J］. 广东农业科学（4）：59-61.
顾保龙，孙兴全，钱进，等.2007. 上海地区淡剑夜蛾发生规律及其防治［J］. 上海师范大学学报：自然科学版，36（1）：79-82.
顾海南. 1985. 大螟越冬特性的初步研究［J］. 生态学报，5（1）：64-70.
顾永林.2012. 水稻矮缩病的研究［J］. 农业灾害研究，2（1）：1-5.
顾正远，肖英方，王益民. 1989. 水稻品种对二化螟抗性的研究［J］. 植物保护学报，16（4）：245-249.
关仕港，梁广文.2002. 稻螟蛉（*Naranga aenescens* Moore）种群动态研究［M］// 李典谟，康乐，吴钜文，等. 昆虫学创新与发展——中国昆虫学会 2002 年学术年会论文集. 北京：中国科学技术出版社：253-255.
广东农林学院植保系.1975. 水稻新病害——稻螨褐鞘病［J］. 广东农业科学（4）：51-52.
广东农林学院植保系植物线虫病研究室，澄迈县农业局.1974. 水稻根结线虫病的发现［J］. 广东农业科学（3）：35-37.
广东省新丰县科技局，新丰县农业局，新丰县农科所，等. 1977. 水稻主要病虫害综合防治试验初报［J］. 昆虫学报，20（2）：135-140.
郭尔祥，张秀芝.1980. 淡剑夜蛾的发生与防治［J］. 中国森林病虫（S1）：24-25.
郭海生. 2012. 水稻小球菌核病的防治方法［J］. 农村实用科技信息（1）：45.
郭辉，冯锐，秦学毅，等.2010. 水稻抗稻瘿蚊基因的研究与利用现状［J］. 杂交水稻，25（1）：4-8.
郭荣，周国辉，张曙光. 2010. 南方水稻黑条矮缩病毒发生规律及防控对策初探［J］. 中国植保导刊，30（8）：17-20.
郭亚辉，许志刚，胡白石，等. 2004. 中国南方水稻条斑病菌小种分化研究［J］. 中国水稻科学，18（1）：83-85.
郭玉彦，周乃书，吴太棠，等. 1984. 海南岛水稻根结线虫病的调查研究［J］. 广东农业科学（4）：32-34.
国家水稻数据中心.2010. 水稻白叶枯病主效抗性基因列表［EB/OL］.［2010-08-27］http：//www.ricedata.cn/gena/genaxa.htm.
寒川一成，张红，杨晓君，等. 2003. 中国水稻品种对白背飞虱的抗性［J］. 中国水稻科学，17（S1）：47-52.
韩兰芝，彭于发，吴孔明. 2012. 大螟幼虫田间扩散及成虫飞行能力研究［J］. 植物保护，38（4）：9-13.
韩新才，伍桂珍，邓锡灶，等. 2005. 稻纵卷叶螟幼虫在卷叶内的栖居特性［J］. 昆虫知识，42（1）：87-89.
韩永强，郝丽霞，侯茂林. 2009. 北方稻田和茭白田二化螟越冬幼虫生物学特性的比较［J］. 中国生态农业学报，17（3）：541-544.
杭三保，陆自强，朱国家，等.1991. 长孔点肋甲螨发生消长的研究［J］. 植物保护学报，18（2）：173-176.
何铭谦，罗明珠，章家恩，等. 2011. 广东福寿螺暴发危害状况调查及防治对策［J］. 贵州农业科学（1）：100-104.
何振昌.1997. 中国北方农业害虫原色图鉴［M］. 沈阳：辽宁科学技术出版社.
何忠雪，陆金鹏，刘家驹，等. 2012. 吡蚜酮等 5 种拌种剂防治贵州白背飞虱和南方水稻黑条矮缩病的技术初探［J］. 农药研究与应用（3）：8-12.
贺媛，朱宇波，侯洋旸，等.2012. 江浙麦区灰飞虱春季种群的发生消长和迁飞动态［J］. 中国水稻科学，26（1）：109-117.
洪剑鸣，童贤明，徐福寿. 2006. 中国水稻病害及其防治［M］. 上海：上海科学技术出版社.
洪健，李德葆，周雪平. 2001. 植物病毒分类图谱［M］. 北京：科学出版社.
洪晓月，丁锦华.2007. 农业昆虫学［M］.2 版. 北京：中国农业出版社.
侯再芬，谢启强，邵先强，等.2007. 水稻生育期间白背飞虱与褐飞虱田间虫量变化规律［J］. 贵州农业科学，35（5）：53-56.
胡国文，聂朝源.1989. 电光叶蝉的生物学特性和种群增长［J］. 昆虫知识，26（2）：70-73.
胡吉成，白金铠. 1960. 水稻新病害——细菌性褐斑病的研究 第一报，发生为害、症状及病原菌鉴定［J］. 植物病理学报，6（1）：93-104.
胡吉成，曹功. 1962. 水稻新病害——细菌性褐斑病的研究 第二报，病原细菌的传染途径［J］. 植物保护学报，1（3）：238-242.
胡吉成. 1963. 细菌性褐斑病的研究 Ⅲ、病原细菌的寄主范围［J］. 植物病理学报，6（2）：119-125.
胡建章. 1983. 杂交水稻大螟的发生特点及种群变动原因初析［J］. 江苏农业科学（11）：22-24.
胡森.1980. 金斑夜蛾的研究［J］. 昆虫学报，23（1）：37-41.
胡先奇.2003. 根结线虫的种类及其致病性研究［D］. 广州：华南农业大学：130.
胡向阳，王云初，徐福海.2007. 水稻颖枯病的发生与防治［J］. 现代农业科技（19）：94.

胡元靖.1989. 白翅叶蝉的发生特点及测报 [J]. 湖北农业科学 (7): 24-25.
胡源湘, 余太治, 张绪心. 1953. 水稻食根金花虫的初步研究 [J]. 昆虫学报, 3 (2): 169-180.
湖北省农业科学院植保所. 1978. 水稻害虫及其天敌图册 [M]. 武汉: 湖北人民出版社.
湖北省通城县植保站.1982. 白翅叶蝉生物学初步研究 [J]. 昆虫知识 (19): 7.
湖南省江永县微生物研究所. 1976. 螟卵啮小蜂繁育利用技术的探讨 [J]. 昆虫知识, 13 (4): 106-107.
华南农业大学. 1988. 农业昆虫学: 上 [M]. 2 版. 北京: 农业出版社.
黄帮侃, 罗宵南, 卓文禧.1985. 白背飞虱种群数量变动的自然因素初步探讨 [J]. 昆虫知识, 22 (2): 49-51.
黄炳超, 肖汉祥, 吕利华, 等.2004. 抗稻瘿蚊新基因 *Gm6* 在分子标记抗性育种中的应用 [J]. 中国农业科学, 37 (1): 76-80.
黄炳超, 张扬, 肖汉祥, 等.2004. 我国抗稻瘿蚊育种研究的新进展 [J]. 作物研究 (4): 201-203.
黄朝锋, 张桂权.2003. 水稻 PSM 标记的发展及抗虫基因的分子定位 [J]. 分子植物育种, 1 (4): 572-574.
黄诚华, 姚洪渭, 叶恭银, 等. 2006. 氟虫腈亚致死剂量处理对二化螟和大螟幼虫体内解毒酶系活力的影响 [J]. 中国水稻科学, 20 (4): 447-450.
黄东林, 徐忠明, 李建华, 等.2004. 淡剑纹灰翅夜蛾存活发育与繁殖力的初步研究 [J]. 扬州大学学报: 农业与生命科学版, 25 (1): 73-75.
黄东林, 许慧卿.2004. 淡剑纹灰翅夜蛾实验种群生命表 [J]. 江苏农业学报, 20 (3): 164-168.
黄东林, 张金华, 蔡大伟, 等.2005. 温度及土壤含水量对淡剑纹灰翅夜蛾死亡率的影响 [J]. 昆虫知识, 42 (2): 168-169.
黄富, 程开禄, 潘学贤. 1998. 稻粒黑粉病菌的分类学研究进展 [J]. 云南农业大学学报, 13 (1): 145-147.
黄明华, 叶尚, 陆少萍, 等. 2002. 水稻瘤矮病综合防治技术 [J]. 广东农业科学 (5): 32-33.
黄荣汉, 黄佩秋, 熊朝均.1985. 四川宜宾地区台湾稻螟发生的研究 [J]. 昆虫知识, 22 (3): 104-106.
黄荣汉. 1986. 利用高粱诱集三代大螟产卵减轻水稻大螟为害 [J]. 今日种业 (1): 22.
黄山, 褚柏.1982. 稻蓟马发生与防治的研究 [J]. 江苏农业科学 (10): 22-26.
黄胜忠, 陈红光, 钟日生, 等. 2007. 杂交水稻制种稻粒黑粉病综合防治技术 [J]. 杂交水稻, 22 (2): 43-47.
黄世文, 王玲, 刘恩勇, 等. 2012. 水稻穗腐病研究: 1. 病原分离、鉴定及生物学特性 [J]. 中国水稻科学, 26 (3): 341-350.
黄世文, 余柳青, 段桂芳, 等. 2005. 禾长蠕孢菌和尖角突脐孢菌防治稗草的研究 [J]. 植物病理学报, 35 (1): 66-72.
黄世文.2010. 水稻主要病虫害防控关键技术解析 [M]. 北京: 金盾出版社.
黄水金, 刘剑青, 秦文婧, 等. 2010. 二化螟越冬幼虫在稻株内的分布及其控制技术研究 [J]. 江西农业学报, 22 (11): 91-93.
黄水金, 刘剑青, 章根平, 等.2001. 7 种药剂对稻象甲成虫防治效果的研究 [J]. 江西农业科技 (1): 42.
黄水金, 秦厚国, 张华满, 等.2002. 稻象甲的防治指标和防治适期研究 [J]. 植物保护, 28 (3): 12-15.
黄雯雯, 王玲, 刘连盟, 等. 2010. 水稻纹枯病立枯丝核菌的分类及遗传多样性研究进展 [J]. 中国稻米, 16 (3): 34-38.
黄小斌, 李文君. 2011. 稻田福寿螺发生规律及防控措施 [J]. 江西植保 (3): 122-123.
黄学飞, 张孝羲, 翟保平. 2010. 交配对稻纵卷叶螟飞行能力及再迁飞能力的影响 [J]. 南京农业大学学报, 33 (5): 23-28.
黄志农, 马国辉, 曾晓玲, 等. 2010. 肥料运筹对杂交水稻二化螟发生为害的影响 [J]. 杂交水稻, 25 (5): 76-79.
黄志农, 张玉烛, 朱国奇, 等. 2012. 稻螟赤眼蜂防控稻纵卷叶螟和二化螟的效果评价 [J]. 江西农业学报, 24 (5): 37-40.
姬广海, 许志刚. 2000. 水稻细菌性条斑病菌 DNA 多态性与致病性研究 [J]. 华中农业大学学报, 19 (5): 430-433.
贾延波. 2012. 稻眼蝶的研究 [J]. 农业灾害研究, 2 (6): 1-3, 6.
简代华, 1994. 稻棘缘蝽生物学特性观察 [J]. 昆虫知识, 31 (3): 138-140.
简锦忠.1983. 台湾水稻新病害——稻细菌性谷枯病 [J]. 中国农业研究, 32 (4): 360-366.
江聘珍, 谢秀菊, 陈伟凶, 等.1994. 水稻跗线螨发生规律及防治研究 [J]. 广东农业科学 (5): 37-40.
江聘珍, 张晚兴, 陈绍平, 等.1999. 水稻跗线蹣防治技术的推广应用 [J]. 广东农业科学 (4): 33-34.
姜海平, 阚李斌, 陈迎春, 等. 2012. 水稻大螟性诱剂用于测报的技术研究 [J]. 中国植保导刊, 32 (6): 46-49.
姜心禄, 杨永波, 付书明, 等. 2012. 水稻的三种新虫害及防治措施 [J]. 四川农业科技 (8): 38-39.
蒋际清, 廖燕俸, 纪谷芳, 等. 2002. 稻茎毛眼水蝇发生为害与防治 [J]. 江西植保, 25 (2): 48, 57.
蒋明星, 祝增荣, 程家安. 2000. 二化螟越冬种群: 年龄结构对其冬后取食和化蛹动态的影响 [J]. 华东昆虫学报, 9 (2): 72-76.

蒋明星，商晗武，程家安 . 2002. 球孢白僵菌对稻水象甲成虫的毒力测定 [J] . 植物保护学报，29 (3)：287 - 288.
蒋耀培，汪祖国 . 2007. 2006 年稻蚜发生严重原因简析与控制技术初探 [J] . 上海农业科技 (5)：137.
蒋月丽，武予清，段云，等 . 2009. 不同颜色诱捕器对直纹稻弄蝶的诱集效果 [J] . 河南农业科学 (12)：86 - 87，91.
金翠霞，吴亚 . 1986. 大螟与寄主植物关系的研究 [J] . 植物保护学报，13 (4)：259 - 265.
金敏忠，柴荣耀，张庆生 . 1994. 水稻黑粒米症状与病原研究初报 [J] . 植物保护 (2)：7 - 8.
金敏忠 . 1989. 弯孢菌引起的变色米初步研究 [J] . 植物病理学报，19 (1)：21 - 26.
金卫兵，袁亚稳，李家发 . 2002. 培矮系列组合制种中使用及稻粒黑粉病防控技术初探 [J] . 湖北农业科学 (1)：17 - 18.
敬甫松 . 1985. 大螟发育历期的温度效应研究 [J] . 昆虫知识 (6)：247 - 252.
康艳琼，李勇，李开平 . 2010. 杂交水稻制种稻粒黑粉病的发生特点与防治对策 [J] . 杂交水稻，25 (2)：19 - 21.
孔凡明，左言龙，刘和祥，等. 1992. 大别山区中稻负泥虫种群动态与为害损失及防治指标的研究 [J]. 安徽农业科学 (4)：357 - 359.
孔令和，陈亮 . 2008. 中华稻蝗生物学特性及其综合防治技术 [J] . 农技服务，25 (8)：61 - 62.
孔维泽，张志涛. 1989. 褐稻虱 *Nilaparvata lugens* (Stål) 和白背飞虱 *Sogatella furcifera* (Horváth) 对异性鸣声的趋性 [J]. 中国水稻科学，3 (2)：82 - 88.
孔周，张洪峰. 2011. 35%丁硫克百威种子处理干粉剂防治水稻蓟马药效试验 [J]. 现代农药，10 (6)：48 - 49.
赖真如，邹寿发，徐起峰 . 1999. 广东水稻病害发生态势及综合防治 [J] . 广东农业科学 (1)：32 - 33.
蓝学明，杨凤，梁葵珍 . 2002. 三化螟种群动态分析及防治 [J] . 昆虫知识，39 (2)：113 - 115.
乐承伟，黄新 . 1986. 菲岛毛眼水蝇发生为害调查 [J] . 植物保护，12 (3)：51.
乐承伟. 1998. 稻瘿蚊发生危害及其防治 [J]. 植物保护，24 (3)：28 - 29.
雷国明，卢小桃，雷沪波，等. 2003. 江西稻瘿蚊的传播为害及其北扩原因 [J]. 农药，42 (4)：38 - 41.
雷国明 . 1975. 水稻细菌性褐条病调查简报 [J] . 湖北农业科学 (11)：25 - 27.
雷国明. 1994. 稻螟蛉为何危害轻 [J] . 昆虫天敌，16 (4)：187.
雷慧质. 1982. 湖南水稻白翅叶蝉的研究 [J]. 植物保护学报，9 (2)：83.
雷玄肆，陈鲍发 . 2007. 利用气象因子预测景德镇市三化螟发生的高峰期 [J] . 安徽农业科学，35 (29)：9307 - 9308.
雷芝明 . 2009. 水稻白叶枯病的侵染循环与防治对策 [J] . 农技服务，26 (9)：53，83.
黎国涛，谭玉娟，潘英. 1983. 稻瘿蚊生物型的研究 [J]. 植物保护学报，10 (3)：147 - 152.
李炳文，王贵生，祁景桥，等. 1993. 中华稻蝗对水稻危害损失及防治指标的探讨 [J]. 昆虫知识 (4)：193 - 195.
李伯传，何俭兴. 1991. 三种稻虱卵寄生缨小蜂消长规律及保护利用考查 [J]. 昆虫天敌，13 (4)：156 - 161.
李伯和 . 1990. 湘西稻秆潜蝇的发生及预测 [J] . 病虫测报 (3)：16 - 17.
李茶水，林玉福，蔡龙森，等. 1985. 稻秆蝇为害规律及其治理 [J]. 福建农业科技 (4)：16 - 17.
李超，黄凤宽，黄所生，等. 2009. 抗褐飞虱生物型Ⅱ水稻品种的田间抗性评价 [J]. 广西农业科学，40 (12)：1549 - 1551.
李传隆. 1965. 中国稻弄蝶属的种类及其地理分布 [J]. 动物学报，17 (2)：189 - 194.
李传隆. 1975. 中国稻弄蝶属三个亲缘种的幼期鉴别 [J]. 昆虫学报，18 (1)：105 - 108.
李大森，张玉华，张洪建，等 . 1998. 兴山县水稻稻秆蝇的发生规律及防治对策 [J] . 湖北植保 (5)：15 - 16.
李德葆，王拱展，盛方镜 . 1979. 浙江省病毒病发生规律和防治 [J] . 植物病理学报，9 (2)：73 - 87.
李凤良，程英，金剑雪，等 . 2006. 杀虫剂复配对水稻大螟幼虫的室内活性测定 [J] . 农药，47 (3)：199 - 224.
李广京，尚为公，李建丰 . 2008. 水稻铁甲虫预测预报及防治技术研究 [J] . 安徽农学通报，14 (5)：6，109.
李桂兰，钟诚，封洪强，等. 1999. 稻螟蛉幼虫空间分布型的研究 [J]. 沈阳农业大学学报，30 (3)：270 - 272.
李桂艳. 1999. 怎样防治稻摇蚊 [J]. 新农业 (8)：25.
李国友 . 2010. 水稻小粒菌核病的防治 [J] . 中国农业信息 (8)：32 - 34.
李海东，吴敏，韩召军 . 2011. 防治水稻秧田二化螟持效性药剂的筛选 [J] . 南京农业大学学报，34 (4)：43 - 47.
李洪连 . 2008. 主要作物疑难病虫草害防控指南 [M] . 北京：中国农业科学技术出版社 .
李洪山，李慈厚，李红阳，等 . 2002. 苏北稻区水稻大螟种群消长特点及在寄主间的转换规律 [J] . 植保技术与推广，22 (10)：13 - 16.
李洪山，李慈厚 . 2002. 水稻大螟孕卵与寄主杂草的关系及其危害 [J] . 江苏农业科学 (6)：48 - 49.
李洪山，李慈厚 . 2003. 大螟治理对策及其化防药剂选择 [J] . 中国稻米 (3)：34.
李洪轩，侯小龙，杨帆 . 2005. 阿克苏地区稻水蝇的发生与防治 [J] . 新疆农垦科技 (2)：17 - 18.
李华荣 . 1999. 丝核菌的菌丝融合群及其遗传多样性研究的新进展 [J] . 菌物系统，18 (1)：100 - 107.
李火苟 . 1988. 大螟在水稻上产卵规律的初步研究 [J] . 江西植保，9 (3)：11 - 13.
李进波，夏明元，戚华雄，等 . 2006. 水稻抗褐飞虱基因 *Bph14* 和 *Bph15* 的分子标记辅助选择 [J] . 中国农业科学，39

（10）：2132－2137.

李俊山 .2007. 稻粒黑粉病发生规律及防治技术［J］. 河北农业科学，11（4）：60－61.

李隆术，冯明光，胡国文. 1986. 鼹鼠跗线螨食性研究［J］. 昆虫知识，23（1）：6－8.

李茂胜，李起林. 1994. 我国稻瘿蚊研究概况［J］. 三明农业科技（1）：5－7.

李敏，李毅，刘小龙，等 .2012. 东海县水稻叶鞘腐败病发生原因与防治措施［J］. 现代农业科技（5）：198，200.

李人柯，曾志雄，黄长安，等 .2002. 螺敌防治水稻福寿螺药效试验［J］. 广东农业科学（3）：37－38.

李容柏，李丽淑，韦素美，等 .2006. 普通野生稻（*Oryza rufipogon* Griff.）抗稻褐飞虱新基因的鉴定与利用［J］. 分子植物育种，4（3）：365－371.

李汝铎，丁锦华，胡国文，等. 1996. 褐飞虱及其种群管理［M］. 上海：复旦大学出版社.

李绍军，乌云达来，张礼生，等 .2001. 稻水蝇（*Ephydra macellaria* Egger）生活史研究［J］. 内蒙古民族大学学报：自然科学版，16（4）：385－386，389.

李生杰，林成，马炳清，等 .2006. 水稻小球菌核病的发生及防治［J］. 垦殖与稻作（4）：51－52.

李书柯，王金英，江川，等 .2008. 水稻云形病的研究进展［J］. 福建稻麦科技，26（4）：39－41.

李熙英，权成武，黄世臣，等 .2003. 施肥量与栽培密度对水稻二化螟为害程度的影响［J］. 吉林农业大学学报，25（1）：31－34.

李小慧，胡隐昌，宋红梅，等 .2009. 中国福寿螺的入侵现状及防治方法研究进展［J］. 中国农学通报，25（14）：229－232.

李彦林，王延生，赵洪池. 2010. 水稻负泥虫的防治方法［J］. 农村实用科技信息（3）：25.

李扬福 .1989. 水稻铁甲虫生物学特性及防治方法［J］. 江西农业科技（2）：20－21.

李毅，陈章良 .2001. 水稻病毒的分子生物学［M］. 北京：科学出版社.

李永禧. 1978. 大稻缘蝽的生物学及钦州地区近年发生与防治经验调查［J］. 广西农业科学（3）：29－34.

李友荣，侯小华，魏子生. 2008. 南方水稻区域试验品种对水稻白叶枯病抗性调查［J］. 植物保护，34（4）：102－105.

李有志，刘慈明，文礼章，等. 2006. 湘北稻象甲暴发原因调查及防治技术［J］. 江西农业大学学报，28（3）：359－363.

李远东，1985. 稻茎毛眼水蝇的初步研究［J］. 昆虫知识，22（2）：57－61.

李云瑞 .2002. 农业昆虫学：南方本［M］. 北京：中国农业出版社.

李云瑞. 1997. 关于“稻甲叶螨”的一些问题的商榷［J］. 昆虫知识，34（1）：60－61.

李照会. 2002. 农业昆虫鉴定［M］. 北京：中国农业出版社.

李臻，王庆国，姚方印，等 .2011. 水稻普通矮缩病研究进展［J］. 生命科学，23（10）：957－962.

李正先 .2001. 稻食根金花虫的发生及防治［J］. 云南农业（8）：17.

李志，刘万代，景延秋 .2008. 农作物病害及其防治［M］. 北京：中国农业科学技术出版社.

李志宇，杨洪，傅强，等. 2010. 稻田摇蚊的研究进展［J］. 贵州农业科学，38（6）：150－154.

李治国，杨云亮，魏兰芳，等 .2009. 云南水稻白叶枯致病性小种分化研究［J］. 中国植保导刊（3）：5－8.

梁帝允. 1997. 国际稻瘿蚊治理研讨会［J］. 世界农业（3）：26－27.

梁广文，罗国辉，李畅方 .1984. 氮肥对稻纵卷叶螟成虫和卵密度的影响［J］. 广东农业科学，14（2）：34－35.

梁梅新，冯忠 .1988. 稻秆潜蝇生活习性及防治研究［J］. 病虫测报（1）：30－33.

梁栋，李永源，黄明华，等 .2011. 信宜市水稻瘤矮病的发生规律及综合防治对策［J］. 安徽农学通报，17（13）：115－116.

廖华刚，张国升，王友敏，等 .2009. 水稻机插秧苗床立枯病的发生与防治［J］. 农技服务，26（5）：81.

廖华明，涂建华，王胜，等 .2003. 四川稻秆潜蝇发生规律［J］. 四川农业大学学报，21（2）：145－146.

廖杰，张长伟，潘学贤，等 .2004. 制种田稻粒黑粉病药剂防治的最佳时期［J］. 四川农业科技（7）：31－32.

廖金铃，冯志新 .1995. 根结线虫属一新种——海南根结线虫［J］. 华南农业大学学报，16（3）：34－39.

廖金铃，冯志新 .1997. 海南根结线虫个体发育的研究［J］. 华南农业大学学报，18（2）：35－39.

廖林，白学慧，姬广海，等 .2008. 水稻品种间栽防治水稻白叶枯病研究［J］. 华南农业大学学报，29（4）：42－46.

廖振惠，张光清，王兴虹，等. 2004. 四川德阳地区稻黑蝽发生规律及防治技术［J］. 山地农业生物学报，23（5）：404－407.

林光国. 1989. 稻蓟马生物学特性的初步观察［J］. 江西植保（1）：8－9.

林含新，魏太云，吴祖建，等 .2002. 我国水稻条纹病毒 7 个分离物的致病性和化学特性比较［J］. 福建农林大学学报：自然科学版，31（2）：164－167.

林坚贞，张艳璇. 1982. 跗线螨属一新种［J］. 武夷科学（2）：137－140.

林坚贞，张艳璇. 1985. 福州跗线螨生活史的研究［J］. 武夷科学（5）：95－98.

林建华 .1998. 福寿螺对水稻危害及防治措施［J］. 福建农业科技（1）：35.

林克剑，侯茂林，韩兰芝，等.2008.二化螟寄主选择行为与种群消长机制的研究进展［J］.植物保护，34（1）：22-28.
林丽明，谢联辉，林奇英. 2004. 稻草状矮化病毒基因组RNA1-3的分子生物学［J］. 分子植物育种，2（3）：449-450.
林奇田，林含新，吴祖建，等.1998.水稻条纹病毒外壳蛋白和病害特异蛋白在寄主体内的积累［J］.福建农业大学学报，27（3）：322-326.
林庆胜，黄寿山，胡美英，等. 2009. 稻虱缨小蜂（*Anagrus nilaparvatae*）在两种稻飞虱上的生殖力及其应用潜能［J］. 生态学报，29（8）：4295-4302.
林时迟，罗肖南. 1996. 黑尾叶蝉寄生性天敌的初步调查［J］. 华东昆虫学报，5（2）：97-100.
林伟群，周锡跃.2005.稻田福寿螺的发生规律及综合防治［J］.中国稻米（2）：27-28.
林炜，刘玉娣，侯茂林，等.2007.不同地理种群二化螟滞育和解除滞育幼虫的抗逆性酶活性比较.植物保护，33（5）：84-87.
林仙集.1983.菲岛毛眼水蝇研究初报［J］.福建农业科技（2）：23-24.
林仙集.1985.菲岛毛眼水蝇的分布和发生规律［J］.福建农业科技（3）：15-16.
林仙集.1987.稻茎毛眼水蝇在福建发生和为害的初步研究［J］.昆虫知识，24（6）：325-328.
刘存信，顾秀珍，吴大华，等.1958.水稻干尖线虫病［J］.中国农业科学（3）：154-156.
刘冬季，王德其.1982.三化螟、稻纵卷叶螟寄生蜂调查初报［J］.昆虫天敌，4（1）：23-27.
刘芳，傅强，赖凤香，等. 2004. 稻褐飞虱实验种群致害性变异的研究［J］. 中国水稻科学，18（6）：544-550.
刘凤海，李道顺. 2004. 呼兰县水稻泥苞虫的发生规律与防治方法［J］. 中国植保导刊（5）：15-16.
刘福秀，阮小蕾，何云蔚，等.2007.水稻瘤矮病毒基因组第六片段（S6）序列测定与分析［J］.中国农业科学，40（11）：2474-2480.
刘光华，曾玲，梁广文，等.2006.广东稻区螟虫种类组成与发生为害新态势［J］.华南农业大学学报，27（1）：41-43.
刘光杰，黄和平，谢秀芳，等.1998.早稻品种对二化螟的抗性及其生化基础研究［J］.西南农业大学学报，20（5）：512-515.
刘光杰，秦厚国.1997.我国稻螟研究新进展（一）［J］.昆虫知识，34（3）：171-174.
刘光杰，秦厚国.1997.我国稻螟研究新进展（二）［J］.昆虫知识，34（4）：239-242.
刘国坤，王玉，肖顺，等.2011.水稻根结线虫病的病原鉴定及其侵染源的研究［J］.中国水稻科学，25（4）：420-426.
刘海光. 1999. 山地稻田稻象甲的发生及防治［J］. 昆虫知识，36（3）：167.
刘海建，程兆榜，王跃，等.2007.灰飞虱传递水稻条纹病毒研究初报［J］.江苏农业学报，23（5）：492-494.
刘慧.2008.我国稻粒黑粉病的研究进展［J］.江西植保，31（1）：3-6.
刘建文，王华生，谢茂昌.2006.广西农田福寿螺发生现状及防治策略［J］.广西植保（4）：21-23.
刘金波，徐福海，沈厚芬，等.2005.水稻颖枯病的综合防治技术［J］.现代农业科技（11）：23.
刘军，谭济才，黄新，等.2011.稻田养鸭防控福寿螺的效果及对水稻产量的影响［J］.湖南农业大学学报：自然科学版，37（2）：185-188.
刘克剑. 1980. 稻苞虫寄生性天敌发生动态调查初报［J］. 昆虫天敌，2（3）：42-44.
刘克剑. 1987. 稻苞虫寄生性天敌调查续报［J］. 昆虫天敌，9（3）：148-150.
刘敏. 1994. 水稻潜叶蝇的发生规律及综合防治技术［J］. 植保土肥（3）：20.
刘名镇，徐小红，鄢祖林，等. 2003. 抗稻瘿蚊种质资源的筛选与利用［J］. 中国种业（4）：40.
刘芹轩，吕万明，张桂芬.1982. 白背飞虱的生物学和生态学研究［J］. 中国农业科学，15（3）：59-66.
刘琼光，王振中，陈玉托，等.2003.水稻细菌性基腐病再侵染和潜伏侵染［J］.植物保护学报，30（3）：333-334.
刘琼光，曾宪铭.1999.广东水稻细菌性基腐病的致病性及生物学特性研究［J］.华南农业大学学报，20（1）：9-12.
刘全胜.2009.水稻白叶枯病抗性基因研究进展［J］.长江大学学报：自然科学版，6（2）：12-14.
刘荣贵.2001.台湾稻螟在汕头部分地区上升为稻螟优势种群［J］.植保技术与推广，21（10）：15-16.
刘绍友，张兴华，王波，等. 1990. 直纹稻弄蝶为害损失及防治指标的初步研究［J］. 植物保护学报，17（3）：201-207.
刘士旺.1979.稻眼蝶发生为害的初步观察［J］.植物保护（3）：10-11.
刘世大，朱道弘.2005.中华稻蝗卵滞育的消除及滞育强度的可逆性［J］.中南林学院学报（2）：74-77.
刘仕龙.1984.水稻云形病的发生和防止［J］.农业科技通讯（5）：21.
刘万才，刘宇，郭荣.2010.南方水稻黑条矮缩病发生现状及防控对策［J］.中国植保导刊，30（3）：17-18.
刘维红，林茂松，李红梅，等.2007.人工接种测定水稻干尖线虫在水稻上的病害发展动态［J］.中国农业科学，40（12）：2734-2740.
刘文娟，王建富，任寿美，等.1999.三化螟卵在寄主上的分布与孵化的研究［J］.昆虫知识，36（6）：327-328.
刘文旭，严毓骅.2000.以生物防治为主持续治理中华稻蝗的初步研究［J］.昆虫学报，43（5）：186-188.
刘向东，翟保平，刘慈明. 2006. 灰飞虱种群暴发成灾原因剖析［J］. 昆虫知识，43（2）：141-146.

刘艳，王逸超，樊继伟，等. 2011. 分子标记辅助选择 *Xa23* 基因在选育抗白叶枯病水稻新品系中的应用 [J]. 浙江农业学报，23 (2)：248-251.

刘毅，范贤洲，李贵发 . 2012. 凯里市长腿食根叶甲生物学特性及综合防治 [J] . 植物医生，25 (6)：9-10.

刘宇，王建强，冯晓东，等 . 2008. 2007 年全国稻纵卷叶螟发生实况分析与 2008 年发生趋势预测 [J] . 中国植保导刊，28 (7)：33-35.

刘占山，任新国，李霞生，等 . 2006. 稻粒黑粉病菌孢子萌发的影响因素试验 [J] . 河南科技大学学报，27 (3)：65-67.

刘卓荣 . 2007. 大螟天然庇护所及人工饲料的研究 [D] . 北京：中国农业科学院 .

柳三淑，林正平，谭玉琴，等 . 1998. 黑龙江省首次发现稻水蝇为害水稻 [J] . 中国植保导刊，18 (5)：44.

柳武革，王丰，肖汉祥，等. 2010. 利用分子标记辅助选择改良水稻恢复系的稻瘿蚊抗性 [J]. 中国水稻科学，24 (6)：581-586.

龙林根. 1981. 稻苞虫寄生性天敌初步观察 [J]. 江西农业科技 (10)：14-15.

龙梦玲，谢茂昌，兰雪琼，等 . 2011. 近年广西水稻三化螟发生态势及影响因素分析 [J] . 中国植保导刊 (8)：25-26.

龙梦玲 . 2007. 水稻叶鞘腐败病的研究进展 [J] . 广西植保，20 (1)：30-31.

卢覃彰 . 1965. 台湾稻螟越冬习性与冬季防治研究简报 [J] . 昆虫知识，9 (1)：53.

卢新林，李驹 . 2010. 中稻烂秧发生的主要原因及防治对策 [J] . 中国植保导刊，30 (2)：20-21.

芦芳，齐国君，陈晓，等. 2010. 上海地区 2007 年褐飞虱的后期迁入和虫源地的个例分析 [J]. 生态学报，30 (12)：3215-3225.

吕环照，陈金安，徐运清，等. 2002. 双带夜蛾发育起点温度和有效积温的测定 [J]. 华中农业大学学报，21 (1)：18-21.

吕环照，徐运清，陈金安. 2001. 双带夜蛾生物学特性的研究 [J]. 孝感学院学报，21 (6)：47-51.

吕环照. 1994. 稻螟蛉发生规律及其防治 [J]. 孝感师专学报：自然科学版 (4)：51-53.

吕环照. 1994. 双带夜蛾生物学及防治 [J]. 华东昆虫学报，3 (1)：25-29.

吕利华，肖汉祥，黄炳超，等 . 2000. 5%梅塔小颗粒剂防治稻田福寿螺试验 [J] . 广东农业科学 (4)：43-45.

吕佩珂，高振江，张宝棣，等 . 1999. 中国粮食作物病虫原色图鉴：上册 [M] . 呼和浩特：远方出版社 .

吕佩珂，苏慧兰，吕超 . 2005. 中国粮食作物经济作物药用植物病虫原色图鉴 [M] . 2 版 . 呼和浩特：远方出版社：9-11.

吕佩珂，苏慧兰，吕超. 2007. 中国农作物粮食作物、经济作物、药用植物病虫原色图鉴 [M]. 3 版 . 呼和浩特：远方出版社 .

吕章喜，谭丽姗 . 1981. 大螟生物学的初步观察 [J] . 昆虫知识 (4)：151-154.

罗干成，何琦深. 1979. 斯氏狭跗线螨的生态学观察 [J]. 中华农业研究，28：181-192.

罗金燕，徐福寿，王平，等 . 2008. 水稻细菌性谷枯病病原菌的分离鉴定 [J] . 中国水稻科学，22 (1)：82-86.

罗菊英，隗钊，马运潮，等 . 2008. 第 1 代水稻三化螟发生发展的气象条件等级预报方法研究 [J] . 现代农业科技 (19)：153-155.

罗举，傅强，陆志坚，等. 2010. 测报灯下褐飞虱及其两种近似种的数量动态 [J]. 中国水稻科学，24 (3)：315-319.

罗克昌，江天富，李云平，等. 1997. 稻瘿蚊发生动态及测报技术探讨 [J]. 江西植保，20 (4)：10-12，20.

罗礼智，Shepard B M. 1994. 水稻种植密度和生育期对三化螟卵天敌种群及其效益的影响 [J] . 昆虫学报，37 (3)：298-304.

罗淑英. 2001. 稻瘿蚊的综合治理 [J]. 湖南农业科学 (2)：35-36.

罗肖南，黄邦侃. 1978. 福建水稻蓟马发生规律及其防治措施 [J]. 福建农业科技 (2)：21-23.

罗跃进，田学志，汪丽，等. 1998. 水稻蚜虫的研究 [J]. 安徽农业科学 (4)：341-342.

马巨法，胡国文，程家安. 1996. 褐飞虱、白背飞虱种间、种内密度制约效应研究 [J]. 华东昆虫学报，5 (1)：82-88.

梅培家 . 1981. 台湾稻螟的研究及其防治 [J] . 昆虫知识，18 (1)：10-11.

蒙显标，陈强，陆寿成，等 . 1997. 台湾稻螟发生期预测技术与应用 [J] . 植物保护学报，24 (2)：133-136.

蒙显标 . 1995. 台湾稻螟的生物学特性及防治研究 [J] . 广西植保 (2)：1-3.

闵绍楷，吴宪章，姚长溪，等 . 1988. 中国水稻种植区划 [M] . 杭州：浙江科学技术出版社：1-56.

穆娟微，李鹏，李德萍 . 2006. 水稻新病害——水稻褐变穗 [J] . 垦殖与稻作 (5)：46-47.

农山渔村文化协会 . 1985. 原色病害虫诊断防除篇（第 1 卷・普通作物）[M] . 改订新版 . 日本东京都：农山渔村文化协会：117.

欧世欢 . 1981. 水稻病害 [M] . 北京：农业出版社 .

欧壮喆，陈绍平 . 1999. 水稻颖枯病发生为害及防治 [J] . 植物保护，25 (4)：15-17.

欧壮喆，陈绍平 . 2000. 水稻颖枯病发生为害及防治 [J] . 广西植保 (1)：41.

欧壮喆，郭惠侍，何泽流. 1999. 水稻跗线螨药剂防治技术的研究 [J]. 中国农学通报，15 (5)：27-30.

潘英，谭玉娟，张扬，等. 1992. 稻瘿蚊防治指标研究 [J]. 植物保护，18 (5)：6-8.
潘国兴，陈水男 . 1989. 二化螟侵害越冬作物的观察 [J] . 昆虫知识 (4)：199-200.
潘有祥 . 1997. 建瓯市发现水稻食根金花虫 [J] . 植保技术与推广，17 (5)：41.
庞军. 1987. 水稻不同生育期稻苞虫的危害损失及防治指标的研究 [J]. 昆虫知识，24 (6)：312-325.
裴艳艳，程曦，徐春玲，等 . 2012. 中国水稻干尖线虫部分群体对水稻的致病力测定 [J] . 中国水稻科学，26 (2)：218-226.
裴艳艳，骆爱丽，谢辉，等 . 中国不同地区水稻干尖线虫种群的繁殖特性研究 [J] . 西北农林科技大学学报：自然科学版，38 (6)：165-170.
彭传华，向正友. 1991. 稻秆蝇的发生与防治 [J]. 湖北农业科学 (4)：21-22.
彭洪江，唐地元 . 1990. 水稻纹枯病流行动态、药剂防治时期及指标的研究 [J] . 植物病理学报，20 (2)：153-158.
浦茂华. 1963. 苏南灰稻虱的初步研究 [J]. 昆虫学报，12 (2)：117-136.
钱彪，张念环，李炬，等. 2010. 几种药剂防治高羊茅草坪淡剑夜蛾试验 [J]. 浙江农业科学 (3)：575-576.
钱冬兰，郑永利 . 2006. 福寿螺的识别与防治 [J] . 中国蔬菜 (10)：50-51.
钱兰华，蔡平. 2011. 淡剑夜蛾的生物学特性、发生规律及其监测方法 [J]. 中国植保导刊，31 (12)：36-39.
钱振官，沈国辉，夏雄勤，等. 2003. 淡剑夜蛾的生物学特性及防治研究 [J]. 上海农业学报，19 (3)：93-96.
强承魁，杜予州，于雅玲，等 . 2008. 水稻二化螟耐寒性研究进展 [J] . 植物保护，34 (2)：6-10.
乔慧，刘芳，罗举，等. 2009. 不同植物上灰飞虱适合度的研究 [J]. 中国水稻科学，23 (1)：71-78.
秦昌文，苏微微. 1995. 广西近年稻瘿蚊发生趋势分析及综合防治实践 [J]. 广西农业科学 (3)：123-126.
秦厚国，叶正襄，李华，等 . 1996. 稻茎毛眼水蝇生物学特性研究 [J] . 植物保护学报，23 (3)：193-197.
秦厚国，叶正襄，李华，等 . 1997. 稻茎毛眼水蝇自然种群参数的研究 [J] . 中国水稻科学，11 (2)：103-106.
秦厚国，叶正襄，李华，等 . 1997. 水稻孕穗期稻茎毛眼水蝇经济阈值的研究 [J] . 植物保护，23 (6)：12-15.
秦厚国，叶正襄，李华，等 . 1998. 不同施肥、栽插期与水稻品种对稻茎毛眼水蝇发生的影响 [J] . 生态农业研究，6 (4)：37-39.
秦厚国，叶正襄，罗任华，等 . 1996. 稻茎毛眼水蝇发生规律及防治对策 [J] . 中国农业科学，29：93-94.
秦厚国，叶正襄，罗任华，等 . 1997. 湿度对稻茎毛眼水蝇种群增长的影响 [J] . 中国水稻科学，11 (4)：227-230.
秦厚国，叶正襄，罗任华，等 . 1997. 食料条件对稻茎毛眼水蝇种群增长的影响 [J] . 华东昆虫学报，6 (2)：57-59.
秦厚国，叶正襄，舒畅，等. 2003. 白背飞虱种群治理理论与实践 [M]. 南昌：江西科学技术出版社.
秦钟，章家恩，骆世明，等 . 2011. 温度影响下的稻纵卷叶螟实验种群动态的系统动力学模拟 [J] . 中国农业气象，32 (2)：303-311.
邱文忠，蔡少强 . 2009. 稻田福寿螺的发生为害及综合防治 [J] . 福建农业 (3)：22-23.
全国白背飞虱科研协作组. 1981. 白背飞虱迁飞规律的初步研究 [J]. 中国农业科学，14 (5)：25-30.
全国农业技术推广服务中心 . 2005. 全国农作物审定品种名录 [M] . 北京：中国农业科学技术出版社 .
全国农业技术推广服务中心. 2003. 2003 年全国重大农作物病虫害发生趋势分析 [J]. 植保技术与推广，23 (3)：7-9.
任春光. 1988. 中华稻蝗生物学特性的观察 [J]. 植物保护，14 (4)：30.
阮义理，陈声祥，林瑞芬，等 . 1984. 水稻黑条矮缩病的研究 [J] . 浙江农业科学 (4)：185-187.
阮义理，蒋文烈，林瑞芬 . 1981. 稻病毒病介体昆虫灰稻虱的研究 [J] . 昆虫学报，24 (3)：283-289.
阮义理，巫国瑞. 1985. 水稻叶蝉 [M]. 北京：农业出版社.
邵振润，李永平，沈晋良，等 . 2011. 氯虫苯甲酰胺防治稻纵卷叶螟和二化螟的大田示范试验 [J] . 华中农业大学学报，30 (5)：609-612.
沈斌斌 . 2005. 贺氏菱头蛛和食虫沟瘤蛛对稻纵卷叶螟和稻褐飞虱的捕食作用研究 [J] . 蛛形学报，14 (2)：112-117.
沈彩云，卢兆成，沈北芳，等. 1988. 中华稻蝗的发生规律及防治研究 [J]. 昆虫知识 (3)：134-137.
沈厚芬，王云川，刘金波，等 . 2006. 水稻大螟的流行规律及其综合防治技术 [J] . 现代农业科技 (2)：18-20.
沈君辉，尚金梅，刘光杰. 2003. 中国的白背飞虱研究概况 [J]. 中国水稻科学，17 (增)：7-22.
沈庆型，吴中林，孙宝英，等 . 1958. 二化螟 *Chilo supperessalis* Walker 研究报告 Ⅱ [J] . 应用昆虫学报，1 (4)：331-347.
沈崇尧，彭友良，康振生，等 . 2009. 植物病理学 [M] . 5 版 . 北京：中国农业大学出版社 .
沈文锦 . 2012. 水稻瘤矮病毒 Pns11 蛋白功能和 P6 蛋白寄主互作因子鉴定 [D] . 广州：华南农业大学资源环境学院 .
盛承发，王红托，盛世余，等 . 2003. 我国稻螟灾害的现状及损失估计 [J] . 昆虫知识，40 (4)：289-294.
盛承发，宣维健，焦晓国，等 . 2002. 我国稻螟暴发成灾的原因、趋势及对策 [J] . 自然灾害学报，11 (3)：103-108.
石瑜敏，谢丽萍，韦善富，等 . 2008. 水稻白叶枯病及稻瘟病抗性材料的筛选 [J] . 中国农学通报，24 (8)：396-398.
舒畅，汤建国，2009. 昆虫实用数据手册 [M] . 北京：中国农业出版社 .

束兆林，方继朝，盛生兰 . 2003. 水稻品种（系）对二化螟抗性的初步研究［J］. 华东昆虫学报，12（1）：14－18.
宋焕增. 1978. 稻蓟马发生规律的初步研究［J］. 上海农业科技（Z4）：6－7，18.
宋双，付立东，王宇，等 . 2011. 种子不同处理对水稻干尖线虫病危害的影响［J］. 北方水稻，41（2）：31－34.
苏建伟，宣维健，盛承发，等 . 2003. 东北稻区二化螟越冬幼虫的生物学研究［J］. 昆虫知识，40（4）：323－325.
苏祖芳，周纪平，丁海红 . 2007. 稻作诊断［M］. 上海：上海科学技术出版社.
孙富余，田春晖，乔世文，等. 2000. 辽宁省水稻主要害虫化学防治指标的确定［J］. 辽宁农业科学（3）：4－6.
孙富余，田春晖，赵成德，等. 2002. 稻水象甲种群增长规律初探［J］. 生态学报，22（10）：1704－1709.
孙建中，张建新，沈雪生 . 1993. 三化螟、二化螟及大螟成虫的飞翔能力［J］. 昆虫学报，36（3）：315－322.
孙俊铭，韦刚，周先文，等 . 2003. 三化螟种群动态、大发生原因及防治对策［J］. 昆虫知识，40（2）：124－127.
孙丽英，方守国，王朝辉，等 . 2004. 水稻黑条矮缩病毒 S3 编码蛋白是一种结构蛋白［M］//中国植物病理学会 2004 年学术年会论文集.
孙敏洁，刘维红，林茂松 . 2009. 温度和湿度及水稻不同生育期对水稻干尖线虫垂直迁移的影响［J］. 中国水稻科学，23（3）：304－308.
孙乃昌. 1996. 综合防治稻瘿蚊四十年［J］. 广西农学报（2）：36－39.
孙汝川，毛志农. 1996. 稻水象［M］. 北京：中国农业出版社.
孙兴全，吴静菊. 吴爱忠，等. 2000. 灰飞虱生物学特性研究［J］. 上海农学院学报，18（2）：150－154.
孙兴全，叶黎红，顾保龙. 2010. 几种药剂对草坪害虫淡剑夜蛾的防效试验初报［J］. 安徽农学通报：下半月刊（24）：91.
孙艳梅，原亚萍，李广羽 . 2005. 吉林水稻有害生物原色图鉴［M］. 长春. 吉林科学技术出版社.
孙玉雷，林泽善，孟繁荣，等 . 2000. 水稻小球菌核病发生规律与防治研究［J］. 垦殖与稻作（4）：30－32.
孙玉雷，袁清玉，王桂杰，等 . 1998. 水稻小球菌核病观察初报［J］. 黑龙江农业科学（6）：46.
邰德良，李瑛，梅爱中，等. 2005. 2004 年稻田灰飞虱暴发原因分析与控制对策［J］. 中国植保导刊，25（3）：33－35.
覃霁，任当政. 2005. 晚稻使用频振式杀虫灯防治稻瘿蚊试验［J］. 广西农业科学，36（3）：243－244.
谭万忠. 1991. 水稻叶甲螨的初步研究［J］. 西南农业学报，3（4）：104－106.
谭玉娟，张扬，黄炳超. 1996. 抗稻瘿蚊品种多抗 1 号的抗性遗传分析及抗性基因定位［J］. 植物保护学报，23（4）：315－320.
汤金仪，马桂椿，胡国文. 1992. 白背飞虱为害与产量损失［J］. 植物保护学报，19（2）：139－144.
唐汇国，黄志农，尹惠平，等 . 2001. 两系杂交稻中后期混生病害的发生及防治策略［J］. 杂交水稻，16（1）：36－37.
唐洁渝，王华生，刘建文 . 2009. 2008 年广西第三代稻纵卷叶螟大发生特点及原因简析［J］. 中国农学通报，25（2）：192－195.
唐立高 . 2013. 水稻长腿根叶甲的发生规律及防治对策［J］. 植物医生，26（1）：8－9.
唐盛明，曾花生 . 1995. 水稻种植制度与品种布局对三化螟种群动态的影响［J］. 昆虫知识，32（6）：321－323.
唐涛，林钰婷，成燕清，等. 2010. 丁硫克百威对水稻蓟马的防治效果及其对秧苗生长的影响［J］. 湖南农业科学（5）：82－83，87.
唐小艳，李正跃，陈斌. 2009. 水稻白背飞虱的综合防治［J］. 湖南农业科学（8）：70－73.
陶少林，孙丽仙，李存芝 . 1986. 利用保护器保护天敌控制螟害［J］. 昆虫天敌，18（3）：155－199.
田春晖，于凤泉，刘培斌，等. 2003. T03 对稻水象甲的抗性测定［J］. 辽宁农业科学（5）：5－7.
田春晖，赵文生，孙富余，等. 1997. 稻水象甲的发生规律与防治研究：V. 稻水象甲的生物学特性研究［J］. 辽宁农业科学（3）：3－10.
田帅. 2012. 淡剑夜蛾的生物学特性及防治措施［J］. 辽宁农业职业技术学院学报（5）：9－10.
田学志，董习华，罗跃进，等 . 2008. 稻粒黑粉病药剂防治技术初探［J］. 安徽农学通报，14（11）：159，179－180.
土山哲夫，周贵发. 1953. 东北农作物害虫目录［J］. 昆虫学报，3（6）：435－502.
万方浩，郭建英，张峰，等. 2009. 中国生物入侵研究［M］. 北京：科学出版社.
万鹏，褚世海，武怀恒，等 . 2010. 湖北省稻田福寿螺的发生规律、危害及防控研究［J］. 湖北农业科学，49（12）：3072－3075.
汪恩国 . 1999. 二化螟种群数量变动规律研究［J］. 植物保护，25（1）：14－17.
汪廉敏. 1984. 贵州五种稻弄蝶的识别［J］. 耕作与栽培（3）：59－61.
汪智渊，杨红福，张继本，等 . 2003. 苏南地区水稻穗期病害及病原研究［J］. 江苏农业科学（3）：34－36.
王昌家，罗鸿燕，陈德强 . 2006. 水稻颖枯病的发生与识别初报［J］. 现代化农业（4）：6－7.
王朝辉，周益军，范永坚，等 . 2002. 江苏水稻黑条矮缩病毒 S10 的 cDNA 克隆序列分析［J］. 中国病毒学，17（2）：142－144.

王朝辉.2004. 水稻黑条矮缩病毒玉米分离物的分子特性及其侵染体系[D]. 杨凌：西北农林科技大学.
王春连，章琦，周永力，等.2001. 我国长江以南地区水稻白叶枯病原菌遗传多样性分析[J]. 中国水稻科学，15（2）：131-136.
王德好. 2001. 稻象甲发生为害及防治[J]. 植物保护，27（1）：23-25.
王凤英，张孝羲，翟保平.2010. 稻纵卷叶螟的飞行和再迁飞能力[J]. 昆虫学报，53（11）：1265-1272.
王贵珍，周益军，陈正贤，等.2004. 水稻条纹病毒单克隆抗体的制备及检测应用[J]. 植物病理学报，34（4）：302-306.
王国君，马世民，史洪中，等.2010. 水稻云形病的发生规律及防治措施[J]. 安徽农业科学，38（16）：8498，8520.
王国荣. 1980. 白翅叶蝉[J]. 农业科技通讯（6）：30.
王宏，邰德良，李瑛，等. 2007. 苏北沿海地区稻螟蛉发生特点与防治对策[J]. 现代农业科技（22）：82-83.
王华弟，汪信庚，张志昌，等.1994. 水稻三化螟防治指标研究. 浙江农业大学学报，20（1）：8-14.
王华弟，张左生，程家安，等.1997. 水稻三化螟预测预报与防治对策研究[J]. 中国农业科学，30（3）：14-20.
王华弟，祝增荣，陈剑平，等.2007. 水稻黑条矮缩病发生流行规律、监测预警与防控关键技术[J]. 浙江农业科学（3）：141-146.
王华弟，徐志宏，冯志全，等.2007. 中华稻蝗发生规律与防治技术研究[J]. 中国农学通报（8）：387-391.
王华弟，徐志宏，冯志全，等. 2007. 稻田中华稻蝗发生动态、危害损失及防治指标[J]. 植物保护学报，34（3）：235-236.
王怀震，林宗学.2007. 福鼎市灾后水稻细菌性褐条病的发生与防治[J]. 闽东农业科技（1）：3-4.
王会福，陈伟强，汪恩国，等.2010. 超级稻甬优6号褐飞虱发生为害与防治指标研究[J]，植物保护，36（1）：110-114.
王慧芙，李清田，郑莉. 1997. 稻田甲螨的分类学研究（蜱螨亚纲：真螨目：甲螨亚目）[J]. 蛛形学报，6（2）：112-129.
王建富，孙瑞林，刘文娟，等.1998. 影响三化螟消长的主要因素和综防技术[J]. 植物保护，24（5）：22-23.
王建强，张跃进，刘宇，等.2008. NY/T 1609—2008水稻条纹叶枯病测报技术规范[S].
王建设，朱立宏，张红生，等.2000. 杂交水稻抗白叶枯的遗传机制研究[J]. 作物学报，26（1）：1-8.
王金生，韦忠民，方中达.1984. 水稻细菌性基腐病的病原菌及其致病性研究[J]. 植物病理学报，14（8）：130-133.
王康，郑静君，张曙光，等.2010. 室内试验证实南方水稻黑条矮缩病毒不经水稻种子传播[J]. 广东农业科学（7）：95-96.
王克让，郑莉，黄士尧. 1990. 农田门罗点肋甲螨生物学特性的研究[J]. 植物保护，16（4）：2-4.
王玲，黄世文，禹盛苗，等.2008. 水稻干尖线虫病在籼粳杂交晚稻上的危害及防治[J]. 中国稻米（5）：65-66.
王隆都. 2003. 稻瘿蚊间歇性暴发原因和治理对策探讨[J]. 植保技术与推广，23（1）：8-11.
王明勇，2007. 褐飞虱发生情况、防治现状及可持续治理技术[J]，安徽农业科学，35（10）：2944-2945.
王鹏，甯佐苹，张帅，等.2013. 我国主要稻区褐飞虱对常用杀虫剂的抗性监测[J]. 中国水稻科学，27（2）：191-197.
王亓翔，许路，吴进才.2008. 水稻品种对稻纵卷叶螟抗性的物理及生化机制[J]. 昆虫学报，51（12）：1265-1270.
王强，周国辉，张曙光.2012. 南方水稻黑条矮缩病毒一步双重RT-PCR检测技术及其应用[J]. 植物病理学报，42（1）：84-87.
王勤英，张玉江.2006. 冀东滨海稻区水稻毛眼水蝇的生物学初报[J]. 昆虫知识，43（6）：844-846.
王瑞，沈慧梅，胡高，等. 2008. 灰飞虱的起飞和扩散行为[J]. 昆虫知识，45（1）：42-45.
王涛，王长春，张维林，等.2012. 水稻与白叶枯病菌互作机制研究进展[J]. 生物技术通报（5）：1-8.
王维，魏朝明. 2005. 中华稻蝗生物学特性及综合防治的研究[J]. 安徽农业科学，33（5）：785-786.
王维香.2006. 梨孢菌中一个致病性必需新基因 *MgCON2* 的鉴定[D]. 北京：中国农业大学.
王小艺，黄炳球.1998. 茶皂素对福寿螺的药效试验[J]. 广东农业科学（3）：32-34.
王新华.1998. 中国稻田摇蚊名录增补及修订[J]. 天津自然博物馆论文集（15）：54-57.
王彦华，王强，沈晋良，等.2009. 褐飞虱抗药性研究现状[J]. 昆虫知识，46（4）：518-524.
王玉巧.1985. 华东稻铁甲的观察初报[J]. 昆虫知识，22（1）：7-8.
王玉巧.1990. 华东稻铁甲生物学特性及防治[J]. 昆虫知识，27（2）：80-81.
王玉山.2012. 北方水稻病虫害防治技术大全[M]. 北京：中国农业出版社.
王云川，沈厚芬，徐福海.2006. 稻曲病的发生规律及综合防治技术[J]. 现代农业科技（3）：16.
王志高，谭济才，刘军，等.2009. 福寿螺综合防治研究进展[J]. 中国农学通报，25（12）：201-205.
王志高，谭济才，刘军，等.2011. 茶皂素、生石灰等防治稻田福寿螺的效果评估[J]. 植物保护学报，38（4）：363-368.
王中康，欧阳秩.1989. 稻粒黑粉菌生物学特性研究[J]. 西南农业大学学报，11（4）：331-334.

王子明，周风明，吕玉亮，等.2003. 江苏省水稻小穗头现象发生原因与防治对策研究［J］. 江苏农业科学（5）：1-5.
王尊奎，钟海敏.2008. 稻田福寿螺发生为害的特点及综合防治技术［J］. 广西农学报，23（6）：49，58-59.
韦克. 1985. 大稻缘蝽成虫田间分布型及抽样技术研究初报［J］. 昆虫知识，22（1）：3-6.
韦素美，黄凤宽，黄所生，等. 2007. 2%阿维菌素乳油防治水稻稻瘿蚊田间药效试验［J］. 广西农业科学，38（2）：157-158.
韦祯显.1980. 为害水稻的菲岛毛眼水蝇初步研究［J］. 昆虫知识，17（2）：49-53.
魏百裕，楼成栋，楼巧候. 2009. 70%噻虫嗪（锐胜）种子处理可分散剂对水稻秧苗生长和稻蓟马防治的影响［J］. 安徽农学通报：上半月刊（23）：114-115.
魏洪义，杜家纬. 2003. 淡剑袭夜蛾性信息素活性成分的鉴定和田间诱蛾研究［J］. 应用生态学报，14（5）：730-732.
魏景超.1957. 水稻病原手册［M］. 北京：科学出版社.
魏美玉. 2002. 稻螟蛉的兼性滞育现象观察初报［J］. 武夷科学，18：25-29.
魏先尧，谢支勇，艾新龙，等.2009. 荆门市水稻大螟趋重发生原因分析及防控对策［J］. 湖北植保（1）：15.
闻国栋，李建伟. 2007. 水稻负泥虫的防治技术［J］. 农家医院（10）：37.
问才干，张国林，张熙. 2008. 粳稻白叶枯病流行趋势和预防措施探讨［J］. 湖南农业科学（3）：126-127，130.
问锦曾，陈庆恩.1959. 水稻大红摇蚊的初步观察［J］. 昆虫知识（5）：133-134.
吴福桢.1990. 中国农业百科全书·昆虫卷［M］. 北京：农业出版社.
吴光荣，邹祥明，谢兰霞. 2006. 巫山县稻秆蝇发生特点及防治对策［J］. 中国植保导刊（7）：18-19.
吴海燕，范文艳，辛惠普.2002. 黑龙江省水稻小球菌核病无性阶段分生孢子研究初报［J］. 植物病理学报，32（4）：368-369.
吴海燕，辛惠普.2002. 水稻小球菌核菌无性阶段分生孢子双曲孢菌（*Nakataea sigmoidea*）的发现及产孢条件研究［J］. 中国水稻科学，16（4）：381-384.
吴海燕，辛惠普，靳学慧.2004. 水稻秆腐菌核病及其生物学特性［J］. 植物保护，30（3）：75-78.
吴海燕.2001. 水稻小球菌核病病原菌生物学特性的研究［J］. 黑龙江八一农垦大学学报，13（4）：122-125.
吴洪基，徐国良，周振标，等. 2004. 筛选抗斯氏狭跗线螨的水稻品种［M］//李典谟，伍一军，武春生，等. 当代昆虫学研究——中国昆虫学会成立60周年纪念大会暨学术讨论会议论文集. 北京：中国农业科学技术出版社：654-658.
吴建国，巴俊伟，李冠义，等.2010.16个水稻品种对水稻矮缩病毒抗性的鉴定［J］. 福建农林大学学报：自然科学版，39（1）：10-14.
吴进才，徐建祥，刘仁海，等.1999. 三化螟蚁螟钻蛀行为观察［J］. 昆虫知识，36（2）：101-102.
吴进才.2001. 江淮稻区三化螟发生、防治的几个问题及防治对策的重新思考［J］. 昆虫知识，38（5）：396-397.
吴彭龄.2012. 单季稻白叶枯病流行原因分析及对策［J］. 安徽农学通报，18（7）：135-136.
吴嗣勋，李大勇，周斌，等.1991. 稻绿蝽发生规律及防治的研究［J］. 病虫测报（1）：3-6.
吴伟南，刘依华，蓝文明. 1991. 中国南方水稻植绥螨简记［J］. 昆虫天敌，13（3）：144-150.
吴文平，张志铭.1990. 种传真菌研究Ⅱ、河北省水稻种传真菌的初步鉴定［J］. 河北省科学院学报（2）：56-65.
吴雪芬，张国彪，林茂松，等. 2005，水稻条纹叶枯病暴发原因及其防治对策［J］. 中国农学通报，21（2）：237-245.
吴雪芹.2010. 水稻纹枯病的发生及防治［J］. 现代农业科技（1）：127-128.
吴英桥，罗雪梅，段承杰，等.2007. 水稻白叶枯病菌在非寄主植物上的过敏反应检测［J］. 广西农业科学，38（6）：631-633.
吴永方，陆永进，王湘云，等. 1997. 稻黑蝽发生规律及防治技术［J］. 植保技术与推广，17（4）：6-8.
吴政元.2009. 水稻白叶枯病与细条病及生理性枯黄的识别［J］. 科学种养（11）：28.
仵均祥. 2002. 农业昆虫学：北方本［M］. 北京：中国农业出版社.
武向文，王伟民，胡永，等.2010. 甜核·苏云金制剂防治水稻大螟技术初探［J］. 世界农药，32（1）：41-43.
习声震.1980. 水稻食根金花虫为害情况及防治效果调查［J］. 贵州农业科学（3）：48-49.
夏槼，纪淑仁，夏桂平，范滋德.1997. 安徽省毛眼水蝇属（双翅目：水蝇科）初步调查［J］. 安徽农业科学，25（2）：101-105，159.
夏声广，唐启义.2006. 水稻病虫害防治原色生态图谱［M］. 北京：中国农业出版社.
夏小东，袁筱萍，余汉勇，等.2010. 中国稻种微核心种质资源对稻瘟病和白叶枯病的抗性评价［J］. 浙江农业学报，22（2）：211-214.
肖传初，1988. 稻秆潜蝇药剂防治的初步试验［J］. 昆虫知识（2）：77-78.
肖海军，何海敏，薛芳森.2012. 二化螟滞育生物学特性的研究进展. 生物灾害科学，35（1）：1-6.
肖汉祥，黄炳超，张扬. 2005. 与*Gm6*基因连锁的PSM标记在水稻抗稻瘿蚊育种中的应用［J］. 广东农业科学（3）：50-53.

肖庆璞．1995. 水稻谷枯病［M］//中国农业科学院植物保护研究所．中国农作物病虫害．2版．北京：中国农业出版社：78－79.

肖盈，耿鹏，高远起，等. 2012. 35％丁硫克百威种子处理干粉剂对稻蓟马的防治效果［J］. 广东农业科学（17）：76－77，80.

谢明. 1993. 福建沙县稻弄蝶寄生性天敌调查初报［J］. 生物防治通报，9（1）：19－22.

谢殿彩. 1985. 水稻跗线螨大发生原因及防治对策［J］. 广西农业科学（5）：25.

谢家楠，廖启荣，郭建军. 2011. 褐飞虱迁飞路线研究进展［J］. 贵州农业科学，39（1）：114－117.

谢双大，周亮高，刘朝祯，等．1985. 水稻瘤矮病毒越冬研究［J］．植物病理学报，15（4）：211－216.

谢双大，周小毛，虞皓，等. 1996. 广东水稻橙叶病病原（MLO）的越冬［J］. 植物保护学报，23（1）：29－33.

谢志成．2007. 水稻根部线虫鉴定及潜根线虫根结线虫对水稻的致病性［D］．福州：福建农林科技大学．

辛惠普．2002. 北方水稻病虫害防治彩色图谱［M］．北京：中国农业出版社．

徐爱英．1998. 南丹县迟熟中稻受大稻缘蝽严重为害［J］．广西植保（1）：32.

徐船波，杜德印. 2009. 水稻负泥虫的防治方法［J］. 农村实用科技信息（5）：46.

徐国良，吴洪基，童晓立. 2002. 斯氏狭跗线螨的抗逆力研究［J］. 植物保护，28（5）：18－21.

徐国良．2000. 斯氏狭跗线螨的生物学特性及水稻抗螨品种筛选［D］．广州：华南农业大学．

徐红莲，严兆龙，仇广灿，等．2001. 大螟的转移为害规律及其测报技术探讨［J］．植保技术与推广，21（5）：5－7.

徐红星，吕仲贤，陈建明，等．2006. 不同水稻品种对二化螟的抗性及其与形态学和解剖学特征的关系［J］．植物保护学报，33（3）：241－245.

徐敬友，梁继农．1989. 水稻叶尖枯病的发生及其对产量的影响［J］．江苏农业科学（2）：23－24.

徐敬友，吕志平，陈德喜．1993. 40％禾枯灵可湿性超微粉防治小麦病害和水稻后期病害的研究［J］．江苏农药（2）：18－19.

徐敬友，童蕴慧，刘琴．1997. 稻生叶点霉生物学特性研究［J］．江苏农学院学报，18（3）：47－50.

徐敬友，童蕴慧，潘学彪，等．1997. 水稻叶尖枯病接种技术及品种抗病性［J］．中国水稻科学，11（1）：47－50.

徐敬友，童蕴慧，王克华．1998. 药剂处理种子防治水稻叶尖枯病［J］．植物保护，24（3）：26－27.

徐敬友，童蕴慧，王彰明，等．1995. 水稻叶尖枯病初侵染和再侵染研究［J］．植物病理学报，25（2）：123－126.

徐敬友，童蕴慧，王彰明，等．1995. 水稻叶尖枯病人工接种技术研究［J］．江苏农学院学报，16（4）：39－41.

徐敬友，王泉章，周群喜．1993. 水稻叶尖枯病的损失率测定［J］．江苏农业科学（5）：37－38.

徐敬友，王彰明，童蕴慧．1995. 水稻叶尖枯病病原种类研究［J］．植物病理学报，25（1）：9－11.

徐敬友，袁树忠．1993. 禾枯灵等药剂对水稻叶尖枯病菌的毒力测定［J］．江苏农药（3）：14－15.

徐敬友，袁树忠．1997. 禾枯灵对杂交水稻防衰增产的机理初探［J］．江苏农学院学报，18（1）：24.

徐丽慧，邱文，张唯一，等．2008. 水稻细菌性褐条病病原的鉴定［J］．中国水稻科学，22（3）：302－306.

徐丽娜，李昌春，胡本进，等．2011. 中国大螟研究历史、现状与展望［J］．中国农学通报，27（24）：244－248.

徐丽娜，李昌春，胡本进，等．2012. 安徽省大螟发生特点及影响因素分析［J］．中国植保导刊，32（7）：46－48.

徐秀媛，丁锦华. 1990，灰飞虱雌性生殖系统的构造和卵巢发育分级［J］. 昆虫知识，27（6）：365－366.

徐永进，李维群，朱诗汉，等. 2007. 稻秆蝇简化防治技术研究［J］. 湖北植保（3）：43－44.

徐志德，黄志农，文吉辉，等．2011. 水稻生物学质量和营养与二化螟危害的关系［J］．植物保护学报，38（2）：139－146.

徐祖荫，李九丹，张承寰，等. 1978. 贵州锦屏水稻蓟马的研究［J］. 昆虫学报，21（1）：13－26，113.

许传红. 2007. 水稻负泥虫生物学特性及其防治［J］. 北方水稻（1）：50－51.

许海霞，王孝兵，赵德华，等．2012. 水稻恶苗病的发生与防治［J］．现代农业科技（24）：152.

许璐，王芳，吴进才，等．2007. 稻纵卷叶螟［*Cnaphalocrocis medinalis*（Guenée）］在水稻品种上的半自然种群生命表参数及对植株含糖量的影响［J］．生态学报（11）：4547－4554.

许美昌，陈云飞. 1999. 旱直播稻田稻象甲的发生特点与防治对策［J］. 昆虫知识，36（2）：65－66.

许轼．2005. 水稻小球菌核病的发生及防治［J］．现代农业科技（10）：14.

许晓斌．2009. 水稻根结线虫病的发生与防治［J］．河北农业科学，13（9）：31，50.

许周源，许道源，金昌烈，等．1993. 稻叶毛眼水蝇 *Hydrellia sinica* Fan et Xia 及其识别雌雄的新方法［J］．吉林农业科学（1）：40－42.

轩静渊. 1984. 金斑夜蛾 *Plusia festucae* L. 幼虫滞育的研究——Ⅰ. 滞育的诱导及经过［J］. 西南农学院学报（4）：27－31.

轩静渊. 1985. 金斑夜蛾幼虫滞育的研究——Ⅱ. 滞育幼虫的呼吸代谢［J］. 西南农学院学报（1）：63－68.

薛进，苏建伟，黎家文，等．2007. 中国水稻二化螟5个地理种群遗传差异的RAPD分析［J］．湖南农业大学学报：自然科学版，33（2）：160－163.
旬阳县农机推广中心．2012. 水稻食根叶甲发生特点及防治建议［EB/OL］．http：//www.snzb.com/ 2012/0810/ 1949.html.
闫强，李彩萍，赵珊珊．2004. 水稻叶鞘腐败病的发生特点及防治［J］．垦殖与稻作（3）：32－33.
燕维祥，蒋承宏．1989. 稻茎毛眼水蝇发生规律初步研究［J］．植物保护，15（5）：27－28.
羊健．2007. 水稻黑条矮缩病毒 S5 基因组功能的研究［D］．长沙：湖南农业大学．
阳文军．2004. 2003 年灵川县晚稻稻瘿蚊、二化螟大发生［J］. 广西植保，17（1）：35－36.
杨宝君，胡凯基，徐炳文．1988. 水稻根结属一新种——林氏根结线虫 *Meloidogyne lini* n. sp.［J］．云南农业大学学报，3（1）：11－17.
杨本荣，马巧月．1983. 玉米粗缩病的病毒寄主范围研究［J］．植物病理学报，13（3）：81－84.
杨春华．2009. 水稻负泥虫的防治技术［J］. 农村实用科技信息（7）：33.
杨红福，汪智渊，吉沐祥，等．2005. 6%杀螟丹水剂对水稻翘穗头的防治效果［J.］．江苏农业科学（2）：62－63.
杨集昆．1989. 从稻瘿蚊属名所联想的问题［J］. 昆虫知识，26（5）：320－321.
杨坤胜，敬勇．1989. 长腿食根叶甲的研究［J］．昆虫知识，26（2）：74－77.
杨廉伟，杨坚伟，陈将赞．2010. 单季稻大螟防治问题及氯虫苯甲酰胺对大螟白穗防效试验［J］．中国稻米，16（1）：69－70.
杨梅仙．1988. 大稻缘蝽大发生［J］．植物保护，14（4）：54－55.
杨庆爽，丁延宗．1983. 为害水稻的三种跗线螨的识别及采集方法［J］. 昆虫知识，20（3）：131－132.
杨世瑞．1965. 水稻食根叶甲生活习性及防治试验［J］．昆虫知识（3）：138－140.
杨婉华，谢玲珊．2006. 台湾稻螟发生特点及防治对策［J］．安徽农学通报，12（2）：77.
杨贤国．1996. 稻田宽黾蝽对黑尾叶蝉的捕食作用［J］. 湖南教育学院学报，14（5）：177－181.
杨叶欣，胡隐昌，李小慧，等．2010. 福寿螺在中国的入侵历史、扩散规律和危害的调查分析［J］．中国农学通报，26（5）：245－250.
杨毅．2008. 常见作物病虫害防治［M］．北京：化学工业出版社．
杨政海．1990. 菲岛毛眼水蝇发生及防治的研究［J］．昆虫知识，27（3）：138－139.
姚士桐，吴降星，郑永利，等．2011. 稻纵卷叶螟性信息素在其种群监测上的应用［J］．昆虫学报，54（4）：490－494.
姚守礼，王芳，潘春彦，等．2003. 水稻潜叶蝇的发生及防治研究［J］. 现代化农业（10）：9－10.
叶斌，张建平，胡贤春，等．2005. 稻菌核病的发生与防治［J］．安徽农业科学，33（8）：1385－1386.
叶昌富，朱奕泉．1999. 水稻苗期稻黑蝽经济阈值的研究［J］. 昆虫知识，36（3）：132－134.
叶建人，江国炜，李云明．2001. 麦长管蚜在连作晚稻穗期的发生和防治［J］. 植保技术与推广，21（7）：9－10.
叶龙和，张炳光．1999. 福寿螺的发生规律与防治技术［J］．温州农业科技（3）：36－37.
叶小英，王丽华，李姝晋，等．2005. 抗黑 95 对杂交水稻制种稻粒黑粉病的田间防治效果［J］．杂交水稻，20（6）：35－36.
叶永发，姜发灶，乐阿水．2007. 稻瘿蚊的发生特点及无公害防治的研究应用［J］. 江西农业学报，19（7）：55－56.
叶正襄，秦厚国，黄荣华，等．1993. 早稻穗期白背飞虱为害损失及防治指标研究［J］. 中国水稻科学，7（1）：21－24.
叶正襄，秦厚国，李华．1996. 水稻苗期稻茎毛眼水蝇经济阈值的研究［J］．植物保护，22（3）：13－15.
叶正襄，秦厚国，罗任华，等．1996. 不同药剂对稻茎毛眼水蝇的防治效果比较［J］．江西农业科技（6）：33－35.
叶正襄，秦厚国，罗任华，等．1997. 温度对稻茎毛眼水蝇实验种群增长的影响［J］．植物保护学报，24（2）：137－141.
尹德明，丁德亮，郑志广，等．2002. 水稻小球菌核菌的杀菌剂及抗性菌株室内筛选的研究［J］．天津农学院学报，9（4）：23－27.
尹汝湛，赵善欢．1859. 华南产水稻螟虫——台湾稻螟 *Chilo auricilius*（Dudgeon）的初步研究［J］．应用昆虫学报，1（3）：210－230.
尹哲，吉栩，吴云锋，等．2007. 水稻矮缩病毒外壳蛋白 P9 具有体内转录激活活性［J］．中国农业科技导报，9（3）：61－65.
于凤泉，田春晖，李志强，等．2008. 绿僵菌对稻水象甲的田间防治效果研究［J］. 辽宁农业科学（6）：5－8.
于卫清，陈丽，赵加林．2009. 水稻白叶枯病的发生及防治［J］．现代农业科技，21：100－110.
余俊杰，王国兴．1987. 水稻二条黑尾叶蝉研究［J］．四川农业学报，2（1）：23－28.
俞水炎，谷同华，陈昌荣，等．1983. 一种为害我省晚稻新害螨的初步调查［J］. 浙江农业科学（5）：249－250.
俞晓平，和田节，李中方，等．2001. 稻田福寿螺的发生和治理［J］．浙江农业学报，13（5）：247－252.
俞晓平，徐红星，吕仲贤，等．2002. 水稻田和茭白田二化螟的比较研究［J］．生态学报，22（3）：341－345.
虞玲锦，张国良，丁秀文，等．2012. 水稻抗白叶枯病基因及其应用研究进展［J］．植物生理学报，48（3）：223－231.

袁伟，何飞，朱友清，等.2007. 三化螟卵块寄生蜂——螟卵啮小蜂研究概况［J］. 昆虫天敌，29（2）：69-75.
袁锋，王宗庆，袁向群. 2005. 中国稻弄蝶属 *Parnara* 分类与一新记录种（鳞翅目：弄蝶总科：弄蝶科）［J］. 昆虫分类学报，27（4）：292-296.
袁锋. 2001. 农业昆虫学［M］. 北京：中国农业出版社.
袁建明，吴和性，鄢文水.2012. 稻烂秧及其预防措施［J］. 安徽农学通报，18（8）：92-93.
袁筱萍，徐群，余汉勇，等.2011. 国外新引进水稻品种（系）对我国水稻白叶枯病致病型的抗性反应［J］. 植物保护，37（5）：169-171.
臧君彩，曹金娟，李国强，等.2001. 以蝗虫微孢子虫治理稻蝗的技术［J］. 中国生物防治，17（3）：126-128.
曾列先，朱小源，杨健源，等. 2005. 广东水稻白叶枯病菌新致病型的发现及致病性测定［J］. 广东农业科学（5）：58-59.
曾列先，成太辉，朱小源，等. 2009. 广东首个抗白叶枯病强毒菌系Ⅴ型菌水稻品种白香占的选育［J］. 广东农业科学（5）：19，28.
曾士迈.1986. 植物病害流行学［M］. 北京：农业出版社.
曾艳华. 2009. 中华稻蝗在沈阳地区发生规律及防治技术研究［J］. 现代农业科技（4）：112-113.
翟保平，周国辉，陶小荣，等.2011. 稻飞虱暴发与南方水稻黑条矮缩病流行的宏观规律和微观机制［J］. 应用昆虫学报，48（3）：480-487.
翟保平，程家安，黄恩友，等. 1997. 浙江省双季稻区稻水象甲的发生动态［J］. 中国农业科学，30（6）：23-29.
翟保平，程家安，黄恩友，等. 1999. 稻水象甲的卵子发生—飞行共轭［J］. 生态学报，19（2）：242-249.
翟保平，程家安，郑雪浩，等. 1999. 浙江省双季稻区稻水象甲致害种群的形成［J］. 植物保护学报，26（2）：137-141.
翟保平，程家安.2006. 2006年水稻两迁害虫研讨会纪要［J］. 昆虫知识，43（4）：585-588.
翟保平，商晗武，程家安，等. 1998. 双季稻区稻水象甲一代成虫的滞育［J］. 应用生态学报，9（4）：400-404.
翟保平，商晗武，程家安，等. 1999. 浙江省双季稻区稻水象甲二代虫源的构成［J］. 植物保护学报，26（3）：193-196.
翟保平，商晗武. 1999. 越冬代稻水象甲迁入峰期的积温预测［J］. 植保技术与推广，19（1）：8-9.
翟保平，郑雪浩，商晗武，等. 1999. 风对稻水象甲起飞的影响［J］. 中国农业气象，20（3）：24-27.
翟保平. 2011. 稻飞虱：国际视野下的中国问题［J］. 应用昆虫学报，48（5）：1184-1193.
詹其彩. 1999. 稻秆蝇的发生特点与防治技术［J］. 内蒙古农业科技（S1）：3.
占中师. 2012. 350g/L噻虫嗪悬浮种衣剂防治水稻蓟马田间药效试验［J］. 安徽农学通报：上半月刊（9）：114，120.
张扬，谭玉娟，黄炳超，等. 2000. 多抗1号抗稻瘿蚊遗传研究［J］. 植物保护学报，27（2）：136-140.
张安国. 2010. 稻蓟马的发生规律与为害识别［J］. 农技服务（8）：1011-1012.
张宝棣，潘泽鸿. 1981. 稻鞘跗线螨生物学特性的初步观察［J］. 昆虫知识，18（2）：55-56.
张宝棣，潘泽鸿. 1986. 水稻褐鞘症发生原因的进一步探讨［J］. 植物保护学报，13（4）：235-239.
张国安，王满困，王永模，等.2010. 水稻螟虫防控技术手册［M］. 武汉：湖北科学技术出版社.
张国湖，徐良达，丘运标.2007. 台湾稻螟重发原因分析与防治［J］. 江西植保，30（2）：84-85，88.
张国珍.2002. 稻瘟病菌对三个水稻品种无毒性的遗传分析及分子标记［D］. 北京：中国农业大学.
张海燕，李海东，韩召军.2012. 大螟田间种群对不同杀虫剂敏感性的差异［J］. 中国稻米，18（1）：29-33.
张恒木，陈剑平，雷娟丽，等.2002a. 水稻黑条矮缩病毒基因组片段S7的cDNA克隆及全序列分析［J］. 微生物学报，42（2）：200-207.
张恒木，陈剑平，薛庆中，等.2002b. 水稻黑条矮缩病毒基因组片段S10的cDNA克隆及全序列分析［J］. 中国水稻科学，16（1）：24-28.
张辉，吴国星，马沙，等. 2012. 近年稻飞虱暴发成因及其治理对策［J］. 江西农业学报，24（2）：88-90.
张礼生，郑根昌.2002. 稻水蝇危害水稻产量损失研究［J］. 植物保护，28（1）：15-18.
张礼生，安瑞军，殷小龙，等.2000. 稻水蝇生物学特性研究［J］. 哲里木畜牧学院学报，10（3）：9-13.
张丽丽，许静，陈玉芹. 2009. 水稻泥苞虫的有效防治［J］. 农村实用科技信息（6）：44.
张良佑，曾玲.1986. 广东稻眼蝶种类及其生物学特性观察［J］. 海南大学学报：自然科学版，4（2）：5-13.
张平华，李跃忠. 2003. 上海地区草坪害虫的发生为害初步调查［J］. 昆虫知识，40（6）：519-522.
张荣胜，陈志谊，刘永锋.2011. 水稻细菌性条斑病菌遗传多样性和致病型分化研究［J］. 中国水稻科学，25（5）：523-528.
张润杰，古德祥.1989. 稻纵卷叶螟实验种群模拟模型［J］. 中山大学学报：自然科学，8（1）：29-36.
张曙光，范怀忠，谢双大，等.1986. 水稻瘤矮病的发病规律及防治研究［J］. 植物病理学报，16（2）：65-72.
张晚兴，江聘珍，陈绍平，等.1999. 水稻颖枯病防治技术研究［J］. 广东农业科学（1）：34-35.
张晚兴，江聘珍，谢秀菊，等. 1995. 水稻品种对跗线螨的抗性调查［J］. 广东农业科学（6）：38-39.

张文海．2010．稻叶蝉的防治技术［J］．农村实用科技信息（3）：21．

张翔宇．2009．南部县水稻颖枯病大发生原因及防治对策［J］．四川农业科技（11）：48－49．

张翔宇．2010．南部县2009年水稻颖枯病大发生原因及防治对策［J］．植物医生，23（2）：4－5．

张孝羲，顾海南，王迅．1988．稻纵卷叶螟种群生命系统模型研究［J］．生态学报，8（1）：18－26．

张孝曦，耿济国，陆自强，等．1980．稻纵卷叶螟生物学生态学特性研究初报［J］．昆虫知识（6）：241－245．

张宣达，赵敬剑．1986．湖北省水稻三化螟卵寄生蜂调查初报［J］．昆虫天敌，8（4）：215－219．

张亚玲，周万福，靳学慧，等．2010．水稻褐变穗病原菌生物学特性研究［J］．安徽农业科学，38（28）：15683－15684，15687．

张艳璇，林坚贞．1986．稻田跗线螨及其四种天敌植绥螨识别［J］．昆虫知识，23（2）：83－85．

张艳璇，林坚贞．1991．稻田跗线螨天敌——昌德里棘螨研究［J］．生物防治通报，7（4）：163－165．

张耀良，王依明，吴雪源，等．2008．稻田蜘蛛的种群动态及对稻飞虱的控制作用［J］．上海农业科技（3）：116－117．

张宜绪，罗克昌．1998．稻瘿蚊灾变原因及综合治理技术［J］．华东昆虫学报，7（2）：91－96．

张玉江．1997．唐海县稻水象甲的发生特点及其防治［J］．植物检疫，11（1）：40－41．

张兆清．1986．螟蛉绒茧蜂生物学生态学特性研究［J］．昆虫天敌，8（2）：84－89．

张志涛，商含武，傅强，等．2005．关于稻水象甲形态的几个问题［J］．中国水稻科学，19（2）：190－192．

张左生．1995．粮油作物病虫鼠害预测预报［M］．上海：上海科学技术出版社：85－90．

章琦．1995．我国水稻白叶枯病抗性基因的利用及策略［J］．植物保护学报，22（3）：241－246．

章琦．2009．中国杂交水稻白叶枯病抗性的遗传改良［J］．中国水稻科学，23（2）：111－119．

章士美，胡梅操．1986．我国水稻害虫的分布区系和发生动态研究［J］．中国农业科学（6）：59－64．

章玉苹，黄炳超，陈霞，等．2001．金腰箭提取物对福寿螺的药效试验［J］．广东农业科学（1）：43－45．

章玉苹，黄炳球．2000．稻纵卷叶螟天敌的保护与利用［J］．昆虫天敌，22（1）：38－44．

赵德华，许海霞，王孝兵，等．2007．水稻烂秧病的发病特点及防治要点［J］．安徽农业科学，35（28）：8925－8926．

赵洪臣，宋亚男．2008．水稻负泥虫的防治方法［J］．农村实用科技信息（12）：37．

赵洪海，刘维志，梁晨，等．2001．根结线虫在中国的一新记录种——拟禾本科根结线虫 *Meloidogyne graminicol*［J］．植物病理学报（2）：184－188．

赵立国，肖俭银，张振兴，等．2007．爱苗在水稻生产上的应用效果评价［J］．湖南农业科学（3）：130－131．

赵芹，邓永枢，阮晓蕾，等．2010．水稻瘤矮病毒 *Pns9* 基因的生物信息学分析及原核表达蛋白的抗血清制备［J］．热带作物学报，31（12）：1－6．

赵芹，阮小蕾，陈秀，等．2008．水稻瘤矮病毒广东分离物基因组第10组分的序列分析及原核表达［J］．植物病理学报，38（4）：352－356．

赵芹，沈文锦，张翼翔，等．2010．水稻瘤矮病毒 *S11* 基因沉默抑制子的原核表达及抗血清制备［J］．植物病理学报，40（6）：574－578．

赵伟春，娄永根，程家安，等．2001．褐飞虱、白背飞虱的种内和种间效应［J］．生态学报，21（4）：629－638．

浙江农业大学．1982．农业昆虫学［M］．2版．上海：上海科学技术出版社．

郑大宽，黄荣华，张明．1998．稻瘿蚊田间消长规律、药剂防治适期及防治策略研究［J］．江西农业大学学报，20（4）：476－480．

郑璐平，谢荔岩，连玲丽，等．2008．水稻齿叶矮缩病毒的研究进展［J］．中国农业科技导报，10（5）：8－12．

郑森强．1997．大稻缘蝽大发生为害［J］．植保技术与推广，17（3）：42．

郑许松，徐红星，陈桂华，等．2009．苏丹草和香根草作为诱虫植物对稻田二化螟种群的抑制作用评估［J］．中国生物防治，25（4）：299－303．

郑许松，吕仲贤，陈建明，等．2005．放养中华鳖防治茭白田福寿螺试验［J］．浙江农业科学（1）：61－62．

植保员手册编绘组．2006．植保员手册［M］．4版．上海：上海科学技术出版社．

中国科学上海生物化学研究所病毒组，等．1978．我国禾谷类病毒病的病原问题Ⅵ——水稻黄矮病病原的鉴定及其分离提纯［J］．生物化学与生物物理学报（4）：363－367．

中国农业科学院植物保护研究所．1995．中国农作物病虫害：上册［M］．2版．北京：中国农业出版社．

中国农业科学院植物保护研究所．1979．中国农作物病虫害：上册［M］．北京：中国农业出版社．

中央农业广播电视学校．1995．水稻栽培与病虫害防治：北方本［M］．北京：中国农业科学技术出版社．

钟宝玉，邹寿发，张扬，等．2007．广东省水稻螟虫种群结构及其主要影响因素［J］．广东农业科学（6）：51－53．

钟诚，李桂兰，封洪强．1999．稻螟蛉发育起点温度、有效积温和过冷却点的研究［J］．沈阳农业大学学报，30（3）：308－311．

钟浪，何跃进，刘军，等．2010．3种防治福寿螺的药剂田间药效试验［J］．湖南农业科学（9）：69－71，74．

钟天润，刘宇，刘万才 . 2011. 2010 年我国南方黑条矮缩病发生原因及趋势初析［J］. 中国植保导刊，31（4）：32 - 34.
钟永来，王瑞平，王小谭，等 . 2008. 水稻叶鞘腐败病发生特点与综合防治［J］. 甘肃农业（12）：83.
钟永旺，周洁，庄斌全，等 . 2003. 水稻黑条矮缩病毒第七号片段的 cDNA 克隆及其在大肠杆菌中的表达［J］. 微生物学报，43（4）：442 - 447.
周传波，陈安福 . 1982. 不同食料与大螟发生数量的关系［J］. 广东农业科学（5）：36 - 38.
周传波，陈安福 . 1985. 海南岛北部大螟的生物学和越冬情况观察［J］. 昆虫知识（5）：199 - 201.
周杜挺，何可佳 . 2006. 4 种杀菌剂防治水稻黑肿病田间药效试验［J］. 农药科学与管理，25（10）：16，25 - 26.
周国福 . 1994. 耕作制度与水稻品种对二化螟发生世代的影响［J］. 昆虫知识，31（1）：1 - 3.
周国辉，温锦君，蔡德江，等 . 2008. 呼肠孤病毒科斐济病毒属一新种：南方水稻黑条矮缩病毒［J］. 科学通报，53（20）：2500 - 2508.
周国辉，张曙光，邹寿发，等 . 2010. 水稻新病害南方水稻黑条矮缩病发生特点及危害趋势分析［J］. 植物保护，36（2）：144 - 146.
周汉辉 . 1992. 天敌对三化螟的捕食功能的血清法评价［J］. 植物保护学报，19（3）：193 - 197.
周慧，张扬，吴伟坚，等 . 2011. 纵卷叶螟绒茧蜂对稻纵卷叶螟幼虫的功能反应［J］. 环境昆虫学报，33（1）：86 - 89.
周丽 . 2007. 水稻烂秧的识别、发生与防治措施［J］. 安徽农学通报，17（9）：178.
周圻 . 1988. 水稻品种和稻螟种群消长的关系［J］. 昆虫知识，25（4）：201 - 203.
周圻 . 1988. 我国水稻栽培制度的演变与稻螟种群消长的关系［J］. 昆虫知识，25（3）：131 - 134.
周世春，懋馨. 1984. 稻绿蝽的研究［J］. 植物保护学报，11（2）：133 - 136.
周卫川，佘书生，肖琼 . 2009. 福寿螺天敌资源［J］. 亚热带农业研究，5（1）：39 - 43.
周卫川，吴宇芬，杨佳琪 . 2003. 福寿螺在中国的适应性研究［J］. 福建农业学报，18（1）：25 - 28.
周新伟，邓金花，顾俊荣，等. 2008. 淡剑夜蛾的生物学特性及化学防治技术研究［J］. 金陵科技学院学报，24（2）：81 - 84.
周彦武，李洪波. 2003. 稻小潜叶蝇发生及其防治［J］. 农业与技术，23（2）：40 - 41.
周益军，李硕，程兆榜，等. 2012. 中国水稻条纹叶枯病研究进展［J］. 江苏农业学报，28（5）：1007 - 1015.
周益军，刘海建，王贵珍，等. 2004，灰飞虱携带的水稻条纹病毒免疫检测［J］. 江苏农业科学（1）：50 - 51.
周益军，周彤，范永坚，等 . 2011. NY/T 2059—2011 灰飞虱携带水稻条纹病毒的检测技术规范［S］.
周益军 . 2010. 水稻条纹叶枯病［M］. 南京：江苏科学技术出版社 .
周祖铭 . 1985. 水稻品种抗二化螟鉴定初步研究［J］. 植物保护学报，12（3）：159 - 164.
朱道弘，张超，谭荣鹤 . 2011. 中华稻蝗长沙种群的生活史及其卵滞育的进化意义［J］. 生态学报，31（15）：4365 - 4371.
朱法林，王宏亮，李成山 . 2001. 水稻叶鞘腐败病发病规律调查及防治［J］. 黑龙江农业科学（6）：40 - 41.
朱凤，邰德良，杨荣明. 2007. 江苏省稻螟蛉发生特点及其防治［J］. 江苏农业科学（2）：77 - 78.
朱凤美，肖庆璞，王法明，等 . 1964. 江南稻区新发生的几种稻病［J］. 植物保护，2（3）：100 - 102.
朱凤生，陈海新，徐金妹. 2000. 稻螟蛉发生原因分析及防治技术［J］. 植保技术与推广，20（4）：15.
朱俊子，周倩，崔亚，等 . 2012. 南方水稻黑条矮缩病毒的新的自然寄主［J］. 湖南农业大学学报：自然科学版，38（1）：58 - 60.
朱彭年 . 1978. 大螟发生规律与防治［J］. 江西农业科技（7）：20 - 21.
朱新伟，乔前东. 2008. 黄淮地区麦田 1 代灰飞虱大发生原因分析及防治对策［J］. 现代农业科技（7）：81.
朱雄关 . 2005. 水稻云形病发生分布规律及防治方法［J］. 上海农业科技（5）：97.
朱叶芹，杨荣明，刁春有 . 2005. 江苏省水稻条纹叶枯病发生原因及治理对策［J］. 江苏农业科学（6）：29 - 30.
朱莹，王丽艳，于磊，等 . 2010. 温度对水稻负泥虫生长发育的影响［J］. 黑龙江八一农垦大学学报（2）：25 - 27.
朱玉流，夏必文，焦兆文，等 . 2009. 稻粒黑粉病的重发原因与防控技术［J］. 中国农技推广，25（7）：40 - 41.
诸葛根樟，王连平，郜海燕 . 1991. 水稻褐（紫）鞘病因之探讨［J］. 植物病理学报，21（1）：41 - 47.
诸葛梓. 1981. 稻蓟马的发生规律及防治研究［J］. 浙江农业科学（6）：269 - 273.
祝晓云，张蓬军，吕要斌 . 2012. 花蓟马雄虫释放的聚集信息素的分离和鉴定［J］. 昆虫学报，55（4）：376 - 385.
祝增荣，程家安，黄次伟，等. 1994. 白背飞虱种群动态的模拟研究［J］. 生态学报，11（2）：5 - 7.
祝增荣，商晗武，蒋明星，等. 2005. 稻水象甲［M］//万方浩，郑小波，郭建英，等. 重要农林外来入侵物种的生物学与控制. 北京：科学出版社：129 - 176.
祝增荣 . 2012. 生态工程治理水稻有害生物［M］. 北京：中国农业出版社 .
庄元卫，王述明，季万如，等 . 1999. 水稻叶黑肿病的发生与防治研究［J］. 植物医生，12（3）：23 - 24.
卓仁英，林文造，元生韩 . 1976. 稻眼蝶的初步研究［J］. 昆虫知识（3）：78 - 80.
邹汉玄，李学文，黄飞华. 1982. 稻跗线螨和水稻紫鞘症状发生原因的分析［J］. 福建农业科技（2）：39 - 40.

邹汉玄，夏胜平．1982．稻跗线螨田间发生与危害情况的调查初报［J］．江西农业科技（8）：15－16．

邹汉玄，夏胜平．1983．稻跗线螨的检查方法和越冬寄主调查［J］．植物保护（2）：36．

邹丽芳，陈功友，武晓敏，等．2005．中国水稻条斑病细菌 *avrBS3*/*PthA* 家族基因的克隆合序列分析［J］．中国农业科学，38（5）：929－935．

邹丽芳，陈功友，武晓敏，等．2005．水稻条斑病细菌中新发现的 *avrBs3*/*PthA* 家族新成员 *avr*/*pth13* 基因［J］．中国水稻科学，19（4）：291－296．

邹运鼎，耿继光．1986．水稻蓟马测报技术的探讨［J］．安徽农业科学（3）：66－69，70－72．

左文，巩中军，祝增荣．2008．水稻二化螟性信息素和诱捕器组合的田间诱蛾效果比较［J］．核农学报，22（2）：238－241．

山口富夫．1982．最近発生した变色米の病原菌とその問題点［J］．植物防疫，36（3）：99－104．

Aggarwal R，Singh J. 2003. Growth stage preference of pink stem borer *Sesamia inferens*（Walker）［J］. International Rice Research Notes，28（1）：47－48．

Ando T，Kishino K I，Tatsuki S，et al. 1980. Sex pheromone of the rice green caterpillar：chemical identification of three components and field tests with synthetic pheromones［J］. Agricultural and Biological Chemistry，44（4）：765－775．

Behura S K. 1999. Differentiation of Asian rice gall midge，（*Orseolia oryzae* Wood－Mason），biotypes by sequence characterized amplified regions（SCARs）［J］. Insect Molecular Biology（3）：391－397．

Berg H，Tam N T. 2012. Use of pesticides and attitude to pest management strategies among rice and rice－fish farmers in the Mekong Delta，Vietnam［J］. International Journal of Pest Management，58（2）：153－164．

Biradar S K，Sundaram R M，Thirumurugan T，et al. 2004. Identification of flanking SSR markers for a major rice gall midge resistance gene *Gm1* and their validation［J］. Theoretical and Applied Genetics，109：1468－1473．

Bottrell D G，Schoenly K G. 2012. Resurrecting the ghost of green revolutions past：The brown planthopper as a recurring threat to high－yielding rice production in tropical Asia［J］. Journal of Asia－Pacific Entomology，15（1）：122－140．

Bourett T M，Howard R J. 1990. In vitro development of penetration structures in the rice blast fungus *Magnaporthe grisea*［J］. Canadian Journal of Botany，68（2）：329－342．

Böhnert HU，Fudal I，Dioh W，et al. 2004. A Putative Polyketide Synthase/Peptide Synthetase from *Magnaporthe grisea* Signals Pathogen Attack to Resistant Rice［J］. The Plant Cell，16（9）：2499－2513．

Catindig J L A，Barrion A T，Litsinger J A. 1987. Resistance to gold－fringed borer *Chilo auricilius* Dudgeon，of rice（*Oryza sativa*；Philippines）［C］. Anniversary and Annual Convention of the Pest Control Council of the Philippines. Los Banos，Laguna，Philippines：International Rice Research Institute：18．

Chaudhary B P，Srivastava P S，Shrivastava M N，et al. 1986. Inheritance of resistance to gall midge in some cultivars of rice［M］//Rice genetics，Proceeding of the International Symposium. Los Banos，Philippines：International Rice Research Institute：523－527．

Chen C C，Ko W F. 1986. Studies on the time of rice stripe virus infection and field experiments on disease control［J］. Research Bulletin of Taichung District Agricutural improvement Station（Taiwan），12：51－59．

Chen C J，Liu T S. 1994. A study on the correlation between stem characteristics of rice and its resistance to the striped stem borer［J］. Bulletin of Taichung District Agricultural improvement Station，43：1－6．

Chen M，Shelton A，Ye G Y. 2011. Insect－resistant genetically modified rice in China：From research to commercialization［J］. Annual Review of Entomology，56：81－101．

Chen Q，Chen H，Mao Q，et al. 2012. Tubular structure induced by a plant virus facilitates viral spread in its vector insect［J］. PLoS Pathog，8（11）：e1003032．

Couch B C，Kohn L M. 2002. A multilocus gene genealogy concordant with host preference indicates segregation of a new species，*Magnaporthe oryzae*，from *M. grisea*［J］. Mycologia，94（4）：683－693．

Cruz A P，Arida A，Heong K L，et al. 2011. Aspects of brown planthopper adaptation to resistant rice varieties with the *Bph3* gene［J］. Entomologia Experimentalis et Applicata，141（3）：245－257．

Dale D. 1994. Insect pests of rice plant—their biology and ecology［M］//Heinrichs E A. Biology and Management of Rice Insects. New Delhi：Wiley Eastern Ltd：363－485．

Dean R A，Talbot N J，Ebbole D J，et al. 2005. The genome sequence of the rice blast fungus *Magnaporthe grisea*［J］. Nature，434：980－986．

Deng J，Li S，Hong J，et al. 2013. Investigation on subcellular localization of Rice stripe virus in its vector small brown planthopper by electron microscopy［J］. Virology Journal，10：310．

Dong S Z，Zheng G W，Yu X P，et al. 2012. Biological control of golden apple snail，*Pomacea canaliculata* by Chinese soft－

shelled turtle, *Pelodiscus sinensis* in the wild rice, *Zizania latifolia* field [J] . Scientia Agricola, 69 (2): 142 - 146.

Du B, Zhang W L, Liu B F, et al. 2009. Identification and characterization of Bph14, a gene conferring resistance to brown planthopper in rice [J] . Proceeding of the National Academy of Science of the United States of America, 106 (52): 22163 - 22168.

Du P, Wu J, Zhang J, et al. 2011. Viral infection induces expression of novel phased microRNAs from conserved cellular microRNA precursors [J] . PLoS Pathog, 7 (8): e1002176.

Du Z, Xiao D, Wu J, et al. 2011. p2 of Rice stripe virus (RSV) interacts with OsSGS3 and is a silencing suppressor [J] . Molecular Plant Pathology, 12 (8): 808 - 814.

Fang R X, Wang Q, Xu B Y, et al. 1994. Structure of the nucleocapsid protein gene of rice yellow stunt rhabdovirus [J] . Virology , 204: 323 - 332.

Fang S, Yu J, Feng J. 2001. Identification office black - streaked dwarf fijivirus in maize with rough dwarf disease in China [J] . Archives of Virology, 146: 167 - 170.

Farman M L, Leong S A. 1998. Chromosome walking to the *AVR1 - CO39* avirulence gene of *Magnaporthe grisea*: discrepancy between the physical and genetic maps [J] . Genetics, 150: 1049 - 1058.

Fazeli - Dinan M, Kharazi - Pakdel A, Alinia F, et al. 2012. Field biology of the green semi - looper, *Naranga aenescens* Moore (Lepidoptera: Noctuidae) and efficiency determination of *Beauveria bassiana* isolates [J] . SOAJ of Entomological Studies, 1: 68 - 80.

Ferrarese V. 1992. Chironomids of Italian rice [J] . Netherlands Journal of Aquatic Ecology, 26 (2 - 4): 341 - 346.

Fortuner R. 1970. On the morphology of *Aphebnchoides besseyi* Christie, 8942 and *A. siddiqii* n. sp. (Nematoda, Aphelenchoidea) [J] . Journal of Helminthology, 44 (2): 141 - 152.

Franklin M T, Siddiqi M R. 1972. *CIH Descriptions of Plant - parasitic Nematodes* Set 1, No. 4 [M] . Wallingford, UK: CAB International.

Ge L Q, Wan D J, Xu J, et al. 2013. Effects of nitrogen fertilizer and magnesium manipulation on the *Cnaphalocrocis medinalis* (Lepidoptera: Pyralidae) [J] . Journal of Economical Entomology, 106 (1): 196 - 205.

Ge L Q, Wang L P, Zhao K F. 2010. Mating pair combinations of insecticide - treated male and female *Nilaparvata lugens* Stål (Hemiptera: Delphacidae) planthoppers influence protein content in the male accessory glands (MAGs) and vitellin content in both fat bodies and ovaries of adult females [J] . Pesticide Chemistry and Physiology, 98 (2): 279 - 288.

Ge L Q, Wu J C, Zhao K F, et al., 2010. Induction of *Nlvg* and suppression of *Nljhe* gene expression in *Nilaparvata lugens* (Stål) (Hemiptera: Delphacidae) adult females and males exposed to two insecticides [J] . Pesticide Chemistry and Physiology, 98 (2): 269 - 278.

Gergon E B, Prot J - C. 1993. Effect of benomyl and carbofuran on *Aphelenchoides besseyi* on rice [J] . Fundamental and Applied Nematology, 16 (6): 563 - 566.

Gingery R E. 1988. The rice stripe virus group [M] //Mihie R G. The Plant Viruses: The Filamentous Plant Virus. New York: 297 - 329.

Goto K, Ohata K. 1956. New bacterial disease of rice (bacterial brown stripe and bacterial grain rot [J] . Annals of the Phytopathological Society of Japan, 21: 46.

Goto M. 1979. Bacterial foot rot of rice caused by a strain of *Erwinia chrysanthemi* [J] . Phytopathology, 69: 213 - 216.

Gravois K A. Bernhardt J L. 2000. Heritability and Genotype×Environment Interactions for Discolored Rice Kernels [J] . Crop Science, 40: 314 - 318.

Groth D E., Bond J A. 2007. Effects of Cultivars and Fungicides on Rice Sheath Blight, Yield, and Quality [J] . Plant Disease, 91 (12): 1647 - 1650.

Gurr G M, Read D M Y, Catindig J L A, et al. 2012. Parasitoids of the rice leaffolder *Cnaphalocrocis medinalis* and prospects for enhancing biological control with nectar plants [J] . Agricultural and Forest Entomology, 14 (1): 1 - 12.

Hagiwara K, Higashi T, Miyazaki N, et al. 2004. The amino - terminal region of major capsid protein P3 is essential for self - assembly of single - shelled core - like particles of *Rice dwarf virus* [J] . Journal of Virology, 78: 3145 - 3148.

Hagiwara K, Higashi T, Namba K, et al. 2003. Assembly of single - shelled cores and double - shelled virus - like particles after baculovirus expression of major structural proteins P3, P7 and P8 of *Rice dwarf virus* [J] . Journal of General Virology, 84: 981 - 984.

Hamer J, Howard R J, Chumley F G, et al. 1988. A Mechanism for Surface Attachment in Spores of a Plant Pathogenic Fungus [J], Science, 239 (4837): 288 - 290.

Haque S S, Islam Z. 2001. Effects of rice hispa damage on grain yield [J] . IRRN, 26 (2): 44 - 45.

Hatta T, Francki R I. 1977. Morphology of Fiji disease virus [J]. Virology, 76 (2): 797 - 807.

Heong K L, Hardy B. 2009. Planthoppers: new threats to the sustainability of intensive rice production systems in Asia [M]. Los Baños, Philippines: International Rice Research Institute.

Himabindu K, Suneetha K, Sama V S A K, et al. 2010. A new rice gall midge resistance gene in the breeding line CR57 - MR1523, mapping with flanking markers and development of NILs [J]. Euphytica, 174 (2): 179 - 187.

Hiraguri A, Hibino H, Hayashi T, et al. 2010. Complete sequence analysis of rice transitory yellowing virus and its comparison to rice yellow stunt virus [J]. Archives of Virology, 155 (2): 243 - 245.

Hoang A T, Zhang H M, Yang J, et al. 2011. Identification, characterization, and distribution of Southern rice black - streaked dwarf virus in Vietnam [J]. Plant Disease, 95: 1063 - 1069.

Hong X, Yi L. 1998. *Rice dwarf Phytoreovirus* segment S11 encodes a nucleic acid - binding protein [J]. Virology, 240: 267 - 272.

Hoshino S, Togashi K. 2000. Effect of water - Soaking and air - drying on survival of *Aphelenchoides besseyi* in *Oryza sativa* seeds [J]. Journal of Nematology, 32 (3): 303 - 308.

Howard R J, Ferrari M A. 1990. Role of melanin in appressorium function [J]. Experimental Mycology, 14 (2): 195 - 196.

Huang C S, Huang S P. 1972. Bionomics of white - tip nematode, *Aphelenchoides besseyi* in rice florets and developing grains [J]. Botanical Bulletin of Academia Sinica, 13: 1 - 10.

Huang S W, Wang L, Liu L M, et al. 2011. Rice spikelet rot disease in China 2. Pathogenicity tests, assessment of the importance of the disease, and preliminary evaluation of control options [J]. Crop Protection, 30 (1): 10 - 17.

Huang S W, Wang L, Liu L W, et al. 2011. Rice spikelet rot disease in China 1. Characterization of fungi associated with the disease [J]. Crop Protection, 30 (1): 1 - 9.

International Seed Testing Association. 2012. International Rules for Seed Testing Edition 2012. 7 - 025: Detection of *Aphelenchoides besseyi* on *Oryza sativa* [M]. Bassersdorf, Switzerland: International Seed Testing Association (ISTA).

IRRI (International Rice Research Institute). 1980. Standard Evaluation System for Rice [M]. 2nd ed. IRRI: 18 - 20.

Isogai M, Uyeda I, Lee B. 1998. Detection and assignment of proteins encoded by Rice black - streaked dwarf Fijivirus S7, S8, S9 and S10 [J]. Journal of General Virology, 79: 1487 - 1494.

Jahn G C, Litsinger J A, Chen Y, et al. 2007. Integrated Pest Management of Rice: Ecological Concepts [M] //Koul O, Cuperus G W. Ecologically Based Integrated Pest Management. CAB International: 315 -366.

Jain A, Ariyadasa R, Kumar A, et al. 2004. Tagging and mapping of a rice gall midge resistance gene, *Gm8*, and development of SCARs for use in marker - aided selection and gene pyramiding [J]. Theoretical and Applied Genetics, 109: 1377 - 1384.

Jairin J, Sansen K, Wongboon W, et al. 2010. Detection of a brown planthopper resistance gene *bph4* at the same chromosomal position of *Bph3* using two different genetic backgrounds of rice [J]. Breeding Science, 60 (1): 71 - 75.

Jamali S, Mousanejad S. 2011. Resistance of rice cultivars to white tip disease caused by *Aphelenchoides besseyi* Christie [J]. Journal of Agricultural Technology, 7 (2): 441 - 447.

Jena K K, Kim S M, 2010. Current status of brown planthopper (BPH) resistance and genetics [J]. Rice, 3 (2 - 3): 161 -171.

Ji X, Qian D, Wei C, et al. 2011. Movement protein Pns6 of *Rice dwarf Phytoreovirus* has both ATPase and RNA binding activities [J]. PLoS one, 6 (9): e24986.

Jia D, Chen H, Mao Q, et al. 2012. Restriction of viral dissemination from the midgut determines incompetence of small brown planthopper as a vector of Southern rice black - streaked dwarf virus [J]. Virus Research, 167 (2): 404 - 408.

Jiang M X, Cheng J A. 2003. Effects of starvation and absence of free water on the oviposition of overwintered adult rice water weevil, *Lissorhoptrus oryzophilus* Kuschel (Coleoptera: Curculionidae) [J]. International Journal of Pest Management, 49 (2): 89 - 94.

Jiang M X, Cheng J X. 2003. Feeding, oviposition and survival of overwintered rice water weevil (Coleoptera: Curculionidae) adults in responses to nitrogen fertilization of rice at seedling stage [J]. Applied Entomology and Zoology, 38 (4): 543 -549.

Jiang M X, Way M O, Du X K, et al. 2008. Reproductive biology of summer/fall populations of rice water weevil *Lissorhoptrus oryzophilus* Kuschel, in southeastern Texas [J]. Southwestern Entomologist, 33 (2): 129 - 137.

Jiang M X, Way M O, Yoder R, et al. 2006. Elytral color dimorphism in rice water weevil (Coleoptera: Curculionidae): occurrence in spring populations and relation to female reproductive development [J]. Annals of the Entomological Society of America, 99 (6): 1127 - 1132.

Jiang M X, Way M O, Zhang W J, et al. 2007. Rice water weevil females of different elytral color morphs: comparisons of locomotor activity, mating success and reproductive capacity [J]. Environmental Entomology, 36 (5): 1040-1047.

Jiang M X, Way M O. 2007. Biology and ecology of rice water weevil in Southeastern Texas [J]. Texas Rice, 7 (7): 3-4.

Jiang M X, Zhang W J, Cheng J A. 2004. Reproductive capacity of first-generation adults of the rice water weevil *Lissorhoptrus oryzophilus* Kuschel (Coleoptera: Curculionidae) in Zhejiang, China [J]. Journal of Pest Science, 77 (3): 145-150.

Jiang M X, Zhang W J, Cheng J A. 2004. Termination of reproductive diapause in the rice water weevil with particular reference to the effects of temperature [J]. Applied Entomology and Zoology, 39 (4): 683-689.

Jiang W H, Jiang X J, Ye J R, et al. 2011. Rice striped stem borer, *Chilo suppressalis* (Lepidoptera: Pyralidae), overwintering in super rice and its control using cultivation techniques [J]. Crop Protection, 30: 130-133.

Jin M S, Korpradiskul V. 1998. Isozyme analysis of genetic diversity among isolates of *Rhizoctonia solani* anastomosis group-IA (AGl-IA) [J]. Mycosystema, 17 (4): 331-338.

Joshi G, Ram L, Ram S R. 2009. Biology of pink borer, *Sesamia inferens* (Walker) on Taraori basmati rice [J]. Annals of Biology, 25 (1): 41-45.

Kalode M B, Bentur. 1989. Characterization of India biotypes of the rice gall midge. *Orseolia oryzae* Wood-Mason (Diptera: cecidomyiidae) [J]. Insect Science and its Application, 10: 219-224.

Katiyar S K, Huang B C, Bennett J. 2000. Marker-aided selection for gall midge resistance [R] //IRRI. IRRI program report for 2000. Manila: IRRI: 78-79.

Katiyar S K, Tan Y J, Huang B C, Chandel G, et al. 2001. Molecular mapping of gene *Gm-6 (t)* which confers resistance against four biotypes of Asian rice gall midge in China [J]. Theoretical and Applied Genetics, 103 (6-7): 953-961.

Katiyar S, Chander G, Tan Y, et al. 2000. Biodiversity of Asian rice gall midge (*Orseolia oryzae* Wood-Mason) from five countries examined by AFLP analysis [J]. Genome, 43 (2): 322-332.

Katiyar S, Verulkar S, Chandel G, et al. 2001. Genetic analysis and pyramiding of two gall midge resistance genes (*Gm-2* and *Gm-6t*) in rice (*Oryza sativa* L.) [J]. Euphytica, 122: 327-334.

Kawazu K, Adati T, Tatsuki S. 2011. The effect of photoregime on the calling behavior of the rice leaf folder moth, *Cnaphalocrocis medinalis* (Lepidoptera: Crambidae) [J]. JARQ, 45 (2): 197-202.

Khan Z R, Rueda B P, Caballero P. 1989. Behavioral and physiological responses of rice leaffolder *Cnaphalocrocis medinalis* to selected wild rices [J]. Entomologia Experimentalis et Applicata, 52 (1): 7-13.

Kim H S, Kim S T, Jung M P, et al. 2007. Spatio-temporal dynamics of *Scotinophara lurida* (Hemiptera: Pentatomidae) in rice fields [J]. Ecological Research, 22: 204-213.

Kishino K I, Sato T. 1975. Ecological studies on the rice green caterpillar, *Naranga aenescens* Moore [J]. Bulletin of the Tohoku National Agricultural Experiment Station, 50: 27-62.

Kisimoto R. 1989. Flexible diapause response to photoperiod of a laboralory selected line in the small brown planthopper [J]. Applied Entomology and Zoology, 24 (1): 157-159.

Koganezawa H, Doi Y, Yora K. 1975. Purification of rice stripe virus [J]. Annals of the Phytopathological Society of Japan, 41: 148-154.

Konno Y, Tanaka F. 1996. Mating time of the rice-feeding and water-oat-feeding strains of the rice stem borer, *Chilo suppressalis* (Walker) (Lepidoptera: Pyralidae) [J]. Journal of Applied Entomology and Zoology, 40: 245-247.

Kumar A, Jain A, Shrivastava M N. 2005. Genetic analysis of resistance genes for the rice gall midge in two rice genotypes [J]. Crop Science, 45 (4): 1631-1634.

Kumar A, Shrivastava M N, Sahu R K. 1998. Genetic analysis of ARC5984 for gall midge resistance-a reconsideration [J]. Rice Genetics Newsletters (15): 142-143.

Kumar A, Shrivastava M N, Shukla B C. 1999. A new gene for resistance to gall midge in rice cultivar RP2333-156-8 [J]. Rice Genetics Newsletters (16): 85-87.

Kurita T, Tabei H. 1967. On the casual agent of bacterial grain rot of rice [J]. Annals of the Phytopathological Society of Japan, 33: 111.

Lakshmi J V, Krishnaiah N V, Pasalu I C, et al. 2008. Bio-ecology and management of rice mites-a review [J]. Agricultural Reviews, 29: 31-39.

Lee F N, Tugwell N P, Fannah S J, et al. 1993. Role of fungi vectored by rice stink bug (Heteroptera: Pentatomidae) in discoloration of rice kernels [J]. Journal of Economic Entomology, 86: 549-556.

Lee Y H, Dean R A. 1993. cAMP Regulates Infection Structure Formation in the Plant Pathogenic Fungus *Magnaporthe* grisea [J] . The Plant Cell, 5 (6): 693 - 700.

Li C X, Cheng X, Dai S M. 2011. Distribution and insecticide resistance of pink stem borer, *Sesamia inferens* (Lepidoptera: Noctuidae), in Taiwan [J] . Formosan Entomologist (31): 39 - 50.

Li P, Pei Y, Sang X C. 2009. Transgenic indica rice expressing a bitter melon class I chitinase gene (McCHIT1) confers enhanced resistance to *Magnaporthe grisea* and *Rhizoctonia solan* [J] . European Journal of Plant Pathology, 125: 533 -543.

Li S, Li X, Sun L J, et al. 2012. Gene products of rice stripe virus NSvc2 were different in its two hosts [C] . Wisconsin, USA: Abstracts of 31st annual meeting of ASV.

Li W, Wang B, Wu J, et al. 2009. The *Magnaporthe oryzae* avirulence gene *Avr - piz - t* encodes a predicted secreted protein that triggers the immunity in rice mediated by the blast resistance gene *Piz - t* [J] . Molecular Plant Microbe Interaction, 22 (4): 411 - 420.

Li X M, Zhai H Q, Wan J M, et al, 2004. Mapping of a new gene *Wbph6* (*t*) resistant to the whitebacked planthopper, *Sogatella furcifera*, in Rice [J] . Rice Science, 11 (3): 86 - 90.

Li Y, Bao Y M, Wei C H, et al. 2004. *Rice dwarf Phytoreovirus* segment S6 - encoded nonstructural protein has a cell - to - cell movement function [J] . Journal of Virology, 78: 5382 - 5389.

Liang D, Qu Z, Ma X, et al. 2005. Detection and localization of Rice stripe virus gene products in vivo [J] . Virus Genes, 31 (2): 211 - 221.

Lilja A, Heitala A M, Karjalainen R. 1996. Identification of a uninucleate *Rhizoctonia* sp. by pathogenicity, hyphal anastomosis and PAPD analysis [J] . Plant Pathology, (45): 997 - 1006.

Lima J M, Abhishek Dass, Sahu S C, et al. 2007. A RAPD marker identified a susceptible specific locus for gall midge resistance gene in rice cultivar ARC5984 [J] . Crop Protection, 26 (9): 1431 - 1435.

Lin T F. 1993. Resistance to stem borer (*Chilo suppressalis*) and the performance of agronomic characters of newly developed indica rice lines [J] . Bulletin of Taichung District Agricultural improvement Station, 40: 29 - 36.

Liu F X, Ruan X L, He Y W, et al. 2007. Complete nucleotide sequence of *rice gall dwarf virus* genome segment S7 [J] . Archives of Virology, 152: 1233 - 1235.

Liu F, Zhao Q, Ruan X, et al. 2008. Suppressor of RNA silencing encoded by *rice gall dwarf virus* genome segment 11 [J] . Chinese Science Bulletin, 53 (3): 362 - 369.

Liu G, Jia Y, Correa - Victoria F J, et al. 2009. Mapping Quantitative Trait Loci Responsible for Resistance to Sheath Blight in Rice [J] . Phytopathology, 99 (9): 1078 - 1084.

Liu H, Wei C K, Zhong Y, et al. 2007a. Rice black - streaked dwarf virus minor core protein P8 is a nuclear dimeric protein and represses transcription in tobacco protoplasts [J] . FEBS Letters, 581: 2534 - 2540.

Liu H, Wei C, Zhong Y, Li Y. 2007b. Rice black - streaked dwarf virus outer capsid protein P10 has self - interactions and forms oligomeric complexes in solution [J] . Virus Research, 127: 34 - 42.

Loothfar M, Rahman M L, Miah S A. 1989. Occurrence and distribution of white tip disease in deepwater rice areas in Bangladesh [J] . Revue de Nématology, 12 (4): 351 - 355.

Lu Z X, Yu X P, Heong K L, et al. 2007. Effect of nitrogen fertilizer on herbivores and its stimulation to major insect pests in rice [J] . Rice Science, 14 (1): 56 - 66.

Luc M, Sikora R A, Bridge J. 2005. Plant Parasitic Nematodes in Subtropical and Tropical Agriculture [M] . 2nd ed. Wallingford: CABI Publishing.

Manamgoda D S, Cai L, Bahkali A H, et al. 2011. *Cochliobolus*: an overview and current status of species [J] . Fungal diversity, 51 (1): 3 - 42.

Maretti M A, Peterson H D. 1984. The role of *Bipolaris oryzae* in floral abortion and kernel discoloration in rice [J] . Plant Disease, 68: 288 - 291.

Mass P W T, Sanders H, Dede J. 1978. *Meloidogyne oryzae* n. sp. (Nematoda: Meloidogynidae) infecting irrigated rice in Surinam (South America) [J] . Nematologia, 24: 305 - 311.

McGawley E, Rush M C, Hollis J P. 1984. Occurrence of *Aphelenchoides besseyi* in Louisiana rice seeds and its interaction with *Sclerotium oryzae* in selected culticars [J] . Journal of Nematology, 16 (1): 65 - 68.

Mohan M, Nair S, Bentur J S, et al. 1994. Bennett J RFLP and RAPD mapping of the rice Gm2 gene that confers resistance to biotype 1 of gall midge (*Orseolia oryzae*) [J] . Theoretical and Applied Genetics, 87: 782 - 788.

Mohan M, Sathyanarayanan P V, Kuma A, et al. 1997. Nair Molecular mapping of a resistance - specific PCR - based marker linked to a gall midge resistance gene (*Gm4t*) in rice [J] . Theoretical and Applied Genetics, 95: 777 - 782.

Moytri R, Jia Y L, Richard D C, 2012, Structure, Function, and Co - evolution of rice Resistance Genes [J] . Acta Agronomica Sinica, 38 (3): 381 - 393.

Nagayama A, Wakamura S, Taniai N, et al. 2006. Reinvestigation of sex pheromone components and attractiveness of synthetic sex pheromone of the pink borer, *Sesamia inferens* Walker (Lepidoptera: Noctuidae) in Okinawa [J]. Applied Entomology and Zoology (41): 399 - 404.

Nam C Q, Vromant N, Be T T, et al. 2012. Investigation of the predation potential of different fish species on brown planthopper [*Nilaparvata lugens* (Stål)] in experimental rice - fish aquariums and tanks [J]. Crop Protection, 38: 95 - 102.

Niño - Liu D O, Ronald P C, Bogdanove A J. 2006. *Xanthomonas oryzae* pathovars: model pathogens of a model crop [J]. Molecular Plant Pathology, 7 (5): 303 - 324.

Noda H, Ishikawa K, Hibino H, et al. 1991. Nucleotide sequences of genome segments S8, encoding a capsid protein, and S10, encoding a 36K protein, of *rice gall dwarf virus* [J]. Journal of General Virology, 72 (11): 2837 - 2842.

Omura T, Hibino H, Inoue H, et al. 1985. Particles of *rice gall dwarf virus* in thin sections of diseased rice plants and insect vectors cells [J]. Journal of General Virology, 66: 2581 - 2587.

Omura T, Inoue H, Morinaka T, et al. 1980. Rice gall dwarf, a new virus disease [J]. Plant Disease, 64: 795 - 797.

Omura T, Inoue H, Saito Y. 1982. Purification and some properties of *rice gall dwarf virus*, a new Phytoreovirus [J]. Phytopathology, 72: 1246 - 1249.

Omura T, Minobe Y, Matsuoka M, et al. 1985. Location of structural protein in particles of *rice gall dwarf virus* [J]. Journal of General Virology, 66: 811 - 815.

Omura T, Takahashi Y, Shohara K, et al. 1986. Production of monoclonal antibodies against rice stripe virus for the detection of virus antigen in infected plants and viruliferous insects [J]. Annals of the Phytopathological. Society Japan, 52: 270 - 277.

Orbach M J, Farrall L, Sweigard J A. 2000. A Telomeric Avirulence Gene Determines Efficacy for the Rice Blast Resistance Gene *Pi - ta* [J]. The Plant Cell, 12 (11): 2019 - 2032.

Otuka A, Matsumura M, Watanabe T, et al. 2008. A migration analysis for rice planthoppers, *Sogatella furcifera* (Horváth) and *Nilaparvata lugens* (Stål) (Homoptera: Delphacidae), emigrating from northern Vietnam from April to May [J]. Applied Entomology and Zoology, 43 (4): 527 - 534.

Otuka A, Zhou Y J, Lee G S, et al. 2010. The 2008 overseas mass migration of the small brown planthopper, *Laodelpha striatellus* and subsequent outbreak of rice stripe disease in western Japan [J]. Applied Entomology and Zoology, 45 (2): 259 - 266.

Otuka A, Zhou Y, Lee G S, et al. 2012. Prediction of overseas migration of the small brown planthopper, *Laodelphax striatellus* (Hemiptera: Delphacidae) in East Asia [J]. Applied Entomology and Zoology, 47 (4): 379 - 388.

Ou S H. 1972. Rice Diseases [M]. Kew, Surrey, England: Commonwealth Mycological Institute.

Ou S H. 1985. Rice Diseases [M]. 2nd ed. UK: Commonwealth Agricultural Bureaux.

Patel D T, Stout M J, Fuxa J R. 2006. Effects of rice panicle age on quantitative and qualitative injury by the rice stink bug (*Hemiptera: Pentatomidae*) [J]. Florida Entomologist, 89 (3): 321 - 327.

Peng Q, Tang Q Y, Wu J L, et al. 2012. Determining the geographic origin of the brown planthopper, *Nilaparvata lugens*, using trace element content [J]. Insect Science, 19 (1): 21 - 29.

Pu L L, Xie G H, Ji C Y, et al. 2012. Transmission characters of Southern rice black - streaked 1 dwarf virus by rice planthoppers [J]. Crop Protection, 41, 71 - 76.

Qiu Y F, Guo J P, Jing S L, et al. 2012. Development and characterization of japonica rice lines carrying the brown planthopper - resistance genes *Bph12* and *Bph6* [J]. Theretical and Applied Genetics, 124 (3): 485 - 494.

Quan W L, Zheng X L, Li X X, et al. 2013. Overwintering strategy of endoparasitoids in *Chilo suppressalis*: a perspective from the cold hardiness of a host [J]. Entomologia Experimentalis et Applicata, 146: 398 - 403.

Ram T, Deen R, Gautam S K, et al. 2010. Identification of new genes for Brown Planthopper resistance in rice introgressed from *O. glaberrima* and *O. minuta* [J]. Rice Genetics Newsletters, 25: 67 - 69.

Ramirez B C, Haenni A L. 1994. Molecular biology of tenuiviruses, a remarkable group of plant viruses [J]. Journal of General Virology, 75: 467 - 475.

Ren B, Guo Y, Gao F, et al. 2010. Multiple functions of *Rice dwarf Phytoreovirus* Pns10 in suppressing systemic RNA silencing [J]. Journal of Virology, 84 (24): 12914 - 12923.

Rush M C, Nandakumar R, Sha X Y, et al. 2007. Partial resistance to bacterial panicle blight in Jupiter rice [J]. *Louisiana Agriculture*, 50 (3): 23 - 24.

Sahu V N, Mishra R, Chaunhary B P, et al. 1990. Inheritance of resistance to gall midge in rice [J]. Rice Genetics Newsletters, 7: 118 - 121.

Samson R, Legendre J B, Christen R, et al. 2005. Transfer of *pectobacterium chrysanthemi* (Burkholder et al. 1953) Brenner et al. 1973 and *Brenneria paradisiaca* to the genus *Dickeya* gen. nov. as *Dickeya chrysanthemi* comb. nov. and *Dickeya paradisiaca* comb. nov. and delineation of four nouel species, *Dickeya dadantii* sp. nov. , *Dickeya dianthicola* sp. nov. , *Dickeya dieffen bachiae* sp. nov. and *Dickeya zeae* sp. nov. [J] . International Journal of systematic and Evolutionary Microbiology, 55: 1415 - 1427.

Sardesai N, Kumar A, Rajyashri K R, et al. 2002. Identification and mapping of an AFLP marker linked to *Gm7*, a gall midge resistance gene and its conversion to a SCAR marker for its utility in marker aided selection in rice [J] . Theoretical and Applied Genetics, 105: 691 - 698.

Satoh K, Shimizu T, Kondoh H, et al. 2011. Relationship between symptoms and gene expression induced by the infection of three strains of *Rice dwarf virus* [J] . PLoS One, 6 (3): e18094.

Sekhar J C, Kumar P, Rakshit S, et al. 2009. Differential preference for oviposition by *Sesamia inferens* Walker on maize genotypes [J] . Annals of Plant Protection Science, 17 (1): 46 - 49.

Shahjahan A K M, Rush M C, Groth D, et al. 2002. Panicle blight recent research points to a bacterial cause [J] . Rice Journal, 103: 26 - 28.

Shakya D D, Vinther F, Mathur S B. 1985. World wide distribution of bacterial stripe pathogen of rice identified as *Pseudomonas avenae* [J] . Phytopathologische Zeitschrift, 114: 256 - 259.

Shen Wen - Jin, Ruan Xiao - Lei, Li Xin - Shen, et al. 2012. RNA silencing suppressor Pns11 of *rice gall dwarf virus* induces virus - like symptoms in transgenic rice [J] . Archives of Virology, 157: 1531 - 1539.

Shenhmar M, Varma G C. 1997. Comparative efficacy of *Bacillus thuringiensis* Berliner formulations against *Chilo auricilius* Dudgeon [J] . Journal of Insect Science, 10 (2): 184 - 185.

Shepard B M, Barrion A T, Litsinger J A, 1995. Rice - feeding insects of tropical Asia [M] . Manila: International Rice Research Institute (IRRI): 20 - 207.

Shi S W, Jiang M X, Shang H W, et al. 2007. Oogenesis in summer females of the rice water weevil, *Lissorhoptrus oryzophilus* Kuschel (Coleoptera: Curculionidae), in southern Zhejiang, China [J] . Journal of Zhejiang University: SCIENCE B, 8 (1): 33 - 38.

Shimizu T, Satoh K, Kikuchi, et al. 2007. The Repression of Cell Wall - and Plastid - Related Genesand the Induction of Defense - Related Genesin Rice Plants Infected with *Rice dwarf virus* [J] . Molecular. Plant - Microbe Interaction, 20 (3): 247 - 254.

Shimizu T, Yoshii M, Wei T, et al. 2009. Silencing by RNAi of the gene for Pns12, a viroplasm matrix protein of *Rice dwarf virus*, results in strong resistance of transgenic rice plants to the virus [J] . Plant Biotechnology Journal, 7 (1): 24 - 32.

Shrivastava M N, Kumar A, Bhandarkar S, et al. 2003. A new gene for resistance in rice to Asian rice gall midge (*Orseolia oryzae* Wood - Mason) biotype 1 population at Raipur, India [J] . Euphytica, 130: 143 - 145.

Shrivastava M N, Kumar A, Srivastava S K, et al. 1994. A new gene for resistance to gall midge in rice variety Abhaya [J] . Rice Genetics Newsletters (10): 79 - 80.

Singh B. 2012. Incidence of the pink noctuid stem borer, *Sesamia inferens* (Walker), on wheat under two tillage conditions and three sowing dates in north - western plains of India [J] . Journal of Entomology (9): 368 - 374.

Singh R A, Pavgi M S. 1973. Development of sorus in kernel bunt of rice [J] . Riso, 22 (3): 243 - 250.

Singh S, Sharma R K, Kaur P, et al. 2008. Evaluation of genetically improved strain of *Trichogramma chilonis* Ishii for the management of sugarcane stalk borer *Chilo auricilius*. Indian Journal of Agricultural Science, 78: 868 - 872.

Smith I M, et al. 1992. Quarantine Pests for Europe [M] //Data sheets on quarantine pests for the European Communities and for the European and Mediterranean Plant Protection Organization. Wallingford: CAB International.

Sugha S K, Singh B M. 1990. Spikelet nutrients of rice and their relation to glume blight [J] . Indian Phytopathology, 43 (2): 186 - 191.

Sun F, Yuan X, Zhou T, et al. 2011. Arabidopsis is susceptible to Rice stripe virus infections [J] . Journal of Phytopathology. , 159: 767 - 772.

Supyani S, Hillman B I, Suzuki N. 2007. Baculovirus expression of the 11 mycoreovirus - 1 genome segments and identification of the guanylyltransferase encoding segment [J] . Journal of General Virology, 88: 342 - 350.

Suzuki F, Sawada H, Azegami K, et al. 2004. Molecular characterization of the tox operon involved in toxof lavin biosynthesis of *Burkholderia glumae* [J] . Journal of General Plant Pathology, 70: 97 - 107.

Suzuki N，Hosokawa D，Matsuura Y，et al. 1999. In vivo and in vitro phosphorylation of *Rice dwarf Phytoreovirus* Pns12 cytoplasmic nonstructural protein [J] . Archives of Virology，144：1371 - 1380.

Suzuki N，Kusano T，Matsuura，et al. 1996. NovelNTP binding property of *Rice dwarf Phytorovirus* minor core protein P5 [J] . Virology，219：471 - 474.

Takahashi M，Goto C，Matsuda I，et al. 1999. Expression of rice stripe virus 22. 8 k protein in insect cells [J] . Annals. Phytopathological. Society of Japan，65 (3)：337.

Takahashi M，Toriyama S，Kikuchi Y，et al. 1990. Complementarity between the 5'- and 3'- terminal sequences of rice stripe virus RNAs [J] . Journal of General Virology，71 (12)：2817 - 2821.

Tan G X，Weng Q M，Ren X，et al. 2004. Two whitebacked planthopper resistance genes in rice share the same loci with those for brown planthopper resistance [J] . Journal of Heredity，92 (3)：212 - 217.

Tanaka E，Taketo A，Sonoda R，et al. 2008. *Villosiclava virens* gen. nov.，comb. nov.，teleomorph of *Ustilaginoidea virens*，the causal agent of rice false smut [J] . Mycotaxon，106：491 - 501.

Tanwar R K，Anand Prakash，Panda S K，et al. 2010. Rice swarming caterpillar (*Spodoptera mauritia*) and its management strategies [J] . Technical Bulletin 24：1 - 26.

Templeton G E. 1961. Local infection of rice florets by the rice kernel smut organism，*Tilletia horrida* [J] . Phytopathology，51 (2)：131 - 132.

Tomar J B，Prasad S C. 1992. Genetic analysis of resistance to gall midge (*Orseolia oryzae* Wood - Mason) in rice [J] . Plant Breeding，109 (2)：159 - 167.

Toriyama S，Takahashi M，Sano Y，et al. 1994. Nucleotide sequence of RNA 1，the largest genomic segment of rice stripe virus，the prototype of the tenuiviruses [J] . Journal of General Virology，75 (12)：3569 - 3579.

Toriyama S. 1986. A RNA - dependent RNA polymerase associated with the filamehtous nucleoproteins of rice stripe virus [J] . Journal of General Virology，67：1247 - 1255.

Tsunematsu H，Yanoria M J T，Ebrone L，et al. 2000. Development of monogenic lines of rice for blast resistance [J] . Breeding Science，50：229 - 234.

Tullis E C. 1936. Fungi isolated from discolored rice kernels [J] . USDA Technology Bulletin，540：11.

Ueda S，Masuta C，Uyeda I. 1997. Hypothesis on particle structure and assembly of *Rice dwarf Phytoreovirus*：interactions among multiple structural proteins [J] . Journal of General Virology，78：3135 - 3140.

Urakami T，ItoYoshida C，Araki H，et al. 1994. Transfer of *Pseudomonas plantarii* and *Pseudomonas glumae* to *Burkholderia* as *Burkholderia* spp. and description of *Burkholderia vandii* sp. nov [J] . International Journal of Systematic Microbiolgy，44：235 - 245.

Uyeda I，Milne R G. 1995. Genomic organization，diversity and evolution of plant reoviruses [J] . Seminars in Virology，6：85 - 88.

Valent B，Farrall L，Cuumley F G. 1991. *Magnaporthe grisea* genes for pathogenicity and virulence identified through a series of backcrosses [J] . Genetics，127：87 - 101.

Valent B. 1990. Rice blast as a model system for plant pathology [J] . Phytopathology，8 (1)：33 - 36.

Van - Den - Berg H，Litsinger J A，Shepard B M，et al. 1992. Acceptance of eggs of *Rivula atimeta*，*Naranga aenescens* (Lep.：Noctuidae) and *Hydrellia philippina* (Dipt.：Ephydridae) by insect predators on rice [J] . Entomophaga，37 (1)：21 - 28.

Wang A H，Wu J C，Yu Y S，et al. 2005. Selective insecticide - induced stimulation on fecundity and biochemical changes in *Tryporyza incertulas* (Lepidoptera：Pyralidae) [J] . Journal of Economic Entomology，98 (4)：1144 - 1149.

Wang L P，Shen J，Ge L Q，et al. 2010. Insecticide - induced increase in the protein content of male accessory glands and its effect on the fecundity of females in the brown planthopper，*Nilaparvata lugens* Stål (Hemiptera：Delphacidae) [J] . Crop Protetion，29：1280 - 1285.

Wang Q，Yang J，Zhou G H，et al. 2010. The complete genome sequence of two isolates of Southern rice black - streaked dwarf virus，a new Fijivirus [J] . Journal of Phytopathology，158：733 - 737.

Wei T，Ichiki - Uehara T，Miyazaki N，et al. 2009. Association of *Rice gall dwarf virus* with microtubules is necessary for viral release from cultured insect vector cells [J] . Journal of Virology，83 (20)：10830 - 10835.

Wei T，Kikuchi A，Moriyasu Y，et al. 2006b. The spread of *Rice dwarf virus* among cells of its insect vector exploits virus - induced tubular structures [J] . Journal of Virology，80：8593 - 8602.

Wei T，Kikuchi A，Suzuki N，et al. 2006a. Pns4 of *Rice dwarf virus* is a phosphoprotein，is localized around the viroplasm matrix，and forms minitubules [J] . Archives of Virology，151：1701 - 1712.

Wei T, Shimizu T, Hagiwara K, et al. 2006c. Pns12 protein of *Rice dwarf virus* is essential for formation of viroplasms and nucleation of viral - assembly complexes [J] . Journal of General Virology, 87: 429 - 438.

Wei T, Shimizu T, Omura, T. 2008. Endomembranes and myosin mediate assembly into tubules of Pns10 of *Rice dwarf virus* and intercellular spreading of the virus in cultured insect vector cells [J] . Virology, 372: 349 - 356.

Wu J C, Qiu H M, Yang G Q, et al, 2004. Effective duration of pesticide - induced susceptibility of rice to brown planthopper (*Nilaparvata lugens* Stål, Homoptera: Delphacidae), and physiological and biochemical changes in rice plants following pesticide application [J] . International Journal of Pest Management, 50: 55 - 62.

Wu J, Wu X, Chen H, et al. 2012. Optimization of the sex pheromone of the rice leaffolder moth *Cnaphalocrocis medinalisas* a monitoring tool in China [J] . Journal of Applied Entomology, 137 (7): 509 - 518.

Xie G L, Zhang G Q, Liu H, et al. 2011. Genome sequence of the rice - pathogenic bacterium *Acidovorax avenae* subsp. *avenae* RS - 1 [J] . Journal of Bacteriology, 193 (18): 5013 - 5014.

Xie G, Sun X, Mew T W. 1998. Characterization of *Acidovorax avenae* subsp. *avenae* from rice seeds [J] . Chinese Journal of. Rice Science, 12 (3): 165 - 171.

Xiong R Y, Cheng Z B, Wu J X, et al. 2008. First report of an outbreak of Rice stripe virus on wheat in China [J] . Plant Pathology, 2008a, 57 (2): 397.

Xiong R, Wu J, Zhou Y, et al. 2008. Identification of a movement protein of the tenuivirus rice stripe virus [J] . Journal of Virology, 82 (24): 12304 - 12311.

Xiong R, Wu J, Zhou Y, et al. 2009. Characterization and subcellular localization of an RNA silencing suppressor encoded by Rice stripe tenuivirus [J] . Virology, 387 (1): 29 - 40.

Xu J, Wang Q X, Wu J C. 2010. Resistance of cultivated rice varieties to *Cnaphalocrocis medinalis* (Lepidoptera: Pyralidae) [J] . Journal of Economic Entomology, 103 (4): 1166 - 1171.

Xu M, Yang J. 2010. A rapid and simple method for the detection of *Rice dwarf virus* by aqueous extract [J] . Agricultural Science and Technology, 11 (3): 98 - 100.

Xu Y, Zhou W, Zhou Y, et al. 2012. Transcriptome and comparative gene expression analysis of *Sogatella furcifera* (Horvath) in response to Southern rice black - streaked dwarf virus. PLoS One, 7 (4): e36238.

Xue M, Yang J, Li Z, et al. 2012, Comparative Analysis of the Genomes of Two Field Isolates of the Rice Blast Fungus *Magnaporthe oryzae* [J], PLoS Pathogens, 8 (8): e1002869.

Yamanishi Y, Yoshida K, Fujimori N, et al. 2012. Predator - driven biotic resistance and propagule pressure regulate the invasive apple snail *Pomacea canaliculata* in Japan [J] . Biological Invasions, 14 (7): 1343 - 1352.

Yan J, Tomarj M, Takahashi A, et al. 1996. P2 protein encoded by genome segment S2 of *Rice dwarf Phytoreovirus* is essential for virus infection [J] . Virology, 224, 539 - 541.

Yao M, Zhang T, Zhou T, et al. 2012. Repetitive prime - and - realign mechanism converts short capped RNA leaders into longer ones that may be more suitable for elongation during rice stripe virus transcription initiation [J] . Journal of General Virology, 93 (1): 194 - 202.

Yara A, Phi C N, Matsumura M, et al. 2010. Development of near - isogenic lines for *Bph25* (t) and *Bph26* (t), which confer resistance to the brown planthopper, *Nilaparvata lugens* (Stål.) in indica rice 'ADR52' [J] . Breeding Science, 60 (5): 639 - 647.

Yokoyama S, Takasaki T, Fujiyoshi N. 1972. Ecology of the rice stem borer on *Zizania latifolia* [J] . Research Report of Fukuoka Agricultural Experiment Station (10): 63 - 65.

Yoshida K, Saitoh H, Fujisawa S, et al. 2009, Association Genetics Reveals Three Novel Avirulence Genes from the Rice Blast Fungal Pathogen *Magnaporthe oryzae* [J] . The Plant Cell, 21: 1573 - 1591.

Yoshii M, Shimizu T, Yamazaki M, et al. 2009. Disruption of a novel gene for a NAC - domain protein in rice confers resistance to *Rice dwarf virus* [J] . The Plant Journal, 57 (4): 615 - 625.

Yoshii M, Yamazaki M, Rakwal R, et al. 2010. The NAC transcription factor RIM1 of rice is a new regulator of jasmonate signaling [J] . The Plant Journal, 61 (5): 804 - 815.

Zhang C, Liu Y, Liu L, et al. 2008. Rice black streaked dwarf virus P9 - 1, an alpha - helical protein, self - interacts and forms viroplasms in vivo [J] . Journal of General Virology, 89: 1770 - 1776.

Zhang F, Li Y, Liu Y, et al. 1997. Molecular cloning sequencing functional analysis an expression Ecoli major core protein gene (S3) of *Rice dwarf virus* Chinese isolate [J] . Acta Virologica, 41: 161 - 168.

Zhang H M, Chen J P, Lei J L, et al. 2001. Sequence analysis shows that a dwarfing disase on rice, wheat and maize in China is caused by Rice black - streaked dwarf virus [J] . European Journal of Plant Pathology, 107: 563 - 567.

Zhang H M, Yang J, Xin X, et al. 2007. Molecular characterization of the genome segments S4, S6 and S7 of *rice gall dwarf virus* [J]. Archives of Virology, 152 (9): 1593-1602.

Zhang L D, Wang Z H, Wang X B, et al. 2005. Two virus-encoded RNA silencing suppressors, P14 of Beet necrotic yellow vein virus and S6 of Rice black streak dwarf virus [J]. Chinese Science Bulletin, 50: 305-310.

Zhao Q, Shen W J, Liu F X, et al. 2011. Complete nucleotide sequences of *rice gall dwarf virus* isolate Guangdong from China [J]. Journal of Plant Pathology, 93: 507-510.

Zhao S, Zhang G, Dai X, et al. 2012. Processing and intracellular localization of rice stripe virus Pc2 protein in insect cells [J]. Virology, 429 (2): 148-154.

Zheng H H, Yu L, Wei C H, et al. 2000. Assembly of double-shelled, virus-like particles in transgenic rice plants expressing two major structural proteins of *Rice dwarf virus* [J]. Journal of Virology, 74: 9808-9810.

Zheng X S, Ren X B, Su J Y. 2011. Insecticide susceptibility of *Cnaphalocrocis medinalis* (Lepidoptera: Pyralidae) in China. Journal of Economic Entomology, 104 (2): 653-658.

Zhong B, Kikuchi A, Moriyasu Y, et al. 2003. Minor outer capsid protein, P9 of *Rice dwarf virus* [J]. Archives of Virology, 148, 2275-2280.

Zhong B, Shen Y, Omura T. 2005. RNA-binding domain of the key structural protein P7 for the *Rice dwarf virus* particle assembly. Acta Biochimica et Biophysica Sinica, 37 (1): 55-60.

Zhou F, Pu Y, Wei T, et al. 2007b. The P2 capsid protein of the nonenveloped *Rice dwarf Phytoreovirus* induces membrane fusion in insect host cells [J]. Proceeding of the National Academy of Science of the United States of America, 104, 19547-19552.

Zhou F, Wu G, Deng W L, et al. 2007a. Interaction of rice dwarf virus outer capsid P8 protein with rice glycolate oxidase mediates relocalization of P8 [J]. Febs Letters, 581: 34-40.

Zhou G H, Xu D L, Xu D G, et al. 2013. Southern rice black-streaked dwarf virus: a white-backed planthopper transmitted fijivirus threading rice production in Asia [J]. Frontiers in Microbiology, 4: 270.

Zhou G X, Qi J F, Ren N, et al. 2009. Silencing *OsHI-LOX* makes rice more susceptible to chewing herbivores, but enhances resistance to a phloem feeder [J]. The Plant Journal, 60 (4): 638-648.

Zhou Y, Yuan Y, Yuan F, et al. 2012. RNAi-directed down-regulation of RSV results in increased resistance in rice (*Oryza sativa* L.) [J]. Biotechnol. Lett., 34 (5): 965-972.

Zhu S, Gao F, Cao X, et al. 2005. The *Rice dwarf virus* P2 protein interacts with ent-Kaurene oxidases in *vivo*, leading to reduced biosynthesis of gibberellins and rice dwarf symptoms [J]. Plant Physiology, 139 (4): 1935-1945.

Zou H S, Song X, Zou L F, et al. 2012. EcpA, an extracellular protease, is a specific virulence factor required by *Xanthomonas oryzae* pv. *oryzicola* but not by *X. oryzae* pv. *oryzae* in rice [J]. *Microbiology*, 158 (9): 2372-2383.

Zou L F, Wang X P, Xiang Y, et al. 2006. Elucidation of the *hrp* Gene Clusters of *Xanthomonas oryzae* pv. *oryzicola* that controls the hypersensitive response in a non-host tobacco and pathogenicity in a susceptible host plant rice. Applied and Environmental Microbiology, 72 (9): 6212-6224.

第1单元 水稻病虫害

彩图1-1-1 稻瘟病症状（赵文生和彭友良摄）
Colour Figure 1-1-1 Symptoms of rice blast（by Zhao Wensheng and Peng Youliang）
1.田间稻瘟病引起穗枯 2.穗颈瘟 3.叶瘟 4.节瘟 5.枝梗瘟

彩图1-2-1 水稻白叶枯病叶缘型病斑（曾列先提供）
Colour Figure 1-2-1 Symptoms of rice bacterial blight at the serrated leaf（by Zeng Liexian）

彩图1-2-2 水稻黄单胞菌白叶枯变种菌落培养形态（冯爱卿提供）
Colour Figure 1-2-2 Colonies of *Xanthomonas oryzae* pv. *oryzae* (by Feng Aiqing)

彩图1-3-1 水稻细菌性条斑病症状特点（陈功友提供）
Colour Figure 1-3-1 Symptoms of bacterial leaf blight of rice (by Chen Gongyou)
1.水稻田间被害状 2.病叶上的条斑症状，病斑上显串珠状黄色菌脓 3.条斑相互愈合，病叶呈红褐色 4.细菌侵入途径和为害部位，细菌通过叶正面或背面的气孔（ST）或伤口侵入，在叶脉间的薄壁细胞间繁殖为害

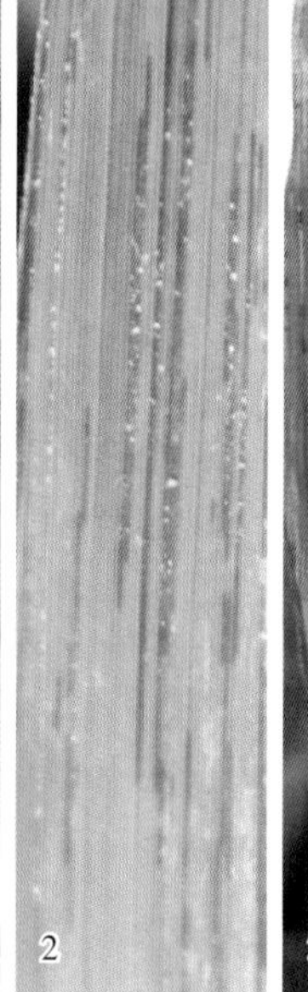

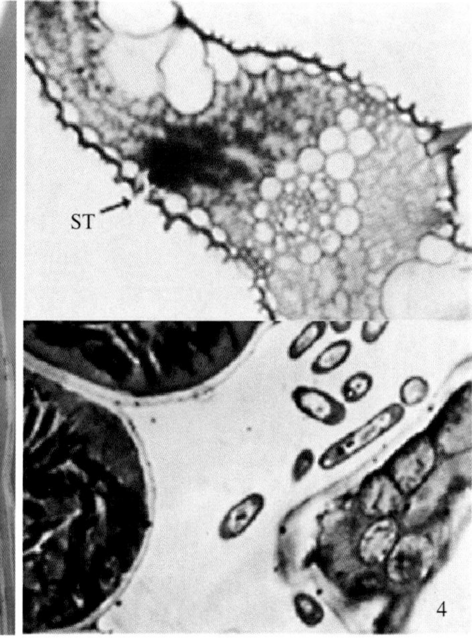

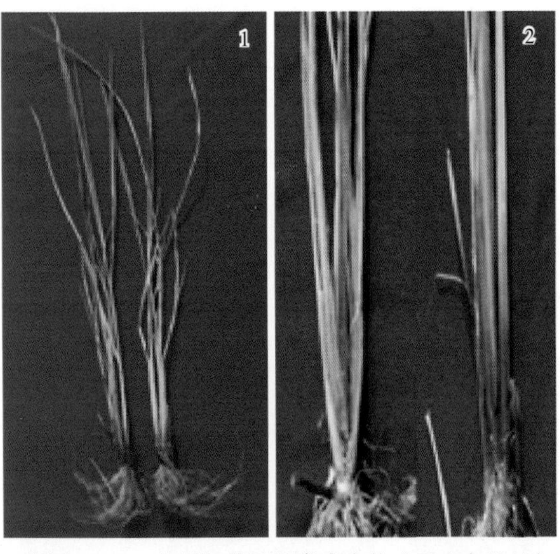

彩图 1-4-1 水稻细菌性基腐病症状（周海亮提供）
Colour Figure 1-4-1 Symptoms of rice bacterial foot rot (by Zhou Hailiang)
1. 枯心 2. 茎腐

彩图 1-4-2 水稻细菌性基腐病田间发病状（周海亮提供）
Colour Figure 1-4-2 Symptoms of rice bacterial foot rot in the field (by Zhou Hailiang)

彩图 1-5-1 水稻细菌性褐条病成株期症状（李斌提供）
Colour Figure 1-5-1 Symptoms of bacterial brown stripe of rice in the field (by Li Bin)

彩图 1-7-1 水稻叶鞘（1）、叶片（2）和穗部（3）纹枯病症状（刘志恒提供）
Colour Figure 1-7-1 Symptoms of sheath blight at the sheaths (1), leaves (2) and spikes (3) of rice in the field（by Liu Zhiheng）

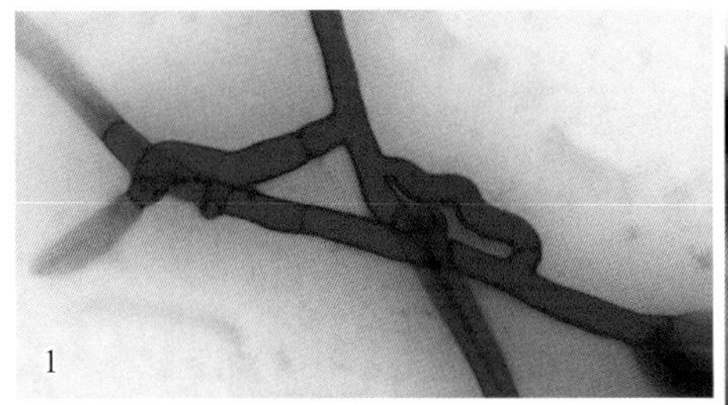

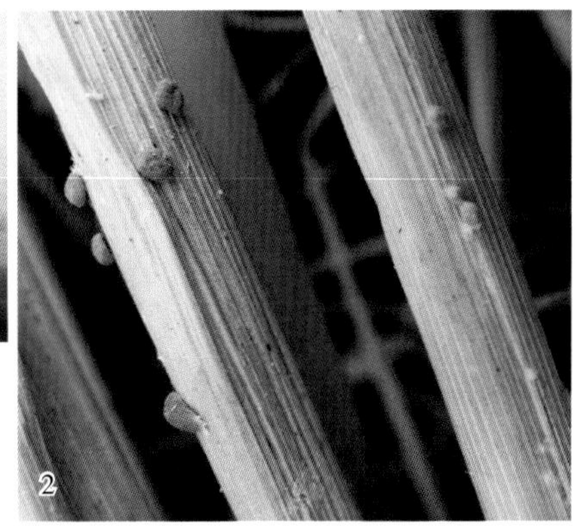

彩图1-7-2　立枯丝核菌菌丝（1）和菌核（2）（刘志恒提供）
Colour Figure 1-7-2　Mycelia (1) and sclerotia (2) of *Rhizoctonia solani* (by Liu Zhiheng)

彩图1-8-1　水稻菌核病田间症状（1. 引自夏声广等，2006；2和3. 李国庆提供）
Colour Figure 1-8-1　Symptoms of rice stem rot (1. from Xia Shengguang et al., 2006; 2 and 3. by Li Guoqing)
1. 大田症状　2、3. 感病水稻茎秆内部形成的菌核

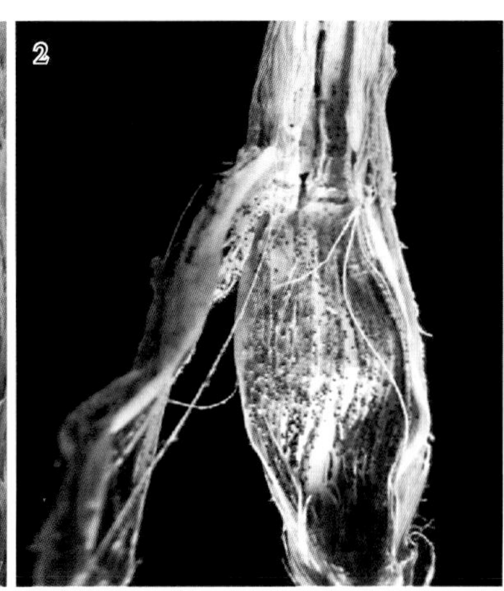

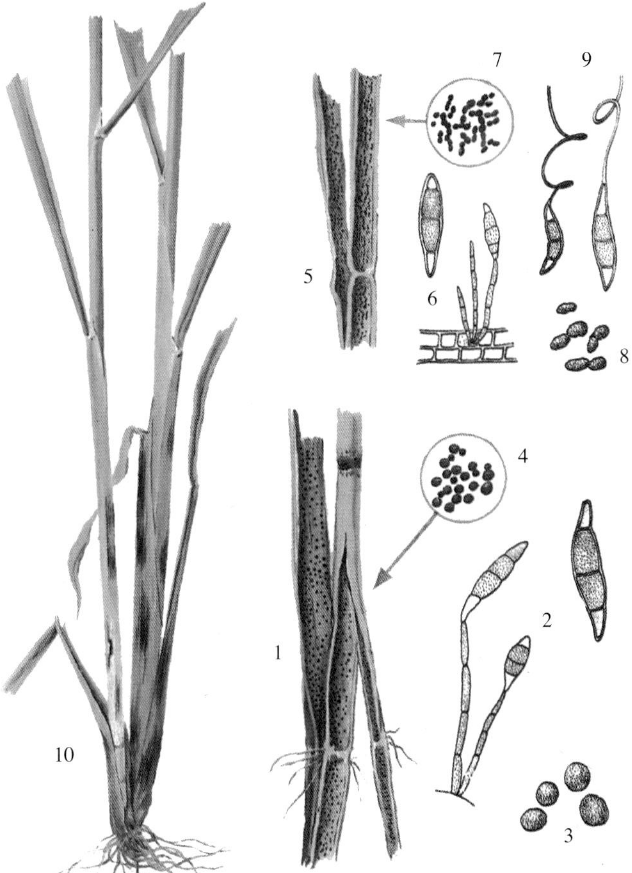

彩图 1-8-2　水稻菌核病（引自孙恢鸿等，1999）
Colour Figure 1-8-2　Rice stem rot caused by *Nakataea oryzae* (from Sun Huihong et al., 1999)
稻小球菌核病：1.病茎、病鞘着生的菌核
2. 分生孢子梗和分生孢子　3、4. 菌核
稻小黑菌核病：5.病茎、病鞘着生的菌核
6. 分生孢子梗和分生孢子　7、8. 菌核
9. 菌核上的分生孢子　10.两种类型稻菌核病前期病株

彩图1-9-1　水稻条纹叶枯病田间症状（周益军提供）
Colour Figure 1-9-1　Symptoms of rice stripe disease (by Zhou Yijun)
1.卷叶型　2.展叶型

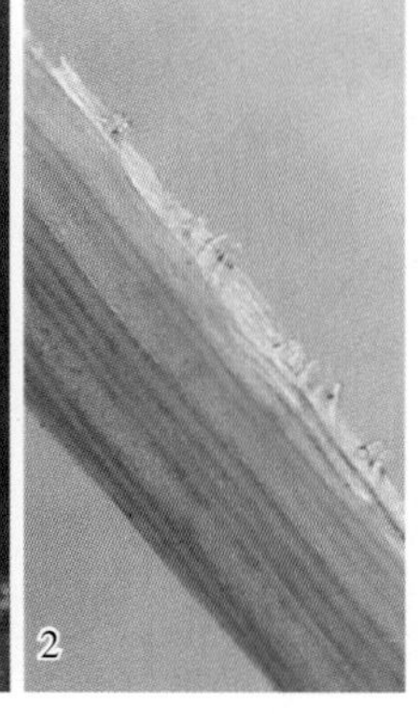

彩图 1-9-2 介体灰飞虱及其卵（1. 周益军提供；2. 尚佑芬提供）
Colour Figure 1-9-2 Vector small brown planthopper and its eggs (1. by Zhou Yijun; 2. by Shang Youfen)
1. 灰飞虱 2. 小麦茎中的灰飞虱卵

彩图 1-10-1 水稻黑条矮缩病毒引起的水稻矮缩症状（周雪平提供）
Colour Figure 1-10-1 Dwarf symptom of rice infected by RBSDV (by Zhou Xueping)

彩图 1-10-2 感染水稻黑条矮缩病后病苗矮小，田间如同缺苗（周雪平提供）
Colour Figure 1-10-2 Dwarf rice infected by RBSDV resembling seedling missing (by Zhou Xueping)

彩图 1-10-3 稻茎秆基部的蜡泪状白色凸起（周雪平提供）
Colour Figure 1-10-3 Waxy white galls on rice stem (by Zhou Xueping)

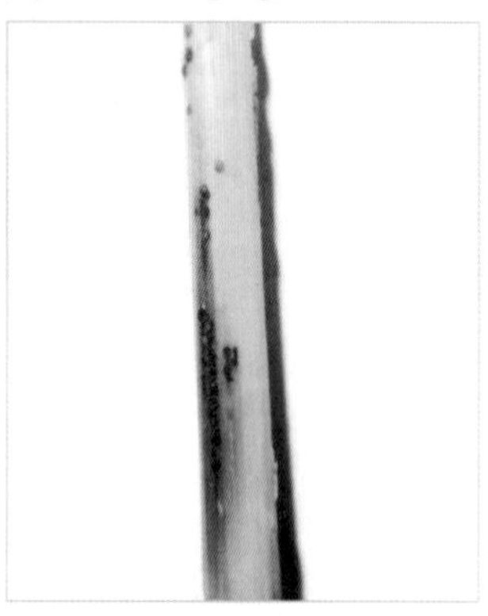

彩图 1-10-4 稻茎秆基部的黑褐色瘤状凸起（周雪平提供）
Colour Figure 1-10-4 Dark brown galls on rice stem (by Zhou Xueping)

彩图 1-10-5 水稻黑条矮缩病毒引起的玉米粗缩病（周雪平提供）
Colour Figure 1-10-5 Corn rough dwarf disease caused by RBSDV (by Zhou Xueping)

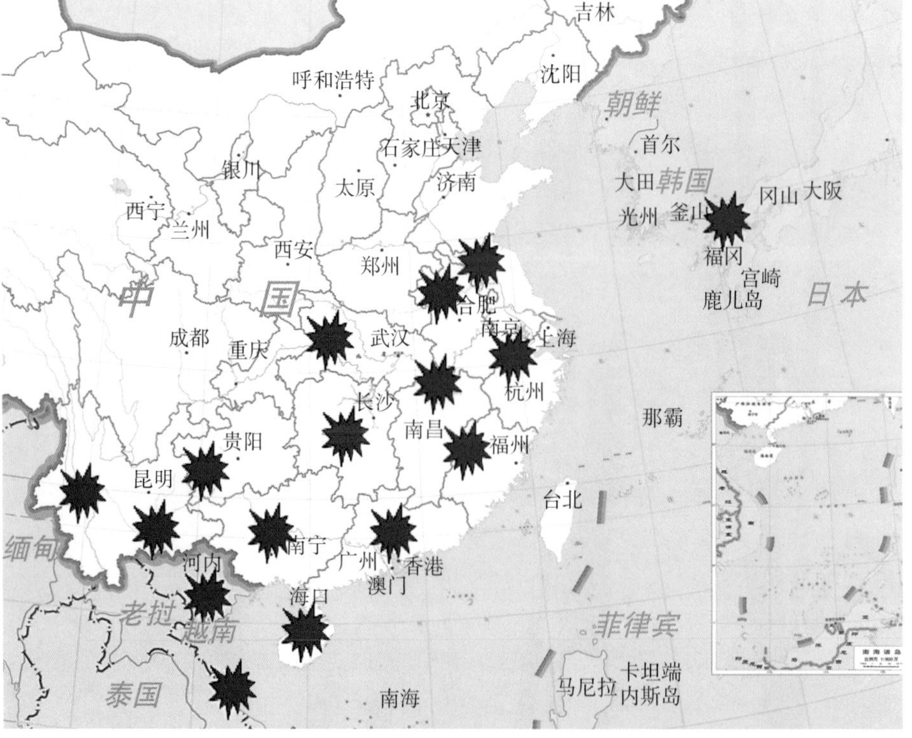

彩图 1-11-1 南方水稻黑条矮缩病 2010 年发生分布图（周国辉提供）
Colour Figure 1-11-1 Distribution of Southern rice black-streaked dwarf virus in 2010 (by Zhou Guohui)

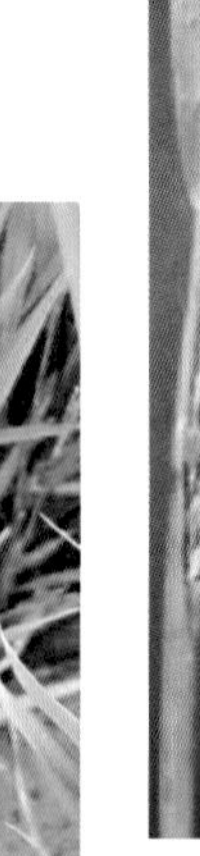

彩图1-11-2　南方水稻黑条矮缩病症状（周国辉摄）

Colour Figure 1-11-2　Symptoms of southern rice black-streaked dwarf (by Zhou Guohui)

1. 秧苗早期病株（右）矮缩、叶片僵硬
2. 秧苗期病株（前）移栽后严重矮化、枯萎
3. 分蘖早期病株（前）矮缩、过度分蘖
4. 分蘖期或拔节期病株穗小、瘪粒
5. 病株上的气生须根和高位分枝
6. 病株茎秆上成排的白色或黑色蜡状小瘤突
7. 病株（右）根系呈黄褐色，发育不良

彩图1-12-1　水稻矮缩病引起叶色浓绿（李毅提供）

Colour Figure 1-12-1　Dark green symptom in leaves infected by RDV (by Li Yi)

彩图1-12-2　水稻矮缩病引起褪绿条斑、黄化并发症（李毅等提供）

Colour Figure 1-12-2 Yellow-green and yellowing symptoms infected by RDV (by Li Yi et al.)

彩图1-12-3　不同时期感染水稻矮缩病植株比较（李毅提供）

Colour Figure 1-12-3　Comparison of infected rice plants at different growth stages (by Li Yi)

1~4. 生长中后期感染发病
5~7. 苗期感染发病

彩图1-12-4 秧苗期感染水稻矮缩病分蘖减少，移栽后多枯死（李毅提供）

Colour Figure 1-12-4 Symptoms of infected rice plants at seedling stage showing reducing tillering and the infected plants always die after transplanting (by Li Yi)

彩图1-12-5 水稻矮缩病发病植株矮化，结实率低（李毅提供）

Colour Figure 1-12-5 Symptoms of infected rice plants showing dwarf and reducing yield (by Li Yi)

彩图1-12-6 大田期发生水稻矮缩病水稻植株成片矮化（李毅提供）

Colour Figure 1-12-6 Rice dwarf virus disease occurring in the field and causing rice dwarf in large area (by Li Yi)

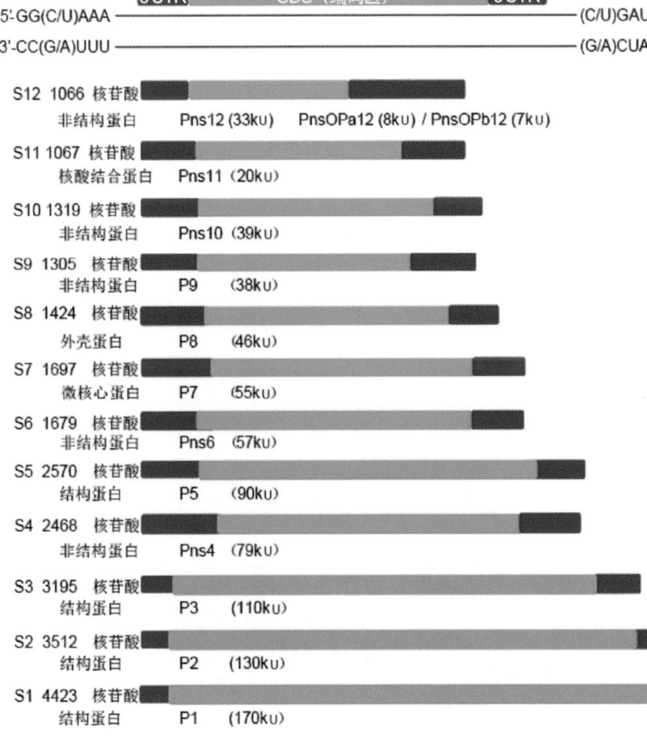

彩图1-12-7 水稻矮缩病毒（RDV）基因组12个基因组分结构(引自李毅和陈章良，2001，略作修改)

Colour Figure 1-12-7 Schematic diagram of 12 RDV genomes (from Li Yi and Chen Zhangliang，2001)

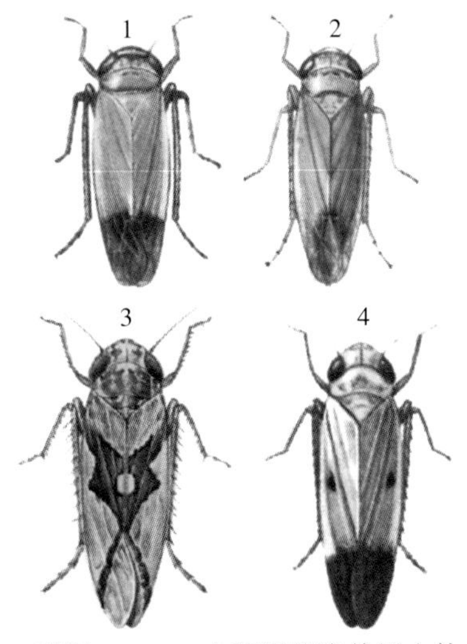

彩图1-12-8 水稻矮缩病传播介体
（引自《植保员手册》编绘组，2006）
Colour Figure 1-12-8 RDV vectors
(from *Manual of Plant Protection*, 2006)
1. 黑尾叶蝉雄成虫 2. 黑尾叶蝉雌成虫
3. 电光叶蝉 4. 二点黑尾叶蝉

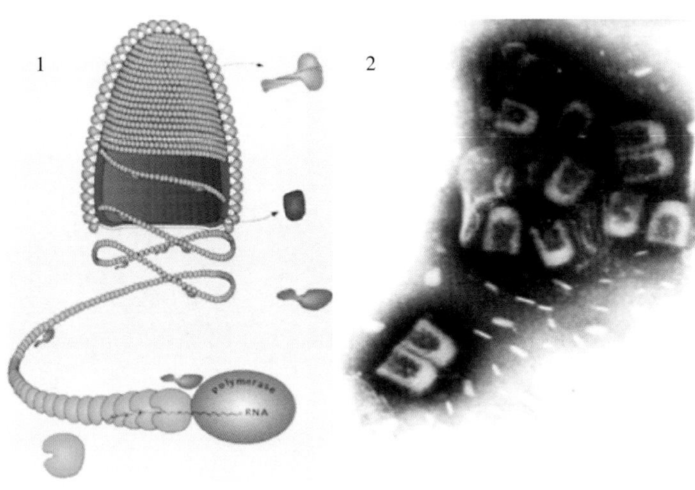

彩图1-13-1 弹状病毒模式图（1）和稻黄矮病毒电镜照片（2）
（陈晓英提供）
Colour Figure 1-13-1 Schematic diagram of RYSV (1) and electron microscope photograph of RYSV (2) (by Chen Xiaoying)

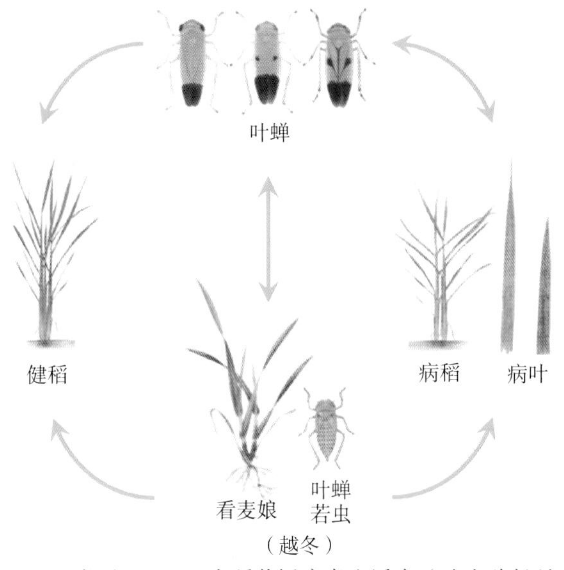

彩图1-13-2 水稻黄矮病毒生活史（陈晓英提供）
Colour Figure 1-13-2 The life cycle of RYSV (by Chen Xiaoying)

彩图 1-15-1 水稻胡麻斑病症状（赵文生摄）
Colour Figure 1-15-1 Symptoms of rice brown spot (by Zhao Wensheng)

彩图1-16-1 水稻叶片云形病症状（刘志恒提供）
Colour Figure 1-16-1 Symptoms of leaf scald of rice（by Liu Zhiheng）

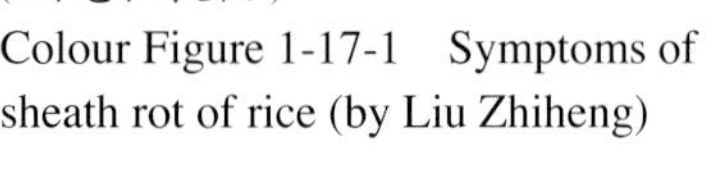
彩图1-17-1 水稻叶鞘腐败病症状（刘志恒提供）

Colour Figure 1-17-1 Symptoms of sheath rot of rice (by Liu Zhiheng)

彩图1-19-1 稻叶黑粉病病叶症状（引自吕佩珂等，2005）

Colour Figure 1-19-1 Symptoms of rice leaf black swollen on the rice leaf (from Lü Peike et al., 2005)

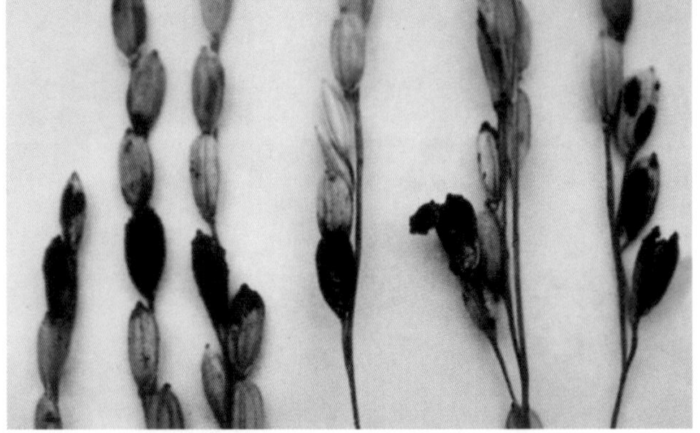

彩图1-20-1 稻粒黑粉病病穗上的病粒（引自潘战胜，2006；吕佩珂等，2005）

Colour Figure 1-20-1 Symptoms of infected seeds of rice kernel smut (from Pan Zhansheng, 2006; Lü Peike et al., 2005)

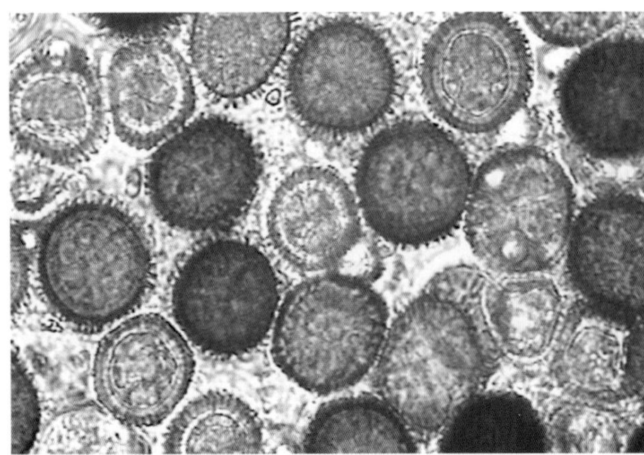

彩图1-20-2 狼尾草腥黑粉菌厚垣孢子（冯爱卿提供）

Colour Figure 1-20-2 Chlamydospore of *Tilletia barclayana* (by Feng Aiqing)

彩图1-21-1　稻曲病田间症状（黄富提供）
Colour Figure 1-21-1　Symptoms of rice false smut in the field (by Huang Fu)
1.发展中的黄色稻曲球　2.成熟的墨绿色稻曲球

彩图1-21-2　稻曲病菌核（黄富提供）
Colour Figure 1-21-2　Sclerotia of rice false smut (by Huang Fu)
图中箭头所指为菌核。1、2.稻曲球表面菌核着生状　3.成熟菌核脱落于水田中　4.越冬后的菌核

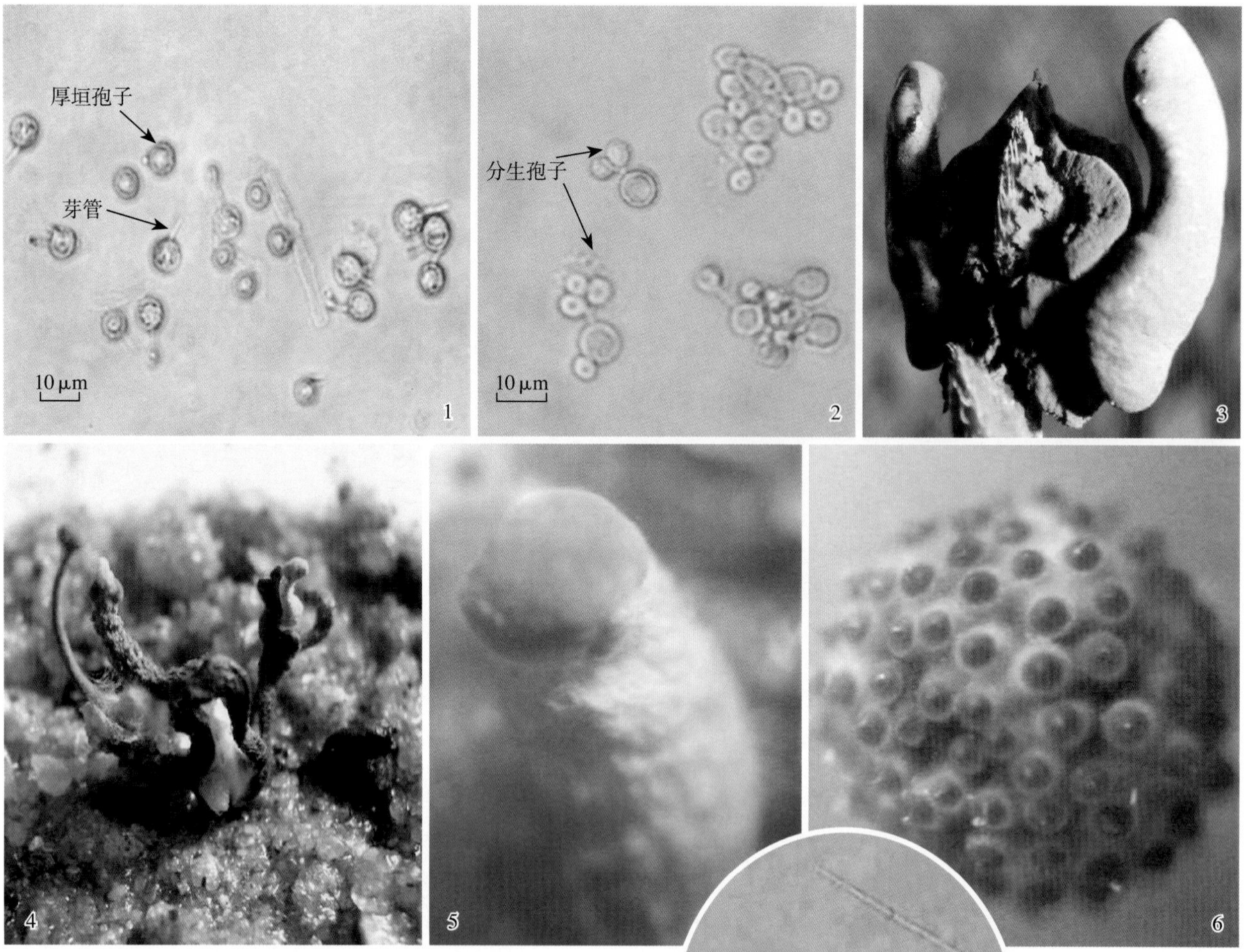

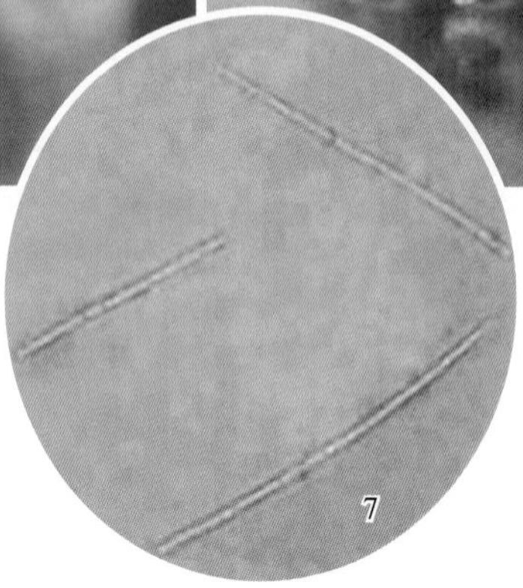

彩图1-21-3 稻曲病菌子实体（黄俊斌提供）
Colour Figure 1-21-3 Fruiting body of rice false smut pathogen (by Huang Junbin)
1.厚垣孢子及其萌发 2.厚垣孢子萌发产生薄壁分生孢子
3.稻曲球上形成的菌核 4.菌核萌发形成有柄头状子座
5.头状子座 6.子座上形成的子囊壳 7.线状子囊孢子

彩图1-22-1 籼/粳杂交稻穗腐病早期铁锈色症状（1）及粳稻（秀水09）成熟期症状（2）（黄世文摄）
Colour Figure 1-22-1 Rust symptoms of early rice spikelet rot disease (RSRD) of indica / japonica hybrid rice combination (1), symptom at mature period of japonica Xiushui 09 (2) (by Huang Shiwen)

彩图1-22-2　水稻穗腐病感病谷粒（1）及变色、畸形米粒（2）（黄世文摄）

Colour Figure 1-22-2　Infected rice grains(1) and discolour, malformation rice (2) (by Huang Shiwen)

彩图1-22-3　籼稻穗腐病中期（1）、后期（2）症状（黄世文摄）

Colour Figure 1-22-3　RSRD symptomps of indica varieties at middle stage (1) and late stage (2) (by Huang Shiwen)

彩图1-22-4　粳稻（1）、籼粳杂交稻（2）穗腐病症状（黄世文摄）

Colour Figure 1-22-4　RSRD symptomps of japonica (1) and indica/japonica hybrid combination (2) (by Huang Shiwen)

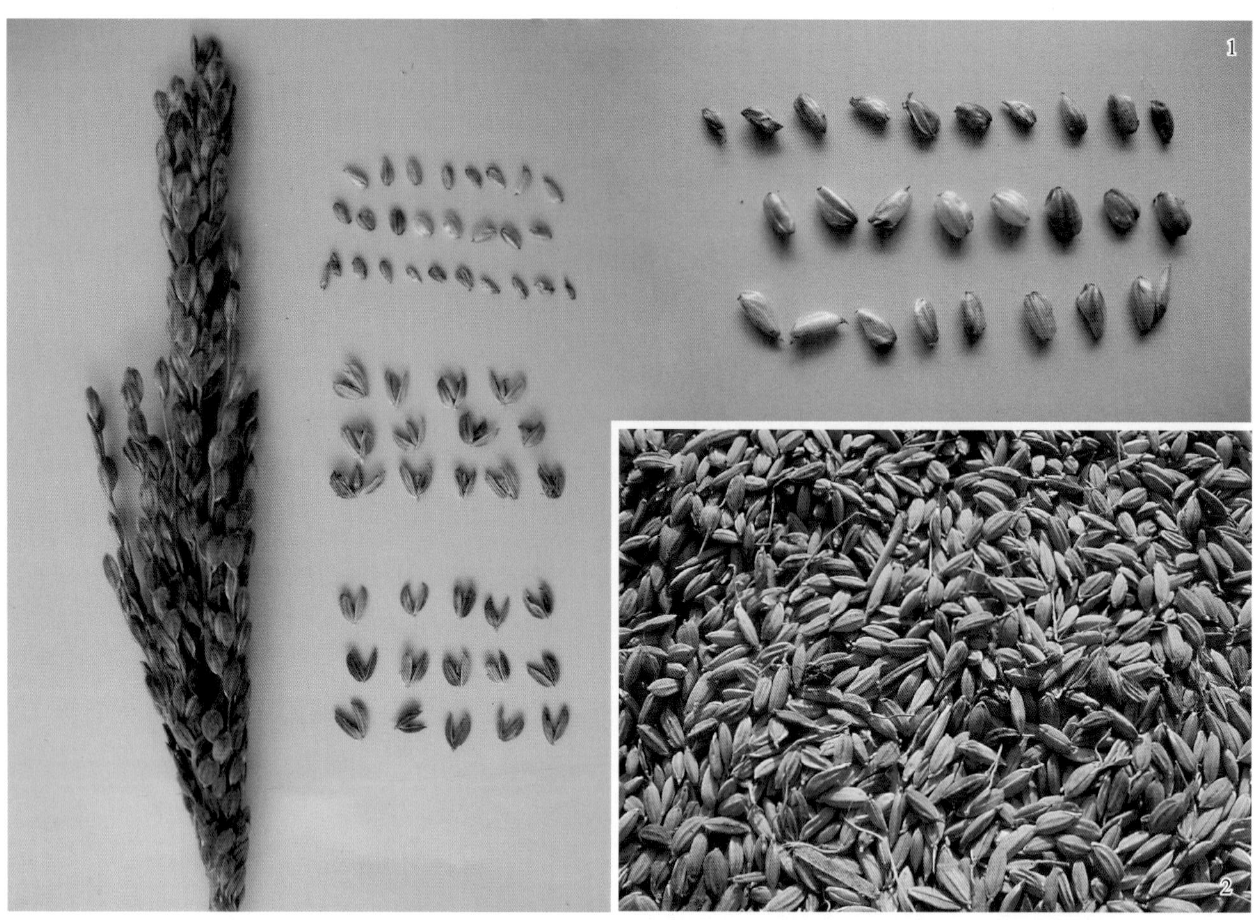

彩图1-22-5 粳稻穗腐病病穗、病谷粒、畸形变色米粒（1）和晒场上病、健谷（2）(黄世文摄)

Colour Figure 1-22-5 RSRD infected panicle, discolor and deform grains of japonica rice (1), health and diseased grains mixture after threshing (2) (by Huang Shiwen)

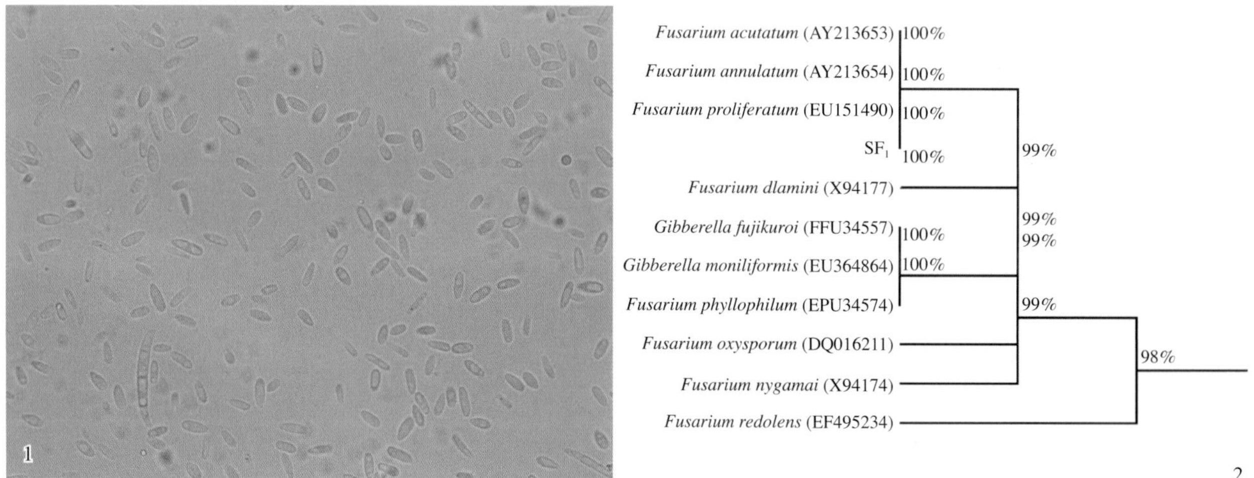

彩图1-22-6 菌株SF_1的分生孢子形态（1）和菌株SF_1与邻近种属构建的以ITS基因序列为基础的系统树状关系图（2）(黄世文摄)

Colour Figure 1-22-6 Conidia of *Fusarium proliferatum* (1) and phylogeny of *F. proliferatum* and its homologous genera constructed based on ITS sequences (2) (by Huang Shiwen)

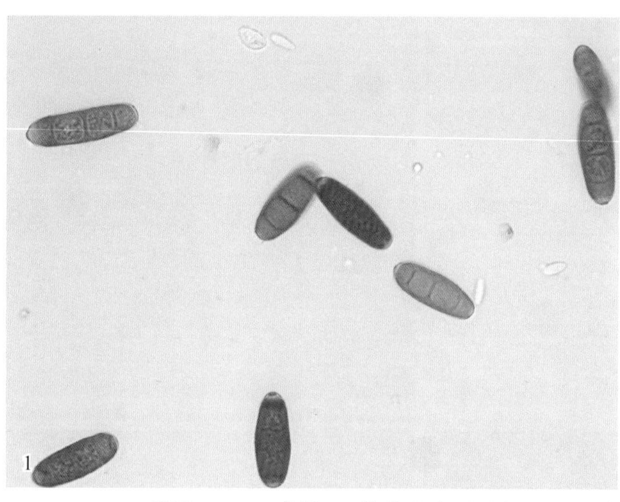

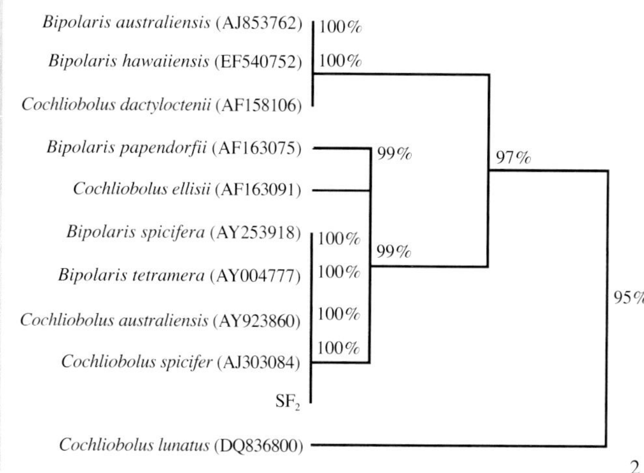

彩图1-22-7　菌株SF_2的分生孢子形态（1）和菌株SF_2与邻近种属构建的以ITS基因序列为基础的系统树状关系图（2）(黄世文摄)

Colour Figure 1-22-7　Conidia of *Bipolaris australiensis* (1) and phylogeny of *B. australiensis* and its homologous genera constructed based on ITS sequences (2) (by Huang Shiwen)

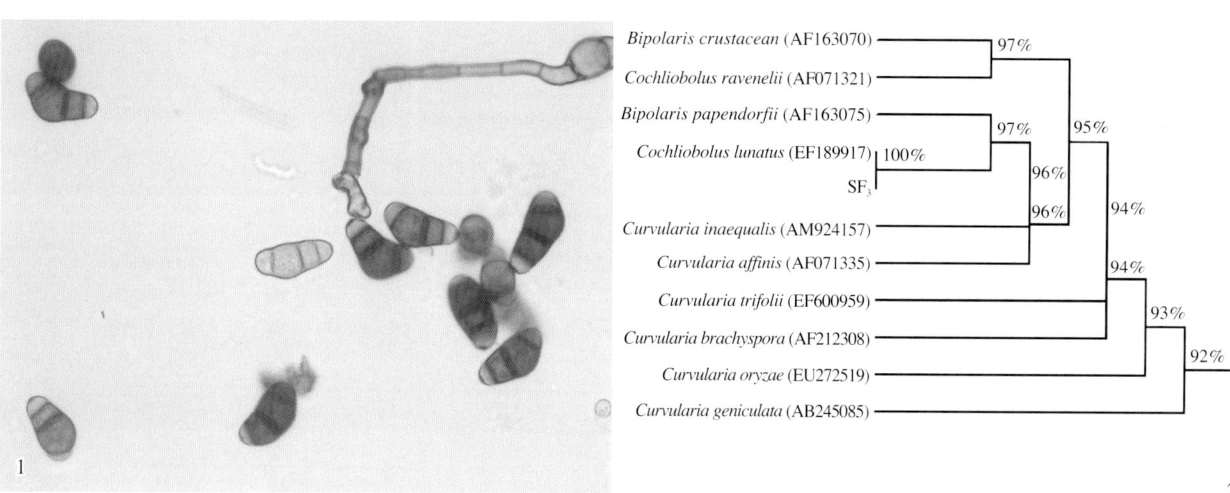

彩图1-22-8　菌株SF_3的分生孢子形态（1）和菌株SF_3与邻近种属构建的以ITS基因序列为基础的系统树状关系图（2）(黄世文摄)

Colour Figure 1-22-8　Conidia of *Curvularia lunata* (1) and phylogeny of *C. lunata* and its homologous genera constructed based on ITS sequences (2) (by Huang Shiwen)

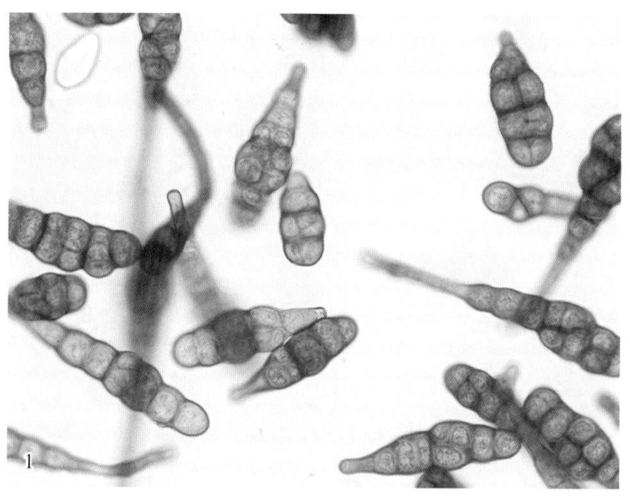

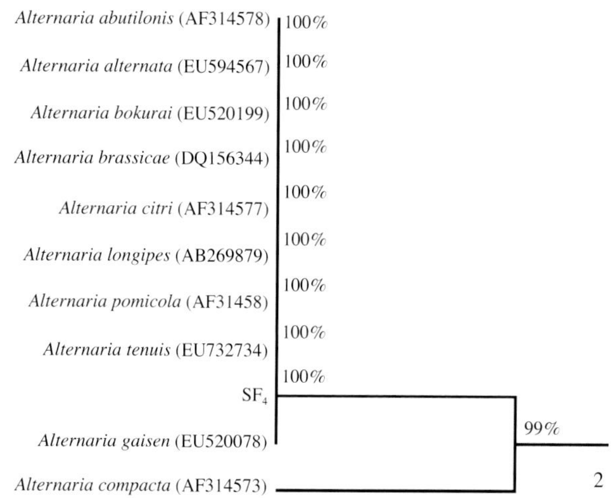

彩图1-22-9　菌株SF_4的分生孢子形态图（1）和菌株SF_4及*Alternaria*属其他种构建的以ITS基因序列为基础的发育树状关系图(黄世文摄)

Colour Figure 1-22-9　Conidia of *Alternaria tenuis* (1) and phylogeny of *A. tenuis* and its homologous genera constructed based on ITS sequences (2) (by Huang Shiwen)

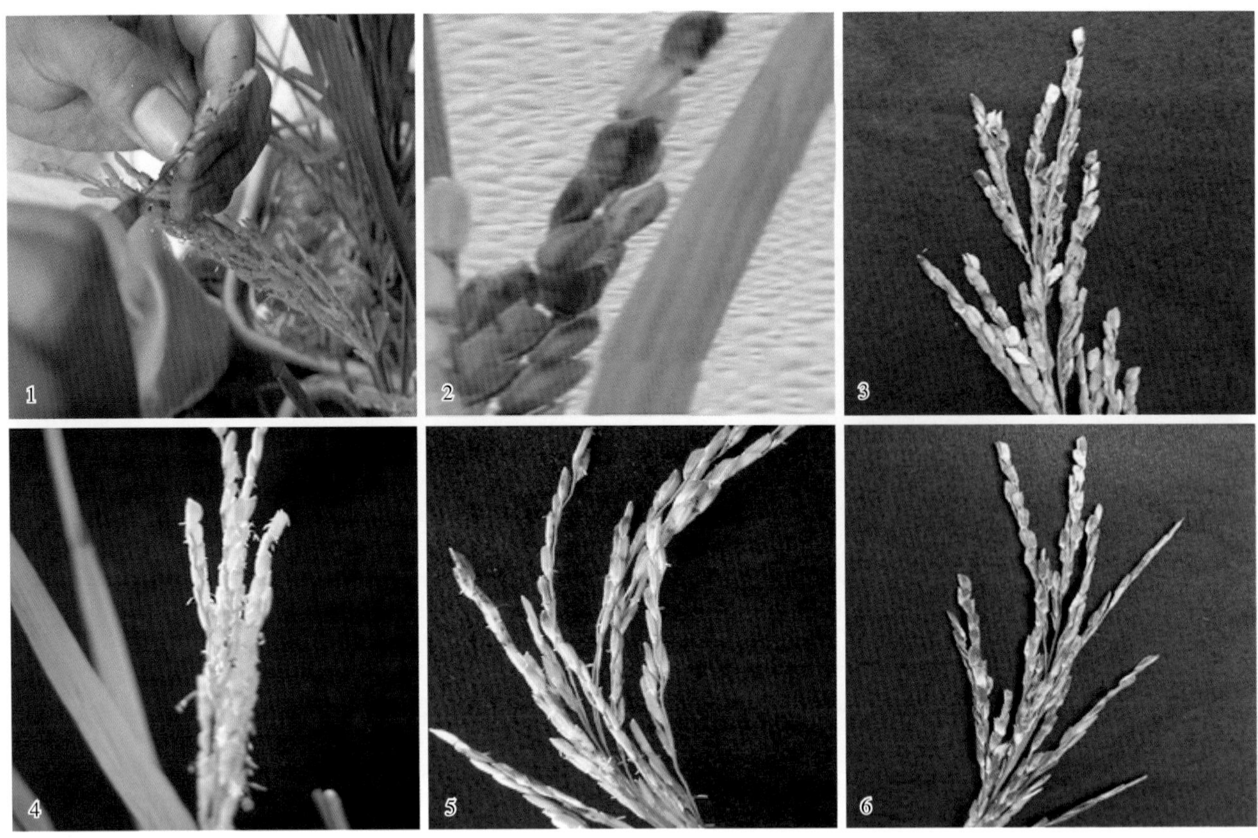

彩图1-22-10 用穗腐病分离菌接种后小穗症状（王玲摄）
Colour Figure 1-22-10 Symptoms of rice spikelet after inoculation with RSRD isolates（by Wang Ling）
1. 小颖注射接种 2. 小颖注射接种后7d症状 3. 小颖注射接种后30d症状 4.喷雾接种前扬花期小颖
5. 小颖喷雾接种后7d症状 6. 小颖喷雾接种后30d症状

彩图1-22-11 不同穗型不同品种对水稻穗腐病抗、感差异明显(黄世文摄)
Colour Figure 1-22-11 Resistance differences to RSRD of different rice varieties (combinations) (by Huang Shiwen)

彩图1-23-1 水稻幼苗（1）、茎秆（2）和茎节部（3）恶苗病症状（刘志恒提供）
Colour Figure 1-23-1 Symptoms of bakanae disease on the seedlings (1), stems (2) and internodes (3) of rice (by Liu Zhiheng)

彩图1-24-1 水稻颖枯病病穗症状（朱小源提供）
Colour Figure 1-24-1 Symptoms of glume blight on the spikes of rice (by Zhu Xiaoyuan)

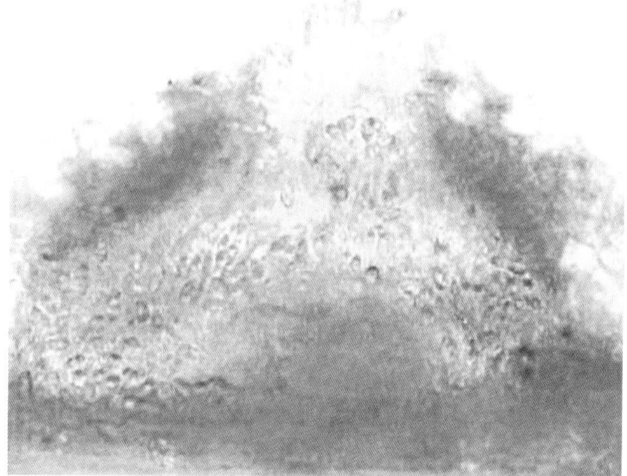

彩图1-24-2 高粱茎点霉分生孢子器切面（冯爱卿提供）
Colour Figure 1-24-2 Sectional drawing of the pycnidium of *Phoma sorghina* (by Feng Aiqing)

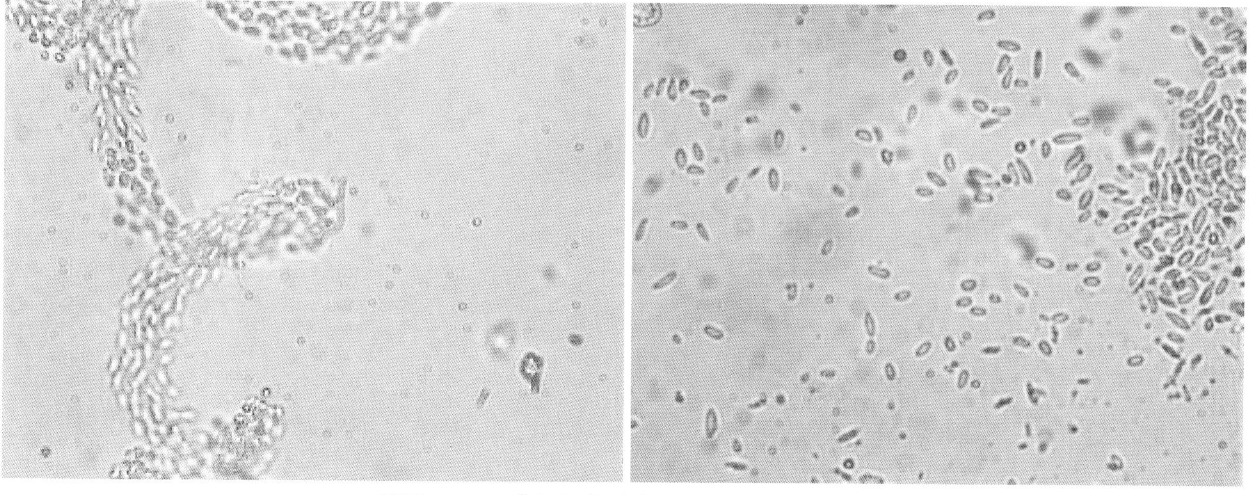

彩图1-24-3 高粱茎点霉分生孢子（冯爱卿提供）
Colour Figure 1-24-3 Conidiospores of *Phoma sorghina* (by Feng Aiqing)

彩图1-27-1 水稻干尖线虫病叶片症状（李振宇提供）
Colour Figure 1-27-1 Symptoms of rice leaves infected by *Aphelenchoides besseyi* (by Li Zhenyu)

彩图1-28-1 水稻根结线虫病症状（孙龙华摄）
Colour Figure 1-28-1 Symptoms of root-knot nematode of rice (by Sun Longhua)

彩图1-29-1 褐飞虱吸食为害状（傅强提供）
Colour Figure 1-29-1 Damage caused by *Nilaparvata lugens*（by Fu Qiang）
1.“虱烧” 2.群集稻丛基部 3.受害稻丛基部“黑秆”

彩图1-29-2 褐飞虱成虫（谢茂成和何佳春提供）
Colour Figure 1-29-2 Adults of *Nilaparvata lugens* (by Xie Maocheng and He Jiachun)
1.长翅雌虫 2.长翅雄虫 3.短翅雌虫 4.短翅雄虫

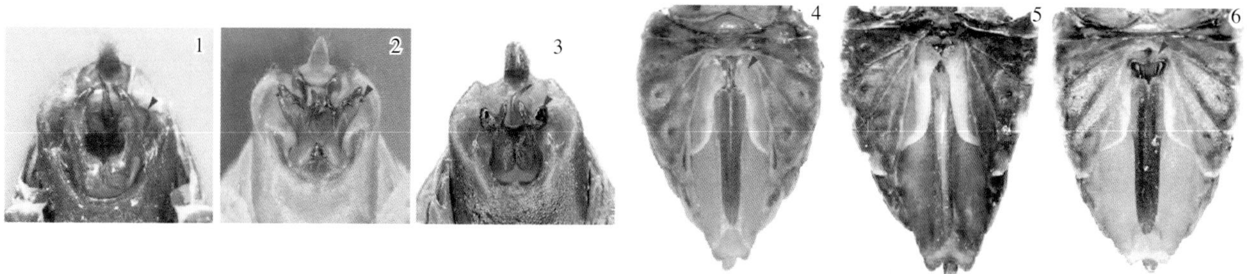

彩图1-29-3　三种褐飞虱雄虫（1～3.示阳基侧突）和雌虫（4～6.示第一载瓣片）外生殖器（何佳春和傅强提供）
Colour Figure 1-29-3　Genitalia of males (1-3. the paramere) and females (4-6. the first carrier flap) of three species of *Nilaparvata* (by He Jiachun and Fu Qiang)
1、4. 褐飞虱（*N. lugens*）　2、5. 拟褐飞虱（*N. bakeri*）　3、6. 伪褐飞虱（*N. muiri*）

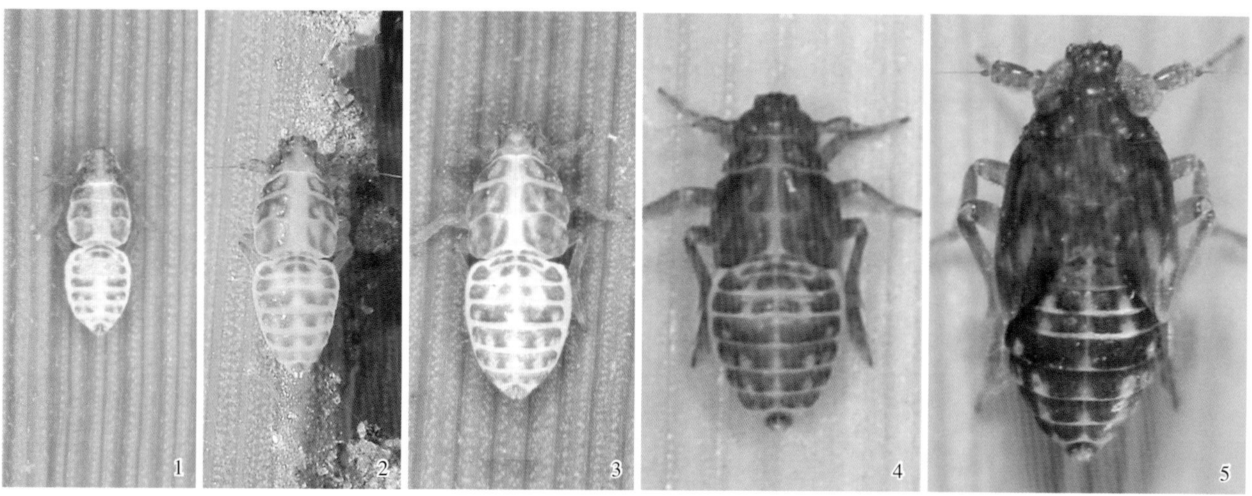

彩图1-29-4　褐飞虱各龄若虫（谢茂成和何佳春提供）
Colour Figure 1-29-4　Nymphs of *Nilaparvata lugens* (by Xie Maocheng and He Jiachun)
1～5依次为一、二、三、四、五龄若虫

彩图1-30-1　白背飞虱吸食为害状（傅强提供）
Colour Figure 1-30-1　Damage caused by *Sogatella furcifera* (by Fu Qiang)
1.吸食引起的“黄塘”　2.受害稻丛基部“黑秆”

彩图 1-30-2 白背飞虱成虫（谢茂成提供）
Colour Figure 1-30-2 Adults of *Sogatella furcifera* (by Xie Maocheng)
1. 长翅型雌虫 2. 长翅型雄虫 3. 短翅型雌虫

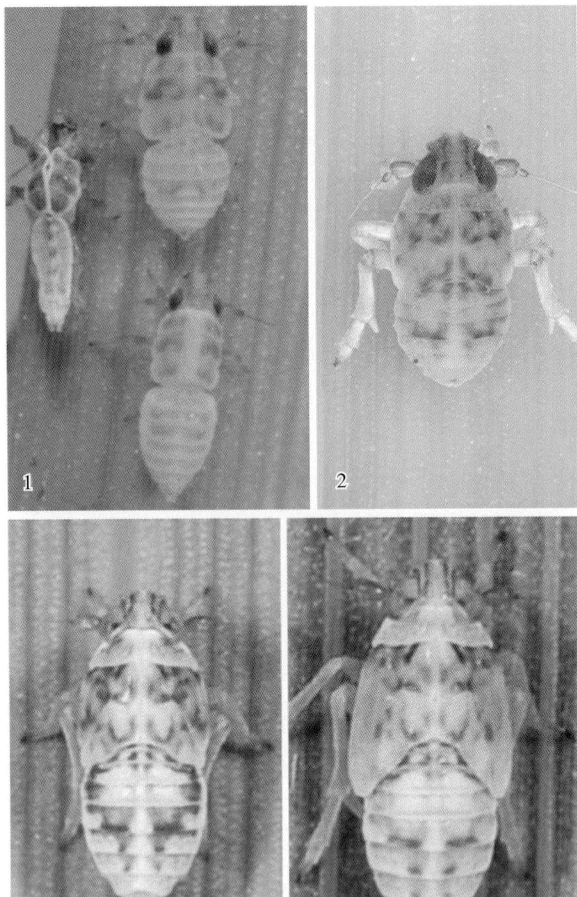

彩图 1-30-3 白背飞虱各龄若虫（谢茂成和何佳春提供）
Colour Figure 1-30-3 Nymphs of *Sogatella furcifera* (by Xie Maocheng and He Jiachun)
1. 一龄（下）、二龄（上） 2. 三龄 3. 四龄 4. 五龄

彩图 1-31-1 灰飞虱群集于稻穗上吸食为害（傅强提供）
Colour Figure 1-31-1 Rice panicle fed by *Laodelphax striatellus*（by Fu Qiang）

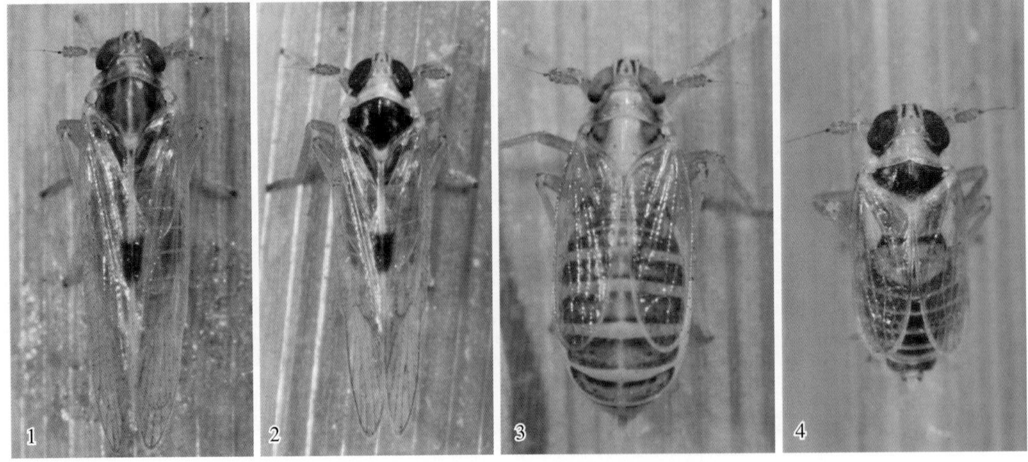

彩图 1-31-2 灰飞虱成虫（谢茂成和何佳春提供）
Colour Figure 1-31-2 Adults of *Laodelphax striatellus* (by Xie Maocheng and He Jiachun)
1. 长翅雌虫 2. 长翅雄虫 3. 短翅雌虫 4. 短翅雄虫

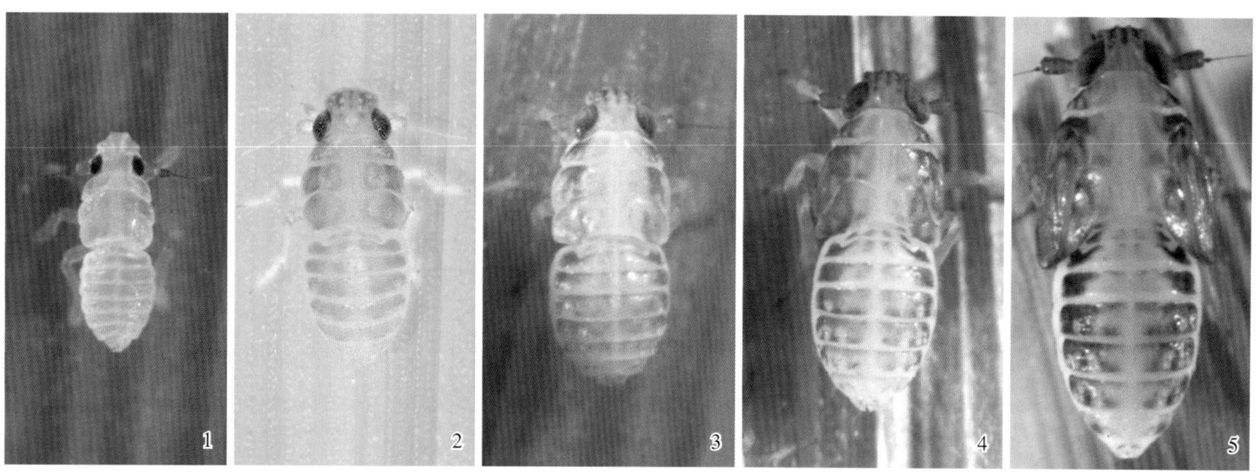

彩图1-31-3　灰飞虱各龄若虫（谢茂成和何佳春提供）

Colour Figure 1-31-3　Nymphs of *Laodelphax striatellus* (by Xie Maocheng and He Jiachun)

1～5依次为一、二、三、四、五龄若虫

彩图1-32-1　稻纵卷叶螟成虫、卵、幼虫、蛹及其为害状（傅强提供）

Colour Figure 1-32-1　The adults, eggs, larvae and pupa of *Cnaphalocrocis medinalis* and the damage symptoms (by Fu Qiang)

1、2. 成虫　3. 卵粒　4. 蛹　5. 卷叶　6～8. 幼虫及其为害状

彩图 1-32-2 田间蜘蛛捕食稻纵卷叶螟幼虫（杨亚军提供）
Colour Figure 1-32-2 *Cnaphalocrocis medinalis* larva predated by a spider (by Yang Yajun)

彩图 1-33-1 三化螟成虫、卵块、幼虫和蛹（傅强提供）
Colour Figure 1-33-1 The adult, egg mass, larva and pupa of *Scirpophaga incertulas* (by Fu Qiang)
1. 雌成虫 2. 卵块 3. 幼虫 4. 蛹

彩图 1-34-1 二化螟成虫、卵块、幼虫、蛹及其为害状（傅强提供）
Colour Figure 1-34-1 The adults, egg mass, larva and pupa of *Chilo suppressalis* and the damage symptoms (by Fu Qiang)
1. 雌成虫 2. 雄成虫
3. 卵块 4. 幼虫和蛹
5. 为害状（枯心）
6. 为害状（白穗）

彩图1-35-1　大螟成虫、卵块、幼虫和蛹（傅强提供）

Colour Figure 1-35-1　The adult, egg mass, larva and pupa of *Sesamia inferens* (by Fu Qiang)

1. 成虫　2. 卵块　3. 幼虫　4. 蛹

彩图1-36-1　台湾稻螟成虫、幼虫和蛹（张扬和肖汉祥提供）

Colour Figure 1-36-1　The adults, larva and pupa of *Chilo auricilius* (by Zhang Yang and Xiao Hanxiang)

1. 成虫展翅状　2. 成虫停伏状　3. 幼虫　4. 蛹

彩图1-37-1　稻螟蛉成虫、幼虫及其为害状（傅强提供）

Colour Figure 1-37-1　The adults and larvae of *Naranga aenescens* and the damage symptoms (by Fu Qiang)

1. 雌成虫　2. 雄成虫　3. 幼虫及其为害状　4. 高龄幼虫

彩图 1-38-1 淡剑灰翅夜蛾成虫（吴琼提供）
Colour Figure 1-38-1 The adult of *Spodoptera depravata* (by Wu Qiong)

彩图 1-38-2 水稻叶夜蛾成虫（吴琼提供）
Colour Figure 1-38-2 The adult of *Spodoptera mauritia* (by Wu Qiong)

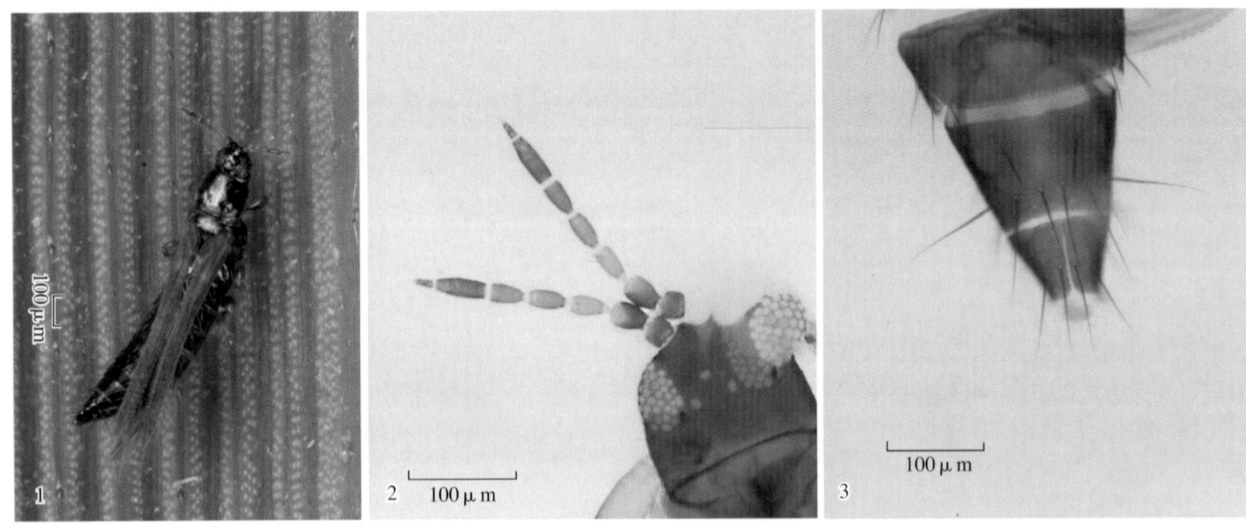

彩图 1-39-1 稻蓟马成虫形态（叶恭银提供）
Colour Figure 1-39-1 *Stenchaetothrips biformis* adult (by Ye Gongyin)
1. 成虫 2. 头胸部（示触角和复眼） 3. 腹部末端

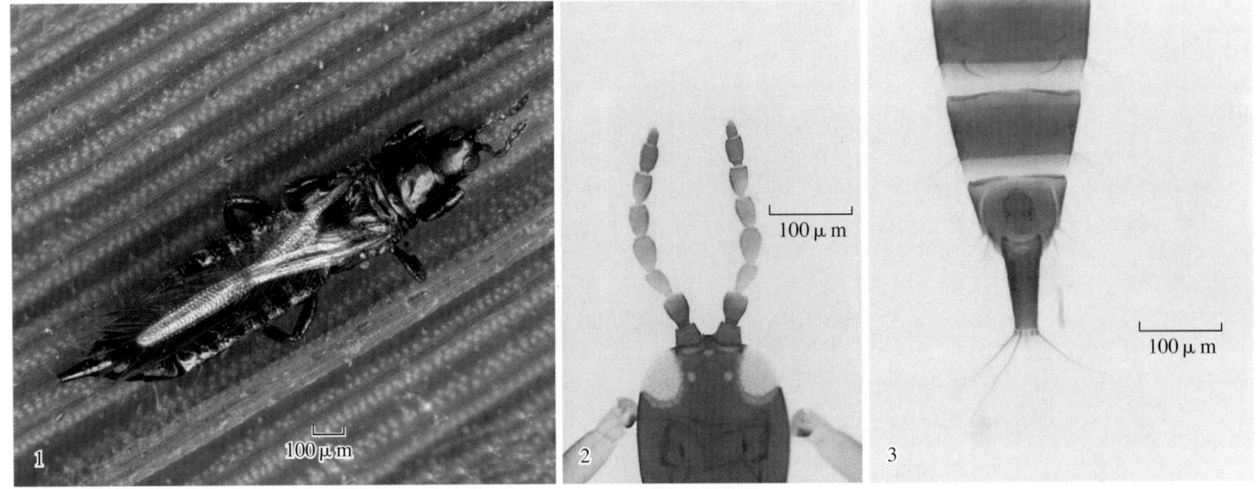

彩图 1-39-2 稻管蓟马成虫形态（叶恭银提供）
Colour Figure 1-39-2 *Haplothrips aculeatus* adult (by Ye Gongyin)
1. 成虫 2. 头胸部（示触角和复眼） 3. 腹部末端

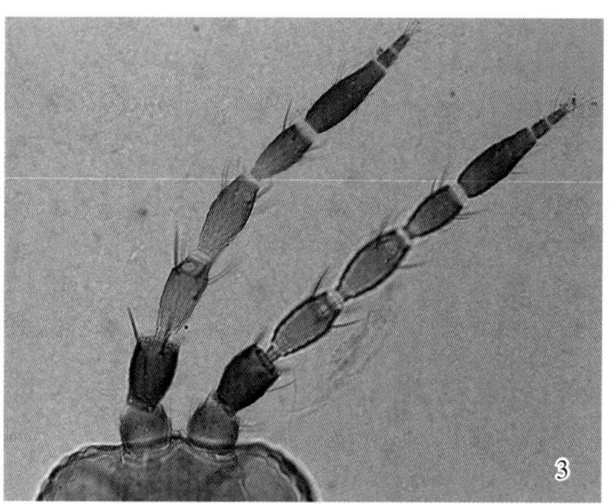
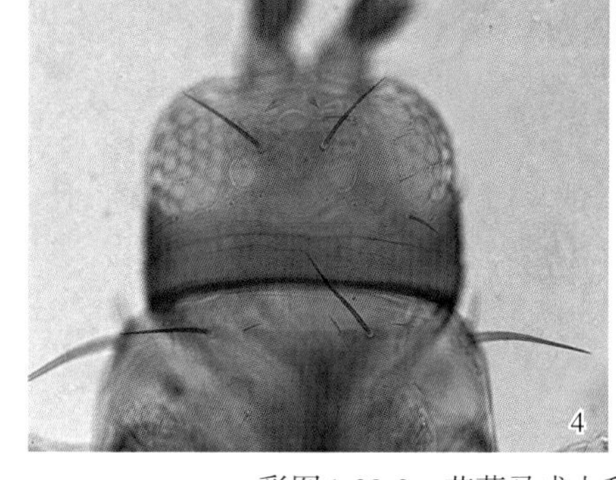
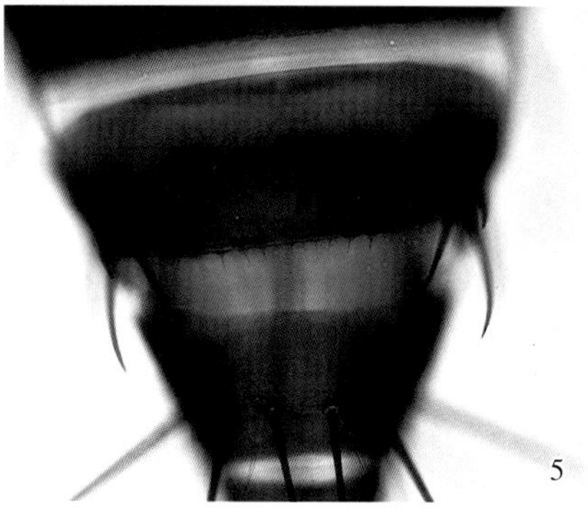

彩图1-39-3　花蓟马成虫和若虫形态（吕要斌提供）
Colour Figure 1-39-3　*Frankliniella intonsa* adult and nymph (by Lü Yaobin)
1.成虫　2.若虫　3.成虫触角　4.成虫头胸部（示复眼）　5.腹部末端

彩图1-40-1　黑尾叶蝉吸食为害造成的分蘖期水稻下部叶片枯死（何佳春和傅强提供）
Colour Figure 1-40-1　Dead leaves of rice at tilling stage caused by *Nephotettix bipunctatus* (by He Jiachun and Fu Qiang)

彩图1-40-2　黑尾叶蝉、二点黑尾叶蝉和二条黑尾叶蝉成虫（谢茂成和何佳春提供）
Colour Figure 1-40-2　Adults of *Nephotettix bipunctatus* , *N. virescens* and *N. nigropictus* (by Xie Maocheng and He Jiachun)
1.黑尾叶蝉雌成虫　2.黑尾叶蝉雄成虫　3.二点黑尾叶蝉　4.二条黑尾叶蝉

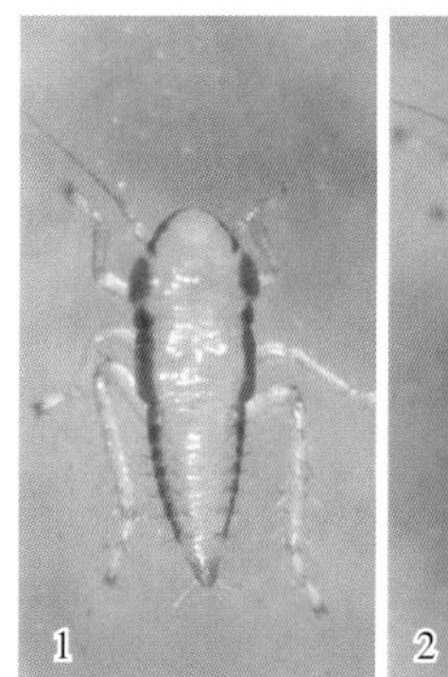
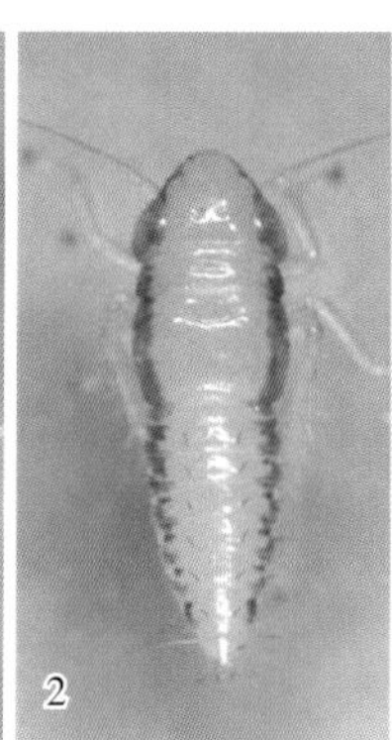
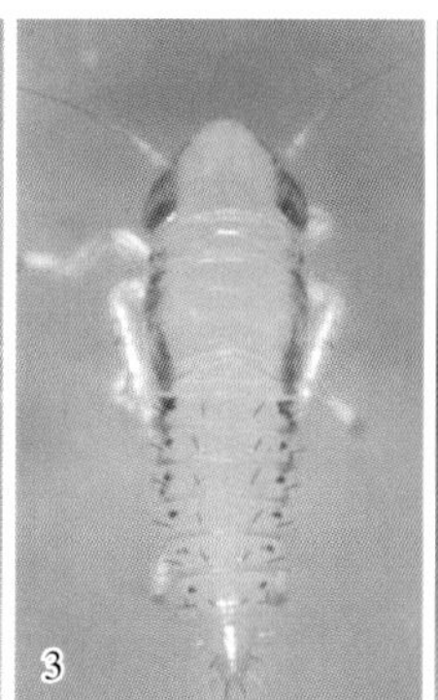

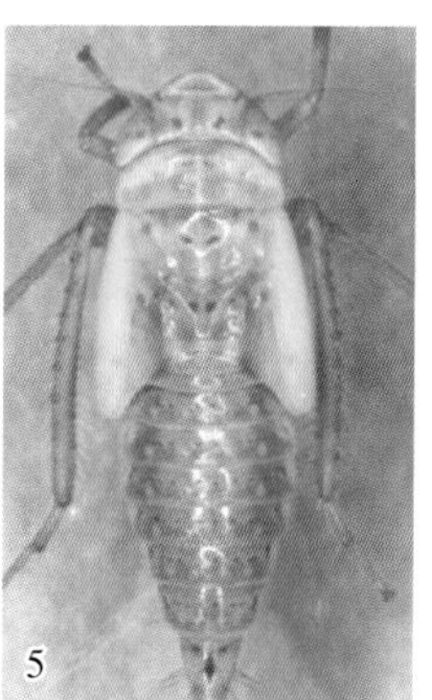

彩图1-40-3　二点黑尾叶蝉各龄若虫（何佳春提供）
Colour Figure 1-40-3　Nymphs of *Nephotettix virescens* at different instars (by He Jiachun)
1~5依次为一、二、三、四、五龄若虫

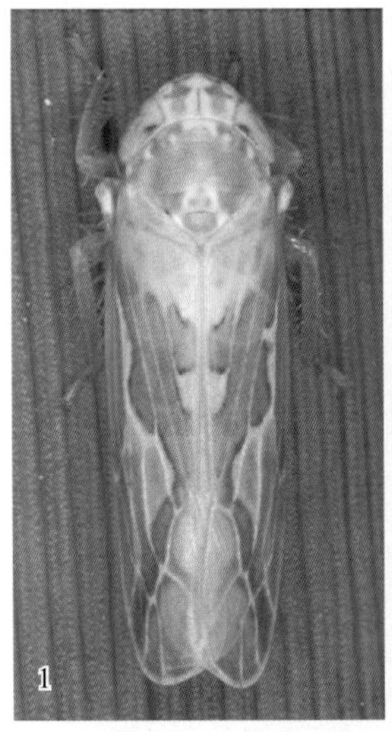
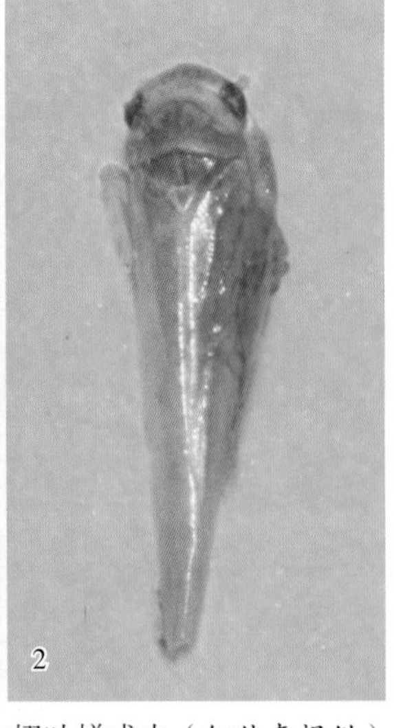

彩图 1-40-4 电光叶蝉和白翅叶蝉成虫（何佳春提供）
Colour Figure 1-40-4 Adults of *Recilia dorsalis* and *Empoasca subrufa* (by He Jiachun)
1.电光叶蝉 2.白翅叶蝉

彩图 1-41-1 稻绿蝽成虫（傅强提供）
Colour Figure 1-41-1 Adults of *Nezara viridula* (by Fu Qiang)
1.全绿型 2.黄肩型

彩图 1-41-2 稻绿蝽若虫（傅强提供）
Colour Figure 1-41-2 Nymphs of *Nezara viridula* (by Fu Qiang)
1.一龄 2.三龄 3.四龄

彩图 1-41-3 稻黑蝽（傅强提供）
Colour Figure 1-41-3 *Scotinophara lurida* (by Fu Qiang)
1.成虫 2.初孵化若虫与孵化后的卵壳

彩图1-41-4　大稻缘蝽（傅强提供）
Colour Figure 1-41-4　*Leptocorisa acuta* (by Fu Qiang)
1.成虫　2.卵块

彩图1-42-1　麦长管蚜
（谢茂成和何佳春提供）
Colour Figure 1-42-1　*Sitobion miscanthi*
(by Xie Maocheng and He Jiachun)
1.有翅蚜　2.无翅蚜

彩图1-41-5　稻棘缘蝽（傅强提供）
Colour Figure 1-41-5　*Cletus trigonus* (by Fu Qiang)
1.成虫　2.卵与初孵若虫（右上角示孵化后的卵壳）

彩图1-43-1　直纹稻弄蝶成虫和幼虫（傅强提供）
Colour Figure 1-43-1　Adults and larva of *Parnara guttata* (by Fu Qiang)
1.成虫正面观　2.成虫侧面观　3.幼虫

彩图1-43-2　4种稻弄蝶成虫（吴琼提供）
Colour Figure 1-43-2　Adults of four Hesperiidae species (by Wu Qiong)
1. 曲纹稻弄蝶（*Parnara ganga*）
2. 幺纹稻弄蝶（*Parnara bada*）
3. 隐纹谷弄蝶（*Pelopidas mathias*）
4. 南亚谷弄蝶（*Pelopidas agna*）

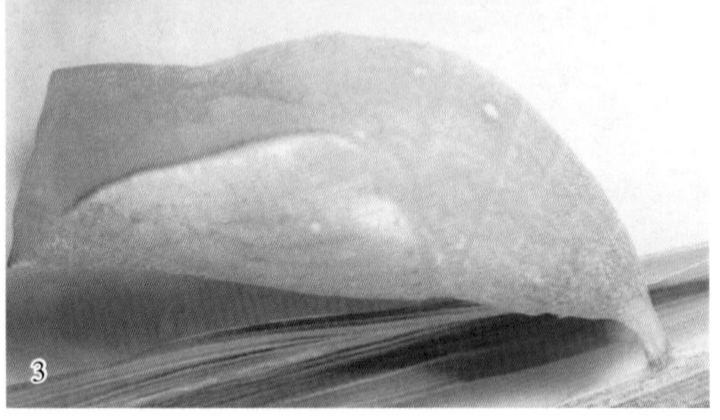

彩图1-44-1　稻眼蝶成虫、幼虫和蛹（叶恭银提供）
Colour Figure 1-44-1　The adults, larva and pupa of *Mycalesis gotama* (by Ye Gongyin)
1.成虫正面（左）和腹面（右）观　2.幼虫　3.蛹

彩图1-44-2　稻暗褐眼蝶成虫（吴琼提供）
Colour Figure 1-44-2　Adults of *Melanitis leda* (by Wu Qiong)
1. 正面观　2.背面观

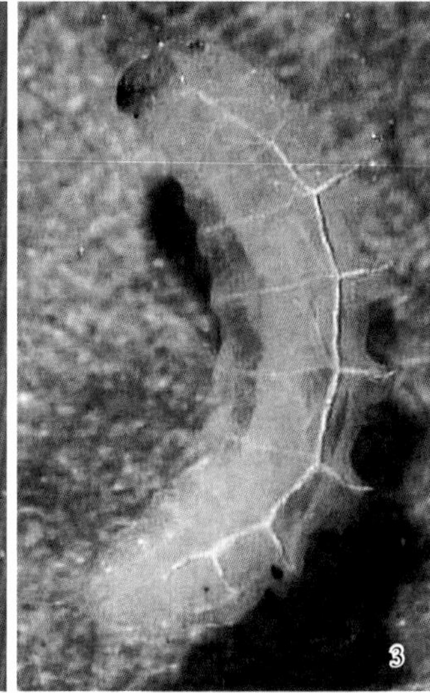

彩图 1-45-1　稻水象甲（张志涛提供）
Colour Figure 1-45-1　*Lissorhoptrus oryzophilus* (by Zhang Zhitao)
1.幼虫为害后的根系　2.成虫　3.幼虫

彩图1-46-1　稻象甲成虫及其为害状（夏声广提供）
Colour Figure 1-46-1　The adult (1) of *Echinocnemus squameus* and the damage symptom (2) (by Xia Shengguang)
1.成虫　2.为害状

彩图1-47-1　稻铁甲虫成虫（吴琼提供）
Colour Figure 1-47-1　The adult of *Dicladispa armigera* (by Wu Qiong)

彩图1-48-1　水稻负泥虫成虫和幼虫（吴琼和袁海滨提供）
Colour Figure 1-48-1　The adult and larva of *Oulema oryzae* (by Wu Qiong and Yuan Haibin)

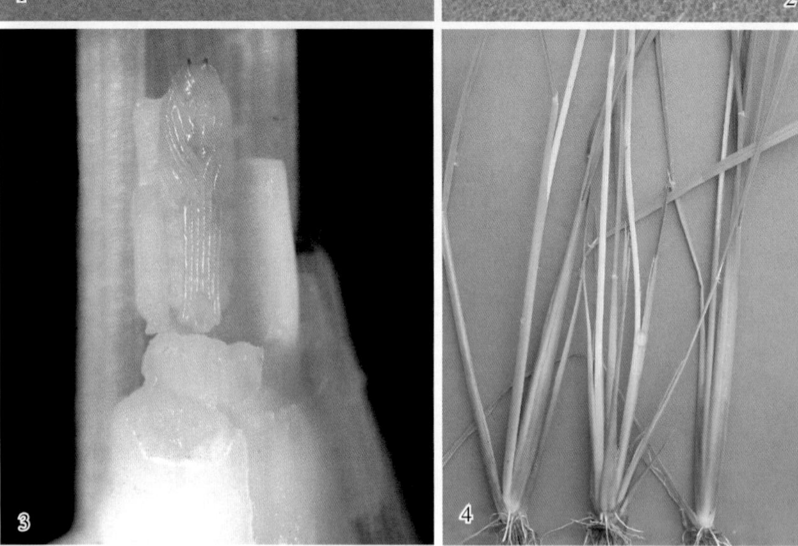

彩图1-50-1 稻瘿蚊成虫、幼虫、蛹形态及为害状（王助引提供）
Colour Figure 1-50-1 The adult, larvae, pupa of *Orseolia oryzae* and the damage symptom (by Wang Zhuyin)
1. 成虫 2. 幼虫 3. 蛹 4. 为害状

彩图1-51-1 稻叶毛眼水蝇成虫（袁海宾提供）
Colour Figure 1-51-1 The adult of *Hydrellia sinica* (by Yuan Haibin)

彩图1-52-1 稻秆潜蝇成虫（吴琼和袁海滨提供）
Colour Figure 1-52-1 The adult of *Chlorops oryzae* (by Wu Qiong and Yuan Haibin)
1.背面观 2.侧面观

彩图 1-56-1　中华稻蝗为害稻叶及成虫（傅强提供）
Colour Figure 1-56-1　The adult of *Oxya chinensis* and the damage caused by it (by Fu Qiang)
1.示取食造成稻叶缺口　2.示取食状

彩图1-59-1　福寿螺卵块、螺体及为害状（董胜张、谢茂成和徐静提供）
Colour Figure 1-59-1　The egg mass, body shells of *Ampullarium crosseana* and the damage symptom (by Dong Shengzhang, Xie Maocheng and Xu Jing)
1.卵块　2.不同大小的螺体　3、4.为害状

第 2 单元　麦类病虫害

第 1 节　小麦条锈病

一、分布与危害

小麦条锈病是中国也是世界上许多国家小麦最重要的病害之一，其发生历史久远，分布范围广，流行频率高，为害损失重。我国是世界上最大的小麦条锈病流行区，条锈病每年都有不同程度的发生和为害，主要发生在陕西、甘肃、青海、宁夏、新疆、四川、云南、贵州、重庆、西藏、河南、河北、山东、山西、江苏、安徽等地冬、春麦区，某些年份在东北春麦区亦有发生。在世界上该病主要分布于美国、印度、巴基斯坦等国西北部，以及中亚山区、西欧，在澳大利亚、新西兰、北非、东非和南美安第斯山区域发生也较多。小麦条锈病主要侵害小麦，少数小种也可侵染大麦、黑麦和一些禾本科杂草。小麦感病后，生理机能遭到干扰和破坏，麦粒千粒重下降，穗粒数降低。病害大流行年份可使小麦减产 30%左右，中度流行年份减产 10%～20%，特大流行年份减产率高达 50%～60%，甚至麦子不能抽穗，形成"锁口疸"，使小麦几乎没有收成。如我国小麦条锈病在 1950 年、1964 年、1990 年、2002 年和 2009 年发生 5 次全国性大流行，分别造成小麦减产 60 亿 kg、30 亿 kg、26.5 亿 kg、14 亿 kg和 4.5 亿 kg。

二、症状

小麦条锈病以侵害小麦叶片为主，有时也侵害叶鞘、茎秆和麦穗。发病初期在麦叶上产生褪绿斑点，以后在发病部位产生鲜黄色虚线状的粉疱（夏孢子堆），故名条锈病，后期长出黑色疱斑（冬孢子堆）。夏孢子堆小，一般为鲜黄色，有时也呈黄色或橘黄色，狭长形至长椭圆形，成株期常沿叶脉排列成行，幼苗期此症状不明显，孢子堆破裂后可散出粉状夏孢子（彩图 2-1-1）。冬孢子堆黑色、狭长形，埋伏于寄主表皮下，呈条状。小麦条锈病与叶锈病和秆锈病症状的主要区别是："条锈成行、叶锈乱、秆锈是个大红斑"（表 2-1-1）。

表 2-1-1　小麦三种锈病的田间症状区别

Table 2-1-1　Symptom comparison of stripe, leaf, and stem rust of wheat in field

	项　目	条锈病	叶锈病	秆锈病
夏孢子堆	发生时期	早	较早	晚
	侵害部位	叶片为主，叶鞘、茎秆、穗部次之	叶片为主，叶鞘、茎秆上少见	茎秆、叶鞘、叶片为主，穗部次之
	大小	最小	居中	最大
	形状	狭长至长椭圆形	圆形至长椭圆形	长椭圆形至长方形
	颜色	鲜黄色	橘黄色	黄褐色
	排列	成株上成行，幼苗上呈多重轮状，多不穿透叶背	散乱无规则，多不穿透叶背	散乱无规则，可穿透叶背，叶背粉疱比叶面的大
	表皮开裂	不明显	开裂一圈	大片开裂，呈窗户状向两侧翻卷

（续）

项　目		条锈病	叶锈病	秆锈病
夏孢子堆	大小	小	小	较大
	形状	狭长形	圆形至长椭圆形	长椭圆形至狭长形
	颜色	黑色	黑色	黑色
	排列	成行	散生	散乱无规则
	表皮开裂	不破裂	不破裂	破裂，表皮卷起

三、病原

小麦条锈病的病原是条形柄锈菌小麦专化型（*Puccinia striiformis* West f. sp. *tritici* Eriks. et Henn.，异名：*Puccinia glumarum* Eriks. & Henn. f. sp. *tritici*），俗称小麦条锈（病）菌，属担子菌门柄锈菌属，在完整的生活史中能产生5种不同类型的孢子，即夏孢子、冬孢子、担孢子、性孢子和锈孢子。夏孢子和冬孢子发生在小麦等禾本科植物寄主上，属无性繁殖世代。冬孢子萌发产生担孢子，可侵染特定的转主寄主小檗属的一些种（*Berberis chinensis*，*B. holstii*，*B. koreana*，*B. vulgaris*），然后产生性孢子和锈孢子，完成有性阶段（图2-1-1）。从现有资料来看，条锈病菌的转主寄主对病害的发生和流行作用不大，主要是靠夏孢子重复侵染为害小麦。

小麦条锈病菌的夏孢子球形或卵圆形，淡黄色，大小为（18～28）μm×（18～24）μm，表面有微小细刺，散生6～12个芽孔。冬孢子梭形或棒形，大小为（30～53）μm×（12～20）μm，顶端平截或圆，褐色，下部色较浅，一般为双细胞，偶见单细胞或三细胞，顶端壁厚3～5μm，横隔处稍缢缩，柄短，有色，不需冷冻处理便可萌发。

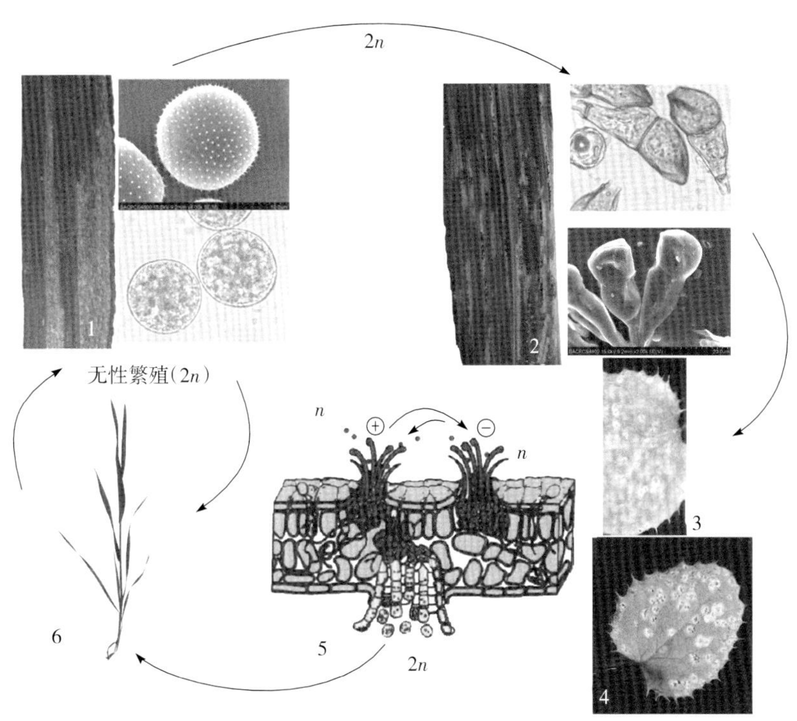

图2-1-1　小麦条锈病菌生活史（陈万权提供）

Figure 2-1-1　Life cycle of *Puccinia striiformis* f. sp. *tritici* (by Chen Wanquan)

1. 小麦上夏孢子堆和夏孢子　2. 小麦上冬孢子堆和冬孢子　3. 冬孢子萌发产生担孢子侵染小檗产生的性孢子堆　4. 小檗上锈孢子堆　5. 性孢子和锈孢子示意图　6. 锈孢子侵染小麦以及夏孢子反复侵染小麦

四、病害循环

小麦条锈病菌主要在陕西关中、华北平原中南部、成都平原及江汉流域等冬麦区以潜伏菌丝或夏孢子越冬或冬繁，春季小麦返青后潜伏菌丝长出夏孢子，反复侵染小麦，并向北部麦区扩散传播，直至小麦生长中后期病菌夏孢子随东南风吹送到甘、川、青、宁等高山冷凉地带的晚熟冬、春麦和自生麦苗上繁殖蔓延，越过夏季，秋季越夏菌源又随西北气流传播到平原冬麦区和海拔较低的冬麦区侵害秋播麦苗，如此春去秋来，循环往复，构成小麦条锈病菌的全国大区循环（图2-1-2）。其中，越夏是条锈病菌侵染循环中的关键环节。

五、流行规律

（一）小麦条锈病菌的传播扩散及其侵染条件

1. 小麦条锈病菌的传播与扩散 小麦条锈病是一种气流传播病害，锈菌夏孢子遇到轻微的气流，就会从夏孢子堆中飞散出来。风力弱时，夏孢子只能传播至邻近麦株上。当菌源量大、气流强时，强大的气流可将大量的条锈病菌夏孢子吹送至1 500～5 000m的高空，随气流传播到800～2 000km以外的小麦上侵害。夏孢子在被吹送至高空以前有一部分已失去生活力，在传播过程中又有部分孢子濒于死亡，降落到麦株上的孢子只有很少一部分尚保持着侵染力，但总的数量仍然足以使大面积小麦受到侵染。

2. 小麦条锈病菌夏孢子寿命及萌发条件 小麦条锈病菌夏孢子的寿命与日光照射的时间长短及温、湿度的高低有密切关系。据报道，条锈病菌夏孢子经日光照射1d，发芽率下降至0.1%。在相对湿度40%的条件下，气温0℃时可存活443d，气温5℃时可存活179d，气温15℃时可存活47～89d，气温升至25℃时迅速丧失生活力，在36℃下历时2d、45℃下历时5min即死亡。在相对湿度80%的条件下，生活力很快丧失。在真空冻干的条件下可存活3～5年，甚至更久。因此，常用真空抽气1～2h后，在密封低温干燥的条件下保存菌种。在－196℃超低温液态氮中保存菌种，效果更好。

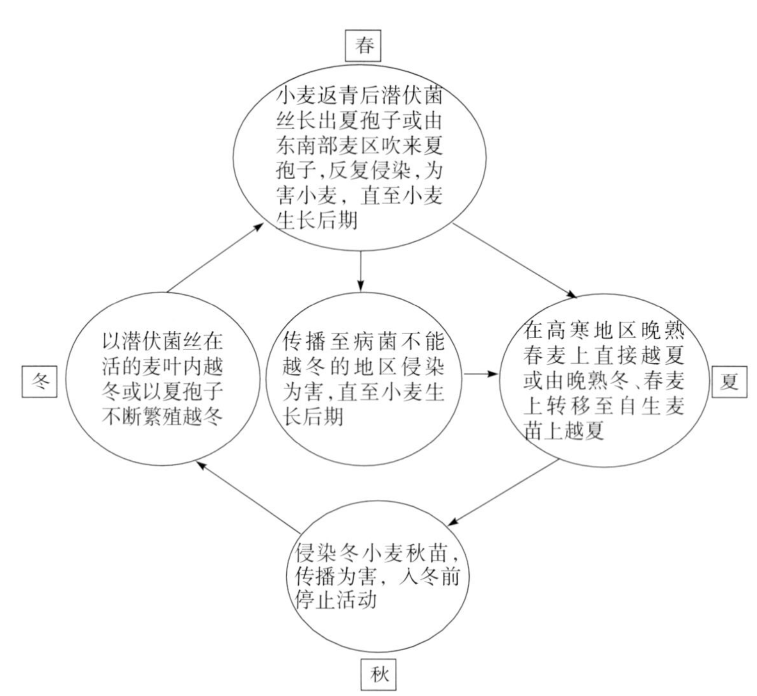

图2-1-2 中国小麦条锈病菌夏孢子周年侵染循环（仿汪可宁）

Figure 2-1-2 Year-round infection cycle of urediniospores of *Puccinia striiformis* f. sp. *tritici* in China（from Wang Kening）

小麦条锈病菌夏孢子萌发的最低温度为0℃，最适温度为5～12℃，最高温度为20～26℃；侵入最适温度为9～12℃。在平均气温为－3～1℃的条件下，病害潜育期为46～80d；1～3℃时，30～45d；3～6℃时，16～25d；6～9℃时，13～20d；9～12℃时，11～16d；12～15℃时，9～14d；15～20℃时，6～11d。锈菌夏孢子萌发阶段不需要光照，但侵入阶段则需要光照。弱光条件下病害潜育期较强光条件下长1倍。

3. 小麦条锈病菌侵染过程及侵染条件 小麦条锈病菌夏孢子落到感病小麦品种的叶片上，遇合适的温、湿度条件即萌发长出芽管，沿着麦叶表皮生长。遇到气孔后，芽管顶端膨大形成压力胞，然后从压力胞下方伸出1条管状的侵入丝，钻入气孔内。在气孔下长出侵染菌丝和吸器，伸入附近细胞内，用以从小麦组织中吸取养料和水分，到此，锈菌夏孢子萌发侵入寄主的过程即告完成。小麦条锈病菌夏孢子的萌发和侵入都要求与水滴或水膜接触。如无水滴或水膜，即使相对湿度达到90%以上，夏孢子也很少或不能萌发。因此，结露、降雾、下毛毛雨均非常有利于条锈病的发生，而以结露最为有利。在适宜的温度条件下，叶面露水只需保持3～4h，锈菌就可以侵入小麦。一般结露6～8h便可使锈菌充分侵染。

（二）小麦条锈病菌越夏、越冬和春季流行规律

1. 越夏规律 条锈病是一种低温病害，在我国平原冬麦区和海拔较低的山区，病菌不能越夏。甘肃、青海、宁夏、四川、云南、贵州、新疆、西藏等高寒地区，海拔高，气温低，且有不同生育期的小麦可供条锈病菌在夏季侵染。条锈病菌或直接在9月至10月初收割的晚熟春麦上越夏，或由晚熟冬、春麦转移到冬、春麦的自生麦苗上越夏。凡夏季最热阶段（7月下旬至8月上旬）旬平均气温在20℃以下的地区，病菌在感病小麦品种上可连续侵染，顺利越夏；气温在22～23℃的地区，虽可越夏，但很困难，往往呈"藕断丝连"状态；气温在23℃以上的地区，病菌不能越夏。因此，一般将夏季最热一旬平均气温22～23℃定为小麦条锈病菌越夏的温度上限。限制小麦条锈病菌越夏的另一个因素是菌源能否与寄主衔接。凡在一个局部区域内小麦种植呈垂直分布，成熟期相差悬殊，早熟小麦的自生麦苗出土后可从部分晚熟小麦上获得菌源，晚熟小麦与自生麦苗重叠生长达30d以上的地区，条锈病菌能够顺利越夏。此外，降雨也是限制条锈病菌越夏的重要条件。夏季降雨多，一方面可使温度降低，使病菌越夏海拔高度下移，越夏范围扩大；另一方面可使夏季自生麦苗增多，大气湿度加大，有利于病菌侵染和繁殖。在我国，小麦条锈病菌越夏菌源分布可划分为5大片（图2-1-3）。

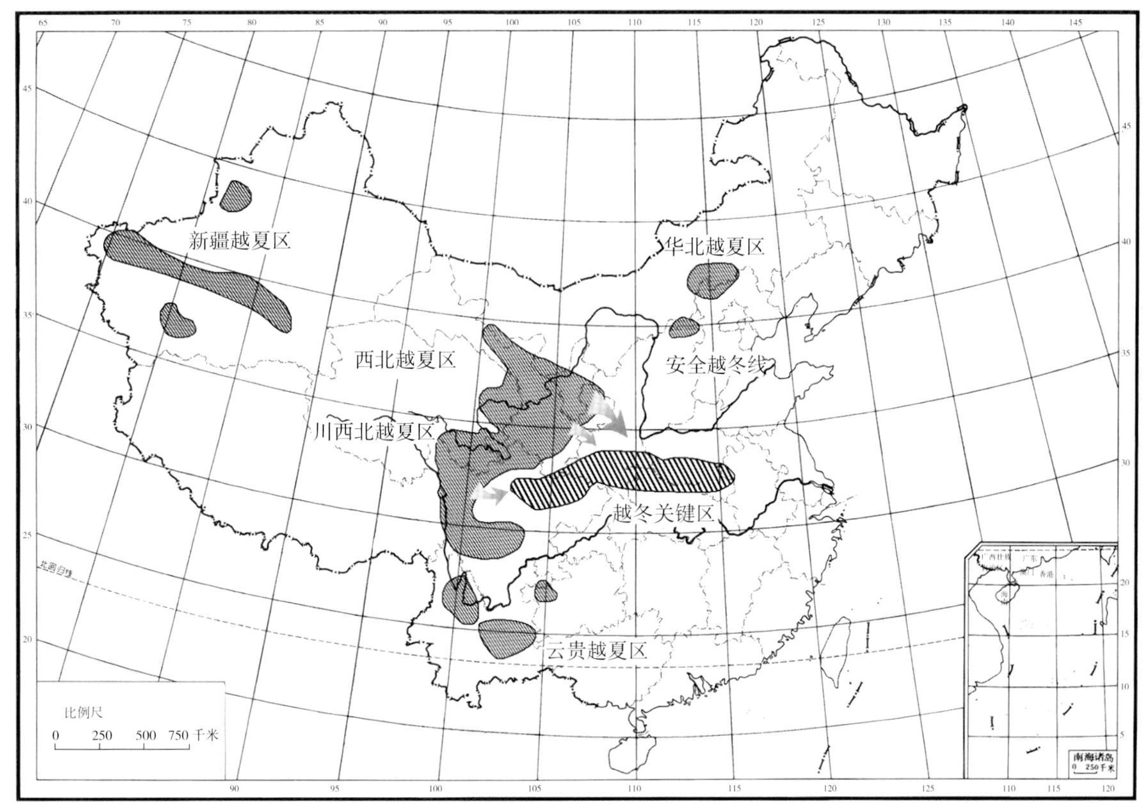

图2-1-3 中国小麦条锈病菌越夏、越冬地带及其秋季菌源传播（陈万权提供）

Figure 2-1-3 Oversummering and overwintering areas of *Puccinia striiformis* f. sp. *tritici* and its dispersal of inoculum sources in autumn in China (by Chen Wanqan)

（1）西北越夏区。甘肃的陇南、陇东、陇中，青海东部农区，宁夏的隆德、固原等地区，是我国小麦条锈病菌最大也是最重要的越夏区。其越夏方式有3种：一是在甘青高原晚熟春麦上直接越夏，这类地区小麦种植的最低海拔高度为2 000m左右，故不存在越夏的海拔下限问题；二是在洮岷高寒地区、六盘山两侧等晚熟春麦和自生麦苗上混合越夏，其越夏范围一般在海拔1 700～2 100m地区；三是在渭河上游、陇南南部、陇东山塬地区的自生麦苗上越夏，越夏海拔高度下限为1 400m。西北越夏区的越夏麦田总面积约20万hm^2。其中，陇南、陇东越夏区位置适中、菌量最多，是我国小麦条锈病菌的核心越夏区和东部广大麦区秋苗感病的主要菌源基地。

（2）川西北越夏区。四川阿坝、甘孜和凉山海拔1 800m以上的麦区，条锈病菌在春麦、晚熟冬麦和自生麦苗上越夏，越夏面积约3万hm^2。春麦上越夏菌源的主要作用在于给早播晚熟冬麦的麦苗提供菌

源，使越夏菌源能够继续保留下来，成为成都平原及其邻近丘陵地区冬麦秋苗发病的主要菌源，还可波及江汉流域等麦区。研究表明，该越夏区因种植结构调整，春麦和自生麦苗面积大幅减少，条锈病菌越夏麦田面积显著缩小。

（3）云贵越夏区。云南昆明、玉溪、曲靖、大理、楚雄和丽江等地海拔 2 000m 以上麦区，条锈病菌在自生麦苗和晚熟冬、春麦上越夏，有效越夏麦田面积约 1.5 万 hm^2。在黔西北赫章等地海拔 1 700m 以上的自生麦苗上也能安全越夏，越夏菌源能够与当地秋苗衔接，引起秋苗发病。云贵越夏区位置偏南，越夏菌源的作用主要限于本地，同时也可波及邻近的成都平原和江汉流域麦区。

（4）华北越夏区。包括晋北高原、内蒙古乌兰察布及河北坝上等地区，条锈菌可在海拔 1 200m 以上的晚熟春麦和自生麦苗上越夏。该越夏区为不稳定越夏区，常年越夏麦田面积很小，菌源很少，作用很小。

（5）新疆越夏区。包括北疆的昭苏、特克斯、新源、尼勒克等伊犁河上游地区和南疆的喀什、焉耆、轮台、新和、拜城、阿克苏及和田平原地区，条锈病菌在晚熟冬、春麦及自生麦苗上越夏，越夏面积为 20 万～30 万 hm^2。该越夏区地处边疆，位置偏西，且有辽阔的沙漠戈壁隔离，其作用主要是为新疆境内小麦提供菌源，对东部广大麦区可能影响不大。

2. 越冬规律 在小麦秋苗发病的地区，均存在小麦条锈病菌的越冬问题。我国东部麦区条锈病菌的越冬界限可沿陕西黄陵—山西介休—河北石家庄—山东德州（37°～38°N）划线，此线以南地区条锈病菌每年都可越冬，此线以北地区一般不能越冬。条锈病菌在陇南地区越冬海拔上限为 2 000m 左右，在海拔 1 800m 以下地区一般年份越冬率较高；在四川阿坝藏族自治州越冬海拔高度上限为 2 800m 左右；云南地区由于冬季气温较高，小麦条锈病菌可在大部分地区越冬；新疆的河谷盆地及平原冬麦区，冬季覆雪时间长，病菌在雪层下能安全越冬。

在华北地区，条锈病菌主要以菌丝潜伏在未冻死的麦叶中越冬。在陕西关中地区，病叶可以陆续产生夏孢子，遇到阴雨或有露、雾天气，还可行再侵染。四川和云南的坝区或平原、陕西的汉中和安康、湖北以及河南信阳等地区，条锈病菌不但能顺利越冬，而且在冬季还能繁殖蔓延，是当地和邻近麦区春季流行的重要菌源基地，亦是越冬的关键地区（或称冬繁区）。如四川绵阳地区，冬季 12 月至翌年 2 月气温为 5.1～7.4℃，适于条锈病菌侵染繁殖，2010 年 11 月 29 日发现的单片病叶，至 12 月 29 日发展为面积 $4m^2$、病叶 260 片的大型发病中心，到翌年 2 月已全田普遍发病。再如 11 月 21 日在河南信阳观察到的 1 片病叶，到翌年 1 月 30 日发展成为 2 250 片病叶的大型发病中心。实际上，这类地区条锈病菌在冬季并未停止发生和发展，繁殖、扩散速度较快。

条锈病菌的越冬范围和数量年度间有较大差异，有的年份越冬范围很大、越冬菌量很多，有的年份则范围很小、菌量很少。影响小麦条锈病菌越冬的主要因素是气象条件、秋苗发病程度和品种抗寒能力。当 12 月上、中旬或中、下旬平均气温下降到 1～2℃时，病菌进入越冬阶段。1 月份气温低于－7℃时条锈病菌不能越冬，但麦田积雪覆盖时可提高雪下温度，气温即使降到－10℃病菌也能顺利越冬。河谷、阳坡的低海拔，湿度大的田块和冬灌麦田，小麦冻害轻，也有利于条锈病菌越冬和进行再侵染。冬小麦播种越早，秋苗发病越早、越重，条锈病菌越冬菌量越大。华北地区小麦在 10 月上旬以前特别是在秋分以前播种的发病较重，10 月 15～20 日以后播种的不发病；陇南半山地区，9 月中、下旬播种的小麦比 10 月上旬以后播种的发病早而重。寄主品种抗冻力强，锈菌越冬率高；反之，则锈菌越冬率低。

3. 春季流行规律 在华北、西北等气温较低的地区，条锈病菌越冬后，从 2 月下旬至 3 月上、中旬开始显症。干旱地区，越冬后一般要经过由少量越冬病叶到形成发病中心的过程，即“越春”阶段。旱地在早春无雨的情况下，小麦病叶死亡较快，往往不能“越春”。当旬平均气温上升到 2～3℃和旬平均最高气温上升到 8～9℃时，病菌由潜伏状态复苏显症，向四周传播蔓延。传播一般要经过单片病叶、发病中心和全田普遍发病 3 个阶段，或经过发病中心和普遍发病两个阶段。

在以当地越冬菌源为主的地区，条锈病一般先从基部叶片开始发生，随着病害的发展逐步向上蔓延，最后导致植株严重发病。在有利于病害发生的条件下，病害发展速度很快，单片病叶和发病中心可以每半月增长百倍以上。因此，早春发现的越冬菌源数量即使很少，只要条件有利，也会造成病害流行。在很少或无越冬菌源的地区，小麦条锈病的春季菌源依靠从外地吹来的夏孢子，一般在小麦生长中后期开始发病。其特点是病叶分布均匀，发病部位多在旗叶或旗叶下第一叶，没有从植株基部越冬病叶向中、上部叶片蔓延发展的发病中心。

小麦条锈病春季流行与否及其流行程度主要决定于以下几个因素：①小麦感病品种的种植面积；②条锈病菌的越冬菌源数量以及外来菌源到达的时间早晚和数量多少；③3～5月的降水量，特别是3、4月两个月的降水量；④不同地区早春气温回升的关键时期有所不同，如淮北一般在2月中、下旬至3月上旬，豫中北平原为2月下旬至3月上旬，华北平原中北部在3月上旬至3月下旬。

根据春季气候条件和越冬菌源等情况，我国小麦条锈病发生大致可划分为11个区域（越夏区除外）：①关中、晋南常发区；②豫东南常发区；③豫、苏、皖、鲁的淮北易发区；④豫中北平原易发区；⑤冀中南平原易发区；⑥晋中易发区；⑦冀中、冀东平原偶发区；⑧汉中常发区；⑨甘肃渭、泾河流域常发区；⑩陇东中部高原偶发区；⑪川西盆地常发区。此外，云南的中部和西部以及新疆的伊犁、塔城、阿克苏、喀什等地区，小麦条锈病也常发生和造成危害。

（三）小麦条锈病菌的生理专化现象

小麦条锈病菌是专化性很强的专性寄生菌，只能在活的小麦植株上生存。条锈病菌种内存在一些彼此在形态上没有明显差异，但在致病性方面有所区别的生理小种。一个特定的生理小种只能侵染小麦的一些品种，对另一些品种不能侵染。

条锈病菌生理小种类型多、变异快，一个小麦品种是否抗锈主要决定于它对当地的优势条锈病菌小种是否能够抵抗。抗病品种大面积推广种植后，多者经过8～10年，少者经过3～5年，其抗锈性往往就会减退或“丧失”。锈菌生理小种的变化、新的致病小种的产生和发展是引起小麦品种抗锈性“丧失”的主要原因，同时这种变化又与小麦品种类型和种植布局的改变有着密切的联系，二者之间存在着相互制约的关系。条锈病菌的致病性变异有基因突变、异核作用、适应性变异、准性生殖和有性重组等多种途径。

自20世纪50年代以来，我国每年都采用成套鉴别寄主监测小麦条锈病菌生理小种的组成、致病性特点、变异动态以及品种抗病性的变化趋势，供小麦育种和植保部门参考与利用。目前所用的鉴别寄主有20个小麦品种（系），即 Trigo Eureka、Fulhard、保春128、南大2419、维尔、阿勃、早洋、阿夫、丹麦1号、尤皮Ⅱ号、丰产3号、洛夫林13、抗引655、水源11、中四、洛夫林10号、Hybrid 46、*Triticum spelta* Album、贵农22和铭贤169（感病对照）。繁殖和鉴定生理小种的平均温度保持在（15±2）℃，光照度为8 000～10 000lx，光照时间为每天10～14h，标样在极感品种铭贤169上繁殖后接种上述20个鉴别寄主品种的幼苗，15～20d后进行调查鉴定。我国先后发现了33个小麦条锈病菌生理小种，其中，条中1号、条中8号、条中10号、条中13号、条中16号、条中17号、条中18号、条中19号、条中25号、条中28号、条中29号、条中30号、条中31号、条中32号、条中33号等一些生理小种都是不同时期导致小麦生产品种“丧失”抗锈性的主要原因（表2-1-2）。

表2-1-2 20世纪70年代以来中国小麦条锈病菌主要小种的出现频率及其在鉴别寄主上的反应

Table 2-1-2 Frequency and resistant/susceptible patterns of major races for *Puccinia striiformis* f. sp. *tritici* on the differential hosts in China since 1970s

鉴别寄主	条中17号	条中19号	条中25号	条中29号	条中30号	条中31号	条中32号	条中33号
Trigo Eureka	S/R	R	S/R	S	S	S	S	R/S
Fulhard	S	S	S	S	S	S	S	S
保春128	R	S	S	S	S	S	S	S
南大2419	S/R	S	S	S	S	S	S	S
维尔	R	R	S	S	S	S	S	S/R
阿勃	S/R	S	S	S	S	S	S	S
早洋	S	S	S	S	S	S	S	S
阿夫	R	S	S/R	S	S	S	S	S
丹麦1号	R	S	S/R	S	S	S	S	S

（续）

鉴别寄主	条中17号	条中19号	条中25号	条中29号	条中30号	条中31号	条中32号	条中33号
尤皮Ⅱ号	R	R	R	R	R	R	S	S
丰产3号	R/S	S	S	S	S	S	S	S
洛夫林13	R	R	R	S	S	S	S	S
抗引655	R	R	R	R	R	R	S	S
水源11	R	R	R	R	R	S	R	S
中四	R	R	R	R	R	R	R	R
洛夫林10号	R	R	R	S	S	S	S	S
Hybrid 46	R	R	R	R	S	S	S	R
Triticum spelta Album	R	R	R	R	R	R	R	R
贵农22	R	R	R	R	R	R	R	R
铭贤169	S	S	S	S	S	S	S	S
出现最高频率（%）	77.6	88.6	44.2	40.3	7.9	16.7	34.6	26.7
出现最高频率年份	1971	1979	1982	1989	1995	1997	2002	2007

注 R：抗病；S：感病；R/S：抗病和感病分离，以抗病为主；S/R：抗病和感病分离，以感病为主。

小麦在陇南、川西北等地不同海拔高度垂直种植，病菌能在这些地区顺利完成越夏、越冬和周年循环，加之高原强烈的紫外光的照射，有利于病菌的变异以及新小种的产生、保存和发展，我国小麦条锈病菌的所有新小种都是在这些地区首先发现，而且在这些地区小麦抗锈性“丧失”也较快。因此，陇南、川西北等地区亦是我国小麦条锈病菌新小种产生的策源地和品种抗锈性“丧失”的易变区。

六、防治技术

（一）选用抗（耐）锈丰产良种

小麦不同品种对条锈病的抗性差异非常明显，利用抗锈良种是防治条锈病最经济、有效的措施。抗锈良种可通过引种、杂交育种、系统选育和人工诱变等途径获得。小麦品种对条锈病的抗性表现有不同的类型，其侵染型可划分为免疫（0）、近免疫（0）、高抗（1）、中抗（2）、中感（3）和高感（4）等不同等级（彩图2-1-2）。大多数品种都表现为全生育期抗病，但有的品种表现为成株期抗病、苗期感病，少数品种表现为苗期抗病、成株期感病。目前各地都选育出了不少抗锈丰产品种，可因地、因时制宜地推广种植。如对条锈病多个生理小种表现免疫到高抗的品种有中植系统、兰天系统、中梁系统、川麦系统、绵阳系统品种以及陇鉴9343、陇鉴385、陇原031、陇原034、天选43、川农18、06品6、西科麦2号、绵麦37、云麦2号、定9873、京冬18、周麦17、周麦18、长4640、矮抗58、秦农142、黔麦15、新麦19、许农5号、花培5号、西农9718、西农961、矮丰11、农华9号、洛川9707、郑育麦031等。对优势小种条中32号、条中33号以及新小种V26表现全生育期抗病的品种有周麦17、鲁麦1号、皖麦53、长4640、长6878、兰天15、兰天18、兰天21、兰天22、兰天23、中梁22、中梁9589、A3-5等；表现成株抗病的品种有豫麦34、豫麦49、豫麦69、新麦19、皖麦19等；表现慢锈性的品种有鲁麦23、晋麦54和陕229等。在选用抗锈丰产良种时，要注意种植品种的合理布局和轮换种植，防止大面积单一使用某一个品种，做到“当年品种有搭配，常年品种有两手”。

在菌源传播关系密切的条锈病菌越夏区、越冬区、冬繁区和春季流行区之间，如西北越夏区、黄淮海越冬区、鄂西北和豫南冬繁区之间，采用多套不同的抗源系统，实行抗病品种的大区合理布局。在较小范围内条锈病菌能够完成周年循环的一些地区，如陇南、川西北、云南、新疆等，山上山下部署不同抗病类型的小麦品种，实行以抗病基因多样性为基础的品种多样化种植。此外，还需要建立种子田，做好品种提纯复壮和抗锈良种保持工作，防止品种混杂从而造成抗锈性及其他优良农艺性状的退化。

（二）农业防治

1. 停麦改种技术 甘肃东南部和四川西北部是我国小麦条锈病的重要越夏菌源基地。在这些地区实施作物结构调整，推广种植地膜玉米、地膜马铃薯、油菜、喜凉蔬菜、油葵、优质牧草等高经济效益作物，压缩小麦种植面积，增加作物多样性，既可显著降低小麦秋苗条锈病的菌源数量和病菌致病性的变异频率，又能增产增效，一举多得，行之有效。例如，在陇南海拔1 400～2 400m区域种植地膜玉米，产量6.0～7.5t/hm²，每公顷经济收入1.2万～1.5万元，经济效益比种小麦高2～3倍；地膜马铃薯产量为33～45t/hm²，较无膜露地栽培平均增产22%，平均每公顷经济收入3万元以上；优质牧草籽粒苋每公顷产鲜重330t、产籽6t，每公顷相当于收获7.8t蛋白质，适于在陇南海拔1 500～1 800m的条锈病核心菌源区种植，可作为重要的新型饲料作物在小麦条锈病菌源基地作物结构调整中重点推广应用。

2. 适期晚播技术 适期晚播是指在小麦适宜播种时间范围内尽量晚播、避免早播，对于控制小麦秋苗菌源数量和春季流行程度效果显著。播期对秋苗条锈病菌源的影响程度因地而异，以陇东、陇南、川西北等山区不同播期的病情差异较大。在陇南海拔1 500m以上的半山地区，适期晚播（10月上旬）比早播（9月中旬）对秋苗条锈病的防治效果达到98%以上，推迟条锈病春季流行暴发期3～11d，压低成株期病情指数50%以上，增产7%～14%。大面积应用结果表明，天水推迟7～10d播种、陇南推迟10～15d播种、平凉推迟5～7d播种，既不影响小麦正常生长，又能减轻条锈病发病率7%，推迟发病时间10～15d。陇南地区不同海拔高度冬麦的适宜播种期是：高山地区（1 650m以上）9月下旬、半山地区（1 500m左右）9月25日至10月5日和川区（1 200m以下）10月中、下旬。华北中北部和陕西关中地区，9月底至10月上旬播种，华北南部10月15日左右播种，鄂西北平原10月下旬、山区10月上旬播种，四川平坝地区10月中、下旬和西北部山区9月20日至10月初播种，小麦均极少发病或基本不发病，且产量比早播的更高。因此，在保墒的前提下，应尽可能地避免早播。

3. 作物间作套种技术 小麦品种混种或间种对条锈病具有一定的防控增产作用。在选用混种或间种品种时，要注意选择综合农艺性状相近、生态适应性相似、抗病性差异较大的品种进行搭配。如在陇南地区用兰天6号与兰天13或95-108分别按3∶1和1∶3的比例间种，对条锈病的防治效果分别为58%和63%，增产效果分别为12%和3%，可在生产上推广利用。小麦品种863-13、咸农4号、洮157混种，在整个生长季节可降低小麦条锈病的病情指数达73%，863-13、咸农4号、天94-3混种降低病情指数35%，洮157、天94-3、咸农4号混种降低病情指数51%，分别增产13%、10%和19%。小麦分别与玉米、马铃薯、蚕豆、辣椒、油葵等作物间套作，对小麦条锈病也有一定的防控作用，作物增产效果尤为显著。

4. 自生麦苗防除技术 在夏季小麦收获后至秋播冬小麦出苗前，自生麦苗是小麦条锈病菌赖以生存的唯一越夏寄主，也是小麦条锈病菌从晚熟冬、春麦向秋播麦苗转移繁衍的“绿色桥梁”，在小麦条锈病菌的周年侵染循环中起着至关重要的作用。麦收后1个月左右进行机械翻耕耙耱，或人工深翻2次以上，或在自生麦苗发生初期喷施20%百草枯水剂，在秋苗发病初期对条锈病的防控效果可达到98%以上，对控制自生麦苗和秋苗菌源效果显著。

5. 其他栽培防病技术 合理施用氮、磷、钾肥，避免偏施、迟施氮肥而引起植株贪青晚熟；在土壤湿度大的地区，注意开沟排水降低田间湿度，减轻麦株发病程度；后期发病严重的地块，适当灌水，以补偿因锈病侵害所丧失的水分，减少产量损失。

（三）化学防治

1. 药剂拌种 药剂拌种是一种高效多功能防治技术。小麦播种时采用三唑酮等三唑类杀菌剂进行拌种或种子包衣，可有效控制条锈病的发生，还能兼治其他多种小麦病害，具有一药多效、事半功倍的作用。对小麦条锈病有效的拌种剂（或种衣剂）有15%或25%三唑酮可湿性粉剂、12.5%烯唑醇可湿性粉剂、15%三唑醇可湿性粉剂、30%戊唑醇悬浮种衣剂等，各地可根据药源情况选用。如用种子重量0.03%（有效成分）的三唑酮可湿性粉剂进行干拌种，然后按常规播种，对苗期条锈病的防治效果可达到99.6%，推迟成株期病害流行暴发期2～22d，对成株期的防治效果也在70%以上，保产效果8.8%～29.1%。特别是在病害菌源基地进行药剂拌种，可防止越夏、越冬菌源的扩散和蔓延，达到“压前控后、控点保面，控西保东、控南保北”的目的。处理面积越大，拌种越彻底，效果越好。

2. 喷药防治 在没有抗病品种或者原有抗病品种已“丧失”抗锈性而又缺乏接班品种时，喷药防治就成为大面积控制条锈病流行的主要手段，同时喷药防治也是种植抗病品种及农业防治措施的必要补充。

要充分发挥药剂的防锈保产效果，提高经济效益，必须根据当地小麦条锈病的发生流行特点、气候条件、品种感病性及杀菌剂特性等，结合预测预报，确定防治对象田、用药量、用药适期、用药次数和施药方法等。冬麦区要狠抓冬前、早春苗期防治和春、夏季成株期防治两个关键时期，以高感品种、早播麦田或者晚播产量水平高的麦田作为重点防治对象，苗期防治采取带药侦察的方法，发现一点，控制一片。目前大面积应用的药剂主要是三唑酮（15%、25%可湿性粉剂，20%乳油，20%悬浮剂），每公顷用药 60～180g（或 mL）（有效成分），依小麦品种感病性不同而异，高感品种用 150～180g（或 mL），中感品种 105～135g（或 mL），慢锈品种 60～90g（或 mL），加水 750～1 125L，在拔节期明显见病或孕穗至抽穗期病叶率达 5%～10%时喷药一次，防病增产效果显著，如病情重，持续时间长，15d 后可再施药一次。此外，12.5%烯唑醇可湿性粉剂、15%三唑醇可湿性粉剂，每公顷用药量 30～90g（有效成分），以及 20%丙环唑微乳剂、25%丙环唑乳油、25%腈菌唑乳油、5%烯唑醇微乳剂，每公顷用药量 120～225mL（有效成分），各种药剂的具体用药量根据使用说明书确定，对水 750～1 125L，喷雾防病效果均较好，可根据药源情况选用。

附：

（一）小麦条锈病流行程度分级标准

根据大面积小麦感病品种乳熟后期病情指数和因锈病侵害而引起的平均减产率的高低而定。试用的标准如下：

1. 大流行　乳熟后期病情指数 60 以上，减产率 20%以上；
2. 中度流行　乳熟后期病情指数 30～60，减产率 10%～20%；
3. 轻度流行　乳熟后期病情指数 10～30，减产率 10%以下；
4. 不流行　乳熟后期病情指数 10 以下，基本不减产。

（二）小麦条锈病侵染型分级以及普遍率、严重度和病情指数的计算方法

1. 侵染型划分标准　小麦条锈病的侵染型按 0（免疫）、0；（近免疫）、1（高抗）、2（中抗）、3（中感）、4（高感）6 个类型划分，用以表示小麦品种抗锈程度（附表 2-1-1 和附彩图 2-1-1），各类型可附加“+”或“－”号，以表示偏重或偏轻。

附表 2-1-1　小麦条锈病侵染型及其症状描述

Supplementary Table 2-1-1　Infection type and symptom descriptions of wheat stripe rust

侵染型	症 状 描 述
0	叶上不产生任何可见的症状
0；	叶上产生小型枯死斑，不产生夏孢子堆
1	叶上产生枯死条点或条斑，夏孢子堆很小，数目很少
2	夏孢子堆小到中等大小，较少，周围叶组织枯死或显著褪绿
3	夏孢子堆较大、较多，周围叶组织有褪绿现象
4	夏孢子堆大而多，周围不褪绿

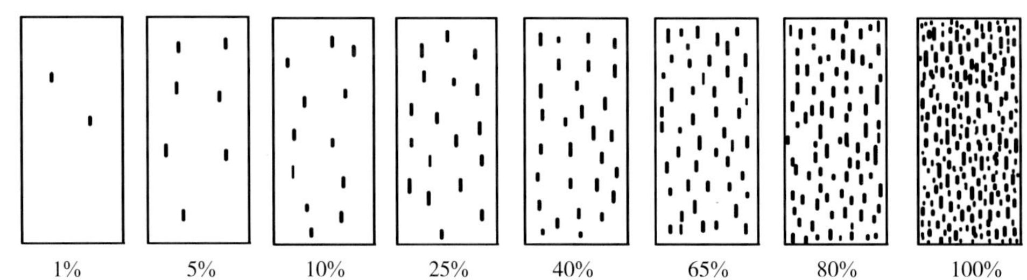

附图 2-1-1　小麦条锈病严重度分级标准（陈万权提供）

Supplementary Figure 2-1-1　Severity scale of wheat stripe rust (by Chen Wanquan)

2. 普遍率计算方法　普遍率用以表示小麦发生条锈病的普遍程度，以发病叶片数占总叶片数的百分比表示。计算公式如下：

普遍率=发病叶片数/调查总叶片数×100%

3. **严重度划分标准与计算方法** 严重度用分级法表示，设1%、5%、10%、25%、40%、65%、80%、100%共8级（附图2-1-1）。计算公式如下：

$$\overline{S}=\sum(X_i\times a_i)/\sum X_i\times 100\%$$

式中 $\overline{S}$——平均严重度；

X_i——病害分级标准各级代表值；

a_i——各级严重度的调查单元数；

$\sum X_i$——调查单元总数（叶片、茎秆或株数）。

4. **病情指数计算方法** 病情指数是全面考虑发病率与严重度两者的综合指标。当严重度用分级代表值表示时，病情指数计算公式为：

$$DI=\frac{\sum_{i=1}^{n}(X_i\times a_i)}{\sum X_i\times a_{max}}\times 100$$

式中 DI——病情指数；

X_i——病害分级标准各级代表值；

a_i——各级严重度的调查单元数；

$\sum X_i$——调查单元总数（叶片、茎秆或株数）；

a_{max}——最高级值。

当严重度用百分率表示时，则用以下公式计算病情指数：

$$DI=I（普遍率）\times S（平均严重度）\times 100$$

（三）小麦条锈病产量损失估计方法

因小麦条锈病而造成的产量损失估计，可参照附表2-1-2和下列公式进行计算。

产量损失率=（$2.29+0.28X_1+0.27X_2$）×100%。公式中 X_1 和 X_2 分别表示小麦开花期和乳熟期条锈病的病情指数。

附表2-1-2 小麦感染条锈病的程度与产量损失的关系

Supplementary Table 2-1-2 Relationship of stripe rust severity and wheat yield losses

开花期的病情指数（X_1）	乳熟期的病情指数（X_2）	产量损失（%）	开花期的病情指数（X_1）	乳熟期的病情指数（X_2）	产量损失（%）
5	20	10	20	80	30
5	40	15	40	80	35
10	40	15	40	100	40
10	60	20	60	80	40
20	60	25	60	100	45

（四）小麦药剂拌种方法及其注意事项

1. **主要拌种方法** 小麦药剂拌种方法有4种：①大型机械拌种。按药、种比例称量麦种和药剂，通过不同工艺流程分别送药和供种，在大型拌种机内进行拌种或包衣。②拌种桶（箱）干拌。按药、种比例称量麦种和药剂，同时盛入拌种桶（箱）内，每次拌种量不超过半桶，以20～30r/min速度，正反各转50次，切实拌匀。③塑料袋干拌。将麦种盛入塑料袋内，每袋10～15kg种子为宜，按比例加入适量三唑类可湿性粉剂，上下颠翻数10次，直至每粒种子都黏附上药粉。④人工搅拌。将塑料薄膜平铺地面，根据药、种比例称量好麦种和药剂，按先种后药顺序，分次加药，用铁锹等工具充分搅拌，彻底拌匀为止。

2. **拌种注意事项** ①选用对路药剂。选用具有内吸传导作用、持效期长的三唑类杀菌剂，如三唑酮、烯唑醇、三唑醇、戊唑醇、丙环唑、腈菌唑等，各地可根据药源情况选用；对于苗期多种病虫同时发生和交替为害的地区，宜选用杀菌剂和杀虫剂混合拌种，达到兼治多种病虫害的目的。②严格把握用药剂量。三唑酮等杀菌剂有效作用浓度很低，按干种子重量的0.03%（有效成分）比例拌种即可达到很好的防病效果，药剂处理麦种后，常常出现出苗迟缓（一般晚出苗1～2d）、植株矮化现象，但对出苗率、后期生长及产量无不良影响。如果用药过量，则会导致药害。③使用干净种子。拌种时麦种要干净无土，只可干拌，不能湿拌，以免引起药害。④拌过药的种子不宜曝晒和受潮，人、畜不能食用；拌种工作结束后，要洗手洗脸，确保安全。⑤拌种要均匀、彻底。拌种时要充分拌匀，使每粒麦种均黏上药粉，避免白籽下种；拌种处理要大面积连片，不留死角，不留插花地。

陈万权（中国农业科学院植物保护研究所）

第2节　小麦叶锈病

一、分布与危害

小麦叶锈病是小麦三种锈病中分布最广、发生最普遍的一种病害，在世界各小麦产区均有发生。根据世界上小麦种植区域将小麦叶锈病划分为如下主要流行区域：北美、南美、南亚、欧洲和北亚、南非、中亚、西亚和北非及澳大利亚、中国。

1. 北美　小麦叶锈病在北美所有麦区几乎每年都造成严重损失。2000—2004年，北美因叶锈病损失小麦约300万t，价值3.5亿美元。据统计，2000—2009年，加拿大每年种植约1 000万hm^2小麦，叶锈病为常发病害，旗叶发病严重度有的极轻，有的高达22%。在墨西哥，2001—2009年，叶锈病主要发生在硬粒小麦上，且外来菌源给生产带来严重损失，如2001—2003年因BBG/BN小种的传入导致损失价值3 200万美元小麦；随着该小种的进化与变异，使分别在2001年和2004年通过审定的两个抗病硬粒小麦品种Jupare和Banamichi在2008年就丧失了抗叶锈性。

2. 南美　阿根廷、巴西、智利、巴拉圭、乌拉圭每年小麦种植总面积接近900万hm^2，叶锈病菌生理小种的变异导致该地区1996—2003年损失价值1.72亿美元小麦。1999—2003年每年杀菌剂用量超过5 000万美元，如果环境条件适宜和不防治，在南部锥形地区可造成50%以上的产量损失。

3. 南亚　印度、巴基斯坦、孟加拉国、尼泊尔每年共种植接近3 700万hm^2小麦，其中，3 000万hm^2是小麦叶锈病的流行区，虽然这几个国家小麦叶锈病流行区域较大，但2008年以来未造成大的损失，主要原因是大量推广了抗病品种。在历史上，叶锈病曾给小麦生产造成了严重损失，如1978年，巴基斯坦小麦叶锈病的流行导致10%的产量损失，价值约8 600万美元。

4. 欧洲和北亚　小麦是欧洲和北亚的一种主要作物，种植面积约5 100万hm^2，主要种植国家包括俄罗斯、葡萄牙、西班牙、意大利、奥地利、比利时、前捷克斯洛伐克、芬兰、希腊、匈牙利、挪威、波兰、罗马尼亚和哈萨克斯坦。在这些地区，小麦叶锈病每年都会发生，只是程度有所区别。英国、荷兰、法国、罗马尼亚、比利时、前南斯拉夫、波兰和俄罗斯小麦叶锈病发生较重，在感病品种上流行年份通常损失产量5%～10%，甚至40%以上。近几年西北欧小麦叶锈病发生比较普遍的原因是大量种植感病品种，当然有些品种是因病菌生理小种变异而“丧失”抗病性的。在丹麦、芬兰、挪威和瑞典这几个北欧国家，小麦叶锈病一般发生较晚，损失也不严重，但连年种植感病品种、冬季并不十分寒冷、整个生长季节比较适合叶锈病流行等因素也可给小麦生产造成重大损失。在北高加索地区，冬小麦种植约450万hm^2，总产量约占俄罗斯小麦产量的20%，损失18%～25%。在俄罗斯，小麦叶锈病主要发生在伏尔加盆地、北高加索和中央黑土区，这些地区每年都发生而且经常流行。

5. 南非　在南非，小麦叶锈病是一种重要病害，然而因防治小麦条锈病施用杀菌剂，杀死了大部分的接种体，导致叶锈病发生轻，当然，寄主抗性和环境条件不利也有一定影响。

6. 中亚、西亚和北非　中亚、西亚和北非种植大约3 500万hm^2小麦。在西亚，小麦叶锈病每年都有发生，面积约2 100万hm^2，损失达30%；中亚1 330万hm^2小麦种植区中90%都是易感病地区；在摩洛哥、埃及和突尼斯，小麦叶锈病发生较重，在埃及，小麦叶锈病损失曾高达50%，而突尼斯也可达30%。

7. 澳大利亚　澳大利亚所有麦区均可发生小麦叶锈病，在高感品种上损失约10%或更高，新南威尔士北部和昆士兰，尽管历史上叶锈病曾非常重，但因抗病品种的推广使该病害得到了很好的控制。在澳大利亚西部，1990—2000年小麦叶锈病偶尔流行，而澳大利亚南部和维多利亚地区小麦叶锈病发生在1999

年才引起关注，2005 年新南威尔士叶锈病大流行，2009 年澳大利亚叶锈病造成损失达 1 200 万澳元。

8. 中国 中国是小麦生产和消费大国，年播种面积 2 370 万 hm^2，产量 1.093 亿 t，平均产量每公顷 4.6t。小麦叶锈病是常发病害，年发病面积约 1 500 万 hm^2，产量损失约 300 万 t，应用杀菌剂是主要的防治方法。我国小麦叶锈病主要发生在河北、河南、山东、山西、内蒙古、贵州、四川、云南、重庆、甘肃、青海、陕西、安徽、江苏、湖北、黑龙江、吉林等省份，通常在西南和长江流域一带发生较重，华北和东北部分麦区也较重。1969 年、1973 年、1975 年和 1979 年在华北冬麦区叶锈病大流行，1971 年、1973 年、1975 年和 1980 年在东北春麦区中度流行，均造成相当大的经济损失。1990 年由于气候条件适宜，叶锈病普遍严重发生。而在西藏和新疆该病害普遍严重发生。2012 年，由于气象因素适宜与非抗叶锈病品种的大面积推广使用，小麦叶锈病在我国西北地区大发生，造成严重的经济损失。由于抗小麦叶锈病品种较少，因此，部分地区的叶锈病在遇到适宜气象因素的条件下，仍有加重发生的趋势和流行的可能。通常叶锈病损失取决于侵染早晚，如果侵染早，病菌对叶片的正常生长影响极大，减产可达 49%～67%，甚至更大。

二、症状

小麦叶锈病菌主要侵染小麦叶片，有时也侵染叶鞘，很少侵染茎秆或穗部。夏孢子堆多在叶片正面不规则散生，圆形至长椭圆形，疱疹状隆起，成熟后表皮开裂一圈，露出橘红色的粉状物，散出橘红色的夏孢子。在初生夏孢子堆周围有时产生数个次生的夏孢子堆，一般多发生在叶片的正面，少数可穿透叶片（彩图 2-2-1）。夏孢子堆比秆锈病的小，较条锈病的大，颜色比秆锈病的浅，较条锈病的深。生长后期产生冬孢子堆，冬孢子堆主要发生在叶片背面和叶鞘上，散生，圆形或长椭圆形，黑色，扁平，排列散乱，但成熟时表皮不破裂。小麦叶锈病症状与条锈病、秆锈病的区别见表 2-1-1。

三、病原

小麦叶锈病病原菌为隐匿柄锈菌小麦专化型（*Puccinia triticina* Eriks.，异名：*P. recondita* Roberge ex Desmaz. f. sp. *tritici* Eriksson et Henning），俗称小麦叶锈（病）菌，属担子菌门柄锈菌属。

小麦叶锈病菌的生物学分类经历了几个阶段。最初由 Augustin de Candolle（1815）命名为 *Uredo rubigo-vera*（DC.）；后来，Winter（1884）将叶锈菌的复合种命名为 *P. rubigo-vera*；1894 年，Eriksson 首次将小麦叶锈病菌命名为只侵染小麦的单一种 *P. triticina*；Cummins 和 Caldwell 于 1956 年指出，复合种 *P. recondita* 小麦专化型在孢子形态、冬孢子阶段的寄主与杂草、野生小麦和燕麦专化型不同，据此小麦叶锈病菌被定名为 *P. recondita* f. sp. *tritici*。研究表明，唐松草作为转主寄主的小麦叶锈病菌与小乌头上的小麦叶锈病菌有性阶段是不同的，互不侵染各自的转主寄主，目前根据核糖体 DNA 序列进化分析、孢子和侵染结构形态学特征的不同，将面包小麦和硬粒小麦叶锈病菌正式定名为 *P. triticina* Eriks.。

叶锈病菌是全孢型转主寄生锈菌，在小麦上形成双核的夏孢子和冬孢子，冬孢子萌发后产生担孢子。小乌头（*Isopyrum fumarioides*）、唐松草属（*Thalictrus* spp.）及牛舌草属（*Anchusa* spp.）、*Anemonella* spp. 和铁线莲属（*Clematis* spp.）植物是叶锈菌的转主寄主。赵兰波等在内蒙古卓资县和黄桂潮在黑龙江佳木斯曾观察到唐松草上的叶锈菌锈孢子世代，证明只能侵染华北剪股颖和佳木斯的冰草，不能侵染小麦。

小麦叶锈病菌夏孢子球形至近球形，单胞，黄褐色，表面具有微刺，有散生发芽孔 6～8 个，大小为（18～29）μm×（17～22）μm。冬孢子棒状，双胞，暗褐色，顶部平截，底部柄短，大小为（39～57）μm×（15～18）μm。冬孢子萌发时产生 4 个担孢子，侵染转主寄主，产生锈子器和性子器。性子器橙黄色，球形至扁球形，直径为 80～145μm，埋生在寄主表皮下，产生橙黄色椭圆形性孢子。锈子器生在与性子器对应的叶背病斑处，能产生链状球形锈孢子，大小为（16～26）μm×（16～20）μm。锈孢子侵染小麦产生夏孢子，完成生活史。与小麦条锈菌区分时，挑少许夏孢子，滴一滴浓盐酸或正磷酸，加盖玻片镜检，条锈菌夏孢子原生质浓缩成多个小团，叶锈菌夏孢子原生质则在中央浓缩成一团。叶锈菌对环境的适应性比条锈菌和秆锈菌强，既耐低温也耐高温，对湿度的要求则高于条锈菌而低于秆锈菌。夏孢子萌发和侵入最适温为 15～20℃，在相对湿度高于 95%的条件下即可萌发。冬孢子、锈孢子的适宜萌发温度分别为 14～19℃和 20～22℃。

该菌是专性寄生菌，一般只侵染小麦，其最原始的寄主就是六倍体普通小麦，也可发生于四倍体硬粒小麦、野生二粒小麦、栽培二粒小麦和黑麦草上，但在一定条件下也可侵染冰草属（*Agropyron*）和山羊草属（*Aegilops*）的一些种。小麦叶锈病菌生理分化明显，存在许多生理小种。

小麦叶锈病菌要经历5个孢子阶段即夏孢子、冬孢子、担孢子、性孢子和锈孢子（图2-2-1），并在两个分类上并不相关的寄主上寄生后才能完成其生活史，夏孢子和冬孢子阶段在小麦上完成。夏孢子双核、大小为（18～29）μm×（17～22）μm，在10～25℃、自由水存在的条件下可再侵染小麦，随着小麦的成熟和夏孢子堆的发育，形成红棕色或黑色、大小为（39～57）μm×（15～18）μm、具有光滑厚壁的双胞冬孢子。在冬孢子的早期发育阶段，两个单倍体细胞核经过配子融合产生一个二倍体核，条件适合时，一个或两个冬孢子细胞均可产生先菌丝。两个二倍体核经减数分裂形成4个单倍体核进入先菌丝，由隔膜隔开形成4个具有单倍体核的细胞，在冬孢子顶端形成担孢子梗，在担孢子梗顶端形成4个新初生担孢子，几小时后，成熟的担孢子从担孢子梗释放，被气流传播到附近的转主寄主上。担孢子可直接侵染转主寄主的表皮细胞，形成瓶状的性孢子器，发育成黄色至橘黄色的性孢子堆，每个性子器产生2～3μm宽的单倍体性孢子，在叶片表面的性子器内形成曲折（受体）菌丝（雄性和雌性配子）。因小麦叶锈菌是异宗配合，从同一个性子器产生的性孢子和受体菌丝是无法完成受精的。性孢子像蜜露一样被性子器分泌出来，吸引昆虫进行传播，也可通过水如结露、雨水飞溅传播，只有当相反交配型的性孢子和受体菌丝融合通过保卫细胞扩展到叶片下表面才能发生受精作用。这种融合恢复了受精后菌丝的二倍体阶段。随后的二倍体菌丝增殖并在与性子器相对应的叶片下表面直接形成锈子器，二倍体的锈孢子20μm宽，在锈子器中呈链状产生并突破寄主表皮，由风传播到夏孢子阶段的寄主上，锈孢子萌发并穿透夏孢子阶段寄主的气孔后导致产生无性的夏孢子，从而完成整个生活史。

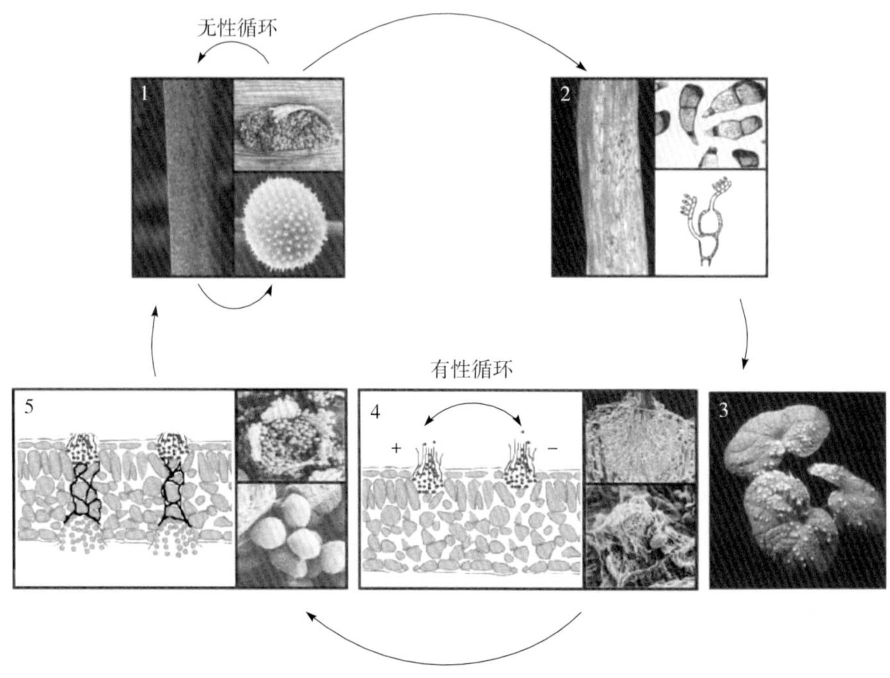

图2-2-1 小麦叶锈病菌生活史（引自Bolton等，2008）

Figure 2-2-1 Life cycle of *Puccinia triticina*（from Bolton et al.，2008）

1. 小麦上夏孢子堆和夏孢子 2. 小麦上冬孢子堆和冬孢子 3. 冬孢子萌发产生担孢子侵染转主寄主（如唐松草等）产生的性孢子堆 4. 转主寄主上有性过程示意图 5. 性孢子和锈孢子示意图，锈孢子侵染小麦

四、病害循环

（一）侵染过程

因风或雨水作用叶锈菌可以沉降在叶片表面，夏孢子接触到露滴或小雨在叶表面形成的水膜后吸水膨胀，产生芽管。在20℃、100％相对湿度条件下，夏孢子4～8h即可萌发，田间如果无露滴存在，夏孢子可在接种后1～3d保持活力。夏孢子萌发后，芽管沿着与表皮细胞长轴垂直的方向生长，直到孢子内含的

能量减少或者遇到气孔。芽管遇到气孔后停止延长生长，原生质体流向芽管尖端聚集在气孔口上方形成附着胞，附着胞在接种后24h内形成，不能形成附着胞的芽管无法存活。形成附着胞后，产生分枝菌丝，夏孢子的两个核发生有丝分裂，由隔膜隔开分别进入新产生的芽管中。附着胞形成时气孔立即关闭直到形成成熟的附着胞。

成熟的附着胞在关闭的气孔内形成侵染钉，进入寄主叶片的细胞间隙，形成气孔下囊泡，再次进行有丝分裂。与秆锈菌不同的是，叶锈菌进入气孔不需要光照，也不受 CO_2 浓度的影响，而是直接从气孔下囊泡内向叶肉细胞生长形成侵染菌丝。细胞质和细胞核随着侵染菌丝的生长一同向顶端运转，直到接触叶肉细胞，随后，形成吸器母细胞。通常吸器母细胞包含3个细胞核，在附着胞侵入后的12～24h内形成。吸器母细胞形成后，在与寄主细胞接触的区域内随着侵染栓的形成完成菌丝穿透寄主细胞过程进而形成吸器，靠吸器结构吸取寄主的营养，尽管寄主细胞壁已降解，但吸器并未真正进入寄主细胞内部，而是通过吸器外膜与寄主的细胞质保持分开，并吸取营养，当然这里也可能是真菌控制寄主细胞代谢产生亲和反应的重要膜界面。虽然3个细胞核通过侵染栓从吸器母细胞进入吸器，但成熟的吸器中只发现有1个核。吸器形成后，更多的侵染菌丝从吸器母细胞产生并生长，迅速扩展至其他寄主细胞形成新的吸器母细胞和吸器，导致菌丝在寄主体内扩散。接种7～10d后，在感病品种上，菌丝生长产生可见的双核夏孢子，橙色至红色的夏孢子突破寄主表皮而释放出来，在叶片上呈典型的"铁锈"状。在感病的寄主上，每个夏孢子堆在适宜条件下每天可产生3 000个夏孢子，并持续1周，产生的夏孢子进行再侵染。

（二）病害循环

小麦叶锈病菌周年侵染循环与条锈病菌基本一致，都是以夏孢子世代完成，不同的是，叶锈病菌越夏和越冬的地区均较广泛。叶锈病菌较耐高温，在平原麦区可以侵染当地的自生麦苗，并进行再侵染，从而越过夏季，少数地区（如四川、云南、青海、黑龙江）可在春小麦上越夏，至秋播冬小麦出苗后，传播至秋苗上侵害。在冬季气温较高的麦区，如贵州、四川、云南、安徽等地，叶锈病菌可以夏孢子进行再侵染的方式越过冬季。小麦叶锈病菌在冬小麦地上部分不冻死的地区，一般都可越冬。

在春麦区，由于叶锈病菌在当地不能越冬，病害发生系外来菌源所致。叶锈病菌在华北、西北、西南、中南等地自生麦苗上都有发生，越夏后成为当地秋苗感病的主要病菌来源。从高寒麦区吹送来的叶锈病菌夏孢子是次要菌源。小麦叶锈病菌通过夏孢子进行多次再侵染引起病害流行。

（三）发病条件

小麦叶锈病的发生和流行主要取决于锈菌生理小种群体结构的变化、小麦品种的抗叶锈性以及环境条件的影响。

叶锈病菌生理小种群体结构存在明显的时空格局。20世纪70年代，自叶中4号小种发现以来，出现频率逐年上升，至1986年，该小种跃居为优势小种且毒性最强。1986年以来，我国利用*Lr*近等基因系作为鉴别寄主，发现在不同年份毒性基因频率存在差异，而且叶锈病菌优势致病类型也不同。不同省份、不同区域小麦叶锈病菌的毒性基因存在差异，不同麦区间存在一定的基因流。

叶锈病菌毒性基因的产生和发展与特定的生态条件密切相关。云南、四川、甘肃、新疆、西藏等地的叶锈病菌群体的毒性结构不同。主要原因在于该地域拥有独特的气候条件，而且种植的小麦品种也不同，品种含有的不同的抗叶锈基因对菌株具有重要的筛选效果。

截至2012年，国际上已经发现抗叶锈基因100余个，正式命名的抗叶锈基因71个。其中，*Lr12*、*Lr13*、*Lr22a*、*Lr22b*、*Lr34*、*Lr35*、*Lr37*、*Lr46*、*Lr48*、*Lr67*、*Lr68*等基因表现成株抗病性。*Lr13*、*Lr34*、*Lr46*、*Lr67*具有明显的持久抗病特性。目前，我国小麦叶锈病菌菌株在苗期对*Lr9*、*Lr19*、*Lr24*、*Lr28*、*Lr36*、*Lr38*、*Lr39*、*Lr42*、*Lr45*的毒性频率低于30%，这些基因为有效苗期抗叶锈基因。成株期*Lr12*、*Lr13*、*Lr35*、*Lr46*表现很好的抗叶锈性。*Lr34*与其他抗叶锈基因复合存在表现很好的抗叶锈性。

目前，我国大面积种的小麦品种和重要的育种资源大部分不抗叶锈病菌优势小种，急需大力挖掘抗叶锈资源，培育更多的成株抗叶锈品种，确保小麦的安全生产。

叶锈病菌的发生与流行取决于越冬菌源的有无和数量、种植小麦品种的抗叶锈性及环境温度和湿度。冬小麦播种越早，秋苗发病也越早、越重。冬季气温高，积雪时间长，土壤湿度大，越冬菌源多，品种抗叶锈性越差，越感病。春天升温早、湿度大便于病害的发生与流行。

在存在感病品种和强毒性基因叶锈病菌群体的前提下，影响叶锈病流行的主要因素是春季降雨次数、降水量和温度回升的早晚。云南、贵州等叶锈病常发区具有冬暖、夏凉、雨水充沛的条件，适于叶锈病的发生与流行。在该地区秋苗病情与翌年流行程度成正相关。华北平原冬麦区，冬天气温低，大部分秋苗上的菌源不能有效越冬，残存病原数量少，翌年叶锈病发生程度与秋苗病情无明显相关性。

气温回升早晚和雨量多少是小麦叶锈病本地菌源能否引起流行的决定因素。温度回升早且雨露充沛，叶锈病可能提早发生，发病即重。小麦生长中后期，湿度对病害的影响较大。小麦抽穗前后，如果降雨频繁，叶锈病就可能流行。同时，由于小麦叶锈病菌夏孢子可以在相对湿度高于95%的条件下萌发，因此，只要田间小气候湿度高，降雨不频繁病害也可能流行。耕作、播期、种植密度、水肥管理及收获方式对麦田小气候的影响很大，直接影响着小麦叶锈病的发生与严重程度。冬灌利于小麦叶锈病菌的越冬；追施氮肥过多过晚，造成植株贪青晚熟，可加重叶锈病发生；大水漫灌或灌溉次数多，利于病菌侵染。

五、流行规律

（一）叶锈病菌的传播扩散及其侵染条件

1. 叶锈病菌的传播与扩散 小麦叶锈病是一种气流传播病害，叶锈病菌夏孢子遇到轻微的气流，就会从夏孢子堆中飞散出来。风力弱时，夏孢子只能传播至邻近麦株上。当菌源量大、气流强时，强大的气流可将大量的叶锈病菌夏孢子吹送至1 500～5 000m的高空，随气流传播到800～2 000km以外的小麦上侵染。夏孢子在这一过程中有一部分已失去生活力，降落到麦株上的孢子只有很少一部分尚保持着侵染力，但总的数量仍足以使大面积小麦受到侵染。

2. 叶锈病菌夏孢子寿命及萌发条件 小麦叶锈病菌在25℃下可存活41d；在相对湿度80%的条件下，生活力很快丧失；在真空冻干的条件下可存活3～5年，甚至更久。因此，常用真空抽气1～2h后，在密封、低温、干燥的条件下保存菌种。在－196℃超低温液态氮中保存菌种，效果更好。

小麦叶锈病菌夏孢子萌发的最低温度为2℃，最适温度为20℃，最高温度为30℃；侵入最适温度为15～20℃。在平均气温为5.5～8.6℃的条件下，病害潜育期为22～30d；10℃时，19d；15～20℃时，6～8d。锈病菌夏孢子萌发阶段不需要光照，但侵入阶段则需要光照。弱光条件下病害潜育期较强光条件下长1倍（表2-2-1）。

表2-2-1 小麦叶锈病菌不同发育阶段对环境条件的需求

Table 2-2-1 Environmental conditions for wheat leaf rust at different stage

发育阶段	最低温度（℃）	最适温度（℃）	最高温度（℃）	光照	自由水
萌发	2	20	30	低	必需
芽管形成	5	15～20	30	低	必需
附着胞		15～20		否	必需
侵入	10	20	30	无作用	必需
生长	2	25	35	高	不需
产孢	10	25	35	高	不需

（二）叶锈病菌越夏、越冬和春季流行规律

小麦叶锈病在我国一些地区的流行特点可概括如下：

1. 闽东南地区 冬季气温高，11～12月平均气温为17～20℃，1～2月为14℃，秋苗发病较少，但能形成明显的发病中心。冬季继续向四周蔓延，2月上旬就可能普遍发病。潮湿多雨年份，可发生严重侵害，干旱年份，则发病受到抑制。

2. 川、黔地区 冬季1月平均气温为4～8℃，春雨多，常年3～5月降水量为200～300mm，4～5月平均气温为16.5～22.6℃，病菌在冬季多数偏暖地区仍可侵害。4月中、下旬至5月上旬为盛发期。

3. 豫南地区 12月到翌年1月平均气温为0.9～4.1℃，3月中旬至4月上旬为9.3～12.6℃，4月中

旬至5月下旬为15.6～22.5℃，历年的越冬菌量都较大。流行强度与3、4月的雨量、雨日有关，而与4月的降雨关系最大。

4. 淮北地区 1月平均气温为0～2℃，平均最低气温为－6～－5℃，叶锈病在秋苗上发生普遍，以夏孢子和潜伏菌丝越冬。春季流行与否，决定于越冬菌量和降雨的多少。

5. 华北平原北部地区 在这一区域内，一般秋苗期病情的轻重与第二年春季叶锈病的为害程度没有明显的相关性。这是因为一方面秋苗上的叶锈病菌经过越冬，残留下来的数量有限；另一方面，华北平原常年春旱，春雨来得迟，4～5月降水量少，即使越冬菌量较大，由于"越春"和"越春"以后的发展受到抑制，也不会流行，而在春雨来得早、降水量多的年份，即使当地越冬菌量较少，由于温度条件对其"越春"及"越春"后的发展有利，也对外来菌源的扩展有利，同样会造成流行。而且由于常年有外来菌源，即使没有当地越冬菌源，只要条件有利，也有可能造成中后期流行。

6. 东北春麦地区 该区域叶锈病发生为害期为6～7月，平均气温多半在18℃以上，而且温度上升快，不利其流行。这期间如遇阴雨多，气温低于常年的时间长，则为害严重。1973年和1987年，辽宁叶锈病发生重，就是例证。

（三）叶锈菌的寄生专化现象

小麦叶锈病菌是一种专化性很强的专性寄生菌，只能在活的植株上生存。叶锈病菌种内存在一些彼此在形态上没有明显差异，但在致病性方面有所区别的生理小种。一个特定的生理小种只能侵染小麦的一些品种，对另一些品种不造成危害。

我国从1974年正式开始对小麦叶锈病菌生理小种的研究。所用的鉴别寄主主要有：洛夫林10号、6068、IRN66－331、Redman、东方红3号、丰产3号、白蚰包、泰山1号和泰山4号等9个品种。到1983年止，共监测全国28个省份的6 945个叶锈菌标样。鉴定出频率在1%以上的小种44个，重要小种有叶中1号、叶中2号、叶中3号、叶中4号、叶中7号、叶中9号、叶中17号、叶中34号、叶中38号和叶中39号，尤以叶中3号和侵染洛夫林10号等对重要抗源有毒力的小种最受关注。1984—1988年监测结果是，小麦叶锈病菌生理小种变化趋势与前一阶段基本相同，重要小种为叶中38号、叶中3号、叶中4号、叶中9号、叶中34号、叶中29号等，是抗叶锈育种中的主要对象。

1986年以来，以Thatcher为背景的小麦抗叶锈病基因近等基因系的成功开发与引入中国，开始了小麦叶锈病菌生理小种的毒性基因分析过程，当然鉴别寄主中也包含一些已知抗叶锈基因的单基因系。1990年后采用国际通用的密码命名法对叶锈病菌的致病类型进行划分。利用该方法不仅可以监测小麦叶锈病菌的毒性变化，还可以明确其主要的致病类型，对于指导生产具有重要意义。我国目前小麦叶锈病菌的优势致病类型包括THTT、PHTT、FHTT、PHJS、THTS、THPS、PHTS、PHPS、THPG、PHPL、TGTS、THPJ、THPN等，优势致病类型随着年度有一定变化。

六、防治技术

小麦叶锈病应采取以种植抗病品种为主，栽培防病和药剂防治为辅的综合防治措施。

（一）选育推广抗（耐）病良种

在品种选育和推广中应重视抗锈基因的多样化和品种的合理布局，注意多个品种合理搭配和轮换种植，避免单一品种长期大面积种植，以延缓和防止因病菌新生理小种的出现而造成品种抗病性的退化。另外，要注意应用具有避病性（早熟）、慢病性、耐病性等的品种。抗叶锈病小麦品种如下。

冬小麦：山农20、西科麦4号、淮麦21、周麦22、漯麦8号、邢麦4号、轮选518、川麦39、扬辐麦2号、晋太170、川育16、川麦32、豫麦66、邯6172、济麦19、泰山21、晋麦207、石新833、河农5290、中优9507、晶白麦1号、新麦16、潍麦8号、泽麦1号、莱州9214、烟896063、滨02－47、潍麦7号、临麦6号、烟5158、聊9629、烟5286、莱州953、烟861601、陕农7859、冀5418、鲁麦1号、小偃6号、徐州21等。

春小麦：北麦9号、北麦11、克春1号、克春2号、克春4号、龙麦33、龙辐麦16、华建60－1、巴丰5号、高原412、克旱21、北麦6号、泉丰1号、克旱20、铁春8号、丰强7号、四春1号、垦九10号、克丰8号、垦九9号、宁J120、沈免99042、沈免99121、沈免99142、沈免1167、沈免96、垦九5号、龙麦23、龙辐麦7号、蒙麦30、京引1号、陇春8139和定丰3号等。

从1999年国家小麦区域试验品种抗病性鉴定开始以来，中国农业科学院植物保护研究所鉴定的高代品系、参试品种包括对照品种，达到中抗水平的不足10%，相应地对条锈病达到中抗水平以上的则为46%。说明育种家尚未将抗叶锈病列为育种目标，而小麦条锈病已引起广大育种工作者的广泛关注，当然与各省（自治区、直辖市）的重视程度和政策引导也有关系，目前没有任何一个省将对叶锈病抗性作为品种审定时一票否决的病害。

（二）加强栽培防病措施

收获后翻耕灭茬，灭除杂草和自生麦苗，减少越夏菌源；适期播种，降低秋苗发病程度和病菌越冬基数；雨季及时排水；合理密植、善管肥水，提高根系活力，适量适时追肥，避免过多、过晚使用氮肥，增强植株抗（耐）病力。小麦叶锈病发生时，南方多雨麦区要及时排水，北方干旱麦区则要及时灌溉，补充因锈病发生而造成的水分丧失，减轻产量损失。

（三）药剂防治

用三唑酮拌种，控制秋苗发病，减少越冬菌源数量，推迟春季叶锈病发生与流行。春季防治，可在抽穗前后，田间发病率达5%～10%时开始喷药。

1. 药剂拌种 播前用种子重量0.2%的25%粉锈宁可湿性粉拌种或用种子重量0.03%～0.04%（有效成分）的叶锈特或用种子重量0.2%的20%三唑酮乳油拌种。

2. 种子包衣 使用15%保丰1号种衣剂（活性成分为三唑酮、多菌灵、辛硫磷）包衣种子后自动固化成膜状，播后种子周围形成保护区域，且持效期长。用量每千克种子用4g包衣剂防治小麦叶锈病、白粉病、全蚀病效果优异，且可兼治地下害虫。

3. 适时喷药 于发病初期（发病率5%）喷洒20%三唑酮乳油1 000倍液或43%戊唑醇悬浮剂2 000～3 000倍液，10～20d 1次，防治1～2次；或喷施25%三唑酮1 500～2 000倍液2次，隔10d 1次，喷匀喷足，可兼治条锈病、秆锈病和白粉病。

刘太国（中国农业科学院植物保护研究所）
杨文香（河北农业大学）

第3节 小麦秆锈病

一、分布与危害

小麦秆锈病是世界上普遍发生的一种小麦病害，发生历史悠久，分布广泛，流行性强，为害严重，在病害发生自然流行程度相同的情况下，小麦秆锈病在小麦三种锈病中造成减产最严重。小麦秆锈病在大部分种植小麦的国家和地区均有发生，其主要分布包括我国在内，还有美国、加拿大、澳大利亚、新西兰、墨西哥、巴西、智利以及非洲的肯尼亚、坦桑尼亚、苏丹、埃塞俄比亚和亚洲的印度、巴基斯坦和伊朗等国。在我国主要发生在辽宁、吉林、黑龙江、内蒙古、西北春麦区以及云南南部的德宏、红河、文山、思茅及中部楚雄的元谋等亚热带小麦产区；其次为江淮流域及东南沿海各省的冬麦区和四川的西昌及凉山东南部的宁南县一带。

小麦秆锈病主要破坏小麦茎叶部的组织，也侵害穗部乃至颖壳和芒。病菌夏孢子能穿透叶片，从气孔侵入小麦，吸收养分，使小麦的正常生理代谢受到干扰和破坏，呼吸作用加强，光合作用降低，生长发育和灌浆受到严重影响，给小麦生产和产量造成严重损失，病害严重流行时小麦减产最高可达75%以上，甚或绝收。如东北春麦区于1923—1964年，曾发生9次大流行和中度流行，其中，1923年因小麦秆锈病损失达7.3亿kg，1948年减产5.6亿kg。江淮一带于1956年和1958年曾两次大流行，仅苏皖两省就损失粮食10亿kg。

二、症状

小麦秆锈病主要侵害茎秆、叶鞘和叶片基部，严重时在麦穗的颖片和芒上也有发生。发病初期病部产生褪绿斑点，以后出现褐黄色至深褐色的夏孢子堆，表皮大片开裂呈窗户状向外翻卷，孢子飞散呈铁锈状（彩图2-3-1），后期病部生成黑色的冬孢子堆。夏孢子堆长椭圆形至梭形，在3种锈病中最大，隆起高，排列散乱无规则。冬孢子堆长椭圆形，黑色散生，多在夏孢子堆中部产生。小麦秆锈病孢子堆穿透叶片的能力较强，同一侵染点叶片正反两面均出现孢子堆，同一个孢子堆，叶片背面的孢子堆一般较叶片正面的大。

三、病原

小麦秆锈病的病原菌是禾柄锈菌小麦专化型（*Puccinia graminis* Pers. f. sp. *tritici* Eriks. et Henn.），俗称小麦秆锈（病）菌，属担子菌门柄锈菌属，是全型转主寄生菌，即在整个生活史中可产生夏孢子、冬孢子、担孢子、性孢子和锈孢子 5 种不同类型的孢子。在小麦上产生夏孢子（是 5 种孢子中唯一能反复产生并侵染原寄主的孢子类型）和冬孢子，冬孢子萌发产生担孢子，担孢子不能侵染小麦，只能侵染转主寄主小檗（*Berberis* spp.）和十大功劳（*Mahonia* spp.），在其叶片正面形成性子器及性孢子，在其叶片背面形成锈子器及锈孢子，锈孢子只侵染麦类等禾谷类作物，在麦类植株体内发育后形成夏孢子堆并产生和散发夏孢子，夏孢子世代循环不断侵染小麦（图 2-3-1）。从现有资料分析，小麦秆锈菌的转主寄主在对病菌的毒力变异和病害流行中的作用尚有必要深入探讨。

小麦秆锈菌的夏孢子堆卵形、长形或纺锤形，大小为 3mm×10mm。夏孢子单胞，长椭圆形或球形，暗橙黄色，大小为（17～47）μm×（14～22）μm，中部有 4 个发芽孔，胞壁褐色，表面有细刺。冬孢子双胞，有柄，椭圆形、棍棒形或纺锤形，浓褐色，大小为（35～65）μm×（13～24）μm，在横隔膜处稍缢缩，表面光滑，顶端圆形或略尖，顶端壁较厚，5～11μm，侧壁厚 1.5μm，具孢子柄，柄上端黄褐色，下端近无色。上部细胞的发芽孔在顶部，下部细胞的发芽孔在侧方，每个孢子有发芽孔 10 个（彩图 2-3-1，3）。

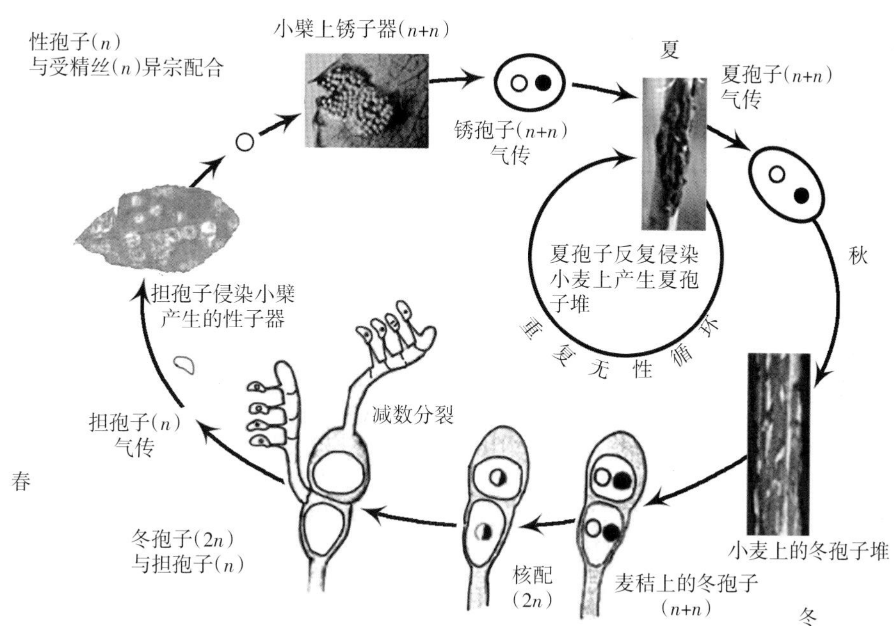

图 2-3-1 小麦秆锈病菌生活史和病害循环（仿 Vickie Brewster 有改动）

Figure 2-3-1 Life and disease cycle of *P. graminis*. f. sp. *tritici* (after Vickie Brewster but modified)

四、病害循环

小麦秆锈病菌在西北春麦区的甘肃、青海，西部高原东春麦混栽区的四川甘孜、阿坝、凉山，以及冬麦区的宜宾、绵阳地区的局部高山地带，在小麦的自生麦苗、秋苗、麦茬再生分蘖及生育后期成株上以夏孢子越夏。夏孢子越夏之后部分以菌丝体、夏孢子在具适宜越冬条件的地区越冬，也有部分可随高空气流传到云南、福建、广东、广西及东南沿海一带，在这些地方冬季气温较适宜，病菌不断发展蔓延，小麦秆锈病菌可安全越冬。早春受来自太平洋和印度洋两股暖流向北推移携带秆锈病菌传播，大体上有两条路径：一条从福建、广东和广西等越冬区沿东部省份北传；另一条是小麦秆锈病菌能在当地完成周年循环的云南、贵州和四川等麦区向北传播，这样在我国境内形成中国特有的小麦秆锈病菌侵染传播和周年循环体系。

五、流行规律和流行区系

（一）小麦秆锈病菌的存活力、侵染过程及条件

1. 小麦秆锈病菌的存活力 小麦秆锈病菌夏孢子的寿命与温度、湿度、光照等环境条件相关密切，在相对湿度40%～50%、气温4.4℃的条件下，可存活1年之久；将夏孢子置于10～35℃的气温中，放在管口直径8mm、长120mm的玻璃指形管内，然后加入与孢子等量的重结晶过的氯化血红素，充分与孢子混合，再在133.3Pa压力的真空条件下干燥2h，然后用火焰将指形管密封，冷却后，储藏于4.4℃的冰箱内，这样孢子可存活5年之久。

2. 小麦秆锈病菌侵染过程 小麦秆锈病是一种主要借高空气流远距离传播的病害，小麦秆锈病菌的夏孢子随气流传播到植株上，在条件适宜时，6h内，夏孢子萌发产生芽管沿叶脉垂直方向生长，遇气孔后顶端膨大，形成附着胞，12h左右，长出侵入钉，伸入气孔穿透寄主表皮，并形成气孔下泡囊，其上长出侵染菌丝，约24h，伸入寄主叶肉细胞内形成初生吸器，以吸器在寄主细胞内吸取养分，菌丝在寄主细胞间隙蔓延，不断侵入邻近健康寄主叶肉细胞，以产生新的次生吸器吸取养分。条件适宜时，侵入的菌丝5～6d即可形成夏孢子堆。小麦秆锈病菌有时可在先前形成的夏孢子堆周围又生出几个小的次生夏孢子堆。所以，小麦秆锈病菌在叶组织内为局部定殖。

3. 侵染条件 小麦秆锈病菌对温度的要求相对较高。病菌侵入适温为18～25℃，在叶面有水滴、水膜或空气湿度饱和的条件下，更易萌发侵入寄主。夏孢子必须有水滴（水膜）或100%的大气湿度才能萌发，萌发的最高温度为31℃，最适温度为18～22℃，最低温度为3℃。在适温条件下，与水膜接触3～4h夏孢子即可萌发侵入，萌发需要黑暗条件，当光照达1 000lx时就停止萌发；但在侵入末期，光照又利于夏孢子入侵。冬孢子需要经过干湿、冷暖过程才能后熟萌发，萌发的最适温度为20℃。南方冬季气温高，冬孢子不能充分后熟，一般不能萌发产生孢子，因此冬孢子在病害流行上所起的作用不大。担孢子对湿度要求相对较低，无水膜也能萌发，20℃对担孢子形成最宜。锈子器在小檗上形成的最适温度为20～32℃，而萌发的最适温度为16～18℃。

影响病菌扩展的主要因素是温度。温度越适宜，潜育期越短，在0℃为85d，5～9℃为22～23d，10～13℃为13～21d，14～17℃为11～12d，18～21℃为7～8d，22～24℃为5～6d。在感病品种正常生长的条件下，每个小麦秆锈病菌夏孢子堆每天可产生5万个以上的夏孢子，并可持续10d。

（二）小麦秆锈病菌越冬、越夏和周年循环

1. 小麦秆锈病菌的越冬规律 福建、广东、广西、云南、贵州和四川等地，小麦秆锈病初发时间均在1～3月，除云南和四川南部（我国小麦秆锈病每年发生最早的地区）外，大致位于1月平均气温6～8℃等温线以南的地区，20世纪80年代前曾是我国小麦秆锈病菌在东南沿海的主要越冬区。此区内福建莆田、仙游、福清等县，因地理地形特殊，有武夷山和括苍山作屏障，阻挡北方南下的冷空气，又受海洋暖气流影响，夏天气温比同纬度低，冬天气温比同纬度高，十分适宜秆锈菌冬季流行；20世纪60～70年代，当地一度盛行种“年糕麦”，即把小麦提前到8月初至9月初播种，翌年1月下旬至2月初收获，恰好赶上春节使用。这种“年糕麦”更适宜秆锈病在冬季流行，为10～11月晚播冬小麦提供了初始菌源。翌年2月至3月上旬气温逐渐升高，秆锈病全面进入盛发期，产生大量夏孢子，传至邻近的浙江大部、江苏、安徽、湖南部分和湖北等长江中下游冬麦区及更远的麦区。

20世纪80年代后，广东基本上不种小麦，广西小麦种植面积减至可以不计，福建的小麦虽然尚有10万hm^2左右，但“年糕麦”逐渐被水稻所代替，使得这些地区提供的菌源已经微不足道，因而作为小麦秆锈病菌的越冬基地已不再重要。所以，小麦秆锈病菌的主要越冬区演变为云南、贵州南部和四川南部等地。

2. 小麦秆锈病菌的桥梁区越冬规律及越冬北限 小麦秆锈病菌的桥梁越冬区主要是长江流域冬麦区，即四川大部、贵州大部、湖南大部、湖北、河南南部、江苏和浙江大部等，大致分布在1月平均气温为2～6℃等温线之间；这一地带在隆冬季节小麦有长短不同的生长停滞期，在此期间，小麦秆锈病菌亦处于

潜伏状态，至4月始发，5月盛发。

研究认为，小麦秆锈病菌的越冬北限主要为1月平均气温3～4℃的地带。主要有30°N以北的万县和达县地区，30°N左右的四川雅安和峨眉山（西部高原分界线）以东地区，长江中下游平原30°N偏南地区。这一地带，每年3月中、下旬至5月中旬，由于气象因素（梅雨季），南方吹来的小麦秆锈病菌孢子难以越过本区继续北上，只能随降雨落下来，引起当地小麦发病。于4月底至5月中旬进入发病盛期，进而给该区以北的冬、春麦区提供小麦秆锈病菌初始菌源。因此，本区可称为小麦秆锈病菌的“桥梁”越冬区。

3. 小麦秆锈病菌的越夏规律 我国北方受小麦秆锈病菌为害的地区主要有：东北春麦区，包括黑龙江北部、吉林和辽宁的大部；华北春麦区，包括河北北部张北坝上、山西雁北坝上和内蒙古；西北春麦区的甘肃、陕西、青海和宁夏的部分地区；西部高原冬春麦混栽区的四川甘孜、阿坝及凉山的少部和冬麦区的宜宾、绵阳地区的局部高山地带。这些地区小麦秆锈病主要发生在7月中旬至8月上旬，最晚可到9月下旬，甚至10月下旬田间也可见小麦秆锈病，为南方冬麦区的秋苗提供冬前侵染的初始菌源。其中，西北冬春麦区、西部高原冬春麦区，由于生境不同，小麦秆锈病菌可在小麦的自生麦苗、秋苗、麦茬再生分蘖以及生育后期成株上越夏，越夏情况普遍，有效菌量相对较大，这些地区可认为是小麦秆锈病菌的主要越夏区，华北春麦区是小麦秆锈病菌的次要越夏区，亦可称为“桥梁”越夏区。

4. 小麦秆锈病菌的周年循环规律 20世纪80年代后，广东、广西及福建东南沿海小麦秆锈病菌的越冬菌源量基本上得到控制，在这些地区越冬的秆锈病菌在小麦秆锈病周年循环中已不再重要，成为耕作改制控制病害流行的不可多得的成功实例。西南地区的云南、四川凉山南部、贵州兴义，地形地貌复杂，山川交错，海拔相差很大，受太平洋季风和印度洋季风影响，属亚热带、热带高原型湿润气候；这些地区7月月均气温一般不超过24℃，1月平均气温一般在8～10℃，完全具备秆锈病菌越冬和越夏的温度条件。

研究表明，在云南东南部有代表性的蒙自，小麦秆锈病菌在气温最低的月份能够侵染蔓延，无冬季休眠期，侵染当地秋苗的初侵染源主要来自越夏的自生麦上的夏孢子；在云南西部的大理，小麦能够周年持续生长；在海拔2 500m的旱地麦上（小麦—玉米间作或小麦—小麦复种连作），1月仍有秆锈病发生，表明小麦秆锈病菌能在这一地带越冬。在云南各平坝区，小麦秆锈病3～4月流行，小麦收获后，病菌在未收净的晚分蘖上生存一段时间，转移到自生麦苗，再转移至秋苗，完成周年循环。

在云南中北部的元谋及毗邻的四川西昌以南地区，小麦秆锈病的发生与流行程度与大理和蒙自的明显不同。元谋地区南面平坦，东、西、北三面环山，1月平均气温在10℃以上，并且全年有不同时期的生产性小麦生长。小麦早播早发病，晚播晚发病，只要品种感病，病情随小麦生长不断加重；冬季气温对秆锈病的流行无限制，品种的抗性是限制病害流行的唯一因素。四川的西昌及凉山东南的宁南一带，冬麦和春麦交替种植，基本上全年都有小麦生长，为小麦秆锈病的周年循环创造了有利条件。这些地区通过不同海拔冬、春麦交替及漏割的晚分蘖麦苗和自生苗，使小麦秆锈病在当地完成周年循环，是目前小麦秆锈病的重要越冬基地（彩图2-3-2）。

（三）小麦秆锈病的流行区系

小麦秆锈病在春、夏季的发生期，一般在小麦抽穗以后，越南越早，越北越晚。据观察，在江南、淮南、淮北等地区，秆锈病发生始期大约与旬平均气温16℃左右时间相对应，盛期的旬平均气温在18～21℃；而闽南地区需要的平均气温稍低些，发病始期的气温在10～15℃，盛期气温为15～18℃。

我国小麦秆锈病菌在西部高原冬、春麦混栽区的四川甘孜、凉山南部和东南一带以及西藏等地区的晚熟冬麦、自生麦苗及麦收后麦茬的晚分蘖上越夏，在四川的宜宾、绵阳局部高山地带的冬麦区，海拔1 000～1 700m山区的自生麦苗上也能越夏；云南中北部等地以及南部和贵州南部等高海拔地区，都能在自生苗上越夏。在我国云南、贵州南部和四川南部等地区，小麦秆锈病菌可不断地生长，是病菌的主要越冬区。1月平均气温4～6℃等温线之间的浙江温州以北、江苏南部、安徽南部、江西等地区可称为桥梁越冬区。

根据以上情况，可将我国小麦秆锈病流行区系划分为以下6个部分。

1. 越冬区 云南（除西北部）、贵州南部和四川凉山南部，以及福建、广东和广西，大致位于1月平均气温8～10℃等温线以南地区，小麦秆锈病菌基本无休眠越冬现象；浙江南部、贵州北部和湖南南部等地，位于1月平均气温6～8℃等温线相夹地带，在冬季最寒冷的时期，秆锈病菌有短暂的停止发育期，到2～3月恢复发育，亦能安全越冬。

2. 桥梁越冬区 大致包括浙江温州以北、江苏南部、安徽南部、江西、湖南中部和西北部，以及四川雅安以东大部。本区大致位于1月平均气温4～6℃等温线之间，秆锈病菌在冬季停止发育的时间更长，病害盛发期在4月下旬至5月上、中旬；夏季自生麦苗基本枯死，秆锈病菌在此不能越夏。

3. 桥梁越夏区 此区范围比较大，大致包括江苏北部、安徽北部、山东、河南、陕西关中、湖北北部、山西（除雁北）和河北（除张北）；这些地区大致位于1月平均气温4℃等温线以北，和7月平均气温26～24℃等温线以南和以东大片区域；秆锈病发生均在5月下旬至6月中旬前，集中在小麦近成熟期，病害发生与流行时间极短或不发生；秆锈病菌在该区基本不能潜伏越冬，也不能完全越夏，而是给西北和东北等地越夏区提供菌源起桥梁作用。

4. 主要越夏区 包括西北冬、春麦区及西部高原冬、春麦区，本区绝大部分位于40°N以南的7月平均气温24℃等温线以西，和1月平均气温−8℃等温线以东之间的区域；这里的越夏菌量较大，秋季随季风由西向东和东南传播，引起南方尤其是长江中下游冬麦区秋苗冬前感染，因此这一地区是秆锈病菌的主要越夏区。

5. 次要越夏区 包括东北春麦区的辽宁大部、吉林和黑龙江，以及华北春麦区的山西雁北、河北坝上和内蒙古北部，这一地区的绝大部分位于40°N以北的7月平均气温24℃等温线以北区域；秆锈病的发生时间，在华北春麦区为6月中、下旬，在东北春麦区，为7月上旬至8月；在病害盛发期受西太平洋暖气团控制，菌源南传的概率应该不大。自生麦苗上的秆锈病菌虽可延续到9～10月，但这时寒潮频繁，气流方向主要是向东或长江以北的沿海地区，病菌不易传给南方冬麦区，因此本区是秆锈病菌的次要越夏区。

6. 周年循环区 小麦秆锈病菌在本区域既能越冬又能越夏，包括云南大部、四川凉山南部及贵州兴义等地，基本介于7月平均气温24℃等温线以西和1月平均气温4℃等温线以南的地区；小麦秆锈病菌以夏孢子在不同季节侵染不同海拔的小麦或自生麦苗，完成周年循环。

以上是根据已有的资料对小麦秆锈病菌的越冬、越夏及周年循环进行分析的结果。现在全球气候出现了明显变暖的趋势，我国的气候也与全球气候的变化同步。小麦秆锈病是在相对比较温暖气候条件下易发的病害，小麦秆锈病菌周年循环问题的关键是低温限制了越冬范围，如果冬季气温普遍升高，那么，从理论上讲，小麦秆锈病菌在我国越冬范围就会扩大，也就是越冬北限会推向更北和越冬西限会上致更西的高原。这样一来，越冬后提供的小麦秆锈病菌初始菌源量也应该更多，势必造成更大的病害流行压力。这是很值得探究的问题，但是，目前还未见相关报道。

（四）小麦秆锈病菌的生理专化现象

小麦秆锈病菌是严格的专性寄生菌。1917年Stakman和Piemeisal首次发现在小麦秆锈病菌的同一专化型内有生理小种的分化，从此开始了小麦秆锈病菌生理小种的研究。我国小麦秆锈病菌的生理小种研究工作起步于1932年。自1956年以来的研究使小麦秆锈病从历史上大面积流行到目前实现了近40年的有效控制。在研究过程中，通过对国际鉴别寄主的引进、筛选和发展，建立了适合中国小麦秆锈病菌生理小种研究的鉴别寄主系统。主要包括小密穗（Little Club）、马阔斯（Marquis）、履浪斯（Reliance）、柯太（Kota）、库班卡（Kubanka）、爱因亢（Einkorn）、浮纳尔（Vernal）和卡不利（Kapli）8个国际鉴别寄主及免字52、明尼2761、欧柔、如罗和华东6号5个辅助鉴别寄主和12个单抗基因系（*Sr5*，*Sr6*，*Sr7b*，*Sr8a*，*Sr9b*，*Sr9e*，*Sr9g*，*Sr11*，*Sr17*，*Sr21*，*Sr30*，*Sr36*）；2009年为了鉴定国际流行小种Ug99及其变异菌株，建立了包括4个有鉴别作用的标准鉴别寄主（小密穗、履浪斯、爱因亢、浮纳尔）、5个辅助鉴别寄主（同上），和新增加的8个单抗基因系（*Sr9a*，*Sr9d*，*Sr10*，*Sr24*，*Sr31*，*Sr38*，*TMP*，*McN*）的鉴别系统，对我国小麦秆锈病菌包括Ug99及其变异菌系进行鉴定和命名。这个鉴别系统既能与国际接轨，又能使现有鉴定数据与历史资料具有可比性。

分离和鉴定小麦秆锈病菌小种及毒性时，培养温度为（20±1）℃，光照（用日光灯）强度为5 800～

6 000lx，光照时间为13h，用感病品种小密穗进行分离、纯化和扩繁，之后接种在鉴别寄主的幼苗上进行鉴定。1956—2013年共分析鉴定了全国小麦秆锈病菌生理小种17个，包括生理小种17号、19号、21号、21C1、21C2、21C3、34号、34C1、34C2、34C3、34C4、34C5、40号、116号、194号、207号和柯太1型等。小种群的出现频率始终以21群占优势（82.9%），其次是34群（17.1%）。小种34C2、116号、40号和34C4的毒力较强，但出现频率一直很低。

我国1990年开始采用抗秆锈病菌单基因系鉴定生理小种，将中国小麦秆锈菌生理小种区分为以C开头的对*Sr5*无毒力的21小种类群，以M开头的对*Sr5*有毒力的34类群，以F开头的对*Sr5*无毒力而对*Sr9e*有毒力的116小种类群，和以N开头的对*Sr5*和*Sr9e*都有毒力的40号小种类群。这四大秆锈病菌类群主要包括21C3的CKH、CKR、CTH、CTR、CPH、CPR、CFH、CFR；34C2中的MKH、MKR、MKK、MFK、MFR；34号中的MKG、MFG、MFK；34C1中的MKH、MKR、MFH等19个致病类型。其中21C3是发生最普遍、出现频率最高的小种类群之一。以上鉴定结果的夏孢子菌系均采自主要寄主（小麦或大麦），目前又开始了新的研究，即对采自转主寄主小檗上的锈孢子（器）进行接种及小种类别和毒性变异鉴定。

多年来，由于我国小麦秆锈病菌生理小种21C3在诸小种中相对生存能力强，始终出现频率高，占优势地位，因而小麦品种抗病性"丧失"现象远没有小麦条锈病那样频繁，小种组成的变异也较缓慢。这初步被认为并非由于小麦秆锈病菌小种自身的变异潜力小于条锈病菌，而是我国小麦秆锈病菌毒力强的新小种相对生存能力弱、有性阶段所起的作用可能不很大、夏孢子异核率极低和抗（多生理小种）感品种的搭配使用和合理布局以及环境作用，促成我国小麦秆锈病菌群体中原有毒性小种的组成数量变化小和毒性比较稳定或品种抗性比较持久。

（五）小麦秆锈病菌新小种Ug99及其毒性更强的变异菌系

1999年，在中非国家乌干达首次发现了对全球小麦品种1BL/1RS易位系中的抗秆锈基因*Sr31*有强毒力的小麦秆锈菌新小种Ug99。经明尼苏达大学美国农业部禾谷病害实验室的专家重鉴证实，该小种按北美秆锈病菌小种命名法则（Pgt-Code）为小种TTKSK。Ug99毒力超强，而且其毒力不断变异进化并产生了新的毒性更强的菌株。2006年，在肯尼亚监测到对*Sr24*有毒力的Ug99变异菌株TTKST，并于2007年在肯尼亚流行。同时，还监测到对*Sr36*有毒力的另一变异菌株TTTSK。由于Ug99与其他毒力更强的小种构成群体，使来自普通小麦的大多数抗秆锈基因及来自外源的*Sr31*、*Sr38*等重要的抗秆锈基因"丧失"了抗性。因而，Ug99可以侵染世界各地的主要小麦品种，构成对全球小麦生产毁灭性的威胁。联合国粮农组织科学家证实，发展中国家80%的小麦品种不抗Ug99；全世界育种学家用来抵抗Ug99的小麦育种材料中，有36%可被Ug99感染，63%未知（其中估计有60%可被Ug99感染），只有0.3%的材料对Ug99表现出一定抗性。

Ug99不但毒力强、变异快，而且传播也非常之快。自1999年发现以来，正如国际玉米小麦改良中心（CIMMYT）地理信息系统（GIS）所预测的那样，一直快速地向东、东北方向蔓延，2001年传入东非的肯尼亚等国，2003年传入埃塞俄比亚及苏丹，2006年越过关键屏障红海，进入也门，2007年传入伊朗。因此，Ug99随盛行西风向东传入我国就很可能了，而且CIMMYT的GIS数据显示：自2008年1月15日起曾有连续72h从伊朗发生小麦秆锈病的麦区升空的气流进入我国西藏北部、青海及甘肃的天气过程。

我国所有报道过的小麦秆锈病菌小种的主要毒力基因总和也没有Ug99的毒力基因数多，比如Ug99对*Sr5*和*Sr9e*两基因的毒力代表了我国曾出现过的毒力最强的小种40号，对*Sr5*或*Sr5*结合*Sr6*的毒力代表了34号小种群，对*Sr9e*的毒力代表了116小种，对*Sr11*的毒力代表了20世纪90年代后发现的21C3CTX或21CPX（X代表H或R）小种群，对*Sr21*或*Sr31*或*Sr38*等的毒力在我国从未被检测到（当然，最近有新的未发表的资料表明，有几个国内生产上鲜用的抗性基因对Ug99抗病而对国内有的小种感病）。分析我国曾经最广泛使用的多数抗源品种，主要为洛类麦系、Alondra"S"、阿夫乐尔、高加索以及牛朱特等，它们都含有1BL/1RS易位染色体片段，其抗性正是Ug99所能够克服的。另外，根据2006年我国118份小麦品种在肯尼亚农业研究所（KARI）用Ug99测定的结果表明，达中抗以上的品种仅2个，其出现频率总和也仅1.7%；相反，高感品种发现频率占98.3%。因此，Ug99进入我国，将极可能给我国小麦生产带来不可估量的损失，我们必须提前预防，防患于未然。

六、防治技术

(一) 利用抗病品种

1. 抗源利用及合理布局 培育和推广抗病品种是控制小麦秆锈病最经济、有效和对环境友好的措施。20世纪70年代以来，我国加强了小麦秆锈病菌生理小种的监测与鉴定，并因地制宜地进行抗源引进、筛选、选育和推广，使得我国小麦秆锈病得到有效的控制，没有出现大流行。如东北春麦区有克丰系列、克旱系列、龙麦系列、龙辐麦系列、辽春系列中的大部分以及新克旱9号、垦大8号、垦九9号、垦九10号、丰强5号、丰强6号、丰强7号、沈免85、沈免91、沈免96、沈免1167、铁春1号、铁春7号、辽春系列等；黄淮平原冬麦区有陕7859、烟农9号、烟优361、鲁麦3号、鲁麦7号、鲁麦9号、鲁麦21、济麦系、淮麦18、冀麦31、冀麦38、河农2552、京冬8号、晋太179、周麦18、豫麦2号、豫麦7号、豫麦10号、豫麦13、豫麦49、徐州21等；长江中下游冬麦区有鄂恩1号、华麦13、荆12、荆13、荆135等；华南冬麦区有贵农22、贵州98-18、毕2002-2、晋麦2418、龙溪18、龙溪35、福繁16、福繁17、泉麦1号、国际13、云麦29、精选9号等。

在选育和推广抗病良种时，必须掌握小麦秆锈病菌的发生发展规律、小种组成、消长变化规律和流行区系的关键地区以及生产品种的抗病基因情况，以更好地进行品种（或抗病基因）的合理布局。如在小麦秆锈病菌越夏区、传播桥梁区、越冬区和流行区等，分别种植不同抗秆锈类型品种，以阻止病菌的越夏、越冬，减少菌源、切断病菌的周年循环，从而有效地控制秆锈病流行。

2. 发掘新的抗病基因资源 抗源多样化是选育抗病品种、提高品种持久抗病能力、延长基因使用期的有效途径。小麦的野生近缘种属中蕴藏着丰富的抗性基因，目前已定位58个抗秆锈病基因，其中大部分来源于普通小麦，但绝大多数现有有效抗病基因则来自于偃麦草属、山羊草属、黑麦等小麦的近缘种属。因此，可以从小麦近缘物种中发掘抗秆锈病新基因，结合染色体工程和分子生物学技术等将其转移到普通小麦中，有利于作物改良和品种的选育。

(二) 加强栽培管理

加强小麦田间栽培管理，创造和利用不利于秆锈病发生的环境条件，促进植株健壮生长，提高植株抗性，对防治秆锈病有重要作用。

在福建、云南等秆锈病菌越冬区，适期晚播，可以减少初始菌源。但在小麦秆锈病发生严重的地区，适当早播，有利于减轻后期秆锈病为害；在北部麦区适时早播，小麦可提早成熟，减轻后期病害；在闽东南一带，取消9～10月早播冬麦，而将播期推迟到11月，3月中、下旬收获，从而使秆锈病的始发期推迟30～40d，可有效地消除早发区菌源量，从而保护了秆锈病菌次要越冬区的小麦生产。

一般地势低洼、土质黏重、排水不良、偏施或迟施氮肥、植株密茂郁闭和生长柔嫩、成熟期延迟，均有利于病菌的侵害，发病常较重。适期播种，施足底肥，增施磷、钾肥，控施氮肥，可促进麦株健壮生长，增强抗病力；小麦收获后及时翻耕灭茬，消灭自生麦苗，可减少越夏菌源。

(三) 化学防治

1. 药剂拌种 在小麦播种前进行药剂拌种，不仅可有效防治小麦锈病、纹枯病、黑穗病及蛴螬、蝼蛄、金针虫等多种病虫害，确保小麦苗全、苗壮，稳健生长，而且技术简单、用药量小，因此在病害防治中得以广泛使用。目前应用于防治小麦秆锈病的拌种药剂主要是15%或25%三唑酮可湿性粉剂、12.5%烯唑醇可湿性粉剂、25%三唑醇干拌种剂及唑醇·福美双和唑酮·福美双悬浮种衣剂等。如用三唑酮按种子重量0.03%的有效成分拌种，或12.5%烯唑醇按种子重量0.12%的有效成分拌种，可提高种子的抗病性，推迟冬前发病60d左右，大大降低冬前菌源基数，减轻春季防治压力。

2. 叶面喷药 在秋季和早春，田间发现秆锈病中心时，应及时喷药控制。在秆锈病发生初期用药防治效果最好；在发生大流行的情况下，除及时防治发病严重的麦田外，还要对周边发病轻和未发病的麦田施药剂防治，以控制病害进一步蔓延，减轻损失。一般在小麦扬花灌浆期，发病率达1%～5%时开始喷药，以后7d防治1次，共喷2～3次；如菌源量大，春季气温回升早，雨量适宜，则需提前到病秆率为0.5%～1%时开始喷药。防治小麦秆锈病的药剂比较多，目前推广应用较广的药剂是三唑酮。该药剂喷洒在小麦上可被植株各部分吸收，在植物体内传导，对秆锈病有很好的防效。三唑酮有15%、20%、25%3种含量的可湿性粉剂或乳油，15%含量的用1.5kg/hm^2，20%含量的用1.05kg/hm^2，25%含量的用

0.75kg/hm²，对水750～1 500kg喷雾。药剂防治必须在穗部未发病，麦苗上部的叶片极少发病时进行。发病的田块必须喷药2～3次，每次间隔7～10d，才可控制病害，确保丰收。同时应筛选和研发对小麦秆锈病高效、安全的特效内吸杀菌剂新品种或新剂型，为应对病害提供技术储备。

附：小麦秆锈病鉴定标准

鉴定标准参照Roelfs（1988）的分级标准。根据侵染型分为0、0;、1、2、X、Y、Z、3、4共9级，辅以++，+，-，=等符号表示同一级别中发病程度的不同，详见附表2-3-1和附彩图2-3-1。0～2表现为低侵染型，3～4表现为高侵染型。

附表2-3-1　小麦品种（系）对秆锈病菌侵染表现的侵染型

Supplementary Table 2-3-1　Descriptions of infection type on wheat varieties (lines) to stem rust

侵染型	症 状 描 述
0	既无夏孢子堆，也不发生任何过敏性枯斑
0;	不产生夏孢子堆，但产生黄白色的过敏性枯斑
1	有微小的夏孢子堆发生，但其周围环境有明显的枯死斑
2	有小到中等大小的夏孢子堆，但孢子堆常居绿岛中，绿岛周围有明显的失绿圈或枯斑圈
X	纯培养物接种时不同大小的夏孢子堆在单个叶片上随机分布
Y	不同类型的孢子堆分布整齐，且大的孢子堆位于叶片顶端
Z	不同类型的孢子堆分布整齐，且大的孢子堆位于叶片基部
3	夏孢子堆大小中等，孢子堆周围无枯斑，但有时孢子堆周围有失绿圈
4	夏孢子堆甚大，常互相联合，周围无枯斑，但寄主在生长不适时，孢子堆周围有失绿圈

曹远银（沈阳农业大学植物保护学院）

第4节　小麦赤霉病

一、分布与危害

小麦赤霉病是世界湿润和半湿润地区麦田广泛发生的一种毁灭性病害，也是我国小麦的重要病害之一，在淮河以南以及长江中下游麦区发生最为严重，黑龙江春麦区也常严重发生。但由于近年来小麦、玉米轮作制，作物秸秆还田措施等大面积推广后及全球气候变化等因素的影响，小麦赤霉病逐渐向北蔓延，使得发病面积不断扩大至黄淮海和西北等广大冬麦区，且发病程度呈加重的趋势。2010年，全国发病面积为660万hm²。2012年，在湖北江汉平原、安徽和江苏沿淮及以南麦区、河南中南部大发生，江苏部分地区特大发生，全国发生面积为920多万hm²，是1990年以来发生范围最广、为害最重的年份，对我国小麦生产造成严重影响。小麦发病后籽粒皱缩，一般可造成产量损失10%～30%，严重时达80%～90%，甚至颗粒无收。小麦赤霉病不仅造成严重的产量损失，病菌在感病籽粒中还产生脱氧雪腐镰菌醇（deoxynivalenol，DON）和玉米赤霉烯酮（zearalenone，ZEA）等多种真菌毒素，人、畜误食病粒后会引起发热、呕吐、腹泻等中毒反应，还有致癌、致畸和诱变的作用，严重的甚至导致死亡。因此，我国规定小麦及其产品中毒素含量不得超过1mg/kg。

二、症状

小麦从幼苗到抽穗期都可受赤霉病侵害，引起苗枯、穗腐、茎基腐和秆腐，以穗腐影响最大（彩图2-4-1）。苗枯：由种子带菌或土壤中病残体带菌侵染所致。先是幼苗的芽鞘和根鞘变褐，根冠随之腐烂，轻者病苗黄瘦，严重时全苗枯死，枯死苗在湿度大时产生粉红色霉状物（病菌分生孢子和子座）。穗腐：小麦扬花期后出现，初在小穗和颖片上产生水渍状浅褐色斑，渐扩大至整个小穗，致小穗枯黄。湿度大时，病斑处产生粉红色胶状霉层。后期产生密集的蓝黑色小颗粒（病菌子囊壳），籽粒干瘪并伴有白色至粉红色霉。小穗发病后扩展至穗轴，病部枯褐，使被害部以上小穗形成枯白穗。茎基腐：自幼苗出土至成株期均可发生，麦株基部受害后变褐腐烂，造成整株死亡。秆腐：多发生在穗下第一、二节，初在叶鞘上出现水渍状褪绿斑，后扩展为淡褐色至红褐色不规则形斑或向茎内扩展。病情严重时，造成病部以上枯黄，有时不能抽穗或抽出枯黄穗。气候潮湿时病部可见粉红色霉层，病株易被风吹折。

三、病原

禾谷镰孢（*Fusarium graminearum* Schw.）是引起小麦赤霉病的重要的病原菌之一，属无性型真菌镰孢属；其有性型为玉蜀黍赤霉（*Gibberella zeae* Schw.），属子囊菌门赤霉属。此外多种镰孢菌，如：亚洲镰孢（*F. asiaticum*）、燕麦镰孢（*F. avenaceum*）、黄色镰孢（*F. culmorum*）、早熟禾镰孢（*F. poae*）和拟轮枝镰孢（*F. verticillioides*）等均可以引起小麦赤霉病。世界上不同的地区，因生态地理环境的不同，引起小麦赤霉病的优势致病菌种也不同。在北美和澳大利亚等温暖的地区小麦赤霉病菌优势种为禾谷镰孢，但在欧洲北部冷凉地区优势种为黄色镰孢和梨孢镰孢。在我国，禾谷镰孢和亚洲镰孢为优势种，其中长江中下游地区以亚洲镰孢为主，黄淮流域以北地区以禾谷镰孢为主。

禾谷镰孢的大型分生孢子多为镰刀形，稍弯曲，顶端钝，基部有明显足胞，一般具有3～5个隔膜，单个孢子无色，聚集时呈粉红色黏稠状（彩图2-4-2），一般不产生小型分生孢子和厚垣孢子。有性态产生球形或近球形子囊壳，散生或聚生于病组织表面，或埋生于病部表面子座中，呈紫黑色，顶部有瘤状突起，其上有孔口（彩图2-4-3）。子囊整齐地排列于子囊壳内壁。子囊无色，棍棒状，基部有短柄，内含8个螺旋状排列的子囊孢子。子囊孢子无色，弯纺锤形，多有3个隔膜（彩图2-4-4）。镰孢菌腐生性强，既可以在活的寄主上生活，也能够在死亡的植物体上寄生，菌丝体最适生长温度为22～28℃，湿度越大，菌丝生长越快。

四、病害循环

赤霉病菌是一种兼性寄生菌。我国中、南部稻麦两作区，病菌在稻桩和玉米、棉花等多种作物病残体中营腐生生活越冬。翌春，病菌产生子囊壳，子囊壳成熟后，遇水滴或是相对湿度≥98%时即可放射出大量的子囊孢子，子囊孢子借风雨传播，侵染麦穗，而病穗上产生的分生孢子可进行再次侵染。在我国北部、东北部麦区，病菌能在麦株残体、带病种子和其他植物如稗草、玉米、大豆、红蓼等残体上以菌丝体或子囊壳越冬。北方冬麦区则以菌丝体在小麦、玉米穗轴上越夏、越冬，条件适宜时产生子囊壳放射出子囊孢子进行侵染。麦收后，病菌继续在土壤中残留的作物残体上存活、越夏（图2-4-1）。

病残体上产生的子囊孢子和分生孢子是下一个生长季节的主要初侵染源，此外，种子带菌是造成苗枯的主要原因，土壤中的病菌多时可引起茎基腐症状。小麦赤霉病菌侵染多集中在小麦扬花期，因此，在小麦扬花期较一致时，发病麦穗上产生的分生孢子的再侵染作用不大，但在小麦生育期不一致的情况下，早熟小麦病穗上产生的分生孢子可继续侵染晚熟小麦。病菌一旦侵入寄主，会有潜伏侵染的状况，在温、湿条件适宜时，病害便暴发显现。

五、流行规律

小麦赤霉病的发生和流行强度主要取决于气候条件、菌源数量、寄主抗病性及生育期等因素。初始菌源量大、种植感病品种、湿雨的气候条件和与小麦扬花期相吻合，就会造成赤霉病流行成灾。

（一）气候条件

小麦赤霉病是一种高温高湿病害。温暖潮湿的环境条件有利于病菌的生长、发育、繁殖和侵染，以湿度最为重要。湿度影响子囊壳的形成、子囊孢子的释放和侵染。空气相对湿度低于81%，子囊孢子不能放射；有水滴存在的情况下，子囊孢子放射速度加快。温度影响小麦发病的早晚和快慢，以25℃对发病

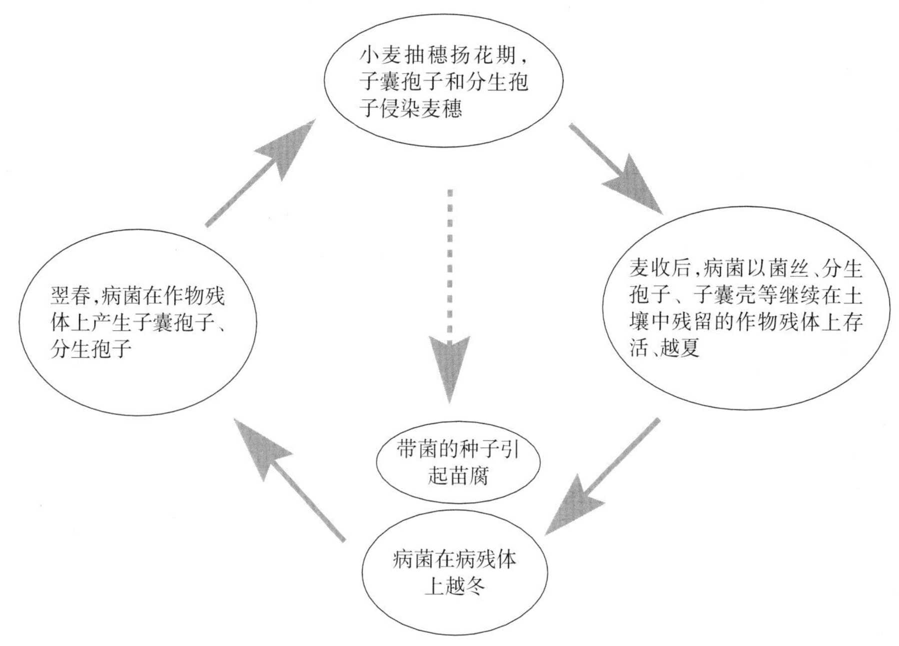

图2-4-1　小麦赤霉病病害循环（马忠华绘）
Figure 2-4-1　Disease cycle of Fusarium head blight (by Ma Zhonghua)

最为有利。因此，小麦开花期的气候条件是影响小麦赤霉病发生和流行的决定因素。小麦抽穗扬花期遇到连续阴雨或大雾天气，病害就可能会流行成灾。

（二）菌源量

稻桩和多种作物病残体上产生的子囊孢子是病害主要的初侵染源。因而，其发生量是病害流行的重要影响因素。田间稻桩和病残体带菌率高，空气中病菌孢子多，病害流行的风险也随之升高。

（三）品种抗病性和生育时期

目前尚未发现对赤霉病免疫的小麦品种。相对而言，穗形细长、小穗排列稀疏、抽穗扬花期整齐集中、花期短、扬花后小花内残留花药少、耐湿性强的品种比较抗病。从生育期来看，同一品种小麦不同生育阶段感病性有明显差异。以开花期最易感病，抽穗期次之，乳熟期病菌侵染率明显降低，至蜡熟期病原菌几乎不能侵入，发病程度轻微。在温度条件适宜的情况下，小麦抽穗至扬花阶段阴雨连绵，往往是造成小麦赤霉病流行的关键。抽穗扬花不整齐，有利于病害的发生。

（四）栽培条件

栽培条件对赤霉病的发生影响较大。地势低洼、土壤黏重、排水不良，导致发病较重；偏施氮肥、植株群体密度过大致田间郁闭，发病较重；小麦成熟后因阴雨不能及时收割，赤霉病仍会继续发生。

六、防治技术

小麦赤霉病的防治应采取以农业防治为基础，减少初侵染源，选用抗病品种和关键时期进行药剂保护的综合防治策略。

（一）选用抗（耐）病品种

虽尚未发现对小麦赤霉病高抗的小麦品种，但是我国已选育出一些比较抗病的品种。赤霉病常发区最好选取对赤霉病有中等抗性以上的品种，不种植高感品种。目前，扬麦和宁麦系列品种对赤霉病均有较好的抗性，其他大多数品种对赤霉病表现敏感。

（二）加强农业防治

播种前做好前茬作物残体的处理，利用机械等方式粉碎作物残体，翻埋土下，使土壤表面无完整秸秆残留，减少田间初侵染菌源数量。播种时要精选种子，减少种子带菌率；控制播种量，避免植株过于密集和通风透光不良。根据土壤的含钾状况，基肥施用含钾的复合肥，一般每公顷可施含钾复合肥225～375kg或氯化钾120～180kg，以提高小麦的抗病性。控制氮肥施用量，防止倒伏和早衰。小麦赤霉病的发生与土壤湿度和空气湿度有密切关系，扬花期应少灌水，多雨地区麦田冬春季做好开沟排水，要做到雨过田干，沟内无积水。

（三）小麦抽穗扬花期做好药剂防治

1. 防治时期 在当前品种普遍抗性较差的情况下，化学药剂防治仍是防治小麦赤霉病的重要手段。在防治策略上要坚持“预防为主，主动出击”的原则。防治效果主要取决于首次施药时间，一般在齐穗至开花初期用药防治效果最好，对于高感品种可提前至破口期。根据天气预报，如抽穗扬花期可能遭遇阴雨天气，应及时喷药，抑制病菌侵染。

2. 防治次数 小麦赤霉病的药剂防治次数取决于天气情况和小麦品种特性。在初次用药后 7d 内，如遇连续高温多湿天气，必须防治第二次。对于高感品种，或开花整齐度差、花期相差 7d 以上的田块，也应进行第二次防治，两次防治时间间隔 7d 左右。

3. 防治药剂 自 20 世纪 70 年代以来，多菌灵等苯并咪唑类杀菌剂一直是防治小麦赤霉病的主要杀菌剂，多菌灵的推荐使用量为每公顷 50g（有效成分），以超微粉剂型效果最佳。也可使用多菌灵与戊唑醇或三唑酮的复配剂及戊唑醇、氰烯菌酯等药剂防治赤霉病。在江苏、浙江等地对多菌灵出现抗药性菌株区域应避免单独使用多菌灵，而在未发现抗药性菌株的区域也应避免长期单一使用多菌灵，以延缓病菌抗药性的发生与发展。防治时手动喷雾器每公顷用水量为 300～450L，机动弥雾机每公顷用水量为 225L。在防治小麦赤霉病时要注意兼顾防治小麦白粉病、吸浆虫和麦蚜等其他病虫害。

马忠华（浙江大学生物技术研究所）

第 5 节　麦类白粉病

一、分布与危害

麦类白粉病是小麦、大麦、黑麦、燕麦等禾谷类作物上重要的病害。在我国，小麦白粉病的发生流行最为严重，目前已上升为小麦的主要病害。20 世纪 70 年代以前小麦白粉病主要在我国西南地区的云南、贵州、四川及山东沿海局部地区发生严重，70 年代后期以来，其发生范围和面积不断扩大，已由南方和沿海地区迅速扩展到华北、西北各大麦区，直至东北春麦区。例如，1981 年全国发生面积为 287 万 hm^2；1983 年为 300 万 hm^2；1985 年扩大到 453 万 hm^2；1990 年和 1991 年全国大流行，两年的发生面积均超过 1 200 万 hm^2，年损失小麦 32 亿 kg。据全国农业技术推广服务中心统计，1992 年以来白粉病的发生面积一直处于较高的水平，每年稳定在 500 万～900 万 hm^2（刘万才等，1995）。在我国，20 世纪 70 年代大麦面积曾扩增到 650 万 hm^2，21 世纪初以来，大麦种植面积为 100 万～167 万 hm^2，估计大麦白粉病的年发生面积已有 6.67 万～53 万 hm^2。

小麦、大麦等禾谷类作物被白粉菌侵染后，养分被掠夺，呼吸作用增高，蒸腾强度增加，光合效能降低，碳水化合物的积累和运输相应减少，在发病早而且重的情况下，严重阻碍了麦类作物的正常生长发育，造成小麦叶片早枯，分蘖数和穗粒数减少，成穗率降低，千粒重下降，严重影响麦类的产量，在发病较晚较轻时，病害主要影响千粒重。因此，发病越早越重，减产越多。一般麦类白粉病可引起的产量损失为 5%～45%，重病田可高达 50%以上，甚至绝产（刘孝坤，1990）。

二、症状

麦类作物幼苗和成株均可被白粉病菌侵染，主要侵染叶片，严重时也侵染叶鞘、茎秆和穗。病部表面覆有一层白粉状霉层（彩图 2－5－1）。病部最初出现分散的白色丝状霉斑，逐渐扩大合并为长椭圆形的较大霉斑，严重时可覆盖叶片大部分，甚至全部，霉层增厚可达 2mm，并逐渐呈粉状（无性阶段产生的分生孢子）。后期霉层逐渐由白色变灰色乃至褐色，并散生黑色颗粒（有性阶段产生的闭囊壳）。被害叶片霉层下的组织在发病初期无显著变化，随着病情的发展，叶片褪绿变黄乃至卷曲枯死，重病株常矮而弱，不抽穗或抽出的穗短小（刘孝坤，1990，1995）。

三、病原

麦类白粉病病原为禾谷布氏白粉菌［*Blumeria graminis*（DC.）Speer，异名：*Erysiphe graminis*

DC.]，属子囊菌门白粉菌目布氏白粉菌属。无性型为串珠状粉孢菌（*Oidium monilioides* Nees），属子囊菌无性型粉孢属。麦类白粉病菌是一种专性寄生性真菌，只能在活的寄主组织上生长发育，并对寄主有很严格的专化性，根据其侵染寄主种类的不同，可分为小麦白粉病菌专化型（*Blumeria graminis* f. sp. *tritici*）、大麦白粉病菌专化型（*B. graminis* f. sp. *hordei*）、黑麦白粉病菌专化型（*B. graminis* f. sp. *secalis*）、燕麦白粉病菌专化型（*B. graminis* f. sp. *avenae*）等，一般情况下，不同的专化型不能相互侵染，其专化型内还存在生理分化。

麦类白粉病菌体表寄生，菌丝体匍匐于寄主表面，仅以吸器伸入寄主表皮细胞内吸取养分。吸器椭圆形，生有指状分枝。由表面菌丝垂直生成孢子梗。孢子梗不分枝，无色，顶端产生成串的分生孢子，数目10～20个。分生孢子无色，椭圆形，单胞，大小为（25～30）μm×（8～10）μm，自顶端向下逐渐成熟脱落。闭囊壳球形，黑褐色，表面有丝状不分叉的附属丝，壳内含子囊9～30个。子囊长圆形或卵圆形，有短柄，内含子囊孢子8个或4个。子囊孢子无色，单胞，椭圆形，大小为（20～23）μm×（10～13）μm（图2-5-1）（刘孝坤，1990，1995）。

麦类白粉病菌的分生孢子含有70%水分。因此，孢子萌发对湿度的适应范围很广，不需要有水滴的存在，在相对湿度为0～100%范围内都能萌发和侵染，但以在湿度很高而不成水滴的情况下萌发最好。分生孢子萌发的最适温度为10～20℃，一般至31℃时则不能萌发。据试验研究，在23℃时适于萌发的相对湿度为75%～99%，若相对湿度降至50%～75%，萌发率迅速下降；其芽管则在98%的相对湿度下延伸最快；日光对孢子萌发有一定的抑制作用，孢子在日光下曝晒20min后，萌发率由19.6%降为3.28%；在遮光条件下2.5h后萌发率为41.4%，而在光照下萌发率为26.5%；即分生孢子在直射阳光下的温度越高，照度越大，寿命越短。因此，麦田郁闭或阴雨的天气条件，均有利于孢子的萌发和侵入。分生孢子对紫外光敏感，处理25min即不能萌发。分生孢子在pH2.2～12.4范围内均能萌发。分生孢子离体后7～20℃下，2～5d内具有侵染能力，但在25℃以上经24h即不能侵染。

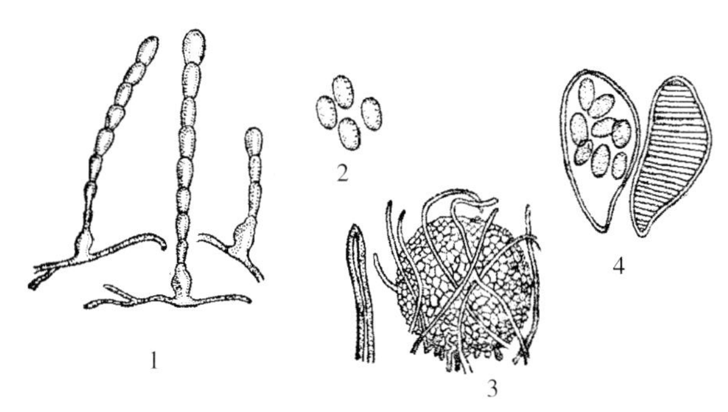

图2-5-1 麦类白粉病菌形态特征（1和2. 引自Walker，1950；3和4. 引自Western，1971）

Figure 2-5-1 Morphology of *Blumeria graminis* (1 and 2. from Walke，1950；3 and 4. from Western，1971)

1. 分生孢子和分生孢子梗 2. 成熟的分生孢子 3. 闭囊壳 4. 子囊

闭囊壳首先在植株下部较老的病叶上形成，以后逐渐在上部病叶形成。温度越高、湿度越大，闭囊壳的存活时间越短；浸在水中的闭囊壳存活时间更短。闭囊壳只有在保持湿润的条件下，才能释放已形成的子囊孢子。子囊孢子的萌发对温、湿度的要求与分生孢子的萌发相似，光照对其萌发无影响，子囊孢子在1～27℃范围内均能入侵寄主，以10～20℃最适（刘孝坤，1990，1995）。

四、病害循环

白粉病菌的分生孢子随气流传播到感病品种的植株上以后，遇到适宜的条件即萌发长出芽管。芽管前端膨大形成附着胞，并产生较细的侵入丝，依靠病菌产生色酶的消解作用和机械力量，直接穿透麦叶的角质层，侵入表皮细胞，形成初生吸器，吸收寄主营养。初生吸器形成后，即向寄主体外长出菌丝。菌丝扩展到一定程度后，在菌丝中心产生分生孢子梗和分生孢子。分生孢子成熟后脱落，由气流传播引起再侵染。病菌在其发育后期进行有性繁殖，在菌丝上形成闭囊壳。据研究报道，小麦白粉病的越夏有两种方式：一种是以分生孢子在夏季气温较低的地区的自生麦苗或夏播小麦上继续侵染繁殖或以潜育状态度过夏季；另一种是以病残体上的闭囊壳在低温、干燥的条件下越夏。已有的研究表明，凡夏季最热一旬的平均气温低于25℃的地区，白粉菌可在自生麦苗上以分生孢子顺利越夏。越夏区主要分布在云南大部、贵州西部、甘肃南部、陕西秦岭北麓和渭北旱塬、宁夏南部、四川南部、河南西部、湖北西北部，河北西部、山西中部等地在病菌以分生孢子越夏的地区，秋苗发病较早、较重，离越夏区远的地区则发病较晚、较轻或不发病，秋苗发病后病菌一般均能越冬。病菌以分生孢子或菌丝体潜伏在寄主组织内越冬。在我国有冬小麦种植的地区，小麦白粉病菌均能安全越冬，其越冬北界在-6℃的月平均温度线附近。越冬后的病菌先在植株的底部叶片呈水平方向扩展，以后依次向中部和上部叶片发展，严重时可引起穗部发病（图2-5-2）。

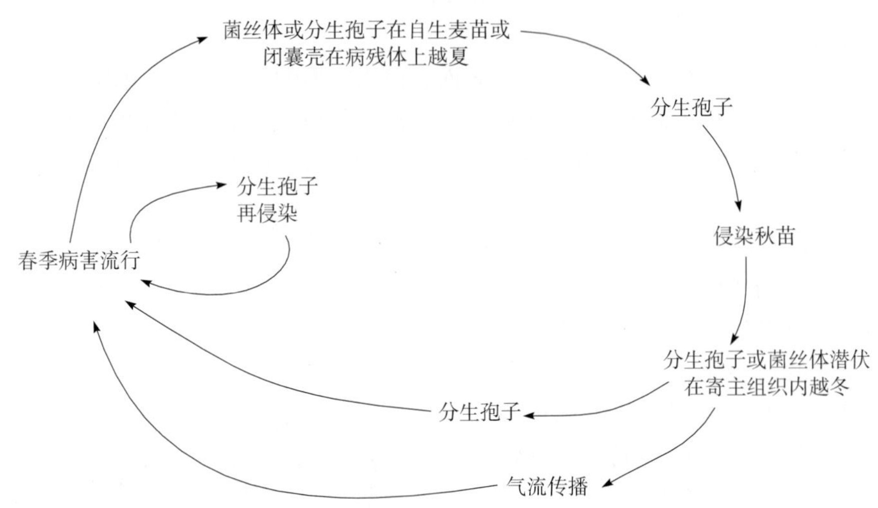

图2-5-2 麦类白粉病病害循环（周益林提供）

Figure 2-5-2 Disease cycle of cereal powdery mildew (by Zhou Yilin)

五、流行规律

目前，我国对小麦白粉病的研究比较多，已有的研究表明，小麦白粉病发生和流行的主要影响因素有：①菌源：是病害发生的基础，因此，白粉病菌的越夏和越冬菌源的多少直接影响此病害的发生和流行。②品种的抗病性：生产上种植品种的抗病性和种植面积对病害的发生和流行具重要的影响。③温度：主要影响越冬和越夏菌源的多少、始病期的早晚、潜育期的长短和病情的发展速度以及病害的终止期的早迟。白粉病在温度高于0℃，低于25℃下均能发展，最适发生温度为15～20℃，潜育期随温度升高而缩短，如早春气温偏高，始病期提前，春季发病后期，高温来得早，将减轻病害的发生和流行程度。④降水量：对病害的发生和流行影响较复杂。一般空气相对湿度较高有利于病菌孢子的萌发和侵染，但雨水较多又不利于分生孢子的生成和传播。因此，在北方少雨的地区，降雨有利于病害的发生流行，而在南方多雨的地区，在发病的关键时期，雨水过多特别是连续降雨，对病害的发生和流行不利。⑤日照：小麦白粉病菌的分生孢子对直射阳光很敏感，同时日照强度和时间对病害发生的影响也与大气的湿度有关，湿度高有利于分生孢子的萌发。因此，在发病期间日照少，阴天多，病害发生重，反之病害轻。⑥病害的发生还与栽培条件有关，如与施肥、灌溉、种植密度和方式等有关（刘孝坤，1990）。

由于各地生态条件不同，制约不同地区小麦白粉病发生、流行的关键因子各不相同，因此，不同地区的预报模式或模型也存在差异（周益林等，1995）。华北和黄淮海等主要麦区的预报方法如下：

1. 长期预测 根据越夏越冬菌源量（上年发病程度）或秋苗及早春苗发病早迟、发病程度；冬季的气候状况；感病品种的栽培面积和作物长势；结合天气预报综合分析预测。如果上年发病重，秋苗或早春苗发病早且重，冬季和早春气温较常年偏高，感病品种种植面积大于50%，肥水条件好，小麦长势旺，长期天气预测4月阴雨日多，气温较常年偏高，则可预报白粉病将发生重，反之则发生轻。

2. 中期预测 根据春季麦苗发病早迟及病情上升快慢，3月天气状况及气象预报4月的雨量、气温情况，感病品种种植面积大小和小麦长势等分析预测。如果春季麦苗发病较早，病情上升快，3月气温稳定通过10℃的时间较常年偏早，阴雨日较多，雨量适中，日照少；感病品种大面积连片种植，小麦长势旺，田间通风透光条件差，则可预测病害流行，反之则偏轻发生。

3. 短期预测 小麦发病后，特别是拔节—孕穗期的病情增长速度快，其间温、湿度又有利于发病，此后天气预报4月下旬至5月上旬阴雨高湿（相对湿度在70%以上），无大于25℃的连续高温天气，小麦长势较嫩，田间郁闭，小麦白粉病将大流行。

六、防治技术

（一）种植抗病品种

尽管目前生产上推广的品种大多数不抗病或高感白粉病，但也存在少数高抗及一些中抗或慢粉的品种。各地可根据当地的生态条件特点，选用适合种植的高产抗病（抗病和慢病）的小麦或大麦品种。

1. 小麦抗病品种 华北麦区：石麦14、石麦15、良星99、沧麦6002、沧麦119、邯麦11、保丰104、71-3等；黄淮海麦区：郑麦9023、偃展4110、周麦16、豫麦70、内乡991、豫教2号、豫麦47、豫麦63、04中36、新麦18、鲁麦14、滨麦3号、潍麦7号、山农1135、淄麦7号、济南18等；西南麦区：蓉麦2号、川麦42、川麦44、川麦107、川农17、川农19、川育18、川育19、内麦8号、内麦9号等；长江中下游麦区：扬麦10号、扬麦11、扬麦12、扬麦13、鄂麦18、鄂麦19、襄麦55、皖麦26、南农9918等；西北麦区：西农811、西农979、陕872、晋麦47、普冰201、远丰175、阎麦8911、定西24、定西35、87加67、会宁18、陇春20、兰天15、95-108、天9362-10、中91250等；东北麦区：沈免85、沈免91、沈免96、沈免962、沈免2135、辽春10号、辽春11等。

2. 大麦抗病品种 闽麦02、闽诱3号、丰抗1号、莆大麦5号、莆大麦7号、莆大麦8号、宜川大麦、宁强大麦、青啤13、青啤14、青啤18、农牧25、农牧27、农牧31、农牧36、农牧48、青海云麦2号、青海云麦14、青海云麦15、南09-3、南09-4、南09-7、南09-10等。

（二）药剂防治

在麦类白粉病秋苗发生区（一般在病菌越夏及其邻近地区），采用三唑类杀菌剂拌种或种子包衣可有效控制苗期病害，减少越冬菌源量，并能兼治小麦散黑穗病。选用20%三唑酮乳油或15%三唑酮可湿性粉剂（粉锈宁）或12.5%烯唑醇可湿性粉剂等拌种，用药量按药剂有效成分计算为种子重量的0.03%。种子包衣选用2%戊唑醇悬浮种衣剂1∶14稀释后按1∶50进行种子包衣。

春季防治一般采用叶面喷药控制麦类白粉病。结合预测预报在孕穗—抽穗—扬花期，当病茎率达15%～20%或病叶率5%～10%时即可防治。目前主要推荐的药剂有：①三唑类杀菌剂：20%三唑酮乳油600～750mL/hm^2（有效成分120～150g/hm^2）；25%丙环唑乳油450～525mL/hm^2（有效成分75～120g/hm^2），12.5%烯唑醇可湿性粉剂600～900g/hm^2（有效成分75～120g/hm^2），40%腈菌唑可湿性粉剂150～225g/hm^2（有效成分60～90g/hm^2）。三唑类杀菌剂一般发病年份防治一次即可控制病害的流行和侵害，重病年份或地块可根据情况用药2次。②甲氧基丙烯酸酯类杀菌剂：20%烯肟菌酯乳油、15%氯啶菌酯乳油、10%苯醚菌酯悬浮剂、20%烯肟菌胺悬浮剂、20%醚菌酯悬浮剂、25%嘧菌酯悬浮剂等，建议使用剂量均为75～150g/hm^2（有效成分），此类杀菌剂一般可根据田间病情和天气情况用药1～2次。③其他杀菌剂或混剂：70%甲基硫菌灵可湿性粉剂，建议使用剂量为600～750g/hm^2（有效成分420～495g/hm^2）；20%硫·酮可湿性粉剂，建议使用剂量为900～1 125g/hm^2（有效成分195～225g/hm^2）；44%己唑醇·福美双可湿性粉剂，建议使用剂量为600～900倍液。此类药剂需要在发病初期用药，用药次数可根据天气和田间发病情况而定，一般需连续使用2～3次，施药间隔期7～10d（周益林等，2001；2004；李志念等，2004；司乃国等，2003；汪晓红等，2005；张舒亚等，2004）。目前已发现小麦白粉病菌群体对三唑类杀菌剂已产生抗药性（马志强等，1996；Yu et al.，2000；夏烨等，2005）。因此，在小麦白粉病的药剂防治中，三唑类杀菌剂应与其他作用方式药剂如甲氧基丙烯酸酯类和苯并咪唑类杀菌剂等轮换使用，以避免病菌抗药性的发展。建议在病害需要防治2次的地区或地块，三唑类杀菌剂和其他类型的杀菌剂轮换，各使用1次。

（三）加强栽培管理

采用正确的栽培措施可减轻病害的发生，如合理密植和灌溉，注意氮、磷、钾肥的合理搭配，以促进通风透光，减少倒伏，降低田间湿度，使小气候有利于麦类作物植株的健壮生长，而不利于病原菌的发展，从而控制病害的发生。另外，在白粉病可在自生麦苗上越夏的地区，应在秋播前尽量清除田间和场院处的自生麦苗，以减轻秋苗期的菌源。

周益林（中国农业科学院植物保护研究所）

第6节 小麦纹枯病

一、分布与危害

20世纪70年代以前，小麦纹枯病在我国一些麦区零星发生，但发病轻，对小麦产量造成的损失也很小。自70年代中后期开始，随着小麦品种的更替及丰产栽培措施如早播、密植、高肥等的推广，该病在各冬麦区普遍发生，并成为长江流域及黄淮平原麦区小麦上的重要病害，尤以江苏、安徽、河南、山东、陕西、湖北等省发生普遍且为害严重。据全国农业技术推广服务中心统计，2006年全国小麦纹枯病发生面积达到780万hm^2（张跃进等，2007）。一般病田病株率为10%～20%，重病田块可达60%～80%甚至80%以上，特别严重田块的枯白穗率可高达20%以上。病株于抽穗前部分茎蘖死亡，未死亡的病蘖也会因输导组织被破坏、养分和水分运输受阻而影响正常生长发育，导致麦穗的穗粒数减少，籽粒灌浆不足，千粒重降低，一般减产10%～15%，严重时高达30%～40%（王裕中，2001）。

二、症状

纹枯病可在小麦的各个生育期发生，造成烂芽、病苗死苗、花秆烂茎、倒伏、枯孕穗和枯白穗等多种症状。种子发芽后，芽鞘可受侵染而变褐，继而烂芽枯死，造成小麦缺苗。在小麦3～4叶期，叶鞘上开始出现中间灰白、边缘褐色的病斑，严重时因抽不出新叶而造成死苗。返青拔节后，病斑最早出现在下部叶鞘上，产生中部灰白色、边缘浅褐色的云纹状病斑。条件适宜时，病斑向上扩展，并向内扩展到小麦的茎秆，在茎秆上出现“尖眼斑”或云纹状病斑。田间湿度大时，叶鞘及茎秆上可见蛛丝状白色的菌丝体，以及由菌丝纠缠形成的黄褐色的菌核。小麦茎秆上的云纹状病斑及菌核是纹枯病诊断识别的典型症状。由于茎部腐烂，小麦生长后期极易造成倒伏，发病严重的主茎和大分蘖常抽不出穗，形成枯孕穗，有的虽能够抽穗，但结实减少，籽粒秕瘦，形成枯白穗（彩图2-6-1）。枯白穗在小麦灌浆乳熟期最为明显，发病严重时田间出现成片的枯死（胡广淦，1990）。

三、病原

引起中国小麦纹枯病的病原有禾谷丝核菌（*Rhizoctonia cerealis* van der Hoeven）和立枯丝核菌（*R. solani* Kühn）2个种，以前者为主。根据与菌丝融合群标准菌株测试比较，明确了引致我国小麦纹枯病的病原菌主要是双核丝核菌AG-D融合群，即禾谷丝核菌，其次是立枯丝核菌的AG-5和AG-4融合群等（陈延熙等，1986；李清铣等，1988；夏正俊等，1989）。方正等（2006）对江苏省不同地区的171个菌株进行细胞核数目观察，其中169个菌株为双核丝核菌，只有2个菌株为多核丝核菌；对169个双核丝核菌与融合群标准菌株AG-D进行菌丝融合群测试，发现双核丝核菌中AG-D融合群菌株共158株，占93.49%，非AG-D融合群菌株11株，占6.51%；通过致病力调查发现，多数双核丝核菌对小麦具有较强的致病性，而多核丝核菌也能引起小麦纹枯病，但致病力不及双核丝核菌（方正等，2006）。

根据van der Hoeven的描述，在PDA培养基上，禾谷丝核菌生长速度较慢，气生菌丝少，菌落颜色从白色至灰白色。主菌丝直径为3.8～6.2μm，分枝菌丝为5.1～8.7μm，气生菌丝为2.8～5.3μm。菌丝一般直角分枝，分枝处有缢缩。菌丝的分枝会发生融合。菌丝在PDA培养基上生长10d后产生菌核，菌核的颜色开始为白色，后变黄，再变灰。菌核呈球形或不规则形状，直径0.3～1.2mm，由疏松排列的桶状细胞组成，表面略有分化（Boerema and Verhoeven，1977；彩图2-6-2）。

王裕中等（1986）、李清铣等（1988）对我国小麦纹枯病菌株的研究发现，禾谷丝核菌菌株菌落白色，生长慢（13～14mm/d），菌丝直径3.48～3.95μm（彩图2-6-3）。菌株属于低温生长型，生长适温为20～25℃，30℃以上时生长明显抑制，30℃病菌停止生长，13℃以下生长缓慢，生长10～11d后开始形成菌核。菌核初为白色，后为褐色，小，不规则。在pH2～10范围内，该菌都可以生长，生长的适宜pH为4～7，pH低于3或大于8时生长变缓。室内干燥菌核可保存140d，萌发率可达到85%。将菌核埋于土下3cm、12cm和25cm，80d后的萌发率分别为61.4%、94.3%和33.3%（贾廷祥等，1995）。病菌的营养条件以麦芽糖和蔗糖作为碳源最好，对病菌生长最适宜的氨基酸是亮氨酸和脯氨酸，能有效利用铵盐、亚硝酸盐和硝酸盐，对胱氨酸和赖氨酸的利用能力最差（檀根甲等，1997）。

小麦纹枯病菌除侵染小麦外，在温室接种条件下，还可侵染大麦、水稻、棉花等作物，且有一定的致病能力（王裕中等，1986）。

方正等（2006）测定了从小麦纹枯病样本上分离的171个丝核菌菌株对3个小麦品种的致病力。结果表明，菌株间致病力强弱存在明显差异，双核丝核菌的致病力显著高于多核丝核菌，双核丝核菌不同融合群菌株致病力无明显差异。不同来源的菌株间致病力有明显差异，以无锡、连云港、泰州地区的菌株致病力最强，南通的菌株最弱。

四、病害循环

小麦纹枯病的初侵染源主要来自土壤中的或附着在植株残体上的菌核和菌丝。自小麦出苗始，病菌菌丝即侵染根或与土壤接触的芽鞘或叶鞘。冬麦区，小麦纹枯病的发生发展大致可分为冬前发生期、越冬稳定期、返青上升期、拔节盛发期和枯白穗显症期5个阶段。冬前病害零星发生，播种早的田块会有较明显的侵染高峰，随着气温的下降，越冬期病害发展趋于停止。翌春，小麦返青后，天气转暖，随着气温的升高，病情又加快发展。小麦进入拔节阶段时，病情开始上升，至拔节后期或孕穗阶段，病株率和严重度都急剧增长，达到高峰。在小麦抽穗以后，植株茎秆组织老化，不利于病菌的侵入和在植株间水平扩展，病害发展渐趋缓慢。但在已受害的植株上，病菌可由表层深入至茎秆，加重侵害，使病情严重度继续上升，造成田间的枯白穗。此外，麦株病部常可产生大量白色菌丝体，向四周扩散进行再侵染（王裕中等，1994；贾廷祥等，1995；李洪连等，1999）。小麦成熟之前，在病部的菌丝层上产生菌核（图2-6-1）。

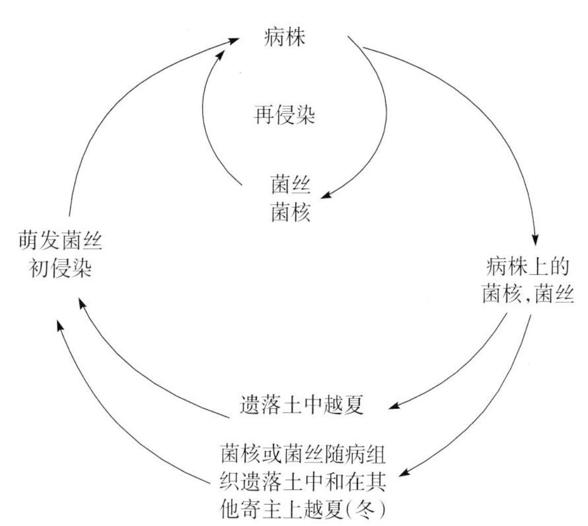

图2-6-1 小麦纹枯病病害循环（陈怀谷绘）
Figure 2-6-1 Disease cycle of wheat sharp eyespot (by Chen Huaigu)

五、流行规律

影响小麦纹枯病发生流行的因素包括菌源品种抗性、气候因素、耕作制度及栽培技术、土壤类型等。气候因素影响发病严重程度。出苗期气温和降水量高于常年，有利于病菌侵染幼苗；春季气温回升快、雨水多，则有利于病菌扩展蔓延。3～5月的降水量是决定当年病害流行程度的关键因素（陆长婴等，2002；张芳等，2008）。

土壤类型对小麦纹枯病的发生也有影响，一般沙土地区小麦纹枯病发生重于黏土地区。初步分析认为，高沙土中有机质和速效钾含量低可能是病害发生较重的主要原因（李林泉等，1995）。

生产中目前推广的小麦品种绝大多数感和中感纹枯病，未发现高抗品种，为该病的大发生创造了条件。虽然目前还未发现免疫和高抗品种，但品种间抗（耐）病性有明显差异。在多年的抗性鉴定和筛选中，虽未发现稳定的免疫或高抗种质，但在一些远缘种质如簇毛麦、野生二粒麦、偃麦草等后代中也发现一些材料对纹枯病的抗（耐）性较好（史建荣等，2000；邢小萍等，2008）。

小麦播种早，纹枯病发生严重，适期迟播纹枯病发生较轻，降低播种量能明显减轻纹枯病发生，播种量过多则加重纹枯病的发生（郭春强等，2008）。

刘荆和赵桂东（1993）等的调查结果显示，免少耕田的小麦纹枯病的发生重于常规耕翻田，稻茬麦田的病情重于旱茬麦田，稻田回旱后小麦纹枯病的发生减轻。但近年来，江苏淮北地区小麦纹枯病的发生加重，旱茬麦纹枯病的发生重于稻茬麦，其原因可能是旱茬麦的播期偏早、播量偏高（张芳等，2008）。

氮肥用量增加会加重纹枯病侵害，在基肥中合理搭配有机肥和无机肥，或在常规施肥基础上增施磷、钾肥，有助于减轻纹枯病侵害（李洪连等，1999）。

在麦苗密度等一致的情况下，杂草多则纹枯病重。麦田杂草多也是重要的发病诱因，免耕或少耕麦田一般草害严重，冬后病情也较重（刘荆等，1993）。

六、防治技术

针对小麦纹枯病，目前主要采用以农业防治为基础，种子处理为重点，早春药剂防治为辅助的综合防治技术。

（一）农业防治

选种抗（耐）病品种；适期精量播种，防止冬前生长量大、侵染早；加强肥水管理，沟系配套，排灌通畅；平衡施肥，不偏施氮肥，控制群体数量。搞好麦田除草工作。

（二）化学防治

1. 药剂拌种 60g/L戊唑醇悬浮种衣剂，每10kg小麦种子用药5～6.67mL，加水200mL拌种；或采用30g/L苯醚甲环唑悬浮种衣剂，每10kg种子用药20～30mL，加水200mL拌种，可兼治黑穗病。

2. 药剂喷雾

（1）防治适期。小麦拔节初期，当病株率达10%时开始第一次防治，以后隔7～10d根据病情决定是否需要再次防治。

（2）防治用药。井冈霉素、丙环唑、己唑醇、戊唑醇等单剂及其复配剂。纹枯病严重田块，在拔节期要采取“大剂量、大水量、提前泼浇或对水粗喷雾”的方法，确保药液淋到根、茎基等发病部位，切实提高防治效果。如每公顷用5%井冈霉素水剂3750mL对水750kg喷洒。

陈怀谷（江苏省农业科学院植物保护研究所）

第7节 小麦全蚀病

一、分布与危害

小麦全蚀病是世界范围内最重要的小麦根部病害，也是我国小麦主产区发生的重要病害之一。其发生历史悠久，分布广泛。早在1852年就有人在澳大利亚南部认识了全蚀病的症状，1884年Smith在英国也发现了小麦全蚀病。现在大洋洲、美洲、欧洲、亚洲、非洲等的30多个国家有小麦全蚀病发生。它的危害性在许多国家可与小麦锈病相匹敌。我国最早于1931年在浙江发现小麦全蚀病，20世纪40～50年代在山东、陕西、河北、浙江和云南零星发生；70～80年代初在河北、江苏、湖北、山西、安徽、四川、新疆、黑龙江、青海和辽宁零星发生，而在宁夏、陕西、甘肃、山东、内蒙古和西藏大发生，为害严重；20世纪90年代至21世纪初在河北、江苏、湖北、山西、山东、陕西、河南和贵州大发生。目前小麦全蚀病已经蔓延至我国21个省（自治区、直辖市），并在黄淮海冬麦区和长江中下游冬麦区广泛流行，为害严重（表2-7-1）。小麦感病以后，根系被破坏，分蘖减少，植物矮小，穗数、粒数减少，粒重降低，造成小麦大

表2-7-1 中国主要小麦生产区域小麦种植面积、产量（2011）以及小麦全蚀病发生概况

Table 2-7-1 The wheat acreage and production of major wheat producing regions in 2011 of China and the occurrence of take-all of wheat in this regions

地区	总播种面积（万 hm^2）	产量（万t）	小麦全蚀病发生情况
河南	532.33	3 123.0	1992—1993年，原阳、浚县、扶沟县零星发生；2001年发生普遍
山东	359.35	2 103.9	1959年黄县（现龙口）零星发生；1977年黄县1 640hm^2严重发生全蚀病；1980年扩展到69个县（市），发病面积20万hm^2；1992年蔓延到全省17个地市108个县，发病面积达21.93万hm^2
河北	239.61	1 276.1	1952年在张家口零星发生；1974年张家口发生562.93hm^2；20世纪80年代张家口和唐山零星发生；90年代蔓延到石家庄和保定部分县（市）
安徽	238.30	1 215.7	1982年零星发生；2010年安徽萧县发生普遍
江苏	211.24	1 023.2	20世纪70年代零星发生；1989年东台市零星发生，1990年发病面积遍及15个乡（镇），达2 000hm^2；90年代逐年加重，蔓延至徐州、宿迁、连云港和盐城，1994年发病面积达2万hm^2

（续）

地区	总播种面积（万 hm²）	产量（万 t）	小麦全蚀病发生情况
四川	125.93	436.0	1982 年零星发生
陕西	113.67	410.9	1956 年彬县新民农场零星发生；1974 年彬县、陇县和太白县零星发生；1984 年彬县和旬邑发生面积为 9 866.67hm²，白穗率为 19.56%；1999 年扩大到 22 个县（市），发病面积达 10.7 万 hm²
新疆	107.80	576.6	1977—1981 年伊犁零星发生
湖北	101.36	344.8	1979 年武汉华农零星发生；1998 年潜江发病面积达 130hm²；2009 年襄樊黄集镇发生普遍
甘肃	86.16	247.5	1975 年武威发病面积为 5.33 万 hm²，白穗 10%达 1.13 万 hm²；1976 年 68 个县（市）发生小麦全蚀病
山西	71.01	240.3	1977 年晋东南地区零星发生；1998 年介休市发生面积 4 000hm²
内蒙古	56.79	170.9	1974 年零星发生；20 世纪 80 年代中期巴盟（现巴彦淖尔市）发病面积最高达 5.3 万 hm²
云南	43.79	98.9	1943 年零星发生
黑龙江	29.78	103.8	1977—1984 年知青农场零星发生
贵州	25.76	50.4	1995 年以来贵阳市发生普遍
宁夏	20.21	63.0	1974 年吴忠县马湖农场和西吉县零星发生；1975 年蔓延到 12 个县，发病面积达 800hm²；1976 年蔓延到 15 个县，发病面积达 2 066.67hm²；之后逐年加重，1989 年发病面积达 4.67 万 hm²
青海	9.40	35.4	1978—1980 年东部 8 县 1 市零星发生，发病率在 0.1%以下
浙江	7.26	27.0	1931 年零星发生，1958 年仍然很轻
上海	5.98	24.1	1982 年零星发生
西藏	3.76	24.9	1985 年拉萨七一农场发病面积达 3.33 余 hm²
辽宁	0.69	3.7	1978 年旅大零星发生

幅度减产，对产量造成损失的程度视发病早晚而异。据多年试验资料表明：如在拔节前严重感病则多形成无效分蘖并且早期枯死；在小麦拔节期显症，一般平均株高矮缩 17cm，有效穗数、穗粒数分别较健株减少 34.8%～45%、13.3%～24.3%，千粒重降低 42.2%～48.9%，减产 71%～73%；在小麦抽穗期显症，一般品种均较健株矮 14cm，有效穗数、穗粒数分别较健株减少 17.7%～37.2%、11.6%～27.3%，千粒重降低 18.7%～41.9%，减产 47.5%～50%；在小麦灌浆期显症，有效穗数、穗粒数分别较健株减少 0～7.9%、3%，千粒重降低 11.1%～20.6%，减产 26%～29.7%。小麦全蚀病是我国河南、山东等多个省的补充检疫性病害，一旦发病，制种田的种子将无法利用，会造成很大的经济损失。21 世纪以来，小麦全蚀病在河南、山东、河北、江苏、湖北和陕西等省的麦田普遍发生，且有逐年加重的趋势。

二、症状

小麦全蚀病典型的田间症状是抽穗期至灌浆期呈现的白穗症状和茎基部和根部黑化症状。病菌菌丝侵入麦苗根部后大量繁殖，破坏根组织细胞，堵塞根部导管，使植株体内营养及水分不能正常运输，导致麦苗分蘖减少，植株下部黄叶增多，麦穗变小并停止生长。苗期感病的植株有时还会出现矮化现象。病菌在小麦的整个生长期间都能侵染，以成株期症状最为明显。成株期的症状类似于小麦干旱时的症状，植株由于根系受害并侵染茎基部，阻止小麦体内水分、养分的吸收和运输，导致病株枯死、麦穗变白，穗粒数减少，籽粒干瘪（彩图 2-7-1）。另外，感染了全蚀病菌的麦株由于生长瘦弱以及根部腐烂很容易从土壤中拔起。

根据小麦全蚀病在湿地和旱地条件下症状不同，将其分为湿地全蚀病和旱地全蚀病。

湿地全蚀病：在湿润土壤条件下，小麦全蚀病菌菌丝可以从一个小麦植株蔓延至邻近的植株而形成发病中心。位于发病中心的植株最早发病，比周边发病的植株更加矮小瘦弱。小麦全蚀病菌的菌丝大量繁殖，缠绕在茎基表面，形成一层黑色菌丝鞘，且越接近基部颜色越深，状似在小麦的茎基部贴上了一块黑膏药。因此，小麦全蚀病也被称为黑脚病（彩图 2-7-2）。这一典型症状是小麦全蚀病区别于小麦其他根部病害的标志之一。病菌一旦侵染茎基部形成黑脚症状，麦株就会死亡，停止灌浆，形成典型白穗症状。湿地全蚀病主要分布于澳大利亚、英国、太平洋西北部（哥伦比亚盆地、亚基马谷、爱达荷州蛇河平原南部）和中国华北地区。

旱地全蚀病：在干旱土壤条件下（年降水量少于 250～300mm 的地区），由于土壤湿度较低，严重影响了病菌的菌丝生长，菌丝无法在植株之间蔓延，所以不会形成发病中心。菌丝在麦株根部和茎基部内层可以生长而无法在表层生长，所以，茎基部不会出现典型的黑脚症状。但是病菌侵入茎基部后依然会造成水分和养分的运输困难，也会形成白穗。因此，旱地全蚀病的田间典型症状是零星分散的白穗。旱地全蚀病主要在澳大利亚南部的干旱地区、太平洋西北部的山区和地中海气候区发生。

三、病原

小麦全蚀病菌有性型为禾顶囊壳小麦变种［*Gaeumannomyces graminis*（Sacc.）Arx & Olivier var. *tritici* J. Walker］，属子囊菌门顶囊壳属。病原菌的子囊壳单生，埋入基质，黑色，颈圆柱形，微侧生，顶端有孔口。壳壁为假薄壁组织，浅色或黑棕色。子囊多为圆柱形，薄壁，有柄。子囊内有 8 个子囊孢子，平行排列，线形，成熟时有假隔膜（彩图 2-7-3）。假侧丝线形，纤细，逐渐消失。小麦全蚀病菌的有性阶段在病害发生和发展中并不重要。病菌的菌丝体粗壮，栗褐色。老化的营养菌丝多呈锐角分枝，在分枝处主枝与侧枝各形成一个横隔，两个横隔呈∧形（图 2-7-1）。菌丝在 PDA 培养基上生长缓慢，在 20～25℃条件下 7d 左右形成浅灰色菌落。菌落边缘菌丝有反卷现象。随着菌龄的增长菌丝逐渐变为深灰色至黑色。

禾顶囊壳小麦变种（*G. graminis* var. *tritici*）在 1881 年被 Saccardo 命名为 *Ophiobolus graminis*，之后一直持续了 70 年，直到 1952 年被 Arx 和 Olivier 重新命名为 *G. graminis*。1972 年 Walker 通过对禾顶囊壳小麦变种、燕麦变种和禾谷变种的比较研究，而将它们进一步区分。1992 年姚健民等在中国山东发现侵染玉米的禾顶囊壳玉米变种。禾顶囊壳 4 个变种寄主范围和形态区别如下：禾顶囊壳小麦变种（*G. graminis* var. *tritici*）侵染小麦、小黑麦、大麦和黑麦；而燕麦变种（*G. graminis* var. *avenae*）侵染燕麦和草坪草；禾谷变种（*G. graminis* var. *graminis*）侵染水稻和狗牙根草；玉米变种（*G. graminis* var. *maydis*）侵染玉米。禾顶囊壳小麦变种（*G. graminis* var. *tritici*）和禾谷变种（*G. graminis* var. *graminis*）的子囊孢子大小相似，都在 70～105μm（彩图 2-7-3），而燕麦变种（*G. graminis* var. *avenae*）的子囊孢子比它们的长（100～130μm），玉米变种（*G. graminis* var. *maydis*）的子囊孢子长度略短（55～85μm）。小麦变种（*G. graminis* var. *tritici*）、燕麦变种（*G. graminis* var. *avenae*）和玉米变种（*G. graminis* var. *maydis*）在侵染植物时产生相似的简单的附属丝，而禾谷变种（*G. graminis* var. *graminis*）在感染植物上产生裂瓣状的附属丝。

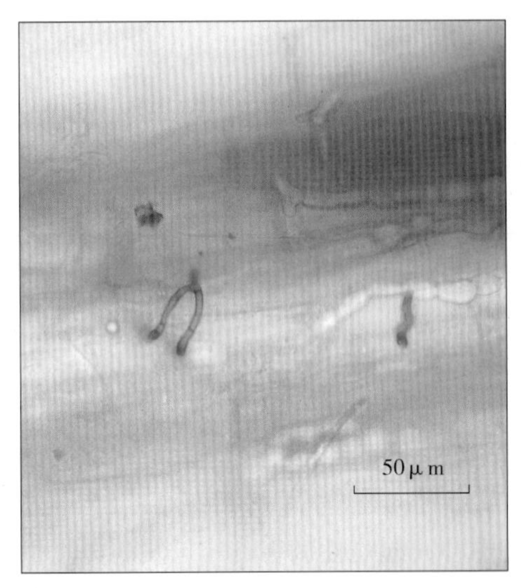

图 2-7-1　菌丝在小麦根部生长（徐飞提供）
Figure 2-7-1　Runner hyphae in the roots of wheat (by Xu Fei)

四、病害循环

（一）侵染过程

小麦全蚀病菌在小麦整个生育期都可侵染。小麦全蚀病菌是典型的土传病原菌，可在土壤病残体上长期存活，病菌通过菌丝侵染寄主，当寄主根部死亡后，以菌丝体在田间小麦残茬上和夏季寄主的根部以及混杂在土壤、麦糠、种子间的病残体组织上越夏。在田间，土壤温度 12～18℃条件下有利于病菌侵染。小麦出苗以后，随着根的生长，病残体和其他寄主组织上的病菌菌丝与麦苗根部接触，随后在根毛区反复分枝，形成细胞团，再后在根毛表面的类似附着胞的组织（附着枝）上长出纤细无色透明的侵染菌丝侵入

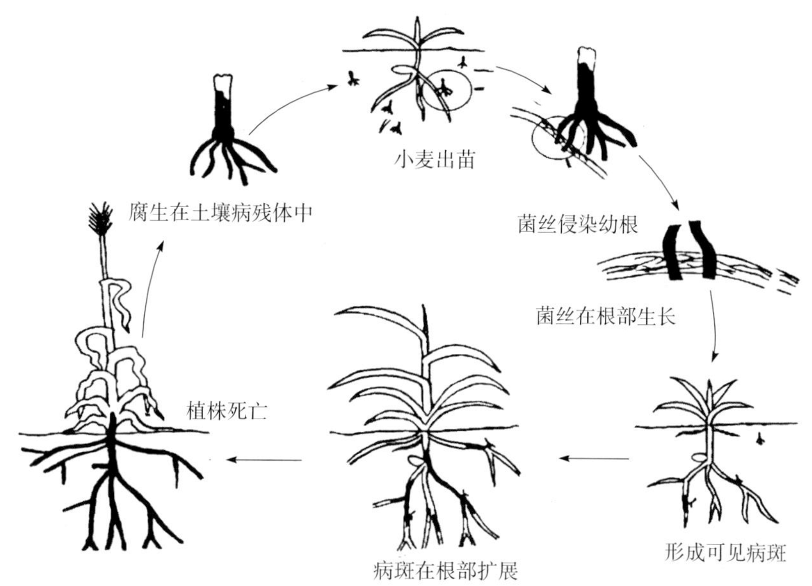

图 2-7-2 小麦全蚀病病害循环（仿 Bockus 等，2000）

Figure 2-7-2 Disease cycle of take-all of wheat (from Bockus et al., 2000)

根毛。侵染菌丝在根部形成大量侵染点，侵入根中柱，在根中轴线上向上下侵入形成肉眼可见的黑色病斑，直至大量根部变黑死亡。病菌以菌丝体在小麦的根部以及土壤中的病残组织中越冬。小麦返青后，随着地温的升高，菌丝加快生长，沿根扩展，向上侵害分蘖节和茎基部。拔节后期至抽穗期，菌丝蔓延侵害茎基部 1～2 节。由于茎基部受害腐烂，阻碍了水分和养分的吸收、输送，致使病株陆续死亡，田间出现早枯白穗。小麦灌浆期，病情发展最快。小麦全蚀病菌对土壤微生物的拮抗作用很敏感，在土壤中的扩展受限，很难通过在土壤中生长而传播蔓延，可以将小麦全蚀病视为很少发生再侵染的病害。植株死亡后，病菌腐生在病残体上直至寄生于下季小麦上，完成侵染循环（图 2-7-2）。另外，病菌菌丝还可以从小麦幼苗的种子根、胚叶、外胚叶、胚芽鞘及根颈下的节间等不同部位侵入组织内部。病菌侵入根部后可以在根部扩展到达茎基部，由于根受害可以再生，而茎基部受害导致输导组织受阻，影响其后植株的生长发育，因此，茎基部受害比根部受害危害更加严重。

（二）传播途径

小麦全蚀病菌主要依靠土壤中病根残茬以及混杂有病根、病茎、病叶鞘等残体的粪肥、种子 3 种途径进行传播。目前，小麦收割多用联合收割机作业，这使得病残体几乎全部留在土壤中，因此，土壤传病成为小麦全蚀病的主要传播途径。特别是在小麦、玉米一年两熟地区，病菌可以不断积累，在一定时间内病情也会逐渐加重。

五、流行规律

（一）小麦全蚀病的发展与自然衰退

在小麦连作的条件下，全蚀病的流行规律会呈现以下现象：第一年发病率很低，第二至四年后发病率和发病程度逐年升高，然后自发减少，这种现象被称为小麦全蚀病自然衰退。在英国、美国和欧洲湿润的气候条件下，人们发现并广泛报道了小麦全蚀病自然衰退现象，但在澳大利亚干燥的气候条件下，小麦全蚀病自然衰退现象却很少出现。

有关引起小麦全蚀病自然衰退现象的原因众说纷纭。美国华盛顿州立大学的科研人员报道是由于小麦连作地的细菌群体发生改变引起的，主要是指产生 2，4-diacetylphloroglucinol（DAPG）的荧光假单胞菌（*Pseudomonas fluorescens*）；但法国研究者通过对小麦全蚀病自然衰退现象发生过程中田间小麦根围细菌种类跟踪的研究证明，除了荧光假单胞菌存在作用外，非荧光假单胞菌群体（*Acidobacteria*，*Planctomycetes*，*Nitrospira*，*Chloroflexi*，*Alphaproteobacteria* 和 *Firmicutes*）的作用可能更为重要。而且在小麦连作农田中小麦全蚀病菌的群体结构和侵袭力随着连作时间的推移在不断地发生改变。因此，小麦全蚀病自然衰退现象不仅与小麦连作地中对禾顶囊壳小麦变种（*G. graminis* var. *tritici*）有抑制作用的细菌群体相关，而且还可能与弱侵袭力的 *G. graminis* var. *tritici* 的流行有关。另外，前人的研究表明，在小麦全蚀病菌中发现了多种不同直径的病毒颗粒，并推测病毒的存在与小麦全蚀病自然衰退和病菌的致病力降低相关。

（二）流行规律

小麦全蚀病发生、流行与耕作制度、土壤条件、感病寄主、气候条件、小麦播种期和品种等因素密切相关。

1. 连作病重，轮作病轻 小麦与夏玉米一年两作多年连种，增加了土壤中的小麦全蚀病菌数量，故病情加重。隔茬种麦或者水旱轮作可控制病害发生。

2. 土壤肥力低则病情重 土壤中有机质含量高，氮、磷配比平衡，次生根的长度、数量以及根重明显增长，植株抵抗侵染的能力和受害后的修复能力明显提高，从而发病轻；反之，土壤有机质含量低，或者氮、磷配比失衡，致使植株抗病力弱，导致病害加重。

3. 大面积种植感病品种是病害加重原因之一 研究和经验证明，小麦品种间耐病性差异明显。凡分蘖力强、根系发达的小麦品种均较耐病；反之，感病较重。

4. 冬小麦早播发病重，晚播发病轻 小麦全蚀病菌侵染麦苗根系时 5～10cm 的土温为 12～20℃，随着播种期的推迟，土壤温度逐日下降，可有效缩短侵染时间。因而适期迟播病害减轻。

六、防治技术

（一）植物检疫

小麦全蚀病是我国重要的植物检疫对象。通过规范严格的植物检疫流程，可以有效地防止小麦全蚀病在我国各地区的传播与蔓延。尤其是产地检疫，要选取无病地块留种，单打单收，严防种子夹带病残体传病。

（二）农业防治

农业防治一般采用轮作倒茬、耕作栽培、配方施肥等措施。

1. 轮作倒茬 小麦全蚀病菌主要以菌丝体随病残体在土壤中越夏或越冬。小麦或大麦连作有利于土壤中病原菌积累，连作多年病情逐年加重。合理轮作不仅阻断了病菌菌丝与寄主作物的接触，使土壤中菌丝量不断被降低，而且某些轮作作物还可能产生对病原菌有抑制作用的物质。在重病区实行轮作倒茬是控制小麦全蚀病的有效措施，轻病区合理轮作可延缓病害的扩展蔓延。生产中常用的轮作作物有烟草、薯类、甜菜、胡麻、蔬菜、绿肥、棉花等。此外，据陈厚德等研究，用水旱轮作的方式来控制小麦全蚀病的发生发展也是切实可行的。

由于小麦全蚀病有明显的自然衰退现象，在小麦—玉米连作的条件下，病害发生达到高峰后，要继续种植小麦和玉米，通过全蚀病的自然衰退控制为害。此时不可盲目轮作，否则会干扰全蚀病自然衰退进程，之后再种植小麦就会出现第二次为害高峰。

另一方面，轮作防治小麦全蚀病在不同地域条件下需要的时间不同。例如，在温暖多雨的欧洲和美国东南部，一年时间足够将土壤中病菌含量降低到经济阈值之下。而在干旱少雨的大洋洲西北山区，由于土壤中微生物活动贫乏，则需要两年时间将土壤中病菌含量降低到经济阈值之下。

随着小麦全蚀病菌的特异性标记的出现，可以通过 PCR 的方法有效地检测土壤中小麦全蚀病菌的含量，从而预测未来病害发生情况。利用何种作物来进行轮作既要根据当地实际情况还应结合病害预测结果。

2. 耕作栽培 关于耕作对小麦全蚀病的影响，目前也有两种观点：一种认为深耕有利于减轻病害；另一种则认为实行免耕或少耕能减轻发病。前一种观点的理由是小麦全蚀病菌是土壤习居菌，不形成特殊的休眠体，仅以菌丝体在寄主残体或残渣中存活。重病地播前深翻，可将大量病残体翻入下层，降低了繁殖体的存活力，可改善土壤透气性，调整土壤中空气和水分的关系，促使麦根发育良好，增强植株抗（耐）病能力，减少病菌入侵机会。后一种观点可能着眼于小麦全蚀病自然衰退现象，认为小麦全蚀病自然衰退与土壤中存在的专化拮抗微生物有密切关系。“衰退”麦田或即将“衰退”麦田的拮抗微生物在耕层上部比下部更活跃，若深翻则会扰乱耕层中抑制发病的“衰退”土层，导致病害加重。在北方冬麦区，小麦全蚀病的侵染受土壤温度的制约。播种越早，发病越重，适当推迟播期可相应减轻病害。已有不少研究证明冬小麦适期晚播，是控制小麦全蚀病的有效措施之一。

3. 配方施肥 增施有机肥可提供较全面的营养，增强小麦植株抗病力，改良土壤理化特性，促进土壤微生物活动，增强土壤微生物间的竞争性，可以减少病原菌数量和抑制其生长。所施用的有机肥必须经过充分腐熟，以断绝病原菌的传播途径。当前生产上大量施用的是无机速效氮肥。氮肥对小麦全蚀病菌的侵染有重要影响，小麦植株缺氮侵染加重。不同类型的氮对病菌侵染的影响不同，有资料表明，铵态氮对降低病害严重度效果明显，硝态氮则促使病害严重度增加。施用铵态氮能降低小麦根际 pH，有利于小麦对氮和微量元素的吸收，抑制了病菌侵染；而硝态氮则提高了根际 pH，有利于病害发生发展。此外，还有研究表明，施用铵态氮时，细菌和链霉菌数量将大大增加，这对小麦全蚀病菌有不同程度的抑制作用。同样，氮、磷施用比例适当，硫与氮、磷同施，氯与铵态氮同施都有减轻发病的作用。使用足够的磷酸盐和微量元素肥料也可以提高小麦对全蚀病的抗性。

（三）品种

20 世纪 70 年代以前，人们普遍认为小麦品种中对全蚀病不存在抗病性差异或差异很小。70 年代以后，随着试验条件和实验方法的改进，人们逐渐认识到小麦品种间对全蚀病存在着明显的抗病性差异。相对于其他的防治方法，选育抗病品种无疑是最为经济有效的办法。小麦全蚀病菌寄主范围广，在麦类作物中，小麦是最感病的，其次是大麦，燕麦表现出耐病或抗病。在小麦抗全蚀病育种实践中，育种工作者希望能够在小麦的种内找到抗病品种，但在绝大多数情况下不同品种（系）均对全蚀病的抗性较差而且抗病性差异不大，还未发现抗病品种。孙虎等（2004）通过盆栽接种试验，对河南省生产上大面积推广和新培育的 30 个小麦品种（系）的抗全蚀病性能进行了鉴定和评价，结果表明尽管品种间存在明显的抗性差异，但整体抗性较差，无免疫和高抗品种。同年西北农林科技大学的高小宁等（2004）针对 38 个超高产小麦品种进行温室和田间抗性试验，虽然使用品种和鉴定方法不同，但是结论与孙虎等的一致。王宁等（2012）对 69 个小麦品种进行抗性测定也得到同样的结论。徐飞等（2013）继续对河南省 108 个小麦品种（系）进行抗全蚀病鉴定和评价，评价指标以病情指数为主，并增加株高、根干重和茎叶干重，结论与孙虎等、高小宁等的一致。此外，在 3 个辅助评价指标中，株高、根干重、茎叶干重都与小麦抗全蚀病程度呈显著的正相关，其中以茎叶干重为最佳辅助指标。这些结果表明，各供试小麦品种（系）间的确存在着抗病性差异，其中有些品种达到了中抗水平，在病区可以考虑示范推广，以减轻病害。此外，英国洛桑试验站研究人员发现，不同小麦品种对全蚀病田间传播和持续性具有不同的影响。小麦品种 Cadenza 比 Hereward 在重病年份更能降低土壤含菌量。

虽然未能找到抗全蚀病或免疫的品种，但是小麦育种家和病理学家开始把注意力转向小麦的近缘属。在小麦的近缘属中，常用作小麦抗全蚀病研究材料的是黑麦、冰草和粗山羊草。随着研究的不断深入，近年来育种家又发现在一些小麦的近缘属中存在抗全蚀病的基因。王美南等（2000）利用人工接种的方法，鉴定了华山新麦草和 21 份小麦-华山新麦草异染色体系对小麦全蚀病的抗病性，结果表明，华山新麦草高抗全蚀病菌的侵染，是一个新的野生抗全蚀病种质，7 份附加系、3 份代换系和 2 份易位系中度抗病，其中附加系 H1 抗病性接近高抗。通过转入抗病基因为育种家开辟了新的途径。

（四）化学防治

1. 土壤处理 英国研究人员使用三唑醇或噻菌醇与土壤混合，虽然能够达到增产的效果，但是并不经济实惠。澳大利亚的工作人员通过在种植小麦时沟施苯并咪唑或三唑类杀菌剂同样可以达到显著的效果，但是同样不经济实惠。河南省农业科学院植物保护研究所试验结果表明，用 70%甲基硫菌灵可湿性粉剂或 50%多菌灵可湿性粉剂每公顷 30～45kg，加细土 300kg，混匀后施入播种沟内，防效可达 70%以上，增产显著。这些防治方法由于成本高，只能在点片发生地的扑灭性保护时和需要排除全蚀病干扰的试验田内应用，并不适用于生产上大面积应用。

2. 种子处理 小麦全蚀病是典型的土传病害，种子包衣和拌种是防治该病害最为经济有效的途径。河南省农业科学院植物保护研究所试验证明，用 12.5%硅噻菌胺悬浮剂按种子重量的 0.2%～0.3%的比例拌种，对小麦全蚀病防效可达 90%以上。硅噻菌胺是目前唯一的防治小麦全蚀病的特效药剂，但仅仅对小麦全蚀病有效，对其他病害没有效果。早期史建荣等（1991，1992）的研究指出：三唑醇拌种后药剂可通过种子内吸进入植株根系，并向根外释放，在较长时间内有足够的药量遗留在种子区或根围土壤中，从而减少根围病原菌的数量，抑制植株基部叶鞘病原菌的附着和侵染，并且对小麦苗期生长起到调控作用，提高植株抗逆性，最终起到控病保产的作用。三唑类杀菌剂（三唑酮、三唑醇和烯唑醇）拌种也能起到一定的效果，但易在苗期产生药害，严重抑制小麦出苗，不宜在生产上用于防治全蚀病。苯醚甲环唑、咯菌腈种衣剂防治小麦全蚀病的效果虽不理想，但能防治小麦纹枯病等其他病害，提高保苗效果，增产作用比较明显。

3. 药液喷浇 在上年发病的田块，本季又未进行土壤和种子处理，可用15%三唑酮可湿性粉剂每公顷3kg，加水750kg，在小麦返青拔节期喷浇麦苗，防效可达60%；丙环唑、烯唑醇、三唑醇等杀菌剂也可用作喷浇防治小麦全蚀病。

（五）生物防治

目前对小麦全蚀病自然衰退原因的研究表明，产2，4－diacetylphloroglucinol（DAPG）的荧光假单胞菌的田间消长起主要作用。国内外都在开发利用荧光假单胞菌防治小麦全蚀病。据张中鸽等（1991）报道，采用浸种和生长期喷雾以及配合药剂拌种混合施用等方法，荧光假单胞菌菌剂对小麦全蚀病具有显著的防病增产作用。美国华盛顿州立大学研究组发现Q8r1－96所代表主要基因型的荧光假单胞菌通过10～100 CFU/个种子的浓度拌种防治病害后在自然发病土壤中能达到10^7CFU/g根，而且连续8次轮作后仍然能保持较高的浓度；Q8r1－96的使用加速了小麦全蚀病衰退的到来。目前，生物防治仍处在不成熟阶段。另外，乔宏萍等（2005）使用放线菌株防治小麦全蚀病，结果表明利用放线菌的防治效果也很不错。

（六）小结

在当前缺乏抗病品种和经济有效的化学防治药剂的情况下，利用微生物之间的拮抗作用对小麦全蚀病进行生物防治具有广阔的应用前景。不论哪种防治手段，只要能在安全、环保、可持续发展的前提下有效控制病菌的传播与危害，便是值得研究借鉴的。防治小麦全蚀病不可能单靠一种防治手段取得最好的效果，需要多种技术、多种方法有效融合（例如品种抗性与生物防治结合，配以农业防治）才能取得最好的效果。

附：小麦全蚀病病害发生程度评估方法和病原检验方法

无论是苗期接种还是田间病害调查，当小麦全蚀病发生程度较轻时，通过植株发病率即病株率（不管一株植株上有多少病根）来进行有效的评估；当病害发生程度中度严重或者很严重时，通过单株病根率（不管一条根上病斑多少）或者黑根面积来对病害发生程度进行有效评估。田间病害调查时还应结合收获前7～10d调查的白穗率以及单位面积的穗数、穗粒数、千粒重等对病害发生程度进行综合评价。

1. 小麦全蚀病苗期接种病害发生程度分级标准（附彩图2－7－1） 病害分级标准为：0级：无病；1级：黑根面积占总根面积＜10%；2级：黑根面积占总根面积10%～25%；3级：黑根面积占总根面积26%～50%；4级：黑根面积占总根面积51%～100%；5级：所有麦苗的根部变黑并且扩展到茎基部；6级：病斑扩展到茎部；7级：植物褪绿并停止生长；8级：植株死亡。

以根皮层或中柱变褐或变黑为病根。接种4周后将麦苗拔出，冲洗干净，记录病害等级，测量株高、根干重和茎叶干重等辅助指标。计算病情指数：

$$\text{病情指数}=\frac{\sum(\text{各级病株数}\times\text{代表数值})}{\text{调查总株数}\times\text{发病最重级的代表数值}}\times 100$$

2. 小麦全蚀病田间病害调查分级标准 病害分级标准为：0级：无病根；1级：单株病根率＜10%；2级：单株病根率10%～30%；3级：单株病根率30%～60%；4级：单株病根率60%～100%。

通常在拔节期或者花期前后进行根系调查。每小区随机五点取样调查，调查白穗每点查0.25m^2植株，调查总穗数及白穗数。根系调查每点至少取20株根样，用铁锹小心将整株挖出，应使根系尽量保持完整，在水中清洗干净，在白色背景下调查根系发病情况，以每个植株根部受侵染的百分率分级。计算病情指数：

$$\text{病情指数}=\frac{\sum(\text{各级病株数}\times\text{代表数值})}{\text{调查总株数}\times\text{发病最重级的代表数值}}\times 100$$

3. 小麦全蚀病的检验方法 参见《GB 7412—2003 小麦种子产地检疫规程》。

宋玉立 徐飞（河南省农业科学院植物保护研究所）

第 8 节　小麦散黑穗病

一、分布与危害

小麦散黑穗病在世界范围内普遍发生，在我国冬、春麦区也普遍发生，但一般发生率不高，产量损失在 1%～5%。在湿润和半湿润地区，发生较为频繁和严重，造成的损失可达 10%～40%。散黑穗病侵害小麦籽粒，收获季节还会污染健康的麦粒，导致种子品质下降。

小麦散黑穗病菌只侵染小麦。

二、症状

在小麦抽穗前，散黑穗病菌通常不引起明显的症状。染病小麦通常比健康植株提前抽穗，有时病株比健株略高。症状主要表现在穗部，通常整穗全被病原菌破坏，子房、种皮及内外颖壳全部消失而变为黑色粉末（冬孢子）。初期病穗外包有一层灰色薄膜，但当病穗抽出后，膜已破裂，黑粉被风雨吹散，只剩下弯曲的穗轴，在穗轴的节部可见到残余的黑粉（彩图 2-8-1）。病穗上的小穗在大多数情况下全部被毁，有时只有一部分被毁，穗的上部留有少数健全小穗。一株发病，往往主茎和所有分蘖都出现病穗，但也有可能部分分蘖、穗逃避病原菌侵害而正常结实，这种现象在抗病品种中比较常见。病菌偶尔可侵染叶片和茎秆而长出黑色条状孢子堆。

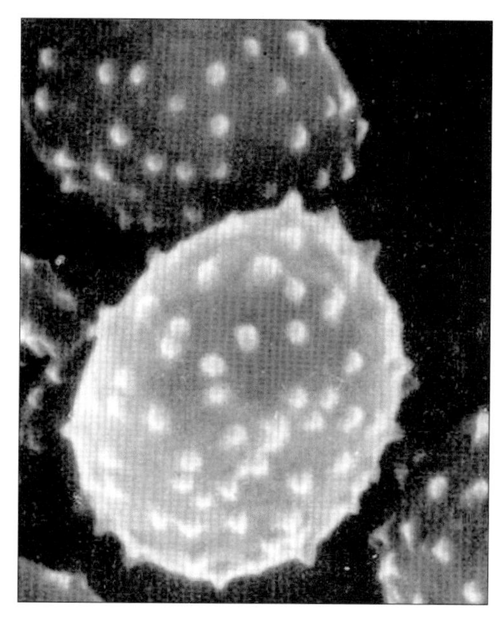

图 2-8-1　小麦散黑粉菌的冬孢子（引自康振生等，1997）

Figure 2-8-1　Teliospore of *Ustilago tritici* (from Kang Zhensheng et al.，1997)

三、病原

小麦散黑穗病病原为小麦散黑粉菌[*Ustilago tritici* (Pers.) Rostr.]，属担子菌门黑粉菌属。菌丝体在植株体内生长期间是透明的，在近成熟时变为褐色。成熟的菌丝体细胞发育为褐色的冬孢子。冬孢子球形或近球形，直径 5～9μm，棕褐色，一半较暗，一半较亮，表面生有微刺（图 2-8-1）。

冬孢子萌发时产生担子，但不产生担孢子，而是由担子的 4 个细胞分别长出丝状分枝，不同来源的分枝相互交配后，产生双核的侵染菌丝体。

新鲜的冬孢子储藏 24h 后即能萌发。萌发的最适温度为 20～25℃，最低为 5℃，最高达 35℃。菌丝生长的最适温度为 24～30℃，最低为 6℃，最高为 30～34℃。

四、病害循环

病原菌以休眠菌丝体在病粒子叶的小盾片内越冬。播种后，病粒开始萌发，菌丝体恢复活力，在幼苗组织细胞间生长，扩展至植株的生长点。菌丝体紧随生长点生长，植株茎秆下部组织中的菌丝体往往消失。小麦散黑穗病菌由花器侵入，系统发病，即一年只侵染一次。小麦开花时正值冬孢子成熟，冬孢子借气流传播而达到小麦花器的柱头上。柱头的湿润度关系着孢子的萌发，而柱头的老嫩则关系着病原菌的侵入。在柱头刚刚裂开并有湿润的分泌物时，落在柱头上的病原菌孢子能在 24h 内萌发，并完成其产生侵染菌丝的过程，准备向柱头侵入。在柱头组织略微萎缩的阶段，病原菌较易侵入，侵入后经由花柱内部的管道进入子房，从入侵到进入子房需 2～7d。菌丝在珠被硬化以前进入胚珠，病原菌从萌发、侵入到进入胚珠必须在小麦开花后 7～10d 内完成。因此，病原菌入侵寄主的时间是很短的。入侵的菌丝并不妨碍子房和胚珠的发育。当种子形成时，菌丝已进入胚部和子叶盘，而当种子成熟时，菌丝的胞膜略加厚而进入休眠阶段。另外，病原菌除经由雌蕊柱头侵入外，还可以直接从子房侧壁侵入。受病麦粒和健康麦粒在外形上没有区别，但当播种后，潜伏的病原菌即随麦种的萌动而开始活动，进入幼苗生长点并随寄主发育而向上伸展。麦苗发育到二、三节时，菌丝体进入穗原基，到小麦孕穗期，菌丝体在小穗内迅速发展，破坏花器，形成冬孢子，完成了一个完整的侵染循环（图2-8-2）。

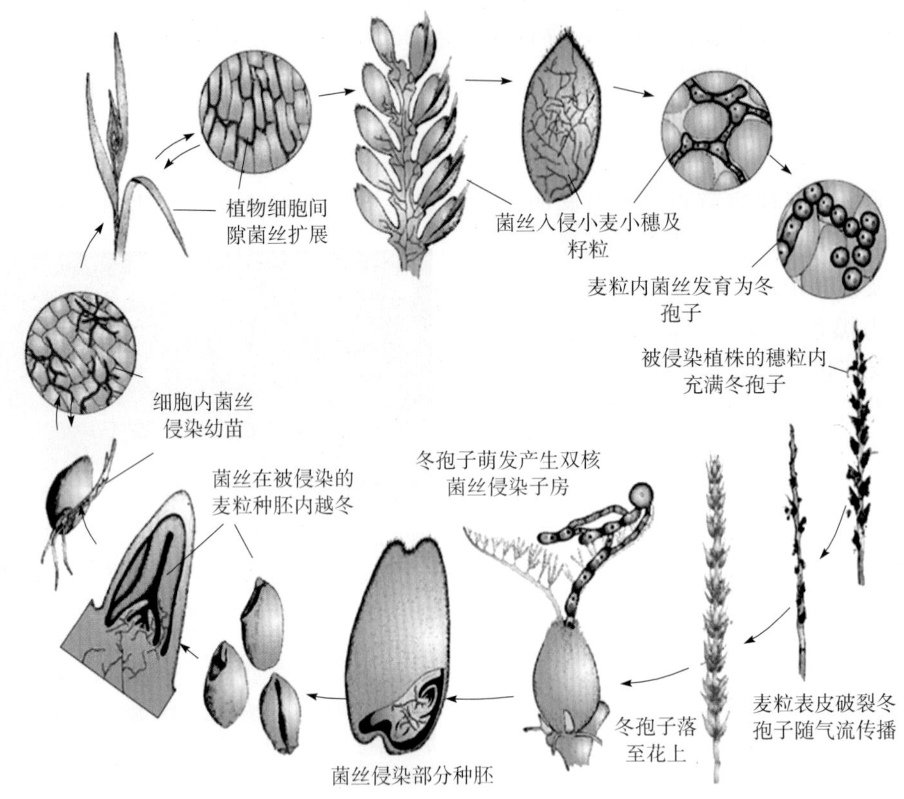

图2-8-2 小麦散黑穗病病害循环（引自G. N. Agrios，2005）

Figure 2-8-2 Disease cycle of loose smuts of wheat (from G. N. Agrios, 2005)

小麦抽穗、扬花期的气象条件对散黑穗病菌的侵入有很大影响。微风有利于孢子传播，大雨可将孢子淋落使之没有机会飞落柱头，空气过于干燥则不利于孢子萌发。试验证明，当大气相对湿度为56%～85%时，人工接种的发病率为91%；相对湿度为11%～30%时，发病率仅为22%。小麦扬花期间，田间气温常在病原菌萌发和侵入寄主的适温范围内，所以湿度是影响侵入的主导因素。如果此时空气湿度大、多雾或有小雨，则有利于孢子萌发和侵入，当年种子带菌率就高，翌年发病就重；相反，如果气候干燥，孢子堆难以萌发，当年种子带菌率就低，第二年发病就轻。

小麦散黑穗病菌有生理分化现象。不同地区的小种可能不同。病原菌对小麦属不同种的致病力更有明显差别。不同小麦品种对散黑穗病的感染程度虽有差别，但已知的免疫或高抗的品种较少。

五、防治技术

防治小麦散黑穗病关键在于进行种子处理，消灭潜藏于种子胚部的菌丝体。种子处理方法有温汤浸种、冷浸日晒等热力灭菌法，用石灰水浸种的无气窒息法，以及药剂处理等。其中，以石灰水浸种防治效果良好，施行简便，易于掌握，现在应用最广。

（一）石灰水浸种法

用1%生石灰水，180kg石灰水可浸100kg麦种。浸种时，水面应高出种子面10～15cm。浸种时间因气温而异，35℃时只需1d，30℃时需浸1～2d，25℃时需浸2～3d，20℃时需浸3～4d。浸后捞出种子摊平晾干、储藏备用。石灰水浸种应注意以下几点：

（1）浸种量不宜过多，以免种子积压过厚，下部种子发热，有碍种子的萌芽。种子的厚度不超过

66cm为宜。

（2）浸种时避免日光照射，以在室内操作较好。

（3）浸种时经搅拌后，除去浮籽，保持10～15cm深水层，便不要再搅动，否则便会破坏无气窒息的条件。

（4）浸过的麦种不用淘洗，可直接摊平晒干。如遇阴雨，则需用草木灰拌种吸水，并摊在通风处，防止种子发芽或霉烂。捞出种子的时间应安排在早晨或上午，以便捞出后立即摊晒。浸种最好在伏天进行，因伏天浸种所需时间短，种子也易干燥。

（5）凡受伤、秕瘦、发育不良或发芽率差的麦种，不宜用石灰水浸种。如预先用硫酸铵液等进行汰选的麦种，必须经清水洗净后才能用石灰水浸种。用石灰水浸过的麦种，在临近播种时，最好进行发芽率测定。

石灰水浸种防治小麦散黑穗病效果接近100%，可兼治其他种传病害，并有增产作用。石灰水浸种灭菌的原理，一般认为是生理杀菌作用，因种子处在水中无氧状态下呼吸，会产生酒精和醛类等化学物质，这些物质可以杀菌。此外，种子处于水中，其周围所沾染的某些厌氧性细菌，由于发酵产生的大量对病原菌有害的蚁酸和琥珀酸等渗入种子内部，杀菌是“有机酸发酵”的作用。据实验，清水浸种同样可以杀灭散黑穗病菌，但水温若高于20℃时，麦种浸泡过久，容易腐烂发臭。因此，石灰水浸种并非石灰本身的杀菌作用，而是由于无气窒息的结果。石灰的作用，在于防腐。

（二）冷浸日晒法

在夏季气温较高的地区用此法较好。在伏天（7月中旬到8月中旬）的晴天，从4：00～6：00开始，把麦种放在冷水中浸泡5h，到9:00～11:00捞出，薄薄地摊在地面，充分晒干。晒时要注意经常翻动，使得麦种充分受到日光照射，一般在12:00～15:00，日晒地面的温度可以高达51℃，保持0.5～1h，即可杀死病原菌。但如果地面温度超过55℃，则会降低小麦发芽率，应多加注意。晒种时，如中途遇雨或天气转阴，不能达到有效温度时，可在晒干后待晴天重新冷浸日晒。冷浸日晒处理1d后，如种子干燥不透，第二天可以继续摊开晒干。

（三）变温浸种

将麦种在冷水中浸4～6h，使得潜伏菌丝萌动，解除休眠，降低其对热力的抵抗力。接着，将麦种放到49℃的热水中浸1min，然后放到54℃的热水中浸10min，随即取出迅速放入冷水中，冷却后捞出晾干。此法杀菌效果较好，但要求严格掌握规定的浸种温度和时间，温度偏低效果不好，温度偏高或时间过长会损坏种子发芽力。因此，处理大量种子比较困难，宜用于处理少量种子。

在四川省还应用一种称为“1、1、1”温汤浸种的方法，据报道，防病效果达100%。该法是取沸水1份，加入凉水1份，搅动20余转，随即投入已冷浸过4h的麦种1份，浸24h后取出晾干。在月平均温度20～25℃条件下均可进行。

（四）恒温浸种

先将麦种浸入50～55℃热水中，充分搅拌使温度下降到45℃。以后，每隔10～15min加热水一次或用其他方法使麦种维持在45℃的水温中浸3h。然后再放入冷水中，冷却后捞出晾干。此法比变温浸种法易于掌握，但效果要差一些。

（五）药剂处理种子

用种子重量0.3%左右的75%萎锈灵粉剂拌种，或用0.2%萎锈灵（纯量）药液在30℃条件下浸种6h，对小麦散黑穗病防效很好。

（六）建立无病留种圃

用上述各种方法处理大量种子都有一定困难，建立无病留种圃可以免去处理大量种子的繁重工作，只需处理种子圃所用少量种子。由于散黑穗病菌依靠气流传播，其传播有效距离为100～300m，故无病留种圃应设在远离大面积麦田300m间距外。

黄丽丽（西北农林科技大学植物保护学院）

第 9 节 小麦网腥黑穗病

一、分布与危害

小麦网腥黑穗病与小麦光腥黑穗病同称小麦普通腥黑穗病，是威胁小麦生产的重要病害。该病不仅使小麦减产，而且由于穗部发病，病粒内大量的病菌冬孢子产生具有鱼腥臭味的有毒物质三甲胺，破裂后散发出来，可引起人的过敏和皮肤炎症、恶心、呕吐，甚至昏迷等症状。病菌孢子（菌瘿）混于麦粒中，用于磨粉使面粉变色和产生异味，大大降低小麦的品质和价值。因此，国家严格规定，当小麦籽粒中病粒率大于 3%时，粮食部门应拒绝收购，也不能作为畜、禽饲料，只能作焚烧处理。

小麦网腥黑穗病是世界性病害。在我国除 25°N 左右以南、年平均气温高于 20℃以上的少数地区外，全国各地都有发生。以华北、华东、西南的部分冬麦区和东北、西北、内蒙古的春麦区发生较重。新中国成立前和新中国成立初期，此病在我国不少地区发生非常严重。经大力防治，20 世纪 60 年代末在全国大部地区已消除其为害。90 年代以来，由于调种频繁、机械跨区收割和放松防治等原因，部分地区病情又有回升。2005 年以来，河南、河北、山东、安徽、山西、陕西、甘肃、黑龙江等主要小麦生产省都有严重发生的报道。例如，2006 年，小麦网腥黑穗病在山东济宁市部分县（区）发生，重病田病穗率达 15%以上，一般造成小麦减产 20%左右；2008 年，小麦网腥黑穗病在河南栾川县部分乡（镇）偏重发生，为 30 年来发生最严重的年份，全县累计发生面积约 $415hm^2$，其中发生最为严重的庙子乡新南村病田率为 30%，一般地块病株率在 20%～30%，严重地块病株率在 70%以上。据不完全统计，陕西宝鸡市渭北塬区小麦网腥黑穗病发生面积由 2007 年的 $73.33hm^2$ 发展到 2008 年的 $658.7hm^2$，为害损失率达 30%以上，产量损失达 910t。其中，麟游县常丰乡的郝口村、武申村 2008 年种植小麦 $380hm^2$，发生小麦网腥黑穗病面积为 $56.8hm^2$，产量损失 50%。2009 年，小麦网腥黑穗病在甘肃古浪县部分乡（镇）偏重发生，全县累计发生面积达 $845.8hm^2$。其中，土门镇胡边村发生最为严重，病田率达 22%，普通地块病株率在 20%～30%，严重地块病株率高达 50%以上。

二、症状

小麦网腥黑穗病又称黑疸、乌麦、腥乌麦，症状与小麦光腥黑穗病相同。抽穗以前，小麦网腥黑穗病菌在极幼嫩的子房中产生孢子，此时症状可能并不明显。受侵染的未成熟麦穗通常比健康麦穗绿色更深，且维持绿色的时间更长，并经常带有轻微的蓝灰色。病株一般较健株稍矮或正常。颖壳略向外张开，露出部分病粒，除此之外，麦穗的外观接近正常。小麦受害后，通常是全穗麦粒变成病粒，但也有的是部分麦粒发病。病粒较健粒短粗，初为暗绿后变灰黑色，外被一层灰包膜，内部充满黑色粉末（病菌厚垣孢子），破裂后散出含有三甲胺鱼腥味的气体，故称腥黑穗病（彩图 2-9-1）。

三、病原

小麦网腥黑穗病病原菌为网状腥黑粉菌［*Tilletia tritici*（Bjerk.）Wint.，异名：*Tilletia caries*（DC.）Tul.］，属担子菌门腥黑粉菌属。直到 20 世纪 90 年代，小麦网腥黑穗病菌公认的名字为 *T. caries*。然而，按照国际植物命名法，对黑粉菌目的命名以 1753 年为开始日期，而不是 1801 年，因此需要将正式名称改为 *T. tritici*。

小麦网腥黑穗病菌孢子堆生在子房内，外覆包被，与种子同大，内部充满紫黑色粉状厚垣孢子。厚垣孢子（又称冬孢子）常呈圆形，较少呈近圆形，偶尔呈卵圆形，淡灰褐色或深红褐色，直径 14～24μm，外壁具网状花纹，网眼宽 2～4μm，网脊高 0.5～1.2μm；不孕细胞球形到近球形，直径 9.8～18.2μm，透明到半透明（彩图 2-9-2）。

小麦网腥黑穗病菌的厚垣孢子能在水中萌发；在具有某些营养物质的液体中，如在 0.05%～0.75%的硝酸钾溶液中更易萌发。猪、马、牛粪的浸出液有促使孢子提早萌发的可能，特别是猪粪浸出液最为明显。孢子萌发所需的温度随病菌的种和生理小种不同而异。一般说来，最低温度为 0～1℃，最高为 25～29℃，最适为 18～20℃；还有另一组试验结果，最低温度为 5℃，最高为 20～21℃，最适为 16～18℃。

孢子萌发适温较小麦种子发芽适温低。孢子对碱性不太敏感，但对酸性很敏感。当土壤溶液的 pH<5 时，孢子不能萌发。孢子萌发时需要大量氧气。储存于干燥场所病粒内的厚垣孢子可以存活数年之久，而置于潮土内的厚垣孢子则只能存活几个月。病菌在水田内只要经过一个夏季即全部死亡。厚垣孢子的致死温度为 55℃经 10min。

小麦光腥黑穗病菌有生理专化现象。不同生理小种除对寄主的致病力不同以外，孢子的大小、萌发的形式、色泽、培养性状以及受侵染植株的高矮、分蘖多少和病粒的形态等也有差异。病菌的致病力因所侵染的小麦品种的抗病性不同，会发生不同的变异。当病菌通过感病品种发育时，其致病力可能降低；相反，病菌通过抗病品种发育时，其致病力可能提高。

四、病害循环

病菌以厚垣孢子附着在种子外表或混入粪肥、土壤中越冬或越夏。当播种后种子发芽出苗前，侵染就在土表下发生。厚垣孢子萌发，先产生先菌丝，其顶端生 8～16 个线形的担孢子。由性别不同的担孢子在先菌丝上呈 H 状结合，然后萌发为较细的双核侵染丝。侵染丝从胚芽鞘侵入麦苗并到达生长点。菌丝在抗病和感病品种上都能定殖，但在抗病品种植株中不会延伸到顶端分生组织。在节间伸长前菌丝必须进入顶端分生组织，否则病害就不会发生。菌丝穿过胚芽鞘后，进入第一叶基，然后穿过后来的叶基或到叶原基顶端分生组织正下方。到大约 5 叶期时，胞间菌丝出现在顶端分生组织中，以后侵入开始分化的幼穗，破坏穗部的正常发育，至抽穗时在麦粒内形成菌瘿即病原菌的厚垣孢子。

小麦收获脱粒时，病粒破裂，厚垣孢子飞散黏附在种子表面越夏或越冬。用带有病菌厚垣孢子的麦秸、麦糠等沤肥，在通常的温度下，孢子不会死亡；用带有病菌厚垣孢子的麦秸、麦糠等饲养牲畜，通过牲畜肠胃粪便排出的厚垣孢子也不会死亡，从而使粪肥带菌。小麦收获时，病粒掉落田间，或小麦脱粒扬场时，厚垣孢子被风吹到附近麦田内，可使土壤带菌。种子带菌是传播病害的主要途径。在有沤粪习惯的地区，粪肥带菌也是传病的主要途径。在麦收后寒冷而干燥的地区，厚垣孢子在土壤中存活时间较长，病害可通过土壤传播（图 2-9-1）。

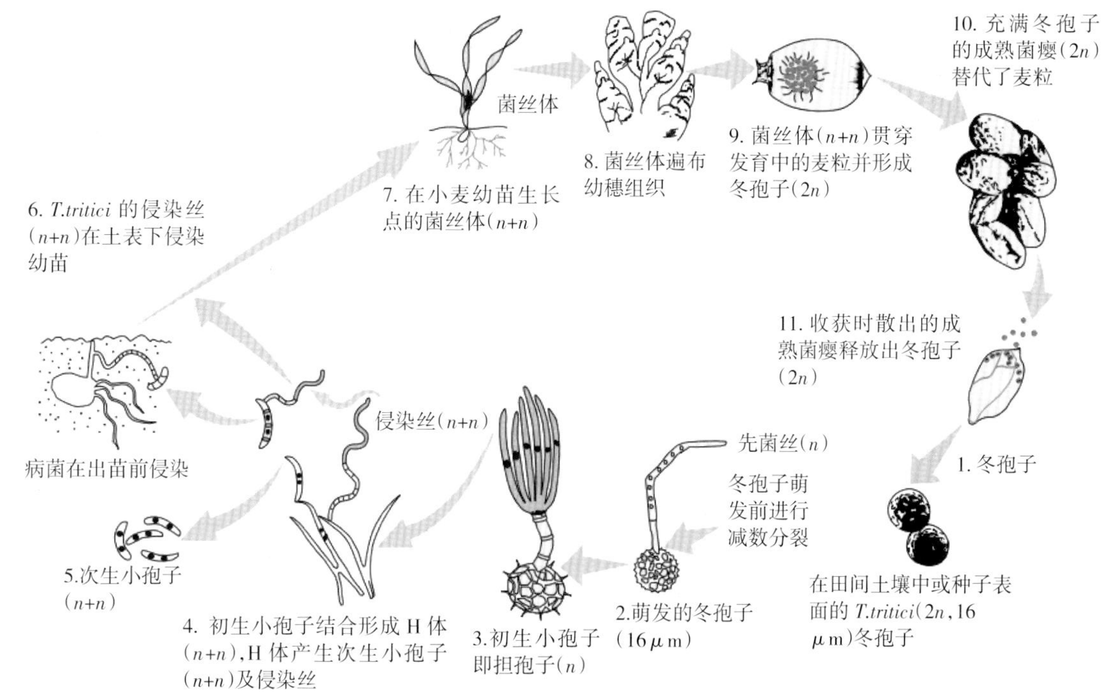

图 2-9-1　小麦网腥黑穗病病害循环（引自杨岩和庞家智，1999）

Figure 2-9-1　Disease cycle of comon bunt caused by *Tilletia tritici*（from Yang Yan and Pang Jiazhi，1999）

五、流行规律

小麦网腥黑穗病是幼苗侵染性病害。在小麦芽鞘未出土之前，病菌侵染不必经过伤口。但当第一叶展开后，就一定要经过伤口侵入。因此，在地下害虫为害较重的麦田内，小麦网腥黑穗病往往发生较重。凡后期侵入的菌丝，只能到达以后新生的蘖芽和生长点中，所以只在后生的分蘖上产生黑穗。

小麦幼苗出土以前的土壤环境条件与病害的发生发展关系极为密切。在各种土壤因素中，以土壤温度对发病的影响最为重要。小麦网腥黑穗病菌侵入幼苗的适温较麦苗发育适温为低，最适温度为9～12℃，最低5℃，最高20℃，而冬小麦幼苗发育适温为12～16℃，春小麦为16～20℃。土温较低一方面有利于病菌侵染，另一方面由于麦苗出土较慢，又增加了病菌侵染的机会。因此，冬小麦迟播或春小麦早播，对病菌侵染有利，发病往往较重。土壤湿度对病害的发生也有重要影响。病菌孢子萌发需要水分，也需要氧气。土壤太干燥时，由于水分不足，限制了孢子发芽；土壤太湿，由于氧气不够，也不利于孢子萌发。一般湿润的土壤（持水量40%以下）对孢子萌发较为有利。地势的高低、播种前后的降水量、灌溉及土壤性质等都与土壤湿度有关。此外，播种时覆土过深，麦苗不易出土，增加了病菌侵染的机会，能加重病害的发生。

土壤和种子带菌量高、播种期气温偏低或冬小麦迟播或春小麦早播，均有利于病害的发生。如果土壤和种子带菌量高，小麦播种时的土壤温度为9～12℃、湿度为20%～22%，翌年病害则发生严重。

六、防治技术

（一）加强检疫

加强产地检疫，禁止将未经检疫且带有小麦网腥黑穗病的种子调入未发生地区，对来自疫区的收割机要进行严格的消毒处理；一旦发现麦田病害，要采取焚烧销毁等灭除措施。

（二）种植抗病品种

加强抗病品种的筛选和选育，推广和种植抗（耐）病品种。小麦网腥黑穗病菌与小麦光腥黑穗病菌及小麦矮腥黑穗病菌在自然条件下进行杂交，尽管后者发生的概率很小。因此，小麦对网腥黑穗病的抗病基因与对光腥黑穗病的抗病基因相同，抗病品种也相同，可以种植相同的抗（耐）病品种。

（三）种子处理

常年发病较重的地区，用2%戊唑醇悬浮种衣剂拌种剂10～15g，加少量水调成糊状液体与10 kg麦种混匀，晾干后播种。也可用种子重量0.1%～0.15%的15%三唑醇干拌种剂、0.2%的40%福美双可湿性粉剂、0.2%的50%多菌灵可湿性粉剂、0.2%的70%甲基硫菌灵可湿性粉剂、0.2%～0.3%的20%萎锈灵乳油，以及咯菌腈、苯醚甲环唑、腈菌唑等药剂拌种和闷种，都有较好的防治效果。

（四）处理带菌粪肥

在以粪肥传播为主的地区，还可通过处理带菌粪肥进行防治。提倡施用酵素菌沤制的堆肥或施用腐熟的有机肥。对带菌粪肥加入油粕（豆饼、花生饼、芝麻饼等）或青草保持湿润，堆积1个月后再施入田间，或与种子隔离施用。

（五）栽培防治措施

春麦不宜播种过早，冬麦不宜播种过迟，播种不宜过深。播种时施用硫酸铵等速效化肥做种肥，可促进幼苗早出土，减少感染机会。

段霞瑜（中国农业科学院植物保护研究所）

第10节 小麦光腥黑穗病

一、分布与危害

小麦光腥黑穗病也称丸腥黑穗病，是小麦的重要病害之一。该病不仅使小麦减产，而且使面粉品质降低。小麦光腥黑穗病是世界性病害。在我国除25°N左右以南、年平均气温高于20℃以上的少数地区外，全国各地都有发生。以华北、华东、西南的部分冬麦区和东北、西北、内蒙古的春麦区发生较重。新中国成立前和新中国成立初期，该病在我国不少地区非常严重。经大力防治，20 世纪 60 年代末在全国大部地区已消除其为害。70 年代以来，由于调种频繁、机械跨区收割和放松防治等原因，部分地区病情又有回升。在小麦主产省份的河南、山东、河北、江苏、北京等时有发生，而且一些地区或田块发病较重，有蔓延扩展的趋势。如河南省起初仅在一些山区麦田发病，以后传播到全省许多平原地区如安阳、开封、周口、驻马店等地、市，部分地块病穗率达 50%以上。1980 年，河南省黄泛区农场重病地块的病穗率达 80%以上；从 1998 年始，在渑池等县（市）该病发生逐年加重，2004 年大面积暴发，发病田平均病穗率为 14.5%，局部造成绝收；1987 年，该病在河北省各地（市）普遍发生，全省发病面积在 33 万 hm^2 以上，一般病穗率达 5%～10%，严重的达 60%以上。2009 年，在江苏省邗江、金坛、武进等 10 多个县（市、区）发现该病，全省发生面积达 $147hm^2$，发病品种主要为扬麦系列，一般田块病穗率为 1.5%～18.3%；2011 年常熟、吴中等地局部田块发病，病穗率有的高达 60%以上；2012 年尽管只在东台等地零星发病，但个别田块病穗率达 30%左右。

二、症状

小麦光腥黑穗病又称腥乌麦、黑麦、黑疸，症状主要出现在穗部，病株一般较健株稍矮，分蘖增多，矮化程度及分蘖情况依品种而异。病穗较短，直立，颜色较健穗深，开始为灰绿色，以后变为灰白色，颖壳略向外张开，露出部分病粒。小麦受害后，通常是全穗麦粒变成病粒，但也有一部分麦粒变成病粒的。病粒较健粒短粗，初为暗绿，后变灰黑色，外包一层灰包膜，内部充满黑色粉末（病菌冬孢子），破裂散出含有三甲胺鱼腥味的气体，故称腥黑穗病（彩图 2-10-1）。

三、病原

小麦光腥黑穗病病原菌为光滑腥黑粉菌［*Tilletia laevis* Kühn，异名：*Tilletia foetida*（Wallr.）Liro.］，属担子菌门腥黑粉菌属。病菌孢子堆生在子房内，外包种皮，与种子同大，内部充满黑紫色粉状冬孢子，冬孢子圆形、卵圆形或稍长，淡灰褐色至暗橄榄褐色，直径 14～22μm，但有时较小（13μm），外壁平滑；不孕细胞球形到近球形，但有时呈不规则形或扭曲，直径 11～18μm，透明到半透明（彩图 2-10-2）。

小麦光腥黑穗病的冬孢子能在水中萌发；在具有某些营养物质的液体中，如在 0.05%～0.75%的硝酸钾溶液中更易萌发。猪、马、牛粪的浸出液有促使孢子提早萌发的可能，特别是猪粪浸出液最为明显。孢子萌发所需的温度随病菌的种和生理小种不同而异。一般说来，最低温度为 0～1℃，最高为 25～29℃，最适为 18～20℃；也有试验结果为，最低温度为 5℃，最高为 20～21℃，最适为 16～18℃。孢子萌发适温较小麦种子发芽适温低。孢子对碱性不太敏感，但对酸性很敏感。当土壤溶液的 pH<5 时，孢子不能萌发。孢子萌发时需要大量氧气。储存于干燥场所病粒内的冬孢子可存活数年之久，但置于潮湿土壤内的厚垣孢子则只能存活几个月。病菌在水田内只要经过一个夏季即全部死亡。冬孢子的致死温度为 55℃ 经 10min。

小麦光腥黑穗病菌有生理专化现象。不同生理小种除对寄主的致病力不同以外，孢子的大小、萌发的形式、色泽、培养性状以及受侵染植株的高矮、分蘖多少和病粒的形态等也有差异。病菌的致病力因所侵染的小麦品种的抗病性不同，会发生不同的变异。当病菌通过感病品种发育时，其致病力可能降低；相反，病菌通过抗病品种发育时，其致病力可能提高。

四、病害循环

病菌以冬孢子附着在种子外表或混入粪肥、土壤中越冬或越夏。当播种后种子发芽时，冬孢子也随即萌发，先产生先菌丝，其顶端生 8～16 个线形的担孢子。由性别不同的担孢子在先菌丝上呈 H 状结合，然后萌发为较细的双核侵染丝。侵染丝从芽鞘侵入麦苗并到达生长点。病菌在小麦植株体内以菌丝体形态随麦株生长而生长，以后侵入开始分化的幼穗，破坏穗部的正常发育，至抽穗时在麦粒内形成菌瘿即病原菌的厚垣孢子。

小麦收获脱粒时，病粒破裂，厚垣孢子飞散黏附在种子表面越夏或越冬。用带有病菌冬孢子的麦秸、麦糠等沤肥，在通常的温度下，孢子不会死亡；用带有病菌厚垣孢子的麦秸、麦糠等饲养牲畜，通过牲畜肠胃粪便排出的病菌孢子也不会死亡，而使粪肥带菌。小麦收获时，病粒掉落田间，或小麦脱粒扬场时，冬孢子被风吹到附近麦田内，可使土壤带菌。种子带菌是传播病害的主要途径。在有沤粪习惯的地区，粪肥带菌也是传病的主要途径。在麦收后寒冷而干燥的地区，冬孢子在土壤中存活时间较长，病害可通过土壤传播（图2-10-1）。

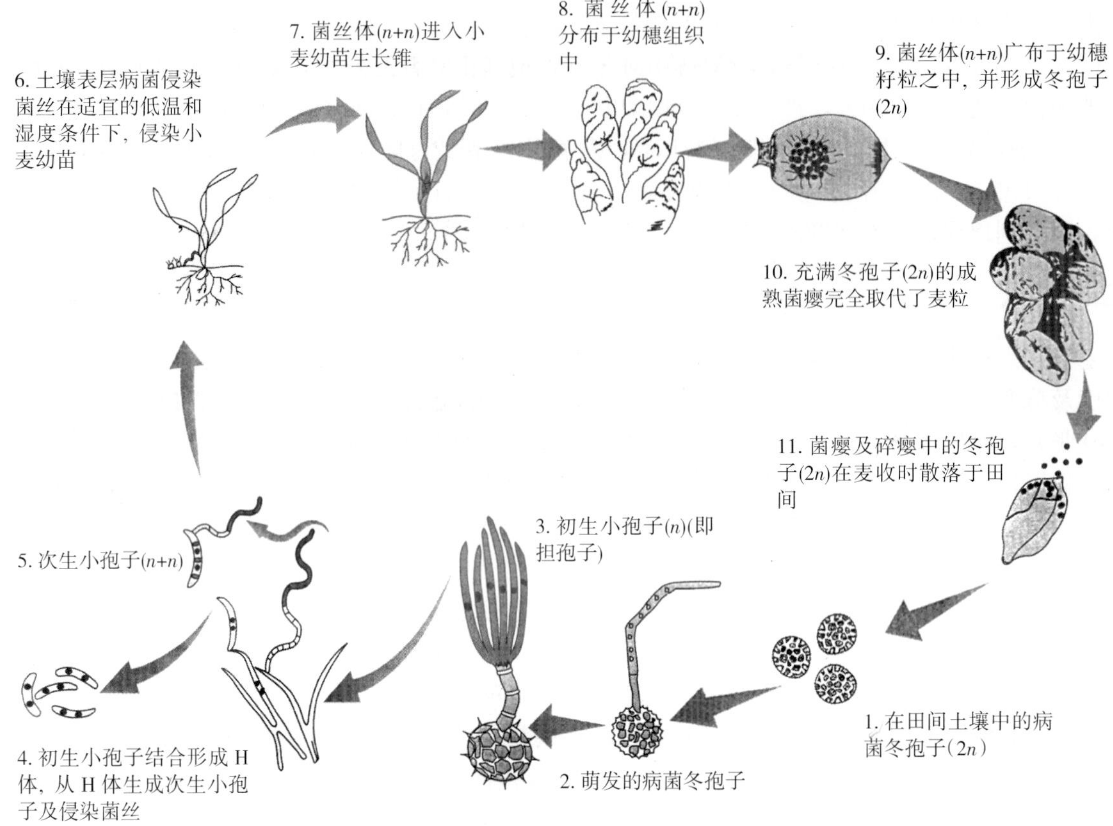

图2-10-1 小麦光腥黑穗病病害循环（引自Wilcoxson等，1996）

Figure 2-10-1 Disease cycle of comon bunt caused by *Tilletia laevis*（from Wilcoxson et al.，1996）

五、流行规律

小麦光腥黑穗病流行规律与小麦网腥黑穗病相同，参见本单元第9节。

六、防治技术

（一）加强检疫

做好产地检疫，禁止将未经检疫且带有小麦光腥黑穗病的种子调入未发生区，对来自疫区的收割机要进行严格的消毒处理，一旦发现病害，要采取焚烧销毁等灭除措施。

（二）种植抗病品种

加强抗病品种的筛选和选育，推广和种植抗（耐）病品种。通过研究，目前已鉴定出了抗腥黑穗病的基因有15个主效基因，从*Bt1*到*Bt15*，这些基因在小麦品种中以单独或组合的形式存在。PI17383是一个很好的抗源材料，含有*Bt8*、*Bt9*、*Bt10*三个主效基因。目前抗性比较好的品种有豫麦47优系、兰考矮早8号、宛原白1号、品99281、西杂5号、小偃22、皖协240、淮9706、新优1号、周麦18、石01Z056、兴资9104、藁麦8901、开麦18、花培5号等。

（三）种子处理

常年发病较重地区，用2％戊唑醇拌种剂10～15g，加少量水调成糊状液体与10kg麦种混匀，晾干后播种。也可用种子重量0.15％～0.2％的20％三唑酮乳油或0.1％～0.15％的15％三唑醇干拌种剂、0.2％的40％福美双可湿性粉剂、0.2％的50％多菌灵可湿性粉剂、0.2％的70％甲基硫菌灵可湿性粉剂、0.2％～0.3％的20％萎锈灵乳油拌种，以及0.1％的3％苯醚甲环唑悬浮种衣剂、0.1％～0.2％的10％腈菌唑悬浮剂等药剂拌种和闷种，均有较好的防治效果。

(四) 处理带菌粪肥

在以粪肥传播为主的地区，还可通过处理带菌粪肥进行防治。提倡施用酵素菌沤制的堆肥或施用腐熟的有机肥。对带菌粪肥加入油粕（豆饼、花生饼、芝麻饼等）或青草保持湿润，堆积 1 个月后再施入田间，或与种子隔离施用。

(五) 栽培防治措施

春麦不宜播种过早，冬麦不宜播种过迟，播种不宜过深。播种时施用硫酸铵等速效化肥做种肥，可促进幼苗早出土，减少感染机会。

周益林（中国农业科学院植物保护研究所）

第 11 节　小麦矮腥黑穗病

一、分布与危害

小麦矮腥黑穗病最初发生在美洲、欧洲和西亚地区（Purdy，1963）。目前，小麦矮腥黑穗病在各大洲及国家的分布如下（杨岩等，1999）。南美洲：阿根廷、乌拉圭；大洋洲：新西兰、澳大利亚；非洲：利比亚、摩洛哥、突尼斯、阿尔及利亚；欧洲：乌克兰、奥地利、瑞典、阿尔巴尼亚、捷克、斯洛伐克、德国、罗马尼亚、瑞士、保加利亚、希腊、匈牙利、意大利、卢森堡、波兰、西班牙、俄罗斯、（前）南斯拉夫、法国、丹麦、克罗地亚、摩尔多瓦、格鲁吉亚、阿塞拜疆、亚美尼亚、土耳其、比利时；北美洲：加拿大、美国；亚洲：伊朗、巴基斯坦、哈萨克斯坦、阿富汗、伊拉克、叙利亚、乌兹别克斯坦、土库曼斯坦、塔吉克斯坦、吉尔吉斯斯坦、日本等。小麦矮腥黑穗病是由小麦矮腥黑粉菌引起的一种重要的国际检疫性病害（Hoffmann，1982），是麦类黑穗病中为害最大、极难防治的检疫性病害之一。小麦矮腥黑穗病 2007 年被列入新公布的《中华人民共和国进境植物检疫性有害生物名录》的 271 号检疫性有害生物。

小麦矮腥黑粉菌除侵染小麦外，还能侵染大麦属、黑麦属及燕麦草属等 18 个属的 70 多种禾本科植物（王圆，1997）。感病植株矮化，多分蘖，通常发病率约等于产量损失率（Goates，1996）。流行年份引起的产量损失一般为 20%～50%，严重时可达 75%～90%，甚至绝产（Hoffmann，1982；Trione et al.，1989）。小麦矮腥黑穗病除导致产量方面的损失外，还严重影响面粉的品质，由于病菌孢子中含有三甲胺，导致未经有效处理的病麦加工的面粉带有腥臭味。

二、症状

小麦矮腥黑穗病典型症状是：感病植株比健壮植株矮 25%～66%，病株叶上有枯黄色条状病斑；分蘖较多，比正常植株多 1 倍以上；病穗的小花增多、紧密，病穗偏宽偏大。各发育阶段的具体症状如下。

(一) 苗期症状

受侵染的植株产生异常大量的矮化分蘖。健株分蘖 2～4 个，病株 4～10 个，甚至可多达 20～40 个分蘖。叶片产生褪绿斑纹。褪绿斑纹及矮化多蘖的症状因病害严重程度和环境条件而有所差异。

(二) 抽穗、扬花期症状

(1) 受侵染小花的未成熟子房呈深绿色。随着子房生长，菌丝生长和孢子形成由内向外展开，直到子房壁内部几乎所有的寄主组织都被消耗殆尽。

(2) 病株矮化、小花增多。感病植株的高度仅为健康植株的 1/4～2/3，在重病田常可见到健穗在上面，病穗在下面，这就是典型的“二层楼”现象（陈万权和周益林，2005）。健穗每小穗的小花一般为3～5 个，病穗小花增至 5～7 个，从而导致病穗宽大、紧密。

(三) 成熟期症状

(1) 发育完全的孢子团一般呈籽粒状，但比正常籽粒圆大，使内外稃张开，有芒品种芒外张，形成病穗的典型特征。成熟孢子团（菌瘿）几乎全部由冬孢子组成并被子房壁包被（彩图 2 - 11 - 1，高利，2009）。

（2）孢子团散发出由三甲胺引起的强烈的鱼腥气味。

（3）成熟病粒近球形，坚硬不易压碎，破碎后成块状。在小麦生长后期，若雨水多，病粒可涨破，孢子外溢，干燥后形成不规则的硬块。

三、病原

（一）分类学地位

小麦矮腥黑穗病病原为小麦矮腥黑粉菌（*Tilletia controversa* Kühn），属担子菌门腥黑粉菌属。

（二）冬孢子形态学及生物学特性

1. 冬孢子的形态特征 冬孢子黄褐色到红褐色，球形或近球形，嵌在透明的厚度为 1.5～5.5μm 的胶质鞘中，直径连鞘在内为 19～24μm。外壁通常具有规则的多边形网格，网脊高 1.5～3μm，网隙直径3～5μm。不育细胞为规则的球形，透明，壁薄光滑，淡绿色或淡褐色，直径 9～22μm，偶有胶质鞘包围。梁再群等（1982）采用统计方法得出，70%以上的小麦矮腥黑粉菌冬孢子网脊高度集中在 1.5～2.5μm，胶质鞘厚度集中在 2～3μm，而小麦网腥黑粉菌冬孢子网脊高度小于 1.2μm，胶质鞘厚度小于 1.5μm，并发现尽管孢子网脊、胶质鞘存在着重叠的现象，但孢子网脊、胶质鞘极大值的差异显著。

2. 冬孢子的生理学特性 冬孢子萌发需要长期低温和光照。在最适的实验室条件下，小麦矮腥黑粉菌冬孢子通常在 3～6 周内萌发，萌发的基本温度是：－2℃（最低），3～8℃（最适）和 15℃（最高）（Hoffmann，1982）。冬孢子若先在 5℃下培养 3～4 周，再移至－2～0℃，在短时间内便可大量萌发。另外，弱光会刺激病菌冬孢子的萌发，绿光抑制萌发而蓝光激发萌发，波长在 400～600 nm的辐射刺激孢子萌发最为有效。在室内培养一般可采用 2 盏 40W 的白色冷光荧光灯泡作为光源（陈万权和周益林，2005）。矮腥黑粉菌冬孢子在中性到酸性条件下的萌发率较高，当 pH 为 7.8～8.2 时萌发减少。

（三）病菌致病专化性

矮腥黑粉菌存在生理分化现象，根据病菌分离菌株在鉴别寄主（或鉴别基因品系）上的反应，可划分为不同的生理小种。

（四）病菌核周期

病原菌的休眠冬孢子通常含有一个二倍体核。冬孢子萌发后，单倍体核连同细胞质进入先菌丝，随后单个进入初生担孢子，并在此进行有丝分裂，其中一个单倍体核回到先菌丝，留在先菌丝中的细胞核进入无核的初生担孢子中或者退化（Goates and Hoffmann，1987）。这样，初生担孢子为单倍体。当与相反交配型的初生担孢子融合后形成 H 体，其产生的菌丝或次生担孢子通常为双核，但亦可能含数目不定的细胞核（Goates and Hoffmann，1979）。病菌侵入到寄主体内一直保持双核状态，直到冬孢子形成期间才进行核配。双核细胞核在冬孢子形成开始之前可能会分离或再联会（陈万权和周益林，2005）。

四、病害循环

图 2-11-1（杨岩，1999）勾勒出小麦矮腥黑穗病的生活史。接种体的初侵染源是来自前茬带病作物散落在土壤中或被风刮来散落在土表的冬孢子。冬孢子在冬麦播种后陆续萌发侵染麦苗，侵染期可持续 3～4 个月，太平洋西北岸从 12 月至翌年 4 月都能发生侵染，但大部分发生在 12 月下旬至翌年 2 月。在积雪覆盖下的－2～2℃范围内冬孢子萌发侵染，温度不适合时其萌发将暂停或延缓。冬孢子在自然条件的土壤中可存活 10 年以上（Goates，1992）。

五、流行规律

侵染周期较长，可达数月。土壤中的冬孢子萌发后侵染小麦幼嫩的分蘖处，逐步进入穗原始体，各个花器，破坏子房，形成冬孢子堆。发病程度依赖于大面积感病品种的种植、土壤中足够引起侵染的菌源冬孢子浓度（Goates and Peterson，1999）、数周持续的积雪覆盖、相对稳定的日均温度等条件。Tyler 和 Jersen（1958）认为，病害严重程度取决于长时间的由深厚而持续的积雪覆盖所提供的持续低温和水分条件。

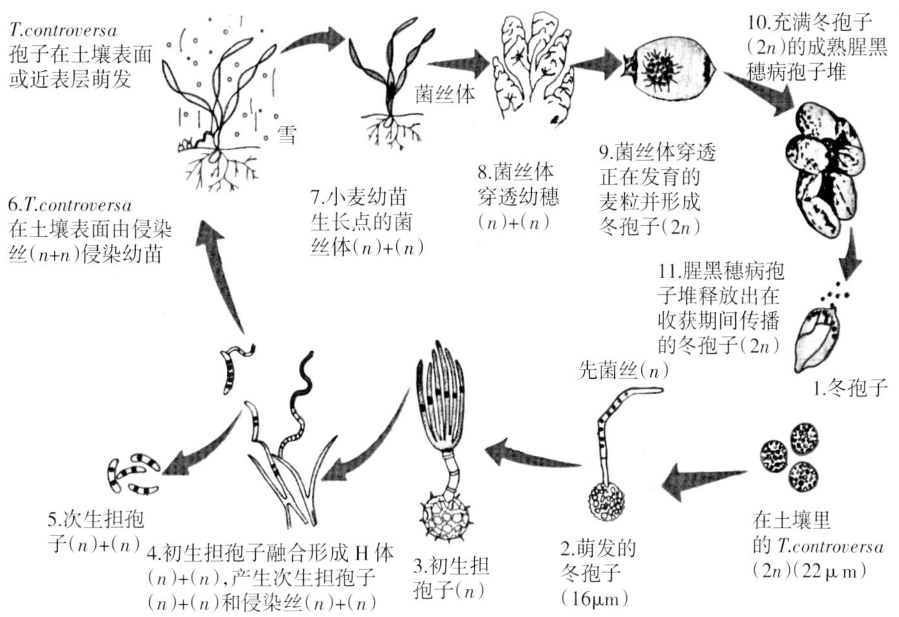

图 2-11-1　小麦矮腥黑穗病病害循环（引自杨岩，1999）

Figure 2-11-1　Disease cycle of dwarf bunt of wheat (from Yang Yan, 1999)

六、防治技术

1. 植物检疫　严格执行进口小麦以及原粮的检验检疫制度，带菌进口小麦或原粮应进行加工灭菌处理。

2. 化学防治　苯醚甲环唑有效成分 0.12g/kg 具有很好的防治效果（Sitton et al.，1993；Keener et al.，1995）。

3. 种植抗病品种　Blizzard、Carlisle 和 Tarso 等品种是小麦矮腥黑穗病的抗病品种（Xue et al.，2007）。

4. 栽培措施　重病地应实施轮作或改种春小麦，冬小麦的适当晚播也可减轻病情。

高利（中国农业科学院植物保护研究所）

第 12 节　小麦秆黑粉病

一、分布与危害

小麦秆黑粉病在全球均有分布，在我国 20 多个省份都有发生，主要在北部冬麦区。新中国成立初期，河南、河北、山东、山西、陕西、甘肃等省和江苏北部、安徽北部地区发生相当普遍，局部地区甚为严重。经过防治，已基本控制该病的为害。20 世纪 80 年代后期以来，在河南、河北等省病情普遍回升，部分地区发病严重。例如河南省的发病面积从 70 年代末的 1.8 万 hm^2 发展到 1985 年的 10 万 hm^2，1990 年高达 52 万 hm^2。其中三门峡市发生 1.6 万 hm^2，占麦播面积的 14.2%，病株率一般 20%～70%，部分重病地块达 90%以上；洛阳市发生 5.1 万 hm^2，占麦播面积的 21.9%，病株率一般 30%～40%，仅洛宁县的东宋、杨波 2 个乡就有 267hm^2 小麦因该病绝收；周口地区发生 16.4 万 hm^2，占麦播面积的 27.3%，比 1985 年扩大 13.3 万 hm^2，病株率轻病田为 10%左右，重病田则达 50%～80%。2008 年，卫辉市发生小麦秆黑粉病 0.52 万 hm^2，占全市小麦种植面积的 17.8%，平均减产 20%左右。河北省 1987 年各地、市普遍发生；1990 年在沧州地区暴发成灾，有 3.9 万 hm^2 小麦发病，其中减产 20%～30%的有 2.38 万 hm^2，减产 30%～40%的有 0.47 万 hm^2，减产 40%～50%的有 0.70 万 hm^2，减产 50%～70%的有 0.33 万 hm^2，绝收的有 200hm^2，全区因该病减产小麦 2 200 万 kg。小麦是秆黑粉病菌最主要的寄主，但也有侵染其他禾本科植物的报道。

二、症状

小麦秆黑粉病，俗称乌麦、黑枪、黑疸、锁口疸，在欧美也曾被称为黑锈病。此病在小麦幼苗期即开始发生，拔节以后症状逐渐明显，至抽穗期仍有发生。发病部位主要在小麦的秆、叶和叶鞘上，极少数发生在颖或种子上。茎秆、叶片和叶鞘上的病斑初为淡灰色条纹，逐渐隆起，转深灰色，最后寄主表皮破裂，露出黑粉，即病菌的冬孢子（彩图2-12-1）。

病株显著矮小，分蘖增多，病叶卷曲，重病株不能抽穗而枯死。有些病株虽能抽穗，但常卷曲于顶叶叶鞘内，即使完全抽出，多不结实，少数结实的籽粒也秕瘦。轻病株只有部分分蘖发病，其余分蘖仍能正常抽穗结实。

三、病原

小麦秆黑粉病病原为小麦条黑粉菌［*Urocystis tritici* Körn.，异名：*U. agropyri*（Preuss）Schröter］，属担子菌门条黑粉菌属真菌。茎、叶、叶鞘上条斑所生的黑粉，即病原菌的冬孢子（也称厚垣孢子）。病菌以1～4个冬孢子为核心，外围以若干不孕细胞组成孢子团。孢子团圆形或长椭圆形，大小为（18～35）μm×（35～40）μm。冬孢子单胞，球形，深褐色，直径8～18μm。只有冬孢子有发芽侵染能力，不孕细胞没有侵染作用。孢子团萌发时，由冬孢子生出圆柱状先菌丝，经由不孕细胞伸出孢子团外。先菌丝无色透明，长30～110μm，顶端轮生担孢子（又称小孢子）3～4个。担孢子长棒状，顶端尖削，微曲，长25～27μm，先菌丝在不同温度下有各种畸形萌发现象。例如，先菌丝畸形有分隔，或先菌丝直接产生侵染丝，或先菌丝产生担孢子后再产生侵染丝等。

冬孢子需要在自然或人工条件下完成后熟，解除休眠后才能萌发。用30～34℃高温和灯光处理36h，即可打破休眠。萌发还需要经过一定时间的预浸，使其吸收水分。试验证明，以土壤浸液预浸3d为最好。利用植物组织浸出液，也可以促进冬孢子萌发。试验证明，经过预浸的孢子，在加入麦芽组织后12h，萌发率即能达到67%。大麦、粟、玉米、豌豆等幼芽组织也有不同程度的刺激作用，而棉花、油菜的幼芽组织则没有这种作用。冬孢子在黑暗中比在光照条件下萌发好，其萌发的适温为19～21℃。在4～7℃及21～22℃的变温中虽能萌发，但不产生担孢子，而直接在先菌丝上产生畸形分枝。冬孢子在实验室13～31℃、低湿度的条件下保存可存活至少10年；在田间，冬孢子存活期的长短依环境条件而不同，在干燥土壤中存活较久，可达4～7年。经过牛、马消化系统的厚垣孢子仍有活力。

小麦秆黑粉菌存在生理专化现象。俞大绂曾利用5个鉴别寄主把中国的小麦秆黑粉菌划分为12个生理小种。但这些生理分化并未对抗性育种造成影响（表2-12-1）。

表2-12-1 中国5个鉴别寄主对小麦秆黑粉菌12个生理小种的反应

Table 2-12-1 Reaction of 5 testers to 12 physiologic races of flag sumt pathogen in China

鉴别寄主	生理小种											
	1	2	3	4	5	6	7	8	9	10	11	12
TH 1932	R	S	R	R	I	R	R	I	R	R	I	R
南京716	R	R	R	I	I	R	R	R	R	R	R	R
Ngochen	I	R	I	I	I	R	S	I	R	I	R	R
格拉斯兰德	R	R	I	I	I	R	R	R	I	S	S	R
TH 559*	R	R	R	R	R	R	R	R	R	R	R	I

* 圆锥小麦（*Triticum turgidum*）。

四、病害循环

小麦秆黑粉病病害循环详见图2-12-1。小麦秆黑粉病菌1年只侵染1次，侵染源来自带菌的土壤，种子、粪肥也能传播。病株上的病菌孢子，在小麦收获前就有一部分落入土中。同时，由于病株较健株矮小，小麦收获后，大部分病株遗留在田间，随麦茬翻入土中，使土壤中储存大量病菌。病菌在干燥土壤中可存活多年。因此，土壤带菌是传播的主要途径。小麦收获、脱粒时，飞散的病菌孢子黏附于种子表面，使种子带菌而传播病害。用病株残体沤肥和饲养牲口，病菌孢子被混入粪肥，施入麦田后，也可传播病害。

小麦播种后，病菌孢子随种子发芽而萌发、侵入小麦芽鞘，并进入生长点。以后，病菌随小麦的发育而进入叶片、芽鞘和茎秆，在病组织表皮下形成孢子堆，产生大量冬孢子团，翌年春季出现症状。

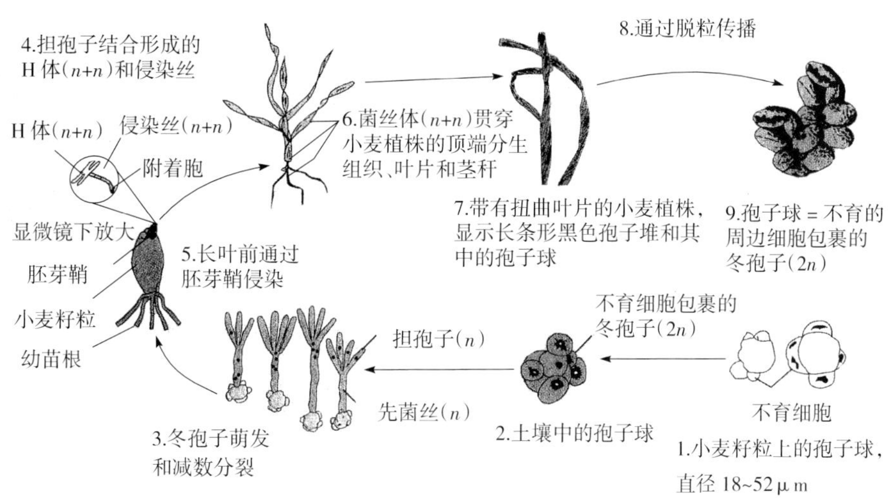

图 2-12-1　小麦秆黑粉病病害循环（引自 Wilcoxson 等，1996）
Figure 2-12-1　Disease cycle of wheat flag smut (from Wilcoxson et al., 1996)

五、流行规律

小麦秆黑粉病的发生与土壤温度、湿度、麦苗出土快慢、小麦个体生活力以及品种抗病性和栽培制度等因素有关。

病菌侵入寄主最适宜的土壤温度为 14～21℃。所以，播种过早或过晚的麦田一般发病较轻。

土壤湿度对发病的影响很大。据报道，适宜于病菌侵入的温度范围，在土壤较干的情况下，为 10～20℃；在土壤相对湿度为 40%时，为 11～15℃；在土壤湿度为 60%时，为 10℃左右。即土壤愈干，侵入愈容易。夏季田间长期积水，可大大降低病菌孢子存活率。因此，水涝地和前茬为稻田种植小麦，病害发生轻。

病菌多在种子萌发后的几天内侵入麦苗，以幼芽鞘长 1～2mm 时最易受侵染，芽鞘长度超过 4mm 时，病菌即难以侵入。种子萌发出土经历的时间越长，被侵染的可能性越大。土壤干旱、贫瘠、土质黏重、整地保墒不好、施肥不足等，均可延迟麦苗出土，而利于病菌侵染。在上述情况下，发病就重。反之，无论何种条件和措施，只要能促使麦苗迅速出土，就可减轻病害发生。

无论是高度感病或者高度抗病的品种，从大粒种子长起来的植株发病率都低，而从小粒种子长起来的植株发病率都高，为大粒种子的 2～3 倍。大粒种子发病率低的主要原因是生活力强。高感或中感的冬小麦品种春播后均转变为完全免疫。

小麦品种间的抗病性有显著差异。在抗病品种推广和选育工作中，要考虑病菌存在着不同致病类型的问题。由于病菌在土壤中存活时间较长，故连作麦地比轮作麦地发病重。

六、防治技术

（一）种植抗病品种

许多研究者对小麦秆黑粉病抗病性进行了广泛的研究报道，但其抗病性育种还未获得可供利用的商品化小麦品种。西北农林科技大学植物保护系曾鉴定过一些老的品种（材料），如洛夫林 10 号、洛夫林 13、阿勃、咸 151 等对秆黑粉病表现免疫，山前麦、矮丰 3 号、丰抗 13 等品种表现高抗。这些品种（材料）仍然是目前很多生产品种的亲本，因此，这些品种的衍生后代品种，可能具有对小麦秆黑粉病的抗性。加强抗病品种的筛选和选育，推广和种植抗（耐）病品种，是该病害综合治理策略的主要组成部分。

（二）种子处理

常年发病较重地区可用12.5%烯唑醇可湿性粉剂每10kg种子用药20～30g拌种；2.5%咯菌腈悬浮种衣剂10mL加水0.5kg，拌麦种10kg；也可以进行种子包衣，每100kg麦种用3%苯醚甲环唑悬浮种衣剂200～300mL进行种子包衣；此外，还可用15%三唑酮可湿性粉剂或50%多菌灵可湿性粉剂0.1kg对水5kg喷拌种子50kg，摊开晾干后播种。其他有效的药剂包括三唑醇、萎锈灵、氧化萎锈灵等。

（三）处理带菌粪肥

在有粪肥传染的地区，也可采用粪肥处理和粪种隔离法防治。具体方法见本书小麦网腥黑穗病和光腥黑穗病的防治。

（四）栽培防治措施

适当灌水减少病原菌的数量；播种深度不宜过深，同时施用硫酸铵等速效化肥做种肥，促进幼苗早出土，减少被侵染机会。

（五）加强检疫

加强产地检疫，禁止将未经检疫且带有小麦秆黑粉病菌的种子调入未发生地区，对来自疫区的收割机要进行严格的消毒处理；田间一旦发现病害，要采取焚烧销毁等灭除措施。

段霞瑜（中国农业科学院植物保护研究所）

第13节　小麦雪霉叶枯病

一、分布与危害

小麦雪霉叶枯病于1961年在陕西武功丰产3号小麦品种上首先发现，以后湖北、河南、四川、江苏、贵州、青海、宁夏、甘肃、西藏等省（自治区）也相继发生。1972年以后，墨西哥、英国、日本、朝鲜等国也有报道。

小麦雪霉叶枯病是一种全生育期侵染的病害。在我国的新疆、青海，还有贵州的铜仁、四川的雅安和达县山区积雪时间长的地区主要在苗期侵害造成茎基腐病，致使大面积越冬麦苗死亡。在陕西关中和河南等地很少造成苗腐和基腐，主要表现为叶斑、叶枯和鞘腐。据康业斌等报道，该病在河南省黄河以南水浇地麦区及沿河流域均有分布，以豫南、豫西南、豫西地区发生普遍，是豫西山区小麦叶枯类病害中发生最重，对产量影响最大的一种病害。1991年5～6月对豫西地区的新安、宜阳、洛宁、栾川、卢氏5个县的调查结果表明，该病一般在5月上旬小麦扬花期个别旗叶开始发病，5月下旬至6月初小麦成熟期达到发病高峰，病田率几乎达100%，病茎率为3.2%～63.9%。在西藏，雪霉叶枯病主要发生在雅鲁藏布江及其支流流域、海拔3 000～4 200m的河谷农区，气候略为温暖，属半干旱类型，年降水量300～650mm，发病期主要集中于6～8月。冬小麦一般9～10月播种，这时土壤比较湿润，病菌在冬前侵入麦苗。但冬季无雨，初春气候干燥，病害扩展缓慢。小麦抽穗前后，降雨增加，加上植株郁闭，基部小气候湿度较大，受侵染的植株基部叶鞘产生大量子囊壳，子囊孢子随风雨在田间传播，引起上部叶片发病，叶斑上产生的分生孢子随风雨传播可引起多次再侵染。所以此时常突然发病甚至造成流行。新疆也是该病发生的主要区域，例如，伊犁地区每年小麦雪霉叶枯病发生面积占冬小麦播种面积的56.32%，其中翻种面积达15.29%，损失十分严重。

二、症状

小麦雪霉叶枯病菌从小麦萌芽期到成熟期前均可侵染，引起小麦芽腐、苗枯、基腐、鞘腐、叶枯和穗腐等多种症状，其中，以成株期叶斑和叶枯特征最鲜明，为害也最重，常常作为诊断的主要依据。

（一）芽腐和芽枯

种子萌发后，胚根、胚根鞘和胚芽鞘腐烂变色。胚根数目减少，根长变短。胚芽鞘上产生长条形或长圆形黑褐色病斑，严重者胚芽鞘全部黑褐色腐烂，表面生白色菌丝。在出土前或出土后生长点均可烂死，幼芽水渍状溃散。病苗基部叶鞘变褐坏死，根数减少，苗高降低，第一叶和第二叶明显缩短。重病幼苗水渍状变褐死亡。枯死苗倒伏，表面生白色菌丝层，有时呈污红色。病苗基部叶片上也产生大小不同的褐色纺锤形或椭圆形病斑。

（二）基腐和鞘腐

麦株拔节后，发病部位逐渐上移，产生基腐和鞘腐。抽穗前，多数病株基部 1～2 节的叶鞘变褐腐烂，叶鞘枯死后色泽逐渐淡化，由深褐色变为枯黄色，与病叶鞘相连叶片也变褐枯死。有时病部的茎秆上产生暗褐色稍凹陷的长条形病斑。抽穗后，植株上部叶鞘也陆续发病，此时基部病鞘上出现子囊壳。上部叶鞘多由与叶片相连处开始发病，继而向叶片基部及叶鞘中下部扩展，病叶鞘变枯黄色至黄褐色，变色部多无明显的边缘，潮湿时，上面产生稀薄的红色霉状物。上部叶鞘发病可使旗下叶和旗叶枯死，为害严重。对矮丰 3 号、阿勃和孟县 4 号等 3 个品种的调查表明，叶鞘单独发病的植株占病株总数的 51.3%，叶鞘和叶片全部发病的占 39.5%，叶片单独发病的只占 9.2%，可见鞘腐发病很普遍。

（三）叶枯

成株叶片上病斑初呈水渍状，后扩大为近圆形或椭圆形大斑，发生在叶片边缘的多为半圆形。病斑直径 1～4cm，多为 2～3cm，边缘灰绿色，中部污褐色。由于浸润性地向周围扩展，常形成数层不甚明显的轮纹。病菌的分生孢子座由气孔外露，形成大量分生孢子，致使病斑敷生砖红色霉状物。潮湿时病斑边缘具白色菌丝薄层，迎着阳光观察尤为明显。有时病斑上还生出微细的黑色粒点，即病菌的子囊壳。子囊壳埋生于叶片表皮下，只有孔口由气孔外露，排列成行。后期多数病叶枯死。有时病苗基部叶片上也产生大小不同的褐色纺锤形或椭圆形病斑。

（四）穗腐

多数病穗仅个别或少数小穗发病，颖壳上生黑褐色水渍状斑块，上生红色霉，小穗轴褐变腐烂。少数病穗穗颈或穗轴变褐腐烂，使穗子全部或局部变黄枯死。病粒皱缩变褐色，表面常有污白色菌丝层。

小麦雪霉叶枯病菌引起的芽腐、苗枯和基腐等症状常与禾谷镰孢（*Fusarium graminearum*）、燕麦镰孢（*F. avenaceum*）、麦根腐平脐蠕孢（*Bipolaris sorokiniana*）和纹枯病菌（*Rhizoctonia cerealis*）引起的症状混淆，难以区分。上述病菌还可能混合发生，诱发复杂的症状。小麦雪霉叶枯病菌和禾谷镰孢都能在麦株基部枯腐的叶鞘上产生子囊壳，但前者的子囊壳较细小，埋生在麦皮下，只孔口外露。两菌引起的穗腐症状也很相似，且多混合发生。

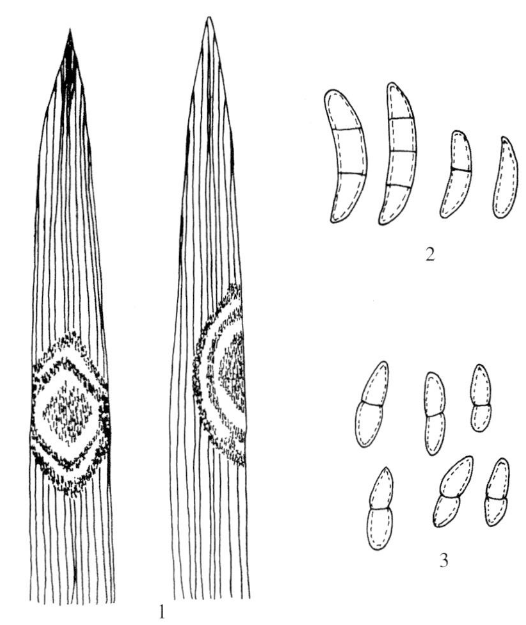

图 2-13-1 小麦雪霉叶枯病（仿商鸿生，1980）
Figure 2-13-1 Symptoms of Microdochium leaf blight (from Shang Hongsheng, 1980)
1. 叶片症状 2. 分子孢子 3. 子囊孢子

当遇到可疑病例难以确诊时，需由病部挑取病菌子实体制片镜检。有时病部未产生子实体或因杂菌干扰不能得出结论，为进一步诊断可将病部剪下洗净，切成小块置于 PDA 培养基上，在普通冰箱内培养，以排除杂菌，检查分离到的病菌形态，可得到明确的结果。另外，还可用选择性培养基进行病组织分离，以获取病菌纯培养，做进一步的鉴定（图 2-13-1）。

三、病原

小麦雪霉叶枯病病原为雪腐小座菌［*Microdochium nivale*（Fr.）Samuels et I. C. Hallett，异名：*Fusarium nivale* Ces. ex Berl. et Voglino，*Gerlachia nivalis*（Ces. ex Berl. et Voglino）W. Gams et E. Müller］，属子囊菌无性型微座孢属。在叶片、叶鞘等发病部位产生病原菌的分生孢子座，黏分生孢子

团和分生孢子。分生孢子梗短而直，无隔，棍棒状，大小为（5～11）μm×（3～5）μm，产孢细胞瓶状或倒梨状，顶端环痕状，分生孢子以顶式层出的方式生出，宽镰形，弯曲，两端尖削，无脚胞，1～3隔，1隔的（12.5～28）μm×（2.5～5.5）μm，3隔的（18～32）μm×（3～6）μm。在PDA培养基上菌落浅橙色或橙红色。气生菌丝较少，薄绒状，有时呈羊毛状或毡状。菌落边缘较整齐。菌丝透明，壁薄，光滑，分隔，宽2.5～5μm。培养中可形成鲜橙色黏分生孢子团，不产生厚垣孢子。

病原菌的有性型为雪腐小画线壳［*Monographella nivalis*（Schaffn.）E. Müller］，属子囊菌门小画线壳属。子囊壳黑色，近球形，大小为（147～200）μm×（126～188）μm，有侧丝，具乳突状孔口。自然条件下子囊壳埋生于病组织表皮下，只有孔口外露。子囊棍棒状或圆柱状，单囊膜，大小为（40～73）μm×（6.5～10）μm，顶部有淀粉质环，可用碘液染成蓝色。子囊孢子纺锤形或椭圆形，无色透明，1～3隔，大小为（9.5～10.5）μm×（2～5.5）μm。

小麦雪霉叶枯病菌的子实体形态见表2-13-1。

表2-13-1 小麦雪霉叶枯病菌子实体形态（引自商鸿生，1989）

Table 2-13-1 Sporocarp form of *Microdochium nivale*（from Shang Hongsheng，1989）

子实体类型		特 点	大小（μm）
无性态	分生孢子梗	短而直，无隔，棍棒状	（5～11）×（3～5）
	产孢细胞	瓶状或倒梨形，端部较长，有划痕	（7～10）×（2.5～4）
	分生孢子	全型芽生孢子，孢子无色，宽镰形，无脚胞，1～3隔，有些1隔孢子，一端细胞楔形，另一端钝圆	1隔孢子：（16～24）×（3～4） 3隔孢子：（20～31）×（3.5～5）
有性态	子囊壳	埋生，球形或卵形，顶端乳头状，具孔口，壳壁有内、外两层，厚，有侧丝	（90～100）×（160～250）
	子囊	棒状或圆柱状，单囊膜，顶端有淀粉质环，内具6～8个子囊孢子	（47～70）×（3.5～6.5）
	子囊孢子	纺锤形至椭圆形，无色，1～3隔	（10～18）×（3.5～4.5）

病原菌有生理分化现象。新疆和四川的菌系引致芽腐的能力较强，贵州和宁夏的菌系较弱。新疆、陕西和贵州菌系对幼苗的致病力较强，而湖北、四川和宁夏菌系较弱。陕西、青海、新疆和湖北菌系对穗部致病力较强。多数菌系引致叶枯的能力因小麦品种不同而有差异。

该菌还引起麦类红色雪腐病，分布在北欧、北美及日本北海道和我国新疆北部，侵害积雪覆盖下的幼苗。红色雪腐病和雪霉叶枯病是同一种病原菌因生态条件和小麦生育阶段不同而引起的两种病害。

四、病害循环

小麦雪霉叶枯病由带菌种子、土壤和病残体引起初侵染。病菌以菌丝潜藏于种子内部，以孢子附着于种子表面。播种后，种子传带的病菌首先侵染胚根鞘和胚芽鞘，继而向其他部位扩展。该菌的种子带菌率较低，但对病害的远距离传播有重要意义。土壤和土壤内病残体带菌也首先引起幼根、幼芽发病。地表带菌的小麦病残体在潮湿多雨的季节释放大量子囊孢子和分生孢子侵染幼苗地上部分。在小麦整个生长期，病株在潮湿条件下产生子囊孢子和分生孢子，随气流和雨水传播，不断引起再侵染。小麦雪霉叶枯病菌能侵染多种禾本科杂草，这些杂草发病后可提供菌源侵染小麦。

小麦雪霉叶枯病菌由气孔和伤口侵入叶片和叶鞘。叶面上孢子萌发后通过芽管或孢子表面的小突起相结合，形成7～8个孢子组成的复合体。复合体长出1条至数条较粗壮的叶面菌丝，它们由气孔保卫细胞间隙进入气孔腔，不产生任何特殊的侵染结构。病菌在气孔腔内分枝形成多条侵染菌丝，向叶面组织扩展，形成菌落。侵染菌丝主要在细胞间隙生长和分枝，也可穿越细胞壁进入叶肉细胞内。受害细胞变色崩溃，病组织分解。侵染菌丝还能由气孔逸出，在叶面蔓延。气孔下可形成分生孢子座，其上产生分生孢子梗穿出气孔，梗的顶端或侧面着生产孢细胞，产生分生孢子。

小麦雪霉叶枯病的周年发病过程可划分为几个明显区分的阶段。在陕西关中地区可划分为秋苗期、拔节至抽穗、抽穗至成熟期3个阶段，后者是主要为害期。秋苗发病仅局限于幼苗地下部分和近土表的基部叶鞘、叶片。除少数病芽在出土过程中死亡外，多数病苗仅表现出程度不同的生长衰弱，不引起死苗。冬季低温干燥，病情发展缓慢。病菌主要以菌丝体潜伏在病部越冬。有些叶鞘组织内有潜育菌丝，但不表现明显症状。由拔节到抽穗阶段发病的主要特点是发病部位逐渐上移，这一阶段发病部位的高低和侵染数量的多少对决定当年病害流行程度有重要意义。常年大部分植株病害上升到第二伸长节间，少数上升到第三和第四节间。叶鞘由发病到枯死经 7～15d，多数 10d 左右，与病鞘相连的叶片由发病到枯死需 6～7d。由 5 月初开始，病株基部陆续产生子囊壳。小麦抽穗到成熟前上位叶片（旗叶和旗下一叶）和叶鞘发病，病势发展迅速，具有暴发性，是主要为害时期。常年 5 月初旗叶开始发病，5 月下旬至 6 月初达到高峰，旗叶大量枯死。

在四川雅安有两个发病高峰，苗期发病造成 2 月上、中旬大量死苗，抽穗后旗叶和旗叶叶鞘发病严重。在贵州铜仁地区以苗期发病最重，基部茎节缢缩腐朽可造成不能扬花结实的“赤穗”，旗叶叶斑和鞘腐则少见。在青海春麦栽培地区，抽穗扬花阶段病情发展较慢，灌浆至乳熟阶段是流行盛期，雪霉叶枯病严重发生。

在西藏，该病在林芝地区常年均有发生，在拉萨、山南、日喀则等地也有不同程度的发生，是西藏冬麦上的一种重要病害之一。

五、流行规律

小麦雪霉叶枯病菌生长适应的温度范围较宽，耐低温。菌丝生长的温度为－2～30℃，最适温度为 14～18℃；分生孢子在 16～18℃下产生最多；8～24℃范围内均可形成子囊壳；10～22℃形成子囊和子囊孢子，而以 14～18℃最适。病菌在低温下能侵染植株基部叶鞘，但 18～22℃最适于侵染上部叶片和发病。春季日均温达 15℃以上，若遇连续阴雨，不久田间就普遍出现叶枯症状。

潮湿多雨和比较冷凉的生态环境适于小麦雪霉叶枯病的流行，因而平原灌区和阴湿山区发病最重。

在关中灌区，降水量和环境湿度与小麦雪霉叶枯病流行的关系最密切。关中灌区秋季雨量充沛，冬季和早春降水虽少，但经过冬灌和春灌，常年土壤含水量和近地面的空气湿度仍足以保证病菌活动和侵染持续。这样，4 月下旬到 5 月中旬的降雨就成为制约雪霉叶枯病流行的关键因子。春季降雨多，阴雨日数和结露日数多，空气湿度高，有利于孢子产生、分散和侵入，再侵染频繁，病害由基部向上部转移快，叶枯病会猛然地暴发。历年的调查表明，4 月下旬到 5 月中旬降水量 75mm 以上则发病严重，40mm 以下则发病轻。冬季和早春干旱，土壤含水量很低的年份，不利于基部叶鞘发病和侵染持续，后期虽有一定数量的降雨，但病害流行迟而轻。

在青海春麦区小麦雪霉叶枯病发病程度与平均温度和日照时数呈负相关，与平均相对湿度和降水量呈正相关。以发病盛期前 25～40d 的平均气温、平均相对湿度、累计日照时数以及发病盛期前 20d 内的累计降水量对病情的影响作用最大。在贵州铜仁地区小麦拔节孕穗期间遭受冻害，抗病力减弱，发病部位迅速上升，麦株枯死增多。

在栽培管理措施中以水肥管理、播期、密度等对发病影响最大。排灌失调，灌溉方式不合理，尤其是春灌过量，灌水次数过多以及生育后期大水漫灌等均可诱发病害。灌区排水不畅，低洼积水田块和地下水位高，土质黏重的田块则发病严重。

播期和播种量也影响发病程度。在关中进行的小麦播期试验结果表明，早播（10 月上旬）比晚播（10 月中、下旬）发病重。播量加大，田间植株密度增高，发病重。矮秆密植田块，田间郁闭，湿度高，叶枯严重。

重要栽培品种中发病较重的有：7859、小偃 6 号、74－100、绵阳 11、阿勃、高原 338、2148 和互助红等。品种感病是小麦雪霉叶枯病普遍发生的重要因素。矮秆品种发病尤重，这与矮秆品种叶层密集，上部叶片和穗部距地面近，利于病害向上位转移有关。另外，矮秆品种高肥密植栽培，田间通风透光差，湿度高，有利于发病。

有研究表明，使用除草剂对小麦雪霉叶枯病的发生有一定的影响。李天安等研究认为，扑草净、使它隆有促进小麦雪霉叶枯病发生的作用，而阔叶净无影响；三种除草剂均抑制纹枯病发生，且作用相对独立于对雪霉叶枯病的影响。扑草净对雪霉叶枯病的促进在于提高生长时期初次侵染率，其关键生育期为第一真叶前，但不改变病害发展的内在速率。因此，扑草净是使病害发生更早而非更快。

六、防治技术

小麦雪霉叶枯病的防治，在流行区应以药剂防治和栽培防治为主，尽量选种抗（耐）病品种。无病区需注意避免使用带菌种子。在小麦赤霉病和雪霉叶枯病混合发生的地区，应以防治赤霉病为主兼治雪霉叶枯病。

（一）选用无病种子

小麦雪霉叶枯病是种子传播的新病害，不少地区都是在育种单位和良种繁育场最先发病。因而必须搞好种子田的病害检查和防治，进行无病选种、留种。自病区引种时应特别注意，必要时应进行种子检验。

（二）药剂防治

在冬季有积雪区，小麦雪霉叶枯病在苗期发生造成苗基腐等，建议采用种衣剂拌种进行预防。例如，新疆、西藏、青海、宁夏等有积雪覆盖，苗期病害严重的地区，适宜的种衣剂有2.5%咯菌腈悬浮种衣剂、20%萎锈灵悬浮种衣剂等。在小麦生长后期发生该病的地区，建议采用叶面喷雾防治，药剂有25%三唑酮可湿性粉剂、12.5%烯唑醇可湿性粉剂、25%多菌灵可湿性粉剂等对小麦雪霉叶枯病的防治效果都很好，兼具保护作用和治疗作用。以上药剂在适时喷药情况下都能有效控制小麦雪霉叶枯病。

在关中灌区，应选择低温高肥的感病品种田块进行系统观察，检查基部叶鞘发病数量和病害上升情况，若病情偏重且天气预报5月上、中旬雨量较常年偏多，应做防治准备。低温高肥的密植田块应在齐穗期喷第一次药，7～10d后喷第二次药。一般田块可在旗叶发病率达1%时喷第一次药，以后视病情发展和天气情况酌情而定是否喷第二次药。

据国外报道，小麦雪霉叶枯病菌对苯莱特、多菌灵、硫菌灵等内吸杀菌剂都已产生抗药性。国内虽然尚未发现抗药性菌系，但应开展抗药性监测并尽早制定对策。

（三）栽培防治

应深翻灭茬，改撒播为条播，适时播种。提倡合理密植，种植分蘖性强的矮秆品种时尤应减少播量。要增施基肥，氮、磷肥搭配，施足种肥，控制追肥。春季追肥应适时提早，切忌施用氮肥过多、过晚。重病地区可冬灌不春灌（干旱年份除外），结合冬灌把化肥一次施下，早春耙耱保墒。若行春灌，应根据墒情、降雨和小麦生育状况，适时适量灌水，避免连续灌水和大水漫灌。另外，还要平整土地，兴修排水渠，排灌结合，综合治理灌区低洼积水农田。

（四）选用轻病、耐病品种

目前还没有对小麦雪霉叶枯病免疫或高抗的栽培品种，但品种间发病情况仍有明显差异。应选用轻病、耐病品种。据原陕西省农业科学院植物保护研究所鉴定，72（4）1-3（陕西长武县）、696091（山东农学院）、68（1）13-32（西安市农业科学研究所）、晋农59、川农406、科冬81、778（云南）、台中31、永革1号、Sania（法国）、Sabre（澳大利亚）等11个材料抗病性较好，可用于抗病育种。

附：小麦雪霉叶枯病诊断方法

（一）田间检查

自小麦出苗期起定期检查，应特别注意低温高肥和早播矮秆感病品种麦田。抽穗、扬花后上位叶片叶斑和叶枯盛发，需重点检查，做初步诊断。叶部症状一般不会与其他常见叶斑、叶枯病害混淆，但芽腐、苗枯、基腐等症状常与禾谷镰孢（*Fusarium graminearum*）、燕麦镰孢（*F. avenaceum*）、麦根腐平脐蠕孢（*Bipolaris sorokiniana*）甚至纹枯病菌（*Rhizoctonia cerealis*，*R. solani*）引起的症状混淆，病菌也往往混合发生，诱发复杂的症状。另外，该菌与禾谷镰刀菌引起的穗腐症状相似，且多混合发生，因而需采病征发育良好的标本携回室内刮取病部霉状物或挑取子囊壳制片镜检，根据病原菌形态确诊。

（二）保湿培养与病原分离

若病部尚未产生病菌子实体，可取病组织材料经流水冲洗后放进塑料袋中，置于0～4℃的普通冰箱内保湿培养。也可在培养皿底部铺3层湿滤纸，做成培养床，将洗净的病组织材料切成2～3cm长的小段，排放在湿滤纸上，然后置于冰箱内培养。培养中若加光照，则可促进分生孢子形成。

当多种病害混生，不能确诊或遇到少数其他疑难病例时，需进行病原菌分离，获得纯培养后进行鉴定。病组织材料用常规组织分离法进行病原菌分离。表面消毒可用1%次氯酸钠溶液处理10min（或10%

次氯酸钠溶液处理 1.5～2min)，300～500mg/kg 链霉素处理 5min。

雪霉叶枯病菌生长较慢，易被其他菌类抑制或掩盖，因而需用以下方法进行选择培养：

(1) 低温选择培养法。病组织块置 PDA 或 PSA 培养基平板上，在 0～4℃冰箱内培养，待长出菌落后，由菌落边缘挑取少量菌丝转接于另一个平板上，放在 15～18℃和散射光下培养 10d，以促进产生无性孢子。

(2) 选择性培养基法。病组织块置于选择性培养基平板上，在 18～20℃下培养。培养基配方为：尿素 (0.5g)、甘油 (0.5g)、$MgSO_4 \cdot 7H_2O$ (0.5g)、KH_2PO_4 (1.0g)、Fe-Na-EDTA (0.01g)、生物素 (0.005mg)、五氯硝基苯 (50mg/kg)、敌克松 (20mg/kg)、瑞毒霉 (5mg/kg)、硫酸链霉素 (100 万 U/mL)、氨苄青霉素 (50μg/mL)、琼脂 (18g)、蒸馏水 (1 000mL)。

(三) 无性态产孢观察法

在 PDA 培养基平板上挖边长略小于盖玻片的方形小槽，并在小槽的 1 个侧边加挖 2～3mm 宽的通气沟，方槽中央留 1 培养基小种分离菌纯培养，然后盖上盖玻片。将培养皿放置在有光照的 15～18℃培养箱中，10～14d 后，该玻片上产生大量分生孢子，可揭下玻片，封片镜检，产孢细胞端部环痕状构造需用扫描电镜观察。

(四) 有性态诱导方法

如需鉴定分离菌的有性态，可采取 PDA 麦秆培养法。该法将高压灭菌的麦秆小段（长 2～3cm）置入三角瓶底部的 PDA 培养基上并接种分离菌，然后在 18℃左右和无光条件下培养，8～10d 后在麦秆上可生成子囊壳。

王保通（西北农林科技大学植物保护学院）

第 14 节　小麦根腐病

一、分布与危害

小麦根腐病是世界性小麦病害，各小麦种植区都有发生。中国主要发生在黑龙江、吉林、辽宁、河南、河北、山东、内蒙古、山西、陕西、甘肃、新疆、广东、福建等地区。病原菌寄主范围很广，能侵染小麦、大麦、燕麦、黑麦等禾谷类作物和几十种禾本科杂草。

该病除引起麦株根腐外，还侵害其他部位，产生叶斑和叶枯、穗腐、褐斑粒及黑胚等症状，造成损失严重。小麦的幼芽、幼苗被侵害造成田间缺苗，在黑龙江春麦区，常年因苗腐造成的缺苗率达 10%～30%，成穗率和穗粒数也明显降低。成株期叶片受害造成早枯，使光合作用下降，籽粒不饱满而降低粒重，进而降低产量和种子质量。在西北春麦区主要侵害根部和茎部，引起成株茎基腐和根腐，穗粒空秕。在冬麦区，小麦返青阶段受冻害，易诱发根腐病，引起死苗。成株期根腐，因根部或茎基腐烂而呈青枯状死亡，不能结实；成株期穗和籽粒被害，结实率下降，种皮或种胚变褐变黑，粒重轻，发芽率低；褐斑粒和黑胚率高的小麦磨出的面粉色泽灰暗，品质差。因此，根腐病不仅影响产量，还降低了小麦的品质和商品价值。

二、症状

小麦从幼苗到成株期都可受根腐病菌侵染而发病，小麦的不同时期不同部位被侵染发病，表现出不同的症状。

幼芽和幼苗感病是由于种子或土壤带菌，种子发芽后幼芽和根即遭病菌侵染发病，感病幼苗芽鞘或地下茎产生浅褐色条斑，病害进一步扩展时，条斑颜色由浅褐变为褐色或暗褐色，病斑面积加大，重者幼苗地下部全部变褐，幼苗扭曲，病部呈溃疡状，根也随之变褐腐烂，幼芽烂死，不能出土。轻者幼苗芽鞘部分感病，或虽全部感病但仅危及根茎组织表面，根虽变褐而未死亡，此类病苗仍可出土；出土后有些幼苗由于发病进一步加重，在苗期病死；未死病苗，发育迟缓，生长不良，直接影响植株后期的长势和麦穗的大小。而且此类已感病植株因长势较弱，在成株期容易继续受到病菌侵染和扩展造成根腐和茎基腐，使植株折断或枯死，表现为青枯和白穗而不能结实，拔取病株可见根毛和主根表皮脱落，根冠部变黑（彩图

2-14-1)。

幼苗以后至成株期的各生育阶段，植株叶部和叶鞘可遭受病菌侵染而产生大小不等、形状不一的褐色病斑。苗期多是近地面的叶片发病，病斑散生，圆形或不规则形，重者病叶变黄而死；成株期叶片上的病斑初为散生、黑褐色的小斑点，逐渐扩大呈椭圆形或不规则形、褐色、周围具明显褪绿晕圈的病斑。一些品种上的病斑纵向扩展比横向快，使呈长椭圆形或不规则大斑，病斑周围色深，中央为浅褐色后为枯黄色，叶片上常有多个病斑扩展相互连接后使叶片大部甚至全部提早枯死。叶上病斑两面产生黑霉即病菌分生孢子梗和分生孢子，以背面为多。叶鞘上的病斑不规则形，淡黄或黄褐色，周围色略深或无清楚的界限，严重时常出现整个叶鞘连同叶片因病枯死。小麦叶片和叶鞘感病后，由于病株光合面积减少，致使籽粒灌浆不饱满，种形瘦小，腹沟加深，呈瘦条状（彩图2-14-1，彩图2-14-2）。

穗部发病，被害颖壳基部初呈水渍状斑，随后扩延变褐，病部产生黑霉；小穗被害后，病菌进一步侵害穗轴，使其变褐或腐烂，由于穗轴被害，造成部分小穗不能结实或种子不饱满或造成种子胚部感病；在高湿条件下，感病穗颈变褐腐烂，使全穗枯死或掉穗。麦芒发病后产生局部褐色病斑，严重时病斑部位坏死造成病斑部位以上的一段芒干枯；感病籽粒多是胚部被害，局部或全胚部变为暗褐色，即所谓黑胚粒；种子其他部位也可被侵染受害，于种皮上产生梭形或不规则形的暗褐色病斑（彩图2-14-3）。

三、病原

小麦根腐病病原为麦根腐平脐蠕孢［*Bipolaris sorokiniana*（Sacc.）Shoem.，异名：*Helminthosporium sativum* Pammel.，C. M. King et Bakke］，属无性型真菌类平脐蠕孢属。分生孢子梗生于寄主枯死部位，单生或2～5根丛生，淡褐色至暗褐色，梗长90～260μm，宽5～10μm，直立或有膝状曲折，基部细胞膨大，顶端色稍浅，孢痕坐落于顶端及折点；分生孢子褐色或深褐色，梭形至长椭圆形，略弯曲，中央处宽，两端渐狭钝圆，外壁较厚，有3～12个离壁隔膜（多数孢子6～10个），大小为（40～120）μm×（17～28）μm，脐明显、平截（图2-14-1）。菌丝体最低生长温度为0℃，最高温度为39℃，最适温度为24～28℃。病原菌在PDA培养基上菌落为深橄榄色，气生菌丝白色，生长繁茂，菌落边缘具轮纹。分生孢子萌发温度为0～39℃，以22～32℃最适。相对湿度低于98%分生孢子不能萌发，在饱和湿度下和水滴中萌发最好。分生孢子萌发适宜的pH范围较广，中性偏酸的条件更有利于萌发。分生孢子在蔗糖、葡萄糖溶液中的萌发率明显高于清水。光对菌丝生长及分生孢子萌发无明显的刺激或抑制作用。分生孢子萌发从端胞伸出芽管，在6～34℃条件下均可侵染小麦，22～30℃最适于侵染。

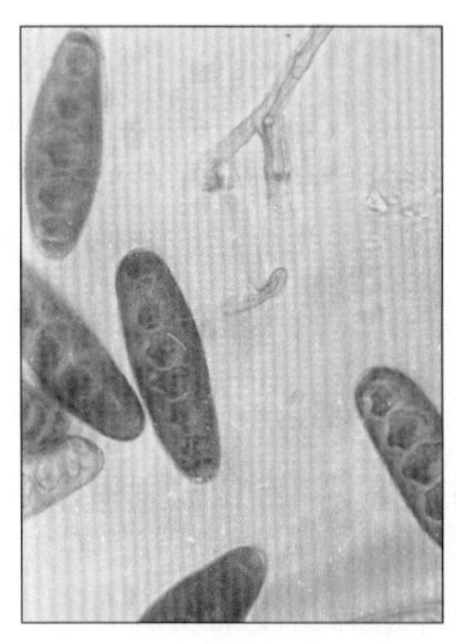
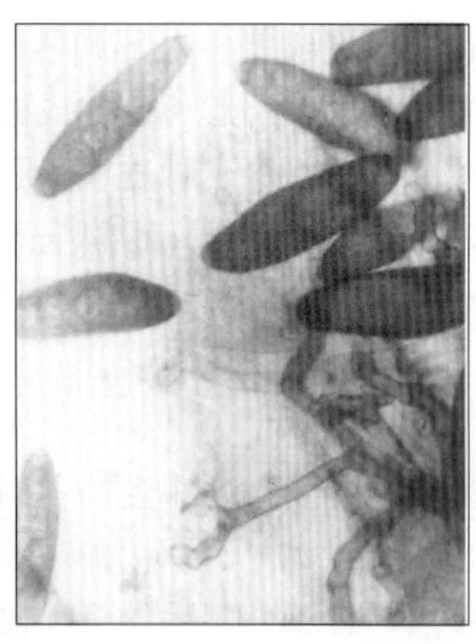
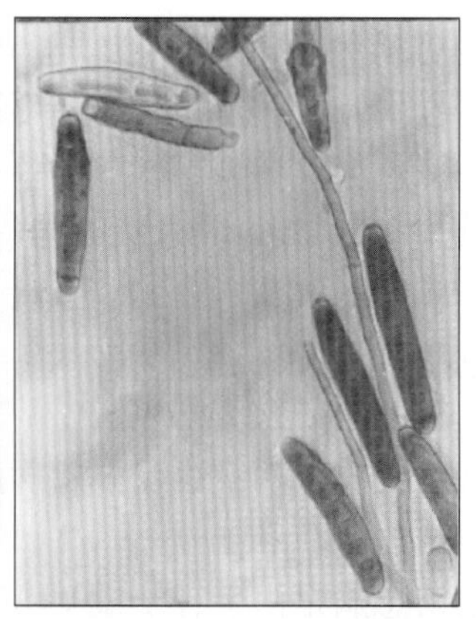

图2-14-1 麦根腐平脐蠕孢分生孢子（张匀华和孟庆林提供）

Figure 2-14-1 Conidia of *Bipolaris sorokiniana*（by Zhang Yunhua and Meng Qinglin）

小麦根腐病病原菌有性阶段为禾旋孢腔菌［*Cochliobolus sativus*（Ito et Kurib.）Drechsl.］，属子囊菌门旋孢腔菌属。异宗配合，由不同交配型的单分生孢子菌系在Such琼脂培养基上对峙培养而产生。子囊壳生于病残体上，凸出，球形，有喙和孔口，大小为（370～530）μm×（340～470）μm。子囊无色，大小为（110～230）μm×（32～45）μm，内有4～8个子囊孢子，呈螺旋状排列。子囊孢子线形，淡黄褐色，有 6～13 个隔膜，大小为（160～360）μm×（6～9）μm。

四、病害循环

土壤、病残体和种子带菌为小麦根腐病的主要初侵染菌源。小麦收获后，遗留在田间地表和浅土层中的病残体，只要没有腐烂，其内部潜藏的菌丝体都能顺利越冬或越夏，病残体上和散落于土壤中的分生孢子也能越冬或越夏。病原菌以菌丝体潜伏在种皮、胚乳和胚中，在种子中可存活多年。种子表面也附带病原菌分生孢子。此外，发病的自生麦苗和其他寄主也是侵染小麦的菌源。

小麦播种后，种子、病残体和土壤中的病菌侵染幼芽和幼苗，造成芽腐和苗腐。越冬或越夏病残体新产生的分生孢子和上一季残留的分生孢子亦可随气流或雨滴飞溅传播，侵染麦株地上部位产生叶斑。在生长季节内，发病部位产生分生孢子，借风雨传播，发生多次再侵染。病原菌分生孢子在小麦叶面萌发后产生芽管，由气孔或伤口侵入叶片，亦可穿透叶片表皮直接侵入。直接穿透侵入的在接种 4h 后部分孢子便萌发产生芽管，48h 后部分芽管前端膨大产生球形附着胞，牢固地附着于叶面上，随即产生纤细的侵染丝直接穿透叶片表皮侵入叶组织内部。由气孔与伤口侵入的与直接侵入的不同，分生孢子萌发产生的芽管在遇有气孔时，芽管前端向孔口处弯曲，由气孔口处侵入；伤口侵入的与由气孔侵入的大致相同，即遇有伤口时芽管前端向伤口处弯曲，随即由伤口侵入寄主体内。在 25℃下成株叶片发病的潜育期为 5d 左右。气候潮湿和温度适合，发病后不久病斑上便产生分生孢子。小麦抽穗后，分生孢子从小穗颖壳基部侵入和侵害穗部和种子。在冬麦区，病菌可在病苗体内越冬，返青后带菌幼苗体内的菌丝体继续侵害，病部产生的分生孢子进行再侵染。

五、发生规律

小麦根腐病的流行程度取决于菌源数量、气象条件、栽培管理及寄主抗病性等多种因素。

东北和西北春麦区麦收后地温降低，田间病残体腐解较慢，有效菌源较多，有利于根腐病发生。耕作粗放的连作麦田菌源尤多，发病较重。一年两作的冬麦区，夏季高温多雨，病残体腐解较快，复种玉米田和休闲地块菌源数量随病残体分解而逐渐减少，秋播前达最低点，秋苗期有所上升，冬春又逐渐减少，早春又达低谷，以后随病害发展菌量又复上升。因而生长后期病害流行程度取决于田间发病过程中的菌量积累。在黑龙江春麦区如小麦开花期田间菌源数量多，当年叶枯和穗腐流行程度多加重。

气象和栽培管理因素直接影响根腐症状和流行程度。幼苗发病与土壤环境关系密切，连作地，土壤含菌量大，苗腐发病重；黑龙江春麦区春播期间地温高于 15℃，有利于苗腐发生。播种过迟，5cm 土层地温较高，发病重，而适期早播地温较低，发病轻；土壤湿度过高或过低都不利于种子发芽和幼苗生长，苗腐均重；播种过深（超过 6cm）不利于幼苗出土，病苗增多。西北春麦区春季干旱低温，土壤含水量较低，根腐和茎基腐加重。另外如土壤板结、种子带菌量大等因素均可促进苗腐发生。

成株期叶部发病主要与气候、田间菌源量等有关。因分生孢子萌发侵染要求有饱和湿度和水滴，所以，该病害以在潮湿多雨的环境条件下或多雨的年份发生重。一般条件下小麦成株期的气温基本适于该病侵染所要求的温度条件，所以一旦遇到多雨高湿的气象条件，叶片、叶鞘和穗部发病程度则会较严重。小麦开花期旬平均气温在 18℃以上，或者气温略低于 18℃，相对湿度在 85%以上，叶腐均重，如小麦生育后期高温多雨，小麦根腐病将发生大流行。黑龙江春麦区小麦抽穗后正进入雨季，雨湿条件对根腐病发生发展十分有利，因而成为这一地区小麦的主要病害。黄河流域春季雨日数和雨量是影响冬小麦叶斑和叶枯流行的主导因素，华北、西北冬麦区由于该期湿度低，为害轻。

小麦品种间对根腐病的抗病性有很大差异。研究发现，有高度抗病或耐病的品种以及育种的原始材料，但未发现免疫品种。小麦品种对苗腐、叶枯和穗腐的抗病性之间没有明显的相关性。有的品种根部病重，造成死穗、死株，有的品种叶部感病较重，有的黑胚率较高。小麦个体抗病性与发育阶段关系很大，多数品种在孕穗前叶片抗病性较强，抽穗开花期以后，抗病性明显下降。小麦遭受冻害、旱害或涝害以及土质贫瘠、水肥不足时，生长衰弱，抗病性降低，发病加重。

六、防治技术

控制小麦根腐病应采取种植抗病品种、耕作栽培措施防病和应用药剂防治的综合措施。

(一)选用抗(耐)病品种

由于小麦品种对该病害的抗性差异较大，选择较抗病品种是防治该病害的一项有效措施。一些主要流行地区如黑龙江春麦区已多年把抗根腐病列为新品种审定指标，选育出了一批较抗(耐)病品种。各地应因地制宜选用抗(耐)病品种。对根腐病(叶腐)表现较抗病的品种有：望水白、温州和尚、华东3号、海口1号、川育5号、宁7840、洛夫林13、辽中4号、中抗1号、克春1号、克春4号、北麦9号、克旱20、垦九10号等。

(二)耕作栽培措施

1. 科学播种 播种深度不宜过深并适期早播，避免在土壤过湿、过干条件下播种，不仅可提高田间保苗株数，还可减轻苗期根腐病的危害程度。

2. 轮作、翻耕灭茬与选种无病种子 根腐病严重的地区应与马铃薯、油菜、胡麻及豆类、蔬菜等非禾本科作物轮作。麦收后及时翻耕灭茬，清除田间禾本科杂草。秸秆还田后要及时翻耕使秸秆埋入地下，促进病残体腐烂；轮作与翻耕灭茬是减少田间菌源的一项有效措施。采用无病田留种，无病种子可减少苗期根腐、苗腐的发生。

3. 合理施肥 施足底肥，有条件的可增施有机肥或经酵素菌沤制的堆肥，以促进出苗，培育壮苗。小麦生长期需防冻、防旱，增施速效肥，以增强植株抗病性和病株恢复能力。

(三)药剂防治

药剂防治小麦根腐病有两种方式，一是药剂拌种防治苗期根腐和苗腐，可提高种子发芽率和田间保苗数与成穗数；二是施药防治叶部病害，可提高籽粒重量和减轻病粒率。

1. 种子处理 可用25%三唑酮可湿性粉剂按种子量的0.2%拌种，亦可用50%代森锰锌可湿性粉剂或50%福美双可湿性粉剂或12.5%烯唑醇可湿性粉剂按种子量的0.2%~0.3%拌种，或用2.5%咯菌腈悬浮种衣剂按药、种比1∶500包衣，可防治苗期根腐、苗腐和降低田间菌量。

2. 叶片和穗部病害防治 成株期叶片和穗部病害防治，可用25%丙环唑乳油每公顷用药500~600mL、50%多菌灵可湿性粉剂或70%甲基硫菌灵可湿性粉剂每公顷1 500g、15%三唑酮可湿性粉剂每公顷1 200~1 500g，以上药剂均按每公顷对水750kg喷雾。两种药剂混用如三唑酮+多菌灵可提高防效。黑龙江春麦区在扬花期用药，一般一次即可，大发生年份应在第一次喷药7~10d后再喷1次。黄淮海冬麦区在孕穗—抽穗期喷药防病保产效果最好。

张匀华 孟庆林(黑龙江省农业科学院植物保护研究所)

第15节 小麦秆枯病

一、分布与危害

小麦秆枯病在我国河北、山西、陕西、河南、湖北、山东等地小麦田均有发生，部分地区发病较严重。病田发病率一般在10%左右，个别重病田发病率可达50%以上。

二、症状

小麦自苗期到抽穗结实期均可发病，主要侵害茎秆和叶鞘。麦苗出土后1个月便可出现症状，最初在幼苗第一片叶与芽鞘之间形成针尖大的小黑点，以后扩展到叶片、叶鞘及叶鞘内，有黑色粪状物，四周有梭形的褐边白斑。病株拔节后，在叶鞘上形成有明显边缘的褐色云斑，病斑中间有黑色或灰褐色的虫粪状物(彩图2-15-1)。叶鞘与茎秆间逐渐产生一层白色菌丝，将内外层紧紧黏在一起。由于叶鞘受到破坏，有的叶片也下垂卷缩，叶色先深紫而后枯黄，茎秆内充满白色菌丝。植物由于生长受阻而略有矮化，似红矮病株。抽穗后茎秆与叶鞘间的菌丝层变为黑灰色，形成许多针尖大小的小黑点(子囊壳)突破叶鞘。此时茎基部被病斑包围而干缩，甚至倒折，形成枯白穗和秕谷。病斑可发展到穗轴下，但穗部一般不被侵染。

三、病原

小麦秆枯病病原为禾谷绒座壳菌(*Gibellina cerealis* Pass.)(彩图2-15-2)，属子囊菌门绒座壳属。

子囊壳椭圆形，大小为（300～400）μm×（140～270）μm，着生于子座上；口颈长 150～250μm、宽 110～125μm；子座初期埋生于叶鞘表皮下，成熟后突破表皮。子囊棒状，并列，有短柄，大小为（118～139）μm×（13.9～16.7）μm，内含 8 个子囊孢子。子囊孢子梭形，两端钝圆，双细胞，黄褐色，大小为（27.9～34.9）μm×（6～10）μm。

子囊孢子萌发的最适温度为 18～20℃，10℃和 25℃下萌发尚好，超过 30℃萌发受到抑制。小麦组织的浸出液能刺激子囊孢子的萌发而提高其萌发率。如不加刺激物，萌发率一般在 1%以下，加入 0.5%的麦叶组织，则可提高数十倍。麦根和发芽的麦种均有刺激子囊孢子萌发的作用。子囊孢子有较长的后熟期。菌丝和子囊孢子可在土中存活 3 年以上。

四、病害循环

小麦收割后，子囊壳随病残体在土壤和粪肥中越夏、越冬。土壤潮湿时，子囊孢子即从子囊壳中逸出，并落入土壤中，成为主要的初侵染源。冬小麦播种出苗后，病菌的菌丝和子囊孢子在适宜条件下活动或萌发，侵染小麦幼苗的芽鞘或叶鞘。翌春，病菌自下而上，由外层向深层发展，侵染小麦植株。一般很少发生植株间的再侵染。

五、流行规律

（一）菌源

小麦秆枯病的主要侵染来源是土壤中的病菌。菌丝和子囊孢子可在土壤中存活 3 年以上。因此，土壤中病菌的多少是决定病害流行程度的主要因素。上年病害发生重，土壤中积累的菌量多，小麦发病可能重。混杂有病残组织的粪肥也可传病。种子带菌率很低，对病害发生的作用不大。

（二）气候

小麦秆枯病菌喜低温、高湿气候，低温有促进子囊孢子后熟的作用。田间土壤湿度大、平均气温10～15℃时，最适宜秆枯病菌的侵入。

（三）栽培措施

冬小麦晚播，病害发生重。早播麦田在土温下降到侵染适温时，小麦往往已超过 3 叶期，因而发病较轻。土壤湿度大，施肥不足，土壤瘠薄，栽培不良，植株生长衰弱时，发病均较重。

（四）品种及生育期

小麦品种间对秆枯病的抗性有显著差异。据甘肃省农业科学院植物保护研究所观察，小麦品种中苏 68、敖德萨 3 号、2711 等较抗秆枯病，同样条件下，早洋麦发病很重。同一品种不同生育期感病性也不同，麦苗在 3 叶期前为病菌侵入适期，3 叶期后，随着苗龄的增长，抵抗力大大增强，分蘖后感病很轻。

六、防治技术

（一）加强栽培管理

加强栽培管理是防治小麦秆枯病最有效的措施。重点在清除田间的病残株，集中沤肥或烧毁，以及深翻土地和轮作倒茬。重病麦田应与其他作物实行 3 年以上的轮作；麦秸、麦糠沤肥要充分腐熟；开沟排渍，雨后及时排水，避免苗期土壤过湿。以上措施对减轻病害的发生均有良好的效果。适期早播，合理施肥，增强小麦抗病能力，也可减轻发病。

在播种沟内施入粪尿或豆饼 20～30kg，可收到一定的防治效果。

（二）选种抗（耐）病品种

品种间抗病性有显著差异，可以根据品种在各地种植后秆枯病发生情况，因地制宜地选种抗病品种。

（三）药剂防治

药剂拌种：用 50%福美双可湿性粉剂 500g 拌麦种 100kg，或 40%多菌灵可湿性粉剂 100g 加水 3L 拌麦种 50kg、50%甲基硫菌灵可湿性粉剂按种子量的 0.2%拌种，均可减轻病害发生。

陈万权　刘博（中国农业科学院植物保护研究所）

第16节 小麦颖枯病

一、分布与危害

小麦颖枯病在世界50多个国家有分布，给小麦生产带来巨大损失。20世纪70年代以来，该病在中国局部地区零星发生，且往往与根腐叶斑病、叶斑病等叶枯性病害混合发生，未引起注意。90年代末，随着小麦高肥水栽培及半矮秆、抗锈小麦的大面积推广，小麦颖枯病的发生和为害日益严重。目前，该病害在我国冬、春麦区均有发生，以北方春麦区发生较重。一般叶片受害率为50%～98%，颖壳受害率为10%～80%。受害植株，穗粒数减少，籽粒皱缩干秕，出粉率降低，早期受害还可影响成穗率。一般减产1%～7%，严重者可达30%以上，严重影响了小麦的产量和品质。目前国内发现该病只侵害小麦，国外报道还可侵害大麦和许多禾本科杂草。

二、症状

小麦从种子萌发至成熟期均可受颖枯病菌侵染，但主要发生在小麦穗部和茎秆上，叶片和叶鞘也可被侵害。穗部症状在乳熟期最明显，多在穗的顶端或上部小穗上先发生，初在颖壳上产生深褐色斑点，后变枯白色，扩展到整个颖壳，并在其上长满菌丝和小黑点（分生孢子器），病重的不能结实（彩图2-16-1）。叶片上病斑初为长椭圆形，淡褐色小点，后逐渐扩大成不规则形病斑，边缘有淡黄色晕圈，中间灰白色，其上密生小黑点。病斑在叶的正、背面都可发生，但以正面为多。有的叶片受侵染后无明显病斑，而全叶或叶的大部变黄；剑叶被害多卷曲枯死。叶鞘发病后变黄，上生小黑点，常使叶片早枯。茎节受害病斑呈褐色，其上也生细小黑点；病菌能侵入导管并将其堵塞，使节部发生畸变、弯曲，上部茎秆变灰褐色而折断枯死。颖枯病的病斑，无论在任何部位其色泽均较叶枯病为深，因而病斑上的小黑点（分生孢子器）不如叶枯病的明显。

三、病原

小麦颖枯病病原为颖枯壳多胞菌［*Stagonospora nodorum*（Berk.）Castell. et E. G. Germano，异名：*Septoria nodorum*（Berk.）Berk.］，属无性型真菌类壳多胞属。其有性阶段是颖枯暗球壳菌［*Leptosphaeria nodorum* Müller（=*Phaeosphaeria nodorum* E. Müller）］，在我国尚未发现。

分生孢子器埋生寄主皮层下，散生或成行排列，扁球形，暗褐色，大小为（118.8～154.8）μm×（80～144）μm，顶端孔口微露。分生孢子为狭圆柱形，直或微弯曲，无色透明，两端钝圆，大小为（15～32）μm×（2～4）μm，初为单胞，成熟时有1～3个隔膜，隔膜处稍缢缩，每个细胞含1个核。菌丝分枝，分隔，前期透明，后期变黑。有性时期在寄主组织上形成的假囊壳球形，黑褐色，直径为120～200μm，内含大量的棒形子囊，成排生在子囊腔内。子囊大小为（8～11）μm×（40～80）μm，每个子囊含有8个并列的子囊孢子。子囊孢子长柱形，两端稍尖，无色至黄色，直或轻微弯曲，有3个隔膜，大小为（4～6）μm×（24～32）μm，顶部第二个细胞为最大。

分生孢子萌发和菌丝生长的最适温度为20～23℃，低于6℃或高于36℃，生长显著延缓。侵染温度为10～25℃，以22～24℃最适。在此温度条件下，潜育期一般为7～14d。分生孢子萌发需湿润的环境，相对湿度90%以上或有游离水存在的条件下孢子萌发最好。分生孢子器和分生孢子可在死的小麦组织上有周期性的再生。分生孢子活力很强。据国外报道，残存颖上的病菌在室外经18个月后，分生孢子仍有30%以上的发芽率。在人工培养基和寄主组织中的分生孢子器和分生孢子可以发展；综合培养基中碳水化合物含量减少到1%～0.1%时，病菌生长衰弱，这与田间含糖量高的品种发病重的现象一致。另据国外报道，小麦颖枯病菌可能存在生理专化现象。大麦上的颖枯病菌株对大麦具有高度毒性，而对小麦的毒性较弱；反过来，小麦上的颖枯病菌株对小麦的毒性较强，对大麦的毒性较弱。

四、病害循环

在春麦区，病菌以分生孢子器和菌丝体在病残体上越夏、越冬。翌春，在适宜的环境条件下，分生孢子器释放出分生孢子，侵染春小麦。病粒上的分生孢子器和分生孢子也可引起初侵染；在冬麦区，病菌在病残体或种子上越夏，秋季侵入麦苗，以菌丝体在病株上越冬。寄主病斑上产生的分生孢子可借风、雨传播，不断扩大蔓延。据国外报道，有性时期的子囊孢子也是一个不可忽视的初侵染源。

五、流行规律

同小麦叶枯病一样，小麦颖枯病的流行与初侵染源、气候条件、栽培措施和品种感病性等均有密切关系。

（一）菌源

病残体和种子带菌的有无和多少是影响流行的重要因素。据国外报道，在湿润年份，10%的种子带菌即可为病害大流行提供足够的菌源。在此基础上，随着种子带菌率的增高，病害略有加重。在田间，如有1/5 000的麦苗受侵染，便可造成颖枯病的大流行。

（二）气候

小麦颖枯病菌喜温暖潮湿环境，抽穗前后高温高湿有利于病害的发生和蔓延。据甘肃省康乐县观察，小麦灌浆期病叶数、病斑数的增加与前 5d 降雨次数、降雨时间和早 8：00 的相对湿度呈正相关，与日照时数呈负相关。暴风雨、阵雨次数多和日照时数长，对病害的发展不利。

（三）生育期

小麦颖枯病菌仅能侵染未成熟的麦穗，随着麦穗成熟度的增高，颖壳等组织内的含糖量减少，病菌感染程度也便逐渐减弱，至蜡熟期就完全不受侵染。

（四）栽培措施

麦田长期连作，田间病残体多，使用带菌种子和未腐熟的有机肥，均可使病害初侵染源增多，病害发生重；土质瘠薄，土壤中缺乏磷、钾和微量元素，则植株抗病力减弱，发病也较重；偏施氮肥，引起植株倒伏；春麦晚播，生育期延迟，也会加重发病；土壤含水量对病害的发生程度也有一定的影响。据甘肃省观察，在康乐县春麦区，川水地区发病率明显高于高山地区，同一品种在干旱地区比在川水地区的病叶率低 17.5%～53.4%，病情指数低 25.5%～43.2%。

（五）品种

小麦品种间对颖枯病的抗病性有一定的差异，目前推广的小麦品种中还无对颖枯病表现免疫或高抗的品种。一般来说，含糖量高的品种比含糖量低的品种发病重；春性小麦品种比冬性小麦品种发病重，主要原因可能是春小麦含糖量较高；矮秆、晚熟品种比高秆、早熟品种发病重。据国外报道，小麦品种对颖枯病菌的抵抗性大多是由多基因所控制，在耐病和中度抗病品种中尤其如此。

六、防治技术

（一）搞好预警和检测

冬前进行病情调查，根据发生基数、品种布局、气候特点等因素，做出第二年的发生预测。3～5 月开展系统监测、大田普查和定点调查，掌握发生动态，结合气象信息，及时预报，指导大田防治。

（二）选用抗病和耐病品种

建立小麦品种抗病观察圃，筛选一些农艺性状好、高产、抗（耐）病品种，因地制宜地进行推广，减少感病品种面积。

（三）选用无病种子或进行种子处理

使用健康无病的种子，减少菌源量，可减轻病害的发生。不用小麦颖枯病病田留种，尽量做到种子不带菌。种子处理多选用以下几种方法：①1%石灰水浸种。在伏天用 50kg 的 1%优质生石灰水浸种 30～35kg，浸种 1d 后，立即取出晾干、储藏。也可在播种前用 1%石灰水浸种，浸种时间随温度降低而适当延长。②恒温拌种。将麦种放入 50～55℃热水中，立即搅拌，使水温迅速降至 45℃，并保持 3h，取出晾干即可。③药剂拌种。用 3%苯醚甲环唑悬浮种衣剂、2.5%咯菌腈悬浮种衣剂、2%戊唑醇湿拌种剂等按种子量的 0.1%～0.2%拌种或包衣。也可用 50%多菌灵可湿性粉剂、70%甲基硫菌灵可湿性粉剂、40%拌种双可湿性粉剂，按种子量的 0.2%拌种。

（四）加强栽培管理

搞好冬前和早春麦田人工或化学除草，麦收后及时深耕灭茬，促进病残体腐烂分解，消灭自生麦苗，以压低越冬、越夏菌源；加强健身栽培，大力推广精耕细作，深翻土壤，浇足底墒水。重病区调整作物布局，搞好轮作倒茬，实行2年以上的轮作；足墒播种，保证一播全苗，苗情一致。适期晚播，以推迟病菌的侵入，减轻秋苗侵染。控制播种量，防止麦苗群体过大，增大植株间通透性；配方施肥，增施充分腐熟的有机肥，多施复合肥、专用肥，做到氮、磷、钾肥均衡；科学浇水，避免大水漫灌，及时排除田间积水。

（五）药剂防治

在小麦抽穗至灌浆期，对重点田块喷雾防治。可选择两种不同类型药剂混合使用，提高防治效果。小麦抽穗期，可用65%代森锰锌可湿性粉剂500倍液、70%甲基硫菌灵可湿性粉剂800～1 000倍液等药液喷雾。每隔7～10d喷洒1次，共喷2～3次。小麦灌浆期，当顶3叶病叶率达5%时，可用40%多·酮可湿性粉剂800～1 000倍液、25%丙环唑乳油1 200～1 500倍液、12.5%烯唑醇可湿性粉剂1 500～2 000倍液等药液喷雾。重病田隔5～7d再喷一次。

陈万权　刘博（中国农业科学院植物保护研究所）

第17节　小麦叶枯病

一、分布与危害

广义的小麦叶枯病是引起小麦叶斑和叶枯类病害的总称。世界上报道的小麦叶枯病的病原菌多达20余种。我国目前以雪霉叶枯病、根腐叶枯病（根腐病）、壳针孢类叶枯病等在各麦区为害较大，已成为我国生产上的一类重要病害。雪霉叶枯病和根腐叶枯病在之前的章节已做过介绍，本节仅对由小麦壳针孢（*Septoria tritici*）引起的小麦叶枯病进行介绍。

小麦叶枯病是世界性病害，已有50多个国家报道有该病的发生。在我国各个主要小麦种植区均有发生，局部地区发生普遍，为害严重。该病主要侵染小麦和黑麦。受害小麦籽粒皱缩，出粉率低，一般减产1%～7%，严重者可达31%～51%。

二、症状

小麦叶枯病通常发生在小麦生长中后期，主要侵害小麦叶片和穗部，造成叶枯和穗腐。其症状因环境条件不同而有差异。一般约在小麦拔节至抽穗期开始发生，在叶片上于叶脉间最初形成淡褐色卵圆形小斑，以后逐渐扩展为浅褐色近圆形或长条形斑，亦可互相连接成不规则形较大病斑。病斑上密生小黑点，即病菌的分生孢子器。一般下部叶片先发病，逐渐向上发展，重病叶常早枯。

三、病原

小麦叶枯病病原为小麦壳针孢（*Septoria tritici* Rob. in Desm.），属无性型真菌类壳针孢属。有性阶段为禾生球腔菌［*Mycosphaerella graminicola*（Fuckel）J. Schrt. in Cohn］，属子囊菌门球腔菌属。在新西兰、澳大利亚、以色列、荷兰、英国和美国等国均有报道，在我国尚未发现。

分生孢子器生于寄主表皮下，黑褐色，球形至扁球形，大小为（60～100）μm×（150～200）μm，表面光滑，顶端孔口略有突起。分生孢子无色，有大小两种类型。大型分生孢子数量较多，细长，微弯曲，基部钝圆，顶端略尖，大小为（35～98）μm×（1～3）μm，有3～5个隔膜（图2-17-1）；小型分生孢子为单胞，细短，微弯，大小为（5～9）μm×（0.3～1）μm，产生数量很少。两种分生孢子均能侵染小麦。有性阶段的子囊壳埋于寄主表皮内，球形，黑褐色，直径68～114μm。子囊大小为（30～40）μm×（11～40）μm，椭圆形，成束生在子囊腔内，拟侧丝早期消解。每个子囊含8个子囊孢子。子囊孢子为双细胞，透明，椭圆形，大小为（2.5～4）μm×（9～16）μm。

分生孢子萌发最适温度为20～25℃，最低2～3℃，最高33～37℃。菌丝生长最适温度为20～24℃。在此温度范围内，潜育期一般为15～21d。孢子的萌发和侵入需要较长时间的湿润条件。在实验室内，保湿 12h，孢子开始萌发，24h 后侵入，保湿时间短于 24h，通常不产生病斑；保湿 48h 比保湿 72h 和 96h 产生的病斑明显减少。分生孢子可在富含糖、蛋白质的浓的黏性基质中产生，在死的组织上不能形成分生孢子器。分生孢子器释放孢子后不能再产生新的分生孢子。在 2～10℃下，分生孢子可保持活力数月。以色列、美国、澳大利亚、乌拉圭等国发现，小麦叶枯病菌存在生理专化现象，不同菌株在病害潜育期、病斑数和分生孢子器产生数量上有明显差异。

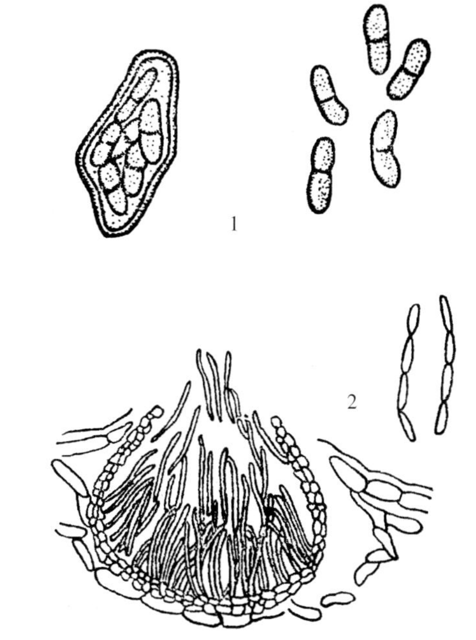

图 2-17-1 小麦叶枯病菌（引自中国农业科学院植物保护研究所，1995）

Figure 2-17-1 *Septoria tritici* (from Institute of Plant Protection, Chinese Academy of Agricultural Sciences, 1995)

1. 子囊和子囊孢子 2. 分生孢子器和分生孢子

四、病害循环

小麦叶枯病菌在春麦区以分生孢子器及菌丝体在小麦病残体上越冬，到第二年春天，当环境条件适宜时，分生孢子器吸水后即释放出分生孢子，借风、雨传播引起初侵染。在冬麦区，病菌在小麦病残体或种子上越夏，秋季侵入麦苗，以菌丝体在病株上越冬。病株上产生的分生孢子可借风、雨传播，进行再侵染。据国外报道，禾本科杂草寄主可能是病菌的重要越夏场所。在新西兰、澳大利亚和英国等国家，子囊孢子可借风、雨传播，侵染早期麦苗，成为重要的初侵染源，对其产量的影响比分生孢子后期侵染植株上部叶片的作用更大。分生孢子和子囊孢子的芽管可直接或通过伤口、气孔侵入小麦。如温度和湿度条件适宜，可进行多次再侵染。抽穗后灌浆期是主要为害时期。

五、流行规律

小麦叶枯病的流行与适宜的气候条件（降雨频繁、气候温和）、特殊的栽培措施、有效的接种体和感病品种的存在有着密切的关系。

（一）菌源

小麦病残体和种子带菌是病害重要的初次侵染来源，其上菌源的有无和多少是影响病害流行的主要因素。

（二）气候

小麦叶枯病菌喜低温、高湿气候。病害在低温、多雨的条件下容易发生。温、湿度条件既影响病菌孢子的萌发、侵入和病害的潜育期，也影响病害的传播。如在夜间温度低于 7℃、气候干燥等条件下，病害的垂直传播和水平传播速度均较慢。相反，当夜间温度上升到 8～10℃以上和有降雨时，病害传播较快。

（三）栽培措施

病田连作、田间病桩残体较多和施用未充分腐熟的有机肥，病害初侵染源增多，病害发生重；土壤结构差、土质贫薄的麦田，植株生长衰弱，抗病力差，病害发生重；氮肥施用过多，引起植株倒伏和小麦群体密度过大，使叶片重叠，通风透光不良，均会加重病害的发生；冬麦早熟，成熟期提前，病害发生加重；增施磷、钾肥可提高植株抗病力而减轻发病。

（四）品种

小麦品种间对叶枯病的抗病性有明显差异。一般高秆、晚熟品种较矮秆、早熟品种抗病，春性小麦品种较冬性小麦品种发病重。据国外报道，小麦品种对叶枯病的抗病性通常是由单个显性、部分显性或隐性基因所控制，但修饰基因和积加基因的作用也十分重要。

六、防治技术

（一）选用抗病或耐病品种

浙江省东阳县观察，扬麦 1 号、67－777 等品种较抗小麦叶枯病；甘肃省农业科学院植物保护研究所观察，甘麦 23、702－28－11－5 等品种叶片感病率在 10%以下，牛朱特及其后代品种对叶枯病表现高抗；东北地区的合作 2 号、合作 3 号、合作 4 号等品种发病均较轻。

（二）加强栽培管理

深翻灭茬，清除田间病株残体集中烧毁；使用充分腐熟的有机肥料；消灭田间自生苗，以减少越冬、越夏菌源；冬麦适时晚播，施足底肥，及时追肥，增施磷、钾肥，控制灌水量或次数，以增强植株抗病力，减轻为害；病重田实行 3 年以上轮作。

（三）药剂防治

1. 药剂拌种和种子消毒 主要药剂有 25%三唑酮可湿性粉剂 75g，拌麦种 100kg，闷种；75%萎锈灵可湿性粉剂 250g，拌麦种 100kg，闷种；50%多・福混合粉（25%多菌灵＋25%福美双）500 倍液，浸种 48h；50%多菌灵可湿性粉剂、70%甲基硫菌灵可湿性粉剂、40%拌种灵可湿性粉剂、40%拌种双可湿性粉剂等 4 种药物，均按种子重量 0.2%拌种，其中拌种灵和拌种双易产生药害，使用时要严格控制剂量，避免湿拌。有条件的地区，也可使用种子重量 0.15%的噻菌灵（有效成分）、种子重量 0.03%的三唑醇（有效成分）拌种，控制效果均较好。

2. 喷药 重病区，可在小麦分蘖前期，每公顷用 70%代森锰锌可湿性粉剂 2 145g 或 75%百菌清可湿性粉剂 225g，均加水 750～1 125L，或 65%代森锰锌可湿性粉剂 1 000 倍液或 1∶1∶140 波尔多液进行喷药保护，每隔 7～10d 喷 1 次，共喷 2～3 次。也可在小麦挑旗期顶 3 叶病情达 5%时，每公顷用 25%或 50%苯菌灵可湿性粉剂 255～300g（有效成分）或 25%丙环唑乳油 495mL，加水 750～1 125L 喷雾，每隔 14～28d 喷 1 次，共喷 1～3 次，可有效地控制小麦叶枯病。

刘博（中国农业科学院植物保护研究所）

第 18 节 小麦黑胚病

一、分布与危害

小麦黑胚病又名小麦籽粒黑点病、穗霉污病、假黑胚病。该病由 Bolly 于 1913 年首次报道，此后国内外对其进行大量的研究，明确其在世界上的大多数产麦国如中国、墨西哥、印度、英国、美国、前苏联、加拿大、澳大利亚、危地马拉以及秘鲁等均有发生。该病原是我国北方冬小麦上的一种不引人注意的病害，但近年来随着小麦成熟期间气候的变化、秸秆连续还田、矮秆小麦品种的推广种植以及水肥条件的改善，使得我国北方冬麦区小麦黑胚病的发生有不断加重的趋势，尤其是目前国内大力发展的优质强筋小麦，黑胚病病情更重，一般年份感病品种种子发病率为 10%～20%，多雨年份高达30%～50%，已经引起人们的广泛重视。

小麦黑胚病可导致小麦种子发芽势明显降低，出苗率也受到一定影响。同时，黑胚病对小麦面粉质量也有不利影响，造成面粉颜色发暗，出粉率降低。近年我国实行了新的小麦商品粮收购标准，将黑胚病粒与破碎粒、虫伤粒、赤霉病粒等一起作为不完善粒。不完善粒率超过 6%就达不到商品小麦的收购要求，必须降级处理。黑胚粒超标致使我国很多小麦产地的小麦难以达到商品粮的标准，收购的黑胚粒超标小麦只能在当地处理，限制外调外销，严重影响了农民的收入。同时，一些研究发现，黑胚病的病原菌链格孢（*Alternaria alternata*）可以产生致病毒素交链孢酚（AOH）和交链孢酚单甲醚（AME），能够引起食管癌变，对人类健康也有很大威胁。

二、症状

小麦黑胚病主要为害小麦籽粒，其典型症状是在籽粒胚部或其周围出现深褐色至黑色斑点，故又称黑点病。有时病籽粒上出现多个眼睛状病斑，即浅褐色至深褐色环斑，中央为圆形或椭圆形，灰白色（彩图

2-18-1)。

不同病原菌侵染小麦籽粒引起的黑胚病症状有所差异。链格孢菌侵染引起的症状通常是在籽粒胚部或其周围出现深褐色的斑点，这种褐色斑或黑斑代表典型的“黑胚”症状。其籽粒一般饱满，大小和形状正常。麦根腐蠕孢侵染引起的症状是籽粒带有浅褐色不连续斑痕，其中央为圆形或椭圆形的灰白色的区域，这种眼睛状斑大多位于籽粒中间或远离种胚，而很少靠近另一端。在大多数情况下单个籽粒可见多个斑痕，通常这些斑痕连接占据较大的籽粒表面，严重时籽粒全部变成黑褐色。镰孢菌侵染引起的症状是籽粒产生灰白色或带浅粉红色凹陷斑痕。籽粒一般干瘪，表面长有菌丝体。

此外，植株叶片和茎秆均可受侵染，叶片上病斑呈椭圆形或梭形，黄褐色至褐色，也可引起茎基变褐腐烂等症状，上述症状均为麦根腐平脐蠕孢（*Bipolaris sorokiniana*）侵染所致。

三、病原

多年来，国内外学者已报道的可以引起小麦黑胚病的病原菌有 10 多种，其中以链格孢（*A. alternata*）、麦根腐平脐蠕孢（*B. sorokiniana*）、镰孢属（*Fusarium* spp.）、芽枝孢霉（*Cladosporium heroarum*）等无性型真菌为主，通常认为链格孢（*A. alternata*）是引起黑胚病最常见的病原菌。根据代君丽等对河南省推广种植的不同小麦品种黑胚病粒进行分离培养和形态及分子鉴定发现，该省小麦黑胚籽粒病原分离物包括链格孢（*A. alternata*）（图 2-18-1，1）、麦根腐平脐蠕孢（*B. sorokiniana*）（图 2-18-1，2）、细极链格孢（*A. tenuissima*）（图 2-18-1，3）和小麦链格孢（*A. triticina*）（图 2-18-1，4），平均分离频率分别为 63.0%、18.0%、12.2%和 6.8%。扬花后 10d 利用孢子悬浮液接种进行分离物的致病性测定，结果发现链格孢（*A. alternata*）和麦根腐平脐蠕孢（*B. sorokiniana*）致病力最强，结合分离频率和致病性测定结果，确定链格孢（*A. alternata*）

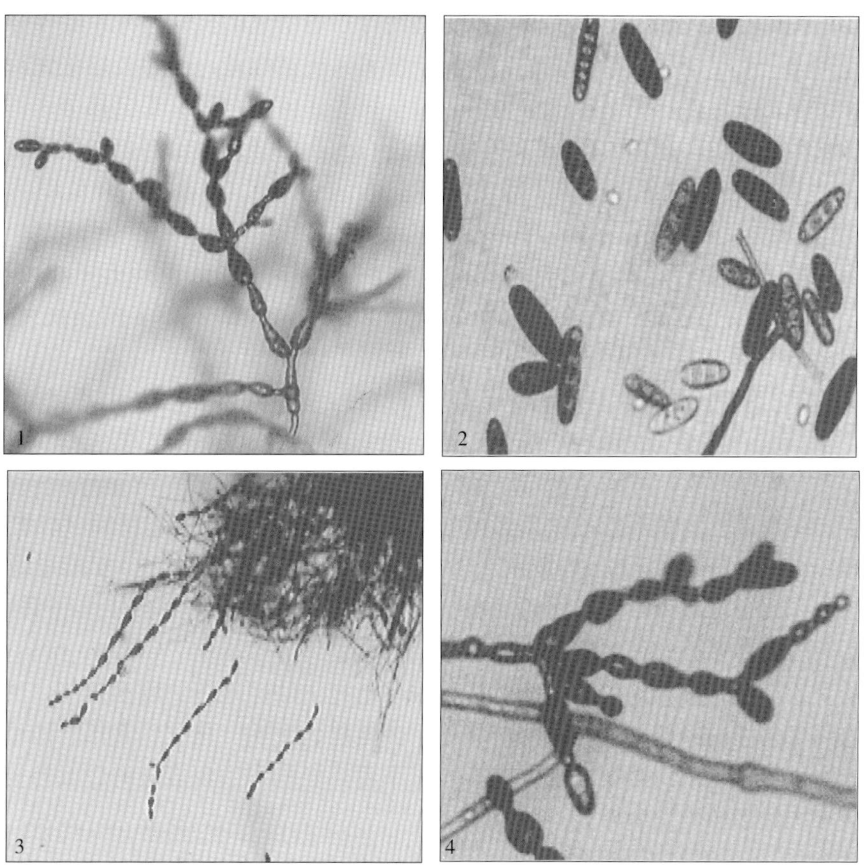

图 2-18-1 小麦黑胚病病籽粒病原主要分离物（李洪连提供）
Figure 2-18-1 Main isolates of black point of wheat (by Li Honglian)
1. 链格孢（*Alternaria alternata*） 2. 麦根腐平脐蠕孢（*Bipolaris sorokiniana*）
3. 细极链格孢（*A. tenuissima*） 4. 小麦链格孢（*A. triticina*）

是河南省小麦黑胚病的优势病原菌。

四、病害循环

（一）侵染途径

据研究，黑胚病菌可随病残组织在土壤中越冬，也可以分生孢子附着在种子表面或以菌丝潜入种子胚部随种子传播。翌年在麦田及其周围的孢子随气流、风和雨水传播，成为主要侵染源。小麦抽穗至灌浆期，孢子在麦田低空借风流动，落于穗部，多黏附于顶毛、颖壳间隙和小穗残存的花药上，遇水即可发芽侵入。小穗上残留的花药为病菌提供营养，引起胚部病变，随着籽粒成熟黑胚率逐渐增加。

（二）侵染时期

关于小麦黑胚病菌何时侵染小麦，目前尚无一致意见。Machacek 和 Greaney 推测，在大田条件下，小麦黑胚病菌在开花期或籽粒发育的后期侵染小麦，因为这两个时期小花及内外稃张开，从而使内部有更多的机会接触空气中的病原菌。Southwell 等发现，品种感病性从开花到灌浆后期逐渐增加。郑是林、孙兰英等研究认为，小麦黑胚病菌孢子由乳熟后期（开花后 20d）开始集中侵染种胚，小穗上残留的花药是病菌侵入的主要途径之一。顾雅贤等认为，小麦黑胚病菌的侵入盛期在小麦灌浆盛期。而刘红彦等认为，小麦灌浆后期是小麦黑胚病菌的重要侵染时期。韩青梅等认为，扬花盛期和灌浆初期为侵染的最适时期。李洪连等人在研究中发现，小麦扬花后 5d 是药剂防治小麦黑胚病的关键时期，此时喷药防治效果较好。

五、流行规律

小麦黑胚病的发生与品种抗性及田间湿度、温度、雨水、栽培管理等因素有密切关系。

（一）品种（系）抗病性与黑胚病发生的关系

品种是影响黑胚病发生的关键因子，品种（系）之间存在着明显的抗性差异。春性强的早熟品种和颖壳口松的品种容易感病，主要是由于春性小麦品种耐寒性弱，抗逆性差，而颖壳口松使得病原菌孢子易侵入籽粒，加之雨水易进入，有利于孢子萌发和侵染。康业斌等、何文兰等、王会伟等、邢小萍等先后对不同时期收集的小麦推广品种和新选育的小麦品种（系）进行的抗黑胚病鉴定结果发现，不同品种（系）的抗性差异非常明显，病粒率 1.1％～58.2％不等，以感病类型的品种居多，抗病和免疫品种较少。

（二）温度、湿度降雨及灌溉与黑胚病发生的关系

小麦籽粒灌浆期间遇低温天气有利于黑胚病的发生。这主要是因低温延迟了小麦成熟，从而延长了病原菌的侵染期，而高温则缩短了病原菌侵染期。如果在灌浆期雨水较多则会使发病加重。在温度低、湿度小、雨水少的干旱地区，黑胚率低。同一品种高肥水田的小麦籽粒黑胚率大大高于旱地，雨后收获的种子黑胚率明显高于雨前收获的种子。随着籽粒的逐渐发育，小麦生理代谢活动比较缓慢而易被病原菌侵染，从而使黑胚率增加。在小麦乳熟至蜡熟期接种链格孢菌，在 25℃条件下保持 36h，潜育期为 3d。

在环境因素中，土壤湿度对黑胚病发生的影响较大，降雨、灌溉和露水对黑胚病的发生有明显影响。5 月降水量超过 90mm，雨日 10d 以上或连阴雨 2～3 次，大气湿度 70％以上，麦田早晚有结露，易导致该病流行。在开花前完成全部灌溉，黑胚病的发病率较低，灌浆中前期灌溉会使黑胚病发病率急剧增加。如果收获前连续几天阴雨，多数品种的黑胚病发病率及严重度将显著增加。Conner 和 Foroud 认为，降雨和灌溉对黑胚病发生的影响一方面是由于雨水对作物残余秸秆上的链孢菌的刺激作用；另一方面为病原菌侵染创造了适宜的环境条件。经调查，同一小麦品种，在地势、土质、施肥、栽培、防治和气候等条件基本一致的情况下，生长后期浇水与否及浇水次数不同，小麦黑胚病发生程度会有较大差异，不浇水或少浇水的发病率低，浇水次数多的则发病率高。

（三）栽培条件对黑胚病发生的影响

调查发现，田间为黏土的小麦黑胚病发病率最高。不同施肥处理对小麦黑胚病的病粒率及千粒重均有影响，氮肥施用量增加，生长茂密，群体密度大，有利于小麦黑胚病的发生。而不同形式的氮肥以及磷、钾肥对黑胚病发生也有一定影响。

此外，还有研究发现，拔节期及以前追肥，黑胚率随施氮水平的提高而降低，孕穗期及以后追施氮肥

会提高小麦黑胚率，尤其是扬花期追肥或喷肥均较大幅度提高了小麦黑胚病发病率。

王会伟等调查了不同播期对小麦黑胚病发生率的影响发现，在自然发病条件下，随播期的推迟各供试品种均呈现黑胚率下降的趋势，但不同品种表现有差异。刘卫国、胡新等则研究发现，随着小麦播期推迟，小麦籽粒黑胚率升高。存在这两种结果可能是与小麦品种及年份间的气候条件变化有关。

六、防治技术

小麦黑胚病是一种弱寄生菌引起的病害，任何一种不良的环境条件都会不同程度地诱发该病发生。目前，对黑胚病的防治研究还不够系统深入。作为长期目标，必须把选育抗病品种放在首位，以农业防治为基础，同时结合灌浆初期的及时药剂防治，以减轻该病发生。

（一）选育和利用抗病品种

小麦品种对黑胚病的抗性差异十分显著，种植抗病品种，淘汰高感种质是最重要的防治措施。根据康业斌等研究发现，矮丰 3 号、铭贤 169 的籽粒外观无病，为免疫类型；西安 8 号、豫麦 13 等材料黑胚粒率在 0.1%～4.9%为抗病类型。王会伟等对大量小麦品种（系）的抗性鉴定发现，豫优 1 号、豫麦 47、陕麦 229 等品种（系）平均黑胚粒率小于 5%，为抗病类型，多年抗病性鉴定结果均较稳定，可考虑在病区推广应用。

（二）农业防治

1. 精选种子 种植带病种子导致小麦苗期株高降低，次生根总长及干重下降，一定程度上延缓了植株的生长，且病粒影响种子发芽势，后代黑胚粒率高，因此，黑胚率高的小麦种子不宜种植。

2. 合理施肥 在重施有机肥的基础上，合理施用氮肥，稳定磷肥用量，增施钾肥，合理配施微肥，以增强植株抗病性。同时播种前土地要精耕细整，增加土壤透气性；播种时土壤湿度要适宜，播深要合理，确保幼苗出土快且苗全苗壮，以提高植株抗病力，减轻受害；发病重的地块，要尽量实行轮作倒茬和深耕灭茬，减少土壤中的病残体。

（三）药剂防治

很多研究表明，仅进行种子处理对黑胚病的防治效果不明显，而种子处理结合灌浆期喷药防治可明显降低感病品种的黑胚粒率。可选用 3%苯醚甲环唑悬浮种衣剂或 2.5%咯菌腈悬浮种衣剂 1∶500 进行种子包衣，也可选用 2%戊唑醇湿拌剂 1∶1 000 拌种。一些研究发现，在小麦灌浆初期（扬花后 5～10d）喷施 25 %丙环唑乳油或 12.5%烯唑醇可湿性粉剂 1 500 倍液等杀菌剂，对小麦黑胚病具有较好的防治效果，黑胚粒率显著降低。

李洪连（河南农业大学）

第 19 节　小麦白秆病

一、分布与危害

小麦白秆病是高寒地区小麦上发生的一种重要病害。主要侵害叶片和茎秆，小麦各生育阶段均可发病。

国外报道白秆病发生在许多栽培和野生禾本科杂草上。在挪威病原菌能侵染大麦并造成流行；在美国、英国和北欧等冷凉而潮湿的气候条件下，病原菌也能侵染小麦，但由于发病率低，造成的损失并不明显，而未引起人们重视。

小麦白秆病在我国四川、甘肃、青海、西藏等省份高寒麦区均有发生。据记载，小麦白秆病害在我国最早由四川康藏高原的甘孜州农科所报道，在该所于 1952 年引进的国外原始材料多灵斯克黑麦上首次发现白秆病，至 1955 年小麦普遍发病，为害严重。1956 年调查，该所引进的 217 个小麦原始材料中有 206 个感病（占全部材料的 95%）；选种圃则全部感病，引进种和杂交种受害尤为严重，据此估计白秆病可能随国外原始材料传入我国。

1956 年以后，小麦白秆病已传到四川甘孜藏族自治州的乾宁、甘孜、道孚、新都桥等地，阿坝藏族羌族自治州的阿坝、汶川县和广元市青川等县，当时这两自治州主栽小麦品种南大 2419，白秆病发生普遍而严重。1956年西藏自治区拉萨农业试验场也发现白秆病。

小麦受白秆病侵害后，轻者千粒重下降5%～20%，重者千粒重下降50%～70%，对产量影响很大，在严重受害的情况下甚至没有收成。病原菌除侵染小麦外，还能侵染黑麦和小黑麦，并能侵染鹅观草和野燕麦。

二、症状

小麦白秆病的典型症状是在小麦受害的叶、叶鞘、茎秆上产生黄褐色条斑。小麦拔节或孕穗期开始，条斑从基部叶片逐渐向上部叶片发展，至扬花灌浆期，蔓延到茎秆和穗轴。同一植株的所有分蘖往往都表现症状。

田间常见有系统性条斑和局部斑点两种症状。第一，系统性条斑，即叶片基部产生与叶脉平行向叶尖扩展的水渍状条斑，初为暗褐色，后变淡黄色。边缘色深，黄褐色至褐色，每个叶片上常生2～3个宽为3～4mm的条斑。条斑愈合，随即导致叶片干枯。叶鞘染病后病斑与叶斑相似，但常产生不规则的大条斑，条斑从茎节起扩展至叶片基部，轻时出现1～2个条斑，宽2～5mm，灰褐色至黄褐色，有时深褐色，边缘色较深。严重时叶鞘枯黄，但中间仍能看出原有斑边缘的深色条痕。茎秆上的条斑多发生在穗颈节，少数发生在穗颈节以下1～2节，症状与叶鞘上的相似，一般有宽2～4mm的条斑1～3条。叶鞘包被的茎秆部的条斑呈灰色或灰白色。穗颈节上的条斑可延伸至穗轴，但穗轴的节和多数茎秆的节一样，不表现症状。抽穗后，病株基部叶片和叶鞘变成灰褐色而凋枯。第二，局部斑点型，即叶片上产生圆形至椭圆形草黄色病斑，四周褐色，后期叶鞘上产生长方形角斑，中间灰白色，四周褐色，茎秆上也可产生褐色斑点。

病害发生轻时，穗部初期尚能保持绿色，但以后由于植株下部病害的影响，逐渐变黄干枯，最终导致种子不饱满；病害发生重时，穗子花而不实，变灰褐色干枯，麦芒干枯弯曲。

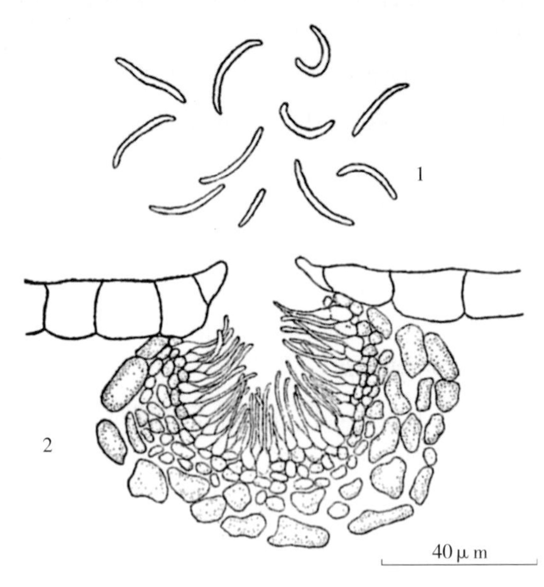

图2-19-1 小麦壳月孢分生孢子及分生孢子器（仿刘锡琎和郭英兰等，1996）

Figure 2-19-1 Conidia and pycnidum of *Selenophoma tritici* (from Liu Xijin and Guo Ying lan et al., 1996)

1. 分生孢子 2. 分生孢子器的切面

三、病原

小麦白秆病病原为小麦壳月孢（*Selenophoma tritici* Liu，Guo et H. G. Liu），属子囊菌无性型壳月孢属。病原菌分生孢子器着生于叶片、叶鞘和茎秆上，埋生于气孔腔中，球形至扁球形，浅褐色或褐色，大小为（49～81）μm×（49～65）μm，孔口突破寄主表皮，释放分生孢子。分生孢子梗短，棍棒形，无色，单胞。分生孢子无隔无色，镰刀形或新月形，弯曲，顶端渐尖细，基部钝圆，大小为（12～26）μm×（1.5～3.2）μm。孢子萌发时，芽管从两侧伸出。病原菌菌丝无色，有分隔（图2-19-1）。

病原菌生长的温度为5～15℃，以15℃条件下生长最快，在0℃和20℃下生长极慢，几乎不能形成菌落，25℃下即停止生长。病原菌在这种温度下培养的时间越长，越难恢复生长，至14d后即死亡。病原菌在培养基上生长缓慢，在15℃下，菌落直径达到8～9cm，需经30～40d。菌落乳白色而带微红，圆形，表面不平，呈凝脂状或黏质状，不形成或极少形成气生菌丝。培养时间较长或培养在较高温度下的菌落，色变黄褐，底层呈赭石色，在中间或其他部位产生较多的棉絮状气生菌丝，并产生许多瘤状孢子体，上溢红褐色黏稠液珠，即为涌出的分生孢子。

病原菌在pH4～9下都能生长，但以pH呈中性时生长最好，在pH3以下和pH10以上生长即受到抑制。

小麦白秆病菌的分生孢子在人工培养条件下的萌发率一般较低。在无菌水中，萌发率在1%以下，在无菌水加少量蔗糖液中，萌发率可达5%以上。若加入少量组织液，萌发率可提高到8.6%～9.2%。分生孢子萌发时，芽管多从两端伸出，不形成分隔。

小麦白秆病菌在 PDA 培养基、麦汁培养基、大豆培养基及谷粉培养基上均生长良好。从小麦和黑麦上分离的菌株，在以上培养基上的生长特征均一致。

四、病害循环

小麦白秆病菌以菌丝体或分生孢子器在种子和病残体上越冬或越夏。该病害流行程度与当地种子带菌率高低，小麦品种的抗病程度及小麦拔节后期开花至灌浆阶段温、湿度高低及田间小气候有关。该病害主要发生在高寒地区，因此冷凉、潮湿有利于发病。此外，种子和土壤是主要的侵染源。

种子带菌是小麦白秆病的主要初侵染来源。据观察，病原菌以菌丝及菌丝结形态存在于种皮表面及种皮内。在青藏高原低温干燥的条件下种子内的病原菌至少可存活 4 年左右，但它们的存活率则随储存时间的延长而降低。土壤带菌也可传病，但病残体一旦翻入土中，所携带的病原菌只能存活 2 个月左右。据试验，将病残体埋入土中 7～10cm 处，播种冬麦和春麦，结果冬麦发病率为 3.3%，而春麦则完全没有发病。

由于干燥的病残体可以传播病菌，种子中夹带的病残体可能成为种子带菌的另一种形式。

小麦白秆病菌的再侵染现象非常明显，当早期病害出现以后，病部即可形成分生孢子器，释放出大量分生孢子，侵入寄主组织，造成侵染范围的进一步扩大。小麦植株在拔节、孕穗、抽穗、开花期间都可能感染此病。在田间，可以清楚地见到由于再侵染所形成的发病中心（图 2-19-2）。

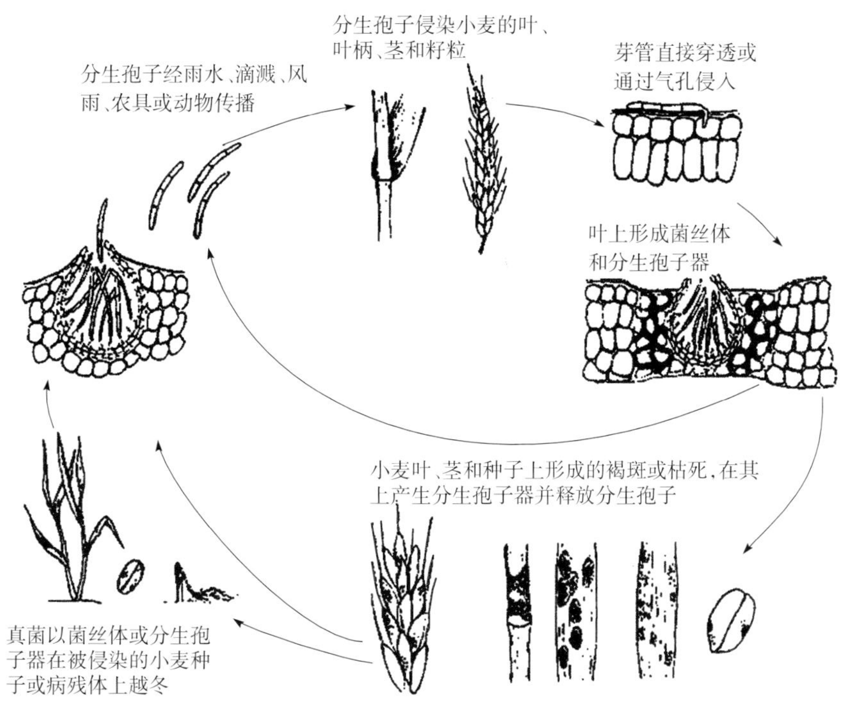

图 2-19-2　小麦白秆病病害循环（仿 G. N. Agrios，2005）
Figure 2-19-2　Disease cycle of wheat white stem
(from G. N. Agrios，2005)

五、流行规律

小麦白秆病的流行程度取决于以下几个因素：①种子是否带菌和带菌率的高低；②小麦品种的抗病程度。据观察，小麦品种间对白秆病的抵抗程度差异非常显著，许多农家品种如青海的大白麦、六月黄，四川的大头麦、佛手麦发病都极轻，而近年来引种的栽培品种感病很重，小麦白秆病在一些地区严重发生，与大面积推广高感品种有很大关系；③气候条件。小麦拔节期后的温、湿度高低，是决定病害能否流行的一个重要因素。在青藏高原，7～8 月多雨，气温偏低有利于病害的流行。此外，田间小气候的影响也很明显。向阳坡温度高，通风透光好，湿度小，发病轻；背阴的麦田温度偏低，湿度大，发病较重。

六、防治技术

小麦白秆病应掌握以下要点：加强栽培管理；播前用三唑酮处理种子；麦收后清除病残体；对小麦种子实行检疫，不从病区引种，防止病害扩展蔓延。

(一) 选用抗病良种

建立无病留种田，品种抗病性鉴定以在开花至灌浆阶段进行为宜。选种经当地种植检验的抗性好的品种。

(二) 严格执行检疫制度

在查清小麦白秆病分布的基础上，划清病区，严格控制病种子调入无病地区。向病区引种，应经过检疫，证明无菌，才得调运。

(三) 种子处理

用25%三唑酮可湿性粉剂20g拌10kg麦种，可兼防小麦根腐病和大麦云纹病、条纹病，或用40%拌种双粉剂5～10g拌10kg种子、25%多菌灵可湿性粉剂20g拌10kg种子，拌后闷种20d或用28～32℃冷水预浸4h后，置入52～53℃温水中浸7～10min，也可用54℃温水浸5min。浸种时要不断搅拌种子，浸后迅速移入冷水中降温，晾干后播种。

(四) 实行轮作

对初始菌源量大的麦田，要实行轮作，以减少菌源。

(五) 药剂防治

田间出现中心病株后，可喷洒50%甲基硫菌灵可湿性粉剂800倍液或50%苯菌灵可湿性粉剂1 500倍液，以减少损失。

黄丽丽（西北农林科技大学植物保护学院）

第20节　小麦霜霉病

一、分布与危害

小麦霜霉病又名黄化萎缩病。该病害在美国、日本和俄罗斯等18个国家均有发生报道，在个别地区为害严重。在我国江苏、浙江、安徽、湖北、河北、甘肃、陕西、云南、四川、贵州和西藏高原等麦区以及台湾省均有发生，为偶发性病害，一般年份仅在局部地区或田块零星发生。1977—1979年在甘肃省有21个县（市）发生此病，有些田块发病很重，个别病田发病率可高达45%。1980年四川省天全县调查，发病率一般在10%左右，严重的达65%以上。20世纪90年代以来在不少地区，由于耕作制度改变以及播种出苗时灌水不当造成长期积水等原因，使得该病在部分地区发展较快，病株多不抽穗或穗而不实，因而其发病率实际上就是它所造成的损失率。该病可为害小麦、大麦、燕麦、黑麦、玉米、高粱、水稻等多种禾本科作物和看麦娘、稗草、马唐等多种禾本科杂草。据报道其寄主范围比较广泛，禾本科中有43个属的多种作物可受其侵染。

二、症状

小麦霜霉病的典型症状是植株黄化萎缩，分蘖增多。叶片变厚变硬，花序增生呈叶状。春小麦的症状与冬小麦相同，但在小麦不同生育期和不同条件下其症状表现有所不同。苗期病株叶色淡绿并有轻微条纹状花叶；拔节后，病株显著矮化，叶色淡绿并有较明显的黄色条纹或斑纹，病叶稍有增厚，重病株常在抽穗前死亡或不抽穗；穗期症状的特点是形成各种"疯顶症"，具体为病株剑叶特别宽、长、厚，叶面发皱并弯曲下垂，穗茎屈曲或成弓状，穗形大或小，花而不实，有时基部小穗轴长，呈分枝穗状，下部小穗的颖壳长成绿色小叶片。据报道，该病害在甘肃河西于小麦扬花期前后，在叶、叶鞘等部位可大量形成灰白色霉层即病原菌的孢子囊（彩图2-20-1，彩图2-20-2）。

在同等肥力条件下病株茎秆常较健株粗壮，其表面覆有较厚的白霜状蜡质层。病穗黄熟延迟，在健穗黄熟后仍保持绿色。在较瘦瘠的土壤中，病株表现细弱矮小，穗头很小，同时也产生龙头状扭曲现象。

在田间进行诊断时很易将此病与病毒病相混的是植株矮化、叶片褪绿并有条纹状花叶等症状特点。但麦类霜霉病的龙头状畸形穗以及叶片宽、长、厚、卷、扭、皱等特点，在小麦病毒病中是少见的，可据此将两者区分开来。

三、病原

小麦霜霉病原菌为大孢指疫霉［*Sclerophthora macrospora*（Sacc.）Thirum.，Shaw et Naras.］，属于卵菌门指疫霉属。病原菌在寄主组织内系统发展，菌丝主要分布在维管束部分，不产生吸器。在产生无性和有性繁殖器官前，病原菌在维管束及邻近的细胞间常形成许多瘿瘤状粗短的菌丝细胞。病原菌的孢子囊阶段在许多寄主上都不易产生。据报道，观察到田间小麦病株上的孢子囊时，其气候条件为：温度10.2～13.8℃，而且连阴雨，相对湿度在75%～99%。表明孢子囊产生要求比较低的温度和比较高的湿度。孢子囊柠檬形，淡黄色，顶端有乳头状突起，大小为[32(63.2)～84.4]μm×[19.2(40)～56]μm。成熟脱落的孢子囊，基部有1无色透明的、铲状的孢囊梗残留物，残留物长为6.4～12.8μm，平均9.6μm，末端渐尖。孢子囊着生在由气孔伸出的孢囊梗上。由于孢囊梗很短，一般只有9.8～11.2μm，所以，在产生孢子囊的病叶表面看不到像其他作物霜霉病那样的霉层。

卵孢子一般在孢子囊产生之后形成，通常于病叶维管束两侧菌丝的粗缩部分形成雌雄配子囊。藏卵器圆或椭圆形，大小为［43.2（62.4）～102.4］μm×［43.2（61.6）～64］μm。雄器近圆形，大小为［22.4（33.6）～48］μm×［16（22.4）～28.8］μm。颜色均为浅黄色。成熟的卵孢子外围包裹着完整的藏卵器外壳。卵孢子近圆形，直径为27.2～64μm。藏卵器的壁和卵孢子的壁都比较厚，为2～4.8μm，而两壁之间的空腔多数不到1.6μm。卵孢子的壁比较光滑。藏卵器壁有时稍有不平，雄器侧生。

除茎秆和根部外，在病株的叶片、叶鞘和颖壳中都可以查到卵孢子。病株上部叶片的卵孢子数量较多。由于病原菌的孢子囊不易被发现及卵孢子埋藏在寄主组织内，显微检查病原应用组织透明法，对大块病叶组织进行整体观察。

据在国内小麦、大麦、玉米和水稻几种主要作物上所发生的霜霉病菌（*Sclerophthora macrospora*）系统观察比较发现，病原菌的形态，如卵孢子产生前粗缩菌丝的形成、卵孢子的大小、雄器的形状等方面有所差异，所以该种病原菌可能有分化现象。但据陕西省汉中地区农科所的试验，在人工接种条件下，水稻霜霉病菌也能侵染小麦。

四、病害循环

病原菌以卵孢子随病残组织在土壤内越夏。土壤积水有利于组织腐烂。腐烂的病组织中卵孢子在水中萌发产生游动孢子，萌发后侵入寄主。卵孢子在10～26℃均可萌发，而以19～20℃最为适宜。发病的野生寄主也是病害的初侵染来源。

小麦苗期是病原菌的主要侵染时期。根据陕西省汉中地区的研究，在淹水条件下人工接种小麦，感病程度与生育期密切相关。最易感病期为露白至1叶期，其中，鞘状叶阶段发病率可达37%。另据四川农业大学调查，正当小麦出苗时遇暴雨，淹水达2～4d发病重，而在暴雨后播种的小麦则未见发病。病原菌入侵后在寄主体内系统发展，菌丝分布在维管束部分及邻近组织细胞间，后期在病株叶片、颖壳及叶鞘等组织内，沿维管束两侧产生卵孢子。卵孢子存活可达2年以上。

病原菌的孢子囊不易产生，即使产生，数量也很少。所以，病害在生长季节中，由孢子囊引起的再次侵染机会不多。孢子囊与病害流行的关系不大。另从田间病情的系统调查情况看，从苗期发病后病株数量基本不增加，说明这一病害以初侵染为主（图2-20-1）。

五、流行规律

小麦霜霉病菌主要于苗期侵染小麦等作物。适当的温度和淹水条件有利于病害发生。病害在10～25℃均可发生，但发病的适温为15～20℃。长江中、下游麦区，小麦播种出苗季节的温度适于病原菌侵染。若此时雨水多，导致田间积水，则发病重；雨水少的年份，播种后灌水不当，造成田间长期积水也有

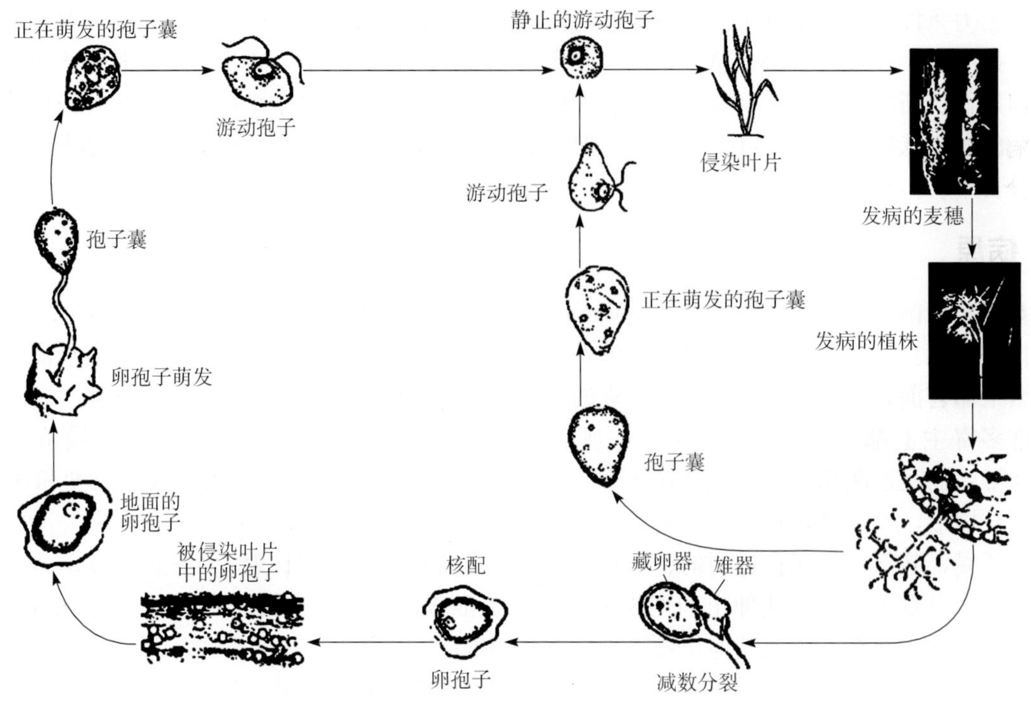

图 2-20-1 小麦霜霉病病害循环（仿 G. N. Agrios，2005）

Figure 2-20-1 Disease cycle of wheat downy midew (from G. N. Agrios，2005)

利于发病。发病田块内病株分布在墒沟底部及其两侧地势低洼处。所以，凡苗期灌水量过大并采用漫灌的方式，灌后又不能迅速排水的，发病都比较重。另据调查，稻—麦轮作区有利于发病，纯麦田比棉—麦套种麦田发病重，整地质量差，耕作粗放也有利于发病。

关于小麦对霜霉病的抗病性差异了解得还不多。根据江苏的调查，发病品种有徐州 14、徐州 15、钟山 6 号、吉利、矮秆红、早日 1-2、鲁兖 1 号、九兰 39、扬麦 1 号等，各品种发病有一定的差异。但同一品种在不同地区或田块发病程度也有不同。另在四川农业大学小区试验中，66 个材料中未发病的材料有 6 个，其中包括达尔多、79-1857 等株系，西藏野小麦（属斯卑尔塔小麦）也未发病，而绵阳 11 发病率在 30%以上。

六、防治技术

防治小麦霜霉病应着重农业措施。首先要做好农田基本建设工作，平整土地，修建完好的排灌水系统，严禁大水漫灌，雨后及时排水，防止湿气滞留。在栽培管理方面，最主要的是水的管理。在三麦播种出苗期有必要灌水的地方，一定要做到灌水不淹水，采用洇水（一种沟灌方法，水灌至墒沟内，不使满出畦面，通过沟内水的渗透，达到全面湿润）或速灌速排，以避免田间积水。要注意提高耕作质量，特别是整地和播种工作的质量，增加土壤的排水和通气性，促进麦株迅速生长。注意清除田间杂草。病害发生后，要及早拔除并销毁病株。另外，实行轮作也是一种有效的举措，如发病重的地区或田块，应与非禾谷类作物进行 1 年以上轮作。

化学防治一般采取药剂拌种，在播前每 50kg 小麦种子用 25%甲霜灵可湿性粉剂 100～150g（有效成分为 25～37.5g）加水 3kg 拌种，晾干后播种。必要时在播种后出苗前喷洒 0.1%硫酸铜溶液或 58%甲霜灵·锰锌可湿性粉剂 800～1 000 倍液、72%霜脲·锰锌可湿性粉剂 600～700 倍液、69%烯酰·锰锌可湿性粉剂 900～1 000 倍液、72.2%霜霉威水剂 800 倍液，均能达到良好的防治效果。

黄丽丽 詹刚明（西北农林科技大学植物保护学院）

第 21 节 小麦黄矮病

一、分布与危害

小麦黄矮病最早由 Oswald 和 Houston 于 1950 年在美国加利福尼亚州的大麦上发现，目前已经分布南北美洲、欧洲、亚洲和大洋洲，是世界性的为害小麦、大麦和燕麦等麦类作物的病毒病害。黄矮病主要侵害小麦、大麦、燕麦、粟、糜子、玉米等作物及多种禾本科杂草。麦类作物感病后，光合作用等生理机能遭到干扰和破坏，麦粒千粒重下降，穗粒数降低。Lister 等（1995）估计全世界因黄矮病毒的自然侵染可使麦类作物产量损失达到 11%～33%。我国于 1960 年首先在陕西和甘肃发现小麦黄矮病，随后在华北、西北、东北、西南冬、春麦区及冬、春麦混种区均有发生和为害的报道。曾先后于 1966 年、1970 年、1973 年、1978 年、1980 年、1987 年和 1999 年在陕西、甘肃、山西、内蒙古、宁夏和河北等省（自治区）大面积流行成灾。1987 年仅陕西和甘肃两省就因黄矮病的流行损失 5 亿 kg 余小麦。1999 年大面积流行发生范围遍及陕西、山西、宁夏、甘肃、内蒙古和河北等多个省（自治区），发病面积达 156.67 万 hm^2余。

二、症状

小麦黄矮病的症状因寄主种类、品系、生长期及生理条件、病毒株系、接种剂量和环境条件等因素的变化而不同。小麦受黄矮病毒侵染后，苗期感病植株生长缓慢，分蘖减少，扎根浅，易拔起。病叶自叶尖褪绿变黄，叶片厚硬。病株越冬期间易被冻死，未冻死的，返青拔节后新生叶片继续发病。病株矮化，不抽穗或抽穗很小。拔节孕穗期感病的植株较矮，根系发育不良。典型症状是新叶从叶尖开始发黄，随后出现与叶脉平行，但不受叶脉限制的黄绿相间的条纹，沿叶缘向叶茎部扩展蔓延，黄化部分约占全叶的 1/3～1/2（彩图 2-21-1，1）。病叶质地光滑，后期逐渐黄枯，而下部叶片仍为绿色。病株能抽穗，但籽粒秕瘦。穗期感病的植株一般只旗叶发黄，呈鲜黄色，植株矮化不明显，能抽穗，粒重降低。

大麦幼苗感病后严重矮缩，分蘖增多，叶片变硬发脆，叶尖开始变黄，呈鲜艳的金黄色或橙色，有光泽，不抽穗或抽穗很小，籽粒很少，且不饱满。拔节期感病，节间缩短，植株显著矮化，分蘖增多，叶片呈金黄色（彩图 2-21-1，2）。抽穗后感病，一般只旗叶呈金黄色，矮化较轻，能抽穗，籽粒秕瘦。

燕麦植株感病后叶片自叶尖或叶缘出现褪绿斑驳，然后逐渐发展呈紫红色。叶片一般不出现条纹，叶鞘呈紫红色（彩图 2-21-1，3）。粟发病后全株矮缩，严重时不能抽穗。紫秆品种全株变红色，称之为粟红叶病。玉米植株感病后叶片自叶尖褪绿呈浅红色，逐渐发展为褐红色。糜子发病后叶片最初为橘红色，后发展为土红色或土黄色。

三、病原及传毒介体

小麦黄矮病病原为大麦黄矮病毒（Barley yellow dwarf viruses，BYDVs），属黄症病毒科黄症病毒属（*Luteovirus*），是一类+ssRNA 病毒。BYDVs 为对称球形病毒，外壳为二十面体（T=3），无包膜，病毒粒体直径为 24～30nm（彩图 2-21-2，1）。由多种蚜虫以循回型持久传播，病毒粒体在蚜虫体内不增殖，不能通过汁液摩擦接种。不同种的病毒蚜传特性不同，即总是一种病毒对应一种或几种传播介体蚜虫（彩图 2-21-2，2～6）。病毒在植物体内仅局限于韧皮部组织，并且在寄主体内的浓度很低。

20 世纪 60 年代以来，对 BYDVs 的不同分离物的介体传播性能、寄主种类及致病性进行了大量的研究。在大麦黄矮病毒的生物学特性中，其蚜虫传播特性的差异非常显著，因此，把它作为种（株系）划分的标准。Rochow（1970）根据蚜传特性将取自美国纽约的 BYDVs 划分为 5 个不同的株系，即 PAV、MAV、SGV、RPV、RMV。PAV 由禾谷缢管蚜（*Rhopalosiphum padi*）、麦长管蚜（*Sitobion miscanthi*）等非专化传播；MAV 由麦长管蚜（*Sitobion miscanthi*）专化传播；SGV 由麦二叉蚜（*Schizaphis graminum*）专化传播；RPV 由禾谷缢管蚜（*R. padi*）专化传播；RMV 由玉米蚜（*R. maidis*）专化传播。根据国际病毒分类委员会（2000）第七次报告，BYDVs 的不同株系已升格为种并被划分到黄症病毒科（*Luteovirdae*）的黄症病毒属（*Luteovirus*）和马铃薯卷叶病毒属（*Polerovirus*）中，其中黄症病毒属目前已确定 BYDV-PAV 和 BYDV-MAV 两个正式成员。RPV 株系则属于马铃薯卷叶病毒属（*Polerovirus*），现在定名为禾谷黄矮病毒 RPV（Cereal yellow dwarf virus-RPV）。

黄症病毒的基因组约 5.7kb，黄症病毒属 5′端无 Vpg 和其他帽子结构，3′端无多聚腺苷酸尾巴，也不折叠成类似 tRNA 结构。黄症病毒属和马铃薯卷叶病毒属病毒基因组均含有 6 个开放阅读框（ORFs），但是两属间差别非常明显（图 2-21-1）。BYDV-MAV 和 BYDV-PAV 的 ORFs 排列结构基本相同，病毒基因组也含有 6 个 ORFs，BYDV-PAV 在近 3′端含有一个较小的 ORFs，属于马铃薯卷叶病毒属的

CYDV-RPV 则没有此阅读框。然而，CYDV-RPV 在近 5′末端存在一较大的阅读框。两者其余的 5 个 ORFs，在基因的排列顺序、表达机制上很接近，因而依次被定名 ORF1-5。位于 BYDV-PAV 3′端的小阅读框和 CYDV-RPV 5′端的大阅读框分别为 ORF6 和 ORF0。黄症病毒科病毒基因组核苷酸序列的一个共同特征是 ORFs 之间相互重叠。CYDV-RPV 的 ORF0 与 ORF1 重叠 657 个核苷酸，而 ORF1 与 ORF2 重叠 629 个核苷酸，但 BYDV-PAV 的 ORF1 与 ORF2 重叠较少仅 13 个核苷酸。在所有的黄症病毒中，ORF4 包含于 ORF3 之中；ORF3 与 ORF5 不重叠，由一琥珀密码子隔开。黄症病毒属中的大麦黄矮病毒基因组中还含有 4 个非编码区（UTRs），它们分别位于 ORF1 起始密码子上游、ORF2 与 ORF3 之间、ORF5 和 ORF6 之间以及 ORF6 下游，非编码区对于病毒复制翻译等生命活动具有重要的调控作用。

在我国，大麦黄矮病毒主要有 4 种类型，它们及各自主要的介体蚜虫分别为 GAV（麦二叉蚜、麦长管蚜）、GPV（麦二叉蚜、禾谷缢管蚜）、PAV（禾谷缢管蚜、麦长管蚜、麦二叉蚜）、RMV（玉米蚜）。GAV 与 MAV 的抗血清反应强烈，外壳蛋白核酸序列同源性很高。GAV 和 MAV 的显著区别在于它可以被麦长管蚜和麦二叉蚜两种蚜虫有效传播，而后者仅被麦长管蚜专化性传播。最近对我国的 PAV 分离物的研究表明，我国不同地区的 PAV 分离物呈现丰富的分子多样性，大多数分离物的全基因组序列与国外的同源性很低。GPV 与美国的 5 种分离物无血清学关系，是我国所特有的血清型，但 2011 年瑞典也报道了 GPV 的存在。GPV 全基因组和氨基酸序列与 PAV、MAV 同源性很低，与 RPV 的同源性相对较高（外壳蛋白基因核苷酸和氨基酸的同源性分别为 83.7%和 77.5%），但两者却无血清学关系。GPV 与 BWYV、PLRV 外壳蛋白基因核苷酸和氨基酸同源性比 MAV 和 PAV 还要高，可能是黄症病毒科中马铃薯卷叶病毒属的成员。

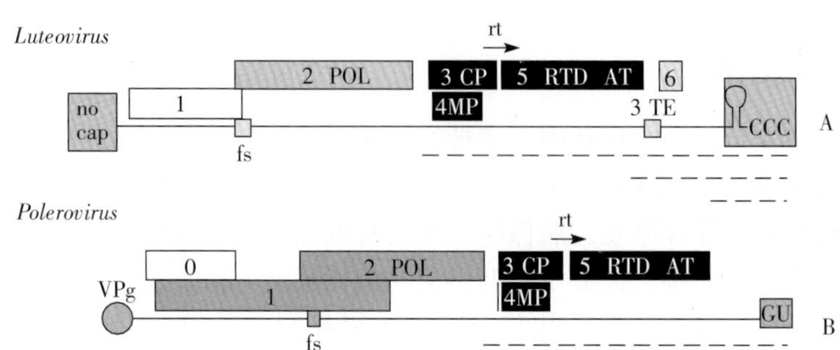

图 2-21-1 黄症病毒属（A）和马铃薯卷叶病毒属（B）的 BYDVs 基因组结构（王锡锋提供）

Figure 2-21-1 BYDVs genomic organization of（A）*Luteovirus* and（B）*Polerovirus*（by Wang Xifeng）

长方形代表开放阅读框（ORF），框内数字代表其 F 编号；POL：依赖于 RNA 的 RNA 聚合酶，CP：外壳蛋白，MP：运动蛋白，RTD：蚜传蛋白或通读蛋白，no cap：无帽子结构，VPg：基因组连接的病毒蛋白，fs：移码，rt：通读

对我国小麦黄矮病常发区的病毒（株系）监测结果表明，20 世纪 80 年代，陕西省以 GPV 为主，甘肃省陇东为 GPV，而陇南为 GAV，山西省临汾以 GPV 和 GAV 为主。河北省以 GAV、GPV 和 PAV 混合发生。内蒙古历年均以 GAV 为主。河南、四川水浇地小麦均以 PAV 为主而且该株系致病性较强，与当地小麦生育期内禾谷缢管蚜和麦长管蚜发生严重相吻合。90 年代以后，在我国多数地区 GAV 出现比例上升，分布范围越来越广。原因在于麦二叉蚜数量相对降低，水浇地面积扩大，导致麦长管蚜种群增长，传毒频率相对增加有关。

四、病害循环

大麦黄矮病毒的侵染循环在冬麦区和冬、春麦混种区是有差异的。冬麦区如陕西、甘肃、河南、山东、河北、安徽、江苏等省，5 月中下旬，小麦逐渐进入成熟期，麦蚜因植株老化营养不良，产生大量有翅蚜向越夏寄主迁移，在越夏寄主上取食、繁殖和传播病毒。越夏寄主包括玉米、高粱、糜子、粟（谷子）、水稻等作物以及自生麦苗和鹅观草、野燕麦、雀麦、画眉草、白羊草、马唐、蟋蟀草、虎尾草等禾本科杂草。其中糜子、自生麦苗、虎尾草、小画眉草、雀麦、野燕麦等又是小麦黄矮病毒的越夏寄主。秋季冬小麦出苗后，麦蚜又迁回麦地，特别是田边的小麦上取食、繁殖和传播病毒，并以有翅成蚜、无翅成（若）蚜在麦苗基部越冬，有些地区也产卵越冬。冬前感病的小麦是第二年早春的发病中心。返青后，在拔节期出现第一次发病高峰。发病中心的病毒随着麦蚜的迁移扩散逐渐蔓延，到抽穗期出现第二次发病高峰（图 2-21-2）。

冬、春麦混种区如甘肃河西走廊一带，5 月上旬，冬小麦上的麦蚜逐渐产生有翅蚜，向春小麦、大麦、玉米、糜子、高粱及禾本科杂草上迁移。晚熟春麦、糜子和自生麦苗是麦蚜和小麦黄矮病病毒的主要越夏场所。9月下旬，冬小麦出苗后，麦蚜又迁回麦田，在冬小麦上产卵越冬，小麦黄矮病毒也随之传到冬小麦麦苗上，并在小麦根部和分蘖节里越冬。第二年3月中旬，越冬蚜卵开始孵化，4月中旬产生有翅蚜，迁移扩散，不断地传播病毒。

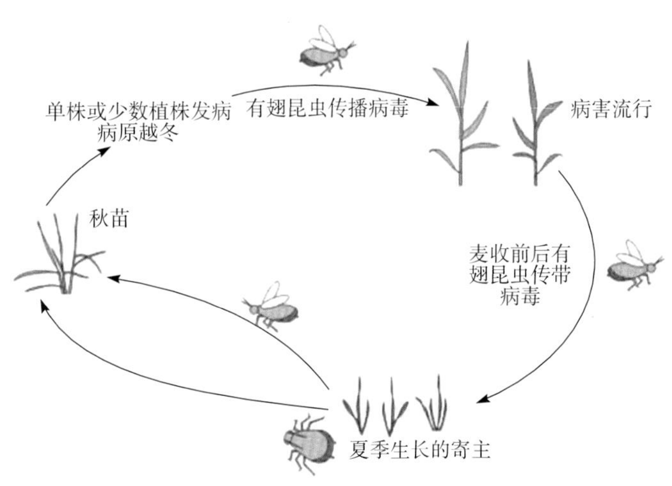

图2-21-2　小麦黄矮病病害循环（王锡锋提供）
Figure 2-21-2　Disease cycle of Barly yellow dwarf (by Wang Xifeng)

春麦区较为复杂。据1965年以来的历年调查，河南西部、陕西关中、山西南部、甘肃东部等冬麦区的麦蚜和小麦黄矮病与宁夏、内蒙古等春麦区的麦蚜和小麦黄矮病发生流行趋势基本一致，说明春麦区的虫源、毒源有可能来自部分冬麦区。实际调查证明，麦蚜能够凭借气候条件，从冬麦区迁飞至春麦区，并传播病毒，成为春麦区小麦黄矮病的初侵染源。有翅麦蚜迁入的主要天气形势为“槽前锋后”型，迁入区域主要为西起宁夏黄灌区，包括内蒙古巴彦淖尔市、额尔多斯市、乌兰察布市，河北省张家口、承德及西北部春麦区。迁出区域主要是河南西部、山西南部、陕西关中和延安、甘肃南部和东部等地冬麦区。

五、流行规律

（一）小麦黄矮病病害循环与病害发生规律

1. 黄矮病毒的寄主范围　从小麦黄矮病流行学角度出发，对我国冬麦区夏秋季常见的禾本科19个属的28种植物接种黄矮病毒，根据症状表现并结合指示植物的回接验证，发现野燕麦、莜麦、雀麦、大凌风草、银鳞茅、狗尾草、金色狗尾草、马唐、虎尾草、小画眉草和多种山羊草及玉米均是黄矮病毒的寄主。这些禾本科杂草有些既是黄矮病毒的寄主又是介体麦蚜的寄主，如夏玉米是禾谷缢管蚜的重要寄主，野燕麦、雀麦、马唐、小画眉草和节节麦是麦二叉蚜、麦长管蚜和禾谷缢管蚜的寄主，金色狗尾草是麦长管蚜的寄主。小麦收获前后，黄矮病毒随麦蚜转移至这些禾本科植物上越夏，成为秋季麦苗的初侵染源，对小麦黄矮病的流行起重要的作用。因此，铲除田间、地头的这些杂草应该为防治小麦黄矮病的重要措施。

2. 我国不同地区小麦黄矮病的发生规律　小麦黄矮病的发生与流行，在冬麦区和春麦区有所不同。冬小麦感染发病分两个阶段：秋苗期病害初侵染并形成发病中心；春季冬小麦拔节抽穗时期，病害再侵染并流行成灾。在春麦区，则是当年连续发病流行成灾。由于小麦黄矮病靠不同种类麦蚜的辗转扩散传播而发病，所以，周年侵染循环是随着介体麦蚜的生活史循环而完成的。

（二）影响小麦黄矮病发生程度的因素

1. 小麦品种抗病性　小麦品种抗病性的强弱对病毒病发生有重要的影响。从1973年开始，中国农业科学院植物保护研究所鉴定了4万多份小麦品种（系），在普通小麦品种（系）中未发现抗黄矮病材料。国外的研究结果显示，仅在大麦中找到一些抗黄矮病基因，如*Yd1*、*Yd2*、*Yd3*，但这些基因在小麦中抗性不强，并认为普通小麦中不存在抗源材料。我国的一些小麦品种特别是农家品种，如延安19、复壮30、蚂蚱麦、大荔三月黄等在黄矮病流行地区发病较晚较轻，表现出慢病性。研究发现，赖草属、披碱草属、鹅观草属中有丰富的抗源，在鉴定的3属21种植物中有7个种抗病，10个种高抗，仅3个种感病。远缘杂交育成的中4和中4无芒（中5）两个异源八倍体为高抗黄矮病。用堆测法对国内4 492份大麦种质资源进行抗大麦黄矮病毒筛选，有43份材料抗性表现良好。表现较抗的材料中，野生大麦材料10份，占抗性材料的23.3%，普通大麦31份，占72.1%，说明我国普通大麦中存在着较多的抗病材料。

小麦对大麦黄矮病毒的抗病性可分为3类：症状重且病毒含量高的感病材料如丰抗8号、中8601、宛7107和中国春等绝大多数品种；症状轻但病毒含量高的耐病材料如白裸麦、大红芒、POST大麦和矮秆大麦等；症状轻且病毒含量低的抗病材料如CPI113500、中4无芒（中5）及其杂交后代材料陇远45、陇远46、远中1001和忻4079等。1999年以来，国内育种单位利用中4无芒和L1为抗源，与不同的小麦品种杂交、回交，选育出一系列的异附加系和易位系，表现高抗黄矮病。利用创制的抗黄矮病种质资源与普通小麦杂交，通过穿梭育种、异地选择、联合鉴定，成功培育出晋麦73（临抗1号）、临抗11、晋麦88（临抗19）、张春19和张春20等抗黄矮病小麦新品种，并通过了小麦新品种审定。

2. 介体密度与毒源数量 由于小麦黄矮病病毒要靠介体蚜虫的携带、扩散与传播来完成病害循环并造成病害的发生与流行，因此，介体蚜虫数量与带毒率决定了不同麦田发病轻重的差异。从各地历年小麦黄矮病发生规律调查结果看，早播麦田比晚播麦田发病重；稀植麦田比密植麦田发病重；川地比山地发病重；旱地比水地发病重；薄地比肥地发病重。上述发病轻重的差异，主要是由麦蚜虫口密度所决定的，特别是麦二叉蚜在冬前的越冬基数和早春虫口密度的大小，是决定小麦黄矮病流行程度的重要条件，冬前基数大，麦蚜传播病毒的概率增大，为第二年提供虫源和毒源量也大。而早春虫口密度大，则可为拔节阶段提供大量虫源、毒源，随着有毒蚜在田间的迅速扩散，使小麦黄矮病由点片向全田扩展。

3. 气象因素 影响小麦黄矮病发生程度的气象因素主要是温度和湿度，适合麦蚜取食繁殖、传播病毒、安全越冬和越夏、早春提早活动的气象条件，容易造成小麦黄矮病的大流行。各地的调查资料表明，上一年冬季温暖且降水量低、早春（2～3月）气温偏高、拔节孕穗期遇低温、倒春寒等，均有利于病毒病发生。此外，不良的环境条件会使小麦的生长发育受到影响，抗（耐）病性减弱，也容易发生病毒病。

（三）冬小麦黄矮病春季流行指标与预测预报

1. 流行指标的确定与划分 从流行学意义上讲，冬麦区小麦黄矮病在冬前的感染只是局部的，一般仅形成发病中心，翌春田间再侵染才造成病害流行。依据小麦黄矮病渭北流行区的系统观测试验资料，把小麦黄矮病按发病率与减产程度分为4级：即1级，发病率5%以下，基本不减产，轻发生年；2级，发病率5%～20%，减产5%左右，轻度流行年；3级，发病率20%～45%，减产10%～15%，中度流行年；4级，发病率45%以上，减产20%以上，大流行年。

2. 流行主要因子 分析小麦黄矮病在陕西多年消长情况，可以得出小麦黄矮病毒源和媒介虫源是病害流行的基础；干旱、温暖的气候条件是病害流行的主导因素；栽培条件包括小麦品种选用、水肥条件、播期、使用化学农药等都能对病害的消长产生明显影响。

依据影响小麦黄矮病消长因素分析结果，采用1973—1988年16年观测资料，从13种相关气象与生物因素中选出相关系数较大的8种主要流行影响因子。13种因子具体是：X_1，先年10月至当年3月总降水量；X_2，先年10月至当年4月平均气温；X_3，先年11月至当年1月平均气温；X_4，先年10月至当年3月平均气温；X_5，先年11月下旬百株蚜量（越冬基数）；X_6，先年11月下旬有蚜株率（越冬有蚜株率基数）；X_7，先年12月至当年2月极端低温（冬季极端低温）；X_8，3月平均气温；X_9，3月降水量；X_{10}，3月上旬百茎蚜量；X_{11}，3月下旬有蚜茎率；X_{12}，3月下旬百茎蚜量；X_{13}，3月上旬有蚜茎率。筛选出的8种因素是：X_1、X_2、X_4、X_5、X_6、X_7、X_{11}、X_{12}。这反映小麦黄矮病的发生程度主要同降水量、平均气温、越冬蚜量、越冬蚜株率、冬季极端低温、早春（3月下旬）蚜量与有蚜茎率有关。

3. 小麦黄矮病预测预报 陕西省农业科学院植物保护研究所1983年曾提出了以气象因素预测小麦黄矮病的分档统计法和多元线性回归法，该办法仅利用气象因素作为预测参数建立预测式，在实际运用时仍需用田间虫情、病情等几种调查资料做人为校正，既不方便，又难免有主观因素影响。依据影响小麦黄矮病流行消长因素的分析结果，相建业等自20世纪80年代利用近30年积累的资料，采用多元回归预测法和判别分析预测法分别建立病害程度预测式4个，新模型有2个明显优点，一是通过相关性测定，纳入了影响小麦黄矮病流行的几个主要生物和气象因素；二是经统计分析和实测验证都有较好的预测效果。同时，通过本项研究还提出了冬小麦黄矮病规范化调查方法。这些调查内容包括：①先年11月下旬越冬蚜量及有蚜株率；②当年3月下旬蚜量和有蚜茎率；③当年5月中旬小麦黄矮病发病率；④小麦生长期间的有关气象因素。

六、防治技术

小麦黄矮病的防治措施应以鉴定、选育抗（耐）病丰产良种为主，辅以治虫防病、改进栽培技术。

（一）鉴定选育抗（耐）病良种

从各地对小麦抗（耐）病性多年鉴定的结果看出，普通小麦种内不存在抗大麦黄矮病毒的基因，但一般农家品种大多有较好的耐病性。我国已先后鉴定出的中 4、中 5、中 7、忻 4079、陇远 45、陇远 46、远中 1001 等异源八倍体抗源材料和球茎大麦等高抗大麦黄矮病毒的材料。并培育出了异附加系材料 B072-3 等，易位新品系（$2n=42$）B021-5、B003-9、B063-2 和 B068-2 等抗源材料。近年来各地相继育成的晋麦 73、临抗 11、张春 19、张春 20 和晋麦 88 等表现中抗或高抗的品种，可在我国西北和华北小麦黄矮病流行区推广利用。

（二）防治蚜虫

小麦蚜虫是小麦黄矮病毒的唯一传播介体。因此，在准确测报的基础上，防治蚜虫，能够控制小麦黄矮病的流行和为害。

1. 种子处理　冬小麦的早播麦地，在播种前用药剂拌麦种和处理土壤可防治麦蚜并可兼治地下害虫。用 50%辛硫磷乳油按种子量的 0.2%拌种，也可用 48%毒死蜱乳油按种子重量的 0.3%拌种，拌后堆闷 4～6h 便可播种。小麦黄矮病重发区要土壤处理和药剂拌种相结合进行防治，土壤处理可以每公顷用 3%辛硫磷颗粒剂 30～37.5kg 均匀撒施于地面，随后将其翻入土中。

2. 喷药治蚜　在一般情况下，冬前可以不治蚜。但如冬前气温较高、干旱，则必须加强田间麦蚜调查。根据各地虫情，在 10 月下旬至 11 月中旬喷 1 次药，以防止麦蚜在田间蔓延、扩散，减少麦蚜越冬基数。冬麦返青后到拔节期防治 1～2 次，就能控制麦蚜与小麦黄矮病的流行。春麦区根据虫情，在 5 月上、中旬喷药效果较好。使用的药剂有 10%吡虫啉可湿性粉剂 4 000 倍液、3%啶虫脒乳油 2 000 倍液、25%噻虫嗪水分散粒剂 10 000 倍液、1.8%阿维菌素乳油 5 000 倍液、40%乐果乳油 1 000 倍液、50%辛硫磷乳油 1 500 倍液、20%氰戊菊酯乳油 1 500 倍液、10%氯氰菊酯乳油 1500 倍液等。

3. 当麦蚜开始在冬小麦根际附近越冬时，进行冬灌、冬前镇压、返青后耙耱，能有效地消灭田间残茬中和土壤表面的蚜卵，具有显著的防治效果。

（三）农业防治

加强栽培管理因地制宜地合理调整作物布局，及时清除田间及田边杂草。安排好茬口，冬麦区适期迟播，春麦区适当早播，合理密植，加强肥水管理，提高植株抗病力。如在种植糜子的地区，尽量压缩糜子的种植面积，可以减少麦蚜和病毒的越夏数量，起到一定的控病作用。此外，抓好肥水管理，促进小麦生长发育，增强其对病毒的抗（耐）性，可减轻黄矮病为害。冷凉高寒山区冬小麦采用地膜覆盖栽培，防病效果明显。

王锡锋（中国农业科学院植物保护研究所）

第 22 节　小麦丛矮病

一、分布与危害

小麦丛矮病在有些地区也称芦渣病、小蘖病，在河北俗称“坐坡”（彩图 2-22-1，1）。在我国分布较广，陕西、甘肃、宁夏、内蒙古、山东、山西、河北、河南、江苏、黑龙江、新疆、北京、天津等省（自治区、直辖市）均有发生。20 世纪 60 年代曾在我国陕西、甘肃、宁夏、内蒙古、河北和山东等省份的部分地区流行。1965 年，山东全省发病面积为 10 万 hm^2。70 年代在河北及北京、天津推行冬小麦在棉花、玉米田中套种的地区，病害扩展迅速。1979 年河北省发病面积为 13.27 万 hm^2，绝收 2 万 hm^2，损失小麦 1.5 亿 kg；北京市发病面积为 12.33 万 hm^2，毁种 666.67hm^2。80 年代又在内蒙古、黑龙江部分地区流行，1981 年内蒙古呼伦贝尔盟春小麦发病面积为 4.53 万 hm^2，造成严重损失。近年来，随着耕作制度的改革和机械化大面积播种小麦，丛矮病的发生为害也发生了变化。由过去的全田大面积发生变成常发生于临近果园、沟边、场地、路边的麦田边缘 1～3m 处，且田间多为丛矮病、绿矮病、矮缩病和黄矮病等多种病毒病混合侵染（彩图 2-22-1，2）。小麦感病越早，产量损失越重。人工接种结果显示，出苗后至 3 叶期感病的植株，冬前绝大多数死亡；分蘖期感病的植株，病情及损失均很严重，基本无收；返青期感病的损失 46.5%；拔节期感病的受害较轻，损失为 2.9%；孕穗期基本不发病。田间轻病田减产 10%～20%，重病田减产 50%以上，甚至绝收。根据病情轻重在田间调查时可划分为 0，1，2，3，4 级，

0级为免疫，无千粒重损失，1级病株千粒重损失52.6%，2级病株千粒重损失66.7%，3级病株千粒重损失93.2%，4级为千粒重损失93.2%以上。

二、症状

小麦丛矮病的重要特征是上部叶片有黄绿相间的条纹（彩图2-22-1，1），分蘖显著增多，植株矮缩，形成明显的丛矮状（彩图2-22-1，3）。在河北省中南部，冬小麦播种后20d即可出现症状，在麦叶上最初的症状为心叶有黄白色断续的虚线条，沿叶脉呈虚线状，逐渐发展成不均匀的黄绿相间的条纹，分蘖明显增多，可至20～30个，甚至更多。冬前感病的植株分蘖多而细弱，苗色变黄，大部分不能越冬而死亡，能越冬的轻病株返青后分蘖继续增多，表现细弱，叶部仍有明显黄绿相间的条纹，病株严重矮化，一般不能拔节抽穗或早期枯死。冬前染病较晚尚未表现症状以及早春染病的植株，在返青和拔节期陆续显症，心叶有条纹，与冬前显病植株相比，叶色变黄不明显，多不能抽穗或抽穗后不结实。拔节以后感病的植株只上部叶片显现条纹，能抽穗，但籽粒秕瘦。孕穗期染病的植株症状不明显。

除侵染小麦外，小麦丛矮病病毒还侵染大麦、黑麦、小黑麦、燕麦、粟（谷子）、部分高粱品种、稷、雀麦、野雀麦、虎尾草、大画眉草、小画眉草、画眉草、青狗尾草、金狗尾草、升马唐、看麦娘、日本看麦娘、早熟禾等24属65种禾本科植物。在禾本科植物上的症状表现仍然是条纹、矮化及丛生这3个特点（彩图2-22-2），成为该病害区别于其他病毒病的重要特征。

三、病原

小麦丛矮病病原为北方禾谷花叶病毒（*Northern cereal mosaic virus*，NCMV），属弹状病毒科细胞质弹状病毒属（*Cytorhabdovirus*）。病毒粒体弹状或杆状，病株超薄切片中病毒粒体大小为(50～54) nm×(320～400) nm（图2-22-1）；带毒灰飞虱唾液腺超薄切片中病毒体粒大小为（28～30）nm×(210～250) nm；抽提液中病毒粒体大小为（58～64）nm×（290～370）nm。有些病毒粒体长达590nm。病毒由核衣壳及外膜组成。核衣壳即核酸蛋白的螺旋结构，直径27～30nm。螺旋一般有60～70层，层间距约4.3nm。外膜上有突起，直径约10nm，按六角形排列。病毒粒体主要分布在细胞质内，常单个、多个、成层或成簇地包于内质网膜内。在传毒灰飞虱唾液腺中病毒粒体只有核衣壳而无外膜。

日本报道的NCMV具有13 222个核苷酸，9个开放阅读框，3′端非编码区（3′Leader）（ORF），5个推定的蛋白分别为核衣壳蛋白（nucleocapsid protein，N）、磷酸化蛋白（phosphoprotein，P）、基质蛋白（matrix protein，M）、糖蛋白（glycoprotein，G）和聚合酶蛋白（polymerase protein，L），在*P*和*M*基因之间有4个小的ORF（基因3，4，5，6），基因结构为3′Leader-N-P-3-4-5-6-M-G-L-5′Trailer（Tanna et al.，2000）。发生于河北、河南、山东和山西的小麦丛矮病的病原与日本报道的NCMV基因组序列同源性为93%，推导氨基酸序列同源性为99%；但*N*、*P*、*M*、*G*基因和小麦丛簇矮化病毒（*Wheat rosette stunt virus*，WRSV）相应基因没有同源性；3′端非编码区高度保守，5′端非编码区长度与日本的NCMV相比少了1个核苷酸，基因组全长为13 221个核苷酸（段西飞等，2010，2013）。

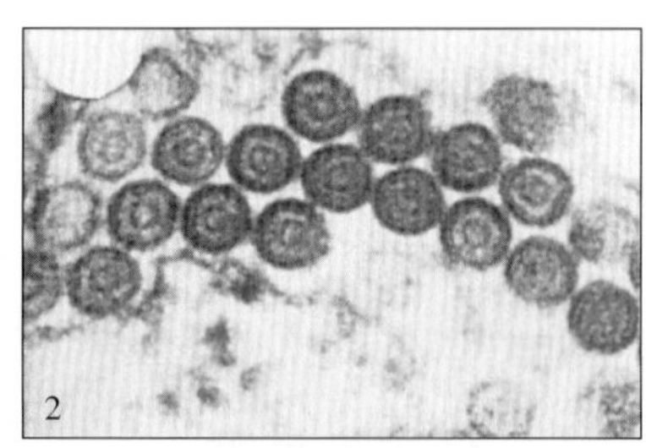

图2-22-1 小麦丛矮病病原形态（引自龚祖埙和陈巽祯，1977）
Figure 2-22-1 Electron micrograph of NCMV (from Gong Zuxun and Chen Xunzhen，1977)
1. 小麦丛矮病病原病毒粒体 2. 北方禾谷花叶病毒粒体

四、传播途径与传毒特性

北方禾谷花叶病毒（NCMV）不经汁液、种子和土壤传播，只由灰飞虱（*Laodelphax striatellus* Fallén）（彩图2-22-3）以持久性方式终生间歇传毒，且灰飞虱一旦获毒便可终生带毒，传毒至死亡。灰飞虱吸食病株后，病毒在虫体内需经循回期才能传毒。在日平均温度26.7℃条件下最短循回期为7～9d，最长循回期为 36～37d，平均 10～15d；在 20℃条件下最短循回期为 11d，最长循回期为 22d，平均 15.5d。一、二龄的若虫易获毒，而传毒能力以成虫最强。灰飞虱的最短获毒期为 12h，最短传毒期为 20min，获毒率及传毒率随吸食时间而提高。连续吸食病株 72h 获毒率可达 60%，一旦获毒可终生带毒。但病毒不经卵传递，带毒若虫越冬时，病毒可在若虫体内越冬。灰飞虱具间歇传毒的特性，能传毒天数占测定天数的 5.9%。

五、病害循环

灰飞虱适应性强、分布广，我国南自浙江，北到黑龙江，东起山东，西至新疆，均有灰飞虱发生。其世代数因各地气候不同而异。江苏 1 年发生 6 代，湖北 1 年发生 5～6 代，天津稻区发生 4～5 代。河北省中南部 1 年发生 5 代，以第五代（又称越冬代）三至五龄若虫越冬，其中四龄越冬虫占 77.8%。灰飞虱一个极为重要的习性是趋向嫩绿寄主植物。这一习性驱使它在一年内随季节变化和植物的交替更新而进行周期性的寄主转移，同时传播病毒病。在冬麦区，第四代灰飞虱成虫秋季从病毒的越夏寄主上大量迁入麦田为害，造成早播麦田秋苗发病的高峰。越冬代若虫主要在麦田、杂草及其根际土缝中越冬。小麦丛矮病病毒也随之在越冬寄主和灰飞虱体内度过冬季，成为第二年的毒源。春季随着气温的升高，秋季感病晚的植株陆续显症，形成早春病情的一次小峰。此时越冬代灰飞虱也逐渐发育并继续为害，传播病毒，造成发病的高峰。灰飞虱喜在小麦、水稻、大麦、稗草、马唐草等禾本科植物上取食繁殖。第一代灰飞虱主要在麦田生活，待小麦进入黄熟阶段，第一代成虫迁出麦田，到玉米田、水稻秧田、杂草等禾本科植物上生活。第二代、三代和四代灰飞虱有世代重叠现象，在生长茂盛的秋作物、田间杂草上或荫蔽的水沟边的杂草丛中越夏。自生麦苗、谷子、狗尾草、画眉草、升马唐等是病毒的主要越夏寄主。秋季在小麦苗期，第四代成虫又迁入麦田传毒为害，由此形成小麦丛矮病的周年循环（图 2-22-2）。

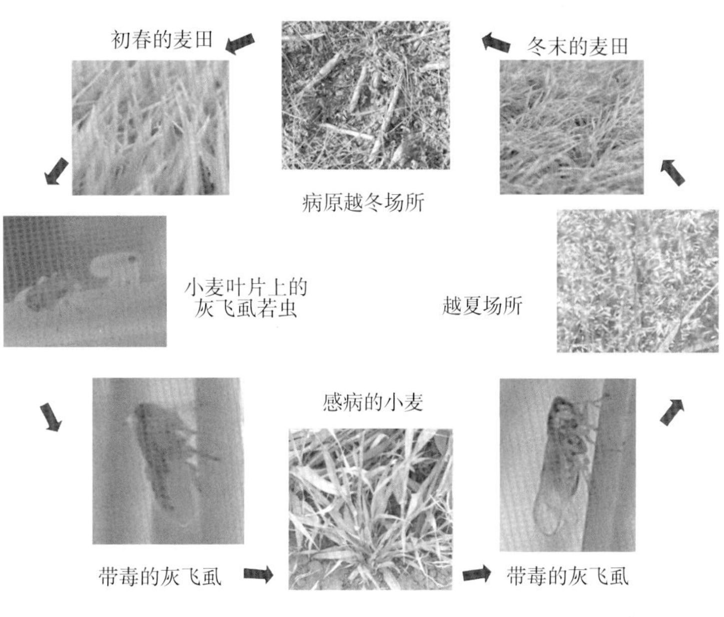

图 2-22-2　小麦丛矮病病害循环（王锡锋提供）
Figure 2-22-2　Disease cycle of wheat rosette stunt (by Wang Xifeng)

六、流行规律

灰飞虱是小麦丛矮病的主要传毒介体，凡对介体昆虫繁殖和保存病毒有利的种植制度、栽培管理措施及气象条件，均有利于小麦丛矮病的发生。病害多发生在地头田边或靠近沟渠处及晚秋作物上，这些地方杂草丛生，吸引灰飞虱栖息，有些杂草又是病毒的寄主，故邻近灰飞虱栖息场所的麦田发病较重。间作套种的麦田发病重，精细耕翻的麦田发病轻。秋作物收获后不耕地，田间杂草多，或者直接在秋作物行间套种小麦，这样的地块飞虱数量大，小麦出苗后吸引其取食和传毒，发病往往很重。早播麦田发病重，适期播种的发病轻。早播麦田出苗早，正是越冬前灰飞虱集中活动为害期，感病机会多，同时温度高，有利于病毒增殖、积累，这种情况下冬前发病重，冬后发病也重。夏秋多雨的年份，气候潮湿，杂草大量滋生，有利于灰飞虱繁殖越夏；冬暖春寒有利于灰飞虱越冬，不利于麦苗的生长发育。因此，夏秋多雨、冬暖春寒的年份发病较重。

七、防治技术

北方冬麦区，如河北、山东等省及北京市应采取以避免早播、不在秋作物田中套种小麦等农业措施为主，辅以药剂综合防治传毒介体的措施。春麦区，如内蒙古、黑龙江等地应采取以种植抗（耐）病品种为主，辅以药剂防治的综合防治传毒介体的措施。

（一）农业防治

1. 合理安排种植制度 小麦平作，不在棉田和其他作物田中套作是控制冬麦区小麦丛矮病流行的关键措施。北京市提出不在玉米田中套种小麦，河北省棉—麦种植区改小麦秋季在棉田中套种为棉花春季在小麦田中套种。采用以上措施利于小麦播种前施足底肥、翻耕灭草，消除灰飞虱的适生环境，压低虫源、毒源，有利于小麦的生长，减少病毒为害。

2. 清除杂草、适期连片种植 地边、垄沟上的杂草是毒源、虫源的集中地和秋季小麦丛矮病的初侵染源。因此，小麦播种前要除净地边、垄沟上的杂草。适期连片种植，避免早播，可减轻苗期及田边受害程度。

3. 加强田间管理 麦田灌冻水有利于小麦安全过冬，而对灰飞虱越冬不利。早春抓紧压麦、耙麦，兼有灭虫及增产作用。小麦返青期对病苗早施肥水可以增加成穗率，减少损失。

4. 选用抗（耐）病品种 此项措施是春麦区防治小麦丛矮病的基础。内蒙古的呼麦3号、黑龙江的东农川春小麦均具有较好的抗病性及丰产性，已在生产上推广应用。

（二）药剂防治

1. 狠抓播种期及苗期防治 秋季是冬麦区药剂防治的关键时期。早播田、在秋作物中套种小麦田及与秋作物插花种植的小块麦田是防治的重点。北京市的做法是，在实施适期播种等农业措施的基础上辅以药剂防治，用50%辛硫磷乳油按种子量的0.2%拌种，也可用48%毒死蜱乳油按种子重量的0.3%拌种，拌后堆闷4～6h便可播种；或用吡虫啉有效成分420g，或25%噻虫嗪水分散粒剂240～360g，加水1.5～2kg，喷拌麦种100kg，堆闷3～5h后播种，杀虫防病效果良好。

河北省中南部，于小麦播种后出苗前在套种麦田喷药治虫，出苗后喷药保护幼苗。可选用2.5%三氟氯氰菊酯乳油3 000～4 000倍液或10%吡虫啉可湿性粉剂1 500～2 000倍液等药剂。9月下旬播种的喷药2次，10月上旬播种的喷药1～2次，一般防病效果在70%～80%；10月中旬播种的一般可以不喷药。套作麦田及小块插花种植麦田需全田喷药；大片平作麦田一般在地边喷5～7m药带（连同道边杂草及邻近的秋作物田边）即可。

2. 小麦返青期治虫 对秋季漏治的麦田、邻近秋作物的晚播麦田及稻茬麦田进行全田喷药或喷药带。河北省中南部在小麦返青至拔节期喷药，一般喷1～2次。用10%吡虫啉可湿性粉剂或2.5%三氟氯氰菊酯乳油等菊酯类药剂，按推荐用量喷雾。喷药时应连同麦田周围的杂草一同喷施，可显著降低虫口密度。必要时，可用45%草甘膦水剂8.25L/hm^2，对水450L，针对田边地头进行喷雾，杀除田边杂草，破坏灰飞虱的生存环境。

3. 防治指标及使用药剂 灰飞虱带毒率在1%～9%时，每平方米有虫18头需进行防治；带毒率在10%～20%时，每平方米有虫9头需进行防治；带毒率在21%～30%时，每平方米有虫4.5头即需防治。可用10%吡虫啉可湿性粉剂10g加4.5%高效氯氰菊酯水乳剂30mL对水喷雾，间隔5～7d喷第二次。同时对飞虱、叶蝉、瑞典蝇、土蝗、蟋蟀等害虫均可起到控制作用。

王锡锋（中国农业科学院植物保护研究所）
苗红琴（河北省农林科学院植物保护研究所）

第23节 小麦矮缩病

一、分布与危害

小麦矮缩病最早由Vacke于1961年在捷克斯洛伐克的西部发现，随后在欧洲的多个国家陆续有报道。目前已经证实，小麦矮缩病分布于北非、欧洲、亚洲和大洋洲的多个国家。矮缩病主要侵害小麦、大麦和燕麦等禾本科作物。麦类作物感病后，体内激素代谢遭到干扰和破坏，导致分蘖无限增多，节间缩短，不能抽穗，造成产量严重下降。在欧洲的捷克、斯洛伐克、法国、德国和西班牙等国家先后严重发生，减产可达40%～80%，损失惨重。2001—2005年，匈牙利的麦类作物上发生的病毒病害95%以上都是由小麦矮缩病毒引起的。我国以前没有小麦矮缩病的报道，2004年以后我国许多地区小麦发生严重矮化、黄化且不能抽穗，经鉴定是小麦矮缩病所致。对从国内15个省份采集的标样鉴定发现，小麦矮缩病毒在我国已经广泛存在。2007年开始小麦矮缩病已经在陕西省局部地区流行，发病田平均病株率为80%，严重矮缩病株约占20%，减产达50%～80%。

二、症状

小麦拔节之前受到侵染会造成植株严重矮缩，轻者株高为20cm，重者仅10cm，自此植株就不再增高，拔节之后受侵染的小麦分蘖长短不一，根部有众多的小分蘖产生；受寄主种类、品系、生长期及生理条件、病毒株系、接种剂量和环境条件等因素的影响，发病植株的叶片症状呈现多样性，有的严重黄化，有的保持着浓绿的颜色；有的叶片具有褪绿斑晕圈，叶尖呈现紫褐色；有的叶片叶脉黄绿相间；有的叶片有不规则的褪绿斑块；有的植株的心叶失绿变黄；发病严重的植株不抽穗或抽穗很少，病株矮化严重，分蘖减少，严重时病株在拔节前即死亡，轻病株虽能拔节，多不抽穗，有的虽抽穗，但籽粒不实（彩图2-23-1）。

三、病原及传毒介体

小麦矮缩病的病原为小麦矮缩病毒（*Wheat dwarf virus*，WDV）属双生病毒科玉米线条病毒属（*Mastrevirus*）。病毒粒体为球状孪生颗粒，直径为18nm，20面对称，蛋白衣壳呈六边形（彩图2-23-2，1）。WDV的核酸重量占总重的20%，它的基因组包含一个环状的单链DNA，由2 739～2 750个核苷酸组成，编码4个蛋白和2个非编码区，包括运动蛋白（MP/V1）、外壳蛋白（CP/V2）、两个复制酶相关蛋白酶（Rep A和Rep）、LIR和SIR（图2-23-1）。

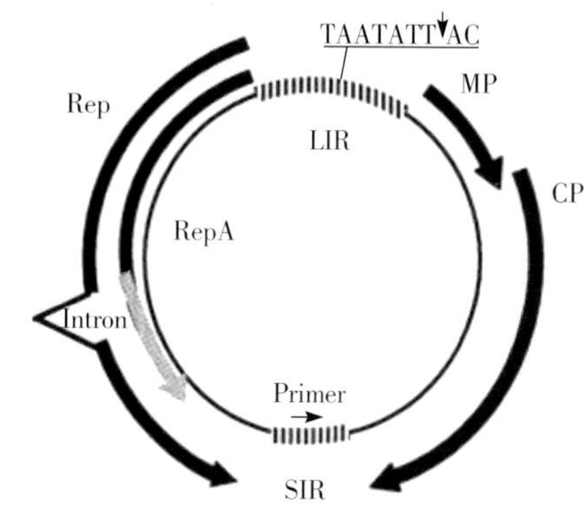

图2-23-1　小麦矮缩病毒（WDV）的基因组结构（吴蓓蕾绘）

Figure 2-23-1　Genome organization of WDV (by Wu Beilei)

基因组为单组分，大小约为2.75kb，含有4个开放阅读框（ORF）。其中病毒链编码外壳蛋白（CP）和移动蛋白（MP），互补链编码RepA和Rep蛋白。在ORF之间由大、小两个非编码区（LIR和SIR）隔开。MP和CP基因分别由V1和V2 ORFs编码。LIR含有联体病毒复制起始所需的“TAATATT /AC”的保守序列和其他作用元件

小麦矮缩病毒由条沙叶蝉（*Psammotettix striatus* Linnaeus）传播，条沙叶蝉属同翅目叶蝉科（彩图2-23-2，2）。成虫体长约4.0mm，全体灰黄色，头部呈钝角突出，头冠近端处具浅褐色斑纹1对，后与黑褐色中线接连，两侧中部各具1不规则的大型斑块，近后缘处又各生逗号形纹2个，颜面两侧有黑褐色横纹；复眼黑褐色；1对单眼；前胸背板具5条浅黄色至灰白色条纹纵贯前胸背板上，与4条灰黄色至褐色较宽纵带相间排列；小盾板两侧角有暗褐色斑，中间具明显的褐色点2个，横刻纹褐黑色；前翅浅灰色，半透明，翅脉黄白色；胸部、腹部黑色；足浅黄色；卵长0.93mm，长卵形，浅黄色；若虫共5龄，五龄时背部可见深褐色纵带。若虫从一龄长到五龄需要35d左右，产卵孵化期约为10d。主要分布在东北、华北、西北、长江流域。寄主为小麦、大麦、黑麦、青稞、燕麦、莜麦、糜子、谷子、高粱、玉米、水稻等。以成、若虫刺吸作物茎叶，致受害幼苗变色，生长受到抑制。条沙叶蝉除传播小麦矮缩病毒外，还传播引起小麦蓝矮病的植原体。

四、病害循环与发病规律

小麦矮缩病的病害循环与传病叶蝉的发生规律及寄主植物的分布、生物学特性密切相关。夏秋期间条沙叶蝉多分散于秋作物和杂草上，秋末及冬、春则集中于麦田为害，因此田连阡陌、杂草丛生，既是条沙叶蝉生息的场所，又是病毒寄宿和传播的毒源，所以在翌春小麦返青时，幼嫩的麦苗吸引着作物和杂草上越冬的带毒条沙叶蝉，不久小麦就会表现出矮缩的症状；有些植株在越冬之前就已经感染了病毒，发病很严重。随着条沙叶蝉群体的不断扩大，呈矮缩症状的植株越来越多。秋播以前，田野禾草均已衰枯，条沙叶蝉急待转移新的觅食场所，小麦出苗愈早聚集的介体亦愈多，所以小麦播种

时期愈早发病愈重。

五、防治技术

（一）选育推广抗病良种

由于小麦矮缩病在我国发生的时间较短，目前还不清楚国内小麦品种的抗病性。根据欧洲各国的经验，小麦种质资源中存在抗（耐）病的材料。匈牙利和德国育成了 Banquet、Svitava、Bohemia、Mv Vekni 和 Mv Dalma 等中度到高抗的小麦品种，以及高抗的 Kijevska JA7 和 SGU 8077B 等育种材料，对防治小麦矮缩病起到了很大作用。我国西北地区的小麦育种单位应该把抗矮缩病列为育种的目标之一，尽快选育出抗病良种。

（二）农业防治

实行农作物大区种植，科学安排种植结构；掌握好播种期，严防早播，适时晚播，是一项关键的防病栽培技术。要精耕细作，清除杂草寄主。麦收后及时灭茬深翻。麦苗越冬期间做好镇压耙耱，使麦苗安全越冬并压埋清除带越冬卵的残茬，减少春季虫口。通过合理密植，增施基肥、种肥，合理灌溉，改变麦田小气候，增强小麦长势，抑制传毒害虫发生。

（三）药剂防治

对早播小麦田、向阳小气候优越的麦田，用直径 33cm 的捕虫网捕捉成、若虫，当每 30 单次网捕 10～20 头时，及时喷撒 1.5%乐果粉、4%敌马粉剂、4.5%甲敌粉剂，每公顷用药 22.5～30kg；也可用芸薹素 7 500 倍液、5%高效氯氰菊酯乳油 1 000 倍液、病毒立克 1 000 倍液（或其他防病毒病药剂）、尿素 750 倍液和磷酸二氢钾 300 倍液混合喷雾。配制药液时，先用 40～50℃温水，将一包 2g 的芸薹素化开后搅匀，1min 后将尿素、磷酸二氢钾、病毒立克等倒入，加满水，再搅拌 1min 就可喷施了。必须做好药剂拌种工作，播种前用 75%甲拌磷 100g，对水 3～4L，喷洒在 50kg 种子上，闷种 12h 后晾干播种，以防治出苗初期的叶蝉。如苗期虫口密度很大，可用 40%乐果乳油 1 000～2 000 倍液喷洒，或 40%氧化乐果乳油 1 000～2 000 倍液喷洒、25%亚胺硫磷乳油 1 000 倍液喷洒。

王锡锋（中国农业科学院植物保护研究所）

第 24 节　小麦黄花叶病

一、分布与危害

小麦黄花叶病是危害我国小麦生产的重要病毒病害，主要分布在北部冬小麦区的胶东沿海区，黄淮冬小麦区，长江中、下游冬小麦区和西南冬小麦区的四川盆地等，包括四川、陕西、河南、山东、江苏、安徽、浙江、湖北等 8 个省（Chen，1993；Chen 等，2000a；阮义理等，1997）。四川省主要分布在雅安市的天全和汉源县、甘孜的泸定县（陶家凤等，1980；王鸣岐等，1980）。陕西省主要分布在关中渭河流域的周至、长安和岐山等县（区）(张秦风等，1979；张秦风等，1988；安德荣等，1993；张秦风等，1995)。河南省主要分布在信阳市的固始、潢川、息县、淮滨、商城、光山和信阳等县（市），南阳市的邓州市，平顶山市鲁山县，驻马店、南阳和许昌等市下辖的部分县（市）零星发生。山东省主要分布在胶东半岛的荣成、文登、黄县、招远、福山、蓬莱、栖霞、莱西、莱阳、海阳和牟平等县（区、市）；临沂市的临沂、郯城、苍山、临沭、日照、莒南、蒙阴、沂水、沂南、沂源等县（市）；潍坊市的昌邑、平度、高密等县（市）；青岛市的崂山、即墨、胶州和胶南县（市）；济宁市及下辖的微山县。浙江省主要分布在杭州市淳安县，台州市的温岭，安吉，新昌，天台等县（市），绍兴市的嵊州市，金华市的兰溪市，衢州市江山县（林美琛等，1985，1986；吴素琴等，1985；林美琛等，1991）。江苏省主要分布在苏南和苏北沿江及里下河的部分县（区、市）（张月季等，1986；林美琛等，1991；侯庆树等，1990）。安徽省主要分布在滁州市的天长市和来安县（侯庆树等，1994；朱训永等，1996）。湖北省主要分布在武汉市和黄冈市（侯明生等，1986）。阮义理等（1997）报道，上海市也有小麦黄花叶病发生。

随着种植制度的改变，特别是冬小麦种植区的变化，小麦黄花叶病分布区域也发生了变化，其中，河南老病区信阳和南阳仍然比较严重，驻马店市几乎所有县（市）均有发生，成为新的重病区，商丘成为新病区。江苏省扬州市、大丰、泰州、常州、六合、淮安等县（市）发生严重，其中，大丰、宝应县、兴华市发现中国小麦花叶病毒（*China wheat mosaic virus*，CWMV）单独或与WYMV复合侵染，复合侵染区在江苏呈扩大的趋势。山东省发现滕州和泰安两个新病区，其他老病区病害仍然严重。安徽省主要分布在滁州、来安、天长等地。湖北省新发现襄樊、丹江口、随州等3个新病区，武汉和黄冈病害仍然存在。陕西主要分布在武功和周至两个县。四川内江市威远镇发现病害（孙炳剑等，2011b）。2012年，我们在贵州省也检测到病害的发生（图2-24-1）。

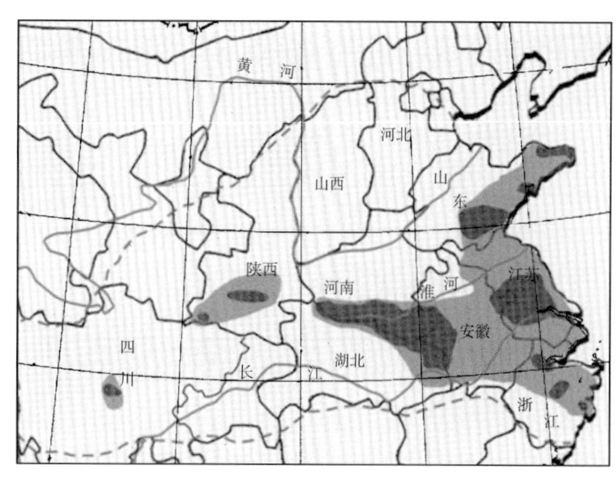

图2-24-1　我国小麦黄花叶病分布（陈剑平提供）
Figure 2-24-1　Distribution of *wheat yellow mosaic virus* in China (by Chen Jianping)

感染小麦黄花叶病的小麦，成熟期穗短小，秕子多，部分小穗死亡，造成不同程度的产量损失，一般病田小麦减产10%～30%，重病田减产可高达50%～70%，甚至绝收。河南省潢川县1991年小麦黄花叶病大发生，发病面积达23 333hm^2，其中3 333hm^{2}绝收；1970—1998年我国累计发病面积达206 666hm^2（陈炯等，2000）；1989年江苏省南京六合区有13个乡镇小麦发病，累计发病面积达23 666.6hm^2，病株率20%～40%，减产20%～30%，严重田块病株率90%以上，基本绝收（朱训永等，1996）。陕西省户县一块1 333.4m^{2}的麦田，由于该病侵害，只收获12.5kg小麦（安德荣等，1993）。山东胶东半岛的小麦花叶病是由WYMV和CWMV混合侵染引起，为害更为严重，感病品种常常整片死亡（叶荣等，2000）。

二、症状

温度是小麦黄花叶病发展及症状表现的主要决定因素。4～13℃是小麦显症的最佳温度，当日均温大于20℃，症状逐渐消失。在我国不同地区因气温不同显症时间存在差异，江苏南部和浙江等地2月中旬到3月上旬显症（林美琛等，1985），华中地区一般在2月下旬到3月中旬显症（周广和等，1990），山东胶东地区显症期在3月下旬到4月上旬（罗瑞梧等，1982）。受害小麦嫩叶上呈现褪绿条纹或黄花叶症状，后期在老叶上出现坏死斑，叶片呈淡黄绿色到亮黄色，严重时心叶扭曲，植株矮化，分蘖减少，甚至造成小麦死亡，从远处看病田出现黄绿相间的斑块（彩图2-24-1）。

小麦黄花叶病毒侵染小麦，叶片细胞中会形成复合膜状体、板状集结体、风轮体和圆柱状体。新鲜病叶的超薄切片中可观察到大量风轮体和膜状体，病毒状粒体散布在细胞质中，或与膜状体及风轮体结合。病叶中风轮体成群出现，同一组内风轮体常平行排列，而相邻群间常垂直排列。膜状体几乎充满整个细胞，内质网呈辐射状与膜状体相连。在发病初期的心叶叶肉细胞质的液泡附近可见到病毒束，而分散的病毒则多见于发病中后期坏死的细胞中。感病细胞的叶绿体、线粒体、核、质膜及胞间连丝中均未见病毒（阮义理等，1991）。WYMV与CWMV复合侵染时，病毒会导致细胞器病变，内质网膨大，核糖体剧增，叶绿体和线粒体破坏，两种病毒在细胞中以束状存在，但是彼此独立分布（陈剑平，1993）。也有实验证明，在同一个细胞中CWMV粒体束分布在外围，紧紧包围WYMV（杨建平，2000）。

三、病原

小麦黄花叶病的病原为小麦黄花叶病毒（*Wheat yellow mosaic virus*，WYMV），属马铃薯Y病毒科大麦黄花叶病毒属（*Bymovirus*）。粒体线状，直或弯曲，直径2～14nm，长度274～300nm或550～700nm，其中后者占多数，1 000nm以上的粒体也曾检测到（彩图2-24-2）（陈剑平和阮义理，1990）。基因组由两条单链正义的RNA组成，RNA1和RNA2均含有一定长度的Ploy（A）尾巴（图2-24-2）。RNA1（AJ131981）长7 635个核苷酸，5′-UTR长162个核苷酸，含7 215个核苷酸的大开放阅读框（open reading frame，ORF），编码1个由2 551个氨基酸组成的分子质量为269ku的多聚蛋白，经蛋白酶切割后生成8个成熟蛋白，从N端到C端依次为P3、7K、CI、14K、NIa-VPg、NIa-Pro、NIb和CP。RNA2（AJ131982）长3 656个核苷酸，5′-UTR和3′-UTR分别长169个和767个核苷酸，含1个核苷酸的大开放阅读框，编码1个由904个氨基酸组成分子质量为101ku的多聚蛋白，经蛋白酶切割后生成P1和P2两个成熟蛋白（陈炯等，2002；陈剑平，2005；Chen et al.，2000b）。

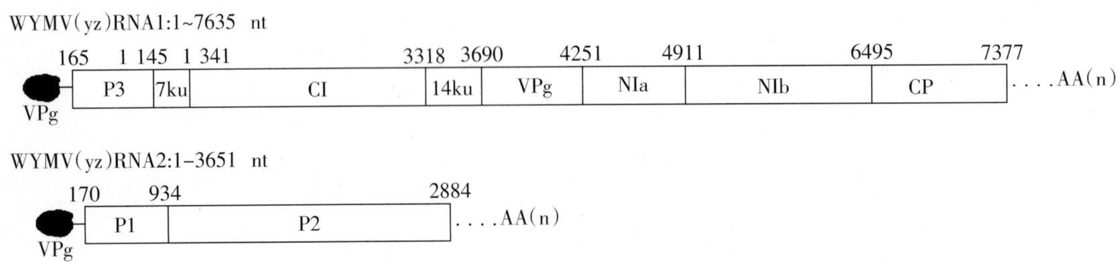

图2-24-2 小麦黄花叶病毒（WYMV）扬州分离物基因组结构（陈剑平提供）

Figure 2-24-2 Genome organization of WYMV Yangzhou isolate（by Chen Jianping）

根据WYMV不同分离物对小麦品种致病性的差异，Kusume等（1997）将日本WYMV分为WYMV-T和WYMV-H 2个株系，WYMV-T能侵染Norin 61和Hatakedako Mugi，而WYMV-H不能侵染；相反WYMV-T不能侵染Chihokuko和Horoshirilo Mugi，而WYMV-H能侵染。在中国，根据不同品种田间抗病性表现的差异，将WYMV雅安和扬州两个分离物鉴定为不同的株系，扬州株系可以侵染Colosseo、Colfiorito、Platani和Akako Mugi等4个小麦品种，而雅安株系不能侵染；扬州株系不能侵染Haruyutaka，而雅安株系却可以侵染。这两个株系可能与日本的株系不同（Chen et al.，2000a，2000b）；即使在江苏省内，不同地区WYMV分离物致病力也有明显的区域性差异，镇05069、镇06069和镇06011三个小麦品系，在六合、江宁、宜兴和兴化病土上表现为抗病，而在苏州病土上表现为感病。我国冬小麦种植区地理跨度大，环境差异显著，种植结构及栽培方式复杂多样，品种差异大，WYMV可能存在更多不同的致病株系。

遗传进化分析表明，WYMV不同分离物之间存在分子变异。WYMV扬州分离物、雅安分离物与日本分离物RNA1序列比对结果表明，WYMV扬州分离物与日本代表分离物更接近，两者RNA1全序列的核苷酸同源性以及其编码多聚蛋白氨基酸同源性分别为98.1%和97.7%，高于雅安分离物和日本代表分离物核苷酸和氨基酸同源性（Chen et al.，2000a）。对国内8个来源不同的WYMV分离物RNA1和RNA2序列比对分析发现，所有分离物序列无一彼此完全相同（雷娟利等，1998）。WYMV不同分离物CP序列也存在差异，来源不同的15个分离物CP核苷酸同源性为96.6%～99.9%，氨基酸同源性为94.5%～100%，其中，氨基酸差异主要出现在CP核心区域（Chen et al.，2000b）。通过酶切位点分析也发现，不同WYMV分离物*CP*基因存在差异，扬州的4个WYMV分离物、滁州的3个分离物和邓州分离物*CP*基因的酶切位点与潢川分离物相同，周至的7个分离物均无*Xba* Ⅰ位点，而多1个*Sty* Ⅰ位点，雅安分离物与潢川分离物相比无*Xba* Ⅰ位点。说明同一地区的WYMV变异较小，而不同地区的WYMV则呈现一定的变异（韩成贵等，1999）。对基因数据库登录的WYMV所有分离物序列做系统进化分析发现，虽然存在一些明显的进化相关群体，如武汉与罗田WYMV分离物，长安和周至分离物等各自成簇，但是地理分布、致病性差异与成簇无明显相关性。

另外，在摩擦接种条件下WYMV RNA1会出现自发的缺失现象。在感病小麦上摩擦接种继代转接WYMV，第十二代就能检测到部分的缺失突变RNA1，缺失部分发生在RNA1从5′-UTR（第68核苷酸）到*CI*基因编码区的3′端（第2 448核苷酸）共缺失2 380个核苷酸。RNA1内部缺失的WYMV分离物，表现出较强的致病性，摩擦接种小麦后，症状加重，发病时间缩短（杨军等，2005）。这种RNA自发缺失的现象在土传小麦花叶病毒（*Soil-borne wheat mosaic virus*，SBWMV）和大麦和性花叶病毒（*Barley mild mosaic virus*，BaMMV）上都有报道（Chen et al.，1994，1995a，1995b），不过SBWMV RNA2缺失出现在*CP*基因通读区域，BaMMV RNA2缺失出现在*P2*基因的3′端。这种自发缺失突变的机制以及其生物学意义尚不完全清楚。

在早期研究中，除了小麦黄花叶病毒外，我国还有大量小麦梭条斑花叶病毒（*Wheat spindle streak mosaic virus*，WSSMV）的报道。由于WYMV和WSSMV具有相似的症状、寄主范围、病毒粒体形态、传播介体和强烈的血清学关系，曾有人将它们鉴定为同种异名（Usugi & Saito，1979）。随着研究的深入，发现它们的基因组同源性差异很大，WYMV和WSSMV不同分离物CP核苷酸序列同源性仅为

67.7%～77.7%（Chen et al.，1999）。遗传进化分析表明，中国和日本的 WYMV 分离物归为一簇，欧洲和北美的 WSSMV 归为另一簇（图 2－24－3）。因此，WYMV 和 WSSMV 应该为同属不同种的病毒。其中，WYMV 主要分布在日本、韩国和我国，WSSMV 主要分布在北美和西欧各国（Chen et al.，1999）。我国并未发现 WSSMV。

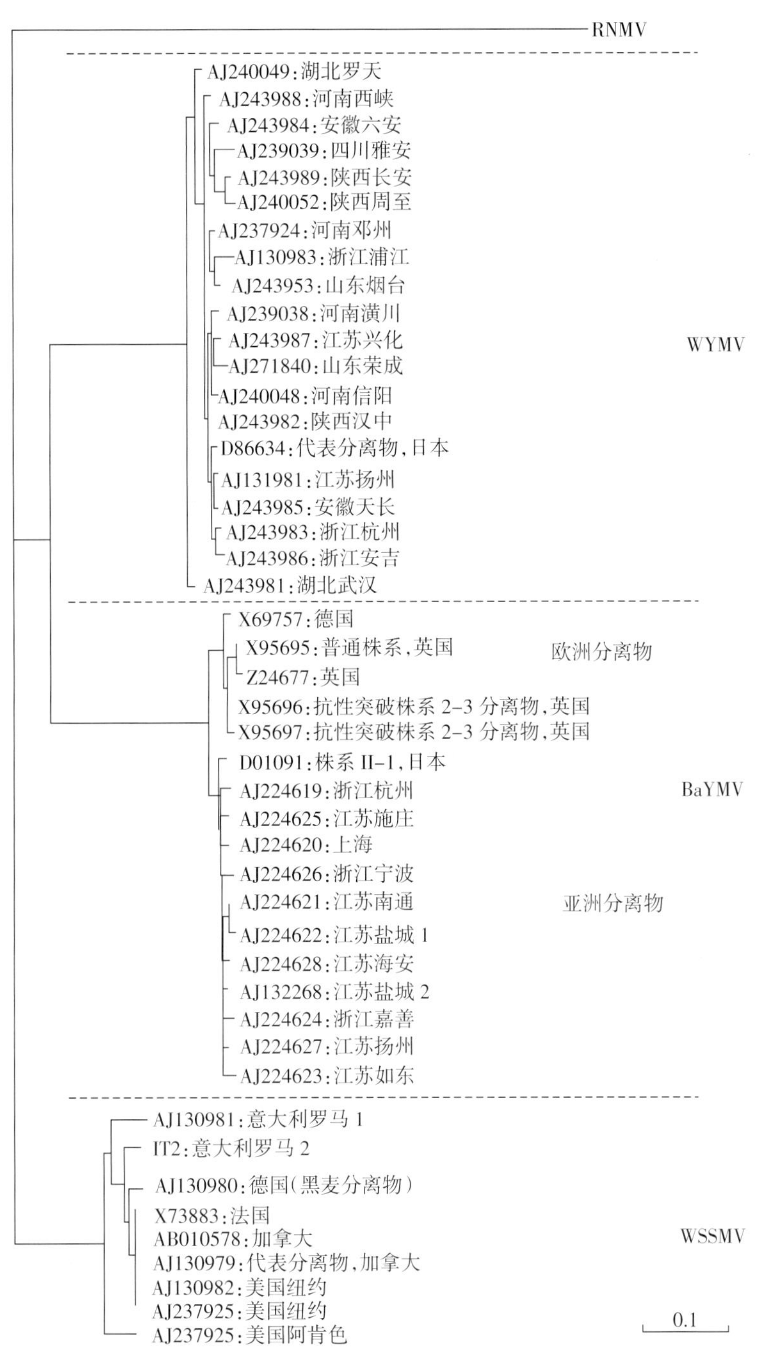

图 2－24－3　WYMV、WSSMV 和 BaYMV CP 核苷酸序列进化树分析（陈剑平提供）

Figure 2－24－3　Phylogenetic analysis of the CP nucleotide sequence of isolates of WYMV, WSSMV and BaYMV (by Chen Jianping)

注：GCG 程序分析，RNMV 为根植外围序列

四、流行规律

（一）传播介体

小麦黄花叶病毒（WYMV）的传播介体是禾谷多黏菌（*Polymyxa graminis* L.）（彩图 2－24－2）。该菌是一种专性寄生于禾本科植物根部的低等真核生物，属于根肿菌纲多黏菌属（*Polymyxa*），寄主范

围非常广，可以寄生普通小麦（*Triticum aestivum*）、硬粒小麦（*Triticum durum*）、黑麦（*Secale cereale*）、大麦（*Hordeum vulgare*）和燕麦（*Avena sativa*）等30多种谷类作物，自身无致病能力，对寄主生长和发育基本上没有影响，但是可以传播多种植物病毒而引起严重的病害，造成重大的产量损失（Adams，1991）。Ledingham（1939）首次报道了小麦根部的禾谷多黏菌，并描述了形态和生活史。我们对该菌生活史、超微结构、携带和传播病毒的特性进行了详细的研究（陈剑平 & Adams，1992，1993；陈剑平等，1992，2004，2005；Guo & Liang，2005）。

寄主残根或散落在土壤中的禾谷多黏菌休眠孢子堆，经过一段休眠期，释放初生游动孢子侵染寄主植物，并且将体内携带的病毒传致寄主细胞，或者在病植株根部获毒。初生游动孢子侵入寄主细胞后形成原生质团，产生游动孢子囊，释放次生游动孢子，次生游动孢子携带病毒再次侵染植物寄主，形成原生质团和游动孢子囊，不断侵染循环，或形成休眠孢子堆，完成生活史。至于形成游动孢子囊，还是形成休眠孢子堆的原因目前仍不清楚（陈剑平，1992；陈剑平等，2004）（有关禾谷多黏菌的生活史示意图见大麦黄花叶病一节，图2-37-5）。

禾谷多黏菌最适的生长温度为18℃，低于5℃休眠孢子不能萌发，高于28℃游动孢子不能正常游动（Adams，1991）。休眠孢子带毒率比较低，只有1%～2%，但是携带病毒的休眠孢子具有很强的侵染能力，病土稀释15 625倍仍然可侵染小麦，干燥的病土带毒时间可超过10年（陈剑平，1993）。

（二）发病规律

自然条件下，WYMV仅在冬小麦种植区侵害。从病区引种（种子携带微量病土或小麦病根）是病害长距离传播形成新的侵染点的主要途径，而机械化跨病区作业或跨病区灌溉是病害近距离传播蔓延的主要途径。土壤中的禾谷多黏菌休眠孢子堆可随耕作、流水等方式扩散从而导致病害流行（Carroll et al.，1997）。病毒在禾谷多黏菌休眠孢子堆内越夏，秋季小麦播种后，休眠孢子萌发产生游动孢子，病毒随游动孢子侵入小麦根部表皮细胞。禾谷多黏菌在小麦根部细胞内可再次产生游动孢子进行多次再侵染。在冬小麦种植区，小麦播种后10d，病毒随游动孢子开始侵染，播种后30d可以检测到根部的病毒，随后7～14d可以在叶部检测到病毒，但是此时小麦一般无症状，一直到第二年春季返青后才表现症状。根组织中的病毒含量在秋冬季增加，嫩叶中的病毒含量在冬末和早春增加。病毒复制、细胞间运动以及系统性运动都只在低于5℃条件下发生（Ohto & Naito，1997；Cunfer et al.，1988）。小麦近成熟时禾谷多黏菌在小麦根内形成休眠孢子堆，随病根残留在土壤中存活（彩图2-24-2）。休眠孢子堆在土壤中可存活10年以上。

病害的发生与土壤温度、湿度、质地、栽培条件和品种抗病性等因素有关。低温高湿有利于病害发生，病害发生的温度范围是5～17℃。病毒复制的最适温度为15～17℃，当平均温度超过20℃时，病毒侵染明显受到抑制。因此，秋季降雨有利于病害传播和侵入，春季低温寡照有利于病毒的复制和症状表达。连作感病小麦品种会导致病害流行，播种偏早等条件均会使病情加重，休耕在一定程度上能降低病害的侵染性（Slykhuis，1970）。

在我国山东烟台、荣成两地WYMV与CWMV复合侵染。在复合侵染的病田中，叶片中WYMV可检出时间比CWMV早30～50d，可能CWMV在根中增殖或/和向地上部运输的速度比WYMV慢，也可能WYMV和CWMV存在某种互作机制，尚不明确。在抗性类型不同的小麦品种检测到WYMV的时间也存在差异，发病较重的品种如Cirillo和扬麦158检测到WYMV较早，在中度感病的品种中检测到WYMV的时间较迟（杨建平，2000）。相同品种年度间检测到WYMV的时间存在差异，多数品种检测到WYMV时间越早病害越重。这种现象在WSSMV侵染的小麦上也存在，Carroll等（1997）连续两个生长季节用ELISA检测两个感病品种，第一年度小麦播种后4个月才检出WSSMV，第二年度小麦播种后2个月便检出WSSMV，第二年度病害发生程度显著高于第一年度。因此，可以将秋季播种后检测出病毒时间的早晚，作为一项预测春季病害发生程度的指标，指导采用合理的农业措施，如加强水肥管理，增施氮肥和提前中耕等措施来降低病害造成的损失。

五、防治技术

（一）抗病品种筛选

由于禾谷多黏菌传播的小麦病毒一旦传入无病田就很难彻底根除，尽管轮作、改种非禾谷多黏菌寄主作物、休耕、推迟播期、增施有机肥、春季返青期增施氮肥、土壤处理等方法可以在一定程度上减轻病害，但是禾谷多黏菌的厚壁休眠孢子堆可以抵御外界干旱、水淹、极端温度等不良环境，能在土壤中长期存活，持续传毒，化学药剂难以杀死或抑制禾谷多黏菌。因此，抗病品种是唯一经济有效的防病措施。

我国本地抗源和国外抗病小麦品种的鉴定和筛选，可以为小麦育种提供抗病种质资源。国内已经鉴定出部分抗 WYMV 的小麦品种，适宜在江苏种植的抗病品种有仪宁小麦、宁麦 7 号、宁麦 9 号（胡荣利和鞠国刚，2001），扬幅麦 9311（刘伟华等，2004）、镇麦 06111、镇麦 168、镇麦 8 号、镇麦 5 号、镇麦 6 号、镇 05185 等品种（系）（陈爱大等，2009），西风、RF21（岳绪国等，2001）。适合安徽种植的抗病品种有 8165、8060、西风和 8675（侯庆树等，1994）；适合在湖北种植的品种有英麦 2 号、扬麦 1 号、百农 3217（侯明生等，1986；方春安等，1987）；适合在山东种植的抗病品种有石家庄小红麦、矮红白、毛蚰包、卫东 8 号和泰山 4 号（罗瑞梧和王崇良，1982）；适合在陕西种植的有 4732、西育 7 号、西育 8 号、6811（3）、秦麦 1 号、小偃 6 号、73（7）1－3、75（99）、石家庄小红麦、博爱 73－22、沙选（张秦风等，1988）；适合在河南种植的有新麦 208、豫麦 70－36、泛麦 5 号、阜麦 936、山东 95519、豫麦 70、高优 503、豫麦 9676、郑麦 366、陕麦 229、濮优 938、兰考矮早 8 号、新原 958、花培 2 号、温优 1 号、豫麦 18、郑麦 9023、豫麦 47、豫农 201、偃展 4110、豫麦 36、百农 878、豫麦 49－198、矮抗 58、西农 979、太空 6 号、周麦 12、新麦 19 和新麦 18 等。目前生产上推广面积比较大的品种表现为感病（孙炳剑等，2011a）。除江苏省和河南省鉴定的部分抗病品种还在生产上使用外，其他品种都已经不再使用。因此，进一步加强小麦品种抗小麦黄花叶病的鉴定对品种的合理利用和布局，以及病害的防控具有十分重要的意义。

秦家忠等（1990）通过田间鉴定和人工接种鉴定，筛选出日本矮、繁 1、SC82088 及 Knox（美国）等 185 个抗小麦花叶病种质资源；阮义理等（1990）也鉴定出红铁钉、美玉类型的浙江本地抗源材料；刘琴等（2002）鉴定出 Cemtauro、Francia、Pascal、Giemme、Villahova、Idice、Dorice、Golia、Argelato、Irenio、Shango、Victory 等 34 个国外小麦品种抗 WYMV；Yang 等（2002）筛选到 47 个来自欧洲、美国和日本的抗 WYMV 的小麦品种，但是在 WYMV 和 CWMV 复合侵染地区所有品种均感病。

近年来，我们选择江苏省扬州、河南省驻马店及山东省烟台、荣成小麦病毒病重病区进行了小麦主栽品种和资源品种抗病性重复鉴定与筛选（彩图 2－24－3），发现在不同病区，小麦品种对小麦黄花叶病的抗性差异很大。

江苏扬州病田为 WYMV 单独侵染。在供试的 684 个品种中表现抗病的品种有 113 个，占供试品种的 16.52%，主要抗病品种包括豫麦 41、西农 6028、农大 198、郑州 17、692－扬、07－（NX）－71、花培 726 、临优 8067、邯麦 13、邯 00－7095、LYT3204、LYT3216、LYT3325、LYT4203、百农 878、高优 503、花培 2 号、淮麦 20、连麦 2 号、濮优 938、山东 95519、陕麦 229、新原 958、郑麦 366、临优 2069、长武 134、泛麦 5 号、衡观 136、山东 664、山农 189、陕农 78、石 H06－402、潍麦 8 号、西农 3517、西农 88、西农 9871、小偃 216、9987、烟 5158、烟 5286、烟农 24、优麦 8004、碧玛 4 号、洛夫林 10 号、小偃 6 号、Virgilio（维尔）、尤皮 1 号、尤皮 2 号、郑州 15、郑州 24、昌乐 5 号、石家庄 54、青春 1 号、蒲临 5 号、卫东 8 号（晋麦 10 号）、代 179、有芒白 2 号、有芒白 4 号、石品 83、邢选 7 号、济南 14、京双 16、丰抗 2 号、丰抗 4 号、丰抗 5 号、临汾 5064、鲁麦 2 号、京 411、冀麦 36（石 86－5144）、北京 841、Rieti 75、安徽 3 号、华中 6 号、628－中农 2 号、石家庄 34、卫东 4 号、徐州 14、许跃 6 号、华麦 7 号、晋麦 21、科春 5 号、宁丰小麦（大丰 1087）、634－衡观 4399、信阳 12、徐州 15、石家庄 72、泗麦 2 号、郑 6 辐、郑州 6 号、鲁麦 17（莱农 8442）、557－镇麦 1 号（镇 9101）、偃大 24、偃大 25、偃大 26、豫麦 10 号（豫西 832）、豫麦 7 号（偃师 9 号）、皖麦 18、0448、内乡 19、万年 2 号、647－兰天 23、冀麦 24、小偃 96、郑引 4 号（St2422/464）、小偃 5 号、562－福农 50002 、陕 229、小偃 168、小偃 54、陕优 225、西农 2208、北京 6 号、太原 567、金光麦、苏麦 1 号（苏）、香农 3 号（青）、陕 62（9）10－4 、陕 8242－1、CA0533、襄麦 36、BL228、邯麦 11、临优 4934、临育 6115、辐麦 2 号、汶农 14、中麦 349。

河南省西平市试验田为 WYMV 单独侵染。在供试的 684 个品种中表现抗病的品种有 173 个，占供试品种的 25.30% 。主要抗病品种包括白芒麦（闽）、毕麦 6 号（黔）、内麦 14、矮 73、绵麦 1403、郑州 17、科春 5 号、郑州 6 号、豫麦 10 号（豫西 832）、XK0106－108D6、旱抗 4118、绵麦 45、豫麦 18、农大 45、碧玉麦、甘麦 7 号、烟农 19、LYT3204、良星 99、中麦 175、LYT2320、鲁农 116、烟 5158、10CA23、LYT1302、濮优 938、泛麦 5 号、烟农 24、洛夫林 10 号、有芒白 4 号、京 411、CA0533、邯

6172、洲元936、LELT180、NELT141、西农88、烟农21、系113、长武134、尤皮2号、647-兰天23、小偃5号、香农3号（青）、陕62（9）10-4、中麦349、鲁麦21、陕麦150、LELT157、NELT233、农大198、青春1号、蚰子麦、有芒红8号、宁春47、京双16、小偃216、西农6028、邯00-7095、LYT4203、淮麦18、兰考矮早8-1、双丰收、丰麦2号（苏）、泗麦6号、内麦11、BL189、08CA101、10CA120、石H083-336、LYT1202、花培2号、淮麦20、连麦2号、山东95519、山农189、陕农78、西农9871、西农9987、烟5286、优麦8004、碧玛4号、Virgilio（维尔）、尤皮1号、郑州15、郑州24、蒲临5号、代179、有芒白2号、丰抗2号、丰抗5号、鲁麦2号、冀麦36（石86-5144）、628-中农2号、石家庄34、许跃6号、华麦7号、634-衡观4399、信阳12、徐州15、石家庄72、泗麦2号、郑6辐、偃大24、偃大25、偃大26、豫麦7号（偃师9号）、郑引4号（St2422/464）、陕229、小偃168、陕优225、西农2208、太原567、邯麦11、西农2208、辐麦2号、阜麦936、洪育2号、淮麦17、连麦1号、绵麦39、绵麦42、宁麦13、宁麦9号、同舟麦916、温优1号、西农2000、新麦11、新麦208、烟农15、偃展4110、豫麦36、豫麦47、豫麦70-36、镇麦5号、郑麦9023、襄麦55、济麦21、兰考矮早8、陕农138、584-商洛76（57）22-0-8-7-9、郑育麦958、蚂蚱麦、北京8号、阿勃、Heine Hvede、洛夫林13、济南5号、济南2号、济南4号、陕农17、609-长旱58、济南8号、德选1号（鲁）、卫东7号（晋麦7号）、北京14、科冬81、618-观0007、京旺9号、选7、湘麦10号、宁麦9号、656-宁麦8号、CA9550、临优8159、临优2038、绵1971-98、临Y8159、中麦875、LELT086、LELT141、LELT197、NELT235。

分析河南、江苏两地小麦对小麦黄花叶病抗性鉴定结果，在两地均表现为抗病的品种有59个，约占供试品种的8.63%。主要抗病品种如下：花培2号、淮麦20、连麦2号、濮优938、山东95519、泛麦5号、山农189、陕农78、西农9871、小偃216、烟5158、烟5286、烟农24、优麦8004、碧玛4号、洛夫林10号、Virgilio（维尔）、尤皮1号、郑州15、郑州24、青春1号、蒲临5号、代179、有芒白2号、有芒白4号、京双16、丰抗2号、丰抗5号、鲁麦2号、京411、冀麦36（石86-5144）、628-中农2号、石家庄34、许跃6号、华麦7号、科春5号、634-衡观4399、信阳12、徐州15、石家庄72、泗麦2号、郑6辐、郑州6号、偃大24、偃大25、偃大26、豫麦10号（豫西832）、豫麦7号（偃师9号）、郑引4号（St2422/464）、陕229、小偃168、陕优225、农2208、太原567、CA0533、邯麦11、临优4934、辐麦2号。

而河南、山东、江苏三地对小麦黄花叶病均表现抗病的品种为8个，有长武134、西农88、尤皮2号、647-兰天23、小偃5号、香农3号（青）、陕62（9）10-4、中麦349，约占供试品种的1.17%。说明各地WYMV的致病性存在较大差异，目前国内严重缺乏广谱抗病的冬小麦品种。

烟台试验田为WYMV和CWMV复合侵染，但是以WYMV为主，大多数小麦品种在烟台病田表现为感病，可能有部分原因是CWMV复合侵染所导致。在684个供试品种中表现为抗病的品种只有21个，包括西农88、烟农21、中梁11、西安实心麦、系113、高优503、临优2069、长武134、尤皮2号、647-兰天23、小偃5号、香农3号（青）、陕62（9）10-4 、临育6115、汶农14、中麦349、鲁麦21、陕麦150、系475、LELT157、NELT233，占供试品种的3.07%。

荣成试验田为WYMV和CWMV复合侵染，但是以CWMV为主，在供试的684个品种中，表现抗病的品种只有4个，即北京6号、烟农21、622-观0015、北京5号，占筛选品种的0.58%，表明荣成CWMV表现为强致病力，对CWMV抗性的品种资源很少。

我们从江苏扬州病区试验田随机选取了56个抗、感病品种分析其抗病机制，利用Western-blotting及组织免疫印记技术分析了病毒在不同组织内的分布及浓度，结果发现小麦品种的抗病机制存在多样性。

（二）抗病新种质创制

国内在抗WYMV转基因小麦方面也进行了大量的研究工作，中国农业科学院作物科学研究所、浙江省农业科学院和江苏里下河农科所合作利用WYMV复制酶基因和外壳蛋白基因进行基因转化，已经获得了一批具有抗病毒的转基因小麦新品系。刘永伟等（2007）采用基因枪共转化法转化小麦品种扬麦12和扬麦16，获得WYMV复制酶的阳性转基因植株42株。吴宏亚等（2006）利用基因枪法用WYMV-*Nib8*基因转化扬麦158，筛选出4个高抗WYMV的小麦株系和1个剔除*bar*基因（除草剂抗性标记基因）的可以稳定遗传的高抗病株系，并以转基因材料为亲本之一，通过常规杂交、回交获得1个兼抗

WYMV 和白粉病且农艺性状优良的新品系 BR1014；庞俊兰（2001，2002）利用基因枪技术，分别将 WYMV-*Nib8* 导入小麦品种扬麦 158，获得了若干抗性小麦株系；随后，董槿等（2002）也利用基因枪技术将 WYMV 外壳蛋白基因导入小麦 96G25，获得了含有 *CP* 基因的抗 WYMV 小麦转基因株系。

陈剑平（浙江省农业科学院）

第 25 节　中国小麦花叶病

一、分布与危害

中国小麦花叶病仅在我国局部冬麦区发生，主要分布在山东省胶东半岛荣成市、文登市、青岛市崂山区（蔡文启等，1983；Chen，1993）和江苏省大丰、宝应、兴华等县（市）（孙炳剑等，2011）。

病害发生程度与栽培的小麦品种和气候条件相关。产量损失与小麦表现症状的程度和时间长度呈正相关。春季低温，感病品种发病重，产量损失可达 30%～50%，春季温暖，发病轻，产量损失仅为 10%～20%。在山东烟台，发现该病害常与小麦黄花叶病复合侵染，通常造成更严重的危害，产量损失超过 50%，感病品种常常整片死亡，颗粒无收（Ye et al.，1999；叶荣等，2000）。

二、症状

中国小麦花叶病与小麦黄花叶病类似，温度是病害发展及症状表现的主要决定因素，15℃左右是小麦显症的最佳温度，当日均温大于 20℃，症状逐渐消失。山东胶东地区显症期在 3 月下旬到 4 月上旬。症状主要表现为花叶、黄化、分蘖增生、僵缩和枯死等（张巧艳和陈剑平，2005）（彩图 2-25-1）。复合侵染症状复杂，在不同小麦品种上表现症状也存在差异。

该病毒与小麦黄花叶病毒复合侵染小麦时，导致小麦细胞器病变，内质网膨大，核糖体剧增，叶绿体和线粒体破坏，两种病毒在细胞中以束状存在，但是彼此独立分布（陈剑平，1993）。也有实验证明，在同一个细胞中中国小麦花叶病毒粒体束分布在外围，紧紧包围小麦黄花叶病毒（杨建平，2000）。

在自然情况下，该病毒系统侵染普通小麦（*Triticum aestivum*）和硬粒小麦（*T. durum*）。病汁液和提纯物能通过摩擦接种苋色藜和昆诺藜，并形成局部枯斑反应（张巧艳和陈剑平，2005）。

三、病原

中国小麦花叶病的病原为中国小麦花叶病毒（*Chinese wheat mosaic virus*，CWMV），属帚状病毒科真菌传杆状病毒属（*Furovirus*）。最早鉴定的真菌传杆状病毒属的病毒为土传小麦花叶病毒（*Soil-brone wheat mosaic virus*，SBWMV）（图 2-25-1）。这类病毒在世界各地广泛分布，在北美、欧洲、亚洲的中国和日本等地都分离检测到了真菌传杆状病毒。虽然从不同的地理区域分离的病毒粒体与最初的 SBWMV 美国分离物在生物学特征和田间症状上具有很大相似性，但近年来的分子生物学研究显示，中国分离物和欧洲（法国和意大利）分离物与 SBWMV 的基因组序列同源性只有 75%左右，于是 1998 年，由国际病毒分类委员会（ICTV）第七次会议决定

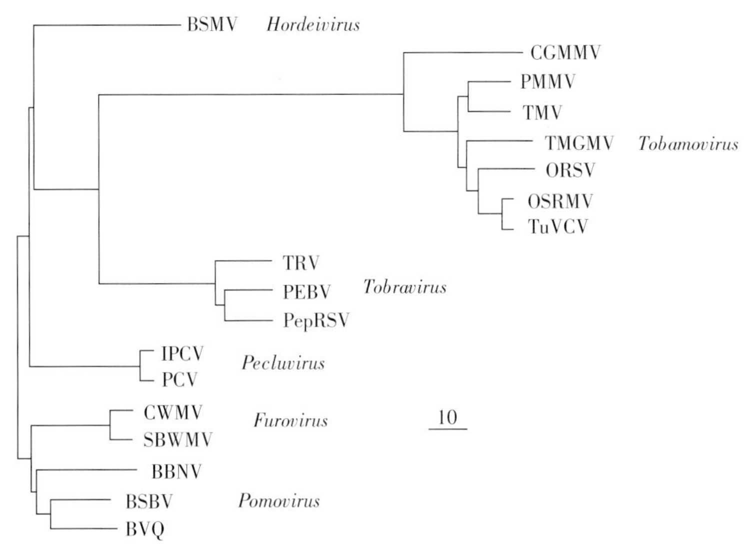

图 2-25-1　杆状病毒 RNA 依赖性的 RNA 聚合酶氨基酸序列系统进化树（陈剑平提供）

Figure 2-25-1　Phylogram of aligned amino acid sequences of the RNA-dependent RNA polymerase regions of rod-shaped plant viruses (by Chen Jianping)

将这两个分离物分别命名为中国小麦花叶病毒（CWMV）和欧洲小麦花叶病毒（EWMV）。至目前为止我国境内侵染小麦的真菌传杆状病毒只检测到了CWMV，而真菌传杆状病毒属的SBWMV主要分布在北美和南美（Ye et al.，1999；Diao et al.，1999）。

中国小麦花叶病毒（CWMV）属于真菌传杆状病毒属，粒体为杆状，直径20nm，长度主要分布为150nm和300nm，并且短粒体占多数（图2-25-2）。基因组由两条单链正义RNA组成，烟台分离物RNA1（登录号AJ012005）由7 147个核苷酸组成，含3个ORF，分别编码分子质量为153ku、55ku、37ku 3个蛋白。ORF1可能通读延伸至ORF2，编码产生一个212ku的通读产物，该蛋白具有甲基转移酶、解旋酶和RNA聚合酶（RdRp）活性位点基序。ORF3编码产生1个37ku的运动蛋白。烟台分离物RNA2（AJ012006）由3 569个核苷酸组成，含3个ORF，分别编码分子质量为19ku、61ku、19ku的3个蛋白。ORF1编码CP，其AUG起始密码子的上游存在CUG密码子，可能起始编码一个较大蛋白；UGA终止密码子可能被通读，延伸到ORF2，产生1个84ku（或88ku，起始密码子为CUG）CP-RT蛋白，ORF3编码一个富含半胱氨酸的19ku蛋白（19K-crp）（Diao et al.，1999；Ye et al.，1999；陈剑平，2005a，2005b），此蛋白具有抑制基因沉默的能力。

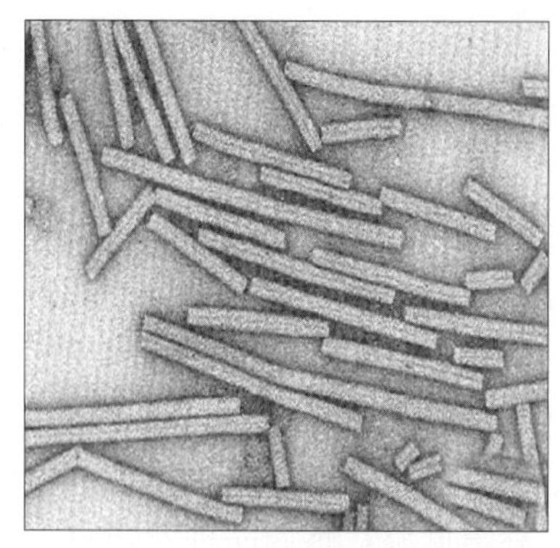

图2-25-2 中国小麦花叶病毒（CWMV）粒体（陈剑平提供）

Figure 2-25-2 Virions of *Chinese wheat mosaic virus* (by Chen Jianping)

基因沉默介导的抗病性是植物抵抗病毒入侵的最基本抗病机制，通常病毒也会编码出相应的基因沉默抑制子。研究表明，CWMV编码的19K-crp具有抑制共浸润GFP引起的基因沉默的能力，但是其抑制基因沉默的能力较弱于马铃薯Y病毒（HC-Pro）和烟草蚀纹病毒（P19）的抑制基因沉默能力。氨基酸保守序列分析发现，19K-crp具有多个保守的半胱氨酸，在近N端含有GCxxH的保守基元，蛋白质中间部位含有保守的Coiled-coil结构域，其C端保守性相对较差。对保守的半胱氨酸进行突变分析，发现它们的主要功能除维护蛋白质的稳定外，位于20位的半胱氨酸是抑制基因沉默所必需的，对C端氨基酸突变分析表明，其主要功能与19K-crp的细胞定位相关。另外，经鉴定此蛋白是病症蛋白，在嵌合体病毒PVX中表达可加重PVX在本氏烟上的症状（Sun et al.，2012）。

中国小麦花叶病毒（CWMV）自根部侵入后能否快速复制并进行细胞间扩散是致病力表现强弱的一个重要因素。分析表明，CWMV由禾谷多黏菌携带首先进入根部组织，病毒进入疏导组织韧皮部、木质部后经筛管、导管进行快速长距离运输，发现病毒在凯氏带附近积累最多。进一步分析表明，CWMV RNA1 3′端编码的37ku蛋白具有运动蛋白的能力。此蛋白不仅能够帮助病毒粒体或基因组核酸进行细胞间扩散，而且通过扩大胞间连丝的孔径使得大分子物质能够进行细胞间的扩散。与PVX运动蛋白P25相比，CWMV 37ku的运动蛋白能使eGFP扩散至8～10个周围细胞，而PVX P25仅扩散了3～5个细胞。

植物病毒编码的运动蛋白通常会定位到胞间连丝上，一方面胞间连丝是植物病毒进行细胞间扩散的必经通路；另一方面植物病毒的细胞间运输一般会通过改变胞间连丝的形态或调控胞间连丝的孔径而实现病毒大分子的胞间扩散。CWMV 37ku蛋白与eGFP融合蛋白的亚细胞定位显示37ku蛋白定位于胞间连丝上，并且在细胞质中可形成许多与内膜相关的聚集体。

病毒进行胞间运动除自身编码的蛋白质参与外，还挟持、利用了寄主内源的一些细胞因子。CWMV 37ku蛋白与果胶甲基酯化酶（pectin methylesterases，PME）相互作用。PME在细胞壁的生成及代谢过程中起重要作用，它直接影响了细胞壁上胞间连丝的生成，目前已有多个证据表明此蛋白与不同的植物病毒运动蛋白间存在直接的相互作用。CWMV 37ku蛋白的细胞间运动活性是否与PME的生物活性相关还有待于进一步的验证。

从生物学功能和蛋白质结构分析上看，37ku蛋白是一个具有两个跨膜结构域的蛋白。跨膜结构域缺失突变体及点突变体分别印证了这两个跨膜结构域对37ku蛋白功能的影响：破坏任何一个跨膜结构域，37ku蛋白都不能再支持病毒细胞间运输。并且跨膜结构域的缺失或突变改变了蛋白质的拓扑结构，影响了37ku蛋白与PME的互作（Andika et al.，2012）。

四、流行规律

中国小麦花叶病的传播介体是禾谷多黏菌（*Polymyxa graminis* L.），其传播特性和病害发生规律与小麦黄花叶病相似，请参考小麦黄花叶病一节。

与小麦黄花叶病一样，中国小麦花叶病的发生与土壤温度、湿度、质地，栽培条件和品种抗病性等因素有关。低温高湿有利于病害发生，病害发生的温度范围是 5～17℃。秋季降雨有利于病害的侵染，春季低温寡照有利于病害症状的表现。连作感病小麦品种会导致该类病害的流行，播种偏早等条件均会使病情加重，休耕能降低土壤的侵染性。

在复合侵染的病田中，叶片中小麦黄花叶病毒可检出时间比中国小麦花叶病毒早 30～50d，可能中国小麦花叶病毒在根中增殖或/和向地上部运输的速度比小麦黄花叶病毒慢，也可能小麦黄花叶病毒和中国小麦花叶病毒存在某种互作机制，尚不明确（杨建平，2000）。

五、防治技术

1. 筛选抗病品种　中国小麦花叶病的防控仍然是选育和利用小麦抗病品种。但是目前抗中国小麦花叶病的品种鉴定和选育工作相对滞后，特别是兼抗中国小麦花叶病和小麦黄花叶病的品种更是缺乏。Yang 等（2002）筛选到 47 个来自欧洲、美国和日本的抗中国小麦花叶病的小麦品种，但是在两病复合侵染地区，这些品种均表现为感病。

2. 抗病新种质筛选和创制　国内在小麦抗中国小麦花叶病转基因方面也进行了一些研究。庞俊兰等（2001，2002）利用基因枪技术，分别将 CWMV - CP1 导入小麦品种扬麦 158，获得了若干抗性小麦株系。

陈剑平（浙江省农业科学院）

第 26 节　小麦线条花叶病

一、分布与危害

小麦线条花叶病又名小麦糜疯病、小麦拐节病。广泛分布于美国、加拿大、约旦、罗马尼亚、俄罗斯，以及我国新疆、甘肃、陕西等西北地区。除侵染小麦外小麦线条花叶病毒还可侵染大麦、燕麦、稗、黍、糜、黑麦、高粱、苋色藜、玉米及部分禾本科杂草。1954 年，在甘肃陇东的庆阳、平凉地区和陕西咸阳地区的北部，发病面积达 6.7 万 hm^2。20 世纪 70 年代以后，陕北及甘肃河西地区也有发生。21 世纪以来局部地区偶有发生。小麦线条花叶病对小麦产量影响较大，轻者减产 30%～50%，重者颗粒无收。受病麦田与糜田愈近发病愈重，病株密度随之呈梯级分布，150m 以外的麦田基本不发病。在糜子收获前，小麦出土越早发病越重，9 月 1 日播种，发病率 67.2%，而 10 月初播种的发病率仅 10.6%。

二、症状

幼苗期感病，植株叶色变淡，叶片变窄，叶片自一侧向上卷曲，叶上出现细小短条及黄色小点，与叶脉平行，并逐渐发展成不规则的条状花斑，用扩大镜观察可见栖息在叶脉处的乳白色虫体。新叶片也可看到隐约的褪色条纹，叶脉浊化稍暗。拔节后，节间向外向下成弧状弯拐。此症状在基部 1～3 节最为明显。病情严重的全株分蘖向四周匍匐，穗鞘扭卷，不易抽穗，或穗而不实。整个病田表现植株松散，外观异常。拐节症状仅在农家品种上表现，这种特异性症状是我国小麦线条花叶病的显著特点（彩图 2 - 26 - 1）。

三、病原

小麦线条花叶病病原为小麦线条花叶病毒（*Wheat streak mosaic virus*，WSMV），属马铃薯 Y 病毒科小麦花叶病毒属（*Tritimovirus*）。

电子显微镜下观察，该病毒为线状病毒，粒体大小为（550～1 300）nm×18nm，平均 700nm×18nm（图 2 - 26 - 1）。病叶细胞质有风轮状内含体。

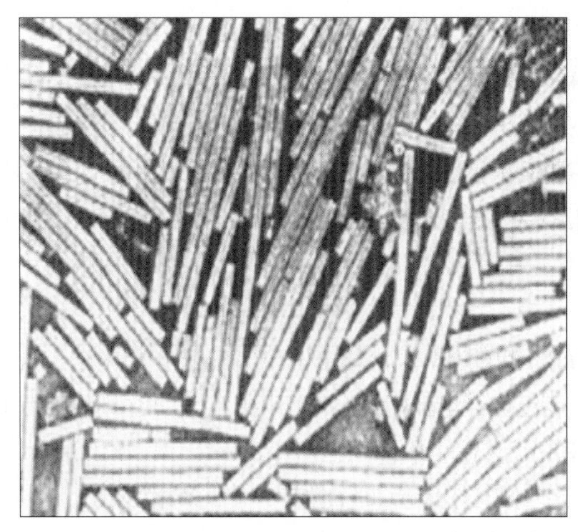

图 2-26-1 小麦线条花叶病毒粒体电镜照片（吴云锋提供）
Figure 2-26-1 Virions of *Wheat streak mosaic virus*（by Wu Yunfeng）

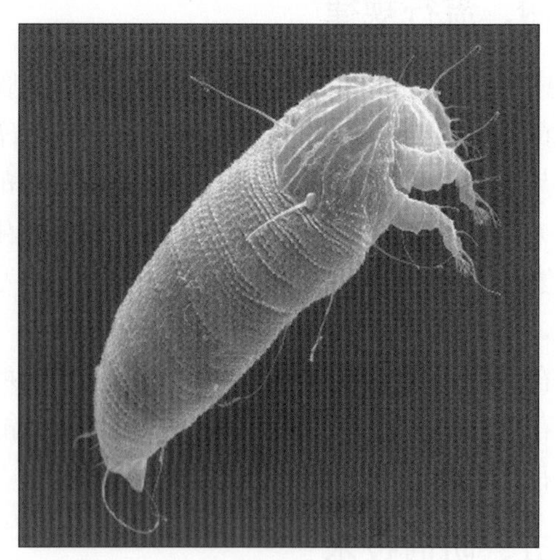

图 2-26-2 小麦曲叶螨电镜照片（吴云锋提供）
Figure 2-26-2 *Aceria tulipae*（by Wu Yunfeng）

该病毒由小麦曲叶螨（郁金香螨）（*Aceria tulipae* Keifer）传播，汁液接种也可传毒，不能由土壤、种子传播。小麦曲叶螨体乳白色，长 0.25～0.31mm，宽 0.07～0.09mm，纺锤形，肉眼不易看到。足 2 对，头部有口针 1 对，上颚发达突出，呈刺状，腹部从背面至腹面有很多环状细点刻，腹末有两个光滑的下突起，体上着生多对刚毛，尾突两对毛特长（图 2-26-2）。卵白色半透明，圆形，直径 0.01mm。若螨和成螨相似，仅大小不同。小麦曲叶螨生活力较强，不同虫态可忍耐−18～−22℃的低温，成虫可在 44℃烈日下脱离寄主存活 50min，在寄主标本上可饥饿 13d 不死。生活于寄主表面，可随作物的生长而向上移动，为害幼嫩组织并传毒。小麦线条花叶病毒在螨体内循回期和植物体内潜育期较短，在 15℃条件下，1 周即可发病，10℃以下及 25℃以上，病症潜隐，不易表现。成螨和若螨均可带毒传染，病毒不经卵传递。

四、病害循环

小麦线条花叶病毒传毒介体小麦曲叶螨主要在小麦心叶中为害，在冬小麦上越冬，小麦返青后即在心叶处为害产卵繁殖，抽穗后转入穗部，灌浆时转入小麦颖壳或麦粒表面，麦收后转入附近的玉米、高粱、糜子、狗尾草、冰草、稗、芦苇及自生麦苗上，秋播小麦出苗后转入麦田，构成侵染循环（图 2-26-3）。

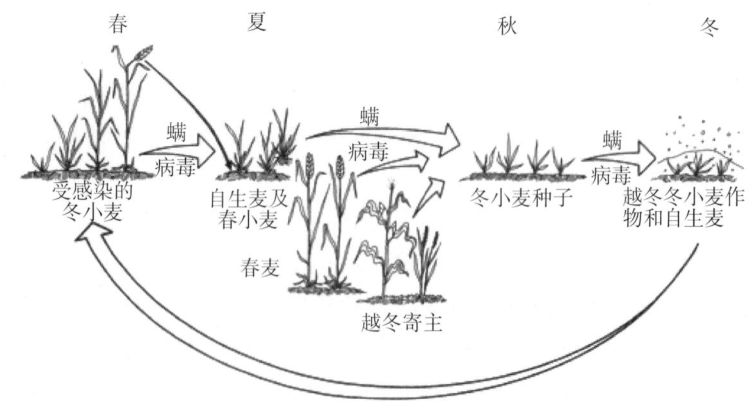

图 2-26-3 小麦线条花叶病病害循环（吴云锋提供）
Figure 2-26-3 Disease cycle of wheat streak mosaic（by Wu Yunfeng）

小麦曲叶螨在秋苗上，主要附在叶缘，造成边缘卷折，冬日转向心叶内或在冰草等杂草地下部的叶鞘内越冬。小麦拔节后，又转向叶及叶鞘，叶部可形成条斑，麦穗形成后转移到颖壳内为害。带毒曲叶螨从黄熟的糜子上借风传播到相邻小麦田内，在小麦上越冬。冬前感病的小麦是第二年春季的毒源中心。返青后，毒源中心的病毒随小麦曲叶螨的扩散而逐渐蔓延，到夏季小麦收获前，带毒螨又传播到早糜子田越夏。此外，在冰草、鹅观草、稗草等禾本科杂草上也可越夏，但不表现症状。自生麦苗也是病毒越夏的寄主植物之一。

五、流行规律

小麦线条花叶病一般流行于“麦黄种糜，糜黄种麦”、作物生长期不足 200d 的冬春麦交界边缘地带。主要发生在陕西延安地区的富县、洛川、黄陵、宜君，咸阳地区的长武、彬县、旬邑、淳化；甘肃庆阳地区的宁县、正宁、镇原、合水、庆阳，平凉地区的灵台、泾川、崇信等县塬区；部分丘陵山地和陕西榆林、甘肃河西等地也有零星发生。该病的发生、流行与糜田位置、小麦播种期、品种、温度等因素密切相关。

（一）糜田位置

受病麦田多紧邻糜田，一般是愈近愈重，愈远愈轻。在病重麦田中，病情分布与糜田距离呈明显的负相关。据在洛川县冯家村调查，紧邻糜田的小麦发病率为 72%，向内延伸距糜田 50m 处，发病率 40.8%，距糜田 120m 处，发病率仅 12.4%，而 150m 以外，麦株基本不发病。调查中还发现，重病田中小麦曲叶螨数量与病情的距离递降是一致的。与糜田相邻的麦田，是否发病或病情轻重与小麦秋苗期风向、风力有关。顺风的麦田发病，反之少发病或不发病。对小麦曲叶螨借风传播扩散的特点，曾以玻片捕捉试验观察，证明在 1m 以下高度即可捕到叶螨。

（二）小麦播种期

在糜子收获前，小麦出苗越早发病越严重。例如相邻糜田，同一品种且方位一致的麦田，9 月 1 日播种的发病率 67.2%，而 10 月初播种的发病率仅 10.6%。

（三）品种

茎秆细弱的品种发病重，茎秆粗壮的品种发病轻。发病小麦，对产量构成因素的穗数、穗粒数及粒重数都造成影响。农家品种红秃麦的产量损失为 85.2%，而陕农 9 号则减产 27%。

此外，同一品种不同土壤肥力，发病程度也有显著的差异，特别是株高和抽穗率差异明显。据在新疆观察，冬前气温高并延续时间长、入冬较晚、冬季气温高、开春早、气温稳定上升无倒春寒的年份，该病流行严重。

六、防治技术

（一）压缩早糜田面积，合理作物布局

合理安排轮作倒茬，避免糜、麦生育期相遇。在易灾区，积极扩种油菜、豆类及烟草等经济效益高的作物；或扩种、复种糜子，尽量不种大糜子，使糜、麦生育期不相遇，以切断病毒与介体螨的侵染循环。21 世纪以来，由于复种指数的提高和压缩早糜子的种植面积，直接切断了介体螨和病毒的糜—麦循环，是生产中小麦线条花叶病不流行或少发生的重要原因。

（二）选用抗、耐病品种

20 世纪 70 年代，丰产 3 号、延安 6 号、农大 157、农大 155、品九、太谷 49 等品种，受病后虽有一定症状表现，但不发生拐节匍匐，造成的减产也轻，曾在生产中起到重要作用。21 世纪以来，因地制宜地推广种植了延安 17、延安 19、榆林 8 号、7537、庆丰 1 号、G407 等品种，表现抗（耐）线条花叶病。此外，北京 8 号、Owest、农大 311、平原 50 等抗病性均较强，特别是黑麦与小麦的杂交后代比较抗病。

（三）化学药剂杀螨防病

利用化学药剂杀灭传毒介体小麦曲叶螨，可达到治螨控病的目的。用 70%吡虫啉湿拌种剂 60g，对水 500～600mL，拌种 25～30kg，并堆闷 8～12h 后播种，对苗期杀螨防病有一定效果，并能兼治其他地下病虫和地上害虫。在秋苗期或返青拔节期，可用 10%吡虫啉 4 000～6 000 倍液大田喷洒，防止小麦曲叶螨在田内扩散。

（四）收获阶段防止介体螨扩散

已发生小麦线条花叶病的麦田、糜田，要及时收获拉运，不要在靠近大田的场地堆放、碾打。收获后的病田要及时翻耕，防止介体小麦曲叶螨蔓延、扩散。

吴云锋（西北农林科技大学）

第27节 小麦蓝矮病

一、分布与危害

小麦蓝矮病（wheat blue dwarf，WBD）是我国首次报道的小麦植原体病害，国外尚未见报道，由条沙叶蝉专化性传播，是小麦生产上的危险性病害。20世纪50年代主要发生在陕西、山西、甘肃陇南和陇东及宁夏地势较高的山原地区，因当地品种发病后植株发红、矮化而被称为红矮病（wheat red dwarf，WRD）。该病曾在陕西先后大发生过10余次，仅1967年陕西受灾面积就达9万 hm^2，绝收2.9万 hm^2，小麦损失达5万t。1957年该病在天水、武都和平凉3个地区大发生，发病面积达18.9 hm^2，损失小麦115万t。20世纪90年代以来，随着小麦间作套种和麦草覆盖等耕作制度的改变，该病逐渐扩展到黄河中下游干旱区，以及雁北和内蒙古等中低产晚熟冬麦区。由于这些地区春季麦田发病后小麦矮缩，叶片变为暗绿色，故称为蓝矮病。2004年以来，该病害已从陕西北部旱塬逐步扩展蔓延到关中水地及南部高产中熟冬麦区，许多地区常年发病，一些田块绝收翻种。2000年以来该病连续在陕西等省份流行为害，仅在陕西省韩城市2005年发病面积就达6 666hm^2，绝收333hm^2。该病害已经成为西北干旱麦区继黄矮病之后的又一个主要病毒病害，对小麦高产、稳产造成严重威胁。

二、症状

小麦感病初期植株显著矮缩、畸形，节间越往上越短缩，成套叠状，致使叶片轮生，基部叶片显著增生、增宽、变厚、变为暗绿色、挺直光滑；后期心叶卷曲变黄、坏死，成株上部叶片呈现黄色不规则的宽条带。感病植株绝大多数不能正常拔节成穗，或抽穗呈塔状退化（彩图2-27-1）。另外，病株的变色与小麦品种有关。红秆品种如老芒麦、火麦、红条头等感病后均变为紫红色。青秆品种如碧蚂1号、碧玉麦等感病后则变为黄色。但这种变黄与小麦黄矮病叶片的黄色有所不同。黄矮病呈金黄色，在黄绿相接之处有黄绿相间的条纹，蓝矮病则呈淡黄且无条纹。另外，小麦黄矮病在苗期常有矮化和叶色深绿症状，心叶叶缘常有缺刻，而蓝矮病则无。

三、病原

小麦蓝矮病病原为小麦蓝矮植原体（Wheat blue dwarf phytoplasma，WBD），属柔膜菌纲植原体暂定属（*Candidatus* Phytoplasma）植原体粒体电镜下呈圆形或卵圆形，大多数直径在100～1 200nm。从大田蓝矮病病株、室内接种发病株韧皮部筛管细胞及传毒叶蝉体内均观察到植原体。用植原体特异性引物对R16mF/R16mR，经PCR方法从蓝矮病病株中扩增得到约1.4kb的16S rRNA特异片段。序列分析结果表明，小麦蓝矮病植原体与翠菊黄化植原体16S rⅠ组有较高的同源性，在分子水平上确定了蓝矮病病原为小麦蓝矮植原体（Wheat blue dwarf phytoplasma）。之后，安凤秋、吴云锋等克隆了植原体延伸因子（EF-Tu）*tuf*基因。序列测定结果发现，延伸因子*tuf*基因在原核生物中具有高度的保守性，在分子水平上精细确定了小麦蓝矮植原体属于16SⅠC亚组的分类地位。

小麦蓝矮病由介体条沙叶蝉（*Psammotettix striatus* L.）（彩图2-27-2）以持久方式专化性传播，汁液、土壤、种子均不传毒。条沙叶蝉最短获毒时间为30min，虫体内循回期最短3d最长15d。最短传毒时间1d，病毒在植株体内潜育期最短11d最长37d，每头介体昆虫最多可传病5株，获毒虫可终身传毒但有间隔性，最长间隔期可达10d。一般高龄若虫较低龄若虫传病力强，成虫较若虫传病力强，雌虫传病力有强于雄虫的趋势。以一虫一苗的比例做传毒试验，在接虫12h后除去介体，即可引起一定量的植株发病（5%以上）。传毒后至初显症状，潜育期短的在1周左右，一般为15～25d，长的可达40d以上。潜育期的长短与寄主生育阶段及气温条件有关，一般在麦苗幼嫩阶段感病的，显病快而严重。夏季高温期接虫后显病亦快。另外，传毒时间延长及接虫数量增加时，潜育期缩短，发病相应加重。

四、病害循环

小麦蓝矮病主要发生于西北冬麦区，在自然条件下主要由小麦、谷子、糜子及狗尾草、画眉草、稗草、雀麦、直穗鹅观草、赖草、虎尾草、白草、止血马唐等杂草构成寄主转换和病害循环。冬季，病毒在越冬寄主体内越冬，在高寒地带，在冬小麦地上部分枯死殆尽的情况下，仍可在地下部分越冬而成为翌年发病的毒源。另外，由于条沙叶蝉可将病毒经卵传于后代，故部分带毒的越冬卵也成为翌年病害的毒源（图 2 - 27 - 1）。

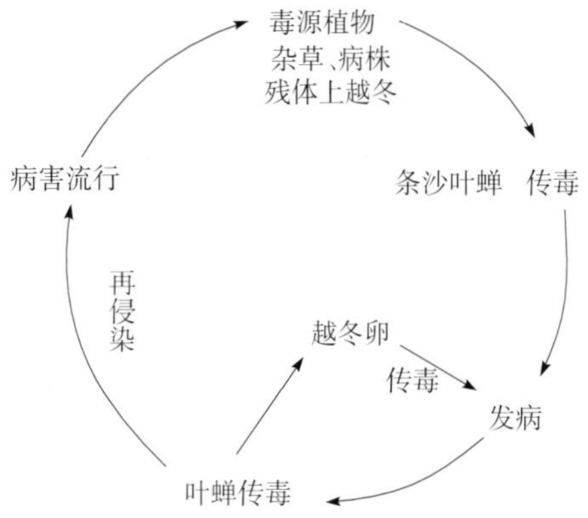

图 2 - 27 - 1　小麦蓝矮病病害循环（吴云锋提供）
Figure 2 - 27 - 1　Disease cycle of wheat blue dwarf (by Wu Yunfeng)

五、流行规律

小麦蓝矮病的流行主要取决于田间病原量和条沙叶蝉的发生量，而条沙叶蝉的消长则受气候条件等诸多因素的制约。

（一）捕自不同地方的条沙叶蝉传毒能力不同

在田间，用捕自不同地方的条沙叶蝉直接做传毒试验，其传毒力不同。一般来自病田附近的较来自一般大田的传毒力显著增强。介体带毒率的高低，在不同年份、不同时期有所不同，主要与带病寄主数量有关。在病害大发生的年份，叶蝉的带毒率相应提高。

（二）条沙叶蝉的习性及发生传毒规律

条沙叶蝉在甘肃陇南地区 1 年发生 4 代，以卵越冬。卵产于麦茬叶鞘内壁及枯枝落叶上。春夏季各代的卵则产于叶片叶鞘的活组织内。越冬卵于 2 月初至 3 月初孵化，集中在麦田中为害并繁殖 1 代，于麦收后迁散于杂草秋作地上，繁殖 2 代，待冬麦出苗后再迁入麦田产卵越冬。若虫 5 个龄期。成虫性活泼，善跳能飞，能借风作短距离迁飞，有一定的趋光性，性喜温暖干燥的气候，一般在干旱的年份和向阳干燥之处虫口密度特大。据调查，阳山虫口密度要比阴山高出 10 倍以上，且在同一地块中向阳坡面要比背阴处同样要高出许多倍。据观察，条沙叶蝉在向阳、暖和处生长发育快，繁殖力高，活动力强，传毒力也强。如越冬卵的孵化始期，阳暖处要比背阴处提前 8.2d，若虫期缩短 10～15d，成虫的产卵量高 1 倍。在暖和的白天比冷凉的晚间传毒率高 1 倍。

条沙叶蝉在小麦秋播前分散在杂草和秋作物田内，小麦出苗后，即迅速迁入麦田为害。播种愈早，趋集的虫口愈多。如陇南一带，在 9 月 20 日左右播种的麦田较 10 月初播种的虫口密度高出 1～30 倍。同时，早播麦田条沙叶蝉由迁入至封冻前为害的时间长，且在早期较温暖的情况下，条沙叶蝉活跃、传毒概率高。因此，感染时期越早，发病率越高，病情亦重。分蘖以前感病发病率为 93%～100%、病情指数为 35～87，拔节时感病发病率为 3.8%、病情指数为 2.3，孕穗后感染则不发病。

叶蝉有多种寄生性天敌。在陇南地区，已发现的有卵寄生蜂类、螯蜂类、螨寄生等。其中以卵寄生蜂的数量较大，有稻叶蝉缨小蜂、叶蝉缨小蜂、叶蝉赤眼蜂等。从 1958—1962 年的调查结果看，寄生率的高低因条沙叶蝉的发生量多少而异，一般在叶蝉大发生之年寄生率急剧增长。天敌寄生率低的为 3%～10%，较高的为 20%～40%，最高的可达 80%以上，对叶蝉的发生有一定的抑制作用。

气象条件对条沙叶蝉发生消长有明显影响。2 月气温高有利于越冬卵孵化，5、6 月降水量适中，有利于条沙叶蝉的生活繁殖，雨量过多则抑制其发展，但过度干旱，影响到寄主植物生长，因食料缺乏而不利于该虫的发生。冬季降雪早，雪量大，不利于条沙叶蝉冬前的活动及产卵，从而影响到翌春的发生量。

另外，病症的显现与温度及光照强度有关。在 15～20℃的室内，小麦蓝矮病潜育期为 30d，症状显现快、发病亦重。在室外，冬前病原潜伏于植株内不显症，翌春温度回升才显症，温度越高病情越重。因此阳坡地一般比阴坡地病情重。强光照（42 000lx）易使病株变色，而背阴处光照弱（4 200lx）变色不显著。因此，在高纬度山地的病田呈现出一片黄化或红化现象。

六、防治技术

小麦蓝矮病的防治必须贯彻“预防为主，综合防治”的方针，把推广种植抗病良种、防治条沙叶蝉、喷施抗病毒药剂和提高改进耕作栽培技术有机结合起来。

（一）种植抗病品种

因地制宜，有计划地推广种植抗病品种，目前抗小麦蓝矮病的品种有小偃52、小偃54、平凉35、榆林8号、庆选15、庆选27、庆丰1号、静宁6号、7537、昌乐5号等。应注意提纯复壮和不断选育推广新的抗病品种。

（二）农业栽培措施

小麦蓝矮病常发区要严禁早播，适时晚播。精耕细作，清除杂草，夏秋期间要做好茬地的伏耕灭茬和秋作物的中耕，清除杂草和自生麦苗，清除带有越冬卵的枯枝落叶，减少传病虫源。并根据条沙叶蝉的消长规律进行药剂防治。

（三）药剂防治

在小麦播种期，用70%吡虫啉湿拌种剂30g，对水250～300mL，搅拌12.5～15kg小麦种子。杜绝白籽下种。冬前虫口密度如果过大，用10%吡虫啉可湿性粉剂+抗病毒药剂喷雾。返青—拔节期，用杀蚜药剂+抗病毒药剂按使用说明混合后喷雾。穗期开展“一喷三防”工作。

吴云锋（西北农林科技大学）

第28节　小麦胞囊线虫病

一、分布与危害

（一）国外为害小麦的胞囊线虫种类和分布

为害小麦根系的胞囊线虫有9种，分别属于胞囊线虫属（*Heterodera*）和刻点胞囊线虫属（*Punctodera*），有禾谷胞囊线虫（*Heterodera avenae*）、菲利普胞囊线虫（*H. filipjevi*）、宽阴门胞囊线虫（*H. latipons*）、双膜孔胞囊线虫（*H. bifenestra*）、玉米胞囊线虫（*H. zeae*）、大麦胞囊线虫（*H. hordecalis*）、巴基斯坦胞囊线虫（*H. pakistanensis*）、龙爪稷胞囊线虫（*H. delvii*）、刻点胞囊线虫（*P. punctata*）。其中，宽阴门胞囊线虫（*H. latipons*）主要在地中海地区发生，在北欧和以色列也有发生。在塞浦路斯，该线虫使大麦产量降低50%，宽阴门胞囊线虫在小麦根系上并不形成“结”。大麦胞囊线虫在瑞典、德国和英国发生，刻点胞囊线虫和双膜孔胞囊线虫主要分布在欧洲的许多国家和地区，玉米胞囊线虫主要分布在美国及亚洲的印度和巴基斯坦等国家。禾谷胞囊线虫在温带禾谷作物种植区广泛分布，为害最重，自1874年在德国首先发现以来，已在荷兰、丹麦、瑞典、英格兰、意大利、波兰、法国、西班牙、美国、澳大利亚、加拿大、新西兰、利比亚、伊拉克、巴基斯坦、土耳其、伊朗、沙特阿拉伯、以色列、中国、日本等37个小麦生产国发生和为害。

（二）我国小麦胞囊线虫的种类和分布

小麦胞囊线虫病是我国小麦生产上严重的线虫病害，过去常当成生理病害（缺肥、缺水）而忽略了研究和防治。我国小麦生产上目前有禾谷胞囊线虫和菲利普胞囊线虫等两种胞囊线虫发生为害。其中禾谷胞囊线虫是优势种群。禾谷胞囊线虫1989年在湖北省天门县发现，目前已证实该线虫在湖北、河南、河北、北京、山西、山东、内蒙古、青海、安徽、陕西、甘肃、江苏、宁夏、天津、新疆、西藏等16个省份500多个县（市）发生（彩图2-28-1），发生面积在400万hm^2以上，占全国小麦种植面积的20%以上，发病田平均可减产10%～20%，重病地块减产70%以上甚至绝收，严重威胁小麦及禾谷类作物生产安全。菲利普胞囊线虫（*H. filipjevi*）是2010年彭德良等在河南省临颍县发现的为害小麦的新病原，目前已经证实菲利普胞囊线虫在河南省的临颍、卫辉、延津、博爱、淮阳、获嘉、洛阳洛龙、孟津、孟州市、沁阳市、商水、夏邑、许昌、虞城，青海湟源和宁夏青铜峡等3省18个县（市）30多个乡镇发生和为害。菲利普胞囊线虫是为害小麦等禾谷作物的重要线虫病害之一，1981年以来，陆续在塔吉克斯坦、德国、英国、瑞士、挪威、伊朗、美国等国家有发生报道，是国际小麦等禾谷作物生产中面临的潜在威胁性线虫。

（三）小麦禾谷胞囊线虫的为害

禾谷胞囊线虫在全世界所有禾谷作物产区都能发生和分布。在澳大利亚的维多利亚和南部，禾谷胞囊线虫是小麦上的最重要病原物，小麦受害面积为200万hm^2，产量损失为23%～50%，严重时损失73%～89%，年经济损失7 000万美元；在欧洲主要禾谷作物种植区，50%以上的地块受到禾谷胞囊线虫的侵染；在印度，禾谷胞囊线虫是小麦和大麦的严重病原物，引起小麦和大麦的"Molya"病害，据统计在印度的拉贾斯坦，禾谷胞囊线虫造成的小麦产量损失为 47.2%，大麦损失高达 87.2%；在俄罗斯的西伯利亚，小麦因禾谷胞囊线虫损失 30%～50%；在美国的几个州和加拿大，禾谷胞囊线虫被当作重要的潜在危险性病原物。来自日本、北非和西亚的报道证实，禾谷胞囊线虫都能从其寄主和一些杂草上检测出来。禾谷胞囊线虫造成的产量损失与土壤中的群体密度、禾谷作物生长和发育的环境因素有关。在土壤线虫量为每克土壤有 1～20 条禾谷胞囊线虫的幼虫时，燕麦产量降低 21%～85%，在同样的水平下，大麦的损失为 16%～55%。在不同的气候区为害阈值有所不同。在澳大利亚的维多利亚，干苗重和小麦产量与根系线虫引起的严重为害呈负相关性（相关系数分别为 $r=-0.79$，$r=-0.66$）（Boer et al.，1991）。在禾谷作物间，禾谷胞囊线虫引起的产量损失不同，春燕麦的产量损失最大，春小麦、春大麦的损失次之，黑麦的产量损失最小。冬播禾谷作物的产量损失比春播的小，播种时间也影响产量损失，在澳大利亚，6～7 月播种比 4～5 月播种引起的产量损失大（Brown，1982b）。在盆栽试验中，如果有 *Rhizoctonia solani* 存在的条件下，小麦的受害加重，因此，禾谷胞囊线虫的群体为害阈值较小（Meagher et al.，1978）。一般情况下，当春季寒冷和潮湿，接着夏季炎热和干旱的条件下，禾谷胞囊线虫对禾谷作物的为害增加。禾谷胞囊线虫在燕麦上的繁殖量最大，在春小麦、冬大麦、春大麦和冬黑麦上的繁殖量依次递减。在英国，春燕麦是最感病的禾谷作物，然后是秋燕麦，春播禾谷作物比秋播禾谷作物受禾谷胞囊线虫的寄生更严重（Kerry et al.，1982a）。在前捷克斯洛伐克，禾谷作物对禾谷胞囊线虫的感病顺序是燕麦、春大麦、春小麦、冬小麦、黑麦和冬大麦；而在印度感病顺序是小麦、大麦和裸大麦。

在我国，小麦胞囊线虫病一般引起小麦损失为 30%～40%，严重者达 50%～70%。我国小麦生产大省河南省 1990 年前后在安阳、郑州发现该病，目前已知分布于安阳、郑州、新乡、焦作、许昌、鹤壁等地区，发病面积约 133 万 hm^2，而且有不断加速蔓延趋势。据调查，该病在河南安阳市和郑州郊区为害严重，其中在安阳调查的 113 块麦田中病田占 78.8%；郑州郊区重病田小麦减产达 50%以上，2005 年部分麦田因该病为害严重而毁种（彩图 2-28-1）。

二、症状

小麦受胞囊线虫侵染幼苗矮小，地上部萎黄，根系二叉状分枝多，膨大成团，严重受害的小麦地上部早衰，籽粒不实。

目前我国小麦禾谷胞囊线虫在田间呈点片状分布。小麦出苗 1 个月后，受害植株开始表现症状，在黄河以南的河南许昌、禹州、漯河等地受害严重地区，越冬期麦苗表现明显的黄化，生长稀疏，严重时成片枯死（彩图 2-28-2）。其他地区的越冬期麦苗症状常不明显，多在翌春小麦返青后，受害幼苗矮小，病株从下部叶片叶尖开始变黄，随后变淡黄褐色干枯，并向叶片基部和上部叶发展，使麦叶大面积黄化失绿。病苗长势弱，分蘖明显减少，生长稀疏，植株矮化，与缺肥和缺水症状相似，往往造成误诊。发病植株地下部根系二叉状分枝，膨大成团，许多二叉状分枝上又长出许多须根，须根再形成分叉，根短而扭曲，严重时，整个根系成须根团（彩图 2-28-3，1、2）。严重受害的小麦地上部早衰。病株穗小，籽粒不实。抽穗至扬花灌浆期，受害根系表皮肿胀破裂，显露出白色发亮的雌虫——胞囊（彩图 2-28-3，3、4），此为小麦胞囊线虫病的识别特征，后期胞囊变褐色，老熟脱落。因此，往往根上不易发现，以致误诊为缺肥干旱或其他病害。

三、病原

在我国，为害小麦的胞囊线虫主要有禾谷胞囊线虫（*Heterodera avenae*）和菲利普胞囊线虫（*Heterodera filipjevi*）两种，均属于垫刃线虫目异皮线虫科胞囊线虫属（*Heterodera*），其形态鉴别特征如下。

（一）形态测量值

雌虫：体长=0.55～0.77mm，体宽=0.36～0.50mm。

雄虫：体长=1.07～1.59mm（1.38）mm，a=32～55（45）；b=7～12（9）；b′=5.5～6.8（5.8）；T=40～50（45）；口针=27～31μm；交合刺=33～38（36）μm。

二龄幼虫：体长=0.54～0.58mm，体宽=20～24μm，尾长=45～70μm（一般是 54～58μm），口针 24～28μm。

（二）形态描述

雌虫：雌成虫梨形，具有突出的颈部和阴门锥。头部有环纹，并有 6 个融合的唇片和 1 个唇盘。口针直或者轻微拱形，长 26～32μm，基部球圆形。中食道球圆形，基有明显的贲门器官。阴门裂长 12～13μm，偶尔雌虫有排出体外的少量胶状物质，但是胶状物中很少有卵。雌虫体表有粗糙的 Z 形皱褶图案。胞囊阔柠檬形，深褐色，长 601～913μm，宽 436～612μm，平均大小为 0.71mm×0.50mm；新鲜时有明显的亚结晶层，变成褐色时，亚结晶层脱落。此亚结晶层被认为是由 S-E 系统的分泌物组成。典型胞囊成熟时呈非常深的褐色至黑色。成熟胞囊从白色变成黑褐色过程中无黄色阶段。阴门锥膜孔是双膜孔型，无下桥，长 43～47μm，宽 22～23μm；阴门裂长 8.1～10.5μm；泡状突明显，在阴门锥膜孔下方不规则地排列。大多数胞囊含有 200～250 粒卵，少数大胞囊含卵超过 600 粒（图 2-28-1，彩图 2-28-4）。

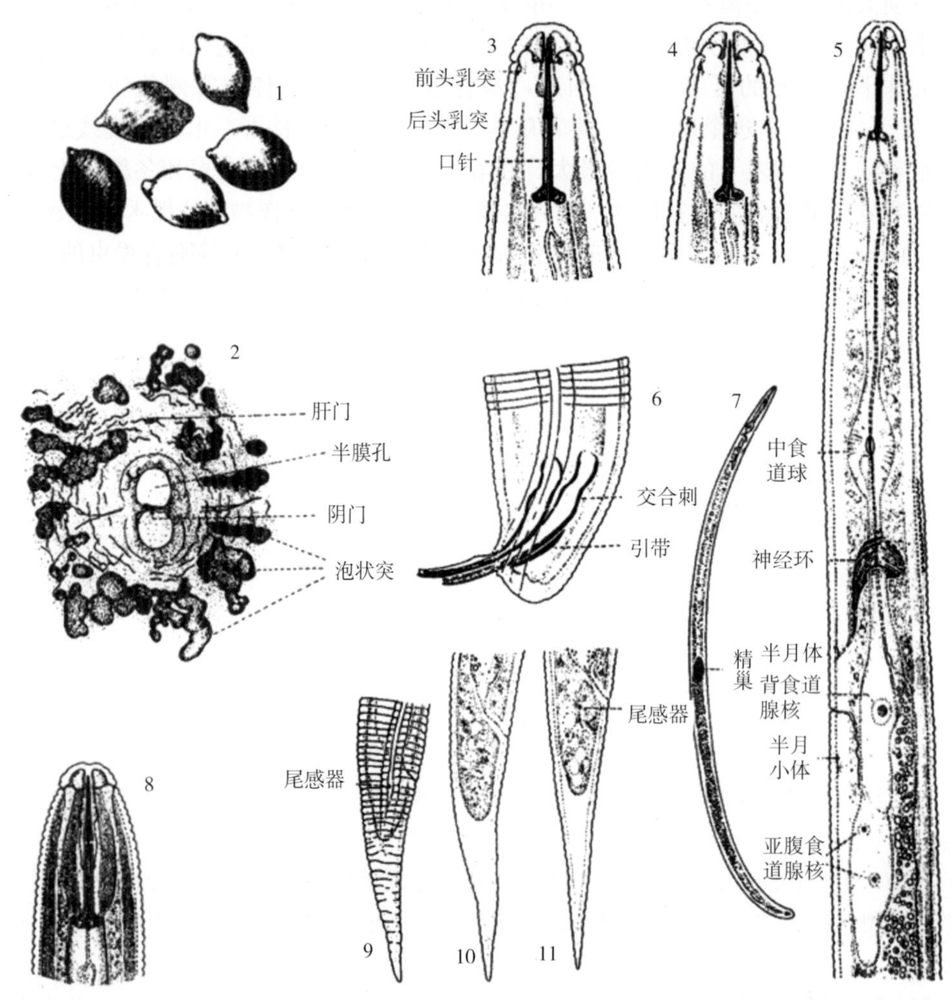

图 2-28-1 禾谷胞囊线虫形态（引自 Williams and Sissiqi，1972）

Figure 2-28-1 *Heterodera avenae*（from Williams and Sissiqi，1972）

1. 胞囊 2. 胞囊阴门锥顶面观 3、4. 雄虫头部 5. 雄虫食道区域 6. 雄虫尾部 7. 雄虫全长 8. 二龄幼虫头部 9～11. 幼虫尾部

雄虫：正常情况下雄虫丰富度高，蠕虫状，平均长约 1 380μm，在抗性品种上发育的雄虫体长略短。体表环纹明显，环纹宽 2μm；侧区有 4 条侧线，外侧 2 条侧带有网纹。唇区圆形，缢缩，有 4～6 个环纹（一般 5 个）。头骨架硬化，具有明显外层边界。口针前端锥形部分急剧地变尖，通常略短于口针长度的 1/2；口针基部球圆形，通常前表面扁平，向后倾斜。中食道球卵圆形，具有明显的贲门。食道腺在肠的腹面或者腹侧面，背食道腺核较大，位于食道和肠连接处的后方。排泄孔位于食道和肠连接处附近。半月体明显，通常有 2～3 个环纹长，位于排泄孔前方 5～6 体环处；半月小体不明显，位于排泄孔后 6～7 体环处。交合刺弓状，交合伞简单，轻微弯曲（图 2-28-1，彩图 2-28-4）。

二龄幼虫：蠕虫状，具有明显尖尾。唇区圆形，缢缩，有 2 个环纹。体壁环纹明显，体中部环纹宽

1.5μm，侧区大约为体宽的 1/4；侧线 4 条，形成 3 条侧带，外侧带有网纹。口针发育良好，粗壮，基部球大，前表面扁平有时凹陷。中食道球圆形，非常强健，具有贲门。尾长为肝门处体宽的 3～4.5 倍，虫体内含物扩展至尾腔。透明尾长 35～45μm，大约为 1.5 倍口针的长度。侧区在尾中部消失。尾感器明显，孔状，位于肛门的后方（彩图 2-28-4）。

四、病害循环

在我国华北麦区和长江中下游麦区，小麦胞囊线虫均可侵害冬小麦。该线虫在我国每年只发生 1 代。在长江中下游麦区（湖北等地），小麦播种后雨日多，11～12 月平均气温在 9℃以上，有利于线虫孵化和侵入寄主，播种后 25～35d，二龄幼虫即可侵入麦根，造成苗期感染；翌年 2～3 月，雨水充足，气温回升早而快，线虫再次孵化和入侵寄主，侵害加重；100～120d 幼虫在根内发育至三龄，120～130d 根内出现四龄幼虫，130～150d 根外可见白色胞囊，150～190d 褐色胞囊出现，该线虫完成一代需 5 个月（肖炎农，2014）。在河北定州、河南郑州、北京大兴和江苏沛县，冬小麦播种出苗后，仅有少量二龄幼虫侵入，翌春小麦返青后，早春的低温使线虫的孵化量加大，造成大量侵入；2 月下旬至 3 月上旬是该线虫二龄幼虫侵入的高峰期；4 月上旬幼虫在麦根内发育至三龄幼虫，4 月下旬发育至四龄幼虫，5 月上旬小麦根表可见白色胞囊（雌虫），5 月中旬为白色胞囊显露盛期，5 月底至 6 月初胞囊发育成熟。将白色胞囊显露盛期于小麦生育期进行结合分析，白色胞囊显露盛期与小麦抽穗扬花期相吻合。因此，调查小麦禾谷胞囊线虫以抽穗扬花期最佳（彭德良等，1993；王明祖，张东升等，1996；郑经武等，1997；陈书龙，李红梅，李洪连等，2014）。

五、流行规律

（一）发病的因素

小麦收获后，根部的胞囊大量脱落遗留在土壤中越冬或越夏。土壤是该线虫传播的主要途径，同时农机具、农事操作、人、畜、水流等的传带也可作远距离传播，特别是跨区联合收割，加剧了小麦胞囊线虫病的扩散和蔓延。在澳大利亚大风刮起的尘土是该线虫远距离传播的重要途径，在我国每年的暴雨冲刷可能造成该线虫的远距离传播。小麦胞囊线虫的卵在 10～18℃条件下均可孵化，随着温度增高，孵化速度加快，但孵化率降低，幼虫存活期缩短。

小麦胞囊线虫病发生与气候、耕作制度、土质、土壤肥力状况等因素有密切关系。在幼虫孵化期，若天气凉爽、土壤湿润、降雨多则病害发生重；在小麦生长季节出现干旱或早春出现低温寒冷天气，发病严重；病田连年种植小麦或其他寄主植物的发病重；沙质土壤发病重，黏土、水稻土、沙姜黑土地块发病轻；旱薄地发病重，损失大，高水肥地块发病轻，损失小；旋耕地块重于深耕地块；增施肥料（氮肥、磷肥和有机肥）和播后镇压可减轻发病，增施钾肥则加重病害；品种间发病程度差异很大，大多数品种感病；初发病地块点片分布，老病田发病相对比较均匀。

（二）禾谷胞囊线虫的存活

土壤中处于滞育阶段的胞囊内的卵有抗干旱能力，但储存于较低的相对湿度下时，胞囊内的卵在 5℃条件下可存活多年。在印度，干燥的土壤不会使胞囊内的卵丧失活力和侵染率；当土壤温度接近 20℃、湿度接近田间持水量时，幼虫的存活能力降低。

（三）孵化特性

小麦胞囊线虫属低温型线虫，孵化所需的温度较低，低温可以刺激孵化，而高温则抑制孵化，引起滞育。禾谷胞囊线虫孵化的主要制约因素是温度和湿度，不受植物根系分泌物的影响。但将禾谷胞囊线虫的胞囊预先置于 5℃下处理，然后置于 10℃下根系分泌物的溶液内，则幼虫的孵化量很大。由于气候条件的不同，禾谷胞囊线虫的孵化规律存在明显差异。在地中海气候条件下，禾谷胞囊线虫群体孵化特性从秋季和翌春幼虫都可以孵化，在欧洲更北部的气候带内，北欧的瑞典和法国南部，大部分幼虫的孵化是在翌春，幼虫的孵化高峰与春麦的播种期相吻合（Rivoal，1978）。

中国农业科学院植物保护研究所对北京房山、河北定州和河南新乡等地禾谷胞囊线虫群体长达 360d 以上的观察表明，该线虫必须在 5～7℃的低温条件下经过至少 30d 以上，二龄幼虫才能孵出；上述低温之前 30d 左右的中温（10～15℃）处理对该线虫的孵化具有明显的促进作用；低温处理后将温度升高（至 15～25℃）可使二龄幼虫在短期内大量孵出，形成孵化高峰期，但之后基本不再孵化。30℃左右的高温抑制其的孵化，而－20℃左右的低温对其无明显伤害。在5～7℃的低温条件下，该线虫可长期连续孵化（最终累计孵化率可达90%以上），但孵化速度明显较慢，且无孵化高峰期出现。小麦幼根分泌液在以上温度条件下均不能刺激孵化；黑暗条件下的孵化率与室外自然光照下相比明显较低。郑经武等（1996，1997）在室内离体条件下，也证实上述温度的变化对禾谷胞囊线虫二龄幼虫孵化和活动力的影响，而且保湿液pH6时的孵化量最大，pH12对幼虫的孵出有明显的抑制作用；干燥不利于幼虫孵化。

（四）滞育现象

在自然条件下，禾谷胞囊线虫的胞囊在土壤中要经过一个高温滞育阶段，这个阶段正好是夏季高温和无寄主植物存在的阶段。孵化周期的差异来源于不同温度条件下休眠的诱导或抑制。在地中海气候条件下，滞育是专性的和持久性的，当炎热干燥条件盛行时，胞囊进入休眠和滞育状况；当温度回落和土壤湿度增加时，则抑制了滞育状况。在澳大利亚南部和欧洲南部，初春温度上升时，可能诱导第二次滞育（Banyer & Fisher，1971b）。来自北欧的群体从7月到冬季末有更多的兼性滞育现象，寒冷和低温预处理可以打破和解除禾谷胞囊线虫的滞育，北欧和南欧的群体相互转移并不能改变它们的基本孵化节律。当土壤温度上升至20℃时停止孵化。禾谷胞囊线虫的胞囊先在20～22℃下预处理4～10d，然后置于4℃下低温处理10～35d后，二龄幼虫即可孵化，加拿大的一个禾谷胞囊线虫群体的胞囊在0～7℃下预处理至少8周后其内的幼虫才可以孵化（Clarke & Perry，1977）。法国南部的致病型Ha41和北部的致病型Ha12的胞囊滞育的解除所需要的温度不同，一个法国南部的群体需要在20℃下储存2个月，才能在5℃下孵化。在西班牙，大多数禾谷胞囊线虫群体的胞囊不需低温刺激，幼虫在冬天也可以孵化，但有两个群体有典型的北欧型第二春孵化现象。在中国，南、北方禾谷胞囊线虫群体的孵化所需要的温度是不同的。

（五）寄主范围

禾谷胞囊线虫的主要寄主是禾本科作物，包括剪股颖属（*Agrostis*）、燕麦属（*Avena*）、雀麦属（*Bromus*）、鸭茅属（*Dactylis*）、须草属（*Deschampsia*）、稗草属（*Echinochloa*）、羊茅属（*Festuca*）、大麦属（*Hordeum*）、黑麦草属（*Lolium*）、梯牧草属（*Phleum*）、早熟禾属（*Poa*）、棒头草属（*Polypogon*）、黑麦属（*Secale*）、高粱属（*Sorghum*）、小麦属（*Triticum*）、玉蜀黍属（*Zea*）等32个属60余种作物，其中小麦（*Triticum aestivum*）、裸大麦（*Hordeum sativum*）、大麦（*Hordeum valgare*）、燕麦（*Avena sativa*）、黑麦草（*Lolium perenne*）、鸭茅（*Dactylis glomerata*）、鹅冠草（*Roegneria kamoji*）、球茎草（*Phalaris tuberosa*）、苇状羊茅（*Festuca elatior* var. *arundinucea*）等10种禾本科作物和牧草是该线虫的良好寄主。此外，该线虫还侵害紫羊茅（*Festuca rubra*）、牛尾草（*F. pratensis*）、羊茅（*F. ovina*）、泽地早熟禾（*Poa palustris*）等40多种杂草。节节麦（*Aegilops tauschii*）和鬼蜡烛（*Phleum paniculatum*）是我国小麦禾谷胞囊线虫的两种新寄主。该线虫能侵染玉米（*Zea mays*），但不能完成生活史，因此玉米是非寄主植物；该线虫不能侵害红花三叶草（*Trifolium pratense*）、紫花苜蓿（*Medicago sativa*）。

（六）致病型分化

禾谷胞囊线虫（*H. avenae*）致病型划分方案是根据它们在大麦、燕麦和小麦等鉴别寄主上的繁殖能力来确定的，根据对大麦已知抗性基因（*Rha1*、*Rha2*、*Rha3*）的反应主要分成3个致病型组。每组致病型根据对其他鉴别寄主的反应再进一步细分。对于感病对照品种上的数量，抗性被定义为在抗性品种上新形成的胞囊数与在感病品种上形成的胞囊数相比少于5%（表2-28-1）。按照Andersen和Andersen（1982）提出的禾谷胞囊线虫致病型测定和划分的方法，目前已经命名的致病型有13个，其中Ha11分布于丹麦、瑞典、英国、荷兰、德国。一些群体在燕麦上缺乏毒性，如法国南部、西班牙、摩洛哥、印度、日本、以色列和中国的一些群体对燕麦无毒性，而对许多北欧的禾谷胞囊线虫群体而言，大多数燕麦品种是它们最好的寄主，在瑞典也鉴定出了一些致病型对燕麦无毒性（Ireholm，1990）。

中国农业科学院植物保护研究所根据来自中国河北、北京、河南和湖北4省（直辖市）小麦上的禾谷胞囊线虫群体对国际鉴别寄主的反应推断，在中国至少有3个禾谷胞囊线虫的新致病型存在：CH1、CH2和CH3。浙江大学对山西太谷及安徽固镇等地的禾谷胞囊线虫群体进行了致病型的鉴别，根据两个群体对禾谷胞囊线虫国际鉴别寄主A组内11个品种的反应型明确，两个群体的致病型不同于目前世界上已正式命名的13个致病型。河南农业大学报道，郑州须水和荥阳两个禾谷胞囊线虫群体的致病型为一个未曾报道的新致病型Ha43。

表 2-28-1　禾谷胞囊线虫致病型组的划分（引自 Cook & Rivoal，1998）

Table 2-28-1　International Test Assortment and their reaction to pathotypes of *Heterodera avenae* (from Cook & Rivoal，1998)

鉴别寄主种和品种	*Ha1* 组							*Ha2* 组	*Ha3* 组		
	Ha11	*Ha21*	*Ha31*	*Ha41*	*Ha51*	*Ha61*	*Ha71*	*Ha12*	*Ha13*	*Ha23*	*Ha33*
大麦											
Varde	+	“	“	+	“	+	+	+	+	+	+
Emir	+	+	“	+	“	−	+	+	+	+	+
Ortolan	−	−	−	−	−	−	−	+	+	+	+
Morocco	−	−	−	−	−	−	−	−	−	−	−
Siri	−	−	−	+	+	+	−	−	+	+	+
KVL191	−	−	−	“	+	+	+	−	“	“	“
Bajo Aragon	−	“	“	−	“	−	−	−	+	+	+
Herta	+	+	−	“	−	“	−	+	+	“	“
Martin 403	−	“	“	−	“	−	−	−	−	+	+
Dalmatische	(−)	“	“	+	“	−	(+)	+	+	(−)	+
La Estanzuela	“	“	“	“	“	“	+	“	“	(−)	“
Harlan 43	−	“	“	“	“	“	−	−	“	−	+
燕麦											
Nidar	+	“	“	(+)	“	+	−	+	+	+	+
Sol Ⅱ	+	−	−	−	−	+	−	+	+	+	+
Pura Hybrid BS1	−	−	“	−	−	−	−	−	+		+
Avena sterilis 1376	−	−	“	−	−	−	−	−	−	−	−
Silva	(−)	“	“	−	“	(−)	−	(−)	(−)	(−)	+
IGV. H. 72-646	−	“	“	−	“	−	−	−	+	+	+
小麦											
Capa	+	+	“	+	“	+	+	+	+	+	+
AUS 10894	−		“	−	“	−	+	−	(−)	+	+
Loros	−	−	“	−	“	(−)	−	−	(−)	+	+
Psathias			“	+	“	“	“	+	+	+	
Iskamish K-2-light	+		“	−	“	(−)	“	+	+	+	+

注　+：感病；−：抗病（新鲜胞囊与感病对照上的数目相比<5%）；（　）：中间；“：无数据信息。

（七）禾谷类作物品种的抗性

在小麦种内对禾谷胞囊线虫的抗性资源稀缺，绝大多数品种都表现为感病。遗传育种专家运用远缘杂交和染色体操作技术，通过基因渗入或基因转移的方式将小麦野生近缘种属内的抗性基因导入至栽培小麦中，从而选育出抗禾谷胞囊线虫病的小麦新品种。将节节麦（*Triticum tauschii*）中的小麦胞囊线虫抗病基因 *Cre3* 和 *Cre4* 导入栽培小麦，选育出 Aus18912、Aus18913、CPI110809、CPI0110810 和 Aus18914 等抗病新品种（Eastwood et al.，1991）。运用 stepping-stone 方法将偏凸山羊草的 *Cre2* 导入普通小麦中，培育出携带 *Cre2* 的稳定可育系 H-93（Delibes et al.，1993）。其中，H-93-8 对西班牙致病型 Ha71 和英国致病型 Ha11 表现出高度抗性，通过偏凸山羊草与六倍体小麦杂交，选育出一系列抗虫小麦附加系、代换系（Jahier et al.，1996）（表 2-28-2）。

表 2-28-2 抗禾谷胞囊线虫的禾谷类作物（抗性基因和表现抗性的小种）

Table 2-28-2 The resistant cereal crops to *Heterodera avenae* (*the resistance genes and exhibiting-resistance races*)

禾谷类作物	品 种 名 称
普通小麦（*Triticum aestivum*）	Katyl、Re607、Molineux、Festiguay、Dirk、Loros、AUS10894（race Fr1-4）、exLoros（AUS11577）（race Fr1-4）、V640/74（race1，2 and Vaxtorp）、Red River、Adler、WS-1812
硬粒小麦（*T. durum*）	Russe、Dwarf457
大麦（*Hordeum valgare*）	Hulda（Ha2，several races）、Morocco（Ha3）、CY3902（Ha3）、Siri（Ha2）、Drost（Ha1，race 11）、Bendicte（Ha2）、Kara（Ha2，race 1&2）、Nemax（Ha2）、Sabarlis（Has）、Bajo-Aragon（race 1，2 and Vaxtorp）、Zita（race 12）、P313221（races Fr2-4）、Welana（race 1&2）、Prisca（race 1&2）、K6808、Dalmatische、Rika、P31322、Martin、Dlnos349、350、375、376、379、Rajkiran、Athenai、c18147、Marocaine079、Nile、Stange、Regatta、Decor
燕麦（*Avena sativa*）	Hedvig、Selma、Tamo-301、Tamo-312、Panema、Trafalgar、Krupnozernyi67、Keeper、Rollo
Avena sativa × *Triticosecale*	Tahara

迄今为止，已鉴定的禾谷胞囊线虫抗性基因大多存在于小麦野生近缘种属中，如大麦、黑麦以及山羊草属植物等，尤其是山羊草属植物中含有大量的遗传抗性资源，仅仅只有 *Cre1*、*Cre8* 发现于六倍体小麦（表 2-28-3）。

随着分子生物学的迅速发展，建立在 DNA 变异基础上的分子标记技术在小麦育种中得到广泛运用。遗传育种学家通过 RFLP、SSR、AFLP、RAPD 以及 SCAR 等分子标记技术对多个禾谷胞囊线虫抗性基因完成了标记鉴定，为快速选育抗病小麦品种奠定了基础。Williams 等（1994）从近等基因系中筛选出与 *Cre1*（*Cre*）紧密连锁的 RFLP 标记 Xglk605 和 Xcdo588，与 *Cre1* 的遗传距离分别为 7.3cM 和 8.4cM。Barloy 等（2000）对栽培小麦 Lutin、供体易变山羊草、近等基因系 E-10 和 1 个易位系进行随机引物分析，从中筛选出 5 个 RAPD 和 1 个同工酶标记与 *CreY*（*Rkn-mn1*）连锁。其中 3 个 RAPD 标记 $OpY16_{-1065}$、$OpB12_{-1320}$ 和 $OpN20_{-1235}$ 遗传距离分别为 0cM、0.8cM 和 1.7cM。随后，Barloy 等（2007）又将其中 $OpY16_{-1065}$ 转化成更加稳定的 SCAR 标记 Y16，并完成了 *CreX* 的 RAPD 标记（表 2-28-3）。

表 2-28-3 禾谷胞囊线虫抗性基因定位和分子标记

Table 2-28-3 The localization and molecular markers of resistance genes to *Heterodera avenae*

抗病基因	来 源	标记类型	染色体定位
Cre1	普通小麦（*Triticum aestivum*）	RFLP/STS	2BL
Cre2	偏凸山羊草（*Aegilops ventricosa*）	RAPD/RFLP	$6M^v$
Cre3	节节麦（*Triticum tauschii*）	RFLP/RAPD	2DL
Cre4	节节麦（*Triticum tauschii*）	RAPD	2DL
Cre5	偏凸山羊草（*Aegilops ventricosa*）	RAPD/RFLP	$6M^v$
Cre6	偏凸山羊草（*Aegilops ventricosa*）	RFLP	$5N^v$
Cre7（*CreAet*）	钩刺山羊草（*Aegilops triuncialis*）	—	—
Cre8（*CreF*）	普通小麦（*Triticum aestivum*）	—	B
CreR	黑麦（*Secale cereale*）	RFLP	RL
CreX	易变山羊草（*Aegilops variabilis*）	RAPD	—
CreY（*Rkn-mn1*）	易变山羊草（*Aegilops variabilis*）	RAPD/SCAR	$3S^v$
Ha1	大麦（*Hordeum valgare*）	RFLP	H
Ha2	大麦（*Hordeum valgare*）	RFLP	H
Ha3	大麦（*Hordeum valgare*）	RFLP	H
Ha4	大麦（*Hordeum valgare*）	RFLP	H

中国农业科学院植物保护研究所组织鉴定了1 100多份小麦材料对小麦胞囊线虫的抗性，发现我国目前绝大多数生产上大面积推广品种对两种小麦胞囊线虫均为高感，共有116个小麦、大麦和青稞品种对小麦禾谷胞囊线虫和菲利普胞囊线虫具有中等抗性，但尚未发现对我国小麦禾谷胞囊线虫具有广谱抗性的品种。其中，中育6号、新麦18、淮麦29、徐麦99、温粮58、矮早八等少数几个品种是目前发现的对我国小麦胞囊线虫种群抗性较为广泛的品种。中育6号对禾谷胞囊线虫山西运城种群具有高抗作用，平均每株胞囊数目为4.4个，对禾谷胞囊线虫河南杞县和江苏沛县种群具有抗性，平均每株胞囊数目分别为5.43个和7.9个；新麦18对禾谷胞囊线虫河南清丰和山西运城种群具有高抗作用，平均每株胞囊数为4个，对禾谷胞囊线虫江苏沛县、山西运城和安徽萧县种群均具有抗性，平均每株胞囊数目分别为6.3个、7.2个和7.38个；淮麦29对禾谷胞囊线虫江苏丰县和沛县种群具有高抗作用，平均每株胞囊数目分别为1.6个和3.4个，对山东泰安种群也具有抗性，平均每株胞囊数目为8.17个；徐麦99对江苏沛县、山西运城种群也具有抗性，平均每株胞囊数目分别为6.8个和9.61个；温粮58对江苏丰县和沛县种群也具有高抗作用，平均每株胞囊数目分别为1.6个和3个，对山西运城种群具有抗性，平均每株胞囊数目为8.21个；矮早八对江苏丰县和沛县、安徽萧县和北京大兴种群均具有高抗作用，平均每株胞囊数目分别为4.8个、3个、0.2个和4.6个。

鉴定了208份从CIMMYT引进的小麦种质资源对小麦胞囊线虫的抗病性，筛选出6R（6D）、Madsen、VPM、Waskana、Turcan ＃ 39、CRO _ 1/AE.SQUARROSA（224）//OPATA、QT6422、CP1133842、CP1133814、Durati、Mackeller等20多份抗病材料。测定了96份小麦与山羊草、偃麦草、簇毛麦等杂交后代材料及小麦近缘属种材料，从小麦与山羊草、小麦与偃麦草后代中筛选出SS679、KX-24、KX-37、KX-2、KX-34、KX-13、KX-22、KX-25等20多份抗病小麦新品系，从小麦近缘属种材料中筛选出一粒小麦、簇毛麦、卵穗山羊草、粗山羊草、偃麦草、冰草等30多份抗源材料。

六、防治技术

（一）农业防治

1. 合理施肥 适当增施有机厩肥、氮肥和磷肥可抑制小麦胞囊线虫的侵害，增施225kg/hm^{2}氮肥和225kg/hm^{2}磷肥的胞囊减退率分别为37.91%和41.26%，小麦分别增产5.39%和10.67%；增施有机厩肥有利于小麦胞囊线虫的发生，但能提高小麦产量，可能与补偿作用有关。

在循化县和化隆县定点调查单施化肥和化肥＋农家肥地块的小麦胞囊线虫病发生情况，结果表明，合理施用化肥的同时增施农家肥，对小麦胞囊线虫病群体密度没有明显影响，但能起到壮苗健苗作用，增强植株抗逆性，减轻产量损失15.50%～20.58%。

2. 轮作 禾谷作物与非禾谷作物轮作可以有效地抑制线虫严重为害，而在连作条件下，几年内线虫群体将极大地增加。在湖北研究了轮作、休闲和连作等种植模式对小麦胞囊线虫种群的影响，发现连作田中的小麦胞囊线虫数量逐年增加，休闲可明显降低田间的小麦胞囊线虫数量，胞囊减退率可达89.8%；小麦与非寄主植物如豌豆、油菜和花生轮作可显著降低田间的胞囊基数，如小麦与茄子或甜瓜轮作致使小麦胞囊线虫基数减退90.7%和93.8%；小麦与油菜、蚕豆和豌豆轮作致使小麦胞囊线虫基数减退56.94%、32.98%和87.10%；小麦与花生轮作3年后，田间几乎检测不到小麦胞囊线虫，防治效果最为显著。在青海小麦、青稞轮作田小麦胞囊线虫病明显重于麦—薯、麦—豆、麦—油轮作田，小麦与非禾谷类作物轮作对小麦胞囊线虫有良好的控制作用，土壤中胞囊减退率达45.41%～51.64%，增产率为18.84%～23.71%。连作会增加土壤内胞囊的积累量，实行小麦与豆科植物轮作，可以大大降低土壤内线虫群体数量。

3. 播种后镇压 播后镇压是防治小麦胞囊线虫病的一项轻简化技术，镇压可明显减轻胞囊线虫病害、提高产量，防治效果与施用杀线剂效果相当，具有很好的推广利用前景；在秸秆还田、旋耕田和土质疏松、透气性好的麦田，尤其是播后不能灌溉的麦田，播后镇压具有非常显著的防病效果和增产作用，播后镇压的田块胞囊减退率分别为49.62%～55.4%，返青拔节期镇压的病情抑制率可达44.90%～57.93%，小麦增产5.7%～15.15%。镇压方式可选择在播种机后挂镇压轮直接镇压、播后用石磙和铁磙镇压、拖拉机机械镇压等方式，对于秸秆还田和旋耕地块，应适当轻压。

4. 种植抗病品种 在河南许昌、郑州等地区，选择太空6号、濮麦9号、豫麦49-198等抗（耐）病品种，在新乡、焦作、安阳、濮阳、鹤壁等地，选择新麦18、新麦19和濮麦9号等抗（耐）病品种；在安徽北部地区，可选择种植豫麦49-198、兰考矮早8、漯麦8号、许科1号等抗（耐）病品种。重病地块应避免种植矮抗58、豫麦18、豫麦58、豫麦60、温麦19、郑麦9023等高度感病品种。

（二）生物防治

生防真菌——拟青霉属Z4菌剂、曲霉属生防真菌HN132和HN214、球孢白僵菌08F04和淡紫拟青霉对小麦胞囊线虫在大田均表现出良好的防效。拟青霉属Z4发酵液的防治效果为50%，胞囊衰退率为72.88%，对卵和二龄幼虫的寄生率分别为27.3%和32.8%，10倍稀释液对小麦胞囊线虫的致死率均在82.4%以上；HN132、HN214稀释4倍的发酵液处理禾谷胞囊线虫后，死亡率达96%以上；HN132菌株16倍稀释液处理后，胞囊减退率可达50%，8倍稀释液处理后胞囊减退率达64.1%；球孢白僵菌剂08F04，在田间具有比较稳定的效果，处理后田间胞囊减退为44.50%～58.49%，小麦增产3.39%～6.94%。防治小麦胞囊线虫的新产品淡紫拟青霉颗粒菌剂，100kg/hm^{2}处理的防效最好，在小麦苗期和小麦生长后期（抽穗至扬花期）的防效分别为57.25%和40.22%，在小麦收获后，土壤中的胞囊数量比对照减少59.82%。植物源制剂TS颗粒剂对小麦胞囊线虫有明显抑制作用，卵抑制率可达41.41%，且对小麦有增产作用，最高增产率达14.6%。

（三）药剂处理种子

播种前用甘农种衣剂Ⅰ号、甘农种衣剂Ⅱ号、甘农种衣剂Ⅲ号、阿维菌素种衣剂AV1、阿维菌素种衣剂AV2和5.7%甲维盐等6种种衣剂对种子进行拌种处理，不同种衣剂处理种子对土壤中胞囊线虫的繁殖均有一定抑制作用，甘农种衣剂Ⅲ号（1∶35）、甘农种衣剂Ⅰ号（1∶50）和甘农种衣剂Ⅱ号（1∶35）处理后平均胞囊减退率分别为56.0%、53%和47%，增产率分别为37.6%、19.4%和17.9%（表2-28-4）。用新型线虫种衣剂处理种子，不仅对小麦胞囊线虫病具有较好的防效，而且具有安全、低毒、省工、经济的特点，不失为农业生产实践中一种简便和实用的方法。

表2-28-4 不同种衣剂处理后对小麦生长及产量的影响

Table 2-28-4 The effects of various seed-coating formalations on the growth and yield of wheat

种衣剂名称（药种比例）	株高（cm）	千粒重（g）	每平方米实际产量（g）	增产率（%）
甘农种衣剂Ⅰ号（1∶35）	（77±0.9）cde	（41±1.6）ab	（406±56.5）ab	17.7
甘农种衣剂Ⅰ号（1∶50）	（76±2.4）cde	（42±1.4）b	（414±27.7）ab	19.4
甘农种衣剂Ⅱ号（1∶20）	（69±0.6）ab	（41±2.0）ab	（389±43.2）ab	14.1
甘农种衣剂Ⅱ号（1∶35）	（70±0.9）abc	（42±2.4）b	（407±28.2）ab	17.9
甘农种衣剂Ⅲ号（1∶35）	（82±0.9）e	（45±1.1）b	（535±84.5）b	37.6
阿维菌素种衣剂AV1（1∶35）	（74±0.6）bcd	（41±2.1）ab	（395±40.5）ab	15.5
阿维菌素种衣剂AV2（1∶35）	（78±2.0）de	（41±3.2）ab	（386±41.5）ab	13.4
5.7%甲维盐（1∶35）	（72±2.1）abcd	（41±2.7）ab	（384±48.4）ab	13.0
CK	（67±4.2）a	（34±3.4）a	（341±26.7）a	—

24%杀线威水剂叶面喷雾，对禾谷胞囊线虫有一定的防治效果，小麦单株穗重有一定程度增加，400～800倍浓度下，防治效果分别为38.3%、33%和42.7%。综合单株穗重增加率、防效及增产率，在禾谷胞囊线虫发生程度中等的田块，应用24%杀线威水剂600倍液，在小麦返青期作叶面喷雾使用，能收到较好的效果。

常规杀线虫剂10%噻唑磷颗粒剂、10%灭线磷颗粒剂、5%涕灭威颗粒剂等进行土壤处理防治小麦胞囊线虫病，防效可达40%～64%，但这些药剂毒性大，且成本高。

彭德良（中国农业科学院植物保护研究所）

第 29 节　小麦粒线虫病

一、分布与危害

小麦粒线虫是第一个观察和描述的植物寄生线虫。1743 年，一个名为 Turbevill Needham 的罗马天主教牧师（Catholic clergyman）在显微镜下观察到小麦虫瘿中的小麦粒线虫（*Anguina tritici*），随后他向伦敦皇家学会报告了他的观察结果，说发现了一种可称为蠕虫的水生动物。这是迄今为止全世界公认的植物线虫显微观察的首次记录。小麦粒线虫是小麦和黑麦等作物具有经济重要性的线虫。在全世界五大洲的小麦主要生产区如澳大利亚、新西兰、奥地利、巴西、中国、印度、巴基斯坦、英国、法国、德国、意大利、匈牙利、荷兰、罗马尼亚、瑞典、瑞士、前南斯拉夫、埃及、叙利亚、俄罗斯、埃塞俄比亚等国家发生为害，近年来，由于采取先进的种子清洁方法除去虫瘿，在许多地区已消除或很少发生。我国 1915 年在南京首次发现该线虫，随后调查在河北、山东、山西、内蒙古、宁夏、甘肃、青海、新疆、陕西、四川、贵州、安徽、湖北、江苏、浙江等局部山区高寒地有发生为害，造成减产 10%～50%。1949 年前，该病害在全国造成小麦损失 5 亿 kg 以上，因此在 1956—1957 年全国农业发展纲要中曾被列为十大病虫害之一，1964 年全国普查结果，28 个省（自治区、直辖市）均有发生，国内曾将其列入检疫对象，组织了防治和检疫，为害逐步得到控制。1980 年以来，主要产麦区已经绝迹（刘存信，1987），目前仅在山东、浙江、陕西、四川、新疆等的部分地区有零星发生，在个别地区有死灰复燃的趋势，其他麦区极少有发生分布。

二、症状

小麦从苗期至成熟期均可感染粒线虫病并表现症状，而以成株期、穗期麦穗上形成虫瘿症状最为明显。

苗期：受害幼苗叶片皱褶而卷缩，叶色微黄而肥嫩，叶尖常裹在叶鞘内，新叶有时畸形生长，重病株萎缩枯死。但感病植株苗期不一定都出现症状。

成株期：植株进入分蘖期后症状较明显，表现为分蘖数增多，叶鞘松而肥厚，叶面皱缩，向中肋卷折。叶尖常被裹在叶鞘内，因而有卷曲现象。抽出的新叶被卷曲的老叶阻挡，以致叶片卷曲成团。

拔节抽穗后，叶鞘松弛，节间肥肿，节上屈曲新叶折合捻缩，变成畸形。在叶片上偶见微小的圆形突起的虫瘿或褐色斑点，病株矮粗，茎秆肥大，节间缩短，继而全叶变褐枯死，破裂成褴褛状，发病严重时，病株不能抽穗，能抽出的穗子不结实，病穗比健穗短，色泽深绿，颖壳向外开张，露出瘿粒。

穗期：受害病株抽穗不正常。典型的病穗颖片张开，凌乱，穗较短小，颜色深绿，转黄色较晚。病穗的全部或部分籽粒变为虫瘿，虫瘿最初青绿色，以后变为紫褐色，外壁增厚，比麦粒短而圆，坚硬而不易捏碎。虫瘿一般单个散生，有时 2 个、3 个甚至 4～5 个聚生成团，一般虫瘿只有健全麦粒的一半大，切开虫瘿，内含白色絮状物，即病原线虫的休眠幼虫（彩图 2－29－1）。

小麦粒线虫虫瘿很像小麦腥黑穗病菌的菌瘿，只是菌瘿较小，易碎。内含黑色粉末。小麦脱粒后，混在麦粒中的虫瘿也很容易与杂草种子和麦角病菌的菌核相混淆。在水中压碎或破裂后，虫瘿内有千万条幼虫逸出。

三、病原

小麦粒线虫病病原为小麦粒线虫（*Anguina tritici*），属于垫刃目粒线虫科。雌虫与雄虫形态差异很大，雌虫体肥大，体长3～5.2mm，a＝13～30，b＝9.8～25，c＝24～63，两端尖细，温热杀死后向腹面弯曲成螺旋形。唇区低平，轻微缢缩，体表环纹很细，仅在食道部分可以看到。侧区明显，有 4 条侧线或更多。口针长 8～11μm，有小而明显的基部球。食道前体部膨大，与中食道球连接处明显收缩。中食道球圆形。食道峡部有时往后膨大，与食道腺分界处有一个极深的收缩，因此缢缩十分明显。食道腺近梨形，有时呈不规则的叶状，与肠不重叠，分界明显。阴门位于虫体后部，V＝70～94，阴门唇明显，卵巢 1 个，有 2 个或更多的转折。卵母细胞近似轴状排列。受精囊梨形，由一个括约肌与输卵管分隔。有后子宫囊，长约为肛门处体宽的 1 倍，里面充满精子。尾圆锥形，逐渐变细，尾末端钝或圆形，无尾尖突。

雄虫：比雌虫更纤细，体长 1.9～2.5mm，a＝21～30，b＝6.3～13，c＝17～28，热杀死时可能轻微向背面或者腹面弯曲。口针长 8～11μm。精巢具 1 个或 2 个转折，精母细胞近似轴状排列。交合刺 1 对，肥硕，弓形，从顶端到最宽部分有两个腹脊，顶端向腹面卷曲，引带简单，槽状。抱片起于交合刺稍前处，不包裹到尾部末端（图 2－29－1）。也可使用分子生物学方法进行快速鉴定。

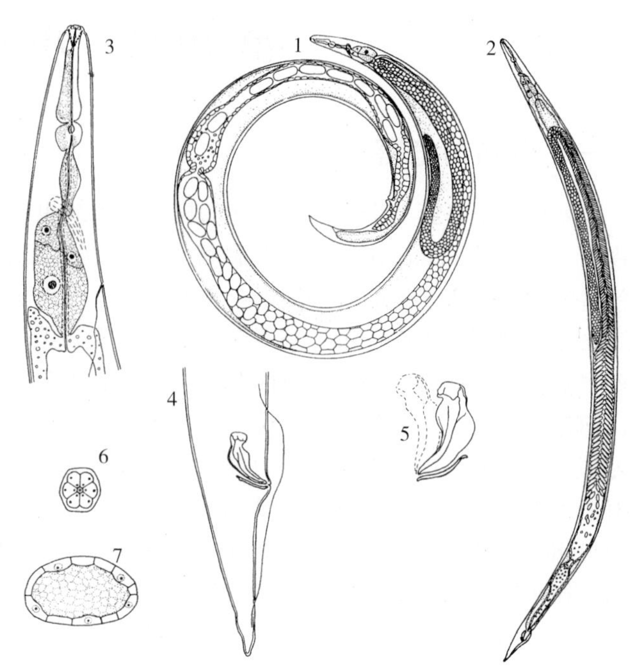

图 2－29－1　小麦粒线虫形态（引自 J. F. Southey，1972）
Figure 2－29－1　*Anguina tritici*（from J. F. Southey，1972）
1. 雌虫　2. 雄虫　3. 雌虫食道区域　4. 雄虫尾部
5. 雄虫交合刺　6. 唇区顶面观　7. 卵巢横切面

四、病害循环

小麦粒线虫以二龄幼虫在虫瘿内或者秋季侵染的植株内越冬。混在种子中的虫瘿可作远、近距离传播，成为主要的初侵染源。当小麦播种后，混在小麦种子中的虫瘿吸水变软，虫瘿内的二龄幼虫吸水恢复活力，虫瘿释放二龄幼虫进入土壤营自由生活，在土内找寻寄主。待小麦发芽后，当植株叶片表面存在水膜时，幼虫向上游动，用口针从靠近生长点的芽鞘间隙刺进小麦叶片组织内，营外寄生生活。当小麦芽鞘展开时，线虫又转移到生长点继续营外寄生生活，引起叶片和幼茎生长异常和扭曲。当花序开始形成时，线虫进入到花原基，发育成三龄幼虫、四龄幼虫和成虫，在花器穗部子房内营内寄生生活，破坏花器，并刺激周围组织。每一个受害花原基最后都变成虫瘿，每个虫瘿含 80 多个雌虫和雄虫。在新形成的虫瘿内，几周内每个雌虫可产卵多达 2 000 粒，因此每个虫瘿含 10 000～30 000 个卵，雌虫产卵后死亡。虫瘿内的卵孵化，一龄幼虫在卵内出现，蜕皮成二龄幼虫。

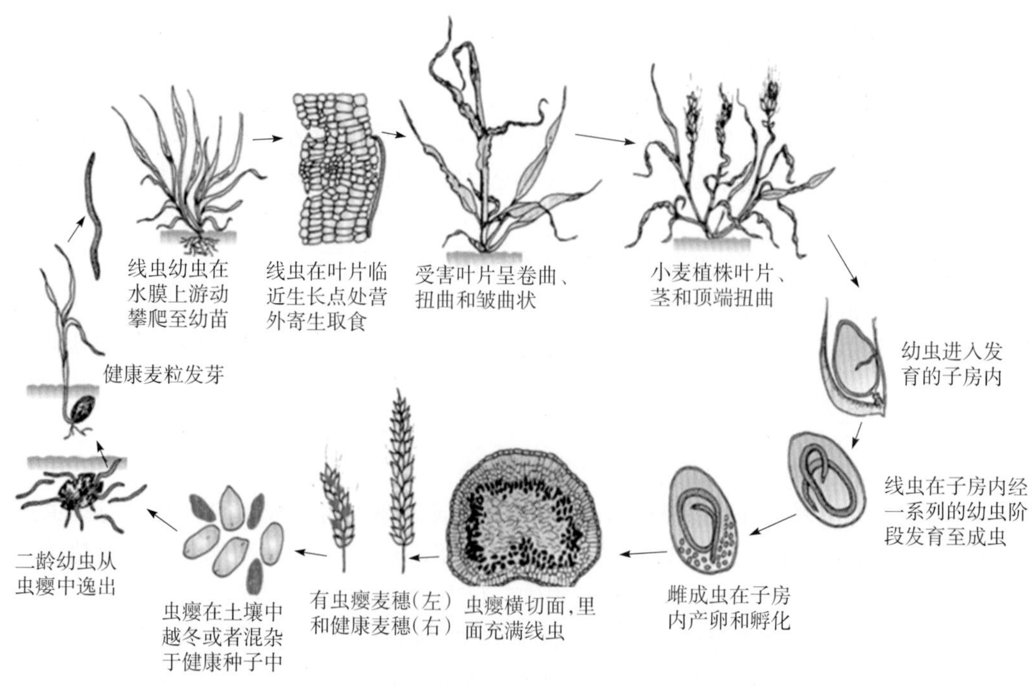

图 2－29－2　小麦粒线虫生活史（引自 Agrios，2004）
Figure 2－29－2　Life cycle of *Anguina tritici*（from Agrios，2004）

小麦成熟收获后，虫瘿干涸，二龄幼虫停止活动进入失水休眠状况，二龄幼虫抗干燥能力很强，在干燥情况下，于虫瘿内可存活30年之久（图2-29-2）。收获时虫瘿与种子混杂或落入土中。落入土中的虫瘿不易存活。

小麦粒线虫1年发生1代，没有世代交替和世代重叠现象。主茎受害后，可随主茎分蘖扩展到邻株的分蘖上，所以一般病株的主茎与分蘖都受侵染。

五、流行规律

（一）发病的因素

1. 虫源 混杂在小麦种子内的虫瘿是主要传染源。种子间混杂的虫瘿的数量是病害发生轻重的主要因素。当麦种含有0.1%～1%的虫瘿时，田间的发病率达到2%～19%，造成的小麦产量损失达2%～14%，麦种中虫瘿的含量低于0.3%时，田间的发病率亦可达到6%～8%。

2. 播期 小麦播种期也影响病害的发生。一般来说冬麦适宜早播。早播地温高，发芽快，缩短了麦苗受侵染的时间，减少了侵染率，故发病轻；反之则发病重；同时早播麦苗生长健壮，抵抗力强。

3. 环境条件 虫瘿随小麦种子播入土中，吸水变软后活动和侵害。土温12～16℃最适宜线虫活动侵害。冬麦播种后如雨水较多，土壤潮湿，有利于线虫侵染，发病较重；干旱则发病较轻。沙质土发病重，黏土发病较轻。

此外，温度适中，地势较高，土壤湿度小有利于线虫生长发育、越夏和越冬，发病比较重，洼地发病相对轻。品种之间对小麦粒线虫的抗性也有显著差异。

（二）病原线虫

1. 线虫的存活 小麦粒线虫二龄幼虫受虫瘿的保护，有很强的抗逆能力，混在小麦种子间的虫瘿储存30年后还有活力。虫瘿内的幼虫抗干燥力很强，但在潮湿的土壤中，如果幼虫离开虫瘿后无合适的寄主，最多存活1～2个月，12℃时只能存活7～10d。吸水后的虫瘿在5℃下30min，或52℃下20min，或54℃下1min，内部的二龄幼虫死亡率可达100%。但干燥的虫瘿在54℃下10min后，仍有24%的幼虫存活。幼虫耐低温，-8～-7℃下经1～2d后被冻死；温度为-18～-15℃，5h后仍有存活。福尔马林、硫酸铜等药剂在不影响小麦种子发芽的浓度下，能杀死虫瘿内的幼虫。

2. 线虫的越夏和传播 病原线虫以虫瘿的形式混在小麦种子中，落入土壤和混在肥料中越夏。田间传播主要是搬动混有虫瘿的病土，流水也能传带病土中的虫瘿，远距离的传播是调运混有虫瘿的麦种。

3. 寄主范围 小麦粒线虫主要侵害普通小麦（*Triticum aestivum*）、黑麦（*Secale cereale*）；也可以寄生燕麦（*Avena sativa*）和大麦（*Hordeum vulgare*），但线虫在其上很少繁殖或者根本不繁殖，不是适宜的寄主。小麦粒线虫的二龄幼虫在苗期可以侵染燕麦，但不能形成虫瘿。曾报道在大麦上出现小麦粒线虫虫瘿，但大多数栽培品种是免疫的。

（三）小麦粒线虫病与小麦蜜穗病的关系

由小麦拉塞氏杆菌（*Rathayibacter tritici*）引起的小麦蜜穗病（yellow ear rot disease）与小麦粒线虫的关系密不可分。小麦蜜穗病在印度特别重要，在当地称作“tundu”病，发生有很多年。蜜穗病在澳大利亚西部、中国、埃及、埃塞俄比亚也有发生为害的报道。该病害的典型症状是：感病麦穗瘦小，全部或局部不能正常结实，颖片间溢出鲜黄色胶状菌脓，含有大量的细菌，干燥后变为黄色胶状小粒，当麦穗处于含苞阶段鞘叶上也会流出鲜黄色胶状菌脓。朱凤美（1946）证实，没有小麦粒线虫小麦蜜穗病不会发生。病原细菌随线虫侵害麦苗时带入侵害小麦。因此，在没有小麦粒线虫的麦苗上便不会发生小麦蜜穗病。

六、防治技术

（一）加强种子检疫

种子检疫是防治小麦粒线虫病的关键措施，引种或调种时必须加强种子检疫检验，防止带有虫瘿的种子远距离传播。一旦发现引入带有虫瘿的种子，必须进行严格的种子处理方可使用。目前国内外主要产麦国家小麦粒线虫病已基本得到控制，一般不再大面积发生，严格执行检疫制度，即可防止病害回升。

（二）建立无病留种田

设立无病留种田是获得健壮饱满种子的最根本措施，选用无病种子田，种植可靠无病种子，留种田除了加强栽培管理外，还应严格杜绝由粪、肥、水传入小麦粒线虫。

（三）汰除麦种中的虫瘿

汰除混在小麦种子间的虫瘿是主要的防治方法，可以采用以下几种方法汰除虫瘿。

1. 机械汰选 用小麦粒线虫汰选机汰除虫瘿。朱凤美利用麦粒和虫瘿形状、大小的差异，创造了小麦粒线虫虫瘿汰除机，一台铁制的汰选机每小时可以处理麦种500kg。汰除效果达95%～99%。

2. 液体漂选法 利用虫瘿与麦粒比重的差异，用液体进行漂选。虫瘿比较轻，比重为0.812 5，而麦粒则比较重。因此，可以利用不同液体比重，把虫瘿浮选掉。常用漂选液可以是清水，即把干燥的麦种倒入清水中迅速搅动，虫瘿上浮即可捞出，可汰除95%的虫瘿。使用这种方法时操作要快，整个操作争取在10min内完成，防止虫瘿吸足水后下沉，影响汰除效果。另一种常用漂洗液为20%食盐水（比重为1.15左右），可汰除大部分虫瘿和一些秕种，盐水选出的种子需要用清水洗净后播种。还有一种漂选液是硫酸铵液。用26%硫酸铵水溶液也能有效汰除虫瘿。处理后用清水冲洗净再播种。

漂选过的种子，要晒干才能收藏。漂选出或汰除出来的草籽、杂物等，如用作饲料，须经煮熟，用作堆肥，必须充分腐熟，且不宜施入麦田。汰选出来的虫瘿应该烧毁，不能随意丢弃。家畜食用混有虫瘿而未经过煮沸的饲料，其粪便要用高温堆积腐熟后再施用。重病区也可以进行与非小麦、黑麦等以外的作物轮作1年。

（四）热水处理和化学药剂处理种子

播前对种子进行处理。将种子放入54℃温水中浸泡10min，可以杀死轻度受害种子中的幼虫。用40%甲基异柳磷乳油1 000～1 200倍液浸种2～4h杀虫效果可达92%～100%。甲基异柳磷也可以用作拌种，方法是称取种子重量0.2%的40%甲基异柳磷乳油和5%～7%的水混好拌种，然后加覆盖物保湿4h（刘信义，1989，刘巨元等，1990），或用1.8%阿维菌素乳油按种子量的0.2%拌种。也可在播种前使用15%涕灭威颗粒剂或10%克线磷颗粒剂4kg撒施后翻耕。

彭德良（中国农业科学院植物保护研究所）

第30节 小麦黑颖病

一、分布与危害

小麦黑颖病又名小麦细菌性条纹病或条斑病（病斑出现在颖壳上的称为黑颖，出现在叶片上的称为细菌性条纹病或条斑病），是一种遍及全球的重要细菌性病害，在我国北京、山东、新疆、西藏、甘肃、河北、山西、河南、陕西和黑龙江等麦区均有发生。主要侵害小麦叶片、叶鞘、穗部、颖片及麦芒。小麦在孕穗开花期受害较重，造成植株提早枯死，穗形变小，籽粒干秕，发病严重田块病株率达85%～100%，平均病株率98%，减产20%～30%，并造成品质和等级下降。该病害除侵染小麦外，也能侵染黑麦、大麦、燕麦、无芒雀麦、水稻和许多杂草及蔬菜，但以对小麦造成的经济损失较大。

二、症状

小麦黑颖病主要侵害小麦叶片，严重时也可侵害叶鞘、茎秆、颖片和籽粒。穗部染病，穗上病部为褐色至黑色条斑，多个病斑融合后颖片变黑发亮。颖片染病，引起种子感染，致病种子皱缩或不饱满，发病轻的种子颜色变深（彩图2-30-1，1）。穗轴、茎秆染病，产生黑褐色长条状斑（彩图2-30-1，2）。叶片染病，初现针尖大小的深绿色小斑点，渐沿叶脉向上、下扩展为半透明水渍状条斑，后变深褐色。湿度大时，以上病部均产生黄色菌脓（彩图2-30-1，3）。

三、病原

小麦黑颖病的病原为半透明黄单胞菌半透明致病变种（*Xanthomonas translucens* pv. *translucens*，异名：

Xanthomonas campestris pv. *translucens* , *Xanthomonas campestris* pv. *cerealis*)。该病原细菌菌体大多数单生或双生，短杆状，两端钝圆，大小为（1～2.2）μm×（0.5～0.7）μm，极生单鞭毛，革兰氏染色阴性，有荚膜，无芽孢，好气性，在琼脂培养基上能产生非水溶性的黄色色素。在马铃薯琼脂培养基上长有黄、黏生长物。呼吸代谢，永不发酵。在肉汁冻琼脂培养基上菌落生长不快，呈蜡黄色，圆形，表面光滑，有光泽，边缘整齐，稍隆。生长适温 24～26℃，高于 38℃不能生长，致死温度 50℃。

四、病害循环

种子带菌是小麦黑颖病的主要初侵染源。病原细菌主要在种子内越冬或越夏（图 2 - 30 - 1），病菌在储藏的小麦种子上可存活 3 年以上，病菌也能在田间病残组织内存活并传病，但病残组织腐解后，病菌即难生存，病菌不能在土壤内存活。小麦种子萌发时，病菌从种子进入导管，并沿导管向上蔓延，最后到达穗部，产生病斑。在小麦生长季节，病斑上产生的菌脓含有大量病原细菌，借风雨或昆虫及接触传播，从气孔或伤口侵入，进行多次再侵染。

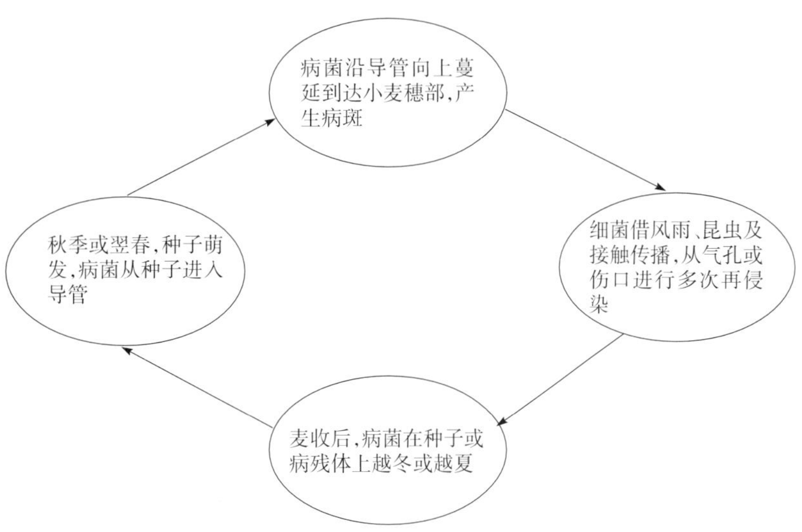

图 2 - 30 - 1　小麦黑颖病病害循环（李斌绘）

Figure 2 - 30 - 1　Disease cycle of wheat black chaff (by Li Bin)

五、流行规律

小麦黑颖病的发生和流行强度主要取决于气候条件、寄主抗病性及栽培管理等因素。多次高温高湿的气候有利于该病的发生和扩展，在田间经暴风雨、昆虫和接触传播蔓延，进行再侵染。因此小麦孕穗期至灌浆期降雨频繁，温度高发病重。生产上冬麦较春麦易发病，冬麦中新冬 2 号、中引 4 号、75 - 149、74 - 56 发病重，而新冬 7 号、4B - 10 - 5 发病轻。春麦中白欧柔发病重，阿勃次之，赛洛斯发病轻。一般土壤肥沃，播种量大，施肥多且集中，尤其是施氮肥较多，致植株密集，枝叶繁茂，通风透光不良则发病重。

六、防治技术

小麦黑颖病防治应采取以农业防治为基础，进行种子处理、选用抗病品种和关键时期进行药剂保护的综合防治策略。

1. 科学选种　建立无病留种田，确保种子不带菌。选用抗病品种。

2. 种子处理　采用变温浸种法，将种子在 28～32℃水中浸 4h，再在 53℃水中浸 7min；也可用 15%叶青双胶悬剂 3 000mg/kg 浸种 12h。

3. 适时播种　冬麦不宜播种过早。春麦要种植生长期适中或偏长的品种，采用配方施肥技术。

4. 发病初期开始喷洒　25%叶枯唑可湿性粉剂，每公顷用 1 500～2 250g 对水 750～900L 喷雾 2～3 次，或用 90%新植霉素可湿性粉剂 4 000 倍液效果也很好。

李斌　马忠华（浙江大学生物技术研究所）

第 31 节　大麦条纹病

一、分布与危害

大麦条纹病是大麦主要病害之一，曾在世界许多地区造成严重为害，特别是在冬大麦种植区该病为害更严重。国外主要发生在北欧和地中海地区；在我国春麦区（包括黑龙江西部、北部，内蒙古东部，以及山西、宁夏、陕西、甘肃和新疆等气温较低雨量较少的麦区）、冬麦区（包括长江中下游、陕西南部、四川西北部、云南等）和青藏高原裸大麦区（包括青海和西藏大部分地区）普遍发生，目前在长江流域、云南及甘南藏区流行为害较重。如江苏省大丰市1996年大麦条纹病病穗率平均12.9%，1997年19.3%，部分田块高达50%以上。2009年，上海市大麦条纹病发生面积为0.71万hm^2，占大麦种植总面积的57.8%，主要发生在金山、崇明、青浦、松江地区，发病较重的品种是花30、花22、浙啤2号、扬啤2号，平均病株率为9.3%，最严重的金山区亭林镇一块田病株率达47%，全市大麦产量损失约10%。2010年，在甘肃甘南藏族自治州、永登县、景泰县大麦条纹病发生较重，病田率为100%，病株率在80%以上，严重地块减产达30%以上。

大麦条纹病菌侵染叶片，导致叶片失绿坏死，植株生长矮小，严重时引起全株死亡；侵染穗部，可导致不能正常抽穗，或抽出的穗弯曲畸形、不结实或籽粒不饱满。一般可导致10%～30%的产量损失，严重时可减产50%以上。

二、症状

大麦条纹病是由种传病原菌引起的单侵染循环病害。植株地上部分均可发病，以叶片受害最重。病害症状首先出现在幼苗的第一或第二叶片，然后蔓延到其他叶片。但是，并不是所有感病植株在生长早期阶段就表现症状。开始在麦苗的幼叶上出现淡黄色斑点或短条纹，以后随叶片长大，病斑逐渐扩展。至分蘖期，病株产生典型的症状，从叶片基部到叶尖形成与叶脉平行的细长条纹或断续相连的条纹。拔节、抽穗期，大多数病斑中央草黄色，边缘褐色，并产生很多灰黑色的霉状物，即病菌的分生孢子梗和分生孢子。后期病叶破裂干枯，往往引起植株枯死。

叶鞘及茎秆上发生的条纹较小，分生孢子产生的数量也少。一般一个叶片显症后，此后新生的叶片也依次发病。病株分蘖通常全部发病但也有逃避而不发病的；分蘖发病严重的，很早即枯死。受侵染严重的病穗不能结实，或形成严重皱缩的多数为褐色的籽粒。

病株较健株矮小，多不能抽穗而枯死，即使少数能抽穗也弯曲畸形，不能结实，如有结实的也不饱满。有芒品种，芒常被夹持于鞘内而呈拐曲状（彩图2-31-1）。不同品种的症状有明显的差异，依据受害情况，初步可分为3个类型。苗枯型（或枯死型）：幼苗发病，叶部产生条纹，停止生长，分蘖至拔节期枯死，株高约为健株的1/4。白穗型：病株后期几乎全抽出白穗，叶部条纹较宽呈赤褐色，穗、茎部受害亦重，病株较健株略矮。锁口型：病穗旗叶紧包，呈锁口状，不能抽穗，病株较健株矮。大麦条纹病症状的变化与病原菌致病性强弱、寄主的抗性水平以及环境因素有关。

三、病原

大麦条纹病病原为禾内脐蠕孢［*Drechslera graminea*（Rab. et Schle.）Shoeme.，异名：*Helminthosporium gramineum* Rab. ex Schle.］，属子囊菌无性型内脐蠕孢属；有性阶段为麦类核腔菌（*Pyrenophora graminea* S. Ito et Kurib.），属子囊菌门核腔菌属。在自然界中常见到的是其无性阶段，很少见到麦类核腔菌的子囊壳；秋季在大麦秸秆上能出现子囊壳。

病组织中的菌丝淡黄色。分生孢子梗多由气孔生出，一般3～5个丛生，顶端直或膝状曲折，基部膨大，有2～10个隔膜，灰色至榄褐色，大小为（90～180）μm×（7.5～12）μm。梗上顶生或侧生1～9个分生孢子。分生孢子单生，圆筒形，两端钝圆，直或略弯，基部常较上端略宽，大小为（50～125）μm×（14～22.5）μm，具隔膜0～8个，表面光滑，脐部宽3～6μm，次生分生孢子梗及分生孢子较常见。在自然界很少见到禾内脐蠕孢分生孢子器。分生孢子器球形至梨形，70～176μm，黄色至棕色，表生或部分埋生。分生孢子器壁薄而易碎，孔口短小。器孢子（1.4～3.2）μm×（1.0～1.6μm），球形或椭圆形，无色透明，无隔膜。现在还不清楚器孢子在病害侵染循环中的功能。分生孢子极易萌发，在有足够的水分和湿度下，6～30℃下均可正常萌发，在20℃左右1～3h即萌发，25℃最适。菌丝体在培养基上生长发育最低温度为3℃，最高为34℃，25℃左右最适。在培养基上菌丝为灰色至橄榄绿色，不能产孢。发病叶片需要在水琼脂平板上白天光照培养，然后低温处理一段时间，病组织上才能形成分生孢子。目前研究表明，大麦条纹病菌致病性、形态和生理特性存在一定的差异，不同的大麦条纹病菌株系往往会对同一个抗病基因表现出不同的致病能力。

四、病害循环

病菌主要以菌丝体在大麦的种皮内越冬、越夏，一般来说，田间大麦条纹病形成的初侵染源是种子内潜伏的休眠菌丝，麦田残留病株上的菌丝和分生孢子也具有一定的致病力，可成为翌年初侵染源之一。病原菌丝体主要生活在大麦果皮和外壳的薄壁细胞间，种子的胚并没有受到侵染，病原菌侵染萌发中的胚的关键时期是从胚芽鞘突破种皮前开始，直至出苗。种子萌发时菌丝生长，从芽鞘侵染到幼芽，依次侵入到各层嫩叶组织中，随着寄主植物拔节、抽穗，菌丝在病株体内系统性蔓延、扩展，最后侵入穗部。大麦抽穗时，在高湿条件下病叶上产生分生孢子，当环境温度为12℃时约需16h成熟。分生孢子在大麦扬花期间传播到邻近大麦植株花器上，形成再次侵染（图2-31-1）。麦类核腔菌能在植株整个发育期内的任何时段侵染种子，包括从抽穗前、蜡熟前期，直到蜡熟后期/坚糊熟期，最严重的侵染主要发生在大麦籽粒发育的早期。病叶上产生分生孢子的时段正好也是寄主植物抽穗和籽粒早期发育时段。病部产生的大量菌丝体无性生长产生分生孢子，孢子萌发，菌丝进入内颖与种皮之间或种皮内以潜伏菌丝的形式存活下来，潜伏菌丝一般不会形成二次侵染，而在下次播种后成为初侵染源。分生孢子在自然状况下能存活4～5个月，在田间病株上仅存活5个月，但休眠菌丝体在种子内可存活5～10年，甚至可达16年之久，潜伏在种子内部的菌丝体在53～54℃下10min死亡。大麦条纹病主要菌源是带菌种子，感病品种种子带菌率多为10%～25%。植株发病率的高低首先取决于种子带菌率，但发病株所占比例一般低于种子带菌率。不同地区间带菌种子的引进和输出有利于大麦条纹病的传播与流行。

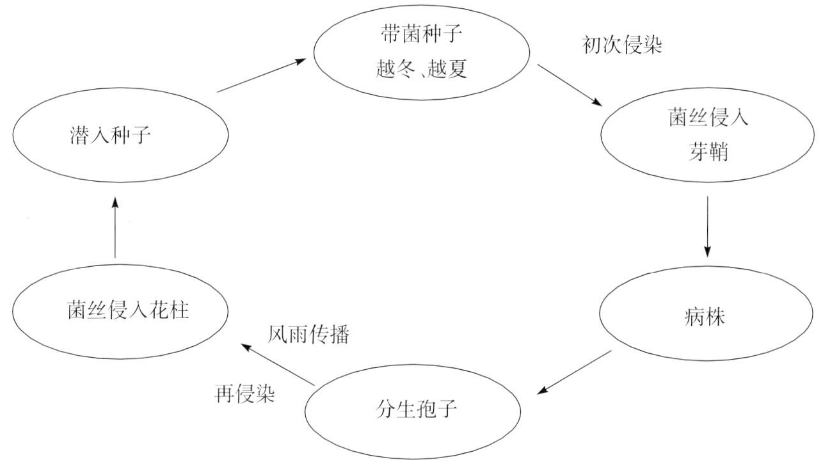

图2-31-1 大麦条纹病病害循环（朱婧环绘）

Figure 2-31-1 Disease cycle of barley stripe (by Zhu Jinghuan)

五、流行规律

（一）发病条件

影响大麦条纹病发生的环境条件主要为播种时的土壤温、湿度和大麦开花时的气温、湿度，其中以播种时的土壤温度最为重要。种子播种时土壤温度低于12℃，种子发芽缓慢，幼苗生长发育柔弱，有利于带菌种子内潜伏菌丝从芽鞘侵入到幼芽和嫩叶组织中，形成初侵染。病害发生的最适土温为5～10℃，11～15℃发病减轻，20℃发病极轻，24℃以上则不能发病。因此，冬麦区早播发病轻，迟播则发病重，播种越迟发病越重；而春麦区与此相反。大麦成株期高温、多湿，病菌生长迅速，植株生长柔嫩，病症表现显著；扬花期田间风、雨、露、雾多时，有利于分生孢子的产生、传播、萌发和侵入，造成再次侵染，使种子带菌，从而导致翌年病害流行加重。在大麦生长期，如果温度低、降雨多、湿度高，发病就重。此外，氮肥施用过多，植株生长柔嫩，对病害抵抗能力降低，发病也重。土壤干旱，麦苗出土较慢，有利于病菌侵染，发病也较重。

（二）发病原因

大麦条纹病是我国大麦的主要病害之一，如防治不力，将造成严重的产量损失。近些年来，部分地区条纹病发生较重，分析发病原因，对防治将有重要启示。1995年、1996年江苏省大丰市大麦条纹病发生较重，分析认为是由于播期迟、温度低，以及种子未处理或处理不规范和种植品种感病所致。1997年江苏沿海麦区大麦条纹病发生较重，认为与播种迟，播种至出苗时间拉长，以及种子未处理或处理不规范有关。2002年，黑龙江省红兴隆地区大麦条纹病发生较为严重，分析其原因包括：大麦条纹病病原菌基数大；药剂拌种不到位，有些单位随拌随播种，没有闷种5～7d，药剂未被种子吸收而被土粒吸附，不能有效杀死种子内的病原菌；前期气温较低，大麦出苗期生长缓慢；6月多雨潮湿，有利于分生孢子萌发与侵染，病害加重。2005年，甘肃省玉门市大麦条纹病严重发生，主要是大麦分蘖、抽穗期遇到低温、高湿的气候条件，病菌可随风雨传播，迅速流行蔓延。2009年，沪郊大麦条纹病大发生，分析认为与下列因素有关，即秋播时遇连续阴雨，田间土壤湿度大，利于病菌侵入；播种时间偏晚，提高了病害侵染概率；种植感病品种，加重了病害发生；忽视麦种消毒，存在大量菌源。总体来看，大麦条纹病的发生流行与品种抗病性、种子处理质量和气候关系密切，选种抗病品种、加强种子处理是防治该病的关键。概括起来大麦条纹病重发生有以下几方面原因：首先是在大麦生产上缺少抗病品种和种子带菌率高；二是秋播时田间土壤湿度大，利于病菌侵入；三是秋播播期迟、温度低，促进了病害发生；四是种子未处理或处理不规范。

六、防治技术

（一）选种抗病品种

种植抗病性品种，在所有植物病害防治中都是十分重要的一个环节，大麦条纹病也不例外。据报道，大麦品种资源中拥有大量的抗条纹病的资源，选种抗病品种，能从根本上减轻大麦条纹病的发生为害。通过室内盆栽、离体接种和田间试验鉴定显示，目前甘肃省大面积推广种植的甘啤4号抗病性较好，可减轻条纹病的为害。9821-137、9821-118、9810-49、1109050M、9413-6-3-3、B1614对大麦条纹病也有较强的抗性，应加强利用。

麦类核腔菌的致病性受3个位点的毒性基因控制。大麦条纹病抗性遗传研究没有获得一致性结论，一些研究结果认为抗性受主效基因控制，而其他一些研究认为抗性遗传符合数量遗传模式。抗源筛选及利用的基础研究有待加强。

（二）建立无病留种田，播种无病种子

大麦条纹病的侵染菌源仅限于种子传播，因此播种无病种子是非常有效的防控措施。在大麦条纹病常发区建立无病留种田，繁殖无病良种。无病留种田所用种子应经过处理，与一般生产田适当隔离，在抽穗期进行药剂保护，以减少翌年菌源。抽穗前要严格检查，彻底拔除病株。留种田种子要单收、单打、单藏。

（三）化学防治

种子内潜伏菌丝是大麦条纹病的主要侵染源，用化学药剂处理种子杀死病原菌是防治该病最为便捷而有效的途径。种子处理方法主要是浸种和拌种。

1. 浸种

（1）冷水温汤浸种。先将麦种在冷水中浸4～6h，再放入49℃热水中浸1min，然后放入54℃热水中浸10min，随即取出放入冷水中冷却。

（2）1%石灰水浸种24h，晾干后播种。

（3）80% 402抗菌剂乳油2 000倍液浸种12h，晾干后播种。

（4）10%二硫氰基甲烷（浸种灵）乳油5 000～8 000倍液浸种2～3d，晾干后播种。

2. 拌种

（1）20g大麦清，加水0.75kg，药剂溶解后喷雾在10kg种子上，边喷边拌，务求均匀全面，拌后闷种24h即可播种。

（2）好立克的有效成分为戊唑醇，1袋6mL（430g/L戊唑醇）加水0.75kg稀释，拌种10kg，6～8h后即可播种。

（3）用10%二硫氰基甲烷（浸种灵）乳油，按种子量的0.03%拌种。方法是用10%二硫氰基甲烷（浸种灵）乳油15mL，加清水1.5～2.0kg混拌成药液后均匀喷洒在50kg大麦种上，边喷边拌，拌匀后

待药液被种子吸干后闷种 6～8h，即可播种。

（4）每 100g 种子用 80％乙蒜素乳油 10mL，加少量水湿拌。

（5）每 100g 种子用三唑醇有效成分 7.5～15.0g，即 10％可湿性粉剂 75～150g 拌种。

（四）农业防治

1. 科学播种 冬麦注意适当早播，春麦要适当晚播，以便土温较高，麦苗发芽出土快，减少或避免病菌侵染；施足有机肥，增加种肥量，提高土壤温度，促进种子发芽和幼苗的生长；湿润地带要适当浅播，加速麦苗出土，有利于防病。

2. 选种与晒种 播前要精选种子，淘汰瘪谷、病谷，选用颗粒饱满、发芽率高、发芽势强的种子。播前晒种 1～2d，以提高发芽率和增强发芽势。选用抗病品种推广种植，并实行轮作制度。

3. 做排水沟 做好开沟排水工作，降低土壤湿度，提高土壤温度，促进麦苗早发。

朱婧环　徐世昌（中国农业科学院植物保护研究所）

第 32 节　大麦坚黑穗病

一、分布与危害

大麦坚黑穗病是大麦上常发生的种传真菌病害之一，在世界各大麦产区均有不同程度发生。一些研究者认为大麦坚黑穗病比大麦散黑穗病和拟散黑穗病分布更广泛。大麦坚黑穗病对大麦生产为害较小，一般造成的平均产量损失为 1％～5％。在 20 世纪 50 年代初期，我国大麦坚黑穗病平均发病率在 10％左右。1956 年福州近郊龙门县，一般地块发病率为 4％～5％，部分病重地块发病率为 13.5％。1957 年福建新店附近个别病重田发病率高达 50％以上。1989 年江苏苏北大麦坚黑穗病重病田病穗率达 26％。经过多年防治，总体而言，目前该病害为害较轻，但局部地区较重，如在青藏高原裸大麦（即青稞）种植区，该病害普遍发生，尤其在我国四川甘孜和西藏昌都地区和云南弥渡的局部地区为害较重，达到流行或严重流行程度，田间发病率为 4％～8％。在云南宣威大麦坚黑穗病一般发病率在 5％左右，严重的超过 15％，严重地影响了当地大麦产量和品质，阻碍大麦生产的发展。1990—1993 年，在阿塞拜疆东部和伊朗阿尔达比（Ardebil）地区调查发现，约一半地块发生大麦坚黑穗病，估计造成的产量损失约 1.37％；1974—1975 年，对摩洛哥各地大麦种子抽样调查发现，84％种子样品携带大麦坚黑粉菌。在种子药剂处理措施得到普遍应用的地区，大麦坚黑穗病所造成的经济损失很小，但在我国偏远地区和中东一些地区，人们还是播种未经药剂处理的种子，因此大麦坚黑穗病仍继续造成损失。

二、症状

类似于大麦散黑穗病，大麦坚黑穗病病株直到抽穗期才表现症状。典型症状是病株的花器、小穗均被破坏，花器内种子部位被一团深褐色至黑色粉状物取代，即冬孢子团。黑粉状物持久包裹在一层银灰色至灰白色薄膜内，包膜较坚硬，不易破裂，冬孢子间具油脂类物质相互黏聚而不易飞散，病穗组织仅存穗轴，有芒的品种病穗残存麦芒。病株抽穗比健康株稍晚，多数病穗能抽出旗叶叶鞘，有的病穗包裹在旗叶叶鞘之内而不能完全抽出（彩图 2-32-1）。黑粉病菌的冬孢子黑粉团偶尔在叶片或茎节部位形成长条形的症状。病株最上一节的节间长度缩短，株高常较健株略矮。病穗受侵染的严重度不同，从整穗发病到病穗上仅个别种子基部有病菌冬孢子团。此外，病原菌的冬孢子主要黏附在收获的大麦籽粒上，而散落在田间的冬孢子所占比例较小。

三、病原

大麦坚黑穗病病原为大麦坚黑粉菌［*Ustilago hordei*（Pers.）Lagerh.］，属担子菌门黑粉菌属。冬孢子球形或近球形，直径 5～8μm，橄榄褐色至深褐色，半边颜色较淡，表面光滑无刺。

冬孢子萌发温度为 5～35℃，最适萌发温度为 20℃。当土壤湿度较低、温度达到 14～25℃，病原菌冬孢子就开始萌发。冬孢子最适侵染温度为 20～24℃。25～30℃时冬孢子萌发需要 16h，20℃时冬孢子萌发需要 24h，5～10℃时需要 3d。冬孢子抵抗干热能力强但对湿热抵抗力弱。据实验结果，冬孢子在干热空气中，需要在150℃条件下15min才能全部死亡，但在52℃温水中仅需要15min就全部丧失萌发能力。在干燥条件下冬孢子保持萌发能力长达5年之久；在潮湿土壤中，萌发力维持时间较短。冬孢子萌发形成含有4个细胞的圆柱形的担子（即先菌丝），担子上每个细胞的近隔膜处产生1个卵形至长方形的担孢子，可连续产生。担孢子可在人工培养基上以类似于酵母芽殖方式繁殖。冬孢子仅在寄主组织上形成，干燥后可在液氮中长久保存。冬孢子萌发后，彼此靠近、不同交配型担孢子融合，双核侵染菌丝"结合桥"处形成。

*U. hordei*基因组大小为26.1Mb，编码7 113个蛋白，与玉米瘤黑粉病菌［*Ustilago maydis*（DC.）Corda］和玉米丝黑穗病菌［*Sporisorium reilianum*（Kühn）Langdon & Fullerton］基因组具有较高的共线性关系，但二者的基因组比*U. hordei*基因组小。*U. hordei*基因组含有重复序列比例较高，而影响了交配型和效应子等位点的基因组进化。Tapke（1937）利用8个纯系春大麦品种组成的一套鉴别寄主，即Excelsior（C. I. 1248）、Gatami（C. I. 575）、Hannchen（C. I. 531）、Lion（C. I. 923）、Nepal（C. I. 595）、Odessa（C. I. 934）、Pannier（C. I. 1330）和Trebi（C. I. 936），从美国26个州收集的200份*U. hordei*标样中鉴定出8个生理小种，其抗性分级标准是：抗病（R），病穗率0～5%；中抗（MR），病穗率6%～35%；感病（S），病穗率36%以上。在此基础上，Tapke（1945）利用这套鉴别寄主又从244份标样中鉴定出5个新生理小种，两次从美国33个州采集的444份标样中共鉴定出13个*U. hordei*生理小种，1号、5号和6号小种占标样总数的86.5%，其中6号小种在收集标样中所占比例高达61%。Pedersen和Kiesling（1979）获得第十四个生理小种，在美国已发现14个生理小种。Semeniuk（1940）从加拿大12份标样中鉴定出4个生理小种；Pugsley和Vines（1946）鉴定3个澳大利亚小种；Yu（1940）利用3个鉴别寄主从采自中国甘肃省的280份标样中发现5个*U. hordei*生理小种，其中C-1和C-2分布区域较广泛。后来Yu和Fang（1945）从中国西南地区采集的84份标样中鉴定出9个生理小种。利用生物统计遗传学研究*U. hordei* 13个生理小种的结果表明，*U. hordei*遗传变异占其总表型变异的51.23%，遗传累加效应引起遗传变异。杂交和突变是*U. hordei*新小种产生的根源。Tapke（1944）证明*U. hordei*在侵染寄主过程中发生小种间杂交。*U. hordei*存在2种交配型，即交配型1和交配型2。鉴定出多个*U. hordei*无毒基因和等位毒性基因，如无毒基因*Avr1*、*Avr2*、*Avr3*、*Avr4*/*Avr5*和*Avr6*等，并在鉴别寄主中发现相对应的抗病基因，如*Avr1*对鉴别寄主Hannchen（C. I. 531）（含抗病基因*Ruh1*）无致病力，*Avr2*对鉴别寄主Excelsior（C. I. 1248）（含抗病基因*Ruh2*）无致病力，*Avr6*对鉴别寄主Plush（至少含有抗病基因*Ruh6*）无致病力，*Avr3*对Nepal（C. I. 595）（至少含有抗病基因*Ruh3*）无致病力，*Avr4*/*Avr5*对鉴别寄主Keystone（C. I. 10877）和Himalaya（C. I. 1312）（至少含有抗病基因*Ruh4*/*Ruh5*）无致病力，其中无毒基因*UhAvr1*已被克隆。*U. hordei*能侵染大麦（*Hordeum vulgare*）和燕麦（*Avena sativa*），引起坚黑穗病。大麦坚黑粉病菌（*U. hordei*）容易与其近源种燕麦散黑粉菌［*Ustilago avenae*（Pers.）Rostre］杂交，这可能与二者具有相同的毒性基因和孢子团的一些形态变异有关。

四、病害循环

大麦坚黑穗病属于幼苗期侵染、单侵染循环类型病害，每个生长季仅在苗期发生一次侵染。大麦收割脱粒过程中，病穗被挤压破碎，包裹病穗花器和小穗的白色薄膜破裂，散出的黏性冬孢子粉黏附在麦粒上，冬孢子或散落到土壤表面。若遇有适当湿度时，冬孢子能当季萌发，以先菌丝蔓延到被/皮大麦颖壳和种皮间缝隙，或侵入种皮内潜伏，以此种方式度过2个生长季间隔时间，即越冬或越夏。对于裸大麦，病原菌仅以冬孢子黏附在种子表面越冬或越夏。大麦收获前，病穗与附近的健穗在风力作用下相互碰撞和摩擦，部分孢子黏附到健穗上，如果湿度适宜，孢子很快萌发，先菌丝侵入附近小穗的颖壳或种皮内，以休眠状态潜伏在其中。带菌种子是该病害的最初主要侵染源，也是其传播的主要途径。当湿度适合时，病原菌冬孢子或潜伏在种子中的休眠先菌丝几乎和寄主大麦种子同时萌发或萌动。播种后，在土壤温度、湿度适宜的条件下，冬孢子萌发产生先菌丝，或种内先菌丝恢复生长。大麦种子萌发所需条件均能满足坚黑粉病菌冬孢子萌发所需温、湿度条件。冬孢子萌发形成的先菌丝圆柱形，包含4个细胞，每个细胞的近隔膜处产生一个担孢子。不同性别担孢子相互结合或担孢子萌发产生的次生小孢子萌发形成的单核菌丝相互结合，形成双核侵染菌丝，在种子萌发后、幼苗出土前经大麦胚芽鞘侵入。菌丝在寄主组织中蔓延扩展，并定殖在生长点之后的分生组织中。如果病原菌侵入了整个胚芽鞘，会导致发病株的更多的分蘖株发病。

随着寄主植物的生长，菌丝始终保持停留在分生组织中，菌丝体随麦苗生长而向上扩展。直到花器形成时，病菌菌丝侵入子房组织，并在形成种子的部位形成一个菌丝团。大麦抽穗前，被侵染的小穗内形成大量黑粉状冬孢子团（图 2－32－1）。

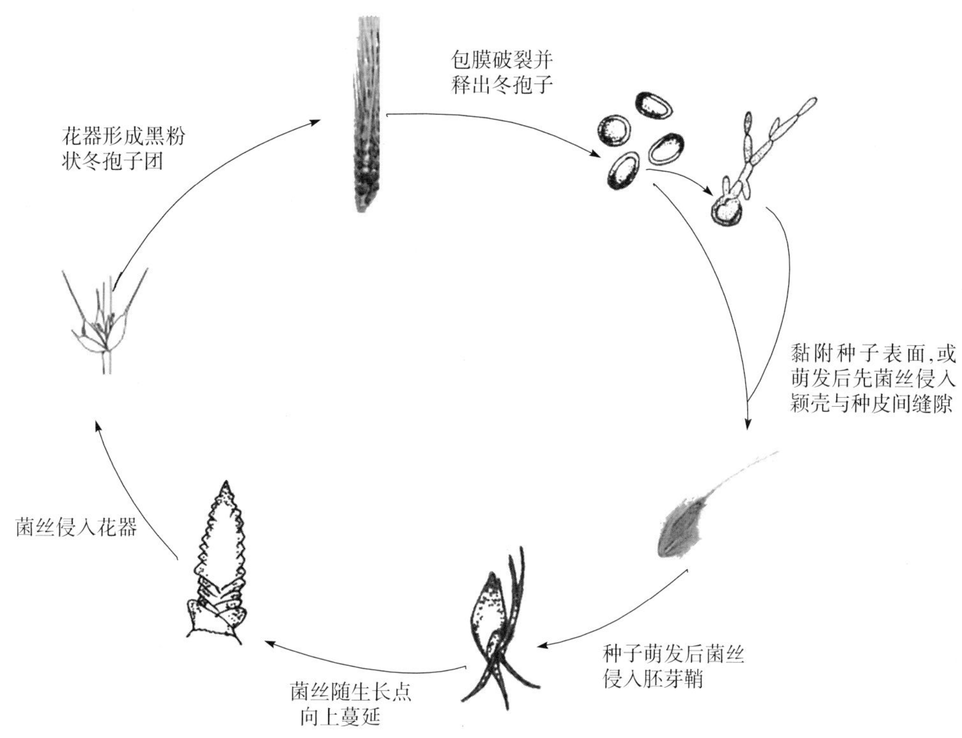

图 2－32－1　大麦坚黑穗病病害循环（蔺瑞明提供）
Figure 2－32－1　Disease cycle of covered smut of barley（by Lin Ruiming）

五、流行规律

在大麦收割脱粒或贮藏过程中，病穗中包裹黑粉状冬孢子团的外膜破裂后冬孢子黏附在麦粒表面，或潜伏在颖壳内或种皮内的休眠先菌丝，是大麦坚黑穗病的主要初侵染菌源。由于冬孢子易于萌发，散落在田间土壤或粪肥中的病穗或少量冬孢子存活率较低，而非主要初侵染菌源。萌发较早的冬孢子先菌丝能侵入颖片和种皮间隙并以菌丝形式休眠。病菌冬孢子随大麦种子的萌发而萌动，侵染菌丝经胚芽鞘侵入，侵染仅在大麦种子萌发后出土前发生。当胚芽鞘出土并露出叶梢时，就不能发生侵染了。因此，播种后土壤温、湿度对病原菌侵染过程影响较大。播种后土壤比较干燥、土温低或播种较深，则出苗缓慢，增大病原菌侵染概率，发病往往较重。播种时土壤温度为 10～25℃，土壤湿度适中（含水量 40%～50%），发病率较高；尤其是在土壤温度 20℃时，非常适合病原菌冬孢子萌发和菌丝生长及入侵，发病率最高。播种后温度变幅较大时，发病率也较高。有的地区种植户多采用自留麦种，而不采用药剂处理种子，常易累加病原菌造成翌年病害的加重、流行。由于该病害主要通过种子远距离传播，跨区调运种子也是造成大麦坚黑穗病发生流行的主要因素。大麦坚黑粉菌种群内存在不同的生理小种，虽然新小种产生速度较缓慢，但其优势小种发生变化，将会导致生产品种抗病性“丧失”，也会引起该病害在局部地区突然暴发流行。

六、防治技术

利用保护性杀菌剂（如代森锰）或系统性杀菌剂（如萎锈灵或戊唑醇）处理种子，或播种抗病品种，都能非常有效地控制大麦坚黑穗病发生。在冬孢子萌发后形成侵染菌丝前，需要不同交配型担孢子发生交配，这对于该病害的防治具有重要意义。因此，破坏坚黑穗菌有性生殖循环为未来防控该病害提供了一个崭新的模式。

（一）化学防治

种子药剂处理是防治大麦种传病害的关键措施。采用保护性杀菌剂或内吸性杀菌剂处理种子，都能有效防治大麦坚黑穗病。

1. 药剂浸种 播种前用15%三唑醇可湿性粉剂100g，或20%三唑酮乳油150mL，或50%多菌灵可湿性粉剂200～300g，配制100kg药液，可浸100kg种子。浸种36～48h后捞出种子并晾晒干，即可播种，浸种时间可根据温度高低适当延长或缩短。

2. 药剂拌种 可采用占种子量0.3%的50%多菌灵可湿性粉剂拌种，能有效杀灭种子表面携带的大麦坚黑穗病菌冬孢子；15%三唑酮可湿性粉剂拌种，用药量占种子重量的0.2%，防治效果可达100%；50%福美双可湿性粉剂拌种，用药量占种子重量的0.5%；15%三唑醇干拌种剂拌种，用药量占种子重量的0.1%。

（二）农业防治

1. 选用无菌良种 建立无病留种田，在大麦抽穗灌浆期，大麦坚黑穗病症状已明显表现出来，及时发现并拔除制种田间的病株、病穗，并带出田外烧毁或沤肥，以减少病原菌冬孢子数量，降低种子带菌率。利用PCR技术可以快速抽查、检测田间病株率。同时，注意种子更新换代，少用或尽量不用自留麦种；多选用原种或良种和籽粒饱满、发芽势强的种子，使播种后出苗快而整齐，减少病菌侵染概率。

2. 适期播种 大麦坚黑穗病适宜发病土温为20～25℃。对于冬大麦，播种早，土温高，黑穗病发生重而条纹病发生轻；播种迟，土温低，黑穗病发生轻而条纹病发生重，春大麦的情况恰相反。适宜时期播种，有利于减少种子萌发至麦苗出土时间，可减少病菌侵染机会。利用机械条播，深浅一致，出苗快而整齐，可有效减轻病害发生。

（三）选用抗病或耐病品种

种子处理能成功防控大麦坚黑穗病，抗病品种选育工作未得到重视。但是，美国科学家发现许多品种对14个生理小种中的部分小种具有抗性。大麦对坚黑粉菌抗性符合基因对基因假说，并在鉴别寄主中发现与无毒基因相对应的抗病基因，如抗病基因*Ruh1*、*Ruh2*、*Ruh3*、*Ruh4*/*Ruh5*和*Ruh6*等分别从鉴别寄主Hannchen（C.I.531）、Excelsior（C.I.1248）、Nepal（C.I.595）或品种Keystone（C.I.10877）、Himalaya（C.I.1312）以及Plush中鉴定出来。在一些品系中，主效基因抗性是由1对显性基因控制；而在其他材料中，已发现主效基因抗性是受2对、3对或4对独立遗传的基因调控。然而，1个抗病基因还不能保证品种不受病原菌侵染，而仅能控制病穗不再发展。Wells（1958）利用普通遗传学分析发现，大麦品种Titan（C.I.7055）、O.A.C.21（C.I.1470）、Ogalitsu（C.I.7152）和Anoidium（C.I.7269）均含有抗病基因*Uh*，Anoidium还包含抗病基因*Uh2*，Ogalitsu具有另一个抗病基因*uh3*，Jet（C.I.967）含有抗病基因*uh4*。大麦品种Pannier（C.I.1330）含有抗8号小种的4个独立遗传抗病基因。春大麦品种Gree（C.I.15256）、Beacon（C.I.15480）、Conquest（C.I.11638）和Morex（C.I.15773）抗*U.hordei*的13个生理小种。通过遗传分析和抗病基因标记定位，获得与抗病基因紧密连锁的分子标记，如已经获得与Q21861的抗坚黑穗病基因*Ruhq*紧密连锁的分子标记，该基因第五染色体短臂上，利用Harrington/TR306遗传群体，将抗病基因载体品种TR306的*Ruh1*已标记定位在第一染色体的短臂上。利用已获得的分子标记开展分子标记辅助选择育种可以加速抗病育种的进程，提高育种效率。目前也发现了一些控制部分抗性的微效基因。有的品种表现为部分抗性，即部分感病性，即病株的部分麦穗被侵染而发病，或者表现为病害的严重度降低。

蔺瑞明（中国农业科学院植物保护研究所）

第33节 大麦散黑穗病

一、分布与危害

大麦散黑穗病在我国各大麦种植地区都有发生，是我国大麦生产中的主要病害之一。在我国青稞（裸大麦）种植地区包括青藏高原和甘肃、四川及云南的部分地区，春大麦区包括黑龙江、吉林、辽宁大部分地区，内蒙古草原地区，山西、河北、陕西、宁夏、甘肃和新疆等气温较低雨水较少麦区，以及冬大麦区包括黄淮流域、长江中下游、陕西和甘肃、四川的部分地区，及华南、东南各省秋播麦区，大麦散黑穗病常年均有发生。在世界范围内，大麦各种植地区均有该病害发生。大麦散黑穗病每年在我国大麦种植区平均发病率为1%～5%。1995年江苏省盐都县六棱大麦散黑穗病自然病穗率为5.5%～12.0%，平均病穗率为6.7%，平均每公顷损失大麦412.5kg；1996年，大麦散黑穗病自然病穗率为7.2%～14.3%，平均病穗率为8.8%，平均每公顷产量损失594kg。病穗被病原菌侵染所破坏而不能结实，病穗上的小花、小穗均被破坏而生成一团黑粉。该病害造成的损失与病穗率直接相关。个别情况下，高感病品种产量损失超过30%。化学药剂防治大麦散黑穗病措施非常有效，利用拌种技术，即使某个地区的气候条件非常适合散黑穗病发生，也可以使该病造成的年损失率小于1%。因为病原菌的冬孢子在收获前早已散落，收获的大麦籽粒的质量不受病穗影响，受侵染的与未受侵染的种子外表似乎是一样。

二、症状

大麦散黑穗病俗称黑疸、乌麦、灰包等，病害症状在大麦抽穗到成熟期非常明显，病株在抽穗期前生长正常，但常较健株略高，也有的病植株比其周围健株矮，多数病株抽穗比健株略早，病穗起初呈深褐色。在抽穗前，除了容易破碎的果皮膜外，病穗的花器、小穗均已被破坏，完全变成了一团干燥的、橄榄褐色冬孢子粉，只残留穗轴和芒，芒变白干枯。刚抽出苞叶的病穗外面包一层灰白色的薄膜。发病初期包裹病穗的薄膜在病穗刚露出苞叶后很快就破裂。病穗抽出后几天之内，黑粉（即病菌的冬孢子或厚垣孢子）被风雨吹散。有的病穗上的麦芒依然保留，有的只剩下裸露光秃的穗轴（彩图2-33-1）。这就是散黑穗病名称的由来，与坚黑穗病恰好相反。在某些环境条件下，致病菌能在个别品种的旗叶、叶鞘、茎秆上形成条纹状的黑色条状孢子堆。有的病穗下部大部分小穗被破坏，仅保留上部不多几个健小穗，但籽粒变小，粒重减轻。多数病株的主茎和分蘖都会出现病穗，也有个别分蘖穗未被侵染而正常结实。后者常被认为是品种抗病表型之一。遭受侵染的种子完全可以正常萌发，观察不到明显的变化。

三、病原

大麦散黑穗病病原为裸黑粉菌［*Ustilago nuda*（Jens.）Kellerm. et Swingle］，属担子菌门黑粉菌属，主要侵染大麦，侵害穗部组织，引起散黑穗病。裸黑粉菌寄生性存在寄主专化现象，裸黑粉菌大麦专化型能侵染大麦和小麦；小麦散黑粉菌［*Ustilago tritici*（Pers.）Rostr.］侵染小麦引起小麦散黑穗病，而不能侵染大麦。大麦和小麦散黑穗病症状和发病规律相同，并且病原菌形态较相似，而二者病原菌孢子萌发方式存在差异。裸黑粉菌能在寄主组织中产生透明的双核菌丝。裸黑粉菌在成熟时，菌丝体中的菌丝细胞壁加厚、断裂，形成橄榄褐色、球形至卵圆形的冬孢子。冬孢子表面布满细刺，直径5～8μm，一半颜色稍浅，另一半略深。在适宜条件下，冬孢子形成24h后即可萌发，萌发温度为5～35℃，最适温度为20～25℃。在寄主组织或培养基上，冬孢子萌发时产生4个细胞的担子（即先菌丝），而不产生担孢子。亲和型的担子细胞与其产生的接合管融合，形成双核侵染菌丝。菌丝生长最适温度为24～30℃，最高温度为35℃。冬孢子在大麦成熟时的自然条件下仅存活几周，因此，它不可能经越冬或越夏后再侵染寄主。裸黑粉菌群体内存在致病性差异的生理小种，但由于其生物学特性使其产生新小种的过程较缓慢。Tisdale和Griffiths早在1927年发现裸黑粉菌2个生理小种。Tapke（1953，1955）从美国30个州、加拿大和墨西哥收集的146份标样中鉴定出4个致病类型小种，其中1号小种占比例为63%，并分布广泛。Cherewick（1953）利用10个鉴别寄主（Regal、O. A. C. 2I、White Hulless、Bay、Warrior、Compana、Trebi、Montaclm、Titan和Valkie）鉴定出致病生理小种。

四、病害循环

大麦散黑穗病为病原菌从花器侵入、系统侵染病害，在大麦一个生长季仅发生1次侵染。病原菌仅以休眠菌丝残存在被侵染的大麦种子胚部，以此越冬或越夏，外表无任何症状。在下一个生长季，当带菌的种子萌发时，病原菌菌丝也开始萌动、生长、蔓延，菌丝随寄主上胚轴向上生长，进入到生长点附近的组织中，随麦苗生长而向上扩展，在麦苗生长发育到2～3节时进入穗原基。在大麦孕穗期间，菌丝体在穗部组织中迅速生长繁殖，侵染并破坏全部花器，其内菌丝细胞壁加厚、分化、断裂，形成冬孢子（或厚垣孢子）组成黑粉团，黑粉团被极易破碎的果皮膜包裹着，多数病穗不能结实。一般来说，除穗轴外，病穗其他组织都会被破坏并转变成黑粉团。在病穗露出苞叶后不久，黑粉团包膜破裂，释放出成熟冬孢子。此时，正值大麦抽穗扬花期，冬孢子经风吹雨淋散落，有的冬孢子会飘落到其周围附近植株正在开放的花器中。刚产生的冬孢子24h后即能萌发。萌发后，亲和型先菌丝融合形成的双核侵染菌丝从柱头侵入子房或直接穿透子房壁侵入，侵入后菌丝继续在寄主胞间和胞内蔓延、扩展，直到进入发育中的胚，并定殖在盾片、胚轴以及生长点组织中。当大麦种子成熟时，菌丝已进入胚、胚乳和子叶盘，随着大麦成熟，菌丝细胞的胞膜加厚而进入休眠状态。冬孢子主要靠风力在距离病穗 300m 范围内传播扩散。冬孢子也可能长距离传播，但开花期麦穗被侵染的比例与侵染源距离呈负相关（图 2-33-1）。

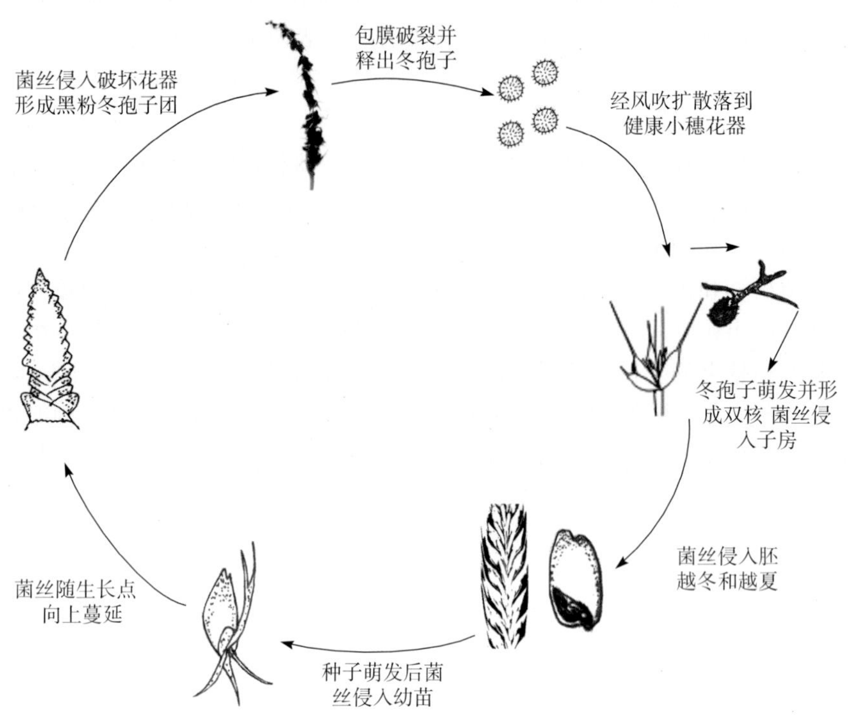

图 2-33-1 大麦散黑穗病病害循环（蔺瑞明提供）
Figure 2-33-1 Disease cycle of loose smut of barley (by Lin Ruiming)

五、流行规律

大麦散黑穗病是病原菌从花器侵入的种传单侵染循环病害，无再侵染过程。带菌大麦种子是病菌初侵染源。该病害侵染仅限在大麦开花期发生。大麦雌蕊柱头湿润程度、老嫩程度与病原菌孢子萌发和侵入关系密切。在柱头组织稍萎缩期，病菌较易侵入。从侵入到进入子房，需要 2～7d。因此，从孢子萌发到进入胚珠，必须在大麦扬花后 7～10d 内完成。

当病穗开始散发冬孢子时，大风、阴雨连绵而凉爽的气候条件（15～22 ℃）非常有利于冬孢子扩散、传播和萌发。大雨则易将病菌孢子淋落到地上而减少飘落到周围健穗上的概率。病原菌侵入大麦花器的概率主要受抽穗至开花期田间温度和湿度影响较大。潮湿、多云和气温适中的条件下，大麦花器保持张开时间较长，更有利于病菌侵入花器。在相对湿度为 95%左右、适宜的温度（20～25 ℃）条件下，最有利于病原菌冬孢子的萌发和侵入，当年种子带菌率就高，第二年发病就重；相反，如果大麦抽穗开花期气候干燥，黑粉菌成功侵染概率低，当年种子带菌率就低，次年发病就轻。一般而言，大麦开花期温度不是病原菌萌发和成功侵入大麦花器的限制性因素，病穗率与上年大麦扬花期雨水多少呈正相关。种子带菌率基本相当于下一生长季田间发病率和产量损失比例。冬孢子抗干热能力强，但不耐湿热。裸黑粉菌冬孢子在 15～16 ℃时，仅存活几个月，但在－2～0 ℃条件下保存，则可存活 14 年，且仍具侵染力。在干燥条件下，冬孢子保持萌发力可长达 5 年之久。裸黑粉菌能以休眠菌丝形式在储存的大麦种子内长期存活达 11 年之久。

因为大麦散黑穗病是种传病害，远距离跨区调种，可能引起该病害在局部地区突然暴发流行。

六、防治技术

（一）化学防治

因为大麦散黑穗病是种传单侵染循环病害，采用化学药剂处理种子是防治该病害最有效的措施。但与其他大多数种传病原菌不同之处在于，不能用仅具有表面活性的保护性杀菌剂通过种子包衣处理技术防治大麦散黑穗病。20 世纪 70 年代以前，主要利用冷、热水处理种子以及筛选合格种子来防治大麦散黑穗病，这样能杀死胚中的菌丝而不伤及胚，降低种子带菌率。目前，在无有效的系统性种子处理杀菌剂的地方，这一措施仍在使用。在一些地区，通过检测种胚是否被病原菌感染确定抽查种子的带菌比例。

大多数大麦种植地区，利用高效、经济的系统性种子处理杀菌剂防治散黑穗病。萎锈灵是防治散黑穗病的第一个这种类型的化合物。25%萎锈灵可湿性粉剂，用药量约占种子重量的 0.3%拌种；15%三唑酮可湿性粉剂按种子重量 0.2%拌种；12.5%烯唑醇可湿性粉剂按种子重量 0.3%～0.5%拌种；15%三唑醇粉剂按种子重量的 0.15%拌种；50%苯菌灵可湿性粉剂按种子重量 0.1%～0.2%拌种，可以完全有效控制散黑穗病。当种子萌发时，药剂就会转移到新长出的麦苗内，杀死或抑制病原菌的菌丝生长。但是，在欧洲已发现了一些大麦裸黑粉菌菌株高抗萎锈灵。经遗传分析发现，分离到的 2 个菌株的抗药性受 1 个显性或不完全显性基因 *CBX1R* 控制。环丙吡菌胺是防治多种作物的土传和种传病害的新广谱杀菌剂，包括防治大麦散黑粉菌等病害。另一种化学药剂戊唑醇最近已登记用作大麦种子处理，对防治散黑穗病也非常有效。

（二）农业防治

建立无病制种田是有效控制大麦散黑穗病的重要农业防治措施。在制种田，所用种子应经过严格灭菌处理，在大麦开花抽穗前加强田间管理，注意检查、拔除病株，并彻底销毁病残体，以减少初侵染菌源数量。此外，制种田应距普通大麦生产田 300m 以外。

（三）选用抗（耐）病或避病品种

品种抗性存在 3 种类型：①胚抗类型，病原菌不能侵入胚内；②病原菌虽能侵入胚，但在不同分生组织发育有差异，成株期不表现发病症状；③闭花授粉类型品种或颖壳开口角度小，开口时间短，达到避病的效果。育种家已经为散黑穗病为害比较严重、已上升为影响大麦生产因素的地区选育出抗病品种。

早前已鉴定出 8 个大麦抗散黑穗病基因，用 *Un*（即 *Ustilago nuda* 首字母）表示（*Un*，*Un2*～*Un8*），有的用 *Run*（即 reaction to *Ustilago nuda* 首字母）表示（*Run 1*～*Run 8*）。基因载体品种 Trebi 和 Missouri Early Beardless 含有 *Un* 和 *Un2* 基因，Jet、Dorsett（C. I. 4821）和一系列来源于 Wisconsin 的杂交后代选育品种包含 *Un3*、*Un4* 和 *Un5* 基因；Jet 还含有 *Un6*；Anoidium（C. I. 7269）含有一个隐性抗病基因 *un7*；PR28 及其亲本 Milton（C. I. 4966）含有 *Un8*。在加拿大西部，*Un8* 抗大多数裸黑粉菌生理小种，并且多数抗性大麦品种含有该基因。根据 2000 年前公开发表的资料统计结果，至少 15 个大麦抗散黑穗病基因已经被鉴定并命名。目前已经标记定位多个抗病基因，如 *Run1*（即 *Un*）基因位于第一染色体（7HS）短臂，与一个抗秆锈病基因和控制淀粉类型基因连锁；*Run6* 定位于大麦第三染色体（3H）长臂，与控制叶片茸毛性状基因连锁；*Un8* 位于第五染色体（1HL），并获得与其紧密连锁的分子标记，为这些基因在分子标记辅助育种中的有效利用奠定了基础。

大麦对散黑穗病抗性符合“基因对基因”假说。裸黑粉菌（*U. nuda*）存在生理小种分化，针对当地主要流行小种开展抗病育种更能有效控制该病害。因为大麦散黑穗病菌新生理小种更替过程缓慢，生产中广泛使用的主要大麦品种已积累了较好的抗性。豫大麦 1 号、驻大麦 3 号、驻大麦 5 号是较抗病品种。一般而言，病株的所有分蘖穗都会发病，但抗病品种如康青 3 号有时个别分蘖穗仍能结实。此外，选用在扬花期颖壳张口角度小或闭颖品种（如沪麦 8 号），也能有效防治散黑穗病；而申麦 1 号颖壳开张，病菌孢子接触柱头概率增大，病穗率达 6%～8%，严重地块中病穗率高达 12%。

蔺瑞明（中国农业科学院植物保护研究所）

第 34 节　大麦叶锈病、条锈病

锈病是由锈菌引起的真菌病害，锈菌是真菌界中生活史最复杂的一种。世界范围内，为害大麦的主要是 4 种锈病，即叶锈病（leaf rust）、条锈病（stripe rust）、秆锈病（stem rust）和冠锈病（crown rust）。这 4 种锈病能在大麦植株地上部分产生红棕色、棕色病斑或破裂表皮的黄色孢子堆，因该病害的夏孢子呈铁锈色而得名锈病。在我国大麦种植区，为害严重的主要是叶锈病和条锈病。

一、分布与危害

大麦叶锈病和条锈病在世界许多国家的大麦主产区均有不同程度的发生，相对条锈病而言叶锈病为害更严重，条锈病在诸如南美和美国西部的个别地区也造成了严重损失。锈病对大麦的为害程度取决于发生锈病时大麦生长发育阶段。如果在大麦开花期或开花前发生锈病流行，则对大麦产量造成严重影响。不论大麦其他部位是否发病，穗部侵染造成的危害特别严重。与麦类白粉病相似，大麦叶锈病和条锈病能增加大麦植株的蒸发和呼吸作用，减少光合作用，降低大麦植株的生长力，影响籽粒饱满度和根系生长。

叶锈病也称作褐锈病（brown rust），是目前对大麦具有较大影响的锈病之一。在农作物成熟较晚的地区，叶锈病是一个非常重要的病害。它在美国东部和中西部、北非、欧洲、新西兰、澳大利亚和部分亚洲地区的春大麦和冬大麦种植区普遍发生。近年来在美国和欧洲广大地区叶锈病逐步上升为一个主要的病害。偶有报道叶锈病造成的损失接近白粉病。叶锈病可以造成巨大的产量损失，特别是大麦发病较早而且旗叶也受到侵染的病害流行时，该病害造成的损失会更大。感病植株叶小茎弱，比健康植株早成熟2周左右。较严重的早期侵染造成大麦籽粒皱缩和穗粒数略减少。在澳大利亚及南美洲，大麦叶锈病曾使感病品种显著减产达32%。在我国，随着大麦种植面积的减少，目前仅在部分青稞种植区域零星发生。

大麦条锈病也被称作黄疸病（yellow rust）或颖锈病（glume rust），主要在气候冷凉的条件下发生。在欧洲和亚洲，条锈病已是存在多年的老病害，但它出现在美洲的时间较晚。1975年首次报道了在南美洲哥伦比亚出现条锈菌，菌源可能是来自欧洲。自从该病害传入南美洲之后已发生几次大规模流行，因为绝大多数品种不具有任何明显的抗条锈性，在局部地区条锈病能造成相当严重的产量损失。在我国大麦（青稞）主要生产的冷凉区域都曾发生，尤其是西藏和青海等青稞种植区是青稞的主要病害之一。

二、症状

大麦叶锈病菌侵染大麦叶片和叶鞘，形成浅橙褐色小而圆的夏孢子堆。在病害发生的后期，高感品种的穗部也能形成夏孢子堆。冬孢子堆圆形至长方形，覆盖在寄主表皮之下，其数量比夏孢子堆少。

大麦条锈病菌主要侵染大麦叶片、叶鞘，也侵染茎和穗部，另外在颖壳及芒上也有发生。被害部位散生圆形黄褐色隆起小圆点（夏孢子堆）。大麦叶片上产生鲜黄色夏孢子堆，与叶脉平行，呈虚线状排列；大麦生长后期表层破裂，出现锈褐色冬孢子堆；冬孢子堆短线状、扁平，常数个融合（彩图2-34-1）。

三、病原

大麦叶锈病的病原为大麦柄锈菌（*Puccinia hordei* G. Otth，异名：*P. anomala* Rostr.）。另外，少数小麦叶锈病菌［*P. recondita* Roberge ex Desmaz. f. sp. *tritici*（Eriks. et Henn.）Hend.］也能侵染大麦，但一般认为它对大麦致病力较弱。大麦柄锈菌（*P. hordei*）夏孢子卵形至椭圆形，大小为（18～24）μm×（22～28）μm，表面具有精细排列的细刺。冬孢子双胞，椭圆形或长棍棒状，大小为（16～23）μm×（35～50）μm，在隔膜处略缢缩。伞花虎眼万年青（*Ornithogalum umbellatum* L.）是其转主寄主，在转主寄主上形成性孢子器和锈孢子器。此外，叶锈菌也能在百合科其他几个种的植物上产生性孢子器和锈孢子器。

引起大麦条锈病的主要病原菌为条形柄锈菌大麦专化型（*P. striiformis* West. f. sp. *hordei* Eriks. et Henn，*Psh*），属担子菌门真菌，另外极少数的条形柄锈菌小麦专化型（*P. striiformis* f. sp. *tritici*，*Pst*）也可以侵染大麦引起大麦条锈病。它的寄主范围比大麦叶锈病菌更宽，能侵染大麦、小麦以及许多属的禾本科植物。条形柄锈菌小麦专化型在大麦上产生的大麦条锈病夏孢子较在小麦上形成的小麦条锈病的夏孢子色泽略鲜黄。条形柄锈菌大麦专化型本身是由复杂多样的毒性个体组成的，属8个毒性类型（TBYR 0、1、2、3、4、5、6、7）。夏孢子堆大小为（0.3～0.5）mm×（0.1～0.2）mm。夏孢子单胞，近球形，淡黄色，大小为（20～30）μm×（17～22）μm，表面有小刺，散生芽孔7～10个。夏孢子萌发适温为11～17℃，19℃时，萌发率大大降低；超过23℃极少萌发。冬孢子单胞偶有双胞，形状各式各样，短棍棒形到圆形，表面光滑，顶端稍厚，有柄。

四、病害循环

大麦叶锈病菌为活体寄生，属于转主寄生锈菌。夏孢子、冬孢子产生于大麦上；据报道，性孢子、锈孢子产生于转主寄主百合科伞花虎眼万年青（*O. umbellatum* L.）上。冬孢子侵染转主寄主，进行有性生殖和产生锈孢子再侵染大麦。

大麦条锈病菌也为活体寄生，来自当地残存的和随气流远距离传播而来的夏孢子是大麦条锈病初侵染源。低海拔地区的大麦有时候被来自高海拔地区的禾本科植物的条锈病菌夏孢子侵染。目前还未发现条锈病菌的转主寄主。

五、流行规律

湿度适宜的情况下，大麦叶锈病在15～22℃可以迅速发生。侵染后，新的夏孢子在8d之内就能产生，并随风长距离传播。冬孢子在大麦生长季后期产生，冬孢子萌发后，产生具有4个单倍体的担孢子。担孢子可以侵染大麦和转主寄主。病菌菌丝体在－5℃时尚能越冬，在缺少寄主的情况下冬孢子能存活3周。我国大麦叶锈病菌以夏孢子在南方冬大麦上越冬，夏孢子随季风向北扩散，借气流进行远距离传播，在北方大麦自生麦苗上越夏后，秋季再传播至南方冬大麦上越冬。春天气温回升，恢复发展，繁殖传播为害。

大麦条锈病菌夏孢子最适萌发温度范围是5～15℃，萌发极限温度范围最低是0℃，最高是21℃。在温度为10～15℃，连绵阴雨天或有露水条件下病害发展得最快。因此，条锈病菌侵染大麦主要发生在春季和夏初。但是，条锈病菌菌丝在－5℃条件下仍能生存，部分地区的秋季和冬季病菌仍然能侵染寄主植物。我国大麦条锈病菌在西藏可以顺利越夏，在林芝、波密等地有一个明显的越夏阶段，越夏的主要寄主是自生麦苗。越夏的条锈病菌可以自然侵染秋苗，产生的孢子及自生菌菌源可以形成再次侵染，进入潜育阶段，霜冻致使产生孢子的秋苗叶片冻死。潜育的菌丝则是主要的越冬方式。因此，大麦条锈病在西藏可以独立完成周年循环，构成以本地菌源为主的流行区域。

六、防治技术

（一）选用抗叶锈、条锈大麦品种

利用大麦的抗叶锈、条锈病基因，选育抗病品种是控制大麦叶锈、条锈病最有效、最经济且对环境友好的方法。大麦对叶锈病的抗性可分为两种。一种是基于*Rph*（resistance to *P. hordei*）基因的完全免疫抗性（hypersensitive resistance）。大部分*Rph*基因都是苗期抗性基因并已被广泛地应用于大麦育种中。至今，至少有19个苗期抗性*Rph*基因已被人们发掘鉴定。但由大麦中单个*Rph*基因提供的抗性常常被新突变的病原物入侵，持续应用将可导致抗性“丧失”。例如，在欧洲，很多小种专化抗性被具有新适应性的病原物攻克。其中包括在大麦育种中较常见且被认为是最有效的抗性基因*Rph3*和*Rph12*。在美国、以色列等发现了抗性基因*Rph7*的毒性小种。利用提供持久抗性的大麦品种，聚合小种非专化抗性基因作为一种可替代的策略被认为是提高寄主抗性的新方法。另一种是大麦叶锈病成株抗性*Rphq*（quantitative resistance to *P. hordei*）基因，与大麦叶锈病*Rph*抗性基因相比，*Rphq*抗性表现为数量抗性，通常表现为慢锈性或部分抗性，并且这种抗性没有小种的专化性体现出持久抗性的特点。但是相对于*Rph*类主效抗性基因，*Rphq*抗性基因在育种中更加难以利用。因此，在大麦种植区需要根据当地优势生理小种选择抗病品种，对于病原菌生理小种复杂的地区尤其注意选用不同抗性品种及抗病基因的合理布局，并且积极利用高温成株抗性基因（high-temperature adult-plant，HTAP）培育持久抗性品种。

（二）加强田间管理

通过合理的栽培措施，减少越冬菌源；适期播种，减少发病概率；合理施肥，增强植株的抗锈能力；铲除杂草和自生麦苗，减少菌源。

（三）药剂防治

1. 药剂拌种 用种子重量0.2%的20%三唑酮乳油拌种。

2. 种子包衣 提倡使用15%保丰1号种衣剂（活性成分为三唑酮、多菌灵、辛硫磷）包衣种子后自动固化成膜状，播后形成保护圈，且持效期长。对于防治大麦条锈病效果优异。

3. 喷洒药剂 常用药剂有20%三唑酮乳油、65%代森锌可湿性粉剂。于大麦条锈病发病初期喷洒20%三唑酮乳油1 000倍液可兼治叶锈病、秆锈病和白粉病，隔10～20d 1次，喷施1～2次。

冯晶　王凤涛（中国农业科学院植物保护研究所）

第35节 大麦网斑病

一、分布与危害

大麦网斑病是大麦生产中常见的重要病害之一。在我国长江流域普遍发生，以四川、江苏、浙江等省发生最重。东北及陕西也有发生。发生严重时，对产量有相当大的影响，可造成叶片枯死，穗小粒秕，甚至不能抽穗。在我国的南、北方新老大麦种植区，病害田间发生率为5%～30%，局部地区为害严重时可达70%以上。大麦网斑病年份间发生程度存在差异。田间有时可见其与大麦根腐叶斑病混合发生。

网斑病能造成大麦穗小粒秕，尤其对千粒重影响最大，千粒重下降，是造成大麦减产的主要因素，还造成粒数减少。后期发病不会影响株高、穗粒数，但随病情的增加，株高有下降趋势。

二、症状

大麦网斑病从幼苗至成株期均能侵害，主要侵害植株叶片。幼苗发病时，病斑大都在离叶尖1～2cm处，受害叶片初期出现淡褐色斑点，随后斑点逐渐扩大呈现黄褐色至浅黑褐色深浅不一，交错似网纹状的病斑。病斑内部有纵横交织的网状细线，呈暗褐色；也有病斑内没有横纹或横纹不明显的品种。病斑边缘有黄色晕圈，有时也不产生黄色圈。湿度大时，病斑上长有青灰色霉层，上可见少量的小黑点，即分生孢子梗和分生孢子。病斑较多时，连成暗褐色条状斑，引起叶片早枯；这些病斑在病害后期可会合成断续条纹状，造成叶片枯死以致植株不能抽穗或麦穗微小。病害严重时也可侵害叶鞘、麦穗，叶鞘上的症状与叶片上相似。大麦网斑病在大麦全生育期均可发生，自3叶1心期开始表现症状，从基部叶片逐渐向上蔓延，严重时全株叶片均可发病（彩图2-35-1）。

三、病原

大麦网斑病病原为大麦网斑内脐蠕孢［*Drechslera teres*（Sacc.）Shoem，异名：*Helmnthosporium teres* Sacc.］，属子囊菌无性型内脐蠕孢属。有性型为圆核腔菌（*Pyrenophora teres* Drechs.），属子囊菌门核腔菌属。

病原形态：分生孢子梗褐色，直或曲折，基部粗。分生孢子圆筒形，无色或淡橄榄色，有2～10个隔膜，大小为（48～140）μm×（15～21）μm。子囊壳产生于遗落田间的病残体上，圆形、椭圆形或烧瓶状，大小为（300～600）μm×（430～800）μm。子囊棍棒形，无色，大小为（190～335）μm×（32～42）μm。子囊孢子黄褐色，纺锤形或椭圆形，有纵隔0～2个，横隔3～4个，大小为（40～62.5）μm×（17.5～27.5）μm。子囊壳上可抽生分生孢子梗及刚毛。刚毛黑褐色，长针状，有6～10隔，大小为（150～400）μm×（7.5～10）μm。

四、病害循环

（一）初侵染源

病菌以分生孢子、菌丝体或子囊壳在种子及病残组织上越冬、越夏。种子播种后，病菌的子囊孢子或分生孢子发芽侵入幼苗，产生病斑。以后在病斑上形成分生孢子，借风雨传播再侵染，花部受害使种子带菌，大麦成熟时在麦壳等病残体上形成子囊壳并越夏、越冬（图2-35-1）。适宜条件下，病菌在病残体中可存活7年。该病可通过种子带菌传播，是主要的初侵染源。在田间，病残体也为初侵染源。

（二）发病条件

在低温、高湿、少日照的情况下，大麦网斑病容易发生。在20℃、相对湿度100%的条件下，大麦网斑病发展迅速。

1. 播种量、密度 大麦网斑病的发生程度与种植密度存在显著相关性。随种植密度的增加，病情指数增高；播种量多的地块比播种量少的地块网斑病发生严重，随着播种量的增加，田间植株密度加大，湿度增高，则有利于该病害的发生。

2. 施肥 偏施氮肥且用量大，发病重，病情指数高。氮、磷、钾配合施用，虽病叶率相近，但病情

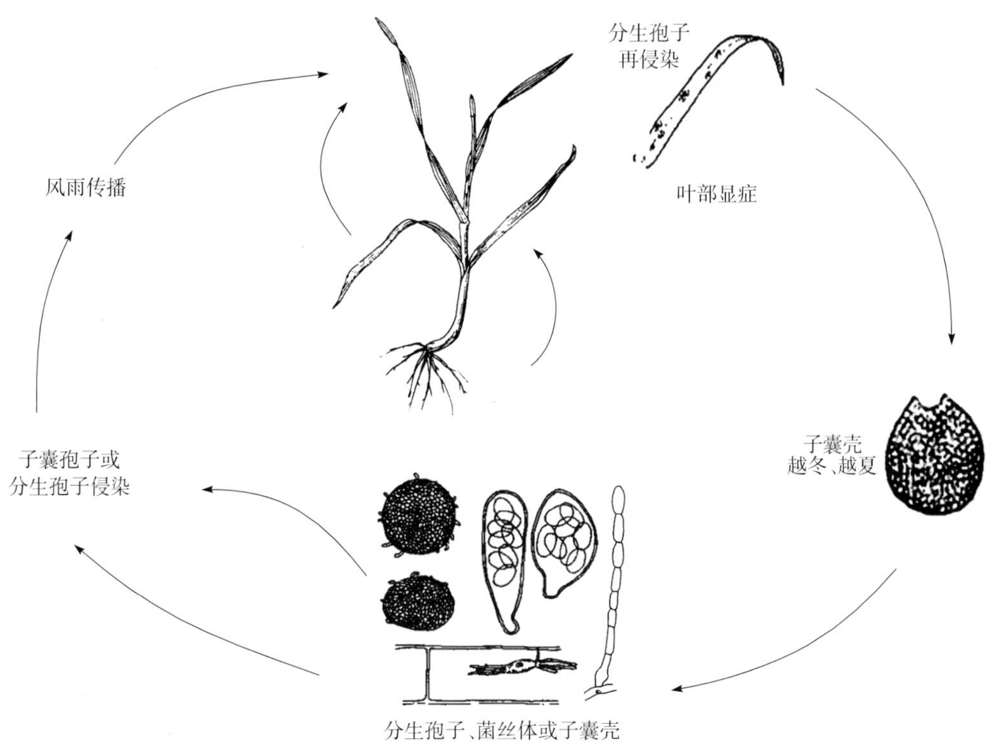

图 2-35-1 大麦网斑病病害循环（冯晶绘）

Figure 2-35-1 Disease cycle of barley net blotch (by Feng Jing)

指数明显下降。盐碱地上施用腐殖酸肥料，有利于减轻病害。施用尿素做氮肥的比硝酸铵做氮肥在同等量的情况下，发病较重。

3. 土壤及地下水位、栽培措施 地下水位较高、盐碱较重的地区，病害发生较重。地下水位在 3～10 m 的地块，地表潮湿，春季土壤返盐快，大麦生长较弱，网斑病发生早而重，平均发病率达 45%，个别地块发病率可达到 100%；严重度一般为 0.5～2.5 级，严重地块可达 4 级；产量下降8%～15%。地下水位较低，土壤含盐量低或无盐碱，发病较轻，仅灌水之后发病，发病轻的年份发病率不足 5%，严重度为 0.1～1 级。

栽培措施与病害的发生有密切关系，重茬时间越长，发病越重；平均发病率达 50%，平均病情指数达到 1.5 级，轮作地发病率约为 30%，轮作 2 年以上的发病率仅 16.7%。新垦荒地发病低于 10%。

秸秆还田虽是主要的培肥措施，但若在土壤干燥的条件下，秸秆腐烂速度较慢，因而病残体长期遗留田间，会导致病害逐年加重。

4. 栽培条件 地膜栽培大麦同期病叶率为 40%左右，严重度约为 0.5。露地栽培大麦在 5 月初显症，逐渐扩大蔓延，6 月上旬发病率达 60%左右，严重度约为 1.5。原因可能是地膜大麦出苗早、发育快，抗性较强，故发病轻。

五、流行规律

(一) 病原菌的传播扩散及其侵染条件

1. 病菌传播与扩散 在田间带菌种子和病残体均为大麦网斑病菌的传播、扩散侵染源。

2. 病菌孢子寿命及萌发条件 分生孢子萌发适温为 20～25℃。菌丝发育则以 25℃最适。20℃、相对湿度 100%发病迅速。4、5 月为盛发期。低温、高湿、日照少，有利于发病，特别是在孕穗至成熟期雨水多时，病害发展快，为害较严重（张凤英，2002）。

(二) 病害发生特点与流行规律

种子带菌播种后 5d 形成孢子，15d 即可使叶片枯死。新垦荒地发病株率分别为 7.5%左右，轮作地约 30%，而重茬发病率高达 50%以上。

南方大麦种植区（云南省）3 月开始出现病害，4～5 月为盛发期。北方大麦种植区（甘肃省）5 月初开始显症，但前期病情指数发展缓慢。6月初开始病情迅速上升，6月中旬达高峰，之后病情缓慢增长。从病情指数日增长率看，病害在发展过程中出现2个高峰，即5月7～25日为第一个高峰，病情指数日增长率最高达18.34%（5月25日），这时大麦正处于拔节期，田间灌拔节水；6月3～21日，病情指数日增长率出现第二个高峰，这时大麦处于抽穗、扬花期，田间灌“三水”，病情指数迅速增长，严重影响大麦籽粒灌浆，使千粒重下降，瘪籽增加，造成产量下降，品质变劣。综合上述可看出：田间大麦网斑病的发生高峰与灌水有密切关系，湿度高，有利于病害发生。

六、防治技术

（一）农业防治

1. 建立无病留种田，繁殖无病良种供生产使用。

2. 适时播种，冬大麦播种较晚则发病重。深耕土壤，深埋病株残体。做好开沟排水工作，防止田间湿度过大。合理施肥，提高植株抗病力。实行合理轮作制度。

（二）种子处理

播种前用以下方法处理种子。

1. 冷浸日晒 清晨6：00左右将种子浸入清水中，5h后取出摊开在阳光下暴晒，其间不能翻动。

2. 浸种 每60 kg种子用80%乙蒜素乳油14～20mL对水100kg浸种24h，或每60kg种子用50%多菌灵可湿性粉剂200～300g对水100kg浸种24h，或每60 kg种子用100kg 1%石灰水浸种24h，浸种完毕后将种子捞出、晒干，再进行播种。

3. 闷种 用40%福美双·三唑酮可湿性粉剂20 g对清水1kg喷洒于1hm^{2}地用的大麦种上，边喷边搅拌，等种子吸干药液后将其装入塑料袋中堆闷4 h，再进行播种。

4. 拌种 每50kg种子用2%戊唑醇拌种剂50～75g充分拌种，效果也很好。

（三）药剂防治

在病害初发期及时用药剂防治，如：65%代森锌可湿性粉剂500倍液或80%代森锰锌800倍液喷施叶面，共喷药2～3次；50%多菌灵可湿性粉剂600～800倍液喷施防治2～3次。

冯晶（中国农业科学院植物保护研究所）
毕青云（云南省农业科学院农业环境资源研究所）

第36节 大麦云纹病

一、分布与危害

大麦云纹病是大麦的主要病害，除为害大麦（皮大麦）、元麦（裸大麦）及黑麦外，还为害小麦和一些禾本科杂草。主要发生在我国西北、西南春大麦（青稞）种植区，华东地区也有发生，多雨潮湿年份发病较重，对产量有一定影响。

二、症状

大麦云纹病多发生在大麦分蘖期，抽穗后气温升高，病情显著减轻。主要侵害大麦的叶片及叶鞘，初在叶片和叶鞘上产生白色透明小斑，后逐渐扩大变为青灰，以至淡青褐色，边缘深褐色，最后病斑内部变为灰白色，病斑呈纺锤形或椭圆形。病斑较多时合并呈云纹状，叶片枯黄致死，在病部表皮下形成子座。高湿条件下，病斑上形成灰色霉层（分生孢子梗和分生孢子）（彩图2-36-1）。

三、病原

大麦云纹病病原为黑麦喙孢［*Rhynchosporium secalis*（Oudem.）J. J. Davis］，属子囊菌无性型喙孢属。能产生喙孢糖苷毒素。分生孢子梗无色、短小。分生孢子楔状，一段粗，一段细，初无隔膜，成熟后中间生1个横隔，无色，大小为（12～20）μm×（2～4）μm。

分生孢子萌发适温为10～20℃，超过25℃萌发率显著降低。分生孢子致死温度为40℃经15min。在大气相对湿度 92%、气温 18℃的条件下，分生孢子只需 6h 即可侵入寄主组织。当气温为 20℃时，病害潜育期为 11d。在低温干燥的条件下，分生孢子可存活数年，但在气温 20～24℃、相对湿度 45%的条件下，仅能存活 1 个月。

四、病害循环

大麦云纹病病菌主要以分生孢子和菌丝体在被害组织上越夏、越冬。大麦播种出苗后，分生孢子借风、雨传播侵染幼苗而发病。大麦生长期间，依靠病斑上形成的分生孢子，可作多次再侵染，使病害逐渐蔓延扩展。收获后，病菌分生孢子及菌丝体又在寄主组织残体上休眠越冬、越夏。在下一个生长季节侵染麦苗。

感染的种子也是大麦云纹病初次侵染来源之一，病种子的传病作用是靠潜伏于病斑内的菌丝体。

五、流行规律

低温、高湿有利于病害发生与流行。大麦生长茂密、发育不良和生长嫩弱时，易受侵害。施用混有病株残体而未经腐熟的粪肥，也利于发病。

六、防治技术

（一）农业防治

1. 消灭越冬（夏）菌源　收获后及时耕翻灭茬，促进病残组织腐烂分解，消灭病原。

2. 培育健壮植株　合理密植；配方施肥，不可单一施氮过多；中耕除草；低洼地雨季注意开沟排水，可提高土温，降低田间湿度，促进植株生长健壮，提高抗病力，减轻病害发生。

（二）药剂防治

1. 药剂拌种　播前 10～20d 每千克种子用 3%苯醚甲环唑悬浮剂 4mL 拌种后播种；或用 50%多菌灵可湿性粉剂按种子重量的 0.3%于播种前拌种，堆闷 1 周晾干待播。

2. 药剂喷施　发病初期可选择喷洒 75%肟菌・戊唑醇水分散粒剂 300g/hm^2、43%戊唑醇悬浮剂 225mL/hm^2，或 15%三唑酮可湿性粉剂 1 000 倍液、40%多・硫悬浮剂 600 倍液、70%甲基硫菌灵可湿性粉剂 1 000 倍液、50%多菌灵可湿性粉剂 800 倍液、70%代森锰锌可湿性粉剂 400 倍液，每公顷用药液 1 125～1 500L。病害较重时可在 7～10d 后再喷一次。

附：病害分级标准

分级	症状描述
0	叶片无病斑
1	病斑占叶片面积 10%以下
2	病斑占叶片面积 10%～25%
3	病斑占叶片面积 25%～50%
4	病斑占叶片面积 50%～80%
5	病斑占叶片面积 80%以上

分级标准参考：Grønnerød S.，Marøy A. G.，Mackey J. et al.，(2002) Genetic analysis of resistance to barley scald (*Rhynchosporium secalis*) in the Ethiopian Line 'Abyssinian' C (I668). Euphytica 126：235 - 250。

冯晶（中国农业科学院植物保护研究所）
陈海民（青海省农林科学院植物保护研究所）

第 37 节　大麦黄花叶病

一、分布与危害

大麦黄花叶病是影响大麦安全生产的重要病害之一，是日本传播最广、农业经济上最重要的冬大麦病毒，同时也是为害我国及欧洲西北部国家特别是德国、法国和英国冬大麦的重要病害（Chen，1993）。20

世纪50年代，该病在浙江宁海县珠海农场发生，成为我国发生该病的第一次记录。然而，直到70年代中期该病大面积流行后才引起人们重视（阮义理等，1983）。60～70年代我国长江中下游及东部沿海地区（包括湖北、安徽、江苏、上海和浙江）因耕作制度改变，大力推广种植大麦品种早熟3号，而该品种生长周期短且产量高，却高感黄花叶病，从而迅速导致大麦黄花叶病在这些地区大面积流行（阮义理和陈剑平，1987a；1987b；1991b；阮义理等，1997）。在欧洲，该病害广泛分布于德国（Huth & Adams，1990；Proeseler et al.，1999）、法国（Hariri et al.，1990）、英国（Adams et al.，1988）和其他西欧国家（Huth，1988）。欧洲记录发生该病的最南部国家为希腊（Katis et al.，1997），最北部国家为丹麦（Junga U，个人通信），最东部国家为乌克兰（Fantakhun et al.，1987）。在我国，该病分布于江苏、浙江和上海等东部地区（图2-37-1）。

图2-37-1 我国大麦黄花叶病分布（陈剑平提供）

Figure 2-37-1 Distribution of barley yellow mosaic virus disease in China (by Chen Jianping)

大麦黄花叶病侵染大麦后，主要表现为：①病苗分蘖矮化、僵缩，不能形成有效穗，重病麦苗在拔节前枯死，单株穗数减少。②病株叶片黄化，光合作用效率降低，营养运输受阻，穗粒数减少，千粒重降低。③病株的籽粒干瘪，出粉率降低，粉质差，商品价值降低。大麦感病后可导致严重减产，一般病田减产20%～30%，重病田减产可达50%以上，甚至绝产（阮义理和陈剑平，1987a；1987b；陈剑平，2002；2003）。在德国，大麦黄花叶病发生的麦田，大麦产量为2.87t/hm²，而健康大麦产量可以达到5.80 t/hm²；在自然条件下，抗病的大麦品种产量可以达到6.56 t/hm²，而感病的对照却只有3.22 t/hm²（Proeseler et al.，1999）。在意大利，同样的品种在病田和无病田中产量分别为5.06 t/hm²和6.48 t/hm²（Signor et al.，1999）。在韩国，感病的大麦扬花期延迟了10～11d，而植株干重、茎秆高度和植株穗数分别为对照的75%、68%和49%（Lee et al.，2000）。

二、症状

大麦黄花叶病毒（BaYMV）在大麦上引起的典型症状是黄色花叶，在田间呈现黄色条块甚至整块麦地呈现黄色（彩图2-37-1，1）（阮义理和金登迪，1984）。症状在12月下旬到翌年3月上旬出现，但是不同的大麦品种、地理环境、大麦生育期以及发病的不同病理时期，表现出的花叶程度不尽相同：发病初期于心叶上呈现淡黄绿色短条点，发病盛期新叶褪绿，上散生绿色短条点，老病叶变深黄色或橘黄色，严重的导致枯斑，在某些品种上花叶进一步发展为坏死症状，植株矮化（彩图2-37-1，2）。当温度超过18℃时，感病大麦通常隐症。

大麦和性花叶病毒（BaMMV）可以单独或与大麦黄花叶病毒（BaYMV）混合侵染大麦，引起的症状相似，因其在大麦品种Maris Otter上所表现的症状较轻而得名（彩图2-37-1，3）。最初的症状出现在刚刚形成的嫩叶上，引起大小不规则的褪绿条斑，并伴随着叶片边缘向上卷曲，然后发展成花叶症状。这种花叶有时候会导致枯斑、黄化，甚至使老叶加速死亡。和大麦黄花叶病毒（BaYMV）一样，症状一般在早春出现，随着天气的变暖而逐渐隐症。当温度超过20℃时，新叶就不显症状。当温度处于5～10℃时，被感染的大麦生长就会迟缓，当土壤湿度很高时，这种现象就更严重。如果这种气候一直延续到4月，植株矮化的现象也就一直持续，尽管矮化的植株可以随着温度的上升而恢复正常，但是仍然会造成严重减产（Hill & Evans，1980；陈剑平和阮义理，1990a）。

病毒侵染所引起的症状表现由于不同大麦品种而有所差别，通常感病品种症状严重，抗病品种则无症或症状轻微，六棱大麦损失较二棱大麦轻。温度是该类病害发展及症状表现的主要决定因素（阮义理等，1984；Huth，1982；陈剑平，1992）。

三、病原

大麦黄花叶病的病原有大麦黄花叶病毒（*Barley yellow mosaic virus*，BaYMV）和大麦和性花叶病毒（*Barley mild mosaic virus*，BaMMV）两种，均属于马铃薯 Y 病毒科大麦黄花叶病毒属（*Bymovirus*）。BaYMV 和 BaMMV 在形态上非常相似，难以区分（彩图 2-37-1，4；彩图 2-37-1，5）。病毒粒体为线状，长度有 2 种，分别为 500～600nm 和 200～300nm，直径为 12～13nm。提纯的线状病毒长度常常超过 2 000nm，可能是由于病毒粒体两端线性化聚集引起，且不同提纯方法获得的病毒粒体长度略有差异（Huth et al.，1984）。

和其他马铃薯 Y 病毒科成员一样，两种病毒均能在寄主植物细胞质内形成特征性风轮状内含体或卷轴状内含体，这些内含体由一个病毒基因编码蛋白（CI）形成，是该科属成员的一个主要细胞病理学特征。发病初期的大麦叶片中的风轮体较小，发病中后期风轮体增大，数量明显增加，常成群出现于细胞质中。膜状体是 BaYMV 和（或）BaMMV 侵染后在大麦病细胞中形成的特异性内含体，膜状体由许多相互连接的小管组成，切面似蜂巢状，呈三维空间分布，在发病初期的大麦心叶叶肉细胞壁或质膜附近，可见结构简单、无限制性膜包被的幼小膜状体，彼此间由内质网连接。随着病害的发生，复杂性增加，中间出现小管和小囊，在内质网的牵引下，若干个膜状体相互合并，体积进一步扩大，并从细胞壁附近移动到细胞质中央或细胞核附近（陈剑平等，1990b）。用 BaMMV CP 抗血清进行胶体金免疫标记感病大麦细胞，在风轮体或柱状体上有时也有特异性金颗粒标记，表明存在病毒 CP，而膜状体上无标记。

BaYMV 和 BaMMV 基因组相似，均由两个不同长度的单链正义 RNA 组成，3′末端具有 poly（A）尾，5′末端结合有 VPg 蛋白。RNA1 长 7 261～7 645 个核苷酸，含有一个单一的大开放阅读框（ORF），编码一个分子质量为 256～271ku 的大多聚蛋白，经蛋白酶切割后产生 8 个成熟蛋白，从 N-端到 C-端分别为 P3、7K、CI、14K、NIa-VPg、NIa-Pro、NIb 和 CP。RNA2 长 3 516～3 585 个核苷酸，含有单一大开放阅读框，编码一个 98ku 的小多聚蛋白，经蛋白酶切割后产生 P1 和 P2 两个成熟蛋白。P1 含有一个类似马铃薯 Y 病毒属 HC-Pro 蛋白样的蛋白酶结构域，识别 GA 双氨基酸残基并裂解；P2 与真菌传杆状病毒属 CP-RT 蛋白具有一定的同源性。P1 和 P2 均已在病毒侵染的大麦植株中发现。两个病毒编码的唯一病毒粒体结构蛋白为 CP，分子质量约为 32ku（图 2-37-2，Chen et al.，1999a）。

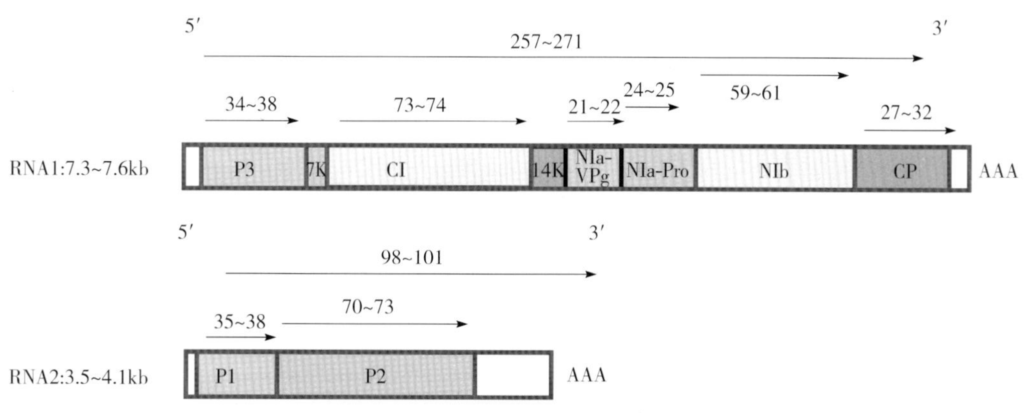

图 2-37-2　大麦黄花叶病毒基因组结构（陈剑平提供）

Figure 2-37-2　Genome organization of *Barley yellow mosaic virus*（by Chen Jianping）

因为两种病毒离子形态相似，所以最初被认为是一种病毒。后来随着研究的逐步深入，发现 BaMMV 并不与 BaYMV 及其分离物有血清学反应，因而被 Huth 和 Adams（1990）认为是一种新的病毒，并命名为 BaMMV。两种病毒基因组全序列测定、分析发现，两种病毒基因组序列同源性只有 42%，而 CP 序列同源性只有 45%。根据国际病毒分类委员会有关马铃薯 Y 病毒科的种分类标准，基因组同源性低于 80%，CP 序列同源性低于 75%，从而认定 BaMMV 与 BaYMV 确实为两种病毒。

进化分析表明，我国的 BaYMV 各地分离物与日本分离物处于同一个进化簇，而与英国和德国的分离物亲缘关系较远（Chen et al.，1996）（图 2-37-3）。与此类似，相比于欧洲分离物，BaMMV 中国分离物与日本、韩国分离物亲缘关系更近（图 2-37-4），这说明了两种病毒在东亚地区和欧洲各自独立进化，而最终形成两个进化分支（Zheng et al.，1999）。

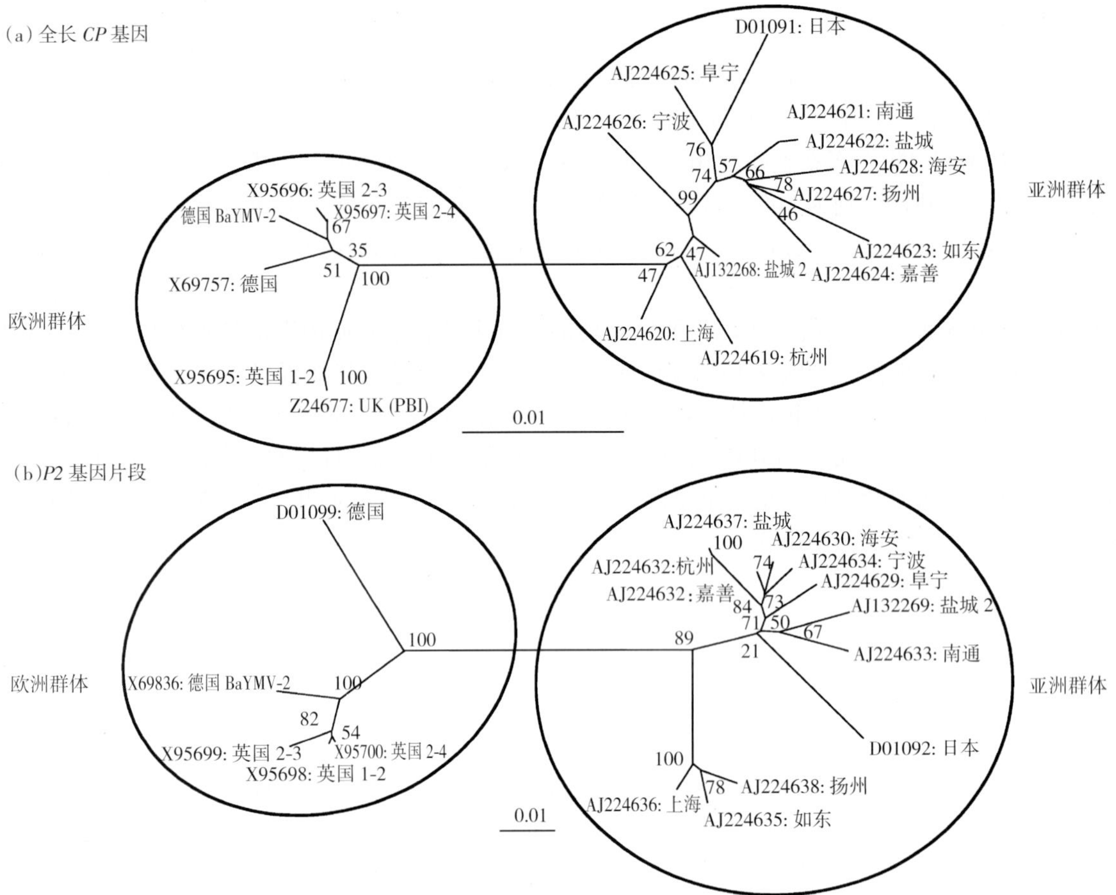

图 2-37-3 根据 BaYMV 各分离物（a）全长 *CP* 基因和（b）*P2* 基因 N-末端核苷酸序列构建的系统进化树（陈剑平提供）

Figure 2-37-3 Phylogenetic analysis of the *CP* nucleotide sequence (a) and (b) *P2* nucleotide sequence of isolates of BaYMV (by Chen Jianping)

注：无根树，分叉上的数值表示 100 次成簇中该进化簇的出现次数，标尺长度表示每一位点发生 0.01 次置换。

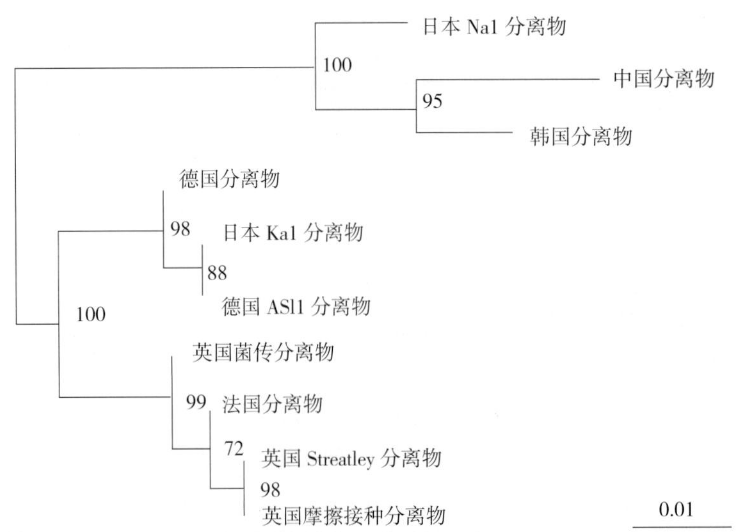

图 2-37-4 BaMMV 分离物 CP 氨基酸序列系统进化树分析（陈剑平提供）

Figure 2-37-4 Phylogenetic analysis of the CP amino acid sequence of isolates of BaMMV (by Chen Jianping)

注：分叉上的数值表示 100 次成簇中该进化簇的出现次数，仅数值>70%的显示，标尺长度表示每一位点发生 0.01 次置换。

BaYMV 和 BaMMV 的自然寄主均仅为大麦（*Hordeum vulgare*），但 BaYMV 不能摩擦接种侵染小麦（*Triticum aestivum*）、燕麦（*Avena sativa*）、水稻（*Oryza sativa*）、苋色藜（*Chenopodium amaranticolor*）和烟草（*Nicotiana tabacum*），而 BaMMV 可以摩擦接种侵染山羊草（*Aegilops squarrosa*）、旱麦草（*Eremopyrum hirsutum*）、小黑麦（*Triticale rimpau*）、黑麦（*Secale cereale*）、硬粒小麦（*Triticum durum*），但不侵染普通小麦或燕麦（*Avena sativa*）（阮义理和陈剑平，1991；陈剑平，1992）。

四、病害循环

Saito 等（1964）观察到健康大麦栽种于含有带病大麦植株根系的土壤中后发生病害，但栽种于经高温灭菌的土壤中不发病，这暗示 BaYMV 有一个与土壤相关的传播介体。然而，不同时间采集的大麦根系致病性不同，3 月初叶片显症时采集的病根致病性低于 4 月中旬采集的病根。3 月中旬，在大麦根部可以观察到少量禾谷多黏菌（*Polymyxa graminis* Ledingham）休眠孢子堆，然而大部分都没有成熟；4 月中旬后，禾谷多黏菌成熟休眠孢子堆数量迅速增加（彩图 2 - 37 - 2，1～3）（陈剑平，2002）。

干燥条件下，室温储存的病土侵染性至少可以持续 5.5～10 年。在 23℃下，将病根在湿土中埋 14d 后，再经干燥或储存于 4℃湿土中，病根侵染性增加，病根碎片比完整病根侵染能力更强。在 35℃下保存的病根仍然具有侵染能力，但湿土中保存的病根则无侵染能力。

禾谷多黏菌是大麦黄花叶病毒（BaYMV）和大麦和性花叶病毒（BaMMV）的传毒介体，通过差速离心从健康大麦植株根部纯化禾谷多黏菌休眠孢子堆，并散布到种植有健康大麦幼苗的消毒土壤中，用 BaYMV 摩擦接种这些幼苗，然后将它们的根匀浆，并不能将病毒传播到其他植株。13～15℃下，当幼苗用感病植株根冲洗物接种时，健康幼苗则受到病毒侵染。然而，当受到病毒侵染的根浸泡在水里，前 3d 收集的清洗物并不能导致健康幼苗感病，但是 4～15d 内的清洗物具有侵染性。电镜观察揭示，这个阶段大多数禾谷多黏菌发育处于游动孢子阶段，释放到水中的游动孢子数量多少和侵染性强弱呈正相关。当根浸泡在 10～15℃水中时，清洗液中的病毒侵染能力大于浸泡于 5℃或 20℃水中获得的病毒。从病大麦根中收集的禾谷多黏菌游动孢子或休眠孢子，经超薄切片电镜观察，大约有 1%含有 BaYMV 或 BaMMV，每个带毒游动孢子体内含有 3 000～7 000 个病毒粒体（彩图 2 - 37 - 2，6、7）（Chen 等，1990；1993）。

BaYMV 和 BaMMV 从根到叶的运动相当缓慢，需 30～40d，而从叶到根的运动仅需要 5d。病毒从根到叶的运动之所以缓慢，可能取决于病毒在韧皮部细胞中的扩散效率。

禾谷多黏菌在土壤中广泛分布，寄主范围很广，除了大麦外，还能侵染多种禾本科杂草。大麦黄花叶病病根中的禾谷多黏菌休眠孢子堆随着大麦收获、病根腐烂而散落于土壤中。大麦秋播后，种子萌发，长成幼苗，土壤中的禾谷多黏菌休眠孢子在一定的土壤湿度和温度（5℃以上）下萌发产生初生游动孢子（彩图 2 - 37 - 2，4），游动孢子侵染大麦根系发育形成游动孢子囊，并把携带的病毒传播给大麦根部，游动孢子囊进一步生长发育形成大量次生游动孢子（彩图 2 - 37 - 2，5），释放后再侵染大麦根，将携带的病毒传播给大麦，这样不断侵染循环导致大麦发病表现症状，同时发病面积也不断扩大。等大麦成熟时，游动孢子囊形成休眠孢子堆，随着大麦收获，病根在土壤中腐烂，休眠孢子堆散落在土壤中越夏（图 2 - 37 - 5）。

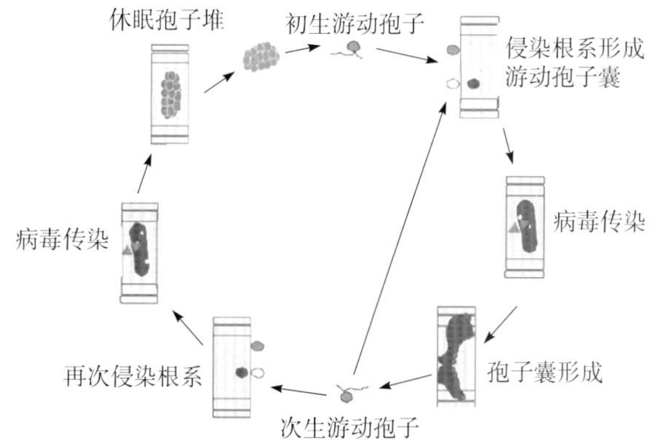

图 2 - 37 - 5　禾谷多黏菌生活史（陈剑平提供）
Figure 2 - 37 - 5　Life cycle of *Polymyxa graminis* (by Chen Jianping)

土壤中禾谷多黏菌休眠孢子堆数量很大，每克病根能释放出 10 万个游动孢子，病土稀释 15 625 倍仍能致病。病害远距离传播，建立新病区，主要是由于从病区调种，种子中混有少量病土（带毒禾谷多黏菌休眠孢子堆），种子本身并不带毒。病害近距离扩散蔓延主要是农田机械化操作和灌溉，病害随着拖拉机耕田方向或灌溉水流方向而扩散。从病区引种后，连续种植感病大麦品种，病情会逐年加重，到第七年几乎全部麦田植株发病，造成严重减产，且病害还长期存在（陈剑平，2002）。

五、流行规律

环境因素如温度、湿度、土壤特点等影响病害的发生和流行。温度对大麦黄花叶病症状表现来说是最重要的因子。禾谷多黏菌在10～16℃时最易侵染并传播BaYMV。因而，如果秋季温和而冬季寒冷，则大麦黄花叶病发生较重，若11月中下旬的温度为10℃，则最有利于发病。对病毒来说，一年内有两个侵染时期：第一个侵染期为12月初（BaYMV）；第二个侵染期一般在1月初（BaYMV或BaMMV）。病害的症状表现也与温度相关，在温度达到20℃时出现隐症，此时，植株体内有病毒也不表现症状。

水是禾谷多黏菌休眠孢子萌发和游动孢子运动所必需的条件。因此，湿度不足可限制禾谷多黏菌侵染寄主根部的能力。而在发生侵染之前，短时间的干燥有利于休眠孢子体内初生游动孢子的形成和释放。另外，水还是病害蔓延的途径，通常禾谷多黏菌会随着水流方向逐步扩散，进而病害发生面积逐年增大。

大麦黄花叶病发生与土壤种类也存在着一定关系。曾是地埂或荒田的地块，土质较差，常有利于发病；在含钙量丰富的山坡地也常发病。Teakle（1988）解释了土壤的渗水性可以影响游动孢子的运动以及土壤的干燥速率，黏土抑制禾谷多黏菌的发展，而沙土则有利于病害的蔓延。土壤pH可以影响病害的发生，当pH≤4.5或≥9.0病害发生较轻，当pH为7.0～7.5时，有利于禾谷多黏菌的侵染，病害发生较重。

六、防治技术

（一）抗病品种

选育抗病大麦品种是解决大麦黄花叶病最经济有效的方法。目前应用最广泛的抗病基因是基于针对病毒编码的*VPg*基因功能丧失的*rym*系列（*rym1*至*rym16*）。幸运的是，我国大麦种质资源中也存在大量抗BaYMV和BaMMV的种质资源，并已培育了一批抗病品种，如浙农大3号和沪麦16，在生产上得到了大面积推广（阮义理等，1987c）。浙江省农业科学院筛选出4个日本品种（Chosen，Hagane Mugi，Iwate Mensumy 2，Mokusekko 3）和1个欧洲品种（Energy）对我国BaYMV和BaMMV均为免疫，并与江苏盐城市农科所合作利用这些抗源培育出大麦抗病新品种单2应用于生产，有效地控制了大麦黄花叶病在我国的蔓延和为害（Chen et al.，1996）。

同时，常规育种也能选育出理想的品种。Mokusekko 3是抗BaYMV育种的一个重要抗源，以此作为亲本，在日本已选育了几个抗病品种，包括Misato Golden。日本大面积栽培的50个二棱大麦品种几乎都对BaYMV株系Ⅰ和株系Ⅲ感病，但其中有32个品种对株系Ⅱ抗病。在欧洲，已鉴定和培育成一些抗病毒大麦品种，从而使大麦受黄花叶病为害的程度有所控制。这些品种（如Barbo、Birgit或Franka）约占欧洲大麦品种的3%，但所有抗病品种的抗病基因一致，都由一个隐性基因*rym4*控制（Chen et al.，1992）。然而，目前在选育和种植抗病品种上存在3个问题，一是抗病品种往往因具有一些不理想的农艺性状而不能被农学家或农民接受。另外一个问题是抗BaMMV的品种可能不抗BaYMV，至少在亚洲起源的资源中存在这个问题。第三个新的潜在的重要问题是在德国和英国出现的抗性克服株系，也称为BaYMV-2，抗大麦黄花叶病品种Torrent出现感病表现，且这种克服抗性的地点在增多和面积迅速扩大。

抗病品种抑制病毒在其根部细胞内增殖，不仅可避免症状的表现，而且还降低田间毒源水平，减少病毒扩散的风险。这种情况人们已经在一些连续种植抗病品种且未见发病的田块中得到证实。在生产上，同时使用产量和抗病性不同的若干个品种，可以阻止病害的蔓延，或延缓病原克服抗性的产生同时又可保证理想的产量。

（二）生物防治

到目前为止，有关禾谷多黏菌的拮抗物、寄生物或捕食者的资料几乎没有，但推测自然界存在一些天然的生物防治物质。在离体条件下，木霉（*Trichoderma harzianum*）可寄生于禾谷多黏菌的休眠孢子上，并促使其解体。

（三）田间管理

防止病土运输扩散，防止利用病草或病残体作厩肥等田间管理措施，可作为控制病毒蔓延的一项预防措施。另外，深耕和轮作可能也有助于减轻病害。

由于禾谷多黏菌的寄主仅限于禾本科植物，在病田中种植非禾谷多黏菌寄主植物后，可降低发病潜力。持续种植大麦地块中的禾谷多黏菌的侵染力比轮作其他作物 15 年的大麦地块中高 800 倍。

（四）化学防治

由于禾谷多黏菌分布于土壤中，其休眠孢子具有很厚的细胞壁，从而应用农药防治禾谷多黏菌在操作上难度很大。我们也多年尝试筛选一些种衣剂抑制禾谷多黏菌游动孢子侵染麦根，但效果不理想。至今尚未发现对 BaYMV 和 BaMMV 有抑制或防效的化学药剂。

陈剑平（浙江省农业科学院）

第 38 节　燕麦冠锈病

一、分布与危害

燕麦冠锈病，也称为燕麦叶锈病，是燕麦上最主要的病害。在世界上（除在非常干旱的地区外）种植燕麦栽培种与野生种的地区均可发生。据估计，在燕麦大量种植地区，中度到重度流行的年份可造成的产量损失达 10%～40%，若种植感病的燕麦品种，往往可造成燕麦 100%的产量损失。适宜燕麦生长的天气往往也适宜冠锈病的发生，因此，在燕麦产量最高的年份，也是冠锈病造成燕麦产量损失最严重的。燕麦叶片（特别是旗叶）受害，导致光合作用减弱，使光合作用合成的糖类从叶片向穗部的转运受阻，从而影响穗粒的正常生长，形成瘪粒，降低使用价值。饲料用燕麦，受到冠锈病菌侵染后，严重破坏叶片，生长受限，品质下降，为害严重时，植株根部生长异常，抗旱性减弱。在我国，凡有燕麦种植的地区，燕麦冠锈病均有不同程度为害，一般情况下，偏南燕麦种植区受害较重，主要发生在内蒙古、河北、山西、甘肃、陕西、宁夏、四川、云南、贵州、青海、新疆等 11 个省（自治区），在黑龙江、吉林、辽宁、山东、西藏、河南、重庆、湖北也有发生。

二、症状

燕麦冠锈病在叶、叶鞘及茎秆上发生。燕麦冠锈病的初期症状与小麦和大麦上发生的叶锈病症状极为相似。发病初期，叶片上产生橙黄色椭圆形小斑，病斑逐渐扩展出现稍隆起的小疮疱（夏孢子堆），夏孢子堆圆形至椭圆形，长可达 5mm。夏孢子堆包被破裂后，散出大量橘黄色至黄色的夏孢子（彩图 2-38-1）。后期燕麦近枯黄时，在夏孢子堆周围长出一圈黑色的斑点，即冬孢子堆。冬孢子堆略隆起但表皮不破裂。

三、病原

燕麦冠锈病病原是禾冠柄锈菌燕麦变种（*Puccinia coronata* Corda var. *avenae* W. P. Fraser et Ledingham），属担子菌门柄锈菌属。夏孢子堆椭圆形至长条形，大小为（1.2～2.0）mm×（0.8～1.2）mm。夏孢子浅黄色，球形或近球形，大小为（24～32）μm ×（18～24）μm，壁薄，表面具细刺，有 6～8 个芽孔（有的记载为 3～4 个芽孔），分布不规则。冬孢子堆椭圆形，直径为 0.6～1.1 mm，包被不破裂。冬孢子深褐色，双细胞，有柄，长棍棒状，大小为（36～64）μm×（12～26）μm，顶端具指状突起 3～7 个，柄粗短，暗色，大小为 20 μm×10 μm，长期着生在冬孢子上，状似皇冠，因此称为冠锈病。性孢子器生于转主寄主鼠李属植物的叶面，锈孢子器生于叶背。夏孢子在 20℃时萌发最好，10℃以下或 35℃以上则不萌发。禾冠柄锈菌燕麦专化型存在生理分化现象。

燕麦冠锈病菌除侵染燕麦外，还侵染野青茅（*Deyeuxia* spp.）、毒麦（*Lolium temulentum*）、梯牧草（*Phleum* spp.）、羊茅（*Festuca* spp.）、黑麦草（*Lolium* spp.）、无芒雀麦（*Bromus inermis*）等禾本科杂草，可轻微侵染黑麦（*Secale cereale*）和大麦（*Hordeum vulgare*），不侵染小麦，侵染黑麦与大麦的专化型不能侵染燕麦。禾冠柄锈菌在鼠李属（*Rhamnus* spp.）植物上进行转主寄生，产生性孢子和锈孢子。

四、病害循环

燕麦冠锈病菌是一种依靠气流传播的病害。通过夏孢子传播，侵染相邻或远距离的燕麦植株。燕麦生长季节后期，在受害部位产生黑色的冬孢子堆。夏孢子在寒冷地区很难越冬，一般以冬孢子在寄主植物病残体上休眠越冬，翌年冬孢子萌发长出担孢子侵染鼠李属植物并产生锈孢子，锈孢子侵染燕麦产生夏孢子，并以夏孢子在燕麦上进行重复侵染，造成危害。有的地区夏孢子可在自生麦苗或冬燕麦上越冬，翌年萌发直接侵染燕麦（图2-38-1）。

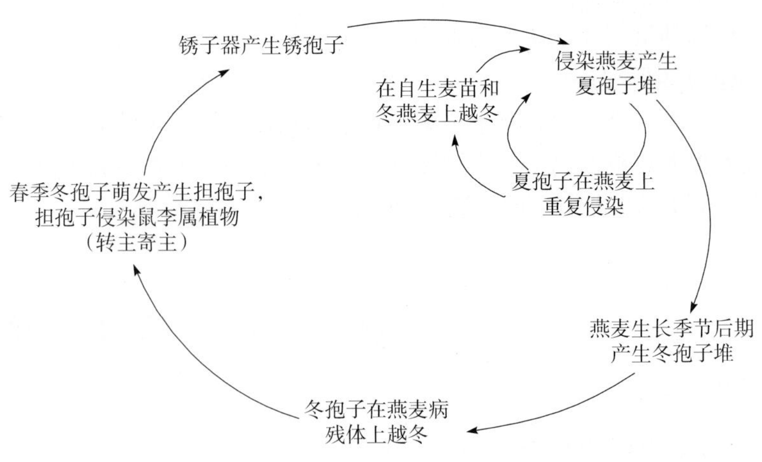

图2-38-1 燕麦冠锈病病害循环（赵杰绘）
Figure 2-38-1 Disease cycle of oat crown rust (by Zhao Jie)

五、流行规律

燕麦冠锈病喜温暖、湿润的气候条件。在气候温和（15～25℃）和易结露的地区，病害发生严重。在10～25℃的温度范围内，夏孢子和锈孢子在寄主叶表有水膜存在时即可萌发，很容易通过叶片气孔侵入，当温度超过30℃，侵染受到抑制。风在传播孢子侵染燕麦植株中起着重要的作用。在适宜的环境条件下，病原菌孢子可被风传播至数百千米远，侵染燕麦植株，造成危害。

在亚热带和温带地区，燕麦在整个冬季均可正常生长。秋播燕麦的初侵染菌源主要来自存活于自生麦苗上的夏孢子。转主寄主鼠李属（*Rhamnus* spp.）植物是北美和欧洲的温带地区燕麦冠锈病的重要初侵染菌源。存活于上一个生长季节受害的燕麦秸秆上的冬孢子越冬后，翌年春天萌发产生担孢子，担孢子侵染燕麦。药鼠李（*Rhamnus cathartica*）是美国中北部各州燕麦冠锈病的重要转主寄主和初侵染菌源。在中东各个国家，秋季降雨刺激鼠李属植物长出大量新叶，越夏存活的冬孢子在12月至翌年1月萌发侵染当地的鼠李属植物。

燕麦品种间抗病性存在差异。我国在鼠李属植物上曾观察到禾冠柄锈菌锈孢子，但它们的关系还有待进一步查清。燕麦冠锈病一般发生较晚，主要在燕麦生长的中后期发生。温暖多雨季节有利于病害流行。

六、防治技术

以选种抗病品种为主；落实农业防治措施，如适期早播，铲除转主寄主鼠李属植物；辅以药剂防治，药剂防治方法参照小麦锈病。

赵杰（西北农林科技大学植物保护学院）

第39节 燕麦坚黑穗病

一、分布与危害

燕麦坚黑穗病在燕麦栽培地区都有发生，除为害燕麦外，还能为害野燕麦等禾本科杂草。燕麦坚黑穗病是燕麦的主要病害之一，分布广泛，为害严重，减产一般在30%～50%，甚至达90%。该病在我国分布于四川、江苏、贵州、河北、内蒙古、甘肃、陕西、青海、黑龙江等地。

二、症状

燕麦坚黑穗病主要发生在抽穗期。病、健株抽穗时间基本一致。病穗和健穗在外形上相差不多，但病穗不结实，直立而不下垂，病粒内充满黑褐色粉末（冬孢子），外面有一层灰色、不易破裂的膜，孢子堆被黏胶物质凝集成硬块，不易散开，一直到燕麦收获仍保持原状（彩图2-39-1）。所以俗名又叫“黑疸”。有些品种颖片不受害，厚垣孢子团隐蔽在颖内，难以观察到，有的则颖壳被破坏。

三、病原

燕麦坚黑穗病病原菌为大麦坚黑粉菌［*Ustilago hordei*（Pers.）Lagerheim，异名：*U. kolleri* Wille，*U. levis*（Kellerm et Swingle）Magn.］，属担子菌门黑粉菌属。孢子堆生在花器里。冬孢子球形或椭圆形，黑色，半边颜色稍淡，表面光滑，直径为 6～9 μm。冬孢子萌发先形成具 3 个隔膜的圆棒形担子，在顶端及侧边共产生 4 个担孢子。担孢子萌发以芽殖的方式形成次生担孢子，异宗次生担孢子萌发后相互质配，产生具双核的菌丝，以双核菌丝侵入寄主组织。该菌寄生于燕麦和大麦上。存在小种生理分化现象。

四、病害循环

燕麦坚黑穗病的菌源主要是带菌的种子，土壤和粪肥也可带菌。不论以冬孢子还是以菌丝潜伏在种子上越冬的病原菌，均是在燕麦播种发芽后，从燕麦的幼芽侵入。侵入后的双核菌丝在寄主体内扩展，最后到达寄主的花器，并侵染破坏花器，产生大量的冬孢子（图 2-39-1）。

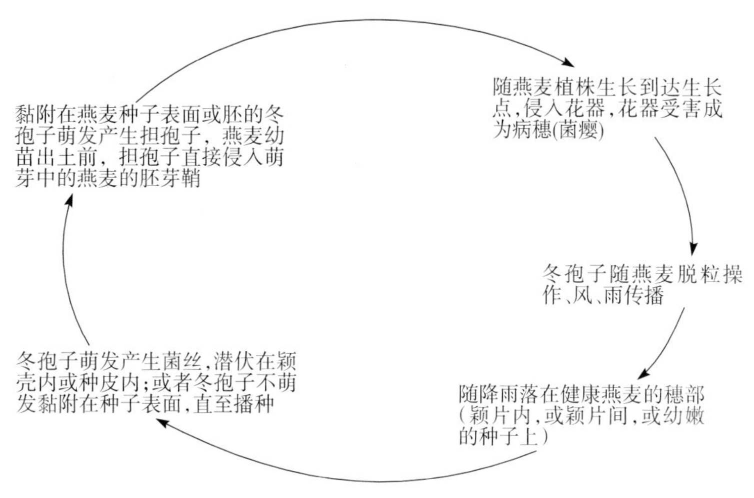

图 2-39-1　燕麦坚黑穗病病害循环（赵杰绘）

Figure 2-39-1　Disease cycle of covered smut of oat（by Zhao Jie）

五、流行规律

在收获燕麦时，病粒被碾碎，散出病菌冬孢子，黏附在健粒表面或落入土壤及混在粪肥中越冬或越夏。冬孢子抗逆性强，可在干燥土壤中存活 2～5 年，成为病害的初侵染源。春季播种后，病菌冬孢子在种子发芽时萌发，侵入并产生大量冬孢子，形成病穗（菌瘿）。该病一年只侵染一次。温度高、湿度大有利于病菌侵染燕麦幼芽。

土壤呈中性到微酸性有利于该菌侵染。孢子在 pH4.9 时萌发最好。病菌冬孢子萌发温度范围为 4～34℃，适温为 15～28℃。侵染的最适温度随土壤含水量多少而异，土壤含水量为 15%时，侵染适温为 15℃；土壤含水量为 20%～25%时，侵染适温为 20℃；而当土壤含水量大于 25%时，侵染适温可达 25℃，在这种情况下病害的侵染率最高。此外，播种过深等造成幼苗出土延迟都会加重病害的发生。

六、防治技术

防治燕麦坚黑穗病主要有以下措施。

（一）选用抗病品种

国内抗病良种有：内蒙古的二虎头莜麦、燕麦 2 号（品 1163）、高 7-19、黄茇莜麦、蒙燕 7603、蒙燕 7716、蒙燕 7726、蒙燕 7805、蒙燕 7904；黑龙江海伦县的 2001；青海的黄燕麦、黑珠子燕麦、竹子燕麦、红燕麦、定莜 6 号、定莜 8 号；山西的晋燕 15、五寨莜麦、晋燕 2 号、晋 8216-16、小莜麦；河北的品 7 号、品 16、品 17、品 77752-8-2、2031 野生种等。

（二）种子处理

1. 温汤浸种　用 55℃热水浸种 10min 或者在冷水中预浸 3h，然后在 52℃热水中浸种 5min，再放入冷水中冷却，然后捞出晾干备用。

2. 药剂闷种和浸种　用 1%福尔马林溶液，均匀地洒到种子上，充分拌匀后盖上麻袋或塑料薄膜，闷种 5h 后立即播种；或用 40%福尔马林 280 倍液浸种 1h，晾干后播种；或用 5%皂矾液浸种 4～6h，晾干后播种。

3. 药剂拌种　用 6%萎锈·福美双种衣剂拌种，用量为种子量的 0.12%～0.15%。此外，也可选用 50%多菌灵可湿性粉剂、50%苯菌灵可湿性粉剂、15%三唑酮（又名粉锈宁）可湿性粉剂、50%敌菌灵

（又名禾穗胺）可湿性粉剂，用量为种子重量的0.2%，播前5～7 d拌种，拌好的种子堆放在一起，可提高拌种效果，防效较好。

（三）农业管理措施

施用充分腐熟的有机肥。适时播种，注意整地保墒和适宜的播种深度，促进幼苗早出土，可减轻病害。抽穗后发现病株及时拔除，携至田外集中烧毁，可减少病原菌的传播。

赵杰（西北农林科技大学植物保护学院）

第40节 燕麦散黑穗病

一、分布与危害

燕麦散黑穗病是燕麦常见病害，燕麦栽培地区均有发生。在我国主要分布于内蒙古、吉林、辽宁、黑龙江、江苏、山西等地。病穗率一般不超过2%，但在有的品种上可高达25%。该病除为害燕麦外，还为害野燕麦和相近的禾本科杂草。

二、症状

燕麦散黑穗病主要侵害穗部，大部分整穗发病，个别的中、下部小穗发病，发病小穗紧贴穗轴。病穗子房被破坏，形成病原菌的菌瘿，有的颖片被完全破坏。菌瘿内部充满大量黑粉状厚垣孢子（冬孢子），初期外被一层灰色薄膜，后期灰色膜破裂，散出冬孢子，仅剩下穗轴（彩图2-40-1）。这是与燕麦坚黑穗病不同之处。病株较矮小，抽穗期提前。

三、病原

燕麦散黑穗病病原菌为燕麦散黑粉菌［*Ustilago avenae*（Pers.）Rostr.，异名：*U. nigra* Tapke］，属担子菌门黑粉菌属。冬孢子圆形至椭圆形，直径为5～9 μm，橄榄色至暗褐色，半边颜色较淡。冬孢子表面具细刺。

冬孢子在水中即可萌发。在5℃时需要6d才能萌发，在10℃时孢子萌发很快，以20～25℃条件下萌发最好。冬孢子的萌发常因温度不同而有很大的变化。该菌存在小种生理分化现象，并有广泛的地理分布。

四、病害循环

种子和土壤带菌是燕麦散黑穗病的主要侵染来源。播种后种子萌发时，病菌侵入幼苗，随着植株的生长向上蔓延扩展而达生长点，侵入花器，使花器受害成为病穗。病穗外层灰色膜破裂后，病菌的冬孢子在燕麦开花期由风吹传播至花器，侵入颖片之间或种皮之间存活，甚至萌发以菌丝体潜伏在颖片内或种皮内。燕麦散黑穗病的病害循环与燕麦坚黑穗病的病害循环相似。

五、流行规律

冬孢子在低温干燥条件下保持生活力的时间很长。病菌冬孢子在病穗和种子上可以顺利越冬，但落在土壤中的冬孢子则很快失去萌发力。土温较高、湿度较低有利于侵染。病菌发育温度范围为4～34℃，适温为18～26℃。播种过深，幼苗出土慢，使病菌侵入期延长，加重病害的发生。

六、防治技术

防治燕麦散黑穗病与防治燕麦坚黑穗病可以采用基本相同的方法。

赵杰（西北农林科技大学植物保护学院）

第 41 节　燕麦秆锈病

一、分布与危害

燕麦秆锈病是燕麦主要锈病之一，也是燕麦的主要病害。分布普遍，在我国主要分布于内蒙古、河北等地。在辽宁、吉林、黑龙江个别年份发生普遍且严重。

二、症状

燕麦秆锈病主要侵害燕麦茎秆，也可侵害叶和叶鞘，甚至穗部。在病部产生红褐色夏孢子堆。夏孢子堆较大，长椭圆形，隆起，表皮破裂明显。生育后期产生黑色冬孢子堆（彩图 2-41-1）。受害严重的燕麦品种，茎秆发脆易折，籽粒色黑不饱满，千粒重下降明显。

三、病原

燕麦秆锈病病原菌为禾柄锈菌燕麦专化型（*Puccinia graminis* Pers. f. sp. *avenae* Eriks. et Henn.），属担子菌门柄锈菌属。夏孢子淡黄色，长卵形，大小为（18～39）μm×（15～24）μm，两侧各有一个发芽孔。冬孢子双胞，棍棒状，尖端有一乳状突起，基部有一长柄，大小为（40～60）μm×（15～20）μm，淡黄色。

该菌存在明显的小种生理分化现象。

四、病害循环

燕麦秆锈菌是专性寄生菌，必须在活的寄主植物体上才能存活。普通小檗（*Berberis vulgaris* L.）是燕麦秆锈菌的转主寄主。侵染循环须在燕麦和转主寄主小檗上完成。在燕麦上产生夏孢子与冬孢子，冬孢子萌发产生担孢子，担孢子传播到小檗上并侵染，在小檗叶片正面产生性孢子，在叶片背面产生锈子腔，内生锈孢子，锈孢子借助气流传播到燕麦上入侵后生成夏孢子，夏孢子是再侵染的唯一来源，然后，在燕麦收获前产生冬孢子，冬孢子萌发产生担孢子再传播到小檗上，如此往复循环（图 2-41-1）。

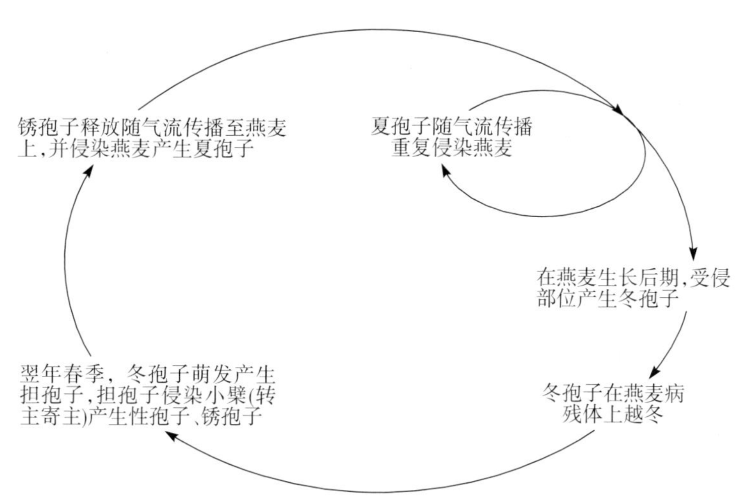

图 2-41-1　燕麦秆锈病病害循环（赵杰绘）

Figure 2-41-1　Disease cycle of oat stem rust (by Zhao Jie)

五、流行规律

早期研究表明，燕麦秆锈病是我国东北地区、内蒙古西部、河北等地的一种流行性病害。新中国成立以来，对燕麦秆锈病的发生为害情况鲜有报道。虽然在我国内蒙古曾发现黄芦木［又名：阿穆尔小檗（*Berberis amurensis* Rupr.）］上密生大量锈子腔（内含锈孢子），但这些锈孢子与燕麦秆锈病是否存在内在联系，并无相关研究证实。

六、防治技术

种植抗秆锈病燕麦品种是最经济有效的方法。目前育成的抗病燕麦品种有晋燕 15、坝莜 5 号等。其他防治措施可参照小麦秆锈病防治技术。

赵杰（西北农林科技大学植物保护学院）

第42节 黑麦秆锈病

一、分布与危害

黑麦秆锈病在世界范围内是次要病害，一般年份发病较轻，造成的危害轻于黑麦叶锈病，主要原因是黑麦比其他禾谷类的种植面积较少及黑麦为异花授粉植物，因此，黑麦品种常具有混合的抗病基因型。该病在我国仅黑龙江、吉林有发生。据报道，1982年在巴西南部半个国家分散的黑麦田被该病全部毁坏。历史上，黑麦秆锈病在北欧曾是严重的病害。澳大利亚的黑麦秆锈病近年来日趋严重，可能是黑麦品种还没有积累并保持抗性基因，或者传入的病原菌特别有毒力和侵染力。

二、症状

黑麦秆锈病与小麦秆锈病相似，主要发生在茎秆和叶鞘上，叶片次之，有时穗部也能发生。在发病部位产生的铁锈色夏孢子堆长椭圆形，不规则散生，大小可达3～10mm。叶片发病，一般先从叶背生出，很快穿透叶片，发病严重时可相互愈合成长方形。茎秆病斑成熟后，表皮大片开裂并散出大量锈褐色粉末，即病原菌夏孢子。植株生长后期在同一夏孢子堆或其附近产生椭圆形或长条形黑色冬孢子堆，其内含有大量冬孢子。症状参见彩图2-42-1。

三、病原

黑麦秆锈病病原为禾柄锈菌黑麦变种（*Puccinia graminis* Pers. var. *secalis* Eriks. et E. Henn.），属担子菌门柄锈菌属。与小麦秆锈菌有许多相同的基因。夏孢子单胞，长椭圆形，暗橙黄色，大小为（17～47）μm×（14～22）μm，中腰部有4个发芽孔，具有明显棘状突起。冬孢子双胞，棍棒状或纺锤状，浓褐色，大小为（35～65）μm×（11～22）μm。在隔膜处稍缢缩，表面光滑，顶端圆形或略尖，壁较厚，具孢子柄，柄上端黄褐色，下端近无色。性孢子器小，烧瓶形，橙黄色，埋在叶片的上表皮下，孔口外露，成熟后产生大量无色丝状的受精丝和椭圆形的性孢子。锈子器产生于与性子器相对应的叶背，初埋生于寄主表皮下，后突破表皮呈杯状，成簇聚生。锈子器由叶表伸出5mm。锈孢子球形至六角形，橘黄色，表面光滑，在锈子器内链生，直径14～16μm。

黑麦秆锈菌有较宽的寄主范围，除黑麦外还能侵染大麦、冰草、偃麦草、雀麦草及看麦娘属、黑麦草属和鸭茅草属植物。

黑麦秆锈菌的生理专化最早由Levine和Stakman于1923年开始研究。因为黑麦是异花授粉并且一般是自花不孕，所以，黑麦秆锈菌生理专化性的研究比小麦秆锈菌更困难。当一个品种超过75%的植株具有0、1、2反应型即认为是抗病。当25%～75%被侵染植株具有3或4反应型或大多数植株具有X反应型即认为是混合型，超过75%植株具有3或4反应型即认为是感病。1976年，澳大利亚的Tan等人育成一套自花授粉黑麦品系以更细致地研究黑麦秆锈菌的毒性，这套具有单基因抗性的黑麦系在美国和澳大利亚被用来研究黑麦秆锈菌的变异。

四、病害循环与流行规律

在北方地区，黑麦秆锈病菌的夏孢子不能越冬，在南方病菌以夏孢子在麦苗上越冬，春季借助风雨传播侵染。

黑麦秆锈病菌侵入黑麦后经过7～14d，长出深褐色的夏孢子堆，其中的夏孢子传播到其他麦株上继续侵害。到黑麦生育后期长出黑色的冬孢子堆，经过休眠后冬孢子发芽生出担孢子，担孢子侵入小檗的叶片长出性子器，以后又长出锈子器，产生的锈孢子侵染黑麦后再生出夏孢子堆。但黑麦秆锈菌一般并不需要经过冬孢子到锈孢子的阶段，病菌主要以夏孢子世代在麦株上越冬，第二年春季又长出夏孢子继续侵害。在北方寒冷地区夏孢子不能越冬，第二年的初次侵染来源推测是由南方吹来的夏孢子。

病菌夏孢子通常在叶面潮湿时发芽并侵入麦株。侵入和扩展的适宜温度分别为18～22℃和20～25℃。雨量多，土壤潮湿，结露，降雾和氮肥施用过多是促使病害流行的主要条件。

五、防治技术

1. 农业防治 ①种植利用抗病黑麦品种。注意品种搭配和轮换种植，避免长期单一种植某一抗病品种。②适期播种，防止播种过早或过晚，合理密植。③施足基肥，增施磷、钾肥，巧施追肥，切忌施氮肥偏多偏晚。黑麦生育后期，磷酸二氢钾加水用于叶面喷施，可防止黑麦叶片早衰，减轻锈病为害。多雨时注意排水降湿。④清除自生麦苗有助于减轻秆锈病发生。

2. 药剂防治

（1）药剂拌种。用种子重量的0.03%～0.04%（有效成分）叶锈特或用种子重量0.2%的20%三唑酮乳油拌种。使用15%保丰1号种衣剂（活性成分为粉锈宁、多菌灵、辛硫磷）包衣种子，每千克种子用4g包衣，可防治黑麦秆锈病，且可兼治地下害虫。

（2）药剂喷雾。于黑麦孕穗至抽穗期病叶率达5%时，喷洒20%三唑酮乳油1 000倍液可兼治条锈病、秆锈病和白粉病，隔10～20d防治1次，共防治1～2次。常用药剂还有多菌灵、烯唑醇、粉唑醇、戊唑醇、丙环唑、氟环唑、硫悬浮剂等。

马占鸿（中国农业大学农学与生物技术学院）

第43节　黑麦叶锈病

一、分布与危害

黑麦为禾本科黑麦属一年生栽培谷物。它的分布范围北可达48°～49°N。俄罗斯黑麦栽培面积最大，产量占世界黑麦总量的45%，其次是德国、波兰、法国、西班牙、奥地利、丹麦、美国、阿根廷和加拿大。中国较少，分布在黑龙江、内蒙古和青海、西藏等高寒地区与高海拔山地。叶锈病是黑麦上的重要病害，分布遍及各黑麦栽培国家，主要是由禾草叶锈病菌侵染黑麦所致。黑麦感染叶锈病之后减产严重，对黑麦的质量以及黑麦籽的品质都有不同程度的影响。

二、症状

黑麦叶锈病主要发生于叶部，其他地上部分受害较少。叶片发病，在叶片两面长出排列不规则的赤褐色小突起，即病原菌的夏孢子堆。夏孢子堆较小，近圆形，粉末状，通常不穿透叶背。植株成熟前在叶背或叶鞘上形成黑色、细长的冬孢子堆。冬孢子堆近圆形，不突破表皮，扁平（彩图2-43-1）。

三、病原

黑麦叶锈病的病原菌隐匿柄锈菌（*Puccinia recondita* Rob. ex Desm.），属担子菌门柄锈菌属。性孢子器多生于叶上面，聚生。春孢子器生于叶下面、叶柄和茎上，杯状或短柱状；春孢子球形或宽椭圆形，大小为（19～29）μm×（13～26）μm，壁1～1.5μm厚，近无色，密生细疣。夏孢子堆生于叶两面，以叶上面为主，小，肉桂褐色，粉状；夏孢子球形或宽椭圆形，大小为（19～30）μm×（15～28）μm，壁厚1～2μm，有刺，黄褐色或肉桂褐色，芽孔6～10个，散生。冬孢子堆生于叶两面或叶鞘上，椭圆形，散生，长期被表皮覆盖，黑褐色，有深褐色的侧丝，常分成若干小室；冬孢子多为矩圆棒形或圆柱形，形状大小变化较大，［30～65（～75）］μm×［13～24（～28）］μm，顶端圆或平截，基部狭，侧壁厚1～1.5μm，顶部厚3～5μm，栗褐色，光滑，芽孔不清楚；柄褐色，很短，通常不及

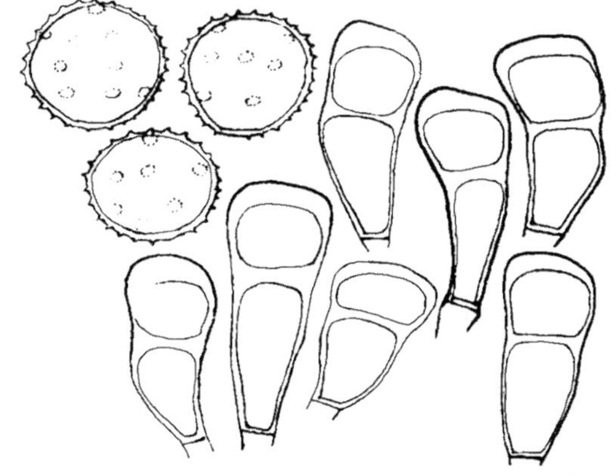

图2-43-1　黑麦叶锈病菌夏孢子、冬孢子形态（马占鸿绘）
Figure 2-43-1　Morphology of urediniospore and teliospore of brown rust of rye (by Ma Zhanhong)

20μm（图 2-43-1）。转主寄主为唐松草属（*Thalictrum*）植物及小乌头（*Isopyrum fumarioides*）。国外报道，飞燕草属（*Consolida*）、银莲花属（*Anemaea*）、类叶升麻属（*Actaea*）植物和毒毛茛（*Ranunculus virosa*）也是其转主寄主。

四、病害循环

黑麦叶锈病侵染循环可分为越夏、侵染秋苗、越冬及春季流行 4 个环节。黑麦叶锈病菌一般以夏孢子进行不断的再侵染，可随气流、雨水、人、畜、机械传播。夏孢子随气流进行远距离传播。黑麦叶锈病菌以冬孢子在黑麦病部或残体上越冬，翌年萌发产生担孢子侵染转主寄主。

五、流行规律

黑麦叶锈病的发生主要是由于田间或邻近的田间存在叶锈病菌的夏孢子，夏孢子可直接或借气流进行远距离传播后从气孔侵入寄主。病菌侵染适宜的温度为 18～22℃，气温降至 1～2℃时，病菌开始进入越冬阶段。黑麦叶锈病流行需要较高的温度和湿度，在有液态水，如降雨、霜、露、雾等条件下易发病。夏孢子萌发和侵入温度范围为 15～25℃。萌发时要求相对湿度为 100%且需要有液态水膜。同时也必须有充足的光照，才能正常生长和发育。

六、防治技术

1. 使用抗病品种 根据种植地实际情况，选育或引进抗病品种，这是最可行和经济的防治方法。不同基因型禾草往往对某些锈病的抗性有显著差异。由国外或外地引入的抗病材料，应先试种，视其在当地表现，再决定是否大面积种植。目前，我国禾草抗锈育种工作尚待开展。

2. 科学施肥 根据当地土壤分析结果，进行配方施肥，务求土壤中磷、钾元素有足够水平，不宜过量施用速效氮肥。

3. 合理排灌 播种前细致平整土地；不在低洼易涝处建立草地和草坪；及时排涝，防止植株表面经常存在液态水。不在傍晚灌溉，尽可能在清晨及上午灌水，以便入夜时禾草地上部分已干燥。这些措施目的是减少孢子在液态水膜中萌发和侵染的概率。

4. 草地卫生 发病较重的草地应适当提早刈割，以减少菌源，并且不宜留种。刈草时尽可能降低刈茬高度，减少病原菌的残留量。

5. 药物防治 对草坪及科研等地块，可适时喷药防治，发病期内每 7～10d 施药一次，可选用以下药物：萎锈灵、氧化萎锈灵、三唑酮、福美双、代森锌、百菌清、叶锈敌、麦锈灵、甲基硫菌灵等。刈草后喷药效果显著提高。用药量及浓度应认真阅读所购药品的说明书。

马占鸿（中国农业大学农学与生物技术学院）

第 44 节 麦类麦角病

一、分布与危害

麦角病是多种禾本科作物及牧草的重要病害，为害的禾本科植物约有 16 属，22 种之多，主要为害黑麦，也侵害大麦、小麦、燕麦和鹅冠草。麦角病为世界性分布，在我国分布也很广，全国约有 13 个省份发现过麦角病存在，南至贵州，北达黑龙江，东自浙江，西抵青海。麦角病可造成黑麦产量一般损失 5%，小麦一般为 10%。不仅使牧草种子减产，而且所产生的菌核含有多种剧毒生物碱，人、畜食入相当数量后，可致痉挛、流产、干性坏疽，甚至死亡；耳朵感染时，会流出一种具甜味、黄色的黏液。一般种子中混有 5%麦角即不能食用，也不可作饲料用。

二、症状

麦角病只侵染禾本科花器，罹病小花初期分泌淡黄色蜜状甜味液体，称为“蜜露”，内含大量麦角菌的分生孢子。病粒内的菌丝体常发育成坚硬的紫黑色菌核，呈角状突出于颖片之外，故称“麦角”。一个穗通常只有个别籽粒受害变为麦角。一个病穗可产生几个或几十个麦角。有些禾本科植物的花期短，种子成熟早，不常产生麦角，只有“蜜露”阶段。田间潮湿的清晨或阴霾天气，“蜜露”明显易见，干燥后只呈蜜黄色薄膜黏附于穗表，不易识别。

三、病原

麦角病的病原菌为紫麦角菌［*Claviceps purpurea*（Fr.：Fr.）Tul.］，属子囊菌门麦角菌属。麦角菌分为不同的专化型，有的侵染黑麦的类型也能侵染大麦、小麦等，而另一类型则仅侵染黑麦而不能侵染大麦。“蜜露”内无性阶段的分生孢子，单胞，无色，大小为（3.5～6）μm×（2.5～3）μm。菌核呈香蕉形、柱状，表层紫黑色，内部白色，质地坚硬，大小因寄主而异，如无芒雀麦、看麦娘、虉草、紫羊茅上的麦角长2～11mm，无芒雀麦的可长达15mm，黑麦的麦角长10～13mm，早熟禾的麦角很少有超过3mm的。子座球形，肉色，有柄，1～60个，上有许多乳头状突起，即子囊壳的孔口。子囊壳埋生于子座表皮组织内，烧瓶状，内有若干个子囊，子囊壳大小为（150～175）μm×（200～250）μm。子囊透明无色，细长棒状，稍弯曲，大小约为4μm×（100～125）μm，有侧丝，内含8个丝状子囊孢子。子囊孢子后期有分隔，大小约为（0.6～0.7）μm×（50～76）μm。

四、病害循环

麦角菌的主要寄主是黑麦。在黑麦开花期，麦角菌线状、单细胞的子囊孢子借风力传播到寄主的花上，立刻萌发出芽管，由雌蕊的柱头侵入子房。菌丝滋长蔓延，发育成白色、棉絮状的菌丝体并充满子房。毁坏子房内部组织后逐渐突破子房壁，生出成对短小的分生孢子梗，其顶端产生大量白色、卵形、透明的分生孢子。同时菌丝体分泌出一种具甜味的黏性物质，引诱苍蝇、蚂蚁等昆虫把分生孢子传至其他健康的花穗上，麦角病随之重复侵染。当黑麦快成熟时，受害子房不再产生分生孢子，子房内部的菌丝体逐渐收缩一团，进而变成黑色坚硬的菌丝组织体称为菌核即麦角。麦角掉落土中越冬或混入种子中，再随种子播入土中。翌春麦角萌发，每个生出10～20个子实体。子实体蘑菇状，头部膨大呈圆球形，称子座。子座表层下埋生一层子囊壳。子囊壳瓶状，孔口稍突出于子座的表面，因此，在成熟子座的表面上可以看到许多小突起。每个子囊壳内产生数个长圆筒形子囊，每个子囊内产生8个线状的单细胞的子囊孢子。子囊孢子成熟后从子囊壳中放射出来，借助气流传播（图2-44-1）。

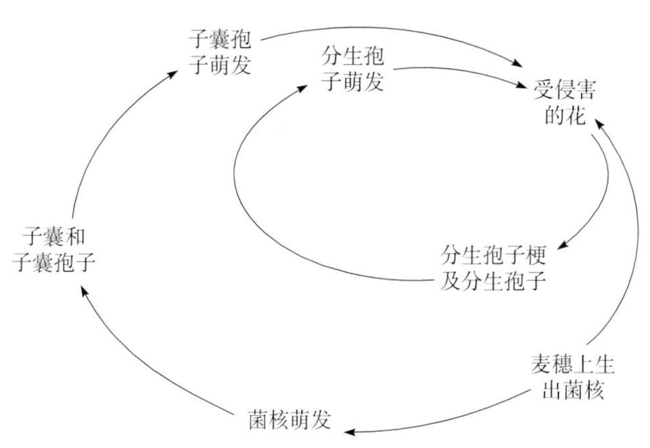

图2-44-1　麦角菌生活史（马占鸿提供）

Figure 2-44-1　Life cycle of *Claviceps purpurea* (by Ma Zhanhong)

五、流行规律

麦角病菌菌核在土壤中或混杂的种子间越冬。菌核（麦角）可随种子进行远距离传播。麦角在室温下储存2年，则丧失萌发力；若在寒冷且干燥的条件下，生活力可保持更长时间。在田间，靠昆虫携带其分生孢子代为传播，飞溅的雨点、水滴也可以传播病菌。翌年空气湿度达到80%～93%，土壤含水量在35%以上，土温10℃以上时，麦角开始萌发产生子座，子座产生5～7d后子囊壳成熟。遇适宜条件，子囊孢子可以强有力地发射出来，也有时随黏性物质排出。发射出的子囊孢子借气流传播，黏液中的分生孢子借飞溅的水滴和昆虫传播到其他小花上。花期长、外颖开张大的麦类作物，发病较重。花期多雨、潮湿对发病有利。春季土壤湿润，对菌核萌发有利。麦类作物易发生麦角病的顺序为：黑麦>小黑麦>大麦>硬粒小麦>普通小麦>燕麦。

六、防治技术

选用无病种子或汰除混杂在种子中的菌核，是防治麦角病的关键。

1. 种植健康种子　加强检疫，严禁随意调运种子，防止麦角病蔓延。选择无病地块留种，或选用不带菌核的种子。如果麦种中混有菌核，可用20%～30%盐水汰选。

2. 轮作 连年严重发生麦角病的草地应当翻耕，并改种非寄主植物；重病草地不宜收种，可实行2～3年轮作。

3. 加强草地管理 深翻麦地，使菌核不能萌发。选择适宜的种植地，避免在低洼、易涝、酸性土壤，以及阴坡及林木荫蔽处种植；在同一地区，不种植花期前后衔接的感病的禾本科植物；科学施肥，增施磷、钾肥，提高植株抗病力；合理灌溉，雨后及时排水，防止倒伏；适度放牧，及时刈割，铲除周边野生寄主，收割后清除田间病残体，减少翌年菌源。

4. 药剂防治 科研地和留种田可使用药剂防治，三唑酮和尿素等均可以抑制麦角萌发，可选择使用。

马占鸿（中国农业大学农学与生物技术学院）

第45节 小麦蚜虫

一、分布与危害

小麦蚜虫是我国乃至世界上小麦生产中的主要害虫。据统计，为害麦类作物的蚜虫有30余种。在我国主要有麦长管蚜［*Sitobion miscanthi*（Takahashi）］、禾谷缢管蚜（*Rhopalosiphum padi* Linnaeus）、麦无网长管蚜（又称麦无网蚜）［*Metopolophium dirhodum*（Walker）］和麦二叉蚜［*Schizaphis graminum*（Rondani）］4种。在南非、美国、加拿大和我国新疆等地，麦双尾蚜［*Diuraphis noxia*（Mordvilko）］在一些年份暴发成灾，给麦类作物生产造成了巨大损失（详见麦双尾蚜）。2010年以来，我国华北等地偶见红腹缢管蚜［*Rhopalosiphum rufiabdominale*（Sasaki）］为害小麦根部。小麦蚜虫均隶属于同翅目蚜科。

不同种小麦蚜虫在我国的分布有所差异。其中，麦长管蚜在全国麦区均有发生，是大多数麦区的优势种之一；麦二叉蚜在各省（自治区、直辖市）均有分布记载，但主要分布在我国北方冬、春麦区，特别是华北、西北等较干旱地区发生严重；禾谷缢管蚜分布于华北、东北、华南、华东、西南各麦区，在多雨潮湿麦区常为优势种之一；麦无网长管蚜主要分布在华北、华中及宁夏、云南和西藏等地。

20世纪50、60年代，我国麦蚜为害较轻，年发生面积一般在190万～460万 hm^2；70年代以后，麦蚜由间歇性严重发生变为常发性主要害虫，发生面积呈不断上升趋势，成为我国小麦作物重大害虫之一（彩图2-45-1）；90年代以来，麦蚜年发生面积迅速上升，由1972年的342万 hm^2 上升到1999年的1 838万 hm^2。虽经大力防治，每年仍然损失小麦50万t以上；其中，1995年和1999年分别损失83.2万t和82.7万t，造成的损失是小麦各病虫害中最大的种类。2004年以来，以麦长管蚜为主的小麦穗期蚜虫在黄淮海麦区及北方麦区偏重发生或大发生，2003—2005年穗蚜年发生为害面积达1 200万～1 400万 hm^2，2013年小麦蚜虫发生面积达1 600万 hm^2。因此，依据其发生面积、对产量和品质的影响，小麦蚜虫已上升为我国小麦虫害的首位。

小麦蚜虫发生成灾的地区大致可划分为4个区域：①麦二叉蚜常灾区。该区气候干燥，年降水量在250mm以下，年均温在10℃左右。主要包括新疆南部和甘肃河西走廊地带，以麦二叉蚜为优势种，禾谷缢管蚜一般不发生，麦长管蚜比率低。②麦二叉蚜多灾区，是接近春麦区的冬麦区。该区气候干旱，年降水量在500mm以下，年均温在12℃左右，包括甘肃陇南和陇东、陕西北部、山西西部、河北北部等地带。一般年份麦长管蚜和麦二叉蚜混合发生，大发生年份则麦二叉蚜为优势种，禾谷缢管蚜和麦无网长管蚜数量低。③麦二叉蚜和麦长管蚜易灾区。该区年降水量为500～750mm，但冬春少雨易旱。包括关中平原区、山西东南山区、山东南部山区。在温暖干旱年份以麦二叉蚜为优势种，一般年份以麦长管蚜为优势种，穗期为害严重。禾谷缢管蚜和麦无网长管蚜少量发生。④麦长管蚜易灾区。该区年降水量在750～1 000mm，麦长管蚜为优势种，主要是穗期为害成灾，禾谷缢管蚜在局部地区发生严重，麦二叉蚜发生数量少。包括安徽北部、河南西南、湖北北部、陕西南部、四川、贵州等地区。但各区在小麦穗期均以麦长管蚜为优势种。

小麦蚜虫的寄主种类较多，除为害小麦、大麦、燕麦等麦类作物外，也为害水稻、高粱、玉米、甘蔗等其他禾本科作物以及早熟禾、看麦娘、马唐、棒头草、狗尾草、莎草、白羊草等禾本科、莎草科杂草。

小麦蚜虫主要以成蚜、若蚜吸食小麦叶、茎、嫩穗的汁液（彩图2-45-2）。被害处呈浅黄色斑点，严重时叶片发黄。小麦从出苗到成熟，均有小麦蚜虫为害，但不同生育期为害造成的损失有很大差异，而且不同蚜种为害程度亦不同。在小麦苗期，小麦蚜虫多群集在麦叶背面、叶鞘及心叶处（彩图 2-45-2）；小麦拔节、抽穗后，多集中在茎、叶和穗部为害，并排泄蜜露，麦二叉蚜取食时将毒素注入麦株内，影响呼吸和光合作用；小麦灌浆、乳熟期是小麦蚜虫发生为害的高峰期，造成籽粒干瘪，千粒重下降，引起严重减产；乳熟期后，小麦蚜虫的数量急剧下降，不再为害。一般年份蚜虫为害可使小麦减产5.1%～16.5%，大发生年份小麦减产 40%以上。同时，可严重影响小麦的品质。与正常小麦相比，面粉粗蛋白含量减少 15.9%～16.0%；赖氨酸和苏氨酸含量分别降低 7.0%～17.2%和 15.6%～28.9%；维生素 B_1 含量下降 48.1%。小麦蚜虫还是传播植物病毒的重要媒介，以传播大麦黄矮病毒（BYDV）引起小麦黄矮病为害最大。

二、形态特征

小麦蚜虫有多型现象，一般全周期蚜虫有 5～6 型，即干母、干雌、有翅与无翅孤雌胎生雌蚜、雌性蚜和雄性蚜。雄、雌性蚜交尾后产卵越冬，以无翅和有翅胎生雌蚜发生数量最大，出现历期最长，是主要为害蚜型。在适宜的环境条件下，都以无翅型孤雌胎生蚜生活。在营养不足、环境恶化或种群密度大时，则产生有翅型蚜迁飞扩散，但仍行孤雌胎生；只是在寒冷地区秋季才产生有性雌、雄蚜交尾产卵。翌春卵孵化为干母，继续产生无翅型干雌，然后形成有翅型侨迁蚜，迁回小麦上产生孤雌胎生雌蚜。

卵为长卵形，长为宽的 1 倍，约 1mm。刚产出的卵淡黄色，以后逐渐加深，5 d 左右即呈黑色。

干母、无翅孤雌胎生雌蚜和雌性蚜外部形态基本相同，只是雌性蚜在腹部末端可看到产卵管。雄性蚜和有翅孤雌胎生雌蚜亦相似，除具性器官外，一般个体稍小。

（一）麦长管蚜

无翅孤雌胎生雌蚜（彩图 2-45-3）体长 3.1mm，宽 1.4mm，长卵形，草绿色至橙红色，头部略显灰色，腹侧具灰绿色斑。触角、喙端节、跗节、腹管黑色，尾片色浅。腹部第六至八节及腹面具横网纹，无缘瘤。中胸腹岔具短柄。额瘤显著外倾。触角细长，全长不及体长，第三节基部具 1～4 个次生感觉圈。喙粗大，超过中足基节，端节圆锥形，是基宽的 1.8 倍。腹管长圆筒形，长为体长的 1/4，在端部有十几行网纹。尾片长圆锥形，长为腹管的 1/2，有 6～8 根曲毛。有翅孤雌胎生雌蚜体长 3.0mm，椭圆形，绿色。触角黑色，第三节有 8～12 个感觉圈排成 1 行。喙不达中足基节。腹管长圆筒形，黑色，端部具15～16 行横行网纹。前翅中脉三叉，分叉大。

（二）麦二叉蚜

无翅孤雌胎生雌蚜体长 2.0mm，卵圆形，淡绿色或黄绿色，有深绿色背中线。腹管浅绿色，顶端黑色（彩图 2-45-4），短圆筒形。中胸腹岔具短柄。额瘤较中额瘤高。喙超过中足基节，端节粗短，长为基宽的 1.6 倍。尾片圆锥形，长为基宽的 1.5 倍，有长毛 7～8 根。有翅孤雌胎生雌蚜体长 1.5mm，长卵形，绿色，背中线深绿色，头、胸黑色，腹部色浅。触角黑色，共 6 节，全长超过体长之半。触角第三节具 4～10 个小圆形次生感觉圈，排成 1 列。前翅中脉二叉状。

（三）禾谷缢管蚜

无翅孤雌胎生雌蚜体长 1.9mm，宽卵形，暗绿色，体末端红褐色，复眼黑色。腹管短筒形，短不过腹末，中部稍粗壮，近端部呈瓶口状缢缩。触角 6 节，黑色，长超过体长之半，额瘤不明显。有翅孤雌胎生雌蚜体长 2.1mm，长卵形，头、胸黑色，腹部深绿色。触角第三节具 19～28 个感觉圈（彩图 2-45-5）。前翅中脉三叉。

（四）麦无网长管蚜

无翅孤雌胎生雌蚜体长 2.0～2.4mm，长椭圆形，淡绿色，背部有绿色或褐色纵带（彩图 2-45-6）。复眼紫色，腹管长筒形，绿色，端部无网状纹。触角 6 节，长超过体长之半。有翅孤雌胎生雌蚜触角第三节具感觉圈 40 个以上，前翅中脉三叉。

三、生活习性

（一）生活史

小麦蚜虫的生活周期可分不全生活周期和全生活周期两种类型。4 种常见小麦蚜虫在温暖地区可全年行孤雌生殖，不发生性蚜世代，表现为不全生活周期型；在北方寒冷地区，有孤雌生殖世代和两性生殖世代交替，则表现为全生活周期型。年发生代数因地而异，一般可发生 18～30 代。

麦长管蚜和麦二叉蚜终年在禾本科植物上繁殖生活。在我国中部和南部麦区均属不全生活周期型，全年营孤雌生殖，以成蚜、若蚜或以卵在冬麦田的麦苗和禾本科杂草基部或土缝中越冬。麦长管蚜最适生存温度为 12～20℃。在宁夏、甘肃、河南等地均可产卵越冬，在山东不能越冬。一般越冬成、若蚜并非真正进入越冬状态，遇温暖的晴天则在麦苗或杂草上活动。翌春回暖后，卵孵化成干母，干母产生有翅和无翅孤雌胎生雌蚜后代。越冬成蚜、若蚜则直接恢复为害和繁殖。在杂草上的越冬蚜，繁殖 1～2 代后产生有翅蚜迁至麦田。随着气温的上升和小麦的生长发育，不断进行孤雌生殖，扩大种群。当小麦进入拔节至孕穗期，麦二叉蚜的繁殖达到高峰期。小麦灌浆乳熟期是麦长管蚜繁殖高峰期。小麦蜡熟期，大量产生有翅蚜，陆续飞离麦田，迁至其他禾本科植物上继续为害和繁殖，并在其上或自生麦苗上越夏。秋播麦苗出土后，大部分麦蚜又迁回冬麦苗上为害。

禾谷缢管蚜和麦无网长管蚜为异寄主全生活周期型。春、夏季均在禾本科植物上生活和以孤雌胎生方式进行繁殖，小麦灌浆期是全年繁殖高峰期。秋末，禾谷缢管蚜（彩图 2 - 45 - 7）在李、桃、稠李等木本植物上产生雌、雄两性蚜交尾产卵，以卵在北方越冬。麦无网长管蚜在蔷薇属植物上产生性蚜，交配产卵越冬。两种蚜虫的越冬卵于春季孵化为干母，干母产生侨迁蚜，由原寄主转移到麦类作物或禾本科等杂草上生存和繁殖。在南方，两种蚜虫均可营不全周期生活，以胎生雌蚜的成、若虫越冬。

（二）生活习性

小麦蚜虫种类不同，其生活习性也有差异。

麦长管蚜喜光照，较耐氮素肥料和潮湿。多分布在植株上部叶片正面，特嗜穗部。小麦抽穗后，蚜量急剧上升，并大多集中于穗部为害。成、若蚜均易受震动而坠落逃散。

麦二叉蚜喜干旱，怕光照，不喜施氮素肥料多的植株。多分布在植株下部和叶片背面，最喜幼嫩组织或生长衰弱、发黄的叶片。成、若蚜受震动时具假死现象而坠落。小麦灌浆后多迁离麦田。

禾谷缢管蚜喜温畏光，嗜食茎秆、叶鞘，故多分布于植株下部的叶鞘、叶背，甚至根颈部，密度大时亦上穗，主要集中在穗颈为害；喜施氮素肥料多和植株密集的高肥田，是最耐高温、高湿的种类。其成、若蚜较不易受惊动。

麦无网长管蚜的嗜食性介于麦长管蚜和麦二叉蚜之间，以为害叶片为主，常分布于植株中、下部，最不耐高温，一般密植丰产田中蚜量较多。成、若蚜也易受震动而坠落。

小麦蚜虫对一定波段的光具有明显的趋性。通过黄板、黄盆及灯光 3 种诱捕器的观测试验发现，麦长管蚜和禾谷缢管蚜的趋性存在差异，其中两种小麦蚜虫对黄盆的趋性最好，黄盆诱捕量分别为黄板诱捕量的 7.94 倍和 2.13 倍。黑光灯和荧光灯对两种小麦蚜虫的诱捕作用比较试验表明，黑光灯对两种小麦蚜虫的诱捕效果也较好。但也有观测显示，黑光灯对麦长管蚜的诱捕量略高于荧光灯，而对禾谷缢管蚜的诱捕量差别不大，黑光灯与荧光灯灯下禾谷缢管蚜成虫动态消长曲线不同，说明禾谷缢管蚜对黑光灯和荧光灯的感光机制与麦长管蚜不同。

小麦蚜虫具有飞翔活动习性，各种小麦蚜虫的有翅成蚜均善于飞翔。在麦田内和麦田冠层上空，自外来小麦蚜虫迁入麦田开始直到小麦成熟前，均存在飞翔活动的有翅小麦蚜虫。迁入定殖的小麦蚜虫，随着子代虫口密度的不断增加、寄主营养条件的不良及其他气候因子（如温、湿和光照等）的变化，田间种群内开始出现有翅型若蚜，有翅若蚜发育为成蚜后就开始飞翔活动。小麦蚜虫的飞翔主要包括近距离扩散和远距离迁飞，前者主要发生在小麦灌浆中期以前，以寻找营养丰富的寄主和适宜的小生境；而后者发生在小麦灌浆期至成熟期，以逃避恶化的寄主及生态环境。飞翔活动研究较多是麦长管蚜，特别是起飞行为。麦长管蚜的飞翔活动存在明显的昼夜节律，在一天内的起飞和飞翔活动主要发生在白昼，在夜间几乎不发生（夜间有光照的情况除外）。白天的起飞和飞翔活动存在两个高峰期，即集中在清晨和傍晚；且在 5：30～7：30 时段起飞活动最盛，除阴天外，中午前后的起飞活动较少。在大风天气条件下，未见有麦长管蚜自动起飞，大多是被动地被风卷起。麦长管蚜可以从小麦多个位点起飞，如麦穗、叶片等无遮蔽的较高处，但以于麦穗上起飞为主。起飞方式可分俯冲起飞、斜向上起飞和弹射式起飞，这与所在的起飞位点、风向与风力、晨光方位有密切关系。起飞虫龄一般是新羽化而未产仔蚜的有翅成蚜和产蚜盛期的有翅成蚜，老龄有翅蚜基本不再有起飞活动。

麦长管蚜具有体色变化的特性，即在田间存在着绿体色和红体色两种生态型。经室内研究表明，红体色麦长管蚜是高温条件下产生的一种生态型。观测显示，在麦长管蚜体色变化过程中，温度起着重要的调控作用，而与光周期和寄主营养的关系甚微。田间观测表明，红体色主要出现在小麦孕穗期，所以有学者称其为穗型蚜。网罩观测发现，红体色麦长管蚜所产仔蚜全部是红体色；绿体色蚜虫所产仔蚜则大部分保持原色，一部分为红体色仔蚜。在小麦灌浆初期到乳熟期，红体色麦长管蚜的个体比例随着寄主生育期和田间温度等条件的变化而逐代升高。在田间比较红体色与绿体色麦长管蚜的产蚜量结果表明，两体色麦长管蚜群体后代的平均蚜量有所不同，红体色后代蚜量低于绿体色，但是二者间无显著差异。由于绿体色麦长管蚜发生早于红体色，所以在田间自然条件下，麦长管蚜种群中两体色的比例始终是绿体色蚜多于红体色蚜。

四、发生规律

（一）小麦蚜虫发生、消长与气象因素的关系

1. 温度 小麦蚜虫的世代历期、繁殖速率及生殖力等与温度密切相关。麦二叉蚜卵在旬均温 3℃左右开始发育，5℃左右孵化，13℃可产生有翅蚜；成、若蚜在 5d 均温 5℃左右开始活动，繁殖适温为 8～20℃，以 13～18℃最适。麦长管蚜在 8℃以下活动甚少，5d 均温 16～25℃为生长发育适宜温度，16～20℃最适，28℃以上时生育停滞。禾谷缢管蚜一般在 5d 均温 8℃时开始活动，18～24℃为最有利条件。麦无网长管蚜在西藏日喀则地区旬平均温度 4℃左右即可发育，适温为 14～18℃。在适温范围内，各种麦蚜不同虫期及世代历期均随温度上升而缩短。在田间变温条件下，日均温 15℃左右时，麦长管蚜的世代历期约 14d；禾谷缢管蚜约 13d。日均温 22℃时，4 种麦蚜的世代历期均为 6～9d。日产仔蚜量也随气温而变化。麦长管蚜在产仔盛期，日均温 12.2℃时，每头成蚜日产仔蚜 1～2 头，15℃时产仔蚜 2～3 头，18℃时产仔蚜 4 头，20℃时产仔蚜 5 头，最多可产 7 头。

不同种类小麦蚜虫的发育起点温度和有效积温有所不同。其中，麦长管蚜的发育起点温度，有翅型全若虫期为 3.79℃，无翅型全若虫期为 3.45℃，有效积温分别为 143.39℃和 140.29℃；有翅型生殖前期的发育起点温度为 2.95℃，有效积温为 12.99℃；无翅型生殖前期的发育起点温度为 0.73℃，有效积温为 21.00℃。而红体色（生态型）麦长管蚜全若虫期的发育起点温度是 4.48℃，较绿体色（型）麦长管蚜偏高；其全若虫期有效积温为 110.66℃。麦二叉蚜的发育起点温度，全若虫期约为 2.76℃（比麦长管蚜偏低），全世代约为 3.36℃；有效积温若虫期约为 114.5℃，全世代约为 120.5℃。禾谷缢管蚜的发育起点温度比前两种还要低，其中，有翅型全若虫期为 0.43℃，无翅型全若虫期为 1.76℃；有翅型全若虫期的有效积温为 154.14℃，无翅型全若虫期的有效积温为 113.77℃。

2. 湿度 小麦蚜虫对湿度的要求因种而异。麦二叉蚜喜欢干燥，大发生地区都分布在年降水量 500mm 以下的地带，适宜在相对湿度 35%～67%条件下活动。麦长管蚜较喜湿，多发生在年降水量 500～700mm 的地区或小麦生长阶段较干旱的多雨地区；适宜湿度为 40%～80%。麦无网长管蚜介于上述两者之间。禾谷缢管蚜最喜湿，不耐干旱，年降水量少于 250mm 的地区不利其发生，最适湿度为 68%～80%，特别是在高湿高温季节和麦区发生最为严重。

3. 风雨 降雨除直接影响大气湿度而间接影响蚜量消长外，暴风雨对小麦蚜虫还有直接的杀伤作用，主要是损伤蚜虫口器，淹溺及泥土粘连，使蚜虫死亡。例如 1h 降水 30mm，风速 9m/s，雨后蚜量下降 98.7%。暴风雨的杀伤作用强度因蚜种和虫期不同而有差异。麦长管蚜因多分布在植株上部和叶片正面，且易受惊动，故受风雨影响较突出；禾谷缢管蚜由于生活习性与其不同，而受风雨杀伤率较低。低龄若蚜口针嫩弱，且逃逸能力较成蚜差，故受风雨影响大；有翅成蚜易被泥水粘连，而易受雨水杀伤。但小雨与轻风相对杀伤作用轻得多。

（二）小麦蚜虫发生动态与寄主的关系

小麦蚜虫的寄主虽然很多，但对不同寄主的喜好程度各有差异，而且在不同季节又有不同的主要寄主。如麦类作物是小麦蚜虫的主要寄主，小麦蚜虫的为害程度依次为小麦、大麦、燕麦、黑麦。麦田复种、连片种植以及与禾本科作物间套作，为麦蚜的发生与为害提供了更多的寄主种类和丰富的食物；在冬、春麦混种区，由于冬麦生育期长，冬麦田是各种麦蚜的越冬场所，成为翌年春麦的蚜源，加重了春麦的受害程度。

小麦品种不同，小麦蚜虫发生程度也不相同。在小麦灌浆期田间调查，小麦品种徐州211单茎麦长管蚜为13头，禾谷缢管蚜为8.1头；在小麦品种小白冬麦上，麦长管蚜仅有1.2头，禾谷缢管蚜为0.37头。这主要是不同小麦品种（系）本身的物理和生化特性造成的。形态抗蚜表现在如叶毛长度、叶毛密度、叶片蜡质含量等特征上，对小麦蚜虫具有拒降落、拒取食、拒产仔等作用。生化物质抗蚜，即小麦本身的化学成分可阻止蚜虫取食或使其致死。同时，小麦某些营养成分可使蚜虫取食后因营养不良而不能正常发育或饿死。如穗部的吲哚生物碱、丁布、黄酮类化合物、单宁酸、总酚、香豆素等是小麦植株抗蚜的重要生化物质，对小麦蚜虫的生长、发育和存活都有一定影响。

挥发性次生物质在小麦蚜虫寄主选择中起重要作用。不同小麦品种挥发物组成存在差异，小麦抗蚜品种KOK-1679和感蚜品种北京837的挥发物组分的主要不同点是KOK-1679中有6-甲基-5-庚烯-2-醇和水杨酸甲酯，北京837中有丁酸-顺-3-己烯酯、2-莰酮和萘。小麦蚜虫取食能诱导小麦的3种挥发性化合物（6-甲基-5-庚烯-2-酮、6-甲基-5-庚烯-2-醇和水杨酸甲酯）明显升高，对麦长管蚜和禾谷缢管蚜表现出强驱拒作用，同时，还对小麦蚜虫的几种重要的寄生性和捕食性天敌有较强的吸引作用。

小麦蚜虫的发生和消长与小麦等寄主物候期关系非常密切。在冬小麦的整个生育期小麦蚜虫的种群动态呈现两次高峰。秋季冬小麦出苗后，各种小麦蚜虫皆从夏寄主迁入麦田定居、繁殖，建立种群进行为害，并传播病毒，一般到小麦分蘖期出现蚜量小高峰。在苗期因营养及温度不适，蚜量较低，为害亦轻。翌春小麦返青后，随着气温升高，寄主营养条件不断改善，麦蚜种群密度逐渐增加。小麦抽穗扬花后，田间蚜量激增，到灌浆期小麦蚜虫种群达到最高峰，也是为害最严重时期。从小麦乳熟期开始，寄主营养条件逐渐恶化，小麦蚜虫密度亦随之下降。群体中有翅蚜比例上升，于小麦收获前大量有翅蚜向越夏寄主迁飞转移，使麦田内蚜虫种群密度骤减。

小麦长势不同的麦田，麦蚜混合种群发生程度有很大差异。长势好的一类麦田小麦蚜虫密度最大；长势一般的二类麦田，其蚜量是一类麦田的50%；长势差的三类麦田，其蚜量仅是一类麦田的12%左右。而且长势好的麦田蚜虫发生为害早于其他两类麦田。由于各种小麦蚜虫所需的生态条件不同，因而适宜发生的麦田类型也不一致。麦二叉蚜在早春长势差的麦田发生最多；麦长管蚜以长势一般的麦田发生最重；禾谷缢管蚜的为害以长势好的麦田最严重。

（三）小麦蚜虫种群动态与栽培条件的关系

小麦蚜虫种群数量变动与小麦播量、播期、耕作方式、肥水等条件有密切关系。秋季早播麦田蚜量多于晚播麦田。在山东济南市郊调查，9月下旬播种的麦田，有翅蚜迁入早，且早播麦苗群体大，田间小气候有利于禾谷缢管蚜发生，高峰期蚜量达到百株485～2 710头；10月中旬播种的麦田，高峰期蚜量百株为38～83头。春季，则晚播麦田蚜量多于早播麦田，是由于晚播麦田生育期晚，茎叶鲜嫩，适宜蚜虫取食，蚜虫繁殖量增大。耕作细致的秋灌麦田土缝少，蚜虫不易潜伏，易被冻死，因而相对虫口密度较低；与蔬菜、棉花、林木等间作的麦田，因天敌种类丰富、数量多，小麦蚜虫发生轻。春季肥水充足的麦田蚜量多，因水浇麦苗生长旺盛，生育期推迟，有利于小麦蚜虫发生。

麦田施用氮肥（每公顷纯氮150kg）对麦长管蚜及禾谷缢管蚜种群增长都有促进作用，对禾谷缢管蚜的作用尤为明显，种群增长速度较快，种群结构相对稳定，为害加重；麦田施用氮肥（每公顷施纯氮90kg）对禾谷缢管蚜的生长发育不利。小麦与油菜、小麦与蒜间作能显著抑制小麦蚜虫混合种群增长，小麦—油菜间作田小麦千粒重为35g，比对照（单作麦田）增加9.7g。

（四）小麦蚜虫种群消长与天敌的关系

自然界中小麦蚜虫的天敌种类丰富，有昆虫、真菌、蜘蛛、螨、鸟类和两栖动物等，常见的有50余种。对小麦蚜虫控制作用较强的天敌主要有瓢虫科（彩图2-45-8，彩图2-45-9）的七星瓢虫（*Coccinella septempunctata* Linnaeus）、异色瓢虫（*Harmonia axyridis* Pallas）、龟纹瓢虫（*Propylea japonica* Thunberg）；食蚜蝇科（彩图2-45-10）的大灰食蚜蝇［*Metasyrphus corollae*（Fabricius）］、斜斑鼓额食蚜蝇［*Scaeva pyrastri*（Linnaeus）］和黑带食蚜蝇［*Episyrphus balteatus*（De Geer）］；草蛉科（彩图2-45-11）的日本通草蛉［*Chrysoperla nipponensis*（Okamoto），旧称中华草蛉（*Chrisopa sinica* Tjeder）］、大草蛉［*Chrysopa pallens*（Rambur）］和丽草蛉（*Chrysopa formosa* Brauer）；蚜茧蜂科（彩图2-45-12）的烟蚜茧蜂（*Aphidius gifuensis* Ashmead）和燕麦蚜茧蜂

(*A. avenae* Haliday) 以及草间钻头蛛 [*Hylyphantes graminicola* (Sundevall)] 与三突花蛛 [*Misumenops tricuspidatus* (Fabricius)] 等。

天敌对小麦蚜虫发生的影响主要是捕食和寄生。由于这些天敌的食性、捕食量、搜索行为、空间分布、种群数量、种间竞争等方面的差异，对目标害虫的控制作用也有明显差别。田间罩笼测定，七星瓢虫成虫日捕食蚜量56～150头，三至四龄幼虫日捕食64～78头；大灰食蚜蝇二至三龄幼虫日捕食量47～69头；大草蛉幼虫期食蚜量为300～750头，成虫期为1 300～2 900头；三突花蛛一生总食蚜量300余头。蚜茧蜂单雌产卵寄生蚜虫34～304头。

天敌对小麦蚜虫的控制作用除取决于天敌的最高食（寄生）蚜量外，还与小麦蚜虫密度有关。在麦田益害比1：80以下，小麦蚜虫数量即可被控制在为害损失经济允许阈值以下。小麦蚜虫被寄生率为30%时能有效控制其发展。当小麦蚜虫密度过低时，天敌需要花费大量时间用于寻找猎物，使其单位时间的食蚜量下降，寄生性天敌亦如此。另外，有些天敌对小麦蚜虫种间还存在一定的嗜好程度。如以烟蚜茧蜂和燕麦蚜茧蜂为优势的混合种群，对麦长管蚜和麦二叉蚜田间寄生率高达50%以上，而对禾谷缢管蚜和麦无网长管蚜的寄生率在20%以下。麦长管蚜的优势种天敌是食蚜蝇、龟纹瓢虫、蚜茧蜂和草间小黑蛛；对麦二叉蚜种群数量影响大的主要天敌是草间小黑蛛、龟纹瓢虫、食蚜蝇和蚜茧蜂。

天敌与小麦蚜虫的发生、消长在时间、空间方面具有明显的跟随效应，只是寄生性天敌存在一定的时滞现象。在河南省漯河地区，早春气温低，小麦蚜虫数量很少，百株蚜量仅为28.2头；4月中、下旬，随着麦蚜密度的上升，天敌数量逐渐增加到6头/m^2左右；由于天敌密度的增加，使小麦蚜虫由百株478头下降到121头；小麦蚜虫的减少，促使部分天敌转移，导致天敌数量减少到2.6头/m^2，这样小麦蚜虫群体数量又增加，到5月上旬百株蚜量上升到1 012头；如此往复，直至小麦收获。当麦田天敌单位与小麦蚜虫密度比达到1：300～1：370时，二者基本处于平衡状态，天敌与害虫之间的相互作用比较稳定，种群波动较小。当天敌与小麦蚜虫的比例大于平衡状态时的益害比，害虫的种群数量会逐渐下降；反之，害虫种群数量就会上升。

（五）小麦蚜虫远距离迁飞为害规律

小麦蚜虫具有随气流进行远距离迁飞为害的特性。我国东部季风天气显著，春、夏季多刮西南风，秋、冬季多刮偏北风，有利于有翅蚜每年有规律地南北迁飞。即3～6月随西南气流北迁，8～10月随西北或东北气流南迁。小麦蚜虫的大区域迁移亦与小麦的物候期相吻合，有翅蚜春季北迁期间，从黄淮海冬麦区至东北春麦区随着纬度的北移及温度的变化，正值小麦抽穗灌浆期，营养丰富，温度适宜，从而为迁入的小麦蚜虫提供了良好的营养条件，对种群繁衍奠定了物质基础，蚜量大，为害重。秋季南迁期间，气温下降，正处于小麦幼苗期，温度、营养不适，蚜量低，为害轻。

中国农业科学院植物保护研究所利用自主研发的计算机控制的微小昆虫飞行磨系统（程登发等，1997）测定了温度、湿度对麦长管蚜飞行能力的影响（程登发等，2002）。结果表明，适宜于该蚜飞行的温度为12～22℃，湿度为60%～80%。温度在8℃以下和25℃以上，其飞行能力明显降低。温度在18℃时，麦长管蚜平均飞行时间、平均飞行距离分别为3.101h，3.676km。相对湿度在40%、60%和80%时，平均飞行时间分别为1.573h、2.272h和3.032h。飞行距离与湿度的关系与飞行时间相似。飞行速度随湿度的增高而加快，相对湿度在60%左右时，麦长管蚜的飞行速度较快，为1.210km/h。在20℃、相对湿度80%的条件下，单个个体的最长飞行时间、最大飞行距离和最大飞行速度可达14.32h、22.51km和1.57km/h，表明麦长管蚜具有较强的自主飞行能力。

利用微卫星标记技术，将不同年份、不同区域、不同体色三因素结合起来，对麦长管蚜种群进行聚类分析和分子方差分析的结果表明，麦长管蚜的遗传分化主要以种群内的变异为主，种群间的变异占总变异的比例很小。此外，研究还发现，红、绿体色间的遗传分化并不显著，且不同地区间存在频繁的基因交流。这说明不同区域的不同体色麦长管蚜种群彼此之间具有相似的遗传背景，这主要是迁飞交流所致。

根据麦长管蚜越冬和越夏特点、有翅蚜发生期、气候及小麦生育期等因素，初步将我国东部划分为4个发生区，以及4个发生区之间虫源的相互关系、迁飞路线：①华南冬麦发生区。有翅蚜2月下旬至4月中旬迁出，主要迁向长江中、下游冬麦区，波及黄淮海冬麦区。②长江中、下游冬麦发生区。有翅蚜4月下旬至5月上旬迁出，主迁黄淮海冬麦区，波及东北春麦区。③黄淮海冬麦发生区。有翅蚜5月下旬至6

月中旬迁出，主迁东北春麦区。④东北春麦发生区。有翅蚜8～9月南迁，主迁黄淮海冬麦区，为害小麦秋苗，波及长江中下游冬麦区，使部分晚稻受害（罗瑞梧等，1988）。自20世纪80年代以来，由于种植制度的改革，华南冬麦区已经很少种植小麦。有关该区域是否仍为春季小麦蚜虫的迁出虫源区，有待进一步研究。

在不同海拔的山区与丘陵地区，小麦蚜虫亦存在垂直方向上的季节性迁移现象。甘肃省天水地区秋冬与早春以海拔1 300～1 400m的向阳山腰地带小麦蚜虫密度最大，春暖后以有翅蚜向山上、山下迁移，夏季则以海拔1 700m以上的地带蚜虫密度较大，并在此越夏。秋季随气温的下降又向山腰向阳处转移。

（六）小麦蚜虫的田间扩散分布

秋季小麦出苗后，迁入麦田的蚜虫个体定居、繁殖形成种群，以后逐渐出现多个大小不等的有蚜株核心。一般情况下，越冬前麦蚜分布型变化不大。翌春小麦返青后，越冬个体或新迁入者，随环境条件及寄主营养状况的不断改善，繁殖速率加大，种群密度增加。通过扩散使有蚜株数增多，为害范围扩大。麦长管蚜在小麦拔节至孕穗期有蚜株及蚜量随时间增长呈指数形式增加；无翅蚜或有翅若蚜每日由虫源麦株向外爬迁扩散约几十厘米，最远为1m多。其扩散距离与方向，还与蚜群密度及风速、风向有关。

由于小麦蚜虫不断进行扩散—定居—繁殖的循环，因此形成一定的时空动态格局。在水平方向，麦长管蚜单茎蚜量，从拔节到孕穗期符合柯尔分布型；抽穗期符合负二项分布；扬花灌浆后，逐步向均匀分布过渡；到小麦乳熟后期，小麦蚜虫大量迁飞，残存蚜虫再次构成聚集分布。植株不同层次的垂直方向，在小麦各生育期基本属聚集性分布。拔节期及以前，麦长管蚜集中分布在麦株下部叶片上，约占群体的95%，心叶及其下一叶片分布较少；孕穗期主要分布在旗叶下的一、二叶片上，约占65%；抽穗后上移到穗部，灌浆初期约占95%；乳熟期穗部蚜量略降，旗叶上蚜量增加；蜡熟期穗部蚜量又回升，收获前穗部蚜量占95%～100%。

有翅成蚜的扩散在种群空间分布动态中起主导作用，又是田间由点片发生向普遍发生过渡的主要原因。麦长管蚜在拔节后，常有两次有翅蚜扩散高峰，即小麦拔节末期和灌浆初期。这两次过程加上小麦乳熟后期的外迁高峰，导致了麦长管蚜田间分布型及聚集度的变化。

五、预测预报技术及方法

（一）虫情调查方法

参照我国农业行业标准《NY/T 612—2002 小麦蚜虫测报调查规范》及《农作物主要病虫测报办法》，结合实践经验，麦蚜的一般预测办法如下：

1. 系统调查 根据品种、播期、地势、作物长势等条件，选择当地肥水条件好、生长均匀一致的早熟品种麦田2～3块作为系统观测田，每块田面积不少于$2\times667m^2$。固定田块，每块地采用单对角线5点取样，每点固定50株（单茎）。当百株蚜量超过500头，且株间蚜量差异不大时，每点可减至20株；蚜量特别大时，每点可减至10株。冬麦秋苗期，自出苗后每10d调查1次，至麦蚜进入越冬时止。在冬麦开始拔节及春麦出苗后，每5d调查1次；当蚜量急剧上升时，每3d调查1次，以适时指导大面积防治。南方麦区因麦蚜无明显越冬期，冬季调查时，可根据当地麦蚜消长情况，酌情规定。调查有蚜株数、有翅蚜及无翅蚜量，折算平均百株蚜量等。

2. 大田调查 在小麦秋苗期、拔节期、孕穗期、抽穗扬花期、灌浆期进行5次普查，同一地区每年调查时间应大致相同。根据当地栽培情况，选择有代表性的麦田10块以上。每块田单对角线5点取样，秋苗期和拔节期每点调查50株；孕穗期、抽穗扬花期和灌浆期每点调查20株。调查有蚜株数、蚜虫种类及有翅、无翅蚜量。

3. 天敌调查 在每次系统调查小麦蚜虫的同时，进行其天敌种类和数量调查。取样方法也同麦蚜调查。寄生性天敌以僵蚜表示，僵蚜取样点和取样方法与蚜虫相同，每次查完后抹掉；瓢虫类、食蚜蝇幼虫和蜘蛛类随机取5点，每点查$0.5m^2$，用目测、拍打方法调查。将调查天敌的数量分别折算成百株天敌数。

（二）虫情预报方法

小麦蚜虫虫情预报包括发生程度、发生数量和发生期预报。

小麦蚜虫发生程度分为5级，主要以当地小麦蚜虫发生盛期平均百株蚜量（以麦长管蚜为优势种群）

来确定，各级指标如下：1级，百株蚜量≤500头；2级，500头<百株蚜量≤1 500头；3级，1 500头<百株蚜量≤2 500头；4级，2 500头<百株蚜量≤3 500头；5级，百株蚜量>3 500头。

当季蚜虫累计发生量达发生总量的16%、50%、84%的时间分别为始盛期、高峰期、盛末期，从始盛期至盛末期一段时间为发生盛期。

1. 长期预报 主要是指在（秋）苗期预测小麦穗期蚜虫的发生程度。预测依据包括秋苗（或春麦苗）高峰期蚜量、蚜虫优势种基数、天敌种类与数量、1月与3月平均气温。利用多元回归统计建立预测式，将当年资料和信息与往年情况进行对比分析，预测抽穗阶段的小麦蚜虫发生程度。罗瑞梧等（1985）通过对山东济南1975—1984年的资料分析，得到该地麦长管蚜发生程度的预测式：

$$y=0.56x_1+0.48x_2+0.15x_3+0.55x_4-2.71\pm0.73\ (r=0.88)$$

式中 y——穗期百茎蚜量；

x_1——秋苗蚜量；

x_2——1月份均温；

x_3——3月份均温；

x_4——4月份降水量。

当秋季蚜虫高峰期蚜量偏多（百茎蚜量 $\lg x_1\geq1.8$），1月平均气温偏高（≥－2.6℃），3月气温偏高（≥7.0℃），4月降水量偏多（≥36mm）时，预示小麦抽穗期麦长管蚜大发生。

2. 中期预报 是指1个月左右的发生程度预报。主要预测根据为原有或新迁入蚜量、天敌数量、正常气候资料及气象预报资料；与历年同期蚜情和天敌资料、物候资料等相比较，估计最近1个月左右麦蚜发生程度，或用预测式计算出可能的发生数量。遇到反常气候，随时做补充预报。

中期预报可根据不同（优势）蚜虫种类进行1～3次预报。一般情况下，麦二叉蚜主要发生在扬花以前的小麦生长发育阶段，禾谷缢管蚜主要发生在小麦孕穗以后，麦长管蚜在小麦整个生长发育阶段均发生为害。为此，麦二叉蚜或禾谷缢管蚜可进行1～2次中期预报，麦长管蚜可进行2～3次。在麦长管蚜为优势种的麦区，较为重要的中期预报是在拔节期预测扬花期的发生数量。主要预测依据是拔节期的蚜口密度、天敌种类与数量、正常的气温，中、大风雨的有无。

3. 短期预报 主要预测发生量和确定防治适期，是中期预报的补充。预报依据主要是蚜量变动系数、天敌与麦蚜的益害比及特殊天气等资料。如曹雅忠等在郑州调查，麦长管蚜在小麦抽穗到灌浆初期的10～15d中，单茎蚜量（y）随时间（x）直线增长：

1986年的结果为 $y=1.0468+2.19685x\ (r=0.995)$

1987年的结果为 $y=0.86535+1.19995x\ (r=0.982)$

据此，将抽穗期蚜口基数、益害比及天气条件等与往年对比分析，再根据防治指标，估测灌浆初期蚜量，确定防治与否及防治适期。

多年以来，我国各级测报站和一些地方科研单位积极采用主成分分析、方差分析、多元回归、逐步回归、模糊判别、时间序列分析、聚类分析、灰色系统等多种方法对历史数据进行分析，构造了一些适于不同范围的麦蚜计算机预测模型，用于预测麦蚜的发生趋势，取得了较好的效果。

近年来，还利用遥感技术、地理信息系统和多媒体信息技术，建立现代化的麦蚜监测预报技术。如利用气象卫星数据，研究分析麦蚜迁飞与高空气流的关系，明确迁飞路线；利用遥感和全球定位系统技术，研究麦蚜为害动态的遥感监测技术；高灵旺等综合利用模拟模型、地理信息系统（GIS）和多媒体技术等开发了黄淮海地区麦蚜预测预报地理信息系统（HH-AphidGIS），为麦蚜发生的测报信息化奠定了一定的基础。但由于不同麦蚜种类的生物学特性和不同麦田生态条件的差异与变化，当前麦蚜种群动态的预测预报准确率仍然较低。应进一步加强对麦蚜种群动态和发生规律的研究，不断改进麦蚜灾害的监测、预警技术和方法，尽快提高对麦蚜灾害的可预见性和预测预报准确率。

六、防治技术

（一）防治策略

小麦蚜虫属常发性害虫，发生程度及消长情况在地区间、年度间、不同的小气候环境间均有差异。根据不同生态麦区小麦蚜虫种群组成有差异的特点，防治工作要因地制宜，全面考虑，区别对待。防治应贯彻“预防为主，综合防治”的方针，协调应用各种防治措施，充分发挥天敌自然控制能力，依据科学的防治指标及天敌利用指标，协调生防与化防措施，使小麦损失控制在经济允许水平以下，以期收到明显的经济、社会和生态效益。

（二）小麦蚜虫为害损失及防治指标

小麦从出苗到成熟，均有麦蚜为害，但不同生育期为害造成的损失有很大差异，而且不同蚜种为害程度亦不相同。麦长管蚜在苗期为害对植株影响较小，而穗期为害减产严重，灌浆期受害损失最严重，蜡熟期损失最轻。麦二叉蚜与禾谷缢管蚜在苗期为害，对小麦影响较重，前者为害时由于分泌毒素，使叶片形成枯斑，严重时叶片枯黄，甚至死亡；后者常大量聚集为害，密度过大时，造成麦苗严重生长不良，分蘖减少或植株枯死。在穗期为害，因小麦蚜虫种类不同而损失有差别，禾谷缢管蚜为害损失程度轻于麦长管蚜。

小麦减产率随蚜量而变化。蚜量越大，减产越重。小麦穗期，每茎有麦长管蚜5头，千粒重下降3%以上，每茎35头下降20%以上，每茎65头下降达36%。每穗100头时，小麦减产高达44%以上。麦蚜为害时间越长，减产也越严重。在灌浆期单株有长管蚜50头，为害5d千粒重下降1.2%，为害10d下降6.9%，为害15d下降24.0%。麦蚜为害损失除与小麦生育期、为害历期和蚜量相关外，还与品种及栽培条件等有关。即品种抗（耐）虫程度高损失低，栽培管理水平高，受害后减产轻。

小麦蚜虫的防治指标是通过蚜虫种群数量与小麦产量损失率相关性分析，结合小麦经济损失允许水平等多因素而确定的。包括小麦蚜虫的种类、为害小麦部位、为害时间、蚜虫传播病毒的情况，以及天敌对蚜虫控制作用等生物因素；还受小麦单价、防治药剂的种类及价格等经济因素影响。因此，小麦蚜虫防治指标应该是一个因地制宜的动态指标。例如，以麦长管蚜单种群或为优势种群时，防治指标为百株蚜量500～800头；以禾谷缢管蚜为优势种群，为害叶片时防治指标为百株4 000头，为害穗部则为百株520头；通常田间小麦多种蚜虫混合发生，此时防治指标为百株1 500～2 000头。在小麦黄矮病流行的麦区，麦二叉蚜大发生年份，防治指标需适当降低。

防治适期：一般麦区（小麦中、高产水平）防治适期定在小麦扬花灌浆期。

（三）防治方法

1. 加强栽培管理，调整作物布局 加强栽培管理是提高作物产量，控制小麦蚜虫发生为害的重要途径。干旱、瘠薄、稀植的麦田利于麦二叉蚜发生。因此，在小麦黄矮病流行区，提高栽培水平，改旱地为水浇地，深翻，增施氮肥，合理密植可较好地控制麦二叉蚜和小麦黄矮病。清除田间杂草与自生麦苗，可减少麦蚜的适生地和越夏寄主。冬麦适期晚播与旱地麦田冬前冬后碾耱，可压低越冬虫源，碾耱还可保墒护根利于小麦生长。在西北地区麦二叉蚜和小麦黄矮病发生流行区（如甘肃冬春麦混种区），可缩减冬麦面积，扩种春播小麦，从而可削弱麦蚜和小麦黄矮病的寄主作物链，是控制蚜虫和病害发生的重要手段。在南方禾谷缢管蚜发生严重地区，减少秋玉米的播种面积，切断其中间寄主植物，蚜源相应减少，可减轻禾谷缢管蚜的发生为害。在华北地区推行冬麦与油菜、绿肥（苜蓿）间作，对保护利用蚜虫天敌资源，控制蚜害有较好的效果。另外，要适时集中播种，冬麦适当晚播，春麦适时早播。

2. 选育、推广抗蚜品种 种植抗虫品种是控制虫害的重要途径。小麦抗虫性是小麦与害虫长期协同进化过程中所形成的一种可遗传特性，其表现与小麦本身的遗传特性、害虫为害的遗传特性、环境条件等诸多因子有关。目前抗蚜鉴定以田间鉴定为主，参照我国农业行业标准《NY/T 1443.7—2007 小麦抗病虫性评价技术规范 第7部分 小麦抗蚜虫评价技术规范》，并根据小麦抗蚜性的田间鉴定和评价的实践经验和科研成果进行，具体方法见本节附录。

目前已通过室内和田间系统筛选出一些具有中等或较强抗性的品种和材料，如中4无芒、小白冬麦、JP1、KOK、Li、临远207、临远28013、陕167、小偃22等品种（系）对麦蚜尤其对麦长管蚜抗性较好；晋麦32、郑州831、西农6028、丰产3号、鄂麦9号、邯4564、燕大1817、临抗1号、临远5311、乡麦3号、抗虫4285、临辅4420等品种（系）对小麦蚜虫具中等或一定抗性，这些抗蚜品种或材料可以在生产和育种中推广应用。

双列杂交、转基因等生物技术也应用于小麦抗蚜鉴定和品种培育，但尚无抗蚜品种应用于小麦生产。

3. 利用生态调控措施 生物多样性是自然界中维持生态平衡、抑制植物虫害暴发成灾的基础因素。

农作物的多样性主要包括遗传（品种）多样性和物种多样性。多系品种和品种混合是遗传或品种多样性用于作物虫害防治的有效途径。例如，小麦与油菜、大蒜、蚕豆、豌豆、绿豆间作或者邻作（彩图2-45-13）均具有好的控蚜效果。主要是由于麦田生物多样性增加，天敌种类和数量增加。此外，混种小麦品种间气味互相掩盖，蚜虫需花费更多的时间去寻找最喜欢的寄主植物，从而延长蚜虫寻找寄主的时间，抑制蚜虫种群的增长。

人为调控小麦蚜虫的适生环境是一项基础性的生态治理措施，具有可持续性控制作用。在调控麦蚜寄主因素方面，结合种植结构调整，增加物种的丰富度，充分发挥生物多样性对麦蚜的抑制作用。另一方面，改变小麦大面积单一品种的连片种植和窄行密植的耕作方式，推行适度面积的单片种植、适期播种、插播或间套作小麦蚜虫非寄主植物等栽培措施，以切断蚜虫食物链，遏制小麦蚜虫的种群密度和种群增长速度。在改造农田生态环境方面，针对小麦蚜虫大多喜欢氮素养分、充足的肥水环境条件等生态习性，适当控制氮肥用量和灌水，适期增施磷、钾肥等，提高小麦植株的抗（耐）害能力，抑制小麦蚜虫种群增长，减轻为害。

利用蚜虫为害诱导小麦释放的挥发物防治麦蚜。虫害诱导植物挥发物是植物遭受植食性昆虫攻击后，受伤植物与植食性昆虫口腔分泌物共同作用而释放的挥发性次生物质。它们是植食性昆虫在取食过程中遇到的主要障碍之一，也是天敌昆虫寻找寄主或猎物的主要信息来源。一些相关的麦蚜取食诱导的挥发物已经被分离鉴定，如6-甲基-5-庚烯-2-酮、6-甲基-5-庚烯-2-醇等，利用其对麦蚜的驱避作用，对几种重要的麦蚜寄生性和捕食性天敌的较强的吸引作用的特点，可以通过人工合成虫害诱导植物挥发物的有效成分进行田间应用，干扰麦蚜的寄主定位、抑制其取食，增强对天敌的吸引作用，而且不会带来传统化学农药的副作用。

此外，蚜虫报警激素和植物外源激素茉莉酸诱导小麦产生挥发物，对蚜虫有拒避作用，对蚜虫天敌具有吸引作用，并且诱导植物维管液营养成分的改变，从而增强小麦抗虫性。因此，应用茉莉酸甲酯和水杨酸甲酯等化学诱导剂，或通过蚜虫报警激素人工合成，制成缓释器（彩图2-45-14），人为增强对蚜虫的生态调控作用，可有效降低蚜虫的为害，而且不会带来传统化学农药的副作用。

4. 生物防治 小麦蚜虫天敌资源丰富，保护利用好自然天敌，不仅可较好地控制麦蚜为害，而且对春作及后茬作物田的害虫也能起到一定的控制作用。在生产上利用小麦蚜虫复合天敌当量系统，能统一多种天敌的标准食蚜单位和计算法，准确测定复合天敌发生时综合控蚜能力，是采用其他措施的依据。测定天敌控蚜指标，把该指标与化防指标、当量系统结合起来，可为充分发挥天敌作用提供保证。必要时可人工繁殖释放或助迁天敌，使其有效地控制蚜虫。如5月在麦田大量释放蚜茧蜂或在麦田种植三叶草和黑麦草条带，以吸引蚜茧蜂等天敌，并提供繁殖发育的场所；小麦与油菜间作诱集利用天敌。这些措施都可以大大降低田间蚜虫的发生数量。当益害比大于1∶120时，天敌控制麦蚜效果较好，不必进行化学防治；当益害比在1∶150以上，但此时天敌呈明显上升趋势，也可不用化学防治。当防治适期遇风雨天气时，可推迟或不进行化学防治。保护天敌还要改善其繁衍的生态环境与条件，尽量压缩化学防治面积和施药量、施药次数，改进施药技术，以扩大天敌的利用面积，发挥天敌的控制作用。

5. 物理防治 黄板诱杀技术是利用蚜虫的趋黄性诱杀农业害虫的一种物理防治技术。在小麦蚜虫发生初期开始使用，每公顷均匀插挂225～450块黄板，高度超出小麦20～30cm（彩图2-45-15）；当黄板上黏虫面积达到板表面积的60%以上时即需更换；悬挂方向以板面向东西方向为宜。

6. 化学防治 当麦蚜发生数量大、为害严重，以农业和生物防治不能控制其为害时，则化学农药防治是突击控制蚜害的有效措施。但要掌握防治适期及防治指标，通过对主要为害蚜虫种类、蚜量与产量损失率的相关分析，根据经济损失允许水平，在小麦扬花灌浆期，百株蚜量以麦长管蚜为主达到500头以上，以禾谷缢管蚜为主达到4 000头以上为达到防治指标，且益害比小于1∶120，近期又无大风雨时，应及时进行化学防治。

化学防治应选择好农药种类和合适的施用方法。20世纪70～80年代，氧乐果是防治麦蚜理想的化学药剂，因其防效好、价格低，被农民长期使用，从而导致麦蚜对氧乐果产生抗性。80年代后推广应用多种类型的药剂，如氨基甲酸酯类、除虫菊酯类和烟酰亚胺类等。目前常用药剂有25%吡虫啉可湿性粉剂3 000倍液、4.5%高效氯氰菊酯乳油3 000倍液、50%抗蚜威可湿性粉剂3 500～4 000倍液，或2.5%溴氰菊酯乳油每公顷用150～195mL、2.5%三氟氯氰菊酯每公顷用300～450mL、40%乐果乳油每公顷用750mL，对水450kg稀释后喷雾。以上药剂虽然对小麦蚜虫有较好的防治效果，但对麦田害虫天敌有很强的杀伤力，不宜在穗期使用。要保护天敌和农田环境，应选用低毒、低残留的环境友好型农药，可选用植物源杀虫剂，如0.2%苦参碱水剂每公顷用2 250g（或36%苦参碱500倍液）、0.5%印楝素乳油每公顷用600g、30%增效烟碱乳油每公顷用300g，对水450kg稀释后喷雾；或40%硫酸烟碱1 000倍液、10%皂素烟碱1 000倍液、1.8%阿维菌素乳油2 000倍液。这些药剂对麦蚜的防效都能达到90%以上，又可以最大限度地降低对天敌的杀伤。此外，3%啶虫脒乳油每公顷用300～450mL，推荐在小麦穗期蚜虫初发生期对水450kg喷雾。

在小麦黄矮病流行区主要是在苗期治蚜，采取药剂拌种的方式。可用50%辛硫磷乳油100g，对水5kg，拌麦种50kg堆闷6～12h后播种，可兼治地下害虫和麦蜘蛛；对未经种子处理的田块，当苗期有蚜株率达5%，百株蚜量20头左右时，应进行田间喷药防治，消灭麦蚜基地，控制蚜虫及病毒病的流行。

在小麦穗期常多种病虫混合发生，如小麦锈病、白粉病、蚜虫、黏虫等，可选择吡虫啉与三唑酮、灭幼脲混用，如11%氧乐·酮乳油每公顷用450g、30%吡多·酮可湿性粉剂每公顷用900～1 200g，可兼治小麦赤霉病、纹枯病和麦蚜。

在禾谷缢管蚜发生重的麦区，还应注意苗期或拔节期虫源基地的防治。

附：小麦抗蚜虫鉴定方法

1. **设置抗蚜鉴定圃** 选择小麦蚜虫常年发生重、地势平坦的地块作为抗蚜鉴定圃。由于小麦播种期及其生育期与小麦蚜虫发生盛期密切相关，必须根据参试小麦品种的属性，适期播种。

2. **种植对照品种** 抗蚜对照品种中4无芒是经过多年田间鉴定为高抗麦蚜的品种，可以消除参试品种少于5个时和年际间抗蚜鉴定的差异。

3. **蚜害调查方法** 在大多数小麦品种处于扬花期和灌浆期，小麦蚜虫种群达到高峰期时，单茎蚜量几百乃至上千头，单头计数调查，非常费时。根据多年的田间研究试验，采用模糊识别方法，可以省时省工，并能准确反映田间蚜虫为害的实际情况。

利用模糊识别方法，对田间自然发生的小麦蚜虫混合种群进行蚜害级别调查。调查分3组，每组2人同时调查。调查人先在田间扫视鉴定材料总体的蚜虫发生情况，然后逐行进行随机模糊抽样调查，目测各品种整行麦株上蚜虫的发生数量，确定蚜量最高的1株进行调查，这样可以确保以高峰期最高蚜量来代表品种的蚜害级别。蚜害级别的划分：0级：全株无蚜虫；1级：全株有少量蚜虫（10头以下）；2级：全株有一定量蚜虫（10～20头），穗部无蚜虫或仅有1～5头；3级：全株有中等蚜虫（21～50头），穗部有少量蚜虫（6～10头）；4级：全株有大量蚜虫（50头以上），穗部有片状的蚜虫聚集，蚜虫占穗部的1/4左右；5级：穗部有1/4～3/4的小穗有蚜虫；6级：全部小穗均密布蚜虫。

4. **抗蚜级别的划分及抗性评价** 参考Painter分级标准，采用蚜虫发生盛期各参试材料的蚜害级别最高者与所有参试材料蚜害级别众数的平均值的比值，作为抗性定级的依据。

①对各鉴定材料的蚜害级别取众数；②利用各参试材料蚜害级别的众数计算所有鉴定材料的平均蚜害级别（$\bar{I}$）；③在各鉴定材料的3个重复中取蚜害级别最高者，代表该材料的蚜害级别（I）；④计算比值（$I/\bar{I}$）。按抗蚜级别的划分及抗性评价指标划分抗蚜级别（附表2-45-1）。

附表2-45-1 抗蚜级别的划分及抗性评价指标

Supplementary Table 2-45-1 The category of aphid-resistance and the evaluation index

抗蚜级别	蚜害级别比值（$I/\bar{I}$）	抗蚜性
0	0	免疫（I）
1	0.01～0.30	高抗（HR）
2	0.31～0.60	中抗（MR）
3	0.61～0.90	低抗（LR）
4	0.91～1.20	低感（LS）
5	1.21～1.50	中感（MS）
6	>1.50	高感（HS）

陈巨莲（中国农业科学院植物保护研究所）

第46节　麦双尾蚜

一、分布与危害

麦双尾蚜［*Diuraphis noxia*（Mordvilko）］隶属于半翅目蚜科。目前至少分布在欧洲、非洲、亚洲和美洲的38个国家和地区，在许多国家已经造成了巨大粮食损失。麦双尾蚜的分布：哈萨克斯坦、也门、伊拉克、尼泊尔、伊朗、巴基斯坦、约旦、吉尔吉斯斯坦、叙利亚、乌克兰、俄罗斯、格鲁吉亚、西班牙、葡萄牙、比利时、保加利亚、捷克、南斯拉夫、波兰、法国、土耳其、阿尔及利亚、摩洛哥、埃及、利比亚、南非、纳米比亚、埃塞俄比亚、布隆迪、突尼斯、墨西哥、美国、加拿大、阿根廷、智利和中国新疆（阿勒泰市、布尔津市、哈巴河县、福海县、察布查尔县、昭苏县、特克斯县、霍城县、尼勒克县、新源县、巩留县、塔城市、额敏县、托里县、裕民县、和布克赛尔县、温宿县、奎屯市、乌鲁木齐县、阜康市、奇台县、木垒县、哈密市沁城乡、巴里坤县三塘湖乡、塔什库尔干县、乌恰县、阿图什市、阿克陶县、策勒县奴尔乡、叶城县棋盘乡、莎车县、皮山县）。

麦双尾蚜是世界性麦类作物害虫，主要为害小麦、大麦、黑麦、燕麦、乌麦、雀麦等，寄主植物包括70余种禾本科作物及杂草。受麦双尾蚜为害的植株具有典型的识别特征（彩图2-46-1）：叶片紧密纵卷形成筒状，叶片表面失绿形成白色纵条，在气温较低时受害叶片有紫色条斑，抽穗前为害经常造成旗叶纵卷，不能抽穗，或不能正常抽穗。通过这些特征可以在田间快速调查麦双尾蚜的为害株率。南非的研究表明，叶片受害失绿的原因是由于麦双尾蚜唾液中的毒素对叶绿素具有破坏作用（Fouche et al.，1984），而叶片叶绿素破坏影响光合作用的能力和效率（Burd and Ellitt，1996）。Burd等人的研究表明，麦双尾蚜取食后破坏植物水分平衡并使生长受阻，但去除蚜虫后植物能够较快恢复生长。因此，为害时间的长短可能比蚜虫数量的多少对植物的为害更重要（Burd and Burton，1992）。

麦双尾蚜在苏联对大麦和小麦造成严重危害。在乌克兰的稀树草原区，Mokrzhetski于1900年春天观察到麦双尾蚜迁飞情景，大量麦双尾蚜起飞像云雾一样，遮天蔽日，但当时的粮食产量损失未统计（Grossheim，1914）。在20世纪50年代中期和60年代中、后期，麦双尾蚜在苏联的东南欧洲部分暴发成灾。特别是1949—1952年试验分枝小麦（branched wheat）时期，麦双尾蚜是为害最严重的害虫之一。在80年代，麦双尾蚜仅在伏尔加河西岸严重为害（Kovalev et al.，1991）。经常遭受麦双尾蚜严重为害的国家有埃塞俄比亚、南非、美国和加拿大。在埃塞俄比亚，大麦主要种植在1 500～3 200m海拔高度范围内，一年内有3个种植大麦季节，6～12月、2～5月、9月至翌年1月，麦双尾蚜主要为害在6～12月种植的作物（Mulatu and Gelbremedhin，1994）。在南非，有3个小麦种植区：冬季降雨区，灌溉农业区和夏季降雨区。在夏季降雨区（奥兰治自由邦），麦双尾蚜可以造成80%的粮食损失，在另两个种植区，麦双尾蚜为害轻微（Tolmay and Prinsloo，1994），每年因为麦双尾蚜为害的损失在1 600万～1 800万美元。美国对1987—1992年麦双尾蚜为害损失进行了详细的统计，在西部16个州累计直接和间接损失达到8.6亿美元（Anonymous，1994）。麦双尾蚜在加拿大不同年份为害差别很大，如果冬天气温偏高，麦双尾蚜越冬存活率高，小麦受害严重，如果冬季气温低，降雪量大且积雪时间长，麦双尾蚜不能越冬，则小麦受害轻微，或仅仅冬麦在秋季受害（Butts，1993）。加拿大的试验表明，麦双尾蚜为害后可使冬麦的耐寒力下降（Thomas and Butts，1990）。

麦双尾蚜在亚洲和欧洲为害相对轻微，只是偶尔为害严重。有严重受害报道的除乌克兰外，还有西班牙和葡萄牙（Morrison，1987）。匈牙利在1989年发现麦双尾蚜，仅在1993年造成一定危害，其他时间均为零星发生（Basky Z.，Jordaan，1997）。在南非麦双尾蚜繁殖力比在匈牙利高，所以在南非更容易成灾（Basky Z.，Jordaan，1997）。在中国，麦双尾蚜仅仅在塔城和伊宁两地区的部分年份为害较重，其他地区虽有麦双尾蚜分布，但数量较少，为害较轻（张润志和张广学，1996）。在南美洲，麦双尾蚜为害也不严重，其中，麦双尾蚜在智利为害轻微归功于天敌对它的控制能力较强（Stary et al.，1994）。

关于麦双尾蚜是否传播病毒病还有争议。有报道称，麦双尾蚜在南非能传播雀麦花叶病毒（BMV）（Cronje，1987）、大麦黄矮病毒（BYDVs）、大麦条纹花叶病毒（BSMV）等多种麦类病毒病（von Wechmar，1991）；在西班牙可传播马铃薯Y病毒（PVY）（Perez，1995）。但有些研究者报道麦双尾蚜基本不传播BYDV和BSMV（Damsteegt et al.，1992）。

二、形态特征

双尾蚜属（*Diuraphis* Aizenberg）全世界记录13种，主要分布在古北界和新北界。根据种类丰富度和特有种成分，欧亚大陆的欧洲和中亚为该属蚜虫的现代第一分布中心，北美为第二分布中心。双尾蚜属蚜虫在中国共有7种，主要分布在蒙新区。它们是：麦双尾蚜［*Diuraphis noxia*（Mordvilko）］、害冰麦双尾蚜（*D. nociva* Zhang et Liang）、冰草麦蚜［*D.*（*Holcaphis*）*agropyronophaga* Zhang］、披碱草蚜［*D.*（*Holcaphis*）*elymophila* Zhang］、西方麦蚜［*D.*（*Holcaphis*）*frequens*（Walker）］、雀麦蚜［*D.*（*Holcaphis*）*bromicola* Hille Ris Lambers］和绒毛草蚜［*D.*（*Holcaphis*）*holci*（Hille Ris Lambers）］。

麦双尾蚜无翅孤雌胎生雌蚜（彩图2-46-2，彩图2-46-3）：体长1.59mm，宽0.6mm，体浅绿色。中胸腹岔无柄至两臂断开。触角长0.74mm，一至六节长度比例为35、30、100、62、58、46+91。喙达中足基节。跗节Ⅰ毛序为3，3，3。腹管长不及基宽。第八腹节背片中央具上尾片，长为尾片的0.55倍。尾片毛5根或6根，上尾片具短毛4～5根，尾板毛9根，生殖板毛20根。有翅孤雌胎生雌蚜（彩图2-46-2）体长2.46mm，宽0.82mm。触角长0.74mm，一至六节长度比例为23，12，100，51，53，43+92；第三节上有圆形次生感觉器4～6个，第四节有1或2个。

世界双尾蚜属（*Diuraphis* Aizenberg）分种检索表（无翅孤雌蚜）

1 腹部第Ⅷ节背片有上尾片（Subgenus *Diuraphis* Aizenberg） …… 2
腹部第Ⅷ节背片无上尾片［Subgenus *Holcaphis*（Hille Ris Lambers）］ …… 6
2 腹管向腹侧面开口 …… 墨西哥双尾蚜 *mexicana*（Baker）
腹管向体后开口 …… 3
3 上尾片长至少为尾片的1/2；触角末节端部长为基部的2倍以上 …… 麦双尾蚜 *noxia*（Mordvilko）
上尾片长至多为尾片的1/3；触角末节端部长不及基部的2倍 …… 4
4 上尾片长为尾片的1/4～1/3，指状 …… 缪雷双尾蚜 *muhlei*（Börner）
上尾片长不及尾片的1/4，三角状 …… 5
5 触角第Ⅲ节长短于Ⅳ+Ⅴ节；喙端节长度为0.060mm，不足该节基宽的2倍 …… 结节双尾蚜 *nodulus*（Richards）
触角第Ⅲ节长长于Ⅳ+Ⅴ节；喙端节长度0.10mm，为该节基宽的2倍 …… 害冰麦双尾蚜 *nociva* Zhang et Liang
6 喙Ⅳ+Ⅴ节较长（0.12mm），为基宽的3倍 …… 美国麦蚜 *tritici*（Gallette）
喙Ⅳ+Ⅴ节较短（0.10mm以下），至多为基宽的2倍 …… 7
7 触角第Ⅲ节毛长与该节直径等长 …… 拂子茅蚜 *calamagrostis*（Ossiannilsson，1959）
触角第Ⅲ节毛长至多为该节直径的3/4 …… 8
8 腹管极短呈环状，开口向上 …… 9
腹管明显、瓶塞状，开口向后 …… 10
9 腹部仅第Ⅷ背片有斑 …… 雀麦蚜 *bromicola* Hille Ris Lambers
腹部第Ⅵ～Ⅷ背片有横斑 …… 剪股颖蚜 *agrostidis* Muddathir
10 腹部第Ⅵ背片有斑；受害叶片不卷曲 …… 绒毛草蚜 *holci*（Hille Ris Lambers）
腹部第Ⅵ节背片无斑；受害叶片正面卷曲 …… 11
11 触角第Ⅲ节长于Ⅳ+Ⅴ节 …… 冰草麦蚜 *agropyronophaga* Zhang
触角第Ⅲ节短于Ⅵ+Ⅴ节 …… 12
12 腹管长不足尾片的1/5；喙Ⅳ+Ⅴ节长为后跗节Ⅱ的0.98倍 …… 披碱草蚜 *elymophila* Zhang
腹管长为尾片的1/4；喙Ⅳ+Ⅴ节长为后跗节Ⅱ的0.66倍 …… 西方麦蚜 *frequens*（Walker）

麦双尾蚜的成蚜和若蚜可以分为有翅型和无翅型，有翅型仅从三龄开始可以区分，一至二龄从外部形态无法分辨，归入无翅蚜。有翅蚜各虫态可以根据翅的有无、翅芽的有无和翅芽的形态进行区分（张润志等，1999g）。无翅蚜就可以根据上文确定的包括体长、体宽、头宽、腹管宽、上尾片长、尾片长和触角节Ⅲ长度等7个指标进行鉴别。但是，在实际工作中，这些绝对长度可能受营养等环境条件的影响有所差异，田间操作也较困难。所以，选取一些定性特征和相对长度，包括触角节数、尾片形状、上尾片长与宽比值等特征作为龄期鉴别的主要指标，编制了麦双尾蚜龄期鉴定检索表。

麦双尾蚜各龄期虫态检索表

1 体具翅或翅芽 …… 2
  体无翅或翅芽 …… 4
2 体具翅 …… 有翅成蚜
  体具翅芽 …… 3
3 翅芽端部黑色且指向体背向，与体纵轴成一锐角 …… 四龄有翅若蚜
  翅芽较小，全绿色，与体纵轴平行 …… 三龄有翅若蚜
4 体较小，缺上尾片，触角 4 节 …… 一龄无翅若蚜
  体稍长，具上尾片，触角多于 4 节 …… 5
5 上尾片长度仅为基宽的一半，触角 5 节 …… 二龄无翅若蚜
  上尾片长度等于或大于基宽，触角 5～6 节 …… 6
6 上尾片长度等于基宽，触角 5 节 …… 三龄无翅若蚜
  上尾片长度至少为基宽的 1.2 倍，触角 5～6 节 …… 7
7 上尾片长度为基宽的 1.2 倍，尾片未完全发育，末端圆钝，触角 5～6 节 …… 四龄无翅若蚜
  上尾片长度为基宽的 1.5～2.0 倍，尾片发育完全，长舌状，触角 6 节 …… 无翅成蚜

三、生活习性

麦双尾蚜在寒冷麦区营全周期生活（张广学和张润志，1994），每年发生 10～11 代。秋末冬初产生雌性蚜和雄性蚜，交尾后把卵产在麦类作物或禾本科杂草上，翌春卵孵化，在上述寄主上孤雌生殖 3 个世代，一、二代为无翅型，三、四代部分为有翅型，向外迁飞或为害到麦收。在温暖地区麦双尾蚜营不全周期孤雌生殖。

1. 麦双尾蚜的发育 在 7.5～28℃温区内，麦双尾蚜发育历期随温度的升高而缩短，30℃时麦双尾蚜的发育历期反而延长。在 33℃下仅有少数个体能存活至第三至四龄，无一个体能发育至成虫期，说明 33℃已属麦双尾蚜的高温致死温区。因此，7.5～28℃是麦双尾蚜发育的适温区。在此温区内，麦双尾蚜各龄期的发育速率均与温度呈现出明显的线性关系，相关系数均达到 0.9 以上（$P\leqslant0.01$）。用 7.5～28℃内麦双尾蚜发育速率与温度的关系计算出的若蚜期发育起点温度为 3.27℃，有效积温为 152.55℃。

2. 麦双尾蚜若蚜期存活率与成蚜寿命 麦双尾蚜在各恒温条件下，各龄期存活率基本上随着温度升高呈现下降趋势，二龄若蚜在 10～30℃的情况尤其明显。从麦双尾蚜若蚜期存活率看，在 10～24℃范围内随温度的升高而下降，除 28℃时总存活率较高外，30℃时总存活率只有 39.0%，远低于在其适温区的存活率。比较相同温度条件下麦双尾蚜各龄期的存活率，在 15～28℃范围内，一至二龄若蚜的存活率低于第三至四龄若蚜存活率。这说明，较低的温度对麦双尾蚜的存活有利，相同温度下随着若虫龄期的增加存活率提高。

3. 麦双尾蚜的繁殖 低温和高温对麦双尾蚜的繁殖有不利影响（张润志等，1999c），15～20℃为麦双尾蚜繁殖的最适温区。平均繁殖力和最大繁殖力随温度的升高而增加，温度达到 24℃以上时反而下降，回归方程分别为：

$$y_1=-0.2093x^2+7.5749x-38.0110$$
$$y_2=-0.4878x^2+17.6200x-84.8950$$

式中 y_1 和 y_2 分别为单雌平均产仔数和单雌最高产仔数（头），x 为温度梯度（1～7）。

这些结果说明，在一定范围内温度的降低不利于麦双尾蚜的繁殖；尽管由于繁殖历期的延长而在一定程度上提高了其繁殖能力，但其平均生殖力依然呈下降趋势。

4. 麦双尾蚜的生活周期型 麦双尾蚜在世界不同地点有不同的生活周期型，在北美洲、南美洲、非洲、地中海沿岸为不全生活周期型（Hughes，1988；Basky and Jordaan，1997）。但 Kiriac 报道在美国发现少量的雌性麦双尾蚜，未发现雄性蚜（Kiriac et al.，1990），属产雌不全生活周期型。在乌克兰、俄罗斯南部、匈牙利、中亚国家及中国新疆为全生活周期型（Kiriac et al.，1990；Basky，1993；魏争鸣等，1994）。

全生活周期型麦双尾蚜的生活史：在乌克兰，4 月田间越冬卵孵化出干母，这和新疆塔城的麦双尾蚜

卵孵化时间相当（魏争鸣等，1994）。6月，田间产生有翅蚜，开始迁飞，转移到春麦田为害。夏天或秋天，作物收获后，在杂草上越夏。有性世代出现在9月，10月开始在大麦或小麦的叶片上产卵，直到霜冻来临。在塔城的观察表明，麦双尾蚜在降雪时仍在产卵，直到11月还可以发现雌性麦双尾蚜（魏争鸣等，1994）。

不全生活周期型麦双尾蚜以孤雌蚜越冬，只要温度适宜（超过发育起点温度），几乎常年可以繁殖为害（Basky and Eastop，1991）。在埃塞俄比亚，常年种植大麦，各茬大麦都不同程度地遭受麦双尾蚜为害（Mulatu and Gelbremedhin，1994）。

麦双尾蚜在中国新疆塔城以全生活周期型存在，产生雌性蚜和雄性蚜交尾产卵越冬。在室内光照14h/d，温度不低于15℃的条件下连续饲养，不产生雄性蚜，以连续的孤雌生殖方式繁殖。连续饲养繁殖的麦双尾蚜，随着室内培养代数的增加，雌、雄性蚜比例下降，孤雌蚜和若蚜的比例增加；室内连续饲养49代，恢复自然条件后，不产生雄性蚜，少量产生雌性蚜；81代以后，不产生雄性蚜，偶尔产生雌性蚜；不再以卵越冬，而以孤雌蚜和若蚜越冬。由此衍生麦双尾蚜生活型演变成灾的假说（张润志等，2000；Zhang et al.，2001），即：麦双尾蚜在长期的扩散过程中，其生活型发生改变，由全生活周期型演变出不全生活周期型；不全生活周期型适应环境能力更强，分布更广泛，对作物为害更加严重。

四、发生规律

（一）麦双尾蚜在麦田的生态位

新疆塔城、伊犁两地区麦田的麦双尾蚜［*Diuraphis noxia*（Mordvilko）］、麦二叉蚜［*Shizaphis graminum*（Rondani）］、麦长管蚜［*Microsiphum avenae*（F.）］和禾谷缢管蚜［*Rhopalosiphum padi*（L.）］等4种小麦蚜虫生态位分析结果显示（张润志等，1999h），在塔城，麦蚜时间生态位的重叠度从大到小依次为麦二叉蚜—麦双尾蚜、麦长管蚜—麦二叉蚜、麦双尾蚜—麦长管蚜、麦双尾蚜—禾谷缢管蚜、麦二叉蚜—禾谷缢管蚜。这表明麦双尾蚜和麦二叉蚜的发生期最接近，吻合度最高。在伊犁，麦蚜时间生态位的重叠度以麦双尾蚜和麦长管蚜为最大，其次是麦双尾蚜和麦二叉蚜。伊犁与塔城两地时间生态位最大重叠的蚜虫种类不同，表明麦双尾蚜在时间维上与最激烈的竞争者不同。两地相同之处为麦双尾蚜、麦长管蚜和麦二叉蚜这3种麦蚜种群数量消长情况在时间序列上吻合程度较高，而禾谷缢管蚜与其他麦蚜的生态位重叠度最小。麦双尾蚜由于主要取食幼嫩植株及叶片，和其他蚜虫的空间生态位重叠度不大。

（二）麦双尾蚜的越冬与寄主转移

小麦收获后，野燕麦、黑麦和自生麦苗是麦双尾蚜的重要替代寄主，偃麦草和羊草上有少量的麦双尾蚜发生，其他禾本科杂草上很少发生麦双尾蚜。在塔城冬、春麦混合种植区，冬麦田是麦双尾蚜的主要越冬地点。从5月开始有翅蚜不断迁移到春麦上为害，秋季主要从晚熟春麦迁移到冬麦上产卵越冬。

新疆塔城早播冬麦是麦双尾蚜最重要的越冬基地，麦双尾蚜以卵越冬，4月上旬越冬卵开始孵化为干母，干母产出的部分干雌发育为有翅蚜，开始转移（梁宏斌等，1999a）。从1994年的调查结果分析，在海拔较低的地区，麦双尾蚜集中于5月中旬到6月上旬迁入春麦田，6月上旬以后迁入这些春麦田的有翅蚜减少，6月中旬以后春麦田也开始产生有翅蚜向邻近田块扩散，此时春麦田的有翅蚜究竟是外面迁入的还是在春麦田内繁殖产生的已很难区分。麦双尾蚜在塔城市冬、春麦混合种植区为害相对较重。调查显示，冬麦田是麦双尾蚜的主要越冬地，山间春麦为该蚜越夏提供了理想场所。因此，麦双尾蚜的重要寄主小麦几乎常年存在。秋季麦双尾蚜从替代寄主和山间春小麦迁入早播冬麦田越冬，春、夏季从早播冬麦田转移到替代寄主和春麦上为害。调查结果显示，替代寄主上麦双尾蚜数量较小，相对于小麦来说不很重要。因此，应该提倡冬小麦适时晚播、春小麦早播，以延长春小麦收获和冬小麦播种之间的间隔时间，同时大力防除恶性杂草野燕麦，小麦收获时减少落入田间麦粒数量以减少自生麦苗。另外，冬、春麦混合区可以创造条件只种春麦，恶化麦双尾蚜食物资源。“断口粮”无疑是害虫防治中最得力的手段（曹骥，1996）。哈密春麦区由于麦双尾蚜数量极少，在耕作制度不变的情况下没有必要考虑进行防治。

（三）麦双尾蚜发生与环境因素的关系

在新疆塔城（梁宏斌等，1997g），麦双尾蚜在春麦田最集中分布于海拔600～800m高度，在冬麦田最集中分布于700～800m高度；冬麦田和同海拔高度的春麦田麦双尾蚜数量密切相关（$r=0.91$，$P\leqslant$

0.01)。麦双尾蚜寄生性天敌蚜茧蜂类和蚜小蜂类，在春麦田最集中分布的高度为海拔 500～600m，随着时间的延后，分布的高度范围逐渐扩展；冬麦田最集中分布的高度为海拔 600～800m，略高于春麦田。捕食麦双尾蚜的斑腹蝇幼虫在春麦田前期最集中分布的高度为海拔 500m 处，后期分布高度上升；冬麦田较集中分布的高度为海拔 600～800m，也随着时间的延后而上升。高海拔的冬麦田播种期最早，秋季麦双尾蚜首先迁移到这些小麦田为害，来年蚜虫数量应该较多，但实际调查到的麦双尾蚜却较少，其中原因还不清楚，也许是由于种植的小麦数量太少（高海拔冬麦面积极少，地块不连续，并有休耕现象），也可能麦双尾蚜越冬成活率低。同一海拔高度春麦田和冬麦田的麦双尾蚜数量的相关性表明，春麦上的麦双尾蚜主要由附近冬麦田迁入，所以，在作物布局上要避免在受害较重的冬麦田附近种植春麦，特别是不要种植晚播春麦，防止麦双尾蚜对春麦严重为害。

从其他地区麦双尾蚜的分布情况来看，麦双尾蚜对海拔高度也有一定的选择性，如新疆南部和田和叶城两地平原区未发现麦双尾蚜，而附近的山区却有该蚜生存；在埃塞俄比亚麦双尾蚜多分布在海拔 2 000m以上的高度（Mulatu and Gebremedhin，1994）。麦双尾蚜和海拔的关系可能受气候的影响，气候影响麦双尾蚜的越冬和越夏地点，并影响小麦的播种日期，因此，海拔高度仅仅是气候影响麦双尾蚜数量的间接反映。

在新疆塔城，麦双尾蚜寄生性天敌蚜茧蜂类和蚜小蜂类，在春麦田最集中分布的高度为海拔 500～600m，随着时间的延后，分布的高度范围逐渐扩展；在冬麦田最集中分布的高度为海拔 600～800m，略高于春麦田。捕食麦双尾蚜的天敌斑腹蝇类在春麦田前期最集中分布的高度为海拔 500m，后期分布高度上升；在冬麦田较集中分布的高度为海拔 600～800m，并且随着时间的延后，集中分布的高度上升（梁宏斌等，1999e）。

根据 1988—1997 年新疆塔城的气候资料分析（张润志等，1999b），麦双尾蚜（*Diuraphis noxia* Mordvilko）为害程度和前一年 7 月降水量、上年 9 月平均温度、当年 4～5 月降水量关系密切。前一年 7 月降水越多、上年 9 月的平均温度越高，越有利于麦双尾蚜种群增长，但当年 4～5 月降水量对麦双尾蚜种群增长不利。田间模拟降水可以明显降低麦双尾蚜种群数量。田间相对干旱地段麦双尾蚜数量明显高于湿润地段，并且干旱地段麦双尾蚜被菜少脉蚜茧蜂（*Diaeretiella rapae* McIntosh）寄生的百分率相对较低。

（四）麦双尾蚜的天敌及其作用

麦双尾蚜自然天敌资源较丰富的区域是中国新疆，共发现天敌 99 种，其中，昆虫纲 68 种，分别隶属于 7 目、13 科、34 属；蛛形纲 30 种，分别隶属于 7 科、21 属；真菌 1 种（Zhang et al.，1998）。新疆麦田麦双尾蚜的自然控制因素比较明显（梁宏斌等，1999g），天敌种类十分丰富，捕食性天敌瓢虫类、蜘蛛类、斑腹蝇类，寄生性天敌蚜茧蜂和蚜小蜂对麦双尾蚜的控制能力很强。不同天敌寄生麦双尾蚜的功能反应类型也不尽相同（张润志等，1999f），一种蚜小蜂（*Aphelinus* sp.）对麦双尾蚜［*Diuraphis noxia* (Mordvilko)］的功能反应为 Holling-I 型，直线方程为 $Na=0.6060N-3.4700$。七星瓢虫（*Coccinella septempunctata* L.）成虫对麦双尾蚜功能反应也为 Holling-I 型，直线方程为 $Na=0.6020N+5.9000$；多异瓢虫［*Hippodamia variegata* (Goeze)］成虫和狭抱小斑腹蝇（*Leucopis annulipes* Zett.）三龄幼虫对麦双尾蚜的功能反应均为 Holling-II 型，关系式分别为 $1/Na=1.2550/N+0.0046$ 和 $1/Na=1.3280/N+0.0071$。

麦双尾蚜传入南非和美国后，两个国家都十分重视对其天敌的研究。南非通过从澳大利亚和美国间接引进了乌克兰、巴基斯坦、伊朗和中国的天敌，进行田间释放（Tolmay and Prinsloo，1994）。其中，效果比较好的天敌有一种蚜小蜂（*Aphelinus hordi*），海神小斑腹蝇（*Leucopis ninae*）也饲养成功并进行了释放。美国在麦双尾蚜全世界分布范围内考察天敌资源，广泛搜集天敌种类，许多种类被引入，进行评价、饲养和释放（Gould and Prokrym，1994）。

麦双尾蚜天敌瓢虫类在塔城和伊犁小麦田的时间生态位宽度均较大（张润志等，1999i）。塔城麦田食蚜蝇类和瓢虫类的时间生态位重叠度最大。伊犁麦田食蚜蝇类空间生态位最宽，瓢虫类时-空生态位宽度最大，斑腹蝇类和瓢虫类时间生态位的重叠度最大，蚜小蜂和斑腹蝇空间生态位以及时-空生态位的重叠度最大。

（五）麦双尾蚜的扩散途径

从麦双尾蚜在世界上的扩散情况分析，麦双尾蚜有可能通过自主飞行及借助风力进行扩散。如在美国中西部，夏季从南到北盛行偏南风，并有低空急流，麦双尾蚜可以借助风力从南向北扩散。但麦双尾蚜也可能通过人为携带途径进行扩散，如南非至南美洲、北美洲，地理上最近距离在3 000km以上，靠飞行和气流的传播是很难想象的。用RAPD-PCR方法对麦双尾蚜遗传性状的分析发现，法国、南非、墨西哥和美国的麦双尾蚜和土耳其麦双尾蚜遗传物质的相似性最大，被归于一个生物类型。所以，推断可能都来源于土耳其，传播途径可能为商业运输或人为携带。曾在从欧洲回到墨西哥的旅游者衣服上发现活蚜虫（种类不明），所以，认为麦双尾蚜有可能通过此种方式传入美洲（Hewitt et al.，1984）。从麦双尾蚜生活史分析，麦双尾蚜有以卵越冬的全生活周期型，卵产在小麦或杂草的叶片上，所以，卵是否可以通过杂草（包括草皮和牧草）或混在牧草的种子中进行扩散存在疑问。另外，麦双尾蚜取食禾本科杂草，还可能通过杂草特别是草皮运输进行扩散。但是至今为止，对麦双尾蚜如何进行跨大洋扩散还没有直接的证据。

（六）麦双尾蚜的潜在分布区

根据麦双尾蚜在中国新疆的分布地点，对CLIMEX软件中适宜温度上限、限制性高温、有效积温、冷逆境开始积累点、热逆境开始积累点、冷逆境积累速率、热逆境积累速率和湿逆境积累速率等参数值进行修改调试，调整后的CLIMEX生态气候模型，对新疆麦双尾蚜分布的模拟准确率达到90%。由此模型进行预测（梁宏斌等，1999f），云南、新疆、黑龙江、青海、西藏、吉林、辽宁、甘肃、宁夏、内蒙古、山西和山东等12个省份存在麦双尾蚜的适生区。世界性麦双尾蚜主要分布在冬、春麦混合种植区和春麦区，如乌克兰、俄罗斯西南部、我国新疆北部、埃塞俄比亚、南非、美国西北部和加拿大南部，受害特别严重的地区基本都是冬、春麦混合区，如乌克兰、埃塞俄比亚、南非和美国西北部。由此看出，麦双尾蚜分布不仅仅是气候决定的，寄主植物的丰富程度可能也起着重要作用。我们的预测结果显示：麦双尾蚜的适宜分布区在中国的春麦种植区，如东北、西北和西南地区；在冬麦和春麦区的交界处，如天水和太原也可能适合麦双尾蚜生存。而广大的冬麦种植区一般不适合麦双尾蚜生存，这和世界麦双尾蚜主要在冬、春麦混合区分布现状相一致。

五、防治技术

（一）农业防治

麦双尾蚜的农业防治措施提出较早。Grossheim（1914）曾提出改善耕作习惯是防治麦双尾蚜的基本措施。具体办法是：作物收获时减少麦粒落入路边或田间，以防止自生麦苗滋生麦双尾蚜，并烧毁麦茬消灭田间的麦双尾蚜；种植诱集植物大麦，再进行翻耕消灭麦双尾蚜；对收割后的麦茬也进行翻耕，消灭麦双尾蚜的卵；并建议冬麦晚播避开麦双尾蚜为害，春麦早播抗御麦双尾蚜为害。但这些措施在当时只是作为建议提出，并未见得到实施。麦双尾蚜入侵到南非和美国并严重为害后，才开始对麦双尾蚜进行大量的农业防治的研究。

（二）生物防治

天敌引进。Hopper等人总结了1988—1994年美国在海外采集天敌的地点、种类及数量（Hopper et al.，1998）。在这7年中，美国有40多位专家和技术人员在17个国家共采集62次，天敌包括7个科的29种捕食性和寄生性天敌，6种真菌，共计85 000头天敌被运入美国。这些天敌经过检疫和培养扩增，在西部16个州共释放1 550万头天敌。释放的具体办法是：选择小麦受害率在5%～10%的地块，在秋季和春季每周释放一次，连续释放4～6周，在日落后1h内释放完毕。目前有4种天敌已经在美国定居下来，分别是乌兹别克斯坦蚜茧蜂（*Aphidius uzbekistanicus* Luzhetzki）和粗脊蚜茧蜂［*Aphidius colemani*（Viereck）］、短脊蚜小蜂（*Aphelinus asychis* Walker）和白足蚜小蜂（*Apelinus albipodus* Hayat et Fatima）。

自然天敌资源。麦双尾蚜自然天敌资源较丰富的区域是中国新疆，共发现天敌99种，其中，昆虫纲68种，分别隶属于7目、13科、34属；蛛形纲30种，分别隶属于7科、21属；真菌1种（Zhang et al.，1998）。在这些天敌中，发现3种寄生性天敌和4种捕食性天敌最为重要。寄生性天敌分别为燕麦蚜茧蜂（*Aphidius avanae* Haliday），菜少脉蚜茧蜂（*Diaeretiella rapae* McIntosh）和白足蚜小蜂（*Aphelinus albipodus* Hayat et Fatima）；捕食性天敌分别为多异瓢虫（*Hippodamia variegata* Goeze），七星瓢虫［*C. septempunctata*（L.）］，十一星瓢虫［*C. undecimpunctata*（L.）］和龟纹瓢虫（*Propylea japanica* Thunberg）。根据美国研究者在欧亚大陆及南美洲调查发现，共搜集蚜小蜂3种，蚜茧蜂9种，瓢虫7种，食蚜蝇6种，真菌6种，其他4种，这些天敌种类经常出现在麦双尾蚜种群附近，和该蚜的关系可能较密切（Prokrym et al.，1998）。

（三）作物抗虫性

在南非，已经把4个抗性材料PI137739（含抗麦双尾蚜基因*DN1*）、PI262660（含抗麦双尾蚜基因*DN2*）、PI294994和AUS22498中的抗性基因通过回交方法转入到5个种植品种，其中，有两个品种Tugela-DN和Betta-DN表现出对麦双尾蚜有较强的抗性，已投入商业使用。在美国，利用作物叶片的卷曲程度和叶绿素损失程度指标筛选小麦及其近缘种的抗性，在58个品种之中18个具有抗性（Nkongolol，1990）。中国在新疆伊宁对部分小麦的抗性进行了评定，结果表明，新疆当地的许多小麦品种对麦双尾蚜具有抗性（刘晏良等，1996）。

在新疆伊犁地区观察了195个和36个麦类品种对麦双尾蚜的自然感虫性。36个品种两年的结果进行比较表明（张润志等，1999a），感虫率级别相同的品种有18个，占50%；其中“一粒小麦”稳定地表现为不感虫性；感虫率稳定地表现在20%以下的品种有13个，即86-2-4-2-3-3、京772、M85-189、T579、永良13、T 49419、浮纳尔、Mg 4521、广引74、Mg 5824、Mg 8586、T 1008和短芒黑边红；感虫率稳定在20%～40%的品种2个，即额敏黑芒和白长穗；感虫率稳定在40%～60%的品种2个，即“黑芒红”和“勾毛白”。其余品种，有14个两年的感虫率相差一个级别（20%）；黑芒长穗、高原602、伊宁黄库尔班和82-10-42-1-1等4个品种感虫率相差2个或3个级别。1996年塔城引种试验的2个品种春麦雄性不育系-901和啤酒大麦（石引-1号）均遭受麦双尾蚜的严重为害。不同品种遭受麦双尾蚜为害的耐害性也是有差异的（张润志等，1999d），在新疆伊犁就36个麦类品种对麦双尾蚜耐害性和产量损失的研究结果表明，其中，11个品种受害后千粒重下降10%以下，为耐害性较强的品种，它们是一粒小麦、墨玉稻穗、爱因亢、小偃95、Mg8349、短芒黑边红、伊春4号、小黑麦12、浮纳尔、毛大头和T1008。综合考虑不同品种的自然受害率和受害后千粒重的下降，各品种的总体产量损失率在0～10.56%。产量损失率在2%以下的有14个品种，即一粒小麦、爱因亢、Mg8349、Mg8786、浮纳尔、短芒黑边红、T1008、墨玉稻穗、小黑麦12、广引74、Mg4521、黄库尔班、Mg8816和小偃95。

（四）化学防治

防治指标。南非制定的麦双尾蚜防治指标为：小麦拔节期4%～7%的受害分蘖株，在抽穗期14%的受害分蘖株（Du Toit，1986）。在麦双尾蚜侵入美国时，一般应用Du Toit等制定的拔节期10%的植株受害率（Du Toit and Walters，1984）。有的使用春季冬麦8%的受害分蘖株作为防治指标（Bennett，1990）、秋季的防治指标为每7株小麦有2.2～4头蚜虫，或在春季每7株小麦有0.4～0.9头蚜虫（Girma，1993）。我国新疆春小麦拔节期受害达到10%时需要防治（刘晏良等，1994）等。

药剂防治。南非和美国都曾经大量使用化学农药对麦双尾蚜进行应急防治。在南非，Butts用11种内吸性杀虫剂对小麦种子进行处理，只有1种杀虫剂CGA73102对发芽和苗期生长无影响，对麦双尾蚜防治效果较好，施用量为每千克种子拌0.008kg药剂（有效成分）（Butts and Walters，1984）。在美国，用甲拌磷和乙拌磷进行土壤处理，防治效果可达2个月；毒死蜱（有效成分0.11kg、0.23kg）防治效果持久，对硫磷（有效成分0.45kg）在3周内对麦双尾蚜杀伤性较好（Hammon，1988）。利用药物处理种子对麦双尾蚜的防治效果，效果最好的是用硫脲和锈枯灵混合物方法，用量为（0.002 5+0.002 5）kg（有效成分）/kg，控制时间20d（Kindler and Springer，1989b）。随着麦双尾蚜研究的不断深入以及各种有效措施的应用，化学防治麦双尾蚜的研究越来越少，化学农药的使用数量也不断减少。在中国新疆，由于具有良好的生态条件，麦双尾蚜控制更多地运用各种自然控制因素，很少使用化学药剂防治麦双尾蚜（张润志和张广学，1996）。

张润志　梁宏斌　张广学（中国科学院动物研究所）

第47节　小麦吸浆虫

一、分布与危害

小麦吸浆虫主要有麦红吸浆虫（麦红瘿蚊）［*Sitodiplosis mosellana*（Gehin）］和麦黄吸浆虫（麦黄

康瘿蚊）[*Contarinia tritici*（Kirby）]，属双翅目瘿蚊科。以幼虫潜伏在颖壳内吸食正在灌浆的汁液，造成麦粒瘪、空壳或霉烂而减产，具有很大的危害性。一般减产10%～20%，重者减产30%～50%，严重的乃至颗粒无收。

在我国小麦吸浆虫主要分布在43°N以南及27°N以北，由100°E至东海沿岸范围的渭河、淮河、黄河、海河、卫河、白河、伊洛沁河、沙河、汉水、长江流域。目前我国小麦主产区以麦红吸浆虫为主。20世纪50年代调查显示，麦黄吸浆虫分布于青海、甘肃、陕西、四川、河南等冷凉山区谷地，以及在湖北天门、长江中下游与麦红吸浆虫有混合分布。21世纪以来，很少有麦黄吸浆虫为害的报道。

小麦吸浆虫在我国发生为害已有悠久的历史，早在1314年鲁明善著的《农桑衣食撮要》中就有记载。1950年河南、陕西、安徽、江苏、湖北等省80余县发生小麦吸浆虫，1951年发展到11省份139个县（市）。根据1954年的调查则有18个省份260余县（市）发生（曾省，1965）。

20世纪80年代初，麦红吸浆虫在我国大面积回升，扩大蔓延，至1985年暴发成灾，在陕西、安徽、河南、甘肃、宁夏、青海、河北、山西等省份发生面积达120余万 hm^2，损失粮食10%～20%。1986年扩展到245万 hm^2，到1988年全国发生面积达300余万 hm^2，再度对小麦生产造成威胁。与20世纪50年代相比，麦红吸浆虫在华北向北扩展了3个纬度。如河北省50年代仅发生在邯郸的磁县，1995年已扩展到河北省12个地（市）68个县，北限已移到廊坊、唐山一带。山东省过去一直未见吸浆虫为害的记录和报道，而1990年在鲁西南的鱼台、金乡等地暴发，至1993年调查，全省5地（市）33个县（市）、区发现有该虫发生。1993年河南全省97个县176多万 hm^2 麦田发生吸浆虫，损失小麦8亿kg。90年代在湖北孝感地区也出现吸浆虫为害导致小麦毁产的现象。

21世纪以来，沿燕山山脉的北京、天津、唐山地区，山东鲁南地区的临沂、新泰成为小麦吸浆虫新发生区，河南、河北小麦主产区均遭到吸浆虫的严重为害，常年发生面积约为200万 hm^2，以2005—2007年发生面积最大。2012年陕西关中平原麦红吸浆虫大面积发生，面积超过50万 hm^2。

二、形态特征

麦红吸浆虫属全变态昆虫（彩图2-47-1）。

（一）麦红吸浆虫

雌成虫（图2-47-1）：体微小纤细，似蚊子，体色橙黄，全身被有细毛，体长2～2.5mm，翅展约5mm。头部很小，下口式，折转覆在前胸下面，颜面橙黄色；复眼黑色，合眼式，左右两眼完全愈合，

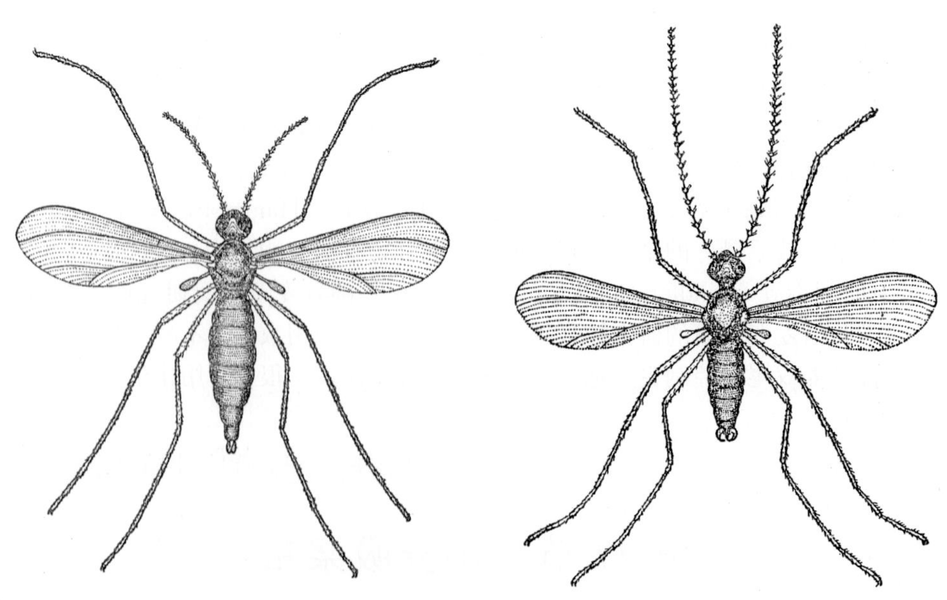

图2-47-1 麦红吸浆虫雌成虫（左）和雄成虫（右）（引自周尧，1956）
Figure 2-47-1 Adult female (left) and male (right) of *Sitodiplosis mosellana* (from Zhou Yao, 1956)

没有界线，眼大，镜面圆形，没有单眼。触角细长，念珠状，14 节（2＋12）。胸部很发达，橙黄色，前胸很狭，不易看见，中胸很大，背板发达，盾片大，颜色较深，小盾片圆球形，隆起，侧板发达，侧板缝成直线，连接翅基部和中足基节间；后胸很小，不发达；足细长；前翅（图 2-47-2）发达，成阔卵圆形，沿前缘的为前缘脉（C）；其次为第一径脉（R_1），只达翅的 1/3 处；第三条为径脉总支（Rs），直达翅的端部，与前缘脉的端部相连接，第四条为中脉的后支（M_4）和肘脉（Cu_1）合并为叉状。后翅退化成平衡棍。腹部 9 节，略呈纺锤形，橙黄色，第八、九两节之间有可以套缩的伪产卵管（图 2-47-3），是由第九节延伸而成，中等长度，略能伸缩，全部伸出时约为腹长的一半。

雄成虫（图 2-47-1）：体形稍小，长约 2mm，翅展约 4mm。触角远长于雌虫，念珠状，26 节（触角中的 12 个鞭节每节都似有 2 节，2 加 24，故为 26 节）。腹部较雌虫为细，末端略向上弯曲，具外生殖器或交配器，其两侧有抱握器 1 对，末端生坚锐黄褐色的钩，器面生长毛，中间有阳具，中藏阳茎，阳具基部两侧生副器。

卵：很小，肉眼不易见，长圆形，一端较钝，大小为 0.09mm×0.35mm，淡红色，透明，表面光滑。将酒精泡过的标本放在显微镜下观察，内部充满了蛋黄球。卵初产时为淡红色，快孵化时变为红色，前端较透明，从壳外可见其内幼虫活动。

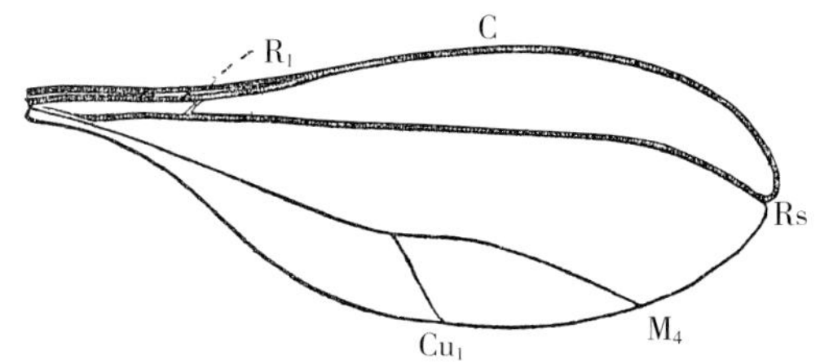

图 2-47-2 麦红吸浆虫的前翅（引自曾省，1965）
Figure 2-47-2 The forewing of *Sitodiplosis mosellana* (from Zeng Sheng, 1965)

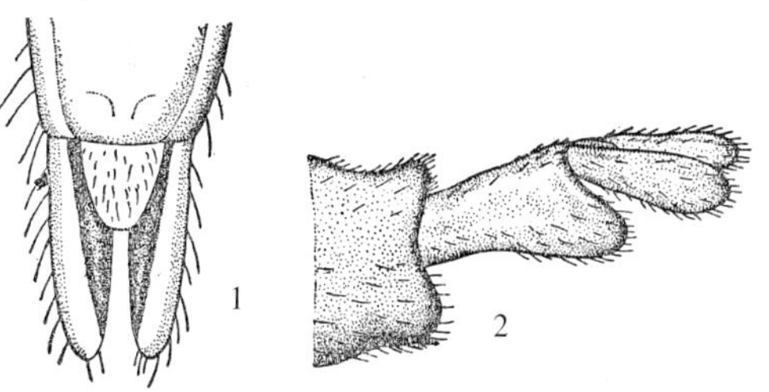

图 2-47-3 产卵管末端（引自周尧，1956）
Figure 2-47-3 The terminal of ovipositor (from Zhou Yao, 1956)
1. 背面 2. 侧面

幼虫：第一龄幼虫，体背无显著的瘤点，腹面有极小的棘，集合成群，按体节分列。气管系属于后气孔式，仅在第九腹节上有一对大而突出的气孔。腹部末端呈二叉状。一龄幼虫的皮层全透明，身体两侧各有一纵列橙黄色的脂肪体（tissu adipeux）小块。第二龄幼虫为橙黄色，脂肪体从身体两侧的中央逐渐扩展，到最后几乎全身布满脂肪体。第三龄幼虫是在麦穗部常见到的老熟幼虫，体长 2.5～3mm，椭圆形，前端稍尖，腹部粗大，后端较钝，橙黄色。全身 13 节（头 1 节，胸 3 节，腹 9 节），无足，头小，分为两部分，前部较短小，皮质坚硬，有纵列的黄色“筋”4 条（用氢氧化钠煮过的标本可见），后部较大，透明，柔软，便于伸缩。没有单眼和复眼，但在头部的背面与腹面剑状胸骨片相对稍偏前处有黑色眼点（在第一龄时开始形成），感光。在第一胸节的腹面，到第二龄可见 Y 形剑骨片构造（图 2-47-4）。当幼虫老熟时，爬到麦芒顶端，用剑骨片固定其上，腹面向外，把身体反卷起来，弯曲成圆球形，然后用头部末端猛力一弹，就跳落地面。口器周围肌肉发达，着生锐刺 5 对，第一对叉状，位于口的上方，第二对钩状，第三、四、五对尖直，分列两侧。另有叉状刺 3 对，位于前口刺外缘的后方，这些刺能锉穿或钩破麦粒表皮组织，使麦浆流溢便于吸收。

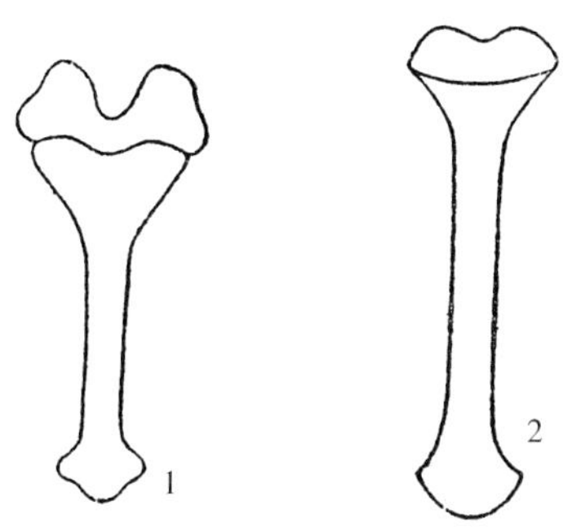

图 2-47-4 吸浆虫的剑骨片（引自曾省，1965）
Figure 2-47-4 The sternum sternal spatula of wheat midge (from Zeng Sheng, 1965)
1. 麦红吸浆虫 2. 麦黄吸浆虫

虫体背面自第一胸节至腹末节被覆鳞片，背面和侧面还有很多疣状突起，疣的上面簇生丛毛。腹面在一至八节每节的前半部，有横列椭圆形骨片各 1 个，上生尖形细齿（棘）。第一胸节腹面中部有一纵贯 Y 形剑骨片，是幼虫分类根据之一。

蛹（图2－47－5）：蛹有两种，一种是裸蛹，一种是带茧的蛹，蛹体构造相同。体赤褐色，长2mm，前端略大，头部有短感觉毛，头的后面前胸处有1对长毛，黑褐色，为呼吸管，此与摇蚊科（Chironomidae）长跗摇蚊（*Tanytarsus*）的蛹颇相似，这或可证明吸浆虫原是水生昆虫。

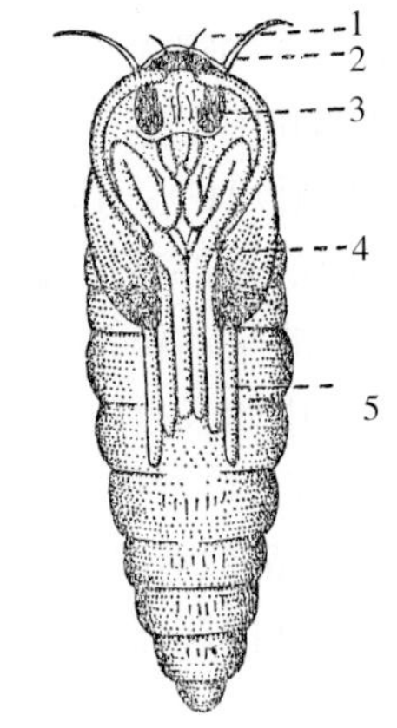

图2－47－5 麦红吸浆虫蛹腹面观（引自曾省，1965）
Figure 2－47－5 The ventral of pupa of *Sitodiplosis mosellana* (from Zeng Sheng，1965)
1. 头前毛 2. 呼吸管 3. 复眼 4. 翅芽 5. 足

蛹的发育变化分为4个阶段，是检查发育进度的重要依据（图2－47－6）。

①前蛹：幼虫头部缩入前胸，体形变短加粗，不甚活动，前、中、后胸3节分界不明显，连成圆形，其中脂肪体消失，呈白色透明状，剑骨片特别明显，眼点分离，翅芽、足、触角在体中开始形成，透视呈乳白色。

②初蛹：前蛹蜕掉幼虫的皮（剑骨片随皮脱掉）即化为初蛹。初蛹体呈淡黄色，翅芽、足、触角白色或淡黄色，翅芽短仅及腹部第一节，眼点无变化，前胸背面的一对毛状呼吸管显著伸出，以后翅芽渐次增长，其尖端一般均达第三腹节，虫体颜色亦较前变深，多为橙黄色或橘红色。

③中蛹：体色橙黄或橘红，最突出的变化是复眼的渐次形成，左右愈合，复眼颜色由淡黄→橙黄→橘红→深红色依次变化；翅芽、触角有的为淡黄，有的为黄白色，变化不一，据观察一般以淡黄色为最多。

④后蛹：中蛹至后蛹首先是翅芽由灰色→淡黑色→赭色→黑色渐变；复眼亦由红→深红→黑红→黑色渐变；足及触角亦由淡黄→淡灰→深灰→黑色渐变；虫体颜色变化不一，多数为橘红，少数颜色较淡。

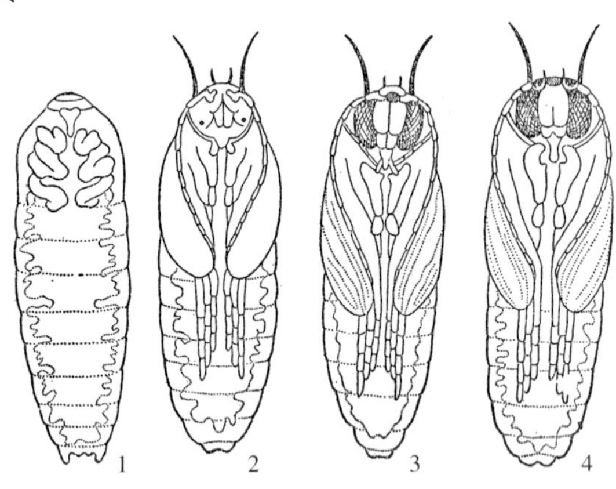

图2－47－6 麦红吸浆虫蛹发育的4个阶段（引自曾省，1965）
Figure 2－47－6 The four pupal stages of *Sitodiplosis mosellana* (from Zeng Sheng，1965)
1. 前蛹 2. 初蛹 3. 中蛹 4. 后蛹

圆茧：麦红吸浆虫在其一生内大部分时间蛰居土中，而且还有多年休眠不出土的现象，所以幼虫入土3d后，身体反卷成茧状囊包包于体外，以抵御外界的不良环境。囊包圆形，黄泥浆色，似粗砂粒，呈豌豆状，称为圆茧。

幼虫至化蛹前还会结成一种长形茧蛰居其中化蛹，这与休眠体的囊包在性质和色泽上大致相同。

（二）麦黄吸浆虫

麦黄吸浆虫与麦红吸浆虫极相似，其区别如下。

成虫：体色为姜黄色，雌虫体长2mm，翅脉4条，径总支脉（Rs）到达后缘后不太明显。伪产卵管细长，全伸出后为体长的2倍。雄虫体长1.5mm，抱握器基节内缘光滑无齿，端节末齿小而不明显，腹瓣分裂。

卵：较麦红吸浆虫小，淡黄色，香蕉形，颈部微微弯曲，末端收缩呈细长的柄，柄与卵体同长，是雌虫性附腺所分泌的丝状物。

幼虫：老熟幼虫体长2.5mm，姜黄色，体表光滑，胸部腹面Y形剑骨片缺刻浅，是区别于麦红吸浆虫的重要特征。末对气孔在腹部第八节后缘，显著突出在外。腹末亦生2对突出物。

蛹：在长茧内，体淡黄色，腹部带浅绿色，头前端有一对感觉毛，与一对呼吸毛等长。

三、生活习性

我国麦红吸浆虫一般是1年1代，也有多年1代（也有极少数成虫在秋季羽化）。以幼虫结茧在土壤中越夏和越冬，翌春由土壤深处向土表移动，然后化蛹羽化。越冬后的幼虫破茧活化上升到土表，化蛹羽化的迟早因各地的气候条件而异，但多与小麦生长发育同步。一般的，土壤温度上升到（9.8±1.1）℃，正当小麦拔节时开始破茧上升，当土温上升到12℃以上，小麦孕穗时，幼虫开始在土表化蛹；土温达到15℃以上，小麦露脸抽穗，蛹开始羽化为成虫，至土温20℃以上，小麦抽穗盛期，成虫盛发。成虫出土1d即进行交尾，并在麦穗上产卵，卵经4～5d孵化，幼虫随即爬到外颖基部，由内外颖缝合处折转进入颖壳，附于子房或刚坐仁的麦粒上，以口器锉破麦粒表皮吸食流出的浆液，经过15～20d发育为老熟幼虫，至小麦成熟前遇到足够的湿度，爬到颖壳外或者麦芒上，随雨水露滴弹入土表；初入土的幼虫大约3d后结圆茧，也有结成长茧的。圆茧一般在10cm的土壤深处，随温度的降低可潜入20cm的深度越冬（图2-47-7）。

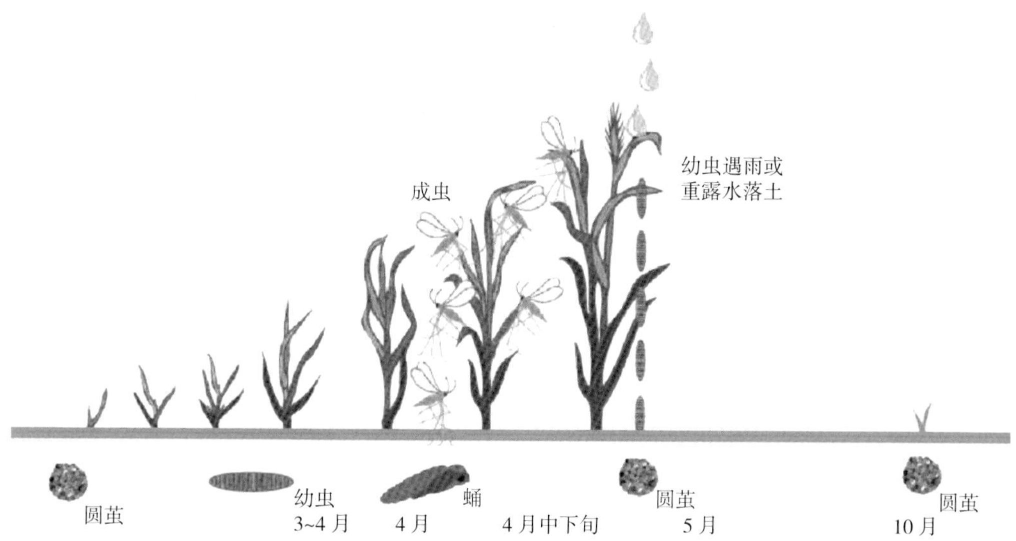

图2-47-7　麦红吸浆虫生活史（参考NADU Extension Service修改）

Figure 2-47-7　Annual history cycle of *Sitodiplosis mosellana*（from NADU Extension Service）

我国小麦生长区气候因纬度和海拔差别很大，因此，麦红吸浆虫成虫发生期相差较大。长江中下游地区如南阳盆地最早在4月上旬就有羽化出土，在黄淮海地区一般4月中旬化蛹，4月下旬大量羽化出土，而在华北平原即黄淮海地区的北部如石家庄、保定、廊坊一代，成虫羽化出土盛期在5月上旬。春季低温、干旱往往推迟吸浆虫的出土期。在宁夏、青海、甘肃等高寒地区，吸浆虫的出土期常在6月中旬左右，一般与小麦抽穗期同步。

麦红吸浆虫成虫一般在每天的早、晚羽化，刚羽化的成虫畏强光和高温，一般先在地面爬行，然后在麦叶背部阴暗处栖息，在早晨和傍晚飞行活动活跃，风雨天气或晴天中午在麦株下阴凉处休息。雄虫多在麦株下部活动，雌虫常在高于麦株10cm处飞行，晚上甚至可随气流上升到70m以上的高空，进行远距离扩散。在4～5月，西南气流可将吸浆虫从长江中游（南阳）携带至华北北部甚至更远，是麦红吸浆虫扩散传播的重要方式之一。在近距离扩散时，如在未抽穗或已经扬过花的田间羽化，则会大批向邻近刚抽穗的麦田扩散。成虫羽化不久即交尾产卵。产卵的选择性很强，只选择未开花的小穗。这是构成同一地区不同物候的小麦品种，或不同生育期麦田受害差别的主要原因，也是同一田块主穗和分蘖穗受害差别的重要原因之一。卵散产于护颖内侧和外颖背面上方，也有的产在颖壳外、小穗之间和穗轴等部位。产卵活动一般在傍晚进行，每穗1～2粒或3～5粒，多的可达20～30粒。每雌虫一生可产30～60粒，最多可超过90粒。

麦红吸浆虫卵期3～5d，成虫不取食，雄虫寿命2～3d，雌虫寿命3～5d，实验室条件下可长达7d。成虫在田间持续出土，发生时间可延续1个多月，在麦田中产卵期可达15～20d。成虫活动最适温度为20～25℃，30℃以上或15℃以下不活动。成虫对黑光灯特别对紫外波段的偏振光有强烈的趋性。在灯下，早期雄虫多于雌虫，盛期雌虫比例大增。隔年羽化的成虫以雌虫居多。田间成虫期一般年份为一个羽化高峰，在空中高空系留气球上捕捉到的成虫有两个高峰期，分别是田间成虫期的初期和末期，呈马鞍形，具有迁出和迁入的特征。

幼虫共3龄，在麦穗上生活15～20d，三龄幼虫老熟时身体变硬缩短，在二龄幼虫蜕的皮壳内不食不动，遇雨水或重雾天爬出颖壳弹跳落土。老熟幼虫有很强的抗旱和抗淹能力，在纯水中或干旱的颖壳内可存活10个月。

幼虫对小麦的为害程度取决于入侵时间、为害部位以及麦粒上的幼虫数目。一般的，幼虫入侵时间越早、为害越重。扬花期入侵，1头幼虫可损坏1个麦粒；灌浆期入侵，1头幼虫可损坏1/3粒，2头幼虫可损坏约2/3粒，4头以上可为害麦粒成为空壳。幼虫从麦粒腹沟内为害，则胚乳不能发育，1头幼虫可使麦粒发育不良而枯死，造成全损粒；若从麦粒背面入侵，通常需要4头幼虫才能造成全损粒。幼虫在麦穗上散生，一粒麦内1～2头，或3～4头，最多可见20余头。

麦红吸浆虫属于专性滞育，个别幼虫可以不经过低温在秋季羽化。幼虫有隔年羽化甚至多年休眠的习性，最多在土中休眠12年才羽化为成虫。

麦黄吸浆虫的生活习性与麦红吸浆虫相似，更喜欢生活在冷凉地区。

四、发生规律

麦红吸浆虫属于K类生态对策的害虫，一旦被控制很难发展起来。在中欧个别国家为害2～8年，但全面被控制后可维持40年不成灾。1950—1958年麦红吸浆虫在我国小麦主产区发生近10年，经六六六土壤处理，一直维持到20世纪80年代中期；2005年麦红吸浆虫在河南驻马店地区大面积发生，经过及时防治，至2011年虫口密度维持在2头/小方①以下。Bazedow（1982）报道，小麦吸浆虫理论上每代可以增加24倍，但实际田间每年只增加5倍（麦红吸浆虫）到6倍（麦黄吸浆虫）。Skuhrara等认为，机械收割是麦红吸浆虫在欧洲各国生存和蔓延的原因。Barues经过多年研究认为，小麦吸浆虫数量周期性波动是一种普遍现象，由多种原因造成，如我国关中地区自新中国成立以来到2012年，大约为每30年大发生的周期。结合我国小麦生产实际分析，导致吸浆虫大发生因素主要包括了气候、品种/寄主、农田生态（耕作制度）和天敌等。

1. 气候因素 雨水和湿度是左右小麦吸浆虫发生程度的主导因素之一。小麦吸浆虫对温湿度有很强的敏感时期。首先是对温度的敏感期，圆茧/休眠体需要冬季长达120d的10℃以下低温，或者105d的4℃以下低温才能打破滞育，在春季温度上升到10℃以上时开始破茧上升到土表。接着是湿度敏感期，幼虫破茧活动需要一定的土壤湿度，最后在临近羽化前需要高湿度，如不能满足则不再化蛹重新结茧直到翌年再进行活动。在灌区影响吸浆虫活动的主要是5cm地温，其次是土壤含水量和时间，在非灌区主要是土壤含水量，其次是低温和时间。如在黄淮海地区非灌区，4月中旬降水超过20mm，吸浆虫发生适时且发生量大，否则发生轻且时间推迟。如果每旬都降水20mm，则成虫发生早且羽化整齐。

春季20～25℃、土壤含水量20%～28%的条件最适宜麦红吸浆虫生存，表现为存活率高（80%～90%）、重新结茧率低（2.6%～24%）、羽化率高（33.4%～70.8%）；当土壤含水量在8%时，存活率为63%，重新结茧率为35%，羽化率为2%～10.8%；当土壤含水量达36%时，其死亡率达40%～45%。即使在最适宜的条件下，仍然有2%左右的幼虫不化蛹，只有与重新经过低温处理才能化蛹，有的则需要经过第三次低温才能化蛹和羽化。

小麦吸浆虫化蛹对湿度的要求，与其发生的生态条件是相适应的，盛发区为常年灌区或沿河渠两岸低洼地，以及山谷湿地。在西北，高地、坡地、阳坡地少，阴坡地多，黏重地较少。

小麦吸浆虫圆茧自破茧到成虫羽化，随温度的上升而历期缩短。15℃为36.6d，18℃为30.9d，20℃为18.3d，25℃为14.3d，28℃为12d，30℃为10.4d。温度还影响羽化率和死亡率，在土壤含水量为16%的条件下，12℃时羽化率为85.4%，20℃时为84.2%，32℃时只有59.4%，而死亡率达50.6%。

小麦吸浆虫圆茧和幼虫对低温有极强的耐受性。陈华爽2011年报道，河南、陕西、河北和天津不同地点的圆茧的过冷却点范围为：－8.50～－28.50℃，以天津圆茧最低；幼虫的过冷却点范围为－13.70～28.50℃。河南辉县的幼虫过冷却点最高，天津种群最低。这表明，麦红吸浆虫抗低温能力很强，越冬北界可达到长城一线。

自20世纪80年代中期以来，麦红吸浆虫在我国黄淮海小麦主产区发生北界，与50年代相比，向北

① 小方为小麦吸浆虫调查的专用单位，1小方为10cm×10cm×20cm。

推进了3～4个纬度。特别是进入21世纪以来，河北中北部和京津地区成为麦红吸浆虫的主要发生区，而这些地区在50年代并无该虫发生的报道。自新中国成立以来的50多年间，华北北部冬、春平均气温上升了2℃，麦红吸浆虫的发育进度加快，羽化期大幅度提前，能够与小麦抽穗期相遇，成为吸浆虫新的适生区。

2. 寄主植物和小麦品种 在我国，最早发现的小麦吸浆虫寄主包括普通小麦（*Triticum aestivum* Linn.）和硬粒小麦（*Triticum durum* Desf.），黑麦（*Secale cereale* Linn.）、大麦（*Hordeum vulgare* Linn.）、青稞（*Hordeum vulgare* var. *nudum* Hook.）、鹅观草［*Roegneria kamoji*（Steud.）Kitagawa］等也受侵害。此后，又发现麦红吸浆虫还为害节节麦（*Aegilops tauschii*）、纤毛鹅观草（*R. ciliaris*）、燕麦（*Avena sativa* Linn.）和雀麦（*Bromus japonicus* Thunb.）等。

在大田栽培条件下，小麦属17个种均是麦红吸浆虫的寄主。另外，小麦吸浆虫还在细长的狗尾草（*Alopecurus myosuroides* Hudson）上产卵。

武予清（2010）报道，在河南洛宁县的洛河沿岸林地中，有大量的纤毛鹅观草被麦红吸浆虫为害，可能是麦红吸浆虫的重要庇护所，同时我国华北麦田内检疫性杂草节节麦的侵害率也较高，可能是吸浆虫随杂草传播和扩散。

小麦品种对麦红吸浆虫的感染程度有明显的差异，这些差异不仅存在于抗性鉴定谱中，在大田生产上也常见。如河南辉县郭雷村2010年矮抗58处于毁产状态，而相邻地块的西农979受害较轻，这说明麦红吸浆虫更喜欢在矮抗58上产卵取食。在加拿大已经发现驱避排拒吸浆虫产卵的小麦品种。另外，吸浆虫还存在生态抗性，即避害性，就是当播期不一致或者品种生育期不一致时，抽穗期与成虫羽化期不同步导致受害轻重不一。2005年在河南驻马店地区郑麦9023抽穗早，避开了吸浆虫成虫发生高峰，损失较轻，而周麦18的抽穗期与成虫高峰同步，损失很大。

3. 耕作制度和农田生态条件 黄淮海平原麦区基本具备灌溉条件，使得土壤湿度可满足麦红吸浆虫发生的需要。进入21世纪，我国小麦主产区耕作方式由20世纪后20年的间作套种制度，改为小麦—玉米、小麦—花生/其他经济作物的连作。在小麦收获前或刚收获就点种玉米或花生，连续的作物覆盖、作物收获后秸秆还田、实行旋耕和免耕技术，使得土壤得不到深翻，小麦吸浆虫存活率升高，这是黄淮海地区21世纪以来小麦吸浆虫发生面积居高不下的原因之一。张智等2012年报道，在中国科学院河北省栾城农业生态系统试验站不同耕作方式的小麦样地中调查发现，两年取土筛检出的吸浆虫幼虫数量依次为秸秆还田免耕田＞秸秆站立免耕田＞秸秆还田旋耕田，表明免耕有利于幼虫的越冬和虫量的积累，漫灌可加重吸浆虫为害。同时，小麦产量大幅度提高，也使得单位面积载虫量大幅度提高。

另外，在长江上游的四川、中下游的江苏及湖北一带，稻—麦的水旱连作，导致夏秋小麦吸浆虫的生存环境变差，21世纪以来很少有小麦吸浆虫发生的报道。

4. 天敌 由于麦红吸浆虫生活史中有几个时期是易受天敌攻击的，所以，多食性的捕食性天敌有助于控制其数量。20世纪50年代，杨平澜等（1959）发现上海小麦吸浆虫成虫在羽化过程中常被田间蚂蚁捕食。在河南南阳除有3种蚂蚁即埃氏扁胸切叶蚁（*Vollenhovia emeryi* Wheeler）、黑毛蚁［*Lasius niger*（L.）］及宽结大头蚁（*Pheidole nodus* Smith）外，还有两种蜘蛛也能捕食小麦吸浆虫幼虫。几种简管蓟马（*Haplothrips* sp.）也捕食小麦吸浆虫的卵。在江苏扬州和湖北天门发现捕食小麦吸浆虫成虫的舞虻科昆虫。

李修炼等（1997）通过田间观察和室内饲喂研究表明，捕食小麦吸浆虫的天敌有8类23种，捕食成虫和幼虫的有圆蛛科（Araneidae）黑斑亮腹蛛［*Singa hamata*（Clerck）］；狼蛛科（Lycosidae）双窗舞蛛［*Alopecosa licenti*（Schenkel）］；蟹蛛科（Thomisidae）三突花蛛［*Misumenops tricuspidatus*（Fabricius）］，捕食幼虫和蛹的有虎甲科（Cicindelidae）、步甲科（Carabidae）昆虫，捕食成虫的有蟹蛛科（Thomisidae）、姬蝽科（Nabidae）昆虫；捕食幼虫的有瓢虫科（Coccinellidae）、跳蛛科（Salticidae）、逍遥蛛科（Philodromidae）、蟹蛛科（Thomisidae）、皿蛛科（Linyphiidae）、蚁科（Formicidae）、食蚜蝇科（Syrphidae）、草蛉科（Chrysopidae）昆虫等。

曾省（1965）的研究表明，寄生蜂的卵在吸浆虫卵内并不孵化，也不妨碍吸浆虫卵的孵化和幼虫的生长，到第二年蜂卵才孵化为幼虫，幼虫以吸浆虫为食，一般比吸浆虫迟4～5d羽化。20世纪90年代李修炼再次对陕西关中地区和秦巴山区吸浆虫与寄生蜂复合体的种类进行鉴定和田间消长调查，吸浆虫种群变动和农药使用是影响寄生蜂种群的2个主要因素。麦红吸浆虫寄生蜂有2个高峰，第一峰紧随吸浆虫成虫高峰（卵寄生蜂）之后，第二峰在吸浆虫初龄幼虫期（可能存在寄生幼虫种类），并认为西北麦区田间有近10种寄生蜂。寄生蜂虽然不能阻止吸浆虫当年的为害，但对次年吸浆虫的发生具有抑制作用。

麦黄吸浆虫与麦红吸浆虫的发生规律、寄主植物、天敌类型基本相似。

五、测报技术

目前我国小麦吸浆虫发生预测主要执行农业部2002年12月30日发布的《NY/T 616—2002 小麦吸浆虫测报调查规范》（以下简称《规范》）的淘土方法，辅助以成虫网捕监测。这两种方法在预测小麦吸浆虫的发生期和发生量方面发挥了重要作用。在国外，更多采用色板、性诱剂等诱集成虫调查发生量和发生期。近年来，我国也有利用黄色黏板监测成虫出土羽化的。

《规范》淘土过筛法：过筛法的主要程序是在小麦抽穗前，每块田按单对角线5点取样，用安装分层栓的取土样器，按0～7cm，7～14cm，14～20cm层取土。将挖取的土样分别倒入桶或盆内，加水搅拌成泥浆水状，待泥渣稍加沉淀后即将泥浆水倒入另一个空盆内的罗筛内，过滤后移开罗筛，再将盆内泥浆水倒回盛有沉淀泥渣的盆内搅拌过滤，依次反复3～4次后倒掉泥渣。将装有淘土孔径为0.2mm的罗筛置于清水中，轻轻振荡，滤去泥水，同时用镊子夹住草根等杂物在筛内清水中轻轻摆动使黏附的虫体落入水中，然后提起罗筛，用蘸过水的毛笔笔尖蘸取虫体，放于玻璃皿中，带回室内立即镜检休眠圆茧和活动幼虫数。

一般地，每小方有幼虫或蛹达到5头作为防治指标。

《规范》成虫网捕法：每块田随机选两点，每天17:00～19:00，手持捕虫网顺麦垄逆风行走，网口下部紧贴小麦穗颈，边走边左右往返捕虫，每点捕10复网，计捕获成虫数，记录结果一并汇入表格。一般10复网10头成虫时就需要防治。

成虫目测法：抽穗初期及以后，在黎明或傍晚小麦吸浆虫成虫的活动期间，用两手扒开麦垄，一眼就能看到2～3头成虫时为防治指标。这种方法主要是发生量预测，因人而异，相对比较粗略。

黏板监测法：黄色黏板大小为15cm×20cm，设置高于麦穗，用木棍或竹竿支撑，设置间距为10～15m，每块田10块黄色黏板，孕穗期当10块板累计有1头成虫，抽穗期累计有4头成虫就应该防治。

性信息素诱集法：英国Bruce等用合成的小麦红吸浆虫雌成虫的性信息素2，7-nonadiyl dibutyrate进行了田间诱集试验，证实诱集雄成虫是高效的，不会诱集到其他有机体。通过测试不同缓释剂型和配方类型，发现外旋性信息素和对映体（2S，7R）-2，7-nonadiyl dibutyrate同样有效，制剂为每诱芯1mg，可以有效监测成虫羽化高峰、飞行活动和整个生长季节的成虫密度。雄成虫的诱集数量和小麦的被害水平有极显著相关性。

灯光诱集法：陈华爽等2011年发现，麦红吸浆虫对黑光灯有强烈的趋性，鉴于我国害虫测报系统多用黑光灯，这种方法值得加以规范化利用。

小麦吸浆虫发生期发生量的预测：中华人民共和国农业行业标准NY/T616－2002对成虫发生期做了详细的规定。成虫羽化始盛期，即羽化率达到16%的日期；羽化高峰期，即羽化率达到50%的日期；羽化盛末期，即羽化率达到84%的日期。将淘土（每块田5点对角线取样）获得的长茧和裸蛹带回室内分田块解剖镜检，分辨蛹级，若虫口密度较小时，应适当增加样方数，以保证每块田每次淘土解剖镜检总虫数不少于30头。镜检后计算化蛹率，并根据各级蛹期推定成虫羽化时间（表2-47-1）。

表2-47-1 麦红吸浆虫各级蛹变化特征及历期

Table 2-47-1 The morphological characteristics of different pupal stages of *Sitodiplosis mosellana*

发育阶段	特征	至羽化历期（d）
前蛹期	幼虫准备化蛹，头缩入体内，体形缩短不活跃，胸部白色透明	8～10
初蛹期	蛹已化成，体色橘黄，有翅和足，翅芽短且淡黄色，仅及腹部第一节，前胸背面一对呼吸管显著伸出	5～8
中蛹期	化蛹后2～3d，复眼变为红色，翅芽由淡黄色变红色	3～4
后蛹期	复眼、翅、足和呼吸管变为黑色，腹部变为橘红色	1～2

温、湿度组合预测吸浆虫的发生期：幼虫破茧活动的发育起点温度为 9.8 ℃，从幼虫破茧到成虫羽化的有效积温为 216 ℃。化蛹起点温度为 12 ℃，羽化起点温度为 15 ℃，根据当年 5 cm 的土壤温度可以预测成虫发生期。

由于小麦吸浆虫成虫的出土与土壤湿度密切相关，在发生期和发生量的预测方面，张爱民 1996 年根据历史资料，用 4 月上旬的旬平均温度、降水量和雨日为主要因子建立预测成虫羽化期和发生量的预测模型；任文曾等 1991 年采用土壤含水量和 5 cm 地温来建立预测模型。有效积温和土壤湿度或降水量作为影响关键因子，是发生预测和防治决策的重要参考依据。

麦红吸浆虫发生的隐蔽性和岛屿状特点表明，在小麦吸浆虫的预测方面不仅需要进行发生期、发生量的预测，也需要发生区的预测。自 20 世纪 80 年代以来，小麦吸浆虫发生区在黄淮海小麦主产区不断北扩东移，毁产地块少则几千平方米，大则连片几万平方米。其隐蔽性发生使得防治工作比较被动。做好扩散成灾规律研究和发生区的预测，将有利于这一状况的改变。

六、防治技术

麦红吸浆虫的发生特点和防治历史表明，防治技术体系的建设和宏观治理策略的不断提高将是我国小麦生产中植保科技工作者的主要课题。

小麦吸浆虫防控策略和防控技术体系的建设，应包括有效防治技术推广应用、监测预警和防治关键技术的不断进步，以及与其他小麦病虫害防控和栽培措施的相互协调。为此，我国先后制定了《中华人民共和国农业行业标准 NY/T616—2002 小麦吸浆虫测报调查规范》、《中华人民共和国国家标准 GB/T 17980.78—2004 农药田间药效试验准则　第 78 部分　杀虫剂防治小麦吸浆虫》、《中华人民共和国国家标准 GB/T 24501.2—2009 小麦条锈病、吸浆虫防治技术规范　第二部分　小麦吸浆虫》等共 3 个国家或行业标准来规范小麦吸浆虫的测报、防治药剂登记和防治技术，为小麦吸浆虫的防控技术体系的建设奠定了基础。

（一）防治标准

小麦吸浆虫从拔节到孕穗期淘土每小方（10cm×10cm×20cm）有虫 5 头时，为需要进行防治。一般的，在孕穗或抽穗初期，用手轻轻将麦株拨向两侧分开，有 2～3 头成虫在飞，或当捕网 10 次平均有成虫 10 头以上时，需要进行防治。

（二）化学农药穗期保护

在小麦抽穗 70%（含露脸）时进行穗期保护喷药，喷雾于 9:00 前或 17:00 后进行。在虫口密度大的田块，在抽穗 70%至扬花前喷药 2 次。常用杀虫剂及使用方法如下。

48%毒死蜱乳油、40%氧乐果乳油、40%甲基异柳磷乳油、50%辛硫磷乳油等，稀释成 1 500～2 000 倍液，每公顷使用药液 750～900kg，用常规喷雾器喷雾；5%高效氯氰菊酯乳油 1 500 倍液，每公顷用药液 750～900kg，用常规喷雾器喷匀穗部。

（三）蛹期防治

在蛹盛期（小麦孕穗至抽穗露脸）撒毒土防治，每公顷可用 48%毒死蜱乳油、40%甲基异柳磷乳油、50%辛硫磷乳油等 2 250～4 500mL，对水 75kg 拌匀或 3%甲基异柳磷颗粒剂、3%辛硫磷颗粒剂等 30～45kg，拌细土 300～375kg，于露水干后在田间均匀撒施，及时用绳拉或扫帚或其他工具将落在麦株上的毒土震落到土壤表面，施药后灌水或抢在雨前施药效果更好。蛹期防治可以有效地压低高密度田块的虫口，不足之处在于没有对麦穗进行药剂保护，飞来的成虫仍将为害小麦，同时效率低下，大面积防治需要的人工成本过高。

（四）种植抗虫品种

20 世纪 50 年代，南大 2419 和西农 6028 曾在小麦吸浆虫防治中发挥了重要作用，目前我国生产上使用的小麦品种极度缺乏对吸浆虫的抗性。1996 年加拿大发现了对小麦吸浆虫具有明显抗性的基因 *Sm1*，携带 *Sm1* 基因的小麦能够明显减低小麦吸浆虫低龄幼虫的成活率。*Sm1* 基因抗虫的化学机理还不清楚，但该基因对小麦的产量和品质没有任何影响。

（五）农业防治

小麦吸浆虫重发生区的虫口密度大，在抗虫品种缺乏的情况下，可实行轮作倒茬，改种油菜、棉花、水稻以及其他经济作物，使吸浆虫失去寄主。同时达到防治指标的倒茬作物地于成虫期施药封锁，防止羽化的成虫向邻近麦田扩散蔓延。

稻—麦轮作可以显著抑制小麦吸浆虫的发生。西北农学院 1956 年报道，夏季休闲比种植玉米同样可以大幅度降低吸浆虫的虫口密度，但是在实践中夏季休闲很难实施。吸浆虫重发生田块，麦收后实行连片深翻（20cm 深），使刚入土的越夏幼虫暴露土表，可促其死亡。春季灌溉是吸浆虫破茧上升的重要条件，虫口密度大的麦田可适当减少春灌，实行水地旱管。施足基肥，春季不施化肥，使小麦生长发育整齐健壮，以控制吸浆虫在春季迟发的分蘖上为害，减少虫源积累。

麦黄吸浆虫的测报技术和防治方法与麦红吸浆虫相同。

武予清（河南省农业科学院植物保护研究所）

第 48 节 麦 蜘 蛛

一、分布与危害

我国发生的麦蜘蛛主要有两种（彩图 2 - 48 - 1）：①麦圆蜘蛛（麦叶爪螨）（*Penthaleus major* Duges），属蛛形纲蜱螨目叶爪螨科。主要分布于 37°N 以南各省份，如山东、山西、陕西、河南、安徽、江苏、湖北、浙江、江西、四川等地。②麦长腿蜘蛛（麦岩螨）[*Petrobia latens*（Müller）]，属蛛形纲蜱螨目叶螨科。分布于河北、山西、山东、河南、安徽、陕西、甘肃、内蒙古、青海、西藏等省份。

麦蜘蛛主要为害小麦，还能为害大麦、燕麦、豌豆等多种作物和杂草，两种麦蜘蛛的寄主有所不同。麦圆蜘蛛的寄主植物有 26 种，除为害小麦、大麦、豌豆外，还为害多种杂草，故邻近草荒地的麦田或田埂边杂草丛生的麦田发生重。麦长腿蜘蛛主要为害小麦，大发生年份可波及玉米、大豆、甘薯、花生及绿肥作物、蔬菜等。

麦蜘蛛春秋两季均能为害，以春季为重，刺吸麦叶汁液。麦叶受害后先出现白斑，继而变黄。麦株受害轻时，植株矮小，麦穗少而小，受害严重时不能抽穗，植株枯干而死（彩图 2 - 48 - 2）。

二、形态特征

麦蜘蛛外形似蜘蛛，但体型较小（图 2 - 48 - 1）。

（一）麦圆蜘蛛（麦叶爪螨）

成螨：雌螨体卵圆形，体长 0.6～0.98 mm，体宽 0.43～0.65 mm。体黑褐色，疏生白色毛，体背有横刻纹 8 条，在第二对足基部背面左右两侧，各有 1 圆形小眼点。体背后部有隆起的肛门，生殖器位于腹背。口器由一对螯肢构成，螯肢的螯已经退化，其活动趾的内侧面无齿状突起，具刺吸能力。足 4 对，第一对最长，第四对次之，第二、三对几等长。口器、足和肛门周围红色。

卵：椭圆形，长约 0.2 mm，宽0.1～0.14 mm。初产暗红色，具光泽，后变淡红色，上有五角形网纹，卵面皱缩。卵分为夏型卵和冬型卵，前者卵期长，卵面有层薄膜，后者卵期短。

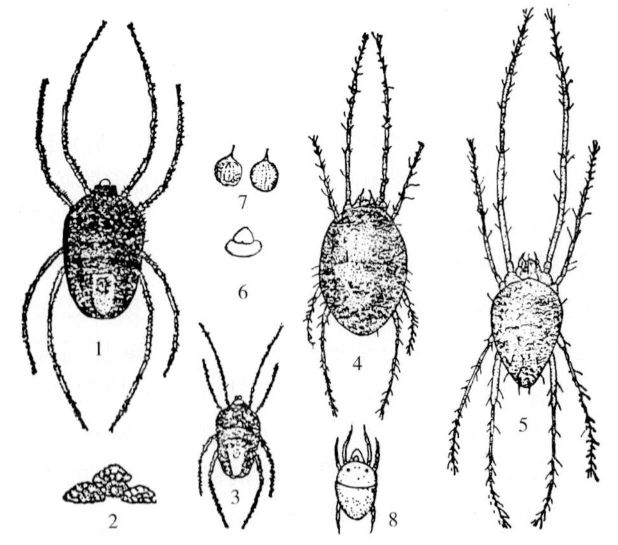

图 2 - 48 - 1 麦蜘蛛（引自中国农业科学院植物保护研究所，1995）
Figure 2 - 48 - 1 Two species of grain mites (from Institute of Plant Protection, Chinese Academy of Agricultural Sciences, 1995)
麦圆蜘蛛（麦叶爪螨）：1. 成虫 2. 卵块 3. 若虫
麦长腿蜘蛛（麦岩螨）：4. 雌成虫 5. 雄成虫 6. 越夏卵
7. 非越夏卵 8. 若虫

幼螨和若螨：初孵幼螨足 3 对、等长，体躯、口器和足均为红褐色，取食后变为暗绿色，体背具刻纹4条。幼螨蜕皮2次后进入若螨期，体背的刻纹每蜕皮1次就增加1条，体色随龄期增长由浅变深。若螨期足4对，红色，体色、体形与成螨大致相似。末龄若螨体长0.51 mm，深红色，足长并向下弯曲。

（二）麦长腿蜘蛛（麦岩螨）

成螨：雌螨体纺锤形，黑褐色，体长0.6 mm，宽约0.45 mm。体背有不太明显的指纹状斑；背刚毛短，共13对。足4对，红或橙黄色，均细长；第一、四对足特别发达，长度超过第二、三对的2倍；中垫爪状，具2列黏毛；气门器端部囊形，多室。雄螨，体略小于雌螨，体长0.45mm，宽0.27mm，其余特征类似雌螨。

卵：有两型，形状不同。越夏卵（滞育卵）圆球形，橙红色，直径0.18 mm，端部扩张为倒放的草帽状，卵顶有放射状条纹，卵壳表面覆白色蜡质，外观白色。非越夏卵圆球形，红色，直径约0.15mm，表面有纵列隆起的数十条条纹。

幼螨和若螨：幼螨体圆形，直径约为0.15 mm，足3对。初孵时为鲜红色，取食后变为黑褐色。幼螨蜕皮1次后即为若螨，若螨期足4对，体形与成螨大体相似。

三、生活规律

（一）麦圆蜘蛛（麦叶爪螨）

每年发生世代因地而异。在河南北部、山西南部、陕西关中、安徽北部、湖北西北等地1年发生2～3代。以成螨、卵和若螨在麦根土缝、杂草或枯叶上越冬，以成螨为主。该螨耐寒力强，冬季遇温暖晴和天气，仍可爬至麦叶为害，早春约2、3月，当气温达4.8℃时，越冬卵即开始孵化，3月下旬至4月上旬即冬小麦拔节期螨口密度最大，也是为害最严重时期（彩图2-48-3）。4月中、下旬密度减退，5月已无螨存在，完成第一代，此时以卵在麦茬或土块上越夏。10月卵孵化，为害秋播麦苗，11月中旬田间密度最大，出现成螨（即第二代），并产卵，孵化变为成螨后，部分产越冬卵越冬，另一部分成螨直接越冬，此即第三代（越冬代）。一部分越夏卵由于孵化过迟，变为成螨后即越冬；或产少数卵以卵越冬，这一部分每年只发生2代。据春季饲养观察，麦圆蜘蛛若螨期14～15d，成螨产卵前期3～6d，成螨寿命25～74d，完成1代的时间为46～80d，平均57.8d。

在四川雅安1年发生3代，冬季无休眠状态。各虫态各代发生期：成螨分别为11月上旬至翌年1月上旬、12月下旬至3月中旬、2月中旬至4月中旬；卵分别在11月下旬至次年1月底、1月初至3月底、3月中旬至11月上旬；幼、若螨分别在12月中旬至翌年2月底、翌年1月下旬至4月上旬和10月下旬至11月底。

麦圆蜘蛛营孤雌生殖，每头雌螨平均产卵20余粒，多在夜间产，产卵期平均为21d，卵期20～90d，越夏卵卵期长达4～5个月。产卵较集中，春季多产于麦株分蘖丛或土块上，秋季多产于麦苗和杂草近根部土块上，或产在干叶及须根上。卵块多聚成堆或排列成串，每块（串）最多80余粒。

麦圆蜘蛛成、若螨有群集性和假死性，喜阴湿，怕强光，早春气温较低时可集结成团，爬行敏捷，遇惊动即纷纷坠地或很快向下爬行。一日内活动为害时间为6:00～8:00和18:00～22:00。如气温低于8℃则很少活动，遇大雨或大风时，多蛰伏土面或麦丛下部。此虫爬行力强，每分钟可爬10cm左右。

麦圆蜘蛛生育适温为8～15℃，气温超过20℃以上大量死亡；相对湿度在70%以上，表土含水量在20%左右，最适其繁殖为害。因此，严重发生区多在水浇地、低湿麦地，干旱麦田发生轻。

（二）麦长腿蜘蛛（麦岩螨）

麦长腿蜘蛛在山西北部冬麦区1年发生2代，新疆焉耆3代，黄淮海麦区3～4代。以成螨和卵在麦田越冬。

在黄淮海麦区，冬季11～12月遇温暖天气，越冬成螨仍可出来活动，翌年2～3月气温回升，成虫开始繁殖活动，越冬卵陆续孵化，3月末至4月上、中旬，完成第一代。第二代发生在4月下旬至5月上、中旬，第三代发生在5月中、下旬至6月上旬。第三代成螨产滞育卵越夏。10月上、中旬至11月上旬，越夏卵陆续孵化，在秋播麦苗上为害，发育快的成螨便产卵越冬，大部分发育为成螨后直接越冬，此为第四代。部分越夏卵也能直接越冬，这部分群体1年发生3代，故田间表现出年发生3～4代重叠现象。春季田间虫口密度最大时期一般在4～5月，发生盛期与各地小麦的孕穗、抽穗期基本一致，物候配合紧密。

在西藏大部分农区麦长腿蜘蛛1年发生1～2代，以成螨和所产滞育卵在石块下越冬。越冬成螨2月中旬开始产卵，3月上旬至4月上旬为产卵盛期。非滞育卵于3月上旬开始孵化，3月中旬至4月中旬为孵化盛期，4月下旬为末期。越冬滞育卵4月上、中旬为第一孵化高峰期，10月下旬为第二孵化高峰期，未孵化的翌年继续孵化，少数卵存活期达2年以上。成、若螨4月中旬至5月上旬在麦田出现高密度，5月中旬螨口明显减退，因两种卵同时存在，使其世代重叠。

麦长腿蜘蛛主要行孤雌生殖，卵产于麦田内的硬物上，如硬土块、小石块、干粪块、秸秆、干叶上等，当土壤缺乏以上硬物或潮湿不适于产卵时，有长距离爬行寻找产卵场所或登高上树产卵的习性，柿、柏、杨、桐等树皮上均能产卵。非滞育卵卵期短。在山西芮城观察，5月上旬产的卵，卵期平均为6d，10月产的卵为20～30d，滞育卵越夏期长达50～180d，部分滞育期可达2年以上。

麦长腿蜘蛛幼、若螨共3龄，幼、若螨期长短因温、湿度影响而异。3月间孵化的，历期约20d；5月间孵化的为8～11d；完成1代需24～46d，平均32.1d。

麦长腿蜘蛛的成、若螨有群集性和假死性，遇惊动即坠入土缝躲藏。一日中的活动时间与麦圆蜘蛛不同。一般8:00～18:00都在麦株上活动为害，以15:00～16:00数量最多，直至20:00后方下降潜伏。在冬季无风的晴天，仍可见少数成螨在麦叶上活动。对湿度敏感，遇露水较大或降小雨，即躲于麦丛或土缝内。在西藏，因昼夜温差大，夜间和清晨潜伏在土缝、土（石）块或干牦牛粪块下，10:00以后才开始爬上麦株，中午前后为害最烈，日落时潜回。

麦长腿蜘蛛最适宜繁殖的气温为15～20℃，平均气温在20℃以上时，成螨产卵后死亡。该螨喜干旱，故春季缺雨、气候干燥，常猖獗发生。如江苏赣榆1962年为大发生年，该年1～5月总降水量仅49mm，日平均相对湿度5%～67%，其中3～5月降水40.1mm，而同期蒸发量达693.9mm，5～10cm土壤含水量仅5%～8%，为害严重。由于不适于高湿条件下发生，故多发生于高燥地、丘陵、山区和干旱平原。

四、调查方法与预测预报

（一）系统调查

小麦返青后至抽穗期止，每5d调查一次。调查当天在8:00～10:00或16:00～18:00进行。调查地块选择当地往年发生严重、具有代表性的不同生态环境麦田2～3块，每块田面积不少于$2\times667m^2$，固定为系统观测田。每块田单对角线5点取样，每点查33.3cm单行长，返青期用目测计数，拔节后将$33.3cm\times17cm$有框固定的白瓷盘或白纸或白塑料布铺在取样点的麦根际，将麦苗轻轻压弯拍打，然后计数，可重复数次，调查蜘蛛种类及其数量。

（二）大田普查

普查时间根据当地实际发生情况，分别于秋苗期、返青期、拔节期、孕穗期普查4次。每年普查时间应大致相同。普查地块选择当地代表性强的不同生态类型麦田10块以上。普查方法同系统调查。

（三）预报方法

主要依据虫源基数、早春发生量大小，参考天气预报、小麦长势、地势条件等对麦蜘蛛发生期和发生量进行综合分析预测（表2-48-1）。

越冬基数多，越冬螨态成螨所占的比例大，天气预报冬季气温偏高，翌年早春麦蜘蛛可能发生早且数量多。

早春麦蜘蛛发生基数大，后期发生量相对增多。天气预报若3、4月温度较正常值略低，降雨偏多，田间湿度将增大，有利于麦圆蜘蛛发生和为害，尤以长势好、地势低洼田块发生量多。天气预报春暖干旱、田间湿度低，将有利于麦长腿蜘蛛发生为害。

表2-48-1 麦蜘蛛发生程度分级标准

Table 2-48-1 Gradation standard for grain mite occurrence degree

指 标	级 别				
	1	2	3	4	5
33.3cm单行虫量（头，Y）	Y≤200	200<Y≤500	500<Y≤1 000	1 000<Y≤1 500	Y>1 500

注 引自《NY/T 615—2002 麦蜘蛛测报调查规范》。

五、防治技术

（一）农业防治

1. 灌水灭虫 在麦蜘蛛潜伏期灌水，可使螨体被泥水黏于地表而死。灌水前先扫动麦株，使麦蜘蛛假死落地，随即放水，收效更好。

2. 精细整地 早春中耕，能杀死大量螨体。麦收后浅耕灭茬，秋收后及早深耕，因地制宜进行轮作倒茬，可有效消灭越夏卵及成虫，减少虫源。

3. 加强田间管理 一要施足底肥，保证苗齐苗壮，增加磷、钾肥的施入量，保证后期不脱肥，增强小麦自身抗虫能力。二要及时进行田间除草，对化学除草效果不好的地块，要及时采取人工除草的办法，将杂草铲除干净，以有效减轻为害。一般不干旱、杂草少、小麦长势良好的麦田，小麦蜘蛛发生轻。

（二）药剂防治

小麦返青后当麦垄单行 33cm 有虫 200 头或每株有虫 6 头，即可施药防治。防治方法以挑治为主，即哪里有虫防治哪里、重点地块重点防治，这样不但可以减少农药使用量，降低防治成本，同时可提高防治效果；小麦起身拔节期于中午喷药，小麦抽穗后气温较高，10:00 以前和 16:00 以后喷药效果最好。

1. 种子处理 用 50%辛硫磷乳油按种子量的 0.2%拌种，将所需药量，加种子量 10%的水稀释后，喷洒于麦种上，搅拌均匀，堆闷 12h 后播种，此法可兼治麦蚜，控制黄矮病。

2. 药剂喷雾 在春小麦返青后，当每 33cm 单垄长平均虫量在 200 头以上，上部叶片 20%面积有白色斑点时，应进行药剂防治。可选用 20%哒螨灵可湿性粉剂 1 000～1 500 倍液，或 15%哒螨灵乳油 2 000～3 000 倍液，也可用 40%乐果乳油或 50%马拉硫磷乳油 2 000 倍液喷雾。

3. 毒土 用 2%混灭威粉剂或 2%异丙威粉剂，每公顷 30kg，拌土 375kg 左右配成毒土撒施，对两种麦蜘蛛均有效。必要时用 2%混灭威粉剂或 1.5%乐果粉剂，每公顷用 22.5～37.5kg 喷粉，也可掺入 600kg 细土撒毒土。

张云慧（中国农业科学院植物保护研究所）
曾娟（全国农业技术推广服务中心）

第 49 节　白眉野草螟

一、分布与危害

白眉野草螟［*Agriphila aeneociliella*（Eversmann，1844）］隶属鳞翅目草螟科野草螟属（*Agriphila*）。2010 年在山东莱州首次发现在小麦上造成危害，并连年暴发。2013 年在山西晋城泽州县大面积发生，损失严重。幼虫在小麦返青期开始为害，白天吐丝结网藏于根茎处或土缝间，夜晚出来取食，咬食小麦茎基部，受害严重的麦苗被齐根咬断，致使麦苗萎蔫枯死，造成缺苗断垄（彩图 2-49-1）。国内关于白眉野草螟的研究文献有限，尚未有大面积暴发为害的报道。据昆虫分类文献中的描述，该虫主要分布于我国北方地区的黑龙江、新疆、甘肃、青海、陕西、河北、山东等省份。

国外对白眉野草螟的相关研究记载也很少。据有关报道，白眉野草螟在国外主要分布在西伯利亚南部、东欧、俄罗斯阿穆尔州、朝鲜半岛、日本等地域，每年发生 1 代，以幼虫越冬，主要取食禾本科作物。

二、形态特征

成虫：前翅长 10～12 mm。触角深褐色，线状，雄性具纤毛；单眼发达，具毛隆；额向前突出，覆盖黄色与白色鳞片；下颚须浅黄色，末端膨大；下唇须前伸，外侧散布褐色鳞片，内侧浅黄色，长度约为头长的 3 倍；喙卷曲成圆盘状，基部覆鳞。胸部与翅基片淡黄色。雄虫前翅土黄色至深黄色，雌虫体色较雄虫浅，呈灰黄色，较暗淡；前缘黄褐色，前缘下方与翅中部各具一条银白色纵带，亚前缘纵带略显纤细，有时不明显，翅中部纵带长且宽，下方边缘常具黑点；外缘具 1 列黑点；缘毛赭色。后翅赭色，缘毛淡赭色。腹部淡黄色。雄性外生殖器：爪形突与颚形突近等长，爪形突鸟喙状，颚形突末端稍膨大，钝圆；抱器瓣密被细鳞毛，端部斜截；抱器背基突相对细长，有个体变异，末端具尖；阳端基环端部二叉状；阳茎末端腹面骨化呈钩状，无角状器。雌性外生殖器：肛乳突双片状，分开，弱骨化；交配腔骨化，杯状；囊导管自交配腔背面伸出，导精管位于囊导管中下部；交配囊膜质，上具一枚放射状囊片。主要鉴别特征：前翅亚前缘纵带是本种区别于其他近似种的主要特征。此外，成虫刚羽化时黄色较深，后逐渐变浅，颜色深浅不能作为判别雌雄的依据（彩图2-49-2，1、2）。

卵：椭圆形，长径为0.486～0.515 mm，短径为0.327～0.611 mm，单粒散产，初为淡黄色，有光泽，后变为酒红色，要孵化前成暗红色。卵壳表面有纵棱贯穿两端，部分分叉（彩图2-49-2，3）。

幼虫：老熟幼虫体长11 mm左右，体宽2.5 mm左右，初孵幼虫体粉红色，随着虫龄增长逐渐变为褐色，胸部、腹部均具毛片，上着生1～2根刚毛，毛片褐色至深褐色。头部黑褐色，额区与颊区均为黑褐色，上颚具5枚小齿，单眼6个。前胸盾片黑褐色。前胸侧面气门前方与下方均具1枚毛片，分别着生2根刚毛。中胸与后胸背面左右两侧各有2枚毛片，着生2根刚毛。气门前侧毛片着生2根刚毛，后侧毛片着生1根刚毛，下方毛片着生1根刚毛。腹部背面左右各具3枚毛片，呈三角形排列，分别着生1根刚毛，第十节臀板褐色。腹部侧面气门附近具1枚毛片，着生2根刚毛（第九节1根），下方具1枚毛片，着生1根刚毛，第十节肛侧片着生3根刚毛。腹足5对，分别位于三至六节与第十节，趾钩双序环状，臀足趾钩双序半圆形（彩图2-49-2，4）。

蛹：长9.139～11.232mm，宽2.034～2.733mm，重0.035～0.051mg。为被蛹。化蛹初期为淡黄色，后逐渐变为褐色，纺锤形。触角从额部伸出转向左右两侧，延伸至胸腹部（彩图2-49-2，6）。

三、生活习性与发生规律

白眉野草螟在我国每年发生1代，幼虫共有6个龄期，以低龄（二至三龄）幼虫在小麦茎基部土层越冬。越冬幼虫于2月底3月初开始取食为害，4月是为害的关键时期。低龄幼虫取食量少，为害症状不明显，不容易识别。四龄以后进入暴食期，在返青后的小麦叶片上咬痕明显增多增大，部分幼苗茎基部被咬断，受害严重田块小麦植株被吃光或因被咬断茎基部而枯死，出现缺苗断垄现象。幼虫具有转株为害习性，在寄主缺乏时顺田垄转移为害或向周边农田扩散。5月上旬，田间大部分为六龄老熟幼虫，不再取食，在土中结土茧滞育（彩图2-49-2，5）。滞育茧长2～3 cm，长椭圆形，垂直于地面，位于地表的一端有气孔，分布于小麦苗周围1～10 cm处。老熟幼虫在土茧内身体微缩成C形，停止活动，进入夏滞育。

9月上旬，田间夏滞育幼虫开始化蛹，蛹期15 d左右，9月下旬蛹陆续羽化，10月上旬为羽化高峰期。成虫白天躲藏在地表秸秆上或玉米茎叶上，晚上活动，具有趋光性。雌虫寿命5～9 d，雄虫寿命4～11d，雌雄交尾后第二天开始产卵，第三、四天达到产卵高峰，单头产卵量为160～250粒，产卵历期5～8 d。卵单粒散产于杂草、秸秆、枯叶、土缝间，主要产在土表、土缝间。初产卵粒淡黄色，孵化前变为酒红色，在土缝间很难发现。

10月中下旬，卵陆续孵化，为害秋苗期小麦。白眉野草螟幼虫发育历期与小麦生长周期相吻合。秋苗期，因北方麦区气温普遍偏低，低龄幼虫发育缓慢，取食量少，田间为害症状不明显。12月后低龄幼虫停止取食和生长发育，以二至三龄幼虫进入越冬状态。

四、调查方法

（一）系统调查

小麦返青后至抽穗期，每5d调查一次。调查地块选择当地往年发生严重、具有代表性的不同生态环境麦田2～3块，每块田面积不少于2×667m^2，固定为系统观测田。每块田单对角线5点取样，取33cm行挖土5 cm，翻土重点检查小麦茎基部，记录虫口数量和龄期，推算虫口密度。

（二）大田普查

普查时间根据当地实际发生情况，分别于秋苗期、返青期、拔节期、孕穗期普查4次。每年普查时间应大致相同。普查地块选择当地代表性强的不同生态类型麦田10块以上。普查方法同系统调查。

五、防治技术

针对不同地区白眉野草螟发生特点，采取分区治理，制定不同的防治措施，大力推广药剂拌种、撒施毒土、适期晚播、清除田间自生麦苗和地边路旁杂草等辅助措施的防治策略。

（一）农业措施

小麦及玉米收获后及时清除田间秸秆、麦糠和杂草等覆盖物，可在麦田施用秸秆腐熟剂，及早去除麦茬，减少地表覆盖物，恶化害虫生存环境。

由于该虫有夏滞育习性，老熟幼虫结土茧在地表2～3 cm处滞育。因此，可以在收割小麦，播种玉米时翻耕土地，使土茧裸露于地表。经调查验证，裸露于地表的土茧无法抵御夏季中午的极端高温，裸露于地表土茧内的滞育幼虫大多死亡。

（二）物理防治

利用成虫的趋光性，在9月下旬至10月上旬于田间悬挂频振式杀虫灯，以棋盘式或闭环式分布，诱杀成虫，减少田间落卵量。

（三）化学防治

1. 毒土法　小麦秋播前，用辛硫磷或毒死蜱颗粒剂进行土壤处理，可有效控制白眉野草螟发生为害。处理方法为：每公顷用5%辛硫磷颗粒剂30kg，或3%辛硫磷颗粒剂45～60kg，加细土450～600kg拌匀，开沟施或顺垄撒施，划锄覆土；或每公顷用5%毒死蜱颗粒，12～37.5kg，撒施。试验调查结果表明，莱州地区2012年受灾严重的小麦田，在秋播时进行毒土处理后，2013年受灾情况较2012年明显减轻。

2. 灌药法　室内毒力测定和田间药效试验结果表明，毒死蜱和辛硫磷对白眉野草螟的杀虫活性较强，田间防治效果最好，是田间化学防治该虫的首选药剂。由于该虫白天藏匿于小麦茎基部土缝中，夜晚爬出取食，所以推荐使用灌药法进行施药。

随水灌药：用48%毒死蜱乳油3～3.75L/hm^2，浇地时灌入田中。用药时间可以选在浇春水时期。

喷灌麦苗：可以将喷雾器喷头拧下，或用直喷头喷小麦根茎部。药剂可选用48%毒死蜱乳油900mL/hm^2,或40% 辛硫磷1 050mL/hm^2，药液量要大，保证渗到小麦根围害虫藏匿的地方。用药时期可选在小麦返青期，小麦返青后，白眉野草螟食量增大、为害加重，容易造成缺苗断垄，是进行药剂防治的关键时期。山东莱州地区，3月底气温开始回升，小麦处于返青前期，此后幼虫开始增加取食量，进入为害盛期，是防治的最佳时期。

张云慧　程登发（中国农业科学院植物保护研究所）

第50节　小麦皮蓟马

一、分布与危害

（一）分布

小麦皮蓟马［*Haplothrips tritici*（Kurdjumov）］，又名麦简管蓟马，属缨翅目管蓟马科。广泛分布于欧洲、摩洛哥等北非国家，土耳其、叙利亚、巴勒斯坦、伊朗、巴基斯坦等中亚、西亚国家以及俄罗斯、埃及和中国。该虫在我国仅分布于新疆、甘肃、内蒙古、宁夏、山东、天津、黑龙江等省份。

（二）危害

1. 寄主范围　小麦皮蓟马可为害8科30余种植物，主要包括禾本科植物，如小麦、大麦、黑麦、燕麦、芦苇、宾草、狗尾草、布顿大麦草、看麦娘等。此外，还为害其他多种植物如菊科的矢车菊、苦荬菜、蒲公英、铃铛刺、牛蒡、飞廉、向日葵等，豆科的苜蓿、甘草等，十字花科的膜果多籽草、芥菜、黄花苦豆子、红花苦豆子、遏蓝菜、球茎甘蓝等，茄科的菲沃斯，亚麻科的胡麻等，鸢尾科的马蔺，杨柳科的阿尔泰紫苑，旋花科的打碗花等。

2. 为害状　小麦皮蓟马成、若虫通过锉吸式口器，锉破植物表皮，吮吸汁液，为害寄主植物。

（1）为害花器。小麦孕穗期，成虫即从开缝处钻入花器内为害，影响小麦扬花，严重时造成小麦白穗。

（2）为害麦粒。麦粒灌浆乳熟期，成虫和若虫先后或同时，躲藏在护颖与外颖内吸取麦粒的浆液，致使麦粒灌浆不饱满，严重时导致麦粒空瘪，造成小麦千粒重明显下降。同时，由于蓟马刮食破坏细胞组织，使受害麦粒上出现褐黄色斑块，降低了面粉质量，减少出粉率。

（3）为害护颖、外颖、旗叶及穗柄。成虫和若虫常在护颖、外颖、旗叶及穗柄上锉食叶腋，使护颖和外颖皱缩、枯萎、发黄、发白，麦芒卷缩、弯曲，旗叶边缘发白，或呈黑褐斑。被害部位极易受病菌侵害，造成霉烂、腐败（彩图2-50-1，彩图2-50-2）。

3. 为害造成的经济损失 据国外相关文献报道，小麦每穗如有1头若虫，产量可减少3%；如有4头，减产19%。在我国新疆天山北部玛纳斯河流域小麦皮蓟马发生区，在小麦抽穗1/3时，抽取生长基本一致的小麦，给单穗分别接小麦皮蓟马成虫0头、10头、25头，每个处理100穗，成熟后对每个处理小麦的经济性状分析表明，与无虫对照相比，单穗接虫10头、25头成虫的处理小麦平均穗粒数分别减少了6.40%和13.50%，平均穗粒重分别降低了13.50%和20.50%。在1980年前后新疆天山以北的冬小麦种植区，一般情况下小麦皮蓟马为害导致小麦减产10%左右，严重者产量损失可达20%以上。但是，近年来，随着种植结构的调整，小麦种植面积大幅度压缩，加之气候变化和耕作制度的变革等多种因素，除个别地方外，新疆天山以北的小麦种植区小麦皮蓟马为害普遍较轻。此外，2000年以来，小麦皮蓟马在我国北方其他一些小麦种植区的发生与为害呈现加重趋势。据报道，山东济南的仲宫、天津的静海等地，该虫发生较为普遍，在小麦黄熟期，一般地块虫量达到400～800头/百株，严重者达1 250头/百株，可造成2%～5%的产量损失。

二、形态特征

小麦皮蓟马属于全变态昆虫，一生分为成虫、卵、若虫和蛹4个阶段。

成虫：虫体黑褐色，体长15.0～22.0mm，头略呈长方形与前胸相辖，复眼分离，触角8节，第三节长是宽的2倍，第三、四、五节基部较宽。翅2对，前翅有一条不明显的纵脉，并不延伸到顶端，边缘均有长缨毛。腹部10节，第一节小，呈三角形。腹部末端延长成管状，称作尾管。尾管端部着生6根细长的尾毛，其间各生短毛一根（彩图2-50-3，1）。

卵：乳黄色，初产为白色，长椭圆形，长为0.45mm，宽为0.20mm（彩图2-50-3，2）。

若虫：共5个龄期，初孵若虫呈淡黄色无翅，后变橙红色，鲜红色，触角及尾管均呈黑色，触角7节（彩图2-50-3，3）。

前蛹及伪蛹：前蛹体长均比若虫短，淡红色，四周生有白色绒毛。触角3节。胸节着生3对较长的红色绒毛，中胸及后胸着生1对黑色翅芽。伪蛹与前蛹极为相似，触角分节更不明显，紧贴于头的两侧，翅芽增长（彩图2-50-3，4）。

三、生活习性

在我国分布区小麦皮蓟马1年发生1代，以若虫在麦茬、麦根及晒场地下10cm左右处越冬，主要分布在1～5cm土壤表层。由于我国北方小麦种植区西起新疆东至黑龙江，跨越地理纬度范围较大，不同麦区热量资源状况存在差别，小麦生育期也各不相同，而且有些冬麦区，还种植部分春麦，导致不同区域的小麦种植区小麦皮蓟马出蛰活动、化蛹、羽化和为害的时间等也各不相同。总体而言，由于小麦皮蓟马的为害习性，小麦皮蓟马的田间消长与小麦生育期存在明显的物候关系，表现为在不同小麦种植区，小麦皮蓟马各生长发育阶段均与小麦特定的生育期紧密联系，即小麦皮蓟马一般于小麦起身—拔节期在土壤或麦茬中化蛹，到小麦孕穗期羽化；进入小麦抽穗期后开始产卵；若虫出现后主要在小麦扬花—灌浆期为害，而在小麦进入蜡熟—收割期陆续离开麦穗停止为害，准备越冬。

在我国新疆天山以北的小麦皮蓟马发生区，当4月上、中旬日平均温度达到8℃时，小麦皮蓟马开始出蛰活动。5月上旬（小麦起身—拔节期）在土中及麦茬内化蛹，5月中旬（小麦孕穗期）为化蛹盛期，5月中、下旬（小麦孕穗期）羽化。新疆天山以北冬小麦5月已进入孕穗期，羽化的成虫陆续飞至麦株上，少部分迁飞到附近小蓟、苦豆子上活动，迁飞到麦株上的小麦皮蓟马集中在最上部叶片内侧、叶耳、叶舌处吸食汁液。此时数量较少且分散，随着羽化数量的增多，逐渐从旗叶叶鞘顶部孔或叶鞘裂缝处入侵尚未抽出的麦穗，破坏花器，因而严重者可造成白穗。5月底前后成虫数量达到最高值，此时剥开旗叶即可见大量黑色成虫。麦穗全部抽出后，成虫转移并迁入未抽穗及半抽穗的麦粒内，因此，成虫在麦穗内为害和产卵时间仅2～3d。6月上、中旬冬麦全部抽穗，成虫大量向春麦田迁飞，6月中旬达高峰，春麦田小麦皮蓟马成虫高峰期较之同一区域的冬麦晚15d，但其种群密度春麦上往往大于冬麦。小麦扬花时卵开始大量孵化，小麦灌浆期是为害最严重的阶段。从6月上旬直至麦收，大量若虫集中于麦穗中。7月上旬冬麦开始收割，大部分若虫自黄熟的麦穗内爬出，坠入麦地，部分在割麦时被震落地，若虫大都爬入麦茬丛中，也有的钻入麦秆内或土缝中，尚有少数随麦捆进入麦场及附近的土中越夏、越冬。

在我国天津等地一般在3月下旬日平均温度为8℃时小麦皮蓟马开始活动，4月上、中旬（小麦起身—拔节期）化蛹，在4月下旬（小麦孕穗期）羽化为成虫。成虫飞到小麦植株上，集中在上部叶片内侧、叶耳、叶舌处吸食汁液，逐步入侵到尚未抽出的穗中为害。5月上旬（小麦抽穗期）在刚抽穗的麦穗上产卵，卵经5～7d孵化，5月下旬（小麦扬花—灌浆期）卵孵化，若虫开始为害，在这一时期小麦皮蓟马为害最盛。在6月上旬（小麦蜡熟—收割期），由于生存条件恶化，小麦皮蓟马陆续离开麦穗停止为害，进入越夏或越冬场所准备越夏或越冬。

小麦皮蓟马产卵习性和特点：成虫羽化后7～15d开始产卵，主要产在冬麦穗内，冬麦抽穗后则主要产在春麦穗上。卵很少为单粒，大多呈不规则块状，用胶质黏固。卵块的部位较固定，绝大多数在小穗的基部和护颖尖端的内侧，以麦穗中部的小穗卵量最多，而顶端2～3个小穗和基部1个小穗卵量极少，每小穗平均有卵4.0～55.8粒。卵期平均6.5～8.4d。

四、发生规律

（一）发生与栽培耕作、小麦品种的关系

1. 发生与前茬作物、小麦品种的关系 一般小麦皮蓟马的发生与小麦连作或相邻田作物关系密切。以连作田发生最为严重。一般以大豆、甜菜、马铃薯、玉米、苜蓿等作物作为前茬的小麦田发生相对较轻。同时，该虫发生与小麦品种的关系也十分密切，一般而言，小麦抽穗期越晚越严重，反之则轻，所以晚熟品种田小麦皮蓟马发生往往比早熟品种田严重，同一区域春麦比冬麦发生严重。

2. 发生与播期、土壤质地的关系 适时早播可使小麦提早进入孕穗期，可明显抑制小麦皮蓟马成虫种群发生量。此外，一般在黏性土壤中发生最重，壤土次之，沙性土壤最轻，这表明小麦皮蓟马适宜在湿度较高的土壤中生存。

（二）捕食性天敌

麦田具有较为丰富的捕食性天敌，对小麦皮蓟马具有一定的控制作用。据调查，在我国新疆天山以北小麦皮蓟马的自然天敌包括瓢虫类、草蛉类、蜘蛛类等。其中主要种类有：七星瓢虫（*Coccinella septempunctata*）、多异瓢虫［*Hippodamia*（*Adonia*）*variegata*］、方斑瓢虫（*Propylea quatuordecimpunctata*）、十三星瓢虫（*Hippodamia tredecimpunctata*）、十一星瓢虫（*Coccinella undecimpunctata*）、菱斑巧瓢虫（*Oenopia conglobata*）、齿肢微蛛（*Erigone dentipalpis*）、草皮逍遥蛛（*Philodromus cespitum*）、三突花蛛（*Misumenops tricuspidatus*）、星豹蛛（*Pardosa astrigera*）、狼蛛（*Lycosa* spp.）、灌木新圆蛛（*Neoscona adiantum*）、胡氏卷叶蛛（*Dictyna hummeli*）、芦苇卷叶蛛（*D. arundinacea*）、蟏蛸（*Tetragnatha* spp.）、肩毛小花蝽（*Orius niger*）、华姬蝽（*Nabis sinoferus*）、原姬蝽（*N. ferus*）、叶色草蛉（*Chrysopa phyllochroma*）、普通草蛉（*Chrysoperla carnea*）、黄足毒隐翅甲（*Paederus fuscipes*）等。在我国北方小麦种植区，麦田捕食性天敌种类和数量总体较之其他农田害虫天敌丰富，保护和利用麦田自然天敌对小麦皮蓟马发生与为害的控制具有重要意义。

五、防治技术

（一）农业措施

1. 秋耕冬灌、合理轮作倒茬 在小麦皮蓟马发生严重的区域，秋季或麦收后用圆盘耙切翻再进行深耕和冬灌，及时清除麦场及周围的麦堆、麦秆和麦颖壳等，破坏其越冬场所，可有效降低越冬虫源基数。同时避免连作，进行合理轮作，如与大豆、玉米、苜蓿、马铃薯和棉花等作物倒茬，可有效减轻小麦皮蓟马的发生与为害。

2. 种植早熟品种或适时早播 种植早熟品种或适时早播，使小麦孕穗期提前，可明显压低小麦皮蓟马成虫种群发生数量，减少卵和若虫发生量，使小麦有效避开小麦皮蓟马的为害盛期，减轻受害程度，达到防治的目的。

（二）化学防治

化学防治小麦皮蓟马的关键阶段是在小麦孕穗末期，成虫尚未大量钻入麦穗之前。20%丁硫克百威乳

油或10%吡虫啉可湿性粉剂2 000倍液、1.8%阿维菌素乳油1500倍液、4.5%高效氯氰菊酯乳油2 000倍液，喷施药液1 125kg/ hm^2。其目的是有效防治成虫，减少田间卵量，进而减轻小麦皮蓟马为害。在小麦皮蓟马发生严重的区域，小麦扬花初期发现小穗上的虫卵孵化为若虫后，由于小麦皮蓟马若虫虫体小，对化学农药敏感，喷施化学农药杀虫效果好，要及时防治。当百穗虫量达到200头以上时，可喷洒2.5%氟氯氰菊酯乳油2 500倍液或44%丙溴磷乳油450mL/ hm^2 对水，喷施药液达到1 500kg/ hm^2，可取得较好的防治效果。

郭文超（新疆农业科学院植物保护研究所）

第51节 条沙叶蝉

一、分布与危害

条沙叶蝉（*Psammotettix striatus* L.）又名条斑叶蝉、火燎子、麦吃蚤、麦猴子等，隶属同翅目叶蝉科沙叶蝉属。2000年以来也有学者将原同翅目与半翅目合并成新的半翅目，但条沙叶蝉的科、属级归属并未发生变化。

条沙叶蝉广泛分布于欧洲（捷克、罗马尼亚、乌克兰、瑞典）、非洲北部、北美及亚洲中部大部分地区，在我国尤以西北、华北发生较重。该害虫除直接吸取植株汁液，分泌毒素导致小麦叶斑和叶片枯黄造成小麦减产外，更重要的是它能传播小麦红矮病、小麦蓝矮病和小麦矮缩病等小麦病毒病和类菌原体病害，引致病害流行。在多数情况下，后者的为害远远超过了前者。据文献记载，在1920—1948年的29年中，单条沙叶蝉传播的小麦红矮病在甘肃就有17年大发生。1957年甘肃秦安县，1981年新疆和田地区小麦红矮病大流行，致使数千亩（1亩约为667m^2）小麦翻耕。1995年和1996年甘肃定西地区小麦田条沙叶蝉大发生，分别造成小麦绝收改种5 000 hm^2 和9 000hm^2。此外，从20世纪90年代初以来，在陕西关中渭南、大荔、三原、临潼、岐山及渭北合阳、韩城等地麦—棉、麦—果、麦—辣等间作套种麦田、麦草覆盖麦田小麦蓝矮病、小麦矮缩病连年成片严重发生，给小麦生产也造成严重损失。除小麦外，条沙叶蝉的寄主植物还有大麦、雀麦、水稻、青稞、燕麦、莜麦、谷子、糜子、高粱、玉米、烟草及多种禾本科杂草，在新疆和田地区也有其在复播玉米田严重成灾的报道。

二、形态特征

成虫：体长4～4.3mm，体呈灰黄色，头冠近前缘具1对浅褐色斑纹，后与黑褐色中线接连，两侧中部各具1不规则斑，近后缘两侧各有2个逗点形纹，颜面两侧有黑褐色横纹。复眼黑褐色，单眼1对，赤褐色。前胸背板具5条灰白色条纹纵带和4条灰黄色纵带相间排列。小盾板2侧角有暗褐色斑，中间具明显的褐色点2个，横刻纹褐黑色。前翅浅灰色，半透明，翅脉黄白色。胸部、腹部黑色。足浅黄色，在股节及胫节上有淡褐色斑点（彩图2-51-1，1）。

卵：肾形，长0.93mm，宽0.35mm，初产时白色，后变淡黄，将要孵化时近金黄色，有1对红褐色眼点（彩图2-51-1，2）。

若虫：共5龄。初孵化时为淡黄色，随着龄期的增加，体色加深，二龄若虫体褐色背线明显，三龄体深褐色带黄，后胸末侧突出，并向后延伸，四龄体黑褐色。翅芽达一、二腹节上。五龄背部可见深褐色纵带，翅芽达三、四腹节间，性别初见（彩图2-51-1，3）。

三、生活习性

条沙叶蝉在新疆和田地区1年发生3代，在甘肃陇南、陇东和陕西关中1年发生4代，以卵在杂草和小麦枯死的叶片和叶鞘组织内越冬；在关中，越冬卵一般3月下旬至4月下旬孵化，4月上旬为孵化高峰期，越冬代成虫约在4月底出现，5月上旬为越冬代成虫发生高峰期，前期集中于麦田中，麦收后迁散于杂草和秋作物田中。越冬代成虫出现后约15d开始在幼嫩叶鞘、叶片上产卵，卵半月后即有孵化，进入当年第一代。第一代成虫最早在6月中旬出现，6月下旬是第一代成虫高峰期。当年第二代成虫最早在8月上旬出现，高峰期在8月下旬至9月初，产卵最早在8月下旬，终止于9月上旬，产卵期20d左右，卵历期较短，一般4～5d即可孵化。第三代成虫最早在9月下旬出现，高峰期在10月中旬，10月上旬至11月中下旬产越冬卵进入越冬状态。全年除越冬代外，其余3代世代重叠明显。

条沙叶蝉成、若虫都喜聚在生长茂密的禾本科作物、杂草的叶上活动，取食为害。一至三龄若虫多集中在植株中、下部叶片的正面活动。四、五龄若虫和成虫多集中在植株的中、上部叶片的背面和嫩茎上活动。在小麦拔节期，取食活动的最佳时间是10:00～13:00及16:00左右。抽穗期取食活动以9:00～11:00和15:00～17:00最盛。其余时间多集中在植株下部叶片和地面上。

条沙叶蝉成虫，能飞善跳，可借风作短距离迁飞；喜温暖干燥环境，一般在干旱年份和向阳干燥处虫口密度大。成虫有较明显的趋光性。条沙叶蝉行两性生殖，偶见单雌虫产无效卵现象。不同世代产卵场所与产卵量有较大差异，除越冬代外，成虫产卵以寄主植物鲜嫩叶片和叶鞘的组织上为多，在小麦上，卵常产在叶尖、叶缘或靠近叶脉处，散产，一处1～10粒。越冬代成虫卵主要产在枯秸死叶上，据在室内盆栽小麦上饲养并以碾碎麦草诱集产卵发现，90%左右卵产在秸秆上，麦叶上仅有10%左右。每头雌虫产卵量从几粒到上百粒不等，最多104粒。世代历期：越冬代100～120d，第一代、第二代均为40～60d，第三代为80～90d。

若虫活泼善跳，受惊时敏捷地作横向移动，或跳跃逃逸，共5龄，各龄历期长短不一，一般以第五龄和第一龄发育历期较长，但各龄历期均随温度高低缩短或延长。

卵肾形，单产在寄主植物组织中，端部常外露。也偶有产在秸秆落叶表面。卵期的长短受温度影响明显，在自然条件下，越冬卵历期最长，二至三代卵历期最短。越冬卵有明显休眠现象。

在陕西关中，测定条沙叶蝉对小麦蓝矮病传毒特性结果表明：最短获毒和传毒时间均为10min，最适获毒时间为24h，最适传毒时间为16h。循回期最短1d，最长10d。条沙叶蝉一旦获毒能终生持毒和传毒，但不经卵传毒，具间歇传毒现象，成虫传毒力略高于若虫传毒力。带毒虫一生可至少传病1株，最多13株，平均4.7～6.9株。小麦发病潜育期秋季最短16d，最长65d，平均50d；春季最短5d，最长44d，平均22.3～26.2d。

四、发生规律

影响条沙叶蝉种群消长的因子是多方面的，其中以气候条件、寄主植物和天敌的关系较为密切。

（一）气候条件

条沙叶蝉喜温暖干燥的气候，但过度干旱（影响作物的播种出苗以及杂草的正常生长）的条件，亦不利其发生。据在甘谷定点及大田虫情调查结果结合当地气象资料分析，2月份平均气温的高低对越冬卵孵化的早晚有决定作用，温度升高快则卵孵化早，当日平均气温升高至1.3～4.5℃，最低气温接近0℃时，田间即可见初龄若虫；3～6月雨量对春季代叶蝉的发生发展影响较大，如此期雨量偏少，则有利于叶蝉的生活繁殖；如过度干旱或偏涝，则抑制其发展。7～10月雨涝对秋季代叶蝉的发生不利；11月降雪量对越冬代叶蝉发生量影响较大，如降雪早而雪量大，不利于该虫的活动及产卵，从而影响翌春叶蝉的数量。

室内人工控制温度条件下测定温度对条沙叶蝉若虫生长发育、存活率和成虫寿命的影响。结果表明：在20～35℃条件下，随着温度的升高，条沙叶蝉若虫发育历期缩短。相同温度条件下，条沙叶蝉若虫各龄的发育历期以五龄最长，一龄次之，二龄（除35℃条件下外）最短。条沙叶蝉发育起点温度以一龄最低，为2.7℃，三龄最高，为11.2℃，全若虫期为4.5℃。有效积温以三龄最小，为48.0℃，五龄最大，为106.6℃，全若虫期为416.4℃。温度也影响条沙叶蝉若虫存活率和成虫寿命，在20～35℃范围内，以20℃下若虫存活率最高，成虫寿命最长。

（二）寄主植物

寄主植物是影响条沙叶蝉的另一个重要因素。人工控制食料条件下饲养观察发现，条沙叶蝉在小麦（小偃6号）、玉米（浚单20）、狗尾草3种寄主植物上都能完成世代发育；从卵到若虫期的发育历期以在小麦上最短（23.3d），玉米上次之（26.4d），狗尾草上最长（27.5d）；取食狗尾草时，若虫的存活率（17.22%）最低；取食小麦时，净增值率（6.1067）、内禀增长率（0.052 3）和周限增长率（1.053 7）均最大，平均世代周期（34.580 7d）和种群加倍时间（13.253 3d）最短；在玉米上平均每雌产卵量（17.63粒）最少，且无明显的产卵高峰期。用生命表参数和存活曲线等综合评价表明，3种寄主植物中，小麦最适合条沙叶蝉生长发育及繁殖，其次分别为玉米和狗尾草。

（三）天敌

条沙叶蝉的天敌较多，据甘肃研究，已发现的有卵寄生蜂类、寄生螨类、螯蜂类。螨类多寄生于若虫体外，寄生率一般在1%～3%；螯蜂类多寄生于若虫，寄生率高者可达30%～50%，被寄生后腹部两侧形成黑褐色或黄褐色疣状突起。此类寄生可使寄主性腺退化或消失，形成寄生性的阉割，故在抑制叶蝉的生殖力方面起的作用较大。卵寄生蜂类寄生后，叶蝉卵变为紫黑色。有柄翅缨小蜂（*Gonatocerus* sp.）、缨翅缨小蜂（*Anagrus* sp.）、长脉赤眼蜂（*Pterygogramma* sp.）3种。其中以赤眼蜂最多，其次为稻叶蝉缨小蜂。1958—1962年在甘谷等地调查，在越冬卵上的寄生率：1958年为10.8%；1959年为1.2%～2.4%，最高达到37.5%；1960年为16.5%～64.2%，最高达80%；1961年为1.5%～3.0%；1962年为3.7%～8.2%，最高为26.3%。卵寄生蜂类对抑制叶蝉发生起的作用较大，其发生量随着叶蝉的消长而升降，如1959年秋叶蝉的发生量剧增，1960年春其越冬卵被寄生率随之上升，高的达到60%～80%。对压低1960年叶蝉虫口起到了一定作用。

五、防治技术

条沙叶蝉的防治要按其既能直接为害和又能传播病毒病害两种情况来区别于一般害虫的防治，对于直接为害的防治，一般在春季麦田中进行，当田间虫情达到一定量时即进行防治；对于所传播病害的防治，要重点放在小麦秋苗期进行，有时甚至可能需要在麦田外开展防治。因为小麦秋苗期是病害的关键感染期，而麦田外禾本科杂草以及夏秋作物田的杂草和自生麦苗是夏季条沙叶蝉和病毒病原的主要活动场所。要在秋播前做好虫情调查，调查时用0.33m口径捕虫网，选择有代表性的杂草地和秋作地捕扫，每挥捕30单网计算一次，每块地查3～5点。在广泛调查的基础上计算平均虫口，如平均虫口在10头以上，在其他条件具备的情况下（如种植感病品种面积大，播种期早等）就会引起病害大发生，在5头以上也会引起中度流行，必须加强防治工作。秋苗出土后，每5～10d在麦田中调查虫口一次，根据虫情开展防治。冬、春期间调查麦田中越冬卵，用5点取样法，每点$1m^2$，调查带卵茬数，卵粒数及天敌卵寄生率，预测春季虫量。春季小麦返青后再调查虫情，进行春季防治。

（一）农业防治

加强田间管理，减少叶蝉为害机会；选用抗虫和抗病品种；严防早播，适时迟播，以免诱集大量叶蝉；精耕细作，清除田间寄主杂草，及时伏耕灭茬，消灭自生麦苗等毒源植物，减少传病机会；加强肥水，促使苗强苗壮，提高小麦抗病虫能力。

（二）生物防治

利用有利于天敌繁衍的耕作栽培措施，使用对天敌较安全的选择性农药，并合理减少施用化学农药，保护利用天敌昆虫来控制条沙叶蝉种群。

（三）物理防治

苗期田间虫口特别大时，可用大网拉虫，即用粗布（或纱布）、木棍制成长2m、宽1m、高0.33m的槽状大网，掠地面依次拉过，可将大量的叶蝉兜进网内，集中消灭。在条件许可时，也可于8～9月设置诱虫灯，诱杀成虫。

（四）化学防治

化学防治可采用内吸性杀虫剂处理种子与田间喷药结合起来的方式。内吸杀虫剂处理的种子出苗初期的杀虫效果可达到100%，残效期可保持1个月左右。当虫口密度达到3头/m^2时，或用直径33cm的捕虫网捕捉成、若虫，当每30单次网捕10～20头时，可用10%吡虫啉可湿性粉剂，或70%吡虫啉水分散粒剂、2.5%高效氟氯氰菊酯乳油、5%啶虫脒微乳剂、1.8%阿维菌素乳油喷洒，5～7d后可根据虫情决定是否再次喷药。春季越冬卵孵化盛期，防治若虫，可采用同样方法视虫量多少，喷药1～2次即可。

相建业（西北农林科技大学植物保护学院）

第52节 麦秆蝇

一、分布与危害

麦秆蝇［*Meromyza saltatrix*（Linnaeus）］，属双翅目黄潜蝇科，是我国北部春麦区及华北平原中熟冬麦区的主要害虫之一。在我国分布广泛，北起黑龙江、内蒙古、新疆，南至贵州、云南，西达新疆、西藏、青海；四川的甘孜、阿坝地区也有发生；新疆、内蒙古、宁夏以及河北省张家口地区、山西省北部、甘肃部分地区春小麦受害最为严重，在山西南部及陕西关中北部冬麦区，也能造成危害。此外，在河北、山西、内蒙古等地的春麦区尚发现有黑麦秆蝇（*Oscinella pusilla* Meigen）、宽芒麦秆蝇（淡色瘤秆蝇）（*Elachiptera insignis* Thoms.）和细腿麦秆蝇（愈背秆蝇）（*Lasiosina* sp.）在局部地区为害小麦。

麦秆蝇主要为害小麦，偶尔为害大麦或黑麦，野生寄主多属禾本科和莎草科的杂草，以披碱草为主，其次为星星草、佛子草、芳香草和赖草等。在山西南部冬麦区野生寄主有白茅、马唐、狗尾草、绿毛鹅冠草、狗牙根、雀麦、细叶苕、异穗苕及香附子等。

麦秆蝇幼虫钻入小麦等寄主茎内蛀食为害，初孵幼虫从叶鞘或茎节间钻入麦茎，或在幼嫩心叶及穗节基部1/5～1/4处呈螺旋状向下蛀食，形成枯心、白穗、烂穗，不能结实。由于幼虫蛀茎时被害茎的生育期不同，可造成下列4种被害状：①分蘖拔节期受害，形成枯心苗。如主茎被害，则促使无效分蘖增多而丛生，群众常称之为“下退”或“坐罢”；②孕穗期受害，因嫩穗组织破坏并有寄生菌寄生而腐烂，造成烂穗；③孕穗末期受害，形成坏穗；④抽穗初期受害，形成白穗。其中，除坏穗外，在其他被害情况下完全无收（彩图2-52-1）。

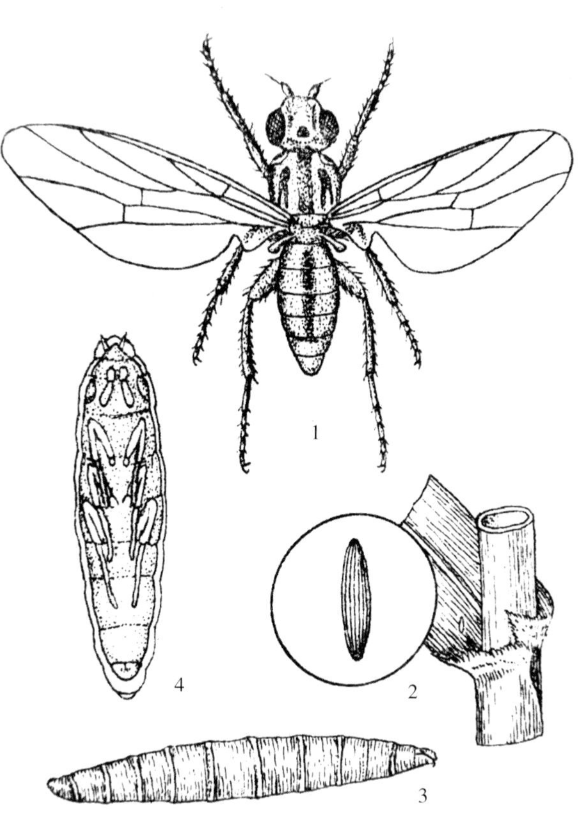

图2-52-1 麦秆蝇（引自南京农业大学，1995）
Figure 2-52-1 *Meromyza saltatrix* (from Nanjing Agricultural University, 1995)
1. 成虫 2. 产在小麦叶面基部的卵 3. 幼虫 4. 蛹

二、形态特征

成虫：雄虫体长3.0～3.5 mm，雌虫体长3.7～4.5 mm。体黄绿色。复眼黑色，有青绿色光泽。单眼区褐斑较大，边缘超出单眼之外。下颚须基部黄绿色，端部2/3部分膨大成棍棒状，黑色。翅透明，有光泽，翅脉黄色。胸部背面有3条黑色或深褐色纵纹，中央的纵线前宽后窄直达梭状部的末端，其末端的宽度大于前端宽度的1/2，两侧纵线各在后端分叉为二。越冬代成虫胸背纵线为深褐至黑色，其他世代成虫则为土黄至黄棕色。腹部背面亦有纵线，其色泽在越冬代成虫上与胸背纵线同，其他世代成虫腹背纵线仅中央一条明显。足黄绿色，跗节暗色。后足腿节显著膨大，内侧有黑色刺列，胫节显著弯曲（图2-52-1，1）。

卵：长椭圆形，两端瘦削，长约1mm。卵壳白色，表面有10余条纵纹，光泽不显著（图2-52-1，2）。

幼虫：末龄幼虫体长6.0～6.5mm。体蛆形，细长，呈黄绿或淡黄绿色。口钩黑色。前气门分支，气门小孔数为6～9个，多数为7个（图2-52-1，3）。

蛹：围蛹。雄蛹体长4.3～4.8 mm，雌蛹体长5.0～5.3 mm。体色初期较淡，后期黄绿色，通过蛹壳可见复眼、胸部及腹部纵线和下颚须端部的黑色部分。口钩色泽及前气门分支和气门小孔数与幼虫同（图2-52-1，4）。

三、发生规律

在华北春麦区1年发生2代，冬麦区1年发生3～4代，以第一代幼虫为害春麦，第二代幼虫在野生寄主中生活，并在根茎交接处或土缝中或杂草上越冬。各代各虫态发生期依地区而异。在内蒙古西部，越冬代成虫一般于5月下旬末至6月上旬开始大量发生，盛发期延续到6月中旬。越冬代成虫产卵前期为1～19d，平均5.5d，产卵期1～22d，平均11.1d，每雌平均产卵11.8粒，最高41粒，卵均散产，大多产在叶面基部。卵经4～7d孵化，盛孵期在6月上、中旬。幼虫经20d成熟化蛹。第一代蛹期为3～12d，平均9.9d，7月中旬为化蛹盛期。第一代成虫于7月下旬羽化，一般在麦收时已大部羽化离开麦田，转移到野生寄主上产卵寄生以至越冬。

在山西南部冬麦区，麦秆蝇1年发生4代，以幼虫在麦苗或野生寄主内越冬。以越冬代（即第四代）及第一代幼虫为害冬麦。越冬代成虫羽化盛期为4月中、下旬，在返青的冬麦上产卵、孵化、寄生为害。第一代成虫羽化时，冬麦已达生育后期，第二、三代幼虫寄生于冬麦的无效分蘖、春小麦、落粒麦苗或野生寄主上，不影响产量。第三代成虫羽化后，在秋播麦苗或野生寄主上产卵、孵化、寄生至越冬，在冬季较暖之日仍能活动取食。

据北京市丰台区调查，越冬代幼虫为害率较第一代幼虫为高，而在山西及陕西等地，越冬代幼虫只在过于早播的麦田内发生为害，为害比较集中。在秋季，麦苗更小，幼虫亦能转株为害。虽主茎被害，但冬前分蘖仍可抽穗结实，对产量的影响一般不太显著。第一代幼虫则为害生育期较晚的小麦，早播冬麦由于生育期相对提前，被害较轻，而晚播麦田正处于拔节或孕穗期，被害较重，造成烂穗或白穗，发生为害面积也远较越冬代广而分散，影响产量较大。因此，无论在春麦或冬麦区，越冬代成虫开始盛发期即是化学防治的关键时期。

四、生活习性

成虫喜光，于早晚及夜间栖息于叶片背面，且多在植株下部。晴朗之日10:00左右，阳光较强，气温升高，成虫开始大量活动，在麦株顶端附近飞舞。此时，用捕虫网扫捕侦察虫情，效率较高。

中午前后日光强烈，温度过高，成虫又潜伏在植株下部。至14:00以后又逐渐活跃，17:00～18:00为活动高峰，雌虫在田间产卵也以此时为主。在微风情况下，成虫活动性强，如风速增大到4、5级以上，活动显著减弱，常潜伏于植株中、下部叶片上。风速的大小显著影响网捕成虫的结果，调查虫情时必须注意。

成虫产卵时，对寄主及田间小气候有明显的选择性。表现在下面3个方面：

（1）对植株生育期的选择。拔节、孕穗期是小麦易受麦秆蝇为害的危险生育期，进入抽穗后着卵显著减少，而且幼虫入茎后也不能成活。一般早、中熟品种比晚熟品种受害轻，同一品种由于适期早播等措施，前期生长快的受害也较轻。原因在于麦秆蝇产卵对麦株生育期有明显的选择性。

（2）对春小麦品种的选择。麦秆蝇产卵时对不同品种的春小麦有明显的选择，主要原因是不同品种生育期的差别。生育期相同的品种，叶片基部有长而密的茸毛的品种着卵较少，被害较轻；相反，叶片基部宽、叶面光滑无茸毛或茸毛短而稀的品种着卵较多，被害较重。品种间对麦秆蝇抗性的明显差别为选育抗虫丰产的新良种提供了必要性和可能性。

（3）对麦田小气候的选择。不同栽培技术和条件直接影响小麦的生长发育，也影响麦田小气候。一般小麦生长茂密的麦田，通风透光较差，温、湿度较高，不适于麦秆蝇生活，成虫密度较低，着卵较少，受害较轻。生长稀疏的麦田则相反。

五、发生规律

（一）发生与气候的关系

同一地区由于不同年份气候的变化，麦秆蝇越冬代成虫发生的早晚也不相同。分析内蒙古西部中滩地区逐年春季气温与麦秆蝇越冬代成虫发生期的关系，4、5月气温对越冬代成虫开始盛发有一定影响，尤其是4月的气温更为重要。当年4月平均气温高于多年平均值者则开始盛发早，低于平均值者则晚，与平均值相近者则属中间类型。

麦秆蝇越冬代成虫发生量决定于越冬基数的大小，而越冬基数的大小又与第一代成虫羽化后的气候有关。内蒙古中滩地区的调查分析，8月降水量的大小与翌年越冬代成虫发生数量具有显著的负相关关系。8月降水量小，则翌年麦秆蝇越冬代成虫发生量大，相反，则发生量较小。

关于冬麦区气候与麦秆蝇的关系，根据早年在山西南部的观察，一般春季回寒早，土温骤降，延迟化蛹及羽化时间。幼虫化蛹最适温度为8.5～9℃，最适5cm土温在2月为3～4℃，3月为10℃，如在化蛹阶段土温较此为低，则将显著推迟化蛹。而化蛹、羽化的延迟，一般会减轻为害，因越冬代成虫盛发时小麦已进入较后的生育阶段。

（二）发生与小麦品种的关系

生产实践证明，大面积的连续栽培抗虫品种，不仅能避免或减轻小麦受害，还能显著压低麦秆蝇的发生数量。据调查，内蒙古春麦区麦秆蝇问题最早发生在巴彦淖尔市乌拉特前旗一带。早先当地种植的农家品种如红小麦等属中早熟品种，叶面具有较密的茸毛，能抗麦秆蝇，原不存在麦秆蝇为害的问题；随后推广萨县长芒麦和甘肃96，这两个品种丰产、抗锈但晚熟，尤其是前期生长较慢，而且叶面光滑无毛，适于麦秆蝇寄生为害，种植面积不断扩大，又无相应的药剂防治措施，以致麦秆蝇猖獗为害。如感虫的甘肃96，麦秆蝇越冬代成虫高峰期调查四点，平均虫口密度依次为每网21.3头、9.13头、10.2头和11.2头，在进行药剂防治的情况下，为害率依次为21.3%、3.1%、4.4%和6.9%。以后培育并种植能抗麦秆蝇的新白麦，在未进行药剂防治的情况下，随后3年麦秆蝇越冬代成虫高峰期平均虫口密度依次仅为每网1.7头、0.16头和1.2头，为害率依次仅为0.08%、0.04%和0.6%。

（三）发生与耕作栽培技术的关系

一般适期早播，合理密植，水肥条件好，生长发育快，拔节早，茂密旺盛的麦田受麦秆蝇为害较轻；土壤盐碱化，地势低洼，排水不良，施肥不足，迟播及播种过深，麦苗生长不良的麦田则受害较重。主要由于小麦生育期的差异和田间小气候的不同，影响成虫趋性、产卵及幼虫入茎为害。由此可见，争取小麦丰产和防治麦秆蝇对栽培技术的要求是完全一致的。

（四）天敌的影响

麦秆蝇幼虫有2种寄生蜂，一种属姬蜂科，另一种属小蜂科，以后者寄生率较高。在内蒙古春麦区，寄生率一般较低；山西南部冬麦区，一般年份寄生率在10%左右，最高年份可达40%以上。春、秋两季发生的第一、四代幼虫被寄生率高于夏季发生的第二、三代。如越冬代幼虫被寄生率高于30%，则小麦受害减轻；若被寄生率低于30%，则为害重。

六、虫情调查和预报

麦秆蝇的虫情调查多采用系统扫网（网口直径33cm，网深57cm，网柄长100cm）并结合查卵，掌握春麦区越冬代成虫和冬麦区秋苗成虫盛发的始期，以确定防治适期。具体方法为：春麦区从5月1日起，每日10:00左右，在选定的有代表性麦田内均匀取样20点，每点扫10复网，共扫200复网，检查记载成虫数。当每100复网捕得成虫1～1.5头时，即可预报15d后越冬代成虫即将开始盛发；至5月下旬以后，如成虫密度突然剧增并持续上升，即为越冬代成虫始盛期，也是第一次喷药适期；若达到防治指标，即每复网平均捕虫0.3～1头时，应立即进行防治。冬麦区秋季出苗后、春季3月1日起，每天进行定点网捕成虫或调查卵株率，当秋苗每100复网有成虫25头或卵株率达2%、春季每100复网平均捕得成虫20～40头或卵株率达5%以上时，即为用药防治适期。

七、防治技术

根据麦秆蝇发生为害特点，应采取以农业措施为基础，结合必要的药剂防治的综合控制策略。

（一）农业措施

1. 加强栽培管理 采取因地制宜，深翻土地，精耕细作，增施肥料，适时早播，适当浅播，合理密植，及时灌排等一系列丰产措施，可促进小麦生长发育，避开危险期，造成不利于麦秆蝇发生的田间生态条件，避免或减轻小麦受害。

2. 选育抗虫良种 有关科研单位、良种场和科研实验站，应加强对当地农家品种的整理和引进外地良种，进行品种比较试验，选择适应当地情况，既丰产又抗麦秆蝇、抗锈、抗逆的良种。对丰产性状好但易受麦秆蝇为害的品种，则需经过杂交培育加以改造，培育出适应当地生产需要的新良种。

（二）药剂防治

1. 预测预报 及时进行田间调查，加强麦秆蝇发生时间和发生量的预测预报，掌握施药适期，指导防治。

2. 药剂防治 根据各测报点逐日网扫成虫结果，在越冬代成虫开始盛发并达到防治指标，尚未产卵或产卵极少时，据不同地块的品种及生育期，进行第一次喷药，隔6～7d后视虫情变化，对生育期晚尚未进入抽穗开花期、植株生长差、虫口密度仍高的麦田继续喷第二次药。每次喷药必须在3d内突击完成。

可用药剂、方法和用量为：2.5%敌百虫粉或1.5%乐果粉，每公顷喷撒2.25kg。如麦秆蝇已大量产卵，及时喷洒1.8阿维菌素乳油1 000～1 500倍液，或80%敌敌畏乳油与40%乐果乳油1∶1混合后稀释成1 000倍液、10%吡虫啉可湿性粉剂3 000倍液、25%速灭威可湿性粉剂600倍液，每公顷喷药液750～1 125L，把卵控制在孵化之前。

姜玉英 曾娟（全国农业技术推广服务中心）

第53节 黑麦秆蝇

一、分布与危害

黑麦秆蝇（*Oscinella pusilla* Meigen），属双翅目秆蝇科，也称大麦蝇。主要分布于西北、华北及黄河流域，20世纪70年代以来，新疆、甘肃、青海、宁夏、内蒙古、陕西、山西、河北、河南、山东等地均有为害，2009年湖北省也有为害报道。寄主植物主要是小麦、大麦、玉米、谷子等禾本科作物，以及金色狗尾草、稗草、黑麦草、燕麦草、早熟禾、看麦娘、鹅冠草、画眉草等杂草。幼虫钻蛀麦苗心叶，形成枯心苗和死穗（彩图2-53-1至彩图2-53-3），为害玉米则造成枯心苗、叶片破损、环形株、畸形等不同症状，影响植株生长甚至枯死、不结实（彩图2-53-4）。

黑麦秆蝇（*O. pusilla*）与瑞典麦秆蝇（*Oscinella frit* Linnaeus）为近缘种，在欧洲、北美、亚洲均有分布，不同地区优势种群有所差异。黑麦秆蝇对较高温度（25～30℃）和较干燥（相对湿度为40%～60%）环境的适应性更强，倾向于为害大麦和小麦；而瑞典麦秆蝇则喜欢较低的温度（16～22℃）和高湿（70%～80%）环境，更易为害燕麦。二者在形态上的主要区别为，瑞典蝇成虫胫节全部为黑色，而黑麦秆蝇胫节主要为黄色，仅后足胫节中部黑色。目前国内对该种的称谓比较混乱。河北、河南、山东、山西、内蒙古等省份现有文献资料中对成虫的描述均为后足胫节两端黄色、中部黑色，即黑麦秆蝇，至今国内还未见胫节全部为黑色的瑞典蝇为害的报道。因此，黑麦秆蝇应为为害我国小麦等作物的优势种群。

20世纪70、80年代，为了提高单位面积粮食产量，增加复种指数，在黄淮海广大麦区普遍推广了小麦、夏玉米等一年两熟的种植模式，为黑麦秆蝇的周年繁衍提供了充足的食物来源。黑麦秆蝇一、二代可以为害越冬后的冬小麦，第五代再次转移到冬小麦上为害并越冬，中间三、四代可以寄生并为害玉米、谷子等夏播作物，成为该虫在河北、河南、山东、山西等地大发生的主要原因及虫源基础。黑麦秆蝇除严重为害小麦，造成生产损失外，也影响了玉米、谷子等作物生产。1974年河北省唐山市武邑县冬小麦枯心苗率最高达60%，减产45%；1977年个别地块枯心苗率达90%，造成毁种。1978—1984年山东省烟台地区，早播小麦一般年份被害率20%～30%，重者50%以上，大发生年份一般被害率40%～50%，重者70%～80%。小麦受害后分蘖减少21.4%～83.5%，成穗率降低20.6%～52.3%，减产21.8%～61.9%；1983—1985年夏玉米被害率20%～30%，严重的达40%～60%。1979—1984年山西省夏谷被害率为5.96%～62.6%。近年来黑麦秆蝇为害又呈上升趋势。2004—2005年河北省石家庄地区黑麦秆蝇发生面积超过8万hm^2，2006年秋季早播麦被害率在40%以上，2005年、2006年夏玉米田间被害率在20%左右，重者可达50%。2009年湖北省潜江市报道，黑麦秆蝇严重为害当地夏玉米，说明该虫的为害已经波及长江以南地区。

二、形态特征

成虫：雄蝇体长1.3～2.0mm，前翅长1.3～1.9mm；雌蝇体长2.1～2.7mm，前翅长2.0～2.1mm。头部黑色被灰白粉；颜凹，黑色；额三角区亮黑色，光滑；单眼瘤亮黑褐色；颊黑色，几乎与触角第三节等宽；髭角钝圆；后头区黑色；唇基黑色；头部的毛和鬃黑色。触角黑色，无粉，端圆；触角芒黑色，被黑色短毛。喙和须黑色，被黑色毛。胸部黑色，被灰白粉；中胸背板密被黑色短毛，胸侧亮黑色，无粉。后背片黑色。小盾片黑色，被灰白粉。胸部鬃毛黑色。足腿节黑色，但端部有少许黄色；胫节、跗节黄色，但后足胫节中部具1黑色条带，第三至五分跗节黑褐色至黑色。足上毛黑色，除跗节被有一些黄褐色毛。后足胫节有长圆形的胫节器。翅透明，翅脉褐色；r-m位于距中室基部2/3处。平衡棒黄色。腹部黑色，腹面黄色，被灰白粉，毛为黑色。雄虫腹部末端第九背片黑色，背针突黑色，较长，内弯；下生殖板黑色，侧视宽；尾须黑褐色。雌虫腹部末端第九背板近三角形，端部圆，有 1 对长毛；第九腹板周围有 1 圈毛，毛黑色；尾须黑色，较长（彩图 2－53－5）。

卵：乳白色，梭形，长约 0.7mm，稍弯，一端较尖，表面有纵脊（彩图 2－53－6）。

幼虫：蛆状，初孵幼虫（一龄幼虫）体白色透明，但口钩黑色；老熟幼虫（三龄幼虫）黄白色，体长约 4.5mm，前端有不明显的扇状前气门，后端有 1 对短圆柱形的后气门突（彩图 2－53－7）。

蛹：黄褐色，长约 3mm，前端有 4 个乳状突起，后端有 2 个圆柱形突起（彩图 2－53－8）。

三、生活习性

黑麦秆蝇在北疆乌鲁木齐、南疆喀什地区及长城以北的春麦区 1 年发生 3～4 代，在华北及黄淮海小麦—玉米连作区 1 年发生 4～5 代。

在北疆，黑麦秆蝇越冬代幼虫 4 月中旬开始在麦秆内化蛹，4 月底羽化为成虫，5 月中旬为羽化盛期。在南疆 4 月上旬即有成虫。乌鲁木齐一带，第一代成虫在冬麦及春麦上产卵为害，使春麦主茎不能抽出。卵多产在叶片内侧靠近叶鞘处，第二代在禾本科杂草上寄生，第三代幼虫 8 月底为害早播冬麦，9～10 月为害冬麦主茎，造成心叶枯黄或分蘖丛生，并在冬麦内越冬。

在华北平原及黄淮海地区，黑麦秆蝇主要以幼虫在冬小麦枯心苗内越冬。翌年早春气温上升，3 月上旬越冬幼虫开始活动，部分幼虫可转株为害造成新的枯心苗株。3 月下旬化蛹、羽化。第一代幼虫继续为害小麦，造成枯心或死穗；第二代幼虫为害小麦无效蘖和春玉米苗；第三代、第四代主要为害夏玉米、谷子、高粱、自生麦苗及禾本科杂草；第五代再次转移至冬小麦上产卵、为害、越冬。

在山东，5～11 月黑麦秆蝇发育历期一般为，卵期 3～5d，幼虫期 8～38d，蛹期 8～21d，成虫期12～44d。成虫对腐鱼有较强趋性。一般在 6:00～10:00 羽化，1～3d 后交尾。交尾历时 0.5～1h，多在8:00～10:00 或 16:00～18:00 进行，并可多次交尾产卵。一般在交尾后次日产卵。卵散产，成虫密度大时卵粒可黏结聚集。产卵部位多在近地面的芽鞘或叶鞘内侧、茎秆及叶片上。土壤湿度大时产卵部位偏上，反之偏下。幼虫一般凌晨孵化，沿叶片边缘或茎秆向上，爬入心叶卷缝处潜入，呈螺旋状向下取食，直达生长点，形成枯心。幼虫可在麦苗分蘖株间转株为害。老熟后在枯心处茎秆或叶鞘间化蛹。一般一株麦苗内有幼虫 1 头，为害谷子时多为 2～5 头共害一株。

四、发生规律

（一）小麦播期

在春麦区，黑麦秆蝇主要为害小麦及杂草。在广大黄淮海小麦—玉米连作区，第一、二代幼虫主要为害返青后的冬小麦及自生麦苗，秋季又在冬小麦枯心苗内越冬。因此，冬小麦是其发生为害的主要虫源基础。而冬小麦播种时间早晚与黑麦秆蝇发生程度及虫源基数的关系非常密切。在河北石家庄，2005 年 9 月 20 日播种的冬小麦被害率达 42.98％，9 月 30 日播种的被害率为 13.88％。在山东济南，1984 年 9 月 7 日、17 日和 27 日 3 个播期的冬小麦被害率分别为 81％、21.33％和 5.3％；烟台，1983 年 9 月 20 日、25 日播种的小麦被害率分别高达 82％和 64.3％，播种期与黑麦秆蝇为害率呈极显著的正相关关系（r＝0.928 3）。冬小麦播种越早受害越重，越冬基数就越高。

（二）环境条件

黑麦秆蝇的发生与温、湿度关系密切。一般平均气温在 10℃ 以上时，越冬幼虫开始化蛹，气温 16.1～23.6℃适宜成虫产卵，相对湿度 60％～80％适宜黑麦秆蝇活动。在山东济南，1985 年通过饲养获得卵的发育起点温度为 13.12℃，有效积温为 39.32℃；幼虫的发育起点温度为 13.13℃，有效积温为 109.72℃；蛹的发育起点温度为 10.87℃，有效积温为 106.12℃；整个世代的发育起点温度为 13℃，有效积温为 330℃。

黑麦秆蝇喜通风透光的环境条件。播种量少麦苗稀疏有利于成虫活动、栖息、产卵，发生为害重。相反，播种量大，田间郁闭则为害轻。此外，地势低洼的地区发生重，丘陵山区为害轻。

（三）天敌

寄生蜂是黑麦秆蝇的主要天敌，寄生幼虫和蛹。在黑麦秆蝇的蛹期，寄生蜂咬破黑麦秆蝇的蛹皮，钻出小蜂的成虫。目前已发现的天敌包括小蜂科（Chalalcididae）、金小蜂科（Pteromalidae）、姬蜂科（Ichneumonidae)、姬小蜂科（Eulophidae)、瘿蜂科（Cynipidae）和茧蜂科（Braconidae）等多种寄生蜂，并在越冬代蛹中有较高寄生率。在山东调查，越冬代蛹的被寄生率在14.29%～26.96%，一代蛹被寄生率为8.33%，二代蛹被寄生率为5.61%。在河北调查，1 548头越冬代蛹被寄生率为13.63%。在山西，8月中旬三代蛹的被寄生率为9.17%。

五、防治技术

(一) 农业防治

适期晚播。据各地文献报道，通过适期晚播的方式可有效减轻黑麦秆蝇为害。山东省莱阳县1983年10月4日播种的冬小麦被害率为2.89%，烟台市10月5日播种被害率为3.5%，河北省石家庄市2005年10月10日播种的冬小麦则未见被害。

(二) 生物防治

减少使用化学杀虫剂或使用对天敌杀伤性小的化学杀虫剂进行田间喷雾，保护天敌小蜂。

(三) 物理防治

利用黑麦秆蝇成虫对腐鱼气味的较强趋性，可在成虫发生期在田间设置腐鱼诱杀盆，每盆腐鱼用量0.75～1kg，喷适量杀虫剂，每公顷放置15盆，盆间距30m。通过诱杀成虫，减少田间落卵量，减轻为害。

(四) 化学防治

种子处理：用70%噻虫嗪水分散粒剂10～20g或70%吡虫啉可湿性粉剂30g，加水500mL，拌种10kg。

药剂喷雾：22%噻虫嗪微囊悬浮剂1 000～1 500倍液、10%吡虫啉可湿性粉剂1 000～1 500倍液、20%氰戊菊酯乳油2 000倍液、25%速灭威可湿性粉剂600倍液，任选其一在出苗后2～3叶期喷雾。

董志平（河北省农林科学院谷子研究所）

第54节 灰翅麦茎蜂

一、分布与危害

灰翅麦茎蜂（*Cephus fumipennis* Eversmann），又叫麦茎蜂、乌翅麦茎蜂、烟翅麦茎蜂，属膜翅目茎蜂科麦茎蜂属（*Cephus* spp.）。该属包含20多个种，其中主要为害麦类作物的有4个种：普通麦茎蜂（*C. cinctus* Norton），主要分布在欧洲和北美；欧洲麦茎蜂（*C. pygmaeus* L.），分布于欧洲除最北部以外的所有地区，北美洲美国的宾夕法尼亚州北半部至马里兰和特拉华以及加拿大；黑足麦茎蜂（*C. tabidus*），主要分布在美国以新泽西为中心至俄亥俄中部，南至弗吉尼亚与北卡罗来纳、宾夕法尼亚；灰翅麦茎蜂（*C. fumipennis* Eversmann）主要分布在中国和俄罗斯。

灰翅麦茎蜂在我国主要分布于青海、陕西、甘肃、四川、河南、河北、山西、宁夏等省（自治区）。在青海省主要分布在海东地区六县（民和、乐都、平安、循化、化隆、互助）、西宁市三区及市辖三县（城东、城北、城西区和湟中、湟源、大通县），以及海南藏族自治州的贵德、共和县，黄南藏族自治州的尖扎、同仁县和海北藏族自治州的门源县等。国外分布于俄罗斯。灰翅麦茎蜂以幼虫在寄主茎秆内取食为害，在春麦区发生较为普遍，为害严重。在青海省东部农业区为害较重，是春小麦生产上的重要害虫之一。除小麦外，还可为害大麦、青稞、燕麦以及小黑麦、黑麦等禾本科牧草。

灰翅麦茎蜂是青海省东部农业区17县（区）春小麦上主要的常发性蛀茎害虫，一般被害率为10%～20%，严重地区高达30%～50%。以幼虫为害茎秆内壁组织，影响植株生长所需的有机物质和无机物质的传输，造成白穗，籽粒秕瘦，千粒重下降，粮食和麦草的产量及品质均下降。小麦、青稞、燕麦及几种禾本科杂草均可受害。该虫自20世纪90年代以后在河南、河北、陕西、山西、四川等省部分冬小麦产区为害趋于严重，应给予足够的重视。

二、形态特征

成虫：体长8～12mm，翅展7～10mm，体色黑而发亮。头部黑色，复眼发达，触角丝状（彩图2-

54－1，1）。

雄成虫头部黑亮近方形，后缘中部弧形，复眼褐或绛褐色；单眼淡褐或红褐色；触角黑色丝状，19～22节，第一节粗短，第二节近球形，第三至六节较细长，以后各节渐粗短；唇基有小黄斑或不显，上颚黄色，端黑褐色，具3齿，中齿小；颚须黑褐色，唇须黄色，末节黑褐色。前胸背板后缘弧凹，中胸背板前缘中央有叉形凹沟，小盾片长大。翅面淡褐色半透明，翅痣狭长。足黄色，腿节外侧有黑斑，前足胫节有1端距，中、后足胫节约2/3及端部各有距1对；后足胫端及跗节黄褐色或褐色。腹部窄细侧扁，约为体长的2/3，第一背板后缘中央有近三角形的黄凹斑，第三、四、六节背板近中部有黄带，或不显或消失。

雌成虫体较粗壮，唇基无黄斑；足腿节黑色，仅膝部黄或黄褐色，前、中足胫节、跗节黄或棕黄色，后足胫端及跗节黑褐色。腹部第四、六节的近后缘有黄带，或不显或消失；腹板侧缘有时具黄斑；腹端斜截，腹部末端有1带毛的产卵器鞘，内有1红褐色的端部具锯齿状的产卵器。

卵：白色发亮，长椭圆形，长1～1.2mm，宽0.35～0.4mm（彩图2－54－1，2）。

幼虫：老熟后长7～12mm，白色或淡黄色，略呈S形弯曲，头部淡褐色，胸足、腹足退化，体多皱褶，无毛，仅末节有稀疏刚毛（彩图2－54－1，3）。

蛹：裸蛹，体长8～12mm，头宽1.10～1.50 mm。前蛹期白色，后蛹期灰黑色。蛹的发育过程可分为5级：Ⅰ级：蛹为乳黄色半透明，复眼由乳黄色变为黑色。Ⅱ级：蛹体头部由乳黄色变为黑色。Ⅲ级：蛹体胸部从前胸、中胸、后胸开始，由乳黄色变为黑色。Ⅳ级：蛹体腹部从前到后，由乳黄色变为黑色。Ⅴ级：蛹体黑色直至羽化。蛹发育至Ⅴ级，雌雄蛹形态分化，雌虫腹部较肥大，腹侧有2条黄色纵带，腹部末节有1带毛的产卵器鞘，内有1红褐色的端部具有锯齿状产卵器；雄虫腹部较窄、较长，腹背部有2条黄色环带。

三、生物学特征

（一）生活史

灰翅麦茎蜂在青海省1年发生1代，以老熟幼虫在小麦等寄主植物的根茬内结茧越夏、越冬。随着海拔高度的增加，小麦生育期推迟，灰翅麦茎蜂发生期也相应推迟。但灰翅麦茎蜂的产卵高峰期均与小麦抽穗期相吻合。

1. 在青海省循化县沿黄河两岸地区（海拔1 870m）　越冬幼虫于4月下旬至5月中旬在根茬中化蛹，田间蛹发生期42d。成虫5月中旬始见，6月底终见，成虫于5月中旬小麦孕穗期即开始产卵，孕穗期至抽穗期是产卵高峰，发生期50d。卵于5月中旬始见，7月初终见，发生期50d。幼虫5月下旬始见，7月中旬老熟后相继钻入根茬内结薄茧越冬，为害期60d，从当年越夏至翌年化蛹，幼虫期长达300d。

2. 在青海省平安县下红庄地区（海拔2 170m）　麦茎蜂于春小麦孕穗前后（6月2日）开始产卵，到开花期（6月26日）产卵基本终止，产卵期持续25d左右。幼虫于6月9日始见，6月26日孵化率达95.5%～97%。小麦孕穗至抽穗期是产卵高峰期。

3. 在青海省西宁市湟中县大源乡（海拔2 740m）　成虫6月中旬末下旬初开始出现，于8月上旬绝迹，高峰日在7月10日前后，历期近40d。卵的发生期在6月下旬至8月中旬，为50d。幼虫始见期在7月上旬，比卵的发生期晚7～10d，为害期长达50d。老熟后在根茬的薄茧中越冬。翌年春暖后化蛹羽化，继续繁衍为害。

（二）生活习性

灰翅麦茎蜂羽化后，成虫白天活动，以10：00～17：00活动性强，气温20℃以上时，寻偶交尾产卵最盛，18：00以后活动渐弱。成虫喜在地埂、渠道两旁的委陵菜等杂草花上及油菜花上活动觅食，取食花蜜和露水，取得补充营养后交尾，在春小麦植株上产卵（彩图2－54－2）。绝大多数成虫将卵产在穗下第二至三节上，这两节着卵率占有虫茎秆的85.89%～92.1%（高原602品种为92.1%，青春533品种为85.89%）。产卵时雌虫以产卵器锯开麦茎，将卵产在茎的内壁上，一般每茎秆产卵1粒，很少有2粒或3粒者。每头雌虫可产卵30～40粒。幼虫孵化后，先向下爬至节间处取食幼嫩组织，当幼虫长到一定程度才能依靠虫体与茎壁的摩擦力上下蠕动。小麦灌浆初期幼虫开始咬穿茎节向上部节间活动，直至穗轴基部为止，然后回到穗下节基部取食，进入暴食阶段。小麦乳熟期，幼虫逐渐老熟，开始向茎秆基部转移。老熟幼虫将茎秆基部内壁组织咬成一环状或大半环状缺刻，称为“断茎环”，“断茎环”位于地表上下，小麦收割时不会造成影响。到小麦成熟期，老熟幼虫几乎全部进入麦茎基部，此时已有75%以上的老熟幼虫咬出“断茎环”，在根茬内吐丝结茧越夏或越冬（彩图2-54-3至彩图2-54-5）。幼虫一生取食量为小麦茎秆重量的4.44%～6.63%。幼虫在小麦田间呈聚集分布，其取食活动对小麦穗粒数无影响，对千粒重影响较大。

四、发生规律

（一）成虫寿命与补食的关系

根据饲养观察，成虫羽化后，不喂饲花蜜的，2 d内死亡率为80%，4 d内死亡率为100%。补充饲喂花蜜的，2 d内死亡率为10%，直至第七天才全部死亡。由此可见，蜜源植物对延长成虫寿命，增加产卵时间具有重要作用。

（二）春小麦品种的抗虫性与耐害性

在青海省湟水流域民和县、西宁市、大通县三地田间播种12个春小麦品种，测定了幼虫蛀茎为害对各品种单株穗粒重性状的影响。结果表明，各供试春小麦品种被害单株穗粒重显著下降，损失率为9.4%～37.3%。其中辐射阿勃1号损失率最低，显示一定的耐虫性。还有试验表明，在同一地块，小麦品种高原602受害后千粒重下降19.6%～24.2%，而青春533受害后千粒重下降17.32%～19.85%，说明品种间的耐害性有差异。

（三）经济阈值（防治指标）研究

以随机区组试验法测试了12个春小麦品种，确定了灰翅麦茎蜂对这些品种的影响，并以幼虫为害春小麦品种所造成的穗粒重下降均值、害虫防治成本和小麦市场价格为基础计算了与价格相关联的小麦损失。应用经济危害水平概念估算了幼虫种群的经济危害水平，以及幼虫和成虫的经济阈值。结果表明：①与价格关联的小麦损失为每头幼虫0.53g；②幼虫的经济为害水平均值为18.9头/m^2，等效于小麦株受害率3.2%～6.3%；③所得幼虫和成虫的经济阈值均值为夏季成虫1.2头/m^2，秋季幼虫9.2头/m^2。上述结果可用于制定灰翅麦茎蜂综合治理方案。幼虫和成虫的经济阈值可随小麦品种调整，以适应不同的小麦种植区。

（四）虫茬在土层中的分布与机械碾茬效果

春小麦的根茬在土壤中的深度为1.5～4.5 cm，大多数灰翅麦茎蜂集中分布在1.5～3.5 cm的土层中，而带有灰翅麦茎蜂的虫茬则集中在1.5～2.5 cm土层内。因此，当土壤含水量在5%～12%时，用手扶拖拉机旋耕机进行粉碎灭茬，旋耕深度2.5 cm，旋耕机旋转速度在360r/min以上，小麦根茬粉碎率可达95%以上，灭茬效果佳。青海省乐都县白崖子村1997—1998年连续2年采用此方法防治麦茎蜂，田间为害率由21.7%降低到3.08%；乐都县洪水乡达板台村灰翅麦茎蜂为害率由48.5%降至7.45%。

（五）越冬幼虫的过冷却点

经测定灰翅麦茎蜂越冬幼虫的过冷却点、结冰点和不同低温强度及持续时间的冷冻处理，得出如下结果：灰翅麦茎蜂越冬幼虫过冷却点为（−24.8±1.25)℃，结冰点为（−14.9±1.59)℃。在一定的低温条件下，处理时间越长，化蛹率越低；随着低温强度加大，化蛹率明显降低。反映了青海省独特的气候特点对越冬幼虫的影响结果。

（六）蛹的发育起点温度与有效积温

在室内自然变温条件下，对灰翅麦茎蜂蛹的发育起点温度和有效积温进行测定。结果表明，灰翅麦茎蜂蛹的发育起点温度为8.68 ℃，有效积温为83.86℃；有效积温预测式为$N=(83.86\pm3.68)/T-(8.68\pm0.21)$。利用有效积温预测式对灰翅麦茎蜂成虫发生高峰期进行预测，与麦田实际调查结果进行验证，证明预测与实际发生情况基本吻合。

（七）灰翅麦茎蜂蛹发育阶段的划分

在室内饲养灰翅麦茎蜂条件下，对蛹的发育进行了研究。结果表明，灰翅麦茎蜂蛹历期为（30±2.08）d，根据蛹体色的显著变化分为5级，Ⅰ级历期为（6.5±0.55）d，Ⅱ级历期为（3.9±0.48）d，Ⅲ级历期为（4.4±0.50）d，Ⅳ级历期为（4.6±0.49）d，Ⅴ级历期为（10.5±1.04）d。

雌雄蛹的历期不同，雄蛹历期为(9.7 ± 0.85) d，雌蛹历期为（11.1 ± 0.72）d。通过蛹的发育进度和分级预测法研究，可预测灰翅麦茎蜂成虫的防治适期。

（八）小麦品种的抗虫性

不同小麦品种对灰翅麦茎蜂的抗性不同，茎壁厚、茎秆实心的品种较抗虫。实心茎秆硬而结实，麦茎蜂不容易钻蛀；实心茎秆茎腔内存在较多的髓，麦茎蜂产卵后，卵周围的髓很快褐化失水，使卵或刚孵化的幼虫因缺少水分和空气并受到机械压力而死亡，髓也可使存活幼虫的活动受到限制。青海已选育出抗灰翅麦茎蜂、抗锈病、抗倒伏、优质、高产春小麦新品种（系）高原205。

（九）天敌生物的抑制作用

在青海省春小麦田灰翅麦茎蜂发生期可以调查到2种寄生蜂，分别是踏茎姬蜂（*Collyria calcitrator* Grav.）和丽微小茧蜂（*Microbracon terebella* Wesm.），对麦茎蜂有较强的寄生能力，寄生率为27.7%～51.0%。另有报道，青海省麦田寄生蜂有一新种叫镜面茎姬蜂（*Collyria catoptron*），有一定利用价值，应进行开发研究。

五、防治技术

（一）防治策略

贯彻落实“预防为主，综合防治”的植保方针，结合当地生产实际，组织植保工作联防专业队伍，做到“五统一”，开展统防统治，进行大面积连片防治，才能取得较好的防治效果。

（二）农业措施

1. 种植抗虫、耐害品种 不同品种（系）的抗虫能力和耐害能力有差别，可选择抗虫性好的品种种植，如辐射阿勃1号、高原205等。

2. 适期播种，合理密植，培育壮苗 提高作物抗害能力和自身补偿能力。

3. 适时早收，低割麦茬 可消灭尚未潜入麦茬还在地上茎秆中的幼虫。

4. 深翻麦田 收割后深翻麦田，将虫茬翻到15cm以下，翌年大部分麦茎蜂成虫不能出土，有显著的防治效果。

5. 轮作倒茬 春小麦与豆类作物如豌豆、蚕豆或马铃薯等轮作倒茬，也能有效地减轻麦茎蜂的为害。

（三）生物措施

保护和利用天敌生物，抑制麦茎蜂的为害。踢茎姬蜂、丽微小茧蜂、镜面茎姬蜂对麦茎蜂有较强的寄生能力，应对其应用价值和实用技术进行研究，开发利用。

（四）物理措施

机械碾茬：收割后用专用机械粉碎小麦根茬，消灭麦茎蜂越冬幼虫，降低越冬虫口基数。

（五）化学措施

可参照青海省技术监督局发布的、青海省农林科学院植物保护研究所来有鹏等研究制定的《DB63/T844—2009灰翅麦茎蜂（*Cephus fumipennis* Eversmann）化学防治技术规范》执行。

1. 防治适期 6月中旬，春小麦抽穗初期，灰翅麦茎蜂成虫始盛期。

2. 防治方法、次数及间隔期 喷雾防治，喷雾量为450kg/hm^2，共喷2次，喷药间隔期7d。

3. 施药时对气候的要求 选无风、晴天、气温15～20℃时喷药。

4. 适用药剂 ①2.5%溴氰菊酯乳油1 000倍液；②50%敌敌畏乳油500倍液；③4.5%高效氯氰菊酯乳油2 500倍液。或可选用其他防治效果较好的药剂。

郭青云　来有鹏（青海省农林科学院植物保护研究所）

第55节　麦穗夜蛾

一、分布与危害

麦穗夜蛾（*Apamea sordens* Hüfnagel）别名秀夜蛾，属鳞翅目夜蛾科剑纹夜蛾亚科秀夜蛾属。异名：*Parastichtis basilinea* Schiffermuller；*Hadena basistriga* Staud.，1892；*Noctua basilinea* Denis & Schiff.，1775；*Noctua nebulosa* View.，1789；*Phalaena sordens* Hufn.，1766。

麦穗夜蛾在我国分布区有甘肃、陕西、四川、新疆、西藏、河北、内蒙古、黑龙江等省（自治区）。在青海省主要分布区有海东地区6县（民和、乐都、平安、互助、化隆、循化县），西宁市三区及市辖三县（城东区、城西区、城北区及大通、湟中、湟源县），海南藏族自治州贵德、共和、兴海县，黄南藏族自治州同仁、尖扎县，海北藏族自治州门源县。国外分布于日本、西伯利亚、欧洲、加拿大等地。

在我国麦穗夜蛾为害较重的地区为青海和甘肃。该虫是青海春小麦、青稞作物上的食粒性害虫，属常发性害虫。1956年青海省第一次农作物病虫害调查报告中记载，在互助、西宁、湟中等县发生较重。1981年全省第二次农作物病虫害调查记载，在民和、互助、大通、平安、循化、西宁、湟中、门源等县发生为害。一般为害率为5%。至20世纪90年代，为害率为20%～30%，最高为害率达80%。小麦受害后损失率为10%～20%，最高者达50%。在甘肃省该虫主要发生在河西走廊沿祁连山的晚熟春麦区和中部的太子山、马卸山等高寒阴湿地区。除为害小麦外，还可为害青稞、大麦、燕麦、黑麦、玉米雌穗以及冰草、芨芨草等禾本科杂草。

二、形态特征

成虫：体长16～19mm，前翅长约17mm，翅展40～42mm，体灰褐色，足暗褐色。下唇须上举，第二节灰褐色，第三节短，淡褐色。触角暗褐色，覆灰褐色鳞片。前翅基线黑色齿状；内线黑褐色波形，内侧色淡；外线黑褐色且细，波齿形，外侧色淡，中室外侧至前缘段略外凸；内、外线间色较暗；亚缘线灰褐色波齿形，内侧中部色较暗；基剑纹黑色明显；环状纹、肾状纹褐色具黑边，肾状纹内侧前缘至下部色较暗；剑状纹灰褐色，外有黑边，缘线黑褐色锯齿形，缘毛灰褐色。后翅淡灰褐色，中线黑褐色且细，或不明显；缘线同前翅。反面前翅灰褐色，前缘及外缘色淡，外线黑褐色隐约；后翅淡灰褐色，横脉上有黑色小斑，外线黑褐色波齿形，较粗；前后翅的外缘均有1列黑褐色小点。雌成虫触角丝状，雄成虫触角栉齿状（彩图2-55-1）。

卵：圆球形，平均直径0.57mm，初产时乳白色，后转为橘黄色至略带灰色，一般堆产成块。卵表面具花纹，第一层呈菊花瓣形，第二层呈不规则状。

幼虫：老熟幼虫体长30～35mm，体宽5mm，头宽1.5mm。头部黄褐色，中央有1深褐色的“八”字形纹。颅侧区有深褐色的网状纹，前胸背板和臀板由背线及亚背线分成4块深褐色条斑。虫体灰褐色，腹面灰白色，背线白色，明显；亚背线、气门上线隐约可见。腹足与胸足均为淡黄色。腹足具全趾钩单序中带（彩图2-55-2至彩图2-55-5）。

蛹：被蛹，长18～21mm，宽6mm，黄褐色至棕红色。第四节背面与腹部第五至七节前缘具有小而分布较稀的凹刻点，越接近背中央刻点越密越深，腹部末端微延长，其上有3对稍弯曲的黑粗刺，中间1对较粗大，红褐色，其余2对较细，橘黄色。

三、生活习性

麦穗夜蛾是青海省山区小麦、青稞作物上的一种食粒性害虫。幼虫有取食冰草籽粒等杂草籽实的现象。

麦穗夜蛾在青海省1年发生1代，以老熟幼虫在田间、地埂、打麦场边和仓库墙根等处的表土下越冬，特别是芨芨草墩下越冬幼虫多，麦场周围的土内或墙缝处也有大量越冬幼虫。4月越冬幼虫出蛰活动，4月底至5月中旬爬至土表吐丝结茧化蛹，预蛹期6～11d。5月初开始化蛹，5月中旬为化蛹盛期，通常6月上旬结束，蛹期50d左右。5月底始见成虫，6月下旬进入高峰期，6～7月正值小麦抽穗时为成虫盛发期。成虫白天潜伏于麦株、草丛的下部，自黄昏开始活动，吸食小麦、油菜、马莲等花粉。成虫羽化后3d左右交尾，5～6d后产卵，雌蛾一夜产卵3次，每次产3～24粒，除个别单产外，一般块产。卵块一般由几粒或十几粒在一起，以7～11粒者常见，最多可达38粒。每块卵具胶质物黏合成块。卵多产于小麦的第一小穗至第四小穗内颖外侧，护颖及外颖缝隙间也有少数卵块。雌蛾抱卵量为740粒左右，每只雌成虫产卵量为400～500粒。成虫喜食糖、醋、酒等，有趋光性，用黑光灯可以诱到。卵期6～13d，7月上旬以后幼虫开始孵化并进入为害期，幼虫期长达10个月。

幼虫蜕皮6次，共7龄，历期长达10个月。幼虫发育进度与小麦生育期有密切关系，小麦抽穗扬花期成虫在其上产卵，小麦开始灌浆时幼虫孵化，乳熟期幼虫为一至四龄，蜡熟期幼虫为五至六龄，黄熟收割时幼虫绝大部分进入七龄。幼虫平均为害期长达66.5d，最长75d。初孵化幼虫常6～10头集中于颖壳内取食花器和子房，个别也有取食颖壳内壁的幼嫩表皮者。食尽后转至邻近的上部小穗内继续取食，均从内颖外侧中部顶端1/3处咬孔进入。一至三龄幼虫期约为10d，昼夜取食。二至三龄幼虫在籽粒内取食并潜伏，食尽后分散转移，吐丝下垂，转穗取食。四龄前期有部分幼虫仍昼夜在种子内潜伏取食。四龄后期以后的幼虫，白天则转移至小麦旗叶吐丝缀连叶片边缘形成的卷筒内潜伏，或在田间杂草下、土缝中潜伏，约20:00后爬出卷筒，再寻穗部取食，为害麦粒。二至四龄幼虫如遇震动便吐丝下垂，老熟幼虫有隔日取食习性。1头幼虫一昼夜可取食1～2粒麦粒，仅残留种胚部分，一生为害30粒左右。在小麦田踏查，幼虫为害处的地面上可以明显见到稍大于小米粒的白色虫粪，据此可以很容易发现该虫的存在和推断幼虫的多少。小麦收割时，有93.52%的幼虫随植株进入麦捆内并随麦捆转移到麦场继续为害，直至打碾。9月中下旬幼虫爬入土内做土室居中越冬。越冬幼虫自然死亡率为68.3%。

四、发生规律

（一）小麦受害程度与打麦场距离的关系

据调查，距上年打麦场10m范围内的小麦田间籽粒被害率最高为8.5%，距上年打麦场40m、100m、150m、200m、300m和500m范围内小麦田间籽粒被害率依次为4.84%、4.67%、4.79%、4.78%、2.19%和4.23%，受害率差异不大。可见，打麦场麦穗夜蛾越冬虫口密度与大田为害程度关系不大。

（二）成虫产卵习性

调查田间中心与田边的被害率和虫口密度结果显示，同一块田的中央麦穗夜蛾为害率为1.32%，而田边高达5.58%。田间中央的虫口密度为4.39头/m^2，最高达8头/m^2，而田边虫口密度为35.04头/m^2，最高达75头/m^2。田间中央的被害率和虫口密度比田边分别减少76.34%和87.47%。充分表明，成虫产卵是由田边向中央逐渐减轻的。

（三）越冬习性

不同生境下麦穗夜蛾越冬虫口密度不同。据1986—1988年调查，打麦场草堆及散草下越冬虫口密度最高，幼虫数量为5.4～6.22头/m^2，平均5.81头/m^2。麦田附近墙脚表土及墙缝内次之，幼虫数量为1.55～3.50头/m^2，平均2.31头/m^2。再次之为地边（埂）、渠边的石块和草根下（特别是蒿草、冰草），幼虫数量为0.70～3.60头/m^2，平均1.93头/m^2。田间土壤内越冬幼虫最少，幼虫数量为0～0.6头/m^2，平均为0.5头/m^2。

五、防治技术

（一）防治策略

应认真执行“预防为主，综合防治”的植保工作方针，把各种防治措施结合起来，形成综合配套的防治技术体系，即能将害虫控制在经济阈值以内。

（二）农业措施

1. 深翻土地 虫害发生严重的地区或田块，封冻前深耕翻土，破坏幼虫越冬场所，消灭部分幼虫，降低越冬虫口基数，减少翌年为害。

2. 轮作倒茬 麦穗夜蛾主要为害麦类作物，因此，要尽量避免麦穗夜蛾嗜好的作物连作，一般应与马铃薯、油菜、豌豆、中药材等作物轮作，切断其食物链，控制其为害。

3. 设置诱集带 在小麦田四周及地中间按规格种植青稞或早熟小麦，则能诱集成虫产卵，待诱集带产卵后幼虫转移前，将诱集带及时拔除销毁或喷药杀死幼虫，就会大大减少虫源达到保护大田小麦不受为害的目的。

（三）生物措施

性诱剂诱杀：在成虫发生期间，用麦穗夜蛾性诱剂诱杀雄蛾，诱芯呈S形分布于田间，一般每个性诱剂诱芯可控制667m^2面积上的麦穗夜蛾，每个诱芯使用时间为15d左右。使用时应注意性诱剂要高出作物生长点20～50cm，将硅橡胶诱芯用细铁丝穿起悬挂于盆口中心处，诱芯距离水面0.5～1.0cm，水盆每日傍晚及时补水及洗衣粉，从而减少成虫交尾概率，降低幼虫密度。

（四）物理措施

1. 杀虫灯诱杀 利用麦穗夜蛾的趋光性，在6月上旬至7月下旬悬挂频振式杀虫灯，以棋盘式或闭环式分布，诱杀成虫，减少田间落卵量。

2. 糖醋液诱杀 按糖6份、醋3份、白酒1份、水10份、90%敌百虫原药1份调匀装在盆里，于成虫发生期放在田间四周，每公顷放45～60盆，每5～7d换一次糖醋液。每天早上捡去死虫，盖上诱盆，以防日晒雨淋而失效，傍晚再把盆盖掀开以诱杀成虫。

（五）化学措施

用化学农药防治麦穗夜蛾，应掌握多数幼虫发育在四龄前进行，可选用或轮用的药剂有：80%敌敌畏乳油，每公顷450mL对水喷雾，防治效果为77%～93%；11%氰·唑酮乳油，每公顷600mL对水喷雾，防治效果为91%～95%；2.5%溴氰菊酯乳油，每公顷600mL对水喷雾，防治效果为90%～93%；50%辛硫磷乳油，每公顷750mL对水喷雾，防治效果为60%～85%。

小麦收割时要注意杀灭麦捆底下的幼虫，可在麦堆地面喷80%敌敌畏乳油1 000倍液或52.25%毒·氯乳油1 000倍液，做到随搬运随喷洒，可杀灭老熟幼虫，减少越冬虫量，减轻翌年为害。

郭青云 张登峰（青海省农林科学院植物保护研究所）

第56节 麦鞘毛眼水蝇

一、分布与危害

麦鞘毛眼水蝇（*Hydrellia chinensis* Qi et Li）又名麦水蝇、大麦水蝇、麦鞘潜蝇，属双翅目水蝇科。在我国发生在华北、华东、东北、西北、西南等麦区，其中，四川、贵州、陕西、甘肃、青海等省发生较重。寄主范围窄，主要有小麦、大麦、青稞、燕麦等作物及看麦娘、棒头草、野燕麦等禾本科杂草。在四川、陕西南部、甘肃南部等冬麦区为害小麦、大麦，发生轻的年份，大麦受害明显重于小麦。青海、甘肃南部等春麦区，为害春麦、青稞。为害特征是以幼虫潜入叶鞘，抽穗至灌浆期为害严重，叶鞘变白、干枯，叶片倒垂，造成籽粒秕瘦，千粒重下降，严重减产。

麦鞘毛眼水蝇20世纪50年代就有发生，至70年代四川、陕西、甘肃、青海普遍严重发生，成为一常发性害虫。有研究证明，该害虫属远距离迁飞性害虫，迁飞路线尚不清楚。

二、形态特征

成虫：雄体长2.5mm或略小，雌2.5～3.0mm。头部灰褐色，触角黑色，触角芒上有侧毛5～7根，个别8根，以7根为多。下颚须黄色。胸部灰黑色，被有黄褐色粉。翅前方微带棕色，翅基淡褐色，平衡棒黄色。足大部黑色，具灰色粉被；中足第一跗节带黄棕至棕色；后足第一跗节黄至黄棕色。腹部暗褐色，背面观几无粉被，有暗古铜色光泽（彩图2-56-1）。

卵：长约0.7mm，宽约0.2mm，乳白色。卵孔端较钝，具短柄。卵表有纵脊约18条，个别纵脊短，只达卵1/3处；有的纵脊在中间分支，有的分支在近端处与另一纵脊合并（彩图2-56-1）。

幼虫：末龄幼虫体长约4.1mm，白色或微呈淡黄白色，圆柱形，两端较细，18节。腹末端背面有3～4列排列不整齐的褐色刺突和2突起，突起上着生长锥状黑褐色气门片。口钩黑褐色，端钩形，基部截形。

蛹：淡灰褐色，长约3.3mm。体前端背面向前方倾斜，末端有1对向上翘的锥形气门突。麦鞘毛眼水蝇幼虫常与大麦黄潜蝇幼虫同时在叶鞘内发生，易混淆，其形态及为害状主要区别如图2-56-1和表2-56-1。

表2-56-1 麦鞘毛眼水蝇与大麦黄潜蝇形态特征和为害状区别

Table 2-56-1 The comparison of morphological characteristics and the damage symptoms between *Hydrellia chinensis* and *Chlorops pumitionis*

种类	麦鞘毛眼水蝇	大麦黄潜蝇
成虫	体暗褐色，小盾片与体色相同 翅前缘有两断折，具臀室 触角芒有分支	体黑色，小盾片黄色 翅前缘有一断折，无臀室 触角芒无分支

（续）

种类	麦鞘毛眼水蝇	大麦黄潜蝇
幼虫	体圆筒形，白色或微呈淡黄白色 后气门突生于体末端	体纺锤形，淡黄白色 后气门突生于体节上方
为害状	叶鞘被害变色部位呈片状，内无黑色粪便	叶鞘被害变白呈线状，内有黑色粪便

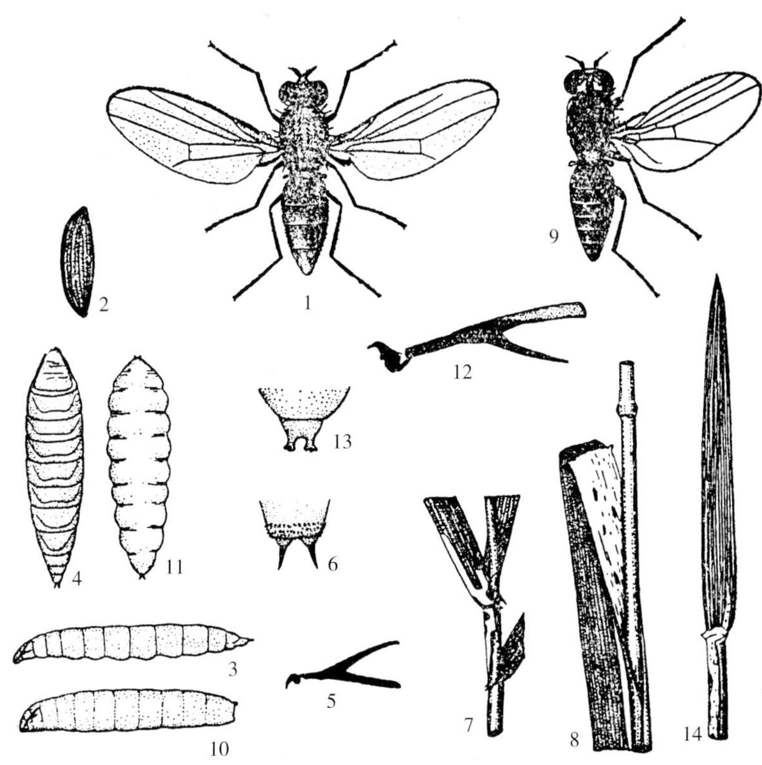

图 2-56-1　麦鞘毛眼水蝇与大麦黄潜蝇的区别（引自中国农业科学院植物保护研究所，1996）

Figure 2-56-1　The morphological differences between *Hydrellia chinensis* and *Chlorops pumitionis* (from Institute of Plant Protection, Chinese Academy of Agricultural Sciences, 1995)

麦鞘毛眼水蝇：1. 成虫　2. 卵　3. 幼虫　4. 蛹　5. 口钩　6. 幼虫后气门突　7. 越冬代为害状　8. 第一代为害状

大麦黄潜蝇：9. 成虫　10. 幼虫　11. 蛹　12. 口钩　13. 幼虫后气门突　14. 为害状

三、生活习性

成虫有趋嫩、趋黄色、弱趋光习性，喜潮湿，需补充营养。越冬代成虫喜在早播分蘖期麦苗上产卵。卵多产在基部 1～3 片叶上。四川东北部早播麦田被害株率可达 60%以上，影响基本苗数和有效分蘖数，需进行防治。

春季成虫在油菜、蚕豆等蜜源植物上取食，补充营养。喜在长势好、生长茂密、潮湿田活动。一天内从 7:00～21:00 都可活动，以 10:00～11:00 和 17:00～19:00 活动最盛；阴天和雨后比晴天活动盛。大风、雨天和日光强烈、温度过高的中午很少飞翔，夜晚在植株上部和叶尖停栖。

成虫产卵有选择性，寄主间以大麦、青稞上多于小麦，小麦上又多于黑麦。小麦单株上，以组织最柔嫩的上部第一叶片最多，旗叶展开后则集中在旗叶上产卵。旗叶及其下一叶卵量占单株总卵量的 70%以上，以下各叶卵量随叶序递减，一般旗叶下第四片叶以下无卵。卵多产在叶面距叶舌 1～3cm 两叶脉间凹陷内，1cm 以内卵量占 75%以上。单叶最多有卵 30 多粒，卵多时 3cm 以外也有卵。卵距叶舌越远，孵化蛀入叶鞘的越少。一株最多有卵 89 粒。小麦品种间，叶嫩色深、叶片宽厚、叶面茸毛短少的品种着卵量大。

四、年生活史

麦鞘毛眼水蝇在陕西南部、四川等地小麦上 1 年可完成两个完整世代。陕西宁强县观察，8 月下旬至

10月下旬初，山区荞麦花期，成虫在花上取食活动。10月中旬小麦出苗后，麦田即见成虫。11月上旬小麦1叶1心期，成虫开始在麦苗叶片上产卵，11月底为产卵末期，卵期约17d。11月中旬卵开始孵化，12月上旬为孵化末期。幼虫期约110d，2月下旬开始化蛹，蛹期约13d。成虫3月上旬为始见期，4月上、中旬为盛发期。田间3月上旬可查到第一代卵，3月下旬至4月上旬为卵盛期，5月中旬终见，卵期5～19d。3月中旬卵孵化，5月中旬为孵化末期，幼虫期13～30d。严重为害期与小麦抽穗至灌浆期相吻合。第一代幼虫于4月上旬开始化蛹，5月下旬结束，蛹期7～21d。成虫5月上旬出现，5月中、下旬为第一代成虫盛发期。小麦收获后，6月中旬成虫突然消失。为查清夏季成虫去向及动态，1982年夏陕西省植物保护研究所曾组织越夏调查，选择发生严重的秦巴山区，调查不同海拔高度潮湿、阴凉适生环境的禾本科杂草及其他植物，未发现任何虫态。

陕西汉中地区农业科学研究所对虫源问题做了探索。据调查，历年田间越冬虫量与春季成虫发生量差别悬殊，早春成虫发生期比当地越冬代蛹羽化期早20d左右，而且成虫有突增现象，成虫发生的同时田间即见卵。1984年越冬虫量每平方米0.7头，最高4头，春季成虫发生量11头，最高90头。3月下旬100网成虫251头，4月5日突增至2 226头。3月中旬田间成虫始见期，当地越冬代蛹尚未羽化，而此时已有卵出现。3月中、下旬剖查雌虫卵巢发育级别高者占83.5%。说明这部分成虫不是来自当地，而是由外地迁来。

5月中、下旬第一代成虫盛发期，100网可捕到2 000头左右，6月上旬锐减，此时剖查卵巢，90%以上为低级别，至6月中旬初成虫消失。这一时段室内饲养的成虫卵巢也不发育。此代成虫应为迁出型。推测迁往地区可能是夏季气候温凉的春麦区。

8月下旬至9月中旬在山区秋荞麦花期成虫出现，9月下旬至10月上旬成虫量大增，卵巢发育皆为低级别。10月中旬成虫突减，由100网840头减至10多头。10月下旬至11月上旬卵巢发育高级别占28%～92%，这部分成虫在当地早播麦田产卵，并以幼虫越冬，成为翌年春季第一代的当地虫源。9月、10月成虫的“突增”“锐减”，可能是迁飞过程的成虫随气流降落后在荞麦花上补充营养，而后又迁出，汉中地区为过渡地带。推测迁往地可能是川东北部越冬代发生严重的地区。

四川东北部小麦上发生的两代为害均重。越冬代成虫于10月下旬出现，11月中、下旬盛发。第一代成虫2月下旬羽化，3月中、下旬盛发，发生期较陕西南部早1个月左右。麦收后在自生麦苗上可勉强发生1代。但成虫于麦收后消失，去向不明。山区适生小环境有零星发生，虫量有限，且夏季高温期不宜发生，因此也存在虫源问题。

青海、甘肃南部等春麦区，在春麦及青稞上1年发生1代，少量可进入不完整的第二代。青海西宁地区成虫5月下旬至6月初始见，6月上旬突现高峰，8月麦收后成虫消失。青海省植物保护研究所、青海农工学院、甘肃甘南藏族自治州农技站曾连续数年于麦收后、越冬期在禾本科杂草、树洞、墙缝、土壤内多处检查，均未见任何虫态。

青海省植物保护研究所、青海农工学院为探讨虫源问题，1984年8～9月在西宁、循化等地300～800m高空用气球携带捕虫网捕到了成虫，证明高空中存在成虫。

青海农工学院试以成虫出现期、消失期不同高空风向分析成虫来龙去脉。西宁地区6月上旬成虫出现在地面高度300m、600m和900m，当地海拔3 000m和4 000m的高空风向均以东南风为主，8月上旬成虫消失期以西北风偏西风为主。据此设想，6月上旬，成虫由陕西等冬麦区随东南气流向西北方向迁飞，造成青、甘等春麦区的发生为害。春麦区麦收后，8月上旬又借西北或偏西气流迁往冬麦区。汉中地区9月荞麦上成虫出现与春麦区成虫消失期大致相符，6月上旬成虫消失期与春麦区的突增期也相吻合，两地虫源的关系有待进一步研究澄清。

虽然迁飞路线尚不清楚，但可确定春麦区是麦鞘毛眼水蝇越夏地带，冬麦区是越冬地带。

五、发生规律

（一）与气候条件的关系

原四川万县地区农业科学研究所分析历年小麦穗期虫情与2月平均气温的关系为：2月平均气温高于常年，成虫卵盛期提前至3月上、中旬为重发生年；反之卵盛期推迟至下旬，为轻发生年。由于2月气温偏高，卵盛期与幼虫蛀入期提前，春雨对虫害影响不大，因而发生重。反之，早春低温卵盛期迟至春雨来临之时，卵粒被大量冲刷，被害株大减。1984年卵盛期在3月下旬，4月8日降水28.2mm，使20株上卵粒减少 36.8%，经两次雨水，卵量减少 41.4%。小麦苗期卵盛期的雨水也会减轻为害，1976 年、1977 年、1979 年 3 年卵盛期少雨，苗被害率在 60%以上。1978 年卵盛期大雨，苗被害率仅 10%。

陕西汉中地区农业科学研究所 1979—1981 年观察，3 月份日平均气温≥10℃的天数与当月成虫出现期及发生量正相关，即 3 月份日平均气温≥10℃的天数多，成虫出现早、发生量大。如 1979—1981 年 3 年，3 月日平均气温≥10℃的天数分别为 13d、5d 和 21d，各年成虫始见期分别为 3 月 26 日、4 月 5 日和 3 月 20 日；3 月成虫发生量分别占第一代成虫总量的 12.75%、0%和 16.45%。

依据越冬代卵盛期的降水量、2 月平均气温高低和 3 月降水的多少，可作为预测越冬代及第一代发生轻重的因素。

（二）与栽培条件的关系

1. 与播期的关系 越冬代对早播麦田为害重于晚播麦田。春麦情况则相反，播期越晚，受害越重。因晚播冬麦生育期迟，适合成虫产卵的时间长，同时晚播麦也有利于幼虫取食生长。1979 年穗期调查小麦不同播期试验，霜降前播种的为害率为 13%～97%，霜降后播种的为害率为 100%。万县地区农业科学研究所 5 年播期试验结果：早播麦田苗期卵株率与被害株率分别为 65%和 63.3%，而穗期仅为 5.5%和 9.3%；中播麦田苗期卵株率与被害株率分别为 32.8%和 20%，穗期为 20%与 13.3%；迟播麦田苗期卵株率与被害株率为 4.5%和 2.3%，穗期为 51.5%和 54%。

2. 与品种的关系 品种间受害程度的轻重与小麦生育期的长短关系密切。生长期长有利于成虫产卵的时间长，因此受害重。在小麦品种试验田调查，生育期 200d 左右的品种川育 6 号、杂 5、980-16 等受害率为 26%～28%，而生育期 210d 左右的阿勒、西育 7 号、70（45）等受害率为 63%～81%。此外，叶面茸毛多而密的品种受害轻微，表现出抗虫性，如 71-18、中 4、叶子岭春麦等，成虫在这类品种上很少产卵。株型高大、叶嫩色深、叶面宽厚、叶脉间宽而凹陷的品种适于成虫产卵，受害重，如白诺、夫拉等。

3. 与水肥的关系 虫害发生与麦田肥力条件、氮肥施量等有关。凡水大肥足、长势好的麦田受害重，反之则轻。

山区水平梯田发生重于坡地，条播重于撒播，撒播重于穴播。邻近油菜等蜜源植物的麦田发生重。

（三）与天敌的关系

有多种金小蜂、姬小蜂等寄生于麦鞘毛眼水蝇的蛹，使蛹不能羽化，寄生率最高可达 30%左右。一般天敌寄生发生于 4 月下旬以后，此时危害已经造成，而且此代成虫于麦收后消失。因此，对减少为害作用不大。

六、防治技术

（一）药剂防治

1. 防治指标及对象田 苗期以早播田为重点，凡有卵株率达 10%以上的田块应列为防治田。穗期以晚播田为重点，百株卵量达 800～1 000 粒，生长嫩绿、近蜜源植物、长势好、正在孕穗的适熟麦田为防治田。

2. 防治适期 苗期卵孵化率达 40%～50%时，喷 1 次药即可。穗期卵孵化率 40%～50%时喷 1 次药，特重田块应于卵孵化率 20%时喷 1 次药，相隔 5～6d 再喷 1 次。

3. 用药种类及浓度 可选用 40%氧乐果乳油 2 000 倍液、40%乐果乳油 2 000 倍液、1.8%阿维菌素乳油1 000倍液。

（二）农业措施

适当提早播期，选种既高产而生育期又较短的品种，均可减轻为害。

姜玉英　曾娟（全国农业技术推广服务中心）

第 57 节　麦 种 蝇

一、分布与危害

麦种蝇［*Delia coarctata*（Fallén），异名：*Hylemyia coarctata* Fallén］，又称麦地种蝇，别名冬作种

蝇、瘦腹种蝇，属双翅目花蝇科。在我国分布于内蒙古、黑龙江、山西、陕西、青海、甘肃、宁夏、新疆。为害小麦、大麦、燕麦等。幼虫为害麦茎基部，造成心叶青枯，后黄枯死亡，致田间出现缺苗断垄或致毁种。

二、形态特征

成虫：雄虫体长5～6mm，暗灰色。头银灰色，额窄，额条黑色。复眼暗褐色，在单眼三角区的前方，间距窄，几乎相接。触角黑色，第三节为第二节的2倍，触角芒长于触角。胸部灰色。翅略带暗色，翅脉暗褐色。平衡棒黄色。足黑色。腹部上下扁平，狭长细瘦，较胸部色深。雌虫体长5～6.5mm，体色较雄虫为淡，灰黄色。复眼间距较宽，约为头的1/3，腹部较雄虫粗大，略呈卵形，后端尖，其他与雄虫相同（彩图2-57-1，1～3）。

卵：长椭圆形，长1～1.2mm，略弯，初乳白色，后变浅黄白色，具细小纵纹（彩图2-57-1，7）。

幼虫：体长6～6.5mm，蛆状，乳白色，老熟时略带黄色，头极小，口钩黑色，尾部如截断状，具6对肉质突起，第一对在第二对稍上方，第六对分叉（彩图2-57-1，4～6）。

蛹：围蛹，纺锤形，长5～6mm，宽1.5～2mm。初为淡黄色，后变黄褐色，两端稍带黑色，羽化前黑褐色，稍扁平，后端圆形有突起（彩图2-57-1，8）。

三、生活习性

甘肃庆阳1年发生1代，以卵在土内越冬。卵期长达180～200d。翌年3月越冬卵孵化为幼虫，初孵幼虫栖息在植株茎秆、叶及地面上，先在小麦茎基部钻一小孔，钻入茎内，头部向上，蛀食心叶组织成锯末状。幼虫耐饥力强，每头幼虫只为害1株小麦，无转株为害习性。幼虫活动为害盛期在3月下旬至4月上旬，幼虫期30～40d。4月中旬幼虫爬出茎外，钻入6～10cm土中化蛹，4月下旬至5月上旬为化蛹盛期，蛹期21～30d。6月初蛹开始羽化，6月中旬为羽化盛期。6月上、中旬，小麦已近成熟，成虫即迁入秋作物及杂草上活动，吸食花蜜。生长稠密、枝叶繁茂、荫蔽及湿度大的环境中，麦种蝇迁入多。成虫早晨、傍晚、阴天活动较甚，中午温度高时，多栖息荫蔽处不大活动。秋季气温低时，则中午活动，早晚不甚活动。7、8月为成虫活动盛期。成虫交尾后，雄虫不久即死亡。雌虫9月中旬开始产卵，卵分次散产于土壤缝隙及疏松表土下2～3cm处。每雌产卵9～48粒，产卵后即死亡，10月雌虫全部死亡。

四、防治技术

（一）土壤处理

播种前结合平整土地用50%辛硫磷乳油1.5kg，对水2.5L，混匀后喷拌在20kg干土上，制成毒土撒施。

（二）田间喷药

在小麦出苗后成虫发生期，可喷洒50%辛硫磷乳油1 000倍液，或1.8%阿维菌素乳油1 000～1 500倍液、80%敌敌畏乳油1 000倍液，每公顷喷对好的药液1 125kg。也可选用其他有机磷或菊酯类农药喷雾防治。

姜玉英　曾娟（全国农业技术推广服务中心）

第58节　麦叶蜂

一、分布与危害

麦叶蜂属膜翅目，叶蜂科。中文别名齐头虫、小黏虫和青布袋虫。我国发生的有小麦叶蜂（*Dolerus tritici* Chu）、大麦叶蜂（*D. hordei* Rohwer）、厚丝角叶蜂（黄麦叶蜂）（*Pachynematus* sp.）和浙江麦叶蜂（*D. ephippiatus* Smith）。在4种麦叶蜂中以小麦叶蜂为主，分布范围广，主要发生在淮河以北麦区，以幼虫食害小麦和大麦叶片，成刀切状缺刻（彩图2-58-1），严重发生时，可将麦叶吃光。

据统计，2008 年以来，麦叶蜂全国年发生面积为 136.89 万～194.89 万 hm^2，发生区域以黄淮、华北麦区为主，其中山东、河北两省发生面积比例达 73%～81%，河南、山西、陕西三省发生面积比例为 16%～23%，江苏、安徽、青海、甘肃等江淮、西北麦区发生面积比例不足 10%。河北邯郸、邢台、石家庄、衡水等中南部麦区常年可达中等至偏重发生，发生高峰期麦田虫口密度一般为 5～25 头/m^2，最高密度可达 120～180 头/m^2；高密度区域常分布在故城、武邑、宁晋、南和等地，集中出现在种植密度大、长势偏旺的麦田。河南常年为偏轻至轻发生，主要发生在三门峡、新乡、安阳、济源、洛阳、濮阳、许昌等中西部和北部地区，发生高峰期平均密度，安阳为 25～55 头/m^2，其他地区一般为 3～11 头/m^2。2008 年山西临汾曲沃县、2011 年天津武清县局部麦田也发生了较高密度的幼虫为害，一般密度为 3～8.5 头/m^2，重发田块为 76 头/m^2。

二、形态特征

(一) 小麦叶蜂

成虫：雌虫体长 8.6～9mm，雄虫 8～8.8mm。体大部为黑色，仅前胸背板、中胸前盾板和颈板等为赤褐色，后胸背面两侧各有 1 白斑。头部有网状花纹，复眼大，头部后缘曲折，头顶沟明显；触角雌虫的比腹部短，雄虫的与腹部等长。胸部光滑，散生微细点刻，小盾片近三角形，中胸侧板具粗网状纹。翅近透明，上有极细的淡黄色斑。腹部光滑，也生有微细点刻，第一腹节背面后缘中央向前凹入（彩图 2-58-2，1）。

卵：扁平肾形，淡黄色，长约 1.8mm，宽 0.6mm，表面光滑（彩图 2-58-2，2）。

幼虫：5 龄，末龄幼虫体长 17.7～18.8mm，圆筒形。头深褐色，上唇不对称，头后缘中央有一黑点，胸、腹部灰绿色，背面带暗蓝色，末节背面有 2 个暗纹。触角 5 节，圆锥形。腹部 10 节，腹足 7 对，位于第二至八腹节，尾足 1 对，腹足基部各有 1 暗纹（彩图 2-58-2，3；彩图 2-58-3；彩图 2-58-4）。幼虫同一龄期体长变幅较大，应以头宽、体长作为区分的依据，见表 2-58-1（郭令仪等，1988）。

表 2-58-1 小麦叶蜂幼虫龄期区别

Table 2-58-1 The head width and body length of larvae *Dolerus tritici*

	龄别				
	一	二	三	四	五
头宽（mm）	0.8～0.9	1	1.2～1.5	1.7～1.8	2
体长（mm）	3～3.8	5～7.5	8.8～10	13	15～17.5

蛹：雌虫体长 9.8mm，雄虫 9mm；初化蛹时黄白色，羽化前变为棕黑色。头顶圆，头胸部粗大，腹部细小，末端分叉。

(二) 大麦叶蜂

成虫与小麦叶蜂相似，不同之处为：雌虫中胸前盾板除后缘为赤褐色外，均为黑色，盾板两叶全是赤褐色。雄虫全体黑色。

(三) 浙江麦叶蜂

成虫与小麦叶蜂、大麦叶蜂近似，主要区别是：雌虫中胸前盾板及盾板两叶均为赤褐色，雄虫为浅黄褐色，产卵器鞘上缘平直，下缘弯曲，末端较尖。

三、生活习性

小麦叶蜂在各地均为 1 年发生 1 代，以蛹在土中 20～24cm 深处越冬。北京 3 月中、下旬羽化为成虫，4 月上旬至 5 月初为幼虫为害麦叶期，幼虫老熟后结土茧在其中休眠，直至 10 月中旬才蜕皮化蛹越冬。在天津静海县，3 月中、下旬为成虫羽化期，4 月上旬至 5 月初为幼虫发生为害期，5 月上旬老熟幼虫入土作茧休眠，至 9、10 月蜕皮化蛹越冬。在河北宁晋县，2 月下旬始见成虫，2 月底至 3 月上旬为羽化盛期，4 月上旬至 5 月初为幼虫发生为害期，幼虫老熟后入土作茧滞育，10 月下旬越冬。在山东商河，2 月下旬开始羽化，3 月上旬开始产卵，4 月中、下旬为幼虫为害盛期，5 月上、中旬幼虫相继老熟，在麦株附近入土越夏。在山东安丘县，2 月下旬至 4 月上旬为成虫发生期，卵期为 2 月下旬至 3 月中、下旬，在平均气温7.97℃时历期23d；幼虫期为4月上旬至5月上旬，老熟幼虫于5月初入土越夏，10月上旬化蛹越冬。在山东东平，2月中、下旬羽化，3月产卵，4月中、下旬为幼虫为害盛期，5月中、下旬入土滞育越夏，10～11月化蛹越冬。在湖北武昌，3月上、中旬羽化，4月中旬至5月上旬是幼虫为害盛期，5月上、中旬幼虫老熟入土越夏，10月下旬化蛹越冬。

成虫白天活动、交尾、产卵，飞翔力不强，有假死性，夜晚或阴天潜伏于麦株根际或浅土中。成虫在麦田内交尾，交尾后3～4min，雌虫即开始产卵。成虫产卵有选择性，多产在新展开或即将展开的叶背中脉附近组织内，产卵时用锯状产卵器在主脉锯一裂缝，边锯边产，1次1粒，卵粒可连成一排，每叶有卵1～3粒，最多每叶有卵5粒。产卵处叶片呈枯黄色、凸起。初产的卵透明、光滑，淡绿色，后为黄绿色，孵化时变为黑色。一雌产卵量为5～60粒，成虫寿命3～7d。

幼虫共5龄，历期30～35d，一龄平均为5.9d、二龄5d、三龄3.9d、四龄8.3d，五龄9d。初孵幼虫多在较矮的麦苗心叶或嫩叶上取食，三龄前多集中在下部叶片或无效分蘖上为害，三龄后开始食害有效分蘖的上部叶片，四龄以后食量大增，四、五龄食量占幼虫一生食量的82.42%（彩图2-58-3）。幼虫昼伏夜出，白天躲在麦株基部附近，傍晚后开始为害麦叶，至翌日上午10时下移躲藏。幼虫也有假死性。幼虫老熟后钻入土中（彩图2-58-4），分泌黏液，把周围的土粒黏住，做成土茧在其中休眠，直至秋季才蜕皮化蛹越冬。卢兆成（1996）等在河南信阳地区观察，幼虫在田间分布为聚集型；当麦叶老化与气温过高（旬平均气温22℃以上）时，幼虫入土越夏，且入土深度即为越冬位置。其中，94%以上的幼虫钻入24～40cm土层，即在耕作层以下安全越夏、越冬。

浙江麦叶蜂于20世纪80年代末在浙江省天目山北麓安吉县发现，局部地区连年暴发成灾，为害小麦、大麦和绿肥田草籽。1年发生1代，以预蛹和蛹在土中越冬，翌年3月中旬为羽化盛期。

麦叶蜂的发生为害与气候因素密切相关。冬季酷寒、土壤干旱、成虫羽化期连降大雨，都能抑制其发生为害。冬季气温偏高，土壤水分充足，有利于麦叶蜂越冬；春季气温高、土壤湿度大适宜其发生。成虫对雨水抵抗力弱，被雨水浸湿后成虫不易飞翔，被雨水打落后很快即死亡。因此，3月多雨不利于该虫交尾、产卵；反之，3月雨水少，对成虫活动有利。3月气温高，田间湿润，则有利于卵的发育孵化。在日均温12.5℃，相对湿度80%以上时，卵孵化期为12d；否则，孵化期变长。幼虫对温、湿度也较敏感，4月中等雨量有利于幼虫生活，高湿能抑制幼虫活动。生长旺盛、通风透光不良的麦田，一般较其他地块发生严重。另外，沙质土比黏性土受害重。

根据麦叶蜂的生活习性和为害特点，在虫情调查中，从2月中下旬起，注意调查麦田内成虫活动情况，3月下旬至4月上旬起对成虫发生多的田块，检查初孵幼虫发生密度。调查宜选择在傍晚或10:00前进行，以保证调查数据的准确性。利用幼虫的假死性，晃动麦株，清查地下（或用塑料布和白纸收集）的幼虫数。调查取样方法和防治指标可参考《GB/T 15798—2009 黏虫测报调查规范》。

四、防治技术

（一）农业防治

麦播前进行深耕，可将土中休眠的麦叶蜂幼虫翻出，使其不能正常化蛹而死亡；有条件的地区实行水旱轮作，进行稻、麦倒茬，可控制麦叶蜂为害。

（二）人工捕打

利用麦叶蜂幼虫的假死习性，于傍晚时进行捕打。

（三）药剂防治

防治适期应掌握在三龄幼虫前，每公顷可用3%啶虫脒乳油300～450mL，或2.5%三氟氯氰菊酯乳油300～450mL、90%敌百虫可溶粉剂1 800～2 250g、10%吡虫啉可湿性粉剂300～375g，对成药液900～1 125L喷雾。也可用20%氰戊菊酯乳油4 000～6 000倍液，或50%辛硫磷乳油1 000～2 000倍液喷雾。药剂防治时间选择在傍晚或10：00前，可提高防治效果。

曾娟　姜玉英（全国农业技术推广服务中心）
张云慧（中国农业科学院植物保护研究所）

第 59 节 根 土 蝽

一、分布与危害

根土蝽（*Stibaropus formosanus* Takado et Yamagihara）属半翅目土蝽科。根土蝽过去定名为麦根椿象（*Stibaropus flavidus* Signorot），后经萧采瑜重新审核，加以订正为现名。

根土蝽分布在华北、东北、西北及台湾。寄生于小麦、玉米、谷子、高粱及禾本科杂草。是常年栖息在土壤中的地下害虫，成虫、若虫有群集习性，臭腺发达，常散发出恶臭的气味，老百姓称之为土臭虫。根土蝽食性较窄，主要为害禾本科作物小麦、玉米、高粱、谷子等，刺吸禾苗的毛根、次生根汁液，使受害作物苗变黄，植株矮小，导致减产。

在山东、河北为害小麦时，4 月中、下旬开始显症，5 月上、中旬叶黄、秆枯、炸芒，提早半个月枯死，致穗小粒少，千粒重明显下降。6、7 月为害高粱、玉米时，出现苗青及株矮、青枯不结穗，减产20%～30%或点片绝收。在辽宁锦州 5 月下旬至 6 月上旬，根土蝽上升到耕层为害玉米、高粱、谷子、糜子等禾本科作物及禾本科杂草，刺吸寄主植物根部汁液，破坏幼根功能，导致苗黄、矮小，生长缓慢或停滞，轻者抽不出穗或穗小，粒少而秕，重者苗期即枯死。此外，根土蝽对马铃薯、荞麦、豆类也有轻度为害。锦州地区以大凌河中下游沿岸发生较多，其中，锦县的大凌河、小凌河两岸的大部分地块，都有受根土蝽为害而造成农作物减产的情况，大凌河沿岸比小凌河两岸严重。

二、形态特征

成虫：体长 4.0～5.5mm，宽 2.4～3.4mm，体略呈椭圆形，红褐色，有光泽。头向前方突出，头顶边缘黑褐色，有 1 列刺；触角 4 节。前胸背板前半部色深，较平滑，基半部常有横皱纹，后缘两侧各有 1 黑斑。前足胫节末端尖锐，上生 1 长刺；中足胫节长半月形，外侧末端生许多长刺；后足股节膨大，胫节蹄状，底部周围环生短刺（彩图 2 - 59 - 1）。

卵：长 1.2～1.5mm，横宽约 1mm，椭圆形，乳白色。

若虫：共分 5 龄。一龄体长约 1mm，乳白色。三龄体长约 2.2mm，黄白色，头、胸部色较深，腹部背板上有 3 条黄色横纹，翅芽出现，臭腺隐约可见。五龄体长约 4.5mm，头、胸和翅芽为黄褐色，腹背具 3 条黄线，腹部白色。其余部分体色浅黄，翅芽长达腹部长的 2/5。末龄若虫体长与成虫相近。

三、生活习性

根土蝽一般 2 年发生 1 代，个别年份东北有 2.5～3 年完成 1 代的。在山西河津 1 年繁殖 1 代。河北、山西、内蒙古一般 2 年完成 1 代，成、若虫常年混生越冬。一般情况下 10 月下旬至 11 月中旬，各龄若虫及成虫开始向土层下迁移，准备越冬，越冬深度为距土表 30～70cm 处。第二年 3 月中、下旬气温上升，土壤 20cm 深处地温上升到 10℃以上时大部分成、若虫开始向上移动。4 月下旬至 5 月上、中旬，地温达到 16～20℃时，大部分开始由越冬潜伏处上升活动，刺吸小麦毛根、次生根汁液。越冬成虫一般从 3 月下旬开始交尾直到 10 月下旬在土壤里仍可见到成虫交尾的现象，因此，在一年当中成、若、卵 3 种虫态重叠出现。交尾时，雄虫在上雌虫在下，雄虫直立于雌虫后端上方，两虫体呈直角状态。交尾后 12～15d 开始产卵，6 月中旬至 7 月下旬为产卵盛期，卵期 26.6d，7 月上旬至 9 月上旬为卵孵化盛期。由卵孵化出来的小若虫，静休 1～2d 后，开始爬行取食，经 7～10d 蜕皮 1 次，共蜕皮 4 次，才变为成虫。成虫直到下一年性成熟后，再交尾产卵。8 月上旬至 9 月中旬是秋季为害盛期。若虫共 5 龄，每个龄期 30～45d，若虫孵化后即为害作物根部，在山东、河北等地 5 月间为害小麦，6、7 月为害玉米。若虫越冬后至下年 6～7 月，老熟若虫羽化，若虫期和成虫期需 1 年左右，条件不利时若虫期可长达 2 年。在辽宁锦州基本上是 2 年完成 1 个世代。经越冬的成虫于 7 月开始产卵，孵化的若虫当年秋多以二至四龄越冬。越冬后的若虫，于 8 月开始羽化为成虫，并以成虫越冬，从而 2 年完成 1 个世代。少数发育快的，第一年以高龄若虫越冬，于第二年 6～7 月羽化为成虫，并有部分成虫当年可产卵，孵化、发育至二龄若虫越冬；少数发育慢的，第一年以低龄若虫越冬，越冬后的二龄若虫，第二年秋以高龄若虫越冬，第三年 6 月羽化为成虫。

根土蝽成虫出土活动有群集性与假死性，有一定飞翔力，密度大时能迁飞，6～8月土温高于25℃或天气闷热的雨后或灌溉后，部分成虫出土晒太阳，身体稍干即可爬行或低飞。飞行高度多为50cm左右，飞行距离2m，顺风可飞50m，于傍晚钻入土内。

根土蝽以若虫和成虫越冬，而以若虫为主。据高有才、布金仙报道，在山西吕梁地区风山底村的山坡地调查（垂直分布），9月下旬到11月上旬，0～10cm内的土层中平均地温在10℃以下，未见到各虫态。20～80cm土层的地温平均在11.78～14.42℃，各虫态均有分布，且呈明显的集中深度。若虫多分布在10～50cm，成虫分布在30～60cm，70cm处只见到零星几头。在土中越冬深度分布南方浅北方深，南方多数集中在20～60cm，北方在10～100cm。

根土蝽成虫多在20～35cm以下的深土层交尾。交尾前，雌虫放出很强烈的臭味，以招引雄虫。交尾后30～45d产卵，多散产在20～30cm的土层中，单雌产卵最多50粒，平均13.05粒。

四、发生规律

（一）土质、肥力、温度、湿度条件

根土蝽喜沙壤土，山坡地和干旱地，土质透水、透气性好，适于其活动和繁殖。土壤有机质含量高，土质黏重，易积水，渗水和通气性差的土壤内很少见到该虫活动。灌溉或大雨之后积水时间长，根土蝽死亡率明显增高。据报道，土壤中含水量在10%～20%时，根土蝽的活动最活跃，此时为害最重。当土壤含水量高于25%时，根土蝽活动减弱，且大部分钻到土壤表层。当含水量低于10%时，虫体水分消耗，活动明显减弱，开始向土层深处下潜，因此，在根土蝽每年为害盛期的6～9月，土壤湿度过大，则集中在表土层活动，土壤干燥时则下潜到较深的土层活动。

温度的变化对根土蝽的活动有很大影响。5月上、中旬，气温平稳在12℃左右，土壤20cm深处地温稳定在10℃，冻土层逐渐解冻，根土蝽开始由下向地表浅层转移活动。在6月上旬至9月上旬，土壤温度稳定在26℃左右，是根土蝽最活跃的时期，同时也是根土蝽产卵和孵化盛期，也是为害最严重的时期。当9月下旬气温下降，20cm土层的温度下降到15℃以下时，根土蝽又开始向土壤深层下潜转移，到更深的土层越冬，地下深土层的土壤受外界影响小，温、湿度变化慢，环境条件比较稳定，对根土蝽潜藏越冬非常有利。

土壤有机质含量高、增施有机肥等均不利于根土蝽生存。在辽宁锦州凌海市右卫镇对有根土蝽发生的高粱地块进行小区试验，每公顷施45 000kg农肥的小区，平均每平方米有虫162.5头，而未施农肥的对照区平均每平方米有虫346.9头。可见，增施有机肥，改善土壤环境可大大降低根土蝽的虫口密度。

（二）寄主植物

根土蝽的食性单一，对寄主有选择性，寄主植物主要是禾本科作物小麦、高粱、玉米、谷子、糜子及禾本科杂草。实行与双子叶植物轮作，断绝其食物来源，是防治根土蝽最有效的办法。

五、防治方法

（一）调整作物布局，建立合理的轮作制度

合理轮作，是简便易行、经济有效的防治措施。可与棉花、花生、马铃薯、甘薯、甜菜、西瓜等非禾本科作物轮作。由于根土蝽繁殖指数很低，生活周期长，虫量增长缓慢，并且转移扩散能力差，与上述作物轮作后，虫量减退率一般都在75%以上。同时，要加强禾本科杂草防除，以断绝根土蝽的食物来源。

（二）科学管理土地，适时早播促壮苗

根土蝽冬季以半休眠状态在土壤40～50cm深处越冬，利用其休眠越冬的机会，进行深翻可破坏根土蝽的适生环境，大量减少越冬虫量。加深耕层，又有利于积蓄秋、冬、春季降水，有条件的进行灌溉，农肥与化肥科学搭配使用，增施农家肥，秸秆还田，用黏质土、河淤土、黑土、塘泥、渠泥等进行客土改良，提高土壤有机质含量，再辅以配方施肥，创造有利于作物生长而不利于根土蝽的环境。适期早播加强苗期管理，促使苗齐、苗全、苗壮，根系发达，增加作物的耐虫性，提高作物的补偿能力。

（三）化学防治

在播前施用25%甲基异柳磷乳油，药∶水∶细土比例按1∶15∶150配成毒土，随播种施入沟内，每

公顷施毒土225kg；或用50%辛硫磷乳油，每公顷1.5～2.25kg对细土30～37.5kg，撒施、耙地后再播种；也可用56%磷化铝片剂，采用植株根际扎孔投药熏蒸，每株投药0.2～0.3g，防效可达到85%以上，但成本较高。

另外，可在大雨之后成虫大量出土时，集中喷撒4%敌马粉，每公顷30～37.5kg，效果良好。用杀灭菊酯、溴氰菊酯等拟除虫菊酯类农药地面喷雾，也可适当减轻为害。

佟淑杰（辽宁省农业科学院植物保护研究所）

第60节　麦　　蝽

一、分布与危害

麦蝽（*Aelia sibirica* Reuter）又称西北麦蝽，属半翅目蝽科。分布在宁夏、新疆、甘肃、吉林、河北、山西、陕西、江苏、浙江、江西等省（自治区），以在西北荒沙地区发生严重。为害麦类、水稻等禾本科植物和苜蓿、桧柏等。用刺吸式口器吸食叶片汁液，使被害麦苗枯心，或叶片产生白斑，以后扭曲为辫子状，严重时麦苗叶子好像被牛、羊吃去尖端一样，甚至成片死亡。麦类作物生长后期被害可造成白穗及秕粒，减产30%～80%。在甘肃河西、敦煌等地，虫口密度一般每平方米3～8头，严重时可达150头以上。20世纪50年代前严重成灾，以后经大力防治，为害明显减轻。

二、形态特征

成虫：体长9～11mm，体黄至黄褐色，背部密生黑色点刻。头较小，向前方突出，前端向下，尖而分裂，两侧有黑点。刺吸式口器。前胸背板稍隆起，前缘稍凹入，两端稍向侧方突出，有一条直贯小盾片的白色纵纹。小盾片发达如舌状，长度超过腹背中央（彩图2-60-1）。

卵：长1mm，馒头状，初产白色，逐渐变为土黄色，孵化前呈灰黑色。

若虫：共5龄，五龄若虫体长8～9mm，黑色，复眼红色，腹节间黄色。

三、发生规律

在甘肃河西地区，麦蝽每年发生1代，以成虫及若虫在杂草、落叶及芨芨草丛中或土块及墙缝内群集越冬。4月下旬出蛰，首先在芨芨草上取食活动，5月初迁入麦田，6月上旬产卵，卵期8d左右，6月中旬进入卵孵化盛期。若虫为害期约为40d，为害后成虫或末龄若虫迁回芨芨草，9月后陆续越冬。

麦蝽活动取食要求较高的温度，每天一般在日出开始活动，夜间躲入麦田土壤裂缝及秸草下。遇风雨天气不活动，盛夏炎热天气，中午多隐藏在植株下部或土缝中避暑，一天之内以13:00～15:00进入麦田的最多。成虫一般在下午交尾，交尾后1d即可产卵，卵多产在植株下部叶片上，以枯黄叶背面最多。每头雌虫一生可产卵1～2次，每次产11～12粒，排成单列。成虫虽有翅，但只能做短距离飞翔。最喜在坟滩、地埂、渠岸、碱滩上的芨芨草丛下7～10cm处越冬，坟滩、地埂土质疏松、干湿适中，生长在上面的芨芨草墩处越冬虫口密度大；渠岸、碱滩上湿度高、碱性大，生长在上面的芨芨草墩处虫口密度小，而且大的芨芨草堆比小芨芨草墩虫量高。

麦蝽的发生以阳坡地多，阴坡地少；春茬地多，秋茬地少。其发生与田间植被的密度有密切关系。据调查，一般生长茂密的麦田覆被度大，易于躲藏，虫口密度大，受害严重，被害率达21.5%～31.6%；而生长稀疏的麦田，虫口密度小，受害轻，被害率为1%～8%。另外，其发生量与土质也有关系，一般土质较黏重、灌水后易龟裂的麦田，麦蝽易于潜藏，虫口多，受害较重，沙土地则较轻。根据这些特点应注意加强对易受害麦田的麦蝽发生的监测和防治。

四、防治技术

（一）农业措施

小麦收割后深耕可大量杀死尚未外迁的麦蝽；在初冬麦蝽出蛰前，清除越冬场所杂草及枯枝落叶，深埋或销毁芨芨草墩以减少虫源。

（二）化学控制

在小麦苗期，麦蝽大量迁入时，每公顷用90%敌百虫可溶粉剂22.5～30g，对水900L喷雾，或用80%敌敌畏乳油1 500倍液，或用马拉硫磷乳油75mL，对水40L喷雾，每公顷用药液1 125L。在小麦返青以后成虫盛发初期，喷撒2.5%敌百虫粉剂或4%敌马粉，每公顷22.5～30kg。

姜玉英 曾娟（全国农业技术推广服务中心）

第61节 斑须蝽

一、分布与危害

斑须蝽［*Dolycoris baccarum*（Linnaeus）］别名细毛蝽、臭大姐，属半翅目蝽科。国外分布在朝鲜半岛、日本、蒙古、俄罗斯、挪威、土耳其、巴基斯坦、印度及北美洲，在我国各地均有分布。寄主有小麦、大麦、水稻、粟、玉米、棉花、亚麻、豆类、油菜、白菜、甘蓝、甜菜、萝卜、豌豆、胡萝卜、葱及其他农作物。以成虫和若虫刺吸作物嫩叶、嫩茎及穗部汁液。茎、叶被害后，出现黄褐色斑点，严重时叶片卷曲，嫩茎凋萎，影响生长，减产减收。

二、形态特征

成虫：体长8～13.5mm，宽5.5～6.5mm，椭圆形，黄褐或紫褐色。头部中叶稍短于侧叶，复眼红褐色；触角5节，每节基部和端部淡黄色中间黑色，黑黄相间。前胸背板前侧缘稍向上卷，浅黄色，后部常带暗红色。小盾片三角形，末端钝而光滑，黄白色。前翅革片淡红褐色或暗红色，膜片黄褐色，透明，超过腹部末端。足黄褐色，腿节、胫节密布黑色刻点。腹部腹面黄褐色，具黑色刻点（彩图2-61-1，1）。

卵：长约1mm，宽约0.75mm，桶形，初产浅黄色，后变赭灰黄色。卵壳有网纹，其上密被白色短绒毛（彩图2-61-1，2）。

若虫：略呈椭圆形，腹部每节背面中央和两侧均有黑斑。高龄若虫头、胸部浅黑色，腹部灰褐色至黄褐色，小盾片显露，翅芽伸至第一至四可见节的中部（彩图2-61-1，3～4）。

三、发生规律

每年发生代数因地区而异，黄河以北地区1～2代，长江以南地区3～4代。在吉林年发生1代，在辽宁年发生1～2代。内蒙古1年2代。以成虫在田间杂草、枯枝落叶、植物根际、树皮及房屋缝隙中越冬。4月初开始活动，4月中旬交尾产卵，4月底5月初幼虫孵化，第一代成虫6月初始见，6月中旬为产卵盛期；第二代于6月中、下旬7月上旬孵化为幼虫，8月中旬开始羽化为成虫，10月上、中旬陆续越冬。成虫必须吸食寄主植物的花器营养物质，才能正常产卵繁殖；小麦抽穗后常集中于穗部，卵多产在小穗附近或上部叶片表面上，多行整齐纵列成块，每块12～24粒。初孵若虫群聚为害，二龄后扩散为害。

四、防治技术

冬季清除田间残株落叶和杂草，破坏斑须蝽越冬场所，减少越冬虫源。成虫集中越冬或出蛰后集中为害时，利用其假死性，震动植株，使其落地，迅速收集并杀死。发生严重的喷洒20%灭多威乳油1 500倍液，或3%啶虫脒乳油1 500～2 000倍液、40%乐果乳油1 000倍液，防治效果可达90%以上。

姜玉英 曾娟（全国农业技术推广服务中心）

第62节 二星蝽

一、分布与危害

二星蝽［*Eysarcoris guttiger*（Thunberg），异名：*Stollia guttiger* Thunberg］，属半翅目异翅亚目蝽

科蝽亚科。在我国的分布北起黑龙江，南至台湾、海南、广东、广西、云南，东临滨海，西至内蒙古、宁夏、甘肃，折入四川、西藏。在国外加拿大、日本、朝鲜和韩国都有分布。

寄主有麦类、水稻、棉花、大豆、胡麻、高粱、玉米、甘薯、茄子、桑、无花果等。以成、若虫吸食寄主茎秆、叶、穗部汁液，导致植株生长发育受阻，籽粒不饱满。

二、形态特征

成虫：体长 4.5～5.6mm，宽 3.3～3.8mm，头部全黑色，少数个体头基部具浅色短纵纹。喙浅黄色，长达后胸端部。触角浅黄褐色，具 5 节。前胸背板侧角短，背板的黑斑前缘可达前胸背板的前缘，小盾片末端多无明显的锚形浅色斑，在小盾片基角具 2 个黄白光滑的小圆斑。胸部腹面污白色，密布黑色点刻；腹部腹面黑色，节间明显，气门黑褐色。足淡褐色，密布黑色小点刻（彩图 2-62-1）。

三、生活习性

二星蝽在山西 1 年发生 4 代，以成虫在杂草丛中、枯枝落叶下越冬，翌年 3～4 月开始活动为害。卵产于叶背面、穗芒上，数十粒排成 1～2 纵行，有的排列不规则。成虫有趋光性，喜爬行，不喜飞行。

四、防治技术

成虫越冬或出蛰后集中为害时，利用其假死性，震动植株，使其落地，迅速收集杀死。发生严重时可喷洒 20%灭多威乳油 1 500 倍液防治。

姜玉英　曾娟（全国农业技术推广服务中心）

第 63 节　条赤须盲蝽

一、分布与危害

条赤须盲蝽［*Trigonotylus coelestialium*（Kirkaldy）］又称赤角盲蝽，曾误定为赤须盲蝽（*T. ruficonis* Geoffroy），属半翅目盲蝽科。分布在北京、河北、内蒙古、黑龙江、吉林、辽宁、山东、河南、江苏、江西、安徽、陕西、甘肃、青海、宁夏、新疆等地。寄主有小麦、谷子、玉米、棉花、高粱、燕麦、黑麦、甜菜等农作物和多种禾本科杂草。

条赤须盲蝽以成、若虫刺吸叶片汁液或嫩茎及穗部，被害叶片初呈淡黄色小点，渐成黄褐色大斑，叶片顶端向内卷曲，叶片布满白色雪花斑，严重时整个田块植株叶片上就像落了一层雪花，致叶片呈现失水状，植株生长缓慢、矮小或枯死。

二、形态特征

成虫：身体细长，长 5～6mm，宽 1～2mm，鲜绿色或浅绿色。头略呈三角形，顶端向前突出，头顶中央具 1 纵沟，纵沟前伸不达头部中央；复眼银灰色，半球形，紧接前胸背板前缘。触角 4 节，等于或较体长短，红色，故称赤角盲蝽。喙 4 节，黄绿色，顶端黑，深达后足基节处。前胸背板梯形，具暗色条纹 4 个，前缘具不完整的领片。小盾片黄绿色，三角形，基部未被前胸背板的后缘覆盖。前翅略长于腹部末端，革片绿色，膜片白色透明，长度超过腹部末端。足浅绿或黄绿色，胫节末端及跗节暗色（彩图 2-63-1）。

卵：口袋形，长 1mm 左右，宽 0.4mm，白色透明。卵盖上具突起。

若虫：5 龄，黄绿色，触角红色，略短于体长，三龄翅芽出现，四龄翅芽长达第一腹节，五龄体长 5mm 左右，翅芽超过腹部第三节。

三、发生规律

华北地区 1 年发生 3 代，以卵越冬。翌年 4 月下旬越冬卵开始孵化，5 月上旬进入孵化盛期，5 月中、下旬羽化。第二代若虫 6 月中旬盛发，6 月下旬羽化。第三代若虫于 7 月中、下旬盛发，8 月下旬至 9 月上旬，雌虫在杂草茎、叶组织内产卵越冬。条赤须盲蝽成虫产卵期较长，有世代重叠现象。每雌产卵一般5～10粒。初孵若虫在卵壳附近停留片刻后，便开始活动取食。成虫于9:00～17:00活跃，夜间或阴雨天多潜伏在植株中下部叶背面。

四、防治技术

在条赤须盲蝽发生期可用菊酯类农药喷雾防治，控制效果较理想。

姜玉英 曾娟（全国农业技术推广服务中心）

第64节 麦沟牙甲

一、分布与危害

麦沟牙甲（*Helophorus auriculatus* Sharp）又称耳垂五沟甲、小麦沟背牙甲，属鞘翅目水龟虫科。幼虫从小麦播种出芽至拔节期钻蛀取食地下部分。对该虫的为害过去很少记载。20世纪80年代初麦沟牙甲在河南鲁山、南台县的稻—麦两熟区为害小麦成灾，嵩县与鲁山交界处和内乡与南台接壤处也有分布，稻茬麦田受害株率平均在70%以上，轻者在35%左右，严重者绝苗毁种，致使一年两熟变为一年一熟，是贫困山区农业生产上的严重灾害之一。1990年以来，已扩大到南阳市的内乡等县的稻—麦两熟区及邻边鲁山县等地，且为害日趋严重，一般年份减产30%～50%，重者绝收。1996年，南阳全市发生面积达1 000hm^2,其中有30%绝收。2006年，麦沟牙甲在陕西汉中发生并造成危害。

二、形态特征

成虫：体长4.5～5.0mm，黑褐色，被淡黄色细毛，腹面颜色较背面浅。头顶中央有1“人”字形凹陷。复眼发达，黑色，向外突。触角9节，基部5节淡黄色，其余为黄褐色；第一、二节细长，三至六节短，端部3节膨大成锤状，密生金黄色细毛。前胸背板发达，有6条粗细不匀的纵脊，中央两条向外呈弧形弯曲；前缘角呈锐角，向前突出，使前缘呈弧形，侧缘向内弯曲，后缘角呈钝角，后缘窄于前缘。小盾片近圆形。鞘翅肩角处有1大瘤突，鞘翅上有5条纵脊，近前缘的第三、四、五条纵脊基部和中部及翅端1/3处各有1明显的纵瘤突，中部的较大，近翅端的最小，各纵脊间有两行排列整齐的凹入刻点，近中缝第一排点刻基部加有6个点刻。足淡黄色，腿节基部灰褐色，胫节黄褐色，着生成排的小刺；跗节5节，第一节短小，第三节长，端部褐色。腹板可见5节（彩图2-64-1，1、2）。

卵：长椭圆形，大小为（0.7～0.8）mm×0.3mm，乳白色。

幼虫：末龄幼虫体长7.0～7.5mm，体扁长，污白色，从头部至腹部第八节渐变肥大。头褐色，背面有两条凹陷纵沟，两侧各有单眼6个，排成两横列，横列间有黑斑。胸部淡褐色，背面有1条细纵沟，节间处有1横排的褐色纵纹，各节背板上有刚毛4根，前胸排列为前2后2，其余两节排列呈1行。腹部可见9节。背面有1淡色纵线，两侧淡褐色；第一至八节侧上方有1淡褐色新月形斑，下方有2个椭圆形淡褐色斑，前小后大；除小斑外，其余各斑上均生有褐色刚毛；第九节腹面有1肉质突起，腹末有1对尾须。尾须3节，第一节近端部有刚毛1根，两侧下方各1根，第二、三节刚毛各1根（彩图2-64-1，3）。

蛹：裸蛹，体长4.0～5.0mm，乳白色，体上着生黑褐色刚毛。复眼内侧2根，内上方1根；前胸前缘中部2根，较长，每根内侧有2根短毛；中后胸背面有2根刚毛。腹部第一至八节背面有刚毛4根，二至四节侧面1根刚毛，第九节背刚毛2根，腹面有突起。腹末有1对分节不明显的尾须，其上各生1根刚毛（彩图2-64-1，4）。

三、发生规律

麦沟牙甲1年发生1代。4月上旬羽化，4月中旬为羽化盛期，4月中旬末至4月下旬为羽化盛末期。羽化后的成虫体翅乳白色，在土室内不动，待体壁和翅硬化后出土，在土壤耕层活动，以土壤潮湿处的缝隙里及杂草、枯枝落叶和土块下较多。水稻插秧后，成虫多在田埂边、杂草、枯枝落叶、土壤中及稻桩与水面接触处活动。收稻后，成虫在田埂边、田间脚窝处、枯枝和杂草下生存。体上常覆盖泥土，不易发现，有假死性、畏光性，飞翔力不强，未见成虫取食为害。成虫历期为 180d 以上，产卵前期 140～160d。10 月上旬开始交尾产卵，卵期 6～10d，平均 7d。成虫产卵后大部分相继死亡，个别可以越冬到 2 月底。卵产在土壤中，多是散产，少数堆产。10 月中、下旬卵孵化。孵化出的幼虫在 3～4cm 土层中活动，从 10 月小麦播种到翌年 3 月小麦拔节期的整个冬季均在小麦基部活动为害。小麦拔节后，植株组织老化，老熟幼虫在土中 3～6cm 处作土室化蛹。幼虫有畏光性、假死性，无冬眠现象。当冬季气温下降到 －1.8℃时，幼虫在 9:00～16:00 仍可为害；16:00 后温度下降，幼虫停止取食，在小麦基部栖息。受害早的幼芽不能出土，3 叶期前（11 月中旬前）受害幼苗整株枯死；3 叶期后幼虫在根茎处蛀孔，头部钻入茎内（个别幼虫整体钻入茎内）取食，形成枯心苗，经一段时间整株死亡。有些枯心苗可延迟到翌年 3、4 月，叶片灰绿或浓绿，且窄小老化，变硬变脆。田间虫口密度大时，一株麦苗的根茎处可蛀多个为害孔。植株受害后仅剩一薄层表皮，组织软化，继而整株萎蔫倒伏变黄枯死。幼虫蛀孔处留有残渣粪便。有些受害株可从蛀孔处或下部长出多个小分蘖，但多生长畸形，不能成穗。受害轻或翌年受害的幼苗多是单根独苗，或有分蘖但不能成穗，偶能成穗，千粒重下降 5%～30%。幼虫可转株为害。每平方米有幼虫 17.5～27.5 头时，被害率可达 60%～96.8%，受害严重地块每平方米幼虫可达 127.5～142.5 头。连年稻—麦轮作，重茬时间长，生态条件相对稳定的田块受害重；早播受害较轻，晚播受害重；分蘖力强的品种受害轻，分蘖力弱的品种受害重；精耕细作，适时管理的田块受害轻；多施有机肥，有利于提高地温，促进分蘖，可减轻为害。

四、防治技术

（一）农业措施

1. 轮作倒茬 改稻—麦轮作为秋旱粮与小麦轮作 3 年以上，即可控制为害。

2. 加强栽培管理 调节播种量，选择早熟水稻品种，使小麦适时早播；加强田间管理。水稻收获后，精耕细作，增施有机肥，促使小麦幼苗早发，增加冬前分蘖，培育壮苗，可减轻为害。深山区稻田，可在水稻乳熟期撒播小麦，冬前施一次农家肥，使水稻收获后至结冻前土壤处于板结状态，不利于幼虫取食活动。

（二）药剂防治

用 50%辛硫磷乳油 700 倍液拌种。也可用 1%辛硫磷颗粒剂每公顷施 75kg，或 10%伏杀硫磷颗粒剂每公顷施 22.5kg，随耧播种，均可有效控制为害。

姜玉英　曾娟（全国农业技术推广服务中心）

第 65 节　麦茎叶甲

一、分布与危害

麦茎叶甲［*Apophylia thalassina*（Faldermann）］又名麦茎异跗萤叶甲、翡翠萤叶甲，俗称小麦钻心虫、金花虫、黄信子、刺蓟牛，属鞘翅目叶甲科。我国辽宁、吉林、内蒙古、甘肃、宁夏、陕西、山西、河北、河南等地都有发生，以山西南部至甘肃平原一带发生较重。主要为害小麦、大麦、莜麦、玉米等禾本科作物。成虫取食小蓟等。幼虫孵化后从地下 1.5cm 深处蛀入茎秆为害嫩茎和心叶，被害株呈枯心苗、白穗和无效分蘖，造成缺苗断条。虫口密度大、受害严重田块可造成绝收。甘肃陇东各县一般减产10%～20%，宁夏固原一些县、乡受害的麦田远远超过其他地下害虫。河北沧州从 1982 年以来该虫发生日趋严重，1986 年发生 1 333hm^2，其中 70hm^2 绝收，以沿河两岸和低洼地带发生严重，陕西、河南等地也有类似情况（魏鸿钧，2000）。

二、形态特征

成虫：雄虫体长 6～7mm，前胸背板黄褐色，上横列 3 个黑褐色斑纹，鞘翅翠绿色，色泽鲜明，密被黄色细毛。雌虫体长 7～9mm，体色较暗（彩图 2-65-1，1～3）。

卵：椭圆形，橙黄色，长约0.8mm，表面有蜂窝状网纹。

幼虫：初孵时青灰色，老熟后黄褐色，体长10.5～12.5mm，头、前胸盾板和臀板黑色，其他各节背面有3列褐色板。

蛹：米黄色，长6～9mm，有褐色尾刺2根。

三、发生规律

麦茎叶甲在华北地区1年1代，以卵在土中4～6cm处越冬。翌年3月中、下旬到4月初孵化，此时正值冬小麦返青拔节期和春小麦出苗期，幼虫孵化后即从小麦根茎处蛀入嫩茎为害。幼虫有转株为害习性，1头幼虫可为害5～17株麦茎，幼虫期30～40d，以4月中、下旬为害最盛，5月上、中旬大批老熟幼虫在地下5～7cm深处做土室化蛹。5月中、下旬为成虫羽化盛期，成虫集中在麦田小蓟上，将叶片吃成大量孔洞，小蓟缺乏时，也可取食枸杞、豌豆、荨麻等叶片。在宁夏成虫暴食小蓟和枸杞叶片，7月多发生于野生枸杞上。卵散产或块产在麦田4～6cm深的土缝中或松土中，产卵盛期约在6月上旬，并在土中越夏、越冬。

成虫有假死性，早、晚在植物上静止不动，白天活动，以中午最活跃，羽化后数小时方可飞翔取食，约1个月后产卵。麦茎叶甲喜潮湿环境，在沿河两岸及低洼麦田发生重，水浇地、低洼下湿地和刺儿菜多的麦田发生较重，阴坡地较阳坡地重，晚播田比早播田重。

四、防治技术

（一）农业措施

适期早播，错开幼虫为害盛期与植株细嫩期，并及时灌水，压低虫源；及时清除田间杂草，精耕细作，秋翻秋耙，均可有效地控制为害。

（二）化学防治

1. 拌种 用50%辛硫磷乳油10mL，对水1 000mL拌麦种10kg，闷3～5h后播种。

2. 幼虫盛发初期防治 用1.5%敌马粉剂或2.5%敌百虫粉剂，每公顷22.5kg喷粉，也可与10～15kg细土混匀撒施；或用40%乐果乳油2 000倍液、90%晶体敌百虫1 000～2 000倍液、50%辛硫磷乳油3 000～5 000倍液，浇灌被害麦株根际，效果也好。

3. 成虫盛发期防治 用2.5%敌百虫粉剂每公顷22.5～30kg，结合中耕将药翻入土中，还可防止幼虫转株为害；也可用90%敌百虫可溶粉剂1 000～1 500倍液，或2.5%溴氰菊酯乳油2 000倍液，每公顷用药液1 125L，在成虫盛发期喷雾，重点喷在小蓟等杂草上，将成虫消灭在产卵之前。

姜玉英　曾娟（全国农业技术推广服务中心）

第66节　麦茎谷蛾

一、分布与危害

麦茎谷蛾（*Ochsencheimeria taurella* Schrank），别名麦螟、钻心虫、蛀茎虫等，属鳞翅目夜蛾科。在我国北方冬小麦区都有分布，以山东、山西、江苏、河北、甘肃等地发生较普遍且为害较重。1990年以来，在山西南部丘陵旱塬地区、河北局部为害较重，大发生时，孕穗至灌浆期小麦被害穗率达30%以上。

麦茎谷蛾为害小麦、大麦和元麦，还能为害禾本科杂草。以幼虫蛀食穗节基部造成白穗、枯孕穗或虫伤株。

二、形态特征

成虫：雄成虫体长5.9～6.6mm，翅展约10.4mm；雌成虫体长7.1～7.9mm，翅展约13.5mm。全体密布粗鳞片，头顶密布灰黄色长毛，触角丝状。前翅长方形，具粗鳞毛，灰褐色，外缘有灰褐色细毛。后翅稍宽于前翅，沿前缘有白色剑状斑，外缘与后缘有灰白色缘毛。

卵：长椭圆形，长约 1mm。

幼虫：细长圆筒形，老熟幼虫体长 10.5～15.2mm。初龄幼虫白色，二龄以后变为黄白色。前胸及腹部第一至八节的气孔周围均具黑斑，中、后胸也各具 1 黑斑，第十腹节背面有横列小黑点 4 个。

蛹：纺锤形，长 7～10.5mm，初为黄白色，羽化前黄褐色。

三、生活习性

在我国北方 1 年发生 1 代，以低龄幼虫在小麦心叶内越冬。小麦返青后开始为害，5 月中、下旬幼虫老熟，多在被害小麦旗叶的叶鞘内化蛹，也有少数在第二叶鞘内化蛹的。蛹期约 20d。成虫羽化期与小麦成熟期相一致，时间在 5 月下旬至 6 月上旬，羽化较整齐。成虫历期约 10d，羽化多在白天，以上午为多。成虫白天活动，有飞舞习性，以 11:00～12:00 最盛，温度低于 20℃则不活动，无趋光性。羽化后成虫活动数天，迁聚在屋檐墙缝或老树皮内潜伏越夏，秋季产卵。初龄幼虫在心叶内为害、越冬，但不致造成枯心。小麦拔节后幼虫为害心叶，常造成残缺、卷心、矮缩、枯心。抽穗前后，为害加重，每头幼虫能为害 2～3 株，转株为害多在晴天 8:00 左右，幼虫蛀食小麦第一节茎基，造成白穗。一般以邻近村庄和抽穗早的麦田受害严重。

四、防治技术

(一) 诱杀成虫

在成虫羽化盛期，于屋檐下每隔 2～3m 吊挂牛皮纸皱褶的条块或旧麻袋条及粗糙的编织物等，夜里诱集成虫，次晨集而杀之。

(二) 化学防治

4 月上、中旬幼虫大量爬出活动及转株为害时进行药剂防治。可用 90%敌百虫可溶粉剂 1 000 倍液，或用 80%敌敌畏乳油 1 000～2 000 倍液、用 3%啶虫脒乳油每公顷 300～450mL，对水 1 125L 喷雾。

姜玉英　曾娟（全国农业技术推广服务中心）

第 67 节　麦潜叶蝇

一、分布与危害

我国为害小麦的潜叶蝇主要有 4 种，即：细茎潜叶蝇（*Agromyza cinerascens* Macquart）、黑斑潜叶蝇（齿角潜蝇、鞘齿角潜叶蝇）（*Cerodontha denticornis* Panzer）、黑眶禾潜叶蝇（黄禾角潜蝇）［*C. lateralis* (Macquart)］、绒眼彩潜蝇（黑彩潜蝇）（*Chromaomyia nigra* Meigen），均属双翅目，潜蝇科。其中细茎潜叶蝇又叫麦叶灰潜蝇、小麦黑潜蝇、日本麦叶潜蝇，一般发生较多，其他 3 种发生量较少。

潜叶蝇幼虫潜食叶肉，潜痕弯曲窄细，早期主要为害下部叶片，后来逐渐上移为害中上部叶片和倒二、三叶叶尖，小麦旗叶也可受害。叶片受害部位变成透明的表皮，严重时仅残留叶脉，可造成小麦叶片干枯死亡，严重影响小麦的生长发育。我国西北、华北、黄淮及长江下游等麦区有发生。2002 年，天津静海县麦田该虫大发生，小麦被害株率在 70%左右；2003 年发生更为严重，一般麦田被害株率为 40%～60%，严重的达 70%～100%。2002 年，在江苏射阳发现该虫为害大麦和小麦，虫田率达 90%，大麦、小麦被害株率分别为 2.5%和 7.4%。2002—2003 年在山西临汾等地为害较重，一般被害株率为 20%～30%，严重田块被害株率高达 92%。河南省，过去该虫零星发生，2003 年在郑州市发生较普遍，部分麦田受害较重。安徽省阜南县，2004 年田间见该虫为害，以春季 3、4 月为害较重；2009 年在小麦秋苗上也有发生，为害呈逐年加重趋势，已对小麦生产构成威胁。

除为害小麦外，该虫也为害大麦和元麦；据国外记载，寄主尚有黑麦及禾本科植物。

二、形态特征

(一) 细茎潜叶蝇

成虫：体长 3.1～3.4mm，翅长与体长基本相同；体黑色。头部额、侧额内缘、新月片、颊及触角黑褐色；触角芒色稍浅；侧额有弱光；颜面及侧颜具淡灰粉被。胸部黑色具薄粉被；中胸背板具翅内后鬃及小盾前鬃；翅透明，微带淡茶褐色，翅脉黄褐色；前缘脉达 R_{4+5}；腋瓣淡白褐色；平衡棒基部土黄色，端部白色；足黑色，但胫节基部、腿节膝褐色；雄跗节色淡带黄色。腹部黑色，具弱光；雌腹部第六、七两节浓黑色，有强光。

卵：白色，长 0.48mm，椭圆形，末端稍细，中间有 2 个小突起。

幼虫：体白色微带黄色，长 3.55～4.50mm，宽 0.85～1.20mm。各体节前缘有数排淡褐色小刺。口钩黑色，各具 4 齿，上面 2 齿大，下面 2 齿明显小。下唇骨黑色，咽骨黑色，背臂分叉。前气门突柄状，高 0.028mm，两个气门相距 0.1mm，各有气门小孔 10 个左右。后气门突紧邻，基部相距 0.032mm，各具 3 个长椭圆形气门小孔。体后部可透视到将排出的黑色粪便，末端有 2 个肉质突起。

蛹：褐色至赤褐色；长约 2mm。每体节间有暗色小点 1 列。前气门突柄较长，相距较远；后气门突小，下侧方有肉质突起 1 对。

（二）黑斑潜叶蝇

成虫：体长 2mm，黄褐色。头部黄色，间额褐色，单眼三角区黑色，复眼黑褐色，具蓝色荧光。触角黄色，触角芒不具毛。胸部黄色，背面具一“凸”字形黑斑块，前方与颈部相连，后方至中胸后盾片中部，黑斑中央具 V 形浅洼；小盾片黄色，后盾片黑褐色。翅透明浅黑褐色。平衡棒浅黄色。各足腿节黄色。腹部 5 节，背板侧缘、后缘黄色，中部灰褐色生黑色毛；产卵器圆筒形、黑色。

幼虫：体长 2.5～3.0mm，乳白色，蛆状，前气门 1 对，黑色；后气门 1 对，黑褐色，各具 1 短柄，分开向后突出。腹部端节下方具 1 对肉质突起，腹部各节间散布细密的微刺。

蛹：长 2mm，浅褐色，体扁，前、后气门可见。

三、生活习性

各地发生代次不同。天津 1 年发生 1～2 代，江苏 1 年发生 3 代，以蛹在土中越冬。越冬代成虫产卵及为害盛期在 3 月中、下旬，幼虫孵化盛期在 4 月上、中旬，化蛹盛期在 4 月下旬。春季完成 1 代约需 25d。3 月中、下旬，雌蝇用粗硬的产卵器刺破返青后的小麦叶片，食汁液，被刺破处成整齐的纵行，如缝纫机之针孔，并可逐渐变为褐色，如叶片被刺破面积大，局部叶片枯黄。雌蝇将卵产在麦苗第一、二片叶子尖部上表皮下组织内。室内饲养卵期平均为 5d。幼虫潜食叶肉，将叶尖部吃成透明袋状，内有黑色粪便；1 叶内有虫 1～2 头，发生重的年份，1 叶内 2 头虫者居多；秋苗期往往一片叶被食殆尽，受害叶干枯。江苏省启东县病虫测报站 1978 年观察，1 头幼虫可吃掉大约 1.4m^2 面积内的叶肉。

幼虫约 10d 老熟，老熟后由虫道爬出，附着在叶表面化蛹和羽化，个别在叶片组织内化蛹。麦收后，则以自生麦及其他禾本科植物为寄主，末代老熟幼虫入土化蛹越冬。

据在陕西武功观察，1 年发生 2 代，以蛹在土内越冬，越冬蛹于 3 月中旬开始羽化，小麦拔节期出现为害状，幼虫一直为害至灌浆期；抽穗期大部幼虫老熟，入土化蛹越夏，秋季小麦出苗后，成虫羽化飞至麦苗上产卵，成虫发生至 11 月，幼虫在叶内为害至老熟，老熟幼虫落入土内化蛹越冬。

四、影响因素

据江苏省启东县病虫测报站和天津市植物保护站观测研究以下几个方面因素与小麦黑斑潜叶蝇发生为害关系密切。

（一）品种、生育期和长势

一般大麦重于元麦，元麦重于小麦。在潜叶蝇产卵高峰期，剑叶平直展开、柔嫩有劲的麦子产卵多、为害重，反之则轻。长势弱、黄瘦的小麦上，产卵少，卵孵化率低，幼虫死亡率高，为害轻，而且明显褪绿发黄的麦叶上很少有活的幼虫。如 1979 年 4 月下旬始由于生理方面原因，许多麦子比常年提早 10 多 d 发黄，这时麦潜叶蝇正处于卵孵化高峰阶段，大多数幼虫只造成“细线”似的为害状就夭折，以致形成了前期成虫、卵量多，而后期活幼虫少、为害轻的结局。

天津市植保站试验研究证实，返青越早、长势越好的麦田，成虫产卵为害越重。如 2003 年 3 月 28 日调查，静海镇义渡口村返青早的麦田，被害株率为 95%，而静海镇西五里村返青晚的麦田，被害株率为 60%。返青后，小麦 1～4 片叶被害最重，每叶被害孔数在 15～30 个，孵出幼虫 0～2 头。2003 年 4 月 28

日在静海镇义渡口村麦田调查幼虫死亡率，共查虫 20 头，其中化蛹 11 头，化蛹率为 55%，活幼虫 1 头，占 5%，死亡 8 头，死亡率为 40%。麦黑斑潜叶蝇对小麦穗粒数、千粒重均有影响。未处理小区平均穗粒数为 22.1 粒，千粒重为 37.3g，667m^2 产量为 280.6kg；药剂处理两小区平均穗粒数为 24.25 粒，千粒重为 39.3g，667m^2 产量为 324.2kg，由此估算，麦黑斑潜叶蝇每 667m^2 造成的产量损失为 43.6kg，损失率为 13.4%。春季持续低温，以及降水偏多，对小麦黑斑潜叶蝇的发生有利，往往为害较重。

（二）田间耕作状况

潜叶蝇的蛹是在土壤中越夏、过冬的，田间栽培措施特别是秋、冬耕翻对蛹的影响较大。在粮、棉套种的栽培制度下，缩小了秋冬耕面积，即有利于蛹的越冬，这是其发生严重的原因之一。

（三）气候影响

据观察，适宜小麦潜叶蝇成虫活动的平均气温在 7℃以上，7℃以下受到抑制；成虫在 15～20℃时活动比较活跃；4 月的多雨高湿有利于幼虫的生长、为害。但小麦生长后期如遇暴雨，促进小麦早枯发黄，或遇低于 7℃的气温，均不利于潜叶蝇幼虫的存活。

五、防治技术

（一）农业防治

选育抗病虫优良品种；避免过早播种，适期晚播；加强田间管理，适量施用氮肥，重施磷、钾肥等可减轻为害。在返青、拔节期严密监测虫情发生动态，控制成虫产卵，将其消灭在为害之前。

（二）化学防治

以成虫防治为主，幼虫防治为辅。

1. 防治成虫 于 4 月初春麦出苗、冬麦返青时进行防治。药剂和用法：2.5%敌百虫粉，每 667m^2 2～2.5kg 对细土 25kg 撒施，或 80%敌敌畏乳油，每 667m^2 100g 加水 200～300g，加细土 20kg 掺和拌匀撒施；或 20%甲氰菊酯乳油 1 500～2 000 倍液喷雾。

2. 防治幼虫 田间受害株率达 5%时，可选用以下药剂喷雾。20%阿维·杀单微乳剂 1 000～2 000 倍液、1%阿维·菌素 3 000～4 000 倍液、4%阿维·啶虫 3 000～4 000 倍液、0.4%阿维·苦乳油 1 000 倍液。也可用 40%毒死蜱乳油 50mL 或 4%阿维·啶虫 50mL，每 667m^2 对水 45kg 均匀喷雾，可同时兼治麦田其他虫害。对于弱苗、黄苗，每 667m^2 可同时加混含氮、磷、钾等大量元素及氨基酸、螯合态微量元素的产品，有利于形成壮苗，提高小麦的抗寒抗逆能力。

姜玉英　曾娟（全国农业技术推广服务中心）

第 68 节　小麦病虫害综合防治技术

我国小麦生产上常见病虫害有 60 多种，其中，病害 30 多种、虫害 30 余种。常年发生面积约 7 000 万 hm^2，发生普遍、为害严重的病害主要有小麦条锈病、叶锈病、白粉病、赤霉病、纹枯病、全蚀病、根腐病、胞囊线虫病、雪霉叶枯病、黑穗病、黄矮病；常见虫害有麦蚜、吸浆虫、黏虫、麦蜘蛛、麦秆蝇、蝼蛄、蛴螬、金针虫等。麦田草害主要有 100 余种，其中为害最重的有 10 多种，如猪殃殃、野燕麦、看麦娘等；害鼠主要有 4 科 12 种，其中，鼠科的有黑线姬鼠、褐家鼠、小家鼠、黄胸鼠等 4 种；仓鼠科有大仓鼠、黑线仓鼠等 6 种。

我国地域辽阔、生态环境多样，各麦区地理环境、气象条件、种植品种、栽培制度和耕作措施存在很大差异，小麦有害生物的分布与发生为害规律亦多因地而异。“七五”以前多以单病单虫为对象开展研究与防治工作，在小麦条锈病、黏虫等重大病虫发生流行规律与综合防治技术研究方面取得了重大创新与突破，达到了国际领先水平。“七五”至“十二五”期间，在国家科技攻关（或科技支撑）计划、国家公益性行业（农业）专项等项目支持下，组织多学科、跨部门协作攻关队伍，对小麦主要病虫害综合防治技术开展了 30 年的系统研究，按区域组建了综合防治技术体系，在生产上进行大规模试验示范和推广应用，取得了显著的经济、社会和生态效益。

一、指导思想和策略

从麦田生态系统的整体出发，以小麦高产、优质、高效、生态和安全生产为目标，以重大病虫害为主攻对象，贯彻“预防为主，综合防治”的植保工作方针，坚持突出重点、分区治理、因地制宜、分类指导的原则，采取关键措施与综合技术相结合、科学预防与应急防控相结合、当前控害与持续治理相结合、化学防治与其他防控措施相结合的策略，以农业措施为基础，协调运用生物、物理、化学等其他各种措施，将麦田主要有害生物的种群密度控制在经济允许的水平以下，达到经济、社会和生态效益同步增长的目的。

二、基本思路

以麦田生态系统为单元，依据作物有害生物综合治理（IPM）的基本原理与方法，系统开展麦田生态系统组成与生物群落结构、主要病虫害生物学特性与发生消长规律、为害损失与防治指标以及监测预警与关键防治技术研究，在单项技术研究之基础上，根据不同麦区小麦生产和优势病虫种类，因地制宜地进行综合防治技术体系的集成、组装和配套，建立试验示范区进行大面积推广应用，评估经济、社会和生态效益。

（一）组建病虫害综合防治技术体系应以麦田生态系统为管理单位

通过长期的调查研究，揭示生态系统中各组成成分（包括作物、有害生物、有益生物以及气候、土壤、水、肥、地形地势和农事活动等非生物因素）的功能、反应及它们之间的相互关系。这些生物和非生物因素在农田生态系统中各有特定的地位、功能和作用，它们之间保持着相互依存、相互制约的复杂关系。在采取任何一项技术措施或改变任何一种组成成分时，都有可能对整个生态系统产生一定的影响作用，从而引起病虫优势种类、种群数量与为害属性的变化，促进群落的演替。应科学区分病虫本身的益害属性，查明为害的优势种群，明确主治与兼治对象。生态系统的管理范围一般应根据有害生物的迁移规律和范围来决定。对小麦锈病、白粉病、黏虫等迁移能力强的有害生物，其综合治理范围应涉及其整个生活循环的全部区域。

（二）组建病虫害综合防治技术体系应树立生态观、经济观和环保观

病虫害综合防治应以经济、社会和生态三大效益为目标，充分利用病虫害的自然控制因素，因地制宜地协调应用其他必要的绿色防治方法，力求少用或不用化学农药，把病虫种群数量与为害损失控制在经济允许的水平，并通过系统管理，长期维持这种受害允许密度下的动态平衡。研究病虫为害损失规律，制定科学防治指标。在制定防治指标时，要考虑商品价值，讲究经济核算，力求降低生产成本。在多种病虫同时发生为害时，需研究制定多病虫复合为害损失与复合防治指标。

（三）关键防治技术是组建病虫害综合防治技术体系的主体部件

应从实际出发，加强对农业防治、生物防治、生态调控、物理防治、化学防治等病虫害关键防控技术的研究与革新，尽可能地使各项技术措施高效安全、简便实用。按照不同区域病虫害综合防治技术体系的需要进行合理搭配，扬长避短，充分发挥其有机协调、相辅相成的综合功效，不断提高综合防治理论与技术水平。与此同时，必须加强对病虫害生物学、发生为害规律、综合防治理论等应用基础研究，这是开展应用技术研发、制定最佳防治决策和组建综合防治体系的理论基础和科学依据，二者相互依存，不可忽视。片面地强调应用技术研发或者片面地强调基础和应用基础研究都是不切实际的。

（四）试验示范与技术培训是构建综合防治技术体系的必需环节

试验示范与技术培训工作是将科学技术转化为现实生产力的枢纽，具有桥梁和纽带作用，也是通过具体应用将各项科研成果进行组装与配套，形成技术体系的必要过程与途径；是通过应用实践，检验科研成果的先进性、科学性、实用性和成熟性的标准。因此，试验示范与技术培训是综合防治技术体系的重要组成部分。

三、综合防治技术体系基本模式

根据我国小麦生产布局及病虫害发生为害区系，选定黄淮海、西北、西南、东北、长江中下游等五大麦区，建立小麦病虫害综合防治技术研究的试验示范基地。采用系统分析方法，根据组建综合防治技术体系的技术需要，将全部研究工作分解为：病虫生物学特性与种群动态规律、病虫为害损失与防治指标、病虫监测预警技术、病虫关键防治技术（包括农业防治、化学防治、生物防治、生态调控、物理防治等）以及有关应用基础等项研究工作。在进行深入研究的基础上，按照小麦生长发育进程、农事操作流程和病虫发生为害的时空规律，在不同麦区协调应用各项关键防治措施，制定综合防治配套技术及其阶段性实施流程，组装成综合防治技术体系，充分发挥各项防治措施与自然控制因素有机协调的综合功效。一是加强麦

田整治培肥和种植结构调整。做到精耕细作、合理密植、科学灌溉、配方施肥，推行轮作倒茬、作物间作套种、秸秆还田、适期播种等抗害防灾的健身栽培措施。二是调整品种布局和推广抗性品种。筛选种植抗病、抗虫优良品种，增强小麦个体与群体的抗逆机能及其受害后自我补偿功能。在制定品种布局和种植计划时，注意在大区内选用不同抗源（或抗性基因）的品种，以提高抗性品种（或抗性基因）的多样性，避免单一化，以延长抗性品种的使用年限和提高其整体抗性水平。三是大力推行种子处理。小麦播种时采用高效内吸性杀菌剂和杀虫剂进行种子包衣或药剂拌种，这是防病治虫的好办法，可确保种子健康、弥补种子缺陷、提升种子价值，具有省工省药、事半功倍、保护环境的作用，要做到统一技术、统一处理、统一供种、集中连片、全面覆盖，处理面积越大、越彻底，效果越好。在进行种子处理时，最好选用药肥复合型种衣剂，以发挥“一药多效”的作用。四是加强病虫监测，科学使用农药。在病虫发生动态系统监测的基础上，选用高效低毒低残留的特效或选择性农药新品种、新剂型，采用最低有效剂量，因地因病虫制宜地确定施药防治的关键时期，实行达标防治，提倡杀虫剂、杀菌剂和叶面肥混用，发挥“一药多效”的作用。五是保护利用自然天敌。通过加强田间管理、改进耕作栽培制度和施用选择性特效农药，保护利用自然天敌，积极创造有利于天敌栖居繁殖而不利于病虫发生为害的农田生态条件，充分发挥自然天敌对病虫害的控制作用。在保护小麦生产的同时，还需顾及麦田害虫天敌对其他作物害虫的控制作用，以获取更大的效益。六是加强对综合防治示范工作的组织领导、行动决策、技术指导与技术培训工作。设立样板田，举办农民田间学校和技术培训班，编印口袋书和明白纸，培训科技骨干与农民技术员，扩大病虫害综合防治技术的应用规模和效益。

（一）黄淮海麦区小麦病虫害综合防治技术体系

黄淮海麦区主要包括河南、山东、河北大部以及苏北、皖北地区，是我国冬小麦的主产区。黄淮海麦区以麦蚜、吸浆虫、纹枯病、白粉病为主攻对象，兼顾条锈病、赤霉病、麦蜘蛛、黏虫和地下害虫。

1. 播前阶段 此阶段的重点是制定病虫害综合防治方案和储备相关技术与物资。一是要按照病虫害综合防治方案，做好作物种植计划、小麦品种布局规划和良种调运；二是要根据本区域常年发生的主要病虫种类，贮备足量的农药和器械，注意选用高效低毒低残留的特效或选择性农药品种和剂型，经常检修和妥善保管药械；三是开展技术培训，掌握主要病虫的诊断识别技术、监测与防控技术、药械使用的操作规程以及病虫发生为害规律、综合防治理论等基本知识。

2. 播种阶段 播种阶段的重点是做好健身栽培、作物品种布局和种子处理工作。①推行秸秆还田、精耕细作、增施钾肥、合理排灌等技术措施。秸秆还田、深耕精耕可减少杂草、鼠害、地下害虫等为害机会。施肥原则上应以基肥为主，施足底肥，多施腐熟的有机肥，合理施用化肥，注意氮、磷、钾肥的合理比例，防止过多地施用氮肥，促使麦苗生长茁壮，增强对病虫为害的抵抗力；增施钾肥可显著减轻小麦纹枯病的发生程度（防效为39.2%～42.9%）。清除田边地头秸秆、杂草和自生麦苗，可减少麦蚜、麦蜘蛛、白粉病、赤霉病等病虫的越夏、越冬菌（虫）源数量。在低洼易涝地区搞好田间排灌，减轻白粉病、纹枯病等喜湿性病虫的发生与为害；在干旱年份可根据土壤水分变化适时适量灌水，减轻麦蜘蛛、麦蚜和病毒病等病虫发生为害，切忌大水漫灌。根据土壤的肥力水平、小麦品种特性和病虫发生为害规律，确定合理的播种量和适宜的播种期。植株过密容易引起倒伏，不但直接影响产量，而且还会加重白粉病、纹枯病等病害的发生与为害。播种过早会加重麦蚜、丛矮病、全蚀病、纹枯病等病虫的发生与为害，适期晚播、避免早播，可以减轻麦蚜、锈病、病毒病等多种病虫为害。应根据具体情况灵活掌握。②合理轮作倒茬和间作套种。小麦与大蒜、油菜、豆科作物间作（8∶2）对保护利用天敌和控制蚜虫有较好的效果；小麦和水稻、芝麻轮作，可控制地下害虫对小麦的为害；小麦与蔬菜轮作可减轻全蚀病发生。在麦套玉米地区应适当选用生产期较短的优良品种，在棉—麦套种地区播种前应拔去棉柴后再行耕翻耙地和播种，可适当控制小麦丛矮病的发生与为害。各地可因地制宜地推行这些技术措施。③种子处理。种子处理是结合播种防病治虫的好办法，对锈病、白粉病、纹枯病、麦蚜、麦蜘蛛、地下害虫等，可分别选用三唑酮、戊唑醇、苯醚甲环唑、咯菌腈、吡虫啉、啶虫脒、毒死蜱、辛硫磷等进行药剂拌种或包衣。如选用48%毒死蜱悬浮种衣剂按种子重量的0.16%剂量或35%吡虫啉悬浮种衣剂按种子重量的0.3%剂量包衣麦种，对蝼蛄、蛴螬、金针虫等地下害虫有很好的防治效果，同时可兼治麦蚜、麦蜘蛛、黄矮病和丛矮病等。在小麦秋苗期条锈病、白粉病常发区或黑穗病发生较重地区，可用种子重量0.03%三唑酮（有效成分）拌种，可减轻或防止其为害。采用药肥复合型种衣剂对麦种进行包衣，可兼治多种病虫害，促进增产，具有“一药多效”的作用。

3. 秋苗阶段 秋苗阶段的重点是做好病虫越冬基数的普查和发生趋势的预测预报工作。对麦蚜、麦蜘蛛、吸浆虫、纹枯病、白粉病等主要病虫害开展重点普查和系统监测，掌握越冬病（虫）源基数，为翌年发生趋势预测提供基础数据。在小麦与棉花、玉米等大秋作物间套种的麦田，要特别注意丛矮病、黄矮病等病毒病的治虫防病工作，清除田间、地界、田埂、渠道、路边等环境的杂草，以减少灰飞虱、蚜虫等传毒昆虫的虫源，同时对土蝗、蟋蟀等害虫也有一定的控制作用，重病麦田可在传毒昆虫初发阶段用有机磷杀虫剂沿地边喷撒7～10m的保护带。对土蝗发生严重的地区，最好于6月中旬至7月上旬彻底防治一次，既可防止其对大秋作物的为害，又可减轻秋季为害程度，行之有效。科学灌水、锄地、苗期镇压、适时适量追肥，有利于小麦的生长发育，也能起到适当控制病虫为害的作用和强化小麦受害后自我补偿功能。

4. 返青拔节阶段 返青拔节阶段的重点是做好病虫害的系统监测和早期防治。①系统监测条锈病、白粉病、纹枯病、麦蜘蛛、吸浆虫、黏虫、地下害虫、灰飞虱等病虫发生数量与发育进度，结合对气象条件、品种布局和其他生态因子的综合分析，及时发布各种病虫害发生趋势与防治适期的预报，作为综合防治决策的依据。②重点开展流行性、暴发性病虫害如小麦条锈病、吸浆虫等的早期预防。小麦返青拔节后，当条锈病明显见病（病叶率0.5%～1%）时，可选用三唑酮、烯唑醇、戊唑醇、丙环唑、氟环唑、腈菌唑等高效杀菌剂及时喷药防治，采取“发现一点，控制一片”的预防措施，及时封锁发病中心，防止病害扩展蔓延，同时兼治白粉病和纹枯病。淘土普查吸浆虫休眠体密度，平均每小方土样（长×宽×高为15cm×15cm×18cm）有虫蛹5头以上时，可选用毒死蜱制成毒土，顺麦垄均匀撒施，撒毒土后浇水效果更好。麦蜘蛛平均33cm行长有螨量200头或每株有螨6头时，可选用阿维菌素、哒螨灵、虫螨克等杀虫剂喷雾防治。小麦纹枯病病株率达10%时，选用三唑酮、烯唑醇、氟环唑等杀菌剂加水喷施麦苗茎基部，每隔7～10d喷药1次，连喷3次，可兼治白粉病和条锈病。对于未经种子处理的麦田，返青后地下害虫为害死苗率达10%时，可结合锄地用50%辛硫磷乳油加细土（1∶200）配成毒土先撒施后锄地，有较好的防治效果。根据蛴螬的成虫金龟子对蓖麻、苘麻、小叶女贞、小叶黄杨、榆树和光具有强烈趋性的特点，采用灯光诱杀和种植诱集植物进行集中灭杀。

5. 孕穗至灌浆阶段 本阶段综合防治的重点是做好主要病虫害的“一喷三防”和自然天敌的保护利用。要根据各种病虫害的防治指标和天敌种群动态，做好防治措施的协调应用，实行达标防治。穗期蚜虫、吸浆虫、赤霉病、白粉病、叶枯病、干热风等是本阶段防控工作的重点，当多病虫混合发生时，要大力推行“一喷三防”技术，即选用杀菌剂、杀虫剂、植物生长调节剂或叶面肥等合理混用，如三唑酮、抗蚜威与磷酸二氢钾等各计各量，混合喷洒，既可防病治虫，又可抵御干热风等自然灾害和促进小麦增产，达到节本增效和保产增产的目的。当田间百株蚜量达到500头以上，天敌与麦蚜比1∶150以上时，可用选择性杀虫剂如啶虫脒、吡虫啉、吡蚜酮、抗蚜威、氧化乐果等药剂喷雾防治。在麦蚜发生初期，每公顷均匀插挂225～450块黄板，对麦蚜具有一定的控制作用。在小麦抽穗期，吸浆虫每10网复次有10～25头成虫，或者用两手扒开麦垄，一眼能看到2～3头成虫时，立即选用菊酯类农药如2.5%溴氰菊酯乳油喷雾防治，并可兼治麦蚜、黏虫等害虫，也可用敌敌畏拌适量麦麸或细土在傍晚撒入田间，熏蒸防治。小麦返青至抽穗期，麦蜘蛛平均33cm行长有螨量200头或每株有螨6头时，可选用阿维菌素、哒螨灵、虫螨克等喷雾防治。小麦孕穗至抽穗阶段，当白粉病病叶率10%或病情指数1时，或条锈病病叶率5%～10%时，可选用三唑酮、烯唑醇、戊唑醇、丙环唑、氟环唑、腈菌唑等高效杀菌剂及时喷药防治，若病情重，持续时间长，间隔15d后可再施用1～2次，小麦扬花期白粉病病茎率在30%以下的麦田可不进行防治。小麦抽穗至扬花期，若遇阴雨、露水和大雾天气且持续3d以上或10d内有5d以上阴雨天气时，要全面开展赤霉病的防控工作，可选用氰烯菌酯、戊唑醇、咪鲜胺、多菌灵、硫菌灵等杀菌剂喷雾预防，施药后3～6h遇雨，则应在雨后及时补喷。在此阶段中要特别注意保护利用自然天敌，注意掌握化学防治指标和天敌利用指标，大力推广应用选择性农药和对天敌杀伤力较小的农药品种与剂型，如灭幼脲、抗蚜威等，对天敌毒性较大的药剂，可采用治虫最低有效剂量，并改进施药方法，以减少杀伤天敌的可能性。如防治麦蚜可用40%乐果乳油6 000～8 000倍液；也可根据天敌发生消长规律，适当调整施药时期，尽量避免在天敌发生发展的关键时期用药。此外改进施药技术，采用低容量或超低容量喷雾法以及局部和隐蔽性施药，也能适当减轻对天敌的不利影响。

6. 乳熟至成熟阶段 本阶段重点是在广泛调查研究的基础上，做好小麦品种评价，选种去杂和留种等工作，并进行防治效益评估。①普查小麦生产品种主要涉及潜在性病虫发生为害情况，测定综合防治效果和增产情况。②调查品种综合表现，进行估产，做好效益评估准备工作。③调查天敌种群数量动态。④选好留种地块，严格去杂去劣，单打单收，妥善储存备用，有条件的地区可进行田间穗选，以提高种质，防止种性退化。⑤麦收后计测产量，统计有效穗、穗粒数、千粒重、单产和总产量。

（二）西北麦区小麦病虫害综合防治技术体系

西北麦区主要包括陕西、甘肃、青海、宁夏和新疆等省（自治区）小麦种植区域。小麦病虫害综合防治技术体系构建以防控条锈病为主，兼顾赤霉病、黄矮病、白粉病、黑穗病、全蚀病、雪霉叶枯病、麦蚜、吸浆虫、麦蜘蛛、麦种蝇和地下害虫。

1. 播前阶段 参照黄淮海麦区病虫害综合防治技术体系，做好作物和小麦品种布局规划、药械储备和技术培训工作。复种夏玉米收获后及时捡拾田间玉米残秆或就地粉碎还田。

2. 播种阶段 西北麦区特别是陇南、陇东、陇中、宁南、海东等地区是全国小麦条锈病的越夏易变区和秋季菌源基地。播种阶段是该区预防病虫害的关键时期，其重点是针对小麦条锈病的防控，大力推行“两种（zhǒng）两种（zhòng）”技术体系。“两种（zhǒng）”是指抗锈良种和药剂拌种，即在小麦条锈病菌源基地山上（越夏区）、山下（越冬区）有意识地种植具有不同抗条锈病基因的中梁系、天选系、兰天系、中植系小麦良种，构筑条锈病侵染循环的双重遗传屏障，抑制病菌变异，对于苗期感病、成株期抗病的小麦品种如中梁26、兰天17、兰天21等，小麦秋播时按种子重量的0.03%三唑酮（有效成分）进行药剂拌种，压低菌源数量。“两种（zhòng）”指退麦改种和适期晚种，即在小麦条锈病核心菌源区（海拔1 500～1 800m地区）扩种地膜玉米、地膜马铃薯、油葵、喜凉蔬菜、优质牧草、药用植物等高经济效益作物，压缩小麦种植面积，并在小麦播种适期范围内尽量晚播、避免早播。实践证明，该配套技术措施可有效控制小麦条锈病菌源基地的秋季菌源数量，具有明显的“控点保面、控西保东”的作用。适期晚播除可以显著减轻秋苗条锈病发病程度、推迟发病时间外，还可以压低条锈病乳熟期病情指数，显著减轻小麦苗期蚜虫、黄矮病等多种病虫为害。此外，伏秋深耕、清除自生麦苗，是减少条锈菌、白粉菌、蚜虫及毒源越夏寄主的一项重要措施。轮作倒茬可显著减轻因多年连作而造成的小麦全蚀病、根腐病加重为害。用种子重量的0.03%三唑酮（有效成分）与甲基异柳磷拌种（0.2%）或辛硫磷（0.2%）等杀虫剂混合湿拌，对麦蚜、麦蜘蛛、地下害虫、条锈病、白粉病、黑穗病、全蚀病等有较好的防治效果，可起到“一药多治”的功效。新疆麦区常年雪霉雪腐病、腥黑穗病发生严重，播种时可采用苯醚甲环唑和咯菌腈混合拌种（或包衣），具有很好的防病保产效果。

3. 秋苗阶段 以秋苗条锈病为重点，兼顾白粉病、黄矮病、麦蚜、麦蜘蛛、麦种蝇等，开展病虫越冬基数的普查和系统监测，掌握越冬菌（虫）源基数，为翌年发生趋势预测预报提供基础数据。对常年丛矮病、黄矮病等病毒病发生严重的地区，注意治虫防病工作，减少灰飞虱、蚜虫等传毒昆虫的虫源。当麦二叉蚜有蚜株率20%，百株蚜量达50头以上且早播麦田面积大、天气温暖时，及时喷药防治。药剂种类、用量与春季防蚜相同。清除麦田杂草和自生麦苗，减少传毒昆虫的夏寄主和毒源植物。锄地除草、适量追肥，有利于小麦的生长发育，发挥小麦受害后自我补偿作用。地下害虫2头/m^2，或缺苗率达5%以上时，可用40%甲基异柳磷200mL拌细沙40kg配制毒沙，结合灌水施入土中防治。

4. 返青拔节阶段 系统监测条锈病、白粉病、麦蚜、麦蜘蛛、叶蝉等病虫发生数量与发育进度，及时掌握病虫发生动态，结合气象条件、品种布局等进行病虫发生趋势与防治适期的预测预报，准确提供病虫情报，达到防治指标后及时开展防治。各类病虫的防治指标分别为：小麦条锈病普遍率5%～10%、白粉病病茎率20%、条沙叶蝉30单网10头、传毒麦蚜株率10%（或百株蚜量20～30头）、麦蜘蛛百株螨量600头。药剂种类参照黄淮海麦区各类病虫害的防治用药。

5. 孕穗至灌浆阶段 在系统监测病虫发生动态的基础上，做好防治措施的协调应用，非达到防治指标者不进行防治。当高感、中感和慢锈品种在扬花灌浆期条锈病病情指数分别达到0.17、46和1.44时，及时采用三唑类杀菌剂进行喷雾防治。麦蚜株率50%以上（百株蚜量500头以上，天敌和蚜虫益害比小于1∶150）、吸浆虫225万头/hm^2、红蜘蛛百株螨量600头、白粉病病茎率20%时进行喷药防治。当多种病虫混合发生时，提倡杀菌剂如15%三唑酮可湿性粉剂每公顷750g与杀虫剂如50%抗蚜威可湿性粉剂每公顷150g混合喷雾，在小麦抽穗至扬花期连喷2次，对条锈病、白粉病、蚜虫、麦蜘蛛等多种病虫害防效优异。关中平原麦区要特别注意对赤霉病和吸浆虫的监测与防控。防治小麦赤霉病应在齐穗期至花后

5d，用80%多菌灵可湿性粉剂（750g/hm^2）或70%甲基硫菌灵可湿性粉剂（750～1 125g/hm^2）低量喷雾（对水150L/hm^2），可兼治多种叶枯病；与80%敌敌畏乳油（750mL/hm^2）+5%高效氯氰菊酯乳油（750mL/hm^2）+磷酸二氢钾（1 500g/hm^2）混合喷雾，兼治吸浆虫成虫；或与50%辛硫磷乳油（1 500g/hm^2）混用兼治穗蚜。

6. 乳熟至成熟阶段 本阶段重点是做好小麦品种抗性评价、防治效果评估和产量测定工作。具体措施参照黄淮海麦区进行。麦收后及时浅耕暴晒，杀灭吸浆虫幼虫。

（三）西南麦区小麦病虫害综合防治技术体系

西南麦区主要包括四川、云南、贵州、重庆等省（直辖市），是小麦条锈病菌的冬季繁殖区和春季菌源基地。以小麦条锈病防治为核心，兼顾赤霉病、白粉病、麦蚜和麦蜘蛛等病虫害，构建综合防治技术体系。秋播时重点采取两项技术措施：一是选用抗病品种，如绵杂麦168、绵麦37、绵麦39、绵麦41、绵麦43、绵麦45、川麦42、川农18、西科麦2号、鄂麦18、云麦2号、黔麦15、周麦17、皖麦53等；二是药剂拌种，秋播时采用15%或25%三唑酮可湿性粉剂、2%戊唑醇悬浮种衣剂、3%苯醚甲环唑悬浮种衣剂等高效内吸性杀菌剂进行全面药剂拌种，兼治白粉病。秋冬季系统监测条锈病发生发展动态，采取“带药侦察、打点保面”措施，防止病害扩展蔓延，达到“压前控后、控南保北”的目的。春夏季加强赤霉病、白粉病、麦蚜和麦蜘蛛等病虫害的普查、系统观察和预测预报工作，按照全国农作物病虫测报办法或自行制定的系统监测办法，及时准确地发布病虫发生预报，达到防治指标后及时开展统防统治。各种病虫防治指标和药剂种类参考黄淮海麦区。大力提倡小麦与蚕豆、豌豆等其他豆科作物按1∶1比例间作套种，有显著的防病增产效果。

（四）东北麦区小麦病虫害综合防治技术体系

东北麦区包括黑龙江、吉林、辽宁三省，以春麦为主。东北麦区病虫害综合技术体系以根腐病、赤霉病为主，兼顾叶枯病、白粉病、秆锈病、叶锈病、黏虫、麦蚜、金针虫。播种前重点抓好合理轮作倒茬、施肥、深耕土地和精选良种工作。小麦与豆类、马铃薯、油菜、胡麻及蔬菜等非禾本科作物轮作倒茬，及时深翻灭茬可减少苗腐病和赤霉病菌源、压低地下害虫的越冬虫口密度以及良化土壤生物群落。

播种时选用高产优质抗病品种。最好开沟撒肥、覆土镇压，促进抗旱早熟。春季采取顶凌抢时早播，不种“4月麦”。西部干旱地区播种后及时镇压保墒，东部低洼地区要避免过湿播种。大力推行种子处理，如选用25%三唑酮可湿性粉剂按种子量0.2%拌种、2.5%咯菌腈悬浮种衣剂按药种比1∶500包衣、24%福美双·三唑醇悬浮种衣剂按药种比1∶50包衣，晾干后播种，对根腐病防效较好，兼治白粉病、叶锈病、黑穗病等多种病害。提倡杀菌剂和杀虫剂混合拌种防病治虫，如选用7.2%拌种双悬浮种衣剂和50%辛硫磷乳油混合拌种防治黑穗病和地下害虫。

出苗至拔节期加强黏虫和蚜虫的监测预警，当麦二叉蚜百株蚜量500头且天敌与蚜虫之比小于1∶150时，立即采用50%抗蚜威可湿性粉剂等选择性杀虫剂进行化学防治。在黄矮病发生较重的地区或田块，应于传毒蚜虫迁飞到麦田高峰期及时施药防治。此阶段要注意麦田除草，如以野燕麦为主的麦田，可在野燕麦1叶1心期株高3～4.5cm时按3 000～5 250mL/hm^{2}剂量喷施15%燕麦灵乳油，小麦5叶后不宜使用。

抽穗至灌浆期，加强白粉病、赤霉病、叶枯病、麦长管蚜和黏虫三龄幼虫的监测与防控工作，采取达标防治。当小麦旗叶下第二叶始见白粉病、麦蚜百株蚜量500头、黏虫三龄幼虫25～30头/m^{2}时，分别选用三唑酮、抗蚜威、毒死蜱或灭幼脲等喷雾防治。小麦抽穗期旬相对湿度80%以上、降水量超过20mm或雨日5d以上时，进行赤霉病的药剂防治。根据小麦扬花期长势和脱肥情况，选用尿素、磷酸二氢钾或稀土微肥等进行1次根外追肥。当麦蚜、黏虫、赤霉病、根腐叶枯病和叶枯病等多种病虫混合发生时，采取杀虫剂、杀菌剂和叶面肥混合喷雾，药量不减，可节省作业费用。可选药剂品种有15%三唑酮可湿性粉剂、25%丙环唑乳油、50%多菌灵可湿性粉剂、70%甲基硫菌灵可湿性粉剂、50%福美双可湿性粉剂、50%抗蚜威可湿性粉剂、25%灭幼脲可湿性粉剂和磷酸二氢钾等。

乳熟至成熟阶段，若麦收期间多雨，要及时抢收，收回的小麦及时晾晒，防止霉烂。麦收后小麦秸秆全部还田，及时翻耕，促进麦秸在入冬前腐烂。

（五）长江中下游麦区小麦病虫害综合防治技术体系

长江中下游麦区主要包括湖北、湖南、江西、浙江、上海以及江苏、安徽两省的淮南小麦种植区。该区小麦病虫防治以赤霉病、纹枯病为主，兼顾麦蚜、黏虫、麦蜘蛛、条锈病、白粉病。在小麦生长发育过程中分3个阶段开展病虫害综合防治工作。一是在播种前后，推广种植抗性优良品种，采取种子处理措施，压低或减少病虫为害来源和基数。二是在幼苗至抽穗前，利用病虫害自然控制因素和天敌，充分发挥小麦本身的抗逆能力，在病虫害达到防治指标时，对症用药防治。三是在穗期以防治赤霉病为中心，兼顾其他病虫，达到防治指标时用药防治。

鄂西北是小麦条锈病菌冬季繁殖区和春季菌源基地，播种时选用三唑酮、戊唑醇、苯醚甲环唑、咯菌腈、烯唑醇、纹霉净等高效内吸杀菌剂进行全面药剂拌种，防止病害北移，发挥“压前控后、控南保北”的功效，同时兼治白粉病、黑穗病、纹枯病、全蚀病和根腐病等病害。苗期蚜虫和地下害虫发生严重的地区，采取杀菌剂与吡虫啉、啶虫脒、辛硫磷等杀虫剂混合拌种或包衣，如利用30%戊唑醇悬浮种衣剂按种子重量的0.015%剂量与35%吡虫啉悬浮种衣剂按种子重量的0.3%剂量混合包衣，可兼治小麦纹枯病、黑穗病、苗期蚜虫和地下害虫等多种病虫害。利用机械处理等方式粉碎前茬作物残体，翻埋土下，使土表无秸秆残留。根据土壤含钾情况，基肥使用含钾复合肥，如每公顷使用氯化钾120～180kg，以提高小麦的抗病性。长江中下游其他麦区可参考实施。

小麦返青至拔节阶段要做好开沟排水，降低田间湿度，创造不利于赤霉病发生的环境条件。纹枯病病株率达10%时，选用25%三唑酮可湿性粉剂、20%三唑酮乳油、5%井冈霉素可湿性粉剂以及烯唑醇、氟环唑等杀菌剂对水喷雾，每隔7～10d喷药1次，连喷3次，可兼治白粉病和条锈病。

赤霉病是长江中下游麦区的常发性病害，扬花灌浆期是麦穗最易感病的阶段，一般在小麦齐穗至扬花初期用药防治效果最好。当小麦开花株率达10%以上，气温高于15℃，若天气预报连续3d有雨，或10d内有5d以上阴雨天气，或有大雾、重雾时，即有严重流行的可能，应及时用药预防1～2次，用药间隔7d。有效药剂品种有：25%多菌灵超微粉剂、25%氰烯菌酯悬浮剂、30%戊·福可湿性粉剂、40%多·酮可湿性粉剂等。

江淮流域麦田黏虫三龄幼虫盛期平均有虫25～30头/m^2时，可用灭幼脲Ⅰ号每公顷施纯药15～30g或灭幼脲Ⅲ号每公顷施纯药75～150g，对水喷洒防治，或用氯氰菊酯22.5～30kg/hm^2，防治黏虫速效高效。

（六）技术推广与效益评价

上述不同麦区病虫害综合防治技术体系在生产上大规模推广应用，取得了显著的经济、社会和生态效益。采取的主要推广应用措施：①建立试验示范基地，展示综合防治技术的控害增产效果；②举办多种形式的病虫防控现场会和技术培训班，提高农户认知水平和接受程度；③采取政府主导、行政推动、细化方案和属地责任的运行机制，扩大成果应用规模；④在病虫害发生防治关键时期，组织专家深入田间地头指导农民科学防控；⑤利用网络、广播、电视、报刊、挂图、明白纸、手机短信等多种媒体和途径进行技术宣传，提高技术普及率。小麦病虫害综合防治技术实施效果：示范区小麦产量逐年上升，投入与产出比一般都大于1∶5～10，麦田生态环境明显改善，化学防治面积大大缩小，农药使用量一般减少30%～50%，自然天敌种群数量显著上升，示范区和技术辐射区内未发生过生产性农药中毒事故，基层农技人员和农民技术员的防病治虫意识和能力明显增强。例如，2009—2011年小麦条锈病菌源基地综合治理技术体系，在甘肃、四川、陕西、青海、宁夏、湖北、河南、重庆等8省（自治区、直辖市）累计推广应用面积1 538万hm^2，平均防病效果90%以上，显著降低了全国小麦条锈病发生面积和为害损失，增收节支总额93.32亿元；印发《小麦锈病发生与防治彩色图说》、《小麦病虫防治技术彩色挂图》、《小麦条锈病综合治理挂图》等58 000份（册），印发技术资料和明白纸182 000多份；举办小麦条锈病抗病品种推介、秋播药剂拌种、冬季预防和春夏季应急防控等现场会143次，举办各种防控技术培训班138次，培训技术人员和农民116 200人次。

陈万权（中国农业科学院植物保护研究所）

主要参考文献

安德荣，魏宁生，张秦风，等.1991.小麦蓝矮病病原物——类菌原体的初报［J］.植物病理学报（4）：263-266.

安德荣，武科，魏宁生，等.1993.陕西关中小麦梭条斑花叶病日趋严重［J］.植物保护（2）：51.

安凤秋，吴云锋，顾沛雯，等.2006.小麦蓝矮病植原体延伸因子（EF-TU）tuf基因序列的同源性分析［J］.中国农业科学（1）：74-80.

白莉，尹青云，李锐，等.2005.麦长管蚜种群时空动态的初步研究［J］.麦类作物学报（1）：90-93.

白玉路，章振羽，徐世昌，等．2010. 小麦锈病抗性基因推导研究进展［J］. 植物保护，36（4）：36－40.
蔡文启，彭学贤，莽克强．1983. 山东崂山地区小麦花叶病的病原鉴定——我国的土传小麦花叶病毒（SBWMV）［J］. 植物病理学报，13（4）：6－11.
蔡有花，贾长盛．1995. 麦穗夜蛾的生物学特性［J］. 植保技术与推广（6）：34－35.
蔡振声，史先鹏，徐培河．1994. 青海经济昆虫志［M］. 西宁：青海人民出版社．
曹春梅，白全江，孔庆全，等．2002. 6%福立种衣剂防治麦类黑穗病田间药效试验［J］. 内蒙古农业科技（1）：16－17.
曹春梅，张建平，徐利敏，等．2001. 内蒙古巴盟小麦根病种类、数量及分布［J］. 华北农学报，16（2）：123 － 126.
曹桂香，韩文革，于裴枝．2001. 黑龙江省小麦根腐病病原及生态分布［J］. 现代化农业（4）：9－10.
曹骥．1996. IPM与农业可持续发展［M］//邱式邦．中国植物保护进展．北京：中国农业科学技术出版社：69－71.
曹世勤，金社林，贾秋珍，等．2006. 小麦慢条锈品种成株期抗性组分分析［J］. 植物保护，32（4）：39－42.
曹世勤，金社林，金明安，等．2003. 1994—2002年小麦品种（系）抗条锈性鉴定与监测［J］. 植物遗传资源学报，4（2）：119－122.
曹世勤，金社林，金明安，等．2006. 抗病丰产冬小麦新品种——陇鉴9343［J］. 麦类作物学报，26（4）：173.
曹世勤，金社林，段霞瑜，等．2011. 甘肃中部麦区小麦条锈病菌越夏调查及品种抗性变异监测结果［J］. 植物保护，37（3）：133－138.
曹雅忠，郭予元，胡毅，等．1989. 麦长管蚜自然种群生命表初步研究［J］. 植物保护学报，16（4）：239－243.
曹雅忠，李世功．1990. 麦蚜及其综合治理［M］//李光博，曾士迈，李振岐．小麦病虫草鼠害综合治理．北京：中国农业科学技术出版社：316－339.
曹雅忠，倪汉祥．1992. 禾缢管蚜危害小麦穗部损失估计初步研究［J］. 植物保护，18（2）：17－18.
曹远银，陈万权．2010. 小麦秆锈菌生理小种鉴别寄主及命名方法的演变［J］. 麦类作物学报，30（1）：167－172.
曹远银，韩建东，朱桂清，等．2007. 小麦秆锈菌新小种Ug99及其对我国的影响分析［J］. 植物保护，33（6）：86－89.
曹远银，姚平，朱桂清，等．1996. 中国小麦品种抗秆锈病基因推导［J］. 中国农业科学，29（6）：89－91.
曹远银，姚平，黄振涛，等．1996. 小麦秆锈菌不同小种间竞争能力的研究［J］. 植物保护学报，23（1）：45－50.
曹远银，姚平，吴有三．1994. 中国41小麦生产品种抗秆锈基因推导及抗性稳定性分析［J］. 沈阳农业大学学报，25（4）：392－397.
曹远银，姚平．2001. 我国小麦秆锈菌越冬初菌源地的发现及验证［J］. 植物保护学报，28（4）：294－298.
曹远银．1994. 中国小麦秆锈菌主要流行，传播规律及基因控制系统工程［D］. 沈阳：沈阳农业大学．
柴武高，牛乐华．2011. 河西走廊麦穗夜蛾发生规律及综合防治措施［J］. 中国农技推广（10）：43－44.
常伟良，张新伟，等．2007. 小麦秆黑粉病危害回升原因及防治新技术［J］. 河南农业（10）：10.
陈阿兰，陈海龙．2009. 灰翅麦茎蜂蛹的发育起点温度和有效积温研究［J］. 甘肃农业大学学报，44（2）：94－96.
陈阿兰．2001. 灰翅麦茎蜂越冬幼虫抗寒性研究［J］. 青海师范大学学报（3）：77－79.
陈阿兰，陈海龙．2011. 灰翅麦茎蜂蛹的发育分级研究［J］. 应用昆虫学报，48（5）：1509－1512.
陈爱大，冷苏凤，杨红福，等．2009. 不同地区小麦梭条花叶病病毒致病力的差异［J］. 麦类作物学报，29（1）：156－159.
陈恩甫．2007. 大麦种传病害发生特点及防治措施［J］. 大麦与谷类科学（4）：61－62.
陈贵省，梁建辉，田丰蕊，等．2007. 警惕黑麦秆蝇在夏玉米上的为害［J］. 中国植保导刊，27（20）：42.
陈厚德，王学明，于平，等．1997. 江苏小麦全蚀病菌生物学特性的初步研究［J］. 江苏农学院学报，18（1）：65－68.
陈华爽，雷朝亮，武予清，等．2012. 不同地区麦红吸浆虫圆茧过冷却点的测定［J］. 华中农业大学学报，31（2）：212－215.
陈华爽，武予清，苗进，等．2011. 黑光灯诱集麦红吸浆虫数量和性比的变化［J］. 应用昆虫学报，48（6）：1770－1774.
陈家龙．2005. 大麦坚黑穗病和小麦腥黑穗病防效试验研究［J］. 云南农业（5）：21.
陈剑平，阮义理，洪健．1990b. 感染大麦黄花叶病毒（BaYMV）大麦细胞中细胞质内含体及细胞器变化［J］. 中国病毒学（5）：207－213.
陈剑平，阮义理．1990a. 中国真菌传植物病毒研究进展［J］. 世界农业（2）：35－36.
陈剑平，Adam M J. 1992. 禾谷多黏菌游动孢子超微结构观察［J］. 菌物学报，11（3）：215－220.
陈剑平，Adam M J. 1993. 禾谷多黏菌原质团和游动孢子囊的超微结构［J］. 浙江农业学报，5（2）：93－98.
陈剑平，陈炯，郑滔，等．2004. 禾谷多黏菌传麦类病毒研究进展［J］. 植物保护，30（2）：13－18.
陈剑平，阮义理，Adams M J. 1992. 禾谷多黏菌体内的大麦和性花叶病毒及其相关的风轮体［J］. 中国农业科学，25（1）：89－90.
陈剑平．1992. 大麦黄花叶病毒及其真菌介体禾谷多粘菌研究进展［J］. 中国病毒学（7）：1－10.
陈剑平．1993a. 土传小麦花叶病毒在感染小麦细胞中的分布及小麦梭条斑花叶病毒RNA组分［J］. 中国病毒学8（2）：

181-184.
陈剑平.1993b. 禾谷多黏菌对小麦梭条斑花叶病毒的传播及其土壤侵染潜力的测定［J］. 中国病毒学，8（4）：379-384.
陈剑平.2002. 大麦黄花叶病：病毒，真菌传播及其抗病育种［M］//石元春，张湘琴．二十世纪中国学术大典·农业科学．福州：福建教育出版社：269-271.
陈剑平.2005. 真菌传播的植物病毒病［M］．北京：科学出版社．
陈剑平.2005. 中国禾谷多黏菌传麦类病毒研究现状与进展［J］. 自然科学研究进展，15（5）：524-533.
陈剑平.2003. 我国大麦黄花叶病毒株系鉴定、抗源筛选、抗病品种应用及其分子生物学［M］//科学发展蓝皮书2002卷．北京：中国科学技术出版社：511-512.
陈炯，陈剑平.2002. 大麦黄花叶病毒属成员UTR系统进化树分析及编码蛋白跨膜结构推测［J］. 中国病毒学，17（4）：344-349.
陈炯，程晔，陈剑平.2000. 小麦黄花叶病毒和小麦梭条斑花叶病毒的生物学和分子生物学研究［J］. 中国病毒学，15（2）：96-105.
陈巨莲.2008. 小麦蚜虫［M］//全国农业技术推广服务中心．小麦病虫草害发生与监控．北京：中国农业出版社：133-144.
陈巨莲，倪汉祥，孙京瑞. 2002. 主要次生物质对麦蚜的抗性阈值及交互作用［J］. 植物保护学报，19（1）：7-12.
陈巨莲，程登发，倪汉祥，等.2004. 利用显微摄影技术研究禾谷缢管蚜在越冬寄主植物上的行为［J］. 植物保护，31（1）：25-27.
陈巨莲，郭予元，倪汉祥，等.1994. 麦无网长管蚜田间种群动态研究［J］. 植物保护学报，21（1）：9-14.
陈巨莲，郭予元，倪汉祥.1992. 温度对麦无网长管蚜生长发育及生命参数的影响研究［J］. 青年生态学者论丛（2）：319-324.
陈巨莲，倪汉祥.1998. 小麦吸浆虫的研究进展［J］. 昆虫知识，35（4）：240-243.
陈巨莲.2008. 麦类虫害［M］//成卓敏．新编植物医生手册．北京：化学工业出版社：44-51.
陈巨莲.2011. 麦蚜［M］//陈万权．图说小麦病虫草鼠害防治关键技术．北京：中国农业出版社：40-46.
陈品三，王明祖，彭德良.1992. 我国禾谷胞囊线虫（*Heterodera avenae* Wollenweber）鉴定研究［J］. 植物病理学报，22（4）：339-343.
陈萍，向妮，肖炎农，等.2014. 湖北襄阳禾谷胞囊线虫（*Heterodera avenae*）生活世代及发生动态研究［J］. 江西农业学报，26（1）：114-117.
陈善铭，汪可宁，李振岐，等.1989. 中国小麦条锈病流行体系［M］//国家自然科学奖励委员会办公室.1987年国家自然科学奖获奖项目简介．北京：冶金工业出版社．
陈善铭，周嘉平，李瑞碧，等.1957. 华北冬小麦条锈病流行规律研究［J］. 植物病理学报，3（1）：63-85.
陈善铭，齐兆生，等.1995. 中国农作物病虫害［M］.2版．北京：中国农业出版社．
陈万权，胡长程，张淑香.1993. 中国小麦叶锈菌群体的毒性基因分析［J］. 中国农业科学，26（2）：17-23.
陈万权，谢水仙，陈杨林.1993. 播期控制小麦条锈病、黄矮病研究［M］//李光博，郭予元，等．全国主要粮棉作物病虫草鼠害综合防治关键技术研究．北京：中国科学技术出版社．
陈万权，周益林.2005. 小麦矮腥黑穗病［M］//万方浩，郑小波，郭建英．重要农林外来入侵物种的生物学与控制．北京：科学出版社：421.
陈万权，胡长程，谢水仙.1994. 我国小麦秆锈菌群体基因的初步研究［J］. 植物保护学报，21（1）：103-107.
陈万权，王剑雄.1997.76个小麦品种资源抗叶锈及秆锈基因初步分析［J］. 作物学报，23（6）：655-662.
陈万权，王奎荣，等.1997. 江苏省重要小麦品种抗叶锈病和秆锈病基因初步分析［J］. 植物保护学报，24（2）：225-234.
陈万权，徐世昌，金社林，等.2011. 小麦条锈病菌源基地生态治理技术研究与应用［J］. 植物保护，37（1）：168-170.
陈万权，徐世昌，吴立人.2007. 中国小麦条锈病流行体系与持续治理研究回顾与展望［J］. 中国农业科学，40（增刊）：177-183.
陈万权.2005. 防治小麦条锈病，从源头抓起［N］．农民日报，3-2（7）．
陈万权.2009a. 警惕小麦条锈病今年全国大流行［N］．农民日报，1-12（7）．
陈万权.2009b. 药剂拌种预防条锈病事半功倍［N］．农民日报，10-28（8）．
陈万权.2009c. 赢得小麦条锈病防控的全面胜利［N］．农民日报，6-2（1）．
陈万权.2011. 小麦锈病发生与防治彩色图说［M］．北京：中国农业出版社．
陈熙.1984. 大麦云纹病初次侵染来源的初步观察［J］. 浙江农业大学学报，10（4）：467-470.
陈巽祯，刘信义.1980. 小麦丛矮病［M］．石家庄：河北人民出版社．
陈巽祯，刘信义.1980. 小麦丛矮病的发生规律及综合防治［J］. 中国农业科学（3）：65-80.

陈延熙，唐文华，张敦华，等．1986. 我国小麦纹枯病病原学的初步研究［J］. 植物保护学报，13（1）：39－44.
陈杨林，王仪，谢水仙，等．1988. 粉锈宁拌种对小麦条锈病长效机制的初步研究［J］. 植物病理学报（1）：47－50.
陈杨林，谢水仙，洪锡午，等．1988. 阿坝州小麦条锈病秋季菌源控制的初步研究［J］. 植物保护学报，15：217－222.
陈占全．2002. 应用杀菌剂防治青稞云纹病研究［J］. 陕西农业科学（11）：11－15.
陈志国，畅喜云，张怀刚，等．2005. 青藏高原及其毗邻地区小麦白秆病发生危害与综合防治［J］. 植物保护，31（1）：68－70.
陈志国．2009. 河西走廊地区啤酒大麦主要病虫害发生及防治［J］. 大麦与谷类科学（4）：45－46.
成卓敏，周广和．1986. 小麦黄矮病毒 GPV 株系的提纯及血清学研究［J］. 病毒学报，2（3）：275－277.
程登发，田喆，李红梅，等．2002. 温度和湿度对麦长管蚜飞行能力的影响［J］. 昆虫学报，45（1）：80－85.
程登发，田喆，孙京瑞，等．1997. 适用于蚜虫等微小昆虫的飞行磨系统［J］. 昆虫学报，40（增刊）：172－179.
程宏祚，李雪琴，武国栋．1985. 黑麦秆蝇对谷子的危害及其防治［J］. 山西农业科学（11）：7－9.
崔广程．1985. 西藏首次发现小麦全蚀病［J］. 植物保护（5）：7.
代君丽，于巧丽，袁虹霞，等．2011. 河南省小麦黑胚病菌的分离鉴定及致病性测定［J］. 植物病理学报（3）：225－231.
戴芳澜．1979. 中国真菌总汇［M］．北京：科学出版社．
刁春友，李希平，陆云梅，等．1999. 江苏省麦类纹枯病历史发生情况回顾和影响因素探讨［J］. 植物技术与推广，19（1）：11－14.
刁春友，缪荣蓉，陆云梅．1998. 江苏省小麦纹枯病发生区域分布原因探析［J］. 江苏农业科学（2）：38－40.
丁红建，郭予元．1992. 小麦吸浆虫的研究动态［J］. 世界农业（2）：23，31.
董杰，王开运，王伟青，等．2011. 小麦颖枯病发生趋势分析与防治技术探讨［J］. 植保技术与推广，21（9）：23－24.
董金皋．2001. 农业植物病理学：北方本［M］．北京：中国农业出版社．
董金皋．2007. 农业植物病理学［M］．2 版．北京：中国农业出版社．
董槿，韩成贵，张凌娣，等．2002. 抗小麦黄花叶病毒转基因小麦的获得及病毒诱导的基因沉默［J］. 科学通报，47（10）：762－767.
董志平，姜京宇，董金皋．2011. 玉米病虫草害防治原色生态图谱［M］．北京：中国农业出版社．
董志平，姜京宇．2007. 小麦病虫草害防治彩色图谱［M］．北京：中国农业出版社．
杜桂林，李克斌，尹姣，等．2007. 影响麦长管蚜体色变化的主导因素［J］. 昆虫知识，44（3）：353－357.
杜桂林，李克斌，尹姣，等．2008. 红体色麦长管蚜发育起点温度和有效积温［J］. 昆虫知识，45（6）：900－904.
杜娟，王建军，曾亚文，等. 2011. 高密度高氮肥对大麦白粉病抗病性及产量性状的影响［J］. 浙江农业学报，23（1）：117－121.
段灿星，王晓鸣，朱振东．2006. 小麦种质对麦长管蚜的抗性鉴定与评价［J］. 植物遗传资源学报，7（3）：297－300.
段西飞，邸垫平，余庆波，等．2010. 小麦丛矮病病原分子生物学鉴定［J］. 植物病理学报，40（4）：337－342.
段西飞，邸垫平，张爱红，等．2013. 中国北方四省小麦丛矮病病原鉴定［J］. 植物病理学报，43（1）：91－94.
段霞瑜，周益林，向齐君，等．1998. 小麦白粉病生理小种鉴定与病菌毒性监测［J］. 植物保护学报，25（1）：31－35.
段云，武予清，吴仁海，等．2010. 小麦吸浆虫几种主要禾本科寄主的生物生态学特征调查［J］. 河南农业科学（2）：61－63.
方春安，刘克俭，瞿伯州．1987. 土传小麦黄花叶病的发生规律和防治措施［J］. 湖北农业科学（10）：22－23.
方正，陈怀谷，陈厚德，等．2006. 江苏省小麦纹枯病病原组成及其致病力研究［J］. 麦类作物学报，26（1）：117－120.
方中达．1998. 植病研究方法［M］．3 版．北京：中国农业出版社．
冯崇川，相建业．1987. 温度对麦二叉蚜生长发育的影响［J］. 昆虫知识，24（3）：140－143.
甘肃农作物病虫害编辑委员会．1984. 甘肃农作物病虫害［M］．兰州：甘肃人民出版社．
高军，王贺军，王朝华．2009. 河北省小麦吸浆虫随联合收割机跨区作业传播的调查分析［J］. 中国植保导刊，27（3）：13－14.
高灵旺．1998. 黄淮海地区麦蚜信息管理与预测预报技术研究［D］．北京：中国农业大学．
高启臣．1985. 容易和病害混淆的玉米虫害——黑麦秆蝇、蓟马［J］. 农业科技通讯（6）：18.
高山松．1998. 粮食作物病虫实用原色图谱［M］．郑州：河南科学技术出版社．
高士仁，吴洵耻，张少柏，等．1994. 山东省小麦全蚀病的发生动态及综合防治技术［J］. 山东农业科学（3）：40－42.
高小宁，刘起丽，黄丽丽，等. 2004. 超高产小麦品种（系）对全蚀病的抗性鉴定［J］. 云南农业大学学报，19（4）：384－386.
高有才，布金仙. 1991. 根土蝽越冬规律的研究［J］. 昆虫知识，28（5）：270－272.
高照良，商鸿生．1999. 小麦全蚀病发病因素研究进展［J］. 麦类作物学报，19（6）：63－65.
郜和臣，李春喜，王爱玲．1999. 灰翅麦茎蜂产卵及幼虫活动规律的研究［J］. 青海农林科技（1）：11－14.

郜战宁，宋巍．2008. 河南省大麦主要病害的发生及防治［J］. 大麦与谷类科学（4）：37－39.
葛东风．2009. 小麦叶枯病发生流行原因及防治技术［J］. 现代农业科技（22）：147－149.
葛起新．1991. 浙江植物病虫志　病害篇（第一集）［M］．上海：上海科学技术出版社：17.
葛钟麟．1966. 中国经济昆虫志：第十册　同翅目　叶蝉科［M］．北京：科学出版社．
龚祖埙，郑巧兮，彭海，等．1985. 中国小麦丛矮病毒与日本北方禾谷花叶病毒相关性的研究［J］. 病毒学报（3）：257－261.
巩中军，武予清，郗振宝，等．2011. 黄板、黄盆及灯光对麦长管蚜和禾谷缢管蚜的诱捕效果［J］. 应用昆虫学报，48（6）：1703－1707.
顾沛雯，安凤秋，吴云锋，等．2005. 小麦蓝矮病植原体 16S rRNA 基因片段的比较分析［J］. 植物病理学报，35（5）：403－411.
顾沛雯，吴云锋，安凤秋．2007. 小麦蓝矮植原体寄主范围的分子鉴定及病原多态性 RFLP 分析［J］. 植物病理学报（4）：390－397.
顾沛雯，吴云锋，王海妮，等．2008. 小麦蓝矮植原体免疫膜蛋白（Imp）基因的克隆和分子特性分析［J］. 中国农业科学（2）：405－411.
顾沛雯，吴云锋，武科科．2007. 介体条沙叶蝉传播小麦蓝矮植原体特性研究［J］. 植物保护（4）：24－28.
顾绍军．1995. 产地检疫对小麦全蚀病的防治作用［J］. 江苏农业科学（4）：42－43.
顾雅贤．1991. 关于小麦黑胚病的调查研究［J］. 粮食储藏，20（5）：43－45.
管允，宋巧凤，吴玉涛，等．1997. 施保克浸种防治大麦散黑穗病［J］. 植物保护（1）：43.
管莉菠，虞方伯，罗锡平，等．2009. 几种沼液复配剂农药对小麦雪霉叶枯病的抑制效果研究［J］. 安徽农业科学，37（16）：7542－7545.
郭良珍，刘绍友．2001. 禾谷缢管蚜发育起点温度和有效积温的研究［J］. 昆虫知识，38（1）：30－32.
郭满库，谢志军．1999. 瑞典麦秆蝇在春玉米上的发生与为害调查［J］. 甘肃农业科技（7）：38－39.
郭普．2006. 植保大典［M］．北京：中国三峡出版社．
郭予元，曹雅忠，李世功，等．1988. 麦蚜混合种群对小麦穗期的危害和动态防治指标初步研究［J］. 植物保护，14（3）：2－5.
国家统计局. 2010. 中国统计年鉴 2012［M］. 北京：中国统计出版社．
韩成贵，李大伟，于嘉林，等．1999. 小麦黄色花叶病毒不同分离物外壳蛋白（CP）基因序列的比较分析［J］. 植物病理学报，29（3）：216－220.
韩美善，王建雄，韩启亮．2011. 莜麦新品种晋燕 15 号的选育与推广［J］. 山西农业科学，39（11）：1149－1151.
韩青梅，王春明，黄丽丽，等．2011. 小麦黑胚病病原菌的分离及致病力差异的初步研究［J］. 西北农业学报，20（9）：169－173.
韩书友，吴营昌，殷花娥．1991. 郑州市黑麦秆蝇在玉米田大发生［J］. 植物保护（6）：37.
韩荀，李长安，赵赓．1981. 根土蝽的生物学研究［J］. 山西大学学报（3）：41－45.
郝瑞，黄文坤，刘崇俊，等．2014. 新型种衣剂防治小麦禾谷孢囊线虫病研究［J］. 植物保护，40（1）：182－186.
郝统锋．1991. 瑞典麦秆蝇危害玉米［J］. 植物保护（6）：42.
郝祥之，段剑勇，李林，等. 1982. 小麦全蚀病及其防治［M］．上海：上海科学技术出版社．
何明明，高增贵，孙树梅．2001. 小麦秆锈病所致产量损失的研究［J］. 辽宁农业科学（2）：25－28.
何文兰，宋玉立，杨共强. 2002. 小麦品种资源对子粒黑点病的抗性鉴定［J］. 植物保护学报，28（4）：19－21.
何中虎，夏先春，陈万权，等．2008. 小麦对秆锈菌新小种 U999 的抗性研究进展［J］. 麦类作物学报（1）：170－173.
洪映萍，杨文彦．2010. 大麦主要病虫害及其防治要点［J］. 云南农业科技（3）：51－53.
侯保荣，梁艳丽．1989. 小麦假黑胚病的研究［J］. 植物保护学报，16（2）：77－80.
侯明生，方春安，刘克俭，等．1986. 湖北土传小麦黄花叶病的研究［J］. 华中农业大学学报（4）：332－338.
侯庆树，程兆榜，周益军，等．1994. 安徽省来安县小麦梭条花叶病的病原鉴定和防治［J］. 植物保护学报，21（1）：79－84.
侯庆树，周益军，韩红，等．1990. 江苏省小麦土传病毒病的研究Ⅲ. 小麦梭条花叶病综合防治技术及其依据［J］. 江苏农业学报，6（4）：36－43.
侯生英，王爱玲，王信，等．2013. 青海省春小麦禾谷胞囊线虫病侵染规律研究［J］. 青海大学学报，31（3）：1－3.
侯生英，王爱玲，张贵．2012. 小麦禾谷胞囊线虫病危害损失研究［J］. 农学学报，2（8）．
侯生英，张贵．2002. 小麦根腐病产量损失及经济阈值研究［J］. 西北农林科技大学学报：自然科学版（1）：76－78.
侯有明，沈宝成．1998. 小麦品种对麦长管蚜抗性的模糊综合决策［J］. 应用生态学报（3）：273－276.
胡长程．1991. 我国小麦秆锈菌的毒性分析［J］. 植物病理学报，21（1）：53－57.

胡广淦.1990. 江苏省小麦纹枯病的研究现状 [J]. 植物保护，16 (1)：41-42.
胡霞，谷希树，刘晓琳，等.2011. 10种药剂防治大葱蓟马田间药效试验 [J]. 山东农业科技 (11)：81-82.
胡新，刘卫国，朱伟，等.2004. 小麦黑点病影响因素的研究 [J]. 河南农业科学 (4)：29-31.
华南农学院.1988. 农业昆虫学：上册 [M]. 北京：农业出版社.
化德县农科所.1979. 黑麦秆蝇为害小麦情况调查 [J]. 内蒙古农业科技 (1)：27-28.
黄光明，杨家秀，罗代新，等.1981. 我省小麦条锈病菌越夏规律调查 [J]. 四川农业科技 (3)：20-23.
黄光明，姚革，夏光金，等.2005. 四川地区小麦叶·秆锈菌的越冬和越夏 [J]. 植物保护，31 (6)：67-68.
黄金堂，郭媛贞，陈德禄，等.2002. 我国栽培大麦白粉病抗性特点分析 [J]. 麦类作物学报，22 (1)：80-83.
黄金堂，李清华，陈海玲.2008. 大麦种质资源白粉病抗性鉴定与应用 [J]. 植物遗传资源学报，9 (1)：101-104.
黄金堂.2007. 抗白粉病大麦资源主要农艺性状的遗传分化 [J]. 麦类作物学报，27 (4)：619-624.
黄文坤，叶文兴，王高峰，等.2011. 宁夏地区禾谷胞囊线虫的发生与分布 [J]. 华中农业大学学报，30 (1)：74-77.
黄相国，王海庆，葛菊梅，等.2003. 灰翅麦茎蜂的生物学及其防治对策 [J]. 昆虫知识，40 (6)：515-518.
黄永成.1991. 应加强对小麦粒线虫病的检疫 [J]. 植物保护，5 (6)：472.
黄振涛，曹远银，姚平，等.1991. 小麦秆锈菌不同小种间相对生存能力研究 [J]. 植物病理学报，21 (1)：65-71.
黄振涛，姚平，吴友三.1986. 1984年全国小麦秆锈菌生理小种区系分析及寄主离体叶培养鉴定法的应用 [J]. 沈阳农业大学学报，17 (2)：21-26.
季良，阮寿康.1962. 小麦条锈病的流行预测 [J]. 河北农学报，1 (2)：49-58.
季良.1991. 中国植物病毒志 [M]. 北京：农业部植物检疫实验所.
贾豪，蔡有花.2001. 不同农药对青海麦穗夜蛾的防治试验 [J]. 青海农林科技 (1)：3-4.
贾豪，徐培河，侯生英.1997. 灰翅麦茎蜂年生活史及其成虫田消长动态观察 [J]. 青海农林科技 (2)：27-28.
贾秋珍，金社林，曹世勤，等.2007. 小麦条锈菌生理小种条中32号及水源14致病类型在甘肃的流行与发展趋势 [J]. 植物保护学报，34 (3)：263-267.
贾廷祥，吴桂本，刘传德，等.1995. 小麦纹枯病病原、发生规律及其防治研究 [J]. 山东农业科学 (5)：36-38.
贾廷祥，吴桂本，刘传德，等.1994. 三唑醇（羟锈宁）拌种防治小麦根病 [J]. 植物保护 (1)：11.
贾廷祥，吴桂本，刘传德.1995. 我国小麦根腐性病害研究现状及防治对策 [J]. 中国农业科学，28 (3)：4-48.
贾廷祥，吴桂本，叶学昌，等.1986. 我国小麦全蚀病变种类型及其分布的初步研究 [J]. 浙江农业大学学报，12 (2)：166-175.
姜京宇，席建英.2006. 河北省2005年农作物病虫害新动态概述 [J]. 中国植保导刊，26 (7)：45-47.
姜玉英，金星，谈孝凤，等.2007. 黔西部小麦条锈菌越夏考察初报 [J]. 植物保护，33 (1)：133-134.
姜玉英，汤金仪，屈西峰，等.2004. 甘肃陇南、陇东小麦条锈病2003年秋季病情考察 [J]. 中国植保导刊 (3)：25-26.
姜玉英，陈万权，赵中华，等.2007. 新型小麦秆锈病菌Ug99对我国小麦生产的威胁和应对措施 [J]. 中国植保导刊，27 (8)：14-16.
姜玉英，谢长举，张跃进，等.2002. NY/T616—2002　小麦吸浆虫测报调查规范 [S]. 北京：中国农业出版社.
蒋月丽，刘顺通，段爱菊，等.2010. 小麦品种对麦红吸浆虫抗性的初步鉴定结果 [M] //吴孔明. 公共植保和绿色防控. 北京：中国农业科学技术出版社：248-253.
金善宝.1996. 中国小麦学 [M]. 北京：中国农业出版社.
晋治波，王锡锋，常胜军，等.2003. 大麦黄矮病毒GAV基因组全序列测序及其结构分析 [J]. 中国科学：C辑，33 (6)：505-513.
靳军良，董风林，张倩芳，等.2007. 4种药剂防治麦秆蝇田间药效试验研究初报 [J]. 甘肃农业科技，381 (9)：22-23.
靳军良，刘秉义，董风林，等.2007. 宁南山区麦秆蝇发生规律及防治技术 [J]. 甘肃农业科技，378 (6)：46-48.
井金学，商鸿生，朱文武.1995. 速保利防治小麦雪腐叶枯病效果研究 [J]. 西北农业大学学报，23 (3)：6-10.
康乐，李鸿昌，马耀，等.1990. 内蒙古草地害虫的发生与防治 [J]. 中国草地 (5)：49-57.
康宁，胡正远.1982. 条沙叶蝉的初步观察 [J]. 新疆农业科学 (5)：15-16.
康业斌，陈建伟.1995. 河南省小麦雪霉叶枯病调查初报 [J]. 植保技术与推广 (3)：3-4.
康业斌，等.1994. 小麦成株期雪腐格氏霉抗性研究 [J]. 洛阳农专学报 (1)：44-47.
康业斌，郭仲儒，王江燕，等. 1999. 小麦黑胚病菌及其分离方法比较 [J]. 种子 (6)：19-20.
康业斌，商鸿生，王树权.1995. 我国小麦雪霉叶枯病研究进展 [J]. 河南农业科学 (1)：18-19.
康业斌，商鸿生，王树权.1996. 小麦雪霉叶枯病的生态条件研究 [J]. 河南农业大学学报，30 (3)：293-296.
康业斌，商鸿生，王树权.1997. 小麦雪霉叶枯病菌侵染条件研究 [J]. 西北农业学报，6 (1)：39-42.
康业斌，商鸿生，王树权.1996. 小麦雪霉叶枯病产量损失的初步研究 [J]. 洛阳农业高等专科学校学报，16 (1)：9-12.
康业斌，张有聚，李会娟，等. 1999. 我国小麦黑胚病研究现状 [J]. 麦类作物，19 (2)：58-60.

康振生，左豫虎，王瑶，等 . 1996. 小麦雪霉叶枯病菌侵染过程的细胞学研究 [J]. 真菌学报，15 (4)：284 - 287.

来有鹏，张登峰，郭青云，等 . 2009. DB63/T844—2009. 灰翅麦茎蜂（*Cephus fumipennis* Eversmann）化学防治技术规范 [S] . 青海省质量技术监督局 .

雷娟利，陈炯，陈剑平，等 . 1998. 我国真菌传线状小麦花叶病毒病病原初步鉴定为小麦黄花叶病毒（WYMV）[J]. 中国病毒学，13 (1)：89 - 96.

李光博，曾士迈，李振岐，等 . 1990. 小麦病虫草鼠害综合治理 [M] . 北京：中国农业科学技术出版社 .

李国英，李维琪 . 1986. 新疆发生小麦条点花叶病 [J]. 植物保护 (6)：18.

李海燕，马翠平，王卫民，等 . 2010. 小麦叶枯病发生与防治技术 [J]. 现代农业科技，14：156.

李洪连，宋家永，吕国强，等 . 1999. 河南省小麦纹枯病发生规律及其综合防治技术研究 [J]. 麦类作物，19 (5)：57 - 60.

李洪连，邢小萍，袁虹霞，等. 2005. 小麦黑胚病药剂防治研究 [J]. 麦类作物学报，25 (5)：100 - 103.

李洪连，袁红霞，王守正，等 . 1993. 河南省小麦全蚀病的发生与防治对策 [J]. 河南农业科学 (12)：17 - 18.

李洪连，袁虹霞，孙君伟，等 . 2010. 播后土壤镇压对小麦禾谷胞囊线虫病发生影响的初步研究 [M] //中国线虫学研究：第三卷：127 - 129.

李建社，张慧杰，张卓敏，等 . 1994. 山西冬麦区小麦全蚀病发生规律及不同品种的耐病性鉴定 [J]. 山西农业科学，22 (2)：36 - 39.

李可凡，袁方 . 2003. 小麦根腐病的发生规律及防治技术 [J]. 河南农业科学 (5)：58 - 59.

李林泉，刘文娟，任寿美，等 . 1995. 小麦纹枯病的消长因素与防治对策 [J]. 江苏农业科学 (5)：32 - 33.

李明菊 . 2003. 中国小麦秆锈病越冬初菌源基地云南小麦秆锈病危害分析 [J]. 云南农业科技 (5)：28 - 29.

李明周，韩书友，沙广乐，等 . 1992. 密切注视黑麦秆蝇的发生和危害 [J]. 河南农业科学 (2)：22.

李强，王保通 . 2000. 我国小麦全蚀病综合治理研究现状与展望 [J]. 陕西农林科学 (11)：21 - 23.

李素娟，张志勇，王兴运，等 . 1998. 用模糊识别技术鉴定小麦品种（系）抗蚜性研究 [J]. 植物保护，24 (5)：15 - 16.

李天安，杨幼平，蔡坤喜 . 除草剂胁迫下小麦雪腐病发生的生态研究 [J]. 云南农业大学学报，10 (2)：85 - 87.

李文强，程雪莲，赵海梅，等. 2001. 宁夏小麦黑胚病的病原鉴定 [J]. 宁夏农学院学报，22 (3)：18 - 20.

李修炼，吴兴元，成卫宁 . 1997. 小麦吸浆虫寄生蜂混合种群发生与数量消长研究 [J]. 西北农业学报，6 (2)：13 - 16.

李修炼，吴兴元，成卫宁. 1997. 小麦红吸浆虫捕食性天敌种类与捕食量初步研究 [J]. 陕西农业科学 (4)：25 - 26.

李秀花，马娟，陈书龙 . 2012. 不同温度对燕麦胞囊线虫田间群体孵化的影响 [J]. 植物保护学报，39 (3)：260 - 270.

李秀花，马娟，陈书龙 . 2013. 河北省小麦胞囊线虫病的发生与分布 [J]. 植物保护，39 (1)：162 - 165.

李秀花，马娟，高波，等 . 2013. 部分国内外小麦种质资源对燕麦胞囊线虫的抗病性 [J]. 麦类作物学报，33 (6)：1 - 6.

李秀花，马娟，高波，等 . 2013. 燕麦胞囊线虫在河北冬麦区的种群动态 [J]. 植物保护学报，40 (1)：315 - 319.

李学武，陈秀生，姜祖成 . 1986. 黑麦秆蝇为害玉米的调查研究 [J]. 植物保护，12 (2)：9 - 11.

李振岐，刘汉文 . 1956. 陕、甘、青小麦条锈病发生规律之初步研究 [J]. 西北农学院学报 (4)：1 - 18.

李振岐，曾士迈 . 2002. 中国小麦锈病 [M] . 北京：中国农业出版社 .

李振岐，商鸿生，魏宁生 . 1994. 麦类病害 [M] . 北京：中国农业出版社 .

李振岐，商鸿生 . 2005. 中国农作物抗病性及其利用 [M] . 北京：中国农业出版社 .

李振岐 . 1995. 植物免疫学 [M] . 北京：中国农业出版社 .

李志念，王力钟，张弘，等 . 2004. 4 种 Strobilurin 类杀菌剂防治小麦白粉病的活性研究 [J]. 农药，43 (8)：357，370 - 371.

梁宏斌，张润志，方德立，等 . 1999. 麦双尾蚜的替代寄主与季节性转移 [J]. 昆虫学报（增刊），42 (S)：72 - 77.

梁宏斌，张润志，贾玉龙，等 . 1999. 麦双尾蚜发生数量与小麦播种期的关系 [J]. 昆虫学报，42 (S)：97 - 101.

梁宏斌，张润志，王国平，等 . 1999. 天敌对新疆麦双尾蚜的控制作用 [J]. 昆虫学报，42 (S)：86 - 91.

梁宏斌，张润志，文勇林，等 . 1999. 麦双尾蚜及其天敌在春小麦和野生寄主上的种群动态 [J]. 昆虫学报，42 (S)：62 - 67.

梁宏斌，张润志，阎萍，等 . 1999. 麦双尾蚜及其天敌在不同海拔高度的分布 [J]. 昆虫学报，42 (S)：78 - 85.

梁宏斌，张润志，张广学，等 . 1997. 麦双尾蚜种群动态及天敌的作用 [J]. 植物保护学报，24 (3)：193 - 198.

梁宏斌，张润志，张广学，等 . 1998. 降水和灌溉对麦双尾蚜种群数量的影响 [J]. 昆虫学报，41 (4)：382 - 388.

梁宏斌，张润志，张广学 . 1999. 麦双尾蚜在中国的适生区预测 [J]. 昆虫学报，42 (S)：55 - 61.

梁辉，朱银峰，朱祯，等 . 2004. 雪花莲凝集素基因转化小麦及转基因小麦抗蚜性的研究 [J]. 遗传学报，31 (2) .

梁绪明 . 1986. 甲拌磷拌种防治小麦粒线虫病试验简介 [J]. 甘肃农业科技 (6)：11 - 13.

梁再群，郭翼奋，朱颖初，等 . 1982. 根据统计分析冬孢子形态特性区分小麦矮腥黑穗病和网腥黑穗病的方法 [J]. 植物保护学报，9 (4)：243 - 250.

林美琛，陈剑平，阮义理 . 1991. 小麦梭条斑花叶病毒和土传小麦花叶病毒复合感染的研究 [J]. 植物保护学报，3：

206，272.
林美琛，阮义理.1985. 浙江省小麦新病害黄花叶病的研究［J］. 浙江农业科学（5）：232-237.
林美琛，阮义理.1986. 小麦黄花叶病（WYNW）的研究［J］. 植物病理学报，16（2）：72-77.
林瑞芬，阮义理，金登迪.1983. 小麦丛矮病毒（WRSV）的血清学检测法［J］. 中国农业科学（2）：64-70.
林晓民，胡公洛，侯文邦，等.1993. 豫西地区小麦雪霉叶枯病的初步研究［J］. 河南农业科学（3）：13-15.
刘爱萍，徐林波，路慧.2008. 麦茎蜂发生情况及其天敌调查初报［J］. 植物保护，34（6）：117-121.
刘保川，陈巨莲，倪汉祥，等. 2003. 小麦中黄酮类化合物对麦长管蚜生长发育的影响［J］. 植物保护学报，30（1）：8-12.
刘保川，陈巨莲，倪汉祥，等.2002. 丁布的分离、纯化和结构鉴定及其对麦长管蚜生长、发育的影响［J］. 应用与环境生物学报，8（1）：71-74.
刘常宏，井金学，商鸿生.1997. 小麦全蚀病的抗性研究进展［J］. 麦类作物学报，17（4）：36-40.
刘崇俊，黄文坤，崔江宽，等.2013. 山东省小麦禾谷胞囊线虫的分布及其 rDNA-ITS 分析［J］. 华中农业大学学报，32（5）：55-60.
刘传德，吴桂本，宫本义，等.2001. 小麦主要病害化学防治研究进展［J］. 农药，40（9）：4-6.
刘汉文，张秀文.1986. 小麦雪霉叶枯病菌生理分化的研究［J］. 陕西农业科学（4）：26-27.
刘汉文，张秀文.1987. 小麦雪腐镰刀菌的研究［J］. 植物病理学报，17（2）：100.
刘红彦，张忠山，何文兰. 1998. 小麦黑点病的病原菌及其致病力研究［J］. 植物保护学报（3）：223-225.
刘积芝.1985. 瑞典麦秆蝇的发生与防治［J］. 农业科技通讯（10）：16.
刘积芝.1987. 瑞典麦秆蝇的生物学研究［J］. 山东农业科学（3）：17-21.
刘家熙.1997. 麦角菌［J］. 生物学通报，132（4）：17.
刘荆，赵桂东.1993. 淮阴地区不同耕作条件下小麦纹枯病的发生及防治［J］. 江苏农业科学（增刊）：76-78.
刘坤，席天元，张耀芳，等.2012. 山西省小麦孢囊线虫的形态学和分子特征分析［J］. 浙江大学学报：农业与生命科学版，38（5）：1-9.
刘琴，杨建平，徐晓芳，等.2002. 小麦引进品种对小麦黄花叶病的田间抗性鉴定［J］. 植物保护，28（1）：21-23.
刘绍友，李定旭.1990. 麦长管蚜发育起点温度及有效积温的研究［J］. 昆虫知识，27（3）：132-134.
刘惕若.1984. 黑粉菌与黑粉病［M］. 北京：农业出版社.
刘万才，邵振润.1995. 我国小麦白粉病的发生状况、原因及趋势浅析［M］//周大荣. 植物保护研究进展. 北京：中国农业科学技术出版社：387-392.
刘万才.1994. 黄淮麦区 1994 年小麦主要病虫发生特点及原因浅析［J］. 植物保护，21（4）：31-33.
刘万华，张万明，王术华，等.1997. 武清县首次发现瑞典麦秆蝇危害春玉米［J］. 植保技术与推广，17（5）：39-40.
刘万华.2006. 武清区春玉米又遭瑞典麦秆蝇危害［J］. 天津农林科技（4）：36.
刘伟华，何震天，耿波，等.2004. 小麦对黄花叶病的抗性鉴定及典型品种的遗传分析［J］. 植物病理学报，34（6）：542-547.
刘文涛，王朝阳，李卫国，等. 2001. 安阳市小麦黑胚病发生严重［J］. 植保技术与推广，21（3）：43.
刘希彦，佟立纯，马成章，等. 2001 甲基异柳磷防治根土蝽试验［J］. 植保技术与推广，21（5）：31.
刘锡琎，郭英兰，刘华国.1986. 青藏高原小麦白秆病病原菌——小麦壳月孢的研究［J］. 真菌学报，5（3）：170-176.
刘孝坤，洪锡午，谢水仙，等.1984. 陇南南部小麦条锈菌越夏的初步研究［J］. 植物病理学报，14（1）：9-16.
刘孝坤.1996. 小麦白粉病及其综合治理［M］//李光博，曾士迈，李振岐. 小麦病虫草鼠害综合治理. 北京：中国农业出版社：226-243.
刘孝坤.1996. 麦类白粉病［M］//中国农业科学院植物保护研究所. 中国农作物病虫害. 2 版. 北京：中国农业出版社：293-299.
刘信义，陈巽祯.1982. 小麦丛矮病毒的寄主植物研究［J］. 中国农业科学（1）：11-13.
刘彦明，李朴芳.2010. 旱地燕麦新品种定莜 6 号的选育及其特征分析［J］. 干旱地区农业研究，28（5）：1-4.
刘彦明，任生兰，边芳，等.2011. 旱地莜麦新品种定莜 8 号选育报告［J］. 甘肃农业科技（8）：3-4.
刘晏良.1994. 麦双尾蚜为害春小麦产量损失与防治指标的初步研究［M］//刘孟英. 中国昆虫学会成立五十周年纪念暨学术讨论会论文集. 北京：中国昆虫学会：307.
刘晏良，张润志，买买提江·麻木提.1996. 小麦品种对麦双尾蚜的自然耐抗性鉴定初报［J］. 植物保护，22（6）：23-24.
刘永刚，吕和平，陈明.2004. 种子处理防治小麦全蚀病试验研究［J］. 西北农业学报，13（2）：83-86.
刘永伟，徐兆师，杜丽璞，等.2007. 病毒复制酶基因 *Nib8* 和 ERF 转录因子 W17 基因枪法共转化小麦［J］. 作物学报，33（9）：1547-1552.

刘勇，陈巨莲，程登发，等 . 2006. 我国小麦害虫无公害治理的现状及展望［C］//中国科学年会论文集：65 - 69.

刘勇，陈巨莲，倪汉祥，等. 2001. 茉莉酸诱导小麦幼苗对麦蚜取食行为的影响［J］. 植物保护学报，18（4）：325 - 330.

刘勇，陈巨莲，倪汉祥 . 2003. 麦长管蚜和禾谷缢管蚜对小麦挥发物的触角电位反应［J］. 昆虫学报，46（6）：679 - 683.

刘勇，郭光喜，陈巨莲，等 . 2005. 瓢虫及草蛉对小麦挥发物组分的行为和电生理反应［J］. 昆虫学报，48（2）：161 - 165.

刘兆第，李蕴敏，陈长战，等 . 1962. 小麦皮蓟马生活规律及预报技术的初步研究［J］. 新疆农业科学（3）：89，101 - 103.

刘正坪，王立新，李荣禧，等 . 2002. 小麦根腐病菌鉴定及其生物学特性测定［J］. 华北农学报，17（2）：44 - 48.

刘志勇 . 2004. 安阳市小麦颖枯病发生原因及防治对策［J］. 河南农业，9：33.

柳树斌，刘金虎，刘金帮，等 . 2005. 韩城市小麦蓝矮病发病条件及防治措施研究［J］. 陕西农业科学（6）：12 - 13.

卢良恕 . 1996. 中国大麦学［M］. 北京：中国农业出版社 .

陆长婴，季明东，傅华欣，等 . 2002. 江苏省不同区域小麦纹枯病发生流行动态的模糊聚类分析［J］. 上海农业学报，18：63 - 68.

吕莉莉，宋建荣，岳维云，等 . 2009. 抗病丰产亚远缘杂交冬小麦新品种中梁 27 号及栽培技术［J］. 麦类作物学报，29（2）：366.

吕佩珂，苏慧兰，吕超 . 2007. 中国粮食作物、经济作物、药用植物病虫原色图鉴：上册［M］. 3 版 . 呼和浩特：远方出版社 .

吕佩珂. 1999. 中国粮食作物、经济作物、药用植物病虫原色图鉴：上［M］. 呼和浩特：远方出版社 .

吕佩珂，等 . 1998. 中国粮食作物、经济作物、药用植物病虫原色图谱［M］. 呼和浩特：远方出版社 .

栾丰刚，羌松，马德英，等. 2004. 新疆小麦黑胚籽粒分离鉴定初报［J］. 新疆农业科学，41（5）：357 - 360.

罗瑞梧，杨崇良，李长松 . 1985. 麦长管蚜种群数量变动因素和预测的研究［J］. 山东农业科学（3）：27 - 30.

罗瑞梧，杨崇良，尚佑芬，等 . 1988. 麦长管蚜虫源问题研究［J］. 植物保护学报，15（3）：153 - 158.

罗瑞梧，杨崇良 . 1982. 山东小麦土传花叶病的研究［J］. 山东农业科学（2）：5 - 12.

马德英，贾菊生，羌松. 2004. 新疆小麦籽粒黑胚病及病原的致病性研究［J］. 新疆农业科学，44（1）：38 - 40.

马桂珍，秦素平，杨文兰，等 . 2000. 主要栽培因子对小麦根腐病的影响［J］. 河北职业技术师范学院学报（1）：26 - 29.

马桂珍，杨文兰，秦素平，等 . 2000. 冀东地区冬小麦根腐病初侵染来源研究［J］. 河北职业技术师范学院学报，14（2）：13 - 16.

马桂珍，袁静，暴增海，等 . 2003. 黄腐酸与三唑酮混配对小麦根腐病的联合作用［J］. 农药，42（2）：28 - 29.

马洪茹，孙小平，宋彦涛，等. 2003. 小麦黑胚病发生规律及防治措施初探［J］. 植保技术与推广，23（4）：13 - 15.

马继芳，董立，郑直，等 . 2009. 几种化学药剂对黑麦秆蝇的防治效果比较［J］. 植物保护（6）：172 - 175.

马继芳，董立，郑直，等 . 2010. 种子处理防治玉米田黑麦秆蝇初报［J］. 河北农业科学（7）：33 - 34.

马娟，李秀花，于海滨，等 . 2011. 河北省小麦胞囊线虫种类鉴定［J］. 华北农学报，26（增刊）：168 - 173.

马奇祥 . 1998. 麦类作物病虫草害防治彩色图说［M］. 北京：中国农业出版社 .

马以桂，王金成，蔡国瑞 . 2004. 小麦粒线虫与剪股颖粒线虫单条幼虫 PCR - RFLP 检测分析［J］. 检验检疫科学，14（4）：32 - 33.

马以桂，王金成，谢辉，等 . 2006. 3 种粒线虫多重 PCR 检测方法［J］. 植物病理学报，36（6）：508 - 511.

马志强，刘国镕，张小风，等 . 1996. 小麦白粉菌对三唑酮抗药性的监测方法［J］. 南京农业大学学报，19（增刊）：38 - 41.

苗进，武予清，郁振兴，等 . 2011. 麦红吸浆虫及其卵寄生蜂混合种群空间格局［J］. 应用生态学报，22（3）：779 - 784.

苗进，武予清，郁振兴，等 . 2011. 麦红吸浆虫随气流远距离扩散的轨迹分析［J］. 昆虫学报，54（4）：432 - 436.

倪汉祥，陈巨莲，程登发，等. 2009. GB/TGB/T24501. 2—2009 小麦条锈病、吸浆虫防治技术规范 . 第 2 部分　小麦吸浆虫［S］. 北京：中国标准出版社 .

倪汉祥，丁红建，郭予元，等 . 2008. 麦红吸浆虫种群动态及综合治理技术体系成果研究回顾与展望［M］//成卓敏 . 植物保护科技创新与发展 . 北京：中国农业科学技术出版社 .

聂树先，施用春，杜文芳 . 小麦雪腐病和雪霉病的发生和防治［J］. 甘肃农业科技（7）：68 - 69.

牛庆国 . 2007. 近年来小麦叶枯病流行成因分析及防治技术［J］. 中国植保导刊（2）：16 - 17，20.

牛永春，商鸿生，王树权，等 . 1992. 中国小麦雪霉叶枯病菌种的鉴定［J］. 真菌学报 11（1）：43 - 48.

牛永春，王树权，商鸿生 . 1900. 雪腐格氏霉选择性培养基研究［J］. 真菌学报，9（4）：319 - 326.

牛永春，王宗华 . 1992. 西藏小麦雪霉叶枯病发生初报［J］. 植物保护，17（2）：50.

农作物病虫害防治工作手册编辑委员会 . 2006. 农作物病虫害防治工作手册［M］. 北京：中国科技文化出版社 .

欧师琪，彭德良，李玉，等 . 2008. 河南郑州小麦禾谷孢囊线虫（*Heterodera avenae*）的核糖体基因 ITS 序列和 RFLP 分析

[J]. 植物病理学报，38 (4)：407-413.

欧师琪，彭德良，李玉．2011. 青海、陕西部分地区禾谷胞囊线虫 rDNA-ITS-RFLP 的特征分析 [J]. 植物病理学报，41 (4)：411-420.

潘广，陈万权，刘太国，等．2011. 天水地区不同海拔高度小麦条锈菌越冬调查初报 [J]. 植物保护，37 (2)：103-106.

庞俊兰．2001. 基因枪转化小麦土传病毒抗性基因创造小麦新种质 [D]．北京：中国农业科学院．

庞俊兰，徐惠君，杜丽璞，等．2002. 土传花叶病毒外壳蛋白基因导入小麦的研究 [J]. 中国农业科学，35 (7)：737-742.

裴世安，王暄，耿立新，等．2012. 不同杀线剂对小麦孢囊线虫病的防治效果 [J]. 植物保护，38 (1)：166-170.

彭德良，Subbotin S，Moens M 2003. 小麦禾谷胞囊线虫（*Heterodera avenae*）的核糖体基因（rDNA）限制性片段长度多态性研究 [J]. 植物病理学报，33 (4)：323-329.

彭德良，等．2008. 我国小麦禾谷孢囊线虫的新发生分布地区 [M] //廖金铃，等．中国线虫学研究：第二卷．北京：中国农业科学技术出版社：344-345.

彭德良，黄文坤，孙建华，等．2012. 我国天津发现小麦禾谷孢囊线虫 [M] //廖金铃，等．中国线虫学研究：第四卷．北京：中国农业科学技术出版社：162-163.

彭德良，叶文兴，顾晓川，等．2010. 我国发现菲利普孢囊线虫（*Heterodera filipjevi*）危害小麦 [M] //廖金铃，等．中国线虫学研究：第三卷．北京：中国农业科学技术出版社：162-163.

彭德良，张东升，王明祖．1996. 我国禾谷孢囊线虫（*Heterodera avenae*）研究进展、问题及展望 [C] //中国植物保护研究进展：全国第三次病虫害综合防治学术讨论会论文．北京：科学出版社：192-195.

彭德良，张东生，齐淑华，等．1993. 小麦禾谷孢囊线虫最佳调查时期和方法 [J]. 植物保护，19 (5)：48.

彭丽娟，邱雪柏，林代福，等．2002. 三唑酮缓释剂对小麦全蚀病的防效试验 [J]. 贵州大学学报：农业与生物科学版，21 (2)：95-98.

彭丽娟．2008. 小麦全蚀病的发生及综合治理 [J]. 贵州农业科学，36 (3)：73-76.

彭元馥，刘炳海，徐崇杰．1986. 玉米田瑞典秆蝇发生规律与防治研究 [J]. 山东农业科学 (3)：31-34，42.

亓晓莉，彭德良，彭焕，等．2012. 基于 SCAR 标记的小麦禾谷孢囊线虫快速分子检测技术 [J]. 中国农业科学，45 (21)：4388-4395.

祁永忠．1998. 麦穗夜蛾发生规律及防治技术 [J]. 青海农技推广 (3)：36.

骑祥，宋玉立，王文夕，等．1998. 麦类作物病虫草害防治彩色图说 [M]．北京：中国农业出版社．

钱幼亭，周广和．1986. 麦类种质资源抗耐小麦黄矮病毒的田间鉴定技术研究 [J]. 植物保护学报，20 (1)：71-75.

强中发，郭石生．1985. 小麦雪腐叶枯病与几个气象因素的关系 [J]. 植物保护，11 (6)：4-6.

强中发，侯生英，贾豪．2000. 不同杀菌剂灌根防治小麦根腐病试验研究 [J]. 青海农林科技 (2)：1-3.

乔宏萍，黄丽丽，王伟伟，等．2005. 小麦全蚀病生防放线菌的分离与筛选 [J]. 西北农林科技大学学报：自然科学版，33 (增刊)：1-4.

青海省植保站．2009. 麦穗夜蛾监测预报技术规范 DB63/T808-2009 [J]. 青海农技推广 (4)：57-60.

青海省植物保护站．2009. DB63/T807—2009 灰翅麦茎蜂监测预报技术规范．青海农技推广 (4)：54-56.

邱永春，张书绅，刘永丽．1999. 北方麦区 120 个小麦品种抗秆锈病基因的推导 [J]. 沈阳农业大学学报，30 (3)：231-234.

裘维蕃，杨莉，梅汝鸿，等．1979. 小麦丛矮病研究之一历史、分布、症状及损失 [J]. 植物保护学报，6 (1)：11-16.

全国农业技术推广服务中心．2004. 小麦病虫防治手册 [M]．北京：中国农业出版社．

全国农业技术推广服务中心．2008. 小麦病虫草害发生与监控 [M]．北京：中国农业出版社．

任文曾，卢瑞华．1991. 小麦吸浆虫预测模型及其初步应用 [J]. 河南农业科学 (3)：11-12.

任晓利，刘太国，刘博，等．2012. 116 个小麦品种（系）抗叶锈基因 *Lr9*-*Lr26*、*Lr19*-*Lr20* 的复合 PCR 检测 [J]. 植物保护，38 (2)：29-36.

阮义理，陈剑平，黄水招，等．1987c. 若干二棱大麦新品种（系）抗黄花叶病的初步鉴定 [J]. 浙江农业科学 (6)：289-291.

阮义理，陈剑平，邹皖和．1990b. 大麦黄花叶病毒（BaYMV）机械接种及病毒在病汁液中稳定性 [J]. 浙江农业学报 (4)：157-160.

阮义理，陈剑平．1987a. 大麦黄花叶病及其抗病育种的研究进展 [J]. 世界农业 (4)：1-4.

阮义理，陈剑平．1987b. 国外大麦黄花叶病育种 [J]. 世界农业 (9)：36-38.

阮义理，陈剑平．1990. 大麦黄花叶病毒（BaYMV）机械接种的初步研究 [J]. 植物病理学报，20 (3)：39.

阮义理，陈剑平．1991. 中国大麦黄花叶病 [M] //罗树中．中国大麦文集．西安：陕西科学技术出版社：1-25.

阮义理，金登迪，林瑞芬．1982. 小麦丛矮病（NCMV）寄主范围的研究 [J]. 植物病理学报，12 (2)：22-24.

阮义理，金登迪，许如银．1984. 介体灰稻虱传小麦丛矮病毒特性的研究［J］. 植物保护学报（3）：22－25.
阮义理，邹皖，王卉．1997. 我国真菌传大小麦病毒病的地理分布［J］. 植物保护学报，24（1）：35－38.
阮义理，洪健．1991. 小麦梭条斑花叶病毒（WSSMV）和小麦黄花叶病毒（WYMV）的细胞质［J］. 植物病理学报，21（3）：164－171.
阮义理，金登迪，许如银，等．1984. 大麦种质资源抗大麦黄花叶病毒（BaYMV）鉴定［J］. 植物保护学报（11）：217－222.
阮义理，金登迪．1983. 大麦黄花叶病的研究［J］. 植物病理学报，13（3）：49－55.
阮义理，林美琛，陈剑平．1990. 小麦品种资源对小麦梭条斑花叶病的抗性［J］. 植物保护学报，17（2）：101－104.
阮义理，邹皖和，王卉．1997. 我国真菌传大小麦病毒病的地理分布［J］. 植物病理学报，24（1）：35－38.
陕西省农业科学院植保组．1973. 小麦"糜疯"病研究［J］. 陕西农业科技（9）：32－34.
商鸿生，等．1991. 三唑酮防治小麦雪霉病的研究［J］. 西北农业大学学报，19（增）：71－75.
商鸿生，李修炼，王凤葵，等．2004. 麦类作物病虫害诊断与防治［M］. 北京：金盾出版社．
商鸿生，王树权，齐艳红，等．1989. 小麦雪霉叶枯病的侵染过程［J］. 植物病理学报，19（3）：155－159.
商鸿生．1980. 小麦雪霉叶枯病的发生与防治［J］. 植物保护（2）：3－6.
商鸿生．1989. 小麦雪腐叶枯病及其诊断［J］. 植物保护（6）：31－32.
尚红梅．2006. 甘南青稞散黑穗病的发生规律与防治措施［J］. 甘肃农业科技（1）：48－49.
申洪利，陆建高．2003. 小麦皮蓟马在静海县发生危害较重［J］. 天津农林科技，10（5）：25.
沈加丽，龚祖埙．1997. 小麦丛矮病的近全长 cDNA 基因文库的构建［J］. 中国病毒学（6）：155－161.
沈加丽，叶永钧，龚祖埙．1998. 小麦丛矮病毒 NS 蛋白基因的克隆及序列分析［J］. 生物化学与生物物理学报，30（5）：515－519.
沈培垠，李红梅，陈品山．1994. 剪股颖粒线虫［J］. 植物检疫（6）：349－352.
沈瑞清．2007. 宁夏植物病原真菌区系研究［D］. 杨凌：西北农林科技大学．
盛秀兰，金秀琳，杨风琪，等．1999. 小麦根病化学防治技术研究［J］. 植物保护学报，26（1）：69－73.
盛秀兰，金秀琳，郑果，等．1997. 甘肃省小麦根病病原种类及致病性研究［J］. 西北农业学报，6（1）：35－38.
盛秀兰，胥昕，金秀琳．1995. 三唑类药剂拌种防治小麦全蚀病［J］. 中国农学通报，11（5）：51－52.
师丽红，张娜，胡亚亚，等．2011. 10 个小麦品种（系）抗叶锈性评价［J］. 中国农业科学，44（14）：2900－2908.
史建荣，王裕中，陈怀谷．2000. 小麦纹枯病品种抗性鉴定技术及抗病资源的筛选与分析［J］. 植物保护学报，4（2）：107－112.
史建荣，王裕中，杨新宁．1989. 小麦纹枯病产量损失研究［J］. 江苏农业学报，5（3）：44－45.
舒秀珍，张石新，周桂珍．1981. 小麦丛矮病毒对传毒介体灰飞虱影响的研究［J］. 植物病理学报，11（2）：13－18.
司剑林．2009. 小麦全蚀病的发生规律及防治技术［J］. 现代农业科技（16）：135.
司乃国，刘君丽，张宗俭，等．2003. 创制杀菌剂烯肟菌酯生物活性及应用（Ⅱ）——小麦白粉病［J］. 农药，42（11）：39－40.
宋凤英．2006. 小麦种质资源根腐病抗性鉴定［J］. 黑龙江农业科学（3）：20－21.
宋庆杰．2005. 利用离体技术鉴定小麦根腐病抗性研究［J］. 中国农学通报，21（8）：352－354.
宋晓磊，高德良，程永，等．2012. 山东泰安地区小麦禾谷孢囊线虫幼虫孵化特性初步研究［J］. 植物保护，38（1）：95－97.
宋雁如．1986. 浅谈小麦管蓟马及其防治［J］. 甘肃农业科技（2）：7－11.
宋玉立，何文兰，杨共强. 2001. 小麦全蚀病的发生及其防治［J］. 河南农业科学（2）：34.
苏致衡，黄文坤，郑国栋，等．2013. 北京地区小麦禾谷孢囊线虫病发生动态调查［J］. 植物保护，39（1）：116－120.
孙炳剑，羊健，孙丽英，等．2011b. 我国禾谷多黏菌传小麦病毒病的分布及变化动态［J］. 麦类作物学报，317（5）：969－974.
孙炳剑，李洪连，杨新志，等．2011a. 河南省主要推广品种对小麦黄花叶病毒抗性的评价［J］. 植物保护学报，38（2）：102－108.
孙富余，李钧，赵成德，等. 1992. 锦州地区根土蝽为害加重原因分析及防治对策［J］. 辽宁农业科学（5）：38－40.
孙虎，李洪连，袁虹霞，等. 2004. 不同小麦品种（系）对全蚀病的抗性鉴定和评价［J］. 河南农业科学（8）：52－54.
孙伟，彭海，龚祖埙．1986. 小麦丛矮病毒核酸的研究［J］. 病毒学报，2（1）：60－64.
孙智泰，等．1984. 甘肃农作物病虫害［M］. 兰州：甘肃人民出版社．
孙智泰，等．1965. 小麦红矮病传病昆虫稻叶蝉发生规律的初步研究［M］//华东地区稻麦病毒病防治技术讨论会论文资料汇编（7）：1－11.
孙智泰，刘厚蓉，朱福成，等．1965. 甘肃冬麦地区小麦红矮病的研究［M］//华东地区稻麦病毒病防治技术讨论会论文资料汇编（6）：1-12.
孙智泰.2004. 甘肃叶蝉及所传病害［M］. 兰州：甘肃文化出版社.
孙智泰.1984. 条沙叶蝉. 甘肃农作物病虫害［M］. 兰州：甘肃人民出版社.
檀根甲，丁克坚，季伯衡，等.1997. 小麦纹枯病菌氮素营养的研究［J］. 应用生态学报，8（4）：396-398.
陶家凤，秦家忠，肖际亨，等.1980. 四川土传小麦黄色花叶病的研究［J］. 植物病理学报，10（1）：14-27.
陶玲，吴慧平，彭德良，等.2012. 小麦孢囊线虫在安徽省的发生分布与鉴定［J］. 安徽农业大学学报，39（2）.
田波，张振勇，梁希娴，等.1980. 小麦丛矮病毒的研究［J］. 微生物学报，20（3）：280-295.
田慧敏，刘太国，高利，等.2008. 中国小麦条锈菌4个主要流行小种的寄生适合度［J］. 植物病理学报，38（6）：599-606.
田世民，朱之堉，刘保柱. 1997. 氮、磷肥和灌水对小麦黑胚病发生的影响［J］. 河北农业大学学报，20（2）：33-35.
涂祖荣，余建华，张绍南，等.1997. 高产抗白粉病大麦新品系丰抗1号［J］. 福建农业科技（1）：12.
汪可宁，洪锡午，司权民，等.1963. 我国小麦条锈病生理专化研究［J］. 植物保护学报，2（1）：23-26.
汪可宁，洪锡午，吴立人，等.1986.1951—1983年我国小麦品种抗条锈性变异分析［J］. 植物保护学报，13（2）：117-124.
汪可宁，谢水仙，刘孝坤，等.1988. 我国小麦条锈病防治研究进展［J］. 中国农业科学，21（1）：1-8.
汪涛，戚仁德，吴向辉，等.2012. 小麦孢囊线虫病传播扩散途径研究初报［J］. 植物保护，38（1）：98-100.
汪晓红，潘晓皖.2005. 30%醚菌酯SC防治小麦叶锈病、白粉病的田间药效试验［J］. 农药，44（7）：334-335.
王保通，段双科.1995. 小麦雪霉叶枯病产量损失及品种抗病性研究初报［M］//马秉元. 植物保护研究. 西安：陕西科学技术出版社.
王保通，冯小军，商鸿生，等.2006. 陕西省小麦全蚀病发生分布及短期轮作防治效果［J］. 西北农林科技大学学报：自然科学版，34（3）：98-102.
王保通，梁耀琦，袁文焕.1996. 小麦雪霉叶枯病菌毒素对小麦叶片苯丙氨酸解氨酶（PAL）的影响［J］. 植物病理学报，26（6）：36.
王保通，商鸿生，李强，等.2005. 硅噻菌胺拌种防治小麦全蚀病试验研究［J］. 西北农业学报，14（3）：26-28.
王保通.1992. 陕西省小麦雪腐叶枯病研究现状［J］. 植物保护（2）：33-35.
王春霞.2009. 小麦根病发生与防治对策［J］. 北京农业（4）：43.
王翠玲，杨雪莲，席永士，等.2002. 小麦雪霉叶枯病病原菌分离鉴定与发病规律初探［J］. 西藏科技（9）：7-8.
王德普，冯建才.1980. 麦秆蝇发生规律及防治方法初步研究［J］. 宁夏农业科技（2）：16-18.
王芳，商鸿生，王树权.1990. 雪腐格氏霉中国菌系对小麦的致病性研究［J］. 西北农业大学学报，18（2）：60-65.
王凤乐，吴立人，谢水仙，等.1994. 我国小麦重要抗源材料抗条锈病基因推导及其成株抗病性分析［J］. 植物病理学报，24（2）：175-180.
王广金，赵远玲，王永斌.2010. 小麦秆锈病的危害与防治研究综述［J］. 黑龙江农业科学（12）：169-171.
王红灿.2010. 小麦秆黑粉病发生特点及防治措施［J］. 河南农业（4）：22.
王怀，程素霞，王秀芬.2009. 小麦根腐病的发生与防治［J］. 种业导刊（12）：38.
王怀训，王开运，姜兴印，等.2000. 25%敌力脱乳防治小麦纹枯病药效评价［J］. 农药科学与管理（2）：45-48.
王会伟，邢小萍，袁虹霞，等. 2006. 小麦品种（系）的黑胚病抗性评价［J］. 麦类作物学报，26（3）：132-135.
王吉庆，陆家兴，刘守俭，等.1965. 甘肃地区小麦条锈病越夏规律的初步研究［J］. 植物病理学报，8（1）：1-10.
王建敏，柴春莉.2007. 药剂拌种控制小麦种传和土传病害防治效果对比试验［J］. 河南农业（3）：30.
王金生.1992. 寄主-病原物互作［J］. 植物病理学报，22（4）：289-292.
王金生.2000. 分子植物病理学［M］. 北京：中国农业出版社.
王景信，史林峰.1982. 应澄清呼和浩特市地区不同种类麦秆蝇及其危害［J］. 现代农业（5）：26-27.
王丽艳，孙立桓，林志伟.2002. 春小麦皮蓟马田间发生规律研究［J］. 黑龙江八一农垦大学学报，14（4）：11-13.
王领标，杨振荣，杨小红，等.2009. 警惕瑞典蝇和禾蓟马为害夏玉米［J］. 湖北植保，114（4）：25.
王美芳，原国会，陈巨莲，等.2006. 麦蚜发生为害特点及小麦抗蚜性鉴定的研究［J］. 河南农业科学（7）：58-60.
王美南，商鸿生. 2000. 华山新麦草对小麦全蚀病菌的抗病性研究［J］. 西北农业大学学报，28（6）：67-71.
王美南，商鸿生. 2001. 麦类作物对小麦全蚀病菌抗病性的研究［J］. 西北农林科技大学学报：自然科学版，29（3）：98-100.
王明祖，付艳苹，肖炎龙. 1998. 我省发现小麦全蚀病［J］. 湖北植保（6）：31.
王明祖，彭德良，武学勤.1991. 小麦孢囊线虫病的研究病原鉴定［J］. 华中农业大学学报，10（4）：352-356.
王鸣岐，刘国士，陆秀海.1980. 小麦梭斑花叶病毒病在我国发生的初步证实［J］. 四川农业科技（1）：33-35.
王宁，冯彦霞，杜文珍，等.2012. 小麦全蚀病菌致病力测定及品种抗病性研究［J］. 植物遗传资源学报，13（3）：478-

483.
王生荣 . 1996. 甘肃省小麦全蚀病菌变种类型的初步鉴定［J］. 甘肃农业大学学报，6（2）：171－174.
王锡锋，刘艳，韩成贵，等 . 2010. 我国小麦病毒病害发生现状与趋势分析［J］. 植物保护，36（3）：13－19.
王暄，乐秀虎，宋志强，等 . 2013. 小麦孢囊线虫江苏群体的形态学与分子特征鉴定［J］. 中国农业科学，46（5）：934－942.
王以明，张冬梅，廖贵 . 1994. 瑞典秆蝇的发生发展和防治对策［J］. 河北农业科学（3）：26－29.
王以明 . 1981. 对瑞典秆蝇的初步观察和防治意见［J］. 河北农业科技（6）：15－16.
王玉正，原永兰，赵百灵，等. 1997. 山东省小麦纹枯病为害损失及防治指标的研究［J］. 植物保护学报，24（1）：44－48.
王裕中，沈素文，陈怀谷，等 . 1997. 小麦全蚀病菌对小麦根的侵染观察［J］. 江苏农业学报，13（1）：18－21.
王裕中，杨新宁，史建荣 . 1986. 麦类纹枯病防治研究Ⅰ. 大小麦及其轮作物丝核菌的生物学特性与致病力比较［J］. 江苏农业学报，2（4）：29－35.
王圆 . 1997. 中国进境植物检疫有害生物选编［M］. 北京：中国农业出版社 .
王子权 . 1964. 小麦颖枯病菌的培养研究［J］. 吉林农业科学，1（2）：91－94.
王宗华 . 1991. 关于日喀则小麦雪霉叶枯病发生情况的调查报告［J］. 西藏农业科技（3）：19－20.
魏景超 . 1979. 真菌鉴定手册［M］. 上海：上海科学技术出版社 .
魏勇良 . 1974. 敦煌县小麦糜疯病的初步观察及药剂防治试验［J］. 甘肃农大学报（4）：1270.
魏争鸣，文永林，闫萍，等 . 1994. 危险性麦作害虫麦双尾蚜防治研究［J］. 塔城科技（1）：6－10.
闻伟刚，谭钟，张吉红，等 . 2009. 检测小麦线条花叶病毒的 TaqManMGB 探针技术［J］. 麦类作物学报，29（2）：351－355.
问锦曾 . 1972. 中国农作物病虫害图谱小麦分册［M］. 北京：农业出版社 .
吴春西，宋小霞，李学军，等. 2005. 小麦黑胚病的发生规律与防治技术［J］. 安徽农业科学，33（12）：2274.
吴福桢 . 1990. 中国农业百科全书：昆虫卷［M］. 北京：农业出版社 .
吴宏亚，张伯桥，高德荣，等 . 2006. 转 WYMV－Nib8 基因抗黄花叶病小麦的鉴定及优良株系的选育［J］. 麦类作物学报，26（6）：11－14.
吴会明，李恩才 . 2009. 渭北塬区小麦腥黑穗病突发成因与防控对策［J］. 陕西农业科学（2）：132，168.
吴立人，孟庆玉，汪可宁，等 . 1985. 洛夫林 10 和山前麦等品种抗条锈性研究［J］. 中国农业科学（1）：60－64.
吴立人，徐世昌 . 2000. 小麦抗条锈病基因的转育与利用［J］. 植物遗传资源科学，1（2）：64.
吴全安，等 . 1991. 粮食作物种质资源抗病虫鉴定方法［M］. 北京：农业出版社 .
吴素琴，崔伯棠，张志恒，等 . 1985. 小麦梭条花叶病毒病的初步研究［J］. 植物病理学报，15（1）：57－59.
吴畏等 . 1989. 小麦根腐病成株期品种抗性记载方法的探讨［J］. 沈阳农业大学学报，20（2）：102－107.
吴友三，黄振涛 . 1987. 中国二十年间小麦秆锈菌生理小种鉴定和消长分析［J］. 沈阳农业大学学报，13（3）：105－138.
吴云锋，顾沛雯，安风秋 . 2005. 小麦蓝矮病植原体的寄主范围研究［J］. 西北农林科技大学学报，33（增刊）：8－10.
仵均祥，李长青，成卫宁，等 . 2005. 一种改进的麦红吸浆虫淘土调查方法及其效果［J］. 昆虫知识，42（1）：93－96.
仵均祥，李长青，李怡萍，等 . 2004. 小麦吸浆虫滞育研究进展［J］. 昆虫知识，41（6）：499－503.
武予清，蒋月丽，段云 . 2008. 麦红吸浆虫监测方法评价［J］. 河南农业科学（8）：98－100.
武予清，刘顺通，段爱菊，等 . 2010. 河南西部小麦红吸浆虫禾本科寄主植物的记述［J］. 植物保护，36（5）：138－140.
武予清，苗进，段云，等 . 2011. 麦红吸浆虫的研究与防治［M］. 北京：科学出版社 .
武予清，赵文新，蒋月丽，等 . 2009. 麦红吸浆虫成虫的黄色粘板监测［J］. 植物保护学报，36（4）：381－382.
西北农学院昆虫教研组 . 1956. 小麦吸浆虫之研究［J］. 西北农学院学报（1）：29－62.
郄立新，孙伟，龚祖埙 . 1992. 小麦丛矮病毒的盘状结构由病毒前导 RNA 和推定的 N2 蛋白组成［J］. 病毒学报，8（3）：262－266.
夏鹏亮，武予清，尚素琴，等 . 2012. 麦红吸浆虫在麦株之间活动高度的分析［J］. 河南农业科学，40（4）：90－92.
夏烨，周益林，段霞瑜，等 . 2005. 2002 年部分麦区小麦白粉病菌对三唑酮的抗药性监测及苯氧菌酯敏感基线的建立［J］. 植物病理学报，6（增刊）：74－78.
夏云龙，杨奇华 . 1990. 植物抗虫性鉴定的模糊识别方法研究［J］. 植物保护学报，17（2）：155－161.
夏正俊，顾本康，李清铣 . 1989. 江苏省大、小麦纹枯病病原学的初步研究［J］. 植物病理学学报，19（3）：23－25.
相怀军 . 2010. 燕麦种质遗传多样性及坚黑穗病抗性 QTL 定位［D］. 北京：中国农业科学院作物科学研究所 .
相建业，朱象三，刘绍友 . 1996. 条沙叶蝉生物学与生态学研究［J］. 植物保护学报，23（4）：327－332.
相建业，冯崇川 . 1994. 小麦黄矮病预测预报［J］. 植物保护学报，21（1）：73－77.
相建业，张秦风，罗国正 . 1994. 小麦蓝矮病介体条沙叶蝉传毒特性研究［J］. 陕西农业科学（5）：4－6.

肖猛，唐子恺，王永康，等．2000. 四川大麦种质资源抗白粉病性鉴定［J］. 西南农业学报，13（1）：83－86.
谢成君，马国政．2001. 宁夏农作物病虫害研究［M］．银川：宁夏人民出版社．
谢成君．1998. 农作物主要病虫害预测［M］．银川：宁夏人民出版社．
谢浩，王志民，李维琪，等．1982. 新疆小麦线条花叶病毒的研究［J］. 植物病理学报，12（1）：7－12.
谢浩．1983. 小麦线条花叶病的发生与防治［J］. 新疆农垦科技（3）：2.
谢水仙，陈万权，陈杨林，等．1992. 陇南和阿坝地区小麦条锈病传播的研究［J］. 植物病理学报，22（2）：127－134.
谢水仙，陈万权，陈杨林，等．1997. 陇南地区小麦条锈病发生动态与治理［J］. 植物保护学报，24（1）：29－34.
谢水仙，陈杨林，陈万权，等．1988. 阿坝州小麦条锈病发生规律的研究［J］. 植物保护学报，15（2）：85－91.
谢水仙，汪可宁，陈杨林，等．1993. 我国小麦条锈病菌传播与高空气流关系的初步研究［J］. 植物病理学报，23（3）：203－209.
邢小萍，汪敏，刘春元，等．2008. 不同小麦品种（系）对小麦纹枯病抗性动态研究［J］. 河南农业科学（12）：85－88.
徐培河．1989. 农田有害生物的防除［M］．西宁：青海人民出版社．
徐世昌，张敬原，赵文生，等．2001. 小麦京核 891－1 抗条锈病主效、微效基因的遗传分析［J］. 中国农业科学，34（3）：272－276.
许浩然．1983. 小麦皮蓟马单穗不同虫口密度损失率的测定和药物防治效果［J］. 新疆农业科技（1）：44.
许玉娟，崔爱民，宁东贤．2005. 条沙叶蝉与小麦红矮病［J］. 小麦研究，26（2）：22－24.
闫爱军．2008. 小麦根腐病发生原因及防治［J］. 河南农业（23）：25.
杨海峰，谢浩．1994. 新疆粮食作物病虫害防治［M］．乌鲁木齐：新疆科技卫生出版社．
杨海峰，薛承祥，王惠珍，等．1984. 冬麦害虫天敌发生规律的研究［J］. 植物保护学报，11（4）：257－262.
杨海鹏．1984. 燕麦秆锈病［J］. 内蒙古农业科技（4）：44－46.
杨海珍．1984. 小麦粒线虫病的发生及防治［J］. 河北农业科技（5）：9.
杨建平．2000. 禾谷多黏菌传小麦病毒的生物学与分子生物学研究［D］．杭州：浙江大学．
杨军，张卫华，尚巧霞，等．2005. 小麦黄花叶病毒低分子量 RNA1 的鉴定［J］. 中国病毒学，20（2）：179－183.
杨莉，裘维蕃，傅仓生，等．1979. 小麦丛矮病研究之二关于小麦丛矮病的病原病毒问题［J］. 植物保护学报，6（1）：17－22.
杨满昌，苗洪芹，陈巽祯，等．1987. 内蒙岭北地区春小麦丛矮病的发生与鉴定［J］. 华北农学报，2（4）：104－107.
杨平澜．1959. 小麦吸浆虫研究与防治［M］．中国科学院动物研究所．昆虫学集刊．北京：科学出版社．
杨荣明，吴燕，朱凤，等．2011. 2010 年江苏省小麦赤霉病流行特点及防治对策探讨［J］. 中国植保导刊，31（2）：16－19.
杨文香，孟庆芳，冯圣东，等．2004. 1999 年我国小麦叶锈菌毒性基因发生动态研究［J］. 植物保护学报，31（1）：45－50.
杨岩，庞家智．1999. 小麦腥黑穗病和黑粉病［M］．北京：中国农业科学技术出版社．
杨幼平，李天安．1993. 扑草净影响小麦雪腐病、纹枯病的田间观察［J］. 环境科学进展，1（6）：72－74.
姚平，曹远银，吴友三，等．1993. 1990 年全国小麦秆锈菌小种动态［J］. 植物保护学报，20（1）：65－70.
姚平，曹远银．2000. 目前全国小麦秆锈菌种群动态分析（1995—1999）［C］//面向 21 世纪的植物保护发展战略：667－670.
姚一建，李玉，等．2002. 菌物学概论［M］．北京：中国农业出版社．
叶荣，郑滔，徐磊，等．2000. 山东烟台小麦土传病毒病由小麦黄花叶病毒和土传小麦花叶病毒相关病毒复合侵染所致［J］. 病毒学报，16（1）：80－82.
叶文兴，徐秉良，彭德良．2010. 甘肃小麦禾谷孢囊线虫 rDNA－ITS 和 28S r DNA－D2/D3 区序列特征及 ITS－RFLP 分析［J］. 植物保护，36（3）：58－65.
叶永钧，龚祖埙．1998. 小麦丛矮病毒 M 蛋白基因的序列测定、表达和鉴定［J］. 生物化学与生物物理学报，30（5）：520－524.
衣海青．1995. 小麦根腐病研究进展及防治对策［J］. 世界农业（2）：28－30.
尹姣，陈巨莲，曹雅忠，等．2005. 外源化合物诱导后小麦对麦长管蚜和粘虫的抗虫性研究［J］. 昆虫学报，48（5）：718－724.
尹静，王广金，张宏纪，等．2007. 小麦秆锈抗性遗传及抗性基因研究进展［J］. 植物遗传资源学报，8（1）：106－112.
余金钰．2008. 福建省小麦秆锈病流行和控制回顾［J］. 福建农业科技（4）：47－48.
喻修道．2010. EβF 合成酶基因的克隆及功能分析［D］．北京：中国农业科学院作物科学研究所．
喻璋，等．2002. 小麦病虫害及其防治［M］. 成都：四川大学出版社．
原泽良荣．1995. 大麦云纹病的种子传染及其防治对策［J］. 国外农学麦类作物（1）：15－16.

袁锋 . 2006. 麦红吸浆虫成灾规律与控制 [M] . 北京：科学出版社 .

袁虹霞，年高磊，邢小萍，等 . 2011. 鲁豫皖交界地区四个小麦禾谷孢囊线虫群体致病型鉴定 [J]. 植物保护学报，38 (5)：408 - 412.

袁虹霞，张福霞，张佳佳，等 . 2011. CIMMYT 小麦种质资源对菲利普孢囊线虫（*Heterodera filipjevi*）河南许昌群体的抗性 [J]. 作物学报，37 (11)：1956 - 1966.

袁胜亮，刘峰，张娜 . 2011. 6 种杀菌剂对小麦叶斑根腐病菌的毒力测定 [J]. 中国农学通报 (15)：273 - 276.

岳绪国，景德道，陈爱大 . 2001. 小麦抗梭条花叶病品种的田间筛选及抗性遗传研究初报 [J]. 麦类作物学报，21 (3)：22 - 25.

越慰增 . 1963. 小麦穗上皮蓟马活动习性初步研究 [J]. 新疆农业科学 (2)：50 - 52.

曾省 . 1965. 小麦吸浆虫 [M] . 北京：农业出版社 .

曾士迈 . 1962. 小麦条锈病春季流行规律的数理分析 [J]. 植物保护学报，1 (1)：35 - 48.

曾士迈 . 1974. 陕北"糜疯麦"的初步观察：植物病害的热治疗与冷治疗 [M]. 涿县：华北农业大学科技情报室 .

翟凤林，袁世畴 . 1987. 作物抗虫育种原理与方法 [M] . 北京：北京科学技术出版社 .

翟金钟，徐喜国，朱高纪，等. 2002. 小麦黑胚病发生与防治研究初报 [J]. 安徽农业科学，30 (2)：244 - 245.

张爱红，路银贵，邸垫平，等 . 2010. 河北省小麦土传病害的发生现状及防治措施 [J]. 河北农业科学 (8)：95 - 98.

张爱民 . 1996. 小麦吸浆虫发生发展的气象分析及预报 [J]. 安徽农业科学，24 (2)：151 - 153.

张长江，张杰，贾定生 . 1997. 烟翅麦茎蜂幼虫田间分布型及抽样技术 [J]. 昆虫知识，34 (3)：196 - 197.

张定源，们发良，郭兆海，等 . 2008. 黑麦草锈病的防治 [J]. 云南畜牧兽医，6 (1)：34.

张东生，彭德良，齐淑华 . 1996. 华北平原北部禾谷孢囊线虫的孵化特点 [J]. 植物病理学报，26 (2)：158.

张广学，张润志 . 1994. 麦双尾蚜的发生与防治 [J]. 昆虫知识，31 (4)：248 - 252.

张华普，等 . 2008. 3 种寄主植物对条沙叶蝉生长发育和繁殖的影响 [J]. 西北农林科技大学学报：自然科学版，36 (10)：163 - 167.

张洁，陈莉，袁虹霞，等 . 2013. 小麦孢囊线虫病生防真菌 08F04 菌株的鉴定及防效测定 [J]. 中国生物防治学报，29 (4)：509 - 514.

张克斌，郭予元 . 1990. 小麦吸浆虫及其综合治理 [M] //李光博，曾士迈，李振岐 . 小麦病虫草鼠害综合治理 . 北京：中国农业科学技术出版社 .

张克斌，胡木林 . 1995. 麦红吸浆虫结茧习性研究 [J]. 昆虫知识，32 (2)：80 - 83.

张鹏麟，任芝英 . 1986. 小麦蓝矮病症状与温度光照关系 [J]. 植物病理学报，16 (l)：61 - 62.

张巧艳，陈剑平 . 2005. 中国小麦花叶病毒（CWMV）生物学特性初探 [J]. 浙江农业学报，17 (3)：155 - 157.

张秦风，马院丽，张荣 . 1996. 小麦丛矮病超薄切片电镜观察 [J]. 西北农业学报，5 (1)：92.

张秦风，安德荣，朱象三 . 1995. 陕西，甘肃小麦病毒病的研究历史和发生种类 [J]. 陕西农业科学 (5)：14 - 17.

张秦风，相建业，杨英，等 . 1996. 小麦类菌原体蓝矮病初侵染研究 [J]. 植物病理学报 (2)：107 - 110.

张秦风，朱象三，刘田夫，等 . 1988. 陕西小麦梭条斑花叶病（WSSMV）的鉴定研究 [J]. 病毒学杂志 (1)：93 - 97.

张秦风，朱象三 . 1979. 关中土传小麦花叶病研究初报 [J]. 陕西农业科学 (11)：5，14 - 17.

张庆平，李子钦，张建平，等 . 1996. 国内外小麦根腐病研究概况 [J]. 内蒙古农业科技 (4)：7 - 11.

张荣昌 . 1995. 小麦品种资源对根腐病的抗源筛选与利用 [J]. 作物研究 (3)：27 - 28.

张汝林，于锁英，刘马俊，等 . 2001. 麦长管蚜种群动态研究 [J]. 小麦研究，22 (1)：35 - 36.

张瑞端，泉得水，张太星，等 . 1995. 大麦条纹病和黑穗病的防治研究 [J]. 黑龙江农业科学 (2)：46 - 47.

张润志，张广学 . 1996. 中国麦双尾蚜发生现状及研究进展 [C] //张芝利，等 . 中国有害生物综合治理论文集 . 北京：中国农业科学技术出版社：435 - 439.

张润志，耿守光，高真，等 . 1999a. 麦类品种对麦双尾蚜自然感虫性的初步观察 [J]. 昆虫学报（增刊），42 (S)：111 - 119.

张润志，梁宏斌，任立 . 2000. 麦双尾蚜全周期生活型向不全周期生活型的人工诱变 [J]. 中国科学（C 辑），30 (3)：259 - 265.

张润志，梁宏斌，王国平 . 1999b. 麦双尾蚜发生程度与气候因素的关系 [J]. 昆虫学报，42 (S)：68 - 71.

张润志，梁宏斌，张军，等 . 1999c. 温度对麦双尾蚜发育、存活和繁殖的影响 [J]. 昆虫学报，42 (S)：35 - 39.

张润志，刘晏良，耿守光，等 . 1999d. 麦类品种对麦双尾蚜的耐害性及产量损失率 [J]. 昆虫学报，42 (S)：120 - 124.

张润志，张军，曹岩，等 . 1999e. 麦双尾蚜自然种群的特定时间生命表 [J]. 昆虫学报，42 (S)：50 - 54.

张润志，张军，初梦林，等 . 1999f. 四种天敌对麦双尾蚜的功能反应 [J]. 昆虫学报，42 (S)：92 - 96.

张润志，张军，杜秉仁 . 1999g. 麦双尾蚜的龄期鉴别 [J]. 昆虫学报，42 (S)：26 - 30.

张润志，张军，魏争鸣，等 . 1999h. 新疆麦田主要蚜虫的生态位 [J]. 昆虫学报，42 (S)：40 - 44.

张胜，吴慧平，等．2013. 安徽省萧县禾谷类孢囊线虫发生与分布规律［J］. 植物保护，39（3）：148－152.
张石新，舒秀珍，孟莉．1983. 小麦丛矮病毒对灰飞虱雌、雄虫体繁殖力影响的初步观察［J］. 植物病理学报，13（2）：63－64.
张书坤，邱永春，姚平．1998. 94个小麦重要抗源品种抗秆锈病基因的推导［J］. 沈阳农业大学学报，29（2）：117－122.
张舒亚，周明国，李宏霞．2004. 嘧菌酯对植物病原真菌得毒力研究［M］// 周明国．中国植物病害化学防治研究：第四卷．北京：中国农业科学技术出版社：147－151.
张天宇，王海丽，徐芳玲. 1990. 小麦籽粒黑点病及其病原［J］. 植物保护学报，17（4）：313－316.
张万明，邵凤成，丁振山，等．2007. 冬小麦根腐病的发生与防治［J］. 天津农林科技（1）：8.
张伟锋，程晖，常滔．2007. 小麦蠕孢菌叶枯病（HLB）病原的研究概况［J］. 安徽农业科学（33）：10767－10768.
张筱秀，石银鹿．1998. 玉米苗期黑麦秆蝇危害的初步观察［J］. 植物保护（6）：51.
张学博．1959. 大麦坚黑穗病的防治研究［J］. 福建农学院学报（Z1）：49－58.
张雅林．1990. 中国叶蝉分类研究［M］．杨凌：天则出版社．
张烨，尹姣，曹雅忠，等．2011. 不同地理种群和红色及绿色麦长管蚜遗传多样性分析［J］. 应用昆虫学报，48（6）：1602－1607.
张英凤．2002a. 立克秀等药剂对大麦网斑病菌毒力测定［J］. 大麦科学（3）：33－34.
张英凤．2002b. 啤酒大麦网斑病发病规律调查及产量损失测定［J］. 大麦科学（2）：39－41.
张月季，陈熙，盛方镜．1986. 小麦梭条斑花叶病的初步调查研究［J］. 植物保护（2）：6－9.
张跃进，王建强，姜玉英，等．2007. 2007年全国农作物重大病虫害发生趋势预测［J］. 中国植保导刊（2）：32－35.
张匀华，彭驰，刘彦坤，等．1999. 黑龙江省春小麦根腐病危害损失研究［J］. 植物病理学报，29（4）：329－332.
张匀华，王芊，郭梅，等．1999. 小麦品种对不同地区根腐病菌抗性的初步研究［J］. 作物品种资源（3）：32－34.
张智，张云慧，程登发，等．2012. 耕作制度对麦红吸浆虫种群动态的影响［J］．昆虫学报，5（5）：612－617.
张中鸽，彭于发，陈善铭．1991. 小麦全蚀病的发生现状及防治措施探讨［J］. 植物保护，17（1）：19－20.
赵洪海，杨远永，彭德良，等．2011. 小麦禾谷孢囊线虫在山东省的分布新报道和发生特点浅析［J］. 青岛农业大学学报，28（4）：17－22.
赵洪海，杨远永，彭德良．2012. 山东省主要小麦品种对禾谷孢囊线虫抗性的初步评价［J］. 山东农业科学，44（2）：80－83.
赵杰，张管曲，康振生．2013. 陕西省小麦禾谷孢囊线虫病的新发生地区与田间侵染规律［J］. 中国农业科学，46（16）：3496－3503.
赵杰，张管曲，钮绪燕，等．2011. 陕西省小麦禾谷孢囊线虫的 rDNA－ITS－AFLP 分析［J］. 植物病理学报，41（6）：561－569.
赵杰，张管曲，彭德良，等．2013. 节节麦、鬼蜡烛——燕麦孢囊线虫的两种新寄主［J］. 植物保护学报，40（4）：379－380.
赵克思．2002. 麦简管蓟马在济南仲宫麦田发生为害［J］. 植保技术与推广，22（8）：37.
赵立嵚，肖斌，戴武，等．2010. 条沙叶蝉的形态及分类地位研究（半翅目：叶蝉科：角顶叶蝉亚科）［J］. 昆虫分类学报，3（32）：179－185.
赵利敏，杜晓莉，贾豪，等．1997. 灰翅麦茎蜂对不同品种春小麦穗粒重的影响［J］. 植物保护，23（6）：15－16.
赵利敏，张海莲．2008. 灰翅麦茎蜂（*Cephus fumipennis*）的经济危害水平和经济阈值（膜翅目：茎蜂科）［J］. 西北农业学报，17（1）：65－69.
赵谦宜．1991. 小麦白秆病国内外研究动态及防治对策［J］. 植物保护，17（1）：32－33.
郑莲枝，张匀华．1988. 黑龙江春小麦根腐病流行规律与预测方法研究［J］. 黑龙江八一农垦大学学报（1）：15－24.
郑巧兮，龚祖埙．1985. 小麦丛矮病毒糖蛋白（G蛋白）的研究［J］. 病毒学报，1（1）：56－59.
郑巧兮，徐伟军，朱本明，等．1983. 小麦丛矮病毒核衣壳的分离及其核酸、蛋白质组成的研究［J］. 生物化学与生物物理学报，15（6）：561－567.
郑是林，孙兰英. 1999. 小麦种子黑胚病对发芽的影响及病原鉴定的研究［J］. 作物学报，15（4）：362－368.
郑是林. 1989. 小麦黑胚病发生规律研究［J］. 山东农业大学学报（2）：8－15.
中国科学院上海生物化学研究所病毒组，河北省植保土肥研究所病毒组．1978. 小麦丛矮病病原的鉴定［J］. 中国农业科学（1）：78－81.
张广学，钟铁森．1983. 中国经济昆虫志 第二十五册 半翅目 蚜虫类（一）［M］．北京：科学出版社．
中国农业科学院植物保护研究所．1995. 中国农作物病虫害：上册［M］．2版．北京：中国农业出版社．
中国农作物病虫害编辑委员会．1979. 中国农作物病虫害：上册［M］．北京：农业出版社．
中国农作物病虫图谱编绘组．1972. 中国农作物病虫图谱 第二分册 麦类病虫［M］．北京：农业出版社．

中国农作物病虫图谱编绘组 . 1978. 中国农作物病虫图谱　第三分册　旱粮病虫［M］. 北京：农业出版社 .

中国农作物病虫图谱编绘组 . 1992. 中国农作物病虫图谱　第二分册　麦类病虫［M］. 修订本 . 北京：农业出版社 .

中华人民共和国农业部 . 2007. NY/T 1443. 1—2007 小麦抗病虫性评价技术规范　第 1 部分：小麦抗条锈病评价技术规范［S］. 北京：中国农业出版社 .

中华人民共和国农业部 . 2007. NY/T 1443. 2—2007 小麦抗病虫性评价技术规范　第 2 部分：小麦抗叶锈病评价技术规范［S］. 北京：中国农业出版社 .

中华人民共和国农业部 . 2003. GB 7412—2003 小麦种子产地检疫规程［S］. 北京：中国农业出版社 .

周广和，陈剑波，陈善铭 . 1990. 我国不同地区小麦梭条斑花叶病毒的比较鉴定［J］. 植物病理学报，20（2）：106 - 111.

周广和，成卓敏，张向才，等 . 1987. 麦类病毒病及其防治［M］. 上海：上海科学技术出版社 .

周广和，张淑香，钱幼亭 . 1987. 小麦黄矮病毒 4 种株系鉴定与应用［J］. 中国农业科学（4）：20.

周国义，奚流芳，汪以，等 . 1999. 小麦全蚀病发生规律及防治技术［J］. 植物检疫，13（3）：28 - 29.

周祥椿，鲁清林，杜久元 . 2007. 抗条锈冬小麦新品种兰天 23 号选育报告［J］. 甘肃农业科技（12）：5 - 6.

周祥椿，吴立人，宋建荣，等 . 2008. 陇南小麦条锈病的品种遗传多样性控制［J］. 植物保护学报，35（2）：97 - 101.

周祥椿 . 2007. 陇南小麦条锈病治理及基因控制［J］. 甘肃农业（6）：11 - 13.

周益林，段霞瑜，刘金龙，等 . 2004. 几种新型杀菌剂对小麦白粉病的防效研究［M］// 周明国 . 中国植物病害化学防治研究：第四卷 . 北京：中国农业科学技术出版社：384 - 388.

周益林，段霞瑜，盛宝钦 . 2001. 植物白粉病的化学防治进展［J］. 农药学学报，3（2）：12 - 18.

周益林，盛宝钦，肖悦岩，等 . 1995. 小麦白粉病预测预报的研究［M］// 赵美琦 . 麦田植保系统工程的研究：52 - 56.

朱耿平，刘国卿 . 2010. 土蝽——善于土栖生活的半翅目昆虫［J］. 昆虫知识，47（1）.

朱靖环，杨建明，汪军妹，等 . 2006. 大麦抗白粉病研究进展［J］. 大麦与谷类科学（4）：41 - 45.

朱统泉，刘建新，贺建锋，等 . 2005. 小麦纹枯病、根腐病的化药控制技术研究［J］. 作物杂志（4）：27 - 29.

朱象三，张鹏林，任芝英，等 . 1984. 小麦蓝矮病的研究［J］. 植物保护学报，11（1）：35 - 41.

朱训永，郑立金，吴传勇 . 1996. 六合县小麦梭条花叶病的发生及防治技术［J］. 南京农专学报（3）：13 - 16.

宗兆锋，康振生 . 2002. 植物病理学原理［M］. 北京：中国农业出版社 .

Степанов К М，杨世诚 . 1979. 小麦秆、条锈和黑麦秆锈病的分阶段预测［J］. 云南农业科技（2）.

Adams M J，Swaby A G，Jones P. 1988. Confirmation of the transmission of barley yellow mosaic virus（BaYMV）by the fungus *Polymyxa graminis*［J］. Annals of Applied Biology，112：133 - 141.

Adams M J. 1991. Transmission of plant viruses by fungi［J］. Annals of Applied Biology，118：479 - 492.

Adlaka K L，Joshi L M. 1974. Black point of wheat［J］. Indian Phytopathology，27：41 - 44.

Agarwal K，Sharma J，Tribhuwan S，et al. 1987. Histopathology of *Alternaria tenuis* infected black - pointed kernels of wheat［J］. Botanical Bulletin of Academic Sinica：Taiwan，28：123 - 130.

Agarwal P C，Anitha K，Dev R，et al. 1993. *Alternaria alternate*，real cause of black point and differentiating sympotoms of two other pathogens associated with wheat（*Triticum aestivum*）seeds［J］. Indian Journal of Agricultural Science，63：451 -453.

Agrios G N. 2005 Plant Pathology［M］. 5th ed. Elsevier Academic Press：826 - 874.

Andika I B，Zheng S L，Tan Z L，et al. 2012. Endoplasmic reticulum export and vesicle formation of the movement protein of Chinese wheat mosaic virus are regulated by two transmembrane domains and depend on the secretory pathway［J］. Virology：on line.

Anikster Y，Eilam T，Bushnell W R，et al. 2005. Spore dimensions of *Puccinia* species of cereal hosts as determined by image analysis［J］. Mycologia，97（2）：474 - 484.

Anonymou S. 1992. Economic impact of the Russian wheat aphid in the Western United States：1989 - 1990［C］//Proceedings of the fifth Russian wheat aphid conference. Fort Worth，Texas：Great Plains Agric. Counc. Publ. 142：1 - 14.

Anonymou S. 1994. Economic impact of Russian wheat aphid in Western United states 1991 - 1992［C］//Proceedings of the sixth Russian wheat aphid workshop. Fort Collins，Colorado：252 - 268.

Arabi M I E，Jawhar M. 2007. Inheritance of virulence in *Pyrenophora graminea*［J］. Australasian Plant Pathology，36：373 - 375.

Archer T L，Bynum E D. 1992. Economic injury level for the Russian wheat aphid（Homoptera：Aphididae）on dryland winter wheat［J］. Journal of Economic Entomology，85：987 - 992.

Archer T L，Johnson D G，Peairs F B，et al. 1998. Economic injury levels for the Russian wheat aphid（Homoptera：Aphididae）on winter wheat in several climate zones［J］. Journal of Economic Entomology，91（3）：741 - 747.

Armstrong S，Walker C B，Peairs F B，et al. 1992. The effect of planting date in eastern Colorado on Russian wheat aphid infestations in winter wheat [C] //Proceedings of the fifth Russian wheat aphid conference. Fort Worth, Texas: Great Plains Agriculture Council Publish: 109 - 115.

Arru L, Niks R E, Lindhout P, et al. 2002. Genomic regions determining resistance to leaf stripe (*Pyrenophora graminea*) in barley [J]. Genome, 45: 460 - 466.

Awatif Abdul - fatah Hamodi, Mohammed - Saleh Abdul - Rassoul. ON SOME SPECIES OF TUBULIFEROUS THRIPS (THYSANOPTERA: PHLAEOTHRIPIDAE) FROM BAGHDAD, IRAQ. Bulletin of the Irag Museum of Natural History, 2010, 11 (2): 55 - 59.

Basedow T. 1973. Der Einfluss epigaischer raubarthropoden auf die abundanz Phytop hager insekten in deragrarland schaft [J]. Pedobiologia, 13: 410 - 422.

Basky Z, Jordaan J. 1997. Comparison of the development and fecundity of Russian Wheat Aphid (Homoptera: Aphididae) in South Africa and Hungary [J]. Journal of Economic Entomology, 90 (2): 623 - 627.

Basky Z. 1993. Incidence and population fluctuation of *Diuraphis noxia* in Hungary [J]. Crop Protection, 12: 605 - 609.

Basky Z, Eastop V F. 1991. *Diuraphis noxia* in Hungary [J]. Newl. Barley Yellow Dwarf, 4: 34.

Bennett L E. 1990. Russian wheat aphid, *Diuraphis noxia* (Mordvilko), on dry land winter wheat in Southwestern Wyoming [C] //Final report to the Wyoming Wheat Growers Association. Laramie, WY: Wyoming Wheat Grower Association.

Bhowmink T P. 1969. Alternaria seed infection of wheat [J]. Plant Disease Reporter, 53: 77 - 80.

Blair I D. 1942. Studies on the growth in soil and parasitic action of certain *Rhizoctonia solani* isolates from wheat [J]. Canadian Journal of Research, 20: 174 - 185.

Bolley H L. 1913. Wheat: Soil troubles and seed deterioration [J]. North Dakota Agricultural Experiment station Bulletin, 107.

Bolton M D, Kolmer J A, Garvin D F. 2008. Wheat leaf rust caused by *Puccinia triticina* [J]. Molecular Plant Pathology, 9: 563 - 575.

Brakke M K. 1971. Wheat streak mosaic virus CMI/AAB description of plant viruses. No. 48.

Browder L E. 1985. Parasite, host, environment specificity in cereal rust [J]. Annual Review of Phytopathogy, 23: 201 - 222.

Bruce Toby J A, Antony M Hooper, Lgnda Ireland, et al. 2007. Development of a pheromone trap monitoring system for orange wheat blossom midge, *Sitodiplosis mosellana*, in the UK [J]. Pest Management Science, 63 (1): 49 - 56.

Bruehl G W. 1951. *Rhizoctonia solani* in relation to cereal crown and root rots [J]. Phytopathology, 41: 375 - 377.

Bulgarelli D, Collins N C, Tacconi G, et al. 2004. High - resolution genetic mapping of the leaf stripe resistance gene Rdg2a in barley [J]. Theoretical and Applied Genetic, 108: 1401 - 1408.

Burd J D, Burton R L. 1992. Characterization of plant damage caused by Russian wheat aphid (Homoptera: Aphididae) [J]. Journal of Economic Entomology, 85: 2017 - 2022.

Burd J D, Butts R A, Elliot N C, et al. 1998. Seasonal development, overwintering biology, and host plant interactions of Russian wheat aphid (Homoptera: Aphididae) in North America [M] // Proceedings: Response Model for an Introduced Pest - Russian Wheat Aphid. Quisenberry S S, Peairs F B. Maryland: Thomas Say Publications in Entomology, Entomological Society of America Press: 65 - 99.

Burd J D, Elliott N C. 1996. Changes in chlorophyll a fluorescence indication kinetic in cereals infested with Russian wheat aphid (Homoptera: Aphididae) [J]. Journal of Economic Entomology, 89 (5): 1332 - 1337.

Burpee L, Sanders P L, Cole H Jr, et al. 1980. Anastonosis groups among isolates of *Ceratobasidium cornigerum* and related fungi [J]. Mycologia, 72: 689 - 701.

Butts P A, Walters M C. 1984. Seed treatment with systemic insecticide for the control of *Diuraphis noxia* (Aphididae) [M] //S. Afr. Dep. Agri. Tech. Commun. Progress in Russian wheat aphid (*Diuraphis noxia* Mordw.) research in the Republic of South Africa: 69 - 71, 191.

Butts R A. 1994. Status of Russian wheat aphid in Canada: 1993 [C] //Proceedings of the six Russian wheat aphid workshop. Fort Collins, Colorado: 8.

Cao L H, Xu S C, Lin R M, et al. 2008. Early molecular diagnosis and detection of *Puccinia striiformis* f. sp. *tritici* in China [J]. Letters in Applied Microbiology, 46: 501 - 506.

Carroll J E, Bergstrom G C, Gray S M. 1997Dynamics of wheat spindle streak mosaic bymovirus in winter wheat [J]. European Journal of Plant Pathology, 103: 313 - 321.

Carson M. 2008. Oat crown rust [EB/OL]. (2008 - 04 - 18): http: //www. ars. usda. gov/Main/.

Chaudnary R C, Aujla S S, Sharma I. 1984. Control of black point disease of wheat [J]. Journal of Research of Punjab. Agricultural University, 21 (8): 460 - 462.

Chen J P, Adams M J, Zhu F T, et al. 2003. Responses of foreign barley cultivars to barley yellow mosaic virus at different sites in China [J]. Plant Pathology, 45: 1117 - 1125.

Chen J P, Adams M J, Zhu F T. 1992. Responses of some Asian and European barley cultivars to UK and Chinese isolates of soil - borne barley mosaic viruses [J]. Annals of Applied Biology, 121: 631 - 639.

Chen J P, MacFarlane S A, Wilson T M A. 1994. Detection and sequence analysis of a spontaneous deletion mutant of soil - borne wheat mosaic virus RNA2 associated with increased symptom severity [J]. Virology, 202: 921 - 929.

Chen J P, Macferlane S A, Wilson T M A. 1995a. An analysis of spontaneous deletion sites in soil - borne wheat mosaic virus RNA2 [J]. Virology, 209: 213 - 217.

Chen J P, Macfarlane S A, Wilson T M A. 1995b. Effect of cultivation temperature on the rate of spontaneous deletion in soil - borne wheat mosaic virus RNA2 [J]. Phytopathology, 85: 299 - 306.

Chen J P, Shi N N, Cheng Y. 1999. Sequence analysis of barley yellow mosaic virus from China [J]. Virus Research, 64: 13 -21.

Chen J P, Swaby A G, Adams M J, et al. 1990. Barley mild mosaic virus inside its fungal vector, *Polymyxa graminis* [J]. Annals of Applied Biology, 118: 615 - 621.

Chen J P. 1993. Occurrence of fungally transmitted wheat mosaic viruses in China [J]. Annals of Applied Biology, 123: 55 - 61.

Chen J, Chen J P, Duo J, et al. 2000. Sequence diversity in the coat protein coding region of wheat yellow mosaic bymovirus isolates from China [J]. Journal of Phytopathology, 148: 514 - 521.

Chen J, Chen J P, Yang J P, et al. 2000. Differences in cultivar response and complete sequence analysis of two isolates of wheat yellow mosaic bymovirus in China [J]. Plant Pathology, 49: 370 - 374.

Chen J, Sohn A, Chen J P, et al. 1999. Molecular comparisons amongst wheat bymovirus isolates from Asia, North America and Europe [J]. Plant Pathology, 48 (5): 642 - 647.

Chen W Q, Welling C, Chen X M, et al. 2014. Wheat stripe (yellow) rust caused by *Puccinia striiformis* f. sp. *tritici* [J]. Molecular Plant Pathology, 15 (5): 433 - 446.

Chen W Q, Wu L R, Liu T G, et al. 2009. Pathotype dynamics, diversity and virulence evolution in *Puccinia striiformis* f. sp. *tritici*, the causal agent of wheat stripe (yellow) rust in China from 2003 to 2007 [J]. Plant Disease, 93: 1093 -1101.

Chen W Q, Xu S C, Liu T G, et al. 2007. Wheat stripe rust and its prospects for ecological control in China [C] //The British Crop Production Council. Proc. 16th Int. Plant Protection Congress: Vol. 2. Glasgow, UK: Great Britain.

Clarkson J D S, Cook R J. 1983. Effect of sharp eyespot on yield loss in winter wheat [J]. Plant Pathology, 32: 421 - 428.

Conner R L, Davidson J G N. 1988. Resistance in wheat to black point caused by *Alternaria alternate* and *Cochliobolus sativus* [J]. Canadian Journal of Plant Science, 68: 351 - 359.

Conner R L. 1987. Influence of irrigation timing on black point incidence in soft white spring wheat [J]. Canadian Journal of Plant Patheology, 9: 301 - 306.

Cook R J. 2003. Take - all of wheat [J]. Physiological and Molecular Plant Pathology, 62: 77 - 86.

Coterill P J, Rees R G, Platz G J, et al. 1992. Effect of leaf rust on selected Australian barleys [J]. Australian Journal of Experimental Agriculture, 32: 747 - 751.

Cronje C P R. 1987. The occurrence and effect of BMV (Brome Mosaic Virus) on wheat in the summer rainfall area [C] // Bethlehem (South Africa) Small Grain Cent. Prog. Rep.

Cunfer B M, Demski J W, Bays D C. 1988. Reduction in plant development, yield, and grainquality associated with wheat spindle streak mosaic virus [J]. Phytopathology, 78: 198 - 204.

Damsteegt V D, Gildow F E, Hewings A D, et al. 1992. A clone of the Russian wheat aphid (*Diuraphis noxia*) as a victor of the Barley Yellow Dwarf, Barley Stripe Mosaic, and Brome Mosaic Viruses [J]. Plant Disease, 76: 1155 - 1160.

Danko J, Michalikova A. 1969. Influence of some external factors on the germination of chlamydospores of *Ustilago tritici* (Pers.) Jens [J]. Polnohospodarstvo, 15: 124 - 130.

Diao A P, Chen J P, Ye R, et al. 1999. Complete sequence and genome Properties of Chinese wheat mosaic virus, a new furovirus from China [J]. Journal of General Virology, 80: 1141 - 1145.

Dickson J C. 1956. Diseases of Field Crops [M]. 2nd ed. Bombay, New Delhi. Mc - Crow - Hill publishing Co. Ltd. : 23 - 33.

Doane J F, Olfert O. 2008. Seasonal development of wheat midge, *Sitodiplosis mosellana* (Gehin) (Diptera: Cecidomyiidae), in Saskatchewan [J]. Crop Protection, 27 (6): 951 - 958.

Dubinhj, Duveillere. 2000. *Helminthosporium* leaf blights of wheat: integrated control and prospects for the future [C] //

Proceedings of the international conference on integrated plant disease management for sustainable agriculture. NewDelhi, Indian: Phytopathological Society: 575 - 579.

DuToit F, Walters M C. 1984. Damage assessment and economic threshold values for the chemical control of the Russian wheat aphid, *Diuraphis noxia* (Mordvilko) on winter wheat. Progress in Russian wheat aphid (*Diuraphis noxia* Mordw.) research in the Republic of South Africa. South Afrian Department of Agriculture Technical Communication, 191: 58 - 62.

DuToit F. 1986. Economic thresholds for *Diuraphis noxia* (Hemiptera: Aphididae) on winter wheat in the eastern Orange Free State [J]. Phytophylogy, 18: 107 - 109.

DuToit F. 1989. Inheritance of resistance in two *Triticum aestivum* lines to Russian wheat aphid (Homoptera: Aphididae) [J]. Journal of Economical Entomology, 82: 1251 - 1253.

Dyck P L. 1993. Inheritance of leaf rust and stem rust resistance in 'Robin' wheat [J]. Genome, 36: 289 - 293.

Emara Y A. 1972. Genetic control of aggressiveness in *Ustilago hordei*. I. Natural variability among physiological races [J]. Canadian Journal of Genetics and Cytology, 14 (4): 919 - 924.

Esser R P, OBannon J H, Clark R A. 1991. Prodedures to detect wheat seed gall nematode (*Anguina tritici*) should an infestation appear in Florida [J]. Nematology Circular, 186: 8 - 10.

Fantakhun, Pavlenko, Bobyr. 1987. Barley yellow mosaic agent in the Ukraine. Mikrobiologicheskii Zhurnal - Kiev, 49: 76.

Fernandes G W. 1990. Hypersensitivity, a neglected pant resistance mechanism against insect herbivores [J]. Environmental Entomology, 19: 1173 - 1182.

Fernandez M R, Clarke J M, DePauw R M. 2000. Black Point Reaction of Durum and Common Wheat Cultivars Grown Under Irrigation in Southern Saskatchewan [J]. Plant Disease, 84 (8): 892 - 894.

Flor H H. 1971. Current status of the gene - for - gene concept [J]. Annual Review of Phytopathology, 9: 275 - 296.

Fouche A R, Verhoeven R L, Hewitt P H, et al. 1984. Russian aphid (*Diuraphis noxia*) feeding damage on wheat, related cereals and a *Bromus* grass species [C] //Progress in Russian wheat aphid (*Diuraphis noxia* Mordw.) research in the Republic of South Africa. South African Department of Agriculture Technical Communication. 191: 22 - 33.

Games W, Muller E. 1980. Conidiogenesis of *Fusuarium nivale* and *Rhynchosporium oryzae* and its taxonomic implications [J]. Netherlands Journal of Plant Pathology, 88 (1): 45 - 53.

Gatti A, Rizza F, Delogu G , et al. 1992. Physiological and biochemical variability in a population of *Drechslera graminea* [J]. Journal of Genetics & Breeding, 46: 179 - 186.

Getaneh W, Fekadu A. 2001. On - farm yield loss due to leaf rust (*Puccinia hordei* otth) on barley [J]. Pest Management Journal of Ethiopia, 5: 29 - 35.

Girma M, Wilde G E, Harvey T L. 1993. Russian wheat aphid (Homoptera: Aphididae) affects yield and quality of wheat [J]. Journal of Economic Entomology, 86: 594 - 601.

Glynne M D, Ritchie W M. 1943. Sharp eyespot of wheat caused by *Corticium* (*Rhizoctonia*) *solani* [J]. Nature (Lond.), 152: 161.

Goates B J, Hoffmann J A. 1979. Somatic nuclear division in *Tilletia* species pathogenic on wheat [J]. Phytopathology, 69: 592 - 598.

Goates B J, Hoffmann J A. 1987. Nuclear behavior during teliospore germination and sporidial development in *Tilletia caries*, *T. foetida* and *T. controversa* [J]. Canadian Journal of Botany, 65: 512 - 517.

Goates B J, Peterson G L. 1999. Relationship between soilborne and seedborne inoculum density and the incidence of dwarf bunt [J]. Plant Disease, 83: 819 - 824.

Goates B J. 1992. Control of dwarf bunt of wheat by seed treatment with Dividend 3FS [J]. Fungicide and Nematicide Tests, 47: 264.

Goates B J. 1996. Common bunt and dwarf bunt [M] //Wilcoxson R D, Saari E E. Eds. Bunt and Smut Diseases of Wheat: Concepts and Methods of Disease of Management. Mexico: CIMMYT: 12 - 25.

Gokte N, Swarup G. Studies on morphology and biology of *Anguina tritici* [J]. Indian Journal of Nematology, 17: 306 -317.

Golegaonkar P G, Singh D, Park R F. 2009. Evaluation of seedling and adult plant resistance to *Puccinia hordei* in barley [J]. Euphytica, 166: 183 - 197.

Gould J R, Prokrym D. 1994. Aphids project summary: Russian wheat aphid biological control project [C] //Proceedings of the Sixth Russian Wheat Aphid Workshop. Colorado: 9 - 15.

Grewal T S, Rossnagel B G, Scoles G J. 2004. Mapping of a covered smut resistance gene in barley [J]. Canadian Journal of Plant Pathology, 26 (2): 156 - 166.

Griffey C A, Das M K, Baldwin R E, et al. 1994. Yield losses in winter barley resulting from a new race of *Puccinia hordei* in

North America [J]. Plant Disease, 78: 256 - 260.

Grossheim N A. The barley aphid *Brachycolus noxius* Mordvilko [M] //Memoirs of Natural History Museum of the Zemstvo of the Government of Taurida Ⅲ: 35 - 78.

Guldhe S M, Raut J G, Wangikar P D. 1985. Control of loose smut infection in wheat by physical and chemical methods of seed treatment [J]. PKV Research Journal, 9 (1): 56 - 58.

Guo Y Y, Liang G M. 2005. The Recent Advances in Plant Protection [J]. Researches of China Engineering Sciences, 3: 1 - 7.

Halbert S, Connelly J, Johnston R, et al. 1988. Impact of cultural practices on Russian wheat aphid population. Observations in Idaho, 1987—1988 [C] //Proceedings of the second Russian wheat aphid workshop. Denver, Colorado. Fort Colins, Colorado: Colorado State Univ ersity: Colorado: 47 - 53.

Hammon R. 1988. Small plot Russian wheat aphid insecticide trial [C] //Proceedings of the second Russian wheat aphid workshop. Denver, Colorado. Fort Colins, Colorado: Colorado State University: 154 - 155.

Hanna W F . 1937. Physiologic forms of loose smut of wheat [J]. Canadian Journal of Research, 15 (4) : 141 - 153.

Hariri D, Fouchard M, Lapierre H. 1990. Resistance to barley yellow mosaic virus and to barley mild mosaic virus in barley [C] //Proceedings of the First Symposium of the International Working Group on Plant Viruses with Fungal Vectors (Koenig R, ed. , Schriftenreihe der Deutschen Phytomedizinischen Gesellschaft 1) . Stuttgart: Ulmer: 109 - 112.

Hewitt P H, van Niekerk G J J, Walters M C et al. 1984. Aspects of ecology of the Russian wheat aphid, *Diuraphis noxia*, in the Bloemfontein district. I. The colonization and infestation of sown wheat, identification of summer hosts and cause of infestation symptoms [C] //Progress in Russian wheat aphid (*Diuraphis noxia* Mordw.) research in the Republic of South Africa (South African Department of Agriculture Technical Communication, 191: 3 - 13.

HGCA. 2012. Crown rust, Cereal disease encyclopaedia [EB/OL] (2012 - 11 - 08) . http: //www. hgca. com/minisite _ manager. output/3668/3668/Cereal%20Disease%20Encyclopedia/Diseases/Crown%20Rust. mspx? minisiteId=26.

Hill S A, Evans E J. 1980. Barley yellow mosaic virus [J]. Plant Pathology, 29: 197 - 199.

Hoffmann J A, Metzger R J. 1976. Current status of virulence genes and pathogenic races of the wheat bunt fungi in the northwestern USA [J]. Phytopathology, 66: 657 - 660.

Hoffmann J A. 1982. Bunt of whea [J]. Plant Disease, 66: 979 - 987.

Hopper K R, Coutinot D, Chen K, et al. 1998. Exploration for natural enemies to control *Diuraphis noxia* (Homoptera: Aphididae) in the United States [M] //Quisenberry S S, Peairs F B. Proceedings: Response Model for an Introduced Pest - Russian Wheat Aphid. Maryland: Thomas Say Publications in Entomology, Entomological Society of America: 166 - 182.

Huber D M, Waston R D. 1974. Nitrogen form and plant disease [J]. Annual Review of Phytopathology, 12: 139 - 165.

Hughes R D. 1988. A synopsis of information on the Russian wheat aphid, *Diuraphis noxia* Mordvilko [J]. Canberra, Australian: CSIRO Division of Entomology, 28: 1 - 39.

Huth W, Adams M J. 1990. Barley yellow mosaic virus (BaYMV) and BaYMV - M: two different viruses [J]. Intervirology, 31: 38 - 42.

Huth W. 1982. Evaluation of sources of resistance to barley yellow mosaic virus in winter barley [J] . Zeitschrift für Pflanzenzüchtung, 89: 158 - 164.

Huth W. 1984. Die Gelbmosaikvirose der Gerste in der Bundesrepublik Deutschland - Beobachtungen seit 1978. Nachrichtenblatt des Deutschen Plfanzenschutzdienstes (Stuttgart) , 36: 49 - 55.

Huth W. 1988. Barley yellow mosaic - a disease in Europe caused by two different viruses [M] //Cooper J I, Asher M J C. Developments in Applied Biology Ⅱ, viruses with Fungal Vectors. Association of Applied Biologists, Wellesbourne, UK: 61 - 70.

Huth W. 2000. Viruses of Graminae in Germany - a short overview [J]. Journal of Plant Disease Protection, 107: 406 - 414.

Ikata S, Kawai I. 1940. Studies on wheat yellow mosaic disease [J]. Noji - kairyo - shiryo, Ministry of Agriculture and Forestry, 154: 1 - 123.

Jin Y . 2005. Races of *Puccinia graminis* in the United States during 2003 [J]. Plant Disease. , 89: 1125 - 1127.

Jin Y, Pretorius Z, Singh R. 2007a. New virulence within race TTKSK (Ug99) of the stem rust pathogen and effective resistance gene (Abstract) [J]. Phytopathology, 97: S137.

Jin Y, Szabo L J, Carson M. 2010. Century - old mystery of *Puccinia striiformis* life history solved with the identification of *Berberis* as an alternate host [J]. Phytopathology, 100 (5): 432 - 435.

Jin Y, Szabo L J, Pretorius Z A, et al. 2008. Detection of virulence to resistance gene *Sr*24 within race TTKS of *Puccinia graminis* f. sp. *tritici* [J]. Plant Disease, 92: 923 - 926.

Jin Y. 2005. Races of *Puccinia graminis* in the United States during 2003 [J]. Plant Disease, 89: 1125 - 1127.

Jones P . 1997. Control of loose smut [J]. Plant Pathology, 46: 946 - 951.

Kammerzell K J, Johnson G D. 1990. Evaluation of different seeding dates to reduce Russian wheat aphid damage in winter wheat in Montana [C] //Proceedings of the fourth Russian wheat aphid workshop. Bozeman, Montana: 63 - 74.

Kang Z S, Zhao J, Han D J, et al. 2010. Status of wheat rust research and control in China [C] St Petersburg, Russia: BGRI 2010 Technical Workshop.

Katis N, Tzavella - Klonari K, Adams M J. 1997. Occurrence of barley yellow mosaic and barley mild mosaic bymoviruses in Greece [J]. European Journal of Plant Pathology, 103: 281 - 284.

Keener T K, Stougaard R N, Mathre D E. 1995. Effect of winter wheat cultivar and difenoconazole seed treatment on dwarf bunt [J]. Plant Disease, 79: 601 - 604.

Kiehardson M J, Whittle A M, Jaeks M. 1976. Yield. Loss Relationships in Cereal [J]. Plant Pathology, 25 (1): 21 - 30.

Kindler S D, Springer T L. 1989b. Progress in insecticide control studies at Stillwater, Oklahoma: Russian wheat aphid Protection in winter wheat [C] //Proceedings of the 3rd Russian wheat aphid conference, Albuquerque, New Mexico. Las Cruces, New Mexico: New Mexico State University Cooperative Extension Service: 71 - 76.

Kindler S D, Springer T L. 1989. Alternate hosts of Russian wheat aphid (Homoptera: Aphididae) [J]. Jounal of Economic Entomology, 82 (5): 1358 - 1362.

King J E, Evers A D, Steward B A. 1981. Black point of grain in spring wheats of the 1978 harvest [J]. Plant Pathology, 30 (1): 51 - 53.

Kiriac I, Gruber F, Poprawski T, et al. 1990. Occurrence of sexual morphs of Russian wheat aphid, *Diuraphis noxia* (Homoptera: Aphididae), in several locations in the Soviet Union and Northwestern United States. Proceedings of the Entomological Society of Washington, 92: 544 - 547.

Kokko E G, Conner R L, Kozub G C, et al, 1993. Quantification by Image Analysis of Subcrown Internode Discoloration in Wheat Caused by Common Root Rot [J]. Phytopathology, 83 (9): 976 - 981.

Kovalev O V, Poprawski T J, Stekolshchinov A V, et al. 1991. *Diuraphis* Aizenberg (Hom. , Aphididae): key to apterous viviparous females and a review of Russian language literature on the natural history of *Diuraphis noxia* (Kudjumov, 1913) [J]. Journal of Appled Entomology, 112: 425 - 436.

Kozera W. 1995. Inheritance of resistance to *Ustilago nuda* (Jens.) Rostr. in some spring barley cultivars [J]. Journal of Applied Genetics, 36 (2): 119 - 127.

Kusume T, Tamada T, Hattori H, et al. 1997. Identification of a new wheat yellow mosaic virus strain with specific pathogenicity towards major wheat cultivars grown in Hokkaido [J]. Annals of the Phytopathological Society of Japan, 63: 106 - 109.

Kwak Y S, Bakker P A H M, Glandorf D C, et al. 2009. Diversity, virulence, and 2, 4 - diacetyl - phloroglucinol sensitivity of *Gaeumannomyces graminis* var. *tritici* isolates from Washington State [J]. Phytopathology, 99: 472 - 479.

Lamb R J, McKenzie R I H, Wise I L, et al. 2002. Making control decisions for *Sitodiplosis mosellana* (Diptera: Cecidomyiidae) in wheat (Gramineae) using sticky traps [J]. Canadian Entomology, 134: 851 - 854.

Laurie J D, Shawkat A, Linning R, et al. 2012. Genome Comparison of barley and maize smut fungi reveals targeted loss of RNA silencing components and species - specific presence of transposable elements [J]. The Plant Cell, 24 (5): 1733 - 1745.

Ledinsham R J, Atkinson T G, Horrickz J S, et al. 1973. Wheat losses due to common root rot in the prairie provinces of Canada, 1969 - 71 [J]. Canadian Plant Disease Survey, 53 (3): 113 - 122.

Lee J, Kim Y. 2000. Influence of barley yellow mosaic virus (BaYMV) on agronomic traits in naked barley cv. Baegdong [J]. Korean Journal of Crop Science, 45 (3): 181 - 184.

Leonard K J . 2001. Stem rust - future enemy? In: Peterson PD (ed) Stem rust of wheat: from ancient enemy to modern foe. St. Paul: APS Press: 119 - 146.

Linning R, Lin D, Lee N, et al. 2004. Marker - based cloning of the region containing the *UhAvr*1 avirulence gene from the basidiomycete barley pathogen *Ustilago hordei* [J]. Genetics, 166: 99 - 111.

Lipps P E, Herr L J. 1982. Etiology of Rhizoctonia cerealis in sharp eyespot of wheat [J]. Phytopathology, 72: 1574 - 1577.

Liu M, Hambleton S. 2010. Toxonomic study of stripe rust, *Puccinia striiformis sensu lato*, based on molecular marker and morphological evidence [J]. Fungal Biology, 114: 881 - 899.

Liu T G, Chen W Q. 2012. Race and virulence dynamics of *Puccinia triticina* in China during 2000 - 2006 [J]. Plant Disease, 96 (11): 1601 - 1607.

Liu T G, Peng Y L, Chen W Q, et al. 2010. First detection of virulence in *Puccinia striiformis* f. sp. *tritici* in China to resistance genes *Yr*24/*Yr*26 present in wheat cultivar Chuanmai42 [J]. Plant Disease, 94 (9): 1163.

Liu X M, Smith C M, Gill B S, et al. 2001. Microsatellite markers linked to six Russian wheat aphid resistance genes in wheat [J]. Theoretical and Applied Genetics, 102: 504 - 510.

Liu X M, Smith C M, Gill B S. 2002. Identification of microsatellite markers linked to Russian wheat aphid resistance genes *Dn4* and *Dn6* [J]. Theoretical and Applied Genetics, (104): 1042 - 1048.

Liu Y, Sun B, Wang X F, et al. 2007. Three digoxigenin - labeled cDNA probes for specific detection of the natural population of Barley yellow dwarf viruses in China by dot - blot hybridization [J]. Journal of Virological Methods, 145 (1): 22 - 29.

Machacek J E, Greaney F J. 1938. The "black point" or "kernel smudge" disease of cereals [J]. Canadian Journal of Research, 16: 84 - 113.

Manisterski J, Treeful L, Tomerlin J R, et al. 1986. Resistance of Wild Barley Accessions from Israel to Leaf Rust Collected in the USA and Israel [J]. Crop Science, 26: 727 - 730.

Manisterski J. 1989. Physiologic specialization of *Puccinia hordei* in Israel from 1983—1985 [J]. Plant Disease, 73 (1): 48 - 52.

Martens J W, Seaman W L, Atkinson T G. 1984. Diseases of field crops in Canada [J]. Canadian Phytopathological Society: 160.

Mathre D E. 1987. Compendium of barley diseases [M]. American Phytopathological Society: 78.

Mathre D E. 1997. Compendium of barley diseases [M]. 2nd ed. St. Paul, USA: The American Phytopathological Society: 120.

Mboup M, Leconte M, Gautier A, et al. 2009. Evidence of genetic recombination in wheat yellow rust population of a Chinese oversummering area [J]. Fungal Genetics and Biology, 46: 299 - 307.

McCallum B, Hiebert C, Huerta - Espino J, et al. 2012. Wheat leaf rust [M] //Sharma I. Disease Resistance in Wheat. UK: Cab International.

McCartney C A, Stonehouse R G, Rossnagel B G, et al. 2011. Mapping of the oat crown rust resistance gene *Pc*91 [J]. Theoretical and Applied Genetics, 122: 317 - 325.

McIntosh R A, Bariana H S, Park R F, et al. 2001. Aspects of wheat rust research in Australia [J]. Euphytica, 119: 115 - 120.

McVey D V, Long D L, Roberts J J. 2002. Races of *Puccinia graminis* in the United States during 1997 and 1998 [J]. Plant Disease, 86: 568 - 572.

Mdan Y, Al - Doss A A, El - Hassieni S. 2001. Evslusyion of wheat genotypes for susceptibility to common root and foot rot diseases caused by bipolaris sorokiniana and Fusarium Graminearum [J]. Assiut Journal of Agricultural Science, 32 (5): 121 - 125.

Menzies J G, Steffenson B J, Kleinhofs A. 2010. A resistance gene to *Ustilago nuda* in barley is located on chromosome 3H [J]. Canadian Journal of Plant Pathology, 32 (2): 247 - 251.

Metzger R J, Hoffmann J A. 1978. New races of common bunt useful to determine resistance of wheat to dwarf bunt [J]. Crop Science, 18: 49 - 51.

Miller W A, Lada R. 1997. Barley yellow dwarf viruses [J]. Annuals of Review Phytopathology, 35: 167 - 190.

Morrison P. 1987. History and introduction of the Russian wheat aphid in the United States [C] //Proceedings of the first Russian wheat aphid conference. Guymon, Oklahoma: 2 - 7.

Mueller K J. 2006. Susceptibility of German spring barley cultivars to loose smut populations from different European origins [J]. European Journal of Plant Pathology, 116: 145 - 153.

Mulatu B, Gebremedhin T. 1994. Russian wheat aphid: major pest of barley in Ethiopia [C] //Proceedings of the Sixth Russian Wheat Aphid Workshop. Fort Collins, Colorado: 169 - 181.

Nesterov A N. 1981. Black embryo grain as the source of root rot of spring wheat [J]. Trudy Latviskoi Seleskohozyaistvenoi Akademil, 188: 63 - 66.

Newcombe G, Thomas P L. 2000. Inheritance of carboxin resistance in a European field isolate of *Ustilago nuda* [J]. Phytopathology, 90 (2): 179 - 82.

Nielsen J, Thomas P L. 1982. Races of loose smut of wheat in South Australia [J]. Australasian Plant Pathology, 11 (4): 53.

Nielsen J. 1968. Isolation and culture of monokaryotic haplonts of *Ustilago nuda*, the role of proline in their metabolism, and the inoculation of barley with resynthesized dikaryons [J]. Canadian Journal of Botany, 46 (10): 1193 - 1200.

Nielsen J. 1972. Isolation and culture of monokaryotic haplonts of *Ustilago tritici*, observations on their physiology, and the taxonomic relationship between *U. tritici* and *U. nuda* [J]. Canadian Journal of Botany, 50 (8): 1775 - 1781.

Nkongolo K K, Quick J S, Limin A E, et al. 1990. Russian wheat aphid (*Diuraphis noxia*) resistance in wheat and related species [J]. Canadian Journal of Plant Sciease, 70: 691 - 698.

Ogoshi A, Oniki M, Sakai R, et al. 1979. Anastomosis grouping among isolates of binucleate *Rhizoctonia* [J]. Transactions of Mycological Society of Japan, 20: 33 - 39.

Ohto Y, Naito S. 1997. Propagation of wheat yellow mosaic virus in winter wheat under low temperature conditions [J]. Annals of the Phytopathological Society of Japan, 63: 361 - 365.

Oscinella pusilla Meigen and Oscinella frit Linnaeus - Frit Fly [EB/OL] . [2012 - 10 - 08] .

Ownley B H, Weller D M, Thomashow L S. 1992. Influence of in situ and in vitro pH on suppression of *Gaeumannomyces graminis* var. *tritici* by *Pseudomonas fluorescens* 2 - 19 [J]. Phytopathology, 82: 178 - 184.

Park R F. 2003. Pathogenic specialization and pathotype distribution of *Puccinia hordei* in Australia, 1992 to 2001 [J]. Plant Disease, 87: 1311 - 1316.

Peairs F B. 1998. Cultural control tactics for management of the Russian wheat aphid (Homoptera: Aphididae) [M] //Quisenberry S S, Peairs F B. Proceedings: Response Model for an Introduced Pest - Russian Wheat Aphid. Maryland: Thomas Say Publications in Entomology, Entomological Society of America: 288 - 296.

Pedersen W L, Kiesling R L. 1979. Effect of inbreeding on pathogenicity in race 8 of *Ustilago hordai* [J]. Phytopathology, 69: 1207 - 1212.

Peng D L, Nicol J M, Li H M, et al. 2009. Current knowledge of cereal cyst nematode (*Heterodera avenae*) on wheat in China [M] //Riley I T, Nicol J M, Dababat A A. Cereal cyst nematodes: status, research and outlook. Ankara: CIMMYT: 29 - 34.

Peng D L. Ye W X, Peng H, et al. 2010. First Report of the Cyst Nematode (*Heterodera filipjuvi*) on Wheat in Henna Province [J]. Plant Disease, 94 (10): 1262.

Perez P, Collar J L, Avilla C et al. 1995. Estimation of vector propensity of potato virus Y in open field pepper crops of central Spain [J]. Journal of Economic Entomology, 88: 986 - 991.

Pitt D. 1964. Studies on sharp eyespot disease of cereals: Effects of the disease on the wheat host and the incidence of disease in the field [J]. Annals of Applied Biology, 54: 77 - 89.

Pretorius Z A, Singh R P, Wagore W W, et al. 2000. Detection of virulence to wheat stem rust resistance gene *Sr*31 in *Puccinia graminis* f. sp. *tritici* in Uganda [J]. Plant Disease, 84: 203.

Proeseler G, Habekuss A, Kastirr U, et al. 1999. Resistance evaluation of winter barley to the barley mosaic virus complex and other pathogens - experiences of 15 years [J]. Zeitschrift fur Pflanzenkrankheiten und Pflanzenschutz, 106 (4): 425 - 430.

Prokrym D R, Pike K S, Nelson D J. 1998. Biological control of *Diuraphis noxia* (Homoptera: Aphididae): Implementation and evaluation of natural enemies [M] //Quisenberry S S, Peairs F B. Proceedings: Response Model for an Introduced Pest - Russian Wheat Aphid. Maryland: Thomas Say Publications in Entomology, Entomological Society of America: 183 -208.

Purdy L H. 1963. Comparative effectiveness of seed - treatment chemicals against flag smut of wheat [J]. Plant Disease Reporter, 44: 23 - 30.

Rafi M M, Zemetra R S, Quisenberry S S. 1996. Interaction between Russian wheat aphid (Homoptera: Aphididae) and Resistance and susceptible genotype of wheat [J]. Journal of Economical Entomology, 89 (1): 239 - 246.

Rava J P, Gupta P K S. 1982. Occurrence of black point disease of wheat in Bengal [J]. Indian Phytopathology, 35 (4): 700 - 702.

Rees R G, Martin D J, Law DP. 1984. Black point in bread wheat: effects on quality and germination and fungal associations [J]. Australian Journal of Experimental Agriculture and Animal Husbandry, 24 (127): 601 - 605.

Richardson M J, Zillinsky F J. A leaf blight caused by *Fasarium nivale* [J]. Plant Disease Reporter, 56: 803 - 804.

Rochow W F. 1969. Biological properties of four isolates of barley yellow dwarf virus [J]. Phytopathology, 59: 1580 - 1589.

Roelfs A P, Singh R P, Saari E E. 1992. Rust diseases of wheat: Concepts and methods of disease management [M] . Mexico, D. F. : CIMMYT.

Roelfs A P. 1989. Epidemiology of the cereal rusts in North America [J]. Canadian Journal of Plant Pathology, 11: 86 - 90.

Saito Y, Takanashi K, Jwata Y, et al. 1964b. Studies on the soil - borne virus diseases of wheat and barley IV. Persistence of virus in the soil and in the root of diseased plant [J]. Bulletin of the National Institute of Agriculture Sciences Series C, 17: 61 - 74.

Schmale III D G, Bergstrom D G. 2003 . Fusarium head blight in wheat [J]. The Plant Health Instructor.

Seed Quest News Section. El Batán. 2006. The wheat rust threat - global rust initiative tackles a clearly present danger [J]. CI-MMYT E - News, 3 (10): 17458.

Semeniuk G, Mankin C J. 1964. Occurrence and development of *Sclerophthora macrospore* on cereal and grasses on South Dak-tota [J]. Phytopathology (54): 409 - 416.

Semeniuk W. 1940. Physiologic races of *Ustilago hordei* (Perk.) K. and S in Alberta [J]. Canadian Journal research Communi-cation, 18: 76 - 78.

Shands R G. 1964. Inheritance and linkage to stem rust and loose smut resistance and starch type in barley [J]. Phytopathology, 54: 308 - 316.

Shipton W A, Brown J F. 1962. A whole - leaf clearing and staining technique to demonstrate host - pathogen relationships of wheat - stem rust [J]. Phytopathology, 52: 1313.

Shtein - Margolina V A. 2002. Cytopathology of plants infected with viruses. Ultrastructure of the leaf cells of cereals affected by cereal rhabdoviruses [J]. Biology Bulletin, 29 (1): 12 - 23.

Signor M, Danielis R, Barbiani G, et al. 1999. Barley 1999: superficial loss and yield. [Italian] Notiziario ERSA , 12 (3/4): 26 - 29.

Simon M D. 1970. Crown rust of oats and grasses [M] . St. Paul, MN, USA: APS Press.

Simons M D. 1985. Crown rust Roefls A P, Bushnell W P. The Cereal Rusts Vol II: Disease, distribution, epidemiology and control. Orlando, FL, USA: Academic Press.

Singh R P, Hodson D P, Jin Y, et al. 2006. Current status, likely migrations and strategies to mitigate the threat to wheat production from race Ug99 (TTKS) of stem rust pathogen [J]. CAB Reviews. Perspectives in Agriculture , Veterinary Sci-ence, Nutrition and Natural Resources, 1 (54): 13.

Singh R P. 2008. Overview of Cornell Stem Rust Project and CIMMYT Activity [C] //Annual Meeting of National wheat Rust collaborative group (NWRCG) . PR. China.

Sitton J W, Line R F, Waldher J T, Goates BJ. 1993. Difenoconazole seed treatment for control of dwarf bunt of winter wheat [J]. Plant Disease, 77: 1148 - 1151.

Skoropad W P. Johnson L P V. 1952. Inheritance of resistance to *Ustilago nuda* in barley [J]. Canadian Journal of Botany, 30 (5): 525 - 536.

Slyhuis J T. 1995. *Aceria tulipae* Keifer (*Acorina Criophyidae*) in relation to the spread of wheat streak mosaic virus [J]. Phy-topathogy, 45 (3): 116 - 125.

Slykhuis J T. 1970. Factors determining the development of wheat spindle streak mosaic caused by a soil borne virus in Ontario [J]. Phytopathology, 60 : 319 - 331.

Souza E J. 1998. Host plant resistance to the Russian wheat aphid (Homoptera: Aphididae) in wheat and barley [M] // Quisenberry S S, Peairs F B. Proceedings: Response Model for an Introduced Pest - the Russian Wheat Aphid. Maryland: Thomas Say Publications in Entomology, Entomological Society of America: 122 - 147.

Sprague A G J. 1950. Species of *Selenophoma* on North American grasses: Oregon State Monographs ltudies in Botany Number 10 [M] . Oregon State University Press: 1 - 43.

Stakman E C, Stewart D M, Loegering W Q. 1962. Identification of physiologic races of *Puccinia graminis* var. *tritici* [M] . USDA Agricultural Research Service: 617.

Stary P, Pike K, Gerding M, et al. 1994. Parasitoid biological agents of Russian wheat aphid: the Chilean model [C] //Pro-ceedings of the six Russian wheat aphid workshop. Fort Collins, Colorado: 229 - 231.

Steffensen B J, Jin Y, Griffey C A. 1993. Pathotypes of *Puccinia hordei* with virulence for the barley leaf rust resistance gene Rph7 in the United States [J]. Plant Disease, 77: 876 - 869.

Stephanie W, Nicholson P, Doohan F N. 2010. Action and reaction of host and pathogen during Fusarium head blight disease [J]. New Phytologist , 185: 54 - 66.

Sun L Y, Andika I D, Kondo H, et al. 2012. Identification of the amino acid residues and domains in the cysteine - rich protein of Chinese wheat mosaic virus that are important for RNA silencing suppression and subcellular localization. Molecular Plant Pathology: on - line.

Sutton B C. 1980. The Coelomycetes [M] . kew, England: CMI: 97 - 100, 374 - 377.

Tanno F, Nakatsu A, Toriyama S, et al. 2000. Complete nucleotide sequence of Northern cereal mosaic virus and its genome organization [J]. Archives of Virology, 145: 1373 - 1384.

Tapke V F. 1937. Physiologic races of *Ustilago hordei* [J]. Journal of Agricultural Research, 55 (9): 683 - 692.

Tapke V F. 1944. Evidence of hybridization between physiologic races of *Ustilago hordei* in passage through host [J]. Phytopathology, 34: 933.

Tapke V F. 1945. New physiologic races of *Ustilago hordei* [J]. Phytopathology, 35: 970 - 976.

Teakle D S. 1988. The effect of environmental factors on fungus - transmitted viruses and their vectors [M] //Cooper J I, Asher M J C. Developments in Applied Biology Ⅱ, viruses with Fungal Vectors. Wellesbourne, UK: Association of Applied Biologists: 167 - 179.

Tekauz A. 1983. Reaction of Canadian barly cultivars to Pyrenophor graminea, the incitant of leaf stripe [J]. Canadian Journal of Plant Pathology, 5: 294 - 301.

Thomas J B, Butts R A. 1990. Effect of Russian wheat aphid on cold hardiness and winterkill of overwintering winter wheat [J]. Canadian Journal of Plant Science, 70: 1033 - 1041.

Thomas P L. 1988. *Ustilago hordei*, covered smut of barley and *Ustilago nigra*, false loose smut of barley [M] //Sidhu G S. Advances in plant pathology: Vol. 6. London, UK: Academic Press: 415 - 425.

Tisdale W H, Griffiths M A. 1927. Variants in *Ustilago nuda* and certain host relationships [J]. Journal of Agricultural Research, 34: 993 - 1000.

Tolmay V, Prinsloo G. 1994. Russian wheat aphid (*Diuraphis noxia*) in South Africa [C] //Proceedings of the sixth Russian wheat aphid workshop. Fort Collins, Colorado: Proceedings of sixth Russian wheat aphid workshop: 181 - 184.

Trione E J, Hess W M, Stcokwell V O. 1989. Growth and sporulation of the dikaryons of the dwarf bunt fungus in wheat plants and in culture [J]. Canadian Journal of Botany, 67: 1671 - 1680.

Trione E J, Krygier B B. 1977. New tests to distinguish Teliospores of *Tilletia controversa*, the dwarf bunt fungus, from spores of other *Tilletia* species [J]. Phytopathology, 67: 1167 - 1172.

Tyler L J, Jensen N F. 1958. Some factors that influence development of dwarf bunt in winter wheat [J]. Phytopathology, 48: 565 - 571.

Udompupiat. 1974. Host range, geographic distribution and physiological race of the maize downy mildews [J]. Symposium on Downy Mildew of Maize: 63 - 80.

Usugi T, Saito Y. 1979. Relationship between wheat yellow mosaic virus and wheat spindle streak mosaic virus [J]. Annal Phytopathology Society of Japan, 45: 397 - 400.

Vacke J. 1961. Wheat dwarf virus disease [J]. Biologia Plantarum, 3: 228 - 233.

Van Damme E J M, Declercq N, Claessens F, et al. 1991. Molecular cloning and characterisation of multiple isoform s of the snowdrop (*Galanthus nivalis*) lectin [J]. Planta, 186: 35 - 43.

Verma P R, et al. 1986. Effect of triadimenol, imazalil and muarimol seed treatment on subcrown internode length, coleoptile -node - tillering and common root rot in spring wheat [J]. Plant and Soil, 91 (1): 133 - 138.

Von Wechmar M B. 1984. Russian wheat aphid spreads Gramineae viruses [C] //Progress in Russian wheat aphid (*Diuraphis noxia* Mordw.) research in the Republic of South Africa. South African Department of Agriculture Technical Communication, 191: 38 - 41.

Walker C B, Peairs F. 1994. Cultural control and alternate hosts of Russian wheat aphid [C] //Proceedings of the Sixth Russian wheat aphid workshop. Fort Collins. Colorado: 42 - 52.

Walker C B. 1992. Impact of row spacing on RWA infestation in four varieties of winter wheat [M] //Annual report of RWA research in Southeast Colorado. Colorado State University.

Wanyera R, Kinyua M G, Kenya. 2006. The Spread of Stem Rust Caused by *Puccinia graminis* f. sp. *tritici* with Virulence on *Sr*31 in Wheat in Eastern Africa [J]. Plant Diseases, 90: 113.

Wells S A. 1958. Inheritance of reaction to *Ustiago hordei* (Pers.) Lagerh. in cultivated barley [J]. Canadian Journal of Plant Science, 38: 45 - 60.

Wilcoxson R D, Saari E E, et al. 1996. Bunt and Smut Diseases of Wheat: Concept and Methods of Disease Management. CIMMYT.

Wildermuth G B Thomas G A Radford B J, et al. 1997. Crown rot and common root rot in wheat grown under different tillage and stubble treatments in southern Queensland. Australia [J]. Soil & Tillage Research, 44: 211 - 224.

Willits D A, Sherwood J E. 1999. Polymerase chain reaction detection of *Ustilago hordei* in leaves of susceptible and resistant barley varieties [J]. Phytopathology, 89 (30): 212 - 217.

Woldeab G, Fininsa C, Singh H, et al. 2007. Variation in partial resistance to barley leaf rust (*Puccinia hordei*) and agronomic characters of Ethiopian landrace lines [J]. Euphytica, 158: 139 - 151.

Wu B, Melcher U, Guo X, et al. 2008. Assessment of codivergence of Mastreviruses with their plant hosts [J]. BMC Evolutionary Biology, 8: 355.

Xie B T, Ye Y J, Gong Z X. 2003. The phosphorylation of NS protein of wheat rosette stunt virus [J]. Acta Biochimica Et Biophysica Sinica, 35 (6): 518 - 521.

Xie J, Wang X, Liu Y, et al. 2007. First Report of the Occurrence of WDV in Wheat in China [J]. Plant Disease, 91: 111.

Xu X, Nicholson P. 2009. Community ecology of fungal pathogens causing wheat head blight [J]. Annual. Review of Phytopathology , 47: 83 - 103.

Xue A G, Tenuta X L, Tian X L, et al. 2007. Evaluation of winter wheat genotypes and seed treatments for control of dwarf bunt in Ontario [J]. Canadian Journal of Plant Pathology, 29 (3): 243 - 250.

Yang J P, Chen J P, Cheng Y, et al. 2002. Responses of some American, European and Japanese wheat cultivars to soil - borne wheat viruses in China [J]. Journal of Chinese Agricultural Science, 1 (10): 1136 - 1146.

Ye Y J, Gong Z X. 1999. Sequence analysis of the trailer region of wheat rosette stunt virus genomic RNA [J]. Acta Biochimica Et Biophysica Sinica, 31 (1): 93 - 96.

Yu T F, Fang C T. 1945. A preliminary report on further studies of physiological specialization in *Ustilago hordei* [J]. Phytopathology, 35: 517 - 520.

Yu T F. 1940. Breeding hulled barley for resistance to covered smut [*Ustilago hordei* (Pers.) K. and S.] in Kiangsu province [J]. Nanking Journal, 9: 281 - 292.

Zeun R, Scalliet G, Oostendorp M. 2013. Biological activity of sedaxane - a novel broad - spectrum fungicide for seed treatment [J]. Pest Management Science, 69 (4): 527 - 534.

Zhang R, Liang H, Ren L, et al. 2001. Induced life cycle transition from holocycly to anholocycly of the Russian wheat aphid (Homoptera: Aphididae) [J]. Science in China (Series C), 44 (1): 1 - 7.

Zhang R, Liang H, Zhang J, et al. 1998. Natural enemies of Russian Wheat Aphid (*Diuraphis noxia* Mordvilko) in Xinjiang, China [C] . Resource Technology 1997: Beijing International Symposium Proceedings, Beijing. China Forestry Publishing House: 92 - 97.

Zhao Y D. 2000. Wheat powdery mildew in central China: population structure and host resistance [D] . Netherlands, Washington University.

Zheng T, Cheng Y, Chen J P. 1999. Confirmation of barley mild mosaic virus (BaMMV) in China and the nucleotides sequence of its coat protein gene [J]. Journal of Phytopathology, 147: 229 - 234.

Özer N. 2005. Determination of the fungi responsible for black point in bread wheat and effects of the disease on emergence and seedling vigour [J]. Trakya University Journal of Science, 6 (1): 35 - 40.

Özsisli T. 2011. Population densities of wheat thrips, *Haplothrips tritici* Kurdjumov (Thysanoptera: Phlaeothripidae), on different wheat and barley cultivars in the province of Kahramanmaras, Turkey [J]. African Journal of Biotechnology, 10 (36): 7063 - 7070.

第2单元 麦类病虫害

彩图 2-1-1 小麦苗期（1）、成株期（2）和穗期（3）条锈病症状（陈万权提供）
Colour Figure 2-1-1 Symptoms of stripe rust at the seedling, adult plant and spikes stages of wheat in the field (by Chen Wanquan)

附彩图 2-1-1 小麦成株期条锈病侵染型级别模式图（陈万权提供）
Supplementary Colour Figure 2-1-1 Scale of infection types of wheat stripe rust at adult plant stage (by Chen Wanquan)
0. 免疫 0;. 近免疫 1. 高抗 2. 中抗 3. 中感 4. 高感

彩图 2-2-1 小麦苗期（1 ~ 3）和成株期（4、5）叶锈病症状（刘太国和杨文香提供）
Colour Figure 2-2-1 Symptoms of wheat leaf rust at seedling and adult plant stages (by Liu Taiguo and Yang Wenxiang)

彩图2-3-1 小麦苗期（1）、成株期（2）秆锈病症状及夏孢子和冬孢子（3）
（1和2. 曹远银提供；
3. 参考K. J. Leonard & L. J. Szabo, 2005）
Color Figure 2-3-1 Symptoms of wheat stem rust on seedlings and adult plants, and urediospores and teliospores (1and 2. by Cao Yuanyin; 3. from K. J. Leonard & L. J. Szabo, 2005)

彩图2-3-2 在云南元谋观察到的小麦秆锈病病情（曹远银摄）
Colour Figure 2-3-2 Wheat stem rust observed in the field in Yuanmou County, Yunnan Province, Southwest China (by Cao Yuanyin)
1.同一时间小麦处于完全不同的生育期
2.漏割晚分蘖小麦上秆锈病病情
3.小麦蜡熟期秆锈病病情
4.小麦收割后遗落在麦田的夏孢子

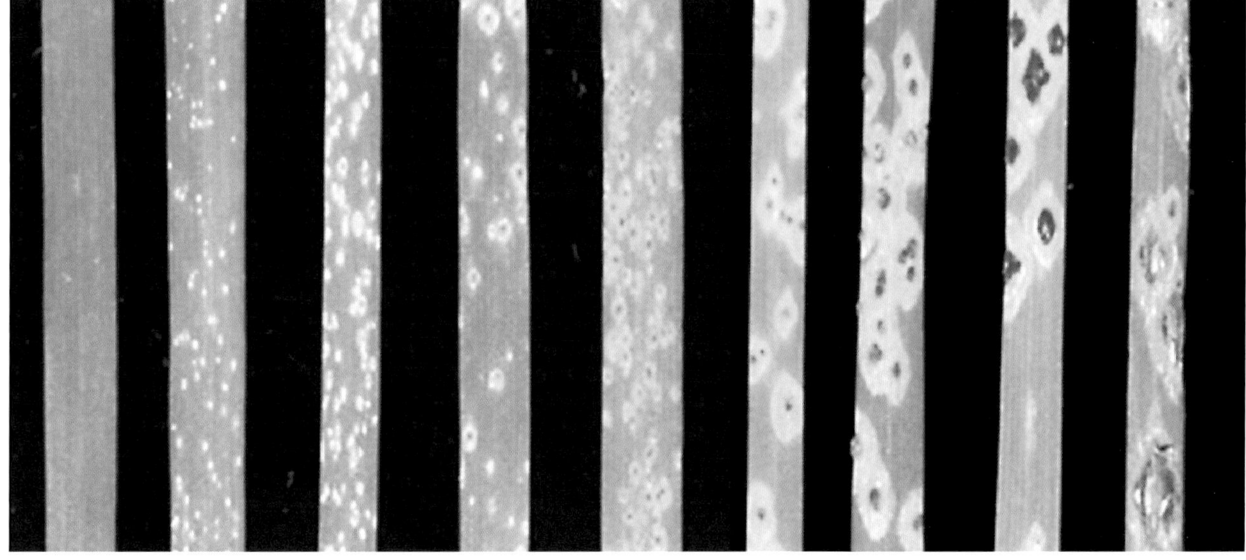

附彩图2-3-1 小麦秆锈病在小麦苗期侵染型分级标准示意图（参考Y. Jin）
Supplementary Colour Figure 2-3-1 Infection types of wheat stem rust at seedling stage (from Y. Jin)

彩图2-4-1 小麦赤霉病穗腐症状（马忠华提供）
Colour Figure 2-4-1 Symptoms of wheat scab on spikes (by Ma Zhonghua)

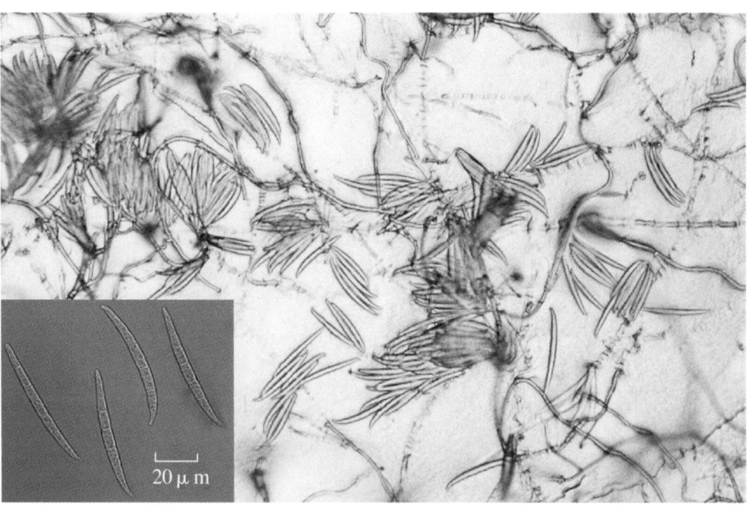

彩图2-4-2 禾谷镰孢的分生孢子（马忠华提供）
Colour Figure 2-4-2 Macroconidia of *Fusarium graminearum* (by Ma Zhonghua)

彩图2-4-3 稻茬上小麦赤霉病菌的子囊壳（马忠华提供）
Colour Figure 2-4-3 The perithecia of *Gibberella zeae* on rice debris (by Ma Zhonghua)

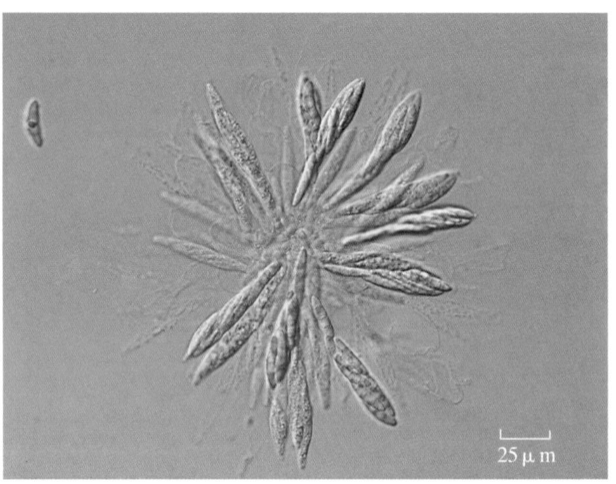

彩图2-4-4 小麦赤霉病菌的子囊和子囊孢子（马忠华提供）
Colour Figure 2-4-4 The asci and ascospores of *Gibberella zeae* (by Ma Zhonghua)

彩图2-5-1 小麦白粉病症状（周益林摄）
Colour Figure 2-5-1 Symptoms of wheat powdery mildew caused by *Blumeria graminis* f. sp. *tritici* (by Zhou Yilin)

彩图2-6-1 小麦苗期（1）、成株期（2）和穗期（3）纹枯病症状（陈怀谷提供）
Colour Figure 2-6-1 Symptoms of sharp eyespot on the seedling, adult plants and spikes of wheat in the field (by Chen Huaigu)

彩图2-6-2 小麦纹枯病菌在PDA平板上生长性状（陈怀谷提供）
Colour Figure 2-6-2 Morphology of *Rhizoctonia cerealis* on PDA plate (by Chen Huaigu)

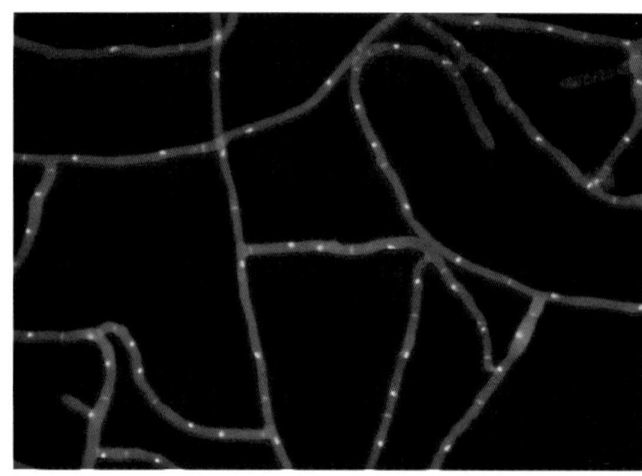

彩图2-6-3 荧光染色后的小麦纹枯病菌菌丝（陈怀谷提供）
Colour Figure 2-6-3 Binucleate hyphae of *Rhizoctonia cerealis* after fluorescent staining (by Chen Huaigu)

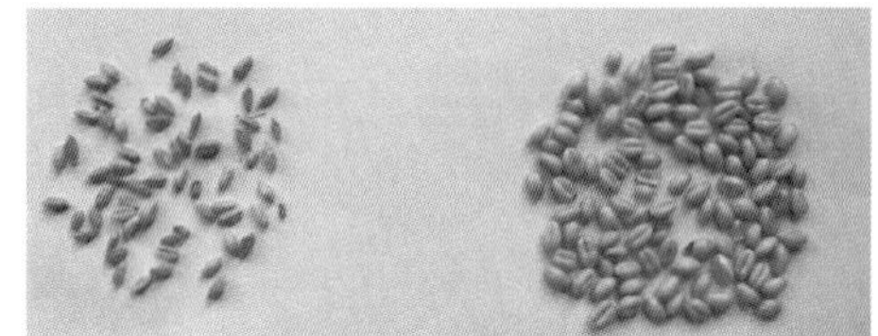

彩图2-7-1 小麦全蚀病（周麦18）灌浆期根部和茎基部、穗部、籽粒病（左）、健（右）对照（宋玉立和徐飞提供）
Colour Figure 2-7-1 Symptoms of take-all on roots and stem base, spikes and kernels of cv. Zhoumai 18 at filling stage (left) (by Song Yuli and Xu Fei)

彩图2-7-2 小麦全蚀病田间症状（宋玉立提供）
Colour Figure 2-7-2 Symptoms of take-all of wheat in the field (by Song Yuli)
1. 发病中心 2. 植株矮小瘦弱、白穗 3. 茎基部黑化

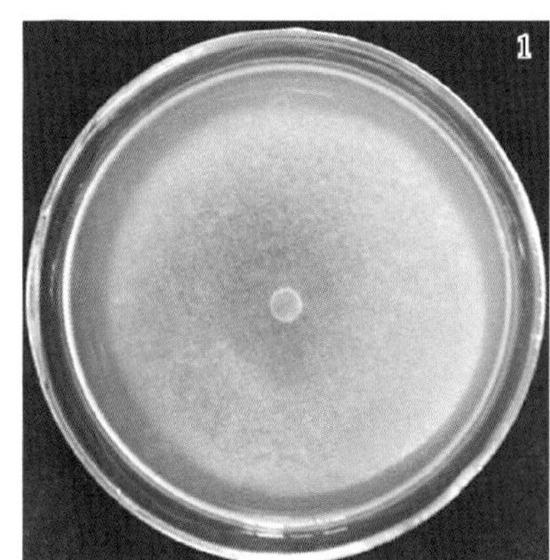

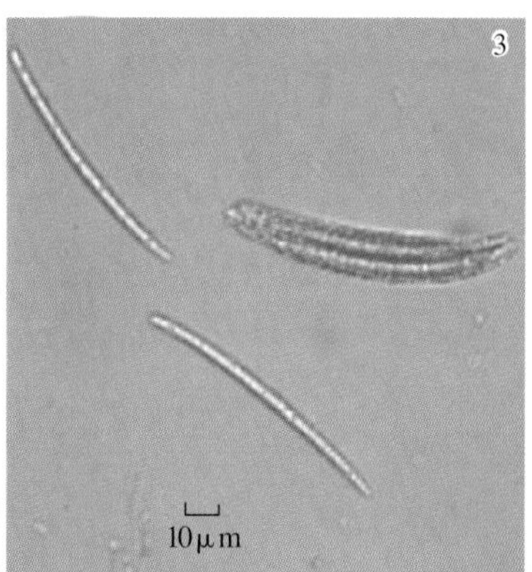

彩图2-7-3 小麦全蚀病菌形态及回接症状（徐飞提供）
Colour Figure 2-7-3 Biology of *Gaeumannomyces graminis* var. *tritici* (by Xu Fei)
1. 25℃ PDA培养基上生长7 d形态图 2. 发病小麦根部形成的子囊壳 3. 子囊和子囊孢子 4. 回接小麦发病症状

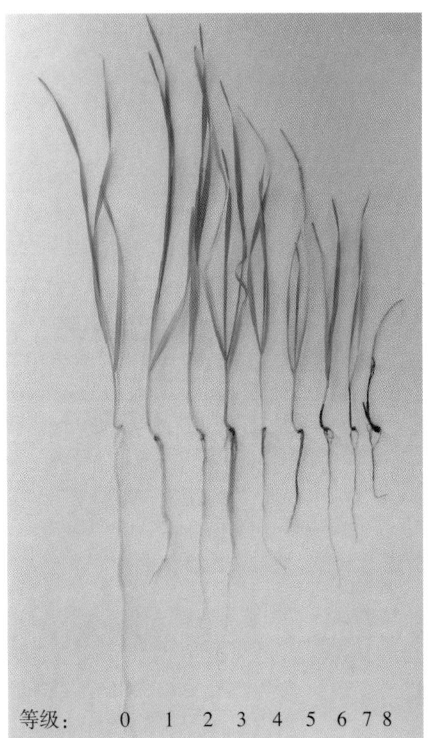

附彩图 2-7-1　小麦全蚀病病害分级图示
（徐飞提供）
Supplementary Colour Figure 2-7-1
Severity scale of take-all of wheat in the seedling (by Xu Fei)

彩图 2-8-1　小麦散黑穗病穗部症状
（赵杰提供）
Colour Figure 2-8-1　The loose smut pathogen infecting the spike of wheat (by Zhao Jie)

彩图 2-9-1　小麦网腥黑穗病的菌瘿
（引自 Wilcoxson 等，1996）
Colour Figure 2-9-1　Fungus gall of *Tilletia tritici* (from Wilcoxson, et al., 1996)

彩图 2-9-2　小麦网腥黑穗病菌
（引自 Wilcoxson 等，1996）
Colour Figure 2-9-2　*Tilletia tritici*
(from Wilcoxson et al., 1996)
1. 厚垣孢子　2. 厚垣孢子萌发　3. H 体

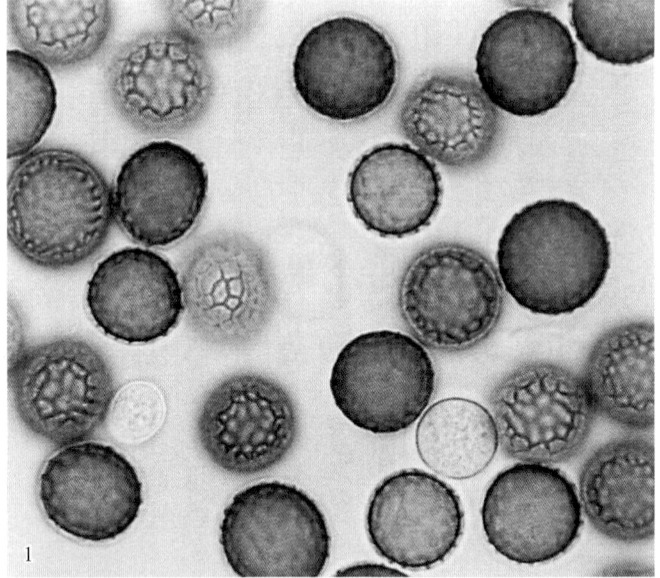

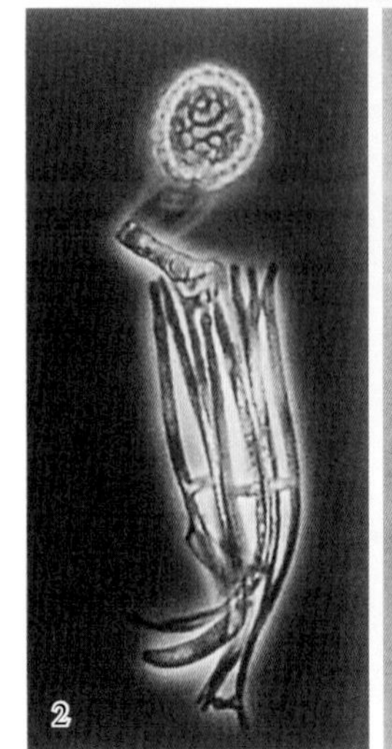

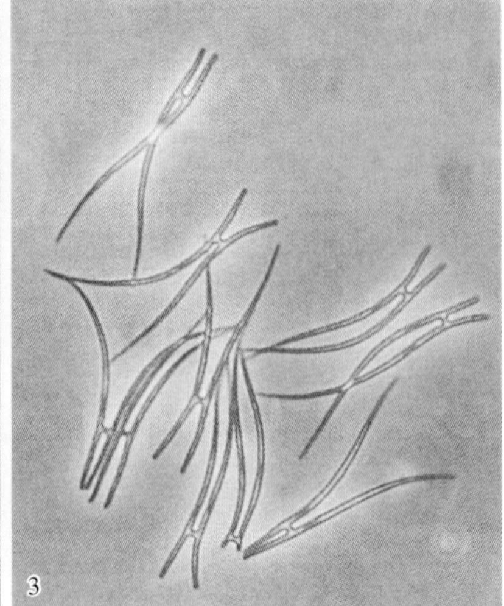

彩图 2-10-1　小麦光腥黑穗病症状
（周益林摄）
Colour Figure 2-10-1　Symptoms of *Tilletia laevis* (by Zhou Yilin)

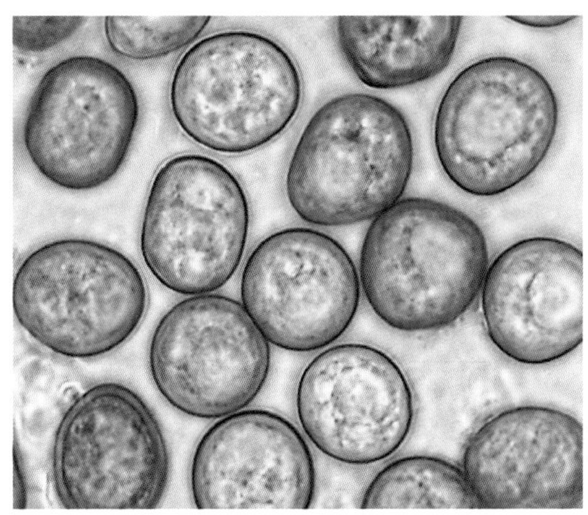

彩图2-10-2　小麦光腥黑穗病菌冬孢子
（周益林提供）
Colour Figure 2-10-2　Teliospores of *Tilletia laevis* (by Zhou Yili)

彩图2-11-1　感染小麦矮腥黑穗病的小麦穗部以及散落的菌瘿
（高利摄）
Colour Figure 2-11-1　Infected wheat ear and the pathogen galls by *Tilletia controversa* (by Gao Li)

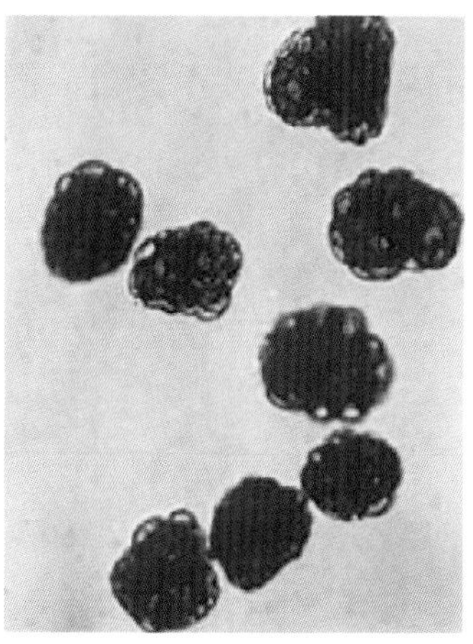

彩图2-12-1　小麦条黑粉菌的孢子球，示暗色的冬孢子及不育的外围细胞
（引自Wilcoxson等，1996）
Colour Figure 2-12-1　Spore group of *Urocystis tritici*, dark teliospore and sterile cell (from Wilcoxson et al., 1996)

彩图2-14-1　小麦苗期（1）、成株期（2、3）根腐病症状（张匀华和孟庆林提供）
Colour Figure 2-14-1　Symptoms of wheat common rot on the seedlings (1), adult plants (2, 3) of wheat in the field (by Zhang Yunhua and Meng Qinglin)

彩图2-14-2　小麦根腐病叶部症状（张匀华和孟庆林提供）
Colour Figure 2-14-2　Symptoms of wheat common rot on leaves in the field (by Zhang Yunhua and Meng Qinglin)

彩图 2-14-3 小麦根腐病穗部（1）、籽粒（2）症状（张匀华和孟庆林提供）
Colour Figure 2-14-3 Symptoms of wheat common rot on spikes (1) and seeds (2) (by Zhang Yunhua and Meng Qinglin)

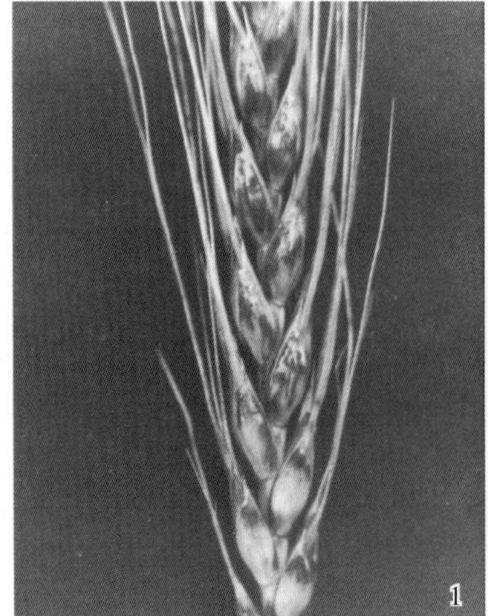

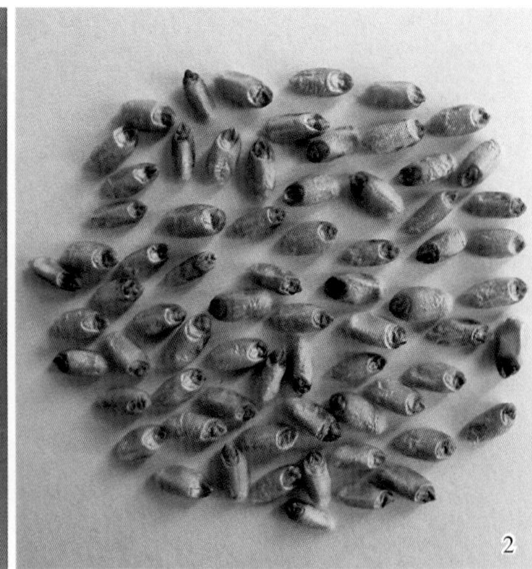

彩图 2-15-1 小麦秆枯病茎秆症状（郭书普提供）
Colour Figure 2-15-1 Symptoms of wheat stem blight (by Guo Shupu)

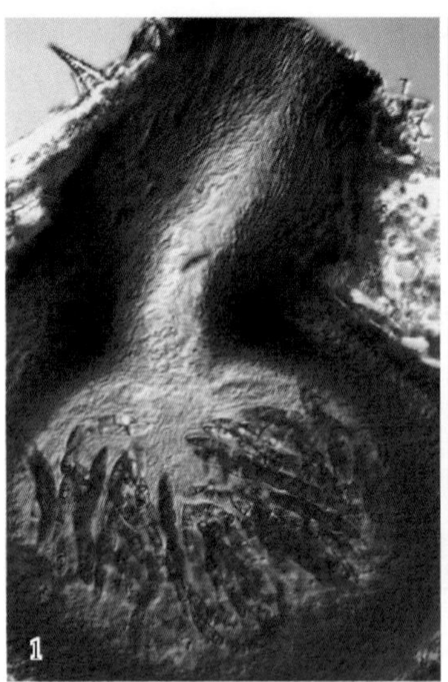

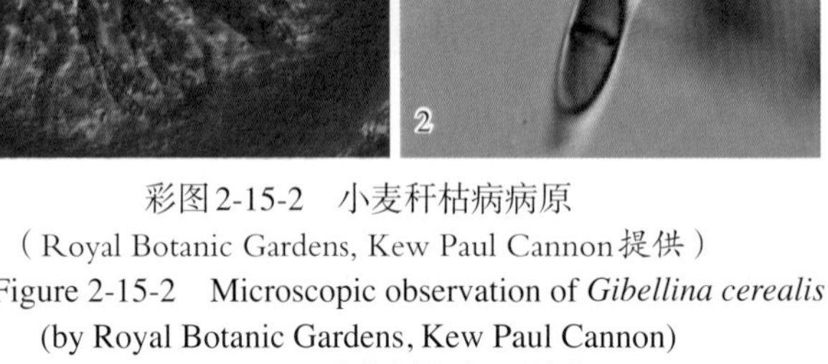

彩图 2-15-2 小麦秆枯病病原（Royal Botanic Gardens, Kew Paul Cannon 提供）
Colour Figure 2-15-2 Microscopic observation of *Gibellina cerealis* (by Royal Botanic Gardens, Kew Paul Cannon)
1. 子囊壳剖面 2. 子囊

彩图 2-16-1 小麦颖枯病症状（郭书普提供）
Colour Figure 2-16-1 Symptoms of *Stagonospora nodorum* (by Guo Shupu)

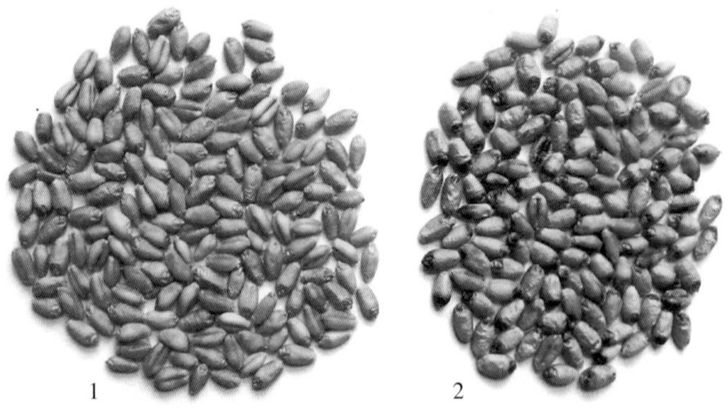

彩图 2-18-1 小麦黑胚病籽粒症状（李洪连提供）
Colour Figure 2-18-1 Symptoms of wheat black point on seeds (by Li Honglian)
1. 健粒 2. 病粒

彩图2-20-1　典型小麦霜霉病症状
（引自 Clayton A. Hollier，2008）
Colour Figure 2-20-1　Typical symptoms of wheat downy mildew (from Clayton A. Hollier, 2008)

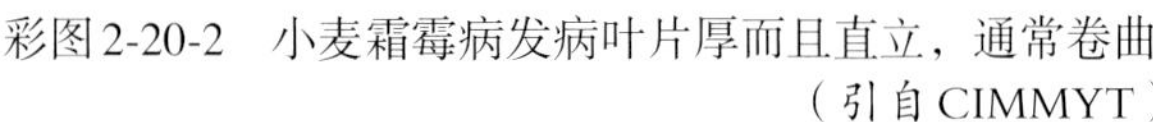

彩图2-20-2　小麦霜霉病发病叶片厚而且直立，通常卷曲
（引自 CIMMYT）
Colour Figure 2-20-2　The leaves of diseased wheat become thick and erect, and usually in whorls (from CIMMYT)

彩图 2-21-1　大麦黄矮病在麦类作物上的发病症状
（王锡锋提供）
Colour Figure 2-21-1　Symptoms of barly yellow dwarf (by Wang Xifeng)

1. 大麦黄矮病在小麦上的发病症状
2. 大麦黄矮病在大麦上的发病症状
3. 大麦黄矮病在燕麦上的发病症状

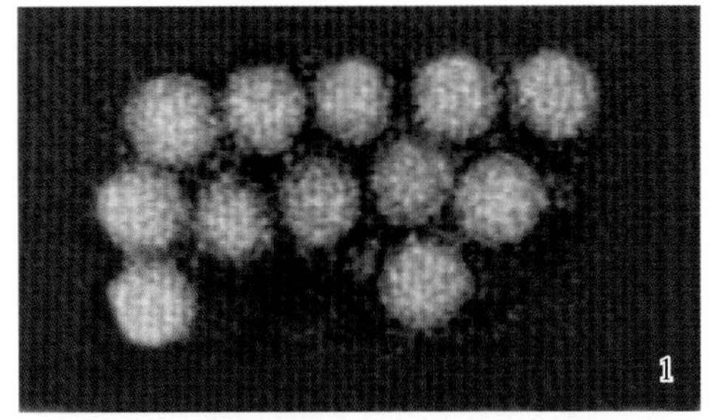

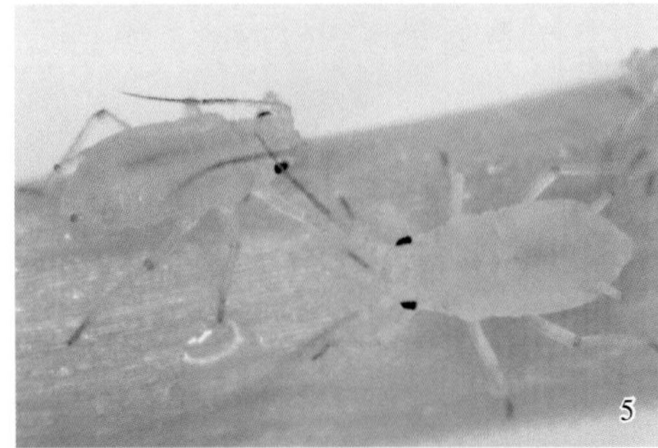

彩图 2-22-1 小麦丛矮病症状
（1和2. 苗洪芹提供；3. 段西飞和苗洪芹提供）
Colour Figure 2-22-1 Symptoms of wheat rosette stunt
(1 and 2. by Miao Hongqin; 3. by Duan Xifei and Miao Hongqin)
1. 田间小麦丛矮病病株 2. 田间混合感染的小麦病毒病
3. 人工接种引发的小麦丛矮病（左：健株，右：病株）

彩图 2-21-2 大麦黄矮病毒的粒体及其传毒的蚜虫种类
（王锡锋提供）
Colour Figure 2-21-2 Virions and veneniferous aphids of barley yellow dwarf virus(by Wang Xifeng)
1. 病毒粒体 2. 麦长管蚜 3. 禾谷缢管蚜
4. 玉米蚜 5. 麦二叉蚜 6. 无网长管蚜

彩图2-22-2　小麦丛矮病病毒侵染杂草症状
（引自陈巽祯和刘信义，1982）
Colour Figure 2-22-2　The symptoms on weeds infected by the NCMV
(from Chen Xunzhen and Liu Xinyi, 1982)
1.人工接种金狗尾草症状　2.人工接种早熟禾症状

彩图2-22-3　小麦丛矮病传毒介体灰飞虱
（王锡锋提供）
Colour Figure 2-22-3　The vector for transmission: *Laodelphax striatellus* (by Wang Xifeng)
1.雄虫　2.雌虫

彩图2-23-1　小麦矮缩病毒病田间症状（王锡锋提供）
Colour Figure 2-23-1　Symptoms of WDV in the field
(by Wang Xifeng)

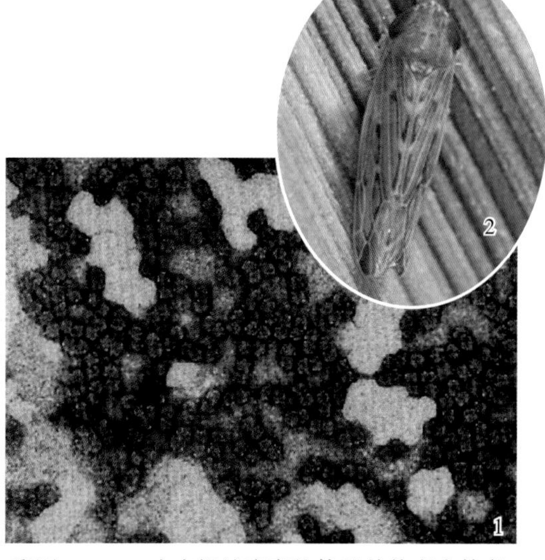

彩图2-23-2　小麦矮缩病毒粒体及其传毒介体条沙叶蝉（王锡锋提供）
Colour Figure 2-23-2　The virions of WDV and vector for transmission of WDV: *Psammotettix striatus* (by Wang Xifeng)
1. 小麦矮缩病毒粒体
2.小麦矮缩病毒传毒介体——条沙叶蝉

彩图2-24-1 小麦黄花叶病症状 (陈剑平提供)
Colour Figure 2-24-1 Symptoms of WYMV-infected wheat (by Chen Jianping)
1、3、4. 小麦黄花叶病田间症状
2. 小麦黄花叶病毒（WYMV）侵染小麦心叶症状

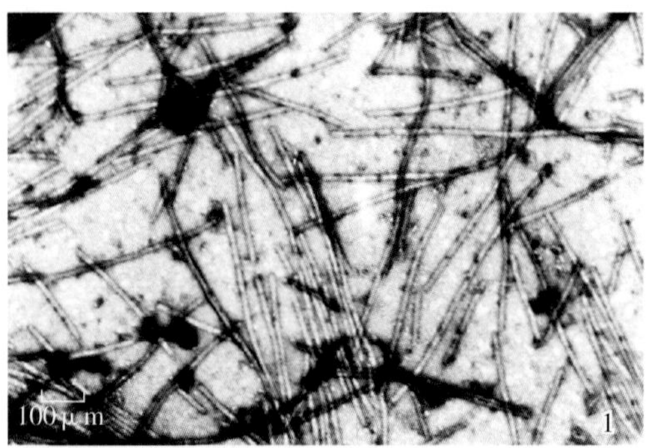

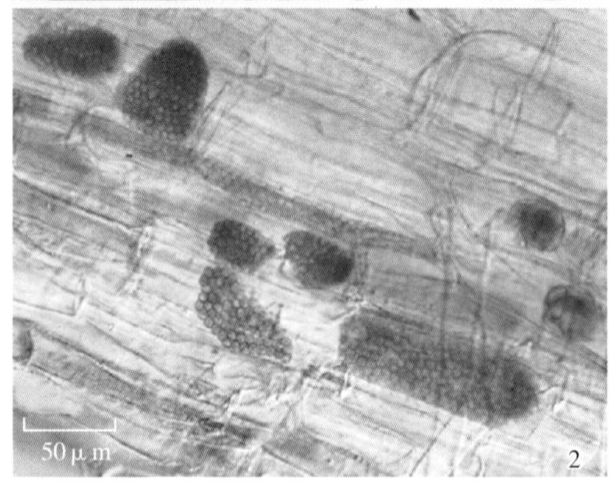

彩图2-24-2 小麦黄花叶病毒粒体及传播介体（陈剑平提供）
Colour Figure 2-24-2 Virions of WYMV and its transmission rector (by Chen Jianping)
1. 小麦黄花叶病毒粒体 2. 禾谷多黏菌休眠孢子堆

彩图2-24-3 小麦品种抗小麦黄花叶病鉴定及抗病品种应用（陈剑平提供）
Colour Figure 2-24-3 Identification and usage of the wheat cultivar resistant against WYMV (by Chen Jianping)
1. 小麦品种抗小麦黄花叶病鉴定 2. 应用抗病品种防治小麦黄花叶病

彩图2-25-1 中国小麦花叶病毒（CWMV）侵染小麦单株症状（陈剑平提供）
Colour Figure 2-25-1 Symptoms of CWMV on wheat plants (by Cheng Jianping)

彩图2-26-1　小麦线条花叶病症状（吴云锋提供）
Colour Figure 2-26-1　Symptoms of wheat streak mosaic (by Wu Yunfeng)

彩图2-27-1　小麦蓝矮病症状（吴云锋提供）
Colour Figure 2-27-1　Symptoms of wheat blue dwarf (by Wu Yunfeng)

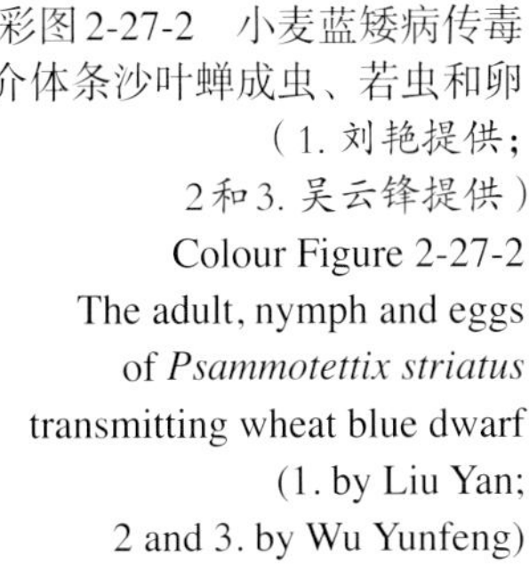

彩图2-27-2　小麦蓝矮病传毒介体条沙叶蝉成虫、若虫和卵（1. 刘艳提供；2和3. 吴云锋提供）
Colour Figure 2-27-2
The adult, nymph and eggs of *Psammotettix striatus* transmitting wheat blue dwarf (1. by Liu Yan; 2 and 3. by Wu Yunfeng)

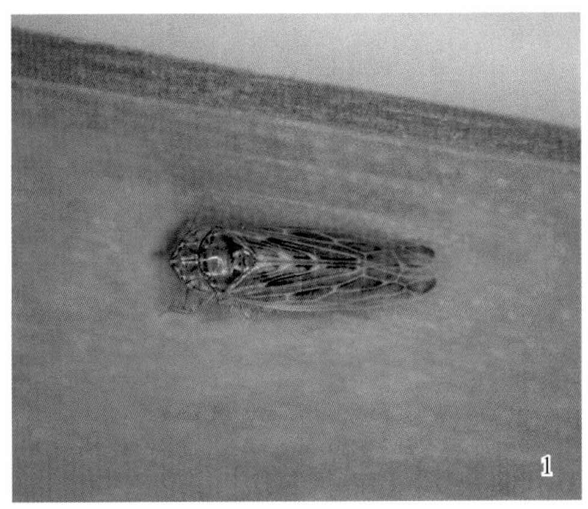

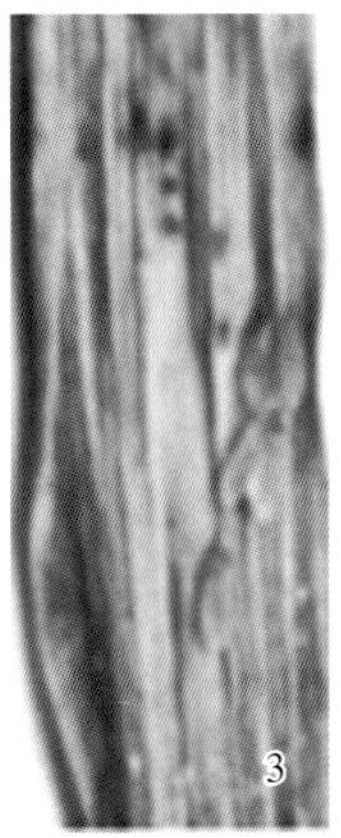

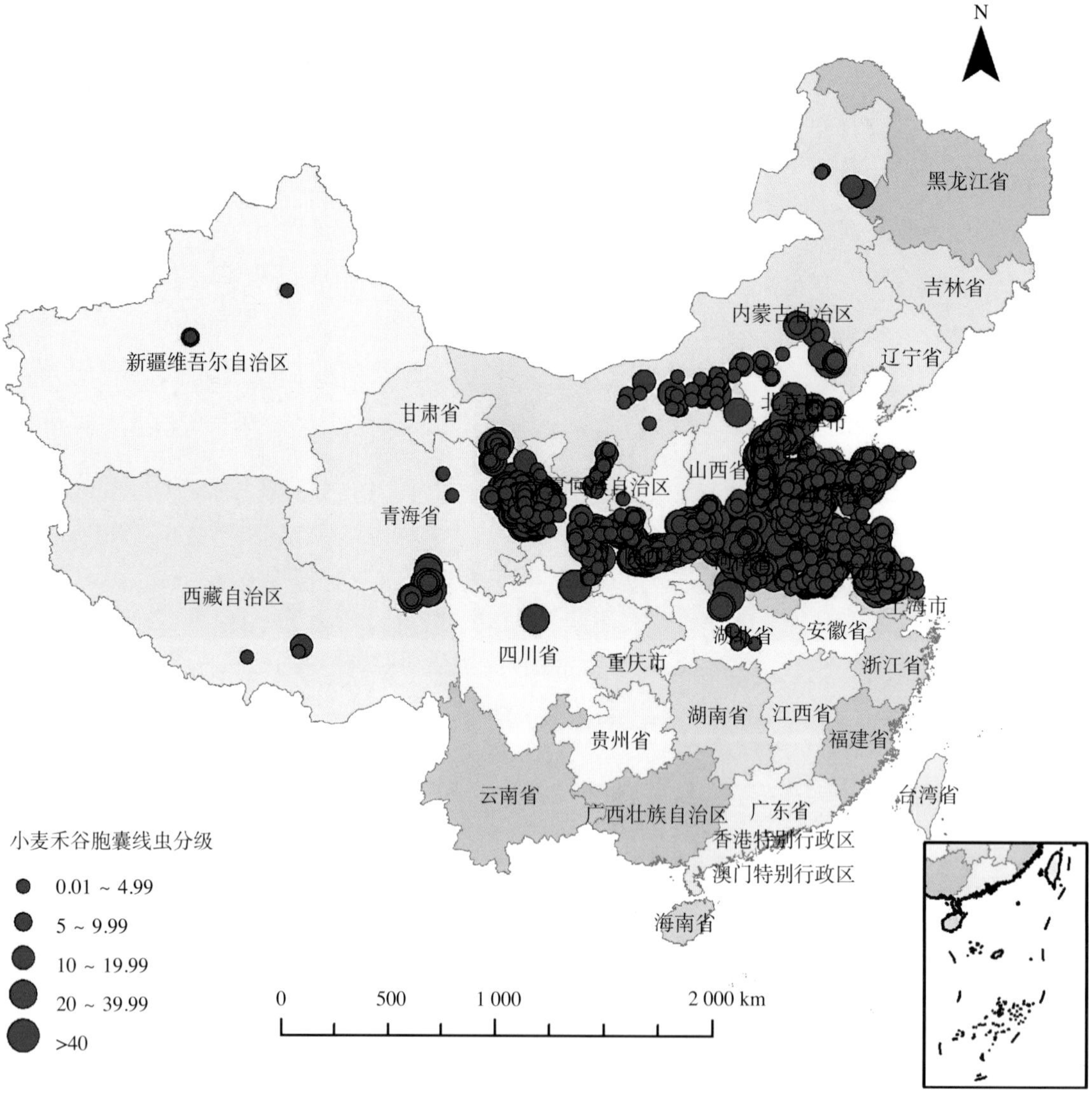

N
黑龙江省
吉林省
内蒙古自治区
辽宁省
新疆维吾尔自治区
甘肃省
山西省
青海省
西藏自治区
上海市
安徽省
四川省
重庆市
浙江省
湖南省
江西省
福建省
贵州省
台湾省
云南省
广西壮族自治区
广东省
香港特别行政区
澳门特别行政区
海南省

小麦禾谷胞囊线虫分级
0.01 ~ 4.99
5 ~ 9.99
10 ~ 19.99
20 ~ 39.99
>40

0 500 1 000 2 000 km

彩图2-28-1 我国小麦禾谷胞囊线虫发生分布（彭德良提供）
Colour Figure 2-28-1 Distribution of *Heterodera avenae* in China (by Peng Deliang)

彩图2-28-2 禾谷胞囊线虫田间为害症状（彭德良摄）
Colour Figure 2-28-2 Damage caused by *Heterodera avenae* in the field (by Peng Deliang)
1. 分蘖减少，杂草丛生 2. 小麦越冬后返青期表现黄化 3. 缺苗断垄

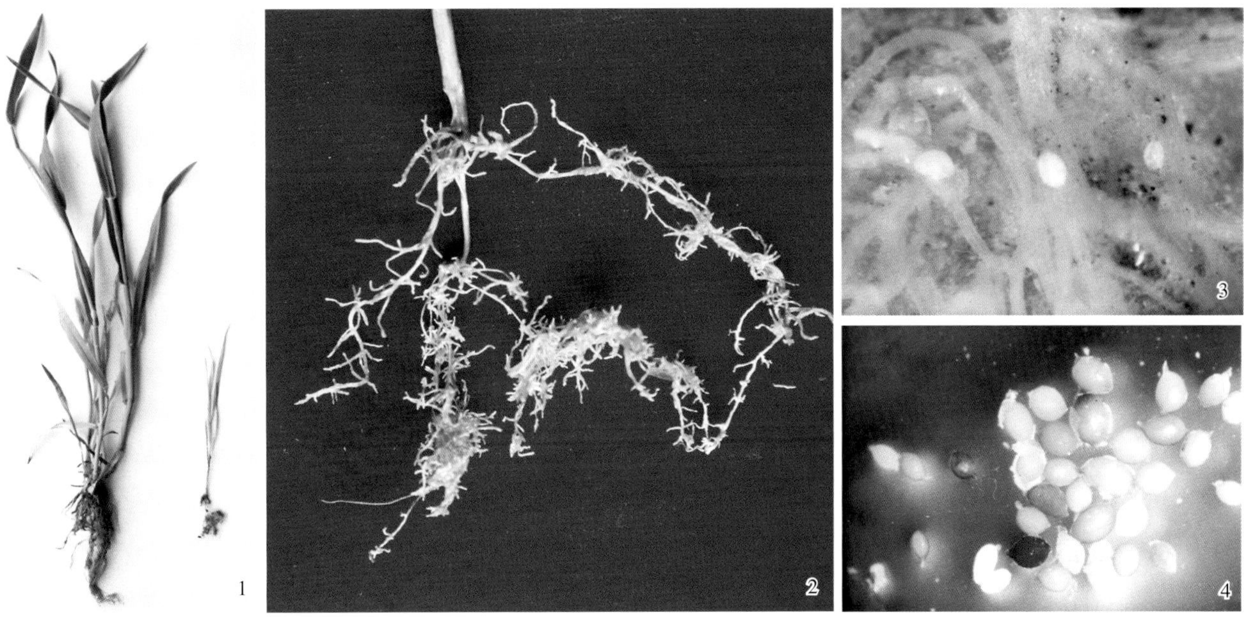

彩图2-28-3　禾谷胞囊线虫为害状（彭德良摄）
Colour Figure 2-28-3　Symptoms caused by *Heterodera avenae* (by Peng Deliang)
1. 苗期受害，根系成团，生长势弱　2. 受害根系呈二叉状分支
3. 抽穗至乳熟期，根系可见白色胞囊　4. 白色和褐色的胞囊

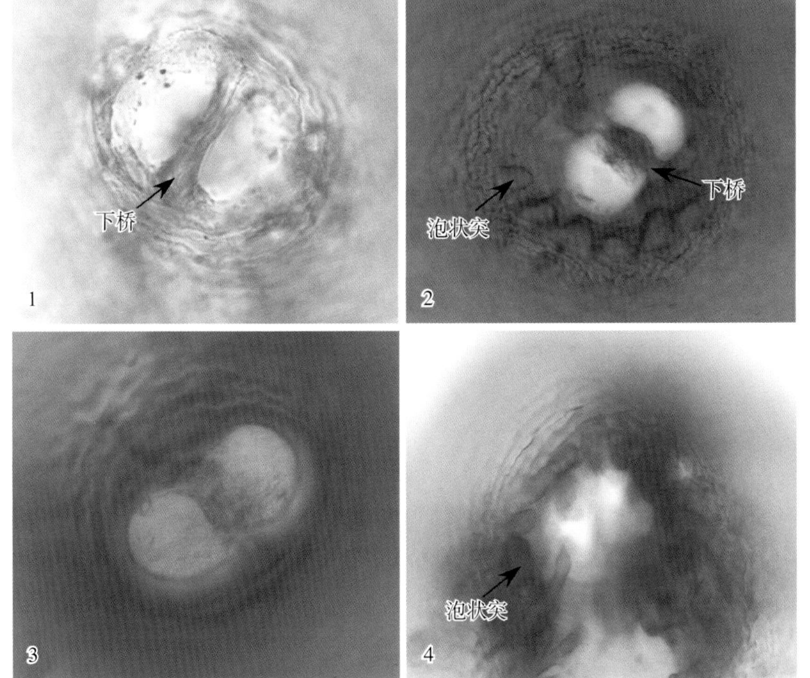

彩图2-28-4　菲利普胞囊线虫和禾谷胞囊线虫（彭焕摄）
Colour Figure 2-28-4　*Heterodera filipjevi* and *H. avenae* (by Peng Huan)
1. 菲利普胞囊线虫下桥　2. 菲利普胞囊线虫阴门膜孔　3.禾谷胞囊线虫阴门膜孔无下桥　4.禾谷胞囊线虫泡状突

彩图2-29-1　小麦粒线虫为害麦穗形成的虫瘿（引自 Agrios，2004）
Colour Figure 2-29-1　Damage to wheat kernels caused by the seed-gall nematode *Anguina tritici* (from Agrios, 2004)
1. 健康麦穗（左）和受害麦穗　2. 健康麦粒和非常小的、圆形、褐色至黑色的虫瘿

彩图2-30-1 小麦黑颖病症状（朱科峰提供）
Colour Figure 2-30- 1 Symptoms of wheat black chaff (by Zhu Kefeng)
1. 病颖片 2. 病茎 3. 病叶片

彩图2-31-1 大麦苗期（1）、成株期（2）和穗期（3）条纹病症状（朱婧环提供）
Colour Figure 2-31-1 Symptoms of barley stripe on seedlings, adult plants and spikes of barley in the field (by Zhu Jinghuan)

彩图2-32-1 大麦坚黑穗病田间发生（1）和穗部（2）症状（蔺瑞明提供）
Colour Figure 2-32-1 Symptoms of diseased spikes of barley covered smut (by Lin Ruiming)

彩图 2-33-1 大麦散黑穗病保留麦芒（1）和后期裸露穗轴（2）症状（蔺瑞明提供）
Colour Figure 2-33-1 Symptoms of diseased spikes of barley loose smut (by Lin Ruiming)

彩图 2-34-1　大麦条锈病叶片发病症状（蔺瑞明摄）

Colour Figure 2-34-1　Symptoms of barley stripe rust (by Lin Ruiming)

彩图 2-35-1　大麦网斑病症状（毕云青提供）

Colour Figure 2-35-1 Symptoms of barley net blotch (by Bi Yunqing)

彩图2-36-1　大麦云纹病早期（1）、中期（2）、后期（3）症状(姚强提供)

Colour Figure 2-36-1 Symptoms of barley scald (by Yao Qiang)

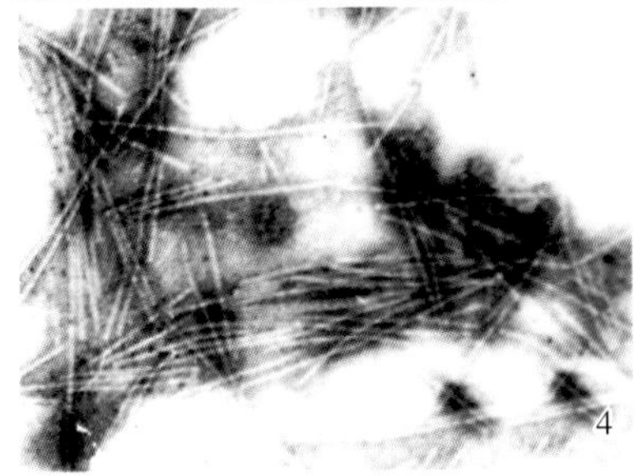
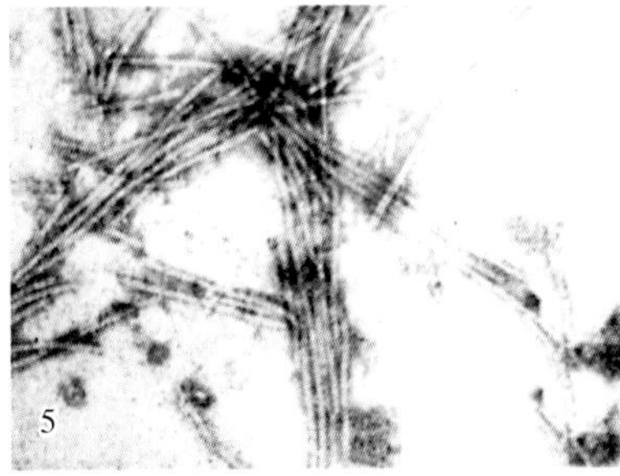

彩图2-37-1　大麦黄花叶病症状及大麦黄花叶病毒（BaYMV）和大麦和性花叶病毒（BaMMV）粒体（陈剑平提供）

Colour Figure 2-37-1　The symptoms of barley yellow mosaic and mild mosaic, and the virions of BaYMV and BaMMV (by Chen Jianping)

1. 大麦黄花叶病毒（BaYMV）侵染大麦后田间症状
2. BaYMV侵染大麦局部症状
3. 大麦和性花叶病毒（BaMMV）侵染大麦局部症状
4. BaYMV粒体　5. BaMMV粒体

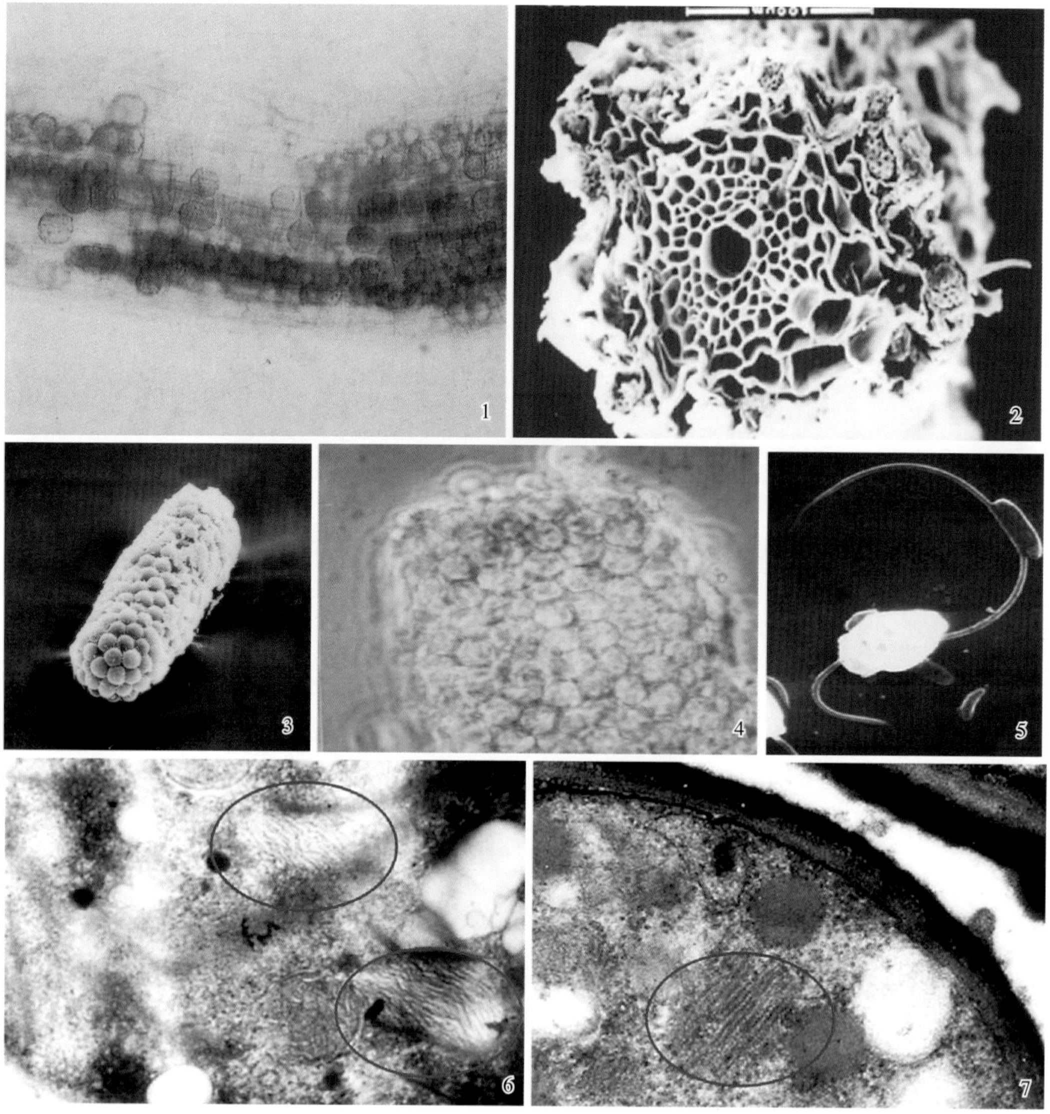

彩图 2-37-2 禾谷多黏菌休眠孢子堆、游动孢子及其携带的病毒粒体（陈剑平提供）

Colour Figure 2-37-2 Cytosori, zoospores of *Polymyxa graminis* and virions in them (by Chen Jianping)

1.大麦根细胞中的禾谷多黏菌休眠孢子堆 2.大麦根横切面显示根细胞中的禾谷多黏菌休眠孢子堆 3.禾谷多黏菌休眠孢子堆 4.正在释放游动孢子的禾谷多黏菌休眠孢子堆 5.游动孢子 6.游动孢子体内的病毒粒体 7.休眠孢子体内的病毒粒体

彩图 2-38-1 燕麦冠锈病症状（赵杰摄）

Colour Figure 2-38-1 Symtoms of crown rust on wild oat (by Zhao Jie)

彩图 2-39-1 燕麦坚黑穗病症状（引自相怀军，2010）

Colour Figure 2-39-1 Covered smut affected oat ears (from Xiang Huaijun, 2010)

彩图 2-40-1 燕麦散黑穗病症状（引自相怀军，2010）

Colour Figure 2-40-1 Diseased ear of oat infected by loose smut fungus (from Xiang Huaijun, 2010)

彩图 2-41-1　燕麦秆锈病叶片症状（引自李天亚等，2014）
Colour Figure 2-41-1　Diseased leaf of oat stem rust (from Li Tianya et al., 2014)

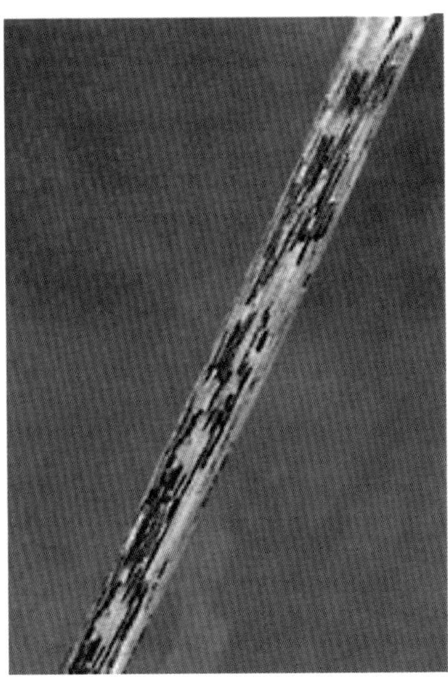

彩图 2-42-1　黑麦秆锈病症状（引自吕佩珂，1999）
Colour Figure 2-42-1　Symptoms of rye stem smut (from Lü Peike, 1999)

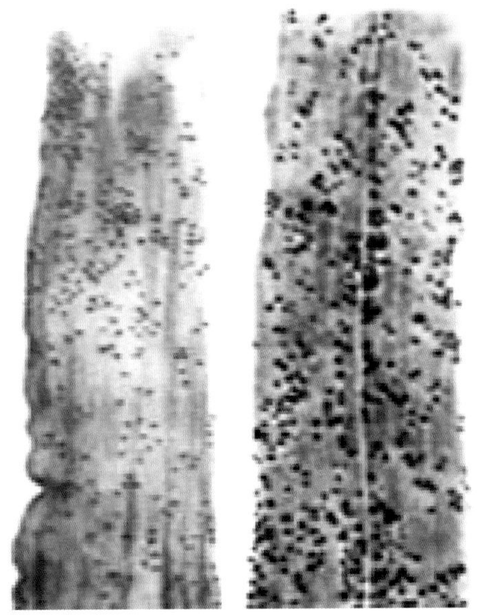

彩图 2-43-1　黑麦叶锈病症状（引自吕佩珂，1999）
Colour Figure 2-43-1　Symptoms of brown rust of rye (from Lü Peike, 1999)

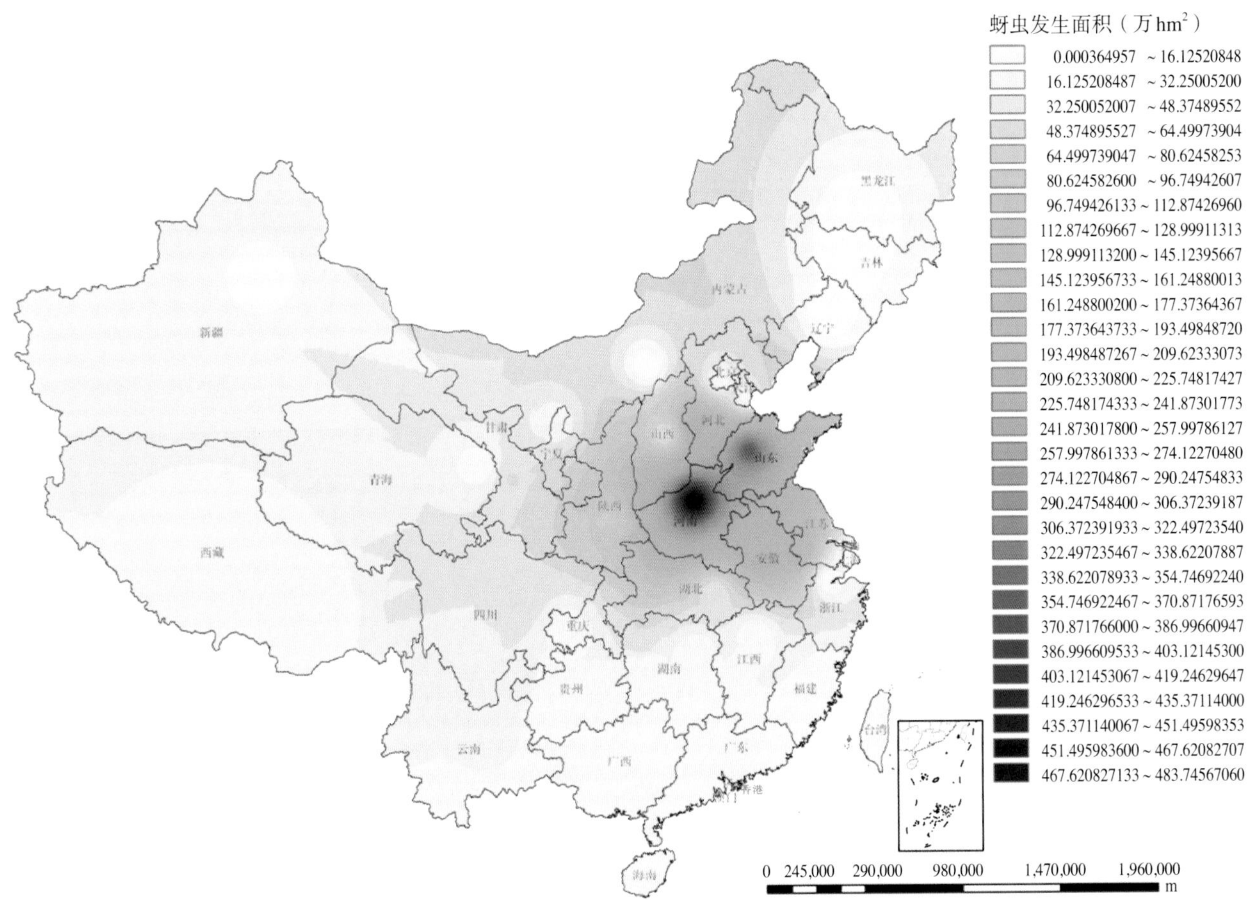

彩图 2-45-1　2009 年我国小麦蚜虫发生面积示意图（陈巨莲等提供）
Colour Figure 2-45-1　Wheat aphid infested area in China in 2009 (by Chen Julian et al.)

彩图2-45-2 小麦蚜虫为害小麦叶片（1）、穗颈（2）及穗（3）（陈巨莲等提供）
Colour Figure 2-45-2 Damage to wheat leaf (1), neck of spike (2) and wheat ear (3) caused by wheat aphid (by Chen Julian et al.)

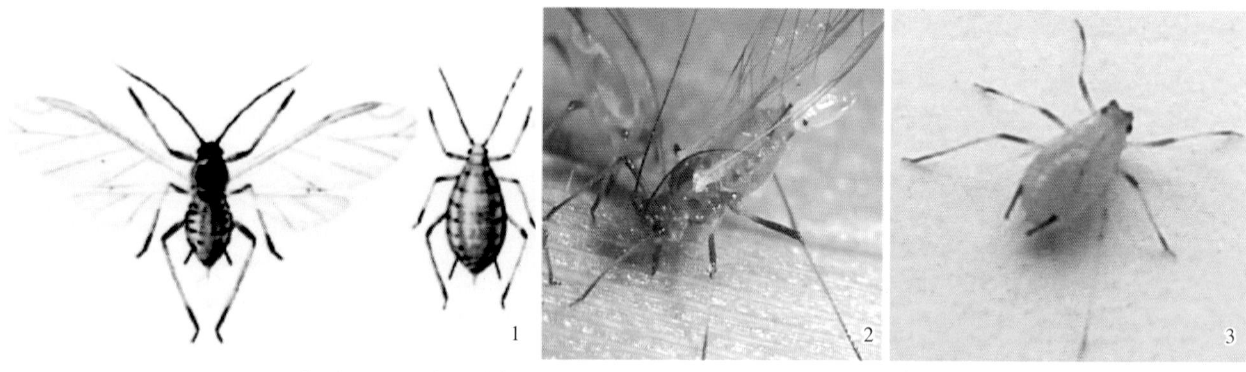

彩图2-45-3 麦长管蚜（1.引自赵玖华，2008；2和3.陈巨莲提供）
Colour Figure 2-45-3 *Sitobion miscanthi* (1. by Zhao Jiuhua, 2008; 2 and 3. by Chen Julian)
1.模式图 2.有翅成蚜 3.无翅成蚜

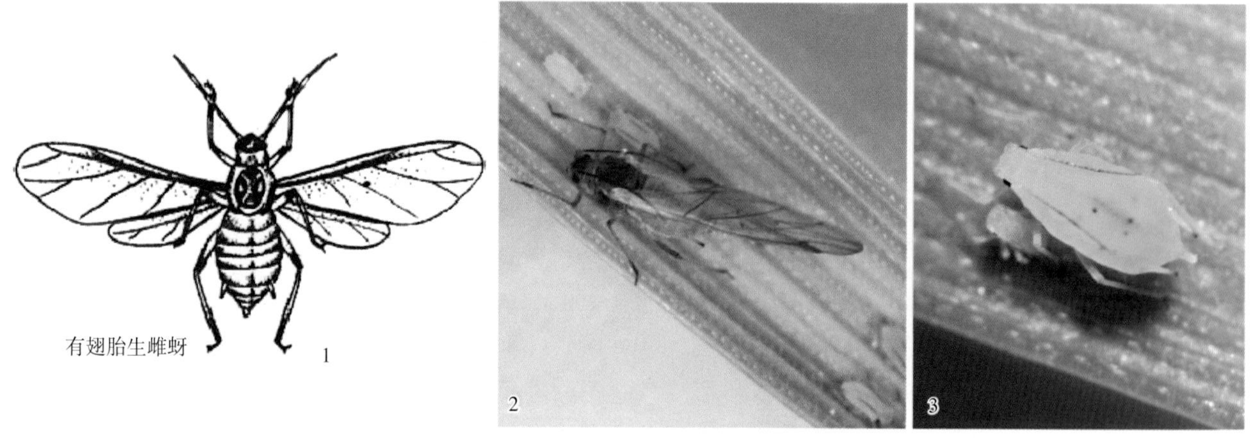

彩图2-45-4 麦二叉蚜（1.引自赵玖华，2008；2和3.陈巨莲提供）
Colour Figure 2-45-4 *Schizaphis graminum* (1. by Zhao Jiuhua, 2008; 2 and 3. by Chen Julian)
1.模式图 2.有翅成蚜 3.无翅成蚜

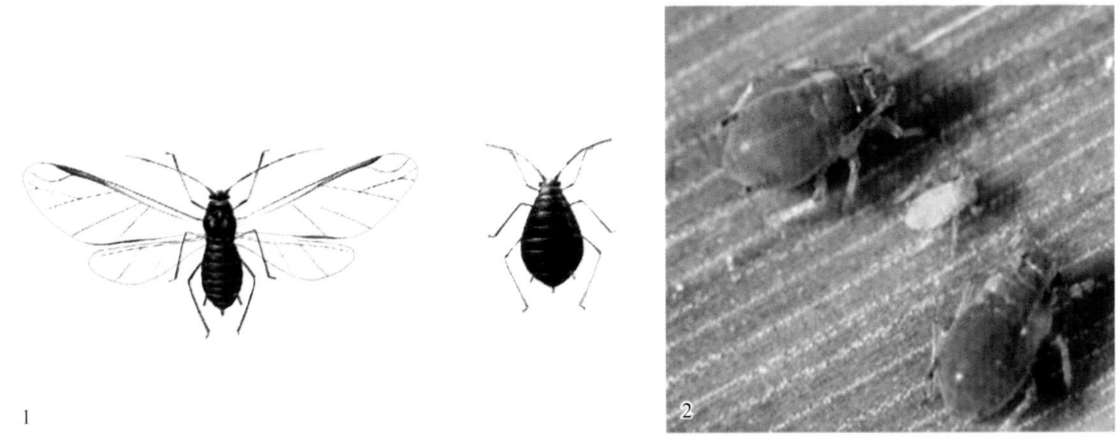

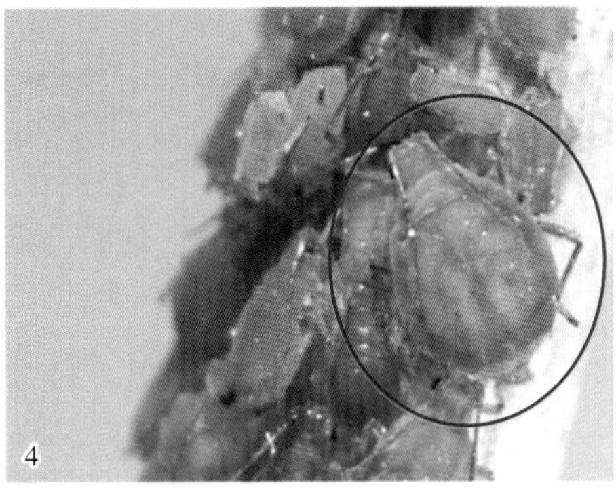

彩图2-45-5 禾谷缢管蚜
（1.引自齐国俊等，2002；2～4.陈巨莲提供）
Colour Figure 2-45-5 *Rhopalosiphum padi*
(1. by Qi Guojun et al., 2002; 2-4. by Chen Julian)
1.模式图 2.若蚜 3.有翅成蚜 4.无翅成蚜

彩图2-45-6 麦无网长管蚜（陈巨莲等提供）
Colour Figure 2-45-6 *Metopolophium dirhodum* (by Chen Julian et al.)
1.浅绿色的麦无网长管蚜 2.无翅成蚜 3.有翅成蚜

彩图2-45-7 禾谷缢管蚜生活史(陈巨莲等提供)

Colour Figure 2-45-7 Life cycle of *Rhopalosiphum padi* (by Chen Julian et al.)

1.卵孵化 2.干母 3.干雌 4.迁移蚜(有翅) 5.侨居蚜(在小麦上定殖)
6.有翅性母及仔蚜 7.有翅雄蚜(性蚜) 8.无翅雌性蚜 9.交配
10.待产卵性蚜 11.产卵过程 12.产卵结束

彩图2-45-8　七星瓢虫（1和2.陈巨莲提供；3和4. Urs Wyss提供）
Colour Figure 2-45-8　*Coccinella septempunctata* (1and 2. by Chen Julian; 3 and 4. by Urs Wyss)
1.成虫　2.幼虫　3.成虫捕食蚜虫　4.幼虫捕食蚜虫

彩图2-45-9　异色瓢虫（陈巨莲等提供）
Colour Figure 2-45-9　*Harmonia axyridis* (by Chen Julian et al.)
1.成虫　2.成虫捕食蚜虫

彩图2-45-10　食蚜蝇幼虫（1.陈巨莲提供；2. Urs Wyss提供）
Colour Figure 2-45-10　Larvae of syrphid fly (1. by Chen Julian; 2. by Urs Wyss)
1.幼虫　2.幼虫取食蚜虫

彩图2-45-11 草蛉（1和2.陈巨莲提供；3. Urs Wyss提供）
Colour Figure 2-45-11 Lacewing (1 and 2. by Chen Julian; 3. by Urs Wyss)
1.成虫羽化 2.成虫 3.幼虫取食蚜虫

彩图2-45-12 烟蚜茧蜂（陈巨莲等提供）
Colour Figure 2-45-12 *Aphidius gifuensis* (by Chen Julian et al.)
1.成虫在蚜虫体内产卵
2.幼虫在蚜虫体内发育、形成僵蚜初期
3.僵蚜中期
4.寄生蜂成虫自僵蚜破孔羽化

彩图2-45-13 小麦与其他作物间套作（陈巨莲等提供）
Colour Figure 2-45-13 Wheat intercropping with other crops (by Chen Julian et al.)
1.小麦与大蒜 2.小麦与蚕豆 3.小麦与豌豆

彩图2-45-14　报警激素（E-β-Farnesene）释放器（陈巨莲等提供）
Colour Figure 2-45-14　Releaser of aphid alarm phernome (E-β-Farnesene) (by Chen Julian et al.)

彩图 2-45-15　麦田设置黄板(陈巨莲等提供)
Colour Figure 2-45-15　Yellow sticky traps for aphid control (by Chen Julian et al.)

彩图2-46-1　麦双尾蚜为害小麦状（张润志摄）
Colour Figure 2-46-1　Symptoms of wheat caused by *Diuraphis noxia* (by Zhang Runzhi)

彩图2-46-2　麦双尾蚜有翅成蚜和无翅成蚜（张润志摄）
Colour Figure 2-46-2　Alatae and wingless adults of *Diuraphis noxia* (by Zhang Runzhi)

彩图2-46-3　麦双尾蚜无翅成蚜和若蚜（张润志摄）
Colour Figure 2-46-3　Wingless adult and nymph of *Diuraphis noxia* (by Zhang Runzhi)

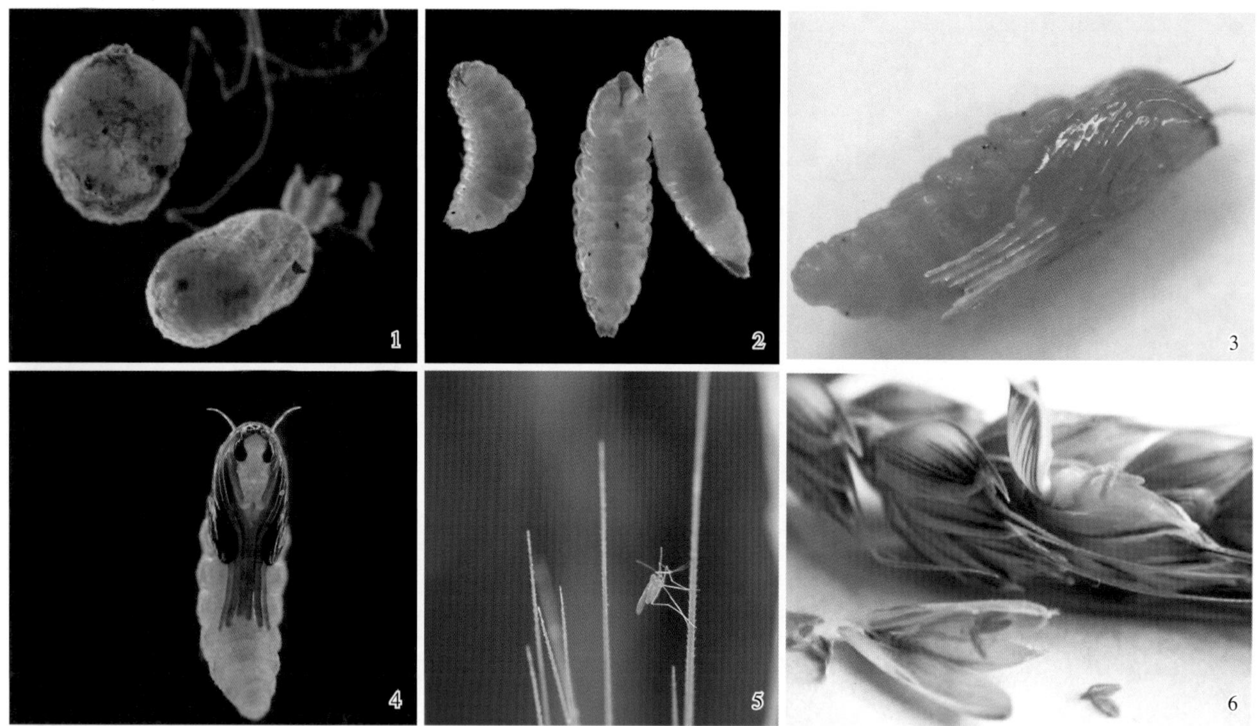

彩图2-47-1 麦红吸浆虫（程登发和张智提供）
Colour Figure 2-47-1 *Sitodiplosis mosellana* (by Cheng Dengfa and Zhang Zhi)
1.滞育茧 2、6.幼虫 3.前蛹 4.后蛹 5.成虫

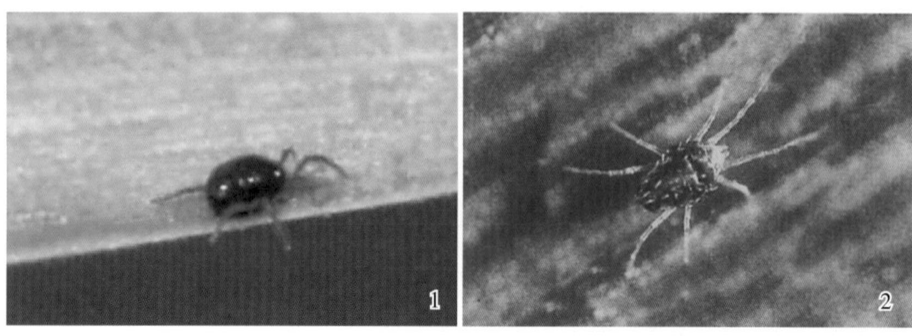

彩图2-48-1 麦圆蜘蛛（1）和麦长腿蜘蛛（2）
（1.张云慧提供；2.引自李照会，2002）
Colour Figure 2-48-1 *Penthaleus major* (1) and *Petrobia latens* (2)
(1. by Zhang Yunhui; 2. from Li Zhaohui, 2002)

彩图2-48-2 小麦生育期受麦圆蜘蛛为害的症状
（1、3、4.张云慧提供；2.张玉华提供）
Colour Figure 2-48-2 Damage caused by *Penthaleus major* to wheat
(1, 3, 4. by Zhang Yunhui; 2. by Zhang Yuhua)
1.为害初期 2.为害盛期
3.麦株受害状 4.大田为害状

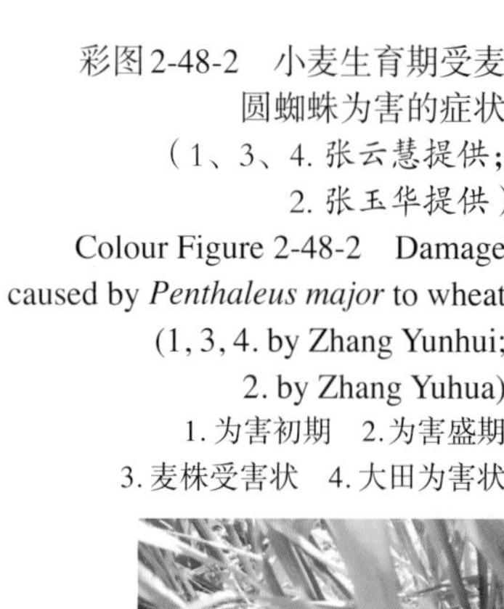

彩图2-48-3　小麦返青期麦圆蜘蛛为害根茎基部（张云慧提供）

Colour Figure 2-48-3　*Penthaleus major* at the basal of rootstock in the period of seedling establishment (by Zhang Yunhui)

彩图2-49-1　白眉野草螟在小麦不同生育期的为害状（张云慧提供）

Colour Figure 2-49-1　The damage to wheat caused by *Agriphila aeneociliella*（by Zhang Yunhui）

彩图2-49-2　白眉野草螟（张云慧提供）

Colour Figure 2-49-2　*Agriphila aeneociliella*（by Zhang Yunhui）

1. 雄成虫　2. 雌成虫　3. 卵　4. 幼虫　5. 滞育幼虫及土茧　6. 蛹

彩图2-50-1 小麦皮蓟马为害小麦穗部护颖（郭文超和岳荣强提供）
Colour Figure 2-50-1 Damage to wheat ear caused by *Haplothrips tritici*（by Guo Wenchao and Yue Rongqiang）

彩图2-50-2 小麦皮蓟马为害灌浆期小麦籽粒（郭文超和岳荣强提供）
Colour Figure2-50-2 Damage to wheat grain caused by *Haplothrips tritici*
（by Guo Wenchao and Yue Rongqiang）

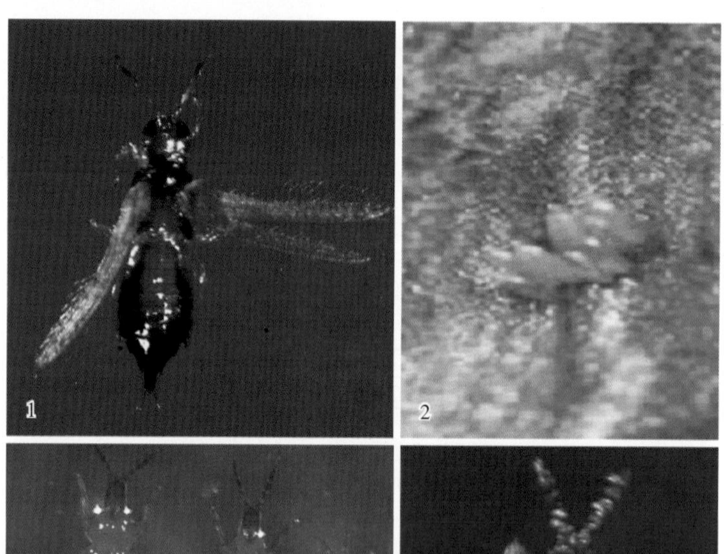

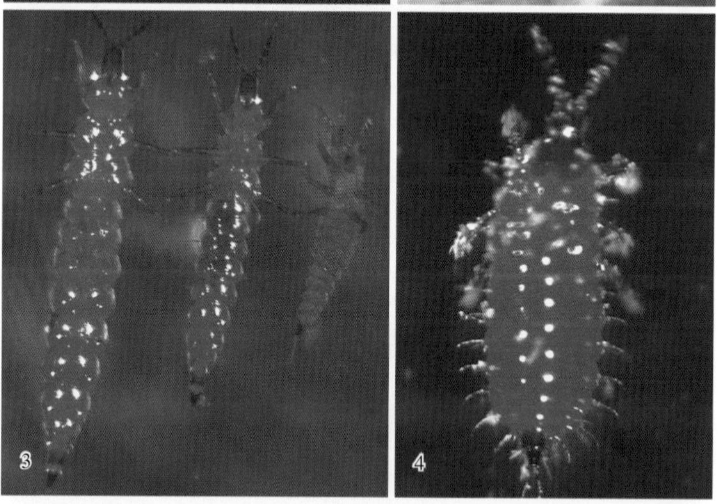

彩图 2-50-3 小麦皮蓟马
（郭文超和岳荣强提供）
Colour Figure 2-50-3 *Haplothrips tritici*
（by Guo Wenchao and Yue Rongqiang）
1. 成虫 2. 卵 3. 若虫 4. 前蛹

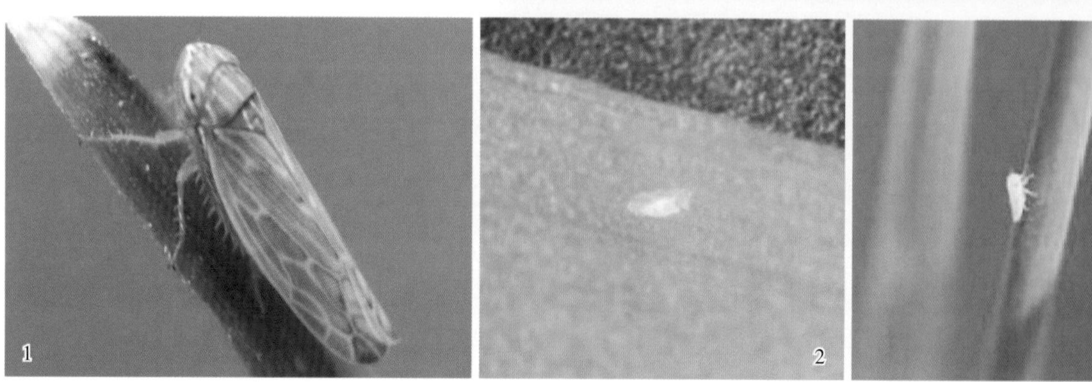

彩图 2-51-1 条沙叶蝉（1 和 2. 张华普提供；3. 刘艳提供）
Colour Figure 2-51-1 *Psammotettix striatus* (1 and 2. by Zhang Huapu; 3. by Liu Yan)
1. 成虫 2. 卵 3. 若虫

彩图2-52-1　小麦分蘖拔节期、孕穗期麦秆蝇为害状（靳军良提供）
Colour Figure 2-52-1　The damage to wheat during the tillering, jointing and ripening stages by *Meromyza saltatrix* (by Jin Junliang)

彩图2-53-1　黑麦秆蝇为害小麦形成枯心苗（靳军良提供）
Colour Figure 2-53-1　Damage to center leaf blade of the wheat stem caused by *Oscinella pusilla* (by Jin Junliang)

彩图2-53-2　黑麦秆蝇为害小麦造成死穗（靳军良提供）
Colour Figure 2-53-2　The dead ear of wheat caused by *Oscinella pusilla* (by Jin Junliang)

彩图2-53-3　黑麦秆蝇在小麦茎基部蛀食（靳军良提供）
Colour Figure 2-53-3　*Oscinella pusilla* larva (maggot) burrowing down the basal par of wheat stem (by Jin Junliang)

彩图 2-53-4 黑麦秆蝇为害玉米（靳军良提供）
Colour Figure 2-53-4 The corn seedlings destroyed by *Oscinella pusilla* (by Jin Junliang)

彩图 2-53-5 黑麦秆蝇成虫：雌（1）、雄（2）（靳军良提供）
Colour Figure 2-53-5 Female (1) and male (2) adults of *Oscinella pusilla* (by Jin Junliang)

彩图 2-53-6 黑麦秆蝇卵（靳军良提供）
Colour Figure 2-53-6 Eggs of *Oscinella pusilla* (by Jin Junliang)

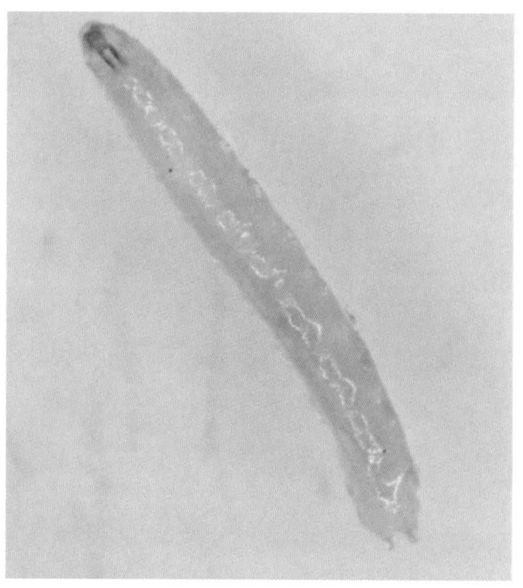

彩图 2-53-7 黑麦秆蝇幼虫（靳军良提供）
Colour Figure 2-53-7 Larva of *Oscinella pusilla* (by Jin Junliang)

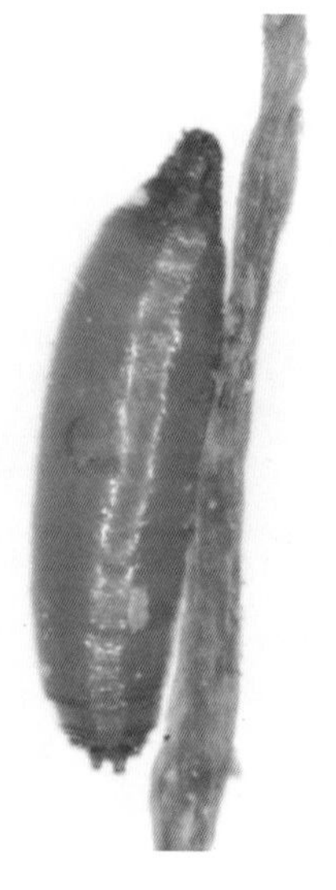

彩图 2-53-8 黑麦秆蝇蛹（靳军良提供）
Colour Figure 2-53-8 Pupa of *Oscinella pusilla* (by Jin Junliang)

彩图2-54-1 灰翅麦茎蜂成虫、卵和幼虫（马麟和张登峰提供）
Colour Figure 2-54-1 Adult, eggs and larvae of *Cephus fumipennis* (by Ma Lin and Zhang Dengfeng)
1.成虫 2.茎秆内壁上的卵 3.幼虫

彩图2-54-2 灰翅麦茎蜂雌成虫产卵（马麟提供）
Colour Figure 2-54-2 The oviposition of *Cephus fumipennis* female adult (by Ma Lin)

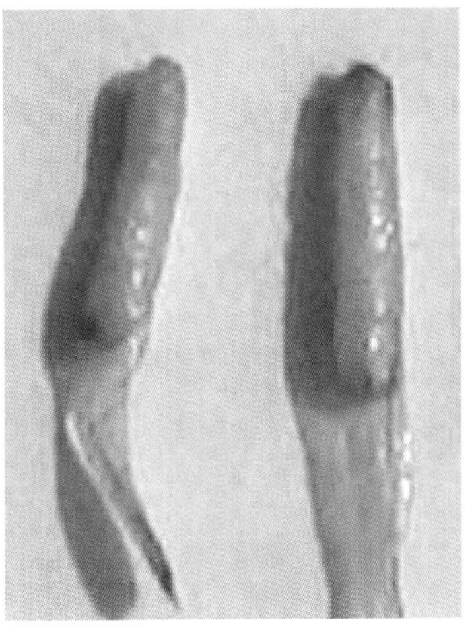

彩图2-54-3 灰翅麦茎蜂薄茧中的幼虫（张登峰提供）
Colour Figure 2-54-3 Larvae of *Cephus fumipennis* in the thin cocoons (by Zhang Dengfeng)

彩图2-54-4 有灰翅麦茎蜂根茬（1）与无灰翅麦茎蜂根茬（2）（张登峰提供）
Colour Figure 2-54-4 Insect-infested (1) and insect-free (2) root stubble of *Cephus fumipennis* (by Zhang Dengfeng)

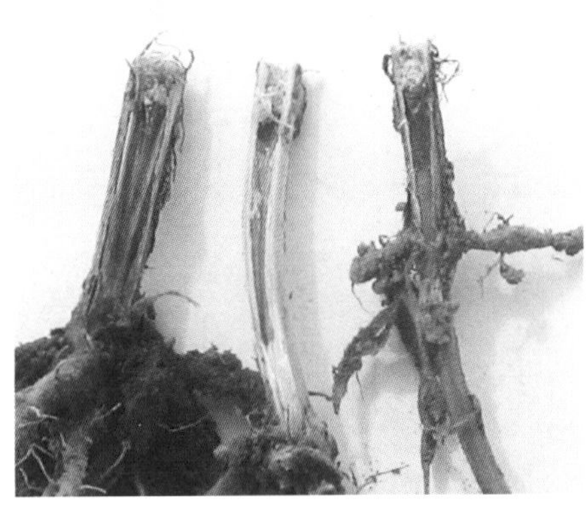

彩图2-54-5 灰翅麦茎蜂虫茬剖面及“断茎环”处的填塞物（张登峰提供）
Colour Figure 2-54-5 The vertical section of insect-infested stubble (by Zhang Dengfeng)

彩图2-55-1 麦穗夜蛾成虫（张登峰提供）
Colour Figure 2-55- 1 Adult of *Apamea sordens* (by Zhang Dengfeng)

彩图2-55-2 麦穗夜蛾幼虫为害及其排泄物（张登峰提供）
Colour Figure 2-55-2 The damage caused by larvae of *Apamea sordens* and their faeces on wheat ear (by Zhang Dengfeng)

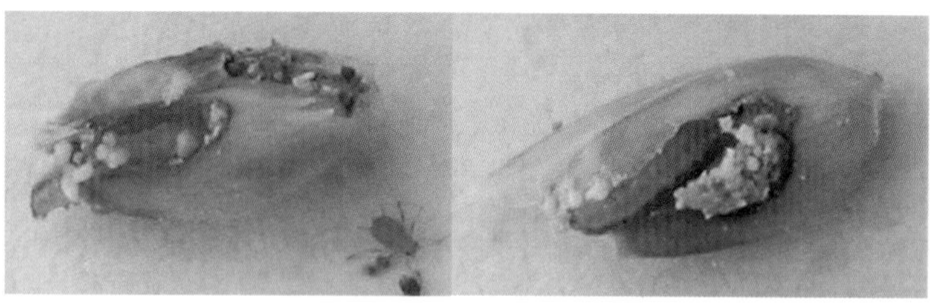

彩图2-55-3 麦穗夜蛾幼虫取食小麦籽粒（张登峰提供）
Colour Figure 2-55-3 The larva of *Apamea sordens* feeds on wheat grain (by Zhang Dengfeng)

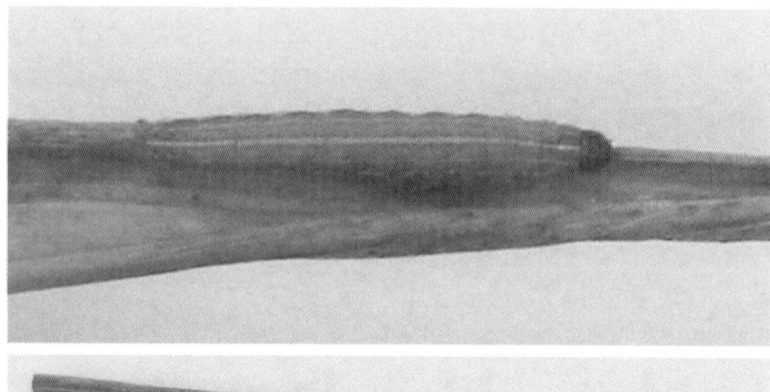

彩图2-55-4 卷叶中的麦穗夜蛾四龄幼虫（张登峰提供）
Colour Figure 2-55-4 The 4th instar larvae of *Apamea sordens* in the rolling leaf (by Zhang Dengfeng)

彩图2-55-5 小麦打碾后的麦穗夜蛾幼虫（张登峰提供）
Colour Figure 2-55-5 Larvae of *Apamea sordens* exposed after wheat cracked (by Zhang Dengfeng)

彩图2-56-1 麦鞘毛眼水蝇成虫（1）及卵（2）（姜玉英和曾娟提供）
Colour Figure 2-56-1 The adult (1) and eggs (2) of *Hydrellia chinensis* (by Jiang Yuying and Zeng Juan)

彩图2-57-1　麦种蝇（李高社提供）
Colour Figure 2-57-1　*Delia coarctata* (by Li Gaoshe)
1.成虫　2.雄成虫尾部　3.雌成虫尾部　4.幼虫　5.幼虫头部　6.幼虫尾部　7.卵　8.蛹

彩图2-58-1　麦叶蜂田间为害状（张云慧提供）
Colour Figure 2-58-1　The damage caused by *Dolerus tritici* (by Zhang Yunhui)

彩图2-58-2　麦叶蜂（引自何振昌等，1997）
Colour Figure 2-58-2　*Dolerus tritici* (from He Zhenchang et al., 1997)
1.成虫　2.卵　3.幼虫

彩图2-58-3 麦叶蜂幼虫取食麦穗（张云慧提供）
Colour Figure 2-58-3 *Dolerus tritici* larva feeding on wheat spike (by Zhang Yunhui)

彩图2-58-4 麦叶蜂老熟幼虫（张云慧提供）
Colour Figure 2-58-4 Mature larva of *Dolerus tritici* (by Zhang Yunhui)

彩图2-59-1 根土蝽成虫（引自何振昌等，1997）
Colour Figure 2-59-1 Adults of *Stibaropus formosanus* (from He Zhenchang et al., 1997)

彩图2-60-1 麦蝽为害状（1）和成虫（2）（姜玉英和曾娟提供）
Colour Figure 2-60-1 Adult of *Aelia sibirica* (2) and its damage symptoms (1) (by Jiang Yuying and Zeng Juan)

彩图2-61-1 斑须蝽（引自何振昌等，1997）
Colour Figure 2-61-1 *Dolycoris baccarum* (from He Zhenchang et al., 1997)
1.成虫 2.卵 3.若虫 4.初孵若虫为害麦穗

彩图2-62-1　二星蝽成虫（杨利华提供）
Colour Figure 2-62-1　Adult of *Eysarcoris guttiger*
(by Yang Lihua)

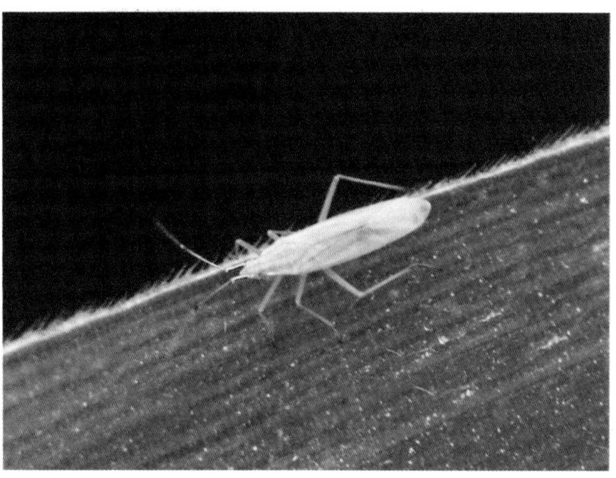

彩图2-63-1　条赤须盲蝽成虫（王振营提供）
Colour Figure 2-63-1　Adult of *Trigonotylus coelestialium*
(by Wang Zhenying)

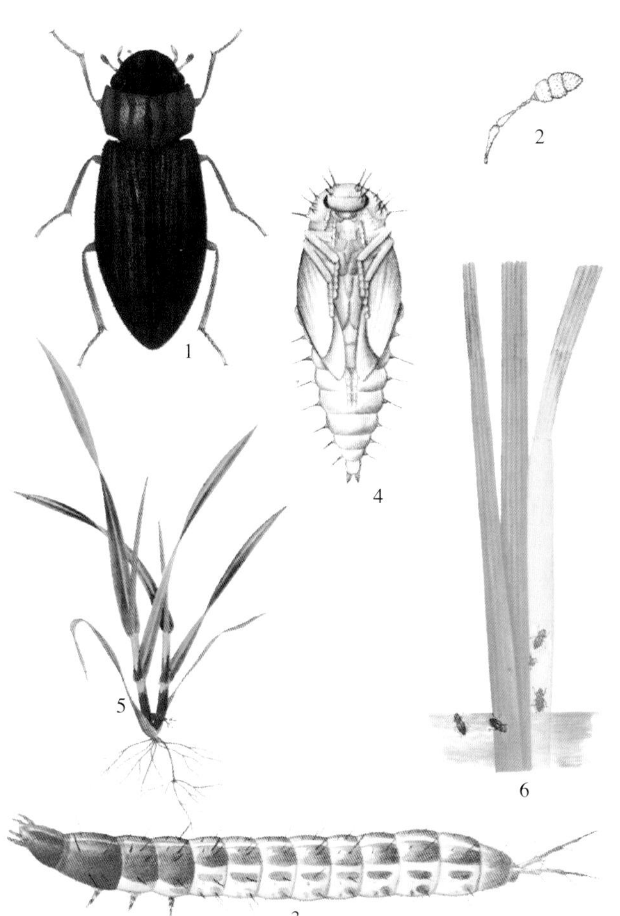

彩图2-64-1　麦沟牙甲
（引自齐国俊和仵均祥，2002）
Colour Figure 2-64-1　*Helophorus auriculatus*
(from Qi Guojun and Wu Junxiang, 2002)
1. 成虫　2. 成虫触角　3. 幼虫
4. 蛹　5. 幼虫为害状　6. 成虫为害状

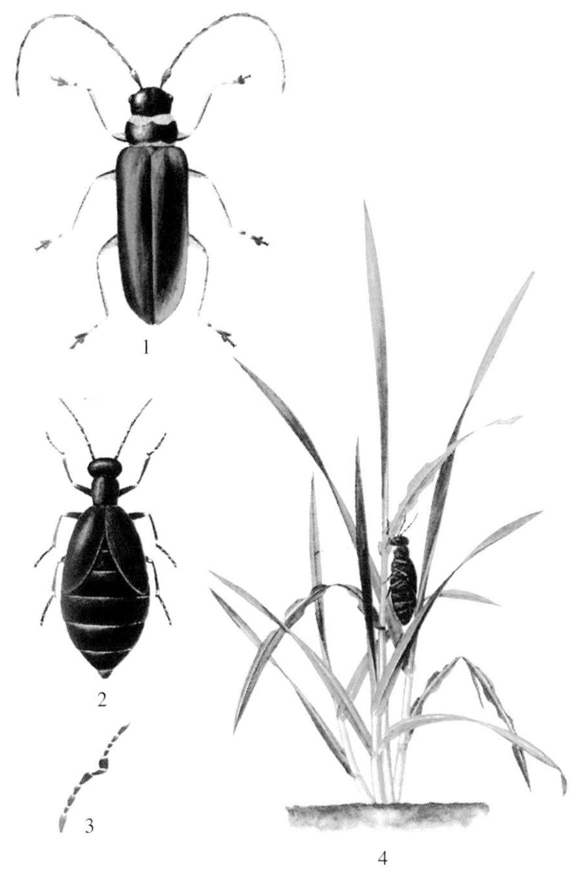

彩图2-65-1　麦茎叶甲（引自齐国俊和仵均祥，2002）
Colour Figure 2-65-1　*Apophylia thalassina*
(from Qi Guojun and Wu Junxiang, 2002)
1. 成虫　2. 雌成虫
3. 雄成虫触角　4. 小麦被害状

第3单元　玉米病虫害

第1节　玉米大斑病

一、分布与危害

玉米大斑病是一种以叶片上产生大型病斑为主的病害，1876年首次报道在意大利发生，是中国和世界玉米生产中发生普遍并可造成严重损失的叶枯性病害，主要分布于气候较冷凉的玉米种植区。玉米生长中后期遇阴雨、高湿和低温气候，常引起大斑病暴发并大范围流行，对生产影响极大。2012年，我国北方春玉米区大斑病再次流行，感病品种叶片干枯，造成较大的损失。

在世界上，玉米大斑病在北美洲、南美洲、亚洲、欧洲、非洲和大洋洲许多国家都有发生（图3-1-1），分布非常广泛，特别是在高纬度或高海拔的玉米种植区发生较重。已有发生报道的亚洲国家有中国、日本、韩国、土耳其、阿富汗、伊朗、黎巴嫩、以色列、伊拉克、沙特阿拉伯、孟加拉国、尼泊尔、印度、巴基斯坦、越南、老挝、缅甸、泰国、柬埔寨、菲律宾、马来西亚和印度尼西亚；欧洲国家有俄罗斯、波兰、匈牙利、捷克、斯洛伐克、奥地利、法国、克罗地亚、斯洛文尼亚、罗马尼亚、保加利亚、意大利、西班牙和葡萄牙；北美洲国家和地区有加拿大、美国（25个州）、墨西哥、古巴、多米尼加、波多黎各、海地、牙买加、洪都拉斯、危地马拉、萨尔瓦多、尼加拉瓜、特立尼达和多巴哥、哥斯达黎加、巴拿马和英属百慕大群岛；南美洲的阿根廷、巴西、哥伦比亚、厄瓜多尔、圭亚那、秘鲁、乌拉圭和委内瑞拉；大洋洲的澳大利亚、斐济、新喀里多尼亚（法）、新西兰、巴布亚新几内亚和汤加；非洲国家有埃及、埃塞俄比亚、利比亚、摩洛哥、喀麦隆、中非、乍得、刚果（布）、加纳、几内亚、肯尼亚、尼日尔、尼日利亚、苏丹、坦桑尼亚、多哥、乌干达、刚果（金）、赞比亚、塞内加尔、毛里求斯、塞拉利昂、布基

图3-1-1　玉米大斑病的世界分布（数据引自CIMMYT，孙素丽重绘）

Figure 3-1-1　Geographic distribution of northern corn leaf blight (data from CIMMYT, redrawn by Sun Suli)

纳法索、马达加斯加、马拉维、津巴布韦、安哥拉。

玉米大斑病在我国分布广泛，在30个省（自治区、直辖市）有发生，主要分布在黑龙江、吉林、辽宁、内蒙古东部和中部、甘肃东部、宁夏、陕西中部和北部、山西中部和北部、河北北部、北京北部、天津北部、湖北西部、湖南西部、四川、重庆、云南、贵州等以春玉米种植为主的地区。

玉米植株叶片发病后，造成叶片绿色组织大量破坏，叶片失去光合能力，导致发育中的果穗无法获得充足的营养，籽粒因灌浆不足而导致减产。在大斑病流行年份，感病品种的损失可达30%，甚至高达50%以上。我国曾在20世纪70年代初期、90年代初期、2003—2006年以及2012年发生大斑病的流行。1974年吉林省发病面积达267万 hm^2，减产20%，仅长春地区就损失产量1.6亿kg。1993年，由于特殊的气候条件，夏玉米区的江苏省因大斑病造成产量损失7亿kg。黑龙江省每年因大斑病而造成产量损失6 000万～9 000万kg。

二、症状

玉米大斑病以侵害玉米叶片为主，病菌也侵害叶鞘和果穗苞叶，严重时甚至侵害玉米籽粒。发病阶段主要在玉米抽雄吐丝后，此时植株从营养生长转向生殖生长，叶片光合产物开始向果穗籽粒中转移，自身的营养水平开始下降，进入病害易发阶段。玉米大斑病多从植株的下部叶片开始发生，随着植株生长，下部叶片病斑增多，中上部叶片也逐渐出现病斑。当田间湿度高温度低时，植株上部叶片也会被严重侵染。在感病品种上，病斑扩展快，再侵染严重，常常导致中下部叶片发病而枯死。

在感病类型的玉米上，叶片被侵染后，发病部位初为水渍状或灰绿色小斑点，病斑沿叶脉扩大，形成黄褐色或灰褐色梭状的萎蔫型大病斑，病斑周围无显著的变色。病斑一般长5～10cm，有的可达20cm以上，宽1～2cm，有的超过3cm，横跨数个小叶脉。田间湿度大时，病斑表面密生黑色霉状物，为病菌的分生孢子梗和分生孢子。叶鞘和苞叶上的病斑也多为梭形，灰褐色或黄褐色，上生霉层。发病严重时，全株叶片布满病斑并枯死（彩图3-1-1）。

在具有不同抗病基因背景的玉米材料中，有不同的病斑类型：在含有显性抗病基因 *Ht1*、*Ht2*、*Ht3*、*HtM*、*HtP* 和隐性抗病基因 *ht4* 的材料上，在抗病互作中，病斑为褪绿斑，即在病斑的周围常常有褐色坏死条纹，或黄褐色的褪绿区；含有显性抗病基因 *HtN* 的材料上病斑形成则明显推迟，病害潜育期延长，称为无病斑型抗性。

三、病原

（一）玉米大斑病菌的形态学特征

玉米大斑病病原为大斑病凸脐蠕孢［*Exserohilum turcicum*（Pass.）Leonard et Suggs，异名：*Helminthosporium turcicum* Pass.，*Bipolaris turcica*（Pass.）Shoemaker，*Drechslera turcica*（Pass.）Subramanian et Jain，*H. inconspicuum* Cooke et Ellis］，属子囊菌无性型凸脐蠕孢属；有性型为大斑病毛球腔菌［*Setosphaeria turcica*（Luttrell）Leonard et Suggs，异名：*Trichometasphaeria turcica* Luttrell，*Keissleriella turcica*（Luttrell）Arx，*Trichometasphaeria turcica* Luttrell f. sp. *sorghi* Bergquist et Masias，*T. turcica* Luttrell f. sp. *zeae* Bergquist et Masias］，属子囊菌门毛球腔菌属。在自然条件下，病菌以无性阶段在田间完成全部侵染循环过程和世代传递，而有性阶段在自然中极少发现，在人工培养条件下可见。

大斑病凸脐蠕孢的分生孢子梗单生或2～6根丛生，无分枝，直或膝状弯曲，褐色，有分隔，长度可达300μm，宽7～11μm，基细胞膨大，在顶端或膝状弯曲处有明显的孢痕；分生孢子直，长梭形，浅褐色或灰橄榄色，两端渐狭，具2～7个假隔膜，顶细胞钝圆，基细胞锥形，孢子脐点突于基细胞外，孢子大小为（50～144）μm×（15～23）μm（图3-1-2）。分生孢子萌发时两端产生芽管，当芽管接触到硬物时，在顶端形成附着胞。

大斑病毛球腔菌的子囊座形成于寄主组织表面，黑色，椭圆形，外壁有短而坚硬的褐色刚毛。子囊腔内有侧丝，子囊圆筒形或棍棒形，具短柄，子囊壁双层，子囊大小为161μm×27μm，内含1～6个或2～4个子囊孢子。子囊孢子无色，有时为褐色，近纺锤形，直或略弯，1～5个隔膜，多为3个隔膜，隔膜处缢缩，平均大小为52.7μm×14.1μm，表面为黏质鞘包裹。

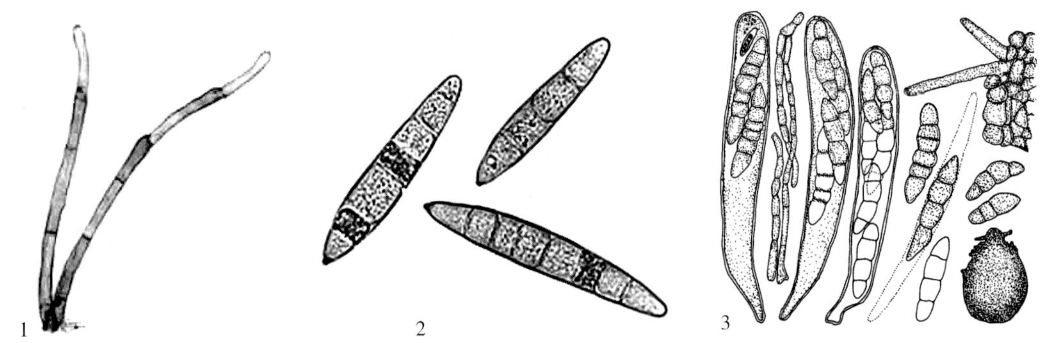

图 3-1-2 玉米大斑病菌形态特征（1 和 2. 王晓鸣摄；3. 仿 Luttrell，1958）

Figure 3-1-2 Morphology of pathogen causing NCLB (1 and 2. by Wang Xiaoming; 3. from Luttrell, 1958)

1. 大斑病凸脐蠕孢分生孢子梗 2. 大斑病凸脐蠕孢分生孢子 3. 大斑病毛球腔菌子囊壳、子囊和子囊孢子

（二）玉米大斑病菌的生理专化现象

玉米大斑病菌不但能够侵染玉米，还侵染高粱、苏丹草、约翰逊草、狗牙根和稗等禾本科植物。玉米大斑病菌在玉米品种上表现出致病性分化的特征。

1. 玉米大斑病菌小种的分化与鉴定 玉米大斑病菌存在明显的生理分化现象，在寄主水平被划分为两个专化型，即玉米专化型（*Setosphaeria turcica* f. sp. *zeae*）和高粱专化型（*S. turcica* f. sp. *sorghi*），前者只侵染玉米，而后者不但侵染玉米，还能够侵染高粱、苏丹草和约翰逊草。在玉米专化型中，根据对玉米中含有的显性单基因 *Ht1*、*Ht2*、*Ht3* 和 *HtN* 的毒性差异又可分为不同的生理小种。

玉米大斑病菌生理小种的命名在 1989 年做了修正，采用以无效寄主基因的序号作为该生理小种的名称，根据小种名称即可知小种的致病性（表 3-1-1）。该命名法目前一直为各国研究者所采用。

表 3-1-1 玉米大斑病菌的生理小种命名（引自 Leonard，1989）

Table 3-1-1 Nomenclature of physiological races of *Exserohilum turcicum*（from Leonard，1989）

小种名称	原小种名称	玉米反应型				毒力公式（有效抗性基因/无效寄主基因）
0 号	1	R	R	R	R	*Ht1Ht2Ht3HtN/0*
1 号	2	S	R	R	R	*Ht2Ht3HtN/Ht1*
23 号	3	R	S	S	R	*Ht1HtN/Ht2Ht3*
23N 号	4	R	S	S	S	*Ht1/Ht2Ht3HtN*
2N 号	5	R	S	R	S	*Ht1Ht3/Ht2HtN*

注 按照 Leonard（1989）的小种命名方法：S 为萎蔫斑，R 为褪绿斑。

0 号小种在玉米种植区普遍存在，对具有 *Ht1*、*Ht2*、*Ht3*、*HtN* 显性单基因玉米无毒力，只引起褪绿斑，在病斑上不产生孢子。1 号小种对具有 *Ht1* 显性单基因玉米有毒力，病斑为萎蔫型，并能够在病斑上产生大量的分生孢子，但对具有 *Ht2*、*Ht3*、*HtN* 的玉米无毒力；1 号小种首次在 1974 年发现于美国的夏威夷，我国辽宁在 1983 年也发现了 1 号小种。23 号小种对带 *Ht2*、*Ht3* 基因的玉米有毒力，但对带 *Ht1*、*HtN* 基因的玉米无毒力，该小种 1980 年发现于美国伊利诺伊州和南卡罗来纳州，之后，在中国的云南和台湾也有报道。在美国的夏威夷还发现了 23N 号和 2N 号小种，23N 号小种对具有 *Ht2*、*Ht3*、*HtN* 基因的玉米有毒力，但对具有 *Ht1* 基因的玉米无毒力；而 2N 号小种对具有 *Ht2*、*HtN* 基因的玉米有毒力，对具有 *Ht1*、*Ht3* 基因的玉米无毒力。此外，通过研究还发现了上述小种以外的致病类群，表明病菌毒力的变异日趋频繁，小种划分更加复杂。

2. 玉米大斑病菌生理小种的演变 根据玉米大斑病菌与已知并被公认的抗性基因（*Ht1*、*Ht2*、*Ht3*、*HtN*）的互作关系，在理论上，玉米大斑病菌可能存在 16 个生理小种。近 30 年来，世界各地关于玉米大斑病菌生理小种演变的报道增多，各地的生理小种分化更加复杂，田间小种组成趋于多元化。

20 世纪 60 年代以前，世界玉米主产区的大斑病菌完全是 0 号生理小种，70～80 年代，在北美洲相继发现新小种，但比例非常低，优势小种仍为 0 号和 1 号。1972 年，在夏威夷群岛发现 1 号生理小种，此后于 1978 年在美国本土也发现了 1 号小种。1976 年在美国南卡罗来纳州玉米田里采集分离到一个可以侵染具有 *Ht2*、*Ht3* 基因背景玉米的大斑病菌菌株，在玉米上引起萎蔫斑，但对 *Ht1* 基因材料无毒性，属于生理小种 23 号；此后，1980 年在美国伊利诺伊州也发现了 23 号小种；1989 年，在得克萨斯州发现 23N 号小种；1991 年在夏威夷又发现分离菌株 24930－4 对具有 *Ht2*、*HtN* 抗性基因背景的玉米有毒力，即为 2N 号小种。1994 年，在美国佛罗里达州发现 1 号和 23N 号小种。美国科学家认为，1 号小种的高频率出现是由于 60 年代以来在北美地区过多地利用 *Ht1* 基因所致。在乌干达、赞比亚、墨西哥等国家也在大斑病菌群体中鉴定出具有不同毒力的生理小种。巴西已存在 0、2、3、N、1N、2N、3N、12N、23N 以及 123N 等生理小种，这些小种所携带的致病基因可以克服已知的所有抗大斑病显性基因。

我国在 1982 年首次报道大斑病菌生理小种，此后 0 号小种一直是主流小种，占据着绝对优势，但很快有报道认为在我国也存在大斑病菌生理小种的变异。辽宁发现了 1 号小种，云南和贵州鉴定出 23 号小种，黑龙江、吉林、河北和山东等省也都鉴定出了对 *Ht1* 基因具有毒力的 1 号小种。对 1987—1991 年贵州大斑病菌小种分化的研究表明，0 号小种的频率为 80.2%，而 1 号小种和 23 号小种的频率各为约 10%，并且在地域上都有广泛的分布。20 世纪 90 年代以来，我国玉米大斑病菌的小种组成在不断变化之中，如河北省在 1992—1993 年，尽管田间主要还是 0 号小种出现频率最高（65.1%），但 1 号生理小种也达到了 28.4%并在河北已经普遍存在，其中，唐山、承德、保定出现频率分别为 36.4%、31.6%和 30.4%。1993 年在甘肃省玉米大斑病菌生理小种的鉴定中发现 0 号小种出现频率为 89.2%，1 号小种为 10.8%。1991—1995 年松辽平原春玉米区以及黑龙江的玉米大斑病病以 1 号小种为优势小种。四川、贵州地区鉴定出 1、23、23N 小种。研究进一步证明，在全国范围内，甚至在各玉米主产省份，大斑病菌已无明显优势小种存在。如对采自河北、辽宁、黑龙江等省的大斑病菌分离物进行鉴定，共鉴定出 0、1、3、N、12、13、1N、3N、23N、12N、123N 等 11 个生理小种；2003 年对部分玉米产区的大斑病菌鉴定表明，存在 0、1、2、3、N、12、23、123、13N、23N、123N 等 11 个小种类型，其中 0、1 号生理小种的出现频率分别低于 20%。近年对我国 10 个省份的 100 份大斑病菌分离物的致病性变异研究证明，病菌有 15 个类型的生理小种：0、1、2、3、N、12、13、1N、23、2N、3N、12N、123、23N、123N。东北地区也鉴定出 0、1、2、3、12、23、123、23N 和 123N 等 9 个小种，其中 0 和 1 号小种分别占 35.7%和 17.9%，在其他地区鉴定出 0、1、2、3、12、13、23、123 和 23N 等 9 个小种。近年，吉林省也鉴定出存在 15 个小种，河北省鉴定出 13 个小种，其他研究者通过鉴定认为在东北地区的大斑病菌小种已超过 10 个。

玉米生产品种的更替和抗性遗传单一化加速了大斑病菌的定向选择和复杂小种群的形成。而由于大斑病菌的小种变异，致使在推广初期阶段抗大斑病的玉米品种在田间逐渐表现为抗性的不断丧失，玉米大斑病流行风险逐渐增大。

3. 玉米大斑病菌小种与特异性毒素 大斑病菌的致病性差异与病菌的毒素有密切关系。研究证明，大斑病菌在寄主活体内或培养时都可产生对玉米具有致病作用的毒素，称为 HT 毒素（图 3－1－3）。毒素不仅引起叶部病斑，导致叶肉细胞叶绿体囊泡化和崩解，还能够抑制玉米幼苗和根系的正常生长。大斑病菌毒素具有热稳定性，为非蛋白结构，具有单蜡素（2－羟软木三萜酮）结构特征和亲脂性。不同生理小种产生的毒素组分具有一定的差异，这种差异可能与小种致病性有关。

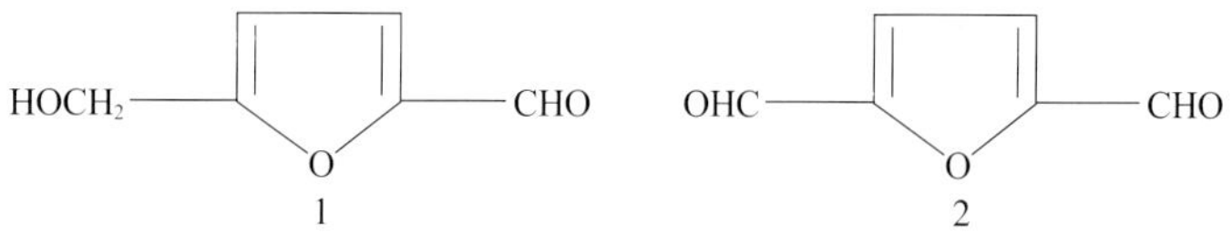

图 3－1－3 玉米大斑病菌 HT 毒素的化学结构（引自董金皋，1997，2000）

Figure 3－1－3 Chemical structure of toxin HT of *Exserohilum turcicum* (from Dong Jingao，1997，2000)

1. HT－Ⅰ毒素化学结构 2. HT－Ⅱ毒素化学结构

四、病害循环

大斑凸脐蠕孢主要以潜伏在发病的玉米组织（病残体）中的休眠菌丝体或厚垣孢子越冬，因而洒落在田间地表的病残体和堆放在田边、村庄与院落周边的秸秆成为重要的初侵染源；病菌也能在堆沤中未腐烂的病残体中越冬，成为初侵染来源之一；种子带菌也是病菌越冬方式之一，但对田间的病害流行不产生明显的作用。如果带菌病残体被翻入土壤中，在雨雪作用下发生腐烂，则病菌不能越冬。病菌越冬后遇到适宜的环境条件，休眠菌丝体和分生孢子获得重新生长的条件，从病残体中生长并产生新的分生孢子。孢子借风雨和气流传播到田间的玉米植株上，引起新的侵染。病菌侵染玉米叶片后，植株下部的老叶先发病，并在病斑上产生新的分生孢子，不断侵染其他植株和叶片并随风雨在田块间扩散，导致大范围发病。当环境温度为18～27℃、夜间有较重的露水时，只需10～14d，大斑病菌就可以完成一个侵染循环，因而病害极易暴发和流行（图3-1-4）。

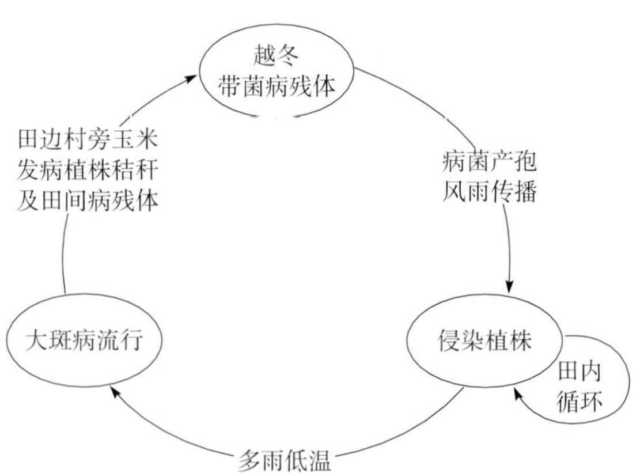

图3-1-4 玉米大斑病的病害循环（王晓鸣绘）
Figure 3-1-4 Disease cycle of northern corn leaf blight (by Wang Xiaoming)

五、流行规律

(一) 玉米大斑病菌的传播扩散及其侵染条件

1. 玉米大斑病菌的传播与扩散 玉米大斑病是一种气流传播病害，病菌主要通过风雨在田间和地区间扩散，导致不断发生侵染，引发病害流行。种子带菌也是病害传播途径之一，但主要对病菌在不同地域间群体的基因交流与遗传变异具有作用。

2. 玉米大斑病菌侵染过程及侵染条件 在适宜的环境条件下，落在叶片上的病菌孢子2h即萌发。从孢子端部细胞或中间细胞长出芽管并开始延伸。在与寄主组织接触后，芽管顶端形成附着胞，从与寄主接触的附着胞一侧产生侵入丝并穿透玉米表皮细胞或表皮细胞中间侵入组织，少数侵染丝也可通过气孔侵入组织。当温度在23～25℃时，6～12h即可完成侵入。侵入丝侵入后形成一种泡囊样组织，再从泡囊产生次生菌丝向其他细胞扩展。当次生菌丝侵入进木质部的导管和管胞后，扩展速度增快。病菌在玉米中潜育期一般为7～1d，品种抗性水平不同，病菌的潜育期也会改变。

当病菌度过潜育期（10～14d），环境条件适宜时，分生孢子梗伸出气孔和表皮细胞，产生大量的分生孢子，经风雨传播在田间形成再侵染。再侵染的频率取决于田间气候与寄主的抗性水平。

(二) 玉米大斑病流行规律

1. 病原菌变异与病害流行 在中国，玉米大斑病的数次流行，主要原因是大斑病病菌群体在抗病品种的定向选择作用下，出现对抗病品种具有毒力的新生理小种。20世纪60年代末，我国第一批玉米单交种得到生产推广，但由于此前生产中主要应用的是农家种和双交种，遗传背景复杂，田间病害问题不突出，因此，在单交种选育过程中并未关注抗病性问题，所以，在以新单1号、白单1号为代表的单交种推广后，出现了第一次大斑病的流行。在20世纪90年代，美国抗大斑病自交系Mo17的引进和育种利用多年后，引起了病菌1号小种的产生，造成了第二次大斑病流行，使一大批带有*Ht1*基因的品种失去了田间抗性；2003年以来大斑病的再度流行，也主要是病菌群体中多个新小种的出现所致，如在北方地区对抗性基因*Ht1*具有毒性的小种频率为43.2%，对*Ht2*具有毒性的小种频率为28.4%，对*Ht3*具有毒性的小种频率为25.9%，对*HtN*具有毒性的小种频率为38.3%。

2. 寄主抗病背景与病害流行 20世纪80年代，我国引进了美国的优良自交系Mo17，该自交系具有抗大斑病基因，因而在我国的育种中得到广泛利用，培育出了一大批抗病品种，田间大斑病的发生得到有效控制。但也正是由于过度利用Mo17，导致品种在抗大斑病基因背景方面相似度极高。这种抗性遗传的相似性对病菌毒力基因的定向进化形成选择压力，产生了能够在*Ht1*基因背景品种上致病的菌株并逐渐形成了稳定的群体。病菌新毒力群体的形成，导致了20世纪90年代初期的大斑病流行。在2012年，大斑病第四度大流行则与2008年以来农艺和产量性状突出但感病性强的品种先玉335在东北地区和山西北部的大范围连年种植有关。多年的种植，导致了病菌的大量积累，在适宜的气候条件下，大斑病得以暴发。

3. 气候是决定大斑病流行的主导因素 20～25℃是大斑病发病适宜温度，高于28℃时病害发生受到抑制。田间相对湿度在90%以上时，有利于病菌孢子的生成、萌发和入侵，也有利于病害的发展。中国北方春玉米区，若7～8月遭遇温度偏低、连续阴雨、日照不足的气候条件，大斑病极易发生和流行。一般情况下，春玉米种植区的6～8月气温大多适于大斑病的发生，而降水状况，特别是连续阴雨的条件就成为大斑病发病轻重的决定因素。6月的降雨有利于越冬病残体上病菌大量产孢并向田间玉米植株上传播和入侵；7月的降雨有利于病斑上产生新的分生孢子并形成大量的再侵染和发病，降雨与其后的病害日增长率密切相关，雨后转晴天有利于病斑扩展和病害的发展。

在我国南方，一些地区也会发生较严重的玉米大斑病。这与这些地区存在许多最适生长温度为30℃的大斑病菌菌株有关。

因此，在致病病原菌和感病寄主因素都具备后，大斑病能否发生与流行，主要取决于环境（气候）因素。

4. 玉米栽培与病害流行 生产中的栽培措施对大斑病发生有显著影响。当玉米连作时，由于田间病残体中病菌的越冬，初侵染源丰富，易造成发病早发病重。玉米与低秆作物的合理间套作，可改善田间小气候，利于通风透光，促使玉米健康生长，提高抗病能力；通过降低田间空气湿度，破坏病菌产孢和孢子萌发的环境条件，从而可减轻病害的发生。玉米晚播有利于大斑病发生，是由于玉米生长后期自身抗病性降低，又逢雨季和偏低的温度，更利于病害发生。

六、防治技术

我国玉米主要种植区域从东北向西南延伸，跨越黑龙江、吉林、内蒙古、辽宁、河北、山西、山东、河南、陕西、四川、云南等省（自治区）。这一地区气候比较温暖、湿润，年降水量600～1 500mm，玉米种植面积和产量均占全国85%以上，称为中国的玉米带。

玉米后期病害防治仍是一个十分困难的问题。第一，作为粮食作物，玉米生产价值有限，如果采用药剂防治大斑病，由于投入产出比低，将极大提高生产成本，难获高的经济效益。第二，大斑病发生流行于玉米生长的中后期，此时，田间植株高大，种植密度高，很难针对病害进行人工喷药作业。第三，大斑病为气传病害且病程周期短（10～14d），田间为多循环侵染，1～2次的喷药很难获得良好防效。第四，玉米资源中存在可利用的抗大斑病材料，并且田间实践也证明了抗病育种对于控制大斑病的流行是非常有效的措施。这些玉米生产的特点，导致在大斑病常发区一般不提倡药剂防治，选择种植抗病/耐病品种就成为最基本的大斑病控制措施。

玉米大斑病的综合防治，应采取以推广和利用抗病品种为主，加强栽培管理，及时辅以必要的药剂防治。世界上其他研究者也指出，对于具有潜在暴发性的玉米叶斑病，应该采用以品种抗性为基础的综合治理方法加以控制。

（一）选用抗（耐）大斑病品种

在生产中推广和利用抗大斑病品种，是实现大斑病有效控制的基础。在国家玉米品种区域试验中，已将东北春玉米区、西南春玉米区品种对大斑病的抗性水平确定为一票否决病害，即国家审定的在这两个区域中可以推广的品种，其对大斑病不得为高感类型。这个标准在一些省级审定中也被采纳。目前，经过国家和省级审定的玉米品种中，多数具有中抗以上的抗大斑病水平。种植这些品种，在生产上引发大斑病流行的风险比较小。在东北地区，具有较好抗性的国家审定品种有：东北早熟春玉米品种辽单565、吉单261、迪卡3号、辽单129等，黑龙江审定品种龙单38、绥玉7号、龙育3号等，吉林审定品种吉农大201、海禾14、通单36、吉东7号等，内蒙古审定品种金山15、大民338、利民33等；在东北南部和华北北部地区，国家审定的品种伟科702、金山27、良玉188、金山27、丹玉86、沈玉21、利民3号、屯玉42、美豫5号等，辽宁审定品种先玉698、丹玉603、隆迪2008、海禾69等，河北审定品种郁青218、张玉1337、承玉13、长城799等，山西审定品种潞玉13、屯玉42、忻玉109等；在西南地区，抗大斑病品种有国家审定品种渝单11、川单23、帮豪玉108、源育16等，四川审定品种川单416、海禾2号等，云南审定品种云优78、珍禾5号等，贵州审定品种毕单14、益玉5号等。在缺少较好抗性品种的地方，可以种植丰产性好、抗性中等的品种。

抗大斑病品种选育的基础是抗病种质资源的筛选与鉴定。自 1986 年以来，我国一直在进行国家项目组织下的玉米种质资源抗大斑病鉴定工作，包括混合小种的抗性鉴定以及分小种的抗性鉴定，迄今已鉴定各类玉米资源（自交系、农家种、群体、引进材料等）10 000 余份。同时，许多育种或植保研究单位也进行了玉米资源和新品种的抗病性筛选工作，这为育种和品种推广提供了重要的信息和材料。经过鉴定，自交系沈 5003、沈 118、吉 412、吉 419、吉 465、K22、掖 107、中 106、CA339、丹 9046 等对大斑病抗性较好。国外也非常重视玉米资源抗大斑病的鉴定工作，特别是在一些玉米大斑病常发的国家，玉米育种材料的抗大斑病性能以及从种质资源中挖掘抗大斑病材料已构成育种的重要基础。

由于在玉米种质资源中存在不同的抗大斑病基因，包括小种专化抗性基因和非小种专化抗性基因，因此，合理利用不同的抗性基因和基因组合，将能够确保田间大斑病的控制效果。小种专化的抗性主要为显性或隐性单基因控制，包括 *Ht1*、*Ht2*、*Ht3*、*HtN*、*HtM*、*HtP*、*ht4* 和 *rt*。非小种专化的抗性则为多基因（数量性状位点，QTL）调控，在玉米的 10 条染色体上均有分布。而关于 QTL 与抗大斑病关系是目前研究的热点，已知的一些 QTL 与减缓病害发展和减少叶片病斑面积有关，减缓病害发展速度对于降低大斑病的田间流行速度具有重要意义。

在抗病育种中，显性单基因抗性易被利用，但随着病菌小种的复杂化，也需要采用聚合抗病基因的方法丰富抗病遗传背景，而对于多基因共同控制的抗病性，不会因新小种产生而迅速“丧失”抗性，同时对光温条件不敏感，抗性强而稳定，同样具有较高的生产利用价值。

抗大斑病基因在不同环境条件下均能表现出不同程度的抗病作用。*Ht1* 基因的抗性受环境条件影响小，*Ht2* 基因则受环境条件影响较大，*HtN* 基因抗性受环境影响最明显，在春季表现为无病斑抗性，而在秋季其病斑反应型与感病基因的反应型很难区别，抗病作用显著下降。*Ht1*、*Ht2*、*Ht3* 和 *HtN* 这 4 个显性单基因相互独立遗传，但这些抗性基因具有累加效应，将 *Ht1* 和 *Ht2* 基因同时结合在一个品种时，抗病性有所提高。

玉米抗大斑病鉴定依据农业行业标准《NY/T 1248.1—2006 玉米抗病虫性鉴定技术规范 第 1 部分：玉米大斑病鉴定技术规范》。玉米对大斑病的抗性级别划分可参照图 3-1-5。

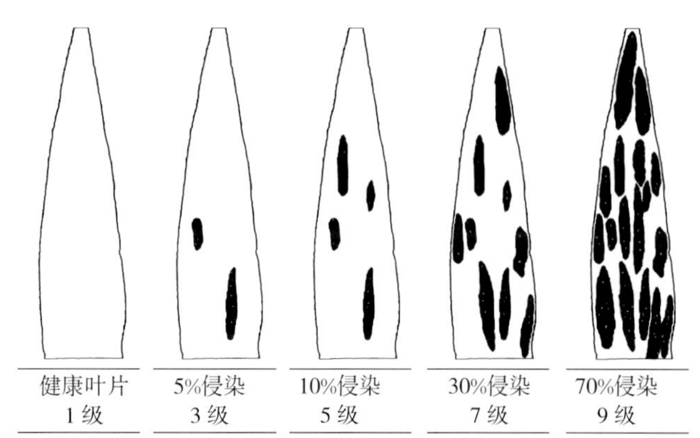

图 3-1-5 玉米大斑病发病叶片面积比例及对应发病级别示意图（王晓鸣绘）

Figure 3-1-5 Sketch of the ratio of infection spot in whole leaf and rating scale (by Wang Xiaoming)

（二）农业防治

1. 科学种植减轻病害 玉米大斑病菌属于弱寄生菌，当玉米从营养生长转至生殖生长后，叶片组织中糖分等营养物质开始向籽粒中转移，叶片抗病性逐渐降低，因而开始受到病菌的侵染。因此，适期早播可以缩短玉米生长后期处于病害高发阶段的时间，减轻病害。此外，在种植形式上，可通过宽窄行种植等方式，增加植株间的通风透光，降低田间湿度，创造不利于病菌侵染和发病的条件。玉米与矮秆作物间作方式也能够有效调节田间小气候，为植株创造更好的生长条件，减轻病害的发生。

2. 加强栽培管理提高植株抗性 合理的栽培措施是保证玉米健康生长的基础。大斑病发生在玉米生长后期，但前期的栽培措施对减轻病害有重要的作用。施足基肥，适时追肥，氮、磷、钾合理施用都能够保证玉米生长中有足够的营养，避免后期因植株过早脱肥而引起叶片早衰，导致病害大发生。过量追施氮肥也不利植株的正常生长，增加病菌侵染和定殖的机会。印度的研究表明，施用家畜粪肥较其他各种氮素化肥都有较明显减少单叶上病斑数量和病斑严重程度的作用。

大斑病菌能以分生孢子和菌丝体的方式在病株残体上安全越冬，成为第二年玉米发病的初侵染源。因此，在玉米收获以后，要及时清除田内外病残组织，减少越冬的病原菌。

合理密植，保证植株的健康和抗病性。任何品种都有其适宜的种植密度，如果密度过高，植株的生长将受到抑制，表现为茎秆细弱，抗性也随之降低。

3. 利用田间作物多样性/品种遗传多样性减轻病害 利用田间作物多样性控制植物病害是一种十分有效的方法。通过玉米与花生的多样性种植，既控制了花生褐斑病，也可减轻玉米大斑病，能够大幅度减少杀菌剂的使用，增加单位面积产量，有显著的经济、社会、生态效益和广阔的应用前景。同样，采用玉米与辣椒间作，利用辣椒与玉米株高差异，形成不利于病害发生的环境，又可相互阻断彼此病害的传播途径，减轻了各种叶斑病，同时玉米的遮阴作用，降低了夏季辣椒的日灼病，玉米自身由于种植密度的降低和受光条件改善，增强了对大斑病的抵抗能力，单株产量也得到提高。

（三）化学防治

由于玉米植株高大，田间作业比较困难。因此，使用化学药剂防治大斑病在玉米生产上较难实施，但在特殊情况下（抗病品种大面积丧失抗性）以及在发病初期仍不失为一种补救措施。在病害常发区，建议在大喇叭口后期，田间尚可以操作时，连续喷药 1～2 次，每次间隔 7～10d。防治大斑病的有效药剂有：25%丙环唑乳油 75～150g/hm^2、25%嘧菌酯悬浮剂 300mL/hm^2、25%吡唑醚菌酯乳油 75～110g/hm^2、10%苯醚甲环唑水分散粒剂 150g/hm^2 以及 70%代森锰锌可湿性粉剂、70%氢氧化铜可湿性粉剂、50%异菌脲可湿性粉剂、50%多菌灵可湿性粉剂、75%百菌清可湿性粉剂、70%甲基硫菌灵可湿性粉剂等，用量可参照农药使用说明书。国外也报道了一些药剂对大斑病具有较好的防治效果，如戊唑醇、亚胺唑、嗪氨灵、咪鲜胺等。

王晓鸣（中国农业科学院作物科学研究所）

第 2 节 玉米小斑病

一、分布与危害

玉米小斑病是以叶片上产生小型病斑为主的病害，1925 年首次正式报道，是世界性分布的玉米病害，在局部地区对生产影响严重。小斑病主要发生在气候温暖湿润的地区，属于气流传播病害，具有发生和流行迅速的特点。在玉米生长中后期，如果遇到温度相对较高、降雨较多的气候条件，极易诱发严重的小斑病，特别是在病菌群体大、气候适宜时，品种更易表现出感病性。在温度虽较高但空气相对湿度较低的干热地区，小斑病较少或较轻发生。

玉米小斑病在世界上分布广泛，在各大洲都有较普遍的发生，但在高纬度地区发生较轻。已报道小斑病发生的国家和地区中，亚洲有中国、日本、韩国、塞浦路斯、以色列、孟加拉国、尼泊尔、印度、巴基斯坦、越南、老挝、缅甸、泰国、柬埔寨、菲律宾、文莱、马来西亚和印度尼西亚；欧洲有俄罗斯、丹麦、乌克兰、德国、瑞士、法国、罗马尼亚、意大利、西班牙、葡萄牙和前南斯拉夫；北美洲有加拿大、美国、墨西哥、巴哈马、古巴、牙买加、伯利兹、危地马拉、萨尔瓦多、尼加拉瓜、特立尼达和多巴哥、巴拿马；南美洲有圭亚那、苏里南、委内瑞拉、哥伦比亚、法属圭亚那、巴西、玻利维亚、厄瓜多尔、巴拉圭和阿根廷；大洋洲有巴布亚新几内亚、澳大利亚、新西兰、斐济、西萨摩亚、所罗门群岛、美属东萨摩亚、法属新喀里多尼亚、美国的夏威夷州、新赫布里群岛；非洲有埃及、苏丹、肯尼亚、塞内加尔、几内亚、塞拉利昂、科特迪瓦、加纳、多哥、贝宁、尼日尔、尼日利亚、喀麦隆、刚果（金）、赞比亚、津巴布韦、马拉维、南非、斯威士兰、毛里求斯和法属留尼汪岛（图 3-2-1）。

玉米小斑病在我国大部分玉米种植区都有发生，以夏玉米区发生为重，包括陕西中部、山西南部、河北中南部、北京南部、天津、河南、山东、安徽北部、江苏北部；在西南的四川、重庆、贵州、云南的低海拔地区，辽宁中南部以及上海、浙江、江西、福建、广东、海南、广西、湖南、湖北都普遍发生；其他报道小斑病发生的省份还有：黑龙江、吉林、内蒙古、新疆、甘肃、宁夏。

1970 年，美国玉米生产中约 85%的面积种植了具有美国得克萨斯州雄性不育细胞质（Texas male sterile cytoplasm，cms-T）背景的品种，遗传和抗性背景严重单一化。在当年适宜的气候条件下，由病菌 T 小种引起了玉米小斑病大暴发。玉米叶片快速干枯、茎秆破碎、果穗畸形甚至腐烂、籽粒变黑发霉，导致全国减产约 15%，损失玉米 165 亿 kg，直接经济损失 10 亿美元，病害严重的地区，减产高达50%～100%。1970 年玉米小斑病的暴发对美国和世界的玉米生产都产生了很大的冲击。

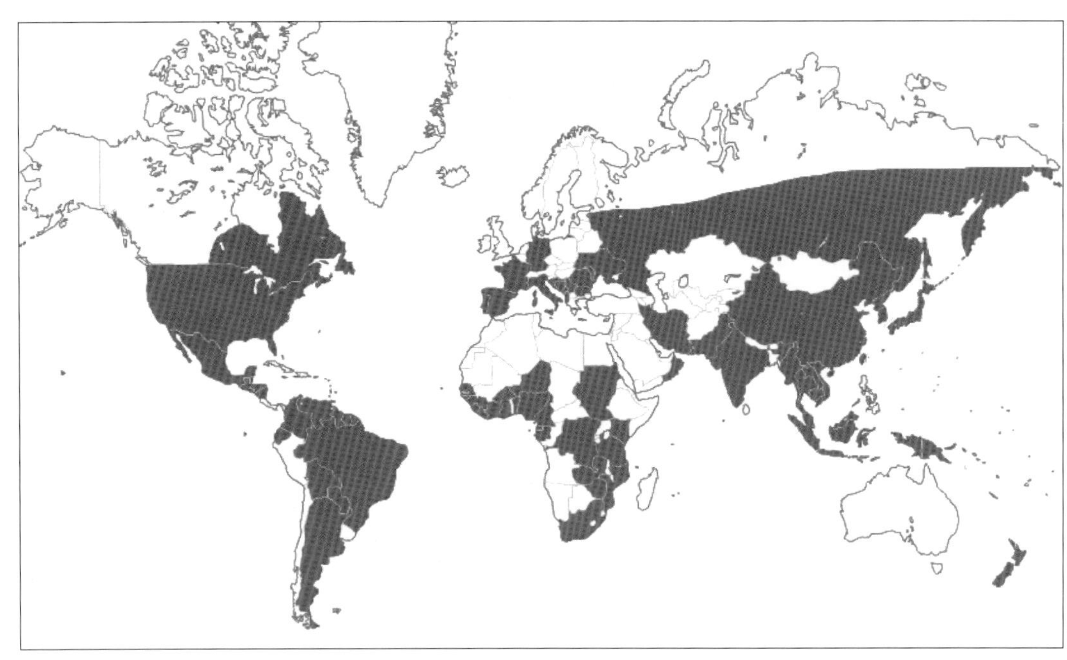

图3-2-1 玉米小斑病的世界分布（数据引自CIMMYT，孙素丽重绘）
Figure 3-2-1 Geographic distribution of southern corn leaf blight (data from CIMMYT, redrawn by Sun Suli)

我国玉米小斑病发现于20世纪20年代的江苏，1933年发表正式研究报告。20世纪60年代，从国外引进一批新自交系并用于育种，以新单1号，白单1号、白单2号、白单4号，丰收101、丰收103、丰收105，吉单101等为代表的第一代单交种在60年代后期至70年代中期得到推广，打破了生产中玉米品种遗传背景多样化的格局，导致玉米小斑病普遍发生并在局部地区严重发生。70年代后期至80年代中期，第二代单交种丹玉6号、豫农704、郑单2号、京杂6号、中单2号和黄417品种的推广使得生产中品种的抗病性明显改善，玉米小斑病发生平稳。当美国在1970年暴发玉米小斑病后，我国也开始重视病菌的小种变异，不盲目使用T型细胞质玉米。20世纪80年代以来，在小斑病常发的夏玉米区，育种家非常重视新品种对小斑病的抗性，在历经多次品种换代后，新品种普遍对小斑病具有较好的抗性。同时，夏玉米区国家审定品种采取了小斑病高感品种一票否决的措施，确保了主要推广品种的抗病性水平，避免了玉米小斑病的暴发。近年的田间调查表明，玉米小斑病在我国的发生比较平稳，少数年份在夏玉米区属于中度发生。

玉米小斑病主要导致叶片上形成大量枯死病斑，严重破坏叶片光合能力而引起减产。感病品种一般减产10%以上，病害流行时可引起减产20%～30%。1970年，由于T小种的流行，美国许多田块产量损失达到80%以上，甚至引起绝产。在非洲的喀麦隆，因小斑病引起的玉米减产也高达68%。

玉米小斑病不仅引起玉米减产，而且病菌对种子的质量也有直接影响。被病菌侵染后，玉米种子上会产生褐斑，直接影响籽粒的商品性。

二、症状

玉米小斑病菌主要侵染玉米叶片，也侵染叶鞘、苞叶、果穗籽粒。病菌的O小种只侵染叶片，引起叶斑，而T小种可侵染玉米植株的各个部位，严重时引起叶片凋萎，并在T细胞质玉米上引起穗腐和茎腐。因此，T小种的侵染越早，为害越大。

病菌侵染初期，在叶片上出现分散的、水渍状病斑或褪绿斑。O小种在叶片上引起的典型症状为：病斑受叶脉限制，椭圆形或近长方形，黄褐色，边缘深褐色，大小为（10～15）mm×（3～4）mm；有时，在不同的玉米品种上产生一些非典型症状：病斑不受叶脉限制，多为椭圆形，灰褐色；在抗病品种上，症状常为小点状坏死斑，黄褐色，周围有褪绿晕圈；在一些品种上，病斑为典型的线状，长度可达40～60mm。病菌侵染叶鞘后，能够形成较大的病斑。果穗被侵染后，造成籽粒霉变和穗轴腐烂，带菌种子播后出土时，幼苗会发生萎蔫甚至死苗。植株严重感病后，叶片干枯，植株早衰（彩图3-2-1）。

在 T 细胞质玉米上，T 小种引起的初侵染表现为叶片上病斑为小型，黄色。随着病害发展，病斑扩展为长梭形，较大，（6.0～27）mm×（6.0～12）mm，中央褐色，边缘红褐色。发病后期，病斑相连形成大片坏死。在茎秆、叶鞘和果穗上的病斑与叶片上的相似，扩展快，大而不规则。在茎上可形成病斑，严重时引起茎秆内组织腐烂。T 小种在普通细胞质玉米上引起的症状与 O 小种的相似，但叶片上病斑少而小。

三、病原

（一）玉米小斑病菌的形态学特征

玉米小斑病病原为玉蜀黍平脐蠕孢［*Bipolaris maydis*（Nisikado et Miyake）Shoemaker，异名：*Helminthosporium maydis* Nisikado et Miyake，*Drechslera maydis*（Nisikado et Miyake）Subramanian et Jain］，属子囊菌无性型平脐蠕孢属；有性型为异旋孢腔菌［*Cochliobolus heterostrophus*（Drechsler）Drechsler，异名：*Ophiobolus heterostrophus* Drechsler］，属子囊菌门异旋孢腔菌属。在自然条件下，在玉米上只能发现病菌的无性态，仅在人工培养条件下可以观察到有性态。病菌以无性态方式完成全部侵染循环过程和世代传递。

玉蜀黍平脐蠕孢的分生孢子梗散生在病斑表面，从寄主表皮组织气孔或细胞间隙中伸出，单生或 2～3 根束生，直立或屈膝状，褐色，有 3～15 个隔膜，无分枝，基细胞略膨大，顶端细胞略细并且颜色变浅，在顶端或膝状弯曲处有明显的孢痕，（64～160）μm×（6～10）μm。产孢细胞多育，内壁芽生-孔生式（eb - tret）产孢。分生孢子长椭圆形，淡褐色，向两端渐细，端部钝圆，多向一侧弯曲，孢壁薄，具 3～13 个隔膜，大小为（30～115）μm×（10～17）μm，脐点明显，凹陷于基细胞内（图 3 - 2 - 2）。分生孢子萌发时多从两端长出芽管。

异旋孢腔菌的子囊壳部分埋生，黑色，近球形，开口处呈喙状突起，大小变异大，（357～642）μm×（276～443）μm。子囊圆筒形，具柄，大小为（160～180）μm×（24～28）μm，含 4～8 个子囊孢子，多为 4 个。子囊孢子丝状，无色，5～9 个隔膜，大小为（130～340）μm×（6～9）μm，盘绕在子囊中（图 3 - 2 - 2）。

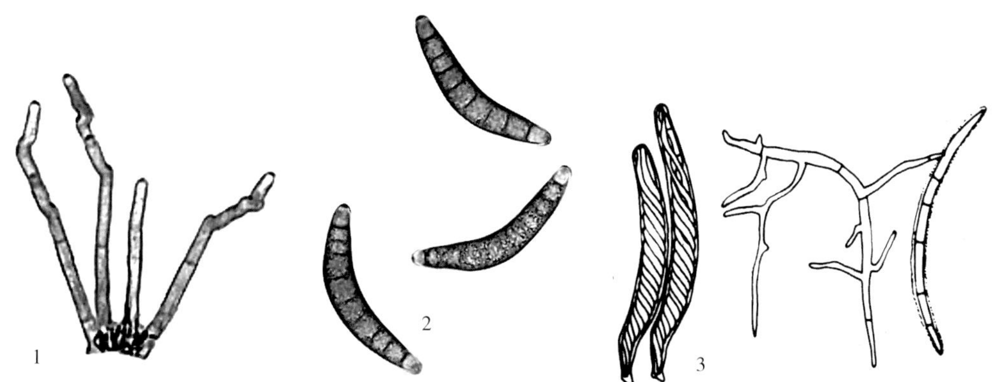

图 3 - 2 - 2　玉米小斑病菌形态特征（1 和 2. 王晓鸣摄，3. 仿 Drechsler，1925）

Figure 3 - 2 - 2　Morphology of pathogen causing southern corn leaf blight（1 and 2. by Wang Xiaoming；3. from Drechsler，1925）

1. 玉蜀黍平脐蠕孢的分生孢子梗　2. 玉蜀黍平脐蠕孢的分生孢子　3. 异旋孢腔菌的子囊和子囊孢子

（二）玉米小斑病菌的寄主

玉米小斑病菌有较多的禾本科寄主，除玉米外，还有高粱和类蜀黍属（*Euchlaena* spp.）植物，其他被确定为寄主的还有黑雀稗和狗牙根。从狗牙根分离获得的玉蜀黍平脐蠕孢还可侵染薏苡、根马唐、台湾稗、草地稗、蟋蟀草、毛花雀稗、两色蜀黍和沟叶结缕草。一些玉米田中常见的杂草也是玉米小斑病菌的自然寄主，如野苋、香附子、落花生和禾本科的白茅、稗子、升马唐、止血马唐、狗尾草、蟋蟀草等。虽然杂草在田间的数量有限，不可能直接作为病害流行的重要菌源，但杂草可能为玉米田提供最初的侵染源，导致玉米早染病并积累再侵染菌源。

（三）玉米小斑病菌的生理专化现象

1. 玉米小斑病菌生理小种的分化与鉴定 玉米小斑病菌中存在3个生理小种，分别命名为O小种（Old race），无雄性不育细胞质专化性，对普通细胞质类型（Normal cytoplas）玉米有致病性；T小种，对T细胞质类型（Texas male sterile cytoplasm，cms-T）玉米具有专化致病性；C小种，对C细胞质类型（Charrua male sterile cytoplasm，cms-C）玉米具有专化致病性。中国玉米小斑病菌主要为O小种，T小种和C小种出现比率较低。

1961年，在菲律宾发现T细胞质类型玉米在田间表现较重的小斑病。1969年，美国南部一些地区也发现T细胞质类型玉米严重发病。1970年，小斑病在美国大暴发，从南向北席卷美国玉米主产带，造成了高达10亿美元的经济损失。1971年，美国研究发现，针对美国广泛种植的T型雄性不育细胞质类型的玉米，在小斑病菌中已出现了T细胞质专化的新小种，对T细胞质类型玉米毒力非常强，因此命名其为T小种，而将原致病菌株命名为O小种。

1983年，我国观察到C细胞质类型的玉米有发病较重的趋势。通过对分离菌株进行不同细胞质雄性不育系玉米的致病性测定、细胞学观察、毒素提取和专化性检测等研究，在1988年正式报道了小斑病菌C小种的存在，并得到了国际确认。迄今，C小种只在中国存在，其他国家均无报道。

田间调查和相关研究表明，O小种一直为中国小斑病菌的优势小种，但在O小种内，也存在不同致病力的菌株，一些表现强致病力的菌株已引起以往抗小斑病品种表现感病反应。2008年的调查也表明，田间出现了新的引起叶片细长条病斑的菌系。

玉米小斑病菌不同小种在产生寄主专化性毒素（host-selective toxins，HSTs）方面有差异，T小种和C小种产生的毒素具有针对T型和C型细胞质雄性不育玉米的专化性，而O小种不产生特异性毒素。O小种产生细胞质非专化毒素，而且量少。T毒素是一种线性聚酮化合物（polyketide toxin，C_{35}～C_{45}），是一个与病菌致病性密切相关的因子，其化学结构如图3-2-3。T毒素作用于T细胞质类型玉米细胞中的线粒体，导致线粒体膨大破裂，因而该病害具有细胞质抗性的遗传特征。在T毒素的专化性作用下，玉米叶片细胞呼吸速率改变和发生氧化磷酸化，叶片细胞中过氧化物酶的活性提高，并可诱导玉米的系统获得性抗性。在cms-T型玉米上已发现了T毒素的专化受体。

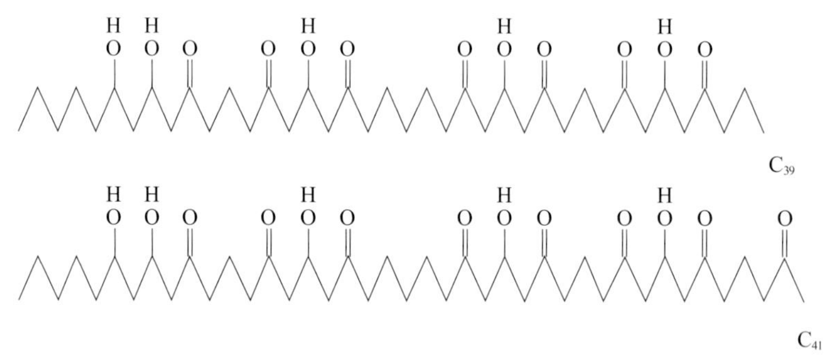

图3-2-3 玉米小斑病菌T毒素化学结构（引自Kono，1984；Agrios，2005）

Figure 3-2-3 Chemical structure of T toxin of *Bipolaris maydis* (from Kono，1984；Agrios，2005)

C小种产生专化于C细胞质类型玉米的毒素。C毒素由4种毒素组分所构成，组分Ⅰ和Ⅲ为主要成分，组分Ⅰ的相对分子质量为420.2，分子式为$C_{24}H_{36}O_6$，结构如图3-2-4。C毒素中有一种成分为脂类物质，结构与倍半萜类物质相似。C毒素的作用靶标位于细胞膜上。因此，C小种并不是严格对C细胞质类型的玉米专化，也能够侵染普通细胞质玉米，但C毒素对C细胞质类型玉米细胞的损伤明显较对普通类型玉米细胞严重得多。在C毒素作用下，C细胞质类型玉米的细胞内膜受到严重破坏，嵴消失，线粒体变为由外膜围成的空泡，细胞呼吸率下降20%以上，还能够引起叶肉细胞原生质体质膜破裂，细胞内容物泄漏。

2. 玉米小斑病菌生理小种的演变与分布 我国研究玉米小斑病菌生理小种分化始于20世纪70年代末。1979年首次报道我国存在O小种和T小种。此后，建立了生理小种鉴别体系，选出8个自交系作为鉴别寄主（T单412-2、TC103、CVa35、C二南二四、MS344、MS05、辽马43、二南二四），并利用这套鉴别寄主，在1981年鉴定出12个生理小种。对1991—1995年河北5个地区及山东济南地区的小斑病菌105个分离物的鉴定表明，O小种占83.8%，T小种占7.6%，C小种占1.9%，同时发现5.7%的菌株对S型雄性不育细胞质类型有强致病力。此后的研究证明，1987—2003年河北省玉米小斑病菌中O小种始终处于优势小种的地位，17 年间分离频率在 57.9%～95.2%，而同期 T 小种为 0～26.3%，C 小种为 0～20.0%，S 型菌株为0～15.4%。对 2000 年以后小种群体的分析表明，O 小种分离频率一直稳定在80%～90%，而其他小种的分离频率均较低。

在对玉米小斑病菌小种分化研究的过程中，也发现在 O 小种中开始出现强致病力菌株。在 1991—1995 年鉴定出的 88 个 O 小种中，24 个表现强致病力，引起的病斑长度为 5.5～7.7mm；强致病力菌株主要分布在河北省的东部和南部，在 1994 年、1997 年、2001 年的比率超过 60%，其上升趋势值得注意。菌株致病力增强可能与新的抗病玉米杂交种在生产上的大面积种植有关。

图 3-2-4　玉米小斑病菌 C 毒素 Ⅰ 的化学结构（引自崔洋等，1998）

Figure 3-2-4　Chemical structure of C toxin Ⅰ of *Bipolaris maydis* (from Cui Yang, 1998)

在美国，小斑病菌的 O 小种主要分布在东南部和中西部。在我国，O 小种是分布最广的小种，在各地都可以分离获得，包括黑龙江、吉林、辽宁、内蒙古、甘肃、陕西、山西、河北、北京、天津、河南、山东、安徽、江苏、浙江、福建、湖南、湖北、四川、贵州、云南等地；T 小种在黑龙江、辽宁、内蒙古、陕西、河北、北京、天津、河南、山东、浙江、广西、湖北、四川、贵州等省份存在；C 小种在河北、河南有分布。在中国河北省，O 小种属于普遍分布的小种，但仍以河北东部、中部和南部所占比率为高（80%～85%），而北部略少（71%）；C 小种出现频率最高的是河北北部地区（约 11%）；T 小种则在河北南部和北部出现较多（13%～14%），东部最少（2%）。

四、病害循环

玉米小斑病菌主要以休眠菌丝体和分生孢子在残留于地表和堆放在地头、村边的玉米植株病残体中越冬，被侵染的籽粒也是越冬场所之一。翌年春天，当环境条件适宜时，休眠菌丝和分生孢子从未腐烂的病残体中开始生长并产生新的分生孢子，形成初侵染源。分生孢子通过气流和风雨进行田间和较远距离的传播，侵染田间的玉米植株（图 3-2-5）。病菌侵染需要高的大气湿度和叶片表面存在游离水的条件，一般当环境中相对湿度达到 90%～100%时，病菌能够完成侵染。病菌孢子在叶片水膜中萌发并穿过表皮气孔侵染叶片组织，形成病斑并从病斑上产生新的分生孢子，开始第二次侵染循环。如果环境温度在 20～32℃、多雨高湿，病菌完成一个侵染循环只需 5～7d。因此，不断地再侵染，极易导致在种植感病品种的条件下，形成田间小斑病的流行。一般情况下，玉米种子上所带小斑病菌的比率较低，对于病害流行不会产生明显影响。

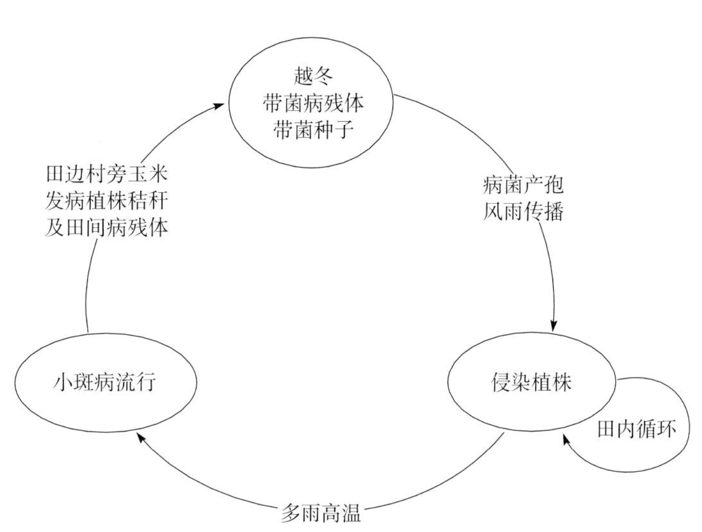

图 3-2-5　玉米小斑病的病害循环（王晓鸣绘）

Figure 3-2-5　Disease cycle of southern corn leaf blight(by Wang Xiaoming)

五、流行规律

（一）玉米小斑病菌的传播扩散及其侵染条件

1. 玉米小斑病菌的传播与扩散　玉米小斑病主要通过气流进行田间传播，在生长季节不断形成新的侵染。借助风力，病菌的孢子可以被传播到10km以外。白天空气升温快、流动性强，因此，病菌孢子的飞散在白天要多于夜间。

玉米小斑病菌可以通过种子带菌的方式进行远距离传播。在种子上，小斑病菌可以至少存活4～12个月。因此，带菌种子对翌年的生产和病害发生也会产生一些影响，如果带菌率较高，播种后土壤湿度与温度适宜，可以直接引起苗枯，但对病害流行的作用较小。

2. 玉米小斑病菌侵染过程及侵染条件 病菌的孢子通过风和雨水飞溅到达玉米植株下部叶片，当叶片表面能够形成水膜、田间温度在15～27℃时，病菌在6h内就可萌发并侵入玉米叶片。如果田间温度和湿度适宜，3d就能够完成一个侵染循环。

（二）玉米小斑病流行规律

1. 玉米品种抗病水平与病害流行 玉米小斑病流行的重要因素是大量感病寄主（玉米品种）的存在。例如，1970年发生在美国的T小种流行与当时约85%田地种植对T小种特异性感病的T细胞质类型玉米品种有关。而如果种植非小种专化的普通细胞质品种或抗病品种，就能够明显减少产量损失。

2. 病原菌与病害流行 病害的流行必须具备存在大量病菌的前提。因此，首先要有足够的初侵染源，同时病菌需要具备强的侵袭力，才能有效地完成对敏感品种的侵染，并快速形成更大的群体，在短时间内达到病害流行所需要的菌源条件。

在夏玉米区，由于玉米小斑病的普遍发生和存在流行的风险，新品种对小斑病的抗性一直备受玉米育种工作的关注。因此，在生产上推广的多数品种一般都具有较好的抗性。但由于抗病品种的长期种植，品种对病菌产生了生存压力，导致病菌的定向选择，表现为病菌的毒力逐渐增高。在1992—1993年，已检测到病菌O小种中出现强致病力菌系，而且随着时间的推移，病菌的致病力越来越强。2001年以来的调查和鉴定也表明，在玉米小斑病菌中出现一些导致发病快、病斑大的强致病类型。这类强致病力菌株有可能在适宜的气候条件下，引起小斑病的暴发流行。

目前，在夏玉米区已普遍推广秸秆还田技术，这使得大量玉米植株在收获后被粉碎并混入土壤中，经过冬春两季，植株茎秆和叶片腐烂，导致叶片病斑中存在的病菌越冬组织由于失去适宜的生存基质而死亡，因而大大降低了初侵染菌量。但如果在玉米生长中后期，遇到非常适宜的发病条件，同时田间种植易感小斑病品种，由于病菌的侵染循环和繁殖周期非常短，也能够在短时间内积累大量接种体，在玉米生长后期引起小斑病的流行。

3. 气候条件与病害流行 玉米小斑病菌是一种适宜在略高温度环境下生存的病菌。因此，当平均温度达到25℃以上时，病害就可能严重发生。研究表明，小斑病菌侵染的适宜温度为15.5～26.5℃，病斑快速扩展的适宜温度为30℃。适宜病菌产孢的温度为20～30℃，26℃时产孢最好，在5℃以下、35℃以上时，病菌产孢受到抑制。如果玉米生长后期遭遇偏低气温，小斑病的发生将明显减轻。

湿度是影响小斑病发生程度的另一个重要环境条件。在玉米生长中后期，在满足日平均温度25℃以上的条件下，降水量和雨日多少将决定病害的严重程度。多雨寡照气候导致田间湿度大、玉米生长势弱，小斑病发生重。如果玉米生长中后期遇到降雨间歇期长并具备较长时间的干旱，小斑病就不易发生。玉米叶片表面的保湿时间与病菌附着胞形成率的关系大体呈S形曲线，而温度和附着胞形成率的关系呈单峰曲线。饱和的湿度条件利于叶片病斑上病菌孢子梗的产生；在湿度条件满足后的10h内，病斑上仅能产生很少的孢子，但在25h后开始大量产孢，35h时达到产孢高峰。

4. 玉米栽培与病害流行 栽培条件直接影响病菌入侵的环境和玉米的生长状况，因而对小斑病的发生也具有重要作用。田间种植密度高，郁闭，通风透光差，导致田间湿度提高，为病菌的侵染提供了良好的湿度条件；光照不足也会使植株长势减弱，降低抗病性。有关试验表明，随着种植密度从67 500株/hm^2上升到82 500株/hm^2和97 500株/hm^2，发病程度逐渐加重，病情指数递增。过量施用氮肥，不仅对玉米组织的形态发育有影响，也会提高植株体内游离糖含量，为病菌侵染后的定殖和扩展提供营养条件。因此，增施磷、钾肥可有效地提高植株的抗病性、调节玉米组织中的可溶性物质成分，从而降低小斑病的发病程度。少耕利于小斑病的发生，原因在于少耕减少了田间病残体的腐烂，保护病菌更好地越冬，积累大量的初侵染源。连作、过量喷灌等栽培措施都会加重小斑病的发生。

播期对小斑病的发生程度也有明显影响，播期越迟，发病越重。6月24日播种品种的病情指数较6

月 10 日播种的上升 10%～15%。

六、防治技术

（一）选用抗（耐）病品种

对于玉米小斑病，最有效的防治措施是利用抗病品种。实践表明，通过选育和推广抗病品种，能够有效抵御病害的流行。

玉米小斑病作为我国夏玉米生产中的重要病害，新品种对小斑病的抗性是育种家培育品种的重要指标之一。在国家玉米品种区域试验中和夏玉米主产省份的品种区域试验中都有在人工接种条件下对小斑病的抗性鉴定，夏玉米种植区域中的国家区试品种若对小斑病高感，将不予审定通过。正是在育种和品种审定过程中对小斑病抗性的关注，保证了在夏玉米区审定和推广的品种基本上对小斑病表现为一定水平的抗病性，避免了生产风险。在国家审定的品种中，对小斑病具有较好抗性的有：农大 108、郑单 958、豫玉 22、鲁单 981、苏玉 36、华农 18、浚研 18、京单 68、京单 58、蠡玉 6 号、沈单 16、农大 3138、登海 11、鲁单 50、东单 60、丹玉 39、新铁单 10 号、浚单 20、济单 7 号、濮单 3 号、中单 9409、农大 84、迪卡 1、冀玉 10 号、京科 23、京科 25、冀玉 9 号、掖单 13、中单 2 号等。

经过接种鉴定，也在各类玉米种质资源中挖掘出许多对小斑病抗性较好的自交系，如冀 432、冀 35、承 191、2094、黄野四、Mo17、53、掖 478、P138、黄 212 等，而 X178、沈 137、郑 58、黄早四、掖 107、丹 340、沈 5003、昌 7-2、齐 319 等骨干自交系也具有中抗小斑病的能力。

玉米小斑病的抗病特点是以多基因控制的数量抗性为主，迄今仅报道了 1 个隐性抗小斑病基因 *rhm*，被定位在玉米第六染色体短臂。进一步研究表明，*rhm* 基因又可分为针对不同细胞质抗性的 *rhm 1* 和 *rhm 2*，而 *rhm 1* 基因表达与已知的病程相关蛋白（PR 蛋白）差异有关。已获得了与 *rhm* 紧密连锁的 RFLP 标记 agrP144，连锁距离为 0.5cM，AFLP 标记 p7m36，该标记距离 *rhm* 基因为 1.0cM。2012 年的研究进一步确定了基因 *rhm 1* 位于 InDel 标记 IDP961-503 和 SSR 标记 A194149-1 之间的 8.56kb 区间。通过序列分析证明，一个赖氨酸和组氨酸转运子 LHT1 是抗病基因 *rhm 1* 的候选基因。

对由多基因控制的玉米小斑病抗性研究渐多，不同研究者定位了不同数量的抗小斑病位点。鉴定了 9 个与小斑病抗性相关的 QTL 位点，分别被确定在 1.05～1.06、1.08～1.09、2.04、2.09、3.02、3.04～3.05、8.05～8.06、9.03～9.04、10.05 染色体区段。其中，一些位点与抗大斑病或灰斑病的位点相同。

玉米抗小斑病鉴定可依据农业行业标准《NY/T 1248.2—2006　玉米抗病虫性鉴定技术规范　第 2 部分：玉米抗小斑病鉴定技术规范》。玉米对小斑病的抗性级别划分可参照图3-2-6。

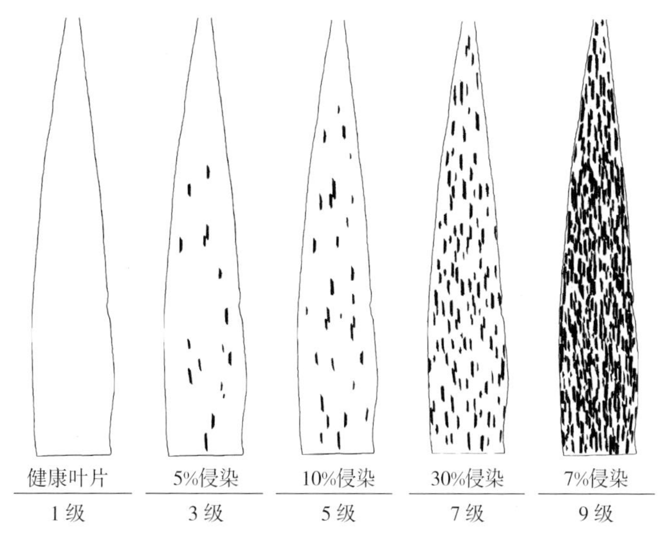

图 3-2-6　玉米小斑病发病叶片面积比例及对应发病级别示意图（王晓鸣绘）

Figure 3-2-6　Sketch of the ratio of infection spot in whole leaf and rating scale (by Wang Xiaoming)

（二）农业防治

1. 科学种植减轻病害　调整播期减轻病害的作用在于错开植株发育中对小斑病的敏感时期与病菌产孢高峰时期，减少病菌的侵染。采用与矮秆作物间套种的方式，可以提高玉米植株间的通风透光率，从而降低玉米田小环境中的湿度，减少病菌的侵染。

2. 加强栽培管理提高植株抗性　栽培措施对农业生产中的病害防控具有重要意义。

（1）避免过量施用氮肥和高密度种植，提倡氮、磷、钾配合施用，提高植株抗病性。

（2）发病初期，打掉植株底部病叶并带出田间销毁，减少病菌再侵染的有效群体。

（3）秋收后及时清除田间遗留的病株茎叶；冬前深翻土地，促进植株病残体腐烂，使病菌失去存活的条件，控制翌年初侵染菌源。

（三）化学防治

在病害常发区，可以在玉米的大喇叭口后期使用内吸性杀菌剂，如25%丙环唑乳油75～150g/hm^2、25%嘧菌酯悬浮剂（阿米西达）300mL/hm^2、70%代森锰锌可湿性粉剂1 500～2 000倍液、75%百菌清可湿性粉剂600倍液等控制病菌的初侵染，推迟病害的发生时期。

王晓鸣（中国农业科学院作物科学研究所）

第3节 玉米弯孢叶斑病

一、分布与危害

玉米弯孢叶斑病，又称拟眼斑病、黑霉病。该病害主要发生在热带和亚热带玉米种植区。已报道发生该病的国家分别是：土耳其、印度、泰国、匈牙利、前南斯拉夫、罗马尼亚、意大利、美国、墨西哥、波多黎各、委内瑞拉、巴西、玻利维亚、巴拿马、澳大利亚、埃及、苏丹、尼日利亚、津巴布韦等。

我国最早于20世纪80年代在河南新乡地区发现。该病曾在20世纪90年代中后期在我国华北、东北玉米产区，如辽宁、北京、河北、河南、陕西、山东、吉林和天津等省（直辖市）大面积严重发生，直接影响了玉米的产量，造成了极为严重的经济损失，仅1996年辽宁省暴发面积就高达16.8万hm^2，损失玉米约2.5亿kg。2008年，弯孢叶斑病在东北普遍发生，但发病程度较轻；辽宁黑山地区为中度发生；其他地区为零星发生。目前，该病害已在全国主要玉米产区普遍发生，一些地区为害有加重趋势。

二、症状

玉米弯孢叶斑病菌主要侵染植株叶片，也可侵染叶鞘和苞叶。叶上病斑初期为水渍状或淡黄色透明小点，之后扩大呈圆形至卵形，直径1～2mm，中央乳白色，边缘淡红褐色或暗褐色，并具有明显褪绿晕圈，对光观察更为明显。发病严重时，有时多个斑点沿叶脉纵向汇合，形成大斑，但受叶脉限制。病斑形状和大小因品种抗性分为3类：①抗病型病斑（R）：病斑小，1～2mm，圆形、椭圆形或不规则形，中央苍白色或淡褐色，边缘无褐色环带或环带很细，最外围具狭细的半透明晕圈。②中间型病斑（M）：病斑小，1～2mm，圆形、椭圆形、长条形或不规则形，中央苍白色或淡褐色，边缘有较明显的褐色环带，最外围具有明显的褪绿晕圈。③感病型（S）：病斑大，2～5mm，宽1～2mm，圆形、椭圆形、长条形或不规则形，中央苍白色或黄褐色，有较宽的褐色环带，最外围具有较宽的半透明黄色晕圈，有时多个斑点可沿叶脉纵向汇合而形成大斑，最大可达10mm，甚至整叶片枯死（彩图3-3-1）。潮湿条件下，病斑的正反两面均可见灰黑色霉状物，即病原菌的分生孢子梗和分生孢子。弯孢叶斑病发生严重时易与灰斑病症状相混，前者病斑多为圆形或椭圆形，病斑扩展受叶脉限制，后者病斑多为长条形，病斑扩展一般不受叶脉限制。

三、病原

（一）致病弯孢菌种类

在我国，玉米弯孢叶斑病主要致病菌为新月弯孢［*Curvularia lunata*（Wakker）Boedijn］，其有性型为新月旋孢腔菌（*Cochliobolus lunatus* Nalson et Haasis）。在印度，主要致病菌为苍白弯孢（*Curvularia pallescens* Boedijn），有性型为苍白旋孢腔菌［*Cochliobolus pallescens*（Tsuda & Ueyama）Sivanesan］。此外，报道有其他弯孢菌种也引起具有典型症状的弯孢叶斑病，如不等弯孢［*Curvularia inaequalis*（Shear）Boedijn］、间型弯孢［*Curvularia intermedia* Boedijn，有性型为间型旋孢腔菌（*Cochliobolus intermedius* Nelson）］、棒弯孢（*Curvularia clavata* Jain）、画眉草弯孢［*Curvularia eragrostidis*（Henn.）Meyer，有性型为画眉草假旋孢腔菌（*Pseudocochliobolus eragrostidis* Tsuda & Ueyama）］、塞内加尔弯

孢［*Curvularia senegalensis*（Speg.）Subram.］、小瘤弯孢［*Curvularia tuberculata* Jain，有性型为小瘤旋孢腔菌（*Cochliobolus tuberculatus* Sivan.）］。

新月弯孢属无性型真菌类弯孢属。在 PDA 培养中，菌落圆形，周缘整齐，气生菌丝绒絮状，灰白色，菌落背面呈黑褐色；分生孢子梗单生或丛生，多隔，直立或弯曲，有时分枝，顶部常呈屈膝状合轴式延伸，大小为（70～270）μm×（2～4）μm；分生孢子生于孢子梗的顶侧部，暗褐色，弯曲，有椭圆形、圆柱形、宽纺锤形等，少数呈 Y 形，向一侧弯曲，多数为由 3 个隔膜间隔的细胞组成，中间 2 个细胞膨大、色深，两端细胞颜色较淡，大小为（18～32）μm×（8～16）μm（图 3-3-1）；分生孢子以一端或两端萌发为主。有性态新月旋孢腔菌属真菌界，子囊菌门旋孢腔菌属，在自然界中较少见。

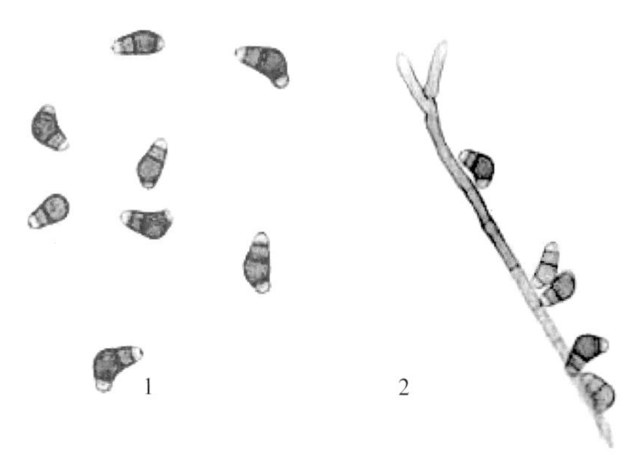

图 3-3-1 新月弯孢的形态特征（王晓鸣摄）
Figure 3-3-1 Morphology of *Curvularia lunata*（by Wang Xiaoming）
1. 分生孢子 2. 分生孢子梗

新月弯孢在 PDA 上生长温度为 9～38℃，最适生长温度为 25～32℃；病菌对环境 pH 要求不严格，在 pH 5～9 的培养基上均能生长，pH 6 时最适宜病菌生长；孢子萌发温度为 7～41℃，最适温度为 30～32℃，最适相对湿度为 98%，这可能是该病害在高湿、高温条件下严重发生的主要原因。其他弯孢菌种类，如画眉草弯孢、棒状弯孢、中隔弯孢、塞内加尔弯孢和卵形弯孢（*C. ovoidea*）生长的最适温度为 25～30℃，最适 pH 6～8，最适碳源为双糖或六碳糖。碳源浓度对菌丝生长影响不明显；最佳利用氮源为有机氮（甘氨酸），不同菌株在相同氮源下的生长速度存在差异；光照促进菌丝生长；画眉草弯孢的生长速度较慢，而产孢量也较小。

2012 年，新月弯孢基因组测序完成，其基因组全长 35.7Mb，GC 含量为 50.22%，共编码 10 372 个基因，其中 804 个基因编码分泌蛋白，占编码基因的 7.6%。2013 年，建立了对新月弯孢的巢式 PCR 检测技术，其灵敏度可检测 1fg 的病菌 DNA。

新月弯孢在抗病玉米品种的多代接种诱导下，弱致病类型菌株的致病力能够显著增强，细胞壁降解酶活性升高，纤维素降解酶活性变化幅度较大（C107：32.0%，WS18：72.2%），且与病菌致病的相关性显著（C107：$r=0.843$；WS18：$r=0.923$）。利用差减杂交和蛋白质组学技术对病菌致病基因和蛋白差异表达的研究表明，弱致病菌中多个与致病相关的蛋白（SOD、SCD1、BRN1 等）均发生了变化。利用转录组测序技术分析了 WS18 菌株和致病性变异菌株的转录组特征，获得 373 个上调基因和 203 个下调基因，其中，多数参与病菌的代谢过程、菌丝生长、胁迫反应，黑色素合成和蛋白代谢类的基因为上调表达，包括 3 个黑色素合成相关基因［四羟基萘还原酶（tetrahydroxynaphthalene reductase）、聚酮合成酶（polyketide synthase）和小柱孢酮脱水酶（scytalone dehydratase）］合成基因。相反，参与碳水化合物代谢和蛋白修饰类的基因均为下调表达。在寄主的持续选择压力下，弯孢菌的多重致病因子同步诱导表达导致病原菌致病性渐进性变异。

（二）病原菌的致病力差异

病原菌具有明显的致病力分化现象，我国玉米弯孢叶斑病菌可分为 6 个致病类型，其中类型 A 致病性强、分布广，为优势致病类群。目前在国内基本形成了一套用于鉴别新月弯孢菌致病力差异的玉米自交系：Mo17、78599-1、沈 135、黄早四、CN165、鲁原 92、掖 478 和 B73。强致病类型主要分布在辽宁南部沿海的瓦房店和绥中、北京、河北保定、河南新乡、山东东部等地；中等致病类型主要分布在山东、四川、北京等地，对多数自交系和品种有致病作用，分布较广；弱致病类型仅在较冷凉的辽宁、吉林、黑龙江的局部地区发现。此外，还发现在自然界存在致病性很弱的白化菌株。

（三）病原菌的致病机理

1. 细胞壁降解酶 对新月弯孢致病性研究发现，在离体和活体条件下病菌可以产生聚甲基半乳糖醛酸酶（PMG）、多聚半乳糖醛酸酶（PG）、果胶甲基反式消除酶（PMTE）、多聚半乳糖醛酸反式消除酶（PGTE）和纤维素酶（Cx），其中，多聚半乳糖醛酸酶是主要的寄主细胞壁降解酶。在活体条件下，几种细胞壁降解酶产生具有一定的时间顺序，首先是多聚半乳糖醛酸酶和聚甲基半乳糖醛酸酶的产生，随后是多聚半乳糖醛酸反式消除酶、果胶甲基反式消除酶和纤维素酶。在离体条件下，多聚半乳糖醛酸酶的活性在第六天出现峰值，而聚甲基半乳糖醛酸酶的活性在第十天出现峰值。果胶甲基反式消除酶活性在第十二天有一个较大的增加，而随后迅速降低，纤维素酶活性变化幅度不大，多聚半乳糖醛酸反式消除酶在培养后期则活性下降。细胞壁降解酶对不同抗性品种降解规律不同。纤维素酶在发病前期对感病品种掖单13细胞膜损伤率与沈试29相比明显增大，在第六天达到最大值；而第七天后对沈试29的细胞膜损伤率影响增大。在培养第六天、十二天果胶酶对感病品种叶片细胞的浸解作用比对抗病品种明显，出现两个峰值，而对抗病品种的影响较小。细胞壁降解酶在活体内活性比活体外的活性更能反映与致病性的相关性。当用弯孢叶斑病菌弱致病株系WS18和C107在玉米抗性自交系沈135上连续继代接种6代，然后测定各代菌株的致病性、纤维素酶及果胶酶活性，证明继代接种过程中病菌的致病性和细胞壁降解酶活性的增强为正相关，随着接种代数增加，病原菌的致病性增强，细胞壁降解酶活性升高。在多种酶中，纤维素降解酶活性变化幅度较大（C107：32.0%，WS18：72.2%），且与病菌致病性相关性最显著（C107：r=0.843；WS18：r=0.923）。

2. 黑色素 我国玉米致病新月弯孢在发育中产生黑色素，其细胞内与细胞外黑色素的红外光谱图存在一定差异。胞外黑色素具有二羟基苯丙氨酸类（多巴DOPA）黑色素的吸收峰特性；胞内黑色素则与二羟基萘（DHN）黑色素吸收峰特征一致。

我国玉米致病新月弯孢产生的黑色素主要沉积在分生孢子、附着胞和扩展的侵染菌丝内，而在黑色素合成受抑制菌株的附着胞及扩展菌丝内无黑色素沉淀，表明黑色素在病菌侵染玉米时发挥作用，黑色素还可在一定程度上加重病菌毒素对寄主细胞膜的破坏作用。

3. 毒素 我国玉米致病新月弯孢能够产生毒素，抑制玉米胚根和胚芽的生长，引起幼苗枯死。弯孢叶斑病菌产生的毒素是一类热稳定性强的非蛋白质类物质，具有非寄主专化性，化学结构为甲基-5-（羟基甲基）-呋喃-2-羧酸酯［methyl-5-（hydroxymethyl）-furan-2-carboxylate］，其合成受*Clt*-1基因的调控。毒素能够引起玉米叶片细胞的细胞壁结构断裂，造成细胞膜伤害，亲和组织的细胞膜脂过氧化程度升高，膜透性增大，引起细胞内电解质的大量外渗；毒素还破坏叶片细胞内线粒体和叶绿体超微结构，抑制叶绿素的产生，影响玉米防御酶系的活性，使其丧失抵抗病菌侵染的能力。画眉草弯孢产生的脱氢弯孢素（α，β-dehydrocurvularin）可以影响杂草马唐的类囊体膜光合活性，尤其对非环式光合磷酸化活性、类囊体膜希尔反应、Mg^{2+}-ATP酶活性和Ca^{2+}-ATP酶活性均有较强的抑制作用，Mg^{2+}-ATP酶较Ca^{2+}-ATP酶对毒素更为敏感。

玉米致病新月弯孢毒素更易激活抗病品种的苯丙氨酸解氨酶（PAL）和多酚氧化酶（PO）活性，但超氧化物歧化酶（SOD）活性峰值出现晚，明显低于感病品种。当用玉米弯孢叶斑病菌毒素处理感病玉米自交系黄早四的幼苗时，叶片组织中丙二醛（MDA）含量上升，细胞膜透性增大，这种破坏作用与毒素的浓度呈正相关，并且随着处理时间的延长，伤害指数和丙二醛浓度都增大。

四、病害循环

玉米弯孢叶斑病菌主要以菌丝体在玉米病株残体上越冬，也可以分生孢子越冬。在干燥条件下，潜伏在病残体中的病菌菌丝体和分生孢子可以大量存活。因此，遗弃在田间的病残体、玉米田和村庄附近的秸秆垛成为翌年田间的初侵染源。靠近秸秆垛的玉米植株首先发病，且发生严重，成为田间病害进一步扩散的基础。新月弯孢也能够通过黏附在种子表面或以菌丝潜伏在种子内部传播，但这种方式的传播对田间病害流行的作用不明显。

新月弯孢也可侵染水稻、高粱及许多禾本科杂草。因此，这些植物发病后也能够形成玉米弯孢叶斑病发生的侵染源。

一旦田间出现发病植株，在高温高湿条件下，数日内就可以在病斑上产生分生孢子，在风雨作用下，在田间植株间和不同田块间扩散和形成新的侵染，引起大范围发病和病害流行（图3-3-2）。

五、流行规律

玉米弯孢叶斑病属于喜高温高湿的病害，病菌分生孢子最适萌发温度为30～32℃，最适湿度为超饱和湿度，相对湿度低于90%则很少萌发或不萌发。

玉米全生育期均可发病，但多在成株期发病。春玉米种植区，玉米抽雄期约在7月上旬，此后进入雨季，田间温度较高，天气条件有利于病菌侵染和植株发病。而在夏玉米区，7～8月正是雨热同步，因此，弯孢叶斑病非常容易发生与流行。在叶片有水膜的情况下，病菌分生孢子数小时即可萌发侵入，经3～4d的潜育期即在叶片上出现症状，10～15d病斑成熟，并产生新分生孢子进行再侵染。

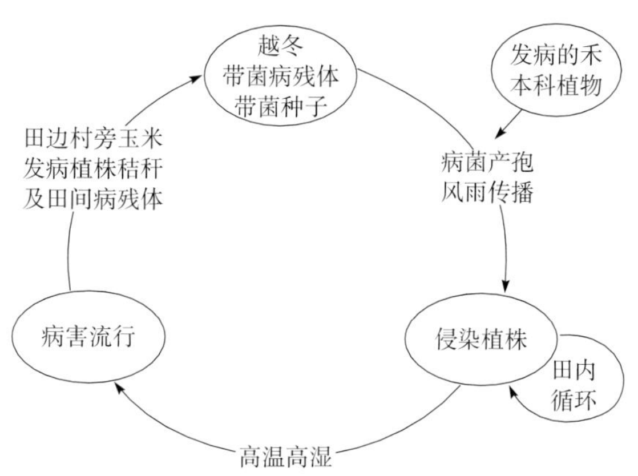

图3-3-2　玉米弯孢叶斑病的病害循环（王晓鸣绘）

Figure 3-3-2　Disease cycle of Curvularia leaf spot (by Wang Xiaoming)

玉米弯孢叶斑病的发生程度与病原菌致病性、玉米品种抗性以及所处的环境间有着一定的关系。高温和高湿环境条件有利于发病。因此，当玉米产区出现该种气候时，病害流行速率将大大提升。

对沈阳地区玉米弯孢叶斑病的田间传播模式研究表明，病菌以指数模型传播，在田间人工接种菌源基数足量的前提下，玉米弯孢叶斑病传播速度为0.4～0.5m/d。在1个月内传播距离为12～20m，2个月传播距离为16～26m。根据指数模型预测弯孢叶斑病在1个月内最远传播距离大约为17m，2个月最远传播距离大约为28m，生长季最远传播可以达到50m。病害的传播和扩散速度与玉米种植行方向及生长季风场方向有关。

玉米弯孢叶斑病属于成株期病害，品种抗病性随植株生长而递减，苗期抗性较强，13叶期后很易感病。在华北地区，该病的发病高峰期是8月中、下旬至9月上旬。高温、高湿、降雨较多的年份有利于发病，低洼积水田和连作地块发病较重。

六、防治技术

（一）选用抗（耐）弯孢叶斑病品种

选育和种植抗病性品种是防治弯孢叶斑病的最经济有效的手段。目前，在国家玉米区域试验中，对夏玉米区品种、华北及东北南部区域的品种都开展了抗弯孢叶斑病鉴定工作。从20世纪90年代开始，我国已对大量的玉米种质资源进行了抗弯孢叶斑病鉴定。人工接种鉴定表明，无对新月弯孢免疫的玉米种质，但自交系和品种之间在潜育期、症状特征、病斑大小和严重度等指标上存在差异，鉴定出少数抗性较好的自交系，如沈137、Mo17、78599等。

一般认为，玉米对弯孢叶斑病的抗性属多基因控制的水平抗性。有研究发现，抗玉米灰斑病的品种也抗玉米弯孢叶斑病，且抗性程度相近，但无证据表明两类病害的抗性基因具有连锁性。有研究认为，玉米品种对弯孢叶斑病的抗性与母本的抗性有关，某种程度上母本的抗性程度决定品种的抗性水平。

在抗性评价工作中对不同生育期的玉米接种鉴定表明，苗期比成株期更抗病，玉米13叶期最感病，表现为阶段抗性。我国北方栽培的玉米品种抗性单一，基本不抗弯孢叶斑病，具有热带和亚热带血缘的自交系或品种较抗病。目前筛选出表现高抗的自交系有：丹3130、丹599、沈135、沈138、P131B、P138、HZ85、HZ126、辐乌、双M9，已筛选出的抗病杂交种有农大108、郑单14、农大951、掖单12、郑单7号、单玉13、邯丰79等。

（二）农业防治

加强栽培管理是一项经济有效的防治病害措施。玉米弯孢叶斑病发病盛期正值玉米灌浆期，易造成功能叶片受害，光合产物降低。因此，适时早播、促进早熟有利于减轻病害；实行玉米与其他作物的合理轮作和间作套种，能够减缓病害的流行速度；合理密植，前期施足基肥，后期适时追肥，防止脱肥，可以提高植株的抗病性；玉米收获后及时清理田间病残体，粉碎后还田，促进腐熟和分解，可以减少越冬菌源；在春季处理上年收获后堆置的发病玉米秸秆，可减少初侵染源。

（三）化学防治

在病害常发区，可以适期喷施50%多菌灵可湿性粉剂500倍液、50%甲基硫菌灵可湿性粉剂600倍液，也可以每公顷施用 40%双胍三辛烷基苯磺酸盐可湿性粉剂（百可得）900g，或 10%苯醚甲环唑水分散粒剂 750g，或 60%甲硫·霉威可湿性粉剂 900g，或 30%氟菌唑可湿性粉剂 450g。

陈捷 高金欣（上海交通大学农业与生物学院）

第 4 节 玉米灰斑病

一、分布与危害

玉米灰斑病是严重威胁玉米生产的世界性病害，其发病早、传播和蔓延速度快、为害重、损失大，在非洲和我国西南地区成为玉米重要病害之一。

玉米灰斑病于 1924 年在美国伊利诺伊州首次发现，此后在秘鲁、墨西哥和南非等地严重流行为害，目前发生玉米灰斑病的国家有：中国、印度、菲律宾、加拿大、美国（科罗拉多州、特拉华州、艾奥瓦州、伊利诺伊州、堪萨斯州、肯塔基州、马里兰州、明尼苏达州、密苏里州、北卡罗来纳州、内布拉斯加州、俄亥俄州、宾夕法尼亚州、南卡罗来纳州、田纳西州、弗吉尼亚州、威斯康星州、西弗吉尼亚州）、墨西哥、特立尼达和多巴哥、哥斯达黎加、委内瑞拉、哥伦比亚、巴西、厄瓜多尔、秘鲁、埃塞俄比亚、肯尼亚、坦桑尼亚、乌干达、尼日利亚、喀麦隆、刚果（金）、赞比亚、津巴布韦、马拉维、莫桑比克、南非、斯威士兰等（图 3-4-1）。

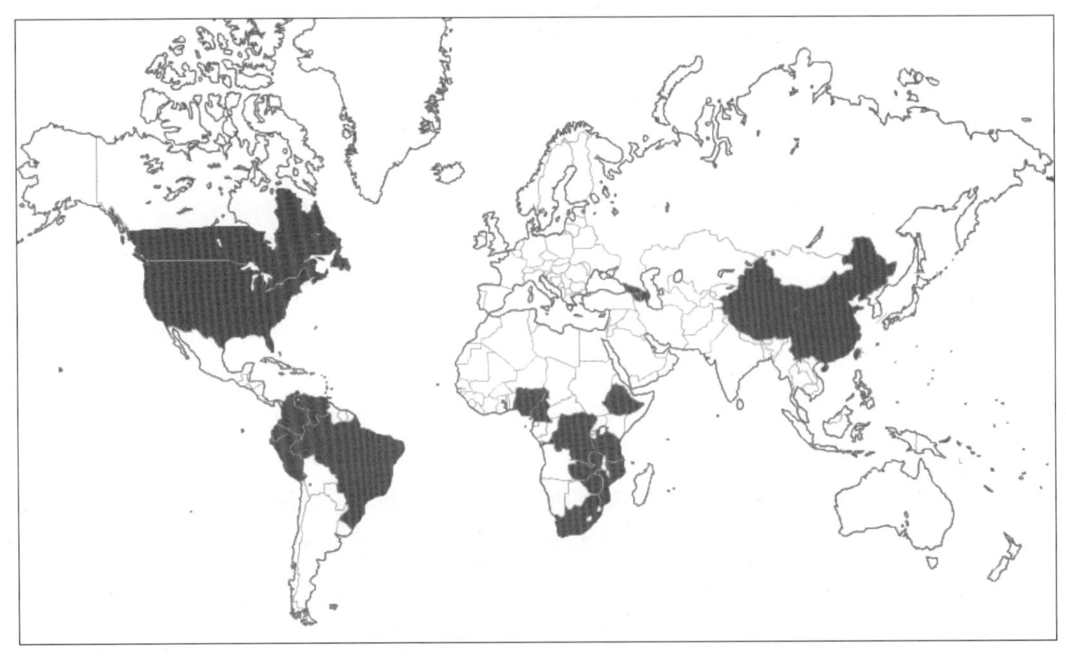

图 3-4-1 玉米灰斑病的世界分布（数据引自 CIMMYT，孙素丽重绘）

Figure 3-4-1 Geographic distribution of corn gray leaf spot (data from CIMMYT, redrawn by Sun Suli)

1991 年，在我国辽宁省丹东和庄河等市首次发现此病。1996 年，辽宁省发病面积已达 20 多万 hm^2，造成产量损失达 2 亿 kg。目前，玉米灰斑病已传播至黑龙江、吉林、辽宁、内蒙古、山西、河北、山东、湖北、四川、重庆、贵州、云南等省份，以云南、湖北、四川山区损失最重，已成为当地玉米产量的限制因素。在云南灰斑病病区，田间病株率高达 100%，可造成玉米减产 5%～30%，发生严重时减产高达 80%左右。在肯尼亚，灰斑病可以造成 30%～50%的玉米产量损失，而在南非，损失高达 60%。

玉米灰斑病菌传播扩散较快。在云南，该病害首先在 2002 年发生于中缅边境的龙陵一线，短短 5～6 年已经遍及云南各地，每年的扩展距离为 100～200km。目前，灰斑病在为害方面已经超越大斑病而成为云南玉米生产的第一大病害。同时，在湖北西部的武陵山区也是最重要的病害。在云南和湖北的高海拔地区，一些玉米田块在灰斑病严重发生时，甚至可以导致绝产。

二、症状

玉米灰斑病菌主要侵染叶片（彩图3-4-1），也可侵染叶鞘和苞叶，发病严重时还可侵染茎秆，在苞叶、叶鞘、茎秆和叶片上的症状相同。病菌最先侵染下部叶片，且潜伏期较长，条件适宜时病斑逐渐向上部叶片扩展。发病初期，不易与其他叶部病害的病斑区分，透射光下呈水渍状褪绿小斑点。发病中期，病斑逐渐横向扩展出现坏死，变为灰褐色、灰色至黄褐色的矩形长条斑或不规则长条斑。成熟病斑与玉米的其他叶部病害有明显区别，典型特点是病斑的扩展与叶脉平行，病斑为矩形，（0.5～50）mm×（0.5～4）mm，中间灰色，边缘具褐色坏死线，发病严重时病斑会合连片甚至整个叶片枯死（彩图3-4-2）。田间湿度大时，病斑表面生出灰色霉状物，即病菌的菌丝体、分生孢子梗和分生孢子。在感病品种上，病斑较大，扩展快，叶片上病斑密布，常多个病斑连成片，使叶片提早枯死；在抗病品种上，病斑小而少，扩展慢，多为点状，病斑周围有褐色边缘，或仅产生褪绿的病斑。

玉米受害后主要有7种病斑反应类型：RH型（长矩形，具褪绿晕圈病斑）、RN型（长矩形，无褪绿晕圈病斑）、IRH型（不规则形，具褪绿晕圈病斑）、IRN型（不规则形，无褪绿晕圈病斑）、SH型（斑点形，具褪绿晕圈病斑）、RI型（长矩形与不规则形混合病斑）和RS型（长矩形与斑点形混合病斑），这些病斑反应类型出现的频率不同。

三、病原

玉米灰斑病是由无性型真菌尾孢属所引起的病害。根据研究，已证明有4个致病种：玉蜀黍尾孢（*Cercospora zeae-maydis* Tehon & Daniels），广泛分布在世界各玉米灰斑病发生区；玉米尾孢（*C. zeina* Crous & Braun），目前已知分布在美国东部和非洲的南非、津巴布韦、赞比亚、肯尼亚等国家；高粱尾孢玉米变种（*C. sorghi* var. *maydis* Ellis & Everh）在美国、肯尼亚有分布；另有一个美国的玉米分离物，已确认为不同于上述3个尾孢菌的种，但还未确定其种名。

玉蜀黍尾孢和玉米尾孢是形态上相似但遗传背景不同的两个种，均属真菌界，无性型真菌，类丝孢目，尾孢属。在未采用分子检测技术前，这两个种在形态学方面较难区分，被作为玉蜀黍尾孢来记述。1998年，通过采用分子生物学技术对玉蜀黍尾孢群体进行研究，发现存在着明显不同的两个类群，最终基于分子特征的差异将原玉蜀黍尾孢分为两群（Group Ⅰ和Group Ⅱ）。2006年，通过系统的形态学、培养特征和分子结构研究，将原玉蜀黍尾孢中的Group Ⅰ确定为玉蜀黍尾孢种，将原玉蜀黍尾孢中的Group Ⅱ确定为新种玉米尾孢，后者的特征是生长速度较玉蜀黍尾孢慢、不产红色的尾孢菌素、分生孢子梗略短、具有纺锤形分生孢子以及在一些基因序列方面具有不同于玉蜀黍尾孢的特异性分子特征。玉蜀黍尾孢和玉米尾孢的有性型均为子囊菌门球腔菌属（*Mycosphoerella* Johns），但在自然界极少见，在病害循环中作用不大。

玉蜀黍尾孢：培养中菌丝体表生，菌落灰黑色，在培养基上的生长速度为1.0～2.0mm/d，明显快于玉米尾孢，多产生略带红色的尾孢菌素；分生孢子梗褐色至橄榄褐色，通常3～14根自寄主表皮的气孔长出，直立，呈屈膝状，不分枝，全壁芽生合轴式产孢，孢痕疤明显加厚，大小为（40～180）μm×（4～8）μm；分生孢子无色，倒棍棒形至近圆柱形，顶端钝圆，基部偶平截，1～10个隔膜，大小为（30～100）μm×（4～9）μm，脐部略加厚，色暗，宽2～3μm（彩图3-4-3）。

玉米尾孢：在培养基上的生长速度约为0.4～0.8mm/d，明显慢于玉蜀黍尾孢，不产生红色的尾孢菌素；分生孢子梗和分生孢子与玉蜀黍尾孢相似，但小于后者；菌丝浅褐色，有隔，分枝，平滑丝状，宽3～4μm；在寄主组织中子座缺或小，仅气孔下由数个膨大的细胞组成，褐色，直径30μm；分生孢子梗3～20根，松散或半密集成束，自气孔长出，直立，近柱形至屈膝状，不分枝或上部分枝，浅橄榄色至中褐色，大小为（40～100）μm×（5～7）μm，1～5个隔膜，全壁芽生合轴式产孢，孢痕疤明显加厚；分生孢子无色，3～5个隔膜，少数有10个隔膜，宽纺锤形，大小为（60～75）μm×（7～8）μm，少数达100μm，顶端微钝，基部近平截，脐部略加厚，色暗，宽2～3μm（彩图3-4-3）。

最新的研究表明，在中国，已明确存在玉蜀黍尾孢和玉米尾孢两个玉米灰斑病的致病种。在北方，引起玉米灰斑病的是致病种玉蜀黍尾孢，分布在黑龙江、吉林、辽宁、内蒙古、山东；在西南地区，玉米尾孢是玉米灰斑病的致病种，分布在云南、四川、贵州、湖北；2008年以前，玉蜀黍尾孢也被认为是云南玉米灰斑病的致病种之一。

四、病害循环

病菌以菌丝体和分生孢子在玉米秸秆等病残体上越冬，成为第二年的初侵染源。分生孢子借风雨传播。孢子萌发产生芽管通过气孔侵入植株，在成株叶片上潜育期为9～13d，在第十六至二十一天时病斑上形成分生孢子，产孢期可持续30d左右。侵入后菌丝扩展受叶脉限制，形成长而窄的与叶脉平行的病斑。在10～30℃时，分生孢子均能萌发，但以22℃最适，35℃以上或4℃时均不能萌发；水滴有利于孢子萌发，光照对孢子萌发影响较小。多雾环境和玉米叶片附有露水有利于孢子的产生、萌发和侵染致病。由于病害的侵染循环期较短，因此，一个生长季可发生多次侵染（图3-4-2）。但该病菌在云南南部及干热河谷玉米产区无越冬现象，可周年辗转传播，引起玉米发病。

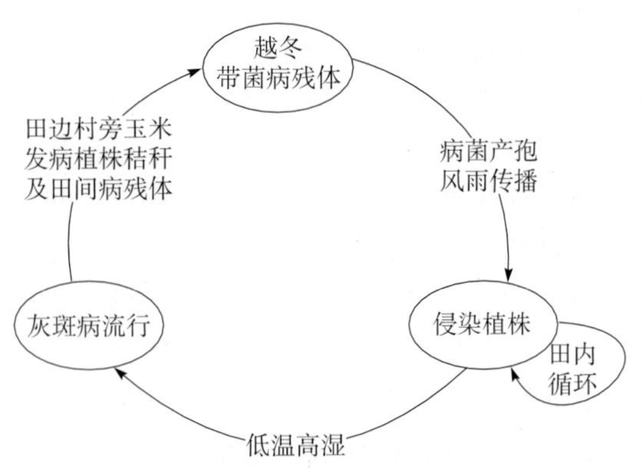

图3-4-2 玉米灰斑病的病害循环（王晓鸣绘）
Figure 3-4-2 Disease cycle of corn gray leaf spot (by Wang Xiaoming)

五、流行规律

1. 气象因素 在东北玉米产区，发病始期为7月上旬，若6月下旬至7月上旬降水量大，田间相对湿度大，玉米灰斑病发生就早，否则，发病时间就推迟5～7d。在8月中下旬至9月上旬为发病盛期。降水量大、相对湿度高、气温较低的环境条件有利于灰斑病的发生和流行。在西南地区，玉米灰斑病于6月中下旬开始发病，从玉米下部叶片开始，此时正值玉米大喇叭口期，天气条件有利于病斑扩展，病害从基部叶开始逐渐向上蔓延，但此时由于田间植株小，植株间通风良好，相对湿度不大，不利于病害的流行，病害扩展速度慢。随着7～8月雨季的到来，玉米进入生长后期，田间郁闭，温度稳定在22℃左右，相对湿度达80%以上，有利于病菌孢子的产生，再侵染频繁，病害迅速蔓延。在8月中旬至9月下旬（玉米抽雄吐丝至成熟期），灰斑病迅速暴发流行，常常导致受害植株的果穗腐烂、整株枯死，减产严重，形成所谓的“秋风病”，病害在玉米生育期内呈S型曲线流行。

2. 品种抗性与生育期 目前生产上种植的玉米品种大部分抗性较差，仅15%～17%左右抗性较好。具有热带种质亲缘的品种抗性高于温带种质亲缘品种。植株在苗期抗性较好，在抽穗灌浆期抗性最差，易于感病。玉米对灰斑病的抗性有主效基因控制和微效基因控制两类，大量的报道认为对灰斑病的抗病性主要由多基因控制。通过对抗灰斑病QTL整合，发现在玉米的10条染色体上均有QTL的存在，但热点区域在1.06、2.06、3.04、4.06、4.08、5.03和8.06染色体区段。我国鉴定出一个主效抗灰斑病基因*GLS2*（*t*），并成功利用该基因培育出了系列抗灰斑病自交系和高抗灰斑病品种，抗病基因已在生产中发挥重要作用。

3. 海拔高度 随着海拔升高，气温下降，湿度增大，灰斑病的发生加重。从总体上看，低海拔平原区的病情低于山区，特别是在我国西南山区这一趋势非常明显。在海拔1 600m以下、光照充足、温度较高的地区灰斑病发病较轻，对生产影响小；在海拔1 600m以上地区，特别是1 800m以上山区，玉米生长处于多雾寡照的环境下，田间湿度大，温度较低，灰斑病发生严重。

4. 栽培管理 密植田块较稀植田灰斑病发病重，特别是不采用宽窄行种植的田块，当种植密度超过60 000株/hm^2时，灰斑病病情非常严重。采用宽窄行种植，特别是与矮秆作物间作，如与花生、大豆、辣椒、甘薯等间作，即使玉米每行的株距较密，灰斑病发生也较轻。施肥量对灰斑病亦有较大影响，偏施或迟施氮肥，少施磷、钾肥时病情较重，但肥料不足，植株生长瘦弱，病情仍然较重。

六、防治技术

对于灰斑病的控制必须贯彻“预防为主，综合防治”的植保方针，在防治策略上应坚持抗病品种为基础，农业防治为前提，施药控制为辅助的基本原则。

（一）选用抗病品种

抗病种质筛选是选育抗病品种的基础，我国玉米育种者做了大量抗源筛选工作。20 世纪 90 年代以来，我国陆续对一些育种用的自交系进行了抗灰斑病鉴定，发现沈 137、C8605－2、Mo17、Y062、Y078、丹黄 25、齐 319、599－2、9046、冲 72、C290111、79532、丹 598、丹 9046、CN165、中自 01、海 9－21、丹 599、吉 846、高八等对灰斑病表现出较好的抗性，其中 C290111 表现高抗。

综合现有种质抗病鉴定结果，在我国主要玉米种质中，具有热带或亚热带种质亲缘的 PB 群抗性较好，如 C290111、齐 319、沈 137、丹黄 25、丹 599、CN165、中自 01、多黄 29 等；Lancaster 群中吉 846、$Mo17^{Ht}$表现抗病；在瑞德群中，冲 72、9046、79532 和 4361 表现抗病，以 4361 抗病性最高；在旅大红骨群中，以丹 598 和 3602 较为抗病。在育种中应利用这些抗病自交系，通过杂交育种，可以为生产上提供良好的抗病品种。目前已在生产上利用的抗灰斑病品种有：雅玉 88、云瑞 8 号、迪卡 2 号、云优 21、海禾 1 号、海禾 2 号、北玉 2 号、三北 6 号、中单 9409、屯玉 1 号等。

（二）农业防治

加强和改进田间栽培管理。玉米收获后，及时深翻，清除田间病残体，集中烧毁或深埋，尽量减少越冬菌源数量。提倡轮作倒茬，合理密植，实行宽窄行种植和与矮秆作物间作，增强田间通风透光，降低田间湿度，改善田间小气候。科学施肥，施足底肥和充分施用有机肥，适当控制氮肥用量，增施磷、钾肥。适当早播，使发病高峰期延至灌浆后期，可减轻病情。

（三）化学防治

1. 种子包衣 对所有玉米种子进行药剂包衣，做到不种非包衣种。可以采用含有福美双成分的悬浮种衣剂以种子重量的 1.0%～2.0%进行拌种，如 16%克·醇·福美双悬浮种衣剂药种比 1∶30～1∶50，13%戊唑醇·福美双·吡虫啉悬浮种衣剂药种比 1∶80～1∶100。拌种后可以杀灭种子表面黏附的病菌孢子，减少苗期侵染，同时还可兼治玉米苗期的茎基腐病等。

2. 喷药施治 玉米灰斑病是玉米生长中后期才发生的病害。还未见到灰斑病菌抗药性菌株的报道，一般内吸性杀真菌剂均有很好的防治效果。常用药剂有：37%苯醚甲环唑水分散粒剂 100g/hm²、40%丙环唑悬浮剂 2 000 倍液、75%百菌清可湿性粉剂 600 倍液、50%多菌灵可湿性粉剂 500 倍液、70%甲基硫菌灵可湿性粉剂 600 倍液等，在大喇叭口期，于田间露水干后，喷雾施药，间隔 7～10d 1 次，连施 2～3 次。同样的药剂可以与适量干沙土混合后，于大喇叭口期采用药土灌心法施药，可省工省时，易操作，药剂无损失。施药 1～2 次，可起到非常好的防病保产作用。

何月秋　吴毅歆（云南农业大学）

第 5 节　玉米北方炭疽病

一、分布与危害

玉米北方炭疽病亦称眼斑病，早在 1959 年曾被误认为褐斑病而有过报道，后在美国中部各州、加拿大安大略省及法国陆续发现，奥地利、阿根廷和巴西等国也认为曾有该病发生。在我国的东北三省和云南等地有此病分布。20 世纪 60～70 年代，北方炭疽病在吉林省普遍发生。

玉米北方炭疽病是玉米上一种新的重要病害，一旦条件适宜，即可大范围流行，国内外均有因该病流行造成产量严重损失的报道。1998 年，在辽宁省义县枣刺山，一块玉米制种田因该病发生几乎造成绝收。2000 年调查发现，辽宁省玉米上普遍发生此病，并与弯孢叶斑病常混合发生，且症状与后者极为相似，诊断上易被混淆误判。2013 年，玉米北方炭疽病在黑龙江、吉林、辽宁、内蒙古、河北、陕西、云南均有发生。

二、症状

玉米北方炭疽病自玉米苗期至成熟期均可发生，主要侵害植株叶片、叶鞘及苞叶。初期病斑很小，水渍状，后渐扩大呈褪绿环斑，椭圆形或矩圆形，大小为（0.5～2.0）mm×（0.5～1.5）mm，中央乳白色，边缘褐色，外围鲜黄色的狭窄晕环，似鸟眼状，故有“眼斑病”之称。在抗性品种上病斑为褐色小点，发病盛期病斑常会合成片，使叶片局部或者全部干枯。病斑在叶片背面中脉上多为褐色矩圆形，大小为（0.5～1.5）mm×（2～3）mm，多个病斑会合时使中脉变褐色，而病斑正面中脉为淡褐色。经田间自然发病和人工接种发病症状观察发现，玉米北方炭疽病能够侵染玉米叶片中脉，而由新月弯孢所致的玉米弯孢叶斑病在中脉上未见症状表现，这是两种病害症状的区别之处（彩图3-5-1）。

玉米北方炭疽病通常由下部叶片向上蔓延。当孢子被风从邻近区域吹来时，便能在较高的叶片上随机或集中发生侵染。病斑初期很小，水渍状，圆形，直径约1.5mm。病斑逐渐扩大至约3.0mm，萎黄而形成坏死斑，其特征为病斑中心黄褐色，边缘为深褐色或紫色，外缘有褪绿区域。病斑发生密集时，可以导致叶片干枯。眼状病斑症状易与生理或遗传性斑点相混淆。

三、病原

玉米北方炭疽病的病原菌为玉蜀黍短梗霉［*Aureobasidium zeae*（Narita et Hiratsuka）Dingley；异名：玉蜀黍球梗孢（*Kabatiella zeae* Narita et Hiratsuka）］，属无性型真菌类金担霉属。在PDA培养基上，菌落初为乳黄色，后随菌龄的增加渐变为粉红色，进而转为灰褐色或者黑色。分生孢子座大多埋生于寄主气孔下（在PDA培养基上亦可产生分生孢子座），极小，淡褐色，无刚毛；分生孢子梗短棒状，偶有分生孢子梗伸出表皮组织，无色或淡褐色，顶端膨大，其上聚生2～7个分生孢子；分生孢子新月形、长梭形或近棒状，微弯，无色透明，平均大小为25.5μm×3.4μm（图3-5-1）。在较低温度（5～10℃）条件下培养产生的分生孢子可见内含物聚集。

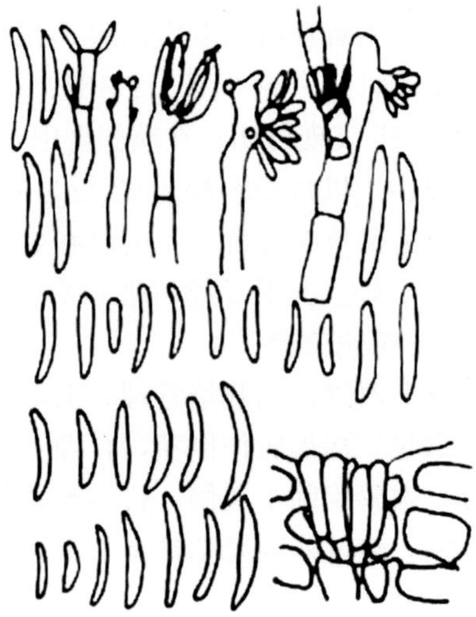

图3-5-1 玉蜀黍短梗霉分生孢子和分生孢子梗（仿戚佩坤，1978）
Figure 3-5-1 Conidia and conidophores of *Aureobasidium zeae* (from Qi Peikun, 1978)

四、病害循环

病菌在种子和病残组织上越冬，成为翌年初侵染源。种子中的菌丝可在胚中存活，但一般种子带菌率低，对病害流行无显著作用。越冬后，病残体中的病菌在潮湿、温暖环境下恢复生长，产生分生孢子并借助气流和雨水传播到附近的玉米幼苗上进行侵染。分生孢子萌发侵入叶片，经7～10d潜育期后在叶片上可见病斑出现。在雨季到来时，病菌在病斑上产生大量孢子进行多次再侵染，并加以扩散，导致北方炭疽病的暴发。秋收后，田间、地头、村旁遗留许多病株残体和带病秸秆，形成了次年的大量初侵染源（图3-5-2）。

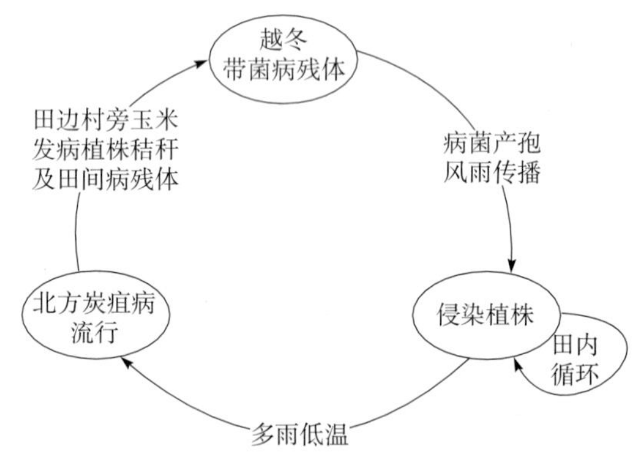

图3-5-2 玉米北方炭疽病的病害循环（王晓鸣绘）
Figure 3-5-2 Disease cycle of eyespot of corn (by Wang Xiaoming)

五、流行规律

冷湿的气候条件，如冷凉高湿的山区或7～9月气温偏低、降雨偏多的年份有利于玉米北方炭疽病流行。品种抗病性表现为部分显性，而甜玉米和一般杂交种玉米感病；幼嫩叶片较老叶片抗病。该病在北方曾有上升趋势。从对玉米北方炭疽病发生情况的调查结果分析，在辽宁省玉米产区14个县（区）包括彰武哈尔套、彰武建设乡、阜新四堡子、阜新务欢池、北票西关、葫芦岛市郊、义县枣刺山、法库县郊区、铁岭县郊区、昌图县郊区、辽阳灯塔、营口大石桥、清原英格门及丹东市郊区等地采集的病叶标本中，均分离到玉米北方炭疽病菌，表明北方炭疽病已在辽宁省普遍发生。另外，在14个县（区）采集的玉米病害标本中，除义县枣刺山和阜新务欢池外，其余也均分离到玉米弯孢叶斑病菌。初步认为，玉米北方炭疽病和玉米弯孢叶斑病两种病症易混淆的病害在辽宁省玉米产区普遍混合发生，且大部分地区以玉米北方炭疽病为主，而丹东和葫芦岛等沿海地区则以玉米弯孢叶斑病为主。

六、防治技术

（一）种植抗病品种

玉米品种间对北方炭疽病的抗病性有差异。在病害常发区，应淘汰感病品种，选择种植抗病或耐病品种，以确保在病害流行年份减轻损失。

玉米不同杂交种对玉米北方炭疽病的抗性水平不同。鉴定表明，辽源 2 号和掖单 2 号表现抗病，铁单 9 号、丹 3068、沈试 31、农大 108、辽源 1 号、辽单 24 和辽单 25 表现中等抗性，东单 6 号、东单 7 号、铁单 4 号、铁单 10 号、丹 413、丹 933、海试 19、掖单 13 及改掖单 13 均表现感病或高度感病。

目前已证明对该病的抗性是由数量性状控制的，有 2～4 个主要基因可能参与抗病过程。对 8 个玉米自交系（V312、K44、L2039、F522、B37、Oh43、W64A 和 WF9）进行了抗病性研究，认为加性基因效应是决定抗病性的最重要因素，自交系 V312 对北方炭疽病抗性最好，而自交系 F522、WF9 和 L2039 属于感病类型。

（二）农业防治

秋收后及时深松土壤，加速田间植株病残体腐烂分解。此措施能够有效促使植株病残体上病原菌的死亡，减少翌年初侵染菌源。

施足底肥，加强中耕管理，玉米生长中期及时追肥，防止后期早衰，提高玉米抗病性。

陈捷　李莹莹（上海交通大学农业与生物学院）

第 6 节　玉米圆斑病

一、分布与危害

玉米圆斑病是一种在玉米叶片、叶鞘、苞叶上产生病斑，并在果穗上引起籽粒腐烂的真菌性病害，1926 年在美国伊利诺伊州首次发现，1938 年在美国印第安纳州制种田流行，现已在世界各地玉米种植区域发生为害。玉米圆斑病发生为害的国家和地区有亚洲的中国、日本、印度、斯里兰卡、柬埔寨，欧洲的丹麦、奥地利、德国、瑞士、英国、法国、前南斯拉夫、罗马尼亚、希腊，北美洲的加拿大、美国、牙买加、洪都拉斯，南美洲的哥伦比亚、巴西、阿根廷，大洋洲的澳大利亚、新西兰、所罗门群岛，非洲的埃及、肯尼亚、坦桑尼亚、尼日利亚、喀麦隆、刚果（金）、刚果（布）、安哥拉、津巴布韦、南非。中国玉米圆斑病最早在 1958 年发现于云南，随后在我国许多玉米种植区均有发生报道，包括黑龙江、吉林、辽宁、内蒙古、陕西、河北、北京、山东、浙江、台湾、四川、重庆、贵州和云南。

玉米圆斑病属于气流传播病害，也属于种子传播病害。由于种子带菌率和存活率较高，因此当环境条件适宜时，病菌侵染叶片和果穗引起发病。一般地块发生较轻，个别严重地块叶片大量枯死。据报道，在种植吉 63 自交系地块玉米圆斑病发生严重，不仅侵害叶片，也侵害果穗，发病率轻者 20%～30%，重者可达 70%～90%，并引起果穗籽粒腐烂变质，严重影响玉米产量和质量。

二、症状

玉米圆斑病病菌可侵染叶片、叶鞘、苞叶和果穗。叶片上发病时，初为水渍状浅绿色至黄色小斑点，散生，后扩展为圆形至卵圆形轮纹斑。病斑中部浅褐色，边缘褐色，外有黄绿色晕圈，大小为（5～15）mm×（3～5）mm。由于病菌存在不同的小种，因此在与玉米互作时，1 号和 2 号小种引起圆形病斑，而 3 号小种侵染后形成长条状线形病斑，大小为（10～30）mm×（1～3）mm。当田间湿度较高时，病斑表面生黑色霉层，为病菌的分生孢子梗和分生孢子。苞叶上发病时，初期为褐色小斑点，后扩大为圆形病斑，也具同心轮纹，病斑表面密生黑色霉层。叶鞘上症状与苞叶上的相似，但形状不甚规则，表面也密生黑色霉层。茎秆发病，仅在茎秆表皮外部形成圆形至卵圆形病斑，茎秆内部不受侵染。果穗发病，通常先从穗顶或苞叶上发病，然后向果穗内部扩展，侵害籽粒和整个果穗，形成黑色凹陷病斑，果穗变形弯曲，长出黑色霉层。病粒最终呈干腐状，用手捻动即成粉状。严重发病果穗呈煤污状或炭化状，籽粒和穗轴内部完全变黑，形成特殊的穗腐（彩图3-6-1）。

三、病原

（一）玉米圆斑病菌的形态学特征

玉米圆斑病病原为为玉米生平脐蠕孢［*Bipolaris zeicola*（Stout）Shoemaker，异名：*Helminthosporium carbonum* Ullstrup，*H. zeicola* Stout，*Drechslera zeicola*（Stout）Subramanian et Jain，*D. carbonum*（Ullstrup）Sivan.］，属子囊菌无性型平脐蠕孢属；有性型为炭色旋孢腔菌（*Cochliobolus carbonum* Nelson），属子囊菌门旋孢腔菌属，可人工培养形成，但在自然界中尚未发现。

玉米生平脐蠕孢在PDA培养基上菌落圆形，培养初期菌丝灰白色，后变为深绿色至黑褐色，气生菌丝短或稍长，适宜生长温度为25℃（彩图3-6-2）。分生孢子座着生于寄主表皮层，初埋生，后突破表皮外露，盘状，暗褐色；分生孢子梗暗褐色，顶端色淡，单生或2～6根丛生，直或膝状弯曲，端钝圆，基部细胞膨大，孢痕明显，隔膜6～11个，大小为（117～180）μm×（6～9）μm；分生孢子深橄榄色，长椭圆形，中央宽，两端渐狭，胞壁较厚，顶细胞和基细胞钝圆，孢子多数直，脐点小且不明显，位于基细胞内，隔膜4～10个，以5～7个为多，大小为（33～105）μm×（12～17）μm，平均56.9μm×12.4μm（图3-6-1）。

炭色旋孢腔菌在培养基上子囊壳散生，埋生或部分突出，椭圆形或球形，膜质，深褐色，顶端呈乳头状突起，大小为（355～550）μm×（320～430）μm；子囊圆柱形或棍棒形，直或微弯，无色，内含1～8个子囊孢子；子囊孢子丝状，无色，隔膜5～9个，大小为（182～300）μm×（6.4～9.6）μm，螺旋状缠绕，子囊之间有拟侧丝（图3-6-1）。

玉米圆斑病菌除主要侵染玉米外，还能够侵染高粱、禾本科植物和苹果。

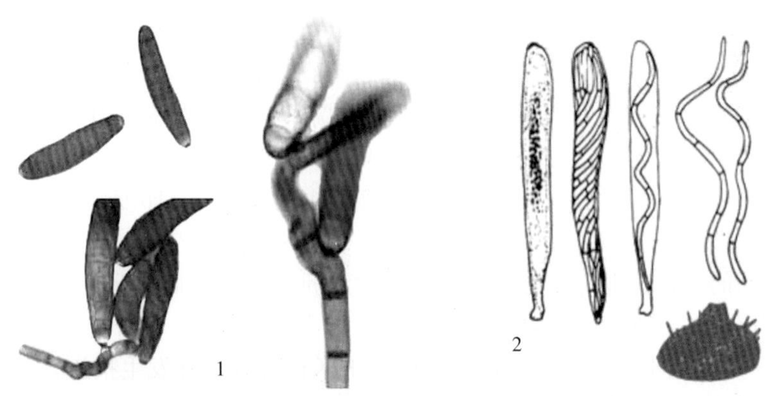

图3-6-1 玉米圆斑病菌形态特征（1. 晋齐鸣摄；2. 引自白金铠，1997）
Figure 3-6-1 Morphology of pathogen causing NCLS (1. by Jin Qiming; 2. from Bai Jinkai, 1997)
1. 分生孢子和分生孢子梗 2. 子囊壳、子囊和子囊孢子

（二）玉米圆斑病菌的生理专化现象

玉米圆斑病菌有明显的生理小种分化现象。目前，国外已报道了5个生理小种，分别为CCR0、CCR1、CCR2、CCR3和CCR4，其中除CCR0外，其余4个小种均可在玉米上引起病害。1938年在美国种植的Pr自交系发现玉米圆斑病后，一度曾误认为该病菌是小斑病菌的另一个生理小种。1941年将圆斑病菌从小斑病菌中分开另立新种，定名为炭色长蠕孢（*Helminthosporium carbonum* Ullstrup），并鉴定出2个生理小种CCR1和CCR2。CCR1侵染玉米叶片后产生圆形或卵圆形病斑，能产生玉米专化性毒素HC-toxin，产毒能力受*HTS1*基因控制，具有寄主专化性，所以，选育抗病品种时应主要针对CCR1，因多数品系对CCR1表现抗病，因此，在组配杂交种时有大量自交系可供选择，对高感CCR1但农艺性状优良的自交系，可采用回交选育程序将抗病基因转育到感病自交系里，加以改良可选育出抗病新品系；CCR2则在玉米叶片上产生小点状病斑。2个小种CCR1和CCR2均能侵染果穗。1973年Nelson等报道了CCR3，分生孢子形态弯形多于直形，侵染叶片后产生狭长的条形斑。CCR3在制种田对某些自交系有致病性，但在生产田里侵害轻微。玉米对CCR3的抗性遗传表现为加性基因效应的数量遗传，采用轮回选择或回交方法，就能更好地集中抗性基因。1989年CCR4在美国伊利诺伊州首次被发现，该小种在含有

B73 遗传背景的自交系上形成卵圆至圆形病斑，并具有同心轮纹。1987 年，在北卡罗来纳州发现 CCR0，该小种在玉米上无毒，仅形成斑点或坏死斑。

玉米圆斑病菌能产生寄主专化性毒素 HC - toxin。HC - toxin 是 CCR1 菌株产生的寄主专化性毒素。CCR1 对多数自交系毒性较弱，但在含有隐性纯合子（*hm1hm1*/*hm2hm2*）的植株上有较强的毒性。HC - toxin 的合成受 *TOX2* 位点的控制。*TOX2* 位点至少含有 *HTS1*、*TOXA*、*TOXC*、*TOXD*、*TOXE*、*TOXF* 和 *TOXG* 等 7 个基因，除部分菌株中的 *TOXE* 基因外，其他基因均与 *HTS1* 连接成簇。CCR1 菌株产生 HC - toxin，对特定基因型的玉米有高度的致病性，毒素并不直接破坏寄主细胞，而是抑制植物防卫反应相关基因的表达来实现病原菌的致病性。针对 CCR1 产生 HC - toxin，在一些自交系中进化出 *Hm1* 和 *hm2* 抗病基因，可抵抗病原菌的侵袭，这两个基因已被克隆，其在 DNA 水平上有 84.5%的相似性，都编码硝酸盐还原酶，基因为显性时均对 CCR1 菌株有抗性。

玉米圆斑病菌生理小种主要以其在不同基因型鉴别寄主上形成的病斑类型以及病斑大小作为划分的依据。自交系 N31、B37/Ht 和 H93 可用于区分 CCR1、CCR2、CCR3 小种。自交系 N31 对 CCR1 感病，产生圆形斑；B37/Ht 和 H93 对 CCR1 则产生针孔状病斑，B37/Ht 和 H93 对 CCR2 产生圆斑状病斑，对 CCR3 产生条形病斑，B73 对 CCR4 高度感病。由此认为，可选用 N31、B37/Ht、H93 和 B73 作为玉米圆斑病菌生理小种的鉴别寄主。也有的选用自交系 Pr、K61、W64、Pa33、B73 为玉米圆斑病菌生理小种的鉴别寄主。

我国曾用吉 63、门 14、404、C103、Tc303 等 5 个自交系做鉴别寄主，鉴定出我国玉米圆斑病菌有 2 个生理小种：CCR1 和 CCR2，其病斑反应型与美国报道的一致。CCR1 菌落黑色，气生菌丝极少，产孢量丰富；CCR2 菌落灰黑色，气生菌丝较多，孢子产量少。以两个小种的分生孢子接种玉米果穗，均能发病造成穗腐症状。我国陕西省首次发现了玉米圆斑病菌 3 号生理小种 CCR3。

玉米圆斑病菌在世界上很多地区为害，但在各国的小种分布及优势小种各异。美国已发现全部 4 个生理小种，但 CCR2 和 CCR3 为优势小种，极少发现 CCR1。CCR2 主要分布在平原，而 CCR3 主要在山区，而且 CCR2 的病斑较 CCR3 小。在塞尔维亚，CCR2 为优势小种，CCR3 有扩展趋势，CCR1 和 CCR4 发生率有限，且因种植抗病品种、气候干旱，病害发生越来越轻。日本则以 CCR3 为优势小种，其次是 CCR2，罕见 CCR1 和 CCR4 小种，且病菌主要分布在日本北部。玉米圆斑病菌在我国主要分布于东北、西北和西南地区，在已报道的 CCR1、CCR2、CCR3 等 3 个生理小种中，CCR1、CCR2 分布于东北平原，其中 CCR1 为优势小种；CCR3 分布于陕西。2010 年以来该病常年发生，病害有加重趋势。

四、病害循环

玉米圆斑病菌主要以菌丝体在田间散落的秸秆或秸秆垛上的叶片、叶鞘、苞叶和籽粒里越冬。菌丝体在植株病残体内可存活 1～2 年，而在种子内可存活 3 年以上。当 4 月下旬至 5 月中旬有少量降雨时，在病残体上越冬的病原菌开始复苏，侵染源多的部分田块可在苗期发病，而大部分则主要在 7 月中旬以后，当温湿度条件适宜时，病残体上的越冬菌丝开始萌发产生分生孢子通过气流、雨水进行初侵染。田间植株发病后，在病斑上可产生大量的分生孢子，进一步扩散。在高温多雨的环境下，玉米圆斑病菌能够进行多次重复侵染，并造成种子带菌和植株组织带菌，形成病菌的越冬场所（图 3 - 6 - 2）。

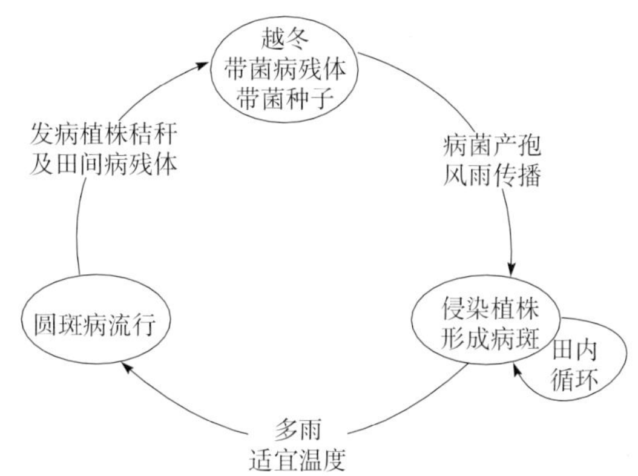

图 3 - 6 - 2　玉米圆斑病的病害循环（王晓鸣绘）

Figure 3 - 6 - 2　Disease cycle of northern corn leaf spot (by Wang Xiaoming)

五、流行规律

玉米圆斑病菌主要通过带菌的种子和病残体进行传播。病菌在第二年玉米生长季节，遇到适宜的环境条件（温度和水分）便可产生分生孢子。分生孢子通过气流、雨水等传播到玉米植株上，在叶面具有水膜时可萌发产生芽管，芽管从气孔或通过叶片表皮细胞直接侵入。在适宜的温度下，病害的潜育期为 24h，

5～7d可形成典型的病斑。

气候和栽培条件对病害发生影响较大，湿度是病害流行的决定性因素。病害发生最适宜温度为25℃左右，相对湿度在75%以上，发病较重；7～8月降雨多、温度高的年份发病重，降雨少温度低的年份发病轻。此外，玉米圆斑病发生轻重与玉米种植田块的地势、茬口、土壤耕作状况、播期、土壤肥力、施肥时期、玉米品种和播种密度相关。地势高，由于干燥通风、透光条件好而比低洼地势发病轻，田间湿度低温度高发病轻。在低洼地上，病害多发生于地块中间低洼处，通风透光差和植株间湿度高的地块发病重，而地头边行发病少。多年连作田因病叶和病果穗遗留在土壤里多，菌源量大，侵染机会多，发病明显重于轮作田。适当晚播，使果穗抽出时期错开高温多雨季节，较早播品种发病轻。施用农家肥或农家肥加追氮肥比底肥单施磷酸二铵，或单依赖追肥的发病轻，尤以农家肥做基肥、追加氮肥的田块减轻发病效果明显。通过增施农家肥增加土壤有机质含量，改善土壤理化性质，有利于土壤微生物活动和加速有效的氮、磷转化，促进根系的营养吸收，能够增强植株的抗病性。玉米从营养生长转向生殖生长时需要大量营养，脱肥可以导致植株生长衰弱，抗病力降低，发病严重。深翻地的垄上播种比硬板地播种发病轻。

田间人工接种结果显示，多数玉米自交系和杂交种的叶片均不同程度被侵染发病，多数材料的果穗不发病，其中自交系吉63果穗发病最重。此外，403、404、曲金62、曲43、吉713、4002、公吉80、黄八趟、小白棒子等21个种质及吉63的选系后代均表现不同程度感病。

六、防治技术

以选用、推广、种植抗玉米圆斑病品种为基础，辅之科学的栽培管理手段，结合病害预测预报，指导农户适时进行药剂防治。

（一）选种抗病品种

种植抗病品种是长期控制玉米圆斑病的最基本措施，也是防治圆斑病最经济有效的途径。由于玉米品种间的抗感差异明显，育种过程中应尽量选用抗病、农艺性状好的自交系组配抗病杂交种，如吉双4号、吉双83、吉双142、吉双147、413×Mo17等杂交种；在制种生产中，尽量避免选用感病的自交系作为亲本，应选用那些苞叶较短而松、果穗内部水分易于散发、花丝粗壮抗病性好的自交系，如近年广泛应用的78599、C8605、沈137、LD100、A619、$B37^{Ht1}$、Mo17、B73等自交系。各地应根据不同的海拔、不同的气候类型及玉米品种特征，选择适宜的抗圆斑病品种，充分发挥良种增产潜力。

（二）农业防治

通过加强栽培管理，可以有效减轻圆斑病的发生。秋翻土壤可将病株残体深埋土中，或播种前彻底清除田间和田边杂草，减少越冬菌源；合理密植，增加田间通风、透光，洼地注意田间排水，降低温度和湿度，减少病菌对植株的侵染，抑制病菌在植株体内的扩展速度，减轻病害的发生；在玉米叶斑病混发区域，搭配种植多抗品种，尽量避免大面积连片种植单一玉米品种，合理布局，减少连作，搞好倒茬轮作，防止病害交叉感染；在玉米苗期和抽穗阶段注意科学施肥，平衡施肥，巧施氮肥，促进植株的正常代谢，使植株发育健壮，增强植株的抗病性；加强科技宣传，使广大农户了解玉米圆斑病的发病原因和防治措施，适期播种，减轻发病。

（三）加强圆斑病的预测预报

玉米圆斑病的发病程度与当年的田间气候条件密切相关。如果7月中旬至8月上旬，降雨偏多且气温偏低，病害发生就会较为严重。因此，应及时监测田间病情，结合当地气候条件及时指导农民进行防治。

（四）加强种子检验，严防带病种子传播

由于圆斑病菌易侵染玉米果穗，造成玉米种子感染该病菌。因此，在种子生产中应加强种子的检验工作，防止带病种子传播病害，避免病害的传播和流行。

（五）化学防治

在制种田里如果组配的自交系易感圆斑病，可采用药剂防治。三唑类杀菌剂是常用的有效杀菌剂，如25%三唑酮可湿性粉剂或25%三唑酮悬浮剂250～500倍液，在果穗冒尖期及时向果穗喷药一次，防治效果可达70%以上，起到防病保产作用。药剂防治的最佳时期为玉米果穗冒尖期，防效达76.7%；喷两次药的以冒尖和灌浆期处理效果最佳，达89.7%。因此，防治果穗上圆斑病喷药的关键时期是果穗冒尖期，

喷药一次就能达到理想的防治效果，过早和过晚施药防效均不佳。

晋齐鸣（吉林省农业科学院植物保护研究所）

第 7 节　玉米褐斑病

一、分布与危害

玉米褐斑病是玉米上常见的一种真菌性病害，一般在玉米生长的中后期发病，在叶鞘和中脉上形成大小不一圆形或近圆形紫色斑点。因为害不很严重，对产量影响较小而不被重视。但在菌源充足和环境条件适宜的情况下也可提早到心叶期发病，在叶片上形成连片病斑，严重时叶片枯死，对玉米生产构成严重威胁。

玉米褐斑病在世界各玉米产区普遍发生，1930 年在美国的佛罗里达州就有该病发生的报道。目前，玉米褐斑病在世界上分布非常广泛，包括亚洲的中国、日本、格鲁吉亚、孟加拉国、不丹、尼泊尔、印度、巴基斯坦、老挝、泰国、柬埔寨、菲律宾、印度尼西亚；欧洲的俄罗斯；北美洲的美国、墨西哥、古巴、危地马拉、萨尔瓦多、哥斯达黎加、巴拿马；南美洲的委内瑞拉、哥伦比亚、巴西、巴拉圭、阿根廷；大洋洲的澳大利亚；非洲的利比亚、肯尼亚、坦桑尼亚、乌干达、科特迪瓦、加纳、多哥、尼日利亚、喀麦隆、刚果（金）、赞比亚、马拉维、莫桑比克、津巴布韦等国家。

我国褐斑病发生区域从黑龙江的克山至云南的腾冲，包括黑龙江、吉林、辽宁、内蒙古、陕西、山西、河北、北京、天津、河南、山东、安徽、江苏、浙江、江西、台湾、广东、海南、广西、四川、云南等省（自治区、直辖市）。玉米褐斑病原先为玉米生产上的次要病害，仅零星发生，一般不造成产量损失。2000 年以来，随着秸秆还田及免耕技术的推广应用，导致田间菌量增加，同时感病品种的大范围推广以及气候原因，致使该病在我国玉米产区普遍发生，造成大面积流行，为害比较严重。在华北地区和黄淮流域的河北、北京、河南、山东、安徽、江苏等省（直辖市）为害更重且有上升的趋势。2003 年，玉米褐斑病在山东省济南、菏泽和河南省开封等地发生严重；2004 年在黄淮夏玉米区首次大面积流行；2005 年、2006 年又连续流行，其中，2005 年安徽省宿州市玉米褐斑病发生面积约 13.3 万 hm^2，占该市玉米总种植面积的 83.3%，2006 年河南省玉米褐斑病暴发，全省种植的 200 万 hm^2 玉米中有近 50%的田块不同程度地发生褐斑病，严重地块病株率达到 100%，造成叶片干枯，甚至整株死亡。

玉米褐斑病造成的产量损失一般为 10%～15%，严重的可达 30%～40%。产量损失与田间病株率、单株发病程度密切相关。研究发现，随着玉米褐斑病发病级别的增加，单株产量损失明显增大，玉米收获时，发病病级在 1～3 级时，单株产量损失率为 9.43%～10.23%，当病级达到 5～9 级时，单株产量损失率为 21.83%～68.14%。当田间发病株率在 10%以下时，对产量影响不大，但当田间发病株率为 20%且发病级别达到 9 级时，造成的产量损失可达到 30%。

二、症状

玉米褐斑病病斑主要出现在玉米叶片、叶鞘上，也能在茎上发生，茎上病斑多现于茎节附近，呈深紫色或黑色，故易因风吹而在病节处倒折，但并不常见。褐斑病在整个玉米生长期间均可发病，主要有成株期和心叶期两个发病时期，其中成株期发病较为常见，病斑集中在叶鞘上，扩展缓慢，一般不会造成产量损失；心叶期发病时病斑集中在叶片上，呈暴发态，常造成叶片枯死，产量损失较大。

成株期发病，从抽雄开始至乳熟期为显症高峰。病斑主要发生在玉米叶鞘、叶脉上，以叶和叶鞘交界处为最多。病斑初期水渍状，不规则，后期病斑为红褐色至紫褐色，圆形或椭圆形，微隆起，大小不一，多为 3～5mm，严重时病斑可连成不规则大斑，维管束坏死，随之整个叶片由于养分无法传输而枯死。挑开病斑表层，可见褐色粉末状孢子堆，内有病菌的休眠孢子囊，一般病斑表面不破裂，休眠孢子堆很难散出。心叶期发病，从 6 叶期开始至大喇叭口末期为显症高峰。叶面先出现针尖大小的褪绿黄色小斑点，圆形或椭圆形，逐渐变为红褐色至紫色，直径 1～2mm，呈中间隆起的实心病斑，内为褐色的休眠孢子囊堆（彩图 3-7-1）。由于心叶期褐斑病的发生严重影响叶片的光合作用，致使植株细弱，易造成玉米减产。

玉米褐斑病在田间区别于其他叶斑类病害的主要特征为：发病的叶片病斑连片并呈现垂直于中脉的病斑区和健康组织相间分布的黄绿条带。

三、病原

玉米褐斑病的病原为玉蜀黍节壶菌［*Physoderma maydis*（Miyabe）Miyabe，异名：*P. zeae*-*maydis* F. J. Shaw］，属芽枝霉门节壶菌属。玉米褐斑病菌是一种专性寄生菌，在寄主的薄壁细胞内寄生，主要侵染玉蜀黍属植物。玉米褐斑病菌在寄主内发育成休眠孢子囊。休眠孢子囊壁厚，近圆形至卵圆形或球形，（20～30）μm×（18～24）μm，黄褐色，一般略扁平，有囊盖。休眠孢子囊含多核而未割裂的细胞质，随着孢子囊的发育，整个原生质体割裂成为数众多的单核小段，每一小段发育成一个游动孢子，通过顶端的圆帽状囊盖游出。孢子囊萌发的温度为20～38℃，最适温度为26～32℃，低于20℃，高于38℃均不能萌发；pH在5～10，适宜pH为6、7、8、9；有光照条件利于玉米褐斑病菌休眠孢子囊萌发，但在没有太阳直射的室外光照强度1 000～10 000lx范围内，光照强弱不影响休眠孢子囊萌发。休眠孢子囊萌发时从囊盖开口处释放出20～30个游动孢子，游动孢子大小为（5～7）μm×（3～4）μm，单鞭毛；鞭毛长为孢子的3～4倍（彩图3-7-2）。

四、病害循环

玉米褐斑病菌主要以休眠孢子囊的形式在土壤或病残体中越冬，翌年，在玉米生长季节，休眠孢子囊借助气流或风雨传播到玉米植株上，遇到合适条件萌发产生大量的游动孢子，游动孢子在玉米叶表面水滴中游动一段时间后，鞭毛消失，静止短时间后，萌发形成侵染丝侵入玉米幼嫩组织并引起发病。在侵染后的16～20d，进入叶肉组织或薄壁组织细胞内的菌丝形成膨大的营养体细胞，进而形成休眠孢子囊。休眠孢子囊可在玉米组织内萌发，释放出游动孢子继续进行再侵染，这种组织内再侵染在玉米的一个生长季节能进行多次，最终在叶片或叶鞘上形成可见病斑。病斑组织细胞中的休眠孢子囊，随叶片枯死或秸秆还田回到土壤中越冬，待病残体腐烂后散出，翌年传播为害。休眠孢子囊的生活力很强，在干燥条件下，在病残体或者土壤中可以存活3年以上（图3-7-1）。

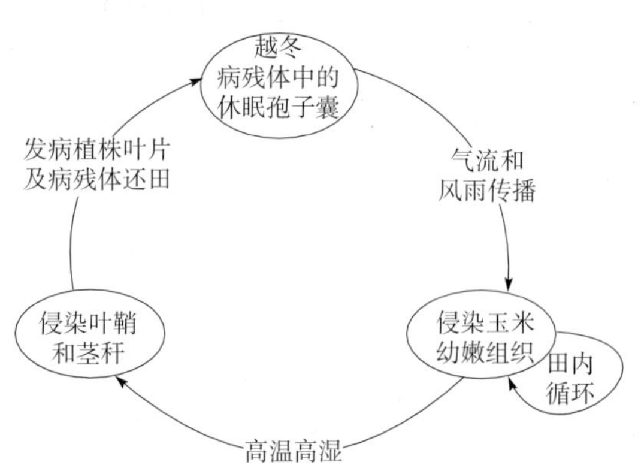

图3-7-1 玉米褐斑病的病害循环（王晓鸣绘）

Figure 3-7-1 Disease cycle of Physoderma brown spot of corn (by Wang Xiaoming)

五、流行规律

（一）玉米褐斑病菌的传播扩散及其侵染条件

1. 传播与扩散 玉米褐斑病是一种土传病害，病菌的休眠孢子囊随玉米病残体或组织随机散落田间进行年度间的传播。病菌在田间植株间和田块间的传播是通过气流、风雨及人的田间劳作进行扩散，风雨和气流对病害在田间的传播与扩散起主要作用。

2. 侵染过程及侵染条件 玉米褐斑病菌侵染玉米组织时，休眠孢子囊萌发，释放出游动孢子，游动孢子在叶片水膜中游动一段时间，休止后开始萌发侵入寄主细胞或幼嫩组织，在寄主组织内形成膨大的、具细胞壁的营养体，其间有丝状体相连。以后膨大细胞的壁加厚，转变为休眠孢子囊，膨大细胞壁间的丝状体也随之消失，完成侵染循环。游动孢子的侵染一般发生在白天，其保持侵染能力的时间很短，释放出来后数小时即失去侵染能力。玉米苗期心叶中的夜间吐水特性，是导致玉米叶片上形成垂直于叶脉分布的分段病斑区域的重要原因。

病菌主要通过对玉米光合关键酶（核酮糖-1，5-二磷酸羧化酶RuBPCase和磷酸烯醇式丙酮酸羧化酶PEPCase）活性的抑制影响叶片的光合作用，进而导致产量损失。

（二）玉米褐斑病流行的环境条件

玉米褐斑病的发生和流行主要受温度、湿度、降水量、品种抗性等影响。7月的雨量大小决定夏玉米区褐斑病初始病斑出现的时间，尤其是暴雨后更有利于病菌的侵染。在田间温度为23～30℃、相对湿度

85%以上时，病害扩展迅速，发病严重。另外，土壤贫瘠和潮湿、地势低洼的地块发病较严重。菌源量大且7～8月高温、多雨的年份，玉米褐斑病易流行。

六、防治技术

（一）选种抗病品种

在玉米褐斑病的常发区和重发区，选择种植抗病品种是控制褐斑病为害的最有效措施。玉米褐斑病在近期才开始大面积流行发生，因此抗性品种储备不足。对部分玉米自交系进行的抗褐斑病鉴定表明，唐四平头类群感病较重，Lancaster、Reid、旅大红骨类群对玉米褐斑病均表现为中抗，在加拿大引进的自交系和美国GEM材料中分别发现2份和37份对褐斑病抗性较好。因此，可以利用国外的抗褐斑病自交系，改造国内玉米材料的抗病性，培育抗褐斑病品种。

不同玉米品种对玉米褐斑病的抗性有明显差异，并且亲本自交系的抗性与品种抗病性之间有着密切的关系。当前生产上主推的玉米品种多数对褐斑病表现为感病或高感，如，夏玉米地区大面积种植的品种，多是以玉米自交系黄早四、昌7-2、掖478及改良系为亲本组配而成的。这些育种材料综合性状优良，具有高配合力、适应性广等优点，具备有利于种子繁育的特性，从而在育种上得到广泛应用，但对玉米褐斑病的抗性普遍较差，黄早四的褐斑病田间感病率为78.6%，掖478的褐斑病田间感病率为100%，均为高感材料。杂交种双亲中含有唐四平头、瑞德种群成分的育种材料也易感褐斑病，由这类自交系选育出的杂交种，如：郑单958、浚单20、农大108、鲁单981、中科4号等品种田间表现为感病，这也是黄淮海玉米种植区褐斑病多次流行的重要原因之一。目前，在生产上尚未发现对玉米褐斑病表现免疫和高抗的品种，加强抗病品种的选育对预防玉米褐斑病的流行具有重要作用。

（二）农业防治

1. 加强栽培管理，提高植株抗性 合理密植。根据各地的自然条件、地力状况及玉米品种特性确定种植密度，高产田选择品种推荐密度上限，低产田选择密度下限。盲目增加玉米种植密度，造成田间郁闭，温度增高和湿度加大，有利于褐斑病菌的萌发和侵染；适度密植，以提高田间通透性，降低田间温、湿度，创造利于植株生长发育，而不利褐斑病菌萌发侵染的环境条件。

合理施肥。肥力不足会造成植株矮小、抗病能力减弱，容易引起玉米褐斑病的发生。5叶期是褐斑病的显症初期，发现病害后，应立即追肥或喷施叶面肥，注意氮、磷、钾肥搭配，促进植株健壮生长，增强植株抗病力。

及时清除田间杂草和自生麦苗。田间杂草和自生麦苗与玉米幼苗竞争水、肥、光和空间，影响玉米的正常生长，降低植株抗病性。

2. 重病田避免秸秆还田，或者采取轮作倒茬 若田间病害发生较重，切忌将秸秆还田。对于带菌的秸秆，在有条件的情况下可选择就地深埋处理，减少次年的初侵染源。用病残体沤制的有机肥要经过高温充分腐熟后才能施用。

由于玉米褐斑病菌为专性寄生菌，且在土壤中存活的时间长，重病田可实行3年以上的轮作倒茬，如与非禾本科作物棉花、瓜类、蔬菜等经济作物轮作倒茬，以逐年降低土壤中病原菌的数量。

（三）化学防治

1. 种子包衣 玉米褐斑病虽然为土壤带菌，但使用种衣剂防治并不能达到满意的效果。人工接种病原菌条件下，采用3%苯醚甲环唑悬浮种衣剂包衣，对褐斑病仅有25.77%的防治效果，原因可能为种衣剂的药效持效期较短所致。

2. 杀菌剂喷雾 玉米褐斑病的化学防治应采取提早、适度防治的策略。玉米褐斑病田间发病早，且呈点片状发生。田间及人工接种试验表明，病株率对产量损失起决定性作用，当田间的病株率低于10%时，由于病株周围玉米单株的产量补偿作用，对全田总产量影响不大，因此不必防治；当田间发病率达20%以上时，产量损失明显，必须防治。玉米褐斑病田间化学防治适期应当在玉米3～5叶期，也可以在显症初期进行。

杀菌剂代森锰锌、噁霉灵对褐斑病菌休眠孢子囊的萌发有较好的抑制作用，其他药剂如三唑类的戊唑醇、苯醚甲环唑和丙环唑等对休眠孢子囊萌发的抑制作用较低，但随着温度的升高，丙环唑和苯醚甲环唑对萌发的抑制作用逐渐增强，戊唑醇与之相反。田间防治表明，有效的防治药剂有苯醚甲环唑、丙环唑、三唑酮等，人工接种条件下，采用以下药剂茎叶喷雾，对玉米褐斑病的防治效果可达90%以上：10%苯醚甲环唑水分散粒剂1 500～2 000倍液，用量为450～900g/hm^2；25%丙环唑乳油1 500倍液，用量为300～600g/hm^2；15%三唑酮可湿性粉剂1 500倍液，用量为900～1 200g/hm^2。

石洁 张海剑（河北省农林科学院植物保护研究所）

第8节 玉米南方锈病

一、分布与危害

玉米南方锈病是世界玉米生产中的重要病害，是玉米多种锈病中对生产影响最大的病害，曾在美国、巴西及非洲的许多国家流行，造成重大损失。在温暖高湿的条件下，南方锈病可引起20%～50%的产量损失。在我国，1996—1998年、2007—2008年多次发生南方锈病的流行，局部地区减产达到20%～30%，目前是夏玉米区和南方玉米区的重要病害之一。

玉米南方锈病在世界各地均有发生，主要分布在世界各大洲低纬度的热带和亚热带玉米种植地区。已明确有玉米南方锈病发生的国家和地区有：亚洲的中国、日本、印度、越南、泰国、柬埔寨、菲律宾、文莱、马来西亚、印度尼西亚，及位于亚洲地区的澳大利亚的圣诞岛；北美洲的美国（23个州）、墨西哥、多米尼加共和国、牙买加、洪都拉斯、伯利兹、危地马拉、萨尔瓦多、尼加拉瓜、圣卢西亚、圣文森岛、特立尼达和多巴哥、格林纳达、哥斯达黎加、巴拿马、波多黎各、法属马提尼克岛；南美洲的圭亚那、委内瑞拉、哥伦比亚、巴西、玻利维亚、秘鲁、阿根廷；大洋洲的巴布亚新几内亚、澳大利亚、斐济、所罗门群岛、西萨摩亚、汤加、瓦努阿图、法属新喀里多尼亚；非洲的苏丹、埃塞俄比亚、索马里、肯尼亚、坦桑尼亚、乌干达、毛里塔尼亚、塞内加尔、马里、布基纳法索、几内亚、塞拉利昂、利比里亚、科特迪瓦、加纳、多哥、贝宁、尼日尔、尼日利亚、乍得、中非、喀麦隆、赤道几内亚、加蓬、刚果（金）、刚果（布）、赞比亚、津巴布韦、马拉维、莫桑比克、南非、马达加斯加、毛里求斯、法属留尼汪岛（图3-8-1）。

图3-8-1 玉米南方锈病的世界分布（数据引自CIMMYT，孙素丽重绘）
Figure 3-8-1 Geographic distribution of southern corn rust (data from CIMMYT, redrawn by Sun Suli)

玉米南方锈病在我国已有较广泛的发生，但年度间发生区域不同。根据调查，已确定有南方锈病发生的省份包括辽宁、陕西、河北、北京、河南、山东、安徽、江苏、上海、浙江、福建、台湾、广东、海南、广西、湖南、湖北、重庆、贵州、云南，其中常年发生较重的有海南、广东、广西、福建、浙江、江苏等。

玉米南方锈病是玉米3种锈病（普通锈病、南方锈病、热带锈病）中对生产影响最严重的锈病，曾在一些国家对玉米生产造成了重大损失。南方锈病主要在玉米抽雄后的生育阶段发生，病害发生越早，对产量影响越大。大量的病菌破坏了植物叶片等绿色组织，直接导致叶片的光合面积急剧减少，制造和向籽粒输送营养能力下降，发育中的玉米籽粒由于灌浆不足而重量减轻；当10%叶面积被破坏时，可引起8%的产量损失。叶片由于自身缺乏营养，同时其上大量破裂的病菌夏孢子堆，导致叶片水分的大量散失，从而使叶片早衰；当玉米叶片光合能力急剧下降后，植株茎秆中的糖分被迫向籽粒中转移，导致茎秆养分缺乏，极易引起植株茎腐和倒伏。

在20世纪40～50年代，玉米南方锈病在非洲西部地区以及亚洲的菲律宾暴发，产量损失最高达50%。1994年、1999年、2006年、2008年玉米南方锈病在美国一些州暴发，在佛罗里达州和内布拉斯加州的重病田产量损失达45%，严重地区达60%。在美国，玉米南方锈病一般4～5年有一次大发生。调查表明，在玉米南方锈病流行年份，感病品种产量损失可达24%～37%。

在我国，玉米南方锈病在20世纪70年代期间才被发现，当时仅在海南岛和台湾有发生。直至90年代后期，南方锈病开始在我国夏玉米区发生，一些年份暴发成灾，对玉米生产造成很大影响。在浙江，1997年秋季在春播玉米上大面积暴发南方锈病，仅淳安县的发病面积就达到约1 460hm^2，产量损失50万kg。1998年玉米南方锈病在我国江苏、河南、山东、山西、河北、浙江等省暴发流行，淳安县在春播玉米的抽雄阶段即发生，该县发病面积6 670hm^2，产量损失400万kg。1999年和2000年玉米南方锈病仍呈现较严重的发生。2004年玉米南方锈病再次暴发，仅河南省的发病面积就达66.7万hm^2，占河南省玉米种植面积的27.8%，严重地区病田率达60%～90%，病株率为31.2%～82.8%，其中周口市的病田达20万hm^2，占玉米种植面积的91.7%。2007年和2008年，玉米南方锈病大范围严重发生，病害的北界已扩展至北京和辽宁的丹东一带，夏玉米区的大部分品种由于抗病性差，在灌浆中期全株叶片即干枯死亡，生产损失严重。

二、症状

玉米南方锈病可以发生在玉米植株的所有地上部组织，主要侵害叶片、茎秆和苞叶，也能够侵染雄穗（彩图3-8-1）。在感病品种上，病菌侵染叶片后，初期在叶片表面出现淡黄色的小点，小点逐渐隆起并突破叶片表皮组织而露出圆形、直径0.2～1.5mm的夏孢子堆，从夏孢子堆中散出大量橘黄色的夏孢子。随着病害的发展，感病品种叶片上下两面可密布橘黄色的夏孢子堆。苞叶上的症状与叶片相似。在有一定抗性水平的品种上，夏孢子堆周围呈现褪绿或紫红色的晕圈。在茎秆和雄穗的穗轴上，夏孢子堆有时不为典型的圆形，而呈现为短线状开裂。在抗病水平较高的品种上，叶片上无症状或仅出现小而不产孢的褪绿斑点，或形成小点状的坏死斑。一般情况下，很少在夏孢子堆内形成黑褐色的冬孢子堆。冬孢子堆多生于玉米叶片背面、叶鞘和中脉附近，椭圆形，直径0.1～0.5mm，长期埋生于寄主表皮下，近黑色，但不易产生，有时个别年份在晚熟玉米品种上出现。

玉米南方锈病与普通锈病都是由柄锈菌属真菌引起，两者有时易混淆。表3-8-1列出了两种锈病的主要区别特征。

表3-8-1 玉米南方锈病与普通锈病的区别（引自CIMMYT）

Table 3-8-1 The differences between southern corn rust and common corn rust（from CIMMYT）

区别内容	南方锈病	普通锈病
病原菌	多堆柄锈菌（*Puccinia polysora*）	高粱柄锈菌（*Puccinia sorghi*）
病害发展速度	快，布满叶片，为害重	慢，少，为害轻
孢子堆发育位置	多分布在叶片上表面	叶片两面普遍分布
孢子堆形态及特征	小，圆至卵圆，成堆，橘黄色	大，长形，分散，砖红色至褐色
发病条件	温暖高湿：25～32℃，相对湿度≥90%	冷凉高湿：17～25℃，相对湿度≥95%
分布	热带及亚热带，偶在温带发生	亚热带和温带

三、病原

（一）玉米南方锈病菌的形态特征

玉米南方锈病的致病菌为多堆柄锈菌（*Puccinia polysora* Underw.），属担子菌门柄锈菌属。病菌为专性寄生菌，寄主除玉米外，还有甘蔗属中的 *Saccharum apopecuroides*，摩擦禾属中的东方鸭茅状摩擦禾、矛形摩擦禾、摩擦禾与毛摩擦禾。

多堆柄锈菌夏孢子椭圆形或卵形，少数近圆形，单胞，大小为（28～38）μm×（23～30）μm，壁厚（1～1.5）μm，淡黄色至金黄色，壁表面有细小突起，芽孔腰生，4～6个。冬孢子形状不规则，常有棱角，多为近椭圆形或近倒卵球形，大小为（30～50）μm×（18～30）μm，顶端圆或平截，基部圆或狭，隔膜处略缢缩，表面光滑，栗褐色，壁厚（1～1.5）μm，中间一个隔膜。目前尚未发现其存在转主寄主（彩图3-8-2）。

通过分子鉴定技术对玉米南方锈病病原菌进行鉴别，其特异性RT-PCR采用的荧光标记引物PPOLY的序列为：*fam*-TGCAACAAA-*zen*-GTTATATTCAGGAAAAGAA-*IAblk*-*fq*。

（二）玉米南方锈病菌的生理专化现象

1. 玉米南方锈病菌的致病性变异 玉米南方锈病菌具有显著的生理分化，与寄主的互作属于"基因—基因"模式。20世纪50年代，首先在非洲东部地区鉴别出3个玉米南方锈病菌的生理小种EA1、EA2和EA3。1962年，美国又报道了6个新小种PP3、PP4、PP5、PP6、PP7和PP8。1965年在南非鉴定出第十个小种PP9。1986年，叶忠川在台湾利用4个自交系鉴定出13个生理小种。2002年，巴西报道用6个玉米杂交种对巴西的60个多堆柄锈菌分离物进行鉴定，区分出17种毒力型。在美国，抗玉米南方锈病基因 *Rpp9* 的利用超过20年，但自2006年以来，已在田间发现一些具有该抗病基因背景的自交系和品种开始感病，叶片上出现许多夏孢子堆，表明新的致病小种已经形成。

美国监测玉米南方锈病菌采用的一套鉴别寄主包括11份自交系：AFRO53297/350、AFRO474、NC13、Pop 36、E309、Corneli 54、Floury Synthetic、CI38B×Cuzco、PI 163597、PI 198902、PI 186208，其中AFRO53297/350、Corneli 54已经丢失。目前美国科学家正在重建玉米南方锈病菌的鉴别寄主系统。

为了了解在我国不同地域发生的玉米南方锈病的病菌变异，自2008年以来采用具有不同抗性表型反应的8个自交系齐319、中自01、X178、掖107、掖478、CN165、鲁9801、丹340，在不同地点监测各地病菌的致病性变异，能够鉴定出各地病菌存在致病性的不同，但由于不是一套单抗性基因系，所以尚无法确定小种类型。

2. 玉米南方锈病菌生理小种的地理分布 由于目前尚未有一套公认的玉米南方锈病菌小种鉴别寄主，所以，无法对来自不同发生地域的病菌小种鉴定结果进行比较。

四、病害循环

多堆柄锈菌不能够以夏孢子形式在枯死的玉米植株上越冬，在少数情况下可以形成冬孢子，但冬孢子在病害流行中的作用十分有限。病菌主要以寄生和不断侵染的方式在玉米植株上繁殖，特别是在靠近赤道的热带地区，能够全年种植玉米，因此，病菌得以存活并形成初始菌源地，通过台风被带至亚热带和温带玉米种植区，完成远距离扩散。携带病菌的台风发生早，则病害可能暴发流行。当田间出现症状后，夏孢子通过风雨作用完成田间再侵染和扩散（图3-8-2）。亚热带和温带的玉米南方锈病菌是否能够随季风成为热带地区玉米发病的菌源、完成病害在不同地域间大范围的周年循环，目前还缺乏研究。

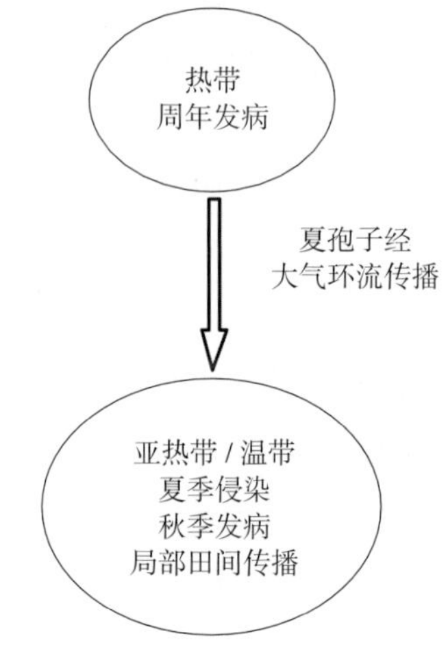

图3-8-2 玉米南方锈病的病害循环（王晓鸣绘）

Figure 3-8-2 Disease cycle of southern corn rust (by Wang Xiaoming)

五、流行规律

1. 玉米南方锈病菌的传播与扩散 根据我国的初步研究以及美国的有关报告，在亚热带和温带玉米种植区发生的玉米南方锈病与热带地区的玉米种植、发病以及每年北上的台风有关，而台风发生时间与路线的不确定性导致玉米南方锈病在亚热带和温带玉米种植区发生范围和严重程度的不确定性。因此推测，我国玉米南方锈病的发生，其菌源应该来自外部，特别是菲律宾和我国台湾是最主要的两个来源地。无论是北方还是南方，在病残体中很难发现病菌的冬孢子，而夏孢子寿命短，无法越冬。

当玉米南方锈病发生后，病害在田块间和植株间的进一步扩散则主要依赖风雨的作用。

2. 玉米南方锈病菌侵染过程及侵染条件 玉米南方锈病菌在夏孢子接触叶片 4h 后开始萌发，芽管多沿与叶脉垂直的方向生长，趋向气孔并通过气孔进入寄主组织，也可通过细胞间隙侵入或直接穿透寄主表皮细胞侵入。直接穿透细胞前需要形成附着胞，进一步在其下方发育形成侵染丝，穿透细胞壁并在细胞内形成气孔下囊结构，进而生成初生菌丝和吸器母细胞，建立寄生关系。病菌在侵入之后的菌丝发育因寄主的抗性不同而表现出差异。在感病寄主上，菌丝发育快，初生菌丝和吸器母细胞的形成均较在抗病寄主上早约 4h，胞内菌丝生长快，分枝多；在抗病寄主上，菌丝发育滞后，生长受到抑制，吸器数量少，胞内菌丝的发育被推迟了 12h 且分枝少、长度短。

玉米南方锈病菌夏孢子的适宜萌发温度为 24～28℃，最适温度为 26℃，当温度低于 13℃和高于 30℃时，萌发率降低。温度较低（16～20℃）时在寄主上形成的夏孢子的发芽率比高温下（24～30℃）高。病菌萌发和侵染需要叶片表面有水膜，日光照射有利于夏孢子的萌发。病菌 7～10d 完成一个侵染循环。

由于较幼嫩的叶片更易感病，因此，迟播的玉米在有发病条件时，病害发生要重于早播的。

3. 玉米南方锈病流行的环境条件 玉米南方锈病菌适于在高温下萌发、入侵和在寄主内的扩展，但症状的显现则需要较低的温度。在田间温度为 24℃并伴有高湿度的环境条件下，夏孢子堆产生快并释放出大量夏孢子，形成数量巨大的再侵染菌源，田间病害快速发展。

玉米南方锈病的病害严重程度与玉米的播期有关，而播期直接影响玉米适宜发病的生育阶段是否能够遇到适宜发病的温度条件；病害的流行速率与田间较高的日平均温度呈正相关，而与田间>90%的相对湿度持续时间呈负相关，因此，寄主叶片表面的湿润时间并非越长越有利于玉米南方锈病的发生；病害进程曲线下面积（AUDPC）则与气象因子都无关系，仅与寄主生育期有较低的相关性；病害进程曲线下面积变化节点（AUDPCi）与相对湿度呈负相关，而与降雨状况无关。因此，影响玉米南方锈病发生程度的最主要环境因素是日平均温度，当日平均温度为 25℃左右且雨日较多时，病害将严重发生。

我国玉米南方锈病的发生在年度间有很大差异，一方面与台风活动路径和时间有关；另一方面与各地的气候条件是否适于病害的发生有关。亚热带和温带的玉米被来自远距离的病菌侵染后，如果田间温度高，病菌虽可以完成侵染，但叶片上并不呈现症状。当秋季温度降低后，在我国夏玉米区的河南、山东、河北南部、安徽北部和江苏北部，症状一般出现在 8 月下旬至 9 月上旬，在浙江和福建为 9 月下旬至 10 月上旬，在广东和广西有两个发病期，分别为 6 月和 11 月。海南的发病期为 1～3 月。

六、防治技术

（一）选用种植抗病品种

由于玉米南方锈病具有突发性强且发生在玉米生长中后期的灌浆阶段，因而导致田间防治困难。因此，控制该病害最有效的手段是选择种植抗病品种，美国利用 *Rpp9* 选育了许多抗玉米南方锈病的品种，在生产中对减轻锈病流行的损失发挥了重要作用。

经过多年研究，已在玉米中鉴定出 *Rpp1*（定位在第十染色体）、*Rpp2*、*Rpp9*（来自 PI 186208，定位在第十染色体，与 *Rpp1* 相距 1.6 cM）、*Rpp10*（显性）和 *Rpp11*（部分显性）抗玉米南方锈病基因。我国的研究者也分别从自交系 P25、齐 319 和 W2D 中定位了 3 个抗玉米南方锈病基因：*RppP25*、*RppQ* 和 *RppD*，这 3 个基因也定位在第十染色体上，但有不同的分子标记。

在国外，抗玉米南方锈病基因挖掘与资源的抗病性鉴定始于 20 世纪 50 年代，但鉴定规模都较小。此后，美国在 1997 年鉴定了 1 890 份玉米种质对小种 PP9 的抗病性表型，其中有 4 份不产生夏孢子堆。深入研究表明，种质 PI 186215（阿根廷自交系 2-687）含有 *Rpp9* 的等位基因；种质 Ames 19016（Va59）

的抗性由单基因控制，但其苗期表现感病，而成株期表现慢病性和非亲和抗性；种质 PI 186209（委内瑞拉硬粒型）和 NSL 75976（IA DS61）抗南方锈病，但与感病自交系组配后，F_1 代杂交种表现感病；进一步研究揭示，PI 186209 的抗病性由 1 对隐性基因调控，而 NSL 75976 的抗病性是 1 对共显性基因控制。

近年，还对抗玉米南方锈病进行了数量性状位点（QTL）基因调控的鉴定，在一些染色体上鉴定出相关的基因，不同的研究者将这些基因定位在相近的区域，如 bin 3.05 和 4.01，bin 3.08、4.05 和 9.05，bin 9.02。在自交系 Ki14 的第六染色体上也鉴定出一个主效数量性状位点。来自非洲东部和西部的一些农家种表现出较好的数量抗病性。一些自交系还具有由多个基因控制的慢锈性特点。

在我国，抗玉米南方锈病的鉴定工作起步于 2003 年。迄今，已对大约 3 000 余份玉米种质资源进行了鉴定，发现了一些抗病性突出的自交系，例如：选自美国资源 78599 的自交系齐 319、遵 90110、丹 3130，以及辽 2202、辽 2204、双 M9B-1、沈 136 等。同时，通过开展抗病生理生化基础的研究证明，抗玉米南方锈病的玉米体内的苯丙氨酸解氨酶（PAL）、超氧化物歧化酶（SOD）、过氧化物酶（POD）和过氧化氢酶（CAT）的水平较感病材料高。

自 2010 年以来，我国已经对国家级玉米区域试验中黄淮海夏玉米组的参试品种开展了人工接种条件下的抗玉米南方锈病鉴定工作，准确地掌握了这些新选育品种对该病的抗病水平，为避免未来的生产风险提供了信息。通过对生产品种在田间抗病表现的多年多点调查，确定了一批适合在夏玉米区种植的抗玉米南方锈病品种：登海 3 号、天泰 10、鲁单 981、农大 108、中科 4 号、邯丰 79、振杰 2 号、三北 6 号、泰玉 2 号、永研 1 号、农大 62、LN3、天泰 16、永研 4 号；具有中等抗病性的品种有聊玉 18、蠡玉 16、金海 5 号、滑 986、先行 5 号、聊玉 20 等。

（二）化学防治

在病害常发区，若气象预报提示未来的气候条件将有利于玉米南方锈病发生，应及早进行田间施药，对玉米进行保护。药剂喷施应在玉米抽雄前 2 周进行，此时，植株尚处于可以进行人工喷药阶段，田间可以进行人工或机械喷药作业。

对玉米南方锈病具有较好的保护与治疗双重作用的内吸杀菌剂有：25%丙环唑乳油，用量为 100mL/hm^2；25%嘧菌酯悬浮液，用量为 250mL/hm^2；10%氟嘧菌酯乳油，用量为 200mL/hm^2；25%吡唑醚菌酯乳油，用量为 300mL/hm^2。20%三唑酮乳油也具有治疗作用，稀释 1 000～1 500 倍液后喷雾。

如果气候适于发病，则应在第一次施药后，经过 14d 再施第二次药。

如果气候条件不利于玉米南方锈病的发生，或玉米南方锈病发生时玉米已发育至灌浆中后期，则可以不喷药，避免浪费。

（三）农业防治

1. 在玉米南方锈病常发区，建议选择种植早熟品种，可以有效减轻锈病发生的风险。

2. 合理施用氮肥，增施磷、钾肥，提高玉米抗病性。过量施氮肥，会引起叶片组织柔弱，细胞可溶性糖含量增高，利于病菌侵染和侵入后的扩展。

王晓鸣（中国农业科学院作物科学研究所）

第 9 节　玉米普通锈病

一、分布与危害

玉米锈病在世界各玉米主产区均有发生，共有 4 种类型，分别是由高粱柄锈菌（*Puccinia sorghi* Schw.）引起的玉米普通锈病、由多堆柄锈菌（*P. polysora* Underw.）引起的玉米南方锈病和由玉米壳锈菌［*Physopella zeae*（Mains）Cummins et Ramachar］引起的玉米热带锈病，这 3 种锈病在亚洲、美洲、非洲等主要玉米产区都有分布，但由禾柄锈菌（*Puccinia graminis* Pers.）引起的玉米秆锈病仅在坦桑尼亚和美国有报道。

玉米普通锈病是气传病害，在世界各玉米种植区均有发生，主要分布在世界各大洲中高纬度的温带玉米种植地区和低纬度高海拔的玉米种植区域。已明确有玉米普通锈病发生的国家和地区有：亚洲的中国、日本、韩国、阿塞拜疆、格鲁吉亚、土耳其、阿富汗、伊朗、黎巴嫩、以色列、约旦、伊拉克、沙特阿拉伯、也门、阿曼、孟加拉国、尼泊尔、印度、巴基斯坦、斯里兰卡、缅甸、泰国、柬埔寨、菲律宾、马来西亚、印度尼西亚；欧洲的俄罗斯、瑞典、爱沙尼亚、拉脱维亚、乌克兰、摩尔多瓦、波兰、匈牙利、德国、奥地利、荷兰、英国、法国、塞尔维亚、克罗地亚、斯洛文尼亚、罗马尼亚、保加利亚、希腊、意大利、西班牙、葡萄牙；北美洲的加拿大、美国（7个州）、墨西哥、古巴、多米尼加共和国、波多黎各、海地、牙买加、洪都拉斯、伯利兹、危地马拉、尼加拉瓜、特立尼达和多巴哥、哥斯达黎加、巴拿马；南美洲的圭亚那、苏里南、委内瑞拉、哥伦比亚、巴西、玻利维亚、厄瓜多尔、秘鲁、巴拉圭、阿根廷、智利；大洋洲的巴布亚新几内亚、澳大利亚、新西兰、斐济、瓦努阿图、库克群岛（新西兰）、法属新喀里多尼亚；非洲的埃及、苏丹、利比亚、摩洛哥、埃塞俄比亚、索马里、肯尼亚、坦桑尼亚、乌干达、卢旺达、塞拉利昂、科特迪瓦、加纳、贝宁、尼日利亚、喀麦隆、刚果（金）、刚果（布）、赞比亚、安哥拉、马拉维、莫桑比克、南非、马达加斯加、毛里求斯、留尼汪岛（图3-9-1）。

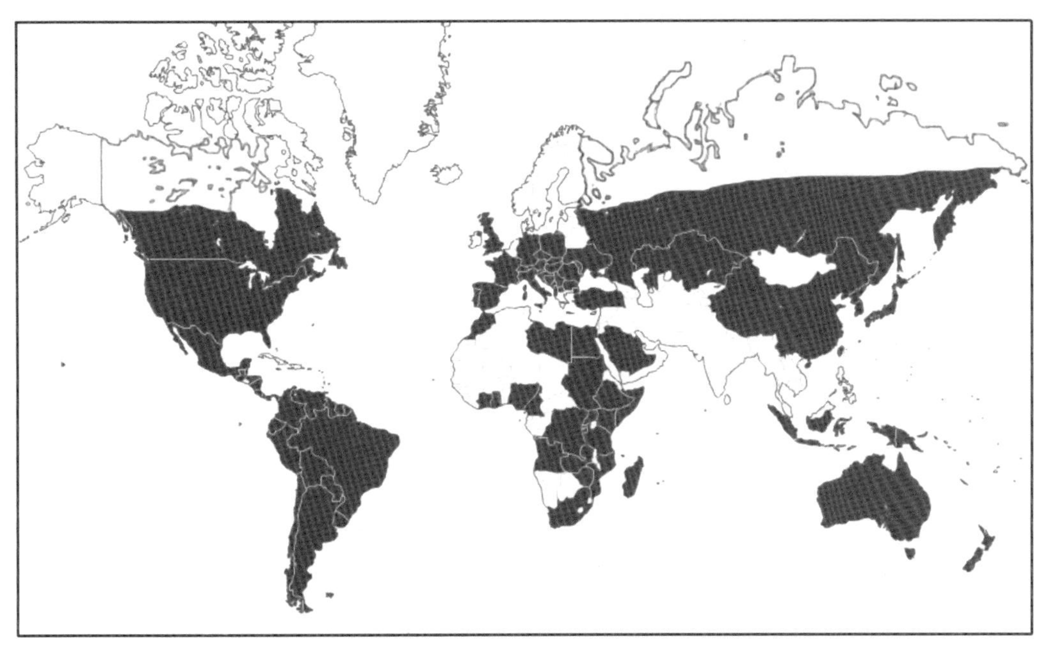

图3-9-1　玉米普通锈病的世界分布（数据引自CIMMYT，孙素丽重绘）

Figure 3-9-1　Geographic distribution of common corn rust (data from CIMMYT, redrawn by Sun Suli)

我国的玉米普通锈病在1937—1939年由戴芳澜等在陕西、贵州和西康等地首先报道，目前常见于我国广东、广西、云南、贵州、四川、海南、台湾等省份的高海拔地区或秋季玉米上，在黑龙江、吉林、辽宁、甘肃、宁夏、陕西、山西、河北、山东等北方省份也有发生，有时发生较重。一般年份发生时可造成减产10%～20%，严重发病年份则可造成减产50%以上，部分地块甚至绝收，是冷凉玉米种植区的重要病害。

玉米普通锈病在我国东北和华北地区一般在8月上旬发生，8月下旬蔓延。玉米普通锈病的发生与降雨有很大关系，如降雨时间提早，此病也提前发生，有的年份可提前1个月左右，感病玉米品种受害早，减产也较严重。

二、症状

玉米普通锈病主要侵害玉米叶片，严重时侵害叶鞘、苞叶和雄花。发病初期在叶片基部或上部主脉及两侧出现乳白至淡黄色针尖大小病斑，为病原菌未成熟夏孢子堆，随后病斑扩展为圆形至长圆形，隆起，颜色加深至黄褐色，表皮破裂散出铁锈色粉状物，为成熟夏孢子。夏孢子散生于叶片的两面，以叶面居多。后期叶片两面尤其背面靠近叶鞘或中脉附近，形成黑色冬孢子堆；冬孢子堆初椭圆形、埋生时间较长，后突破表皮。在南方温暖地区，如广东、海南、云南等，病菌冬孢子堆不一定产生。玉米普通锈病发生严重时叶片上密布孢子堆，甚至多个孢子堆会合连片，造成叶片干枯，植株早衰，影响叶片的光合作用和籽粒的灌浆成熟，导致玉米减产或籽粒失去商品价值。

玉米普通锈病和南方锈病症状的区别为：普通锈病夏孢子堆时期的病斑为卵圆形至细长形，咖啡色，并常附着寄主表皮，冬孢子堆黑褐色到黑色，呈敞开状，为夏孢子堆转换而成。夏孢子黄褐色，近乎圆形，冬孢子咖啡色到黑褐色，周围圆滑，顶端明显加厚。南方锈病夏孢子堆时期的病斑为小圆形，金黄色，冬孢子堆黑褐色到黑色，散生在夏孢子堆周围，而且寄主植物表皮所覆盖的时间较长，所以多呈密闭而非敞开状。夏孢子金黄色，卵圆形，冬孢子黄褐色，常呈棱角状，顶端部分加厚不明显（彩图3-9-1）。

三、病原

（一）玉米普通锈病菌的形态特征

玉米普通锈病病原为高粱柄锈菌（*Puccinia sorghi* Schw.），属担子菌门柄锈菌属。夏孢子近球形、椭圆形、长椭圆形或长卵圆形，或矩形与不规则形，淡褐色至金黄褐色，壁厚1.5～2μm，表面布满短且稠密的细刺，大小为（24～33）μm×（21～30）μm，沿赤道上有4个发芽孔，分布不均；冬孢子为椭圆形至长椭圆形，多为双细胞，中部具一个隔膜、微缢，内部各具1个直径为5～8μm的淡色亮点区域，顶端钝圆，少数扁平，顶膜厚4～6μm，表面光滑，基部圆，少数缢缩，呈栗褐色，大小为（28～46）μm×（14～25）μm，膜厚1～2μm；柄淡黄色，永久性，长可达80μm，是冬孢子长的2～3倍，与冬孢子结合稳固（彩图3-9-2）。冬孢子是原担子，萌发后形成先菌丝，又称后担子，先菌丝转化为有隔担子，担子的小梗上产生担孢子，释放时可强力弹射，是经过减数分裂后形成的单核孢子。锈孢子淡黄色，球形或椭圆形，表面具疣，大小为（18～26）μm×（13～19）μm。性孢子器和锈孢子器发生于酢浆草属（*Oxalis* spp.）植物上，但在我国未见报道。

高粱柄锈菌夏孢子在2h内可全部萌发，夏孢子萌发和侵染的适宜温度为10.8～29.0℃，最适温度为14.9～22.4℃，在10.0℃以下萌发终止。锈孢子在－40～－5℃可保存150d以上，仍有60%～70%的发芽率，28℃经1个月后才失去发芽能力。玉米收割后，夏孢子存活时间约为55d。此时，许多夏孢子体内的颗粒体已消耗殆尽，失去发芽能力，抗逆性较差，一般不能越冬。但是，休眠夏孢子堆有较强的抗逆性，越冬后，仍具有正常的萌发力和对寄主的致病性。

（二）玉米普通锈病菌的生理专化现象

与其他大多数禾谷类锈菌病害一样，玉米普通锈病菌在具不同等位抗性基因的玉米上存在致病性分化。有报道认为，玉米普通锈病菌存在13～15个生理小种，但是由于鉴定中未形成统一标准，所以玉米普通锈病菌的生理小种分化情况至今未成定论。锈菌侵染过程中的夏孢子形成能力和血清学特征也曾用于鉴别玉米普通锈病菌小种分化，但至今未见深入研究报道。

（三）玉米普通锈病菌的寄主范围

高粱柄锈菌不仅侵染普通玉米（*Zea mays*）及甜玉米（*Zea mays* subsp. *mays*），也侵染玉蜀黍属中的墨西哥类玉米亚种（*Zea mays* subsp. *mexicana*）、多年生玉米（*Zea perennis*），其性孢子和锈孢子阶段的寄主是酢浆草属植物，包括酢浆草、欧洲酢浆草、直酢浆草。

四、病害循环

一般田间叶片染病后，病部产生的夏孢子可借气流传播，进行重复侵染及蔓延扩展。在海南、广东、广西、云南等南方湿热地区，病原锈菌以夏孢子借气流传播侵染致病；由于冬季气温较高，夏孢子可以在当地越冬，并成为当地第二年的初侵染菌源（图3-9-2）。但在甘肃、陕西、河北、山东等北方省份，病菌则以冬孢子越冬，冬孢子萌发产生的担孢子成为初侵染接种体，借气流传播侵染致病；发病

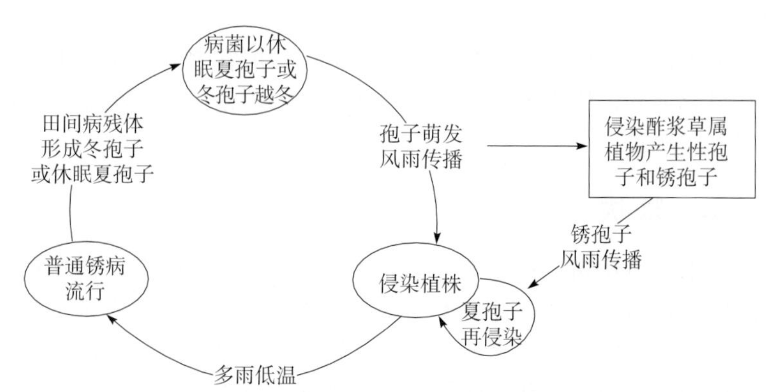

图3-9-2 玉米普通锈病的病害循环（王晓鸣绘）
Figure 3-9-2 Disease cycle of common corn rust (by Wang Xiaoming)

后，病部产生的夏孢子作为再侵染接种体。在新疆，冬孢子对玉米普通锈病的侵染生活史无病理学意义，休眠夏孢子才是翌年春季的唯一初侵染源。

五、流行规律

玉米普通锈病在相对较低的气温和经常降雨、相对湿度较高的条件下，易发生和流行。玉米普通锈病在中国各地的发病时期不尽一致。在浙江，7 月中旬开始在空中出现夏孢子，8～10 月为夏孢子盛发期，12 月以后空中捕捉不到夏孢子；在河北南部，6 月中旬至 7 月中旬为病菌传播期，7 月中旬开始发病，8 月底为发病盛期；在河南，7 月底开始发病，8 月中旬大面积发生；在贵州黔南地区，玉米普通锈病一般于 7～8 月发生。

在吉林，玉米普通锈病菌夏孢子白天飞散数量略多于夜间；小雨天捕获的孢子数量比晴天多 2 倍。空中孢子密度随高度的增加而递减，高度（X）和孢子数量（Y）的关系为指数曲线回归方程 $Y=19.24\exp(-0.027\,89X)$。在锈病的近程传播中，距菌源区距离（di）和锈病的发病程度（X_i）的关系呈 S 型曲线，顺风向传播梯度可用 $X_i=505.27\exp(-0.0583di)$ 描述；侧风向传播梯度可用 $X_i=988.32\exp(-0.115\,9di)$ 描述。在菌源较多的情况下，玉米普通锈病在 1 个月时间内顺风向传播距离为 90～100m；侧风向传播距离为 50～60m。玉米生育后期玉米普通锈病在田间的分布为聚集分布。

六、防治技术

玉米普通锈病是一种气流传播的大区域发生和流行的病害，防治上应以选育抗病品种为主，辅以栽培防治和药剂防治的综合防治措施。以下栽培因素都会诱导和加速病害的发生：播期不适宜；肥料不足，特别是基肥不足或偏施、多施氮肥；土壤板结，未及时中耕培土；排水不畅，田间湿度过大等。不同玉米品种对普通锈病存在明显抗病性差异，马齿型玉米较抗，甜质型玉米抗性较差，生育期短的早熟品种发病也比较严重。

（一）选用抗病品种

种植时应选用抗病、优质、高产的马齿型品种，如鲁单 981、鲁单 50、蠡玉 16、农大 108、豫玉 22、中科 4 号、德农 8 号等。表现高抗的自交系有 CA339、吉 412、吉 141 等，抗病自交系有沈 137、四-444、豫 12、B73、U8112、C8605-2、齐 319、9046、P138、自 330、沈 136、丹 3130、吉 63、Mo17、东 91、连 87、CA042 等。对玉米普通锈病感病的栽培品种有掖单 2 号、掖单 4 号、掖单 12、掖单 13、丹玉 13、铁单 8 号、西玉 3 号、沈单 7 号、郑单 958 等，在玉米普通锈病常发地区应谨慎选用。

玉米对普通锈病的抗性多数为水平抗性。水平抗性品种的田间表现为在成熟叶片上出现零星夏孢子堆，进而连续侵染扩展至夏孢子堆覆盖叶片的大部分，此种抗性由多个抗性基因控制，并且抗性基因之间表现出较高的配合力和遗传力。

玉米对普通锈病也存在垂直抗性反应，田间表现为无论幼苗还是成株期玉米都具有抗病性，病斑较小或只有零星夏孢子堆分散在叶片上。对普通锈病和南方锈病的垂直抗性基因座（*Rp* gene locus）位于第十染色体的短臂远末端。其中，*Rp5* 和 *Rp6* 基因决定玉米对普通锈病的抗性，*Rp9* 决定玉米对南方锈病的抗性。*Rp* 基因座总遗传图距约为 3 个单位，在 *Rp1* 中共鉴定出 14 个等位基因，分别命名为 *Rp1 A*、*Rp1 B*、*Rp1 C*、*Rp1 D*、*Rp1 E*、*Rp1 F*、*Rp G*、*Rp1 H*、*Rp1 I*、*Rp1 J*、*Rp1 K*、*Rp1 L*、*Rp1 M*、*Rp1 N*，其中，*Rp G*～*Rp1 L*、*Rp1 A*～*Rp1 K*、*Rp1 A*～*Rp1 C*、*Rp1 C*～*Rp1 K*、*Rp1 B*～*Rp1 C* 之间的重组值分别为 0.37%、0.27%、0.22%、0.16%和 0.10%。对 *Rp1 C*～*Rp1 K* 重组后代的研究结果显示，其对普通锈病的抗性未发生明显变化。这表明，玉米第十条染色体短臂远末端 *Rp* 基因座对玉米抗锈病性的影响作用是较为复杂的，推测第十条染色体抗性基因 *Rp* 来自玉米的近缘植物摩擦禾属中的同源抗锈病基因。另外，在玉米第三、四染色体上分别发现了对普通锈病垂直抗性的 *Rp3* 基因和 *Rp4* 基因。最新研究表明，*Rp3* 基因座对普通锈病抗性的影响同样较为复杂，用 PCIC13 作为探针，在 *Rp3* 基因座上发现了含有具核苷酸结合位点的富含亮氨酸重复序列（NB-LRR）。同时对抗性基因 *Rp3* 和抗性基因 *Rp1*（编码 NB-LRR 蛋白）的对比研究表明，虽然两者在结构上具有相似性，但核苷酸序列以及氨基酸序列差异较大。这表明，*Rp3* 和 *Rp1* 处于距离较远的进化分支上。

（二）农业防治

连作能使病原菌在土壤中积累，特别是玉米秸秆不经处理直接还田，使土壤带菌量增大。与非禾本科作物轮作，并对带有病菌的前作玉米秸秆集中处理，可减少病原菌积累，减轻玉米普通锈病和其他玉米病害的为害。

加强肥水管理。应多施腐熟的农家肥，增施磷、钾肥，避免偏施氮肥，适时喷施叶面营养剂，提高植株抗病性；适度用水，雨后注意排渍降湿。

（三）化学防治

在玉米普通锈病常发区，可在玉米喇叭口中后期喷施杀菌剂进行病害防控。具有较好的保护与治疗双重作用的内吸杀菌剂有25%丙环唑乳油，用量为100mL/hm²；25%嘧菌酯悬浮剂，用量为250mL/hm²；10%氟嘧菌酯乳油，用量为200mL/hm²；25%吡唑醚菌酯乳油，用量为300mL/hm²；20%三唑酮乳油1 000～1 500倍液。

陈捷 王猛（上海交通大学农业与生物学院）

第10节 玉米顶腐病

一、分布与危害

玉米顶腐病是一种严重影响玉米产量的真菌病害。1929年，在美国玉米上发现了类似甘蔗顶腐病的病害症状，并对病株进行病原菌分离，获得病原镰孢菌，经接种玉米产生了顶腐病的病害症状，但并未明确致病镰孢菌种类。1933年，在澳大利亚首次证实玉米顶腐病是由胶孢镰孢菌所致。1936年，发表了该病害发生为害及病原菌的生物学特性等的较详细研究结果。此后该病在许多国家或地区曾有不同程度发生的报道。在我国，1998年在辽宁省阜新地区首次发现玉米顶腐病，其后在许多省份相继发生。目前玉米顶腐病在我国玉米种植区均有不同程度发生，据不完全统计，黑龙江、吉林、辽宁、内蒙古、新疆、甘肃、陕西、山西、河北、河南、山东、四川、贵州等省份有顶腐病的发生，局部地区对生产影响较大，造成一定的产量损失。2002年，玉米顶腐病在辽宁、吉林春玉米区严重发生和流行，许多地块因此病造成毁种。据调查，田间一般发病率为7%，重病田高达31%。2004年，在甘肃酒泉、张掖、武威三市均发生了玉米顶腐病，平均发病率达到7%～30%，严重田块达到80%左右，死苗严重。2006年，黑龙江齐齐哈尔市玉米顶腐病发生面积6.7万hm²，一般发病率5%～50%，严重地块达100%，在重病田，40%以上发病植株不能结实。2010年，黑龙江龙江县玉米顶腐病严重发生，发病地块平均发病株率为20.0%～23.5%，严重地块发病株率高达90%以上，造成严重产量损失。2011年，黑龙江宾县玉米顶腐病严重发生，发病率一般为5%～20%，个别严重地块病株率达70%～90%，不得不进行翻种。

二、症状

玉米顶腐病在玉米苗期至成株期均可发生，不同生育期和生育阶段症状表现不同。

苗期症状：植株表现不同程度矮化；叶片失绿、畸形、皱缩或扭曲；边缘组织呈现黄化条纹和刀削状缺刻，叶尖枯死；重病苗枯萎或死亡，轻者叶片基部腐烂，边缘黄化，沿主脉一侧或两侧形成黄化条纹；叶基部腐烂仅存主脉，中上部完整呈蒲扇状；以后生出的新叶顶端腐烂，致叶片短小或残缺不全，边缘常出现刀削状缺刻，缺刻边缘黄白或褐色（彩图3-10-1）。

成株期发病，植株矮小，顶部叶片短小、组织残缺不全或皱褶扭曲；植株顶部叶片卷缩成长鞭状，有的叶片包裹成弓状；有的顶部几个叶片扭曲缠结不能伸展，缠结的叶片常呈撕裂状。轻病株可抽穗结实，但果穗小、结籽少，重病株不能抽穗。病株根系不发达，根毛少，根系发育不良，次生根不发达，根尖腐烂褐变。受害严重者主根、次生根短小、腐烂，植株后期枯死（彩图3-10-1）。

玉米顶腐病的症状表现复杂多样，某些症状特点与玉米生理病害（缺素症）、害虫为害及玉米丝黑穗病的苗期症状有相似之处，易混淆。因此，在病害诊断和防治中应特别注意。

三、病原

玉米顶腐病的致病菌为胶孢镰孢［*Fusarium subglutinans*（Wollenw. et Reinking）Nelson，Toussoun et Marasas]，属子囊菌无性型镰孢属。在PDA或PSA培养基上菌落粉白色至淡紫色，气生菌丝绒毛状至粉末状，长2～3mm，培养基背面边缘淡紫色，中部紫色，基质不变色。小型分生孢子较小，长卵形或拟纺锤形，多无隔或1～2个隔，大小为（6.4～12.7）μm×（2.5～4.8）μm，聚集成假头状黏孢子；大型分生孢子镰刀形，较直，顶胞渐尖，足胞较明显，2～6个分隔，以3隔者居多，大小：2隔者（14.0～25.5）μm×（2.8～5.0）μm，平均20.9μm×4.2μm；3隔者（24.2～44.6）μm×（3.5～5.0）μm，平均34.7μm×4.5μm；4隔者（42.1～51.0）μm×（4.8～5.4）μm，平均47.2μm×5.1μm；5隔者（43.3～56.1）μm×（4.8～5.9）μm，平均48.4μm×5.4μm；产孢细胞为内壁芽生瓶梗式产孢，单瓶梗和复瓶梗并存，以单瓶梗居多；厚垣孢子未见（图3-10-1）。

病菌菌丝在5～40℃温度范围内均能生长，适宜温度为25～30℃，在5℃和40℃时菌丝生长极慢，以28℃下生长最快；在20～30℃时，菌丝为粉红至淡紫色，低于20℃，菌丝为白色或黄白色；大、小两型分生孢子萌发温度均为10～35℃，适宜温度25～30℃，低于5℃和高于40℃不能萌发；在10～20℃和35℃时，大型分生孢子的萌发率明显高于小型分生孢子。有性型为胶孢赤霉［*Gibberella subglutinans* Nelson，Toussoun et Marasas］，属子囊菌门赤霉属。子囊壳球形，光滑，蓝黑色；子囊长椭圆形，大小为（75～100）μm×（10～16）μm；子囊孢子双行排列，较直，两端渐尖，多为1个隔膜，分隔处有缢缩，大小为（12～17）μm×（4.5～7.0）μm。

病菌可利用多种糖类作为碳营养源，以木糖、葡萄糖、蔗糖作碳源时，菌丝生长最快，其次为乳糖、半乳糖和菊糖，而山梨糖、氯醛糖和淀粉不适于菌丝生长。适宜病菌生长的培养基为PDA、PSA、Richard's、玉米粉和燕麦片培养基。在不同培养基上菌落颜色、菌丝长度及疏密程度也有明显差异，以淀粉和氯醛糖为碳源时菌落极薄，粉末状。

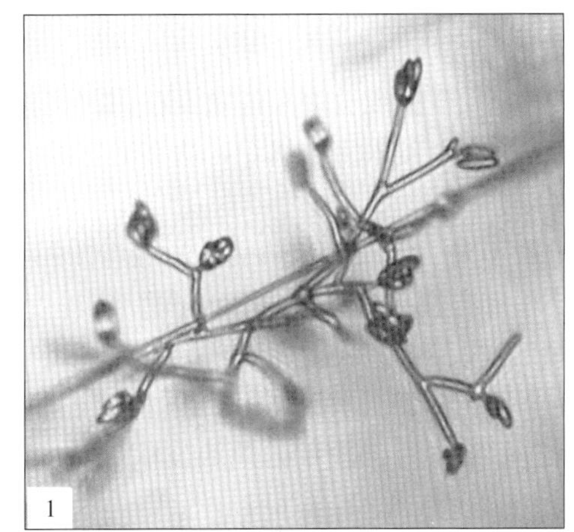

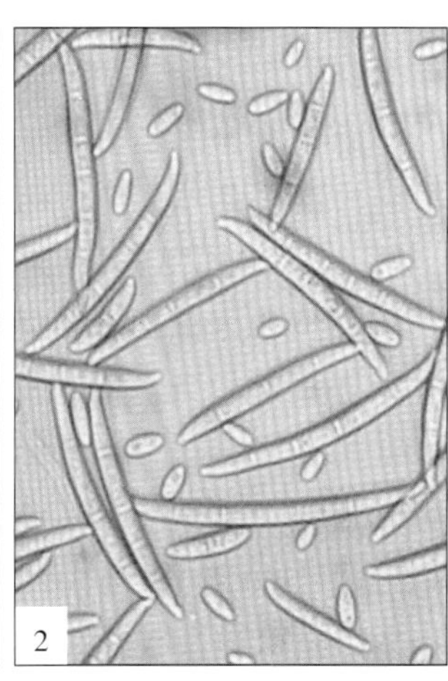

图3-10-1　胶孢镰孢形态（徐秀德摄）

Figure 3-10-1　Morphology of *Fusarium subglutinans*（by Xu Xiude）

1. 分生孢子梗　2. 大分生孢子和小分生孢子

在人工接种条件下，玉米顶腐病除可侵染玉米外，还可侵染高粱、苏丹草、哥伦布草、谷子、水稻、燕麦、小麦、珍珠粟等多种禾本科作物和狗尾草、马唐草等杂草。也有报道玉米顶腐病菌还可侵染菠萝、香蕉等。

有关玉米顶腐病致病菌问题过去一直存在争议，主要是玉米顶腐病症状较为复杂多样，病株的茎基部近地面处常有似虫蛀孔道状开裂，纵切面可见维管束和茎节部出现淡褐色或红褐色斑点或呈片状腐烂褐变，故此有学者认为是由某种害虫为害所致。一些学者对玉米顶腐病病原进行了研究，如从不同症状表现和植株不同部位采集的甘肃玉米顶腐病标样进行的病原菌分离鉴定认为，主要致病菌为胶孢镰孢。采用传统形态学分类和现代分子生物学方法，对采自辽宁部分地区的45份玉米顶腐病病株进行分离培养，共获得89株镰孢菌，从中共鉴定出胶孢镰孢、拟轮枝镰孢（*F. verticillioides*）、层出镰孢（*F. proliferatum*）和尖镰孢（*F. oxysporum*），认为玉米顶腐病是胶孢镰孢和其他镰孢复合侵染所致，这有待于进一步证实。

四、病害循环

玉米顶腐病菌主要以土壤、病残体、种子带菌为主，菌丝体在土壤中、病株残体和种子上越冬，成为翌年的初侵染菌源。玉米顶腐病菌具有系统侵染和再侵染的能力。在田间，苗期、成株期植株地上部分均能被侵染发病，表现出不同症状。播种后幼苗根部与土壤中病菌接触被侵染，或种子带菌直接侵染幼苗根部，进入植株体内，随着植株生长向上扩展至穗部。当天气长时期潮湿，或适宜条件下发病，在患病处表面可产生粉白色孢子层，病菌分生孢子借助于风雨、昆虫传播到健康植株再进行侵染发病（图3-10-2）。

玉米顶腐病菌寄主范围较广，可侵染高粱、苏丹草、谷子、小麦、水稻、珍珠粟等禾本科作物和一些杂草，这些患病作物也是玉米顶腐病严重发生的病菌初侵染来源。田间其他禾谷类植株发病后，在患病部位可产生大量的病菌分生孢子，通过风雨等传播到玉米田中导致玉米发病。

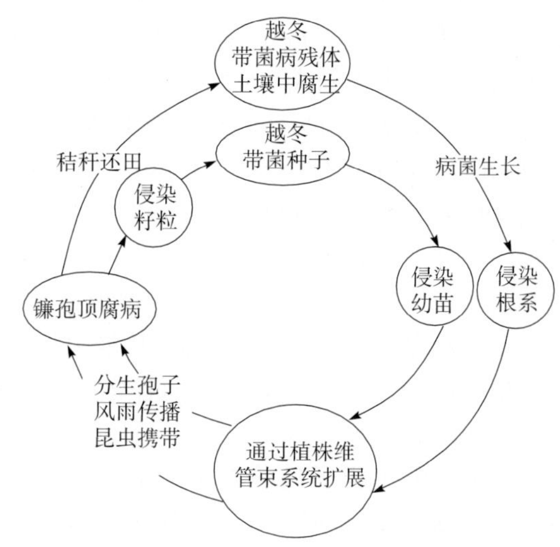

图3-10-2 玉米顶腐病的病害循环（王晓鸣绘）
Figure 3-10-2 Disease cycle of top rot of corn (by Wang Xiaoming)

五、流行规律

由于玉米顶腐病是玉米上一种新流行的病害，玉米整个生长期间均可发病，而且其症状表现复杂多样，发生和流行规律不尽清楚，根据有关研究资料，归纳起来有以下几点。

（一）玉米顶腐病菌的传播扩散条件

玉米顶腐病菌通过种子、植株病残体和带菌土壤进行年度间病害传播，带菌种子和病秸秆是病害远距离传播的重要途径。一些玉米繁种田的顶腐病发病率较高，造成种子带菌量增大，病害发生程度会逐年加重。在田间病株上产生的病菌病原体借助风、雨、昆虫等动物及农事操作扩散到玉米植株上侵入寄主组织，遇有适宜的条件即可发病，并表现症状。

（二）玉米顶腐病流行条件

1. 不同玉米品种的感病程度不同 一般玉米杂交种的抗病性强于自交系，根系发达品种较为抗病。

2. 不同栽培条件下的发病程度存在差异 不同田块间发病程度差异明显。一般来说，低洼地块、土壤黏重地块发病重，特别是水田改旱田的地块发病更重，而山坡地和高岗地块发病轻；多年连作玉米，田间植株病残体较多，土壤累积菌量大的田块发病较重；播种时土壤温度低，出苗慢，耕作粗放，排水不良，植株衰弱的田块发病重；地下害虫为害较重的地块发病较重，害虫为害造成的伤口有利于病菌的侵染，从而导致病害的严重发生。

3. 种子带菌是病害流行的重要途径 种子带菌不仅是病害远距离传播的重要途径，也是病害严重发生的初侵染来源。种子携带病原菌侵入寄主体内，遇有适宜的发病条件将可发病并表现症状。田间病株组织在适宜条件下发生病变、产生病菌子实体，经过风雨传播，形成反复侵染。一些玉米繁种田的顶腐病发病率较高，造成种子带菌量增大，病害发生程度会逐年加重。

六、防治技术

（一）选用抗（耐）病品种

玉米品种间对顶腐病抗性存在明显差异。一般来说，玉米杂交种的抗病性强于自交系。一些玉米自交系，如Mo17、掖107和齐319等表现出良好的抗性，各地可因地制宜选择种植对玉米顶腐病抗性好的品种。

（二）农业防治

1. 减少菌源 施用农家肥时应充分腐熟，阻断粪肥带菌途径，减少发病；建立无病留种田，降低种子带菌率和病害发生率；田间发现病株及时拔出，带出田外集中处理，减少和消灭初侵染来源。玉米收获后及时深翻灭茬，促进病残体分解，抑制病原菌繁殖，减少土壤中病原菌种群数量，减轻病害的发生。

2. 科学栽培管理 适时播种，避免播种过早、地温低延迟出苗，增加病菌侵染概率。精细整地，保持良好的土壤墒情，促进幼苗早出土、快出土，减少病菌侵染机会，减轻病害发生程度。合理施肥，增施磷、钾肥，防止偏施氮肥，保持土壤肥力平衡，提高玉米抗病能力，减轻发病程度。防治地下害虫，减少害虫以及其他根部病害侵染造成的伤口，可明显地减轻发病。

（三）化学防治

1. 种子处理 播种前用 25%三唑酮可湿性粉剂按种子重量 0.2%拌种，12.5%烯唑醇可湿性粉剂按种子重量 0.2%拌种，并可兼防玉米丝黑穗病。也可用 75%百菌清可湿性粉剂，或 50%多菌灵可湿性粉剂，或 80%代森锰锌可湿性粉剂等，以种子量的 0.4%拌种。

2. 生长期喷药 在发病初期可用 50%多菌灵可湿性粉剂 500 倍液，或 80%代森锰锌可湿性粉剂 500 倍液喷施，有一定的防治效果。

徐秀德（辽宁省农业科学院植物保护研究所）

第 11 节 玉米丝黑穗病

一、分布与危害

玉米丝黑穗病在世界上广泛流行，给玉米生产带来严重的经济损失。1876 年，意大利首次报道此病害。1919 年，该病害在我国东北地区首次被发现，但为害并不严重，没有引起足够的重视。20 世纪 70 年代后期，由于大量种植感病品种，中国东北、华北、西南、西北玉米丝黑穗病大流行。据统计，全国 15 个省份年平均发病率为 6%左右。1975 年，辽宁、吉林、陕西等省的个别发病严重地块病株率达60%～70%。90 年代后期，山西春玉米区玉米丝黑穗病日趋严重，局部地区暴发成灾，一般地块发病率在 10%左右，严重地块达 50%以上。1994 年，在黑龙江、吉林、辽宁、内蒙古、河北、陕西、四川、广西春玉米区因丝黑穗病发生造成减产达 30 万 t 左右。1996—1998 年，松辽平原玉米丝黑穗病严重地块发病率高达 62%。2000 年，甘肃凉州玉米丝黑穗病发生面积达 1 540hm^2，占玉米播种面积的 80%，一般田块发病率 8.4%，严重田块发病率达 20%～30%，局部地块达 50%以上，成为该区玉米生产上的主要病害。2001 年，山西长治地区玉米丝黑穗病严重地块发病率达 50%。2002 年，东北玉米产区丝黑穗病大面积发生，发病总面积近 166.7 万 hm^2，其中吉林发病面积 140 万 hm^2，严重发生面积达 54 万 hm^2，占玉米种植面积的 30%，发病率为 7%～40%，严重地块发病率 80%以上，产量损失约 1.3 亿 kg；黑龙江发病面积占玉米种植面积的 20%，双城、阿城、宾县等玉米主产区有 50 多个品种发生玉米丝黑穗病，田间平均发病率 15%，个别地块高达 80%。2003 年，辽宁玉米丝黑穗病发生面积 7 万 hm^2，本溪因玉米丝黑穗病玉米减产约 1 000 余万 kg。2005 年，甘肃凉州玉米制种田丝黑穗病发生严重，制种田平均发病率 18.3%，严重地块达 65%。2001—2003 年长治因丝黑穗病玉米累计减产 1.9 亿 kg。忻府、原平、定襄三区县发病面积 5 万～6 万 hm^2，约占玉米播种面积的 60%，发病率 5%～20%，严重者达 50%～80%。2007 年，山西长治县玉米丝黑穗病发生面积 0.82 万 hm^2，发病率在 10%以上的面积约 66.7hm^2，损失玉米达 50 万 kg。

玉米丝黑穗病是一种世界性病害，在全球大多数玉米产区都有不同程度的发生，发生国家与地区包括：亚洲的中国、日本、韩国、哈萨克斯坦、伊朗、塞浦路斯、以色列、伊拉克、也门、不丹、尼泊尔、印度、巴基斯坦、缅甸、菲律宾、马来西亚、印度尼西亚；欧洲的俄罗斯、瑞典、乌克兰、摩尔多瓦、波兰、匈牙利、德国、奥地利、法国、塞尔维亚、斯洛文尼亚、罗马尼亚、保加利亚、希腊、西班牙、葡萄牙；北美洲的加拿大、美国（11 个州）、墨西哥、牙买加、洪都拉斯、危地马拉、萨尔瓦多、巴巴多斯、巴拿马；南美洲的哥伦比亚、巴西、玻利维亚、秘鲁、阿根廷；大洋洲的巴布亚新几内亚、澳大利亚、新西兰；非洲的埃及、苏丹、利比亚、埃塞俄比亚、厄立特里亚、索马里、肯尼亚、坦桑尼亚、乌干达、卢旺达、布隆迪、毛里塔尼亚、塞内加尔、马里、布基纳法索、加纳、多哥、尼日尔、乍得、喀麦隆、刚果（金）、赞比亚、津巴布韦、马拉维、莫桑比克、南非、毛里求斯（图 3-11-1）。

1975 年，美国部分地区发生丝黑穗病，一些地块玉米减产达 30%～50%。1979 年，加拿大首次报道丝黑穗病在安大略地区暴发，引起关注。1980 年，美国明尼苏达州首次发现玉米丝黑穗病，确定有 4 个县的 80hm^2 玉米地零星发生。1992 年，法国西南部种子田和生产田丝黑穗病严重发生。1993 年，玉米丝黑穗病在德国出现，成为莱茵河河谷地区杂交玉米制种生产的潜在威胁。1995—1996 年，巴西玉米丝黑穗病严重发生。

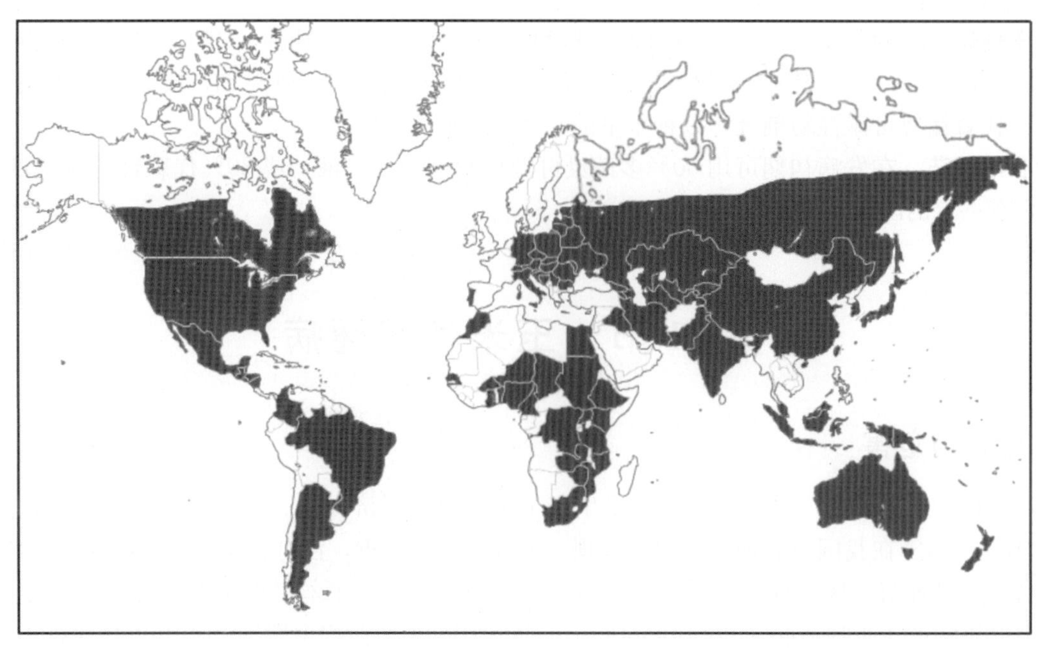

图 3-11-1 玉米丝黑穗病的世界分布（数据引自 CIMMYT，孙素丽重绘）
Figure 3-11-1 Geographic distribution of head smut of corn (data from CIMMYT, redrawn by Sun Suli)

二、症状

玉米丝黑穗病属苗期侵入的系统性侵染病害。主要侵害玉米雌穗和雄穗，少数植株叶部受害。幼苗在第四至五叶即可表现症状，病株多矮化，生长停滞，分蘖增多；叶片出现宽窄不同、条数不定的黄白色或褪绿色条纹，有的叶片出现褪绿斑点或褶皱，严重时撕裂，后期在破裂处露出黑粉。有的叶片上形成长梭状病斑，裂开散出黑粉或沿裂口长出丝状物。染病雌穗症状多样，较健穗短，下部膨大顶部较尖，整穗变为较短的圆锥体，多不抽花丝，苞叶提早枯黄，由一侧裂开，整个果穗变成一团黑褐色粉末和很多散乱的黑色丝状物；有的增生，变成绿色枝状物；有的苞叶变狭小，簇生畸形，黑粉极少。抽雄后，感病雄穗整个花序破坏变黑，形成菌瘿，破裂后露出黑粉，黑粉散出后残留丝状穗轴；有的花器变形增生，颖片增多、延长成小叶状；有的花序被侵染雄花变为黑粉。有的植株仅穗上部受害，穗下部籽粒畸形丛生小叶状物，内含少量黑粉（彩图 3-11-1）。丝黑穗病的块状物包在已缩短的苞叶中，不易见到，开始是密实的、绿色的，后期呈现黄色、干枯，到乳熟期破裂，其过程缓慢，可持续到玉米成熟期。块状物破散出的黑粉即是病原孢子。有的自交系感病植株茎秆下粗上细，叶色暗绿，叶片变硬，上部叶片如笋状。

在田间，玉米丝黑穗病易与玉米瘤黑粉病混淆，但丝黑穗病主要发生在春玉米区，而瘤黑粉病在各个玉米区都有发生。两种病害的鉴别特征见表 3-11-1。

表 3-11-1 玉米丝黑穗病与玉米瘤黑粉病的区别

Table 3-11-1 The differences between head smut and common smut of corn

病害	发生部位	症 状
丝黑穗病	主要发生在果穗和雄穗，而在个别情况下，叶片中肋生有条状黑粉，营养器官一般不生黑粉	为害果穗时，受害果穗不形成瘤状物，黑粉中杂有丝状的寄主组织
瘤黑粉病	茎秆、叶片、果穗、雄穗、根部均可受害，产生不规则的病瘤体	在受害部位生成不规则的、表面有膜包裹的肿瘤，瘤内无丝状物

三、病原

玉米丝黑穗病病原菌为丝孢堆黑粉菌玉米专化型［*Sporisorium reilianum*（Kühn）Langdon et Full. f. sp. *zeae*］，属担子菌门孢堆黑粉菌属。孢子堆生在花序中，成熟后黑粉外露，其中，夹杂丝状的寄主维管束组织和中轴。冬孢子黄褐色、暗褐色、赤褐色，呈球形、近球形或椭圆形，直径 9～14μm，壁厚 1μm，壁表面有细刺（彩图 3-11-2）。未成熟前集合成孢子球，成熟后分散。成熟的冬孢子遇适宜条件萌发产生有分隔的担子（先菌丝），担子侧生担孢子。担孢子无色，单胞，椭圆形，直径 7～15μm。

冬孢子萌发温度为 17～31℃，最适温度为 28～30℃，致死温度湿润冬孢子干热条件下为 65℃ 30min 或 70℃ 10 min，湿热条件下为 55℃ 10 min；干燥冬孢子在干热条件下为 110℃ 30 min 或 120℃ 10 min，湿热条件下为 65℃ 10 min。冬孢子对 pH 适应性较强，pH3.5～11 均可萌发，pH4.5～10 萌发率较高。土壤湿度 20%～25%时最适宜冬孢子萌发，过高或过低均对冬孢子萌发不利。

丝黑穗病菌有明显的生理分化现象。根据寄主的不同分为两个生理专化型，一个侵染玉米，一个侵染高粱，这是寄主属水平上的专化性。侵染玉米的丝黑粉菌，不能侵染高粱；侵染高粱的丝黑粉菌，不能侵染玉米。2010 年研究发现，不同来源的玉米丝黑穗病菌对不同寄主材料的致病性存在差异性，在致病力水平上存在明显的生理分化现象，我国可能存在 6 个玉米丝黑穗病菌致病类型。

各地的病菌致病力有明显差异，吉林、辽宁的丝黑穗病菌致病力强，新疆、陕西等地病菌的致病力相对较弱。关于土壤中冬孢子存活年限与致病力的关系不同学者研究结果不同。国内多报道可存活 3 年，也有报道可存活 7～8 年；加拿大的报道认为病菌在土壤中可存活 10 年。

四、病害循环

玉米丝黑穗病的传播途径很广，可通过土壤、粪肥、种子带菌传播，侵入幼苗，系统性发病。以土壤带菌为主。在适宜条件下孢子萌发侵入幼苗，菌丝进入生长点，随植物生长，系统侵入雌穗、雄穗，形成孢子堆，完成侵染循环（图 3-11-2）。

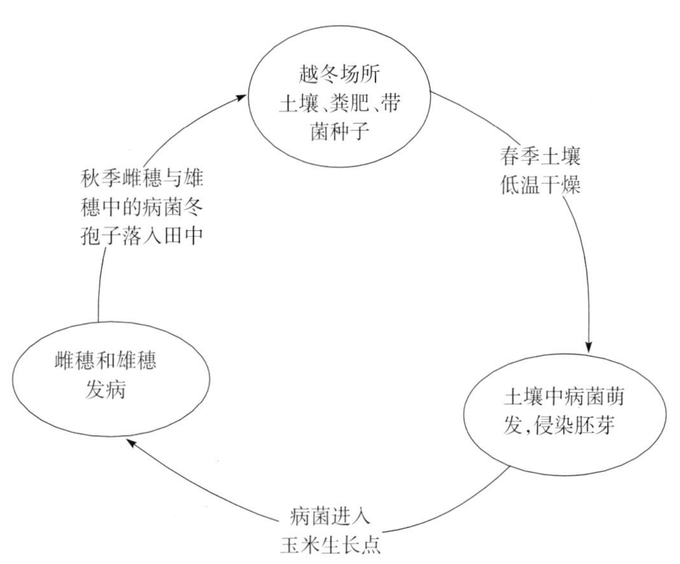

图 3-11-2　玉米丝黑穗病的病害循环（王晓鸣绘）
Figure 3-11-2　Disease cycle of head smut of corn (by Wang Xiaoming)

在雌穗和雄穗上产生的病菌冬孢子散落在土壤中、混入粪肥、附于种子表面从而越冬，成为翌年初侵染源。土壤中的冬孢子，是老病区的侵染源。粪肥中的冬孢子是重要的侵染源，病菌冬孢子具有很强的抗逆性，经过牲畜肠胃后如不经高温发酵，仍可保持活力，使用这些带菌的肥料可引起田间发病，发病率可达 10%～20%。种子表面黏附的冬孢子是新病区的初侵染源，是丝黑穗病远距离传播的重要途径。冬孢子萌发后经两性结合产生侵染丝，由幼苗的芽鞘、胚轴或幼根侵入，从种子萌发至 5 叶期均可侵染。玉米 3 叶期以前是病菌的主要侵染时期，最适宜的侵染期是从种子萌发至 1 叶期，特别是幼芽期易感病，1 叶期接种发病率最高，7 叶期后病菌不再侵染玉米。侵入的病菌很快蔓延到生长锥，随玉米的生育扩展，雌雄穗分化时，病菌进入雌雄穗，在其内形成大量黑粉。

五、流行规律

玉米丝黑穗病以土壤传播为主，病菌冬孢子在土壤中可存活 2～3 年，侵染只发生在苗期。玉米丝黑穗病的发生流行与品种的抗病性、土壤中的病原菌数量及播种、出苗时环境因素密切相关。

玉米品种间对丝黑穗病的抗性存在明显的差异。大面积种植感病品种是病害流行的主要因素。土壤是丝黑穗病菌的主要越冬场所，重茬连作致使土壤中病原菌大量积累，导致病害逐年加重。带菌的肥料是病害发生的又一个重要因素。混入肥料中的菌量越多，发病越重。一些地区玉米种植面积过大，连作增多，施用未经腐熟的粪肥，使田间积累的菌量增多，促使丝黑穗病逐年加重。玉米连作时间长及早播玉米发病较重；高寒冷凉地块易发病，沙壤地发病轻；旱地墒情好的发病轻，墒情差的发病重。侵染温限 15～35℃，适宜侵染温度 20～30℃，最适侵染温度 25℃。土壤含水量低于 12%或高于 29%不利其发病。

玉米丝黑穗病存在植株带菌现象。玉米丝黑穗病大发生需要在菌丝侵入玉米植株和菌丝在穗分化前侵入花器原始体时具备最佳的环境条件。当玉米播种至出苗时土壤温度低，可增加侵染发病的概率。若苗期无低温、干旱现象，幼苗生长速度快，大部分被侵染植株中病菌菌丝未能够侵入玉米花器原始体，可使发病率降低。因此，出苗期间的土壤温湿度与病害发生程度密切相关。

六、防治技术

玉米丝黑穗病的防治，采取以选育和种植抗病品种为主，结合适期播种、精耕细作、清除病株、药剂拌种、轮作倒茬等综合防治措施，可取得较好的防治效果。

（一）选育和种植抗病品种

从病害可持续控制的观点出发，防治玉米丝黑穗病的基础是选育抗病品种。玉米对丝黑穗病的抗病性遗传属细胞核遗传。玉米杂交种后代的抗性多介于双亲之间，玉米对丝黑穗病的抗性属数量遗传，受显性核基因、隐性基因或受非等位基因互作控制，表现为多种遗传方式，以基因加性效应为主。在低发病条件下，抗病性为显性遗传，高发病条件下主要为基因加性作用。在品种选育中，应尽可能选用高抗自交系为亲本，坚决不使用高感材料。当使用性状优良的感病自交系作为基础材料时，必须配高抗材料与之组合。严格执行品种审定标准，杜绝高感玉米丝黑穗病的品种进入田间生产。

种植抗病品种是控制玉米丝黑穗病的有效途径。在丝黑穗病常发区，应首先选择种植抗病品种。大力推广适合当地的抗病丰产品种，尽快淘汰感病品种。东北早熟区春玉米抗病品种有：承玉20、吉农大302、兴垦3号、吉单415、登海3312、三北9、铁单20、吉农大115、吉东16、雷奥1号、吉农578、雷奥150、龙作1号、丹玉606等，东北华北春玉米抗病品种有：鲁单9002、丹玉86、先玉420、32D22、屯玉42、万孚1号、郝育12、铁研26、丹玉69、沈玉21、利民15、中科10、先玉252、先玉696、富友9号、农华8号、中农大369、屯玉99、鲁单6006、万孚7号、中农大236、宁玉309、丹玉96、东单80、明玉2号、利民3号、三北338、吉单88、齐单6号、天泰33、辽单527、沈玉26、宽诚60、承玉358、中农大4号、良玉188、伟科606、农华101、京科968、农华032、良玉99、美豫5号、伟科702等；西南春玉米区抗病品种有：辽单127、登海3831、先玉508、东315、渝单19等。

玉米抗丝黑穗病鉴定可参阅中华人民共和国农业行业标准《NY/T 1248.3—2006 玉米抗病虫性鉴定技术规范 第3部分：玉米抗丝黑穗病鉴定技术规范》。

（二）化学防治

有选择地使用种衣剂、拌种剂处理种子是丝黑穗病防治的重要环节。含有烯唑醇、戊唑醇、三唑酮成分的种衣剂对丝黑穗病的防治有明显效果，如7.5%克·戊唑悬浮种衣剂。但烯唑醇类种衣剂在低温及播种深度超过3 cm时，易产生药害，影响地中茎的生长和子叶在地下展开。15%三唑酮可湿性粉剂、12.5%烯唑醇可湿性粉剂、2%戊唑醇湿拌种剂等防效较好。用10%烯唑醇乳油20 g湿拌玉米种100 kg，堆闷24 h，防治玉米丝黑穗病效果优于三唑酮。也可用种子重量0.3%～0.4%的20%三唑酮乳油拌种或50%多菌灵可湿性粉剂按种子重量的0.7%拌种或12.5%烯唑醇可湿性粉剂用种子重量的0.2%拌种，采用此法需先喷清水湿润种子，然后与药粉拌匀后晾干即可播种。还可用种子重的0.7%的50%萎锈灵可湿性粉剂或50%敌磺钠可湿性粉剂、种子重的0.2%的50%福美双可湿性粉剂拌种。

（三）农业防治

加强田间栽培保健措施以减少菌源。首先，应及时清除田间病株，在发病植株的黑粉包未破裂时，及时拔除病株并在田外深埋，减少病菌在田间的扩散及在土壤中的存留，以控制病害的发生。其次，肥料必须腐熟，不使用带菌的玉米秸秆作饲料，农家肥要经过发酵、充分腐熟后使用，必要时喷洒药剂杀菌。秸秆还田时须将病株另作处理。调整播期，适时播种，适当迟播，避开低温。提高播种质量，播种前先选种，精细整地，赶墒播种，使出苗快、苗壮，减少病原菌的侵染机会，增强植株的抗病能力。采用地膜覆盖等新技术提高地表温度，保持耕层水分，加快出苗及发育，减少病原菌的侵染概率。在苗期将地下茎上的土层扒开，在阳光下暴晒，15 d左右将土复原，可减轻病害发生，应注意大风天气的避让。加强田间肥水管理，促进植株健康生长，可以减轻丝黑穗病的发生。轮作倒茬，上一年的发病田停种玉米，实行与瓜类、豆类等作物3年以上轮作，减少土壤带菌。

晋齐鸣（吉林省农业科学院植物保护研究所）

第 12 节　玉米瘤黑粉病

一、分布与危害

玉米瘤黑粉病，俗称灰包，是由真菌引起的一种世界性病害。自 1760 年首次报道以来，长期认为其引起的生产损失较小，因而研究较少。目前，瘤黑粉病发生日趋严重，引起的生产损失显现，甜玉米受害尤其严重，因而引起了广泛关注和高度重视。玉米瘤黑粉病每年都有不同程度的发生，发生地域遍布世界各玉米主要产区。目前已知发生瘤黑粉病的国家和地区有：亚洲的中国、日本、朝鲜、韩国、哈萨克斯坦、吉尔吉斯斯坦、土库曼斯坦、格鲁吉亚、土耳其、阿富汗、塞浦路斯、黎巴嫩、以色列、伊拉克、沙特阿拉伯、尼泊尔、印度、巴基斯坦、越南、泰国、柬埔寨、马来西亚、新加坡、印度尼西亚；欧洲的俄罗斯、芬兰、瑞典、挪威、爱沙尼亚、拉脱维亚、立陶宛、丹麦、摩尔多瓦、波兰、匈牙利、德国、奥地利、荷兰、比利时、英国、法国、克罗地亚、斯洛文尼亚、罗马尼亚、保加利亚、希腊、意大利、西班牙、葡萄牙；北美洲的加拿大、美国（6 个州）、墨西哥、古巴、多米尼加共和国、波多黎各、海地、牙买加、洪都拉斯、危地马拉、萨尔瓦多、尼加拉瓜、安提瓜和巴布达、圣文森特和格林纳丁斯、特立尼达和多巴哥、哥斯达黎加、巴拿马、百慕大（英）、瓜德罗普（法）、蒙塞拉特岛（英）；南美洲的圭亚那、苏里南、委内瑞拉、哥伦比亚、玻利维亚、厄瓜多尔、秘鲁、乌拉圭、阿根廷、智利；大洋洲的巴布亚新几内亚、澳大利亚、斐济、萨摩亚（美）；非洲的埃及、苏丹、利比亚、摩洛哥、埃塞俄比亚、肯尼亚、坦桑尼亚、科特迪瓦、加纳、尼日利亚、喀麦隆、加蓬、刚果（金）、赞比亚、莫桑比克、南非、马达加斯加（图 3-12-1）。

玉米瘤黑粉病在我国各省份均有不同程度的发生，包括黑龙江、吉林、辽宁、内蒙古、新疆、甘肃、宁夏、陕西、山西、河北、北京、天津、河南、山东、安徽、江苏、上海、浙江、福建、台湾、海南、广西、湖南、湖北、四川、重庆、贵州、云南等。玉米瘤黑粉病是我国玉米生产上分布最广的主要病害之一，在北方发生比较普遍而严重。2000 年以来，由于新疆、甘肃等玉米制种基地瘤黑粉病的流行，种子带菌率提高，同时在夏玉米区和东北春玉米区秸秆还田技术的推广、感病品种的大面积连年种植，病株上的病菌大量回田，使土壤中的瘤黑粉菌数量累积，导致该病呈逐年加重的趋势。

玉米感病后造成的损失因发病时期、发病部位、菌瘿（病瘤）大小、菌瘿数量而异。菌瘿与植株竞争光合产物及养分，影响植株发育、籽粒结实，甚至导致空秆。玉米瘤黑粉病发病越早，菌瘿越大，对产量的影响越严重。幼苗发病，常造成植株矮小、畸形、雌穗不结实，严重者提早枯死；雌穗受害，籽粒直接

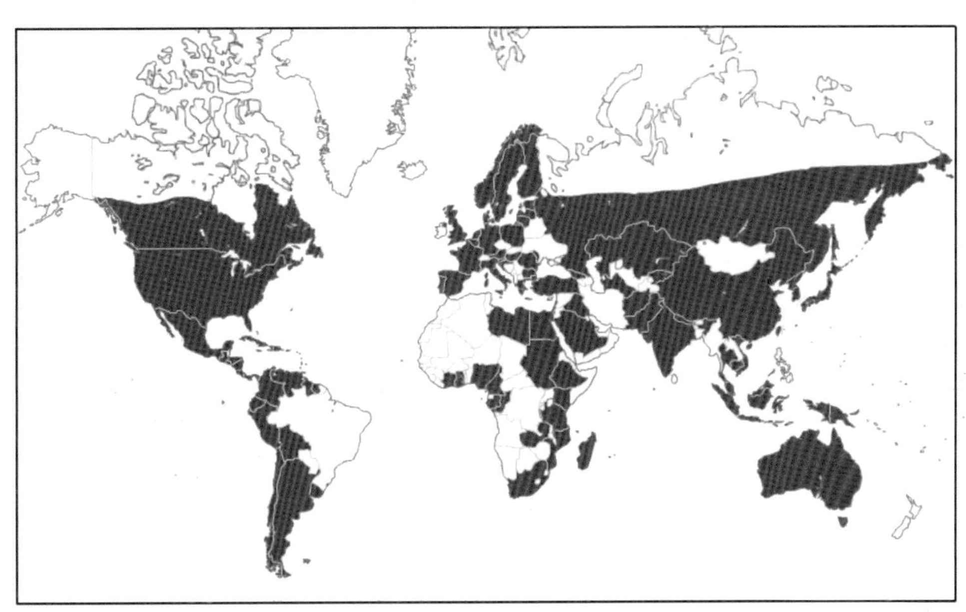

图 3-12-1　玉米瘤黑粉病的世界分布（孙素丽绘）

Figure 3-12-1　Geographic distribution of common smut of corn (by Sun Suli)

形成瘤状物，降低结实率和籽粒饱满度；雄穗感病，花粉量少或无，对制种田产量影响尤其严重。在沈阳地区的田间自然发病调查表明，品种因感染瘤黑粉病可引起1%～10%的产量损失；2005年，甘肃武威地区瘤黑粉病发生面积2.98万 hm^2，造成减产2 000万 kg。瘤黑粉病严重发生年份可造成高达80%的产量损失，个别种植甜玉米的地区损失近100%。

二、症状

玉米瘤黑粉病为局部侵染性病害，在玉米的整个生长发育时期，任何地上部的幼嫩组织均可感染受害，被害部位组织受病原菌及其代谢产物刺激增生肿大而产生大小不一（最大30cm）、形状各异（球状、棒状等）的菌瘿。初生菌瘿多为白色或淡黄色、绿色，肉质，外被光泽的由表皮组织形成的薄膜；随着时间的推移，白色的肉质组织中出现黑色的断续条纹，即成熟的病菌冬孢子，菌瘿质地开始变软；菌瘿进一步成熟，整个肉质组织呈黑褐色，最终外被薄膜破裂，释放大量的粉末状冬孢子。

玉米苗期很少发生瘤黑粉病，一旦发生，菌瘿多产生在植株茎部，病株生长受阻，矮化，茎叶扭曲，畸形，严重时早枯导致植株死亡。成株期发病，菌瘿主要集中在茎秆和果穗上。茎秆上的菌瘿多生于茎节部位，是由于腋芽被侵染后形成；也可以直接在茎秆上生成菌瘿，一般出现在穗上部的茎秆上。茎秆上的菌瘿因生长迅速，耗费大量营养，常导致籽粒瘦瘪和空秆。雌穗上的菌瘿，是由于病原菌直接侵染幼嫩籽粒形成，影响籽粒结实率和其他正常籽粒的灌浆，发病严重的全穗被菌瘿所替代，没有产量。叶片上也可感染病菌，多发生在叶片基部，或机械损伤处，菌瘿小而多，常密集串生，病叶背面凹入，发病严重时，叶片弯曲变形。雄穗被害后，部分或全部小花被囊状或长角状的菌瘿所取代，菌瘿较小，常积聚成堆，雄花被害后，在生产田对玉米产量影响较小或无，在制种田由于散粉量不足，常导致玉米严重减产。有时叶鞘、苞叶、气生根也可感染发病（彩图3-12-1）。

三、病原

玉米瘤黑粉病的病原为玉蜀黍黑粉菌［*Ustilago maydis*（DC.）Corda］，异名：玉米黑粉菌［*Ustilago zeae*（Link）Unger］，属担子菌门黑粉菌属。病菌可产生冬孢子（厚垣孢子）、担孢子及次生担孢子，有单倍体、双核单倍体、二倍体3种细胞形态。玉米被病原菌侵染后，在植株的不同部位都能生出菌瘿，菌瘿成熟释放出大量黑褐色粉末即瘤黑粉菌的冬孢子，冬孢子为二倍体细胞，呈球形或椭圆形，暗褐色，壁厚，壁表有细刺状突起。冬孢子萌发时，伴随减数分裂产生具有4个细胞的担子（又名先菌丝），随后每个细胞顶生或侧生形成梭形、无色的担孢子（彩图3-12-2）。担孢子侵染玉米幼苗或老植株的生长组织，萌发形成侵入丝或以芽殖方式生出次生担孢子，次生担孢子也能萌发形成侵入丝侵入寄主。担子、担孢子、侵入丝均为单倍体，单倍体在PDA培养基上培养时产生酵母状菌落，白色、乳白色或褐色，表面有褶皱，边缘光滑，长时间培养后，菌落表面出现纤细的绒毛状白色稀疏菌丝，为担孢子萌发形成（彩图3-12-2）。

玉蜀黍黑粉菌存在生理分化现象，有多个生理小种，但是小种分类复杂，种类尚无法确定。国内外也缺乏此类文献报道。

四、病害循环

玉蜀黍黑粉菌主要以冬孢子在病残体或土壤中越冬，也可混在粪肥或依附于种子表面越冬，成为翌年初侵染菌源。自然条件下，分散的冬孢子不能长期存活，但集结成块的冬孢子可存活数年。在春季或夏季，越冬后的冬孢子，遇到适宜的温湿度条件，萌发产生担孢子和次生担孢子；担孢子和次生担孢子可通过气流或雨水飞溅到寄主正在发育的幼嫩或具有伤口的组织上，萌发形成单核菌丝侵入玉米组织。在玉米组织中与另一亲和性的单核菌丝融合，产生具有侵染能力的双核菌丝，在玉米细胞间生长并刺激寄主的局部组织增生、膨大，形成菌瘿。菌瘿成熟后释放大量冬孢子，冬孢子随风雨或昆虫传播，进行再侵染（图3-12-2）。冬孢子在当季玉米生育期内，于适宜条件下可进行多次再侵染。其中，6叶期到吐丝始期为侵染高峰，乳熟期以后基本不再侵染植株。制种田，由于病原菌主要从去雄等伤口侵入，发病高峰往往出现在抽雄后，且病瘤多发生在雌穗上部的断茎处。

担孢子产生的单核菌丝无致病性，可直接侵入玉米幼嫩的表皮细胞，然而，在经过一个初始的发育之后，便停止生长，萎缩甚至死亡，除非与另一个亲和交配型的单核菌丝发生交配、细胞质融合，形成直径增大的双核菌丝（双核单倍体）。双核菌丝在玉米组织的细胞间生长，产生类似生长素的物质刺激菌丝周围的细胞，使其快速分裂和膨大，因而造成局部组织异常增大形成菌瘿。初生的菌瘿由双核菌丝和膨大的细胞内容物组成，随着菌瘿的成熟，菌丝体利用被分解细胞内的营养物质，使玉米细胞解体死亡。双核菌丝也能在叶片和茎秆组织内扩展，在叶片上形成一长串菌瘿，在茎秆上引起相邻几节的节间发病，但通常扩展的距离较短。大多数双核菌丝在外被薄膜的包被下进行细胞核融合最终发育成二倍体的冬孢子，随着菌瘿的进一步成熟，薄膜破裂，释放冬孢子。释放出的冬孢子，一小部分落在玉米的幼嫩分生组织上再次侵染形成新的菌瘿，大多数冬孢子残留在土壤或病残体中被保存下来，可存活长达数年。

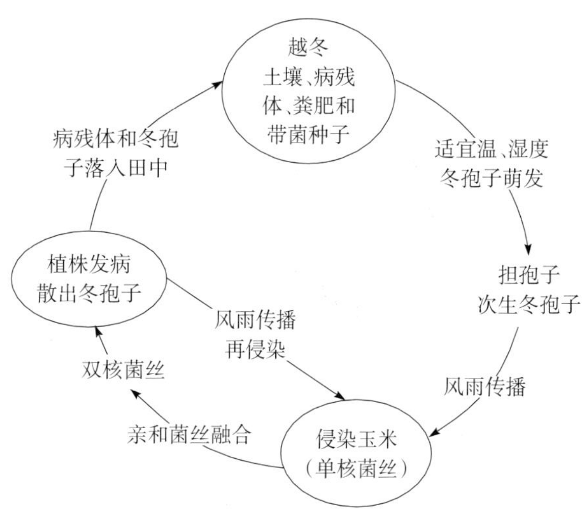

图 3-12-2　玉米瘤黑粉病的病害循环（王晓鸣绘）
Figure 3-12-2　Disease cycle of common smut of corn（by Wang Xiaoming）

该菌寄主范围较窄，除能侵染玉米外，还能侵染两种大刍草（四倍体的多年生类玉米种 *Zea perennis*，二倍体的多年生类玉米种 *Zea diploperennis*）。

五、流行规律

（一）玉蜀黍黑粉菌的传播与扩散

玉蜀黍黑粉菌冬孢子和担孢子可随气流，也可通过昆虫携带在田间植株间或田块间传播。年度间传播主要通过病残体和带菌土壤进行。我国玉米主要制种基地位于甘肃、新疆，该地区冬季干燥，土壤湿度小，病菌冬孢子越冬存活率高，以及一些亲本高度感病，致使部分制种区域瘤黑粉病流行。种子表面带菌为当前我国玉蜀黍黑粉菌远距离传播扩散的主要途径。

（二）玉蜀黍黑粉菌侵染过程及侵染条件

玉米瘤黑粉病为局部侵染病害，发病部位大多局限在侵入点周围。该病菌为异宗配合真菌，在其生活史上有两种形态的细胞，即单倍体细胞和双核菌丝体。病菌担孢子萌发形成的单核菌丝无致病力，不能进一步侵染寄主组织，也不能引起侵染症状，只有不同交配型的两个亲和性单核菌丝融合成二倍体菌丝才具侵染能力，并能侵入玉米组织。单倍体细胞之间的融合、双核菌丝的致病性及双核的融合由两个位点，a 位点和 b 位点控制。a 位点控制单倍体细胞之间的融合，包含 *a1*、*a2* 两个等位基因，编码相应的交配信息素和交配信息素的受体，两个单倍体只有 a 位点的基因不同时才能交配形成双核菌丝。b 位点决定双核菌丝的致病性，b 位点含有 33 个复等位基因，两个单细胞交配后，双核菌丝的维持、致病性和有性生殖只有在 b 位点不同时才能完成。

玉蜀黍黑粉菌主要通过穿透玉米幼嫩组织的无角质的表皮侵入，也可以通过气孔、虫伤或机械损伤处侵入，几乎不能直接穿透玉米保护组织。主要侵染玉米的花器，也可以侵染玉米气生根、叶片、茎秆、苞叶和叶鞘。

冬孢子经 15～20h 便可萌发出担孢子，担孢子萌发后，从幼嫩组织或伤口侵入，只需 7～13d 就能形成肉眼可见的菌瘿，25d 左右菌瘿成熟。其释放的冬孢子，还可进行多次重复侵染，使病害进一步加重、蔓延。

（三）玉米瘤黑粉病流行的环境条件

玉蜀黍黑粉菌的冬孢子无休眠现象，其寿命与温度、湿度的高低有密切关系。冬孢子成熟释放后遇到适宜的温、湿度条件就能萌发，光照对萌发影响不大。冬孢子在10～40℃的温度范围内均可萌发，其萌发的适宜温度为 26～30℃，在水中或相对湿度 98%～100%下都可萌发。担孢子萌发的适宜温度为 20～26℃，侵入的适宜温度为 26～35℃。在我国东北、华北及西北地区，冬、春气候干燥，气温偏低，冬孢子存活力高，存活时间长，因此北方地区发病较重。如遇遇干旱，又不能及时灌溉，造成生理干旱，玉米抗病力受到明显削弱，有利于发病。病田连作导致田间菌源积累，制种田去杂、抽雄等诸多农事活动造成的伤口，玉米螟等害虫为害造成的伤口也会使瘤黑粉病的发病率增加。

六、防治技术

（一）选用种植抗（耐）病丰产品种

玉蜀黍黑粉菌冬孢子存活力较强，越冬场所复杂，且一旦发生侵染，无有效挽救措施。因此，积极培育、因地制宜种植抗（耐）病丰产品种是防治玉米瘤黑粉病最经济有效的途径。目前，在生产上未见对瘤黑粉病表现免疫的品种，但不同的玉米品种间抗病性具有明显差异。初步的田间调查表明，硬粒型玉米抗病性较马齿型强，甜玉米容易感病；雌穗苞叶厚长、包裹紧密的较抗病，反之则容易感病；早熟品种较晚熟品种发病率低，耐旱品种抗病力强。浚单 22、浚单 28、京玉 7 号、张玉 1337、冀农 1 号、鑫丰 9 号、鑫丰 6 号、蠡玉 35、登海 661、登海 701、郑单 988、洛单 248、洛单 6 号、洛玉 8 号、聊玉 22、纪元 1 号、万佳 16、科大 16 等品种的自然发病率较低，各地在生产上可因地制宜选用种植。

在种质资源中，已鉴定出 X178、改 8112、E28、丹 340、沈 137、H21、齐 318、鲁原 92、Mo17 等 199 份自交系和 62 份农家种具有较好的抗病性，黄早四、黄野四 3、黄 C 等 405 份材料表现为感和高感瘤黑粉病。表明我国抗瘤黑粉病种质比较丰富，育种工作者应加强抗源的筛选利用，选育抗性高产品种。

（二）农业防治

1. 减少菌源 病菌的冬孢子可在土壤中存活 2 年以上，在干燥的情况下可存活 5～7 年，条件适宜时便可侵染发病。因此，最大程度地减少菌源为防治该病的有效措施之一。苗期发现病株要结合田间管理及时拔除；拔节期以后，发现菌瘿要尽量在菌瘿未成熟释放冬孢子前及时摘除，带出田外并彻底销毁；玉米收获后，要及时清理田间病残体，进行秋季深翻处理，将土壤表层的病菌深埋于地下；玉蜀黍黑粉菌混入厩肥，在一般堆肥处理后仍能萌发繁殖，所以应避免使用未腐熟的粪肥。

2. 加强栽培管理 适期播种，提高播种质量，根据地势、土质、墒情及品种生育期，因地制宜灵活掌握播期，以期快出苗、出壮苗，提高植株的抗病力，降低发病率。合理密植，增大植株间的通风透光性。加强水肥管理，平衡施肥，避免偏施过施氮肥，及时使用磷、钾肥，合理增施锌、硼微肥，防止玉米贪青徒长；及时灌溉，尤其是抽穗期前后要保证水分供应充足，防止因受旱降低植株的抗病力。防治蚜虫、蓟马、叶螨、玉米螟、桃蛀螟、棉铃虫等害虫，切断昆虫传病途径，减少虫伤，减轻病害发生。尽量减少农事活动所造成的机械伤口，降低侵染率。

3. 轮作倒茬 玉蜀黍黑粉病菌在土壤中存活时间较长。因此，发病严重的地块可采取轮作倒茬措施。与非寄主作物如花生、大豆、马铃薯等实行 2 年以上的轮作种植，可有效控制病害的发生。避免多年连作感病品种。

（三）化学防治

1. 种子处理 玉米瘤黑粉病种子带菌和土壤传菌为翌年主要初侵染源。因此，种子处理是防治中一个重要的环节。目前生产上多选用含有烯唑醇、戊唑醇、苯醚甲环唑等有效成分的种衣剂进行种子包衣，能够减轻病害的发生，同时促壮苗，提高幼苗的抗病能力。

2. 喷雾防治 对种子进行处理，虽然可在一定程度上减轻病害的发生，但是这种方式无法控制植株后期病原菌的侵染。在侵染的关键时期 6～8 叶期、散粉期或制种田抽雄期，用含苯醚甲环唑、丙环唑、戊唑醇、烯唑醇成分的杀菌剂喷雾，对后期玉米植株上的瘤黑粉病具有明显的防治效果。

石洁　李坡（河北省农林科学院植物保护研究所）

第 13 节　玉米纹枯病

一、分布与危害

玉米纹枯病在世界玉米产区广泛发生，以亚洲国家发生为重。目前已有纹枯病发生报道的国家包括中国、日本、韩国、孟加拉国、尼泊尔、印度、巴基斯坦、斯里兰卡、越南、老挝、缅甸、泰国、柬埔寨、菲律宾、马来西亚、印度尼西亚、德国、英国、美国、委内瑞拉、塞拉利昂、科特迪瓦、尼日利亚等。玉米纹枯病在我国最早于 1966 年在吉林省发生，70 年代中后期逐渐成为我国玉米生产中的重要病害之一，发生地区包括黑龙江、吉林、辽宁、陕西、山西、河北、河南、山东、安徽、江苏、上海、浙江、台湾、广东、广西、湖南、湖北、四川、重庆、贵州、云南等省份。在西南地区，由于特殊的气候条件，纹枯病成为限制玉米生产的重要因素。

随着我国玉米种植面积的迅速扩大和高产栽培技术的不断推广，密植、高肥技术的应用以及玉米主产区的多年连作，使得纹枯病的发展蔓延加快，因该病侵害玉米近地面几节的叶鞘和茎秆，后引起茎基腐败，致使输导组织被破坏，从而影响水分和营养的输送，故所致损失较大，我国各地都有纹枯病造成玉米减产的报道。辽宁西丰县局部田块因纹枯病造成产量损失 35%。在浙江松阳县，纹枯病在 1983 年和 1985 年分别导致秋玉米减产 9.3%和 16.5%。1987 年，湖北秭归县 5 300 hm^2 玉米发病，成灾 1 000 hm^2，病田平均发病株率达 98.5%，病情指数为 51.4～64.8，平均损失达到 18.8%。在四川南部县，2008—2010 年，纹枯病发生严重，植株发病率为 13.5%～80.6%，产量损失达 10%～30%。在广西，一些品种因纹枯病减产高达 57.8%和 87.5%；都安县的田间发病率为 30%～50%，许多雌穗因病霉烂。在云南宾川县，不同玉米品种间的纹枯病发病率为 10.5%～68.9%，对生产影响较大。印度是玉米纹枯病发生较重的国家之一，1980 年对印度的 10 个品种调查表明，因纹枯病引起的产量损失为 23.9%～31.9%。德国对纹枯病发生条件下玉米鲜重和籽粒产量的测定表明，两者分别降低 37%和 12%。美国的研究表明，在病田和无病田中，当接种大量病菌时，引起的产量损失分别为 42%和 8%，而当接菌量较低时，损失分别为 17%和 1%。

对玉米纹枯病的产量损失因素测定表明，玉米雌穗的单穗粒重、千粒重、粒数均随纹枯病病情级别的增高而不断降低和减少。病级达到 5 级时，单株产量（单穗粒重）损失近 10%，达 9 级时，单株产量损失达到 36%。而造成产量损失的主要表现是千粒重下降，尤其是当雌穗部位叶片受到侵害后，产量损失更为严重。如果病斑扩展到果穗，引起果穗腐烂霉变，则可导致高达 50%的减产。据统计，玉米纹枯病在我国年发生面积约 135 万 hm^2，损失玉米 1 000 万 kg 左右。

二、症状

玉米纹枯病从苗期至穗期均可发生，主要发生在抽雄期和灌浆期，生长后期病菌不易侵入，病情趋于稳定。该病主要侵染叶鞘、叶片和穗部，严重时也侵染茎秆。最初多由近地面的叶鞘发病，逐步向上部叶鞘、叶片发展蔓延。初侵染形成椭圆形或不规则形水渍状病斑，中间灰色，边缘浅褐色，随后病斑扩大或多个病斑会合成云纹状病斑，包围整个叶鞘，使叶鞘腐败，引起叶枯，严重时侵入茎秆；茎秆受害时，病斑褐色，形状不规则，后期茎秆质地松软，组织解体，露出纤维束，植株极易倒伏；雌穗受害，苞叶上产生云纹状病斑，常致雌穗秃顶，籽粒灌浆不足，秕粒增多，粒重明显下降，严重时果穗干腐，穗轴霉变，影响玉米的产量和品质。环境潮湿时，病斑上可见稀疏的白色蛛丝状菌丝体。病部组织内或叶鞘与茎秆间常产生褐色、大小不一的球形或扁圆形颗粒状菌核，成熟的菌核极易脱离寄主，遗落田间（彩图 3-13-1）。病斑大小、形状、颜色及菌核大小、数量因玉米品种和环境条件而异。一般在感病品种上，环境条件特别是湿度有利于发病时，病斑扩展快、斑块大、颜色浅、菌核数量多而大，发病重，植株易枯死。

三、病原

（一）玉米纹枯病菌的形态特征

玉米纹枯病致病菌主要为立枯丝核菌（*Rhizoctonia solani* Künh），其次还有玉蜀黍丝核菌（*R. zeae* Voorhees）和禾谷丝核菌（*R. cerealis* E. P. Hoeven），均属担子菌无性型丝核菌属，有性阶段分别为瓜亡革菌［*Thanatephorus cucumeris*（Frank）Donk］，属担子菌门亡革菌属；*Waitea circinata* Warcup et Talbot，属担子菌门 *Waitea* 属；禾谷角担菌（*Ceratobasidium cereale* Murray et Burpee），属担子菌门角担菌属。立枯丝核菌为玉米纹枯病的主要致病菌，玉蜀黍丝核菌主要侵染玉米雌穗，引起穗腐。立枯丝核菌不产生无性孢子，侵染依靠营养菌丝的生长。

立枯丝核菌为多核丝核菌，在 PDA 平板培养基上生长较快，菌落呈淡黄褐色，气生菌丝发达，菌丝在基质上先集结成白色菌丝团，逐渐变为淡褐色至褐色菌核，菌核上凸下凹或平，球形或扁圆形，单生或多个结成不规则形，直径1～15mm，表面有许多微孔。菌丝幼嫩时细小无色，老熟后呈褐色，主枝直径8～12.5μm，分枝与主枝成直角、锐角或钝角，第二次分枝多成直角或近直角，分枝处有缢缩和隔膜；无锁状联合和根状菌索，不产生分生孢子；菌丝细胞多核，一般3～10个，多数4～6个（彩图3-13-2）。在适宜的条件下，感病组织附近的健全部分表面有时会形成白霜状的子实层，子实层上有粉状白色的担孢子。用土壤或土壤浸出液可诱发其形成有性型。担子倒卵形或圆筒形，担子柄的宽与菌丝宽相同，担子大小为（10～15）μm×（7～9）μm；担子顶端有1～5个小柄，常见为4个，大小为（4.5～7）μm×（2～3）μm，每一小柄上着生一个担孢子；担孢子无色，单胞，卵形，基部略尖，大小为（8～11）μm×（5～6.5）μm；担孢子初形成时单核，萌发前分裂为双核；担孢子也能以芽生的方式产生次生担孢子。在发病后期的感病组织上，气生菌丝可以形成椭圆形厚垣孢子，大小为（16.7～30.9）μm×（11.9～19.0）μm，成串发生，因此也叫念珠状细胞。有性阶段在自然条件下少见，在侵染上作用不大。

玉蜀黍丝核菌形态上与立枯丝核菌非常相似，在PDA平板培养基上生长迅速，菌丝初期无色，后渐变为黄褐色，在幼期菌丝分枝较少，多呈锐角，细胞透明，每个细胞内含3个以上细胞核，菌丝宽为3.3～5.6μm；随着菌龄的增加，分枝增多且多呈直角，细胞变粗短，宽为5.6～11.1μm；隔膜处缢缩更明显，原生质呈颗粒状，分枝处附近常有隔膜，分枝基部缢缩或不缢缩；隔膜为桶孔状，隔膜肿体与隔膜板垂直，两端不再膨大，不向四周外延。培养1周左右开始出现白色或奶油色菌核，随后菌核数量增多，随着菌核的老熟逐渐变为红褐色球形或近球形；菌核多埋生于基质中，少数产生于基质表面或培养皿盖内侧；菌核表面较光滑，直径0.25～1.0mm（彩图3-13-2）。

（二）致病丝核菌的融合群

玉米纹枯病致病丝核菌种内有生理分化现象。不同地区由于生态条件的不同，存在着不同的菌丝融合群，致病力存在明显差异。玉蜀黍丝核菌属于WAG-Z融合群。东北地区（黑龙江、吉林、辽宁）分离的菌株属于多核丝核菌的AG1-IA、AG1-IB、AG1-IC、AG4-HG-Ⅰ、AG4-HG-Ⅲ、AG-5、WAG-Z群及双核丝核菌的AG-Ba群，其中AG1-IA是优势致病群，占分离菌株总数的38.5%，其次是WAG-Z和AG-5群，分别占26.9%及24.8%。黄淮海地区（山东、河南、河北及江苏北部）分离到的菌株分别属于多核丝核菌的AG1-IA、AG1-IB、AG4-HG-I、AG-5、WAG-Z融合群及双核丝核菌的AG-A、AG-Ba融合群，其中AG1-IA是优势融合群，占分离菌株总数的64.2%，其次是AG-Ba，占12.5%，再依次分别是WAG-Z、AG1-IB、AG-4-HG-I、AG-5和AG-A。西南地区（四川、云南、贵州、重庆）分离到的菌株为AG1-IA、AG1-IB、AG2-2IIIB、AG4-HG-I、AG-5、WAG-Z，其中AG1-IA出现频率高达78.7%，玉蜀黍丝核菌融合群为WAG-Z，出现频率为11.9%。湖北分离到的菌株属于AG1-IA、AG4、AG5、AGA、AGB（0）、AGE和WAG-Z，其中AG1-IA出现频率最高，占全部菌株的61.82%，其他各群所占比例较少，都在10%以下，只分布在被调查的部分县（市）。由各地结果可看出，不同地区不同融合群存在差异，但AG1-IA融合群是我国的主要致病群。

玉米纹枯病病菌属高温高速型菌群。病菌菌丝生长温度最低为7～10℃，最高为38～39℃，最适为26～30℃；菌核形成温度最低为11～14℃，最高为34～37℃，最适为22℃。在14℃时，菌核形成速度最低，需要11d，而在30℃时，2d就可形成。病菌可生长的pH范围较宽，但仍属于喜微酸菌群。菌核在干燥的土壤中能存活6年，在流动的活水中能存活6个月左右。

玉米纹枯病菌寄主范围较广，在自然情况下可侵染15科200多种植物，包括玉米、高粱、棉花、水稻、大豆和麦类等粮食作物和狗尾草、牛筋草、马唐和稗等杂草。

四、病害循环

玉米纹枯病菌以菌丝体和菌核在土壤中和病残株上越冬。菌核在土壤中可存活2年以上，是玉米纹枯病发生的主要初侵染源。在温度、湿度、光照条件适宜时，菌核开始萌发长出菌丝。菌丝体是再侵染的主要菌源，通过表皮、气孔和自然孔口3种途径侵入寄主，在植株组织内不断扩展，并向外长出气生菌丝后，在病组织附近的叶鞘、叶片或邻近的株间通过病、健叶片和叶鞘相互搭接等继续蔓延扩展，进行再侵染。其后病部由下位叶鞘向上蔓延完成多次再侵染，到抽雄吐丝前后达到发病高峰期，病部组织、叶鞘与茎秆间产生褐色颗粒状菌核，菌核成熟后脱落在土壤中或遗留在病残体上，成为其越冬场所（图3-13-1）。

五、流行规律

（一）病原菌的传播与扩散

玉米纹枯病菌通过带菌种子、水流等进行远距离传播；通过土壤中的菌核和带菌病残体完成年度间的传播；由于丝核菌不产生无性态分生孢子，田间和植株间通过菌丝侵染植株，病健株间相互搭接，以及农事操作时携带土壤等进行传播和扩散。

（二）玉米纹枯病菌侵染过程和侵染条件

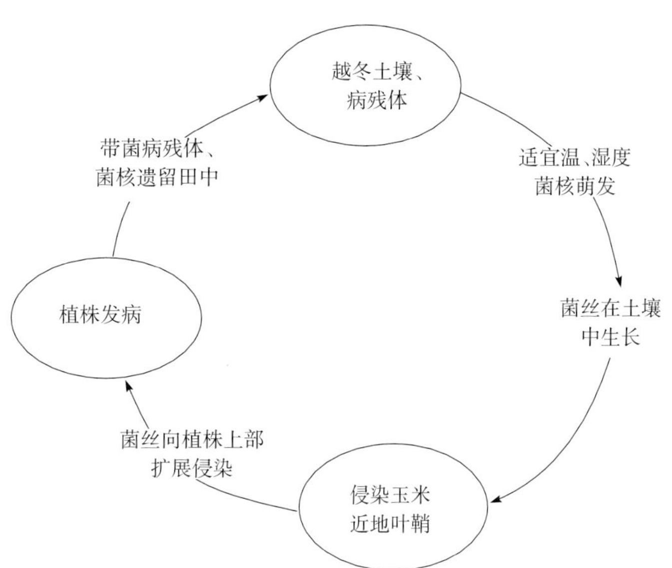

图 3-13-1　玉米纹枯病的病害循环（王晓鸣绘）
Figure 3-13-1　Disease cycle of banded leaf and sheath blight of corn (by Wang Xiaoming)

玉米纹枯病菌可通过表皮、气孔和自然孔口 3 种途径侵入寄主，其中以表皮直接侵入为主。病菌的侵入有两种形式：一种是以菌丝端部侵入，另一种是先形成侵染垫，然后通过侵染钉侵入。侵染垫是病菌主要侵入结构，在接种病原菌后 8～12h，可在叶鞘表面形成近圆形的侵染垫及附着胞，从这些结构上形成侵入钉。接种 12h 后即在叶鞘组织细胞内可见侵入的菌丝，菌丝细胞中富含液泡。侵入叶肉细胞内的菌丝可以穿透细胞壁，在细胞间扩展。接种后 16h，新生出的菌丝从气孔成丛出现。接种后 36h，叶鞘表面的表皮组织崩解，细胞离析。菌丝一般在温度达到 10℃，湿度达到 80%以上时便可侵染寄主，在植株基部叶鞘上延伸并侵入叶鞘缝隙里，通过以上方式侵入组织，经 5～7d 后便出现病斑；病菌侵入后，通过长出气生菌丝对附近的叶鞘、叶片或在邻近的植株间进行再侵染。病部由下位叶鞘向上蔓延扩展，温、湿度等条件适宜时，每上升一个叶位需 5～7d，表现为以垂直扩展为主。

（三）玉米纹枯病流行的环境条件

玉米纹枯病的流行主要受以下几方面因素的影响：首先是初侵染源的数量，土壤中越冬菌核残留量的大小与病害发生的轻重有密切关系，越冬菌核量越大，发病越重；同时，病原菌的菌丝致病力对病害的流行也有一定影响，一般营养丰富，尤其是氮肥充足时菌丝和菌核生长好且快，生育期病斑产生菌丝多，菌丝致病力强。其次是玉米的各生育期对纹枯病的发生也有不同影响。一般苗期很少发病，喇叭口期至抽雄期始病，抽雄期开始扩展蔓延，吐丝期发展速度加快，灌浆期至成熟期病情垂直发展最快，是为害的关键时期，生长后期植株老健，病菌不易侵入，病情趋于稳定。具体表现为：喇叭口期在茎基部叶鞘有水渍状病斑，拔节期病斑逐渐明显，抽雄期发展速度加快，吐丝期为害加剧，灌浆期至蜡熟期病情发展速度骤增，是为害的关键时期。发生为害期一般 45d 左右，关键为害期 20d 左右。再次是气象因素。玉米纹枯病发生轻重与雨水的多少、湿度高低相关性较大，尤与 6 月下旬至 7 月上旬的湿度关系更为密切。6 月下旬雨日越多，湿度越大，病株率越高；7 月上旬雨日多，湿度大，严重度上升。常年病害始盛期在 6 月下旬，当 6 月中旬的相对湿度达到 80%以上时，则始盛期提前到 6 月中旬。在温度较高、湿度较大、雨量充足的情况下，玉米纹枯病病情的发展没有明显的停滞期。但在多晴少雨的情况下，病情发展相对减慢，久晴无雨时病情发展近乎停滞。最后是栽培制度。生态地势、栽培方式、种植密度、施肥水平、温度、湿度以及品种抗性等因素与病害发展关系密切。在品种和施肥水平基本一致的条件下，洼地发病最重，平地次之，岗（坡）地最轻；单种玉米的田块通风透光条件差，相对湿度大，有利于病菌的滋生繁殖，比间作田发病重；连作重茬，造成菌源的积累，发病严重，纯作田重于间作田，连作田重于轮茬田；种植密度过高、氮肥施用过多、长势偏旺的田块，植株间通风透光性较差，发病重。雨水多的年份，日照时数少，空气湿度和田间土壤湿度均较大，有利于病菌的繁殖与侵染，因而发病重。日平均气温在 25℃左右最适于发病，气温低于 20℃或高于 30℃均不利于纹枯病的发生发展。

六、防治技术

玉米纹枯病菌为土壤习居菌，寄主范围广，对不良条件的抵抗能力强，防治的难度大。对于该病害的防治应着眼于减少越冬菌源、切断病菌侵染途径、选用抗病品种、加强栽培管理，辅以药物喷施等综合防治措施。

（一）选用抗病品种

由于玉米品种对纹枯病抗性存在很大差异，应选用抗病、耐病或避病品种，避免种植高感品种。对纹枯病表现较为抗病的品种有禾盛玉6号、渝单15、雅玉28、渝单8号、荣玉2008、高玉79、川单428、正大2393、华试3号、蜀龙3号、登海3838、绵单118、隆玉68、正大619、荣玉188、正大818、迪卡007。

（二）人工防治

在玉米心叶期与心叶末期两次摘除病叶，特别是剥去茎基部发病叶鞘，切断纹枯病的再次侵染源，近期防效达100%，1个月后仍达70%以上，控制了玉米生长后期发病。尤其是摘除病叶的同时再于茎秆患部涂井冈霉素液，杀灭残留病菌，其防效更高，药后30d达81.8%。

（三）农业防治

对于重病地块内的病株，玉米收获后应及时清除田间杂草和秸秆，集中烧毁。加强田间管理，开沟排水，降低地下水位，降低田间湿度，创造有利于玉米生长，而不利于病菌滋生繁殖的环境条件。在低洼地块可实行玉米与大豆、甘薯、花生或马铃薯等矮棵作物间作，增加田间通风透光量及土壤蒸发量，降低植株下部湿度，以减轻纹枯病为害。合理轮作换茬，减少菌源基数。适当调整种植密度，在不影响产量的情况下合理密植。氮肥施用不过量过迟，增施钾肥，增施腐熟的有机肥，增强植株的抗病力。

（四）化学防治

玉米纹枯病的防治适期应掌握在发病初期（玉米拔节时），此时防治能有效保护功能叶片。而5叶期喷药防治后时间过长，药剂残效期已过，到激增期病害仍有不同程度的发展，所以保产效果不明显。也可在拔节期和抽雄期各施一次药，防效较好。防治玉米纹枯病的首选药物为井冈霉素，防效可达到80%，井冈霉素在玉米不同生育期和病害不同严重程度下施药均有一定的防治效果，但效果不同，防治该病的适期应掌握在纹枯病发病初期（玉米拔节时），用5%井冈霉素可溶粉剂1 000倍液、40%菌核净可湿性粉剂1 000～1 500倍液，喷雾2～3次，间隔7～10 d。

李晓（四川省农业科学院植物保护研究所）

第14节　玉米镰孢穗腐病

一、分布与危害

玉米镰孢穗腐病属于气流传播病害，但病原菌也可以存活于土壤中的植物病残体上，还可以通过种子携带传播。镰孢穗腐病是玉米生产中的重要病害，是一种世界性分布的病害，在我国发生亦非常普遍，遍布各个玉米种植区。玉米生长后期的灌浆成熟阶段如果出现连阴雨天气，或穗部虫害严重，或品种籽粒脱水过慢，就会发生严重的镰孢穗腐病问题，在一些品种上发病果穗超过50%，籽粒霉烂，严重影响产量和品质。由于玉米穗腐病的致病镰孢菌能够产生对人和畜禽健康严重有害的毒素，已广泛引起关注，控制穗腐病的发生已成为玉米生产中的重要问题之一。

玉米镰孢穗腐病分为禾谷镰孢穗腐病（Gibberella ear rot）和拟轮枝镰孢穗腐病（Fusarium ear rot）两种，是由镰孢属的不同病菌引起的病害，这两种穗腐病在世界上分布非常广泛，有病害发生的国家几乎重叠，只是禾谷镰孢穗腐病在非洲的分布国家较少一些（图3-14-1，图3-14-2）。玉米禾谷镰孢穗腐病发生的国家与地区有：亚洲的中国、日本、韩国、哈萨克斯坦、土耳其、伊朗、黎巴嫩、沙特阿拉伯、尼泊尔、印度、巴基斯坦、斯里兰卡；欧洲的俄罗斯、芬兰、瑞典、挪威、白俄罗斯、立陶宛、丹麦、乌克兰、摩尔多瓦、波兰、匈牙利、捷克、斯洛伐克、德国、奥地利、荷兰、比利时、卢森堡、瑞士、英国、爱尔兰、法国、塞尔维亚、黑山、波斯尼亚和黑塞哥维那、克罗地亚、斯洛文尼亚、罗马尼亚、保加利亚、马其顿、阿尔巴尼亚、希腊、意大利、西班牙、葡萄牙；北美洲的加拿大、美国、墨西哥、多米尼加共和国、洪都拉斯、圣卢西亚、格林纳达、哥斯达黎加；南美洲的哥伦比亚、巴西、玻利维亚、秘鲁、巴拉圭、阿根廷、乌拉圭；大洋洲的巴布亚新几内亚、澳大利亚、新西兰、斐济、所罗门群岛、法属波利尼西亚；非洲的埃及、突尼斯、肯尼亚、尼日利亚、赞比亚、津巴布韦、马拉维、南非。玉米拟轮枝镰孢穗腐病发生的国家与地区有：亚洲的中国、日本、韩国、哈萨克斯坦、乌兹别克斯坦、土库曼斯坦、格鲁吉亚、阿塞拜疆、亚美尼亚、伊拉克、土耳其、伊朗、孟加拉国、印度、巴基斯坦、斯里兰卡、缅甸、越南、老挝、泰国、柬埔寨、马来西亚、印度尼西亚、菲律宾；欧洲的俄罗斯、白俄罗斯、立陶宛、拉脱维亚、乌克兰、摩尔多瓦、波黑、波兰、立陶宛、拉脱维亚、匈牙利、捷克、斯洛伐克、德国、奥地利、荷兰、比利时、卢森堡、瑞士、英国、法国、塞尔维亚、波斯尼亚和黑塞哥维那、克罗地亚、斯洛文尼亚、罗马尼亚、保加利亚、希腊、意大利、西班牙、葡萄牙；北美洲的加拿大、美国、墨西哥、危地马拉、洪都拉斯、萨尔瓦多、尼加拉瓜、多米尼加共和国；南美洲的哥伦比亚、委内瑞拉、圭亚那、苏里南、圭亚那（法）、巴西、玻利维亚、秘鲁、巴拉圭、智利、阿根廷；大洋洲的巴布亚新几内亚、澳大利亚、新西兰；非洲的埃及、利比亚、摩洛哥、埃塞俄比亚、苏丹、马里、塞内加尔、几内亚比绍、中非、喀麦隆、尼日利亚、加纳、科特迪瓦、塞拉利昂、马达加斯加、肯尼亚、乌干达、坦桑尼亚、刚果（金）、莫桑比克、赞比亚、马拉维、安哥拉、津巴布韦、南非、斯威士兰。

玉米镰孢穗腐病是我国玉米穗腐病的主体，分布非常广泛，据有关报道与多年的田间调查，发生镰孢穗腐病的省份有：黑龙江、吉林、辽宁、内蒙古、甘肃、陕西、山西、河北、北京、天津、河南、山东、安徽、江苏、海南、湖北、四川、重庆、贵州、云南。

根据我国各地的研究报告，在中国的玉米镰孢穗腐病中，以拟轮枝镰孢引起的穗腐病为主，其次是禾谷镰孢引起的穗腐病。在山西，拟轮枝镰孢（*Fusarium verticillioides*）的分离频率为 46.7%，禾谷镰孢（*F. graminearum*）次之，还有部分是半裸镰孢（*F. semitectum*）；在河南，拟轮枝镰孢的分离频率最高，为 39.1%～59.6%；吉林也是以拟轮枝镰孢为主，禾谷镰孢第二；陕西的穗腐病致病菌中，37.9%为拟轮枝镰孢，22.1%为禾谷镰孢；四川的穗腐病菌中，41.7%为拟轮枝镰孢，15.9%为禾谷镰孢；云南玉溪则是以禾谷镰孢引起的穗腐病为主，占 90.6%。在其他一些研究玉米种传真菌的报告中也表明，在玉米种子上，携带比率最高的是拟轮枝镰孢，其次是禾谷镰孢。对采自 14 个省份 63 个县（区）102 份玉米穗腐病材料的检测结果表明，主要分离物为镰孢菌，共获得 157 株镰孢菌分离物，拟轮枝镰孢和禾谷镰孢复合种为优势致病种，分别占分离样本的 72%和 29%，在 20 份穗腐病样本中还分离获得层出镰孢（*F. proliferatum*），17 份样本中分离获得尖镰孢复合种（*F. oxysporum* Clade），7 份样本中分离到胶孢镰孢（*F. subglutinans*），4 份样本中分离到黄色镰孢（*F. culmorum*），2 份中分离获得腐皮镰孢（*F. solani*），1 份样本中分离到半裸镰孢（*F. semitectum*）。

在中国，由于多数玉米品种生育期偏长、籽粒脱水慢，导致镰孢穗腐病的发生日益严重，一般年份发生率为 10%～20%，造成产量损失 5%～10%；严重年份发生率可达 10%～40%，四川在 1998 年发病率高达 75%，造成 30%～40%的产量损失。如果玉米吐丝期雌穗受到玉米螟和拟轮枝镰孢的复合侵害，损失率可达到 40.8%。1988 年，美国玉米穗腐病大流行，引起了人们的高度重视，继而开展了一系列对玉米穗腐病病原菌的研究。1997 年，印度迈哥哈拉雅邦发生严重的玉米穗腐病，超过 25%以上的玉米雌穗发病，对生产造成巨大影响。

玉米镰孢穗腐病不仅严重影响产量，其致病镰孢菌在玉米籽粒中产生的多种毒素通过食品和饲料直接影响人和畜禽的健康。人食用被镰孢菌污染的玉米后，可能引发的疾病包括克山病、胃癌和食道癌等，还具有生殖毒性致畸作用以及破坏免疫系统等，许多国家已经为此制定了食品和饲料中镰孢菌毒素的允许含量值。同时，若在制种地区发生镰孢穗腐病，病菌可直接通过种子进入生产环节，在苗期造成根系发病或苗枯，形成植株后期发生镰孢茎腐病的基础。

二、症状

拟轮枝镰孢穗腐病：果穗上的成片籽粒或少数籽粒表面为一层粉白色的病原菌菌丝和分生孢子覆盖；在发病轻微时，籽粒上可见浅紫红色的放射条纹，有时发病籽粒上的菌丝呈现紫色。病害严重时，籽粒发生腐烂（彩图 3 - 14 - 1）。

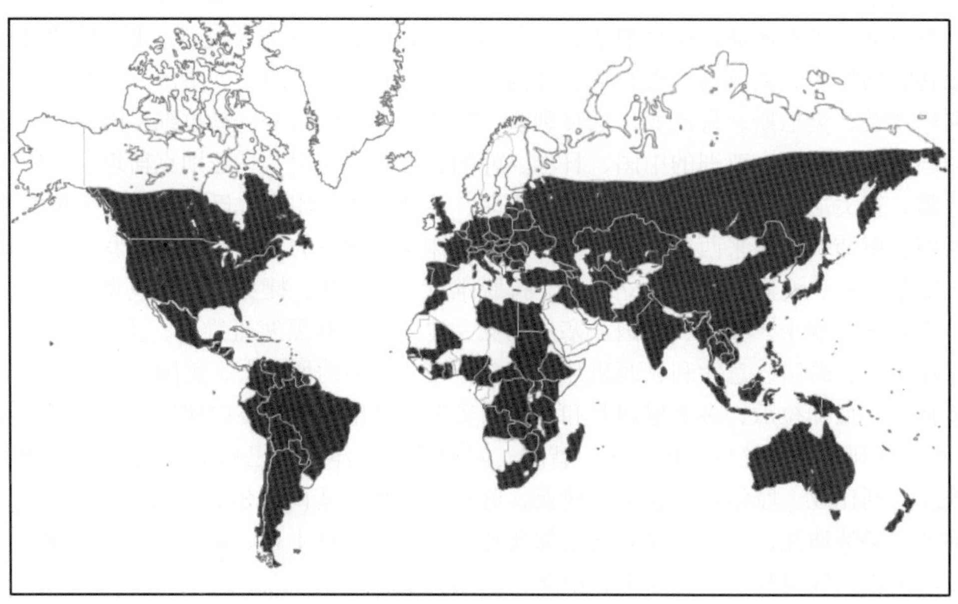

图3-14-1 玉米拟轮枝镰孢穗腐病的世界分布（数据引自CIMMYT，孙素丽重绘）
Figure 3-14-1 Geographic distribution of Fusarium ear rot of corn (data from CIMMYT, redrawn by Sun Suli)

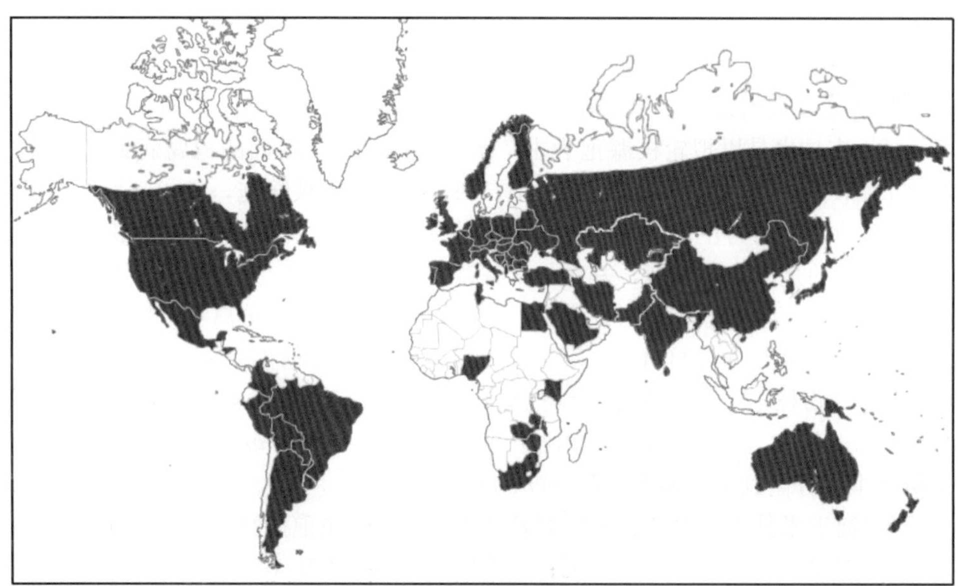

图3-14-2 玉米禾谷镰孢穗腐病的世界分布（数据引自CIMMYT，孙素丽重绘）
Figure 3-14-2 Geographic distribution of Gibberella ear rot of corn (data from CIMMYT, redrawn by Sun Suli)

禾谷镰孢穗腐病：籽粒被侵染后常常为一层鲜艳的紫红色菌丝所覆盖，籽粒腐烂（彩图3-14-2）。

三、病原

多种镰孢菌引起玉米镰孢穗腐病，如拟轮枝镰孢［*F. verticillioides*（Sacc.）Nirenberg］、禾谷镰孢（*F. graminearum* Schwabe）、燕麦镰孢［*F. avenaceum*（Fries）Sacc.］、胶孢镰孢［*F. subglutinans*（Wollenw. et Reinking）Nelson，Toussoun］、黄色镰孢［*F. culmorum*（W. G. Smith）Sacc.］、层出镰孢［*F. proliferatum*（Matsush.）Nirenberg］、尖镰孢（*F. oxysporum* Schltdl. ex Snyder et Hansen）、半裸镰孢（*F. semitectum* Berk. et Ravenel）、腐皮镰孢［*F. solani*（Martius）Appel et Wollenw. ex Snyder et Hansen］、木贼镰孢［*F. equiseti*（Corda）Sacc.、锐顶镰孢（*F. acuminatum* Ellis et Everh.）、克地镰孢（*F. crookwellense* Burgess，Nelson et Toussoun）、厚垣镰孢（*F. chlamydosporum* Wollenw. et Reinking）、芜菁镰孢（*F. napiforme* Marasas，Nelson et Rabie）、早熟禾镰孢［*F. poae*（Peck）Wollenw.］

和拟奈革麦镰孢（*F. pseudonygamai* D'Dorinell et Nirenberg）。

拟轮枝镰孢（*F. verticillioides*），异名：串珠镰孢（*F. moniliforme* Sheld.），属子囊菌无性型镰孢属。在 PSA 培养基上气生菌丝绒状至粉状，白色、淡紫色，有时产生橙色分生孢子座；基物表面紫色；小型分生孢子数量多，卵形、椭圆形；大型分生孢子镰孢形，细长，顶胞渐尖，基胞足跟明显或不明显，隔膜易消解，3～5 个隔膜，多数 3 隔膜；3 隔孢子大小为（20～42）μm×（3～4.5）μm，5 隔孢子大小为（32～54）μm×（3～4.5）μm，厚垣孢子未见；产孢细胞单瓶梗，分枝或不分枝。有性型：藤仓赤霉[*Gibberella fujikuroi*（Sawada）Wollew.]，属子囊菌门赤霉属。子囊壳球形或卵形，表面粗糙，大小为（250～330）μm×（200～280）μm；子囊圆筒形，大小为（90～120）μm×（7～9）μm，内含孢子 4～6 个，间有 8 个；子囊孢子椭圆形，双细胞，或 3～4 个细胞，大小为（14～18）μm×（4.4～7）μm（图 3-14-3）。

禾谷镰孢（*F. graminearum* Schwabe），属子囊菌无性型镰孢属。在 PDA 培养基上气生菌丝绒状，茂密，白色至淡橙黄色，后期产生橙色分生孢子座，在培养基中产生红色色素。无小型分生孢子；大型分生孢子镰孢形，中等弯曲或略直，顶胞渐尖，基胞足跟明显，5～6 个隔膜，大小为（40～54）μm×（3～4.5）μm；厚垣孢子间生，单个或串生，无色至浅褐色，长 10～12μm；产孢细胞单瓶梗，分枝或不分枝。有性态：玉蜀黍赤霉[*Gibberella zeae*（Schwein.）Petch]，属子囊菌门赤霉属。子囊壳在禾本科植物基质上产生；子囊壳成堆，球形或卵形，表面粗糙，直径 140～250μm；子囊棒状，大小为（60～85）μm×（8～11）μm，内含孢子 8 个，间有 4～6 个；子囊孢子无色，弯曲镰刀状，两端钝圆，3 隔，大小为（19～24）μm×（3～4）μm（图 3-14-3）。

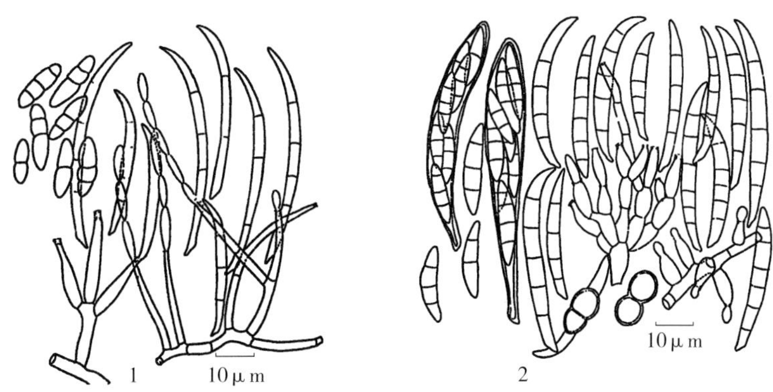

图 3-14-3 玉米镰孢穗腐病主要致病镰孢的形态特征（引自 Booth，1971）

Figure 3-14-3 Morphology of *Fusarium* spp. causing maize ear rot (from Booth, 1971)

1. 拟轮枝镰孢的分生孢子梗、分生孢子和子囊孢子

2. 禾谷镰孢的分生孢子梗、分生孢子、厚垣孢子、子囊和子囊孢子

镰孢菌寄主非常广泛，包括各类农作物和杂草，可以在土壤中的植物残体上存活，属于典型的土壤习居菌。

镰孢菌产生多种对人和畜禽有害的毒素，最重要的有以下几种：

（1）脱氧雪腐镰孢菌烯醇（deoxynivalenol，DON）（图 3-14-4），又称呕吐毒素，是一种非致癌性霉菌毒素，能导致人畜呕吐和腹泻，破坏免疫系统。

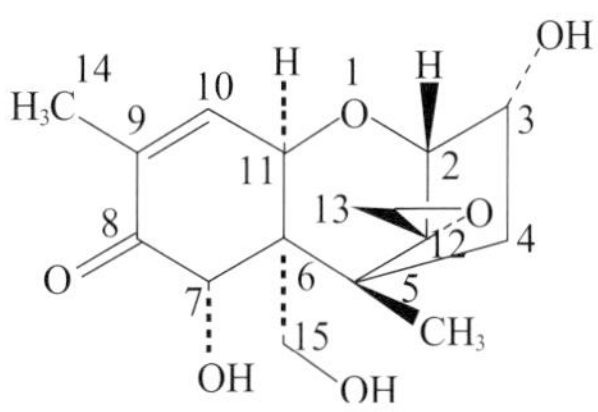

图 3-14-4 脱氧雪腐镰孢菌烯醇的化学结构（引自美国国家毒理学规划处报告，2009）

Figure 3-14-4 Chemical structure of deoxynivalenol (from report by NTP, DHHS, US, 2009)

（2）伏马毒素（fumonisin，FB）（图 3-14-5），又称串珠镰孢菌毒素，可诱发马脑白质软化症、猪肺水肿、羊肝病样改变和肾病、大鼠肝坏死和心室内形成血栓等。FB_1 是一种慢性促癌剂，并具有妊娠毒性，是导致人类克山病和食道癌的重要因素。

（3）玉米赤霉烯酮（zearalenone，ZEN）（图 3-14-6），属于非甾类雌性类型真菌毒素，衍生物至少

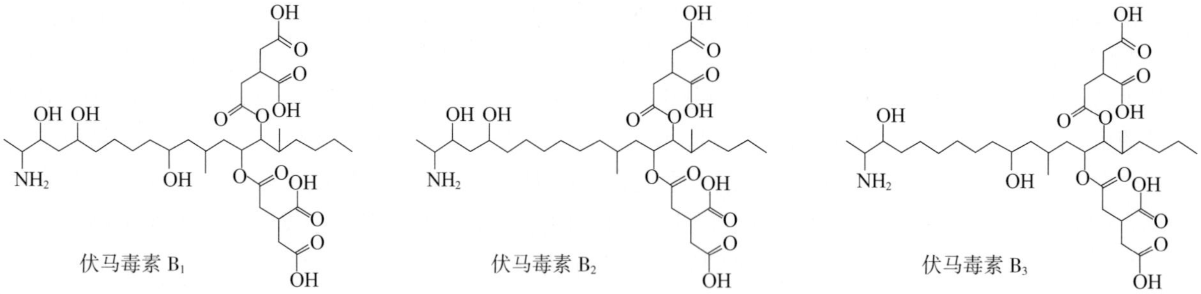

图 3-14-5　伏马毒素 B_1、B_2 和 B_3 的化学结构（引自日本食品与农产品检测中心资料）
Figure 3-14-5　Chemical structure of fumonisin B_1, B_2 and B_3 (from file of FAMIC, Japan)

达 15 种。ZEN 有强烈致畸作用，对雌性哺乳动物除因体内雌激素过量而引起雌激素亢进症外，还引起不孕、流产、胚胎畸形和死胎等。

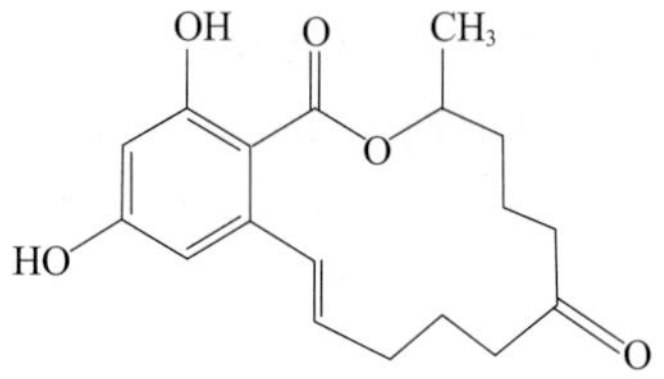

图 3-14-6　玉米赤霉烯酮的化学结构（引自 Dacovic，2013）
Figure 3-14-6　Chemical structure of zearalenone (from Dacovic，2013)

四、病害循环

镰孢菌能够通过多种方式越冬，包括在土壤中腐生，在作物和杂草的病残体上以菌丝或厚垣孢子的方式存活，以及通过在玉米种子表面附着或在种子内部寄生而存活。在土壤或病残体中越冬的镰孢病菌不会因外界的低温和冰雪覆盖影响越冬质量和数量。

在春季，镰孢菌可以直接通过玉米种子的携带而进入玉米的幼苗组织内部并通过维管束系统向上扩展；也可以通过在土壤中的菌丝生长到达玉米根系，然后侵染并在玉米植株内扩展；这两种越冬方式后的侵染，可以在玉米植株内到达穗轴组织，从内部侵染籽粒，也可以通过引起根腐病、茎腐病等方式增大病菌群体，为后期通过气流或风雨的作用侵染雌穗创造条件。禾谷镰孢由于在玉米或小麦秸秆等病残体上形成大量子囊壳，在适宜的湿度条件下释放出子囊孢子，通过风雨传至玉米植株及雌穗上。此外，由于在玉米生长阶段，镰孢菌的分生孢子散布在田间空气中，也能够通过风雨传播附着在各类昆虫体表，如果携带有镰孢菌的昆虫为害玉米果穗，既可以直接将镰孢菌带至受损的籽粒上进行侵染，引起镰孢穗腐病，也会由于取食籽粒造成大量伤口，形成空气中镰孢菌的侵染点，加重镰孢穗腐病的发生（图 3-14-7）。

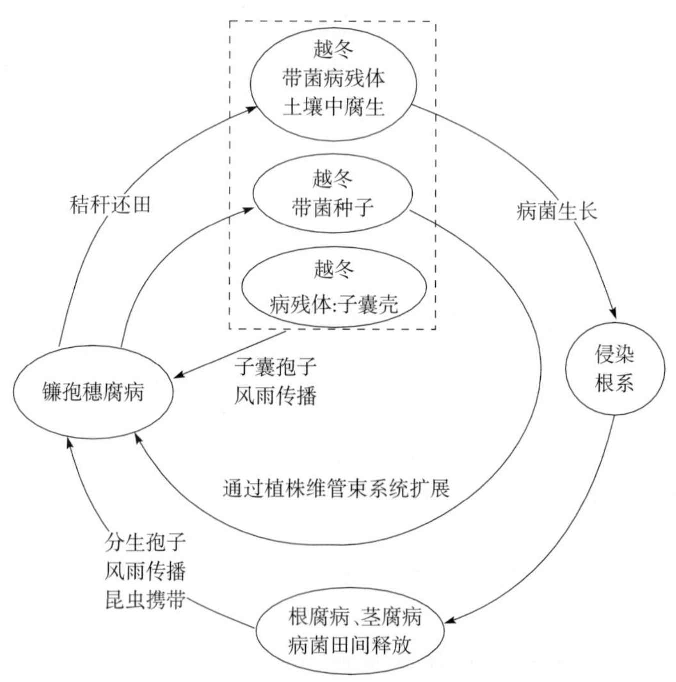

图 3-14-7　玉米镰孢穗腐病的病害循环（王晓鸣绘）
Figure 3-14-7　Disease cycle of Fusarium/Gibberella ear rot of corn (by Wang Xiaoming)

五、流行规律

1. 镰孢穗腐病菌的传播与扩散　多种镰孢菌都可以通过侵染玉米籽粒而造成种子带菌。种子中的病菌一方面能够在种子萌发时直接通过侵染进入新生根系组织，引起苗枯病，或通过维管束进入地上部组织，但不引起病害，维持潜伏状态，一些情况下能够进入穗轴到达籽粒；另一方面，带菌的种子是病害远距离传播的重要载体，可以将穗腐病带至其他地区。对我国不同地方的玉米穗腐病病菌拟轮枝镰孢的研究表明，正是由于这种普遍的经过种子的病菌交流，使得各地的拟轮枝镰孢群体遗传结构缺乏地域的特征。

由于镰孢菌具有较强的腐生能力，因此，能够在植物病残体和土壤中长期存活。由于近年推广玉米与小麦秸秆还田，导致土壤中镰孢菌获取营养的基质大量增加，病菌群体数量迅速扩大。

在田间，镰孢菌可以在土壤表面、病残体表面以及发病植株组织表面快速产生大量的分生孢子，通过风雨的作用进行田间扩散并随即降落在玉米雌穗萎蔫的花丝上或虫害等造成的伤口上，侵染并引起穗腐病。田间以取食玉米雌穗为主的昆虫，如玉米螟、桃蛀螟和棉铃虫的幼虫以及金龟子、双斑萤叶甲等，均可携带镰孢菌的分生孢子，直接成为传播病菌至玉米雌穗的媒介。田间的农事操作、灌溉水流和机械操作不是传播玉米穗腐病的主要途径。

2. 镰孢穗腐病菌侵染过程及侵染条件　玉米镰孢穗腐病的发生与田间空气中病菌数量多少、品种感病性、籽粒灌浆后成熟期的脱水速率有关。

镰孢菌侵染玉米雌穗主要通过两个途径：①以萎蔫的玉米花丝为桥梁，沿死亡的花丝侵染蔓延直至到达籽粒，导致玉米籽粒成片发病或分散发病；②通过各种伤口侵染籽粒，造成成片发病。

有时侵染具有潜伏性，当籽粒后期脱水慢时，病菌开始扩展和发病，这种情况特别是在雌穗采收后不能及时晾晒时容易发生。

由于镰孢穗腐病主要发生在苞叶内部的籽粒上，即使发病时产生大量分生孢子，一般也不会对田间再侵染起作用，基本是单循环病害。

3. 镰孢穗腐病流行的环境条件　由于镰孢菌在田间的数量很大，玉米品种多数属于感病类型，因此，穗腐病的流行主要取决于田间的环境条件。如果玉米生长后期遇到连续阴雨，田间湿度过大，极易发生镰孢穗腐病，特别是禾谷镰孢穗腐病的发生需要较高的环境湿度。镰孢菌能够适应很宽的温度条件，因此，田间温度不是影响穗腐病发生的主要因素。此外，如果为害果穗的害虫发生严重，也会引起严重的穗腐病。

六、防治技术

（一）选用健康种子

为避免种子携带过多的镰孢菌，应该注意在制种田控制镰孢穗腐病的发生，特别是在采摘后要及时晾干，在脱粒前或进入烘干仓处理前，一定要进行清选，去除穗腐病病穗，避免病菌大量污染健康种子。

（二）选用种植抗病品种

镰孢穗腐病为后期发生病害，不易控制，但不同玉米品种对穗腐病抗性存在显著差异。目前对品种的抗性鉴定工作刚刚开始，还无法掌握新品种的抗性水平。由于各地发生的穗腐病种类不完全一样，因此在发病严重地区，应选种当地经多年观察后表现田间抗性较好、雌穗苞叶不开裂、籽粒脱水快、发病率相对较低的品种。

（三）防虫控病

由于穗腐病的发生程度往往与雌穗受到害虫为害轻重有关，因此，通过多种途径控制蛀穗害虫的为害，将能够有效减轻穗腐病的发生。国外的经验证明，转抗虫基因的玉米，穗腐病的发生明显减轻。

（四）农业防治

根据品种特性合理密植，保证田间良好的通风条件，降低田内湿度；玉米生长中期要适时追肥，提高植株自身的抗病性；雌穗成熟后及时收获和晾晒，促使籽粒尽快脱水，减少病菌生长的机会。

王晓鸣（中国农业科学院作物科学研究所）

第15节 玉米黄曲霉穗腐病

一、分布与危害

玉米黄曲霉穗腐病是世界玉米产区广泛发生的病害，由于玉米籽粒中携带黄曲霉菌对人畜健康具有重大威胁而受到普遍关注。根据美国普渡大学2013年的报告，来自美国22个玉米生产州及加拿大渥太华地区的数据表明，曲霉穗腐病（以黄曲霉穗腐病为主）在2012年造成减产240万t，占因病害减产总量的8.8%，是除镰孢茎腐病外的第二大病害减产因素，其中在美国北部的12个玉米主产州及加拿大渥太华地区，因曲霉穗腐病减产达218万t，是导致该区域玉米减产的第一大病害。黄曲霉穗腐病菌产生的黄曲霉毒素具有致癌毒性，被毒素污染的籽粒不能用作粮食或饲料。

已有玉米黄曲霉穗腐病报道的国家和地区有：亚洲的中国、日本、亚美尼亚、土耳其、伊朗、黎巴嫩、以色列、伊拉克、也门、巴林、孟加拉国、尼泊尔、印度、巴基斯坦、阿曼、越南、泰国、菲律宾、印度尼西亚；欧洲的俄罗斯、瑞典、波兰、捷克、斯洛伐克、英国、希腊、意大利、西班牙、葡萄牙；北美洲的美国（宾夕法尼亚州、印第安纳州、伊利诺伊州、艾奥瓦州、北卡罗来纳州、亚拉巴马州、佐治亚州、密西西比州、路易斯安那州、得克萨斯州、新墨西哥州、亚利桑那州、加利福尼亚州）、墨西哥、古巴、洪都拉斯、巴拿马；南美洲的委内瑞拉、哥伦比亚、厄瓜多尔、巴西、玻利维亚、秘鲁、阿根廷；大洋洲的澳大利亚；非洲的埃及、苏丹、利比亚、摩洛哥、埃塞俄比亚、肯尼亚、坦桑尼亚、乌干达、塞内加尔、布基纳法索、加纳、贝宁、尼日尔、尼日利亚、乍得、喀麦隆、赞比亚、博茨瓦纳（图3-15-1）。

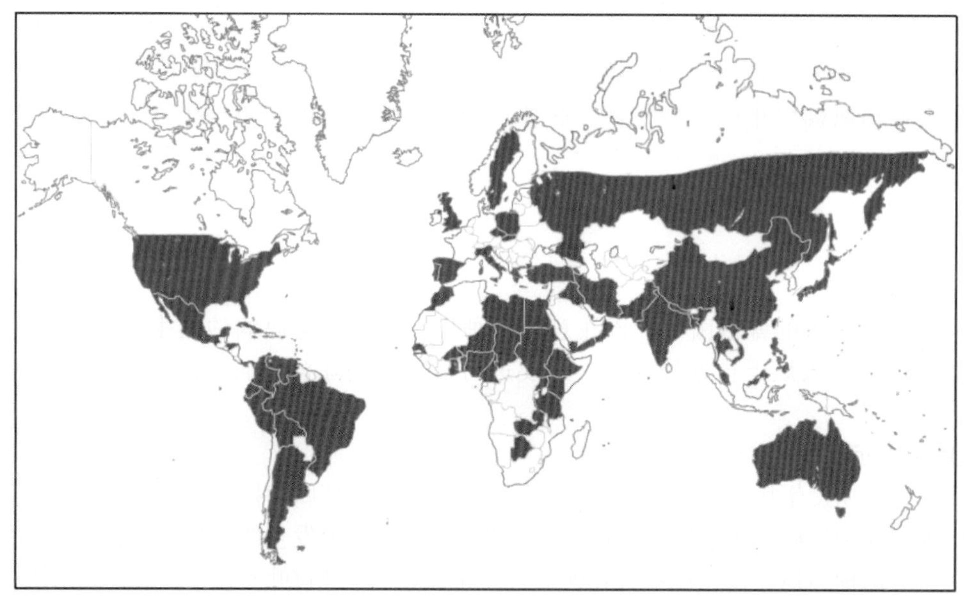

图3-15-1 玉米黄曲霉穗腐病的世界分布（孙素丽绘）
Figure 3-15-1 Geographic distribution of Aspergillus ear rot of corn (by Sun Suli)

二、症状

玉米黄曲霉穗腐病主要侵害雌穗，表现为部分或整个雌穗腐烂。潮湿条件下，发病籽粒上可见黄绿色、松散、棒状或近球状的病原菌结构（病菌的分生孢子梗和分生孢子），籽粒一般不发生明显的变软腐烂（彩图3-15-1）。

三、病原

玉米黄曲霉穗腐病病原为黄曲霉（*Aspergillus flavus* Link：Fr.），属子囊菌无性型曲霉属；有性型为石座菌属（*Petromyces* sp.），属子囊菌门，但极少见。菌落在 PDA 培养基中生长快，表面灰绿色；菌丝有隔膜，菌丝体产生大量的无色、壁粗糙的分生孢子梗，长 400～1 000μm；分生孢子梗顶端膨大成为近球状顶囊，顶囊表面长满一层或两层辐射状小梗（初生小梗与次生小梗），最上层小梗瓶状，顶端着生成串的分生孢子；分生孢子球形或近球形，表面带细刺，直径 3.5～4.5μm，聚集时呈绿或黄色（彩图 3-15-2）。

黄曲霉能够在寄生玉米时产生一种强致癌的次生代谢物——黄曲霉毒素（aflatoxin），基本结构为双呋喃环和香豆素（图 3-15-2），有 12 种类型，包括 B_1、B_2、G_1、G_2、M_1、M_2、P_1、Q、H_1、GM、B_2a 和毒醇，B_1 为毒性和致癌性最强的化合物。

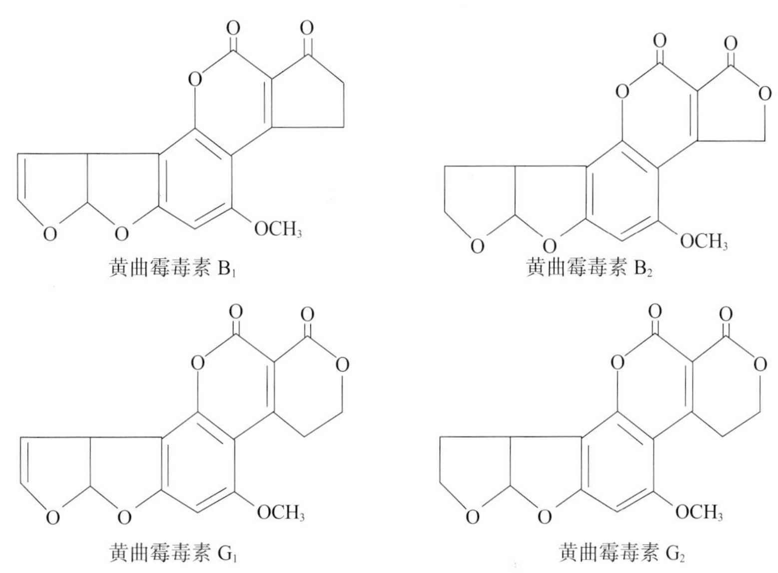

图 3-15-2　黄曲霉毒素 B_1、B_2、G_1 和 G_2 的化学结构（引自 Wogan，1966）

Figure 3-15-2　Chemical structure of aflatoxin B_1，B_2，G_1 and G_2（from Wogan，1966）

四、病害循环

黄曲霉主要在植物病残体上和土壤中以菌丝和分生孢子的形式越冬，也可以通过种子内外的携带越冬。病菌具有较强的腐生能力。

越冬后，病菌通过在植株病残体上的腐生生长产生大量的分生孢子并释放到空气中，通过气流和风雨的作用进行传播，当玉米雌穗受到各种机械损伤、害虫咬食后，病菌就可以通过伤口侵染玉米籽粒，直至引起穗腐病。玉米收获后，残存在病残体和土壤中的病菌再次越冬（图 3-15-3）。

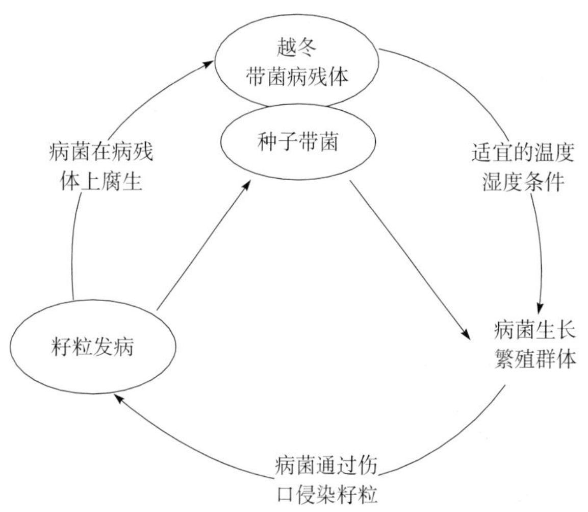

图 3-15-3　玉米黄曲霉穗腐病的病害循环（王晓鸣绘）

Figure 3-15-3　Disease cycle of Aspergillus ear rot of corn (by Wang Xiaoming)

五、流行规律

病原菌自玉米苗期至种子储藏期均可侵染玉米。病菌致病程度受品种、气候、害虫为害、农事操作、雌穗或籽粒储藏条件等多种因素影响。气候因素中，温度、湿度、降水量是引起玉米黄曲霉穗腐病的重要因素。鸟和昆虫的蛀食以及玉米籽粒的生理性破裂和人为造成的籽粒破裂均促进病菌侵染。收获期连续降雨会加重籽粒的霉变，致使籽粒中黄曲霉毒素的积累量增大。

六、防治技术

(一) 种植抗病品种

防治黄曲霉穗腐病及预防黄曲霉毒素对种子的污染最有效的途径是培育和种植抗病杂交种，美国已开展较多研究，发现一些抗黄曲霉穗腐病或黄曲霉毒素的自交系，如Oh516、Mp717、CML322和Tex6等，品种MI82对黄曲霉穗腐病具有较好的抗性。

(二) 农业防治

实行轮作，清除田间病株残体，加强田间管理，合理密植，合理施肥。折断病雌穗霉烂顶端，防止穗腐病新扩展。雌穗成熟后及时收获和晾晒，促使籽粒尽快脱水，减少病菌生长的机会。

(三) 防虫控病

在籽粒灌浆初期，及时防治玉米螟、桃蛀螟等害虫对穗部的为害，能够有效减少穗腐病的发生。

董金皋（河北农业大学）

第16节　玉米其他穗腐病

一、分布与危害

玉米穗腐病属于气流传播病害，在我国以镰孢穗腐病为主，同时也有许多其他致病菌（如青霉菌、木霉菌、黑曲霉菌等）引起的穗腐病，特别是在玉米灌浆后期遇到较长时间的阴雨天气或田间湿度较大时，或在玉米成熟期籽粒含水量降低缓慢时，常常发生多种穗腐病。这些病菌引起的穗腐病，均为世界性分布，其中，青霉穗腐病在温度较高地区发生更重。在我国，这些穗腐病散发在各地，没有特定的分布区域，但在西南地区，由于田间长期处于高湿度状态，因此木霉穗腐病的发生较普遍。当田间发生穗部虫害后，会加重各种穗腐病的发生。穗腐病致病菌侵染玉米籽粒后，导致籽粒霉变，或因引起穗轴组织分解而造成籽粒松动，灌浆受到影响，最终造成产量和籽粒质量的下降。带菌的籽粒如果是作为种子，则会在翌年播种后引起幼苗枯萎。

二、症状

青霉穗腐病：剥开玉米苞叶后，发病籽粒外表、穗轴表面、籽粒之间密布绒状、灰色或灰绿色的病菌菌丝和分生孢子；轻轻抖动，可见大量灰绿色的孢子飘散；发病轻微的籽粒则出现色泽变浅或具有条状纹的特征；在雌穗横切面，可见穗轴外周呈一灰绿色环带，籽粒基部因被病菌侵染而导致籽粒松动、易脱落（彩图3-16-1，1）。

黑曲霉穗腐病：剥开苞叶后，无明显的籽粒发霉症状，但籽粒已经松动，当掰除籽粒后，可见籽粒基部以及穗轴间表层变黑，籽粒易脱落；潮湿条件下，在籽粒表面长出许多散生的黑色球状物，是病菌的孢子梗和孢子（彩图3-16-1，2）。

木霉穗腐病：病菌菌丝在雌穗苞叶外面以及苞叶内侧的籽粒表面快速扩展，形成大面积的深绿色菌丝和分生孢子，同时病菌通过籽粒间隙侵染穗轴，引起穗轴组织的分解并充满深绿色的病菌（彩图3-16-1，3）。

黑球孢穗腐病：在雌穗外部几乎观察不到发病迹象，但雌穗明显轻于正常雌穗。剥开苞叶后，发病部位主要在雌穗下部。病穗上籽粒瘦小，很易从穗轴上脱离，在籽粒尖端可见黑色的点状病原菌；穗轴干枯，部分组织分解，易碎为小块，其间有黑色的病原菌菌丝与分生孢子（彩图3-16-1，4）。

三、病原

青霉穗腐病致病菌为草酸青霉（*Penicillium oxalicum* Currie et Thom）（彩图3-16-2，1），属无性型真菌青霉属。在CYA平板培养基上25℃培养7 d后菌落直径35～60 mm，平展或具辐射状沟纹，中央橄榄色，边缘暗绿色；分生孢子梗大小为（200～400）μm×（3.5～5.0）μm，顶端帚状分枝，具2～4个紧密轮生的梗基；分生孢子椭圆形，无色，大小为（3.5～5.0）μm×（2.5～4.0）μm。有性态未见报道。

黑曲霉穗腐病致病菌为黑曲霉（*Aspergillus niger* Tiegh.）（彩图 3-16-2，2），属无性型真菌曲霉属。分生孢子梗无色或顶部黄色至褐色，直立，有分隔，大小为（200～400）μm×（7～10）μm；产孢结构两层排列，褐色至黑色，顶层孢子梗长瓶状，大小为（6～10）μm×（2～3）μm；分生孢子头灰黑色、炭黑色，球状；分生孢子球形，褐色，初期光滑，后变粗糙或表面有小刺，直径 2.5～4.0μm。未发现有性态。

木霉穗腐病致病菌为绿色木霉（*Trichoderma viride* Pers. ex Fr.）（彩图 3-16-2，3），属子囊菌无性型木霉属。菌落黄绿色或蓝绿色；分生孢子梗顶端 2 次或 3 次分枝，对生或轮生瓶梗状产孢细胞，无色，大小为（7～12）μm×（3～3.5）μm；分生孢子在瓶梗上聚集成团，孢子球形，无色至淡绿色，有微刺，大小为（2.5～4.5）μm×（2～4）μm；在菌丝中产生厚垣孢子，间生或顶生，球形，光滑，直径 12～14μm。有性型为红褐肉座菌［*Hypocrea rufa*（Pers.）Fr.］，属子囊菌门肉座菌属。子座散生或丛生，球形至盘形，直径 1.5～7.0 mm，表面红褐色，内部白色；子囊壳近球形或长圆形，直径 150～190μm；子囊大小为（60～80）μm×（4～6）μm；子囊孢子无色，近球形，直径 3～5μm。

黑孢穗腐病致病菌为稻黑孢［*Nigrospora oryzae*（Berk. et Broome）Petch］（彩图 3-16-2，4），属子囊菌无性型黑孢属。分生孢子梗单生，直立，有时分枝，具隔膜，直径 3～7 μm；分生孢子顶生于一个无色透明的瓶状细胞上，扁球形或近球形，初为黄褐色，后变为黑色，单胞，直径 10～18μm。有性型为稻黑霉球壳（*Khuskia oryzae* Hudson），属子囊菌门黑霉球壳属。

这些引起玉米穗腐病的致病菌都属于弱寄生菌，具有非常广泛的寄主范围，在寄主植物残体上和土壤中可以进行腐生生长。

在以上引起穗腐病的致病菌中，一些可以产生对人和畜禽有害的毒素，如青霉菌可以产生 PR 毒素（PR toxin）、酪青霉毒素 C（Roquefortin C）、棒曲霉素（Patulin）和霉酚酸（Mycophenolic acid）等毒素；黑曲霉产生伏马毒素和赭曲霉毒素。木霉菌、黑孢霉未见有产生毒素的报道。

除以上在我国常见的穗腐病外，在世界各地报道的还有一些穗腐病，如：

（1）色二胞穗腐病（Diplodia ear rot），致病菌为玉蜀黍色二胞［*Diplodia maydis*（Berk.）Sacc.］。

（2）灰穗腐病（Gray ear rot），致病菌为玉米葡萄座腔菌［*Botryosphaeria zeae*（G. L. Stout）Arx & E. Müller］，无性型是茎点霉属真菌（*Phoma* sp.）。

（3）枝孢穗腐病（Cladosporium kernel or ear rot），致病菌为多主枝孢［*Cladosporium herbarum*（Pers.：Fr.）Link］。

（4）黑穗腐病（Black ear rot），致病菌为多个，包括玉米生平脐蠕孢［*Bipolaris zeicola*（G. L. Stout）Shoemaker，races 1 or 2，即玉米圆斑病致病菌 1 号或 2 号小种］；玉蜀黍平脐蠕孢［*B. maydis*（Nisikado et Miyake）Shoem.，race T，即玉米小斑病致病菌 T 小种］；嘴突凸脐蠕孢［*Exserohilum rostratum*（Drechsler）Leonard & Suggs］。

（5）根霉穗腐病（Rhizopus ear rot），致病菌为接合菌门根霉属真菌（*Rhizopus* spp.）。

（6）囊孢壳穗腐病（Physalospora ear rot），致病菌为羊茅葡萄座腔霉［*Botryosphaeria festucae*（Lib.）Arx & E. Müller］，无性型为干腐壳色单隔孢（*Diplodia frumentii* Ell. et Ev.）。

（7）丝核菌穗腐病（Rhizoctonia ear rot），致病菌为玉蜀黍丝核菌（*Rhizoctonia zeae* Voorhees）。

四、病害循环

各种穗腐病致病真菌主要在植物病残体上和土壤中以菌丝和分生孢子的形态越冬，也可以通过种子表面和种胚中的携带而越冬。由于病菌具有较强的腐生能力，因此存活力很强，但如果种子的含水量低于 15%，种子中病菌的活力将明显下降。

越冬后，在植株病残体上和土壤中休眠的病菌在适宜的温度和湿度条件下开始生长，大量产生分生孢子并释放，不断在田间的作物残体上繁殖，直至在玉米生长后期侵染果穗和籽粒，引起穗腐病和籽粒腐烂。在玉米种子上携带的致病菌，则在种子萌发时，可以侵染玉米的根系，引起根系腐烂、叶片发黄等症状，并在田间大量繁殖，将分生孢子释放于空气中，形成侵染果穗的病菌基础。

玉米生长后期，田间已经有较多的各种能够引起穗腐病的病菌孢子，如果雌穗因虫害、农事操作等造成伤口以及存在较高的田间湿度，极易引起病菌对雌穗的侵染，导致穗腐病的发生（图3-16-1）。

五、流行规律

（一）穗腐病菌的传播与扩散

青霉菌、曲霉菌、木霉菌、黑孢霉菌等引起玉米穗腐病的致病真菌都属于弱寄生菌，玉米籽粒是一个防御能力比较低的器官，较易受到这些病菌的侵染。这些病菌能够进行腐生生长，可在玉米及其他植物的病残体和土壤中以分生孢子或菌丝形态越冬。因此，田间病残体是病菌生长、繁殖和扩散的重要基础。在病残体上，病菌可以产生大量的分生孢子，通过风雨在田间传播。同时，发病或带菌的玉米籽粒若作为种子播种，也会因为病菌直接侵染根系而引起幼苗叶片黄化甚至植株枯萎，病菌通过侵染玉米根系也得到繁殖。

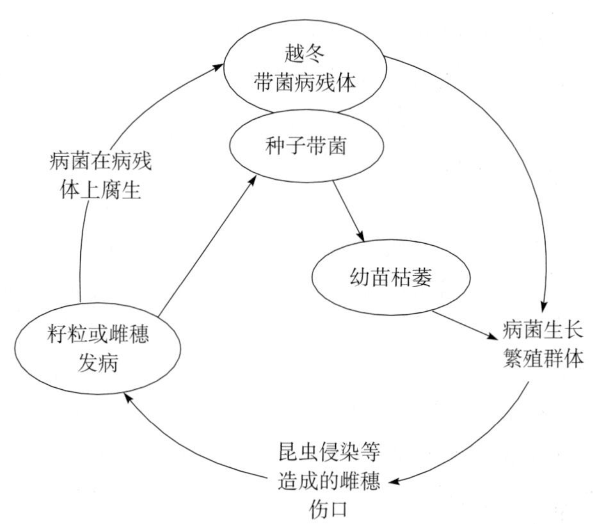

图3-16-1 玉米穗腐病的病害循环（王晓鸣绘）

Figure 3-16-1 Disease cycle of ear rot of corn (by Wang Xiaoming)

田间害虫的活动也是引起穗腐病扩散的条件之一，特别是具有飞翔能力又以取食玉米幼嫩籽粒为主的害虫，如金龟子、双斑萤叶甲等，可以直接通过虫体将病菌孢子携带至取食造成伤口的籽粒上，引起侵染和穗腐病的发生。

（二）穗腐病菌的侵染条件

稻黑孢喜较温暖和高湿的环境，病菌的适宜生长温度是20～25℃，但在3～40℃下都可以生长。

青霉穗腐病在玉米生长后期环境温度偏低而导致籽粒含水量下降迟缓的条件下易发生。在储存中，玉米籽粒含水量高于18%时易发生籽粒青霉病，在美国内布拉斯加州曾发生过在玉米籽粒储存过冬时因籽粒青霉病而造成高达30%损失的事例。

我国西南山地玉米生产中，由于降雨多，田间湿度长期处于饱和状态，木霉穗腐病发生普遍，在田间容易看到整个果穗从内至外完全被木霉的绿色菌丝包裹的发病状况。

当玉米因霜害、干旱、根系受伤、叶斑病、茎腐病、土壤瘠薄、雌穗受损等引起植株生长势衰弱时，易发生各种弱寄生病菌对雌穗的侵染，导致穗腐病发生。

各种穗腐病在有机械损伤或虫蛀的雌穗上易发生，受伤的籽粒为病菌的侵染提供了极好的条件，也使得病菌能够更好地向周边正常籽粒扩展并引起腐烂。

病菌侵染的种子发芽率低。带菌种子形成的幼苗根系被侵染后表现为叶片发黄，长势弱，发育迟缓。

六、防治技术

（一）农业防治

由于穗腐病在玉米生产后期发生，又主要受到田间生产环境、害虫对雌穗咬食破坏程度等因素的影响，因此，在防控方面主要以各种农业措施为主。

1. 合理密植 给予玉米植株较好的通风透光条件，降低田间湿度，促进植株健康生长；玉米生长中期要适时追肥，提高植株自身的抗病性。

2. 控制雌穗和籽粒水分 选择种植后期籽粒灌浆快、脱水快的品种；雌穗成熟后及时收获和晾晒，促使籽粒尽快降低含水率，如果能够在收获后48 h内将籽粒水分降低至15%以下，就能够减少病菌的侵染蔓延。

3. 种子加工 若在种子生产田有穗腐病发生，应在雌穗收获后，在清选环节挑除发生穗腐病的雌穗，保证种子质量。

（二）防虫控病

穗腐病发生程度与害虫对雌穗的为害程度密切相关。虫害造成的伤口是病菌侵染的最好通道。因此，通过包括药剂防治等技术在内的措施控制玉米螟、桃蛀螟等害虫对籽粒的取食为害，以及金龟子、双斑萤叶甲的为害，能够有效减少穗腐病的发生。

（三）选择种植抗/耐穗腐病品种

通过田间调查，淘汰对穗腐病高度敏感的品种，选择种植发病率低、发病轻的品种，减轻穗腐病的为害。苞叶短、果穗易外露的品种穗腐病发生重，赖氨酸含量高的品种易感穗腐病。早熟品种能够更好地避开穗腐病。

王晓鸣（中国农业科学院作物科学研究所）

第 17 节　玉米疯顶病

一、分布与危害

玉米疯顶病属于种子传播和土壤传播病害，是霜霉病的一种。疯顶病于 1902 年在意大利首次报道，此后，美国、墨西哥、加拿大及非洲、亚洲国家和欧洲其他国家也相继报道了该病害的发生。由于玉米被该菌侵染后，穗状雄花奇形怪状，因此，1939 年 Koehler 将此种病害冠以“疯顶”（crazy top）的名称。多年来，玉米疯顶病主要发生于局部地区，未造成大范围生产损失，因此，在多数国家和地区并没有重要的经济意义。20 世纪 70 年代以来，中国陆续有玉米疯顶病在局部突发的报道，宁夏、新疆和甘肃西部是我国玉米疯顶病的常发区，病害发生面积较大，病区田间病株率为 5%～10%，严重发病地块病株率高达 50%以上，个别田块近乎绝收。在其他省份，疯顶病均为局部突发和偶发，病害面积多为数公顷至数十公顷。由于 95%以上的发病植株不结果穗或果穗畸变无籽粒，其田间病株率几乎相当于产量损失率，因而该病害在局部常发区对玉米生产影响极大。

疯顶病多发生在热带、亚热带及温带地区。许多国家有病害突发和高发病率的报道，如 1999 年在斯洛文尼亚有 1 800 hm^2 玉米田发生疯顶病，病田中植株发病率为 5%～90%。加拿大在 1946 年和 1968 年曾因该病害造成一定的经济损失，2011 年局部地区再度发生。美国的一些州有玉米疯顶病的记载。目前已知有玉米疯顶病报道的国家 37 个，分布在各大洲，包括亚洲的中国、日本、朝鲜、韩国、哈萨克斯坦、土耳其、伊朗、叙利亚、伊拉克、印度、巴基斯坦、泰国；欧洲的波兰、德国、奥地利、瑞士、法国、塞尔维亚、克罗地亚、斯洛文尼亚、保加利亚、意大利；北美洲的加拿大、美国（密西西比州、田纳西州、北卡罗来纳州、俄亥俄州、伊利诺伊州、印第安纳州、肯塔基州、纽约州、宾夕法尼亚州、密苏里州、得克萨斯州、北达科他州、亚利桑那州、路易斯安那州）、墨西哥、古巴；南美洲的委内瑞拉、巴西、秘鲁、阿根廷；大洋洲的澳大利亚、新西兰；非洲的埃塞俄比亚、乌干达、刚果（金）、南非、毛里求斯（图 3-17-1）。

图 3-17-1　玉米疯顶病的世界分布（孙素丽绘）

Figure 3-17-1　Geographic distribution of crazy top of corn (by Sun Suli)

我国于1974年在山东省首次发现玉米疯顶病。20世纪90年代至21世纪初期玉米疯顶病在我国发展迅速，特别是在西部地区一些市（县）发生非常严重，其中，新疆南部地区常年发病面积约1.5万 hm^2，有15个市（县）发生，2008年在伊犁河谷的伊宁和霍城有较多农田发生疯顶病，田间植株发病率最高达到60%；宁夏年发病面积约0.7万 hm^2，11个市（县）有发生记载；在甘肃，疯顶病在5个市（县）有记载，其中张掖和武威是重要的玉米种子生产基地。

根据实地调查和相关报道，我国已有玉米疯顶病发生记载的省份达20个：辽宁、内蒙古、新疆、青海、甘肃、宁夏、陕西、山西、河北、北京、河南、山东、安徽、江苏、台湾、湖北、四川、重庆、贵州、云南等。

玉米品种对疯顶病的感病性存在差异。田间表现感病较重的品种如掖单13、掖单12、掖单42、农大60、太合1号、Sc704等，其中，掖单13在宁夏的重病田病株率高达80%以上，在河北发病率为31.9%；丹玉13在重庆发病严重，但在宁夏发病很轻；中单2号基本不发病；在新疆，Sc704制种田病株率达100%，Sc704的生产田发病率高达46%，东单7号和DK743的田间发病率为50%；贵州三穗县2009年发生疯顶病的面积为167 hm^2，田间病株率平均为11.3%，重病田病株率达57.6%，造成产量损失11.3万kg。

二、症状

玉米疯顶病病菌侵染胚芽并进入分生组织，通过系统侵染，到达植株的各个部位。疯顶病症状类型繁多，这与病菌侵染时间及在植株上定殖程度、菌体数量有关，在不同年份、不同地区、不同田块的主要症状各不相同。在表现症状的组织中有的可以检测到病菌的菌体，有些则完全没有菌体。因此，疯顶病所表现出的症状与病菌不同步的现象可能是由于病菌产生的激素类物质或诱导玉米植株激素调节系统出现紊乱有关，并非病菌对寄主的直接破坏作用。病菌侵染幼苗后，从6～8叶开始显症，叶片畸形。疯顶病的典型症状发生在玉米抽雄后，有多种类型：①雄穗小花畸形：雄穗小花全部异常增生，发育为变态小叶，叶柄较长，成团簇生，使雄穗呈绣球状，为典型的"疯顶"症状；②雄穗部分畸形：雄穗部分发育正常，部分小花畸形增生呈绣球状；③雄穗变为团状花序：雄穗未发育为各个单独的小花，而是团状发育，似花椰菜的花絮，大量小花密集簇生，花色鲜黄，但无花粉；④雌穗中穗轴组织消失：雌穗仅有近正常的苞叶，但苞叶尖变态为小叶并呈45°角簇生，无花丝，应着生花丝的穗轴整体变异为一层层的叶状组织；⑤雌穗分化为多个小穗，但均不结实，少数能够长出少量花丝；⑥雌穗穗轴发育为多节的茎状组织，植株无雌穗；⑦叶片畸形：上部叶和心叶共同扭曲成不规则团状或牛尾巴状，植株不抽雄；⑧植株上部叶片密集生长，呈现对生状，似君子兰叶片；⑨无雄穗分化雌穗少量结粒：发病较轻的植株上雌穗外观近正常，但结实极少且籽粒瘪小。其他一些症状还有：植株轻度或严重矮化丛生，上部叶似簇生，叶鞘呈柄状，叶片变窄；植株超高生长，高度超过正常植株高度约1m，头重脚轻，易折断。发生玉米疯顶病的病株由于生长畸形，发育异常，容易在过度生长中产生伤口，因此，常常有玉米瘤黑粉病伴生。在病田中，较常见雌穗与雄穗同为畸形发育的病株，部分病株表现为雌穗畸形或无雌穗，但雄穗正常，也有的病株则是雄穗畸形而雌穗发育正常（彩图3-17-1）。

三、病原

（一）大孢指疫霉的形态特征

早在1890年，Saccardo已确认大孢指梗霉（*Sclerospora macrospora* Sacc.）是玉米疯顶病的致病菌。1927年，Tasugi指出大孢指梗霉的孢子囊形成方式与疫霉属（*Phytophthora*）类似。此后，Peyronel、Peglion和Tanaka也分别证实了该菌的这一特性。由于大孢指梗霉与疫霉属间存在相似性，有人曾把它归入疫霉属，然而McDonough对此却持有异议，认为大孢指梗霉卵孢子形态与疫霉属不同。基于形态学研究结果，取疫霉属和指梗霉属两属属名中的词干建立新属，即指疫霉属 *Sclerophthora*。

玉米疯顶病致病菌为大孢指疫霉［*Sclerophthora macrospora*（Sacc.）Thirum.，Shaw et Narasi.］，属藻物界卵菌门指疫霉属。大孢指疫霉的菌丝体在禾本科植物寄主细胞间隙生长，产生大小为（3.5～4）$\mu m \times 3.5 \mu m$ 的吸器并进入寄主细胞内。玉米拔节以前，在病叶等组织中可见无隔菌丝体分布在维管束两侧；玉米抽雄后，病组织中很少见到菌丝体。孢囊梗短，单生，少数有分枝，长4.8～30μm，从寄主气孔伸出，顶端着生孢子囊。孢子囊椭圆形、倒卵形、洋梨形、柠檬形，有紫褐色或淡黄色乳突，大量形成时在寄主表面可见霜状霉层。田间很少产生孢囊梗和孢子囊，但将玉米病叶漂浮或部分浸在水中可诱发产生孢子囊。游动孢子无色，半球形至肾形，双鞭毛。藏卵器和卵孢子位于寄主维管束及叶肉组织中，外有数个无色细胞包围，不易散出。藏卵器球形或椭圆形，壁表面不太光滑，淡黄褐色至茶褐色，大小为（27～83）μm×（27～75）μm，壁厚 3～5μm。卵孢子淡黄色至淡褐色，球形、椭圆形，壁光滑，几乎充满藏卵器，直径 39.8～52.9μm，平均 51.2μm，壁厚约 7.2μm，在病叶组织中（多集中在叶脉两侧）大量形成，萌发产生孢子囊。雄器侧生，淡黄至黄色，1～3 个，大小为（17.5～66.5）μm×（5～29）μm（彩图 3－17－2）。

（二）大孢指疫霉的生理专化现象

我国大孢指疫霉有 4 个变种，分别是寄生水稻的大孢指疫霉水稻变种［*S. macrospora*（Sacc.）Thirum.，Shaw & Naras. var. *oryzae* Liu & Zhang］、寄生小麦的大孢指疫霉小麦变种［*S. macrospora*（Sacc.）Thirum.，Shaw & Naras. var. *triticina* Liu & Zhang］、寄生玉米的大孢指疫霉玉蜀黍变种［*S. macrospora*（Sacc.）Thirum.，Shaw & Naras. var. *maydis* Liu & Zhang］和寄生高粱的大孢指疫霉高粱变种［*S. macrospora*（Sacc.）Thirum.，Shaw & Naras. var. *sorghina* Xie & Zhang］。

大孢指疫霉寄主范围主要为禾本科植物，包括玉米、燕麦、大麦、甘蔗、高粱、小麦等作物以及多种禾本科杂草，如约翰逊草及雀麦属、马唐属、稗属、偃麦草属、披碱草属、画眉草属、黑麦草属、黍属、早熟禾属、狗尾草属和龙爪茅属植物等。

（三）大孢指疫霉与玉米上其他霜霉菌的区别

在玉米上，有多种对生产影响极大、可造成减产达 60%～70%的霜霉病，分别是由卵菌中的指霜霉属和指疫霉属的不同种引起，其中，指霜霉属是我国进境检疫性有害生物，褐条霜霉病在我国未见发生。表 3－17－1 列出了重要玉米霜霉病菌的主要特征，以便区别比较。

表 3－17－1　玉米上不同霜霉病致病特征比较（引自 CIMMYT）

Table 3－17－1　Different corn downy mildews in the world（from CIMMYT）

病害	致病菌	孢囊梗	孢子/孢子囊	卵孢子
菲律宾霜霉病	菲律宾指霜霉［*Peronosclerospora philippinensis*（West.）Shaw］	从叶片气孔伸出，直，双叉式分枝 2～4 次，长 150～400μm	孢子卵圆至圆柱状，（17～21）μm×（27～38）μm，顶端略圆	罕见，球状，直径 25～27μm，壁光滑
爪哇霜霉病	玉蜀黍指霜霉［*Peronosclerospora maydis*（Racib）Shaw］	成束从气孔伸出，双叉式分枝 2～4 次，长 150～550μm	孢子球状至亚球状，（17～23）μm×（27～39）μm	无报道
高粱霜霉病	蜀黍指霜霉［*Peronosclerospora sorghi*（Weston et Uppal）Shaw］	单个或多个从气孔伸出，直，双叉式分枝，长 180～300μm	孢子生于一个长约 13μm 的小梗上，卵圆状，（14.4～27.3）μm×（15.0～28.9）μm	球状，直径 36μm，淡黄色至褐色
甘蔗霜霉病	甘蔗指霜霉［*Peronosclerospora sacchari*（Miyake）Shirai et Hara］	单或多枝从气孔伸出，直，长 160～170μm	孢子椭圆，顶部圆，（15～23）μm×（25～41）μm	球状，黄色，40～50μm
褐条霜霉病	褐条指疫霉玉米变种［*Sclerophthora rayssiae* var. *zeae* Payak et Renfro］	短，单或多枝从气孔中伸出	孢子囊卵圆至柱状，（18～26）μm×（29～67）μm	球状，褐色，直径 29～37μm
玉米疯顶病	大孢指疫霉［*Sclerophthora macrospora*（Sacc.）Thirum. et al.］	短，长度平均为 14μm	孢子囊柠檬状，（30～65）μm×（60～100）μm	球状，淡黄色，直径 45～75μm

四、病害循环

大孢指疫霉以在寄主病残体上、禾本科杂草组织和土壤中的卵孢子越冬。卵孢子具有很强的抗逆能力，可以在土壤中存活多年，有报道认为可以长达 10 年。

玉米播种后至4～5叶期，如果原有病田发生1～2d的淹水，形成病菌萌发并在水中产生游动孢子囊的条件，就可能引发疯顶病。

对于病害在非病区的局部突发，可能是制种田中的病菌并未引起玉米植株典型的疯顶病症状，但病菌实际已侵染种子，造成了种子带菌，带菌的方式可能为卵孢子或菌丝。在对宁夏病田采集的典型病株的雌穗仅有的少量籽粒、典型病株但结实基本正常的雌穗籽粒、外形健康植株的正常雌穗籽粒进行碘-氯化锌染色，都检测到一些似鹿角状的菌丝体，可能是病菌处于休眠状态的菌丝，这些籽粒可能正常收获并运至各地市场，但这些表面正常的种子播种后，一旦遇到田间淹水的条件，可能产生孢子囊并释放出游动孢子，进行田间侵染。

病菌侵入玉米植株后，能够进入到分生组织中并进一步进入到顶端，如雄穗和雌穗，引起具有特异症状的病害发生。秋季病菌随病残体进入土壤成为翌年本地的侵染源或随种子传播成为异地的侵染源（图3-17-2）。

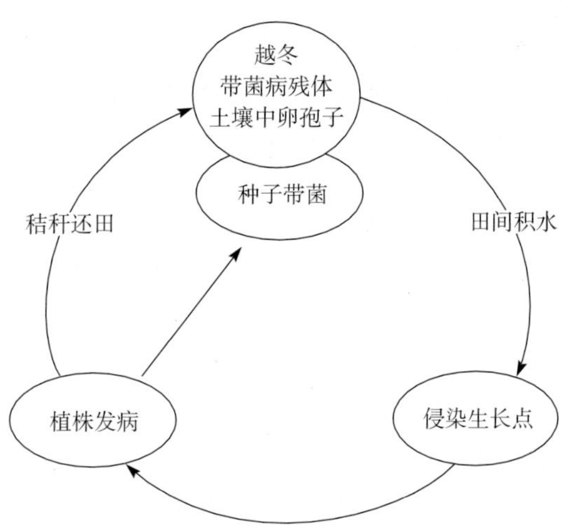

图3-17-2 玉米疯顶病的病害循环（王晓鸣绘）
Figure 3-17-2 Disease cycle of crazy top of corn (by Wang Xiaoming)

五、流行规律

（一）玉米疯顶病菌的传播扩散

玉米疯顶病病菌主要以卵孢子在玉米病残体和土壤中越冬，因此是典型的土传病害，在病害常发区，其发病范围较小，传播较慢，地块间的传播主要与病田中的卵孢子通过病残体和土壤颗粒携带随水流在田块间的流动有关。但同时，异地玉米田中疯顶病突发的特点又表明该病害也能够通过种子传播。

对于疯顶病的种子研究较少，但已证明来自田间发病植株上所结的少量种子可以传播疯顶病，在病株所结种子的胚根鞘和小盾片中已检测出菌丝体的存在；也有研究证明，从病株上新采收的种子可以诱发出疯顶病。但由于95%以上的感病植株不结实，即使少量病株能结实，但种子瘪小，在商业化生产的种子筛选中会被淘汰，因此，来自发病植株的种子传播疯顶病的可能性较小。同时，玉米种子在采收后要经过5～6个月的储藏，因此，病菌以菌丝体的方式能否在较干燥的种子中存活还缺乏研究。迄今，尚无严格的试验证明正常种子能够携带疯顶病病菌传播疯顶病。但疯顶病在各地的突发一定具备种子传播的特点，并且应有较多种子带有病菌的基础条件，否则无法合理解释病害大面积突发、田间植株的高发病率等病害发生现状。有研究初步表明，对采自玉米疯顶病田中具有典型症状植株和无症植株的籽粒的带菌情况进行检测，均发现一些无隔、形状较为特殊的菌丝结构存在于玉米种子中，其中病株籽粒种皮带菌率高达55.2%，胚乳带菌率为24.8%；无症植株所结籽粒，其种皮带菌率仍高达42.1%，胚乳带菌率也高达23.1%，但目前的研究手段尚无法确切认定玉米种子中的菌丝体一定为大孢指疫霉。因该菌无法分离培养，从种子形成病株的诱发技术不成熟，因此，对于解释种子带菌现象与疯顶病之间的联系，还需要以更多更精确的试验予以证实。

（二）玉米疯顶病菌的侵染条件

作为一种系统侵染的土传病害，疯顶病的发生与环境条件密切相关。湿度是病害发生的重要因素。病菌能否引发疯顶病，玉米田在苗期遭到水淹是必要条件。当田间有病原菌存在时，播种后至玉米3～4叶期，雨水过多或因灌溉而造成田间积水达1～2d，则会诱发疯顶病。地势低洼，土壤湿度大或积水严重的田块，一般发病都较严重；地势较高，排水良好，土壤湿度较低的田块，一般发病较轻。我国新疆和宁夏一些地方病害发生严重的原因主要是生产方式所致，在疯顶病常发区，多为小麦—玉米套作以及玉米苗期进行河水灌溉。在小麦—玉米套作中，小麦开花灌浆期需要进行一次灌溉，此时玉米已经播种，漫灌导致玉米田湿度过大或有积水，极易诱发疯顶病。

一般认为，温度对疯顶病的发生没有明显的影响，但最适宜病菌孢子萌发的温度是12～16℃，所以低温有利于病害的发生。

玉米疯顶病是一种单循环病害，从病菌侵染至发病植株中产生卵孢子需要 2～3 个月，卵孢子在当季无法再侵染。

六、防治技术

玉米疯顶病的防治以采用农业防治方法为主，同时应加强健康无疯顶病菌侵染的种子生产。

（一）农业防治

由于玉米疯顶病的主要诱发条件是在玉米苗期发生持续 1～2d 的积水，因此，最有效的病害控制措施是在玉米播种后严格控制土壤湿度。玉米 5 叶期前生长点基本在土层下，应避免漫灌；此阶段若遇较强降雨，应尽快排除田间积水，因为积水不但促使土壤中的病菌形成游动孢子，还为游动孢子的扩散和侵染提供了最适宜的水流条件。在病区，秋收后应及时清除病残体，减少病菌卵孢子在田间的存留。玉米疯顶病发生地区，应改变小麦—玉米套作的耕作方式，避免小麦浇灌浆水时对疯顶病的诱发作用。

（二）生产健康无病种子

由于疯顶病的发生具有突然性，因此，种子带菌是一个不可忽视的问题。对于有疯顶病发生历史记载的制种区，应在种子收获后抽样检查种子是否携带大孢指疫霉。目前比较成熟的检测方法是进行碘-氯化锌染色。

（三）化学防治

在病害常发区，建议选用针对卵菌的杀菌剂进行拌种，如 35%精甲霜灵种子处理乳剂，按使用说明书操作拌种；58%甲霜灵·锰锌可湿性粉剂、64%噁霉灵与代森锰锌混剂可湿性粉剂以种子重量的 0.4%拌种。

（四）选择种植抗/耐病品种

由于对疯顶病的抗病性鉴定技术尚不成熟，因此，选择抗病品种主要通过在病区田间的多年观察，根据品种在田间表现的发病率水平，选择种植抗病或耐病的品种，及时淘汰发病率高的品种。

王晓鸣（中国农业科学院作物科学研究所）

第 18 节　玉米腐霉茎腐病

一、分布与危害

玉米腐霉茎腐病是世界玉米生产中普遍发生且对生产具有重大影响的土传病害，是多种茎腐病中发生突然、防治困难的一种病害，曾在 20 世纪 80 年代对我国的玉米生产造成过较大的影响，近年来又呈现出上升的趋势。

腐霉茎腐病发生在玉米生育后期，主要是在灌浆阶段，此时正是玉米雌穗产量形成的关键时期，腐霉茎腐病的发生严重破坏了植株近地表茎节的髓和维管束组织，导致植株上部组织从土壤中获得水分和营养的能力受阻，造成植株营养代谢失调，糖类物质无法向雌穗中正常转移，从而导致产量损失。如果腐霉茎腐病发生严重，植株极易发生倒伏而叠落，易造成雌穗腐烂并加重收获困难，形成产量损失。调查表明，一般发病年份，腐霉茎腐病田间发病率为 5%～10%，在病害重发年份，田间发病率可达 20%～30%，一些感病品种的发病率达到 40%～80%。茎腐病引起植株的水分与养分供应失调，导致雌穗的粒数和千粒重下降，发病率每增加 1%，单穗籽粒损失率提高 0.485%，千粒重损失率提高 0.304%。当病害发生较早时，也影响雌穗的穗长、穗粗以及籽粒出产率。茎腐病发生越早、发病率越高、发病程度越重，产量损失越大。

早在 1940 年，美国弗吉尼亚州就有玉米腐霉茎腐病的记载，而 1964 年印度也有明确的腐霉茎腐病报道。目前，该病害在热带、亚热带和温带玉米种植区都有发生（图 3-18-1），在中国、美国、加拿大、印度和澳大利亚等国有较多的研究报道。

在中国，20 世纪 50 年代河南就发生了由腐霉菌引起的玉米茎腐病，新疆在 60 年代也有记载，但正式报道首见于 1973 年山东的调查。在 70 年代以后，相关研究工作开始增多，80 年代后期至 90 年代初期，是腐霉茎腐病发生的一个高峰期。迄今，腐霉茎腐病在我国各玉米产区都有发生，包括黑龙江、吉林、辽宁、新疆、甘肃、宁夏、陕西、山西、河北、北京、天津、河南、山东、安徽、江苏、浙江、广东、海南、广西、湖南、湖北、四川等地，病害的重要发生区域为华北、东北和西北。

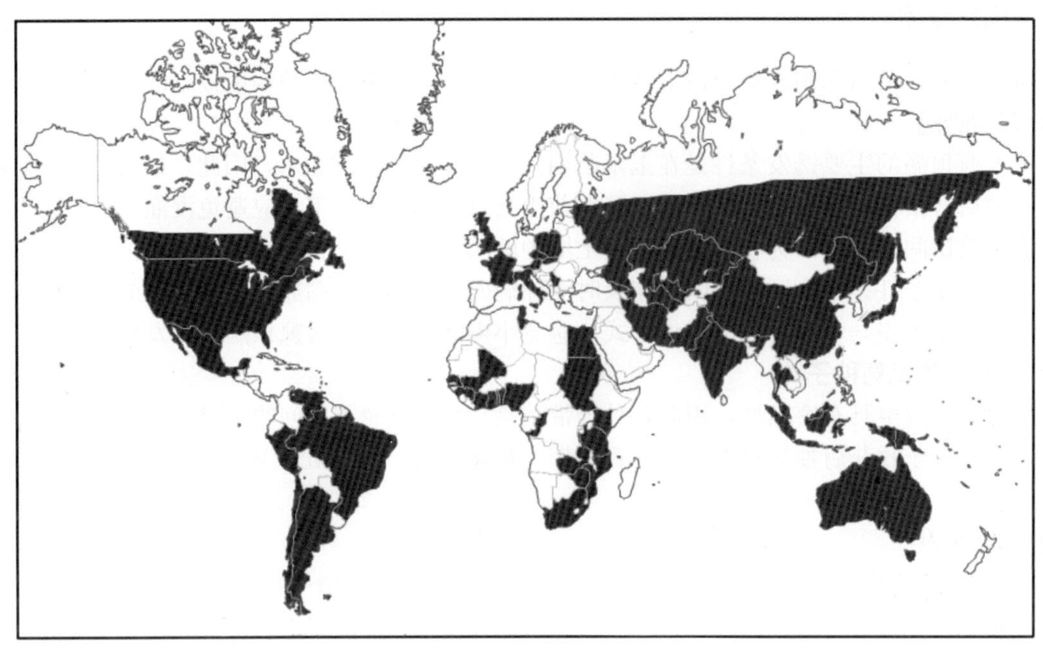

图 3-18-1 玉米腐霉茎腐病的世界分布（数据引自 CIMMYT，孙素丽重绘）
Figure 3-18-1 Geographic distribution of Pythium stalk rot of corn (data from CIMMYT, redrawn by Sun Suli)

二、症状

腐霉茎腐病的典型症状为：玉米进入灌浆至乳熟期时，甚至在灌浆初期，全株叶片突然快速失绿褪色，无光泽，似水烫，2～3d 叶片呈现为青灰色干枯并下垂，植株直立不倒伏，但在 2～3 周后出现倒伏；植株近地表的 1～3 茎节表皮失绿、逐渐变褐并失去硬度，内部茎髓组织分解变空，严重时发病茎节产生缢缩，茎秆易发生倒折；根系呈黑褐色，逐渐腐烂，植株易被拔起；雌穗穗柄变软，雌穗倒挂，植株早衰（彩图 3-18-1）。

三、病原

玉米腐霉茎腐病的致病菌为多种腐霉菌，包括肿囊腐霉（*Pythium inflatum* Matthews）、禾生腐霉（*P. graminicola* Subramanian）、瓜果腐霉［*P. aphanidermatum* (Edson) Fitzpatrick］、棘腐霉（*P. acanthicum* Drechsler）、强雄腐霉（*P. arrhenomanes* Drechsler）、链状腐霉（*P. catenulatum* Matthews）、德巴利腐霉（*P. debarianum* R. Hesse）、盐腐霉（*P. salinum* Hohnk）、群结腐霉（*P. myriotylum* Drechsler）等，均属藻物界卵菌门腐霉属。

腐霉属是一类寄主范围广泛、在土壤中栖息的植物致病菌。菌丝无色，无分隔，较粗大，菌丝宽为 4～8μm；游动孢子囊形态因种而异，有球状、手指状、棒状等；游动孢子肾形，后生双尾鞭；藏卵器球状，表面光滑或有纹饰，壁厚，顶生或间生；雄器同丝或异丝，一个藏卵器一个或多个雄器；卵孢子满器或非满器（彩图 3-18-2）。在人工培养基上生长快速，菌落为圆形。

肿囊腐霉特征：在 CMA 培养基上菌丝略细，宽为 3～4μm；游动孢子囊指状，平均大小为 55μm×18μm；藏卵器壁光滑，直径约 20μm；雄器异丝，每个藏卵器有 1～3 个；卵孢子满器。

瓜果腐霉特征：在 CMA 培养基上气生菌丝絮状，菌丝粗大，宽 7～8μm；游动孢子囊多为膨大菌丝或瓣状，平均大小为 230μm×13μm；藏卵器壁光滑，平均直径 23μm；雄器同丝或异丝，每个藏卵器有 1～2 个；卵孢子非满器。

禾生腐霉特征：在 CMA 培养基上气生菌丝绒状，菌丝较粗，宽 6～8μm；游动孢子囊指状；藏卵器壁平滑，平均直径 25μm；雄器常为同丝，偶为异丝，每个藏卵器有 1～6 个；卵孢子满器。

四、病害循环

引致玉米腐霉茎腐病的各种腐霉菌以卵孢子或菌丝体在土壤中或土壤中的植物病残体上越冬。卵孢子可以在土壤中存活数年。春季，当土壤温度与湿度适宜时，卵孢子萌发或休眠的菌丝体恢复生长。

病菌既可以通过卵孢子萌发后形成的芽管直接侵染玉米组织，更主要是通过游动孢子囊释放出大量游动孢子，随田间水流游动，然后形成休止孢，再生成芽管而侵染玉米组织并在适宜的环境和寄主条件下形成病害。

当玉米收获后，玉米植株发病根系组织和基部发病茎节遗留在田间，形成侵染源（图 3－18－2）。

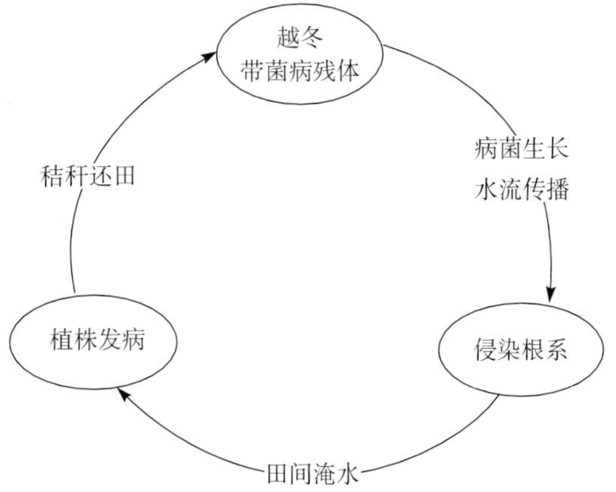

图 3－18－2　玉米腐霉茎腐病的病害循环（王晓鸣绘）

Figure 3－18－2　Disease cycle of Pythium stalk rot of corn（by Wang Xiaoming）

五、流行规律

（一）腐霉菌的传播与扩散

腐霉菌为土壤习居菌。病菌在田间扩散主要通过水流（漫灌和引起地表径流的大降雨）实现不同地块间的病害传播。此外，可引起土壤移动的农事操作，如机械翻耕等，也能够将病田土壤通过机器移至无病田中。因此，此种土壤传播病害的扩散速度是较慢的。

病菌不通过种子传播，风对病害的扩散也不起主要作用。

（二）腐霉菌侵染过程及侵染条件

腐霉菌喜高湿，但并不喜高温。因此，侵染主要发生在玉米苗期后大喇叭口期前。病菌菌丝生长或游动孢子通过水流的作用，到达玉米根系，首先侵染根系组织并形成局部发病。但在玉米生长中期，一般正值高温季节，病菌生长和病害扩展都受到抑制，同时玉米也处于生长旺盛阶段，自身抗病性较强，因此不表现症状。在玉米从营养生长转入生殖生长（结穗）后，环境温度逐渐下降，植株中的营养物质快速向籽粒中转移，茎秆活力下降，此时病菌逐渐从根系发病组织向地上部茎秆组织中扩展。当病菌到达地上部与地表紧邻的 1～3 茎节后，遇到降雨，茎秆内部水分含量增高，病菌快速生长并通过分泌的大量酶类物质使玉米茎秆髓组织中的薄壁细胞和导管细胞分解而成为其营养来源，在 2～3d 内植株水分输送系统被破坏从而导致茎腐病的突然发作。

（三）腐霉茎腐病流行的环境条件

玉米腐霉茎腐病是典型的土传病害，病害的侵染发生与农田环境有密切关系。在感病品种存在的前提下，适宜的温度、暴雨骤晴的气候条件是腐霉茎腐病发生的最关键条件。病害发生的适宜环境温度为28～32℃，在我国主要发生在 8 月下旬至 9 月中下旬。田间土壤湿度过高是导致腐霉茎腐病发生的重要诱因，当玉米灌浆期遇到暴雨后田间积水、雨后天气骤晴高温，将导致腐霉茎腐病的严重发生；低洼地由于积水严重，玉米病株率常常高于岗地；大水漫灌次数多的地块，发病率高；连种地块病害发生严重；播期早，玉米较早进入生育后期，茎秆活力下降，此时遇降雨，田间发病率较高；田土黏重不易排水地块，常较壤土田发病率高。近年来，随着玉米田植株密度的提高，导致田间湿度上升，在降雨条件下，腐霉茎腐病的发病率显著上升。

六、防治技术

（一）选用种植抗病品种

玉米腐霉茎腐病是一种在玉米生长后期一定环境条件下突然发生的病害，一旦病害发生，无有效的田间控制措施。因此，必须十分重视选择种植抗病品种。田间病害发生情况调查表明，品种间对腐霉茎腐病的抗病性差异明显，抗病品种具有明显的降低病害发生率、减轻产量损失的作用。

在国家玉米品种区域试验中，多年来一直非常重视对茎腐病的抗性鉴定，并在一些区域已将对茎腐病表现高度感病的品种作为一票否决处理。在 2005 年以来的国审品种中，对腐霉茎腐病表现较好抗性的品种较少，有登海605（高抗）、CF024（抗），以下品种对腐霉茎腐病为中抗水平：京农科728、奥玉3801、五谷704、鲁单9088、德利农988、浚单29、屯玉808、华农18、浚研18、京单68、京单58、蠡玉37、苏玉29、京科389、聊玉18、永玉3号、联创5号、振杰1号、鲁单9006等。

除了对新选育品种进行抗病性鉴定外，许多研究工作（山西、河北、山东、广西等）还围绕育种用自交系开展了对腐霉茎腐病的抗性鉴定工作，以期为育种提供有用的信息。2003年以来，对国家收集的玉米种质资源也进行了大量的接种鉴定，发现了许多对腐霉茎腐病具有很好抗性的材料，包括自交系、农家种和群体，以下为部分高抗腐霉茎腐病的自交系：农大178、遵90110、L005、宋1145、齐319、齐318、丹黄02、中自01、丹340、丹3130、丹3116、海9-21、CN165、总统3号、综3号、XZ19、中二/02、粤20-3、龙抗1号、龙抗15、辐842、辐8529、辐8527、辐8521、川321、吉477、沈136、大MO、中引15、张21、云南9-6、粤267-3-1、武312、钦8-22-1、旅45、BC4B、辽2202、吉870、材48-1111、Tzi28、K36、H2、H114、C107、72-105等。

鉴定结果也表明，Lancaster、Reid及P群种质中具有丰富的腐霉茎腐病抗源，而唐四平头种质群中抗源相对缺乏，多为感病类型。

玉米对腐霉茎腐病的抗病性，既有单基因控制的质量性状遗传，也有由加性基因控制的数量性状遗传。自交系宋1145和P138对腐霉茎腐病的抗病性均定位在第四染色体上，前者与RAPD标记的OPZ19连锁，后者位于SSR标记的bnlg490和umc1382之间，与bnlg490、umc1382以及RAPD标记的OPB17800之间的遗传距离分别为1.7cM、2.4cM和10.7cM。在第十染色体上，还鉴定出一个抗病相关的数量性状位点，位于分子标记SSR334和SSR58之间。

玉米对腐霉茎腐病的抗性与茎秆的物质代谢有关。一些生理学研究证明，玉米植株茎秆或根系的代谢水平，特别是糖含量水平，影响着对腐霉茎腐病的抗性。较高含糖量不仅是植株代谢所需，也通过多种途径调控着寄主与弱寄生菌互作中的抗性表达水平，同时较高的含糖量对病原菌产生的细胞壁降解酶（羟甲基纤维素酶、β-葡萄糖苷酶等）活性有明显的抑制作用。玉米茎秆中微量元素钾和锌与对腐霉茎腐病的抗性有密切关系。钾不仅与玉米茎皮组织中细胞壁强度有关，锌不仅能够直接抑制腐霉菌的生长，同时这两种元素都还能够有效提升与抗病性相关酶的活性。此外，在抗病的玉米品种或自交系中，当病菌入侵时，各种与抗病性相关的酶如苯丙氨酸解氨酶（PAL）、几丁质酶、过氧化物酶（PO）、多酚氧化酶（PPO）、过氧化氢酶（CAT）激活早，含量上升幅度大，持续时间长。通过超微结构观察也证明，抗病品种具有较好的抵抗病菌入侵和扩展的能力。

（二）利用杀菌剂防治

由于玉米腐霉茎腐病发生在玉米生长后期，又是土传病害，所以，采用化学药剂控制很难获得显著的效果。例如，种衣剂中添加甲霜灵等杀卵菌药剂，虽然可以控制苗期腐霉根腐病，但由于药效在玉米生长中期即已丧失，所以无法控制后期的腐霉茎腐病。

目前正在开展采用生物防治制剂控制腐霉茎腐病的研究，预计未来将成为土传病害控制的重要技术措施。

（三）农业防治

在玉米生长中后期，控制土壤含水量，暴雨后及时排出田间积水，避免较频繁地进行漫灌；播种时，增施硫酸锌和钾肥，锌肥用量为45kg/hm^2，钾肥用量为225kg/hm^2；选择郁闭性低的玉米品种，使田间土壤湿度由于通风好而适度降低；玉米收获后，病田要及时清除玉米病残体；发病严重地块，应避免秸秆还田。

王晓鸣（中国农业科学院作物科学研究所）

第19节 玉米镰孢茎腐病

一、分布与危害

玉米镰孢茎腐病是由多种镰孢菌引起的世界性病害，在中国、印度、巴基斯坦、法国、捷克、匈牙利、前南斯拉夫、美国、加拿大、澳大利亚等20多个国家有发生的报道。在美国，镰孢茎腐病普遍发生，该病害不但引起因玉米籽粒灌浆不足而导致减产，更因发病植株极易发生茎秆倒折或植株早衰而引起减产。美国堪萨斯州因镰孢茎腐病每年造成玉米减产约 5%，在重病田，发病率可达 90%～100%，减产高达 50%；在俄亥俄州，一般引起 5%～10%的产量损失；在内布拉斯加州，一般年份因镰孢茎腐病减产 5%，较重时减产 10%～20%。在加拿大东部地区，镰孢茎腐病可导致 10%～20%的产量损失。巴基斯坦的研究表明，在接种条件下，拟轮枝镰孢和禾谷镰孢引起的茎腐病导致春玉米分别减产 6.2%和 0.9%，而夏玉米的减产分别达到 32.3%和 1.4%。

我国玉米镰孢茎腐病在 20 世纪 20 年代即有发生，60 年代，夏锦洪和方中达首次对玉米镰孢菌引起的茎腐病进行了报道，80 年代关于镰孢茎腐病发生与为害的报道已非常普遍。近几十年来调查发现，镰孢茎腐病在黑龙江、吉林、辽宁、陕西、山西、河北、山东、江苏、浙江、广西、湖北、四川、云南等玉米产区发生日益严重，局部因病减产 20%。尤其近年推广高密度种植方式后，田间环境非常有利于镰孢菌的侵染和茎腐病的发生，同时，由茎腐病引发或加剧的植株早衰、倒伏现象又成为推广高密度种植技术的主要障碍。由于镰孢菌茎腐病是全生育期侵染的病害，目前缺少理想的抗性品种，常用的化学或生物杀菌剂处理种子防治该病害的效果并不理想。因此，镰孢茎腐病是我国玉米生产中亟待解决的重要问题之一。

二、症状

玉米镰孢茎腐病主要是由多种镰孢菌单独或复合侵染玉米根系和茎基部，是全生育期侵染的病害。在玉米苗期，镰孢菌从根部侵染，主要侵染根系胚轴，如果环境条件适宜，侵染较重，可引起苗枯病，地上表现为幼苗矮化和叶片黄化，如果侵染较轻，病原菌可潜伏在根系，形成后期侵染的基础。同时，病原菌在成株期也可侵染表现症状。在成株期，病菌可从根部直接侵染，或者从近地表的茎节伤口侵染，也可以因苗期侵染后，根系和下部茎秆中病菌的快速发展而引起茎腐病。所以玉米镰孢茎腐病的整个侵染发病过程是侵入期、潜育期和发病期相互交错的。田间症状一般在玉米灌浆期开始显现，乳熟末期至蜡熟期为显症高峰期。在我国，玉米镰孢茎腐病的症状有青枯和黄枯两种类型，何种类型为主取决于病程发展速度。

病株开始在茎基节间产生纵向扩展的不规则状褐色病斑，随后缢缩，变软或变硬，后期茎内部空松，剖茎检视，组织腐烂，维管束呈丝状游离，可见白色或粉红色菌丝，茎秆腐烂自茎基第一节开始向上扩展，可达第二、第三节，甚至第四节，极易倒折（彩图 3-19-1）。镰孢茎腐病发生后期，雌穗苞叶青干，呈松散状，穗柄柔韧，雌穗下垂，不易分离，穗轴柔软，脱粒困难。

三、病原

（一）病原菌的形态特征

玉米镰孢茎腐病由多种镰孢菌引起，致病菌属无性型真菌类镰孢属。国内外报道的主要致病菌种类有拟轮枝镰孢［*Fusarium verticillioides*（Sacc.）Nirenberg］、胶孢镰孢［*F. subglutinans*（Wollenw. et Reinking）Nelson，Toussoun et Marasas］、禾谷镰孢（*F. graminearum* Schwabe）、层出镰孢［*F. proliferatum*（Matsush.）Nirenberg］、腐皮镰孢［*F. solani*（Martius）Appel et Wollenw. ex Snyder et Hansen］等。在我国主要为拟轮枝镰孢［异名：串珠镰孢（*F. moniliforme*），有性阶段：串珠赤霉（*Gibberella moniliformis* Wineland）］、禾谷镰孢（有性阶段：玉蜀黍赤霉［*G. zeae*（Schwein.）］Petch）引起的镰孢茎腐病。在田间，有时镰孢茎腐病是由多种镰孢菌复合侵染所致，甚至可与腐霉菌等复合侵染，如山东玉米茎腐病是由禾谷镰孢以及瓜果腐霉共同作用的结果，其中优势病原为禾谷镰孢。不同地区的气候和土壤条件的差异可能是造成致病病原差异的主要原因。

禾谷镰孢在 PSA 平板培养基上于 25℃和 20W 日光灯下 12h 明暗交替照射培养 4d，菌落直径为7.8～8cm，气生菌丝棉絮状，白色至紫红色。在高粱粒或麦粒上培养、光照 24h 后，很易产生大型分生孢子，不产生小型分生孢子，有厚垣孢子；大型分生孢子多数 3～5 个隔膜，大小为（18.2～44.2）μm×（3.4～4.7）μm，平均为 32.5μm×4.1μm。在麦粒上培养可产生有性阶段。子囊壳黑色球形；子囊棍棒形，大小为（57.2～85.8）μm×（6.5～11.7）μm，内含 8 个子囊孢子；子囊孢子纺锤形，双列斜向排列，1～3 个隔膜，大小为（16.9～27.3）μm×（4.2～5.7）μm，平均为 21.9μm×4.9μm（图 3-19-

1）。

拟轮枝镰孢的菌落呈紫红色或粉红色。培养中产生大量小型分生孢子，一般呈念珠状串生，无色，单胞，大小为（5～12）μm×（2～3）μm；大型分生孢子较少，无色，镰刀状，略弯，两端尖，3～5个分隔，大小为（15～60）μm×（2～5）μm。有性生殖产生子囊和子囊孢子。子囊长棒状，内含8个子囊孢子（图3-19-2）。

两种镰孢菌在8～38℃均可生长，以25～26℃生长最快，15℃以下或35℃以上则生长缓慢。分生孢子在10℃时萌发受到抑制。

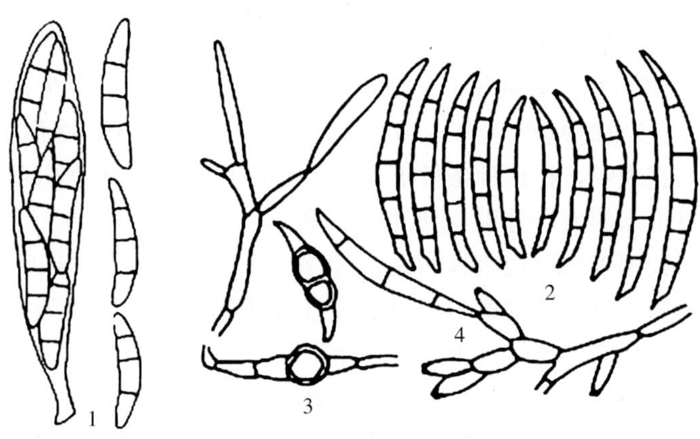

图3-19-1 禾谷镰孢的形态特征（仿陈鸿逵和王拱辰，1992）
Figure 3-19-1 Morphology of *Fusarium graminearum* (from Chen Hongkui and Wang Gongchen, 1992)
1. 子囊和子囊孢子 2. 大型分生孢子 3. 厚垣孢子 4. 产孢细胞

（二）病原菌的致病机理

1. 病原菌毒素的致病作用 镰孢菌侵染植株根和茎部后，主要引起根系变褐和下部茎组织松软。严重侵染时在苗期导致幼苗枯死，一般情况下，主要在成株期使植株快速失水引起青枯或由植株下部叶片至上部叶片逐渐黄枯。已有研究表明，引起茎腐病的镰孢菌主要通过产生毒素和细胞壁降解酶伤害寄主根组织。镰孢菌产生的毒素主要有伏马菌素（fumonisins，简称FB）、单端孢霉烯族毒素（trichothecenes）、玉米赤霉烯酮（zearalenone，简称ZEN）和串珠镰孢菌素（moniliformin）等。伏马菌素是一类由不同多氢醇和丙三羧酸组成的结构类似的双酯化合物。迄今为止，已发现的伏马菌素相关组分包括：FB_1、FB_2、FB_4；FA_1和FA_2（分别为FB_1、FB_2的N-乙酰基衍生物）。伏马菌素主要由拟轮枝镰孢产生，产生该毒素的其他镰孢菌还有层出镰孢（*F. proliferatum*）、尖镰孢（*F. oxysporum*）、花腐状镰孢（*F. anthophilum*）、芜菁状镰孢（*F. napiforme*）等。单端孢霉烯族毒素是一类化学结构类似的倍半萜烯类化合物。根据毒素化学结构不同，将这类毒素简单地分为两个类型：A型以T-2毒素和二乙酸蔗草镰刀菌烯醇（diacetoxyscirpenol，DAS）为代表；B型以脱氧雪腐镰刀菌烯醇（deoxynivalenol，DON）和雪腐镰刀菌烯醇（nivalenol，NIV）为代表，基本结构为四环的倍半萜。很多镰孢菌包括禾谷镰孢、尖镰孢、拟枝孢镰孢、黄色镰孢和梨孢镰孢都能产生单端孢霉烯族毒素和玉米赤霉烯酮。拟枝孢镰孢和梨孢镰孢主要产生A型单端孢霉烯族毒素，禾谷镰孢和黄色镰孢主要产生B型单端孢烯族毒素。禾谷镰孢具有3种单端孢霉烯族化学型产毒类型：NIV化学型（产生NIV及其乙酰化产物）、15-ADON化学型（产生DON和15-乙酰化DON）和3-ADON化学型（产生DON和3-乙酰化DON）。随着单端孢霉烯族毒素生物合成途径的确认和毒素合成相关基因的成功克隆，能够根据毒素合成途径的相关基因序列快速检测玉米茎腐病镰孢菌毒素。

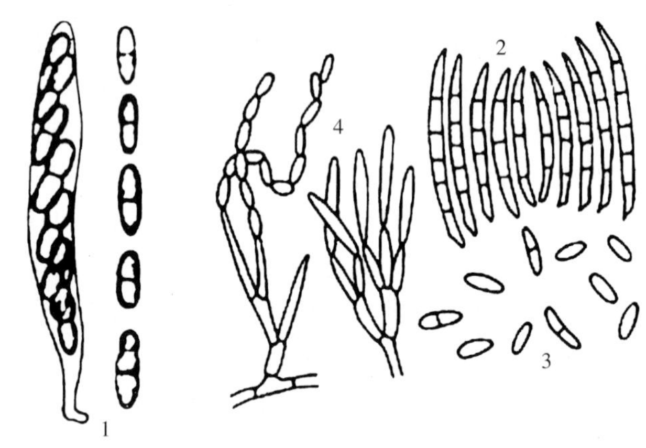

图3-19-2 拟轮枝镰孢的形态特征（仿陈鸿逵和王拱辰，1992）
Figure 3-19-2 Morphology of *Fusarium verticillioides* (from Chen Hongkui and Wang Gongchen, 1992)
1. 子囊和子囊孢子 2. 大型分生孢子 3. 小型分生孢子 4. 产孢细胞

对茎腐病致病菌禾谷镰孢的毒素致病机制研究较多。病菌产生的毒素对玉米种子萌发、胚根与胚芽生长均有明显的抑制作用。随着毒素浓度的升高，胚根与胚芽的长度逐渐变短。除此之外，毒素也对玉米幼苗生长有抑制作用，毒素处理12h的幼苗，根系发生部分褐变，植株明显比正常的矮，部分叶片萎蔫、褪绿，少数植株死亡；处理24h的根系80%变褐、腐烂，叶片干黄、变褐，大部分植株萎蔫及部分植株死亡，处理32h后玉米植株全部死亡。毒素对根系的影响与毒素浓度有关，禾谷镰孢粗提纯毒素在高浓度下明显抑制胚根与胚芽的生长，但在低浓度时却具有明显的刺激生长作用。禾谷镰孢产生的脱氧雪腐镰刀菌烯醇（DON）也具有类似生长激素的作用。

镰孢菌毒素可破坏玉米胚根组织细胞壁及超微结构，如引起严重的质壁分离、细胞膜内陷、局部断裂，在细胞膜周围有电子密集的沉淀物。毒素处理的细胞壁扭曲变形，原生质体高度浓缩和颗粒化，细胞核大部分发生电子透明化，核仁浓缩变形，电子密度增大，核膜粗细不均，局部发生断裂，线粒体形状不规则，双层膜崩解，线粒体嵴模糊不清，全部颗粒化、空泡化。

2. 细胞壁降解酶的作用 玉米茎腐病致病镰孢菌除产生毒素外，还能够产生一系列细胞壁降解酶，如果胶甲基酯酶（PE）、果胶甲基半乳糖醛酸酶（PMG）、果胶甲基反式消除酶（PMTE）、多聚半乳糖醛酸酶（PG）和纤维素酶（Cx）等。病菌所产生的细胞壁降解酶降解玉米根细胞壁，促进镰孢菌侵染玉米根组织。相比较而言，禾谷镰孢产生的细胞壁降解酶活性一般较高。病菌在活体内和活体外产生的细胞壁降解酶活性明显不同，活体内产生的细胞壁降解酶更能反映病菌的致病水平。大量研究表明，多聚半乳糖醛酸酶为主的一系列细胞壁降解酶是茎腐病镰孢菌的主要致病因子。镰孢菌细胞壁降解酶对玉米根部组织的超微结构具有明显的破坏作用。电子显微镜观察发现，玉米胚根经细胞壁降解酶处理后中胶层分解，细胞壁变薄或断裂，相邻细胞壁消失，原生质体流失，质壁分离严重，原生质体凝聚，细胞器分辨不清，细胞壁粗细不均，排列松散，周围有大量分散的细胞壁碎屑和微纤丝，细胞壁电子密度分布不均匀。

四、病害循环

镰孢菌引起的茎腐病属于土壤传播的病害。禾谷镰孢以子囊壳、菌丝体和分生孢子在病株残体组织、土壤中和种子上存活越冬，成为第二年的主要侵染菌源。研究表明，50%以上带有禾谷镰孢的玉米植株残体可以产生子囊壳和子囊孢子。在病残体上，每年 3 月中旬以后随着田间温度上升和湿度的增高，从子囊壳中释放出子囊孢子，借气流传播，进行初次侵染。种子带菌也是田间初侵染来源，种子表皮带菌率可高达 34%～72%，而种子内带菌仅为 6%。种子带菌在生育前期如条件适宜可引起苗枯。在病残体上，禾谷镰孢也可以产生分生孢子，分生孢子和菌丝体可借风雨、灌溉水流、机械作业和昆虫迁飞进行传播，在温暖潮湿条件下进行再侵染。病菌自伤口或直接侵入根颈、中胚轴和根，使根腐烂。地上部叶片和茎基由于得不到水分的补充而发生萎蔫，最终导致叶片呈现黄枯或青枯，茎基缢缩，穗子倒挂，整株枯死。拟轮枝镰孢主要以菌丝体和分生孢子在病株残体、土壤中和种子上存活越冬。茎腐病镰孢致病菌和穗腐病镰孢致病菌可交互侵染引起发病，且发病程度比较接近，说明两种病害的镰孢菌在致病性上有一定的关系，都可侵染玉米的穗部和茎部引起穗腐病和茎腐病。尽管两种病害的同种镰孢菌可交互侵染，但致病力有差异。引起茎腐病的镰孢菌主要通过体外气流传播达到穗部引起穗腐病，茎腐病镰孢菌难于通过植株体内传播到穗部而引起穗腐。两种病害同种镰孢菌的血清学、可溶性蛋白和同工酶及 DNA 多态性分析表明，引起穗腐病和茎腐病的拟轮枝镰孢具有较高的同源性，而禾谷镰孢存在一定程度的分化现象。

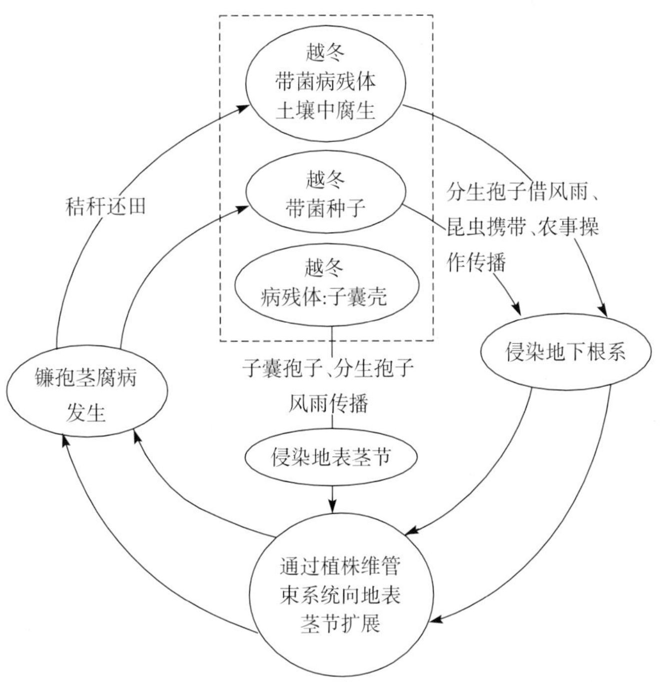

图 3-19-3 玉米镰孢茎腐病的病害循环（王晓鸣绘）
Figure 3-19-3 Disease cycle of Fusarium/Gibberella stalk rot of corn (by Wang Xiaoming)

五、流行规律

由于镰孢菌引起的茎腐病是全生育期侵染的病害，因此，前期侵染的病菌可以潜伏在病根组织内，待玉米进入开花期、灌浆期，潜伏的病菌进入茎基部节位的髓部，并逐渐向地上部各节扩展，甚至进入穗轴，但一般是在茎基部显症即呈茎基腐状。可把植株根系和地上部的受害过程分为4个阶段：阶段Ⅰ为显症前期（在辽宁省为出苗至7月初）；阶段Ⅱ为根系显症期（7月初至8月初）；阶段Ⅲ为病害快速上升期（8月初至8月末）；阶段Ⅳ为植株地上部显症期（或病害高峰期，8月末至9月中旬）。

栽培措施与病害发生程度关系密切。连作年限越长，土壤中累积的病菌越多，发病越重；而生茬地菌量少，发病轻。一般早播和早熟品种发病重，适期晚播或种植中晚熟品种可延缓和减轻发病。一般平地发病轻，岗地和洼地发病重；土壤肥沃、有机质丰富、排灌条件良好，玉米生长健壮的地块发病轻，而沙土地、土质瘠薄、排灌条件差、玉米生长弱的发病重；平地保水、保肥性能好，玉米生长健壮，抗病性强；而岗地土壤贫瘠，肥力不足，保水力差，玉米生长弱，容易感病；洼地土壤含水量高，雨后易板结，通气性差，根系发育不良，生理补偿能力不良，抗侵染能力差，发病重。随种植密度增加，镰孢茎腐病明显加重。例如，将感病品种旅丰1号和丹玉13，按每公顷37 500株、45 000株、52 500株和60 000株4种密度种植，病株率随种植密度增高而增加，可见因地制宜实行合理密植，是一项减轻病害、增加产量的有效措施。玉米同各种矮秆作物（小麦、马铃薯）间作比玉米单一种植，可增加株间通风透光，促进光合作用，加快碳水化合物转运及积累，从而提高抗病性，防效可达30%～49%。施肥与镰孢茎腐病发生程度关系密切。增施钾肥可提高根系木质化程度和茎秆机械强度，从而改善植株本身的抗病能力，是目前防治镰孢茎腐病的主要栽培措施之一。

气象条件与病害发生程度关系密切。在黄淮海地区，一般春玉米茎腐病发生于8月中旬，夏玉米则发生于9月上旬，麦套种玉米的发病时间介于两者之间。7月和8月的降水量接近或超过这两个月的平均值的年份，田间就有茎腐病发生，尤以8月降水量与田间病株率密切相关。一般认为玉米开花期至乳熟初期遇大雨，雨后骤晴则发病严重。久雨乍晴，气温回升快，青枯症状出现较多，在夏玉米生长季前期干旱、中期多雨、后期温度偏高的年份发病较重。

品种对镰孢茎腐病抗性差异相当明显。一般来说，中晚熟品种较抗病，可能是由于生育期长制造积累的营养物质多，增强其抵抗能力所致。在感病品种中，病原菌侵染的高峰期从开花盛期开始，而在抗病品种上则从灌浆期开始。在正常的气候条件下，玉米蜡熟期病株率高于乳熟中期，乳熟中期又高于灌浆前期。其原因可能是由于玉米生长后期养分不断输送至雌穗，而植株逐渐衰老，茎秆的抗病能力下降。杂交种植株茎秆内糖、钾、硅含量高则抗病性强。同时植株的根系拉力和茎秆硬度强者都表现抗病。

六、防治技术

玉米镰孢茎腐病防治的原则是，以选育和应用抗病品种为主，实施系列保健栽培措施为辅。

（一）选用抗病品种

选育和种植抗病和耐病优良品种，是防治玉米镰孢茎腐病的经济有效措施。近几年来，我国选育和鉴定出的兼抗镰孢茎腐病的自交系有：获白、沈5、武109、武117、7493、E28、5003、330、201433、360、340、丹黄02、龙抗18、龙抗23B、龙抗23D、龙抗31B、龙抗38、龙抗38A、龙抗37、罗吉、龙搞297、龙抗13A、628、吉873和吉843等。抗病杂交种：先玉335、郑单958、吉农大588、益丰29、丹玉39、丹科2151、潞玉13、潞玉6号、大丰5号、东单60、农大364、晋玉881等。各地可因地制宜选用一些优良抗性品种。

对玉米镰孢茎腐病的抗性遗传方式因自交系而异，有的自交系具有数量性状遗传特点，有的则具有质量性状遗传的特点。抗镰孢茎腐病主要是受加性基因控制，此外尚有显性或部分显性效应。抗性基因数量性状位点（QTL）分别位于第一至五条和第十条染色体上。

（二）农业防治

清洁田园。玉米收获后彻底清除田间病株残体，高温沤肥，尽量减少初侵染菌源在土壤中的增殖。

合理轮作。实行玉米与其他非寄主作物轮作，可以防止土壤病原菌积累。在发病重的地块可与甘薯、马铃薯、大豆等作物实行2～3年轮作。在保护性耕地，建议种植抗性品种，并且应采取可加速玉米残体在田间分解的措施。

适期晚播。在北方春玉米区，如吉林、辽宁、河北北部一带，4月下旬至5月上旬播种能防止茎腐病的发生，比早播的发病率低11.3%～67.5%，增产12.6%～32.3%；套种玉米5月下旬至6月上旬播种发病轻。夏玉米6月15日左右播种发病也轻。各地应因地制宜地选用适宜的播种期。

加强田间管理，中耕追肥。为了促进玉米植株生长健壮，增强抵抗病害的能力，在施足基肥的基础上，应于玉米拔节期或孕穗期增施钾肥或氮、磷、钾配合混施，以增强防病效果。严重缺钾地块，每公顷施硫酸钾100～150kg，一般缺钾地块每公顷可施硫酸钾75～105kg。大田试验表明，每公顷用硫酸锌18～30kg做种肥，防效可达90%以上。

(三) 化学防治

播种前可用含有杀菌剂的种衣剂拌种或包衣。可用25%三唑酮可湿性粉剂0.1～0.15kg，对适量水，拌种50kg。在玉米喇叭口期喷洒58%甲霜灵·锰锌可湿性粉剂600倍液有预防效果。发病后可使用一些药剂喷施地表上方的茎节，如50%腐霉利（速克灵）可湿性粉剂1 500倍液、65%代森锰锌可湿性粉剂1 000倍液、70%甲基硫菌灵可湿性粉剂500倍液、50%多菌灵可湿性粉剂500倍液，每隔7～10d喷施一次，连续2～3次。

(四) 生物防治

国内外对生物防治玉米镰孢茎腐病也做了较多的尝试。由于茎腐病是全生育期均可侵染的病害，防治难度高，影响生物防治的因素较多。木霉菌对茎腐病的防效在40%～60%，多数情况下，防效在50%左右。如果生防木霉菌和拮抗细菌混用可提高防效。国外已有可用于防治茎腐病的商品化木霉制剂，如美国的Rootshield、Planter Box（哈茨木霉T-22菌株）和以色列的Trichodex（哈茨木霉T-39菌株），国内开发的木霉菌制剂对防治玉米茎腐病等土传病害有一定效果。

综上所述，以选育和应用抗病品种为主、保健栽培措施为辅的综合防治措施是有效控制茎腐病发生和为害的关键技术。

陈捷　余传金（上海交通大学农业与生物学院）

第20节　玉米鞘腐病

一、分布与危害

玉米鞘腐病是近年我国玉米上新发生的一种病害，其症状与褐斑病、纹枯病和细菌性病害有相似之处。该病常在玉米生育中后期发生，高温多雨年份发病严重，主要侵害玉米叶鞘，形成不规则形病斑，受害叶鞘呈灰褐色至黑褐色或呈水渍状腐烂。目前，该病在我国辽宁、吉林、黑龙江、河北、山东、山西、江苏、四川、陕西、甘肃、宁夏等春、夏玉米产区均有发生，且有逐年加重的趋势，对玉米生产构成严重威胁。2008年，我国辽宁、吉林和黑龙江的春玉米上发现了玉米鞘腐病，初步明确其致病菌主要为层出镰孢。由于鞘腐病为我国新发生病害，国际上极少有报道，因此该病害对玉米生产的影响程度尚缺乏研究。

二、症状

玉米鞘腐病主要在玉米生长后期至籽粒成熟期发生（彩图3-20-1）。病斑初为椭圆形褐色、黑色或黄色小点，后逐渐扩展为圆形、椭圆形或不规则形斑点，多个病斑会合形成黄色或黑褐色不规则形斑块，蔓延至整个叶鞘，导致叶鞘干枯死亡。一般而言，叶鞘内侧褐变程度高于外侧。不同品种、不同环境条件下，病斑可分为以下4种类型。类型Ⅰ：病斑中央黄褐色，有明显的黑褐色边缘，形状不规则；类型Ⅱ：病斑大，黑褐色，形状不规则；类型Ⅲ：病斑红褐色，初为椭圆形或圆形红褐色斑点，后多个病斑会合成红褐色的不规则、边缘不清晰病斑；类型Ⅳ：水渍状病斑（彩图3-20-2）。温、湿度条件适宜时，病斑上出现白色或粉白色霉层（病菌菌丝和孢子）。发生严重时，能够导致病叶鞘上的叶片干枯。

三、病原

玉米鞘腐病的致病菌主要为层出镰孢［*Fusarium proliferatum*（Matsush.）Nirenberg］，属子囊菌无性型镰孢属。在PDA或PSA培养基上，病菌在5～35℃均能生长，适宜温度为25～30℃，最适28℃。在适宜温度下气生菌丝茂盛、密集，菌落生长厚；在5℃和35℃时菌落生长极慢；10℃时，气生菌丝稍长，但较稀疏；25℃和30℃下培养5d，平均菌落直径分别为97.2mm和74.2mm。在PDA培养基上产生白色、丛卷毛状菌丝，高2～3mm，菌丝颜色随培养时间的延长逐渐变成灰紫色。培养基颜色随着色素的积累由最初的无色逐渐变为灰黄色、灰紫色、深紫色和黑色。大型分生孢子产生于淡橘黄色分生孢子座上，细长，薄壁，镰刀形，较直，通常3～5个分隔，但多数菌株很少形成大型分生孢子。小型分生孢子多成串产生于多瓶梗上，少数产生于单瓶梗上，也有的以假头状产生；小型分生孢子呈棍棒形，通常1～2个细胞，具有稍扁平的基部，部分菌株产生少量梨形的小型分生孢子，不产生厚垣孢子。层出镰孢的串生小型分生孢子通常比拟轮枝镰孢的串短，并且经常从多瓶梗上成对产生，形成V形（彩图3-20-3）。

此外，拟轮枝镰孢（*F. verticillioides*）、禾谷镰孢（*F. graminearum*）、木贼镰孢（*F. equiseti*）为玉米鞘腐病的次要致病菌。

研究发现，鞘腐病致病镰孢菌中，层出镰孢的致病力、胞壁降解酶活性、毒素活性均高于拟轮枝镰孢和禾谷镰孢。在改良Marcus培养液中，层出镰孢产生胞壁降解酶的最佳条件为静置培养，最佳培养时间和pH分别为纤维素酶（Cx）：10d、pH 6，多聚半乳糖醛酸酶（PG）：6d、pH 6，果胶甲基半乳糖醛酸酶（PMG）：6d、pH 5，多聚半乳糖醛酸反式消除酶（PGTE）和果胶甲基反式消除酶（PMTE）：6d、pH 9。产生的多聚半乳糖醛酸酶、纤维素酶和果胶甲基半乳糖醛酸酶的活性普遍高于多聚半乳糖醛酸反式消除酶和果胶甲基反式消除酶的活性。

四、病害循环

层出镰孢引起的鞘腐病属于土壤传播的病害。病菌以菌丝体和分生孢子在玉米病残体和土壤中存活越冬，少数可以通过种子传播，但带菌病残体是翌年病害的主要侵染源。残留在田间地边和村边宅旁的带菌病残体、玉米秸秆在夏季多雨条件下，产生大量的分生孢子。病菌孢子主要借助风雨在田间传播，落在叶鞘与茎秆交界处的病菌，通过雨水进入叶鞘内侧进行侵染；同时，在叶鞘内侧常常有许多蚜虫活动，在叶鞘上刺吸，造成大量伤口，为层出镰孢的侵染提供了条件（图3-20-1）。

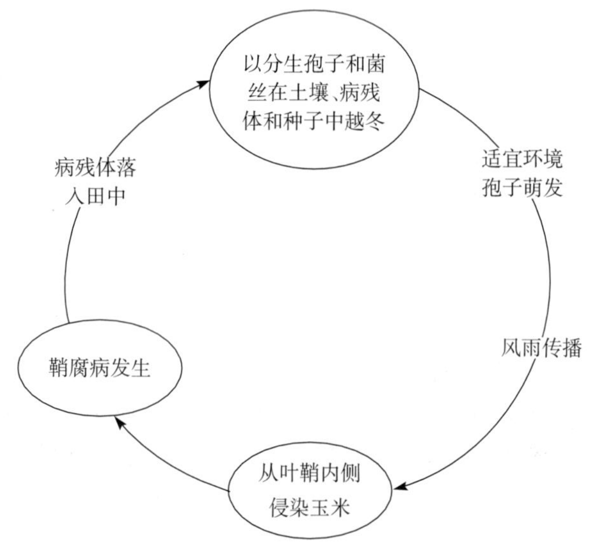

图3-20-1 玉米鞘腐病的病害循环（王晓鸣绘）
Figure 3-20-1 Disease cycle of sheath rot of corn (by Wang Xiaoming)

五、流行规律

有关玉米鞘腐病的病害流行特点尚不清楚，但该病的发生与环境条件、品种抗性以及蚜虫为害等密切相关。

在辽宁的田间调查发现，玉米鞘腐病在东部山区发病严重，中、北部发病偏重，辽西地区较轻，可能与当地的气候条件尤其是与田间温、湿度有关。此外，低湿和沙土有利于病菌生长；雨水过后，潮湿的环境适宜病原的侵染。田间调查发现，发病程度在不同品种间存在明显差异，玉米自交系发病重于杂交种。目前，东北南部和华北北部玉米种植区主推的玉米品种对鞘腐病均有较好的抗性，大部分品种为抗病品种，但不同品种表现的症状不同。此外，生产中发现，蚜虫的为害可以加重鞘腐病的发生程度。

目前该病在中国属新发生病害，并有逐年加重为害趋势，且不同品种田间症状表现也不相同。在郑单958上病斑较大，黑褐色，形状不规则；浚单20上病斑较小，中央黑色，边缘水渍状；自交系郑58上病斑大，中央黑褐色或黑色，有明显的黑褐色边缘；自交系9058上病斑中等大小，黑色，形状不规则；而自交系昌7-2和浚92-8上病斑较小，黄色水渍状，表现出一定的抗病性（彩图3-20-4）。

六、防治技术

多菌灵、戊唑醇、烯唑醇、氟硅唑及多菌灵与戊唑醇1∶1、2∶1两种复配对层出镰孢均有较好的抑制作用，EC_{50}分别为17.27mg/L、23.40mg/L、24.21mg/L、26.01mg/L、18.48mg/L和25.83mg/L；

多菌灵、戊唑醇及多菌灵与戊唑醇 1∶1 复配对玉米鞘腐病的田间防效分别达 93.34%、89.19%和 91.49%，施用后玉米分别增产 20.61%、15.46%和 18.84%。

董金皋（河北农业大学）

第 21 节　玉米黑束病

一、分布与危害

20 世纪 30 年代，美国首次报道了玉米黑束病，随后，荷兰、印度、意大利、前南斯拉夫、埃及、加纳、坦桑尼亚、澳大利亚等先后报道了该病的发生。1972 年，我国山东滨州市的惠民县在玉米自交系桂农 277-1 上发现可疑症状，经系统鉴定，确认为玉米黑束病。此后 10 年，未见对黑束病发生的报道。1983 年，我国从前南斯拉夫引进优良玉米杂交种 Sc704 及其亲本（母本 ZPL773，父本 ZPL717）。1984 年，Sc704 和亲本在甘肃临泽县、新疆南部的墨玉县和皮山县、新疆北部的呼图壁县进行种植试验、自交系繁殖和杂交种配制。在乳熟期，母本 ZPL773 繁殖田中和制种田中出现大面积的植株枯死，田间发病率达到 66%～98.9%。同年，在甘肃临泽的其他制种田中，自交系 Mo17 和自 330 上也有零星病株出现。1985 年，该病继续在甘肃发生。此后随着种子调运，玉米黑束病从甘肃、新疆，蔓延至陕西、河南、山西、河北、北京及东北地区，一些年份在局部地区发生较重。

黑束病症状出现在玉米灌浆后的乳熟阶段，症状出现突然，发病急，整株叶片快速干枯。由于病菌在维管束内侵害，因此病害发生较隐蔽，出现症状时已是后期。在人工接种条件下对 1 300 多份玉米品种（系）的鉴定表明，18.9%的材料表现高感或感黑束病，发病率超过 70%。严重发病植株不形成雌穗，形成“空秆”，一般发病植株穗粒数减少、千粒重下降，单株平均减产达 66%。在耐病品种中，产量损失为 14.7%。黑束病的发生不仅影响玉米的产量和制种的质量，而且造成茎秆维管束腐烂，易引起植株倒伏，已对我国玉米生产构成新的威胁。

二、症状

病菌主要侵染植株茎秆的维管束组织并在其中扩展。发病初期，玉米植株顶部叶片失绿和不规则变绿，叶片主脉逐渐由浅绿变红，自上而下叶片周缘出现紫红色条纹并逐渐向叶片基部扩展至枯黄死亡，茎秆表皮也逐渐出现紫色，随着病害的发展，全株叶片逐渐干枯死亡。病株比健株略矮，茎秆细，其矮、细程度因病情而异。在叶片变色的同时，茎秆组织发脆，易折断。在玉米 12 叶期，剖茎检查发现，病株基部节的维管束开始变色（彩图 3-21-1）。此后，当外部呈现黄枯时，横剖茎秆，可见维管束组织变黑、坏死，轻者呈淡黄褐色，重者呈褐色，甚至黑褐色，以穗位节下三、四节和穗位节上一、二节最明显；纵剖茎秆，可见从下至上维管束组织全部变色，中下部黑褐色，顶端颜色渐浅；根系变黑腐烂。

三、病原

玉米黑束病的病原为直枝顶孢（*Acremonium strictum* W. Gams），异名：顶头孢（*Cephalosporium acremonium* Corda），属子囊菌无性型枝顶孢属，其有性型为 *Sarocladium strictum*（W. Gams）Summerbell，属子囊菌门帚枝霉属。直枝顶孢在培养中菌丝早期白色，菌落中部隆起，边缘平展，菌丝致密呈羊毛状。1 周后，菌落由白色渐变成淡粉红色，气生菌丝变稀薄，菌落中部下陷。2 周后，气生菌丝逐渐消失，整个菌落平匐，呈粉红色。最后形成平匐粉红色至砖红色菌膜，培养基不变色。菌丝纤细无色，有分隔，常数根或数十根联合成菌索。分生孢子梗单生，直立，基部略粗，上部渐细，长为 23.2～78.3μm，有时分二叉或三叉。分生孢子单胞，无色，椭圆形或长椭圆形，在分生孢子梗顶端黏合成头状，大小为

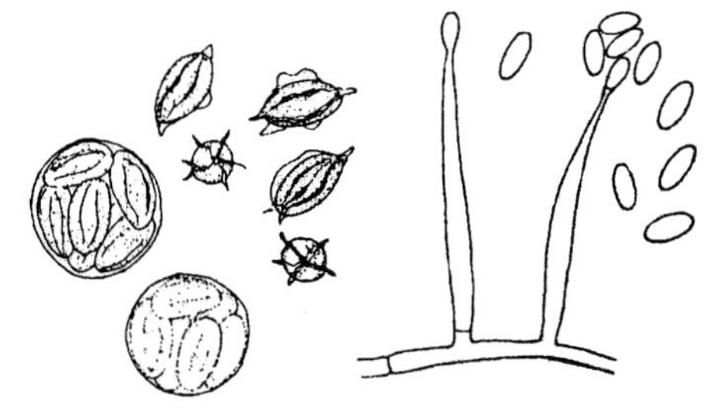

图 3-21-1　直枝顶孢形态特征（仿 von Arx，1970）

Figure 3-21-1　Morphology of *Acremonium strictum* (from von Arx，1970)

(2.9～8.7) μm× (1.5～2.9) μm (图3-21-1)。

四、病害循环

玉米黑束病属于土壤传播和种子传播病害。病菌主要在种子上或随病残体在土壤中越冬。在发病自交系ZPL773上，种子带菌率为1.25%～13.0%，在其他自交系上，种子带菌率为2.7%～13.0%。病菌直接或通过伤口侵入茎部组织。种子带菌特别是病株种子是导致田间发病的主要原因之一，其发病程度与品种抗病性关系密切。遗留在田间的植株病根、茎残体是引起翌年发病的重要原因，同时也致使土壤病原菌逐年积累。该病在田间无再侵染，以苗期根部侵染为主，属系统性侵染病害。

五、流行规律

黑束病的重要初侵染源是残留在田间的带菌玉米植株残体，因此，任何对病菌越冬有利、促进病菌在玉米萌发至幼苗阶段侵染的耕作措施都将加重黑束病的发生。由于是系统侵染病害，一旦病菌在玉米组织中定殖，外部的环境因素对病菌扩展和病害发生的影响就比较小，但当环境因素影响玉米健康生长时，将有利于病害的发生。

田间调查发现，覆盖地膜、偏施氮肥、过量灌溉引起田间积水、土壤干旱、盐碱严重，植株生长势弱，发病严重。覆盖地膜在提高地温的同时，有利于病原菌在苗期侵染根部，显著加重病害的发生程度。此外，施肥水平与病害发生关系密切，氮肥用量过大，发病率和病情指数均显著增加。大面积种植感病品种可导致病害严重发生。

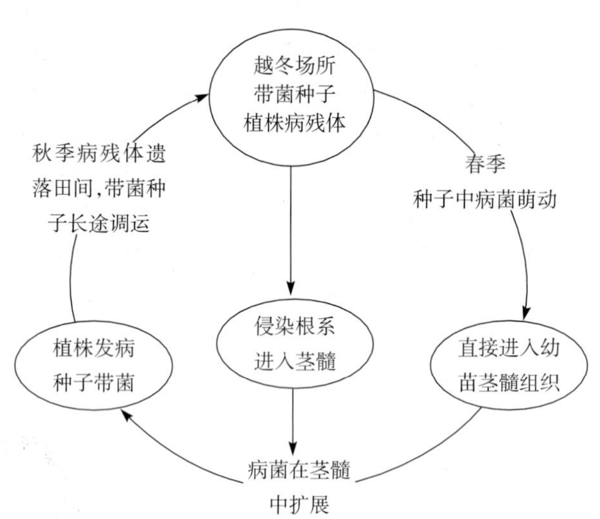

图3-21-2 玉米黑束病的病害循环（王晓鸣绘）
Figure 3-21-2 Disease cycle of black bundle of corn (by Wang Xiaoming)

六、防治技术

防治玉米黑束病应采取以种植抗病品种为主，辅以健康栽培技术的生态控制措施。要根据当地病害发生的具体情况采取相应的防控措施，如轻病区主要是推广抗病品种，重病区还应辅以少施氮肥，增施磷、钾肥，合理灌溉等农业保健措施。

（一）选择种植抗病品种

不同玉米品种对黑束病的抗性存在显著差异，目前已知的抗黑束病的玉米杂交种有：中单2号、户单1号、丰单1号、郑单958、沈单16、沈单10号、陕单8410、酒单2号、豫玉22、丹玉13等。在黑束病常发区，可以根据品种的田间抗性表现进行选择。

（二）农业防治

合理施肥。不偏施氮肥，增施磷、钾肥，提高植株抗病性，降低发病率和减轻发病程度。研究发现，尿素、磷酸二铵和氯化钾（分别为375kg/hm^2、225kg/hm^{2}和75kg/hm^2）配合施用，防病效果较好。

合理灌溉。可防止田间积水和土壤干旱，促进植株生长。

田间卫生。严重发生黑束病的田块，收获后应清除田间病残体，并将当年的植株茎秆销毁，避免秸秆还田，减少土壤中的病菌数量。

轮作。在有条件的地方，可以采取与其他作物轮作的方式，降低土壤中病菌的数量。

（三）生物防治

印度研究证明，菌根菌中球囊霉属（*Glomus*）和无梗囊霉属（*Acaulispora*）具有显著控制黑束病的作用，其中聚生球囊霉（*Glomus fasiculatum*）处理后，发病率降为0，而对照发病率高达66.7%，表明生物防治对于黑束病具有良好的应用前景。

董金皋（河北农业大学）

第22节　玉米腐霉根腐病

一、分布与危害

玉米腐霉根腐病属于土壤传播病害，在南部玉米种植区普遍发生，主要是在夏玉米区和苗期降雨较多的地区发生较重。当玉米播种后遇到降雨，造成土壤积水，导致病菌产生大量游动孢子并通过水流在田间移动，从而引发腐霉根腐病。一般气候条件下，腐霉根腐病发病率较低，不会造成严重的生产问题，但由于多年实行秸秆还田，土壤中的病菌群体数量增长很快，而一些地区土壤黏重，降雨后田间积水无法排除，因此有可能发生局部地块的病害问题，一些地区曾引起植株死苗率高达80%，田间缺苗断垄，对生产有较大影响。由于对玉米腐霉根腐病缺少系统研究，作为苗期病害，主要通过死苗后田间植株数量的减少和根系发病后植株发育迟缓与生长活力降低而影响玉米的最终产量，在玉米植株生长的中后期，还有许多因素会对产量的形成产生影响，因此，很难对苗期病害与产量关系进行定量研究。

腐霉根腐病的发生区域与腐霉茎腐病的发生区域相同，在腐霉根腐病发生的地区，很易在玉米生长后期诱发腐霉茎腐病。

关于玉米腐霉根腐病，我国的研究非常有限，常常将其与镰孢菌引起的根腐病混淆，也缺乏与后期玉米腐霉茎腐病相关性的研究。国外的研究工作也多将根腐病与茎腐病分别独立进行研究，未将其视为一种系统性病害的两个阶段。

二、症状

腐霉菌引起的根腐病，主要表现为腐霉菌侵染后，玉米中胚轴和整个根系逐渐变为浅褐色至深褐色，根组织变软、腐烂，根系生长严重受阻，植株因根系发育不良而矮小，叶片发黄、变枯，直至因根系全部腐烂而幼苗倒伏死亡，病害严重时，田间发生大片死苗（彩图3-22-1）。在田间病原较多时，也可以引起种子在发芽前就死亡。

玉米在苗期可发生由不同病菌引起的根腐病或苗枯病，其致病菌与症状特点如表3-22-1。

表3-22-1　三种玉米根腐病的区别（王晓鸣，2010）

Table 3-22-1　Differences of three kinds of root rot of corn（Wang Xiaoming，2010）

病害名称	致病菌	症状特点
腐霉根腐病	腐霉菌（*Pythium* spp.）	中胚轴和根系变软腐烂，褐色至黑褐色
镰孢苗枯病	镰孢菌（*Fusarium* spp.）	根系端部和幼嫩组织红褐色，中胚轴缢缩、干枯
丝核根腐病	立枯丝核菌（*Rhizoctonia solani*）	中胚轴和须根浅褐色，胚轴缢缩、干枯

三、病原

引起玉米腐霉根腐病的致病菌有10余种，较常见的是：肿囊腐霉（*Pythium inflatum* Matthews）、瓜果腐霉［*P. aphanidermatum*（Edson）Fitzpatrick］、禾生腐霉（*P. graminicola* Subramanian）。其他报道引起玉米根腐病的腐霉菌有：棘腐霉（*P. acanthicum* Drechsler）、黏腐霉（*P. adhaerens* Sparrow）、狭囊腐霉（*P. angustatum* Sparrow）、强雄腐霉（*P. arrhenomanes* Drechsler）、畸雌腐霉（*P. irregulare* Buisman）、侧雄腐霉（*P. paroecandrum* Drechsler）、绚丽腐霉（*P. pulchrum* Minden）、喙腐霉（*P. rostratum* Butler）、华丽腐霉（*P. splendens* H. Braun）、缓生腐霉（*P. tardicrescens* Vanterpool）、终极腐霉（*P. ultimum* Trow）、钟器腐霉（*P. vexans* de Bary）。

肿囊腐霉在CMA培养基上菌丝略细，直径3～4μm；游动孢子囊指状，平均大小为55μm×18μm；藏卵器壁光滑，直径约20μm；雄器异丝，每个藏卵器有1～3个；卵孢子满器（图3-22-1）。

瓜果腐霉在CMA培养基上气生菌丝絮状，菌丝粗大，直径7～8μm；游动孢子囊多为膨大菌丝或瓣状，平均大小为230μm×13μm；藏卵器壁光滑，平均直径23μm；雄器同丝或异丝，每个藏卵器有1～2

个；卵孢子非满器（图3-22-1）。

禾生腐霉在CMA培养基上气生菌丝绒状，菌丝较粗，6～8μm；游动孢子囊指状；藏卵器壁平滑，平均直径25μm；雄器常为同丝，偶为异丝，每个藏卵器有1～6个；卵孢子满器（图3-22-1）。

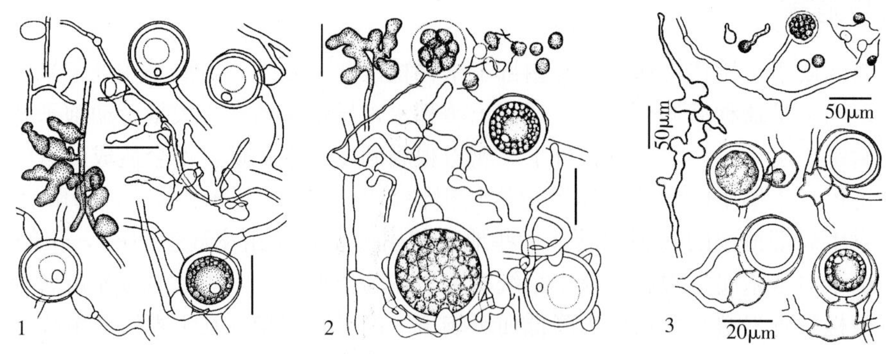

图3-22-1 引起玉米腐霉根腐病的腐霉菌形态（仿Yu and Ma，1989）
Figure 3-22-1 Morphology of *Pythium* spp. causing root rot of corn (from Yu and Ma, 1989)
1. 肿囊腐霉 2. 禾生腐霉 3. 瓜果腐霉

四、病害循环

病菌以卵孢子在土壤和田间植株病残体中越冬。在田间土壤湿度高或有积水时，病菌卵孢子萌发，产生芽管并逐渐发育出孢子囊，释放出大量游动孢子。游动孢子通过水流在土壤中扩散，并侵染萌动中的种子和幼苗，造成种子腐烂或因根腐病而引起幼苗猝倒等。病菌主要在玉米地下部的根系中侵害，也可以在玉米生长后期向地上部茎节扩展而引起腐霉茎腐病。玉米收获后，根茬、近地茎节等发病组织遗留在田间，病菌发育为具有很强厚壁结构、强抗逆能力的卵孢子进行越冬。病菌卵孢子在土壤中可以存活若干年（图3-22-2）。

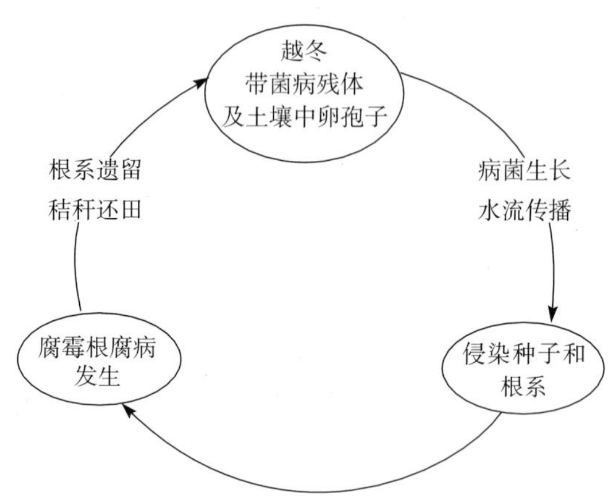

图3-22-2 玉米腐霉根腐病的病害循环（王晓鸣绘）
Figure 3-22-2 Disease cycle of Pythium root rot of corn (by Wang Xiaoming)

五、流行规律

腐霉菌不经过种子传播，但可以以卵孢子在土壤中和植株病残体上越冬，卵孢子可在土壤中存活多年。越冬后的卵孢子在15～35℃的温度和土壤含水量高的条件下萌发，并通过孢子囊释放卵孢子至土壤的游离水中，并随水流在田间扩散和侵染玉米幼苗组织。机械的田间作业，如翻耕等，能够促进病菌在田间的扩散，灌溉水流可导致病菌在不同田块间的快速扩散。

持续时间较长的低温环境并伴随着土壤的高湿度有利于腐霉菌的生长和繁殖，因此，玉米播种后土壤温度较低时（12～15℃），腐霉根腐病的发生要较高温条件下更严重。

六、防治技术

（一）利用杀菌剂防治

在腐霉根腐病发生较重的地区，应选择杀卵菌药剂，如58%甲霜灵锰锌可湿性粉剂、64%杀毒矾（噁霉灵+代森锰锌）可湿性粉剂、绿亨1号（95%噁霉灵）拌种剂等药剂以种子重量的0.4%拌种，能够有效降低腐霉根腐病的发生。

（二）农业防治

建设田间排水设施，避免播种后因降雨引起的田间积水。

（三）选用种植抗病品种

各腐霉根腐病常发区应通过对田间种植品种抗病水平的观察，及时淘汰严重感染腐霉根腐病的品种，选择种植对腐霉根腐病抗病性较好或耐病性较好的品种。

王晓鸣（中国农业科学院作物科学研究所）

第23节　玉米苗枯病

一、分布与危害

玉米苗枯病是玉米上重要的苗期病害之一，因其分布广泛、为害严重而备受关注。国外20世纪50年代就有报道，现已广泛分布于世界各玉米栽培区，包括韩国、印度、以色列、阿拉伯联合酋长国、法国、英国、德国、意大利、西班牙、加拿大、美国、墨西哥、巴西、阿根廷、新西兰、尼日利亚等国家。在我国，玉米苗枯病的报道较晚，1988年首次在制种田被发现。由于种子带菌，从开始的点片发生逐渐发展为目前在许多玉米种植区广泛发生。21世纪以来，苗枯病在我国的发生面积呈逐年扩大趋势，特别是东北春玉米区和黄淮海夏玉米区发生较重，包括黑龙江、吉林、辽宁、山西、河北、山东、河南、安徽、江苏、浙江、福建、广西、甘肃等，在局部地区对生产影响较大。由于目前国内外对玉米苗期病害在玉米后期产量形成中的影响程度缺乏定量的系统研究，因此苗枯病发病状况对生产影响的具体水平尚难计算，缺乏相关报道。

玉米苗枯病是一种土传病害，但也能通过种子带菌进行远距离传播。在土壤贫瘠板结地块或低温高湿的气候条件下易大发生。近年来，由于耕作管理模式的改变，土壤中病原菌数量逐年递增，加之种子上很高的带菌率，造成病害发生严重，一般年份田间发病株率在10%左右，重病田可达60%以上。玉米苗枯病不仅引起玉米矮化、烂苗，造成产量损失，还严重影响籽粒的质量。玉米苗枯病的病菌拟轮枝镰孢侵入植株后，能在植株体内扩展到籽粒，虽然当年并不引起穗腐症状，但籽粒中已含有病菌，如果第二年种下被侵染的种子，便会成为玉米苗枯病的初侵染源，另外拟轮枝镰孢能够产生毒素，食用含有病菌的种子易引起中毒，严重影响人畜的生命安全，生产上不容忽视。

二、症状

玉米苗枯病为系统侵染病害，从出苗至3叶期开始表现症状，3～5叶期为发病高峰。造成地上部植株矮化，生长迟缓，发育不良，叶片萎蔫或黄化。

根部症状：在种子萌动初期，根或根尖首先变褐，后逐渐扩展成一段或整个根系变褐或呈棕褐色，继而侵染中胚轴，先出现水渍状侵染点，后逐渐扩大，轻者表皮缩水凹陷，重者侵染点变为淡黄色至黄褐色，1～2d后即变为黄褐色水渍状坏死，或形成褐色病斑。由于根系发育不良从而导致根毛减少，严重时皮层腐烂，根毛脱落。次生根减少或无次生根，根系逐渐变黑褐色（彩图3-23-1）。

茎部症状：发病轻的植株，茎外部无明显变化，纵剖植株，可见茎基部已发生褐变，严重的节间维管束组织变成黄褐色。发病严重的植株茎基部呈水渍状褐色腐烂，叶鞘变褐破裂，使茎基部节间极易断裂（彩图3-23-1）。

叶部症状：从植株下的可见第一、二、三片叶开始，叶尖、叶缘先出现黄褐色枯死条斑，3～5d后叶片变青灰色或黄褐色枯死，然后逐渐向上、向内变黄，进而引起心叶卷曲，最后全叶枯黄，心叶青枯萎蔫，全株枯萎死亡（彩图3-23-1）。

三、病原

引起玉米苗枯病的病原有多种，地区不同病原菌的种类也不同，可以由一种或者几种病原菌共同侵染。常见的苗枯病致病菌主要有：镰孢菌、丝核菌、平脐蠕孢菌等。此外，青霉菌、曲霉菌也能引起玉米苗枯病。

镰孢菌：拟轮枝镰孢［*Fusarium verticillioides*（Sacc.）Nirenberg，异名：*F. moniliforme* Sheldon］、禾谷镰孢（*F. graminearum* Schwabe）、半裸镰孢（*F. semitectum* Berk. et Ravenel）、尖镰孢

(*F. oxysporum* Schlectend.:Suyder et Hansen)、胶孢镰孢［*F. subglutinans*（Wollen. & Reinking）Nelson］、层出镰孢［*F. proliferatum*（Matsush.）Nirenberg］、腐皮镰孢［*F. solani*（Mart.）Sacc.］、锐顶镰孢（*F. acuminatum* Ellis & Everh.）、木贼镰孢［*F. equiseti*（Corda）Sacc.］，均属子囊菌无性型镰孢属，有性型为赤霉属（*Gibberella*）真菌，属子囊菌门赤霉属。在镰孢菌引起的苗枯病中，以拟轮枝镰孢发生最重，禾谷镰孢次之。

拟轮枝镰孢：在培养基上菌落初为薄膜状，无色，老熟菌落背面可出现不同的颜色，如深紫色、苍白、淡紫、葡萄酒色以至奶油色；气生菌丝通常致密、纤细，丛毛状至毛毡状，常呈鲜黄色至粉红色外观；8～38℃下均可生长，最适生长温度为25～26℃。气生菌丝上生瓶状分生孢子梗，单出；小型分生孢子呈链状排列或集聚成假头状，椭圆形、纺锤形、卵形、梨形、腊肠形、棍棒形，单细胞或有1个分隔，大小为（3.0～14.3）μm×（1.5～3.9）μm；大型分生孢子为不对称的近纺锤形、新月形，纤细，壁薄，多为3～5个分隔，大小为（19～80.6）μm×（2.6～4.7）μm。有性型为串珠赤霉（*Gibberella moniliformis* Wineland）。子囊壳在植物残体上产生，深蓝色，球形至圆锥形，高250～350μm，直径为220～300μm；子囊椭圆形至棍棒形，大小为（75～100）μm×（10～16）μm；子囊孢子无色透明，椭圆形，常有1个分隔，偶尔也出现3个分隔，大小为（12～18）μm×（4.5～7）μm（图3-23-1）。

拟轮枝镰孢寄主广泛，可侵染30多科植物，包括玉米、水稻、高粱等作物。

禾谷镰孢：培养中气生菌丝棉絮状，菌落白色至紫红色，或带棕色的葡萄紫色，在查氏培养基上呈谷鞘红色，生长最适温度为25～26℃。在高粱粒或麦粒上易产生大型分生孢子；大型分生孢子多为3～5个分隔，大小为（18.2～44.2）μm×（3.4～4.7）μm。菌丝中间生厚垣孢子，直径为8～10μm。有性型为玉蜀黍赤霉［*Gibberella zeae*（Schw.）Petch］。在麦粒上产生黑色球形子囊壳；子囊壳大小为（163～201）μm×（204～231）μm；子囊棍棒形，大小为（57～85）μm×（6.5～11.7）μm；子囊孢子纺锤形，端部钝圆，透明，或偶尔呈淡棕色，1～3个分隔，大小为（16.9～27.3）μm×（4.2～5.7）μm（图3-23-1）。

禾谷镰孢寄主广泛，侵染玉米、小麦、大麦、燕麦及咖啡属、番茄属、豌豆属、枳属、茄属等多种植物。

丝核菌：立枯丝核菌（*Rhizoctonia solani* Kühn），属担子菌无性型丝核菌属。病菌在PDA培养基上生长速度很快，菌落呈淡黄褐色，初生菌丝无色，成熟菌丝褐色，直径为4.4～10.1μm，分枝与主枝多呈直角、近直角或锐角，分枝处大多有缢缩，并在近分枝处有隔膜，最适生长温度为26～30℃；菌丝生长到一定阶段，老熟菌丝纠结形成菌核；菌核初为白色，后变为不同程度的褐色，扁圆形、扁卵圆形或相互愈合成不规则形，表面粗糙，大小为（0.5～2）mm×（0.3～0.5）mm，最适生长温度为22℃。该病菌不产生无性孢子。有性型为瓜亡革菌［*Thanatephorus cucumeris*（Frank）Donk］，属担子菌门亡革菌属，在自然条件下很少发生。当湿度高时，接近土面的病组织表面形成菌膜，初为灰白色，后渐为灰褐色，上面着生无色担子和担孢子，担子桶形、倒梨形或棍棒形；担孢子无色，倒卵形，大小为（3.3～6.6）μm×（3.3～3.9）μm（图3-23-1）。

病菌的寄主范围很广，在自然情况下可侵染43科260多种植物，包括玉米、高粱、水稻、麦类、谷子等主要粮食作物。

平脐蠕孢属菌：玉米生平脐蠕孢［*Bipolaris zeicola*（Stout）Shoemaker，异名：*Heminthosporium carbonum* Ullstrup，*Drechslera zeicola*（Stout）Subramanian and P. C. Jain］，也是玉米圆斑病致病菌，属无性型真菌类平脐蠕孢属。分生孢子梗暗褐色，顶端色浅，单生或2～6根束生，直立或有膝状曲折，基部细胞膨大，产孢节黑褐色，多粗糙，孢痕明显，具有6～11个隔膜，大小为（117～180）μm×（6～9）μm；分生孢子初期浅黄色或蜜黄色，后期黄褐色至深橄榄色，胞壁较厚，光滑，长椭圆形，中央宽，两端渐狭，顶细胞和基细胞钝圆形，分生孢子较直，脐点不明显，具3～10个隔膜，多为5～7个，大小为（33～105）μm×（12～17）μm。分生孢子萌发从两端细胞长出芽管。病菌生长最适温度为25～30℃。有性态为炭色旋孢腔菌（*Cochliobolus carbonum* Nelson），属子囊菌门旋孢腔菌属。在培养基上子囊座散生、埋生或有部分外露，椭圆形、近球形，膜质，深褐色，顶端呈乳头状突起，大小为（355～550）μm×（320～430）μm；子囊圆柱形或棍棒形，直或略弯，无色，内含1～8个子囊孢子；子囊孢子无色，丝状，5～9个隔膜，大小为（182～300）μm×（6.4～9.6）μm（图3-23-1）。

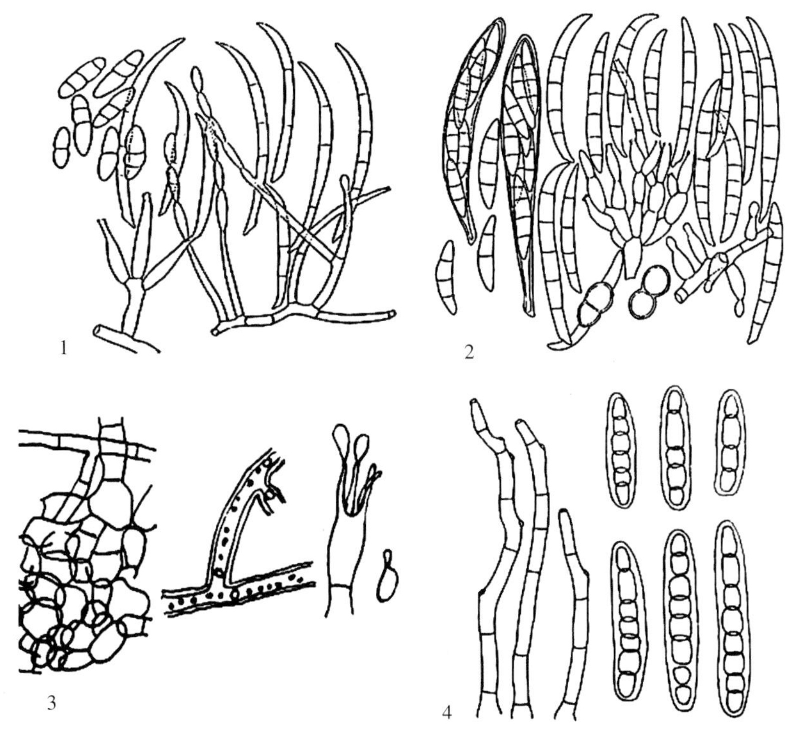

图3-23-1　玉米苗枯病菌形态（1和2. 仿Booth，1971；3和4. 仿von Arx，1982）

Figure 3-23-1　Morphology of pathogens causing maize seedling blight (1 and 2. from Booth，1971；3 and 4. from von Arx，1982)

1. 拟轮枝镰孢　2. 禾谷镰孢　3. 立枯丝核菌　4. 玉米生平脐蠕孢

四、病害循环

玉米苗枯病菌腐生能力很强，主要在土壤或植株病残体中存活和越冬，在土壤中一般可存活2～3年，成为翌年的初侵染来源。

镰孢菌通常以厚垣孢子、分生孢子、菌丝体在土壤或植株病残体中存活和越冬，成为翌年的初侵染源。种子也可带菌，存在于种皮、胚、胚乳等各个部位，成为重要的初侵染源。丝核菌主要以菌核在土壤中或以菌丝体在植株病残体及其他杂草的根中越冬，病菌可在土壤中存活9个月。平脐蠕孢菌以菌丝体和分生孢子在病残体上越冬。

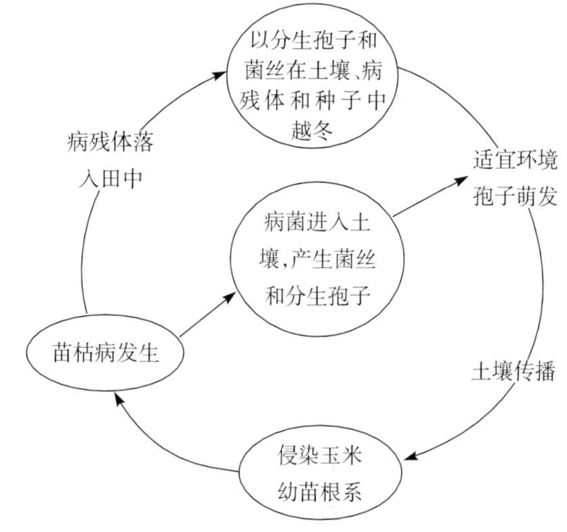

图3-23-2　玉米苗枯病的病害循环（王晓鸣绘）

Figure 3-23-2　Disease cycle of seedling blight of corn (by Wang Xiaoming)

当播种带菌种子后，病菌从萌动的种子侵入幼苗组织，导致幼苗根系发育不良，感病严重的种子不能出土就腐烂而死，感病轻的种子可出苗，但生长较弱。土壤或病残体内潜伏的病菌在翌春条件适宜时萌发，产生菌丝或孢子侵染玉米幼苗根系，并通过雨水、耕作、灌溉水进行田间传播。田间植株发病后，在病组织上可产生大量的孢子，孢子萌发后进行再侵染。低温高湿的条件下，病菌在玉米生长期能够完成多次再侵染（图3-23-2）。

五、流行规律

（一）玉米苗枯病菌的传播与扩散

玉米苗枯病主要通过带菌种子进行远距离传播，通过带菌种子和带菌病残体两种方式进行年度间的病害传播。植株间和田块间的病害传播主要是病菌在植株上新产生的孢子通过风雨、灌溉、田间耕作以及地下害虫的活动进行扩散。

（二）玉米苗枯病菌侵染过程及侵染条件

在温度和湿度条件适宜的情况下，玉米苗枯病菌在土壤中生长，菌丝与玉米根系接触，在根系表面继续生长至一定阶段，菌丝顶端膨大形成侵入结构（侵染垫或裂片状附着胞），从附着胞上产生较细的侵染丝，通过机械压力或酶的作用直接穿透植物表皮细胞壁或从自然孔口（主要是气孔）及伤口进入表皮细胞内，病菌菌丝一旦侵入寄主，即在皮层的薄壁组织中迅速定殖和扩展，破坏吞噬大量的薄壁细胞组织，导致细胞坏死和组织崩解，随着病原菌进一步在植物体内繁殖和蔓延，被害部位逐渐由表层向中胚轴发展。病原菌在细胞内经过10d左右的扩展繁殖，最终在植物表面表现症状。玉米苗枯病菌的侵入，消耗了植物的养分和水分，病原物分泌的酶、毒素等物质，破坏了植物的细胞和组织，使植物的新陈代谢发生了显著的改变。

（三）玉米苗枯病流行的环境条件

玉米苗枯病菌拟轮枝镰孢、禾谷镰孢在湿度适宜、温度10℃以上即可萌发生长，20～26℃萌发率最高，40℃以上病菌生长受抑制。病菌的生长适温为25～26℃。立枯丝核菌生长温度为7～39℃，适温为26～30℃；菌核形成温度为11～37℃，适温为22℃。玉米生平脐蠕孢菌的生长适温为25～30℃。腐霉菌生长适温为23～25℃。在出现低温高湿环境条件的年份，玉米苗枯病发生严重。

六、防治技术

在我国，种子带菌和土壤中病菌数量大是造成玉米苗枯病严重发生的主要原因。

（一）选用健康无病菌侵染的种子

玉米苗枯病菌可以存在于种子的各个部位，经种子带菌能够进行远距离和年度间的传播。种子带菌引起的苗枯病发病率为4.3%～98.3%，平均达到75.3%，高于土壤带菌引起的发病率，因而种子带菌是重要的初侵染源。种子带菌极易造成玉米苗枯病早发生，并作为发病中心向周围扩展从而造成病害的大发生。应尽量选择饱满的种子进行播种，剔除干瘪、受损、受冻的种子，提高播种质量。也可在播种前先将种子晾晒1～2d，以提高种子的活力。

（二）选用种植抗病品种

根据田间的试验表现，不同的品种对玉米苗枯病的抗性有明显差异。

河南农业大学通过对72份玉米自交系和29份玉米杂交种（组合）的玉米苗枯病田间抗性鉴定，自交系表现高抗的有HZ32、HZ85、齐318；表现抗病的有87-1、海9-21、X178、POP 49-S5-63、8085泰、808、综3、P 138、53选3、获选、修武大红袍、自330、A 60、A 38和L 105等15份；中抗的有新白503、374、Mo17（B）、868、F349、3406、87-8、7922、112-3、郑58、S22、群2莫、吉853、黄早四、7922、郑32、浚58-7、758、52106、豫20、GK108、VG187、农系110、郑653。玉米杂交种（组合）中表现高抗的有：郑653×A38、郑653×齐318、L105×A60、L105×齐318、F349×齐318、F349×A38、豫玉34、登海1号、豫玉2号、掖单13、豫玉33、豫玉18；表现出抗病的有A38×A6、郑653×A60、L105×郑653、F349×A60、沈试29、西玉3号、豫玉25、农大3138、登海9号、掖单19、掖单22、安玉5号、广玉27、广玉29、掖单2号、登海6号、豫玉15。

目前在生产上抗性较好的品种有丹玉13、苏玉1号、掖单13、农大60、浙单9号。

我国对于玉米苗枯病的抗病性鉴定工作刚刚起步，对于抗性鉴定与评价还很欠缺。各地区应根据当地情况，淘汰感病品种，选择种植抗病品种或耐病品种。

（三）化学防治

1. 种子处理 药剂处理和温汤浸种能杀死种子携带的镰刀菌，可选用70%甲基硫菌灵可湿性粉剂500倍液浸种40h、2%福尔马林溶液浸种3h或80%乙蒜素乳油800倍液浸种24h，取出后用清水洗净晾干再播种。

在玉米苗枯病常发区，可采用2%戊唑醇湿拌种剂按种子重量的0.4%拌种，2.5%咯菌腈悬浮种衣剂按种子重量的0.2%包衣，2.5%咯菌腈+1%精甲霜灵悬浮种衣剂以药、种比1∶1 000包衣，对苗枯病都能起到很好的防治作用。用40%萎锈灵粉剂按种子重量的0.15%包衣或者3%苯醚甲环唑悬浮种衣剂按种子重量的0.1%包衣也有一定的防效。也可在播种前用福美双或克菌丹拌种。

防治地下害虫，以免病菌从虫伤侵入。可以根据各地玉米田中地下害虫的种类，选择相应的杀虫剂撒施或含杀虫剂的种衣剂进行玉米种子包衣，以减少地下害虫为害造成的伤口。

2. 喷施杀菌剂控制病害 玉米苗枯病发病初期，施用70%甲基硫菌灵可湿性粉剂600～1 000倍液、20%三唑酮乳油1 000倍液、72%霜脲·锰锌可湿性粉剂1 000倍液、50%多菌灵可湿性粉剂600倍液、70%噁霉灵可湿性粉剂2 000～3 000倍液或者50%福美双可湿性粉剂300～400倍液，对玉米幼苗茎基部喷雾，务使药液充分渗透到根部，间隔5～7d防治一次，连续防治2～3次。

（四）生物防治

在国外，木霉菌Bio-Ag 22Gand和枯草芽孢杆菌Kodiak已经在甜玉米上注册使用，但是它们在高原地区的防治效果现在还不明确。目前国内缺少防治玉米苗枯病的有效生物药剂。

（五）农业防治

1. 与非寄主作物进行轮作 由于病菌可以在土壤中和病残体中存活和越冬，因此在有条件的地方可实行与非寄主作物轮作种植，以减少土壤带菌量。

2. 合理施肥，加强栽培管理 增施磷、钾肥、微肥和腐熟的农家肥，及时排除田间积水，松耕土壤，增强土壤通气性，有利于促进玉米根系的生长发育，使植株生长旺盛，提高抗病能力。

3. 清洁田园 玉米收获后要及时深翻土壤，进行灭茬处理，清除病残体，促进病残体分解，抑制病原菌繁殖，减少土壤带菌量和翌年初侵染源。

石洁　郭宁（河北省农林科学院植物保护研究所）

第24节　玉米矮花叶病

一、分布与危害

玉米矮花叶病是一种以叶片褪绿、产生绿色斑点、植株矮化为特征的病毒病害，1963年在美国俄亥俄州大发生并被第一次记载为玉米新病害，病原被确定是病毒。经过若干年的扩展，玉米矮花叶病已成为美国分布最广泛、为害最严重的玉米病毒病害，也成为一个世界性病害。玉米矮花叶病属于蚜虫传播的病毒病，同时也可以经种子传播，在田间蚜虫群体增长迅速的年份，该病害极易大流行，造成严重的生产损失。

矮花叶病在世界各玉米产区分布广泛，包括中国、巴基斯坦、伊拉克、以色列、埃及、德国、法国、意大利、希腊、西班牙、保加利亚、匈牙利、捷克、波兰、加拿大、美国、古巴、秘鲁、智利、澳大利亚等（图3-24-1）。

在我国，玉米矮花叶病在各玉米产区都有发生，如黑龙江、吉林、辽宁、内蒙古、新疆、甘肃、陕西、山西、河北、北京、天津、河南、山东、江苏、上海、浙江、广东、海南、广西、四川、重庆、云南等省（自治区、直辖市）。

玉米矮花叶病具有暴发性、迁移性和间歇性三大特征，病害流行时，若防控不及时，可以导致20%～80%的产量损失，是影响玉米生产的重要病害之一。目前我国除东北地区矮花叶病发生较轻外，各地发生普遍，在华北北部、西北东部春玉米区以及西南一些地区局部发病严重。在一般发生年份，矮花叶病造成减产5%～10%，重发病田，可造成较大的生产损失，甚至绝收。

1968年，矮花叶病在河南省北部地区突发，新乡市辉县玉米减产约1/3，达2 500万kg。此后，该病害在我国有两次发生高峰期，分别为20世纪70年代中期和90年代中期。1975年，山东泰安的发病面积达2.4万hm^2，减产1 000万kg；1977年，甘肃张掖和天水该病大发生，田间植株发病率分别达到40%和50%，平均减产30%；此阶段，玉米矮花叶病还主要是在局部地区暴发成灾。90年代后，由于推广的抗大斑病品种多含有自交系Mo17亲缘，而该自交系对矮花叶病高度感病，导致大部分玉米产区开始流行矮花叶病。1996年，全国矮花叶病发生面积达250万hm^2；1998年山西50%以上的玉米田发生矮花叶病，发病总面积约45万hm^2，造成减产5亿kg。山西运城一直是该病害的重发区，春玉米发病尤为严重。2011年，山西交城曾发生数百公顷严重减产的地块。在西南地区的重庆涪陵等地，2005年也发生因矮花叶病引起玉米绝产的生产问题。2010年陕西合阳县矮花叶病大发生，病田率高达90%，平均病株率

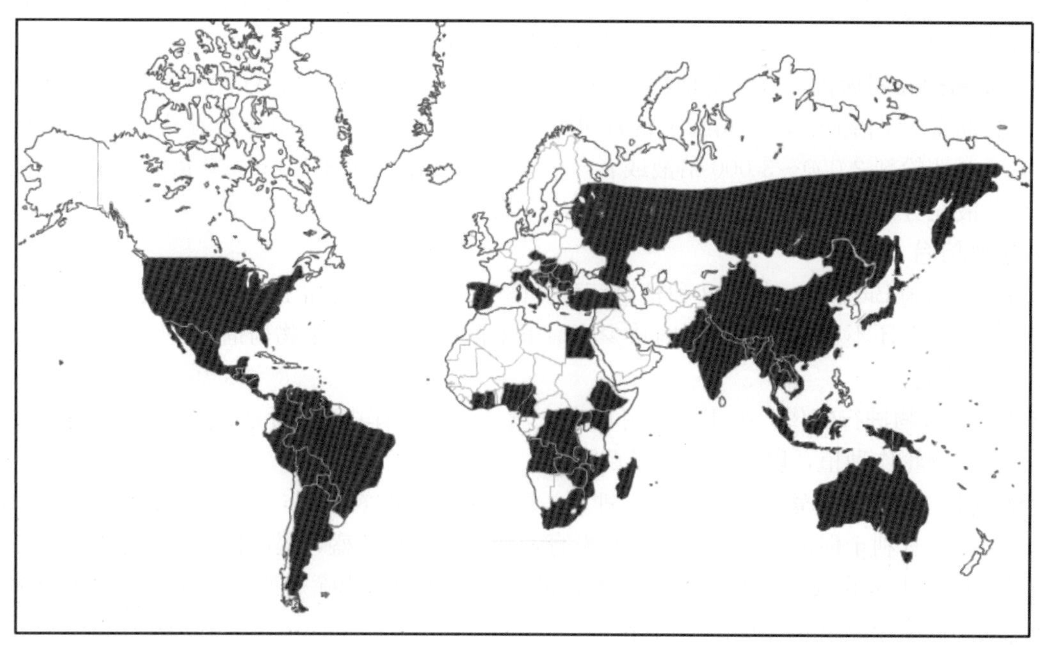

图 3-24-1 玉米矮花叶病的世界分布（数据引自 CIMMYT，孙素丽重绘）
Figure 3-24-1 Geographic distribution of maize dwarf mosaic disease (data from CIMMYT, redrawn by Sun Suli)

37%，重病田植株发病率 80%～100%。

在玉米制种区，一旦发生矮花叶病，可造成玉米叶片严重失绿、植株矮缩、花粉量减少，致使母本植株因授粉不良而导致制种产量下降。

二、症状

玉米矮花叶病由多种病毒引起，在中国主要由甘蔗花叶病毒（*Sugarcane mosaic virus*，SCMV）引起，局部地区也同时有白草花叶病毒（*Penniserum mosaic virus*，PenMV）引起的玉米矮花叶病。

甘蔗花叶病毒引起的玉米矮花叶病典型症状为：幼苗心叶基部细叶脉间出现圆形褪绿斑点，并逐渐扩展至全叶，表现为典型的花叶状；有些品种可表现为叶片上出现叶脉间组织褪绿，呈现黄色条纹症状；苗期发病后，叶色变浅，叶片发脆，植株矮化显著，重病植株不抽雄和结穗，植株早衰枯死（彩图 3-24-1）；侵染晚的植株，前期生长基本正常，但后期随着田间温度的降低而在叶片上出现斑驳褪绿，顶叶花叶症状明显，雌穗小，籽粒不饱满。被白草花叶病毒侵染后，玉米叶片上产生较甘蔗花叶病毒引起的褪绿点更小和更细密的斑点，其他症状与甘蔗花叶病毒侵染的相同。

三、病原

玉米矮花叶病病原为甘蔗花叶病毒（*Sugarcane mosaic virus*，SCMV），属马铃薯 Y 病毒科马铃薯 Y 病毒属（*Potyvirus*）。

在中国，曾认为玉米矮花叶病是由 MDMV-B（SCMV-MDB）和 MDMV-G 株系所致。2003 年，通过对采集自北京、山西、河北、上海、江苏、浙江、山东、河南、陕西、甘肃、四川和云南的 176 株玉米矮花叶病病样进行间接 ELISA 和免疫捕获反转录 PCR（IC-RT-PCR）检测，证明这些地区发生的玉米矮花叶病均是由单一的甘蔗花叶病毒所引起，未检测到玉米矮花叶病毒、高粱花叶病毒及约翰逊草花叶病毒，证明甘蔗花叶病毒是引起我国玉米矮花叶病的主要病毒。通过分子鉴定证明，引起山西等地玉米矮花叶病的另一个病毒是白草花叶病毒，此前曾被定为玉米矮花叶病毒 G 株系（MDMV-G），而该病毒除在山西存在外，在河北承德的玉米上也被发现。甘蔗花叶病毒与白草花叶病毒引起的玉米矮花叶病症状非常相似。中国虽然存在高粱花叶病毒，但迄今在玉米上尚未检测到。

在美国和欧洲，引起玉米矮花叶病的主要是玉米矮花叶病毒。根据对不同分离物的生物学及血清学研究，已报道在玉米矮花叶病毒中有不同的株系，如 MDMV-A、MDMV-C、MDMV-D、MDMV-E、

MDMV-F、MDMV-O及MDMV-KSI株系。约翰逊草花叶病毒的分布比较狭窄，在澳大利亚有记载。以色列报道，玉米花叶病毒是玉米矮花叶病的病原。

甘蔗花叶病毒：无包膜的单链RNA病毒。病毒粒体弯曲线状，大小约750nm×13nm；沉降系数为170～175S，在氯化铯中的浮力密度为1.34g/cm³；致死温度为56℃，体外存活期（20℃）为1～2d，稀释终点为100～10 000倍。在寄主组织中可形成风轮状、管状和卷叶状内含体。该病毒已被测序，RNA由9 596个核苷酸组成，包括3′-poly（A）和一个长度为9 192个核苷酸的开放阅读框架（ORF）。

玉米矮花叶病毒：无包膜的单链RNA病毒。病毒粒体弯曲线状，大小为（430～750）nm×（12～15）nm；沉降系数为165～175 S，在氯化铯中的浮力密度约为1.30g/cm³；致死温度55～60℃，体外存活期（20℃）为1～2d，稀释终点1 000～2 000倍。病株组织中的病毒在超低温条件下保存5年仍具侵染力。在寄主细胞中可见风轮状、卷叶状、束状、圆柱状、环状等形状的内含体，病毒提纯制剂的紫外最大吸收峰值约在260nm，A_{260}/A_{280}在1.20～1.22。

白草花叶病毒：RNA基因组由9 611个核苷酸组成，5′-末端和3′-末端的非翻译区序列分别为172个和241个核苷酸，中间为9 198个核苷酸的开放阅读框，编码3 065个氨基酸，分子质量约为349 575u。

寄主范围：6种引起玉米矮花叶病的病毒具有广泛的禾本科植物寄主，侵染玉米、谷子、高粱、甘蔗等禾本科作物，不侵染小麦和水稻，但能够侵染大量的禾本科杂草，如牛鞭草、芒草等，寄主种类多达250种。

四、病害循环

病毒可通过在田间地边的多年生杂草中存活而越冬，或通过玉米种子带毒方式越冬并形成翌年的重要初侵染源。

带毒种子长成幼苗后，叶片表现花叶症状，病毒在玉米幼苗体内繁殖，形成田间的发病中心和初侵染源；带毒的多年生禾本科杂草越冬后，也产生新的幼嫩病叶。蚜虫在玉米病苗或杂草病叶上刺吸取食，并通过迁飞扩散病害，田间有翅蚜的数量和迁飞状况决定玉米矮花叶病的发生程度。此外，病毒也能够通过汁液摩擦的方式传播，因此农事操作也可传播病害，但最主要的是通过蚜虫传播。

由于带毒种子是最重要的初侵染源，因此种子带毒水平与病害的发生程度密切相关。一般情况下，玉米矮花叶病毒在马齿型玉米上的种子带毒率为0.007%～0.4%，在甜玉米上为0.4%。对我国的甘蔗花叶病毒的种子带毒状况调查发现，种子的一般带毒率为0.15%～6.52%，杂交种掖单2号的种子带毒率达到3.15%，自交系7922的种子带毒率更是高达12%以上。研究表明，玉米种子的种皮、胚乳均可携带甘蔗花叶病毒，以胚乳部位携带病毒的侵染活性最高，可达100%，而种皮带毒的活性较低，为13.3%。较早的研究曾认为胚和花粉不带病毒，但新近的研究已证明，玉米花粉可以传播甘蔗花叶病毒，种胚也可以携带甘蔗花叶病毒。种胚带毒这一现象的被证明能够圆满解释田间病苗形成的基础。

不同质量的种子带毒水平有差异，质量较低的三级种子带毒率一般较二级和一级种子高，这从一个侧面证明，植株发病早，籽粒发育差，带毒率高。

玉米矮花叶病的田间传播主要通过两个环节实现：①通过种子传播形成初侵染源和传播中心或田边多年生杂草中越冬的病毒形成初侵染源；②以蚜虫非持久性方式传播为主和机械传播为辅的病害扩散过程（图3-24-2）。当田间有1%的幼苗发病，如若传毒介体蚜虫种群增长很快，就可能引起病害的流行。

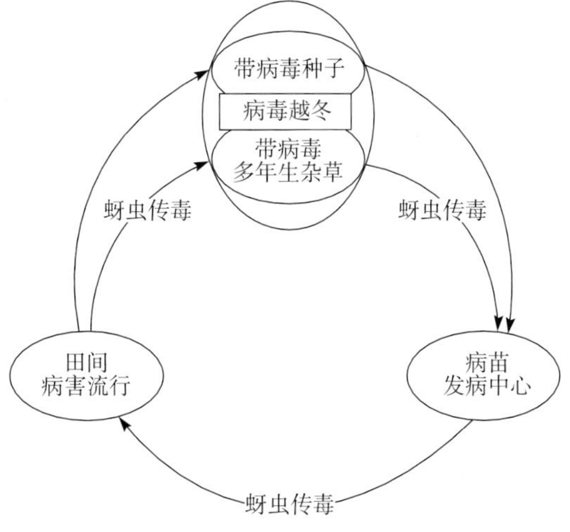

图3-24-2 玉米矮花叶病的病害循环（王晓鸣绘）
Figure 3-24-2 Disease cycle of maize dwarf mosaic (by Wang Xiaoming)

带有病毒的玉米种子也是玉米矮花叶病远距离传播的主要途径，特别是在制种地区，矮花叶病的控制是阻断该病害远距离传播的最有效手段。

五、流行规律

（一）玉米矮花叶病致病病毒的传播与扩散

引起玉米矮花叶病的多种病毒可以通过种子传播或在多年生禾本科杂草中存活越冬，形成初侵染源。当田间带毒植株出现后或多年生杂草出现发病症状后，病害的田间传播主要依靠传毒媒介蚜虫的迁飞活动。研究表明，25种蚜虫可传播玉米各种矮花叶病毒。在我国，玉米矮花叶病的田间扩散主要由玉米蚜（*Rhopalosiphum maidis*）、禾谷缢管蚜（*Rhopalosiphum padi*）、桃蚜（*Myzus persicae*）、豚草指管蚜（*Uroleucon ambrosiae*）、棉蚜（*Aphis gossypii*）、麦二叉蚜（*Schizaphis graminum*）和狗尾草蚜（*Hysteroneura setariae*）传播。蚜虫传毒为非持久性，从带毒植株上的获毒时间为10～30 s，持毒时间为30～240 min，少数蚜虫的持毒时间可超过19 h。蚜虫不但能够在相邻田块间传毒，也可能借助气流的作用长距离传播病毒。

不同种的蚜虫传毒率差异明显，其传毒率从高至低为：麦二叉蚜、禾谷缢管蚜、玉米蚜、麦长管蚜、桃蚜。但各地的研究结论不尽相同，如巴基斯坦的研究表明，玉米蚜和禾谷缢管蚜带毒率可高达92%，其次为麦二叉蚜（72%）、桃蚜和棉蚜分别为29%和19%，而麦长管蚜（*Sitobian miscanthi*）和欧洲麦长管蚜（*Sitobian avenae*）不传玉米矮花叶病毒。

（二）玉米矮花叶病致病病毒侵染过程及侵染条件

蚜虫在玉米植株间传播病毒时，要经历识别—吸附—释放病毒的过程。研究证明，蚜虫的口针前端存在一个病毒附着位点，蚜虫在获毒过程中，需要通过病毒自身编码的蚜传辅助因子的桥梁作用完成与病毒的结合，使植株体内的病毒粒体附着在蚜虫口针上，然后通过在其他植株上的取食过程将病毒成功传播。

不论是在抗病还是感病材料中，病毒都可以通过维管束系统在植株体内扩散，直至到达种子的小盾片、种胚和子叶中。但在抗病材料中，其发病症状明显轻。中国的研究表明，甘蔗花叶病毒侵染玉米后，在抗矮花叶病的潞玉16品种的细胞中，叶绿体和线粒体破坏轻微，线粒体数量增多，无胞间连丝出现，而在感病的鲁原92自交系细胞中，叶绿体大量被破坏，形成大量高电子密度物质、液泡和类髓体结构。

病毒侵染玉米后，都会在寄主细胞内形成一些特殊的结构体。对玉米细胞超微结构的研究表明，在玉米矮花叶病毒侵染后，寄主细胞中可见典型的风轮状和卷叶状内含体。但不同来源的玉米矮花叶病毒株系在形成内含体方面存在差异，如MDMV-西班牙株系不仅能够形成正常的风轮状和卷叶状内含体，也产生较多不定形内含体，而MDMV-波兰株系则仅形成正常的风轮状和卷叶状的内含体。MDMV-智利株系和MDMV-埃及株系也能够产生风轮状、卷叶状和不定形内含体。中国的甘蔗花叶病毒株系在玉米细胞中可以产生风轮状、束状和不定形内含体。

当外界温度条件在20～25℃时，人工接种后7～10d植株即可表现出典型的花叶症状。因此，当田间蚜虫较多时，病害极易流行。

（三）玉米矮花叶病流行的环境条件

玉米矮花叶病是通过蚜虫传播的病毒病害，因此，环境条件对蚜虫发育、迁飞的影响以及对病毒在玉米植株体内的繁殖所造成的影响直接与病害流行密切相关。

1. 暖冬有利于蚜虫在多年生禾本科杂草以及冬麦植株上越冬，造成春季蚜虫基数高，形成有利于大量传播病毒的介体群体。

2. 春季如遇高温干旱气候，利于田间有翅蚜群体的形成、繁殖与迁飞，同时干旱减缓玉米发育进程和降低植株抗病性，延长了蚜虫迁飞传毒与玉米幼苗感病期（4叶期）的重叠时间，易造成春玉米矮花叶病流行。

3. 春玉米晚播或夏玉米早播都可能导致矮花叶病的发生，主要原因在于玉米感病期与蚜虫迁飞期重叠。

4. 玉米生长中期若遇干旱，植株生长受抑制，同时又利于蚜虫迁飞和传毒，可导致后期在气温下降后，田间植株表现出严重的矮花叶病症状。

5. 土壤条件对发病具有一定的影响：土壤结构好、肥沃，有利于植株发育和壮苗，玉米发病轻；沙质土、贫瘠，不利于植株生长，玉米发病重；高山、阴坡地、冷凉地区由于温度偏低，玉米发病轻，平川、阳坡地、温暖地区利于病毒在植株体内繁殖和蚜虫繁殖，玉米发病重；由于蚜虫首先迁入田边，病害侵染时间长，植株发病重，田块中部由于病害侵染时间晚，相对发病轻。

6. 玉米田周边有保护地，能够为蚜虫提供栖息地和繁殖场所，形成较大的群体，因此易发生矮花叶病的流行。

在中国，20 世纪 90 年代以来玉米矮花叶病流行与生产中推广品种的抗病性下降密切相关。针对生产中大斑病的控制问题，育种家在 80 年代后普遍利用自交系 Mo17 培育抗大斑病新品种，但带来的负面影响则是该自交系高感矮花叶病，品种推广后引起矮花叶病的上升。另一个原因是没有重视制种区矮花叶病的防治，种子带毒率高，而 1%的带毒率就可能引起蚜传病毒病的流行。第三个原因是忽视玉米苗期蚜虫的防治，一旦在田间见到较多的发病植株后，已失去病害控制的时机。

六、防治技术

（一）加强制种田玉米矮花叶病防治，生产无病毒的健康种子

玉米矮花叶病能够通过种子传播，尽管病毒的种传率远不及真菌性病害种传率高，但田间蚜虫传病的特点可以在低种传率的基础上造成玉米矮花叶病的大流行。一些地方该病害的突发与种子带毒有密切关系，因此，必须高度重视对制种田中玉米矮花叶病的防控或选择在无病区制种，保证种子健康和不携带病毒。

（二）玉米苗期应控制蚜虫，阻断或减少病毒在田间的传播

在玉米苗期，特别是在 4～7 叶期，适时根据田间蚜虫数量喷施吡虫啉等内吸杀虫剂，降低蚜虫群体数量，降少病害的传播。

（三）及时拔除发病幼苗，控制初侵染源

在玉米间苗时，拔除已经表现矮花叶病症状的病苗，减少病害传播中心。

（四）选择种植抗矮花叶病的玉米品种

玉米矮花叶病是一种广泛流行的世界性病害。因此，在病害常发区或曾经发生病害流行的地区，应选择种植抗矮花叶病的玉米品种，育种家也应该注意培育抗矮花叶病的品种。

田间调查与抗病性鉴定表明，玉米品种间存在明显的对矮花叶病抗性的差异。在我国具有较好抗性的品种有：浚单 20、京科 308、京科 25、浚单 18、登海 3 号、金海 5 号、滑 986、中科 4 号、中科 11、鲁单 9006 等。还有浚单 22、隆平 206、金海 604、金海 702、郑单 958、蠡玉 16、濮单 5 号、新单 22、安玉 12、农大 108、唐抗 5 号、农大 3138、豫玉 22、鲁单 50、渝单 9 号、安森 7 号、大丰 26、强盛 51、并单 390、永玉 3 号、晋单 56 等。

为选育抗病品种，早在 20 世纪 60 年代美国和欧洲就开展了抗病育种材料的筛选，先后鉴定出一些抗玉米矮花叶病的自交系，如 B68、Oh07B、Pa405、A239、D21、D32、FAP1360A、L138、L2039、38-11、C103、3839SC、3925SC、T115、T220、T222、T224、T232、Tx601、Ky226、GA209、Mo18W、GA209、Mp339、Mp412、T240、Va35、AR254、CA203 等。中国在 90 年代后也逐渐开展了育种材料对矮花叶病的抗性鉴定，发现了一些对甘蔗花叶病毒抗性突出的自交系，如黄早四、获白、K12、齐 318、齐 319 、X178、中自 01、赤 L031、哲 4678、宁 74、赤 L022、哲 357 和 2019 等。同时，也证明了许多育种的骨干自交系，如 Mo17、自 330、丹 340、B73、5003、掖 478、掖 107、齐 205、E28 等为高感矮花叶病毒。经过系谱分析，发现兰卡斯特、瑞德和旅大红骨亚群的自交系对矮花叶病抗性低，而 PB 亚群材料抗性较高，唐四平头亚群具有中等抗病性。

在鉴定中，还发现了另一类抗病性，即摩擦接种表现为感病，而在田间却表现出成株期抗性，但这种抗性并不是抗蚜性，表明抗性是对蚜虫传毒具有抵抗能力而不是抗病毒在植株体内的繁殖。玉米品种中玉 4 号具有这种抗病特性。

玉米对矮花叶病抗性的遗传控制已有较多研究。一般认为，玉米对玉米矮花叶病毒抗性属于部分显性至显性遗传，由 1～5 个基因控制。我国的研究认为，对甘蔗花叶病毒的抗病性是由微效多基因控制，但也发现了两个显性互补基因调控抗病性以及一个位于玉米第六染色体长臂的隐性抗病基因。

玉米抗矮花叶病鉴定已有中华人民共和国农业行业标准（NY/T 1248.4—2006）。

（五）通过栽培耕作措施，减轻田间发病率，提高玉米抗病性

调节播期，春玉米适时早播，使玉米幼苗尽可能避开蚜虫从小麦田向玉米田迁飞的高峰。

在病害常发区，采用地膜覆盖种植方式：由于地膜覆盖，促进了种子萌发和植株生长，同时地膜的反光减少了有翅蚜的迁入数量，可明显降低幼苗发病率，推迟病害始发期。

（六）药剂防控

种子包衣或浸种：为控制苗期传毒介体蚜虫，可以在种衣剂中增加内吸杀虫剂，对于控制传毒蚜虫数量有作用，对减缓病害的田间流行有较好的效果。

抑制病毒繁殖：当病害发生初期，可喷施 NS-83 增抗剂、病毒灵、0.3%DHT、病毒威等降低病毒侵染、减轻植株症状。每隔 7～10 d 喷一次，连喷 3 次，促进植株恢复正常。

（七）通过转基因技术提高品种对玉米矮花叶病的抗性

目前，针对玉米矮花叶病问题，已经成功将 hairpin RNA（hpRNA）、甘蔗花叶病毒的 *CP*、*Nia* 和 *Nib* 基因转入感病自交系，获得了抗性显著提高的材料，还获得了无标记的转基因植株。转入外源基因后，受体中抗病相关酶系的活性得到提高。

王晓鸣（中国农业科学院作物科学研究所）

第 25 节　玉米粗缩病

一、分布与危害

玉米粗缩病，俗称“万年青”、“小老苗”等，是中国玉米上最重要的病毒性病害。该病在 1949 年最早报道于意大利，随后在中国、韩国、日本、伊朗、以色列、瑞典、挪威、捷克、法国、希腊、前南斯拉夫、西班牙、加拿大、美国、巴西、乌拉圭、阿根廷等国家均有不同程度发生为害的报道。在我国，1954 年该病害首次在新疆南部和甘肃西部发生并报道，后在我国大部分玉米产区发生为害，发生区域包括：黑龙江、辽宁、宁夏、陕西、山西、河北、北京、天津、河南、山东、安徽、江苏、福建、湖南、四川、云南等地。

玉米粗缩病是一种由植物病毒引起的毁灭性病害，玉米感病后，不能结实或雌穗畸形，严重影响产量。20 世纪 60 年代，玉米粗缩病曾在我国山东夏玉米区流行。有报道在河北保定该病害流行时，严重地块因病减产 80%以上。70 年代，在北京和河北的大范围流行，使玉米大幅度减产。90 年代中期该病害在多个玉米产区流行发生，据报道仅 1996 年全国玉米粗缩病发病面积达 233 万 hm^2，毁种绝收面积约 4 万 hm^2。

目前，玉米粗缩病在黄淮海夏玉米区的山东、江苏、安徽的套播或晚春播、早夏播玉米区域发生为害严重。2004 年该病在安徽宿州市暴发；2005 年、2006 年在安徽北部夏玉米区普遍发生；2008 年江苏发病面积近 16 万 hm^2，占玉米播种面积的 40%；2005 年山东发病面积 16.5 万 hm^2，2006 年 19.8 万 hm^2，2007 年 22.7 万 hm^2，2008 年达 73.3 多万 hm^2，改种 5.9 万 hm^2，致使绝产 1.7 万 hm^2，成为山东玉米生产中的重要病害。该病有从南向北蔓延的趋势，辽宁受影响较大。2006 年，辽宁阜新首次出现玉米粗缩病；2008 年，大连首次出现大面积的粗缩病并呈严重流行性，全市病田率达 80%以上，一般减产5%～10%，发病严重区域病田率达 100%，个别品种病株率高达 30%～85%，减产幅度为 30%～70%，成为大连地区影响玉米生产的重大病害；2008 年，辽宁发病面积已达 3.5 万 hm^2；2009 年，丹东东港沿海地区个别地块发病率高达 90%以上，几乎绝收。

玉米植株感染该病毒越早，发病越重，全株症状越明显，产量损失越大；玉米生长后期感染则植株矮化不明显，对产量影响较小。不同叶龄发病与株高、穗粒重及产量密切相关，3～7 叶龄发病对玉米植株后期生长影响较大，有研究报道，该叶龄期发病植株的株高只有健株的 1/6～1/3，多数不能抽穗结实，个别能抽雄的植株，雄穗发育不良，基本无花粉，且雌穗变形，花丝极少，多不结实，单株产量损失在 90%以上。8～10 叶龄发病，雄穗变短，不能正常抽出或半抽出，结实较少。11 叶龄以后发病的病株，一般抽穗结实正常，但籽粒饱满度不及健株，单株产量损失率在 30%以下。

二、症状

玉米粗缩病在玉米整个生育期都可侵染发病，苗期感病性最强，且发病后对玉米植株影响最大。苗期植株感病后，最早在3叶期开始在叶片上显症，5～6叶时进入显症高峰，持续到抽雄吐丝期，全株症状表现明显。发病初期，在玉米心叶基部及中脉两侧产生边缘清晰的透明油渍状褪绿虚线点条，长2～3 mm，随后透明条点上下延伸成透明状点线，称为明脉，是病害早期诊断的主要症状；最后在叶背面叶脉上产生粗细不一的白色蜡状突起条纹，称为脉突，手摸有明显的粗糙感，随着时间推移，白色脉突颜色逐渐加深为黄色或黄褐色，在叶鞘、雌穗苞叶上也会出现脉突，脉突是后期病害诊断的主要依据。典型的粗缩病植株表现为：矮化，发育迟缓，节间缩短和变粗；叶片密集重叠，顶叶簇生，且叶色浓绿、宽、短、厚、脆；重病株不能抽雄吐丝，一般在乳熟期前枯死，造成绝产（彩图3-25-1）；轻病株可以抽雄，但半包在喇叭口中，雄穗发育不良，分枝极少，或花粉败育；雌穗畸形，花丝不发达，籽粒少或不结实。病株根系不发达、粗短，总根数少，不发次生根，根茎交界处常有纵裂，易拔出。

三、病原

已报道引起玉米粗缩病的病毒有玉米粗缩病毒（*Maize rough dwarf virus*，MRDV）、水稻黑条矮缩病毒（*Rice black-streaked dwarf virus*，RBSDV）、南方水稻黑条矮缩病毒（*Southern rice black-streaked dwarf virus*，SRBSDV）、里奥夸尔托病毒（*Mal de Rio Cuarto virus*，MRCV），均属呼肠孤病毒科斐济病毒属 *Fijivirus*。在我国引起玉米粗缩病的病毒为水稻黑条矮缩病毒和南方水稻黑条矮缩病毒。

水稻黑条矮缩病毒的粒体主要存在于玉米病叶隆起的细胞及带毒昆虫的脂肪体、唾液腺、消化道、肌肉、气管等细胞内。电镜观察，病毒粒体直径70～75nm，完整的水稻黑条矮缩病毒粒体呈等轴的二十面体结构、球形。在12个顶点处各有一个约11nm宽的球状突起A。病毒粒体具双层蛋白质衣壳，外壳蛋白的组成为：外层厚约8nm，由12个呈五边形、中空的管状突起B和亚单位C组成，B突起大小为11nm×8nm。外层衣壳极不稳定，容易脱去A突起和亚单位C，形成带有B突起的内层粒体，称为亚病毒粒体（subviral particle，SVP）。B突起脱落后，形成直径约为50nm的光滑的核心粒体，内含10条分散的双链RNA基因组。该病毒的致死温度为70℃，在提纯状态的汁液中可存活37 d，完整粒体具有较强的侵染力，但由于结构不稳定，只有在快速的粗抽提制剂中，才能有保持完整的和中间型的病毒粒体，在冰箱中保存1～2d后，大部分粒体的外层衣壳便消失。研究发现，病毒外壳蛋白在病毒的感染中起重要作用并直接影响病毒的虫媒性。

四、病害循环

玉米粗缩病病毒可在冬小麦、水稻、多年生杂草及传毒昆虫体内越冬。在黄淮海小麦—玉米连作区，灰飞虱若虫以休眠或滞育状态在冬小麦、田间地边禾本科杂草等场所越冬，第二年春季2、3月第一代灰飞虱在越冬的带毒寄主，如小麦绿矮病株，感染水稻黑条矮缩病毒的马唐、稗草等杂草上取食获毒；或越冬的带毒灰飞虱把病毒传播到返青的小麦上，使小麦绿矮，成为侵染玉米的主要毒源。5、6月灰飞虱陆续向附近的春、夏播玉米田迁飞传毒为害，造成玉米粗缩病，在小麦乳熟后期至收获期间形成迁飞高峰，第二、三、四代灰飞虱主要在玉米及田间杂草上越夏，随着玉米的成熟便迁至禾本科杂草上，秋季小麦出苗后，第四代灰飞虱转迁到麦田传毒为害并越冬。感染水稻黑条矮缩病毒的马唐、稗草和再生高粱是冬麦苗期感染的侵染源（图3-25-1）。

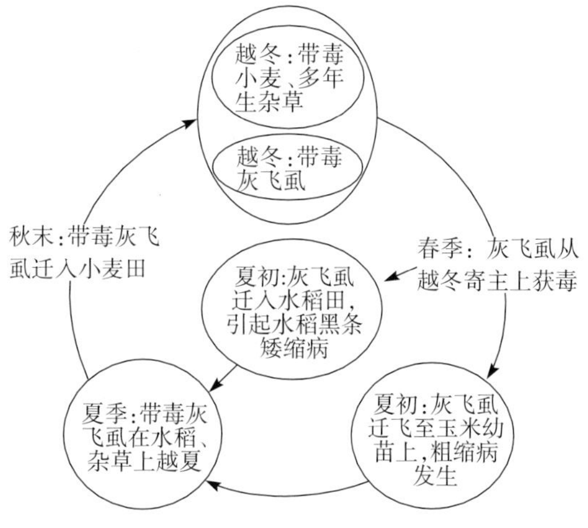

图3-25-1　玉米粗缩病的病害循环（王晓鸣绘）
Figure 3-25-1　Disease cycle of maize rough dwarf（by Wang Xiaoming）

在水稻、小麦、玉米混种区灰飞虱越冬代主要在小麦上取食并获毒，翌春羽化后大量一代成虫迁飞至旱稻秧田或在本田传毒为害并繁殖，水稻秧苗移栽或小麦成熟后，再迁入玉米田传毒，造成玉米粗缩病；冬小麦出苗后再转移到麦田为害，并越冬；感染水稻黑条矮缩病的水稻和稗草是冬麦苗期的侵染源。

带毒灰飞虱也可以在南方稻区越冬，5月中下旬随高空气流直接迁飞到玉米上取食传毒，造成玉米粗缩病，如山东滕州的一代灰飞虱主要为外地虫源。

玉米是水稻黑条矮缩病毒最敏感的寄主，但不是灰飞虱喜食的寄主，只有当田间适宜寄主缺乏时将其作为桥梁寄主过渡。因此，灰飞虱在玉米上的取食传毒是暂时性的。玉米粗缩病株仅在感染水稻黑条矮缩病毒前期能作为毒源，且其人工饲毒的获毒率<8.2%，而病症明显的病株和老病株不能作为毒源，因此玉米粗缩病病株作为田间再侵染源的作用不大。

五、流行规律

(一) 玉米粗缩病传毒介体、传播途径及寄主

引起玉米粗缩病的病毒唯一的传播途径是昆虫介体，病毒不能经土壤、汁液摩擦、嫁接、菟丝子、种子、花粉传播。病毒在传毒介体内和植物韧皮部特别是薄壁组织中繁殖。对于水稻黑条矮缩病毒，在我国大部分区域的传毒介体昆虫为半翅目飞虱科的灰飞虱［*Laodelphax striatellus*（Fallén)］，仅在云南丽江地区为白脊飞虱［*Sogatella furcifera*（Horváth)］。白脊飞虱的传毒效率低于灰飞虱。灰飞虱通过刺吸水稻、小麦、玉米等禾本科植物汁液，传播水稻黑条矮缩病、水稻条纹叶枯病、小麦绿矮病和玉米粗缩病等多种病毒病，其传毒为害造成的损失远大于直接刺吸为害。灰飞虱在带毒植株上获毒期为取食后30 min。病毒在灰飞虱体内的带毒循回期因温度而异，在8～35 d不等，之后终身可传毒。最短传毒时间为在寄主上取食5 min。传毒方式为终身间歇传毒，且蜕皮后病毒仍在体内繁殖，属持久性传毒，但不经过卵传。南方水稻黑条矮缩病毒的传毒介体是白背飞虱，其传毒特点与灰飞虱的传毒特点相近。

灰飞虱为害水稻、玉米、小麦、大麦、高粱、甘蔗、谷子等作物和稗、马唐、画眉草、狗尾草、看麦娘、千金子、早熟禾、李氏禾、双穗雀稗、黑麦草、棒头草、莔草、白顶早熟禾、野燕麦等多种禾本科杂草，其中稗草、粳稻和小麦是灰飞虱的适宜寄主。玉米不是灰飞虱适宜寄主，灰飞虱只在带有叶鞘的玉米植株上才能完成生活史，在玉米苗和叶片上无法完成生活史。

灰飞虱一年发生4～8代，在40 °N以北地区，如辽宁盘锦以4代为主；25 °N以南，如龙溪等地，可发生8代，在福建、广东、广西、云南冬季还可见3种虫态；其他地区为4～7代地区。灰飞虱以二至五龄若虫越冬，成虫不能正常越冬，当气温降至10℃以下时开始以休眠或滞育方式越冬，广东等地无越冬现象，冬季仍继续为害小麦。灰飞虱能在麦类、紫云英、蚕豆、胡萝卜、野茭白和芫荽等植物上，以及田埂、荒地、沟渠边及路旁杂草丛中越冬，小麦是越冬的主要寄主。

灰飞虱能远距离迁飞，每年从中国大陆地区越海迁飞至日本。国内研究认为，灰飞虱主要以当地虫源为主，但在山东一代成虫中，外来虫源是一个很重要的因素。

引起我国玉米粗缩病的水稻黑条矮缩病毒主要侵染禾本科植物，国内自然寄主包括高粱、谷子、水稻、玉米、大麦、燕麦、黑麦、小黑麦、小麦及其他禾本科杂草共28属57种。该病毒不感染双子叶植物。

(二) 病害流行的环境条件

玉米粗缩病发生程度与田间传毒介体灰飞虱虫口密度及其带毒率、一代灰飞虱传毒高峰期与玉米敏感叶龄期吻合程度、品种抗性等因素密切相关。若冬季温度干燥有利于灰飞虱越冬代存活，虫源基数增大，早春气温偏高、雨量偏少利于灰飞虱冬后若虫的羽化繁殖，灰飞虱易暴发成灾。灰飞虱发育的适宜温度为15～28℃；最适温度为25℃，30℃以上高温不利于其发育繁殖。若5月中旬至6月初田间平均气温偏低且雨水偏多，适于灰飞虱生长活动，田间灰飞虱种群数量大，玉米粗缩病易发生。

稻套麦、麦套玉米、免耕等栽培模式下粗缩病发生较重，上述栽培模式为灰飞虱提供了充足食料和适宜的越冬场所，广泛的寄主对其转移为害和繁衍十分有利，并有利于毒源的衔接过渡。晚春播玉米、蒜茬和油菜茬玉米及早夏播玉米，敏感期与灰飞虱迁飞高峰期吻合，常导致玉米粗缩病严重发生。夏直播玉米发病轻，病株率一般不超过5%。

田间管理粗放的地块，杂草和自生麦苗丛生，为玉米田灰飞虱提供了大量适宜寄主，利于灰飞虱生存繁殖和越冬越夏，病害易严重流行。

六、防治技术

玉米粗缩病产量损失严重，其发病完全是由带毒的灰飞虱传染所致，一旦发生无有效挽救措施。因此，在玉米粗缩病的防治上，要采取以农业防治为主、化学防治为辅的综合防治措施，适当调整播期、采取科学的种植模式、减少灰飞虱越冬场所，治虫防病、切断毒源的防治策略，降低田间粗缩病发生率。

（一）选用抗（耐）病品种

目前，玉米生产中应用的主栽品种缺少抗玉米粗缩病的专用品种，但品种间感病程度仍存在一定差异。表现耐病的品种有农大108、青农105、金海5号、吉东4号、鲁单50、鲁单053、登海3622、苏玉19、丹玉86、雅玉8号、农大3138等，上述品种在粗缩病中度发生情况下，表现中抗水平，但在灰飞虱迁飞高峰期的5月播种，发病率仍为100%。

国内通过带毒灰飞虱人工接种和重病区自然感病鉴定等方法已对大量玉米材料进行了抗性鉴定，未发现对粗缩病免疫的种质，抗性材料也不多见。美国78599系、PB亚群、四平头亚群对玉米粗缩病抗性相对较好。由于高抗玉米粗缩病种质资源相对偏少，限制了抗玉米粗缩病育种进程。研究发现，即使抗病杂交组合的亲本之一达到高抗或中抗水平，杂交后代的抗病性表现也只介于双亲之间，很少出现超双亲现象。

为改良我国玉米抗性种质资源，减轻玉米粗缩病对我国玉米生产的为害，国内多家单位开展抗病基因分子标记和定位的研究工作，并取得初步成果，发现第六条染色体umc21探针与EcoR V酶切片段杂交在抗、感间有多态性，与粗缩病的抗性相关。利用SSR-BSA法，在玉米第 一、三、六条染色体上检测到抗玉米粗缩病的数量性状位点。也有人在玉米第五和九条染色体上发现2个与玉米粗缩病抗性位点有连锁关系的分子标记。有研究在玉米第 六、七、八条染色体上定位到3个与玉米粗缩病抗病位点连锁的分子标记，并利用SSR-BSA分析技术，找到了4个与玉米粗缩病抗病基因连锁的分子标记。近年开展了利用分子标记改良我国骨干自交系玉米粗缩病抗性的辅助育种工作，将遵90110携带的抗病位点导入到感病自交系掖478、L189、DH4866、502、5003、郑58、昌7-2、9801等受体亲本中，得到了BC_5F_1代回交材料。田间试验发现，这些材料在保持原有优良性状的同时获得了对玉米粗缩病的抗性。

（二）农业防治

1. 适当调整播期 调整播期是目前控制玉米粗缩病最有效的措施，将播期尽量调整到使玉米对粗缩病敏感期避开灰飞虱成虫迁飞盛发期，以降低发病率。在小麦—玉米连作区，避免在4月下旬至6月上旬播种玉米。春播玉米要提前至4月上旬播种，夏玉米播种应推迟到6月10日后，重发区应推迟到6月15日以后，蒜茬、油菜茬等半夏播玉米推迟到6月中旬或改种其他作物。

2. 调整田间种植结构 调整田间种植结构，改变耕作方式，切断灰飞虱的食物链和侵染循环。在小麦—玉米连作区，粗缩病常发区，要改麦田套种为免耕直播，提倡连片种植，利于隔离和集中防治灰飞虱。

在水稻、小麦、玉米混种区，要减少稻茬麦，水稻收获后稻田要翻耕后再种植小麦，降低灰飞虱在水稻和小麦间的转移率，消灭稻茬越冬若虫，或种植灰飞虱不寄生的油菜、豌豆、蚕豆等作物；水稻适当晚播，减少小麦与水稻的共存时间，减少灰飞虱越冬虫量。

3. 清除田间杂草 禾本科杂草是灰飞虱重要的桥梁寄主，在玉米出苗前及时清除玉米田间地头杂草，特别是稗草，使苗期玉米不与杂草共生，既可破坏灰飞虱的滋生和繁殖的场所，减少毒源，又能减低越冬虫源基数。

4. 加强栽培管理，适当增加播种量 合理施肥，氮、磷、钾均衡施用；播种后加强管理，及时追肥、浇水、除草，促进玉米健壮生长，增强玉米抗（耐）病能力；晚定苗，间病苗，减轻玉米粗缩病的为害。重病区增加20%播种量，再结合分期间定苗拔除病株，可有效降低产量损失。

5. 加强测报 麦—玉—稻混种区应建立省、市、县、乡（镇）至村五级预测预报网络体系，进行联合测报。在田间利用白搪瓷盘作载体，用水湿润盘内壁，拍击植株中下部，记录灰飞虱成、若虫数量，预测首次向稻田（玉米田）的迁入时间，每年的迁飞高峰期，并调查灰飞虱越冬基数及越冬场所，为及时调整栽培措施及田间化学防治提供精确的数据支持。

（三）化学防治

1. 种子包衣 利用内吸性杀虫剂对小麦种子拌种或包衣，降低越冬灰飞虱数量；对玉米种子包衣，降低粗缩病发生率。常用药剂为70%噻虫嗪和70%吡虫啉种衣剂，对麦田灰飞虱有一定的控制作用，但不能完全控制玉米粗缩病的发生。研究表明，在粗缩病轻发生和重度发生情况下，种子包衣防治效果不佳，在粗缩病中度发生的情况下种子包衣对粗缩病有较好的防治效果。

2. 喷药防治 麦田喷施杀虫剂，压低越冬虫源基数。麦田是灰飞虱越冬的主要场所，也是一代的繁殖场所，特别是在稻茬麦田，虫源基数大，应是防治重点。在小麦拔节期和抽穗前后，结合小麦防病治虫，喷药防治越冬灰飞虱成虫和一代灰飞虱。待10月中旬灰飞虱进入麦田越冬时，再喷一次内吸性杀虫剂，控制越冬虫源和压低越冬基数。

玉米田喷药杀虫，对延迟发病有一定作用。在玉米出苗后至6叶前，当田间发现灰飞虱时，及时喷施吡虫啉、吡蚜酮、啶虫脒等杀虫剂，最好加入盐酸吗啉胍、三氮唑等病毒钝化剂或诱抗剂，每隔5 d喷一次，连喷2～3次。喷雾时要求把药液喷到玉米心叶叶鞘内，并要注意喷洒田边和地内杂草。

常用喷雾药剂及使用剂量：10%吡虫啉可湿性粉剂2 000倍液、50%吡蚜酮水分散粒剂2 500倍液、25%噻虫嗪水分散粒剂4 000倍液、25%噻嗪酮可湿性粉剂2 000倍液、3%啶虫脒乳油2 000倍液。

石洁　李娟（河北省农林科学院植物保护研究所）

第26节　玉米红叶病

一、分布与危害

玉米红叶病属于媒介昆虫蚜虫传播的病毒病害。该病害在1952年发现，1956年确认是由昆虫传播的黄化病毒所致；1977年证明玉米也是大麦黄矮病毒的自然寄主以及可以作为其他作物该类病害的毒源植物。我国在20世纪80年代初期曾在河南等地发生玉米红叶病，1985年确诊是由小麦黄矮病致病病毒（大麦黄矮病毒）所引起。目前，我国玉米红叶病主要发生在甘肃省东部地区，但陕西、河南、河北、山东、山西等地也属常发区。美国、意大利、西班牙也有玉米红叶病发生的记载。玉米红叶病发生的严重程度与当年小麦黄矮病的发病水平和田间蚜虫种群数量有关，多种蚜虫可将小麦和禾本科杂草上的病毒携带至玉米幼苗上而引发红叶病。在玉米红叶病重发生年，对生产有一定影响。

大麦黄矮病毒是一种世界性分布的病毒，其引发的病毒病是小麦、水稻、玉米、大麦、黑麦等禾本科作物上的重要病害。

发病后，玉米植株的高度降低不明显，一般低于正常植株的10%，产量减少15%～20%，减产原因在于病株雌穗中籽粒数量的减少；在一些敏感的玉米品种上，病毒侵染后也可引起雌穗不育，即雌穗中无籽粒形成。

二、症状

病害的侵染一般发生在玉米7叶期前后，但显症却在玉米拔节后。

病害显症之初，在植株叶片的尖端，叶脉之间的叶肉细胞从绿色逐渐变为红色；随着病害的发展，叶尖、叶缘的叶脉间红色条纹逐渐向叶片基部扩展，变红区域常常能够扩展至全叶的1/3至1/2，有时仅叶脉为绿色；发病严重时引起叶片干枯死亡（彩图3－26－1）。不同的玉米品种在病毒侵染后症状有差异，有些表现为叶脉间组织失绿、黄化或变紫；有些则无叶片症状，病毒仅存在于根系组织中；有的叶片畸形；有时病毒侵染后却不表现症状，带病毒植株成为隐蔽的田间侵染源。

三、病原

玉米红叶病病原为大麦黄矮病毒（Barley yellow dwarf viruses，BYDVs），属黄症病毒科黄症病毒属（*Luteovirus*），传播媒介为多种蚜虫。

大麦黄矮病毒（BYDV）：病毒粒体为等轴对称二十面体，直径 25～28nm，呈六边形，有 180 个蛋白亚基；沉降系数为 115～118 S，在氯化铯中的浮力密度为 1.40 g/cm^3；RPV 株系和 MAV 株系致死温度分别为 65℃和 70℃（10 min），A_{260}/A_{280}比值分别为 1.72 和 1.92。病毒通过蚜虫以持久方式传毒，汁液不传毒，病毒粒体在被侵染的植物组织韧皮部中存在。

大麦黄矮病毒存在传毒介体种类专化、毒力变异和血清学特异的株系，其中传毒蚜虫种类与大麦黄矮病毒株系有明确的对应关系。MAV 株系为麦长管蚜高效传播；RPV 株系通过禾谷缢管蚜传播，但玉米蚜和麦二叉蚜不传；RMV 株系被玉米蚜传播，但一般不被禾谷缢管蚜、麦长管蚜和麦二叉蚜传播；PAV 株系为禾谷缢管蚜和麦二叉蚜传播，偶尔被麦二叉蚜传播，但玉米蚜几乎不传；SGV 株系为麦二叉蚜所传播，但不被麦长管蚜、禾谷缢管蚜和玉米蚜传播。

大麦黄矮病毒主要寄主植物包括大麦、燕麦、小麦、玉米、水稻等禾本科作物和 150 余种禾本科杂草。

四、病害循环

在小麦—玉米两熟制的种植方式下，当秋播麦田中有较多残留的玉米秸秆时，由于蚜虫对黄色的趋性，常常导致秋季麦田中蚜虫较多，小麦黄矮病发生重，形成大量毒源，为翌年病害发生与传播奠定了基础。此外，大麦黄矮病毒可在多年生禾本科杂草的组织中存活越冬，也是翌年玉米红叶病发生的重要原因。

大麦黄矮病毒的传播媒介为多种蚜虫。当春季气候适宜时，蚜虫开始迁飞，将冬小麦中或多年生杂草上的大麦黄矮病毒传至玉米、燕麦、水稻幼苗和其他禾本科杂草寄主上，病毒在这些被侵染的植株体内繁殖并通过蚜虫活动在田间扩散，引起病害。在秋季，同样通过蚜虫的迁飞活动，再将上述作物和杂草上的大麦黄矮病毒传至冬小麦或多年生禾本科杂草上（图 3-26-1）。

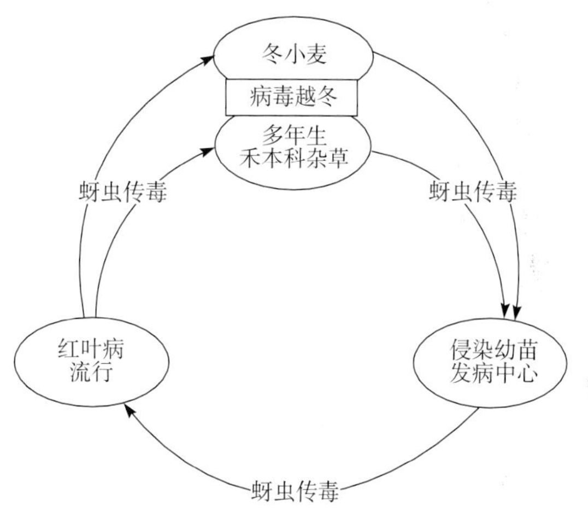

图 3-26-1　玉米红叶病的病害循环（王晓鸣绘）

Figure 3-26-1　Disease cycle of maize red leaf (by Wang Xiaoming)

五、流行规律

（一）玉米红叶病的传播与扩散

大麦黄矮病毒不经种子传播，也不能够通过机械摩擦方式传播，在田间仅依靠传毒介体昆虫——蚜虫进行传播。据报道，至少有 25 种蚜虫能够传播大麦黄矮病毒，主要的传毒蚜虫种类为禾谷缢管蚜（*Rhopalosiphum padi*）、荻麦长管蚜（*Sitobion miscanthi*）、麦无网蚜（*Metopolophium dirhodum*）、玉米蚜（*Rhopalosiphum maidis*）、麦二叉蚜（*Schizaphis graminum*）、百合新瘤蚜（*Neomyzus circumflexum*）、草莓谷网蚜（*Sitobion fragariae*）、早熟禾缢瘤蚜（*Rhopalomyzus poae*）、苹草缢管蚜（*Rhopalosiphum insertum*）等。

虽然蚜虫能够传播大麦黄矮病毒，但病毒在蚜虫体内不增殖，也不能够通过繁殖传递给下一代蚜虫。蚜虫获毒后需要经过一定的时间才能够传毒，蚜虫带毒期为数天或几周。

（二）红叶病的侵染条件

光照强、温度低（15～18℃）有利于病毒在玉米体内繁殖和症状表现。高温（30℃）有助于蚜虫迁飞，但无助于提高传毒率。

六、防治技术

（一）选用种植抗病品种

玉米品种间对红叶病存在抗性差异，可以通过接种鉴定或田间多年调查的方法，掌握品种的抗病水平，在生产中淘汰高度感病品种，推广种植抗病或耐病品种。由于我国甘肃是红叶病常发区，多年来科研工作者一直对参加甘肃玉米区域试验的品种进行抗红叶病鉴定。国外也早在 20 世纪 80 年代中期就有抗性鉴定的报道。

（二）防虫控病

若春播玉米区同时是冬小麦或春小麦种植的地区，应在玉米苗期发生蚜虫的阶段，及时在玉米田和麦田喷施内吸杀虫剂，控制蚜虫，可以有效减轻红叶病的发生。

王晓鸣（中国农业科学院作物科学研究所）

第27节 玉米细菌性顶腐病

一、分布与危害

玉米细菌性顶腐病是近几年出现的一种新病害，发生呈逐年上升趋势，造成的危害损失大，潜在危险性较高，必须引起警惕。目前该病在河北、河南、山东、新疆均有发生，对玉米生产造成了严重威胁。细菌性顶腐病属于近年新发生病害，如果仅在大喇叭口期玉米叶片叶尖出现局部腐烂，对生产的影响则较小；如果发病严重，叶片上部出现大范围腐烂，发病叶片扭曲粘连在一起，就能够引起植株雄穗无法抽出、植株空秆无雌穗，导致直接的产量损失。2010年，新疆伊犁哈萨克自治州新源县一些玉米田曾因严重发生该病害导致毁苗重播。同年，在新疆博乐市精河县一农场，一些品种发生严重的细菌性顶腐病，田间植株发病率超过50%，植株空秆率（无雌穗）高达30%以上，至少减产40%。

二、症状

从喇叭口伸出的叶片顶部出现褐色腐烂，腐烂部位多沿叶尖边缘向下扩展；发病轻的叶片表现叶缘失绿，叶片透明；发病部位的组织消失，形成缺刻；严重发病植株，顶部叶片粘连在一起，导致叶片紧裹，雄穗无法伸出，同时雄穗也被细菌侵染发生腐烂；若病害发生早，多数上部叶片发生腐烂，形成植株上部叶片紧贴茎秆而不伸展，无雌穗形成；发病腐烂部位有明显的臭味（彩图3-27-1）。

玉米细菌性顶腐病在玉米抽雄前均可发生。典型症状为心叶呈灰绿色失水萎蔫枯死，形成枯心苗或丛生苗；叶基部水渍状腐烂，病斑不规则，褐色或黄褐色，腐烂部有或无特殊臭味，有黏液；严重时用手能够拔出整个心叶，轻病株心叶内部轻微腐烂，随心叶抽出而变为干腐，有时外层坏死叶片紧紧包裹内部叶片，心叶扭曲不能展开，影响抽雄。

三、病原

玉米细菌性顶腐病病原为铜绿假单胞杆菌［*Pseudomonas aeruginosa*（Schroeter）Migula］，属薄壁菌门假单胞菌属。它属于非发酵革兰氏阴性杆菌。菌体细长且长短不一，有时呈球杆状或线状，成对或短链状排列。菌体的一端有单鞭毛，在暗视野显微镜或相差显微镜下观察可见细菌运动活泼。本菌为专性需氧菌，生长温度为25～42℃，最适生长温度为25～30℃。在普通培养基上可以生存并能产生水溶性色素，如绿脓素与水溶性荧光素等。在血平板上会有透明溶血环。该菌含有O抗原（菌体抗原）以及H抗原（鞭毛抗原）。O抗原包含两种成分：一种是其外膜蛋白，为保护性抗原；另一种是脂多糖，有特异性。

四、病害循环

病原菌在种子、病残体、土壤中越冬，翌年从植株的气孔、水孔或伤口侵入。高温高湿有利于病害流行，害虫或其他原因造成的伤口利于病菌侵入。玉米在喇叭口期遇持续高温、高湿易发生细菌性顶腐病。高温和强光照可造成喇叭口内夜间的吐水温度升高，伤害叶片的幼嫩组织，形成细菌入侵的伤口；玉米周期性的吐水和高温气候，可加速细菌大量繁殖，数天内就能够使叶片的幼嫩组织大量腐烂。该病多出现在雨后或田间灌溉后，低洼或排水不畅的地块发病较重。秋季，病菌随病残体遗留田间或随秸秆还田进入土壤，少数可以通过种子继续传播。翌年，遇到适宜的诱发条件，病害再度发生（图3-27-1）。

五、流行规律

夏玉米播种推迟后，大喇叭口期恰遇连续高温高湿，极易导致细菌性顶腐病的大发生。此外，蓟马、蚜虫、棉铃虫等害虫为害造成的伤口，有利于病菌的侵染，也可导致病害的严重发生。

研究发现，不同玉米品种抗高温能力和抗病力存在差异，浚单20、郑单958等属于较敏感的品种，发病严重；先玉335、登海662、蠡玉1号也有发生，连成21比较抗病。此外，连续秸秆还田可导致土壤中病菌积累。

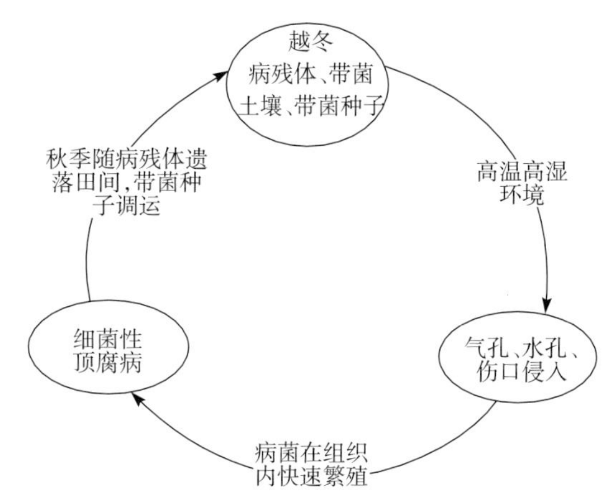

图3-27-1 玉米细菌性顶腐病的病害循环（王晓鸣绘）

Figure 3-27-1 Disease cycle of bacterial top rot of corn (by Wang Xiaoming)

六、防治技术

（一）农业防治

及时清除田间病株，集中销毁，对于重病田要轮作倒茬。玉米进入大喇叭口期，要及时追施氮肥，同时要叶面喷施锌肥和生长调节剂，补充养分，提高抗逆能力。将严重腐烂并粘连的叶片，及时用刀片挑开，阻止病害继续扩展，保证雄穗能够正常抽出。对严重发病、难以挽救的地块，要及时重播。

（二）化学防治

在发病初期，及时施用农用链霉素或加入以下药剂的一种：多菌灵、甲基硫菌灵、百菌清、代森锰锌、烯唑醇等，上述药剂按使用说明书稀释后进行叶面喷雾。

石洁（河北省农林科学院植物保护研究所）

第28节　玉米细菌性茎腐病

一、分布与危害

玉米细菌性茎腐病又称烂腰病，是一种在玉米中部茎秆和叶鞘部发病为主的细菌性病害，发病部极易折断，严重影响玉米的抽穗或结实。玉米细菌性茎腐病是热带和亚热带玉米种植区的主要病害之一，近年来在温带玉米产区也有发生。玉米细菌性茎腐病是一种世界性病害，最早发现于1889年，目前在中国、印度、英国、加拿大、美国、墨西哥、巴西、阿根廷、埃及、尼日利亚等有报道。印度曾有田间发病率达到80%～85%的报道；并证明在人工接种条件下，细菌性茎腐病造成的产量损失可高达92%。

20世纪90年代中期以来，玉米细菌性茎腐病在我国的发病范围有逐渐扩大的趋势，吉林、陕西、甘肃、河北、天津、河南、山东、安徽、浙江、福建、海南、广西、四川、云南等有发生，并在四川、河南主要玉米区发生较重。1996年在海南三亚的玉米南繁田也发现该病侵害。细菌性茎腐病在局部地区对生产影响较大，1996年，吉林省桦甸市该病害大面积发生，严重地块病株率达71.4%，损失极大；同年，在河南的部分优质玉米产区如栾川、伊川、宜阳和新乡，也有玉米细菌性茎腐病严重发生的报道；此后在河南、山东、河北部分县（市）持续有大面积发生的报道，2005年，在天津蓟县发生茎腐病，严重地块病株率达30%～40%。

二、症状

玉米细菌性茎腐病一般在玉米生长中期发生，近年来，发病期常提早至拔节期。病菌主要侵染部位为植株茎秆和叶鞘，也能侵染苞叶和雌穗。病原菌主要通过叶鞘或茎节处气孔、水孔及伤口侵染玉米植株。玉米拔节期发病，叶基部呈现水渍状腐烂，病斑不规则，褐色或黄褐色，腐烂部有或无特殊臭味，有黏液；心叶上部呈灰绿色失水萎蔫枯死，严重时用手能够拔出整个心叶，形成枯心苗和丛生苗，甚至引起幼苗死亡，造成田间缺苗断垄；轻病株心叶扭曲不能展开。玉米生长中后期发病，发病初期在叶鞘上出现水渍状病斑，圆形、椭圆形或不规则形，病斑在大多数品种上有浅红褐色边缘，病健组织交界处水渍状尤为明显；发病植株叶片尤其是心叶失水呈灰绿色萎蔫状干枯；叶鞘下方茎秆上有褐色病斑，呈梭形或不规则形，病组织软化，腐烂下陷；在高湿条件下，病斑沿叶鞘和茎秆向上下两方迅速发展，纵剖茎秆可见髓部组织腐烂空松，维管束剥离，在部分品种上变褐色，严重时植株常在发病后 3～4 d 因茎秆腐烂而倒折，溢出黄褐色或乳白色腐臭菌液，造成无法正常抽穗结实；在轻微侵染和干燥条件下病害扩展缓慢，有时形成凹陷干腐病斑，植株生长不良，病部以上叶片发黄，雌穗瘦小，籽粒灌浆不满，病部也易折断；病原菌通过侵染苞叶、穗轴侵入雌穗，或者从雌穗顶部直接侵入，导致整个雌穗腐烂，籽粒白色、乳白色或红色、红褐色，表面常被白色菌膜（彩图 3-28-1）。

玉米细菌性茎腐病与腐霉菌引起的茎腐病症状相似，田间常混合发生，并且两者极易混淆，区分关键为腐霉茎腐病仅发生在基部 1～3 茎节，叶鞘病斑无红褐色边缘，组织软化后无臭味，天气潮湿时病斑上形成腐霉菌的白色菌丝层，细菌茎腐病在病部腐生各色霉层。

三、病原

玉米细菌性茎腐病的病原为菊欧文氏菌玉米致病变种［*Erwinia chrysanthemi* pv. *zeae*（Sabet）Victoria，Arboleda et Munoz］和胡萝卜欧文氏菌玉米专化型（*E. carotovora* f. sp. *zeae* Sabet），均属薄壁菌门欧文氏菌属。国内报道，菊欧文氏菌玉米致病变种致病力较强。菊欧文氏菌玉米致病变种菌体杆状，两端钝圆，菌体大小有差异，为 0.85～1.6 μm，无荚膜，无芽孢，周生鞭毛 6～8 根，革兰氏染色反应为阴性；在肉汁冻蔗糖培养基上，菌落呈圆形，低度突起，乳白色，略透明，有胶质；不同致病菌株在不同的培养基上色泽不同，并且在培养液中生长状况及耐盐性都存在差异；菌株为好气性，适宜生长温度为32～36℃，最高温度 38℃。此外，有报道丁香假单胞菌猝倒致病变种［*Pseudomonas syringae* pv. *lapsa*（Ark.，1940）Young，Dye and Wilkie，1978］也是该病的病原。

国内接种试验研究发现，从玉米上分离的致病菌株，在高粱、谷子等禾本科作物上不能引起感染发病。印度研究报道，从玉米上分离的胡萝卜软腐欧文氏菌玉米专化型致病菌株可在马铃薯、胡萝卜、洋葱、甜菜、甘薯、番木瓜、甘蓝等作物上引起同样的症状。

关于玉米细菌性茎腐病的病菌研究报告有：在 1922 年由 Rosen 将病原细菌鉴定为 *Pseudomonas dissolvens* n. sp.。Burkholder 在 1948 年将该菌定名为 *Aerobacter dissolvens*（Rosen）com. nov.。1940 年 Ark 报道了另一种玉米茎腐病细菌 *Phytomonas lapsa* Ark。1954 年 Sabet 在埃及报道鉴定了新的专化型 *Erwinia carotovora* f. sp. *zeae*，此后在印度和非洲其他地区的玉米上都发现了由这种专化型致病菌引起的玉米细菌性茎腐病。1958 年 Volcani 报道，分离到一种不产生气体的 *Erwinia carotovora* 菌系，人工接种能侵染玉米。同时 Mungonery 在同年报道 *Erwinia atroseptica* 菌系人工接种也能够侵染玉米。我国在 1962 年对于江苏玉米细菌性茎腐病菌株进行分离培养研究发现，致病力最强的为 *Erwinia carotovora* f. sp. *zeae* 菌系。

四、病害循环

玉米细菌性茎腐病菌可在地表的病叶、茎秆、穗轴、病种子等病残体上越冬，成为初侵染源。病菌在自然条件下通过叶片和叶鞘气孔、水孔、伤口等侵入植株组织。在田间利用病组织液灌叶鞘的方法接种研究发现，病原菌不经过伤口侵入也可以引起发病。发病植株常常倒伏，茎秆进一步腐烂。秋季病残体直接遗留在田间，形成翌年主要初侵染源（图 3-28-1）。

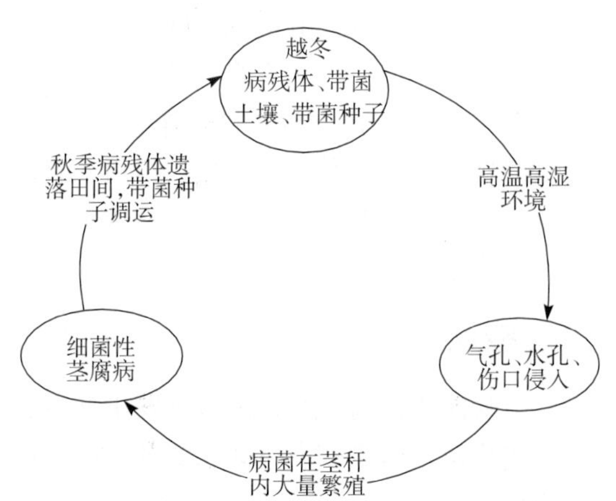

图 3-28-1 玉米细菌性茎腐病的病害循环（王晓鸣绘）

Figure 3-28-1 Disease cycle of bacterial stalk rot of corn (by Wang Xiaoming)

五、流行规律

1. 玉米细菌性茎腐病菌的传播与扩散 玉米细菌性茎腐病菌为经病残体传播的病害，病菌只能存活在土壤表面未腐烂的病残体中，通过风雨、昆虫和动物活动以及人的田间劳作进行扩散，风雨对病害在田间的传播与扩散起主要作用。害虫为害或其他原因造成的伤口利于病菌侵入。有研究报道，蚜虫、蓟马、玉米螟、棉铃虫等虫口数量大的田块，田间发病重。

2. 玉米细菌性茎腐病菌侵染过程 在玉米细菌性茎腐病菌侵染玉米组织时，病原细菌在植物组织细胞间繁殖，通过所分泌的酶，分解玉米细胞组织的中胶层和细胞壁，导致细胞离析，增加细胞膜的透性，使细胞内的糖和可溶性物质外渗，为细菌的进一步繁殖创造条件，同时破坏了玉米的组织，使细胞离解，组织软化，引起腐烂。

3. 玉米细菌性茎腐病流行的环境条件 温度和湿度是玉米细菌性茎腐病菌快速繁殖的必备条件。病菌活动温度为20～38℃，以30～35℃最为活跃，因此7～8月高温高湿容易引起该病的大发生。田间气温26℃的条件下，病菌生长缓慢，平均气温30℃，相对湿度70%时田间即可发病。日平均气温32～34℃、相对湿度80%时病害迅速扩展，感病植株2～3 d即倒折死亡，气温超过40℃病菌发育即终止。连续干旱后，突降大雨或田间大水灌溉，有利于病菌迅速传播蔓延，可使该病发生严重。低洼或排水不畅的地块发病较重；施用未腐熟农家肥或单施氮肥发病重；连作年限越长发病越重。

4. 玉米细菌性茎腐病菌接种条件及致病性 玉米细菌性茎腐病菌的接种试验一般选择在苗期和拔节期，接种方法采用喷洒和伤口接种。研究表明，接种时期不同和接种方法不同，导致不同的发病结果，且温室接种和田间接种菌株的致病力不同。温室接种研究表明，从玉米上分离的病原细菌都具有一定的致病性，但菌株的致病性有差异。发病率方面，苗期接种高于拔节期接种，伤口接种高于喷洒接种。例如：苗期伤口接种的植株，可引起茎腐和植株的腐烂与折倒，但是喷洒接种的，一般只在叶片上呈水渍状条斑。温室人工接种条件下，病菌主要从伤口和气孔侵入，也能从水孔侵入。

选取拔节期玉米进行大田接种试验，研究表明，最佳的接种部位在植株中部，伤口接种有利于植株的发病，温室接种试验发病的纯培养菌株在大田试验中并不能全部致病，致病力也不同。用病组织液直接通过叶鞘浇灌接种的植株，发病率和发病速度均高于用纯培养的细菌接种的菌株，也说明病组织中的腐生性或弱寄生性的细菌，虽然不能单独引起病害，但是可能具有加强其他菌株致病性的作用。

六、防治技术

（一）选用种植抗病品种

玉米品种对细菌性茎腐病的抗性，尚未见系统研究报道。田间观察表明，不同玉米品种间的发病率存在差异。一般来说，马齿型玉米的抗病力较强，爆裂型次之，甜玉米最易感病；早熟品种的抗病能力比晚熟品种弱。在病害的常发区，应种植在当地表现抗细菌性茎腐病的品种。

（二）化学防治

在玉米喇叭口期喷施杀菌剂进行防治，20%叶枯净可湿性粉剂、58%甲霜灵·锰锌可湿性粉剂，均有预防作用。当田间出现病株后，马上喷施5%菌毒清水剂600倍液或72%农用硫酸链霉素可溶粉剂4 000倍液，重点喷施茎部2～3节处，防效较好。同时有研究表明，壳聚糖对玉米细菌性茎腐病菌的生长有明显的抑制作用，但作用机制尚不明确。

由于玉米细菌性茎腐病是由植株气孔或伤口侵入的病害，玉米苗期、中期及时防治蚜虫、蓟马、玉米螟、棉铃虫等害虫，以免造成伤口，可减轻被细菌性茎腐病菌侵染，可喷施50% 辛硫磷乳油1 500倍液防治害虫。

（三）农业防治

1. 与非寄主作物轮作 与大豆、其他食用豆类作物或紫花苜蓿等轮作。

2. 清洁田园 田间发现病株后及时拔除，并携出田外深埋或集中烧毁。重病田收获后，及时清洁田园，消除病残体，防止菌源扩散或越冬，减少翌年初侵染源。当相邻地块有病害发生时，应及时喷药预防。

3. 加强栽培管理 科学施肥，多施充分腐熟的有机肥，勿偏施氮肥，氮、磷、钾肥施用比例适当且植株健壮的田块发病轻。同时，应避免在低洼地种植玉米，高畦栽培，注意开沟排水，雨后清沟、排渍、降湿。在6月干旱时严禁大水漫灌，7～8月密切关注当地天气预报，在旱涝不均的情况下，如连降暴雨要及时排水，防止湿气滞留而引起该病重发为害。另外，在田间作业时，尽可能减少机械损伤，以免增大病菌侵入的概率。

石洁（河北省农林科学院植物保护研究所）

第29节 玉米细菌干茎腐病

一、分布与危害

玉米细菌干茎腐病为土壤传播和种子传播病害，是2006年在我国新发生的一种病害。细菌干茎腐病仅在少数玉米自交系上发生，目前已知的发生区域也仅为甘肃、新疆等制种基地。由于作为制种中父本的自交系感病后植株茎节扭曲、易折，导致植株矮小、雄穗低于母本，因此严重影响杂交种种子的配制，对种子生产有很大的影响，导致发生该病害的亲本退出育种应用，所组配的新品种退出生产市场。

二、症状

在幼苗期，玉米植株生长缓慢，茎节不能正常伸长，逐渐在茎下部的叶鞘表面出现红褐色不规则的病斑；玉米拔节后，剥开病株外层叶鞘，可见近地表数个茎节有黑褐色病斑，病斑处缢缩，严重时发病部位坚硬的茎皮以及茎髓组织消失，产生不规则的缺刻，似害虫取食状，发病的组织为干腐症状；横向剖茎，髓组织和维管束呈现紫黑色，发病部位从茎基部向上扩展；由于植株茎节一侧被破坏，导致植株向发病侧倾斜或扭曲生长，病株茎秆发脆，遇风极易倒折，同时由于病株较正常株矮小，无法向母本传粉，因此严重影响制种生产（彩图3-29-1）。

三、病原

成团泛菌［*Pantoea agglomerans*（Beijerinck，1888）Gavini，Mergaert，Beji，Mielcarek，Izard，Kersters & De Ley，1989］，属薄壁菌门泛菌属。

成团泛菌：革兰氏染色阴性。在NA培养基上30℃下生长迅速，菌落呈淡黄色，圆形，表面光滑，微凸起，边缘整齐，直径为0.8～1.5 mm，半透明，较软，略黏，培养基不变色；在泛菌属选择性培养基YDC上菌落呈黄色；菌体呈短杆状，两端圆，单细胞，大小为（0.5～1.0）μm×（1～3）μm，周生鞭毛（彩图3-29-2）。兼性厌氧，D-葡萄糖不产气，明胶液化阴性，吲哚阴性，不水解脲素，马铃薯软腐试验阴性；蔗糖产酸，还原硝酸盐，NaCl（5%）耐盐反应阳性，苯丙氨酸脱氨酶为阳性，半胱氨酸产生H_2S，V.P.阳性，产生黄色素；能利用阿拉伯糖、鼠李糖、木糖、乳糖、海藻糖、水杨苷，不能利用蜜二糖、肌糖和α-甲基葡糖苷；能利用D酒石酸盐，且磷霉素抗性为阳性。

从植物、动物和环境中分离的一些成团泛菌菌株为腐生菌，有些为条件致病菌，在适宜的条件下可引发植物病害，但也有一些成团泛菌菌株是真正的致病菌，如有报道成团泛菌可引起玉米上的叶疫病和维管束的枯萎病，以及引起中国芋头、洋葱、棉花、水稻的一些病害。

四、病害循环

成团泛菌是一种土壤中常见的细菌，因此可以在土壤中越冬，同时也可以在玉米种子中越冬。翌年，土壤中的病菌可以直接侵染玉米萌动的种子并进入植株体内，也可以因种子带菌直接进入幼苗体内。在玉米幼苗中的成团泛菌菌体通过维管束系统，随水分的运输逐步进入玉米的其他组织中，直至到达雌穗和籽粒，并在敏感玉米自交系植株的各个器官引起发病（图3-29-1）。

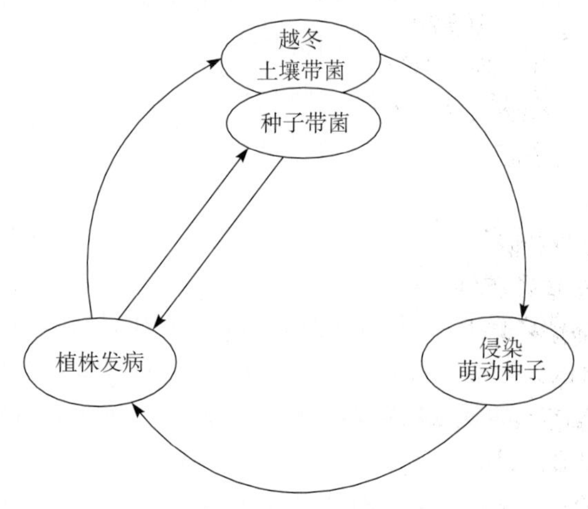

图3-29-1 玉米细菌干茎腐病的病害循环（王晓鸣绘）
Figure 3-29-1 Disease cycle of bacterial dry stalk rot of corn (by Wang Xiaoming)

五、流行规律

研究已经证明，成团泛菌能够通过玉米种子进行传播，直接引起病害的发生；同时，成团泛菌也是土壤中常见细菌之一，具有一定的固氮和作为生物防治菌的功能，在甘肃病区的土壤中也分离检测到该菌的存在。因此，成团泛菌能够在土壤中自然存在，遇到适宜的玉米寄主，引发干茎腐病。病菌在田间的扩散主要通过灌溉时水流的携带作用，而由于能够感染成团泛菌引起干茎腐病症状的玉米自交系很少，即使是亲本感病，其后代杂交种却也没有非常严重和典型的病症出现，因此，成团泛菌的种子带菌主要在敏感自交系上具有传播病害的作用。

目前对细菌干茎腐病发生所需要的环境条件还缺乏研究。

六、防治技术

（一）化学防治

生长期喷施杀细菌剂：在发病初期开始喷施抗生素，如农用硫酸链霉素、嘧啶核苷类抗菌素等，有一定的防效；在播种前，用噻唑类杀细菌剂，如拌种灵作拌种处理，对于控制经种子传播的细菌病害有效果。

（二）高温杀菌

高温处理种子：如果种子带菌，可以在播前将种子放入 50℃温箱中处理 4 d，对于杀灭种子内部病菌有效果。

王晓鸣（中国农业科学院作物科学研究所）

第 30 节　玉米细菌性叶斑病

一、分布与危害

2000 年以来，在我国玉米生产中，不断发现有玉米细菌性叶斑病的发生，虽然目前还无法确定这些细菌性叶斑病对生产是否具有重要影响，但这类病害已经从零星散发发展到大面积发生，如果应对不及时，有可能对生产产生影响。细菌侵染玉米叶片后，引起叶肉组织发病，细胞坏死，最终导致叶片早衰和枯死，致使植株提早失去充足的光合能力，同化产物减少，玉米籽粒因营养不足而灌浆不充分，造成减产。

通过调查、鉴定和初步研究，已经可以确定在我国玉米生产中常见各种细菌性叶斑病，其中最常见、分布较广、对生产威胁较大的是泛菌叶斑病，而芽孢杆菌叶斑病和细菌性褐斑病分布范围较小。

玉米泛菌叶斑病为土壤传播的病害，是目前在我国许多地区都有分布的一种新的玉米叶部细菌性病害，已在河北、北京、广东、海南、贵州、宁夏等地的细菌叶斑病中鉴定出泛菌叶斑病的存在。在波兰、墨西哥、巴西、阿根廷已有报道。

玉米芽孢杆菌叶斑病也是一种新的土壤传播的玉米病害，目前仅在浙江的细菌叶斑病中鉴定出。由于病害发生后能够在叶片上产生大量病斑，严重时能够引起叶片干枯，因此对生产也具有潜在的威胁。

玉米细菌性褐斑病在我国局部地区偶发，在海南省的田间有发生，但目前未见在生产上大面积发病。在气候温暖、多雨时，病害发生严重。美国近年有发生的报道，如 2012 年在密西西比州、印第安纳州和 2004 年在艾奥瓦州发生。

二、症状

泛菌叶斑病：病害发生在玉米的各个生长时期，但在中后期表现更为明显。植株感病后，初期在整个叶片上出现分散的小而黄色的水渍状斑点，斑点逐渐在叶脉间的叶肉组织中开展，呈现小的褪绿条带；随着病害的发展，叶脉间病斑扩大相连，在叶片上形成大面积的枯死斑，进而引起叶片枯死（彩图3-30-1，1、2）。

芽孢杆菌叶斑病：发病初期，叶片上出现分散的小型黄色水渍状斑点；病斑逐渐扩大，变为无明显边缘的黄色褪绿斑，且褪绿斑周围有黄色晕圈所围绕；发病后期，病斑扩大并相互连接，在叶片上形成大面积的坏死斑（彩图 3-30-1，3）。

细菌性褐斑病：在叶片上，病斑初呈暗绿色、水渍状，逐渐扩大为黄褐色的椭圆形病斑，大小为 2～8 mm，中央黄褐色，或中央细胞坏死而呈现为白色病斑，病斑具有浅褐色或红褐色边缘，或有黄色晕圈。病斑在后期可以发生联合，形成较大的坏死斑（彩图 3-30-1，4）。

三、病原

泛菌叶斑病：菠萝泛菌［*Pantoea ananas*（Serrano，1928）Mergaert，Verdonck & Kersters，1993］，属薄壁菌门泛菌属。革兰氏染色阴性，兼性厌氧，培养中产生黄色色素；菌体短杆状，大小为（0.5～1.3）μm×（1.0～3.0）μm，周生鞭毛，有运动性（彩图 3-30-2，1）；葡萄糖产气、硝酸盐还原、明胶液化试验为阴性，赖氨酸脱羧酶、鸟氨酸脱羧酶、过氧化氢酶反应阳性，可利用纤维二糖、鼠李糖、麦芽糖、乳糖、棉籽糖、山梨醇、蜜二糖、肌醇、水杨苷、蔗糖。

芽孢杆菌叶斑病：巨大芽孢杆菌（*Bacillus megaterium* de Bary，1984），属厚壁菌门芽孢杆菌属。革兰氏染色阳性，好氧，也可在厌氧条件下生长；菌体杆状，末端圆，单个或为短链状排列，大小为（1.2～1.5）μm×（2.0～4.0）μm，无鞭毛，有运动性（彩图 3-30-2，2）；芽孢大小为（1.0～1.2）μm×（1.5～2.0）μm，椭圆形，中生或次端生，液化明胶慢、冻化牛奶、水解淀粉、不还原硝酸。

细菌性褐斑病：①稻叶假单胞菌（*Pseudomonas oryzihabitans* Kodama，Kimura and Komagata，1985），属薄壁菌门假单胞菌属。革兰氏染色阴性，好氧，在细胞内产生黄色的非水溶性色素；菌体杆状，端钝圆，单生，大小为（0.5～0.8）μm×（1.5～3.0）μm，端生单鞭毛，有运动性；以氧化酶反应阴性而区别于其他相近的种。②丁香假单胞菌丁香致病变种（*Pseudomonas syringae* pv. *syringae* van Hall），属薄壁菌门假单胞菌属（彩图 3-30-2，3）。革兰氏染色阴性，好氧，在 King's B 平板培养基上产生黄绿色荧光；菌体杆状，相互呈链状连接，大小为（0.7～0.9）μm×（1.4～2.0）μm，端生鞭毛 1～5 根，有荚膜，无芽孢。生长适温 24～28℃，最高 39℃，最低 4℃。

菠萝泛菌具有很广的寄主范围，可引起许多双子叶植物和单子叶植物病害，包括棉花、洋葱、哈密瓜、白兰瓜、桉树、玉米、水稻等。

巨大芽孢杆菌为土壤腐生菌，在土壤中常见。作为根围细菌之一，巨大芽孢杆菌具有分泌细胞激动素并促进植物生长的功能，其还是解磷细菌，也被作为生物防治细菌加以利用。

稻叶假单胞菌也属于土壤腐生菌，具有生物防治细菌的功能，但对水稻具有致病性。

丁香假单胞菌丁香致病变种是植物致病菌，有较宽的寄主范围。

四、病害循环

菠萝泛菌和丁香假单胞菌可以在植物病残体中越冬。

稻叶假单胞菌和巨大芽孢杆菌在土壤中越冬。巨大芽孢杆菌在适宜条件下，通过玉米幼苗根尖组织的破裂等微伤侵染，逐渐进入韧皮部、木质部和髓组织，并从根系向地上部茎和叶片组织移动。

病菌可以通过水流在田间扩散，在侵染玉米根系后，随着韧皮部导管中水流的运动，逐渐进入叶片组织，并在叶肉细胞中定殖和引起叶斑病。丁香假单胞菌也可通过气孔侵染。秋季，细菌随病残体回到土壤中（图 3-30-1）。

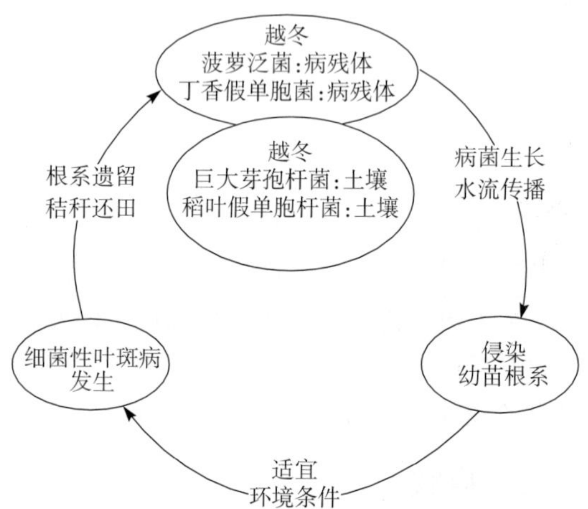

图 3-30-1 玉米细菌性叶斑病的病害循环（王晓鸣绘）

Figure 3-30-1 Disease cycle of bacterial leaf spot of corn (by Wang Xiaoming)

五、流行规律

迄今未见以上 3 种细菌性叶斑病通过玉米种子传播并引发病害的报道。来自其他研究者的报道证明，洋葱、苏丹草和水稻种子可以携带并传播菠萝泛菌。也有报道称，从健康玉米的籽粒中分离到了菠萝泛菌。

自菠萝泛菌在 1927 年引起菠萝腐烂病的报道之后，直到近 20 多年才有其引起植物病害的报道，寄主范围扩大到 10 多种植物。因此，对其在致病过程中的流行规律缺乏认识。

巨大芽孢杆菌可以在 3～45℃条件下生长。

细菌性褐斑病在有风雨和温度为 25～30℃条件下易发生。

菠萝泛菌在 20～25℃的温暖和高湿度条件下在玉米上发病率高且为害严重。

总的看，玉米细菌性叶斑病的发病与田间温度和湿度状况有密切的关系。气候温暖、多雨高湿时，病害发生严重。2008 年夏季全国普遍降水量较大，导致细菌性叶斑病发生较往年严重。

六、防治技术

(一) 化学防治

在病害常发区，可在病害发生初期喷施抗生素，如农用硫酸链霉素、嘧啶核苷类抗菌素等，连续用药 2 次，间隔 7～10 d，有控制病害的作用。

(二) 农业防治

在病害严重发生的地区，可以与非禾谷类作物实行轮作。

秋收后，及时清除田间病残体，并通过翻耕，促进遗留在田间的病残体腐烂，减少细菌的存活量。

王晓鸣（中国农业科学院作物科学研究所）

第 31 节　玉 米 螟

一、分布与危害

玉米螟，俗称玉米钻心虫，属鳞翅目螟蛾总科草螟科野螟亚科秆野螟属。玉米螟是重要的世界性农业害虫，有亚洲玉米螟［*Ostrinia furnacalis*（Guenée）］和欧洲玉米螟［*Ostrinia nubilalis*（Hübner）］两个种，前者分布在中国、日本、朝鲜半岛、泰国、菲律宾、马来西亚、澳大利亚和太平洋诸岛屿，后者分布于美洲、欧洲、北非、西亚等。两种玉米螟在我国都有分布，以亚洲玉米螟为主，欧洲玉米螟分布在新疆伊宁，宁夏永宁、河北张家口、内蒙古呼和浩特、甘肃陇东等地有可能也存在欧洲玉米螟，但仍以亚洲玉米螟为主。1984 年证实，分布在台湾的玉米螟是亚洲玉米螟。

玉米螟为杂食性害虫，在我国已明确的寄主有 69 种。除玉米外，还为害高粱、谷子、小麦、黍、水稻、棉花、生姜、啤酒花、甘蔗、大麻、马铃薯、向日葵、蚕豆、菜豆、辣椒等作物。此外，还为害苍耳、酸模叶蓼、金盏银盘、狼把草、艾蒿、黄花蒿、苋菜、金盏菜、刺儿菜、四棱蒿、稗草、山菠菜、狗尾草、仙人掌、蓝蓼、大川谷、野高粱、芦苇、荻等杂草。

玉米螟以幼虫为害作物。为害玉米，在玉米心叶期，初孵幼虫潜入心叶丛，蛀食心叶造成针孔或“花叶”；三龄以上幼虫蛀食，叶片展开时出现排孔。玉米进入打苞期，取食雄穗；散粉后幼虫开始向下转移蛀入雄穗柄或继续向下转移至雌穗着生节及其上、下节蛀入茎秆。此时玉米雌穗已开始发育，茎节被蛀会明显地影响甚至中止其发育，遇风极易造成倒折。穗期，初孵幼虫潜藏取食花丝继而取食雌穗顶部幼嫩籽粒，三龄以后部分蛀入穗轴、雌穗柄或茎秆。影响灌浆，降低千粒重，致穗折而脱落。此外，常引发玉米穗腐病、茎腐病，更加重了产量损失和品质下降。一般发生年，春玉米受害后减产 10%左右，夏玉米减产 20%～30%；大发生年，减产可达 50%以上甚或绝产。为害谷子，早期蛀茎造成枯心，后期易引起茎折。为害高粱与玉米相似，抽穗前潜藏在心叶蛀食纵卷幼嫩心叶，造成花叶和排孔。高粱抽穗后转移蛀茎，以从茎上部和穗节蛀入居多，遇风易折，造成产量严重损失。20 世纪 80 年代以来，玉米螟对棉花的为害日趋严重，有些地方甚至超过了棉红铃虫。棉花受害，造成嫩头和叶片凋萎下垂或折断，幼铃被蛀脱落，大棉铃纤维多被蛀食，常招致病菌的侵染引起烂铃，主茎被蛀食，枝叶逐渐枯萎，遇风常引起折茎。

幼虫是玉米螟一生中为害作物造成损失的唯一虫态。春玉米或高粱在 1 代区整个生育期受一代幼虫为害，在 2 代区则在心叶期和穗期受两个世代幼虫为害。第一代卵一般落在心叶期，卵期长达 1 个月左右。初孵幼虫顺叶片爬行至心叶丛中咬食未展开的幼嫩心叶，被害叶抽出后呈现半透明薄膜状食痕，或稍大幼虫开始蛀食造成密布的针孔，这些为害状统称“花叶”。有花叶的植株称为花叶株，花叶株率的高低是衡量心叶期螟害发生轻重的指标。一般来说，叶片轻微受害对玉米生长无明显影响。如虫量大，发生早可能出现枯心苗，多数情况下心叶被咬得支离破碎，不能展开，严重影响光合作用，生长受到抑制，抽雄推迟或不能抽出，上部茎秆节间缩短。玉米进入打苞期，正在发育的幼嫩雄穗含糖量高，幼虫全部转移到雄穗取食。抽雄时幼虫被带出心叶丛，继续潜藏在花药、小穗柄等处继续取食雄穗。当雄穗逐渐散开扬花时，少数已老熟的幼虫可在雄穗上化蛹，部分幼虫在雄穗柄不同部位蛀入，多数开始向下转移，蛀入穗上部茎秆，常造成雄穗柄和上部茎秆折断。当雌穗逐渐发育至抽丝时，已蛀入雄穗柄及上部茎秆的幼虫中的一部分再次向下转移，雌穗着生节及其上、下节是最易遭受袭击的部位。此时玉米雌穗已开始发育，如其附近茎节被蛀，会明显地影响其正常发育，甚至中止发育。如果第一雌穗受害较早，则第二雌穗可继续发育，但显著小于正常者。如果第二雌穗未及发育成熟又被螟虫钻蛀而停止发育，则此株玉米多绝产。此外，由于螟虫在植株中下部蛀茎，遇风极易造成倒折，使损失更大。第一代幼虫或在雄穗上，或在雄穗柄内，或在茎秆内发育至老熟，除一小部分进入滞育成为翌年虫源外，大部分化蛹、羽化而产生第一代成虫。第二代卵高峰期在玉米抽丝盛期，即60%以上植株已吐丝。初孵幼虫一部分潜藏在雌穗着生节及以上几个叶腋间，取食积存的花粉和叶腋组织及蛀食鞘颈、叶脉，至三龄后陆续转移蛀茎，而绝大多数初孵幼虫则集中在雌穗花丝丛中取食。据在河北衡水夏玉米上的观察，幼虫孵化5d后85%～95%转移至雌穗顶端取食花丝继而蛀食幼嫩籽粒，卵量大的年份一个雌穗上常有数头甚或十数头幼虫。由于幼虫为害籽粒，常使穗腐病的发生率增加。据报道，玉米螟为害雌穗是诱发玉米穗腐病的最主要因素，发病占螟虫侵入的80%以上，继而导致田间及仓储的籽粒中真菌毒素积累显著增高，从而降低了玉米品质及食用安全。幼虫发育至四龄后，开始钻蛀，或向下转移蛀茎，或自雌穗顶蛀入穗轴，或从雌穗基部蛀入穗柄或雌穗着生节。往往此时玉米已经进入灌浆中后期，幼虫为害主要影响千粒重和籽粒品质（彩图3-31-1，彩图3-31-2）。

在谷子上，成虫在谷苗20～30 cm高时产卵。初孵幼虫大多潜入心叶叶隙取食，下部叶鞘间隙次之。在抽穗前，心叶、下部叶鞘和根际为一代螟幼虫蛀茎前在植株上栖生的3个主要部位，且以在根际和下部叶鞘为此代幼虫栖息取食最为集中和历时最长的部位，尤以下部叶鞘为其往复转移栖息取食蛀茎的必经之处，应是施药防治的主要部位。在苗期，幼虫有明显的转株扩散为害习性。一般幼虫至三龄始大量蛀茎，少数至二龄末即行蛀茎为害，至四龄时蛀茎虫数倍增，五龄全部蛀茎为害。蛀茎部位多在中、下部茎节，早期蛀茎多造成枯心，后期易引起茎折。

高粱也是遭受玉米螟严重为害的作物之一。在高粱上，玉米螟为害习性与在玉米上相似，即蛀食纵卷心叶造成花叶和排孔。高粱抽穗后主要在穗节及其附近茎节蛀孔，影响植株养分的运输而致减产。被害部位茎秆发红，节间缩短，质地变脆，遇风易折，造成产量严重损失。

二、形态特征

（一）亚洲玉米螟

雄蛾：淡黄褐色，体长10～14 mm，翅展20～26 mm。额不很宽；触角丝状；复眼黑色，单眼小；喙发达，基部鳞片浅黄白色。前翅浅黄色，斑纹暗褐色。前缘脉在中部以前平直，然后稍折向翅顶。内横线明显。有一小深褐色的环形斑及一肾形的褐斑；环形斑和肾形斑之间有一黄色小斑。外横线锯齿状，内折角在脉上，外折角在脉间，外有一明显的黄色Z形暗斑。缘毛灰黄褐色。后翅浅黄色，斑纹暗褐色。在中区有暗褐色亚缘带和后中带，其间有一大黄斑。缘毛浅黄色。雄性外生殖器：爪形突三分叉，两侧突稍短，有稀疏凌乱刚毛。抱器背有刺区比无刺区稍长，抱器腹具刺区多具3～4根大刺。阳茎基环双层V形，背层两臂长，腹层两臂短。阳茎内有一粗一细两指状突起（彩图3-31-3）。

雌蛾：翅展26～30 mm。较雄性色淡，前翅浅灰黄色，横线明显或不明显。后翅正面浅黄色，横线不明显或无（彩图3-31-4）。

卵：椭圆形，长约1 mm，宽约0.8 mm，略有光泽。多产，常15～60粒产在一起，呈不规则鱼鳞状卵块。初产下的卵块为乳白色，渐变黄白色，半透明。正常卵孵化前卵粒中心呈现黑点（即幼虫的头部）称为“黑头卵”，有别于被赤眼蜂寄生，整粒卵变黑的为寄生卵（彩图3-31-5）。

幼虫：共5个龄期。初孵幼虫长约1.5 mm，头壳黑色，体乳白色半透明。老熟幼虫体长20～30 mm，头壳深棕色，体浅灰褐色或浅红褐色。有纵线3条，以背线较为明显，暗褐色。第二、三胸节背面各有4个圆形毛疣，其上各生2根细毛。第一至八腹节背面各有2列横排毛疣，前列4个，后列2个，且前大后小；第九腹节具毛疣3个。胸足黄色；腹足趾钩为三序缺环型，上环缺口很小（彩图3-31-6）。

蛹：黄褐色至红褐色，长15～18 mm，纺锤形。初化新蛹为粉白色，渐变黄褐色至红褐色，羽化前呈黑褐色。腹部背面气门间均有细毛4列。臀棘黑褐色，端部有5～8根向上弯曲的刺毛。雄蛹较小，生殖孔位于第七腹节气门后方，开口于第九腹节腹面。雌蛹比雄蛹肥大，生殖孔在第七腹节，开口于第八腹节腹面（彩图3-31-6）。

（二）欧洲玉米螟

雄蛾：暗黄褐色，翅展26～30 mm，个别个体22 mm。额相当宽；触角丝状；复眼黑色，单眼小；喙很发达，基部鳞片白色。前翅浅黄色，斑纹暗褐色。前缘脉在中部以前平直，然后稍曲向顶端。内横线不明显。有一褐色环形斑和一肾形褐斑；环形斑和肾形斑之间有一黄色小斑。外横线锯齿状，内折到每条脉上，外折到脉间，外有一明显的Z形黄窄带。缘毛浅黄色。后翅浅黄色，斑纹暗褐色。外横线和暗褐色的亚缘区之间有一黄色斑。缘毛浅黄色。雄性外生殖器：抱器背有刺区比无刺区稍短。

雌蛾：翅展28～34 mm。较雄体更亮黄，有些个体偏白。额和头顶黄色或白色。下唇须端部褐色，基部白色。下颚须褐色。胸部灰黄色或浅黄色，前部较黄。腹部白色或浅黄色。前翅黄色内横线、环状斑、肾形斑、肾形斑外侧的不规则形斑、外横线、亚缘线及外缘线均为暗褐色、细长、明显。缘毛黄色或稍呈浅黄白色。后翅稍灰，黄白色。外横线稍呈锯齿状，细长。亚缘线深褐色。缘线深褐色、细长。缘毛白色。

欧洲玉米螟与亚洲玉米螟极为相似，从外部形态一般很难区分，主要以雄蛾外生殖器的形态结构及性外激素的不同来区分。亚洲玉米螟性外激素为（Z12－14：Ac）：（E12－14：Ac），为47：53，欧洲玉米螟为（Z11－14：Ac）：（E11－14：Ac），为97：3或50：50或3：97。

三、生活习性

亚洲玉米螟年发生代数随发生地地理环境和气候条件的不同而有差异。热带地区的玉米螟可周年活动，世代重叠，整个作物生长季节持续产卵，其种群数量及为害程度以雨季最高。在温带地区年发生代数较少，世代较整齐。总的趋势是由北向南随纬度降低和年平均温度升高，年发生世代数增多。相同纬度地区海拔愈高，温度愈低，年发生世代数愈少。因此，同一地区会因地势、气温和降雨的不同而影响发生代数。我国玉米各主产区的发生世代数大体可划分如下。北方春玉米区北部及较高海拔地区，即40°N以北，海拔＞500m地区，包括兴安岭山地及长白山区等地为1代区；海拔＜200m的三江平原、松嫩平原等地为1～2代。北方春玉米区南部包括辽河平原、辽西走廊、辽东半岛以及40°N以南的内蒙古南部、河北北部、山西和陕北大部、宁夏、甘肃和西北内陆玉米区的吐鲁番盆地、塔里木河流域及低纬度高海拔的云贵高原北部、四川山区等地一年发生2代。黄淮海平原春、夏玉米区以及云贵高原南部等地一年发生3代；长江中下游平原中南部、四川盆地、江南丘陵玉米区等地一年发生4代；北回归线至25°N，包括江西南部、福建南部、台湾等地，一年发生5～6代。北回归线以南，包括两广丘陵等地，一年发生6～7代，或周年发生世代不明显，夏、秋季为年发生高峰期，冬季种群数量较小。多代区常出现世代重叠现象。如珠江三角洲地区2～12月均有产卵为害，种群动态呈现明显的单峰型，即5～8月是种群发生为害的高峰期。

此外，亚洲玉米螟在东北地区还存在不同化性生物型。如公主岭地区存在一化型和二化型。一化型幼虫在22～29℃变温条件下的滞育诱导临界光周期为15h 48min，二化型为14h 33min；一化型越冬幼虫的抗寒能力强，滞育后发育历期比二化型长20d左右，春季化蛹期推迟；一化型成虫的飞行能力强于二化型，越冬代成虫的产卵量也比二化型高45%。

在多世代发生区，不论春、夏播玉米，在其整个生长发育过程中，都有二代玉米螟的为害。在北方春玉米区，播期比较集中，玉米螟发生期与玉米生育期的关系也较为稳定。第一代卵盛期在玉米生长发育的心叶中期，约7月上旬，所以也叫心叶期世代，小龄幼虫为害心叶，大龄转移蛀茎，老熟幼虫在为害部位化蛹羽化；第二代卵盛期在花丝盛期，也叫穗期世代，小龄幼虫为害花丝、雌穗籽粒，大龄幼虫蛀穗、茎，老熟幼虫在穗轴、茎秆等处越冬。在黄淮海夏玉米区，5月下旬至6月上旬为越冬代蛾盛期，在春玉米等寄主上产卵。6月中旬第一代幼虫盛发为害，正是春玉米心叶期。棉花、春玉米混作区，早发棉常受害较重。第二代幼虫盛期在7月中下旬，春玉米处于花丝盛期，夏玉米处于心叶中期。第三代幼虫8月中下旬盛发，为害夏玉米雌穗和蛀茎。无论年发生几代，各地均以最后一代老熟幼虫在玉米、高粱、谷子、棉花等寄主植物的秸秆、穗轴、根茬内等处越冬。冬季低温是滞育解除的必要条件。翌春化蛹、羽化、繁殖。越冬幼虫复苏需要饮水，因此，春季降雨迟早会影响越冬玉米螟化蛹、羽化、产卵的时间。

亚洲玉米螟越冬滞育幼虫具有很强的过冷却能力。不同地理种群过冷却点随纬度升高而降低，如广州种群为－24.4℃、保定种群为－26.9℃、公主岭一化型种群为－28.5℃。同一纬度，不同化型种群亦有差异，如公主岭二化型种群为－27.0℃，最低可达－36℃。此外，亚洲玉米螟越冬滞育幼虫还具有很强的耐结冰能力，经超过冷却点低温－40.0℃处理，有45.6%～58.3%的幼虫存活并能正常发育化蛹、羽化和产卵。

成虫多在夜间羽化，雄蛾常比雌蛾早羽化1～3d，雄蛾寿命比雌蛾短。昼伏夜出，且具栖息场所与产卵场所异地的习性，即白天多栖息于较高的杂草丛或茂密的农作物中如麦、苜蓿、稻、豆田间。傍晚开始婚飞等活动，由未交配的雌蛾释放性信息素以吸引雄蛾。如在华北，生长茂密、成熟期较晚的麦田是越冬代成虫栖息、交尾等活动的主要场所。成虫一般在小麦穗等植株的较高部位活动，以利于性信息素向更远的距离传播。雄蛾性活动强烈，寻觅性诱源，可逆风飞行趋向雌蛾。22:00以后开始交尾，大多在0:00～4:00进行，3:00～4:00为交尾高峰期。雄蛾一生大多交尾2～4次，最多可达8次，但以第一次交尾的精珠最大，再次交尾则明显变小。交尾2～4次的蛾量约各为前者的1/2。雌蛾一生大都只交尾1次，交尾2次的仅占7.3%，少有交尾3次。一般羽化当天即交尾，1～2d后产卵。每头雌蛾每晚产卵1块，少数2块，一生可产10～20块卵，300～600粒，最多可达1 476粒。在玉米、高粱或谷子等寄主上，卵多产于叶背中脉附近，玉米穗期少数产在苞叶上；在棉花上则多产在中部果枝上的棉叶背面。

成虫具有较强的趋湿、趋密和趋化性。因此，生境小气候郁闭潮湿的低洼地及水浇地落卵相对较多。玉米螟对不同寄主植物也具有明显的选择偏好性。春播谷子、玉米和高粱是其产卵的主要寄主。除对不同种寄主具有产卵选择性外，对产卵环境、寄主生育期和长势等都表现出一定的选择性。同是玉米以授粉初期最具有吸引力，心叶末期和乳熟期次之，玉米过小或过于衰老（黄熟期）玉米螟雌蛾均不选择。处于同一生育期内的玉米，喜选择长势好、茂密及较高的植株产卵，因此早播田常发生重。被害严重、虫粪较多的植株表现不选择性，即玉米植株受一代螟严重为害后很少再吸引二代蛾产卵，显然这种习性对其繁衍后代是十分有利的。成虫还具有较强的趋光性，雄蛾的趋光性强于雌蛾。雌蛾对375～474nm的紫外至蓝光有强烈的趋性，雄蛾则对光波的反应范围延伸至绿光区，即对313～550nm的光波均有较高的趋性。

成虫飞行力强。在实验室条件下吊飞，24 h和48 h平均累计飞行距离分别为126.9 km和169.5 km，最远可飞行151.3 km和179 .1km。人工饲养标记种群在河北衡水野外释放回收，越冬代成虫95%个体迁移扩散距离为4 km，最远45.5 km。

卵的发育起点温度为13.7℃，有效积温为44.7℃。卵期随气温而变。在28℃条件下3～4 d，低温可使卵期延长。在田间，卵一般经3～5 d孵化为幼虫，一天中以9：00～11：00孵化的较多。在华北，4～5月雨水充足，有利于越冬幼虫化蛹和羽化。高温、高湿有利于幼虫生长。生长季干旱不利于卵块孵化及初孵幼虫存活，暴雨可增加初孵幼虫死亡率。穗期，卵的自然寄生率高。

初孵化幼虫先群集取食卵壳，约经1 h即开始爬行分散，行动敏捷，扩散迅速。遇风吹和被触动，常吐丝下垂，转移到寄主其他部位或扩散至相邻植株。扩散范围与世代和寄主作物有关。在玉米上的扩散范围为7～13株；棉花上第一代幼虫只扩散1～3株，第二和第三代幼虫可分别扩散4～8株和5～10株。

幼虫具有趋糖、趋触（保持体躯与寄主相接触）、趋湿和趋光等多种特性。一般三龄以下幼虫的这几种趋性的综合表现是“潜藏”，而四至五龄幼虫则表现为“钻蛀”。因此，低龄幼虫多趋于在寄主植物含糖量高的部位如玉米未展开的幼嫩心叶、未抽出的雄穗苞、雌穗新鲜的花丝丛、花粉以及叶腋等处栖息取食。三至四龄开始蛀茎为害，或自雌穗顶部蛀入穗轴，或自雌穗基部蛀入穗柄，可在植株不同部位转移、多次蛀入。幼虫经4次蜕皮，至五龄发育成熟后在为害部位多为隧道内化蛹，少数在玉米心叶期抽雄前已完成发育的幼虫在玉米叶或雄穗上结一层薄茧化蛹。幼虫的发育起点温度为18.04℃，有效积温为184.8℃。

蛹的发育起点温度为9.11 ℃，有效积温为100.55 ℃。在田间，一般蛹6～10d羽化为成虫。一般雌蛹体愈重，羽化后产卵量也愈高。越冬代幼虫由于在越冬过程中体内营养消耗大，影响化蛹后的体重和羽化后的产卵量，所以越冬代成虫的产卵量常低于第一代和第二代。

四、发生规律

（一）虫源基数

虽然亚洲玉米螟成虫具有远距离迁徙的潜力，但主要是近距离扩散，在北方以滞育的老熟幼虫越冬，因此越冬种群是翌年第一代发生的虫源，与种群发生量密切相关。一般情况下，越冬基数大的年份，翌年田间第一代卵量和被害株率就高。如历史资料显示，山东临沂越冬虫量在百株100头、100～200头和大于200头的年份，翌年6月上旬田间玉米百株累计卵量在60块以下、60～80块和80块以上。然而，实践中常出现越冬虫量与翌年发生量不成正相关的情况。特别是东北地区大发生后的翌年，发生往往不重，如吉林1988年玉米螟特大发生，而1989年发生轻，即秋季越冬种群数量不等于翌年的有效虫源基数。这主要是由于越冬虫的死亡因子太多，如白僵菌、幼虫寄生蜂、寄生蝇、微孢子虫等的感染率高，其次是种群中抗寒性强的个体所占的比例少，最后是幼虫复苏后未能遇到适时适量的雨水等。在吉林，一代玉米螟发生程度与6月以前的越冬虫量相关不显著，而6月中旬百秆活虫量与7月性诱蛾量、秋季百秆虫量呈极显著相关。由此可见，6月中旬存活的越冬幼虫是当年发生的有效虫源基数，与发生程度密切相关。

（二）气候条件

亚洲玉米螟的发生世代和种群数量消长与气候有着密切的关系，其中以光周期、温度、湿度和降水量的影响最大。

1. 光周期 亚洲玉米螟属长日照发育型昆虫，短光照是诱导滞育的主要因素。25℃时，诱发滞育的临界光周期在32°～33°N的南京种群为13h 30min，在35°～36°N的山西沁水种群为14h 30min。高温对短光照诱导滞育有抑制作用，而低温有促进作用。在20℃条件下，吉林农安种群的临界光周期为14h 3min、衡水种群为13h 59min、广州种群为13h 32min、海口种群为13h 7min，而在27℃条件下，分别为农安种群13h 32min、衡水种群13h 8min、广州种群13h 6min、海口种群12h 26min。在30℃时，则在任何光周期条件下滞育率都很低。不难看出，诱导滞育的光周期随种群所处地理纬度升高而延长。不同化型种群的临界光周期有变异，如在26℃条件下，吉林公主岭和敦化的一化型种群的临界光周期分别为14h 53min和14h 55min，而公主岭和白城的二化型种群分别为14h 6min和14h 15min。在光—暗变温29～22℃条件下，公主岭和敦化的一化型种群的临界光周期分别为15h 48min和15h 45min，而公主岭和白城的二化型种群分别为14h 33min和14h 27min。因此，除一代区外，北方春玉米区局部世代现象普遍存在。在吉林公主岭地区，一代滞育率在10%以上；松辽平原二代区玉米上一代滞育率20%～30%；北京地区（三代区），一代滞育率41.6%，二代89.1%。局部世代的大小决定着下一代幼虫发生的数量与时间，同时还决定了越冬种群不同化型个体的比例。由于不同化型种群越冬虫的越冬存活率和生殖力显著不同，将直接影响来年一代玉米螟的发生时期和为害特性。越冬种群中一化型个体越多，翌年早期发蛾量越少，发生期偏晚，卵盛期与心叶末期或打苞期吻合度高，存活率高，发育快，为害重。

2. 温度 主要影响各代发生时期，世代历期和年发生代数。亚洲玉米螟各虫态的发育起点温度不同研究者测定结果各异，在10～15℃。作物生长季节温度的变化一般处于适宜其生长发育的范围内，如其他条件适合的前提下，温度越高，发育历期越短。低温可能促使幼虫发育期延长和增加蜕皮次数，即出现六龄甚或七龄幼虫。秋季低温能促使玉米螟滞育，而高温则抑制滞育的发生。冬季寒冷不利于玉米螟越冬存活。越冬幼虫的抗寒性存在遗传多样性，既有强大的过冷却能力，又有很强的耐结冰能力。这种分化在不同地理种群有变异。东北地区以耐结冰型为主，而暖温带种群则以强大的过冷却能力为主。冬季低温是越冬幼虫滞育解除的必要条件。

3. 湿度和雨量 为影响玉米螟数量变动的主要因素。为了抵御冬季严寒，越冬滞育幼虫降低了体内水分含量，使代谢水平降到最低点。解除滞育后随着春季气温的逐渐升高而复苏，开始代谢活动就必须补充越冬前脱去的水分。补充水分的途径包括咬嚼潮湿的秸秆或饮雨水、露滴等，只有摄取足够的“接触水”后才能化蛹。饮水时期、饮水量和饮水次数与化蛹、羽化率密切相关。一般情况下，越冬幼虫饮水后体重增加50%～60%。当温度回升到越冬幼虫发育起点温度（10.6℃）以上时，达到饮水敏感期的有效积温为308℃。在春季，当越冬幼虫复苏后发育积累的有效积温达到该阈值时，如遇降雨，则有利于幼虫化蛹，如遇多次降雨，则玉米螟大发生的可能性增加。

成虫虽不需要补充营养，但必须饮水才能正常产卵。产卵时要求较高的相对湿度。相对湿度在25%以下时，成虫不产卵或极少产卵；在40%以上时，产卵量有所增加；在80%以上时，产卵量达到高峰。低湿条件下，会造成卵壳失水变硬或胚胎失水停止发育等，使卵不能正常孵化。在25℃、相对湿度为90%时，卵可全部孵化；相对湿度降至70%时，孵化率为83%；当气温为20～30℃、相对湿度达100%时，则初龄幼虫很少死亡，如相对湿度降至95%以下，则影响发育速度和成活率。此外，玉米螟卵块多产在玉米叶背，在干旱情况下叶片日间卷缩，夜间舒展，连续数日，可使卵在未孵化前从叶片上脱落而死亡。但降水过多、雨量过大、湿度过高都对亚洲玉米螟的发生不利。大雨或暴雨不仅对成虫有直接的机械损伤而且能抑制成虫的活动，尤其是夜晚较大的降雨过程可抑制成虫交尾和产卵。一般而言，低湿（常伴随高温干旱）是抑制玉米螟大发生的重要因素。春季雨水充足，相对湿度高，气候温和，常有利于玉米螟发生。

（三）寄主植物

亚洲玉米螟对寄主植物有明显的选择性。玉米螟选择不同寄主作物产卵的喜好程度为高粱、甜高粱、谷子、甜玉米。在玉米心叶期，玉米苗越小，雌蛾越不喜欢产卵。一般进入心叶前期后才开始吸引雌蛾产卵。亚洲玉米螟在不同寄主植物以及同种寄主植物的不同品种或生育期上的种群适合度和增长率有显著的差异。

1. 种类 取食不同寄主植物的亚洲玉米螟发育历期、生殖力和存活率以及诱导滞育都有显著差异。取食玉米的幼虫，有10%～17%的幼虫发育至六龄才化蛹，取食野生高粱的占25%左右，取食棉花茎秆的则达到了56%，在其他寄主上比例更高。取食玉米的幼虫死亡率在85%左右，取食棉花茎秆的幼虫一至三龄的死亡率可达90%～95%。幼虫期取食玉米的雌蛾平均产卵量在300～800粒，取食菲律宾豇豆的为187粒，取食棉花的仅产63粒，且在棉田内所产卵块较小，平均每个卵块只有13.2粒卵。在松辽平原及辽东半岛，取食高粱的全部发育成一化型，取食玉米的一化型个体占20%～30%，取食谷子的全部为二化型。此外，幼虫期取食寄主植物不同，对成虫的活动能力有明显影响。取食玉米、谷子和高粱的飞翔能力强，而取食棉花的则弱。

2. 品种 寄主品种或品系抗虫性的强弱不仅与其自身遭受玉米螟为害的程度密切相关，同时也直接影响到玉米螟的存活与发生。一般而言，在相同的卵量或虫口密度下，感虫品种和品系因玉米螟幼虫的存活率高而受害重，抗虫品种则相反。初孵幼虫在四平404、E28、中黄64、CML67、丹玉13、军单8号等抗性品系上很难存活，而在中单2号、自330、矮154等感虫品系上存活率却很高，抗感性不同的品种在相同落卵量条件下的受害程度有极明显的差异。有些品系在成株期也有比较明显的抗虫性差异，其中雄穗抗虫材料有A662等，感虫材料有自330、矮154等；花丝抗虫的材料有MVD104、威风322等，感虫的材料有多黄9-31、自330、郑1142等。玉米抗虫的主要机制是植株中含有抗虫素，可以抑制低龄幼虫的取食和发育，使之不能很快潜藏定居，延长暴露在不良气候条件下和遭受天敌捕食的时间而引起死亡。玉米所含的抗虫素已知有3种，即抗虫素甲、乙、丙，其中抗虫素甲的化学结构为2，4-二羟基-7-甲氧基-(2H)-1，4-苯并噁嗪-3（4H）-酮（即丁布）。植株抗虫素含量的高低是一种可以遗传的特性，选用抗虫素含量高、抗性强的品系作亲本，通过杂交育种，就可以培育出心叶期或穗期抗螟新品种来，并以此来抑制玉米螟的发生，这是控制玉米螟为害最理想的途径。

甜玉米和糯玉米比普通玉米更感虫。取食甜玉米的幼虫存活率比中等抗虫和感虫的普通玉米高3～7倍，发育速度快4～8d。

3. 生育期 取食同种寄主植物的不同生育期的组织器官的亚洲玉米螟幼虫的存活率、发育速度和发育历期、生殖力以及诱导滞育都有显著差异。幼虫取食玉米花丝、雄穗和心叶的存活率分别为58%、25%和19%；在28℃条件下，取食玉米花丝的初孵幼虫12 d，有72.7%个体发育到五龄，而取食心叶的只有54.2%刚进入四龄。幼虫期取食玉米雌穗，成虫生殖力强（r_m=0.161），产卵量多，而取食茎秆的生殖力较弱（r_m=0.079），产卵量少。幼虫在高粱小花和嫩粒上取食的成活率显著高于心叶的。取食玉米茎秆的幼虫滞育比例高，取食棉花青铃的幼虫滞育比例低。亚洲玉米螟在玉米上的适合度和增长率随玉米生育期的不同而有明显差异。幼虫期取食营养生长期玉米的存活率、蛹重都较低，而取食生殖生长前期的植株时都较高，取食生殖生长后期的植株的存活率则比前期的有所下降，但相对营养生长期的高，蛹重却较低。在玉米心叶期，越是前期落的卵，初孵幼虫侵入后的成活率越低；随着玉米植株的生长发育，幼虫成活率由0.4%上升到10.0%左右，抽丝授粉期春、夏玉米上的幼虫成活率分别达到18%和27%；随着花丝干枯，到乳熟期幼虫的成活率又趋下降，春、夏玉米上分别为2%和10%。在相同的生育期，夏玉米上的幼虫成活率高于春玉米。由此可见，同样的卵量，在不同生育期和播期的玉米上，由于幼虫成活率高低不同，导致实际发生量也会不同。此外，在热带地区的玉米上幼虫存活率亦明显高。如在菲律宾，幼虫取食27～54日龄玉米植株的存活率为20%，而取食55日龄的则达到76%。玉米螟在高粱的不同生育期产卵量也有差异。如开花期，最易吸引玉米螟产卵。

4. 生长势 亚洲玉米螟雌虫产卵对播期早、生长茂盛、叶色浓绿的植株有明显的趋性。在相同发蛾量的情况下，长势好的玉米植株上的着卵量往往明显超过长势一般的。此外，雌蛾产卵时对玉米植株的高度也有选择性，一般株高不足 35cm 的产卵较少。

5. 作物布局 一个地区的耕作栽培制度或作物布局可直接影响亚洲玉米螟的种群消长和为害程度。这主要是不同的耕作栽培制度或作物布局将直接影响玉米螟各代是否有适宜的寄主植物。如 20 世纪 70 年代初期，河南的玉米螟为害呈现东重西轻现象。主要是豫西地区历年坚持小麦与玉米轮作，变春播为夏播，致使一代玉米螟缺乏适宜的食料，种群的繁殖率显著降低，继而有效抑制了第二、三代的发生数量和为害程度。第二代幼虫为害百株虫孔 30 个左右，加上第三代幼虫的为害，夏玉米收获前百株虫孔数100～150 个。而同期的豫东地区则相反，春播玉米、高粱、谷子面积远大于夏播，这就为第一代玉米螟提供了大量繁殖的适宜寄主，致使第二、三代种群数量逐代上升。夏玉米被害株率达 100%，第二代幼虫蛀茎百株虫孔数达 300 多个，茎秆倒折率达 16%，加上第三代幼虫的为害，夏玉米收获前百株虫孔数上升到 500～600 个，茎秆倒折率在 55%以上。70 年代中、后期开始，豫东地区也积极改革耕作制度，调整作物布局，大量压缩春播寄主作物面积，当越冬代成虫集中到面积有限的春玉米上产卵后，采用高效农药防治，螟害逐年减轻。如商丘地区春、夏播寄主作物的种植面积之比由 1971 年的 4.3∶1 逐步调整为 1989 年的 1∶4.1。

在黄淮海夏玉米区一些大面积采用玉米与棉花、小麦间套作的地区，玉米播期自春至夏极不整齐。尤其是一些地区年种植 2 季甜玉米，使玉米播期更加提前，为各代玉米螟提供了适宜的寄主条件，使玉米生育期与玉米螟各代卵高峰之间的关系复杂化，导致玉米螟为害严重和防治困难。

在东北春玉米区的吉林，将抗螟品种军单 8 号和中抗品种吉通 100、春光 99、原 29 和新 180 混种，降低一代玉米螟落卵量 13%～45%；玉米间作向日葵，受害也显著降低；在正常播种（4 月 28 日）的玉米田内，1 个月后在局部播种同品种玉米或甜玉米，可降低正常播种田二代玉米螟卵量 58%～76%。

(四) 天敌

国内外已报道的玉米螟天敌有 136 种，其中寄生性天敌 68 种，捕食性天敌 63 种，病原微生物 5 种。国内已发现有 70 余种，主要包括寄生卵的赤眼蜂和黑卵蜂；寄生幼虫的茧蜂、姬蜂、小蜂、寄生蝇；寄生蛹的姬蜂等；捕食卵的瓢虫和草蛉；捕食幼虫的蠼螋。此外，还有捕食螨、蜘蛛和线虫等，以及真菌、细菌、微孢子虫等病原微生物。在田间，赤眼蜂、白僵菌和微粒子虫对卵及幼虫的寄生率颇高，且分布普遍，对玉米螟的发生有明显的控制作用。

玉米螟天敌研究和应用多集中于卵寄生蜂，特别是赤眼蜂。已知寄生亚洲玉米螟卵的赤眼蜂有玉米螟赤眼蜂（*Trichogramma ostriniae* Pang et Chen）、广赤眼蜂（*Trichogramma evanescens* Westwood）、螟黄赤眼蜂（*Trichogramma chilonis* Ishii）、松毛虫赤眼蜂（*Trichogramma dendrolimi* Matsumura）、舟蛾赤眼蜂（*Trichogramma closterae* Pang et Chen）等。其中，玉米螟赤眼蜂是各地玉米田自然寄生玉米螟的优势蜂种，其次是螟黄赤眼蜂和松毛虫赤眼蜂分别在南方和北方较多。如珠江三角洲地区，亚洲玉米螟卵寄生蜂主要为玉米螟赤眼蜂和螟黄赤眼蜂，其中玉米螟赤眼蜂占 80%，螟黄赤眼蜂占 20%；北京郊区玉米螟的各世代则均以玉米螟赤眼蜂寄生占绝对优势，另有极少数的螟黄赤眼蜂和松毛虫赤眼蜂；上海地区主要是玉米螟赤眼蜂。赤眼蜂寄生率的季节变化符合典型的天敌跟随现象，如广东甜玉米田 2～6 月寄生率较低，而 7～9 月是赤眼蜂寄生的高峰期，寄生率达 90%以上。吉林一代自然寄生率约 10%，二代可达 73%。辽宁沈阳地区赤眼蜂的寄生使二代种群趋势指数降低了 3.7 倍多。在黄淮海夏玉米区，赤眼蜂在玉米螟发生后期（进入雨季后）对卵块的自然寄生率可高达 90%以上，对夏玉米穗期第三代玉米螟有重要的控制作用。一般情况下，赤眼蜂发生期越早，数量越大，对玉米螟的抑制作用越显著。在赤眼蜂发生早、寄生率高的年份，第三代玉米螟往往不需防治。

天敌对亚洲玉米螟的幼虫和蛹也有相当的控制作用，且不同地区种类有变化。主要是腰带长体茧蜂（*Macrocentrus cingulum* Brischke），在各地都有寄生，夏玉米区越冬幼虫寄生率可达 17.9%，东北春玉米区常年在 3.1%，吉林公主岭分别达到 22.7%和 25.0%；大螟钝唇姬蜂［*Eriborus terebranus*（Gravenhorst）］在山西北部及内蒙古赤峰、吉林敦化等寄生率为 1.5%或更低；玉米螟厉寄蝇（*Lydella grisescens* Robineau-Desvoidy）各地均有分布，在山西北部越冬幼虫寄生率为 6.3%。寄生玉米螟蛹的主要有玉米螟厚唇姬蜂（*Phaeogenes eguchii* Uchida），在辽宁一代蛹的寄生率可达 26.8%。

病原微生物特别是白僵菌是亚洲玉米螟幼虫的重要自然控制因子。在吉林，秋季玉米螟被球孢白僵菌（*Beauveria bassiana*）寄生死亡率一般在5%左右，而越冬阶段常年寄生率在10%～15%，越冬后的化蛹阶段可达50%～93%。苏云金芽孢杆菌（*Bacillus thuringiensis*）在各地均有寄生，以夏玉米区较流行，越冬幼虫的寄生率为6.7%～13.7%，春玉米区为1.2%～9.0%，个别年份可达15.6%。微孢子虫优势种是玉米螟微孢子虫（*Nosema furnacalis*），在春玉米区较流行，感染率在20%左右，黄淮海玉米区较轻。

捕食性天敌国内的研究较少，卵期主要有草蛉幼虫、瓢虫和蜘蛛。在辽宁沈阳地区一代卵被捕食率为4.2%，二代为3.5%。

一般情况下，田间天敌昆虫或病原微生物各自对玉米螟的控制作用比较低，但各种天敌因子的综合控制作用则非常突出。在陕西武功，多种寄生蜂的寄生率可达20.7%，寄生蝇可达25.6%。山东莱阳，春谷和春玉米上寄生蜂和寄生蝇的寄生率合计可达47%～63.3%。吉林地区，谷子上玉米螟寄生蝇的寄生率可高达80%以上。辽宁沈阳地区玉米螟生命表显示，自然天敌的控制作用使一代玉米螟种群趋势指数降低了3.2倍，二代降低了8.6倍。

五、防治技术

玉米螟的防治应以农业防治为基础，优化生态调控体系，积极开展生物防治，合理运用物理和化学防治等各种不同性质、各有特点的防治技术开展综合防治。根据各地玉米螟发生为害的历史背景、防治基础，因地因时制宜、灵活掌握、科学运用，做到越冬期防治与发生期防治相结合；田外防治与田间防治相结合；玉米田与其他寄主作物田防治相结合；心叶期防治和穗期防治相结合；生物防治和化学防治相结合。

（一）农业防治

1. 越冬防治 处理越冬寄主，压低虫源基数。在夏玉米区，随着机械化收获的应用，采取秸秆粉碎还田或高温沤肥或用作饲料和燃料等，可消灭越冬虫源，减轻翌年第一代玉米螟为害。处理越冬寄主控制螟害的效果取决于处理的彻底程度和范围的大小。由于越冬代螟蛾有较强的飞行扩散能力，处理得愈彻底范围愈大，效果愈显著。

2. 优化耕作制度 在3代发生区，应尽量压缩春播玉米、高粱和谷子等玉米螟寄主作物的播种面积，减少当年一代玉米螟的适宜寄主和繁殖场所，以降低二、三代发生量，减轻对夏玉米的为害。

3. 种植诱杀田 利用玉米螟雌蛾选择生长高大茂密玉米产卵的习性，在夏玉米区适当种植一些早播玉米或谷子或高粱，而在春玉米区可采取1个月后在局部晚播甜玉米或高粱，诱集玉米螟成虫产卵后适时集中防治，以减轻大面积受害程度。棉花受螟害较重的地区，可在棉花播种的同时，于棉田内或四周点播玉米诱集带，诱集玉米螟产卵，适时割除或防治消灭，此法可兼诱棉铃虫产卵，一并防治。此外，蕉藕对玉米螟产卵有较强的引诱力。据报道，在3代区，各代卵高峰期蕉藕上的玉米螟卵量是玉米上的6倍、22倍和6倍。而且孵化幼虫在蕉藕上很难存活。因此，在玉米或棉田附近适当种植蕉藕，可减轻玉米或棉花上的螟害。

4. 结合农事操作治螟 3代区部分一代玉米螟最初在小麦上取食为害，在麦收时将割下的小麦立即运出田外，能有效防止玉米螟幼虫转移到棉株上为害。棉田结合整枝打顶，人工摘除被害枝顶和叶柄，带出田外集中处理，可防止玉米螟转株为害。此外，在玉米打苞抽雄期，结合间隔去雄增产措施，人工去除2/3行的雄穗并带出田外处理，可杀灭约70%的幼虫，这一方法尤其适合在玉米螟发生严重的田块进行。

5. 选育抗螟品种 利用抗螟品种是一项经济、安全、有效的措施，是控制玉米螟为害的根本措施，应作为综合治理的基础。我国玉米抗螟品种的选育较薄弱，但也选育出了一些有利用价值的抗螟自交系及品种，并在生产上推广应用，如丹玉13、邢抗2号等。也有一些品种具有一定程度的抗虫性，如农大108、郑单985、中原单2号等。

近年来，在北美及菲律宾等已大面积推广种植转*cry1Ab*、*cry1F*等Bt基因抗虫玉米，对玉米螟可达到全生育期接近免疫性的防治效果，同时可兼治黏虫、棉铃虫等其他鳞翅目害虫，为玉米螟等的防治开辟了新的途径。我国对国外转基因玉米已开展了防治亚洲玉米螟效果试验，正在进行环境安全性评价研究。同时，正在大力开展具有自主知识产权的转基因抗虫玉米的研发，并已取得了显著进展，目前正在进行安全性评价研究。

（二）生物防治

1. 赤眼蜂治螟 包括自然保护利用和人工繁殖释放。前者注重优化生态系统，创造有利于天敌自然种群增长并能充分发挥其控制螟害作用的生态环境，如合理的作物布局、适宜的间作套种等；后者侧重于选育优良蜂种和人工繁蜂方法以及田间放蜂技术，提高防治效果。

（1）自然保护利用。优化玉米螟赤眼蜂适生环境，提高玉米螟卵的自然寄生率。玉米间作甘薯和豆科作物，尤其是匍匐型绿豆对玉米螟赤眼蜂有诱集作用，可显著提高玉米螟赤眼蜂对玉米螟卵的寄生率，且与绿豆种植的比例呈正相关。如在河北衡水夏玉米区，平作田玉米螟卵的赤眼蜂寄生率仅为4.6%，间作匍匐型绿豆田的为22.4%，如果结合早期半量接种式人工放蜂，寄生率可提高到69.1%。

（2）人工放蜂治螟。放蜂时期，根据玉米螟发生规律预测螟蛾发生期，使释放赤眼蜂的时间与螟蛾产卵期吻合。根据吉林的经验，当越冬代螟虫化蛹达15%～20%时往后推10d或田间百株卵量1～2块时（即产卵初期）为第一次放蜂的最佳时期，然后隔5～6d再放第二次。放蜂过早或过晚都将影响防效。根据田间螟卵量来确定放蜂量与放蜂次数。$1hm^2$可放蜂15万～30万头，即田间螟卵较少的年份或一般发生地块，$1hm^2$可放15万头；螟卵较多年份或重发生地块则放22.5万～30万头，分两次释放。在玉米螟中等偏重发生年份低放蜂量（15万头两次释放）也能取得较理想的防效，压低了一代螟种群数量，也相应减轻了二代为害。低放蜂量可以降低成本，扩大防治面积。放蜂方法，应选择晴天无露水时放蜂。$1hm^2$ 75个放蜂点，一般将蜂卡直接挂在玉米第五至六叶叶背处。应避开一天中高温低湿对赤眼蜂最不利的时间放蜂。如傍晚或放蜂前玉米田灌水可提高赤眼蜂的寄生率。

2. 白僵菌治螟 应用白僵菌可进行越冬防治和发生期防治。常年在田间施用白僵菌，不仅对当年治螟有效，而且对第二年螟虫也有一定控制作用。但白僵菌对家蚕和柞蚕均有致病作用，因此在蚕区应慎用或禁用。

（1）早春封垛。在越冬幼虫开始复苏化蛹前，对残存的寄主秸秆逐垛用含量为100亿孢子/g的白僵菌粉喷粉或分层撒布菌土进行封垛。一般可消灭垛中80%左右的玉米螟，使田间一代螟卵显著降低。

（2）心叶期施颗粒剂。用含量为50亿孢子/g的白僵菌粉与煤渣按1∶10的比例混匀制成含量为5亿孢子/g的白僵菌颗粒剂，用量为$52.5\sim75kg/hm^2$，在玉米心叶末期施入心叶内。春玉米一代螟平均防效为71.8%；夏玉米二代螟平均防效为56.9%，最高可达88.3%，而且对穗期螟害也有一定的控制作用。

3. Bt治螟 商品0.2%Bt颗粒剂在玉米心叶末期前施于心叶内，用量为$700g/hm^2$，防效可达90%以上；也可用Bt乳剂配制颗粒剂，即$2.25L/hm^2$加细沙52.5～75kg混匀，防效在80%以上；或在心叶期用$1.5\sim2.25L/hm^2$ Bt乳剂加水750L灌入玉米喇叭口内，防效可达93%以上。应用Bt防治玉米螟应注意，紫外线照射会降低防效，在中午阳光太强时不宜施药。此外，养蚕地区慎用，切勿与蚕体接触，以免中毒并引起大量死亡。

（三）物理防治

1. 灯光诱杀 玉米螟成虫有明显的趋光性，生产上可根据玉米螟蛾趋性敏感的光谱范围而设计高压汞灯、频振式杀虫灯和投射式杀虫灯等进行诱杀。既可进行越冬代成虫诱杀，亦可诱杀世代整齐的二代成虫。操作方法：在越冬代成虫羽化期，于存放玉米和高粱秸秆的村屯安装高压汞灯（200W或400W），一般村屯可设单排灯，灯距150～200m，灯装在捕虫水池上方中央，距水面约15cm。捕虫水池直径为1.2m，高0.12m。从越冬代羽化初期开始至羽化末期，每晚日落天黑后开灯至次日4：00关灯，遇大暴风雨时要关灯，以保证安全。水池中放6cm深的水加100g洗衣粉，使成虫落入水中后翅能很快被浸湿，不能再飞离水池。每天开灯前都要检查池中水量，不足时要及时补充。每天早晨将所诱到的虫子全部捞出。每3d换一次水并加入洗衣粉。在东北，村屯内堆放的秸秆中虫量占越冬虫量的75%，是第一代的主要虫源。因此，应用高压汞灯诱杀越冬代螟蛾，可取得显著的防治效果。

应用杀虫灯必须大面积连片进行，至少要1个乡以上，若能几个乡连片则效果更好。灯的安装要牢固；注意用电安全，避免发生漏电触电事故；经常停电地区不宜采用。

2. 性信息素防治 人工合成的玉米螟性信息素除了用于测报外，还可以直接用来诱杀玉米螟雄虫和干扰成虫交配，减少田间雌蛾受精率减轻螟害。方法简便，环境友好，不伤害天敌且成本不高。缺点是必须大面积统防，管理或施用时费工。

(1) 诱杀法。在黄淮海地区，自越冬代玉米螟化蛹率达50%、羽化率约10%时开始直至当代成虫发生末期，在长势好的麦田或菜地每公顷设性诱盆15个，盆高出作物面约10cm。必须在较大面积范围内实施，在管理精细的条件下蛀孔减退率可达89.5%，倒折减退率为86.9%。缺点是水盆诱捕器管理费工，必须大面积连片使用才有效。

(2) 迷向法。越冬代螟蛾羽化10%时，在其交尾场所（小麦田和大蒜田），用性信息素散发器4 500～6 000个/hm^2挂在作物上。用聚乙烯作载体的散发器持效期可达20d，一次投放可有效地控制一个世代的螟蛾交尾行为，百株卵量减少77.6%～89.3%。技术关键是迷向面积要大，投放的散发器数量要较多且均匀。缺点是诱芯的投放费工。

(四) 化学防治

化学防治是在玉米螟大发生时必不可少的应急防治措施，可以在害虫为害前将其杀灭。由于玉米螟属钻蛀性害虫，掌握施药适期特别重要。药剂应选用低毒、对玉米螟防效好的杀虫剂如多杀霉素、杀虫双、毒死蜱、辛硫磷和菊酯类等。

1. 玉米心叶末期防治 玉米螟一、二代初孵幼虫分别在春、夏玉米的心叶内取食为害，应以心叶期末施放颗粒剂防治为主。颗粒剂是把一种或两种杀虫剂吸附、包裹或混拌于一定大小的颗粒状载体上制成。颗粒大小以在20～60筛目*范围内较为理想，常用的载体原料主要有砖粒、煤渣、河沙和黏土等。其中以砖粒较好，煤渣次之，沙粒最差。颗粒剂撒施部位在心叶正中心和组成心叶丛（喇叭口）的4～5片叶隙，既能深入到组成心叶丛的叶片隙缝中充分接触和杀死当时已潜藏在那里的幼虫，又能长期滞留在缝隙中不随叶片的伸长而黏附在茸毛上被带出心叶丛。

2. 机械化药液喷雾 近年来机械化施药发展取得一定进展。如高秆喷雾机等可在玉米田作业。玉米螟为害发生在雄穗打苞期应用颗粒剂效果不理想时喷雾法更好。其特点是见效快但残效短。在小麦与玉米间作田叶面喷雾，可兼治玉米蚜、玉米叶螨及黏虫等害虫，还可减轻玉米矮花叶病的发生。

在1代和部分2代发生区，如在心叶期施用高效颗粒剂，春玉米穗期一般可不防治。但在1代区遇有发生期推迟到穗期的特殊年份，以及2代发生区的春玉米和3代区的夏玉米穗期螟害严重时则仍需防治。穗期防治比较困难，除采取机械化喷雾外，传统的防治方法有"四腋一顶"颗粒剂防治等，即在玉米抽丝盛期，即60%左右的雌穗抽出新鲜花丝时，利用上述颗粒剂撒于雌穗着生节的叶腋及其上两叶和下一叶的叶腋及穗顶花丝上，重点是保护雌穗，用药量应比心叶期适当增大，对穗期螟害有一定防效。缺点是费工，操作辛苦。

何康来 王振营（中国农业科学院植物保护研究所）

第32节 玉米蚜虫

一、分布与危害

在我国为害玉米的蚜虫主要有玉米蚜［*Rhopalosiphum maidis*（Fitch）］、禾谷缢管蚜［*Rhopalosiphum padi*（Linnaeus）］、麦长管蚜（荻草谷网蚜）［*Sitobion miscanthi*（Takahashi）］、麦二叉蚜［*Schizaphis graminum*（Rondani）］、棉蚜（*Aphis gossypii* Glover）。此外，高粱蚜［*Melanaphis sacchari*（Zehntner）］也可为害玉米。均属半翅目蚜科，俗称"腻虫"、"蚁虫"，其中以玉米蚜为害最为严重。

玉米蚜又称玉米缢管蚜，属于世界性害虫，在美国和加拿大南部为害严重，在我国广泛分布于东北、华北、华东、华南、中南、西北、西南等各玉米产区，尤其在东北春玉米区的辽宁和吉林及黄淮海夏玉米区为害日趋严重。玉米蚜除为害玉米外，也为害高粱、谷子、大麦、小麦、水稻等作物，还可寄生于狗尾草、鹅观草、马唐、芦苇、稗草、牛筋草等多种禾本科杂草上。

麦长管蚜广泛分布于我国麦区。长期以来，麦长管蚜一直被误认为欧洲麦长管蚜［*Sitobion avenae*（Fabricius），异名：*Macrosiphum avenae*（Fabricius）］，后经张广学等（1999）研究发现欧洲麦长管蚜仅

* 筛目为非法定计量单位，1筛目（铜质）孔径为25mm，20筛目为0.85mm，60筛目为0.25mm。

分布在我国新疆伊犁部分地区。

麦长管蚜、禾谷缢管蚜和麦二叉蚜为麦类蚜虫，均可为害玉米，其中麦长管蚜分布较广，在南北麦区均有为害。禾谷缢管蚜（又名粟缢管蚜）广泛分布于华北、东北、华南、华东、西南各麦区，但在南方多雨地区易成灾，近几年来陕西、四川、河北、贵州等地区也逐渐发展成为其渐灾区。麦二叉蚜一般分布偏北，在西北地区和华北地区为害较为严重。

棉蚜分布于60°N至40°S的世界各地。在我国除西藏未见报道外，广布全国各地，特别在华北及西北的半干旱地区发生严重。棉蚜主要为害棉花、瓜类等作物及多种观赏植物，2010年在河北省廊坊市发现在玉米下部叶片上有棉蚜为害。

玉米蚜虫以成、若蚜刺吸汁液，喜欢幼嫩组织，有趋糖性，玉米苗期，蚜虫群集于叶片背部和心叶为害，轻者造成玉米生长不良，严重受害时使寄主水分、养分供应失调，植株生长停滞，甚至死苗。在玉米散粉期，玉米蚜虫为害导致玉米抽雄不全，影响授粉和籽粒灌浆使粒重下降或无棒空株；分泌的“蜜露”污染叶片，使叶片“起油”发亮，常在叶面形成一层黑色的霉状物，引起煤污病，严重影响寄主植物的光合作用，导致减产。玉米蚜虫还传播多种病毒病，引起玉米病毒病的流行，造成更大损失。玉米蚜虫能够传播的病毒主要有引起玉米矮花叶病的甘蔗花叶病毒（*Sugarcane mosaic virus*，SCMV）和白草花叶病毒（*Pennisetum mosaic virus*，PenMV），以及引起红叶病的大麦黄矮病毒（Barley yellow dwarf viruses，BYDVs）。

随着我国作物布局、气候条件的变化以及玉米品种的更替，玉米蚜虫的发生为害逐渐加重，个别地区猖獗成灾，已逐渐成为影响我国玉米产业的重要害虫。1990年，西安、渭南两地因玉米蚜虫大发生而造成600hm^2玉米严重歉收，平均减产10%～30%，个别地块达50%以上。自20世纪90年代以来，陕西省夏播玉米蚜虫为害逐年加重，尤其1997—1999年的8月中旬玉米抽雄散粉期，多个地区的蚜株率达100%。1993年，在山东阳谷县夏玉米田玉米蚜虫大发生，发生面积达2.3万hm^2，蚜株率达100%，“黑穗”率高达95%～98%，一般单株蚜量2 750～3 525头，个别地块单株有虫万头以上，严重影响夏玉米的生长发育，造成减产20%～30%，损失玉米约1 769万kg。1994—1996年，江苏省连续3年玉米蚜虫大发生，产量损失接近20%。1996年，辽宁、河北、山东等省玉米蚜虫再次大发生，辽宁辽阳地区平均蚜量达1万头/株，蚜株率100%，植株平均单穗粒重降低31.5g，平均减产21.9%；河北馆陶县良种场调查，一般单株蚜量2 200～3 580头，个别品种单株蚜量高达5 000多头，蚜株率100%，造成不同程度的减产，严重的减产20%以上；山东省即墨市开花末期调查，平均3 075.3头/株，最高可达7 000头/株，蚜株率91.3%，持续至9月初，发生面积1.71万hm^2。1998—1999年，以玉米蚜为主的玉米蚜虫在重庆市郊区春玉米上暴发为害，造成了部分田块严重减产，从玉米的小喇叭口期到授粉期蚜株率均大于90%，百株蚜量最高可达187 550头。2002年，天津静海县玉米蚜虫大发生，全县2.83万hm^2玉米中有1.9万hm^2受害，重发面积达到0.61万hm^2，发生严重田块单株蚜量达10 000～25 000头，蚜株率100%，发生程度之重为历史罕见。2010年以来，玉米蚜虫在河南大部分地区发生较重，甚至出现了空棵、秃顶现象，对玉米生产影响很大（彩图3-32-1至彩图3-32-3）。

二、形态特征

（一）玉米蚜

有翅胎生雌蚜：体长1.6～2.0mm，长卵形，深绿色或黑绿色，无显著粉被，头、胸黑色发亮，复眼红褐色，中额瘤及额瘤稍微隆起。翅展为5.5mm左右，翅透明，前翅中脉分为三叉。触角6节，为体长的一半；第三节触角不规则排列着圆形感觉圈12～19个，第四节感觉圈2～7个，第五节1～3个；腹部第三、四节两侧各有一个黑色小点；腹管为圆筒形，端部呈瓶口状，上具覆瓦状纹；尾片圆锥形，中部微收缢，两侧各有2根刚毛，足黑色。

无翅孤雌蚜：体长1.8～2.2mm，暗绿色，被薄白粉，附肢黑色，复眼红褐色。触角6节，较短，约为体长的1/3，第三、四、五各节无次生感觉圈，第六节鞭节长度为基部的1.5～2.5倍。腹管长圆筒形，端部收缩，具覆瓦状纹。尾片圆锥状，具毛4～5根。

（二）麦长管蚜

有翅孤雌蚜：体长1.4～2.8mm，头胸部多为暗褐色或暗绿色，腹部黄绿色至绿色，翅中脉3支，分叉较大，尾片有8～10根曲毛。

无翅孤雌蚜：体长2.3～3.1mm，宽约1.4mm，体呈纺锤形，有体色分化现象，有深绿、淡绿、黄、褐、赤褐色等多种体色。触角6节，黑色，长与体长大致相等，第三节基部附近有小圆形次生感觉圈1～4个。额瘤显著突出。腹管长圆筒形，黑色，端部1/4～1/3处有网状纹，长为尾片的2倍。尾片长锥形，长约0.22mm，有曲毛6～8根。

（三）禾谷缢管蚜

有翅孤雌蚜：体长约2.1mm，头胸部黑色，腹部墨绿色或深绿色。翅中脉3支，分叉较小。触角第三节上有小圆至长圆形次生感觉圈19～28个。

无翅孤雌蚜：体长约2mm，体色为橄榄绿至墨绿色，触角约为体长的2/3，腹部基部有褐色或铁锈色斑。腹管圆筒形，端部缢缩呈瓶口状，约为尾片长的1.7倍。尾片长圆锥形，长约0.1mm，中部收缢，上有4根曲毛。

（四）麦二叉蚜

有翅胎生雌蚜：体长1.5～1.8mm，触角比体长稍短，前翅中脉分为二支，所以叫二叉蚜。腹部背面中央有深绿色纵线，侧斑灰褐色。

无翅胎生雌蚜：体长约1.7mm，头部额瘤不显著，触角比体长短，腹背中央有深绿色纵线。

（五）棉蚜

有翅孤雌蚜：腹部第六至八节各有背横带，第二至四节有缘斑。腹管后斑绕过腹管基部前伸。触角第三节有小环状次生感觉圈4～10个，排成一列。喙末节为后跗节第二节的1.2倍。

无翅孤雌蚜：虫体黄色，卵圆形，体长1.9mm，体宽1.0mm。触角6节，第一至六节长度比例：19∶18∶100∶75∶75∶43＋89。腹管长圆筒形，有瓦纹、缘突和切迹，长0.39mm，为体长的0.21倍，为尾片的2.4倍。尾片圆锥形，近中部收缢，有微刺突组成瓦纹，有曲毛4～7根。

三、生活习性

玉米蚜以成、若蚜在麦类及禾本科杂草心叶（小麦根际）里越冬。翌年3～4月气温上升时开始活动，先在麦类心叶处繁殖为害，随着植株的生长不断向上移动，4～5月当麦类开始黄熟时便陆续产生大量有翅蚜迁飞到玉米、高粱等作物上繁殖为害。在春玉米上，未抽雄前多群集心叶刺吸，孕穗打苞时群集剑叶正反面为害。终生营孤雌生殖，虫口数量增加很快，在扬花期气温较适宜时，蚜量可迅速增加，当春玉米进入乳熟期后，雄穗开始枯黄，玉米蚜产生有翅迁移蚜，形成第二次迁飞高峰，陆续向夏玉米上转移，仍集中在心叶处为害，虫口密度升高以后，逐渐向玉米上部蔓延，同时产生有翅胎生雌蚜向附近株上扩散，到玉米大喇叭口末期蚜量迅速增加，密度大时在展开的叶面可见到一层密布的灰白色蜕。在玉米扬花期，由于温度适宜、营养丰富，玉米蚜数量成倍增加，雄穗和上部叶片密布蚜虫，严重时影响授粉和光合作用，玉米抽雄后则转移到玉米中部雌穗及其周边叶片上为害，如果条件适宜为害可持续到玉米成熟前，影响玉米的产量。植株衰老、气温下降时，蚜量减少，产生有翅蚜飞至越冬寄主上准备越冬。在四川、广西等秋玉米种植区，入秋后夏玉米逐渐枯黄，再次产生有翅迁移蚜向秋玉米上转移为害。秋玉米黄熟时产生最后一次有翅迁移蚜，往新出的麦苗和附近向阳处杂草上转移，繁殖1～2代后越冬。

玉米蚜在北方春玉米区，以成、若蚜在禾本科植物心叶、叶鞘内或根际处越冬。4～5月，随着气温不断上升，开始在越冬寄主上活动、繁殖为害。5月底至6月初玉米蚜产生大批有翅蚜，玉米出苗后迁飞到玉米上为害，条件适宜时为害可持续到9月中下旬（玉米成熟前），植株衰老后，产生有翅蚜飞至越冬寄主上繁殖越冬。

在玉米的不同生育期，玉米植株各部位的蚜量不同。玉米蚜迁入玉米田后，大量集中在基部叶鞘下，基部蚜量占总株蚜量的90%以上。随着玉米的生长发育与气温的升高，玉米心叶卷起，不受风吹，湿度较高，基部蚜量逐渐减少，心叶蚜量逐渐增多，到大喇叭口末期基部蚜量已降到零，而心叶蚜量达89.5%。这说明，在炎热的夏季，玉米蚜一般喜欢集中在隐蔽的地方为害。玉米抽雄期，玉米蚜主要集中在雄穗上为害，雄穗蚜量占总株蚜量的83.38%。随着植株的生长发育，雄穗蚜量逐渐减少，到散粉结束时雄穗蚜量已降到40.37%，而雌雄穗之间部位（主要分布在各叶鞘下）的蚜量已上升到28.32%，雌穗蚜量（主要在苞叶下）为31.32%。9月雄穗干枯后，其上的蚜量已降为零，而雌穗上的蚜量上升到

61.35%。从玉米蚜在玉米植株上的分布动态变化可以看出，其变化的趋势因植株的营养状况及气温变化而不同，一般趋向分布在植株较幼嫩和隐蔽的部位。从玉米蚜迁入玉米田到玉米成熟后，玉米蚜在玉米植株上的分布由下部向上部移动，然后再下移，即：基部各叶叶鞘→心叶→雄穗→雌穗。

玉米蚜在中国从北到南 1 年发生 8～20 代，在东北发生 8～10 代，在华北及以南地区可发生 20 余代，如山东寿光全年约繁殖 21 代，在夏玉米上繁殖 11 代。玉米蚜以孤雌生殖繁殖后代，大多数成蚜在羽化后 24h 开始产仔，繁殖高峰出现在成蚜羽化后的 4～9d，夏季孤雌胎生的每一头雌蚜日产 7～8 头若蚜，每龄若虫只需 1d 时间，到第四天若虫变为成虫，每个世代只用 6～8d 时间就完成，成、若蚜比为1∶8 以上。这种快速发育、生殖方式使虫源越来越多，潜伏期距大暴发期也越来越近。

玉米蚜在 23℃、相对湿度 60%～80%的室内饲养条件下，可以很好地完成整个发育过程。玉米蚜的整个若虫期为 5.460d，其中一至四龄天数分别为（2.025±0.429）d、（1.125±0.449）d、（1.273±0.436）d 和（1.038±0.306）d。成虫期 9.175d，从若蚜出生到成蚜死亡平均经历 14.635d。玉米蚜能够在室内条件下饲养并完成整个世代，它的内禀增长率（r_m）、周限增长率（λ）、净增殖率（R_0）、种群世代平均周期（T）和种群加倍时间（t）等生命参数分别为 0.341、1.406、24.119、9.335 和 2.033。无翅蚜的发育起点温度为 3.03℃，有效积温为 126.80℃；有翅蚜的发育起点温度为 4.32℃，有效积温为 135.33℃。同一龄期无翅蚜的发育起点温度均低于有翅蚜的，表明无翅蚜对低温的抵抗力高于有翅蚜。

禾谷缢管蚜喜湿畏光，耐高温，但不耐低温。在河北廊坊地区禾谷缢管蚜从春玉米小喇叭口期开始迁入，在整株玉米上均匀分布，随着玉米不断生长，自玉米灌浆期开始向玉米中部雌穗及周边叶片上聚集为害，以玉米雌穗为主，为春玉米田主要为害蚜虫。在夏玉米田，禾谷缢管蚜主要在后期发生，且集中在玉米中部雌穗及其周边叶片上为害，有少量扩散到玉米的上部和下部为害。禾谷缢管蚜秋后产生性蚜，交配后以卵在李、桃、杏梅等李属植物上越冬，在南方可以以胎生雌蚜的成、若虫在冬麦或禾本科杂草上越冬。禾谷缢管蚜在近 25℃时发育最快，完成全世代仅需 5.9d。无翅蚜的发育起点温度为 5.5℃，有效积温为 105.69℃。有翅蚜的发育起点温度为 5.36℃，有效积温为 132.28℃。由于其发育起点温度高，所以在早春温度低时种群发展迟缓。由于禾谷缢管蚜对玉米的为害程度较严重，所以在玉米田的蚜虫防治中应关注其种群动态变化。

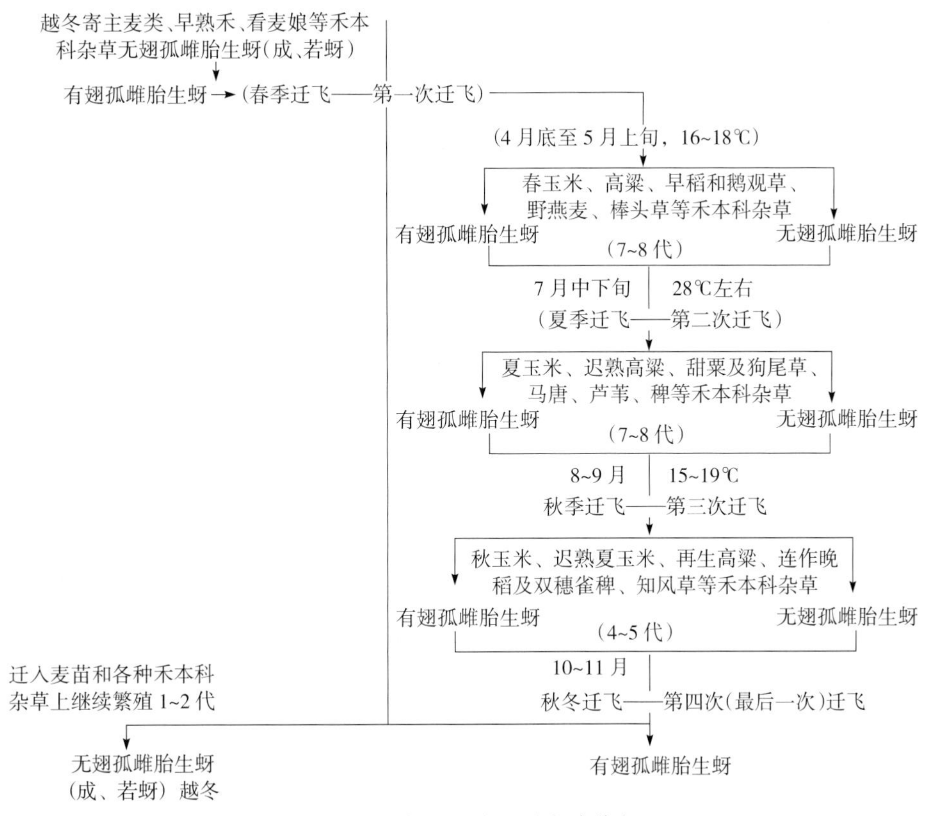

图 3-32-1 玉米蚜生活史（引自陈其瑚，1995）

Figure 3-32-1 Life cycle of *Rhopalosiphum maidis* (from Chen Qihu, 1995)

麦长管蚜与上述两种蚜虫为害部位不同，多分布于植株上部叶片正面，遇震动或雨水冲刷易于落地，而且一般仅在春玉米上发生。无翅蚜的发育起点温度为3.45℃，有效积温为140.3℃；有翅蚜的发育起点温度为3.79℃，有效积温为143.39℃。

棉蚜在玉米生长前期主要集中在植株下部叶片为害。随着玉米生长，下部叶片逐渐老化、脱落，棉蚜逐渐向玉米中上部转移为害，主要集中在雌穗周边叶片背面，对玉米产量影响不大。

玉米蚜虫的种群数量随玉米的生长发育发生着明显的变化。一般，在玉米蚜虫种群中玉米蚜为绝对优势种群，玉米蚜的种群消长动态与混合种群的消长几乎吻合，但在个别年份或地区，受多种因素的影响其他种类蚜虫可能升为优势种。如2009—2010年，在中国农业科学院廊坊基地调查发现，春玉米田中以麦长管蚜为优势种群，且主要集中在玉米苗期为害，该时期为小麦灌浆乳熟期至成熟期，大量麦长管蚜迁移到麦田周边的春玉米田为害，随后由于其他寄主植物的大量出现，麦长管蚜又从春玉米田迁出，玉米蚜和禾谷缢管蚜在玉米的全生育期均可为害，而麦长管蚜在玉米大喇叭口期后基本消失。由于荻草谷主要为害部位为玉米下部叶片而且消失较早，因此虽然发生数量较多，但为害对春玉米产量的影响不大。禾谷缢管蚜在春玉米田虽然不是优势种群，但其为害部位集中在玉米穗部，影响玉米籽粒灌浆，因此春玉米田蚜虫防治时应关注禾谷缢管蚜发生情况。

随着玉米生育期的变化，玉米蚜虫种群的空间生态位也发生变化。如重庆郊区春玉米田调查，玉米蚜在苗期的生态位宽度最大，在小喇叭口期最小，变异系数为0.667 4；禾谷缢管蚜在抽雄期的生态位宽度最大，在乳熟期最小，变异系数为0.247 0；麦长管蚜仅在抽雄期以前为害，其生态位宽度在大喇叭口期最大，在苗期最小，变异系数为0.426 8，表明玉米蚜在空间上的生态位变动最大，其次是麦长管蚜，而禾谷缢管蚜的变动最小。玉米蚜与禾谷缢管蚜的生态位重叠在小喇叭口期最大，在大喇叭口期最小，其重叠值的平均数为1.485 9；在有麦长管蚜发生的时期，玉米蚜与麦长管蚜在苗期的生态位重叠最大，在大喇叭口期最小，其重叠值的平均数为1.049 7；禾谷缢管蚜与麦长管蚜的生态位重叠也是在小喇叭期最大，在大喇叭口期最小，其重叠值的平均数为1.133 6，表明玉米蚜与禾谷缢管蚜在植株上的分布趋于重叠，对空间资源的共享程度最大，其种间竞争最为激烈。从蚜虫种群在各生育期的生态分布来看，在苗期和授粉期以玉米蚜的生态位宽度最大，其余各生育期均以禾谷缢管蚜为最大；在生态位重叠方面，苗期以禾谷缢管蚜与荻草谷网蚜最大，小喇叭口期以玉米蚜与禾谷缢管蚜最大，大喇叭口期以禾谷缢管蚜与麦长管蚜最大；玉米蚜与禾谷缢管蚜在小喇叭口期和乳熟期的生态位重叠远大于其他各生育期，表明禾谷缢管蚜在玉米的各生育期对植株各部位资源的利用较均一，在小喇叭口期和乳熟期玉米蚜与禾谷缢管蚜共同利用玉米某些部位的食物资源。

2010年，中国农业科学院廊坊基地的春、夏玉米田内均有一定量棉蚜发生，在玉米乳熟期的发生量分别为40头/株、84头/株。1999年，山东省农业科学院植物保护研究所的田间调查也发现，玉米田内有一定量的棉蚜。棉蚜主要有两个为害高峰，一个是在玉米小喇叭口期聚集在玉米下部叶片为害，一个是在玉米生长后期集中在玉米中、下部为害。玉米生殖生长后期，由于下部叶片老化脱落，棉蚜逐渐向玉米中部蔓延为害，主要集中在雌穗周边叶片背面，棉蚜和麦长管蚜一样对玉米产量影响不大，为玉米田的次要害虫。

四、发生规律

玉米蚜的发生周期和消长规律是种的遗传特性与外界环境相适应的结果。田间影响玉米蚜种群动态的主要因素包括：气候条件、天敌、寄主抗性、田间作物布局及管理等，尤其受气候条件以及玉米品种抗性的影响较大。

（一）气候条件

温、湿度是对玉米蚜的发生量起主要作用的气候因素。在适宜温、湿度下，蚜虫种群数量发展极快，室内恒温条件下，在10～25℃范围内，随着温度升高玉米蚜发育历期缩短，生长发育、繁殖速度加快，在23～25℃时玉米蚜的内禀增长率最高，死亡率最低，而温度高于25℃时随着温度的升高，生殖能力降低，死亡率增高，在10℃和35℃下，玉米蚜若蚜的存活率仅为13.6%和36.3%。玉米抽雄期，如旬平均气温在23～25℃，相对湿度80%～85%，非常有利于玉米蚜滋生繁殖。玉米蚜在此时增殖最快，蚜量往往比抽雄前激增100倍。2002年天津静海县，在夏玉米抽雄期时，外界平均气温为25～26℃，累计降水

133.2mm，田间湿度达80%，适宜的气候造成了历史上罕见的玉米蚜大发生。降水量大（连续3d降水量超过25mm以上）、低温（日平均气温在20.7℃以下）对玉米蚜繁殖不利，尤其大雨对玉米蚜存活极为不利。为了适应夏季炎热的高温，玉米蚜常生活在玉米的心叶中或叶鞘下，实际处于一个较适宜的小气候中，十分有利于生长、发育和繁殖。这是长期自然选择的结果，是其本身对环境的一种适应。

温度也影响着玉米蚜发育与繁殖。15℃、20℃、25℃、30℃下，无翅蚜全若期（9.80±0.20）d、（7.08±0.12）d、（5.26±0.10）d和（5.59±0.10）d，有翅蚜全若期（12.02±0.18）d、（8.30±0.130）d、（5.90±0.07）d和（6.12±0.10）d，成蚜的最长寿命分别为42d、39d、26d和18d，最大每雌日繁殖量分别为3.0头、2.9头、4.1头和3.0头，随着温度的升高，玉米蚜的产仔期变短。

（二）寄主植物

蚜虫的发生与玉米的生育期紧密相关，当处于抽雄、扬花期，玉米由营养生长转向生殖生长时，一方面玉米的抗虫能力下降，另一方面玉米植株此时营养丰富，为玉米蚜虫繁殖为害提供了良好的条件。此时玉米蚜虫大量繁殖，如遇合适的气候条件则极易暴发。玉米进入成熟期后，植株衰老，营养条件恶化，即使气候有利于玉米蚜虫的繁殖，但仍开始产生有翅孤雌胎生蚜，迁移寻找营养条件合适的寄主。

玉米品种间抗蚜性差异明显。目前生产中的主推品种郑单958为感蚜品种，特种用途（甜、糯、菜、青饲等）玉米品种也多高感玉米蚜虫，紧凑型玉米品种上蚜虫较易发生。据山东即墨市1996年玉米蚜发生盛期调查，掖单2号等抗虫品种平均有蚜83头/株，而西玉3号、掖单13等感虫品种平均蚜量达3 075.3头/株。由于感虫品种植株含糖量高，丰富了玉米蚜的食源，改善了玉米蚜的营养状况，促使其生长，加速其繁育，形成了感虫与抗虫品种间蚜量的差别，造成了集中为害的局面。但目前玉米抗蚜品种筛选尚未引起重视。

（三）天敌

天敌数量大时可以抑制玉米蚜虫数量增长，在田间影响玉米蚜虫种群动态，有效抑制玉米蚜虫的发生为害。玉米蚜虫的天敌十分丰富，主要有瓢虫、草蛉、蜘蛛、茧蜂、食蚜蝇、蚜霉菌等。瓢虫主要包括龟纹瓢虫［*Propylea japonica*（Thunberg）］、异色瓢虫［*Harmonia axyridis*（Pallas）］、多异瓢虫［*Hippodamia variegata*（Goeze）］、黑背毛瓢虫［*Scymnus*（*Neopullus*）*babai* Sasaji］；草蛉主要有日本通草蛉［*Chrysoperla nipponensis*（Okamoto）］、大草蛉［*Chrysopa pallens*（Rambur）］、丽草蛉［*Chrysopa formosa*（Brauer）］、叶色草蛉［*Chrysopa phyllochroma*（Wesmael）］；茧蜂主要有麦蚜茧蜂［*Ephedrus plagiator*（Nees）］、燕麦蚜茧蜂（*Aphidius avenae* Haliday）、烟蚜茧蜂（*Aphidius gifuensis* Ashmaed）和棉蚜蚜小蜂［*Aphelinus varipes*（Foerster）］；蜘蛛主要有草间钻头蛛［*Hylyphantes graminicolum*（Sundevall）］、八斑鞘腹蛛［*Coleosoma octomaculatum*（Boes. et Str.）］等。天敌是控制玉米蚜虫的重要自然资源，采取有效措施保护自然界中的天敌，可以有效地减轻玉米蚜虫为害。

2009—2010年河北廊坊地区玉米田蚜虫天敌调查显示，共有6个目、15个科、25个种的天敌昆虫，另外还有大量捕食性蜘蛛。其中以瓢虫、草蛉、小花蝽为优势种群。瓢虫主要以龟纹瓢虫和异色瓢虫为主，春玉米田龟纹瓢虫数量远高于异色瓢虫，而夏玉米田前期以龟纹瓢虫为主后期以异色瓢虫为主。草蛉主要以日本通草蛉为主。在空间上各种天敌均呈现不同的分布规律：龟纹瓢虫在春玉米田集中在玉米植株中上部，在夏玉米田由玉米植株上部向中下部转移；异色瓢虫于夏玉米田后期集中在玉米植株中部；草蛉则在玉米全株均匀分布；小花蝽主要集中在玉米植株上、中部，下部较少。

天敌对蚜虫发生有明显的控制作用。2009年廊坊地区夏玉米田间调查发现，在玉米生育后期蚜虫种群数量上升后，天敌种群数量也迅速上升，从而有效控制了蚜虫为害（$r=0.590\ 4$，$P=0.012\ 6$）。瓢虫、小花蝽以及寄生蜂的数量发生高峰几乎和蚜虫数量发生高峰一致，均于9月13日出现一个数量高峰。瓢虫对蚜虫控制作用最强（$r=0.703\ 4$，$P=0.001\ 6$），异色瓢虫成虫的食蚜量可达130头/d，其次为蜘蛛（$r=0.600\ 6$，$P=0.010\ 8$）、小花蝽（$r=0.514\ 0$，$P=0.034\ 8$）和寄生蜂（$r=0.466\ 5$，$P=0.059\ 1$），草蛉（$r=0.347\ 9$，$P=0.171\ 2$）对蚜虫控制能力略弱一些。

室内研究不同龄期的龟纹瓢虫幼虫和成虫对玉米蚜的捕食功能反应，龟纹瓢虫各龄幼虫及成虫对玉米蚜的日捕食量差异较大。龟纹瓢虫的三龄和四龄幼虫对玉米蚜的捕食能力强于一龄和二龄幼虫；雌成虫的捕食能力高于雄虫。四龄幼虫捕食能力最强，理论日最大捕食量为196.85头。不同龄期幼虫和成虫的捕食能力大小依次为：四龄幼虫＞雌成虫＞雄成虫＞三龄幼虫＞二龄幼虫＞一龄幼虫。各龄幼虫和成虫的功能反应均符合 HollingⅡ型圆盘方程。龟纹瓢虫具有耐高温、适应性强、发生时间长、密度大的特点，而且其攻击能力、搜索能力和寻找效应均较强。综合多种因素，龟纹瓢虫是控制玉米蚜的重要天敌资源，应给予充分的重视。

中华通草蛉幼虫的食量大，而且食量随着龄次的增加而增大。草蛉二、三龄幼虫日最大捕食量可达96.15头和238.10头，在田间对蚜虫种群数量有较强的控制作用，也是一种利用价值很高的天敌昆虫。

(四) 农田环境

一年中玉米蚜虫在麦田、田间地头杂草、玉米等寄主上辗转为害，形成一个复杂的生态系统。由于农村劳动力短缺、管理粗放，田间地头杂草较多，这为玉米蚜虫的发生提供了有利条件。同时，较充足的降雨使得玉米田内外杂草生长茂密，从而使玉米蚜虫在各个季节不同类型的禾本科杂草上得以繁殖，相互交替，并与作物之间形成一个极为复杂的生物链，使玉米蚜虫有着广泛的生存、繁殖空间。

五、防治技术

在预测预报的基础上，根据玉米蚜虫种群组成、蚜量、天敌与总蚜量比例、气候条件及具体发生情况，确定防治策略，充分发挥自然控制力，利用天敌、农业措施、品种抗性等多种方法控制玉米蚜虫发生，当为害较重时，也应选择使用对天敌无杀伤的或对天敌影响小的农药。

(一) 农业防治

应及时清除田（间）边、路旁、沟旁的禾本科杂草，消灭玉米蚜寄主，尽可能压低向夏玉米田转移的虫源基数；合理施肥，加强田间管理，促进植株健壮生长，增强抗虫能力。在发生初期，除去为害中心蚜株雄穗或整株，及时深埋或采取其他有效处理方法，消灭虫源，防止进一步扩散为害。很多地区的玉米蚜虫多由小麦田迁飞而来，因而防治好麦蚜，可显著减轻玉米蚜虫为害。不同寄主及不同品种间蚜虫发生为害程度存在差异，种植抗蚜品种、种植诱集田等措施可有效控制蚜虫为害。

(二) 生物防治

天敌对玉米蚜虫有较高的控制潜能，保护和释放天敌，可有效地控制蚜虫。当田间蜘蛛、草蛉、龟纹瓢虫等天敌与蚜虫比在1∶100以上时，天敌可以控制蚜虫的为害，一般来说不需要进行化学防治，利用天敌对蚜虫进行防治是最经济、最环保的一种方法。

进入21世纪以来，我国探索了一些利用植物源农药防治玉米蚜虫的方法，如辣椒和马钱子提取液以8∶2体积配比对玉米蚜的防治效果较好，室内生物测定 LC_{50} 为0.035 62mg/mL，大田试验结果显示，0.37%的辣·马提取液50倍液、100倍液、200倍液药后7d，防治效果分别为70.6%、60.3%和59.7%，效果显著优于氰戊菊酯。黄顶菊、竹乙醇提取物对玉米蚜具有一定的拒食、触杀作用，白藓根的水蒸馏液对玉米蚜具有触杀和拒食作用，生物防治玉米蚜虫将是未来的发展方向。

(三) 物理防治

玉米蚜虫有较强的趋黄色和忌避灰白色的习性，在玉米苗期田间设置黄板，可降低虫源基数，也可小面积范围内在田间覆盖灰白色薄膜或挂银白色薄膜带用以驱避蚜虫，防治越冬代蚜虫效果更加明显。

(四) 化学防治

由于天敌的出现时间一般比玉米蚜虫晚，而且天敌密度与蚜虫密度比也多低于1∶100，因而仅依赖天敌尚难于控制玉米蚜虫的为害，化学防治仍是目前较为常用的防治手段。在苗期，利用含有丁硫克百威或吡虫啉的种衣剂或拌种剂包衣后播种，不仅对玉米蚜虫防治效果优异，而且对蓟马、飞虱也有一定的控制作用。玉米进入拔节期，发现中心蚜株可喷施0.5%乐果粉剂或40%乐果乳油1 500倍液挑治，当有蚜株率达30%～40%，出现“起油株”（指蜜露）时应进行全田普治，可用药剂有：10%高效氯氰菊酯乳油2 000倍液、10%吡虫啉可湿性粉剂1 000倍液或50%抗蚜威可湿性粉剂2 000倍液等。在玉米大喇叭口末期，每667m^2用3%辛硫磷颗粒剂1.5kg均匀地撒入玉米心叶内，可兼治蓟马、玉米螟等。在玉米抽穗初期调查，当百株玉米蚜量达4 000头、有蚜株率50%以上时，应及时进行药剂防治，此时由于玉米植株高大，防治时气温较高，必须注意施药安全。

在麦区，春玉米上的蚜虫多由小麦田迁入，如果小麦上蚜虫基数较大，气候条件适宜，而玉米抽雄授粉期又与小麦的蜡熟期相吻合，可促成春玉米上蚜虫大暴发，应在麦田做好防治，以控制玉米田蚜虫的基数。夏玉米田穗期，玉米蚜虫大发生所需的虫源主要来自于夏玉米心叶末期至孕穗期田内的蚜虫，当玉米已进入心叶末期或个别早发植株刚见抽出雄穗顶端的占田间总株数的5%以下时，参照当时气温及降水情况，即可发出中期预报。当有10%雄穗已开始抽出时，田间虫株率低于5%，气温在25℃以下，为轻发生，不需防治；田间虫株率高于5%而低于10%，气温在25～27℃，为中发生；田间虫株率高于20%，气温高于27℃，在玉米抽雄穗初盛期，无雨、干旱即有大发生的可能，必须及早采取防治措施。尤其在玉米矮花叶病、红叶病较为严重的地区，应密切注意蚜虫的发生动态。

王振营　徐艳聆（中国农业科学院植物保护研究所）

第 33 节　玉米蓟马

一、分布与危害

在我国，为害玉米的蓟马主要有玉米黄呆蓟马［*Anaphothrips obscurus*（Müller)］、禾蓟马（*Frankliniella tenuicornis* Uzel)、稻管蓟马［*Haplothrips aculeatus*（Fabricius)］，三者均属缨翅目，前两种隶属于蓟马科，稻管蓟马隶属于管蓟马科。玉米黄呆蓟马，又名玉米黄蓟马、草蓟马，在我国分布于华北、新疆、甘肃、宁夏、江苏、四川、西藏、台湾，国外分布于日本、马来西亚、埃及、澳大利亚、新西兰及欧洲、北美洲等地，可为害玉米、谷子、高粱、水稻及小麦等禾本科作物。禾蓟马别名禾花蓟马、禾皱蓟马、瘦角蓟马，全国大部分地区都有发生，国外分布于朝鲜、日本、蒙古国、土耳其、巴勒斯坦及欧洲、北美洲等地，可为害玉米、水稻、高粱、糜子及麦类等禾本科植物和空心菜、茄子等。稻管蓟马，别名薏苡蓟马、稻蓟马、禾谷蓟马，分布遍及东北、华北、西北、长江流域及华南各省，国外分布于朝鲜、日本、蒙古国以及外高加索、欧洲等地，主要为害水稻、薏苡、玉米、小麦、高粱及禾本科水生蔬菜。除以上3种蓟马外，横纹蓟马［*Aeolothrips fasciatus*（Linnaeus)］、塔六点蓟马（*Scolothrips takahashii* Priesner)、端带蓟马（花生蓟马）（*Megalurothrips distalis* Karny)、麦黄带蓟马［*Thrips flavidulus*（Bagnall)］、稻芽蓟马［*Chloethrips oryzae*（Williams)］也为玉米田常见蓟马，其中除塔六点蓟马和横纹蓟马为捕食性天敌昆虫外，其余均为玉米害虫。

玉米蓟马以成虫、若虫锉吸玉米幼嫩部位汁液，对玉米造成严重危害，受害株一般为叶片扭曲成“马鞭状”，生长停滞，严重时腋芽萌发，甚至毁种。黄呆蓟马主要以成虫为害玉米，被害叶背出现断续的银白色条斑，伴随小污点（虫粪)，叶正面与银白色斑相对的部位呈黄色，受害严重的叶背如涂一层银粉，端半部变黄枯干。禾蓟马以成、若虫在玉米心叶内活动为害，多发生在大喇叭口期前后，也可在伸展的叶片正面为害，导致叶片出现成片的银灰色斑。稻管蓟马主要以成、若虫取食玉米幼嫩部位汁液，导致叶片上出现大量白色斑点或产生水渍状黄斑，受害严重植株的心叶不能展开，嫩梢干缩，籽粒干瘪。许多证据表明，蓟马的取食为害常导致真菌和细菌病害的发病率增加，并且还传播多种病毒病。

玉米蓟马原属于玉米上的偶发性害虫，自20世纪90年代后期以来为害加重，主要在华北和黄淮海玉米区，已成为苗期的重要害虫。根据山东省植物保护站1998年调查，山东省一般地块被害株率达20%～30%，为害重的地区被害株率达到100%，如巨野县1.7万 hm^2 早套玉米均有发生，一般地块百株虫量在1 500～3 200头，最多达5 000多头。河北无极县蓟马为害逐年上升，1996年发生面积133hm^2，1997年达1 000hm^2，1998年达到1 533hm^2，受害玉米一般单株有虫5～8头，最多达到20头。1999年，玉米蓟马在河南嵩县偏重发生，全县发生面积0.67万 hm^2，占玉米播种面积的50%，平均百株虫量为620头。2002年，山西省部分地块玉米在苗期出现疯长现象，农民不知原因，误以为是种子质量问题，要求种子公司赔偿，后来查明是由于蓟马为害所致。2003年，河北、山东等地玉米蓟马中等偏重发生，有些地区为偏重发生，北京部分区（县）玉米苗期蓟马为害较重，受害玉米新叶严重扭曲。河北省枣强县植保站调查，玉米3叶期前被害株率为10%～15%，4～5叶期的被害株率为90%以上，8叶期后被害株率为98%以上，一般单株有虫10～15头，最高110头。山东全省发生面积60万 hm^2，特别是麦套玉米地块发生严重。菏泽市6月中旬调查，一般田虫株率为30%左右，百株虫量1 500～2 000头，严重地块百株虫量达5 000头。2010年，河北省南皮县玉米黄呆蓟马在夏玉米苗期发生严重，一般地块虫株率为30%～45%，百株虫量为600～1 500头，严重地块虫株率达80%～100%，百株虫量为2 000～4 000头，单株最高虫量达60余头，个别为害严重的地块造成毁种。2004年以来，玉米蓟马在河南省普遍发生，尤以豫西北地区严重，且有逐年加重趋势，如苗期遇干旱天气，发生更为严重，玉米蓟马成虫盛发期为6月中下旬，成、若虫在田间多为混合重叠发生。2008年濮阳市玉米蓟马为害严重，有将近30%的植株受害而形成弱苗、小苗，产量损失严重；2009年偃师市玉米蓟马发生严重，平均百株虫量160头以上，虫株率达60%以上；2010年洛宁县玉米蓟马大发生，平均为害株率达30%～50%，重者达80%以上，平均百株虫量达300～560头，最高可达1 200头；2011年郑州市玉米蓟马偏重发生，发生面积为3.99万hm^2，占玉米种植面积的24%，较为严重的中牟县虫田率达100%，虫株率为68.4%，百株虫量为792.8头。2012年山西夏县各直播玉米田块调查，一般田块平均百株虫量800～1 000头，有虫株率30%；最高百株虫量达3 000头，有虫株率60%，严重为害玉米苗期生长（彩图3-33-1至彩图3-33-3）。

玉米蓟马的发生有世代重叠严重、虫量大、为害重的特点，而且蓟马虫体较小，初孵若虫小如针尖，活动为害部位十分隐蔽，不为人注意，有时候被误认为是种子质量问题而引起纠纷，应给予足够重视。

二、形态特征

（一）玉米黄呆蓟马

成虫：有多型现象，分为长翅型、半长翅型和短翅型，以长翅型最多，但也有少量短翅型及极少数半长翅型的。长翅型雌成虫体长1.0～1.2mm，黄色略暗，胸、腹背（端部数节除外）有暗黑区域。触角8节，第一节淡黄，第二至四节黄色，逐渐加黑，第五至八节灰黑，第三、四节具叉状感觉锥，第六节有淡而亮的斜缝（亦称伪节）。头、前胸背无长鬃。前翅淡黄，长而窄，前脉鬃间断，绝大多数有2根端鬃，少数1根，脉鬃弱小，缘缨长，具翅胸节明显宽于前胸。第八节腹背板后缘有完整的梳，腹端鬃较长而暗。半长翅型的前翅长达腹部第五节。短翅型的前翅短小，退化成三角形芽状，具翅胸几乎不宽于前胸。尚未见有关雄虫的报道。

卵：长约0.3mm，宽约0.13mm，肾形，乳白至乳黄色。

若虫：初孵若虫小如针尖，头、胸占身体的比例较大，触角较粗短。二龄后乳青色或乳黄色，有灰斑纹。触角末端数节灰色。体鬃很短，仅第九、十腹节鬃较长。第九腹节上有4根背鬃略呈节瘤状。

前蛹（三龄若虫）：头、胸、腹淡黄色，触角、翅芽及足淡白色，复眼红色。触角分节不明显，略呈鞘囊状，向前伸。体鬃短而尖，第八腹节侧鬃较长。第九腹节背面有4根弯曲的齿。

蛹（四龄若虫）：触角鞘背于头上，向后至前胸。翅芽较长，接近羽化时带褐色。

（二）禾蓟马

成虫：雌虫体长1.3～1.5mm，体灰褐到黑褐色，胸部色稍浅，腹部三至八节前缘较暗；触角8节，黑褐色，仅第三、四节黄色，各着生一叉状感觉锥；腿节顶端和全部胫节、跗节黄至黄褐色；翅淡黄色；鬃黑色。头部长大于宽，较前胸略长，颊平行，头顶略凸，各单眼内缘色暗；单眼间鬃长，着生于三角形连线外缘。前胸背板较平滑，宽大于长。前胸有5对长鬃，前角长鬃长于前缘长鬃，后缘长鬃内有1对短鬃。前翅脉鬃连续均匀，前脉鬃18～20根，后脉鬃14～15根。第八腹节背板后缘梳不完整。雄成虫形态与雌成虫相似，但小而窄，体长约0.9mm，体色灰黄色，足和触角黄色，腹部三至七腹板有似哑铃形腺域。

卵：长约0.3mm，宽约0.12mm，肾形，乳黄色。

若虫：似成虫，灰黄色，无翅，触角第三、四节上有微毛。体鬃端部尖，共4龄。

（三）稻管蓟马

成虫：雌成虫体长1.4～1.8mm；初羽化时褐色，1～2d后呈黑褐色至黑色，略具光泽；前足胫节和跗节黄色；触角第一、二节黑褐色，第三节黄色，共8节，第三节明显地不对称，具一个感觉锥，第四节具4个感觉锥。头长大于宽，口锥宽平截。前胸横向，前跗节内侧具齿；翅发达，中部收缩，呈鞋底形，无脉，有5～8根间插缨。腹部二至七节背板两侧各有一对向内弯曲的粗鬃，第十节管状，肛鬃长于管的1.3倍，腹部第九节长鬃明显短于管。雄成虫较雌虫小而窄，前足腿节扩大，前跗节具三角形大齿。

卵：长约0.3mm，肾形，初产白色，稍透明，后变黄色。

若虫：淡黄色，四龄若虫腹节有不明显的红色斑纹。

三、生活习性

（一）玉米黄呆蓟马

玉米黄呆蓟马成虫在禾本科杂草基部和枯叶内越冬，发生世代数尚不清楚。在山东，每年5月中下旬从禾本科植物上迁向春播玉米，在春玉米上繁殖2代，第一代若虫于5月下旬至6月初发生在春玉米或麦类作物上，6月中旬进入成虫盛发期，6月20日为卵高峰期，下旬是若虫盛发期，7月上旬成虫发生在夏玉米上。成虫行动迟缓，不活泼，尤其阴雨天更少活动，受惊后亦不起飞。成虫为产雌孤雌生殖，取食处就是它产卵的场所。卵产在叶片组织内，卵背突出于叶面，发亮，摘下有卵叶片，对光观察可见卵及卵壳呈针尖大小密密麻麻的小白点。初孵若虫乳白色。若虫仅一二龄为害，取食后逐渐变为乳青色或乳黄色。三四龄停止取食，分别称前蛹和蛹，隐藏于植株基部叶鞘、枯叶内或掉落在松土内。玉米黄呆蓟马大多集中在自下而上第二至六叶片上为害，很少向新伸展的叶片上迁移。一般春玉米上虫量虽多，但因植株大、叶片厚，故受害轻；而中茬玉米上单株虫量虽较春玉米少，但因植株小、叶片薄，受害相对严重。该虫有转主为害的习性，玉米黄呆蓟马为害玉米的猖獗期前后在各寄主间的转移情况，大致可分为3个阶段：第一阶段，从虫源基地小麦向春播玉米上转移；第二阶段，春播玉米与小麦等一起成为虫源基地向中茬玉米等寄主上转移，是在玉米上发生为害的高峰；第三阶段，由中茬玉米等向夏播玉米等寄主上转移。在玉米上以苗期和喇叭口期发生数量最大，过此时期数量下降，但玉米苗期受害严重，所以它主要是玉米苗期害虫，一年中最为猖獗的是6月中下旬。

（二）禾蓟马

以成虫在禾本科杂草基部和枯叶内过冬。成、若虫均较活泼，在田间与玉米黄呆蓟马很容易混淆，但它比玉米黄呆蓟马体小、活泼，喜欢郁闭环境和生长旺盛的植株，多活动于心叶中，发生期较黄呆蓟马稍迟，多发生在喇叭口期前后，这与其喜在喇叭口内取食有关。食害心叶时，不甚显现银灰色斑；食害伸展叶片时，多在正面取食，使叶片呈现成片的银灰色斑。成虫多若虫甚少，为害玉米的主要是成虫。一般雌成虫多于雄虫，在北京郊区，5月下旬至6月中旬在小麦地内雌成虫占73%，在春玉米和中茬玉米上雌成虫占82%。在北京地区，以6月中、下旬发生数量较大，但一次较大降雨之后，数量往往很快下降。

（三）稻管蓟马

在玉米苗期很少为害，北京地区6月下旬在春玉米、中茬玉米上数量稍增，在心叶内活动为害。玉米抽雄后，大量集中在雄穗上，但为害不大。成虫多若虫少，这与成虫寿命长但繁殖力低有关。稻管蓟马随着玉米雄穗花期的开始与结束，在玉米植株间辗转迁移。

玉米田蓟马在一天之中的活动规律与温、湿度的关系较为密切，5月下旬到6月下旬，8月上旬到9月中旬蓟马在一天之中的活动规律呈单峰型，早晨7：00以后，蓟马的数量开始上升，随着日出后温度的升高，9：00达到渐盛，13：00达到盛期，进入取食为害的高峰，19：00之后，虫量开始下降，并随着夜幕降临，温度的降低，蓟马逐渐转移到植株下部的地面上，以翌日5：00滞留在植株上的虫口数量最少，随着天亮后气温的升高，蓟马又进入新的活动周期。7月由于温、湿度较高，蓟马的活动呈双峰型，蓟马以10：00～12：00及16：00活动最盛，12：00～16：00由于温度过高、大气相对湿度太低，再加上强烈光照的影响，活动受到抑制。

玉米蓟马的优势种因地区和环境的不同而异，泰安市郊区玉米田为害的蓟马有7种，其中，玉米黄呆蓟马占87.4%、禾蓟马占10.6%、稻管蓟马占0.2%；黄呆蓟马为优势种。据洛阳市植保站调查，玉米田中禾蓟马占49.0%、稻管蓟马占37.8%、黄呆蓟马占13.1%，禾蓟马为优势种。新疆和田地区，玉米田禾蓟马占62.5%、玉米黄呆蓟马占37.5%。2005年在中国农业科学院河北廊坊试验基地春玉米田调查结果表明，6月中旬以前禾蓟马的数量最多，而黄呆蓟马和稻管蓟马的数量很少；6月中下旬禾蓟马的数量也有一定的增长，但增幅远小于黄呆蓟马和稻管蓟马，以后两者的为害为主；7月蓟马数量开始减少，且禾蓟马的减少速度较快，稻管蓟马的减少速度较慢，成为优势种。3种蓟马的发生总数相差不多，玉米黄呆蓟马、禾蓟马、稻管蓟马分别占30.90%、32.64%和36.46%，但蓟马主要在苗期为害，苗期的优势种为禾蓟马，对玉米生产影响较大。

四、发生规律

（一）气候

玉米蓟马年度之间发生为害与降雨关系密切，与气温关系不大。干旱有利于玉米蓟马发生，降雨对种群数量有较大的抑制作用，同时还能促进玉米生长，其良好的补偿作用可减轻受害。据山东省植保站调查，5月下旬至6月上旬，降水偏少、气温偏高，对蓟马发生极为有利。黄淮海玉米区此期常遇干旱，有利于蓟马的大发生，在此期间应加强测报和防治工作。如河南洛阳1989年、1992年、1995年6月，降水量较常年偏少23.65～26.05mm，这几年玉米蓟马为中等至中等偏重发生；1990年、1994年、2000年6月，降水量较常年偏多47.64～114.31mm，这几年玉米蓟马发生较轻。在寡日照条件下，玉米苗长势弱，抗虫能力差，玉米蓟马为害重。2010年，河北省受夏季气温普遍偏高、6～7月降水量偏少等气候条件影响，自6月中旬后虫量一直较多，全省百株虫量一般为300～1 000头，高的达3 000～5 000头；山东省西部和南部6月降水量较常年同期偏少，玉米受蓟马为害重，其中菏泽田间被害株率达80%，7月日照等地降水量显著偏少，玉米苗受害重，百株虫量一般为1 000～6 000头，严重的达1.5万头以上。

玉米蓟马的发生与田间小气候有关系，在麦套玉米田中，沟、路、渠边的环境较为通风干燥的地方，玉米蓟马的发生量较大，麦垄内较为郁闭潮湿，发生量就小。杂草是蓟马的中间寄主，杂草多的田块，或靠近地边杂草的玉米上虫量多，受害重。

（二）耕作制度

黄淮海夏玉米区，广泛采用免耕技术，小麦收获后带茬播种玉米，使得原来在小麦和麦田杂草上为害的蓟马，于夏玉米出苗后转移到玉米幼苗上为害，这可能是20世纪90年代后期以来玉米田苗期蓟马严重为害的原因之一。麦套玉米田蓟马严重，玉米套播早或套后小麦收割晚，即玉米与小麦共生时间长，玉米苗往往长势弱，受害重。缺水缺肥田，玉米长势弱，受害亦重。麦田蓟马是玉米田蓟马的重要虫源，即蓟马在玉米上发生为害的程度与麦田的虫口基数有直接关系。沙土地比壤土地发生较重。

玉米蓟马的发生程度与玉米播种期有关系。春播和早播夏玉米发生严重。在河南省洛阳地区的盛发期是6月中旬，4月下旬播种的春玉米和5月下旬播种的麦套玉米，适宜的为害生育期恰与蓟马盛发期相吻合，受害重，而6月5日以后播种的夏玉米，由于苗期错过了蓟马的盛发期，虫量少，受害很轻。

（三）寄主植物

玉米蓟马对玉米为害的程度常因玉米长势不同而异。如玉米植株高大，长势旺盛，叶片宽大挺厚，则受害轻；反之，则受害重。一般在降雨或灌水后，植株迅速生长，受害会因此而减轻。若蓟马发生盛期提前，玉米苗小，叶片少而薄，抵抗力弱，则受害重。1999年河南嵩县玉米蓟马发生盛期较常年提早10～15d，玉米受害程度也明显重于往年。

玉米品种抗性强弱与玉米蓟马为害的程度相关。据保定市植保植检站调查，玉米蓟马在郑单958上发生较重，其次是农大108，发生较轻的品种有鲁单981、沈丹10号、沈丹16、蠡玉6号等。应选种抗性强的品种，尤其是在玉米蓟马重发生区，避免种植郑单958、农大108等抗性差的品种。

（四）天敌

玉米蓟马在北方的天敌主要有小花蝽、窄姬蝽、蜘蛛、赤眼蜂、草蛉、梯阶脉褐蛉及食虫菌。2005年，在中国农业科学院廊坊试验基地夏玉米田调查显示，玉米蓟马天敌的主要种类有蜘蛛、瓢虫和小花蝽，开始阶段蓟马和天敌的数量都较少，前期蓟马的数量缓慢稳步上升，到8月中旬达到最高峰为3 905.6头/百株，随后又缓慢稳步下降，天敌的数量在前期呈波浪状曲折上升，在9月中旬达到最高峰，总数为696.5头/百株，随后瓢虫和小花蝽的数量急剧下降，而蜘蛛的数量变化不大。天敌的发生与蓟马的发生之间有明显的时滞效应，蜘蛛与蓟马之间的时滞效应时间大约是10d，而瓢虫和小花蝽与蓟马之间的时滞效应时间大约是20d，蜘蛛数量与10d前蓟马数量的相关系数为0.514 7；瓢虫、小花蝽数量与20d前蓟马数量的相关系数分别为0.902 6和0.858 5，瓢虫数量与20d前蓟马数量的相关性极显著。

龟纹瓢虫对玉米黄呆蓟马捕食功能反应符合Holling Ⅱ型方程，在室内龟纹瓢虫成虫、二龄幼虫的捕食上限可达73.5头/d和16.2头/d，表明龟纹瓢虫成虫对玉米黄呆蓟马有一定的捕食潜能，在玉米黄呆蓟马生物防治中有重要的应用价值。

五、防治技术

（一）农业防治

结合小麦中耕除草，冬春尽量清除田间地边杂草，减少越冬虫口基数。加强田间管理，促进植株自身生长势，改善田间生态条件，减轻为害。对卷成“牛尾巴”状畸形的苗，拧断其顶端，可促进心叶抽出。适时灌水施肥，加强管理，促进玉米苗早发快长，度过苗期，同时也改善了玉米田间小气候，增加湿度，不利于蓟马的发生。蓟马发生时及时清除并销毁被害残株，可减轻蓟马蔓延为害。轮作可以减轻玉米蓟马的为害。适时栽培，避开蓟马发生高峰期。选用抗（耐）虫品种，马齿型品种要比硬粒型品种耐虫抗害。因玉米受蓟马为害后苗弱，防治时可加入喷施宝、磷酸二氢钾等叶面肥，以促进玉米生长。

（二）生物防治

充分发挥自然天敌的控制作用，是防治玉米蓟马的有效措施，也是生产无公害玉米的重要手段。虽然目前我国应用天敌防治玉米蓟马的研究少有报道，但可以保护和利用自然天敌，如施药时采用地面喷粉或种衣剂拌种，可明显减少对天敌的杀伤。

（三）物理防治

蓟马具有趋蓝色的习性。可用蓝色的 PVC 板，涂上不干胶，每间隔 10m 设置 1 块，板距地面 70～100cm，略高于作物 10～30cm，可减少成虫产卵和为害。在河北廊坊春玉米上的诱杀试验显示，田间悬挂蓝板对蓟马的防治效果十分明显，防虫效果最高可达 75%以上，最低仍在 56%以上，尤其在 6 月中下旬防效最好。蓟马为玉米苗期害虫，而蓝板在该时期的防效显著，说明蓝板诱杀是防治玉米苗期蓟马的有效手段。

（四）化学防治

化学药剂防治是控制玉米蓟马的有效措施。田间试验表明，有机磷和氨基甲酸酯类杀虫剂对蓟马有较好的防效。40%毒死蜱乳油 1 000 倍液、10%吡虫啉可湿性粉剂 2 000 倍液防效均在 85%以上。60%吡虫啉悬浮种衣剂拌种，防效可达 90%以上，提高出苗率 7%左右。结合防治灰飞虱，选用烯啶虫胺、啶虫脒、吡蚜酮等药剂，对蓟马也有较好的防效。因蓟马主要集中在玉米心叶内为害，所以药剂应喷进玉米心叶内。经田间和室内药效试验证明，菊酯类农药对蓟马无效，甚至有时可能对蓟马有引诱作用，因此，应避免使用。

附：

玉米蓟马成虫检索表

（韩运发等，1972）

1 雌成虫有锯齿状产卵器，腹端圆锥形；雄成虫腹端钝圆；前翅翅面上有鬃，一般翅脉显著 ………… 2

1′ 雌雄成虫腹端均呈管状，前翅无色，翅面无鬃、无脉，中部显著变窄，端部后缘有间插缨 5～8 根。体棕黑。触角 8 节，第一、二及七、八节暗棕，第三至六节黄，但四至六节端部色暗；第三节外侧有一小感觉锥。复眼后、前胸后角及翅基鬃尖端通常尖锐 ………… 稻管蓟马

2 产卵器腹向弯曲，前翅端部稍尖，触角 8 节 ………… 3

2′ 产卵器背向弯曲，前翅端部钝圆。触角 9 节，第六至九节短小，第三至四节端半部各有一细长带状感觉域；第二节端部及第三节白，其余各节棕黑。前翅褐，近基部、中央和端部有 3 段白带，纵脉发达，有横脉 4 条。体棕黑 ………… 横纹蓟马

3 头、前胸背有长鬃，前翅脉鬃连续 ………… 4

3′ 头、前胸背无长鬃，前翅前脉鬃间断。通常有端鬃 2 根。体暗黄，胸、腹背有暗黑区域。触角第六节上有斜缝，第一节淡黄，第二至四节黄，逐渐加黑，第五至八节灰黑。长翅型前翅淡黄，翅鬃弱小，腹背第八节上有完整的梳。短翅型翅退化呈芽状 ………… 玉米黄呆蓟马

4 前胸背侧缘无长鬃，每侧前缘有 1 稍长鬃，前角有 1 根长鬃、后角有 2 根长鬃。雌虫体灰棕至黑棕。触角较瘦细，第三节通常长为宽的 3 倍；第三、四节黄，其余各节与体色同，或第五节基部淡。头顶前缘稍呈角状突出，两侧颊几乎平行。头长于前胸。腹部第八背片梳毛较退化。雄虫比雌虫小而黄 ………… 禾蓟马

4′ 前胸背每侧缘各有 1 根长鬃，前缘有 4 根、后缘有 6 根长鬃。体橙黄，背面不带灰色。触角第一、二节淡黄，其余各节轻微烟色，第三、四、五节基部色淡；第五节 31～34μm、第六节 43～48μm。雌前翅较窄，基部、中央和近端部有 3 个黑褐斑 ……………………………………………… 长角六点蓟马（*Scolothrips longicornis* Priesner）

王振营 徐艳聆 何康来（中国农业科学院植物保护研究所）

第 34 节 玉米叶螨

一、分布与危害

玉米叶螨旧称玉米红蜘蛛，在我国玉米产区主要发生为害的有 3 种，即截形叶螨［*Tetranychus truncatus*（Ehara)］、二斑叶螨［*T. urticae*（Koch)］和朱砂叶螨［*T. cinnabarinus*（Boisduval)］，均属蛛形纲真螨目叶螨科。截形叶螨在国内分布于北京、河北、河南、山东、山西、陕西、甘肃、青海、新疆、江苏、安徽、湖北、广东、广西、台湾等省份，在多数地区为优势种；在国外分布于日本、泰国和菲律宾。二斑叶螨和朱砂叶螨为世界性分布的大害螨，在我国分布华北、华中、华东、华南、西南、西北等地，其中朱砂叶螨在长江流域及其以南为优势种，而二斑叶螨则在西北地区发生频率较高。

玉米叶螨的寄主植物较多，一般在干旱年份或季节发生较重。以成、若螨刺吸寄主叶背组织汁液，被害处呈现失绿斑点，严重发生时，叶片完全变白、干枯，影响光合作用，籽粒秕瘦，造成减产。由于玉米播种面积不断扩大等原因，玉米叶螨有逐年扩展和发生加重的趋势，在局部地区已给玉米生产带来威胁。如自 1999 年以来，甘肃武威市年发生面积为 38.7 万～46.9 万 hm^2，其中 2000—2003 年、2005 年严重发生，产量损失 14.5 万～47.7 万 kg；山西省自 2000 年以来大发生频繁，全省发生面积达 66.7 万 hm^2，严重发生面积为 26.7 万～33.3 万 hm^2；宁夏、内蒙古、吉林延边等地发生呈上升趋势（彩图 3-34-1，彩图 3-34-2）。

二、形态特征

成螨：雌螨体椭圆形，颚体有口针 1 对，伸缩于口针鞘中；须肢 1 对，胫节爪悬罩在跗节上方，跗节有端感器和背感器及刺毛。足 4 对，各足爪为 2 对黏毛，爪间突裂成 3 对刺毛；体背侧有黑色斑纹，背毛 12 对，肛毛和肛侧毛各 2 对，缺臀毛。气门沟由口针鞘中洼处向两侧延伸，端部呈膝状弯曲。雄螨体呈倒梨形，阳茎位于体末腹面，侧面观基部较宽，端部弯向背面，并膨大成锤状。其他特征似雌螨（表 3-34-1）（彩图 3-34-3）。

卵：球形，直径约 0.13mm，有光泽，初产时乳白色，半透明，随着胚胎的发育色渐加深至橙红色，近孵化时出现红色眼点（彩图 3-34-3）。

幼螨：体近圆形，长约 0.18mm，透明或淡黄色，后变为黄绿色。足 3 对。

若螨：分为若螨Ⅰ和若螨Ⅱ两个时期，均具 4 对足，体形、体色和成螨相似，仅体小，无生殖皱襞，腹毛较少。

表 3-34-1 三种玉米叶螨形态特征的比较

Table 3-34-1 Comparison of the morphological characteristics of three spider mites

虫种	体长（mm）		体色	纹突	雄螨阳茎
	雌螨	雄螨			
截形叶螨	0.51～0.56	0.44～0.48	雌深红或锈红色，足和颚体白色；雄螨黄色	半圆形 宽＞高	粗短，短锤较微小，背缘平截，距远侧突 1/3 处有一个凹陷，远侧突尖锐，近侧突钝圆
朱砂叶螨	0.42～0.53	0.38～0.42	深红或锈红色 “夏型螨”为红褐色，滞育螨为鲜橘红色	三角形 宽＜高	端锤较大，背缘呈钝角，远侧突较尖锐，近侧突较钝圆
二斑叶螨	0.42～0.51	0.26～0.40	淡黄或黄绿色，体具褐斑；滞育型橘红色，体背无褐斑	半圆形 宽＞高	端锤较大，背缘呈弧形，两侧突较尖锐

三、生活习性

玉米叶螨的生长发育经历卵、幼螨、若螨Ⅰ、若螨Ⅱ和成螨5个时期。在幼螨发育至成螨的各形态变化前均有一个不食不动的静止期，静止期结束后经蜕皮变为下一形态。雌、雄两性变化相同。玉米叶螨一般行两性生殖，也可孤雌生殖，其后代多为雌螨。多数雌螨一生交尾1次，少数个体交尾2～3次。

玉米叶螨在华北和西北地区一年发生10～15代，长江流域及其以南地区15～20代。以雌成螨在作物和杂草根际或土缝里越冬。一般情况下，在早春或晚秋世代历期为22～27d，夏季为10～13d（表3-34-2），整个发生过程中世代重叠严重。5～6月，在春玉米和麦套玉米田常呈点片发生，若7～8月发生条件适宜，则迅速蔓延至全田，进入为害盛期，有时可见一夜间全田变红。

表3-34-2 玉米叶螨一年中各代历期和气温的关系（河北坝下）

Table 3-34-2 The relationship between the development period of different generations and the temperature of spider mite in one year (Baxia, Hebei)

代别	一	二	三	四	五	六	七	八	九	十
平均气温（℃）	12.3	16.5	18.2	21.3	25.0	22.5	22.6	21.9	20.9	16.5
各代历期（d）	27	20	14	13	10	11	13	13	16	20

玉米叶螨在杂草和玉米等寄主的叶背活动，先为害下部叶片，渐向上部叶片转移；当叶片被害失绿干枯后，即转向其他绿叶；当玉米近成熟，叶片变黄，便转向附近的绿色作物或杂草；直到冬季来临前杂草干枯后，方转入根际的土缝内越冬。越冬虫态为受精雌成螨。早春平均温度5～6℃时，越冬雌成螨开始活动，进入3月当平均温度达6～7℃时开始产卵繁殖。

二斑叶螨属长日照反应型，短日照是诱导其滞育的主导因素。二斑叶螨也是温度敏感的光周期反应型。在15℃条件下，甘肃天水种群诱导滞育的临界光周期为9h 42min；而在8h光照条件下，诱导滞育的临界温度为15.5℃，温度达到19.0℃，则全部发育。经历发育起点以下的低温是解除滞育的必要条件，低温处理时间越长，解除滞育所需时间越短，如在0～2℃低温下处理滞育螨从10d到60d，解除滞育所需时间从8.1d减少到3.5d。温度愈高，解除滞育速度愈快。如在13h光照条件下，温度从10.0℃到30.0℃，解除滞育的时间由44.7d减少到1.9d。滞育雌成螨体色为橙红色，体背无褐斑，非滞育个体为黄绿色，体背具褐斑。

截形叶螨属长日照反应型，短日照是诱导其滞育的决定因素，在15℃条件下，内蒙古呼和浩特（39°～41°N）种群诱导滞育的临界光周期为10h 12min，前若螨期是滞育诱导的决定虫态。高温对滞育诱导有抑制作用。低温处理是解除滞育的必要条件，处理时间与滞育雌螨在适宜条件下复苏所需时间呈负相关，与滞育历期呈正相关。

朱砂叶螨属长日照反应型，短日照是诱导其滞育的决定因素，在20℃条件下，河南新乡（35°N）种群诱导滞育的临界光周期为11h 12min；不经低温处理，给予长光照、30℃条件下，可解除滞育。高温对滞育诱导有抑制作用。在10h光照条件下，温度为20℃、25℃和30℃时的滞育率分别为100%、69.2%和49.1%。

螨卵散产在寄主叶背中脉附近，发生严重时也可产在叶面、叶柄等处。早春越冬雌螨在杂草上平均单雌产卵量约为30粒，最多44粒；夏季为害玉米叶片者平均单雌产卵量约为100粒，最多达255粒。一般年份，卵的孵化率均在85%以上，雌、雄比为（4～5）∶1。

四、发生规律

一般情况下，玉米叶螨在玉米田的种群消长规律呈单峰型，即从苗期由杂草及其他寄主上迁入玉米田，零星发生，种群始建，随着气候及寄主适宜度的提升，种群扩展繁殖，缓慢发展，渐至点片；植株进入心叶中后期，当种群达到一定密度时，种群增长速度加快；玉米进入抽丝散粉期，植株出现明显被害状，田间螨量高速增长；玉米进入灌浆期，随后种群达到高峰；由于受害，玉米中下部叶片常枯死，上部叶片早衰，随着玉米植株衰老，营养质量降低，以及气温下降，叶螨种群迅速下降。一般情况下，玉米抽雄前玉米叶螨种群密度较小，当植株进入灌浆期和乳熟期时，种群数量剧增。

据报道，内蒙古巴彦淖尔市杭锦后旗玉米田截形叶螨田间种群在入侵初期呈聚集分布，随着种群密度增加，聚集度下降。7月上旬为初发期，种群数量稀少，仅在极少数植株上分布；7月中旬为缓慢增长期，种群数量低，增长缓慢，聚集度很高；7月下旬至8月中旬进入快速增长期，种群数量高，增长迅速，叶螨扩散至全田，聚集程度下降；8月下旬达到种群高峰期，种群数量最高，虫口密度最大，聚集度低；9月为衰落期，由于玉米受害严重叶片枯死，且玉米进入生长后期，植株衰老，加之气温下降，叶螨种群数量迅速下降。

在宁夏黄灌区，5月下旬至6月上旬玉米田始见二斑叶螨，至7月上旬发展缓慢，单株螨量仅1头；7月中旬普遍发生，单株螨量上升到84.5头；之后迅速增长。进入8月种群数量剧增，玉米上出现明显的被害状，上旬单株螨量达2 000头；中旬进入为害高峰期，单株螨量5 800头；下旬气温开始下降，由于被害玉米植株早衰，螨量逐渐下降。9月上旬在玉米根际5cm深处出现越冬螨。

在夏玉米区，如陕西越冬螨2月底至3月初开始在早春寄主如小麦、米蒿等上活动取食繁殖；之后迁入棉田及春播玉米田，开始点片为害，随气温升高，繁殖为害不断蔓延；6月下旬至7月初由棉田、春播玉米田及杂草等寄主上向夏播玉米田迁移，7月中旬至8月下旬是发生为害高峰期，9月随着气温的下降和玉米植株的衰老，螨量急剧下降，并转移至越冬场所越冬。在河南，6月上、中旬开始为害春玉米，6月底在夏玉米上开始发生为害。

(一) 虫源基数

麦套玉米普遍，则麦田的越冬螨量多，夏季食料充足，有利于叶螨的生长发育和繁殖，为玉米田积累了大量螨源，这是近年来玉米叶螨发生加重的主要原因之一。另外，越冬螨还可在大豆、高粱和杂草等根茬上越冬。越冬雌成螨不食不动，抗寒力较强，在田间经历−26.5℃低温后，带回室内置于24℃左右，仍可复苏活动。越冬螨量越多，则次年发生越重。

(二) 气候条件

1. 温度 截形叶螨与二斑叶螨卵的发育起点温度分别是14.86℃和10.78℃；有效积温分别是48.84℃和76.45℃。在发育起点温度至22℃范围内二斑叶螨卵的发育速率大于截形叶螨，而当温度高于22℃时截形叶螨卵的发育速率大于二斑叶螨。25℃是截形叶螨产卵的最适温度，产卵雌螨比率为100%，总产卵量最高为133.26粒/头；30～35℃是种群繁殖增长的最适温度。

在28℃条件下，截形叶螨各虫态发育历期分别为卵3.67d，幼螨2.3d，若螨2.8d，成螨18.9d。完成1代需要8～10d，寿命24.8～32.8d。平均单雌产卵量为89.7粒，日均产卵量5.6粒，产卵前期1.2d，日均产卵量在6～10d达到高峰。在玉米上的存活曲线属Ⅰ型曲线，净增殖率为37.6，周限增长率为1.2，内禀增长率为0.2，世代平均周期为18.1d。产卵高峰期和子代性比与温度无关，产卵期随温度升高直线缩短。

朱砂叶螨卵的发育起点温度约为9.9℃，有效积温为77.8℃。从幼螨到成螨的发育起点温度为11.6℃，有效积温为94.8℃。长日照条件下，发育时间、5%死亡率时间和世代平均时间的倒数值、单雌每日产卵量与温度呈逻辑斯蒂关系；产卵期、内禀增长率（r_m）和周限增长率（λ）与温度呈直线相关；单雌产卵量、净增殖率（R_0）与温度呈抛物线关系，种群加倍所需天数与温度呈双曲线关系。

一般情况下，在适宜温区内，玉米叶螨随温度升高发育速度加快，世代发育历期缩短，日均产卵量随着温度的升高呈直线增加。

2. 湿度和降雨 玉米叶螨（截形叶螨和朱砂叶螨）为害轻重与降水量显著相关。据河南新乡调查，发生期间降雨频繁，日降水量在20mm以上时，可抑制其发生，但如果雨日频繁而雨量不足20mm，则有利其发生。降雨对玉米叶螨（二斑叶螨）发生期的影响最为明显，如宁夏2002年5、6月降水量多，且出现3次大的降雨日，导致前期温度低、湿度大、日照少，该年二斑叶螨发生轻。在田间玉米叶螨为害盛期，大暴雨若出现在高峰期以前，将抑制叶螨的发生蔓延，出现在以后，可抑制螨量上升势头，并使螨量迅速跌落。如宁夏7、8月是玉米叶螨为害盛期，2000年7月27日降水量为51mm，8月7日为42.5mm，显著抑制了螨情上升势头，减轻了为害；2001年8月18日降水量为24.8mm，使螨量迅速下降1倍多。

灌溉使田间在整个生长季节土壤含水量达到土壤水的吸力值70kPa或更低，能显著抑制玉米叶螨的种群数量，如果在整个生长季节使土壤水的吸力值达到200kPa，则叶螨常重发生。抽雄前干旱，之后大水灌溉并不能有效控制玉米叶螨大发生。

3. 光照 光照长度除影响叶螨滞育发生与否外，对其生长发育、繁殖力等都有影响。如在30℃、日10h短光照可使截形叶螨的发育历期比14h长光照延长2.35d，雌成螨的寿命延长4.5d，产卵前期延长0.74d，产卵期延长4.9d，单雌产卵量增加65.3粒。然而，由于短光照显著延缓截形叶螨的发育，即发育历期、寿命、产卵期均延长，存活率和产卵率曲线均滞后于长光照，r_m相应降低。

在29℃条件下，与长光照（15∶9h）相比，短光照（9∶15h）朱砂叶螨的发育历期、雌成螨寿命、产卵前期和产卵期分别延长2.9d、5.0d、1.0d和3.5d，单雌产卵量提高31.4%，子代性比由1.75∶1增加到2.23∶1。同时，由于世代历期平均时间和产卵期延长，导致内禀增长率降低21.6%，周限增长率下降4.7%，种群加倍日数增加21.6%。然而，在接近滞育温度（15℃）的20℃时，短光照明显加速叶螨发育，提高种群内禀增长率（r_m）。种群生殖的最适温度在长光照时是25℃，短光照时是30℃。长光照下35℃发育速率最大，r_m最高，种群加倍时间最短。

综上所述，玉米叶螨喜高温、低湿（相对湿度38%）的发育环境。为害程度和环境条件的关系可归纳为高温、干旱有利于叶螨的发生；低温、降水对叶螨有抑制作用。秋冬季及早春气温偏高有利于叶螨越冬。在一定的越冬基数下，作物生长期间的气候因素对当年叶螨发生为害程度具有决定性的影响。

（三）寄主植物

1. 种类 玉米叶螨在不同寄主植物上的发育历期和产卵量有明显的差异。28℃条件下，截形叶螨雌螨在黄瓜、菜豆、大豆、茄子和玉米上完成1个世代所需时间依次为9.3d、9.3d、9.6d、11.0d和11.6d；产卵期依次为11.2d、12.9d、17.8d、9.9d和15.8d；单雌产卵量和净增值率在大豆上最高，分别是115.0和51.7，而在茄子上最低，分别是38.0和11.7；幼若螨期存活率依次为89.9%、84.3%、93.6%、61.6%和91.7%，存活率曲线均为Ⅰ型。大豆是其最适寄主，其次是玉米，再次是黄瓜和菜豆，对茄子的嗜食性最差。

在25℃、光照16h、相对湿度20%条件下，取食菜豆、桃、苹果和凤仙花叶片的二斑叶螨种群的内禀增长率分别为0.210 5、0.192 6、0.181 7和0.149 7，世代净增殖率为21.9、22.8、25.9和17.9，平均世代历期为14.7d、16.2d、17.9d和19.3d。在25℃条件下，二斑叶螨与朱砂叶螨分别取食菜豆、茄子、月季、桃树和转*Bt*基因棉5种寄主植物时，以在桃树上的发育历期最短，菜豆上的雌成螨产卵量最高。综合发育历期和产卵量来看，菜豆和桃树为二斑叶螨的最佳寄主；朱砂叶螨在菜豆、茄子和桃树上发育最适合。两种叶螨相比较，适宜的寄主植物略有不同。

2. 品种 同种寄主植物的不同品种对玉米叶螨的成活率、发育历期和产卵量有明显的影响。在28℃条件下，4个不同玉米品种中单2号、农大108、赤单202和巴丹3号上的截形叶螨种群参数即卵期、若螨期、产卵前期、成螨寿命、单雌产卵量、日均产卵量、净增殖率、周限增长率、内禀增长率、世代平均周期和种群加倍时间均有明显差异；其孵化率分别为95.8%、94.0%、90.0%和84.0%；幼、若螨期存活率为90.5%、84.0%、86.0%和72.0%；存活曲线均为Ⅰ型；净增殖率在中单2号上最高，为41.4，而在巴单3号上最低，为16.8。

玉米叶螨在屯玉1号、太单30、忻黄单66等玉米品种上发生较轻，掖单13和郑单14等品种对叶螨的耐害性较强，而东单7号、掖单4号、掖单19、农大3138、豫玉22、晋单35等品种上发生较重。抗性种质资源有CN1114；中抗的有CN2144、CN4379、CN1362、CN1182、CN742、E28和478；感虫的有自330和5003；高感的有丹340和Mo17。

3. 栽培方式 作物栽培方式以及作物品种抗性等均对玉米叶螨发生有一定影响。玉米与麦类作物交替种植，可减轻玉米叶螨的为害。马铃薯、大豆、棉花等与玉米间套种有利于玉米叶螨的发生。与果园毗邻的玉米田常易遭受玉米叶螨为害。玉米叶螨发生量与玉米播期有关，播种早，种群数量大，为害严重。旱地重于水浇地，耕作粗放田重于精耕细作田。

（四）天敌昆虫

玉米叶螨的天敌很多，主要有深点食螨瓢虫［*Stethorus*（*Stethorus*）*punctillum* Weise］、黑襟毛瓢虫［*Scymnus*（*Neopullus*）*hoffmanni* Weise］、塔六点蓟马（*Scolothrips takahashii* Priesner）、南方小花蝽（*Orius strigicollis* Poppius）、大草蛉［*Chrysopa pallens*（Ranbur）］、日本通草蛉［*Chrysoperla nipponensis*（Okamoto）］、草间钻头蛛［*Hylyphantes graminicolum*（Sundevall）］、津川钝绥螨（*Am-*

blyseius tsugawai Ehara）、拟长毛钝绥螨（*Amblyseius pesudolongispinosus* Xin，Liang et Ke）、大赤螨［*Anystis baccarum*（Linnaeus）］、食螨瘿蚊（*Acaroletes* sp.）等，对玉米叶螨均有重要的抑制作用。其中深点食螨瓢虫具有明显的"跟随"现象，是优势种天敌，日捕食叶螨成螨、若螨、幼螨和螨卵的量分别为30.0头、37.0头、43.0头和49.7粒。

（五）化学农药

与其他害虫相似，长期使用单一化学农药导致玉米叶螨抗药性逐渐出现。杀虫剂的混用和轮用是当前害虫抗药性治理中最常采用的两种用药策略。甲氰菊酯与阿维菌素混用能有效延缓朱砂叶螨抗性演化，两者轮用不能延缓朱砂叶螨抗性发展，反而加速了对甲氰菊酯的抗性发展；哒螨灵与阿维菌素混用、轮用都能有效地延缓朱砂叶螨对二者的抗性发展。

五、防治技术

（一）农业防治

深翻土地，将害螨翻入土壤深层；早春或秋后灌水，将螨冲淤在泥土中窒息死亡；清除田间、田埂、沟渠旁的杂草，减少害螨食料和繁殖场所；在严重发生地区，避免玉米与马铃薯、大豆、蔬菜等间作，都能显著减少玉米叶螨种群数量。对受害较重的玉米田增施速效肥料，以增强玉米植株的抗螨能力。作物生长期适时中耕除草和灌溉，可抑制玉米叶螨发生为害程度。

（二）生物防治

生物农药喷雾防治：5～6月，当叶螨在玉米田点片发生时，可利用烟碱、苦参碱等生物农药喷雾防治。如0.26%苦参碱水剂150倍液、10%烟碱乳油1 000倍液喷雾，7d对玉米叶螨的防治效果分别保持在50.2%和72.8%。

保护利用天敌：农事操作中应注意保护和利用自然天敌，应尽量避免在天敌繁殖的季节和活动盛期喷洒广谱性杀虫杀螨剂。

（三）人工防治

对玉米叶螨的人工防治技术，可以概括为"查、抹、剪"。"查"，即在玉米叶螨发生时期，对其进行定点调查和全田普查，以便掌握虫情，为适时防治打好基础。"抹"，即发现玉米叶片中出现黄白斑点或红斑点，立即抹去叶背的叶螨。"剪"，即利用叶螨在玉米生长早期主要集中在玉米基部1～5片叶为害的特征，在虫害发生初期用剪刀将植株底部有螨叶片剪除，把剪除的叶片装入口袋，带出田外深埋或烧毁。

（四）化学防治

5月下旬至6月下旬，注意防治距田埂杂草近的玉米，以防止叶螨向田中心蔓延，将其控制在点片发生阶段。普治田应注意使用选择性药剂，以保护利用天敌。

玉米叶螨盛发期前，喷施1.8%阿维菌素乳油3 000倍液、20%哒螨灵可湿性粉剂2 000倍液、5%噻螨酮乳油2 000倍液、10%吡虫啉可湿性粉剂1 000～1 500倍液，均能获得较好的防治效果。

何康来　解海翠　王振营（中国农业科学院植物保护研究所）

第35节　双斑长跗萤叶甲

一、分布与危害

双斑长跗萤叶甲［*Monolepta hieroglyphica*（Motschulsky）］，属鞘翅目。叶甲科又称双斑萤叶甲、双圈萤叶甲。在我国广泛分布于黑龙江、吉林、辽宁、内蒙古、宁夏、甘肃、新疆、河北、山西、陕西、江苏、浙江、湖北、江西、福建、台湾、广东、广西、四川、云南和贵州等省（自治区）。国外分布于日本、朝鲜、俄罗斯（西伯利亚）、菲律宾、印度尼西亚、马来西亚、新加坡、越南北部、缅甸、印度东部等国家和地区。21世纪以来该害虫在我国北方地区为害较重。双斑长跗萤叶甲为多食性害虫，可为害玉米、高粱、谷子、棉花、豆类、马铃薯、白麻及向日葵等多种作物以及十字花科蔬菜、菜豆、胡萝卜、茄子、甘草、苹果、杏、杨、柳等经济植物，还可寄生苍耳、刺儿菜、红蓼、葎草、苜蓿、灰菜、马齿苋、马唐草、狗尾草等多种杂草，以玉米、大豆和棉花受害最为严重。双斑长跗萤叶甲主要以成虫为害玉米叶片、雄穗和雌穗。

双斑长跗萤叶甲自20世纪60年代在山西省发现为害谷子后，在接下来的几十年中，在我国的发生程度很轻，主要为害十字花科蔬菜和豆类、油料作物和一些林木；20世纪70年代末，才有为害玉米的报道；20世纪90年代，在山西忻州地区的玉米、谷子、高粱上相继发现有双斑长跗萤叶甲为害。进入21世纪以来随着玉米田化学除草和免耕技术的推广，土壤深翻及锄耙等农事活动减少，对卵和幼虫杀伤作用减小，虫口基数累积逐年加大，对玉米田的为害呈加重趋势，为害区域和面积正逐渐扩大，已经成为陕西关中、山西、河北北部、北京北部、内蒙古、吉林、黑龙江和辽宁等省份及部分地区玉米上的重要害虫。2000年双斑长跗萤叶甲在吉林东辽县大发生，玉米被害株率达50%～80%，被害叶率达6.3%～24%，7月中旬为害盛期，玉米叶留下大量白色网状斑和孔洞，严重影响光合作用。2005—2008年，在陕西连续4年夏玉米田偏重发生，且有逐年加重趋势，2007年共发生近27万hm^2，尤其关中中西部发生较重，成为夏玉米上的主要害虫。2008年，宝鸡市陈仓区玉米双斑长跗萤叶甲发生面积1.86万hm^2，虫田率75.3%(夏玉米田虫田率100%)，虫株率64%，百株虫量380头，最高单株达74头；岐山县严重发生的田块虫株率达95%以上，玉米减产6%～10%，个别植株因雌穗花丝被害虫吃光而未结实。西安市临潼区部分农田玉米虫田率达95%，平均百株虫量284头，严重田块百株虫数1 300头。2007年，玉米双斑长跗萤叶甲在辽宁丹东、铁岭、鞍山等玉米产区普遍发生，特别是在丹东凤城市严重发生，虫田率75.0%，虫株率30%，平均百株虫量48.3头，严重田块虫株率达80%以上，造成减产5%～10%。2008年以来，黑龙江齐齐哈尔市玉米田双斑长跗萤叶甲发生为害严重，全市发生面积30.3万hm^2，其中龙江县玉米田有虫率达38.5%，被害株率超过35%，平均百株虫量150～200头，重发生田块达1 500头以上；泰来县玉米田严重受害地块，双斑长跗萤叶甲为害株率达100%，玉米下部3～4叶有1/3面积被吃成网状，1%玉米植株花丝被咬秃。2007年，双斑长跗萤叶甲在内蒙古赤峰、通辽、鄂尔多斯、锡林郭勒、包头、呼和浩特和乌兰察布等地发生为害，百株虫量200～500头，严重的达2 000头以上。2007年以来，宁夏农作物病虫害监测部门发现，双斑长跗萤叶甲在彭阳县、原州区、海原等南部山区的玉米田大发生，发生面积达2.8万hm^2，严重地块百株虫量上千头，造成大面积减产。2008年，河北承德制种田，虫田率40%，虫株率30%，百株虫量50～100头，最高百株虫量达300多头，给玉米制种造成了较大的威胁。2011年，双斑长跗萤叶甲的全国发生面积为158.5万hm^2，较2010年增加24.2%（彩图3-35-1，彩图3-35-2）。

二、形态特征

成虫：体长3.6～4.8mm，宽2.0～2.5mm，长卵形，棕褐色，具光泽，头、前胸背板颜色较深，一般呈棕黄色，每个鞘翅基部具一近圆形的淡色斑，四周黑色，淡色斑后外侧常不完全封闭，后面的黑色带纹向后突出呈角状。初羽化的成虫体色较浅，腹板半透明能看见虫体内的白色肠道，随后腹板慢慢变成棕黄色。触角为线状，11节，柄节和梗节棕黄色，鞭节黑色。柄节与梗节的表皮有波纹状的隆起，鞭节表皮隆起呈鱼鳞状。前胸背板表面隆起，密布细刻点，四角各具毛1根。小盾片三角形，无刻点。鞘翅表面具密而浅细的刻点，侧缘稍微膨大，端部合成圆形，初羽化的成虫腹部末端被遮盖于鞘翅内，取食生活一段时间以后腹部膨大，腹末端外露于鞘翅。足胫节端半部与跗节黑色，胫节基半部与腿节棕黄色，胫节端部具一长刺。雌虫腹末端尖而突出，完整不开裂；雄虫的腹末端钝而开裂，分为三瓣（彩图3-35-3）。

卵：卵圆形，长轴约0.6mm，卵壳表面有等边六角形的网纹；室内观察发现，初产的卵多为淡黄色，经过一段时间后颜色变深。卵的颜色可能和成虫的食物有关，成虫取食棉花所产的卵为棕红色，取食白菜、玉米和榆树叶片产的卵为黄色。卵的发育后期，颜色慢慢变淡，能看到内部虫体（彩图3-35-4）。

幼虫：头和臀板褐色，前胸背板浅褐色。体表有成对排列的毛瘤和刚毛，腹节有较深的横褶，腹末端为黑褐色的铲形骨化板，是区别于其他叶甲幼虫的重要特征。幼虫共3个龄期，初孵幼虫的头壳宽度为0.2mm，体为淡黄色，在生长过程中体色慢慢变深，刚蜕完皮的幼虫虫体透明，随后颜色变深，能清晰地看到虫体内黑色的肠道，老熟幼虫进入预蛹的时候变成乳白色，化蛹前虫体变粗且蜷缩呈C形（彩图3-35-5至彩图3-35-7）。

蛹：长2.8～3.8mm，一般为白色，也有一些略微发黄，体表有整齐的毛瘤和刚毛。触角从复眼之间向外侧伸出，端部至前足近口器处，前、中足外露，后足大部为后翅所覆盖。前端为前胸背板，头部位于其下，小盾片三角形，后胸背板大部可见，腹端有1对稍向外弯曲的刺（彩图3-35-8）。

三、生活习性

双斑长跗萤叶甲在北方地区一年发生1代，以卵越冬。在山西地区，越冬卵5月下旬开始孵化，一直到7月上旬还有卵孵化，孵化时间很不整齐，导致幼虫的发生从5月一直持续到8月；6月中旬老熟幼虫开始建造土室化蛹，而在8月上旬从土壤中还能挖查到老熟幼虫，蛹的发生从6月中旬持续到8月中旬。6月下旬成虫开始羽化出土，7月中下旬就有成虫开始交配产卵，此时上一年的越冬卵还没完全孵化。成虫发生持续时间长，10月中下旬在玉米田基本消失，但在田边杂草上还能见到个别的成虫。在辽宁，越冬卵于5月中下旬开始孵化，6月底7月初幼虫开始化蛹，7月中旬始见成虫为害玉米，8月上旬至9月上旬进入为害高峰期，9月中下旬为交尾产卵盛期。

在土壤中，双斑长跗萤叶甲越冬卵主要分布在距土表0～10cm的土层中，10～15cm的土层中也有少量分布。越冬卵有很强的抗逆性，卵壳较硬，能够抵抗低温和干旱。在干燥条件下，卵壳表面虽干瘪，但一经吸湿后，仍可恢复原形，条件适宜时即可发育至孵化。春末夏初越冬卵开始陆续孵化，初孵幼虫咬破卵壳爬出。卵孵化历期长，同一批卵在同一环境下孵化期很不一致，25℃恒温下，30d以后卵开始陆续孵化，可持续到160d。

幼虫生活在表土中，怕光，很少爬离土表。幼虫为害玉米根系，在根系表面上形成一条条隧道，甚至钻入粗壮的根系内取食，仅留下表皮，根系上的伤口呈红色，食量很小，即使一株玉米遭到几十头幼虫为害，植株的地上部分也无明显症状，对玉米造成的危害不大。幼虫在土壤中的扩散范围有限，主要在玉米根系周围活动，喜在湿度大的土壤中活动，距土表30cm以下还有幼虫活动。老熟幼虫从被害的根部钻出，停止取食，身体开始缩短变粗，在根系附近的土壤中建造土室，经过预蛹阶段后化蛹，在离土的环境中很难化蛹。蛹一经触动即猛烈旋动，历期7～10d。化蛹第三天，复眼颜色开始发灰，然后变黑，接着口器开始变黑，前胸腹板变黑后的第二天羽化。

双斑长跗萤叶甲主要是以成虫为害玉米植株的地上部分。刚羽化不久的成虫飞翔能力弱，出土后先在玉米的下部取食叶片，如果玉米田边杂草丛生，成虫会飞到田边杂草上取食一段时间，然后再转移到玉米田为害，玉米开始抽雄吐丝以后，田间的种群数量急剧上升，到玉米抽雄吐丝后期、灌浆前期成虫的种群数量达到最高峰。成虫有一定的飞翔能力，白天活动强于夜间，早晚活动多于中午，受惊后多会短距离跳跃，一般飞翔2～5m远落下，有的也能飞到数十米的地方，不受惊动不起飞，易于捕捉。在9：00～11：00和16：00～19：00取食飞翔，在气温高于18℃、阳光充足、无风的天气条件下最活跃，早晚或中午藏匿在叶背面、叶腋、心叶、未展开的雄穗苞叶内及土缝中，在大风、阴雨和烈日等不利条件下，则隐藏在植物根部或枯叶下。成虫有群集性、弱趋光性和趋嫩为害习性，玉米生长初期取食叶肉，沿两叶脉间纵向取食，仅残留上表皮和叶脉，形成带状透明为害斑，长3～11mm，严重时为害斑相连成片，上表皮干枯脱落后，叶片支离破碎，影响玉米的光合作用；玉米抽雄吐丝后，又群集取食为害小穗、花丝、苞叶及嫩粒，使授粉及灌浆受阻，往往造成籽粒秕瘦或授粉不良形成花粒棒，影响玉米授粉结实，严重时可导致绝收，对玉米产量影响较大。田间幼株受害重于成株，叶尖和近叶缘处受害重，靠近中脉及叶片基部受害轻。双斑长跗萤叶甲成虫在玉米上的空间分布规律随着玉米的生长发育而改变，在心叶期，成虫主要在玉米的上部叶片取食，种群密度显著高于中、下部叶片。玉米吐丝以后，种群开始往花丝上转移，但上部叶片的种群密度还是最高的，主要原因可能是因为玉米散粉时成虫取食落在上部叶片上的花粉，导致上部叶片的种群数量保持着最大。在乳熟期，成虫主要集中在雌穗上取食。双斑长跗萤叶甲咬食花丝的顺序不是顺着一根花丝咬食，而是咬断一根花丝后再咬食另一根花丝，只咬食相对幼嫩的部分。双斑长跗萤叶甲白天取食高峰在16：00～19：00，上午取食不多，中午和早晨基本不取食。

双斑长跗萤叶甲成虫可多次交配产卵。据室内观察，在25℃下，成虫羽化18～22d以后开始交配产卵，交配时间为40～75min，交尾前，雄虫有追逐雌虫的行为，成功交尾时雄虫前足抱住雌虫腹部，交尾结束后，雌虫将雄虫甩脱。成虫全天都可进行交配，主要集中在10：00～12：00和17：00～19：00。交尾1～2d后雌虫开始产卵，卵产于土缝中，喜在湿度大的土壤中产卵，卵散产，一般产1粒后就会换地点，很少有多粒卵黏在一起的，每隔5～6d产一次，直至死亡。双斑长跗萤叶甲整个世代完成发育所需要的有效积温为1 971.6℃。

在19℃、22℃、25℃、28℃和31℃下，双斑长跗萤叶甲成虫平均寿命分别为64.1d、60.8d、55.6d、42.1d和34.7d，产卵率分别为65.6%、88.6%、85.7%、88.6%和82.9%，平均产卵量分别为29.2粒/雌、82.1粒/雌、93.8粒/雌、73.4粒/雌和63.1粒/雌。个体（♀）最长寿命出现在22℃下，高达156d。19℃下虽然成虫平均寿命最长，但成虫食量小、活动性差、雌雄交配成功率低、雌虫产卵率低，也没有明显的产卵高峰期，不利于该虫的发生、为害、繁殖。22～26℃是雌成虫较为理想的繁殖温度。

四、发生规律

（一）气候条件

气候条件对双斑长跗萤叶甲的发生影响较大，高温、少雨、干旱有利于该虫的发生。如2000年吉林东辽县，6～8月出现严重干旱天气，总降水量仅169.4mm，远低于常年，是当地有气象记录以来最少雨的年份，而且平均气温比常年高6.3℃，这种特殊的气象条件造成双斑长跗萤叶甲罕见的大发生。2009年、2010年齐齐哈尔地区8～9月的高温干旱气候造成双斑长跗萤叶甲成虫发生为害严重，重发地块百株虫量达1 500头以上。

暖冬对双斑长跗萤叶甲越冬较为有利。2006年，辽宁冬季平均气温较常年高3.3℃，为1951年来最暖的冬季，越冬卵存活率高，且翌年4～5月气温异常偏高，因而造成该虫2007年在辽宁玉米产区普遍发生，为害严重。陕西省宝鸡市2002—2006年秋冬季平均气温较常年偏高1～2℃，造成双斑长跗萤叶甲连续几年大发生。双斑长跗萤叶甲发生的早晚与5月平均温度的高低有着直接的相关性，气温提升快该月温度高的年份就发生早，温度提升慢的年份则发生晚。成虫忍耐低温的能力较差，能够忍耐的最低温度为－2℃，最高温度为42℃。

（二）农田环境

玉米密植，通风透光性差、田间郁闭，有利于双斑长跗萤叶甲的发生与为害。田边发生重于田中心；免耕田重于深耕田；红土地发生重，沙土地发生轻；弱苗田发生重；套种大豆、马铃薯等作物的玉米田发生较重。

疏于田间管理，地头、渠边、田埂甚至田间杂草丛生，为双斑长跗萤叶甲初羽化成虫提供了充足的食料，同时也为其产卵繁殖提供了良好的环境。玉米田四周杂草生长茂盛的田块比没有杂草或杂草少的田块单株虫量高出35%～60%。2007年，陕西宝鸡市陈仓区的一免耕栽培玉米田，由于田块四周杂草较多，玉米植株上单株虫量达到103头。玉米田间种秋菜作物，也为玉米收获后双斑长跗萤叶甲取食产卵提供了理想场所。

（三）寄主植物

成虫对不同寄主具有明显的选择性。对25科54属58种植物的非选择性试验表明，双斑长跗萤叶甲较喜欢取食锦葵科陆地棉，茄科马铃薯，蓼科酸模叶蓼，禾本科狗尾草，十字花科青菜和荠菜，卫矛科卫矛，豆科蚕豆、落花生和粗毛甘草，菊科刺儿菜，旋花科甘薯，葫芦科丝瓜，蔷薇科西伯利亚杏和榆叶梅，榆科白榆和欧洲大叶榆、树锦鸡儿等14科25种植物，茄科番茄、藜科灰藜和甜菜、禾本科玉米、十字花科焯菜和油菜、车前科平车前、大麻科大麻、菊科向日葵、马齿苋科马齿苋、蔷薇科月季、牻牛儿苗科天竺葵、芍药科芍药、百合科新疆野百合、杨柳科新疆杨和垂柳等植物次之，木樨科、苋科和紫薇科的植物完全不取食。

双斑长跗萤叶甲幼虫在不同寄主植物的根系周围分布情况不同。玉米、棉花、杂草根系周围分布比较试验表明，玉米根系周围有虫率最高，玉米、棉花和杂草根系周围有虫率分别为92.9%、26.9%和14.0%（李广伟，2008）。

双斑长跗萤叶甲成虫对不同品种的玉米有明显的取食选择性。6个玉米品种的田间对比试验表明，双斑长跗萤叶甲的选择性为：垦粘1号＞龙育1号＞庆单3号＞丰和10号＞庆单4号＞四单19，垦粘1号的成虫数量达到了四单19的5倍以上。

（四）天敌

双斑长跗萤叶甲寄生性天敌主要有寄蝇、胡蜂、线虫、真菌、寄生性螨虫等。捕食性天敌则包括蜘蛛、螳螂、蠋蝽等，螳螂、蜘蛛、胡蜂和蠋蝽是田间双斑长跗萤叶甲的主要天敌。蠋蝽［*Arma chinensis* (Fallou)］对双斑长跗萤叶甲成虫有较强的捕食能力，捕食功能符合Holling Ⅱ模型，日最大捕食量为

20.4 头，捕食一头双斑长跗萤叶甲成虫需要 2.94min。

五、防治技术

(一) 农业防治

秋耕冬灌或早春深翻，用机械杀伤和深埋土壤中的越冬虫卵，可有效降低虫源基数，减轻为害。早春铲除田埂、渠沟旁及田间杂草，尤其是稗草、狗尾草等禾本科杂草，可以消灭中间寄主植物，改变双斑长跗萤叶甲栖息场所环境，减少食料来源。播种前深翻土壤、浅锄地边空闲地等耕作措施可有效减少双斑长跗萤叶甲虫口密度 40%左右。由于双斑长跗萤叶甲卵、幼虫主要群居在植物根系上，在双斑长跗萤叶甲发生严重的地区，可将玉米和杂草的须根系蛀食一空。合理施肥、及时补水可提高植株的抗逆性和耐受能力，也能减轻损失。在麦区，麦收后抢时播种，使玉米发育期提前，可减轻幼苗期为害。种植诱集作物，比如豆科植物、菊科金盏菊等，可诱杀双斑长跗萤叶甲成虫。

(二) 生物防治

双斑长跗萤叶甲的天敌相对较少，生物防治的难度大。蠋蝽是双斑长跗萤叶甲的天敌之一，通过人工收集成虫、室内越冬、饲养繁殖、定期释放等方法，可利用天敌抑制害虫。

(三) 物理防治

双斑长跗萤叶甲点片发生时，可在早晚用捕虫网人工捕杀成虫，也可利用黑光灯诱杀，减少田间虫量。

(四) 化学防治

由于双斑长跗萤叶甲耐药性较低，可以用来防治的药剂种类较多，如 50%辛硫磷乳油 1 500 倍液、10%吡虫啉可湿性粉剂 1 000 倍液、20%氰戊菊酯乳油 1 500 倍液、2.5%高效氯氟氰菊酯乳油 2 000 倍液或 4.5%高效氯氰菊酯乳油 1 000～1 500 倍液喷雾防治，还可选用 25%噻虫嗪水分散粒剂，均可有效控制双斑长跗萤叶甲的为害。由于成虫羽化初期主要在田边杂草上取食为害，这一时期害虫耐药性较差，也是防治的关键时期，一定要注意对田边地头的杂草喷药防治。本着多虫兼治的原则，也可将双斑长跗萤叶甲与同期发生的黏虫、玉米叶螨、蚜虫统筹采取防治措施。

由于双斑长跗萤叶甲成虫具有飞翔能力，要注重发挥统防统治的优势，集中连片施药，视发生为害情况用药 1～2 次，间隔时间为 7d。喷药时间最好选择 10：00 前和 17：00 后，避开中午高温时间，以免施药人员中暑、中毒或者对玉米产生药害，同时这两个时间段又是双斑长跗萤叶甲成虫活跃期，此时防治可提高防治效果。玉米扬花期间避免用药防治，以免影响授粉。虽然化学防治对双斑长跗萤叶甲的防效较好，但必须注意尽量减少用药次数，与不同类型的药剂交替使用，延缓其抗药性的产生与发展。

王振营　何康来　徐艳聆（中国农业科学院植物保护研究所）

第 36 节　棉 铃 虫

一、分布与危害

棉铃虫（*Helicoverpa armigera* Hübner），隶属鳞翅目夜蛾科铃夜蛾属（*Helicoverpa*），最早被归为夜蛾属（*Noctua*），后移至实夜蛾属（*Heliothis*），直到 1965 年才由 Hardwick 归至铃夜蛾属（*Helicoverpa*），一直沿用至今。为杂食性害虫。棉铃虫在我国各地均有分布。在世界上广泛分布在各大洲及一些太平洋岛屿。棉铃虫在我国北方发生较重，除为害棉花外，其寄主植物还有玉米、小麦、花生、高粱、甜椒、烟草、马铃薯、番茄、鹰嘴豆、亚麻等，还为害一些果树、蔬菜等，尤其喜食棉花和玉米的繁殖器官。

随着耕作制度改革，以及绝大多数春玉米改为夏玉米，棉铃虫已成为黄淮海玉米穗期的主要害虫之一，严重为害夏玉米雌穗和籽粒，有些年份甚至超过玉米螟。如 2009 年四代棉铃虫在卫辉市夏玉米田暴发，平均单穗籽粒损失 46.9 粒，平均产量损失 10%～23%，个别严重地块空棵率达 35%以上。在甘肃省石羊河流域，自 20 世纪 90 年代以来棉铃虫在玉米田的发生为害程度日趋加重，尤其是 1999—2003 年棉铃虫在玉米田大面积发生成灾，发生面积占玉米种植面积的 53.3%～72.1%，雌穗被害率平均 40.7%～

79.4%，百穗平均有虫51.0～108.5头，成为玉米穗期的主要害虫之一。关中灌区夏播玉米，2001年棉铃虫为害高峰期调查，玉米穗被害率达95%，百穗虫口265头，地块发生率100%，造成玉米减产7.6%。棉铃虫不仅能直接造成产量损失，而且还诱发玉米穗粒腐病，使玉米品质下降；大发生年还可在心叶期严重为害，将心叶食成孔洞或缺刻，严重者则将心叶自下部食断，造成枯心（彩图3-36-1，彩图3-36-2）。

二、形态特征

成虫：体长14～20mm，翅展27～40mm，复眼较大，球形，绿色。雌蛾头胸部及前翅红褐色或黄褐色，翅反面常有红褐色或砖红色斑，雄蛾头胸部及前翅常为青灰色或灰绿色，内横线、中横线、外横线波浪状不明显。外横线外有深灰色宽带，带上有7个小白点，肾形纹、环形纹暗褐色。后翅灰白，沿外缘具黑褐色宽带，在宽带中央有两个相连的白斑，后翅前缘中部有1个褐色月牙形斑纹（彩图3-36-3）。

卵：半球形，高0.51～0.55mm，直径0.44～0.48mm，顶部隆起，底部较平，中部常有24～34条直达卵底的纵隆纹，每两条隆纹间夹有1～2条短隆纹，且多为2叉或3叉，纵纹间横纹有14～18条，与纵纹形成长方形格，伸达花冠边缘的纵隆起常为12条。卵初产时乳白色或浅苹果色，后变成黄白色，并出现浅红色带，即将孵化时变成紫褐色，顶部黑色（彩图3-36-4）。

幼虫：可分为5～6龄，但多数为6个龄期。体色变化大，初孵幼虫青灰色，体上条纹不明显，随着虫龄增加，前胸背板斑纹和体线变化渐趋复杂。体表布满褐色和灰色长而尖的小刺。末龄幼虫体长40～50mm，头黄褐且有不明显黄褐斑纹，腹部第一、二、五节各有2个毛瘤特别明显。棉铃虫气门淡黄色，气门上方有一褐色纵带，是由体壁细胞外突所形成的尖锐微刺排列而成。幼虫体色变异很大，同一地块甚至同一植株上的棉铃虫体色也各异，大致可以归纳为8种基本类型：黑色型、绿色型、绿色褐斑型、绿色黄斑型、黄色红斑型、灰褐色型、红色型和黄色型。

蛹：体长13.0～23.8mm，宽4.2～6.5mm，纺锤形，赤褐色至黑褐色。腹部末端有一对臀刺。腹部第五至七节的点刻稀而粗，均半圆形。雌、雄蛹的区别通常根据生殖孔与肛门的位置来判别，即雌蛹生殖孔位于腹部腹面第八节，与肛门相距较远，此外第八、九腹节后缘呈倒V形，特别明显。雄蛹生殖孔位于腹部腹面第九节，与位于第十节的肛门相距较近，第八、九腹节后缘正常。此外，雄蛹的前半部相对较粗，腹部比较细长，而雌蛹刚好相反。

三、生活习性

内蒙古、新疆年发生3代，华北4代，长江流域4～5代，长江以南5～6代，云南7代。以蛹在土中的土茧中越冬。在华北，于4月中下旬开始羽化，5月上、中旬为羽化盛期。一代卵见于4月下旬至5月末，以5月中旬为盛期。一代成虫见于6月初至7月初，盛期为6月中旬。第二代卵盛期为6月中旬，7月为第二代幼虫为害盛期，7月下旬为二代成虫羽化和产卵盛期。第四代卵见于8月下旬至9月上旬，该世代棉铃虫发生为害严重。

成虫多在夜晚羽化，当夜即交配，日间潜伏于作物叶背面。产卵前期2～3d，产卵期6～8d，产卵多在夜间，卵为散产。棉铃虫在抽雄扬花期以前的玉米上产卵，主要产在叶片正面，少量产在茎秆叶鞘上；在抽雄扬花期主要产在雄穗和新鲜的雌蕊花丝上，分别占59.1%和26.9%，叶片正面和叶鞘上分别只占11.1%和2.9%；抽雄扬花后雌蕊花丝、叶鞘和叶片上卵量分别占97.5%、2.0%和0.5%。

幼虫孵化后先取食卵壳，然后依其所在的部位，取食花丝、花粉囊、表皮和叶肉。棉铃虫幼虫主要在玉米苗期到孕穗期为害，以幼虫取食叶片形成孔洞或缺刻状，有时咬断心叶，造成枯心。叶片上虫孔和玉米螟为害状相似，但是孔粗大，边缘不整齐，常见粒状粪便。穗期棉铃虫孵化后主要集中在玉米雌穗顶部花丝上，处在其他位置的一、二龄幼虫，向下或向上爬行，或吐丝下坠，到达雌穗后开始从苞叶顶端钻孔蛀入花丝为害，并可将雌穗顶端全部花丝咬断，造成“戴帽”现象，使玉米授粉不良而导致部分籽粒不育，雌穗向一侧弯曲。此后随着虫龄增长，幼虫逐步下移蛀食籽粒，同时将粪便沿虫孔排至穗轴顶端。蛀食雌穗幼嫩籽粒的幼虫中五至六龄的占82.0%。由于棉铃虫具有自相残杀习性，所以一雌穗上往往只有一头幼虫存活为害。幼虫老熟后，绝大部分从雌穗顶部蛀食而出，少部分从雌穗中部苞叶蛀孔钻出。据宁夏银川市调查，以雌穗顶部食害幼嫩籽粒、花丝的幼虫量最大，分别占总虫量的60.0%和33.8%；而苞叶、叶片、雄穗上幼虫较少，分别占4.6%、0.6%、1.0%。为害雌穗除造成直接产量损失外，还可诱发镰刀菌、曲霉等感染，引起穗腐病的发生，更甚者使得玉米籽粒含有曲霉毒素，可使家畜中毒，使之无法用于饲料，严重损害玉米质量。

幼虫还能在叶腋、主脉、花丝间和苞叶顶端吐丝、结网、蜕皮，少数有转株为害现象，老熟幼虫或从苞叶上蛀孔钻出、或从苞叶顶端钻出，离开寄主，钻入土中作土室化蛹，也有的在雌穗中或蛀入穗轴中化蛹，但数量极少。玉米田棉铃虫在土层的越冬深度一般不超过20cm，其中在0～5cm土层中越冬蛹居多，占50.3%，5～10 cm、10～15cm土层中越冬蛹比率分别占27.2%和17.2%。可见，0～15cm土层是棉铃虫蛹越冬的主要场所。

四、发生规律

（一）耕作制度

在华北地区，夏播玉米由原来的小麦、玉米套作改为在小麦收获后平播，播期推后，而玉米品种的生育期多在110d，有的品种达120d，使夏玉米生育期相应延迟，在8月中、下旬夏玉米穗期与第三代棉铃虫产卵高峰相吻合，造成夏玉米田第四代棉铃虫卵量大，为害严重。

在华北地区夏玉米田，棉铃虫的产卵高峰在8月中、下旬，且产卵高峰有多个。在不同播期的玉米田落卵数量不同，在早播和中播夏玉米田以散粉期落卵最多，灌浆期次之，而晚播玉米田则以抽雄期落卵最多，散粉期次之；若落卵高峰推后，则不同播期的夏玉米上均以灌浆期落卵最多，散粉期次之；在中、晚播夏玉米田的落卵量明显高于早播田，且为害明显比早播田重，晚播玉米田又比中播田落卵量大，因此为害则更重。

近年在菜用玉米、菜用大豆种植面积不断扩大的地区，棉铃虫为害鲜食玉米有加重之势，尤其辽南、长江流域、新疆部分地区及城市郊区，鲜食玉米雌穗常受棉铃虫幼虫为害。也有报道称，由于气候变暖，棉铃虫对玉米这种C4植物的消耗量有所增加，为害也有所加重。

我国北方地区的小麦—棉花—玉米种植体系无疑为棉铃虫连续发生为害提供了嗜好食料植物链，棉铃虫对不同种植方式的玉米为害情况不同，单作玉米受害明显轻于小麦套播玉米。因此，生产上应适当压缩小麦套播玉米面积，扩大单作玉米面积，以减轻棉铃虫的为害。在抗虫棉的大面积推广的地区，部分虫源转移至玉米田为害，引起玉米田棉铃虫数量逐年增加。

（二）气候条件

棉铃虫的发育主要受气象条件制约。温度、相对湿度、降水和光照对棉铃虫的发育进度产生影响，尤以温度影响最为显著。棉铃虫喜中温高湿，各虫态发育的最适温度为25～28℃，相对湿度为70%～90%，6～8月降水量达100～150mm的年份，有利于棉铃虫的严重发生。如2009年河南省卫辉市5月、6月、7月气温显著偏高，降水适宜，造成四代棉铃虫暴发。

（三）寄主植物

棉铃虫发育与繁殖受寄主植物的影响。取食大豆、棉花、小麦和玉米繁殖器官的低龄幼虫存活率分别为96.6%、98.0%、74.7%和62.4%，高龄幼虫存活率分别为98.8%、93.2%、100.0%和92.5%，蛹存活率分别为83.3%、92.7%、98.6%和74.6%，单雌产卵量分别为799.2粒、1 337.8粒、1 364.8粒和1 254.0粒（夏敬源等，1997）。不同玉米品种对棉铃虫的抗性不同，品种比较试验表明，豫单2001、郑单958、新单21、新单23和沈玉21对棉铃虫有较强的抗性。

五、防治技术

（一）农业防治

1. 清洁田园，秋耕冬灌，压低越冬蛹基数 棉铃虫在秋后以老熟幼虫入土越冬，多在地表下2.5～6cm，最深可达9cm，玉米收获后应及时深翻晒地，可以破坏越冬蛹的藏匿环境，大量冻杀越冬蛹，有效压低来年虫源基数。冬耕可破坏蛹室，并把部分虫蛹翻入深土层或土表，深土层蛹很难羽化，而在土表的蛹容易被鸟兽吃掉或冻死，冬耕后如能灌水，使土壤湿度加大，更可提高蛹的死亡率。

2. 合理调整作物布局，改进玉米种植方式 棉铃虫食性杂，寄主植物多，合理调整作物布局和品种搭配，可减少棉铃虫的为害。如在玉米地周围种植诱集作物如苘麻、鹰嘴豆、洋葱和胡萝卜等，于盛花期可诱集到大量棉铃虫成虫，可聚而歼之。合理套种轮作，增加田间生物多样性，可有效减少棉铃虫为害。

3. 加强田间管理，推广地膜栽培　我国玉米种植模式主要有田坎（地边）玉米、旱地（露地）玉米及地膜玉米。地膜玉米的推广，促进了玉米的长势及抗病虫能力。也可采用剪花丝的办法，即在玉米田棉铃虫幼虫三龄前尚未钻入玉米雌穗为害时，人工剪除雌穗花丝的防治效果较好。

（二）生物防治

利用棉铃虫寄生性或捕食性天敌，真菌类有白僵菌、绿僵菌，细菌类有苏云金芽孢杆菌，寄生性天敌昆虫如卵寄生蜂螟黄赤眼蜂（*Trichogramma chilonis*）、玉米螟赤眼蜂（*T. ostriniae*）等及幼虫寄生蜂中红侧沟茧蜂（*Microplitis mediator*）、棉铃虫齿唇姬蜂（*Campoletis chlorideae*）等，捕食性天敌如中华草蛉、异色瓢虫、龟纹瓢虫、草间小黑蛛、胡蜂和螳螂等，均对棉铃虫有控制作用。

（三）物理防治

棉铃虫成虫具有趋光、趋化等特点，喜欢在开花的蜜源作物上活动、取食及产卵，可对其进行诱集，集中杀灭。根据诱杀原理和方式，可分为灯光诱杀（主要采用450W的高压汞灯和双波灯诱集），可在羽化期有效减少棉铃虫成虫及其产卵数量。

（四）化学防治

防治的最佳时期在三龄前，主要可采用以下方法：

（1）三龄前叶片喷药。可喷洒2.5%高效氯氟氰菊酯乳油2 000倍液、4.5%高效氯氰菊酯乳油1 500倍液等化学农药。

（2）6月下旬在玉米心叶中撒施杀虫颗粒剂。可选用0.1%或0.15%氟氯氰菊酯颗粒剂每株施1.5g、14%毒死蜱颗粒剂或3%丁硫克百威颗粒剂每株1～2g、3%辛硫磷颗粒剂每株2g、50%辛硫磷乳油按1∶100配成毒土混匀撒入喇叭口，每株2g。

（3）用含杀虫剂成分的种衣剂包衣。玉米种子包衣后对幼苗和成株的生长速度及抗虫性均有明显的促进作用。

（4）花丝萎蔫后用杀虫剂滴花丝处灭虫。用2.5%溴氰菊酯乳油或80%敌敌畏乳油200～400倍液滴在雌穗顶端花丝处，每穗滴配好的药液0.5mL，3d后防效可达90%以上，且可减少对天敌的杀伤。

王振营　张天涛（中国农业科学院植物保护研究所）

第37节　桃蛀螟

一、分布与危害

桃蛀螟［*Conogethes punctiferalis*（Guenée），异名：*Dichocrocis punctiferalis*（Guenée）］属鳞翅目草螟科，也称桃多斑野螟、桃蛀野螟、豹纹斑螟、桃蠹螟、桃斑螟、桃实螟蛾、豹纹蛾、桃斑蛀螟，幼虫俗称桃蛀心虫。

桃蛀螟分布较广，国内分布于辽宁、陕西、山西、河北、北京、天津、河南、山东、安徽、江苏、江西、浙江、福建、台湾、广东、海南、广西、湖南、湖北、四川、云南、西藏。垂直分布的最高记录为西藏的察隅锡妥，海拔2 200m。国外分布于日本、朝鲜、韩国、尼泊尔、越南、缅甸、泰国、马来西亚、菲律宾、印度尼西亚、巴基斯坦、印度、斯里兰卡、巴布亚新几内亚、澳大利亚。

已知桃蛀螟的寄主植物有100余种，幼虫除蛀食玉米、高粱、向日葵、大豆、棉花、扁豆、甘蔗、蓖麻、姜科植物等作物外，还为害桃、李、杏、梨、苹果、无花果、梅、樱桃、石榴、葡萄、山楂、柿、核桃、板栗、柑橘、荔枝、龙眼、枇杷、芒果、香蕉、菠萝、柚、银杏等果树，是一种食性极杂的害虫，在印度还为害皂荚、木棉树，韩国栎树上也发现了桃蛀螟为害。

由于桃蛀螟食性杂，分布广，不同寄主、不同区域的桃蛀螟在形态、触角电位反应、产卵习性等方面存在差异，推测可能存在更深层次的分化，但关于分化类型长期存在较大争议。日本昆虫学者Koizumi（1960）将桃蛀螟按幼虫食性分化及成虫形态划分为果树型（fruit tree type）和针叶树型（conifer type）。前者指在桃、梨、板栗、玉米等被子植物上取食的多食性桃蛀螟，后者指在雪松、马尾松等裸子植物上取食的寡食性桃蛀螟。两者成虫翅上斑点大小和颜色、下唇须形状和面积、雄虫的后足胫节、生殖器等方面存在明显差异。由于 Sekiguchi（1974）发现典型的针叶类植物日本柳杉（*Cryptomeria japonica*）上的成虫属于果树型，后来果树型被重新命名为蛀果型（fruit-feeding type，FFT），而针叶树型为食松型（pinaceae-feeding type，PFT）。这两个生态型之间生物学习性也明显不同，其成虫都具有很强的选择同种型交配的趋向，两生态型之间有个别能够交配，后代存活率不高，无法继续繁殖，即存在着一定程度的生殖隔离；雌成虫能够很准确地定位并产卵于各自喜爱的寄主上；两个生态型桃蛀螟成虫对萜类化合物的触角电位反应不同，蛀果型雌性桃蛀螟对 17 种萜类化合物的反应程度比雄性高，而在食松型中，雌、雄性对萜类化合物的反应程度一样。两种生态型的桃蛀螟幼虫取食趋向于其嗜食的寄主提取物和糖类，蛀果型幼虫趋向于蔗糖，而食松型趋向于果糖。基于蛀果型和食松型桃蛀螟的形态学、生物学上的不同，研究者认为这两种生物型的桃蛀螟是两个不同的种。日本学者在比较了世界各地大量标本和资料后，根据食性、成虫的外部形态和雌、雄生殖器的差异，对桃蛀螟的不同生物型进行了重新分类，将原来称谓的桃蛀螟划分为同属于多斑野螟属中的 3 个近缘种：桃蛀螟［*C. punctiferalis*（Guenée），即以前划分的果树型］、松蛀螟（*C. pinicolalis* sp. nov. Inoue and Yamanaka，即以前划分的针叶树型，新种）和小斑桃蛀螟（*C. parvipunctalis* sp. nov. Inoue and Yamanaka，新种）（表 3-37-1）。

表 3-37-1 多斑野螟属中的三个近缘种的雌、雄生殖器特征及寄主植物与分布（引自 Inoue and Yamanaka，2006）

Table 3-37-1 Comparison of genital characters, hosts and distribution of three closely allied species of the genus *Conogethes*（from Inoue and Yamanaka，2006）

种类	雄性生殖器		雌性生殖器					寄主	分布
	边缘囊状突起	阳茎长度(mm)	产卵器的大小	第八腹节长度	后面隆起的长度(mm)	前面隆起的粗细	囊导管的长度		
桃蛀螟	不明显	4.8～5.3	小	长	1.2～1.4	粗	长	多食性，果树等古北区（除俄罗斯远东）和印度、澳大利亚地区的多种植物。仅日本就有 17 属 32 种植物	日本、韩国、中国、越南、印度、缅甸、泰国、尼泊尔、菲律宾、马来西亚、印度尼西亚、澳大利亚
松蛀螟	明显	5.5～6.8	大	短	0.9～1.1	细	长	寡食性，已知日本的 12 种松科植物	日本、韩国、中国、泰国
小斑桃蛀螟	不明显	4.2～4.7	小	短	0.9～1.2	细	短	不详	日本、中国台湾、尼泊尔、印度、亚洲东南部

我国学者利用线粒体 DNA 分子标记技术对国内采自马尾松上的针叶树型桃蛀螟和采自板栗、玉米、向日葵和高粱上的果树型桃蛀螟进行了系统进化研究，结果表明，果树型和针叶树型桃蛀螟在遗传上存在很大差异，从分子水平上进一步验证了这两种生态型是两个不同的种，果树型为桃蛀螟（*C. punctiferalis*），而针叶树型为松蛀螟（*C. pinicolalis*）。由于在松科植物上为害的是松蛀螟，因此，松科植物不是桃蛀螟的寄主。

20 世纪 90 年代前，我国对桃蛀螟的研究报道很少，且主要集中在桃蛀螟对桃树、向日葵和高粱等少数几种果树和作物的为害规律和防治技术上。20 世纪 90 年代后期以来，随着果树和经济作物面积的扩大，为桃蛀螟提供了良好的食物链，加上全球变暖为桃蛀螟提供了适宜的越冬环境，致使该虫在国内很多地区为害逐年快速加重，而且寄主范围也在扩大，特别是进入 21 世纪以来，随着夏玉米种植面积的扩大、播期的推后和种植的品种生育期较长，以及收获期推迟，为不同世代桃蛀螟的发生为害提供了更为优越的生存、繁殖条件，进而有大量虫源繁殖进入下一世代，种群数量不断增加，为害也随之加重。在一些地区或某些年份，桃蛀螟在玉米上的种群数量和为害程度已经超过亚洲玉米螟成为玉米生产的主要害虫。2011 年，北京市毗邻果园比远离果园的玉米田桃蛀螟发生明显严重，严重地块雌穗被害率达 83.3%，平均百穗有虫 239 头，最高 435 头，其为害远高于玉米螟。

四川省宜宾地区，随着复种指数的扩大和秋玉米在生产中推广，桃蛀螟的为害十分严重，一般被害株率达 30%，重者达 80%以上，受害田块玉米一般减产 20%左右，重者达 30%以上，成为该区秋玉米产量的重要限制因素之一，严重阻碍了秋玉米大面积推广种植。1993年玉米螟和桃蛀螟在浙江省东阳市春玉米上的发生数量比例分别为36.1%和63.9%；在秋玉米上分别为39.9%和60.1%，1994年均为50.0%。在江苏的淮北地区，玉米田桃蛀螟的发生程度逐年加重，其发生为害程度已超过玉米螟，上升为玉米害虫的优势种。进入21世纪以来，黄淮海及京津唐夏玉米区桃蛀螟发生日趋严重。据2003年10月下旬的调查，山东省莱阳玉米秸秆中的3种主要鳞翅目幼虫中以桃蛀螟的种群数量最大，占80.1%，而玉米螟和高粱条螟的种群数量较少，分别为11.5%和8.3%。2004年在安徽、山东、河南和陕西的调查显示，在为害玉米雌穗的害虫中，桃蛀螟一般占10%～46%，在陕西泾阳，有些地块桃蛀螟占钻蛀雌穗害虫的95%。2005年山东招远秋季玉米收获期虫情调查显示，玉米百株有钻蛀性害虫幼虫91.4头，其中桃蛀螟、玉米螟、高粱条螟各占总数的75.0%、17.2%和7.8%，2005年10月中旬，在保定河北省农林科学院植物保护研究所试验地中，百株玉米秸秆有桃蛀螟342头，占钻蛀性害虫总数的97.7%，而玉米螟仅为8头，占2.3%，其中在穗部的桃蛀螟占66.3%，蛀茎的为33.7%。桃蛀螟已成为继玉米螟后的又一玉米主要害虫（彩图3-37-1）。

二、形态特征

成虫：体长12mm左右，翅展22～28mm，黄至橙黄色，触角丝状，长约为前翅的一半。复眼发达，黑色，近圆球形。下唇须向上弯曲，形似镰刀状，上着生黄色鳞毛，其前半部背面外侧具黑色鳞毛。喙发达，基部背面具黑色鳞毛。前胸两侧的背毛上有1个小黑点；体背、翅表面散生许多大小不等的黑斑点似豹纹：胸背有7个；腹背第一和三至六节各有3个横列，第七节有时只有1个，第二、八节无黑点；前翅25～28个，后翅15～16个。雄虫第九节末端黑色，雌虫不明显。雄虫八节末端有黑色毛丛甚为明显，雌蛾腹末圆锥形，黑色不明显。雌蛾性外激素腺体同大多数鳞翅目昆虫一样，位于腹部第八至九节间膜处，一般状态下雌蛾的尾部（七至八节间、八节、八至九节间、九至十节）缩于第七腹节内，引诱雄蛾交配时腹部弯曲，伸出尾尖（彩图3-37-2）。

卵：椭圆形，稍扁平，长径0.6～0.7mm，短径0.3～0.4mm，表面粗糙，布细微圆点。初产时乳白色，第二天淡红色，后变深红色，孵化前呈紫红色（彩图3-37-3）。

幼虫：共5龄，末龄幼虫体长18～25mm，体色多变，有暗紫红、淡褐、浅灰、浅灰蓝色等，腹面多为淡绿色。头暗褐，前胸盾片褐色，臀板灰褐，各体节毛片明显，灰褐至黑褐色，背面的毛片较大，第一至八腹节气门以上各具6个，成2横列，前4后2。气门椭圆形，围气门片黑褐色突起。腹足趾钩双序缺环。三龄以后雄性幼虫第五腹节背面灰褐色斑下有2个暗褐色性腺，否则为雌性（彩图3-37-4）。

幼虫老熟后不食不动，身体收缩，头部下钩，由原来的前口式变为下口式状态，胸部略膨大变粗，稍向上弓起，中腹部下弯，腹末端尖细，略向上举，胸足直伸，蜕皮后即变蛹。

蛹：体长10～15mm，宽约4mm，纺锤形，初化蛹时淡黄绿色，后变深褐色，头、胸和腹部第一至八节背面密布小突起，第五至七腹节近前缘各有1条隆起线，下颚、中足及触角长于第五腹节的1/2。下颚较中足略长，中足较触角略长。腹末有臀棘6根，细长而卷曲。茧长椭圆形，灰褐色。

三、生活习性

由于温度和光照对桃蛀螟越冬的影响，幼虫越冬时间长短不同，在不同地区、不同寄主上的发生规律也不同。在辽宁，一年发生1～2代，河北、山东、新疆2～3代，以3代为多，陕西、河南3～4代，长江流域4～6代，均以老熟幼虫在玉米、向日葵、蓖麻等残株或受害的板栗内结茧越冬。在华北，第一代幼虫主要为害桃，第二代幼虫除为害向日葵、柿、石榴、板栗外，于7月为害春高粱穗，8月为害夏高粱穗及夏玉米；在长江流域，第一代幼虫主要为害桃、李等果树，第二代幼虫为害晚熟的桃、李、梨等果实，也可为害玉米茎秆，以后的各代均主要为害玉米、高粱、向日葵，在不种植果树的地区也可长年为害玉米、高粱及向日葵等农作物。在云南部分地区，除为害玉米雌穗、向日葵花盘外，第四代幼虫为害石榴较重。在四川柑橘产区，第四代以为害柑橘为主。

在河南，第一代幼虫在桃树上为害，第二、三代幼虫在春播玉米、高粱及向日葵上均能为害，第四代幼虫可严重为害夏播玉米和晚熟向日葵。越冬幼虫于4月初开始化蛹，4月底至5月上旬开始羽化，5月中、下旬为羽化盛期，越冬代成虫主要在桃树上产卵。第一代幼虫发生在5月下旬至6月下旬，主要为害桃果。6月中旬开始化蛹，下旬为化蛹盛期，第一代成虫于6月下旬开始出现。7月上旬为羽化盛期，成虫产卵由桃树扩散到高粱上，7月中旬为第二代幼虫为害盛期，第二代蛾盛期在8月上、中旬，成虫集中在夏玉米上产卵。8月中、下旬为第三代幼虫发生盛期，8月底为第三代成虫始发期，盛期在9月上、中旬，成虫主要集中在夏玉米和晚熟向日葵上产卵，9月中旬至10月上旬为第四代幼虫发生为害期。10月中、下旬，气温渐低，大批老熟幼虫转入越冬。

在山东，越冬代成虫5月上旬开始羽化，6月中旬为成虫和卵盛发期。第一代幼虫主要为害桃、苹果等果树，为害期从5月下旬至7月上、中旬，成虫7月上旬发生，中、下旬进入盛发期。第二代幼虫7月中旬至8月中、下旬发生，仍以为害果树为主，少量为害玉米雌穗和茎秆。第二代成虫8月中旬开始发生，8月下旬至9月中旬进入高峰期。8月下旬初第三代幼虫开始发生，大量迁入玉米田为害进入穗期的玉米。

在湖北，一年发生4～5代。越冬代幼虫于4月上旬到6月上旬化蛹，成虫自4月中旬开始羽化，盛期为5月中、下旬，第一代卵产于5月上旬至6月上旬，卵孵化盛期为5月下旬至6月上旬，6月中旬至7月上旬化蛹，成虫羽化盛期为6月下旬至7月上旬。第二代卵产于6月上旬至7月上旬，7月中旬至8月上旬为孵化盛期，7月下旬至9月中旬化蛹，成虫于7月下旬至9月中旬羽化。第三代卵产于7月下旬至8月中旬，幼虫于7月下旬至9月下旬发生，成虫于8月中旬至9月下旬羽化。第四代卵产于8月下旬至9月下旬，幼虫于8月下旬到9月中旬发生，少数幼虫老熟后即开始越冬，大部分幼虫于9月上旬至10月中旬化蛹。第五代（越冬代）卵产于9月中旬至10月下旬，幼虫出现始于9月中旬，老熟后寻找合适场所越冬。完成一个世代需30～40d。

据在河南观察，各虫态的平均历期，卵期一代8d，二代4.5d，三代4.2d，越冬代6d；幼虫历期一代19.8d，二代13.7d，三代13.2d，越冬代20.8d，幼虫共5龄；蛹期一代8.8d，二代8.3d，三代8.7d，越冬代19.4d；成虫寿命一代7.3d，二代7.2d，三代7.6d，越冬代10.7d。幼虫共5龄，各代幼虫龄期以五龄最长。

在16℃、20℃、24℃、28℃和32℃下，桃蛀螟完成一个世代需要的时间为93.6d、49.7d、37.7d、30.4d和28.7d。桃蛀螟卵、幼虫和蛹的发育起点温度分别为8.4℃、7.3℃和11.3℃，有效积温分别为71.2℃、383.7℃和126.6℃。

桃蛀螟成虫羽化主要在晚上进行，19：00～22：00羽化的比例占70%～80%，最盛期为20：00～21：00，羽化初成虫两对翅向上竖立，触角频频颤动，经10～15min，翅才平展于体上，并开始爬行或飞翔。成虫白天多停息于叶背面、叶丛等隐蔽处，夜晚活动。羽化后2～3d，开始释放性信息素，4～6d释放量达最大值，从雌蛾开始释放性信息素到雄蛾产生反应大约需5h。未交尾雌蛾性信息素的释放和召集行为与黑暗有关，而温度对其求偶节律的影响不大。雌蛾引诱雄蛾交配时，雄蛾先是一阵乱飞，乱飞持续1～2min，然后一头雄蛾飞到其中一头雌蛾的腹部，伴随着腹部的鳞片伸出，并时而盘旋着用触角碰触雌蛾的身体。当雄蛾的阳茎伸出腹部接触到雌蛾的生殖器部位时，不到1s即开始交尾，接着雄蛾立刻旋转180°，雌雄逆方向交尾，呈“一”字形排列，交尾时长时间静止不动（只雄蛾触角不停地摆动），交尾一般历时达75min以上。在交尾过程中或从交尾开始约90min内，雌蛾的腹部4～5节会发生收缩，而未交尾雌蛾和雄蛾腹部未发现收缩现象，这种现象可以用来识别已交尾的雌蛾。交配后即可产卵。以1～2d卵是否变红为标准，可判定卵是否受精，发现腹部收缩不能代表雌蛾能全部成功受精。

在淮北，3个世代的产卵前期均为3d，越冬代和一、二代成虫的寿命分别为10.5d、8.6d和7.4d。成虫对20W黑光灯有较强的趋性，除越冬代成虫上灯高峰不明显外，一、二代成虫有明显的上灯高峰，可以用于发生期预报。上灯时段主要集中在20：30～21：00，深夜上灯量很少。成虫对糖醋液也有一定的趋性，对一般的电灯趋性不强。通过实验室饲养观察，桃蛀螟成虫有显著的补充营养习性，不补充营养不产卵。持续补充营养可提高产卵量，延长成虫寿命。饲以糖水棉球、清水棉球和不饲喂处理的雌虫寿命分别为10.5d、5d和3d，单雌产卵量分别为149粒、0粒和0粒。

桃蛀螟于夜间产卵，20：00～22：00产卵最盛，最适产卵温度为23℃，在玉米多集中于抽雄期、灌浆期和乳熟期产卵。桃蛀螟的卵产在玉米的雄穗、花丝和中上部叶鞘顶端茸毛多处。雌穗（主要部位为花丝、苞叶）、雄穗、叶鞘为主要产卵部位，在叶鞘上则产在叶鞘顶端茸毛比较多的地方。尤以雌穗上卵量最大，占株总卵量的50.4%～71.5%，特别是雌穗的花丝上卵量占总卵量的31.8%。桃蛀螟在抽穗前的玉米上是不产卵的，抽雄至黄熟期均可产卵，以散粉至花丝萎蔫阶段为主。

桃蛀螟的卵散产，单株落卵量3～5粒，多则30多粒，百株卵量可高达1 729粒。在淮北地区，一至三代卵历期分别为7d、5d和6d。卵多于清晨孵化，幼虫出壳后，一般不吃卵壳，经数小时迅速爬行，就蛀入雌穗、茎秆，尤以蛀食雌穗最为严重，造成空秆、烂穗，使植株养分运转失调，籽粒千粒重下降，籽粒数减少，引起籽粒霉烂，在玉米雌穗上多群聚为害，1穗上可有多头螟虫，也有的与玉米螟混合为害，严重时整个果穗被蛀食，没有产量。桃蛀螟在雌穗上发生量最大，占总量的50%以上，穗端部、基部和中部的比例约为3.6∶3∶1。其次是为害叶鞘内侧，造成枯鞘。蛀茎的虫量较少，对桃蛀螟蛀茎节位进行分析，倒数一至七节的蛀茎虫量占94.6%，其中穗节占10.8%。

桃蛀螟可在玉米植株不同部位转移为害。据淮北地区调查，一、二代桃蛀螟分别于春、夏玉米抽雄期开始发生，孵化后除少部分幼虫为害雄穗外，其余全部转移到叶鞘内侧为害。当授粉结束后，雌穗花丝顶端开始萎蔫时，30%左右的幼虫转向玉米雌穗顶端取食花丝，其余幼虫仍在叶鞘内侧为害。到灌浆初期，雌穗虫量达高峰，占50%以上，群集雌穗顶端为害幼嫩籽粒和穗轴，叶鞘内侧的虫量降到30%左右，此时有近15%的三龄以上的幼虫开始蛀茎为害，大部分幼虫继续为害玉米雌穗。四至五龄幼虫食量最大，造成玉米籽粒减少，虫量多时，雌穗顶部的被害长度可达10cm左右。直到五龄末期化蛹前，才转移到玉米叶腋处、花丝顶端及虫粪中结薄茧化蛹。

桃蛀螟主要以老熟幼虫结茧在玉米、高粱等茎秆、穗轴封翘内皮裂缝、土石缝处越冬，少数以蛹越冬。越冬代桃蛀螟在玉米茎秆内、雌穗柄内和退化的雌穗内化蛹，各占38.4%、46.2%和15.4%。一代在春玉米茎秆内、雌穗上和叶腋、叶鞘内侧化蛹率分别为15.9%、25.0%和59.1%，二代在夏玉米茎秆内、雌穗上和叶腋、叶鞘内侧化蛹率分别为10.9%、32.5%和56.6%。桃蛀螟主要在叶腋、叶鞘内侧（57.9%）化蛹，其次在雌穗上（28.8%）化蛹，两者共占86.7%。

一、二代以叶腋处化蛹的比例最大，其次是在雌穗顶端的干花丝间化蛹，在其他部位化蛹的比例很小。因此，玉米的叶腋和干花丝是一、二代桃蛀螟的主要化蛹场所，在茎秆内化蛹的桃蛀螟，化蛹前做好羽化孔，然后在羽化孔的上方回头向下作茧化蛹。因化蛹部位不同而结茧方式不同，在花丝基部化蛹的，回头向上作薄茧化蛹。而在叶腋处和干花丝间化蛹的都结厚茧化蛹，茧的四周往往包满虫粪。在田间调查时，要将叶腋处的虫粪扒开或将干花丝扒开，才能查到桃蛀螟蛹。在淮北地区，越冬代和一、二代蛹的历期分别为17d、9d和10d，3个世代的化蛹期比较整齐，高峰期明显而集中。

秋末冬初光照时数缩短，桃蛀螟幼虫一部分继续化蛹，一部分进入越冬状态，由于老熟幼虫受到短光照的诱导而停止发育，多数学者认为桃蛀螟以老熟幼虫滞育越冬，但滞育深度非常浅，11月在河北廊坊采集的已进入越冬状态的桃蛀螟幼虫，没有经过低温处理，18～20℃的室温条件下，仍能完成发育，陆续化蛹，恢复正常生长。桃蛀螟两种类型的临界光周期不同，果树型的临界光周期在25℃下约为13h，感受期为整个幼虫期；针叶树型的约为13.5h，感受期为从孵化到四龄期。温度对滞育光周期的影响较大，无论何种光周期，20℃下，所有幼虫全部进入滞育，而30℃下，仅有少数滞育。25℃下，对不同龄期桃蛀螟幼虫进行长（LD 14∶10 h）和/或短（LD 11∶13 h）光周期处理表明，任何龄期单独进行短光照处理滞育率较低，但当3个以上龄期（连续或不连续）且累积天数达到8～11d时，滞育率显著增加，诱导50%个体产生光周期反应所需的光周期循环数为10.3d，并达到至少3个龄期。

桃蛀螟越冬幼虫的体重不同，翌年春天的羽化率不同。40mg以下的幼虫越冬死亡率为100%，随着体重的增加，羽化率逐渐增加，从130～160mg重量段开始，羽化率比较稳定，均在58%以上，即130～160mg以上的桃蛀螟抵御寒冷的能力强，越冬存活率高，死亡的越冬幼虫体重大部分在110mg以下。羽化的桃蛀螟雌虫的百分率与桃蛀螟越冬幼虫的重量也存在一定关系。随着桃蛀螟幼虫体重的增加，雌虫百分率也增加，幼虫体重在70mg以下羽化的桃蛀螟，雌虫百分率为0，幼虫体重为130～160mg的雌雄比基本接近1∶1，随着幼虫体重的增加，雌虫的数量多于雄虫的数量，体重在190mg以上的桃蛀螟越冬幼虫羽化的雌虫百分率为67.8%。

桃蛀螟幼虫抗寒能力与寄主植物相关。取食玉米的越冬幼虫的体重、脂肪含量显著高于取食高粱和向日葵的。取食玉米、高粱和向日葵的越冬幼虫1月份的过冷却点分别为（−17.74±0.62)℃、(−14.62±0.67)℃、(−11.68±0.60)℃，含水量分别为（73.66±0.56)%、(73.81±0.68)%和（79.77±0.98)%，取食玉米的桃蛀螟有相对较强的抗寒力。

关于桃蛀螟是否迁飞的问题，目前尚无定论。1979—1980年，在研究稻纵卷叶螟的迁飞路线时，在上海至大连海面上空捕捉到了6头桃蛀螟，说明桃蛀螟成虫有较强的飞行能力；2001—2002年，利用姊妹灯在河北廊坊以及山东长岛县雷达观测到桃蛀螟，并认为桃蛀螟可能是迁飞昆虫。2006—2007年，连续两年对河北廊坊田间玉米，以及2011—2012年，对玉米雌穗、茎秆和向日葵盘及茎秆中的桃蛀螟幼虫存活情况调查发现，越冬老熟幼虫的死亡率为100%，并且桃蛀螟过冷却点较高，不耐低温，说明桃蛀螟幼虫在河北廊坊很难越冬，当地虫源有可能来自外地。在河北廊坊及山东长岛北隍岛利用姊妹灯对华北和山东半岛主要迁飞昆虫种类进行研究时也发现，桃蛀螟具有迁飞性昆虫特征。利用ISSR分子标记技术，对北京、河北、河南、四川、浙江和山东的11个种群的基因组DNA进行遗传多样性和遗传分化分析表明，桃蛀螟各种群间基因交流频繁，基因流高达8.872 4，遗传分化系数很低，为0.053，表明桃蛀螟地理种群因基因流水平较高而种群遗传分化水平保持较低，遗传距离与地理距离间无明显的相关性，说明桃蛀螟有可能为迁飞性昆虫。线粒体DNA COⅡ基因片段序列分析结果与ISSR研究一致，同时还表明，我国广东和广西的桃蛀螟同其他地区的桃蛀螟产生了比较明显的遗传分化。

四、发生规律

（一）气候

桃蛀螟属喜阴湿性害虫。凡多雨、湿润年份，尤其4～5月多雨有利于发生，少雨干旱年份，不利于蛹羽化，发生较轻。桃蛀螟越冬代和第一代发生的整齐与否，也直接受4月和5月上旬降水和空气湿度影响，此时降水多，空气湿度大，桃蛀螟发生整齐。在卵高峰期和低龄幼虫盛期，长期干旱少雨或遇大降雨，都不利于卵孵化和幼虫成活。桃蛀螟第一代发生期的早晚与4月和5月上旬的气温有很大关系，春季气温偏高，发育进度提前，成虫羽化早，为害重；春季气温偏低，则发育推迟，为害相对较轻。2006年4月贵州荔波地区平均气温比历年高2℃，促进了桃蛀螟越冬代成虫的产卵和孵化，使其发生提前。桃蛀螟前期的发生与气象因子特别是温度、降水和空气湿度密切相关，根据4月和5月上旬的平均气温、降水和空气湿度进行测报，指导喷药防治，可以大大提高防治效果。

暖冬可提高桃蛀螟的越冬存活率。桃蛀螟世代重叠严重，越冬前一直有成虫羽化，在10月仍有成虫产卵，幼虫有的未发育至老熟就遇低温，有的则发育至五龄幼虫越冬，一般幼虫不足五龄时不能进入滞育，在冬季死亡，暖冬可使老熟幼虫比例增大，死亡率降低，翌年的虫源基数增大，反之冬季低温干燥则可降低虫源基数。近几年来我国部分地区早春不冷、晚秋不凉的气候也十分有利于桃蛀螟的生长繁殖，使世代重叠现象更加明显。

（二）寄主植物

桃蛀螟对寄主植物有明显的选择性。这主要是通过成虫对产卵场所的选择来实现的。正在开花或已结果（结实）的寄主植物向雌蛾传递有关产卵的可行性信息，诱引桃蛀螟选择产卵。如向日葵花盘对桃蛀螟成虫具有强吸引力。2007年在中国农业科学院河北廊坊中试基地收获前调查，向日葵受桃蛀螟为害最为严重，被害率达100%，花盘上的大部分籽粒已经失去食用价值，其次是高粱，被害率为90.7%，然后是玉米，被害率为15.3%。

桃蛀螟在同一寄主不同品种上的发育历期和为害程度不同。在向日葵、蓖麻、板栗、高粱和玉米等寄主的品种间均存在一定的抗性差异。如幼虫在抗虫的蓖麻品种EB 16-A上的发育历期长达26.5d，而在感虫品种上仅为19d；雌蛾在不同板栗品种间也存在产卵选择性。2005年10月下旬据在中国农业科学院河北廊坊试验基地调查，在郑单958上的桃蛀螟幼虫平均百株虫量466.5头，而农大108平均百株虫量为247.1头。

（三）播期

玉米播种期的早晚与桃蛀螟的发生量有着密切的关系。淮北地区早播的春玉米，一代发生重；6月上旬播种的早播夏玉米，二代发生重；6月下旬和7月上旬播种的晚玉米，播种期越晚，三代发生越重，受害损失也越大。播种期不同卵量差异很大，四川宜宾地区早、中播田（6月下旬至7月中旬播种）卵量大，晚播田（7月下旬播种）卵量小。早、中播田卵量为晚播田卵量的2.33～3.12倍，且产卵高峰随播种期的推迟而延后。而2007年河北省廊坊5月13日、6月6日、6月26日3个不同播期玉米的被害率分别为5.3%、15.3%和20.7%。

（四）天敌

天敌对桃蛀螟的种群有一定的控制作用。已知的桃蛀螟幼虫寄生性天敌有：绒茧蜂（*Apanteles* sp.）、广大腿小蜂［*Brachymeria lasus*（Walker）］和抱缘姬蜂（*Temelucha* sp.），还有黄眶离缘姬蜂［*Trathala flavoorbitalis*（Cameron）］等寄生蜂类；卵寄生性天敌有微小赤眼蜂（*Trichogramma minutum* Riley）和札幌赤眼蜂（*T. jezoensis* Ishii）（日本）的记载；捕食性天敌有奇氏猫蛛（*Oxyopes chittrae* Tikader）。此外，在田间调查时也见到有被球孢白僵菌和绿僵菌寄生死亡的幼虫。但有关利用天敌昆虫控制桃蛀螟的研究尚未开展，生物防治潜力很大。

五、防治技术

桃蛀螟因寄主植物广泛、成虫产卵前期短、幼虫隐蔽性强、世代重叠严重等特性而难以防治。桃蛀螟对玉米的为害主要是在玉米抽雄后，产卵高峰多在玉米花丝萎蔫后，这个时期玉米植株高大，防治十分困难。现阶段的关键防治技术是在农业防治的基础上协调化学防治和生物防治的综合运用。

（一）农业防治

综合协调管理整个农田生态系统，调控作物、害虫和环境因素，创造有利于作物生长而不利于桃蛀螟发生的农田环境，如利用处理越冬寄主、改革耕作制度、种植抗螟品种、种植诱集田等措施控制桃蛀螟的为害。

1. 压低越冬虫源 与玉米螟、高粱条螟的防治相结合，在第二年越冬幼虫化蛹及羽化前，冬前要及时脱粒，及早处理玉米茎秆和穗轴、高粱茎秆和穗、向日葵茎秆及花盘等越冬寄主，清理老熟幼虫越冬场所，集中消灭越冬虫，压低翌年虫源。

2. 调整播种期，合理种植 根据各地、各作物上桃蛀螟的发生规律，使作物的高危生育期与桃蛀螟的发生高峰期错开。玉米田周围不提倡大面积种植果树、向日葵等寄主植物，以免加重和交叉为害，但可利用桃蛀螟成虫对向日葵花盘的产卵趋性，在玉米田周围种植小面积向日葵诱集成虫产卵，集中消灭，减轻作物和果树的被害率。

3. 选育抗虫品种 利用品种的抗性控制害虫是最经济有效的措施。玉米品种间对桃蛀螟的抗性存在差异，筛选出对桃蛀螟有一定抗性的玉米品种是可行的。因此，加强玉米对桃蛀螟抗性品种的选育工作，筛选和培育抗或耐桃蛀螟为害的玉米品种，可以明显减轻桃蛀螟的为害。

（二）化学防治

化学防治在桃蛀螟的综合防治中仍占有重要地位。它具有速效、简便和经济效益高的特点，特别是在桃蛀螟大发生情况下，是必不可少的应急措施。由于桃蛀螟钻蛀性为害的特点，在进行化学防治前应做好预测预报。可利用黑光灯和性诱剂预测发蛾高峰期，在成虫产卵高峰期、卵孵化盛期适时施药。在产卵盛期喷洒50%辛硫磷乳油1 000倍液、50%杀螟硫磷乳油1 000倍液、2.5%高效氯氟氰菊酯乳油2 500倍液、40%毒死蜱乳油1 000倍液、25%灭幼脲悬浮剂1 500～2 500倍液，或在玉米雌穗顶部或花丝上滴50%辛硫磷乳油等药剂300倍液1～2滴，防治效果好。

（三）生物防治

在生产中可利用一些商品化的生物制剂，如昆虫病原线虫、苏云金芽孢杆菌（*Bacillus thuringiensis*）和球孢白僵菌（*Beauveria bassiana*）来防治桃蛀螟。用100亿孢子/g的白僵菌50～200倍液防治桃蛀螟，对桃蛀螟有很好的控制作用。

利用桃蛀螟雄蛾对雌蛾释放的性信息素的趋性，采用人工合成的性信息素或者拟性信息素制成性诱芯放于田间，诱杀雄虫或干扰雄虫寻觅雌虫交配，使雌虫不育而达到控制桃蛀螟的目的。桃蛀螟性信息素的主要组分是E-10-十六烯醛（E-10-16：Ald），含有少量的16：Ald和Z-10-16：Ald。不同地域、不同寄主上的雌蛾释放的比例有所不同，在中国，桃蛀螟性信息素的三组分16：Ald、E-10-16：Ald和Z-10-16：Ald的比例为16：100：8或者两组分E-10-16：Ald和Z-10-16：Ald的比例为100：8引诱力较强。桃蛀螟性信息素迷向防治试验显示，迷向率为85.4%，持效期达10～15d。

（四）物理防治

根据桃蛀螟成虫趋光性强的特点，可从其成虫刚开始羽化时（未产卵前），在玉米田内或周围晚上用黑光灯或糖醋液（糖：醋：酒：水为1：2：0.5：16）诱集成虫，集中杀灭，还可用频振式杀虫灯进行诱杀，达到防治的目的。

在合理利用农业方法的基础上，适时进行化学防治和生物防治，结合控制玉米螟和穗期棉铃虫，形成以生物防治为核心的无公害玉米害虫综合防治技术，可将玉米穗期主要害虫控制在经济为害水平以下。

王振营　徐艳聆　何康来（中国农业科学院植物保护研究所）

第38节　二点委夜蛾

一、分布与危害

二点委夜蛾［*Athetis lepigone*（Mŏschler），异名：*Proxenus lepigone*（Mŏschler）］属鳞翅目夜蛾科。国内主要分布于黄淮海地区的河北、山东、河南、安徽、江苏、山西、北京、天津和辽宁等省（直辖市）；国外分布于欧洲的俄罗斯、瑞典和亚洲的日本、朝鲜、蒙古国等国。寄主植物主要有玉米、大豆、花生、棉花、甘薯、谷子、高粱、萝卜、白菜、番茄、辣椒、油麦菜及灰菜、苋菜、狗尾草和马齿苋等作物和常见杂草。

2005年，我国首次报道二点委夜蛾在河北省中南部多个县（市）发生，并在石家庄、保定、衡水、邢台、邯郸、廊坊等地陆续蔓延，为害范围逐年扩大，成为我国耕作制度（麦收后免耕和贴茬播种）变革后新发生的玉米重要苗期害虫。2007年，在河北邢台市发生面积约为3.3万hm^2，虫田率达10%～13%，一般地块虫株率为3%～10%，重的达到20%～30%，最高达70%，单株有幼虫2～5头，最高达10头以上；邯郸市发生13.3万hm^2，馆陶县玉米田虫株率为3%～8%，百株虫量最高可达120～200头，严重的被害株率达40%～80%；在毗邻河北的山东宁津县发现二点委夜蛾为害玉米。2011年7月上、中旬，该害虫在黄淮海夏玉米区的河北、山东、河南、山西、江苏、安徽共6省47个地（市）297个县（市、区）暴发为害，北京市平谷区也有零星发生，全国总发生面积达221.25万hm^2。其中被害苗超过10%的面积近133万hm^2，最严重地块90%的苗被害死亡，毁种和补种的超过33.33万hm^2，对夏玉米的安全生产造成严重威胁。该害虫的发生还严重影响玉米精量播种技术的推广，使小麦秸秆还田、改良土壤的耕作措施难以继续实施。2011年，山东省的17个地（市）110个县的玉米受到二点委夜蛾为害，发生面积为84.7万hm^2，被害株率在10%以下的发生面积为60.8万hm^2，被害株率在10%以上的发生面积为23.9万hm^2。其中，毁种1.8万hm^2，移栽补种14.7万hm^2。2011年6月19日后，菏泽、济宁、枣庄、临沂一带陆续发现二点委夜蛾为害，发生田虫株率在20%以上，严重地块达30%～50%，个别严重地块高达90%以上，造成毁种。枣庄的滕州市二点委夜蛾暴发，发生面积超过2.73万hm^2，占播种面积的50%以上，发生地块被害株率为10%左右，严重地块达40%以上。2011年，河北邯郸、邢台、石家庄、保定、沧州、衡水、廊坊7个市91个夏玉米主产县发生二点委夜蛾为害，发生面积为65.4万hm^2，补种、改种面积达12.2万hm^2。衡水市的桃城区、冀州市等11个县（市、区）均有发生，发生面积为18.53万hm^2，其中严重发生面积为3.03万hm^2，最高密度为230头/百株，一般单株有虫1～3头，单株最高有虫17头。2011年，二点委夜蛾在河南主要发生在开封、商丘、周口、许昌、焦作、新乡、郑州、平顶山、安阳、洛阳、濮阳和三门峡等省辖市的50个县（市、区），以商丘、新乡、周口和焦作的部分县（市）发生较重。一般发生田块百株虫量为10～50头，严重的单株有虫5～10头，被害株率10%～20%，重发生田达到30%以上，甚至毁种。全省发生面积39.0万hm^2，其中较重发生面积达7.3万hm^2。2011年，二点委夜蛾在山西省的运城、临汾、晋城和长治4市的25个县（区）夏玉米上普遍发生，以运城、临汾两市发生最重。全省发生面积21.6万hm^2，被害株率3%～5%的面积为5.9万hm^2，5%～10%的面积为8.7万hm^2，10%～20%的面积为4.5万hm^2，20%以上的严重发生面积为2.1万hm^2，50%以上的毁种面积为0.3万hm^2。2012年，天津市也发现二点委夜蛾为害玉米（彩图3-38-1至彩图3-38-3）。

二、形态特征

成虫：雌蛾体长8.1～11.0mm，翅展20.5～23.5mm；雄蛾体长7.8～10.5mm，翅展18.4～20.0mm。头部暗灰色，复眼褐色，半球形，表面光滑；触角丝状，暗褐色，基部两节稍粗；喙淡黄褐色，能伸达胸腹部，平时卷缩；下唇须暗灰色，第一节短，第二节较长而向上曲。颈板灰褐色，前胸背板后缘色浅，与中胸界限明显。中、后胸背部均被暗灰色长鳞毛。前翅具金属光泽，布有暗褐色细点，基线隐约可见；中线和外线为暗褐色波浪状；环纹为暗褐色点，有时不明显；中剑纹为黑色三角形或菱形斑；肾形斑由黑点组成边缘，外侧中凹，有白点；翅外缘端部有 7～8 个黑点排成一列。前翅翅脉 13 条，其中径脉从中上部逐渐分出 4 条支脉形成副室，由径中横脉构成中室，位于翅的中上部。后翅翅脉 9 条，其中亚前缘脉和径脉从顶部向下延伸至基部之前交合后又分开形成基室，由径中横脉组成中室，第二中脉较弱，从中室中部出发至顶端，属三叉型种类。足暗灰色，腿节短粗，前足胫节无距，中足胫节端部 1 对距，后足胫节中部和端部各有 1 对距。腹部 10 节，被暗灰色毛片。雌虫腹部肥大，腹面观末端平齐，毛簇张开可见交配孔和产卵瓣；雄虫腹部瘦小，腹面观末端近三角形，毛簇（抱器瓣）闭合。外生殖器的抱器瓣端半部宽，背缘凹，中部有一钩状突起，阳茎内有刺状阳茎针（彩图 3-38-4）。

卵：长 0.45mm，宽 0.63mm，圆形馒头状。初产卵淡青色或淡乳白色，逐渐变褐，孵化前上半部变成暗褐至黑色；卵壳表面光滑，纵棱自顶部向下为两叉式或三叉式，至中部有 35～40 条，横道由顶至底共有 25～30 条，多数横道排列不整齐（彩图 3-38-5）。

幼虫：共 6 龄，一、二龄幼虫腹部三、四节的第一、二对腹足缺失，仅有 3 对腹足，行走方式类似造桥虫，腹背弓起，三龄后第一、二对腹足发育完全。老熟幼虫黑褐色或灰褐色，体长 14.0～19.6mm，头壳宽 1.5mm。头部黄褐色，由头盖缝从头顶将头部划分为三大部分，中央三角区为额，两侧为颅侧区。其下方各有圆形黑色发亮的单眼 6 个，呈 S 形排列，其中 4 个弧形排列，另 2 个在触角附近。触角圆锥形，只见第一至三节，基部第一节较粗，乳黄色；第二节较长，基部紫褐色，中部白色，上部黄褐色，顶端有 2 根刚毛；第三节细小，淡黄色。颅侧区布满白色网状斑纹，并各有一道黑褐色弧形斑纹延伸至三角区两侧，形似倒“八”字形。额的底边长度稍短于两腰。胸部灰褐色，前中后胸腹面各具 1 对胸足。腹部 10 节，背部两侧各具 1 条深褐色边缘灰白色的亚背线，气门黑色，气门上线黑褐色，气门线白色，体表光滑。每节腹背前缘隐约可见 V 形纹，每节背部对称分布 4 个黑色边缘色浅的毛瘤，前 2 个间距窄，后 2 个间距宽。腹足分别位于腹面第三、四、五、六和十节，趾钩为单序缺环排列。臀板深褐色，下方有刚毛 8 根，并有不规则白色斑纹分布，边缘区域密布黑点（彩图 3-38-6 至彩图 3-38-8）。

表 3-38-1 二点委夜蛾与常见地老虎幼虫的特征和为害状比较

Table 3-38-1 Comparison the larval characteristics and damage symptoms among the *Athetis lepigone* and two cutworms

种类	体长（mm）	体色	体表特征	为害特性
二点委夜蛾	14～20	黄灰色到黑褐色；头部褐色，额深褐色，额侧片黄色，额侧缝黄褐色	体表光滑，腹部背面有两条褐色背侧线，到胸节消失，每节对称分布有 4 个白色中间有黑点的毛瘤，各体节有一个倒三角形的深褐色斑纹。气门黑色，气门上线黑褐色，气门下线白色	蛀食根或茎基部，使幼苗萎蔫或倒伏
小地老虎	37～47	体灰褐至暗褐色；头部褐色，具黑褐色不规则网纹	体表粗糙，满布龟裂状皱纹和大小不等的黑色颗粒；背线、亚背线及气门线均黑褐色；臀板黄褐色，有 2 条明显的深褐色纵带	从地面咬断幼茎
黄地老虎	33～45	体淡黄褐色；头部黄褐色	体表颗粒不明显，多皱纹，臀板具 2 大块黄褐色臀斑，中央断开，腹部各节背面毛片后两个比前两个稍大	从地面咬断幼茎

蛹：长 7.0～10.6mm，宽 2.8～3.0mm。化蛹初期蛹体乳白色，1h 后蛹尾端开始变红，2.5h 后蛹体变为红褐色，近羽化前，蛹体变成黑褐色。复眼位于头部两侧，黄褐色，羽化前变黑；触角从额部伸出转向左右两侧，延伸至胸腹部中足两侧达到前翅末端。腹部第一至三节的背面暴露，第四至七节能活动，第八至十节的腹面分界不明显。雌性生殖孔具 2 个邻接的开口，位于腹面第八节及第九节之间，雄性生殖孔为一裂痕状，位于第九节腹面；肛门孔位于第十节腹面，末端有臀刺 2 根。

二点委夜蛾是玉米上的新害虫，有些省（自治区、直辖市）由于没有该虫为害记录，且幼虫与地老虎相近，有假死性，受惊后蜷缩呈 C 形，同时也为害幼苗茎基部，易混淆。因此，2011 年二点委夜蛾在多地相继暴发后，一些县（市）是以小地老虎或黄地老虎为害发出防治通报的。

三、生活习性

据记载，二点委夜蛾在日本年发生 2 代，第二代成虫较小而颜色稍暗。二点委夜蛾是我国夏玉米苗期的新发害虫。初步研究表明，二点委夜蛾在河北年发生4代。4～5月为越冬代成虫期，6～7月上旬为一代成虫期，成虫6月中下旬出现高峰期，其二代幼虫为害夏玉米幼苗；7月中旬至8月上旬为二代成虫期，成虫高峰在7月中下旬，种群数量大，但玉米田间调查显示，幼虫数量不多，为害作物不明显；8月中旬至9月下旬为三代成虫期，成虫数量较少，但峰期仍可以看出。其中一、二代成虫量大，蛾峰明显，以第二代幼虫为害玉米苗最为严重，越冬代成虫和第四代成虫量较少，蛾峰不太明显。第四代老熟幼虫在10月下旬开始结茧以休眠方式越冬（少数越冬幼虫不结茧），第二年3月下旬，老熟幼虫开始化蛹。

越冬代成虫主要在麦田活动，将卵产在小麦植株周围的落叶或土壤上，一代幼虫主要在麦田取食小麦的落叶或下部枯黄的叶片，也有少量在春玉米田为害玉米苗。由于越冬场所的不同，越冬代成虫羽化从4月初一直持续到5月下旬，导致世代重叠，第二代与第三代成虫没有明显间隔，田间幼虫发育不整齐，一至六龄幼虫可同时存在，使幼虫为害时间较长，给防治造成较大困难。如2011年7月5～7日河北省普查，田间一至四龄幼虫均有。二代幼虫是二点委夜蛾的主害代，主要为害夏玉米苗，有少量为害夏播大豆、花生等作物。三代和四代幼虫可在麦茬玉米田、花生田、大豆田和棉田等落叶和杂草下发现，但未见为害。

一代成虫交配后将卵散产于夏玉米苗基部和附近土壤上。孵化后的幼虫在6月底至7月初躲在玉米根际还田的碎麦秸下或2～5cm的表土层为害玉米苗，多集中于植株周围30cm范围以内，单株最多可达20余头。幼虫具有转株为害习性，常顺垄转移，造成局部大面积缺苗断垄。因此，二点委夜蛾在夏玉米产区，尤其是实施精量播种的地区，一旦大量发生，轻者缺苗断垄，重者田间大片死苗，造成严重的损失。老熟幼虫在土中吐丝，将体旁土粒黏结成土室，并在其中化蛹。7月中下旬出现二代成虫高峰。

成虫多在清晨或上午羽化，羽化时头先破蛹壳而出，整个过程约持续15min。刚羽化出来的成虫身体柔软，翅膀还未展开，展翅需要20min左右。成虫昼伏夜出，有趋光性，白天隐藏在玉米下部叶背或土缝间，特别是麦秸下，在1：00～3：00进行婚飞和交配活动，之后静伏。雌蛾求偶时，将腹部末端伸缩几次后露出产卵器。雄蛾接收到雌蛾释放出的性信息素后，便定向飞往雌蛾，在其周围振翅、爬行，不时伸出抱握器，做企图交配姿态。交配时雌、雄蛾呈“一”字形，历时15～45min。雌、雄蛾在羽化当夜即可交配，但雌蛾多在羽化1d后才进行交配，2～3日龄雌蛾性活动明显加强。

二点委夜蛾雌蛾和雄蛾均可多次交配，交配后雌蛾可多次产卵，卵多产于清晨，卵粒单层排列成行或单粒散产，很少有成块多层的，在田间卵常产于麦秸上，不易发现。二点委夜蛾产卵量受性比影响显著，当1头雌蛾与多于2头的雄蛾交尾时产卵量明显增加，当雌、雄为1∶5、1∶3、1∶1、3∶1和5∶1时，单头雌蛾平均产卵量为501.67粒、393.33粒、324.00粒、295.00粒和227.00粒，单雌最高产卵量可达569粒、431粒、349粒、348粒和308粒。该虫繁殖系数高、群体积累快、暴发为害性强。室内模拟田间环境测定产卵趋性显示，产到麦秸、玉米叶片、土表上的卵量分别占总产卵量的76.2%、23.6%和0.2%，表明二点委夜蛾成虫产卵部位更趋向于麦秸。

卵期3～6d。卵的孵化率较高，在适宜的环境条件下可达100%。初孵幼虫咬破上半部卵壳，破壳而出，三龄之后在食料不足且群体密度大时自相残杀现象明显。幼虫受到惊扰会蜷起身体呈C形，假死约3min，周围安静后，旋即迅速爬动，四处逃窜，这也是其在田间能够转株为害的重要原因。二点委夜蛾幼虫主要在玉米苗3～10叶期为害，即从玉米出苗后10d左右开始为害，二点委夜蛾幼虫具有聚集分布的特征，在生态环境适宜的场所，常常聚集大量幼虫为害，造成局部作物上虫口密度高，为害损失重。玉米苗期百株虫量20头以上即可造成缺苗断垄甚至毁种。7月下旬以后，田间为害情况显著减少。

幼虫为害玉米有3种类型：①咬食刚出苗的嫩叶，形成孔洞叶；②咬食玉米茎基部，形成一个孔洞；③咬食根部。当小苗根颈被咬成3～4mm圆形或椭圆形的孔洞时，疏导组织被破坏，心叶首先萎蔫，随后植株死亡。如果部分根系也被咬食，则加快植株的萎蔫和死亡。对于具有5～8片叶的大苗，由于苗茎比较硬，幼虫会从一侧咬食根部，当部分根被吃掉后，玉米苗开始倒伏，但不萎蔫。被咬食严重的玉米苗仅剩1条根。为害的类型并不单一，常为混合发生。

人工饲养发现，二点委夜蛾幼虫为杂食性，可以取食多种作物、蔬菜及杂草，甚至土壤腐殖质。幼虫不仅取食植物叶片，还可取食作物的果实、种子甚至干枯叶片。二点委夜蛾幼虫虽然可为害谷穗，但并不喜食谷子叶片以及部分杂草，这可能与这些植物表面具有毛刺有关。田间调查中发现，二点委夜蛾取食留在田间麦粒的胚、萌发的麦粒和自生苗；在室内测定二点委夜蛾对玉米、大豆、花生和小麦萌发的籽粒和幼苗的选择行为观测到，二点委夜蛾幼虫对萌发的麦粒趋性最强。因此，机收麦田中残留麦粒萌发后是二点委夜蛾的嗜好食物，有利于该害虫的滋生。

表 3-38-2　二点委夜蛾三龄幼虫取食倾向（引自马继芳等，2012）

Table 3-38-2　Preference to host plants of the third instar larvae of *Athetis lepigone*（from Ma Jifang et al.，2012）

喜食植物			拒食植物		
粮油果作物	蔬菜	杂草	粮食作物	蔬菜	杂草
玉米、小麦、花生、高粱、大豆、甘薯、大麦、谷穗、西瓜	白菜、白萝卜、芥菜、油菜、茼蒿、油麦菜、番茄、辣椒、胡萝卜、韭菜、大葱	灰菜、苋菜、马齿苋、狗尾草、草坪草、打碗花、地锦、刺儿菜、泥胡菜	谷子叶	丝瓜叶、茴香苗	牛筋草、葎草、苍耳、稗草、马唐、苘麻

幼虫老熟后不再取食，在田间的隐蔽场所做丝质土茧化蛹，茧外常沾有土壤及残枝落叶等杂物，预蛹期 1～2d，蛹期 6～9d，平均 8d。

二点委夜蛾越冬场所非常复杂，棉田、豆田、花生田和玉米田等多种作物田以及田间杂草等有残留秸秆枝叶覆盖地均可为其越冬场所，越冬幼虫可在多种作物田的残枝落叶和杂草下越冬。二点委夜蛾多数以休眠态老熟幼虫在地表结茧越冬。老熟幼虫主要是在地表吐丝将周围土粒黏成一土茧，也有少量老熟幼虫可在地表直接把覆盖的落叶黏起形成一叶茧，虫茧一般长为 1.5～2cm，直径为 0.5～1cm，椭圆形，老熟幼虫在茧内越冬。分布于地表的占 77%以上，部分叶茧在覆盖物中。二点委夜蛾通过残留叶片或植物残体覆盖和茧层的保护，能够安全越冬；部分土茧可以嵌入到地表 1～2cm 土层，但不被土壤掩埋。由于棉田到第二年种植前才进行整地翻耕，对二点委夜蛾的越冬极为有利，收获后不再翻耕种植小麦的豆田、花生田和玉米田及个别果园也是二点委夜蛾越冬的重要场所。落叶多，植株密度大，落叶覆盖程度高的田块虫口密度大。

温度对二点委夜蛾各虫态的发育历期有显著影响。在一定温度范围内，二点委夜蛾不同虫态的发育历期呈现随环境温度升高而缩短的趋势。15℃下卵、幼虫、蛹、产卵前期和全世代的发育历期为 10.95d、52.81d、23.60d、5.40d 和 92.76d，30℃下的发育历期分别缩短为 3.40d、13.53d、6.74d、5.70d 和 29.37d。幼虫期占整个世代的比例均最大，蛹期次之，卵期和产卵前期则相对较短。二点委夜蛾完成世代的发育起点温度为（10.04±1.24）℃，所需的有效积温为（552.95±33.52）℃。

2011 年黄淮海夏玉米苗期二点委夜蛾暴发。由于在 2011 年以前没有调查到二点委夜蛾的越冬虫源，因此，有人推测二点委夜蛾有可能为迁飞性害虫，且室内飞行磨吊飞结果表明成虫具有较强的飞行潜力。初羽化（1 日龄）成虫在 12h 吊飞飞行中，最长可飞行 53.5km，飞行 11.2h，最大飞行速度可达 3.8m/s。成虫在连续夜间吊飞条件下，最长可飞行 160km。但通过 2011 年和 2012 年的田间二点委夜蛾越冬调查发现，二点委夜蛾越冬场所复杂，且越冬虫源量大，表明二点委夜蛾主要为当地虫源，以扩散为主，并不排除少数个体随气流远距离迁飞的可能。

四、发生规律

（一）虫源基数

一代成虫发生量与当年玉米田的虫害发生程度有密切关系。据山东滕州植保站监测，2011 年灯诱一代成虫量大，且持续时间长，第一次高峰出现在 6 月 13 日，平均单灯诱虫量达 110 头，当年该地区二点委夜蛾发生面积超过 2.73 万 hm^2，占播种面积的 50%以上，发生地块被害株率约为 10%，严重地块达 40%以上。

（二）气候条件

二点委夜蛾喜欢潮湿环境，田间湿度大非常有利于该虫的产卵、孵化及幼虫的发育。冬、春季偏干的土壤条件有利于其越冬和春季存活。2011 年 6 月 22 日，河南、山东等黄淮海地区普降大到暴雨；7 月2～

5日，黄淮海等地又一次较大范围降雨，这些降雨不仅有利于夏播作物播种，还增加了田间湿度，使得田间覆盖物更加湿润，利于二点委夜蛾成虫产卵、卵的孵化和幼虫的取食为害。2011年6月21～24日，河北普遍降水30～90mm，此时正值二点委夜蛾的产卵期，7月1～3日降水量为30～110mm，营造了潮湿的环境，有利于幼虫的发生。气候适宜是2011年河北省该虫暴发的主要因素。

幼虫对高温敏感。在实验室35℃下，不能完成一个世代。在田间自然状况下，因为有麦田覆盖物作为其保护伞，因此，虽然主害代的6月下旬至7月上旬正是全年的最高温时段，连续多日35℃以上的气温也未造成幼虫死亡。

（三）农田环境

前茬小麦产量高，秸秆还田量多的田重于秸秆还田量少的田。由于二点委夜蛾幼虫喜在麦秸和麦糠厚的隐蔽场所取食，田间麦秸覆盖厚，为害重；小麦秸秆粉碎后旋耕的田块为害也较轻；焚烧过或者深翻的田块未查到该虫；播种时间晚，阴暗、湿度大的田块发生严重；玉米根部裸露的基本未查到幼虫。据河北广平、临西、望都调查，一般田块虫量为百株2～8头，被害株率4%～10%；麦糠、麦秸覆盖厚的田块单株虫量高达20头，被害株率20%～30%；据安徽砀山、萧县调查，未灭茬田被害株率一般为5.5%～16.5%，幼虫量一般为百株5～23头；翻耕、旋耕和焚烧灭茬田，平均被害株率为0.02%～0.68%，平均幼虫量为百株0.02～0.21头。近年来各地禁烧麦秸，为二点委夜蛾提供了良好的生存环境，虫源积累逐年加大。田间调查还发现，前茬小麦穗期蚜虫施药防治的地块二点委夜蛾为害轻于不施药的地块。2011年山东南部小麦穗蚜发生较轻，小麦穗期用药量较往年有大幅降低，麦田一代二点委夜蛾种群数量大，也是该虫暴发为害的主要原因。

（四）耕作制度

黄淮海夏玉米产区普遍推行小麦秸秆还田，麦秸、麦糠的覆盖环境为二点委夜蛾成虫产卵和幼虫生存提供了适宜的场所。同时，麦秸、麦糠的覆盖也对虫情的调查和防治造成了困难。玉米免耕播种轻型栽培技术，使农事操作简化，收获小麦后，不耕不耙，直接播种玉米，这种免耕措施失去了传统耕作对地表害虫的杀伤作用，有利于虫源的累积和发生。机收后残留的大量麦粒及自生麦苗等还为幼虫提供了大量的适宜食物。2011年黄淮海小麦主产区丰收，增大了田间麦秸、麦糠覆盖厚度，为二点委夜蛾发生创造了条件。在安徽针对麦茬不同处理田块二点委夜蛾为害情况的调查显示，进行灭茬处理的田块，发生程度明显轻于未进行灭茬处理的田块。

二点委夜蛾的为害程度与玉米播期有关。2011年，受春季温度偏低影响，黄淮海小麦收获期普遍较常年推迟5～7d，致使夏玉米播种期相应推迟，玉米生育期偏晚，6月中旬至7月上旬玉米苗期即受害敏感期与二点委夜蛾幼虫为害高峰期相吻合，导致黄淮海夏玉米区玉米受害重。据2011年7月中旬河南滑县调查，当地的套播玉米在7～8叶期，套播玉米田垄麦秸下二点委夜蛾幼虫虫龄在四至五龄，虽然虫口密度在27～40头/m^2，却仅发现个别玉米植株的根系被啃食，未查到有玉米苗被害死亡。

（五）天敌

目前已发现一些二点委夜蛾幼虫的天敌，包括寄生性天敌昆虫侧沟茧蜂（*Microplitis* sp.），捕食性天敌黄斑青步甲（*Chlaenius micans* Fabricius）、铺道蚁（*Tetramorium caespitum* Linnaeus），以及致病性微生物苏云金芽孢杆菌（*Bacillus thuringiensis*）、球孢白僵菌（*Beauveria bassiana*）等。侧沟茧蜂发生在二点委夜蛾幼虫期，多产卵在三至四龄的较大幼虫体内，1头二点委夜蛾幼虫可被5～6头茧蜂寄生，多者可达10头以上。茧蜂幼虫老熟后从其体内钻出作茧化蛹，常见多个小茧聚集成堆。蜂茧灰白色，椭圆形，长3～4mm，宽1.2mm。被寄生的二点委夜蛾幼虫虽能老熟结茧，但始终不能化蛹，最后死亡。黄斑青步甲喜欢在阴暗潮湿的场所生活，如麦茬玉米地、甘薯地等，与二点委夜蛾幼虫生存环境相似。因此，在二点委夜蛾栖息地很容易发现该天敌。室内试验观察，该步甲1d可捕食3头以上中、大龄二点委夜蛾幼虫。铺道蚁多于田间阴暗处捕食二点委夜蛾幼虫，当1头铺道蚁发现二点委夜蛾幼虫后，会马上进行信息联络，引来大量群体共同攻击取食猎物或将其搬至蚁穴。

五、防治技术

（一）农业措施

麦收后灭茬，可减少成虫产卵，破坏二点委夜蛾幼虫的栖息环境。2011年7月上旬，在山东省济宁市农业科学院试验田调查发现，小麦收获后灭茬田玉米被二点委夜蛾幼虫为害枯心苗率仅为4.8%，而未灭茬免耕田块枯心苗率为26.2%。麦收后使用灭茬机或浅旋耕灭茬后再播种玉米，可有效减轻二点委夜蛾为害，同时也提高玉米的播种质量。或清理玉米播种行的麦秸和麦糠，或在玉米出苗后及时清除玉米苗根部麦秸和麦糠，露出播种沟，破坏二点委夜蛾幼虫的适生场所，减轻为害。

秋耕或春耕，破坏二点委夜蛾越冬幼虫的栖息场所。对二点委夜蛾越冬虫态、越冬场所的调查发现，二点委夜蛾以休眠老熟幼虫结土茧或叶茧在未翻耕的棉田、豆田、花生田以及玉米田等地的残枝落叶下的地表或落叶中越冬。因此，在作物收获后不准备种植小麦等作物的田块，在秋天或翌年春天4月初二点委夜蛾羽化前进行耕翻，破坏二点委夜蛾越冬幼虫的栖息场所，降低越冬虫源基数，可减轻二点委夜蛾的为害。

（二）物理防治

二点委夜蛾成虫具有很强的趋光性，可设置杀虫灯诱杀成虫。国家玉米产业体系石家庄试验站提供的数据表明，利用频振式杀虫灯于2011年6月20日晚诱到二点委夜蛾成虫411头，21日晚诱到806头，22日晚诱到903头，360nm左右波段的诱虫效果最好。2011年7月25～27日，在保定市定兴县连续3晚利用高压汞灯进行诱蛾试验，每晚诱集的二点委夜蛾成虫量均大于1 000头。在二点委夜蛾成虫发生期，可利用杀虫灯大面积诱杀，降低虫源基数，减轻为害。

（三）生物防治

通过性诱剂诱杀减少雄蛾数量，可以使得到交配机会的雌蛾数量相应减少，并在一定程度上减少雌蛾的产卵量，从而达到降低下代幼虫基数的目的。雄蛾数量的减少可以增加剩余雄蛾的交配次数，而随着其交配次数的增多，雌蛾的产卵量也会明显降低。因此，采用性诱剂诱杀雄蛾从多方面降低雌蛾产卵量，对防治二点委夜蛾为害具有理论上的可行性。糖醋液、杨树枝把、干草堆、麦秸把和麦秸堆对二点委夜蛾成虫的趋性试验结果表明，二点委夜蛾成虫对杨树枝把趋性最强，对干草堆趋性次之，对糖醋液、麦秸把和麦秸堆趋性很小。田间将直径2～3cm、1～2年生叶片较多的杨树枝条，扎成10～15cm的枝把诱集成虫，前7d诱集效果较好，诱蛾量占诱集10d总量的94.5%。因此，建议用杨树枝把诱虫时每7d更换1次为宜。

此外，白僵菌在二点委夜蛾的田间防治中具有很好的应用潜力。研究表明，从被球孢白僵菌感染的二点委夜蛾越冬幼虫僵虫上分离出的白僵菌菌株，对二点委夜蛾二龄幼虫具有很好的毒力，Ed-41菌株在孢子浓度为1×10^7个/mL悬浮液喷雾接种处理后，在26℃条件下，第八天供试幼虫的死亡率达85%。而二点委夜蛾幼虫有群集性，且喜欢在麦秸下以及田间残枝落叶和杂草下栖息，在这种环境下，有利于白僵菌杀虫作用的发挥。因此，利用白僵菌防治二点委夜蛾具有很好的应用前景。

（四）化学防治

1. 种子包衣或拌种 选用含氟虫腈、噻虫嗪等有内吸作用的种衣剂包衣或拌种。

2. 播种沟撒施毒土 用50%辛硫磷乳油3kg/hm^2，稀释10～20倍后，喷洒在20kg的干细土上，拌匀后，均匀撒在播种沟内。

3. 播后苗前全田喷施杀虫剂 可采用有机磷类、菊酯类、酰基脲类等农药，喷严喷透，杀灭麦秸上的虫卵及低龄幼虫。如采用4.5%高效氯氰菊酯乳油或48%毒死蜱乳油1 000倍液、20%氯虫苯甲酰胺悬浮剂150mL/hm^{2}地面喷雾。

4. 苗后喷雾 在玉米3～5叶期，用48%毒死蜱乳油1 500倍液、30%乙酰甲胺磷乳油1 000倍液或0.6%甲维盐微乳剂200～300倍液，顺垄直接喷淋玉米苗茎基部，杀死大龄幼虫。

5. 撒毒饵或毒土 在玉米5叶期前，用48%毒死蜱乳油2.25L/hm^2、50%辛硫磷乳油2.25L/hm^{2}或30%乙酰甲胺磷乳油200mL/hm^{2}任选一种+80%敌敌畏乳油200mL+2kg碎青菜叶（或杂草）+5kg炒香的麦麸，对水到可握成团，于傍晚顺垄放置于垄间，不要撒到玉米上；或选用48%毒死蜱乳油、50%辛硫磷乳油按1∶100（药∶土或细沙土）制成毒土均匀撒于经过清垄的玉米根部周围，但要与玉米苗保持一定距离。

由于二点委夜蛾是最近几年才出现的新害虫，对其发生为害规律还有待于深入研究，而且该虫的卵较小（直径不到1mm）不易识别，产卵部位多样，导致调查难度大，易在防控上出现盲区，发现严重为害时已经错过最佳防治时期，因此必须加强对二点委夜蛾的发生监测，根据二点委夜蛾的发生特点，逐步积累气象条件、成虫早期发生量和幼虫发生量等的相关数据和预测经验，建立适合二点委夜蛾发生的预测预报技术，及时发布二点委夜蛾发生趋势用以指导防治。

王振营（中国农业科学院植物保护研究所）
石洁（河北省农林科学院植物保护研究所）

第39节 耕葵粉蚧

一、分布与危害

耕葵粉蚧［*Trionymus agrostis*（Wang et Zhang）］属半翅目蚧总科粉蚧科。国内分布在黑龙江、吉林、辽宁、河北、北京、山东、河南、山西、陕西（商洛、蓝田）。耕葵粉蚧的寄主植物有玉米、小麦、谷子、高粱等禾本科作物及狗尾草、金色狗尾草、看麦娘、稗草、马唐、大画眉草、牛筋草、虎尾草等禾本科杂草。河北省于1989年首先在石家庄市的赵县、保定市满城县等地玉米田中发现，到2008年在张家口市的涿鹿县发现，目前邯郸、邢台、石家庄、保定、唐山、承德、张家口、廊坊、沧州等市从南至磁县，北达平泉的广大区域均有发生。如：2006年河北省平山县夏玉米收获期在耕葵粉蚧重发区域调查，平均百株虫量3 420头，最高的单株虫量达302头。耕葵粉蚧以雌成虫及若虫为害玉米、高粱等作物，寄生于近地表的茎基部、叶鞘内和根部吸取汁液，密集为害。受害植株茎叶发黄，下部叶片干枯，根尖变黑腐烂，发育缓慢，矮小细弱；重者茎基部发黑变粗，甚至全株枯萎死亡，不能结实，造成严重减产（彩图3-39-1，彩图3-39-2）。

二、形态特征

雌成虫：体长3～4.2mm，宽1.4～2.1mm。长椭圆形，全体扁平，两侧缘近于平行。红褐色，全体被白色蜡粉。眼发达，椭圆形。触角8节，第一节稍短，末节最长。喙短，口针不达中足基节附近。足发达，跗冠毛1对，细长；爪冠毛1对，长于爪，纤细，端部稍膨大。腹脐1个，近圆形，位于第四至五腹节腹板之间。肛环椭圆形，发达，具肛环孔及肛环刺6根。臀瓣不明显，臀瓣刺发达（彩图3-39-3，彩图3-39-4）。

雄成虫：体长1.42mm，宽0.27mm。体纤弱。体深黄褐色。单眼3对，紫褐色，背面一对较大。触角10节，柄节短粗，梗节短，其他各节形状近似，末节最长，各节上均生有细毛。口器退化，丛生长而弯的刚毛。胸部发达，各部分分区明显。3对足，细长。前翅长0.83mm，白色透明，具1条两分叉的翅脉，后翅退化为平衡棒，基部弯曲而端部膨大。腹部9节，最后2节明显收缩，第八腹节两侧有由蜡腺分泌出的蜡丝2条，长约0.21mm。交配器短，基部粗壮（彩图3-39-5，彩图3-39-6）。

卵：长椭圆形，长径0.49mm，宽约0.27mm。初产下时橘黄色，孵化前呈淡褐色。产于卵囊中。卵囊白色，棉絮状（彩图3-39-7）。

一龄若虫体长0.61mm，宽0.27mm。长椭圆形而扁平，淡褐黄色，无蜡粉。单眼1对，紫褐色。触角6节，柄节较粗，其余各节细长，末节粗壮。喙较短，口针几乎延长到肛环。足3对，细长（彩图3-39-8）。

二龄若虫体长0.89mm，宽0.53mm，体表出现白色蜡粉，触角7节（彩图3-39-9）。

雄蛹：体长1.15mm，宽0.35mm，长而略扁，黄褐色。触角、足、翅芽等均明显外露。茧白色，长形，两侧几乎平行，茧丝柔密（彩图3-39-10）。

三、生活习性

耕葵粉蚧在河北1年发生3代，以卵在卵囊中并附着在田间残留的玉米根茬上、土壤中及残存的玉米秸秆上等处越冬。卵囊絮状，由雌虫分泌的蜡丝组成，长5～10mm，宽2～3mm。每个卵囊中有卵100余粒，最多的可达500余粒。在河北中南部小麦—玉米种植区域，耕葵粉蚧每年9～10月雌成虫产卵越冬，至翌年4月中、下旬，气温达17℃左右时开始孵化，整个越冬期6～7个月。耕葵粉蚧越冬卵在越冬期间对外界不良环境抵抗力甚强。试验证明，附着在玉米根茬上的卵囊，在室外寒冷干燥的地面上放置一冬后，其中的卵孵化率仍在90%以上。越冬卵一般在4月中、下旬开始孵化，孵化期长达半月余。若虫孵化后并不立即脱出卵囊先在卵囊内活动一段时间，1～2d后开始向四周自由分散活动，寻找食物，待觅得适宜寄主后再行固定取食。

一龄若虫十分活泼，出卵囊后即在卵囊周围来回爬行，寻找寄主，爬行速度甚快。此时若虫身体微小，体壁柔软，尚未分泌蜡质保护层，因此，一龄若虫期特别是扩散活动期是进行药剂防治的最佳时期。若虫从二龄开始分泌蜡粉，加强了对自身的保护作用。若虫一般寄生在寄主植物的根部或茎基部，从未发现寄生在叶上。蜕皮后的二龄若虫可移动位置，有向植株上部移动的习性，进入玉米植株下部的叶鞘取食。

耕葵粉蚧雌若虫共蜕皮2次，具2个龄期，即一龄若虫和二龄若虫，然后羽化为雌成虫。雄虫共4个龄期，具第三龄（前蛹）和蛹期。雄二龄若虫老熟后，即迁移到玉米叶鞘内，分泌蜡丝，结一长而较薄的丝质茧，在其内蜕皮成为前蛹，然后化蛹。蛹的外形和雄成虫相似。触角、足及翅芽均暴露在体外，并能爬行。第一代雄虫在6月上旬开始羽化。羽化后的雄成虫从丝囊的末端脱出。雄虫个体较小，飞翔和爬行能力都很弱，不取食。羽化后立即寻找雌虫交尾。交尾时间很短。雄虫寿命短，大部分在交尾后1～2d死亡，最长不超过5d。雌成虫寿命约20d，交尾后的第二至三天，在玉米茎秆旁土中和叶鞘内产卵。每雌产卵120～150粒。耕葵粉蚧主要行产雌孤雌生殖，但各代均曾发现少量雄虫，第三代尤多。

在河北中南部地区耕葵粉蚧第一代主要为害小麦及田间禾本科杂草。发生时间为4月中旬至6月中旬，以若虫和雌成虫群集在地表以下的小麦茎基部吸食汁液。受害小麦叶片发黄，分蘖减少。6月上旬末小麦收获时羽化为成虫，不久即拉丝做卵囊，在其中产卵。第二代发生在6月中旬至8月上旬，主要为害夏播玉米幼苗。6月中旬末，夏玉米出苗后，卵开始孵化为若虫，而后迁移到玉米的茎基部和近地面的叶鞘内为害。受害玉米叶片发黄，上部枯萎，严重时根颈部变粗，极近似于玉米粗缩病的症状，不能结实。由于若虫群集在根部取食，所以根部有许多小黑点，肿大，根尖发黑腐烂，受害植株周围有大量蚂蚁聚集。第三代发生于8月上旬至9月中旬，主要为害玉米及高粱成株，可上升到玉米茎基部的第三至四节，隐藏在叶鞘或苞叶内为害。3代中以第二代为最重要，为主要防治世代。第三代发生时，由于玉米、高粱已近成熟，受影响不大。9月中旬至10月上旬，雌成虫开始做卵囊，并在其中产卵越冬。各世代不同虫期历期大致为：第一代卵期（连同越冬期）约为205d，一龄若虫约25d，二龄若虫约35d；第二代卵期约13d，一龄若虫8～10d，二龄若虫22～24d；第三代卵期约11d，一龄若虫7～9d，二龄若虫19～21d。雄虫前蛹期约2d，蛹期6d。

在保定市，雄虫发生期第一代为5月下旬至6月上旬，第二代为7月下旬至8月上旬，第三代为8月下旬至9月中旬。

在河北北部春玉米区（长城沿线），如宽城县，在4月下旬至5月上、中旬，耕葵粉蚧越冬卵开始孵化，正值当地春玉米出苗期。第一代于4月底到6月下旬发生，为害盛期通常在6月上、中旬，该代为主害代，主要为害早播春玉米，是春玉米区主害代；第二代于6月下旬到8月上、中旬发生；第三代于8月中旬到9月中旬发生，受气候条件的影响，一般为害较轻。

四、发生规律

（一）虫源基数

耕葵粉蚧的发生与耕作制度和耕作方法有关。目前，我国北方许多地区均采用小麦—玉米一年二熟制，这种田块耕葵粉蚧发生重，而前茬为大豆、棉花、蔬菜的则发生较轻。小麦收获前，在小麦行间点播玉米，小麦收获后，不再翻耕灭茬；玉米收获后，秸秆还田，种植小麦前虽进行旋耕，但不再深耕灭茬，仍有相当数量的根茬留在田边及畦埂上，这为耕葵粉蚧的连年发生提供了大量虫源及有利条件。耕葵粉蚧越冬卵孵化后，若虫为害小麦，进行增殖，此时田间虫口虽有相当密度，但由于第一代若虫孵化时小麦业已拔节，避开了苗期为害，小麦群体较大，根系发达，在水肥条件好，管理水平较高的情况下，受害并不明显。小麦收获后，耕葵粉蚧经过一个世代的增殖，种群数量增加。第二代孵化时，正值夏玉米2～3叶期，为耕葵粉蚧的为害提供了良好的食物链，后期如水肥条件和管理水平不能加强，受害将极其严重。这是近年来黄淮海夏玉米区耕葵粉蚧为害日趋严重的主要原因。

（二）寄主植物

禾本科杂草是耕葵粉蚧喜食及重要的越冬和中间寄主，以狗尾草、金色狗尾草等上发生量较多，是小麦、玉米的重要虫源。因此，田间、田边地头禾本科杂草多的地块，此虫发生早，为害重。

（三）土壤条件

此虫发育喜温暖、低湿的土壤环境，以向阳、温暖、干燥的地块发生重，阴冷、潮湿地块发生轻。土壤疏松、透气性好的沙壤土发生重，黏土地则不利其发生。

五、防治方法

鉴于玉米耕葵粉蚧主要于近地表的玉米茎基部和根部活动为害，且寄主范围较为狭窄，除禾本科植物外并不为害其他作物，并有转移寄主为害的现象，因此，利用农业防治措施，设法切断其食物链是控制该虫的有效途径。药剂防治应以地下灌根为主。

（一）农业防治

由于耕葵粉蚧主要寄主为禾本科作物，不为害其他植物，因此，在耕葵粉蚧历年发生严重的地块可考虑轮作倒茬，不种玉米，改种棉花或其他双子叶作物以减少虫源。河北赵县在耕葵粉蚧发生严重的地块，改种夏播棉，收到良好效果。在严重发生的地区，改变麦套玉米的种植习惯，减少玉米受害虫源，同时加强玉米的田间水肥管理，促进作物生长，提高玉米自身的抵抗能力和补偿能力。

在春玉米区，对严重发生地块，于玉米收获后进行深耕灭茬，并将根茬带出田外处理，可消灭大量越冬虫源；在免耕田，若该虫严重发生，可采用常规翻耕方法，及时秋耕，消灭越冬虫源。

耕葵粉蚧除为害禾本科作物外，只寄生于禾本科杂草，因此清除田边杂草，不但可以减少寄主，而且还可机械地杀灭土中虫体，减少虫源。

由于耕葵粉蚧以卵在卵囊中附着于田间残留的玉米根茬上、土壤中及残存的玉米秸秆上等处越冬，因此，在玉米收获后，翻耕灭茬，并将根茬携出田外，可减少虫源，降低翌年发生密度。

选用抗虫品种。耕葵粉蚧的发生程度在玉米品种间存在较大差异，选用苗期发育快的品种，可有效控制该虫的发生。

（二）化学防治

玉米耕葵粉蚧孵化后的一龄若虫期是其扩散活动期，且体表无蜡粉覆盖，是防治的关键时期。应根据当地虫情测报及时施药防治。可选用 48%毒死蜱乳油 800～1 000 倍液、40%辛硫磷乳油 1 000 倍液、25%氰戊·辛硫磷乳油 1 000 倍液、80%敌敌畏乳油 1 000 倍液灌根，防治效果可达到 90%以上。具体灌根方法：去掉喷雾器喷片，每株用药液 100～150g，重点喷淋玉米下部叶鞘处和茎基部，使药液渗到玉米根颈部。用药的同时，最好加配芸薹素内酯、2.85%萘乙·硝钠水剂等植物生长调节剂，以促进植株生长，增强耐害性。

屈振刚（河北省农林科学院植物保护研究所）

第 40 节 玉米铁甲虫

一、分布与危害

玉米铁甲虫［*Dactylispa setifera*（Chapuis）］属鞘翅目铁甲科，又名玉米趾铁甲。国外分布于印度尼西亚的爪哇和马鲁古群岛，国内则在广西、贵州、云南及海南等省份有分布，发生猖獗的地区主要为广西西南及贵州的罗甸、望谟一带玉米产区。玉米铁甲虫的寄主为玉米、甘蔗、高粱、小麦、谷子、水稻等多种禾本科作物以及看麦娘、罗氏草、两耳草、芒草、芦苇等禾本科杂草，最喜食玉米。幼虫及成虫吸食叶片汁液，导致叶片失绿，光合作用能力减弱，影响作物正常生长。玉米铁甲虫为害玉米后，对产量影响很大，玉米叶片被害面积达叶面 1/4 时，该叶片就呈现出枯白叶，若枯白叶占总叶片的 10%时，玉米可减产 8%～12%；枯白叶占 20%～30%时，减产 25%～30%；枯白叶占 30%～40%时，则减产 40%以上，全田玉米雌穗着生节以上叶片受害超过 60%时，导致玉米颗粒无收。

此外，在贵州和云南两省为害玉米的还有细角准铁甲［*Rhadinosa fleutiauxi*（Baly）］，也称铁甲虫、直刺细铁甲，属鞘翅目铁甲科准铁甲属（*Rhadinosa*），国内分布于福建、江西、湖北、湖南、云南、广东、海南、广西、贵州等地。在贵州毕节海拔 1 070～2 220m 处是玉米重要的食叶害虫。

广西是玉米铁甲虫在我国的主要发生区。2001年，广西玉米铁甲虫总体发生程度为中等偏重、局部大发生，发生区域包括南宁、河池、百色、柳州等7地（市）的31个县，全区发生面积累计约为6.29万hm^2，约占玉米种植面积的25%，其中发生面积较大的地区有：南宁地区约3.46万hm^2、河池地区约1.46万hm^2、百色地区约0.85万hm^2，这3个地区玉米铁甲虫的发生面积约占全区发生面积的91.7%，受害严重地区成虫密度可达37.5万头/hm^2。南宁地区的崇左市，1999年、2000年和2001年玉米铁甲虫发生面积分别为2.07万hm^2、2.26万hm^2和2.22万hm^2，产量损失分别为1 337t、1 204t和930.31t。2006年，玉米铁甲虫在河池地区暴发，凤山县砦牙乡玉米遭受严重为害，其中拉英、板隆两村受害面积约35hm^2，占当地玉米种植面积的42%，受害地块成虫虫口密度平均26.9头/m^2，最多的达82头/m^2；卵粒密度平均134粒/m^2，最高的可达229粒/m^2；花叶率平均62%，一般田块减产10%～30%，严重田块减产50%～60%；金城江区成虫虫口密度最高为43头/m^2，平均21头/m^2，最多的每株有成虫13头，卵密度最高为1 784粒/m^2，平均1 184粒/m^2（彩图3-40-1）。

二、形态特征

成虫：雌虫体长5mm，宽2mm；雄虫体长7mm，宽3mm。体稍扁，鞘翅及刺黑色，略带金属光泽，复眼黑色；前胸背板琥珀色，中央有两个较大黑色突起，突起周围呈纵列下陷，前缘有刺2簇，每簇有刺2根，侧缘各有刺3根；腹和足均为黄褐色；触角11节，黑褐色，末端膨大呈棍棒状，各节着生有绒毛；每一鞘翅上着生刻点9排和长短不等的刺21根，后翅灰黑色，翅基部暗黄色（彩图3-40-2）。

卵：散产。长1～1.3mm，宽0.5～0.7mm，初产时淡黄白色，后渐变黄褐色，椭圆形，表面光滑，上盖蜡质（彩图3-40-3）。

幼虫：老熟幼虫体长7～7.5mm，宽2.2mm。头扁平细小，黄褐色，上颚深褐色，胸腹部乳白色，取食后为黄绿色；胸足3对，腹部9节，无足，胸部除第一节外，每节两侧向外有一个黄色大而低的瘤状突起，上有"一"字形横纹1条；尾节有向后伸的棕色尾刺1对（彩图3-40-4，彩图3-40-5）。

蛹：体长6～6.5mm，宽3mm，扁平，长椭圆形，背面微隆起，足发达，翅覆盖整个胸部及腹部第一、二节。初为乳白色，后变为黄褐色。前胸与腹部每节两侧各有一瘤状突起，突起上有分叉的刺2根，每个腹节背面有两列瘤状小突起，末端有短刺4根向后伸出（彩图3-40-6）。

三、生活习性

玉米铁甲虫1年发生1～2代，以成虫越冬。当中、晚播玉米收割后，玉米铁甲虫一般以成虫在玉米地附近山上、沟边的杂草丛中和甘蔗上越冬，冬季如气温在16℃以上仍可活动、取食。进入4月后，成虫从越冬场所迁移到玉米田为害。

玉米铁甲虫主要为害世代为第一代，以幼虫为害春玉米，常造成严重的产量损失；第二代发生量极少，对晚播玉米为害不大。第一代卵盛期为4月上旬至5月中旬，第二代卵盛期为6月上旬至7月上旬。从卵至成虫羽化发育历期一般需要31～35d，第二代较第一代约短4d。

在自然变温下，玉米铁甲虫卵、幼虫和蛹的发育历期均随环境温度的升高而缩短，其发育速率与日均温度均呈显著的线性关系。卵、幼虫、蛹的发育起点温度分别为（12.58±0.81）℃、（13.19±0.54）℃、（18.99±0.3）℃，卵至成虫羽化期有效积温为362.66℃。

玉米铁甲虫成虫和幼虫均可造成危害。成虫为害玉米，多顺着叶脉咬食叶肉，形成不规则、长短不一的白色条斑；孵化后的幼虫在叶片内潜食叶肉，直至化蛹，叶片被害后仅残留上下表皮，后干枯形成白色的枯斑，丧失叶绿素和光合作用而造成损失。一般受害时，玉米叶片被食成枯斑与绿色相间的花纹，俗称"穿花衣"，产量损失20%～50%；严重受害时，玉米叶片被食成一片枯白，俗称"穿白衣"，造成大量叶片枯死。1头幼虫一生取食为害玉米叶最大面积为13.8cm^2，平均10cm^2。一至二龄幼虫食量较小，从三龄起即进入暴食阶段，三至四龄幼虫的取食占总取食量的87%以上。幼虫老熟后在叶片内化蛹。

成虫有假死性和群集为害习性，卵产于心叶正面用口器咬成的凹穴内，每穴1粒。

玉米铁甲虫越冬成虫有很强的耐饥饿能力。由于年发生世代少，取食为害也只在春末夏初3～5月约3个月时段里。其余9～10个月基本上以成虫处于蛰伏静止越夏、越冬。越夏越冬场所多样化。当冬季气温低于16℃时，成虫便在甘蔗、冬小麦或附近石山坡、田沟边的禾本科杂草上越冬。开春气温达17～

18℃时即开始爬行、飞翔、扩散、取食、交尾繁殖等活动。成虫不耐高温潮湿，性喜晴暖或阴凉干爽气候，还有趋绿、趋密性和假死性。常集中趋向于早播种、早生长、茂密浓绿的玉米田块活动为害，受惊动时随即跌落假死。早上或傍晚，弱光低温或雾露较重，成虫活动力弱，很少飞翔爬行。中、下午气温升高、有阳光、雾露少，成虫活动旺盛。但其飞翔能力不很强，常作飞飞停停的活动，1 次飞翔持续时间一般为 11min。

玉米铁甲虫繁殖能力很强。成虫雌雄性比例为 1.03～1.12∶1，雌虫略多于雄虫。越冬成虫迁入玉米田取食数天，随即进行交尾产卵，繁殖后代。铁甲虫雄成虫性活力旺盛，一生可重复交尾十多次，雌虫一般只交尾 1～2 次。每次交尾一般持续 1.7h 左右，常于白天进行。雌虫交尾后 4～5d 开始产卵，适宜成虫产卵的日均温为 23～28.5℃。越冬代 1 头雌虫一般产卵 80 粒，多的达 120 多粒，少的只有 10 多粒，其交尾产卵期长达 35～42d，平均每天产卵 4～5 粒。主要单个散产于叶片卵粒穴凹内，上有从口器吐出的胶状物涂盖，以防风雨侵袭等。成虫喜于玉米叶片上产卵（占 74.8%），尤以植株上部叶片为多。卵粒在玉米植株上的垂直分布极不均匀，且具有明显的 2 个层次性。在玉米 8～9 叶期，97.91%的卵分布于顶叶至第四叶层以上；10～11 叶期，94.17%的卵分布于顶叶至第五叶层以上；12 叶期以后，97.94%的卵分布于顶叶至第七叶层以上。从顶叶往下，以一至五叶层为主要着卵层，且在二至四叶层上的卵分布较为集中，这 3 层的卵粒数约占总量的 69%。可见，铁甲虫卵密度调查采用两阶分层抽样的方法进行较为适宜。

玉米铁甲虫第一代成虫除极少部分在羽化 25d 左右进行当年第二次交尾产卵繁殖第二代之外，其余大多数成虫不再交尾产卵繁殖，而是以越夏和越冬状态生存到翌春再于春玉米上取食和交尾繁殖下一代。当年繁殖的幼虫，如不能在秋玉米上取食为害，大部分因营养不良或高温而死亡，不能发育成为第二代。所以一年内很少发现玉米铁甲虫有 2 次发生和造成 2 次为害即秋玉米受害的状况。除玉米外，玉米铁甲虫还可在罗氏草、两耳草上取食完成整个世代。

四、发生规律

（一）耕作制度

玉米、甘蔗混栽区，小麦套种玉米区玉米铁甲虫发生重于纯玉米栽培区。甘蔗种植面积扩大，可为玉米铁甲虫提供良好的越夏越冬生境，提供丰富食料，以及迁入玉米田为害的桥梁，有利于虫源繁殖、积累和扩散发生为害。玉米和桑树的连片混栽区，由于桑园用药的限制，给防治带来了困难。地膜玉米因播种早，长势好，苗嫩绿，适宜玉米铁甲虫早侵入和集中为害。因此，地膜玉米田玉米铁甲虫发生一般重于常规玉米田。

（二）气候条件

冬春季气温高有利于玉米铁甲虫成虫的越冬存活，且迁入繁殖为害早；开春气温不稳定、倒春寒严重的天气，玉米铁甲虫迁入期相对推迟。3、4 月正是玉米铁甲虫成虫从山上迁飞到玉米地为害取食、交尾产卵的时期，天气温暖晴朗，降水量少、干燥，有利于成虫补充营养、大量交尾产卵，田间卵粒密度大，孵化成活率高，发生就严重，反之就较轻。如 2001 年广西玉米铁甲虫发生区，3 月上、中旬气温偏高，3～4 月降水偏少，是该虫 2001 年暴发成灾的重要原因；2006 年广西凤山县 4 月气温较高，平均达 23.8℃，比历年平均气温高 3℃，且干旱少雨，导致玉米铁甲虫猖獗为害。

成、幼虫自然死亡的原因主要是高温和严寒气候影响。幼虫期对夏季高温气候极为敏感，日均温超过 27℃时将导致低龄幼虫大量死亡，成虫对夏季高温的抵抗力不强，必须寻找适宜的环境越夏。成虫对低温的抵抗力也不强，在 3.5℃下 1h，可致越冬成虫处于冷昏迷状态，0℃下 20d、−4℃下 10d 和−8℃下 1d 均可使成虫全部死亡。玉米铁甲虫在我国分布的北界为贵州省罗甸、望谟一带，约 25°26′N，基本处在最冷月均温 8℃等温线附近以南。

（三）生态环境

玉米铁甲虫的发生为害与生态环境条件有着十分密切的关系。山区是玉米铁甲虫的常发区和多发区，山上的各种杂草作为野生寄主有利于玉米铁甲虫成虫安全越冬。如广西的石山区、石灰岩溶地域是玉米铁甲虫的适生环境，这类生态环境多干旱缺水，冬暖夏凉，除种植有铁甲虫最嗜好的食物玉米外，还常年生长多种禾本科杂草等野生寄主，食料丰富，极利玉米铁甲虫的取食、繁衍和越夏、越冬。由于受地理条件的限制，这些地方水源缺乏，一旦发生虫灾，施药防治难度大，常因漏治而残留不少虫源。

由于成虫有趋绿习性，一般长势好、茂密浓绿或靠近蔗田、山坡的玉米田受害较严重。

（四）天敌

玉米铁甲虫的自然天敌有白僵菌、寄生蜂、蚁、猎蝽和鸟类等，这些天敌对玉米铁甲虫的发生有一定的抑制作用，但在大发生年对铁甲虫控制作用不大。卵和幼虫的寄生蜂对第二代玉米铁甲虫自然寄生率较高，为对玉米铁甲虫有经济意义的天敌。

五、防治技术

在防治上采用前期以药剂防治和人工捕杀越冬成虫为主，中期适期施药挑治幼虫（卵）和后期割叶消除残虫的综合防治技术。

（一）农业防治

调整农作物种植结构，在重灾区避免土地连片种植玉米、甘蔗或桑树，杜绝混栽，提供有利的药剂防治条件，避免顾此失彼；可适当减少玉米种植面积。清理越冬场所，如铲除玉米田边、沟边、山脚杂草和甘蔗田的残叶。

（二）人工防治

在玉米铁甲虫蛹尚未羽化前（5月下旬），用镰刀割除叶片上有虫部分，并立即集中烧毁，可有效减少翌年发生数量。

成虫高峰期（3月下旬至4月上旬），在上午露水未干前或阴天全天人工捕杀成虫，连续捕杀几天，并集中处理。

（三）化学防治

1. 防治成虫　药剂防治可每667m^{2}选用40%氰戊菊酯乳油12mL加25%杀虫双水剂200mL对水50～60kg喷雾，或其他拟除虫菊酯类农药按要求配制喷杀。防治时间应在成虫尚未产卵前进行，一般在4月上、中旬。由于成虫扩散能力强，在防治成虫时，要进行区域联防，统一时间、统一药剂、连片防治，才能提高效率。

2. 防治幼虫　玉米铁甲虫卵孵化率达15%左右时是最佳防治时期，每667m^{2}用25%杀虫双水剂200mL加40%氰戊菊酯乳油10mL对水50～60kg喷雾，可兼治成虫。用药时间第一次在4月下旬至5月上旬，主要防治早播玉米上的幼虫；第二次在5月20日左右。

玉米铁甲虫成虫经辗转飞迁，可以作较大范围的扩散，这是近年来玉米铁甲虫发生区域和面积扩大的主要原因之一。在一些新发生区，一些人对其为害认识不足，防治意识薄弱，局部区域的防治工作不力。必须深入宣传、培训、指导农民做好防治工作，以免影响整体防治效果；植保部门要做好监测工作，坚持5d一报制度，在害虫发生高峰期每天进行调查，及时掌握虫情，指导科学防治；加强区域间的合作，建成跨县、跨地区乃至跨省联防工作体系。多年来的经验表明，大范围的联防工作在有效控制玉米铁甲虫为害、减少虫源、缩小发生区域和防止扩散上起着关键性的作用。如广西西部各有关地、县多年来积极开展玉米铁甲虫联合防治工作，大力推广应用有效的防治技术措施，每年防治面积约占发生面积的87%以上，防效达86.7%以上，平均每667m^{2}挽回粮食损失27.34～31.20kg，成效显著。

王振营　白树雄　徐艳聆（中国农业科学院植物保护研究所）

第41节　玉米异跗萤叶甲

一、分布与危害

玉米异跗萤叶甲［*Apophylia flavovirens*（Fairmaire）］属鞘翅目萤叶甲亚科异跗萤叶甲属，又名旋心异跗萤叶甲、旋心虫、玉米枯心叶甲，俗称玉米蛀虫、黄米虫。寄主有玉米、高粱、谷子、紫苏、白苏、冬凌草、丹参和野蓟等。国内分布于吉林、辽宁、内蒙古、河北、山东、山西、陕西、安徽、浙江、湖北、江西、湖南、福建、台湾、广东、海南、广西、四川、贵州及西藏等省（自治区）；国外分布于朝鲜、越南、老挝及泰国。

20世纪50年代玉米异跗萤叶甲在山西省洪洞、临汾、运城等县有发生的记载，在我国东北地区为害玉米幼苗最初记载是1975年于辽宁省西丰县。由于玉米异跗萤叶甲为害的蛀孔多在玉米苗的茎基部，比较隐蔽，多怀疑为种子带毒导致的病毒病或药害等所致，故一直未得到充分重视。自1992年以来，玉米异跗萤叶甲的发生频率有所增加，发生面积也在逐年扩大，尤其辽宁的沈阳、铁岭、康平、开原、西丰、新民、绥中、兴城及建平等地区发生较重。如1993年在新民、西丰等县，玉米幼苗受害株率为60%；1994年兴城县玉米受害面积达133hm^2，受害株率高达70%，部分玉米田被迫毁种，造成了严重经济损失。建平县，2000年首次发现异跗萤叶甲严重为害玉米，部分地区为害株率达40%，2006年异跗萤叶甲为害面积达60%，平均受害株率为1%～3%，个别严重地块受害株率达25%，2007年全县玉米田玉米异跗萤叶甲普遍发生，受害株率平均约为5%，个别严重地块受害株率达60%～70%，平均减产10%左右，给全县粮食生产造成较大损失。在陕西蓝田县，2003年部分地区玉米田零星发生玉米异跗萤叶甲，到2009年发生范围已扩展到沿山各乡镇，一般田块减产20%～30%，严重田块甚至绝收，已成为蓝田县玉米生产上的重要害虫之一（彩图3-41-1至彩图3-41-5）。

二、形态特征

成虫：雄虫体长3.9～6.1mm，宽1.5～2.1mm；雌虫体长5.9～6.8mm，宽1.8～2.6mm。触角丝状，11节，基部4节黄褐色，其余黑褐色。体长形，全身被短毛。头后半部、小盾片黑色；上唇黑褐色；头前半部、前胸和足黄褐色，中、后胸和腹部黑褐至黑色；鞘翅翠绿色，有时带蓝紫色。复眼大。雄虫触角长，几乎达翅端；雌虫触角伸至鞘翅中部。前胸背板倒梯形，前、后缘微凹，后角刚毛位于后角之前，表面具细密刻点，中央微凹，两侧各有一个较深凹窝。小盾片舌形，密布小刻点和毛。鞘翅两侧近于平行，翅面刻点密。雄虫腹部末节腹板顶端中央呈钟形凹洼，爪双齿式；雌虫爪附齿（彩图3-41-6，彩图3-41-7）。

卵：椭圆形，长约0.8mm，表面光滑，初产淡黄色，后呈黄色，部分为褐色。

幼虫：末龄体长10～12mm，体黄色至黄褐色，头部深褐色，体11节，中胸至腹部末端每节均有红褐色毛片，中、后胸两侧各有4个，腹部一至八节两侧各有5个，尾片黑褐色（彩图3-41-8）。

蛹：长4～5mm，黄色，裸蛹（彩图3-41-9）。

三、生活习性

玉米异跗萤叶甲在我国北方每年发生1代，以卵在玉米地土壤中越冬。在辽宁5月下旬至6月上旬越冬卵陆续孵化，开始蛀食2～4叶期玉米幼苗，幼虫为害期约45d，7月上、中旬幼虫为害最盛。幼虫在近地表面2～3cm的根茎交界处钻入植株取食。被害株心叶产生纵向黄色条纹；严重时生长点受害形成枯心苗或植株矮化畸形，分蘖增多。茎基部被害处有明显的褐色虫孔或虫伤，在被害株根部或茎基部很容易找到异跗萤叶甲幼虫，一般每株有虫1～6头。玉米受异跗萤叶甲为害后8～10d，叶片开始出现黄绿条纹症状，此症状与玉米缺锌症状相似，它们的主要区别为异跗萤叶甲为害后在玉米根颈处留有褐色蛀孔，根也常被幼虫取食。黄绿条纹持续时间、植株矮化程度与玉米受害时的叶龄关系密切，6～8叶期受害最为严重，个别植株出现心叶枯萎，此后停止生长，叶片卷曲丛生，株高仅有30～40cm，稍晚时间受害的玉米，虽能生长，但比正常植株缓慢，最终株高只能到1m，不能正常抽雄结实。幼虫有转株为害习性，直至玉米苗长至30cm，由于基部表皮变厚，难以蛀入，幼虫则很少转株为害。7月下旬幼虫老熟后，在地表做土茧化蛹，蛹期5～8d，8月上、中旬成虫羽化出土。成虫喜食小蓟，白天活动，夜晚栖息在株间，有假死性，卵散产在疏松的玉米田土表中或植物根部附近，成团状，每头雌虫可产卵10余粒，多者20～30余粒。以卵越冬。

2008年在陕西省山阳县发现异跗萤叶甲成虫为害丹参叶片，严重时一片叶上有虫10多头。成虫主要取食叶肉，在局部地块，对丹参生长造成严重影响。

近年来在辽宁、吉林和黑龙江玉米田中出现的苗期玉米矮化病，症状和玉米异跗萤叶甲幼虫为害状相似，且发生面积较大，在出现黄白失绿的条纹初期，剥开茎基部1～3片叶鞘可见到类似蛀孔的褐色孔洞，被害中后期苗茎基部的组织呈纵向或横向开裂，类似虫道，但剖秆后在开裂部及周边无害虫为害痕迹，开裂组织呈明显的能够对合的撕裂状。有的被害植株叶鞘边缘发生锯齿状缺刻，或叶片顶端腐烂。根系不发达，剖开可见根髓部变色。后期表现植株矮缩或丛生，呈“君子兰”状，下部茎节膨大，不结实或果穗瘦小，严重时整株死亡，被害株根部找不到害虫。

四、发生规律

(一) 气候条件

玉米异跗萤叶甲的发生与秋冬季气候有关，温暖、干旱少雨雪，则越冬卵存活率高，有利于翌年虫害发生。如 2008 年陕西蓝田县的“暖冬”和“冬春连旱”等异常气候，直接导致 2009 年玉米异跗萤叶甲的普遍发生。

降水对玉米异跗萤叶甲的发生程度有一定影响。雨水充沛，夏玉米生长健壮，不利于幼虫蛀入为害。如 2002 年 5 月中旬至 7 月底，河南栾川持续干旱、无雨，夏玉米生长缓慢，茎秆幼嫩，该虫大面积严重发生，一般被害株率约为 20%，有的田块高达 90%，个别地块幼苗全部死亡；而 2003 年 5～8 月雨量偏多，该虫只零星发生。同时，大雨还可降低土壤中越冬卵的成活率。

(二) 寄主植物

玉米异跗萤叶甲的发生与耕作栽培和环境的关系十分密切。连作地、田间及四周杂草尤其是刺蓟多；管理粗放、栽培过密、株行间通风透光差；套种大豆的玉米田；地势低洼，排水不良，土壤潮湿；使用未充分腐熟的农家肥及采用免耕技术田块受害重。种子未经处理直接播种的田块比经过包衣或药剂拌种的发生程度重。

玉米异跗萤叶甲的发生与播种时间及玉米的长势有关。在河南栾川，夏玉米幼苗期与卵孵化期相吻合，为蛀入为害提供了良好的食物条件，在同一地区，早播 10d 的玉米，由于已长至 50cm 以上，表皮坚硬，异跗萤叶甲无法蛀入，玉米苗基本未受害。如果玉米种子质量差，苗弱，生长迟缓，茎秆组织较嫩，受害也较重。2002 年调查发现，同一块地，同时种植的两个玉米品种，长势旺盛的品种基本未受害，而根系较少、长势弱的品种受害株率达 90%以上。

五、防治技术

(一) 农业防治

实行轮作，与马铃薯、豆类等非寄主作物轮作，有条件的地区可实行水旱轮作；合理密植，防止种植密度过大；结合间苗、定苗，拔除被蛀苗株，携出田外集中处理，可压低转株为害率；及时清除田间、地埂、渠边杂草；秋季深翻灭卵，降低越冬基数，在上年发生严重的地块，不要将根茬旋耕在地里，应将其捡出集中处理，可减轻翌年为害。要因地制宜选用抗虫品种，重施基肥、有机肥，增施磷、钾肥，加强管理，培育壮苗，提高作物自身抗虫能力。

(二) 化学防治

1. 种子包衣　用含吡虫啉、氟虫腈或丁硫克百威成分的种衣剂包衣。

2. 为害初期防治　在为害初期选用 40%辛硫磷乳油 1 000～1 500 倍液、40%乐果乳油 500 倍液、15%毒死蜱乳油 500 倍液灌根；也可每 $667m^2$ 用 25%甲萘威可湿性粉剂，或用 2.5%敌百虫粉剂 1～1.5kg，拌细土 20kg，搅拌均匀后，顺垄撒在玉米根周围，杀伤转移为害的幼虫；用 90%敌百虫晶体 1 000倍液，或用 80%敌敌畏乳油 1 500 倍液喷雾防治。

3. 防治成虫　应在 9：00 前或 17：00 后进行大面积联合统一施药。药剂可选用 2.5%高效氯氟氰菊酯乳油 3 000 倍液、20%氰戊菊酯乳油 2 000 倍液、90%敌百虫晶体 1 000 倍液喷雾，一般 1～2 次即可控制为害。

王振营（中国农业科学院植物保护研究所）
石洁（河北省农林科学院植物保护研究所）

第 42 节　褐足角胸叶甲

一、分布与危害

褐足角胸叶甲［*Basilepta fulvipes*（Motschulsky）］属鞘翅目肖叶甲科。国内分布于黑龙江、吉林、辽宁、宁夏、内蒙古、河北、北京、山西、陕西、山东、江苏、浙江、湖北、江西、湖南、福建、上海、台湾、广西、四川、贵州、云南。国外分布于朝鲜、日本。褐足角胸叶甲的寄主植物种类繁多，包括菊科、蔷薇科、禾本科的多种作物和杂草，如香蕉、樱桃、梨、苹果、梅、李、蒿属、枫杨、菊花、旋覆花、葎草、小藜等。在我国北方，成虫主要为害玉米、谷子、大豆、高粱、花生、棉花、大麻、甘草等作物和中草药。

褐足角胸叶甲在不同地区为害的作物不同，在河北、北京为害玉米，在江苏、河南为害菊花，在广西、云南等地为害香蕉，也是香蕉上的新害虫。自2001年在北京市发现褐足角胸叶甲为害玉米以来，河北省石家庄、廊坊、保定、邢台等地也相继发现该虫在夏玉米田不同程度发生为害。尤其是北京市顺义区、延庆县，河北省石家庄市栾城县、赵县、正定县、鹿泉市、平山县、灵寿县、廊坊市香河县、保定市涞水县等发生面积广，为害重。一般地块被害株率30%～50%，百株虫量100～200头，重发生地块被害株率80%～100%，百株虫量300～500头，最多的单株可达17头，个别地块百株虫量多达1 000头，全田玉米被吃成花叶，发生呈越来越重的趋势。褐足角胸叶甲以成虫啃食玉米叶片，玉米苗期至成株期均可受害，但以苗期受害最重。成虫喜欢集中在玉米心叶内和叶片背面为害，啃食叶肉造成很多孔洞呈网状，被啃食的孔洞常连接起来，使叶片横向被切断，或叶片呈破碎状（彩图3-42-1）。

二、形态特征

成虫：体长3～5.5mm，宽2.5～3.2mm，体小型；卵形或近于方形。体色变异较大，大致可分为6种色型：①标准型，②铜绿鞘型，③蓝绿型，④黑红胸型，⑤红棕型，⑥黑足型。一般体背铜绿色，或头和前胸棕红鞘翅绿色，或身体一色的棕红或棕黄。头部刻点密而深，头顶后方具纵皱纹，唇基前缘凹切深。触角丝状，雌虫的达体长之半，雄虫的达体长的2/3；第一节膨大、棒状，第二节长椭圆形，稍短于三节而较粗，三、四两节最细，三节稍短于四节或二者近于等长，四、五两节约等长，自第五节起稍粗，各节近于等长。复眼内缘稍凹切。前胸背板宽短，宽近于或超过长的2倍，略呈六角形，前缘较平直，后缘弧形；两侧在基部之前中部之后突出成较锐或较钝的尖角形；盘区密被深刻点，前段的横凹沟明显或不明显。小盾片盾形，表面光亮或具微细刻点。鞘翅肩胛及其内侧的基部均隆起，基部下面有一条横凹，肩胛下面有一条斜伸的短隆脊，侧缘敞出；盘区刻点一般排列成规则的纵行，基半部刻点大而深，端半部的细弱；行距上无刻点或具细刻点，如属后一情况则刻点行凌乱而不规则，尤其在翅的中部和端部更为明显。前胸前侧片前缘较平直，后侧片密布刻点并具皱纹；前胸腹板宽，方形，具深刻点和短竖毛。腿节腹面无明显的齿（彩图3-42-2，彩图3-42-3）。

卵：长0.70mm，宽0.28mm，长椭圆形，两端钝圆，橘黄色（彩图3-42-4）。

幼虫：体长约6.98mm，宽约2mm。体背面淡黄色，向后至臀板逐渐加深成淡褐色，腹面色浅；头骨前半部色渐深呈黑色，前胸背板前缘色略深。胸部具3对足，足淡褐色。腹部多横褶，背面尤其明显；体表具成列刚毛；化蛹前体变粗而稍弯曲（彩图3-42-5）。

蛹：长5.425mm，宽1.86mm。椭圆形，淡黄色。体表具成列刚毛。触角向外侧伸出，绕足与翅芽的间隙，向腹面弯转。腹部末端具向外弯曲的臀棘1对，深褐色。前、中足外露，后足大部分被后翅覆盖。前翅翅芽向腹面弯转，端部与身体游离，不紧挨身体。后足股节与胫节间具一大深色刺，一小浅色刺不明显（彩图3-42-6）。

三、生活习性

褐足角胸叶甲在河北省中部地区1年发生1代，以幼虫在土壤中越冬，幼虫共3龄，全期在土下5～20cm处生活，以玉米、小麦和杂草根为食。幼虫老熟后即在土下做土室化蛹，化蛹期约40d。成虫于7月1日开始出现，一直延续到8月4日，高峰期为7月10日左右，发生期约35d，成虫存活期可达20多天，主要以成虫为害农作物。初羽化的成虫在地面爬行，而后爬行到玉米植株上啃食叶肉造成很多孔洞。成虫产卵于麦秸、麦糠、枯枝落叶下面，或低洼不平的土壤表面。

成虫有趋嫩为害习性，常集中于矮小、幼嫩的玉米心叶内取食。成虫飞翔力弱，一般一次飞行1～2m。心叶内的成虫有短暂的假死性，叶片上的成虫则无假死性，触动叶片即可飞走。趋光性弱，强阳光下，绝大部分隐于玉米心叶内取食为害，阴雨天则在上部叶片或叶背面活动取食。傍晚和早晨在心叶上部和叶片上为害，这一时间段成虫活动旺盛。夜间绝大部分成虫转移到叶片背面、叶鞘、包叶上取食为害，很少飞翔。

四、发生规律

（一）虫源基数

在河北省中南部地区的小麦—玉米一年二熟耕作制度下，田内褐足角胸叶甲越冬幼虫量的大小直接影响玉米田间发生的轻重。由于褐足角胸叶甲成虫飞翔能力差，一般一次飞行 1～2m，不可能远距离迁移，因此，当年发生较重的田块，翌年发生就较重，反之则发生较轻；翻耕或旋耕的地块比套播或直播的发生轻；进行药剂防治的地块翌年则发生较轻。一些一年只种一茬玉米的地块，由于播种期较早，成虫发生期与玉米苗期不相吻合，造成的危害也较轻。

（二）气象条件

据陈彩贤报道，褐足角胸叶甲卵的发育起点温度为 14.09℃，有效积温为 81.00℃；幼虫的发育起点温度为 14.74℃，有效积温为 437.88℃；老熟幼虫的发育起点温度为 17.74℃，有效积温为 65.70℃；蛹的发育起点温度为 15.32℃，有效积温为 74.21℃；成虫产卵前期的发育起点温度为 14.83℃，有效积温为 158.17℃。各虫态的发育速率均随着温度的升高而加快。在 30℃下蛹的平均历期仅为 5.30d，比在 18℃下缩短了 72.40%。在田间，褐足角胸叶甲越冬幼虫于 6 月下旬开始化蛹，如果这段时间内气温较高，蛹发育整齐且发育速度快，有助于蛹的羽化出土，反之，则蛹羽化推迟、不整齐。褐足角胸叶甲成虫在 34℃下不能产卵，如果成虫产卵期气温较高，产卵量降低，会直接影响翌年种群数量。

降水可增加空气相对湿度和提高土壤含水量，有利于褐足角胸叶甲卵的孵化、幼虫化蛹和成虫羽化出土。土壤含水量低于 5%或高于 30%时则不利于幼虫化蛹。

（三）寄主植物

不同玉米品种对褐足角胸叶甲的抗性差异不明显，但是在同一田块小、弱、嫩的植株上虫量较多，为害也较重。

五、防治技术

（一）农业防治

在小麦收割旋耕土地后播种玉米可有效破坏褐足角胸叶甲栖息场所，减少虫源数量。清除田埂、沟旁和田间杂草，消灭中间寄主植物，切断褐足角胸叶甲的食物链。间苗应在晴天的中午时间段进行，此时段绝大部分成虫隐于玉米心叶内，间苗时可将心叶内的成虫捏死后拔出幼苗，以减少田间虫口数量。

（二）药剂防治

依据褐足角胸叶甲成虫发生规律、活动习性，最佳防治时期为成虫发生高峰期，最佳防治时间为 10：00～16：00，喷药或撒施颗粒剂部位以心叶为主。

1. 喷雾 可选用 25%氯·辛乳油 1 500 倍液、4.5%高效氯氰菊酯乳油 2 000 倍液、48%毒死蜱乳油 1 000 倍液、2.5%溴氰菊酯乳油 2 000 倍液、2.5%高效氯氟氰菊酯乳油 4 000 倍液、40%辛硫磷乳油 1 000倍液、45%马拉硫磷乳油 1 000 倍液喷雾，用药液量每公顷不少于 600kg，均具有较好的防治效果。

2. 撒施颗粒剂 用 48%毒死蜱乳油配制成 5%颗粒剂，撒入心叶内，每株撒颗粒剂 1.5～2g，防治效果极佳。

屈振刚（河北省农林科学院植物保护研究所）

第 43 节 白星花金龟

一、分布与危害

白星花金龟［*Protaetia brevitarsis* (Lewis)］属鞘翅目金龟甲总科花金龟科。亦称白纹铜花金龟、白星花潜、白星滑花金龟、短跗星花金龟等。白星花金龟曾先后被划归为花金龟属（*Ceotocia*）、滑花金龟属（*Liocola*）、星花金龟属（*Potosia*）。*Potosia* 是星花金龟属（*Protaetia*）的异名。文献中常见的异名有

Ceotocia brevitarsis Lewis，*Neotocia brevitarsis*（Lewis），*Liocola brevitarsis*（Lewis），*Pachnotosia brevitarsis*（Lewis），*Potosia brevitarsis*（Lewis），*Protaetia*（*Calopotosia*）*brevitarsis*（Lewis）等。

白星花金龟在我国分布广泛，北起黑龙江，南至广西，西自西藏、新疆、青海、宁夏、甘肃、四川、云南，东达沿海各省，包括台湾省均有发生，主要在东北、华北、新疆和黄淮海流域地区发生为害。国外分布于欧洲、俄罗斯、蒙古国、朝鲜和日本等地，澳大利亚、新西兰和美国将白星花金龟列为外来入侵物种。白星花金龟寄主植物种类繁多。据新疆调查，已明确的寄主有 14 科 26 属 29 种，主要包括玉米、小麦、向日葵、棉花、番茄、草莓、啤酒花、西瓜、甜瓜、葡萄、桃、李、杏、苹果、梨、冬枣、海棠等多种作物，大丽花、大花秋葵、月季、芍药、海棠等花卉以及榆树、长叶柳树等林木。

在我国，白星花金龟成虫严重为害玉米果穗，取食花丝、花粉、籽粒。新疆自 2001 年有为害报道之后，逐渐呈加重的趋势。2002 年河南安阳市局部严重发生，单穗有虫 3～24 头，造成玉米减产 30%～70%。随着玉米种植面积的增大，白星花金龟其他寄主种植面积的减少，田间增施氮肥等，在河北、河南、山东等玉米主产区，均有白星花金龟发生为害严重的报道（彩图 3－43－1）。

二、形态特征

成虫：体长 17～24mm，体宽 9～12mm，长椭圆形，具古铜或青铜色光泽，有的足带绿色。体表散布较多不规则波纹状白色绒斑。头部矩形，复眼突出。触角中等长，深褐色，鳃片部雄长雌短。唇基稍短宽，前缘向上折翘，多数个体具中凹，两侧平有边框，外侧向下倾斜，边缘呈钝角形，背面密布粗糙皱纹。前胸背板略短宽，两侧弧形，基部最宽，后角圆弧形，后缘中凹；盘区刻点较稀少，通常有 2～3 对或排列不规则的白绒斑，白绒斑多为横向波浪形，有的沿边框具白绒带，边后缘较平滑。小盾片为长三角形，末端钝，除基角有少量刻点外甚平滑。鞘翅宽大，近长方形，肩部最宽，后外端缘圆弧形，缝角不突出；背面遍布粗糙皱纹，肩突内外侧的刻点尤为密集，白绒斑多为横向波纹状，中、后部的白绒斑较集中。臀板短宽，密布皱纹和黄绒毛，每侧有 3 个白绒斑，呈三角形排列。中胸腹突扁平，前端圆弧形。后胸腹板中间光滑，两侧密布粗糙皱纹和黄绒毛。腹部光滑，两侧密布粗糙皱纹，一至四节近边缘和三至五节的两侧中央有白绒斑。足较粗壮，膝部有白绒斑；后足基节后缘外端角尖锐；前足胫节外缘 3 齿；各足跗节较短粗，两爪中等弯曲。雌虫较雄虫略小，雌虫体长 17～22mm，重 0.5～1.0g；雄虫体长 19～24mm，重 0.6～1.0g（彩图 3－41－2）。

卵：圆形或椭圆形，长（1.7～2.4）mm×（2.5～2.9）mm，表面光滑，初产为乳白色，有光泽，后变为淡黄色。同一雌虫所产的卵大小不同。

幼虫：老熟幼虫体长 24～39mm；头部褐色；胸足 3 对，短小；胴部乳白色，肛腹片上具 2 纵列 U 形刺毛，每列 19～22 根；身体向腹面弯曲呈 C 形；背面隆起多横皱纹。共 3 个龄期，各龄期依据头壳宽度确定，一龄幼虫头壳宽为 0.9～1.8mm，二龄幼虫头壳宽为 2.2～3.0mm，三龄幼虫头壳宽为4.0～4.8mm（彩图 3－41－3）。

蛹：裸蛹，长 20～23mm，重 1.0～1.6g，卵圆形，先端钝圆，向后渐尖，初为白色，渐变为黄白色。蛹外包以土室，土室长 2.6～3.0cm，椭圆形，中部一侧稍突起（彩图 3－41－4）。

三、生活习性

白星花金龟 1 年发生 1 代，以幼虫在有机质含量高的腐殖质土如作物秸秆垛下的浅层腐殖土中越冬，在食用菌废料中也可越冬。幼虫栖息隐蔽的土壤环境中，行动迅速，背部着地腹部朝上倒行，以植物腐烂的残枝、秸秆、根、腐殖土为食，未见有为害植物的报道。越冬老熟幼虫于 5 月初吐丝做椭圆形茧后化蛹，化蛹场所主要为历年的玉米秸秆垛下的浅层腐殖土内，蛹期平均为 37.7d，田间亦见成虫直接在羽化处越冬。

成虫是白星花金龟为害作物的虫态。在北方，当春季温度到达发育起点温度 15℃以上时成虫出土活动。前期在柳树、榆树、啤酒花等植物嫩梢和树干烂皮凹处吸食汁液，在杨树叶片因蚜虫为害形成的虫瘿上采食蜜露，或在杂草、花卉上采食花蜜。夏季，即 6～8 月转向大田开始一年当中最主要的为害期，主要为害早熟甜玉米、大田玉米、向日葵等的结实器官或鲜嫩果实、花丝、花芽，番茄、西瓜、甜瓜等成熟的裂果果肉以及甜菜嫩叶；待桃、葡萄、李、苹果、梨等果实成熟时，成虫开始大量迁入果园为害果实；9 月下旬以后随着温度下降和寄主收获食物的减少，成虫数量逐渐下降。成虫通过田间为害大量补充营养后，开始交尾产卵，产卵前期4～12d。白星花金龟成虫寿命一般1个月，田间可长达4～5个月，室内饲养最长可活10个月。

室内25～28℃下观察，成虫交尾活动昼夜都有发生，高峰期在清晨和傍晚，即交尾节律与日活动节律相同。交尾时采取背负式，一般雄性成虫活跃，寻找配偶并爬上雌虫背部，待至合适位置后，雄虫不断伸出阳具试探插入雌虫腹部末端，雌虫后足有时向后上方蹬踏以配合雄虫调整到合适的交尾姿态，交尾进行时雄虫腹部明显鼓起呈球状。整个交尾过程持续时间为100～180s。一旦受惊扰，交尾即终止。雄成虫间有争夺配偶的现象。交尾结束后，雌、雄虫一般仍然保持原来背负姿态而静止或缓慢爬行，部分个体可保持背负式姿态达数小时。少数雌虫主动爬行至雄虫腹下，继而完成交尾过程。雌、雄成虫均可多次交尾，而在24h内只交尾1次；性成熟的成虫均可在24h内交尾。交尾后的雌虫于夜间多次产卵，有隔日产卵的现象，产卵期可持续30d左右。成虫不在本田产卵，而是迁往含腐殖质多的土中或肥堆、腐物中产卵，深度为10～25cm，平均单雌产卵68粒。

成虫有较强的飞翔能力。一般能飞5～30m，最多能飞50m以上，稍受惊便立即飞走。一天中主要于10：00～16：00在玉米田里飞翔，多数时间在田间上方盘旋，少数时间在玉米株间穿梭飞行，飞行时身体大约与水平方向成15°角，并且伴有“嗡嗡”的声音，可在多种作物之间转移为害。早、晚或阴雨天温度较低时活动少。

成虫具有趋化性和聚集性。在田间，时有成虫从远处飞来，径直飞向受伤或被玉米螟等害虫新为害的玉米植株，在伤口处或蛀孔边降落取食。喜食新鲜的雄穗、花丝及正在灌浆的雌穗。通常是1头成虫首先从穗轴顶花丝处开始取食为害，逐渐钻进苞叶内，同时其为害造成的伤口释放的化学物质会吸引更多的个体陆续飞来，依次钻入，聚集为害，并用后足将苞叶蹬开，有时取食使苞叶撕裂、失水干枯，常向外张开及至向穗基部弯曲，从穗顶逐渐向基部，可将整个穗上籽粒吃光。常见一个玉米雌穗上聚集有数头虫，多时15～20头成虫为害；在向日葵的一个盘上常有30～50头虫，多时可达上百头；聚集的成虫2～3d可吃掉1串葡萄。取食玉米籽粒时，成虫用口器将玉米籽粒的上皮啃开，将口器的突出部位及下颚须插入其中，取食时成虫会间断地向外喷射白色的浆状排泄物，污染下部叶片，影响光合作用。除交尾（不包括雌虫）及重新寻找食物外，可昼夜取食，无外因干扰，一般在取食完一个雌穗前，常不会转移为害。夜间停留在玉米雌穗上并保持白天的取食姿势，活动强度较白天明显减弱。被害雌穗由于苞叶开裂，籽粒受伤，遇雨水浇淋，易引发病害。整穗的受害比率可占20%～50%，被害玉米减产30%～50%，严重者减产50%以上。研究发现，玉米雌穗、花丝对成虫具有强的引诱力，玉米螟等害虫（包括白星花金龟）新为害的玉米雌穗对成虫的诱集力更强。玫瑰花提取物对白星花金龟也有较强的引诱力。雌成虫释放性信息素引诱雄虫交尾，雄性成虫可能释放聚集信息素诱集同类。

成虫有趋醇香性。有报道称，成虫对糖醋液有明显趋性，特别是在晴天表现更明显；加入白酒的糖醋液诱集量显著增加；再加入腐烂苹果诱集效果更好。用煮熟并经发酵的大豆与西瓜瓤配制的西瓜豆酱的田间诱集效果显著高于白酒糖醋液和30%蔗糖液。此外，成虫对乙醇、异丙醇有强趋向性。在管理粗放的果园，白星花金龟多在果实接近成熟时迁入为害，尤其是受其他害虫为害或染病而开始有腐烂的桃、苹果、葡萄（这些果实由于发酵作用而散发醇香气味）等果实时更易受白星花金龟的为害。白星花金龟对不同寄主植物有选择偏好性，对含糖较高的作物为害重，特别喜食成熟果实和林木伤口的汁液。在田间一般情况下，玉米和向日葵受害最重，其次为番茄、桃、葡萄、李、草莓、棉花，林木最轻。对玉米的为害主要是在灌浆期，为害程度由重到轻依次为甜玉米、糯玉米、普通玉米。

由于白星花金龟幼虫栖息场所与成虫为害异地，因此为害的成虫大都由田外迁入。同时，由于成虫有聚集为害的习性，种群在田间空间分布格局呈现聚集分布，分布的基本单位是个体群。在生产中，通常田边、地头边行等受害程度相对较重。

成虫有假死习性，趋光性不强。

成虫除了取食植物外，还有捕食棉铃虫幼虫和林业害虫落叶松毛虫的蛹的报道，对于棉铃虫幼虫捕食量不大，不捕食棉铃虫卵。有调查显示，成虫对落叶松毛虫蛹野外捕食率可达50%。

卵期6～16d。卵初产时椭圆形，近孵化时圆形，且在发育过程中渐渐膨大约1倍。有时雌虫也会产下未受精卵。未受精卵明显小于正常受精卵，而且不发育。

白星花金龟幼虫营粪腐性生活，不为害植物，并且对于土壤中有机质转化为易被作物吸收利用的小分子有机物具有积极作用。幼虫不用足行走，将体翻转借体背腹节的蠕动向前行进。25℃、相对湿度65%、日照长度16h条件下，各龄期发育历期分别约为11.5d、17.5d和36.0d。

四、发生规律

（一）虫源基数

由于白星花金龟每年发生1代，发生程度与幼虫虫口基数有密切关系。若农家肥、农作物秸秆未得到及时堆沤等管理，不但为白星花金龟成虫提供了适宜的产卵环境，而且为其幼虫提供了充足食料和生存场所。据2002年河南安阳调查，在施用厩肥、人粪尿等农家肥农田的10cm底层内，每平方米有白星花金龟幼虫30～50头，最高可达80头；在长年堆积农作物秸秆、树叶等腐烂有机质较多的地方，靠近土表处，白星花金龟幼虫排出的颗粒状暗褐色土样粪便层厚达10～30cm。

（二）气候条件

温度对白星花金龟发育影响较大。白星花金龟卵的发育起点温度为12.79℃，有效积温为136.25℃；幼虫的发育起点温度为9.15℃，有效积温为3031.31℃；蛹的发育起点温度为14.86℃，有效积温为308.92℃；产卵前期的发育起点温度为13.80℃，有效积温为98.35℃。全世代发育起点温度和有效积温分别是9.96℃和3 628.73℃。在一定环境条件下，随着温度的升高，白星花金龟各虫态发育历期缩短。当温度从21℃上升到36℃时，白星花金龟卵发育历期从16.4d缩短到6.2d，幼虫发育历期从213.7d缩短到111.3d，世代发育历期从287.9d缩短到137.9d。田间气温高时，白星花金龟成虫活动和飞翔能力增强，当早、晚气温低于18℃时，成虫常群聚在果实上或在树梢上采暖，在阴雨天或温度较低时成虫停止活动。多雨及土壤积水不利于幼虫发育存活。

（三）寄主植物

白星花金龟成虫属杂食性，主要为害寄主植物的花和果实及特殊组织器官，如玉米的雌穗，向日葵的盘，葡萄、桃、苹果、瓜类等的果实。由于各种植物开花、结果成熟期不同，适宜白星花金龟取食的时期各异。因此，白星花金龟常在作物生长季节的不同时期于不同寄主间转移为害，农、果混种区常发生重。

不同玉米品种、同一玉米植株的不同组织器官上白星花金龟的为害存在明显差异。高产田、大穗型品种比中低产田、小穗型品种受害重。稀植大穗型玉米如豫玉22、农大108等品种，玉米穗苞叶相对短小，苞叶不紧，雌穗露尖，有的苞叶在其顶部又分化变成完全叶，灌浆盛期甜嫩多汁的籽粒暴露在苞叶外面，为白星花金龟取食籽粒提供了条件，因此，受害较重。试验也表明，同株鲜食甜玉米雌穗对白星花金龟成虫的诱集力约是花丝的2倍、叶片的6倍、雄穗的17倍。

作物栽培方式对白星花金龟的为害有影响。同一田块，边行植株比中间植株受害重。在玉米与向日葵邻作、玉米与蔬菜邻作等种植模式下，由于玉米与这些作物共生期较长，给白星花金龟提供了充足的食物资源，延长了白星花金龟的为害时间，会加重发生为害。

（四）天敌

目前，我国已分离出对白星花金龟幼虫有较强致病力的绿僵菌（*Metarhizium naisopliae*）菌株，其中绿僵菌M-08接种后15d，幼虫死亡率达93.3%～100%。在25℃，相对湿度50%，黑暗条件下利用昆虫病原线虫小卷蛾斯氏线虫（*Steinernema carpocapsae* All）悬浮液2 500 IJs/mL处理白星花金龟二龄幼虫，72h矫正死亡率达100%。可见，该线虫具有很高的防治应用潜力。

五、防治技术

白星花金龟的防治策略应以农业防治为主，防治幼虫与成虫并重，合理利用物理防治与化学防治，积极探索推广生物防治。

（一）农业防治

优化田边环境，及时将田边、地头的生活垃圾、农作物秸秆、树叶、烂柴草等清理并深埋，减少成虫产卵和幼虫生存场所。认真管理好农家肥，将厩肥、人粪尿等农家肥及时入田或与其他有机质集中堆在一起进一步沤制，充分高温发酵腐熟，在这一过程中注意捡拾白星花金龟幼虫和蛹，并留下幼虫较多的10～15cm厚的底层，人工重点捡拾，杀灭幼虫。

利用成虫的假死性和群聚性，在8月中旬至9月上旬成虫为害雌穗盛期，于12：00～16：00，用透明网兜或塑料袋套住正在聚集为害的玉米穗，人工捕杀成虫。

种植诱集植物，集中捕杀。根据成虫喜在甜玉米、向日葵上群集取食的特点，可选择在普通玉米周围种植甜玉米或向日葵保护带，当其群集在甜玉米、向日葵上取食时，人工捕杀成虫。

在白星花金龟发生严重的区域，选种雌穗苞叶紧密的品种。田块边行的玉米要适当密植，促使玉米穗不至于过大，使苞叶能够将玉米穗顶包住，以减轻为害。

（二）物理防治

在6～8月成虫发生盛期，将白酒、红糖、食醋、水、90%敌百虫晶体按1∶3∶6∶9∶1的比例在盆内拌匀，配制成糖醋液，在腐烂有机质较多的场所或玉米田边设置诱捕器诱杀成虫，诱捕器高度应与玉米雌穗高度大致相同。

白星花金龟雌虫可释放性信息素，而雄虫释放聚集信息素。并经试验证明，乙醇和异丙醇对白星花金龟成虫具有很高的诱集活性，可开发研制信息素的诱芯，以此诱杀成虫。

（三）生物防治

探索利用已分离出的对白星花金龟幼虫有致病作用的绿僵菌，研制新型生物制剂用于防治，降低幼虫虫口基数。利用昆虫病原线虫小卷蛾斯氏线虫（*Steinernema carpocapsae* All）悬浮液处理幼虫栖息场所，杀灭幼虫。

（四）化学防治

由于白星花金龟虫体大、鞘翅硬、飞翔能力强，一般化学喷雾防治效果不理想。但可采取幼虫和成虫分别治理的方法，在沤制厩肥、圈肥时，可浇入辛硫磷配成的药水，大量杀死粪肥中的幼虫和卵，降低虫口基数。成虫羽化盛期前用3%辛硫磷颗粒剂或3%氯唑磷颗粒剂，均匀地撒于地表，杀死蛹及幼虫，也可以兼治其他地下害虫。

在玉米灌浆初期，可用0.36%苦参碱水剂1 000倍液、80%敌敌畏乳油1 000倍液、2.5%高效氯氟氰菊酯乳油和4.5%高效氯氰菊酯乳油1 500～2 000倍液，在玉米雌穗顶部滴1滴，防治白星花金龟成虫，还可兼治棉铃虫、玉米螟等其他蛀穗害虫。

何康来　王振营（中国农业科学院植物保护研究所）
石洁（河北省农林科学院植物保护研究所）

第44节　弯刺黑蝽

一、分布与危害

弯刺黑蝽（*Scotinophara horvathi* Distant），属半翅目蝽科，俗称屁斑虫。在我国分布于四川、陕西、湖北、湖南、贵州、云南等省的部分山区，寄主为玉米、旱稻、高粱、旱稗、雀稗、狗尾草、牛筋草、薏苡等禾本科植物。

由于气候变暖、农业生态环境改变、种植业结构调整、种植品种更新及生产方式和生产条件等的改变，导致弯刺黑蝽在我国一些玉米产区发生呈加重趋势，尤其在一定海拔高度地带发生更为严重。玉米苗受害后心叶萎蔫，或扭曲畸形，或因生长点被破坏而长出数条分蘖。玉米从出苗到收获前均可受害，以拔节前的玉米苗受害最重，造成严重缺苗。1981年，四川雅安县山沟坡地玉米枯心严重，均为弯刺黑蝽为害所致，缺苗率高达22%。1997年，四川盆周地区弯刺黑蝽大暴发，部分地块玉米苗受害率达50%～70%，被迫毁种或改种大豆，损失较大。2003年，弯刺黑蝽在四川盆地边缘小凉山马边彝族自治县零星发生，而后发生面积愈来愈大、为害程度愈来愈重，现已经上升为仅次于小地老虎的玉米苗期主要害虫，严重影响玉米生产。2008年，在云南省盐津县半山区（海拔800～1 500m）弯刺黑蝽暴发成灾，严重地块受害率达70%，甚至毁苗重播。在湖北利川地区，2000年前弯刺黑蝽仅零星发生，为害较轻，2003—2008年该虫发生成灾，且为害程度有逐年加重的趋势，发生严重的田块被害率达30%以上，缺苗率在20%以上，个别田块被迫改种。2008年以来弯刺黑蝽遍及湖北西部各玉米产区，已成为当地玉米苗期的主要害虫（彩图3-44-1，彩图3-44-2）。

二、形态特征

成虫：雄虫体长 8～9mm，雌虫 9～10mm。头部黑色，前端呈小缺刻状。前胸背板、小盾片及前翅的爪片、革片暗黄色。后足胫节中部黄褐色，身体其余部分黑色。前胸背板中央有一条淡黄褐色的细纵线。前胸背板前角尖长而略弯，指向前方，其侧角伸出体外，端部略向下弯。小盾片末端远离腹末，两基角各有一小黄斑点。体壁上密布黑点刻，其上着生细毛。由于成虫体表密被短毛，田间采到的成虫常沾满泥土，呈黑褐色。雌虫腹末钝圆，雄虫则有一对向后伸出的突起（彩图 3－44－3）。

卵：杯状，高 1mm，顶部直径约 0.8mm，假卵盖隆起，周线明显，初产时乳灰绿色，渐变暗灰色，孵化前呈暗紫色（彩图 3－44－4）。

若虫：一龄体长 1.8～2.0mm，腹部背面突出如小瓢虫状，上有桃红色斑。头部中叶比侧叶长、端部较侧叶略宽。二龄体长 2.0～2.2mm。头部中叶较侧叶长，但前端与侧叶等宽。三龄体长约 5.5mm，深褐色。头部中叶与侧叶前端几乎等长。翅芽可见。四龄体长约 5.5mm，黄褐或黑褐色。头部中叶较侧叶略狭，略短。翅芽短，超出后胸侧缘。五龄体长 6.5mm。头部中叶较侧叶略短，宽约为侧叶之半。末龄若虫，体长 6.5～7.5mm，体色似四龄若虫。头部中叶比侧叶短、狭。翅芽伸至腹部第三节背面。

三、生活习性

弯刺黑蝽每年发生 1～2 代，以二代成虫和少量若虫越冬，越冬场所为土中、玉米残体茎基部及杂草中。无休眠滞育，气温在 12℃以上能活动取食。室内试验表明，饲养弯刺黑蝽所产第二代卵，除部分孵化为若虫外，其余的卵滞育越冬，但在田间尚未查到越冬卵。第二年春天，越冬代成虫为害早播春玉米。成虫和若虫均具负趋光性，在土下可昼夜取食，雨后积水时才到地面上活动。具假死性，并能释放臭气。前、后翅都发育良好，但未见飞行，靠爬行迁移。在四川雅安地区，越冬成虫在 4 月下旬相继交配产卵，5 月下旬至 6 月上旬为产卵盛期。雌虫体内卵随不断补充营养而陆续发育成熟，每雌虫可产卵 180～220 粒，产卵期长达 5 个月以上。卵块产在表土内的根茬上或土块下面，也有产在土表枯草茎上的。每卵块有卵 6～18 粒，排成两直行。卵历期 5～12d，孵化率很高，一般可全部孵化。初孵若虫群集卵壳附近，很少取食，不受惊扰不分散，二龄以后分散取食，以在玉米植株周围的表土内生活为主，低龄若虫也常爬到地上部分不受阳光照射处活动取食，在叶鞘内侧栖息。若虫一般每 2～4 头为害一株幼苗，成虫多为 1～2 头为害一株幼苗。弯刺黑蝽若虫的龄数不一致，有 4 龄、5 龄和 6 龄 3 种情况，多数为 5 龄。据室内观察，不论是哪一类龄数的若虫，其若虫期所经历的总天数相差不多，同一卵块孵出的若虫，虽然龄数不同，但羽化的时间相差不大。一代弯刺黑蝽成虫在 7 月下旬至 8 月上旬羽化。雌成虫寿命 8～10 个月，多为 8 个月，雄成虫寿命 7～9 个月，多为 7 个月，雌雄性比为 1∶1.03。1 年 1 代的雌虫在越冬前不产卵。由于成虫寿命很长，产卵期也很长，因此玉米生长期间，田间成虫、若虫混合发生。成虫、若虫活动范围不大，田间虫口分布很不均匀。

玉米苗 2～5 叶期被害后，心叶萎蔫，叶片变黄，植株枯死；4～10 叶期被害，叶片出现排孔，生长点受刺激，新叶卷曲、色浓、皱缩、纵裂，植株矮化、扭曲、分蘖丛生，呈畸形而无收。室内用出土小幼苗到各叶龄期的玉米茎、心叶、嫩雌穗、嫩雄穗及未干的玉米茎秆、根作饲料饲养弯刺黑蝽，成、若虫均能正常生活。田间高大的玉米植株受弯刺黑蝽的为害较轻。虽然在室内越冬的成、若虫能在带根的麦苗上不断取食，在田间麦苗对弯刺黑蝽引诱性不强。

四、发生规律

（一）地理因素

1. 海拔高度 弯刺黑蝽常在一定海拔高度地带发生为害。如在四川盆周地区，天全县以海拔 800～1 000m、雅安县和芦山县以海拔 900～1 100m、宝兴县以海拔 1 000～1 200m 的地带发生为害重。海拔高度还与弯刺黑蝽的发生代数有关，在湖北利中盆地海拔 1 200m 以上的高山地区 1 年发生 1 代，而在低山地区 1 年发生 2 代。

2. 地形地貌 弯刺黑蝽仅分布于深丘和山区的山沟坡地。以较阴湿处发生为害较重。

3. 土质 弯刺黑蝽在田间分布有明显的区域性，多分布在潮湿红、黄壤土中，黏重的土壤也有利于其发生，保水力不强的紫色土和沙地则无分布。

（二）耕作制度及农田环境

化学除草及免耕栽培面积的扩大，田间不深耕或深耕细作面积减少，卵孵化成活率高，虫源基数加大；玉米种植密度加大，施氮水平偏高，玉米生长嫩绿，食源充足对弯刺黑蝽生长繁殖十分有利。

弯刺黑蝽在前作为马铃薯、小麦和豌豆的玉米田内虫口密度小，而冬闲田内禾本杂草多，虫口密度大。连作禾本科作物重于轮作。弯刺黑蝽在田埂边、树林边、岩壳田发生为害重，平坝地、田块中间发生较轻。

（三）气候条件

冬春温暖及少雨年份发生较重。

五、防治技术

（一）农业防治

1. 合理轮作 在玉米弯刺黑蝽重发区域推广水旱轮作或玉米与大豆、甘薯、烟草等非禾本科作物的轮作制度。

2. 清洁田园 破坏弯刺黑蝽的越冬场所，压低虫口基数。在玉米收获后，一是要连根拔除玉米秸秆，带出田外集中处理；二是要及时翻耕，有条件的灌水一次，恶化害虫越冬环境。

（二）人工捕杀

当田间零星出现为害状时，结合玉米第一次中耕，用竹片轻轻刨开被害玉米苗根部表土，查找弯刺黑蝽的成、若虫，人工杀死。

（三）药剂防治

使用 60%吡虫啉悬浮种衣剂或 35%丁硫克百威干粉剂拌种，或在播种时用 3%辛硫磷颗粒剂施入玉米穴中。当田间出现被害株时，用 40%毒死蜱乳油或 10%氯氰菊酯乳油按使用说明书稀释后灌根。

防治玉米弯刺黑蝽应在玉米 5 叶期之前进行，因为早期为害症状轻，只见排孔，而无皱缩畸形植株，被害株还可继续生长结实。在 5～6 叶期防治虽然能控制虫害，但仍有纵裂、丛生、畸形植株，这些被害严重的植株不能结实需要拔除。在历年重发区，不要错过最佳防治时期，否则会造成严重减产，甚至毁种或改种。

李晓（四川省农业科学院植物保护研究所）

第 45 节　玉米三点斑叶蝉

一、分布与危害

玉米三点斑叶蝉（*Zygina salina* Mit）属半翅目叶蝉科斑叶蝉属。该虫 1982 年开始在新疆北部发生为害，而后蔓延到新疆全区，已成为新疆玉米生产上的重要害虫。玉米三点斑叶蝉除为害玉米外，还为害小麦、水稻、高粱、糜子，农田内外的早熟禾、偃麦草、狗尾草、赖草、拂子毛、无芒雀麦等多种禾本科杂草也为该虫的寄主。玉米三点斑叶蝉不仅直接吸取植物汁液，还分泌大量毒素，导致叶斑或整叶枯黄，轻者影响光合作用，阻碍玉米生长发育，重者影响玉米抽穗，严重影响玉米的产量和质量。

1986—1992 年，玉米三点斑叶蝉先后在新疆北部的乌鲁木齐、昌吉、石河子、奎屯等地大面积发生，部分地区玉米被害率达 100%。如在昌吉地区田间玉米被害率高达 80%～100%，产量损失率 5.1%～21.6%，年均受害面积达 3 万 hm^2，造成玉米产量损失 500 多万 kg。在新疆博尔塔拉蒙古自治州，2004 年以前玉米三点斑叶蝉仅在博乐市冬麦田和部分玉米田为害，2007 年已扩散至全州玉米田为害，尤以博乐市玉米田发生严重，一般减产在 5%～30%，严重的高达 50%，且与玉米螟、玉米叶螨混合发生，成为该市玉米生产上的主要害虫（彩图 3-45-1）。

二、形态特征

成虫：体长 2.6～2.9mm，灰白色，头冠向前成钝圆锥形突出，头顶前缘区有淡褐色斑纹，呈倒“八”字形，前胸背板革质透明，在成虫中胸盾片上有 3 个大小相等的椭圆形黑斑，小盾片末端亦有一相同形状的黑斑，前后翅白色透明，腹部背面具黑色横带（彩图 3-45-2）。

卵：长0.6～0.8mm，白色较弯曲，表面光滑。

若虫：共5龄。一龄体长约1.0mm，淡白色，复眼黑色；二龄体长约1.4mm，淡白色，初现翅芽，胸部背面有两条淡褐色纵线，腹部有一黑色纵线，系消化道食物；三龄体长约1.9mm，灰白色，翅芽伸达第一节末；四龄体长约2.2mm，灰白色，翅芽伸达腹部第三节末；五龄体长2.5～2.8mm，灰白色，体较扁平，翅芽伸达腹部第五节。

三、生活习性

玉米三点斑叶蝉在新疆1年发生3代，第二、三代在玉米田的发生数量大、为害重，尤以第三代发生量最大。以成虫在冬麦田、玉米田的枯枝落叶下及田埂上禾本科杂草根际处越冬，翌年4月中旬越冬成虫首先在冬麦苗、禾本科杂草上繁殖为害。

在玉米3～5叶期，玉米三点斑叶蝉即开始从麦田、禾本科杂草上迁至玉米田为害、繁殖。于5月中下旬开始产卵，一代成虫为害高峰期在6月中旬至7月上旬，且田间世代重叠。成虫活泼、善飞，群集性强，扩散能力强，喜高温，有趋光性；若虫活动范围不大，受到惊扰时便迅速横向爬行隐匿。在刚迁入玉米田时先在边行下部叶片为害，逐渐向田内、向上部叶片发展蔓延，到灌浆期达到为害高峰并持续为害到收获前，几乎整个生长期均可发生为害。10月上、中旬以后，随着玉米的成熟，玉米三点斑叶蝉成虫转移到田边、渠埂禾本科杂草上、冬麦苗上继续取食并越冬。

玉米三点斑叶蝉成虫的雌雄性比为1.7：1，成虫羽化后需补充营养，然后交尾产卵，产卵前期7～15d，多于上午9：00～12：00交尾，交尾时间10～35min，交尾后次日即开始产卵，卵多产于玉米叶片背面中脉及叶鞘组织内，少数产于较粗的副脉内，单产或数粒连成一行。苗期、拔节期卵多产在第一、二、三片叶上，而以第二片叶着卵最多，喇叭口期卵多产于第四、五、六片叶上。玉米三点斑叶蝉成虫寿命长，产卵期也长，导致田间世代重叠。卵期5～10d，于一天中温度最低、湿度最大的夜晚孵化。初孵若虫白色，集中于叶背中脉附近，随着龄期增加，逐渐分散于整个叶片背面取食为害。若虫不大活动，受到惊扰时便迅速横走爬行。在平均温度25.48℃相对湿度56.7%的条件下，若虫期平均为17.5d。

该虫主要以成虫、若虫聚集叶背刺吸汁液，破坏叶绿素，初期沿叶脉吸食汁液，叶片出现零星小白点，以后随着受害不断加重，斑点密集使整个叶片褪绿，阻碍光合作用，影响玉米正常生长发育。6月下旬以后，因虫口密度大增，受害重的叶片上形成紫红色条斑。8月下旬以后受害较重的田块被害叶片严重失绿，甚至干枯死亡。

四、发生规律

（一）耕作制度

农业耕作措施等与玉米三点斑叶蝉发生关系密切。玉米三点斑叶蝉初发生于麦田和禾本科杂草上，完成1代后迁入玉米田。禾本科杂草是玉米三点斑叶蝉的虫源地，玉米田周围多禾本科植物时发生重。玉米田管理精细，水肥条件较好，玉米长势好，田间杂草少，尤其是禾本科杂草少，则发生轻。玉米如与小麦邻作，玉米田叶蝉发生早且重。邻作为高秆的双子叶植物如向日葵，对玉米三点斑叶蝉可起到阻隔作用。前茬作物对玉米三点斑叶蝉的发生也有一定影响，前茬分别为甜菜、棉花和玉米的玉米田，每株虫量分别为174.4头、144.0头和224.2头，重茬田玉米三点斑叶蝉的发生数量明显高于其他茬口的玉米田。

（二）气候条件

玉米三点斑叶蝉喜温热，适宜暴发为害的温度为21～27℃，湿度为60%左右。玉米三点斑叶蝉迁入玉米田后，如果环境条件适合，则立即繁殖蔓延，种群数量迅速提高。

（三）寄主植物

玉米不同品种对玉米三点斑叶蝉的抗性有一定差异。如昌吉市大田种植的玉米品种Sc704较为感虫，而特早2号、承单3号和93-114表现出良好的抗性。玉米种植密度也与玉米三点斑叶蝉发生有密切的关系。据调查，同一品种当种植密度分别为60 000株/hm^2、75 000株/hm^2和87 000株/hm^2时，百株玉米三点斑叶蝉数量分别为19 610头、8 920头和5 941头。说明玉米种植密度越大，叶蝉种群数量越小，玉米受害越轻。这是因为种植密度高的玉米田间湿度大、光线弱。因此，玉米应合理密植，创造不适宜玉米三点斑叶蝉发生的生态环境，可达到控制为害的目的。

(四) 天敌昆虫

玉米三点斑叶蝉的天敌主要有瓢虫类、草蛉类、蜘蛛类、猎蝽等捕食性天敌。瓢虫主要以七星瓢虫(*Coccinella septempunctata* L.)、多异瓢虫[*Hippodamia variegata*(Goeze)]和菱斑巧瓢虫(*Oenopia conglobata* L.)为主，这 3 种瓢虫对玉米三点斑叶蝉若虫有很强的捕食作用，成虫的日捕食量分别为 23.4742 头、23.6967 头和 24.3309 头。草蛉主要为普通草蛉[*Chrysoperla carnea*(Stephens)]和日本通草蛉[*Chrysoperla nipponensis*(Okamoto)]，成虫于 5 月底进入玉米田中，6 月上旬达高峰，7 月中旬至 8 月可达第二个高峰。猎蝽以华姬蝽(*Nabis sinoferus* Hsiao)为优势种，于 7 月下旬发生，至 8 月中旬达高峰期。玉米三点斑叶蝉的蜘蛛类天敌种类繁多，如花蟹蛛(*Gnaphosa* spp.)、平腹蛛(*Xysticus* spp.)等 20 多种。除以上 4 类主要天敌外，玉米田还有多种步甲、隐翅虫和寄生性天敌等 40 种以上。此外，在玉米三点斑叶蝉大发生的田块有大量的缨翅缨小蜂(*Anagrus* spp.)分布，其数量与玉米三点斑叶蝉的发生量成正相关。这些天敌对玉米三点斑叶蝉均有一定的控制作用，应加以保护和利用。

五、防治技术

(一) 农业防治

清洁田园，降低越冬虫口基数。为减轻玉米三点斑叶蝉发生程度，秋收后应清洁田园，实施秋翻冬灌，并铲除渠边田埂上的寄主杂草，集中烧毁，破坏越冬场所，减少越冬虫量。玉米生长期，要注意铲除田边地头、渠边杂草，尤其是禾本科杂草，加强水肥田间管理，及时中耕，促进玉米发育。玉米应尽量集中连片种植，减少地畔，合理密植，可有效降低该虫发生数量。地边种植高秆作物可阻隔叶蝉转移和迁入。玉米三点斑叶蝉发生比较重的地方，必须轮作倒茬，控制玉米三点斑叶蝉发生与为害。选用抗虫品种也可降低玉米三点斑叶蝉为害程度。

(二) 化学防治

玉米三点斑叶蝉在田间蔓延较快，为害初期在田边杂草及边行为害时，用内吸性药剂控制虫口密度，可选用 10%吡虫啉可湿性粉剂2 500倍液、20%啶虫脒可溶粉剂 3 000 倍液、25%噻虫嗪可湿性粉剂 2 500～3 000 倍液喷雾防治。在玉米螟、玉米叶螨、玉米叶蝉混合发生地区，采用上述药剂还有兼治玉米螟以及早期迁入玉米田的玉米叶螨的作用。

在玉米苗期，由于发生数量少，为害症状轻，常常忽略了前期的调查与防治，使玉米三点斑叶蝉迁入田内后大量产卵繁殖，到 7～8 月田间虫口密度大增玉米受害严重时，防治难度增大，常常失控，最终导致暴发成灾。推广使用玉米种衣剂，可对早期迁入的玉米三点斑叶蝉有一定的控制作用。

王振营　白树雄（中国农业科学院植物保护研究所）

第 46 节　条赤须盲蝽

一、分布与危害

条赤须盲蝽[*Trigonotylus coelestialium*(Kirkaldy)]属半翅目赤须盲蝽属，也称赤角盲蝽、稻叶赤须盲蝽。我国曾误称为赤须盲蝽[*Trigonotylus ruficornis*(Geoffroy)]，实际上此种在我国及亚洲东部均无分布。条赤须盲蝽在我国大部分地区均有分布，包括黑龙江、吉林、辽宁、内蒙古、甘肃、宁夏、新疆、北京、河北、山西、山东、河南、陕西、江苏、湖北、江西、四川和云南北部。国外分布于朝鲜、日本、前苏联、德国、罗马尼亚、加拿大以及美国。赤须盲蝽在我国最初报道的主要寄主为禾本科牧草和禾本科饲料作物，后又发现在玉米、棉花、小麦、谷子、高粱、燕麦、黑麦、甜菜等农作物和多种禾本科杂草上发生为害。

条赤须盲蝽严重为害的报道始见于 1997 年在北京为害小麦，1998 年在北京又大面积为害玉米，且发生严重；随后，在河北、辽宁又有严重为害小麦、玉米的报道。2010 年，条赤须盲蝽在内蒙古鄂尔多斯市发生严重，玉米心叶末期被害株率达 100%，虫口密度在 5～30 头/株，严重影响了玉米生长（彩图 3-46-1）。

二、形态特征

成虫：体细长，5～6mm，宽 1～2mm，全体鲜绿色。头长而尖，略呈三角形，顶端向前伸出，头顶中央有一纵沟，前伸不达顶端。复眼银灰色，半球形，紧接前胸背板前缘。触角 4 节，等于或略短于体长，红色或橘红色，第一节短而粗，有明显的红色纵纹 3 条，有黄色细毛，第二、三节细长，第四节最短。喙 4 节，第四节端部黑色，喙向后伸达后足基节处。前胸背板梯形，有 4 个暗色纵条纹，前缘有不完整的领片。小盾片三角形，黄绿色，基部不被前胸背板后缘覆盖。前翅革片为绿色，稍长于腹部末端，膜质部透明，后翅白色透明。体腹面淡绿色或黄绿色，腹部腹面有疏生浅色细毛。足淡绿或黄绿色，胫节末端及跗节暗色，被黄色稀疏细毛，跗节 3 节，覆瓦状排列，第一跗节长于第二、三跗节之和，爪中垫片状，黑色（彩图 3－46－2）。

卵：口袋状，长 1mm 左右，宽 0.4mm，卵盖上有不规则突起。初产时白色透明，临孵化时黄褐色。

若虫：5 龄，一龄若虫体长约 1.0mm，绿色，足黄绿色；二龄若虫体长约 1.7mm，绿色，足黄褐色；三龄若虫体长约 1.7mm，触角长 2.5mm，体黄绿色或绿色，翅芽 0.4mm，不达腹部第一节；四龄若虫体长约 3.5mm，足胫节末端及跗节和喙末端均黑色，翅芽 1.2mm，不超过腹部第二节；五龄若虫体长 4.0～5.0mm，体黄绿色，触角红色，略短于体，翅芽超过腹部第三节，足胫节末端及跗节和喙末端均黑色。

三、生活习性

条赤须盲蝽在华北地区 1 年发生 3 代。以卵在草坪草的茎、叶上或田间地头杂草上越冬。4 月下旬越冬卵开始孵化，一代若虫孵化盛期为 5 月上旬，若虫主要为害越冬作物如小麦及部分禾本科杂草。一代成虫羽化高峰为 5 月下旬，羽化后即大量迁移至小麦、甜菜、油菜、棉花及春玉米田。二代若虫 6 月中旬盛发，成虫羽化高峰在 6 月下旬，羽化后迁入夏玉米田为害。三代成虫在 7 月下旬进入羽化高峰及发生盛期，此时主要为害玉米。8 月下旬至 9 月上旬，随着田间食物条件的恶化，第三代成虫在田间禾本科杂草的叶、茎组织内产卵越冬。由于成虫产卵期长，故田间有世代重叠现象。

初羽化的条赤须盲蝽成虫体柔软，色浅，羽化后约 30min 开始活动取食。成虫一般在 9：00～17：00 活动取食，夜间或阴雨天多潜伏在植株中下部叶片上，白天喜在较阴湿处或中、下部的叶子背面取食。成虫羽化后经 7～10d 开始交尾，交尾后的雌虫多在夜间产卵，产卵部位多为叶鞘上端。卵成排分布，有时 1 排，有时 2 排。每头雌虫每次产卵 5～10 粒，最少 2 粒，最多 20 粒。在 20～25℃、相对湿度 40％～50％条件下，条赤须盲蝽卵发育历期为 5～7d。初孵化的若虫身体瘦小，在卵壳附近停留片刻后便开始活动并取食。各龄若虫发育所需天数为：一龄 3d，二龄 2d，三龄 1～2d，四龄 2d，五龄 4d。当气温和相对湿度增高时，发育所需时间相应缩短。若虫活跃，常聚集在叶背面为害。

条赤须盲蝽喜食粗纤维多的植物，尤其是禾本科植物，如玉米、小麦、高粱、谷子等禾本科作物及禾本科杂草和牧草。粗纤维较少而叶片较柔软的植物受害轻。

成虫和若虫均能刺吸寄主汁液。玉米心叶期主要在叶片背面刺吸，进入穗期后还为害玉米雄穗和花丝，被害叶片初呈淡黄色小点，稍后呈白色雪花斑布满叶片。为害严重时整个田块植株叶片上就像落了一层雪花。之后叶片出现失水状，且从顶端逐渐向内纵卷。心叶受害生长受阻，展开的叶片出现孔洞或破裂，全株生长缓慢、矮小，甚或枯死。

四、发生规律

在田间，越冬卵于早春平均气温达 12℃时开始孵化，随着温度升高，在一定的湿度条件下（相对湿度 40％～50％）卵的发育历期缩短。条赤须盲蝽在玉米田的发生为害情况与 5～6 月田间气候有很大关系，如果 5～6 月低温、多雨，有利于条赤须盲蝽的生长、发育和繁殖，则下一代就有在玉米田大发生的可能性。温度影响条赤须盲蝽成虫发生时期，初冬气候偏暖的情况下，会延长条赤须盲蝽的发生时期，如 2007 年河北省高碑店市初冬气温偏暖，在 11 月田间仍有条赤须盲蝽为害小麦。

作物栽培方式对条赤须盲蝽的发生有一定的影响，在玉米与棉花邻作、玉米与小麦套作等种植模式下，由于玉米与这些作物的共生期较长，加上近年来黄淮海玉米区免耕技术的推广，给条赤须盲蝽提供了充足的食物资源，延长了该虫的为害时间，加重了在玉米上的为害。

目前已知的条赤须盲蝽的捕食性天敌有蜘蛛、瓢虫、螳螂等，对于其寄生性天敌目前的研究较少。

在玉米上前期防治玉米螟等食叶性害虫所用农药一般具有广谱性、内吸性，对于条赤须盲蝽有很好的兼治作用，生产上一般发生年份基本无需进行专门防治。近年来，对于条赤须盲蝽在玉米上大面积严重发生的报道也均为突发性，其原因还需进一步考证。

五、防治技术

条赤须盲蝽的防治策略为加强虫情调查、开展统筹防治、铲除早春虫源。①铲除早春虫源：越冬期为条赤须盲蝽年生活史中最薄弱的环节，且条赤须盲蝽早春寄主为田间杂草，容易铲除，因此，应当通过捣毁越冬场所，清除杂草等方法来控制条赤须盲蝽的早春虫源，以达到降低发生程度的作用。②加强虫情调查开展统筹防治：近年来报道的条赤须盲蝽在玉米田大面积严重发生的情况均为突发，因此应加强前期的虫情调查，尤其对玉米田周边的棉田、牧草田、草坪及田边杂草上条赤须盲蝽的发生情况调查，及早做出防治判断。条赤须盲蝽成虫具有直接为害性且田间活动性强，可以在寄主田、田间杂草和植株间转移为害，因此，应加强周围地块的防治及田间杂草的清除。

（一）农业防治

早春 4 月条赤须盲蝽越冬卵孵化之前，可通过毁减越冬场所来压低虫源基数。田边地头的杂草不仅是越冬卵的主要场所，也是条赤须盲蝽自越冬卵孵化到入侵田间之前的主要早春寄主，应及时清除并注意田园清洁和管理。

条赤须盲蝽成虫喜田间郁闭的环境，因此在发生严重的地区，应适当调整田间播种密度。根据成虫喜在禾本科牧草上为害的习性，在玉米田四周种植牧草诱集带，可以隔断其迁入玉米田，再结合诱集带上的定期化学防治，能有效降低玉米田条赤须盲蝽的发生为害。

（二）生物防治

加强田间条赤须盲蝽寄生性和捕食性天敌种类的调查，选择对天敌较安全的农药，并合理减少施用量和次数，保护利用天敌昆虫来控制条赤须盲蝽种群。

（三）化学防治

对于玉米田条赤须盲蝽的化学防治，应在虫情调查的基础上，于害虫发生初期喷施农药，同时注意玉米田杂草上虫情的调查及施药。防治效果较好的药剂有：16％氯・灭乳油 2 000～3 000 倍液、4.5％高效氯氰菊酯乳油 1 000 倍液加 10％吡虫啉可湿性粉剂 1 000 倍液、3％啶虫脒乳油 1 500 倍液。

何康来　王振营（中国农业科学院植物保护研究所）
石洁（河北省农林科学院植物保护研究所）

第 47 节　玉米病虫害综合防治技术

玉米是我国主要的粮食作物，更是重要的饲料作物，在发展我国的畜牧和水产养殖业中是具有战略性意义的作物，在医药、化工方面也有广泛用途。20 世纪 80 年代以前，玉米的播种面积和总产一直位居水稻和小麦之后，列第三大粮食作物；1991 年，玉米的总产首次超过小麦，成为第二大粮食作物，到 2002 年播种面积和总产均超过小麦，成为名副其实的第二大粮食作物；2008 年玉米的播种面积为2 986.37万 hm^2，超过水稻 2 924.11 万 hm^2 的播种面积，跃居粮食作物播种面积的第一位；2012 年玉米播种面积 3 502.98 万 hm^2，总产 2.08 亿 t，超过稻谷产量 383 万 t，成为我国第一大粮食作物。目前我国记载的玉米病虫害有 265 种，其中病害 47 种，虫害 218 种，能够造成一定危害的病虫有 50 多种。进入 21 世纪，尤其是 2003 年以来，随着种植结构的调整、耕作栽培制度的变革、玉米品种的更换和种植面积的迅速增加，玉米病虫害的发生一直呈加重趋势，一些原来的次要病虫害，在全国范围或局部地区为害不断加重，甚至上升为主要病虫害，一些新发生的病虫害已对玉米安全生产构成了威胁。2011 年全国玉米病虫害发生 7 165.7 万 hm^2 次，其中，病害 1 959.6 万 hm^2 次，虫害 5 206.1 万 hm^2 次；2012 年全国玉米病虫害发生面积上升为 8 101.79 万 hm^2 次，比 2011 年增加 13.1％；其中病害 2 135.8 万 hm^2 次，虫害5 905.99万 hm^2 次。生产上常年发生比较重的病害主要有玉米大斑病、玉米小斑病、玉米丝黑穗病、玉米纹枯病、玉米茎腐病、玉米褐斑病、玉米弯孢叶斑病、玉米锈病（南方锈病和普通锈病）、玉米瘤黑粉病。玉米茎腐病、玉米穗腐病、玉米鞘腐病发生呈上升趋势。此外，局部发生较重的有玉米灰斑病、玉米粗缩病、玉米矮化病。害虫方面，年发生面积超过或接近 100 万 hm^2 的有亚洲玉米螟、黏虫、蚜虫、蓟马、叶螨、双斑长跗萤叶甲、二点委夜蛾、棉铃虫、地下害虫和土蝗等 10 种（类）。

由于玉米病虫害的发生直接影响玉米安全生产，我国农业科技工作者一直为有效控制玉米病虫害进行不懈的努力，不仅对玉米病虫害发生规律开展了系统深入的研究，而且在综合防控技术体系理论与实践方面作出了重大贡献，从 20 世纪 80 年代针对单个病虫害的防治，上升到了目前以生态区为单元，基于绿色防控的玉米病虫害综合防治体系，有效地控制了玉米病虫害，挽回了巨大的产量损失，保证了玉米的安全生产和国家粮食安全。

一、玉米主要病虫害综合防治技术研究与应用历史沿革

（一）“六五”和“七五”期间

由于玉米病虫害的重要性，从“六五”开始，“玉米病虫害综合防治研究”被列入国家重点科技攻关项目（1983—1985），全国植保科研单位和农业院校从事玉米病虫害研究的科技工作者参加了攻关研究。“六五”攻关在研究设计上改变了以往以单一病害或虫害的防治技术研究策略，重视了农田生态系统对玉米病虫害的调控作用，研究玉米整个生育期间病虫害的综合治理，重视各种生态控制技术的开发及其与化学防治技术的协调使用，提高综合防治效果。“六五”攻关期间以玉米大斑病、玉米小斑病、玉米丝黑穗病和亚洲玉米螟为主要研究对象，重点开展病虫害的动态监测和预报技术研究、选育和利用抗病虫新品种、研究开发新型农药和玉米螟的生物防治技术，在不同玉米生态区组建玉米病虫害综合防治示范区。

“七五”（1986—1990）期间，“玉米主要病虫害防控技术研究”继续被列入国家重点科技攻关项目，项目由吉林省农业科学院主持，中国农业科学院植物保护研究所、沈阳农业大学、河北省农林科学院植物保护研究所等单位参加。主要研究对象仍为玉米大斑病、玉米小斑病、玉米丝黑穗病和亚洲玉米螟。将主要研究内容分解为组建综合防治技术体系、病虫害关键防治技术、病虫害的应用基础研究，其中包括玉米螟越冬代成虫扩散及迁飞规律、玉米螟为害损失与经济阈值、玉米螟种群消长因素及发生量预测、玉米大斑病、小斑病病菌生理分化监测技术和茎腐病病原学与发生规律等方面研究，共设 4 个子专题。在东北春玉米和华北夏玉米主产区按两大玉米生态区设立综合防治示范区，分别建立了以玉米大斑病和玉米丝黑穗为主的春玉米区、玉米螟为主的春玉米区、以玉米小斑病为主的夏玉米区和以玉米螟为主的夏玉米区等研究示范区，组建成 3 个不同生态区的综合防治技术体系：①在以第一代玉米螟、玉米大斑病和玉米丝黑穗病为主要防治对象的东北春玉米主产区，以种植多抗玉米品种为基础，协调运用生物防治、化学防治及越冬防治；②在以第一、二代玉米螟及玉米大斑病和玉米丝黑穗病为主要防治对象的东北南部春玉米主产区，以种植多抗玉米品种为主，结合采用生物防治或化学防治；③在以第二、三代玉米螟和玉米小斑病为主要防治对象的夏玉米主产区在改革耕作栽培制度的基础上，种植抗病虫品种，结合高效化学防治措施，重点防治玉米螟。

（二）“八五”期间

“八五”（1991—1995）的“玉米主要病虫害及综合防治技术研究”国家科技攻关项目由中国农业科学院植物保护研究所和沈阳农业大学主持，吉林省农业科学院植物保护研究所、河北省农林科学院植物保护研究所、四川省农业科学院植物保护研究所和中国农业科学院品种资源研究所参加。

20 世纪 80 年代末，随着玉米品种的更换，玉米病虫害的发生随之发生变化，玉米大斑病菌 2 号小种出现并上升为优势小种，使原来的抗大斑病 1 号小种的玉米杂交种丧失抗性；同时，玉米小斑病小种发生变异出现新小种，玉米茎腐病（青枯病）和穗粒腐病大面积发生，东北地区的苗期病虫害发生严重，西南丘陵玉米产区种植面积扩大，病虫害为害加剧。因此，在“八五”玉米主要病虫害综合防治技术攻关研究中，以玉米螟、玉米大斑病（2 号小种）、玉米小斑病（新小种）和玉米穗腐病、玉米茎腐病为主攻对象，分别在松辽平原和辽河三角洲春玉米区、黄淮海平原和西南丘陵夏玉米区 4 个不同生态区组建综合防治示范区。

在“七五”的基础上，丰富了综合防治技术体系的理论基础，提出了“以抗性品种为基础，根据各生态区的实际情况，经济、合理地利用生物防治、物理防治、化学防治及农业防治等手段控制玉米主要病虫害”的综合防治技术模式。组建的 4 个不同玉米生态区的综合防治体系分别为：①松辽平原综合防治示范区。该区以灾变动态为依据，以抗病品种为基础，生物、物理措施防螟和保健栽培防病的综合配套措施为主导的综合防治技术体系。②辽河三角洲春玉米综合防治示范区。将综合防治示范区由山区推向平原，分别组建了两个具有不同特色、符合本区域防治水平的示范区，即以种植多抗品种防治玉米病害，以人工释

放赤眼蜂防治玉米螟的自然控制为主的具有明显生防特色的综合防治技术示范区和以推广抗病虫杂交种为主控制病害，以多种人工防治措施防治玉米螟如大面积飞机喷洒 Bt 乳剂，局部地区施用高效颗粒剂等多种并存的具有综合防治特色的示范区。构成本区“以抗性品种为基础控病增产，以人工防治（化防、生防）玉米螟减轻为害”的综合防治技术模式。③黄淮海平原夏玉米综合防治示范区。以更新抗性品种为突破，以多抗品种为主，结合秸秆腐熟还田技术等农业措施，控制玉米小斑病和玉米螟。④西南丘陵夏玉米综防示范区。为“八五”期间新建综合防治示范区，该区以选用抗病虫高产品种为主体，栽培技术为基础，辅以合理使用农药，协调保护利用天敌，建立以生态控制为主，结合人工治理的综合防治技术体系。

（三）“九五”期间

“九五”（1996—2000）期间，“玉米主要病虫害综合防治技术研究”攻关课题由中国农业科学院植物保护研究所主持，沈阳农业大学、河北省农林科学院植物保护研究所、四川省农业科学院植物保护研究所和中国农业科学院品种资源研究所等 4 个单位参加。在东北春玉米区、黄淮海夏玉米区和西南丘陵玉米区设立玉米主要病虫害综合防治技术示范区，以玉米螟、玉米穗腐病、玉米茎腐病为主攻对象，兼顾玉米大斑病、玉米小斑病和玉米粗缩病。各生态区在“八五”综合防治技术的基础上进行了改进和提高；明确了一化性玉米螟是构成高质量越冬种群的主要因素，根据滞育后发育历期、临界光周期以及 R APD 分析可以区分一化性和二化性玉米螟两种类型，为一代玉米螟大发生中期预报提供了可靠依据。明确了玉米穗腐病和茎腐病病原菌可交互侵染，在发生规律上既有共性又有个性，玉米植株体内的糖分与品种抗性密切相关，螟害能明显加重玉米穗腐病的发生，保健栽培措施对玉米茎腐病的抗病增产效果明显。初步明确了玉米粗缩病毒病初侵染源、传毒灰飞虱、气候条件、播期及田间杂草与病害流行的关系。同时，围绕新上升为主要病害的玉米弯孢叶斑病、灰斑病、纹枯病的病原生物学、发生规律和抗性品种筛选开展研究，为进一步研发持续控制技术奠定了基础。

（四）“十五”期间

“十五”（2001—2005）期间，“玉米重大病虫害可持续控制技术研究”科技攻关计划课题由中国农业科学院植物保护研究所主持，沈阳农业大学、吉林省农业科学院植物保护研究所、河北省农林科学院植物保护研究所、四川省农业科学院植物保护研究所、中国农业科学院品种资源研究所、北京市农林科学院植物保护环境保护研究所和广东省农业科学院植物保护研究所等 7 个单位参加。

“十五”首次将鲜食玉米（甜玉米和糯玉米）病虫害综合防治技术研究列入研究内容，并强调了综合防治技术的可持续控制玉米病虫害。建立了东北春玉米区、黄淮海夏玉米区、西南丘陵玉米区和鲜食玉米病虫害可持续控制技术示范区。

在东北示范区，提出并在生产上应用了以利用抗病虫品种为基础，应用种衣剂为前提，以赤眼蜂防治玉米螟为核心，辅以保健栽培措施的东北春玉米区重大玉米病虫害可持续控制技术。因地制宜地构建并实施了以玉米弯孢叶斑病、茎腐病、丝黑穗病和玉米螟多病虫复合群体为对象，在示范区内选用并推广连玉 12、连玉 14、连玉 15、改良沈试 29 等一批兼抗病虫性较好的玉米杂交种等品种为基础，通过平衡施肥和增施钾肥，明显增强玉米的抗病能力，配合使用 2.5%咯菌腈悬浮种衣剂，控制玉米茎腐病的危害。以种衣剂拌种防治玉米苗期病虫害和后期显症的土传性病害为前提，以赤眼蜂防治玉米螟为中心的“防一代控二代”、“一、二代连防”二种玉米病虫害可持续控制技术配套体系。利用这些玉米杂交种和赤眼蜂防治玉米螟技术体系相互结合，有机配套，根据不同地区玉米螟的不同发生量，因地制宜地组成不同的防治体系加以应用。

在黄淮海生态区，在明确了不同耕作措施、不同栽培措施下玉米主要病虫害发生规律及对天敌种群数量影响的基础上，在示范区大面积种植多抗玉米品种郑单 958，应用玉米杂交种专用微肥型种衣剂，分别防治苗期病害和玉米矮花叶病。结合人工释放赤眼蜂控制玉米螟和穗期棉铃虫，对玉米螟防效在 84%以上，打破了当地多年在玉米心叶期施用呋喃丹颗粒剂的传统防治方法。同时强调优化栽培措施，有效地控制了主要病虫害的为害。示范区的天敌（瓢虫、草蛉、蜘蛛、小花蝽）数量明显增加。

在西南丘陵玉米区，针对玉米螟防治上长期依赖化学颗粒剂的情况，将白僵菌和赤眼蜂治螟技术引入该区，由于西南地区湿度大，有利于白僵菌的繁殖，防治玉米螟效果好，高达 80%以上。由于该措施方法简便，农民易接受，可真正达到无公害要求，已在示范区内得到推广应用，并明确了在该区施用白僵菌的关键时期为心叶初期（小喇叭口期）。该区重点采用以井冈霉素、白僵菌、赤眼蜂等生物防治技术，配合适期播种、合理密植、重施有机肥、推广抗病虫品种，初病期剥除病叶，地膜育苗移栽以压低和控制地下害虫及大螟苗期为害等保健栽培措施技术方案为主，辅以采用粉锈宁、戊唑醇、氟虫腈拌种控制苗期病虫害，推迟玉米纹枯病的发生，玉米心叶后期用杀虫双颗粒剂等高效低毒化学农药防治玉米螟等重大病虫害，综合防治效果明显。

（五）“十一五”期间

“十一五”（2006—2010），“玉米重大病虫害防控技术”课题原来的国家重点科技攻关项目改为国家科技支撑计划资助，该课题由中国农业科学院植物保护研究所主持，上海交通大学、沈阳农业大学、吉林省农业科学院植物保护研究所、河北省农林科学院植物保护研究所、四川省农业科学院植物保护研究所、中国农业科学院作物科学研究所、北京市农林科学院植物保护环境保护研究所和广东省农业科学院植物保护研究所等8个单位的科技人员参加。同时，在2008年国家启动了现代农业产业技术体系，玉米产业技术体系植物保护研究室的岗位专家也开展了玉米病虫害防控技术的研究。“十一五”期间，玉米病虫害综合防治技术取得了重要进展，在北方春玉米区、黄淮海夏玉米区和西南丘陵玉米区，根据不同生态区主要病虫种类和耕作栽培特点，将研究的防控技术和已有的措施进行科学组装，进一步完善了以利用抗性品种为基础，充分发挥自然控制和生态调控为核心的玉米重大病虫害可持续控制技术体系，并在示范区和技术辐射区进行试验、示范和推广。①在北方春玉米区，组建了以利用抗性品种为基础，应用种衣剂控制苗期病虫害为前提，生物防治玉米螟为核心，生态调控技术为保障的春玉米重大病虫害可持续控制技术体系。②在黄淮海夏玉米病虫害防控技术示范区，建立了选用抗病品种防治主要病害，种子包衣防治苗期病害和地下害虫保全苗，心叶期放蜂及施用颗粒剂挑治玉米螟压低穗期玉米螟种群数量，穗期释放赤眼蜂防治玉米螟和棉铃虫降低产量损失的病虫害可持续控制技术体系。首先，选择兼抗玉米小斑病和玉米茎腐病的品种种植。其次，对种子进行包衣，结合间苗、定苗拔除病虫株；播后立即在地面和麦茬上喷洒5%高效氯氰菊酯乳油3 000倍液或其他杀虫剂，杀灭残存在麦茬上的玉米田和麦田共性害虫；喷洒异丙甲草胺、乙·阿等播后苗前除草剂，若田间或地头、垄沟等处有绿色杂草，可加20%百草枯水剂100mL同喷或直接采用乙草胺和噻吩磺隆桶混剂除草。在7月中、下旬心叶期放蜂及用颗粒剂挑治玉米螟压低穗期玉米螟种群数量；心叶末期再次撒施杀虫颗粒剂，防治穗期钻蛀性害虫，结合穗期释放赤眼蜂防治玉米螟和棉铃虫，降低产量损失。③在西南丘陵玉米重大病虫害防控技术示范区，选用抗性品种，结合玉米心叶期施用白僵菌，在玉米6叶期和9叶期分别用井冈霉素喷雾，控制玉米纹枯病的发生，防效在81.7%，生防菌木霉拌种对防治纹枯病和茎腐病有一定防效。开展了弯刺黑蝽防治技术研究，用不同药剂进行拌种与苗期喷雾、灌根，探索防治弯刺黑蝽的方法。实验结果表明，不同药剂拌种对弯刺黑蝽的防效为64%～88%，药剂喷雾的防效为66%～87%，灌根防效为67.83%～90%。

二、构建适应现代农业生产的玉米病虫害综合防治技术体系

“十二五”以来，随着农村劳动力大量向城市转移、农业生产向规模化经营发展、玉米生产向全程机械化推进，玉米病虫害综合防治技术也随之发生变化。构建适合现代农业生产和不同玉米生态区病虫害综合防治技术体系，是保障玉米安全生产的重要措施。

（一）北方春玉米区病虫害综合防治技术体系

北方春玉米区是我国最大的玉米种植区。该区重要的病害为玉米大斑病、玉米丝黑穗病和玉米茎腐病，此外，玉米灰斑病、玉米弯孢菌叶斑病和新发的玉米线虫矮化病等病害在局部地区发生严重。该区的主要害虫为亚洲玉米螟和地下害虫，玉米蚜虫和双斑长跗萤叶甲也是该区重要的害虫。二、三代黏虫于2012年在该区暴发，2013年二代黏虫再次暴发，成为该区严重为害玉米的重要害虫。因此，针对该区的重要病虫害发生为害特点，构建以选用抗性品种控制玉米丝黑穗病、大斑病、茎腐病和线虫矮化病为基础，选用种衣剂控制丝黑穗病等土传病害和地下害虫为前提（如选用含有苯醚甲环唑、烯唑醇等成分的种衣剂控制玉米丝黑穗病）的综合防治技术体系。在玉米线虫矮化病发生严重的地区，选用含有丁硫克百威成分的种衣剂，或含有吡虫啉或氟虫腈成分的种衣剂控制地下害虫。应用绿色防控技术控制玉米螟的为害，心叶末期利用自走式高杆喷杆喷雾机喷施杀菌剂控制玉米生长后期的玉米叶斑病的发生。此外，主要防除杂草，在蚜虫、黏虫和双斑长跗萤叶甲发生较重的地区或年份，选用吡虫啉、氯虫苯甲酰胺等化学农药控制其为害。

（二）黄淮海夏玉米区病虫害综合防治技术体系

黄淮海夏玉米区是我国第二大玉米种植区。该区的主要病害为玉米小斑病、玉米褐斑病、玉米弯孢菌叶斑病、玉米茎腐病、玉米瘤黑粉病和苗期根腐病，此外，南方锈病在有的年份发生严重，玉米粗缩病在山东的中南部、河南东部、江苏和安徽的淮北地区发生较重。主要害虫为玉米螟、地下害虫、苗期蓟马、玉米蚜虫、棉铃虫、桃蛀螟和二点委夜蛾。针对该区免耕直播夏玉米和玉米生产机械化程度高的特点，突出在选用抗性品种、合理密植和健康栽培的基础上，适期播种，结合采用种衣剂包衣控制地下害虫和苗期病虫害，并在播后苗前喷施杀虫剂消灭麦茬上的害虫，在玉米 6 叶期根据田间病虫害发生情况，选用杀虫剂喷雾防治玉米螟、黏虫和棉铃虫等食叶害虫，并可混喷 10%苯醚甲环唑水分散粒剂 1 000 倍液预防瘤黑粉病及心叶期褐斑病。在心叶末期采用自走式高杆喷杆喷雾机混喷 10%苯醚甲环唑水分散粒剂 1 000 倍液和 200g/L 氯虫苯甲酰胺悬浮剂 3 000 倍液，可有效控制玉米成株期小斑病、玉米弯孢菌叶斑病等病害和玉米螟、棉铃虫和桃蛀螟等虫害。在玉米吐丝期，释放玉米螟赤眼蜂，每公顷释放 30 万头，分两次释放，第一次释放 5d 后释放第二次，可有效控制玉米螟、棉铃虫和桃蛀螟。在粗缩病重发区，可适当推迟播期到 6 月 10 日，避开灰飞虱迁飞高峰期，并选用 60%噻虫嗪或 70%吡虫啉种衣剂包衣，可减轻粗缩病的发生。

（三）西南山地玉米区病虫害综合防治技术体系

西南山地玉米区是我国第三大玉米种植区。该区的主要病害是纹枯病、大斑病、灰斑病和穗腐病，此外，局部山区玉米丝黑穗病较重。虫害以地下害虫、玉米螟为主，有些年份黏虫严重。针对该区种植制度复杂、玉米多在山坡上种植、病虫害种类多的特点，综合防治措施为：选种抗性品种为基础，种子包衣控制苗期病虫害和地下害虫为前提，在玉米心叶末期喷施井冈霉素和苯醚甲环唑等杀菌剂控制玉米纹枯病和成株期叶斑病，结合喷施氯虫苯甲酰胺和噻虫嗪有效控制后期玉米螟和棉铃虫等害虫，并减轻玉米穗腐病的发生。

随着我国玉米机械化种植、深松改土和保护性耕作的大面积推广，以及极端天气的频繁发生，病虫害发生规律复杂性和防控难度不断增加。不仅如此，随着人们食品安全和环保意识的增强，开发基于生态保护为基础的重大病虫害暴发早期预警技术和持效性绿色防控技术的需求日益迫切。因此，在今后相当长的时间里，研究病虫害流行新规律，开发高效、安全、经济，适应机械化种植和保护性耕作发展方向的病虫害生态化防控新技术、提升区域控害技术体系的整体功能是我国植物保护工作者的重要任务。

王振营（中国农业科学院植物保护研究所）

陈捷（上海交通大学）

主要参考文献

阿克旦·吾外士，李号兵，马祁，等．2005. 棉铃虫卵诱集植物选择试验［J］．植物保护，31（3）：77－78.

白凤红．2008. 赤须盲蝽的发生与防治［J］．河北农业科技（5）：2，22.

白金铠．1994. 玉米病害的病菌变异与抗病品种选育［J］．玉米科学，2：67－72.

白金铠．1997. 杂粮作物病害［M］．北京：中国农业出版社．

白金铠，潘顺法，姜晶春，等．1982. 玉米圆斑病菌（*Bipolaris carbonum* Ullstrup）生理小种鉴定结果［J］．植物病理学报，12（3）：62－64.

白金铠，潘顺法，姜晶春，等．1982. 玉米圆斑病防治研究［J］．植物保护学报，9（2）：113－118.

白金铠，尹志，胡吉成．1988. 东北玉米茎腐病病原菌的研究［J］．植物保护学报，15（2）：93－98.

白全江，赵存虎，刘茂荣，等．2010. 内蒙古鄂尔多斯市赤须盲蝽为害玉米及其防治措施初报［J］．内蒙古农业科技（6）：102.

白永新，陈保国，张润生，等．2008. 玉米五大种质对红蜘蛛抗性的鉴定与分析［J］．玉米科学，16（6）：121－122，125.

白云凤，杨红春，曲琳，等．2007. 抗甘蔗花叶病毒的无标记反向重复转基因玉米［J］．作物学报，33（6）：973－978.

鲍林岐．1987. 三代棉铃虫在玉米田的发生规律及分布型的研究［J］．山东农业科学（4）：20－23.

布斯 C. 1988. 镰刀菌属［M］．陈其煐，译．北京：农业出版社．

蔡武雄，蔡志浓．1991. 玉米锈病发生与气象因子及其产量损失［J］．植物保护学会会刊：台湾，34（2）：80－100.

蔡武雄，段中汉，杜金池．1991. 玉米茎腐病抗病品种之筛选方法［J］．中华农业研究：台湾，40（1）：45－51.

曹国辉．2009. 玉米灰斑病及抗性研究［J］．玉米科学，17（5）：152－155.

曹慧英，李洪杰，朱振东，等．2011. 玉米细菌干茎腐病病菌成团泛菌的种子传播［J］．植物保护学报，38（1）：31－36.

曹如槐，王富荣，王晓玲，等．1996. 玉米对肿囊腐霉的抗性遗传研究［J］．遗传，18（2）：4－6.

曹士亮．2009. 玉米抗丝黑穗病遗传育种研究进展［J］．黑龙江农业科学，6：157－159.

曹雁萍，邵晓泉，李华，等 . 1992. 亚洲玉米螟为害棉花及其卵量与为害数量关系的研究 [J]. 植物保护学报，21：345 -350.

曹志艳，杨胜勇，董金皋 . 2006. 植物病原真菌黑色素与致病性关系的研究进展 [J]. 微生物学报，33（1）：154 - 158.

常雪艳，何康来，王振营，等 . 2006. 转 Bt 基因玉米对棉铃虫的抗性评价 [J]. 植物保护学报，33：374 - 378.

车宏伟，车庆成，董海 . 2010. 玉米瘤黑粉病的化学防治技术 [J]. 杂粮作物，30（3）：240 - 241.

陈彩贤 . 2009. 香蕉褐足角胸叶甲药剂防治试验研究 [J]. 安徽农业科学，37（20）：9527 - 9529.

陈彩贤，李成，陆温，等 . 2012. 香蕉褐足角胸叶甲发生规律研究 [J]. 南方农业学报，43（5）：609 - 615.

陈彩贤，李成，陆温，等 . 2012. 香蕉褐足角胸叶甲发育起点温度和有效积温研究 [J]. 广东农业科学（5）：68 - 71.

陈川，李兴权，文耀东 . 2010. 为害丹参的新害虫——旋心异跗萤叶甲 [J]. 植物医生，23（4）：27 - 28.

陈翠霞，杨典洱，于元杰 . 2003. 南方玉米锈病及其抗病性鉴定 [J]. 植物病理学报，33（1）：86 - 87.

陈翠霞，赵延兵，刘保申 . 2004. 不同玉米自交系南方锈病的抗病性评价 [J]. 作物学报，30（10）：1053 - 1055.

陈方 . 1985. 秋玉米纹枯病的发生与防治 [J]. 植物保护（5）：27 - 28.

陈刚 . 1993. 玉米大斑病菌 [*Exserohilum turcicum*（Pass）Leonard et Suggs] 生理小种 2 号的分布与防治 [J]. 玉米科学，1（1）：65 - 66.

陈刚，张铁一 . 1993. 玉米尾孢菌叶斑病的发生与危害 [J]. 辽宁农业科学（4）：29 - 31.

陈贵省 . 2003. 玉米耕葵粉蚧发生为害观察及防治方法初探 [J]. 植保技术与推广，23（2）：15 - 19.

陈厚德，梁继农，朱华 . 1995. 江苏玉米纹枯菌的菌丝融合群及致病力 [J]. 植物病理学报，26（2）：138.

陈家想 . 2000. 玉米褐斑病发生与防治 [J]. 北京农业，12：35.

陈建军，李波，吴雯雯 . 2009. 玉米粗缩病研究进展 [J]. 江西农业学报，21（9）：83 - 85.

陈捷 . 2000. 我国玉米穗、茎腐病病害研究现状与展望 [J]. 沈阳农业大学学报，31（5）：393 - 401.

陈捷 . 2009. 玉米病害诊断与防治 [M]. 北京：金盾出版社 .

陈捷，咸洪泉，宋佐衡 . 1993. 玉米茎腐病菌毒素的初步研究（I）[J]. 沈阳农业大学学报，24（2）：110 - 113.

陈捷，宋佐衡 . 1995. 玉米茎腐病侵染规律的研究 [J]. 植物保护学报，22（2）：117 - 122.

陈捷，唐朝荣，高增贵，等 . 2000. 玉米纹枯病病菌侵染过程研究 [J]. 沈阳农业大学学报，31（5）：503 - 506.

陈捷，鄢洪海，高增贵，等 . 2003. 玉米弯孢叶斑病菌生理分化及鉴定技术 [J]. 植物病理学报，33（2）：121 - 25.

陈静，张建萍，张建华，等 . 2007. 双斑长跗萤叶甲的嗜食性 [J]. 昆虫知识，44（3）：357 - 360.

陈静，张建萍，张建华，等 . 2007. 蠋敌对双斑长跗萤叶甲成虫的捕食功能研究 [J]. 昆虫天敌，29（4）：149 - 154.

陈克赟，王作镒 . 1986. 头孢霉属真菌侵染玉米初报 [J]. 植物保护，3：40.

陈璐，高增贵，庄敬华，等 . 2011. 玉米顶腐镰孢菌 rDNA - ITS 和 EF - la 基因序列及 UP - PCR 遗传多样性分析 [J]. 沈阳农业大学学报，42（1）：31 - 36.

陈敏，王晓鸣，赵震宇，等 . 2006. 玉米疯顶病的传播与防治研究 [J]. 新疆农业大学学报，29（3）：42 - 45.

陈霈，马思忠，段福堂 . 1960. 玉米旋心虫 *Apophylia flavovirens* Fairmaire 研究初报 [J]. 昆虫知识，6（5）：144 - 147.

陈日曌，何康来，尹姣，等 . 2006. 白星花金龟主要习性及其群集为害玉米行为机制的初步研究 [J]. 吉林农业大学学报，28（3）：240 - 243.

陈日曌，邵东祥，张宇，等 . 2010. 普通玉米田种植甜玉米抵御白星花金龟为害的初步尝试 [J]. 吉林农业大学学报，32（6）：622 - 625

陈三凤，刘德虎，李季伦 . 2000. 玉米瘤黑粉菌的遗传交配型 [J]. 微生物学通报，27：146 - 148.

陈善铭，齐兆生 . 1979. 中国农作物病虫害 [M]. 北京：农业出版社 .

陈声祥，洪健，吕永平，等 . 2004. RBSDV 在玉米叶脉细胞内的侵染状态与灰飞虱传毒活力的关系 [J]. 中国病毒学，19（2）：153 - 157.

陈声祥，吴惠玲，廖璇刚，等 . 2000. 水稻黑条矮缩病在浙中的回升流行原因分析 [J]. 浙江农业科学，4：287 - 289.

陈文 . 1997. 弯刺黑蝽在天全成灾 [J]. 植保技术与推广，17（6）：40.

陈香华，赵桂东，熊战之，等 . 2009. 利用生态学手段预防玉米粗缩病的发生 [J]. 中国植保导刊（8）：17 - 18.

陈晓娟，文成敬 . 2002. 四川玉米穗腐病研究进展 [J]. 西南农业大学学报，24（1）：21 - 22.

陈旭，李新海，郝转芳，等 . 2005. 玉米抗矮花叶病 QTL 定位 [J]. 作物学报，31（8）：983 - 988.

陈艳萍，孟庆长，袁建华 . 2008. 利用 SSR - BSA 技术筛选玉米抗粗缩病抗性基因分子标记 [J]. 江苏农业学报，24（5）：590 - 594.

陈颖，杨虹，霍晨敏，等 . 2007. HMC 毒素对同核异质玉米叶肉细胞原生质体的影响 [J]. 河北师范大学学报：自然科学版，31（5）：662 - 665.

陈永坤，李新海，肖木辑，等 . 2006. 64 份玉米自交系抗粗缩病的遗传变异分析 [J]. 作物学报，32（12）：1848 - 1854.

陈雨天，马丽君 . 1993. 甘肃省玉米大斑病菌生理小种鉴定结果初报 [J]. 甘肃农业科技，12：35 - 36.

陈志，张继俊，胡润泽 . 1997. 玉米疯顶病在博乐发现［J］. 新疆农业科学（2）：65 - 66.

陈志杰，张淑莲，张锋，等 . 2003. 陕西省夏播玉米田叶螨发生及抗性治理对策研究［J］. 陕西师范大学学报，31（专辑）：102 - 104.

成长庚，赵阳，林付根，等 . 2000. 玉米粗缩病播期避病作用的研究［J］. 玉米科学，8（3）：81 - 82.

成云伟 . 2009. 玉米粗缩病的症状特点和防治措施［J］. 农业科技通讯（2）：99 - 100.

程品冰 . 2007. 玉米抗大斑病种质的抗性基因分析［D］. 北京：中国农业科学院 .

程松莲 . 2009. 龟纹瓢虫对玉米黄呆蓟马成虫的捕食功能反应与搜寻效应［J］. 安徽农业科学，37（22）：10557 - 10598.

程兆榜，吕凤金，丁志宽，等 . 2007. 玉米品种抗矮花叶病的介体传播研究初报［J］. 中国农学通报，23（2）：364 - 366.

丛斌，张永军，王立霞，等 . 2000. 影响第 2 代玉米螟种群数量变动的因素［J］. 沈阳农业大学学报，31（5）：448 - 450.

崔丽娜，李晓，杨晓蓉，等 . 2009. 四川玉米纹枯病为害与防治适期研究初报［J］. 西南农业学报，22（4）：1181 - 1183.

崔丽娜，李晓，罗怀海，等 . 2009. 四川玉米弯刺黑蝽的为害与防治研究初报［J］. 西南农业学报，22（增刊）：102 - 104.

崔小雯，高波，许斐斐，等 . 2012. 白草花叶病毒承德玉米分离物 3′- cDNA 片段序列分析［J］. 植物病理学报，42（1）：32 - 36.

崔洋，涂光忠，魏建昆，等 . 1998. 玉米小斑病菌 C 小种毒素（HMC - Toxin I）结构研究［J］. 华北农学报，13（1）：143.

崔洋，魏建昆，沈子威，等 . 1997. 玉米小斑病小种毒素理化性质和光谱特性的研究［J］. 生物物理学报，13（4）：551 -555.

崔洋，张为国 . 1991. 玉米小斑病菌 C 小种毒素的分离，纯化及其植物病理反应［J］. 植物病理学报，21（3）：187 - 191.

戴法超，高卫东，王晓鸣，等 . 1997.53 份玉米品种（组合）对 4 种玉米病害的抗性评价［J］. 植物保护，23（4）：15 -17.

戴法超，高卫东，吴仁杰，等 . 1995. 玉米新病害——弯孢菌叶斑病［J］. 植保技术与推广（2）：32.

戴法超，王晓鸣，朱振东，等 . 1998. 玉米弯孢菌叶斑病研究［J］. 植物病理学报，28（2）：123 - 129.

戴志一，杨益众，黄东林，等 . 1997. 亚洲玉米螟棉田为害型形成机理分析［J］. 植物保护学报，24：7 - 12.

党志红，李耀发，潘文亮，等 . 2011. 二点委夜蛾发育起点温度及有效积温的研究［J］. 河北农业科学，15（10）：4 - 6.

邓丛良，黄金光，高文娜，等 . 2005.1 个白草花叶病毒分离物的全基因组序列分析［J］. 西北农林科技大学学报：自然科学版，33：118 - 124.

邓福友，董金皋 . 1995. 玉米大斑病菌 Ht -毒素在玉米品种抗病性鉴定中的应用［J］. 河北农业大学学报，18：12 - 15.

邓文生，杨希才，张满玉 . 2000. 玉米粗缩病基因组第七组 cDNA 克隆及序列分析［J］. 微生物学报，40：489 - 494.

狄广信，关梅萍，王永才 . 1994. 玉米苗枯病病原菌鉴定及防治技术［J］. 浙江农业学报（1）：18 - 21.

邸垫平，苗洪芹，路银贵，等 . 2008. 玉米粗缩病发病叶龄与主要危害性状的相关性分析［J］. 河北农业科学，12（1）：51 - 52，60.

邸垫平，苗洪芹，吴和平 . 2002. 玉米矮花叶病毒对不同抗性玉米自交系侵染及其运转研究［J］. 植物病理学报，32（2）：153 - 158.

邸垫平，易晓云，苗洪芹，等 . 2012. 玉米粗缩病抗性遗传研究［J］. 植物病理学报，42（4）：404 - 410.

丁伟，王进军，赵志模，等 . 2002. 春玉米田蚜虫种群的数量消长及空间动态［J］. 西南农业大学学报，24（1）：13 - 16.

丁伟，赵志模，王进军，等 . 2003. 三种玉米蚜虫种群的生态位分析［J］. 应用生态学报，14（9）：1481 - 1484.

丁征宇，马新丽，陈爱琴，等 . 2005. 旋心异跗萤叶甲的发生规律与防治策略［J］. 中国植保导刊，25（7）：16 - 17.

董广同，李志强 . 2000. 嵩县 1999 年玉米遭受蓟马严重为害［J］. 植保技术与推广，20（1）：45.

董国菊，申晚霞 . 2010. 重庆地区玉米圆斑病菌生物学特性的测定［J］. 西南大学学报：自然科学版，32（12）：8 - 13.

董怀玉，姜钰，王丽娟，等 . 2005. 玉米种质资源抗灰斑病鉴定与评价［J］. 植物遗传资源学报，6（4）：441 - 444.

董金皋 . 1999. 玉米大斑病菌 HT -毒素 I 的提纯、结构鉴定及致病活性研究［D］. 北京：中国农业大学 .

董金皋 . 2001. 农业植物病理学：北方本［M］. 北京：中国农业出版社 .

董金皋，韩建民，李竹 . 1997. 玉米大斑病菌 HT -毒素对玉米细胞膜透性和 V_C 氧化酶、PPO 活性的影响［J］. 玉米科学，5（2）：77 - 80.

董金皋，李正平 . 2000. 玉米大斑病菌 HT -毒素组分Ⅱ的化学结构［J］. 植物病理学报，30：186 - 187.

董金皋，闫淑娟，杨娟 . 1999. 玉米大斑病菌 HT -毒素对玉米细胞 CAT 酶活性的影响［J］. 玉米科学，7（4）：67 - 72.

董五辈，王国英 . 2001. RAPD 校正及玉米肿囊腐霉抗性基因的分子标记［J］. 农业生物技术学报，9（2）：129 - 131.

董学礼 . 2005. 玉米叶螨发生与防治研究进展［J］. 中国植保导刊，25（9）：11 - 13.

杜家纬 . 1991. 关于欧洲玉米螟作为我国亚洲玉米螟混生种的可能性研究［J］. 昆虫学研究集刊（10）：5 - 12.

杜建中，孙毅，王景雪，等 . 2008. 转基因抗矮花叶病玉米的遗传、表达及抗病性研究［J］. 生物技术通讯，19（1）：43 -46.

杜艳丽，郭洪梅，孙淑玲，等 . 2012. 温度对桃蛀螟生长发育和繁殖的影响 [J] . 昆虫学报，55 (5)：561 - 569.
杜正文，蔡蔚琦 . 1964. 玉米螟在江苏光周期的反应初报 [J] . 昆虫学报，13 (1)：129 - 132.
段灿星，朱振东，武小菲，等 . 2012. 玉米种质资源对六种重要病虫害的抗性鉴定与评价 [J] . 植物遗传资源学报，13 (2)：169 - 174.
段定仁，何宏珍 . 1984. 海南岛玉米上的多堆柄锈菌 [J] . 真菌学报，3 (2)：125 - 126.
范丽清，吕龙石，金大勇，2000. 温度和光照对截形叶螨实验种群生长发育的影响 [J] . 植物保护，26 (1)：14 - 16.
范丽清 . 2004. 白星花金龟捕食落叶松毛虫蛹 [J] . 昆虫知识，41 (2)：189.
范武刚，杨和平，朱王锋，等 . 2011. 2010 年合阳县玉米矮花叶病发生原因及防治对策 [J] . 陕西农业科学，1：152 - 153.
范在丰，陈红运，李怀方，等 . 2001. 玉米矮花叶病毒原北京分离物的分子鉴定 [J] . 农业生物技术学报，9 (1)：12.
方守国，于嘉林，冯继东，等 . 2000. 我国玉米粗缩病株上发现的水稻黑条矮缩病毒 [J] . 农业生物技术学报，8 (1)：12.
方中达 . 1979. 植病研究方法 [M] . 北京：农业出版社 .
方中达 . 1992. 中国植物病原细菌名录 [J] . 南京农业大学学报，15 (4)：5 - 6.
方胄，吴秀艳，杨英娟，等 . 2005. 玉米穗、茎腐病致病串珠镰孢菌的侵染循环关系研究 [J] . 杂粮作物，25 (2)：96 -99.
冯春福，李永碧 . 2011. 鄂西南地区玉米弯刺黑蝽发生特点与防治措施 [J] . 现代农业科技，9：176，181.
冯建国 . 1981. 玉米螟幼虫主要天敌——螟虫长距茧蜂生物学的初步研究 [J] . 山东农业科学 (2)：40 - 42.
冯建国 . 1996. 松毛虫赤眼蜂防治玉米螟的效果及其影响因素 [J] . 华东昆虫学报，5：45 - 50.
冯艳梅 . 2008. 玉米褐斑病的发生及防治 [J] . 现代农业科技，9：84.
冯晶，高增贵，陈捷，等 . 2002. 玉米弯孢霉叶斑病菌产生的细胞壁降解酶的致病作用研究 [J] . 杂草作物，27 (3)：164 -166.
冯之杰，高山松，刘珍 . 1997. 玉米细菌性茎腐病在新乡严重发生 [J] . 植保技术与推广，17 (6)：40.
付文君，夏正汉，陈蓉，等 . 2007. 伊犁河谷地区玉米疯顶病发生及防治 [J] . 新疆农业科学，44 (S2)：188 - 189.
傅波，王传士 . 1995. 玉米圆斑病在瓦房店市严重发生 [J] . 植物保护，21 (2)：52.
甘吉元，甘国福 . 2010. 武威市制种玉米瘤黑粉病重发原因及防治措施 [J] . 植物医生，23 (6)：7 - 8.
高洪敏，陈捷 . 1999. 玉米茎腐病菌毒素的产生条件和化学特征的初步研究 [J] . 沈阳农业大学学报，30 (3)：223 - 226.
高卫东 . 1983. 玉米茎腐病研究初报 [J] . 山西农业大学学报，3 (2)：88 - 91.
高卫东 . 1987. 华北区玉米、高粱、谷子纹枯病病原学的初步研究 [J] . 植物病理学报，17 (4)：247 - 251.
高卫东，鲍金草，赵晋荣 . 1987. 山西玉米茎腐病病原种类及其复合侵染的研究 [J] . 山西农业大学学报，7 (2)：199 -207.
高卫东，戴法超，林宏旭，等 . 1996. 玉米茎腐（青枯）病的病理反应与优势病原菌演替的关系 [J] . 植物病理学报，26 (4)：301 - 304.
高卫东，戴法超，王晓鸣，等 . 1995. 玉米茎腐（青枯）病发病条件研究 [J] . 玉米科学，3 (增刊)：38 - 39.
高卫东，戴法超，朱小阳 . 1997. 玉米种质资源对四种病害的抗性鉴定 [J] . 植物保护学报，24 (2)：191 - 193.
高文臣，魏宁生 . 2000. 陕西省玉米矮花叶病毒原的检测 [J] . 西北农业大学学报，28 (2)：31 - 34.
高秀美，曹长余，杨胜明 . 2000. 不同播期对玉米粗缩病的影响 [J] . 中国农学通报 (3)：54 - 55.
高增贵，陈捷，薛春生，等 . 2000. 玉米灰斑病发生和流行规律及其发病条件的研究 [J] . 沈阳农业大学学报，31 (5)：460 - 464.
高增贵，陈捷，邹庆道，等 . 1999. 玉米穗、茎腐病病原学相互关系及发病条件的研究 [J] . 沈阳农业大学学报，30 (3)：215 - 218.
高志环，薛勇彪，戴景瑞 . 2000. 玉米小斑病菌 C 小种毒素的致病作用位点 [J] . 科学通报，45 (6)：622 - 626.
高智明，刘爱东，周绿江 . 2004. 玉米苗期茎腐病发病原因及防治对策 [J] . 吉林农业 (12)：22.
耿维，张相波，季秀荣，等 . 2005. 玉米丝黑穗病的防治 [J] . 现代农业科技，10：18 - 19.
弓惠芬，陈霈沛，王瑞，等 . 1984. 光周期和温度对亚洲玉米螟滞育形成的研究影响 [J] . 昆虫学报，27 (3)：280 - 286.
龚国淑，叶华智，张敏，等 . 2005. 玉米新月弯孢菌 *Curvularia lunata* 的 RAPD 分析 [J] . 植物病理学报，35 (6)：22 -27.
顾晓光，姚旭 . 1885. 玉米铁甲虫发生规律及防治研究 [J] . 贵州农业科学，6：39 - 42.
桂秀梅，董金皋，侯晓强 . 2003. 中国 2001 年玉米大斑病菌生理小种鉴定 [J] . 河北农业大学学报，26：11 - 13.
郭满库，王晓鸣 . 2007. 玉米种质资源抗矮花叶病鉴定 [J] . 植物遗传资源学报，8 (1)：11 - 15.
郭石山，蔡娟，李杏山，等 . 1998. 玉米旋心虫生物学特性及防治研究 [J] . 河北农业大学学报，21 (2)：59 - 62.
郭守桂，王自儒 . 1982. 白僵菌封垛防治玉米螟 [J] . 植物保护，8 (6)：9.

郭文超，许建军，何江，等.2004. 新疆农作物和果树新害虫——白星花金龟［J］. 新疆农业科学，41（5）：322-323.
郭文超，许建军，吐尔逊，等.2001. 新疆玉米害螨种类分布及危害的研究［J］. 新疆农业科学，38（4）：198-201.
郭翼奋，梁再群，黄洪，等.1994. 南繁玉米茎腐病发生危害情况调查［J］. 植物保护，20（4）：9-11.
郭翼奋，梁再群，黄洪.1990. 引种材料玉米枯萎菌持续恒温灭菌技术［J］. 植物保护，16（6）：41-42.
郭英兰，刘锡琎.2005. 中国真菌志：24 卷：尾孢菌属［M］. 北京：科学出版社.
郭予元.1998. 棉铃虫的研究［M］. 北京：中国农业出版社.
韩海亮，王桂跃.2011. 玉米粗缩病的研究进展［J］. 浙江农业科学（5）：1102-1104，1109.
韩怀奇，赵宗林，李巧芝，等.2008. 玉米耕葵粉蚧发生因素分析及防治对策［J］. 中国植保导刊，28（8）：20-21.
韩靖玲，庞保平，吕方，等.2004. 玉米截形叶螨实验种群生殖力表［J］. 内蒙古农业大学学报，25（1）：68-71.
韩群营，黄明生，姚登国，等.2000. 武汉地区发现玉米疯顶病［J］. 植物检疫，14（4）：217.
韩太国，董广同，孙宗瑜.2001. 洛阳市玉米蓟马发生规律及防治措施［J］. 植保技术与推广，21（5）：8-9.
韩运发，潘永诚，王德清，等.1979. 京郊玉米上蓟马的研究［J］. 昆虫学报，22（2）：133-140.
韩运发.1996. 旱粮病虫害：玉米蓟马［M］//中国农业科学院植物保护研究所. 中国农作物病虫害：2 版. 北京：中国农业出版社：578-582.
韩志群，陈茂功，董金皋，等.2012. 施用硫酸锌对玉米抗病性相关酶表达的影响［J］. 作物杂志（6）：34-37.
郝铠，孟有儒.2009. 玉米黑束病产量损失及品种抗病性鉴定［J］. 草业科学，7：133-136.
郝农，傅波，唐文海，等.1996. 辽宁省首次发现玉米疯顶病［J］. 植物检疫，10（3）：14.
郝双红，陈安良，周一万，等.2005. 几种短链脂肪醇对白星花金龟的引诱活性研究［J］. 农药学学报，7（2）：182-184.
郝双红，李广泽，张涛，等.2005. 白星花金龟行为学观察及其信息素的诱虫效果［J］. 中国生物防治，21（2）：124-126.
郝伟.2008. 玉米褐斑病重发原因与防治对策［J］. 粮食作物，4：113-116.
郝彦俊，杨岫，郭文超，等.1997. 新疆玉米青枯病的发生及其对产量的影响［J］. 新疆农业科学（4）：174-176.
何春先，焦全爱，陈谦，等.2010. 南部县玉米纹枯病的发生规律及综合防治对策［J］. 四川农业科技（10）：42-43.
何建群，张润.2008. 玉米纹枯病的发生及综合防治［J］. 植物医生（5）：12-13.
何康来，常雪，常雪艳，等.2007. 亚洲玉米螟对 Cry1Ab 蛋白抗性的遗传规律与分子机理［J］. 植物保护，33（5）：92-93.
何康来，王振营，廖学东.1992. 芫菁夜蛾线虫两品系防治亚洲玉米螟的效果［J］. 中国生物防治（3）：142.
何康来，王振营，文丽萍.2002. 我国玉米主产区亚洲玉米螟越冬幼虫天敌调查［J］. 中国生物防治，18（2）：49-53.
何康来，王振营，周大荣.1992. 功夫颗粒剂防治玉米螟［J］. 植物保护，18（4）：46.
何康来，文丽萍，王振营，等. 几种玉米气味化合物对亚洲玉米螟产卵选择的影响［J］. 昆虫学报，43（Sl）：195-200.
何康来，文丽萍，周大荣.1998. 赤须盲蝽严重危害玉米及其有效杀虫剂筛选［J］. 植物保护（4）：31-32.
何康来，周大荣，王振营，等.2002. 甜玉米玉米螟的发生为害与防治措施［J］. 植物保护学报，29（3）：199-204.
何康来，周大荣，杨怀文.1971. 应用芫菁夜蛾线虫防治亚洲玉米螟的研究［J］. 生物防治通报，7（1）：1-6.
何康来.1991. 一种测定斯氏线虫对亚洲玉米螟侵染力的新方法［J］. 植物保护，17（1）：44.
何琳，赵志模，邓新平，等.2003. 朱砂叶螨对 3 种杀螨剂的抗性选育及抗性治理研究［J］. 中国农业科学，36（4）：403-408.
何瑞，王建明.2012. 玉米苗枯病病原菌的分离及鉴定［J］. 山西农业科学，40（3）：260-263.
何笙，周泽容，吴赵平，等.2006. 白星花金龟发生与防治技术研究初报［J］. 中国农学通报，22（6）：314-316.
何树鹏，吴恒林，欧再金，等.2010. 三穗县玉米疯顶病的发生规律及防治对策［J］. 植物医生，23（3）：5-6.
贺春久，陆世鹏.2007.2006 年凤山县砦牙乡玉米铁甲虫发生严重［J］. 广西植保，20（3）：39.
贺字典，余金咏，于泉林，等.2011. 玉米褐斑病流行规律及 GEM 种质资源抗病性鉴定［J］. 玉米科学，19（3）：131-134.
洪永聪，胡方平，黄晓南.2002. 成团泛菌（*Pantoea agglomerans*）对稻谷的致病性［J］. 福建农林大学学报，31（1）：32-36.
侯保荣，张曙平.1998. 玉米品种及亲本对玉米黑束病抗病性调查［J］. 新疆农业科学，3：135-136.
胡国文.1981. 高山捕虫网在研究稻飞虱迁飞规律和预测中的作用［J］. 应用昆虫学报（6）：4-10.
胡吉成.2000. 玉米有害生物综合防治中的系统论和生态观［J］. 沈阳农业大学学报，31（5）：432-434.
胡兰，徐秀德，姜钰，等.2008. 玉米鞘腐病原菌生物学特性研究［J］. 玉米科学，16（5）：131-134.
胡锐，邢彩云，苏聪玲，等.2011.2011 年郑州市玉米蓟马发生较重原因及防治对策［M］//原国辉，郭线茹，王高平，等. 华中昆虫研究：第七卷. 北京：中国农业科学技术出版社：214-216.
胡务义，唐有全，阮义理，等.1999. 淳安县玉米南方型锈病危害逐年严重［J］. 植物保护，25（6）：50.

胡务义，郑明祥，阮义理．2003. 玉米南方型锈病发生规律与防治技术初步研究［J］．植保技术与推广，23（12）：9-12.
胡学难，梁广文，庞雄飞．2000. 亚洲玉米螟自然种群连续世代生命表的研究［J］．生态学报，20（增刊）：107-109.
黄标．1997. 玉米铁甲虫的发生及防治［J］．昆虫知识，34（6）：331-333.
黄强．2010. 都安县春玉米纹枯病发病原因及防治对策［J］．广西农学报，25（2）：40-41.
黄强．2010. 玉米粗缩病症与内源激素水平变化的关系研究［D］．雅安：四川农业大学．
黄世希，韦传优．2000. 玉米铁甲虫的发生与防治［J］．农家之友，3：17.
黄玉清，张晓俊，魏辉，等．2000. 桃蛀螟及其天敌的初步研究［J］．江西农业大学学报，22（4）：523-525.
纪莉景，栗秋生，王连生，等．2011. 2009年河北省玉米大斑病菌生理小种组成及致病力测定［C］//郭泽建．中国植物病理学会2011年学术年会论文集．北京：科学技术出版社：18-19.
纪明山．2000. 玉米腐霉菌茎腐病抗性机制研究［D］．沈阳：沈阳农业大学．
纪明山．2001. 玉米腐霉菌茎腐病抗性机制研究［J］．植物病理学报，31（4）：374-375.
季宏平．2001. 生物制剂白僵菌防治玉米螟研究［J］．玉米科学，9（2）：75-76.
季香云，包杨滨，蒋杰贤，等．2009. 几种植物提取液对玉米蚜的防治效果试验［J］．上海农业学报，25（2）：49-51.
季正端，吕楠，屈振刚，等．1992. 玉米耕葵粉蚧生物学特性的研究初报［J］．河北农业大学学报，15（3）：54-58.
贾菊生，胡守志，马德英，等．2010. 新疆玉米普通锈病（*Puccinia sorghi* Schw.）侵染生活史及初侵染源研究［J］．新疆农业科学，47（11）：2238-2244.
贾小利，冯立忠．2007. 春播制种玉米丝黑穗病的发生与防治［J］．种子科技（3）：55.
贾彦霞，贺奇，王新谱．2011. 宁夏荒漠草原白星花金龟成虫空间分布型的初步研究［J］．草地学报，19（1）：177-180.
江幸福，罗礼智，姜玉英，等．2011. 二点委夜蛾发生为害特点及暴发原因初探［J］．植物保护，37（6）：130-133.
江幸福，姚瑞，林珠凤，等．2011. 二点委夜蛾形态特征及生物学特性［J］．植物保护，37（6）：134-137.
姜广正．1959. 中国禾本科植物上的蠕形菌（*Helminthosporium*）［J］．植物病理学报，5（1）：23-34，58.
姜京宇，李秀芹，刘莉，等．2011. 河北省二点委夜蛾的发生规律研究［J］．河北农业科学，15（10）：1-3.
姜京宇，李秀芹，许佑辉，等．2008. 二点委夜蛾研究初报［J］．植物保护，34（3）：23-26.
姜京宇，席建英．2006. 河北省2005年农作物病虫新动态概述［J］．中国植保导刊，26（7）：45-47.
姜晶春，潘顺法，晋齐鸣．1995. "八五"期间玉米大斑病病菌生理小种研究结果［J］．玉米科学，3（增刊）：19-20.
姜晶春，潘顺法，尹志．1991. 玉米大斑病菌生理小种鉴定续报［J］．吉林农业科学（1）：46-48.
姜玉英．2012. 2011年全国二点委夜蛾暴发概况及其原因分析［J］．中国植保导刊，32（10）：34-37.
姜钰．2003. 辽宁省玉米顶腐病发病情况及防治建议［J］．杂粮作物，23（1）：45-46.
蒋菊芳，魏育国，刘明春．2009. 石羊河流域玉米棉铃虫发生气象条件分析预测［J］．干旱地区农业研究，27（3）：221-225.
蒋军喜，陈正贤，李桂新，等．2003. 我国12省市玉米矮花叶病病原鉴定及病毒致病性测定［J］．植物病理学报，33（4）：307-312.
蒋军喜，李桂新，周雪平．2002. 玉米矮花叶病毒研究进展［J］．微生物学通报，29（5）：77-81.
蒋新利，龚晓甫．2010. 蓝田县玉米异跗萤叶甲的发生规律与防治技术［J］．陕西农业科学（3）：211.
蒋雅娟，贺岩，王守才．2007. 玉米抗南方型锈病基因共分离分子标记的研究［J］．作物学报，33（5）：849-852.
金达生，商玉霞，刘旭明，等．1993. 玉米种质资源对玉米红蜘蛛的抗性鉴定初报［J］．植物保护，19（4）：26.
金晓华，何其明，徐泽海，等．1994. 玉米褐斑病在京郊夏玉米上发生及危害［J］．植物保护，6：46-47.
晋齐鸣，卢宗志，潘顺法，等．1994. 玉米茎腐病病原对玉米苗期致病性研究［J］．玉米科学，2（1）：73-75.
晋齐鸣，潘顺法，姜晶春，等．1995. 吉林省玉米茎腐病病原菌组成、分布及优势种研究［J］．玉米科学，3（增刊）：43-46.
晋齐鸣，潘顺法．1995. 玉米茎腐病病原菌致病性及侵染规律的研究［J］．玉米科学，3（2）：74-78.
晋齐鸣．2003. 玉米丝黑穗病和丛生苗的发生及防治［J］．农村科学实验，5：29.
晋齐鸣．2011. 东北地区玉米、大豆重要病虫害识别与防治［M］．长春：吉林科学技术出版社．
康萍芝，陈企村．2000. 玉米茎腐病病原研究现状［J］．宁夏农林科技（1）：41-42.
孔令晓，罗畔池，谷雅玲，等．1999. 华北地区玉米小斑病菌生理小种监测［J］．沈阳农业大学学报，30（3）：391.
孔令晓，罗畔池．1994. 玉米茎腐病接种技术及抗病性鉴定效果［J］．华北农学报，（9）：105-108.
孔令晓，赵聚莹，栗秋生，等．2005. 河北省玉米小斑病菌生理小种鉴定及群体动态变化［J］．华北农学报，20（3）：90-93.
兰光夔，王宗明，陆宁．1993. 黔西北地区玉米大斑病菌（*Helmithosporium turcicum*）生理小种研究［J］．西南农业学报，6（4）：89-93.
雷海英，孙毅，王志军，等．2008. 病毒复制酶基因介导玉米抗矮花叶病的研究［J］．华北农学报，23（5）：114-117.

黎裕，戴法超，景蕊莲，等.2002. 玉米对弯孢菌叶斑病抗性的QTL分析 [J]. 中国农业科学，35 (10)：1221-1227.
黎裕，王天宇，石云素，等.2006. 玉米抗虫性基因的研究进展 [J]. 玉米科学，14 (1)：7-11.
李保俊，刘桂荣，常俊凤，等.2011. 二点委夜蛾成虫对不同诱测物质趋性的研究（初报）[J]. 河北农业科学，15 (9)：7-8，40.
李长青，王媛，韩日畴，等.2011. 昆虫病原线虫 *Steinernema carpocapsae* All 对三种害虫的致病力测定 [J]. 环境昆虫学报，33 (4)：512-516.
李常保，宋建成，姜丽君.1999. 玉米粗缩病及其研究进展 [J]. 植物保护学报，5：34-37.
李常玉，蔡连恩，何萨丽.1997. 甘肃省天水市发现玉米霜霉病 [J]. 植物检疫，11 (3)：164.
李朝生，霍秀娟，林贵美，等.2008. 香蕉新害虫褐足角胸叶甲的发生与防治初报 [J]. 广西农业科学，39 (6)：771-773.
李崇云，杨忠荣.1985. 弯刺黑蝽的危害特点及药剂防治方法 [J]. 四川农业科技，3：23-24.
李春霞，苏俊，龚士琛，等.2000. 黑龙江省玉米大斑病菌生理小种的研究 [J]. 玉米科学，8 (2)：89-91.
李春霞，苏俊，龚士琛，等.2004. 黑龙江省玉米大斑病菌生理小种组成变异研究 [J]. 黑龙江农业科学，1：16-18.
李大明，谢正元，沈积仁.1993. 玉米霜霉病病原及发病规律研究 [J]. 甘肃农业科学 (1)：34.
李敦松，黄少华，张宝鑫，等.2007. 珠江三角洲地区甜玉米地亚洲玉米螟及其卵寄生蜂的发生规律 [J]. 植物保护学报，34 (2)：173-176.
李敦松，张宝鑫，黄少华，等.2004. 广东省甜玉米虫害发生规律 [J]. 植物保护学报，31 (1)：6-12.
李富华，吴炯波，王玉涛.2005. 玉米灰斑病的研究现状问题与展望 [J]. 玉米科学，13 (3)：117-121.
李富华，叶华智，王玉涛，等.2004. 玉米弯孢菌叶斑病的研究进展 [J]. 玉米科学，12 (2)：97-101，107.
李广领，吴艳兵，王建华，等.2009. 不同杀菌剂对玉米褐斑病田间药效试验 [J]. 西北农业学报，18 (2)：280-282.
李广伟，陈秀琳，张建萍，等.2010. 温度对双斑长跗萤叶甲成虫寿命及繁殖的影响 [J]. 昆虫知识，47 (2)：322-325.
李广伟，张建萍，陈静，等.2008. 双斑长跗萤叶甲的发育起点温度与有效积温 [J]. 昆虫知识，45 (4)：621-624.
李广伟.2008. 双斑长跗萤叶甲的生物学、生态学及综合防治的研究 [D]. 石河子：石河子大学农学院.
李国利，于艳娟，李楠，等.2006. 玉米细菌性茎腐病发生的原因及防治 [J]. 天津农林科技，6 (3)：20-21.
李海春，傅俊范.2006. 玉米瘤黑粉病抗病性研究 [J]. 植物保护，32 (3)：57-59.
李浩然，曹志艳，李朋朋，等.2012. 玉米生产品种和部分自交系对鞘腐病的抗性筛选初报 [J]. 中国植保导刊，32 (7)：40-41.
李贺年，齐巧丽，李德新，等.2011. 玉米田四代棉铃虫老熟幼虫空间分布型应用 [J]. 安徽农业科学，39 (19)：11 504-11 505.
李红，谷音.2006. 白星花金龟子严重为害玉米原因及防治方法 [J]. 杂粮作物，26 (2)：125.
李洪连，张新，袁红霞.1999. 玉米杂交种粒腐病病原鉴定 [J]. 植物保护学报，26 (4)：305-308.
李华荣，兰景华.1997. 玉蜀黍丝核菌的鉴定特征 [J]. 菌物系统，16 (2)：134-138.
李计勋，王马的，聂俊杰，等.1999. 邯郸市玉米耕葵粉蚧为害特点调查 [J]. 河北农业科学，3 (4)：25-26.
李建军，李修炼，成卫宁，等.2004. 玉米田4代棉铃虫发生与危害损失研究 [J]. 陕西农业科学 (2)：9-10.
李建平，谢为民，鲁新，等.1995. 影响吉林省亚洲玉米螟 [*Ostrinia furnacalis* (Guenée)] 一代发生区发生量长期预测的关键因子 [J]. 玉米科学，S1：72-74.
李菊，夏海波，于金凤.2011. 中国东北地区玉米纹枯病菌的融合群鉴定 [J]. 菌物学报，30 (3)：392-399.
李俊虎，姜兴印，王燕，等.2010. 戊唑醇不同处理方式对夏玉米褐斑病空间分布及产量影响 [J]. 农药，49 (7)：533-541.
李莉，贾立辉，朴红梅，等.2008. 玉米抗丝黑穗病的研究进展 [J]. 玉米科学，16 (6)：136-138.
李丽娟，鲁新，张国红，等.2008. 螟黄赤眼蜂工厂化产品的低温贮存研究 [J]. 吉林农业科学，33 (3)：27-29.
李利平.2002. 警惕细菌性茎腐病危害玉米苗 [J]. 河北农业 (3)：21.
李莫然，韩庆新，梅丽艳.1990. 黑龙江省玉米青枯病病原菌种类的初步研究 [J]. 黑龙江农业科学 (4)：24-26.
李莫然，梅丽艳.1994. 黑龙江省玉米青枯病发生危害调查及钾肥防病研究 [J]. 黑龙江农业科学 (2)：12-16.
李品清.1992. 玉米铁甲虫为害甘蔗的初步观察 [J]. 广西植保，3：37-38.
李萍.2010. 玉米瘤黑粉病对种子质量和产量的影响研究 [J]. 现代农业科技，14：139-140.
李巧芝，高明，王自伟，等.2002. 玉米细菌性茎腐病的发生为害调查 [J]. 植保技术与推广，22 (3)：12-25.
李仁烈，李祚兴，金克勇.1999. 几种菊花害虫的发生与防治 [J]. 江西园艺 (6)：39-41.
李绍伟，李绍生，赵国建，等.2007.2006 年豫东地区玉米褐斑病大流行的原因分析及防治对策 [J]. 中国种业，7：46-47.
李石初，杜青，唐照磊.等.2010. 广西玉米南方锈病研究初报 [J]. 广西农业科学，41 (3)：231-232.

李石初．2003. 玉米褐斑病调查研究初报［J］．作物杂志，2：45－46.
李涛，苟军，裘越娥．2007. 新疆玉米三点斑叶蝉的发生与防治［J］．北京农业（4）：45.
李天眷，陈文瑞，何树峰．1985. 弯刺黑蝽研究初报［J］．昆虫知识，22（6）：257－260.
李万苍，马建仓，李文明，等．2009. 玉米顶腐病发病原因研究及防治方法建议［J］．草业科学，26（2）：148－151.
李文德，陈素馨，李璧铣，等．2002. 亚洲玉米螟1代和2代成虫行为生物学研究：Ⅰ栖息与交尾场所及夜间行为动态［J］．张家口农专学报，18（1）：1－8.
李文德，陈素馨，秦建国．2002. 亚洲玉米螟的垂直分布［J］．植保技术与推广，22（7）：3－5.
李文德，陈素馨，秦建国．2002. 亚洲玉米螟越冬虫量与第1代发生程度相关性的探讨［J］．张家口农专学报，18（2）：16－17，22.
李文德，陈素馨，秦建国．2003. 亚洲玉米螟与欧洲玉米螟混生区的研究［J］．昆虫知识，40（1）：31－35.
李文德，陈素馨，张树发，等．2002. 亚洲玉米螟一、二代成虫行为生物学研究：Ⅱ羽化、交尾和产卵节律［J］．张家口农专学报，18（4）：1－5，32.
李文德，李万贵，陈素馨，等．1989. 合成性信息素迷向法防治玉米螟［J］．生物防治通报，5（1）：37－40.
李文德．1982. 河北省玉米螟优势种的鉴别及分布研究［J］．河北农学报，7（3）：90.
李希腾，王黎明，杜世凯，等．2011. 玉米灰斑病的发生及防治［J］．现代农业科技，（21）：191.
李小平，宁肃，韩洪涛，等．2001. 玉米穗部害虫——玉米螟和棉铃虫的生物学特性及防治［J］．杂粮作物，21（2）：31.
李晓，杨晓蓉，周小刚，等．2002. 玉米纹枯病抗源鉴定及筛选［J］．西南农业学报，15（增刊）：93－94.
李晓，杨远明．1999. 玉米大斑病生理小种组成变异研究［J］．西南农业大学学报，21：37－39.
李晓，张小飞，崔丽娜，等．2011. 警惕四川玉米灰斑病的发生危害［J］．四川农业科技，12：37.
李新凤，王建明，张作刚，等．2012. 山西省玉米穗腐病病原镰孢菌的分离与鉴定［J］．山西农业大学学报：自然科学版（3）：218－223.
李新海，韩晓清，张锦芬，等．2001. 玉米矮花叶病毒抗性资源鉴定的研究［J］．华北农学报，16（2）：38－42.
李新梅，宗勇伟，张立庄，等．2008. 玉米细菌性茎腐病的发生规律与防治对策［J］．安徽农学通报，14（2）：56－57.
李亚玲，马秉元，李多川，等．1994. 玉米穗粒腐病接种技术及品种抗病性鉴定研究［J］．西北农业大学学报，22（1）：124－127.
李兆宏，迟作兴．1994. 玉米黄呆蓟马发生规律及防治技术的研究［J］．山东农业科学（3）：37－39.
李照会，郭兴启，叶保华，等．2002. 感染玉米粗缩病毒后玉米植株的超微结构病变研究［J］．中国农业科学，35（3）：264－266.
李志刚．2007. 双斑萤叶甲危害春玉米花丝对结实率影响的调查分析［J］．北京农业（33）：21－23.
李志勇，梅丽艳．2008. 玉米灰斑病发生趋势研究［J］．黑龙江农业科学（5）：72－74.
栗秋生，孔令晓，王连生，等．2008. 玉米种质资源对玉米褐斑病的初步抗性分析［C］//成卓敏．植物保护科技创新与发展．北京：中国农业科学技术出版社．
梁克恭，武小菲．1993. 我国玉米锈病的发生与危害情况［J］．植物保护，19（5）：34.
梁木通，付彦荣，魏秀敏，等．2002. 玉米锈病的研究进展［J］．植物保护，28（2）：39－41.
梁琼，侯明生．2004. 玉米不同品种（系）抗感粗缩病（RBSDV）与3种防御酶同工酶关系的研究［J］．植物病理学报，34（6）：501－506.
梁琼，侯明生．2004. 玉米品种抗感玉米粗缩病毒与过氧化物酶关系的研究［J］．云南农业大学学报，19（5）：546－549.
刘爱国，张成和，石洁．2000. 玉米杂交种对多种病害抗性鉴定结果初报［J］．华北农学报，15（增刊）：85－89.
刘爱国，张成和．1995. 河北省玉米大斑病病菌小种生理分化研究［J］．玉米科学，3（增刊）：12－15.
刘爱国，张成和．1997. 玉米小斑病菌O小种优势种群变化趋势和玉米品种的抗病性监测［J］．河北农业大学学报，20（4）：35－38.
刘春元，李洪连，吴建宇，等．2005. 穗粒腐病菌对玉米幼苗的致病性研究［J］．河南农业科学，11：58－61.
刘春元，邢小萍，李洪连，等．2007. 玉米苗枯病菌生物学特性及药剂防治研究［J］．玉米科学，15（3）：136－140.
刘德钧，王金其，陈立华，等．1988. 玉米螟各代成虫高峰期统计预测［J］．上海农业学报，4（2）：65－70.
刘帆．2011. 洛宁县玉米蓟马重发生原因及防治对策［M］//原国辉，郭线茹，王高平，等．华中昆虫研究：第七卷．北京：中国农业科学技术出版社：221－222.
刘凤珍，周洪波，刘勤来，等．1997. 玉米细菌性茎腐病发生及防治初报［J］．吉林农业大学学报，19（2）：105－108.
刘岗山，蔡万青，江华．2006. 玉米纹枯病重发原因与防治对策［J］．湖南农业科学（5）：79－81.
刘宏伟，鲁新，李丽娟，等．2008. 玉米田种植诱集作物对降低二代玉米螟危害的作用［J］．玉米科学，16（6）：130－131，135.
刘纪麟．2001. 玉米育种学［M］．北京：中国农业出版社．

刘家魁，吴宝瑞，宋梅风，等．2007. 玉米耕葵粉蚧的发生特点与综合防治［J］．现代农业科技（23）：96.
刘克明，刘俊芳，吴全安．1988. 玉米小斑病菌三个生理小种生物学特性的比较研究（简报）［J］．华北农学报（2）：2.
刘立宏．2008. 赤须盲蝽在春玉米上的发生与防治［J］．河北农业（8）：15.
刘宁，文丽萍，何康来，等．2005. 不同地理种群亚洲玉米螟抗寒力研究［J］．植物保护学报，32（2）：163－168.
刘芹轩，高宗仁，邱峰，等．1988. 光周期对朱砂叶螨滞育影响的研究［J］．植物保护（4）：4，5－6.
刘清瑞，张好万，张延梅．2012. 玉米细菌性茎腐病发生原因及综合防治［J］．种业导刊（3）：22－23.
刘士彪，庄丽娟．2003. 玉米丝黑穗病的发生与防治［J］．中国种业，1：40.
刘书义，王延玲，白雪峰，等．2012. 二点委夜蛾为害特点观察及暴发原因分析［J］．中国植保导刊，32（2）：32－33.
刘淑香，郝艳茹，杨军玉，等．2001. 玉米种子包衣处理效果试验［J］．玉米科学，9（增刊）：70－71.
刘惕若．1984. 黑粉菌与黑粉病［M］．北京：农业出版社．
刘文娟，金志高，陈国华，等．1993. 玉米纹枯病发生规律及综合防治措施［J］．江苏农业科学（2）：33－34.
刘小红，张红伟，刘昕，等．2005. MDMV－CP 基因的克隆及其转基因玉米的研究［J］．生物工程学报，21（1）：144－148.
刘小红，张红伟，张红梅，等．2006. 玉米抗矮花叶病 QTL 的定位分析［J］．西南农业大学学报：自然科学版，28（4）：544－548.
刘彦斌，祁东光，张香梅，等．1999. 1998 年阳泉市首次发现玉米疯顶病［J］．植保技术与推广，19（6）：43.
刘颖，秦凤奎，张艳红．2006. 齐齐哈尔市玉米顶腐病大发生情况及防治对策［J］．中国植保导刊，26（3）：13－14.
刘章雄，王守才，戴景瑞，等．2003. 玉米 P25 自交系抗锈病基因的遗传分析及 SSR 分子标记定位［J］．植物遗传学报，30（8）：706－710.
刘章雄，王守才．2003. 玉米锈病研究进展［J］．玉米科学，11（4）：76－79.
刘政，孙艳，王少山，等．2010. 白星花金龟在玉米田的空间分布和抽样技术［J］．植物保护，36（6）：125－127.
刘政，王少山，孙艳，等．2010. 白星花金龟发育起点温度和有效积温的研究［J］．西北农业学报，21（3）：198－201.
刘志增，池书敏，宋占全，等．1996. 玉米自交系及杂交种抗粗缩病性鉴定与分析［J］．玉米科学，4（4）：68－70.
刘忠德，刘守柱，季敏，等．2001. 玉米粗缩病发生程度与灰飞虱消长规律的关系［J］．杂粮作物，21（2）：38－39.
柳瑞余，惠军涛，张培利．2010. 夏玉米异跗萤叶甲重发原因与防控措施［J］．农技服务，27（12）：1577.
龙玲，刘红梅，莫纯碧．2003. 直刺细铁甲危害玉米初报［J］．山地农业生物学报，22（6）：559－561.
龙书生，李亚玲，李多川，等．1998. 陕西省玉米茎节腐烂病病原菌及其致病性研究［J］．山东农业大学学报，29（1）：105－108.
龙书生，马秉元，李亚玲，等．1995. 陕西关中西部玉米穗粒腐病寄藏真菌种群研究［J］．西北农业学报，4（3）：63－66.
娄巨贤，宋龙范．1977. 吉林省延吉地区玉米螟寄生蜂的调查初报［J］．昆虫知识，14（1）：8－9.
卢灿华，罗雁新，沙本才，等．2012. 云南省玉米灰斑病菌孢子相关生物学特性研究［J］．西南师范大学学报：自然科学版，37（6）：51－56.
卢灿华，吴景芝，马荣，等．2010. 昆明地区玉米灰斑病病斑的扩展规律［J］．华中农业大学学报，29（8）：431－435.
卢灿华，吴毅歆，黄莲英，等．2013. 玉米圆斑病研究概述［J］．云南农业大学学报，28（1）：133－139.
卢灿华．2012. 云南省玉米圆斑病病原鉴定及其生理小种和交配型分析［D］．昆明：云南农业大学．
卢永宏，杨群芳．2010. 朱砂叶螨优势种天敌昆虫的评价［J］．环境昆虫学报，32（4）：556－560.
卢宗志，李艳君，李海春，等．2008. 玉米灰斑病对玉米产量及产量特性的影响研究［J］．玉米科学，16（6）：126－129.
鲁栋，程利群．1999. 铜陵市玉米疯顶病发生情况及防治措施［J］．安徽农业科学，27（4）：388－389.
鲁新，李建平，王蕴生．1995. 亚洲玉米螟化性类型的初步研究［J］．玉米科学，3（1）：75－78.
鲁新，李建平，周大荣．1998. 不同化性亚洲玉米螟性信息素分析［J］．吉林农业大学学报，20（1）：20－23.
鲁新，李建平．1993. 亚洲玉米螟自然种群生命表的初步研究［J］．植物保护学报，20（4）：313－318.
鲁新，李丽娟，刘宏伟，等．2007. 玉米不同种植方式对玉米螟的控制作用研究［J］．玉米科学，15（6）：114－117.
鲁新，刘宏伟，丁岩，等．2010. 吉林省玉米螟的化性类型与其主要特性的关系［J］．玉米科学，18（5）：118－121.
鲁新，田志来，张国红，等．2005. 不同化性亚洲玉米螟有效积温和成虫飞翔能力的比较［J］．植物保护学报，32（3）：333－334.
鲁新，张国红，李丽娟，等．2005. 吉林省亚洲玉米螟的发生规律［J］．植物保护学报，32（3）：241－245.
鲁新，周大荣．1997. 亚洲玉米螟化性与抗寒能力的关系［J］．玉米科学，5（4）：72－77.
鲁新，周大荣．1998a. 水分对复苏后亚洲玉米螟越冬代幼虫化蛹的影响［J］．植物保护学报，25（3）：213－217.
鲁新，周大荣．1998b. 亚洲玉米螟不同化性类型的 RAPD 分析［J］．植物保护，24（2）：3－5.
鲁新，周大荣．1998c. 亚洲玉米螟越冬幼虫化性与复苏后发育历期的关系［J］．玉米科学，S1：100－102.
鲁新，周大荣．1998a. 吉林省亚洲玉米螟化性类型与其发育历期的关系［J］．植物保护学报，26（1）：1－6.

鲁新，周大荣 . 1998b. 湿度对复苏后越冬玉米螟幼虫的影响 [J] . 植物保护，25 (1)：1 - 3.
鲁新，周大荣 . 1998c. 亚洲玉米螟化性与繁殖力的关系 [J] . 昆虫知识，36 (2)：74 - 77.
鲁新，周大荣 . 2000. 亚洲玉米螟不同化性类型的光周期反应 [J] . 植物保护学报，27 (1)：12 - 16.
鲁新 . 1993. 亚洲玉米螟田间主要死亡因子分析 [J] . 玉米科学，1 (2)：77 - 79.
鲁新 . 1997. 亚洲玉米螟大发生的因素及预测预报 [J] . 吉林农业科学 (1)：44 - 48.
陆美生，陆燕 . 2008. 2007 年河池市玉米铁甲虫偏重发生原因分析及防治 [J] . 广西农学报，23 (5)：48 - 50.
陆温，张永强，黄崇科 . 2001. 玉米铁甲虫自然种群生命表的初步研究 [J] . 广西农业生物科学，20 (2)：88 - 101.
陆温，张永强，黄崇科 . 2003. 玉米铁甲虫的防治指标研究 [J] . 广西农业生物科学，22 (1)：29 - 31.
陆温，张永强 . 1991. 玉米铁甲虫对温度反应的初步研究 [J] . 西南农业学报，4 (2)：85 - 90.
鹿金秋，王振营，何康来，等 . 2009. 桃蛀螟越冬老熟幼虫过冷却点测定 [J] . 植物保护，35 (2)：44 - 47.
鹿金秋，王振营，何康来，等 . 2010. 桃蛀螟研究的历史、现状与展望 [J] . 植物保护，36 (2)：31 - 38.
路银贵，邸垫平，苗洪芹，等 . 2001. 国外及国内玉米自交系抗粗缩病鉴定及分析 [J] . 河北农业科学，5 (4)：22 - 25.
吕国忠，张益先，梁景颐，等 . 2003. 玉米灰斑病发生流行规律及品种抗病性 [J] . 植物病理学报，33 (5)：462 - 467.
吕国忠，赵志慧，张晓东，等 . 2010. 串珠镰孢菌种名的废弃及其与腾仓赤霉复合种的关系 [J] . 菌物学报，29 (1)：143 -151.
吕龙石，金大勇，吴松权，等 . 2002. 吉林省截形叶螨与二斑叶螨卵的发育起点温度和有效积温 [J] . 植物保护，28 (2)：17 - 18.
吕香玲，李新海，谢传晓，等 . 2008. 玉米抗甘蔗花叶病毒基因的比较定位 [J] . 遗传，30 (1)：101 - 108.
吕香玲，宋波，刘玉梅，等 . 2009. 玉米矮花叶病的抗性遗传分析 [J] . 华北农学报，24 (1)：169 - 173.
吕香玲，张宝石 . 2007. 玉米矮花叶病研究进展 [J] . 作物杂志 (3)：27 - 31.
吕宇新，崔连民，李红梅，等 . 2001. 玉米细菌性茎腐病的发生和防治 [J] . 杂粮作物，21 (1)：37.
罗梅浩，赵艳艳，刘晓光，等 . 2007. 不同玉米品种的抗虫性研究 [J] . 玉米科学，15 (5)：34 - 37.
罗畔池，孔令晓，霍志清 . 1995. 河北省玉米新病害——疯顶病 [J] . 河北农业科技（增刊）：33.
罗畔池，刘克明，杨明漪，等 . 1981. 我国玉米小斑病菌的生理小种 [J] . 植物病理学报，11 (3)：51 - 58＋ 69 - 70.
罗畔池，张成和，刘爱国，等 . 1993. 玉米茎腐病原及栽培与发病关系 [J] . 华北农学报，8（增刊）：110 - 114.
罗占忠，高玉风，顾海燕，等 . 1997. 玉米疯顶病传播途径的试验及调查 [J] . 植物保护，23 (5)：33 - 34.
罗占忠，李彦录，刘江山 . 1994. 宁夏发生玉米霜霉病 [J] . 植物保护 (1)：51.
罗占忠，李彦录 . 1996. 吴忠市玉米霜霉病发生情况调查 [J] . 宁夏农林科技 (4)：7 - 9.
罗占忠，刘江山，高玉风，等 . 2000. 玉米疯顶病症状类型及病原菌形态观察 [J] . 植保技术与推广，20 (2)：9 - 10.
罗治建，赵升平，曾进，等 . 2000. 板栗桃蛀螟生活史、习性及防治技术研究 [J] . 湖北林业科技，113 (3)：22 - 23.
马秉元，李亚玲 . 1985. 陕西省关中地区玉米青枯病病原菌及其致病性研究 [J] . 植物病理学报，15 (3)：150 - 152.
马桂珍，暴增海，杨文兰 . 1994. 玉米锈病初侵染来源的研究 [J] . 河北农业大学学报，17 (4)：100 - 102.
马继芳，李立涛，甘耀进，等 . 2012. 二点委夜蛾年生活史及天敌种类调查 [J] . 中国植保导刊，32 (12)：37 - 40.
马继芳，李立涛，王玉强，等 . 2011. 二点委夜蛾形态特征的初步观察 [J] . 应用昆虫学报，48 (6)：1869 - 1873.
马继芳，王玉强，李立涛，等 . 2012. 二点委夜蛾冬前田间调查及越冬虫态研究简报 [J] . 中国植保导刊 (1)：28 - 30.
马建仓，李文明，杨鹏，等 . 2010. 种衣剂对玉米种子出苗率的影响及对苗枯病和顶腐病的防治效果 [J] . 甘肃农业大学学报，45 (5)：51 - 55.
马立功 . 2010. 5 种药剂防治玉米茎基腐病、丝黑穗病药效试验 [J] . 中国农学通报，26 (11)：264 - 266.
马丽，袁水霞，马恒，等 . 2010. 几种引诱剂对桃园白星花金龟诱捕效果试验 [J] . 北方园艺 (12)：176 - 177.
马丽君，吴纪昌，王作英，等 . 1996. 玉米种质资源对大斑病的抗性鉴定 [J] . 玉米科学，4 (4)：18 - 21.
马俐，贾炜，洪晓月，等 . 2005. 不同寄主植物对二斑叶螨和朱砂叶螨发育历期和产卵量的影响 [J] . 南京农业大学学报，28 (4)：60 - 64.
马沛卿，王晓玲 . 1997. 山西省玉米新品种（系）抗病性鉴定与评价 [J] . 山西农业科学，25 (1)：70 - 73.
马世龙 . 2012. 衡水市玉米田二点委夜蛾发生特点及防控措施 [J] . 中国植保导报，32 (2)：34 - 35.
马松岳，何康来，王振营，等 . 2005. 黄淮海地区玉米田蓟马发生与防治研究现状 [M] //成卓敏 . 农业生物灾害预防与控制研究 . 北京：中国农业科学技术出版社：412 - 415.
马文珍 . 1995. 中国经济昆虫志：第四十六册 鞘翅目 花金龟科 [M] . 北京：科学出版社 .
马兴祥，李万希，兰晓波，等 . 2010. 石羊河流域玉米红蜘蛛发生的气象条件分析 [J] . 中国农业气象，31 (2)：320 -323.
马占鸿，李怀方，周广和 . 1999. 玉米矮花叶病研究进展与存在问题 [J] . 植物保护，25 (2)：33 - 35.
毛朝军 . 2002. 玉米褐斑病的发生及预防 [J] . 河南农业，7：18.

毛增华，阎惠，李兆芬．1989. 吉林省玉米螟天敌种类调查研究初报［J］．吉林农业大学学报，11（4）：6－8.

梅丽艳，李莫然，王芊，等．1998. 黑龙江省玉米青枯病病原菌种类及防治研究［C］//程登发．植物保护21世纪展望．北京：中国科学技术出版社：320－323.

孟瑞霞，刘家骧，黄俊霞，等．2008. 温度对玉米截形叶螨实验种群繁殖的影响［J］．内蒙古农业大学学报，29（1）：32－35.

孟瑞霞，刘家骧，杨宝胜，等．2001. 光照对截形叶螨生长发育和繁殖的影响［J］．华北农学报，16（2）：113－118.

孟瑞霞，赵建兴，刘家骧，等．2001. 玉米截形叶螨滞育诱导研究［J］．内蒙古农业科技（3）：4－6.

孟有儒，李万苍，王多成，等．2006. 玉米黑束病发病原因与防治对策［J］．植物保护，3：71－74.

孟有儒，邢会琴，李万苍，等．2008. 玉米顶腐病鉴定［J］．植物保护，34（4）：107－110.

孟有儒，张保善．1992. 玉米黑束病病害症状与病原生理特性的研究［J］．云南农业大学学报，1：27－32.

苗洪芹，陈巽祯．1997. 河北省玉米粗缩病发生危害与防治［J］．植物保护，23（6）：17－19.

苗洪芹，陈巽祯，曹克强，等．2003. 玉米粗缩病的流行因素与预测模型［J］．河北农业大学学报，26（2）：60－64.

穆明臣．2010. 玉米黄呆蓟马的发生与防治［J］．现代农村科技（19）：31.

能乃扎布．1980. 危害禾本科牧草的害虫——赤须盲蝽［J］．中国草原（3）：29.

聂强，孙强．2009. 双斑萤叶甲成虫的取食选择性研究［J］．黑龙江八一农垦大学学报，21（4）：38－41.

牛国柱．2011. 二点委夜蛾的发生与防治［J］．现代农业科技（20）：186，190.

潘惠康，张兰新，夏志红，等．2006. 不同类型玉米对穗粒腐病的感病性［J］．天津农业科学，12（1）：34－35.

潘惠康，张兰新．1992. 玉米穗腐病导致产量损失的品种和气候因素分析［J］．华北农学报（4）：99－103.

潘惠康．1987. 玉米对穗粒腐病的抗病性［J］．华北农学报，2（3）：86－89.

潘顺法，白金铠，李勇，等．1982. 玉米大斑病菌生理小种鉴定结果初报［J］．植物病理学报，12（1）：61－64.

潘顺法，姜晶春，白金铠，等．1983. 玉米圆斑病药剂防治试验报告［J］．吉林农业科学，3：59－71.

庞保平，刘家骧，刘茂荣，等．2005. 玉米田截形叶螨种群动态的研究［J］．生态学杂志，24（10）：1115－1119.

庞保平，刘家骧，周晓榕，等．2005. 不同玉米品种对截形叶螨种群参数的影响［J］．应用生态学报，17（7）：1313－1316.

庞保平，周晓榕，史丽，等．2004. 不同寄主植物对截形叶螨生长发育及繁殖的影响［J］．昆虫学报，47（1）：55－58.

庞淑苹．2001. 抗黑粉病优质高产夏玉米品种的田间鉴别［J］．玉米科学，9：73－74.

裴静宇，高锋，杨彦文，等．2007. 玉米小斑病重要流行环节的初步定量研究——Ⅰ孢子萌发侵入、病斑潜育显症及扩展［J］．吉林农业大学学报，29（1）：28－32.

裴启忠．2010. 玉米粗缩病的发生规律及防治技术研究［D］．上海：上海交通大学．

彭绍裘，曾昭瑞，张志光．1986. 水稻纹枯病及其防治［M］．上海：上海科学技术出版社．

彭先达，向喜，向启发．1994. 开县部分玉米暴发霜霉病［J］．四川农业科技（6）：21.

朴纯熟，周玉书，仇贵生，等．2000. 二斑叶螨滞育特性的初步研究［J］．昆虫知识，37（4）：212－214.

戚佩坤，白金铠，朱桂香．1966. 吉林省栽培植物真菌病害志［M］．北京：科学出版社．

戚佩坤．1978. 玉米、高粱、谷子病原手册［M］．北京：科学出版社．

祁永红，李学湛．1994. 玉米茎腐病组织细胞学观察初报［J］．黑龙江农业科学（3）：25－26.

钱幼亭，孙晓平，梁影屏，等．1999. 不同播期对玉米粗缩病发生的影响［J］．植物保护，25（3）：23－24.

秦昌文，覃保荣，胡明钰．2003. 广西玉米铁甲虫发生为害规律及其防治技术应用［J］．广西植保，16（1）：21－22.

秦芸，叶华智，张敏，等．2001. 雅安山区玉米纹枯病菌的种群组成［C］//倪汉祥，成卓敏．面向21世纪植物保护发展战略研讨会论文集．北京：中国科学技术出版社：702－704.

秦志清，辛建平，晋俊林，等．2008. 玉米丝黑穗病重发因素及防治对策浅析［J］．山西农业科学，36（2）：30－31.

邱荣芳，杨岫，郝彦俊．1993. 新疆玉米新病害——疯顶病［J］．新疆农业科学（2）：65－66.

曲丽红，赵珠莲，马玉英，等．2000. 玉米三点斑叶蝉发生因素调查［J］．新疆农业科学，1：22.

曲晓丽．2010. 玉米顶腐病菌与寄主互作研究［D］．沈阳：沈阳农业大学．

屈振刚，路子云，赵聚莹，等．2011. 玉米田褐足角胸叶甲发生规律及防治技术研究［J］．华北农学报，26（增刊）：225－228.

屈振刚，赵聚莹，张海剑，等．2008. 玉米新害虫褐足角胸叶甲的发生与为害特点［J］．河北农业科学，12（11）：25，40.

全国农业技术推广服务中心．2008. 中国玉米新品种动态：2008年国家级玉米品种区试报告［M］．北京：中国农业科学技术出版社．

全国农业技术推广服务中心．2009. 中国玉米新品种动态：2009年国家级玉米品种区试报告［M］．北京：中国农业科学技术出版社．

全国农业技术推广服务中心．2010. 中国玉米新品种动态：2010年国家级玉米品种区试报告［M］．北京：中国农业科学技术出版社.
全国农业技术推广服务中心.2011.中国玉米新品种动态：2011年国家级玉米品种区试报告[M].北京：中国农业科学技术出版社.
全国玉米螟综合防治研究协作组.1988.我国玉米螟优势种的研究[J].植物保护学报，15：145-151.
任海龙，张涛.2012.玉米瘤黑粉病的发生与防治[J].现代农业科技，06：190.
任金平，吴新兰，庞志超.1995.吉林省玉米苗病发生危害及病原真菌种类调查[J].玉米科学（增刊）：7-10.
任金平，吴新兰，孙秀华.1995.吉林省玉米镰孢菌穗腐病和茎腐病病原菌传染循环研究[J].玉米科学，S1（增刊）：25-28.
任金平.1990.玉米大斑、小斑、圆斑病菌的有性世代[J].吉林农业科学，3：47-51，62.
任金平.1993.玉米穗腐病研究进展[J].吉林农业科学（3）：39-43.
任旭，朱振东，李洪杰，等.2012.轮枝镰孢SSR标记开发及在玉米分离群体遗传多样性分析中的应[J].中国农业科学，45（1）：52-66.
任智惠，苏前富，孟玲敏，等.2011.吉林省玉米灰斑病菌RAPD分析[J].玉米科学，19（6）：118-121.
任转滩，马毅，任真真.2005.南方玉米锈病的发生及防治对策[J].玉米科学，13（4）：124-126.
阮义理，胡务义，何万娥.2001.玉米多堆柄锈菌的生物学特性[J].玉米科学，9（3）：82-85.
阮义理，胡务义.2002.玉米多堆柄锈菌的初侵染源探讨[J].植物保护，28（4）：55.
桑立君，刘丽丽，金宝昌，等.2007.玉米自交系资源对大斑病抗病性的鉴定[J].中国种业（6）：69.
山东农业科学院.1973.玉米青枯病发生情况调查简报[J].山东农业科学（3）：42-43.
山东农业科学院作物研究所.1978.玉米抗病育种的几点体会[J].山东农业科学（1）：61-65.
山东省土壤肥料研究所，德州地区农业科学研究所.1975.顶头孢霉菌引致玉米导管束黑化病的研究初报[J].山东农业科学（1）：53-57.
单绪南，杨普云，赵中华，等.2011.2011年玉米田二点委夜蛾发生原因及防治对策[J].中国植保导刊，31（8）：20-22.
上海稻纵卷叶螟海捕协作组.1981.海捕稻纵卷叶螟——发生与回迁[J].植物保护，7（6）：8-9.
申洪利，陆建高.2003.浅析玉米蚜的发生及防治[J].天津农林科技（6）：10-11.
申效诚，王克曾，孟光.1986.赤眼蜂早期低量释放的大田试验[J].生物防治通报，2（4）：152-154.
申效诚，王文夕，孔建，等.1991.早期低量释放用人工卵繁殖的赤眼蜂防治玉米螟[J].中国生物防治，7（3）：141.
申效诚.1987.从玉米螟种群数量的变化看生物防治的生态学效应[J].河南农业大学学报，21（4）：485-489.
申效诚.1990.兰考县玉米螟的种群动态及其防治对策探讨[J].河南农业科学，（6）：13-15.
沈光斌.2000.玉米褐斑病重发原因及防治技术[J].安徽农学通报，12（5）：191.
石洁，刘玉瑛，魏利民.2002.河北省玉米南方型锈病初侵染来源研究[J].河北农业科学6（4）：5-8.
石洁，王振营，何康来.2005.黄淮海区夏玉米病虫害发生趋势与原因分析[J].植物保护，31：63-65.
石洁，王振营，姜玉英，等.2011.二点委夜蛾越冬场所调查初报[J].植物保护，37（6）：138-140.
石洁，王振营.2010.玉米病虫害防治彩色图谱[M].北京：中国农业出版社.
石洁.2002.玉米镰刀菌型茎腐、穗腐、苗期根腐病的相互关系及防治[D].保定：河北农业大学.
石菁，张金文，陆继有.2010.玉米瘤黑粉病抗性鉴定技术的评价[J].玉米科学，18：131-134.
石磊.2009.中山大学馆藏花金龟科Cetoniidae昆虫研究（鞘翅目：金龟子总科：花金龟科）[D].广州：中山大学.
石玉侠.2008.玉米丝黑穗病的发生原因与综合防治[J].河北农业科学，2：31.
史春霖，徐绍华.1979.北京玉米和高粱上的玉米矮花叶病毒[J].植物病理学报，9（1）：35-40.
史晓榕，白建法，白丽.1994.串珠镰刀菌毒素对玉米胚根抑制作用的研究[J].植物保护学报，21（3）：243-247.
史晓榕，白丽.1992.不同类型玉米群体穗腐病病原菌的调查研究[J].植物保护（2）：28-29.
宋朝玉，张继余，张清霞，等.2007.玉米苗枯病的发生与研究进展[J].玉米科学，15（9）：137-139.
宋立秋，石洁，王振营，等.2012.亚洲玉米螟为害对玉米镰孢穗腐病发生程度的影响[J].植物保护，38（6）：50-53.
宋立秋，魏利民，王振营，等.2009.亚洲玉米螟与串珠镰孢菌复合侵染对玉米产量损失的影响[J].植物保护学报，36（6）：487-490.
宋伟彬，董华芳，陈威，等.2005.玉米穗粒腐病研究进展[J].河南农业大学学报，39（4）：368-376.
宋艳春，裴二序，石云素，等.2012.玉米重要自交系的肿囊腐霉茎腐病抗性鉴定与评价[J].植物遗传资源学报，13（5）：798-802.
宋玉握，陈鹏印.1984.玉米青枯病调查研究简报[J].陕西农业科学（4）：7-9.
宋佐衡，陈捷，刘伟成.1995.辽宁省玉米茎腐病病原菌组成及优势种研究[J].玉米科学，3（增刊）：40-42.
宋佐衡，梁景颐，白金铠，等.1990.辽宁省玉米茎腐病病原菌研究[J].沈阳农业大学学报，21（3）：214-218.

宋佐衡，马丽君 . 1993. 保健栽培措施对玉米茎腐病控制效应研究［J］. 辽宁农业科学（5）：23－26.
苏加岱，姚景勇，申慕真，等 . 2009. 改变麦田套种玉米种植模式以防止玉米粗缩病的发生［J］. 现代农业科技（1）：155－160.
苏俊，张瑞英，张坪，等 . 1994. 玉米自交系和杂交种抗茎腐病鉴定及其间抗性遗传关系的研究［J］. 玉米科学，2（4）：59－63.
苏前富，宋淑云，王巍巍，等 . 2008. 吉林省玉米大斑病菌生理小种的组成变异与动态预测［J］. 玉米科学，16（6）：123－125.
苏有国 . 2008. 白银区武川乡玉米田棉铃虫发生规律调查［J］. 甘肃农业科技（1）：17－19.
苏战平，翟保平，张孝羲，等 . 2001. 棉铃虫卵在不同生育期玉米上的分布［J］. 昆虫知识，38（2）：117－119.
隋鹤，高增贵，庄敬华，等 . 2010. 寄主选择压力下玉米弯孢菌叶斑病菌致病性分化及生物学特性研究［J］. 中国农学通报，26（4）：239－243.
孙炳剑，雷小天，袁虹霞，等 . 2006. 玉米褐斑病暴发流行原因分析与防治对策［J］. 河南农业科学（11）：61－62.
孙炳剑，袁虹霞，邢小萍，等 . 2008. 不同玉米品种对褐斑病抗性的初步鉴定［J］. 玉米科学，16（6）：132－135.
孙成韬，张丽颖，王金君，等 . 2007. 玉米灰斑病的研究进展［J］. 玉米科学，15（2）：133－136.
孙鼎昌 . 1987. 玉米铁甲虫的发生及防治［J］. 广西植保（试刊）：11－18.
孙发明，刘兴二，焦仁海，等 . 2006. 论春玉米区抗丝黑穗病杂交种的选育及应用［J］. 玉米科学，14（增刊）：20－22.
孙发仁 . 1981. 泰安地区玉米霜霉病（丛顶病）发生调查［J］. 植物保护（6）：31.
孙广勤，王春云，杨中旭 . 2007. 2006 年鲁西地区夏玉米穗期蚜虫暴发成灾原因分析及防治措施［J］. 植物保护，33（4）：118－121.
孙广宇，王琴，张荣，等 . 2006. 条斑型玉米圆斑病病原鉴定及其生物学特性研究［J］. 植物病理学报，36（6）：494－500.
孙淑兰，梁志业，王君，等 . 1995. 性诱剂防治玉米螟技术研究［J］. 吉林农业科学（4）：48－54.
孙淑琴，温雷蕾，董金皋 . 2005. 玉米大斑病菌的生理小种及交配型测定［J］. 玉米科学，13（4）：112－113.
孙秀华，孙亚杰，张春山，等 . 1994. 钾、硅肥对玉米茎腐病的防治效果及其理论依据［J］. 植物保护学报，21（2）：102－102.
孙秀华，张春山，孙亚杰 . 1992. 吉林省玉米茎腐病危害损失及优势病原菌种类研究［J］. 吉林农业科学（2）：43－46.
孙绪艮，周成刚，焦明，等 . 1992. 朱砂叶螨生物学特性及有效积温的研究［J］. 山东林业科技（专辑）：1－4.
孙雁，周天富，王云月，等 . 2006. 辣椒玉米间作对病害的控制作用及其增产效应［J］. 园艺学报，33（5）：995－1000.
孙元峰，上官建宗，宋长友，等 . 2005. 玉米耕葵粉蚧的发生危害特点及防治技术［J］. 河南农业科学（9）：47－49.
孙运村，王文斌，张勇，等 . 1999. 玉米疯顶病在喀什地区流行［J］. 植保技术与推广，19（6）：42.
覃丽萍，晏卫红，黄思良，等 . 2008. 广西普通玉米区试品种抗病虫性鉴定［J］. 中国种业，11：40－42.
谭复顺，姜从银 . 1988a. 玉米纹枯病的危害损失及防治措施［J］. 湖北农业科学，12（2）：25－26.
谭复顺，姜从银 . 1988b. 鄂西山区玉米纹枯病损失率调查［J］. 植物保护，14（2）：54.
谭娟杰，虞佩玉，李鸿兴，等 . 1980. 中国经济昆虫志：第十八册　鞘翅目　叶甲总科（一）［M］. 北京：科学出版社.
檀尊社，游福欣，陈润玲，等 . 2003. 夏玉米小斑病发生规律研究［J］. 河南科技大学学报：农学版（2）：64－66.
唐朝荣，陈捷，纪明山，等 . 2000. 辽宁省玉米纹枯病病原学研究［J］. 植物病理学报，30（4）：319－326.
唐致宗，韩梅 . 2001. 武威市玉米红蜘蛛的发生情况及防治策略［J］. 甘肃农业科技（2）：40－41.
陶家凤，谭方河 . 1995. 立枯丝核菌侵染玉米的研究［J］. 植物病理学报，25（3）：253－257.
天等县病虫害测报站 . 1965. 玉米铁甲虫的预测［J］. 广西农业科学，5：51－52.
田志来，谭云峰，孙光芝，等 . 2008. 影响松毛虫赤眼蜂防螟效果的主要因素［J］. 吉林农业科学，33（6）：67－69，78.
佟屏亚 . 2000. 中国近代玉米病虫害防治研究史略［J］. 中国科技史料，21（3）：242－250.
佟圣辉，陈刚，王孝杰，等 . 2005. 我国玉米杂优群对主要病害的抗性鉴定与评价［J］. 杂粮作物，25：101－103.
涂小云，陈元生，夏勤雯，等 . 2012. 亚洲玉米螟成虫寿命与繁殖力的地理差异［J］. 生态学报，32（13）：4160－4165.
涂永海，沙本才，何月秋 . 2007. 凤庆县玉米灰斑病发生规律初步研究［J］. 云南农业大学学报，22（4）：604－607.
吐努合·哈米提，潘卫平，王惠卿，等 . 2011. 三种植物源杀虫剂对白星花金龟的毒力测定［J］. 新疆农业科学，48（2）：348－353.
汪洋洲，王振营，何康来，等 . 2006. 甜玉米田玉米螟发生危害及防治措施［J］. 植物保护，32（1）：13－18.
王安乐，王娇娟，陈朝辉 . 2005. 玉米粗缩病发生规律和综合防治技术研究［J］. 玉米科学，13（4）：114－116.
王安乐，赵德发，陈朝晖，等 . 2000. 玉米自交系抗粗缩病特征的遗传基础及轮回选择效应研究［J］. 玉米科学，8（1）：80－82.
王帮太，吕香玲，席章营，等 . 2009. 玉米抗甘蔗花叶病毒分子标记开发［J］. 植物遗传资源学报，10（4）：497－503.

王超，陈月娣，赵小燕．2011. 嘧菌酯等药剂对玉米后期病害的防治试验［J］．浙江农业科学（6）：1353－1354.
王朝辉．2004. 水稻黑条矮缩病毒玉米分离物的分子特性及其侵染体系［D］．北京：中国农业大学．
王朝阳，王建胜，陈玉全．2003. 白星花金龟严重为害玉米原因分析及治理对策［J］．植保技术与推广，23（10）：14－16.
王承纶，王辉先，桂承明，等．1982. 玉米螟赤眼蜂利用的研究［J］．昆虫天敌，4（3）：1－4.
王春，陈立梅，郭晓勤，等．2006. 玉米弯孢菌叶斑病发生和防治若干问题研究［J］．玉米科学，14（2）：144－146，149.
王存晋．1997. 玉米蚜田间发生消长规律研究［J］．国外农学——杂粮作物（5）：49－51.
王富荣，傅玉红．1992. 山西玉米茎腐病病原菌的分离及致病性测定［J］．山西农业科学（9）：20－21.
王富荣，李翠英，石银鹿．1987. 玉米矮花叶病毒对玉米危害损失测定［J］．山西农业科学（8）：10－12.
王富荣，石秀清．2000. 玉米品种抗茎腐病鉴定［J］．植物保护学报，27（1）：59－62.
王拱辰，郑重．1996. 常见镰刀菌鉴定指南［M］．北京：中国农业科学技术出版社．
王桂清，陈捷．2000. 玉米灰斑病抗病性研究进展［J］．沈阳农业大学学报，31（5）：418－422.
王桂清，陈捷．2005a. 玉米灰斑病菌培养性状观察［J］．沈阳农业大学学报，36（2）：159－163.
王桂清，陈捷．2005b. 玉米灰斑病菌致病过程的寄主反应研究［J］．华北农学报，20（3）：94－99.
王桂清，高增贵，吕国忠，等．2004. 环境条件对玉米灰斑病菌生长的影响［J］．辽宁农业科学（6）：17－20.
王桂清，忻亦芬．2000. 沈阳地区不同化性亚洲玉米螟历期和有效积温的研究［J］．沈阳农业大学学报，31（5）：444－447.
王桂跃，吕仲贤，陈建明，等．2000. 玉米螟在不同类型玉米上的为害及其去雄与防治效果研究［J］．玉米科学，8（2）：92－94.
王桂跃，殷为汉，金加同．1996. 玉米苗枯病发生规律和防治方法研究［J］．玉米科学，4（4）：75－77.
王海光，马占鸿．2003. 玉米矮花叶病流行学研究进展［J］．玉米科学，11（2）：89－92.
王海光，马占鸿．2004. 玉米矮花叶病预测预报研究［J］．玉米科学，12（4）：94－98.
王宏伟，郭玉宏，张芳．2000. 玉米矮花叶病抗性育种模式研究初报［J］．玉米科学，8（2）：24－25.
王怀训，蔡春菊，王开运．2000. 玉米纹枯病为害和防治对策［J］．植物保护与技术推广，20（3）：12－13.
王坚，于有志．2002. 七种杀虫剂对白星花金龟的室内毒力测定［J］．宁夏农学院学报，23（4）：4－6.
王静，李菁，王振营，等．2012. 基于线粒体细胞色素 C 氧化酶Ⅱ亚基基因（COⅡ）序列的不同地理种群桃蛀螟的系统发育研究［J］．农业生物技术学报，20（10）：1106－1116.
王静．2012. 两种生态型桃蛀螟的种类鉴定和不同地理种群桃蛀螟的系统发育研究及 *Wolbachia* 感染情况研究［D］．泰安：山东农业大学．
王奎生，王殿臣，韩志景，等．1993a. 玉米青枯病抗性遗传规律研究Ⅰ：亲子相关和胞质基因对抗病性的影响［J］．山东农业科学，（3）：9－12.
王奎生，王殿臣，韩志景，等．1993b. 玉米自交系及杂交种抗青枯病鉴定［J］．作物学报，19（5）：468－472.
王奎生，王殿臣，韩志景，等．1994. 玉米青枯病抗性遗传规律研究Ⅱ：玉米青枯病遗传基因效应初步分析［J］．山东农业科学（5）：10－12.
王黎明，郑兴权，刘传兵，等．2009. 鄂西山区玉米病害发生情况和趋势分析［J］．湖北农业科学，48（11）：2738－2740.
王立安，郝丽梅，马春红，等．2004. HMC 毒素对雄性不育玉米线粒体结构和功能的影响［J］．植物病理学报，34（3）：221－224.
王立仁，刘斌侠，付泓．2006. 玉米田双斑长跗萤叶甲的发生为害与防治［J］．中国农技推广，22（5）：44.
王丽华，徐德江．2001. 玉米丝黑穗病侵染条件与防治研究［J］．内蒙古农业科技，S2：67－69.
王丽娟，徐秀德，姜钰，等．2011. 东北玉米苗枯病病原镰孢菌 rDNA ITS 鉴定［J］．玉米科学，19（4）：131－133，137.
王连生，刘克明，刘玉瑛，等．1993. 玉米品种（组合）对青枯病的抗性鉴定及产量损失研究［J］．作物品种资源（3）：12－13.
王藕芳，王加更，胡洪仁．2004. 东阳市桃蛀螟发生加重原因及综防技术［J］．中国植保导刊，24（2）：23－24.
王萍．2006. 玉米肿囊腐霉茎基腐病抗性基因的分子标记研究及其初步定位［D］．北京：中国农业科学院．
王琦，李欣，刘江山，等．2001. 玉米叶螨发生规律及防治技术研究初报［J］．植保技术与推广，21（6）：9－13.
王琴．2006. 玉米条斑型圆斑病病原菌的鉴定和生物学特性研究［D］．杨凌：西北农林科技大学．
王清华，张金桐．2008. 白星花金龟引诱剂的田间筛选［J］．山西农业大学学报，28（4）：444－445，486.
王铨茂，杨绳桃．1983. 玉米杂交种和自交系对多种病害抗病性的诱发病圃鉴定［J］．植物保护学报，10（3）：171－177.
王绍敏．2010. 吡唑醚菌酯对玉米大、小斑病防效及增产效果评价［J］．山东农业科学（9）：75－76.
王守进．2011. 玉米锈病的研究［J］．农业灾害研究，1（2）：15－20.
王晓飞，薛春生，徐书法，等．2007. 玉米弯孢菌黑色素性质及其在致病性中的作用研究［J］．安徽农业科学，35（21）：6476－6478.

王晓梅，刘国宁，田宇光，等．2007. 长春地区玉米大斑病流行指数增长期的病情增长研究［J］．玉米科学，15（5）：133-135.

王晓梅，吕平香，李莉莉，等．2007. 玉米小斑病重要流行环节的初步定量研究Ⅱ：病斑产孢、孢子飞散、杀菌剂筛选［J］．吉林农业大学学报，29（2）：128-132.

王晓鸣，戴法超，焦志亮，等．2001. 玉米种质资源抗弯孢菌叶斑病特性研究［J］．植物遗传资源科学，2（3）：22-27.

王晓鸣，戴法超，朱振东，等．2000. 玉米自交系和杂交种的抗病特性研究［J］．中国农业科学，33（增刊）：132-140.

王晓鸣，戴法超，朱振东，等．2001. 玉米疯顶病传播途径探讨［J］．植物保护，27（5）：18-20.

王晓鸣，戴法超，朱振东．2001. 中国玉米疯顶病发生现状与病害控制策略［C］//倪汉祥、成卓敏．面向21世纪的植物保护发展战略．北京：中国科学技术出版社：239-243.

王晓鸣，戴法超，朱振东．2003. 玉米弯孢菌叶斑病的发生与防治［J］．植保技术与推广，23（4）：37-39.

王晓鸣，戴法超．2002. 玉米病虫害田间手册——病虫害鉴别与抗性鉴定［M］．北京：中国农业科学技术出版社．

王晓鸣，晋齐鸣，石洁，等．2006. 玉米病害发生现状与推广品种抗性对未来病害发展的影响［J］．植物病理学报，36（1）：1-11.

王晓鸣，石洁，晋齐鸣，等．2010. 玉米病虫害田间手册——病虫害鉴别与抗性鉴定［M］．北京：中国农业科学技术出版社.

王晓鸣，王振营．2008. 玉米病虫害［M］//成卓敏．新编植物医生手册．北京：化学工业出版社．

王晓鸣，吴全安，刘晓娟，等．1994. 寄生玉米的6种腐霉及其致病性研究［J］．植物病理学报，24（4）：343-346.

王晓鸣，吴全安，张培坤．1999. 硫酸锌防治玉米茎基腐病的研究［J］．植物保护，25（2）：23-24.

王晓鸣．2005. 玉米病虫害知识系列讲座（Ⅲ）：玉米抗病虫性鉴定与调查技术［J］．作物杂志（6）：53-55.

王晓鸣．2007a. 玉米抗病虫性鉴定技术规范第1部分：玉米抗大斑病鉴定技术规范（NY/T 1248.1—2006）［S］．北京：中国农业出版社．

王晓鸣．2007b. 玉米抗病虫性鉴定技术规范第2部分：玉米抗小斑病鉴定技术规范（NY/T 1248.2—2006）［S］．北京：中国农业出版社．

王秀元，张林，李新海，等．2012.58份玉米自交系抗丝黑穗病鉴定［J］．玉米科学，18（3）：147-149，153.

王延玲，刘书义，白雪峰，等．2010. 玉米种质对玉米粗缩病的抗性研究初报［J］．中国植保导刊，30（2）：12-14.

王艳红，姜兆远，温嘉伟，等．2008. 普通型玉米锈病菌孢子飞散、传播及空间分布研究［J］．玉米科学，16（3）：117-120.

王燕，石秀清，王建军，等．2010. 玉米杂交种抗丝黑穗病鉴定［J］．玉米科学，18（2）：110-112，116.

王益民．1983. 关于玉米螟有无远距离迁飞的商榷［J］．昆虫知识，20：195.

王永宏，苏丽，仵均祥．2002. 温度对玉米蚜种群增长的影响［J］．昆虫知识，39（4）：277-280.

王永宏，仵均祥，苏丽．2003. 玉米蚜的发生动态研究［J］．西北农林科技大学学报：自然科学版，31（增刊）：25-28.

王玉萍，王晓鸣，马青．2007. 我国玉米大斑病菌生理小种组成变异研究［J］．玉米科学，15：123-126.

王玉强，李立涛，刘磊，等．2011. 二点委夜蛾的交配行为与产卵量［J］．河北农业科学，15（9）：4-6.

王圆，吴品珊，徐文忠，等．1995. 指疫霉属所引致的玉米霜霉病［J］．植物检疫，9（5）：285-288

王蕴生，张荣，冯芬芬．1983. 玉米自交系对亚洲玉米螟抗性评价初报［J］．植物保护学报，10（4）：231-234.

王蕴生，张荣，关维久．1985. 玉米心叶中丁布（DIMBOA）含量和花丝对亚洲玉米螟抗性的初步研究［J］．吉林农业科学，10（3）：66-70.

王蕴生，张荣，岳德荣，等．1990. 应用诱虫灯防治亚洲玉米螟研究简报［J］．植物保护，16（2）：32-33.

王蕴生，张荣．1983. 玉米田外防治玉米螟的可能性［J］．植物保护，9（3）：35.

王振汉．1990. 防治玉米圆斑病的方法［J］．沈阳农业大学学报，21（4）：337-338.

王振华，姜艳喜，王立丰，等．2002. 玉米丝黑穗病的研究进展［J］．玉米科学，10（4）：61-64.

王振营，何康来，石洁，等．2006. 桃蛀螟在玉米上为害加重原因与控制对策［J］．植物保护，32（2）：67-69.

王振营，何康来，文丽萍，等．2001. 第四代棉铃虫卵在华北夏玉米田的时空分布［J］．中国农业科学，34（2）：153-156.

王振营，鲁新，何康来，等．2000. 我国研究亚洲玉米螟历史、现状与展望［J］．沈阳农业大学学报，31（5）：402-412.

王振营，石洁，董金皋．2012.2011年黄淮海夏玉米区二点委夜蛾暴发危害的原因与防治对策［J］．玉米科学，20（1）：132-134.

王振营，周大荣，Hassan S A. 2000. 绿豆叶片提取液对玉米螟赤眼蜂寄生率的影响［J］．植物保护学报，27（2）：190-191.

王振营，周大荣，Hassan S A. 1996. 欧洲玉米螟雌蛾鳞片提取液对玉米螟赤眼蜂寄主搜索行为的影响［J］．植物保护学报，23（4）：373-374.

王振营，周大荣，宋彦英，等 . 1994. 亚洲玉米螟越冬代成虫扩散行为与迁飞可能性研究 [J] . 植物保护学报，21 (1)：25 - 31.

王振营，周大荣，宋彦英，等 . 1995. 亚洲玉米螟一、二代成虫扩散规律研究 [J] . 植物保护学报，22 (1)：7 - 11.

王振营，周大荣 . 1996. 应用赤眼蜂防治玉米螟 [J] . 世界农业 (8)：36.

王振跃 . 1991. 玉米青枯病的发生与防治 [J] . 河南农业科学 (7)：36 - 37.

王子清，张晓菊 . 1990. 危害玉蜀黍的葵粉蚧属新种记述 [J] . 昆虫学报，33 (4)：450 - 452.

王作英，吴纪昌，马丽君 . 1995. 玉米抗青枯病遗传规律研究 [J] . 玉米科学，3 (4)：68 - 70.

韦海燕，韦发才，杨再豪，等 . 2006. 天峨县玉米铁甲虫的发生与防治 [J] . 广西植保，19 (3)：25 - 27.

魏建华，郭正强，董建忠 . 1996. 玉米新害虫——玉米三点斑叶蝉的识别与防治 [J] . 新疆农业科技，6：24.

魏建华 . 1996. 玉米三点斑叶蝉的发生与防治 [J] . 植保技术与推广，16 (5)：35 - 36.

温权州，周明山，尹鑫 . 2009. 利川市玉米弯刺黑蝽为害特点和防治方法 [J] . 湖北植保，4：60.

温瑞，黄梧芳，康绍兰，等 . 2000. 玉米茎腐病研究进展 [J] . 河北农业大学学报，23 (1)：53 - 56.

文丽萍，周大荣，王振营，等 . 2000. 亚洲玉米螟越冬幼虫存活和滞育解除与水分摄入的关系 [J] . 昆虫学报，43 (增刊)：137 - 142.

问锦曾，黄虹，王万成 . 1991. 东北玉米螟一代区微孢子虫、玉米螟和玉米之间相互关系初探 [J] . 应用生态学报，2 (4)：329 - 333.

问锦曾，李社平 . 1986. 玉米螟微孢子虫病发生和流行的考察 [J] . 生物防治通报，2 (2)：87 - 88.

吴安国，牟莉芸 . 1989. 云南省玉米大斑病菌生理小种研究Ⅱ [J] . 云南农业科技 (3)：18 - 21.

吴安国 . 1986. 云南玉米大斑病菌生理小种变异研究Ⅰ [J] . 云南农业科技 (3)：15 - 17.

吴海燕，孙淑荣，范作伟，等 . 2007. 玉米茎腐病研究现状与防治对策 . 玉米科学，15 (4)：129 - 132.

吴汉东 . 2002. 2001 年广西玉米铁甲虫监测及联合防治的情况 [J] . 广西植保，15 (1)：28 - 30.

吴纪昌，陈刚，邹桂珍 . 1983. 玉米大斑病菌生理小种研究初报 [J] . 植物病理学报，13：15 - 20.

吴纪昌，马丽君，王作英 . 1997. 玉米抗尾孢菌叶斑病鉴定与抗病材料利用 [J] . 辽宁农业科学 (5)：25 - 28.

吴建宇，丁俊强，杜彦修，等 . 2002. 两个玉米矮花叶病显性互补抗病基因的发现和定位 [J] . 遗传学报，29 (12)：1095 -1099.

吴景芝，刘世建，沙本才，等 . 2009. 利用 F_2 代建立玉米灰斑病的分级标准 [J] . 植物保护学报，36 (5)：439 - 440.

吴景芝，魏永田，李自萍，等 . 2009. 玉米丝黑穗病菌冬孢子萌发湿度及云南玉米新品种抗性鉴定研究 [J] . 中国农学通报，25 (19)：186 - 189.

吴立民，陆化森 . 1995. 玉米田桃蛀螟发生规律的研究 [J] . 昆虫知识，32 (4)：207 - 210.

吴立民 . 1999. 玉米田三种螟虫转移为害规律及防治对策 [J] . 昆虫知识，36 (5)：260 - 263.

吴千红，陈晓峰 . 1988. 拟长毛钝绥螨 (*Amblyseius pesudolongis - pinosus*) 对朱砂叶螨 (*Tetranychus cinnabarinus*) 的捕食效应 [J] . 复旦学报，27 (4)：414 - 420.

吴千红，丁兆荣 . 1985. 光照对朱砂叶螨生长发育的影响 [J] . 生态学杂志 (3)：22 - 26.

吴千红，吴士良 . 1988. 朱砂叶螨 (*Tetranychus cinnabarinus*) (蜱螨目叶螨科) 春季发生探讨 [J] . 上海农业学报，4 (3)：47 - 54.

吴千红，杨国平，经佐琴，等 . 1995. 朱砂叶螨自然种群动态研究 [J] . 应用生态学报，6 (3)：255 - 258.

吴千红，杨国平，经佐琴，等 . 1996. 茄子田朱砂叶螨—天敌关系灰色关联分析 [J] . 复旦学报，35 (2)：171 - 176.

吴千红，钟江，许云敏 . 1988. 温度和光照对朱砂叶螨实验种群的综合效应 [J] . 生态学报，8 (1)：66 - 76.

吴全安，梁克恭，朱朝贤 . 1984. 我国玉米小斑病菌的研究 [J] . 中国农业科学，17 (2)：70 - 74.

吴全安，梁克恭，朱小阳，等 . 1989. 北京和浙江地区玉米青枯病病原菌的分离与鉴定 [J] . 中国农业科学，22 (5)：71 -75.

吴全安，王晓鸣 . 1998. 用选择性抑制剂测定腐霉和镰刀菌对玉米的致病性 [M] //刘仪 . 植物病害研究与防治 . 北京：中国农业科学技术出版社：28 - 30.

吴全安，徐作珽，刘克明，等 . 1993. 我国玉米青枯病病原菌的分离和主要玉米品种抗病性的田间评价 [J] . 中国农业科学，26 (4)：88 - 89.

吴全安，朱小阳，李怡琳 . 1990. 北京地区玉米青枯病病原与发生条件的调查研究 [J] . 植物保护，16 (4)：5 - 6.

吴全安，朱小阳，林宏旭，等 . 1997. 玉米青枯病病原菌的分离及其致病性测定技术的研究 [J] . 植物病理学报，27 (1)：29 - 35.

吴全安 . 1996. 玉米黑粉病 [M] //方中达 . 中国农业百科全书：植物病理卷 . 北京：中国农业出版社 .

吴淑华，姜兴印，聂乐兴 . 2011. 高产夏玉米褐斑病产量损失模型及损失机理 [J] . 应用生态学报，22 (3)：720 - 726.

吴淑华，刘红，姜兴印，等 . 2010. 温度及杀菌剂对玉米褐斑病菌休眠孢子囊萌发的影响 [J] . 山东农业大学学报：自然科学版，41（2）：169－174.

吴文平．1990a. 河北省丝孢菌的研究Ⅰ：禾本科植物上蠕形菌的初步研究［J］．河北省科学院学报，7（1）：52－64.

吴文平．1990b. 河北省丝孢菌的研究Ⅱ：弯孢属［J］．河北省科学院学报，2：66－73.

席章营，任和平．1992. 玉米对青枯病的抗性遗传研究［J］．华北农学报，7（3）：76－80.

席章营，张书红，李新海，等．2008. 一个新的抗玉米矮花叶病基因的发现及初步定位［J］．作物学报，34（9）：1494-1499.

夏海波，伍恩宇，于金凤．2008. 黄淮海地区夏玉米纹枯病菌的融合群鉴定［J］．菌物学报，27（3）：360－367.

夏锦洪，方中达．1962. 玉米细菌性茎腐病病原菌的研究［J］．植物保护学报，1（1）：1－12.

夏敬源，马艳，王春义．1997. 不同寄主植物对棉铃虫发育与繁殖的影响［J］．植物保护学报，24（4）：375－376.

夏志红，潘惠康，张兰新，等．1995. 玉米穗腐病与蛀穗螟虫发生的关系［J］．华北农学报，（1）：88－91.

相建业，沈宝成．1999. 陕西省玉米病毒病种类及分布［J］．西北农业学报（3）：37－39.

相连英，任守让，周凤林，等．1995. 苏云金杆菌UV－17新细菌杀虫剂的研究与应用第1报：防治玉米螟效果试验[J]．吉林农业科学（1）：46－51.

肖明纲，陈敏，王晓鸣．2006. 玉米疯顶病病原菌染色检测技术［J］．植物保护，32（6）：129－132.

肖明纲，王晓鸣．2004. 玉米疯顶病在中国的发生现状与病害研究进展［J］．作物杂志（5）：41－44.

肖淑芹，姜晓颖，黄伟东，等．2011. 玉米瘤黑粉病菌生物学特性研究［J］．玉米科学，19（3）：135－137.

肖炎农，李建生，郑用链．2002. 湖北省玉米纹枯病病原丝核菌的种类和致病性［J］．菌物系统，21（3）：419－424.

谢关林，徐传雨，任小平．2001. 稻谷病原细菌 *Pantoea agglomerans* 的特征化研究［J］．浙江大学学报，27（1）：317-320.

谢慧玲，袁秀云，汤继华，等．2003. 玉米苗枯病抗源筛选及抗性遗传的初步研究［J］．河南农业大学学报，37（1）：10-12.

谢为民，王蕴生，杨桂华．1989. 取食玉米植株不同部位对玉米螟幼虫成活和发育的影响［J］．植物保护，15（4）：16-18.

谢益书，邱艳，郎奠基．1996. 掖单13号品种玉米霜霉病损失率的研究［J］．宁夏农学院学报，17（3）：1－4.

谢益书，邱艳，罗占忠，等．1996. 宁夏玉米霜霉病发生规律的研究［J］．宁夏农学院学报，17（2）：1－6.

谢益书，吴平．1994. 宁夏灌区玉米霜霉病的诊断和发生调查［J］．宁夏农林科技（2）：9－11.

谢益书，薛国平．1998. 玉米霜霉病药剂防治的研究［J］．宁夏农学院学报，19（1）：5－9.

谢志军．2008. 玉米种质资源抗丝黑穗病鉴定与评价［J］．植物保护，34（6）：92－95.

辛肇军，郑效虎，陈梅，等．2007. 中华通草蛉幼虫对玉米蚜捕食作用的研究［J］．山东农业科学（3）：64－66.

辛肇军，卓德干，李照会．2011. 夏玉米田害虫天敌种类调查［J］．山东农业科学（6）：85－89.

邢光耀，杜学林．2006. 不同玉米品种对小斑病和弯孢霉叶斑病的抗病性分析［J］．西北农业学报（1）：75－78.

邢光耀．2008. 玉米丝黑穗病和瘤黑粉病的症状区别与综合防治方法［J］．种子科技，6：58－59.

邢国珍．2011. 中国玉米南方锈菌的分子遗传多样性和超微结构研究［D］．郑州：河南农业大学．

邢会琴，马建仓，许永锋，等．2011. 防治玉米顶腐病和黑粉病药剂筛选［J］．植物保护，37（5）：187－192.

邢会琴，马建仓，杨鹏，等．2009. 玉米品种抗顶腐病遗传多样性分析及其应用［J］．中国生态农业学报，17（4）：694-698.

熊朝均，宗勇，张优成，等．1993. 桃蛀螟在秋玉米上的发生规律及其防治的研究［J］．四川农业科技（4）：13－14.

徐冠军，钟仕田．1984. 玉米螟天敌种类及主要寄生蜂习性调查初报［J］．华中农学院学报，3（1）：48－53.

徐家兰，周保亚，刘逸卿，等．1997. 玉米纹枯病菌生物学特性初步研究［J］．植物保护，23（2）：92－93.

徐丽荣，何康来，王振营．2012. 不同寄主上桃蛀螟越冬幼虫体内生化物质变化与抗寒性研究［J］．应用昆虫学报，49（1）：197－204.

徐明旭，高国富，杨寿运，等．2008. 白星花金龟（*Protaetia brevitarsis*）幼虫抗菌物质的分离纯化［J］．生命科学研究，12（1）：53－56.

徐庆丰，张荣，桂承明．1973. 应用白僵菌防治玉米螟的田间试验［J］．昆虫学报，16（2）：203－206.

徐生海，甘国福．2005. 二代棉铃虫卵在玉米田的分布规律调查［J］．植物保护，31（1）：76－78.

徐生海，张寿儒，龚世鹏，等．2003. 棉铃虫对不同种植方式玉米为害的试验［J］．植保技术与推广，23（6）：15－16.

徐秀德，董怀玉，姜钰，等．2000. 辽宁省玉米新病害——北方炭疽病研究初报［J］．沈阳农业大学学报，31（5）：507－510.

徐秀德，董怀玉，姜钰，等．2003. 玉米灰斑病抗性鉴定技术［J］．植物保护学报，30（2）：129－132.

徐秀德，董怀玉，赵琦，等．2001. 我国玉米新病害顶腐病的研究初报［J］．植物病理学报，31（2）：130－l34.

徐秀德，姜钰，王丽娟，等．2008. 玉米新病害——鞘腐病研究初报［J］．中国农业科学，41（10）：3083－3087.

徐秀德，刘志恒．2009. 玉米病虫害原色图鉴［M］．北京：中国农业科学技术出版社．
徐永伟．2011. 河南省玉米蚜的发生与防治对策［J］．河南农业，7：26.
徐作珽，张传模，李林，等．1993. 玉米自交系和杂交种抗茎腐病苗期鉴定［J］．作物品种资源（1）：34－35.
徐作珽，张传模，张柏松．1988. 玉米茎基腐病苗期抗性鉴定方法的研究［J］．山东农业科学（3）：46－48.
徐作珽，张传模．1985. 山东玉米茎腐病病原菌的初步研究［J］．植物病理学报，15（2）：103－108.
许建军，袁洲，刘忠军，等．2009. 白星花金龟在新疆农田生态区的寄主分布及其发生规律［J］．新疆农业科学，46（5）：1042－1046.
薛春生，肖淑琴，翟羽红，等．2008. 玉米弯孢菌叶斑病菌致病类型分化研究［J］．植物病理学报，38（1）：6－12.
薛梦林，张力群，张继澍，等．2008. 拮抗菌 *Pantoea agglomerans* B501 的鉴定及其对采后冬枣黑斑病的抑制效果［J］．中国生物防治，24（2）：122－127.
薛明，路奎远，刘玉升，等．1995. 禾本科作物新害虫耕葵粉蚧的研究［J］．山东农业大学学报，26（4）：459－464.
薛腾．2009. 辽宁玉米纹枯病流行动态及其预测预警研究［D］．沈阳：沈阳农业大学．
薛文卿，郭琼仙．2007. 利用玉米品种多样性控制大、小斑病的研究［J］．云南农业（10）：28－29.
鄢洪海，陈捷，夏淑春，等．2002. 玉米弯孢叶斑病菌白化菌株初报［J］．菌物系统，21（4）：604－606.
鄢洪海．2009. 玉米弯孢菌叶斑病菌致病性分化及几种鉴定技术比较［J］．中国农学通报，25（18）：338－343.
闫占峰，王振营，何康来．2011. 棉蚜为害玉米初报［J］．植物保护，37（6）：206－207.
闫占峰，张聪，王振营，等．2012. 龟纹瓢虫捕食玉米蚜功能反应研究［J］．中国生物防治学报，28（1）：139－142.
闫占峰．2011. 玉米田蚜虫发生规律与其天敌互作关系研究［D］．北京：中国农业科学院．
严吉明，叶华智，金庆超．2005. 温度对玉米纹枯病菌生长与发病的影响［J］．中国植保导报，6：7－9.
颜思奇，吴帮承，康显富，等．1984. 禾谷类作物纹枯病研究Ⅰ：水稻、玉米、小麦纹枯病和棉花立枯病四者之间的关系［J］．植物病理学报，14（1）：25－32.
燕平梅，赵文婧，单树花，等．2012. 转基因抗矮花叶病玉米及其亲本生理特性的对比研究［J］．中国生态农业学报，20（6）：772－776.
杨本荣，马巧月．1988. 玉米粗缩病的病毒寄主范围研究［J］．植物病理学报，13（3）：1－8.
杨碧野．1979. 玉米圆斑病发生与防治的初步调查研究［J］．辽宁农业科学（5）：10－11.
杨典洱，陈绍江，王岳光，等．2001. 玉米抗青枯病基因的遗传分析［J］．植物病理学报，31（4）：315－318.
杨光安．2001. 双斑萤叶甲的发生和防治［J］．植物医生，14（1）：24.
杨桂华，王蕴生．1995. 亚洲玉米螟雌雄蛾对不同光波的趋性［J］．玉米科学，S1：70－71.
杨海龙，薛腾，李德会，等．2008. 辽宁玉米害虫双斑长跗萤叶甲的发生危害与防治［J］．河南农业科学（11）：96－98.
杨家秀，李晓．1993. 玉米青枯病菌分离及田间发病调查［J］．西南农业大学学报（增刊）：101－103.
杨建功，高玉凤，陶卫新，等．2003. 玉米叶螨发生与气象、品种等因素关系分析［J］．宁夏农林科技（6）：31－32.
杨建国，金晓华，谢爱婷，等．2002. 玉米疯顶病种子传播研究［J］．植保技术与推广，22（6）：3－4.
杨建国，王连英．1997. 赤须盲蝽在北京地区小麦上发生为害［J］．植保技术与推广，7（5）：41.
杨建国，王泽民．2001. 北京地区褐足角胸叶甲发生严重［J］．植保技术与推广（10）：43.
杨进荣．2008. 玉米弯刺黑蝽的防治技术［J］．农村实用技术（12）：26.
杨仁义．1998. 酒泉地区玉米青枯病病原研究初报［J］．甘肃农业科学（7）：47－48.
杨瑞生，王振营，何康来，等．2008. 秆野螟属部分种的线粒体 COⅡ基因序列分析及其分子系统学（鳞翅目：草螟科）．昆虫学报，51（2）：182－189.
杨瑞生，王振营，何康来．2007. 秆野螟属（*Ostrinia*）系统进化与分类研究进展．植物保护，33（2）：20－26.
杨屾，郝彦俊，邱荣芳，等．1997. 新疆玉米青枯病病原菌分离和鉴定［J］．新疆农业大学学报，20（2）：29－36.
杨信东，高洁，于光，等．2004. 玉米大斑病发生及防治若干问题的研究［J］．吉林农业大学学报，26（2）：134－137.
杨信东，金喜双，鲁昆．1988. 玉米大斑病流行过程重要环节的初步定量研究Ⅲ：相对湿度降雨对大斑病流行的影响［J］．吉林农业大学学报，10（4）：6－10.
叶志华．1994. 亚洲玉米螟幼虫期取食不同寄主植物对成虫飞翔能力的影响研究［D］．北京：中国农业科学院．
叶忠川．1986. 玉米锈病之研究［J］．中华农业研究（台湾），35（1）：81－93.
尹小燕，王庆华，杨继良，等．2002. 玉米大斑病抗性基因 *Ht2* 的精细定位［J］．科学通报，47（23）：1811－1814.
尹永忠．1980. 玉米蚜的研究［J］．植物保护（5）：13－15.
尹志．1986. 东北地区玉米茎腐病的研究［J］．吉林农业科学（1）：56－59.
尹志．1988. 玉米茎腐病的研究概况［J］．吉林农业科学（4）：47－51.
于江南，陈燕，魏建华．1995. 玉米三点斑叶蝉发生及防治的研究［J］．八一农学院学报，18（1）：48－51.
于江南，郭慧玲，曲丽红，等．2003. 几种药剂对玉米三点斑叶蝉的毒力及田间防治效果［J］．新疆农业大学学报，26

（2）：9 - 11.
于江南，李刚，马德英，等 . 2001. 新疆玉米三点斑叶蝉发生消长规律及防治对策［J］. 玉米科学，9（3）：79 - 81.
于江南，张黎，阿孜古丽，等 . 2002. 几种瓢虫对玉米三点斑叶蝉捕食效应的研究［J］. 新疆农业大学学报，25（2）：36 -37.
于谅文，邹慎茂，侯成晓，等 . 1997. 1996 年玉米蚜大发生特点及致因分析［J］. 植保技术与推广，17（3）：15 - 16.
余子全，王兴蓉 . 2007. 玉米弯刺黑蝽的发生与防治［J］. 四川农业科技，3：46.
袁杭，张敏，龚国淑，等 . 2010. 玉米灰斑病病原学及发生流行研究进展［J］. 玉米科学，18（4）：142 - 146.
臧少先，张义奇，石丽军，等 . 2005. 玉米弯孢菌叶斑病发病规律及影响因子研究［J］. 河北农业科学，9（2）：7 - 11.
翟保平，陈瑞鹿 . 1989. 亚洲玉米螟飞翔能力的初步研究［J］. 吉林农业科学（1）：40 - 46.
翟保平 . 1989. 亚洲玉米螟的天敌［J］. 植物医生（2）：7 - 11.
翟彩霞，马春红，王立安，等 . 2004. 玉米小斑病菌 T 小种毒素对玉米叶片过氧化物酶活性的诱导作用［J］. 云南农业大学学报，19（4）：387 - 389.
翟晖 . 2009. 玉米鞘腐病病原鉴定及致病机制研究［D］. 保定：河北农业大学 .
张爱红，陈丹，田兰芝，等 . 2010. 我国玉米病毒病的种类和病毒鉴定技术［J］. 玉米科学，18（6）：127 - 132.
张爱文，刘维真，邓春生，等 . 1990. 白僵菌制剂不同剂型防治玉米螟的研究［J］. 生物防治通报，6（3）：118 - 120.
张斌 . 2010. 分子标记辅助选择玉米兼抗粗缩病和南方锈病的育种材料［D］. 济南：山东大学 .
张超冲，李锦茂 . 1983. 广西玉米青枯病调查研究初报［J］. 广西农业科学（2）：36 - 39.
张超冲，李锦茂 . 1990. 玉米镰刀菌茎腐病发生规律及防治试验［J］. 植物保护学报，17（3）：257 - 261.
张超冲 . 1983. 玉米青枯病的侵染及发病规律研究［J］. 广西农学院学报（1）：53 - 62.
张成和，刘爱国，罗畔池，等 . 1993. 玉米自交系和杂交种对六种玉米病害的抗性鉴定［J］. 华北农学报，8（3）：106 -111.
张春民，刘玉英，石洁，等 . 2005. 玉米瘤黑粉病抗性鉴定技术研究［J］. 玉米科学，13：109 - 111.
张聪 . 2012. 双斑长跗萤叶甲发生规律及生物学特性研究［D］. 北京：中国农业科学院 .
张聪，葛星，赵磊，等 . 2013. 双斑长跗萤叶甲越冬卵在玉米田的空间分布型［J］. 生态学报，33（11）：3 452 - 3 459.
张聪，郭井菲，王振营，等 . 2013. 双斑长跗萤叶甲玉米田间成虫数量估计的抽样方法研究［J］. 植物保护，39（1）：71 -76.
张登峰，刘海林，王爱玲，等 . 1999. 带田玉米上棉铃虫危害特性的研究［J］. 植物保护（2）：25 - 27.
张东霞 . 2006. 山西省玉米叶螨加重发生原因与无害化综合治理［J］. 山西农业科学，34（4）：62 - 64.
张帆，万雪琴，潘光堂 . 2004. 玉米穗粒腐病研究进展及分子标记辅助选择策略［J］. 分子植物育种，2（1）：123 - 127.
张锋，张淑莲，李军，等 . 2005. 关中地区棉铃虫发生演变规律及防治对策［J］. 陕西农业科学（6）：52 - 55.
张凤泉 . 2008. 玉米丝黑穗病发生原因及有效控制技术［J］. 现代农业科技（6）：110.
张光美，刘树生，杨坚伟，等 . 1995. 影响松毛虫赤眼蜂寄生亚洲玉米螟的因子观察［J］. 植物保护学报，22：205 - 210.
张桂芬，申效诚，孔健，等 . 1989. 玉米叶螨的发生危害与防治指标［J］. 植物保护，15（4）：11 - 13.
张国珍，冯文利 . 1997. 植物病原真菌毒素对人、畜的毒性［M］//董金皋、李树正 . 植物病原菌毒素研究进展：第一卷 . 北京：中国科学技术出版社：51 - 60.
张海剑，侯廷荣，吴明泉，等 . 2010. 玉米褐斑病药剂防治效果评价［J］. 河北农业科学，14（5）：29 - 31，67.
张海剑，石洁，郭宁，等 . 2012. 二点委夜蛾幼虫高毒力球孢白僵菌菌株筛选与生物学特性初步研究［J］. 中国生物防治学报，28（3）：439 - 443.
张海剑，石洁，王振营，等 . 2012. 二点委夜蛾越冬虫态及其在越冬场所的空间分布调查初报［J］. 植物保护，38（3）：146 - 150.
张恒木 . 2001. 水稻黑条矮缩病毒分子生物学［D］. 杭州：浙江大学 .
张洪刚，鲁新，何康来，等 . 2010. 亚洲玉米螟抗寒及低温生存对策［J］. 植物保护学报，37（5）：399 - 402.
张洪玲 . 2003. 广东玉米大斑病菌主要培养性状及遗传多样性分析［D］. 广州：华南农业大学 .
张辉，章金明，吕要斌，等 . 2009. 玉米蚜实验种群生命表研究［J］. 浙江农业科学（6）：1 189 - 1 193.
张惠霞，孙志刚 . 2012. 卫辉市玉米田第 4 代棉铃虫暴发原因分析［J］. 农业与技术，32（9）：55 - 56.
张继俊，姚建华，陈志 . 2008. 新疆博尔塔拉玉米三点斑叶蝉的发生与防治对策［J］. 中国农技推广，24（5）：43 - 44.
张继余，宋朝玉，朱丕生 . 等 . 2009. 玉米粗缩病发生规律及其对玉米产量的影响［J］. 山东农业科学（3）：102 - 104.
张建成，范永山，董金皋 . 2003. 玉米大斑病菌毒素对玉米叶肉细胞脂氧合酶活性的影响［J］. 植物病理学报，33（5）：421 - 424.
张金渝 . 1991. 四川省玉米病虫的发生动态［J］. 病虫测报（1）：40 - 44.
张荆，王金玲，丛斌，等 . 1990. 我国亚洲玉米螟赤眼蜂种类及优势种的调查研究［J］. 生物防治通报，6（2）：49 - 53.

张荆．1983. 辽宁省玉米螟天敌资源调查研究［J］．沈阳农学院学报（1）：23-29.
张静．2011. 临洮县玉米疯顶病的发现与防控［J］．农业科技与信息（7）：25.
张立新，董猛，杨丽敏，等．2011. 安徽省玉米小斑病菌生理小种鉴定及对烯唑醇的敏感性［J］．植物病理学报，41（4）：441-444.
张明智，王守正，王振跃，等．1988. 河南省玉米茎腐病病原菌研究初报［J］．河南农业大学学报，22（2）：135-148.
张培坤，李石初．1998. 玉米青枯病病原分离及防治试验［J］．植物保护，24（3）：21-23.
张培坤，吴全安，李石初．1996. 玉米青枯病发生调查与病原鉴定初报［J］．广西植保（3）：1-4.
张培坤．2001. 玉米纹枯病调查研究初报［J］．广西植保，14（1）：8-9.
张清润．1989. 高赖氨酸玉米穗腐和粒腐的初步研究［J］．北京农业科学（2）：23-28.
张瑞英，张坪．1993a. 黑龙江省玉米茎腐病病原菌及其接种方法的研究［J］．黑龙江农业科学（3）：1-5.
张瑞英，张坪．1993b. 黑龙江省玉米茎腐病病原菌研究初报［J］．植物保护学报（3）：287-288.
张述尧，杨志刚，张立新，等．2010. 滇西南玉米灰斑病的初步研究［J］．云南农业科技（4）：48-52.
张天宇．2010. 中国真菌志：第30卷 蠕形分生孢子真菌［M］．北京：科学出版社．
张文解，魏生龙，周会明，等．2008. 串珠镰孢亚黏团变种的生物学特性研究［J］．西北农林科技大学学报，36（4）：181-186.
张秀花．2008. 玉米丝黑穗病发病原因与防治对策［J］．现代农业科技（1）：89-91.
张秀霞，高增贵，周晓锟，等．2012. 东北地区玉米大斑病菌生理分化研究［J］．华北农学报（3）：227-230.
张选良．2009. 玉米双斑长跗萤叶甲的发生规律及综合防治对策［J］．陕西农业科学（3）：201-202.
张学才，崔蕴刚，丁俊强，等．2008. 主要杂种优势群玉米矮花叶病抗性评价与比较分析［J］．中国农学报，24（4）：337-340.
张雪君，黄丽敏，胡海军．2001. 玉米黑粉病及其综合防治［J］．中国种业（3）：38.
张掖地区植保植检站，张掖地区玉米原种场．1986. 玉米黑束病初步调查［J］．植物保护（4）：19-20.
张以和，吉艳玲，潘卫萍，等．2012. 吐鲁番白星花金龟发生规律调查［J］．农村科技（4）：32-33.
张益先，吕国忠，梁景颐，等．2003. 玉米灰斑病菌生物学特性研究［J］．植物病理学报，33（4）：292-295.
张颖，李菁，王振营，等．2010. 中国桃蛀螟不同地理种群的遗传多样性［J］．昆虫学报，53（9）：1 022-1 029.
张永强，陆温．1990. 玉米铁甲虫生物学特性研究［J］．西南农业学报，3（2）：63-67.
张玉军．2004. 凉州区玉米田棉铃虫幼虫防治试验初报［J］．甘肃农业科技（6）：48.
张芝利，黄融生，朱墉，等．1979. 利用玉米螟赤眼蜂防治玉米螟的研究初报［J］．昆虫知识，16（5）：207-210.
张中义，刘云龙，王英祥，等．1987. 中国指疫霉属 *Sclerophthora* 分类研究［J］．西南农业大学学报，9（2）：154-158.
张中义，刘云龙，王英祥．1990. 大孢指疫霉三个新变种的研究［J］．云南农业大学学报，5（2）：79-85.
赵宝荣．2000. 玉米自交系资源对大斑病抗病性鉴定［J］．玉米科学（8）：91-92.
赵桂东，刘荆，陆化森，等．1996. 夏玉米大斑病发生规律及影响病害消长因素的研究［J］．玉米科学，4（1）：74-75.
赵辉，高增贵，张小飞，等．2007. 东北春玉米区大斑病菌生理小种鉴定［J］．植物保护，33（6）：31-34.
赵辉，高增贵，张小飞，等．2008. 我国玉米大斑病菌生理小种种群动态分析［J］．沈阳农业大学学报，39（5）：551-555.
赵季秋．1991. 对我国玉米螟防治问题的讨论［J］．辽宁农业科学（5）：47-49.
赵晋锋，宋殿珍，张文忠，等．2002. 玉米丝黑穗病的发生与防治及对抗病育种的一些探讨［J］．山西农业科学，30（2）：60-62.
赵君，王国英，戴景瑞．2007. 玉米对弯孢菌叶斑病抗性的遗传效应分析［J］．作物杂志（2）：22-25.
赵林洪．2004. 玉米耕葵粉蚧的综合防治措施［J］．河北农业科技（5）：16.
赵仁贵，陈日曌．2008. 白星花金龟生活习性观察［J］．植物保护，28（6）：19-20.
赵荣兵，王永霞，丁俊强，等．2011. 玉米矮花叶病抗病基因 *Rscmv1* 的精细定位［J］．玉米科学，19（4）：10-13.
赵书文，杨秀林，李建文．2002. 玉米叶螨在山西忻州危害严重［J］．植物保护，28（4）：58-59.
赵芸晨，李建龙，孟有儒．2008. 制种玉米黑束病在不同土壤生态环境下发病规律的研究［J］．土壤通报，39：114-117.
郑光辉，刘星华，李令伟，等．2009. 德州市玉米褐斑病发生原因及防治对策［J］．中国农村小康科技（3）：59.
郑宏伟，李艳辉，曲金平，等．2008. 2%立克秀湿拌种剂防治玉米丝黑穗病试验初报［J］．现代农业科技（6）：77-79.
郑洪源，刘建平，南怀林，等．2005. 白星花金龟子食性研究［J］．陕西农业科学（3）：23-24.
郑乐怡．1985. 中国赤须盲蝽属初志（半翅目：盲蝽科）［J］．昆虫分类学报（4）：281-285.
郑明祥，胡务义，阮义理．等．2004. 玉米南方型锈病夏孢子的侵染时期［J］．植物保护学报，31（4）：439-440.
郑如明，付学鹏．2010. 玉米瘤黑粉病发生与防治探讨［J］．中国种业（3）：47.
郑雅楠，吕国忠，杨宇，等．2006. 玉米细菌性茎腐病鉴别与防治［J］．安徽农业科学，34（10）：2 128-2 129.

郑雅楠，王晓鸣，吕国忠．2006. 玉米细菌性病害及其防治策略［J］．作物杂志（1）：62－65.

郑祖平，刘小红，黄玉碧，等．2007. 玉米大斑病抗性基因的 QTL 定位［J］．西南农业学报，20（4）：634－637.

中国科学院动物研究所昆虫分类区系室叶甲组．1979. 双斑萤叶甲研究简报［J］．昆虫学报，22（1）：115－117.

周才丽．2009. 玉米三点斑叶蝉的识别及防治措施［J］．新疆农垦科技，6：19－20.

周大荣，何康来，文丽萍，等．1995. 玉米螟综合防治技术［M］．北京：金盾出版社．

周大荣，刘宝兰，赵洪义，等．1982. 防治玉米螟的乳化沥青颗粒剂［J］．植物保护（6）：7－8.

周大荣，宋彦英，何康来，等．1997a. 玉米螟赤眼蜂适宜生境的研究和利用Ⅰ．玉米螟赤眼蜂在不同生境中的分布与种群消长［J］．中国生物防治，13（1）：1－5.

周大荣，宋彦英，王振营．1997b. 玉米螟赤眼蜂适宜生境的研究与利用Ⅱ．夏玉米间作匍匐型绿豆对玉米螟赤眼蜂寄生率的影响［J］．中国生物防治，13（2）：49－52.

周大荣，宋彦英，王振营．1997. 玉米螟赤眼蜂适宜生境的研究与利用Ⅲ．夏玉米间作匍匐型绿豆对赤眼蜂的增诱作用及其在穗期玉米螟防治中的利用［J］．中国生物防治，13（3）：97－100.

周广和，张淑香．1985. 玉米红叶病的病源和传播途径［J］．中国农业科学，18（3）：92－93.

周洪旭，陈茎，乔晓明，等．2004. 桃蛀螟越冬幼虫重量、死亡和羽化的调查研究［J］．莱阳农学院学报，21（4）：275－277.

周惠萍，吴景芝，李月秋，等．2011. 云南省玉米灰斑病发生规律研究［J］．西南农业学报，24（6）：2 207－2 212.

周伦理．2010. 玉米矮花叶病研究进展［J］．基因组学与应用生物学，29（2）：396－401.

周树梅．2008. 玉米褐足角胸叶甲的发生与防治［J］．河北农业科技（13）：36.

周肇蕙，韩闽毅，严进．1987. 玉米黑束病的初步研究［J］．植物病理学报，17（2）：84－88.

朱传楹，张增敏．1988. 玉米螟发育起点温度估计［J］．黑龙江农业科学（2）：26－28.

朱东安，赵民军．2002. 玉米纹枯病的发生规律与综合防治对策［J］．作物研究（4）：188－189.

朱华，梁继农，王彰明，等．1997. 江苏省玉米茎腐病菌种类鉴定［J］．植物保护学报，24（1）：50－54.

朱惠聪．1982. 玉米上一种立枯丝核菌病害［J］．植物病理学报，12（2）：61－62.

朱景治，黄再荣，张牧海．1992. 鲁西北地区棉田一代玉米螟发生与防治研究［J］．山东农业科学（3）：34－36.

朱素贞，王殿军．2009. 襄城县 2008 年玉米褐斑病的发生特点与防治对策［J］．河南农业（11）：17.

朱贤朝，吴全安，李继平，等．1979. 玉米小斑病菌生理小种研究初报［J］．植物病理学报，9（2）：113－119.

朱小阳，吴全安．1990. 我国玉米小斑病菌的生理小种类型及其分布概况的研究［J］．作物学报，16（2）：186－189.

朱小阳．1988. 我国玉米小斑病菌生理分化及寄主范围的研究［D］．北京：中国农业科学院．

朱友林，刘纪麟．1995. 3 个单基因对玉米大斑病抗性的比较研究［J］．华中农业大学学报，14（2）：111－114.

宋振东，王晓鸣，戴法超，等．1998. 北京地区发现玉米疯顶病［J］．植物保护，24（1）：48.

竹铨煦．1994. 新疆莎车、和田等县发生玉米霜霉病［J］．植物保护（1）：51.

Nicholson P，Kezanoor，H Z，苏海．1993. 用 RAPD 分析和 DNA 指纹鉴别玉米小斑病菌 O、C、T 三个小种［J］．植物病理学报，23（2）：114.

Adams M J，Antoniw J F，Beaudoin F. 2005. Overview and analysis of the polyprotein cleavage sites in the family Potyviridae［J］. Molecular Plant Pathology，6（4）：471－487.

Afolabi C G，Ojiambo P S，Ekpo E J A，et al. 2008. Novel sources of resistance to Fusarium stalk rot of maize in tropical Africa［J］. Plant Disease，92（5）：772－780.

Agrios G N. 2005. Plant Pathology［M］. 5th edition. Elsevier Academic Press.

Ahmad Y，Hameed A，Aslam M. 1996. Effect of soil solarization on corn stalk rot［J］. Plant and Soil，179（1）：17－24.

Ahn J H，Cheng Y Q，Walton J D. 2002. An extended physical map of the *TOX2* locus of *Cochliobolus carbonum* required for biosynthesis of HC－toxin［J］. Fungal Genetics and Biology，35（1）：31－38.

Ainsworth G C，Sampson K. 1950. The British smut fungi（Ustilaginales）［M］. Commonwealth Mycological Institute.

Alcorn J L. 1983. On the *Cochliobolus* and *Pseudocochliobolus*［J］. Mycotaxon，16（2）：353－379.

Alippi A M，López A C. 2010. First report of leaf spot disease of maize caused by *Pantoea ananatisin* Argentina［J］. Plant Disease，94（4）：487. 1.

Allen R F. 1933. The spermatia of corn rust，*Puccinia sorghi*［J］. Phytopathology，23：923－925.

Anjos J R N，Charchar M J A，Teixeira R N，et al. 2004. Occurrence of *Bipolaris maydis* causing leaf spot in *Paspalum atratum* cv. ojuca in Brazil［J］. Fitopatologia Brasileira，29（6）：656－658.

Ark P A. 1940. Bacterial stalk rot of field corn caused by *Phytomonas lapsa* n. sp.［J］. Phytopathology，30：1.

Arny D C，Smalley E B，Ullstrup A J，et al. 1971. Eyespot of maize，a disease new to North America［J］. Phytopathology，61：54－57.

Azad H R, Holmes G J, Cooksey D A. 2000. A new leaf blotch disease of sudangrass caused by *Pantoea ananas* and *Pantoea stewartii* [J] . Plant Disease, 84: 973 - 979.

Azuhata F, Uyeda I, Shikata E. 1992. Conserved terminal nucleotide sequences in the genome of rice black streaked dwarf virus [J] . Journal of General Virology, 73 (6): 1593 - 1595.

Bölker M. 2001. *Ustilago maydis* - a valuable model system for the study of fungal dimorphism and virulence [J] . Microbiology, 147: 1395 - 1401.

Bacon C W, Hinton D M, Richardson M D. 1994. A corn seedling assay for resistance to *Fusarium moniliforme* [J] . Plant Disease, 78: 302 - 305.

Bai F, Yan J, Qu Z, et al. 2002. Phylogenetic analysis reveals that a dwarfing disease on different cereal crops in China is due to rice black streaked dwarf virus (RBSDV) [J] . Virus Genes, 25 (2): 201 - 206.

Baker S E, Kroken S, Inderbitzin P, et al. 2006. Two polyketide synthase - encoding genes are required for biosynthesis of the polyketide virulence factor, T - toxin, by *Cochliobolus heterostrophus* [J] . Molecular Plant - Microbe Interactions, 19 (2): 139 - 149.

Bakkeren G, Kämper J, Schirawski J. 2008. Sex in smut fungi: structure, function and evolution of mating - type complexes [J] . Fungal Genetics and Biology, 45 (1): 15 - 21.

Balint - Kurti P J, Carson M L. 2006. Analysis of quantitative trait loci for resistance to southern leaf blight in juvenile maize [J] . Phytopathology, 96 (3): 221 - 225.

Balint - Kurti P J, Krakowsky M D, Jines M, et al. 2006. Identification of quantitative trait loci for resistance to southern leaf blight and days to anthesis in a maize recombinant inbred line population [J] . Phytopathology, 96 (10): 1067 - 1071.

Balint - Kurti P J, Yangcd J, Esbroeckb G V, et al. 2010. Use of a maize advanced intercross line for mapping of QTL for northern leaf blight resistance and multiple disease resistance [J] . Crop Science, 50 (2): 458 - 466.

Balint - Kurti P J, Zwonitzer J C, Pe M E, et al. 2008. Identification of quantitative trait loci for resistance to southern leaf blight and days to anthesis in two maize recombinant inbred line populations [J] . Phytopathology, 98 (3): 315 - 320.

Balint - Kurti P J, Zwonitzer J C, Wisser R J, et al. 2007. Precise mapping of quantitative trait loci for resistance to southern leaf blight, caused by *Cochliobolus heterostrophus* race O, and flowering time using advanced intercross maize lines [J] . Genetics, 176: 645 - 657.

Banuett F, Herskowitz I. 1994. Morphological transitions in the life cycle of *Ustilago maydis* and their genetic control by the a and b loci [J] . Experimental Mycology, 18: 247 - 266.

Banuett F, Herskowitz I. 1996. Discrete developmental stages during teliospore formation in the corn smut fungus, *Usitlago maydis* [J] . Development, 122: 2965 - 2976.

Banuett F, Quintanilla R H Jr, Reynaga - Peña C G. 2008. The machinery for cell polarity, cell morphogenesis, and the cytoskeleton in the Basidiomycete fungus *Ustilago maydis*—a survey of the genome sequence [J] . Fungal Genetics and Biology, 45 (1): 3 - 14.

Banuett F. 1992. *Ustilago maydis*, the delightful blight [J] . Trends in Genetics, 8: 174 - 180.

Banuett F. 1995. Genetics of *Ustilago maydis*, a fungal pathogen of maize that induces tumor formation [J] . Annual Review of Genetics, 29: 179 - 208.

Barakat M N, El - Shafei A M, Al - Doss A. 2010. Molecular mapping of QTLs for resistance to northern corn leaf blight in maize [J] . Journal of Food, Agriculture & Environment, 8 (2): 547 - 552.

Barash I, Manulis - Sasson S. 2007. Virulence mechanisms and host specificity of gall - forming *Pantoea agglomerans* [J] . Trends Microbiology, 15 (12): 538 - 545.

Basse C W, Kolb S, Kahmann R. 2002. A maize - specifically expressed gene cluster in *Ustilago maydis* [J] . Molecular Microbiology, 43: 75 - 93.

Basse C W, Steinberg G. 2004. *Ustilago maydis*, model system for analysis of the molecular basis of fungal pathogenicity [J] . Molecular Plant Pathology, 5: 83 - 92.

Belli G, Cinquanta S, Soncini C. 1980. Mixed infections by MDMV (maize dwarf mosaic virus) and BYDV (barley yellow dwarf virus) in maize plants in Lombardy [J] . Rivista di Patologia Vegetale, IV 16 (1/2): 83 - 86.

Bentolila S, Guitton C, Bouvet N, et al. 1991. Identification of an RFLP marker tightly linked to the *Ht1* gene in maize [J] . Theoretical and Applied Genetics, 82: 393 - 398.

Bergquist R R, and Masias O R. 1974. Physiologic specialization in *Trichometasphaeria turcica* f. *zeae* and *T. turcica* f. *sorght* in Hawaii [J] . Phytopathology, 64: 645 - 649.

Bergquist R R. 1974. The determination of physiologic races of sorghum rust in Hawaii [J] . Proceedings, American Phytopathology Society, 1: 67 .

Beuve M, Na B, Foulgocq L, et al. 1999. Irrigated hybrid maize crop yield losses due to Barley yellow dwarf virus - PAV Luteovirus [J] . Crop Science, 39 (6): 1830 - 1834.

Bezuidenhout C S, Gelderblom W C A, Gorst - Allman C P, et al. 1988. Structure elucidation of the fumonisins, mycotoxins from *Fusarium moniliforme* [J] . Journal of the Chemical Society, Chemical Communications. 11: 743 - 745.

Bhatia A, Munkvold G P. 2002. Relationships of environmental and cultural factors with severity of gray leaf spot on maize [J] . Plant Disease, 86: 1127 - 1133.

Bigirwa G, Warren H, Willson H, et al. 2002. The effects of inter - cropping maize with beans on maize diseases infestation [J] . Muarik Bulletin, 5: 1 - 8.

Blain W L. 1931. A list of diseases of economic plants in Alabama [J] . Mycologia, 23 (4): 300 - 304.

Bodey G, Bolivar R, Fainstein V, et al. 1983. Infections caused by *Pseudomonas aeruginosa* [J] . Oxford Journal, 5 (2): 279 - 313.

Bomfeti C A, Meirelles W F, Souza - Paccola E A, et al. 2007. Evaluation of commercial chemical products in vitro and in vivo in the control of foliar disease, maize white spot, caused by *Pantoea ananatis* [J] . Summa Phytopathologica, 33: 63 - 67.

Bortfeld M, Auffarth K, Kahmann R, et al. 2004. The *Ustilago maydis* a2 mating - type locus genes *lga2* and *rga2* compromise pathogenicity in the absence of the mitochondrial p32 family protein Mrb1 [J] . The Plant Cell. 16: 2233 - 2248.

Brefort T, Doehlemann G, Mendoza - Mendoza A, et al. 2009. *Ustilago maydis* as a pathogen [J] . Annual Review of Phytopathology, 47: 423 - 445.

Brewbaker J. 2010. Genetics and breeding of resistance to southern rust in corn [C] //Abstract of ASA, CSSA and SSSA Annual Meetings. Long Beach, CA, US.

Brito A H, von Pinho R G, Pozza E A, et al. 2007. Efeito da cercosporiose no rendimento de híbridos comerciais de milho [J] . Fitopatologia Brasileira, 32: 472 - 479.

Brosch G, Ransom R, Lechner T, et al. 1995. Inhibition of maize histone deacetylases by HC toxin, the host - selective toxin of *Cochliobolus carbonum* [J] . The Plant Cell, 7 (11): 1941 - 1950.

Brown A F, Juvic J K, Pataky J K. 2001. Quantitative trait loci in sweet corn associated with partial resistance to Stewart's wilt, northern corn leaf blight, and common rust [J] . Phytopathology, 91 (3): 293 - 300.

Brunelli K R, Dunkle L D, Sobrinho C A, et al. 2008. Molecular variability in the maize grey leaf spot pathogens in Brazil [J] . Genetics and Molecular Biology, 31 (4): 938 - 942.

Buadu E J, Gounou S, Cardwell K F, et al. 2002. Distribution and relative importance of insect pests and diseases of maize in southern Ghana [J] . African Plant Protection, 8: 3 - 11.

Bushnell W R, Roelfs A P. 1985. The Cereal Rusts [M] . Orlando: Academic Press.

Byers R A, Jung G A. 1979. Insect populations on forage grasses: effect of nitrogen fertilizer and insecticides [J] . Environmental Entomology, 8 (1): 11 - 18.

Cai H W, Gao Z S, Yuyama N, et al. 2003. Idetification of AFLP markers closely linked to the *rhm* gene for resistance to southern corn leaf blight in maize by using bulked segregant analysis [J] . Molecular Genetics and Genomics, 269 (3): 299 - 303.

Callan N W, Mathre D E, Miller J B. 1990. Bio - priming seed treatment for biological control of *Pythium ultimum* preemergence damping - off in *sh2* sweet corn [J] . Plant Disease, 74 (5): 368 - 372.

Callan N W, Miller J B, Mathre D E, et al. 1996. Soil moisture and temperature effects on *shrunken2* sweet corn seed decay and seedling blight caused by *Penicillium oxalicum* [J] . Journal of the American Society for Horticultural Science, 121 (1): 83 - 90.

Cantone F A, Tuite J, Bauman L F, et al. 1983. Genotype differences in reaction of stored corn kernels to arrack by selected *Aspergillus* and *Penicillium* spp. [J] . Phytopathology, 73: 1250 - 1255.

Carole M, Christophe R, Alain J, et al. 2002. The biological cycle of *Sporisorium reilianum* f. sp. *zeae*: an overview using microscopy [J] . Mycologia, 94 (3): 505 - 514.

Caroll T W. 1984. The status of barley yellow dwarf virus in maize [C] //Barley yellow dwarf: a proceedings of the workshop. December 6 - 8, 1983, Mexico: CIMMYT, 120 - 124.

Carson M L, Goodman M M, Williamson S M. 2002. Variation in aggressiveness among isolates of *Cercospora* from maize as a potential cause of genotype - environment interaction in gray leaf spot trials [J] . Plant Disease, 86: 1089 - 1093.

Carson M L, Goodman M M. 2006. Pathogenicity, aggressiveness, and virulence of three speciesof *Cercospora* associated with gray leaf spot of maize [J] . Maydica, 51: 89 - 92.

Carson M L，Stuber C W，Senior M L. 2004. Identification and mapping of quantitative trait loci conditioning resistance to southern leaf blight of maize caused by *Cochliobolus heterostrophus* race O [J] . Phytopathology，94 (8)：862 - 867.

Carson M L. 1995. A new gene in maize conferring the "chlorotic halo" reaction to infection by *Exserohilum turcicum* [J] . Plant Disease，79：717 - 720.

Carson M L. 2006. Response of a maize synthetic to selection for components of partial resistance to *Exserohilum turcicum* [J] . Plant Disease，90 (7)：910 - 914.

Casa R T，ReiS E M，Medeiros C A，et al. 1995. Effect of fungicide seed treatment in corn on the protection against soil fungi，in the State of Rio Grande do Sul [J] . Fitopatologia Brasileira，20 (4)：633 - 637.

Casela C R，Ferreira A S. 2002. Variability in isolates of *Puccinia polysora* in Brazil [J] . Fitopatologia Brasileira，27：414 -416.

Casela C R，Renfro B L，Krattiger A F. 1998. Diagnosing maize diseases in Latin America [M] //ISAAA Briefs：9. New York.

Castro R O，Cantero E V，Bucio J L. 2008. Plant growth promotion by *Bacillus megaterium* involves cytokinin signaling [J] . Plant Signaling&Behavior，3 (4)：263 - 265.

Champs D C，Le Seaux S，Dubost J J，et al. 2000. Isolation of *Pantoea agglomerans* in two cases of septic monoarthritis after plant thorn and wood sliver injuries [J] . Journal of Clinical Microbiology，38 (1)：460 - 461.

Chandler L D. 1978. Effects of irrigation practices on spider mite populations in field corn and development of a technique for estimating mite densities [D] . Texas：Texas Tech nology University.

Chauhan R S，Singh B M，Develash R K. 1997. Effect of toxic compounds of *Exserohilum turcicum* on chlorophyll content，callus growth and cell viability of susceptible and resistant inbred lines of maize [J] . Journal of Phytopathology，145 (10)：435 - 440.

Chen C X，Wang Z L，Yang D E，et al. 2004. Molecular tagging and genetic mapping of the disease resistance gene *RppQ* to southern corn rust [J] . Theoretical and Applied Genetics，108：945 - 950.

Chen J，Adams M J. 2002. Characterisation of potyviruses from sugarcane and maize in China [J] . Archives of Virology，147 (6)：1237 - 1246.

Cheng Y，Chen J，Chen J P. 2002. The complete sequence of a sugarcane mosaic virus isolate causing maize dwarf mosaic disease in China [J] . Science in China：Series C，45 (3)：322 - 330.

Chiang M S，Hudon M. 1990. Inheritance of resistance to Kabatiella eyespot of maize [J] . Phytoprotection，71：107 - 112.

Chidambaram P，Mathur S B，Neergaard P. 1973. Identification of seed - borne *Drechslera* species [S] . No. 26. Published by The Danish Government Institute of Seed Pathology for Developing Countries. Copenhagen，Denmark.

Choi I R，French R，Hein G L，et al. 1999. Fully biologically active in vitro transcripts of the eriophyid mite - transmitted wheat streak mosaic tritimovirus [J] . Phytopathology，89 (12)：1182 - 1185.

Choudhary O P，Trivedi A，Bunker R N，et al. 2011. Factors affecting development of Curvularia leaf spot of maize (*Curvularia pallescens*) and its management [J] . Indian Phytopathology，64 (4)：371 - 373.

Chávez - Medina J A，Leyva - López N E，Pataky J K. 2007. Resistance to *Puccinia polysora* in maize accessions [J] . Plant Disease，91：1489 - 1495.

CIMMYT Maize Program. 2004. Maize Diseases：A guide for field identification [S] . 4th ed. Mexico，D. F. ：CIMMYT.

Cleide A B，Edneia A S，Nelson S M，et al. 2008. Localization of *Pantoea ananatis* inside lesions of maize white spot disease using transmission electron microscopy and molecular techniques [J] . Tropical Plant Pathology，33 (1)：63 - 66.

Coceano P G，Peressini S. 1989. Colonisation of maize by aphid vectors of barley yellow dwarf virus [J] . Annals of Applied Biology，114 (3)：443 - 447.

Comas J，Pons X，Albajes R，et al. 1993. The role of maize in the epidemiology of barley yellow dwarf virus in northeast Spain [J] . Journal of Phytopathology，138 (3)：244 - 248.

Cossette F，Miller J D. 1995. Phytotoxic effect of deoxynivalenol and Gibberella ear rot resistance of corn [J] . Journal Natural Toxins，3 (5)：383 - 388.

Cother E J，Powell V. 1983. Physiological and pathological characteristics of *Erwinia chrysanthemi* isolates from potato tubers [J] . Journal of Applied Microbiology，54：37 - 43.

Cother E J，Reinke R，McKenzie C，et al. 2004. An unusual stem necrosis of rice caused by *Pantoea ananas* and the first record of this pathogen on rice in Australia [J] . Australasian Plant Pathology，33：494 - 503.

Cotten T，Munkvold G. 1998. Survival of *Fusarium moniliforme*，*F. proliferatum*，and *F. subglutinans* in maize stalk residue [J] . Phytopathology，88 (6)：550 - 555.

Coutinho T A, Venter S N. 2009. *Pantoea ananatis*: an unconventional plant pathogen [J]. Molecular Plant Pathology, 10 (3): 325 - 335.

Cowger C, Weisz R, Anderson J M, et al. 2010. Maize debris increases barley yellow dwarf virus severity in North Carolina winter wheat [J]. Agronomy Journal, 102: 688 - 696.

Crista N, Pălăgeşiu I. 2007. Pest control of *Helicoverpa armigera* Hübner in maize in the western plain [J]. Research Journal of Agriculture Science, 39 (1): 473 - 476.

Crouch J A, Szabo L J. 2011. Real - time PCR detection and discrimination of the southern and common corn rust pathogens *Puccinia polysora and Puccinia sorghi* [J]. Plant Disease, 95: 624 - 632.

Crous P W, Groenewald J Z, Groenewald M, et al. 2006. Species of *Cercospora* associated with grey leaf spot of maize [J]. Studies in Mycology, 55: 189 - 197.

Crous P W, Groenewald J Z, Pongpanich K, et al. 2004. Cryptic speciation and host specificity among *Mycosphaerella* spp. occurring on Australian Acacia species grown as exotics in the tropics [J]. Studies in Mycology, 50: 457 - 469.

Crous P W, Groenewald J Z. 2005. Hosts, species and genotypes: opinions versus data [J]. Australasian Plant Pathology, 34: 463 - 470.

Cruz A T, Cazacu A C, Allen C H. 2007. *Pantoea agglomerans*, a plant pathogen causing human disease [J]. Journal of Clinical Microbiology, 45 (6): 1989 - 1992.

Cullen D, Caldwell R W, Smalley E B, et al. 1983. Susceptibility of maize to *Gibberella zeae* ear rot: relationship to host genotype, pathogen virulence, and zearalenone contamination [J]. Plant Disease, 67: 89 - 91.

Cummins G B. 1941. Identity and distribution of three rusts of corn [J]. Phytopathology, 31: 856 - 857.

Cuomo C A, Güldener U, Xu J R, et al. 2007. The *Fusarium graminearum* genome reveals a link between localized polymorphism and pathogen specialization [J]. Science, 317 (5843): 1400 - 1402.

Cuq F, Herrmann - Gorline S, Klaebe A, et al. 1993. Monocerin in *Exserohilum turcicum* isolates from maize and a study of its phytotoxicity [J]. Phytochemistry, 34 (5): 1265 - 1270.

Dai J R, Xue Y B, Gao Z H. 2001. cDNA - AFLP analysis reveals that maize resistance to *Bipolaris maydis* is associated with the induction of multiple defense - related genes [J]. Chinese Science Bulletin, 46 (17): 1454 - 1458.

David J C. 2001. *Cercospora zeae - maydis* [J]. IMI descriptions of Fungi and Bacteria (1437).

Day P R, Anagnostakis S L. 1971. Corn smut dikaryon in culture [J]. Nature New Biology, 231: 19 - 20.

De Lucca A J. 2007. Harmful fungi in both agriculture and medicine [J]. Revista Iberoamericana de Micologia, 24 (1): 3 -13.

Dean R, Van Kan J A, Pretorius Z A, et al. 2012. The top 10 fungal pathogens in molecular plant pathology [J]. Molecular Plant Pathology, 13: 414 - 430.

Deng C L, Wang W J, Wang Z Y, et al. 2008. The genomic sequence and biological properties of Pennisetum mosaic virus, a novel monocot - infecting potyvirus [J]. Archives of Virology, 153 (5): 921 - 927.

Dernoeden P H, Jackson N. 1980. Infection and mycelia eolonization of gramineous hosts by *Sclerophthora macrospora* [J]. Phytopathology, 70 (10): 1009 - 1013.

Desjardins A E, Plkattber R D. 2000. Fumonisin B (1) - nonproducing strains of *Fusarium verticillioides cause* maize (*Zea mays*) ear infection and ear rot [J]. Journal of Agricultural and Food Chemistry, 48 (11): 5773 - 5780.

Desjardins A E. 2006. *Fusarium* mycotoxins chemistry, genetics, and biology [M]. Minnesota: American Phytopathological Society Press.

Dey S K, Dhillon B S, Malhotra V V. 1986. Crazy top downy mildew of maize - a new record in Punjab [J]. Current Science, 55 (12): 577 - 578.

Dhanju K S, Sain D. 2005. Evaluation and idetification of stable maydis leaf blight disease resistant maize lines and their use in breeding programme [J]. Annals of Agri Bio Research, 10 (1): 39 - 42.

Dhanju K S, Sain D. 2005. Idetification of multiple disease resistance lines and their use in developing disease free maize hybrids [J]. Annals of Agri Bio Research, 10 (1): 35 - 37.

Dingerdissen A L, Geiger H H, Lee M, et al. 1996. Interval mapping of genes for quantitative resistance of maize to *Setosphaeria turcica*, cause of northern leaf blight, in a tropical environment [J]. Molecular Breeding, 2: 143 - 156.

Di - Petro A, Gut - Rella M, Pachlatko J P, et al. 1992. Role of antibiotics produced by *Chaetomium globosum* in biocontrol of *Pythium ultimum*, a causal agent of damping - off [J]. Phytopathology, 82 (2): 131 - 135.

Diwakar D C, Payak M M. 1975. Germplasm reaction to Pythium stalk rot of maize [J]. Indian Phytopathology, 28 (4): 548 - 549.

Diwaker M C, Payak M M, and Renfro B L. 1972. Influence of some environmental factors on Pythium stalk rot of maize [C]. Bankok: The eighth Inter-Asian Corn Improvement Workshop: 132-136.

Dodd J L, Hooker A L. 1989. Previously undescribed pathotype of *Bipolaris zeicola* on corn [J]. Plant Disease, 74: 530.

Dolezal W, Tiwari K, Kemerait R, et al. 2009. An unusual occurrence of southern rust caused by *Rpp9*-virulent *Puccinia polysora*, on corn in southwestern Georgia [J]. Plant Disease, 93: 676.

Dovas C I, Eythymiou K, Katis N I. 2004. First report of maize rough dwarf virus (MRDV) on maize crops in Greece [J]. Plant Pathology, 53 (2): 238.

Drechsler C. 1925. Leaf spot of maize caused by *Ophiobolus heterostrophus*, n. sp., the ascigerous stage of a *Helminthosporium* exhibiting bipolar germination [J]. Journal of Agricultural Research, 31: 701-726.

Dugan F M, Hellier B C, Lupien S L. 2003. First report of *Fusarium proliferatum* causing rot of garlic bulbs in North America [J]. Plant Pathology, 52: 46.

Dunkle L D, Levy M. 2000. Genetic relatedness of African and United States populations of *Cercospora zeae-maydis* [J]. Phytopathology, 90: 486-490.

Eddins A H. 1930. Corn diseases in Florida [J]. Florida Agricultural Experiment Station Bulletin, 210: 35.

Edens D G, Gitaitis R D, Sanders F H, et al. 2006. First report of *Pantoea agglomerans* causing a leaf blight and bulb rot of onions in Georgia [J]. Plant Disease, 90 (12): 1551.

Edgington L V, Lynch K. 1981. Head smut of corn—decisions to make [J]. Canadian Journal of Plant Pathology, 3 (4): 273-276.

Edwards E T. 1933. A new *Fusarium* disease of maize [J]. Agricultural Gazette of New South Wales, 44: 895-897.

Elliott C A. 1943. Pythium stalk rot of corn [J]. Journal of Agricultural Research, 66 (1): 21-39.

Ellis M B. 1966. Dematiacrous Hyphomycetes. VII: *Curvularia*, *Brachysporium*etc [J]. Mycological Papers, 106: 1-57.

Eweida M, Tomenius K, Oxelfelt P. 1983. Reactions in maize infected with swedish isolates of barley yellow dwarf (BYDV) [J]. Journal of Phytopathology, 108 (3-4): 251-261.

Fan Z F, Chen H Y, Cai S, et al. 2003. Molecular characterization of a distinct potyvirus from whitegrass in China [J]. Archives of Virology, 148 (6): 1219-1224.

Fan Z F, Chen H Y, Liang X M, et al. 2003. Complete sequence of the genomic RNA of the prevalent strain of a potyvirus infecting maize in China [J]. Archives of Virology, 148 (4): 773-782.

Fan Z F, Wang W J, Jiang X, et al. 2004. Natural infection of maize by Pennisetum mosaic virus in China [J]. Plant Pathology, 53 (6): 796-796.

Fandohan P, Hell K, Marasas W F O, et al. 2003. Infection of maize by *Fusarium* species and contamination with fumonisin in Africa [J]. African Journal of Biotechnology, 2 (12): 570-579.

Fang S, Yu J, Feng J, et al. 2001. Identification of rice black-streaked dwarf fijivirus in maize with rough dwarf disease in China [J]. Archives of Virology, 146: 167-170.

Feldbrügge M, Kämper J, Steinberg G, et al. 2004. Regulation of mating and pathogenic development in *Ustilago maydis* [J]. Current Opinion of Microbiology, 7: 666-772.

Francis R, Burgess L W. 1975. Surveys of *Fusarium* and other fungi associated with stalk rot of maize in eastern Australia [J]. Crop and Pasture Science, 26 (5): 801-807.

Frederiksen R A. 1977. Head smuts of corn and sorghum [J]. Corn and Sorghum Research Conference, 32: 89-104.

Freymark P J, Lee M, Woodman W L, et al. 1993. Quantitative and qualitative trait loci affecting host-plant response to *Exserohilum turcicum* in maize (*Zea mays* L.) [J]. Theoretical and Applied Genetics, 87: 537-544.

Galal A M. 2005. Biological and serological studies on an isolate of dwarf mosaic potyvirus infecting maize plant [J]. International Journal of Agriculture & Biology, 7 (5): 701-704.

Gao B, Cui X W, Li X D, et al. 2011. Complete genomic sequence analysis of a highly virulent isolate revealed a novel strain of Sugarcane mosaic virus [J]. Virus Genes, 43 (3): 390-397.

Gao S G, Liu T, Li Y Y, et al. 2012. Understanding resistant germplasm-induced virulence variation through analysis of proteomics and suppression subtractive hybridization in a maize pathogen *Curvularia lunata* [J]. Proteomics, 12: 1-12.

Gao S G, Zhou F H, Liu T, et al. 2012. A MAP kinase gene, *Clk1*, is required for conidiation and pathogenicity in the phytopathogenic fungus *Curvularia lunata* [J]. Journal of Basic Microbiology, 52: 1-10.

Gao Z H, Xue Y B, Dai J R. 2000. The pathogenic site of the C-toxin derived from *Bipolaris maydis* race C in maize (*Zea mays*) [J]. Chinese Science Bulletin, 45 (19): 1787-1791.

Gao Z H, Xue Y B, Dai J R. 2001. cDNA-AFLP analysis reveals that maize resistance to *Bipolaris maydis* is associated with the induction of multipledefense - related genes [J] . Chinese Science Bulletin, 46 (17): 1545 - 1458.

Gao Z S, Cai H W, Liang G H. 2005. Field assay of seedling and adult - plant resistance to southern leaf blight in maize [J] . Plant Breeding, 124 (4): 356 - 360.

Giolitti F, Herrera M G, Madariaga M, et al. 2005. Detection of maize dwarf mosaic virus (MDMV) on maize in Chile [J] . Maydica, 50: 101 - 104.

Godoy C V, Amorim L, Bergamin Filho A, et al. 2003. Temporal progress of southern rust in maize under different environmental conditions [J] . Fitopatologia Brasileira, 28: 273 - 278.

Goodwin S B, Dunkle L D, Zisman V L. 2001. Phylogenetic analysis of *Cercospora* and *Mycosphaerella* based on the internal transcribed spacer region of ribosomal DNA [J] . Phytopathology, 9: 648 - 658.

Goto M, Sekine Y, Outa H, et al. 2001. Relationships between cold hardiness and diapauses, and between glycerol and free amino acid contents in overwintering larvae of the Oriental corn borer, *Ostrinia furnacalis* [J] . Journal of Insect Physiology, 47 (2): 157 - 165.

Guarro J, Palacio A, Gene J, et al. 2009. A case of colonization of a prosthetic mitral valve by *Acremonium strictum* [J] . Revista Iberoamericana de Micologia, 26 (2): 146 - 148.

Guo X Q, Zhu X P, Zhang J D, et al. 2003. Changes in cell ultrastructure in maize leaves infected by maize dwarf mosaic virus [J] . Agricultural Sciences in China, 2 (10): 1114 - 1120.

Ha V C, Nguyen V H, Vu T M, et al. 2009. Rice dwarf disease in North Vietnam in 2009 is caused by southern rice black - streaked dwarf virus (SRBSDV) [J] . Bibliographic Information, 32 (1): 85 - 92.

Hakiza J J, Lipps P E, St. Martin S, et al. 2004. Heritability and number of genes controlling partial resistance to *Exserohilum turcicum* in maize inbred H99 [J] . Maydica, 49 (3): 173 - 182.

Halfon - Meiri A, Barkai - Golan R. 1990. Mycoflora involved in seed germ discoloration of popcorn, and its effect on seed quality [J] . Mycopathologia, 110: 37 - 41.

Halfon - Meiri A, Solel Z, Tamari R, et al. 1988. Seedborne *Penicillium* in sweet corn: its damage and control [J] . Phytoparastitica, 16 (1): 87 - 88.

Halfon - Meiri A, Solel Z. 1989. Control of seedborne *Penicillium oxalicum* in sweet corn by seed treatment [J] . Zeitschrift für Pflanzenkrankheiten und Pflanzenschutz, 96: 636 - 639.

Halfon - Meiri A, Solel Z. 1990. Factors affecting seedling blight of sweet corn caused by seed - borne *Penicillium oxalicum* [J] . Plant Disease, 74 (1): 36 - 39.

Halsth D E, Pardes W D, Viands D R. 1991. Inheritance of resistance to *Helminthosporium carbonum* race 3 in maize [J] . Crop Science, 31 (3): 612 - 617.

Hamid A H, Ayers J E, Hill Jr R R. 1982. The inheritance of resistance in corn to *Cochliobolus carbonum* race 3 [J] . Phytopathology, 72 (9): 1173 - 1177.

Handley J A, Smith G R, Dale J L, et al. 1998. Sequence diversity in the coat protein coding region of twelve sugarcane mosaic potyvirus isolates from Australia, USA and South Africa [J] . Archives of Virology, 143 (6): 1145 - 1153.

Harlapur S I, Kulkarni M S, Hegde Y, et al. 2007. Variability in *Exserohilum turcicum* (Pass.) Leonard and Suggs. , causal agent of Turcicum leaf blight of maize [J] . Karnataka Journal of Agricultural Science, 20 (3): 665 - 666.

Harlapur S I, Mruthunjaya C W, Anahosur K H. 2000. A report survey and surveillance of maize diseases in North Karnataka [J] . Karnataka Journal of Agricultural Sciences, 13 (3): 750 - 751.

Harman G E, Howell C R, Viterbo A, et al. 2004. *Trichoderma* species—opportunistic, avirulent plant symbionts [J] . Nature Reviews Microbiology, 2 (1): 43 - 56.

Harris A C. 2010. *Halyomorpha halys* (Hemiptera: Pentatomidae) and *Protaetia brevitarsis* (Coleoptera: Scarabaeidae: Cetoniinae) intercepted in Dunedin [J] . The Weta, 40: 42 - 44.

Hassan G, Annette B, Tim I, et al. 2011. *Sporisorium reilianum* infection changes inflorescence and branching architectures of maize [J] . Plant Physiology, 156: 2037 - 2052.

Hazan A, Gerson U, Tahori A S. 1974. Life history and life tables of the carmine spider mite [J] . Acarologia, 15 (3): 414 - 440.

He K L, Wang Z Y, Bai S X, et al. 2004. Field efficacy of transgenic cotton containing single and double toxin genes against the Asian corn borer (Lepidoptera: Pyralidae) [J] . Journal of Applied Entomology, 128 (9/10): 710 - 715.

He K L, Wang Z Y, Bai S X, et al. 2006. Efficacy of transgenic Bt cotton for resistance to the asian corn borer (Lepidoptera: Crambidae) [J] . Crop Protection, 25: 167 - 173.

He K L, Wang Z Y, Wen L P, et al. 2003. Field evaluation of the asian corn borer control in hybrid of transgenic maize event

MON 810 [J]. Agricultural Sciences in China, 2 (12): 1290 - 1295.

He K L, Wang Z Y, Wen L P, et al. 2005. Determination of Baseline susceptibility to Cry1Ab protein for asian corn borer (Lepidoptera: Pyralidae) [J]. Journal of Applied Entomology, 129 (8): 407 - 412.

He K L, Wang Z Y, Zhou D R, et al. 2003. Evaluation of transgenic Bt corn for resistance to the asian corn borer (Lepidoptera: Pyralidae) [J]. Journal of Economic Entomology, 96: 935 - 940.

He P, He X, Zhang C. 2006. Interactions between *Psilocybe fasciata* and its companion fungus *Acremonium strictum* [J]. Ecological Research, 21: 387 - 395.

Herman J F, Lyimo H J F, Pratt R C, et al. 2013. Infection process in resistant and susceptible maize (*Zea mays* L.) genotypes to *Cercospora zeae - maydis* (Type II) [J]. Plant Protection Science, 49 (1): 11 - 18.

Hernández J R, de Romero M Y, Diaz C G, et al. 2002. First report of *Puccinia polysora* on corn in Argentina [J]. Plant Disease, 86 (2): 187.

Hidayat - UR - Rahman, Fazli R, Sohaii A. 2005. Screening and evaluation of maize genotypes for sothern leaf blight resistance and yield performance [J]. Sarhad Journal of Agriculture, 21 (2): 231 - 235.

Hingorani M K, Grant U J, Singh N H. 1960. *Erwinia carotovora* f. sp. *zeae*, a destructive pathogen of maize of India [J]. Indian Phytopathology, 12: 151 - 157.

Holley R N, Goodman M M. 1989. New sources of resistance to southern corn leaf blight from tropical hybrid maize derivatives [J]. Plant Disease, 73: 562 - 564.

Holliday R. 1961. The genetics of *Ustilago maydis* [J]. Genetical Research, 2: 204 - 230.

Hollier C A, King S B. 1985. Effect of dew period and temperature on infection of seedling maize plants by *Puccinia polysora* [J]. Plant Disease, 69: 219 - 220.

Hooker A L, Smith D R, Lim S M, et al. 1970. Reaction of corn seedlings with male - sterile cytoplasm to *Helminthosporium maydis* [J]. Plant Disease Reporter, 54: 708 - 712.

Hooker A L. 1962. Additional sources of resistance to *Puccinia sorghi* in the United States [J]. Plant Disease Report, 46: 14 -16.

Horbach R, Navarro - Quesada A R, Knogge W, et al. 2011. When and how to kill a plant cell: Infection strategies of plant pathogenic fungi [J]. Journal of Plant Physiology, 168 (1): 51 - 62.

Hou J M, Ma B C, Zuo Y H, et al. 2013. Rapid and sensitive detection of *Curvularia lunata* associated with maize leaf spot based on its *Clg2p* gene using semi - nested PCR [J]. Letters in Applied Microbiology, 56 (4): 245 - 250.

Inoue H, Yamanaka H. 2006. Redescription of *Conogethes punctiferalis* (Guenée) and descriptions of two new closely allied species from eastern palaearctic and oriental regions (Pyralidae, Pyraustinae) [J]. Tinea, 19 (2): 80 - 91.

Ismail I M K, Rahman T M A A, Ali M I A, et al. 1991. Effect of zinc and copper on metabolic activities of some fungi [J]. Egyptian Journal of Microbiology, 26 (1): 1 - 13.

Isogai M, UyedaI, Choi J K. 2001. Molecular diagnosis of rice black - streaked dwarf virus in Japan and Korea [J]. The Plant Pathology Journal, 17 (3): 164 - 168.

Ivanovic D, Osler R, Katis N, et al. 1995. Principal maize viruses in Mediterranean countries [J]. Agronomie, 15: 443 -446.

Jackson N, Dernoeden P H. 1980. *Sclerphthora macrospora*: the infection of yellow tuft diseases of turf grass [J]. Plant Disease, 64 (10): 915 - 916.

Janson B F, Ellett C W. 1963. A new corn disease in Ohio [J]. Plant Disease Reporter, 47: 1107 - 1108.

Jellum M D, Ethredge W J. 1971. Effect of race T of *Helminthosporium maydis* on corn grain yield [J]. Agronomy Journal, 63: 647 - 648.

Jha M M, Sanjeev K, Hasan S. 2004. Effects of botanicals of maydis leaf blight of maize *in vitro* [J]. Annals of Biology, 20 (2): 173 - 176.

Jones D B, Forster R K, Rebell G. 1972. *Fusarium solani* keratitis treated with natamycin (pimaricin) eighteen consecutive cases [J]. Archives of Ophthalmology, 88 (2): 147 - 154.

Jones M W, Boyd E C, Redinbaugh M G. 2011. Responses of maize (*Zea mays* L.) near isogenic lines carrying *Wsm1*, *Wsm2*, *and Wsm3* to three viruses in the Potyviridae [J]. Theoretical and Applied Genetics, 123 (5): 729 - 740.

Jons V L. 1980. Crazy top of corn in North Dakota [J]. Plant Disease, 64: 103 - 104.

Jordan E G, Perkins J M, Schall R A, et al. 1983. Occurrence of race 2 of *Exserohilum turcicum* on corn in the central and eastern United States [J]. Plant Disease, 67: 1163 - 1165.

Kahmann R, Basse C, Feldbrügge M. 1999. Fungal - plant signalling in the *Ustilago maydis* - maize pathosystem [J]. Current Opinion Microbiology, 2: 647 - 650.

Kahmann R, Kamper J. 2004. *Ustilago maydis*: how its biology relates to pathogenic development [J]. New Phytology, 164: 31 - 42.

Kar A K. 2006. Assessment of losses due to maydis leaf blight disease of maize in Orissa [J]. Journal of Plant Protection and Environment, 3 (2): 120 - 122.

Kelton L A. 1971. Revision of the species of *Trigonotylus* in north America (Heteroptera: Miridae) [J]. The Canadian Entomologist, 103 (5): 685 - 705.

Keszthelyi S, Pál - Fám F, and Kerepesi I. 2011. Effect of cotton bollworm (*Helicoverpa armigera* Hübner) caused injury on maize grain content, especially regarding to the protein alteration [J]. Acta Biologica Hungarica, 62 (1): 57 - 64.

Khan N I, Filonow A B, Singleton L L. 1997. Augmentation of soil with sporangia of *Actinoplanes* spp. for biological control of *Pythium* damping - off [J]. Biocontrol Science and Technology, 7: 11 - 12.

Kim K S, Oh H Y, Suranto S, et al. 2003. Infectivity of in vitro transcripts of Johnsongrass mosaic potyvirus full - length cDNA clones in maize and sorghum [J]. Archives of Virology, 148 (3): 563 - 574.

Kinyua Z M, Smith J J, Kibata S A, et al. 2010. Status of grey leaf spot disease in Kenyan maize production ecosystems [J]. African Crop Science Journal, 18 (3): 183 - 194.

Kirimelashvili I S, Dolidze M I. 1969. Materials for studies of Nigrospora ear rot in Georgia [J]. Reports of Institute of Plan Protection, 21: 92 - 93.

Klose J, de Sá M M, Kronstad J W. 2004. Lipid - induced filamentous growth in *Ustilago maydis* [J]. Molecular Microbiology, 52: 826 - 835.

Klosterman S J, Perlin M H, Garcia - Pedrajas M, et al. 2007. Genetics of morphogenesis and pathogenic development of *Ustilago maydis* [J]. Advances in Genetics, 57: 1 - 47.

Knasm U S, Bresgen N, Kassie F, et al. 1997. Genotoxin effects of three *Fusarium* mycotoxins, fumonisin B_1, monilifomain and vomtoxin in bacteria and in primary cultures of rat hepatocytes [J]. Mutation Research - Reviews in Mutation Research, 391 (1 - 2): 39 - 48.

Knoke J K, Louie R, Anderson R J, et al. 1974. Distribution of maize dwarf mosaic and aphid vectors in Ohio [J]. Phytopathology, 64 (5): 639 - 645.

Koehler B. 1939. Crazy top of corn [J]. Phytopathology, 29: 817 - 820.

Kong P, Steinbiss H H. 1998. Complete nucleotide sequence and analysis of the putative polyprotein of maize dwarf mosaic virus genomic RNA (Bulgarian isolate) [J]. Archives of Virology, 143 (9): 1791 - 1799.

Kono Y, Takeuchi S, Kawarada A, et al. 1980. Structure of the host - specific pathotoxins produced by *Helminthosporium maydis* race T [J]. Tetrahedron Letters, 21 (16): 1537 - 1540.

Korsman J, Meisel B, Kloppers F J, et al. 2012. Quantitative phenotyping of grey leaf spot disease in maize using real - time PCR [J]. European Journal of Plant Pathology, 133 (2): 461 - 471.

Kozic Z, Palaversic B, Buhinicek I. 2002. Evaluation of the inbred line Bc 703 - 19 as a source of resistance to Fusarium stalk rot of maize [J]. Journal of Appllied Genetics, 43A: 255 - 258.

Kraja A, Dudley J W, White D G. 2000. Identification of tropical and temperate maize populations having favorable alleles for disease resistance [J]. Crop Science, 40: 948 - 954.

Krawczyk K, Kamasa J, Zwolinska A, et al. 2010. First report of *Pantoea ananatis* associated with leaf spot disease of maize in Poland [J]. Journal of Plant Pathology, 92 (3): 807 - 811.

Krikken J. 1984. A new key to the suprageneric taxa in the beetle family Cetoniidae, with annotated lists of the known genera [M]. Zoologische Verhandelingen, 210: 1 - 75.

Kucharek T A, Kommedahl T. 1966. Kernel infection and corn stalk rot caused by *Fusarium moniliforme* [J]. Phytopathology, 56: 983 - 984.

Kulik T A. 1955. Features of pathogenesis of Nigrospora ear rot of maize and substantiation of protection measures [D]. Karkhov State University.

Kulik T A. 1956. Nigrospora ear rot of maize in Ukraine [J]. Ukrainskii Botanicheskii Zhurnal, 13 (3): 87 - 91.

Lal B B, Chakravarti B P. 1979. Factors affecting germination of sporangia of maize brown spot fungus *Physoderma maydis* Shaw [J]. Beihefte zur Nova Hedwigia, 63: 91 - 96.

Lal S, Thind B S, Payak M M. 1970. Bacterial stalk rot of maize - resistance breeding and chemical control [J]. Indian Phytopathology, 23: 156.

Lal S, Saxena S C. 1982. Field evaluation of calcium hypochlorite for the control of bacterial stalk rot of maize [J]. Indian

Journal of Mycology and Plant Pathology, 12: 278-282.

Lambert R J, White D G. 1997. Disease reaction changes from tandem selection for multiple disease resistance in two maize synthetics [J]. Crop Science, 37 (1): 66-69.

Lana U G P, Gomes E A, Silva D D, et al. 2012. Detection and molecular diversity of *Pantoea ananatis* associated with white spot disease in maize, sorghum and crabgrass in Brazil [J]. Journal of Phytopathology, 160 (9): 441-448.

Lange L, Olson L W. 1980. Germination of the resting sporangia of *Physoderma maydis*, the causal agent of physoderma disease of maize [J]. Protoplasma, 102: 323-342.

Latterell F M, Rossi A E. 1983. Gray leaf spot of corn: a disease on the move [J]. Plant Disease, 67: 842-847.

Laurent D, Platzer N, Kohler F, et al. 1989. Macrofusin and micromonilin: two new mycotoxins isolated from corn infested by *Fusarium moniliforme* [J]. Microbiology Aliment Nutrition, 7: 9-16.

Leach J, Yoder O C. 1983. Heterokaryon incompatibility in the plant-pathogenic fungus, *Cochliobolus heterostrophus* [J]. The Journal of Heredity, 74 (3): 149-152.

Lee J, Kim H, Jeon Jae, et al. 2012. Population structure of and mycotoxin production by *Fusarium graminearum* from maize in South Korea [J]. Applied Environmental Microbiology, 78 (7): 2161-2167.

Lenardon S L. 1993. The nucleotide sequences of the genomes of maize dwarf mosaic virus (MDMV) strains A, D, E and F and their implication in the classification of potyviruses [D]. Ohio: The Ohio State University.

Leonard K J, Levy Y, Smith D R. 1989. Proposed nomenclature for pathogenic races of *Exserohilum turcicum* on corn [J]. Plant Disease, 73: 776-777.

Leslie J F, Pearson C A S, Nelson P E, et al. 1990. *Fusarium* spp. from corn, sorghum, and soybean fields in the central and eastern United States [J]. Phytopathology, 80: 343-350.

Levic J. 1987. Inheritance of maize leaf resistance to *Kabatiella zeae* Narita and Hiratsuka and screening for sources of resistance [J]. Arhiv za Poljoprivredne Nauke, 48: 173-203.

Levings IIIC S. 1990. The texas cytoplasm of maize: cytoplasmic male sterility and disease susceptibility [J]. Science, 250 (4983): 942-947.

Lewis J A, Lumsden R D, Locke J C. 1996. Biocontrol of damping-off diseases caused by *Rhizoctonia solani* and *Pythium ultimum* with alginate prills of *Gliocladium virens*, *Trichoderma hamatum* and various food bases [J]. Biocontrol Science and Technology, 6 (2): 163-173.

Li H R, Wu B C, Yan S Q. 1998. Aetiology of *Rhizoctonia* in sheath blight of maize in Sichuan [J]. Plant Pathology, 47 (1): 16-21.

Li L, Wang X F, Zhou G H. 2007. Analyses of maize embryo invasion by Sugarcane mosaic virus [J]. Plant Science, 172: 131-138.

Li W J, He P, Jin J Y. 2010. Effect of potassium on ultrastructure of maize stalk pith and young root and their relation to stalk rot resistance [J]. Agricultural Sciences in China, 9 (10): 1467-1474.

Lim S M, Hooker A L. 1971. Southern corn leaf blight: genetic control of pathogenicity and toxin production in race T and race O of *Cochliobolus heterostrophus* [J]. Genetics, 69 (1): 115-117.

Lindsey J, du Toit, Pataky J K. 1999. Effects of silk maturity and pollination on infection of maize ears by *Ustilago maydis* [J]. Plant Disease, 83: 621-626.

Lister R M, Ranieri R. 1995. Distribution and economic importance of barley yellow dwarf [M] //D'Arcy J C, Burnett p A. Barley Yellow Dwarf, 40 Years of Progress. St Paul, MN, USA: APS Press.

Liu T, Liu L X, Hou J M, et al. 2010. Expression of green fluorescent protein in *Curvularia lunata* causing maize leaf spot [J]. Canadian Journal of Plant Pathology, 32 (2): 225-228.

Liu T, Liu L X, Jiang X, et al. 2009. A new furanoid toxin produced by *Curvularia lunata*, the causal agent of maize *Curvularia* leaf spot [J]. Canadian Journal of Plant Pathology, 31 (1): 22-27.

Liu T, Liu L X, Jiang X, et al. 2010. *Agrobacterium*-mediated transformation as a useful tool for the molecular genetic study of the phytopathogen *Curvularia lunata* [J]. European Journal of Plant Pathology, 126: 363-371.

Liu X M, Zhao H X, Chen S F. 2006. Colonization of maize and rice plants by strain *Bacillus megaterium* C4 [J]. Current Microbiology, 52 (3): 186-190.

Lomovskaya O, Warren M S, Lee A, et al. 2001. Identification and characterization of inhibitors of multidrug resistance efflux pumps in *Pseudomonas aeruginosa*: novel agents for combination therapy [J]. Antimicrobial Agents and Chemotherapy, 45 (1): 105-116.

Loppez Jr J D, Crocker R L, Shaver T N. 2002. Attractant for monitoring and control of adult scarabs [J]. US Patent, (6):

406 - 440.

Lorenzoni C, Bertolini M, Loi N, et al. 1987. Tolerance to barley yellow dwarf virus in maize [C] . Udine, Italy: World perspectives on barley yellow dwarf international workshop.

Lorito M, Woo S L, Harman GE, et al. 2010. Translational research on *Trichoderma*: from 'omics to the field [J] . Annual Review of Phytopathology, 48 (1): 395 - 417.

Louie R, Abt J J. 2004. Mechanical transmission of maize rough dwarf virus [J] . Maydica, 49 (3): 231 - 240.

Louie R. 1995. Vascular puncture of maize kernels for the mechanical transmission of maize white line mosaic - virus and other viruses of maize [J] . Phytopathology, 85 (2): 139 - 143.

Louie R. 1999. Diseases caused by viruses [M] //White D G. Compendium of Corn Diseases. 3rd ed. St. Paul, USA: American Phytopathological Society Press.

Malone C P, Miller R J, Koeppe D E. 1978. The *in vivo* response of corn mitochondria to *Bipolaris* (*Helminthosporium*) *maydis* (race T) toxin [J] . Physiologia Plantarum, 44 (1): 21 - 25.

Manamgoda D S, Cai L, Bahkali A H, et al. 2011. *Cochliobolus*: an overview and current status of species [J] . Fungal Diversity, 51: 3 - 42.

Manandhar G, Ferrara G O, Tiwari T P, et al. 2011. Response of maize genotypes to gray leaf spot disease (*Cercospora zeae - maydis*) in the hills of Nepal [J] . Agronomy Journal of Nepal, 2: 93 - 100.

Mansoor - ul - Hasan, Sahi G M, Wakil W, et al. 2003. Aphid transmission of sugarcane mosaic virus (SCMV) [J] . Pakistan Journal of Agricultural Sciences, 40 (1 - 2): 74 - 76.

Mao W, Lumsden R D, Lewis J A, et al. 1998. Seed treatment using pre - infiltration and biocontrol agents to reduce damping -off of corn caused by species of *Pythium* and *Fusarium* [J] . Plant Disease, 82 (3): 294 - 299.

Marasa W F O. 1995. Fumonisins: History, world - wide occurrence and impact [M] //Jackson L S, DeVries J W, Bullerman L B. Fumonisins in Food. New York: Plenum.

Margaret J J, Larry D D. 1993. Analysis of *Cochliobolus carbonum* races by PCR amplification with arbitrary and gene - specific primers [J] . Phytopathology, 83: 366 - 366.

Marie - Jeanne V, Hariri D, Doucet R, et al. 2011. First report of *Sugarcane mosaic virus* on maize in the centre region of France [J] . Plant Disease, 95 (1): 70 - 71.

Marin S, Sanchis V, Teixido A, et al. 1996. Water and temperatum relations and microconidial germination of *Fusariummoniliforme* and *Fusarium proliferatum* from maize [J] . Canadian Journal of Microbiology, 42 (10): 1045 - 1050.

Matyac C A, Kommedahl T. 1985. Factors affecting the development of head smut caused by *Sphacelotheca reiliana* on corn [J] . Phytopathology, 75: 577 - 581.

McDonough E S. 1946. A cytological study of the developmeng of the oospores of *Sclerosporamacrospora* Sacc. [J] . *Transactions of the Wisconsin Academy of Sciences, Arts and Letters*, 38: 211 - 218.

McGee D C. 1988. Maize Disease: a reference source for seed technologists [M] . Minnesota: APS Press.

McGee P A, Hincksman M A, White C S. 1991. Inhibition of growth of fungi isolated from plants by *Acremonium strictum* [J] . Australian Journal of Agricultural Research, 42 (7): 1187 - 1193.

MeDaniel L L, Gordon D T. 1985. Identification of a new strain of maize dwarf mosaic virus [J] . Plant Disease, 69 (7): 602 -607.

Medrano E G, Bell A A. 2007. Role of *Pantoea agglomerans* in opportunistic bacterial seed and boll rot of cotton (*Gossypium hirsutum*) grown in the field [J] . Journal of Applled Microbiology, 102 (1): 134 - 143.

Meena R L, Rathore, Mathur K. 2003. Efficacy of biocontrol agents against *Rhizoctonia solani* f. sp. *sasakii* causing banded leaf and sheath blight of maize [J] . Journal of Mycology and Plant pathology, 33 (2): 310 - 312.

Meisel B, Korsman J, Kloppers F J, et al. 2009. *Cercospora zeina* is the causal agent of gray leaf spot disease of maize in southern Africa [J] . European Journal of Plant Pathology, 124: 577 - 583.

Meissle M, Mouron P, Musa T, et al. 2010. Pests, pesticide use and alternative options in European maize production: current status and future prospects [J] . Journal of Applied Entomology, 134 (5): 357 - 375.

Melchinger A E, Kuntze L, Gumber R K, et al. 1998. Genetic basis of resistance to sugarcane mosaic virus in European maize germplasm [J] . Theoretical and Applied Genetics, 96 (8): 1151 - 1161.

Menkir A, Ayodele M. 2005. Genetic analysis of resistance to gray leaf spot of midaltitude maize inbred lines [J] . Crop Science, 45 (1): 163 - 170.

Miller D J, Young J C, Trenholm H L. 1983. *Fusarium* toxins in field corn: Ⅰ. time course of fungal growth and production of deoxynivalenol and other mycotoxins [J] . Canadian Journal of Botany, 61: 3080 - 3087.

Miller R J, Koeppe D E. 1971. Southern corn leaf blight: susceptible and resistant mitochondria [J]. Science, 2 (173): 67-69.

Ministry of Agriculture, Food and Rural Affairs. 2002. Agronomy guide, Corn: Pythium stalk rot [EB/OL]. [2007-08-24]. http://www.omaf.gov.on.ca/english/crops/pub811/3srpy.htm.

Mitchell H H, Beadles J R, Koehler B, et al. 1947. Impairment in nutritive value of corn grain damaged by *Nigrospora oryzae* [J]. Journal of Animal Science, 6: 352-358.

Moini A A, Izadpanah K. 2000. Survival of barley yellow dwarf viruses in maize and johnson grass in Mazandaran [J]. Iranian Journal of Plant Pathology, 36 (3/4): 103-104.

Morales-Rodriguez I, de Yañz-Morales M J, Silva-Rojas H V, et al. 2007. Biodiversity of *Fusarium* species in Mexico associated with ear rot in maize, and their identification using a phylogenetic approach [J]. Mycopathologia, 163 (1): 31-39.

Morales-Valenzuela G, Silva-Rojas H V, Ochoa-Mart D. 2007. First report of *Pantoea agglomerans* causing leaf blight and vascular wilt in maize and sorghum in Mexico [J]. Plant Disease, 91 (10): 1365.1.

Mortimore C G, Ward G M. 1964. Root and stalk rot of corn in southwestern Ontario [J]. Canadian Journal of Plant Science, 44: 451-457.

Munkvold G P, Carlton W M. 1997. Influence of inoculation method on systemic *Fusarium moniliforme* infection of maize plants grown from infected seeds [J]. Plant Diseases, 81: 211-216.

Muriithi L M, Gathama S K. 1998. Gray leaf spot of maize: a new disease on increase [J]. Crop Protection Newsletter.

Muriithi L M, Mutinda C J M. 2001. Genetic variability of maize genotypes for resistance to *Exserohilum turcicum* in Kenya [C]. Seventh Eastern and Southern African Regional Maize Conference, 106-109.

Musetti R, Bruni L, Favali M A. 2002. Cytological modifications in maize plants infected by barley yellow dwarf virus and maize dwarf mosaic virus [J]. Micron, 33 (7-8): 681-686.

Mutuura A, Munroe E. 1970. Taxonomy and distribution of the European corn borer and allied species: Genus of *Ostrinia* (Lepidoptera: Pyralidae) [J]. Memoirs of the Entomological Society of Canada, 71: 1-112.

Nadal M, Garcı́a-Pedrajas M D, Gold S E. 2008. Dimorphism in fungal plant pathogens [J]. FEMS Microbiology Letters, 284: 127-134.

Naumann T A, Wicklow D T, Kendra D F. 2009. Maize seed chitinase is modified by a protein secreted by *Bipolaris zeicola* [J]. Physiological and Molecular Plant Pathology, 74 (2): 134-141.

Nelson P E, Desjardins A E, Plattner R D. 1993. Fumonisins, mycotoxins produced by *Fusaium* species: Biology, chemistry, and significance [J]. Annual Review of Phytopathology. 31: 233-252.

Nelson P E, Toussoun T A, Marasas W F C. 1983. *Fusarium* species. An illustrated manual for identification [M]. Pennsylvania State University Press.

Nelson R R, Haasis A. 1964. The perfect stage of *Curvularia lunata* [J]. Mycologia, 56: 316-317.

Nuberg I K, Allen R N, Colless J M, et al. 1986. Field reactions of maize varieties commonly grown in Australia to boil smut caused by *Ustilago zeae* [J]. Australian Journal of Experimental Agriculture, 26: 481-488.

Nutter F W Jr, Jenco J H. 1992. Development of critical-pointyield loss models to estimate yield losses in corn caused by *Cercospora zeae-maydis* [J]. Phytopathology, 82: 994.

Nyvall R F. 1999. Field Crop Diseases [M]. 3rd ed. Iowa: Iowa State University Press.

Obanor F, Neate S, Simpfendorfer S, et al. 2012. *Fusarium graminearum* and *Fusarium pseudograminearum* caused the 2010 head blight epidemics in Australia [J]. Plant Pathology, 62 (1): 1-13.

Ogliari J B, Guimaraes M A, Camargo L E A. 2007. Chromosomal locations of the maize (*Zea mays* L.) *HtP* and *rt* genes that confer resistance to *Exserohilum turcicum* [J]. Genetics and Molecular Biology, 30 (3): 630-634.

Ogliari J B, Guimaraes M A, Geraldi I O, et al. 2005. New resistance gene in *Zea mays*-*Exserohilum turcicum* pathosystem [J]. Genetics and Molecular Biology, 28: 435-439.

Ogoshi A, Oniki M, Sakai R, et al. 1979. Anastomosis grouping among isolates of binucleate *Rhizoctonia* [J]. Transactions of the Mycological Society of Japan, 20: 33-39.

Okori P, Rubaihayo P R, Adipala E, et al. 2004. Interactive effects of host, pathogen and mineral nutrition on grey leaf spot epidemics in Uganda [J]. European Journal of Plant Pathology, 110 (2): 119-128.

Olson L W, Eden U M, Lange L. 1980. The endobiotic thallus of *Physoderma maydis*, the causal agent of Physoderma disease of maize [J]. Protoplasma, 103: 1-16.

Olson L W, Lange L. 1978. The meiospore of *Physoderma maydis*, the causal agent of Physoderma disease of maize [J].

Protoplasma, 97: 275 - 290.

Osunlaja S O. 1983. Effect of tillage on the control of Physoderma brown spot disease of maize in South - West Nigeria [J] . Plant and Soil, 72 (1): 173 - 176.

Osunlaja S O. 1989. Effect of organic soil amendments on the incidence of brown spot disease in maize caused by *Physoderma maydis* [J] . Journal of Basic Microbiology, 29 (8): 501 - 505.

Osunlaja S O. 1990. Effect of organic soil amendments on the incidence of stalk rot of maize [J] . Plant and Soil, 127 (2): 237 -241.

Owolade B F, Fawole B, Osikanlu Y O K. 2000. Fungi associated with maize seed abnormalities in south - western Nigeria [J] . Crop Research (Hisar), 20 (3): 476 - 481.

Paccola - Meirelles L D, Ferreira A S, Meirelles W F. 2001. Detection of a bacterium associated with a leaf spot disease of maize in Brazil [J] . Phytopathology, 149: 275 - 279.

Paccola - Meirelles L D, Meirellea W F, Parentoni S N. 2002. Reaction of maize inbreb lines to a bacterium *Pantoea ananatis*, isolates from *Phaeaosohaeria* leaf spot lesions [J] . Plant Breeding and Applied Biotechnology, 2: 587 - 590.

Pal D, Kaiser S A K M. 2001. Effect of agronomic practices on Maydis leaf blight disease of maize [J] . Journal of Mycopathological Research, 39: 77 - 82.

Pal D, Kaiser S A K M. 2003. Evaluation of some fungicides against *Drechslera maydis* Nisikado race 'O' causing Maydis leaf blight of maize [J] . Journal of Interacademicia, 7 (2): 232 - 235.

Palencia E R, Hinton D M, Bacon C W. 2010. The black *Aspergillus* species of maize and peanuts and their potential for mycotoxin production [J] . Toxins: Basel, 2 (4): 399 - 416.

Panaccione D G, Scott - Craig J S, Pocard J A, et al. 1992. A cyclic peptide synthetase gene required for pathogenicity of the fungus *Cochliobolus carbonum* on maize [J] . Proceedings of the National Academy of Sciences, 89 (14): 6590 - 6594.

Park H Y, Park D S, Park SS, et al. 1994. Bacteria - induced antibiotic peptide, protaecin from the white spotted flower chafer, *Protaetia brevitarsis* [J] . Korean Journal of Applied Microbiology and Biotechnology, 22: 52 - 58.

Park H Y, Park S S, Oh H W, et al. 1994. General characteristics of the white - spotted flower chafer, *Protaetia brevitarsis* reared in the laboratory [J] . Korean Journal of Entomology, 24 (1): 1 - 5.

Pascual C B, Toda T, Raymondo A D, et al. 2000. Characterization by conventional techniques and PCR of *Rhizoctonia solani* isolates causing banded leaf sheath blight in maize [J] . Plant Pathology, 49 (1): 108 - 118.

Pataky J K, du Toit L J, Kerns M R. 1997. Bacterial leaf blight on *shrunken* - 2 sweet corn [J] . Plant Disease, 81: 1293 - 1298.

Pataky J K, Ledencan T. 2006. Resistance conferred by the *Ht*1 gene in sweet corn infected by mixtures of virulent and avirulent *Exserohilum turcicum* [J] . Plant Disease, 90 (6): 771 - 776.

Pataky J K, Nankam C, Kerna M R. 1995. Evaluation of a silk - inoculation technique to diferentiate reactions of sweet corn hybrids to common smut [J] . Phytopathology, 85: 1323 - 1328.

Pataky J K, Pate M C, Hulbert S H. 2001. Resistance genes in the *rp*1 region of maize effective against *Puccinia sorghi* virulent on the *Rp1 - D* gene in North America [J] . Plant Disease, 85: 165 - 168.

Paul P A, Munkvold G P. 2005. Influence of temperature and relative humidity on sporulation of *Cercospora zeae - maydis* and expansion of gray leaf spot lesions on maize leaves [J] . Plant Disease, 89: 624 - 630.

Pay A K M M, Renfro B L, Sangam L A I. 1970. Downy mildew diseases incited by *Scletophthora* [J] . Indian Phytopathology, 13: 183 - 193.

Payak M M, Lilaramani J, Sharma R C, et al. 1973. Morphological responses in maize to infection by *Pythium aphanidermatum* [J] . Phytopathologische Zeitschrift, 77 (1): 65 - 70.

Payak M M, Sharma R C . 1985. Maize diseases and approaches to their management in India [J] . Tropical Pest Management, 31: 302 - 310.

Pedersen W L, Perkins J M, White D G. 1986. Evaluation of Captan as a seed treatment for corn [J] . Plant Disease, 70: 45 -49.

Peglion V. 1930. La formazione dei conidi e la germinazione delle oospore della' *Sclerospora macrospora* ' Sacc. [J] . Bollettino della R. , 10 (8): 1 - 14.

Peyronel B. 1929. Gli zoosporangi nella *Sclerospora macrospora* [M] //Bollettino della R. , Stazione di Patologia vegetale di Roma. Anno 9, Nuova Serie: 353 - 357.

Pope D D, Mccarter S M. 1992. Evaluation of inoculation methods for inducing common smut on corn ears [J] . Phytopathology, 82: 951 - 954.

Prasad H H. 1930. A bacterial stalk rot of maize [J]. Agriculture Journal of India, 25: 72.

Pratt R, Gordon S, Lipps P, et al. 2003. Use of IPM in the control of multiple diseases in maize: Strategies for selection of host resistance [J]. African Crop Science Journal, 11 (3): 189 - 198.

Pringle R B. 1971. Amino acid composition of the host - specific toxin of *Helminthosporium carbonum* [J]. Plant Physiology, 48 (6): 756 - 759.

Pérez - Martín J, Castillo - Lluva S, Sgarlata C, et al. 2006. Pathocycles: *Ustilago maydis* as a model to study the relationships between cell cycle and virulence in pathogenic fungi [J]. Molecular Genetics and Genomics, 276 (3): 211 - 229.

Pérez - y - Terrón A R, Villegas B M C, Cuellar C A, et al. 2009. Detection of *Pantoea ananatis*, causal agent of leaf spot disease of maize, in Mexico [J]. Australasian Plant Disease Notes, 4: 96 - 99.

Raid R N, Pennypacker S P, and Stevenson R E. 1988. Characterization of *Puccinia polysora* epidemics in Pennsylvania and Maryland [J]. Phytopathology, 78: 579 - 585.

Ramsey M D. 1990. Etiology of root and stalk rots of maize in north Queensland (Australia): Disease development and associated fungi [J]. Australiasian Plant Pathology, 19 (1): 2 - 12.

Ramsey M D. 1990. Etiology of root and stalk rots of maize in north Queensland: 2. Pathogenicity of fungi, including *Pyrenochaeta indica*, a new record [J]. Australiasian Plant Pathology, 19 (2): 52 - 55.

Raudaskoski M, Kothe E. 2010. Basidiomycete mating type genes and pheromone signaling [J]. Eukaryotic Cell, 9: 847 -859.

Reddy D V R, Shikata E, Boccardo G. 1975. Coelectrophoresis of double - stranded RNA from maize rough dwarf and rice black - streaked dwarf viruses [J]. Virology, 67 (1): 279 - 282.

Redinbaugh M G, Louie R, Ngwira P, et al. 2001. Transmission of viral RNA and DNA to maize kernels by vascular puncture inoculation [J]. Journal of Virological Methods, 98 (2): 135 - 143.

Redinbaugh M G, Pratt R C. 2008. Virus resistance [M] //Hake S, and Bennetzen J. The Maize Handbook. 2nd ed. Springer -Verlag Berlin and Heidelberg GmbH & Co. K.

Reifschneider F J B, Arny D C. 1979. Seed infection of maize by *Kabatiella zeae* [J]. Plant Disease Reporter. 63: 352 - 354.

Reifschneider F J B, Arny D C. 1983a. Inheritance of resistance in maize to *Kabatiella zeae* [J]. Crop Science, 23: 615 - 616.

Reifschneider F J B, Arny D C. 1983b. Yield loss of maize caused by *Kabatiella zeae* [J]. Phytopathology, 73: 607 - 609.

Reis A C, Reis M E, Casa R T, et al. 1995. Eradication of pathogenic fungi in corn seeds and protection against *Pythium* sp. in the soil by seed treatment [J]. Fitopatologia Brasileira, 20 (4): 585 - 590.

Reithner B, Brunner K, Schuhmacher R, et al. 2005. The G protein α subunit Tga1 of *Trichoderma atroviride* is involved in chitinase formation and differential production of antifungal metabolites [J]. Fungal Genetics and Biology, 42 (9): 749 -760.

Rey J I, Cerono J, Lúquez J. 2009. Identification of quantitative trait loci for resistant to maize ear rot caused by *Fusarium moniliforme* Sheldon and common rust caused by *Puccinia sorghi* in Argentinian maize germplasm [J]. Revista de la Facultad de Agronomía, La Plata, 108 (1): 1 - 8.

Rezende I C, Silva H P, Pereira O A P. 1994. Perda da produção demilho causada por *Puccinia polysora* Underw. [C]. Anais do XX Congresso Nacional de Milhoe Sorgo, Goiânia, 174.

Rhind D, Waterson J M, and Deighton F C. 1952. Occurrence of *Puccinia polysora* Underw. in West Africa [J]. Nature, 169: 631 - 632.

Rijavec T, Lapanje A, Dermastia M, et al. 2007. Isolation of bacterial endophytes from germinated maize kernels [J]. Canadian Journal of Microbiology, 53: 802 - 808.

Robert A L. 1962. Host races and ranges of corn rusts [J]. Phytopathology, 52: 1010 - 1012.

Rodney W, Caldwell, John T, et al. 1970. Zearalernone production in field corn in Indiana [J]. Phytopathology, 60: 1696 -1697.

Rodriguez - Ardon R, Scott G E, King S B. 1980. Maize yield losses caused by southern corn rust [J]. Crop Science, 20: 812 -814.

Romeiro R S, Macagnan D, Mendonça H L, et al. 2007. Bacterial spot of Chinese taro (*Alocasia cucullata*) in Brazil induced by *Pantoea agglomerans* [J]. Plant Pathology, 56 (6): 1038.

Saha B C. 2002. Production, purification and properties of xylanase from a newly isolated *Fusarium proliferatum* [J]. Process Biochemistry, 37 (11): 1279 - 1284.

Sah D N, Arny D C. 1990. Susceptibility of maize germplasm to bacterial stalk rot caused by *Erwiniachry santhemi* pv. *zeae* [J]. Tropical Pest Management, 36: 154 - 156.

Sain D, Dhanju K S, Arora P, et al. 2002. Combining ability analysis for resistance to Maydis leaf blight (*Drechslera maydis*) disease and yield in maize (*Zea mays*) [J]. Indian Journal of Agricultural Sciences, 72 (2): 125 - 127.

Sampietro D A, Díaz C G, Gonzalez V, et al. 2011. Species diversity and toxigenic potential of *Fusarium graminearum* complex isolates from maize fields in northwest Argentina [J]. International Journal of Food Microbiology, 145: 359 - 364.

Savary S, Nelson A, Sparks A H, et al. 2011. International agricultural research tackling the effects of global and climate changes on plant diseases in the developing world [J]. Plant Disease, 95 (10): 1204 - 1216.

Saxena S C, Lal S. 1984. Use of meteorological factors in prediction of Erwinia stalk rot of maize [J]. Tropical Pest Management, 30: 82 - 85.

Schall R A, Mccain J W, Hennen J F. 1983. Distribution of *Puccinia polysora* in Indiana and absence of a cool weather form as determined by comparison with *P. sorghi* [J]. Plant Disease, 67: 767 - 770.

Schollenberger M, Müller H M, Ernst K, et al. 2012. Occurrence and distribution of 13 trichothecene toxins in naturally contaminated maize plants in Germany [J]. Toxins: Basel, 4 (10): 778 - 787.

Schulthess F, Cardwell K, Gounou S. 2002. The effect of endophytic Fusarium verticillioides on infestation of two maize varieties by lepidopterous stemborers and coleopteran grain feeders [J]. Phytopathology, 92 (2): 120 - 128.

Scott D B. 1993. Soil - borne diseases of wheat and maize in South Africa: etiological and epidemiological aspects [J]. Applied Plant Science, 7 (2): 60 - 64.

Scott G E, Zummo N. 1989. Effect of genes with slow - rusting characteristics on southern corn rust in maize [J]. Plant Disease, 73 (2): 114 - 116.

Seifers D L, Salomon R, Marie - Jeanne V, et al. 2000. Characterization of a novel potyvirus isolated from maize in Israel [J]. Phytopathology, 90 (5): 505 - 513.

Sekiguchi K. 1974. Morphology, biology and control of the yellow peach moth, *Dichocrocis punctiferalis* Guenée (Lepidoptera: Pyralidae) [J]. Bulletin of the Ibaraki - ken Horticultural Experiment Station, Special Issue: 1 - 90.

Semeniuk G. 1964. Occurrence and development of *Sclerophthora macrospora* on cereals and grasses in South Dakota [J]. Phytopathology, 54: 409 - 416.

Shah S S, Hadayat - UR - Rahman, Khalil I H, et al. 2006. Reaction of two maize synthetics to maydis leaf blight following recunrrent selection for grain yield [J]. Sarhad Journal of Agriculture, 22 (2): 263 - 269.

Sharma R C, Rai S N, Mukherjee B K, et al. 2003. Assessing potential of resistance source for the enhancement of resistance to maydis leaf blighr (*Bipolaris maydis*) in maize (*Zea mays* L.) [J]. Indian Journal of Genetics and Plant Breeding, 63 (1): 33 - 36.

Sharma R, De Leon C, Payak M M. 1993. Diseases of maize in South and South - East Asia: problems and progress [J]. Crop Protection, 12 (6): 414 - 422.

Shi L, Li X, Hao Z, et al. 2007. Comparative QTL mapping of resistance to gray leaf spot in maize based on bioinformatics [J]. Agricultural Science in China, 6 (12): 1411 - 1419.

Shoresh M, Harman G E. 2008. The molecular basis of shoot responses of maize seedlings to *Trichoderma harzianum* T22 inoculation of the root: a proteomic approach [J]. Plant Physiology, 147 (4): 2147 - 2163.

Shukla D D, Frenkel M J, McKern N M, et al. 1992. Present status of the sugarcane mosaic subgroup of potyviruses [J]. Archives of Virology, 5: 363 - 373.

Simmons C R, Grant S, Altier D J, et al. 2001. Maize *rhml* resistance to *Bipolaris maydis* is associated with few differences in pathogenesis - related proteins and global mRNA profiles [J]. Molecular Plant - Microbe Interactions, 14 (8): 947 -954.

Singh A, Shahi J P. 2012. Banded leaf and sheath blight: an emerging disease of maize (*Zea mays* L.) [J]. Maydica, 57: 215 -219.

Singh B, Agarwal P C, Dev U, et al. 2007. Seed borne pathogens intercepted in introduced germplasm in India during 2000 - 2004 [J]. Indian Journal of Agricultural Science, 77 (2): 123 - 128.

Singh P J, and Bedi P S. 1993. Factors affecting germination of sporangia of *Sclerophthora macrospora*, the incitant of downy mildew of wheat [J]. Plant Disease Research, 9 (2): 185 - 189.

Singh R S, Nene Y L, and Consul S K. 1966. Crazy top of maize, a new record for India [J]. Labdev Journal of Science and Technology, 4 (1): 62 - 63.

Sinha K K, Bhatnagar D. 1998. Mycotoxins in Agriculture and Food Safety [M]. Marcel Dekker, INC, New York, Baset Hongkong.

Sisay A, Abebe F, Wako K. 2012. Influence of cultural practices on the development of gray leaf spot (GLS) on maize at Bako, Western Ethiopia [J]. Journal of Research in Environmental Science and Toxicology, 1 (9): 243 - 250.

Sivanesan A. 1987. Graminicolous species of *Bipolaris*, *Curvularia*, *Drechslera*, *Exserohilum* and their teleomorphs [J]. Mycological Papers, 158: 1-261.

Sivaramakrishna D, Sullia S B. 1978. Crazy top disease on *Dactyloctenium aegyptium* [J]. National Academy Science Letters, 1 (12): 436.

Skibbe D S, Doehlemann G, Fernandes J, et al. 2010. Maize tumors caused by *Ustilago maydis* require organ-specific genes in host and pathogen [J]. Science, 328: 89-92.

Smedegard-Petersen V, Nelson R R. 1969. The production of a host-specific pathotoxin by *Cochliobolus heterostrophus* [J]. Canadian Journal of Botany, 47 (6): 951-957.

Snetselaar K M, Mims C W. 1992. Sporidial fusion and infection of maize seedlings by the smut fungus *Ustilago maydis* [J]. Mycologia, 84: 193-203.

Snidaro M. 1985. Reactions of maize inbred lines infected with barley yellow dwarf virus in natural and experimental conditions [J]. Rivista Di Patologia Vegetale, 21: 121-128.

Soldanova M, Cholastova T, Polakova M, et al. 2012. Molecular mapping of quantitative trait loci (QTLs) determining resistance to *Sugarcane mosaic virus* in maize using simple sequence repeat (SSR) markers [J]. African Journal of Biotechnology, 11 (15): 3496-3501.

Srivastava D N, Rao V R. 1964. Pythium stalk rot of corn in India [J]. Current Science, 33 (4): 119-120.

Stankovic S, Levic J, Petrovic T, et al. 2007. Pathogenicity and mycotoxin production by *Fusarium proliferatum* isolated from onion and garlic in Serbia [J]. European Journal of Plant Pathology, 118: 165-172.

Stanton W R, Cammack R H. 1953. Resistance to the maize rust, *Puccinia polysora* Underw [J]. *Nature*, 172 (4376): 505-506.

Steinberg G, Perez-Martin J. 2008. *Ustilago maydis*, a new fungal model system for cell biology [J]. Trends in Cell Biology, 18: 61-67.

Stewart D W, Reid L M, Nicol R W, et al. 2002. A mathematical simulation of growth of *Fusarium* in maize ears after artificial inoculation [J]. Phytopathology, 92: 534-541.

Stewart L R, Haque M R, Jones M W, et al. 2013. Response of maize (*Zea mays* L.) lines carrying *Wsm1*, *Wsm2*, and *Wsm3* to the potyviruses Johnsongrass mosaic virus and Sorghum mosaic virus [J]. Molecular Breeding, 31 (2): 289-297.

Stienstra W C, Kommedahl T, Stromberg E L, et al. 1985. Suppression of corn head smut with seed and soil treatments [J]. Plant Disease, 69 (4): 301-302.

Stoner W N. 1977. Barley yellow dwarf virus infection in maize [J]. Phytopathology, 67: 975-981.

Storey H H, Howland A K. 1957. Resistance in maize to the tropical American rust fungus, *Puccinia polysora* Underw., Ⅰ Genes *Rpp1 and Rpp2* [J]. Heredity, 2: 289-301.

Storey H H, Howland A K. 1959. Resistance in maize to the tropical American rust fungus, *Puccinia polysora* Underw., Ⅱ Genes *Rpp*1 and *Rpp*2 [J]. Heredity, 13: 61-65.

Storey H H, Howland A K. 1967. Resistance in maize to a third East African race of *Puccinia polysora* Underw. [J]. Annual Applied Biology, 60: 297-303.

Summerell B A, Leslie J F, Edward C Y L, et al. 2011. *Fusarium* species associated with plants in Australia [J]. Fungal Diversity, 46 (1): 1-27.

Sun M H, Ullstrup A J. 1971. Etiology of crazy top of corn [J]. Phytopathology, 61 (8): 883-919.

Szabó Z, Tönnis M, Kessler H, et al. 2002. Structure-function analysis of lipopeptide pheromones from the plant pathogen *Ustilago maydis* [J]. Molecular Genetics and Genomics, 268: 362-370.

Sánchez-Alonso P, Valverde M E, Paredes-López O, et al. 1996. Detection of genetic variation in *Ustilago maydis* strains by probes derived from telorneric sequences [J]. Microbiology, 142: 2931-2936.

Tanaka M A de S, Maeda J A, Plazas I H de A Z. 2001. Fungi associated to corn seeds under storage conditions [J]. Siencia Agricola, 58 (3): 501-508.

Tatum L A. 1971. The southern corn leaf blight epidemic [J]. Science, 171 (3976): 1113-1116.

Thakur R P, Leonard K, Pataky J K. 1989. Smut gall development in adult corn plants inoculated with *Ustilago maydis* [J]. Plant Disease, 11: 921-925.

Thind B, Payak M. 1985. A review of bacterial stalk rot of maize in India [J]. Tropical Pest Management, 31 (4): 311-316.

Thirumalachar M J, Shaw C G, Narsimhan M J. 1953. The sporangial phase of the downy mildew on *Eleusine coracana* with a discussion on the identity of *Sclerospora macrospora* Sacc. [J]. Bulletin of the Torrey Botanical Club, 80 (4): 299-307.

Thomas M D, Buddenhagen I W. 1980. Incidence and persistence of *Fusarium moniliforme* in symptomless maize kernels and

彩图3-17-1　玉米疯顶病症状（王晓鸣摄）

Colour Figure 3-17-1　Symptoms of crazy top of corn（by Wang Xiaoming）

1. 雄穗全部变异呈绣球状，典型的“疯顶”　2. 雄穗部分小花变异　3. 雄穗变异为团状花序　4. 雌穗全部变异为叶片状组织
5. 雌穗分化为多个不育的小雌穗　6. 雌穗穗轴组织异常伸长，无雌穗　7. 上部叶片扭曲呈“牛尾巴”状
8. 上部叶片对生，无雄穗形成　9. 发病植株所结雌穗

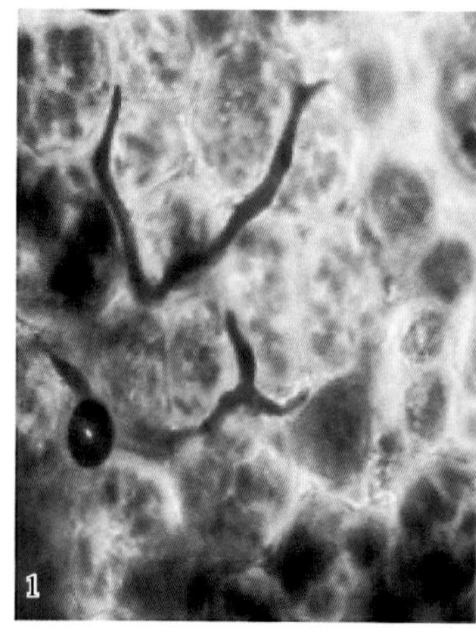

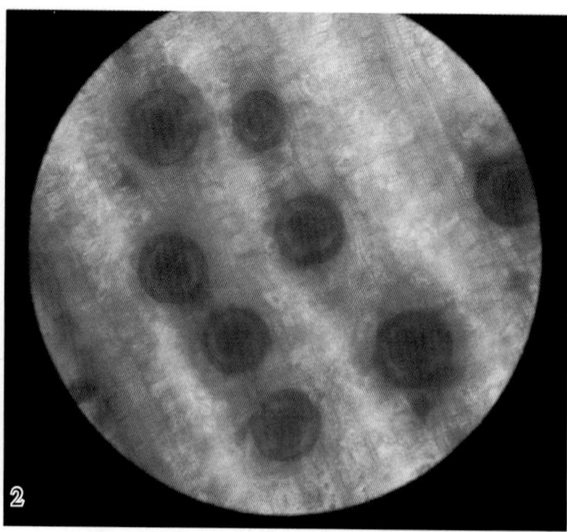

彩图3-17-2 大孢指疫霉形态特征（王晓鸣摄）
Colour Figure 3-17-1 Morphology of *Sclerophthora macrospora*
（by Wang Xiaoming）
1. 玉米籽粒胚乳中的无隔菌丝体
2. 叶片组织中的卵孢子

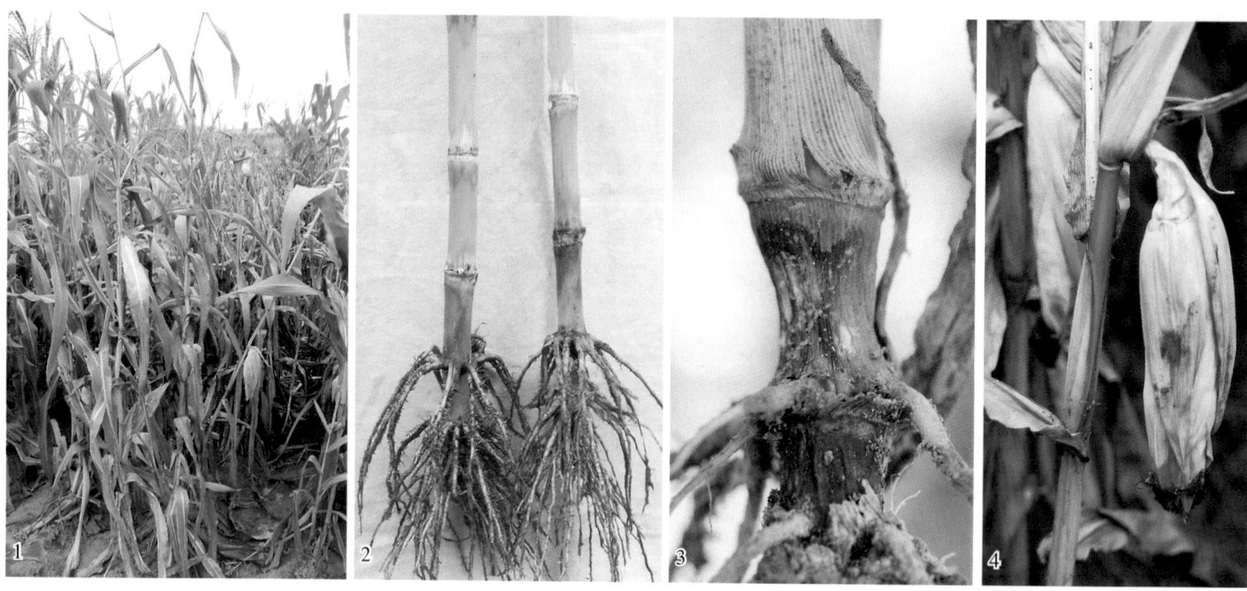

彩图3-18-1 玉米腐霉茎腐病症状（王晓鸣摄）
Colour Figure 3-18-1 Symptoms of Pythium stalk rot of corn（by Wang Xiaoming）
1. 叶片失绿 2. 茎节变色 3. 茎节缢缩 4. 雌穗下垂

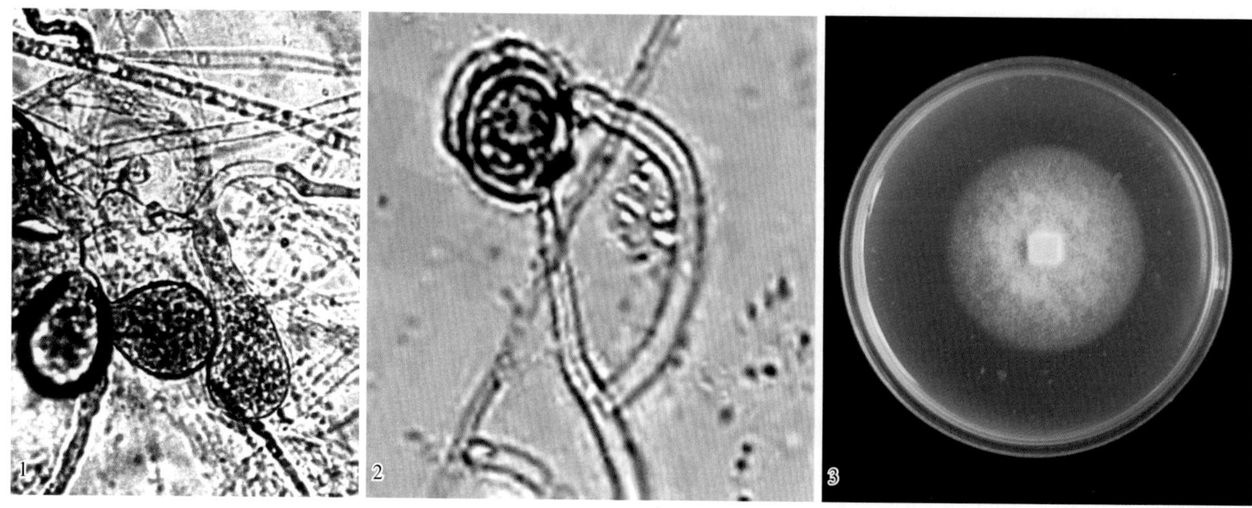

彩图3-18-2 肿囊腐霉（王晓鸣摄）
Colour Figure 3-18-2 *Pythium inflatum*（by Wang Xiaoming）
1. 游动孢子囊 2. 藏卵器和雄器 3. 菌落

彩图3-19-1 玉米镰孢茎腐病症状（陈捷摄）
Colour Figure 3-19-1 Symptoms of Fusarium stalk rot of corn（by Chen Jie）
1. 田间发病植株 2. 茎秆倒折

彩图3-20-1 玉米鞘腐病症状（1. 董金皋摄；2. 石洁摄）
Colour Figure 3-20-1 Symptoms of sheath rot of corn（1. by Dong Jingao; 2. by Shi Jie）

彩图3-20-2 玉米鞘腐病病斑类型（董金皋摄）
Colour Figure 3-20-2 Lesion types of sheath rot of corn（by Dong Jingao）
1. 边缘黑褐色中央黄褐色病斑 2. 黑褐色病斑 3. 红褐色病斑 4. 水渍状病斑

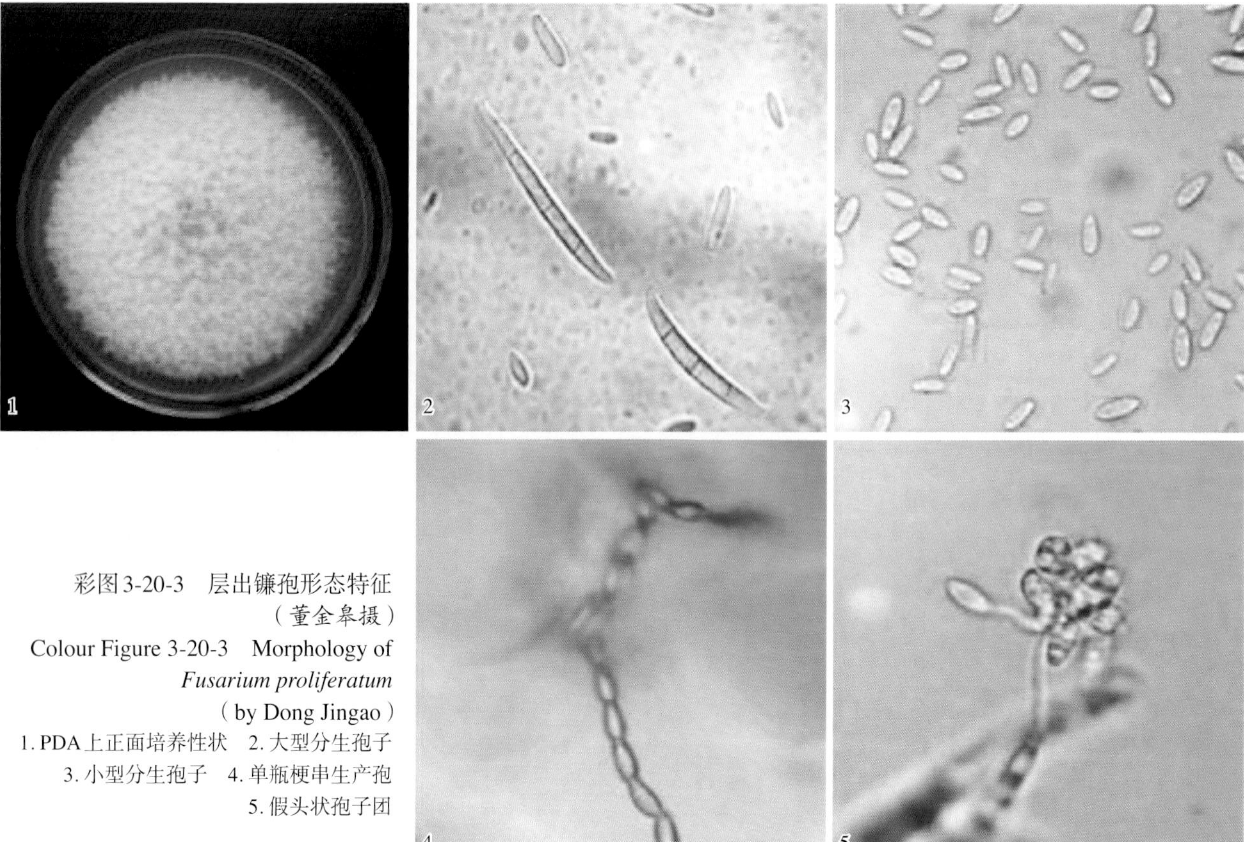

彩图3-20-3 层出镰孢形态特征（董金皋摄）

Colour Figure 3-20-3 Morphology of *Fusarium proliferatum* (by Dong Jingao)

1. PDA上正面培养性状 2. 大型分生孢子 3. 小型分生孢子 4. 单瓶梗串生产孢 5. 假头状孢子团

彩图3-20-4 不同玉米材料上玉米鞘腐病病斑反应差异（董金皋摄）

Colour Figure 3-20-4 Reaction on different maize germplasm infected with *Fusarium proliferatum* (by Dong Jingao)

1. 郑单958 2. 浚单20 3. 郑58 4. 9058 5. 昌7-2 6. 浚92-8

彩图3-21-1 玉米黑束病症状（王晓鸣摄）

Colour Figure3-21-1 Symptoms of black bundle of corn (by Wang Xiaoming)

1. 植株外观变红 2. 维管束变褐

彩图3-22-1 玉米腐霉根腐病症状（王晓鸣摄）
Colour Figure 3-22-1 Symptoms of Pythium root rot of corn（by Wang Xiaoming）
1. 根系完全腐烂 2. 根系局部变褐 3. 大量死苗

彩图3-23-1 玉米苗枯病症状（石洁摄）
Colour Figure 3-23-1 Symptoms of seedling blight of corn（by Shi Jie）
1、2. 根部腐烂 3、4. 基部茎节坏死 5、6. 幼苗叶部枯黄

彩图 3-24-1 玉米矮花叶病症状（王晓鸣摄）
Colour Figure 3-24-1 Symptoms of corn dwarf mosaic（by Wang Xiaoming）
1. 典型花叶 2. 褪绿条纹 3. 植株矮化 4. 叶片枯死

彩图 3-25-1 玉米粗缩病症状（石洁摄）
Colour Figure 3-25-1 Symptoms of corn rough dwarf（by Shi Jie）
1. 叶片上明脉 2. 叶背面脉突 3. 植株矮化

彩图 3-26-1 玉米红叶病症状（王晓鸣摄）
Colour Figure 3-26-1 Symptoms of corn red leaf（by Wang Xiaoming）
1. 病叶变红并从叶尖向下扩展 2. 下部病叶枯死

彩图3-27-1　玉米细菌性顶腐病症状（1 ~ 4. 石洁摄；5和6. 王晓鸣摄）
Colour Figure 3-27-1　Symptoms of bacterial top rot of corn（1-4. by Shi Jie; 5 and 6. by Wang Xiaoming）
1 ~ 3. 山东聊城中度发病植株　4. 新疆乌鲁木齐轻微发病植株　5. 新疆精河严重发病植株　6. 新疆精河严重发病田

彩图 3-28-1 玉米细菌性茎腐病症状（石洁摄）
Colour Figure 3-28-1 Symptoms of bacterial stalk rot of corn（by Shi Jie）
1. 心叶被害 2、3. 拔节期病株 4、5. 抽雄期病株 6、7. 成株期病株 8. 雌穗被害

彩图 3-29-1 玉米细菌干茎腐病症状（王晓鸣摄）
Colour Figure 3-29-1 Symptoms of bacterial dry stalk rot of corn（by Wang Xiaoming）
1. 幼苗矮缩 2. 茎秆病斑 3. 茎秆组织缺刻 4. 维管束变黑 5. 植株倾斜生长 6. 雄穗下垂

彩图3-29-2　成团泛菌形态特征（曹慧英摄）

Colour Figure3-29-2　Morphology of *Pantoea agglomerans*（by Cao Huiying）

1. 在NA培养基上的黄色菌落　2. 菌体

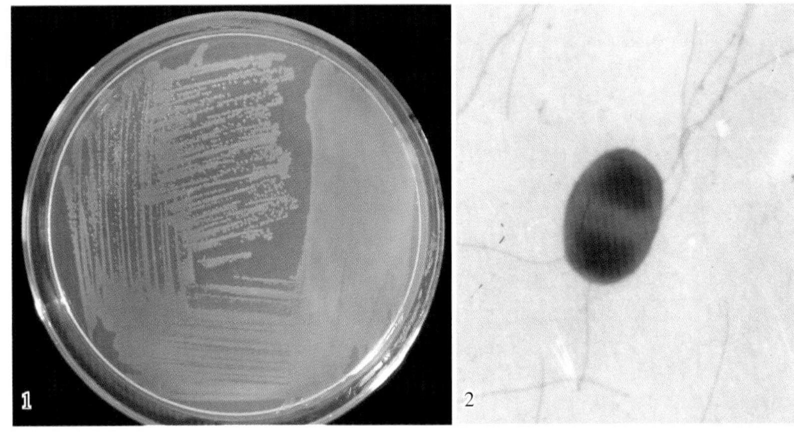

彩图3-30-1　玉米细菌性叶斑病症状（王晓鸣摄）

Colour Figure 3-30-1　Symptoms of bacterial leaf spot of corn（by Wang Xiaoming）

1. 成团泛菌叶斑病病叶初期　2. 成团泛菌叶斑病病叶后期　3. 芽孢杆菌叶斑病病叶后期　4. 细菌性褐斑病病叶后期

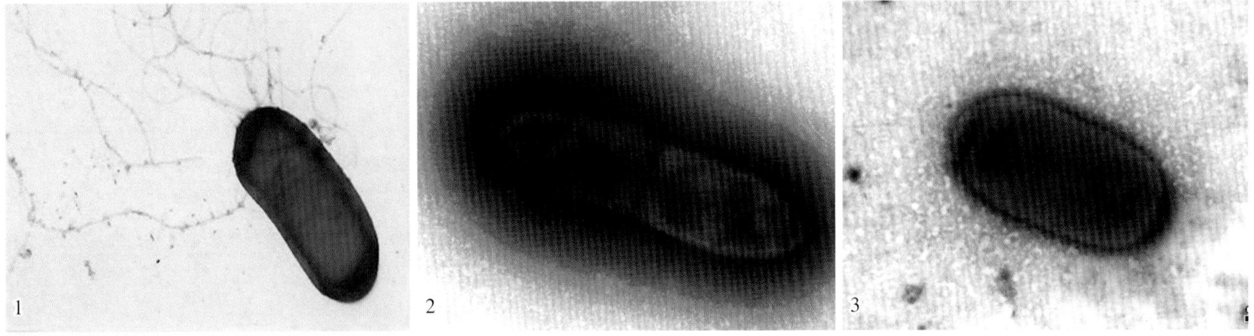

彩图3-30-2　玉米细菌性叶斑病致病菌（王晓鸣摄）

Colour Figure 3-30-2　Morphology of causal agents of bacterial leaf spot of corn（by Wang Xiaoming）

1. 菠萝泛菌　2. 巨大芽孢杆菌　3. 丁香假单胞杆菌

彩图3-31-1 玉米心叶被玉米螟为害状（何康来提供）
Colour Figure 3-31-1 Whorl-stage corn with windowpane characteristic, shot hole, and frass resulting from *Ostrinia furnacalis* larval leaf-feeding（by He Kanglai）

彩图3-31-2 玉米果穗被玉米螟为害状（何康来提供）
Colour Figure 3-31-2 Corn ear damage caused by *Ostrinia furnacalis* larvae（by He Kanglai）

彩图3-31-3 亚洲玉米螟雄蛾（王振营提供）
Colour Figure 3-31-3 Male moth of *Ostrinia furnacalis*（by Wang Zhenying）

彩图3-31-4 亚洲玉米螟雌蛾（王振营提供）
Colour Figure 3-31-4 Female moth of *Ostrinia furnacalis*（by Wang Zhenying）

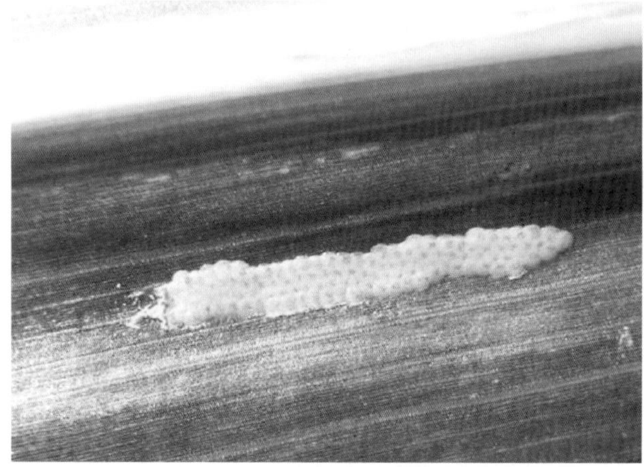

彩图3-31-5 亚洲玉米螟卵块（何康来提供）
Colour Figure 3-31-5 Egg mass of *Ostrinia furnacalis*（by He Kanglai）

彩图3-31-6 亚洲玉米螟幼虫（右）和蛹（左）（何康来提供）
Colour Figure 3-31-6 Larva（right）and pupa（left）of *Ostrinia furnacalis*（by He Kanglai）

彩图3-32-1　玉米蚜虫为害玉米叶片（王振营提供）
Colour Figure 3-32-1　Corn aphids sucking on corn leaf
（by Wang Zhenying）

彩图3-32-2　玉米蚜虫在苞叶上为害（王振营提供）
Colour Figure 3-32-2　Corn aphids sucking on corn husk
（by Wang Zhenying）

彩图3-32-3　玉米蚜虫为害引起煤污病（王振营提供）
Colour Figure 3-32-3　Sooty mould growth caused by corn aphids
（by Wang Zhenying）

彩图3-33-1　蓟马（王振营提供）
Colour Figure 3-33-1　Thrips
（by Wang Zhenying）

彩图3-33-2　蓟马为害玉米苗（王振营提供）
Colour Figure 3-33-2　Injured corn seedling by thrips（by Wang Zhenying）

彩图3-33-3　蓟马为害玉米苗（展开）（董金皋提供）
Colour Figure 3-33-3　Injured corn seedling by thrips (opened)
（by Dong Jingao）

彩图3-34-1　叶螨为害玉米叶片（石洁提供）
Colour Figure 3-34-1　Corn leaf damage caused by spider mite
（by Shi Jie）

彩图 3-34-2 叶螨为害状
（王振营提供）
Colour Figure 3-34-2 Corn leaf damage caused by spider mite
（by Wang Zhenying）

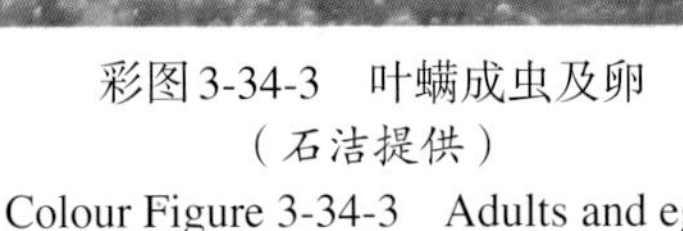

彩图 3-34-3 叶螨成虫及卵
（石洁提供）
Colour Figure 3-34-3 Adults and eggs of *Tetranychus* sp.（by Shi Jie）

彩图 3-35-1 双斑长跗萤叶甲为害叶片
（王振营提供）
Colour Figure 3-35-1 Injured leaves by adult of *Monolepta hieroglyphica*（by Wang Zhenying）

彩图 3-35-3 双斑长跗萤叶甲成虫
（王振营提供）
Colour Figure 3-35-3 Adult of *Monolepta hieroglyphica*
（by Wang Zhenying）

彩图 3-35-2 双斑长跗萤叶甲为害花丝（王振营提供）
Colour Figure 3-35-2 Injured silks by adults of *Monolepta hieroglyphica*（by Wang Zhenying）

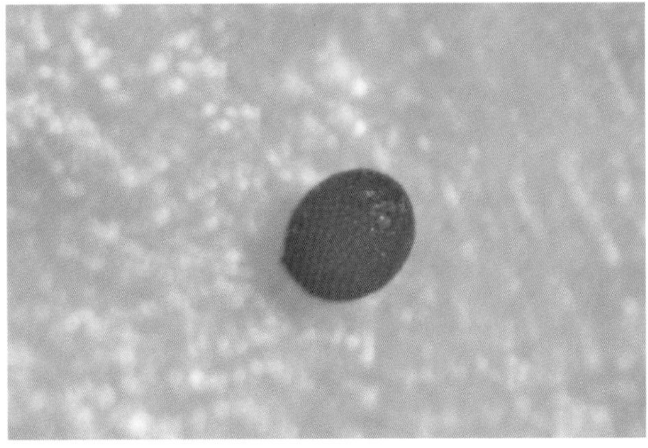

彩图 3-35-4 双斑长跗萤叶甲卵（张聪提供）
Colour Figure 3-35-4 Egg of *Monolepta hieroglyphica*
（by Zhang Cong）

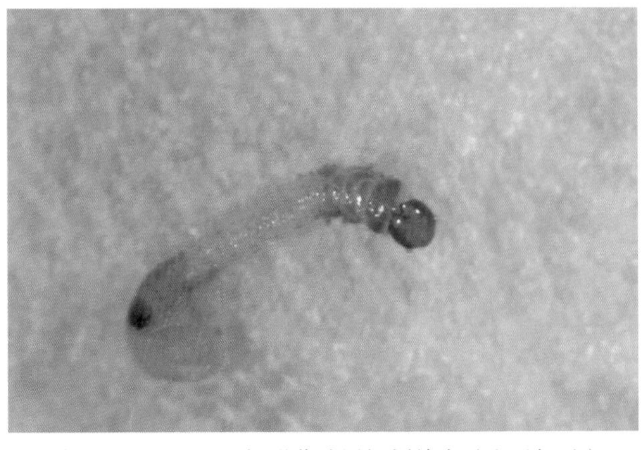

彩图 3-35-5 双斑长跗萤叶甲初孵幼虫（张聪提供）
Colour Figure 3-35-5 Neonate larva of *Monolepta hieroglyphica*（by Zhang Cong）

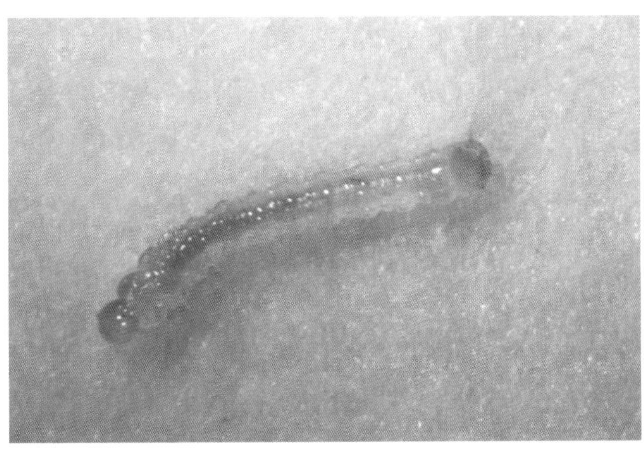

彩图3-35-6　双斑长跗萤叶甲二龄初期幼虫
（张聪提供）
Colour Figure 3-35-6　2nd instar larva of *Monolepta hieroglyphica*（by Zhang Cong）

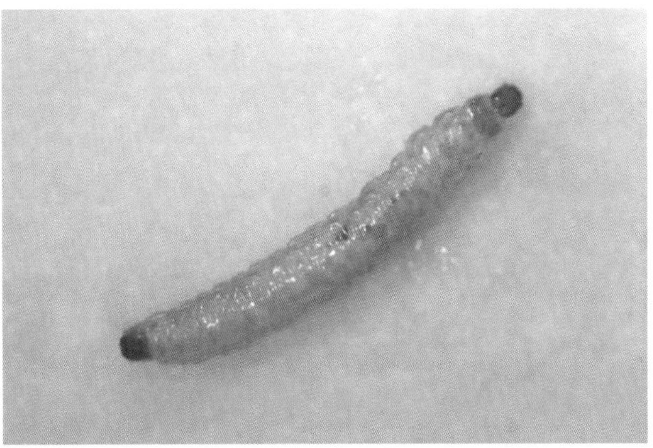

彩图3-35-7　双斑长跗萤叶甲三龄末期幼虫
（张聪提供）
Colour Figure 3-35-7　3rd instar larva of *Monolepta hieroglyphica*（by Zhang Cong）

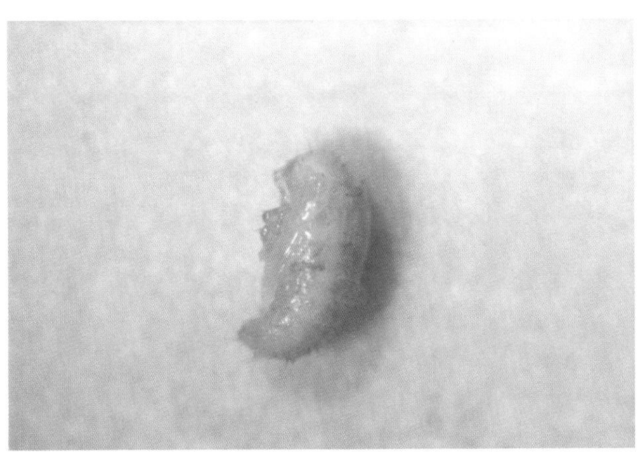

彩图3-35-8　双斑长跗萤叶甲蛹
（王振营提供）
Colour Figure 3-35-8　Pupa of *Monolepta hieroglyphica*（by Wang Zhenying）

彩图3-36-1　棉铃虫为害玉米叶片（王振营提供）
Colour Figure 3-36-1　Damage to leaf caused by *Helicoverpa armigera*（by Wang Zhenying）

彩图3-36-2　棉铃虫为害雌穗（王振营提供）
Colour Figure 3-36-2　Damage to corn ear caused by *Helicoverpa armigera*（by Wang Zhenying）

彩图3-36-3　棉铃虫成虫（王振营提供）
Colour Figure 3-36-3　Adult of *Helicoverpa armigera*（by Wang Zhenying）

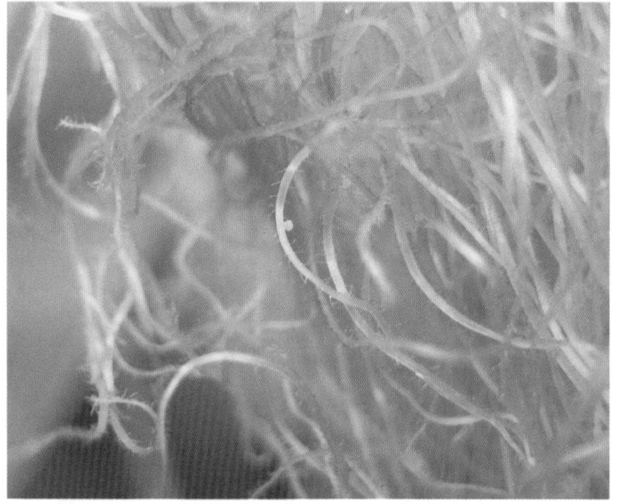

彩图 3-36-4 产在玉米花丝上的棉铃虫卵（石洁提供）
Colour Figure 3-36-4 Egg of *Helicoverpa armigera* on corn silk（by Shi Jie）

彩图 3-37-1 桃蛀螟为害玉米雌穗（王振营提供）
Colour Figure 3-37-1 Damage to corn ear caused by larvae of *Conogethes punctiferalis*（by Wang Zhenying）

彩图 3-37-2 桃蛀螟雄成虫（王振营提供）
Colour Figure 3-37-2 Male moth of *Conogethes punctiferalis*（by Wang Zhenying）

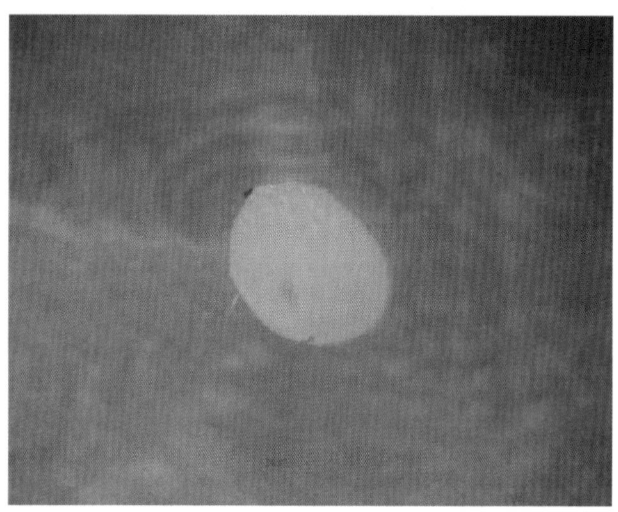

彩图 3-37-3 桃蛀螟卵（石洁提供）
Colour Figure 3-37-3 Egg of *Conogethes punctiferalis*（by Shi Jie）

彩图 3-37-4 桃蛀螟幼虫蛀茎（王振营提供）
Colour Figure 3-37-4 Larva of *Conogethes punctiferalis* in corn stalk（by Wang Zhenying）

彩图 3-38-1 二点委夜蛾为害后缺苗断垄（王振营提供）
Colour Figure 3-38-1 Seriously damaged field by *Athetis lepigone*（by Wang Zhenying）

彩图3-38-2　二点委夜蛾幼虫为害状（钻蛀）（王振营提供）
Colour Figure 3-38-2　*Athetis lepigone* larva boring into stalk of corn seeding（by Wang Zhenying）

彩图3-38-3　二点委夜蛾幼虫为害状（取食根）（李丽莉提供）
Colour Figure 3-38-3　*Athetis lepigone* feeding on root of corn seedling（by Li Lili）

彩图3-38-4　二点委夜蛾成虫（王振营提供）
Colour Figure 3-38-4　Adult of *Athetis lepigone*（by Wang Zhenying）

彩图3-38-5　二点委夜蛾卵（石洁提供）
Colour Figure 3-38-5　Egg of *Athetis lepigone*（by Shi Jie）

彩图3-38-6　二点委夜蛾幼虫（石洁提供）
Colour Figure 3-38-6　Larva of *Athetis lepigone*（by Shi Jie）

彩图3-38-7　二点委夜蛾幼虫越冬土茧（石洁提供）
Colour Figure 3-38-7　Soil cocoon of overwinter larva of *Athetis lepigone*（by Shi Jie）

彩图3-38-8　二点委夜蛾幼虫越冬土茧（打开）（石洁提供）
Colour Figure 3-38-8　Soil cocoon of overwinter larva (open) of *Athetis lepigone*（by Shi Jie）

彩图 3-39-1 耕葵粉蚧为害根部（屈振刚提供）
Colour Figure 3-39-1 Damage to root of corn caused by *Trionymus agrostis*（by Qu Zhengang）

彩图 3-39-2 耕葵粉蚧为害茎基部（屈振刚提供）
Colour Figure 3-39-2 Damage to the base of stalk of corn caused by *Trionymus agrostis*（by Qu Zhengang）

彩图 3-39-3 耕葵粉蚧成虫背面（屈振刚提供）
Colour Figure 3-39-3 Back of *Trionymus agrostis* adult（by Qu Zhengang）

彩图 3-39-4 耕葵粉蚧成虫腹面（屈振刚提供）
Colour Figure 3-39-4 Venter of *Trionymus agrostis* adult（by Qu Zhengang）

彩图 3-39-5 耕葵粉蚧雄成虫（屈振刚提供）
Colour Figure 3-39-5 Male adult of *Trionymus agrostis*（by Qu Zhengang）

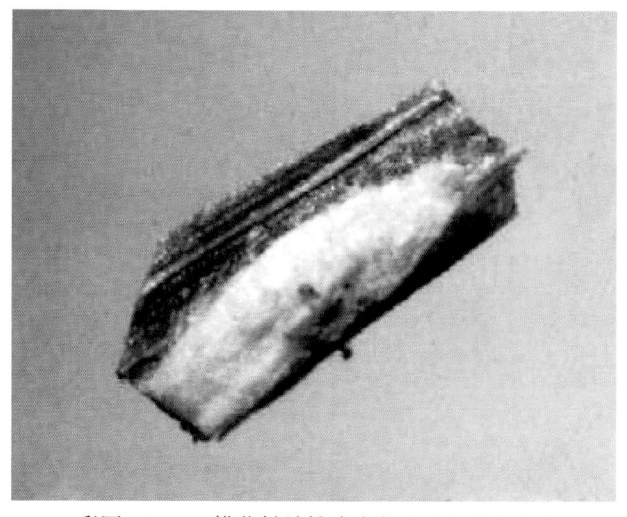

彩图 3-39-6 耕葵粉蚧雄成虫茧（屈振刚提供）
Colour Figure 3-39-6 Adult cocoon of *Trionymus agrostis*（by Qu Zhengang）

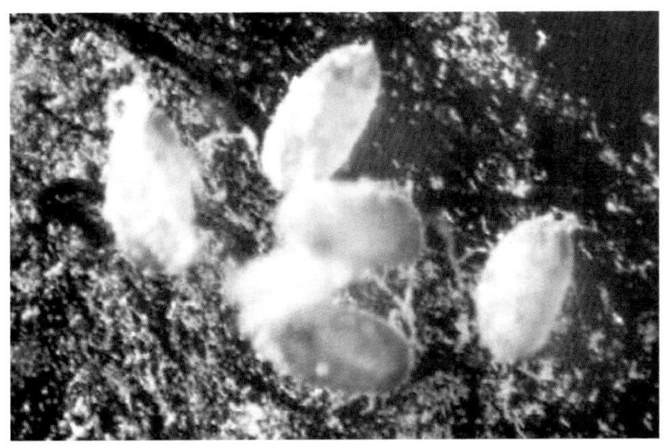
彩图3-39-7　耕葵粉蚧卵（屈振刚提供）
Colour Figure 3-39-7　Eggs of *Trionymus agrostis*
（by Qu Zhengang）

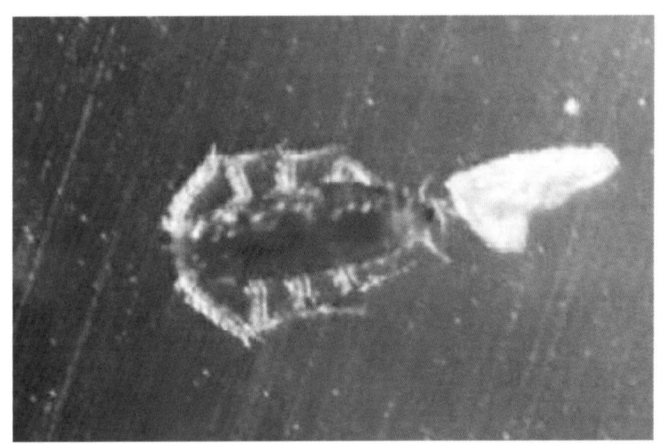
彩图3-39-8　耕葵粉蚧一龄若虫（屈振刚提供）
Colour Figure 3-39-8　1st instar nymph of *Trionymus agrostis*
（by Qu Zhengang）

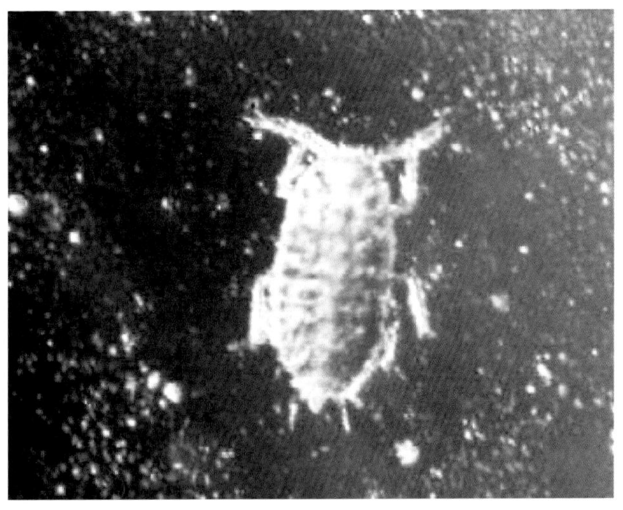
彩图3-39-9　耕葵粉蚧二龄若虫（屈振刚提供）
Colour Figure 3-39-9　2nd instar nymph of *Trionymus agrostis*
（by Qu Zhengang）

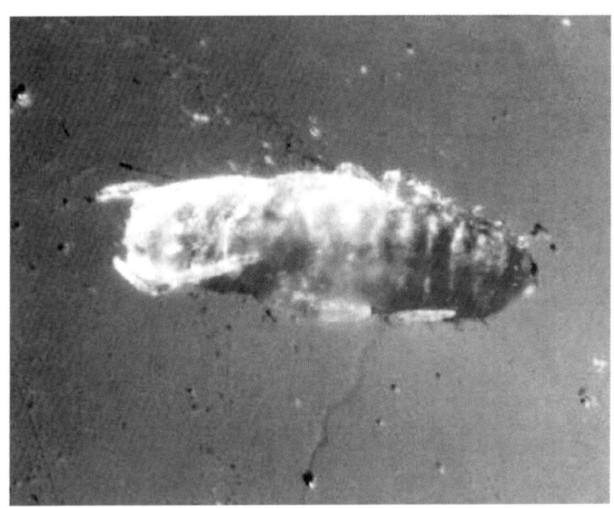
彩图3-39-10　耕葵粉蚧雄蛹（屈振刚提供）
Colour Figure 3-39-10　Male pupa of *Trionymus agrostis*
（by Qu Zhengang）

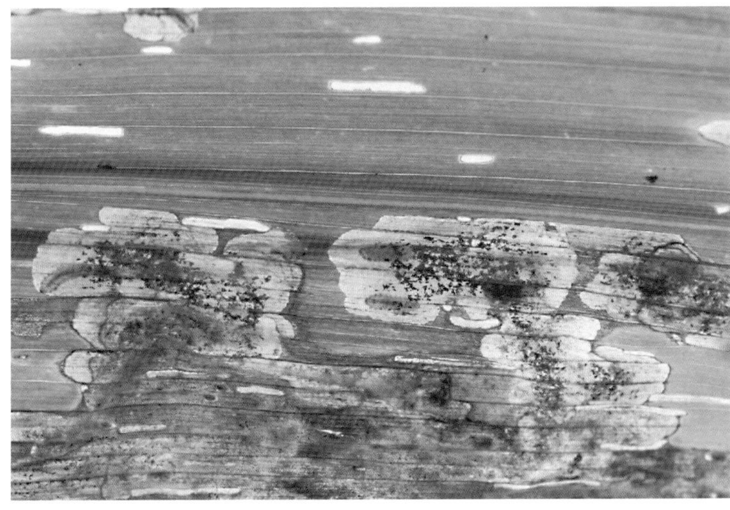
彩图3-40-1　玉米铁甲虫为害状（王振营提供）
Colour Figure 3-40-1　Damaged leaf by larva of *Dactylispa setifera*
（by Wang Zhenying）

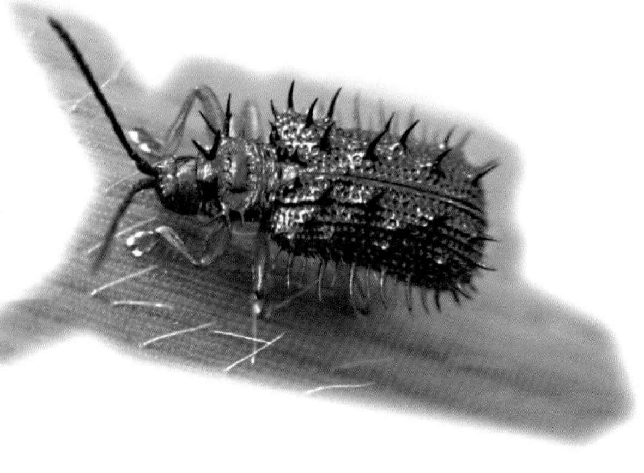
彩图3-40-2　玉米铁甲虫成虫（王振营提供）
Colour Figure 3-40-2　Adult of *Dactylispa setifera*
（by Wang Zhenying）

彩图3-40-3 玉米铁甲虫卵（王振营提供）
Colour Figure 3-40-3 Eggs of *Dactylispa setifera*
（by Wang Zhenying）

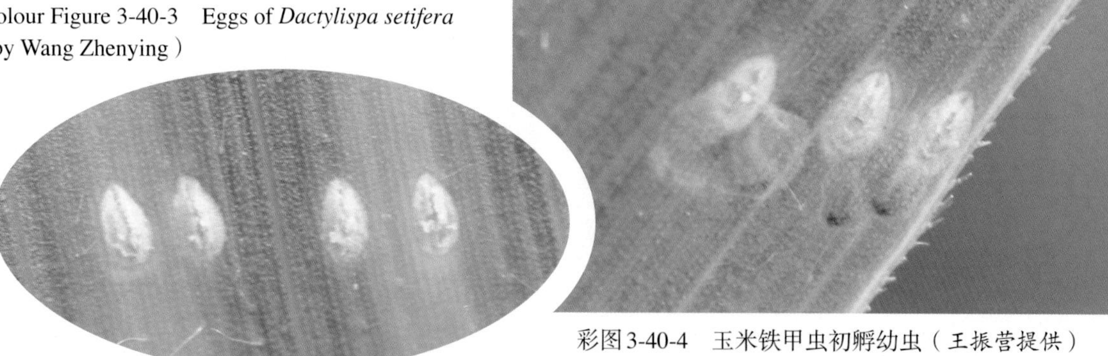

彩图3-40-4 玉米铁甲虫初孵幼虫（王振营提供）
Colour Figure 3-40-4 Neonate larvae of *Dactylispa setifera*
（by Wang Zhenying）

彩图3-40-5 玉米铁甲虫幼虫（王振营提供）
Colour Figure 3-40-5 Larva of *Dactylispa setifera*
（by Wang Zhenying）

彩图3-40-6 玉米铁甲虫蛹（王振营提供）
Colour Figure 3-40-6 Pupa of *Dactylispa setifera*
（by Wang Zhenying）

彩图3-41-1 玉米异跗萤叶甲为害状（黄白条）
（王振营提供）
Colour Figure 3-41-1 Damage symptom by *Apophylia flavovirens* larvae（yellow and white strip leaf）
（by Wang Zhenying）

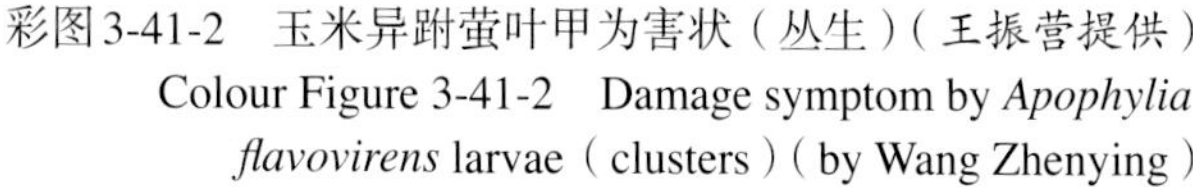

彩图3-41-2 玉米异跗萤叶甲为害状（丛生）（王振营提供）
Colour Figure 3-41-2 Damage symptom by *Apophylia flavovirens* larvae（clusters）（by Wang Zhenying）

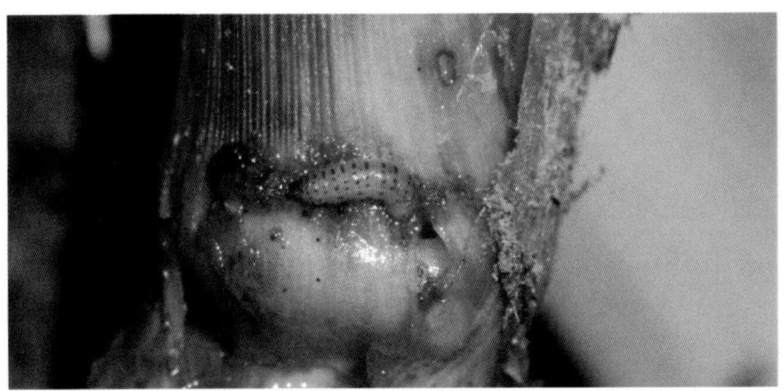

彩图 3-41-3　玉米异跗萤叶甲幼虫正在为害（王振营提供）
Colour Figure 3-41-3　Larva of *Apophylia flavovirens* feeding in stalk（by Wang Zhenying）

彩图 3-41-4　玉米异跗萤叶甲幼虫形成的虫孔（剖开）（王振营提供）
Colour Figure 3-41-4　Hole in stalk by larva of *Apophylia flavovirens*（split）（by Wang Zhenying）

彩图 3-41-5　玉米异跗萤叶甲幼虫的蛀孔（王振营提供）
Colour Figure 3-41-5　Hole in stalk by larva of *Apophylia flavovirens*（by Wang Zhenying）

彩图 3-41-6　玉米异跗萤叶甲雄成虫（王振营提供）
Colour Figure 3-41-6　Male adult of *Apophylia flavovirens*（by Wang Zhenying）

彩图 3-41-7　玉米异跗萤叶甲雌成虫（王振营提供）
Colour Figure 3-41-7　Female adult of *Apophylia flavovirens*（by Wang Zhenying）

彩图 3-41-8　玉米异跗萤叶甲幼虫（王振营提供）
Colour Figure 3-41-8　Larva of *Apophylia flavovirens*（by Wang Zhenying）

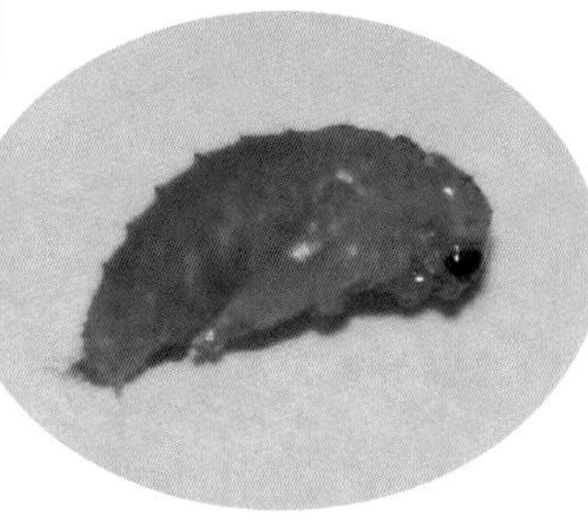

彩图 3-41-9　玉米异跗萤叶甲蛹（王振营提供）
Colour Figure 3-41-9　Pupa of *Apophylia flavovirens*（by Wang Zhenying）

彩图3-42-1 褐足角胸叶甲为害状（屈振刚提供）
Colour Figure 3-42-1 Damage caused by *Basilepta fulvipes* adults（by Qu Zhengang）

彩图3-42-2 铜绿鞘型褐足角胸叶甲成虫（屈振刚提供）
Colour Figure 3-42-2 *Basilepta fulvipes* adult with aeruginous colour（by Qu Zhengang）

彩图3-42-3 红棕型褐足角胸叶甲成虫（屈振刚提供）
Colour Figure 3-42-3 *Basilepta fulvipes* adult with red borwn color（by Qu Zhengang）

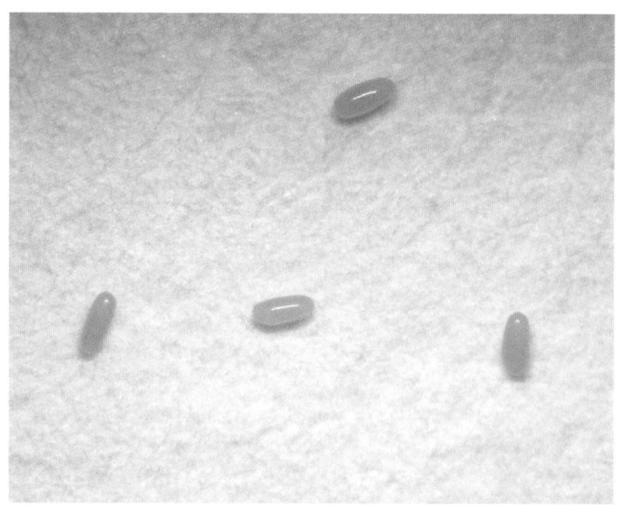

彩图 3-42-4 褐足角胸叶甲卵（屈振刚提供）
Colour Figure 3-42-4 Eggs of *Basilepta fulvipes*（by Qu Zhengang）

彩图 3-42-5 褐足角胸叶甲幼虫（屈振刚提供）
Colour Figure 3-42-5 Larva of *Basilepta fulvipes*（by Qu Zhengang）

彩图3-42-6 褐足角胸叶甲蛹（屈振刚提供）
Colour Figure 3-42-6 Pupa of *Basilepta fulvipes*（by Qu Zhengang）

彩图3-43-1　白星花金龟为害玉米果穗（王振营提供）
Colour Figure 3-43-1　Corn ear damage caused by adults of *Protaetia brevitarsis*（by Wang Zhenying）

彩图3-43-2　白星花金龟成虫（何康来提供）
Colour Figure 3-43-2　Adult of *Protaetia brevitarsis*（by He Kanglai）

彩图3-43-3　白星花金龟幼虫（陈日曌提供）
Colour Figure 3-43-3　Larvae of *Protaetia brevitarsis*（by Chen Rizhao）

彩图3-43-4　白星花金龟蛹（陈日曌提供）
Colour Figure 3-43-4　Pupa of *Protaetia brevitarsis*（by Chen Rizhao）

彩图3-44-1　弯刺黑蝽为害状（李晓提供）
Colour Figure 3-44-1　*Scotinophara horvathi* adult sucking at the base of corn seedling（by Li Xiao）

彩图3-44-2　被弯刺黑蝽为害的玉米苗（丛生）（李晓提供）
Colour Figure 3-44-2　Corn seedling injured by *Scotinophara horvathi* (clusters)（by Li Xiao）

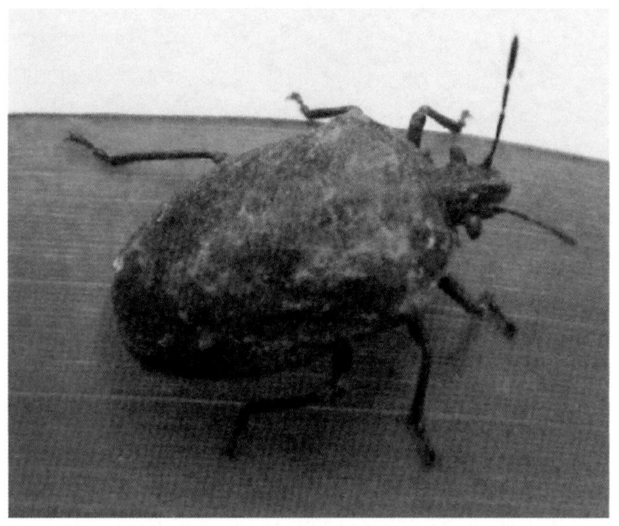

彩图 3-44-3 弯刺黑蝽成虫（李晓提供）
Colour Figure 3-44-3 Adult of *Scotinophara horvathi*
（by Li Xiao）

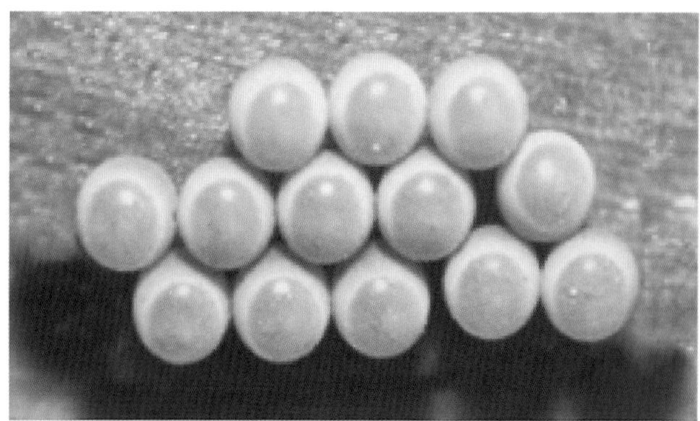

彩图 3-44-4 弯刺黑蝽卵（李晓提供）
Colour Figure 3-44-4 Eggs of *Scotinophara horvathi*
（by Li Xiao）

彩图 3-45-1 玉米三点斑叶蝉为害状（王振营提供）
Colour Figure 3-45-1 Leaf damaged by *Zygina salina*
（by Wang Zhenying）

彩图 3-45-2 玉米三点斑叶蝉成虫（王振营提供）
Colour Figure 3-45-2 Adult of *Zygina salina*
（by Wang Zhenying）

彩图 3-46-1 条赤须盲蝽为害状（何康来提供）
Colour Figure 3-46-1 Leaf damaged by *Trigonotylus coelestialium*（by He Kanglai）

彩图 3-46-2 条赤须盲蝽成虫（何康来提供）
Colour Figure 3-46-2 Adult of *Trigonotylus coelestialium*
（by He Kanglai）

第 4 单元　薯类病虫害

第 1 节　马铃薯晚疫病

一、分布与危害

马铃薯晚疫病又称马铃薯疫病、马铃薯瘟病，是一种可侵染马铃薯地上茎、叶及地下块茎并造成毁灭性损失的卵菌病害。该病属世界性病害，凡是种植马铃薯的地区都有该病的发生与为害。19 世纪 40 年代，马铃薯晚疫病在爱尔兰的流行和为害举世震惊，仅 800 万人口的爱尔兰就有 100 万人因饥饿而死，约 150 万人逃荒海外。该病在我国云南、四川、重庆、湖南、广西、广东等多雨省份发生普遍，其为害损失程度与当地的降水量、品种抗病性以及所采取的防治措施有关，病害严重发生时，植株提前枯死，产量损失高达 20%～40%，甚至绝收。尽管世界各国培育和推广了一些抗病品种，但由于晚疫病菌生理小种的快速变化，在生产上仍主要依靠化学药剂进行防治。

二、症状

马铃薯晚疫病可以侵害马铃薯叶片、叶柄、地上茎以及地下块茎。叶片发病，病斑多在叶尖和叶缘处，初为水渍状褪绿斑，后扩大为圆形暗绿色斑，病斑边缘不明显。在冷凉和高湿条件下，病斑扩展速度快，叶背经常出现白色霉层。天气干燥时，病斑扩展慢，干燥变褐，不产生霉层，病斑质地干脆、易裂。地上茎部受害后形成长短不一的褐色病斑，潮湿时，偶尔可见白色稀疏霉层。组织受害坏死后，可致地上茎软化甚至崩解，造成该茎及其上的叶片死亡。病菌通过土壤也可侵染地下块茎。块茎发病时，形成淡褐色或紫褐色不规则病斑，稍凹陷。将薯块切块后可见被害薯肉呈不同程度的褐色坏死，与健康薯肉没有明显的界线。病薯在储藏中往往易受其他真菌或细菌的再次侵染而导致腐烂（彩图 4-1-1）。

三、病原

马铃薯晚疫病病原为致病疫霉［*Phytophthora infestans*（Mont.）de Bary］，属藻物界卵菌门疫霉属。该菌寄生专化性较强，一般在植株或薯块上才能生存，但在选择性培养基上也可生长，如黑麦和 V8 等培养基。致病疫霉寄主范围较窄，在我国主要侵染马铃薯和番茄等茄科作物。2009 年在权威杂志 *Nature* 上公布了致病疫霉的基因组测序的成果，该菌基因组大小约 240Mb，与已经测序的其他疫霉菌相比要大 3～5 倍，基因组中转座子和重复序列极高，接近 75%，这为该菌起源、进化、致病性快速变异等方面问题的深入研究奠定了基础。

在病叶上出现的白色霉状物即病原菌的孢囊梗和孢子囊。孢囊梗 2～3 根成丛状自寄主气孔伸出，纤细、无色、1～4 个分枝，在每个分枝的膨大处产生孢子囊。孢子囊无色、单胞、柠檬形，顶部有乳状突起，大小为（21～38）μm×（12～23）μm。孢囊梗顶端形成一个孢子囊后，可继续生长，而将孢子囊推向一侧，顶端再次形成新孢子囊，故孢囊梗呈节状，各节基部膨大而顶端尖细（图 4-1-1）。

一般认为致病疫霉为异宗配合，只有 A1 和 A2 两种交配型同时存在才可发生有性生殖而形成卵孢子。一直以来除在起源地墨西哥以外，大多数国家和地区由于缺少 A2 交配型菌株的存在，在自然条件下，很少发现卵孢子。而自 20 世纪 80 年代瑞士首先发现 A2 交配型以来，很多国家都发现了 A2 交配型。我国也于 1996 年由河北农业大学张志铭教授首次发现了致病疫霉 A2 交配型。此外，世界多个国家包括我国也发现了自育和两性菌株，这使致病疫霉的有性生殖更复杂，对病原菌变异会产生的影响有待于进一步深

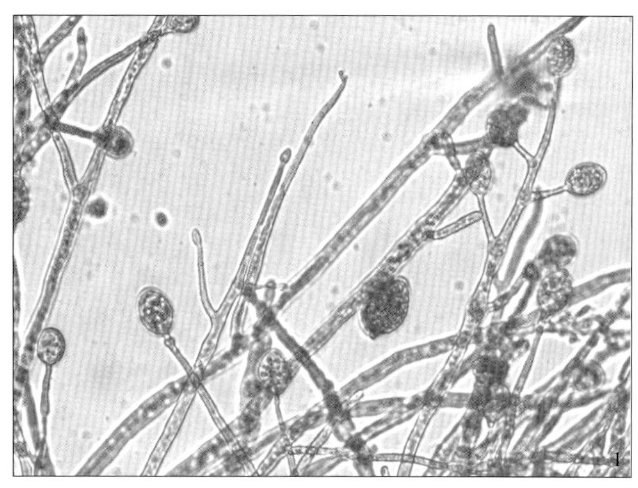

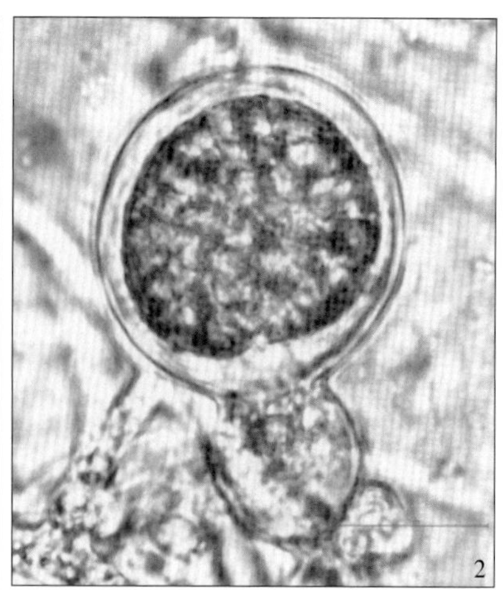

图 4-1-1 致病疫霉（朱杰华提供）
Figure 4-1-1 *Phytophthora infestans*（by Zhu Jiehua）
1. 孢囊梗和孢子囊 2. 卵孢子

入研究。致病疫霉有性生殖产生的卵孢子圆形，藏卵器穿雄生、黄色、壁厚，直径 24～46μm，卵孢子萌发产生芽管，在芽管的顶端产生孢子囊，孢子囊可间接萌发产生游动孢子，并可以直接萌发形成芽管侵入寄主，并可以再次萌发形成新的孢子囊。

马铃薯晚疫病菌在相对湿度达到 85%以上时才产生孢囊梗，孢子囊则需要更高的相对湿度（95%～97%）才能大量形成。孢子囊形成的温度范围为 7～25℃，最适为 18～22℃。孢子囊和游动孢子在水中才能萌发，孢子囊萌发产生游动孢子，所需时间较短，仅 1～2h。孢子囊直接萌发产生芽管的温度范围较广，4～30℃均可萌发，但在 15℃以上时为多。直接萌发需 5～10h。游动孢子在 12～15℃时最易萌发。孢子囊在低湿高温的条件下很快失去生存力，游动孢子寿命更短，但土壤中的孢子囊在夏季可以维持生存力长达 2 个月。菌丝生长温度范围 13～30℃，最适温度为 20～23℃，在此温度下，菌丝体在寄主组织内生长最快，潜育期最短。

晚疫病菌有许多生理小种。目前晚疫病菌生理小种的划分，采用一套分别具有 *R0*、*R1*、*R2*、*R3*、*R4*、*R5*、*R6*、*R7*、*R8*、*R9*、*R10* 和 *R11* 基因的 12 个标准鉴别寄主进行活体鉴定，根据晚疫病菌在以上鉴别寄主上的反应来确定生理小种。我国马铃薯晚疫病菌群体生理小种组成日趋复杂，能克服目前 11 个已知抗病基因（*R1*～*R11*）的超级生理小种（1、2、3、4、5、6、7、8、9、10、11）在我国云南、四川、黑龙江、河北和内蒙古等马铃薯主产区都有发现。

四、病害循环

马铃薯晚疫病菌主要以菌丝体在病薯中越冬。在双季作薯区，发病的自生苗也可成为当年下一季的初侵染源。番茄也是初侵染源之一或成为病菌的中间寄主植物。病薯播种后，多数病芽失去发芽力或出土前腐烂，有一些病芽尚能出土形成病苗（中心病株）。温湿度适宜时，中心病株上的孢子囊借助气流向健株传播扩展，病株上的孢子囊也可随雨水或灌溉水进入土中，从伤口、芽眼及皮孔等处侵入块茎，形成新病薯。

目前，离体测定在我国许多地区都发现了 A2 交配型，甚至有些地区还发现了自育菌株和两性菌株。A2 交配型菌株的发现意味着这些地区可能会有卵孢子产生，由于卵孢子壁厚、耐低温，因此其可能直接在田间越冬而成为下一年马铃薯晚疫病的初侵染源。但由于我国还没有在田间自然情况下发现卵孢子，因此，卵孢子在晚疫病流行中的作用仍需进一步研究。

病原菌主要靠孢子囊借助气流进行传播。病叶上产生的病原菌孢子囊可借助雨水落到土壤中，孢子囊能借助土壤水分的扩散作用而被动地在土壤中移动，从而感染健康薯块。同时，发病薯块上产生的病原菌也可在土壤中移动，侵染邻近的健康薯块。此外，病原菌还可通过起垄、中耕培土、喷药等农事操作以及人、畜及其他动物的活动而从发病部位传播到健康部位。

晚疫病菌再侵染十分频繁，中心病株上的孢子囊可借助气流进行传播，病菌孢子萌发后可侵染寄主，田间温湿度适宜时4～7d就可完成一次侵染，产孢后又可进入下一步侵染过程，在一个生长季可发生多次再侵染，因此，马铃薯晚疫病流行性强、为害重。病株上的孢子囊也可随雨水或灌溉水进入土中，从伤口、芽眼及皮孔等处侵入块茎，形成新病薯，尤以距地表5cm以内侵染频率高。

五、流行规律

（一）发病条件

马铃薯晚疫病是一种典型的单年流行性病害，气象条件与病害的发生和流行有极为密切的关系。一般天气潮湿而阴沉，早晚多雾、多露或经常阴雨连绵，有利于该病的发生。当条件适宜发病时，病害可迅速暴发，如不采取防治措施，从开始发病到全田枯死，大约仅需半个月。我国大部分马铃薯种植区生长期的温度均适合于该病的发生，所以，病害的发生轻重主要取决于湿度。病菌孢囊梗的形成要求相对湿度在90%以上，以饱和湿度最适。因此，孢囊梗常在夜间大量形成。病菌侵入寄主体内后，以20～23℃时菌丝在寄主体内蔓延最快，潜育期最短；温度低，菌丝生长发育速度减慢，同时也减少孢子囊的产生量。华北、西北和东北地区，马铃薯春播秋收，7～8月的降水量对病害发生影响很大。雨季早、雨量多的年份，病害发生早而重。风主要影响马铃薯晚疫病菌孢子囊的扩散，一般情况下扩散区域主要集中在作物冠层附近，在离地面1km以上的高空很少能发现孢子囊。

马铃薯晚疫病的发生与品种的抗性关系密切。马铃薯对晚疫病的抗性有两种类型：一种为垂直抗性（小种专化性抗性），另一种为水平抗性（非专化性抗性）。垂直抗性由主效基因控制，这种抗性容易获得，但不持久，易因病原菌变异而被克服。水平抗性由多个微效基因控制，抗性持久，但不易获得，是今后抗晚疫病育种工作的重点和发展趋势。

此外，马铃薯晚疫病的发生与生育期、耕作和栽培技术有一定的关系。一般马铃薯生长前期特别是幼苗期抗病力强，而在生长后期，尤其是近开花末期最易感病。一般地势低湿、排水不良、播种过密，造成田间小环境湿度大，有利于病害发生。偏施氮肥、土壤贫瘠、缺氮或黏土均会降低植株抵抗力，有利于病害的发生，而增施钾肥可减轻为害。

（二）预测预报

英国Beaument根据马铃薯晚疫病发生与温湿度的关系总结出"标蒙式规律"，即48h内气温不低于10℃、相对湿度在75%以上，经过1个月左右，田间便会出现1%左右的中心病株。田间中心病株出现后，在适合晚疫病发生的条件下，10～14d晚疫病就会扩展到全田。由于我国生态类型复杂，种薯带菌率变化大，中心病株出现的条件和时间各地差异太大，无法用简单的一种方法进行预测。

马铃薯晚疫病的预测预报对于其防治具有重要作用和意义。目前，科学工作者已研制出许多马铃薯晚疫病的预警系统。国际上，目前正在运行的预警系统有Euroblight（www.euroblight.net）、PlanteInfo（www.planteinfo.dk）、Fight Against Blight（www.potato.org.uk/blight）和Phytopre＋2000（www.phytopre.ch）等。我国运行的马铃薯晚疫病预警系统主要有两个：中国马铃薯晚疫病监测预警系统China-blight（www.china-blight.net）和马铃薯晚疫病数字化监测预警系统（http://218.70.37.104:7000）。通过这些系统可以预测大田马铃薯晚疫病的发生风险，给出防治建议，提供防治方案。但由于我国地域跨度大，不同栽培区气候条件差异大，单一的预测模型很难给出准确的风险评估和预测结果，因此，各地相关部门应根据不同区域特点建立适合本区域的预测预报系统。

六、防治技术

牢固树立"以防为主，以控为辅"的马铃薯晚疫病综合防控理念，从而达到"防病不见病"的最理想防控效果。坚决摒弃中心病株出现后再施药的"以控为主"的防治策略。"防"要在测报基础上，强调品种抗病性和化学防治有机结合，充分发挥品种本身对病原菌的控制作用；"控"要在测报前提下，以化控为主，但必须强调药剂交替使用和减少施药次数，以降低病菌的抗性风险，延长药剂使用寿命，从而减少环境污染，提高防病的经济效益和社会效益。

（一）选用抗病品种

选用抗病品种是防治马铃薯晚疫病最经济、最有效的方法，但目前生产上抗病品种相对缺乏。由于晚疫病菌变异快，*R1*～*R11*和其他的垂直抗病基因在品种中所表现的抗病性很快会被病原菌的变异而克服，一般垂直抗病基因在生产上的使用寿命都很短，单个垂直抗病基因的使用寿命一般都在5年以内。近年来，培育多垂直抗病基因的研究虽然取得了一定进展，但目前还没有生产上大面积推广使用的抗病品种。我国培育出的垂直抗病品种有中薯5号、宁薯13、陇薯3号、克新10和克新22等。水平抗病品种虽然抗性不及垂直抗病品种，但在一定程度上可减轻晚疫病的发生和流行速度，对当前及今后生产上防控晚疫病有重要意义。我国已育出上百个具有不同程度抗病能力的马铃薯品种，它们包括中薯4号、中薯5号、中薯19、冀张薯3号、冀张薯4号、冀张薯5号、冀张薯11、张围薯9号、克新8号、克新16、云薯103、云薯601、合作88、鄂马铃薯3号和鄂马铃薯7号等。

（二）严格执行种薯准入制度，防止病害蔓延

大批调入种薯前，应派专家进行产地检查或进行种薯检验，证实无病后方可调种，这对于新的马铃薯种植区尤为重要。

（三）种植无病种薯

1. 选用脱毒种薯 一般生产田最好选用一级或二级种薯。

2. 精选种薯 播种前把种薯先放在室内堆放5～6d，进行晾种，不断剔除病薯。选择具有本品种特征，表皮光滑、柔嫩，皮色鲜艳，无病虫，无冻伤的块茎作种薯。凡薯皮龟裂、畸形、尖头、皮色暗淡、芽眼突出、有病斑、受冻、老化等块茎，均应坚决淘汰。如出窖时块茎已萌芽，则应选择具粗壮芽的块茎，淘汰丛生纤细幼芽的块茎。

3. 切刀消毒 常用75%酒精、3%来苏水、0.5%高锰酸钾溶液浸泡切刀5～10min进行消毒。要准备多把切刀，切到病薯即换用消毒刀。

（四）农业防治

1. 建立无病留种地 无病留种田应与大田相距5km以上，以减少病原菌传播侵染的机会，并严格实施各种防治措施。在收获期应进行严格挑选，选取表面光滑、无病斑和无损伤的薯块留种用，晾晒数日后单收、单藏。在播种催芽和切块时还应仔细检查，彻底清除遗漏的病薯，剔除的病薯要集中深埋处理。

2. 高垄大垄栽培 高垄栽培既有利于块茎生长与增产，又有利于田间通风透光、降低小气候湿度，进而创造不利于病害发生的环境条件，抑制病害发生。一般垄宽60～90cm，培土高度25～30cm。

3. 加强田间栽培管理 种植马铃薯要选择沙性较强的或排水良好的地块。适时早播，不宜过密。合理灌溉，结薯后多次培土以成高垄，这样可以减少薯块受侵染的机会。经常到田间巡查，发现晚疫病中心病株及时清除，将病株和周围病叶用塑料袋带出田外集中深埋或焚烧。此外，应切实做好清沟排水工作，切忌薯地积水。

（五）化学防治

1. 药剂拌种 种薯是马铃薯晚疫病最主要的初侵染来源，种薯处理的目的就是要消除或最大限度地去除种薯中所携带的晚疫病菌，从而延迟田间晚疫病中心病株的出现时间。目前，生产上主要使用对马铃薯出苗安全而对晚疫病菌杀菌作用明显的72%霜脲氰·代森锰锌可湿性粉剂600～800倍液对种薯进行处理，应当注意不同厂家药剂质量有差异，在大面积使用前应做必要的试验，以免药剂处理影响马铃薯出苗率，从而造成不必要的损失。药剂处理拌种可分为湿拌和干拌，湿拌后必须将种薯阴干后再播种，若急于播种最好采用滑石粉干拌的方法，一般100kg种薯需要2～2.5kg滑石粉。注意切块拌种后的种薯不易长期存放，最好现拌现播，以免烂薯。

2. 生长期化学防控 我国地域辽阔，生态类型复杂，马铃薯栽培模式多种多样，不同地区、不同栽培模式下，晚疫病发生规律和特点亦不相同。因此，施药策略和方案也不尽相同，下面以我国不同栽培模式下晚疫病发生特点为基础提出了不同的化学防治措施。

我国西南混作区由于病原菌群体结构复杂，马铃薯生长季节雨水多，且往往是连阴雨，施药效果差或长时间无法施用药剂，该区域晚疫病几乎年年流行，被界定为晚疫病高发区。晚疫病高发区的施药原则为前期喷施保护性杀菌剂双炔酰菌胺和代森锰锌，中后期交替喷施持效期长、内吸性的治疗剂和保护剂，如68.75%氟吡菌胺·霜霉威悬浮剂每667m^2 75～100mL、25%双炔酰菌胺悬浮剂每667m^2 40mL或52.5%噁唑菌酮·霜脲氰水分散粒剂每667m^2 12.5～25g。根据预测预报或当地的经验在中心病株出现前7～10d喷施第一次药剂，使用保护性杀菌剂双炔酰菌胺或代森锰锌，喷施1～2次。若田间发现中心病株，开始喷施持效期长的内吸性治疗剂和保护剂的混合制剂直至收获。施药间隔期根据不同情况而异，若种植抗病品种和采用了播前处理措施，则施药间隔期为 10～15d；超级毒力小种占优势的情况下，施药间隔期为 7～10d。

北方一作区是我国最重要的种薯基地，种植历史悠久，病原菌来源广泛，且雨季与马铃薯生育后期吻合，晚疫病在该区域经常发生，被界定为晚疫病常发区。晚疫病常发区的施药原则是前期喷施保护性杀菌剂，而后期雨季（7～8 月）来临后主要喷施内吸性治疗剂或保护兼治疗剂。根据预测预报或气象条件，在中心病株出现前 7～10d 喷施第一次保护性杀菌剂，如 75%代森锰锌水分散粒剂每 667m^2 100～120g 和 25%双炔酰菌胺悬浮剂每 667m^2 40mL 等。若到雨季喷施内吸性治疗剂或保护兼治疗剂，如 52.5%噁唑菌酮·霜脲氰水分散粒剂（抑快净）每 667m^2 25～33g、25%烯酰吗啉·松脂酸铜水乳剂，每 667m^2 80～100g、60%霜脲氰·丙森锌可湿性粉剂（可鲁巴）每 667m^2 100g 和 72%霜脲氰·代森锰锌可湿性粉剂（克露）每 667m^2 100g，注意交替用药。如果雨水较少，全年喷药 4～6 次，施药间隔期为10～15d；如果雨水多，施药间隔期缩短为 7～10d，全年可喷药 6～9 次。

中原二季作区由于春季马铃薯生育期与雨季错开，一般不具备晚疫病发生和流行的条件，只有在春季特别多雨的特殊年份，才会有晚疫病的发生，但雨水一般不会持续太长时间，不会造成马铃薯晚疫病的大流行。而秋季播种的马铃薯尽管可能与雨季相遇，但秋季温度偏高，一般也不会造成马铃薯晚疫病的大发生，因此，将该区域划分为我国马铃薯晚疫病偶发区。该区域主要根据气象条件进行化学防控。施药原则是发现中心病株后即喷施内吸性治疗剂或保护兼治疗剂，如果气象条件不能满足晚疫病流行，则整个生长季可不喷施药剂。田间发现中心病株后可施用 68.75%氟吡菌胺·霜霉威悬浮剂每 667m^2 75～100mL、52.5%噁唑菌酮·霜脲氰水分散粒剂每 667m^2 12.5～25g、60%霜脲氰·丙森锌可湿性粉剂（可鲁巴）每 667m^2 100g 和 72%霜脲氰·代森锰锌可湿性粉剂（克露）每 667m^2 100g。施药间隔期为 7～10d，一般全程喷药 2～3 次即可。

南方冬作区尽管全年降水总量很大，但马铃薯生长季在不同地区、不同年份降水差别较大，且其种薯来源广泛，带菌率差异大。因此，冬作区晚疫病的发生变化大，该区称为“易变区”，其药剂防控措施应根据当地具体发生情况参考高发区、常发区和偶发区的防控方案。

朱杰华（河北农业大学植物保护学院）

第 2 节　马铃薯早疫病

一、分布与危害

马铃薯早疫病也称轮纹病，是马铃薯生产上较常见的真菌病害之一，属世界性病害，一般可造成减产 10%左右，在发生严重的地块产量损失率达 30%以上，特别严重的地块甚至绝收。2000 年以来我国河北、内蒙古、黑龙江、甘肃、宁夏和山东等大多数马铃薯种植省份早疫病发生与为害一直呈上升趋势，干燥高温条件下该病发生严重，在干旱地区或贫瘠地块因早疫病造成的损失要高于晚疫病。早疫病发生早，但主要集中在植株下部叶片，此时对植株为害轻；但在植株生育后期，病害流行速度快，从下部开始迅速向中上部枝叶扩展，造成植株早衰，叶片干枯，严重影响马铃薯产量。早疫病菌还可侵害番茄、茄子、龙葵、烟草及其他茄属植物。

二、症状

马铃薯早疫病主要侵害叶片，也可侵害叶柄、茎和薯块。

叶片发病，多从植株下部开始，逐渐向上部蔓延。在叶片上，病斑首先出现圆形褐色凹陷的小斑点，直径 1～3mm。而后逐渐扩大形成黑褐色病斑，病健交界位置明显。在病斑周围有 1 条狭窄的褪绿黄色晕圈，以后逐渐消失。病斑扩展受叶脉限制而呈三角形或不规则形，大小 3～20mm，有清晰的深浅相间同心轮纹（彩图 4-2-1）。严重时，有的叶片上产生数量较多的暗褐色或黑色、形状不规则的小坏死斑，这些病斑可以相互连接形成大病斑，进而导致叶片变黄、干枯并脱落，最终造成整株死亡。条件合适时，病斑上产生黑褐色霉层，即病菌的分生孢子梗和分生孢子。

茎、叶柄受害多发生于分枝处，病斑深褐色，稍凹陷，扩大后呈灰褐色长椭圆形斑，有轮纹。严重时，常造成茎、叶干枯死亡。块茎受害，产生暗褐色、稍凹陷、圆形或近圆形大小不等的病斑，直径可达2cm。病斑边缘明显，皮下呈浅褐色海绵状干腐，深度一般不超过6mm，在老化的病斑上可产生裂缝。储藏期间，染病薯块病斑可继续扩大，块茎常常因失水过多而皱缩。储藏后期易被其他非致病微生物感染而导致腐烂。

三、病原

马铃薯早疫病病原为茄链格孢［*Alternaria solani*（Ellis et Martin）Sorauer］，属无性型真菌链格孢属。成熟菌丝暗褐色，有隔膜和分枝；在寄主的细胞间和细胞内生长。分生孢子梗单生或2～5根丛生，淡褐色，顶端色淡，正直或屈膝，不分枝或罕见分枝，圆筒形，具1～5个分隔，暗褐色、浅黄褐色或青褐色，顶端色淡，大小为（36.0～106.0）μm×（4.3～10.5）μm；分生孢子通常单生，倒棍棒形，直或稍弯曲，黄褐色或青褐色，具横隔膜4～12个，纵、斜隔膜0～5个，隔膜处常有缢缩，孢子大小为（67.0～140.5）μm×（15.5～28.5）μm；喙细长，丝状，分隔，分枝或不分枝，浅褐色，与孢体等长或略长，孢身至喙逐渐变细（图4-2-1）。

早疫病菌生长温度范围宽，为5～35℃，适宜温度为26～28℃，分生孢子梗形成的适宜温度为19～23℃，当温度高于32℃时，分生孢子梗的形成受抑制，但这种抑制作用是可逆的，当温度低于32℃时，分生孢子梗还可继续形成。光照是菌丝分化、形成分生孢子梗的必要条件。分生孢子形成的温度为15～33℃，适宜温度为19～23℃。分生孢子在温度为6～34℃的水中，1～2h可萌发，最适水温为26～28℃，55℃ 10min分生孢子死亡。

早疫病菌较易人工培养，菌落扩散呈毛发状，灰褐色至黑色。一些菌株在培养基上产生黄红色色素，但不易产生分生孢子。菌丝损失、紫外光照射、减少培养基的营养有利于病原菌产孢。

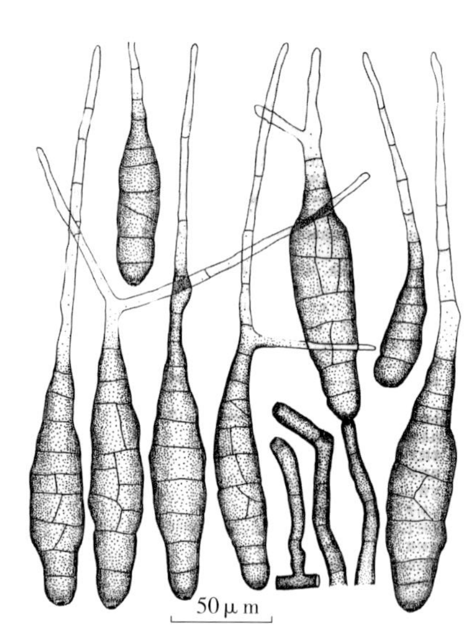

图4-2-1 茄链格孢分生孢子梗和分生孢子（仿张天宇）

Figure 4-2-1 Conidiophore and conidia of *Alternaria solani* (from Zhang Tianyu)

四、病害循环

早疫病菌以菌丝体和分生孢子在病薯、土壤中的病残体或其他茄科植物上越冬，成为第二年的初侵染源。早疫病菌分生孢子能在冰冻的土壤表层和地下5～20cm处存活一年以上，翌年马铃薯发芽时病菌即开始侵染。早疫病菌在马铃薯植株上产生的分生孢子很容易脱落，并借助风、雨或昆虫携带向四周传播。病菌通过表皮、气孔或伤口直接侵入叶片和茎组织。在生长季节的早期，初侵染发生在植株底部较老的叶片上，然后向上部茎叶逐渐侵染，活跃的幼嫩组织和重施氮肥的植株抗病能力较强，一般不表现症状。而生长末期，尤其是高温干旱条件下，植株迅速衰落，早疫病往往在此时表现严重，中上部衰落叶片迅速感染早疫病，茎叶迅速干枯。未成熟块茎的表面容易被侵染，成熟块茎较抗病，病菌一般从伤口侵入。在植株生育后期若环境条件适宜，病菌潜育期极短，5～7d后即可产生新的分生孢子，引起再侵染。经过多次再侵染使病害在田间快速蔓延，造成早疫病的大发生和流行。

五、发病条件

（一）气候条件

早疫病发生与气候条件的关系远没有晚疫病那么密切，对环境条件的要求也不像晚疫病那么苛刻，较高的温度有利于该病的发生。所以，凡栽培马铃薯的区域，一般都有早疫病的发生与为害。通常温度15℃以上，相对湿度高于80%即开始发病，25℃以上时只需短期阴雨或重露，病害就会迅速蔓延。因此，7～8月雨季温、湿度合适时易发病。在湿润和干燥交替的气候条件下，该病害发展最迅速。温度对块茎发病的影响较大，马铃薯储藏在4～7℃条件下，早疫病扩展缓慢，而13～16℃最适于块茎上早疫病的发展。

（二）生育期

不同生育期植株其抗病性明显不同。苗期至孕蕾期抗病性最强，始花期开始逐渐减弱，至盛花期迅速下降。这可能与马铃薯植株所含的茄啶、γ-卡茄啶和茄素等苷型生物碱有关，它们对早疫病菌生长有很强的抑制作用。研究表明，在生长30d的马铃薯叶片中苷型生物碱的含量为1 570mg/L，而在生长120d的老叶中其含量仅为260mg/L，仅为前者的1/6，故推断叶片的感病性随植株的生长而增加，主要是由于老叶中苷型生物碱浓度大大降低而引起的。高氮和低磷施肥，可显著降低早疫病的发生，主要原因是氮肥的使用延缓了植株的衰老。

（三）耕作与栽培措施

一般沙质土壤、肥力差或肥料不平衡的地块早疫病发病重。栽培管理水平低或病虫害严重的地块，早疫病发病重。

（四）品种抗病性

马铃薯品种间抗病差异较大，一般早熟马铃薯品种易感病，而晚熟品种则较抗病。

六、防治技术

马铃薯早疫病的防治策略是以选用抗病品种和加强农业措施为基础，后期以化学防控为主导。

（一）选用抗病品种

国内抗性品种有东农303、晋薯7号和克新1号。国外品种如Jygeve kollane、它格西和罗沙等较抗病。

（二）加强栽培管理

收获后清除田块中的病残体，以减少下一年的初侵染源。有条件的地方，可实行轮作倒茬，重病地最好与豆科、禾本科作物轮作2年以上。选择土壤肥沃、有机质丰富的田块，增施有机肥，以提高马铃薯的抗病能力。加强栽培管理，花期后适量增加氮肥，延缓叶片衰老，提高植株的抗病性。

（三）化学防治

一般在马铃薯盛花期后，田间下部叶片早疫病的病斑率达到5%时初次用药，以后每隔7～10d喷施1次，直至收获。目前，防控早疫病的有效化学药剂有25%嘧菌酯悬浮剂每667m^2 15g、75%代森锰锌水分散粒剂每667m^2 100～120g、10%苯醚甲环唑水分散粒剂每667m^2 70～100g和20%烯肟菌胺·戊唑醇悬浮剂每667m^2 35～70g，其中嘧菌酯防控效果最好。为了使药液能均匀喷施到叶片的正反两面，喷药时需不断改变喷头朝向，以保证效果。在块茎发生早疫病较严重的地区，马铃薯收获后，用75%代森锰锌水分散粒剂600～800倍液喷施于块茎，可有效防止储藏期块茎腐烂。

杨志辉（河北农业大学植物保护学院）

第3节　马铃薯黑痣病

一、分布与危害

马铃薯黑痣病又称立枯丝核菌病、丝核菌溃疡病、茎基腐病和黑色粗皮病。该病为典型的土传和种传病害，病原菌在土壤中可存活2～3年。马铃薯黑痣病分布广泛，属世界性病害。在我国各马铃薯主产区都有不同程度的发生，尤其是在我国北方一作区如黑龙江、吉林、辽宁、河北以及内蒙古西部等地区发生普遍，发病率较高。近年来，随着我国马铃薯种植面积的进一步加大，许多马铃薯主产区由于无法实现轮作倒茬而致使该病害的发生与为害日益严重，已严重影响了薯块的外观和商品价值，引起了当地有关政府部门和农民的高度重视。一般田块黑痣病发病株率为5%～10%，但发病严重的地块可达到70%～80%。

二、症状

马铃薯黑痣病主要侵害马铃薯的幼芽、茎基部及块茎。马铃薯幼芽被侵染后，幼芽顶部出现褐色病斑，生长点坏死，阻滞幼苗生长发育，有时也从基部节上再长出芽条，其叶片则逐渐枯黄卷曲，造成田间出苗晚或不出苗，出苗的幼苗长势衰弱。马铃薯黑痣病在苗期主要侵染地下茎，地下茎上出现指印形状或环剥的褐色病斑（彩图4-3-1），薯苗植株矮小，顶部丛生，严重时可造成植株立枯，顶端萎蔫，顶部叶片向上卷曲并褪绿。在近地表的地上茎表面，往往产生灰白色菌丝层，其上形成担孢子，茎表面呈粉状，容易被擦掉，粉状物下面的茎组织正常（彩图4-3-2）。地下茎发病先产生红褐色长条形病斑，后逐渐扩大，茎基全周变黑，表皮腐烂。匍匐茎感病，产生淡红褐色病斑，匍匐茎顶端不再膨大，不能形成薯块；感病轻者可长成薯块，但非常小；也可引起匍匐茎丛生，严重影响匍匐茎形成薯块和薯形，受侵染植株根的数量明显减少。在成熟的块茎表面形成大小、形状不规则，坚硬，土壤颗粒状的黑褐色或暗褐色菌核（彩图4-3-3），一般菌核下面的薯块组织完好。

三、病原

马铃薯黑痣病病原无性态为立枯丝核菌（*Rhizoctonia solani* Kühn），属担子菌无性型丝核菌属；有性态为瓜亡革菌［*Thanatephorus cucumeris*（Frank）Donk］，属担子菌门亡革菌属。立枯丝核菌初生菌丝无色，粗细较均匀，直径为4.98～8.71μm（图4-3-1）。分隔距离较长，主枝分隔距离为92.13～236.55μm。分枝呈直角或近直角，分枝处大多缢缩，并在附近产生一个横隔膜。新分枝菌丝逐渐变为褐色，变粗短后纠结成菌核。菌核初为白色，后变为淡褐色或深褐色，大小为0.5～5mm，多数为0.5～2mm。菌丝生长温度最低为4℃，最适为23℃，最高为33℃，34℃时停止生长。菌核形成的适宜温度为23～28℃。立枯丝核菌寄主范围极广，至少能侵染43科263种植物，包括马铃薯、水稻、玉米等栽培作物和很多野生植物，对农业生产为害严重。由于该菌不产生分生孢子，为了对其进行区分，采用了菌丝融合技术将立枯丝核菌分成多个融合群（anastomosis group，简称AG）。迄今为止，立枯丝核菌的融合群已增至14个，而融合亚群至少已有18个。不同融合群有一定的寄主专化性，引起马铃薯黑痣病的融合群主要为AG3和AG4，在我国立枯丝核菌融合群主要为AG3，但也发现了AG1-IB、AG2-1、AG4 HG-Ⅰ、AG4 HG-Ⅱ、AG4 HG-Ⅲ、AG5、AG9和AG A等不同融合群，但出现频率很低，AG3融合群仍是优势种群。研究表明，AG3寄主范围相对较窄，主要侵染马铃薯。

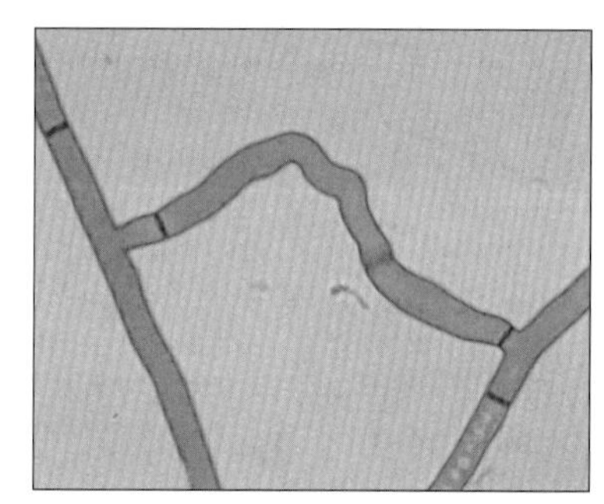

图4-3-1 立枯丝核菌菌丝（杨志辉和王宇摄）
Figure 4-3-1 Hyphae of *Rhizoctonia solani*（by Yang Zhihui and Wang Yu）

四、病害循环

马铃薯黑痣病菌以菌核在块茎上或土壤中越冬，或以菌丝体在土壤中的病残体上越冬，病菌可在土壤中存活2～3年。第二年春季，当温度、湿度条件适宜时，菌核萌发并侵染马铃薯幼芽，并可迅速进入皮层和导管组织，从芽条基部产生的侧枝也可被病菌侵染。伤口有利于病菌侵染幼苗，使黑痣病发生更加严重。带菌种薯不仅是翌年黑痣病的主要初侵染源，又是该病远距离传播的主要载体。

五、发病条件

马铃薯黑痣病菌温度适应范围广，菌核在8～30℃皆可萌发，担孢子萌发的最适温度为23℃，最适宜病害发展的土壤温度是18℃，而病害的发展随着温度的升高而减慢。一般连作或很少轮作的土地，丝核菌的存活数量会加大，黑痣病往往发病较重。一般混杂品种发病重，新品种和种性纯度高的发病轻。较低的土壤温度和较高的土壤湿度有利于丝核菌的侵染，同时土温低、湿度大，种薯幼芽生长慢，在土中埋的时间长，增加了病菌的侵染机会。

六、防治技术

由于马铃薯黑痣病是典型的土传和种传病害，在实际防治中具有很大难度。其防控主要以农业措施如轮作和清除病残体为主，辅以必要的化学和生物防治。

（一）农业防治

1. 轮作 由于菌核能长期在土壤中越冬存活，可与小麦、玉米、大豆、多年生牧草等作物倒茬来降低土壤中的病菌数量，实行三年以上轮作制，避免重茬。

2. 加强田间管理 应选择地势平坦，易排涝的地块，以降低土壤湿度。适时晚播和浅播，土温达到7～8℃时适宜大面积种植，促进早出苗，减少幼芽在土壤中的时间，从而减少病菌的侵染。一旦田间发现病株，应及时拔除，在远离种植地块处深埋，病穴内可撒入生石灰消毒。

3. 种薯挑选 选择无病、表面光滑、大小一致的种薯。

（二）化学防治

1. 种薯处理 为防止种薯带病和土壤传染，每播种 100 个薯块用 20%甲基立枯磷乳油 30～50mL、24%噻呋酰胺悬浮剂 30～50mL 或 2.5%咯菌腈悬浮种衣剂（适乐时）100～200mL 等药剂稀释后拌种。井冈霉素也可防治黑痣病，播前用种块重量 0.3%的药剂均匀处理块茎能取得好的防效。

2. 垄沟喷药 种薯播种后覆土前，用 25%嘧菌酯悬浮剂喷施薯块和土壤，每 667m^2 用量 60～80mL，然后覆土。

（三）生物防治

尽管针对立枯丝核菌生防菌的研究已经不少，例如康宁木霉（*Trichoderma koningii*）、具钩木霉（*T. hamatum*）和一些放线菌对立枯丝核菌都具有一定的杀菌效果，但在生产上仍无大面积使用的报道。Homma 研究表明，荧光假单胞菌（*Pseudomonas fluorescens*）等根际细菌对马铃薯块茎进行细菌化处理，可防止马铃薯块茎上菌核的形成，从而起到一定的防病效果。

杨志辉（河北农业大学植物保护学院）

第 4 节　马铃薯枯萎病

一、分布与危害

马铃薯枯萎病是马铃薯上的一种常见病害，是许多国家马铃薯上的重要病害之一，特别是在温度相对较高、天气干燥时发病较重。该病在我国分布广泛，在河北围场县，内蒙古多伦县、阿荣旗、乌兰察布市，新疆乌昌县，江西等地都有不同程度发生。据统计，马铃薯枯萎病造成的经济损失可达 10%～53%。该病除侵染马铃薯外，还可侵害番茄、球茎茴香、甜瓜和草莓等。

二、症状

马铃薯枯萎病属系统性侵染病害，可侵害叶片，主要侵害植物的维管束。在田间，自马铃薯花期开始表现明显的外部症状，发病初期，下部叶片白天萎蔫，特别是在中午强光下更为明显，而在清晨和傍晚其萎蔫症状可恢复，但严重发生后其萎蔫症状不能再恢复。在叶片上首先出现轻微、清晰的脉状条纹，叶片下垂，下部叶片萎蔫、变黄，黄化通常表现在复叶半边，上部叶片有褪绿斑驳并萎蔫。主茎被侵染的典型症状是植株根系皮层、茎下部腐烂，主茎上出现黑色或棕色纵长的条形病斑，剖开病茎，维管束变褐。当湿度变大时，病部常产生白色至粉红色菌丝。块茎感染时会引起维管束变色，出现褐色的维管束环，表面多呈现斑点和腐烂，严重影响商品性。受害植株整体表现为地上部分矮化、丛生，叶片褪绿、黄化或呈青铜色，腋芽处着生气生薯，严重时植株在成熟前死亡。

在田间马铃薯枯萎病与青枯病症状相似，均引起萎蔫，易混淆。但枯萎病病株自下而上逐次萎蔫，叶色逐渐由绿变淡，再变黄、变褐，最终枯死，症状变化过程比较慢，自开始显症至凋亡一般需 12～15d。而青枯病病株为全株急性型萎蔫，从上部顶端的幼叶、嫩梢和刚展开的嫩叶开始萎蔫，发病迅速，从显症至死亡仅需 4～6d。严重发生的青枯病病茎中可挤压流出白色菌液，而枯萎病不能。

三、病原

镰孢属（*Fusarium*）的多个不同种都可引起马铃薯枯萎病。据 Rakhimov 等报道，在乌兹别克斯坦有

5种镰孢菌，即尖镰孢（*F. oxysporum* Schltdl. ex Snyder et Hansen）、腐皮镰孢［*F. solani*（Martiur）Appel et Wollenw. ex Snyder et Hansen］、拟轮枝镰孢［*F. verticillioides*（Sacc.）Nirenberg］、雪腐镰孢（*F. nivale*）（根据新的真菌分类进展，该菌已归入 *Microdochium* 属）和接骨木镰孢（*F. sambucinum*）可引起马铃薯枯萎病。另有报道，腐皮镰孢真马特变种（*F. solani* var. *eumartii*）可在北美洲和南美洲小部分地区引起马铃薯枯萎病。而在我国，马铃薯枯萎病主要是由尖镰孢、拟轮枝镰孢和腐皮镰孢引起的。

马铃薯枯萎病病原属无性型真菌镰孢属。病菌一般产生分生孢子座，分生孢子有两种类型，即大型分生孢子和小型分生孢子。大型分生孢子较粗壮，散生于气生菌丝上或生于分生孢子座、黏孢团及黏滑层中。大型分生孢子形状多样，稍弯曲，有镰刀形、橘瓣形、纺锤形、棒槌形等，顶端略尖，孢壁较薄。大型分生孢子的分隔数多为3～10个。隔膜也不一样，有的分隔明显，而有的分隔不明显。产生于分生孢子座上的孢子形态比气生菌丝上的更典型、更稳定。大型分生孢子大小为（19～45）μm×（2.5～5）μm，5个隔膜的大小为（30～60）μm×（3.5～5）μm。小型分生孢子较小，多为单细胞，少数为1～3个分隔，有卵形、肾形、矩圆形等，大小为（5～26）μm×（2～4.5）μm，多散生在菌丝间，一般不与大型分生孢子混生。当环境不利时，垂死的植株组织和土壤内的病残体可产生大量的厚垣孢子。厚垣孢子球形，平滑或具褶，大多为单细胞，顶生或间生，直径为5～15μm。

四、病害循环

病菌主要以菌丝体或厚垣孢子随病残体在土壤或栽培基质中越冬，病原菌在土壤中可存活5～6年。厚垣孢子和菌核通过牲畜消化道后仍有生活力，可营腐生生活，为典型的土传病害。土壤带菌是马铃薯枯萎病的主要初侵染来源，同时带病种薯的危害也不能忽视。根或茎的腐烂处在潮湿环境中产生子实体，孢子借气流、雨水、灌溉水传播，病菌从伤口侵入。病菌有时寄生在病株维管束中而无症状表现，有时进入维管束后能马上堵塞导管，并产出有毒物质，扩散并逐渐向上延伸，导致病株叶片枯黄而死。枯萎病表现为慢性凋萎，病株从叶片开始萎垂到整株枯死要经过12～16d。

五、流行规律

枯萎病发病适宜的温度为27～32℃，土温高于28℃或重茬地、低洼地易发病。在20℃时病害发生趋向缓慢，15℃以下则不再发病。在春、夏季节，高温、干旱条件下植株生长势弱，病害发生较重；田间不同施肥种类及栽培方式对病害的发生也会产生影响，氮肥施用过多，以及偏酸性的土壤，也有利于病菌的生长和侵染，从而促进病害的发生和流行。枯萎病一旦发生，就难以根除，随着连作年份的增加，病害会逐年加重。

六、防治技术

（一）农业防治

1. 轮作并加强栽培管理 与禾本科作物或绿肥作物等进行4年轮作。施腐熟有机肥，合理使用尿素，可增强植株的抗病力，降低病菌侵染力，减轻发病，并能提高马铃薯产量。选择地势较平坦，不易积水的地块进行栽培，合理灌溉，做到旱能灌、涝能排，加强田间通风透气。垄作栽培时加厚培土，可避免田间地块内积水，给马铃薯生长创造良好的生态环境。

2. 清除病残体 发现病株应及时拔除并销毁，减少病菌进一步扩散，收获后及时清除田间病残体。地上部分未表现症状的病株，其病菌可能已侵染块茎，使块茎带菌。田间生产时不仅要挖出地上部分表现症状的病株，同时还要检查块茎，避免将带病的块茎混入健康的种薯中。

（二）生物防治

国外研究发现，木霉菌可有效控制由 *F. oxysporum* 引起的马铃薯枯萎病，木霉菌与杀菌剂结合使用可达到良好的防控效果。

（三）化学防治

生产上可用25%嘧菌酯悬浮剂1 000倍液、42%噻菌灵悬浮剂或12.5%～50%多菌灵可湿性粉剂500～600倍液轮换灌根2～3次，即可有效地控制病害。

杨志辉（河北农业大学植物保护学院）

第5节　马铃薯银色粗皮病

一、分布与危害

马铃薯银色粗皮病又称银腐病、银屑病，在我国属检疫性真菌病害。该病于1871年由Harz首先在俄罗斯莫斯科发现。随后，加拿大、智利、印度、摩洛哥、美国和英国等多个国家相继发现该病。我国于2001年在云南楚雄、昆明、寻甸以及昭通等地首次发现了该病。2007年在河北围场县也发现了马铃薯银色粗皮病。该病是马铃薯储藏期间的一种常见病害，它虽对产量影响不大，但在块茎表面会造成污损而降低其使用价值和经济价值。马铃薯银色粗皮病在美国、英国和加拿大曾造成流行，使马铃薯块茎褪色，表皮脱落，在储藏期间因失水而降低品质。

二、症状

马铃薯银色粗皮病主要侵害块茎，症状为块茎表面或匍匐茎末端出现淡褐色病斑，起初病斑面积较小，随着分生孢子大量形成，病斑呈暗橄榄色或深黑色，单个病斑界线明确。收获前块茎受害，病斑较小，但在储藏期迅速扩大。随着病害的发展，病斑连接成片，覆盖住块茎表面的大部分，病斑下组织轻微变色，分生孢子仅在病斑的边缘萌发。潮湿时，病斑呈现明显的银色光泽，病害名称由此而来（彩图4-5-1）。块茎表面的病斑深度仅局限在周皮，并不深入到马铃薯块茎的茎肉内。如果块茎表面大部分被侵染，储藏时将因过度失水而皱缩。表皮红色的品种会失去品种原有的颜色（彩图4-5-2）。

三、病原

马铃薯银色粗皮病病原为茄长蠕孢（*Helminthosporium solani* Durieu.& Mont.），属无性型真菌长蠕孢属。分生孢子梗锥形，褐色或深褐色，至端部颜色渐淡，长可达600μm。分生孢子直或弯曲，倒棍棒状，从分生孢子梗近基部向上单个或成丛轮状着生，近无色至褐色，2～8个离壁隔膜，长24～85μm，最宽处7～11μm，至端部2～5μm，基部有一个暗褐色至黑色的孢痕（图4-5-1）。分生孢子萌发温度2～27℃，低于9℃萌发延缓。相对湿度85%～100%时分生孢子大量萌发，90%时最易萌发，相对湿度≤55%时，分生孢子不再萌发。马铃薯银色粗皮病菌可在PDA、黑麦及水琼脂等培养基上生长，但生长极为缓慢，且不易从土壤和薯块中分离。病原菌在PDA培养基上形成灰色至暗灰色菌落，20℃下光照培养比黑暗培养生长速度快。茄长蠕孢寄主单一，仅侵染马铃薯块茎，目前还未从其他寄主上发现。

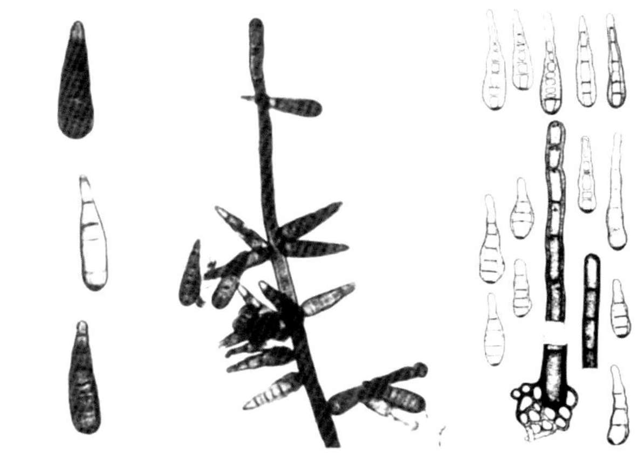

图4-5-1　茄长蠕孢分生孢子梗和分生孢子（引自Ellis，1986）

Figure 4-5-1　Conidiophore and conidium of *Helminthosporium solani* (from Ellis，1986)

四、病害循环

马铃薯银色粗皮病的初侵染来源主要是带菌种薯，在田间发生时，病斑首先出现在块茎的匍匐茎端。此外，分生孢子可在土壤中越冬，成为下一季的初侵染来源。大田中病原菌主要通过种薯和土壤传播，病薯上产生的分生孢子能通过灌溉在土壤中移动。在储藏过程中，再侵染也常常通过染病块茎和健康块茎接触而发生，该病的传播不需要伤口，通过马铃薯块茎表面的自然孔口即可有效传播。而储藏期病薯中产生的分生孢子是再侵染的主要来源，主要通过气流传播。高温、高湿有利于病害发生。收获的马铃薯若不清洗很难发现该病。延迟收获会增加发病率，秋季高湿也会导致严重发生。

五、防治技术

(一) 严格执行检疫制度

马铃薯银色粗皮病仅在我国少数地区发生，且主要侵染来源是带菌种薯，因此，调种时应进行产地调查，种薯检验，确定无病方可调运。

(二) 农业防治

1. 合理密植 种植过密，造成通风不良，产量降低，而且有利于病害的发生与流行。

2. 合理灌溉 浇水次数少，造成干旱，使植株生长受阻；浇水次数多，提高土壤湿度，有利于病害的发生。

3. 适时种植、收获 种植过早或过晚对马铃薯的生长都不利。早种和晚收都增加银色粗皮病的严重度，适时早收能减轻该病的严重度。马铃薯块茎在成熟以后，先把茎秆割掉，让地面充分干燥，约两周后选择一个晴天收获块茎。

4. 窖内消毒 在入窖前要彻底清理卫生，彻底消毒，且消毒时保持窖内空气潮湿至少达10min，在马铃薯入窖前1～2d开窗通风，彻底干燥。

5. 搬运和收获后的管理 马铃薯在搬运和堆放过程中，由于银色粗皮病菌能产生许多分生孢子，并且能非常容易地从病薯向健薯传播，因此搬运工具要周期性地进行清洗和消毒，特别是搬运不同生产田中的马铃薯时工具要分开使用。储存前对马铃薯要进行筛选和处理，经过处理的马铃薯要进行连续通风，直到薯块表面干燥为止。

6. 储藏期管理 在储藏期间，温度和湿度是关键。在晴朗的天气下收获块茎，入库后前2～3周，为了让块茎充分干燥、成熟，使伤口愈合，应将库温调至10～15℃，相对湿度为90%左右。然后，快速将温度降至5℃，能降低银色粗皮病的传染率和病情发展。低温、适合的湿度及良好的通气系统能减少马铃薯被侵染的机会。

(三) 化学防治

播种期可用2.5%咯菌腈悬浮种衣剂（适乐时）100～200mL或25%嘧菌酯悬浮剂25～30mL拌种100kg种薯，储藏期用嘧菌酯处理薯块可有效地防治银色粗皮病。另外，用0.2mol/L山梨酸钾溶液处理储存期马铃薯块茎，也能有效控制该病。

杨志辉（河北农业大学植物保护学院）

第6节 马铃薯病毒病

一、分布与危害

世界上感染马铃薯的病毒有30多种，在我国感染马铃薯的病毒有13种。为害严重的有马铃薯X病毒（PVX）、马铃薯Y病毒（PVY）、马铃薯S病毒（PVS）、马铃薯A病毒（PVA）、马铃薯M病毒（PVM）、马铃薯卷叶病毒（PLRV）；为害较轻的有黄瓜花叶病毒（CMV）、烟草花叶病毒（TMV）、苜蓿花叶病毒（AMV）、烟草脆裂病毒（TRV）、马铃薯奥古巴花叶病毒（PAMV）、马铃薯黄矮病毒（PYDV）；马铃薯纺锤块茎类病毒（PSTVd）为害也较严重。

表4-6-1 主要马铃薯病毒在我国的分布情况

Table 4-6-1 Distribution of main potato virus in China

病毒	分布省（自治区、直辖市）
PVY	四川、福建、重庆、广东、广西、黑龙江、辽宁、吉林、内蒙古、河南、河北、山东、山西、甘肃、云南、贵州、青海
PVX	黑龙江、内蒙古、辽宁、吉林、甘肃、青海、山西、河北、湖北、福建、河南、云南、山东、广西、贵州、湖南、四川
PLRV	山东、浙江、四川、广西、云南、贵州、青海、福建、黑龙江、辽宁、内蒙古、河北
PVS	黑龙江、内蒙古、辽宁、河北、广西、湖南、四川、青海、浙江、福建、山东、贵州

（续）

病毒	分布省（自治区、直辖市）
PVM	河北、四川、青海、辽宁、黑龙江
PVA	黑龙江、湖南、四川、湖北、浙江、河北、福建、广西、青海
PSTVd	北方马铃薯种植区

马铃薯病毒病在生产上造成的损失分为两类，即产量损失和品质损失，以产量损失最为严重。马铃薯病毒病造成的损失在不同地区不同田块有很大差别，一般轻者减产10%左右，重者减产50%～70%。

二、症状

1. 马铃薯普通花叶病 依据病毒株系、马铃薯品种、环境条件的差异，其症状不同。常见的症状为轻花叶，即感染病毒的马铃薯植株生长发育正常，叶面平展，只有病株的中上部叶片表现浓淡不一的轻微花叶或斑驳花叶，而斑驳花叶常沿叶脉发展，有时在叶片褪绿部位上产生坏死斑点。

马铃薯普通花叶病症状与气候条件有密切关系，当气温在18℃时，在阴天将叶片迎光透视，则易见黄绿相间的轻花叶或斑驳花叶，当气温过高或过低时，其症状会潜隐。PVX的强毒系（PVX-S）侵染某些品种时，会引起叶片皱缩。

2. 马铃薯重花叶病、马铃薯条斑花叶病、马铃薯条斑垂叶坏死病、马铃薯点条斑花叶病等 根据PVY的毒系和各马铃薯品种的抗病性不同，其症状有差别。不同株系侵染马铃薯不同品种后，马铃薯植株表现5种症状：无症状（带毒体）、花叶、花变叶、条斑花叶、条斑垂叶坏死。常见的一些敏感马铃薯品种一般在病株叶片背面、叶脉、叶柄及茎上均出现黑褐色条斑坏死，而且叶片、叶柄及茎部均变脆易折，感病初期的病株中上部叶片呈现轻微斑驳花叶或伴有褐枯斑。生育中后期，病株叶片由下至上干枯而不脱落，呈垂叶坏死症，其顶部叶片常出现失绿斑驳花叶或轻皱缩花叶。

当PVY与PVX两种病毒复合侵染时，发病叶片出现严重的皱缩花叶（彩图4-6-1），病株生长缓慢。矮化并很难开花，生育中期易枯死（彩图4-6-2）。

3. 马铃薯卷叶病 初次侵染的症状主要表现为病株顶部的幼嫩叶片直立变黄，小叶沿中脉向上卷曲，小叶基部着有紫红色（彩图4-6-3）。二次侵染的症状表现为全株病状较为严重，一般在马铃薯现蕾期以后，病株叶片由下部至上部沿叶片中脉卷曲，呈匙状，叶片变脆呈革质化，叶背有时出现紫红色，上部叶片褪绿，重者全株叶片卷曲，整个植株直立矮化，块茎变瘦小，薯肉呈现锈色网纹斑。

4. 马铃薯潜隐花叶病 感病植株的典型症状是叶脉下凹，叶片粗缩，叶尖微向下弯曲，叶色变浅，轻度垂叶，植株呈开散状。但因马铃薯品种的抗病性不同，病株症状有些差别。具有一定抗（耐）病性的品种感病后，病株叶片常产生轻度斑驳花叶和轻微皱缩。抗（耐）病性较弱的品种感病后，病株生育后期叶片着有青铜色，严重皱缩，花叶明显，叶片表面上产生细小坏死斑点，老叶片不均匀地变黄，常有绿色或青铜色斑点。抗（耐）病性强的品种感病后没有明显症状，只有与健株相比较才能观察出症状，如有的病株较健株开花少。

5. 马铃薯皱缩花叶病、马铃薯卷花叶病、马铃薯脉间花叶病 依PVM株系和品种不同，感病症状有一定差异。被强株系侵染后，马铃薯幼苗期小叶表面带有油脂状光泽，同时小叶迅速开始向下卷曲，叶背出现条斑坏死，随着马铃薯生长发育，产生明显花叶，叶片严重变形，全株叶片均向下卷曲，下部叶片出现不规则的坏死斑点，并很快黄化至干枯，枯叶下垂现象似PVY引起的垂叶坏死症，病株严重萎缩和矮化，其株高只相当于健株的1/3，PVM的弱株系侵染马铃薯后，常引起病株小叶脉间花叶，小叶尖端稍扭曲，叶缘呈波状，病株顶叶有些卷叶（彩图4-6-4）。

6. 马铃薯轻花叶病 在多数马铃薯品种上引起花叶、斑驳、叶脉凹陷至引起叶面粗缩，叶脉或脉间呈现不规则的浅色斑，暗色部分比健叶颜色深，叶缘褶皱呈波状，病叶变黄，早期脱落，块茎瘦小。有的品种只表现轻花叶症或叶脉坏死症。病株的茎枝向外弯曲，常呈开散状。

7. 马铃薯黄斑花叶病 症状因品种和病毒株系不同而异。有的品种感染马铃薯G病毒（PVG）株系后，病株叶片轻微皱缩变形，呈现明显的脉间黄块斑花叶症状。有的品种被马铃薯F病毒（PVF）与

PVX复合侵染后，病株叶片出现黄绿相间的斑驳花叶症状（彩图4-6-5）。有的品种病薯播种后苗期植株表现为黄块斑花叶，随着植株生长发育，其新生长的枝条陆续出现黄斑花叶症状。有的耐病品种虽感染PVF和PVX，其病株却不表现症状，仅为带毒体。

8. 马铃薯黄绿块斑粗缩花叶病、马铃薯条斑坏死花叶病 主要症状为黄绿块斑粗缩花叶和条斑坏死皱缩花叶。由于马铃薯各品种抗病性不同，TMV侵染后致病程度有一定差别。当将TMV毒源汁液摩擦接种在某些马铃薯品种植株上时，接种3d的叶片出现褐环枯斑，以后全株叶片呈失绿花叶症，并在茎、叶柄及叶脉上均呈现黑褐色条斑坏死，后期垂叶坏死，似PVY和烟草脆裂病毒（TRV）引起。病株生长出的块茎下年作种，田间出现感病植株，其症状轻重与品种有关，有的品种病薯的下代田间植株表现为矮化和条斑坏死皱缩花叶，茎细弱，病株块茎变小而少；有的品种病株叶片变形，叶缘呈波状，叶变小，出现浓绿与淡绿相间的轻皱花叶，淡绿组织变薄。

9. 马铃薯茎杂色病、马铃薯坏死病、马铃薯木栓化环斑病 症状因病毒株系和品种不同而异。主要症状是出现变小、变形、皱缩的黄斑花叶，在叶柄和茎秆上出现坏死条斑，植株生长势弱，块茎变小而少，有的品种还出现块茎坏死症。在田间自然条件下，有的品种感病当年症状不明显，而由病株生长出的块茎下年作种，田间植株生育期间，发生明显症状，即变小、变形、皱缩的黄斑花叶，叶背和茎秆均出现褐色坏死条斑，如果将此病原用人工接种（常规汁液摩擦法），当年即表现出明显症状，接种3d后叶片出现黑褐色环枯斑，随后全株叶片脉间失绿，表现为斑驳花叶，同时茎秆、叶柄和叶脉均出现褐色条斑坏死症，病株生育后期呈垂叶坏死症，与PVY引起的症状相似，病株生长势弱，病株块茎为带毒薯，可传递给下一代。

10. 苜蓿花叶病毒侵染马铃薯引起的花叶病 症状因病毒株系和品种抗病性不同而有明显差别，如表现黄斑花叶和坏死症状类型的马铃薯品种，其含AMV的带毒种薯种植后，苗期幼株叶片由叶尖端向叶边缘开始呈现鲜黄色斑驳，其黄绿色相接界线不明显，成株呈系统性黄斑花叶，有时叶片褪绿，组织变薄，叶背、叶脉及茎均出现黑褐色条斑坏死，以后发展成垂叶坏死症，似PVY引起的症状，病株茎秆细弱，其结出的块茎极瘦小，长出的幼芽细弱，如果用带该病毒的病薯连续两年作种，病情会严重甚至绝产。只发现极特殊的马铃薯品种，感病后无明显症状。

11. 马铃薯黄斑皱缩花叶病、马铃薯黄斑轻皱花叶病 依病毒株系和品种的不同以及与其他病毒复合侵染情况不同，症状有明显的差异。某些抗（耐）病性较弱的品种被CMV和TMV两种病毒复合侵染后，感病植株生长势极弱，病株矮化，其叶片出现浓绿色疱斑花叶。叶片尖端不伸长，小叶的叶缘呈波状和卷曲。而高抗（耐）病性的马铃薯品种或品系被CMV和TMV复合侵染后，植株生长势正常，叶片出现明显的黄斑花叶，或有较轻的黄斑花叶症状，有轻度减产，病株的块茎形态无明显变化，这种抗病性强的品种其病株和病薯不易被注意，会导致扩大传播与为害。

12. 马铃薯黄矮病 病株矮缩和变脆，茎呈淡黄绿色，病株先由顶部叶片开始黄化，以后发展到全株黄化，其叶缘向上卷曲，有时皱缩，常见茎髓部和茎节的皮层着有锈斑，生长点停止生长，早期坏死，有时向茎伸长。病株地下部的匍匐枝极短，其块茎小而变形，表皮出现深的裂纹，块茎髓部坏死，呈褐色锈斑，感病块茎发芽率低。而极少量有发芽能力的带毒块茎，下年播种田间，仍然是此病流行的侵染源，会继发马铃薯黄矮病症状。

13. 马铃薯纺锤块茎病、马铃薯纤块茎病、马铃薯块茎尖头病等 病株轻者高度正常，重者植株矮化；茎秆直立硬化，分枝少；叶片叶柄与主茎的夹角变小，常呈锐角向上竖起，呈半开半合状和扭曲；全株失去润泽的绿色，顶部叶片除变小、卷曲、耸立外，有时叶片背面呈紫红色。病株块茎由圆变长，其顶端变尖，呈纺锤状；有时块茎表皮粗糙，出现裂纹，块茎芽眼由少变多，芽眉变浅，有时芽眼突起；红皮或紫皮品种的病薯表皮褪色变淡；块茎表皮具有网纹的马铃薯品种，感病后网纹消失。用病薯作种时，其幼芽出土后，幼苗及地下部分发育极缓慢。

14. 马铃薯紫顶萎蔫病 病株顶部叶片变小，小叶基部向上卷，叶背和叶缘呈紫红色或橘黄色，由于近地面主茎疏导组织坏死，常引起顶部叶片萎蔫，短枝基部膨大，形成气生块茎。病株生长出的块茎发芽后呈纤细状。此病可通过带病块茎传递给下代，成为田间病毒侵染源。田间植株生育后期感病时，其块茎感病概率低。

三、病原

1. 马铃薯X病毒（*Potato virus X*，PVX） α线形病毒科马铃薯X病毒属（*Potexvirus*）。病毒粒体为弯曲长杆状，由单链RNA构成，长为515nm，宽为13.6nm，RNA相对分子质量2.1×10^{6}，病毒粒体存在于细胞质中。稀释限点$1\times10^{-5}\sim1\times10^{-6}$，体外存活期为60～90d，血清反应阳性，致死温度为68～76℃。病毒传播方式为汁液传播，寄主有烟草、辣椒、灰菜、洋酸浆、假酸浆、曼陀罗、龙葵、老枪谷、青葙、千日红。

2. 马铃薯Y病毒（*Potato virus Y*，PVY） 属马铃薯Y病毒科马铃薯Y病毒属（*Potyvirus*）。病毒粒体为弯曲长杆状，由单链RNA构成，长为730nm，宽为11nm，RNA相对分子质量$36\times10^{-6}\sim39\times10^{-6}$。稀释限点$1\times10^{-2}\sim1\times10^{-3}$，体外存活期为2～3d，血清反应阳性，致死温度为52～62℃。病毒传播方式为汁液、昆虫传播，寄主有烟草、洋酸浆、假酸浆、灰菜、枸杞、毛曼陀罗、辣椒、德伯尼烟。

3. 马铃薯卷叶病毒（*Potato leaf roll virus*，PLRV） 属马铃薯黄症病毒科马铃薯卷叶病毒属（*Polerovirus*）。病毒粒体为球状，由双链DNA构成，粒体直径23～25nm，稀释限点1×10^{-4}，体外存活期为3～4d，血清反应阳性，致死温度为70℃。病毒传播方式为汁液传播，寄主有曼陀罗、洋酸浆、番茄、苦芷。

4. 马铃薯S病毒（*Potato virus S*，PVS） 属β线形病毒科麝香石竹潜隐病毒属（*Carlavirus*）。病毒粒体为平直杆状，粒体长650nm、宽12～13nm，稀释限点$1\times10^{-2}\sim1\times10^{-3}$，体外存活期为2～4d，血清反应阳性，致死温度为55～60℃。病毒传播方式为汁液、昆虫传播，寄主有毛曼陀罗、德伯尼烟、灰菜、千日红、豇豆。

5. 马铃薯M病毒（*Potato virus M*，PVM） 属β线形病毒科麝香石竹潜隐病毒属（*Carlavirus*）病毒粒体为弯曲长杆状，粒体长650nm、宽12～13nm，病毒粒体分散在细胞质内，稀释限点$1\times10^{-2}\sim1\times10^{-3}$，体外存活期为2～4d，血清反应阳性，致死温度为65～70℃。病毒传播方式为汁液、昆虫传播，寄主有毛曼陀罗、德伯尼烟、灰菜、豇豆、菜豆、千日红。

6. 马铃薯A病毒（*Potato virus A*，PVA） 属马铃薯Y病毒科马铃薯Y病毒属（*Potyvirus*）。病毒粒体为弯曲长杆状，由单链RNA构成，粒体长730nm、宽11nm，稀释限点$2\times10^{-2}\sim1\times10^{-2}$，体外存活期为12～24h，血清反应阳性，致死温度为44～52℃。病毒传播方式为汁液、昆虫传播，寄主有曼陀罗、碧冬茄、辣椒、番茄、心叶烟、洋酸浆、假酸浆。

7. 马铃薯G病毒（*Potato virus G*，PVG） 属马铃薯Y病毒科马铃薯Y病毒属（*Potyvirus*）。病毒粒体为弯曲长杆状，由单链RNA构成，粒体长580nm、宽11～12nm，相对分子质量23 100，稀释限点1×10^{-3}，体外存活期为4d，血清反应阳性，致死温度为65℃。病毒传播方式为汁液、昆虫传播，寄主有曼陀罗、碧冬茄、辣椒、番茄、心叶烟、洋酸浆、假酸浆。

8. 烟草花叶病毒（*Tobacco mosaic virus*，TMV） 属帚状病毒科烟草花叶病毒属（*Tobamovirus*）。病毒粒体为杆状，粒体长300nm、宽15～18nm，体外存活期为1年，血清反应阳性，致死温度为90℃。病毒传播方式为汁液、土壤、种子传播，寄主有千日红、心叶烟、普通烟。

9. 烟草脆裂病毒（*Tobacco rattle virus*，TRV） 属帚状病毒科烟草花叶病毒属（*Tobamovirus*）。病毒粒体为平直杆状，由长、短两种粒体组成，粒体大小为长的188～197nm，直径25nm；短的45～155nm，直径25nm。稀释限点1×10^{-6}，体外存活期为28～42d，血清反应阳性，致死温度为80～85℃。病毒传播方式为汁液、昆虫传播，寄主有千日红、心叶烟、毛曼陀罗、白花刺果、曼陀罗。

10. 苜蓿花叶病毒（*Alfalfa mosaic virus*，AMV） 苜蓿花叶病毒属（*Alfamovirus*）。病毒粒体为多组分杆状，直径18nm，含5种不同长度的粒体；稀释限点$1\times10^{-2}\sim1\times10^{-5}$，体外存活期为3～4d，血清反应阳性，致死温度为55～60℃。病毒传播方式为汁液、昆虫传播，寄主有千日红、心叶烟、洋酸浆。

11. 黄瓜花叶病毒（*Cucumber mosaic virus*，CMV） 属雀麦花叶病毒科黄瓜花叶病毒属（*Cucumovirus*）。病毒粒体为弹状，大小为15nm×380nm，稀释限点$1\times10^{-3}\sim1\times10^{-4}$，体外存活期为2.5～12h，血清反应阳性，致死温度为50～53℃。病毒传播方式为汁液、昆虫传播，寄主有毛曼陀罗、鲁特格尔斯番茄。

12. 马铃薯黄矮病毒（*Potato yellow dwarf virus*，PYDV） 属弹状病毒科细胞核弹状病毒属

(*Nucleorhabdovirus*)。病毒粒体为球状，直径30nm，稀释限点1×10^{-4}，体外存活期为3～7d，血清反应阳性，致死温度为60～75℃。病毒传播方式为汁液、昆虫传播，寄主有黄花烟、番茄、心叶烟、白花刺果曼陀罗。

13. 马铃薯纺锤形块茎类病毒（*Potato spindle tuber viroid*，PSTVd） 属马铃薯纺锤块茎类病毒科马铃薯纺锤形块茎类病毒属（*Pospiviroid*）和病毒不同，类病毒是一种具有传染性的单链RNA病原体，比病毒要小，并且没有病毒通常所有的蛋白质外壳。类病毒含有单链环状RNA，基因组长度约为360个核苷酸，折叠成短棒状，平均长度约为37nm。

14. 翠菊黄化植原体（*Candidatus* Phytoplasma asteris） 属柔膜菌纲植原体暂定属（*Candidatus* Phytoplasma）。

四、流行规律

（一）发病条件

病毒的生存不仅取决于病毒本身，还取决于寄主和传毒介体。环境条件对它们之间的关系也有影响。

1. 寄主 马铃薯是以无性繁殖为主的，大多数病毒以侵染的植株作为存活场所。

2. 病毒 几乎所有的马铃薯病毒都依赖马铃薯存活和传播。了解病毒的寄主范围对于弄清楚其他寄主在病毒的永久性存活和病害发生方面的作用是必要的。依赖于马铃薯存活和传播的病毒有着狭窄、中等或广泛的寄主范围。

3. 传播介体 一些病毒以介体作为存活或传播体系，或两者兼而有之。

4. 环境影响 马铃薯一旦被病毒侵染后，温度条件对病毒的增殖和抑制有直接影响，从而加剧了带毒马铃薯的退化。实验表明，带马铃薯X病毒的病薯栽培在高温（25℃）条件下的病毒浓度比低温（15℃）条件下高4倍。

已被病毒侵染的马铃薯，症状的表现及产量损失大小与土壤营养条件和植株的耐病力也有密切的关系。已感染马铃薯X病毒的男爵品种，种植在施肥与不施肥的两种土地中，经指示植物鉴定汁液摩擦接种在千日红叶片上产生的病斑，种在施肥土上产生15.2个病斑，种在未施肥土上产生39.3个病斑。

（二）传播途径

1. 接触传播

（1）植株之间的接触传播。通过感病植株伤口流出的汁液侵染健康植株的伤口传播。

（2）机械传播。农用机具传播和田间作业是田间最重要的传播方式。例如，已发现拖拉机的车轮可以传播PSTVd，中耕和培土的工具可以传播PVX。播种前将种薯切块时，被沾染的切刀可以机械传播病毒到其他块茎上，PVX、PSTVd和PVS通过这种方式传播。

2. 介体传播

（1）昆虫传播。在所有传播马铃薯病毒的昆虫中，蚜虫是最重要的，主要是桃蚜。蚜虫传毒分为3个类型，即非持久性、半持久性和持久性。非持久性：只在蚜虫口器内、外进行传带，待口器内、外传带的病毒传播完后，就不再传染，所以，蚜虫一次得毒后传染的时间很短，如PVY。半持久性：蚜虫从口器（口针）吸入病毒后，进入胃肠至血液淋巴，再进入唾腺，然后随着唾液的分泌传染，完成整个过程的时间叫作循回期，病毒不增殖。持久性：病毒在循回期中是能增殖的，一般是在脂肪层内增殖，增殖到一定数量，才能通过唾液传染，如马铃薯卷叶病毒。

（2）线虫传播。线虫作为马铃薯病毒的传播介体并不常见，只有TRV通过线虫传播。

（3）真菌传播。粉痂病菌可传播PMV。

（4）种子传播。PSTVd通过种子传播。

五、防治技术

（一）选用无毒种薯

各地要建立无毒种薯繁育基地，原种田应设在高纬度或高海拔地区，并通过各种检测方法汰除病薯，推广茎尖组织脱毒生产无病种薯。在脱毒原种和良种繁育过程中，要采取一系列的严格措施，如清除温室（网室）或田间的杂草，及时发现和拔除中心病株，以减少病毒源，并采用药剂防虫防病，以防止病毒再次侵染。

（二）采取防蚜避蚜措施

很多马铃薯病毒都通过蚜虫传播，因此，采取防蚜避蚜措施对马铃薯病毒病的控制至关重要。在有蚜株率达5%时施药防治。可选用50%抗蚜威可湿性粉剂、10%吡虫啉可湿性粉剂或20%甲氰菊酯乳油对水喷雾，间隔7～10d，共喷2～3次。铲除田间、地边杂草，消灭部分蚜虫，也可用黄板诱杀有翅蚜。

（三）化学防治

虽然目前还没有研制出针对植物病毒的有效治疗药剂，但用于预防病毒病的化学药剂在生产中取得了显著的效果，如15%三氮唑核苷（病毒必克）可湿性粉剂，每667m^2 100g；20%菌毒清可湿性粉剂，每667m^2 40～60g；1.5%植病灵乳剂，每667m^2 50～75mL，交替使用，或与其他农业防治措施相配合。应在马铃薯病毒病发病初期（出现中心病株时）进行喷药，每隔7d喷1次，连续喷3次。

刘卫平（黑龙江省农业科学院克山分院）

第7节　马铃薯青枯病

一、分布与危害

马铃薯细菌性青枯病，我国简称青枯病，分布于45°S至59°N，包括了除南极洲以外的世界六大洲，是一种世界性的重大病害。该病主要在温暖潮湿、雨量充沛的热带、亚热带和部分温带地区流行，在我国主要发生在云南、贵州、四川、湖北、湖南、广东、广西、福建和台湾等长江流域及其以南的马铃薯单、双季混作区和南方马铃薯二季作区，中原二季作区也有不同程度发生，北方一季作区仅发生于个别科研单位的试验地。

青枯病是一种系统性侵染病害，植株一旦受侵染，往往导致整株死亡，故其为害是毁灭性的。马铃薯青枯病是世界性的细菌性病害，其为害程度仅次于马铃薯晚疫病，可通过土壤、灌溉、植株、种薯等进行传播。马铃薯青枯病菌寄主范围广，可侵染50科的数百种植物，尤其是茄科植物，如马铃薯、番茄等，防治非常困难，特别是在温暖潮湿的环境中，发病率更高，严重者可使马铃薯减产80%，甚至绝产，严重威胁着我国乃至世界的马铃薯生产。例如，四川昭觉县1977年调查，马铃薯青枯病发病面积占全县马铃薯种植面积的40.9%，每年田间和窖藏期间损失块茎约800万kg；贵州水城县在1988年调查中发现，有的地块在马铃薯开花期病株率达40%，不到成熟就全部枯死；1996年湖北恩施的一片新品种繁育地，青枯病发病率达90%左右，使良种生产遭受毁灭性损失。

二、症状

马铃薯青枯病在马铃薯幼苗和成株期均能发生。一般幼苗期不明显，多在现蕾开花后急性显症，表现为叶片、分枝或植株急性萎蔫，叶片浅绿或苍绿，开始时早、晚可恢复，以后逐渐加重，经4～5d或更短时间全株茎、叶萎蔫枯死，但病株在短期内仍保持青绿色，叶片不脱落，随后叶脉逐渐变褐，茎部出现褐色条纹，有时一个主茎或一个分枝萎蔫，其他茎叶生长正常。横切病株茎部可见维管束变褐，用手挤压有污白色菌脓从切口处溢出，此为病原细菌溢脓。如将病茎切面插入清水中，约半分钟后可见雾状的细菌群自维管束切口处排出，田间可以此方法快速诊断青枯病。块茎染病后，轻的症状不明显，重的脐部呈灰褐色水渍状，切开病薯，维管束环变褐，稍挤压即溢出乳白色细菌脓液，但皮肉不从维管束处分离，严重时块茎外皮龟裂，髓部软腐溃烂。

三、病原

马铃薯青枯病病原为茄劳尔氏菌［*Ralstonia solanacearum*（E. F. Smith）Comb. Nov.，原名为*Pseudomonas solanacearum*］，属薄壁菌门劳尔氏菌属。该菌是一种维管束寄生的植物病原细菌，菌体单细胞，短杆状，两端钝圆，大小为（0.9～2.0）μm×（0.5～0.8）μm，单生或双生，极生1～3根鞭毛。在肉汁葡萄糖琼脂培养基（NA培养基：牛肉浸膏3g/L，蛋白胨5g/L，葡萄糖10g/L，酵母粉0.5g/L，琼脂17g/L，pH7.0）上，菌落圆形或不规则形，28～30℃培养48h后呈现内红、外白、可流动性，菌落稍隆起，平滑有光泽，革兰氏染色阴性。病菌生长发育最适温度为30～37℃。

马铃薯青枯病菌具有明显的生理分化或菌系多样性，寄主范围广，且随地域和空间距离的不同而异，具有高变异性、多样性和环境适应性，如小种3号菌株UW551在20℃下比小种1号菌株GMI1000具有更强的致病性，并且UW551在4℃条件下在马铃薯块茎内可存活4个月以上，而GMI1000则存活不到70d，不同地区或寄主植物上的分离物在寄主范围、致病力强弱或细菌学特性上并不完全相同。

(一) 分类

国际上公认的主要有两个亚分类系统。一是美国Buddenhagen、Sequeira和Kelman于1962年根据不同来源菌株对不同种类植物的致病性差异，将茄劳尔氏菌划分为5个生理小种（Race）：可高度侵染茄科植物（包括马铃薯、番茄、茄子、辣椒和烟草等）和其他植物，寄主范围较广的为小种1号；只侵染香蕉、大蕉和海里康（Heliconia）的为小种2号；只侵染马铃薯和偶尔侵染番茄、茄子的为小种3号；对姜致病力很强，而对番茄、马铃薯等其他植物的致病力较弱的为小种4号；小种5号，只对桑树具有较强的致病力，耐茄科作物致病力很弱或不致病。

二是澳大利亚Hayward根据不同菌株对3种双糖（麦芽糖、乳糖和纤维二糖）和3种己醇（甘露醇、山梨醇和卫矛醇）氧化产酸能力的差异，将茄劳尔氏菌划分为4个生化变种（Biovar，原称生化型Biotype），生化变种1不能氧化3种双糖和3种己醇；生化变种2只能氧化3种双糖，不能氧化3种己醇；生化变种3能氧化3种双糖和3种己醇；生化变种4只能氧化3种己醇，不能氧化3种双糖；生化变种5能氧化3种双糖和甘露醇。目前我国侵害马铃薯的优势菌（系）是生化变种2，它是一个低温型菌系，在低温下生化变种2（小种3号）比生化变种3和生化变种4更具有侵染力，严重威胁着马铃薯生产。

随着分子生物学的发展，人们对茄劳尔氏菌的分类研究又有了新的进展，目前人们依据对茄劳尔氏菌菌株的16～23S转录间隔区*egl*和*hrpB*基因的分析，以及比较基因组杂交（comparative genomic hybridization，CGH）结果，将其分为4个不同的种系型（phylotypes），而这些种系型反映了它们不同的地理来源：即phylotype Ⅰ（亚洲），phylotype Ⅱ（美洲），phylotype Ⅲ（非洲）和phylotype Ⅳ（印度尼西亚）。每一个种系型可继续分成不同的序列型（sequevars），不同的序列型可能会包含具有相似致病性或一致地理来源的不同菌株。这种分类方法已逐渐被多数研究者接受。

(二) 检测

目前茄劳尔氏菌的检测方法主要有PCR、杂交、免疫学及电镜观察4种，这些方法各有优缺点（表4-7-1）。

表4-7-1 茄劳尔氏菌不同检测方法的比较

Table 4-7-1 Comparision of different methods in *Ralstonia solanacearum* detection

方法	灵敏度	特 点	例 子	参考文献
PCR	1cfu/mL	简单，方便	利用16S rRNA进行PCR检测	Caruso et al.，2003
杂交	高	采用特异探针增加检测的灵敏度和准确性	利用特异探针RSOLA和RSOLB检测	Wullings et al.，1998
免疫学	1～10cfu/mL	应用单克隆抗体，准确性更强，灵敏度更高	利用特异单克隆抗体8B-IVIA检测	Caruso et al.，2002
电镜观察	高	准确，可靠	显微镜检视组织的菌溢	

(三) 分子生物学

茄劳尔氏菌是一个古老的病原，其基因组一般由两个复制子组成，一个3.7Mb的染色体和一个2.1Mb的大质粒，并且这种双向的基因组结构是大多数茄劳尔氏菌的共有特征。茄劳尔氏菌的大量致病相关基因存在于其核心基因组序列中，青枯病菌的两个复制子是长期共进化而来的，其基因或来源于水平基因转移，或来源于其本身基因的变异等。

随着测序技术的迅速发展，特别是第二代测序技术的问世，各种细菌的基因组被大规模测序，目前茄劳尔氏菌的5个生理小种中，除小种4号外其他4个已经完成或将要完成测序，比较基因组学研究发现，小种3号菌株UW551的基因组中有4 454个基因，其中63%（2 793个）的基因编码蛋白具有功能，与小种1号菌株GMI1000的基因组相比，71%的基因具有共线性，大部分编码已知致病因子的基因同时存在于UW551和GMI1000中，402个基因是UW551特有的，这些特有基因已被用来区分和鉴定茄劳尔氏菌菌株。

茄劳尔氏菌可通过多个自身特异的蛋白分泌系统分泌上百种蛋白，对寄主植物致病，最核心的Ⅱ型和Ⅲ型分泌系统可分泌大量的病原致病效应子（pathogenicity effectors），引起寄主植物感病；AvrA 和 PopP1 是茄劳尔氏菌Ⅲ型分泌系统的重要效应子，AvrA 和 PopP1 的活性直接影响 GMI1000 的寄主范围。

Ⅲ型分泌系统是细菌分泌系统中最重要的，也是研究得最为透彻的分泌系统，在许多植物和动物病原细菌的致病过程中具有重要作用。*hrp* 基因簇是编码Ⅲ型蛋白分泌系统（type Ⅲ protein secretion pathway，TTSP）的重要成分，也是茄劳尔氏菌致病性所必需的，并可在非寄主植物上诱导超敏反应（hypersensitive response，HR）。黄勇和 Sequeira 报道了从菌株 K 60（小种 1 号，生化变种 1）中分离到 *hrp* 基因簇，并进行了全序列测定，结果表明，*hrp* 基因簇位于茄劳尔氏菌基因组的大质粒上，由 20 多个基因组成。在 *hrp* 基因簇中，*hrpY*、*hrpX* 及 *hrpV* 与分泌通道的一种纤毛的组装有关；*hrpB* 是整个类型Ⅲ蛋白分泌通道基因的转录激活子并作用于基因组中的其他效应基因；*hrpG* 是植物信号对 *hrp* 基因的表达进行级联调控的组分之一。

胞外多糖是茄劳尔氏菌的主要致病因子，能阻碍植物导管内的水分运输，引起萎蔫。国外的研究大量集中在胞外多糖、果糖酶和纤维素酶在致病过程中的作用。美国威斯康星大学 Sequeira 实验室报道，克隆出了控制胞外多糖和脂多糖的基因簇 *eps A* - *D* 或 *ops* - *A* - *D*。佐治亚大学 Denny 实验室克隆出了控制胞外多糖等表型转变的基因 *phc A*。进一步研究证明，病原菌的五基因 *phc* 系统调控着胞外多糖、细胞壁降解酶和其他相应致病因子的表达，致病因子通过病菌的Ⅲ型分泌系统进入寄主植物细胞；后来也有研究表明复合调节网络（Complex regulatory networks，CRN）控制着胞外多糖的产量、对某些环境或信号的反应及其他致病因素。冯洁等对茄劳尔氏菌群体猝灭相关基因 *aac* 和Ⅵ型分泌系统核心基因 *vasK* 进行了研究，并证明了这两个基因在茄劳尔氏菌致病过程中具有重要作用。

四、流行规律

马铃薯青枯病是一种典型的维管束病害，病菌随病残体、带菌肥料和田间的其他感病寄主在土壤中越冬，无寄主时也可在土壤中腐生 14 个月至 6 年，越冬的菌源成为翌年发病的初侵染源。马铃薯青枯病菌通过雨水、灌溉水、肥料、病苗、昆虫、人畜、生产工具等传播，从根部或茎基部伤口侵入，在维管束的导管内寄生，并沿导管向上蔓延，使导管堵塞、褐变，阻碍水分正常运输，导致植株萎蔫。在自然条件下，病菌也能从未受伤次生根的根冠部侵入，致使发病。马铃薯青枯病菌在 10～40℃均可发育，最适温度为 30～37℃，最适土壤 pH 为 6.6。高温高湿多雨是诱使青枯病发生和流行的主要因素，尤其是雨后转晴，太阳曝晒，土温升高，气温升至 30～37℃，最有利于青枯病流行，连作地、低洼地、土质黏重、排水条件差、土壤偏酸的田块也易发病。

五、防治技术

马铃薯青枯病是世界上最严重的细菌性病害之一，主要有以下防治措施：

（一）农业防治

1. 规范种薯来源，建立良种繁育基地 马铃薯青枯病主要发生在我国长江流域及其以南的西南单、双季混作区和南方二季作区，因此，在进行种薯繁殖时要格外注意，远离发病区，在未感染青枯病的或高海拔的区域，选择隔离条件好、气候凉爽、光照充足、交通便利的地方，建立无病良种繁育基地，为马铃薯产区提供无病种薯，也可从无病种薯产区进行调用。同时在进行种薯繁育前，要对种薯繁殖地的土壤、水及种薯进行病原检测，确保无病原。

2. 无病种薯与小整薯播种 选用无病种薯：从无病良种繁育基地调种或从高山、高海拔地区挑选无病田块引种，并对种薯进行严格挑选。在种薯储藏期间要定期检查，挑选出病薯及时销毁处理。若种薯较大，需要切块时，要注意切刀的消毒，避免病菌随切刀传播至健康薯块，切刀消毒可用 75%酒精或 0.3%高锰酸钾溶液。

小整薯播种：整薯播种可有效避免病菌随切刀传播，整薯播种要求薯块不宜太大，以 30～50g 为宜。

3. 间套轮作 实行与十字花科或禾本科作物 4 年以上轮作，最好与禾本科作物（如水稻）进行水旱轮作，能明显减轻病菌的为害。不可与茄科蔬菜或花生、大豆等作物连作或邻作。

4. 选用抗病品种 防治马铃薯青枯病的方法很多，但最根本的途径还是培育抗青枯病品种，选用抗病品种也是最经济、最有效的措施。目前，较抗青枯病的品种有克新4号、东引1号、大西洋、新芋4号等，抗青枯病的高代无性系或品系有抗青8-4或BP88083.4、抗青9-1或BP88096.1、抗青13-4或BP88105.4、抗青24-1或BP88176.1、抗青24-4或BP88176.4、抗青10-7或BP99098.7、BP898006、BP897003、BP891001和BP895010等。生产者可以根据区域特性选用不同的品种或品系。

5. 其他农业栽培管理措施 清洁田园，翻晒土壤，施适量生石灰，降低土壤酸度。田间发现病株时，立即把整个植株连同基部泥土、薯块一起铲除深埋，并用1∶100的生石灰水灌窝或撒生石灰消毒，以防细菌扩散，收获时田间的烂薯、残枝烂叶和杂草要清理干净并深埋，严禁丢入粪坑或堆沤作肥。实行高厢垄作，并在马铃薯整个生长期间注意田间排水，降低田间湿度，避免大水漫灌。调整播种时期，避开青枯病易发季节，及时收获，避免薯块成熟后呆地时间过长而腐烂，减少土壤感染机会。合理施肥，多施优质有机肥和生物有机肥、磷钾肥，减少尿素等化肥的用量，增强植株抗病能力，如出苗后15d，每667m^2可施腐熟有机肥或草木灰2 000kg，增强植株抗病性。

（二）化学防治

药剂防治一般以预防为主，进行预防性喷浇，若已经发现病株，施药效果就较差。有多种药剂可供选择，如混合氨基酸盐（庄园乐）、农用硫酸链霉素、王铜、乙蒜素、络氨铜、氢氧化铜等。药剂的使用剂量如下：72%农用硫酸链霉素可溶性粉剂4 000倍液、30%王铜悬浮剂500倍液、80%乙蒜素乳油500倍液、53.8%氢氧化铜悬浮剂1 000倍液、25%络氨铜水剂500倍液、20%叶枯唑可湿性粉剂800倍液等灌根，每株灌药液0.25～0.5kg，每隔7～10d灌1次，连续防治2～3次，交替轮换用药效果更佳。同时注意防治地下害虫，减少根系损伤，降低发病率。

（三）生物防治

目前，马铃薯青枯病的生物防治方法主要有利用无致病力菌株诱导寄主抗病性，拮抗细菌抑制马铃薯青枯病菌的生长和繁殖，生物制剂防治等。利用无致病力茄劳尔氏菌菌株诱导寄主抗病性，主要是通过辐射、紫外诱变、转座子Tn5诱变及自发突变体筛选等途径获得无致病力马铃薯青枯病菌，然后进行防治。拮抗细菌是从自然界分离的能够抑制病原物生长的有益微生物，用于防治青枯病的拮抗细菌主要有芽孢杆菌（*Bacillus* spp.）、假单胞菌（*Pseudomonas* spp.）和链霉菌（*Streptomyces* spp.）等。这些防治方法均有成功的例子，如利用紫外诱变获得的无致病力突变体菌株ATm044和Asp061对番茄青枯病的防治效果分别为53.8%和37.7%；利用芽孢杆菌制成的活体微生物农药"青枯净"对生姜、马铃薯、番茄和花生青枯病均具有良好的防治效果；生物杀菌剂多黏类芽孢杆菌（康地蕾得）对番茄青枯病的田间防治效果可达80%等。

李广存（山东省农业科学院）

第8节 马铃薯环腐病

一、分布与危害

马铃薯环腐病最初发现于德国，目前在欧洲、北美洲、南美洲和亚洲的马铃薯种植区普遍发生。在我国，20世纪50年代马铃薯环腐病最先在黑龙江发现，此后随着种薯的调运和育种材料的交换，病区不断扩大。20世纪60年代在青海、北京等地发生，20世纪70年代以后逐渐传播到其他省（自治区、直辖市），目前已遍及吉林、辽宁、内蒙古、青海、宁夏、山西、河北、广西、陕西等马铃薯产区。马铃薯环腐病在自然条件下只侵害马铃薯，可引起植株萎蔫、死苗，感病严重的薯块作种薯时不出芽，或出芽后即死亡，造成缺苗断垄，导致严重减产。马铃薯环腐病在薯块储藏期可继续侵害，严重时可引起烂窖。在我国其为害最猖獗的时期是20世纪70年代中前期。1972年曾对内蒙古全区22个旗县普查，发现该病普遍发生，病株率一般为20%，严重发病的地块减产达60%以上。近年来，马铃薯环腐病又在乌兰察布市的部分旗县重新抬头。甘肃最早于1958年在岷县中寨区的甘岷1号品种上发现有个别环腐病病薯，以后在临夏、渭源、临洮、武威、张掖、永昌、定西等地陆续发现。在20世纪70年代大发生时，甘肃马铃薯产区都有不同程度的发生，发病面积占播种面积的30%以上，一般发病株率为5%～15%，严重的地区高达50%以上。甘肃每年因该病损失鲜薯块1.5亿～2亿kg。

二、症状

马铃薯环腐病是一种维管束病害，一般在马铃薯现蕾期至开花盛期发生，地上植株和地下块茎均可表现明显症状，地上植株的系统性症状主要表现为萎蔫型和枯斑型。萎蔫型症状多数从现蕾期开始发生，开花期达到高峰，发病初期，植株叶片自下而上逐渐萎蔫下垂，上部叶片沿中脉向内弯曲，呈失水状萎蔫，叶片变灰色，部分枝茎或整株枯死，但叶片不脱落。受害植株的茎部特别是茎基部的维管束变为浅黄色或黄褐色，但有时变色不明显。按萎蔫症状出现的快慢又可分为两种：一种是植株矮缩、瘦弱、分枝少，叶小发黄，萎蔫症状不明显，且一般到生长后期才出现；另一种是植株急性萎蔫，叶片呈灰绿色并向内卷曲，提早枯死。枯斑型症状从植株基部叶片开始发病，逐渐向上蔓延，初期叶尖、叶缘呈褐色，叶肉呈黄绿色或灰绿色而叶脉仍为绿色，呈斑驳症状，后期叶尖、叶缘逐渐干枯，叶片向内纵卷，重病株矮小，叶片上呈现枯斑后随即整株枯死。多数品种可表现两种症状类型，但以其中一种为主。块茎发病：轻病薯外表无明显症状，纵切病薯，自尾部开始，维管束呈淡黄色或乳黄色；重病薯维管束变色部分可达1周，病薯仅脐部皱缩凹陷变褐色，在薯块横切面上可看到维管束环变黄褐色，有时轻度腐烂，用手挤压维管束部分即与薯肉分离，组织崩溃，呈颗粒状，变色部分有黄白色菌脓溢出，无明显气味。随着病势发展，皮色变暗或变褐；芽眼亦可变色，但没有菌脓溢出，严重的表皮可出现裂缝。在受到马铃薯软腐病菌或其他腐生菌二次侵染时，块茎内可形成空腔。经储藏越冬的病薯芽眼常变暗褐色而干枯，甚至整薯腐烂。病薯播种后，病重的造成烂种、死芽或死苗，轻的出苗后即成病株（彩图4-8-1）。

三、病原

马铃薯环腐病病原为密执安棒形杆菌环腐亚种［*Clavibacter michiganense* subsp. *sepedonicus*（Spieckermann & Kotthoff）Davis et al.］，属厚壁菌门棒形杆菌属。菌体短杆状，有的菌体近圆形，还有的为棒状和楔状，大小为（0.4～0.6）μm×（0.8～1.2）μm，无鞭毛，单生或偶尔成双，不形成荚膜及芽孢，好气性。在培养基上菌落白色，薄而透明，有光泽，人工培养条件下生长缓慢，革兰氏染色阳性。由于此菌分裂繁殖较快，若以新鲜培养物制片，常可在显微镜下观察到一些相连的菌体呈V形、L形和Y形。在普通培养基（马铃薯葡萄糖琼脂和牛肉汁蛋白胨琼脂）上生长很慢，5～7d才形成针头大菌落。菌落为白色，圆形，表面光滑，边缘整齐，呈半透明状。但是此菌在酵母膏蛋白胨葡萄糖琼脂培养基上生长较快，3～4d即可长出菌落。该菌生长温度为4～32℃，最适温度为20～25℃，在55℃条件下经10min可致死，生长最适pH为7.0～8.4。马铃薯环腐病菌有生理分化现象，可分为2个菌系。马铃薯环腐病菌在培养基上不能长期存活，经1～2个月，培养基干燥后即失去生存能力。病原菌对寄主的专化性较强，在自然情况下只侵害马铃薯，人工接种可侵染番茄、茄子、辣椒、西瓜、菜豆、豌豆等，但这些作物彼此不传病，与马铃薯之间也不传染。

四、病害循环

马铃薯环腐病是一种维管束病害，带菌种薯是主要初侵染源。病菌只能从伤口侵入，并且只有接触到维管束部分才能感染。如果用刀切过带菌的薯块，再切健薯，就可以传病，增加田间发病率。病薯播种后，在薯块萌发、幼苗出土的同时，马铃薯环腐病菌从薯块维管束蔓延到芽的维管束组织中，病菌在维管束内破坏输导组织，阻塞养分和水分的流通，造成营养的失调，引起地上部分卷叶、矮化和萎蔫。同时地下部的病菌也顺着维管束侵入匍匐茎，再扩展到新形成的薯块的维管束组织中，造成环腐。受害块茎作种薯时又成为下一季或次年的传染来源。马铃薯环腐病菌在土壤中不能长期存活，前一年收获时遗留在田间的病薯不能成为次年初侵染源。试验证明，发病地块连作并未增加发病率和为害程度，用病薯和健薯间作种植也不能发生再侵染，有时通过害虫为害，将病株内的细菌传带到健株上而发病，但这种再侵染的病株，即使侵染较早，也很少使薯块带病，侵染晚的则不表现症状。灌溉水或雨水可将当年早期病薯腐烂后放出的细菌传到健薯或健株根颈部，造成感染，但在一般情况下很少见。马铃薯环腐病菌在遗留于土壤中的病薯或病株残体上可存活很长时间，甚至可以越冬。不过，其在扩大再侵染方面的作用不大。在大田生长期间，病株体内的病菌可经由雨水、灌溉水等媒介传到健株上，经由农业耕作和昆虫等造成的伤口侵入块茎、匍匐茎、茎部及其他部分，但是一般并不引起田间病株率的明显增加。收获期是此病的重要扩大传染时期。病薯和健薯可以通过摩擦后产生的伤口传染，在分级、运输和入窖过程中有很多传染机会。据报道，盛放种薯用的筐、袋等容器往往附着有病残体，病菌在其上可存活很长时间（最长可达9个月），因此这些盛薯容器也是薯块感染的来源之一。控制带菌种薯是侵染循环的关键环节。

五、流行规律

马铃薯环腐病主要在病薯中越冬，成为翌年的初侵染源。病薯播下后，一部分芽眼腐烂不发芽，一部分出土的病芽，病菌沿维管束上升至茎中部或沿茎进入新结薯块而致病。影响马铃薯环腐病流行的主要环境因素是温度，病害发生最适土温为19～23℃，16℃以下症状出现少，当土温超过31℃时，幼苗生长受到抑制，病害发生轻。在北方，储藏期的温度对环腐病的发生也有影响，在20℃以上的高温条件下储藏，平均发病率为22.6%～28.4%。在1～3℃的低温条件下储藏，平均发病率为10.2%～12.8%。此外，播种期、收获期与发病也有明显关系，播种早发病重，收获早发病轻。因夏播播种晚，收获期早，一般发病都轻。这也就是此病在我国主要流行于北方一季作栽培区和南方冷凉山区的原因。马铃薯环腐病菌虽在自然条件下只寄生马铃薯，但人工接种时可侵染30余种茄科植物。例如，用茎部针刺接种茄子和番茄幼苗就很容易发病，接种后10d左右即可出现典型症状，但这些茄科植物在环腐病自然流行中不起作用。

六、防治技术

（一）实行检疫

尽管马铃薯环腐病已遍及全国，但因其传染来源基本上为带病种薯，只要把住种薯关，不用病薯作种子，病区就会逐渐缩小，为害就会逐步减轻以至消除。首先要实行种薯产地检疫，即在生长季节对留种田进行严格调查，全部销毁有病植株和薯块，而且禁止用病地里收获的块茎作种薯。其次要采用准确可靠而有效的检验技术，对种薯实行严格检查，禁止有病种薯外运。

（二）培育和种植抗病品种

目前我国已培育出了一批高抗环腐病的品种。如东农303、双丰收、宁薯1号、万薯9号、高原1号、高原4号、坝薯8号、跃进、虎头、克新1号、乌盟601等，可以在病区推广种植。经试验调查，东农303、荷兰马铃薯、俄罗斯马铃薯等品种具有较强的抗病性、抗寒性，要因地制宜选用。抗环腐病的马铃薯种质资源材料很多，可设立环腐病鉴定圃，对亲本材料和杂交后代进行筛选和鉴定，以培育出更多新的高抗优良品种。

（三）种薯处理

1. 小整薯作种 不用切块薯播种，提倡小整薯作种，可设专用种子田，提高种植密度，以生产小薯作种。

2. 选种与消毒 播种前将种薯提前出窖放在温暖环境下晾种或催芽晒种15～20d，促使病薯症状发生和暴露，便于淘汰病薯。装盛种薯的容器需清洗和消毒，若用旧的容器如筐、篓、袋、箱等，应进行消毒处理，以清除菌源。消毒方法可根据具体条件采用开水烫，也可用次氯酸钠、漂白粉液等进行刷洗或浸泡。

3. 切刀消毒与淘汰病薯 切块播种时，一定要实行切刀消毒。消毒可用75%酒精、3%石炭酸液或0.1%高锰酸钾溶液、5%来苏水或0.1%杜米芬等浸泡，也可用火烧或开水煮。切薯块时，每人准备两把刀、一盆药水，浸刀消毒，每切一个种薯换一把刀。由于病菌多先从马铃薯的尾部进入并沿维管束向顶部扩展，在淘汰外表有病状的薯块时，先削去尾部的1/3淘汰不用，再观察切口，有病的淘汰。

4. 药剂浸泡种薯 由于马铃薯环腐病菌存在于维管束中，一般药剂很难杀死薯块内部的病菌，可用50mg/kg的硫酸铜溶液或农用链霉素溶液浸泡种薯块10min。

（四）农业防治

1. 建立无病留种基地，繁育无病种薯 无病留种基地的建设可与种薯脱毒良繁体系相结合，从脱毒试管苗及原原种繁殖开始直到各级种薯的生产，每个环节严格控制腐环病的侵染，确保种薯无病；由于环腐病不侵入种子，也可利用自交或杂交种子所育出的实生苗来获得无病种薯。

2. 选择适当的地块 因为栽培马铃薯是为了多收优质的块茎，而块茎在土壤湿度较大时易感染环腐病等细菌性病害而腐烂，所以，应选择地势高、土壤疏松肥沃、土层深厚、易于排灌的沙质壤土地块种植马铃薯。

3. 合理轮作 合理轮作可降低发病率，可与十字花科或禾本科作物实行3～4年以上的轮作，不与茄科作物轮作，以免病害加剧。

4. 加强田间管理 及时铲耥，消灭田间杂草，马铃薯在田间生长期间，经常受到病、虫的侵害，如不及时防治，严重影响产量和块茎的品质，掌握时机及早防治是控制病虫害的主要原则。

5. 适时收获储窖 北方较寒冷，到收获期及时收获，以防潮湿烂薯，储藏窖内要干爽通风、温度适宜。

赵伟全（河北农业大学植物保护学院）

第 9 节 马铃薯软腐病

一、分布与危害

马铃薯软腐病又称腐烂病，是以块茎的发病症状而命名的。该病在我国各马铃薯产区都有发生，主要发生在储藏期和收获后的运输过程中。在收获期间若遇阴雨潮湿天气或操作粗放，再加上入窖后不注意通风透气、散湿散热等，可引起储藏中马铃薯大量腐烂，造成重大损失。我国南方的马铃薯种植区每年都要从北方马铃薯产区调运大量种薯，在这种长途运输和装卸过程中，往往造成块茎损伤，包装箱内湿度、温度均较高，很有利于软腐病的发生。在窖藏和运输中因此病造成的块茎损失有时可高达 30%～50%。该病在播种期和出苗期也可发生，常引起烂种和死芽死苗，严重时可导致缺苗断垄，发病严重的年份可减产 70%以上。2000 年左右福建福鼎市马铃薯软腐病大发生，发生面积达 3 766hm^2，占总面积的 82%，损失率均在 20%以上，储藏期间也有 17%～25%的马铃薯发病腐烂，损失严重。国外有资料报道，马铃薯软腐病造成的损失率为 3%～68%，平均为 15%，除马铃薯外，此病可侵害其他多种植物。

二、症状

马铃薯软腐病主要发生在块茎上，有时也可发生在地上部分。病菌只能经由皮孔和伤口侵入块茎组织。在储藏或运输期间病菌从块茎伤口侵入后，块茎上形成的病斑一般形状不规则，浅褐色、稍凹陷，病斑大小随伤口大小而异。块茎皮孔受侵染后形成轻微凹陷的病斑，淡褐色至褐色，呈圆形水渍状，病斑直径一般为 0.3～0.6cm。在潮湿温暖的条件下，病斑很快扩大，呈湿腐状变软，心髓组织变腐烂，薯块软化，薯肉呈灰白色或浅黄色，病组织与健组织界线分明，通常在病区边缘呈褐色或黑色。腐烂组织一般在发病初期无明显异味，但到后期受腐生菌二次侵染后会发出难闻的臭味。在干燥条件下病斑的发展会受到抑制，皮孔处的病斑可变成发硬的干斑。植株被病原菌侵染后，生长期近地面老叶片先发病，一般是叶片、叶柄甚至茎部呈现不规则的暗褐色病斑，湿度大时腐烂。

三、病原

马铃薯软腐病的病原有 3 种：第一种为胡萝卜欧文氏菌胡萝卜亚种［*Erwinia carotovora* subsp. *carotovora*（Jones）Bergey et al.，简称 Ecc］；第二种为菊欧文氏菌（*E. chrysanthemi* Burkholder，McFadden et Dimock，简称 Echr）；第三种为胡萝卜欧文氏菌黑胫亚种［*E. carotovora* subsp. *atroseptica*（van Hall）Dye，简称 Eca］，均属薄壁菌门欧文氏菌属。菌体均呈直杆状，大小为（1.0～3.0）μm×（0.5～1.0）μm，单生，有时对生。无芽孢和荚膜，能运动，有周生鞭毛，革兰氏染色阴性。Ecc 和 Echr 的形态学特征、培养性状和生理生化特性很相似。二者均为杆状细菌，在普通培养基（牛肉汁、蛋白胨、葡萄糖、琼脂和马铃薯）上生长的菌落呈白色或污白色，圆形，突起，有光泽，边缘整齐，质地黏稠，表面呈细网格状。均为兼性厌气菌，可使葡萄糖发酵产酸，在含有果胶酸钠的选择性培养基上可形成凹陷坑。Ecc 和 Echr 不同于 Eca 的主要鉴别特性是：前二者能在 38℃下生长，而 Eca 则不能生长；前二者不能使麦芽糖和 D-甲基葡萄糖苷产酸，而 Eca 则能使之产酸。Echr 区别于 Ecc 和 Eca 的主要鉴别特性是其对红霉素敏感，磷酸酯酶阳性，能利用丙二酸，不能使 D-乳糖产酸。Ecc 独有的特性是不能使蔗糖产生还原物质。三种病菌具有明显不同的地理分布，多数马铃薯生产国以 Ecc 为主，其次为 Eca，Echr 则较少。在我国，Ecc 是优势种群，在南方高温高湿条件下 Echr 容易引起软腐病，而 Eca 主要在北方冷凉地区及高寒山区有所分布。3种病菌在不同温度下对马铃薯块茎的致病性差异也很大。(21±1)℃时，致病力的强弱顺序为Eca、Ecc、Echr；(26±2)℃时顺序为Ecc、Echr、Eca；而31.5℃时顺序则为Echr、Ecc和Eca。Ecc、Echr随温度升高而致病力增强。

四、病害循环

马铃薯软腐病的侵染来源主要是带菌种薯，病原菌也可在病残体或土壤中越冬。病菌主要潜伏在皮孔和表皮上，如经伤口或自然裂口侵入，带菌率可达100%。在收获和运输过程中块茎很容易受病菌侵染或沾染，在入窖以后特别是入窖后1个月左右，遇窖内高温、高湿、缺氧，块茎表面和皮孔处的病菌迅速增殖，并从伤口和皮孔侵入内部组织，在薯块薄壁细胞间隙中扩展，同时分泌果胶酶，降解细胞中胶层，引起软腐病。当马铃薯收获后，病菌可在含有植株残体的土壤中存活和繁殖，成为下一季马铃薯生长期的侵染源（特别是Echr）。此外，由于该病原菌的寄主范围很广，其他感病植物和病残体也是重要的传染源。烂菜堆、积肥堆内往往含大量病株残体，因而可以成为软腐病的侵染来源。塘水、沟水及河水等往往也易受病原菌污染，如用于灌溉，也可引起病菌侵染。带菌昆虫（如跳甲、蝇类等）和农具等也是传病媒介或侵染来源，在扩大传染中起一定作用。

五、流行规律

（一）较高的温度是软腐病发生和流行的最基本条件

土壤温度20～25℃时，块茎很容易感染此病，Ecc以25～30℃为最适温度，而Echr则以30℃以上更为有利。在上述温度条件下块茎腐烂发展很快，而较低的温度（10℃以下）对软腐病的发展有抑制作用。

（二）湿度大有利于软腐病的发展

高湿条件特别是块茎表面形成水膜，很有利于软腐病的发展。储藏窖中相对湿度90%以上时有利于软腐病发展。

（三）缺氧条件利于病原菌侵染和薯块腐烂

在储藏期尤其是储藏初期，往往可因窖内通风不良而处于缺氧状态，这种条件很有利于病菌侵染和块茎腐烂的发展。生长期中受到淹水、积水或大水漫灌，致使块茎处于缺氧状态，可引起软腐病严重发生。

除以上环境因素外，块茎成熟度不够、薯块损伤、遭受太阳辐射、其他病原物侵袭以及土壤施氮肥过多、钙素缺乏等条件，都有利于软腐病的发生。

六、防治技术

防治马铃薯软腐病的基本策略应是预防发病。首先是尽量减少病菌侵染来源，其次是最大限度地减少病害传播的机会，第三则是避免造成块茎和植株受伤。此外，还应提倡筛选和培育抗（耐）病品种。具体防治要点如下：

1. 收获期防治 应在块茎完全成熟而土温低于20℃时和土壤较干燥时收获；防止块茎在太阳光直射下曝晒造成损伤；尽量避免和减少在收获和运输过程中造成的块茎损伤。

2. 储藏期防治 薯块堆温度降到10℃以下再入窖；保持窖内冷凉和通风良好，避免块茎表面潮湿和窖内缺氧。

3. 播种期防治 播种前晾晒种薯，汰除有病薯块；避免在土壤湿度太大时播种，以防发生烂种死芽；用小整薯作种。

4. 注意环境卫生 不要随意扔丢病薯、病株和其他病植物残体。还应清除窖旁田边的烂菜堆、垃圾堆等，以减少传染来源。

5. 选育和种植抗病或耐病品种 马铃薯不同品种对软腐病的抗性差异明显。南京农业大学的初步鉴定结果表明，疫不加、米拉、红心干、燕子、高原7号和克新1号等比较抗（耐）病，而阿奎拉、Favorita和卡它丁比较感病。应因地制宜筛选和种植已有的抗（耐）病优良品种，同时应积极培育新的抗（耐）病品种。

有报道表明，用50nmol/L的*N*-已酰高丝氨酸内酯处理能够提高马铃薯叶片中过氧化物酶（POD）、超氧化物歧化酶（SOD）的活性，并增加组织中H_2O_2的含量，从而增加马铃薯对软腐病菌的抗性，抑制其侵染，其有可能成为一种新的植物抗病激活剂。

赵伟全（河北农业大学植物保护学院）

第 10 节　马铃薯黑胫病

一、分布与危害

马铃薯黑胫病又称黑脚病，是以马铃薯植株茎基部变黑的症状而得名的。此病在我国东北、华北、西北等马铃薯产区都有不同程度地发生，南方和西南马铃薯栽培区也时有发生。植株发病率轻者 2%～5%，重者可达 40%～50%。以带病块茎作种薯，病株率高达 100%，可导致幼芽坏死和死苗，严重者造成缺苗断垄，此病在多雨年份可造成严重减产，在储藏期若窖温偏高则易引起烂薯，严重者可引起烂窖。

二、症状

马铃薯黑胫病可侵染马铃薯的茎和块茎，此病的典型症状是植株茎基部呈墨黑色腐烂。从种薯发芽到生长后期均可发病，以苗期最盛。病害发展往往从块茎开始，经由匍匐茎传至茎基部，继而可发展到茎上部。在苗期当马铃薯植株高 15～18cm 时易被侵染显症，病部颜色呈黄褐色、浅褐色或黑褐色、淡绿色等；同时出现叶片褪绿、黄化并上卷，植株节间缩短，生长势减弱，病株易从土中拔出；茎内维管束及地下茎维管束变色，茎基部与母薯连接处首先变黑，后向地面附近发展，形成黑胫；湿度大时，黑胫可升至地面上 3.3～6.6cm 处，有的表面有菌脓。

成株期黑胫多呈现黑褐色至墨黑色，地下茎髓部往往变空。匍匐茎和茎部除表皮变色外，维管束亦变浅褐色，茎横切面处可见 3 条主要的褐色维管束，呈黑褐色点状或短线状，用手挤压皮肉不分离，病害严重时薯块中间烂成空腔。病株矮化、僵直，叶片变黄色，小叶边缘向上卷。发病后期，茎基部呈黑色腐烂，整个植株变黄，呈萎蔫状，继而倒伏、死亡。当病害发展较慢时，植株逐渐枯萎，结薯部位上移，易形成气生块茎。

块茎发病一般是从联结匍匐茎的脐部开始的。病原菌可沿匍匐茎向新的结薯方向发展，黑胫症状也随之向新薯发展，使脐部变成黑褐色。感病初期，脐部略变色，稍后病部扩大并呈黑褐色，髓组织亦变黑腐烂，呈心腐状，最后整个块茎腐烂。重病薯块表皮变暗，无光泽。感病较轻的薯块与健薯无明显区别。在受到腐生细菌的二次侵染后，可变成湿腐状，并有恶臭味。

植株的茎部、叶柄和叶片有时由冰雹、大风、害虫和农事操作等造成机械伤口，从而易受到病菌侵染。在这种情况下也可发生黑色腐烂症状，可沿茎秆或叶柄向上向下发展。在潮湿多雨天气，可很快使整株发病，并导致死亡（彩图 4-10-1）。

三、病原

马铃薯黑胫病病原为胡萝卜欧文氏菌黑胫亚种，简称黑胫病欧文氏菌［*Erwinia carotovora* subsp. *atroseptica*（van Hall）Dye］，属薄壁菌门欧文氏菌属。菌体短杆状，大小为（1.3～1.9）μm×（0.53～0.6）μm，单细胞，极少双连，无芽孢，具荚膜，周生鞭毛，能运动，革兰氏染色阴性。在牛肉汁蛋白胨葡萄糖琼脂培养基上菌落污白色，圆形，光滑，边缘整齐，微突起，质地黏稠。在琼脂培养基上菌落呈灰白色，圆形。为兼性厌气菌，可使葡萄糖厌气发酵产酸，在含果胶酸钠的选择性培养基上菌落处产生凹陷。该菌对温度的适应范围比较广，10～38℃均能生长良好，25～27℃最适宜，45℃时则失去生活能力。

四、病害循环

马铃薯黑胫病的主要侵染来源是带病种薯。种薯带菌和田间未完全腐烂的病薯是病害的初侵染源，用切刀切薯过程中的互相感染是病害扩大传播的主要途径。病菌主要通过伤口侵入寄主，再经维管束髓部进入植株，引起地上部发病。随着植株生长，病菌侵入根、茎、匍匐茎和新结块茎，并从维管束向四周扩展，侵入附近薄壁组织的细胞间隙，分泌果胶酶，溶解细胞壁的中胶层，使细胞离析，组织解体，呈腐烂状。用病薯播种后病菌随着土温升高而不断增殖，可直接经由幼芽进入茎部，引起植株发病。病重的种薯也可不出苗就烂在土中。细菌从病薯或病株释放到土壤中，可在马铃薯根系和某些杂草根系的周围生存和繁殖，并对健康植株的幼根、新生的块茎和其他部分进行再侵染。感病的块茎收获后又成为次年或下一季马铃薯的侵染源。储藏期病菌通过病健接触经伤口或皮孔侵入使健薯染病。田间病菌还可通过灌溉水、雨水、种蝇幼虫和线虫传播，经伤口侵入致病。后期病株上的病菌又从地上茎通过匍匐茎传到新长出的块茎上。无伤口的植株或已木栓化的块茎不受侵染。病菌可在残留于土壤中的病薯块和其他植株残体上存活。在冷凉、潮湿的条件下存活的时间较长，甚至可以越冬，成为次年的侵染来源。

五、流行规律

带病种薯是马铃薯黑胫病的主要初侵染源，储藏期薯块间的接触及种薯切块过程中均可造成病原菌在病健薯间传播。带病种薯播种后即可使新生苗感染该病，甚至造成母薯腐烂，病原菌从母薯通过维管束和髓部进入植株的地上茎。后期病菌又从地上茎通过匍匐茎传入新生的块茎。病害发生程度与温湿度有密切关系。雨水多、低洼地、气温较高时发病重。储藏期间，窖内通气不良，高温高湿，有利于细菌繁殖，病菌通过伤口、皮孔传染快，容易造成烂窖。在播种后若土壤温度急剧上升则有利于病菌增殖，往往促进薯块腐烂和幼苗死亡。播种前，种薯切块堆放在一起，不利于切面伤口迅速形成木栓层，也会使发病率增高。土壤黏重而排水不良的土壤对发病有利，黏重土壤往往土温低，植株生长缓慢，不利于寄主组织木栓化，降低了抗侵入的能力；黏重土壤含水量大，有利于细菌繁殖、传播和侵入，因此黏重土壤、低洼地块发病严重。病菌在土壤中存活的时间在低温条件下比高温条件下要长。试验证明，病菌在 2℃时可存活 80～110d。种薯在较低温度（如 18～19℃）时收获最容易沾染病菌。田间病株可以通过昆虫和流水传播，从伤口再侵染健株，病菌不能直接侵入植物组织，主要通过块茎的皮孔、生长裂缝和机械伤口侵入，因此，金针虫、蛴螬等害虫的为害有利于此病的发生。此外，中耕、收获、运输过程中使用的农机具以及雨水、灌溉等，都有可能起传病的作用。

六、防治技术

（一）加强检疫和选用抗病品种

严禁从病区调用种薯，防止病菌扩大蔓延。种植抗病或耐病品种，如东农 303、克新 1 号、克新 13 等。尽管马铃薯黑胫病菌无品种专化性，但是不同马铃薯品种对黑胫病的抗（耐）病性是有差异的。有的品种抗侵入较强，有的品种抗扩展较强，也有兼具两种抗性的。据南京农业大学试验，克新 1 号、郑薯 2 号和丰收白等较抗侵入，克新 4 号、郑薯 3 号和高原 7 号等较抗扩展，而疫不加对侵入和扩展均有良好抗性。因此，可因地制宜筛选和种植抗（耐）病优良品种，也可用抗（耐）病性较好的品种或品系为抗源亲本材料，培育新的抗（耐）病优良品种。

（二）农业防治

1. 采用无病种薯

（1）晒薯。播种前适当晾晒种薯，一则可汰除病烂薯块，二则可使薯块充分木栓化，从而减少病菌的侵染。

（2）整薯播种。为了避免切刀传染，采用小整薯播种的办法，连续 3 年可大大减轻黑胫病为害。小整薯播种比切块播种可减轻发病率 50%～80%，提前出苗率 70%～95%，增产 20%～30%。但小整薯要用上一年从大田中选择的无病且农艺性状好的种薯，收获时单收单藏，或用从无病区调入的种薯。

（3）芽（苗）栽。应用整薯催芽，可避免切刀传染。

（4）种薯要严格检查以淘汰病薯。切块时，每人准备两把切刀、一盆药水，用于浸刀消毒，每切一个薯块换一把刀。消毒药水可用 5%石炭酸、0.1%高锰酸钾、5%氯化钠溶液、0.1%～0.5%酸性升汞或 75%酒精。切块后严格淘汰病薯，健薯块立即用草木灰或滑石粉拌种。如采用“土沟薄膜法”催芽晒种，淘汰病薯效果较好。

2. 建立无病留种田

（1）选择排水透气条件良好的地块种植马铃薯。严防土壤积水，在收获、运输、装卸过程中，防止薯皮擦伤。

（2）选无病株留种，严格拔除病株。

3. 田间管理

（1）适时早播，促使早出苗。合理轮作换茬，避免连作。

（2）及时拔除田间病株并彻底销毁，以减少病害扩大传播。

（3）马铃薯生长期间注意排水，合理施肥。避免过量浇水，以免土壤湿度太大使发病加重。施足基肥，控制氮肥用量，增施磷、钾肥，增强植株抗病能力，并及时培土，防止薯块外露，施用腐熟的有机肥，不要施用带有病残体的堆肥和厩肥，减少侵染来源。

（4）注意农具和容器的清洁。必要时可用次氯酸钠、漂白粉溶液等进行消毒处理，以消灭沾染的病菌，防止传染。

4. 储存管理 种薯入窖前要严格挑选，入窖后要严格管理，防止窖温过高、湿度过大。储藏前使块茎表皮干燥；储藏期注意通风管理，降温降湿。薯堆上应盖草苫、麻袋等物，防止薯块表面出现水湿。在暖和天气和土壤较干燥时收获，并于晾干后入窖，以减少薯块受病菌沾染和侵入的机会。

（三）化学防治

1. 药剂浸泡种薯 马铃薯黑胫病菌存在于维管束中，一般药剂很难杀死薯块内部的病菌。可用 0.01%～0.05%溴硝醇溶液浸泡种薯 15～20min，0.05%～0.1%春雷霉素溶液浸泡种薯 30min，或 0.2%高锰酸钾溶液浸泡种薯 20～30min。然后取出晾干播种。

2. 药剂防治 发病初期可用 100mg/kg 农用链霉素喷雾，也可用 77%氢氧化铜可湿性粉剂 600～800 倍液喷雾防治，或用 20%噻菌酮可湿性粉剂 1 000～1 500 倍液喷雾防治，每隔 5～7d 用 1 次，连用 3 次，注意不同种类的农药交替轮换使用，同时还可用波尔多液灌根处理。

赵伟全（河北农业大学植物保护学院）

第 11 节 马铃薯疮痂病

一、分布与危害

马铃薯疮痂病是一种世界性病害，在欧洲、北美洲和亚洲都有发生。在欧洲和北美洲，由于马铃薯疮痂病可以给生产造成较大的经济损失，该病曾被列为影响马铃薯生产的第四大病害。我国是马铃薯种植面积最大的国家，总产量居世界第一位。马铃薯疮痂病在我国许多马铃薯产区普遍发生，近年来已升级为影响我国马铃薯种薯生产的主要病害之一，引起育种和植保工作者的高度关注。在黑龙江、辽宁、内蒙古、河北、山东、山西、陕西、甘肃、四川、贵州、湖南、湖北、云南等多个省（自治区）的马铃薯主产区均有关于该病的报道，基本覆盖了东北、华北、西北和西南。并且在连年干旱、马铃薯连作、偏碱性土壤及栽培管理不当的地区发病率较高。由于该病主要影响马铃薯的外观品质，发生不严重时对产量影响不大，容易被种植者忽视，致使该病的发生越来越重。近年来，由于华北、西北地区较为干旱，利于马铃薯疮痂病菌的繁殖，马铃薯疮痂病发生较重，尤其是重复使用蛭石为基质进行脱毒微型薯生产的田块，薯块的疮痂病发病率一般为 6%～10%，严重的发病率达 30%～60%，个别可达 80%以上，严重影响微型薯的质量，同时也降低了马铃薯的耐储性、质量及芽势。

二、症状

马铃薯疮痂病主要在薯块上发生，有时也侵害根系。病薯上形成的病斑变化较大，按表面症状主要可以分为突起状、凹陷状和平状病斑。病原菌多从皮孔侵入，发病初期在块茎表皮产生褐色斑点，以后逐渐扩大，侵染点周围的组织坏死，呈多角形或不规则形，病斑表面变得粗糙，中央破裂，形成稍隆起的木栓化组织，呈疮痂状（彩图 4-11-1）。发病严重的病斑中部下凹，有的可深入薯内 2～7mm，呈褐色至黑色干腐状；有的薯块病斑则呈隆起的疱斑，病斑一般只限于块茎皮层，高 1～2mm，一般不裂开；平状病斑即使严重发生也不伴随凹陷。有的病斑在湿度较大时可长出肉眼可见的灰白色病原菌菌丝。疮痂病的症状因不同土壤类型而有差异，在泥炭沼泽土中，薯块的病斑常呈隆起的疱状斑，其他土壤中则为星状裂开的疮痂状病斑。马铃薯感染疮痂病后病部还易被其他病菌侵入，造成块茎腐烂。在薯块上疮痂病与粉痂病症状容易混淆。粉痂病为疱斑，破裂后呈圆形溃疡，周围为破裂的表皮，内有褐色粉末散出。而疮痂病呈星状开裂，呈木栓化组织的多角形溃疡，溃疡内无褐色粉末散出。

三、病原

马铃薯疮痂病的病原隶属放线菌门链霉菌属，目前我国已发现的病原菌包括疮痂链霉菌［*Streptomyces scabies*（Thaxter）Waksman & Henrici 1948］、酸疮痂链霉菌［*S. acidiscabies*（Lambert & Loria 1989）］、肿胀疮痂链霉菌［*S. turgidiscabies*（Miyajima 1998）］、*S. galilaeus* 等。国外有报道 *S. albidoflavus*，*S. aureofaciens*，*S. griseus*，*S. luridiscabiei*，*S. puniciscabiei* 和 *S. niveiscabiei* 等均可引起马铃薯疮痂病。病菌革兰氏染色阳性，DNA 中 G+C 摩尔含量约为 72%。不同致病种对国际链霉菌计划（International Streptomyces Project，ISP）中指定糖的利用有较大差别，最适 pH7.0。对该类病原菌可采用菌株生物学特性和 16S rDNA 序列相结合的方法进行鉴定。病菌主要在土壤和病薯中存活，适宜生长温度为 20～30℃。病原菌的寄主范围较广，除侵害马铃薯外，还可侵害甜菜、萝卜、胡萝卜、芜菁、甘蓝、欧洲防风的根。

S. scabies 孢子丝呈螺旋状，孢子灰色、光滑（图 4-11-1）。产生黑色素，不产生可溶性色素；能以 ISP 中的阿拉伯糖、棉子糖、木糖、果糖、鼠李糖、葡萄糖、肌醇和蔗糖为单一碳源，能以羟脯氨酸、甲硫氨酸、组氨酸为单一氮源，对青霉素（10IU/mL）不敏感，产生硫化氢，能在 pH 5.0 以上的培养基中生长；不能以甘露醇为单一碳源，对苯酚（0.1%）、链霉素（20μg/mL）、结晶紫（0.5μg/mL）敏感。

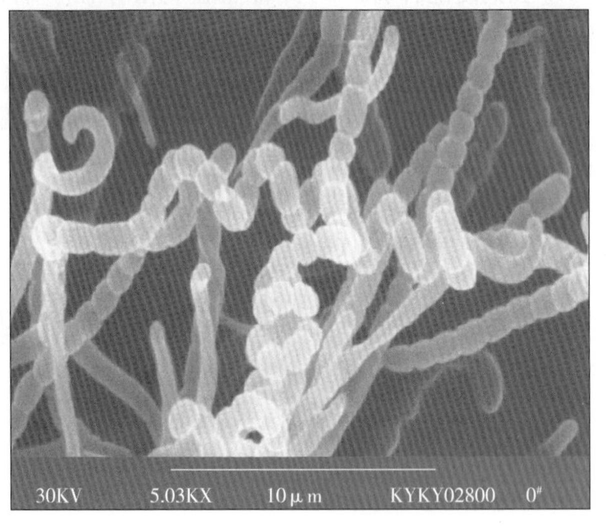

图 4-11-1 马铃薯疮痂病菌的孢子链形态（赵伟全提供）

Figure 4-11-1 Spore chains of *Streptomyces scabies* (by Zhao Weiquan)

S. acidiscabies 孢子丝呈自由弯曲状，孢子白色、光滑，产生黄褐色可溶性色素；能以 ISP 中的所有糖类为单一碳源，能以羟脯氨酸、组氨酸为单一氮源，对青霉素（10IU/mL）、链霉素（20μg/mL）不敏感，不产生硫化氢，能在 pH 4.0 以上的培养基中生长；不能以甲硫氨酸为单一氮源，对苯酚（0.1%）、结晶紫（0.5μg/mL）敏感。

S. turgidiscabies 孢子丝呈自由弯曲状，孢子灰色、光滑，不产生可溶性色素；能以 ISP 中的所有糖类为单一碳源，能以羟脯氨酸、组氨酸、甲硫氨酸为单一氮源，对青霉素（10IU/mL）不敏感，产生硫化氢，能在 pH 5.5 以上的培养基中生长；对苯酚（0.1%）、链霉素（20μg/mL）、结晶紫（0.5μg/mL）敏感。

S. galilaeus 孢子丝呈螺旋状，孢子灰色、光滑，产生黄褐色可溶性色素；能以 ISP 中的阿拉伯糖、葡萄糖、木糖、果糖为单一碳源，能以羟脯氨酸、甲硫氨酸、组氨酸为单一氮源，对青霉素（10IU/mL）不敏感，产生硫化氢，能在 pH 5.0 以上的培养基中生长；不能以甘露醇、肌醇、棉子糖、鼠李糖和蔗糖为单一碳源，对苯酚（0.1%）、链霉素（20μg/mL）、结晶紫（0.5μg/mL）敏感。

四、病害循环

马铃薯疮痂病菌主要在土壤、病薯及病残体上越冬。病原菌通过灌溉、雨水、风、农业机械等传播，带病种薯调运是远距离传播的主要途径。当薯块开始形成时，土壤中的菌丝或分生孢子即可通过皮孔或伤口侵入，病斑可随块茎的膨大扩展，一般病原菌侵染越早，病斑越大。在块茎生长期间可反复向薯块内层再侵染，使病斑逐渐深入和扩大。当薯块表皮的木栓层形成后病原菌就不能侵入。病斑上新生的菌丝体和孢子进入土壤，成为下一季的初侵染源。

五、流行规律

马铃薯疮痂病菌可在土壤中存活多年，可营腐生生活，可在腐薯中越冬。通过牲畜消化道后仍可存活，因此土壤、病薯和带菌肥料都成为初侵染来源。病菌的丝状体和孢子均可以从气孔、皮孔或伤口侵入块茎，一般块茎在早期易感病，当木栓层形成后病菌则难于侵入。适宜发病温度为 20～30℃，土壤偏旱利于病害发生。

（一）土壤酸碱度和土壤类型

中性至碱性土壤中发病重，而酸性土壤中较少发病，pH 小于 5.0 的土壤可有效抑制病害发生。沙质土、有机质少的贫瘠土壤中发病较重，而沼泽土、泥炭土中发病少。北方地区碱性土壤中发病较重，南方酸性土壤中发病较轻。

（二）肥料

施用碱性肥料有利于病害发生，西北、华北地区气候较干旱，农民常施用羊粪等碱性肥料，东北地区种植马铃薯时常使用草木灰等碱性肥料，会加重病害发生。土壤中有机质多或施有绿肥的发病轻，无机肥料中氮、磷、钾每公顷施用量 120kg 比施用量少或不施用的发病轻。土壤中有足够的锰、硼等微量元素可减轻病害发生。

（三）种薯

很多马铃薯主产区多年连作马铃薯，马铃薯疮痂病菌大量积累，使得病害日益严重。在马铃薯育种单位脱毒微型薯生产过程中重复使用基质，播种带病微型薯生产种薯等造成病害蔓延。白心薄皮比褐色厚皮的品种易感病。有研究认为，马铃薯组织中 C_{14}萜（rishitin）和 C_{15}萜（rubimin）的含量多少与对疮痂病的抗性强弱有关。

六、防治技术

（一）选用抗病品种及无病种薯

目前还没有对疮痂病免疫的马铃薯品种。国外 2006 年曾培育出一个对马铃薯疮痂病表现高抗的品种 Marcy，我国目前还未见对疮痂病高抗的品种，有报道四川省农业科学院作物研究所选育的新品系 9201－1 较抗疮痂病，早熟高产品种川芋早、川芋 4 号、川芋 56 较抗疮痂病。种薯带菌是马铃薯疮痂病的主要侵染源，要选用无病、脱毒率较高、薯形整齐、成熟、芽壮饱满的健康种薯。

（二）合理轮作和加强栽培管理

发病地块可与豆科、禾本科作物进行 4～5 年轮作，可减轻病害的发生。避免马铃薯连作或与同科作物（辣椒、番茄、茄子等）换茬。增施绿肥（如套种的草木樨等）或酸性物质（如硫黄粉等）不仅可以改善土壤酸碱度，而且会增加有益微生物，从而减轻发病。耕地不平整、土壤通透性差易造成耕地盐碱化，不利于块茎作物的生长和发育。应做到土地平整，深翻作业，增施有机肥料，增加土壤的腐殖质。土壤黏性较强的，增施河中细沙，改良土壤的黏度。秋种马铃薯的田块，避免施用石灰，避免使用草木灰拌种，保持土壤氢离子浓度高，pH 在 5.2 以下。在生长期间常浇水，保持土壤湿度，防止干旱。深耕，选择地势较高的地块种植，做好田间排水都能显著减轻发病。喷水时期也与疮痂病的发生有密切关系，扦插苗生育前期由于根部长势太弱，不宜勤浇水，应控水蹲苗，促进根部生长，以便植株健壮生长，增强抗病能力。待开始结薯时则要有规律地勤浇水，以满足马铃薯生长的正常生理需求。但在炎热的夏季温度达28～31℃时，应避免正午浇水，最好在 10：00 前或 16：00 后浇水。

（三）微型薯生产的基质处理

1. 基质消毒 微型薯生产通常采用蛭石作为生产基质，由于不能轮作，积累的病菌只能通过基质消毒加以清除。通常采用高温并配合使用高锰酸钾、甲醛消毒效果比较明显。

2. 调整酸碱度 微型薯生产过程中需要经常浇施营养液，盐分的积累使基质碱性增大，这对疮痂病菌的发育比较有利。施用硫黄粉、偏酸性的泥炭土等可调节基质的酸度，降低发病率。同时，在马铃薯生长过程中尽量使用酸性肥料配制营养液，避免施入石灰或草木灰。

3. 定期更换基质 基质使用一段时间之后，各种病菌、马铃薯根系分泌物和烂根、枝叶等大量积累，基质的物理性状变差，颗粒变小，表层板结，造成基质的通气性下降，保水性过高，影响马铃薯的生长，疮痂病发病率也大大增加。因此，在微型薯生产中如果条件允许，蛭石使用 1～2 季后应进行更换。

(四) 化学防治

种薯可用 0.1%对苯二酚浸泡 30min，或用 0.2%甲醛溶液浸泡 10～15min，用 0.1%升汞、代森锰锌消毒种薯对疮痂病的防治效果明显。可用 70%五氯硝基苯粉剂在病区土壤消毒，每公顷沟施 15～20kg。但在重病区则需用氯化苦或溴甲烷熏蒸消毒土壤。也可用聚氯乙烯薄膜在 7～8 月覆盖封闭垄台，利用太阳热能消毒。

赵伟全（河北农业大学植物保护学院）

第 12 节 马铃薯根结线虫病

一、分布与危害

马铃薯根结线虫病是全世界马铃薯生产上的重要病害，对马铃薯的产量和质量影响很大。在热带和温带地区的马铃薯上南方根结线虫（*Meloidogyne incognita*）、花生根结线虫（*M. arenaria*）和爪哇根结线虫（*M. javanica*）等 3 种根结线虫发生普遍、为害严重；在温带冷凉地区，为害马铃薯的根结线虫主要是北方根结线虫（*M. hapla*）、奇氏根结线虫（*M. chitwoodi*）、法拉克斯根结线虫（*M. fallax*）和泰晤士根结线虫（*M. thamesi*）。1964 年美国南卡罗来纳州马铃薯因遭受南方根结线虫的严重侵害，每公顷损失达 2 500 美元。马铃薯根结线虫病在美国、加拿大、前苏联、荷兰、日本和苏里南等地都有发生。奇氏根结线虫（*M. chitwoodi*）是美国马铃薯上的重要有害生物，1980 年在美国北太平洋地区最早发现，20 世纪 80～90 年代，先后在荷兰、比利时和法国发现；2001 年在澳大利亚和新西兰发现。到目前为止，奇氏根结线虫已在美国、墨西哥、阿根廷、比利时、荷兰、德国、匈牙利和南非发生和为害，我国没有该线虫发生。奇氏根结线虫除了寄生马铃薯和番茄（*Lycopersicon esculentum*）外，还广泛寄生和为害甜菜（*Beta vulgaris*）、雅葱（*Scorzonera hispanica*）、大麦（*Hordeum vulgare*）、燕麦（*Avena sativa*）、玉米（*Zea mays*）、豌豆（*Pisum sativum*）、菜豆（*Phaseolus vulgaris*）、小麦（*Triticum aestivum*）、紫苜蓿（*Medicago sativa*）、胡萝卜（*Daucus carota*）、西瓜（*Citrullus lanatus*）和多种草本植物等。1993 年该线虫被列入欧洲地中海植物保护组织（EPPO）检疫性有害生物名单。哥伦比亚根结线虫自身的传播能力比较弱，一年只能扩散数米，但是可随着感病种薯或土壤及其他感病组织远距离地传播扩散。近年来，我国已经开放对美国马铃薯种薯的进口市场，哥伦比亚根结线虫随着马铃薯种薯传入我国存在较大的可能性。

近年来我国马铃薯根结线虫病发生逐年加重。张云美等（1983，1984）报道，在山东试验地的春、秋马铃薯上发现中华根结线虫（*Meloidogyne sinensis*）新种和北方根结线虫（*M. hapla*），中华根结线虫是优势种群；1985 年 6 月陈品三等在山西繁峙县古家庄调查马铃薯线虫病时，发现马铃薯上有根结线虫为害，经过鉴定，发现是繁峙根结线虫（*M. fanzhiensis*）新种；近 2～3 年在我国广东遂溪县，马铃薯根结线虫病发生广泛而严重，病原线虫为南方根结线虫。

二、症状

马铃薯受根结线虫为害后，地上部并无特别的症状。受害的植株表现为矮化和黄化，在水分胁迫下，往往表现萎蔫。受害的根系有不同大小和形状的膨大根结（彩图 4－12－1）。根结的严重程度和大小取决于线虫密度和线虫种类。北方根结线虫和哥伦比亚根结线虫诱导形成的根结比其他种类诱导形成的根结小，但是侧根较多。南方根结线虫形成较大和明显的根结，受害的马铃薯也表现典型的症状。在合适的环境条件下，马铃薯薯块无论大小，都能被侵染。南方根结线虫侵染为害的薯块有疣状突起，表面畸形（彩图 4－12－2）。哥伦比亚根结线虫在马铃薯薯块上形成丘疹状突起；北方根结线虫在马铃薯薯块上不形成明显的根结，但是在线虫群体密度很高时，通常会在薯块上引起膨胀。依据薯块的大小，线虫在薯块上的侵染深度会有所变化。通常雌虫在薯块表皮下 1～2mm 处取食维管束组织。所有为害马铃薯的根结线虫都在马铃薯薯块表面和维管束环之间的区域造成坏死斑，这是薯块组织储存卵块和胶质卵囊的反应。

三、病原

在我国，为害马铃薯的根结线虫有南方根结线虫（*Meloidogyne incognita*）、繁峙根结线虫

(*M. fanzhiensis*)、中华根结线虫(*M. sinensis*)和北方根结线虫(*M. hapla*)4 种，均属于垫刃线虫目异皮线虫科根结线虫属。

(一)南方根结线虫

1. 测量值

雌虫：据 Whitehead(1968)报道，南方根结线虫雌虫体长为 500~723μm，体宽为 331~520μm，口针长 10~16μm，背食道腺开口到口针基部球的距离为 2~4μm。据马承铸 1983 年对侵染棉花的南方根结线虫的测定，雌虫体长为 525~825μm，体宽为 330~525μm，口针长 14.3~16.9μm。

雄虫：体长为 1 108~1 953μm，a=31.4~55.4，口针长 23.0~32.7μm，背食道腺开口到口针基部球的距离为 1.4~2.5μm，c=97~225，交合刺长 28.8~40.3μm，引带长 9.4~13.7μm(a 表示虫体总长度/虫体最大宽度；c 表示虫体总长度/尾长)。

幼虫：体长为 337~403μm，a=24.9~31.5，尾长 38~55μm，口针长 9.6~11.7μm。

2. 形态特征(图 4-12-1，图 4-12-2)

雌虫：乳白色，鸭梨形，有突出的颈部；虫体埋在植物根内。头部具有 2 个环纹，偶尔 3 个。排泄孔处于口针基球位置水平或略后，距头端 10~20 个环纹；会阴花纹类型变化较大，典型的南方根结线虫背弓较高，圆形，两侧近乎直角，其条纹平滑或波纹状，没有明显的侧线。阴门在身体末端。新生的雌虫至成熟产卵需 8~10d。

雄虫：虫体为蠕虫状。头区不缢缩，头区具有高、宽的头帽；头区有 1 或 3 条不连续的环纹。口针的锥部比杆部长，口针基部球突出，通常宽度大于长度；排泄孔位于狭部后的位置，半月体通常位于排泄孔前 0~5 个环纹处，侧区 4 条侧线，外侧带具网纹；尾部钝圆，末端无环纹；交合刺略弯曲，引带新月形。

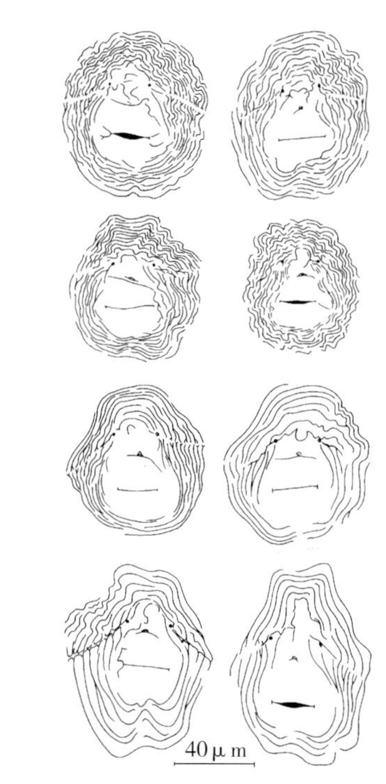

图 4-12-1 南方根结线虫雌虫会阴花纹(引自 K. J. Orton Williams，1973)

Figure 4-12-1 *Meloidogyne incognita* female perineal patterns (from K. J. Orton Williams, 1973)

幼虫：分 4 个龄期。卵内物质经过胚胎发育形成线形一龄幼虫，卷曲呈“8”字形。在卵内第一次蜕皮后变成二龄幼虫。

二龄幼虫线形，头部不缢缩，略隆起，侧面观平截锥形，背腹面观亚球形，侧唇片与头区轮廓相接，头区有 2~4 条不连续的条纹，口针基部球明显，圆形；半月体 3 个环纹长，位于排泄孔前；侧区 4 条侧线，外侧带具网纹。直肠膨大。尾渐变细，末端稍尖。

(二)繁峙根结线虫

1. 测量值

雌虫：体长为 404.63~892.78μm，颈长 115.75~264.56μm，口针长 10.46~12.55μm，DGO 值(背食道腺开口到口针基部球的距离)3.14~5.23μm，排泄孔至头端距离 21.96~44.47μm，阴门裂长 19.86~33.46μm，阴门至肛门距离 19.86~30.32μm，两尾感器距离 18.82~25.09μm，a=1.27(0.94~2.21)。

雄虫：体长为 975.25~1 898.63μm，口针长 10.46~13.59μm，DGO 值 4.18~7.32μm，排泄孔至头端距离 116.05~175.64μm，交合刺长 20.91~29.27μm，导刺带 8.36~12.5μm，a=47.92(37.49~57.83)，b′=15.58(12.55~18.63)，b=140.99(140.20~167.67)，c=4.54(3.71~5.48)。

二龄幼虫体长为 385.44~487.78μm，口针长 8.36~10.46μm，DGO 值 3.14~4.18μm，排泄孔至头端距离 66.91~83.64μm，尾长 18.82~32.41μm，透明尾长 6.27~11.50μm，a=27.42(24.96~30.31)，b′=4.54(3.71~5.41)，b=7.19(5.96~9.23)，c=17.14(11.33~21.21)(b 表示虫体总长度/自头顶至食道与肠交界处的体长；b′表示体长/自头顶至食道腺末端的距离)。

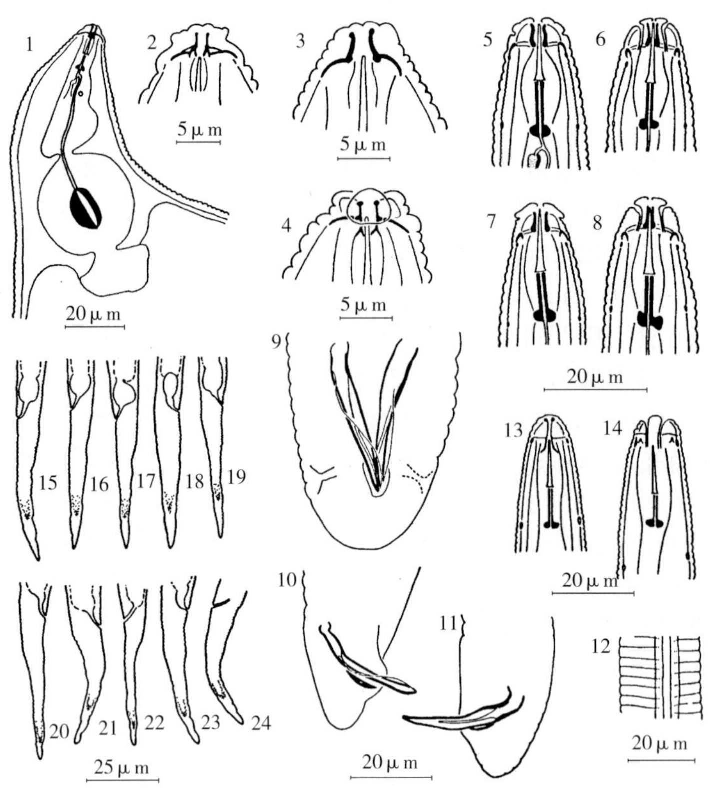

图 4-12-2 南方根结线虫形态（引自 K. J. Orton Williams，1973）

Figure 4-12-2 Morphology of *Meloidogyne incognita* (from K. J. Orton Williams，1973)

1. 雌虫虫体前端，腹面观 2～4. 雌虫头部，侧面观

5～8. 雄虫头部，5、7 为雄虫头部侧面，6、8 为雄虫头部背、腹面

9～11. 雄虫尾部 12. 二龄幼虫侧线 13. 二龄幼虫头区 14. 二龄幼虫腹面

15～24. 幼虫尾部

2. 形态特征

雌虫：虫体呈梨形，乳白色，颈部向一侧弯曲，头帽低平，与体躯交界处不缢缩。在扫描电子显微镜下唇盘与中唇对称，中唇凹陷形成 1 对亚中唇，倒唇小，头感器开口明显可见，口孔圆形，周围布 6 个内唇感觉器开口。在光学显微镜下，头骨架硬化程度弱，口针较强，基部球与杆部界限明显，排泄孔偏后，约位于 2 倍头端至口针基部球末长度处，食道腺与肠在腹面重叠，体末端不隆起，会阴花纹椭圆形，弓门稍高，波纹中度密，走向较平顺而圆，近尾点的背纹较密而有波折，远尾点的背纹较稀而光滑，近胚门处的背纹向内弯曲，侧区的线纹向内弯曲，呈近似漩涡形，会阴区内线纹极少，腹面线纹较少，平顺细弱。

雄虫：虫体蠕形，头帽隆突，与体躯交界处缢缩，侧面观头帽平或略呈弧形，背腹面观头感器开口明显可见。在扫描电子显微镜下，头区口孔卵圆形，口孔周围有 6 个内唇，唇盘略为隆起，中唇凹陷形成一对亚中唇，头部感觉器开口，长裂缝形。在光学显微镜下，口针较短，平均长 12.24μm，基部球圆形，与杆部分界明显，锥部长约为杆部的 1.5 倍；背食道腺开口到口针基球末的距离变化较大，为 4.18～7.32μm，平均为 5.39μm，排泄孔到头端的距离约占体长的 10%，半月体在排泄孔前方约 2μm 处，侧线 4 条，交合刺 1 对，大小基本一致，末端钝圆形，导刺带新月形，尾部末端似有一帽状结构。

二龄幼虫：体形小，蠕形，头区与体躯交界处不缢缩，头部骨架硬化程度小，侧面观头顶平或略弧形，背腹面观头感器明显可见，在扫描电子显微镜下，唇盘圆形，口孔位于唇盘中央，圆形，中唇凹陷形成 1 对亚中唇，侧唇大，半椭圆形，头感器明显，长裂缝状。口针较短，平均为 9.42μm，基部球圆形，背食道腺开口到口针基球末的距离较短，排泄孔位于中食道球后，约为 5 倍于头端到口针基球末的长度处，半月体位于排泄孔后，离排泄孔 1～3μm 处，尾短，呈圆锥形，平均长 26.17μm，直肠膨大。

四、病害循环

马铃薯根结线虫的侵染循环与蔬菜根结线虫、花生根结线虫、柑橘根结线虫的侵染循环类似。马铃薯根系和蔬菜都可被侵染，但是第一代根结线虫主要发生在根系上，随后的世代侵染薯块，在合适的环境条件下，1 年可以发生 5 代。

五、流行规律

1. 存活和传播 北方根结线虫和哥伦比亚根结线虫在结冰的土壤中可以存活，两个种以卵在卵囊中越冬，很少以二龄幼虫在土壤中越冬。北方根结线虫有广泛的寄主范围，能在马铃薯和许多其他作物以及杂草上越冬，哥伦比亚根结线虫能侵染禾本科植物，而北方根结线虫则不能。在 1℃条件下，哥伦比亚根结线虫能在储存马铃薯上存活 2 年以上。

2. 环境因素的影响 土壤温度是影响根结线虫寄生的最重要的因素。南方根结线虫、爪哇根结线虫和花生根结线虫在较高温度下发育较好，而不能忍耐低温，因而在热带和温带地区，3 种根结线虫有巨大的经济重要性。如我国广东湛江地区马铃薯根结线虫发生非常严重。北方根结线虫、哥伦比亚根结线虫和法拉克斯根结线虫是低温型线虫，适宜温度是 20℃。在 10～20℃条件下，哥伦比亚根结线虫比北方根结线虫繁殖更快，在生长期早期温度较低时能定殖和繁殖。越冬后的爪哇根结线虫二龄幼虫在水分饱和土壤中的侵染能力比非饱和土壤中低。

3. 复合病害 根结线虫经常与其他病原一起形成复合病害。在马铃薯上，最重要的相互关系是马铃薯根结线虫与茄劳尔氏菌（*Ralstonia solanacearum*）的关系，在南方根结线虫存在的情况下，可以打破马铃薯对细菌性枯萎病的抗性，引起抗性丧失。马铃薯根结线虫与轮枝孢属（*Verticillium*）和立枯丝核菌（*Rhizoctonia solani*）也有类似的复合病害关系。

六、防治技术

栽培防治、化学防治和抗性品种都被广泛应用于马铃薯根结线虫的防治。

1. 轮作 与非寄主植物轮作或者夏天休闲一季可以有效降低哥伦比亚根结线虫群体，油菜是非寄主植物，可与马铃薯轮作。

2. 适时早收 在轻度侵染的马铃薯地块，提前一至两周收获，可以显著降低根结线虫第二代或第三代幼虫引起的薯块瑕疵。

3. 抗性品种 目前没有适应于热带温暖环境的抗根结线虫马铃薯品种。科学家发现突尼斯的野生品种 *Solanum sparsipilum* 对根结线虫有不同程度的抗性，目前已经育成了高代抗性品系，表现无根结，而亲本 Desiree 表现严重根结。从野生马铃薯 *Solanum bulbocastanum* 和 *S. hougasii* 中也发现了抗性，并且整合到栽培种质中。利用这些资源培育抗线虫品种是防治马铃薯根结线虫最有效的措施。

4. 杀线虫剂防治 土壤熏蒸能有效地防治为害马铃薯的根结线虫。螨胺磷（虫胺磷、苯胺硫磷）有效成分 4.75g/L 浓度下浸泡马铃薯，可以有效清除薯块上的北方根结线虫，阻断该线虫的主要传播途径。

彭德良（中国农业科学院植物保护研究所）

第 13 节 马铃薯储藏期病害

一、分布与危害

马铃薯储藏期常发生腐烂，造成不同程度的损失。其原因有二：一是生理性病害，主要有由低温引起的冻害和窖内缺氧引起的黑心病；二是侵染性病害，如干腐病、晚疫病、软腐病、环腐病、黑胫病等，严重时可造成烂窖。本节介绍马铃薯干腐病和黑心病。

干腐病是马铃薯储藏期常见的一种病害，是导致马铃薯储藏期腐烂的主要原因之一。这种病害分布普遍，在各马铃薯产区都有发生。据 2009 年调查，此病在储窖中的平均发病率为 9.0%，有的储窖发病率高达 17.82%～30%，给马铃薯的储藏造成了很大的损失。

二、症状

(一) 干腐病

干腐病侵害块茎。病薯外表现黑褐色的稍凹陷斑块，切开病薯，腐烂组织呈淡褐色或黄褐色、黑褐色、黑色，病薯出现空洞。初期在块茎病部表面出现暗色凹痕，后薯皮皱缩或产生不规则褶皱。发病重的块茎病部边缘出现浅灰色或粉红色多泡状突起，剥去薯皮病组织为浅褐色至黑褐色粒状，并有暗红色斑，髓部有空腔，干燥时菌丝充满空腔（彩图4-13-1）。湿度大时，病部呈肉色糊状，无特殊气味，干燥时，内部组织呈褐色，干硬或皱缩。

(二) 黑心病

黑心病是一种生理性病害。在薯块中心部发生，形成黑至蓝黑色的不规则花纹，由点到块发展成黑心。随着病害发展，严重时可使整个薯块变色。黑心受害处边缘界线明显，后期黑心组织渐硬化。在室温下，黑心部位可以变软和变成墨黑色。不同品种的块茎发生黑心病的差异很大。

三、病原

(一) 干腐病病原

马铃薯干腐病的病原为镰孢属（*Fusarium*）真菌，由多种镰孢菌侵染所致。Rich（1983）统计世界范围内引起马铃薯干腐病的镰孢菌有10种之多，不同国家或地区镰孢菌种类不同。我国报道该病的病原有*F. sulphureum*、*F. coeruleum*、*F. solani*、*F. oxysporum*、*F. avenaceum*、*F. moniliforme*、*F. flocciferum*、*F. semitectum*、*F. tricinctum*、*F. solani* var. *coeruleum*、*F. roseum*、*F. sambucinum*、*F. acuminatum*。其中以接骨木镰孢（*F. sambucinum*）和腐皮镰孢（*F. solani*）出现频率高，是优势种。

腐皮镰孢［*F. solani*（Martus）Appel et Wollenw. ex Snyder et Hamsen］在PSA培养基上菌落白色，气生菌丝生长良好，多形成小型分生孢子，在产孢细胞上聚集成团，椭圆形或卵圆形，形态变化较多，大多单胞，无色透明，大小为（10.8～15.7）μm×（2.4～4.5）μm；大型分生孢子纺锤形至镰刀形，无色，顶细胞较短，壁稍厚，孢子最宽处在中线上部，大小为（32.8～40.7）μm×（4.7～6.2）μm。菌丝生长适宜温度为20～23℃。

腐皮镰孢蓝色变种（*F. solani* var. *coeruleum*）在PSA培养基上菌落呈毛毡状，菌丝稀疏，颜色为深蓝色，培养物黏质；小型分生孢子在新鲜的培养基上很少形成。在最初的分生孢子座形成之前，大型分生孢子就已在气生菌丝的分生孢子梗上形成；小型分生孢子卵形，大小为（8.7～11.5）μm×（2.1～3.6）μm；大型分生孢子透明，弯筒形至稍带纺锤形，顶端圆形，在马铃薯培养基上分生孢子3～4个分隔，大小为（32～39）μm×（4.0～5.1）μm。菌丝生长适宜温度为18～23℃。

接骨木镰孢（*F. sambucinum* Fückel）在PSA培养基上气生菌丝卷毛状，菌落为白色。气生菌丝生长良好，大型分生孢子弯曲，似纺锤形、披针形，背腹面明显，具有显著的顶端和足细胞，成熟时具有3～5个隔膜，大小为（30～50）μm×（4.01～6.5）μm。菌丝生长适宜温度为18～23℃。

锐顶镰孢（*F. acuminatum* Ellis et Everh.）在PSA培养基上气生菌丝疏散，菌落胭脂红色。从单生瓶状小梗生成的气生菌丝上生有稀疏的小型分生孢子，但很快被松散分枝的分生孢子梗所取代；小型分生孢子大小为（7～11.5）μm×（2.1～3.6）μm；大型分生孢子为宽镰刀形，背腹面强烈弯曲，大小为（29.8～56）μm×（3.2～5.3）μm。菌丝生长适宜温度为23～25℃。

硫色镰孢（*F. sulphureum*）在新分类系统中已归入接骨木镰孢（*F. sambucinum* Fückel）中，其学名作为接骨木镰孢异名。

(二) 黑心病病因

黑心病是生理性病害，病因主要是块茎内的组织供氧不足，出现呼吸窒息造成的。当氧气缺少或不能到达块茎内部时，黑心会继续加重。0～2.5℃低温或36～40℃高温时黑心病扩展快。过于密闭的储藏窖黑心病发生重。

四、流行规律

干腐病为土传病害，病菌存在于病薯上或残留在土壤中越冬，通过收挖、运输、虫害等造成的表皮伤口侵入，也可通过块茎皮孔、芽眼等自然孔口侵入。被侵染的薯块腐烂，污染土壤，加重了该病的发生。窖藏中病薯与健薯接触，互相传染。生产上储藏前 2 个月发生较轻，此后扩展明显。窖内储存量大、通气不好、温度高、湿度大发病重。

五、防治技术

马铃薯储藏期病害的防治是一项系统化工作，从田间管理到收获、入窖（库）、窖（库）管理等每一个环节都必须把病害的预防工作落实到位。防治马铃薯储藏期病害的关键是控制好窖内的温、湿度，薯块质量好，机械损伤少，因此应采取综合措施才能奏效。

1. 加强收储管理 收获前 1 周要停水，以保证薯皮老化。收获时尽量避免造成机械创伤。

薯块在入窖（库）前先放在干燥、通风、避光处晾 2～5d，防止雨水淋湿，严格淘汰病、烂、伤、破损薯块，除去依附在薯面上的泥土，促进薯皮木栓化和伤口愈伤组织的形成。

在装卸、搬运、入窖时要做到轻拿轻放，切莫从窖口直接倒入。提倡用袋装马铃薯，便于搬运和倒堆，减少伤口，降低病害的侵染概率。

2. 储窖消毒 在入窖（库）前，先将窖（库）壁用清水喷湿，把窖壁和窖底旧土铲除 3cm，通风晾晒 7d 以上，并用 1%高锰酸钾溶液或石灰水喷洒消毒，还可用硫黄粉（15g/m^3）或 45%百菌清烟剂发烟熏蒸 24h，然后通风换气。

3. 薯块处理 提倡入窖（库）前进行薯块处理。目前在生产上推广应用的药剂有两种：45%噻菌灵悬浮剂（特克多）400～600 倍液和 25%咪鲜胺乳油（施保安）500～1 000 倍液喷雾，待药液充分晾干后入窖（库）储藏。储藏期间必要时用 45%百菌清烟剂消毒，防止病菌向邻近块茎传染。

4. 加强储藏管理 注重通风换气，控制窖（库）内温湿度。储藏容量不宜过大，一般占窖（库）容积的 1/2～2/3 为宜，薯堆高度 1m 以下，并采用麦秆或玉米秆扎成通气孔立放在薯堆内，通气孔应该比薯堆高出 30cm。入窖（库）初期敞开窖（库）门和通气孔，外界气温降至－1℃时堵住窖（库）门和通气孔，控制窖（库）内温度在 1～4℃。若发现薯堆上层和窖（库）壁出现水珠，薯块表面潮湿，则表明窖（库）内湿度过大，应及时打开窖门、通气孔通风除湿。春季随着气温的升降，要灵活掌握打开和关闭窖（库）门、通气孔，在保证不受冻的情况下，最好晚间打开，白天关闭，以降低窖（库）内温度。

经常检查，发现窖（库）内有异味或烂薯时，立即倒堆，剔除病烂薯，将病烂薯运出窖（库）外作深埋处理，切不可随意乱倒，以免形成新的传染源。

壳聚糖和硅酸钠具有抑制干腐病菌和诱导马铃薯块茎产生抗病性的双重功能。研究表明，100mmol/L 的硅酸钠在 35℃时浸泡块茎对降低损伤接种茄病镰刀菌的病斑直径效果最好，处理效果随浸泡时间的延长而增加。溶于乳酸的 0.5%壳聚糖处理块茎防效较好。可以进一步探索实用的处理方法。

胡俊（内蒙古农业大学农学院）

第 14 节 甘薯根腐病

一、分布与危害

甘薯根腐病俗称烂根病、烂根开花病。我国于 1937 年在山东首次发现该病。1970 年以后，山东、河南、河北、陕西、江苏、安徽、湖北、四川、江西、福建、浙江等省份都有发生，其中以山东、河南发生较普遍。该病为典型的土传、毁灭性病害，蔓延迅速，防治困难，发病地块轻者减产 10%～20%，重者可达 40%～50%，甚至绝收。

近年来，由于抗病品种的育成和推广，根腐病已基本得到控制。

二、症状

甘薯根腐病主要发生在大田生长期，苗床期虽也发病，症状一般较轻。

（一）苗床期

苗床期病薯较健薯出苗晚，出苗率低。发病薯苗叶色较淡，生长缓慢，须根尖端和中部有黑褐色病斑，拔秧时易自病部折断。

（二）大田期

地上部和地下部都有明显症状。

1. 地上部 轻病株茎蔓伸长较健株缓慢，植株矮小，分枝少，遇日光暴晒呈萎蔫状（彩图 4-14-1），但茎蔓仍能生长，且叶腋处可能出现现蕾开花现象。重病株叶片自下而上变黄、增厚、反卷，干枯脱落，主茎自上而下逐渐干枯死亡，造成种植前期缺苗断垄。

2. 地下部 大田期秧苗受害，先在须根中部或根尖出现赤褐色至黑褐色病斑，中部病斑横向扩展，绕茎一周后，病部以下的根段很快变黑腐烂，拔苗时易从病部拉断。地下茎受侵染，产生黑色病斑，病部多数表皮纵裂，皮下组织发黑疏松。重病株地下茎大部腐烂，轻病株近地面处的地下茎能长出新根，但多形成柴根。

病株不结薯或结畸形薯，而且薯块小，毛根多。块根受侵染初期表面产生大小不一的褐色至黑褐色病斑，稍凹陷，中后期表皮龟裂，易脱落（彩图 4-14-1）。皮下组织变黑疏松，底部与健康组织交界处可形成一层新表皮。储藏期病斑并不扩展。病薯不硬心，煮食无异味。

三、病原

甘薯根腐病是由真菌侵染引起的。病原为无性型真菌镰孢属腐皮镰孢甘薯专化型［*Fusarium solani*（Martius）Appel et Wollenw. ex Snyder et Hansen f. sp. *batatas* McClure］。产生大型、小型分生孢子及厚垣孢子。在人工培养基上菌丝灰白色，呈稀绒毛状或絮状，并有环状轮纹，培养基的底色淡黄至蓝绿或淡红色。大型分生孢子纺锤形，略弯，上部第二、三个细胞最宽，壁厚，分隔明显，顶细胞圆形或似喙状，足胞不明显，有3～8 个分隔，多数有 5 个隔膜，大小一般为（42.9～54.0）μm×（4.4～5.7）μm。小型分生孢子卵圆形至椭圆形，呈短杆状，在瓶状小梗顶端聚成假头状。小型分生孢子多数单胞，大小为（5.5～9.9）μm×（1.7～2.8）μm；少数有 1 个分隔，大小为（13.2～17.6）μm×（2.8～4.6）μm。厚垣孢子球形或扁球形，颜色淡黄或棕黄色，生于侧生菌丝上或大型分生孢子上，单生或两个联生。厚垣孢子有两种类型，一种表面光滑，直径一般为 7.1～11.0μm；另一种表面有疣状突起，直径一般为 9.1～12.0μm。

甘薯根腐病菌的有性型为血红丛赤壳［*Nectria sanguinea*（Bolt.）Fr.］，属子囊菌门丛赤壳属。有性型在病害循环中起的作用尚不清楚。在田间自然条件下，病株上尚未发现有性型，但人工培养可产生子囊壳。经根部和土壤接种致病测定，证明有较强的致病力。子囊壳散生或聚生，不规则球形，初期浅橙色，表面光滑，成熟后红色至棕色，表面产生疣状突起。子囊棍棒形，大小一般为（62.4～72.0）μm×（7.2～8.4）μm，内生 8 个子囊孢子。子囊孢子椭圆形，大小为（12.0～14.4）μm×（4.8～6.0）μm，中央有一分隔，在隔膜处稍缢缩。

病菌除侵害甘薯外，还可侵染裂叶牵牛、原叶牵牛、茑萝、田旋花和月光花等旋花科植物。

四、病害循环

甘薯根腐病是一种典型的土传病害，带菌土壤和土壤中的病残体是翌年的主要侵染来源。土壤中的病原菌至少可以存活 3～4 年，其垂直分布深度可达土层 100cm 处，但以耕作层土壤中密度最高。病菌自甘薯根尖侵入，逐渐向上蔓延至根、茎。病种薯、病种苗、病土以及带菌粪肥均能传病，田间病害的扩展主要借水流和耕作活动，远距离传播靠种薯、种苗和薯干的调运。

五、流行规律

甘薯根腐病的发生与温湿度、土壤质地、土壤肥力、栽培措施、品种抗病性等因素密切相关。

（一）温湿度

甘薯根腐病菌在 14℃时即可缓慢生长，25～36℃是生长适宜温度。甘薯根腐病的发病温度范围为21～30℃，适温为 27℃左右。甘薯根腐病菌抗干热能力强，土壤含水量 10%以下有利于发病，因此，在温度变化不大的情况下，降雨是影响发病程度的重要因素。

（二）土壤质地和土壤肥力

沙质土、肥力低的土壤保水能力差，发病重；结构良好的肥沃土壤发病轻。因此，丘陵旱薄地和瘦瘠沙土地发病较重，而平原壤土肥沃地、土层深厚的黏土地发病较轻。增施肥料，培肥地力，加强田间管理可以减轻病情。

（三）栽培措施

病地连作年限越长，土壤中病残体积累越多，含菌量越大，发病也越重；病地实行 3 年或更长时间的轮作，改种花生、谷子、玉米等作物，能有效地控制根腐病的发生。

甘薯不同栽插期发病程度不同。适期早栽，发病较轻。这是因为早栽气温低，不利于病菌侵染，而对甘薯早扎根、早返苗有利。当气温逐渐升高，适宜发病时，甘薯根系已基本形成，再遭侵害影响较小。晚栽的薯苗根系刚伸展就遭受病菌侵染，且病程短，所以受害重。夏薯发病重于春薯，也与温度有关。

（四）品种抗病性

目前虽未发现甘薯根腐病免疫品种，但不同品种间抗病程度有明显差异，连年大面积种植感病品种的地区，根腐病为害严重。由于甘薯资源中不乏有益的抗源，且其性状的遗传力强，采用常规的杂交育种方法，结合后代的选拔鉴定即可筛选出抗病性强且综合性状优的品种。1970 年以来，中国各育种单位在筛选抗源的基础上，都开展了甘薯抗根腐病育种，并取得了显著成效。采用品种间杂交育种方法育成的高产、优质、高抗根腐病的优良品种有徐薯 18、苏薯 2 号、苏薯 3 号、皖薯 3 号、豫薯 6 号、鲁薯 7 号、济薯 109 等，这些优良的抗病品种在甘薯生产上取得了明显的防病增产效果，特别是高产、高抗型品种徐薯 18 的推广应用，对根腐病的控制起了积极的作用。

六、防治技术

目前该病尚无有效的药剂防治措施。根据病害的传播途径和发病的环境条件，在防治上采用抗病品种为主的综合防治措施，可以获得显著的效果。

（一）选用抗病丰产品种

由于品种间抗病性差异明显，选用抗病良种是防治根腐病最经济有效的措施。各地已陆续选出适合本地栽培的抗病丰产品种，现在栽培面积最大的抗病品种为徐薯 18。其他抗病性较强的品种还有徐薯 27、宁 R97－5、豫薯 10、徐薯 24、苏渝 303、烟 337、徐薯 25、宁 27－17、南京 J54－4、鲁 94114、济 01356、浙紫薯 1 号、万紫 56、商 056－3、宁 11－6、农大 6－2、豫薯 13、徐济 36、徐紫薯 2 号等。

（二）培育壮苗，适时早栽，加强田间管理

不同栽插期，病情和产量有显著差异。春薯选择壮苗，适期早栽，能增强甘薯的抗病力，根腐病发病轻。因此，春薯应适期早育苗，育壮苗，保证适期早栽。栽苗后注意防旱，遇天气干旱应及时浇水，提高甘薯抗病力。

（三）加强田间管理

病田中的残体应集中烧毁，减少田间菌量。

增施净肥和复合肥，尤其是增施磷肥，提高土壤肥力，增强甘薯的抗病力，可收到良好的防病保产效果。此外，地势高低不同的发病田块，要整修好排水沟，以防病菌随雨水自然漫流，扩散传播。

（四）轮作换茬

病地实行与花生、芝麻、棉花、玉米、高粱、谷子等作物轮作或间作，有较好的防病保产作用。轮作年限依发病程度而定。一般病地轮作年限 3 年以上。在发病严重的地块，应及时改种或补种其他作物，减少损失。

（五）建立三无留种地，杜绝种苗传病

建立无病苗床，选用无病、无伤、无冻的种薯，并结合防治甘薯黑斑病，进行浸种和浸苗。选择无病地建立无病采苗圃和无病留种地，培育无病种薯。无病地区不要到病区引种、买苗，杜绝病害的传入。

谢逸萍　赵永强　张成玲（中国农业科学院甘薯研究所）

第15节 甘薯黑斑病

一、分布与危害

甘薯黑斑病又名黑疤病，俗名黑疔，黑疮等，在世界各甘薯产区均有发生。1890年由Halsted在美国首先发现，1919年传入日本，1937年由日本鹿儿岛传入我国辽宁盖县，逐渐自北向南蔓延为害，现有26个省（自治区、直辖市）相继报道过该病的发生和为害，在华北，黄淮海流域，长江流域，南方夏、秋薯区发生较重，是我国薯区发生普遍且为害严重的甘薯病害。每年由该病造成的产量损失为5%～10%，为害严重时造成的损失为20%～50%，甚至更高。此外，病薯可产生甘薯黑疱霉酮（ipomeamarone）等呋喃萜类有毒物质，人和家畜食用后，可引起中毒，甚至死亡；用病薯作发酵原料时，会毒害酵母菌和糖化酶菌，延缓发酵过程，降低酒精产量和质量。

二、症状

甘薯黑斑病在甘薯苗期、生长期和储藏期均可发生，主要侵害薯苗、薯块，引起烂床、死苗、烂窖。

1. 苗期 如种薯或苗床带菌，种薯萌芽后，苗地下白嫩部分最易受到侵染。发病初期，幼芽地下基部出现平滑稍凹陷的小黑点或黑斑，随后逐渐纵向扩大至3～5mm，发病重时环绕薯苗基部，呈黑脚状，地上部叶片变黄，生长不旺，病斑多时幼苗可卷缩。在种薯带菌量高的情况下，幼苗绿色茎部，甚至叶柄也可被侵染，同样形成圆形和棱形的黑色凹陷病斑。当温度适宜时，病斑上可产生灰色霉状物，即病菌的菌丝层和分生孢子。后期病斑表面粗糙，具刺毛状突起物，为子囊壳的长喙。有时可产生黑色粉状的厚垣孢子。

2. 生长期 病苗栽插后，如温度较低，植株生长势弱，则易遭受病菌侵染。幼苗定植1～2周后，即可显现症状，基部叶片发黄、脱落，蔓不伸长，根部腐烂，只残存纤维状的维管束，秧苗枯死，造成缺苗断垄。有的病株可在接近土表处生出短根，但生长衰弱，不能抵抗干旱，即使成活，结薯也很少。健苗定植于病土中可能染病，但发病率低，地上部一般无明显症状。

薯蔓上的病斑可蔓延到新结的薯块上，以收获前后染病较多，病斑多发生于虫咬、鼠咬、裂皮或其他损伤的伤口处。病斑黑色至黑褐色，圆形或不规则形，轮廓清晰，中央稍凹陷，病斑扩展时，中部变粗糙，生有刺毛状物（彩图4-15-1）。切开病薯，病斑下层组织呈黑色、黑褐色或墨绿色，薯肉有苦味。

3. 储藏期 储藏期薯块感病，病斑多发生在伤口和根眼上，初为黑色小点，逐渐扩大成圆形、梭形或不规则形病斑，直径1～5cm，轮廓清晰。储藏后期，病斑深入薯肉达2～3cm，薯肉呈暗褐色，味苦。温湿度适宜时病斑上可产生灰色霉状物或散生黑色刺状物（子囊壳的颈），顶端常附有黄白色蜡状小点（子囊孢子）。由于黑斑病的侵染，往往使其他真菌和细菌病害并发，引起腐烂。

三、病原

甘薯黑斑病病原为甘薯长喙壳（*Ceratocystis fimbriata* Ellis et Halsted），属子囊菌门长喙壳属。菌丝初无色透明，老熟时则呈深褐色或黑褐色，寄生于寄主细胞间或偶有分枝，伸入细胞内。菌丝的直径为3～5μm。无性繁殖产生内生分生孢子和内生厚垣孢子。内生分生孢子无色，单胞，棍棒形或圆筒形，大小为（9.3～50.6）μm×（2.8～5.6）μm（图4-15-1）。

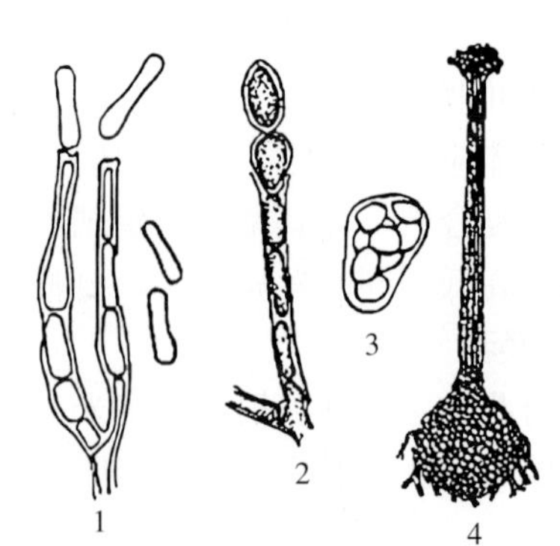

图4-15-1 甘薯长喙壳（引自江苏省农业科学院，1984）

Figure 4-15-1 *Ceratocystis fimbriata* (from Jiangsu Academy of Agricultural Sciences, 1984)

1. 内生分生孢子梗和分生孢子 2. 厚垣孢子 3. 子囊和子囊孢子 4. 子囊壳

孢子可随时萌发出芽管，芽管顶端再串生次生内生孢子，可连续产生2～3次，然后生成菌丝，也可在萌发后形成内生厚垣孢子。厚垣孢子褐色，球形或椭圆形，具厚壁，大小为（10.3～18.9）μm×（6.7～10.3）μm，大量产生于病薯皮下，有较强的抵抗逆境能力，需经一段时间休眠后才可萌发。有性生殖产生子囊壳，子囊壳呈长颈烧瓶状，基部球形，直径为 105～140μm；颈部极长，称为壳喙，长约 350～800μm。子囊为梨形或卵圆形，内含 8 个子囊孢子。子囊壁薄，当子囊孢子成熟时，散生在子囊壳内，子囊壁即行消解。子囊孢子无色，单胞，钢盔状，大小为（5.6～7.9）μm×（3.4～5.6）μm。成熟时由于子囊壳吸水，产生膨压，将子囊孢子排出孔口，成团聚集于喙端，初为白色，后呈黄色。子囊孢子不经休眠即可萌发，在传染上起着重要的作用。

病菌在培养基上的生长温度为 9～36℃，适温为 25～30℃。3 种孢子的形成对温度要求不同，分生孢子在较低温度下（10℃，30d）形成，厚垣孢子在较高温度下（15℃，8d）形成，子囊孢子的形成要求更高的温度（15℃，15d；20℃，4.5d）。病菌的致死温度为 51～53℃。生长 pH 为 3.7～9.2，最适 pH6.6。3 种孢子在薯汁、薯苗茎汁、1%蔗糖溶液中或薯块伤口处很易萌发，但在水中萌发率很低。

甘薯黑斑病菌为同宗结合，易产生有性态。种内包括很多株系，形态相似，但有高度寄主专化性。在自然情况下，主要侵染甘薯，人工接种能侵染月光花、牵牛花、绿豆、红豆、菜豆、大豆、橡胶树、椰子、可可、菠萝、李子、扁桃等植物。据报道，该病在海地除侵害甘薯外，还侵害成熟的菠萝。

四、致病机理

病原菌侵染甘薯，其分泌的纤维状物质与可识别的寄主细胞壁紧密固定在一起，病原菌才得以穿透寄主细胞壁成功侵入寄主细胞，完成寄主识别。目前认为真菌是靠毒素来完成对寄主组织的破坏的，甘薯黑斑病菌侵染寄主时分泌毒素，杀死寄主的组织，然后再从其中吸取养分，从而破坏寄主的组织结构和生理生化过程，引起寄主快速萎蔫和细胞组织变为暗黑色，再到深褐色或黑色，最后坏死腐烂。

五、病害循环

甘薯黑斑病菌主要以厚垣孢子、子囊孢子和菌丝体在储藏病薯、大田、苗床土壤及粪肥中越冬，成为翌年发病的主要侵染源。病薯病苗是病害近距离及远距离传播的主要途径，带菌土壤、肥料、流水、农具及鼠类、昆虫等都可传病。

病菌主要从伤口侵入。甘薯收获、装卸、运输及虫、鼠、兽等造成的伤口均是病菌侵染的重要途径。此外，病菌也可从芽眼和皮孔等自然孔口及幼苗根基部的自然裂伤等处侵入。育苗时，病薯或苗床土中的

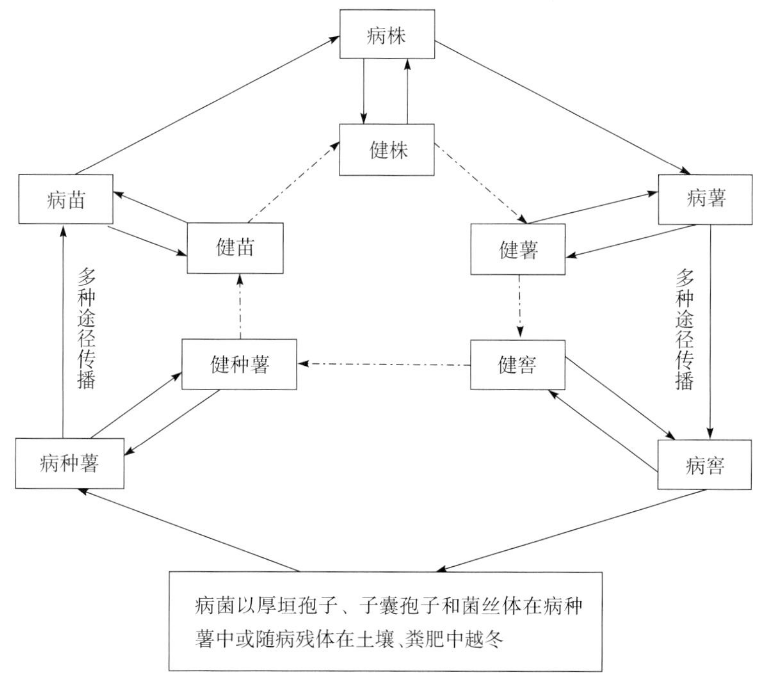

图 4-15-2　甘薯黑斑病病害循环（孙厚俊提供）
Figure 4-15-2　Disease cycle of sweetpotato black rot (by Sun Houjun)

病菌直接从幼苗基部侵染，形成发病中心，病苗上产生的分生孢子随喷淋水向四周扩散，加重秧苗发病。病苗栽植后，病情持续发展，重病苗短期内即可死亡，轻病苗上的病菌可蔓延侵染新结薯块，形成病薯。收获过程中，病种薯与健种薯间相互接触摩擦也可以传播病菌，运输过程中造成的大量伤口有利于薯块发病，储藏期间温度和湿度条件适宜时会造成烂窖。侵染循环如图 4－15－2。

六、传播途径

甘薯黑斑病菌以厚垣孢子或子囊孢子附着在种薯上，或以菌丝体潜伏在薯块内越冬。也可在茎蔓上越冬。病菌生活力较强，据测定，在室温不低于 5℃的干燥条件下，厚垣孢子和子囊孢子均可存活 150d。在水中，子囊孢子可存活 148d，厚垣孢子可存活 128d。病菌在田间土壤内能存活 2 年 9 个月。病害的传播主要有 3 个途径，即种薯种苗、土壤肥料和人畜携带。

（一）种薯种苗传病

用带病的种薯育苗，在苗床上就会产生病苗，病苗又可侵染健苗，在适宜的温湿度条件下可循环传播，使病害扩大蔓延。例如四川省，原来没有黑斑病，1957 年引进品种冲绳 100 时，将病菌带入少数地区，后传遍全省各地，造成很大的损失。北方有些地区有拔苗后用清水浸苗的习惯，使病菌通过水淹沾染到无病苗上，形成大量带菌薯苗。有的地区储藏种薯有困难，每年从外地买苗，这些苗有的用清水浸过，又经长途运输，生理机能衰弱，更有利于黑斑病菌侵染发病。据山东省农业科学院植物保护研究所试验，薯苗中有 20％的病苗，经清水浸泡后，栽插死苗率达 90.4％；剔除病苗后健苗不经水浸的，死苗率仅 7.4％。此外，有的地区为了争取有利时机栽插，常于拔苗后在窖内或室内屯苗 3～5d，则其中所混的病苗，因密集高湿而增加了繁殖传播的机会，容易成为带菌苗，以致栽插后造成大量死苗缺株，进而污染土壤、肥料和薯窖，增加病情严重度。

（二）土壤和粪肥传病

土壤传病的轻重，依土壤含菌量和薯块伤口的多少而定。一般而言，大田土壤传染发病较轻。用病土育苗，可造成苗床和肥料带菌传病。土壤带菌主要来自病残体和带菌肥料。用病薯、病残体沤肥，或用病床土垫圈和用病薯水泼圈等，均可使肥料带菌传病。病菌在粪肥中存活时间，据山东省青岛市农业科学研究所报道，圈肥中的病菌冬季可存活 120～190d，春季可存活 60～70d，夏季约存活 28d。在四川、福建、浙江等地病菌在粪水腐熟处理过程中寿命不超过 1 个月。可见，未经腐熟的带菌厩肥能够传病。

（三）收获期借人畜携带及昆虫、田鼠和农具等传播

病菌主要从薯块的伤口、裂口、根眼侵入。将病薯和带菌薯块入窖后，在密集的情况下，孢子能借水滴、空气以及昆虫、老鼠等进行传播。

一般而言，带病的种薯和薯苗是最主要的病菌来源，育苗和运送秧苗则是病害传播的主要环节。

七、发病因素

甘薯黑斑病流行发生的轻重与温度、湿度、土质、耕作制度、甘薯品种和种薯伤口及虫、鼠为害状况等有密切关系。

（一）温度和湿度

甘薯受病菌侵染后，土温 15～35℃均可发病，最适温度为 25℃。甘薯储藏期间，最适发病温度为 23～27℃，10～14℃时发病较轻，15℃以上有利于发病，35℃以上病情受抑制。储藏初期，薯块呼吸强度大，散发水分多，如果通风不良，高于 20℃的温度持续 2 周以上，则病害迅速蔓延。病害潜伏期的长短受温度和病菌侵染途径等影响。温度低，潜伏期长，25℃左右时潜伏期最短，一般为 3～4d。储藏期间薯块上的黑斑病菌潜伏期可长达几个月。病菌从伤口侵入时潜伏期短，直接侵入时潜伏期长。

病害的发生与土壤含水量有关。含水量在 14％～60％时，病害随湿度的增加而加重；含水量超过 60％，又随湿度的增加而减轻，但湿度 14％～100％均能发病。例如，育苗期苗床加温、浇水、覆盖以及薯块上存在大量伤口，是黑斑病流行最有利的条件，而 35℃以上高温育苗，则是控制发病的有效措施。生长期土壤湿度大，有利于病害发展，如地势低洼、潮湿、土质黏重的地块发病重；地势高燥、土质疏松的地块发病轻。生长前期干旱，而后期雨水多，引起薯块生理破裂者，发病重。

(二) 伤口

伤口是病菌侵入的主要途径。因此，在收获和运输过程中，受伤多或鼠害、虫害严重造成大量伤口的薯块，黑斑病发生重。在大田生长结薯后期，多雨天气，薯块生理开裂多，地下害虫多，病菌也易侵入，病情重。在甘薯储藏入窖时，操作粗放造成的伤口也有利于病菌侵入，造成发病加重。

(三) 耕作制度

由于甘薯黑斑病菌能通过土壤肥料等传播，且病菌在田间土壤中能存活较长时间，因此连作田块病害发生较重，而且春薯发病比夏薯和秋薯重。

(四) 寄主抗病性

甘薯对黑斑病尚无免疫品种，但品种间抗病性有差异。薯块易发生裂口的或薯皮较薄、易破损、伤口愈合慢的品种发病较重。薯皮厚、薯肉坚实、含水量少、虫伤少、愈伤木栓层厚且细胞层数多的品种发病较轻。

所有的甘薯块根组织受到病菌侵染后，均能产生甘薯酮、香豆素等植保素。病菌侵入后，抗病性较强的品种迅速产生足量的植保素，抑制病菌菌丝的生长繁殖和孢子的萌发，从而使病情减轻；而感病品种不能迅速足量产生上述化合物以阻止病菌的繁殖扩展，因而发病就重。

品种的抗病性在一定程度上还受温度的影响。20～35℃时寄主的抗病性随温度的升高而增强，这主要与木栓层的形成和植保素的产生有关。此外，植株不同部位的感病性也存在明显差异。薯苗基部白色幼嫩部分，尤其是地下白色幼嫩组织易受病菌侵入，而地上绿色部分组织比较坚韧，病菌难以侵入，通常很少受害。

八、防治技术

甘薯黑斑病为害期长，病原来源广，传播途径多。因此，对于黑斑病的防治应采用以繁殖无病种薯为基础，培育无病壮苗为中心，安全储藏为保证的防治策略。实行以农业防治为主，药剂防治为辅的综合防治措施，狠抓储藏、育苗、大田防病和建立无病留种田 4 个环节，才能收到理想的防治效果。

(一) 铲除和堵塞菌源

严格控制病薯和病苗的传入和传出是防止黑斑病蔓延的重要环节，生产中必须千方百计杜绝种苗传病，以铲除和堵塞菌源。

首先要做好“三查”（查病薯不上床、查病苗不下地、查病薯不入窖）、“三防”（防引进病薯病苗、防调出病薯病苗、防病薯病苗在本地区流动）工作。对非疫区要加强保护，严禁从病区调进种薯种苗，做到种苗自繁、自育、自留、自用，必须引种时，不要引进薯苗，而要引进自春薯田所剪取的薯蔓。引入后，先种在无病地繁殖种薯，第二年再推广。另外，在薯块出窖、育苗、栽植、收获、晒干、复收、耕地等农事活动中，都要严格把关，彻底检除病残体，集中焚烧或深埋。病薯块、洗薯水都要严禁倒入圈内或喂牲口。不用病土、旧床土垫圈或积肥，并做到经常更换育苗床，对采苗圃和留种地要注意轮作换茬。

(二) 建立无病留种田

建立无病留种田、繁殖无病种薯，是防治甘薯黑斑病的有效措施。由于黑斑病传染途径多，因此建立无病留种田，要做到苗净、地净、肥净，并做好防治地下害虫的工作，从各方面防止病菌侵染。

苗净：即选用无病薯苗栽插。一般可从春薯地剪蔓，采苗圃或露地苗床高剪苗，以获得无病薯苗。

地净：甘薯黑斑病菌在土壤中的存活年限因地区而异。因此，各地可通过一定年限的轮作来获得无病净地。北方地区以往研究表明，病菌在土壤中可以存活 2 年 9 个月，所以，要选择 3 年以上未种过甘薯的田地。南方地区，据福建、湖南等省份研究，病菌在水稻田中存活不超过 7 个月，因此，可选用早稻收获后的田块栽插秋薯留种。此外，无病留种田应注意远离普通薯田，要求地势高燥，排水良好，以防流水传病。

肥净：无病留种地不能施用带有病菌的杂、厩肥。如无净肥，可施饼肥、化肥、绿肥或其他菌肥。

防治地下害虫：无病留种地应注意加强防治地下害虫，以减少病菌侵染途径。

(三) 培育无病壮苗

培育无病壮苗是综合防治的中心环节，主要措施如下。

1. 温水浸种　温水浸种的技术要领是：第一，要精选种薯，剔除病、伤、烂、冻薯块；第二，选出的健薯先用温水洗去泥土，可消除因表面张力造成的水泡，以利种薯受热均匀，提高杀菌效力，且能洗掉黏附的病菌孢子；第三，种薯放入筐后，将水温调到 56～58℃时移筐浸入，然后维持水温在 51～54℃，浸种 10min，水要浸过薯面，筐要上下提动，使薯块受热均匀。

2. 药剂浸种 用50%甲基硫菌灵可湿性粉剂200倍液浸种10min，防病效果达90%～100%。用70%甲基硫菌灵可湿性粉剂300～500倍液浸蘸薯苗，防治效果亦良好。在菌量大的情况下，防治效果仍很显著，兼有治疗和保护作用。此外，用50%多菌灵可湿性粉剂500～800倍液浸种2～5min，也有良好的防病效果。

3. 高温育苗 高温育苗是在育苗时把苗床温度提高到35～38℃，保持4d，以促进伤口愈合，控制病菌侵入。此后苗床温度降至28～32℃，出苗后保持苗床温度在25～28℃，可促使早出苗，提高出苗率。

（四）推广高剪苗技术

由于种薯或苗床土壤中常常携带黑斑病菌、根腐病菌及线虫等病原，病原物会缓慢向薯苗侵染，高剪苗能尽可能地避免薯苗携带病原菌。原因是病原物的移动速度低于薯芽的生长速度，病原物大部分滞留在基部附近，上部薯苗带病的可能性比较小。

（五）栽前种苗处理

将种苗捆成小把，用70%甲基硫菌灵可湿性粉剂或50%多菌灵可湿性粉剂800～1 000倍液浸苗3～5min，具有较好的消毒防病作用。

（六）安全储藏

甘薯储藏期菌源主要来自田间的带病带菌薯块，或来自工具污染和旧窖带菌，使病菌通过收刨和运输过程造成的伤口侵入。因此，要做到安全储藏，必须抓好入窖前和入窖后的各个环节。主要措施如下：

1. 适时收获 务必在霜冻前选择晴天收获，并尽可能避免薯块受伤，减少感染机会。在入窖前严格剔除病薯和伤薯。

2. 旧窖消毒 种薯入窖前，旧窖要去土见新或打扫干净，铲除菌源。种薯入窖前，可对薯窖按30～40L/m^3的用量喷施1%福尔马林液，并密闭3～4d。也可采用熏蒸法对种薯消毒，即按每100kg鲜薯使用乙蒜素（抗菌剂402）有效成分10～14g，加水1～1.5kg，混匀后喷洒在一层稻壳上，然后再加一层未喷药的稻草或谷草，上面放薯块，再用麻袋等物盖在薯块上并密闭，熏蒸3～4d后敞窖。

3. 薯窖管理 因地制宜推广大屋窖高温处理，促使薯块愈伤组织形成。愈伤组织形成的快慢与温度、湿度和通气等条件有关。在高温、高湿和氧气重组的情况下，愈伤组织形成快，反之则慢。防病愈合的最适温度为34～37℃，在加温过程中必然要经过适宜病菌繁殖的温度（20～30℃），如果在此温度范围内滞留时间过长，不仅容易引起甘薯黑斑病等病害的发展，还会促进薯块发芽。窖温不能超过40℃，否则会因高温发生烂窖事故。因此，尽量争取在薯块进窖后15～20h内将窖温升到34～37℃，并保持4d。高温愈合后尽快使窖温降至12～15℃，但窖内温度不能低于9℃，否则容易造成冻害。

（七）选育抗病品种

在甘薯黑斑病的防治方法中，选育抗病品种最为经济有效。甘薯品种间抗黑斑病差异很大，要因地制宜地引进与推广适合当地情况的抗病品种。近年来全国各地育成的抗病品种有：苏薯9号、徐薯23、苏渝303、苏渝76、苏渝153、鄂薯2号、冀薯99、烟薯18、烟紫薯1号、鲁薯7号等。

谢逸萍 孙厚俊（中国农业科学院甘薯研究所）

第16节 甘薯茎线虫病

一、分布与危害

甘薯茎线虫病在世界范围内都有发生，发生区域主要以温度划分。其病原线虫已被亚太植物保护组织以及许多国家和地区列为重要的植物检疫性有害生物。甘薯茎线虫病自1937年传入我国北方地区以来，通过甘薯种薯运输、种苗调运、农事操作以及花卉植物的种苗、苗木运输等途径，已扩散到河北、河南、北京、山东、江苏、安徽、吉林、内蒙古等12个省（自治区、直辖市），并成为北方甘薯产区最严重的病害之一，一般发病地块减产20%～50%，重病地块几乎绝收。调查表明，甘薯腐烂茎线虫的寄主包括100多种植物，其中，属于重要经济作物的除甘薯外，还包括马铃薯、花生、甜菜、萝卜、胡萝卜、蚕豆、大蒜、山药及当归、薄荷、人参等。一些田间杂草也可以成为甘薯腐烂茎线虫的寄主，如田蓟（*Cirsium arvense*）、野薄荷（*Mentha arvensis*）、鹅绒委陵菜（*Potentilla anserina*）、酸模（*Rumex acetosa*）等，同时成为农作物的侵染源。甘薯腐烂茎线虫还具有较强的食菌性，能够依靠多种真菌的菌丝体繁殖。

二、症状

甘薯腐烂茎线虫主要为害甘薯块根、茎蔓及薯苗。薯苗受害则茎部变色，无明显病斑，组织内部呈褐色或白色和褐色相间的糠心状；根部受害时在表皮上生有褐色晕斑，薯苗发育不良、矮小发黄；大田期茎蔓受害后，主蔓茎部表现为褐色龟裂斑块，内部呈褐色糠心，病株蔓短，叶黄，生长缓慢，直至枯死。块根症状根据线虫侵入的途径可分为 3 种类型：①糠心型，由染病茎蔓中的线虫向下侵入薯块，病部由上而下、由内向外扩展，薯块表皮层完好，内部糠心，呈褐白相间的干腐（彩图 4-16-1）；②糠皮型，土壤中的线虫经薯皮侵入薯块，病部一般由下向上、由外向内扩展，使内部组织变褐发软，呈块状褐斑或小型龟裂；③混合型，生长后期发病严重时，糠心和糠皮两种症状可以同时发生。

除甘薯外，甘薯腐烂茎线虫还可为害多种重要经济作物，寄主不同，所产生的症状也不同。甘薯腐烂茎线虫为害马铃薯时，第一个症状就是在表皮下形成白斑。薯块受害严重时表皮呈纸状，薯块塌陷，表皮下组织发黑，呈海绵状。甘薯腐烂茎线虫为害鳞茎、球茎植物时，侵染通常开始于鳞茎基部，后向上扩展，产生黄色至深褐色的病变，最终导致整个鳞茎彻底腐烂。线虫主要集中在病变组织与健康组织交界处，完全腐烂的组织内很少。甘薯腐烂茎线虫为害胡萝卜时，胡萝卜表面会形成横向裂缝，在发病部位横切可以明显地看到皮层下有白色斑块。甘薯腐烂茎线虫的侵染为害往往导致其他真菌、细菌性病害的二次侵染，最终导致组织彻底腐烂。

三、病原

20 世纪 80 年代以前，我国曾将甘薯茎线虫病的病原定为起绒草茎线虫（*Ditylenchus dipsaci*），后经 Ding、Yin 等人鉴定，认为我国甘薯茎线虫病是由腐烂茎线虫引起的。随着后续大量研究的开展，最终确定我国甘薯茎线虫病的病原为腐烂茎线虫（*Ditylenchus destructor*）。由于该线虫最早发现于马铃薯上，可导致马铃薯腐烂，因此国外也称之为马铃薯腐烂茎线虫（Potato rot nematode）。

腐烂茎线虫属于线虫纲垫刃目茎线虫属。整个发育过程可分为卵、幼虫、成虫 3 个时期。雌、雄虫均呈线形，虫体细长，两端略尖，雄虫大小为（0.90～1.60）mm×（0.03～0.04）mm。雌虫较雄虫略粗大，大小为（0.90～1.86）mm×（0.04～0.06）mm。卵椭圆形，淡褐色。条件适宜时，每条雌虫每次产卵 1～3 粒。一生共产卵 100～200 粒。从产卵到孵化为成虫需 20～30d。该线虫在 2～30℃时活动，高于 7℃即产卵和孵化，25～30℃最适；对低温忍耐力强，不耐高温，高于 35℃则不活动。

雌虫虫体缓慢加热致死后稍向腹面弯曲，有细微的环纹。唇架中度骨质化，唇区低平，稍缢缩，有 4 个唇环，唇正面有 6 个唇片，侧器孔位于侧唇片（图 4-16-1，1；图 4-16-2，1）。口针短小，口针基部球小而明显；中食道球梭形，有小瓣膜，狭部窄，围有神经环，食道腺延伸，稍覆盖于肠的背面，个别覆盖于肠侧面和腹面（图 4-16-1，1、6）。排泄孔位于食道与肠连接处或稍前，半月体在排泄孔前。侧区具有 6 条侧线，外侧具网格纹（图 4-16-1，2～4，图 4-16-2，2～4）。阴门横裂，位于虫体后部，成熟雌虫的阴唇略隆起，阴门裂与体轴线垂直，阴门宽度占 4 个体环（图 4-16-1，3～5；图 4-16-2，6）。卵巢发达、前伸、达食道腺基部，前端卵原细胞双列（图 4-16-1，6）。卵长椭圆形，长度约为体宽 1.5 倍（图 4-16-1，3）。后阴子宫囊大，延伸至阴肛距 2/3～4/5 处（图 4-16-1，3～5）。尾呈锥状，稍向腹面弯曲，末端窄圆（图 4-16-2，6）。直肠和肛门明显，尾长约为肛门部体宽的 3～5 倍。

雄虫虫体前部形态特征与雌虫相同（图 4-16-1，2）。单精巢前伸，前端可达食道腺基部。泄殖腔隆起，交合伞起始于交合刺前端水平处向后延伸达尾长的 3/4（图 4-16-1，9；图 4-16-2，7）；交合刺成对，朝腹向弯曲，前端膨大具指状突（图 4-16-1，7）。

四、病害循环

（一）虫源

甘薯腐烂茎线虫在储藏库和田间以卵、幼虫、成虫在病薯中越冬，以幼虫、成虫在土壤、粪肥中越冬。此外，田间部分杂草也能够为线虫提供越冬场所。因此，仓库内的病薯、田间病残体、病土及病薯、病肥是该线虫病的主要侵染来源。调查表明，土壤表面病薯内的线虫经过冬季后死亡率只有 10%左右。

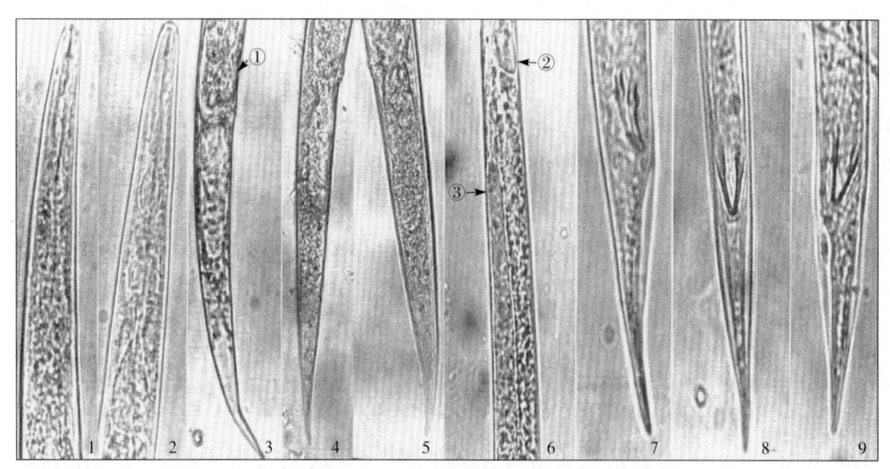

图4-16-1 腐烂茎线虫光学显微镜照片（1 000×）（引自张绍升，2006）
Figure 4-16-1 Light microscopy photographs of *Ditylenchus destructor* (1000×)（from Zhang Shaosheng，2006）
1. 雌虫前端 2. 雄虫前端 3～5. 雌虫尾端 6. 卵巢前端 7. 雄虫尾端侧面 8、9. 雄虫尾端腹面
①卵 ②食道腺 ③卵巢前端

（二）传播

远距离主要通过病薯、病苗调运传播。田间近距离则由土壤、肥料、病薯、病苗上的线虫经耕作、流水等传播扩散。

（三）发展

甘薯腐烂茎线虫随着病薯越冬后可传到苗床侵染幼苗，由病薯繁育出的薯苗也带有线虫。携带线虫的薯苗栽入大田可直接发病，同时田间土壤中病残体和土壤中的线虫又可通过表皮或从伤口侵染块根。研究表明，甘薯腐烂茎线虫侵染主要发生在薯苗移栽2周后，从甘薯秧苗下部末端侵入，并由此逐渐向上扩展。移栽后10周左右，线虫已扩展到薯苗的地上部。通常情况下薯苗在移栽后8周开始结薯，但在12周以后才能在薯块中监测到线虫。另外，在整个监测过程中薯苗的须根始终未发现茎线虫。收获后病薯进入储藏窖越冬，完成周年循环过程。有的地方有种植南瓜的习惯，即把小薯直接栽到大田，这样会把甘薯腐烂茎线虫直接带入田间。另外，在病薯内的线虫抗低温和抗干燥能力都比较强，储藏1年的薯干内线虫的存活率可达到76%，所以，目前薯干调运传播的作用也不能忽视。

（四）致病机理

甘薯茎线虫病致病机理大致分为两种：①致病线虫与其他病原微生物相互作用引起病害；②致病线虫分泌物在诱发寄主病理变化中起主要作用。线虫侵入甘薯后，其背食道腺可能分泌果胶酶、纤维素酶、淀粉酶和蛋白酶等多种水解酶，由于这些酶的作用，破坏了组织的中胶层，使甘薯细胞崩溃、组织腐烂，伴随着其他真菌和细菌的侵害，常形成糠心或龟裂，使甘薯失去食用价值。林茂松等（1993）提取马铃薯腐烂茎线虫的分泌物，用其处理感病品种栗子香，30d后薯块接种孔周围11.5cm的组织变为褐色，并有轻度腐烂现象，切片检查，变褐色部分的甘薯组织细胞开始解离、腐烂。

五、发病条件

甘薯茎线虫病的发生发展与甘薯品种本身的抗性、甘薯的栽培管理、土壤质地等条件都有一定关系。

甘薯腐烂茎线虫在2℃即开始活动，7℃以上能产卵和孵化，发育适温为25～30℃，还具有很强的耐低温能力。将线虫置于病薯、甘油和细沙3种介质中，在－20℃和－70℃温度下经过不同时间处理发现，在甘油和细沙介质中的线虫经低温处理后均未发现存活的，但在病薯中的线虫在－70℃条件下处理180d后，不同地理种群间仍然有5%～20%的线虫存活，可见，该线虫在低温下的生存十分依赖寄主材料。

甘薯腐烂茎线虫不耐高温。烟台市农科所实验，将病薯放在土表，经过一个冬天，内部线虫仅死亡10%，甘薯苗中的线虫经48～49℃温水浸10min，死亡率达98%。青岛市农科所实验，直径9mm的瓜秧

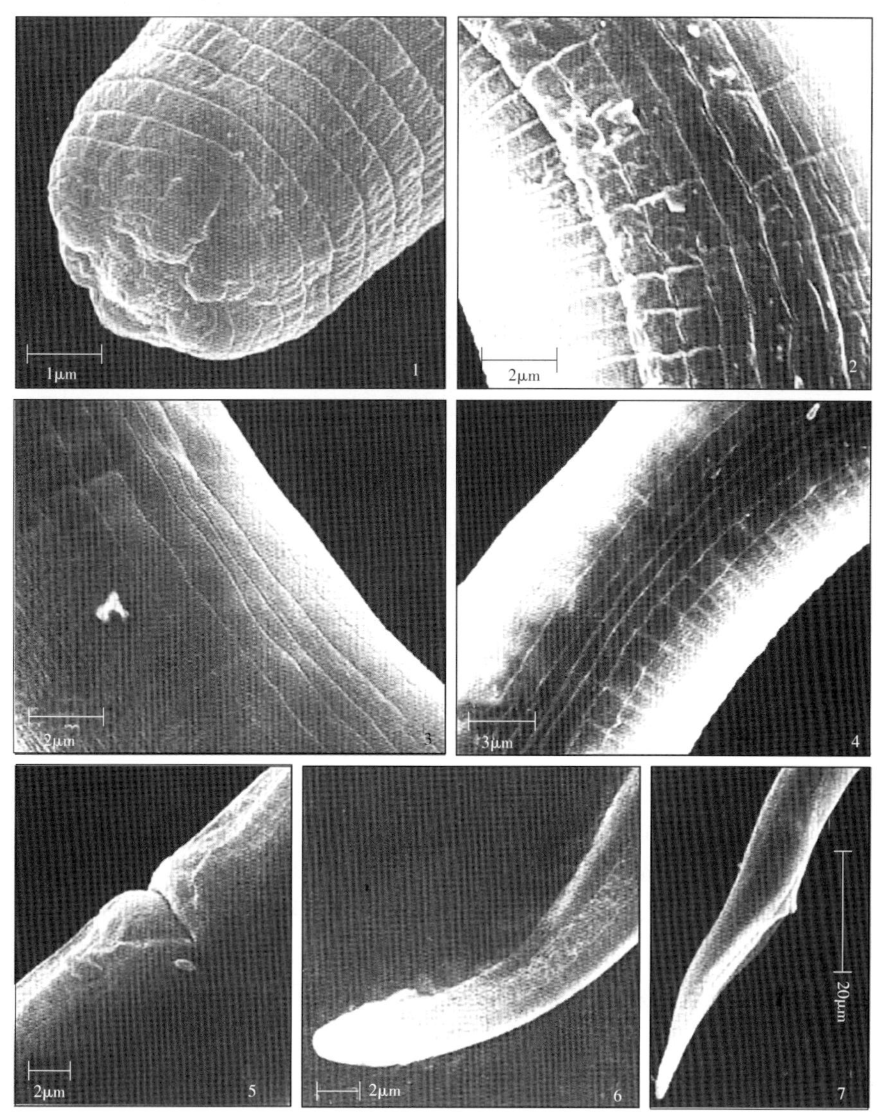

图 4-16-2　腐烂茎线虫扫描电镜照片（引自张绍升，2006）

Figure 4-16-2　Scanning electron microscopy photographs of *Ditylenchus destructor* (from Zhang Shaosheng，2006)

1. 雌虫唇区　2～4. 雌虫侧面　5. 雌虫阴门　6. 雌虫尾部　7. 雄虫尾部

置于 42℃温箱中 24h 线虫即全部死亡。

甘薯腐烂茎线虫喜温耐干，在含水量 12.7%的瓜干中大部分线虫呈休眠状态，遇到雨水或浸在水中即恢复活动。如晒干存放 7 个月的甘薯蔓拐，浸水 24h 后，内部的线虫存活率达 98%。

栽培方式对病害发生影响很大，一般春薯发病重于夏薯，甘薯直栽重于苗栽。种植夏薯或春薯提前收获，线虫为害期短，可减轻为害。另一方面，土质对该线虫的发病程度也有一定的影响，一般来讲质地疏松、通气性好的沙质土、干燥土病重，黏质土病轻。

由于不同甘薯品种对甘薯腐烂茎线虫具有不同的抗性水平，所以在相同条件下，不同抗性的品种间发病情况差异特别明显，如郑红 22 表现为高抗，而胜利百号、栗子香则表现为高感。

六、防治技术

由于茎线虫病一旦发生，病薯、病苗都可传播，为害严重。所以，防治上应在加强检疫措施、保护无病地基础上，病区采用以建立无病留种地为中心，加强农业防治和药剂防治相结合的综合防治措施。

（一）耕作措施

第一应加强检疫措施，严格实行种薯、种苗检疫，严禁从病区调运种薯、种苗，同时对病区薯干也应控制调运，保护无病区。第二是建立无病留种地，繁育和种植无病种薯、种苗。例如，可选3～5年未种过甘薯及其他甘薯腐烂茎线虫寄主植物的地块作留种地。留种地幼苗扦插时最好从春薯地中剪蔓头，繁殖的种子育苗后用药剂浸苗后再扦插，以保证种苗不带线虫。生长期还要防止线虫传入，种薯单收单藏。第三要清除病残体，减少侵染来源，尤其是发病较重的田块，更要在育苗、移栽、储藏3个时期，严格清除病残体（包括收获时乱扔在田间的病薯、病蔓等），集中晒干烧毁，勿作肥料或留用。第四要实行轮作，由于该线虫的寄主范围较宽，所以，轮作时应避免产生块根或块茎的作物，可选用玉米、小麦、棉花等。

（二）药剂防治

药剂防治是甘薯茎线虫病防治的重要措施，而且可以直接杀死土壤、粪肥、种苗中的线虫。过去病区常用具有熏蒸性的药剂处理土壤，但熏蒸性药剂必须在插秧前20～30d使用，处理上比较麻烦，因此，近年来开展了大量关于非熏蒸性药剂的研究，包括药剂筛选、植物源活性物质提取等方面，筛选出了一批对甘薯腐烂茎线虫防治效果较好的药剂，如30%三唑磷微囊剂、30%辛硫磷微囊剂、噻唑磷、甲氨基阿维菌素苯甲酸盐等。很多筛选出的药剂已经应用到生产实践中，如10%噻唑磷颗粒剂，移栽时用穴施或开沟，施药，浇水，栽苗的方法，每667m^{2}用量1～1.5kg，对甘薯腐烂茎线虫具有一定的防治效果。另外，大田药剂防治时，必须配合药剂浸苗才能获得良好的防治效果。

值得注意的是，杀线虫剂对甘薯腐烂茎线虫的趋向行为也有一定的影响。正常情况下，该线虫对灰霉菌、半裸镰刀菌趋性最强，其次为马铃薯，对甘薯趋性最弱（何琪等，2010）。在高剂量（10mg/L）的阿维菌素或有机磷类杀虫剂处理后，甘薯腐烂茎线虫表现出明显的蜷曲、痉挛或静止不动等中毒症状。经清水清洗去除药剂后中毒症状仍未消失。然而在杀线虫剂的处理浓度为0.01～0.1mg/L时，甘薯腐烂茎线虫对灰葡萄孢、甘薯的趋向性均有所增强（向嘉乐等，2011）。

（三）选育抗性品种

抗性育种是防治茎线虫病最为经济、环保的方法（贾赵东等，2008）。长期以来，人们在甘薯抗茎线虫病的抗性品种选育、鉴定方面也做了大量工作。鉴定出了福薯13、烟紫薯176、徐01-2-5、华北52-45、烟252、济薯10号、鲁薯3号、青农2号、美国红、安薯1号、郑红22等高抗品种。明确了甘薯形态结构与茎线虫病抗性之间的关系。同时利用转基因技术成功将一段蛋白酶抑制剂基因转入甘薯，使栗子香、徐18两个甘薯品种对甘薯腐烂茎线虫表现出较高的抗性。

谢逸萍　徐振（中国农业科学院甘薯研究所）

第17节　甘薯紫纹羽病

一、症状

甘薯紫纹羽病主要发生在大田期，侵害薯块和薯拐。发病植株黄弱，薯块表面生有病原菌的菌丝，白色或紫褐色，似蛛网状，病症明显（彩图4-17-1）。病薯由下向上，从外向内腐烂，后仅残留外壳。地上部的症状表现为叶片自茎渐次向上发黄脱落。

二、病原

甘薯紫纹羽病病原为桑卷担菌（*Helicobasidium mompa* Tanaka），属担子菌门卷担菌属。担子无色，圆筒形，有的为棍棒形或弯曲，大小为（25～40）μm×（6～7）μm，其上产生担孢子，无色，卵形或肾形，上圆下尖，直或稍弯曲，大小为（16～19）μm×（6～6.4）μm。菌核扁球形，表层紫色，内层黄褐色，中央白色，菌核大小为（1～3）μm×（0.5～2）μm。无性型为紫纹羽丝核菌［*Rhizoctonia crocorum*（Pers.：Fr.）DC.］，属担子菌无性型丝核菌属。病原菌寄主范围很广，除甘薯外还可侵染马铃薯、棉花、甜菜、大豆、花生、桑、茶、葡萄和多种树木以及杂草等100多种植物。

三、病害循环

病菌以菌丝体、根状菌索和菌核在病根上或土壤中越冬。条件适宜时，根状菌索和菌核产生菌丝体，菌丝体集结形成的菌丝束在土壤中延伸，接触寄主根后即可侵入为害，一般先侵染新根的柔软组织，后蔓延到主根。此外，病根与健根接触或从病根上掉落到土壤中的菌丝体、菌核等，也可由土壤、流水进行传播。病残体沤肥未经腐熟施入田间也可传播。病菌在土壤中适应性强。

四、发病条件

病区甘薯连作地发病严重。甘薯与桑、茶等树木混作易发病。初秋高温多雨潮湿条件下易发病。偏酸的土壤环境下易发病。沙土层、土层浅或漏水地以及缺肥、甘薯生长不良的地块病害均重，多施有机肥和碱性肥料病害轻。

五、防治技术

1. 加强栽培管理 严格挑选种薯，剔除病薯；或通过温汤浸种的方法，在育苗前将薯块浸入 55℃温水中 10min；苗床用净土，以培育无病壮苗。

不宜在发生过紫纹羽病的桑园、果园以及大豆、花生地等栽植甘薯，最好与禾本科作物轮作。

增施有机肥，提高土壤肥力并改善土壤结构，增强植株抗病能力。

2. 及时清除病株和病残体 田间发现病株要在菌核形成以前，及时将病株和病土一起铲除，再用福尔马林或石灰水进行消毒。山坡梯田应特别注意防止水流传病。同时，禁止将病地作为蔬菜秧田或果木苗圃，以防带土移栽时扩大病区。此外，还应注意带菌肥料、人、畜和农具等传播病害。

3. 及时防治 发病初期在病株四周开沟阻隔，防止菌丝体、菌索、菌核随土壤或流水传播蔓延，及时喷淋或浇灌 36%甲基硫菌灵悬浮剂 500 倍液，或按 500g/hm^{2}的用量施用 20%氟酰胺可湿性粉剂。

谢逸萍 杨冬静（中国农业科学院甘薯研究所）

第 18 节 甘薯黑痣病

一、分布与危害

甘薯黑痣病在我国各甘薯产区均有发生。该病只侵害薯块表皮，对薯块产量和品质基本无影响，但是对薯块的商品性影响极大，随着甘薯鲜食产业的兴起，对甘薯黑痣病应引起足够的重视。

二、症状

田间生长期和储藏期均可发病，多侵害薯块。薯块发病，初时在薯块表面产生淡褐色小斑点，其后斑点逐渐扩大变黑，为黑褐色近圆形至不规则形大斑。湿度大时，病部生有灰黑色粉状霉层。发病严重时，病部硬化并有微细龟裂（彩图 4-18-1）。病害一般仅侵染薯皮附近的几层细胞，并不深入薯肉。但薯块染病后易丧失水分，在储藏期容易干缩，影响质量和食用价值。

三、病原

甘薯黑痣病病原为薯毛链孢（*Monilochaetes infuscans* Ell. et Halst. ex Harter），属无性型真菌毛链孢属。菌丝初期无色，后变为黑色。分生孢子梗从病部表层的菌丝分出，不分枝，基部略膨大，具隔膜，长为 40～175μm，其顶端不断产生分生孢子。分生孢子无色或稍着色，单胞，圆形至长圆形，大小为（12～20）μm×（4～7）μm。

四、病害循环

病菌主要随病薯在窖内越冬，也可在病蔓上及土壤中越冬。翌春育苗时即可侵染引起幼苗发病。田间病菌侵染植株发病后产生分生孢子侵染薯块。病菌主要借雨水、灌溉水传播，直接从表皮侵入，侵害表皮层。

五、流行规律

1. 温湿度 该病在 6～32℃时发病，传播的最适温度为 30～32℃，储藏期间，窖温升高，温度、湿度适宜，可引起全窖薯块发病；夏、秋两季多雨、受涝，地势低洼或排水不良，土壤有机质含量高，土壤黏重及盐碱地发病重。由于近年来水利条件有了较大改善，大水漫灌反而加重了该病通过流水的传播。

2. 菌源 大面积连年种植甘薯，病薯和薯苗带菌量得到有效积累，加上施用未腐熟粪肥，均会加大菌源数量。

3. 品种易感病 近年来推广的品种，品质较好，商品价值高，但均不抗黑痣病。

六、防治技术

（一）杜绝种苗传病

建立无病苗床，选用无病、无伤、无冻害的种薯。选择无病地建立无病采苗圃和无病留种地，培育无病种薯。无病地区不要到病区引种、买苗，杜绝病害的传入。

（二）栽培措施

1. 栽种和收获时期 春薯可适当晚栽，能减轻黑痣病发生。收获期要做到适时收获，一般在寒露至霜降之间，具体时间以当地日平均气温15℃左右为宜。若收获过晚，薯块容易遭受霜冻，利于黑痣病菌侵入。收获后要用晒场晒2～3d，使薯块伤口干燥，可抑制病菌侵入薯块。也可先在屋内干燥处晾放10～15d（堆0.3～0.7m高即可），渡过薯块旺盛呼吸阶段，迫使薯块进入休眠状态，然后再入窖。

2. 注意防涝 采用高畦或起垄种植，雨后及时排水，减少土壤湿度，可防止甘薯黑痣病的发生。

3. 实行轮作 有条件的地方，可实行与禾本科作物3年以上的轮作。

4. 采用高剪苗 高剪苗可以很大程度上减轻薯苗病原物的携带量，有效防止或减轻大田病害的发生。

（三）化学防治

1. 苗床育秧期 不用病薯块作种薯，对无病薯块也要进行药剂处理。方法是用50%多菌灵可湿性粉剂或50%甲基硫菌灵可湿性粉剂1 000倍液浸泡10min进行消毒。浸泡后的药液要泼在苗床上，注意不要用复方多菌灵或复方甲基硫菌灵，以免有效成分浓度不够，影响防治效果。剪下的薯苗用上述药液浸泡根部（约10cm）10min。连根拔下的薯苗要将根部剪掉后再浸泡。苗床上若发现病薯要立即深埋或烧毁处理。

2. 大田栽植期 大田栽秧时，每667m^2用50%多菌灵可湿性粉剂1～3kg对细土，浇水栽秧后，施药土，最后覆土，可杀灭土壤中的黑痣病菌。

（四）加强储藏期管理

甘薯储藏期窖温要控制在12～15℃，如果温度低于9℃，甘薯易受冻害，诱发黑痣病或其他病害；如果温度高于17℃，甘薯极易发芽生根，且利于黑痣病的发生。

谢逸萍 赵永强（中国农业科学院甘薯研究所）

第19节 甘薯软腐病

一、分布与危害

甘薯软腐病为甘薯储藏期的主要病害之一。分布广泛，全国各甘薯产区均有发生。发病后，病原菌分泌果胶酶，溶解细胞壁中的果胶质，使组织软腐，且蔓延迅速，常使全窖腐烂，造成严重的经济损失。

二、症状

病菌多从薯块两端和伤口侵入。薯块发病初期，外部症状不明显，仅薯块变软，呈水渍状，发黏。薯皮破后流出黄褐色汁液，有酒香味，如伴有其他微生物的生长，则发出酸霉味和臭味，以后干缩成硬块（彩图4-19-1）。病菌侵入多由一点或多点横向发展，很少纵向发展。病菌自薯块中腰部侵入导致的坏烂称为环腐型；病菌自薯块头部侵入导致薯块半段干缩称为顶腐型。

三、病原

甘薯软腐病病原不止一种，都属于接合菌门根霉属，其优势病原为黑根霉（*Rhizopus nigricans.*）。菌丝初无色，后变暗褐色，形成匍匐根。无性态由根节处簇生孢囊梗，直立，暗褐色，顶端着生孢子囊。孢子囊黑褐色，球形，囊内产生很多深褐色的孢子，单胞，球形，卵形或多角形，大小为 11～14μm，表面有条纹。成熟时孢子囊膜破裂，散出大量孢囊孢子。在条件适宜的情况下，孢囊孢子萌发产生芽管并进一步长成无隔菌丝。有性态产生黑色接合孢子，但极少见，球形表面有突起。

四、病害循环

病菌附着在被害作物和储藏窖内越冬，为初侵染源。病菌从伤口侵入，病组织产生孢囊孢子借气流传播，进行再侵染。薯块损伤、冻伤，易于病菌侵入。

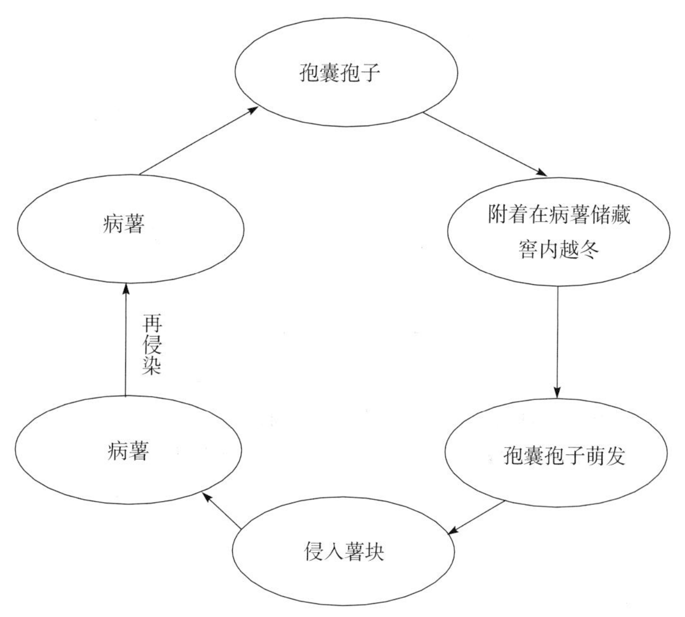

图 4-19-1 甘薯软腐病病害循环（杨冬静提供）
Figure 4-19-1 Disease cycle of sweetpotato soft rot (by Yang Dongjing)

五、发病条件

病原菌菌丝生长最适温度为 23～26℃；产生孢囊孢子的最适温度为 23～28℃；孢子萌发的最适温度为 26～28℃；发病的最适温度为 15～23℃。相对湿度 78%～84%有利于病害发生，由于孢子侵入并不需要饱和的湿度，故侵入以后，虽在较低的相对湿度下仍能继续为害；气温29～33℃，相对湿度高于 95%不利于孢子形成及萌发，但利于薯块愈伤组织形成，因此发病轻。侵染循环如图 4-19-1。

六、防治技术

1. 科学采收 适时收获，避免伤口。

2. 强化入窖前工作 入窖前精选健薯，病菌可通过薯块间的接触从病薯传到健薯，入窖前应淘汰病薯，把水分晾干后适时入窖。入窖前清理、熏蒸薯窖。

3. 加强储藏管理 对窖储甘薯应根据甘薯生理反应及气温和窖温变化进行 3 个阶段的管理：①储藏初期，即入窖后 30d 内，由于薯块生命活力旺盛，呼吸强度大，放出大量的热量、水分和二氧化碳，从而形成高温高湿的环境条件，因此，这段时间的主要工作是通风、降温和散湿，温度控制在 15℃以下，相对湿度控制在 90%～95%。具体措施就是利用通风孔或门窗，有条件的利用排风扇，加强通风。如果白天温度高，可以采取晚上打开、白天关闭的方法；以后随着温度的逐渐下降，通风孔可以日开夜闭，待窖温稳定在 15℃以下时可不再通风。②储藏中期，即 12 月至翌年 2 月低温期，是一年中最冷的季节，应注意保温防冻，使窖温不低于 10℃，最好控制在 12～14℃。具体措施为封闭通风孔或门窗，加厚窖外保温层，薯堆上覆盖草垫或软草。③储藏后期，即 3 月以后，外界气温逐渐升高，要经常检查窖温，保持在 10～14℃，中午温度过高及时放风，傍晚及时关闭风口，使窖温保持在适宜范围之内。

谢逸萍　杨冬静（中国农业科学院甘薯研究所）

第 20 节 甘薯干腐病

一、分布与危害

甘薯干腐病是甘薯储藏期的主要病害之一。我国江苏、浙江、山东等省份发生普遍。1976 年在山东历城县重点调查，平均发病率 49.6%，严重的达 72%。甘薯干腐病一般造成损失约 2%，严重时甚至全窖发病，造成严重损失。

二、症状

甘薯干腐病有两种类型，在收获初期和整个储藏期均可发病。一类是由半知菌门镰刀菌属的一些株系引起的，这类干腐病在薯块上散生圆形或不规则形凹陷病斑，发病部分薯皮不规则收缩，皮下组织呈海绵状，淡褐色，病斑凹陷，进一步发展时，薯块腐烂，呈干腐状。后期才明显见到薯皮表面产生圆形或近圆形病斑。病斑初期为黑褐色，以后逐渐扩大，直径 1～7cm，稍凹陷，轮廓有数层，边缘清晰。剖视病斑组织，上层为褐色，下层为淡褐色糠腐。受害严重的薯块，大小病斑可达 10 个以上（彩图 4-20-1）。此种类型与甘薯黑斑病很相似，但病斑以下组织比黑斑病疏松，且呈灰褐色，而黑斑病剖面组织近墨绿色，质地硬实。在储藏后期，此类病菌往往从黑斑病病斑处相继侵入而发生并发症。

另一类干腐病由子囊菌门间座壳属的甘薯间座壳菌引起，这类干腐病多在薯块两端发病，表皮褐色，有纵向皱缩，逐渐变软，薯肉深褐色，后期仅剩柱状残余物，其余部分呈淡褐色，组织坏死，病部表现出黑色瘤状突起，似鲨鱼皮。

三、病原

第一类甘薯干腐病的病原为无性型镰孢属真菌，主要有尖镰孢［*Fusarium oxysporum* Schltdl. ex Snyder et Hansen］、拟轮枝镰孢［*F. verticillioides*（Sacc.）Nirenberg］和腐皮镰孢［*F. solani*（Martius）Appel et Wollenw. ex Snyder et Hansen］。尖镰孢和腐皮镰孢除产生大型、小型分生孢子外，还可产生厚垣孢子。小型分生孢子假头状着生。拟轮枝镰孢不产生厚垣孢子，小型分生孢子念珠状串生。尖镰孢菌大型分生孢子宽度大于 4μm，而腐皮镰孢小于 4μm。尖镰孢主要从伤口侵入，菌丝体在薯块内部蔓延，破坏组织，使之干缩成僵块。当湿度高时，在薯块空隙间产生菌丝体和分生孢子，并从组织内经表面裂缝长出白至粉红色的霉状物。

第二类甘薯干腐病的病原是子囊菌门间座壳属菜豆间座壳［*Diaporthe phaseolorum*（Cooke et Ellis）Sacc.］。假子座发达，黑色，生于基物内，部分突出，子囊壳埋生于子座基部，有长颈伸出子座外。子囊短圆柱形，顶壁厚。子囊孢子椭圆形或纺锤形，双胞，无色。无性型为拟茎点霉属菜豆拟茎点霉［*Phomopsis phaseoli*（Desm.）Sacc.］。分生孢子器中产生两种类型分生孢子。甲型：无色，单胞，纺锤形，直，通常含 2 个油球；乙型：无色，单胞，线型，一段弯曲成钩状，不含油球。

四、病害循环

甘薯镰孢菌干腐病的初侵染源是种薯和土壤中越冬的病原菌。带病种薯在苗床育苗时，病菌侵染幼苗；带菌薯苗在田间呈潜伏状态，甘薯成熟期病菌可通过维管束到达薯块。主要从伤口侵入，储藏期扩大侵害范围，收获时冷、过湿、过干都有利于储藏期干腐病的发生。发病最适温度为 20～28℃，32℃以上病情停止发展。

五、防治技术

1. 培育无病种薯 选用 3 年以上的轮作地作为留种地，从春薯田剪蔓或从采苗圃高剪苗，栽插夏、秋薯。

2. 精细收获 小心搬运，避免薯块受伤，减少感病机会。

3. 清洁薯窖，消毒灭菌 旧窖要打扫清洁，或将窖壁刨一层土，然后用硫黄熏蒸（每立方米用硫黄

15g)。北方可采用大屋窖储藏，入窖初期进行高温愈合处理。

4. 薯块消毒 薯块入窖前用 50%甲基硫菌灵可湿性粉剂 500～700 倍液，或 50%多菌灵可湿性粉剂 500 倍液，浸蘸薯块 1～2 次，晾干入窖。

谢逸萍 孙厚俊（中国农业科学院甘薯研究所）

第 21 节 甘薯蔓割病

一、分布与危害

甘薯蔓割病又称镰孢菌枯萎病、萎蔫病、蔓枯病、茎腐病等。该病广泛分布于我国各甘薯产区，但在我国南方薯区发生为害较严重。甘薯苗期发病可造成出苗量减少；大田期发病越早，产量损失就越大，重病田块可减产 80%以上。病原菌除侵害甘薯外，还可侵染烟草、马铃薯、番茄、黄秋葵、甘蓝、棉花、玉米、大豆等多种作物，可侵染作物根部而不引起外部症状。

二、症状

苗期发病，主茎基部的老叶先变黄，有些变形。茎蔓的维管束变色，有时病原菌侵染后暂时不表现症状，扦插后不久开始发病，先是叶片发黄，之后茎基部膨大，纵向开裂，露出髓部；剖视可见维管束变为黑褐色，裂开处呈纤维状（彩图 4 - 21 - 1）。气候潮湿时病部开裂处上面长出由病菌菌丝体和分生孢子组成的粉红色霉状物。薯块染病后薯蒂部呈腐烂状，横切病薯上部，维管束呈褐色斑点。病株的叶片自下而上逐渐变黄凋萎脱落，最后全株干枯而死。有时老叶枯死又会长出新叶，但新叶较小而变厚，节间短，丛生，有些病株依靠不定根吸收养分，故凋萎较慢。

三、病原

该病可由两种镰孢菌侵染引起，第一种为尖镰孢甘薯专化型［*Fusarium oxysporum* Sohltdl. ex Snyder et Hansen f. sp. *batatas*（Wollenw.）Snyder et Hansen］，属无性型真菌镰孢属。其大型分生孢子无色，具 1～3 个分隔，大小为（25～45）μm×（2.75～4）μm；小型分生孢子无色，单胞或具 1 个分隔，大小为（5～12）μm×（2～3）μm；厚垣孢子球形，褐色。第二种为球茎状镰孢甘薯变种（*F. bulbigenum* Cke. et Mass. var. *batatas* Wollenw.），属无性型真菌镰孢属。其大型分生孢子具4～5 个分隔，大小为（35～42）μm×（3.25～4.75）μm；小型分生孢子单胞，卵圆至椭圆形，大小为（5～12）μm×（2～3.5）μm；厚垣孢子球形，褐色。

四、病害循环

病菌以菌丝和厚垣孢子在病薯块内或附在田间的病株残体上越冬，可在土中存活 3 年以上，因而病薯、病蔓和土壤都是翌年的初侵染源。主要侵染方式是病菌从土壤中通过幼苗茎部或根部的伤口或带病种薯的导管侵入，在导管组织内繁殖，致使茎基、叶柄及块根受害，直至黄化、萎蔫，或使根茎部变黑、腐烂；为害严重的在薯拐出现开裂或部分变褐，致使染病植株枯萎、死亡。温度高，病菌潜育期短，27～30℃时只需 11d；温度低，则潜育期长。病薯块和薯苗调运是病菌进行远距离传播的途径，流水和耕作是近距离传播的主要途径。侵染循环见图 4 -21 - 1。

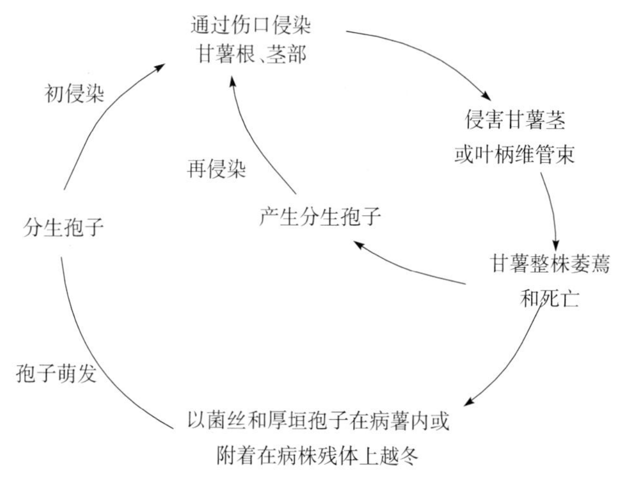

图 4 - 21 - 1 甘薯蔓割病侵染循环（刘中华提供）
Figure 4 - 21 - 1 Disease cycle of sweetpotato wilt (by Liu Zhonghua)

五、流行规律

甘薯蔓割病的发生为害严重度与温度和湿度的关系密切。土温在15℃左右时，病菌就能繁殖侵染，土温在27～30℃时最易侵染，在25℃以下时病害发展缓慢，因此夏季病害重于春季，盛夏和秋季大雨是造成该病流行的主要因素。甘薯扦插返苗期，凡遇阴雨发病重，一般栽后15～20d出现枯萎死苗高峰。甘薯生长中后期遇多次降雨，病害有继续蔓延趋势。植株根、主蔓、支蔓、叶柄等不同部位均可见纵裂症状，但多发生在近土壤的薯拐部分，以薯拐发病最重，发病愈早受害愈重。从土壤类型看，土质疏松贫瘠的酸性连作沙土、沙壤土发病较重，而土质较黏、pH较高的稻田土等发病较轻。病地连作发病重，轮作发病减轻，新开垦地块病害轻。

六、防治技术

1. 选用抗病品种 甘薯蔓割病属于土传性病害，生产上无特别经济有效的化学药剂。选育和推广抗病品种是最经济有效的防治措施。因此，建议生产上选用华北48、潮薯1号、广薯15、广薯16、豆沙薯、湘农黄皮、金山57、广薯87、福薯2号、岩薯5号等抗病良种。

2. 培育无病健苗 选择灌溉方便、排水通畅、光照充足、土质肥沃的无病田块建立育苗床，结合健康的种薯培育无病健苗。禁止从病区调运种薯、种苗。田间发现病株，尽量拔除销毁。

3. 实行轮作 有条件的地区实行水旱轮作，重病地可与水稻、大豆、玉米等轮作3年以上。

4. 药剂浸种 种薯育苗前用25%苯菌灵悬浮剂100～200倍液处理1min；或在育苗和大田扦插时，用70%甲基硫菌灵可湿性粉剂700倍液或50%多菌灵可湿性粉剂500倍液浸种、浸苗10min。

5. 化学防治 移栽前将薯苗浸在80%多菌灵可湿性粉剂有效成分浓度为0.8g/L的溶液里，或50%多菌灵可湿性粉剂有效成分浓度1.0g/L的悬液里20min，取出晾干6～8h后扦插。必要时喷淋或浇灌2%春雷霉素可湿性粉剂2 000～3 000倍液、30%多·福可溶粉剂400倍液、25%增效多菌灵可溶液剂300倍液、3%甲霜·噁霉灵水剂800倍液。

刘中华　余华（福建省农业科学院）

第22节　甘薯疮痂病

一、分布与危害

甘薯疮痂病又称甘薯缩芽病、甘薯硬杆病、甘薯麻风病、狗耳病等。我国最早于1933年在台湾发现，之后在福建、广东、海南、广西、浙江等省（自治区）发生，海南、广东、福建、浙江为害较重。该病的为害程度与发病期的迟早相关，一般情况下发病越早，为害程度越重，损失越大。苗期染病使其生长缓慢，苗小而劣，无法及时采苗而贻误农时。若植株生长前期发病，通常造成30%～40%的产量损失，严重的损失可达60%～70%；中期发病，产量损失可达20%～30%；后期发病，则产量损失仅10%左右。发病植株除造成产量损失外，病薯中的淀粉含量减少，品质降低。

二、症状

甘薯疮痂病主要侵害甘薯地上部的嫩梢、幼芽、叶片、叶柄、藤蔓及薯块等，尤以嫩叶的反面叶脉最易感染，同时也可侵害薯块。发病初期病斑为红色油渍状的小点，之后随茎、叶的生长病斑逐渐加大并突起，变为白色或黄色；突起的部分呈疣状，木质化后形成疮痂。疮痂表面粗糙，开裂而凹凸不平。叶片发病后变形，向内卷曲，严重的皱缩变小，伸展不开而呈扭曲畸形；嫩梢和顶芽受害后缩短，直立不伸长或卷缩呈木耳状；茎蔓被侵染后初为紫褐色圆形或椭圆形突起疮疤（彩图4-22-1），后期凹陷，严重时疮疤连成片，植株生长停滞，受害严重的藤蔓折断后乳汁稀少。在环境条件潮湿的情况下，病斑表面长出病菌的分生孢子盘呈粉红色毛状物。薯块被害后表面产生暗褐色至灰褐色小点或干斑，干燥时疮痂易脱落，残留疹状斑或疤痕，造成病斑附近的根系生长受抑，健部继续生长致根变形，病薯薯块小而多，呈不规则形。

三、病原

甘薯疮痂病是由甘薯痂囊腔菌［*Elsinoë batatas* Viégas et Jenkins］引起的一种真菌性病害，该菌属子囊菌门痂囊腔菌属。无性型为甘薯痂圆孢（*Sphaceloma batatas* Sawada），属子囊菌无性型痂圆孢属。此外，有报道甘薯链霉菌（*Streptomyces ipomoea*）也是该病病原。病菌以菌丝体寄生于植株表皮细胞和皮下组织，之后在病斑表面形成分生孢子盘，并产生分生孢子梗和分生孢子。分生孢子梗单胞，圆柱形，无色；分生孢子单胞，椭圆形，两端各含一个油点。在极少情况下可见菌丝体在干枯的病残体上形成子座及其单排、球形的子囊，大小为（10～12）μm×（15～16）μm，内生4～6个透明、有隔、弯曲的子囊孢子，大小为（3～4）μm×（7～8）μm。

四、传播途径

病菌以菌丝体在甘薯病残组织内或枝条中越冬，病菌分生孢子是初侵染和再侵染的接种体，借气流和雨水传播，从寄主伤口或表皮侵入致病，以带菌的种苗或带病的薯蔓为田间病害的主要初侵染源。春季气温升高、湿度稍大时，菌丝即开始产生子座，最后产生分生孢子，使甘薯发病。地上部分的病原菌孢子通过风雨传播，地下部分的病菌通过土壤中水分的移动及地下生物的活动传播，带菌种子或患病薯苗的调运是远距离传播的途径。

五、流行规律

在15℃以上时病菌开始活动，气温20℃以上开始发病，25～28℃为最适温度。湿度是病菌孢子萌发和侵入的重要条件，特别是连续降雨和台风暴雨有利于发病。雨天翻蔓，病害扩展蔓延更快。因此，高温、高湿的夏季最易造成该病的流行。我国南方薯区在4～11月均可发病，其中6～9月为病害流行盛期。病菌侵染甘薯需要有饱和的湿度或水滴，遇连续降雨或台风暴雨，往往会出现病害流行高峰。

品种间抗病力的强弱差异很大，从抗、感品种的抗性机理上看，抗病品种藤蔓具有较厚的角质层，叶片气孔和幼嫩组织的腺鳞数目都较少，表现为潜育期长，病斑少；且同一品种不同株龄皮层结构差异与感病程度有密切关系。品种抗性是影响重病区病害流行的重要因素。

地势和土质与发病有很大关系，山顶、山坡地比山脚、过水地等发病轻；旱地比洼地发病轻；沙土、沙质壤土比黏土发病轻；排水良好的土地比排水不良的土地发病轻。

水旱轮作能减轻病害发生。多施含磷和钾的肥料，可使植株生长健壮，减轻发病。

六、防治技术

1. 选用抗病品种 选用抗病品种是防治甘薯疮痂病发生为害的有效途径，也是综合防治的关键措施。大田生产可选种湘农黄皮、广薯70-9、广薯15等抗病品种。

2. 做好病薯苗检疫 先划分无病区与保护区，禁止从疫区调运种苗至保护区，防止病薯（苗）扩大蔓延。

3. 培育无病健苗 选择灌溉方便、排水通畅、光照充足、土质肥沃的无病田块建立育苗床，结合健康的种薯培育无病健苗。

4. 改进耕作制度和栽培技术 坚持轮作，尤以水旱轮作为好。提倡秋薯留种，改老蔓育苗为种薯育苗，培育无病壮苗；施肥时勿偏施氮肥，适当多施磷、钾肥，以增强其抗病力。提倡施用酵素菌沤制的堆肥，多施绿肥等有机肥料或施入土壤添加剂，有抑制发病的作用。

5. 清洁田园 在收获后，尽量清除田间病株、残体，集中烧成灰肥或深埋土中，消灭病源。

6. 化学防治 发病初喷洒36%甲基硫菌灵悬浮剂500～600倍液，50%多菌灵可湿性粉剂600倍液、50%苯菌灵可湿性粉剂1 500倍液或50%福·异菌（灭霉灵）可湿性粉剂800倍液，每667m^{2}施药液50～60L，隔10d施1次，连续防治2～3次。

余华　邱思鑫　刘中华（福建省农业科学院）

第23节 甘薯瘟病

一、分布与危害

甘薯瘟病又名甘薯细菌性萎蔫病，也叫甘薯青枯病，是甘薯的毁灭性病害，被列为国内植物检疫对象。该病于1940年在广东信宜县初次发生，随后在广西、湖南、江西、福建、浙江、台湾等省（自治区）发现，目前多发生在长江以南各薯区。该病蔓延迅速，传播途径广泛，为害严重，造成的损失巨大。发病轻的减产30%～40%，重的可达70%～80%，甚至绝产。

二、症状

甘薯瘟病是一种细菌性萎蔫型维管束病害，从育苗到结薯期都能发生，病菌从植株伤口或薯块的须根基部侵入，破坏组织的维管束，使水分和营养物质运输受阻，叶片青枯垂萎。虽然整个生长期都能发生，但各个时期的症状不同。

育苗期症状：用带病种薯育苗，当苗高15cm时，植株上的1～3片叶首先凋萎，苗基部呈水渍状，后逐渐变黄褐色至黑褐色，严重的青枯死亡。晴天9：00后，尤其在阳光照射下，植株凋萎较明显。早晚或阴雨天凋萎不明显，但观察病苗基部，亦可见水渍状；折断病苗，其汁液稀少且无黏性；纵剖茎蔓，可见维管束由下而上变黄褐色。

大田期症状：病苗栽后不发根，几天后枯死。健苗栽植发棵后，当株高30cm左右时，病菌可从剪口侵入，以致叶片暗淡，无光泽，晴天中午萎蔫。茎基部和入土茎部尤以切口附近，呈明显的黄褐色或黑褐色水渍状。纵剖病茎，维管束变成条状的黄褐色，严重者地下茎部枯死，仅存纤维组织或全部腐烂（彩图4-23-1）。

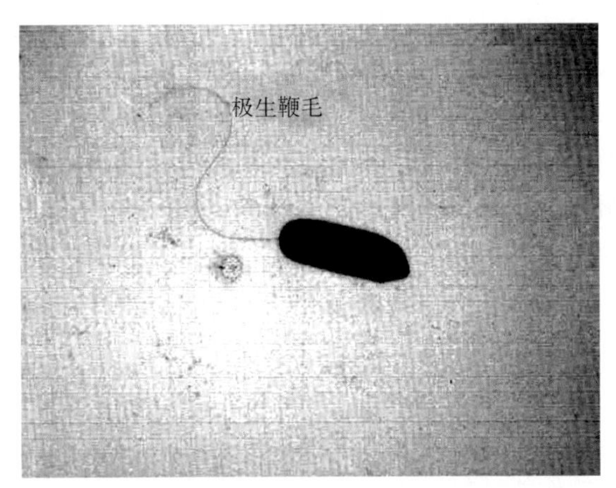

图4-23-1 茄劳尔氏菌电镜图片（刘中华提供）

Figure 4-23-1 *Ralstonia solanacearum* under electron microscopy (by Liu Zhonghua)

当甘薯茎蔓已生出许多不定根时发病，病株茎、叶不表现明显的萎蔫症状，但基部的1～3片叶往往变黄，且地下薯拐附近明显呈黄褐色。折断薯拐，纵剖茎蔓，可见维管束呈黄褐色条纹。多数须根呈水渍状，用手拉极易脱皮。病株若经提蔓，使不定根折断，极易青枯死亡。

薯块症状：轻度感病薯块症状不明显，但薯拐部分呈黑褐色，尾根水渍状，手拉易脱皮。中度感病的因病菌已侵入薯块，薯皮呈片状黑褐色水渍状病斑，纵切薯块可见黄褐色条斑，横切则为黄褐色斑点或斑块，汁液明显减少，有苦臭味，蒸煮不烂，失去食用价值。严重感病的薯块，薯皮发生片状黑褐色水渍状病斑（彩图4-23-2），薯肉为黄褐色，以致全部腐烂，带有刺鼻臭味。

三、病原

甘薯瘟病是由细菌侵染引起的，病原为茄劳尔氏菌［*Ralstonia solanacearum* Yabuuchi et al. =*Burkholderia solanacearum*（Smith）Yabuuchi et al. =*Pseudomonas solanacearum* Smith］，属薄壁菌门劳尔氏菌属（图4-23-1）。生长适宜温度为27～34℃，最高温度为40℃，最低温度为20℃，致死温度为53℃、10min。最适pH为6.8～7.2；菌株间致病力存在分化。茄劳尔氏菌是好气性菌，在水田里只能生存1年左右，在旱地里可存活3年。据福建省农业科学院植物保护研究所方树民研究员试验结果，认为茄劳尔氏菌菌株主要分为两个具有毒性差异的菌系群或致病型，即Ⅰ型和Ⅱ型。福建省农业科学院刘中华等提取Ⅰ型和Ⅱ型病原的基因组DNA，采用RAPD标记进行PCR扩增后发现两种致病型的基因组DNA之间存在差异。

四、发病条件

甘薯瘟病的发生和为害与气候、品种、地势和土质、耕作制度等关系密切。

1. 气候 尤以温度和湿度为最主要因素，在 20～40℃的范围内甘薯瘟病都能繁殖，以 27～32℃和相对湿度 80%以上生长繁殖最快，为害也最重。南方各薯区 6～9 月高温高湿时是发病盛期。此时期如遇降雨或台风暴雨，必出现发病高峰。

2. 品种 据研究，目前尚无免疫的甘薯品种，甘薯瘟病在老病区由于病菌毒性变异和分化，品种间抗病力强弱不一。湘农黄皮、华北 48、新汕头、广薯 3 号、湘薯 75－55、台农 3 号、台农 46、选一和桂农 1 号等品种较抗甘薯瘟病。

3. 地势和土质 凡地势低洼、排水不良的黏质土壤，水分多的山脚和平地，都比山顶、坡地、旱地或排水较好的沙质壤土发病重。偏碱性的海涂地比带酸性的红黄壤发病轻。

4. 耕作制度 连作地不仅甘薯产量下降，而且发病逐年加重。轮作，尤以水旱轮作 2～3 年以上，可以明显减轻甘薯瘟病。

五、传播途径

甘薯瘟病传播媒介很广，通过病苗、病薯、带菌土、肥料和流水等都能带菌传播。

1. 薯块和薯苗传播 病原菌可以潜伏在薯块或薯苗中随调运传播，这是远距离传播的主要途径。

2. 土壤传播 病土上种无病苗，仍能发病；而在病土上培育菜苗、果苗、树苗等，然后带土移栽到别处，都可以诱使甘薯发病。

3. 流水传播 病菌可随水土流失或流水从病田蔓延至无病田，引起甘薯发病。

4. 肥料传播 用病薯或病残体等作饲料，用病土垫圈，最后成为粪肥、厩肥、沤肥等，因其中混有病原菌，将带菌肥料施入薯田，能引起甘薯发病。

六、防治技术

1. 加强检疫 做好病情普查工作，划分病区、保护区和无病区，严格检疫，封锁限制病区。严禁病区的病薯、病苗等上市出售或出境传入无病区，防止扩大蔓延。不用病区牲畜的粪便作为甘薯的肥料，以防止病害传播。

2. 选用抗病良种 在菌系Ⅰ的病区可推广应用抗病性强的华北 48、新汕头、豆沙薯、湘薯 75－55、金山 57 等品种。

3. 培育无病壮苗 提倡用秋薯留种，以提高品种种性，防止退化。用净种、净土、净肥培育出无病壮苗，能增强抗病力。

4. 合理轮作 茄劳尔氏菌属好气性菌。因此，有条件的地方应实行水旱轮作，或甘薯与小麦、玉米、高粱、大豆等作物轮作，这是防治此病的一项重要措施，但应避免与马铃薯、烟草、番茄等轮作。

5. 清洁田园 病薯、病残体带有大量病菌，应于收获时清除病残体并集中烧毁，以免病菌重复感染，扩大为害范围。

6. 土壤消毒 用石灰、硫黄消毒土壤，每公顷施 1 125～1 500kg 石灰氮作基肥，有消毒土壤、调节土壤酸碱度和增强防病的作用。

刘中华　邱思鑫　余华（福建省农业科学院）

第 24 节　甘薯丛枝病

一、分布与危害

甘薯丛枝病俗称薯公、藤鬼，甘薯丛枝病蔓延快、为害大，是甘薯生产上的主要病害，在我国东南沿海主薯区流行多年，发病率高，是影响我国甘薯产量和品质的一个主要限制因子。在苗床期、大田生长期均可发生，早期染病可致绝收，中后期染病可严重影响产量和质量。甘薯丛枝病在福建发生历史较久，20世纪60年代初仅在沿海薯区零星发现，之后随各地大量引种、调苗，致使该病迅速向其他地区蔓延。20世纪80年代后期在福建沿海薯区普遍发生，有的年份流行成灾，造成严重减产。

二、症状

甘薯感染丛枝病后，其典型症状是植株叶小、褪绿、矮缩，侧枝丛生和小叶簇生（彩图4-24-1），叶色浅黄，叶片薄且细小、缺刻增多。侧根、须根细小、繁多。植株生长早期感染该病后，起初是顶蔓的叶片变小、萎缩、叶色较淡；继而蔓的下部侧芽不断萌发，节间缩短，形成丛枝和簇叶。病叶往往较正常叶片小，有的叶片大小虽改变不大，但其表面粗糙、皱缩，叶片增厚，有的叶片叶缘还会向上卷，病叶汁液较健叶少而色淡。花器叶化，花瓣五裂呈绿色，有的花器呈扭曲状，均不结实。早期感病的植株大部分不结薯或结小薯。中后期染病同样表现小叶、丛枝症状。1个芽眼能长出10～19个分枝，由于潜育期较长，所以会出现无症状的带毒薯蔓，称为“隐潜苗”，“隐潜苗”常被当作健苗种植；地下部吸收根多而细小，不结薯或结薯小且干瘪，薯皮粗糙或生有突起物，颜色变深，薯肉汁少、纤维多，病薯肉一般煮不烂，有硬心，失去食用价值。

三、病原

甘薯丛枝病是由甘薯丛枝植原体（Sweet potato withches’broom phytoplasma）引起的一种病害。该植原体粒体在甘薯病株叶脉韧皮部的筛管细胞中为球形、卵圆形、哑铃状等多种形状。其野生寄主有牵牛（*Pharbitis nil*）、圆叶牵牛（*P. purpurea*）、厚藤（*Ipomoeapes-caprae*）、长豇豆（*Vigna unguiculata* var. *sesquipedalis*）、番茄（*Lycopersicon esculentum*）。它可通过叶蝉持久性传播。该植原体的潜伏期长，通过嫁接接种甘薯后潜伏期可达283d。近年发现马铃薯Y病毒组的线状病毒和植原体复合侵染引起甘薯丛枝病。

四、发病条件

1. 病苗 凡用病薯、病藤所育成的薯苗，特别是病区以越冬老蔓育苗，因薯苗多带有病原物，故栽到大田里即可发病，造成减产。

2. 传播介体 每当粉虱、蚜虫、叶蝉等传病昆虫大量发生时，甘薯丛枝病就发生严重。年降水量小或遇持续干旱有利于传媒昆虫繁殖，导致病害流行。

3. 栽培条件 土壤、耕作制度、栽插日期与甘薯丛枝病发生密切相关。干旱瘠薄的土地比湿润肥沃的土壤发病重，连作地比轮作地发病重，早栽比迟栽发病重。

五、传播途径

甘薯病藤、病薯上的植原体是甘薯丛枝病的初侵染源。干旱瘠薄地、连作地、早栽地发病重。传播媒介为粉虱、蚜虫、叶蝉等传毒昆虫。田间传病以虫传为主，非介体传播以无性繁殖薯块、薯苗为主，也是远距离传播的主要途径之一。嫁接可以传病，而种子、土壤不会传病。

六、防治技术

防治甘薯丛枝病应采取无病种薯、种苗为中心的综合防治措施，并加强检疫，隔离病源，压缩疫区，以控制病害的发展。

（一）加强检疫

严格执行植物检疫制度。甘薯丛枝病一般都是随着种苗的调运而长距离传播的，截住病源，控制疫区，严禁到病区引种、调苗，以防病害随病薯、病苗向无病区传播蔓延。建立无病留种地，自繁、自选、自用，培育栽植无病种薯、种苗可防止因调运病薯苗而传播蔓延。

（二）选用抗病良种

据调查，现在栽培的甘薯品种尚未发现有对丛枝病免疫的，但品种的抗病性有明显差异。生产上可选用汕头红、惠红早、禹北白、湖北种、潮薯1号、漳浦1号、沙捞越、金山57、福薯2号、龙薯9号等较抗病的品种。

(三) 清除初侵染源

调查发现，过冬苗是此病的主要侵染源，也是媒介昆虫越冬、大量繁殖传病的重要场所。因此，彻底改过冬苗为薯块育苗，选用无病薯块，培育无病薯苗是清除侵染源的首要工作。另外，在甘薯收获后立即全面彻底清除病薯和病株残体，及时拔除苗地与大田病株，尤其要及早除净苗地和早栽薯田的早期病株，尽量减少初侵染源数量。

(四) 治虫防病

研究表明，田间发病以虫传为主。加强苗圃治虫防病是减轻病害的重要措施之一。甘薯苗圃均选择避风向阳的温暖地带，正好是小青叶蝉、红蜘蛛、蓟马、粉虱等迁入越冬的好场所。因此必须经常检查苗圃，见到病株立即拔除，及时防治粉虱、蚜虫、叶蝉等传病昆虫。在大田甘薯收获后，要抓紧薯田的治虫工作，把虫媒消灭在传病之前。田间丛枝病发病初期，每隔 5～7d 查苗 1 次，发现病株立即拔除，补栽无病壮苗。定期调查虫情，适时喷洒农药，消灭粉虱、蚜虫、叶蝉等传病害虫，做到灭虫防病。

(五) 推广薯田套种

调查发现，大豆或花生与甘薯套种可明显减轻发病，分别较单作甘薯降低发病率 31%～42%，鲜薯产量则分别高过单作甘薯 78%～96%，还具有提高复种指数、充分利用生长季节、用地养地结合等好处。

(六) 加强栽培管理

实行轮作施用酵素菌沤制的堆肥或腐熟有机肥，增施钾肥，适时灌水，促进植株健康生长，增强抗病力。

余华　邱思鑫　刘中华（福建省农业科学院）

第 25 节　甘薯细菌性黑腐病

一、分布与危害

甘薯细菌性黑腐病主要发生于大田生长前期，发生早的在扦插后发根期开始出现病株，病程发展快，栽后发生期早、条件适宜则死株率高，可造成大面积死苗。20 世纪 80 年代开始，甘薯细菌性黑腐病在福建沿海薯区偶有为害，但被误认为蔓割病，未引起注意。1990 年该病在福建的莆田、惠安和晋江等县的部分甘薯种植地暴发成灾，病害蔓延发展迅速，往往数天内即可大面积流行，扦插后一个多月内大量薯苗枯萎死亡，连续多次补苗，仍有缺株断垄，生长后期可引起地下部的薯块腐烂。病害流行田块受害损失一般达 30%～40%，局部地区的小面积甘薯损失达 80% 以上，甚至绝收。据福建省连城县植保站对红心地瓜干生产基地调查，该病发生为害较为严重，严重田块发病率可达 50%以上，死株率可达 35%，严重影响“连城红心地瓜干”产业的持续发展。该病主要分布在福建、广东、广西、海南等南方诸省（自治区）的甘薯种植区域，在福建福州、莆田、泉州、惠安、晋江、三明、连城等地，广东广州、惠州、湛江、增城、海丰、博罗、惠东等地，广西南宁、东兴、官城等地，海南海口、文昌、澄迈等地均有分布。

二、症状

甘薯细菌性黑腐病病原细菌在田间表现为寄生性弱、致病性强、侵入率高，扦插后生长前发病病株死亡率高；甘薯生长后期病原细菌侵入植株，较少造成死株，分枝症状在主蔓节上终止，主蔓发病症状在长出分枝的节位上终止。大田发根长苗期始见病株，薯苗茎部自下而上突然变黑软腐（彩图 4－25－1）、烂倒死亡。发病初期在茎秆和叶柄上形成棕色至黑色病斑，叶片呈水渍状，暗绿色或黄褐色，根茎维管束组织有明显的黑色条纹，随病程发展，病茎湿腐、髓部腐烂，逐渐消失成空腔，并有恶臭。在分枝结薯期若遇台风暴雨，病菌从伤口侵入形成病斑，沿茎上下扩展，致使茎部呈暗褐至深黑色的湿腐，未形成空腔的病茎干缩时常出现纵裂，症状类似于镰刀菌枯萎病。栽插后早期发病的多数整株枯死，到中后期发病仅 1～2 个枝条枯死，有时收获时病株及某些地上部无症状的植株，其薯拐腐烂，呈纤维状，薯块变黑软腐。

三、病原

1991 年福建农学院方树民鉴定甘薯细菌性黑腐病病原为欧文氏菌（*Erwinia* sp.），2011 年黄立飞等分离鉴定甘薯茎腐病的病原为菊欧文氏菌（*E. chrysanthemi*）。两地报道的病害症状类似，经对广东、广西、海南、福建等省（自治区）类似症状病害样本病原菌的分离鉴定，各地黑色腐烂的甘薯茎上分离的强致病细菌在生理生化上相似，各地代表性菌株16S rDNA和16S～23S rDNA间隔区序列（ITS）的同源性均达99%以上，与迪基氏菌属（*Dickeya*）中5个种的模式菌株16S rDNA比较发现，代表性菌株的16S rDNA序列与达旦迪基氏菌（*Dickeya dadantii*）模式菌株的同源性最高，达99.5%以上。该菌可在病残体以及根际土壤中生存，也可在其他寄主植物中生存，成为病害的初侵染源。病菌生长适宜温度为28～37℃，致死温度为54℃、10min，适宜pH为4～8，但田间病原菌的适宜致病温度、湿度和pH条件尚不清楚。菌体短杆状，大小为（0.5～0.70）μm×（1.0～2.5）μm，周生鞭毛，能运动。革兰氏染色阴性，无芽孢和荚膜，葡萄糖氧化发酵，接触酶阳性，可还原硝酸盐，能够利用L-阿拉伯糖、肌醇、D-苹果酸、丙二酸、D-甘露糖、黏液酸、D-棉子糖、内消旋酒石酸、柠檬酸盐、纤维二糖、麦芽糖、蔗糖、果糖、半乳糖。不能利用D-海藻糖、菌糖、α-甲基葡萄糖苷和山梨醇，氧化酶、苯丙氨酸脱氨酶、脲酶、硫化氢呈阴性。与模式菌株对比后，确认该病原为达旦迪基氏菌达旦亚种（*Dickeya dadantii* subsp. *dadantii*）。

四、传播途径

残留在土壤中的病株是来年发病的初侵染源。病原细菌主要通过耕作栽培造成的伤口侵入，也可通过其他伤口侵入。通过种苗、种薯以及其他植物材料传播，也可通过农事操作过程的机械、流水和土壤等传播。

五、流行规律

土壤过湿和多雨气候有利于病害发生流行。在低洼潮湿及易积水的田块或地段，发病率较高。甘薯栽种时遇过程性降雨造成土壤过湿，有利于病原细菌侵入，表现为前期发病早、流行快。中耕除草期多雨，则会造成甘薯膨大期病害再次流行，病株率高。高温有利于病害的发生流行，高温季节种植的甘薯病害始见期早，如雨量大则会造成病害流行。

甘薯细菌性黑腐病发病的轻重与前作、氮肥施用水平密切相关。前作烟草和大豆的发病比前作水稻的重；氮肥过量、甘薯贪青徒长的比氮肥适量、植株生长正常的发病重，偏氮或过施氮肥，是加快甘薯前期病害流行和增加死株的原因。

台风引起近土表茎基部摆动摩擦损伤或枝条折断，造成大量伤口，促进病原菌侵入，台风暴雨过境后病情发展快，症状表现急，常出现明显的枯萎高峰期。从不同田块病害分布看，丘陵坡地、红沙壤地、山口风口等类型田块发病较重。

六、防治技术

由于目前尚未选育出具有较高抗病性的优良品种，所以，建议从以下几个方面防治：

1. 加强检疫 截住病源，控制疫区，严禁到病区引种、调苗，以防病害随病薯、病苗向无病区传播蔓延。

2. 培育无病薯苗 选择排灌方便、土质肥沃、避风的田块建立无病育苗床，培育健苗。

3. 减少薯苗、薯块伤口 规范所有农事操作，避免形成伤口。

4. 强化安全剪苗 剪苗时不剪爬地薯苗，避免用水浸或洗苗。

5. 加强水肥管理 采用高畦种植，雨后及时排水，减少土壤湿度。控制氮肥施用量，多施磷、钾肥或施用专用复合肥。

6. 实行轮作 有条件的地方，可实行与非寄主作物（如禾本科作物）3年以上的轮作。

7. 化学防治 可选用86.2%氧化亚铜可湿性粉剂1 000倍液、50%克菌丹可湿性粉剂（美派安）500倍液、20%噻菌铜可湿性粉剂（龙克菌）500倍液、72%硫酸链霉素可溶性粉剂2 000倍液等药液进行浸苗处理，中心病株始见后喷药处理。

邱思鑫　余华　刘中华（福建省农业科学院）

第 26 节　甘薯病毒病

一、分布与危害

甘薯病毒病广泛存在于世界各甘薯产区。我国于 20 世纪 50 年代首次报道了甘薯病毒病的发生，以后陆续有甘薯病毒病发生和为害的报道。据山东、江苏、安徽、北京等省（直辖市）的调查，由病毒造成的甘薯产量损失一般为 20%～30%，严重的可达 50%以上。据河南的调查结果，甘薯病毒病的发生非常普遍，一般发病率达 60%～90%，在一些品种上病叶率可达 90%以上。另外，甘薯上普遍存在多种病毒复合侵染的现象。例如，由甘薯羽状斑驳病毒（*Sweet potato feathery mottle virus*，SPFMV）和甘薯褪绿矮化病毒（*Sweet potato chlorotic stunt virus*，SPCSV）协生共侵染甘薯引起的一种甘薯病毒病害（Sweet potato virus disease，SPVD）是甘薯上的毁灭性病害，发病甘薯表现为叶片扭曲、畸形、褪绿、明脉以及植株严重矮化等症状，可使甘薯减产 50%～98%，甚至绝收。我国的广东、江苏、四川和安徽等地均发现了 SPVD 的发生。由于甘薯是无性繁殖作物，一旦感染病毒病，病毒就会在体内不断增殖、积累，代代相传，使病害逐代加重，造成甘薯产量降低、品质变劣和种性退化，对甘薯生产造成严重危害。据估计，我国每年因甘薯病毒病造成的损失高达 40 亿元。甘薯病毒病已成为影响甘薯生产的重要限制因素之一。

二、症状

甘薯病毒病主要有以下几种症状类型：①叶片斑点型。发病初期叶片呈明脉症状，也可出现褪绿半透明斑，以后周围变成紫褐色，形成紫斑、紫环斑、黄色斑或枯斑。多数品种沿叶脉形成典型的紫色羽状斑，少数品种始终只形成褪绿透明斑点。②花叶型。发病初期叶脉呈网状透明，后沿叶脉出现不规则黄绿相间的花叶斑驳。③卷叶型。叶片边缘上卷，严重者可变成杯状。④叶片皱缩型。病苗叶片较小，皱缩，甚至叶片扭曲、畸形，植株矮化。⑤叶片黄化型。叶片褪绿黄化或出现网状黄脉。⑥薯块龟裂型。薯块上产生黑褐色或黄褐色龟裂纹（彩图 4－26－1）。

三、病原

（一）侵染甘薯的主要病毒种类

目前全世界已报道侵染甘薯的病毒至少有 30 种，分别属于 9 个科：雀麦花叶病毒科（*Bromoviridae*）、布尼亚病毒科（*Bunyaviridae*）、花椰菜花叶病毒科（*Caulimoviridae*）、长线形病毒科（*Closteroviridae*）、豇豆镶嵌病毒科（*Comoviridae*）、线形病毒科（*Flexiviridae*）、双生病毒科（*Geminiviridae*）、黄症病毒科（*Luteoviridae*）和马铃薯 Y 病毒科（*Potyviridae*）。常见的甘薯病毒包括马铃薯 Y 病毒属（*Potyvirus*）的甘薯羽状斑驳病毒（*Sweet potato feathery mottle virus*，SPFMV）、甘薯病毒 G（*Sweet potato virus G*，SPVG）、甘薯潜隐病毒（*Sweet potato latent virus*，SPLV）、甘薯病毒 2（*Sweet potato virus 2*，SPV2）和甘薯轻斑点病毒（*Sweet potato mild speckling virus*，SPMSV）；甘薯病毒属（*Ipomovirus*）的甘薯轻斑驳病毒（*Sweet potato mild mottle virus*，SPMMV）；毛形病毒属（*Crinivirus*）的甘薯褪绿矮化病毒（*Sweet potato chlorotic stunt virus*，SPCSV）；香石竹潜隐病毒属（*Carlavirus*）的甘薯褪绿斑病毒（*Sweet potato chlorotic fleck virus*，SPCFV）；菜豆金色花叶病毒属（*Begomovirus*）的甘薯卷叶病毒（*Sweet potato leaf curl virus*，SPLCV）；黄瓜花叶病毒属（*Cucumovirus*）的黄瓜花叶病毒（*Cucumber mosaic virus*，CMV）等。我国甘薯上至少存在 SPFMV、SPVG、SPLV、SPCFV、SPCSV、CMV、SPV2 和 SPLCV 等 8 种病毒。

（二）我国甘薯病毒的主要特征

1. 甘薯羽状斑驳病毒（*Sweet potato feathery mottle virus*，SPFMV）　SPFMV 属于马铃薯 Y 病毒科马铃薯 Y 病毒属（*Potyvirus*）。SPFMV 分布广泛，几乎世界上的主要甘薯产区均有发现。SPFMV 单独侵染甘薯引起的症状较轻或不表现，症状常以寄主、病毒株系及环境的不同而改变。在叶片上常表现为紫色褪绿斑、老叶沿中脉发生不规则羽状斑等。SPFMV 褐裂株系可造成某些甘薯品种块根形成黑褐色或黄褐色龟裂纹。SPFMV在指示植物牵牛（*Ipomoea nil*）和巴西牵牛（*I. setosa*）上产生明脉、脉带黄化斑点等症状。

SPFMV病毒粒体为线条状，长830～880nm，在寄主细胞内可见风轮状内含体。基因组为单链正义RNA，分子质量约为3.7×10^6u，蛋白外壳亚基的分子质量为3.8×10^4u，稀释限点为1×10^{-4}～1×10^{-3}，体外存活期不到24h，热灭活温度60～65℃。根据SPFMV的核苷酸序列以及在寄主上的症状类型等，SPFMV至少可划分为EA、O、RC和C 4个株系。其中，O、RC和EA 3个株系的关系较近，C株系与其他3个株系的关系相对较远。国际病毒分类委员会第九次报告已将C株系划分为一个新种，命名为甘薯病毒C（*Sweet potato virus C*，SPVC)。我国甘薯上存在EA、RC和O株系以及SPVC。我国甘薯上SPFMV 3个株系*CP*基因核苷酸序列相似性为92%～100%，O株系比EA株系和RC株系的分布更广。SPVC在我国分布广泛，11个省份的甘薯样品中检测到SPVC，SPVC *CP*基因核苷酸序列相似性为96%～100%。

SPFMV（株系SPFMV-S）基因组全长1 082个核苷酸，3′端有Poly（A）尾巴，只含有一个开放阅读框架（ORF），起始密码子（AUG）位于118核苷酸处，终止密码子（UGA）位于10 599核苷酸处，3′端有221个核苷酸的非编码区。基因组编码一个大的多聚蛋白，多聚蛋白可翻译加工成几种具有不同功能的蛋白，推测加工后的蛋白包括P1（74K），Hc-Pro（52K），P3（46K），6K1，CI（72K），6K2，NIa-VPg（22K），NIa-Pr（28K），NIb（60K），CP（35K）。SPFMV与其他同属病毒的多聚蛋白的切割位点相似，而且除P1和P3外，与其他马铃薯Y病毒属病毒多聚蛋白氨基酸的同源性也较高。根据已知的一些*Potyvirus*病毒的基因组结构和蛋白功能，推测上述各蛋白的主要功能为：P1蛋白具有蛋白酶的活性，其功能是将自身从多聚蛋白前体上切割下来。Hc蛋白是蚜传辅助因子，也具有蛋白酶的活性，在病毒长距离运送中起一定作用。P3和6K1蛋白被认为与病毒的复制有关。CI蛋白是一个胞质体蛋白，具有RNA解旋酶和ATP酶活性，有的参与形成细胞质内风轮状内含体，并且与病毒通过胞间连丝的细胞间运动有关。NIa蛋白是一种蛋白酶。NIb蛋白被认为是RNA复制酶。CP是外壳蛋白，包被基因组RNA，装配病毒粒体，还可能与蚜虫传毒有关。

2. 甘薯病毒G（*Sweet potato virus G*，SPVG） SPVG属于马铃薯Y病毒科马铃薯Y病毒属（*Potyvirus*)。在中国、埃及和美国等地均有报道。根据SPVG *CP*基因的核苷酸序列相似性，SPVG可分为CH、CH2、Hua2和TW 24个株系类型。SPVG-CH的*CP*基因由1 065个核苷酸组成，编码355个氨基酸残基，是已知*Potyvirus*病毒中外壳蛋白最大的一个。SPVG-CH2与SPVG-CH *CP*基因的核苷酸序列一致性仅为85.4%，氨基酸序列一致性为93.5%，二者之间存在较大的差异。对SPVG中国分离物*CP*基因的分子变异研究表明，中国分离物属于CH和CH2株系，在我国的12个省份检测到CH株系，8个省份检测到CH2株系，说明SPVG在我国分布广泛，CH株系比CH2株系更为流行。

3. 甘薯潜隐病毒（*Sweet potato latent virus*，SPLV） SPLV属于马铃薯Y病毒科马铃薯Y病毒属（*Potyvirus*)。1979年在我国台湾首先发现。SPLV侵染甘薯一般不产生明显的叶部症状，有的仅产生轻度斑驳。我国甘薯上普遍存在SPLV。已知的SPLV分离物*CP*基因的核苷酸序列和推导的氨基酸序列一致性分别为83%～99%和91%～99%。广东分离物（SPLV-CH）*CP*的N末端存在*Potyvirus*病毒蚜传所必需的DAG基序，而台湾分离物（SPLV-T）*CP*相应位置则突变为DTG，SPLV-T和SPLV-CH，*CP*基因的核苷酸序列一致性为93.5%。日本分离物（SPLV-Japan）明显不同于其他分离物，SPLV-Japan与已知的其他分离物相比，*CP*基因的核苷酸和推导的氨基酸序列一致性分别为83%和91%，可能代表一个新的株系。对来自我国11个省份的25个样品的分析表明，侵染我国甘薯的SPLV比较保守，*CP*基因的核苷酸和推导的氨基酸序列一致性分别为94%～100%和96%～100%。

4. 甘薯病毒2（*Sweet potato virus 2*，SPV2） SPV2属于马铃薯Y病毒科马铃薯Y病毒属（*Potyvirus*)。1988年首先从我国台湾和尼日利亚甘薯上分离到该病毒。SPV2病毒粒体丝状，长850nm，侵染细胞产生风轮状、卷轴状内含物和由非结构蛋白构成的晶状物，侵染寄主产生明脉、花叶、畸形、褪绿等症状。靠蚜虫以非持久方式传播，也可机械传播。已知的SPV2 *CP*基因的核苷酸序列和推导的氨基酸序列一致性分别为81%～99%和86%～99%，进化树分析表明，SPV2可明显分为4个族群。对来自我国8

个省份的 16 个样品的分析表明，侵染我国甘薯的 SPV2 非常保守，*CP* 基因的核苷酸和推导的氨基酸序列一致性均为 98%～100%，与 XN3 分离物关系较近。

5. 甘薯褪绿矮化病毒（*Sweet potato chlorotic stunt virus*，SPCSV） SPCSV 属于长线形病毒科毛形病毒属（*Crinivirus*）。SPCSV 最早报道于 20 世纪 70 年代，目前主要分布在非洲和南美洲。我国的广东、江苏、四川、重庆、福建、安徽等地均检测到 SPCSV 的存在。SPCSV 主要通过粉虱以半持久方式传播。SPCSV 的寄主范围较窄，主要为旋花科植物。

SPCSV 单独侵染甘薯和巴西牵牛（*Ipomoea setosa*）时产生的症状比较轻微，表现为叶片褪绿，中下部叶片变紫色或黄化等。但 SPCSV 与 SPFMV 共同侵染甘薯时可引起甘薯病毒病（SPVD），甘薯表现为叶片扭曲、畸形、褪绿、明脉以及植株矮化等严重症状，造成甘薯严重减产甚至绝收。SPCSV 除了能与 SPFMV 协生共侵染甘薯引起 SPVD 外，目前已发现 SPCSV 还能与 SPMMV、SPVG、SPV2、SPLV、SPCFV、C-6 和 CMV 共侵染甘薯，形成协生病害。

SPCSV 病毒颗粒为长丝线状，颗粒长度为 850～950nm，直径为 12nm。病毒基因组为双组分单链正义 RNA，基因组大小为 17.6kb 左右。根据血清学关系和核苷酸序列，SPCSV 可划分为东非（EA）和西非（WA）两个株系，其中，WA 株系在世界范围内（东非除外）均有发生，但在东非仅发现了 EA 株系。我国存在东非（EA）和西非（WA）两个株系，但 WA 株系分布更广泛。

SPCSV 两个株系的全基因组序列已经测定。SPCSV（SPCSV-EA）RNA1 全长 9 407 个核苷酸，RNA2 全长 8 233 个核苷酸。RNA1 包含 2 个相互重叠的开放阅读框，编码复制相关蛋白，这些蛋白包括木瓜酶样的半胱氨酸蛋白酶、甲基转移酶、解旋酶和复制酶。RNA2 具有长线形病毒科的典型特征，编码蛋白包括热激蛋白（hsp70h）、外壳蛋白和一个外壳蛋白类似物。此外，与其他植物或动物病毒不同的是，SPCSV RNA1 还编码一个类似 RNaseⅢ的蛋白，是病毒的 RNA 沉默抑制子。

（三）甘薯主要病毒的检测方法

1. 症状学诊断 病毒侵染甘薯后，导致甘薯叶片和薯块上表现出一些异常的症状，根据甘薯叶片和薯块上出现的典型症状可初步判断甘薯是否受病毒侵染。甘薯病毒病叶片上的症状主要包括：叶片斑点型、花叶型、卷叶形、叶片皱缩型、叶片黄化型；薯块上的症状主要是产生黑褐色或黄褐色龟裂纹。但病毒病的症状可因病毒种类、甘薯品种以及环境条件等因素的影响而改变，因此，根据症状只能做初步判断。另外，还应注意区分甘薯品种特性以及生理病害与病毒病症状的差异。

2. 指示植物嫁接检测 常用巴西牵牛（*Ipomoea setosa*）作指示植物，几乎所有侵染甘薯的病毒都能感染巴西牵牛，因此，可从巴西牵牛的显症情况判断甘薯是否感染病毒。具体嫁接方法如下：以薯苗芽尖作接穗，将芽尖削成楔形，另将具 3～4 片真叶的巴西牵牛作砧木，在其茎中部切一斜口把楔形接穗插入，用封口膜扎住，置防虫网室内遮阴保湿 3～4 d，然后在自然光照下观察记载牵牛的显症情况，一般嫁接后 10～15 d 开始出现症状。

3. 血清学检测 常用的血清学检测方法为酶联免疫吸附法（ELISA），或在此基础上改进的硝酸纤维素膜酶联免疫吸附测定（NCM-ELISA）技术。NCM-ELISA 方法具有快速和能检测大量样品的特点。制备高质量甘薯病毒抗血清是建立甘薯病毒血清学检测方法的关键，目前国内已制备了 SPFMV、SPVG、SPLV、SPV2 和 SPCSV 等病毒的多克隆抗体或单克隆抗体。国际马铃薯中心（CIP）可以提供 10 种甘薯病毒的抗体。

4. 分子生物学检测 随着分子病毒学的发展，许多甘薯病毒的核苷酸序列已经清楚，根据已知的核苷酸序列，设计特异引物，利用 PCR 或 RT-PCR 的方法可快速检测甘薯病毒。也可利用核酸探针，通过核酸杂交的方法检测病毒的存在。目前国内已建立了检测甘薯病毒的多重 RT-PCR、半巢式 RT-PCR 以及检测传毒介体烟粉虱体内甘薯病毒的方法。例如，建立了可同时检测 SPLV、SPVG 和 SPFMV 3 种病毒的多重 RT-PCR 检测技术，能同时检测 SPFMV 和 SPCSV 的多重 RT-PCR 方法和检测单头烟粉虱体内 SPCSV 的半巢式 RT-PCR 方法。

四、病害循环

甘薯是无性繁殖作物，感染病毒后，病毒会在体内不断增殖、积累、代代相传，因此，带毒的种薯和种苗为主要侵染源。甘薯病毒主要随薯块、薯苗等营养繁殖体进行远距离传播。甘薯病毒的近距离传播主要通过蚜虫、粉虱等介体昆虫以及汁液摩擦。例如，SPFMV、SPV2 和 SPVG 等病毒可由蚜虫非持久性传播；SPCSV、SPLCV 可由粉虱传播。另外，已知的甘薯病毒都可通过嫁接传播。

五、流行规律

甘薯病毒病的发生和流行取决于种薯、种苗是否带毒，各种传毒介体的种群数量和活力以及甘薯品种的抗性等。此外，有些病毒病的发生与土壤、耕作制度等也有一定的关系，例如，干旱贫瘠土壤比湿润肥沃的土壤发病重，连作地比轮作地发病重。

甘薯上普遍存在多种病毒复合侵染的现象，当多种病毒共同侵染甘薯时，不同病毒之间可能发生协生作用，导致症状加重。例如，SPCSV 可与多种病毒互作，较重要的是，当 SPCSV 与 SPFMV 复合侵染时，二者可发生协生作用，导致 SPVD 的发生，甘薯减产可达 50%～98%，甚至绝收。研究表明，SPCSV 和 SPFMV 单独侵染甘薯时，甘薯只出现轻微的症状，当 SPCSV 和 SPFMV 复合侵染甘薯时，甘薯出现叶片扭曲、皱缩、畸形、明脉和植株矮化等严重症状，而且 SPFMV 的含量比其单独侵染时增加 600 倍，但 SPCSV 的含量不变化或比其单独侵染时降低，推测 SPCSV 可能影响了寄主对 SPFMV 的抗性。

SPVD 的发生依赖于 SPCSV 和 SPFMV 的协同传播，由于 SPFMV 在甘薯上普遍存在，因此，SPCSV 是影响 SPVD 发生流行的关键。粉虱是 SPCSV 的传播介体，SPVD 的流行往往跟粉虱数量密切相关。烟粉虱在甘薯上的飞行距离很短，只能进行短距离传播。因此，拔除感染 SPVD 的甘薯植株及其周围植株可有效控制烟粉虱向健康植株传播病毒，是控制 SPVD 扩散的有效措施。

六、防治技术

（一）选用抗（耐）病品种

不同甘薯品种对甘薯病毒的抗性有明显差异，有的品种对某些病毒具有抗病性或耐病性，表现为症状轻微或对产量的影响较小，因此，利用具有一定抗病性或耐病性的品种是防治甘薯病毒病的有效方法。例如，甘薯品种 New Kawogo 对 SPVD 的抗性较好，在 SPVD 流行地区大面积种植这种具有抗病性的品种，能减少附近感病品种 SPVD 的发生率，而且从这些抗病品种上剪取种苗进行栽种更容易获得无病毒病症状的植株。

（二）种植脱毒甘薯

由于目前对病毒病害尚无有效的化学防治方法且缺乏抗病品种，种植脱毒甘薯是防治病毒病、提高甘薯单产和改善品质最有效的途径。脱毒甘薯的生产过程包括茎尖苗培养、病毒检测、优良茎尖苗株系筛选、脱毒试管苗快繁、原原种繁殖、原种繁殖等环节。脱毒甘薯的培养流程见图 4-26-1，具体培养方法如下：

1. 茎尖苗培育 利用植物茎尖分生组织不带病毒或病毒含量较低的原理，将甘薯茎尖分生组织在特定的培养基上培养，就可获得茎尖脱毒苗。具体方法为：切取甘薯苗 1～3cm 长的茎尖部分，经表面消毒后，剥去叶原基，切茎尖 0.2～0.5mm 大小的组织（一般带 1～2 个叶原基），接种在附加不同激素的 MS 培养基上，在温度 26～28℃ 和光照 3 000～4 000 lx 条件下培养，即可获得茎尖试管苗。

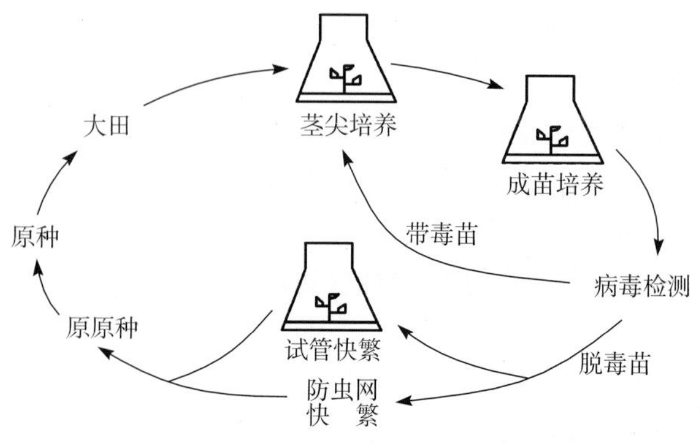

图 4-26-1 脱毒甘薯的培养流程（引自刘文轩，2000）
Figure 4-26-1 The procedure of breeding virus-free sweetpotato (from Liu Wenxuan, 2000)

2. 病毒检测 获得的茎尖试管苗需要经过严格的病毒检测，确认不带病毒后，才是脱毒茎尖苗。茎尖苗的病毒检测一般首先采取目测法淘汰弱苗和显症苗，然后再用血清学方法或分子生物学方法进行筛选。经过血清学或分子生物学方法检测呈阴性的茎尖试管苗再嫁接指示植物巴西牵牛进行检测。

3. 优良株系的筛选和脱毒试管苗快繁

一般需要对脱毒试管苗的形态、长势等农艺性状和产量进行对比试验，筛选出优良株系，淘汰变异株系。株系筛选试验一般在防虫网室内进行。经过株系筛选，获得优良脱毒试管苗后，可以采用试管苗单叶节快繁或温室、网室扦插快繁的方式大量繁殖脱毒试管苗，用于原原种繁殖。

4. 原原种繁育 用脱毒试管苗生产的种薯为原原种。脱毒甘薯原原种的繁育须具备以下条件：第一，种苗必须是脱毒试管苗；第二，必须在防虫网室内生产，以减少介体昆虫传播病毒的机会；第三，所用地块必须是无病原土壤，最好选用多年未栽种过甘薯的地块。

5. 原种和良种繁育 利用原原种的种苗在隔离条件下生产的种薯为原种。原种繁殖田周围不能种植普通带毒甘薯，一般要求空间隔离距离为500 m。所用田块为无病土壤。用原种种苗在普通大田条件下生产的种薯为良种，又叫生产种，即直接应用于生产的种薯。

（三）加强检疫措施

种薯、种苗调运是甘薯病毒长距离扩散的主要途径。因此，在留种田要加强对病毒病的识别，加强产地检疫，发现病株及时拔除销毁，尽量减少跨大区调运种薯、种苗。有些病毒病，例如SPVD，在苗床期容易识别，加强苗期病害调查，发现疑似病株及时拔除销毁，可有效减少大田病毒病的发病率。

（四）加强对介体昆虫的防治

加强对甘薯田特别是苗期烟粉虱、蚜虫等介体昆虫的防治，可有效减少病毒病的扩散蔓延。

张振臣　乔奇（河南省农业科学院植物保护研究所）

第27节　马铃薯瓢虫

一、分布与危害

马铃薯瓢虫［*Henosepilachna vigintioctomaculata*（Motschulsky）］又名二十八星瓢虫，属鞘翅目瓢虫科裂臀瓢虫属。

马铃薯瓢虫在我国各地均有发生，主要分布在北方，包括东北、华北和西北等地，国外分布在日本、朝鲜和俄罗斯（西伯利亚），是古北区的常见种。马铃薯瓢虫的寄主有马铃薯、茄子、番茄、辣椒、豆类、瓜类、龙葵、小蓟、灰菜、野苋菜等20多种作物和杂草，但主要为害茄科植物，最为喜食马铃薯。成虫、幼虫均可为害，主要取食叶片，也可为害果和嫩茎。被害叶片叶肉被吃掉，表皮残留，出现许多不规则、近乎平行的半透明凹细纹，后变为褐色斑痕，甚至会导致叶片枯萎，此为该虫为害状的一大特点。另外，该虫还可将叶片吃成穿孔或仅留叶脉（彩图4-27-1）。茄果被害，导致被害部组织变得僵硬粗糙、味苦，不能食用，影响产量和品质。20世纪80年代以后，随着家庭承包经营制度的推行，马铃薯—玉米等作物间作套种面积迅速扩大，复种指数提高，为该虫终年提供了充足的食料和合适的繁殖、越冬场所，该虫自80年代中期以来开始在北方地区猖獗发生。在一些地区马铃薯瓢虫经常性发生，有些局部田块大发生，一般导致减产20%～30%，严重的减产50%以上。据统计，从2003年开始，马铃薯瓢虫在山西天镇县开始严重发生，为害面积逐年扩大，为害程度逐年加重。2005年马铃薯瓢虫的发生面积为3 300hm^2，马铃薯百株一般有成虫300头，最高达800余头；2008年发生面积扩大至5 300hm^2，百株一般有幼虫900余头，最高可达2 000余头。受害严重的田块，马铃薯叶片被咬食得仅留叶脉，导致绝收。

二、形态特征

成虫：体长6～8.3mm，体宽5.0～6.5mm，半球形，体背黄褐至红褐色，身体表面密生黄灰色绒毛。头扁而小，头部无斑或有2个相连的黑斑，复眼黑色，肾形，触角11节，长度超过头宽。前胸背板前缘凹陷，两前角突出，中央有1个较大的剑状纹，两侧各有2个黑色小斑（有时合并成1个）。每鞘翅上各有6个基斑和8个变斑，共14个黑色斑，鞘翅基部3个黑斑后面的4个斑不在一条直线上；两鞘翅合缝处有1～2对黑斑相连，两鞘翅相互对称，共28个黑斑，故名二十八星瓢虫（彩图4-27-1）。

卵：纺锤形，炮弹状，长1.3～1.5mm，底部膨大，初产时鲜黄色，后变为黄褐色，有纵纹。通常20～30粒排列于叶背，卵粒之间有明显的间隙。

幼虫：末龄幼虫体长9～10mm，宽约3mm，纺锤形，头部淡黄色，口器及单眼黑色，体黄褐色或黄色，体背各节有黑色枝刺，枝刺基部具淡黑色环状纹。前胸及腹部第八、九节各有枝状突4个，其他各节每节具有6个，整体形态如苍耳果实（彩图4-27-2）。体上有黑斑。

蛹：长6～8mm，裸蛹，椭圆形，淡黄色，背面隆起，腹面扁平，体表被有稀疏细毛，羽化前可出现成虫的黑色斑纹，尾端包被着幼虫末次蜕的皮壳。

三、生活习性

马铃薯瓢虫在我国北方地区如东北、华北等地每年发生2代，少数只发生1代，江苏发生3代。以成虫在背风向阳、较为温暖、湿度适中的各种缝隙或隐蔽处群集越冬，石缝、墙缝、屋檐、篱笆下、树洞、杂草、灌木根际也都是良好的越冬场所。大部分越冬代成虫9月中旬开始向越冬场所迁移，9月下旬为转移盛期，到10月上旬基本结束。成虫越冬前飞向背风向阳的树木及杂草丛生处，钻入土里或各隐蔽缝隙内，不食不动，进入越冬状态。选择在土中越冬的个体多集中在背风向阳处，潜土深度多为3～7cm。

在北方，越冬成虫多于5月先后出蛰活动，出蛰时期与气温密切相关，一般当日平均气温达16℃以上时即开始活动，达到20℃则进入活动盛期。起初活动时，成虫一般不飞翔，只在附近杂草上栖息、取食，5～6d后才开始飞翔到周围马铃薯、枸杞、龙葵等茄科植物上取食，当马铃薯苗高16cm左右时，大部分越冬成虫转移到马铃薯上为害。因越冬代成虫寿命较长，雄虫为276～350d，雌虫为239～349d，所以马铃薯瓢虫的生活史极不整齐，世代重叠现象严重。每年7～8月可同时看到不同世代的各个虫态，这时造成的危害也最为严重，大发生时马铃薯叶肉被取食干净，导致干枯。

成虫有明显的假死性，受惊扰时常假死坠地，并分泌有特殊臭味的黄色液体，用于自身防卫。成虫有自残习性，平时可见到成虫取食卵块和幼虫。成虫常在中午前后，气温为25℃时进行飞行活动，飞翔高度距离地面3～4m，一次飞行距离为3～4m，早、晚常停息在叶子的背面，刮风下雨则很少飞翔。6～8月为产卵期，卵大部分产在马铃薯叶背，越冬成虫每雌能产卵多次，平均每次产卵量为57.5粒，卵10余粒至数十粒直立在一起形成卵块。产卵时间大部分在白天，12：00～16：00产卵量最大。整个产卵期可长达1～2个月，6月上旬第一代卵开始孵化，6月中下旬为孵化盛期，8月为孵化末期。卵多在夜间孵化，卵期为5～7d。初孵幼虫群集叶背6～7h静止不动，随后开始取食。幼虫共蜕皮3次，共4龄。蜕皮多在白天进行，以7：00～10：00、17：00～19：00最多，蜕皮前胴体颜色变浅、发白，静伏于叶片上10～24h。蜕皮时虫蜕先从前胸开裂，继而胸部纵裂，头、胸部先伸出，前、中、后足及腹部相继伸出，蜕皮过程约60min。蜕皮后幼虫为黄白色，枝刺白色，10min后即离开虫蜕，静伏于虫蜕附近。蜕皮2h后虫体体色变黄，枝刺顶端变黑，再经1～2h后虫体变为黄褐色，枝刺基部黑斑颜色加深，枝刺变黑，开始取食。一至四龄幼虫取食量差异很大，笼罩法测定一至四龄幼虫取食净叶面积分别为（0.625±0.105）cm^2、（14.38±3.61）cm^2、（41.24±5.02）cm^2、（142.10±22.49）cm^2，其中三龄食叶量占幼虫食叶量的20.79%，四龄占71.64%。田间观察，幼虫进入三龄后食量大增，行动活跃，开始转移为害，一头高龄幼虫可辗转为害7～16片叶，被害叶片轻者叶肉被吃掉1/4，重者叶肉全部被吃光。幼虫大部分时间在叶背面停栖、取食叶肉，只有少数高龄幼虫爬至叶面取食，通常不甚活动。6月下旬至7月上旬为第一代幼虫严重为害期。7月中下旬为化蛹盛期，老熟幼虫用分泌的黏液将尾端黏在寄主植物的叶背进行化蛹，蜕下的表皮也黏在尾端。蛹经过5～7d羽化为成虫。

7月下旬至8月上旬为第一代成虫的产卵盛期。成虫寿命雄虫19～69d，平均43.1d；雌虫17～65d，平均45.5d。每雌产卵21～40次，共产卵343～1 178粒，平均777.3粒。

第二代卵于7月下旬出现，8月上旬为孵化盛期。8月中旬为第二代幼虫为害最严重的时期。第二代成虫于8月中旬至9月上旬羽化，一直延续到10月上旬，这代成虫取食交尾但不产卵，随后逐渐向越冬场所转移。第一代成虫也有少数因羽化晚，不经交尾产卵，取食一段时间后直接进入越冬状态。

越冬基数是决定第一代发生程度的基础，发生为害程度与越冬成虫死亡率、天敌控制能力、马铃薯品种和耕作栽培制度等有密切关系。马铃薯瓢虫的越冬死亡率和越冬场所与环境密切相关，在石缝中越冬的死亡率为26%，在树下越冬的死亡率为12.25%，土壤湿度较大的比湿度小的死亡率低，入土不足3cm

的死亡率比入土3～7cm的高出1.5倍，冬季过冷，土壤过于干旱，积雪较薄都直接增加了越冬死亡率。马铃薯叶片狭窄，叶面与枝干斜生的品种受害轻。为害程度也与田间四周的植物有关，寄主植物较多的地方为害较早、较重，山地及四周荒地较多的田块发生也较重。

四、发生规律

（一）虫源基数

郝伟根据5年间马铃薯瓢虫在山东菏泽发生的历史资料分析，发现该虫发生轻重与上代虫源多少关系密切。在常年气候条件下，当代发生程度与上代有效残虫量呈正相关。例如2004年7月26日茄田调查，单株有第二代成虫3～10头，平均5.2头。至8月15～17日调查，单株有第三代幼虫17～26头。2005年7月22日调查，茄田单株平均有第二代成虫7.1头；8月20日调查，平均单株有第三代幼虫30～44头。

王光荣于2008年和2009年的6月中旬、7月上旬、8月中旬分别对陕西府谷县的碛塄乡、清水乡、木瓜乡、府谷镇等乡镇不同播期和不同地类的马铃薯田块中马铃薯瓢虫为害虫态（成虫和幼虫）进行了调查统计，5月20日前播种的田块虫口密度平均为396.3头/百株，5月20日后播种的田块平均为287.2头/百株，水浇地平均为552.5头/百株，川台地平均为314.5头/百株，山旱地平均为158.3头/百株，与过去历年观察情况基本一致。由此看出，早播田块、水浇地和川台地马铃薯瓢虫发生早、虫量大、为害重；晚播田块和山旱地发生迟、虫量小、为害轻。

（二）气候条件

马铃薯瓢虫喜欢温、湿度较高的环境条件。如早春气温回升快，温度偏高，降水量接近常年或偏多，第一代往往发生较重。例如山东菏泽2005年2～6月，日平均气温14.37℃，较历年同期偏高0.97℃，同期降水量258.2mm，高于常年平均值184.4mm，第一代马铃薯瓢虫大发生。如果7、8月降雨较多，温度较高，且无大的暴风雨，第三代往往发生较重。反之，7、8月降水量明显偏少，则发生较轻。

定温饲养结果表明，在15～30℃范围内，马铃薯瓢虫卵、幼虫（各龄期）、蛹的发育速度与湿度呈线性上升关系，卵巢发育在27℃以上受阻，发育速度下降。在15℃、20℃、23℃、25℃、28℃和30℃条件下，卵期分别为13.81d、5.84d、5.34d、4.43d、4.32d和4.17d；幼虫期分别为40.09d、26.81d、17.75d、13.53d、12.60d和12.68d；蛹期分别为13.48d、6.61d、5.70d、4.32d、4.11d和3.98d。其中幼虫发育速度在高于28℃时稍有下降趋势，表明高温对该虫态发育有抑制作用。根据不同恒温条件下饲养结果，应用直接优化法获得了马铃薯瓢虫不同虫态的发育起点温度和有效积温。卵、幼虫、蛹、全世代的发育起点温度分别为10.43℃、9.48℃、9.35℃和9.14℃；有效积温分别为68.66℃、239.20℃、75.14℃和607.22℃。

保湿饲养结果表明，马铃薯瓢虫卵在相对湿度低于50%时不能孵化。在相对湿度为50%～90%条件下，卵期逐渐缩短，以相对湿度90%最为适宜。幼虫最适相对湿度一至四龄分别为75%、65%、65%和50%，在此条件下，各龄幼虫发育最快，历期最短，湿度高于或低于最适发育湿度，发育速率减缓，历期延长。同样，蛹的最适相对湿度为65%。越冬虫态的过冷却点及体液冰点分别为（−7.52±2.80）℃和（−5.05±2.85）℃。

（三）寄主植物

据观察，马铃薯瓢虫较喜欢取食茄子和马铃薯叶，甜椒、番茄、大豆、豇豆田也有发生，但虫量较少。调查发现，在沟、渠、路边种植面积较小的茄子田和马铃薯田，马铃薯瓢虫虫口密度往往较高。过去一直认为该虫以取食马铃薯为主，且“只有取食马铃薯叶片后方能繁殖”。经过3年野外调查和室内饲养证明，马铃薯瓢虫田间食料植物至少有13科29种，其中，茄子、龙葵、曼陀罗、枸杞等植物为其适宜寄主，成虫取食后可正常产卵繁殖。菜豆、南瓜、茄子、番茄、白菜、玉米花丝、泡桐、藻草等多种植物可被该虫取食，虽然取食后产卵量有所下降，但这类植物为马铃薯收获后成虫越冬前提供了食物，保障了该虫越冬的营养来源。

（四）天敌昆虫

马铃薯瓢虫的捕食性天敌有草蛉、胡蜂、小蜂和蜘蛛等。寄生性天敌主要是瓢虫双脊姬小蜂。这种寄生蜂是幼虫—蛹寄生蜂，出自其寄主的干尸蛹体，广泛分布于遭到马铃薯瓢虫为害的马铃薯田间，最高及最低寄生率分别为 72.34%和 6.7%，平均约 50%，每头寄主的出蜂量，最多为 35 头，最少为 6 头，平均为 15.58 头，雌雄性比为 2∶1～3∶1。在田间持续寄生，与马铃薯的生长期吻合，并且至今还没有发现重寄生现象。在夏季还可以看到马铃薯瓢虫成虫受白僵菌或绿僵菌寄生。

（五）化学农药

过去马铃薯瓢虫防治常用的农药是剧毒、高毒、高残留农药，山西静乐县植保站的巩亮军于 2005 年 7 月在便民农资服务部开展了防治马铃薯瓢虫用药调查，现场随机抽查了 100 位前来购买农药的农民，结果 65%的农民选用甲拌磷、对硫磷，30%的选用高效氯氰菊酯、氰戊菊酯，5%的选用其他农药。由于用剧毒、高毒、高残留农药进行防治的比例大，农村居民的中毒事故时有发生。另外，农民连续多年大量使用剧毒、高毒农药进行防治，使马铃薯瓢虫产生了抗药性。加之马铃薯瓢虫发生不整齐，预测预报工作不到位，农民往往难以抓住防治适期。此外，种植马铃薯的地块分散，播种期拉得很长，使出苗期参差不齐，组织农民统防统治难度较大，形成了年年防治、年年为害严重、农民怨天尤人的被动局面。

五、防治技术

坚持“预防为主，综合防治”的植保工作方针，把农业防治、生物防治、化学防治等技术措施有机结合起来，掌握最佳防治时期，将其为害控制在最低水平。马铃薯瓢虫发生世代不整齐，成虫生命力极强（可生活 250d 左右），如温度、湿度适宜就随时发生，不适宜就停止繁育，并且世代重叠严重，防治难度大。应抓住越冬成虫盛发期和一代幼虫一至二龄聚集期进行化学防治，才能有效控制虫源，防止其大发生。

（一）农业防治

1. 加强田外管理，压低越冬虫源基数 山区梯田周围的石堰缝隙、山洞、房舍檐内等处为马铃薯瓢虫的主要越冬场所，结合修筑堤堰，用泥抹实缝隙能有效地减少田块附近的越冬虫源。因该虫迁移能力较弱，远处虫源早春很少能迁入大田，可明显减轻早期对大田的为害。针对山洞、房舍、屋檐等固定越冬场所，在冬季可专门清除越冬成虫，减轻翌年的虫源基数。玉米秸秆堆放要远离大田，最好在收获后立即青贮或堆沤，以减少人为的越冬场所。

2. 调整作物布局，切断食物桥梁 减少马铃薯田块四周瓜类和茄科蔬菜插缝种植的现象，改种马铃薯瓢虫不喜取食的甘蓝、豇豆等蔬菜，减少间作玉米田内插种菜豆的习惯，阻断玉米花丝吐出前和老化后马铃薯瓢虫继续取食的食物桥梁。实行与非茄科蔬菜或大豆、玉米、小麦等作物轮作倒茬，恶化其生活环境，中断其食物链，达到逐步降低害虫种群数量的目的。

3. 适时提前收获，做好秋翻冬灌 在我国有些地区，当马铃薯瓢虫老熟化蛹时，马铃薯块茎已经膨大成熟。监测马铃薯瓢虫化蛹高峰，适时提前收获 7～10d，及时沤秧灭虫，不仅产量不减，还可杀死大量虫蛹，有效地减少越冬基数。在寄主植物收获后进行秋翻冬灌，破坏马铃薯瓢虫的越冬场所，可显著降低成虫的越冬虫口基数。

4. 结合农事操作，进行人工捕杀 利用成虫的假死性拍打植株，用脸盆接住并集中杀灭，可减少成虫数量；根据卵块颜色鲜艳、容易发现的特点，结合农事活动，人工摘除卵块，可减少卵块数量，减轻虫害；马铃薯收获后及时处理残株和田间地头的枯枝、杂草，可以消灭大量残留的瓢虫，降低虫源基数。

5. 种植诱集带 春季有计划地提前种植小面积诱集田，将越冬代成虫诱集到田内集中防治。

（二）生物防治

可使用苏云金芽孢杆菌、白僵菌、绿僵菌等生物制剂。首先选用苏云金芽孢杆菌 7216 防治马铃薯瓢虫。7216 菌剂原粉含孢子 100 亿个/g，在马铃薯瓢虫大发生之前喷洒到茄果类、瓜类、豆类有露水的植株上，每 667m^{2}用 10g，防效可达 37.5%～100%。另外，夏季多雨时成虫常被白僵菌寄生，幼虫死亡率很高，可极大程度地减轻为害。捕食性天敌有草蛉、胡蜂、小蜂、蜘蛛等，可减少虫源数量，但利用天敌时应注意农药的合理使用。

（三）物理防治

灯光诱杀。利用马铃薯瓢虫的趋光性，设置黑光灯诱杀。

（四）化学防治

加强监测预报。在成虫盛发至幼虫孵化盛期进行化学药剂防治，同时要注意对田间地边其他寄主植物上马铃薯瓢虫的防治，把成虫和幼虫消灭在分散为害前。可采用的药剂有1.8%阿维菌素乳油1 000倍液、2.5%高效氯氟氰菊酯乳油3 000倍液、40%辛硫磷乳油1 000倍液、50%敌敌畏乳油1 000倍液、20%氰戊菊酯乳油3 000倍液喷雾及2.5%溴氰菊酯乳油，每公顷用0.6～0.8L，对水喷雾防治。

李静（河北农业大学植物保护学院）

第28节　马铃薯块茎蛾

一、分布与危害

马铃薯块茎蛾［*Phthorimaea operculella*（Zeller）］又名马铃薯麦蛾、烟潜叶蛾，俗称马铃薯蛀虫、洋芋绣虫、串皮虫、裂虫等。属鳞翅目麦蛾科。

该虫原产于中美洲和南美洲的北部地区，世界上最早的记载是1854年，该虫在澳大利亚为害马铃薯，此后迅速扩散蔓延，目前已传播到欧洲、亚洲、北美洲、非洲、大洋洲、中美洲及南美洲的90多个国家，发展成为一种世界性害虫。我国对马铃薯块茎蛾的记载始于1937年，陈金壁报道该害虫在广西柳州地区为害烟草，现已扩展到西南、西北、中南、华东，包括四川、贵州、云南、广东、广西、湖北、湖南、江西、河南、陕西、山西、甘肃、安徽、台湾等省（自治区），为对内检疫对象之一。马铃薯块茎蛾远距离传播主要是通过其寄主植物如马铃薯、种烟、种苗及未经烤制的烟叶的调运，也可随交通工具、包装物等传播。成虫可借风力扩散。马铃薯块茎蛾为植食性害虫，寄主种类很多，喜食的作物有烟草、茄子和马铃薯。在大田和储藏期都能为害马铃薯块茎。也为害番茄、辣椒、曼陀罗、枸杞、龙葵、酸浆等茄科植物。

马铃薯块茎蛾的幼虫为害马铃薯、烟草、茄子等寄主的茎、叶片、嫩尖和叶芽。幼虫多沿叶脉蛀入，潜于叶片之内蛀食叶肉，仅留上、下表皮，呈半透明状，形状不规则，一般不咬通大的叶脉，粪便排于隧道一端。幼虫从孵化到蛀入叶片一般只需20～50min，受害叶片经风吹雨打易折断、破裂或黄萎干枯，为害严重时50%以上的叶面积可被蛀食。幼苗受害严重时也会枯死。该虫在田间也能为害马铃薯块茎，但以储藏期为主，幼虫能蛀食到马铃薯块茎内部，造成弯曲隧道，被害块茎的典型特征是空洞的蛀孔入口处可见深褐色排泄物。南方种植春薯地区，马铃薯6月收获，翌年2～3月播种，有的储藏期长达7～8个月。在此期间，马铃薯块茎蛾可繁殖4～5代，有些地区薯块被害率高达50%左右。被害严重的薯块，外形皱缩、畸形，甚至只剩空壳，还能引起霉烂，完全失去实用价值。如马铃薯块茎幼芽受害则不能留作种薯。田间烟叶受害也相当严重，甚至一半以上的叶面积被蛀食，严重影响烟叶的产量和质量。

二、形态特征

成虫：翅展14～16mm，雌成虫体长5.0～6.2mm，雄成虫体长5.0～5.6mm。体灰褐色，微带银灰色光泽。触角丝状。下唇须3节，向上弯曲超过头顶，第一节短小，第二节下方覆盖有疏松、较宽的鳞片，第三节长度接近第二节，但较尖细，纺锤形，密被鳞片。前翅狭长，黑褐色或黄褐色，前缘和翅尖颜色较深。雌虫臀区鳞片黑褐色，形成明显的斑纹。雄蛾臀区无此黑斑，但具有4个黑褐色鳞片组成的斑点，前3个位于第二臀脉上，最后1个靠近外缘。后翅菜刀状，灰褐色，翅尖突出，前缘基部具1束长毛，翅缰1根。雌虫翅缰3根。前、后翅的缘毛较长。前翅翅脉12条，R4与R5共柄，R3由R4的1/2处分出，其余分离；后翅翅脉共8条。雄虫腹部外表可见8节，第七节前缘两侧背方各生1丛黄白色的长毛，毛从尖端向内弯曲。

卵：椭圆形，微透明，长0.5mm，宽0.35mm，初产时乳白色，中期淡黄色，孵化前变为黑褐色，有紫蓝色光泽，卵壳无明显的刻纹。

幼虫：末龄时体长11～14mm，宽1.5～2.5mm，头部棕褐色，每侧各有单眼6个。体多为白色或浅黄色。但空腹幼虫体乳黄色，为害叶片后多呈绿色，老熟时有些个体呈粉红色或绿色。腹节微红，前胸背板及胸足黑褐色，臀板淡黄色。腹足趾钩双序环形，趾钩26个左右，臀足趾钩双序横带16个左右。

蛹：长 6～7mm，宽 1.2～2.0mm，似圆锥形，初期淡绿色，渐变为棕色，表面光滑。茧灰白色，长 10mm 左右，常附有微细土粒或黄色排泄物。触角伸达翅芽末端，以致触角、翅芽及后足尖端同在一条弧线上。臀棘短小而尖，向上弯曲，周围有刚毛 8 根。

三、生活习性

马铃薯块茎蛾的发生期及年发生代数因地区、海拔高度及气候条件不同而存在明显的差异。Graf 报道在美国加利福尼亚全年都有马铃薯块茎蛾发生为害。在澳大利亚该虫 1 年发生 2 代，第一代在冬天发生，主要为害幼苗，而第二代则转而为害储藏期薯块。在印度北部，马铃薯块茎蛾 1 年发生 13 代，完成整个生活史在夏天大约需要 17～24d，在冬天一般需要 25～40d。在我国四川，马铃薯块茎蛾 1 年发生6～9 代；在贵州福泉、湖北兴山和云南昆明等地为害烟草，1 年发生 5 代，在河南、山西、陕西 1 年发生4～5 代。在甘肃武部和岩县海拔 2 000m 以上，仍有马铃薯块茎蛾发生。马铃薯块茎蛾并无严格的滞育现象，只要温度、湿度适宜，又有适宜的食料，冬季仍能正常生长发育。在我国西南各省（自治区、直辖市），冬季田间和室内各虫态均可同时存在，但以越冬幼虫为主，越冬幼虫在田间多残留在马铃薯母薯上或茄子、烟草等植株的根茬及残株败叶上，在室内则以马铃薯块茎上为主。少数以蛹在墙壁缝隙等隐蔽处越冬。我国北方各省（自治区、直辖市）马铃薯块茎蛾多以蛹越冬，多在窖内薯块上或墙壁缝隙等处。南方各代成虫发生时间，以云南昆明地区为例，越冬代成虫于 1 月中旬至 5 月中旬出现，各代成虫的出现时间依次为：5 月中旬至 6 月下旬，8 月上旬至 8 月下旬，9 月中旬至 11 月中旬。若第四代幼虫化蛹较早，11～12 月温度又在 12℃以上，则仍可羽化为第四代成虫，产卵于烟草植株上，第五代幼虫在新嫩叶上取食并越冬。山西风陵渡马铃薯块茎蛾从第二代开始在烟草、茄子上繁殖为害，该地第二代幼虫发生期为 6 月上旬至 7 月上、中旬，第三代为 7 月下旬，第四代从 8 月下旬开始为害，8～9 月第三、四代同时为害，9 月以后，虫口下降。“小雪”以后，因田间没有足够的食料，导致第五代幼虫死亡。

成虫昼伏夜出，白天栖息在植株底层叶片下、土隙或杂草内；夜间在马铃薯植株上活动，有趋光性，飞翔力不强，羽化后当日或次日交尾。

马铃薯块茎蛾成虫交配行为分为求偶和交配两个过程。1～5 日龄成虫在有光期大多静止不动，完全没有求偶行为。进入暗期后在整个光周期的黑暗阶段都能观察到求偶行为。雌蛾先是频频跳动，几分钟后由活动趋向静息，身体倒挂，足向内靠拢，腹部上抬，静止不动，接着产卵器外伸，由伸缩不息到持续外伸，最后垂直于腹部，顶角处有一近似透明的球体。未求偶时，雌蛾大部分静止不动，头部向上，前、后足向外伸展。蛾龄为 1～3d 的雌蛾进入暗期后求偶个体在各时间段均有分布，4～5d 的雌蛾求偶时间集中在 1～6h，求偶百分率均较高，之后 2h 求偶百分率显著下降。各日龄成虫的交配率随日龄的增加逐渐下降。1 日龄成虫交配率最高，达到 50%，显著高于其他日龄。1 日龄成虫的平均交配次数在 1 次以上，随着日龄增加，成虫交配次数逐渐下降。从单次交配持续时间上看，以 3 日龄成虫交配持续时间最长，达到 206.3min。补充营养对雌蛾的求偶行为会有影响。1～5 日龄喂蜂蜜水的雌蛾进入暗期 30min 即出现求偶个体，而对照雌蛾 1 日龄求偶时间在进入暗期 2.5h 后出现，2 日龄为 2h，以后几天随日龄增加，求偶时间也提前到进入暗期 30min 之内。进入暗期后雄蛾开始缓慢爬行，触角摆动，或静止蛰伏。接着雄蛾慢慢振翅扑动，明显活跃起来。最后，在追逐中腹部频频向左、右弯曲摆动，张开抱握器。无论几日龄的马铃薯块茎蛾成虫都要在熄灯后 30min 左右才开始活动，1h 后活动个体最多。

马铃薯块茎蛾两性成虫发生 1 次交配行为时雌蛾贮精囊中有 1 个精包，但发生 2 次以上交配行为时雌蛾体内的精包数少于交配次数。这说明雄蛾在发生 2 次以上交配时即会存在无效交配。例如，在两性间平均交配 3 次时有效交配率仅为 80.2%。马铃薯块茎蛾雄蛾室内交配次数为 2～4 次，但也有的一直不交配，平均为 3.2 次。雌蛾在第一次交配结束之后还会出现求偶行为，说明雌蛾一生至少可以交配两次。1～5 日龄雌蛾交配之后，日龄不同，二次求偶率也不同，求偶率最高的是 3 日龄雌虫，达到 18.8%，以后逐日减少，到 5 日龄时求偶率降为零。

性比对马铃薯块茎蛾雌、雄成虫的交配次数及雌蛾繁殖也存在影响。在雌、雄比从 1∶1 至 1∶5 范围内变化时，雌虫交配率随雄虫比例的增加而升高，在雌、雄比达到 1∶3 以上时雌蛾的交配率可以达到 100%。雄性比例的增加并不会显著提高马铃薯块茎蛾单雌的产卵量和卵的孵化率。性比对雄蛾的交配次数及对雌蛾繁殖的影响试验结果证实，在雌、雄比从 1∶1 至 5∶1 范围内变化时，雄虫交配率随雌虫比例的增加而升高，在雌、雄比达到2∶1以上时雄蛾的交配率可以达到100%。马铃薯块茎蛾雄蛾可多次交配，平均有效交配次数可达3.8次，最高可达6次。随着雄蛾比例的下降以及雄蛾交配次数的增加，雌蛾产卵量会显著下降。雄蛾的多次交配不会显著降低卵的孵化率。

马铃薯块茎蛾交尾后次日便可产卵，成虫可进行孤雌生殖。卵多在3～4d内产完，一般产在烟草、马铃薯、番茄和茄子等植株叶片正、反面沿叶脉处或茎秆基部有泥土处，薯块上的卵多产于芽眼、破皮、裂缝等粗糙面上，每雌产卵数十粒至百余粒，散产或重叠2～3层，但卵粒不易被发现。

卵期一般7～10d。植株上的幼虫孵化后，四散爬行到叶缘，吐丝下坠，随风飘落在邻近植株上，潜入叶内取食，也有潜蛀叶柄和茎的，被害叶片枯死后，幼虫能转移为害。薯块上的幼虫孵化后，多数经30～50min即从芽眼或破皮处蛀入薯块内，少数在块茎表面吐丝结网，经过1～2d再行蛀入。初龄幼虫仅在表皮下蛀食，随虫龄增长隧道逐渐加深，虫道外的粪便颗粒也变大，呈黄色或黑褐色。受害严重时，薯面虫粪堆积，块茎皱缩或成空壳。幼虫在田间为害寄主叶片时，多沿叶脉蛀入叶内，取食叶肉，残留上、下表皮，叶面出现透明而不规则的虫道，故有绣花虫、串皮虫、顺筋虫之称。粪便多排在虫道的一端。如果幼虫从生长点蛀入茎部为害，能够导致苗株枯死。叶片上的虫道随幼虫的生长变宽，形成各种不规则的褐色枯斑。幼虫有转移为害习性，一般从底部叶片逐渐上移，每头可蛀食叶面积达7～11cm²。幼虫多为4龄，幼虫期10～20d。幼虫老熟后，爬出蛀道，在田间表土、土缝内或茎基部及枯叶反面结灰白色薄茧化蛹，为害薯块的幼虫老熟后多在块茎表面凹陷内、薯堆间及墙壁裂缝内结茧化蛹。

四、发生规律

（一）虫源基数

2007年5～8月重庆巫溪县马铃薯块茎蛾灯下发生情况表明，其世代重叠严重。马铃薯块茎蛾在田间秋马铃薯上发生普遍，海拔300～1 200m的区域均有不同程度的发生（1 200m以上的区域未见发生），但造成的损失较轻，为害不大。10月23日在朝阳乡绿坪村调查，田间被害率为80%、文峰镇三宝村为40%、塘坊乡新建村为20%，10月25日在通城乡通城村一社调查，田间被害率为50%～87%（以田块四周为害最重），在地成虫每平方米1头；10月26日在古路镇长龙四社调查，田间被害率为50%～100%，上磺镇梨坪村四社调查，田间被害率为20%；蒲莲乡桐圆村调查田间被害率为40%。

（二）气候条件

马铃薯块茎蛾的发育速度与温度有密切关系，在有效温度范围内，温度相差10℃，发育速度相差1倍左右。卵的发育起点温度为（9.37±0.35）℃，有效积温为（100.6±3.37）℃。幼虫的发育起点温度为（10.75±0.67）℃，有效积温为（214.86±8.29）℃。蛹的发育起点温度为（10.35±0.72）℃，有效积温为（136.66±6.61）℃。全世代的发育起点温度为（9.04±0.66）℃，有效积温为（497.83±18.40）℃。各虫态发育历期随温度的升高而缩短，随温度的降低而延长。在平均温度为20℃时，完成1代需45～60d，在22℃时为35～45d，在24℃时为32～40d，在26℃时为30～37d，在28℃时为26～28d。35℃时发育速率明显减慢，发育历期延长。从各虫态的发育速率看，22～29℃是生长发育的适温范围。马铃薯块茎蛾对低温有一定的抵抗能力，成虫在－7℃时仍能存活，但不能交配产卵，在1.5℃时能存活14～41d。低温储藏－4.5～1.7℃的卵经120d才死亡，在－16.7℃时经24h，幼虫、蛹、成虫全部死亡，只有卵仍能存活。因此冬季调运马铃薯时，卵是最值得注意的虫态，幼虫和蛹的耐低温程度虽不如卵强，但也有一定的耐低温能力。据四川的观察结果，1月气温为－3～－2℃时，地面积雪情况下，田间幼虫仍能存活，老熟幼虫在－3℃情况下经7d，并在缺食饥饿条件下，仍能全部存活。冬季严寒，早春冷而多雨，不利于马铃薯块茎蛾的生存发育，对田间发生为害有一定的抑制作用。

马铃薯块茎蛾的发生为害与气温、降水有直接关系。夏季潮湿不利于该虫的发生，夏季连续干旱，为害严重。高温干旱的气候条件下，马铃薯、烟草等受害植物生长缓慢，被害程度加重。群众中有“雨水年成发生较少，干旱年成发生较多”的经验。据调查，四川西昌地区2002年2月、4月、6月、7月4个月气温高于历年，3～4月降水比历年少，而5～8月平均降水超出历年平均值，从9月到翌年2月平均总降水量下降57%，最为明显的是2002年秋、冬以来，西昌降水量较往年同期有较大幅度减少，温度持续偏高，2002年11月至2003年2月出现秋旱、冬旱连春旱的历史罕见的异常气候，致使马铃薯块茎蛾在温暖、干旱条件下大发生，据调查，储藏期薯块损失严重的可达80%左右。

栽培制度影响马铃薯块茎蛾的发生。目前，随着马铃薯种植面积不断扩大，栽培技术向多品种、多层次、周年生产方向发展，因而为害虫的生存繁殖提供了充足的食料和有利的环境条件，同时使害虫的发生规律也发生了改变，由季节性为害向周年性为害发展，因而给防治工作增加了很大的难度。马铃薯块茎蛾的寄主为茄科植物，因此，茄科作物连作地为害重，单种马铃薯或烟草的地区为害轻。但由于农民不了解害虫的生活习性，种植马铃薯时，不注意马铃薯田的合理布局，马铃薯田、烟田和蔬菜田相连的情况比较常见，为马铃薯块茎蛾提供了充足的食料和良好的越冬场所，使得该虫在马铃薯田和烟田之间辗转为害，发生越来越重。据调查，马铃薯块茎蛾在马铃薯与烟草混栽的陕西宝鸡市附近，田间烟草被害株率为16.6%～47.5%，而在不种或极少种植马铃薯的河南南阳地区，小块烟田被害株率为1%～10%，大片烟田未发现被害。

马铃薯储藏条件也影响马铃薯块茎蛾的发生。马铃薯堆放于室内储存，空气流通，阳光充足，温湿度适宜，马铃薯块茎蛾繁殖快、为害重，且成虫可以自由飞翔转移到田间为害。马铃薯储存在密闭的场所，环境条件黑暗，氧气不足，二氧化碳的集聚量较多，不利于马铃薯块茎蛾发育繁殖，马铃薯被害轻或不被害。田间一般距仓库越近被害越重，因为马铃薯块茎蛾春季田间虫源主要来自储藏室。据前西南农业科学研究所1956年调查，距仓库30m的田块马铃薯被害株率为94%，距仓库70～100m的被害株率为2%～18%。

（三）寄主植物

马铃薯块茎蛾喜食马铃薯、烟草、茄子，其次为番茄、曼陀罗、枸杞、龙葵、辣椒，也可寄生于酸浆、刺蓟、莨菪、颠茄、洋金花等植物。不同寄主植物对马铃薯块茎蛾的生物学行为存在一定的关系。马艳粉等报道马铃薯块茎蛾成虫对马铃薯、烟草、番茄、茄子和辣椒5种不同寄主植物的产卵选择存在显著差异。在马铃薯、烟草、番茄、茄子和辣椒上的落卵量分别为64.33粒、62.33粒、58.83粒、50.67粒、23.83粒。在辣椒上的落卵量明显低于烟草、马铃薯、茄子和番茄。在马铃薯、烟草和番茄上的落卵量无显著差异，但这3种寄主上的落卵量显著高于茄子。

（四）天敌昆虫

马铃薯块茎蛾的捕食性天敌主要有加州草蛉和一种廉螨属的螨虫。寄生性天敌主要是小茧蜂科和姬蜂科的昆虫，一般寄生马铃薯块茎蛾的卵，其中又以对初产卵的寄生效果尤为显著。在印度曾大量释放寄生性天敌马铃薯蛾点缘跳小蜂，成功地防治了马铃薯块茎蛾。此外，利用球孢白僵菌、颗粒体病毒和线虫也能对马铃薯块茎蛾有一定的防治效果。有研究证明，利用斯氏线虫防治马铃薯块茎蛾效果良好，当幼虫上的致病体在120个以上时，3d内死亡率达97.8%，从每头幼虫上产生的有侵染力线虫的幼虫数高达13 000～17 000个。释放不育雄虫和在块茎的储藏期用性信息素诱集也能有效控制马铃薯块茎蛾的暴发，诱集的高峰期一般在日落前后1～2h内。2010年肖春等发明了一种马铃薯块茎蛾引诱剂，其组分及质量百分比为：桉叶油醇0.149%～1.185%、乙醇0.894%～7.110%、水91.705%～98.957%，防治效果显著，能延缓马铃薯块茎蛾抗性的产生，并对环境和生物较安全。

五、防治技术

（一）严格检疫，杜绝传播

严格执行检疫制度，不从疫区调运种薯和未经烤制的烟叶，如需调运必须严格检疫并进行熏蒸处理。

在对马铃薯块茎蛾进行检验时，特别注意用扩大镜检查薯块芽眼处或其他凹处是否有被蛀入的小孔。可由孔旁有无白色的粪便来鉴定，并检查薯块上是否带有卵粒，同时取样将马铃薯剖开，检查内部有无潜道或幼虫。取样方法为10件以内逐件检查，10～15件在10件的基础上增加50%，50件以上者，在50件抽验的基础上增加3%。在全批的各部位中平均取样，抽验的各件中每件至少抽取20%的薯块。同时注意检查包装材料。其他栽植材料也可能带有卵粒，需在放大镜下仔细检查。对包装物也应同样进行检查，以避免带有幼虫或蛹。遇有上述寄主的苗或植株在转运时须检查其叶片中是否有潜道或幼虫，土壤中是否带有虫茧。在室温10～15℃时，用溴甲烷35g/m^{3}熏蒸3h；室温为28℃以上时用溴甲烷30g/m^{3}熏蒸6h。也可用二硫化碳7.5g/m^3，在15～20℃下熏蒸75min。熏蒸可杀死各虫态，并对薯块发育和食用无影响。

（二）农业防治

1. 加强田间管理，剔除虫苗，摘除虫叶，捏死幼虫，结合中耕培土、冬季翻耕，减少成虫产卵，消灭幼虫和蛹。

2. 寄主植物收获后，及时清除田间的残株败叶及杂草，将其烧毁或沤肥，以减少虫源。

3. 避免马铃薯和烟草及其他茄科作物邻作或间作。

4. 选用无虫种薯种植。

（三）生物防治

使用 16 000IU/mg 苏云金杆菌可湿性粉剂 1 000 倍液保护储藏期薯块，对低龄幼虫有很好的控制作用。此外，利用球孢白僵菌、颗粒体病毒和线虫也对马铃薯块茎蛾有一定的防治效果。

（四）物理防治

人工捕捉马铃薯块茎蛾的幼虫，诱杀成虫。发现薯块上有新鲜虫粪时，便找出幼虫进行挑取，随即杀死。发现田间叶片上幼虫为害造成的透明斑，应摘除叶片，集中带出田外深埋或烧毁。利用成虫的趋光性和趋化性，以黑光灯、糖醋液等方法诱杀。在薯块进仓前，将仓库内四周的灰尘及杂物彻底清除，并喷洒药物消毒，消灭仓库内的害虫；仓库的门窗、风洞应用纱布钉好，阻断田间成虫飞入室内产卵的途径。

（五）化学防治

1. 薯块储存期的化学防治

（1）对没被虫蛀的种薯，可用 80％敌敌畏乳油 1 000 倍液喷雾，均匀喷洒种薯表面，然后盖上麻袋；或用 80％敌百虫可溶性粉剂或 25％甲萘威可湿性粉剂 200～300 倍液喷雾，还可用 25％喹硫磷乳油 1 000 倍液喷种薯，晾干后运入库内平堆 2～3 层储藏。

（2）对已被虫蛀的种薯，可用 35％阿维・辛乳油（阿维菌素、辛硫磷混剂）1 000 倍液整薯浸种，浸 5min 后捞起，晾干后储存。

（3）可用二硫化碳密闭熏蒸马铃薯储藏库 4h，用药量 27g/m^3。在温度 7～10℃时，用药量为 45 g/m^3，密闭 3h；在 10～15℃和 15～20℃时，用药量为 35g/m^3，密闭 5h。

（4）用 56％磷化铝片剂（每片 3.3g）12 片分成 3 份，用卫生纸包严，均匀放到 1 000kg 薯块中间，用薄膜盖严，不要漏气，气温 12～15℃时，闷 5d，高于 20℃时，密闭 3d。注意不要在有人的地方熏蒸，以免造成人员中毒；用后的废渣有毒，要深埋处理。

2. 田间药剂防治

（1）在成虫盛发期喷药。可用 80％敌敌畏乳油 1 000 倍液、50％辛硫磷乳油或 80％敌百虫可溶粉剂 1 000倍液，2.5％溴氰菊酯乳油、20％氰戊菊酯乳油、2.5％高效氯氟氰菊酯乳油、10％氯氰菊酯乳油等各 2 000 倍液喷雾。

（2）幼虫在始花期及薯块形成期为害重，可交替使用 50％辛硫磷乳油 1 000 倍液、50％马拉硫磷乳油 1 000 倍液、2.5％高效氯氟氰菊酯乳油 2 000 倍液喷雾防治。

李静（河北农业大学植物保护学院）

第 29 节　马铃薯甲虫

一、分布与危害

马铃薯甲虫［*Leptinotarsa decemlineata*（Say）］属鞘翅目叶甲科叶甲亚科，又称马铃薯叶甲、蔬菜花斑虫。

马铃薯甲虫是世界有名的毁灭性检疫害虫，是我国的对外检疫对象。马铃薯甲虫最早发现于北美洲落基山脉，最初为害野生茄科植物刺萼龙葵（*Solanum rostratum*）。19 世纪初，随着美洲大陆的开发，当马铃薯的栽培向西扩展到落基山区时，立刻遭到这种甲虫的严重为害。1817 年，智利的栽培马铃薯引入北美。1855 年发现马铃薯甲虫在美国科罗拉多州严重为害马铃薯。1860—1880 年，马铃薯甲虫在美国的发生面积激增，占据了美国马铃薯种植面积的 9/10。之后蔓延传播到德国、荷兰、波兰等国。1920 年传播到法国，并开始蔓延为害，1938 年蔓延到法国全境，并扩展到法国的邻近国家比利时、瑞士、西班牙等国。1943—1948 年传播扩展到意大利、葡萄牙、匈牙利、捷克斯洛伐克等国家，并到达前苏联边境地区。1949 年在苏联乌克兰的利沃夫首先发现了此虫，此后该虫每年扩展速度达到 120km，传播到白俄罗斯后，每年扩展速度达到150km。在20世纪60年代后半叶，扩展到了乌拉尔斯克地区，俄罗斯远东的阿穆尔州曾有过发生马铃薯甲虫的报道，近年来在俄罗斯滨海边区也有发生。现在马铃薯甲虫已广泛分布于欧美和亚洲的40多个国家，主要分布于美洲15°～55°N以及欧亚大陆33°～60°N。但该虫在东、西方向上的分布尚未稳定，向东扩散的趋势比向西扩散的趋势强，严重威胁我国的马铃薯生产。

1993年马铃薯甲虫传入我国新疆后仅在边境地区霍城、察布查尔、伊宁、塔城4个县（自治县、市）为害。1996年6月马铃薯甲虫越过伊犁、塔城盆地的天然屏障，出现在乌苏郊区。从此，马铃薯甲虫进入了天山北坡，沿着马铃薯种植区域迅速地由西向东扩散。1999年在乌鲁木齐发现马铃薯甲虫，2002年该虫由西向东扩散了930km，到达木垒哈萨克自治县，平均扩散速度为每年100km。目前，马铃薯甲虫在新疆伊犁、塔城、阿勒泰、博乐、奎屯、石河子、昌吉、巴音郭楞和乌鲁木齐11个地（州）、35个县（自治县、市）、258个乡（镇、团场）发生分布，并且正在自西向东继续扩散，最东端已经到达了木垒哈萨克自治县以东18km处的大石头乡。疫情地距与甘肃交界的星星峡仅600km，直接威胁甘肃以及全国马铃薯的安全生产。

马铃薯甲虫最喜食的寄主是马铃薯，还为害茄子、辣椒、番茄、烟草等。主要以成虫和三至四龄幼虫暴食寄主叶片进行为害。为害初期，叶片出现大小不等的孔洞或缺刻，如继续取食，可将叶肉吃光，留下叶脉和叶柄，尤其是马铃薯始花期至薯块形成期受害，对产量影响最大，对马铃薯等茄科作物生产构成严重威胁。据文献报道和在新疆疫区为害情况调查，因该虫为害造成马铃薯产量一般损失为30%～50%，严重者可达90%以上，甚至造成绝产。在合适的条件下，该虫的虫口密度常急剧增长，即使在卵的死亡率为90%的情况下，若不加防治，1对雌雄个体5年之后可产生1.1×10^{12}个个体。研究表明，在马铃薯甲虫2代发生区，在第一代幼虫虫口密度达到5头/株时，即可引起马铃薯14.9%的产量损失。随虫口密度的增加，损失逐渐增大，在平均虫口密度为20头/株时，可造成60%以上的产量损失，尤其是马铃薯始花期至薯块形成期受害，对产量影响最大。另外，马铃薯甲虫还传播马铃薯褐斑病和环腐病等。该虫的传播途径主要有两种：一是自然传播，包括风、水流和气流携带传播，也可自然爬行和迁飞。二是人工传播，包括随货物、包装材料和运输工具携带传播，来自疫区的薯块、水果、蔬菜、原木及包装材料和运载工具，均有可能携带此虫。

二、形态特征

成虫：体长9～12mm，体宽6.1～7.6mm，短椭圆形，体背显著隆起。淡黄色至红褐色，体色鲜亮，有光泽，多数具黑色条纹和斑，头顶的黑斑多呈三角形，复眼后方有1个黑斑，但通常被前胸背板遮盖。口器淡黄色至黄色，上颚端部黑色，下颚须末端色暗。触角11节，第一节粗而长，第二节短，第五、六节近等长，触角基部6节黄色，端部5节膨大，色暗。上唇显著横宽，中央缺刻浅，前缘着生刚毛，上颚具4齿，其中3齿明显。下颚的轴节和茎节发达，茎节端部又分为内颚叶及外颚叶，上面密被刚毛，下颚须短。前胸背板隆起，长1.7～2.6mm，宽4.7～5.7mm；基缘呈弧形，后侧角稍钝，前侧角突出；顶部中央有1个U形斑纹或2条黑色纵纹，每侧又有5个黑斑，有时侧方的黑斑相互连接；中区的刻点细小，近侧缘的刻点粗密。小盾片光滑，黄色至近黑色。鞘翅卵圆形，隆起，侧方稍呈圆形，端部稍尖，肩部不显著突出。每一鞘翅有5个黑色纵条纹，全部由翅基部伸达翅端，鞘翅刻点粗大，沿条纹排成不规则的刻点行。足短，转节呈三角形，腿节稍粗而侧扁，胫节向端部渐宽，跗节5节，为隐5节；两爪相互接近，基部无附齿。腹部第一至五节腹板两侧具黑斑，第一至四节腹板的中央两侧另有长椭圆形黑斑。雄虫外生殖器的阳茎为圆筒形，显著弯曲，端部扁平，长为宽的3.5倍。雌雄两性外形差别较小，雌虫个体一般稍大，雄虫最末腹板较隆起，上面有1条纵凹线，而雌虫无（彩图4-29-1）。

卵：长椭圆形，长1.5～1.8mm，宽0.7～0.8mm，两端钝尖，雌虫多产卵于马铃薯叶片背面，呈卵块，20～50粒，排列整齐，颜色为橙黄色，少数为橘红色。

幼虫：共蜕皮3次，有4个龄期，体色随着龄期的变化较明显。一龄、二龄幼虫体色红褐色，无光泽，三龄以后逐渐变为鲜黄色、橙红色、土黄色或红褐色。一龄和二龄幼虫头、前胸背板为黑色，胸、腹部的气门片暗褐色；三龄和四龄幼虫体色变淡，背部明显隆起且两侧各有两排黑色斑点。幼虫头黑色发亮，前胸背板骨片以及胸部和腹部的气门片暗褐色或黑色，幼虫背部显著隆起。头为下口式，头盖缝短，额缝由头盖缝发出，开始一段相互平行延伸，然后呈一钝角分开。头的每侧有小眼6个，分成2组，上方

4 个，下方 2 个。触角短，3 节。头壳上仅着生初生刚毛，刚毛短，每侧顶部着生刚毛 5 根，额区呈三角形。前缘着生刚毛 8 根，上方着生刚毛 2 根。唇基横宽，着生刚毛 6 根，排成一排。上唇横宽，明显窄于唇基，前缘略直，中部凹缘狭而深；上唇前缘着生刚毛 10 根，中区着生刚毛 6 根和毛孔 6 个。上颚三角形，有端齿 5 个，其中上部的 1 个齿小。一龄幼虫前胸背板骨片全为黑色，随着虫龄的增加前胸背板颜色变淡，仅后部仍为黑色。除最末两个体节外，虫体每侧有两行大的暗色骨片，即气门骨片和上侧骨片。腹节上的气门骨片呈瘤状突出，包围气门，中、后胸由于缺少气门，气门骨片完整。四龄幼虫的气门骨片和上侧骨片无明显的长刚毛。体节背方的骨片退化或仅保留短刚毛，每一体节背方约有 8 根刚毛，排成两排。第八至九腹节背板各有 1 块大的骨化板，骨化板后缘着生粗刚毛。气门圆形，气门位于前胸后侧及第一至八腹节上。足转节呈三角形，具 3 根短刚毛，爪大，骨化强，基部的附近矩形。

蛹：为离蛹，椭圆形，长 9～12mm，宽 6～8mm，橘黄色或淡红色。

三、生活习性

在欧洲和美洲，马铃薯甲虫 1 年可发生 1～3 代，个别年份个别地区多达 4 代。发育 1 代需要 30～70d。在我国新疆马铃薯甲虫发生区，该虫 1 年可发生 1～3 代，以 2 代为主。马铃薯甲虫以成虫在土壤内越冬，不同地区越冬成虫潜伏的深度不同，一般为 6～60cm，我国新疆马铃薯甲虫的越冬深度为 6～30cm，分布在 11～20cm 土层的个体占 91.2%。在伊犁河谷地区伊宁市马铃薯种植区马铃薯甲虫越冬代成虫一般于 5 月上、中旬，当越冬处的土温回升到 14～15℃时开始出土，通过爬行和飞行陆续迁入刚出苗的马铃薯田，5 月中旬田间越冬后成虫数量达到高峰。由于越冬成虫越冬入土前进行了交尾，越冬后雌成虫不论是否交尾，取食马铃薯叶片后均可产卵。因此，1 头雌虫就可以独自形成一个新的疫源地。也有个体是出蛰后，经过 7～14d 的取食，才开始交尾、产卵。卵产于叶背面，呈卵块状排列，卵粒与叶面多呈垂直状态，每卵块含卵 12～80 粒，卵期为 5～7d。田间第一代卵始见期为 5 月中旬，5 月下旬随田间第一代卵量剧增，在炎热、干燥、大风天气的配合下，越冬后成虫随风迁飞到新的寄主田继续取食、交尾、产卵，田间越冬后成虫数量锐减。第一代卵孵化期为 5 月下旬至 6 月上旬，5 月下旬达孵化高峰期。同一卵块的卵几乎同时孵化，幼虫孵化后开始取食。卵期随温度条件而异，一般为 5～17d，幼虫期为 15～34d。第一代幼虫为害期为 5 月下旬至 6 月中旬，盛期出现在 6 月上旬。四龄幼虫末期停止进食，大量幼虫在离被害株 10～20cm 的半径范围内入土化蛹。第一代蛹期为 6 月上旬至 7 月上旬，盛期为 6 月中下旬。第一代成虫始见期为 6 月中下旬，成虫羽化高峰期为 6 月底。在实验室条件下，刚羽化的成虫 5～7d 后开始产卵，大约 15d 后，达到产卵鼎盛期，以后的 30d 产卵量急剧下降，每只成虫最多可产 4 000 粒卵。7 月上旬为第二代卵的孵化高峰期。随第二代卵高峰的出现，6 月底至 7 月中旬第一代成虫陆续迁出田外，此阶段为第一代成虫迁飞的高峰期。第二代幼虫为害期为 7 月上旬至 8 月中旬，盛期为 7 月中旬。第二代幼虫化蛹期为 7 月下旬至 8 月下旬，盛期为 7 月下旬，第二代成虫始见于 7 月底，8 月上旬为出土高峰期。第二代成虫在田间取食 7～10d 进入迁飞高峰，少部分成虫迁出田外。8 月中旬后，田间马铃薯被害严重，植株早衰黄枯，引起甲虫食物环境恶化，大部分成虫爬行至田外，转入临近的茄子、番茄田继续取食为害。第二代成虫 8 月中下旬开始入土休眠准备越冬，8 月底前后达到入土高峰。少数发育较晚的第二代成虫最晚于 9 月底 10 月初入土。在实验室条件下，成虫的最长寿命可达 120d（25℃恒温），一般 50d 后，成虫死亡率达到 50%。

马铃薯甲虫成虫性比基本为 1∶1，雌虫略占多数，成虫交尾 2～3d 后即可产卵，产卵期内可多次交尾。成虫具假死习性，受惊后易从植株上落下。成虫一般将卵产于寄主植株下部的嫩叶背面，偶产于叶表和田间各种杂草的茎、叶上。在伊犁河谷地区，马铃薯甲虫世代发育起点温度为 5.99℃；属兼性滞育（光照<14h、温度 19～22℃）。老熟幼虫入土做室化蛹，一般入土幼虫 5d 后开始化蛹，具有明显的预蛹期，蛹为黄色。在 20～27℃条件下，各虫态的发育历期有所不同，活动虫态取食量亦不相同。从卵至成虫羽化出土平均历期为 33.5d。马铃薯甲虫幼虫一生总取食量为 0.46～0.82g，一至四龄幼虫总取食量占比率分别为 2%、4%、19%和 75%，三龄和四龄幼虫取食量占总取食量的 94%，而三龄前取食量仅占总取食量的 6%，表明幼虫进入三龄后即开始暴食。四龄幼虫的日取食量与成虫相当。马铃薯甲虫幼虫主要在马铃薯根际和垄底的土壤中化蛹。在沙壤土中蛹主要分布于 1～10cm 深的土层中（占 94.9%），在黏土中，蛹主要分布于 1～5cm 深的土层中（占 93.7%）。蛹在黏土中分布稍浅，在沙壤土中略深。田间土壤

板结严重，土壤表面湿度适宜时，老熟幼虫可直接在土表裸露化蛹。

马铃薯甲虫的扩散发生在幼虫和成虫阶段，但以成虫扩散为主。幼虫扩散主要通过爬行。田间扩散只发生于寄主田和植株之间转移，距离和范围很小。滞育后出土的越冬代成虫及第一代成虫极易扩散。一般其活动扩散有两种方式：一是爬行，发生于春季和秋季的，为近距离扩散方式，距离一般为 15～100m；二是飞行，多为远距离扩散方式。马铃薯甲虫的飞行行为有 3 种类型：第一，在田间的小范围飞行，这种飞行主要是围绕植株顶部的飞行，并在到达或接近马铃薯地时结束飞行；第二，长距离飞行，这种飞行是从植株顶部出发，爬到超过 3m 高的地方，开始直线飞行；第三，滞育飞行，这种飞行在 8 月上旬常能见到，成虫直接从马铃薯田块中飞向周围的林区。滞育飞行与长距离飞行的不同点是后者要爬到高处才开始直线飞行，而滞育飞行没有这种爬行活动。马铃薯甲虫越冬成虫出土后寻找寄主的过程中，可以远距离传播扩散，扩散速度和方向与大风方向和风速密切相关。观察证明，在伊犁盆地遇到 10m/s 以上的大风，马铃薯甲虫 16d 时间内可随风传播到 115km 以外的地区。越冬成虫寻找寄主植物时，就近寻找到寄主植物的可能性最大，雌虫迁飞扩散的能力更强。马铃薯甲虫成虫在以蒿草为主的低山草原地带，第一代成虫 3d 可以扩散 200m 的距离，15d 后仍然可以存活，并找到 200m 以外的寄主植物马铃薯。

四、发生规律

（一）虫源基数

据调查，新疆博州地区 5 月下旬百株茄子有成虫 106 头、幼虫 63 头、卵 32～40 块。6 月中下旬为幼虫发生为害高峰期，并持续到 7 月上旬，此时茄子等茄科作物处于开花坐果期，田间被害株率 30%～45%，单株茄子有幼虫 4～36 头。6 月下旬幼虫大多处于二至三龄，有虫田占 30%，有虫株率 35.6%，单株虫口量 1～15 头。7 月上旬以四龄幼虫居多，四龄幼虫数量占 77%，四龄幼虫末期停止进食，在被害株附近入土化蛹，幼虫期 15～35d，蛹期 7～10d，羽化后出土继续为害。洪波在新疆乌鲁木齐地区乌鲁木齐县调查发现，马铃薯甲虫成虫有两个高峰期：一代成虫在 6 月下旬寻找食物补充营养，虫口密度不断增加，6 月 26 日百株虫量高达 281 头，达到第一个高峰期；7 月下旬第二代成虫开始羽化，8 月 2 日左右百株虫量为 345 头，达到第二个高峰期。幼虫也有两个高峰期：5 月下旬至 6 月上旬为第一代幼虫期，5 月 31 日左右百株虫量 980 头，达到第一个高峰期；7 月上旬至 7 月下旬为第二代幼虫期，幼虫化蛹始于 7 月中旬，7 月 21 日左右，百株虫量达到 1 610 头，为第二个高峰期。而卵在田间的密度没有太大变化，仅 6 月下旬一代成虫产卵量不断增加，百株卵块量在 7 月 1 日左右达到 95 块，出现一个小的高峰期，其他时期的百株卵块量都在 60 块以下。

（二）气候条件

一般认为，马铃薯甲虫的发育起点温度为 10～11.5℃，发育 1 代所需积温为 400～600℃。马铃薯甲虫的发育最适温度为 25～30℃。该虫的抗低温和抗高温能力较强；不同虫态或同一虫态不同时期马铃薯甲虫抗低温和高温能力不同，滞育马铃薯甲虫过冷却点范围是－6.15～－5.7℃。四龄幼虫和成虫对高温抗性最强，当温度超过 33℃时，其死亡率开始增加。在 35℃条件下处理 8h，死亡率为 31%；但在 30～37℃时，成虫仍能产卵。

马铃薯甲虫发育的适宜相对湿度为 60%～75%，在年平均降水量为 600～1 500mm 的地区发育繁盛，如在加拿大安大略，降水造成低龄幼虫和卵的死亡率分别只有 0.35%和 4%。此外，Kung 发现该虫在干土壤（表面土壤含水量为 7.6%）中的死亡率为 48%，低于湿土壤（表面土壤含水量为 10.4%，0℃条件下）中的死亡率 61%。因此，干燥的气候条件较适合马铃薯甲虫生长。

诱发该虫滞育的最主要因素是日照，不同地理种群诱发滞育的临界日照时数不同，随着地理纬度的增加，临界日照时数从 12h 上升到 16h，越向北，临界日照时数越长。光质量对它的繁殖情况有影响，马铃薯甲虫产卵量在光密度为 500～2 000 lx 范围内没有变化；光密度达 5 000 lx 时，产卵量会上升 15%，光密度超过 5 000 lx，马铃薯甲虫产卵受到抑制。

土壤类型是决定马铃薯甲虫冬季死亡率的一个重要因素，沙质土壤中越冬成虫死亡率最低，而黏土中越冬成虫的死亡率最高。同时，不同的土壤类型也影响春天成虫的羽化。在春天土温达到 14～14.5℃时，滞育成虫开始出土。沙土、沙质沃土和黏土的出土率分别为 6.5%、6.2%和 100%。因此，马铃薯甲虫越冬成虫在疏松的土壤中有延长滞育的特性。

（三）寄主植物

马铃薯甲虫的寄主范围相对较窄，主要包括茄科 20 多个种，多为茄属植物。其中，取食后可完成世代发育的寄主为“独立寄主”，包括马铃薯、茄子等，以及野生寄主菲沃斯属的天仙子和茄属的黄花刺茄。此外，马铃薯甲虫也取食茄科颠茄属、曼陀罗属的个别植物和十字花科的白菜等，但上述寄主属“非独立寄主”，即马铃薯甲虫取食后不能完成整个世代的发育。

一般认为，马铃薯甲虫的原始寄主是野生植物具角茄和刺萼龙葵，当遇到栽培马铃薯后，马铃薯才成为其最适寄主。有研究表明，这种转变只是寄主范围的扩大，马铃薯甲虫一直保持着对原始寄主的识别能力，即使与原始寄主分离 100 代以上，这种能力也没有丧失。

马铃薯甲虫的最适寄主是马铃薯，其他适宜的寄主包括狭叶茄、欧白英、栽培茄等。番茄、天仙子和其他野生寄主只是偶尔被取食。不同的马铃薯甲虫地理种群的寄主适宜性不同。如大多数马铃薯甲虫种群在银叶茄上发育不良，但亚利桑那州的一个隔离种群在该寄主上生活得相当好。显然，在非常短的时间内，马铃薯甲虫就适应了新的寄主，并且在其寄主范围扩大中没有任何生理和行为上的阻碍。

郭利娜等报道，取食不同寄主后马铃薯甲虫的飞行能力存在一定差异。不同寄主对越冬后马铃薯甲虫的飞行能力影响不明显，但对第一代、第二代马铃薯甲虫飞行能力影响较大。取食马铃薯叶片的成虫飞行能力最强，其次是取食天仙子和茄子叶片的，二者飞行能力无明显差异，取食番茄叶片成虫的飞行能力最弱。

（四）天敌昆虫

马铃薯甲虫的天敌主要有两大类：捕食性天敌有二点益蝽（*Perillus bioculatus*）、斑腹刺益蝽（*Podisus maculiventris*）、巨盆步甲（*Lebia grandis*）、斑大鞘瓢虫（*Coleomegilla maculata*）等；寄生性天敌有矛寄蝇（*Doryphorophaga doryphorae*）、叶甲卵姬小蜂（*Edovum puttleri*）等。二点益蝽可以捕食马铃薯甲虫的卵、幼虫、成虫，但对卵和低龄幼虫的捕食率较老龄幼虫和成虫高。大量释放二点益蝽的二龄、一龄幼虫可以控制其越冬代成虫的卵。在 12～32℃条件下，二点益蝽幼虫与马铃薯甲虫卵的比例为 1∶（125～180）、1∶95、1∶50，其捕食率分别为 50%、80%、100%。斑腹刺益蝽在每一植株上达 1 头时，马铃薯甲虫种群可以减少 30%，达到 3 头时防效可以高达 60%。步行甲繁殖力强，食性专化，幼虫可寄生马铃薯甲虫幼虫和蛹体；成虫营捕食性生活，捕食植物叶子上的马铃薯甲虫卵和幼虫。另外，叶甲卵姬小蜂等对马铃薯甲虫也有一定的控制作用。据报道，叶甲卵姬小蜂主要通过寄生和蜇刺马铃薯甲虫的卵、幼虫和成虫达到防治的目的，其防治效果可以超过 80%甚至达到 98%。

（五）化学农药

防治马铃薯甲虫最常用的方法是化学防治法，欧美国家每年用于该虫的防治费用高达上亿美元。自 20 世纪 50 年代中期，马铃薯甲虫对滴滴涕产生抗药性后，对各类杀虫剂如砷制剂、有机氯、有机磷、氨基甲酸酯、拟除虫菊酯等杀虫剂的抗性快速提高。马铃薯甲虫对新型杀虫剂产生抗药性更快，甚至对大量使用的杀虫剂在 2～4 年内就会产生抗药性。伴随着杀虫剂的大量使用，天敌的自然种群数量较低，自然控制起不到应有的作用。由于大量使用化学杀虫剂，给人类的生存和健康带来了直接的影响，生态环境也受到了极大的破坏。在生产实践中，要解决这些难题，就要加强检疫，寻求以安全高效的生物防治为核心的综合治理技术。

五、防治技术

严格执行调运检疫程序，加强马铃薯甲虫的疫情监测。对疫区调出、调入的农产品尤其是茄科寄主植物，按照调运检疫程序严格把关，防止疫区的马铃薯块茎、活体植株调出。对来自疫区的其他茄科寄主植物及包装材料按规程进行检疫和除害处理，防止马铃薯甲虫的传出和扩散蔓延。加强马铃薯甲虫在我国适生地的预测预报工作。准确判断适生地的范围，提早加强防范检测工作，切断害虫的各种传播途径，尤其是要做好高危适生地区的检疫防控工作。综合利用农业、物理、生物及化学防治等技术，避免化学农药的大量使用，可以延缓该虫抗药性的发展。同时，加强该虫的田间抗药性监测，应用各种检测技术准确判断其抗性发展变化，使其对农业生产造成的损失降到最低限度。

（一）植物检疫

马铃薯甲虫主要通过贸易途径进行传播。来自疫区的薯块、水果、蔬菜、原木及包装材料和运载工具均有可能携带此虫。另外，风对该虫的传播起很大的作用。该虫扩展的方向与发生季节优势风的方向一致，成虫可以被大风吹到150～350km之外。气流和水流也有助于该虫的扩展。

因该虫体型较大，肉眼观察容易发现其成虫和幼虫，摇动植株时虫体易于落地，这一特征可以用于检测隐藏在叶上的害虫，因此，该虫的检验方法主要依靠田间观测。调查应在晴天进行，由调查人员逐株检查植株上是否有成虫、幼虫或卵块。每年调查3次，在春季马铃薯秧苗大量出土时开始第一次调查。另外，对来自疫区的薯块、水果、蔬菜、包装材料及运载工具都应仔细检查。

对查获的染虫寄主植物、包装材料等需进行溴甲烷熏蒸处理。

（二）农业防治

1. 秋翻冬灌 在寄主植物收获后进行秋翻冬灌，破坏马铃薯甲虫的越冬场所，可显著降低越冬成虫虫口基数，防止其扩散蔓延。

2. 轮作倒茬 在马铃薯甲虫发生严重区域实行与非茄科蔬菜或大豆、玉米、小麦等作物轮作倒茬，恶化其生活环境，中断其食物链，达到逐步降低害虫种群数量的目的。

3. 适期晚播 适当推迟播期，避开马铃薯甲虫出土为害及产卵高峰期。一方面可使先出土的越冬代成虫难觅食料，增加自然死亡率，从而减少产卵量。另一方面可使出土成虫与其天敌发生期相遇，充分发挥生物控制的作用。同时加强田间管理，在马铃薯生长中后期，常中耕松土，既可锄草、增温，促进蔬菜生长，又可消灭蛹和幼虫，减少下一代虫口基数。

4. 以多毛的野豌豆作为有机覆盖物 在秋天种植多毛野豌豆，春天种植马铃薯前将其刈割然后覆于地表。野豌豆不仅阻止甲虫迁移到马铃薯上为害，而且因其为豆科植物，所以也为土壤增加了氮素营养。覆盖野豌豆的马铃薯受甲虫为害的程度轻于覆盖黑塑料膜的，而且马铃薯鲜销的商品率与用杀虫剂处理的田块商品率相当。

5. 集中诱杀 在马铃薯甲虫发生严重的区域，早春集中种植茄子、马铃薯等有显著诱集作用的茄科寄主植物，形成相对集中的诱集带，便于统防统治。

6. 人工捕杀 利用马铃薯甲虫的假死性和早春成虫出土零星不齐、迁移活动性较弱的特点，从4月下旬开始动员和组织农户人工捕杀越冬成虫、捏杀叶背卵块，这是降低虫源基数最经济有效的措施。

（三）生物防治

应重点保护田间天敌，主要包括昆虫、蜘蛛和线虫等。也可引进天敌对马铃薯甲虫进行控制。在欧洲，早在20世纪20～30年代即从美洲引进了二点益蝽、斑腹刺益蝽等天敌，对马铃薯甲虫表现出了良好的控制效果。在美国，曾经引进欧洲捕食性椿象，1头椿象每年能捕食1 250头马铃薯甲虫，而且可与苏云金芽孢杆菌同时使用，害虫死亡率可达60%～97%。

苏云金芽孢杆菌（Bt）是广泛用于防治马铃薯甲虫的微生物农药，在部分地区此虫已对该药产生了一定程度的抗药性，致使防治效果明显降低，但含*cry1Ac*和*cry3A*基因的广谱重组Bt菌Lcj-12等对该虫的杀虫效果依然良好。白僵菌可以有效防治该虫的低龄幼虫和卵，而且与敌百虫混用后效果更佳。津贺色杆菌产生的多种毒素，也可以有效地防治该虫。

（四）物理防治

在马铃薯地里挖V形沟诱杀，或用真空吸虫器和丙烷火焰器等进行物理与机械防治。目前根据马铃薯甲虫对茄科植物气味具有特异嗜好性的特点，已人工合成了能用于引诱马铃薯甲虫的“香味剂”，诱杀效果较好。

（五）化学防治

化学防治的关键是统防统治和掌握最佳防治适期，以期达到理想的防治效果。根据马铃薯甲虫低龄幼虫聚集为害的特点，药剂防治应在幼虫一至二龄期进行。防治指标为每10株寄主植物上低龄幼虫达200头，高龄幼虫达115头，成虫达25头。选用生物农药或高效、低毒、低残留农药，常用的药剂有2.5%高效氯氟氰菊酯乳油1 000倍液、2.5%多杀霉素悬浮剂1 000～1 500倍液、2.5%溴氰菊酯乳油5 000倍液、5%氟螨脲乳油1 000～1 500倍液等，在低龄幼虫高峰期进行喷雾防治，7d喷1次，根据虫情发生情况连喷2～3次。注意交替用药，以免产生抗药性。同时蔬菜的采收要严格按照农药安全间隔期进行，以确保蔬菜质量安全。

李静（河北农业大学植物保护学院）

第 30 节　地下害虫

马铃薯块茎生长在地下，因其营养丰富，成为许多地下害虫喜欢的食物。地下害虫咬断薯芽或取食薯肉导致薯块感染土中病菌，致使出苗不齐，使马铃薯产量和品质严重下降。马铃薯地下害虫的为害还为病菌的侵入创造了有利条件，易加重病害发生的程度，增加了马铃薯储藏期的损失率，严重影响其食用品质、商品率及种用价值。因此，有效防治马铃薯地下害虫，对于提高马铃薯产量、促进马铃薯产业的良性发展有重要的现实意义。

马铃薯地下害虫主要有蛴螬、蝼蛄、金针虫和地老虎，但各地报道种类不尽相同。如云南以蛴螬、小地老虎、东方蝼蛄为主。中原春秋二季区以蛴螬、小地老虎、沟金针虫为主。黑龙江报道以蝼蛄为害较重。新疆以黄地老虎为害较重。

一、分布与危害

（一）蛴螬

蛴螬又叫地蚕，是金龟子的幼虫。俗称地狗子、土蚕，属鞘翅目金龟甲总科，是重要的地下害虫。国内大部分地区均有分布。主要以幼虫进行为害。在马铃薯田中，主要为害地下嫩根、地下茎和块茎，进行咬食和钻蛀，断口整齐，使地上茎营养水分供应不上而枯死。块茎被钻蛀后，导致马铃薯品质变劣或引起腐烂。成虫能飞到植株上，咬食叶片进行为害。

（二）蝼蛄

蝼蛄也叫拉拉蛄、土狗子，属直翅目蝼蛄科。其中华北蝼蛄主要分布在北方各地；东方蝼蛄在我国各地均有分布，在南方为害较重；台湾蝼蛄发生于台湾、广东、广西；普通蝼蛄仅分布在新疆。蝼蛄成虫和幼虫都会为害马铃薯。用口器和开掘足把马铃薯的地下茎或根撕成乱丝状，使地上部萎蔫或死亡，有时也咬食芽块，使芽不能生长，造成缺苗。在土中还挖掘隧道，使幼根与土壤分离，造成失水，影响幼苗生长，甚至死亡。在秋季咬食块茎，使其形成孔洞，易感染病菌而腐烂。

（三）金针虫

金针虫又叫铁丝虫，是叩头甲的幼虫，属鞘翅目叩头甲科。国内辽宁、内蒙古、山东、山西、河南、河北、北京、天津、江苏、湖北、安徽、陕西、甘肃等地均有分布。以幼虫为害为主。成虫发生时间短，只取食植物嫩叶，为害不严重。幼虫长期生活在土壤中，春季食芽块、根和地下茎，被害部位断面不整齐，毛刷状。受害苗生长不良或枯萎死亡。秋季幼虫还可钻蛀到块茎内取食为害，表面仅有微小圆孔。受害块茎易被病菌感染而腐烂。

（四）小地老虎

小地老虎也叫土蚕、切根虫，属鳞翅目夜蛾科。全国各地均有分布。在幼虫期，主要为害马铃薯的幼苗，在贴近地面处把幼苗咬断，使整棵苗死掉，并常把咬断的苗拖进虫洞。幼虫低龄时，也咬食嫩叶，使叶片出现缺刻和孔洞，同时也为害地下的块茎。

二、形态特征

（一）蛴螬

蛴螬体肥大，体形弯曲，呈 C 形，多为白色，少数为黄白色。头部褐色，上颚显著，腹部肿胀。体壁较柔软，多皱褶，体表疏生细毛。头大而圆，多为黄褐色或红褐色，生有左右对称的刚毛，刚毛数量的多少常为分种的特征。如华北大黑鳃金龟的幼虫为 3 对，黄褐丽金龟幼虫为 5 对。蛴螬具胸足 3 对，一般后足较长。腹部 10 节，第十节称为臀节，臀节上生有刺毛，其数目的多少和排列方式也是分种的重要特征。

（二）蝼蛄

蝼蛄体狭长。头小，圆锥形。复眼小而突出。触角丝状，短于体长。前胸背板椭圆形，背面隆起如盾，两侧向下伸展，几乎把前足基节包住。前足特化为开掘足，胫节宽且有 4 齿，便于开掘，跗节基部有 2 个齿。内侧有 1 个裂缝，为听器。后足腿节不发达，非跳跃足。跗节式为 3-3-3。前翅短，后翅长且纵褶，呈尾状伸出腹部。雄虫能发音，雌虫产卵器退化。

（三）金针虫

常见的金针虫有沟金针虫和细胸金针虫。沟金针虫体色金黄，体形扁平，体节宽大于长，尾节两侧隆起，有 2 对锯齿状突起，尾端分叉并向上弯曲。细胸金针虫体色浅黄，体细长，各节长大于宽，尾节圆锥形，背面近前缘两侧各有 1 个褐色圆斑，末端中间有 1 个红褐色小突起。

（四）小地老虎

成虫体长 16～23mm，翅展 42～54mm，深褐色，前翅由内横线、外横线将其分为 3 段，具有显著的肾状斑、环形纹、棒状纹和 2 个黑色剑状纹；后翅灰色，无斑纹。幼虫体长 37～47mm，灰黑色，体表布满大小不等的颗粒，臀板黄褐色，具 2 条深褐色纵带。

三、生活习性

（一）蛴螬

蛴螬年发生代数因种类、地域不同而异。一般该类害虫完成 1 代的时间为 1～2 年到 3～6 年，如暗黑鳃金龟、铜绿丽金龟 1 年完成 1 代，大黑鳃金龟 2 年完成 1 代，小云斑鳃金龟在青海 4 年完成 1 代，大栗鳃金龟在四川甘孜地区则需 5～6 年完成 1 代。蛴螬和其成虫金龟子在土中越冬，一般蛴螬在地下 90cm 以下越冬，金龟子在地下 40cm 以下越冬，春季再上升到 10cm 深的耕作层。蛴螬生活在土壤中，喜欢有机质丰富的土壤。蛴螬有假死性和负趋光性，并对未腐熟的粪肥有趋性。金龟子有夜出性和日出性之分，夜出性种类白天藏在土中，晚上进行取食等活动。成虫交配后 10～15d 产卵，卵产在松软湿润的土壤内，以水浇地最多，每头雌虫可产卵 100 粒。

（二）蝼蛄

东方蝼蛄在黄淮海地区 1 年发生 1 代，在华北、西北、东北地区则 2 年发生 1 代，以成虫、若虫在土中越冬。在 1 年 1 代区，越冬成虫 4～5 月产卵，越冬若虫 5～6 月羽化为成虫。在 2 年 1 代区，越冬成虫 5 月开始产卵，6～7 月为产卵盛期，若虫发育到四至七龄后在 40～60cm 深的土层中越冬，第二年再蜕皮 2～4 次，羽化为成虫。若虫共 8～9 龄。当年羽化的成虫少数可产卵，大部分越冬后于翌年产卵。每雌可产卵 60～100 粒，卵多产在土下 28～30cm 处的土室中，产卵期约 2 个月。当气温达到 5℃时，蝼蛄开始上移，气温在 10℃以上时出土活动，当 20cm 土温上升到 14.9～26.5℃时为害最严重。东方蝼蛄喜栖息在低洼潮湿的沿河、近湖、沟渠等低湿地区。

华北蝼蛄 3 年发生 1 代。以成虫和八龄以上若虫越冬，第二年春天 4 月下旬、5 月上旬越冬成虫开始活动，6 月开始产卵，6 月中下旬孵化为若虫，10～11 月以八至九龄若虫越冬。第三年春季，大龄若虫越冬后开始活动，8 月上、中旬若虫老熟，羽化为成虫。经过补充营养，成虫进入越冬期。第四年 5～7 月交配，6～8 月产卵。产卵时在土中 15～30cm 处做土室，卵产在土室中。卵期长达 1 个月，共产卵 3～9 次，每雌产卵 200～300 粒，最多可产 500～1 000 粒。4～11 月为其活动为害期，以春、秋两季为害最严重。

（三）金针虫

沟金针虫一般 3 年发生 1 代，少数 2 年发生 1 代，也有 4～5 年或更长时间才能完成 1 代的。以成虫和幼虫在土中越冬。越冬成虫 3 月初在 10cm 深处土温 10℃时开始出土活动，3 月中旬至 4 月上旬，10cm 深处土温 10～15℃时达活动高峰。产卵期从 3 月下旬至 6 月上旬，卵期 31～59d，平均 42d，5 月上、中旬为卵孵化盛期，孵化幼虫为害至 6 月底下潜越夏。待 9 月中下旬秋播开始时，又上升到表土层活动，为害至 11 月上、中旬，开始在土壤深层越冬。第二年 3 月初，越冬幼虫开始上升活动，3 月下旬至 5 月上旬为害最重。直到第三年 8～9 月，幼虫老熟，钻入 15～20cm 深的土中做土室化蛹。蛹期 12～20d，9 月初开始羽化为成虫。成虫当年不出土，仍在原土室中栖息不动，第四年春天才出土交配、产卵。卵散产在 3～7cm 深的土中，单雌平均产卵 200 余粒，最多可达 400 余粒。

细胸金针虫在陕西关中地区大多 2 年发生 1 代，甘肃、内蒙古等地大多 3 年发生 1 代，成虫、幼虫均可越冬。越冬成虫 3 月上、中旬开始活动，4 月中下旬达活动高峰。3～5 月是幼虫为害盛期，7 月中下旬为化蛹盛期，8 月成虫羽化并在土室中潜伏越冬。出土后，成虫白天潜伏在土缝或作物根际，晚上出来交配、活动、产卵。成虫具有假死性，略有趋光性，对萎蔫的杂草和枯枝落叶有较强的趋性。

金针虫喜潮湿，在水浇地、低洼过水地和土壤有机质丰富的田块发生重，降水早而多的年份发生重，干旱少雨则发生轻。

（四）小地老虎

小地老虎无滞育现象，条件适宜时可终年繁殖。在我国1年发生1～7代，年发生代数和发生期因地而异。成虫昼伏夜出，白天潜伏于土缝、杂草丛或其他隐蔽处；夜晚活动、取食、交配和产卵。幼虫共6龄，三龄前在地面、杂草或寄主幼嫩部位取食，为害不重；三龄后白天潜伏在表土中，夜间出来为害，动作敏捷，性情残暴，具自残性。老熟幼虫有假死性，受惊扰后缩成环形。幼虫发育历期：15℃下为67d，20℃下为32d，30℃下为18d。蛹发育历期为12～18d，越冬蛹期长达150d。小地老虎喜温暖潮湿的环境，最适发育温度为13～25℃。在河流湖泊地区或低洼内涝、雨水充足及常年灌溉地区，土质疏松、团粒结构好、保水性强的壤土、黏壤土、沙壤土均适于小地老虎的发生。如果早春菜田及周缘杂草多，可为其提供产卵场所；蜜源植物多，成虫易于补充营养，一般会严重发生。

四、发生规律

地下害虫的发生与为害受多种环境因素的影响。植被、气候、天敌、地势、耕作栽培制度、管理措施、土壤的理化性质等和其发生有密切的关系。

（一）气候条件

气候条件主要影响地下害虫的出土活动。同时，通过影响土壤的物理性质，影响地下害虫在土壤中的活动与为害。如大黑鳃金龟成虫出土的适宜温度是日平均气温12.4～18℃，若日平均温度低于12℃，则基本不出土。已经出土的成虫，当遇到不利的气候条件，即重新入土潜伏。风雨或低温过后，天气转为风和日暖，常出现成虫出土盛期。

（二）寄主植物

大豆、花生、甘薯等作物田蛴螬密度大；小麦等禾本科作物田金针虫数量较多；蔬菜地蝼蛄发生重。非耕地由于土壤长期未经耕翻，不受农事活动的影响，杂草丛生，有机质丰富，是各种地下害虫自然生息的场所，虫口密度明显高于耕地。靠近林木、果园、荒地渠岸、坟墓、菜地、村庄等地的农田，一般地下害虫发生较重；植树造林、农田林网化为多种金龟甲提供了丰富的食料，引起金龟甲猖獗发生。

作物栽培方式对地下害虫的发生也有一定的影响。耕作栽培、精耕细作、深翻改土，不仅对地下害虫有很大的机械杀伤作用，而且可将各虫态的地下害虫翻至土表，通过风吹日晒、鸟雀啄食或其他不良因素致其死亡。经验证明，凡是精耕细作的地块，一般地下害虫很少，而管理粗放、杂草丛生的地块，地下害虫较多。凡是使用未经腐熟的有机肥料如厩肥、秸秆沤肥等的地块，地下害虫都比较严重。未腐熟的有机肥料是蛴螬、蝼蛄等喜欢取食的食料；有机肥料挥发出来的气味又能引诱成虫飞来产卵。所以，施用有机肥料时要注意腐熟和深施，既利于作物吸收又限制了害虫的发生。

（三）土壤理化性质

土壤温度的变化主要影响地下害虫在土中的垂直分布，从而影响到地下害虫的为害程度。地下害虫大多喜欢中等偏低的温度。在土中为害活动的最适温度为15～20℃，从而形成了地下害虫一年当中的两次为害高峰，即春、秋为害重，夏季为害轻。

土壤湿度的变化不仅与地下害虫的为害活动有关，而且影响地下害虫的分布。从全国来讲，地下害虫的种类分布是北方多于南方，为害程度是旱地重于水地。多数地下害虫活动的最适土壤含水量为15%～18%。一般来说，棕色鳃金龟、黑皱鳃金龟、沟金针虫、沙潜等喜欢比较干燥的土壤；而铜绿丽金龟、大黑鳃金龟、暗黑鳃金龟、华北蝼蛄、细胸金针虫等喜欢比较湿润的土壤。

土壤质地对地下害虫的发生也有一定的影响。据调查，蛴螬类的发生是淤泥地虫量高于壤土地，以沙土中的虫量最少；沟金针虫喜有机质较少而土壤较为疏松的粉沙壤土和粉沙黏壤土；而细胸金针虫则在有机质较多的黏土中为害严重；蝼蛄类以盐碱地虫口密度最大，壤土地次之，黏土地最少。

另外，背风向阴地棕色鳃金龟的虫量高于迎风背阴地，坡岗地的虫量高于平地。

（四）天敌

地下害虫的天敌种类很多，如已发现蛴螬乳状菌在我国许多地区都自然分布。除此之外，其他多种病原细菌、真菌、病毒等也可感染地下害虫。金龟长喙寄蝇能寄生多种蛴螬；土蜂是蛴螬的外寄生性天敌；短鞘步甲喜食蝼蛄及其卵；黄褐蠼螋捕食非洲蝼蛄；蟾蜍、青蛙、蜥蜴、蜘蛛、鸟类等都是捕食地下害虫的能手。有些天敌对地下害虫的发生具有一定的控制作用。

五、防治技术

由于地下害虫生存环境较为隐蔽，并且在一定程度上能够躲避化学药剂的作用，导致化学防治效果相对较差。因此，应在“预防为主，综合防治”的前提下，以维护生态平衡、降低经济投入、提高防治效果为出发点，以人工防治和物理防治为主，综合使用多种防治措施。

加强预测预报，调查一般从秋后到播种前进行。调查的方法是分别按不同土质、地势、水肥条件、茬口等选择有代表性的地块，采取双对角线或棋盘式取样，在 $1hm^2$ 以内要求取样75～100个样点，每个样点的面积为 $1m^2$，掘土深度30～50cm。马铃薯地下害虫的防治指标是：蛴螬发生量为1～2头/m^2，金针虫3～4头/m^2，蝼蛄0.2头/m^2，小地老虎1～2头/m^2。当多种地下害虫混合发生时，防治指标应为2～3头/m^2。

(一) 农业防治

1. 合理轮作和深翻土壤 与麦类、玉米等实行2年以上轮作。在秋季或初冬深翻土壤，破坏地下害虫的越冬环境，冻死准备越冬的幼虫、蛹和成虫。减少越冬害虫的数量，是防治地下害虫的有效措施，该措施一般可降低虫口基数15%～30%。

2. 充分腐熟有机肥料 用秸秆和牲畜粪堆沤的有机肥料容易吸引蛴螬、蝼蛄等地下害虫进入活动并产卵，如不充分腐熟，其中含有的大量虫卵将被带到土壤中造成害虫大发生。正确的方法是在堆沤粪肥时拌入黑矾（硫酸亚铁），既可促进肥料腐熟，分解出有机质，又可起到杀菌、杀虫卵的作用，一般每2 000kg的粪肥用黑矾25g。

3. 清洁田园 要经常清除田间、田埂、地边和水沟边等地的杂草和杂物，并远离深埋或烧毁，以减少幼虫、成虫的生存繁殖场所，破坏它们的生存条件，减少幼虫和虫卵的数量。

4. 严格选种 选种时，去除有幼虫或虫卵的马铃薯，用健康的马铃薯作为种薯。

5. 适时灌水 地下害虫为害的最佳土壤湿度为15%～20%，土壤含水量达35%～45%时停止为害，潜入深层土壤躲藏。因此，在块茎膨大期要小水勤浇，这样既可满足马铃薯生长发育的需要，又能控制地下害虫。

(二) 物理防治

1. 黑光灯诱杀 3月底用黑光灯诱杀小地老虎成虫，5～6月用黑光灯诱杀金龟子和蝼蛄，能显著降低虫口密度。

2. 糖醋液诱杀 小地老虎成虫对糖醋液有很强的趋性，一般3月底采用此法诱杀，即白糖6份、醋3份、白酒1份、水10份、90%晶体敌百虫1份调匀，放在盆内，每 $0.13hm^2$ 放1盆，高度1.2m，每天补充1次醋，同时取出被诱杀的害虫。

3. 毒饵诱杀 小地老虎成虫和蝼蛄可用毒饵诱杀。先将秕谷（或麦麸、棉籽饼）5kg用文火炒香，加90%敌百虫晶体50g和少量水拌匀，傍晚撒施马铃薯田块中进行诱杀。小地老虎幼虫对泡桐树叶具有趋向性，发现作物受害时，可取较老的泡桐树叶，用清水浸湿后于傍晚放在田间，每公顷放1 200～1 800叶，第二天早晨掀开树叶捕捉幼虫，效果很好；若将泡桐树叶先放入90%敌百虫晶体150倍液中浸透，再放到田间，可将小地老虎幼虫直接杀死，药效持续7d。

(三) 生物防治

利用白僵菌和绿僵菌对蛴螬和小地老虎幼虫进行防治。另外，蛴螬的寄生性天敌昆虫主要是钩土蜂。它是一种体外寄生蜂，对寄主有一定的专性寄生性。雌蜂可搜寻到蛴螬在土中的位置，然后挖洞进入土中找到寄主，先行螫刺使寄主暂时麻痹，然后产卵在其体表。卵孵化后，幼虫将口器插入寄主体壁吸食其体液，经15～20d，寄主死亡。据调查，山东莱阳等地钩土蜂对大黑鳃金龟幼虫的自然寄生率为30%～50%，高者达70%。

(四) 化学防治

用于防治马铃薯地下害虫的常见药剂有80%敌百虫可溶粉剂、40%氧乐果乳油、50%辛硫磷乳油、2.5%溴氰菊酯乳油、2.5%敌百虫粉剂、80%敌敌畏乳油等。常用方法有拌种法和毒土法。

拌种法指播种前，用50%辛硫磷乳油，按种子重量的0.1%～0.2%拌种，堆闷12～24h后播种。

毒土法用于马铃薯繁种田地下害虫的防治，采用 50%辛硫磷乳油 0.25kg 加水 2.50kg，喷于 25kg 的细土上拌匀，即成毒土，于播种时撒于播种沟，既有杀虫作用又有保护种薯的作用。用 10%辛硫磷颗粒剂 15～22.5kg/hm^{2}与有机肥混合，随播种沟施，持效期可达 60d，可有效防治地下害虫。

对于地下害虫的幼龄幼虫，可用 2.5%溴氰菊酯乳油 1 000 倍液喷雾防治；或用 2.5%敌百虫粉剂 1.5～2kg 拌细土 10kg，均匀撒在植株周围。对大龄幼虫可用 50%辛硫磷乳油或 80%敌敌畏乳油 1 000 倍液进行灌根。

李静（河北农业大学植物保护学院）

第 31 节　马铃薯蚜虫

一、分布与危害

为害马铃薯的蚜虫主要指桃蚜［*Myzus persicae*（Sulzer）］，桃蚜属半翅目蚜科，又名马铃薯蚜虫、菜蚜、桃赤蚜、烟蚜、腻虫、油汗、蜜虫等。

桃蚜分布于世界各地，是马铃薯田最常见的蚜虫种类。其食性杂，寄主多。除为害马铃薯外，还为害烟草、桃、李、柿、柑、橘、油菜、甜菜、莴苣、白菜、萝卜、芥菜、菠菜、甘蓝、辣椒、茄子、瓜类、芝麻和棉花等作物。桃蚜的越冬寄主多为蔷薇科木本植物，如桃、李、梅、杏和樱桃等，夏寄主多为草本植物，除豆科、茄科、葫芦科、十字花科等蔬菜外，还包括许多一、二年生的草本观赏植物，特别是温室花卉。

桃蚜以成虫和若虫群集在叶片和嫩茎上吸食植物的汁液，受害叶片黄化、卷缩甚至枯萎，导致植株生长不良。马铃薯蚜虫除直接为害马铃薯外，还分泌蜜露，污染马铃薯叶片，造成霉污病，该虫传播的多种马铃薯病毒病和马铃薯纺锤块茎类病毒能够造成更大的危害。

二、形态特征

桃蚜具多型现象，并存在着形态变异，不同寄主、不同地区的个体形态上也有一定差异。

有翅孤雌蚜：体长 1.7～2.1mm，黄绿色或红褐色。头部、胸部、触角和尾片均黑色，腹部颜色变化较大，通常为绿色、黄绿色、褐色或赤褐色，腹部背面中部有近方形的大黑斑，两端和两侧有成列黑斑。额瘤显著向内倾斜。触角 6 节，第三节有圆形感觉圈 9～17 个，排列成 1 行，第四节无感觉圈，第五、六节各有 1 个感觉圈。腹部第八节背面有 1 对小突起。腹管细长，有瓦状纹，中部稍缢缩，顶端平，端缘略外翻，基部稍膨大。尾片圆锥形，每侧有刺毛 3 根。

无翅孤雌蚜：体长 2.6mm，宽 1.1mm。体色浅淡，黄绿色或杏黄色。体表粗糙，有粒状结构，但背中域光滑，体侧表皮粗糙，有乳头状突起，颇显著。头部色较深，复眼红色，额瘤显著，内缘稍内倾，中额瘤微隆。触角 6 节，略比体短，第三节有毛 16～22 根。喙深色，伸达中足基节间。腹管长筒形，端部黑色，中部稍膨大，有瓦状纹，长是尾片的 2.3 倍。尾片黑褐色，圆锥形，近端 1/3 略收缩，每侧有毛 3 根。足大部分黑色。

有翅雌蚜：与有翅孤雌蚜相似，但体型较小，长约 1.5mm，赤褐色或灰褐色。触角 6 节，第三至五节均有很多次生感觉圈。足跗节黑色，后足胫节较宽大。腹部背面黑斑较大，腹管末端略缢缩。

无翅产卵雌蚜：体长 1.5～2.0mm，腹部背面黑斑较小，触角感觉圈较少，其余形态与有翅雄蚜相似。但体多为红褐色或暗绿色，无光泽。

有翅雌蚜若虫：似成虫，体小，大多为淡红色。

有翅雌蚜卵：椭圆形，长约 0.4mm，短约 0.33mm，初产时淡绿色，后变黑色，有光泽。

三、生活习性

桃蚜繁殖能力强，年发生代数多。每年发生代数因地区而异，在东北和京津地区每年发生 10～20 代，在河南每年发生 24～28 代，福建每年发生 34～37 代，云南平均每年发生 20.9 代，广西、广东每年发生 30～40 代。桃蚜有明显的生理分化现象，其发生规律有全周期型、非全周期型及兼性周期型。全周期型是马铃薯蚜虫原始的生活周期类型，由一系列的孤雌生殖及每年1次的有性生殖组成，性雌蚜和雄蚜在原生寄主上交配产卵越冬，翌年孵化为干母，干母进行孤雌生殖产生干雌，干雌行孤雌生殖产生有翅迁移蚜，迁移到夏寄主（次生寄主）上进行若干代孤雌生殖，在秋末产生有翅性母，迁回越冬寄主。不全周期型全年营孤雌生殖，不发生有性世代，冬季也以孤雌生殖方式在蔬菜上越冬。兼性周期型是全周期型向不全周期型过渡的中间类型，仅在热带和亚热带某些地区有记载。

我国东北和西北地区的桃蚜年生活史均为全周期型；华北至南岭以北，桃蚜为全周期型和不全周期型混合发生。全周期型蚜虫以卵在桃树枝条芽腋、缝隙等处越冬，初春孵化为干母，为害桃树嫩叶，成熟后孤雌胎生干雌，4～5月干雌迅速繁殖，5月开始产生大量有翅孤雌蚜，5月有翅孤雌蚜激增，除少数留在桃树上继续繁殖为害外，大多飞向马铃薯等蔬菜、烟草及杂草上繁殖为害。马铃薯田有翅蚜的迁入、迁出与马铃薯生育期密切相关。董风林等2009年对固原市马铃薯蚜虫迁入马铃薯田的研究发现，无翅蚜在马铃薯整个生育期有5个高峰。5月31日迁入，分别于6月30日、7月10日、7月30日、8月10日、8月30日蚜量达到高峰，以8月10日蚜量峰值最高，百株蚜量达到412头，9月10日蚜量逐渐消退。有翅蚜在马铃薯整个生育期也有5个高峰。6月11日迁入，分别于6月30日、7月20日、8月5日、8月15日、8月30日达到高峰，以6月30日5日总蚜量264头峰值最高，9月10日有翅蚜量逐渐消退，9月15日马铃薯叶片干枯，查不到蚜虫。8～9月马铃薯蚜虫产生有翅和无翅性母，前者飞回桃树后孤雌胎生无翅雌蚜，后者在蔬菜上孤雌胎生有翅雄蚜，并渐次飞回桃树与无翅产卵雌蚜交配，产卵越冬。

在同一地区，全周期和不全周期型桃蚜可混合发生，但以不同的方式越冬。不全周期型马铃薯蚜虫秋季继续留在蔬菜上孤雌生殖，并以最后一代孤雌胎生成蚜和若蚜在避风处或菜窖内越冬。

已有研究结果报道，春季只有桃树上的桃蚜干母才能成活，但侯有明等报道桃蚜在杏树上的干母亦能存活，其种群动态与桃树上基本一致，但其蚜量比桃树上的小，春季持续时间比桃树上的短。所以，马铃薯上的蚜虫主要来自桃树。不全周期型的桃蚜保持有性生殖的潜能，在一定条件下可以转化为全周期型。

桃蚜可远距离迁飞，但多是随风和气流飘飞。自主飞翔能力弱，飞翔距离仅在5m之内。有翅孤雌蚜对黄色呈正趋性，而对银灰色和白色呈负趋性。桃蚜具有趋嫩性，在寄主上无论是有翅蚜还是无翅蚜大多聚集在植株幼嫩的心叶和顶部叶片的背面，吸食植株汁液。

桃蚜有翅性母秋季迁回桃树后，多停在叶面叶尖处，雌蚜发育成熟后，渐向叶基移动，性蚜交尾多在芽缝或芽的附近，以无风晴天10：00～15：00为最多，一生可交尾数次，雌蚜每交尾1次，产1次卵，每次产卵2～4粒，卵多产在芽缝内、芽背面或树皮裂缝处。该虫繁殖力较强，胎生期4～6d，胎生蚜量为15～20头，每头雌蚜产卵量在10粒左右。

桃蚜对不同寄主植物具有明显的选择偏好性。对陕西耀县、乾县101种植物普查结果表明，当地桃蚜寄主植物有43种，其中主要寄主植物36种，偶发寄主植物7种，越冬寄主植物3种。凡是该植物上的桃蚜既有有翅型和无翅型的成蚜，又有若蚜为害的，定为主要寄主植物。主要包括农作物中的油葵、烟草、马铃薯，果树中的桃树、杏树，蔬菜中的大白菜、小白菜、花椰菜、萝卜、芥菜、甘蓝、茄子、辣椒、番茄、胡萝卜、芹菜、芫荽、芸豆、豇豆、菠菜、莴笋，及杂草中的刺儿菜、灰绿藜、旋花、夏至草、繁缕、二色补血草、播娘蒿、野枸杞、蜀葵、猪殃殃、荠菜。偶发寄主植物指该寄主植物上有有翅型成蚜和若蚜存在，但没有无翅成蚜。包括蔬菜中的洋葱、豌豆，作物中的向日葵、西瓜，杂草中的车前草、田紫草、泽漆。

桃蚜为害蔬菜时，常群集在菜叶背面和心叶吸取汁液，造成植株严重失水和营养不良；苗期受害则叶片卷曲发黄，常导致煤污病，轻则不能正常生长，重则枯黄而死；生长期为害植株嫩茎、花梗和嫩荚，可使花梗扭曲，种荚畸形，种子小而质劣。在桃、杏、李等果树上，桃蚜常在叶背面、嫩梢上吸取汁液，使叶片边缘卷缩，叶绿素消失，叶色发黄，引起干枯落叶。桃蚜在烟草上现蕾前为害最重，成蚜、若蚜聚集在幼嫩叶部，以致叶片卷缩，生长缓慢，品质变劣，产量下降。并且，桃蚜又是马铃薯Y病毒PVY^{O}、PVY^{N}两个株系最有效的传毒介体。

桃蚜获取病毒的最适取食时间为30s至5min，接种病毒时间从几十秒到24h。获毒后未取食的蚜虫中病毒可以保持活力8h，在取食的蚜虫中病毒至少可以保持活力2h。蚜虫口针在刺入寄主植物的表皮细胞吸食植物汁液过程中即可获毒与传毒。应用电子穿刺记录技术研究发现，蚜虫的获毒与接种病毒需要短时刺破细胞膜，并且电位降出现不同的频率，这可以反映不同蚜虫种类的传毒效率。桃蚜在传播PVY时若未在接种及毒源植株上进行胞内穿刺，则植株被感染的概率很低。获毒的桃蚜穿刺活动更加频繁，会导致更多的胞内穿刺。影响马铃薯 Y 病毒传播的因素是多方面的，包括介体蚜虫的种类及无性系、毒源及接种植物的种类、蚜虫的行为、病毒株系以及环境因子等。

四、发生规律

（一）虫源基数

在马铃薯整个生育期内都有蚜虫在田间活动为害，在气候冷凉的马铃薯种植区，田间蚜量少，迁飞扩散较慢。在气候温和的种植区，田间蚜量较多，迁飞扩散相对频繁。说明低温能有效抑制蚜虫繁殖迁飞。宁夏西吉县沙岗村属冷凉地区，马铃薯田从 6 月 10 日开始即有少量无翅蚜虫迁入，种群数量迅速增长，6 月 20 日达到最大峰值，为 111 头/百株，6 月 30 日后蚜量虽有多次涨落，却都是在较低的数量水平上（低于 50 头/百株）消长。有翅蚜从 6 月 20 日开始迁入，7 月 20 日蚜量达到最高峰值（每天 0.76 头/诱盘），8 月 4 日后也是在较低数量水平上消长（低于每天 0.32 头/诱盘）。在气候温和的宁夏原州区毛庄村，无翅蚜从 6 月 10 日开始迁入马铃薯田，种群数量消长频繁，出现 4 个消长高峰（6 月 20 日、7 月 15 日、8 月 9 日、8 月 24 日），蚜量均在 150 头/百株以上，最大峰值在 8 月 9 日，为 294 头/百株，9 月 13 日从田间消退。有翅蚜从 7 月上旬开始迁入，出现 4 个消长高峰（7 月 15 日、8 月 25 日、8 月 24 日、9 月 18 日），最大峰值在 7 月 15 日（每天 6.78 头/诱盘）。无论是在气候冷凉区，还是在气候温和区，马铃薯田的无翅蚜量与有翅蚜量之间的消长有着较强的相关性。一般是无翅蚜繁殖累积，虫口密度达到一个峰值时，若蚜发育为有翅孤雌蚜，开始种群迁飞，15～30d 后，有翅蚜量迅速增加，达到最大值。

（二）气候条件

在 10～28℃范围内，桃蚜的发育速率与温度之间呈现出线性相关关系。桃蚜一至四龄若虫的发育起点温度依次为 5.29℃、4.59℃、6.04℃、3.69℃，有效积温分别为 32.68℃、27.86℃、27.62℃和 34.25℃，成虫发育起点温度为 3.67℃，有效积温为 22.32℃。全代发育起点温度为 4.86℃，有效积温为 142.86℃；若虫发育起点温度为 5.15℃，在该温度下，一龄若虫发育为成虫需有效积温 121.95℃。桃蚜各个生物型的发育起点温度因不同学者采用不同的温度梯度、不同的寄主植物和不同的饲养方法，所测定的结果也有差异。刘树生用青菜上采集的桃蚜，在恒温下用青菜嫩叶饲养，用直线回归得出无翅型发育起点温度为 6.40℃，有效积温为 116.00℃；有翅型发育起点温度为 5.70℃，有效积温为 111.40℃。陈永年用烟叶饲养，在恒温下得出无翅型桃蚜的发育起点温度为 9.80℃，有效积温为 98.90℃。古德用菜心饲养测得无翅型桃蚜的发育起点温度为 2.75℃，有效积温为 140.84℃。

在适温范围内，昆虫的发育速率随温度升高而增大，但当温度上升到一定程度后，昆虫的发育速率会受到发育上限温度的抑制。桃蚜一至四龄若虫的发育上限温度分别为 28.00℃、28.00℃、28.71℃和 28.11℃。全代发育上限温度为 28.47℃，其中若虫的发育上限温度为 28.05℃，成虫的发育上限温度为 27.17℃。

桃蚜的发育最适温度为 24℃，高于 28℃则不利于其发育。因此，桃蚜在我国北方地区春、秋呈两个发生高峰。在同一温度下，四龄历期最长，一至三龄各龄历期相差不大，生殖前期最短。世代历期也随着温度升高而缩短。8℃时世代历期长达 30.15d，而 19℃时为 8.16d，22℃以上则均小于 7d。温度对若蚜存活率也有较大的影响，16℃时，若蚜死亡率最低，为 7.5%；随着温度的升高或降低，若蚜死亡率增大。19℃时，成蚜的生殖力最大，为 43.1 头，世代净增殖率也最大，为 38.94 头，表明桃蚜下一代的数量可以增加 38.94 倍。温度升高或降低，桃蚜的生殖力和世代净增殖率均下降，表明 19℃左右为桃蚜的最适生殖温度。25℃时，桃蚜的内禀增长力和周限增长率为最大，分别为 0.318 头和 1.37 倍，表明在此温度下桃蚜种群具有最大的增殖潜能，其种群数量每天可以增长 1.37 倍。

湿度对桃蚜繁殖的影响极显著，湿度过高或过低均抑制繁殖。越冬卵孵化率的高低与相对湿度关系最大。早春温度高，孵化早，湿度大，孵化率低。当 5d 平均气温高于 30℃或低于 6℃，相对湿度小于 40%时，蚜量迅速下降；如果温度不超过 26℃，相对湿度达 90%，蚜量迅速上升；如相对湿度大于 80%，温度超过 26℃，蚜量则表现为下降。因此，低温低湿或高温高湿对桃蚜生长繁殖不利。降雨可以冲刷马铃薯植株上的蚜虫，降低其数量，特别是暴风雨会使蚜量短时期内大量下降，但雨后条件适宜时，桃蚜的种群数量仍会大量增加。

（三）寄主植物

作均祥等报道，采集桃树和油菜上的桃蚜，分别接于桃树、油菜、烟草、白菜、莴笋、甘蓝和菠菜上，单体饲养发现，桃蚜在不同寄主植物上的存活率差异较大。来源于桃树上的桃蚜接在桃树上的存活率最高，24h后仍达97%；在油菜和烟草上次之，24h后的存活率分别为87%和83%；而在莴笋和菠菜上的存活率较低，24h后的存活率分别为50%和37%。来源于桃树上的桃蚜在各供试寄主上均可存活，只是存活率不同而已。但来源于油菜上的桃蚜，接在油菜上存活率最高，24h后仍全部存活；在甘蓝上的存活率亦较高，24h后达87%；在菠菜和白菜上的存活率较低，24h后分别为67%和47%；在桃树和烟草上则根本不能存活，12h即全部死亡。不同寄主植物对桃蚜发育历期和成蚜寿命亦有影响。来源于桃树上的桃蚜，在桃树叶片上适应能力最强，其平均发育历期短，成蚜寿命长；在白菜和莴笋上的适应能力亦较强，其若蚜平均发育历期和成蚜寿命居中；而在油菜和烟草上的发育历期明显延长，成蚜寿命则缩短。同样，来源于油菜上的桃蚜在不同寄主植物间的适应性亦有差异，以在油菜上的发育历期最短，成蚜寿命最长；在莴笋上若蚜发育历期长，成蚜寿命短。这表明，桃蚜在不同寄主植物间发育历期的差异不仅表现在整个生活史的长短上，而且表现在成蚜、若蚜发育历期的差异上，这就导致桃蚜在不同寄主植物间持续为害时间和为害力之间的差异。取食不同寄主植物的桃蚜，其生殖力的差异相当明显。来自桃树上的桃蚜在桃树上的产仔持续时间最长，产仔量和产仔速率亦大；在白菜和莴笋上的产仔时间亦较长；在油菜和烟草上的产仔持续时间短，产仔量小，而且产仔速率亦较小。而来自油菜上的桃蚜，在油菜上的产仔持续时间最长，产仔速率亦高；在甘蓝、莴笋和白菜上虽然产仔持续时间较短，但产仔速率较大；在菠菜上的产仔持续时间和产仔速率均较小，在桃树和烟草上根本无法成活。

（四）天敌昆虫

桃蚜的天敌种类很多，共有176种，其中捕食性天敌130种，寄生性天敌46种。常见的种类有烟蚜茧蜂、七星瓢虫、异色瓢虫、龟纹瓢虫、中华草蛉、大草蛉、丽草蛉、黑带食蚜蝇、大灰食蚜蝇、青翅蚁形隐翅虫、草间小黑蛛和丁纹豹蛛。这些天敌对抑制桃蚜有很大的作用。

五、防治技术

防治蔬菜上的桃蚜应掌握好防治适期和防治指标，及时喷药压低基数。如果考虑到预防病毒病，则必须在有翅蚜迁飞之前将蚜虫消灭在毒源植物上。要做好以上工作就必须对桃蚜进行虫情调查和预测预报。4月中旬要进行桃园蚜量的调查，在不同方向的嫩梢和叶片上调查蚜量，当有翅蚜大量出现时，一般经过7d左右即可进入迁飞高峰。也可在马铃薯田采用黄板诱蚜预测其迁飞高峰期，经验表明，有翅蚜初见后2～7d，约为田间有翅蚜高峰期。当需要在叶菜类上喷药防治时，必须选择高效、低毒、低残留的品种，以防引起药害。

（一）农业防治

在病毒病多发区，选用抗虫、抗病毒的高产、优质品种，在网室内育苗，防止蚜虫为害马铃薯苗、传播病毒病，是经济有效的防虫防病措施。夏季可少种或不种十字花科蔬菜，以减少或切断秋菜的蚜源和毒源。播种前清洁育苗场地，拔掉杂草和各种残株；定植前尽早铲除田园周围的杂草，连同田间的残株落叶一并焚烧。在露地马铃薯田夹种玉米，以玉米作屏障阻挡有翅蚜迁入繁殖为害，可减轻和推迟病毒病的发生。加强田间管理，培育壮苗，做到适时灌水，在苗高10cm时及时进行定苗，苗高60cm时要及时摘心，摘心早，生长点破坏少，生长点附近的侧芽容易萌发，光合面积大，利于植株前期生长。

（二）生物防治

马铃薯田中有多种天敌对蚜虫有显著的抑制作用，在检查田间蚜虫时，也要了解天敌状况。尽可能不喷施或少喷施农药，或选用对天敌较安全的药剂，使田间天敌数量保持在占总蚜量的1%以上。饲养草蛉和蚜茧蜂，在田间蚜虫发生期，将它们释放到马铃薯田中。

（三）物理防治

1. 银膜避蚜 苗床四周铺17cm宽的银灰色薄膜，上方挂银灰薄膜条；在菜田间隔铺设银灰薄膜条，均可避蚜或减少有翅蚜迁入传毒。

2. 黄板诱蚜 春、秋季田间扦插涂有机油的黄板（高出作物60cm），诱杀有翅蚜，减少田间蚜量。在塑料大棚上使用滤紫外线薄膜。蚜虫繁殖过程中，紫外线是不可缺少的重要环境因素，因此，在保护地中种植马铃薯或采种时，使用防紫外线膜，可以减少蚜虫的繁殖，达到防蚜目的。

3. 使用防虫网 据李志研究，马铃薯各品种应用防虫网使出苗期分别提早1～2d，始花期分别提早2～4d，全生育期延长0～4d。秋繁马铃薯不同品种应用防虫网后株高及保苗率增加明显，其中抗疫白品种株高增加6.6cm，鲁引1号增加10.1cm，保苗率提高12%～15%；应用防虫网产量增加明显，其中鲁引1号产量最高，为933.1kg/hm^2，较对照增加37.18%，抗疫白产量为809.6kg/hm^2，较对照增产62.18%，主要原因是应用防虫网会增加田间湿度，提高保苗率、单株块茎数、单株产量及平均薯重。

（四）化学防治

化学防治是目前防治桃蚜最有效的措施。实践证明，只要控制住蚜虫，就能有效地预防病毒病。因此，要尽量把有翅蚜消灭在往马铃薯植株上迁飞之前，或消灭在马铃薯地里无翅蚜的点片阶段。在有蚜株率达5%时施药防治。可选用50%抗蚜威可湿性粉剂2 000～3 000倍液喷雾，或10%吡虫啉可湿性粉剂1 000～1 500倍液喷雾，或20%甲氰菊酯乳油3 000倍液喷雾，间隔7～10d，共喷2～3次。

李静（河北农业大学植物保护学院）

第32节 甘薯天蛾

一、分布与危害

甘薯天蛾（*Herse convolvuli* L.，异名：*Agrius convolvuli* Linnaeus）又称旋花天蛾，属鳞翅目天蛾科白薯天蛾属。甘薯天蛾广泛分布于亚洲、非洲、欧洲和大洋洲，是非洲和亚洲许多国家甘薯上的一种重要害虫。甘薯天蛾在我国分布比较普遍，在各甘薯栽培区均有发生。以幼虫为害甘薯、蕹菜、牵牛花、月光花等旋花科植物的叶片和嫩茎，还能为害芋艿、葡萄、楸树、扁豆、赤小豆、柑橘、向日葵等植物。幼虫食量很大，严重时能把甘薯叶片吃光，成为光蔓，对产量的影响很大。

甘薯天蛾为偶发性害虫，繁殖能力很强，一旦遇到适宜的环境条件，就可能暴发成灾。在20世纪60年代以后我国曾在多个地方报道了甘薯天蛾的暴发，如江苏江都县（1965—1966），福建闽东15县（1961），安徽宿县及阜阳（1977）等地。1994年天薯天蛾在山东中南部的乎邑、枣庄、泰安、济宁、临沂暴发成灾，8月下旬在邹城市卵密度一般每平方米为100粒左右，严重的在200粒以上，据不完全统计，仅邹城市被吃光叶片的地块就达2万hm^2。1996年，山东甘薯天蛾第三代再次大暴发，据在东平县调查，8月10日晚一盏黑光灯诱蛾4 990头，单叶有卵10粒，严重影响了甘薯的安全生产。

二、形态特征

成虫：体长43～52mm，翅展100～120mm。体、翅暗灰色，肩板有黑色纵线，中胸有钟状的灰白色斑块。腹部背面灰色，两侧各节有白、红、黑色横带3条。前翅内、中、外横线各为双条黑褐色波状线，顶角有黑色斜纹，后翅有4条黑褐色横带，缘毛白色，与暗褐色相杂。雄蛾触角栉齿状，雌蛾触角棍棒状，末端膨大。

卵：球形，直径约2mm。初产时蓝绿色，孵化前黄白色。

幼虫：初孵幼虫淡黄白色，头乳白色，一至三龄体黄绿色至绿色。四至五龄体色多变，主要有3种色型：①体绿色，头黄绿色，两侧各具2条棕色斜纹，气门杏黄色，中央及外围棕色；②似前型，唯腹部两侧斜纹为黄白色；③体暗褐色，密布黑点，头黄褐色，两侧各有2条黑纹，腹部斜纹黑褐色，气门黄色，尾角杏黄色，末端黑色。末龄幼虫体长83～100mm，中、后胸及第一至八腹节背面有许多横皱，形成若干小环（彩图4-32-1）。

蛹：体长约56mm，红褐色。喙长，卷曲呈象鼻状。后胸背面有粗糙刻纹1对，腹部前8节各节背面近前缘也有刻纹。臀棘三角形，表面有许多颗粒状突起。

三、生活习性

甘薯天蛾每年发生代数因地而异，由北向南随着环境温度的升高有增加的趋势。在辽宁、河北北部、山西、北京1年发生2代；在山东北部、河南北部、河北南部1年发生2～3代；在河南南部、山东南部、安徽1年发生3～4代；在湖北、湖南、四川、浙江1年发生4代；在福建1年发生4～5代。田间世代重叠，各地均以蛹在土下10cm左右深处越冬。

1995—1996年在山东西南甘薯天蛾1年发生3～4代，发生早的个体能完成4个世代，而发生晚的以三代蛹滞育越冬。第一代发生在5月下旬至6月下旬；第二代发生在7月上旬至下旬；第三代发生在8月上旬至9月上旬；第四代发生在9月上旬至10月下旬。据1999—2002年调查，在湖南长沙第一代成虫始于4月下旬至6月上旬，第二代成虫始于6月中旬至7月上旬，第三代成虫始于7月中旬至8月上旬，第四代成虫始于9月上旬至10月上旬，第一代幼虫主要集中于寄主牵牛花上，第二至四代分布于甘薯、牵牛花和蕹菜等寄主上。

成虫具强趋光性，以后半夜上黑光灯最盛。飞翔力强，干旱时，成虫向低洼潮湿地带或降雨地区迁飞；若连续降雨，湿度过大，则迁向高地，故常在局部地区严重发生。成虫昼伏夜出，白天隐藏于作物叶下、草丛、树冠中及其他隐藏处，黄昏后外出觅食、求偶交配和产卵。成虫喜取食棉花、烟草、瓜类、芝麻、葱、木槿等多种植物的花蜜补充营养。

成虫在羽化当夜不发生交配行为，1d后才可以进行交配，雌蛾无多次交配现象。在交配前，雌、雄蛾触角相互接触，伴随高频振翅，而后进行追逐，表明甘薯天蛾在进行交配前需进行相互行为感应和信息交流。甘薯天蛾交配行为多发生在晚上或者凌晨，具有2个明显的交配高峰期，分别为22：00～24：00和3：00～5：00。甘薯天蛾交配行为的发生与成虫日龄的关系密切，在羽化当晚不会交配，在羽化后第2天达到交配高峰，随后交配率逐渐下降，在第5天后停止交配。另外，不同的雌、雄比例对其交配率具有很大影响，甘薯天蛾在单对饲养时交配成功率最高，而在其他混合比例条件下，不管是雌蛾还是雄蛾的介入均会干扰其交配，引起交配率的下降。交配后2～6h或隔天开始产卵，卵散产，多产在甘薯叶背边缘处，少数产在叶正面和叶柄上。成虫产卵有明显的选择性，以叶色浓绿、生长茂盛的薯田落卵量多，单作薯田比间作薯田落卵量多；此外，成虫产卵对不同类型的田块也有选择性，成虫喜欢在通风、透光、向阳、作物长势较好的田块产卵而避开地势较低、相对湿度大的田块。

幼虫分散在叶背取食。各龄幼虫没有自相残杀的习性。进入预蛹期前，老熟幼虫常四处寻找化蛹场所。

甘薯天蛾幼虫有取食卵壳和虫蜕的习性。幼虫孵化或蜕皮后，会立即取食其卵壳或虫蜕，仅留下头壳和尾角。一般情况下，幼虫不取食其他幼虫的卵壳或虫蜕。一般在孵化约1h后，幼虫在叶背开始取食，一龄幼虫遇惊吐丝下垂，取食量很小，取食后在叶片上仅留下微小的孔洞，随着龄期的增加，取食量会明显增加。幼虫一般不取食甘薯嫩茎，但在饥饿条件下，四、五龄幼虫也会取食嫩茎。一至四龄食量较小，仅占总食量的8%～12%，五龄为暴食期，一头可食叶29～38片，占总食量的88%～92%。当平均每平方米有大龄幼虫15头以上时，能在3d内将薯田叶片吃光，造成严重减产。幼虫每天有3～4个取食高峰期，中午气温在33℃以上时，会停止取食2～3h，气温越高，停止取食时间越长。18℃以下时，一至二龄幼虫的取食基本停止，三至五龄幼虫的取食明显地减少；25～29℃时，幼虫取食最活跃。甘薯天蛾幼虫常取食的有甘薯叶、牵牛花叶、蕹菜叶，幼虫对这3种寄主的嗜好程度为甘薯叶＞蕹菜叶＞牵牛花叶。在薯田叶片被食尽后，幼虫常成群迁至邻近薯田为害。在食料不太缺乏的情况下，老熟幼虫亦四处爬行寻找化蛹场所，有些甚至爬至田埂和附近的作物田、路边、沟边或荒地，钻入土层内做土室化蛹。一般在较松软的土里化蛹多，有时入土困难，便在薯叶或枯草下化蛹。

表4-32-1 甘薯天蛾在不同温度条件下的发育历期（引自肖芬等，2008）

Table 4-32-1 Devolepmental period of sweetpotato hornworm at different temperatures

（from Xiao Fen et al.，2008）

虫态	历期或寿命（d）				
卵	4.0±0.3（20.1℃）	3.5±0.2（25.5℃）	3.0±0.2（27.2℃）	2.5±0.4（28.6℃）	2.0±0.3（33.0℃）
幼虫	26.0±0.6（23.2℃）	21.0±0.2（24.8℃）	18.0±0.3（26.0℃）	16.5±0.1（27.6℃）	13.0±0.4（31.0℃）
蛹	18.5±1.2（21.0℃）	15.5±0.4（24.3℃）	14.0±0.1（26.0℃）	13.0±1.3（28.0℃）	10.5±0.6（31.4℃）
雌蛾	11.5±1.2（19.5℃）	10.0±0.3（21.0℃）	9.0±1（23.6℃）	7.0±0.3（26.3℃）	5.0±0.1（29.0℃）
雄蛾	5.5±0.2（21.8℃）	5.0±0.1（22.4℃）	3.0±0.4（27.6℃）	2.0±0.3（29.0℃）	1.5±0.1（31.0℃）

在一定的温度范围内，温度高，甘薯天蛾发育快，历期短；温度低，发育慢，历期长。在23.2℃、24.8℃、26.0℃、27.6℃和31.0℃时，一至五龄幼虫的历期分别为26.0d、21.0d、18.0d、16.5d和13.0d（表4-32-1）。不同龄期历期比较，五龄幼虫历期最长，如在21℃时，一至四龄幼虫历期约4～5d，而五龄幼虫历期达12.5d；30～31℃时，一至四龄幼虫历期1～2d，五龄幼虫历期5.5d。

四、发生规律

（一）温度

温度是影响甘薯天蛾发生的重要因子，温度的高低不仅显著影响甘薯天蛾的生长发育、成虫的产卵与交配，还会影响甘薯天蛾的存活。18℃以下时，甘薯天蛾的一、二龄幼虫基本停止取食。25～29℃时，取食最为活跃，为害最重。超过38℃时，卵孵化率下降，幼虫死亡率上升。甘薯天蛾最适宜的产卵温度为23～30℃，高于35℃产卵量急剧下降，低于19℃基本停止产卵。一般7～9月高温可促进甘薯天蛾的生长发育进程，有利于甘薯天蛾的暴发。秋末霜冻，造成大量幼虫死亡，从而减少越冬基数，翌年第一代发生则轻。

（二）雨量

夏季雨量多少是影响该虫种群数量的另一主导因素。据对安徽阜阳、临泉和山东新泰甘薯天蛾严重发生的气候因素分析，6～9月雨水偏少，有轻微旱情，尤其是8月气候较干旱，此虫在虫源基数较高的情况下，即可能严重发生，而雨水过多或过干旱，则发生轻。

（三）耕作

秋末冬初耕翻土地，可破坏蛹的越冬环境，使其遭受机械创伤或裸露在地表被天敌啄食，越冬基数减少，翌年发生减轻。

（四）天敌

甘薯天蛾的天敌主要有黄茧蜂、绒茧蜂、螟蛉悬茧蜂、螟黄赤眼蜂等。1995年在山东南部济宁，三代甘薯天蛾二至四龄幼虫中黄茧蜂的寄生率为16.2%，螟蛉悬茧蜂的寄生率为47%，螟黄赤眼蜂的寄生率为32%。1996年螟黄赤眼蜂对二、三代卵的寄生率分别为69.23%和53.85%，使甘薯天蛾发生较轻。2000年湖南长沙姬蜂和茧蜂对第一、二、三、四代幼虫的总寄生率分别达79.2%、89.2%、84.2%和93.4%，此外，多种鸟类和步甲等都是天蛾幼虫的重要天敌，它们对甘薯天蛾均有一定的抑制作用。

五、防治技术

1. 翻耕 冬耕是降低越冬基数，控制来年发生的有效措施，由于甘薯天蛾越冬蛹潜藏深度较浅，一般在5～15cm范围内，冬耕能将大部分蛹翻出地表冻死，大大减少甘薯天蛾的越冬基数，进而减轻其对来年甘薯的为害。

2. 诱杀 根据成虫的趋光性和吸食花蜜习性，可设黑光灯或用糖浆毒饵诱杀成虫，也可到蜜源多的地方网捕，以减少田间卵量。

3. 人工捕杀 幼虫发生盛期，结合田间管理进行人工捕杀。

4. 药剂防治 当每平方米有三龄前幼虫3～5头，或百叶有虫2头时，即可用药剂防治。可选用1%甲氨基阿维菌素苯甲酸盐乳油1 000倍液、10%虫螨腈悬浮剂2 000倍液、20%氯虫苯甲酰胺悬浮剂5 000～7 000倍液、1.8%阿维菌素乳油1 500～2 000倍液、2.5%高效氯氟氰菊酯乳油1 000～2 000倍液、5%氟铃脲乳油1 000～1 500倍液、40%毒死蜱乳油1 000～2 000倍液，或使用上述药剂的复配制剂进行喷雾，均对甘薯天蛾具有良好的防治效果。

王容燕　陈书龙（河北省农林科学院植物保护研究所）

第33节　甘薯蚁象

一、分布与危害

甘薯蚁象［*Cylas formicarius* (Fabricius)］又称甘薯小象甲，属鞘翅目锥象科蚁象属。主要分布于热带、亚热带地区，并逐步向温带地区扩展蔓延。在我国已蔓延至重庆巫山，其北限为31°07′N，在美国已蔓延至田纳西州和北卡罗来纳州，其北限为 34°16′N；在日本已蔓延至室户市，其北限为33°15′N。在我国主要分布于台湾、福建、海南、广东、广西等省（自治区）。国外主要分布于孟加拉国、柬埔寨、印度、老挝、日本、泰国、新加坡、巴基斯坦、菲律宾、斯里兰卡、越南、肯尼亚、马达加斯加、南非、墨西哥、美国、古巴、多米尼加共和国、危地马拉、海地、牙买加、波多黎各等地。甘薯蚁象是国内外重要的检疫对象之一，可为害甘薯、砂藤、登瓜薯、蕹菜、月光花、牵牛花、小旋花、三裂叶藤等旋花科植物，但只能在甘薯、砂藤及登瓜薯上完成其生活史。成虫啃食甘薯的嫩芽梢、茎蔓与叶柄的皮层，并啃食块根，造成许多小孔，严重影响甘薯的生长发育和薯块的产量和质量。幼虫钻蛀匿居于块根或薯蔓内，其排泄物充塞于潜道中，有助于病菌侵染，造成腐烂霉坏，变黑发臭，使人、畜不能食用。甘薯蚁象是我国南方薯区的主要害虫，一般造成产量损失 5%～20%，严重地块 20%～50%，在福建、广东、海南、重庆个别地块均有造成绝收的报道。

二、形态特征

成虫：体形似蚂蚁，雄虫体长 5.0～7.7mm，雌虫体长 4.8～7.9mm。初羽化时呈乳白色，后变紫色，最后为蓝黑色。全身除触角末节、前胸和足呈橘红色或红褐色外，其余均为蓝黑色，具金属光泽。头部向前延伸如象鼻，复眼稍突出，半球形。触角发达，由 10 节组成，末节长于其他各节（彩图 4-33-1，1）。雌虫触角末节长卵形，短于其他各节总和，呈鼓槌状。雄虫触角末节长圆筒形，长于其他各节总和，呈棍棒状（彩图 4-33-1，2）。前胸狭长，于近后端约 1/3 处凹缩如颈状。鞘翅表面有不明显的纵行点刻，背面隆起，较前胸宽，呈长卵形。后翅薄而宽。足细长，各腿节端部膨大呈近棒状（彩图 4-33-2，4）。

卵：椭圆形，长 0.62～0.70mm，宽 0.43～0.46mm。初产时为乳白色，后变为淡黄色，表面散布许多小凹点（彩图 4-33-2，1）。

幼虫：近长筒形，两端小，背面隆起，稍向腹侧弯曲。头部淡褐色，胸、腹部乳白色，体表疏生白色细毛。第二至四龄幼虫的胸、腹部各节较细瘦，背面两侧多少杂有紫色或淡紫色斑纹。第一龄和第五龄幼虫的胸、腹部各节肥大，无斑纹。足退化，成熟幼虫体长 7～8mm（彩图 4-33-2，2）。

蛹：长卵形，长 4.7～5.8mm，宽 2mm 左右，乳白色。复眼淡褐色。管状喙弯贴于腹面，末端伸达胸、腹交接处。翅芽从体背两侧伸至腹面。腹部近锥形，各节交界处缢缩而中央隆起，在背面隆起处各具一横列小突起，其上各着生一细毛。末节具尖而弯曲的刺突 1 对，向侧下方伸出（彩图 4-33-2，3）。

三、生活习性

甘薯蚁象 1 年发生世代数因地而异。由北到南随着温度的升高，其发生世代数逐渐增加。在重庆 1 年发生 3～4 代；福建、广西 1 年发生 4～6 代；广东 1 年发生 5～7 代；台湾、海南 1 年发生 6～8 代，世代重叠。甘薯蚁象在不同地区的越冬情况略有不同，在重庆等北部分布区，主要以成虫、幼虫及蛹在窖藏薯块中越冬，在自然环境中受害薯块中的蚁象死亡率较高。在广东、海南等温暖地区，甘薯蚁象除以成虫、幼虫及蛹等虫态在储藏薯块中越冬外，也可以成虫在田间杂草、石隙、土缝、枯叶残蔓下度过不良环境条件，尤以向阳坡地的虫口为多。在福建、海南、广东等地，冬季仍见成虫产卵繁殖，无明显越冬迹象。

在重庆各代成虫分别出现于 6 月下旬、8 月上旬、9 月上旬和 10 月中旬。全年以 7～9 月为害最重；在福建各代成虫盛发期分别为 6 月上旬至中旬、7 月中旬至下旬、8 月中旬至下旬、9 月中旬至下旬和 10 月至 11 月中旬。全年以 4～6 月与 7 月下旬至 9 月上旬为害最重；在广西全年以 7 月中旬至 8 月中旬为成虫出现高峰期。第一、二代主要为害苗床甘薯，以后主要在大田为害。

成虫在薯蔓或薯块内羽化，羽化后潜伏 3～4d 才钻出活动。成虫主要取食甘薯茎或薯块的表皮组织，并喜食老熟组织，其取食顺序依次为薯块、成熟茎蔓、幼嫩茎蔓。试验表明，甘薯蚁象在老熟茎蔓上的数量是幼嫩薯蔓上的 2 倍多，在甘薯生长期，蚁象为害薯块的数量是薯蔓数量的数十倍。成虫羽化 7d 后开始交配，一生交配数次，交配后 2～10d 产卵，雌虫的产卵量与雌虫的受精次数有关，受精次数越多，其产卵量则越多。雌虫可整天交配产卵，尤以 6：00～18：00 较频繁。卵主要产于块根和主茎基部。雌虫产卵时，先将皮层咬一小孔，而后产卵其中。大多一孔产 1 粒，偶有 2～3 粒。成虫可钻到土下 7cm 深处的块根上产卵，但多产在外露薯块上，约占总产卵量的 95%。每雌产卵 50～100 粒，最多可产 150～250 粒，产卵期最短为 15d，最长达 115d。成虫的交配与产卵受温度的影响较大，在 27～30℃时 5d 内 90%～100%的蚁象可完成交配，在 15℃时有 70%～90%的成虫完成交配，在 11℃时 5%～60%的成虫完成交配，在 10℃时仅 10%左右的成虫进行交配，个别种群在此温度条件下可能无法进行交配。雌虫产卵需要相对较高的温度，将成虫放置在不同温度下交配 5d，10d 后检查成虫的产卵情况，发现在 27～30℃时 80%以上的雌虫可进行产卵，在 18℃时有 30%～75%的成虫可进行产卵，在 16℃时 40%的成虫可进行产卵，在 15℃时仅 15%左右的成虫进行产卵，在 14℃时无成虫产卵。此外，不同地区种群的交配与产卵对温度的要求也有一定差异。

成虫没有明显的滞育特性，其寿命主要受温度与食物的影响。在 15～40℃温度条件下，温度越低成虫的寿命越长，在有食物的情况下，成虫的寿命明显长于在无食物环境中的寿命。在 15℃温度条件下，成虫在有食物时的寿命长达 250d 左右，无食物成虫，其寿命仅为 1 个月左右；在 30℃温度条件下，有食物成虫寿命约为 100d，无食物成虫寿命仅 10d 左右；在 40℃温度条件下，食物对甘薯蚁象的寿命影响不大，寿命均在 10d 左右。因此在炎热夏季，如果无适宜的寄主，甘薯蚁象的种群数量会迅速下降。

成虫的飞翔能力较差，多做短距离的飞行或爬行，在室内观察，甘薯蚁象的最长飞行距离均为 6m。在周围有寄主的情况下，雌虫仅在小范围内进行扩散，很少主动飞行寻求寄主，但雄虫多飞行寻找配偶，在自然环境中甘薯蚁象的扩散距离仅 2～4km，但随风被动扩散的距离会很长。

成虫怕烈日，多于清晨或黄昏活动，白天栖息于茎叶茂密处或土缝和残叶下。下雨时活动较弱。具假死性，在假死时其足伸出，在无干扰的情况下，假死的蚁象在数分钟后恢复活动，但一定的高温可刺激假死的成虫活动。

温度对甘薯蚁象的发育具有显著影响。甘薯蚁象卵期在温度 30℃时为 3～6d，在 27℃时为 4～9d，在 25℃时为 5～9d，在 20℃时为 7～9d；其幼虫期在温度 27～30℃时为 15～17d，在 25℃时为 22～25d，在 20℃时为 58d；其整个生活史在温度 27～30℃时为 33d，在 25℃时为 41d，在 20℃时为 85d。

幼虫孵化后即向块根和主茎基部内蛀食，造成弯曲隧道。整个幼虫期均生活在其中。蛀道内充满虫粪，使被害部变黑、霉坏、发臭。每条蛀道通常仅居 1 头幼虫。一个薯块或藤头的幼虫少者几头，多达上百头。老熟幼虫在蛀道末端或向外蛀食至皮层处咬一圆形羽化孔，然后于近羽化孔处化蛹（彩图 4 - 33 - 3）。

四、发生规律

影响甘薯蚁象发生的环境条件多种多样，其中，以虫源基数、气候、耕作制度和栽培技术等因素的影响最大。

（一）虫源基数

甘薯蚁象的发生程度与虫源基数的大小密切相关。由于甘薯蚁象的迁飞能力有限，其扩散的速度较慢。甘薯蚁象在某地的发生程度主要与当地越冬虫源数量有关。根据在重庆巫山的调查结果，甘薯蚁象的发生呈聚集分布，春季主要在苗床上为害，越靠近受害苗床的区域，为害越重。

（二）气候

干旱炎热是甘薯蚁象大发生的主导因素。一方面，干旱可造成地表龟裂薯块外露，而有利于成虫产卵为害；另一方面，高温干旱不利于甘薯蚁象寄生菌的流行与侵染。在自然条件下白僵菌是甘薯蚁象的重要寄生真菌，白僵菌的流行与否对于控制甘薯蚁象的种群发展至关重要。干燥的高温天气，提高了白僵菌孢子的死亡率，降低了其萌发能力。

（三）耕作制度

连作地发生严重，轮作地发生轻。实行水旱轮作或甘薯与甘蔗或花生轮作均能抑制甘薯蚁象的发生为害。连作地不断提供丰富食料，有利于甘薯蚁象繁殖为害和虫口相继积累。据广东报道，连作地比轮作地的虫口基数增加 9.4 倍，田间每日在 30 穴中诱到的成虫数，在轮作田为 27 头，而连作地里则为 260 头。据福建报道，在水旱轮作地甘薯的藤头与薯块均无受害，而在连作地甘薯的藤头受害率为 16%～100%，薯块受害率为 0～15.7%。

（四）栽培技术

1. 栽插期与收获期 在福建，早薯和越冬薯受害重，晚薯受害轻。因早薯早栽早结薯，生长期长，受害早且时间长，尤其夏、秋之间正是此虫为害盛期，又是早薯处于薯块膨大季节，故受害损失重，而越冬薯栽种面积小，生长期又长，当早薯收获后，田间甘薯蚁象多聚集其上为害，故受害也重。甘薯生长后期，随着薯块的增大，增大了薯块外露的面积，进而加重了甘薯蚁象的为害，适时早收可减少蚁象的为害。

2. 品种 国内外的试验证明，甘薯蚁象对不同甘薯品种具有不同的取食偏好性。此外，不同品种的结薯习性和组织结构对于甘薯蚁象的为害也具有一定影响。如薯块着生部位较深、含淀粉多、质地较硬等特性的品种，抗虫性好。薯蒂短、薯块着生部位浅而集中，含淀粉少，质地松软的品种，抗虫性差。

3. 施肥

（1）基肥种类。据广西桂林调查，在土质相同的情况下，施不同基肥，甘薯被害情况差别较大。其中，以丝草作基肥的受害最重，猪、牛栏粪次之，垃圾土灰肥又次之，火灰肥受害最轻。广西泉州群众经验，施未腐熟的猪、牛栏粪受害更重。丝草和猪、牛栏粪均属纤维质较多的肥料，在未腐熟的情况下施作基肥，通过发酵，往往使土壤疏松，孔穴增多，有利于甘薯蚁象的产卵和为害，故受害较重。

（2）施肥方法。在甘薯扦插成活后，应早施追肥。以促使早封行而有利于保持土壤水分，以免天气干旱引起畦面龟裂、薯块外露。

4. 田间管理 通过培土或灌溉，可减少在薯块膨大过程中造成的薯块外露数量，进而减轻甘薯蚁象的为害。土层浅薄或黏重的红黄壤极易失水，导致畦面龟裂，薯块外露，会加重该虫的为害。在甘薯生长期间松土培土，并进行浇水灌溉，可大大减轻蚁象为害。

（五）地形与地势

地势较低或向阳山坡的薯地受害重。原因是其冬季较暖和，越冬虫口多，死亡率低，第二年虫源多，发生为害早；反之受害较轻。在浙江乐清一般在500m以上的高山薯地受害轻，在200m以下的矮山低坡薯地受害重；向阳山坡受害重而背阴山坡则受害轻。

五、防治技术

防治甘薯蚁象，首先要加强植物检疫，防止其进一步传播蔓延，并应针对其发生规律，以控制早春虫源为主，结合性诱剂诱捕、农业防治与化学防治，对该虫进行综合防治，以控制其为害。

（一）植物检疫

甘薯蚁象的迁飞能力有限，种薯与薯苗是其远距离传播的主要途径，由于农民自发的薯苗调运数量与距离均有限，检疫部门应加强对一些甘薯育苗公司的监管，加强对种薯与薯秧的检测。凡从疫区调运鲜薯或种苗至安全区时，必须厉行检疫。凡薯块、薯苗表皮有小蛀孔，剖开有曲折虫道与恶臭苦味的种薯、种苗都必须及时处理，一律不准外运，以防此虫蔓延。

（二）农业措施

1. 清洁田园 在甘薯收获时有50%以上的甘薯蚁象以不同虫态在受害薯块、薯蔓内，因此收获时必须把遗留在田园的所有病薯与病蔓及时清理，并集中处理，用于沤肥或堆肥，并在表面撒施石灰粉或杀虫剂，防止成虫逃逸，可大大减少虫口基数，减轻对下季的为害。另外，尽量清除田间杂草，特别是一些旋花科植物，因为这些植物均是甘薯蚁象的潜在寄主。

2. 轮作与间作 甘薯蚁象主要为害旋花科植物，寄主范围较窄，成虫迁移能力不强，因此，因地制宜地与花生、玉米、高粱、大豆等作物进行轮作，可抑制该虫的发生。在具有水浇条件的地区，实行水旱轮作，效果更为显著。据古巴的研究结果，大面积连续轮作两年，可达到95%以上的防治效果。此外，某些作物可作为蚁象活动的屏障，影响蚁象的活动，此类作物适宜与甘薯间作。据报道甘薯与鹰嘴豆、白萝卜、茴香等间作可大大减轻蚁象的为害。

3. 适时中耕培土 中耕松土，可避免土壤水分散失，防止土壤龟裂，培土还可防止薯块外露，这些都是有效的农业防治和甘薯增产措施。此措施适用于沙性较强的土壤，而对一些含有大量石块且较黏重的土壤效果较差。

4. 适时早收 甘薯生长后期是甘薯蚁象严重影响甘薯产量与品质的时期，据研究，在甘薯栽秧90～120d期间，甘薯蚁象的为害可增加4倍。因此，在不影响作物产量的前提下，尽可能提早收获，可大大减轻蚁象对甘薯的为害。

5. 选用抗虫品种 据国内有关文献报道，甘薯蚁象对不同品种的为害程度不同，认为福薯2号、金山57、福薯26、岩薯5号等品种对甘薯蚁象具有一定的抗性。但国外研究报道，目前尚无真正抗甘薯蚁象的甘薯品种，甘薯蚁象对某一品种为害的轻重同该品种的结薯深度有关，结薯越深，甘薯蚁象对薯块的为害越轻。

（三）化学防治

1. 薯窖熏蒸 国内外研究证明，利用磷化铝对薯窖进行熏蒸，可有效控制薯窖内的甘薯蚁象。将薯窖密闭，每立方米空间使用56%磷化铝片剂10g进行熏蒸，视环境温度高低，在1～2d后可进行通气，以避免甘薯因缺氧造成生理性病害。

2. 苗床处理 每平方米苗床在种薯上均匀撒施10%二嗪磷颗粒剂3～5g，或施用10%毒死蜱颗粒剂8～9g，覆土可有效控制早春甘薯蚁象的为害。

3. 秧苗处理 50%二嗪磷乳油或40%毒死蜱乳油400～500倍液浸秧15min，使秧苗充分吸收药剂（浸秧时间不宜过长，以免出现药害）。在甘薯育苗过程中，有可能部分薯秧已受到甘薯蚁象的为害，通过药剂浸秧，一是可杀死薯秧内部的害虫，另外，对于控制甘薯蚁象的前期为害也有一定的作用。

4. 穴施内吸性杀虫剂 如对甘薯薯秧不进行秧苗处理，还可考虑在栽秧时施用土壤颗粒剂，每公顷用15～22.5kg10%二嗪磷颗粒剂。穴施杀虫剂可通过植株吸收药剂对取食茎蔓或薯块的甘薯蚁象起到一定的防治作用。

5. 生长期间用药 在甘薯蚁象发生初期或薯秧封垄前，将毒土撒施在地表，通过药剂触杀可杀死在地表活动的成虫。每公顷用10%二嗪磷颗粒剂22.5～30kg，或每公顷用10%毒死蜱颗粒剂30～60kg撒施在植株周围，尽量不要把药剂撒在叶片上。

6. 喷雾 如遇到干旱季节，还可通过对甘薯根部喷施50%二嗪磷乳油或40%毒死蜱乳油1 000～1 500倍液控制甘薯蚁象，一方面杀虫剂对甘薯蚁象有直接杀伤作用；另一方面对根部喷雾还可弥合甘薯根部缝隙，减少薯块外露机会，减轻蚁象的为害。

（四）性诱剂诱捕

甘薯蚁象性诱剂是一种人工合成的含有甘薯蚁象雌性激素的有机化合物，为一种昆虫信息物质，对雄性蚁象诱性很强，通过诱捕蚁象雄虫，减少其与雌虫的交配机会，进而控制其繁殖，减少下一代虫口基数，达到控制为害的目的。可每公顷放置30～45个诱芯，间隔15～18m，每2个月换1次诱芯，春、冬诱捕时把诱捕器直接埋于土中，诱捕器上口露出地面5cm；在甘薯生长期将诱捕器高出薯蔓平面10cm，便于信息素散发。该方法省工、节本、防效好、无残毒、不污染环境。但是性诱剂不能直接控制雌成虫及幼虫的为害，要持续控制其为害，在利用性诱剂诱捕的基础上，应结合虫情，适时使用化学药剂防治，可从根本上控制甘薯蚁象的为害。

（五）生物防治

据报道，用白僵菌拌细沙制成菌土，均匀撒施于薯田内，10d内甘薯蚁象成虫感染率可达90%左右。日本将使用白僵菌与性诱剂诱捕进行有机结合，在性诱剂诱捕器的底部留有开口，并施入白僵菌粉剂。甘薯蚁象雄虫在进入诱捕器后，可与白僵菌接触，并由诱捕器的底部开口逃离诱捕器。雄虫在接触白僵菌后受到白僵菌的侵染，并在与雌虫交配时将白僵菌传染给雌虫，最终达到防治甘薯蚁象的目的。

王容燕　陈书龙（河北省农林科学院植物保护研究所）

第34节　甘薯麦蛾

一、分布与危害

甘薯麦蛾［*Helcystogramma triannulella*（Herrich - Schaffer），异名：*Brachmia macroscopa* Meyrick］又称甘薯小蛾、甘薯卷叶蛾，属鳞翅目麦蛾科甘薯麦蛾属。甘薯麦蛾在我国各地均有发生，以南方各省份发生较重，此外，在日本、朝鲜、菲律宾、印度、缅甸、越南以及非洲各地也有发生。甘薯麦蛾除了为害甘薯外，还能为害蕹菜、月光花和牵牛花等旋花科植物。以幼虫吐丝卷叶，在卷叶内取食叶肉，留下白色表皮，状似薄膜。幼虫除为害叶片外，还能为害嫩茎和嫩梢。发生严重时，叶片大量卷缀，整片呈现“火烧现象”，严重影响甘薯的光合作用，进而影响产量。近几年在我国部分地区甘薯麦蛾为害加剧，据调查，田间为害率一般达50%～70%，严重田块为害率可达100%。

二、形态特征

成虫：体灰褐色，体长4～8mm，翅展16～18mm，翅宽2.5～3mm；头、腹部深褐色，复眼黑色，触角细长，丝状；前翅狭长，深褐色，近中室中部和端部各有1条淡黄色眼状斑纹，前小后大，斑纹外部灰白色，内部深褐色且中间有1个深褐色小点，翅外缘有5～7个成排的小黑点；后翅宽，淡灰色，菜刀状，缘毛较长（彩图4-34-1）。

卵：椭圆形，长0.45～0.60mm，初产时淡黄色，后变为淡褐色。卵表具细的纵横脊纹。将近孵化时，一端有1个黑点。

幼虫：共有6个龄期，体细长，末龄幼虫体长1.5cm；头稍扁，黑褐色。前胸背板褐色，两侧具有暗色倒“八”字形纹。中胸至第二腹节背面黑色，第三腹节以后各节底色为乳白色，亚背线黑色。在第三至六腹节，每节上均有1条黑色斜纹与亚背线相连。腹足细长，白色。全体生稀疏的长刚毛，着生在漆黑色的圆形小毛片上（彩图4-34-1）。

蛹：长7～9mm，纺锤形，头钝尾尖。初蛹期，体为淡黄褐色，后渐呈黄褐色。体表散布细长毛。在腹部背面第一、二节，第二、三节和第三、四节节间中央有深黄褐色胶状物相连。臀棘末端有钩刺8个，呈圆形排列。

三、生活习性

甘薯麦蛾在不同地区的年发生世代数量不同，在河北、北京1年发生3～4代，浙江、湖北1年发生4～5代，江西1年发生5～7代，福建平潭1年发生8代、晋江1年发生9代，世代重叠。在河北和北京等地以蛹在残株落叶下越冬，在湖南、江西、福建等地则以成虫在甘薯枯落叶下、杂草丛中以及屋内阴暗处越冬。在广东以老熟幼虫在冬薯或田边杂草丛中越冬。

在北京、河北，越冬蛹6月上、中旬开始羽化，第一代幼虫发生于7月，第二代发生于8月，第三代发生于9月，而以9月发生较多。在湖北，各代的主要发生期为5月中旬、6月中旬至7月上旬、7月下旬至8月中旬、9月上旬至10月，以第三代为害最为严重。在浙江，各代分别发生于6月上、中旬、7月底至8月初、8月底至9月初、9月底至10月中旬，以8～9月为害严重。在福建平潭，各代幼虫发生期分别为4月中旬至5月中旬、5月下旬至6月下旬、6月中旬至7月中旬、7月上旬至8月上旬、7月下旬至9月上旬、8月下旬至9月下旬、9月中旬至10月下旬、10月中旬至翌年1月，特别是7～9月发生多而为害重。

成虫具有很强的趋光性。白天静伏于靠近地面的叶片上及茎叶茂密处、杂草及田边灌木丛中。每受惊动，即作短距离飞翔。成虫的羽化时间主要在7：00～10：00和16：00～19：00，少数在凌晨及晚上羽化。羽化后即寻找花蜜补充营养，然后交配产卵。每只雌成虫平均产卵数为60～170粒，卵分多次产下。卵大多产在嫩叶背面，约占总卵量的60%左右，少数产于新芽及茎上。在15～30℃时，温度越高，其各虫态的发育时间越短。在15℃条件下，卵的发育最慢，历期最长，需13.1d才能孵化，而在30℃条件下其历期仅为5.9d。田间雌、雄成虫的比例为（1.2～1.3）：1。成虫有无补充营养对其产卵量有很大影响。据观察，越冬代成虫没有补充营养时，产卵量仅为有补充营养时产卵量的16%左右。常温下雌虫寿命14～19d，雄虫寿命12～16d。

幼虫共有6个龄期，一龄幼虫在嫩叶背面啃食叶肉，但不卷叶，有吐丝下坠习性。二龄幼虫开始吐丝作小部分卷叶，并食息其中，三龄后各龄幼虫食量增大，卷叶亦扩大，一叶食尽后又转移他叶，并排泄粪便于卷叶之内。幼虫遇到惊扰即跳跃逃逸或吐丝下坠，或以迅速倒退躲避等方式逃逸。幼虫密度大时，大量啃食叶肉，留下灰褐色表皮，远观呈火烧状团块（彩图4-34-2）。幼虫在无鲜嫩茎叶的情况下，啃食薯块和薯蔓也能正常生长发育并顺利完成生活史。不同温度对甘薯麦蛾幼虫取食量具有很大影响，一般随着龄期的增大与温度的升高，幼虫的取食量显著增多。除为害甘薯外，幼虫还能为害旋花科的裂叶牵牛、圆叶牵牛、箭叶牵牛及小旋花，并能正常完成生活史。常温下卵期5～7d，幼虫期18～22d，老熟幼虫在卷叶或土缝里化蛹。但逢高温干燥条件，有相当一部分老熟幼虫在土块裂缝中化蛹。蛹期最短3d，最长达38d，一般为4～6d。

四、发生规律

（一）气候因素

高温中湿有利于甘薯麦蛾的发生。常年7～9月是其为害猖獗时期，为害损失程度与甘薯的生育阶段关系十分密切。如在甘薯生长前期，甘薯需要充分的营养供应而又遭受严重为害时，则影响产量较大；而在生长中后期，薯块已开始膨大，累积了一定营养，虽遭为害，但影响产量较小。故对此虫必须抓住早期防治。

（二）天敌

甘薯麦蛾的天敌有捕食幼虫的双斑青步甲（小黄斑青步甲），在薯田中数量较多，适应性强，捕食量大，对甘薯麦蛾早期发生有明显的控制作用。幼虫的寄生性天敌有长距茧蜂、绒茧蜂和狭姬小蜂，其中甘薯麦蛾狭姬小蜂是甘薯麦蛾幼虫期的重要寄生蜂，在福建薯田9～11月寄生率最高达73.68%。此蜂具有世代短，繁殖力强，爬行缓慢，飞翔力较弱等特点，适宜于室内人工繁殖，如能通过人工繁殖，早期在薯田及时释放一批蜂种，可提高9%～10%的田间幼虫自然寄生率。蛹期寄生蜂有厚唇姬蜂和无脊大腿小蜂，两者后期寄生率达30%～40%，卵的寄生性天敌有两种赤眼蜂，在福建福州7～11月寄生率都达10%左右。

五、防治技术

为控制甘薯麦蛾的为害，应加强田园管理，改善甘薯生长条件，多施磷、钾肥，以增强抗虫能力；消灭越冬虫源；在明确其发生规律的基础上，重点防治越冬代；以化学防治为应急措施，全面实施综合防治。

（一）清洁田园

甘薯收获后，及时清洁田园，处理残株落叶，铲除杂草，以消灭越冬蛹。

（二）捏杀幼虫

当薯田初见幼虫卷叶为害时，及时检查，捏杀新卷叶中的幼虫。

（三）诱杀

利用频振式杀虫灯在甘薯麦蛾发生高峰期进行诱杀，能很好地控制下代的发生数量。利用性信息素引诱成虫，可使虫口下降率达82.9%～84.7%。释放性信息素的高峰期是甘薯麦蛾羽化后的1～3d，尤以第二天最好，因此，要在成虫高峰期发生前做好诱捕准备。放置诱捕器的高度比甘薯略高即可，不要高于甘薯10cm以上。

（四）化学防治

在一至二龄幼虫大量发生时，立即采取应急措施，因为此时的幼虫抗药性弱，随着龄期的增大，抗药性会逐步增强。可选用低毒高效的药剂，如2%阿维·高氯氟乳油1 000～2 000倍液、2%阿维菌素乳油1 000～2 000倍液、2.5%高效氯氟氰菊酯乳油1 000～2 000倍液、48%毒死蜱乳油1 000倍液、5%氟啶脲悬浮剂1 000倍液，在晴朗无风的下午进行喷雾防治，5～7d喷1次，连续喷3次，都有很好的效果。但需注意农药的交替使用以及安全间隔期，避免产生抗药性和造成农药残留。

王容燕　陈书龙（河北省农林科学院植物保护研究所）

主要参考文献

艾育芳，潘廷国，柯玉琴，等. 2004. 疮痂病对甘薯叶片蛋白质及核酸代谢的影响［J］. 福建农林大学学报：自然科学版，33（4）：444-447.

白晓东，杜珍，范向斌，等. 2002. 基质对马铃薯疮痂病抑制效果研究初报［J］. 中国马铃薯，16（6）：332-334.

白艳菊，文景芝，杨明秀. 2007. 西南地区与东北地区马铃薯主要病毒发生比较［J］. 东北农业大学学报，38（6）：

733 - 736.
北京农业大学 . 1989. 农业植物病理学 [M] . 北京：农业出版社 .
薄芯，李京霞 . 2004. 马铃薯茎线虫的无公害防治初探 [J] . 北京联合大学学报，18 (4)：76 - 79.
蔡煌 . 1996. 防治马铃薯黑痣病 [J] . 植保技术与推广，1 (1)：45.
曹春梅，李文刚，张建平，等 . 2009. 马铃薯黑痣病的研究现状 [J] . 中国马铃薯，2 (23)：171 - 173.
曹静，客绍英 . 2005. 马铃薯晚疫病流行学及防治方法研究进展 [J] . 中国马铃薯，19 (1)：33 - 36.
常来，王文桥，朱杰华 . 2010. 北方一季作区马铃薯黑痣病的发生及防控策略 [J] . 安徽农学通报，16 (7)：116 - 117.
陈斌，李正跃，桂富荣，等 . 2003. 云南省马铃薯害虫综合防治现状与展望 [J] . 云南农业科技 (增刊)：136 - 141.
陈利锋，徐敬友 . 2007. 农业植物病理学 [M] . 北京：中国农业出版社 .
陈利锋，徐雍皋，方中达 . 1990. 甘薯根腐病病原菌的鉴定及甘薯品种 (系) 抗病性的测定 [J] . 江苏农业学报，6 (2)：27 - 32.
陈品三，彭德良，郑经武 . 1990. 马铃薯繁峙根结线虫新种 (*Meloidogyne fanzhiensis*) 之发现描述 [J] . 山西农业大学学报，10 (1)：55 - 60.
陈庆河，翁启勇，胡方平 . 2004. 无致病力青枯菌株对番茄青枯病的防治效果 [J] . 中国生物防治，20 (1)：42 - 44.
陈文胜，崔志新，李炳夫 . 2002. 温度对桃蚜种群发生的影响 [J] . 湖北农业科学，2：68 - 69.
陈孝宽 . 2007. 甘薯丛枝病的发生规律与综合防治 [J] . 福建农业科技，3：39 - 40.
陈伊里 . 1999. 中国马铃薯研究进展 [M] . 哈尔滨：哈尔滨工程大学出版社 .
陈永年，文礼章 . 1992. 烟蚜 *Myzus persicae* (Sulaer) 生长、发育、繁殖和存活与温湿度关系的研究 [J] . 中国烟草 (3)：18 - 23.
陈月秀，宋国安 . 1988. 甘薯根腐病抗性遗传变异趋势浅析 [J] . 山东农业科学 (4)：28 - 29.
程蕙苓，刘永福，朱慧倩，等 . 1988. 梁山区马铃薯瓢虫 (鞘翅目：瓢虫科) 的寄生蜂瓢虫双脊姬小蜂 (膜翅目：姬小蜂科) 记述 [J] . 山西大学学报，3：100 - 104.
迟新之，刘汉舒，冯玲，等 . 1998. 甘薯天蛾危害损失及防治指标研究 [J] . 山东农业科学 (3)：33 - 35.
崔茂林，姚文国 . 2001. 马铃薯有害生物及其检疫 [M] . 北京：中国农业出版社 .
崔荣昌 . 1982. 不同马铃薯品种对马铃薯纤块茎类病毒侵染后的反应 [J] . 马铃薯科学，2 (2)：64 - 68.
崔荣昌 . 1989. 应用酶联免疫吸附试验法鉴定几种主要马铃薯病毒 [J] . 植物保护学报，16 (3)：193 - 196.
代红军，柯玉琴，潘廷国，等 . 2004. 甘薯蔓割病病原菌的侵染对甘薯光合作用的影响 [J] . 福建农林大学学报：自然科学版，33 (3)：304 - 307.
代红军，丘永祥 . 2006. 蔓割病对不同抗性甘薯品种生长及相关生理指标的影响 [J] . 农业科学研究，27 (2)：51 - 53.
代红军，邱永祥 . 2002. 甘薯抗蔓割病生理生化机制的研究 [J] . 宁夏农林科技 (2)：5 - 8.
郸擎东 . 2003. 甘肃省定西地区马铃薯晚疫病综合防治技术 [J] . 种子，26 (5)：115 - 117.
丁俊杰，聂文革，马淑梅，等 . 2002. 黑龙江省东部地区马铃薯有害生物调查 [J] . 中国马铃薯，16 (3)：182 - 185.
丁中，彭德良，何旭峰，等 . 2007. 不同地理种群甘薯茎线虫对不同类型杀线剂的敏感性 [J] . 应用技术，46 (12)：851 - 853.
董金皋 . 2001. 农业植物病理学：北方本 [M] . 北京：中国农业出版社 .
杜宇，丁元明，寸东义，等 . 2007. 输华马铃薯上哥伦比亚根结线虫风险分析 [J] . 植物保护，33 (4)：45 - 49.
端木通知，李振国，张志勇，等 . 1995. 马铃薯瓢虫的生活史及发育生物学 [J] . 洛阳农专学报，25 (3)：7 - 10.
段爱菊，刘顺通，张自启，等 . 2011. 不同甘薯品种对甘薯茎线虫病的抗性鉴定 [J] . 江西农业学报，23 (11)：113 - 114.
樊建庭 . 2003. 甘薯天蛾若干生物学特性及人工饲养技术研究 [D] . 长沙：湖南农业大学 .
方贯娜，庞淑敏，李建欣 . 2007. 马铃薯微型薯疮痂病综合防治技术 [J] . 麦类文摘：种业导报，9：27.
方明华 . 2000. 甘薯卷叶蛾流行原因及其防治 [J] . 中国农技推广 (5)：45.
方树民，蔡朝晖，宋维星，等 . 1994. 甘薯瘟病菌的潜伏侵染与品种抗性反应 [J] . 植物保护，20 (3)：9 - 10.
方树民，陈凤翔，徐松明，等 . 1997. 甘薯抗蔓割病的遗传趋势探讨 [J] . 福建农业大学学报，26 (4)：446 - 448.
方树民，陈玉森，郭小丁 . 2001. 甘薯兼抗薯瘟病和蔓割病种质筛选鉴定 [J] . 植物遗传资源科学，2 (1)：37 - 39.
方树民，陈玉森，魏观如，等 . 1995. 甘薯品种对甘薯瘟和蔓割病的兼抗反应测定 [J] . 植物保护，21 (3)：34 - 35.
方树民，陈玉森，郑光武 . 2002. 甘薯主栽品种对甘薯瘟和蔓割病抗性评价 [J] . 植物保护，28 (6)：23 - 25.
方树民，陈玉森 . 2004. 福建省甘薯蔓割病现状与研究进展 [J] . 植物保护，30 (5)：19 - 22.
方树民，何明阳，康玉珠 . 1988. 甘薯品种对蔓割病抗性的研究 [J] . 植物保护学报，15 (3)：186 - 190.
方树民，李世伟，黄振棋，等 . 1996. 莆田沿海甘薯根腐病发生情况与防治对策 [J] . 福建农业科技 (3)：17 - 18.
方树民，邹景禹，陈玉森 . 1994. 甘薯品种对薯瘟病抗性的研究 [J] . 福建农业大学学报：自然科学版，23 (2)：154 - 159.

方树民，柯玉琴，黄春梅，等．2004. 甘薯品种对疮痂病的抗性及其机理分析［J］．植物保护学报，31（1）：38－44.

方树民，俞海青．1991. 甘薯（瘟）青枯菌致病类群及分布的研究［J］．植物保护学报，18（2）：127－132.

方树民．1991. 福建省部分地区发生甘薯细菌性黑腐病［J］．植物保护，17（3）：52.

冯玲，刘汉舒，高兴文，等．1996. 甘薯天蛾防治技术研究［J］．山东农业科学（6）：32－34.

冯玲，刘汉舒，高兴文，等．1997. 甘薯天蛾发生规律研究［J］．山东农业大学学报：自然科学版（4）：465－470.

付文娟，窦丽霞，陈红．2005. 高寒地区马铃薯环腐病的防治技术［J］．中国林副特产，4：40.

付振艳，袁虹霞，陈志申，等．2006. 侵染甘薯的马铃薯 Y 属病毒及其分子生物学研究进展［J］．河南农业大学学报，40（2）：221－224.

付振艳，张振臣．2007. 甘薯病毒 G（SPVG）外壳蛋白基因的克隆、表达及其抗血清的制备［J］．中国农学通报，23（1）：38－41.

复旦大学生物系植物病毒研究室．1981. 植物病毒志：第一集［M］．上海：上海科学技术出版社：98－100.

高虹．2004. 马铃薯环腐病的发生及防治［J］．现代化农业（1）：10－11.

高福喜．2007. 马铃薯地下害虫的综合防治技术［J］．农技服务，24（3）：72－78.

高宏，方晓宇，郄作真．2004. 马铃薯黑胫病的发生及防治［J］．现代化农业（3）：15－16.

高西宾．1984. 红苕害虫甘薯叶甲的防治方法［J］．今日种业（3）：33.

高西宾．1989. 甘薯叶甲指名亚种生物学特性及防治方法［J］．昆虫知识（26）：210－212.

宫卫波，蒋继志，王兴哲．2008. 甘薯茎线虫致病物质的初步研究［J］．华北农学报，23（1）：204－206.

巩亮军．2006. 马铃薯 28 星瓢虫的发生规律［J］．山西农业（9）：25.

古德就，余明恩．1995. 萝卜蚜和桃蚜最大发育速率温度的研究［J］．华南农业大学学报，16（1）：58－63.

郭利娜，郭文超，吐尔逊，等．2011. 寄主对马铃薯甲虫飞行能力的影响［J］．新疆农业科学，48（5）：853－858.

郭全新，简恒．2010. 危害马铃薯的茎线虫分离鉴定［J］．植物保护，36（3）：117－120.

郭泉龙，李计勋，梁秋梅．2005. 甘薯黑痣病发生规律及其防治措施［J］．中国农技推广（8）：45.

郭泉龙．2005. 甘薯黑痣病发生和防治技术［J］．河北农业科技，12：16.

韩广涛，杨志辉，朱杰华，等．2011. 双重 PCR 技术检测马铃薯环腐病菌和黑胫病菌方法的建立［J］．中国农业科学，44（20）：4199－4206.

韩学俭．2003. 马铃薯环腐病的危害及其防治［J］．蔬菜（2）：22－23.

韩召军，杜相革，徐志宏．2002. 园艺昆虫学［M］．北京：中国农业大学出版社．

郝丽梅，王立安，马春红，等．2001. 致病真菌与植物寄主相互作用关系的研究进展［J］．河北农业科学，5（2）：73－78.

郝伟，路迈，江新林，等．2006. 马铃薯瓢虫的生物学特性观察［J］．中国植保导刊，26（12）：22－23.

何霭如，余小丽，汪云．2011. 甘薯疮痂病的致病因素及综合防治措施［J］．现代农业科技（2）1：188－189.

何晨阳，王金生．1994. 抗病植物的防卫反应和机制［J］．生物学通报，29（5）：9－10.

何琪，刑骥，张声扬，等．2010. 不同类型杀线剂对甘薯茎线虫趋化性的影响［J］．植物保护，36（4）：75－79.

何卫，王军，Chujoy E，等．1999. 我国马铃薯晚疫病研究概况［C］//中国作物学会马铃薯专业委员会 1999 年年会论文集：227－229.

何迎春，高必达．2000. 立枯丝核菌的生物防治［J］．中国生物防治，16（1）：31－34.

何永福，何庆才，等．2003. 毕节地区马铃薯病虫害发生特点及防治措施［J］．贵州农业科学，31（3）：54－55.

黑龙江省农业科学院马铃薯研究所．1994. 中国马铃薯栽培学［M］．北京：中国农业出版社．

侯有明，刘绍友，周靖华，等．1999. 不同寄主植物上桃蚜种群动态的研究［J］．干旱地区农业研究，17（4）：45－49.

胡公洛，周丽鸿．1982. 甘薯根腐病病原的研究［J］．植物病理学报，12（3）：47－51.

胡公洛．1980. 甘薯根腐病的发生规律与防治［J］．河南农林科技（2）：23－25.

胡公洛．1984. 我国甘薯根腐病起源问题的探讨［J］．河南科技大学学报：农学版（1）：10－13.

胡林双，何云霞，郭梅，等．2006. 应用 PCR 技术快速检测马铃薯环腐病菌［J］．中国马铃薯，20（4）：197－199.

虎青龙．2010. 马铃薯环腐病的防治［J］．农业科技与信息（3）：49－50.

黄可辉，郭琼霞，翁瑞泉，2004. 马铃薯腐烂线虫的风险研究［J］．武夷科学，20：122－126.

黄立飞，罗忠霞，房伯平，等．2010. 我国甘薯新病害茎腐病的研究初报［J］．植物病理学报，41（1）：18－23.

黄卫．1998. 马铃薯主要病虫害及线虫．北京：中国农业出版社．

黄玉娜，张振臣．2007. 甘薯潜隐病毒（SPLV）外壳蛋白基因的克隆、表达及其抗血清的制备［J］．植物病理学报，37（3）：255－259.

黄媛媛，邱健，马宏，等．2010. N-己酰高丝氨酸内酯对马铃薯生长及抗软腐病能力的影响［J］．安徽农业科学，38（2）：559－561.

贾赵东，郭小丁，尹晴红，等．2011. 甘薯黑斑病的研究现状与展望［J］．江苏农业科学（1）：144－147.

江苏省农业科学院，山东省农业科学院 . 1984. 中国甘薯栽培学 [M] . 上海：上海科学技术出版社 .
蒋智林，文礼章，李有志，等 . 2009. 甘薯天蛾的交配行为及其影响因素 [J] . 生态学杂志 (28)：688 - 691.
蒋智林 . 2004. 甘薯天蛾发育中的某些生理生态特征及机理研究 [D] . 长沙：湖南农业大学 .
金秀萍，李正跃，陈斌，等 . 2005. 不同温度下马铃薯块茎蛾实验种群生命表研究 [J] . 西南农业学报，18 (6)：773 - 776.
赖文昌，卢同，张联顺，等 . 1987. 福建省甘薯瘟病菌致病性分化及其应用研究 [J] . 福建省农科院学报，2 (2)：29 - 34.
雷剑，杨新笋，郭伟伟，等 . 2011. 甘薯蔓割病研究进展 [J] . 湖北农业科学，50 (23)：4775 - 4777.
李畅方，罗时华，何强，等 . 2003. 康地蕾得防治番茄青枯病药效试验 [J] . 广东农业科学 (6)：38 - 39.
李定旭，张志勇，雷铁栓，等 . 1996. 豫西山区马铃薯瓢虫发生规律及防治技术研究 [J] . 马铃薯杂志，10 (3)：147 - 150.
李刚，王新俊 . 1996. 1996 年陇东冬麦区黄地老虎暴发为害的原因浅析 [J] . 植保技术与推广，16 (6)：32 - 33.
李红，秦晓辉，赛丽蔓 . 2007. 博州地区马铃薯甲虫发生特点与综合防治技术 [J] . 中国蔬菜 (7)：55 - 56.
李华荣，刘灼均 . 1992. 康氏木霉对立枯丝核菌 7 个融合群及 3 个亚群拮抗作用的研究 [J] . 西南农业大学学报，14 (4)：283 - 285.
李季宸 . 1992. 马铃薯病害及其防治 [M] . 石家庄：河北科学技术出版社 .
李建中，彭德良，刘淑艳 . 2008. 潜在外来入侵甜菜孢囊线虫在中国的适生性风险分析 [J] . 植物保护，34 (5)：90 - 94.
李金花，王蒂，柴兆祥 . 2011. 甘肃省马铃薯镰刀菌干腐病优势病原的分离鉴定 [J] . 植物病理学报，41 (5)：456 - 463.
李金花，柴兆祥，王蒂，等 . 2007. 甘肃马铃薯贮藏期真菌性病害病原菌的分离鉴定 [J] . 兰州大学学报，43 (2)：39 - 42.
李靖，吕登高 . 1999. 高寒区春播马铃薯丰产栽培技术 [J] . 农技服务 (1)：17.
李鹏，马代夫，李强，等 . 2009. 甘薯根腐病的研究现状和展望 [J] . 江苏农业科学 (1)：114 - 116.
李汝刚，薛爱红，朱笑梅，等 . 1992. 分泌抗甘薯羽状斑驳病毒单克隆抗体的杂交瘤细胞株构建及抗体初步研究 [J] . 生物工程学报，8 (4)：401 - 403.
李小艳 . 2011. 马铃薯脱毒种薯质量追溯体系建设的探析 [J] . 中国马铃薯 (3)：188 - 191.
李秀军，金秀萍，李正跃 . 2005. 马铃薯块茎蛾研究现状及进展 [J] . 青海师范大学学报：自然科学版 (2)：67 - 70.
李永才 . 2007. 壳聚糖和硅酸钠对马铃薯块茎干腐病的控制及其机理研究 [D] . 兰州：兰州大学：4 - 6.
李有志，文礼章，马骏，等 . 2005. 甘薯天蛾幼虫生物学特性 [J] . 湖南农业大学学报，31 (6)：660 - 664.
李有志，文礼章，王继东 . 2004. 长沙地区甘薯天蛾发生规律研究 [J] . 湖南农业大学学报，30 (1)：50 - 52.
李有志 . 2001. 甘薯天蛾发育繁殖生物学特性及其虫体利用价值研究 [D] . 长沙：湖南农业大学 .
李芝芳，王国学 . 1982. 马铃薯茎杂色病毒（*Potato stem mottle virus*）的分离鉴定及其抗血清制备 [J] . 马铃薯科学 (1)：19 - 23.
李芝芳，张生，王国学 . 1982. 关于黑龙江省马铃薯致病毒群发生状况与分离鉴定的研究 [J] . 马铃薯科学 (1)：40 - 44.
李芝芳 . 2004. 中国马铃薯主要病毒图鉴 [M] . 北京：中国农业出版社 .
李志，吴俊玲，李学斌，等 . 2007. 马铃薯秋繁防蚜虫试验初报 [J] . 宁夏农林科技 (2)：50.
李志新 . 2010. 黑龙江省马铃薯新病毒株系调查研究 [J] . 农业科技通讯 (12)：356 - 358.
连书恋，王淑风 . 2001. 甘薯紫纹羽病的发生危害及综合防治技术 [J] . 河南农业科学 (4)：33.
梁忆冰，林伟，王跃进，等 . 1999. 生态因子在马铃薯甲虫地理分布中的作用 [J] . 植物检疫，13 (5)：257 - 262.
梁远发 . 1999，. 马铃薯疮痂病的防治 [J] . 四川农业科技，5：25.
林炳章 . 1992. 甘薯丛枝病发生与防治 [J] . 病虫测报，12 (2)：46 - 47.
林茂松，方中达，谢逸萍 . 1993. 甘薯对马铃薯腐烂线虫分泌物的反应 [J] . 植物病理学报，23 (2)：157 - 162.
林茂松，文玲，方中达 . 1999. 马铃薯腐烂线虫与甘薯茎线虫病 [J] . 江苏农业学报，15 (3)：186 - 190.
刘爱华，何庆才，胡辉 . 2006. 马铃薯高产高效栽培模型研究 [J] . 安徽农业科学，34 (12)：2711 - 2712，2714.
刘保立 . 2002. 防治甘薯黑痣病确保薯块品质 [J] . 河北农业 (8)：20.
刘斌，郑经武 . 2006. 腐烂茎线虫单异活体繁殖方法研究 [J] . 浙江农业学报，18 (6)：445 - 447.
刘朝萍 . 2011. 甘薯叶甲发生特点及防治对策 [J] . 现代农业科技 (5)：172.
刘国芬 . 2002. 马铃薯高效栽培技术 [M] . 北京：金盾出版社 .
刘红飞 . 2011. 马铃薯瓢虫的发生与防治技术 [J] . 农业技术与装备，218 (7)：51 - 52.
刘洪义，张洪祥，李明福 . 2006. 黑龙江省马铃薯病毒的普查及鉴定 [J] . 东北农业大学学报，37 (3)：307 - 310.
刘计刚 . 2009. 鲜食甘薯黑痣病成因与栽插期的关系 [J] . 安徽农学通报，15 (14)：143，241.
刘金成，许长敏，陈清云 . 2002. 马铃薯晚疫病药剂防治筛选试验 [J] . 农药，41 (2)：31 - 33.
刘兰服，张松树，郭元章 . 2005. 甘薯叶甲的发生与防治 [J] . 河北农业科技 (4)：18.

刘奇志，李俊秀，徐秀娟，等．2007. 小杆线虫防治花生田蛴螬初步研究［J］．华北农学报，22（增刊）：250－253.
刘泉姣，叶道纯，徐作挺．1982. 甘薯根腐病的初步研究［J］．植物病理学报，12（3）：21－28.
刘树森，李克斌，尹姣，等．2008. 蛴螬生物防治研究进展［J］．中国生物防治，24（2）：168－173.
刘树生，孟学多．1990. 桃蚜、萝卜蚜发育速率与温度的关系［J］．植物保护学报，17（2）：169－175.
刘卫平，付国栋．1995. 马铃薯种质资源材料 PVX 和 PVY 的检测［J］．马铃薯杂志（4）：193－256.
刘卫平．1997. 快速 ELISA 法鉴定马铃薯病毒［J］．中国马铃薯（1）：45－47.
刘卫平．2000. 马铃薯病毒类病毒检测技术的研究［J］．中国马铃薯（4）：203－205.
刘卫平．2007a. 马铃薯病毒 PVX 分离与纯化的研究［J］．中国农村科技（3）：134－136.
刘卫平．2007b. 马铃薯类病毒与 PVY 的互作及其对马铃薯产量的影响［J］．黑龙江八一农垦大学学报，2：100－103.
刘文轩，张振臣，孙怀亮．2000. 甘薯脱毒及高产高效技术［M］．郑州：河南科学技术出版社．
刘远康．1998. 湖北保康马铃薯块茎蛾的发生及防治［J］．植物医生，11（2）：15－16.
刘中华，蔡南通，王开春，等．2009. 福建省甘薯主要病害发生现状与研究对策［J］．福建农业科技（2）：65－66.
刘中华，余华，方树民，等．2011. 甘薯瘟两种不同致病型的初步研究［J］．福建农业学报，26（6）：1016－1020.
卢丙发．2007. 马铃薯环腐病的发病原因及防治对策［J］．吉林蔬菜，6：34－35.
卢德清．2011. 马铃薯瓢虫的发生与综合防治［J］．农技服务，28（6）：801－803.
陆漱韵，刘庆昌，李惟基．1998. 甘薯育种学［M］．北京：中国农业出版社．
罗克昌，李云平，陈路招，等．2003. 甘薯细菌性黑腐病发生流行的研究［J］．福建农业科技（5）：35－37.
罗克昌，李云平．2004. 防治甘薯黑腐病的药剂筛选与使用方法试验［J］．福建农业科技（2）：41－42.
罗忠霞，房伯平，张雄坚，等．2008. 我国甘薯瘟病研究概况［J］．广东农业科学（增刊）：71－74.
马宏．2007. 我国马铃薯软腐病防治的研究进展［J］．生物技术通报（1）：42－44.
马慧萍，潘涛．2011. 马铃薯蛴螬的发生与防治［J］．植物保护（9）：27－28.
马艳粉，李正跃，任明佳，等．2010. 马铃薯块茎蛾对不同寄主植物的产卵选择性比较［J］．农药，49（5）：380－389.
马艳粉，李正跃，肖春，等．2011. 马铃薯块茎蛾的交配行为［J］．应用昆虫学报，48（2）：355－358.
毛彦芝．2006. 控制黑龙江省马铃薯病毒病传播的建议［J］．中国马铃薯（2）：72－73.
孟清，张鹤龄，宋伯符，等．1994. 高效价羽状斑驳病毒抗血清的制备［J］．中国病毒学，9（2）：151－156.
闵凡祥，王晓丹，胡林双，等．2010. 黑龙江省马铃薯干腐病菌种类鉴定及致病性［J］．植物保护，36（4）：112－115.
彭学文，朱杰华．2003. 马铃薯银腐病的研究进展［J］．中国马铃薯，17（1）：102－106.
彭学文，朱杰华．2008. 河北省马铃薯真菌病害种类及分布［J］．中国马铃薯，22（1）：31－33.
彭学文．2003. 河北省马铃薯病害调查及主要真菌病害研究［D］．保定：河北农业大学．
漆永红，李秀花，马娟，等．2008. 马铃薯腐烂茎线虫侵入甘薯部位以及在植株内的种群动态［J］．华北农学报，23（增刊）：234－237.
乔奇，张振臣，张德胜，等．2012. 中国甘薯病毒种类的血清学和分子检测［J］．植物病理学报，42（1）1：0－16.
秦西云，李正跃．2006. 烟蚜生长发育与温度的关系研究［J］．中国农学通报，22（4）：365－370.
邱并生，赵丰，王小凤，等．1992. 甘薯羽状斑驳病毒 cDNA 探针的克隆及其应用［J］．微生物学报，32（4）：242－246.
邱广伟．2009. 马铃薯黑痣病的发生与防治［J］．农业科技通讯（6）：133.
裘维蕃．1980. 植物病毒鉴定［M］．北京：农业出版社．
屈冬玉，陈伊里．2008. 马铃薯种植与加工进展［M］．哈尔滨：哈尔滨工程大学出版社．
任广伟，王凤龙，彭世阳．2000. 马铃薯 Y 病毒与介体蚜虫传毒的关系研究进展［J］．烟草科技，10（231）：56－61.
商鸿生．1995. 植物检疫学［M］．北京：中国农业出版社．
邵力平，沈瑞祥，张素轩．1984. 真菌分类学［M］．北京：中国林业出版社．
石宝才，宫亚军，魏书军．2011. 马铃薯瓢虫的识别与防治［J］．中国蔬菜，11：21－22.
石立航，胡俊，蒙美莲，等．2010. 华北地区马铃薯贮藏病害种类调查及病原菌鉴定［J］．内蒙古农业大学学报：自然科学版，31（4）：53－56.
司升云，周利琳，刘小明，等．2008. 蕹菜田甘薯麦蛾的识别与防治［J］．长江蔬菜，11：33.
宋伯符，王胜武，谢开云，等．1997. 我国甘薯脱毒研究的现状及展望［J］．中国农业科学，30（6）：43－47.
宋国春，牛瞻光，姜祖诚，等．1996. 福腮钩土蜂生物学及其利用的研究［J］．华东昆虫学报，5（1）：41－44.
宋国华，吴微微，赵庆林．2008. 二十八星瓢虫的发生规律及防治对策［J］．吉林蔬菜，1：52.
孙惠生．2003. 马铃薯育种学［M］．北京：中国农业出版社：231－235.
孙慧生，赵泉．2000. 马铃薯病毒防治方法［J］．农业知识（7）：137－139.
孙慧生．2006. 马铃薯生产技术百问百答［M］．北京：中国农业出版社．
孙继英．2006. 不同杀菌剂防治马铃薯晚疫病的药效试验［J］．作物杂志，22（3）：62－63.

孙秀梅.2006.黑龙江省马铃薯黑胫病的发生与防治[J].农业科技通讯，12：41.
孙跃先，李正跃，桂富荣，等.2004.白僵菌对马铃薯块茎蛾致病力的测定[J].西南农业学报，17（5）：627-629.
台莲梅，梁伟伶，左豫虎，等.2010.马铃薯不同品种感染早疫病菌后防御酶活性变化[J].植物生理学报，59（11）：1147-1150.
谭宗九，郝淑芝.2007.马铃薯丝核菌溃疡病及其防治[J].中国马铃薯，21（2）：108-109.
田世民，张志铭，李济宸，等.1995.河北省马铃薯真菌性病害种类及4种新记录[J].河北农业大学学报，18（3）：59-61.
吐尔逊·阿合买提，许建军，郭文超，等.2010.马铃薯甲虫主要生物学特性及发生规律研究[J].新疆农业科学，47（6）：1147-1151.
王光荣.2010.马铃薯瓢虫发生特点及防治技术[J].北方园艺，11：41.
王宏宝，李红梅，李茹，等.2010.腐烂茎线虫耐寒力测定[J].江苏农业科学（2）：110-112.
王怀震.2007.马铃薯黑胫病的发生及防治[J].现代农业科技，13：173-174.
王佳璐，谭荣荣.2011.温度对甘薯麦蛾发育历期和幼虫取食量的影响[J].长江蔬菜（4）：75-77.
王金生，韦忠民，方中达.1985.马铃薯软腐病细菌的鉴定[J].植物病理学报，15（1）：27-32.
王丽丽，日孜旺古丽·苏皮，李克梅，等.2011.乌昌地区马铃薯真菌性病害种类及5种新记录[J].新疆农业科学，48（2）：266-270.
王庆美，王荫墀，王建军，等.1994.甘薯病毒病研究进展[J].山东农业科学（4）：36-39.
王维慧.1993.山东临沭县甘薯卷叶蛾严重发生[J].中国植保导刊（5）：40.
王晓华，张振臣，乔奇，等.2012.甘薯羽状斑驳病毒外壳蛋白基因的分子变异[J].植物保护（2）：114-116.
王晓丽，蒙美莲，薛玉凤，等.2012.马铃薯枯萎病初侵染来源及栽培与发病的关系[J].中国马铃薯，26（3）：169-173.
王秀芬，刘善斌，王有福，等.2002.大连地区马铃薯病毒病种类及分布初报[J].辽宁农业科学，5：4.
魏鸿均.1995.马铃薯瓢虫与马铃薯甲虫发生动态[J].昆虫知识，32（3）：187-188.
温吉华，彭艳玲，牟建进，等.2008.蛴螬重发原因调查及对策[J].南方农业，2（2）：58-60.
邬景禹，郭小丁，方树民，等.1993.甘薯根腐病的认识及防治措施[J].福建农业科技（2）：30.
吴宝荣，林国兴，彭小凤.2006.江西省马铃薯病虫害发生动态及防治技术初探[J].江西植保，29（3）：128-129.
吴炳芝，段文学，孙毅民.2000.马铃薯晚疫病防治方法的研究[J].植物保护，26（3）：31-32.
吴晓晶.2001.防治马铃薯甲虫的新方法[J].中国蔬菜（3）：9.
仵均祥，刘绍友，周靖华，等.1999.寄主植物对桃蚜不同寄主生物型的影响[J].西北农业大学学报，27（6）：59-63.
仵均祥.2005.农业昆虫学[M].北京：中国农业出版社.
武晶，武晓慧.2007.马铃薯常见病虫害及防治[J].现代农业科技，13：106-110.
奚启新，杜凤英，王凤山，等.2000.调节土壤pH值和药剂防治马铃薯疮痂病[J].中国马铃薯，14（1）：57-58.
向嘉乐，宋杰，丁中.2011.有机磷杀虫剂对马铃薯腐烂茎线虫趋化性的影响[J].农药，50（8）：611-613.
肖春，李正跃，马艳粉，等.涉及一种马铃薯块茎蛾引诱剂：中国，201010039130[P].2010-06-30.
肖芬，李有志，文礼章.2008.甘薯天蛾的生物学特性[J].中国农学通报，24（11）：420-423.
肖雅，何长征，聂先舟.2008.马铃薯病毒防治策略[J].中国马铃薯，22（2）：106-110.
谢春生，冯祖虾，林美莺，等.1994.中国南方甘薯品种资源抗薯瘟病鉴定研究[J].广东农业科学（5）：12-14.
谢联辉，林奇英，刘万年.1984.福建甘薯丛枝病的病原体研究[J].福建农学院学报：自然科学版，13（1）：87-90.
谢世勇，李本金，林明迟，等.2001.甘薯对蔓割病菌与其粗毒素抗性的相关反应[J].福建农业科技（5）：24-25.
谢一芝，张黎玉，戴起伟，等.2002.甘薯根腐病抗性在不同环境条件下的表现及遗传趋势[J].植物保护学报，29（2）：133-137.
谢逸萍，孙厚俊，邢继英.2009.中国各大薯区甘薯病虫害分布及危害程度研究[J].江西农业学报，21（8）：121-122.
谢逸萍.1999.甘薯根腐病抗病性室内鉴定方法的研究[J].植物保护，25（6）：7-9.
邢继英，杨永嘉.1995.甘薯病毒病检测方法[J].植物保护（2）：38-40.
熊松根.2007.甘薯麦蛾的发生和防治[J].江西植保，30：32.
徐承业，周振汉.1962.江西甘薯贮藏期镰刀菌腐烂病的研究[J].中国农业科学（6）：19-22.
徐金兰，徐金龙，闫学凯.2010.马铃薯瓢虫的发生规律与防治技术[J].中国园艺文摘，11：151.
徐久志.2011.马铃薯真菌病害的症状与防治措施[J].现代农业科技，17（14）：178-180.
薛瑞文.2011.地下害虫蛴螬的危害因素及防治技术[J].农家参谋，7：46.
颜谦，黄萍，童安毕，等.2004.马铃薯脱毒微型薯高效生产技术[J].贵州农业科学，32（3）：78-79.
颜谦.2009.贵州不同海拔地区马铃薯病毒初步调查及检测鉴定[J].安徽农业科学，37（29）：1462-1463.

杨冬静，孙厚俊，赵永强，等 . 2012. 甘薯紫纹羽病病原菌的生物学特性研究及室内药剂筛选［J］. 西南农业学报（05）：159－163.
杨海霞，陈红印，李强 . 2007. 浅谈马铃薯甲虫的生物防治［J］，植物检疫，（21）6：368－372.
杨绳桃 . 1995. 甘薯黑斑病菌产孢生物学研究［J］. 湖北农业科学（2）：35－38.
杨曦，杨青，朱一兵 . 2002. 马铃薯环腐病的防治［J］. 内蒙古农业科技（增刊），S2：30.
杨永嘉 . 1993. 甘薯脱毒的研究和应用［J］. 中国甘薯（3）：25－28.
杨忠，任月梅 . 2003. 浇水次数对马铃薯微型薯疮痂病发病影响［J］. 中国马铃薯，17（4）：242－244.
姚文国，崔茂森 . 2001. 马铃薯有害生物及其检疫［M］. 北京：中国农业出版社 .
叶琪明，王拱辰 . 1995. 浙江马铃薯干腐病病原研究初报［J］. 植物病理学报，25（2）：148.
于飞，曾鑫年，张帅，等 . 2004. 取食量对昆虫生长发育影响的研究［J］. 广东农业科学（1）：44－46.
于海滨，郑琴，陈书龙 . 2010. 甘薯小象甲的生物学特征与综合防治措施［J］. 河北农业科学，14（8）：32－35.
余成章，傅文泽，黄瑞方，等 . 2006. 甘薯抗瘟种质创新与评价［J］. 植物遗传资源学报，7（2）：252－255.
余文英，潘廷国，柯玉琴，等 . 2003. 甘薯抗疮痂病的活性氧代谢研究［J］. 河南科技大学学报：农学版，23（3）：1－6.
余文英，潘廷国，柯玉琴，等 . 2006. 不同抗性甘薯品种感染疮痂病后光合机理的研究［J］. 中国生态农业学报，14（4）：161－164.
袁盛勇，孔琼，王礼杰，等 . 2009. 球孢白僵菌菌株 MZ041016 对马铃薯块茎蛾的毒力测定［J］. 江苏农业科学，（6）：165－166.
袁照年，陈凤翔，陈选阳，等 . 1999. 甘薯抗薯瘟病的遗传及其与产量性状的关系［J］. 福建农业大学学报，28（4）：413－416.
袁照年，陈选阳，张招娟，等 . 2005. 甘薯抗Ⅰ型薯瘟病的 RAPD 标记筛选［J］. 江西农业大学学报，27（6）：861－863，938
云雷，丁华，赵发胜，等 . 2008. 白于山区马铃薯二十八星瓢虫发生特点与防治对策［J］. 陕西农业科学，3：70－71.
张广义，王登甲，惠祥海，等 . 1995. 1994 年甘薯天蛾大暴发原因及防治对策［J］. 山东农业科学（2）：31－32.
张衡，李学锋，王成菊，等 . 2007. 马铃薯甲虫防治技术及其抗药性研究进展［J］. 昆虫知识，44（4）：496－500.
张洪峰 . 2010. 马铃薯 A 病毒及其风险分析［J］. 植物检疫，24（4）：48－51.
张化良，刘承忠 . 2001. 甘薯黑痣病在平阴严重发生［J］. 植保技术与推广，21（3）：23，43.
张建亮，赵景玮，吴国星 . 2000. 桃蚜研究新进展［J］. 武夷科学，16：167－176.
张建平，程玉臣，巩秀峰，等 . 2012. 华北一季作区马铃薯病虫害种类、分布与为害［J］. 中国马铃薯，26（1）：30－35.
张杰，张廷义 . 2008. 定西市马铃薯贮藏期主要病害及成因分析［J］. 中国马铃薯，22（1）：55－56.
张立明，王庆美，马代夫，等 . 2005. 甘薯主要病毒病及脱毒对块根产量和品质的影响［J］. 西北植物学报，25（2）：316－320.
张丽芳，李正跃，王继华 . 2008. 马铃薯块茎蛾交配行为研究［J］. 江西农业学报，20（9）：77－78.
张联顺，杨秀娟，陈福如，等 . 1999. 甘薯品种抗瘟性丧失及其防治对策［J］. 福建农业学报（增刊），14：30－33.
张联顺，杨秀娟，陈福如 . 2000. 国内甘薯瘟病的研究动态及今后研究途径［J］. 江西农业大学学报，22（2）：254－258.
张盼，宋国华，乔奇，等 . 2012. 烟粉虱中甘薯褪绿矮化病毒（SPCSV）的快速检测技术［J］. 植物保护，38（5）：84－87.
张生芳 . 1994. 由美洲引入欧洲的马铃薯甲虫天敌［J］. 植物检疫，8（6）：342－344.
张世忠 . 2011. 大田蛴螬的防治技术［J］. 农业与技术，31（2）：46－47.
张天晓 . 1984. *Rhizoctonia solani* 菌丝融合群的研究［J］. 湖南师范大学自然科学学报，25（2）：69－72.
张天宇 . 2003. 中国真菌志：第十六卷　链格孢属［M］. 北京：科学出版社 .
张蔚 . 2010. 马铃薯种薯质量控制现状与发展趋势［J］. 中国马铃薯，24（3）：186－189.
张文解，王成刚 . 2010. 马铃薯病虫害诊断与防治［M］. 兰州：甘肃科学技术出版社 .
张修群，韩小平，雷国明 . 2008. 蔬菜枯萎病和青枯病的识别与治理［J］. 中国植保导刊，22（7）：22－23.
张业辉，秦艳红，乔奇，等 . 2011. 甘薯脉花叶病毒外壳蛋白基因在大肠杆菌中的表达及其抗血清的制备［J］. 植物病理学报，41（1）：57－63.
张业辉，张振臣，蒋士君，等 . 2010. 3 种甘薯病毒多重 RT－PCR 检测方法的建立［J］. 植物病理学报，40（1）：95－98.
张勇跃，刘志坚 . 2007. 甘薯黑斑病的发生及综合防治［J］. 安徽农业科学，35（19）：5997－5998.
张云美 . 1983. 我国根结线虫属（*Meloidogyne* Goeld，1887）一新种［J］. 山东大学学报：自然科学版，6：88－90.
张振臣，马淮琴，张桂兰 . 2000. 甘薯病毒病研究进展［J］. 河南农业科学（9）：19－21.
张振臣，乔奇，靳秀兰，等 . 2000. 甘薯羽状斑驳病毒（SPFMV）外壳蛋白基因在大肠杆菌中的表达及特异抗血清的制备［J］. 农业生物技术学报，8（2）：177－179.

张振臣，乔奇，靳秀兰.1999. 甘薯脱毒苗检测技术［J］. 河南农业科学（4）：10-11.
张振臣，乔奇，秦艳红，等.2012. 我国发现由甘薯褪绿矮化病毒和甘薯羽状斑驳病毒协生共侵染引起的甘薯病毒病害［J］. 植物病理学报，42（3）：328-333.
张振臣，乔奇，靳秀兰，等.2003. 河南省甘薯脱毒技术研究及其应用［J］. 河南农业科学（9）：353-356.
张振臣.2009. 河南省甘薯脱毒技术研究现状及展望［J］. 河南农业科学（9）：64-66.
张志勇，端木通知，李振国，等.1995. 马铃薯瓢虫防治决策研究［J］. 湖南农业科学（1）：33-36.
张志勇，雷铁栓，李定旭，等.1993. 马铃薯瓢虫寄主植物的初步研究［J］. 马铃薯杂志，7（2）：96-99.
张志勇.1997. 温湿度对马铃薯瓢虫生长发育的影响［J］. 西北农业学报，6（1）：30-34.
张仲凯.2003. 云南马铃薯病毒种类及脱毒种苗筛选技术体系［J］. 云南农业科技（Z1）：121-130.
赵博光.1996. 龙葵对马铃薯甲虫产卵的引诱作用［J］. 植物检疫，10（3）：137-138.
赵德柱.2004. 马铃薯块茎蛾的发生与防治［J］. 云南农业（8）：15.
赵玖华，杨崇良，尚佑芬，等.1995. 甘薯脱毒苗的检测研究［J］. 山东农业科学（5）：22-25.
赵林忠，李平，梅岩，等.1988. 黄地老虎发生期的中期预报研究［J］. 植物保护，14（3）：14-15.
赵伟全，杨文香，李亚宁，等.2006. 中国马铃薯疮痂病菌的鉴定［J］. 中国农业科学，39（2）：313-318.
赵伟全，杨文香，刘大群，等.2004. 中国马铃薯疮痂病研究初报［J］. 河北农业大学学报，27（6）：74-92.
赵志坚，王淑芬，方琦，等.2000. 云南马铃薯细菌性软腐病原菌的分离鉴定［J］. 云南农业大学学报，15（4）：324-326.
赵中华.2008. 2007年我国马铃薯病虫害发生概况与防治对策［J］. 中国植保导刊（6）：20-21.
浙江农业大学.1978. 农业植物病理学［M］. 上海：上海科学技术出版社.
郑霞林，王攀.2009. 甘薯麦蛾的生物学特性及防治技术［J］. 长江蔬菜（21）：35-36.
郑兴国，沈素香，顾卫兵，等.2011. 马蹄金草坪中甘薯叶甲的发生及防治研究［J］. 安徽农业科学（6）：3383-3385.
中国农业科学院植物保护研究所.2012. 中国农业有害生物信息系统马铃薯块茎蛾［DB/OL］.（2012-05）. http://pests. agridata. cn/show _ AN. asp? id=42.
中国农业科学院植物保护研究所.1979. 中国农作物病虫害［M］. 北京：农业出版社.
中国农业科学院植物保护研究所.1995. 中国农作物病虫害［M］. 2版. 北京：中国农业出版社.
钟丽娟，赵新海，张庆华，等.2012. 甘薯软腐病菌的分离鉴定及室内抑菌试验［J］. 山东农业科学，7（87）：88，108.
钟婝婝.2008. 最新病毒普查及血清学鉴定［J］. 云南农业学报，21（1）：96-99.
周丽鸿，胡公洛.1984. 甘薯根腐病菌生物学特性的研究［J］. 南京农学院学报，2：32-37.
周小芸，孙茂林，等.2007. 云南马铃薯块茎病虫害种类和分布［J］. 云南农业科技（1）：17-19.
周云.2008. 青海马铃薯病毒病种类及其检测与防治［J］. 青海科技（3）：14-16.
周忠，马代夫.2003. 甘薯茎线虫病的研究现状和展望［J］. 杂粮作物，23（5）：288-290.
朱国庆，李艳，王成华.2003. 西昌地区马铃薯块茎蛾危害及防治［J］. 中国马铃薯，17（6）：366-367.
朱锦泉.2007. 脱毒早熟马铃薯普通疮痂病的防治措施［J］. 农村科技，11：23.
宗兆峰.2002. 植物病理学原理［M］. 北京：中国农业出版社.
邹奎，金黎平.2012. 马铃薯安全生产技术指南［M］. 北京：中国农业出版社.
Ctenahoba. H E，1994. 利用线虫防治马铃薯块茎蛾［J］. 国外农学：植物保护，7（3）：49-50.
Ryu K Y，罗文富，杨艳丽，等.2001. 云南省马铃薯银腐病（*Helminthosporium solani*）的研究［J］. 中国马铃薯，15（4）：195-199.
Allen C，Bent A，Charkowski A. 2009. Underexplored niches in research on plant pathogenic bacteria［J］. Plant Physiology，150：1631-1637.
Andrei V A，David N F. 1999. Modifications in dispersal and oviposition of Bt-resistant and Bt-susceptible Colorado potato beetles as a result of exposure to *Bacillusthurin giensis* subsp. *tenebrionis* Cry3 Atoxin［J］. Entomologia Experimentalis et Applicata，90：93-101.
Arapova L. 1966. The Colorado potato beetle in Byelorussia［J］. Zashch Rast，9（1）：47-49.
Arpaia S，Marzo L D，Leo G M D，et al. 2000. Feeding behaviour and reproductive biology of Colorado potato beetle adults fed transgenic potatoes expressing the *Bacillus thuringiensis* Cry3B endotoxin［J］. Entomologia Experimentalis et Applicata，95：31-37.
Asai T，Tena G，Plotnikova J，et al. 2002. MAP kinase signaling cascade in Arabidopsis innate immunity［J］. *Nature*，415：977-983.
Ateka E M，Barg E，Njeru R W，et al. 2004. Further characterization of 'sweetpotato virus 2'：a distinct species of the genus Potyvirus［J］. Archives of Virology，149（2）：225-239.

Ateka E M, Barg E, Njeru R W, et al. 2007. Biological and molecular variability among geographically diverse isolates of *sweet potato virus* 2 [J]. Archives of Virology, 152: 479 - 488.

Ayed F, Daami-Remadi M, Jabnoun-Khiareddine H. 2006. Potato vascular *Fusarium* wilt in Tunisia: incidence and biocontrol by *Trichoderma* spp. [J]. Plant Pathology, 5 (1): 92 - 98.

Brian A N. 2001. Survival and fecundity of Bt-susceptible Colorado potato beetle adults after consumption of transgenic potato containing *Bacillusthurin giensis* subsp. Tenebrionis Cry3A toxin [J]. Entomologia Experimentalis et Applicata, 101: 265 - 272.

Caruso P, Bertolini E, Cambra M, et al. 2003. A new and sensitive Co-operational polymerase chain reaction for rapid detection of *Ralstonia solanacearum* in water [J]. Journal of Microbiological Methods, 55 (1): 257 - 272.

Caruso P, Gorris M T, Cambra M, et al. 2002. Enrichment double-antibody sandwich indirect enzyme-linked immunosorbent assay that uses a specific monoclonal antibody for sensitive detection of *Ralstonia solanacearum* in asymptomatic potato tubers [J]. Applied and Environmental Microbiology, 68 (7): 3634 - 3638.

Castillo J A, Greenberg J T. 2007. Evolutionary Dynamics of *Ralstonia solanacearum* [J]. Applied and Environmental Microbiology, 73 (4): 1225 - 1238.

Chauhan U, Verma L R. 1991. Biology of potato tuber moth, *Phthorimaea operculella* zeller with special reference to pupal eye pigmentation and adult sexual dimorphism [J]. Entomom, 16 (1): 63 - 67.

Chen Y J, Lin Y S, Chung W H. 2012. Bacterial wilt of sweetpotato caused by *Ralstonia solanacearum* in Taiwan [J]. Journal of General Plant Pathology, 78: 80 - 84.

Chittenden F H. 1907. The Colorado potato beetle [M]. England: Cambridge University Press.

Ciampi L, Sequeira L. 1980. Influence of temperature on virulence of race 3 strains of *Pseudomonas solanacearum* [J]. American Potato Journal, 57: 307 - 317.

Clark C A, Davis J A, Abad J A, et al. 2012. Sweetpotato Viruses: 15 years of progress on understanding and managing complex diseases [J]. Plant Disease, 96 (2): 168 - 185.

Cloutier C, Bauduin F. 1995. Biological control of the Colorado potato beetle *Leptinotarsa decemlineata* (Coleoptera: Chrysomelidae) in Quebec by augmentative releases of the twospotted stinkbug *Perillus bioculatus* (Hemiptera: Pentatomidae) [J]. Canadian Entomologist, 127: 195 - 212.

Coenye T, Vandamme P. 2003. Simple sequence repeats and compositional bias in the bipartite *Ralstonia solanacearum* GMI1000 genome [J]. BMC Genomics. 4 (1): 10.

Colinet D, Kummert J, Lepoivre P. 1997. Evidence for the assignment of two strains of SPLV to the genus *Potyvirus* based on coat protein and 3' non-coding region sequence data [J]. Virus Research, 49: 91 - 100.

Colinet D, Nguyen M, Kummert J, et al. 1998. Differentiation among *Potyviruses* infecting sweetpotato based on genus- and virus-specific reverse transcription polymersae chain reaction [J]. Plant Disease, 82: 223 - 229.

Collar J L, Avilac, Fereres A. 1997. New correlations between aphid stylet paths and nonpersistent virus transmission [J]. Environmental Entomology, 26 (3): 537 - 544.

Cuellar W J, Kreuze J F, Rajamäki M L, et al. 2009. Elimination of antiviral defense by viral RNase Ⅲ [J]. Proceedings of the National Academy of Sciences of the United States of America, 106 (25): 10354 - 10358.

Das G P, Lagnaoui A, Souibgui M. 1998. The control of the potato tuber moth in storage in Tunisia [J]. Tropical Science, (38): 78 - 80.

Ellis M B. 1971. Dematiaceous hyphomycetes [M]. England: Commonwealth Mycological Institute.

Errampalli D, Saunders J M, Holley J D. 2001. Emergence of silver scurf (*Helminthosporium solani*) as an economically important disease of potato [J]. Plant Pathology, 49 (50): 141 - 153.

Fegan M, Prior P. 2005. How complex is the *Ralstonia solanacearum* species complex? [M] // Allen C, Prior P, Hayward A C. The Disease and the Ralstonia solanacearum species complex. USA: APS Press.

Ferro D N, Logan J A, Voss R H, et al. 1985. Colorado potato beetle temperature-development growth and feeding rates [J]. Environmental Entomology, 14: 343 - 348.

Gabriel D W, Allen C, Schell M, et al. 2006. Identification of open reading frames unique to a select agent: *Ralstonia solanacearum* race 3 biovar 2 [J]. MPMI. 19 (1): 69 - 79.

Genin S, Boucher C. 2004. Lessons learned from the genome analysis of *Ralstonia solanacearum* [J]. Annual Review of Phytopathology, 42: 107 - 134.

Gibb K S, Padovan A C, Mogen B D. 1995. Studies on sweetpotato little-leaf phytoplasma detected in sweetpotato and other plant species growing in Northern Australia [J]. Phytopathology, 85 (2): 169 - 174.

Girault A A, Zetek J. 1911. Further biological notes on the Colorado potato beetle, including observations on the number of generations and length of the period of oviposition [J] . Annals of Entomological Society of America, 4: 71 - 83.

Gould J R, Elkinton J S, Oddll T M. 1992. Superparasitism of gypsy moth, *Lymamria dispar* (L.) (Lepidoptera: Lymantriidae), larvae by *Parasetigena silvestris* (Roblneau Deslvoidy) (Diptera: Tachinidae) [J] . Canadian Entomologist, 124: 425 - 436.

Green S K, Luo C Y, Lee D R. 1989. Elimination of mycoplasma-like organisms from witches' broom infected sweetpotato [J] . Journal of Phytopathology, 126 (3): 204 - 212.

Grison P. 1957. Les facteurs alimentaires de la fecondite chez le doryphore [J] . Annales des Epiphyties, 8 (3): 305 - 381.

Grover A, Azmi W, Gadewar A V, et al. 2006. Genotypic diversity in a localized population of *Ralstonia solanacearum* as revealed by random amplified polymorphic DNA markers [J] . Journal of Applied. Microbiology, 101 (4): 798 - 806.

Guidot A, Prior P, Schoenfeld J, et al. 2007. Genomic structure and phylogeny of the plant pathogen *Ralstonia solanacearum* inferred from gene distribution analysis [J] . Journal of Bacteriology, 189: 377 - 387.

Haas B J, Kamoun S, Zody M C, et al. 2009. Genome sequence and analysis of the Irish potato famine pathogen *Phytophthora infestans* [J] . Nature, 461 (7262): 393 - 398.

Harcourt D J. 1972. Population dynamics of *Leptinotarsa decemlineatain eastern* Ontario. Ⅲ. Major population processes [J] . Canadian Entomologist, 103: 1040 - 1061.

Hare J D, Kennedy G G. 1986. Genitic variation in plant insect associations: Survival of *Leptinotarsa decemlineata* populations on *Solanum carolinense* [J] . Evolution, 40: 1031 - 1043.

Hare J D. 1990. Ecology and management of the Colorado potato beetle [J] . Annual Review of Entomology, 35: 81 - 100.

Harrison J G. 2007. Effects of the aerial environment on late blight of potato foliage - a review [J] . Plant Pathology, 41 (4): 384 - 416.

Haware M P. 1971. Assessment of losses due to early blight (*Alternaria solani*) of potato [J] . Mycopathologia, 43 (3): 341 - 342.

He L Y. 1987. Characterization of *Pseudomonas solanacearum* from China [J] . Plant Disease, 67: 1357 - 1362.

Hims M J, Taylor M C, Leach R F, et al. 1995. Field testing of blight risk prediction models by remote data collection using cellphone analogue networks [J] . Phytophthora Infestans, 150: 220 - 225.

Hollings M, Stone O M, Book K R. 1976. Purification and properties of sweetpotato mild mottle, a whitefly borne virus from sweet potato (*Ipomoea batatas*) in East Africa [J] . Annals of Applied Biology, 82 (3): 511 - 528.

Horton G D, Capinera J L, ChapmanP L. 1988. Local differences in host use by two populations of the Colorado potato beetle [J] . Ecology, 69: 823 - 831.

Hsiao T H. 1978. Host plant adaptions among geographic populations of the Colorado potato beetle [J] . Entomologia Experimentalis et Applicata, 24: 237 - 247.

Hsiao T H. 1988. Host specificity, seasonality and bionomics of Leptinotarsa beetles [M] //Petitpierre P J E, Hsiao T H. Biology of Chrysomelidae. Dordrecht: Kluwer.

Huang L F, Fang B P, Luo Z X, et al. 2010. First Report of Bacterial Stem and Root Rot of Sweetpotato Caused by a *Dickeya* sp. (*Erwinia chrysanthemi*) in China, 94 (12): 1503.

Hurst G W. 1975. Meteorology and the Colorado potato beetle [J] . Technical Notes, World Meteorological Organization, 137.

International Institute of Entomology. 1993. Distribution Maps of Pests: *Cylas formicarius* (Fabricius): Series A, Map No. 278 [M] . London International Institute of Entomology.

Jackson G V H, Zettler F W. 1983. Sweet potato witches' broom and legume little-leaf diseases in the Solomon Islands [J] . Plant Disease, 67 (9): 1141 - 1144.

Jansson R K Raman K V. 1991. Sweetpotato Pest Management, a Global Perspective [M] . Boulder: Westview Press.

Jeger M J, Hide G A, Van Den Boogert, et al. 1996. Pathology and control of soil-borne fungal pathogens of potato [J] . Potato Research, 39 (3): 437 - 469.

Kaitazov A. 1964. Bioecological studies on the Colorado potato beetle in Bulgaria [J] . Rast Vud Nauki, 1 (2): 123 - 132.

Kandori I, Kimura T, Tsumuki H, et al. 2006. Cold tolerance of the sweetpotato weevil, *Cylas formicarius* (Fabricius) (Coleoptera: Brentidae), from the Southwestern Islands of Japan [J] . Applied Entomology and Zoology, 41 (2): 217 - 226.

Karyeija R F, Kreuze J F, Gibson R W, et al. 2000. Synergistic interactions of a potyvirus and a phloem-limited crinivirus in sweetpotato plants [J] . Virology, 269: 26 - 36.

Kato N, Inaseki H, Nakashima N, et al. 1972. Isolation of a new phytoalexin-like compound, ipomeamaronol from black rot fungus infected sweet potato root tissue, and its structural elucidation [J] . Plant and Cell Physiology, 14 (3): 597 - 606.

Kokkinos C D, Clatk C A. 2006. Interactions among *sweet potato chlorotic stunt virus* and different potyviruses and potyvirus strains infecting sweet potato in the United State [J] . Plant Disease, 90 (10): 1348 - 1352.

Kovtun I V. 1966. The biological characteristics of the development of the Colorado potato beetle in the western regions of the Ukrainian SSR [J] . Zakhyst Roslyn, 3: 3 - 7.

Krambias. 2009. Climatic factors affecting the catches of potato tuber moth at a pheromone trap [J] . Bulletin of Entomological Research, 66 (1): 81 - 85.

Kuepper G. 2003. Colorado potato beetle: organic control options [EB/OL] . Appropriate Technology Transfer for Rural Areas. http: //www. attra. ncat. org.

Kung K J S, Minder M, Wyman J A, et al. 1992. Survival of the Colorado potato beetle after exposure to subzero thermal shocks during diapause [J] . Economic Entomology, 85 (5): 1695 - 1700.

Lewis J A, Papavizas G C. 1987. Reduction of inoculum of *Rhizoctonia solani* in soil by germlings of *Trichoderma hamatum* [J] . Soil Biology and Biochemistry, 2 (19): 195 - 201.

Logan P A, Casagrande R A, Faubert H H, et al. 1985. Temperature-dependent development and feeding of immature Colorado potato beetle [J] . Environmental Entomology, 14: 275 - 283.

Lucas E, Giroux S, Demougeot S, et al. 2004. Compatibility of a natural enemy, Coleomegilla maculata lengi (Col. , Coccinellidae) and four insecticides used against the Colorado potato beetle (Col. , Chrysomelidae) [J] . Journal of Applied Entomology, 128: 233 - 239.

Lucas G B. 1975. Diseases of Tobacco [M] . Fuquay-Varina, NC, USA: Harold E. Parker & Sons: 457 - 470.

Lukens R J, Horsfall J G. 1973. Processes of sporulation in *Alternaria solani* and their response to metabolic inhibitors [J] . Phytopathology, 4 (63): 176 - 182.

Martin C, French E R. 1985. Bacterial wilt of potato: Technical Information Bulletin 13 CIP [R] . Peru, Lima.

Mayo N A, RYabov E, FRaser G, et al. 2000. Mechanical transmission of potato leafroll virus [J] . Journal of Geneal Virology, 81: 2791 - 2795.

Merida C L, Loria R, Halseth D E. 1994. Effects of potato cultivar and time of harvest on the severity of silver scurf [J] . Plant Disease, 78 (2): 146 - 149.

Miller J S, Hamm M P, Olsen N, et al. 2011. Effect of post-harvest fungicides and disinfestants on the suppression of silver scurf on potatoes in storage [J] . American Journal of Veterinary Research, (88): 413 - 423.

Milling A, Meng F, Denny T P, et al. 2009. Interactions with hosts at cool temperatures, not cold tolerance, explain the unique epidemiology of *Ralstonia solanacearum* race 3 biovar 2 [J] . Phytopathology, 99 (10): 1127 - 1134.

Minder I F, Chesnek S I. 1970. The dependence of cold resistance in the Colorado potato beetle on the time of the onset of diapause [J] . Zoologicheskii Zhurnal, 49 (6): 855 - 861.

Minder I F. 1966. The conditions of over-wintering and survival of the Colorado potato beetle in different types of soil [M] // The ecology and physiology of diapause in the Colorado potato beetle: 23 - 44.

Moyer J W, Salazar L F. 1989. Viruses and viruslike diseases of sweetpotato [J] . Plant Disease, (73): 451 - 455.

Mulder A, Turkensteen L J. 2005. Potato Disease [M] . Holland: Plantjin Casparie.

Nielsen L W, Moyer J W. 1979. A Fusarium root rot of sweetpotatoes [J] . Plant Disease Reporter, 63: 400 - 404.

Nowicki M, Foolad M R, Nowakowska M, et al. 2012. Potato and tomato late blight caused by *Phytophthora infestans*: an overview of pathology and resistance breeding [J] . Plant Disease, 96 (1): 4 - 17.

Oba K, Oga K, Uritani I. 1982. Metabolism of ipomeamarone in sweetpotato root slices before and after treatment with mercuric chloride or infection with *Ceratocystis finbritata* [J] . Phytochemistry, 21 (8): 1921 - 1925.

Ogilvy S E. 1992. The use of pre-planting and post-harvest fungicides and storage temperatures for the control of silver scurf in ware potatoes [J] . Aspects of Applied Biology, 33: 151 - 158.

Ohms R E, Fenwick H S. 1961. Potato early blight: symptoms, cause and control [M] . University of Idaho, College of Agriculture.

Park D H, Kim J S, Kwon S W, et al. 2003. *Streptomyces luridiscabiei* sp. nov. , *Streptomyces puniciscabiei* sp. nov. and *Streptomyces niveiscabiei* sp. nov. , which cause potato common scab disease in Korea [J] . International Journal of Systematic and Evolutionary Microbiology, 53: 2049 - 2054.

Perez P, Tjallingii W F, Fereres A. 1996. Probing behavior of Myzus persicaeduring transmission of potato virus Y to pepper and tobacco plants [J] . Plant Diseases and Protection, 103: 246 - 254.

Piekarczyk K. 1962. Range of the Colorado potato beetle [J] . Preglad Geogr. XXXIV, Z (1): 75 - 97.

Poueymiro M, Cunnac S, Barberis P, et al. 2009. Two type Ⅲ secretion system effectors from *Ralstonia solanacearum* GMI1000 determine host-range specificity on tobacco [J]. Molecular Plant-Microbe Interactions, 22 (5): 538 - 550.

Poueymiro M, Genin S. 2009. Secreted proteins from *Ralstonia solanacearum*: a hundred tricks to kill a plant [J]. Current Opinion in Microbiology, 12 (1): 44 - 52.

Powell G, Harrington R, Spiller N J. 1992. Stylet activities and potato virus Y vector efficiencies by the aphids Brachycaudus helichrysiand Drepanosiphum platanoides [J]. Entomologia Experimentalis et Applicata, 62: 293 - 300.

Powell G. 1991. Cell membrane punctures during epidermal penetrations by aphids: consequences forthe transmission of two potyviruses [J] Annals of Applied Biology, 119: 313 - 321.

Prior P, Fegan M. 2005. Recent development in the phylogeny and classification of *Ralstonia solanacearum* [J]. Acta Horticulturae, 695: 127 - 136.

Qiao Q. Zhang, Z C, Qin Y H, et al. 2011. First report of *sweetpotato chlorotic stunt virus* infecting sweetpotato in China [J]. Plant Disease, 95: 356.

Qin Y H, Zhang Z C, Qiao Q, et al. 2013. Molecular variability of sweetpotato chlorotic stunt virus (SPCSV) and five potyviruses infecting sweetpotato in China [J]. Archives of Virology, 2013 (2): 491 - 495.

Qutob D, Kemmerling B, Gust A. 2006. Phytotoxicity and innate immune responses induced by Nep1-Like proteins [J]. The Plent Cell, 18: 3721 - 3744.

Rakhimov U K, Khakimov A K. 2000. Wilt of potatoes in Uzbekistan [J]. Zashchita i Karantin Rastenii, 3: 46.

Rands R D. 1917. Early blight of potato and related plants [M]. Agricultural Experiment Station of the University of Wisconsin.

Remenant B, Coupat-Goutaland B, Guidot A, et al. 2010. Genomes of three tomato pathogens within the *Ralstonia solanacearum* species complex reveal significant evolutionary divergence [J]. BMC Genomics, 11: 379.

Rogoshin A N, Filippov A V. 1983. Distribution and conidial viability of *Phytophthora infestans* (Mont.) de By. in the air above infected potato fields [J]. Review of plant pathology, 17: 225 - 227.

Salanoubat M, Genin S, Artiguenave F, et al. 2002. Genome sequence of the plant pathogen *Ralstonia solanacearum* [J]. Nature, 415: 497 - 502.

Schell M A. 2000. Control of virulence and pathogenicity genes of *Ralstonia solanacearum* by an elaborate sensory network [J]. Annual Review of Phytopathology, 38: 263 - 292.

Scurrah M, Niere B, Bridge J. 2004. Nematode Parasites of Solanum and Sweet Potatoes. [M] //Luc M, Sikora R A, Bridge J. Plant Parasitic Nematodes in Subtropical and Tropical Agriculture. CAB International.

Shahin E A, Shepard J F. 1979. An efficient technique for inducing profuse sporulation of *Alternaria* species [J]. Phytopathology, 69 (6): 618 - 620.

Shak J A, Kreuze J F, Johansson A, et al. 2003. Some molecular characteristic of three viruses from spvG-affected sweetpotato plants in Egypt [J]. Archives of Virology, 148: 2449 - 2460.

Sherman M, Tamashiro M. 1954. The sweetpotato weevils in Hawaii: their biology and control [J]. Hawaii Agricultural Experiment Station Technical Bulletin, 23: 1-36.

Singh R P, Boiteau G. 1984. Necrotic lesion host for potato virus Y useful in field epidemiological studies [J]. Plant Disease, 68: 779 - 781.

Smith L P. 2007. Potato blight forecasting by 90 percent humidity criteria [J]. Plant Pathology, 5 (3): 83 - 87.

Souto E R, Sim J, Chen J, et al. 2003. Properties of strains of *sweetpotato feathery mottle virus* and two newly recognized viruses infecting sweetpotato in the United States [J]. Plant Disease, 87: 1226 - 1232.

Studholme D J, Kemen E, MacLean D, et al. 2010. Genome-wide sequencing data reveals virulence factors implicated in banana Xanthomonas wilt [J]. FEMS Microbiology Letters, 310 (2): 182 - 192.

Sutherland J A. 1986. A review of the biology and control of the sweetpotato weevil *Cylas formicarius* (Fab) [J]. Tropical Pest Management, 32: 304 - 315.

Tang X, Xiao Y, Zhou J M. 2006. Regulation of the type Ⅲ secretion system in phytopathogenic bacteria [J]. Molecular Plant-Microbe Interactions, 19 (11): 1159 - 1166.

Tauber M J, Tauber, C A Obrycki J J, et al. 1988. Voltinism and induction of aesival diapause in the Colorado potato beetle, Leptinotarsa decemlineata [J]. Annals of Entomological Society of America, 81: 748 - 754.

Thanassoulopoulos C C, Kitsos G T. 1985. Studies on fusarium wilt of potatoes. 1. plant wilt and tuber infection in naturally infected fields [J]. Potato Research, 28 (4): 507 - 514.

Tian S M, Chen Y C, Zou M Q, et al. 2007. First report of *Helminthosporium solani* causing silver scurf of potato in Hebei

Province [J] . North China Plant Disease, 91 (4): 460.

Tilavov T. 1969. Changes in resistance to high temperature during the post-embryonal development of the Colorado potato beetle [J] . Zoologicheskii Zhurnal, 48 (12): 1811 - 1815.

Tjallingii W F, Hogen H, Esch T. 1993. Fine structure of aphid style routes in plant tissues in correlation with EPG signals [J] . Physiological. Entomology, 18: 317 - 328.

Trivedh T, Rajagopal D. 1992. Distribution biology ecology and management of potato tuber moth, phthorimaea operculella: a review [J] . Tropical Pest Management, 38 (3): 279 - 285.

Untiveros M, Fuentes S, Salazar L F. 2007. Synergistic interaction of *Sweetpotato chlorotic stunt virus* (*Crinivirus*) with carla-, cucumo-, ipomo-, and potyviruses infecting sweetpotato [J] . Plant Disease, 91: 669 - 676.

Van Hoof H A. 1980. Aphid vectors of potato virus Y [J] . Netherlands Journal of Plant Pathology, 86: 159 - 162.

Waele D D E, Jordaan E M, Basson S. 1990. Host status of seven weed species and their effects on *Ditylenchus destructor* infestation of peanut [J] . Journal of Nematology, 22 (3): 292 - 296.

Wang G L, Ruan D L, Song W Y, et al. 1998. Xa21D encodes a receptor-like molecule with a leucine-rich repeat domain that determines race - specific recognition and is subject to adaptive evolution [J] . Plant Cell, 10: 765-779.

Whalen M D. 1979. Speciation in Solanum, Section Androceras [M] // Hawkes J G. The biology and taxonomy of the Solanaceae. New York, Acadmic: 581 - 596.

Wilde J, Hsiao T. 1981. Geographic diversity of the Colorado potato beetle and its infestation in Eurasia [M] // Lashomb J H, Casagrande H. Advances in potato pest management. Hutchinson Ross, Stroudsbury, Pa: 47 - 48.

Worner S P. 1988. Establishment of exotic pests [J] . Economic. Entomology, 81 (40): 973 - 983.

Wullings B A, Van Beuningen A R, Janse J D, et al. 1998. Detection of *Ralstonia solanacearum*, which causes brown rot of potato, by fluorescent in situ hybridization with 23S rRNA-targeted probes [J] . Applied and Environmental Microbiology, 64 (11): 4546 - 4554.

Xu J, Zheng H J, Liu L, et al. 2011. Complete genome sequence of the plant pathogen *Ralstonia solanacearum* strain Po82 [J] . Journal of Bacteriology, 193 (16): 4261 - 4262.

Yabuuchi E, Kosako Y, Yano I, et al. 1995. Transfer of two Bulkhoderia and Alcaligenes species to Ralstonia gen nov: Proposal of *Ralstonia pickettii* [J] . Microbiological Immunology, 39: 897 - 904.

Yamasaki S, Sakai J, Fuji S, et al. 2010. Comparisons among isolates of *Sweetpotato feathery mottle virus* using complete genomic RNA sequences [J] . Archives of Virology, 155 (5): 795 - 800.

Zinoveva S V, Vasyukova N I, Ozeretskovskaya O L. 2004. Biochemical aspects of plant interactions with phytoparasitic nematodes: a review [J] . Applied Biochemistry and Microbiology, 40 (2): 111 - 119.

第4单元 薯类病虫害

彩图4-1-1 马铃薯晚疫病症状（朱杰华和杨志辉提供）
Colour Figure 4-1-1 Symptoms of potato late blight（by Zhu Jiehua and Yang Zhihui）

彩图4-2-1 马铃薯早疫病在叶片上形成的同心轮纹状病斑（朱杰华和杨志辉提供）
Colour Figure 4-2-1 Symptoms of potato early blight（by Zhu Jiehua and Yang Zhihui）

彩图4-3-1 由立枯丝核菌引起的马铃薯地下茎的褐色病斑（朱杰华提供）
Colour Figure 4-3-1 Brown sunken lesion caused by *Rhizoctonia solani* on underground stems（by Zhu Jiehua）

彩图4-3-2　马铃薯黑痣病茎基部症状（朱杰华提供）
Colour Figure 4-3-2　Symptoms of potato black scurf on the stem（by Zhu Jiehua）

彩图4-3-3　马铃薯黑痣病病薯表面的菌核（朱杰华和杨志辉提供）
Colour Figure 4-3-3　*Rhizoctonia solani* sclerotia on the surface of tubers（by Zhu Jiehua and Yang Zhihui）

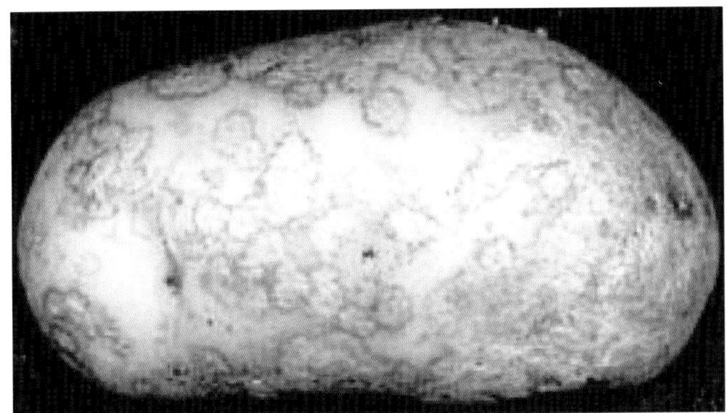

彩图4-5-1　薯块表面产生不规则银色病斑（Stuart J. Wale, Harold William Platt和Nigel D. Cattlin提供）
Colour Figure 4-5-1　The irregular disease spots on the surface of potato tubers（by Stuart J. Wale, Harold William Platt and Nigel D. Cattlin）

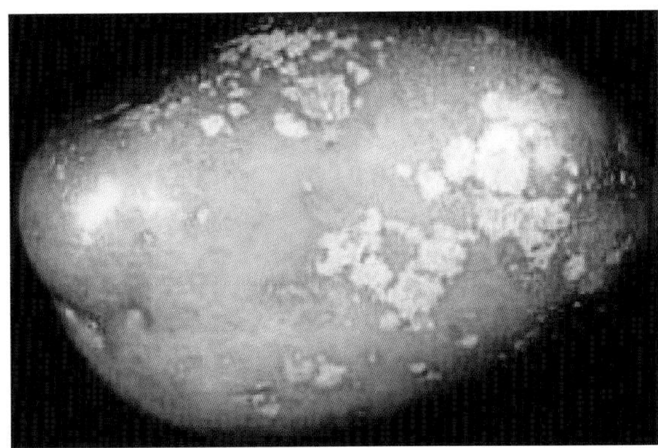

彩图4-5-2　红色品种上的银腐病症状（Stuart J. Wale, Harold William Platt和Nigel D. Cattlin提供）
Colour Figure 4-5-2　Silver scurf occurring on red cultivars（by Stuart J. Wale, Harold William Platt and Nigel D. Cattlin）

彩图4-6-1　PVY与PVX两种病毒复合侵染，叶片出现严重皱缩花叶（刘卫平提供）
Colour Figure 4-6-1　Symptoms of heavy buckling mosaic leaves with PVY and PVX infection together（by Liu Weiping）

彩图4-6-2　PVY引起的顶端坏死（刘卫平提供）
Colour Figure 4-6-2　Top necrosis caused by PVY（by Liu Weiping）

彩图4-6-3 PLRV初次侵染，小叶基部着有紫红色（刘卫平提供）

Colour Figure 4-6-3 Purplish symptoms on new leaves bases affected by primary inoculum of PLRV (by Liu Weiping)

彩图4-6-4 PVM引起的植株矮化，全株叶片向下卷曲（刘卫平提供）

Colour Figure 4-6-4 Stunted plant and the leaf roll caused by PVM (by Liu Weiping)

彩图4-6-5 PVF侵染的病株叶片出现黄绿相间的斑驳花叶症状（刘卫平提供）

Colour Figure 4-6-5 Interphase yellow and green mottled mosaic caused by PVF (by Liu Weiping)

彩图4-8-1 马铃薯环腐病症状（赵伟全提供）

Colour Figure 4-8-1 Symptoms of potato ring rot (by Zhao Weiquan)

彩图4-10-1　马铃薯黑胫病症状（朱杰华和赵伟全提供）
Colour Figure 4-10-1　Symptoms of potato black leg（by Zhu Jiehua and Zhao Weiquan）

彩图4-11-1　马铃薯疮痂病症状（赵伟全提供）
Colour Figure 4-11-1　Symptoms of potato common scab（by Zhao Weiquan）

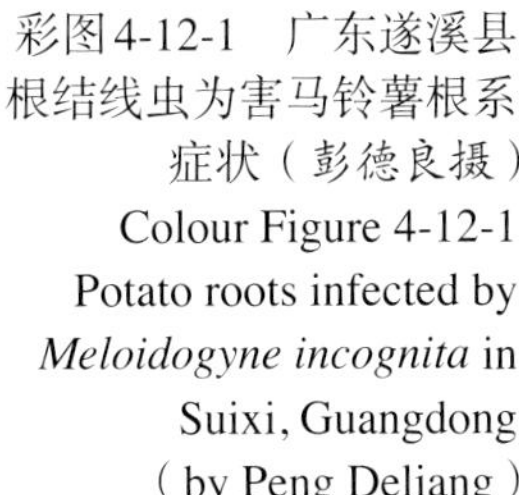

彩图4-12-1　广东遂溪县根结线虫为害马铃薯根系症状（彭德良摄）
Colour Figure 4-12-1　Potato roots infected by *Meloidogyne incognita* in Suixi, Guangdong（by Peng Deliang）

彩图4-12-2　广东遂溪县根结线虫为害马铃薯薯块后，薯块上产生疣状突起（彭德良摄）
Colour Figure 4-12-2　Potato tubers infected by *Meloidogyne incognita* in Suixi, Guangdong（by Peng Deliang）

彩图4-13-1 马铃薯干腐病症状（朱杰华提供）
Colour Figure 4-13-1 Symptoms of potato Fusarium tuber rot (by Zhu Jiehua)

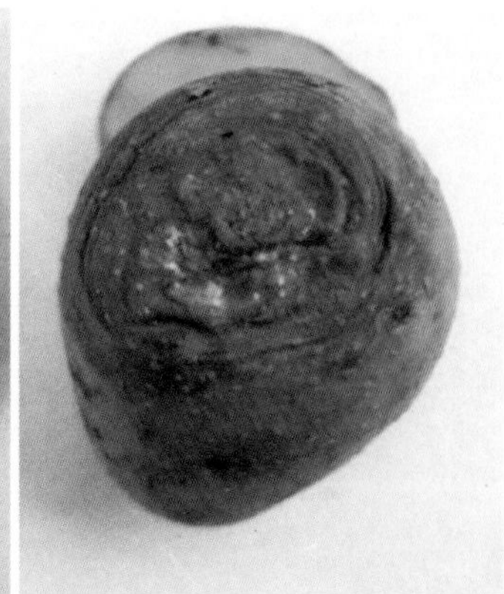

彩图4-14-1 甘薯根腐病地上部和地下部症状（赵永强提供）
Colour Figure 4-14-1 Symptoms of sweetpotato root rot (by Zhao Yongqiang)

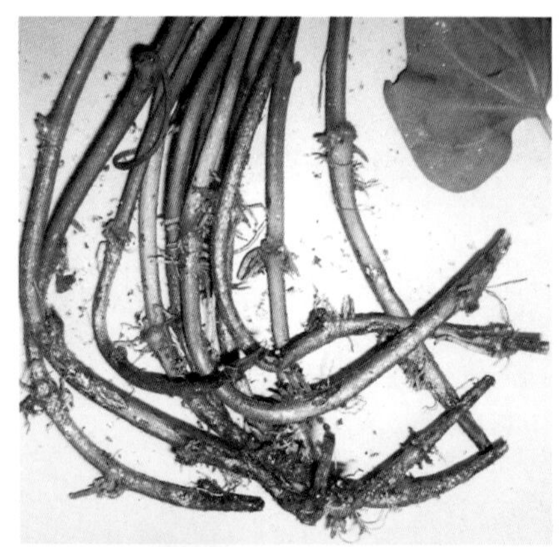

彩图4-16-1 甘薯腐烂茎线虫为害状（徐振提供）
Colour Figure 4-16-1 Damage caused by *Ditylenchus destructor* (by Xu Zhen)

彩图4-15-1 甘薯黑斑病苗期症状和薯块症状（孙厚俊提供）
Colour Figure 4-15-1 Symptoms of sweetpotato black rot on seedlings and tubers (by Sun Houjun)

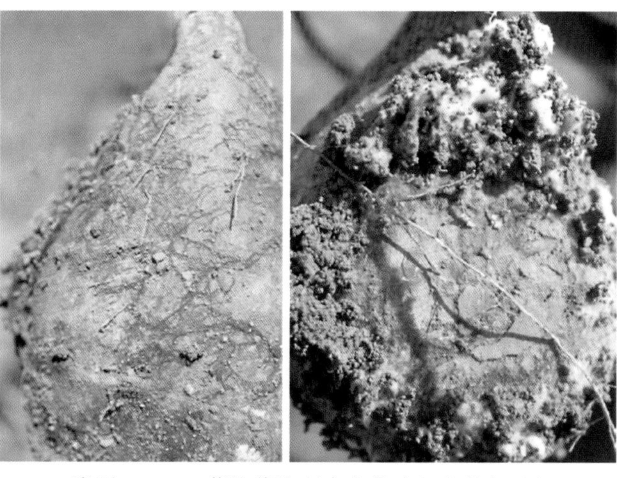

彩图4-17-1　薯块紫纹羽病症状（杨冬静提供）
Colour Figure 4-17-1　Symptoms of sweetpotato violet root rot
（by Yang Dongjing）

彩图4-18-1　甘薯黑痣病症状（赵永强提供）
Colour Figure 4-18-1　Symptoms of sweetpotato scurf
（by Zhao Yongqiang）

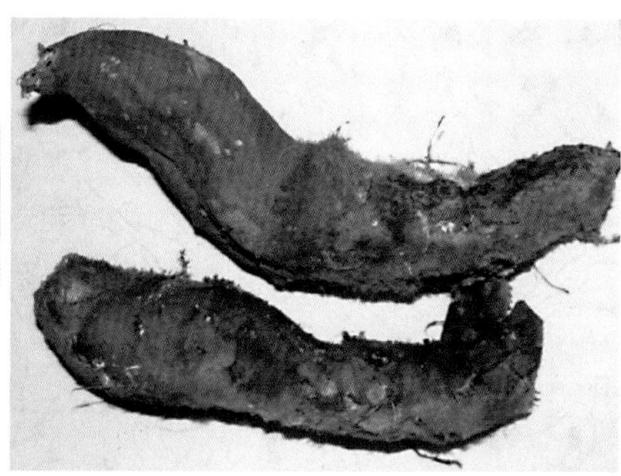

彩图4-19-1　薯块软腐病症状
（杨冬静提供）
Colour Figure 4-19-1
Symptoms of sweet potato soft rot
（by Yang Dongjing）

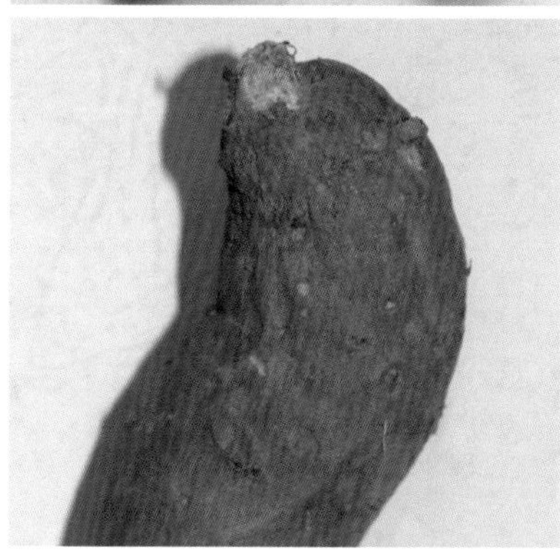

彩图4-20-1　甘薯干腐病症状
（孙厚俊提供）
Colour Figure 4-20-1　Symptoms of sweetpotato dry rot（by Sun Houjun）

彩图4-21-1　甘薯蔓割病症状（刘中华提供）
Colour Figure 4-21-1　Symptoms of sweetpotato Fusarium wilt
（by Liu Zhonghua）
1. 大田症状　2. 整株枯死状　3. 典型症状　4. 病部纵切状

彩图4-22-1　甘薯疮痂病叶片症状（1）和茎部症状（2）（刘中华提供）
Colour Figure 4-22-1　Symptoms of leaf scab (1) and stem scab (2) on sweetpotato（by Liu Zhonghua）

彩图4-23-2　甘薯瘟病病薯（刘中华提供）
Colour Figure 4-23-2　Bacterial wilt on storage roots of sweetpotato（by Liu Zhonghua）

彩图4-23-1　甘薯瘟病病株（刘中华提供）
Colour Figure 4-23-1　Bacterial wilt plants of sweetpotato（by Liu Zhonghua）

彩图4-24-1　甘薯丛枝病叶片症状（1）和侧枝丛生症状（2）（邱思鑫提供）
Colour Figure 4-24-1　Symptoms of leaves (1) and the fascinated lateral branches (2) caused by sweetpotato witches' broom phytoplasma（by Qiu Sixin）

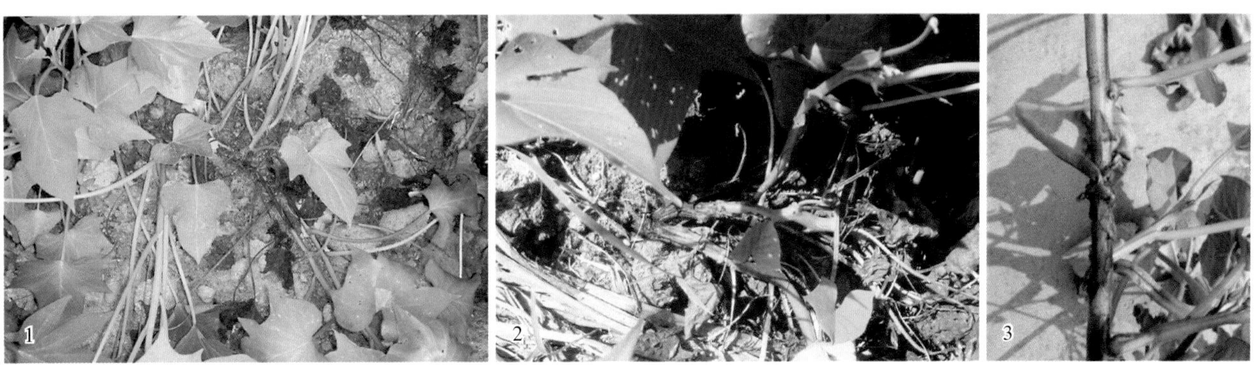

彩图4-25-1　甘薯细菌性黑腐病大田症状（1、2）和茎部症状（3）（邱思鑫提供）
Colour Figure 4-25-1　Bacterial black rot plants of sweetpotato in the field (1, 2) and the rotted stem (3)（by Qiu Sixin）

彩图4-26-1　甘薯病毒病症状（张振臣提供）
Colour Figure 4-26-1　Symptoms of virual disease of sweetpotato（by Zhang Zhenchen）

彩图4-27-1　马铃薯瓢虫成虫（杨志辉摄）
Colour Figure 4-27-1　Adult of *Henosepilachna vigintioctomaculata*（by Yang Zhihui）

彩图4-27-2　马铃薯瓢虫幼虫及为害状（王勤英摄）
Colour Figure 4-27-2　Larvae and damage symptom of *Henosepilachna vigintioctomaculata*（by Wang Qinying）

彩图4-29-1　马铃薯甲虫成虫（曹克强摄）
Colour Figure 4-29-1　Adults of *Leptinotarsa decemlineata*（by Cao Keqiang）

彩图4-32-1 甘薯天蛾幼虫（王容燕提供）
Colour Figure 4-32-1 Larvae of *Herse convolvuli*（by Wang Rongyan）

彩图 4-33-1 甘薯蚁象触角（王容燕提供）
Colour Figure 4-33-1 The antenna of *Cylas formicarius*（by Wang Rongyan）
1.雄虫触角 2.雌虫触角

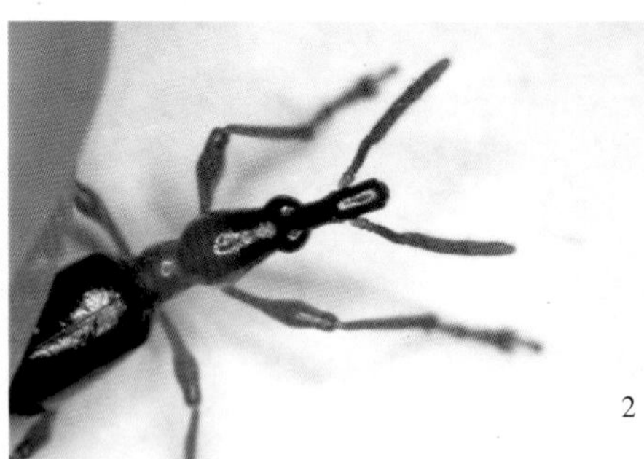

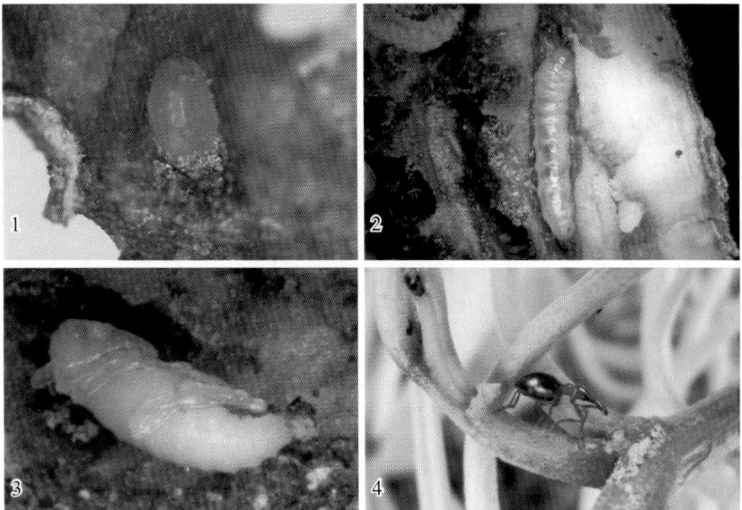

彩图 4-33-2 甘薯蚁象各虫态（王容燕提供）
Colour Figure 4-33-2 Different developmental stages of *Cylas formicarius*（by Wang Rongyan）
1.卵 2.幼虫 3.蛹 4.成虫

彩图 4-33-3 被甘薯蚁象为害的薯块（王容燕提供）
Colour Figure 4-33-3 The damage caused by *Cylas formicarius*（by Wang Rongyan）

彩图4-34-1 甘薯麦蛾成虫和幼虫（王容燕提供）
Colour Figure 4-34-1 Adult and larva of *Helcystogramma triannulella*（by Wang Rongyan）

彩图4-34-2 甘薯麦蛾为害叶片状（陈书龙提供）
Colour Figure 4-34-2 The damage caused by *Helcystogramma triannulella*（by Chen Shulong）

第5单元 高粱及其他旱粮作物病虫害

第1节 高粱丝黑穗病

一、分布与危害

高粱丝黑穗病又称“乌米”，是重要的高粱病害，在世界各地广泛分布，爱沙尼亚和美国是最北的分布线，智利和新西兰是最南的分布线。在西非国家也广泛分布，包括毛里塔尼亚、塞内加尔、几内亚、塞拉利昂、利比里亚、科特迪瓦、尼日利亚等国。在中国，各高粱产区均有该病发生，东北地区发病较重，分布于黑龙江、吉林、辽宁、内蒙古、山东、山西、河南、四川西部、江苏、安徽、湖北和长江以南诸省，以及台湾、新疆、西沙群岛等。

在我国历史上，高粱丝黑穗病曾有3次大流行。1953年东北地区平均发病率10%～20%。1979年，主要高粱产区的发病率达5.0%～20%，重者高达70%，减产粮食约1 250万kg。20世纪80年代，因种植抗病品种和推广药剂拌种，该病曾得到有效控制；20世纪90年代高粱丝黑穗病菌的3号小种出现，该病害在全国高粱产区暴发流行。1991年辽宁地区平均发病率高达33%，个别地块发病率高达80%以上，对高粱的生产造成严重威胁。随后通过选育和应用新抗病品种，使该病发生再次得到有效控制。2011年以来，该病在局部地区发生严重，仍是高粱生产上的重要病害。

由于该病主要发生在高粱穗部，使整个穗部变成黑粉，因而对高粱生产造成严重影响。

二、症状

高粱丝黑穗病主要发生在高粱穗部，使整个穗部变成黑粉。在高粱孕穗打苞期症状明显，病穗苞叶紧实，中下部稍膨大且色深，手捏有硬实感，剥开苞叶穗部显出外围一层白色薄膜的棒状物，抽穗后白色薄膜破裂，散出大量黑色粉末（病菌冬孢子），露出散乱的成束丝状物（残存的花序维管束组织），故称为丝黑穗病。多数病穗不是全部露出苞叶鞘外面，有的仅露出一侧或顶端一部分。主秆的黑穗打掉后，再长出的分蘖穗仍可形成黑穗。有的病穗基部可残存少量小穗分枝，但不能结实，病株侧芽的穗部也易被侵染发病，俗称“二茬乌米”。有的病株穗部形成丛簇状病变叶；有的形成不育穗。病株常表现矮缩，节间缩短，特别是近穗部节间缩短严重。

高粱病株在苗期也可表现症状，植株变矮，分蘖增多，叶色浓绿，有时叶片扭曲、皱褶。高粱病株成株期叶片也会表现症状，叶片上沿叶脉形成红褐色或黄褐色条斑，斑上有稍隆起的椭圆形小瘤，后期破裂散出黑褐色冬孢子，但冬孢子数量较少。

有时在同一病株的分蘖上，可见丝黑穗病与散黑穗病或坚黑穗病复合侵染发病，出现同株高粱主茎和分蘖茎的穗部发生两种黑穗病的情况。黑穗病穗部症状参见彩图5-1-1。

三、病原

高粱丝黑穗病病原为丝孢堆黑粉菌［*Sporisorium reilianum*（Kühn）Langdon et Full.；异名：*Sphacelotheca reiliana*（Kühn）G. P. Clinton，*Ustilago reiliana* Kühn，*Sorosporium reilianum*（Kühn）McAlpine］，属担子菌门孢堆黑粉菌属。病原菌形态参见图5-1-1。

病菌冬孢子幼时聚集呈球形，直径60～180μm，成熟时散开，露出由寄主组织生成的很多细丝。冬孢子黑褐色，圆形、卵圆形或近椭圆形，大小为（10～15）μm×（9.5～13）μm，表面有微刺。

冬孢子萌发产生粗而直的稍有分枝的先菌丝，通常是4个细胞，顶生和侧生担孢子，担孢子还可以芽生方式再生成次生担孢子，有时冬孢子也可直接萌发产生分枝菌丝。冬孢子在营养液里产生大量的次生担孢子与先菌丝分枝一起形成次生担孢子链。多数担孢子是单核的，但有时芽生的可能有2个或多个核。冬孢子在萌发中也可看到许多不规则的萌发方式。

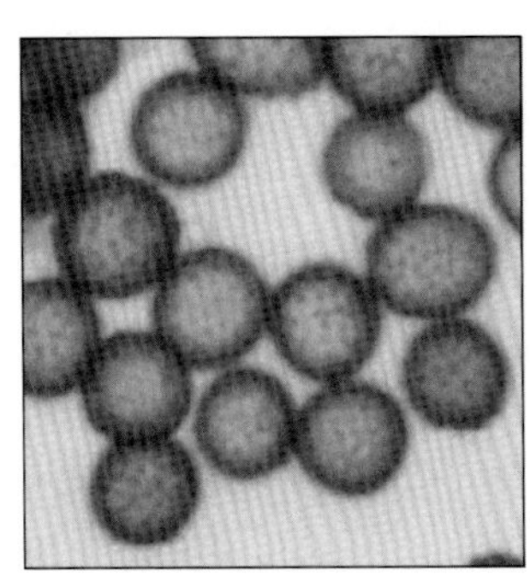
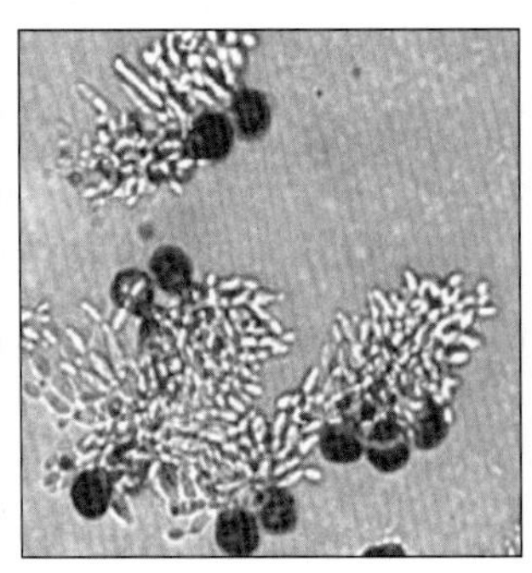
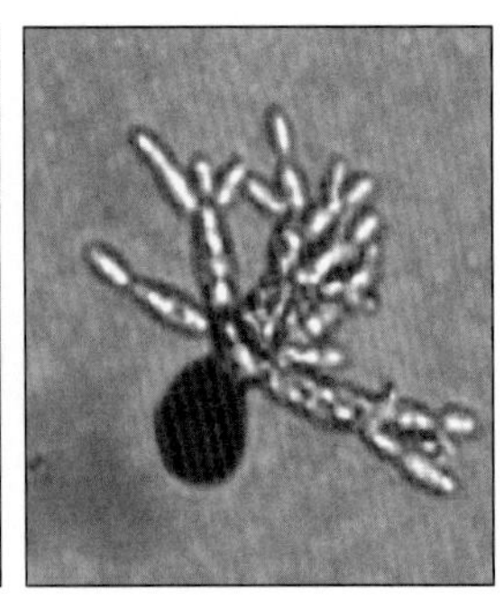

图5-1-1 丝孢堆黑粉菌形态（姜钰提供）

Figure 5-1-1 Morphology of *Sporisorium reilianum* (by Jiang Yu)

从田间收集的高粱丝黑穗菌冬孢子萌发率很低，原因是冬孢子生理后熟不足，在32～35℃高温和湿润环境中处理30d后就可完成生理后熟的发育阶段，使冬孢子萌发率从10%左右提高到60%～90%。在20℃处理30d后对冬孢子萌发率虽略有提高，但远不如高温处理效果好。湿润处理远比干燥处理的萌发率高，灯光和日光对冬孢子生理后熟和提高萌发率均无刺激作用。在35℃和20℃中连续湿润处理110d后，冬孢子萌发率明显下降，190d后降到5%左右。

蔗糖、木糖、棉子糖有利于冬孢子萌发，葡萄糖、山梨糖、果糖、半乳糖则不利于萌发。pH4.4～10均适于萌发，过酸（pH3.4）可抑制萌发，而过碱（pH10）对萌发无明显影响。在15～36℃中冬孢子均能萌发，最适温度28～30℃。病菌在多种培养基中均可生长，在胡萝卜琼脂、麦芽汁琼脂、啤酒麦芽琼脂和PDA上生长最佳。

高粱丝黑穗病菌除侵染高粱外，还可侵染高粱属的约翰逊草、苏丹草等植物。

四、病害循环

病菌主要以冬孢子在土壤中或种子表面越冬。冬孢子在土壤中可存活3年以上，夏秋季多雨年份能缩短田间冬孢子寿命。散落在土壤中和混在粪肥中的冬孢子是高粱丝黑穗病菌的主要侵染来源。种子带菌虽然不及土壤和粪肥带菌传播重要，但是病菌远距离传播的重要途径，尤其对于无病区带菌的种子是重要的初次传播来源。

在自然条件下，冬孢子在土壤中的存活时间说法不一。McDougall（1941）用带菌土壤接种试验，第一年接种后发病率为37%，第二年为3%，第三年未见发病。Sundaram（1955）认为，在无寄主作物生长的情况下，冬孢子的生活力通常不超过18个月。李景山等（1957）报道，在东北地区丝黑穗菌冬孢子在土壤中可存活3年，每年雨季土壤中仅有少量冬孢子可以萌发，其余的可继续存活到下一个生长季节。Jouan和Delassus（1971）指出，冬孢子在室内至少可存活7年。还有人报道至少可存活10年，可见冬孢子生活力很强。Swearngin（1961）报道，自然脱落的冬孢子萌发甚少，不成熟的冬孢子反而能迅速萌发。

高粱丝黑穗病为幼苗系统侵染病害，冬孢子萌发产生的（+）、（-）担孢子萌发后相结合所形成的双核菌丝，或由冬孢子萌发直接产生的双核菌丝，自高粱的胚芽鞘侵入幼苗进入生长锥分生组织完成侵染过程（图5-1-2）。

关于病菌侵染高粱幼苗的时期众说纷纭。Delassus（1964）指出，种子接种病菌发病很轻。而Siddiqui（1965）采用冬孢子与土壤混合成菌土再播种高粱种子，可得到40%发病率。Dastur（1939）在印度的试验结果表明，播种前1～2周用冬孢子接种土壤，比在播种时接种的发病率高。白金铠等（1980）研究表明，丝黑穗病侵染高粱幼苗的最适时期，是从种子破口露出白尖到芽长1～1.5cm，当芽长超过1.5cm后就不易被侵染。朱有钰等（1984）以高粱幼苗的中胚轴接种，发病率高于胚芽鞘接种，接种根部也能使其发病，以胚根侵染率稍高，分生组织区是有效的侵染点。幼苗出土前的幼芽是主要感染阶段，且

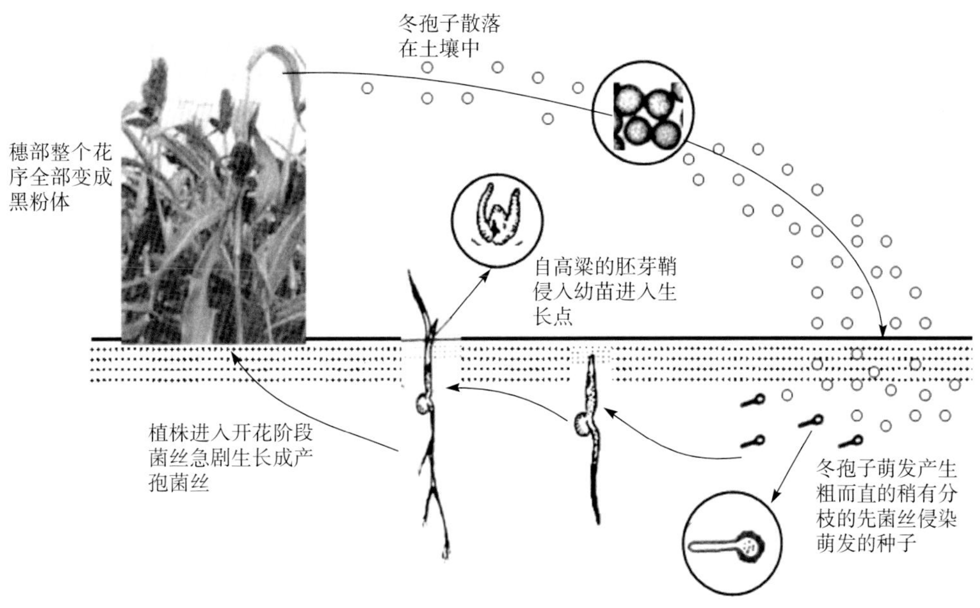

图5-1-2 高粱丝黑穗病病害循环（姜钰提供）

Figure 5-1-2 Disease cycle of sorghum head smut（by Jiang Yu）

侵染部位可延长到8叶期的次生不定根。

白金铠等（1980）于人工接种幼苗出土后期，取苗切片染色显微镜观察，研究了高粱丝黑穗病菌侵入幼苗生长锥后菌丝的扩展移动过程。研究结果表明，从播种日算起20d的病苗中菌丝集中位于生长锥部，距生长锥甚远；30d后菌丝向上移动，明显距生长锥较近；40d后菌丝开始进入生长锥中；50d后生长锥处充满了菌丝；60d后菌丝移动到分化的穗中。高粱病株抽穗后逐节切取茎组织切片染色观察，从茎基第一节直到顶端每节组织里均有菌丝存在，上部节组织内比下部节组织内分布的菌丝数量多，这充分解释了田间打掉主茎上黑穗后，从病株分蘖芽抽出的高粱穗仍表现为黑穗的病程原因。

为了证实冬孢子能否从叶部直接侵染引起丝黑穗病，Potter（1914）用喷干燥的冬孢子粉、冬孢子悬浮液，或将冬孢子置于颖片中等不同方法接种，结果各处理均未发病，也未得到田间植株间互相传播重复侵染的证据。

五、流行规律

（一）高粱丝黑穗病菌的传播扩散及其侵染条件

1. 高粱丝黑穗病菌的传播与扩散 附着在种子表面的高粱丝黑穗病菌冬孢子是病害远距离传播的主要初侵染来源，带菌土壤和带菌病残体是病害传播的主要途径，田间病害传播是由病菌冬孢子通过风、雨、带菌的动物粪肥及农事操作进行扩散，植株病残体、带菌粪肥对病害传播起着重要作用。

2. 高粱丝黑穗病菌侵染过程 冬孢子萌发后直接侵入幼芽的分生组织，菌丝生长于细胞间的细胞内，在初侵染几天后细胞中菌丝发育颇似吸器，并继续向顶端分生组织发展定殖，当植株进入开花阶段，菌丝急剧生长成产孢菌丝，浓缩细胞质然后分割形成冬孢子。

3. 高粱丝黑穗病流行的环境条件

（1）土壤中菌量。生产实践证明，高粱连作年限越久丝黑穗病发生越重，反之则轻，这与土壤中冬孢子积累数量多少有关。Al-Sohaily（1961）认为，田间丝黑穗病菌冬孢子在土壤中的积累量与发病率呈直线相关，并认为丝黑穗病菌侵染高粱时需要每克土壤中含有800个冬孢子，但必须在利于冬孢子萌发和侵染的环境条件下才能侵染成功。吉林省农业科学院（1961）的试验也证实了这一点，随土壤中冬孢子接菌量的增加，发病率呈直线上升。田间自然发病调查结果显示，连作1年发病率为16.7%，2年为24.5%，4年为38.9%。

（2）土壤温、湿度。高粱丝黑穗病菌侵染高粱的最适时期，是从种子发芽到出土期，所以，这段时期的土壤温、湿度与发病轻重关系密切。Christensen（1926）报道，冷凉、干燥土壤有利于高粱丝黑穗病菌侵染。在土壤湿度为15%时最适侵染温度为24℃，在土壤湿度为25%时最适侵染温度为28℃。Kruger（1969）报道，受病菌污染的土壤若在播种前几周湿度大，可降低植株的发病率。Doshimov（1974）报道，冬季土温低、冻土、厚雪覆盖和降雨，可增强冬孢子的侵染致病性。King（1972）认为，田间靠近树林的地方高粱丝黑穗病发生重，是受“树荫效应”小气候而影响土壤温、湿度的结果。许多学者的试验进一步证实了上述看法。Tarr（1962）试验，相对高的土温（干土中20～30℃，最适温度为28℃，极限温度16～36℃）和较低的土壤湿度（15%）有利于病菌侵染，他认为侵染率和种子发芽之间没有明显的相关性，后者最适温度为34～36℃，而幼苗在28～30℃时生长最快，这表明土壤温、湿度影响发病率，直接影响病菌的作用大于间接通过寄主来影响病菌的作用。Reed（1928）试验，在20℃和25℃时发病率高，而在30℃和35℃时发病率则下降。仇元等（1959）试验，土壤含水量低时适于病菌侵染的温度也较低，在干土中土壤温度12～16℃就能侵染发病，而在湿土中侵染适温为20℃。Paul Neergard（1978）报道，土壤温度16℃、含水量15%时发病率为16%，而含水量25%时则不发病；当土壤温度36℃、含水量15%时发病率为11%，含水量25%时发病率为7%。Tapke（1948）也报道，土壤含水量20%最适于侵染。这与高粱种子从发芽至出苗的时间拉长使侵染机会相应增多有关，这一时期缩短发病也随之减轻。总之，幼苗在土壤中滞留时间长则增加病菌的侵染机会，创造幼苗快出土的土壤湿度可减轻病害发生。

（3）播种深度。播种后覆土的厚度直接影响高粱幼苗的出土速度，覆土过厚，幼苗出土慢则发病重。通常土温15℃左右，土壤含水量18%～20%，覆土厚5cm就极易发病；而在同样温、湿度条件下，播种过深，覆土又过厚时发病就更严重。在北票县西官营乡1973年调查，播种时覆土厚约9cm的发病率30%，覆土3cm的仅为15%。在海城县调查，播种期间10cm深的土壤温度低，覆土过厚，保墒不好的地块，发病率显著高于覆土浅和保墒好的地块。

（4）品种抗病性。国内外普遍认为高粱品种间对高粱丝黑穗病的抗性存在明显差异，可利用寄主抗病性。1954年Kispatic等就提出，防治高粱丝黑穗病应采取种子消毒和种植抗病品种为主的综合防治措施。国外引进品种中多数抗性较强，如：亨加利、美白、早熟亨加利等。曹如槐等（1988）1981—1985年接种鉴定1 239份品种的抗病性，并用17个抗性不同品系进行了高粱对丝黑穗病抗性遗传研究，认为高粱对丝黑穗病的抗性遗传方式因品种而异。有的品系表现为数量性状遗传，有的则表现为质量性状遗传，前者的抗性主要受加性基因控制。Frederiksen等（1978）认为，高粱对丝黑穗病的抗性属显性遗传，某些抗性品系的抗性是受少数显性主效基因控制，但也存在着许多修饰基因。王富德等（1991）对同核异质高粱品系的丝黑穗病抗性鉴定结果显示，现有的5种高粱细胞质似乎与丝黑穗病抗性无关，高粱对丝黑穗病的抗性是受核基因控制的。Williams（2009）利用抗性母本46308（发病率在0～3%）和抗性父本Tx-437、LRB-204等配出的49个杂交种，通过两年（2006—2007年）、四地（厄瓜多尔及墨西哥的马塔莫罗斯、塔毛利帕斯和墨西哥城）田间人工鉴定进行抗病性鉴定试验，结果表明：Pioneer 82G63、RB-5×204、RB-118×Tx-437、Asgrow ambar、RB-118×LRB-204和RB-119×430发病率分别为0、0.8%、1.1%、1.2%、1.6%和2.1%。

（二）高粱丝黑穗病菌的生理分化现象

有关高粱丝黑穗病菌种群生理分化问题国内外学者开展了大量研究，但说法不一，有的存在争议。普遍认为，病菌种群中存在明显的生理分化现象，存在不同的生理小种，美国有4个生理小种，我国有3～4个生理小种。

1965年Halisky指出，高粱丝黑穗病菌内有两个致病性不同的种群，一个侵染高粱，一个侵染玉米。Al-Sohaily（1963）、Mehta（1967）先后将高粱丝黑穗病菌在高粱和甜玉米上接种，划分了5个生理小种，并提出一套鉴别寄主（表5-1-1）。Frederiksen（1975，1978）、Frowd（1980）报道，以Tx7078、SA281、Tx414和TAM2571为鉴别寄主，鉴定出美国高粱丝黑穗病菌有4个生理小种。Herrera等（1986）报道，墨西哥用上述4个鉴别寄主鉴定出1～3号3个生理小种。

吴新兰等（1982）首次报道中国高粱丝黑穗病菌有2个生理小种，1号生理小种对中国高粱和甜玉米致病力强，对甜高粱Sumac致病力弱，对White Kafir和AT×3197几乎不侵染，分布于推广中国高粱类型的杂交高粱产区；2号小种对中国高粱品种护4号、三尺三和甜玉米致病力弱，而对AT×3197、White Kafir、Sumac致病力强，分布于直接利用外国高粱类型为亲本的杂交高粱产区。

徐秀德等（1994）报道，1989年在营口、辽阳等地发现，多年对1号、2号小种免疫的AT×662为母本的杂交种生产田发现了丝黑穗病株。以该菌接种AT×622、BT×622、AT×623、BT×623、AT×624、BT×624和TAM2571表现有很强的致病力，并能侵染Tx7078。而1号和2号小种对上述品种均不侵染，可见，营口的病菌与1号和2号小种是完全不同的新生理小种，定名为3号小种。然后用Frederiksen 的一套高粱丝黑穗病菌小种鉴别寄主，对中国这 3 个小种进行鉴定（表 5－1－2），中美两国小种对寄主致病力明显不同。除中国的 3 号小种与美国 4 号小种致病力相同外，1 号和 2 号小种则不同于美国的 4 个小种，是两个新的生理小种。我国 3 号小种是高粱产区出现的新小种，它使对我国 1 号、2 号小种免疫的 AT×622 及其母本系列杂交种丧失抗性，成为生产上的新问题。

Mehta（1967）认为，丝黑穗病菌可亲和的单胞系在致病性上是不同的，即不同的冬孢子在性和致病力上是杂合的，因而丝黑穗病菌致病力较容易变异。张福耀等（2005）对山西高平高粱丝黑穗病菌致病力进行研究，鉴别寄主三尺三对 4 个小种均感染；961530 对 1 号小种免疫，对其他 3 个小种感染；Tx623B 对 1 号、2 号小种免疫，对其他两个小种感染；A_2V_4对 1 号、2 号、3 号小种免疫；961560 对 4 个生理小种均免疫。

表 5－1－1　高粱丝黑穗病菌生理小种鉴定（引自 Mehta 等，1967）

Table 5－1－1　Identification of physiological races of *Sporisorium reilianum* in sorghum（from Mehta et al.，1967）

鉴别寄主	生理小种				
	1	2	3	4	5
Lahoma	R	R	R	R	R
Feterita	R	R	R	R	R
Hi－hegari	S	R	R	R	R
Soureless	S	S	R	R	R
Carprock	S	S	S	R	R
Sumac	S	S	S	S	R
Combine Kafir（B40）	S	S	S	S	S

注　R：抗病，S：感病。

表 5－1－2　中美两国丝黑穗病菌生理小种对鉴别寄主致病力比较（引自徐秀德等，1992；Frederiksen 等，1975）

Table 5－1－2　Comparison of the pathogenicity of races of *Sporisorium reilianum* between USA and China

（from Xu Xiude et al.，1992；Frederiksen et al.，1975）

鉴别寄主	中国生理小种			美国生理小种			
	1 号	2 号	3 号	1 号	2 号	3 号	4 号
Tx7078	R	R	S	S	S	S	S
SA281	R	R	R	R	S	S	S
Tx414	S	S	S	R	R	S	S
TAM2571	S	S	S	R	R	R	S

注　R：抗病，S：感病。

六、防治技术

（一）选用抗病品种

选用 421A、7050A、Tx378A、Tx430A、ICS49A、L405A 等为母本组配的杂交种。也可选用以莲塘矮、LR625 和晋 5/恢 7 等恢复系为父本组配的杂交种。

（二）药剂防治

应用化学药剂处理种子，不仅可杀死种子表面携带的冬孢子，同时可有效控制在最适感染期病菌的侵染。选择内吸性强、持效期长、防效显著的药剂用于拌种。常用的药剂及使用方法：2％戊唑醇可湿性粉剂 2g 对水 1 000mL，拌种 10kg，风干后播种。2.5％烯唑醇可湿性粉剂，以种子重量 0.2％ 拌种。12.5％腈菌唑乳油 100mL 对水 8 000mL，拌种 100kg，稍加风干后即可播种。17％三唑醇拌种剂或 25％三唑酮可湿性粉剂按种子重量的 0.3％拌种。

上述药剂在使用时不得任意加大或减少药量，以免造成药害或降低防治效果。

（三）农业防治

不同亲缘或抗性基因的高粱品种合理布局，忌在同一地区长期种植亲缘单一的品种或杂交种。建立无病繁种田，防止种子带菌远距离传播。改进栽培技术，与非寄主作物进行 3 年以上的轮作。适时播种，避免播种过早因地温低而延迟出苗，增加病菌侵染概率。精细整地，保持良好的土壤墒情，促进幼苗早出土，减少病菌侵染机会，减轻病害的发生。清除田间菌源，在田间植株孕穗期到抽穗前（“乌米”破肚之前）及时拔除病株，带出田外深埋，减少和消灭初侵染来源。

姜钰（辽宁省农业科学院植物保护研究所）

第 2 节 高粱散黑穗病

一、分布与危害

高粱散黑穗病又称散粒黑穗病，俗称灰疸，是高粱上的重要病害之一，可造成粒用和饲用高粱减产。在我国，新中国成立初期该病发生较为严重，1953 年河北省饶阳县高粱因散黑穗病的发生造成平均减产约 20%，个别地块减产 70%～80%；江苏省徐州地区平均发病率约 10%，个别达 30%（仇元等，1959）；1962 年辽宁省的发病率为 10%左右（金成国，1962）；1963 年山东省利津县的发病率达 20%～30%，严重的高达 57%。随着大力推广药剂拌种技术和种植抗病品种，使该病得到有效控制。近年来，该病在华北和东北的一些地区又呈回升趋势，在各高粱产区普遍发生。

高粱散黑穗病除在澳大利亚、大洋洲群岛及印度尼西亚未见报道外，广泛分布于世界各国高粱生产区，包括西班牙、意大利、秘鲁、墨西哥、印度、美国、日本等国。在中国，各个高粱产区均有发生，包括黑龙江、吉林、辽宁、内蒙古、山东、山西、陕西、河北、河南、四川西部、江苏、安徽、湖南、湖北、浙江、广西、广东、福建、江西、云南、贵州、台湾、新疆、西沙群岛等地。

高粱散黑穗病主要靠种子带菌传播，也可以由土壤带菌传播。附着于种子表面的冬孢子在芽期侵入寄主体内并随着植株生长发育扩散至患病植株生长点，最后破坏寄主花器，使花序中的小穗成为孢子堆。土壤温、湿度是散黑穗病菌侵染高粱的重要条件，土壤温度低、含水量少、种子覆土厚，幼苗出土时间长，利于病菌侵染，一般发病率为 3%～5%，个别地块高达 90%以上。

二、症状

高粱散黑穗病为害高粱穗部，被害植株较健株抽穗早，较矮，节数减少，有的品种枝杈增多。一般穗全部发病，但保持原来形状，有的穗只部分发病。籽粒各自变成卵形灰包，从颖壳伸出，外膜破裂后散出黑褐色粉状冬孢子，最后仅留柱状的孢子堆轴（寄主组织的残余部分）。病粒通常护颖较长，可长达 2.5cm。有时在同一穗上部分小穗形成叶状结构，称之为“变叶病”。有的病株主穗不发病，正常结实，而后期病株分蘖穗形成病穗，可能是病菌在植株体内生长稍慢，未到达主穗，但到达分蘖穗所致。

高粱散黑穗病的初期症状易与高粱坚黑穗病症状混淆，但其灰白色膜早期破裂，冬孢子（黑粉）散落后，露出长而突出的中柱和护颖变长等，是与后者明显区分的特点。穗部症状参见彩图 5-2-1。

三、病原

高粱散黑穗病病原为高粱散孢堆黑粉菌［*Sporisorium cruentum*（Kühn）Vánky，异名：*Sphacelotheca cruenta*（Kühn）Potter，*Ustilago cruenta* Kühn］，属担子菌门孢堆黑粉菌属。

高粱散黑穗病菌于 1872 年由 Kühn 在德国首次定名为 *Ustilago cruenta* Kühn。1914 年 Potter 将其定名为 *Sphacelotheca cruenta*（Kühn）Potter，1985 年 Vánky 将其修订为 *Sporisorium cruentum*（Kühn）Vánky。

病菌冬孢子圆形或卵圆形，黑褐色，大小为（5.5～10）μm×（5.0～7.5）μm，堆生于花序子房中，有时也侵染花器，卵圆形，外包一层薄膜，后期薄膜易破裂，露出黑褐色粉状冬孢子堆。冬孢子堆中有发达而稍弯曲的堆轴，长度可达 1.4cm。不育细胞成组存在，膜薄，近圆形或椭圆形，略带黄色，大小为（10～17）μm×（8～15）μm。冬孢子红褐色或黑褐色，圆形或卵圆形，壁上具微刺。

通常冬孢子萌发产生 4 个细胞的先菌丝，其上侧生担孢子，担孢子也可芽生次生担孢子。在蒸馏水中或在高温下，冬孢子萌发后不产生先菌丝而直接产生分枝菌丝。冬孢子在水中能萌发，如在水中补加糖等某些营养物质，可促进其萌发产生担孢子，尤其在麦芽汁液中先菌丝上产生的担孢子数量明显增多。高杉和赤石（1933，1936）试验，病菌冬孢子萌发的适宜温度为13～36℃，最适温度为25℃，有时在43℃下亦可萌发。石磊（1938）试验，冬孢子萌发温度为8～38℃，适宜温度为28～32℃，最适为25～26℃。病菌冬孢子在高温条件下萌发仅产生先菌丝，在较低温度下易产生担孢子。冬孢子萌发适宜的pH为6.5。Blackmon等（1956）试验，病菌在培养基上培养生长的最适pH为4.5～8，温度为5～30℃，在较高温度下有利于菌丝体的生长。病菌在水琼脂培养基上可生长，菌落厚度不一，坚硬有色，而在营养丰富的培养基上（Czapek、PSA等）菌落呈酵母状（担孢子）生长，而非菌丝状生长。

高粱散黑穗病菌除侵染粒用高粱［*Sorghum bicolor*（L.）Moench］外，还可侵染帚用高粱［*Sorghum vulgare* var. *techulnum*（L.）Moench］、苏丹草及具有阿拉伯高粱亲缘的甘蔗品种。病菌形态参见图5-2-1。

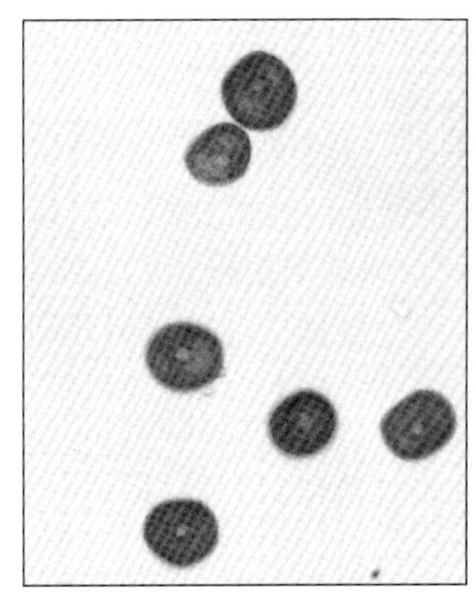
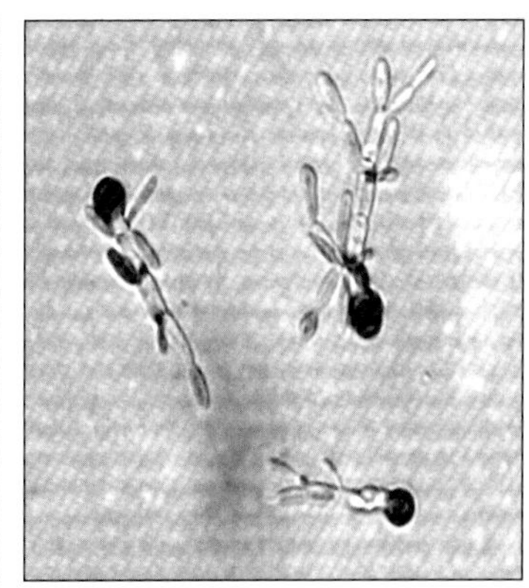

图5-2-1　高粱散孢堆黑粉菌形态（姜钰提供）
Figure 5-2-1　Morphology of *Sporisorium cruentum* (by Jiang Yu)

四、病害循环

高粱散黑穗病是病菌主要在芽期侵入寄主导致发病的系统性病害。在种子上或土壤中越冬的冬孢子在翌春条件适宜时萌发产生担孢子，担孢子结合形成双核菌丝，从高粱的幼苗或幼根侵入，逐渐在体内蔓延。经2～3个月潜育期，最后破坏寄主花器，使花序中的小穗成为孢子堆。未经担孢子结合的单倍体菌丝也可侵入到寄主体内，但不引起高粱发病，也不形成冬孢子。King（1972）的试验表明，将带菌种子播种后，附着的冬孢子可萌发直接侵入刚萌发的寄主幼芽分生组织里；Keay等（1969）将冬孢子注射到3～4周的幼苗生长点中，可获得64%植株发病。在植株开花期，病菌也可侵染高粱花器，导致部分小穗形成黑粉。

高粱散黑穗病菌主要以冬孢子在种子表面或土壤中越冬，种子带菌是其主要初侵染菌源。附着于种子表面的冬孢子，在室内经4年后，其发芽率尚有2.1%～94.2%，田间发病率为0.3%～37.5%，但田间地表病穗里的冬孢子越冬后则丧失萌发力（高杉和赤石，1933，1936）；Fischer（1936）、Leukel和Martin（1951）也报道，冬孢子在室内可存活3～4年；李景山等（1957）的试验表明，散黑穗病菌冬孢子放在仓库、地表和室内，越过1个冬季仍有生活力，而在土壤里的冬孢子生活力则显著降低，越过2个冬季后，只有室内冬孢子尚有生活力，室外的均丧失生活力；刘惕若（1984）的试验表明，散黑穗病菌冬孢子在温暖潮湿地区的土壤中难以越冬，很少能成为下一生长季节发病的侵染来源。Tarr（1962）的解释是：散黑穗病菌冬孢子后熟期极短，当土壤温、湿度条件有利时，可迅速萌发，因无后续寄主而失去生活力，致使传病作用不大（图5-2-2）。

五、流行规律

（一）高粱散黑穗病流行发病条件

1. 病菌的传播与扩散　我国高粱散黑穗病发病重且普遍，种子带菌是其主要初侵染源。在田间，冬孢子可散落黏附在健穗种子上，或收获后病穗和健穗混放，病穗上散出的冬孢子也可附着于种子表面，致使种子带菌。另外，由于病穗上冬孢子堆的外膜容易破裂，在高粱收获前很易散落于田间，使土壤中含有大量冬孢子。虽然冬孢子在土壤中越冬后的存活率不高，但土壤里部分越冬后存活的冬孢子可能是传病的原因之一。如在东北地区土壤中的冬孢子越冬后存活率约为21%（刘惕若，1984）。

2. 病害流行的环境条件　高粱散黑穗病菌侵染的最低温度为15℃，最适温度为20～25℃，最高温度为35℃。对pH要求不严，在pH3～9的条件下均可侵染发病（Shula and Mishra，1969）。在土壤pH为7.2、湿度为30%的条件下种植感病品种，在土温15℃时侵染率为14.9%，20℃时为40.6%，25℃时为17.7%，30℃时为10.8%，35℃时没有侵染。另外，土壤含水量低时幼苗生长受到抑制，可受病菌侵染

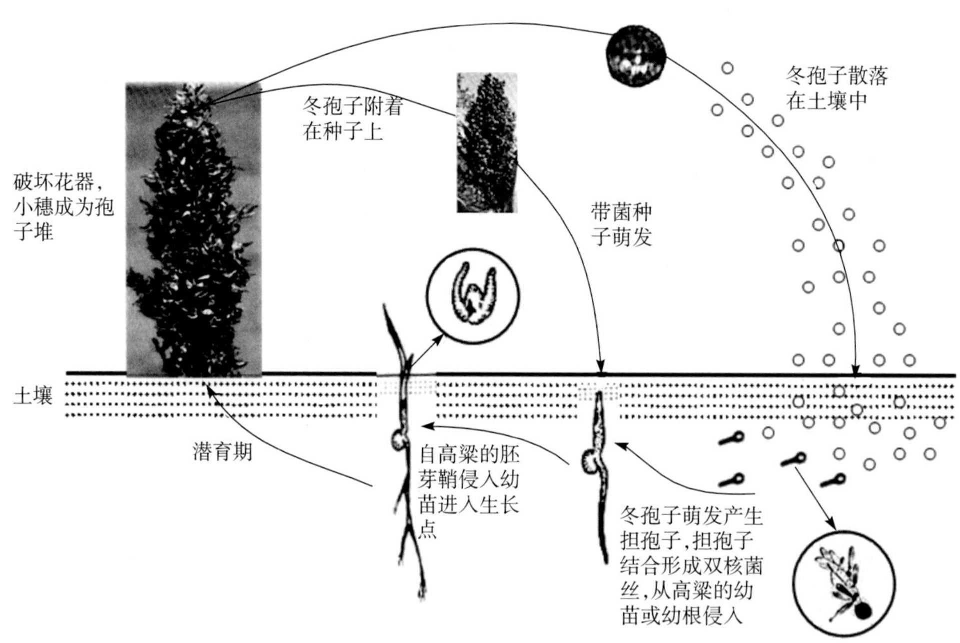

图 5-2-2 高粱散黑穗病病害循环（徐婧提供）

Figure 5-2-2 Disease cycle of sorghum loose kernel smut (by Xu Jing)

的时间延长，导致抗病力下降而发病加重。当土壤含水量为10%时侵染率为30.6%，20%时为9.3%，30%时为14.2%，40%时为6.6%，50%时为6.1%，60%时为2.4%，70%时为5.1%，80%时为12.0%，90%时为3.3%。可见，土壤温、湿度是散黑穗病菌侵染高粱的重要条件，土壤温度低、含水量少、种子上覆土厚，幼苗出土时间长，利于病菌侵染。

（二）高粱散黑穗病菌的生理分化

高粱散黑穗病菌存在明显的生理分化现象。在美国，已报道有2个生理小种（Melchers，1933）。Rodenhiser（1937）认为散黑穗病菌中存在3个生理小种（表5-2-1）。

由于各国使用的鉴别寄主不同，故不宜衡量高粱散黑穗病菌生理小种的异同，且病菌小种在分布上也呈现不尽相同的端倪，但散黑穗病菌中有3个生理小种是肯定的。关于我国高粱散黑穗病菌生理小种分化情况尚无定论。

表 5-2-1 高粱散黑穗病菌生理小种鉴定结果（引自 Tarr，1962）

Table 5-2-1 Identification of physiological races of *Sporisorium cruentum* in sorghum (from Tarr, 1962)

鉴别寄主	1号小种	2号小种	3号小种
Reed Kafir C. I. 628	S	S	R
Pierce Kaferita C. I. 2547 K. B. 2547	S	R	R
White Yolo K. B. 2525	R	S	R
Kafir×Feterita K. B. 2510 K. B. 2686	S	R	S
Red Amber×Feterita K. B. 2501 K. B. 2570	R	S	S

注 R：抗病，S：感病。

六、防治技术

（一）选用健康无病菌的种子

高粱散黑穗病能够经种子带菌远距离和年度间传播。选择在无病区或无病地块进行良种繁殖，是避免种子带菌传播病害的最有效措施。同时，通过种子健康检测，也可以对种子是否带有散黑穗病菌做出判断，并作为采取种子处理措施的依据。

(二) 选用抗病品种

不同高粱品种间对散黑穗病的抗病性有明显差异。根据病菌不同生理小种，选择种植高抗乃至免疫品种。可利用亨加利类型品种作为高抗材料，培育抗病品种。许多国家都进行过品种抗病性鉴定筛选和抗病品种选育工作。在美国，多数 Feterita 系统的品种抗 1 号和 2 号小种，但感染 3 号小种，而多数 Kafir 系统的则感染散黑穗病菌 1 号和 2 号小种，但抗 3 号小种。Spur Feterita 品种高抗所有 3 个小种，而多数品种对 1 号小种比对 2 号小种感病得多。在我国，山东、辽宁等地的试验结果表明，一般农家品种多不抗病，如大黑壳、大红袍等；而引进的品种，如美红、法农 1 号是高抗的，Early Hegari、美白、Hegari 等是免疫的。根据对不同遗传基础亲本及其后代抗病性差异的研究，杂种后代受亲本影响有可能是受数个基因控制的，在一些品种中是隐性的，有的则是显性的。

(三) 药剂防治

种子带菌是散黑穗病的主要侵染来源。因此，种子处理是防治散黑穗病的关键措施。常用药剂有：25%甲呋酰胺乳油 200～300mL，拌种 100kg；25%三唑酮可湿性粉剂 200～300g，拌种 100kg；10%腈菌唑可湿性粉剂 150～180g，拌种 100kg。也可用 0.25%公主岭霉素可湿性粉剂配成药液浸泡种子。

(四) 农业防治

建立无病制种田，收获时单收单打，防止种子带菌，减轻田间发病；减少菌源，抽穗期发现病穗及时拔除，并带出田外深埋或烧掉；与非寄主作物轮作；播种前精细整地，适时播种，缩短幼苗出土时间，减轻发病。

姜钰（辽宁省农业科学院植物保护研究所）

第 3 节　高粱坚黑穗病

一、分布与危害

高粱坚黑穗病是高粱上常见的一种黑穗病，广泛分布于世界各高粱产区。在西非一些国家因不进行种子消毒，平均减产 5%～10%（Keay，1968），个别地方减产高达 50%以上。Harris（1963）在尼日利亚调查统计，每年高粱因坚黑穗病造成的损失为 1.3%，在没有推广种子消毒的地方可减产 20%～60%（Sundaram 等，1972）；Mathur 和 Dalela（1971）在印度调查统计，在常规栽培条件下，雨季栽培分别减产 4.5%和 1.7%，最严重的可减产 50%（Delvi，1958）；在缅甸因该病造成的减产可达 50%（Anon，1943）；在美国，该病发生较轻（Edmunds and Zummo，1975）。在我国，曾有资料记载，高粱坚黑穗病在云南、四川、江苏、湖北、湖南、河北、山东、山西、甘肃、新疆、内蒙古、辽宁、吉林和黑龙江等省（自治区）均有不同程度的发生，亦有时发病率达 20%～60%。目前，该病已不是高粱主要病害，仅个别省份有零星发生。

高粱坚黑穗病是种子带菌传播、幼芽期侵染发病的病害。病菌以冬孢子越冬，种子带菌为主要传播途径。新采收的病穗上成熟的坚黑穗病菌冬孢子无需休眠期可立即萌发。在适宜的干燥条件下，冬孢子经存放 2 年后仍具有萌发力，病穗上的各个小穗全部被侵害变为菌瘿。

二、症状

高粱坚黑穗病主要为害高粱穗部，病株高度与健株区别不大。被害植株在抽穗后表现出明显症状，通常病穗上的各个小穗全部被害变为卵形菌瘿，外包灰色被膜，坚硬不破裂或仅顶端稍开裂，内部充满黑粉，这是整个病穗的小花变为冬孢子堆。内外颖很少被害，内部中柱也不被破坏。受害穗的穗形不变，仅是籽粒表现稍大。大多数情况下病穗上的各个小穗均被害变为菌瘿，但也有部分小穗未被侵害正常结实的情况。

坚黑穗病与散黑穗病的主要区别是：坚黑穗病病粒外膜较厚、硬，通常不破裂，黑粉不易散失，有时病粒外膜顶端出现破裂，只露出尖端，但其中柱也不全部裸露；而散黑穗病病粒外膜早期易破裂，黑粉散落露出长而突出的中柱，护颖变长。

三、病原

高粱坚黑穗病病原为高粱坚孢堆黑粉菌［*Sporisorium sorghi* Erenb. ex Link，异名：*Sphacelotheca sorghi* (Link) Clinton］，属担子菌门孢堆黑粉菌属。

病菌冬孢子堆生于寄主的子房内，椭圆形至圆柱形，长3～7mm，有坚硬灰色膜包围，膜不易破碎，冬孢子成熟后，膜从顶端破裂，露出里面的黑褐色孢子堆和一个较短的中柱。不育细胞长圆形至近圆形，成组或串生，无色，大小为（7～14）μm×（6～13）μm。冬孢子多圆形或近圆形，黄褐色至红褐色，直径4～8μm，壁上具微刺，刺间具稀疏疣。

病菌冬孢子萌发产生先菌丝，先菌丝具2～3个隔膜，顶生或侧生1至数个担孢子，依据担孢子着生方式和形态可分为3种类型：第一种类型是4个细胞先菌丝顶生或侧生无色的纺锤形担孢子，担孢子大小为（10～13）μm×（2～3）μm；第二种类型是先菌丝产生分枝萌芽管；第三种为中间类型，4个细胞先菌丝状结构产生长分枝。冬孢子萌发温度为15～35℃，以25℃为最适。Kulkarni（1922）报道，冬孢子萌发最适温度为20～23℃，在16℃时萌发率为70%，30℃时萌发率为60%，而37℃时萌发率仅1%～2%。El-Helaly（1939）在埃及报道，冬孢子萌发温度为15～30℃。冬孢子在水中或其他营养液中均可萌发，新鲜的或越冬后的冬孢子在水中经3～10h即可萌发产生小突起，继而伸长为先菌丝。

诸多学者认为，冬孢子萌发温度为15～35℃，以25℃为最适，在水中或其他营养液中均可萌发。新采收的冬孢子无需休眠期可立即萌发。在干燥条件下，冬孢子可存放很长时间，仍具有萌发力。Moharam（2012）研究认为，将完整的孢子堆保存在5℃下存放24个月，仍有80%的孢子可以萌发。该病菌菌丝在20～35℃条件下生长良好，30℃时生长最快。适宜病菌生长的pH为4.5～7.5，pH8.5～9.5生长逐渐变缓。采用振荡培养时，加入0.3%蛋白胨的麦芽糖液体培养基更能促进病菌生长，且最适于菌丝生长。

高粱坚黑穗病菌还可侵染高粱属多种植物，如帚用高粱、苏丹草、约翰逊草等。曾有报道也可以侵染玉米，但尚无其他资料佐证。

四、病害循环

高粱坚黑穗病是由种子带菌传播，幼芽期侵染发病。病菌以种子带菌为主要传播途径，以冬孢子越冬，冬孢子生活力的长短取决于采集时期和储藏条件，尤其是温、湿度条件。新采收的成熟坚黑穗病菌冬孢子无需休眠可立即萌发。Sundaram（1972）报道，在干燥条件下冬孢子可存活13年以上。Britton-Jones（1922）认为，冬孢子有6年以上的寿命。李景山等（1957）的试验表明，将坚黑穗病病穗分别放置于不同深度的土壤层、地表、草堆、仓库、树上及室内，经越冬1年后，除地下各处理的冬孢子萌发率较低外，地上各处理的冬孢子接种高粱后，其发病率明显高于地下各处理；越冬2年后，除保存于室内、树上及仓库的冬孢子仍有较高的致病力外，其他各处理的均丧失了致病力。

高粱坚黑穗病的侵染规律与散黑穗病的侵染规律较为相似，都是病菌在幼芽期侵入寄主导致发病的系统性病害。冬孢子萌发产生的（+）、（－）担孢子结合形成双核菌丝，由寄主幼苗或幼根侵入寄主体内并定殖于寄主的分生组织内，菌丝随寄主的分生组织生长，最后进入分化的小花里形成黑穗（图5-3-1）。

五、流行规律

（一）高粱坚黑穗病的传播扩散及其侵染条件

1. 高粱坚黑穗病的传播与扩散 由于坚黑穗病菌冬孢子萌发的适宜温、湿度范围较宽，冬孢子在土壤里越冬存活的机会很小，所以土壤传播的可能性不大；冬孢子经牲畜的消化道后即失去生活力，因此厩肥也不是侵染菌源；而种子带菌是高粱坚黑穗病传播扩散的主要途径，秋收后病穗和健穗混放，脱粒时病穗上散出的大量冬孢子附着于种子表面，致使种子带菌，成为该病害发生的初侵染菌源。

Moharam（2012）组织切片染色，显微观察，在高粱芽尖和细嫩组织节点处发现菌丝，在该部位通过PCR可以扩增出编码3-磷酸甘油醛脱氢酶（GAPDH）的903bp片段。因此，判断可以利用显微镜检和PCR检测在苗期诊断该病害的发生。

2. 高粱坚黑穗病流行的环境条件

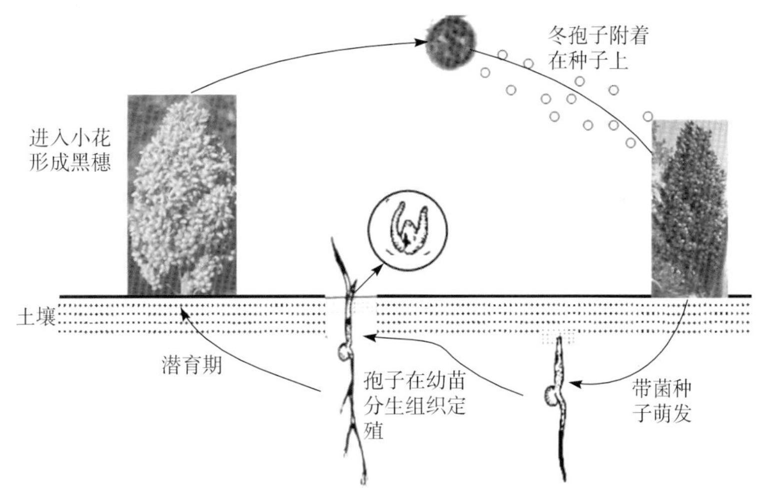

图 5-3-1 高粱坚黑穗病病害循环（姜钰提供）

Figure 5-3-1 Disease cycle of sorghum covered kernel smut（by Jiang Yu）

（1）土壤温度。相对冷凉的条件有利于坚黑穗病的发生（Doggett，1970）。Harris（1963）报道，在尼日利亚5月和6月低温有利于坚黑穗病菌侵入。Adlakha（1963）认为，土壤温度是决定播种期间初侵染的重要因子，冷凉的条件利于坚黑穗病发生，土壤温度在24℃以下均能造成侵染，当播种后田间温度达34～42℃时不利于发病。Kulkarni（1922）在印度报道，冬孢子萌发的适温为20～23℃，但发病以25℃时为最高，通常土壤温度超过25℃则发病率明显降低。El-Helaly（1939）等的接种试验表明，在温暖的6～7月播种时，以播种当天接种发病率最高；而在较冷凉的3～4月播种则以播种后3～4d接种的发病率最高。早播（冷凉气候）发病率高，而天气渐暖时播种发病率相对降低，在炎热的7～8月播种事实上就不发病。Reed（1923）研究认为，高粱坚黑穗病菌侵染的最适温度因不同高粱品种而有明显差异。当土壤湿度为30%、pH7.2时，Red Amber Sorgo品种被侵染的适温为22.5～25℃，Blackhall Kafir品种则为20℃。

（2）土壤湿度。土壤湿度也是影响高粱坚黑穗病菌侵染高粱的重要因素。土壤含水量在28%时有利于侵染发病。在适宜土壤含水量条件下，土壤温度与病菌侵染率关系密切。在土壤温度和湿度均较低的情况下侵染发病率最高；如果土壤温度超过25℃、土壤含水量超过28%，病原菌侵染便受到抑制；当土壤温度在19～20℃、土壤含水量在10%和4%时发病很重。Reed（1924）研究认为，虽然病原菌侵染发生的适宜湿度范围较宽，但偏干燥的土壤有利于发病。Melchers等（1938）研究指出，土壤湿度在28%以上时，即使在适宜的土壤温度下也不利于病菌侵染。

（3）播种深度。播种时，种子上覆土过厚，幼苗出土持续时间长，被感染的概率加大，则发病率较高；如果幼苗尽快出土变绿，则会增强植株抗病性。Jones等（1940）连续几年的试验表明，在湿土中播种7.5cm深，不立即灌水，与在干土中播种3.8cm深，并立即灌水相比，前者发病重。在一般土壤湿度下播种越深发病越重，但超过5cm深时发病率增加幅度不大。

（4）出苗速度。通常高粱从播种到出苗的时间越短发病率越低。高粱是喜温作物。据调查，田间土壤含水量为60%条件下，土壤温度为12℃时，从播种至出苗需30d，最终出苗率为59%；土壤温度为16℃时，需16d，出苗率为62%；土壤温度为20℃时，需8d，出苗率为74%；土壤温度为24℃时，需4d，出苗率为70%；土壤温度为28℃时，需3d，出苗率为76%；在土壤温度32℃时，仅需2d，出苗率为80%。由此可知，较高温度有利于迅速出苗，而不利于病菌侵染，发病就轻。这同时又受品种不同的影响，即不同品种间的这一相关性并不完全吻合。有的品种在田间可以很快出苗，但其感病率却很高，有的品种出苗很慢感病率却并不特别高。这表明，品种间存在抗病性差异。

（5）种子带菌量。许多研究者的工作都证明，种子带菌量越多发病率越高。在人工接种条件下种子的带菌量为1%和0.1%时，发病率均较高，而在0.01%时发病率较低，在0.001%时发病轻微，到0.0001%时则不发病。

（6）品种抗病性。高粱品种间对坚黑穗病抗性差异明显，其抗病性是显性遗传，但也有人报道为隐性遗传。Casady（1961）研究了品种对坚黑穗病的抗性遗传，发现3个抗性基因，且对3个生理小种表现的抗性是连锁的，对小种1号、2号、3号分别由显性抗病基因 *Ss1*、*Ss2* 和 *Ss3* 所控制；以感病品种 Pink Kafir（具有 *Ss1*、*Ss2* 和 *Ss3* 抗病基因）进行杂交，后代的抗病性是不完全显性的；以 Dwarf Yellow Milo ×Spur Feterita 杂交的 F_3 代进行测定表明，其双亲对高粱坚黑穗病菌1号小种具有相同的抗性基因。

（二）高粱坚黑穗病菌的生理分化现象

高粱坚黑穗病菌存在明显的生理分化现象。目前国外已报道的至少有8个生理小种。1927年 Tisdale 等在美国报道有5个生理小种，小种间在冬孢子堆颜色、长度和破裂方式等特征上差异明显。1951年 Vaheeduddin 在印度也报道有5个生理小种，其中2个小种与美国的小种相似，第三个小种颇似来源于美国的两个小种之间杂交形成的新小种，其余2个小种描述为新小种。1960年和1969年在印度分别鉴定出3个和2个生理小种。在南非，根据在 White Yolo 和 Hegari 上的不同反应划分为2个生理小种，定名为 SA1 和 SA2。关于我国高粱坚黑穗病菌生理分化缺乏研究资料。

国内外学者普遍认为，高粱坚黑穗病菌存在明显的生理分化现象，不同国家学者们研究小种分化所用的鉴别寄主不尽相同，归纳国内外的研究报道，高粱坚黑穗病菌生理小种在不同鉴别寄主上的反应见表5-3-1。

表5-3-1 高粱坚黑穗病菌生理小种鉴定结果（引自 Tarr，1962）

Table 5-3-1 Identification of physiological races of *Sporisorium sorghi* in sorghum（from Tarr，1962）

品种	1号小种	2号小种	3号小种	4号小种	5号小种	6号小种	7号小种	8号小种
Dwarf white milo，KB2515 Dwarf white milo，CI332	R	S	R	R	R	R	R	R
White Yolo，KB2525	R	S	R	S	R	R	R	R
Pierce kaferita，KB2547 Feterita SPI 51989 Feterita×kafir，FCI9817	R	R	S	R	R	R	R	R
Kafir×Feterita HC2423	R	R	S	R	S	R	R	R
Hegari，KB2518	R	S	R			S		
Reed kafir，CI628	S	S	S			S	R	R
Schrock	R	S	S			S	S	R

注 R：抗病，S：感病。

六、防治技术

（一）选用健康无病菌的种子

种子带菌是高粱坚黑穗病传播扩散的主要途径。秋收后病穗和健穗混放，致使种子带菌，成为该病害发生的初侵染菌源，能够远距离和在年度间传播。选择在无病地区进行良种繁殖，是避免种子带菌传播病害的最有效措施。同时，通过种子健康检测，也可以对种子是否带有坚黑穗病菌做出判断，并作为采取种子处理措施的依据。

（二）选用抗病品种

高粱品种间对坚黑穗病抗性差异明显，选种高抗乃至免疫品系，是防治该病害的有效途径。

（三）药剂防治

种子带菌是坚黑穗病的主要侵染来源，因此，种子处理是防治该病的关键措施。可用25%三唑酮可湿性粉剂200～300g，拌种100kg；10%腈菌唑可湿性粉剂150～180g，拌种100kg。

（四）农业防治

减少菌源，抽穗期发现病穗及时拔除，并带出田外深埋或烧掉；与非寄主作物轮作；播种前精细整地，适时播种，缩短幼苗出土时间，减轻发病。建立无病制种田，收获时单收单打，防止种子带菌，减轻田间发病。

姜钰（辽宁省农业科学院植物保护研究所）

第4节　高粱粒霉病

一、分布与危害

高粱粒霉病又称高粱穗粒腐病，是高粱上一种引起籽粒霉烂的重要病害，该病在世界各高粱产区均有不同程度发生，尤其在高粱开花至籽粒成熟期遭遇多雨高湿气候的地区发生严重，个别地区高粱因该病造成的产量损失高达100%（Borikar，S. T. et al.，2007）。世界五大洲89个国家的热带干旱和半干旱地区均有高粱粒霉病的发生。在中国，各高粱种植区均有不同程度发生，包括黑龙江、吉林、辽宁、内蒙古、河北、江苏、河南、安徽、湖北、湖南、山东、四川、贵州、山西、陕西、宁夏、甘肃、新疆等省（自治区），局部地区对生产影响较大。

广义上的高粱粒霉病还包括高粱储藏期间的籽粒霉变，收获后及储藏期间的籽粒霉变是田间病害的延续和发展。粒霉病的为害不仅使高粱籽粒变小、变轻、腐烂，导致减产并降低营养价值和品质，还严重影响种子的发芽势，降低种子的发芽率。此外，霉烂籽粒中真菌分泌的毒素还能导致人畜中毒。

二、症状

粒霉病主要引起高粱籽粒发霉、腐烂，造成高粱的产量损失和品质下降。病菌最初侵染小穗顶部、颖壳、外稃、内稃等部位，然后向下部扩展侵染果梗基部，影响籽粒灌浆，引起早衰、籽粒瘪小。粒霉病侵害籽粒的症状常因病原菌种类、侵染时间和病害发生的严重程度而异，通常表现3种类型：①受害严重的籽粒表面全部布满霉层；②籽粒完整，仅局部变色，呈现大小不等的霉斑；③籽粒外观与健康籽粒无明显差别，经表面消毒处理后培养、分离，可获得不同种类病原菌。根据病原菌种类的不同，籽粒表面霉状物可呈现紫红色、橘黄色、灰色、白色或黑色等多种颜色。病原菌一般仅侵染果皮，也能侵染籽粒的胚和胚乳部分，严重时整个胚乳被霉菌定殖，导致籽粒腐烂（彩图5-4-1）。

由于引起高粱粒霉病的病原菌有多种，故所致症状也各有不同。

镰孢菌（*Fusarium* spp.）侵染所致的粒霉病症状：籽粒被侵染初期表面产生粉白色粉末状霉状物，后期籽粒变为蓬松状，种子失去发芽能力。小穗被侵染早期枯萎，后期随着病菌的生长引起穗腐症状，剖穗梗可见组织变为红色。镰孢菌侵染产生的另一个症状表现是籽粒瘪小，这是因为花期受病原菌侵染，致使籽粒发育不良、灌浆不充分、过早干燥萎缩所致。其中，半裸镰孢（*Fusarium semitectum* Berk. Ravenel）侵染所致的症状与其他镰孢菌所致的症状有所不同，其症状是籽粒表面覆盖橘黄色、蛋糕状的菌丝团和病菌分生孢子。

新月弯孢［*Curvularia lunata*（Wakker）Boedijn］侵染所致的粒霉病症状：籽粒表面覆盖黑色的、有光泽的绒毛状霉层。

平脐蠕孢（*Bipolaris* spp.）、凸脐蠕孢（*Exserohilum* spp.）和链格孢（*Alternaria* spp.）侵染所致的粒霉病症状：初期籽粒表面长有黑灰色、稀疏的菌丝、分生孢子梗和分生孢子。

茎点霉（*Phoma* spp.）侵染所致的粒霉病症状：在籽粒上埋生针头大小、圆形、黑色的分生孢子器，严重受害的籽粒果皮黑色、粗糙。后期籽粒上的分生孢子器常易被镰孢菌、弯孢菌等其他病菌所掩盖，肉眼难以观察分辨。

禾生炭疽菌［*Colletotrichum graminicola*（Ces.）G. W. Wils.］侵染所致的粒霉病症状：在籽粒上形成同心环状排列的分生孢子盘，盘上束生刚毛；被害籽粒早衰，明显瘪小。

三、病原

引起高粱粒霉病的病原有多种，虽然在不同的地区和年份该病的优势病原菌种类略有变化，但主要种类有镰孢菌、链格孢菌、青霉菌等。国外学者研究认为，引致高粱穗和籽粒霉烂的真菌多达20余种，较重要种类有镰孢属、弯孢属、茎点菌属、链格孢属和枝孢属的真菌。它们大多数属于非专性或兼性寄生菌，其优势种类因地区、年份以及季节的不同而有所变化。胡兰等（2010），对采自我国13个省份的高粱籽粒样品寄藏真菌类群进行了分离鉴定，共鉴定出17个属35种真菌，其中，链格孢（*Alternaria* spp.）、曲霉菌（*Aspergillus* spp.）和镰孢菌（*Fusarium* spp.）分离频率较高，其次为青霉菌（*Penicillium* spp.）、枝孢菌（*Cladosporium* spp.）、平脐蠕孢菌（*Bipolaris* spp.）和弯孢菌（*Curvularia* spp.）。我国高粱粒霉病主要病原菌种类有：

1. 产黄镰孢（*F. thapsinum* Klittich，J. F. Leslie，P. E. Nelson & Marasas） 在PSA培养基上25℃培养3d后，菌落直径为25～30mm；菌丝白色，常聚集成较粗糙的菌丝束，蛛网状。根据不同菌株菌落背面产生的色素颜色，常分为两种类型：一为初期灰紫色，后渐变为蓝紫色，菌落背面淡紫色至深紫色；另一为初期白色，后期持续白色或黄色，菌落背面淡黄色至橘黄色。病菌小型分生孢子棒槌形或椭球形，可形成较长的分生孢子链，个别的在产孢细胞顶端的几个小孢子聚集成假头状；棒槌形的小孢子0～1个分隔，顶端略膨大，基部平截，大小为（3～7.5）μm×（2.5～3.5）μm；椭球形的小孢子较少见，无隔，基部有一乳状突起。大型分生孢子产生于橘黄色分生孢子座上，3～5个分隔，细长，较直，略弯曲，顶细胞圆锥形，基细胞足跟明显，大小为（26.1～38.3）μm×（3.7～5.3）μm。厚垣孢子缺乏。产孢梗为单瓶梗或复瓶梗，简单分枝，通常可见呈二叉状分枝，较长。

2. 禾谷镰孢（*F. graminearum* Schwabe） 在PSA培养基上，气生菌丝棉絮状，白色至草黄色、暗红色；在查氏培养基上呈谷鞘红色；在大米饭培养基上呈粉红色至暗红色；在改进的别氏培养基上菌丝稀疏，无色；在高粱粒上培养很易产生大型分生孢子。大型分生孢子多3～5个隔膜，大小为（18.2～44.2）μm×（3.4～4.7）μm。小型分生孢子和厚垣孢子少见。

3. 半裸镰孢（*F. semitectum* Berk. & Ravenel） 在PSA培养基上25℃培养4d后，菌落直径为40～65mm；气生菌丝繁茂，棉絮状，粉色至浅黄棕色、浅驼毛色。小型分生孢子数量少，纺锤形或长卵形，0～1个分隔，大小为（5～20）μm×（2～5）μm。大型分生孢子多为纺锤形，较直或稍弯曲，顶胞、基胞均为楔形，基胞上有一突起，多数有3～5个分隔，大小为（15～40）μm×（3～6）μm。厚垣孢子球形，间生，直径5～10μm。产孢细胞复瓶梗或单瓶梗，有的具重复分枝。个别菌株可产生橘黄色分生孢子座。

4. 尖镰孢（*F. oxysporum* Schltdl. ex Snyder et Hansen） 在PSA培养基上25℃培养3d，菌落直径25～40mm；气生菌丝茂盛，丝绒状或羊毛状；菌落白色、粉色至紫色；培养基表面无色或淡紫色，菌落背面粉色至紫色。小型分生孢子数量多，卵圆形或肾形，0～1个分隔，假头生，大小为（4～18.5）μm×（2～3.5）μm。大型分生孢子镰刀形，稍弯，较匀称，基细胞足跟明显，2～5个分隔。厚垣孢子球形或椭圆形。产孢梗为单瓶梗，较短，单生或具分枝。可产生浅黄色的分生孢子座。

5. 拟轮枝镰孢［*F. verticillioides*（Sacc.）Nirenberg，异名：*Fusarium moniliforme* J. Sheld.］ 病菌气生菌丝绒毛状至粉末状，白色至淡青莲色；在查氏培养基上呈玫瑰粉色，在蒸米饭上呈葡萄紫色。小型分生孢子串生，卵形或纺锤形，大小为（3.9～14.3）μm×（1.8～3.9）μm。大型分生孢子多有3～5个隔膜，大小为（19.0～80.6）μm×（2.6～4.7）μm。

6. 层出镰孢［*F. proliferatum*（Matsush.）Nirenberg］ 病菌小型分生孢子串生和假头生，长卵形或椭圆形，无隔或具一隔膜，大小为（7.6～10.7）μm×（3.6～4.3）μm。大型分生孢子镰刀形，较直，顶胞渐尖，足胞较明显，具1～5个分隔，以3～4个隔膜者居多，大小为（27.1～38.3）μm×（3.7～4.9）μm。

在PDA或PSA培养基上5～35℃的温度范围内均能生长，适宜温度25～30℃，最适28℃。在适宜温度下气生菌丝茂盛、密集，菌落生长厚；在5℃和35℃时菌落生长极慢；10℃时，气生菌丝稍长，但较稀疏；25℃和30℃下培养5d，平均菌落直径分别为97.2mm和74.2mm。菌落呈粉白色至淡橙黄色；气生菌丝绒毛状至粉末状，高2～3mm；培养基背面橙黄色，基物无色。在PSA培养基上培养10d后产生橙黄色分生孢子座。

7. 胶孢镰孢［*F. subglutinans*（Wollenw. et Reinking）Nelson，Toussoun et Manasas］ 在PDA或PSA培养基上，菌落粉白色至淡紫色，菌落背面边缘淡紫色、中部紫色，基质不变色。气生菌丝绒毛状至粉末状，长2～3 mm。小型分生孢子较小，长卵形或拟纺锤形，多无隔，大小为（6.4～12.7）μm×（2.5～4.8）μm，聚集成假头状黏孢子团。大型分生孢子镰刀形，较直，顶胞渐尖，足胞较明显，2～6个分隔，以3个分隔者居多，大小为（25～60.7）μm×（2.8～5.0）μm。产孢细胞为单瓶梗和复瓶梗。厚垣孢子未见。

8. 木贼镰孢［*F. equiseti*（Corda）Saccardo］ 在PSA培养基上，25℃培养3d，菌落直径为30～50mm。气生菌丝茂盛，较稀疏，绒毛状。菌落初期白色至粉色，背面浅粉色，后期逐渐变为黄褐色，背面深褐色。菌落上极易形成橘黄色黏孢团形分生孢子座。小型分生孢子很少，形态不规则。大型分生孢子镰刀形，稍弯曲，大小为（24.8～81.4）μm×（3～7）μm，具3～7个分隔，以5隔者居多，中间细胞显著膨大，顶细胞延长呈锥形，基细胞为细长的足跟状。产孢细胞为单瓶梗，聚生或不规则分枝。厚垣孢子球形，直径为9～20μm，串生或聚生。

9. 新月弯孢［*Curvularia lunata*（Wakker）Boedijn］ 属无性型弯孢属真菌。病菌分生孢子梗分化明显，直或弯，上部多呈屈膝状弯曲，褐色。分生孢子较粗壮，多数具4个细胞，两端细胞淡褐色，中间细胞深褐色，有的稍弯，显现出一侧凸起而另一侧较平的背腹形状，大小为（18～34）μm×（7～16）μm。

10. 禾生炭疽菌［*Colletotrichum graminicola*（Ces.）G. W. Wilson］ 属无性型炭疽菌属真菌；有性型为禾生小丛壳菌（*Glomerella graminicola* Polltis），属子囊菌门小丛壳属。病菌的分生孢子盘散生或聚生，突破表皮，黑色。分生孢子盘中具分散或成行排列的刚毛，数量较多，暗褐色，顶端色泽较淡，正直或微弯，基部略微膨大，顶端较尖，3～7个隔膜，大小为（64～128）μm×（4～6）μm。分生孢子梗圆柱形，无色，单胞，大小为（10～14）μm×（4～5）μm。分生孢子镰刀形，无色，单胞，微弯，内含物不呈颗粒状，大小为（26.1～30.8）μm×（4.9～5.2）μm。

11. 高粱茎点霉［*Phoma sorghina*（Sacc.）Boerema, Dorenbosch & van Kesteren］ 异名：*Phyllosticta glumarum*（Ell. et Fr.）Miyake，属无性型茎点霉属真菌。病菌分生孢子器散生或群生，球形至扁球形，似透镜状，直径40～60μm，黑褐色，基部黄褐色，顶端凸起为孔口。分生孢子卵形至椭圆形，无色透明，具1个油球，大小为（3～6）μm×（2～3）μm。

12. 交链孢［*Alternaria alternata*（Fr.）Keissl］ 属无性型链格孢属真菌。病菌在查氏培养基上25℃培养7d，菌落直径53～57 mm，质地绒状，灰黑色至黑色。分生孢子梗单生或数根束生，不分枝或偶有分枝，具1～2个隔膜，褐色，正直至屈曲，大小为（25～45）μm×（4～6）μm。分生孢子3～10个串生，梭形或椭圆形，形状不一致，褐色至橄榄褐色，大小为（15～54）μm×（8～14）μm，具2～7个横隔膜，0～5个纵隔膜，隔膜处有缢缩；无嘴喙或长短不一，多数色淡，少数与孢身颜色相似。

13. 高粱生平脐蠕孢［*Bipolaris sorghicola*（Lefebvre et Sherwin）Alcorn］ 异名：*Helminthosporium sorghicola* Lefebvre et Sherwin，属无性型平脐蠕孢属真菌。病菌分生孢子梗单生或2～4根自气孔或寄主表皮细胞间生出，通常不分枝，浅褐色至黑褐色，具隔膜，基部呈半球形，大小为（50～730）μm×（4.8～7.5）μm，孢子梗上着生1～4个分生孢子。在湿度大或菌落周围有水滴的情况下，分生孢子直接萌发形成较短的分生孢子梗，其上再生分生孢子，连续不断地生长形成分生孢子链。分生孢子浅褐色至淡榄褐色，微弯，两端钝圆，2～8个隔膜，以4～6个分隔者居多，大小为（72.5～92.5）μm×（10～12.5）μm。分生孢子脐点明显可见，但不凹入基细胞内，几乎与基部边缘平齐。

病菌生长温度为5～35℃，适宜温度为25～30℃；分生孢子在pH3～10均能萌发，最适pH6～7。病菌在多种培养基上均能生长，在玉米粉培养基上生长快，其次为燕麦片和PDA培养基。

14. 大斑病凸脐蠕孢［*Exserohilum turcicum*（Pass.）K. J. Leonard et E. G. Suggs］ 异名：*Helminthosporium turcicum* Pass.、*Bipolaris turcica*（Pass.）Shoemaker、*Drechslera turcica*（Pass.）Subramanian et P. C. Jain，属无性型凸脐蠕孢属真菌；有性型为大斑病毛球腔菌［*Setosphaeria turcica*（Luttr.）Leonard et Suggs；异名：*Trichometasphaeria turcica* Luttr.，*Keissleriella turcica*（Luttr.）Arx］。

病菌分生孢子梗自气孔生出，单生或2～3根束生，褐色，不分枝，正直或具膝状曲折，基细胞膨大，顶端颜色较淡，孢痕显著，具2～8个隔膜。分生孢子长梭形或蠕虫形，榄褐色，中央宽，两端渐狭，多数正直，顶细胞钝圆形或长椭圆形，基细胞尖锥形，具2～7个隔膜，大小为（28～153）μm×（10～24）μm，脐点明显突出于基细胞外部。分生孢子大小和形状变异较大，常因环境条件和发生部位不同而有差异：如温度较低时呈纺锤形，温度较高时则变细长；花护颖上的分生孢子较叶片上的长而弯曲。病菌的有性态在田间尚未发现。

菌丝体发育的温度为10～35℃，以28～30℃为最适。分生孢子形成的温度为13～30℃，最适20℃。孢子萌发和侵入的适温为23～25℃。分生孢子的形成及其萌发和侵入均需要高湿条件。光线对分生孢子的萌发有一定的抑制作用。

四、病害循环

高粱粒霉病病原菌多为兼性寄生菌，病菌主要以菌丝体或分生孢子、厚垣孢子在土壤中或土表的病株残体和籽粒中越冬。有的病原菌的菌丝体在土壤中病株残体内可存活数年，高粱种皮和颖壳上的分生孢子也能存活多年，一些种子内部真菌在室温条件下可存活3年以上。当带菌种子播种后，有的病菌从萌动的种子侵入幼苗组织，直接引起幼苗根茎腐烂，造成苗枯病。有的病原菌（如镰孢菌等）可从幼苗根、茎部侵入，随着植株生长在植株体内扩展，可达高粱穗部使得种子带菌，成为下一年的初侵染源。高粱生长季中，在适宜的条件下，越冬的病株残体上可产生病菌分生孢子或子实体，借风和雨水传播至高粱植株叶片、叶鞘进行侵染，有的病原菌可传播至穗部，直接侵染籽粒引起粒霉病。高粱收获前个别籽粒带菌，脱粒后储存过程中遇有适宜病菌生长的温、湿度，能加快病菌传播和籽粒霉烂。

以镰孢菌接种感病品种小穗外稃、内稃、颖壳、花丝和衰老的柱头，发现菌丝向基部定殖于小穗的组织内，接种后3～4d颖壳受害并产生色素，5d后小穗上密生菌丝，其后菌丝扩展至籽粒糊粉层和果皮之间，逐渐侵染胚乳、胚和果皮；条件适宜时，菌丝快速蔓延，果皮和整个籽粒密生白色或粉红色菌丝。病菌侵染抗病品种小穗时，其病变进展速度较缓慢，菌丝多见于小穗枝梗的间隙。

五、流行规律

1. 高粱品种间对粒霉病抗性差异明显 一般红色籽粒品种比白色籽粒品种抗病，籽粒单宁含量高的品种比单宁含量低的品种抗病，硬粒型品种比粉质型品种抗病，根系发达品种较为抗病。高粱品系Funks814、IS3555、IS447、IS452、IS455、IS472、IS473、IS453、SC748、IS279－14、IS568－14、74PR759、SC103－12、E35－1、SPV141等对粒霉病表现抗性。高粱被粒霉病菌侵染的部位会迅速产生色素，在抗病品种组织上形成的色素颜色、强度和速度与感病品种上的明显不同，病情发展差别明显。

2. 高粱粒霉病流行的环境条件 粒霉病菌均为兼性寄生菌，湿度适宜的气候条件下，高粱从幼小花序到成熟穗的生育阶段都可以感染粒霉病。高粱种植密度大，田间小气候潮湿有利于发病。开花后至籽粒成熟期，多雨、多雾等潮湿的天气条件有利于发病，多湿天气持续时间越长发病越重。多年连作，田间植株病残体较多，土壤累积菌量大的田块发病较重。栽培管理粗放，穗螟为害严重的地块发病严重。

六、防治技术

由于不同地区的自然环境条件和耕作栽培制度不同以及品种差异等，高粱粒霉病菌的种类和比例会有所差异，而且高粱粒霉病发生的寄主—病原—环境之间相互作用相当复杂，用单一的防治方法不能有效地控制该病的发生（Thakur等，2006）。因此，高粱粒霉病的防治应采取综合防治措施。

（一）选用抗（耐）病品种

利用寄主抗性是防治高粱粒霉病的主要措施（Thakur等，2006），高粱不同品种对粒霉病抗性差异显著，发病严重地区，应选种抗病性强的品种。

（二）农业防治

适当调节播种期，尽可能使该病发生的高峰期即高粱抽穗开花至籽粒成熟期避开雨季，可减轻发病（Borikar，S. T. et al.，2007）。合理密植、适时追肥、及时收获、控制高粱螟等害虫对穗部的为害等措施，均可以减轻粒霉病的发生。采收后及时晾晒，控制籽粒含水量，防止霉变，做到安全储藏。收获后及时清除病残体和病穗，减少越冬菌源。

徐秀德　刘可杰（辽宁省农业科学院植物保护研究所）

第5节　高粱镰孢菌茎基腐病

一、分布与危害

高粱镰孢菌茎基腐病又称青枯病，是由多种镰孢菌（*Fusarium* spp.）侵染引起，是世界各高粱产区普遍发生的一种重要土传、种传病害，尤其是在世界的热带、温带，气候潮湿的高粱产区，该病发生更为严重。在美国堪萨斯州，平均每年因该病造成产量损失大约4%，个别地块可达50%以上，严重地块可导致绝产（Jardine，1992）。2008—2009年，澳大利亚利物浦平原到昆士兰中部由于该病大面积发生，导致病株籽粒灌浆不饱满，籽粒干瘪而小，植株生长势弱或花梗折断，病株倒伏和茎秆破损，影响机械收割。在我国，该病分布广泛，各高粱种植区均有不同程度发生，发病田一般减产5%～10%，个别严重地块减产近100%。

二、症状

高粱镰孢菌茎基腐病主要侵染高粱根部和茎基部，常导致植株生长不良，籽粒灌浆不饱满，生长势弱或花梗折断，茎秆破损及植株倒伏。高粱茎基腐病通常可表现根腐和茎腐等两种症状类型。

根腐症状：病菌先侵染高粱根部的皮层，然后扩展到维管束内，在新根上形成大小不等、形状不一的根斑，由皮层向内腐烂，直至维管束。随病情加重老根腐烂，形成锚状根，严重时植株很容易从土壤中拔出。根系端部的幼嫩部分呈现深褐色腐烂，组织逐渐坏死。苗期受害，常导致苗枯症状出现；成株期受害，植株叶片尖端变黄，病害严重时导致植株死亡（彩图5-5-1）。

茎腐症状：病菌先在植株下部的第二或第三节节间处侵染，形成小圆形至长条状、淡红色至暗紫色的小型病斑，并逐渐向外向上扩展。病部表面有时生有白色粉状霉层，患病植株髓部变淡红色。重病株叶片骤然青枯呈淡灰色，犹如霜害或日烧状。病株穗部失去光泽、暗灰色，且明显较正常穗小，多数小花不育，籽粒瘪瘦。开花后的病株易从茎腐部位倒伏或发生花梗折断。镰孢菌等除了引起根腐和茎基腐以外，还引起顶腐、穗腐等症状。

三、病原

根据国内外资料报道，引起高粱茎基腐病的致病镰孢菌种类较多，各地报道的病原菌种类不尽相同，有13种之多，包括产黄镰孢（*Fusarium thapsinum*）、拟轮枝镰孢（*F. verticillioides*）、木贼镰孢（*F. equiseti*）、禾谷镰孢（*F. graminearum*）、黄色镰孢（*F. culmorum*）、尖镰孢（*F. oxysporum*）、层出镰孢（*F. proliferatum*）、半裸镰孢（*F. semitectum*）、腐皮镰孢（*F. solani*）、胶孢镰孢（*F. subglutinans*）和三线镰孢（*F. tricinctum*）等。引起高粱茎基腐病的主要病菌是拟轮枝镰孢、产黄镰孢，其次是禾谷镰孢、胶孢镰孢和层出镰孢，其中最重要的有以下5种。

1. 拟轮枝镰孢［*F. verticillioides* (Sacc.) Nirenberg］　为串珠镰孢菌复合种群中的一个种，有性型为串珠赤霉［*Gibberella moniliformis* Wineland，异名：*G. fujikuroi*（Sawada）Wollenweber］。

病菌气生菌丝绒毛状至粉状，白色至淡青莲色；在查氏培养基上呈玫瑰粉色，在大米饭上呈葡萄紫色。小型分生孢子串生，卵形或纺锤形，大小为（3.9～14.3）μm×（1.8～3.9）μm；大型分生孢子多3～5个隔膜，大小为（19.0～80.6）μm×（2.6～4.7）μm。

有性阶段的子囊壳球形，光滑，蓝黑色。子囊长椭圆形，大小为（75～100）μm×（10～16）μm；子囊孢子双行排列，较直，两端渐尖，多为1个隔膜，分隔处缢缩，大小为（12～17）μm×（4.5～7.0）μm。

2. 产黄镰孢（*F. thapsinum* Klittich，Leslie，Nelson & Marasas）　有性型为 *Gibberella thapsinum* Klittich，Leslie，Nelson & Marasas。

在PSA培养基上，25℃培养3 d后菌落直径达25～30mm；菌丝白色，常聚集成较粗糙的菌丝束，蛛网状。根据不同菌株菌落背面产生的色素颜色，常分为两种类型：① 初期灰紫色，后渐变为蓝紫色，菌落背面为淡紫色至深紫色；② 初期白色，后期持续白色或黄色，菌落背面淡黄色至橘黄色。病菌小型分生孢子棒槌形或椭圆形，可形成较长的分生孢子链，个别的在产孢细胞顶端几个小孢子聚集成假头状，棒槌形的小孢子 0～1 个隔，顶端略膨大，基部平截，大小为（3～7.5）μm×（2.5～3.5）μm；椭球形的小孢子较少见，无隔，基部有一乳状突起。大型分生孢子产生于橘黄色分生孢子座上，3～5 个隔，细长，较直，略弯曲，顶细胞圆锥形，基细胞足跟明显，大小为（26.1～38.3）μm×（3.7～5.3）μm。厚垣孢子缺乏。产孢梗为单瓶梗或复瓶梗，简单分枝，通常可见呈二叉状分枝，较长。

3. 禾谷镰孢（*F. graminearum* Schwabe） 有性型为玉蜀黍赤霉［*Gibberella zeae*（Schw.）Petch］。

在 PSA 培养基上，气生菌丝棉絮状，白色至草黄色、暗红色、桔梗紫色；在查氏培养基上呈谷鞘红色；在蒸米饭培养基上粉红色至暗红色；在改进的别氏培养基上菌丝稀疏，无色；在高粱粒培养基上培养易产生大型分生孢子。大型分生孢子多 3～5 个隔膜，大小为（18.2～44.2）μm ×（3.4～4.7）μm。小型分生孢子和厚垣孢子少见。

该病菌有性阶段玉蜀黍赤霉在麦粒培养基上培养可产生蓝黑色、球形的子囊壳，大小为（163.2～201.0）μm×（204.0～231.2）μm；子囊棍棒形，大小为（57.2～85.8）μm×（6.5～11.7）μm；子囊孢子纺锤形，双列斜向排列，1～3 个隔膜，大小为（16.9～27.3）μm×（4.2～5.7）μm。

4. 胶孢镰孢（*F. subglutinans* Wollenw. et Reinking） 有性型为胶孢赤霉（*Gibberella subglutinans* Nelson，Toussoun et Marasas）。

病菌菌落粉白色至淡紫色，气生菌丝绒毛状至粉末状，长 2～3 mm。培养基背面边缘淡紫色，中部紫色，基质不变色。

病菌小型分生孢子丰富，长卵圆形或纺锤形，无色，大小为（6.4～12.7）μm ×（2.5～4.8）μm，不串生，聚集成疏松的黏孢子团，呈假头状；大型分生孢子镰刀形，较细直，顶胞渐尖，足胞较明显，具 2～5 个隔膜，以 3 个隔膜者居多，大小为（20～63）μm×（2.0～6.5）μm。产孢细胞为内壁芽生-瓶梗式（eb - ph）产孢，单瓶梗和复瓶梗并存，以单瓶梗居多。子囊壳散生或聚生，蓝黑色，卵圆形或近圆锥形、光滑；子囊棍棒形，无色，大小为（68～109）μm×（9～14）μm，内生 8 个子囊孢子；子囊孢子直形，两端钝圆，具 1～3 个隔膜，多为 1 个隔膜，分隔处缢缩，大小为（10～24）μm ×（4～9）μm。

病菌菌丝体生长温度为 5～35℃，适宜温度为 25～30℃，以 28℃下生长最快。病菌在 pH 3～12 的范围内均能生长，适宜为 pH 6～8。小型分生孢子萌发的适宜温度为 25～28℃，适宜 pH 为6～7。产生大型分生孢子不仅与培养基 pH 关系密切，也与光照以及培养基的种类关系密切。人工培养的病菌置于黑光灯或日光灯下照射，均有利于大型分生孢子的产生，而黑暗或散射光下则不易产生大型分生孢子。

5. 层出镰孢［*F. proliferatum*（Matsush.）Nirenberg］ 有性型为 *Gibberella intermedia*（Kuhlman）Samuels，Nirenberg et Seifert。

病菌小型分生孢子串生和假头生，长卵形或椭圆形，无隔或具 1 隔膜，大小为（7.6～10.7）μm ×（3.6～4.3）μm；大型分生孢子镰刀形，较直，顶胞渐尖，足胞较明显，1～5 个分隔，以 3～4 隔居多，大小为（27.1～38.3）μm×（3.7～4.9）μm。

病菌在 PDA 或 PSA 培养基上，在 5～35℃范围内均能生长，适宜温度为 25～30℃，最适 28℃。在适宜温度下气生菌丝茂盛、密集，菌落生长厚；在 5℃和 35℃时菌落生长极慢；10℃时，气生菌丝稍长，但较稀疏；25℃和 30℃下培养 5d，平均菌落直径分别为 97.2mm 和 74.2mm，菌落呈粉白色至淡橙黄色；气生菌丝绒毛状至粉末状，高 2～3mm，培养基背面橙黄色，基质无色。在 PSA 培养基上，培养 10d 后产生橙黄色分生孢子座。

四、病害循环

病菌主要以分生孢子和菌丝体在病株残体上越冬，也可以在土壤中越冬，成为第二年的初侵染菌源。种子可带菌，为病害远距离传播的侵染来源。在自然条件下，病菌的繁殖体离开植株残体后仅能存活 3 个月左右，但病菌在种子内部保存 3 年，尚可保持生活力。播种后，土壤中及种子上的病菌均可侵染幼苗的根、芽，重者导致苗枯和死苗。病菌侵入植株体内，并在植株体内向上扩展至茎基部，遇有适宜发病条件致使茎基部腐烂。一些病原菌种类可在植株体内向上扩展至植株穗部，致使穗部腐烂和种子带菌，成为下一年的菌源。病菌可借机械伤害、虫害及其他原因造成的伤口，直接侵入高粱的根部和茎部，引起茎基腐病。高粱在开花期至乳熟期，若先后遭遇高温干旱与低温阴雨，发病就严重。

五、流行规律

高粱茎基腐病是一种重要的土传、种传病害，其流行规律较为复杂。

1. 不同品种间发病程度差异明显 高粱品种间的抗病性有明显差异，有耐病品种和中度抗病品种，目前尚未发现有高抗的品种；一般晚熟的杂交种较抗倒伏，较为耐病。RTx430 是耐病的，因其维管束组织里含有大量木质素，降低了髓组织的被侵染率（Hernandez，1987）。Combine Kafir 60 是高度耐病的。抗病高粱品系有：SC599-11E、IS173、B198B、B194B、B214B、B206B、E15B 等。

2. 土壤条件、栽培方式不同发病程度存在差异 低洼地块、园田地、土壤黏重地块发病重，而山坡地和高岗地块发病轻；高粱、玉米多年连作，田间植株病残体较多，土壤累积菌量大的田块发病较重；播种时土壤温度低，出苗慢的田块发病重，一般早播比适期晚播发病重；土壤墒情差，耕作粗放，大水漫灌，排水不良，植株衰弱的田块发病重；地下害虫和其他病害较重的地块，害虫造成的伤口或其他病害造成植株伤根等均有利于病菌的侵染，从而导致病害的严重发生。土壤高氮低钾，导致植株抗性不良，可引起病情加重。

3. 种子带菌是病害远距离传播的重要途径 种子带菌不仅是病害严重发生的初侵染来源，也是病害远距离传播的重要途径。种子携带的病原菌随种子萌发侵入寄主体内，遇有适宜的发病条件即可发病，并表现症状。

六、防治技术

（一）选用抗(耐)病品种

高粱品种间对镰孢菌茎基腐病抗性存在明显差异，一般来说茎秆健壮的高粱杂交种抗病性强于自交系。选择种植茎秆健壮、抗病性强的杂交种，可减轻发病、减少倒伏。

（二）化学防治

种子处理：播种前用25%三唑酮可湿性粉剂或12.5%烯唑醇可湿性粉剂按种子重量的0.2%拌种，具有一定的防病效果，并可兼防高粱丝黑穗病。也可选用75%百菌清可湿性粉剂，或50%多菌灵可湿性粉剂、80%代森锰锌可湿性粉剂等，按种子量的0.4%拌种。

（三）农业防治

1. 减少菌源 应施用充分腐熟的农家肥，阻断粪肥带菌，减少发病；建立无病留种田，可降低种子带菌率和病害发生率；田间发现病株及时拔除，集中处理；高粱收获后及时深翻灭茬，促进病残体分解，抑制病原菌繁殖，减少土壤中病原菌种群数量，减轻病害的发生。

2. 科学栽培管理 合理轮作，有条件的可与非禾本科作物轮作，以有效降低发病率；避免在低洼阴冷的地块种植高粱，并精细整地，排湿提温，提高土壤墒情，适期播种，促进苗壮，提高幼苗抗病能力；在高粱生长期间，保持适宜的土壤水分，干旱时及时灌水，改善植株水分状况，提高植株对营养的吸收能力，是控制发病的最重要手段；合理密植，及时铲除田间杂草，以免与高粱争夺土壤水分和养分，增加高粱抗病性。科学合理施肥，增施磷、钾肥，防止偏施氮肥，保持土壤肥力平衡，使植株生长健壮，提高植株抗病力；防治地下害虫，减少害虫以及其他根部病害侵染造成的伤口，减少病菌侵染概率，可明显地降低发病率。

王丽娟（辽宁省农业科学院植物保护研究所）

第6节　高粱顶腐病

一、分布与危害

高粱顶腐病是一种土传、种传病害，最早于1896年Wakker和Went在爪哇的甘蔗上发现，以爪哇语“Pokkan boeng”命名，意指植株顶部受害呈畸形或扭曲。后 Bolle（1927，1928）在爪哇的高粱上也发现此病。此后该病在世界上多个国家的高粱产区相继有发生流行的报道，如在美国的路易斯安那州（Edgerton and Tims，1927）和夏威夷（Lee，1928），以及古巴（Praiode，1933）、印度（Subramanian，1941）和澳大利亚等国家均有报道。在我国，徐秀德等于1993年首次报道在辽宁省高粱上发现顶腐病。目前，该病在我国高粱产区均有不同程度发生，一般发病率在3%～5%，重病区发病率在40%以上。

二、症状

高粱顶腐病可侵害高粱叶片、叶鞘、茎秆、花序及穗部。高粱苗期至成株期均可染病。该病的典型症状是，植株近顶端叶片畸形、折叠和变色。在植株喇叭口期，顶部叶片沿主脉或两侧出现畸形、皱缩，不能展开。发病严重时，病菌侵染叶片、叶鞘和茎秆，造成植株顶部4～5片病叶皱缩，顶端枯死，叶片短小如手掌状，甚至仅残存叶耳处部分组织，呈撕裂状。

在发病较轻的植株上，表现出类似由玉米矮花叶病毒引起的黄叶斑症状，或由细菌引起的黄色叶斑病症状，但不同的是，叶片基部皱缩，边缘有许多小的横向刀切状缺刻，切口处褪绿呈黄白色。随着病株生长，叶片伸展，顶端呈撕裂状，断裂处组织变黄褐色，叶片局部有不规则孔洞出现。病株根系不发达，根冠及基部茎节呈黑褐色。

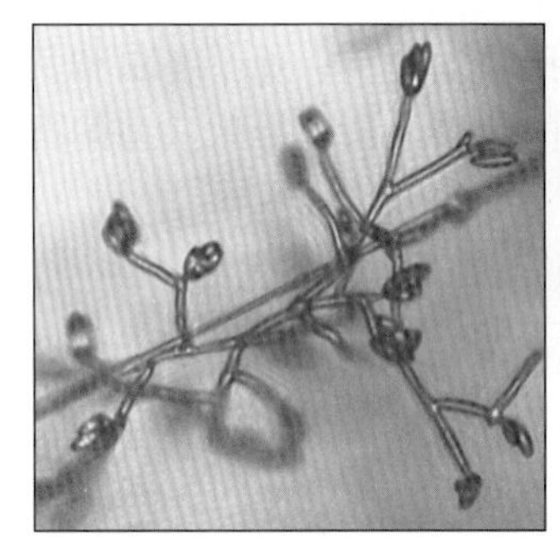
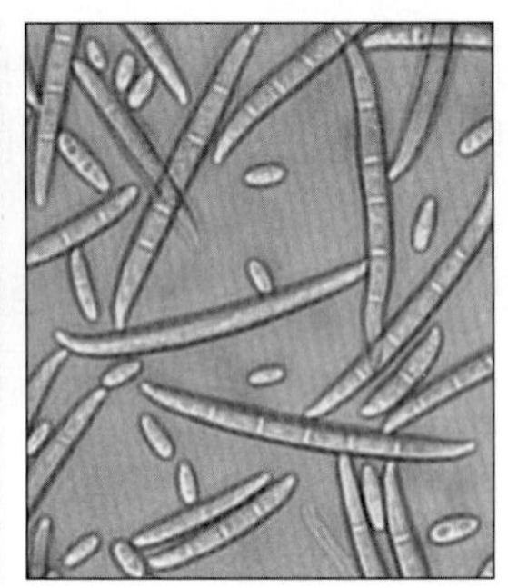

图5-6-1 胶孢镰孢的分生孢子梗和分生孢子（徐婧提供）

Figure 5-6-1 Morphology of conidiophore and conidia of *Fusarium subglutinans* (by Xu Jing)

植株花序受侵染时可造成穗部短小，轻者小花败育干枯，重者整穗不结实。主穗染病早的，造成侧枝发育，形成多分蘖和多头穗，分蘖穗发育不良。一些品种染病后，植株顶端叶片彼此扭曲、包卷，呈长鞭弯垂状，嵌住新叶顶部，使继续生长的新叶呈弓状。叶鞘、茎秆染病，导致叶鞘干枯，茎秆变软倒伏。田间湿度大时，病株被害部位表面密生粉红色霉层。高粱顶腐病症状见彩图5-6-1。

三、病原

高粱顶腐病的病原为胶孢镰孢［*Fusarium subglutinans*（Wollenw. et Reinking)］，属镰孢属真菌，其有性型为胶孢赤霉（*Gibberella subglutinans* Nelson，Toussoun et Marasas）。

病菌小型分生孢子丰富，长卵圆形或纺锤形，无色，大小为（6.4～12.7）μm×（2.5～4.8）μm，不串生，聚集成疏松的黏孢子团，呈假头状；大型分生孢子镰刀形，较细直，顶胞渐尖，足胞较明显，具2～5个隔膜，以3隔膜者居多，大小为（20.0～63.0）μm×（2.0～6.5）μm。产孢细胞为内壁芽生-瓶梗式（eb-ph）产孢，单瓶梗和复瓶梗并存，以单瓶梗居多，分生孢子梗和分生孢子见图5-6-1。在PSA培养基上，培养3周后的菌丝上产生厚垣孢子；厚垣孢子顶生或间生，单生或串生，近圆形，淡褐色。

胶孢赤霉的子囊壳散生或聚生，蓝黑色，卵圆形或近圆锥形，光滑。子囊棍棒形，无色，大小为（68.0～109.0）μm×（9.0～14.0）μm，内生8个子囊孢子。子囊孢子直形，两端钝圆，具1～3个隔膜，多为1个，分隔处缢缩，大小为（10.0～24.0）μm×（4.0～9.0）μm（Frederiksen，1986)。该菌与藤仓赤霉菌［*Gibberella fujikuroi*（Saw.）Wollenw.］不同之处是子囊中含有8个子囊孢子，子囊孢子较细长。小型分生孢子形成小的假头状，大型分生孢子隔膜少。

病菌在PSA、WA、Bilai、高粱米和大米饭培养基上，于25℃条件下培养，以PSA和两种米饭培养基上的菌丝生长良好。在PSA上气生菌丝绒毛状或粉末状，白色、浅粉红色、牵牛紫色，基质表面紫色至深蓝色；在大米饭培养基上菌丝白色、紫红色至牵牛紫色，色泽鲜艳；在高粱米饭培养基上菌丝白色或米色、粉红色至牵牛紫色。在Bilai和WA培养基上气生菌丝极少，白色。病菌的菌丝体在5～35℃温度范围内均可生长，适宜温度为25～30℃，以28℃下生长最快。小型分生孢子萌发适温为25～28℃，在

5℃和40℃中几乎不能萌发。病菌在pH3～12范围内均能生长，以pH6～8为宜，小型分生孢子萌发适宜pH为6～7，两者均以pH为7时最佳。病菌在Bilai培养基上，pH3～12范围内均能产生大型分生孢子，以pH4～11为宜，以培养4d的病菌产孢最多。大型分生孢子的产生与pH、光照及不同培养基关系密切。将病菌置于黑光灯或日光灯下照射，均有利于大型分生孢子形成，产孢量以黑光灯照射为最多，其次是日光灯照射。病菌在不同培养基上，经光照处理后产孢量不同，黑光灯下小麦粒、高粱粒、珍珠粟粒、玉米粒和高粱米培养基上的病菌产孢最多。

病菌能利用多种碳源，以半乳糖、甘露糖最佳，乳糖、木糖、葡萄糖次之，山梨糖和菊糖不利于病菌生长。氮源以酵母膏和肉汁对病菌生长较好，其次是牛肉膏、硫酸铵、蛋白胨、氯化铵、硝酸钾，以尿素为氮源菌丝生长最慢。总之，氮源对菌丝的生长远不及碳源好。

在人工接种条件下，病菌可侵染多种禾本科植物，如高粱、玉米、苏丹草、哥伦布草、谷子、珍珠粟、薏苡、水稻、燕麦、小麦和狗尾草等。

四、病害循环

该病菌具有系统侵染和再侵染能力。高粱苗期、成株期植株均能被侵染发病。病菌以菌丝、分生孢子在病株、种子、病残体上及土壤中越冬，成为翌年高粱发病的初侵染菌源。播种后幼苗根部与土壤中病菌接触被侵染，或种子带菌直接侵染幼苗根部进入植株体内，随着植株生长向上扩展。当遇长时间潮湿气候，或在适宜的环境条件下发病，在患病部位表面可产生粉白色孢子层。病菌分生孢子借助于风、雨、昆虫传播到健康植株再行侵染发病。种子带菌还可远距离传播，使发病区域不断扩大（图5-6-2）。

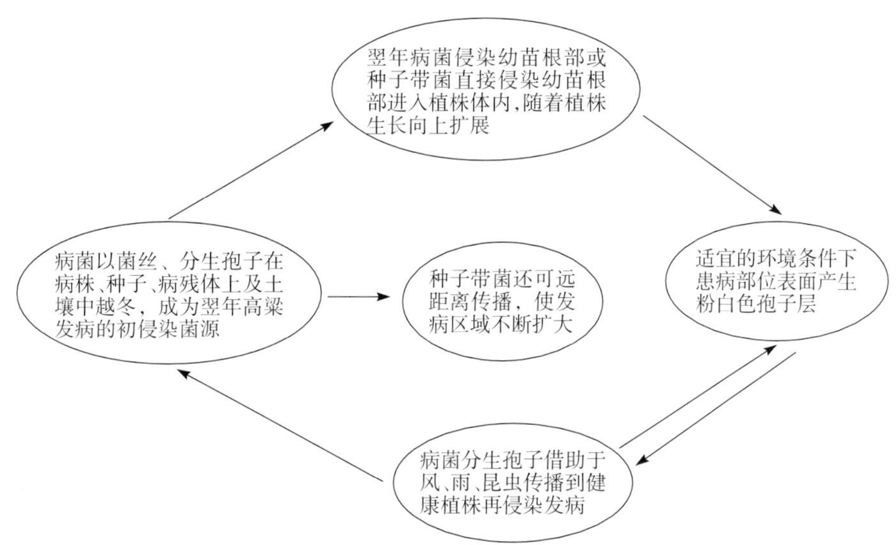

图5-6-2　高粱顶腐病病害循环（徐秀德、徐婧提供）

Figure 5-6-2　Disease cycle of sorghum top rot（by Xu Xiude and Xu Jing）

玉米、苏丹草、谷子、小麦、水稻、珍珠粟等禾本科作物及一些杂草也是该病菌寄主，这些患病寄主植物也可能是高粱顶腐病的病菌初侵梁源。

五、流行规律

高粱顶腐病是高粱上的一种新流行病害，高粱整个生长期间均可发病，而且症状表现复杂多样，流行规律不尽清楚，根据有关研究资料有以下流行特点。

（一）高粱顶腐病菌的传播扩散条件

病菌通过种子、植株病残体和带菌土壤进行年度间传播，带菌种子和病株秸秆是病害远距离传播的重要途径。高粱制种田的顶腐病发生率较高，造成种子带菌量增大，病害发生程度逐年加重。病株上产生的病原体可借助风、雨、昆虫、动物及人为农事操作等进行再侵染，遇适宜的发病条件即可发病。

（二）高粱顶腐病流行条件

1. 不同高粱品种间发病程度差异明显 高粱品种间的感病程度不同，一些高粱品系，如ICS33A、Tx622A、Tx624A、ICSR88026、ICSH229、ICSV690、RW17445及PW17445，对该病害高度感染。一般高粱杂交种的抗病性强于自交系，根系发达的品种较为抗病。

2. 不同土壤、栽培条件下的发病程度存在差异 不同地区、不同田块、不同土壤和栽培措施条件下发病程度明显不同。一般来说，低洼地块、园田地、土壤黏重地块发病重，特别是水田改旱田的地块发病更重，而山坡地和高岗地块发病轻；高粱、玉米多年连作，田间植株病残体较多，土壤累积菌量大的田块发病较重；播种时土壤温度低，出苗慢，耕作粗放，大水漫灌，排水不良，植株衰弱的田块发病重；地下害虫为害较重的地块发病较重。害虫为害造成的伤口有利于病菌侵染，从而导致病害严重发生。

3. 种子带菌是病害远距离传播的重要途径 种子带菌不仅是病害远距离传播的重要途径，也是病害严重发生的初侵染来源。种子携带病原菌侵入寄主体内，遇有适宜的条件即可引起发病，并表现症状。一些高粱制种田的顶腐病发病率较高，造成种子带菌量增大，病害发生程度会逐年加重。

六、防治技术

根据高粱顶腐病的发生规律及流行特点，采取以选种抗病品种、建立无病繁种基地、应用保健栽培技术和药剂防治相结合的综合防治措施，可有效控制病害流行蔓延，使高粱顶腐病的为害损失降低到最小程度。

（一）选用抗（耐）病品种

高粱品种间对顶腐病抗性存在明显差异。一般来说，高粱杂交种的抗病性强于自交系。一些高粱杂交种对高粱顶腐病有良好的抗性，抗病杂交种有辽杂10号、辽杂12、铁杂10号、锦杂93、晋杂12、晋杂13、吉杂76等。

（二）化学防治

1. 种子处理 播种前用25%三唑酮可湿性粉剂或12.5%烯唑醇可湿性粉剂，按种子重量的0.2%拌种，并可兼防高粱丝黑穗病；也可选用75%百菌清可湿性粉剂、50%多菌灵可湿性粉剂或80%代森锰锌可湿性粉剂等，以种子重量的0.4%拌种。

2. 生长期喷药 在发病初期，可选用50%多菌灵可湿性粉剂或80%代森锰锌可湿性粉剂500倍液喷施，有一定的防治效果。

（三）生物防治

用0.2%增产菌拌种或叶面喷雾，对该病有一定的控制作用。也可用哈茨木霉菌（*Trichoderma hazianum*）或绿色木霉（*Trichoderma viride*）等生防菌拌种或穴施，同样具有一定的防治效果。

（四）农业防治

1. 减少菌源 应施用充分腐熟的农家肥，阻断粪肥带菌途径，减少发病；建立无病留种田，降低种子带菌率和病害发生率；田间发现病株及时拔出，集中处理；高粱收获后及时深翻灭茬，促进病残体分解，抑制病原菌繁殖，减少土壤中病原菌种群数量，减轻病害的发生。

2. 科学栽培管理 合理轮作倒茬，科学品种布局，可有效降低发病率；精细整地，适期播种，避免在低洼阴冷的地块种植高粱；排湿提温，清除杂草，促进苗壮，提高幼苗抗病性；合理施肥，增施磷、钾肥，提高高粱抗病能力，减轻发病程度。

徐秀德　徐婧（辽宁省农业科学院植物保护研究所）

第7节　高粱黑束病

一、分布与危害

高粱黑束病是一种维管束病害，又称导管束黑化病。高粱黑束病于1971年由El-Shafey等在埃及首次报道，随后在美国、埃及、阿根廷、委内瑞拉、墨西哥、洪都拉斯和苏丹等国相继报道有高粱黑束病发生。Natural等（1982）的研究结果证明，该病可造成高粱减产50%以上。在我国，徐秀德等（1991）在辽宁省高粱上首次发现并报道了该病。目前，该病在吉林、黑龙江、辽宁、山西、山东、河北及内蒙古等省（自治区）高粱产区均有不同程度发生，且有逐年加重的趋势，个别品种的发病率可高达90%以上，造成严重产量损失。

二、症状

高粱黑束病在高粱植株整个生长期均可表现症状，苗期可造成死苗，成株期症状多样。发病初期叶脉黄褐色或红褐色（因品种而异），随之沿中脉出现红褐色或黄褐色条斑，逐渐发展纵贯整个叶片，最后叶脉呈紫褐色或褐色。病变从叶尖、叶缘向基部及叶鞘扩展，叶片失水逐渐干枯，通常病株上部叶片和新梢先枯死。横剖病茎，可见维管束尤其是木质部导管变为褐色，并被堵塞；剖茎检查，可见维管束变红褐或黑褐色，基部节间的维管束变黑较上部节间明显，故有"黑束病"之称。严重时，整株从顶部叶片开始自上而下迅速干枯，后期死亡。有的病株上部茎秆变粗，出现分蘖，不能正常抽穗和结实。潮湿环境下，病株叶基部、叶鞘上出现灰白色霉状物，即病原菌的分生孢子梗和分生孢子（徐秀德等，1994；Chase等，1980；Natural等，1982）。黑束病症状参见彩图5-7-1。

黑束病的症状与细菌条纹病或玉米矮花叶病毒病的相关症状颇为相似（Frederiksen，1984），极易混淆，因此田间诊断时应加以注意。

三、病原

高粱黑束病的病原为直枝顶孢（*Acremonium strictum* W. Gams，异名：*Cephalosporium acremonium* Auct. Non Corda），属无性型真菌，枝顶孢霉属。

病原菌菌落圆形，气生菌丝纤细，初呈白色，后变淡粉红色，具隔膜，可数根至数十根联合成菌索。分生孢子梗直立，单生，无色，基部稍粗，无隔膜，有二叉或三叉状分枝，连同产孢瓶体长40～60μm。产孢细胞圆柱形，无色，内壁芽生-瓶梗式（eb-ph）产孢（图5-7-1）。分生孢子椭圆形或长椭圆形，大小为（2.9～8.7）μm×（1.5～2.9）μm，无色，单胞，常聚集在产孢细胞顶端形成黏孢子团，内含分生孢子3～40个不等。

病菌菌丝在6～40℃下均能生长，适宜温度为25～30℃；在6℃下，10d后仅在接菌点周围形成短绒状菌丝；在40℃下菌丝虽略有生长，但长势很弱；在30～35℃高温下菌丝集结，从皿底可见向外放射状生长。在低温下菌落呈粉白色，随温度升高菌落变粉红色。病原菌在pH3～11均能生长，适宜pH为5～8，最适为pH6，菌丝茂密，生长速度快；在pH较低和较高情况下，气生菌丝少，生长缓慢，而且菌落颜色随pH的增加由灰白色、白色、粉白色转为粉红色。分生孢子在10～35℃均能萌发，25℃为最适萌发温度，40℃不能萌发，5℃萌发率极低，芽管短小；在pH2～12孢子均可萌发，pH5～7为适宜范围，以pH6为最适，过低或过高的pH，孢子萌发率低，且长出的芽管短粗，甚至膨大、畸形。

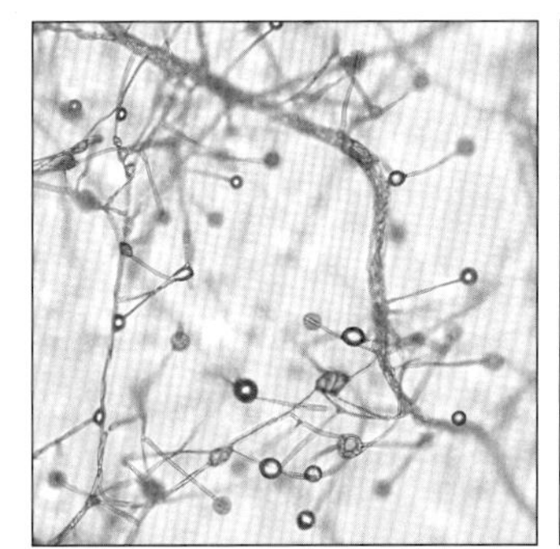
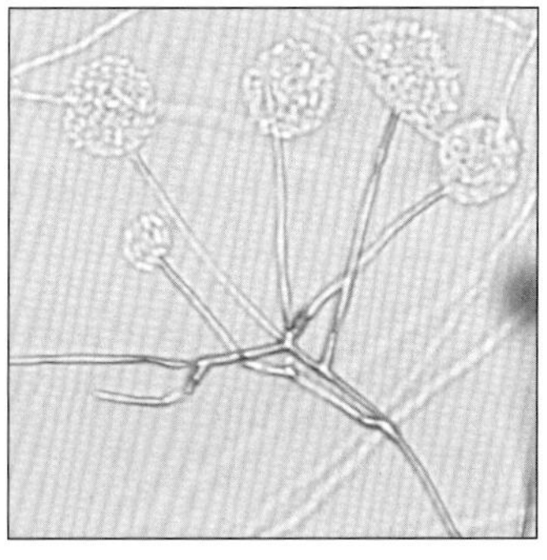

图5-7-1　直枝顶孢形态（姜钰提供）
Figure 5-7-1　Morphology of *Acremonium strictum* (by Jiang Yu)

病原菌能利用多种碳源和氮源作为营养，在多种培养基上均可生长。病原菌能利用多种糖类作为碳源，以葡萄糖、果糖、半乳糖、木糖、麦芽糖、乳糖、甘露糖、菊糖、蔗糖和淀粉为最佳碳源，山梨糖则不利于病原菌菌丝生长。病原菌在以牛肉膏、酵母膏、肉汁、蛋白胨和硝酸钾等为氮源的培养基上菌丝生长快，氯化铵和硫酸铵的次之，尿素的生长最慢。从菌落的气生菌丝生长厚薄程度可以看出，有机氮源好于无机氮源，但病菌在供试的氮源培养基上生长状况，远不如在碳源培养基上生长得好。

病原菌在PSA、PDA、淀粉、玉米粉、Balai、燕麦片、红粒和白粒高粱煎汁等8种培养基上培养，菌丝以在燕麦片、玉米粉和PSA培养基上生长良好，气生菌丝生长茂密，菌落厚；在红粒高粱煎汁培养基上不如其他7种培养基上生长好。在不同培养基上形成的菌落颜色也不同，有灰白、粉白、雪白和银白色不等。

高粱黑束病病原菌除侵染高粱外，尚能侵染玉米、苏丹草、珍珠粟、棉花及狗尾草等一些杂草。

四、病害循环

高粱黑束病是一种土壤带菌和种子带菌传播的病害。病原菌以菌丝体在病株残体上或种子上越冬，成为第二年的初侵染菌源。在田间，病原菌先定殖于高粱根部和幼芽中，然后逐渐向上扩展蔓延到维管束组织中，并随着植株生长向上扩展至植株顶部。病原菌也可从叶部侵入寄主组织，侵染叶片和叶鞘，通过维管束扩展引起发病，局部叶脉呈紫褐色或褐色。

在田间，一般于7月中下旬出现感病植株，8月中旬患病植株可见明显的症状。据报道，采用分生孢子液浸根、土壤接菌和植株喇叭口中灌注接种菌液等不同方法接种，均可使植株表现黑束病症状、萎蔫。采用人工接种方法接种，一些高粱品种发病比自然发病严重。将高粱幼苗移栽于混拌有黑束病病菌的土壤中亦能引起植株发病。由此可见，土壤带菌或幼苗根部有伤口均有利于病原菌侵染发病。

五、流行规律

（一）高粱黑束病菌的传播扩散条件

高粱黑束病菌通过种子、植株病残体和带菌土壤进行年度间病害的传播，带菌种子是病害远距离传播的重要途径。高粱制种田的黑束病发病率较高，种子带菌量增大，病害发生程度会逐年加重。

（二）高粱黑束病流行条件

1. 不同高粱品种间发病程度差异明显 高粱品种间的抗病性有明显差异，大多数中国高粱品种较抗病。一些高粱品系，如Tx378AB，Tx398AB，Tx399AB，SC35－6，SC630－11E，IS3620C和GPR－148等表现抗病，而Tx622AB，Tx623AB，Tx625AB，SC173－12和Tx7078等则表现感病。Gowda等（1993）在试验中发现，用抗病IS3620C和感病Tx623B杂交组群，用病原菌孢子注射接种F_2、F_3代，筛选在F_2代作图群体中鉴定抗病和感病的基因型，通过绘图标记的方法分析绘图群体，从而绘出抗黑束病的单基因分离图，位于基因图19.4cM的一个RFLP标记（tam1225）和IS3620C抗黑束病基因是连锁的。

2. 土壤条件、栽培方式不同高粱发病程度存在差异 高粱、玉米多年连作，田间植株病残体较多，土壤累积菌量大的田块发病较重。田间虫害或其他病害造成植株伤口有利于病菌侵染，故地下害虫为害较重的地块以及植株受其他病害侵染则黑束病发病较重。土壤高氮低钾，导致植株抗性不良，可导致病情加重。土壤肥力不均，偏施氮肥，过量灌溉引起田间积水，土壤干旱、盐碱严重，植株长势弱，都能加重病害发生。

3. 种子带菌是病害远距离传播的重要途径 种子带菌不仅是病害严重发生的初侵染来源，也是病害远距离传播的重要途径。种子携带的病原菌随种子萌发侵入寄主体内，随着植株生长向上扩展，并于田间表现症状。

六、防治技术

高粱黑束病的防治应以种植抗病品种为主，结合保健栽培技术等措施。对轻病区应着力推广种植抗病品种，对重病区在推广抗病品种的同时，应推广化学药剂种子包衣处理，并辅以增施磷、钾肥，合理灌溉等农业保健措施，提高防病效果。

（一）选用抗（耐）病品种

高粱不同品系对黑束病的抗性差异明显，选育和种植抗病品种是经济有效的技术措施。以Tx622A、Tx623A等不育系为母本的高粱杂交种表现高度感病，而以Tx378A、Tx398A、Tx399A、421A等不育系为母本的杂交种则表现抗病，可据情选用。

（二）化学防治

播种前用25%三唑酮可湿性粉剂，或12.5%烯唑醇可湿性粉剂按种子重量的0.2%拌种，并可兼防高粱丝黑穗病。也可用腈菌唑可湿性粉剂处理种子，有一定的防治效果。

（三）农业防治

1. 减少菌源 建立无病留种田，降低种子带菌率和病害发生率；田间发现病株及时拔除，集中处理；高梁收获后及时深翻灭茬，促进病残体分解，抑制病原菌繁殖，减少土壤中病原菌种群数量，减轻病害的发生。

2. 科学栽培管理 与非禾本科作物轮作倒茬；应注意其他禾本科作物黑束病的同步防治。提高土壤墒情，排湿提温，清除杂草，促进苗壮，增强抗病能力。科学合理施用氮、磷、钾肥，防止偏施氮肥，增施磷、钾肥，保持土壤肥力平衡，提高植株抗病力。防治地下害虫，减少害虫以及其他根部病害侵染造成的伤口，降低病原菌侵染概率，减轻病害的发生。

姜钰（辽宁省农业科学院植物保护研究所）

第 8 节 高粱靶斑病

一、分布与危害

高粱靶斑病是一种影响高粱产量的叶部病害。1939 年在美国佐治亚州首次报道了该病在一种苏丹草上发生，其后巴基斯坦、印度、苏丹、津巴布韦、以色列、菲律宾和日本等国相继报道了该病在高粱上发生。Tanggonan 等（1992）报道，该病可造成高粱减产达 50%。在我国，徐秀德等于 1992 年首次报道此病害在辽宁高粱上发生。目前，高粱靶斑病在我国黑龙江、吉林、辽宁、内蒙古、河北、山东、山西、陕西、甘肃、贵州、四川和新疆等高粱产区均普遍发生，已经成为高粱生产上最主要的叶部病害之一，导致高粱早衰、倒伏，严重影响高粱产量。

二、症状

高粱靶斑病主要侵害植株的叶片和叶鞘，在高粱抽穗前后症状表现尤为明显。发病初期，叶面上出现淡紫红色或黄褐色小斑点，后成椭圆形、卵圆形至不规则圆形病斑，常受叶脉限制呈长椭圆形或近矩形。病斑颜色常因高粱品种不同而异，呈紫红色、紫色、紫褐色或黄褐色。当环境条件有利于发病时，病斑扩展迅速，较大，中央变褐色或黄褐色，边缘呈紫红色或褐色，具明显的浅褐色和紫红色相间的同心环带，似不规则的“靶环状”，大小为 1～100mm 不等，故称靶斑病。在田间，高粱籽粒灌浆前后，感病品种植株的叶片和叶鞘自下而上被病斑覆盖，多个病斑可会合成一个不规则的大病斑，导致叶片大部分组织坏死（徐秀德，1994，彩图 5-8-1）。

田间调查发现，不同地区或不同高粱品种叶片上病斑颜色、形状及大小有很大差异，是由于病原菌种群差异，还是品种基因型不同所致，这是病害的田间诊断及抗病育种中需要解决的问题。针对此问题，张园园等（2012）从不同地区、不同品种的发病叶片分离获得病原菌，通过病菌形态、培养性状观察以及病菌 rDNA-ITS 序列分析，结果表明：虽然不同地区、不同品种病叶上的病斑形状、大小差异很大，但均为高粱生平脐蠕孢（*Bipolaris sorghicola*）侵染所致。

三、病原

高粱靶斑病病原为高粱生平脐蠕孢［*Bipolaris sorghicola*（Lefebvre et Sherwin）Alcorn，异名：*Helminthosporium sorghicola* Lefebvre et Sherwin］，属无性型真菌平脐蠕孢属。病菌分生孢子梗单生或 2～4 根自气孔或从寄主表皮细胞间生出，通常不分枝，浅褐色至黑褐色，具隔膜，基部呈半球形，大小为（50～730）μm×（4.8～7.5）μm，孢子梗上着生 1～4 个分生孢子（图 5-8-1）。分生孢子在湿度大或周围有水滴的情况下可直接萌发，并形成较短的分生孢子梗，其上再生分生孢子，形成分生孢子链。分生孢子具2～8 个隔膜，

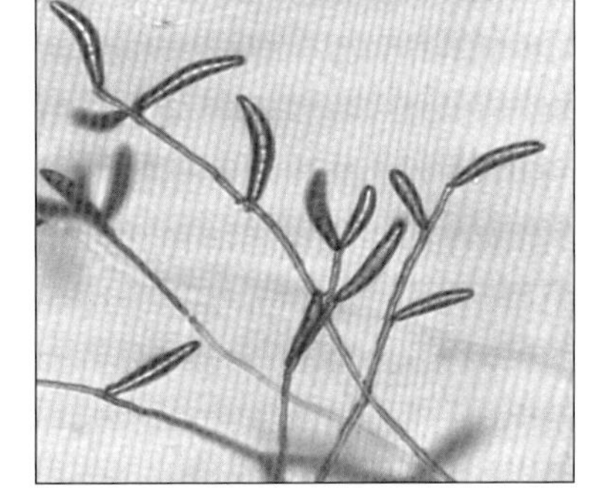
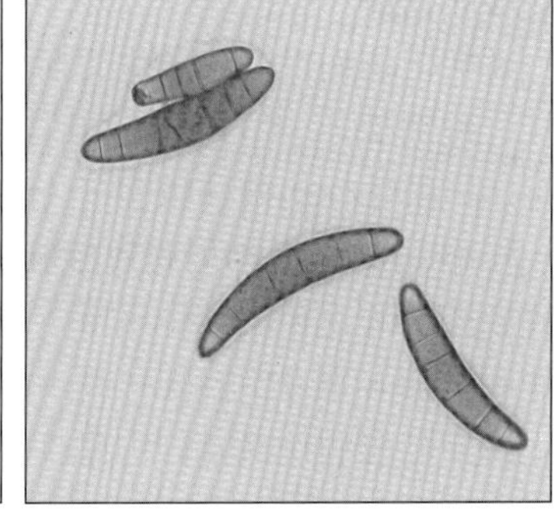

图 5-8-1 高粱生平脐蠕孢形态（徐秀德提供）
Figure 5-8-1 Morphology of *Bipolaris sorghicola* (by Xu Xiude)

以4～6隔者居多，大小为（72.5～92.5）μm×（10～12.5）μm；浅褐色至淡橄榄褐色，微弯，两端钝圆，脐点明显可见，但不凹入基细胞内，几乎与基部边缘平齐。

病菌生长温度为5～35℃，适宜温度为25～30℃；分生孢子在pH3～10均能萌发，最适pH6～7。病菌能够利用各种碳源作为营养。在以不同糖类为碳源时，菌丝生长速度有明显差异，以木糖、菊糖、半乳糖和乳糖为最佳碳源，病菌菌落生长快、菌丝长势强；其次依次为蔗糖、麦芽糖、淀粉、甘露糖和果糖；以山梨糖为碳源时菌丝生长速度最慢。病菌在多种培养基上均能生长，在玉米粉培养基上生长快，其次为燕麦片和PDA培养基。该病菌在PDA培养基上菌落扩展较慢，但菌丝致密，菌落颜色较深。

高粱靶斑病病原菌在人工接菌条件下，能侵染玉米、高粱、苏丹草、哥伦布草、谷子、小麦、水稻、珍珠粟以及狗尾草、马唐等。

四、病害循环

病菌以菌丝体和分生孢子在高粱秸垛中、土壤表面遗落的病株残体上越冬，或者在野生寄主如约翰逊草（*Sorghum halepense*）上越冬，成为翌年病害发生的初侵染菌源。在适宜的温度和湿度条件下分生孢子萌发，芽管顶端形成附着胞，从叶片表皮侵入寄主。人工接种病原菌，12h后可见症状出现，初为红褐色小斑点，经3～4d后形成典型病斑，病斑上生灰色霉状物，为病菌的分生孢子梗和分生孢子。分生孢子借助风和雨水等的传播，再次反复侵染（图5-8-2）。

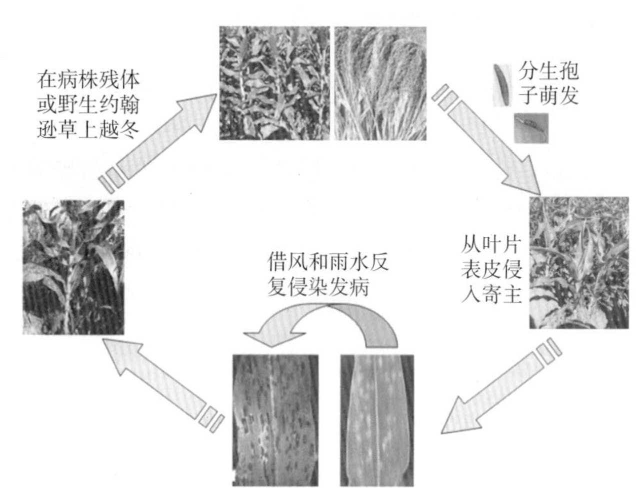

图5-8-2 高粱靶斑病病害循环（徐婧提供）
Figure 5-8-2 Disease cycle of sorghum target leaf spot (by Xu Jing)

五、流行规律

1. 高粱靶斑病菌的传播与扩散 高粱靶斑病菌以菌丝体和分生孢子在高粱秸垛中、土壤表面遗落的病残体或者在野生寄主如约翰逊草上越冬，田间土壤表面遗落的病株残体是年度间病害传播的重要初侵染源，而在气候温暖地区，越冬的约翰逊草上病菌分生孢子借助风、雨水进行传播扩散。生长季中，风、雨对病害田间的传播与扩散起主要作用，病斑上产生的病菌分生孢子可以借助风和雨水等传播并反复侵染，加重病害的发生与为害。

2. 高粱靶斑病侵染过程及侵染条件 在高粱叶片或叶鞘上的病菌分生孢子萌发后，芽管顶端形成附着胞，通过机械压力或酶的作用从叶片表皮侵入寄主组织，导致生理代谢失调，严重影响光合作用。张园园等（2012）研究表明，患病叶片组织中过氧化氢（H_2O_2）和丙二醛（MDA）含量均升高，膜脂过氧化的程度加剧，快速叶绿素荧光诱导动力学曲线发生明显变化。证明了病原菌侵染后严重影响了PSII供体侧（放氧复合体）、受体侧以及反应中心的活性，导致更多过剩激发能产生，造成恶性循环，叶片不能光合，逐渐枯萎死亡。

高粱靶斑病在高粱各生育阶段均可侵染发生，病害流行与外界环境条件关系密切。田间温度高、湿度大时，特别是7、8月高温多雨季节，病害流行较快。田间过于郁闭，通风不良，将加重病害流行。多年连作，田间植株病残体较多，土壤累积菌量大的田块发病较重。

3. 种植抗病品种可有效控制病害发生 高粱品种间的感病程度不同，利用品种抗病性是防治高粱靶斑病最重要的途径。董怀玉等（2001）采用人工接种技术，从中外高粱资源中鉴定发现了一批免疫和抗病的种质资源，其中，GW4643、GW4741、GW4747、GW4751等表现免疫。张园园等（2012）的研究表明，高粱靶斑病抗病基因为隐性单基因，并将抗病基因定位于5号染色体短臂上。

六、防治技术

（一）选用抗（耐）病品种

高粱靶斑病防治的主要措施是选育和种植抗病杂交种，这是控制高粱靶斑病发生和流行的根本途径。

许多高粱杂交种对高粱靶斑病具有较强的抗性，应因地制宜选种推广，如辽杂 4 号、辽杂 6 号、辽杂 7 号、辽杂 10 号、锦杂 87、锦杂 93、锦杂 94、凌杂 1 号、晋杂 18 等品种，均对高粱靶斑病具有较强的抗性。

（二）药剂防治

必要时，可用 50%多菌灵可湿性粉剂，或 75%百菌清可湿性粉剂，或 50%异菌脲可湿性粉剂等对水喷雾防治。间隔 7～10d 喷 1 次，连续喷 2～3 次。

（三）农业措施

合理密植，防止种植过密，与矮秆作物间作套种，增加通风透光；加强肥水管理，提高植株抗病力，在施足基肥的基础上，适期追肥，尤其在拔节和抽穗期及时追肥，防止后期脱肥，保证植株健壮生长；高粱收获后及时翻耕，将病残体翻入土中加速分解，及时处理掉堆积在村屯附近的高粱秸垛，减少田间初侵染菌源，减轻病害发生为害。

徐秀德　徐婧（辽宁省农业科学院植物保护研究所）

第 9 节　高粱炭疽病

一、分布与危害

高粱炭疽病是一种世界范围发生的病害，在热带和亚热带地区更为常见。热带和亚热带地区多雨、高湿和温暖的环境条件有利于炭疽病的发生和传播（Hess，2002；Ngugi，2002；Valério，2005）。在中国，高粱炭疽病在许多地区均有不同程度发生，包括黑龙江、吉林、辽宁、内蒙古、山东、河北、四川、贵州等，在温暖多湿的地区发生更为严重，已成为我国南方高粱上的重要叶部病害。

高粱炭疽病在感病品种上发展迅速，是高粱生产上为害最大的病害之一（Erpelding，2010）。该病是真菌性病害，主要引起高粱叶片发病，也可侵染茎秆、穗枝梗和籽粒。除了侵害粒用高粱外，还能侵害饲用高粱和糖用高粱，可造成严重的产量损失。1852 年高粱炭疽病在意大利首次被报道，此后，在世界各地高粱产区均有发生流行，许多国家和地区都有该病害引起高粱产量损失的报道。Ali（1992）研究认为，如果种植感病品种，在该病严重发生的年份可造成高粱籽粒和茎秆产量损失达 30%～50%。Harris 等（1964）报道，在美国佐治亚州该病害流行区，种植高粱感病品种产量损失可达 50%，千粒重降低 42%。Thomas 等（1995，1996）报道，在马里，种植感病品种可造成减产高达 69%，而种植抗病品种产量损失仅在 4%左右，可见，种植抗病品种对防病增产极为重要。Thakur（2000）报道，在该病流行时，高粱产量损失可超过 50%。也有报道称，在试验评价中，该病导致的高粱产量损失为 30%～67%（Ali，1987；Thomas，1996）。在波多黎各，该病可使高度易感的高粱种质在开花前死亡，导致产量损失达 100%（Erpelding，2010）。

二、症状

高粱炭疽病在高粱生长的各个时期都可发生侵染，种子出苗 30～40d 后，在被侵染的叶片上即可出现典型的症状（Erpelding，2010）。高粱的叶、茎、花序和种子等所有的地上组织器官，都能被炭疽病侵染（Hess et al.，2002；Thakurt and Mathur，2000）。该病以为害叶片为主，不同基因型品种上症状表现有差别。病斑常从叶尖处开始发生，较小，一般（2～4）mm×（1～2）mm，圆形或椭圆形，中央红褐色，边缘依高粱品种的不同而呈现紫红色、橘黄色、黑紫色或褐色，后期病斑上形成小的黑色分生孢子盘。遇高湿或多雨的气候条件，病斑数量迅速增加，并互相会合成片，严重时可使叶片局部枯死。叶鞘上病斑椭圆形至长梭形，红色、紫色或黑色，其上形成黑色分生孢子盘。叶片和叶鞘均发病时，常造成叶片或叶鞘枯死，导致减产。穗柄被侵染后，导致褐色腐烂、籽粒早衰。籽粒被侵染后，其上形成红褐色或黑褐色小斑点，条件适宜时加速霉变。植株地上部茎基处被侵染后，可引起幼苗期猝倒病、立枯病和成株期茎腐病（彩图 5-9-1）。

三、病原

高粱炭疽病病原为禾生炭疽菌［*Colletotrichum graminicola*（Ces.）G. W. Wils.］，属无性型炭疽菌

属真菌。在人工培养条件下，炭疽病菌菌丝体的性状、颜色、产孢等变化很大。菌丝体发育适温为28℃，培养中进行光暗交替处理比连续光照容易产生孢子。菌丝体灰色至橄榄色，有隔膜，分枝少。附着胞暗褐色，球形或梨形，直径8～15μm。病菌分生孢子盘散生或聚生，突出表皮，在被害组织上呈黑色小点。分生孢子盘上生有很多刚毛，分散或成行排列，暗褐色，顶端色较淡，正直或微弯，基部略膨大，顶端较尖，具3～7个隔膜，大小为（64～128）μm×（4～6）μm。分生孢子梗圆柱形，正直，无色，无隔膜，短小，大小为（10～14）μm×（4～5）μm。内壁芽生-瓶梗式（eb-ph）产孢。分生孢子生于孢子梗顶端，圆筒形或镰刀形，无色，单胞，内含物不呈颗粒状，大小为（17～32）μm×(3～5）μm，萌发时产生芽管。高粱炭疽病菌的分生孢子盘、分生孢子形态参见图5-9-1。

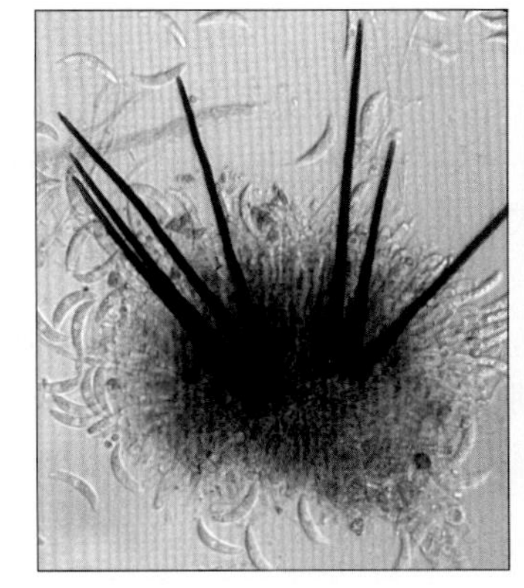

图5-9-1 禾生炭疽菌形态（徐秀德提供）
Figure 5-9-1 Morphology of *Colletotrichum graminicola* (by Xu Xiude)

分生孢子在10～40℃的条件下均能萌发，最适萌发温度为25～30℃。高湿有利于分生孢子萌发，在有糖分或有高粱、玉米等植物活体组织时也有利于萌发。分生孢子在萌发前形成一横隔膜，由单胞变成双胞，萌发时产生1～2个芽管，从孢子接近末端的一侧伸出。在营养充足的培养基上，芽管发育成大量分枝的菌丝体或形成附着胞，附着胞可再产生菌丝体或次生附着胞，如此反复不断侵染。

高粱炭疽病致病菌的有性型为禾生小丛壳菌（*Glomerella graminicola* Politis)。在自然界中很少见到有性阶段的子囊壳，但在灭菌的玉米叶上进行培养常能产生子囊壳。子囊圆筒形至棍棒形。子囊孢子镰刀形，弯曲，单胞，无色，两端渐尖，大小为（18～26）μm×（5～8）μm。

高粱炭疽病菌的寄主范围很广，能侵染多种栽培的或野生的禾谷类作物和杂草，如高粱、玉米、大麦、燕麦、小麦、苏丹草、约翰逊草等。

四、病害循环

高粱炭疽病菌以菌丝体或分生孢子在病株残体、野高粱和杂草上越冬，也可在种子上越冬，成为第二年的初侵染菌源。散落在地表的病株残体中的菌丝体可存活18个月之久，但离开病株残体的分生孢子或

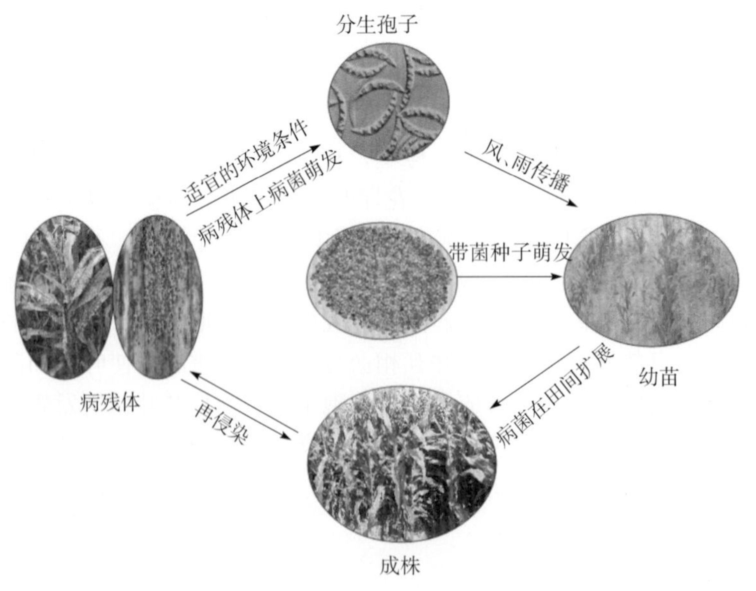

图5-9-2 高粱炭疽病病害循环（徐婧提供）
Figure 5-9-2 Disease cycle of sorghum anthracnose (by Xu Jing)

菌丝体仅能存活几天，埋在土壤中的病菌也不能长久存活。播种带菌种子后，病菌从萌动的种子侵入幼苗组织，直接引起幼苗发病。病株残体上的病菌，在翌年春天条件适宜时，产生新的分生孢子，借助风和雨水的传播进行初次侵染。田间植株发病后，在病斑上可产生大量的分生孢子，在植株及田块间扩散侵染，导致田间病害流行（图 5-9-2）。

五、流行规律

高粱炭疽病既属于种子传播病害，也属于气流传播病害。病菌在苗期即可侵染，导致幼苗发病，至孕穗期，叶片上产生大量病斑，对高粱生产为害较大。在田间种植感病品种并有适宜发病的环境条件时，炭疽病易发生流行。

（一）高粱炭疽病菌的传播扩散及其侵染条件

1. 高粱炭疽病菌的传播与扩散 高粱炭疽病主要通过带菌种子和带菌病残体两种方式进行年度间的传播，通过带菌种子进行远距离传播。风、雨对病害在田间植株间和田块间的传播与扩散起主要作用，分生孢子借助风或雨水传播到高粱叶片上进行初侵染或再侵染。

2. 高粱炭疽病菌侵染过程及侵染条件 散落在田间的病株残体上的病菌遇到潮湿天气，从分生孢子盘中分泌出粉红色的带有分生孢子的渗出液，分生孢子借助风或雨水传播到高粱叶片上，遇水滴萌发产生芽管和附着胞，直接穿透表皮细胞或经气孔侵入叶部组织。病原菌在苗期即可侵染，导致幼苗发病，至孕穗期病情急剧发展，叶片上病斑大量出现，后期侵染穗枝梗、穗柄和籽粒。

滕立平等（2011）的研究表明：高粱炭疽病菌孢子侵入率受叶面保湿时间影响，一般孢子在接触叶面水滴后 1h 开始萌发，3h 后形成附着胞，13h 后开始侵入，已萌发的孢子经 12h 干燥后完全丧失存活能力；高粱炭疽病的潜育期为 3～4d，分生孢子盘形成的时间为 7d。

3. 高粱炭疽病流行的环境条件 病害发生的严重程度常与气候条件、品种的抗病性和栽培管理措施等有关。阴天、高湿或多雨的天气有利于发病，尤其是在籽粒灌浆期最易感病。在高湿或多雨、多露的气候条件下，病斑上易形成分生孢子盘和分生孢子，在 22℃ 下约经 14h 分生孢子即可成熟。在适宜的温度下，高湿、重露或细雨连绵的气候条件下发病重；而暴风雨可能会冲刷掉病菌的分生孢子，甚至破坏病菌子实体，可减轻发病。

滕立平等（2012）对高粱炭疽病的重要流行环节，即分生孢子盘产孢、孢子飞散传播进行了研究，结果表明：保湿时间越长产孢量越多，其关系符合回归方程 $y=165\times\exp\{-3.326\ 764\times\exp[-0.3024\times(x-3)]\}$（$r=0.99$）；温度与产孢量间的关系符合回归方程 $y=226\times\sin^2(-0.619048x+0.1577380x^2-0.0007440x^3)$（$r=0.91$）；在散射光条件下的产孢能力与在黑暗条件下没有显著性差异，昼夜孢子的释放量没有明显差异；植株上孢子的垂直分布情况有显著规律性，从顶叶至底叶孢子的分布呈递增趋势；病斑的田间分布呈随机分布。

（二）高粱炭疽病菌的生理分化现象

高粱炭疽病菌存在生理分化现象，从一种寄主上获得的分离菌株未必能侵染另一种寄主。Le Beau 等（1950）从甜高粱上获得的分离菌不侵染燕麦、黑麦和玉米。Williams 和 Willis（1963），从玉米上获得的分离菌接种小麦、燕麦和大麦的受伤叶片未见发病。Dale（1963）从玉米上获得分离菌接种高粱也未发病。Nicholson（1974）、Ali（1986）和 Warren（1992）研究证实，从印第安玉米上获得的分离菌不侵染野生竹、约翰逊草、高粱和狼尾草。

1950 年，Le Beau 进一步研究，将炭疽病菌划分为 3 个类群：一是甘蔗分离菌系，对甘蔗致病性强，但对高粱罕见有致病性；二是高粱分离菌系，从高粱、约翰逊草、苏丹草、帚高粱、蔗茅上分离的菌系，对高粱致病性强，但不侵染甘蔗；三是从羊茅属、稗属、黍属、马唐属、冰草属、剪股颖属、鸭茅属、早熟禾属和披碱草属等 14 种禾本科杂草上分离的菌系，既不侵染高粱，也不侵染甘蔗。1957 年 Stakman 和 Harrar 报道，在高粱炭疽病菌中存在生理型。1982 年 Nakamura 首次正式鉴定划分高粱炭疽病菌生理小种，他用 Tx2536、Martin、TAM428、Tx430、Brandes、SC170-6-17 和 SC175-14 等 7 个高粱鉴别品种，从采自巴西不同地区的单孢分离物中鉴定出 5 个生理小种。1985 年 Ferreira 等，用 Tx2536、Martin、TAM428、Tx430、Brandes、SC170-6-17、SC175-14、SC112-14、Theis、Reis、Redlan、SC326-6 和 SC283 等 13 个高粱鉴别品种，将高粱炭疽病菌鉴定出 7 个生理小种。1987 年 Ali 和 Warren，用

IS4225、IS8361、954130、954062、Br64 和 954206 等 6 个鉴别寄主，鉴定出 3 个生理小种。

由于研究者所用的鉴别寄主不同，所鉴定命名的生理小种无法横向比较。1992 年 Casela 等对巴西高粱炭疽病菌生理小种提出新的命名系统：先用 3 个高粱品种 Tx378（Redlan）、SC326－6 和 SC283 将炭疽病菌生理小种分为 8 个小种群，以字母 A～H 代表小种群名称。根据高粱炭疽病菌小种群对 Tx623、Brandes、SC112－14、Martin（Tx398）、Tx2536 和 Theis 等 6 个不同基因型品种的致病性反应，认为高粱炭疽病菌种群中存在 32（00～31）个小种（表 5－9－1）。在同一地区常有数个不同的生理小种并存，这给育种家和植物病理学家提出了新的挑战。目前巴西国家玉米高粱研究中心已培育出具有优良农艺性状、能抗主要生理小种的抗病杂交种 CMSXS350 和 CMSXS351。

表 5－9－1　高粱炭疽病菌生理小种群和小种的划分与命名（引自 Casela 等，1992，略作调整）

Table 5－9－1　Pathotyping and race identification of *Colletotrichum graminicolum*（from Casela et al.，1992）

鉴别寄主	生理小种							
	A	B	C	D	E	F	G	H
Tx378（Redlan）	R	S	R	R	S	S	R	S
SC326－6	R	R	S	S	R	S	R	S
SC283	R	R	R	S	S	R	S	S

鉴别寄主	生理小种																															
	00	01	02	03	04	05	06	07	08	09	10	11	12	13	14	15	16	17	18	19	20	21	22	23	24	25	26	27	28	29	30	31
Tx623	S	S	S	S	S	S	S	S	S	S	S	S	S	S	S	S	S	S	S	S	S	S	S	S	S	S	S	S	S	S	S	S
Brandes	R	S	R	S	R	S	R	S	R	S	R	S	R	S	R	S	R	S	R	S	R	S	R	S	R	S	R	S	R	S	R	S
SC112－14	R	R	S	S	R	R	S	S	R	R	S	S	R	R	S	S	R	R	S	S	R	R	S	S	R	R	S	S	R	R	S	S
Martin（Tx398）	R	R	R	R	S	S	S	S	R	R	R	R	S	S	S	S	R	R	R	R	S	S	S	S	R	R	R	R	S	S	S	S
Tx2536	R	R	R	R	R	R	R	R	S	S	S	S	S	S	S	S	R	R	R	R	R	R	R	R	S	S	S	S	S	S	S	S
Theis	R	R	R	R	R	R	R	R	R	R	R	R	R	R	R	R	S	S	S	S	S	S	S	S	S	S	S	S	S	S	S	S

注　R：抗病，S：感病。

六、防治技术

（一）选用健康无病菌的种子

高粱炭疽病菌以菌丝体或分生孢子在种子、病株残体、野高粱和杂草上越冬，成为第二年的初侵染菌源，以种子带菌进行远距离和年度间传播。因此，选用健康无病种子，做好种子消毒，可有效降低田间病害的发生为害。

（二）选用抗（耐）病品种，合理布局品种

利用抗性品种能够有效地控制高粱炭疽病（Erpelding，2010）。高粱品种间抗病性差异显著，种植抗病或耐病品种是当前控制高粱炭疽病的有效措施，各地应因地制宜地选种、推广抗病品种。筛选抗病资源是选育抗病品种的关键手段。

Sinha 等（1986）研究出抗病资源鉴定技术，加速了抗病资源鉴定筛选进程。1992 年由国际半干旱地区热带作物研究所（ICRISAT）建立国际高粱炭疽病鉴定圃，其目的是监测小种种群的变化及筛选持久抗性的品种资源，并鉴定出一批用于抗病育种和高粱生产的高抗资源，Thakurr 等（1999）从大量的高粱资源中鉴定出一批具有持久抗性的资源，如：IS18758、IS18760、IS2085、IS6928、IS6958。美国的国家植物种质系统（NPGS）收集了 43 000 多份高粱种质，经过田间评价，从中成功地鉴定出了抗炭疽病的资源（Erpelding and Prom，2006；Erpelding and Wang，2007）。Casela 等（1993）研究发现，一些抗病品种具有抗扩展特性，病菌侵染寄主后潜伏期长，病害扩展较慢，而这种抗性在不同品种间差异很大。抗扩展作用是通过高粱叶片的过敏反应来实现的，可防止病菌的侵入及扩展。

同时要合理布局品种。从空间上，应该有计划地在不同的区域内种植不同抗源或不同抗病基因的品种，这样既能起到地理或区域隔离作用，又能限制住毒力小种的定向选择，防止优势小种的形成和扩散；从时间上，应有计划地进行抗病基因轮换，以中断小种优势的形成，保持品种抗病性的相对稳定。

（三）化学防治

播种前，应选用 50%福美双可湿性粉剂、40%拌种双可湿性粉剂或 50%多菌灵可湿性粉剂，按种子重量的 0.5%拌种，可有效防治苗期种子带菌传播的炭疽病。

（四）农业措施

1. 减少菌源 建立无病留种田，降低种子带菌率。田间发现病株及时拔除，集中处理。高粱收获后及时清除病株残体，并深翻灭茬，促进病残体分解，抑制病原菌繁殖，减少土壤中病原菌种群数量，是减少初侵染菌源的有效措施。

2. 改进栽培措施 加强田间管理，平衡施肥，施足基肥，适时追肥，防止后期脱肥，注意通风排水，及时中耕除草，促进植株健壮生长，可明显提高植株抗病力。合理密植，防止种植过密，与矮秆作物间作套种，增加田间通风透光，可减轻发病。重病地块与非寄主作物轮作，可以有效减轻炭疽病为害。

徐秀德　刘可杰（辽宁省农业科学院植物保护研究所）

第 10 节　高粱煤纹病

一、分布与危害

高粱煤纹病是一种高粱上常见的，侵害高粱叶部的真菌性病害，可严重影响高粱的产量和品质。该病害最早于 1903 年在美国首次报道，其后在世界各地的高粱产区被不断发现，如美国、阿根廷、日本、印度、澳大利亚、苏丹、坦桑尼亚、乍得、中非、马里、尼日利亚、津巴布韦、布基纳法索、前苏联等国家。该病害在印度、美国和非洲的一些国家或地区发生为害严重，是高粱生产上最重要的叶部病害之一。在马里，该病害曾导致高粱减产 46%，在美国该病害曾导致高粱减产 31%。

在我国，高粱煤纹病曾在黑龙江、吉林、辽宁、内蒙古、河北、山西、山东、河南、湖南、广东、广西、江苏、福建、云南、贵州等高粱产区不同程度发生，局部地区有严重为害的记载。20 世纪 70 年代后期由于推广应用抗病高粱杂交种，使得该病害得到有效控制，生产上该病几乎灭绝。近年来，该病在辽宁、黑龙江、内蒙古等省份的局部地区再次发生，并有加重流行的趋势。

高粱煤纹病既属于风和雨水传播病害，也属于种子传播病害。其发病严重程度常因品种、发病条件等不同而有较大变化，表现在从叶上发生少量病斑至整株枯死，对生产为害较大。在田间种植感病品种并有适宜发病的环境条件时，煤纹病常易发生流行。

二、症状

该病从高粱的苗期到成株期皆可侵染发病，主要侵害叶片和叶鞘。发病初期叶片上形成小的圆形病斑，淡红褐色或黄褐色，边缘具黄色晕圈；后逐渐扩大，呈长椭圆形、长梭形，中央淡褐色，边缘紫红色，后期病斑大小为（50～140）mm×（10～20）mm。病情严重时病斑会合成不规则形，或发展成长条纹状大病斑，导致叶片枯死。在温暖和潮湿环境条件下，病斑上产生大量的淡灰色分生孢子，后期病斑变烟灰色，表面产生大量的黑色小菌核，碰触或涂抹易脱落。病菌也可以侵染叶鞘和穗柄，导致受害叶鞘形成枯死斑，而受害穗柄呈黑色，但很少产生菌核（彩图 5-10-1）。

三、病原

高粱煤纹病病原为高粱座枝孢［*Ramulispora sorghi*（Ellis & Everh.）Olive et Lefebvre，异名：*Ramulispora andropogonis* Miura］，属无性型座枝孢属真菌。

高粱煤纹病菌最早于 1903 年由 Ellis 和 Everhart 在美国的约翰逊草和阿拉伯高粱［*Sorghum halepense*（L.）Pers.］上首次报道，误定为 *Septorella sorghi* Ell. et. Ev.，属球壳孢目。1921 年三浦道哉在中国东北报道，该病菌侵染高粱，误认为其子实体是一个分生孢子盘，而将其归属于黑盘孢目，命名为新属和新种须芒草座枝孢菌（*Ramulispora andropogonis* Miura）。1932 年戴芳澜将该菌重新定名为［*Titaeospora andropogonis*（Miura）Tai］。1943 年 Bain 和 Edgerton 在美国研究证实了该菌的子实体不是分生孢子盘，而是分生孢子座。1946 年 Olive、Lefebvre 和 Sherwin 将其修订为新组合，为高粱座枝孢菌［*Ramulispora sorghi*（Ellis et Everhart）Olive et Lefebvre］，并将 *Ramulispora* 移入瘤座孢科，将 *Septorella sorghi*、*Ramulispora andropogonis* 和 *Titaeospora andropogonis* 都作为 *Ramulispora sorghi* 的异名处理。

高粱座枝孢菌分生孢子座由表皮下的子座发育而成，逐渐从气孔突出，在叶片两面着生。分生孢子梗极多，无色，圆柱形，0～1个隔膜，大小为（10～44）μm×（2～3）μm。分生孢子单生于分生孢子梗顶端，许多孢子聚集在分生孢子座上，呈胶质团。分生孢子线形或鞭形，无色，多数具1～3个分枝，微弯，顶端略尖，具3～9个隔膜，内含物颗粒状，大小为（32～80）μm×（2～3）μm。后期叶片病斑两面逐渐形成菌核。菌核表生，近球形或半球形，表面粗糙或光滑，黑色，直径58～167μm；每个菌核以菌丝柱经气孔与气孔下的子座相连接。菌核萌发产生分生孢子座和分生孢子（图5-10-1）。

病菌在培养基上生长缓慢，培养的最适温度为28℃，最适pH为4.0。产孢适宜温度为20～24℃，适宜pH为4.5。在Raulin培养基（pH4）上形成圆形、致密和皱缩、全缘的黑色菌落，几周后在黑色菌落粗糙的表面上形成粉红色、圆锥状的胶质团，内含大量分生孢子。在康乃馨煎汁琼脂、高粱叶煎汁琼脂和蒲公英煎汁琼脂培养基上培养，易产孢子（Xu，1995）。在10%葡萄糖胡萝卜煎汁培养基上，培养几周后也能产生孢子，但在培养中未见形成菌核。

高粱煤纹病菌寄主范围较窄，除能侵染高粱［*Sorghum bicolor*（L.）Moench］外，还能侵染阿拉伯高粱（约翰逊草）［*S. halepense*（L.）Pers.］、二色高粱（*S. bicolor* subsp. *bicolor*）和紫色高粱（*S. purpureosericeum*）。

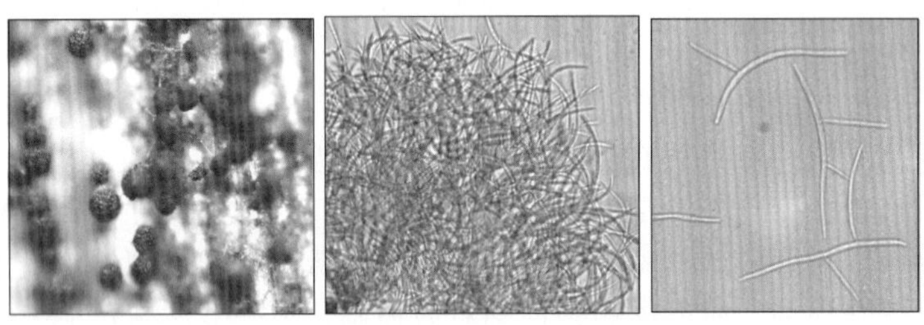

图5-10-1 高粱座枝孢菌核和分生孢子（徐婧提供）

Figure 5-10-1 Sclerotia and conidia of *Ramulispora sorghi*（by Xu Jing）

四、病害循环

病菌以菌核在病株残体、种子和野生高粱上越冬，翌年在适宜的环境条件下，越冬菌核产生分生孢子，成为初侵染和再侵染菌源。Odvody和Dunkle（1973）报道，在叶表皮下的分生孢子座和叶表皮上着生的菌核是主要的越冬菌体，可在土壤中和叶残体上度过不良环境，多年生的阿拉伯高粱也是病菌生存场所。越冬菌核萌发形成分生孢子座及分生孢子，分生孢子借助风和雨水的传播，并附着在高粱叶片表面，条件适宜时，分生孢子在叶表面上迅速萌发产生芽管，经气孔侵入组织中，干扰寄主代谢并形成病斑。田间人工接种病原菌分生孢子，7d后产生小红点，12d后病斑上可产生分生孢子，病斑上产生的分生孢子可进行再次侵染（图5-10-2）。

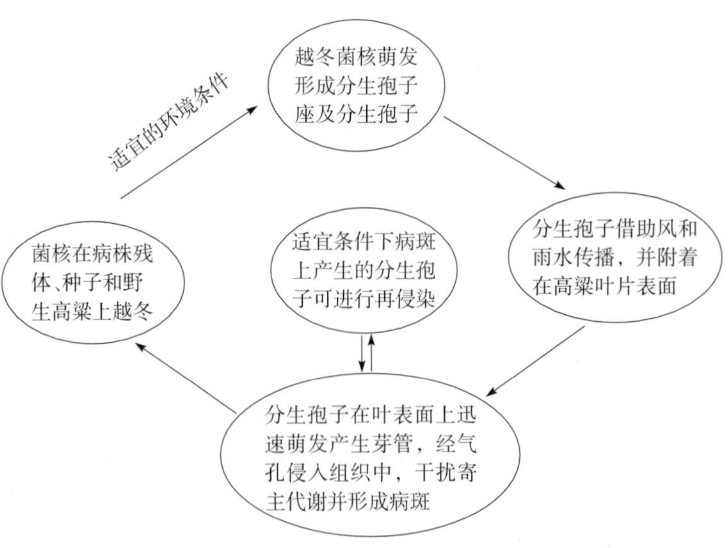

图5-10-2 高粱煤纹病病害循环（徐秀德和徐婧提供）

Figure 5-10-2 Disease cycle of sorghum sooty stripe (by Xu Xiude and Xu Jing)

五、流行规律

（一）高粱煤纹病菌的传播扩散及其侵染条件

1. 高粱煤纹病菌的传播与扩散 高粱煤纹病菌的传播与扩散受综合因素的影响，其中，气候条件是最重要的因素，遭遇连续温暖和潮湿天气，分生孢子可借风和雨水反复传播，加重病害流行。

2. 高粱煤纹病流行的环境条件 高粱煤纹病菌在高温、多雨和田间湿度较大的环境下易于发生和流行。许多研究者指出，高湿度是造成严重发病的环境条件，年降水700～1 000mm的地区是病害的主发区。土壤肥力是另一个重要发病因素，Naik等（1977）指出，氮肥多的土壤则病情加重，高粱种植在黏重土壤上亦有利于发病。

（二）高粱煤纹病菌的生理专化现象

高粱品种间抗病性有明显差异。1944年，Olive等在北佛罗里达州试验站鉴定高粱品种抗病性，筛选出Rex、Planter、Colman、Saccaline、Leoti、Denton、Rox、Orange、Sapling、Brown Durra、Norken、Atlas、Silver Top和Gooseneck等一批表现高抗和中抗的品种。Futrell和Webster（1996）测定了从世界各地重病区收集的2 693份品种材料，发现有5%的品种表现抗病，未发现高抗和免疫资源。在表现抗病的资源中，47%品系来自布基纳法索，10%来自尼日利亚，6%来自马里，可见西非的品种资源多表现抗病。徐秀德（1995）研究发现，一些高粱品系，如MR114、90M11、B35、SC326-6、R198-03、R19112、MB104-11、R19007、R18903、Sureno、Tx2767、Tx2783等对高粱煤纹病表现抗病，可作为育种材料应用。有关高粱煤纹病菌的生理分化国内外均研究较少，有无分化尚无定论。Odvody等（1973）报道，在内布拉斯加分离的菌系中未见有病菌生理分化现象。

六、防治技术

高粱煤纹病防治应采取以种植抗病品种为主，辅以减少病菌来源，合理施肥，适期早播，合理密植等综合防治措施。

（一）选用种植抗（耐）病品种

选种抗病品种是控制高粱煤纹病发生和流行的根本途径。不同品种对高粱煤纹病抗性差异显著，但表现高抗的品种较少，各地应因地制宜选用推广抗病或耐病品种。

（二）药剂防治

发病初期及时喷药，常用药剂有：75%百菌清可湿性粉剂、50%多菌灵可湿性粉剂、70%甲基硫菌灵可湿性粉剂，按照药剂使用浓度要求，在抽雄期连续喷雾施药2～3次，每次间隔7～10d。

（三）农业防治

1. 减少菌源 病菌能以菌核在病株残体、种子和野生高粱上越冬，翌年产生分生孢子，成为初侵染和再次侵染菌源。秋收后及时清理田园，减少遗留在田间的病株，冬前深翻土壤，促进植株病残体腐烂，是减少初侵染菌源的有效措施。实行高粱与玉米等禾本科作物以及豆科作物轮作，既有利于高粱生长发育，也能起到减少田间菌量积累的作用。此外，发病初期，可采取大面积摘除植株底部病叶的措施，以压低田间初期菌量，减少后继侵染源，改变田间小气候，推迟病害发生流行。

2. 改进栽培技术 适期早播可以缩短高粱后期处于高温多雨和低温阶段的生育日数，对夏高粱避病和增产有较明显的作用。育苗移栽是一项提早播期、促使高粱健壮生长、增强抗病力、错过高温多雨发病适期、减轻发病的有效措施。施足底肥，增施磷、钾肥，对提高植株抗病性、防病增产具有明显的作用。高粱拔节至开花期，正值植株旺盛生长，对营养特别是氮素营养的需求量很大，此时如果营养跟不上，造成后期脱肥，将使高粱抗病力明显下降，因此除施足底肥外，加强这一时期的追肥，对于提高作物抗病能力，具有一定的作用。与其他作物间套作，合理密植，改善田间通风透光条件，降低田间湿度，改善田间小气候，都能控制和减轻病原菌的侵染。

徐秀德　徐婧（辽宁省农业科学院植物保护研究所）

第11节 高粱锈病

一、分布与危害

高粱锈病是一种以侵害高粱叶片、叶鞘和穗梗为主的真菌性病害，是世界性分布的高粱病害，多发生于美洲中部和南部、亚洲的东南部各个国家的高粱产区以及印度南部和东非等地。气候冷凉、湿润的地区发病较重，严重影响高粱籽粒和饲草品质。高粱锈病是以风和气流传播为主的病害，可造成大区域的传播和流行。该病害主要发生在高粱生长后期，病害严重时，叶片上布满褐锈色的病斑或病菌孢子堆，严重影响植株的光合作用及代谢。如遇到有利于该病侵害的环境条件，病害严重发生，可造成籽粒减产65%。

在我国广东、广西、四川、湖南、云南和台湾等省（自治区）多有不同程度发生，局部严重发病地区可造成50%的产量损失。

二、症状

高粱锈病在高粱幼苗期一般不发病，通常在植株拔节后开始出现典型症状。主要侵害叶片、叶鞘和穗梗，以叶片发病最为严重。叶片发病，正反两面散生紫色、红色或黄褐色斑点，其颜色深浅与品种的基因类型有关。病斑逐渐隆起，呈圆形或长条形，一般受叶脉限制，多个病斑可以沿叶脉方向相连。在大多数高粱品种上具有过敏性反应，病斑不扩展；在感病品种上，病斑扩展形成暗红褐色或黄褐色、长约2mm左右的夏孢子堆。通常夏孢子堆于叶脉间平行排列，隆起，表皮破裂后散出红褐色、粉状的夏孢子。后期夏孢子堆多在叶背表面上转变为椭圆形至长椭圆形、淡黑褐色的冬孢子堆。病菌侵染叶鞘，形成椭圆形至长椭圆形斑点或孢子堆。穗梗发病，形成淡红褐色至黑褐色的夏孢子堆和冬孢子堆，呈长条状，孢子堆突出不明显，一般孢子量极少。当环境条件适宜时，穗梗上的病斑呈椭圆形、长椭圆形或卵圆形的疱斑，可产生孢子（彩图5-11-1）。

三、病原

高粱锈病病原为紫色柄锈菌［*Puccinia purpurea* Cooke，异名：*Uredo sorghi* Pass.，*P. sanguinea* Diet.，*Dicaeoma purpureum*（Cooke）Kuntze，*P. prunicolor* H. Syd.］，属担子菌门柄锈菌属真菌。

病菌夏孢子堆可在叶片两面着生，也可在叶鞘或茎秆上着生；叶片上以叶背面较多，病斑长椭圆形，紫红色，散生或密集，常互相会合，初埋生，突破表皮后呈红褐色、粉状，即夏孢子。夏孢子近球形、倒卵形，基部平截，黄褐色至暗栗褐色，大小为（25～40）μm×（21～33）μm，膜具刺疣，厚1～2μm，发芽孔5～10个，散生或分布于赤道附近1～2圈。侧丝生于夏孢子堆中，棒形，尤以夏孢子堆边缘较多，淡黄色弯曲，顶端厚，大小为（59～87）μm×（12～14）μm。夏孢子萌发适温为20～30℃，最适温度为25℃左右，经3h就萌发伸出芽管，萌发时要求高湿，需要一定氧气，pH为5～9，最适pH为7，光线对萌发无明显影响，水滴中含有养分能提高萌发率。

冬孢子堆着生在叶片两面、叶鞘或茎秆上，椭圆形，黑褐色，长1～3mm，一般比夏孢子堆稍长。冬孢子椭圆形至矩圆形，两端圆，基部狭，双胞，隔膜处稍缢缩，大小为（40～60）μm×（25～32）μm，每个细胞有一个发芽孔，膜光滑，栗褐色，顶厚4～7μm。柄无色透明，较直，不易脱落，大小为（32～48）μm×（2～3）μm（图5-11-1）。冬孢子堆中的侧丝与夏孢子堆中的侧丝相似（戚佩坤，1978）。冬孢子萌发从芽孔伸出长形、顶端具3个隔膜的先菌丝，4个细胞上具小梗着生4个担孢子。担孢子淡黄色，

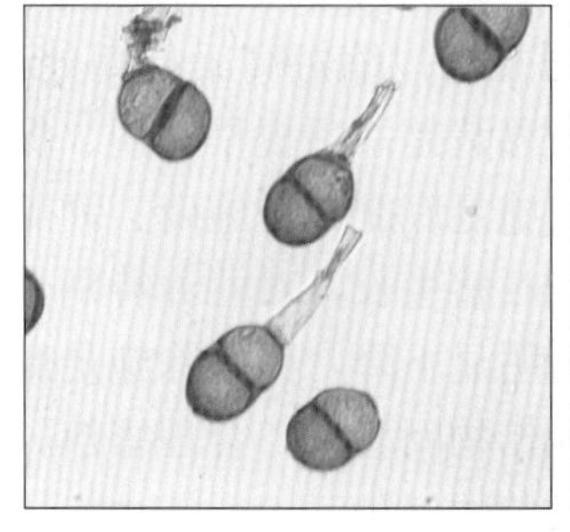
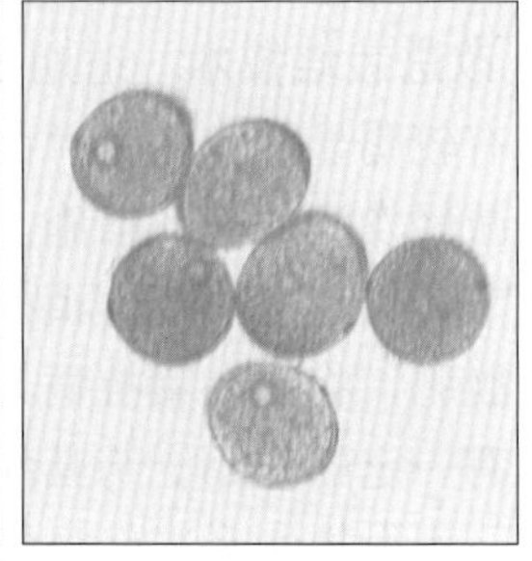

图5-11-1 紫色柄锈菌冬孢子及夏孢子（胡兰提供）
Figure 5-11-1 Teliospore and urediniospore of *Puccinia purpurea*（by Hu Lan）

球形或椭圆形，表面具疣，大小为（18～26）μm×（13～19）μm。性孢子器和锈孢子器发生于酢浆草属（*Oxalis* sp.）植物上。

紫色柄锈菌的寄主范围较窄，仅侵染高粱及高粱属植物。

四、病害循环

在南方，病原菌以夏孢子在高粱上反复侵染、传播，完成病害周年循环，不存在越冬问题。而在北方，病原菌以冬孢子越冬，在冬季温暖的地区也可以夏孢子越冬，并引起初次侵染；而在冬季寒冷的地区则需要酢浆草作为转主寄主参加才能完成侵染循环。高粱锈病的病原菌能侵染多年生寄生植物及再生高粱植株，病株上产生的夏孢子借助风力进行远距离传播和扩散，还能借助高空气流将夏孢子从南方远距离传播到北方，成为田间初侵染菌源。夏孢子寿命很短，落在根茬芽上和后作高粱上侵染发病，以后借气流传播重复侵染，尤其遇到小雨连绵和多露的天气有利于病害的传播。

紫色柄锈菌是全孢型转主寄生的锈菌，在生活史中产生性孢子、锈孢子、夏孢子、冬孢子和担孢子。其中，夏孢子和冬孢子阶段发生在高粱上，性孢子和锈孢子发生在转主寄主上。酢浆草（*Oxalis corniculata* L.）是锈菌锈孢子器阶段的寄主（转主寄主）。美国学者在实验条件下证实，以锈孢子接种高粱，虽然能引起侵染发病，但在田间其循环侵染作用是很小的。

五、流行规律

（一）高粱锈病菌的传播扩散及其侵染条件

1. 高粱锈病菌的传播与扩散 在南方，病原菌以夏孢子辗转传播，完成病害周年循环，借助于风、雨及人畜携带进行田块间或植株间传播和再侵染。在北方，冬孢子萌发产生的担孢子成为初侵染菌源，借风和气流传播侵染致病，发病后，病部产生的夏孢子作为再次侵染菌源。除本地菌源外，北方的高粱锈病初侵染菌源还有来自南方、通过高空气流远距离传播的夏孢子，夏孢子产生单倍体的担孢子，担孢子借风传播到转主寄主酢浆草上萌发侵入，在叶片上形成性孢子器和性孢子，性孢子与异性的受精丝结合，在叶片的下表皮形成锈孢子器和双核的锈孢子，锈孢子靠风传播到高粱上，侵染高粱并产生大量的夏孢子。夏孢子可以多次重复侵染高粱，造成高粱锈病的发生和流行。然而在自然条件下酢浆草上却很少发现锈孢子世代，显然，酢浆草在该病的传播上并不起重要作用。

2. 高粱锈病菌侵染过程及侵染条件 高粱锈病菌的夏孢子在叶片上的水滴中1～2h即可萌发长出芽管，芽管顶端形成附着胞和侵染丝，通过气孔侵入寄主细胞。在侵染点附近细胞间的菌丝大量分枝蔓延，叶片表面初现针头大的褪绿点。在产生孢子前，菌丝聚集在表皮层下的薄壁组织细胞层中，然后菌丝膨大形成夏孢子，经10～14d形成夏孢子堆。一般苗期叶片上夏孢子堆的形成快于在成株期叶片上。叶背面形成的孢子堆多于叶正面，这可能与叶正面的表皮较厚有关。

3. 高粱锈病流行的环境条件 高粱锈病在较低的温度（16～23℃）和较高的相对湿度（100%）条件下易发生和流行。在温暖地区，如欧洲、美国、墨西哥、南非、印度和尼泊尔等地区和国家的酢浆草上偶尔可见锈孢子堆发生。在我国南方，高粱锈病多发生于高温（27℃）和高湿地区。地势低洼，种植密度大，通风透气差，发病严重。在海拔1 200m以上的地区不利于病害传播，而在海拔900m以下的地区则有利于发病。此外，偏施、过施氮肥的植株发病重。

（二）高粱锈病菌的生理专化现象

美国报道，高粱锈病菌中有生理小种分化现象，存在2个生理小种，2个小种的鉴别寄主为高粱品种IS2814-TSC。高粱品种间对锈病的抗性差异明显，抗病性与高粱植株产生不同色素的基因型有关，产黄褐色色素的品系较抗病。Frederiksen（1978）观察，锈病菌侵染高粱后表现出3种抗性反应类型：一是不发生锈病；二是产生小的或少数疱斑，如SC-175品系发病后产生小型孢子堆，TAM428品系产生孢子堆数量少，且扩展缓慢；三是高感类型。Millet和Cruzado（1969）证实，高粱品系对锈病的抗病性表达的不同等位基因互作于PU位点上，其杂合的表现感病，纯合的表现抗病（保持低水平的发病）。Bergquist（1971）指出，高粱品系对锈病的抗性是显性遗传，他报道在夏威夷群岛上鉴定出锈菌有2个生理小种。更有趣的是，高粱品种对锈病的抗病性与植株呈黄褐色的基因是连锁的，黄褐色品系植株增强了对锈病的抗病性。

六、防治技术

高粱锈病是一种气流传播、大区域发生和流行的病害，防治上必须采取以抗病品种为主，栽培技术和药剂防治为辅的综合措施。

（一）种植抗病品种

高粱不同品种间抗病性有显著差异。应选择种植在当地生产中表现抗病或中等抗病的品种。许多抗性资源大多数来自非洲南部和东部。

（二）化学药剂防治

在高粱锈病的发病初期喷药剂防治，可有效地降低病菌的萌发率，从而减轻锈病发生为害。可选用25%三唑酮可湿性粉剂1 500～2 000倍液、12.5%烯唑醇可湿性粉剂3 000倍液、50%胶体硫200倍液，叶面喷雾，7～10d 1次，连续防治2～3次。

（三）农业防治

合理施肥，采用配方施肥，避免偏施氮肥，搭配使用磷、钾肥，以提高植株抗病性。在一些地区，适时早播，合理密植，中耕松土，适量浇水，雨后注意排涝降湿等均可避免或减轻发病。必要时喷施叶面营养剂，创造有利于作物生长发育的良好环境，提高植株的抗病能力，减少病害的发生。病害重发地区应更换种植抗病品种，也可以采用高粱与玉米等作物间作。高粱收获后，收集并烧毁田间病株残体，以减少侵染来源。

徐秀德　胡兰（辽宁省农业科学院植物保护研究所）

第12节　高粱红条病毒病

一、分布与危害

高粱红条病毒病是一种引起以高粱叶片、叶鞘、茎秆、穗及穗柄发病为主的世界性的病毒病害，严重影响高粱的产量和品质。1946年，在高粱上首次发现该病，此后该病在美国、南美、欧洲、澳大利亚等地发生流行为害严重。该病害在我国高粱产区普遍发生，局部地区为害严重。1996年辽宁省高粱红条病毒病暴发流行，严重地块发病率高达80%～90%，个别地块甚至毁种。

高粱红条病毒病是种子和昆虫传播的病害，在高粱3叶期以前感染的品种受害较重，可造成减产50%以上。不同品种、不同病毒株系和不同环境中，高粱的受害程度不同。

二、症状

高粱红条病毒病在高粱整个生育期均可发生，侵害叶片、叶鞘、茎秆、穗及穗柄。生育前期发病时，在幼叶基部出现淡绿色或浓绿色斑驳或花叶症状，后扩展到全叶，成熟期花叶症状呈淡绿或褪绿色条纹，叶色浓淡不均，叶肉逐渐失绿变黄或变红，形成紫红色梭条状枯斑，最后呈“红条”状，在黄化的花叶症状上常出现暗绿岛症状。另一明显症状是，叶片出现斑驳后变红，除叶片外叶鞘和花梗上的斑驳也变红，这因病毒株系、品种和温度不同而异。当夜间温度在16℃或以下时，易诱发病株的斑驳变成红色，严重时红色症状扩展相互会合变为坏死斑，多在叶尖处病斑组织出现枯死并向叶基部扩展。重病叶全部变色，组织脆硬易折，最后病部变紫红色干枯。在植株接近成熟时，多数品种叶上症状不明显，但茎秆上常出现条状斑，病斑易受叶脉限制。

被害植株常表现矮化，其矮化程度取决于病毒侵染时植株的生育阶段、病毒株系和品种或杂交种的感病性。病株分蘖数、穗数、穗的长度、每穗粒数和大小均有所减少。范在丰等（1987）报道，从华北表现花叶和红条症状的高粱上获得花叶型和坏死型两种病毒。前者侵染高粱后不引起红条及红叶坏死，在所有寄主上都导致花叶症，因此属于MDMV-G；后者可以导致红条症，在Atlas高粱上导致梭形枯斑，在忻梁7号和忻梁52高粱上分别造成红枯心和青枯心症状，但不能侵染约翰逊草，因此，华北的高粱红条病是由MDMV-B引起的。MDMV-B和MDMV-G可混合侵染高粱造成红条症状，接种到Atlas高粱上在同一植株上表现出条状枯斑和花叶症状。在高粱叶上表现的红条症状是由多因子控制的，首先是品种的基因型，其次是侵染时期，在 3 叶期以前侵染易造成枯心死苗。随着植株生长，耐病性增强，晚期接种常不发病，即使发病症状也轻，一般只表现花叶，但若遇上连续 21℃以下低温天气时，就可能出现红条坏死。若温度回升则红条坏死部分虽不能恢复返绿，但红条坏死病斑不再扩大。在我国南方，高粱受SCMV侵染后也能引起叶片出现红条症状。该病的症状还常易与其他病害相混淆，如，红叶症状易和一些真菌叶斑病相混淆，有时也被误认为是受介体蚜虫刺吸叶片和叶鞘时，带入的植株毒性分泌物造成的点斑（小于1mm）症状（彩图 5-12-1）。

三、病原

高粱红条病毒病病原为玉米矮花叶病毒（*Maize dwarf mosaic virus*，MDMV），属马铃薯 Y 病毒科马铃薯 Y 病毒属（*Potyvirus*）。

病毒粒体线条状，略弯曲，长度为 750nm，直径 13nm。紫外吸收光谱为典型的核蛋白吸收光谱，A_{260}/A_{280}比值为 1∶22，病毒核酸含量约 5%。衣壳亚基蛋白分子质量约 36400u。在病叶细胞里可见大量风轮状内含体、片状集结体和病毒粒体（图 5-12-1）。

在高粱汁液中钝化温度为 54℃，稀释限点为 10^{-3}，体外存活期 3d。因该病毒与甘蔗花叶病毒(SCMV)有血清学关系，所以，一些学者将其作为甘蔗花叶病毒 J 株系，或作为甘蔗花叶病毒的约翰逊草株系。玉米矮花叶病毒有 6 个株系，即 A、B、D、E、F 和 O 株系。在田间仅见 A 和 B 株系，这两个株系主要以寄主范围、血清学比较和介体昆虫专一性来区分，A 株系能侵染约翰逊草，而 B 株系不侵染约翰逊草。

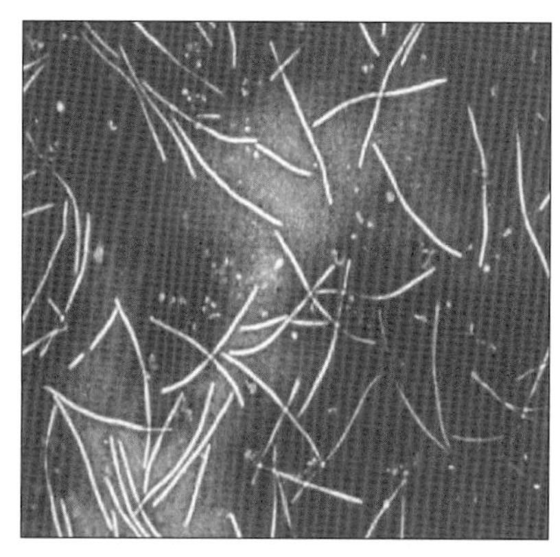

图 5-12-1　玉米矮花叶病毒粒体形态（徐秀德提供）

Figure 5-12-1　Virions of *Maize dwarf mosaic virus* (by Xu Xiude)

我国华北的高粱红条病毒病是由 MDMV-B 株系侵染引起的。血清学实验表明，MDMV-A 株系的多克隆抗血清与 MDMV-B 株系表现轻微反应或无反应，而 MDMV-B 株系多克隆抗血清与 A 株系则表现为交互反应。MDMV-B 株系似乎与 MDMV 群的 A、D 和 E 株系的亲缘关系比与 MDMV 其他株系近。蒋军喜（2002）从山西高粱红条病毒病叶上获得一种病毒分离物，经 PCR 测定认为与甘蔗花叶病毒（SCMV）同源性较高，可能是甘蔗花叶病毒某个株系。

玉米矮花叶病毒对许多一年生和多年生植物如玉米、谷子、帚用高粱、苏丹草和约翰逊草等均可侵染发病。

四、病害循环

病株残体不能传带玉米矮花叶病毒，许多研究者报道约翰逊草广泛生长于各地，是病毒的越冬寄主，病毒主要生存于约翰逊草的肉质根茎里，第二年从带毒地下根茎上长出新芽，通过蚜虫取食带毒新芽进行传播。高粱种子也能传带病毒引起发病，形成毒源中心株。蚜虫是田间传毒的主要媒介。传毒蚜虫有 20 余种，主要由麦二叉蚜、禾谷缢管蚜、玉米蚜、桃蚜等以非持久性方式传播；长管蚜、甘蔗蚜、苜蓿蚜则不传此病毒。蚜虫在病芽上吸食 15～60s 即能获得病毒。蚜虫可短距离迁飞，也可借风力飞到 100km 以外。汁液摩擦可传毒。温暖和湿润季节有利于蚜虫的繁殖和迁飞。在生长季里成蚜出现早、发生量较大的地区发病严重。过去的检测结果表明，高粱种子带毒率较低，约为 0.03%。鉴于目前高粱红条病如此严重，应该重新进行检测。重病区，掖单 2 号玉米种子带毒率平均已达 3.15%，高粱种子带毒率可能也会有较大的变化，有待新的检测结果证实。

五、流行规律

（一）高粱红条病毒病的传播扩散及其侵染条件

1. 高粱红条病毒病的传播与扩散　高粱红条病毒病主要通过蚜虫取食带毒植株进行传播，高粱种子也能传带病毒引起发病，形成中心株，但蚜虫是田间病毒传播的主要媒介。

2. 高粱红条病毒病的侵染过程及侵染条件 蚜虫在带毒越冬寄主上吸取汁液后带毒，带毒蚜虫迁飞到高粱幼苗上取食时，就把病毒传播到高粱上。在高粱生长期间，蚜虫可进行多次取食、迁飞，造成多次再侵染。高粱快成熟时，蚜虫又迁飞到杂草上，通过取食使杂草带毒，并在杂草活体部分（如果地上部分枯死，就在根部）越冬。毒源的积累需要多年。多年大面积种植感病品种，有利于毒源的积累，条件适宜，病情会逐年上升。野生多年生禾本科杂草是病毒的越冬寄主，这些杂草的广泛分布，也有利于毒源的积累。

高粱红条病毒病传毒蚜虫种类繁多，主要有麦二叉蚜、禾谷缢管蚜、玉米蚜、桃蚜等以非持久方式传播。春播高粱苗期的主要传毒介体是麦二叉蚜，有翅蚜虫是传毒的主要虫态。蚜虫发生的早晚、数量与高粱红条病毒病发生、流行关系极为密切。蚜虫数量多，为害时间长，有利于该病传播。该病害在田间的发生和流行与蚜虫介体种类、虫口密度及自然带毒率关系密切。在田间扩展主要靠有翅蚜，尤以过路蚜为主。有翅蚜始见后11～18d，田间开始出现病株，蚜虫高峰期后16～30d为发病高峰期。蚜虫获毒最短时间为30s，潜育期一般是5～7d，温度高时最短3d，温度低时可延长至18d甚至不发病。

3. 高粱红条病毒病流行的环境条件 气象条件对毒源、传毒蚜虫的发生期和发生量、有翅蚜迁飞传毒、高粱的抗病性都有影响，因为气象条件直接影响蚜虫种群数量和迁飞活动，因此在病害流行中起主导作用。我国北方，若春暖早，对越冬寄主返青有利，可使蚜虫越冬存活率增高，始发期和激增期提前，虫口密度增大。高粱苗期低温寡照的气象条件对寄主抗病性有不利影响。一般降雨次数多，降水量大，气温偏低，对蚜虫繁殖和迁飞不利，发病轻。反之，久旱不雨，天气燥热，蚜虫增殖迅速，大量迁飞，发病则严重。耕作与栽培管理方式对病害发生影响也较大，推迟播种期、种植感病品种、媒介蚜虫大量存在、病毒基数累积高，这4个条件是大流行的必备条件，缺少其中一条病害都不能大流行。此外，平肥地、植株生长健壮则发病轻；山坡、路边地、植株长势不良则发病重。田间管理好、杂草少的发病轻，管理粗放的发病重。此外，在调查中还发现，阳坡地、涝洼地和平川地发病重，而山岗地、阴坡地和山沟小岔零星地块发病轻。

（二）高粱品种间抗病性差异明显

品种间对玉米矮花叶病毒表现不同的抗性。RS621、Tx414、RS625、Martin（Tx398）和 Wheatland（Tx399）是耐病的。表现田间抗性的品系有IS2549、IS2816C、IS12612C、Rio、TAM2566和Q7539等。首次获得免疫品系是Krish，它是由约翰逊草（*Sorghum halepense*）和罗氏高粱（*S. roxburghi*）杂交的。1971年在澳大利亚的昆士兰将这个免疫基因转育到种用高粱品种QL3上，1980年选出TAMB51和TAMB52，这两个品系都含有对玉米矮花叶病毒免疫的Krish种源。QL3不仅对MDMV-A株系免疫，也对MDMV-B、MDMV-A株系和MDMV的澳大利亚株系表现免疫。美国选出的Tx2786对MDMV-A株系抗病，对MDMV-B株系和MDMV-H株系表现免疫，属多抗病毒病品系（Frederiksen，1986）。

六、防治技术

高粱红条病毒病防治应采取以选用抗病品种、适时播种和加强栽培管理等农业措施为基础，以治蚜、清除毒源等措施为中心的综合防治方法，防治的关键在于预防。

（一）消灭毒源及防治蚜虫

及时清除高粱田间、地边杂草，恶化蚜虫栖息环境，减少毒源。结合间苗、定苗及时拔除田间早发病苗，防止病毒进一步扩散。抓好高粱出苗前其他作物上蚜虫的防治，最大限度地压低传毒介体数量，减少传毒机会。春播高粱蚜虫防治重点在麦田。防治蚜虫要从全局出发，统筹安排，及时防治。

（二）选用种植抗病品种

加快抗病品种选育和推广步伐，防治高粱红条病毒病同防治其他病害一样，选育和种植抗病品种是防治高粱红条病毒病最经济有效的根本途径。在高粱中存在大量对高粱红条病毒病耐病、抗病甚至免疫的种质资源，应充分搜集、鉴定这些资源，并在育种中加以利用。另外，要根据品种的抗病性和历年病情，因地制宜地做好品种布局，重病区要种植抗病性强的品种，以降低为害和减少毒源的扩散及毒量的积累，减少侵染来源。目前各地选用的品种有锦杂93、辽杂4号、辽杂6号、辽杂10号、铁杂9号、铁杂10

号等。

(三) 药剂防治

在高粱红条病毒病初发期，要及时喷施药剂治蚜，消灭初次侵染来源。药剂可选用 40%乐果乳油稀释 100 倍涂茎。喷雾防治可选用 50%杀螟硫磷乳油 1 000～3 000 倍液、40%乐果乳油 1 500 倍液、2.5%溴氰菊酯乳油或 20%氰戊菊酯乳油 5 000～8 000 倍液。高粱敏感的敌敌畏、敌百虫等有机磷农药禁止在高粱上使用，以免造成药害。

(四) 农业防治

调节播期，使高粱苗期避开蚜虫从小麦田、玉米田向高粱田迁飞的高峰；提高播种质量，选留健苗，培育壮苗。出苗后结合间苗，及时拔除病苗；控制制种田的高粱红条病毒病，降低种子带毒率。加强中耕除草，促进根系发育。注意水肥管理，适时浇水；平衡施肥，施足底肥、增施锌肥，提高高粱抗病性。

徐秀德　胡兰（辽宁省农业科学院植物保护研究所）

第 13 节　粟白发病

一、分布与危害

粟白发病，根据谷子（粟）被害后在不同生育期所表现的症状而被称为芽死、灰背和黄斑、白尖、枪杆和白发、看谷老等。粟白发病的地理分布极为广泛，在亚洲、非洲和欧洲的粟产区均有发生。在亚洲的一些国家，如中国、朝鲜、日本和印度，谷子的栽培面积较大，白发病发生较普遍和严重。在我国，白发病在华北、西北、东北各谷子产区均有分布，过去主要发生在春谷区，近年来夏谷区也普遍发生，是谷子的主要病害之一。一般发病率为 5%～15%，严重的高达 30%以上，特别是连茬种植的地块发病率更高，严重影响谷子的丰产丰收。2013 年，由于潮湿多雨，该病在黑龙江、吉林、辽宁、陕西、山西及河北的承德、邯郸、鹿泉等地严重发生，发生面积 13.3 万 hm^2 以上，田间最高发病率可达 40%，减产严重。

二、症状

粟白发病是系统侵染性病害，从种子发芽到穗期陆续显现症状。各期症状差异很大，主要症状有：

(一) 芽死

当谷子种子在发芽过程中被白发病菌侵害后，幼芽发病变色扭曲，迅速死亡，甚至完全腐烂，不能出土，从而引起缺苗断垄（彩图 5-13-1）。

(二) 灰背和黄斑

从 2 叶期开始至拔节期陆续显现灰背苗，一种叫系统灰背，植株叶片正面产生与叶脉平行的苍白色或黄白色条纹，背面密生粉状白色霉层（病原菌的孢子囊及孢囊梗）；另一种为黄斑灰背，在叶正面出现形状不规则的油渍状黄斑，病斑背面有白色霉状物，有时甚至出现褐色或深褐色边缘。植株越大，症状越明显。因此苗期鉴别病株，应以有无灰背为依据。苗小或天气干燥，灰背辨认不清时，可在室内保湿，观察其是否长出白色霉状物以便加以确定。其中，系统灰背后期变成“枪杆”的比例大，黄斑灰背变成“枪杆”的比例小（彩图 5-13-2，彩图 5-13-3）。

(三) 白尖、枪杆和白发

白尖发生在抽穗前，多为植株顶部有 2～3 张叶片，多时有 4～5 张叶片，成丛生状。叶片尖部或全部变为黄白色，耸立，远望十分明显，故称“白尖”。这种黄化叶片的背面不再产生白霉，经 7～10d，病叶不能展开，甚至扭曲呈旋心状，色泽渐深，变褐干枯，直立田间，称“枪杆”。最后叶片组织分裂为细丝，散出许多黄褐色粉末，即病原菌的卵孢子，剩下的灰白色卷曲如头发状的叶脉残余组织，即“白发”，是白发病的典型症状（彩图 5-13-4 至彩图 5-13-6）。

(四) 看谷老

看谷老发生于穗期。病穗短缩，肥肿，小花内外颖变长，呈小卷叶状，全穗蓬松，宛如鸡毛帚或刺猬，又称“刺猬头”（彩图 5-13-7）。初为绿色或带红晕，后变褐色，组织破裂，也能散出大量卵孢子。病穗有时仅抽出一部分，或只基部半穗被害，穗尖仍正常结实，此症状的形成是由于谷子正处于幼穗分化时期，病菌侵入到幼穗中部，穗的中下部被害形成刺猬头病状，而中上部穗未受侵染可以正常结实。

病株在灰背期与健株无明显区别，形成白尖、白发或看谷老病穗时，节间常缩短，较健株略矮。分枝或分蘖性强的品种的初侵染病株上，每一分枝或分蘖能全感病。

三、病原

粟白发病病原为禾生指梗霉［*Sclerospora graminicola*（Sacc.）Schröt.］，属藻物界卵菌门指梗霉属。病原为活体营养生物，菌丝体无色透明，无隔膜，有分枝，内含微细颗粒，侧生圆形吸器伸入寄主细胞吸取营养。灰背阶段为病原菌的无性阶段，孢囊梗经寄主气孔伸出，单生或2～3根丛生。孢囊梗上宽下窄，顶端有2～3个分叉，分叉顶端产生2～5个孢子囊，孢子囊椭圆形或倒卵圆形，无色，单胞，顶端有乳状突起，大小为（13.3～26.6）μm×（11.4～19.0）μm。孢子囊在干燥条件下寿命很短，经5～50min即丧失萌发力，在高湿、适温（15～16℃）条件下，经30～60min，每个孢子囊产生3～11个游动孢子。游动孢子呈不规则肾脏形，无色透明，中央有一纵沟，纵沟中间长出2根鞭毛，借此游动，遇到寄主后鞭毛脱落，变成球形休止孢子，再产生芽管侵入寄主（彩图5-13-8，彩图5-13-9）。

病株抽穗前，顶叶组织内菌丝开始产生雄器和藏卵器，这是病原菌的有性阶段。雄器丝状，顶端稍粗。藏卵器多为球形，内有1个卵球，由雄器顶端长出一根授精管穿进藏卵器，细胞核互相结合后，形成卵孢子。卵孢子圆形或近圆形，黄褐色，壁较厚，凹凸不平，大小为(24.7～47.2)μm×(23.2～44.2)μm，与残留的藏卵器相连。卵孢子一般不易萌发，需经生理后熟期方可萌发。致死条件为54℃ 10min。

四、病害循环

粟白发病的病原菌卵孢子生活力很强，在土壤中可存活2年，经家畜肠胃消化后尚有活力，在堆肥中如未经充分发酵腐熟仍能传病，附着在种子表面也可安全越冬。这些在土壤、粪肥或种子上越冬的卵孢子，都是白发病的初侵染来源。每年收获前，病株上的卵孢子已有95%散落在田里，因此，土壤带菌是白发病的主要侵染来源。当谷子种子发芽时，土中卵孢子也正萌发，遇到幼芽就从芽鞘或幼根表面直接侵入，引起芽死，或侵入病苗生长点定殖。随着植株生长发育，根据病苗叶片生长点或花序细胞分生组织中的病原菌数量的多少，陆续出现灰背、白尖、白发或看谷老等症状。灰背阶段产生的孢子囊和游动孢子，借气流传播，在适宜的湿度条件下进行重复侵染，蔓延侵害，形成灰背和黄斑等局部症状。这种重复侵染的病株通常不能产生白尖、白发或看谷老。但个别地方在多雨的年份，有时游动孢子随风雨自顶叶进入幼苗、分蘖，或分枝茎的生长点发生重复的系统侵染，出现灰背、白尖、白发等系统侵染症状。灰背所产生的游动孢子囊的生理功能与卵孢子侵染产生的游动孢子囊，在侵染致病特性上并无差异，在谷子各个生育阶段表现的症状也与卵孢子侵染完全一致。在持续高湿多雨条件下，再侵染造成的局部病斑上产生的游动孢子囊又可重复侵染发病，即无性阶段可多代循环。病菌游动孢子囊侵染谷子是形成系统侵染还是局部侵染，因谷子品种的抗病性、病菌的致病性、侵染部位的

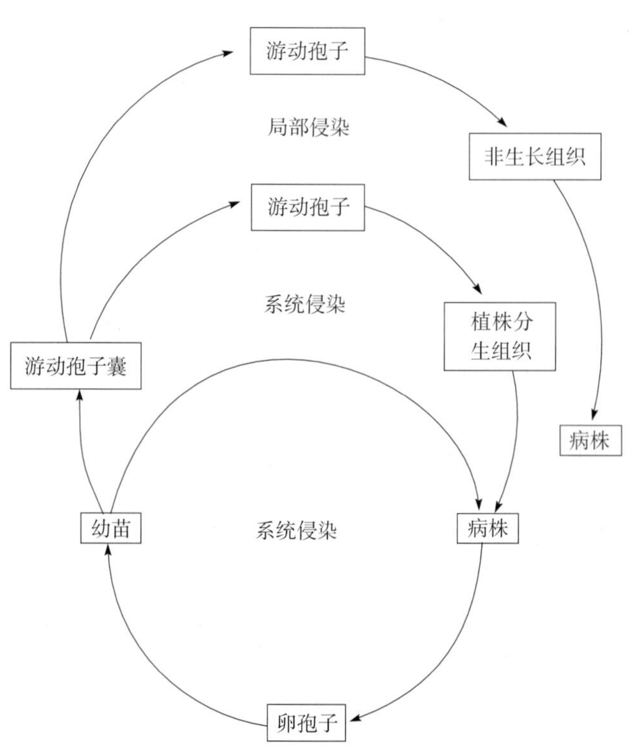

图5-13-1 粟白发病病害循环（参照俞大绂，1978）
Figure 5-13-1 Disease cycle of millet downy mildew (from Yu Dafu，1978)

发育阶段及环境条件而异（图5-13-1）。

五、流行规律

（一）粟白发病菌的传播扩散及其侵染条件

1. 粟白发病菌的传播与扩散 粟白发病菌主要以卵孢子附着在种子表面作远距离传播，带菌的有机肥和带菌的土壤都可传播引起发病，同时也是白发病的初侵染源。病菌游动孢子囊在适宜湿度环境下可进行再侵染，侵染叶片组织引起局部黄斑灰背，入侵分生组织可引起系统性发病症状。由于游动孢子囊的寿命很短，其传播扩散多局限在本田和较短距离。

2. 粟白发病菌游动孢子囊和卵孢子的寿命及萌发条件 游动孢子囊寿命的长短直接受气温和湿度的影响，其中以湿度更为重要。游动孢子囊在干燥环境下寿命很短，只能在50min以内保持萌芽力，在田间日出后叶面水滴干后即失去生活力。灰背上新产生的游动孢子囊萌发率很高，但10min以后萌发率就从96%降到40%，50min以后只有0.1%。游动孢子囊的萌发率也受温度影响，9～20.5℃内萌发率超过90%，17.5℃下萌发率最高达97.7%。低温和高温均抑制萌发，−1～1℃下96h未见萌发，超过5℃后才开始逐渐增多，高于23℃则萌发率锐减。同时，温度也会影响游动孢子囊的萌发速度。20℃下1h左右开始萌发，24℃下仅需30min，而低于15℃则需要10～24h才开始萌发，其萌发速度随温度增高逐渐加快。因此，综合考虑萌发率和萌发速度两方面，游动孢子囊的最适萌发温度应在15～16℃。温度除了直接影响游动孢子囊萌发的速度、方式和百分率外，也影响游动孢子游动时间的长短。温度愈低游动孢子成为休止孢子所需时间愈长，9℃以下需0.5～1h，13.5～20℃需30～40min，20℃以上需10～30min。

卵孢子一般不易萌发。试验证明，卵孢子形成后需经几个月的生理后熟过程才能萌发。卵孢子萌发与温、湿度的高低及氢离子浓度有密切关系。卵孢子最适萌发温度为18～20℃，最低为10℃，最高为35℃。随温度升高萌发速率也逐渐增加，低于15℃卵孢子至少需要5d才能萌发，而25℃下第五天已有不少卵孢子萌发。芽管伸长速度也与温度高低密切相关，高温比低温下生长较迅速。同时，pH低的比pH高的环境更适合卵孢子萌发。在pH4.2～5.3，卵孢子萌发率为34.7%～51.1%，在pH6.5～7.1，萌发率为23.9%～44.6%，而在pH8.4～8.8，萌发率为18.5%～34.9%。试验也证明，酸性土壤比碱性土壤较适于发病。

3. 粟白发病菌侵染过程及侵染条件 粟白发病菌初侵染发生于幼芽期，当种子发芽时混在土壤和粪肥里或种子表面沾有的卵孢子也同时萌发，长出芽管借助机械压力直接侵入根、中胚轴或幼芽鞘，然后菌丝蔓延到芽鞘组织中分枝生长。其中，部分菌丝进入子叶和刚分化出的叶原基，一直扩展到生长点，并在生长点内的细胞间隙中生长和发展，随着寄主生长点的分化而不断扩展，蔓延到各层叶片组织，最后到达花序。在此病程中陆续形成灰背、白尖、白发和看谷老等系统症状。

病叶上面起初呈现稍带白色或黄白色的条纹或条斑，逐渐转变成黄色，最后褐色。白色条纹的细胞间隙中生长有亮度不等的密集的菌丝。菌丝侧面长出小的圆形吸胞，深入细胞内以吸收营养。在黄色条纹的组织内的菌丝产生许多藏卵器。栅状细胞变长和海绵细胞的间隙中充满菌丝和藏卵器，使间隙扩大，因而病叶通常比健叶较厚。藏卵器受精后发育成卵孢子。病菌不侵入维管束。卵孢子成熟后，病叶组织纵向分裂并被摧毁，留下维管束不破坏，结果病叶变成丝状，因而称为白发病。在病穗的各个部分内，菌丝在细胞间隙中生长，细胞肿大并畸形。颖壳肿大并伸长，保持绿色，常称为绿穗。病叶和病穗的细胞最后被摧毁，散出大量黄色的卵孢子。

粟白发病主要借土壤传播，谷子幼芽期芽长在3cm以前是最适的侵染时期，因而从播种到幼苗出土前的土壤温度、湿度及有关播期、播种深度和播种质量等土壤环境影响发病。其中，土壤的温度及湿度与发病关系很大。土温11～32℃下均能发病，最适的土温为20℃。土壤湿度在20%～80%下均能发病，最适土湿是50%。但土壤的温度和湿度是互相影响的。土温自20℃逐渐降低时，湿土较适宜于发病；土温自20℃逐渐升高时，干土对发病有利。发病轻重与出苗快慢关系密切。谷子幼芽在2cm以内时最易被侵染。春季早期播种，地温低，湿度大，出苗缓慢，因而发病较重，而晚播则相应较轻。两季作地区夏播时，一般晚播的发病较少。根据地区特点和气候预测情况相应调整播期，对防治白发病有一定作用。此外，影响游动孢子囊再侵染的主要外界条件是大气的温、湿度和降水量。游动孢子囊萌发的最适温度是

15～16℃，最低是 2℃，最高是 32℃。从调查中看出，田间遇上多雨潮湿而温暖的天气，再侵染发病就多。

（二）粟白发病菌的生理分化现象

粟白发病菌寄主种类甚多，但都是禾本科作物和杂草，包括下列植物属：粟属（狗尾草属）（*Setaria*）、黍属（*Panicum*）、玉蜀黍属（*Zea*）、狼尾草属（*Pennisetum*）、甘蔗属（*Saccharum*）和类蜀黍属（*Euchlaena*）的植物，及高粱属（*Sorghum*）的高粱、石茅高粱（假高粱）和轮枝高粱。粟白发病菌能严重侵染谷子、玉米、狼尾草和甘蔗，但侵染高粱发病轻微。

粟白发病菌具有明显的生理分化现象。曹秀菊等（1993）报道，从我国 4 个生态区（东北、华北、内蒙古和黄土高原）收集的 48 个谷子品种中，选择出具有较强鉴别力和不同抗性程度的 5 个品种，332、西城白、大青苗、柳条青和 189 作为鉴别寄主。用从 4 个生态区采集的 68 个菌株标样接种于 5 个鉴别寄主上，鉴别出 6 群 20 个生理小种，并明确各小种群在各生态区的分布及优势小种（表 5 - 13 - 1）。小种群数黄土高原区较多，华北和东北区次之，内蒙古区最少。致病力以黄土高原区的最强，华北、东北和内蒙古区较弱。推测，黄土高原区病菌小种类群多、致病力较强与该地区地貌类型复杂、地势相差悬殊、气候变化大有关。在 20 个生理小种中，B1 群是优势菌群。以 4 个生态区收集的品种经多次鉴定选出的 22 份优异品种，对 20 个小种抗性谱测定结果，其中，抗 50%小种群的品种有 332、公谷 25、张农 12、大红袍、大同北郊、七月黄、大青苗、紫秆黄谷、西城白等。如 332 能抗 13 个小种，公谷 25 和张农 12 能抗 11 个小种，紫秆黄谷抗 9 个小种。332 除对 A 群各小种感病外，对其他各菌群均表现抗病，尤其对我国主要小种 B1 群 15 个菌系抗性更为明显，选出的广抗谱品种将对谷子抗病育种，优良品种合理布局提供基础材料。

表 5 - 13 - 1 20 世纪 90 年代我国 4 个谷子生态区粟白发病菌生理小种群出现频率及其在鉴别寄主上的反应

Table 5 - 13 - 1 Frequency and resistant/susceptible patterns of major races for *Sclerospora graminicola* on the differential hosts from four millet ecological regions in China since 1990s

小种号	鉴别品种的抗性反应					出现次数和频率（%）							
	332	西城白	大青苗	柳条青	189	东北平原		华北平原		内蒙古高原		黄土高原	
A1	S	S	S	S	S			4	17.4	1	7.1	4	26.7
A2	S	S	S	S	R							1	6.7
A5	S	S	R	S	S							1	6.7
A6	S	S	R	S	R	1	6.3						
A9	S	R	S	S	S			1	4.3			1	6.7
A13	S	R	R	S	S			1	4.3				
A14	S	R	R	S	R			1	4.3				
B1	R	S	S	S	S	3	18.8	3	13.0	6	42.9	3	20.0
B2	R	S	S	S	R	1	6.3						
B3	R	S	S	R	S	2	12.5						
B5	R	S	R	S	S	4	25.0						6.7
B7	R	S	R	R	S			1	4.3			1	6.7
B8	R	S	R	R	R							1	6.7
C1	R	R	S	S	S			4	17.3	1	7.1		
C2	R	R	S	S	R					1	7.1		
C3	R	R	S	R	S			1	4.3				
D1	R	R	R	S	S	3	18.8	1	4.3				
D2	R	R	R	S	R	1	6.3	1	4.3				
E1	R	R	R	R	S			1	4.3	1	7.1	2	13.3
F1	R	R	R	R	R	1	6.3	4	17.4	4	28.6		

注 R：抗性反应，S：感性反应。

六、防治技术

粟白发病菌由于生活力强，以及土壤与肥料都能带菌，特别在一些地区多雨年份的高湿条件下，分生孢子有重复侵染的现象。各地实践证明，必须采用以下 3 种综合防治措施。

(一) 选用抗病良种

选用抗病良种是防治粟白发病最经济有效的方法。首先，应重视品种的地区适应性，注意就地选育抗病高产良种，就地推广。其次，由于白发病菌存在生理分化，不同地区白发病菌的生理小种组成可能不同，因此，从外地引用抗病品种时需经过抗病性鉴定筛选后方可大面积推广。抗病品种在推广多年后可能因病菌生理小种类群的变化而丧失抗病性。应及时进行品种轮换，以稳定品种的抗病性。

(二) 农业防治

1. 实行轮作倒茬 轮作倒茬是减少土壤带菌的有效措施，应结合拔除病株同时进行，才可收到较好的效果。由于卵孢子在田内存活时间较长，轻病区实行 2 年轮作就能收到明显效果，重病区至少应实行 3 年轮作，收效才大。轮作面积越大和距离前一年谷地越远的地块，防病效果越好。轮作的作物以高粱、大豆、玉米、小麦和薯类效果好。

2. 适时晚播，施用净肥 根据气候条件与品种特性，适期晚播、浅播，不使种子覆土过厚，促使幼苗早出土。施用不带病原菌的净肥，集中条施硫酸铵等化肥，并按每公顷 150kg 用量，促使幼苗茁壮。并应及时中耕除草，特别要清除田间、地头的狗尾草等野生寄主。

3. 彻底拔除病株 在苗期结合疏苗、定苗、除草，彻底拔除灰背病株。当田间出现“白尖”症状，每隔 6～7d 拔一次，连续几次把“白尖”、“枪杆”以及“白发”、“看谷老”病株彻底拔除干净，并将病株带到地头深埋或烧毁。

(三) 化学防治

可根据当地药源情况，选用以下药剂进行拌种。

1. 35%阿普隆拌种剂 含甲霜灵有效成分 35%。按种子重量 0.2%～0.3%拌种或加水湿拌，即拌种 100kg 用药 200～300g（有效成分 70～105g）。如果兼治谷粒黑穗病，则需加种子重量 0.2%的拌种双、克菌丹等同时混合拌种。

2. 50%甲霜铜可湿性粉剂（10%甲霜灵+40%二羧铜） 按种子重量 0.3%～0.4%拌种，可兼治谷粒黑穗病。

3. 80%噁霜菌丹可湿性粉剂（20%噁霜灵+60%灭菌丹） 按种子重量 0.2%～0.25%拌种。

4. 64%杀毒矾可湿性粉剂（8%噁霜灵+56%代森锰锌） 按种子重量 0.4%～0.5%拌种。

上述 4 种药剂虽可干拌，但以湿拌效果较好，可按种子重量加入 1%清水或稀米汤将种子湿润后，加药拌匀，即可播种。

附：粟白发病抗病性鉴定方法与抗性分级标准

采用土壤接菌方法鉴定。在谷子主产区的病田中采集白发病株，晒干搓碎、过筛。混合各地白发病菌，在干燥低温处保存备用。

当土温达到 18～20℃时，顺序播种。初鉴不设重复。每份材料种 1 行，行长 1.5m，种子量 0.8g（大粒种 1.5g），每百份增设抗、感对照。播种前一天种子接种菌土，菌土比例为 1∶5。即将 1g 菌粉与 5g 湿度为 12%～15%的土壤充分混合，装入每份种子袋中，摇动数次。播种时一起撒入沟内，覆土 3cm 左右。菌土要随用随配，按正常栽培进行田间管理。

初鉴表现抗病的材料，须重复鉴定。并设 1 次重复。每份材料播种 1 行，行长 0.5m，种子量 0.4g（大粒种适当增加），每 50 份增设抗、感对照。播种时用 0.1%含菌量的菌土 0.5kg，均匀覆盖每份种子表面，上面再覆土 1cm 左右。

谷子成熟前调查每份材料的总茎数、病茎数，计算病茎百分率，按 6 级分级标准确定抗性。

抗性评价标准：

级别	病茎百分率（%）	抗性评价
0	0	免疫（IM）
1	0.1～5	高抗（HR）
3	5.1～10	抗（R）
5	10.1～30	轻感（M）
7	30.1～50	感（S）
9	50 以上	高感（HS）

摘自：吴全安，梁克恭，曹骥等，《粮食作物种质资源抗病虫鉴定方法》，1991。

董志平　白辉（河北省农林科学院谷子研究所）

第 14 节　粟 瘟 病

一、分布与危害

粟瘟病是谷子（粟）上的重要流行性病害，其地理分布广泛，世界各地凡栽培谷子的国家如日本、印度、前苏联、朝鲜、美国、意大利、尼日利亚、南非等国都有发生，在我国谷子产区普遍发生，流行年份减产严重。20 世纪 60～80 年代，由于感病品种的广泛推广，吉林、山西、山东等省粟瘟病发生严重，有的地块减产 60%～70%甚或更多。生产上淘汰感病品种后，病情得到缓解。但 2008 年以来，由于种植感病品种，粟瘟病在全国谷子产区再度普遍发生，又有暴发流行的趋势。特别是河北中南部、河南、山东夏谷区，以及黑龙江、辽宁、山西南部等春谷区发生严重。2010 年，该病在河北省威县、巨鹿等谷子产区暴发，严重地块田间病株率达 100%，80%谷穗感病，产量损失可达 60%以上。2013 年，粟瘟病再度在谷子产区普遍发生，成为当前谷子生产中的主要病害。

二、症状

粟瘟病菌从谷子苗期到成株期均可侵染，侵害谷子叶片、叶鞘、节、穗颈、穗轴或穗梗等各个部位，引起叶瘟、穗颈瘟、穗瘟等不同症状。

叶瘟：病菌侵染叶片，先出现椭圆形暗褐色水渍状小斑点，以后发展成梭形斑，中央灰白色，边缘褐色，有的有黄色晕环。空气湿度大时，病斑背面密生灰色霉层（病原菌的分生孢子梗和分生孢子）。严重时病斑密集，有的会合为不规则的长梭形斑，造成叶片局部枯死或全叶枯死。有时还可侵染至叶鞘，形成鞘瘟，表现为椭圆形黑褐色病斑，严重时多数会合，扩大成长椭圆形或不规则形，叶鞘早期枯黄。严重发病时常在抽穗前后发生节瘟。节部先呈现黄褐或黑褐色小病斑，逐渐扩展环绕全节，阻碍养分输送，影响灌浆结实，甚至造成病节上部枯死，易倒伏（彩图 5-14-1，彩图 5-14-2）。

穗颈瘟：穗颈上的病斑初为褐色小点，逐渐向上下扩展变黑褐色。受害早发展快的，病斑环绕穗颈造成全穗枯死（彩图 5-14-3）。

穗瘟：穗主轴发病，会造成上半穗枯死，不能灌浆结实，发病晚扩展慢的籽粒不饱满。有的仅部分小穗受害，小穗梗变褐枯死，阻碍其上小穗发育灌浆，早期枯死呈黄白色，称为死码子。病枯死穗或小穗后期变黑灰色，籽粒干瘪（彩图 5-14-4）。

三、病原

粟瘟病的病原是灰梨孢［*Pyricularia grisea*（Cke.）Sacc.；异名：*P. oryzae* Cav.，*P. setariae* Nishik］，属无性型梨形孢属真菌。分生孢子梗单生或 2～5 根丛生，无色或基部淡褐色，不分枝，有 2～3 个隔膜，基部稍大，顶端稍尖，有时呈屈膝状，孢痕显著，大小为（74～122）μm×（4～5）μm。分生孢子梨形或梭形，无色，基部钝圆或圆形，有小突起，顶端较尖，有 2 个隔膜，隔膜处有或无缢缩，大小为（16～28）μm×（7～11）μm（彩图 5-14-5）。

分生孢子萌发需要高湿，当相对湿度低于 95%时，孢子萌发率低甚至不萌发，而在清水中几小时即可萌发。分生孢子萌发后产生芽管，顶端形成球形或卵圆形的浅褐色附着胞，直径（9～10）μm×8μm。分生孢子在 4～38℃均可萌发，最适温度为 25～28℃，致死温度为 51～52℃。同时温度也影响孢子体积，15～25℃时孢子体积增大，低于 10℃和高于 30℃则减小。

菌丝最适生长温度为 27～29℃，52℃经 10min 即死亡，最适 pH6～6.7，但在 pH4.5～10.5 范围内均可生长，在培养基上可存活 1 年以上。

栗瘟病菌的有性阶段为灰巨座壳［*Magnaporthe grisea*（Hebert）Yaegashi et Udagawa］，可形成子囊壳、子囊和子囊孢子。子囊壳单生或群生，球形，黑色或深褐色，直径 180（60～300）μm；颈部长，无色透明或淡灰褐色，大小为 90（60～150）μm×600（100～1200）μm，表皮炭质，外层系短三角形细胞组成。子囊单层，大小为 8.5（7～10）μm×70（55～90）μm，圆筒形或倒棒形，内含 8 个子囊孢子，顶端孔口环绕有折光环圈。子囊孢子无色透明，梭形，有 3 个隔膜，稍弯曲，具油珠，大小为 5（4～7）μm×21（17～24）μm。无侧丝。

四、病害循环

栗瘟病菌随病草、病株残体和种子越冬，成为翌年的初侵染来源。在室外干燥环境中堆积的病草体内的菌丝体经过冬季并不死亡，2 年后仍有 72%的存活率。但如遇雨淋湿，再经低温冷冻，则存活率急剧下降。田间遗留的病残组织，经过一冬，其内的菌丝仍有 45%可以存活。病种子带菌也可发生侵染，但侵染率极低。因此，病草是主要的初侵染来源。病菌分生孢子遇水萌发，形成芽管、附着胞及菌丝，菌丝可直接穿透表皮细胞或经气孔侵入叶片或叶鞘内部，穗轴上则多从小穗梗分枝处侵入，茎节上多从外包的叶鞘侵入。分生孢子在叶片内的潜育期为 7～10d 或短至 5～6d。田间发病以后，叶片病斑上新产生的分生孢子可借气流传播，进行重复侵染，蔓延扩散，引起叶瘟流行。叶瘟的发生，为后期发病提供了更多的菌源。至谷子抽穗前后，相继侵害其他部位，引起节、秆（叶鞘）、穗颈瘟和穗瘟。此外，受品种和气候影响，在我国东北地区，通常情况下受害田叶瘟病斑并不十分密集，却也能在抽穗后导致较严重的穗瘟发生。

五、流行规律

栗瘟病的发生流行受品种、菌源、气候和栽培条件的影响，特别在感病品种上表现较为明显，抗病品种受环境条件的影响较小。

（一）栗品种抗性及栗瘟病菌的生理分化

首先，谷子品种间的抗病性差异颇为显著，有些品种在不同生育阶段表现不同的抗病性。栽培不抗病的品种，往往是导致栗瘟病侵害的重要原因。抗病品种不同地区分布不均。Nakayama H. 等（2005）用来自日本的 11 个栗瘟病菌株对 20 个起源于欧亚大陆的谷子品种进行了抗性鉴定，结果显示上述品种对粟瘟病的抗性表现出特异的地理变异和隔离，来源于巴基斯坦以东国家的品种多抗病，而阿富汗以西国家的品种较为感病。利用 F_2 群体及资源群体对抗性进行了初级遗传分析，结果表明粟瘟病抗性是由两个以上显性基因控制的。王雅儒等（1985）也对从 15 个国家引入的 241 个品种进行过抗性鉴定，其中，日本、朝鲜、印度、美国的抗病品种较多；匈牙利、罗马尼亚、荷兰的感病品种较多；前苏联、阿富汗、土耳其、伊朗和阿尔巴尼亚的品种不多但均不抗病；来自非洲的几个谷子品种较抗病。同时，对 419 份国内谷子品种的鉴定结果显示，东北及华北平原地区的抗性品种较多，内蒙古高原及黄土高原地区抗性品种相对较少。谷子品种抗病性与品种原产地的生态条件关系密切。

其次，粟瘟病菌存在生理小种分化，对同一谷子品种存在明显的致病性差异。吉林省农业科学院植物保护研究所，选用 6 个鉴别品种，将 1979—1983 年来自我国北方 10 省份的 711 个粟瘟病菌单孢分离菌株，鉴别区分为 7 群 32 个生理小种。其中，E 群和 E_3 小种是我国北方谷子产区的优势菌群和优势小种。不同生态区的优势菌群及优势小种有所不同，也是一些品种在不同地区表现抗病性差异的主要原因，这是病菌、作物品种和环境条件三者相互适应的结果（表 5-14-1）。

表 5-14-1 我国北方 10 省份粟瘟病菌生理小种鉴定结果（1979—1983）（引自闫万元等，1985）

Table 5-14-1 Identification of physiological races of *Pyricularia grisea* in 10 provinces in northern China (1970—1983) (from Yan Wanyuan et al., 1985)

小种名称	代表菌株	鉴别品种反应型						出现次数	出现频率（%）
		白沙粘 310 A（40）	衡研 130 B（20）	鲁谷 2 号 C（10）	新农 761 D（4）	罗谷 6 号 E（2）	金镶玉 F（1）		
A77	82-97-1（吉）	S	S	S	S	S	S	7	0.9
A73	83-37-2（吉）	S	S	S	R	S	S	2	0.3
A67	81-11-2（豫）	S	S	R	S	S	S	3	0.4
A65	81-21-2（鲁）	S	S	R	S	R	S	1	0.1
A62	81-3-2（晋）	S	S	R	R	S	R	1	0.1
A57	80-123（吉）	S	R	S	S	S	S	3	0.4
A53	81-62-2（吉）	S	R	S	R	S	S	5	0.7
A47	82-137-1（陕）	S	R	R	S	S	S	10	1.4
A43	79-44-2（吉）	S	R	R	R	S	S	20	2.8
A41	82-207-3（黑）	S	R	R	R	R	S	7	0.9
A40	81-30-2（内蒙古）	S	R	R	R	R	R	4	0.6
B37	80-30（冀）	R	S	S	S	S	S	22	3.0
B35	82-198-2（豫）	R	S	S	S	R	S	6	0.8
B33	82-160-1（鲁）	R	S	S	R	S	S	9	1.3
B31	80-199（黑）	R	S	S	R	R	S	3	0.4
B27	82-130-1（陕）	R	S	R	S	S	S	3	0.4
B24	81-27-1（内蒙古）	R	S	R	S	R	R	2	0.3
B23	82-222-4（冀）	R	S	R	R	S	S	9	1.3
B22	81-17-2（晋）	R	S	R	S	S	R	1	0.1
B21	82-225-3（内蒙古）	R	S	R	R	R	S	2	0.3
C17	82-174-2（冀）	R	R	S	S	S	S	41	5.8
C16	82-214-1（辽）	R	R	S	S	R	S	9	1.3
C14	80-202-1（黑）	R	R	S	R	S	S	63	8.9
C12	82-116-1（吉）	R	R	S	R	S	R	1	0.1
C11	80-195-1（黑）	R	R	S	R	R	S	24	3.4
D7	80-33-4（鲁）	R	R	R	S	S	S	75	10.5
D5	82-193-3（豫）	R	R	R	S	R	S	18	2.5
D4	82-82-3（吉）	R	R	R	S	R	R	1	0.1
E3	80-18-1（内蒙古）	R	R	R	R	S	S	170	23.9
E2	80-56（吉）	R	R	R	R	S	R	6	0.8
F1	80-82-3（陕）	R	R	R	R	R	S	141	19.8
G6	79-20-1（吉）	R	R	R	R	R	R	42	5.9

注 R：抗性反应，S：感性反应。

此外，关于粟瘟病菌的寄主植物，我国报道的有谷子、水稻、青狗尾草和紫秆狗尾草。日本 Yamagashira A. 等（2008）通过杂交试验和致病性研究证实，从田间野生青狗尾草和法式狗尾草上采集的粟瘟病菌菌株与从谷子上采集到的菌株一致，RFLP 分子标记也显示二者相似。

（二）气候及栽培条件

温、湿度是影响粟瘟病发生发展的重要因素。一般 20℃时幼苗发病最严重，18～20℃易发生穗颈瘟。夏季多雨、长时间阴湿叶瘟较重，如气温偏低则利于茎节及穗颈瘟发生。如 7 月中、下旬连续高湿多雨，温度在 25℃左右，湿度为 80%以上时，叶瘟发生重。而后期穗瘟的发生除与前期叶瘟的发生程度有关外，也与穗期降水量密切相关。如有的年份虽叶瘟发生较重，但在谷子抽穗期少雨低湿，则穗瘟一般不严重；反之，前期叶瘟病斑虽不多，但如果抽穗期多雨、湿度大也能引起穗瘟的严重发生。因此，田间露量和空气中的饱和湿度，是造成粟瘟病大发生和流行的关键性因子。

此外，播种过密，通风透光不良，湿度过高都有利于粟瘟病的发生和流行。因此，低洼地、排水不良和小气候多湿的谷地往往发病较重。而偏施氮肥、氮肥用量过多或追施时期过晚的地块更易导致植株疯长，组织柔嫩，容易被病原菌侵染，遇上适于发病的气候条件，往往引起病害大流行，损失严重。同时，粟瘟病菌菌源数量也是影响病害发生程度的重要条件。重茬谷地因积累大量病株残体和侵染菌源，发病较重。病菌小种群的组成、分布与消长，是制约品种抗病性的关键因素。当对大面积栽培品种有强致病力的粟瘟病菌小种频率增加时，遇到适宜发病条件，便会造成严重危害。

六、防治技术

粟瘟病是一种流行性病害，影响其发生为害的因素错综复杂，互相制约。掌握当地粟瘟病流行的特点，因地制宜地采取综合性防治措施，可以控制为害。

（一）选用抗（耐）病丰产良种

谷子不同品种对粟瘟病的抗性差异非常明显，种植抗病品种是防治粟瘟病的一项经济有效措施。20 世纪 70 年代粟瘟病发生非常严重，1980—1987 年，我国粟品种资源抗粟瘟病鉴定协作组，从近 18 000 份品种资源中鉴定筛选出齐头白谷（8331）、民权青谷（10302）、白谷（10333）、黄沙谷（12895）、白顶尖（13102）、刀把齐（14287）等 12 个高抗粟瘟病的资源品种，供各地作为抗源亲本选择应用。此外，还鉴定发现早年引进品种日本 60 日不仅抗倒伏而且是引进品种中少有的抗瘟性很强的良好抗源品种。它对粟瘟病具有广谱抗性，且有较好的抗性遗传传递力。同时，对我国主要谷子产区的 400 余份优良谷子品种进行鉴定，高抗粟瘟病的有青到老、冀谷 1 号、铁谷 1 号、龙谷 23、昭谷 1 号、京谷 1 号等 27 个品种供各地选择种植。尤其上列 6 个品种，在我国北方粟产区中的 4 个生态区内都表现抗粟瘟病。在选用抗病品种时，要注意品种的合理布局和轮换种植，防止大面积单一使用同源抗性品种以免导致抗性丧失。

（二）农业防治

加强栽培管理，增强植株抗病性。合理施肥，避免偏施氮肥，配合施磷、钾肥，或结合深耕进行分层施肥。施肥数量要根据品种需肥情况决定，既要防止缺肥，更要注意勿施过量。基肥要多用有机肥，数量要充足。追肥要及时适量，防止过多过晚。根据土壤肥力情况实行合理密植，密度不宜过大，或实行宽行密植，以使通风透光良好。水浇地要禁忌大水漫灌。灵活采用这些措施，可控制植株疯长，增强抵抗力，减轻发病。此外，秋收后及时清除田间遗留的病株残体，并进行秋翻土地。有条件的地区可实行 3 年轮作。

（三）化学防治

粟瘟病的防治要抓住早期施药。一般叶瘟初发期施药一次，如果病情发展得较快，5～7d 再喷一次，特别在抽穗前需要喷施一次，以防穗瘟。防治穗瘟，一般受害田齐穗期喷一次。流行年份或重病田始穗期、齐穗期各喷一次。可用药剂有 2%春雷霉素可湿性粉剂 500～600 倍液、20%三环唑可湿性粉剂 1 000 倍液、40%敌瘟磷乳油 500～800 倍液或 40%稻瘟灵乳油 1 500～2 000 倍液，每公顷喷药液 450～600L。

附：粟瘟病鉴定方法

谷子品种抗粟瘟病鉴定可采用人工接种和自然病圃鉴定方法。

在粟不同生态区内，从其主栽品种上采集病叶和病穗，分离菌种，并经酵母淀粉培养纯化，在碎谷茎或高粱粒上保存。接种前半个月，在灭菌的高粱粒培养基上扩大繁殖孢子，接种时分别洗下不同菌株的孢子，制成混合菌液，喷雾接种。

每份材料播种在温室或露地苗床，小区面积 5cm×5cm 留苗 20 株，设 1～2 次重复，每 200 份材料增设抗感对照。接种前 4～5d 追施氮肥，气温达 18℃以上，苗龄 4 叶 1 心或 5 叶 1 心时，喷雾接种，菌液 10×10 倍镜下有 30～50 个孢子，菌量每平方米 100～150mL，保湿 16h。初筛后选出 0～3 级的抗病材料进行成株期的抗叶瘟和穗瘟的鉴定，须设重复。在保湿棚内或田间播种，小区面积不少于 20cm×20cm，留苗 10 株以上，菌量每平方米 150～180mL。田间自然病圃接种，选择阴雨天或相对湿度较大的晴天，预报夜间有露的傍晚，在感病的诱发行上连续数日喷雾接种。

叶瘟症状描述及记载标准：

病级	症 状 描 述
0	叶片无病斑
1	有少数针头大小的褐点和稍大一些的小褐点
3	小病斑边缘褐色，中央灰色，直径 1～2mm，在两叶脉间。病斑面积占叶片面积的 2%以下
5	典型谷瘟病斑，占叶面积的 3%～10%
7	典型谷瘟病斑，占叶面积的 11%～50%
9	典型谷瘟病斑，占叶面积的 51%以上

穗瘟症状描述及记载标准：

病级	症 状 描 述
0	全穗无病
1	有极少数小穗发病
3	有少数小穗发病
5	有 1/4 以下小穗发病
7	有 1/4～1/2 以下小穗发病
9	有 1/2 以上小穗发病

抗性评价标准：

叶瘟病级	穗瘟病级	抗性评价
0	0	免疫（IM）
1	1	高抗（HR）
3	3	抗（R）
5	5	轻感（M）
7	7	感（S）
9	9	高感（HS）

摘自：吴全安，梁克恭，曹骥等，《粮食作物种质资源抗病虫鉴定方法》，1991。

董立（河北省农林科学院谷子研究所）

第 15 节 粟 锈 病

一、分布与危害

粟锈病是谷子（粟）上重要气传流行性病害，在世界谷子产区经常发生，我国从南方到北方凡是有谷子栽培的地方均普遍发生，而在河南、山东、河北、辽宁等地发生尤其严重。在锈病大流行年份，无论是夏谷区、春谷区，或夏谷与春谷混种区的感病品种产量损失严重，一般减产 30%以上，个别严重地块甚至颗粒不收（彩图 5-15-1）。如 1990 年河北省盐山县 6 600hm^2 谷子均发生锈病，其中 1 300hm^2 绝产，一般减产 50%～80%。20 世纪末，随着抗锈育种工作的广泛开展，普遍提高了推广种植品种的抗锈性，在品种布局上淘汰大批感锈品种，在一定程度上控制了该病的为害程度。但是，如果放松抗锈育种，推广品种的抗锈性下降，锈病就会在一些地区严重发生。

粟锈病除侵染谷子外，还能侵染青狗尾草（*Setaria viridis*）、莠狗尾草（*Setaria geniculata*）、巨大狗尾草［*Setaria viridis* subsp. *pycnocoma*（Steud.）Tzvel.，异名：*Setaria viridis* var. *major*（Gaudin）Eterm.］、倒刺狗尾草（*Setaria verticillata*）等野生寄主植物。1986—1988 年梁克恭实验表明，除金色狗尾草（*Setaria glauca*）外，青狗尾草、大狗尾草（*Setaria faberii*）和德国狗尾草（*Setaria germanica*）均可被粟锈病菌侵染，再将这 3 种发病狗尾草上的锈菌夏孢子分别回接于感病的谷子品种豫谷 1 号上，均可致其发病。国外报道，中型狗尾草和轮生狗尾草上有粟锈病菌侵染；在印度，高野黍也能感染粟锈病菌。

二、症状

粟锈病在谷子的叶片和叶鞘上都可发生，但主要侵染叶片。在田间，病害一般在谷子抽穗初期发生，而夏谷区有时发生较早。发病初期多在中部以下叶片表面与叶背面尤其是叶背面，开始产生深红褐色斑点，稍隆起，即锈菌的夏孢子堆。夏孢子堆长椭圆形，椭圆形，面积很小，直径约 1mm，散生，向寄主表皮下面发展，致表皮破裂，散发出黄褐色粉末，即锈菌的夏孢子。叶片上一般可产生许多夏孢子堆，成熟后突破寄主表皮，增强了蒸腾作用，使植株丧失大量水分，减少光合作用面积，如生长过密，叶片早期枯死。谷子锈病发展到后期，在叶背和叶鞘上尤其叶鞘上可散生灰黑色小点，即锈菌的冬孢子堆。冬孢子堆长圆形或圆形，直径约 1mm，散生或聚生，长期埋生在寄主的表皮下，故症状不明显（彩图 5-15-2，彩图 5-15-3）。

三、病原

粟锈病病原为粟单胞锈菌（*Uromyces setariae-italicae* Yoshino，异名：*Uromyces ceptodermus* H. Sydow et P. Sydow），属担子菌门单胞锈菌属。是一种多孢型转主寄生的锈菌，一生可产生 5 种孢子。在谷子上，产生夏孢子和冬孢子，完成夏孢子和冬孢子世代；冬孢子萌发后形成担孢子，担孢子萌发侵染转主寄主罗氏破布木（*Cordia rothii*，属紫草科），在罗氏破布木上完成锈孢子世代，产生性孢子与锈孢子（俞大绂，1987）。

夏孢子为单胞，球形、阔卵状或长圆形、楔形，或三角形，壁光滑，顶端稍厚、具芽孔、圆或截状，基部圆或渐狭，黄褐色或褐色，大小为（20～30）μm×（16～24）μm，壁厚 2～3μm。冬孢子为单细胞，大部分呈三角形，也有的呈球形或阔卵形，深褐色，大小为（19～30）μm×（16～24）μm，膜厚 1.5～2.5μm，孢子柄长期存在不易脱落、无色透明或半无色透明（图 5-15-1）。

性孢子器是金黄色小斑点，微隆起，产生在罗氏破布木叶表面。在叶片背面则产生锈孢子器。锈孢子器圆形，黄色或褐色，聚生，直径 0.5～1.5cm，密排，宽圆桶状，边缘白色，小齿状，周皮紧密连合，外壁 6～8μm 厚，表面有条纹，内壁 4μm 厚，表面有微疣。锈孢子，扁圆形、椭圆形或三角形，表面密生细疣，半透明，大小为（20～27）μm×（18～23）μm。

四、病害循环

在有转主寄主的地区，粟锈菌可借锈孢子世代侵染谷子和借冬孢子世代侵染罗氏破布木以完成其生活史。然而，除印度外，在其他国家还没有报道粟锈菌的转主寄主。在亚热带和热带国家，大田内几乎全年不断地有谷子生长，因此，夏孢子能连续不断地侵染谷子植株，并越过冬季。在我国已发现 6 种破布木，橙花破布木（*Cordia subcordata*）海南有分布；台湾破布木（*Cordia cumingiana*）台湾有分布；毛叶破布木（*Cordia myxa*）和二叉破布木（*Cordia furcans*）都分布在云南、海南；越南破布木（*Cordia cochinchinensis*）分布于海南；二歧破布木（*Cordia dichotoma*）分布在西藏东南部、云南、贵州、广东、广西、福建和台湾。以上几种破布木均分布于我国南方，而南方谷子种植很少，能否起到粟锈菌转主寄主的作用，有待调查研究。目前，我国谷子主要种植于华北、东北、西北地区，在我国北方的粟产区是否有转主寄主，还无人调查，主要以夏孢子完成整个侵染循环。

我国北方，堆放在场院内的谷草病叶上的夏孢子可能存活数月或 1 年之久。将带有新鲜夏孢子的病叶置于室温条件和仓库中保存，6 个月后接种于感病的谷子上，可产生夏孢子堆；而在冰箱冷冻条件下保存，至少能够存活 6 年以上。由此推测，我国北方粟锈病的初侵染来源主要来自当地越冬的夏孢子，也可能来自广泛分布于我国的青狗尾草上的锈菌夏孢子。

在谷子生长发育期，夏孢子不断再侵染。一般年份7月下旬至9月上旬气温为23～34℃，其潜育期的长短与气温、湿度密切相关，一般为7～10d，但不超过18d。夏孢子堆能够源源不断地产生大量夏孢子直至病斑枯死，这些夏孢子随风、雨传播扩散，引发新的孢子堆，为此，在田间可以引起连续的再侵染，加速了病害的流行过程（图5-15-1）。

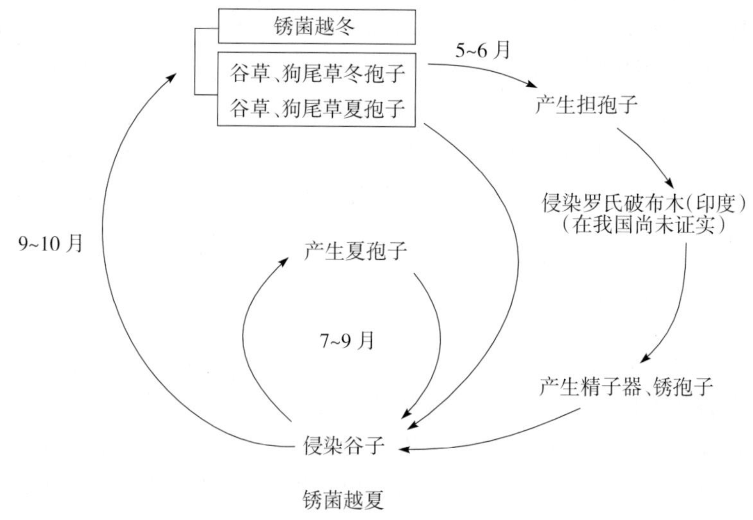

锈菌越冬
谷草、狗尾草冬孢子
谷草、狗尾草夏孢子
5~6月
产生担孢子
侵染罗氏破布木(印度)
(在我国尚未证实)
产生精子器、锈孢子
9~10月
产生夏孢子
7~9月
侵染谷子
锈菌越夏

图5-15-1 粟锈病病害循环（董志平提供）
Figure 5-15-1 Disease cycle of millet rust
(by Dong Zhiping)

五、流行规律

在我国北方谷子产区至今未见谷子锈菌的转主寄主破布木，而且一般年份很少产生冬孢子，所以，粟锈病主要以夏孢子侵染为主。

（一）粟锈病菌夏孢子的越冬越夏

粟锈病菌夏孢子经冬季休止期承受的环境最低温为－20.9℃，经夏季随病残体承受的环境最高温达56.4℃。进一步研究证明，我国北方年最低旬平均气温为－10.1℃以上的谷子产区，粟锈病菌夏孢子失去田间活体寄主后，随罹病谷草在室内及室外，或随病残体在土表，或随罹病根茬在5～10cm土壤内休眠越冬。侵染力保持期在室内、室外干燥场所达11个月以上（9月至翌年8月）；在潮湿场所或土壤内达8个月以上（9月至翌年5月）。保持时间与病害田间流行季节衔接，可构成我国北方谷子锈病的初侵染来源。为此，在华北夏谷区以及承德、朝阳等春谷区，夏孢子可以在当地越冬、越夏，完成侵染为害整个病程。

（二）粟锈病菌夏孢子的侵染途径

用夏孢子人工接种谷子的叶片，在潮湿箱内保持24h后，再置于28～30℃下室内，经1d、2d、3d、4d和5d，分别剪下接种叶片，固定后在显微镜下观察。夏孢子萌芽后，萌芽管伸长，经气孔进入寄主组织并继续在表皮下或表皮下细胞间隙生长。有时萌芽管的顶端在气孔上面停止生长而膨大，不直接进入气孔而自膨大处伸出狭小的菌丝侵入附近细胞内，形成吸器吸取养料和水分。

在田间，病菌夏孢子随谷草、肥料（通过牲畜消化道仍不死）在干燥场所，或随病残体在田间越冬。常年在7月下旬，夏孢子遇雨水上溅到叶片，萌发后通过气孔侵入，在表皮下或细胞间隙生长，约10d后产生夏孢子堆，并开始散发夏孢子，通过空气流动广泛传播。落在叶片上的夏孢子在湿度合适时形成再侵染。夏孢子堆可连续产生夏孢子，引起该病的暴发流行。流行过程一般可分为3个时期，即发病中心形成期：发病始期病叶率逐渐增加，严重度没有发展；普遍率扩展期：发病中心消失转为全田发病，病株率、病叶率急剧增加，为田间流行提供了充足菌源；严重度增长期：病株率、病叶率达到顶峰，病害严重度急剧增加，引起植株倒伏，严重影响产量。

（三）粟品种的抗锈性及粟锈菌的生理分化

谷子不同品种，特别是不同原产地（春、夏谷区）品种间抗锈性差异明显；有些品种在苗期和成株期抗性表现虽不完全一致，但并无显著差异。多数品种属于感病类型，国内未发现免疫材料。1983—1985年，刘维等对839份春谷、1 021份夏谷材料进行了抗锈性鉴定，其中春谷中无高抗类型，中抗的仅有两个品种；夏谷中有高抗品种18个，中抗品种33个。并发现了36个部分抗性品种，这些品种侵染型在3～4之间，但严重度仅为5%～10%，该性状由多基因控制，能遗传并且相对稳定。1992年，崔光先等对河北、河南、山东、黑龙江、辽宁5省的466份材料的抗、感锈分布鉴定结果也表明，来源于不同省份的新品种（系）抗、感比例存在明显差异。其中，夏谷区河南、山东的抗病品种（系）较多，分别占52.6%和32%，而春谷区黑龙江的抗性品种（系）较少，只占15.2%。这与华北夏谷区生态环境有利于锈病发生，经过长期自然淘汰和人工选择保留下来了较多抗锈品种有一定关系。自然形成的抗性分布区也是挖掘抗性品种的适宜地区。

粟锈病菌具有明显的生理分化现象。河北省农林科学院谷子研究所选用 6 个鉴别寄主，将 1991—1998 年来自我国北方 10 省 196 个地（市）745 个粟锈病菌单孢菌系区分为 7 群 32 个生理小种，A 群共有 13 个小种，B 群有 9 个小种，C 群有 4 个小种，D、E 两群各 2 个小种，F、G 两群各 1 个小种。尽管 D、E 两群各 2 个小种，但出现频率很高，分别为 18.8%和 23.1%，是我国粟锈病菌的优势菌群。其他生理小种出现频率均较低。研究表明，锈菌群体中毒性小种的组成和数量变化主要受小种本身适合度、品种筛选作用和环境条件等因素制约，适合度高者易成为优势小种。此外，粟锈病菌产生新毒性小种的途径主要是基因突变和异核重组。如果新的毒性小种遇到与其毒性相匹配的品种大面积单一化种植，通过定向选择作用，就会发展成为优势小种。尽管有些小种出现频率不是很高，如小种 A70、A57、B36 等，但已能高度侵染亲本和区试材料，具有潜在危险性，应加强监控（表 5 - 15 - 1）。

表 5 - 15 - 1　我国北方 10 省粟锈病菌生理小种鉴定结果（1991—1998）（引自董志平等，2000）

Table 5 - 15 - 1　The physiological races detection rusults of millet rust from 10 provinces in northern China（1991—1998）（from Dong Zhiping et al.，2000）

小种名称	鉴别品种						出现		地区分布										
	安矮15 A40	朝平谷 B20	豫谷3 C10	青丰谷 D4	洛872 E2	优质1 F1	次数	频率(%)	河北 夏谷*	河北 承德	河南	山东	辽宁	吉林	黑龙江	内蒙古	山西	陕西	甘肃
A 77	S	S	S	S	S	S	7	0.9	3		3	1							
A 73	S	S	S	R	S	S	1	0.1			1								
A 70	S	S	S	R	R	R	3	0.4	3										
A 61	S	S	R	R	R	S	2	0.3	1			1							
A 57	S	R	S	S	S	S	17	2.3	9		5	3							
A 53	S	R	S	R	S	S	4	0.5	1		2	1							
A 50	S	R	S	R	R	R	4	0.5	3		1								
A 47	S	R	R	S	S	S	13	1.7	9		3	1							
A 45	S	R	R	S	R	S	7	0.9	6			1							
A 43	S	R	R	R	S	S	17	2.3	1		2	1							
A 42	S	R	R	R	S	R	4	0.5	3		1								
A 41	S	R	R	R	R	S	3	0.4	2		1								
A 40	S	R	R	R	R	R	2	0.3	2										
B 37	R	S	S	S	S	S	27	3.6	1	2	6	3	1			1			
B 36	R	S	S	S	S	R	6	0.8	2	3			1						
B 33	R	S	S	R	S	S	15	2.0	1	4	3	2	3		1	1			
B 31	R	S	S	R	R	S	8	1.1	5	1	1	1							
B 27	R	S	R	S	S	S	37	5.0	1	7	4	1	3	1	2	2			
B 25	R	S	R	S	R	S	5	0.7		3				1	1				
B 23	R	S	R	R	S	S	43	5.8	1	8	7	2	5	2	1	2			
B 21	R	S	R	R	R	S	11	1.5	7	1	1		1	1					
B 20	R	S	R	R	R	R	7	0.9	3	1				1		2			
C 17	R	R	S	S	S	S	49	6.6	2	4	8	5	1	2					1
C 16	R	R	S	S	S	R	6	0.8	0	1			1			1		2	1
C 13	R	R	S	R	S	S	37	5.0	1	2	6	4	2	1	1		1	1	
C 11	R	R	S	R	R	S	13	1.7	6		1	2			1	1		2	
D 7	R	R	R	S	S	S	12	16.4	6	8	2	9	3	2	5	3	1	4	1
D 5	R	R	R	S	R	S	18	2.4	1		4						1	1	

（续）

小种名称	鉴别品种						出现		地区分布										
	安矮15 A40	朝平谷 B20	豫谷3 C10	青丰谷 D4	洛872 E2	优质1 F1	次数	频率（%）	河北		河南	山东	辽宁	吉林	黑龙江	内蒙古	山西	陕西	甘肃
									夏谷*	承德									
E3	R	R	R	R	S	S	15	20.5	8	1	1	1	6	4	7	5	5	6	
E2	R	R	R	R	S	R	19	2.6	7	2	2	1		1	1		1	2	2
F1	R	R	R	R	R	S	38	5.1	1	3	3	2	2	1		2	5	3	
G0	R	R	R	R	R	R	47	6.3	2	5	3	2	1		3		3	8	2

* 夏谷：指河北中南部的保定、石家庄、邢台、邯郸、沧州、衡水夏谷种植区。R：抗性反应，S：感性反应。

（四）粟锈病发生的气候及栽培条件

在华北夏谷区及部分北方春谷区，常年 7 月下旬至 9 月上旬的气温一般在 23～34℃，均适宜粟锈病菌夏孢子的萌发侵染，尤其在 8 月的 28～32℃最适合锈病的流行。由于在谷子抽穗前后每年的气温波动不大，基本能满足诱发锈病所需的温度，故每年锈病发生程度，取决于当时的降水量与次数。凡是 7～8 月雨水较多的年份，锈病发生普遍而严重；在气候干燥的年份，一般锈病发生比较轻微。粟锈病田间消长分始发期、缓慢增长期和盛发期。始发期发生在谷子抽穗以前，只有零星病株发生，发病部位为中下部叶片；缓慢增长期是指病情指数增加较少，但病株率、病叶率增加较快，7～8d 达到 100%；盛发期多在灌浆期间发生，病情发展很快，增加的病指约占总病指的 90%以上。

粟锈病发生轻重还与栽培条件关系密切。凡是栽培在低洼多湿田的谷子比在高地干燥田的一般锈病较重。种植在坡地的谷子除非气候阴湿，一般锈病发生轻。天气干燥，在地势高、干旱的地块，虽密植，但锈病严重度增加并不明显。但在地势低洼比较潮湿的地块，如密植谷子，则锈病发生会更严重。

六、防治技术

（一）选育和引种抗（耐）锈丰产品种

选育和引种抗锈丰产品种，是最经济有效的防治粟锈病的措施。20 世纪 80 年代，生产中大面积推广豫谷 1 号、冀谷 11、金谷米、鲁谷 4 号等高感锈病的品种，导致粟锈病在我国谷子产区连年大范围暴发流行。利用粟锈病菌强毒性小种和优势小种对 1.6 万余份国内外谷子种质资源进行鉴定，不同材料之间抗锈性有明显差异，多数品种属于感病类型，未发现免疫材料。对谷子锈病达到中抗以上的品种资源有 80 余份，对其中部分农艺性状好的材料及其后代进行重点培育和跟踪鉴定筛选，先后鉴定筛选出了骨干抗源如豫谷 2 号、鲁谷 2 号、铁谷 1 号等，并以此培育和鉴定出了系列抗锈品种，如豫谷 3 号、豫谷 5 号、豫谷 7 号、豫谷 8 号、冀谷 15、冀谷 17、黏谷 1 号、鲁谷 5 号、鲁谷 7 号、鲁谷 8 号、朝谷 8 号、朝谷 9 号等，逐渐替代了感病品种，控制了粟锈病的为害。近年来，放松了谷子抗锈育种工作，谷子锈病在朝阳、承德、沧州、安阳等地又有回升，局部地区发生严重。应加强抗锈育种工作，重发区应选种抗（耐）病品种，如冀创 1 号、豫谷 11、朝谷 13、201019 等品种。

（二）加强栽培管理

栽培丰产早熟品种或适期早播，可以促使谷子植株在锈病发生前或发生期抽穗，以避过锈病的盛发期，减轻为害程度。

及时清除田间病残株，压低菌源。由于谷子锈病以夏孢子在病残体（谷草）上越冬，成为第二年发病的主要侵染来源。如能在 7 月以前彻底清除掉病残体，即能压低菌源，有较好的防治效果。同时实行秋季翻耕，也可以减少田间越冬菌源。田间留苗株数不宜太密，杂草要适时清除，保持垄间、株间通风透光。并避免过量施用氮肥，氮、磷、钾三要素配合适当则发病轻。

（三）药剂防治

在锈病暴发流行的情况下，药剂防治是大面积控制流行的主要应急措施。首先要掌握好病情。根据当地历年粟锈病将要发生的时期，经常检查当地感病品种是否已发生锈病，一旦发生，及时喷洒内吸性杀菌剂。防治效果好的药剂有：25%三唑酮可湿性粉剂 800～1 000 倍液、15%三唑醇可湿性粉剂 1 000 倍液、50%萎锈灵可湿性粉剂 1 000 倍液；或每公顷用 12.5%烯唑醇可湿性粉剂 900g、70%甲基硫菌灵可湿性粉剂 3kg、70%代森锰锌可湿性粉剂 6kg，在田间发病的中心形成期，即病叶率 1%～5%时，任选其一对水喷施 1 次，隔 7～10d 喷第二次药，可达到良好的防治效果。

附：粟锈病鉴定方法

1. *鉴定方法* 在隔离条件下，分别繁殖不同地区的粟锈病菌或生理小种的代表菌株。接种时刮取新鲜夏孢子，分别配制成 100 倍显微镜下有 30～35 个夏孢子浓度的菌液，然后等量混合，供喷雾接种使用。

将谷子穴播在试验区内，小区长 8～10m，宽 1.2～1.5m。每行播种 6～7 穴，每穴为一份材料，留苗 4～6 株。小区两边和中央均种植抗、感品种作对照。谷子孕穗时进行喷雾接种，要求叶面菌液雾粒不滴下。接种后在 26～32℃下保湿 16～20h。

接种 7d 后开始观察发病情况，感病对照发病 5～7d 后，夏孢子堆未脱落前调查记载反应型和严重度。在初筛中表现 0～2 级的材料进行重复鉴定。

2. *反应型及抗性评价标准* 粟锈病的侵染型按 0（免疫）、1（抗病）、2（中抗）、3（中感）、4（感病）5 个类型划分，用以表示谷子品种抗锈程度。

反应型记载标准：

反应型	抗性评价	症状描述
0 级	免疫（IM）	全株无病
1 级	抗病（R）	夏孢子堆针尖大小，周围组织有枯死反应。夏孢子堆破裂时叶片表皮撕裂不明显
2 级	中抗（MR）	夏孢子堆较小，周围组织稍有褪绿或褪绿反应不明显。夏孢子堆破裂时叶片表皮撕裂易见
3 级	中感（MS）	夏孢子堆中等大小，周围组织褪绿反应明显。夏孢子堆破裂时叶片表皮撕裂较明显
4 级	感病（S）	夏孢子堆较大，早期周围组织褪绿反应不明显。夏孢子堆破裂时叶片表皮撕裂明显

3. *平均严重度* 粟锈病严重度按夏孢子堆占叶面积的多少划分为 8 个等级，即 1%、5%、10%、25%、40%、65%、80%、100%。

平均严重度计算公式如下：

$$\overline{S} = \sum (X_i \times a_i) / \sum X_i \times 100\%$$

式中 $\overline{S}$——平均严重度；

X_i——病害分级标准各级代表值；

a_i——各级严重度的调查单元数；

$\sum X_i$——调查单元总数。

摘自：吴全安，梁克恭，曹骥等，《粮食作物种质资源抗病虫鉴定方法》，1991。

董志平　李志勇（河北省农林科学院谷子研究所）

第 16 节　粟粒黑穗病

一、分布与危害

粟粒黑穗病是我国谷子（粟）产区的常见病害，曾造成谷子严重减产。20 世纪 70 年代初，赛力散等有机汞制剂停止使用后，该病在东北、华北等谷子产区发病率一度回升，有的地区平均发病率达 5%～10%，个别重病田发病率高达 45%。如在河北北部发病较重地区，收获打场时常会出现“三黑”现象，即场院黑、石磙黑、人脸黑。但 80 年代初大力推广拌种双等拌种剂后，基本控制了为害。目前，该病在春谷区个别地块仍有发生。

二、症状

谷子幼芽被侵染后整个植株带菌，部分高感品种苗期表现“绿矮”症状（彩图 5-16-1），植株矮化，节间缩短，叶片浓绿，后期不能抽穗。但是，更加典型的是穗部被侵害。植株抽穗前基本不表现症状，抽穗后病菌破坏子房，在其中形成孢子堆，开始时外包一层黄白色薄膜，后期膜变为灰色，内含大量黑粉，为病菌冬孢子，即厚垣孢子。该膜较坚硬，不易破裂。病粒比健粒略大，外颖仍完好无损。但当病菌冬孢子堆成熟后，颖片和子房壁膜有时破裂，散出黑粉状病原孢子。通常全穗发病，少数情况下，穗上有部分健粒。病穗由于大部分或全部子房被摧毁，重量较健穗轻，在田间病穗多直立，故不难辨认（彩图 5-16-2，彩图 5-16-3）。

三、病原

粟粒黑穗病的病原是粟黑粉菌（*Ustilago crameri* Körn.），属担子菌门黑粉菌属真菌。该菌冬孢子堆多生于子房内，成熟后呈粉状，有的呈胶合状，深褐色至褐色，冬孢子堆球形至卵圆形，直径长 2～4mm。冬孢子红褐色至橄榄褐色，球形、近球形，或不规则形，直径 6～14μm，大多 8～11μm，表面光滑。冬孢子萌发时只产生原菌丝，但不形成小孢子。原菌丝有时伸出两根或数根，常产生分枝。

四、病害循环

粟粒黑穗病属芽期侵染的系统性病害。部分高感品种的植株在苗期表现“绿矮”症状，但主要是抽穗后发病。附着在种子表面的冬孢子是翌年初侵染的主要菌源。由于病原菌不经休眠即可萌发，病穗子房破裂时散落于土壤中的冬孢子多于当年萌发而失去活力，不能越冬成为翌年的初侵染源。但在低温干燥地区，可能有部分散落于田间的冬孢子，由于萌发条件不适宜，当年不萌发，可成为翌年发病的初侵染菌源。

五、流行规律

（一）粟黑粉菌的传播扩散及侵染过程

冬孢子附着在种子表面越冬，成为翌年初侵染源。种子萌发时冬孢子同时萌发产生原菌丝，主要从幼苗的胚芽鞘侵入，扩展到生长点，随寄主发育不断扩展，最后侵入穗部，破坏子房，使病穗上的籽粒变成黑粉粒。而在抗病品种上，侵入的菌丝不产生分枝，或很少有菌丝能侵入生长点的分生组织。

（二）粟黑粉菌冬孢子寿命及萌发条件

粟黑粉菌冬孢子的存活力非常强，在自然环境下能生存 20 个月。在室内可存活 2～9 年或更长时间。在 16～20℃和 20～25℃条件下，冬孢子至少能够存活 3 年。检查保存在标本室内的约 60 年的陈旧谷子粒黑穗病病穗，其冬孢子仍有 1%能够萌发。

冬孢子在 10～25℃范围内均可萌发，最适温度为 20～25℃。土壤温度在 12～25℃均适合病菌侵入谷子幼苗。除特别干燥和水饱和的土壤湿度条件以外，病菌将活跃地诱发病害。就气候条件而论，在我国各个主要谷子产区，一般均适合粟粒黑穗病菌侵入寄主并在植株内生长发育。

特殊的地形也将影响病害的发生程度。通常在海拔越高的谷田，粟粒黑穗病的病株率越高。向阴的山坡比向阳的山坡发病重。这个现象与土壤的温度有关。土壤温度低，幼芽留在地面下的时间较长，病菌侵入幼苗的机会也多。

六、防治技术

（一）选留无病种子

在收获前，于无病田穗选，选留穗大籽粒饱满无病的谷穗，单收单打留作种子。选用无病种子是最简便易行的防治方法。

（二）药剂拌种

由于粟粒黑穗病是种子表面带菌，不论用内吸性杀菌剂还是非内吸性杀菌剂拌种均有很好的防治效果。可用 40%拌种双可湿性粉剂，按种子重量的 0.2%～0.3%拌种；或选用 50%多菌灵可湿性粉剂、15%三唑醇拌种剂，按种子重量的 0.2%拌种；或用 20%萎锈灵乳油，按种子量的 0.4%拌种。

（三）种植抗病品种

可根据粟粒黑穗病在当地种植品种上的发生情况，选择种植适合的抗病品种。

董志平　朱彦彬（河北省农林科学院谷子研究所）

第 17 节　粟腥黑穗病

一、分布与危害

粟腥黑穗病又称粟墨黑粉病，在我国吉林、辽宁、山西、河北和山东等谷子（粟）产区均有发生。有的年份个别感病品种的病穗率可达 34%。病穗上一般仅有少数籽粒被害，平均病粒数 38 粒，最多时一个病穗上可出现 376 个菌瘿。

二、症状

粟腥黑穗病菌侵染穗部，在病穗上有少数的籽粒感病，其他籽粒健全。病菌的孢子堆藏在子房的外皮内，摧毁整个谷粒的子房。在田间，孢子堆起初为绿色到深绿色，逐渐变成墨绿；长圆锥形或长卵圆形，最大的直径可达 3～5mm，一般为（2.5～3.5）mm×（2～2.5）mm。孢子堆突出于颖的外面，极为明显。病粒比健粒大 2～3 倍。该病多发生于田间延迟收获期或较晚熟的谷子品种上，大多数孢子堆自顶端破裂，散出有腥味的黑色的冬孢子。感病植株，除子房外其他部位均不表现症状（彩图 5－17－1，彩图5－17－2）。

三、病原

粟腥黑穗病病原为狗尾草腥黑粉菌（*Tilletia setariae* Ling），属担子菌门黑粉菌属真菌。冬孢子球形或扁球形。在扫描电镜下，冬孢子约为 18.47μm，表面有均匀排列的脊状突起体构成的网状结构，与在光学显微镜下观察的不同之处是无胶质结构包被，直径也略小。冬孢子必须经过休眠期才能萌发，萌发时在粗壮的原菌丝上产生毛刷状排列的担孢子，多达上百个。担孢子纤细，未见 H 状结合。

四、病害循环

粟腥黑穗病为当年花器发病的非系统性侵染病害。散落在土壤中和种子上的冬孢子越冬后为翌年初侵染源。病菌在谷子开花期侵入，破坏子房，发育成充满黑粉的孢子堆。

五、流行规律

诱发病害的主要环境因子为土壤和空气相对湿度。北京地区 7、8 月雨量多，发病率高。品种间抗病性差异明显，早熟品种发病较轻。

病原菌的冬孢子必须经过休眠期才能萌发，用 0.5%二甲基亚砜处理冬孢子或紫外光处理 1h，可打破休眠期，提高萌发率。此外，以紫外线照射室内、室外和土壤中越冬的冬孢子 10min 和 20min 后进行萌发试验，以土壤中越冬的冬孢子萌发率最高，可见，土壤越冬处理对打破或缩短休眠期也有一定的促进作用。冬孢子沉落于水中时明显影响萌发，但漂浮在水面或水膜中萌发率较高，产生担孢子也多，可见冬孢子萌发时需要氧气。此外，将冬孢子每日水洗处理或浸泡于一些氨基酸、酶、琥珀酸等水液中处理，萌发效果均不佳。

六、防治技术

谷子品种间抗病性差异明显，且多数品种抗病性较强，可根据当地种植品种发病的情况选用适合品种。由于该病为害较轻，造成的损失较小，因此，在生产实践中一般不需要进行防治。

董志平　郑直（河北省农林科学院谷子研究所）

第 18 节　粟线虫病

一、分布与危害

粟线虫病又称紫穗病、不捻病或“倒青”，是华北谷子（粟）产区的重要病害，在河北、河南、山东等夏谷区普遍发生。日本也有粟线虫病的报道。粟线虫病严重发生田块可造成减产50%～80%，甚至绝收，是当前谷子高产稳产的主要障碍之一。陈善铭等（1962）对不同发病程度的植株进行了产量损失测定，轻病和重病穗分别减少46.23%和89.46%，千粒重分别减少5.88%和16.8%。

粟线虫病从20世纪初就有发生记载，50年代在北京、河北、河南、山东及内蒙古等地均有发生。1953年，山东曲阜粟线虫病发生严重，面积约1.33万hm^2，减产约1 000万kg。1954年，陈善铭等在河北定县庞家佐村调查，93块田中有91块发病，其中52块平均发病率为22.66%，严重感病品种大头黄谷的发病率达到94.4%。70年代后，由于长期种植感病品种，加上诊断不及时，防治不利，导致粟线虫病迅速扩大蔓延。1982年，天津武清粟线虫病发生面积达1 895hm^2，占全县谷子种植面积的44.2%，产量损失约500万kg。目前，粟线虫病主要依靠农药拌种进行控制，个别没采取拌种措施种植的感病品种田间发病率仍在50%以上。

二、症状

病原线虫可寄生于植株的幼苗生长点、叶原始体、花器、子房，主要为害花器、子房，也可侵染根、茎、叶及叶鞘。病株在抽穗前一般不表现明显症状。开花期，感病植株的花器初为暗绿色，之后逐渐变为黄褐色到暗褐色。感病越早病情越重，症状越明显。早期感病的植株抽穗后即表现症状。由于大量线虫寄生于花器破坏子房，因此谷子不能开花，即使开花也不能结实，颖壳多张开，内有外表光滑具光泽的尖形秕粒。病穗瘦小，直立，不下垂。植株感病越早结实越少。感病晚的植株发病轻，仅靠近主轴的小穗变暗绿色，后变黄褐色，外表症状不明显。病株一般较健株稍矮，略显簇生，上部节间和穗颈稍缩短，叶片苍绿，较脆（彩图5-18-1，彩图5-18-2）。

不同谷子品种症状表现不一。紫秆或红秆品种病穗向阳面的护颖会变为紫色或红色，灌浆至乳熟期最为明显，故称紫穗病，之后颜色逐渐褪为黄褐色。青秆品种病穗护颖不变色，直到成熟期仍为苍绿色，俗称“倒青”。

三、病原

粟线虫病病原为水稻干尖线虫（*Aphelenchoides besseyi* Christie）。属线虫门、侧尾腺口纲、滑刃目、滑刃科、滑刃线虫属。幼虫和雄、雌成虫均为蠕虫状，体透明，前端稍细，尾部圆锥状，末端狭小。雄成虫尾端呈新月形弯曲，弯向腹面，交接刺镰刀状，成对，无抱片。虫体大小为（477.1～675.6）μm×（11.4～20.5）μm（彩图5-18-3）。雌成虫尾直伸，阴门在体后端1/3处，虫体大小为（602.1～960.0）μm×（12.5～24.6）μm。卵为蚕茧状，在体内陆续形成和排出。形态图及详细描述参考本书第1单元。

四、病害循环

粟线虫病病原线虫为外寄生，谷子播种后在谷粒、秕子的壳皮内侧休眠越冬的成虫和幼虫遇湿复苏，侵入幼芽，在生长点外活动为害并少量繁殖。随着植株的生长，侵入叶原始体直至幼穗，大肆繁殖为害，子房受损，柱头萎缩，不能结实，但不形成虫瘿；至谷子成熟时，又以幼虫和成虫在谷粒、秕子的壳皮内侧休眠越冬，很耐干冷，但不耐湿热，56～57℃经10min即可致死。带线虫的种子是该病的主要侵染来源，谷秕子和落入土壤及混入粪肥中的线虫也可传播。同时，由于该线虫在生长期间特别是在穗期，通过流水、风、雨或植株接触，也可从发病植株向附近健株传播并侵染，但不显病症，所以，病田中外观健康的穗粒，实际上可能潜藏着大量休眠线虫。

五、发生规律

病原线虫的繁殖速度受温度影响，25～30℃繁殖最快，在苗期和穗期各有一次大量繁殖的过程。拔节后线虫开始向上转移至叶鞘内侧繁殖，转移的迟早及繁殖数量的多少均取决于温度和降水量。由于拔节后气温足以满足线虫繁殖所需温度，因此，降水量是诱发线虫病的主要环境因子。降雨还有助于线虫在植株间的传播。幼穗形成后线虫迅速转移至穗部并开始第二次大量增殖，至开花末期达到最高峰，严重的平均一穗有虫1.2万～2万条。

粟线虫病的发生轻重，主要取决于种子带线虫量和穗期雨量大小，二者同时具备，则可造成毁灭性危害。一般平地重，山地轻；沙土地轻，黏土地重，积水洼地更重；早播病轻，晚播病重。高温高湿有利于线虫活动繁殖，尤其是开花灌浆期多雨，利于线虫在穗部大量繁殖传播，造成病害大发生及减产，甚至无收。

谷子品种抗病性强弱与发病轻重也有很大关系。凡生育期长，特别是孕穗期到灌浆期长，而且穗粒较紧、穗毛较长的品种发病重，反之发病则轻。

六、防治技术

粟线虫病主要由种子传播，具有间歇性突发、毁产的特点。所以，在防治上首先要实行种子检验，防止病种子传播。同时在病区要建立健全无病留种制度，严格进行种子处理，以防突发导致失收。

（一）加强种子检疫检验

控制病区种子不外调作种用，从病区附近调运种子时，也必须严格进行检疫检验，防止病害扩大蔓延。方法是取适量种子放在“贝曼”漏斗水中，常温 18℃左右，浸泡 24h，取沉下液离心镜检。

（二）建立留种田，实行无病留种和引种

用经检验无线虫病的种子，并播种在轮作 3 年以上的地块，采用净肥、净水防止传染等综合栽培措施，严防线虫病传入。穗期还需进行全田检查，确定无病才能留作种子。

（三）种子消毒

在未能取得无病种子时，播种前要严格进行种子消毒。可采取温水浸种和药剂消毒方法，温水浸种，即将种子放入 56～57℃热水中恒温浸 10min，注意种子在水面下必须湿透。药剂消毒法，即用 50%辛硫磷乳油按种子重量的 0.3%拌种，即用药 300g 对水 3L，与 100kg 种子混拌均匀，覆盖闷种 4h 即可播种。

（四）农业措施

选用抗性品种，适时早播，实行轮作。重病田及时早收单独处理，防止病秕散落田间或混入粪肥，扩散传病等。

附：粟抗线虫病鉴定方法与抗性分级标准

1. 粟线虫病鉴定方法　采用人工接种的方法进行田间鉴定。从感病品种上收集典型病穗，晾干脱粒后保存在无取暖设施的风干室内，翌春用水漂法淘汰籽实，只留病秕粒，晾干保存备用。

6 月下旬播种。行长 2.5～5m，行距 0.4m，初筛 1～2 行区，复筛 4～6 行区，每个材料间隔 1.2m，每隔 50 个材料种植抗病对照小猪尾谷、感病对照鞭杆细秆谷，顺序排列。初筛不设重复，复筛重复 3 次。鉴定种子播种前在 56～57℃热水中恒温浸泡 10min，晾干后与病秕粒按 1∶2.5 的比例混匀后播种。在灌浆后发病症状明显时调查。

2. 粟线虫病病情分级标准

病级	病情描述
0	无病
1	靠近主轴的小穗变成暗绿色至黄褐色，穗粒数中病秕粒占 1%～24.9%
2	病穗呈半直立状，病粒颖片褐色或绿色，穗粒数中病秕粒占 25%～49.9%
3	植株稍变矮，穗和穗颈稍变短，穗直立，穗粒数中病秕粒占 50%～74.9%
4	植株变矮，穗和穗颈变短，病穗瘦小直立，穗粒数中病秕粒占 75%以上

3. 粟线虫病抗性评价标准　根据病情指数进行抗性评价，确定抗、感类型。

病情指数计算公式如下：

$$\overline{S}=\sum(X_i\times a_i)/\sum X_i\times 100\%$$

式中　$\overline{S}$——平均严重度；

X_i——病害分级标准各级代表值；

a_i——各级严重度的调查单元数；

$\sum X_i$——调查单元总数。

抗性评价	病情指数
免疫（IM）	病情指数0（完全不发病）
高抗（HR）	病情指数0.1～5
抗（R）	病情指数5.1～10
中感（MS）	病情指数10.1～30
感（S）	病情指数30.1～50
高感（HS）	病情指数50.1～100

摘自：崔光先，郑桂春，董志平，《粟线虫病抗源筛选研究》，1989。

董立（河北省农林科学院谷子研究所）

第19节　粟红叶病

一、分布与危害

粟红叶病又称“红瘿”、“紫叶”、“糠谷”等，是一种病毒病害，我国南北各地发生普遍，以山东、山西、河北、河南等谷子（粟）主产区受害严重，一般病株率为20%～30%，严重的可达80%。病穗的千粒重比健株低1倍以上，病穗的重量比健穗重量低25%～62.1%。重者不能抽穗或虽能抽穗但多为不实秕粒，造成严重减产。

二、症状

谷子感染红叶病后所表现的症状，因植株感病时期的早迟和品种的不同而有所差异。植株发病愈早发病愈剧烈。紫秆品种发病后，叶片及叶鞘和穗的向阳面颖芒变红变紫，十分显著，由此得名。在紫秆品种上，最初是嫩叶的尖端发红，逐渐向下扩展，最后使整个叶片变红（彩图5-19-1）。有时仅叶片中央或边缘形成长而宽的红色条纹，而叶片顶端并不变红。苗期首先基部叶片变红，而成株期发病则多上部叶片先变红，以后扩及下部叶片。一般叶片向阳面先变红，反面能在相当长时间后才变红，变红的叶片自尖端向下逐渐干枯，最后叶鞘也逐渐转变成深红色而干枯。病穗的颖片和芒也变红色或紫色，尤以灌浆和乳熟期最明显（彩图5-19-2）。在青秆品种上，病株症状演变过程与紫秆品种上相同，但病株不呈现红色或紫红色，病叶顶端开始变黄并在绿色叶片上产生黄色条纹，最后全叶黄化干枯。无论紫秆品种或青秆品种，病株除了变色外，还表现矮化和各种畸形，如叶面皱缩，叶片边缘呈波状，顶叶簇生，最后叶片直立。茎上部节间缩短。严重的不能抽穗，或抽穗但穗直立、畸形，不能结实（彩图5-19-3）。病株根系发育不良，易拔起，纵剖根或茎基部，可见韧皮部变褐坏死。植株发病越早，受害减产越重。

三、病原

粟红叶病病原为大麦黄矮病毒（Barley yellow dwarf virus，BYDV）的一个株系，属黄症病毒科黄症病毒属（*Luteovirus*）。关于BYDV株系的划分参见本单元糜子红叶病，粟红叶病病原为BYDV哪个株系尚未见定论。病毒粒体球形，直径约28nm。种子、土壤和机械摩擦都不传毒，自然情况下蚜虫是唯一传毒媒介。已知传毒蚜虫有8种，但以玉米蚜（*Rhopalosiphum maidis*）、麦二叉蚜（*Schizaphis graminum*）和麦长管蚜（*Sitobion miscanthi*）为主，尤其玉米蚜传毒能力最强。病毒寄主范围广泛，除谷子外还可侵染多种栽培和野生禾本科植物。寄主分为两类：感病寄主和带毒寄主。感病寄主有：谷子、小麦、玉米、大麦、燕麦、糜子等作物及大画眉草、马唐、毛马唐、狗尾草、金狗尾草、狼尾草、黍、六月禾、垂穗草、柳枝稷、大油芒、虉草等杂草。带毒寄主有：蟋蟀草、燕麦草、雀麦、鸭跖草、垂穗披碱草等。

四、病害循环

粟红叶病病毒主要在田间多年生杂草寄主上越冬，作为历年发病的主要侵染来源。条件适宜时由蚜虫带毒迁飞至谷子上传毒，并由蚜虫在田间的取食活动将病毒逐渐传播，引起病害流行（彩图 5-19-4）。一般带毒蚜虫在健苗上取食 5min 后即可传毒，玉米蚜一次吸毒 24h 后能连续传染 27 株谷子。在田间传播过程中以有翅蚜传毒能力较强。

五、流行规律

田间病害发生程度受多种因素影响，其中，以蚜虫的数量、迁飞活动情况关系最为密切。谷子红叶病主要依靠自田外飞入田内的有翅蚜携带的初侵染毒源进行传播，而蚜虫的繁殖与活动又多受气候条件所影响。一般在春季干燥的年份，玉米蚜发生早，繁殖快，红叶病发生重；反之早春气温低，阴雨天多、湿度大，不利于蚜虫繁殖，病害发生轻。谷子田边地头杂草多越冬毒源基数高是诱发红叶病发生的重要原因。一般耕作粗放，田间杂草多，蚜虫数量大，红叶病发病重。土壤肥沃，基肥充足，植株生长健壮，发病轻。此外，在田间条件下不同播种期对谷子红叶病的感染率影响不大一致，早播一般比正常播种的发病重。谷子品种间抗病性差异显著。据鉴定，高感品种猫尾巴发病率高达 50%以上，抗病品种磨里谷、金线子、华农 2 号、大红谷等发病率仅为 3%～10%。

六、防治技术

防治策略应采取以种植抗（耐）病品种为主辅以农业防病的综合措施。

（一）农业措施

加强栽培管理，增施有机肥，促进植株生长健壮，提高植株抗病力。及时清除杂草，减少初侵染来源，特别是越冬杂草刚出土返青时，应大面积持续彻底清除，这是预防病害发生最有效的措施之一。

（二）选用抗（耐）病品种

谷子品种间有明显抗性差异，可根据情况因地制宜选用抗（耐）病品种。

（三）种子处理

用 70%吡虫啉可湿性粉剂或 70%噻虫嗪可分散粒剂，按种子量的 0.3%拌种防治蚜虫。

（四）药剂喷雾

由于蚜虫从吸毒到再取食传毒时间很短，因此，药剂防治应掌握在蚜虫迁飞前，重点防治谷田及其周围杂草上的蚜虫，才能达到药剂防病的良好效果。可选用 40%乐果乳油 1 000 倍液、10%吡虫啉可湿性粉剂 1 000～1 500 倍液、4.5%高效氯氰菊酯乳油 1 500 倍液、1.8%阿维菌素乳油 1 500～2 000 倍液、5%啶虫脒乳油 1 500～2 000 倍液，喷雾。

李志勇（河北省农林科学院谷子研究所）

第 20 节　粟纹枯病

一、分布与危害

粟纹枯病普遍分布于我国河北、河南、山东、山西、陕西、甘肃、宁夏、内蒙古、辽宁、吉林及黑龙江，是谷子生产上的主要病害，受害植株轻者增加瘪谷率，降低千粒重，发生严重时可导致后期植株倒伏，甚至颗粒无收。自 20 世纪 90 年代以来，随着谷子中低秆、密植型新品种的培育和推广，以及水肥条件的改善，提高了谷子田间小气候的湿度，使纹枯病的发生日趋严重。1998 年，粟纹枯病在河北省大面积发生，不少地块植株倒伏，产量损失达 40%以上。

二、症状

在田间，粟纹枯病通常在分蘖期开始发生，以抽穗期前后发病最普遍，自抽穗到抽穗后的 1 周内发病较剧烈。病菌主要侵染叶鞘，发病初期，叶鞘上产生暗绿色外缘界限划分不明显、形状不规划的病斑。其后，病斑迅速扩大，形成长椭圆形云纹状的大块斑。病斑的中央部分逐渐变色，自浅灰绿色变成褐绿色。最后，病斑中央部分枯死并呈现白色或苍白色，而周缘仍呈深绿色到灰褐色或深褐色。病斑面积的大小随叶鞘的宽或狭差距甚大。小的病斑 2～4cm 长，大的可达 7～8cm。时常有几个病斑互相愈合形成更大的斑块，有时达到叶鞘的整个宽度。感病叶鞘最后干枯，呈现灰绿色到苍绿色，在上面着生的叶片也随着自绿色逐渐褪色成灰绿色、苍绿色到深褐色，以至枯死（彩图5-20-1）。一般情况是病菌先在叶鞘与茎秆的间隙生长大量菌丝，再侵染茎秆。茎秆上面的病斑为浅褐色，轮廓与其上方叶鞘上面的相似，仅面积较小和病斑中央部分不甚褪色（彩图5-20-2）。植株的叶鞘发病表现很剧烈，而在其内部的茎秆部分大都能长期保持相当正常的绿色。当环境潮湿时，在叶鞘病斑表面特别是在叶鞘病斑向茎秆的一面，生成初为白色后变褐色的菌核（彩图5-20-3）。根据叶鞘上面的病斑形状及所生成的菌核很容易鉴定为纹枯病。纹枯病有时也侵害叶片，叶片上面病斑的面积比叶鞘上的小。叶片发病初期，病斑呈水渍状灰绿色，迅速扩大，形成不规则的轮纹状。有时两个或多个病斑愈合，长度可达10cm以上。病斑在扩大中，其中央部分绿色逐渐褪去，最后成为中央褐白色，周边浅或深褐色。

三、病原

粟纹枯病病原为立枯丝核菌（*Rhizoctonia solani* Kühn），属担子菌无性型丝核菌属。病菌在培养基上生长迅速。菌落开始呈现白色，逐渐变为红黄色到褐色。菌落边缘不整齐，如根系状。在菌丝上面起初生成白色、疏松的小菌丝团，以后渐加紧密最后成为形状不规则的褐色菌核。菌核大都分布在菌落的中央。新菌丝生长迅速，无色，含有颗粒体和少数水泡。菌丝分隔数目不太多，因此单个细胞一般较长，为30～100μm，甚至可达190μm。菌丝宽度为5～15μm，但有的菌丝较狭窄，仅3～5μm。菌丝顶端生长部分一般较狭窄。菌丝有分枝，分枝与主丝相交成直角或锐角。分枝处有横隔并在分隔处缢缩。菌丝间的连接现象很普遍，有时在两个细胞间形成锁状连合。菌丝在培养基上的最适生长温度为30℃，菌核生成的最适合温度为25～30℃，尤以30℃生成的数量最多，低于10℃或高于35℃时菌核数量很少。寄主组织内的菌丝大都在细胞内生，有分枝，浅褐色。菌丝的单个细胞大小为（70～200）μm×（3～6）μm。菌丝自寄主内部生长到寄主的表面并继续生长，交互错综，形成白色粗棉状的菌丝团，其后转变成较密集的褐色菌核。在叶鞘内侧常产生许多菌核。菌核的形状不等，大都为扁球状及卵圆、长圆或不规则形，表面凸起和腹面凹陷，直径0.5～3mm。有时许多菌核结合成大块的菌核。菌核内部的细胞紧密地结集，褐色，桶状或长短不等的椭圆形，大小为（12～55）μm×（9～30）μm。胞壁褐色。菌核连同菌丝贴生在寄主表面，但不甚牢固，很容易脱落。

有性阶段为瓜亡革菌［*Thanatephorus cucumeris*（Frank）Donk］，属担子菌门亡革菌属。在潮湿、阴暗、空气流通的地方容易产生。子实体白粉状，稍后变为灰褐色。担子无色，倒卵状或倒棒状，大小为（8～13）μm×（5～9）μm。顶端生长小梗4根，每一梗的顶端着生担孢子一枚。担孢子无色，卵圆形到椭圆形，基部稍狭，大小为（6～10）μm×（5～7）μm，萌发时产生萌芽管。

粟纹枯病除侵染谷子外，还侵染黍、稷、水稻、高粱、玉米等多种粮食作物及稗草等田间杂草。

四、病害循环

初侵染：病菌以菌核和病残体中的菌丝体在田间越夏、越冬，作为第二年的初侵染源，其中菌核的作用更为重要。试验表明，菌核在干燥条件下保存6年仍可以萌发。菌核萌发后长出的菌丝可侵染寄主，而病残组织中菌丝的作用远不及菌核。

传播：此病是典型的土传病害，带菌土壤可以传播病害，混有病残体的病土及未腐熟的有机肥也可以传病。此外，农事操作也可传播病害。

在华北的气候条件下，大田内越冬的菌核或病株残体，翌年萌发长出菌丝侵染谷子幼苗，发生枯萎病，病苗基部变褐，上面生长有菌丝；或侵染分蘖拔节期的谷子并诱发病斑。病菌在病斑上生长菌丝并生成菌核。菌核和菌丝随雨水落到健株上可形成再侵染传播病害。

粟纹枯病菌普遍存活在土壤内，能在两年生或多年生杂草的根系上越冬。自谷子和青狗尾草的根系偶尔分离得到粟纹枯病菌，此外，自谷种上偶尔也可分离到粟纹枯病菌。

在华北地区，初步检查还未发现粟纹枯病菌的有性阶段。但在苏北曾发现在将近成熟的谷子叶鞘与茎秆间隙生长的菌丝生成子实层及担孢子。病菌在长期潮湿并光线微弱阴暗条件下，才能生成有性阶段。在华北谷子产区，担孢子是否传播病害，还不明了。

五、流行规律

春谷区：春谷一般在4～5月播种，粟纹枯病一般发生于7月中旬。据承德市农科所调查，1995年，粟纹枯病始发于7月18日、1996年始发于7月12日、1998年始发于7月10日，7月下旬病株率可达80%以上，8月上旬病株率可达90%～100%。7月中旬至8月上旬称为纹枯病普遍率扩展期；纹枯病一般始发于茎基部1～2叶位，然后逐渐向上扩展，7月下旬至8月中旬的30d之间可向上扩展9.34个叶位，称为纹枯病垂直扩展期；8月上旬纹枯病开始侵染茎，至8月下旬是对谷子造成危害的关键时期，称为严重度增长期；8月下旬至9月上、中旬是谷子籽粒灌浆的关键时期，随着谷子灌浆，穗头重量逐渐增加，特别是遇到风雨天，已受病菌侵染茎的谷子极易折倒，直接造成产量损失，称为病害倒伏期。

夏谷区：夏谷区粟纹枯病发生程度年度间差异较大，如石家庄市1998年粟纹枯病大发生，多数地块成片倒伏，而2002年尽管在谷子生长早期发生较重，7月中下旬田间发病普遍，但后期空气湿度较低，随着下部病叶枯干，病害未扩展开来。根据田间系统调查，纹枯病普遍率扩展期一般为7月中下旬，雨后2～3d，特别是遇到空气湿度较大的连阴天，普遍率迅速提高，如1998年可达到50%以上；夏谷区垂直扩展期和严重度增长期界限不明显，由于8月份往往气温太高，空气干燥，不易看到像春谷区粟纹枯病发生的连续性水平和垂直扩展，但遇到阴雨天，气温较低且湿度大时，表现出暴发性，若空气湿度小，病斑向上扩展较慢，主要向内扩展侵入茎秆；9月上、中旬气温已下降，湿度适宜时，病害水平、垂直和侵茎扩展进度加快，随着籽粒灌浆，谷穗重量增加，极易引起大片倒伏。因为夏谷区纹枯病扩展受环境条件影响较大，侵染茎秆时间相对比较集中，使倒伏高度大体一致，表现典型的折倒。

该病害发病程度与环境温、湿度关系密切，但以湿度的影响更大。温度影响发病迟早，当7月的平均气温比常年较高时，病害通常发生较早，当9月气温下降时，病害逐渐停止发展。湿度影响发病的程度，在气候比较潮湿的地区，病菌侵入植株后，病斑沿叶鞘连续向上扩展，如在承德市农科所试验地，当旬平均气温在24.3℃、相对湿度在80%以上时，纹枯病垂直向上侵染叶片的平均扩展速度是0.56片叶/d，使发病严重的病株很快枯死。但在气候比较干燥的地区，纹枯病发生呈现暴发性。7月降雨或浇水后病菌侵入谷子茎基部，空气干燥停止扩展，若再次遇到适宜湿度，病害开始扩展甚至侵染茎秆，谷子灌浆期，随着穗部重量的增加，已被侵染茎秆的病株，病部组织变软弱，引起倒伏，产量损失严重。20世纪80年代以来我国农业灌溉条件得到改善，水浇谷子田面积增加，化肥施用量增加，特别是氮肥施用过多，播种密度也加大，造成植株生长嫩绿，田间郁闭，相对湿度增加，纹枯病发生加重。高产田块纹枯病重于一般田块，水浇地重于旱薄地，平原地重于丘陵地。

六、防治技术

粟纹枯病的发生与农田生态状况关系密切，在病害控制上应采取以改善农田生态条件为基础，结合药剂防治的策略。

（一）选用抗病品种

由于粟纹枯病菌可侵染谷子、玉米、小麦、水稻等主要粮食作物及稗草等田间杂草，在连茬种植时，可造成连续侵染，使田间病菌大量积累，药剂防治难度很大。因此，选育抗病品种是长期而且经济有效的防治措施。

从几年来对粟纹枯病的抗病性鉴定结果可以看出，谷子品种间对纹枯病的抗性差异十分明显，尚未发现免疫品种。各地可根据实际情况，选用适合的抗（耐）病良种。目前，从种质资源中筛选出了一批抗性稳定的谷子抗源材料，有些还兼抗锈病和线虫病，如冀谷14、黏谷1号、晋谷16、晋谷22、坝谷4号、冀谷8号等。

（二）农业防治

加强田间管理，及时排除田间积水，降低田间湿度；合理密植，防止留苗密度过大，改善田间通风透光条件。适期晚播以缩短侵染和发病时段，经多年实验总结，在春谷区一般5月15～25日播种为宜，夏谷区6月15～25日为宜，太晚谷子生育期缩短，熟相差，影响产量。清除田间病残体，重病田禁止秸秆还田，与非禾本科作物进行 2～3 年以上轮作。多施有机肥，少施氮肥，增施磷、钾肥，改善土壤的结构，增强植株的抵抗能力。

（三）化学防治

合理施用化学药剂对粟纹枯病能起到一定的控制作用。利用内吸传导性杀菌剂，如用种子量 0.03%（有效含量）的三唑醇、三唑酮进行拌种，可有效控制苗期侵染，减轻为害程度。选用 12.5%烯唑醇可湿性粉剂 800～1 000 倍液、5%井冈霉素水剂 600 倍液、15%三唑酮可湿性粉剂 600 倍液、40%菌核净可湿性粉剂 1 000～1 500 倍液，于 7 月下旬或 8 月上旬，病株率在 5%～10%时，在谷子茎基部彻底喷雾防治一次，1 周后防治第二次，效果良好。

（四）生物防治

目前，人们正在积极探讨一些生物方法防治粟纹枯病。如南京农业大学利用芽孢杆菌研制的生物农药麦丰宁 B_3 对粟纹枯病有一定防效，又可避免农业污染，是将来防治纹枯病的重点发展方向。

李志勇（河北省农林科学院谷子研究所）

第 21 节 粟褐条病

一、分布与危害

粟褐条病又称粟细菌性褐条病，于 1934 年首次在我国台湾省发现，以后在河北、河南、山东、陕西、吉林、辽宁等省相继发生。近年来在我国华北、东北、西北谷子（粟）产区普遍发生，在雨量较大年份，或比较低洼潮湿的田内，病情相当严重，一般发病株率为 1%～5%，重病田块病株率达 20%以上。2012 年，该病在黑龙江、辽宁、吉林、河北、天津等地普遍发生，田间一般病株率在 5%～7%，最高病株率可达 32%，造成严重减产。

二、症状

该病主要侵染叶片，也可侵染茎秆、叶鞘和穗部。叶片发病，主要以植株中上部叶片为主。叶片被侵染后，在基部主脉附近形成与叶脉平行的水渍状浅褐色条斑或短条纹，后沿叶脉向上或向下延伸，病斑色泽逐渐加深，变为深褐色或黑褐色，边缘常有黄绿色晕圈（彩图 5-21-1）。心叶被侵染，往往导致病穗畸形，全部或部分小穗被侵染，变褐坏死（彩图 5-21-2）。叶鞘被侵染，也可产生褐色条纹，田间湿度大时，上着生腐生的白色霉层。高感品种除在叶片上发生条斑外，常使顶梢嫩叶枯萎甚至腐烂，不能抽穗（彩图 5-21-3）。穗部被害后，轻者穗顶不结籽粒，重者全穗干瘪不实。

三、病原

粟褐条病病原为燕麦噬酸菌［*Acidovorax avenae*（Manns）Willems et al.，异名：*Pseudomonas setariae*（Okabe）Savalescu、*Pseudomonas panici*（Elliott）］，属薄壁菌门噬酸菌属。病菌菌体杆状，两端钝圆，单生，偶有双生，大小为（0.5～0.8）μm×（1.5～2.8）μm，极生鞭毛 1～2 根。革兰氏染色阴性，无荚膜，无芽孢，好气。

在肉汁冻琼脂平板上生长 48h 的菌落圆形，污白色，隆起，直径 1.0～1.5mm。斜角画线培养菌苔线状，泥质。生理生化特性反应是：O-F 试验阳性，41℃生长阳性，耐盐性 4.0%，荧光色素阴性，氧化酶阳性，精氨酸双水解酶阳性，接触酶阳性，卵磷脂酶阴性，Tween 80 水解阳性，硝酸盐还原阳性，硫酸呼吸阴性，淀粉水解反应较慢，甲基红试验阴性，果聚糖产生阴性，NH_3 产生阳性，H_2S 产生阳性，吲哚产生阴性，明胶液化较慢，石蕊牛乳产碱胨化还原，V.P. 试验阴性，Cohn 氏培养液中不生长，Femi 氏培养液中生长，Uschinsky 培养液中生长。烟草过敏反应阳性。在葡萄糖、半乳糖、甘露醇、甘油、木糖、果糖、棉籽糖、山梨醇、柠檬酸、丙二酸盐中生酸，在水杨苷、麦芽糖、乳糖、糊精、蔗糖、肌醇、阿拉伯糖、鼠李糖、甘露糖中不产酸。DNA 碱基含量［（G+C）mol%］为 71.5 mol%～73.7 mol%。在培养基上存活时间较长，对干燥不敏感。非固酸染色。最适生长温度为 31～34℃，最高 42℃，最低 5℃，致死温度为 55～56℃。

病原细菌在培养基上菌落性状变异性很大，常呈4种形状的菌落：S型，菌落表面光滑，湿润有光泽；R型，菌落表面干燥，褶皱；RS型，为S型菌落的变异型；TRS型，菌落表面光滑，湿润有光泽，在透光下呈现格状光辉，是这种菌落的特性。

四、病害循环与流行规律

病原细菌主要在种子和病株残体上越冬，成为第二年初侵染来源，植株发病后通过风雨或枝叶间摩擦造成再侵染。谷子生长期连续阴天寡照、高温多雨有利于病害的传播蔓延；偏施氮肥，过度密植，株间通风透光差有利于该病发生；重茬田、低洼田发病重；虫害发生严重地块发病重。来自不同寄主的病原菌在不同寄主上的致病性有明显差异。同一寄主间的不同品种抗病性有明显差异。

病原细菌寄主范围较广，人工接种可侵染水稻、黍、玉米、高粱、大麦、小麦、看麦娘、棒头草、狗尾草等。

五、防治技术

（一）农业防治

精细整地，平衡施肥，合理密植，加强田间管理，排除田间积水，保持田间通风透光。

（二）化学防治

可在初发期选用72%硫酸链霉素可溶粉剂4 000倍液、20%噻森铜悬浮剂500倍液、46.1%氢氧化铜水分散粒剂1 500倍液、25%叶枯唑可湿性粉剂300倍液、20%噻菌铜悬浮剂500倍液，隔7d防治一次，连防2次。同时应注意防治虫害。

董志平　白辉（河北省农林科学院谷子研究所）

第22节　糜子红叶病

一、分布与危害

糜子红叶病是糜子主要病害之一，糜子栽培区每年都有不同程度的发生和为害，一般发病率为0.2%～5%。糜子红叶病除侵害糜子外，也可侵害大麦、玉米、谷子、高粱及金狗尾草、青狗尾草、马唐、大画眉草、稗、野古草、大油芒、白羊草、细柄草、早熟禾等多种禾本科杂草。

二、症状

糜子红叶病主要侵害叶片，从下部叶片开始向上逐渐发病，叶片多由叶尖先变色后沿叶缘向基部发展，病叶光亮，质地略硬，有的病株节间缩短、变矮。紫秆品种感病后叶片、叶鞘、穗部颖壳和芒呈深紫色、紫红色，新叶由叶片顶端先变红、变紫，出现紫红色短条纹，逐渐向基部延伸，直至整个叶片变紫红色。有时沿叶片中脉或叶缘变红，形成紫红色条斑。幼苗基部叶片先变红，向上位叶扩展。成株顶部叶片先变红，向下层叶片扩展。黄秆品种感病后叶片和花呈现不正常的黄色，症状发展过程与紫秆品种相同。重病株多数不结实，少数早期死亡或抽不出穗。发病早的植株矮小，茎秆细瘦，叶片狭小（彩图5-22-1）。

三、病原

糜子红叶病病原为大麦黄矮病毒（Barley yellow dwarf viruses，BYDVs），属黄症病毒科黄症病毒属（*Luteovirus*）病毒粒体由正单链RNA和分子质量约为22ku的外壳蛋白组成，呈正20面体对称球形，直径24～30nm。基因组约5.7kb，5′端无Vpg和其他帽子结构，3′端无多聚腺苷酸尾巴，也不折叠成类似的tRNA结构（Miller，1988）。此类病毒不通过汁液摩擦接种，而是由蚜虫以持久性非增殖的方式传播，并在感染植株的韧皮部组织中增殖，但寄主体内的浓度很低。

BYDV株系的划分主要依据蚜虫传播特异性、寄主范围与反应类型、对寄主的毒性等生物学特性。Rochow和Muller（1971）根据明显的介体专化性将美国纽约的BYDV划分为5个株系：PAV、MAV、

SGV、RPV、RMV。PAV由禾谷缢管蚜（*Rhopalosiphum padi*）、麦长管蚜（*Sitobion miscanthi*）有效地传播；MAV由麦长管蚜有效传播；SGV由麦二叉蚜（*Schizaphis graminum*）专化性传播；RPV由禾谷缢管蚜专化性传播；RMV由玉米蚜（*R. maidis*）专化性传播。在我国，周广和等（1987）鉴定出4个株系，即GPV、GAV、PAV、RMV。其中GPV株系与美国的5个株系均无血清学关系，为我国特有的株系类型。GAV与MAV的抗血清反应强烈（周广和等，1987），两者的显著区别在于前者可以被麦长管蚜和麦二叉蚜两种蚜虫有效传播，而后者仅被麦长管蚜专化性传播。随着对该病毒基因组序列和结构的深入研究，其分类也出现了新的变化。根据国际病毒分类委员会（ICVT）第七次报告，BYDV的BYDV-PAV和BYDV-MAV已升格为种并被归属于黄症病毒科（*Luteovirdae*）的黄症病毒属（*Luteovirus*），BYDV-GAV属于黄症病毒属；BYDV-RPV现在根据其基因组结构定名为禾谷黄矮病毒，即RPV（*Cereal yellow dwarf virus*-RPV），属于马铃薯卷叶病毒属（*Polerovirus*）。GPV未被明确归类进属，它在血清学上与CYDV-RPV严格区别，但在核苷酸序列上与CYDV极相似。其他成员RMV和SGV尚未明确归属，仍普遍沿用大麦黄矮病毒的名称。从已经发表的GAV全序列可以确定我国的GAV株系与BYDV-MAV非常相似，两者同源性达90.3%（晋治波，2003）。

四、病害循环

糜子红叶病毒主要在多年生带毒禾本科杂草上越冬，土壤及越冬作物都不带毒。种子不带毒或带毒的可能性极小。蚜虫不能带毒越冬。初侵染主要在翌春经玉米蚜等传毒蚜虫由杂草向糜子传毒。再侵染通过蚜虫吸食带毒汁液再传致健康寄主（图5-22-1）。传毒蚜虫迁飞高峰期，在玉米、谷子、高粱等一年生及多年生病毒寄主之间辗转为害。因此，再侵染病原量大，侵染次数多、时间长，潜育期短，又是糜子最感病期，病害发展速度快，容易造成大面积的发病。

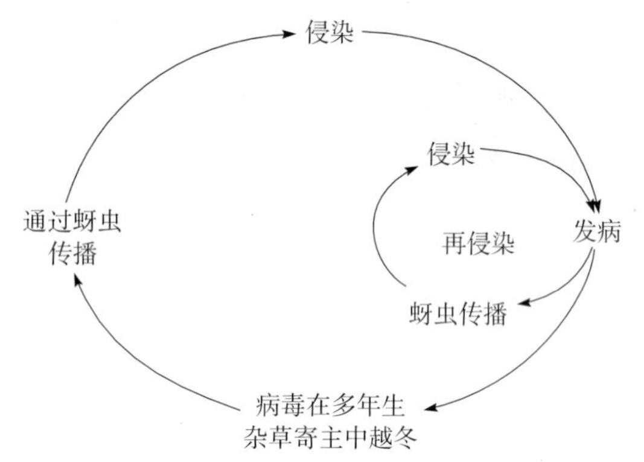

图5-22-1 糜子红叶病病害循环（王阳和朱明旗提供）
Figure 5-22-1 Disease cycle of broomcorn millet red leaf virus (by Wang Yang and Zhu Mingqi)

糜子红叶病毒主要由玉米蚜进行持久性传毒，麦二叉蚜、麦长管蚜、苜蓿蚜等也能传毒，但传毒能力较弱。该病毒不能经由种子、土壤传播，也不能通过机械摩擦传播。

五、流行规律

糜子发病程度与蚜虫发生时期和虫口数量密切相关。春季干旱、温度回升较快的年份，玉米蚜发生早而多，红叶病发生早而重。夏季降水较少的年份，有利于蚜虫繁殖和迁飞，发病也重。杂草多的田块，毒源较多，发病较重。糜子植株的感染时期越早，发病程度和减产程度越高。

六、防治技术

(一) 种植抗（耐）病品种

糜子品种间抗病性有一定差异，虽然缺乏免疫和高抗品种，但仍有抗病或耐病品种。

(二) 农业防治

在杂草刚返青出土时，应及时彻底清除，以减少毒源。加强田间管理，增施氮、磷肥，合理排灌，使植株生长健壮，增强抗病能力。

(三) 化学防治

春季在蚜虫迁入糜田之前，喷药防治田边杂草上的蚜虫。必要时喷洒0.5%香菇多糖水剂（抗毒丰）300倍液或20%病毒A可湿性粉剂500倍液。

冯佰利 朱明旗（西北农林科技大学）

第 23 节　糜子黑穗病

一、分布与危害

糜子黑穗病又称黍黑穗病、黍小孢黑粉病，俗称灰穗、火穗、乌头等，是我国糜、黍生产上的重要病害，主要分布在北方糜子产区。发病率一般在 5%～30%，个别严重地块可达 70%，甚至造成绝收，不仅降低了产量而且影响品质。

二、症状

糜子黑穗病菌主要侵染花序，一般抽穗前很难识别，抽穗后才现典型症状，整个穗子变成一团黑粉。病株抽穗迟，健株大部分进入乳熟期以后，病穗才抽出心叶。病株矮小，上部叶片短小，直立向上，分枝增多，一直保持绿色。苞叶抽出后孢子堆外露，所有分蘖上的小穗均已染病，偶尔也有基部分枝照常抽穗的现象。染病株可以形成多个病瘿，病瘿外包一层由菌丝组织形成的乳白色薄膜。薄膜破裂后散出黑褐色冬孢子或称厚垣孢子，最后残留黑色丝状物（彩图 5 - 23 - 1）。

三、病原

糜子黑穗病的病原为稷光孢堆黑粉菌［*Sporisorium destruens*（Schltdl.）Vánky，异名：*Sphacelotheca destruens*（Schltdl.）Stevenson et Johnson，*Sphacelotheca manchurica*（Ito）Wang］，属担子菌门孢堆黑粉菌属。孢子堆初在叶鞘里，后伸出，长 3～5cm，孢子堆中混有丝状的寄主组织。冬孢子球形至卵形，长径 6.5～10μm，壁红褐色，平滑或有细点。两种病原菌所致症状基本相同，主要区别在于病菌孢子大小和膜的形态。稷团黑粉菌孢子堆呈长椭圆形、圆柱状或角状，暗褐色，表面有微刺。黍小包黑粉菌孢子堆长 4cm，宽 3cm，厚垣孢子球形或近球形，有时呈不规则形，具棱角，直径 6～8μm，或大小为（9～10）μm×（6～7）μm，表面平滑，暗褐色，厚垣孢子内夹杂有透明无色、表面平滑的不育性细胞（彩图 5 - 23 - 2）。

四、病害循环

病菌厚垣孢子黏附在种子上或遗落在土壤中传播。种子萌发时厚垣孢子即萌发，产生先菌丝，先菌丝上产生小孢子，不同性系的小孢子融合后形成侵染丝侵入幼芽鞘，侵入幼苗后的病菌在组织内扩展蔓延进入生长锥。菌丝体随生长锥分化进入花芽和原始基内，进而在穗部发病。病菌除苗期的初侵染外，无再侵染（图 5 - 23 - 1）。湿土中播种较干土中播种发病重，糜种贮藏于潮湿处较挂藏的发病重，浸种后阴干较晒干的发病重，地温较高的沙土地和下午播种较地温稍低或上午播种发病重。

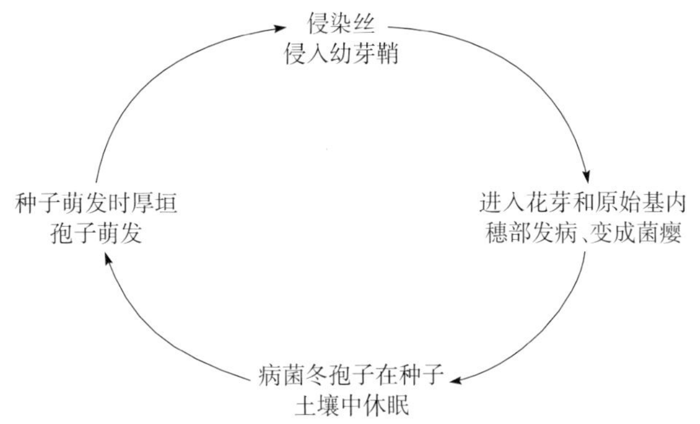

图 5 - 23 - 1　糜子黑穗病病害循环（王阳和朱明旗提供）
Figure 5 - 23 - 1　Disease cycle of broomcorn millet smut (by Wang Yang and Zhu Mingqi)

五、流行规律

温度和水分是影响糜子黑穗病发生程度的主要因素。一些研究者（H. H. Aptembeba，1963；M. N. Komapoba，1971）指出，在干旱年份感染程度很高；另外一些学者（A. A. Корнилов，1960）则认为，潮湿年份感染程度较高。莫·高依什巴耶夫（1971）曾研究认为，从播种到幼苗阶段，温度在13～17℃的条件下，植株被感染的最多，而温度在 20℃时，则感染的很少。巴·鲁斯纳（1974）认为，在生长发育的后期水分过量以及前期水分不足和高温的条件下病害发生的最严重。A. Φ. Солдатоъ（1984）研究表明，生长环境的不同导致了糜子感染程度上的差异，如 1982 年比较湿润，品种的感染程度比干旱的 1981 年高，而且病害无论在糜子生长发育的前期或者后期都可出现。前期表现为降低了田间发芽率，提高了分蘖性和降低了植株的高度。后期表现为在上部叶片的叶鞘中，包被膜白色，充满大量粉状厚垣孢子和剩余花序的“感染花序”；比较湿润的 1982 年，从播种到抽穗，黑穗病孢子堆是巨大的，而 1981 年的却比较小，以致有的打开叶鞘时才能发现它，同时植株是健壮的，但无圆锥花序而且不结实。

糜子黑穗病的发生与品种的抗性有关。甘肃省农业科学院 2011 年对引进的 2 份俄罗斯品种、51 份国内育成品种、10 份地方品种资源和 10 份创新种质材料的黑穗病抗性进行了人工接种鉴定和分级。试验结果表明，2 份俄罗斯引进材料 blest jachee 和 orlovski karlik 对黑穗病表现免疫，2 份国内品种吉 18 和陇糜 2 号对黑穗病表现免疫；雁黍 7 号、赤黍 2 号、粘丰 7 号、九黍 1 号、吉 2、赤黍 1 号和宁糜 13 7 份育成品种和 3 份创新种质材料 0318－1－4－3、9103－6－3－1－4 和 0312－3－2－2 高抗黑穗病，伊糜 5 号等 34 份材料抗黑穗病，其余 25 份材料感黑穗病。

六、防治技术

针对糜子黑穗病是以土壤带菌传病为主和幼苗系统侵染的特点，对该病的防治主要有种植抗病品种、种子处理及深翻耕等措施。

（一）选用抗病品种

因地制宜选用适合当地的比较抗病的品种，如公黍 1 号、甘肃会宁的保安红糜子、内蒙古的慢慢红黍子、狼山 462、米仓 155 等品种均较抗病。陕西省榆林市农业科学研究所选育的榆糜 3 号，赤峰市农牧科学研究院选育的赤糜 2 号，鄂尔多斯市农业科学研究所选育的伊选黄糜，甘肃省农业科学院作物研究所选育的陇糜 7 号、陇糜 8 号、陇糜 3 号等都高抗黑穗病。

（二）农业防治

轮作倒茬可以有效防止糜子黑穗病的发生，一般实行 3 年以上轮作。粪肥要充分腐熟后使用，这些措施均可以减少田间菌源积累，减轻田间发病程度。在糜子抽穗后，发现病株及时拔除，减少菌源。病株要深埋、烧毁，不要随意丢放。

（三）化学防治

糜子黑穗病的传播途径是种子、土壤和粪肥带菌。糜子苗在 5 叶期以前，土壤中的病菌都能从幼芽入侵。所以，药剂防治必须选择内吸性强、残效期长的农药。目前在生产上推广使用以下几种药剂进行种子处理：①用有效成分占种子重量 0.05％的三唑酮拌种；②2％戊唑醇湿拌种剂 10～15g 或 12.5％烯唑醇可湿性粉剂 10～15g，对水 700mL，拌 10kg 种子；③50％多菌灵可湿性粉剂按种子重量 0.05％～0.1％用量拌种，或 50％甲基硫菌灵可湿性粉剂按种子重量 0.1％～0.5％用量拌种；④用 300 倍的福尔马林溶液浸泡种子 5min，然后捞出种子覆盖后闷 2h 或 20％萎锈灵乳油 1 000mL 稀释成 20 倍液拌 200kg 种子，堆闷 4h 后播种。

王阳　朱明旗（西北农林科技大学）

第 24 节　糜子细菌性条纹病

一、分布与危害

糜子细菌性条纹病是糜子上的重要病害之一，在我国糜子栽培区每年都有不同程度的发生和为害，有的地块发病率可达 20％～30％。病原除侵染糜子外，也可侵染谷子、大麦、小麦、黑麦、燕麦及珍珠稷等。

二、症状

苗期到穗期均可发病，主要侵害叶片，尤其是基部叶片的中下部，一般在主脉附近出现水渍状细而长的条斑，后在叶脉间产生许多平行排列的短条斑或条纹。条斑沿脉向上、下两方伸长，后变为暗绿至绿褐或紫色，最后呈深褐至黑褐色，有时病部具黄绿色晕环。把叶横切面置于水滴中有很多细菌从叶脉处溢出。湿度大或潮湿条件下，叶鞘上产生褐色斑点或条纹，但没有叶片上的明显。如连续遇高温多雨天气，感病品种出现嫩叶枯萎或顶端腐烂，有臭味（彩图 5－24－1）。

三、病原

糜子细菌性条纹病的病原为燕麦噬酸菌燕麦亚种（*Acidovorax avenae* subsp. *avenae* Willems et al.），属薄壁菌门噬酸菌属。菌体短杆状，不成串，革兰氏染色阴性，大小为（0.5～1.0）μm×（1.5～3.0）μm，以单极鞭毛运动，DNA G+C mol％为 69.8，好气性，不产生芽孢。40℃可生长。在 YDC 培养基上培养 2～3d 会产生黄色菌落。在金氏培养基和 NA 培养基上于 28 ℃下生长 48h，菌落白色，平滑有光泽，湿润而呈黏液状，直径 2～3mm。KMB 培养基上不产生荧光色素。接种 24h 后在烟草上产生明显的过敏反应。氧化酶、尿素酶阳性。可分解乳酸，能在阿拉伯糖、果糖、甘露醇及山梨糖醇的培养基中产酸。可产生羟化脂肪酸、3-羟基辛酸和 3-羟基癸酸；不产生 2-羟化脂肪酸。无果胶分解酶活性，无法从含蔗糖培养基上产酸。可利用 L-果胶糖、D-半乳糖、D-木糖、D-葡萄糖、D-海藻糖、D-阿拉伯糖醇、山梨醇、葡萄糖酸、异戊酸、D-酒石酸、L-苏氨酸、L-组氨酸、L-色氨酸、核糖、醋酸酯、L-缬氨酸，不能利用 D-海藻糖、癸酸酯、酮葡糖酸、草酸、丙二酸、顺丁烯二酸、L-酒石酸、L-半胱氨酸、乙酰胺、L-鸟氨酸、L-精氨酸、乙醇胺。

另外，引起糜子细菌性条斑病的病原还有 *Xanthomonas translucens* pv. *translucens* = *X. campestris* pv. *translucens*，*X. campestris* pv. *pennamericanum*，*X. vasicola* pv. *holcicola*，近年来在我国这些病原已很少见。

四、病害循环

带菌种子和土壤中的病残体可能是糜子细菌性条纹病的主要初侵染源。翌年 7 月，经风、雨、昆虫或流水传播，病菌从伤口或气孔侵入，菌脓可借风、雨、露、昆虫等传播后进行再侵染（图 5－24－1）。病菌在伤口及气孔附近扩展，可产生鞭毛素而引起寄主叶片产生褐色条纹，同时伴随细胞程序性死亡。

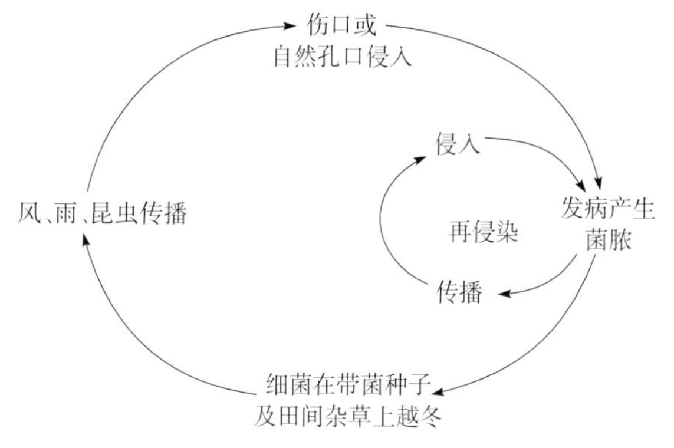

图 5－24－1　糜子细菌性条纹病病害循环（王阳和朱明旗提供）

Figure 5－24－1　Disease cycle of broomcorn millet bacterial leaf streak (by Wang Yang and Zhu Mingqi)

五、流行规律

据田间观察，品种间发病有一定差异，可能存在抗病性品种。一般柔嫩组织易发病，害虫为害造成的伤口利于病菌侵入。此外，害虫携带病菌同时起到传播病害的作用，如玉米螟等虫口数量大，则发病重。高温高湿利于发病，糜子生长前期如遇多雨多风的天气，病害发生严重；均温 30℃左右，相对湿度高于 70％即可发病；均温 34℃，相对湿度 80％扩展迅速。地势低洼或排水不良，种植密度过大，通风不良，施用氮肥过多，伤口多的地块发病重。轮作，高垄栽培，排水良好及氮、磷、钾肥施用比例适当的地块植株健壮，则发病率低。

六、防治技术

（一）选用抗病品种

淘汰田间表现感病的糜子品种，种植抗病品种能够有效防止病害的严重发生。

（二）农业防治

实行轮作，尽可能避免连作。收获后及时清洁田园，妥善处理病残株，减少菌源。加强田间管理，采用高垄栽培，地势低洼多湿的田块雨后及时排水，防止湿气滞留，减轻发病。田间发现病株后，及时拔除，携出田外沤肥或集中烧毁。

（三）及时治虫防病

苗期开始注意防治玉米螟等害虫，及时喷洒 50％辛硫磷乳油，稀释 1 000 倍液。一旦发生病害，应在发病初期用72%农用硫酸链霉素可溶性粉剂250μg/g，全株喷施，能够起到一定的控制病害发展和蔓延的作用。

王阳 高金锋（西北农林科技大学）

第25节 黍瘟病

一、分布与危害

黍瘟病是糜子生产中的重要病害之一，在我国糜子栽培区每年都有不同程度的发生和为害，部分地块发病率可达5%～10%。

二、症状

黍瘟病主要侵害茎秆和叶鞘，被害处初生青褐色近圆形病斑，后期病斑扩展为长圆形或梭形，边缘深褐色，中央青灰色，潮湿时多产生灰色霉状物（彩图5-25-1）。

三、病原

黍瘟病的病原为粟梨孢（*Pyricularia setariae* Nishik.），属子囊菌无性型梨孢属真菌，病原菌的分生孢子梗单生或2～5根丛生，不分枝，具隔膜2～3个，无色或基部淡褐色，顶端稍尖，有时呈屈膝状，孢痕明显，大小为（74～122）μm×（4～5）μm。分生孢子梨形或梭形，无色，有2个隔膜，隔膜处有或无缢缩，基部圆形或钝圆，有小突起（称脚胞），顶端稍尖，大小为（16～28）μm×（7～11）μm（图5-25-1）。

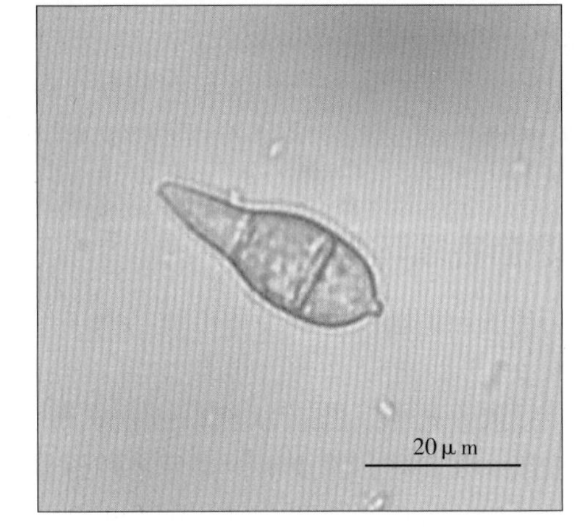

图5-25-1 粟梨孢分生孢子（王阳提供）
Figure 5-25-1 Conidium of *Pyricularia setariae* (by Wang Yang)

四、病害循环

黍瘟病菌以分生孢子在病草、作物病残体和病种子上越冬，成为翌年初侵染源。病草体内的菌丝体，在室外干燥环境下堆积时，经过一冬并不死亡，经过两年仍有72%的存活率。若遇雨淋潮湿，再经低温冷冻，则存活率急剧下降。田间遗留的糜子病残组织，经过一冬，其内菌丝体仍有45%可以存活；病种子带菌也可发生侵染，但侵染率极低。田间发病后，在叶片病斑上形成分生孢子借气流传播进行再侵染，引起黍瘟流行（图5-25-2）。黍瘟的发生，为后期发病提供了更多的菌源。至抽穗前后，相继侵染植株其他部位，引起节瘟、秆瘟和穗颈瘟。

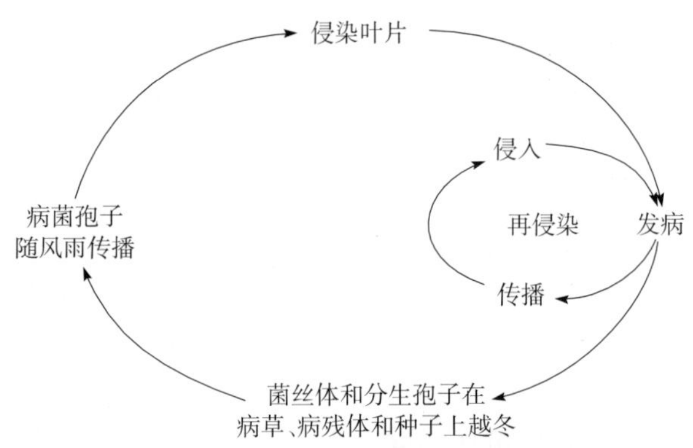

图5-25-2 黍瘟病病害循环（王阳和朱明旗提供）
Figure 5-25-2 Disease cycle of broomcorn millet blast (by Wang Yang and Zhu Mingqi)

五、发生规律

黍瘟病的发生受气候、品种和栽培条件的影响。25℃左右、相对湿度大于80%以上时，有利于该病发生和蔓延。糜子品种间的抗病性差异较大。一般组织坚硬、穗粒较紧、有刺毛的品种较抗病，而植株高大、穗大粒松、叶宽薄柔软的品种较易感病。抗病品种的抗病性也因生育阶段、地区、年份而异。植株发育状态和发病轻重也有关系。播种过密、通风透光不良、田间湿度大、灌溉多或者降水多、土壤湿润时间长，有利于黍瘟病的发生和流行。偏施氮肥或追肥过晚，导致植株疯长，组织柔软，易被病原菌侵染；黏土、低洼地更易加重病害发生。

六、防治技术

（一）选用抗病品种和无菌种子

不同的品种抗病性差异较大。选择抗病品种是提高糜子产量和品质的重要途径。种子田应保持无病，繁育和使用不带菌种子。

（二）农业防治

加强栽培管理，合理施肥。要多施有机肥、复合肥，或结合深耕，分层施用氮肥；追肥要氮、磷、钾肥配合施用，要及时适量，防止过多过晚。实行合理密植，密度不宜过大，采用宽行密植，通风透光。水浇地要适时实行浅浇，禁忌大水漫灌。严重发病地块，收割时应单打单收。病草应在翌年春播前处理完毕。厩肥要经高温充分发酵腐熟后施用。在秋耕或春播前，结合防治粟灰螟等害虫，翻地时将根茬收集烧掉或深埋土中。

（三）化学防治

1. 种子消毒　可用15%三唑酮可湿性粉剂按种子重量的0.02%（有效成分，必须干拌），或用20%萎锈灵乳油按种子重量的0.7%（有效成分）拌种，并充分搅拌均匀。也可用清水洗种5次，可以去除种子上附着的病原菌孢子。

2. 药剂防治　在病势未扩展前，及时喷药防治，可有效控制为害。要重视以穗颈瘟为主的黍瘟病防控，立足预防为主，无论是抗病品种还是感病品种，无论前期是否打过防治黍瘟病的药，均要在糜子破口期和抽穗末期防治穗颈瘟。可每公顷用20%三环唑可湿性粉剂1 500g或40%稻瘟灵乳油1 500mL或40%敌瘟磷乳油1 500mL，对水750～900kg喷雾；或选用1 000亿活芽孢/g枯草芽孢杆菌可湿性粉剂，每公顷用150g对水300kg，细雾喷施。

王阳　朱明旗（西北农林科技大学）

第 26 节　荞麦轮纹病

一、分布与危害

荞麦轮纹病又称褐纹病，是荞麦的主要病害之一，常造成叶片早期脱落，植株枯死，减产严重。一般年份发病率为5%～7%，多雨年份可达20%。该病在国内主要分布于吉林、辽宁、内蒙古、河南、湖南、甘肃、陕西、宁夏、四川、云南等省（自治区）。我国台湾也有发生记载。国外分布于俄罗斯、克罗地亚、斯洛文尼亚、波兰、加拿大等。寄主为甜荞和苦荞。

二、症状

主要侵害叶片、茎秆。叶上病斑初为白色小点，后逐步扩大成中间稍暗的圆形或椭圆形病斑，直径2～10mm，红褐色，有同心轮纹，着生黑褐色小点，即病原分生孢子器。严重时叶全变褐色，枯死。茎上病斑梭形或椭圆形，红褐色，植株枯死后变黑色，严重时叶片早期脱落。

三、病原

荞麦轮纹病病原为荞麦壳二胞（*Ascochyta fagopyri* Bres.），属子囊菌无性型壳二胞属真菌。分生孢子器生在叶、茎表面，埋生在组织里，散生，球形或近球形，褐色，直径96～128μm，有孔口。分生孢子梗缺，产孢细胞椭圆形，光滑，内壁芽生瓶体式产孢。分生孢子椭圆形或圆筒形，直或稍弯曲，两端钝，壁薄，无色，双胞，偶尔三胞，大小为（16～24）μm×（5～8）μm。

病原菌在查氏培养基上较PDA培养基上生长快。在pH4～11时均能生长，以pH5～7最适。病菌生长和菌落形成的适宜温度为10～30℃，以25℃生长最快。病菌在不同光照下均能生长，连续光照有利于生长，全黑暗条件下生长最慢。

四、病害循环

荞麦轮纹病菌在病残体上越冬，翌年产生分生孢子，通过风雨进行传播蔓延。以种子带菌进行远距离传播（图 5-26-1）。

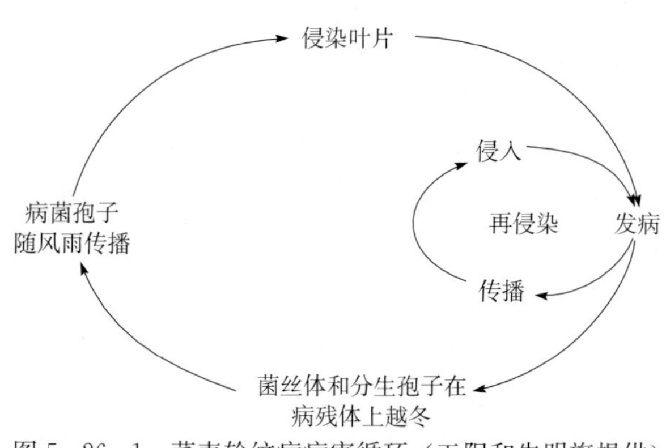

图 5-26-1　荞麦轮纹病病害循环（王阳和朱明旗提供）

Figure 5-26-1　Disease cycle of buckwheat ring rot (by Wang Yang and Zhu Mingqi)

五、流行规律

荞麦轮纹病在幼苗出土后就开始侵染，为害程度因年份及地区而异。田间荫蔽，有利于病菌发育，发病较重。

六、防治技术

（一）清洁田间

收获后将病残体及枝叶收集烧毁，以减少越冬菌源，切不可用病残株沤肥，防止施农家肥把病残体带入田间，引起翌年发病。

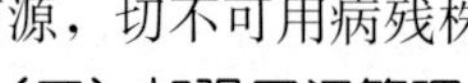

（二）加强田间管理

采取早中耕、早疏苗、破除土壤板结等有利于植株健康生长的措施，增加植株的抗病能力。

（三）温汤浸种

将种子先在冷水中浸 4～5h，再在 50℃温水中浸泡 5min，捞出后晾干播种。

（四）药剂防治

可选用 40%多菌灵悬浮剂或 50%甲基硫菌灵悬浮剂等苯并咪唑类内吸性杀菌剂对水喷雾，每公顷用药 450～650g。70%代森锰锌可湿性粉剂的防效也很好。喷雾要均匀周到，遇雨冲刷要重喷。

朱明旗　王鹏科（西北农林科技大学）

第 27 节　荞麦褐斑病

一、分布与危害

荞麦褐斑病是荞麦上的常发病害之一，甜荞和苦荞均可被害。在我国，随着人们对营养要求的多样化和农业种植结构的调整，荞麦种植面积逐年扩大，荞麦褐斑病的发生愈来愈重，潮湿多雨年份发病率达 5%～7%，严重地块高达 8%～15%。该病在国内主要分布于内蒙古、辽宁、吉林、甘肃、河南、湖南、四川、云南、陕西、宁夏及台湾等省（自治区）。在国外分布于加拿大、俄罗斯、法国、斯洛文尼亚、波兰、罗马尼亚、印度、尼泊尔、韩国、日本等国家和地区。除侵害荞麦外，其他寄主有秋英、木槿、东北堇菜、紫荆、篱蓼等。

二、症状

病菌主要侵染叶片。最初在叶片上形成圆形或椭圆形病斑，病斑直径 1～5mm，边缘红褐色，中央灰绿色至褐色，边缘明显，微具轮纹。严重时病斑连成一片呈不规则形，病叶渐渐变褐色脱落。叶背病斑在潮湿条件下常密生灰褐色或灰白色霉层，即病原菌分生孢子梗和分生孢子。荞麦受害后，随植株生长而发病逐渐加重，花前即可见到症状，花期和花后发病加重。

三、病原

荞麦褐斑病病原为荞麦尾孢（*Cercospora fagopyri* Nakata et Takim.），属子囊菌无性型尾孢属真菌。病斑上的分生孢子梗颜色从浅色到淡褐色，单生或 2～12 根丛生，粗细一致。0～5 个隔膜，多为 1～4 个，呈屈膝状，1～5 个膝状节，不分枝，大小为（53.8～160.3）μm×（3.8～5.5）μm。分生孢子顶生，披针形或倒棍棒形，朝顶端方向逐渐变尖，基部平截或圆形，下端较直或略弯，无色，孢痕明显，

1～9 个隔膜，大小为（70～142）μm×（2.1～3.4）μm；在 PDA 培养基上菌落初为灰色或黑褐色，连续培养 3d 后产生分生孢子，后形成白色絮状菌落。分生孢子大小为（66.5～137.6）μm×（2.0～3.1）μm，比病叶上分生孢子略小。孢子遇水 1h 以上即可萌发，孢子萌发时多从顶端长出 1 个或几个芽管。

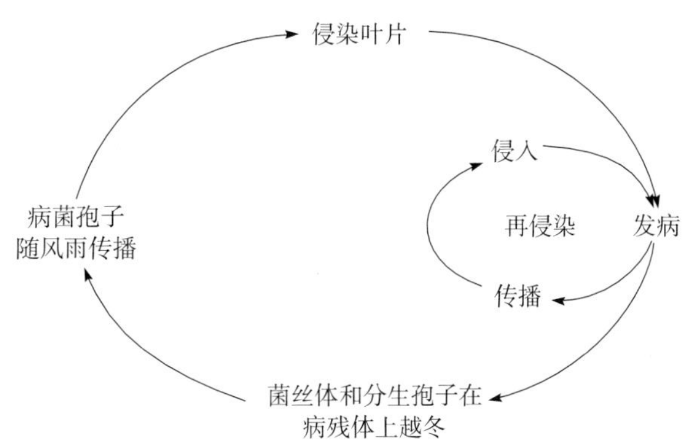

图 5－27－1　荞麦褐斑病病害循环（王阳和朱明旗提供）
Figure 5－27－1　Disease cycle of buckwheat brown blotch (by Wang Yang and Zhu Mingqi)

病原菌最适培养基为 V8 培养基，其次为 PDA、查氏培养基，燕麦片培养基菌落生长较差。病菌在 pH4～13 上均能生长，以 pH5～8 最适。病菌生长和菌落形成的适宜温度为 10～35℃，以 20～30℃生长最快，低于 10℃和高于 35℃均不能生长。分生孢子在 15～35℃均能萌发，最适萌发温度为 20～30℃，以 20℃萌发最好。病菌致死温度为 50℃经 10min 或 55℃经 5min。病菌孢子萌发需要高湿度环境，在相对湿度 75％以下不能萌发，水滴条件下萌发率最高。病菌在不同光照下均能生长，但经紫外线照射与黑暗、光照与黑暗 12h 交替处理对菌丝生长最为有利，连续光照下生长最差。

四、病害循环

病菌以菌丝和分生孢子在荞麦病残体上越冬，成为翌年初侵染源。病菌主要侵害叶片，并且通常是下部叶片开始发病，后逐渐向上部蔓延。后病斑上产生分生孢子进行重复侵染，不断蔓延（图 5－27－1）。发病严重时，病斑连接成片，整个叶片迅速变黄，并提前脱落。

在我国东北地区一般 8 月发生严重。

五、流行规律

据田间观察品种间发病有一定差异，品种间抗病性有差异。潮湿多雨季节发病重，7～8 月多雨的年份易发病。

六、防治技术

（一）农业措施

清除田间残枝落叶和带病的植株，减少越冬菌源。实行轮作倒茬，减少植株发病率，加强苗期管理，促进幼苗发育健壮，增强抗病能力。

（二）药剂拌种

采用 50％多菌灵悬浮剂，50％退菌特（福美双＋福美锌＋福美甲胂）可湿性粉剂或 40％五氯硝基苯粉剂，播种时按种子重量的 0.3％～0.5％进行拌种。

（三）喷药防治

在田间发现病株时，可用 40％多菌灵悬浮剂或 50％甲基硫菌灵悬浮剂等苯并咪唑类内吸杀菌剂对水喷雾，每公顷用药 450～650g。70％代森锰锌可湿性粉剂的防效也很好。喷雾要均匀，遇雨冲刷要重喷。

王鹏科　朱明旗（西北农林科技大学）

第 28 节　荞麦霜霉病

一、分布与危害

荞麦霜霉病在世界上荞麦种植区都有发生，甜荞和苦荞均可感染，尤以苗期发病所造成的损失严重。在我国，主要分布于吉林、黑龙江、宁夏等地。在国外，日本、乌克兰、立陶宛、吉尔吉斯斯坦、波兰、法国、罗马尼亚、哈萨克斯坦、俄罗斯等均有发生。

二、症状

荞麦在整个生育期间均可受霜霉病菌的侵染。苗期症状表现为病苗矮缩，叶片出现花叶、斑纹及皱纹等症状，此时几乎不出现局限性病斑侵染的特征。在成株期主要侵染叶片，叶正面先褪色后为局部病斑，平均直径20mm，后期局限性病斑结合在一起形成大型不规则病斑，病斑的背面产生松散灰白色霉层，即病原菌的孢囊梗与孢子囊。叶片从下向上发病，多在植株的中上部叶片发生，顶部叶片有时会出现斑纹或似花叶的症状。受害严重时，叶片卷曲枯黄，最后枯死，导致叶片脱落。花器被侵染，导致花变褐，枯萎并脱落。花蕾和形成的果实也能感病。

三、病原

荞麦霜霉病的病原为荞麦霜霉（*Peronospora fagopyri* Elenev，异名：*P. ducometii* Siemaszko et Jankowska），属藻物界卵菌门霜霉属。

菌丝寄生于组织内部，无色，无分隔，多核，不产生吸器。孢囊梗自气孔伸出，单枝或多枝，无色，大小为（264～487）μm×（7.0～10.5）μm，平均406μm×8.5μm，基部不膨大，主轴占全长的2/3～3/4，二叉状分枝4～7次，分枝末端直，长4.6～16μm。孢子囊椭圆形，近球形，具乳突，无色或淡褐色，大小为（16～21）μm×（14～18）μm，平均18.6μm×16.3μm。卵孢子球形，黄褐或黑褐色，外壁平滑，成熟后不规则皱缩，直径25～30μm 。

四、病害循环

病菌以卵孢子在寄主病残组织中越冬，卵孢子和孢子囊借流水传播，萌发产生游动孢子。游动孢子接触寄主后，失去鞭毛，生出芽管和压力胞，芽管侵入寄主组织后，发展为菌丝。叶片褪绿斑的背面产生孢囊梗与孢子囊，孢子囊随风、雨扩散形成再侵染。在荞麦生长后期，病菌在寄主叶片组织内产生卵孢子，收获时卵孢子又随病残组织落入土壤中越冬（图5-28-1）。

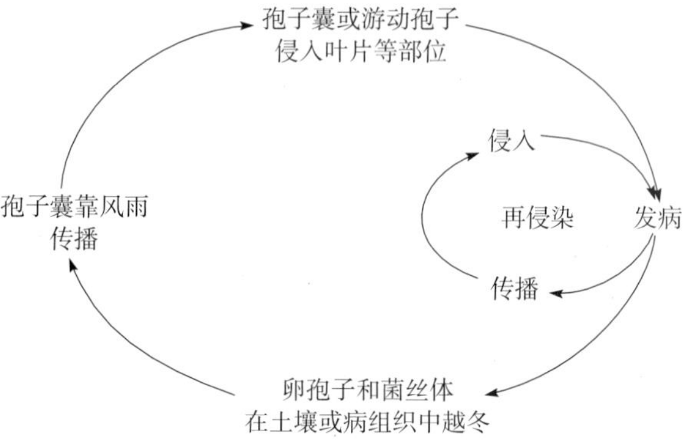

图5-28-1 荞麦霜霉病病害循环（王阳和朱明旗提供）
Figure 5-28-1 Disease cycle of buckwheat drowny mildew (by Wang Yang and Zhu Mingqi)

据国外报道，病菌也可以由种子传播。

五、流行规律

病菌萌发侵染的温度为10～26℃，适温为19～20℃，出现症状的温度为15～25℃。高湿特别是淹水情况下对发病有利。故温暖高湿的环境有利于发病。

连作地利于病原菌的积累，发病严重。低洼容易积水地块发病重。

六、防治技术

（一）农业防治

收获后，清除田间的病残植株；深翻土地，将枯枝落叶等带病残体翻入深土层内，减少翌年侵染源；轮作倒茬，加强田间苗期管理，促进植株生长健壮，提高自身的抗病能力。

（二）种子处理

用40%五氯硝基苯粉剂或70%敌磺钠粉剂拌种，用量为种子重量的0.50%，晾干后播种。

（三）化学防治

在植株发病初期进行药剂防治。有效药剂有80%代森锰锌可湿性粉剂、75%百菌清可湿性粉剂、80%三乙膦酸铝可湿性粉剂、25%甲霜灵可湿性粉剂、60%甲霜灵·锰锌可湿性粉剂、64%噁霜·锰锌可湿性粉剂、36%锰锌·霜脲可湿性粉剂、40%霜霉威水剂等，7～8d喷1次，连防2～3次。为防止病菌产生抗药性，应注意不同类型的药剂轮换、交替及混合使用。

冯佰利　朱明旗（西北农林科技大学）

第 29 节　荞麦立枯病

一、分布与危害

荞麦立枯病俗称腰折病，是荞麦苗期的主要病害，常发生于湿地。一般在出苗后半月左右最易发病，有时也在种子萌发出土时就发病，常造成烂种、烂芽，缺苗断垄。荞麦立枯病在荞麦种植区发生普遍，在我国，主要分布在吉林、甘肃、四川、贵州、云南等地。在国外，日本、乌克兰、立陶宛、吉尔吉斯斯坦、波兰、法国、罗马尼亚、哈萨克斯坦、俄罗斯等国均有发生。

二、症状

种子在未萌发前即可被土壤内的立枯病菌侵染而造成烂种，萌发后未出土被侵染，受害种芽变黄褐色腐烂。幼苗出土后被侵染，先在近地面的茎基部产生红褐色水渍状病斑，组织凹陷，其后逐渐扩展包围整个茎基部并呈明显的缢缩，幼苗萎蔫倒折枯死。如病情发展迅速，从茎基部至整个根系均呈黑褐色湿腐，苗枯萎，如拔起病苗，茎基部以下的皮层均遗留土中，仅存尖细的鼠尾状木质部。子叶受害后产生不规则黄褐色病斑，多发生在子叶中部，并常常破裂脱落呈穿孔状，边缘残缺。此病发生后常诱致荞麦苗成片死亡，同时在病苗、死苗的茎基部及其周围土面常出现白色稀疏菌丝体。

三、病原

荞麦立枯病病原无性态为立枯丝核菌（*Rhizoctonia solani* Kühn），属担子菌无性型丝核菌属；有性态为瓜亡革菌［*Thanatephorus cucumeris*（Frank）Donk］，属担子菌门亡革菌属。

立枯丝核菌初生菌丝粗细较均匀，多核，有明显的桶孔隔膜，没有锁状联合。远基细胞隔膜附近分枝，老熟分枝与再分枝一般呈直角，分枝发生点附近缢缩并形成一隔膜，呈各种深浅不同的褐色。老熟菌丝变粗变短，后纠结成菌核。菌核初为白色，后变为淡褐或深褐色。菌核有内外层分化，但不分化成菌环和菌髓。菌丝直径大于 5μm，大多数为 5～14μm，平均 6～10μm。当湿度高时，病菌产生有性阶段在接近地面的茎叶病组织表面形成一层薄的菌膜，初为灰白色，逐渐变为灰褐色，上面着生筒形、倒梨形或棍棒形的无色担子，担子上生 4 个小梗，每个小梗顶端产生一个担孢子，担孢子无色，椭圆形或卵圆形，大小为(7～15)μm×（4.5～13）μm。

立枯丝核菌可引起植物枯萎、猝倒、种腐和烂根，致病力可从无致病力到强致病力，寄主范围变化也很大，至少能侵染 43 科 263 种植物，如水稻、大麦、棉花、黄麻、洋麻、甜菜、大豆、烟草、柑橘、洋葱、黄瓜、莴苣、丝瓜、茄子、番茄、菜豆、豌豆、海松、白皮松、油松及十字花科蔬菜等。由于立枯丝核菌致病性复杂、寄主范围广、形态变异大，通常将立枯丝核菌作为集合种或复合种来看待。

菌丝融合群不同，在形态、病理、生理和生态方面也不完全相同。

病菌于 7～39℃下培养均能生长，最适温度为 28～32℃，但要求 96%以上的相对湿度，如果相对湿度在 85%以下则侵染受抑制；在 pH 3.4～9.2 范围内都能发育，而以 pH 6.8 为最适。

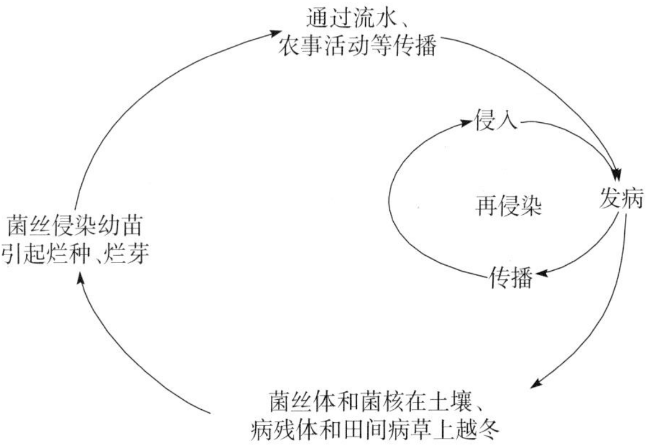

图 5-29-1　荞麦立枯病病害循环（王阳和朱明旗提供）
Figure 5-29-1　Disease cycle of buckwheat sheath blight (by Wang Yang and Zhu Mingqi)

四、病害循环

荞麦立枯病菌属土壤习居菌，以菌丝体在土中越冬，能在土壤中营腐生生活2～3年，翌年进行初侵染。病菌也可随田间病残体越冬而成为初次侵染源。少数在种子表面越冬。病菌除侵染荞麦外，还可侵染多种农作物。因此，田间某些栽培或野生的染病植物都可成为初侵染源（图5-29-1）。

土壤中菌丝体通过耕作活动和流水、地下害虫进行传播或通过农具传播。菌丝能直接侵入寄主。

五、流行规律

（一）气候条件

荞麦立枯病菌的生长繁殖和侵染需要有较高的湿度。阴雨天最适于病害发展。播种后低温会影响种子萌芽和出土速度，以致更容易遭受病原菌侵染而造成烂种、烂芽。幼苗出土后也由于生长势衰弱，抗病力低而使发病加重，特别是低温伴随着阴雨，更利于病苗、死苗的大量发生。

（二）种子质量

种子纯度高，籽粒饱满，生活力强，播种后出苗迅速、整齐而苗壮，不易遭受病原菌侵染，因而发病较轻。

（三）耕作栽培措施

连作地病原菌积累多，而且荞麦生长发育不良，所以发病严重。地势低洼，排水不畅的田块，病苗、死苗较多。播种期过早，地温低，对出苗及生育不利，发病重。

六、防治技术

防治荞麦立枯病，必须认真做好良种精选、晾晒及消毒处理，加强耕作栽培管理和及时喷药等一系列措施。

（一）种子精选及拌种

种子必须经过精选，以清除不饱满籽粒、瘪籽和虫蛀籽，再进行充分暴晒，以提高其生活力，使播种后出苗多、快、齐、壮，增强抗病能力。

药剂拌种可用50%多菌灵可湿性粉剂，按种子重量的0.1%～0.2%拌种。

（二）加强耕作、栽培管理

1. 合理轮作、深耕改土 合理轮作是防治苗期病害的有效措施，各地应根据病害发生种类及当地具体情况，采用适当作物进行轮作。秋收后，及时清除病残体并进行深耕，可将土壤表面的病菌埋入深土层内，减少病菌侵染。

2. 加强栽培管理 适时播种，精耕细作，促进幼苗生长健壮，增强抗病能力。

（三）及时喷药防治

幼苗在低温多雨情况下最易发病。因此，苗期喷药也是防病的有效措施。常用的药剂有40%多菌灵悬浮剂和50%甲基硫菌灵悬浮剂等苯并咪唑类内吸杀菌剂，每公顷用药450～650g，对水喷雾。此外80%代森锌可湿性粉剂的防效也很好。

冯佰利 朱明旗（西北农林科技大学）

第30节 蚕豆赤斑病

一、分布与危害

蚕豆赤斑病是蚕豆产区重要病害之一，在中国、加拿大、日本、西班牙、英国、澳大利亚、前苏联及南美、北美、非洲南部等均有不同程度的发生。在我国蚕豆产区，以湖南、湖北、江苏、江西、福建、广东、广西、云南等省（自治区）秋（冬）播蚕豆区及甘肃、青海等一些春播蚕豆区发生较为普遍，春季和初夏多雨年份病害常流行。生产中常因赤斑病流行而使产量降低，轻者减产30%～50%，严重时成片发生枯叶死秆。

二、症状

蚕豆赤斑病主要侵害叶片、叶柄、茎秆，严重时亦在花瓣、幼荚上形成病斑。病害发生多从下部老叶或受冻害的主轴开始，每年早春开始发病。发病初期，叶片上产生针尖大小的赤点，小点逐渐扩大成近圆形或椭圆形的赤褐色病斑；病斑圆形、卵圆形或长圆形，直径2～4mm，中央稍凹陷，周缘深褐色，病健交界处明显，散布在叶片的正反两面；病斑常愈合形成面积较大，具不规则形，呈铁灰色的枯斑，引起落叶。茎和叶柄发病，产生赤褐色条斑，周缘深褐色，病斑表皮破裂后产生裂纹。花受害后遍生棕褐色小点，严重时花冠褐色枯萎，从下而上逐渐凋落。豆荚上发病，产生赤褐色斑点，病菌能穿透豆荚，侵入种子内部，在种皮上产生小红斑。病株侧根稀少，主根皮层腐烂，变为黑色，植株容易拔起。天气晴朗时或耐病品种，病斑发展慢，仅形成圆斑或条斑，称为“慢性病斑”；遇阴雨潮湿天气，叶片上病斑迅速扩展，病叶变黑，表面密生灰色霉层（病菌的分生孢子梗及分生孢子），这种病斑称为“急性病斑”，植株各部变灰黑色而枯死。剥开枯秆，内有黑色椭圆形或扁平的菌核。病情严重时，整个叶片、花器、幼荚及茎秆都发黑干枯，叶片大量脱落，田间植株一片焦黑，如同火烧（彩图5-30-1）。

三、病原

蚕豆赤斑病病原有蚕豆葡萄孢（*Botrytis fabae* Sardina）和灰葡萄孢（*B. cinerea* Pers.）两种，属子囊菌无性型葡萄孢属真菌。*B. fabae* 只侵染蚕豆及蚕豆属的其他一些种。病原菌以蚕豆葡萄孢为主。此菌形成分生孢子及菌核。分生孢子梗淡褐色，细长，有隔膜，大小为（300～2 000）μm×（9～21）μm，单生或束生，顶端分枝，分枝末梢略膨大，伸出小梗，小梗上着生分生孢子，聚生成葡萄穗状。分生孢子单胞，倒卵圆形，稍带暗色，呈灰色，大小为（12.2～22.8）μm×（10.5～15.8）μm。菌核黑色，椭圆形或不规则形，扁平，表面粗糙，大小为（0.5～1.5）mm×（0.2～0.7）mm（图5-30-1）。

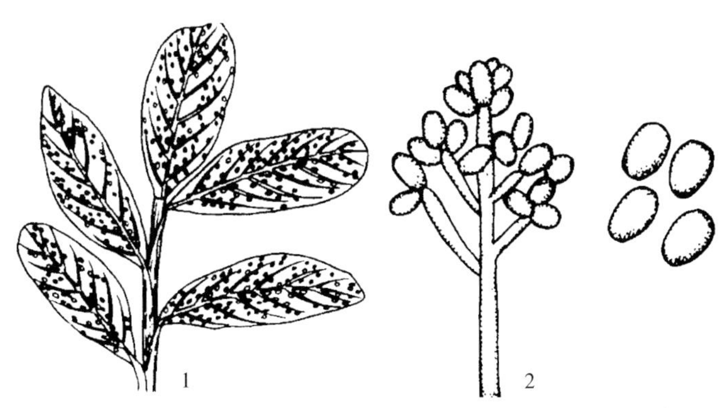

图5-30-1　蚕豆赤斑病（仿方中达，1996）

Figure 5-30-1　The chocolate spot disease of broad bean (from Fang Zhongda, 1996)

1. 蚕豆叶被害状　2. 蚕豆葡萄孢的分生孢子及分生孢子梗

B. fabae 有性阶段为蚕豆葡萄孢盘菌（*Botryotinia fabae* J. Y. Lu et T. H. Wu），属子囊菌门葡萄孢盘菌属真菌。其子囊盘从菌核上产生，每菌核产生1～3个子囊盘。子囊盘褐色至茶褐色。成熟的子囊盘平展，直径1～4mm，柄圆柱形，长2～16mm，宽1～2mm，褐色。子实层厚135～165μm，由子囊及侧丝组成。子囊圆柱形，（135～165）μm×（7.5～11.5）μm，顶部加厚，顶端有一孔口。每个子囊有8个子囊孢子，呈单行排列。子囊孢子单胞，无色，椭圆形，大小为（10～14）μm×（4～5）μm。侧丝无色，线形，2.0～3.0μm，偶有简单分枝。有性阶段不常发生。

病原菌生长的温度范围在5～36℃，生长最适温度为24～26℃，菌丝在20～25℃发育最好；分生孢子在19～21℃萌发最好，孢子萌发的温度限度为5～34℃，35℃以上全不萌发。在整个生长温度限度内均能形成菌核。病菌最适生长的pH为4.4～5.2。

病原菌有生理分化，国际干旱地区农业研究中心曾鉴定出中东 *B. fabae* 的4个小种。国内俞大绂于20世纪30～50年代研究鉴定出，菌丝型、菌核型、分生孢子型3个类型，并证明病菌为异核体。

病原菌寄主植物有蚕豆、豌豆、菜豆等。

四、病害循环

病菌以菌核或菌丝在土壤中或病株残体上越冬和越夏。菌核遇适宜条件萌发长出分生孢子梗，并产生大量分生孢子，分生孢子萌发后先端膨大，形成附着器，再产生侵入丝贯穿角质层而侵入寄

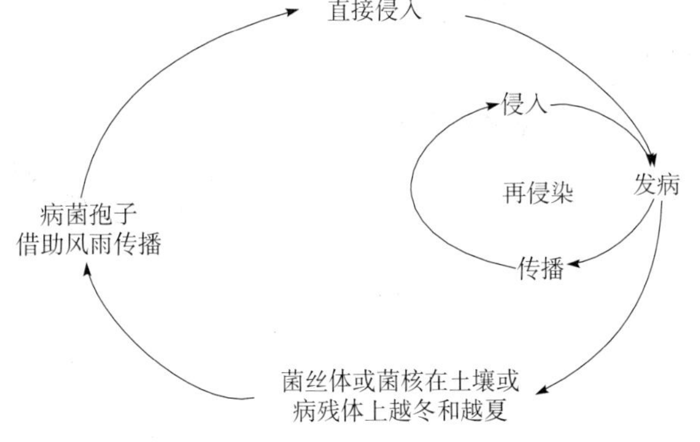

图5-30-2　蚕豆赤斑病病害循环（王阳和朱明旗提供）

Figure 5-30-2　Disease cycle of broad bean chocolate spot (by Wang Yang and Zhu Mingqi)

主，引起初侵染。刘泮华（1964）等证明，菌核能在土面上或土面下越冬并越夏。越冬或越夏的菌核在条件适宜时产生分生孢子，借助风雨传播，进行多次再侵染。落在大田内的病叶，如土面长期潮湿，在其表面产生大量的分生孢子，加速病害的传播蔓延（图5-30-2）。在有利于病菌发生的条件下，从接种到出现病斑潜育期只有48h。病斑扩展产生新的分生孢子为7～10d。据浙江瑞安市多年系统调查（范仰东，1990），病害在田间增长可分为4个时期：①零星发病期：早春2月在蚕豆中下部叶片可见赤斑病零星病斑，此时由于气温低，病情发展缓慢。②病害上升期：3月上、中旬蚕豆进入开花期，气温回升到10℃左右，赤斑病开始从下部叶片向中上部叶片发展。③盛发流行期：3月下旬至中旬蚕豆盛花结荚期，气温稳定在14℃左右，此时蚕豆枝叶茂盛，生长嫩绿，抗病力较弱，有利于病害盛发。④加重危害期：4月下旬至5月上旬，气温达到17℃以上，对病害侵染十分有利，发病程度不断加重，4月底、5月初达到高峰期，此后随着寄主组织衰老，发病滞缓。

五、流行规律

（一）气候条件

诱发蚕豆赤斑病的气候条件主要为温度和湿度。气温在20℃上下最适宜病原孢子的萌发和侵染。无论秋播蚕豆还是春播蚕豆，在常年的生长期中，气温在15～25℃的时间很长，所以，温度虽是诱发病害的一个重要因子，但在自然环境条件下，却不是最重要的因素。诱发蚕豆赤斑病最重要的因素是相对湿度。病菌产生孢子的空气相对湿度至少要在85%以上。在气温20℃，相对湿度85%时，菌核大量萌发，反复侵染，特别是在空气潮湿、温暖多雨时病害普遍流行或侵害较严重。一般，在常年降水量较多，云雾重的山区赤斑病发病重。如在长江一带，每年3～5月连续阴雨的时期愈长，发病愈普遍，因而造成流行和严重损失。云南气候有明显的干湿季节，3～5月为干季，虽然温度在20℃左右，因空气湿度低，赤斑病发生较轻；花荚期阴雨连绵，就有大流行的可能。

（二）品种抗性

品种间抗病性有显著差异。浙江省农业科学院植物保护研究所（梁训义等，1992）鉴定筛选了来自国内外938份蚕豆种质对赤斑病的抗性，结果表明：中抗品种占10.23%，中感品种占41.15%，感病品种占31.45%，高感品种占17.17%。中抗品种来自蚕豆赤斑病常年发生严重的浙江、湖南、江苏、湖北等省，中抗品种的籽粒以中粒型为主，仅有极少数材料为大粒型，而且其粒色以绿色为主，乳白色和浅绿色有一定比例。中抗品种在病害流行年份，不施药防治也能保持较稳定的产量，说明基本能控制该病为害。

（三）栽培条件

引起蚕豆赤斑病的两种病原菌都是弱寄生菌，只有在寄主生长衰弱时，才有利于它的侵入。一般土壤酸性大、土质黏重、土壤贫瘠、钾肥不足、地势低洼、排水不良等条件下，发病重。另外，播种量大、密度大、通风透光不好的地块发病重；播种过早或过迟，连作田块发病重。

六、防治技术

（一）选用抗病品种

选用和推广丰产抗病品种，抗性表现较稳定的品种有成胡10号、启豆1号、启豆2号、云豆324、青海3号、凤豆9号、临夏大蚕豆等，此外还有一些抗性较好的地方品种，如浙江黄岩绿小粒种、海涂青光豆、嘉善天壬香珠豆、嵊县青豆、绍兴小白豆，湖南的常德蚕豆和江苏的马塘白皮豆等。

（二）农业防治

1. 减少菌源 蚕豆忌重茬，一般实行2年以上轮作，可与小麦、油菜轮作，减少菌源。蚕豆收割后，清除田间带病残体，把枯枝落叶烧毁，避免菌核遗留田间越冬。

2. 选高地种植 种植蚕豆宜选择高燥的坡地、平地、沙质壤土。在低洼地，提倡高畦深沟栽培，雨后及时排水，降低田间湿度，控制和减轻赤斑病的发生为害。

3. 加强栽培管理 合理密植，并采用配方施肥技术，增施磷、钾肥，促使植株健壮，增强抗病能力；及时打顶，保持通风透光；及早开沟排水，降低田间小气候湿度，促使蚕豆植株健壮，提高抗病能力。

（三）化学防治

1. 播前种子和土壤处理 在播种前进行药剂拌种和土壤消毒处理，可有效防治蚕豆赤斑病的发生。

①用 50%多菌灵可湿性粉剂、50%敌菌灵可湿性粉剂，按种子重量的 0.3%拌种。②用 50%多菌灵可湿性粉剂 1kg 加细土 20kg 拌成药土，撒入蚕豆种植穴中。③用 50%敌磺钠可湿性粉剂 500 倍液泼浇土壤。

2. 喷药防治 蚕豆开花期是赤斑病侵染的主要时期，也是适时喷药控制赤斑病的关键时期，一般年份秋播蚕豆区在 3 月下旬，春播蚕豆区在 6 月中下旬，于发病始盛期初期喷第一次药，每隔 7～10d 喷 1 次，连续 2～3 次。可选用药剂有：50%乙烯菌核利可湿性粉剂 1 000～1 500 倍液、50%异菌脲可湿性粉剂1 500～2 000 倍液、60%甲基硫菌灵·乙霉威可湿性粉剂 600～800 倍液、40%嘧霉胺悬浮剂 800～1 000倍液，喷雾。此外，25%多菌灵可湿性粉剂 600 倍液、50%甲基硫菌灵可湿性粉剂 1 000 倍液、64%噁霜·锰锌可湿性粉剂 800 倍液、50%腐霉利可湿性粉剂 800 倍液、58%甲霜灵·锰锌可湿性粉剂 800 倍液喷雾均有一定效果。喷药后如药液未干遇雨，待雨停后及时补施，以保药效。

七、赤斑病抗性鉴定

（一）实验室人工接种及鉴定

对于专业性的鉴定工作，需要对接种单株进行发病情况的调查以确定该材料的抗性水平。具体方法及调查步骤如下：

（1）将需要进行鉴定的材料选择适宜地方种植，待植株生长至 3 台叶左右，取第一、第二台叶片 5 片。

（2）用打孔器在每片叶片上取下直径约 5mm 的样品，并将样品叶面朝上小心放置于事先准备好的装有双蒸水的培养皿中，每个培养皿放置一份材料的样品（5 片），注意一定要使叶片漂浮于液面上。

（3）将培养皿放置于室温（22℃）下培养 12h 后取出准备接种。

（4）用移液器吸取 0.5～1mL 浓度为 4×10^5 分生孢子/mL 的混合菌株悬浮液接种于叶片上。

（5）将接种好的叶片转移至光照培养箱分别进行 12h 光照/黑暗培养，连续培养 7d 进行鉴定。

蚕豆赤斑病抗性的分级与评价参见《蚕豆豌豆病虫害鉴别与控制技术》（王晓鸣等，2007）。

（二）田间大面积赤斑病抗性鉴定接种方法

田间接种的成功率较实验室低，主要是受限于自然环境的影响，因此进行大田接种之前，最好能够选择赤斑病常发区域进行，如果条件允许可以用混合菌液对所有材料进行人工接种，菌液浓度 6×10^5～8×10^5 分生孢子/mL；如果没有条件则至少要对安置于其中的感病对照进行多次接种确保病原菌确实被接种上，感病对照被接种后病原菌能够依靠自然力向周围传播可提高大田鉴定的成功率。

包世英　何玉华（云南省农业科学院）

第 31 节　蚕豆枯萎病

一、分布与危害

蚕豆枯萎病在许多国家都有发生，如德国、埃及、日本、加拿大、波兰及前苏联等。在我国蚕豆产区均有发生，一旦发病很难控制，是江苏、湖南、浙江等长江流域蚕豆生长中后期的主要病害。目前，在青海、甘肃和宁夏等省（自治区）的春蚕豆产区发生也极为普遍，特别是在春夏多雨时极易发生。病害流行时可给大面积蚕豆带来毁灭性灾害。如在云南通海县于 20 世纪 70 年代初曾大面积发生蚕豆枯萎病，引起蚕豆成片死亡，造成重大损失（阮兴业等，1973）。20 世纪 90 年代青海蚕豆主产区田间调查（陈占全，1999），发病率为 44%～68%，病情指数为 23～31.4，对蚕豆高产、稳产、优质造成一定威胁。

二、症状

蚕豆枯萎病病原种类复杂，有多种病害并发现象，常称为蚕豆根病或蚕豆根腐综合征。有时分为基腐病、根腐病和萎蔫病。一般在蚕豆现蕾到始花期出现基腐、根腐、萎蔫等现象，幼荚期受害最重。植株各部位均可受害，主要发生于根系及茎基部。病菌侵入细根，细根尖端变黑，后侵入主根致使细根消失，主根干枯呈鼠尾状，根内维管束变为褐色或黑褐色。受病菌侵染后，植株生长逐渐衰弱，植株矮小，叶色淡黄，叶尖和叶缘变黑，茎基部黑褐色，顶部茎叶萎垂，最后萎凋，呈明显的枯萎症状，叶片不脱落，但花蕾易掉落，幼荚不饱满，逐渐干瘪。病株茎基部上有黑褐色病斑，稍凹陷，潮湿时常产生淡红色霉层，即病菌的分生孢子座，检视根部，细根腐败消失，主根短小，变黑色或褐色，呈鼠尾状，髓部为黑褐色，最后腐烂，植株很容易拔起。蚕豆枯萎病在苗期也可发病，造成烂种或死苗。但典型的枯萎病多在开花结荚时突然发生，田间常造成一团一片的死亡。

三、病原

蚕豆枯萎病的病原种类很多，主要为镰孢菌（*Fusarium* spp.），其次是腐霉菌（*Pythium* spp.）。常见的镰孢菌种类有：尖镰孢蚕豆专化型（*Fusarium oxysporum* Schltdl. ex Snyder et Hansen. f. sp. *fabae* Yu et Fang）、燕麦镰孢蚕豆专化型［*F. avenaceum*（Fr.）Sacc. f. sp. *fabae*（Yu）Yamamoto］、腐皮镰孢蚕豆专化型［*F. solani*（Martius）Appel et Wollenw. ex Snycler et Hansen f. sp. *fabae* Yu et Fang］等，属子囊菌无性型镰孢属真菌。

尖镰孢蚕豆专化型，在培养基上产生大量小型分生孢子。初期菌丝白色，后期为浅褐色，在马铃薯葡萄糖琼脂培养基斜面边缘产生蓝色或蓝绿色色素。小型分生孢子卵形到纺锤形，单细胞，无色，大小为（5.2～10.4）μm×（2.1～3.5）μm。大型分生孢子镰刀形，多数3隔膜，上端稍弯曲，顶端较圆，基部近于圆锥形或直，平均大小为31.9μm×4.1μm。厚垣孢子顶生或间生，多数单胞，少数双胞，球形至扁球形，深褐色，外表光滑或稍皱，平均大小为7.31μm×6.9μm（图5-31-1）。

燕麦镰孢蚕豆专化型，大型分生孢子细长，两端狭窄，弯曲，中部稍宽，有足细胞，隔膜3～7个，大多为5个，大小为（41.4～63）μm×（3.5～4.2）μm。小型分生孢子缺或稀有，卵圆形至长圆形，单胞，大小为（8.7～13.9）μm×（3.2～3.4）μm；或双胞，大小为（10.4～15.7）μm×（3.3～3.4）μm。菌核蓝黑色，粗糙，卵形、圆形或不规则形，直径为0.2～2.5mm。不产生厚垣孢子（图5-31-1）。

腐皮镰孢蚕豆专化型，大型分生孢子纺锤形，稍弯曲，通常为3个隔膜，大小为34.8μm×5.2μm。小型分生孢子卵圆形、长圆形或短杆状，单胞或双胞，大小为（6.6～12.8）μm×（2.1～2.6）μm。菌核细小。厚垣孢子顶生或间生，单胞，球形或椭圆形，表面光滑或有皱（图5-31-1）。

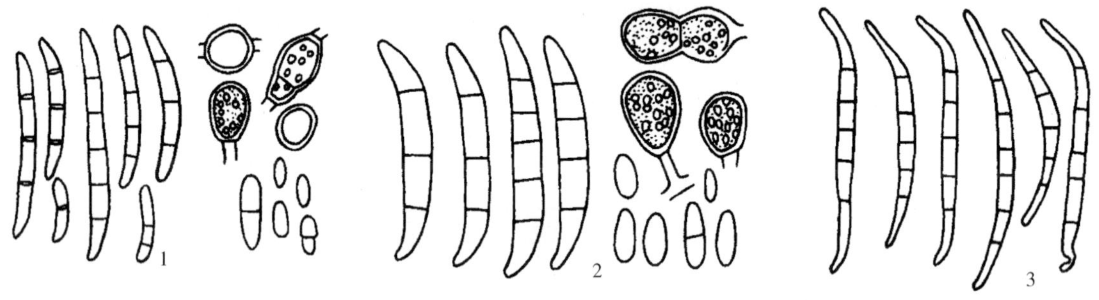

图5-31-1 蚕豆枯萎病菌（仿俞大绂）

Figure 5-31-1 Pathogen of broad bean blight (from Yu Dafu)

1. 尖镰孢蚕豆专化型的大孢子、小孢子及厚垣孢子 2. 腐皮镰孢蚕豆专化型的大孢子、小孢子及厚垣孢子 3. 燕麦镰孢蚕豆专化型的大孢子

四、病害循环

在田间，病菌主要以病株残体上的菌丝、分生孢子座或厚垣孢子在土壤中越夏或越冬，成为第二年初次侵染的主要来源。病株残体上的病菌在土壤中营腐生生活，至少可以存活2年以上。另外，从病田收获的种子、带菌的肥料、耕作农具、灌溉水均可能传病，但不是主要的传病介体或侵染源（图5-31-2）。

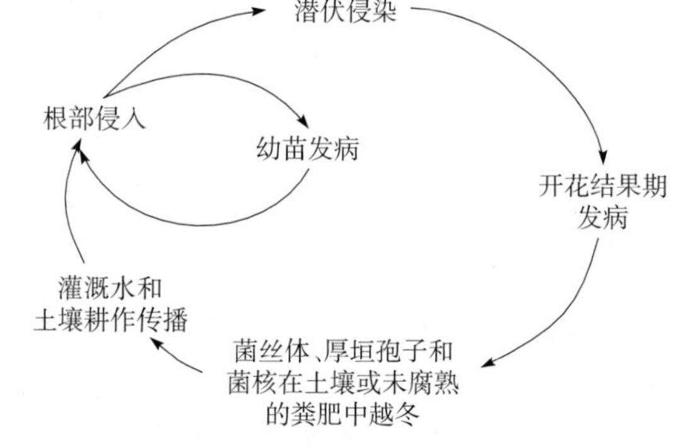

图5-31-2 蚕豆枯萎病病害循环（王阳和朱明旗提供）

Figure 5-31-2 Disease cycle of broad bean blight (by Wang Yang and Zhu Mingqi)

病菌直接或经伤口侵入主根、侧根的根尖及茎基部，病株根部开始发黑，根部皮层被腐蚀，主根髓部变成锈褐色。随着病情的加剧，病菌沿

茎的中轴向上蔓延，到蚕豆生长后期可上升到茎的 2/3 部位。蚕豆收获后，病菌又随病株残体在土壤中越夏或越冬。在田间，以结荚期发病较多，现蕾至结荚期为发病盛期。

五、流行规律

（一）土壤温、湿度条件

土壤温度是影响发病的重要因素。俞大绂在我国南方的研究表明，当土温达 15℃时，病株开始出现症状；土温越高，症状越重；到 25℃或以上，病株迅速枯死。在土温达 23～27℃的范围内，有利于病菌的生长发育。土壤含水量对蚕豆枯萎病的发生有严重影响。常年情况下，土壤饱和持水量过低（30% WHC）或过高（70% WHC）时，病害较重（阮兴业等，1986；李春杰，1994）。当土壤饱和持水量在 50%左右时，是蚕豆生长的最佳土壤湿度，病害发展较慢。蚕豆初荚期如遇高温，雨后天晴，极有利于病害发展蔓延。

（二）土壤养分与通透性

土壤中各种营养成分含量对蚕豆枯萎病发生有显著的影响。贫瘠田块比肥沃田块发病更为严重。周希颐（1989）报道，甘肃省渭源县蚕豆根病发生与土壤中氮、磷失调有关。云南省蚕豆根病发生与土壤中缺钾有关。土壤通透性是影响根病发生的另一因素。紧实的土壤比疏松的土壤根病发生较重。适宜蚕豆生长的土壤容重为 1.0～1.3g/cm^3，重病区的土壤容重为 1.45～1.91g/cm^3。

（三）线虫

线虫不仅直接为害蚕豆的生长，其对寄主植物的侵染还可增加根腐病菌的侵入与为害，而腐烂渗出物则又可增加根对线虫的吸引性。目前已知根腐线虫（*Pratylenchus* spp.）侵染常常导致根病严重度增加。俞大绂（1988）在云南的试验亦发现了在蚕豆上存在着线虫—燕麦镰刀菌的复合体。

（四）土壤酸碱度

土壤偏酸性，pH 为 6.3～6.7 时能助长发病。土壤贫瘠、缺乏肥料、地势低洼、排水不良和连作地发病重。旱田比水田发病重。

六、防治技术

蚕豆枯萎病为典型的土传病害，病原主要来源于土壤，在防治上有一定难度，应采用综合防治措施。

（一）农业防治

1. 轮作倒茬 与禾谷类作物或与非寄生作物轮作 2～4 年，可明显降低发病率。

2. 清洁田园 蚕豆收获后，清除田间残渣集中烧毁，如果用作沤肥，应充分腐熟和发酵。

3. 加强栽培管理 播种前需开好厢沟，以确保田间排水良好，减轻蕾、花、荚期的水害；加强田间管理，干旱时适当灌溉，多雨时疏沟排水，防止土壤过干或过湿，灌水做到速灌速排，切忌细水长流。

4. 增施有机肥和磷、钾肥 可于春耕时增施有机肥，补施过磷酸钙 225～300kg/hm^2，草木灰 3 000～3 750kg/hm^2；到蕾花时期，叶面喷施磷酸二氢钾 1～2 次，可增强植株抗病能力，以减轻病害，有良好的增产效果。

据报道，在常发病的田里，春季用 10%石灰水灌根；如湿度大时，改用石灰 225～300kg/hm^2 加草木灰 1 500～2 250kg/hm^2 制成黑白粉撒在根旁边，也有较好的防治效果。

（二）化学防治

1. 播前种子处理 播前用药剂进行种子处理可有效杀灭附着在种子上的病原菌。处理方法有：①用种子重量 0.25%的 20%三唑酮乳油或用 0.2%的 75%百菌清可湿性粉剂拌种；②用种子重量 0.4%的 50%福美双可湿性粉剂拌种；③用 40%福尔马林 100 倍液浸种 30min。未经药剂处理的种子播种时，可用 50%多菌灵可湿性粉剂 2.25kg/hm^2 拌细土盖种。

2. 田间喷药防治 在发病初期，药剂灌根有较好的防治效果。主要药剂和用药量为：25%多菌灵可湿性粉剂 500 倍液、50%甲基硫菌灵可湿性粉剂 500 倍液、50%多菌灵可湿性粉剂 500～600 倍液、10%双效灵水剂（混合氨基酸铜络合物）1 500～2 000 倍液、25%丙环唑乳油 2 000～3 000 倍液、45%噻菌灵悬浮剂 1 000 倍液+95%敌磺钠可湿性粉剂 800 倍液。发病严重时，7～10d 后再灌 1 次。

高小丽　王鹏科（西北农林科技大学）

第 32 节 蚕豆病毒病

一、分布与危害

蚕豆病毒病的种类很多，在我国主要的蚕豆病毒病有蚕豆萎蔫病毒（BBWV）、菜豆黄花叶病毒（BYMV）引起的蚕豆花叶病毒病，菜豆卷叶病毒（BLRV）引起的蚕豆黄化卷叶病毒病，蚕豆真花叶病毒（BBTMV）引起的蚕豆真花叶病和黄瓜花叶病毒（CMV）引起的蚕豆系统性坏死等。

蚕豆萎蔫病毒（BBWV）最初从澳大利亚自然感病的蚕豆上发现，后来相继在英、美、法等世界各地许多重要经济植物上发现，是世界性流行的植物病毒，造成严重经济危害。据统计，它可侵染分属于 44 科 186 属的 328 种植物，引起环斑、脆裂、花叶、畸形、萎蔫、顶枯等症状，影响植物正常生长，从而导致产量和品质下降。我国自奚仲兴等（1982）首次报道豇豆受 BBWV 侵染以来，已先后在蚕豆、豇豆、棉豆、大豆、菜豆、赤豆等多种植物上发现有该病毒侵染，严重田块发病率可高达 80%。在我国分布于吉林、山东、江苏、四川、云南、湖北、安徽、浙江、北京、上海等省（直辖市）。

蚕豆花叶病毒病由菜豆黄花叶病毒（BYMV）引起，在国外，如伊朗、美国、德国、澳大利亚、荷兰、英国、比利时、阿根廷、法国和前苏联等均有报道。在国内，经张海保、许志刚（1990，1993）鉴定，在甘肃、青海和宁夏等春播蚕豆区发生的蚕豆花叶病毒病是由菜豆黄花叶病毒（BYMV）引起的。2003 年由联合国国际干旱地区农业研究中心（ICARDA）、中国农业科学院、云南省农业科学院等机构组织的蚕豆病毒病考察鉴定后发现，在云南，菜豆黄花叶病毒在蚕豆上侵染率高达 96%。病毒病导致蚕豆减产和质量下降，造成较大损失。

蚕豆黄化卷叶病毒病由菜豆卷叶病毒（BLRV）引起，是一种分布广、发生普遍的蚕豆病毒病。在南美洲、亚洲、非洲及澳大利亚等地均发现 BLRV 在自然条件下侵染蚕豆。该病在我国长江中下游地区普遍发生，常年发病率为 10%～30%，严重发生年份个别田块发病率达 100%（郭景荣，1991）。

二、症状

蚕豆植株感染蚕豆萎蔫病毒，叶片呈轻重不同的花叶、斑驳，重病叶皱缩，上生黑褐色坏死斑块或坏死斑点，茎部产生黑褐色坏死长条斑，病株提早萎蔫死亡。蚕豆萎蔫病毒常与黄瓜花叶病毒（CMV）、大豆花叶病毒（SMV）等混合侵染，引起植株严重矮化、畸形、顶枯、早期萎蔫等症状（彩图 5-32-1）。

菜豆黄花叶病毒感染蚕豆，引起植株矮小纤弱，叶片轻度失绿黄化，并产生形状不规则的深绿色斑块，呈系统黄化花叶症状。病叶弯曲畸形。病株稍畸形。病细胞含有内含体。有的菌株感染可造成系统坏死（彩图 5-32-2）。

蚕豆幼苗感染菜豆卷叶病毒，整株叶片黄化卷曲，植株矮小。成株期发病，开始表现的症状为整个植株生长衰弱，叶片均匀褪色呈黄色，以后上部叶片完全黄化和卷曲，病叶变厚变硬。多数黄化上卷病叶经一段时间便早期脱落，病茎上仅存少数病叶。茎部有坏死斑。少荚或根本无荚（彩图 5-32-3）。

三、病原

蚕豆萎蔫病毒（*Broad bean wilt virus*，BBWV），属豇豆花叶病毒科蚕豆病毒属（*Fabavirus*）。提纯病毒制剂用磷钨酸负染色后在电镜下观察，病毒粒体呈球形、白色，边缘深色。直径 25～28nm，核酸为单链 RNA，钝化温度 50～55℃，稀释限点为 10^{-3}～10^{-4}，体外存活期 4d。病叶内有病毒粒体所组成的管状内含体。传毒介体为桃蚜，非持久性方式传毒（周雪平等，1995）。不同来源的蚕豆萎蔫病毒分离物归属于两个血清型，即血清型Ⅰ和血清型Ⅱ，后来命名为蚕豆萎蔫病毒 1 号（BBWV 1）和蚕豆萎蔫病毒 2 号（BBWV 2）。在我国发生的蚕豆萎蔫病毒病害普遍是 BBWV 2，目前尚未分离得到 BBWV 1。

菜豆黄花叶病毒（*Bean yellow mosaic virus*，BYMV）属马铃薯 Y 病毒科马铃薯 Y 病毒属（*Potyvirus*）。病毒粒体为线形，大小为 750nm。病毒的致死温度为 55～60℃，稀释限点为 10^{-3}～10^{-4}，20～25℃条件下体外存活期为1～2d。寄主有蚕豆、菜豆、绿豆、米豆、苜蓿和三叶草等。

菜豆卷叶病毒（*Bean leaf roll virus*，BLRV）属黄症病毒科黄症病毒属（*Luteovirus*）。根据陈永萱等（1994）从表现黄化和卷叶症状的蚕豆病株上分离的病毒B-2，经传病介体、寄主范围和血清学反应等研究，鉴定为菜豆卷叶病毒（*Bean leaf roll virus*，BLRV）的一个株系。由豆蚜、豌豆蚜、棉蚜和桃蚜以持久性方式传毒。其中，豆蚜和豌豆蚜的传病效率高，豆蚜可以终生传毒，传毒有间歇性，桃蚜的传毒效率较低。据范怀忠等（1964）报道，病毒B-2的寄主有蚕豆、豌豆、四季豆和紫云英。陈永萱等（1994）报道，病毒B-2可以侵染14种植物，其中表现黄化、矮化和叶片皱缩卷曲等症状的有蚕豆、长豇豆、大豆、豌豆、菜豆、紫云英、兵豆、绛红三叶、地三叶、胡卢巴等；不表现症状的寄主植物有苜蓿、红三叶和苕子等。

四、病害循环

病毒在田间地边杂草上以寄生方式越冬。翌年通过带病毒种子或蚜虫带毒传播，侵染作物。带病植株以蚜虫为媒介进行传播，形成再侵染（图5-32-1）。因此，蚜虫和带病种子的防治是防止病毒病发生的关键。

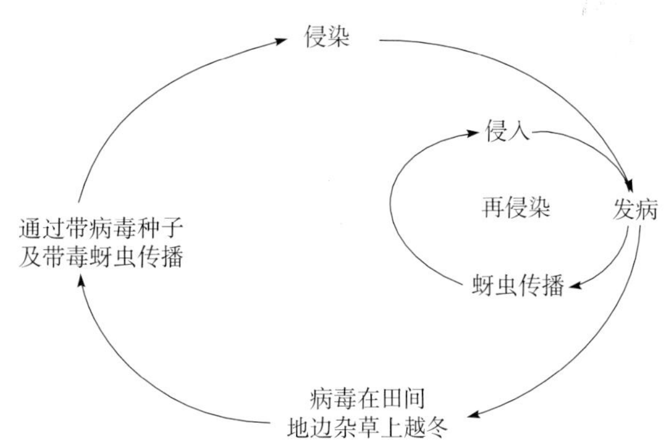

图5-32-1　蚕豆病毒病病害循环（王阳和朱明旗提供）

Figure 5-32-1　Disease cycle of broad bean virus (by Wang Yang and Zhu Mingqi)

五、发病规律

蚕豆萎蔫病毒（BBWV）寄主植物很多，四季均存在，可以在田间寄主病组织上以寄生方式越冬越夏。由豆蚜、桃蚜等多种蚜虫以非持久性方式传播，病毒的浓度影响蚜虫的传毒效能。吸食低浓度病毒的桃蚜，其传毒率约25%，而吸食高浓度的病毒，能保持其传毒能力达24h。天气干燥，传毒介体数量大，有利于病害发生并流行。当蚕豆田邻近蔬菜田时或田块旁杂草丛生时，往往发病重。

菜豆黄花叶病毒（BYMV）在春蚕豆上侵染较为普遍，传毒介体专化性不强，蚕豆蚜、豌豆蚜、豆长管蚜、桃蚜等多种蚜虫都能有效地传播，传毒蚜虫有20多种，以非持久性方式传播。苜蓿、三叶草等牧草都是该病毒的有效越冬寄主。蚕豆花叶病毒病的田间初侵染源有两个：一是带病毒的种子，二是来自其他发病作物的带毒蚜虫。有利于蚜虫群体增殖和有翅蚜形成的气候条件以及田间和地边杂草丛生，都可以加重病害的发生。

菜豆卷叶病毒（BLRV）在大田自然条件下，主要传毒媒介是蚜虫。因此，蚜虫的活动直接影响蚕豆黄化卷叶病毒病的消长。在长江流域秋播蚕豆区，蚜虫迁飞到蚕豆田有两次高峰，一次是秋季9月下旬到11月上旬，一次是春季3～4月。每次高峰过后，田间病株都会增加。如果秋季和第二年春季雨少、气候比较干燥，病害就发生普遍而且严重；相反如果雨水多、气候潮湿，病害发生就轻。豆蚜是传播病毒的主要介体，低温影响豆蚜的获毒和传毒。春季气候若有利于蚜虫发生，病害容易流行。另外，在肥沃田块内的蚕豆一般比在贫瘠田块内的蚕豆容易发病。

六、防治技术

（一）选用抗（耐）病品种

不同品种之间抗性差异明显，选育抗（耐）性强的蚕豆品种是防止蚕豆病毒病发生的有效途径。如甘肃省临夏州农科所选育的临蚕6号。

（二）农业防治

1. 适时播种　从无病田留种，选择健康饱满无病种子，适期播种，培育壮苗。

2. 清除初侵染源，严防再侵染　发现田间有病毒植株应及早拔除，并将病株深埋或高温堆肥，严防继续扩散蔓延。不要将蚕豆和豌豆混杂种植于蔬菜地。

3. 加强田间管理，提高植株抗病力　及时拔除田间杂草。叶面喷施营养剂加普通洗衣肥皂(0.05%～0.1%)，有助于钝化病毒，促进植株健康生长。

（三）化学防治

利用药剂防治传毒媒介蚜虫，以控制病害发生。药剂治蚜应在蚜虫迁移至蚕豆田前的其他寄主及杂草上喷药，或采用物理方法驱蚜，或采用挥发性而能使蚜虫忌避的化学药剂。长江流域产区在蚕豆苗期（秋季）和成株开花期（春夏间），是蚜虫向蚕豆田迁飞的高峰期，也是药剂防蚜的关键时期。药剂防治蚜虫可以选用：2.5%溴氰菊酯乳油 1 500～2 000 倍液、50%抗蚜威可湿性粉剂 2 000～2 500 倍液、10%吡虫啉可湿性粉剂 800 倍液，喷雾。一般于蚕豆出苗后和开花期各喷药 1 次，能有效控制蚜虫为害，防止病害蔓延。

发病初期，喷洒 1.5%植病灵乳剂（由 0.1%三十烷醇、0.4%硫酸铜、1%十二烷基硫酸钠组成的混剂）800 倍液，或 20%病毒 A 可湿性粉剂 1 500 倍液、10%的 83 增抗剂（混合脂肪酸）100 倍液交替使用。

高小丽　高金锋（西北农林科技大学）

第 33 节　蚕豆锈病

一、分布与危害

蚕豆锈病是一种世界性真菌病害，地理分布极为广泛。发生比较严重的国家有埃及、斯洛文尼亚、西班牙、印度等国。蚕豆锈病在我国蚕豆种植区均普遍发生，但为害的轻重程度不等，一般冷凉地区发生轻，温暖湿热地区发生重，以南方潮湿地区的秋播蚕豆受害最为严重。常出现在蚕豆生产后期，一般可造成减产 10%～40%，高的可达 70%～80%，甚至绝收。

二、症状

蚕豆锈病侵染叶片、叶柄、茎秆和豆荚，以叶片受害最重。叶片上病斑初为黄白色、略隆起的小斑点，逐渐变成锈褐色近圆形而突起的疱状斑，外围常有黄色晕圈，称夏孢子堆，其表皮破裂后散出锈褐色粉末状的夏孢子。茎和叶柄上的夏孢子堆与叶片上的相似，但稍大，略呈纺锤形。后期叶片上，特别是在叶柄和茎秆上产生深褐色、椭圆形或纺锤形突起的疱斑，称冬孢子堆，其表皮破裂后露出深褐色粉末状的冬孢子。豆荚表面也常产生夏孢子堆。发生特别严重的田块，茎叶上就像撒上一层黄褐色的灰（彩图 5-33-1）。

三、病原

蚕豆锈病病原为蚕豆单胞锈菌［*Uromyces fabae*（Grev.）Fuckel］，属于担子菌门单胞锈菌属真菌。蚕豆锈病菌是全孢型单主寄生的锈菌，在蚕豆上可以产生性孢子器、锈孢子器、夏孢子堆和冬孢子堆，而且先后发生在同一寄主上。性孢子器生于叶面，为橘红色小点，小于 0.2mm，往往结集成群，内含大量微小的性孢子，性孢子单胞，无色。锈孢子器生于叶背，白色或黄色，杯状，稍隆起，腔内含锈孢子；锈孢子圆形到多角形或椭圆形，橙黄色，亦结集成群，表面有微刺，大小为（12～24）mm×（21～27）mm。夏孢子卵形或椭圆形，淡褐色，表面有微刺，大小为（18～30）μm×（16～25）μm。冬孢子单胞，近圆形，深褐色，膜厚而光滑，顶部有乳状突起，大小为（22～40）μm×（17～29）μm；基部有柄，长达 90μm 或更长，黄褐色，不脱落（图 5-33-1）。

图 5-33-1　蚕豆单胞锈菌（仿俞大绂，1978）
Figure 5-33-1　*Uromyces fabae*（from Yu Dafu，1978）
1. 夏孢子　2. 冬孢子　3. 萌芽的冬孢子

夏孢子萌发的温度为 2～31℃，最适温度是 16～22℃。夏孢子不耐高温，在 40℃下经历 20min 或是 38℃下经历 30min 后就丧失发芽能力。夏孢子萌发需要较高相对湿度，相对湿度低于 80%时很少萌发或不能萌发，湿度高萌发率也高。夏孢子在蚕豆叶内的潜育期为 7～15d（15～24℃）。在 1℃和 50%相对湿度下，夏孢子生活力可保持达 100d 或更长。

蚕豆锈菌有生理分化，日本学者曾按寄主范围分为 3 个生理小种。我国尚未鉴定，生理小种类型和分布还不清楚。

寄主范围有巢豆属、豌豆属、山黧豆属的一些种。

四、病害循环

病菌以冬孢子和夏孢子附着在蚕豆病残体上越冬或越夏。南方终年有蚕豆生长的地区，终年有存活的夏孢子，以夏孢子在蚕豆上辗转侵染，实现病害循环。病残体上越冬或越夏的冬孢子不需要休眠，遇适宜条件可随时萌发，形成担孢子，借气流传播到蚕豆叶片上，萌发侵入寄主组织，在寄主组织内形成性孢子器，再发育形成锈孢子器，锈孢子器中的锈孢子由气流传播到邻近的蚕豆叶片上，萌发侵入蚕豆组织，形成夏孢子堆。病株上产生的夏孢子借气流传播，进行多次再侵染，病害不断蔓延。到蚕豆生育后期，又形成冬孢子在病残体上越冬或越夏，完成侵染循环（图 5-33-2）。

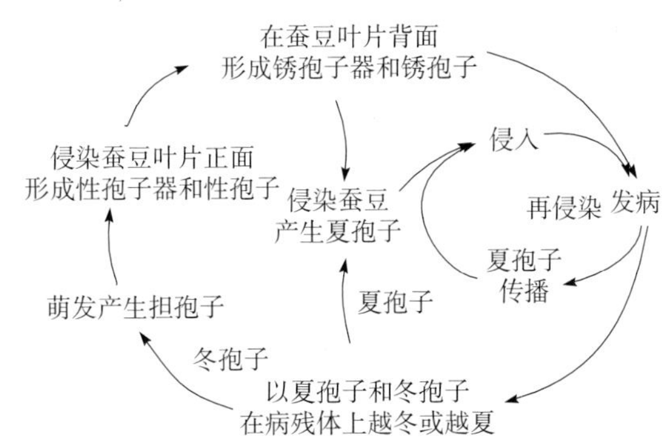

图 5-33-2　蚕豆锈病病害循环（王阳和朱明旗提供）

Figure 5-33-2　Disease cycle of broad bean rust (by Wang Yang and Zhu Mingqi)

五、流行规律

蚕豆锈病的发生与温度、湿度、品种及播种期等有密切关系，一般说来高温高湿的气候条件易诱发蚕豆锈病。

（一）气候条件

蚕豆锈病菌喜温暖潮湿，气温在 14～24℃时，适于孢子发芽和侵染，夏孢子迅速增多，气温为 20～25℃时病害易流行，所以多数蚕豆产区都在 3～4 月气温回升后发生该病，尤其春雨多的年份易流行。长江流域 4～5 月，雨多潮湿，气温适中，最适合发生蚕豆锈病。云南冬春气温高，早播蚕豆年前即开始发病，形成发病中心，翌年 3～4 月蚕豆初荚至成熟期，如遇多雨，锈病易大发生。在较干燥和气温高的地区和季节中，蚕豆锈病发生轻。夏播及早秋播苗期高温高湿则锈病发生较重。

（二）品种抗病性

品种之间的抗病性有明显差异。包世英等对来自于国内外 10 000 余份材料进行锈病抗性鉴定后，筛选出高抗（HR）材料 150 余份，其中以云豆 772 为代表，表现出高抗锈病特性；李月秋等（2002）对 241 份蚕豆种质材料进行了抗锈病鉴定，其中高抗（HR）的材料 2 份，占 0.83%，中抗（MR）的材料 131 份，占 54.36%。一般早熟品种因生育期短，适宜的发病生长时间相对也短，故发病较轻。晚熟品种，因为生育期长，开花结荚期正逢雨季，夏孢子数量也多，增加了再侵染的机会，发病重。

（三）栽培管理

种植过密，群体过大，田间小气候湿度大，通风透光差，雨后叶表面不易干燥，有利于孢子萌发和侵入，往往容易发病。播种过迟，田块低凹积水，排水差，植株营养不良，都容易发病。

六、防治技术

（一）选用抗病良种

蚕豆不同品种对锈病抗性差异大，各地应在已有的品种中选用抗病、高产的良种。另外，可因地制宜选用早熟品种，以起到避病作用。

（二）农业防治

1. 合理密植　夏播蚕豆和早熟蚕豆应安排在远离大面积种植区的较宽敞的地方种植，低洼地高畦种植，合理密植，及时整枝，保持田间通风透光良好，降低小气候湿度。科学施肥，注意开沟排水，避免田间积水，使植株生长健壮，提高植株抗病性。

2. 适期早播早收　选用早熟品种或在适宜播种期适当提早播种，提早收获规避发病盛期；与豌豆以外的作物轮作，也是减轻为害的重要措施。

3. 清洁田园　在蚕豆收获后，应收集病残体，及时作堆肥材料或烧掉；避免带菌豆糠入豆田，以减少越冬（越夏）菌源基数。

（三）化学防治

蚕豆出苗后应经常检查发病情况，对历年发病重和菜用早蚕豆田，发病初期和花荚期应根据病情防治 2～3 次。主要药剂和用药量为：①15％三唑酮可湿性粉剂 1 000 倍液或 58％甲霜灵・锰锌可湿性粉剂 800 倍液喷雾，用药 20d 后检查，如果病情仍在发展，进行第二次喷药；②80％代森锌可湿性粉剂 500～600 倍液，在发病初期喷雾，隔 7～10d 喷 1 次，连续喷施 2～3 次；③1∶1.5∶200 的波尔多液喷雾，根据病情，每 7～14d 再施第二次。此外，发病初期开始喷洒 30％固体石硫合剂 150 倍液，或 15％三唑酮可湿性粉剂 1 000～1 500 倍液、50％萎锈灵乳油 800 倍液、50％硫磺悬浮剂 200 倍液、25％丙环唑乳油 3 000 倍液、25％丙环唑乳油 4 000 倍液＋15％三唑酮可湿性粉剂 2 000 倍液，隔 10d 左右 1 次，连续施用 2～3 次，也有较好的防治效果。

七、蚕豆锈病鉴定

（一）实验室人工接种鉴定

实验室蚕豆锈病鉴定的人工接种采用喷雾法。用于鉴定的材料长到 3～4 台叶即可进行接种，孢子悬浮液浓度为 4×10^5 个/mL。接种后用聚乙烯透明薄膜及时遮盖 10～12h 以保持水分，12h 后揭去薄膜并喷水保持足够湿度，每天喷水 3～4 次，6～8d 后即可进行分级鉴定。实验室锈病鉴定也可以按照另一方法进行，步骤如下：

（1）选取适量已经感染锈病的组织如叶片、茎秆等部位，用 0.5％次氯酸钠进行 1～2min 的表面消毒处理后，放入光照培养箱在室温（22℃）下光照培养 24～36h。

（2）用接种针挑出孢子并放入事先准备好的双蒸水中制成悬浮液。

（3）将悬浮液于室温下光照培养 6～8d。

（4）按照接种量稀释孢子悬浮液至 4×10^5 个/mL。

（5）选取需要进行锈病鉴定材料的健康叶片 3～5 片进行接种，将接种好的叶片放置于高湿度的培养皿中，在室温（22℃）下培养 2 周即可进行鉴定。

张志刚等（2009）研究了蚕豆锈病的离体叶片接种技术，并建立了基于离体叶片法筛选的先导化合物筛选方法，能稳定高效地进行先导化合物筛选。

（二）大面积接种鉴定

一般情况下，在一定区域内连续 3 年发生锈病，那么该区域土壤就会被“种植”上锈病孢子。所以，选择该类区域进行锈病鉴定可以增加成功率。大面积的蚕豆锈病鉴定可以按照如下方法进行：

（1）事先收集大量带病的植株并把植株茎秆去皮分解成 2～3cm 长度，装入不透光的塑料袋中。

（2）需要鉴定的材料条播，行长 2m，播种后不要盖土。

（3）按照 0.5～1kg/行的量把事先处理好的带病茎秆覆盖在种子上面并盖土，即刻浇水。

（4）及时浇水直到植株生长至 5～10cm。

（5）在植株开花前完成第一次鉴定，第二次鉴定可以安排在植株茎秆已经有感染迹象阶段进行。

（6）持续 3 年重复以上 1～5 步骤后，土壤即被“种植”上锈病孢子，之后的工作不需要再进行接种。

包世英　何玉华（云南省农业科学院）

第 34 节　蚕豆褐斑病

一、分布与危害

蚕豆褐斑病在世界各国蚕豆种植区均有分布，包括亚洲、欧洲、北美洲、南美洲、非洲和大洋洲的一些国家。在我国蚕豆产区均普遍发生，但一般为害不大。但近年来，在一些地区严重流行逐渐上升为主要病害。如在云南部分地区的蚕豆田严重发生褐斑病，病株矮小，叶片干枯变黑，茎秆折断，豆荚发黑干瘪，造成减产 50％～80％。一般阴湿豆田发病较重，干燥及通风田内发病较轻微。蚕豆褐斑病还损伤种子的发芽率，并且使结实率降低或者籽实不饱满。

二、症状

病菌侵染蚕豆的叶片、茎、豆荚和种子。叶片受害初期出现赤褐色小斑点，随后扩大形成圆形或椭圆形，直径3～8mm的病斑或不规则形的病斑，周缘明显，病斑中央淡灰色，边缘深褐色、凸起，表面常有同心轮纹，中央密生黑色小点，略作轮状排列，这是病菌的分生孢子器。病斑中央部分常脱落，呈穿孔症状，严重时叶片枯死。茎部受害后，茎上的病斑呈圆形、卵圆形、纺锤形，中央灰色、稍凹陷，边缘赤色或深褐色、凸起，病斑较大，长达5～15mm。发病严重时，病斑深入到茎秆内部，导致被害茎枯死、折断，在病组织表面散生大量黑色的小点，即为分生孢子器。豆荚上的病斑呈圆形或卵圆形，深褐色，周缘黑色，病斑通常深深地陷入寄主组织内，有时很大，占据豆荚的大部分，严重时豆荚枯萎干瘪，种子细小而不能成熟。在荚的病斑上也长出分生孢子器，排列成轮状。病菌可穿过荚皮侵害种子，致种皮表面形成黑色污斑，其上常形成分生孢子器，病种子一般不能发芽（彩图5-34-1）。

三、病原

蚕豆褐斑病病原为蚕豆壳二胞（*Ascochyta fabae* Speg.）引起的，为子囊菌无性型壳二胞属真菌。菌丝通常寄生在寄主细胞内，但有时在细胞间生，开始无色透明和有大量分枝，后渐次变淡棕色。

分生孢子器在病斑上散生或排列成环状，扁球形，器壁膜质，浅褐色，有孔口，大小为（95～270）μm×（111～301）μm，平均为172μm×178μm。分生孢子圆筒形，直或弯曲，无色，双胞，偶有3～4个细胞，隔膜处稍缢缩，大小为（14～30）μm×（3.8～7.9）μm，平均19.2μm×5.1μm。

蚕豆褐斑病菌在4～32℃下均可生长，菌丝生长最适温度为20～27℃；产孢最适温度为20～23℃，高于32℃则不产孢；孢子萌发的温度为14～32℃，最适温度约22℃；菌丝在pH 4.5～8.5的基质上均能生长，最适pH7～7.5。

寄主范围除蚕豆外，还能侵染苜蓿、豌豆及巢豆属的一些野生植物种。

四、病害循环

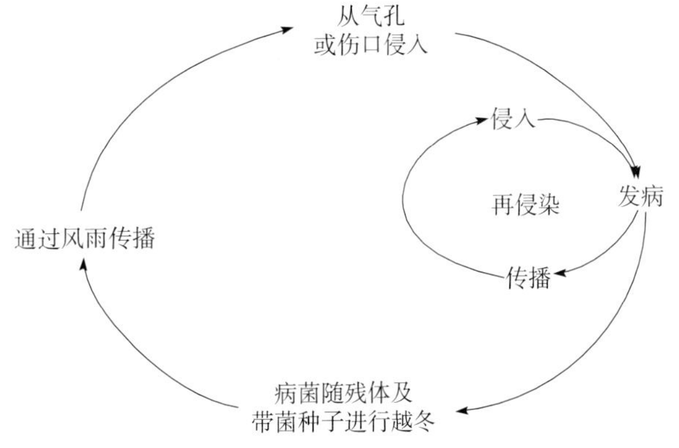

图5-34-1　蚕豆褐斑病病害循环（王阳和朱明旗提供）
Figure 5-34-1　Disease cycle of broad bean brown spot (by Wang Yang and Zhu Mingqi)

病菌以菌丝体潜伏在种子内或以分生孢子器在病残体上越冬、越夏，当第二年春季气温升高，空气湿度高时，分生孢子器内溢出大量分生孢子，并借风、雨传播到距离地面较近的叶片，随后通过再侵染逐渐发展到整个植株及周围植株（图5-34-1）。病害在4～5月发展达高峰。种子表面和内部的病菌均能传病，带病种子播种后，在潮湿条件下引起幼苗发病。带菌种子是大田内发病的一个主要菌源，也是褐斑病传入蚕豆新种植区域的主要原因。

五、流行规律

气候条件是影响蚕豆褐斑病流行的主要原因。早春多雨和植株过于稠密，有利于病害发生。阴湿天气愈长，发病愈严重。田间遗留有上季病株残体，特别是播种的种子内混有大量的带菌种子，均将诱致病害的发生。生产上使用未经消毒的种子，或播种过早、施氮肥过多、田块低洼潮湿等均会导致发病加重。

六、防治技术

（一）农业防治

1. 精选种子和种子处理　选用对蚕豆褐斑病有较好抗病作用的优质品种，最好采用来自无病豆田或无病区的种子，或选择无病的豆荚，单独脱粒留种。在播前进行粒选，剔除有褐色或黑色斑痕的病粒，选用无病饱满的籽粒留作种子。如果种子带菌，播前进行温汤浸种，先将种子浸于冷水中24h，然后移入

40～50℃温水内浸10min，或56℃温水内浸5min，或用种子重量0.6%的50%福美双可湿性粉剂拌种。

2. 轮作倒茬 实行轮作，不重茬，不与豆科等易感褐斑病的作物连作，宜与水稻、玉米等轮作。在经常发病和发病较严重的豆田内，可以采用2～3年轮作制。切忌与豆科作物连作。

3. 清洁田园 收获后将病茎、叶、荚清除并烧毁，并配合深耕，以减少越冬菌源。同时注意不要将病株残体混入肥料中。

4. 加强田间管理 适期播种，注意排水，合理密植，在低凹的田块提倡高畦栽培，注意清沟排渍。增施钾肥，促使植株生长健壮，以提高抗病力。加强田间管理，及时整枝，去除病枝和无效分枝，清除田间杂草，合理密植，改善通风透光条件，及早开沟排水降低田间湿度。

（二）化学防治

播种时，在播种沟内用50%多菌灵可湿性粉剂或50%苯菌灵可湿性粉剂，加细土拌匀后均匀施入沟内，再撒上一层细土，播种后覆土。

发病初期喷洒药剂，一般选用的药剂有：0.5%石灰倍量式（0.5∶1∶100）波尔多液、70%甲基硫菌灵可湿性粉剂1 000倍液、50%琥胶肥酸铜可湿性粉剂500倍液、47%加瑞农（春雷霉素+王铜）可湿性粉剂600倍液、50%福美双可湿性粉剂500倍液、25%多菌灵可湿性粉剂600倍液、80%代森锰锌可湿性粉剂600倍液、14%络氨铜水剂300倍液、77%氢氧化铜可湿性粉剂500倍液，喷雾。根据病情，每隔7～10d喷1次，连续喷2～3次。

七、蚕豆褐斑病抗性鉴定

褐斑病病原菌可以通过人工培养基进行多次的分离、纯化并保存。分离纯化步骤如下：

（1）把感染褐斑病的组织用0.5%次氯酸钠溶液表面消毒2～4min，然后转移至人工培养基22℃下培养。

（2）经过5～8d培养，挑出长成的培养物，并转移至新的培养基上继续培养。

（3）室温培养7～10d直到孢子形成，把培养皿暴露在40W的灯光下12h，之后再12h无光培养以增加孢子的繁殖量。

（4）在培养皿中加入5～10mL蒸馏水，置于室温下24h，直到孢子“溶解”到水中，形成悬浮液。

（5）转移悬浮液到干净的培养皿中，把培养皿暴露在40W的灯光下12h，之后再12h无光培养以增加孢子的繁殖量。

（6）培养14～18d后，即可以对悬浮液稀释并用于接种（接种用的分生孢子稀释浓度3×10^5～4×10^5个/mL）。

实验室可直接喷雾接种，接种时环境温度应控制在22℃左右，湿度80%以上为宜，当蚕豆苗长至2片真叶时接种，可用超低微量喷雾器进行孢子悬浮液喷雾接种，每棵植株喷10～15mL悬浮液，接种后定时（1h喷1次，每次持续1min）向植株喷水雾，保持空气湿度。大田接种因为气候条件不易控制，因此病害鉴定地点的选择较为重要，最好选择在蚕豆褐斑病常发区域进行。

包世英 王丽萍（云南省农业科学院）

第35节 蚕豆立枯病

一、分布与危害

蚕豆立枯病是蚕豆主要病害之一，在世界各地蚕豆种植区均有分布，在蚕豆各生育阶段均可发病，但以嫩荚期发病最重。立枯病菌寄主范围广，中国国内已报道有80多种植物可被侵害。2011年，在云南省曲靖会泽县部分湿度较大的田块病株率达30%左右，造成蚕豆减产减收。

二、症状

蚕豆立枯病主要侵染蚕豆茎基或地下部。茎基染病多在茎的一侧或环茎呈现黑色病变，致茎变黑。有时病斑向上扩展达十几厘米，干燥时病部凹陷，几周后病株枯死。湿度大时菌丝自茎基向四周地面蔓延，后产生直径 1～2mm、不规则形褐色菌核。地下部染病呈灰绿色至绿褐色，主茎略萎蔫，后下部叶片变黑，上部叶片仅叶尖或叶缘变色，后整株枯死，但维管束不变色，叶鞘或茎间常有蛛网状菌丝或小菌核。此外，病菌也可侵害种子，造成烂种或芽枯，致幼苗不能出土或呈黑色顶枯。

三、病原

蚕豆立枯病病原为立枯丝核菌（*Rhizoctonia solani* Kühn），属担子菌无性型丝核菌属真菌。菌丝丝状，具分枝，分枝处常有缢缩，初无色，后深褐色，菌丝宽度不等，宽处 12～14μm。菌核由桶状细胞结聚形成，初白色，后呈深褐至黑色，形状不一，常结合成块，直径 1～10mm 或更大。有性阶段生在深褐色菌丝上，形成灰色子实层，层内混生有担子，其顶抽出 4 个小枝，顶生单个担孢子。担孢子无色透明，卵圆至椭圆形，大小为（8～13）μm×（4～7）μm。

四、病害循环

主要以菌丝和菌核在土中或病残体内越冬。翌春以菌丝侵入寄主，在田间辗转传播蔓延。由于其寄主范围广，所以终年在活的寄主植物上生长。土壤内的菌丝和菌核萌芽所产生的菌丝均能直接侵入寄主组织（图 5－35－1）。

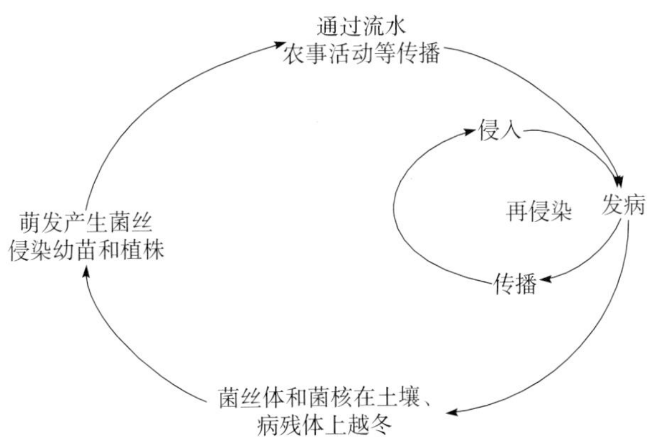

图 5－35－1　蚕豆立枯病病害循环（王阳和朱明旗提供）

Figure 5－35－1　Disease cycle of broad bean sheath blight (by Wang Yang and Zhu Mingqi)

五、流行规律

蚕豆立枯病菌侵染蚕豆温度范围较宽，土温 10～28℃均能产生病痕，以 16～20℃为最适，长江流域 11 月中旬至翌年 4 月发病。土壤过湿或过干、沙土地及徒长苗发病重。病菌寄主范围广，十字花科、茄科、葫芦科、豆科、伞形花科、藜科、菊科、百合科等多种蔬菜均可被侵害。

六、防治技术

（一）农业防治

1. 轮作倒茬　蚕豆立枯病菌在土壤中可以存活 2～3 年，合理轮作是防病的重要措施。种植蚕豆提倡与小麦、大麦等轮作 3～5 年，避免与水稻连作，并及时清除植株残留物，深翻晒土，减少病菌来源。

2. 种子处理　播前用种子重量 0.3%的 40%拌种双（福美双＋拌种灵）粉剂或 50%福美双可湿性粉剂拌种，杀灭种子上携带的病菌，以减轻苗期发病率。

3. 加强田间管理　适时播种，春蚕豆适当晚播，冬蚕豆适期播种，避免晚播；及时中耕除草、浇水施肥，避免土壤过干过湿，可增施过磷酸钙，提高植株抗病能力。

（二）化学防治

蚕豆幼苗期开始，应按“无病早防，有病早治”的要求，喷施针对性药剂 2～3 次防治，隔 7～10d 防治 1 次，喷淋结合，喷匀淋透。可选用的药剂有：58%甲霜灵·锰锌可湿性粉剂 500 倍液、75%百菌清可湿性粉剂 600～700 倍液、20%甲基立枯磷乳油 1 100～1 200 倍液、72.2%霜霉威水剂 600 倍液。

高小丽　杨璞（西北农林科技大学）

第 36 节　蚕豆轮纹病

一、分布与危害

蚕豆轮纹病是世界各国普遍发生的蚕豆病害，在我国蚕豆种植区均有发生。在江苏、浙江、江西、安徽等长江下游一带，于11～12月即可在蚕豆幼株，下部叶片上发现该病，但由于当时气温关系并不扩展，翌年4～5月为发病高峰期。在甘肃等春播蚕豆区，每年5月下旬至6月上旬田间开始零星出现，至6～7月，气温为18～20℃，如气候阴湿、种植密度大，则蚕豆轮纹病流行。

二、症状

蚕豆轮纹病菌主要侵染叶片，有时也侵染茎表皮部分、叶柄和荚。叶片染病初期，着生紫褐色的圆形小斑，扩大后呈圆形、长圆形或不规则形，直径1～14mm，平均5～7mm，病斑中央浅灰色至黑褐色，边缘深紫色，环带状，病斑呈现同心轮纹。一片蚕豆叶上常见多个病斑，病斑融合成不规则大型斑，致病叶变黄，最后呈黑褐色，病部穿孔或干枯脱落。湿度大或雨后及阴雨连绵的天气，病斑上长出灰色霉层，即为病菌的分生孢子梗和分生孢子。病斑中央组织坏死，往往腐烂穿孔，病叶多发黄，易凋落。叶柄和茎染病病斑呈长梭形至长圆形，中间灰褐色，常凹陷，边缘深赤色。豆荚上的病斑小，圆形，黑色，略凹陷（彩图5-36-1）。

三、病原

蚕豆轮纹病病原为轮纹尾孢（*Cercospora zonata* G. Winter，异名：*C. fabae* Fautrey），属子囊菌无性型尾孢属真菌。菌丝在寄主组织内形成子座，上生分生孢子梗，大多3～6梗成丛自气孔伸出。分生孢子梗褐色，基部稍膨大，一般不分枝，0～5个隔膜，大小为（15.8～99.4）μm×（4.6～6）μm。在其顶端形成分生孢子。分生孢子无色或淡褐色，细长，鞭状，具隔膜2～9个，大小为（29.2～102.8）μm×（2.8～4.6）μm。

蚕豆轮纹病菌在马铃薯葡萄糖琼脂培养基上生长良好，菌落初为白色，后呈深灰色至深橄榄色和黑色，在20～25℃时生长最好，5℃以下或31℃以上都不生长。分生孢子萌发和侵染适温为15～20℃，最低10℃左右。

寄主植物除蚕豆外，还可侵染巢菜属（野豌豆属）（*Vicia* sp.）等其他多种蔬菜，但一般仅侵染蚕豆，是一种寄生专化性较强的真菌。

四、病害循环

病菌以病组织内的分生孢子座随病残组织遗落地面越冬，翌年在其上产生分生孢子引起初侵染。分生孢子借风、雨传播，条件适宜即萌发产生芽管经伤口或直接穿透表皮侵入寄主，以后病部产生大量的分生孢子进行再次侵染（图5-36-1）。分生孢子座小粒状，能耐旱和耐寒，是大田内病害的主要侵染源。

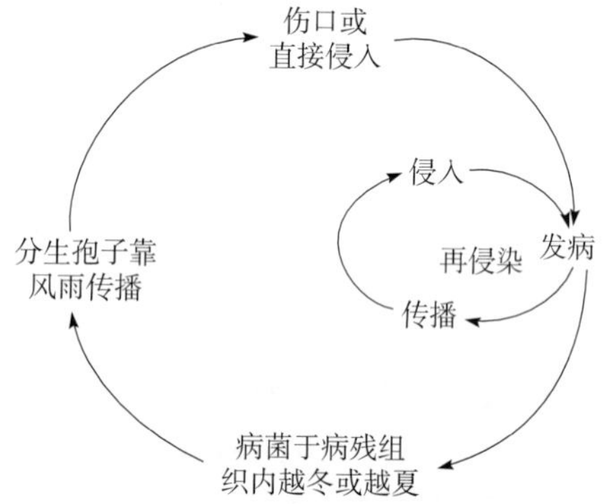

伤口或
直接侵入
侵入
分生孢子靠
风雨传播
再侵染
发病
传播
病菌于病残组
织内越冬或越夏

图5-36-1 蚕豆轮纹病病害循环（王阳和朱明旗提供）
Figure 5-36-1 Disease cycle of broad bean ring rot
(by Wang Yang and Zhu Mingqi)

五、流行规律

湿度是病害严重发生与否的决定性因素。高湿是分生孢子的形成、萌发以及侵入寄主的必要条件。温度18～26℃，相对湿度90%以上时，最有利于病菌侵染。蚕豆苗期多雨潮湿易发病，土壤黏重、排水不良或缺钾发病重。病叶的增加和病害蔓延主要受气温高低及前3～5d早晨叶片上有无露水两个条件制约。一般连续3d早晨蚕豆叶上有露水，气温为18～20℃，发病就出现高峰。另外，播种过早、蚕豆和玉米套种会导致发病加重。

六、防治技术

（一）农业防治

1. 种子处理 从无病田采种，选用无病荚留种。播种前用56℃温水浸种5min，进行种子消毒。

2. 清洁田园 蚕豆收获后及时清除病株残余，并深翻灭茬，以杀灭初侵染菌源。病害初发时，及早摘除病叶，加以烧毁，减少再次侵染菌源。

3. 加强田间管理 适时播种，不宜过早，提倡采用高畦栽培，避免在阴湿地种植；合理密植，生长中后期打掉中下部老叶，以利通风透光；合理施肥，施足有机肥，增施钾肥；多雨季节及时排除田间积水，降低田间湿度。

（二）化学防治

发病初期喷施药剂，可选用 70%甲基硫菌灵可湿性粉剂 600～800 倍液、50%敌菌灵可湿性粉剂 500～600 倍液、50%多·霉威可湿性粉剂 1 000～1 500 倍液、6%氯苯嘧啶醇可湿性粉剂 1 500～2 000 倍液、45%噻菌灵悬浮剂 1 000～1 500 倍液、30%碱式硫酸铜悬浮剂 500 倍液、50%琥胶肥酸铜可湿性粉剂 500 倍液、14%络氨铜水剂 300 倍液、77%氢氧化铜可湿性粉剂 500 倍液、30%王铜悬浮剂 800 倍液喷雾。每隔 10d 喷 1 次，连续 1～2 次。

高小丽　杨璞（西北农林科技大学）

第 37 节　蚕豆菌核茎腐病

一、分布与危害

近年来，蚕豆菌核病在蚕豆产区发病面积呈上升趋势，主要发生在云南、四川、广西、湖北、浙江、福建等省（自治区）。除蚕豆外，病原菌还侵染豌豆、大豆、花生、马铃薯及蔬菜等。蚕豆花期到成熟期，如遇连续阴雨天气该病就有流行暴发的可能，造成茎基部腐烂，引起植株萎蔫、猝倒、死亡，造成严重减产或绝收。

二、症状

蚕豆菌核病主要侵染成株期蚕豆植株茎部，发病初期，在近地面茎基部先呈现水渍状褐色病斑，上渐生白色棉絮状菌丝体及白色颗粒状物，后变黑色成为菌核环绕茎部并向上下蔓延，病部以上枯死。空气湿度大时，在茎的病组织中产生絮状白色菌丝和黑色鼠粪状菌核，病茎髓部变空，茎秆易折断，病株外部菌核易脱落。在多雨年份，低洼地和种植过密田块蚕豆发病严重，生有黑色的菌核。在菌核形成过程中，染病的寄主组织逐渐趋向崩溃或腐烂。

三、病原

蚕豆菌核茎腐病病原通常为子囊菌门核盘菌属核盘菌［*Sclerotinia sclerotiorum*（Lib.）de Bary］和三叶草核盘菌（*S. trifoliorum* Eriks S.），前者较为普遍。菌核表面黑色，内部白色，圆柱形、鼠粪状或不规则形。菌核萌发产生单生或几根簇生的子囊盘柄，子囊盘漏斗状或杯状，子囊盘柄细或稍宽而长，稍弯曲。子囊盘上层子实层含一层平行排列的子囊，其中间生有侧丝。子囊圆筒形，内有 8 个子囊孢子。菌丝不耐干燥，相对湿度在 85%以上才能生长。对温度要求不严，0～30℃都能生长，以 20℃为最适宜，是一种以低温高湿为适生条件的病害。

四、病害循环

蚕豆植株茎上形成的菌核落在土壤里和混在种子间越冬，翌春当气温达 15℃以上及空气比较潮湿时，在菌核上形成子囊盘，产生子囊孢子，成为田间初侵染菌源。子囊孢子通过风、气流飞散传播侵染蚕豆茎基部，致使蚕豆发病，完成初次侵染。随后病部产生大量菌丝，通过与健株的接触进行再侵染，经多次侵染后菌核病在适宜条件下得以迅速蔓延（图 5-37-1）。

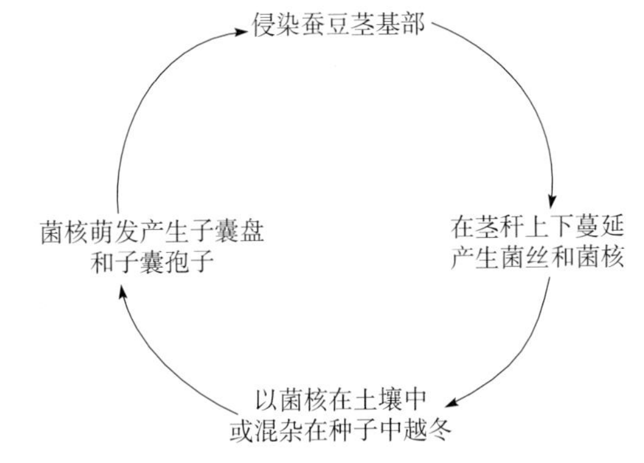

图 5-37-1　蚕豆菌核茎腐病病害循环（王阳和朱明旗提供）

Figure 5-37-1　Disease cycle of broad bean Sclerotinia stem rot (by Wang Yang and Zhu Mingqi)

五、流行规律

蚕豆菌核茎腐病对水分要求较高，相对湿

度高于85%，温度在15～20℃利于菌核萌发和菌丝生长、侵入及子囊盘产生，相对湿度低于70%病害扩展明显受阻。因此，低温、湿度大或多雨的早春或晚秋有利于该病发生和流行，菌核形成所需时间短，数量多。连年种植豆科、葫芦科、茄科及十字花科蔬菜的田块、排水不良的低洼地或偏施氮肥或霜害、冻害条件下发病重。在长江流域，早春的湿度是诱发病害的主要气候因子，阴湿多雨的气候容易诱发病害的发生蔓延。

该病大多在蚕豆开花时发生。温暖、高湿的环境条件易造成病害猖獗流行。

六、防治技术

（一）农业防治

1. 合理轮作倒茬 发病严重的地块，应与禾谷类作物等非豆科作物进行3年以上轮作，避免与苜蓿等豆科作物相邻种植或者轮作，如与马铃薯、油菜、向日葵等轮作，避免重茬，减少迎茬，可减轻菌核病的发生。

2. 精选种子 生产用种需从无病田或无病株上留种，确保种子不带病菌。播种前，种子用10%稀盐水浸洗，再用清水多次冲洗干净，可去掉种子表面的菌核。

3. 改进土壤耕作方式 宜选择半沙质壤土、排水良好的田地种植，对发病的地块进行深耕，深度不小于15cm，将落入田间的菌核深埋在土壤中，可抑制菌核萌发，减少初侵染菌源。田间发现病株，要及时拔除，带出田外深埋或烧毁。

4. 合理施肥与密植 种植过密或施用氮肥过多，致使植株繁茂，田间通风透光差，湿度增加，促使菌核病菌萌发。因此，应适当控制氮肥的施用量，增施磷、钾肥，提高植株抗病能力；合理密植，清除黄叶、部分老叶、密叶，改善田间小气候，抑制菌核病发展；及时排除田间积水，降低田间湿度。

（二）化学防治

发病初期，可选用以下药剂防治：50%多菌灵可湿性粉剂500倍液、40%菌核净可湿性粉剂1 000～1 500倍液、50%异菌脲可湿性粉剂1 000～2 000倍液、50%腐霉利可湿性粉剂1 000～2 000倍液，喷雾。发病初期开始，每10～15d喷1次，连喷2～3次。

包世英　王丽萍（云南省农业科学院）

第38节　蚕豆白粉病

一、分布与危害

在国外蚕豆种植部分地区，如苏丹、埃塞俄比亚和以色列等国发生蚕豆白粉病并有时为害严重。在我国，蚕豆白粉病分布范围小，为害不重，仅有云南较南的地区和新疆普遍发生，在其他如四川、河北等省仅零星发生。一般在蚕豆生长季节比较干燥的地区容易发生该病。

二、症状

蚕豆白粉病当早春蚕豆花芽初出现时，即开始发病，主要侵染叶片；其次茎、荚等幼嫩部位也可感染。叶片发病初期，组织呈现淡褐色斑块，逐渐扩展并愈合成大斑，随后表面产生小的白色粉状物斑块，迅速扩大，融合成大面积白粉状斑块。当气候适宜时，病斑迅速扩展，病叶做纵向卷曲并变厚，病害继续发展，感病的嫩叶变色和枯萎，导致茎端凋萎。嫩茎和叶柄发病，除产生白色粉状斑块外，有时产生赤色的病斑和病痕。嫩荚受害，荚呈畸形和早熟状。在病部都产生白色粉状物，即病原菌的分生孢子梗及分生孢子。当病害发展到后期，在病部表面产生大量赤褐色至深褐色小粒点，即为病原菌的闭囊壳。本菌侵害幼嫩器官易导致变形、肥肿或皱缩，幼荚畸形。

三、病原

蚕豆白粉病病原为豌豆白粉菌（*Erysiphe pisi* DC.，异名：*E. polygoni* DC.），属子囊菌门白粉菌属真菌。闭囊壳深褐色，球形，散生在菌丝上，直径79.9～119μm。附属丝多，呈菌丝状，褐色，较短，与菌丝相交织，大小为（40～48）μm×（6～8）μm。闭囊壳内含 1～4 个卵圆形至广卵形子囊。子囊大小为（30～62.6）μm×（22.6～41.8）μm。子囊孢子 4～8 个，卵圆形或稍长卵形，单胞，无色，大小为（13.9～24.4）μm×（10.4～15.7）μm。无性态属半知菌门粉孢属，白粉孢（*Oidium erysiphoides* Fr.）。分生孢子单胞，无色，卵圆形至长圆筒形，两端圆，大多 3～4 个串生，偶尔单生或双生，大小为（27.9～47）μm×（12.2～22.6）μm。分生孢子梗自叶片表面的外生菌丝抽出，2～4 个细胞，大小为（20.4～68）μm×（6.8～8.5）μm（图 5-38-1）。

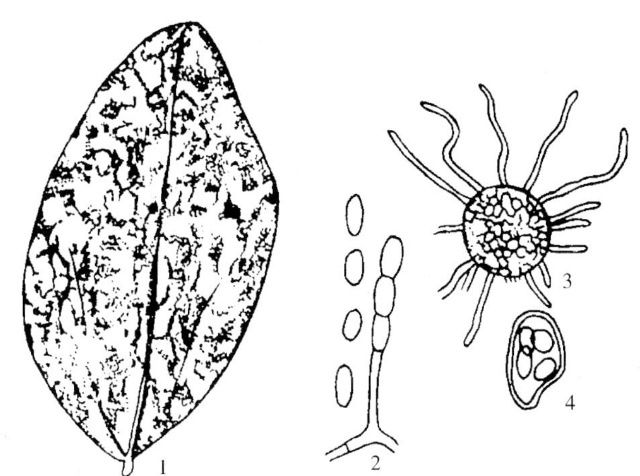

图 5-38-1 豌豆白粉菌（仿方中达，2003）

Figure 5-38-1 *Erysiphe pisi* (from Fang Zhongda，2003)

1. 被害叶 2. 分生孢子及分生孢子梗 3. 闭囊壳和附属丝 4. 子囊及子囊孢子

分生孢子萌发的温度范围很广，一般在 16～28℃下，48h 内萌发，相对湿度要求 90%以上，但在水滴内的孢子很少萌发。

寄主较广，除蚕豆外，还有豌豆、绿豆等豆科、茄科和葫芦科作物。

四、病害循环

蚕豆白粉病菌以闭囊壳在蚕豆、豌豆或野生巢豆的病残体上越夏、越冬，温暖地区也可以菌丝体及分生孢子在病部越夏、越冬。翌年气候适宜即不断产生子囊孢子或分生孢子进行初侵染。发病后，病部产生分生孢子，借气流和雨水传播进行再侵染，经多次重复侵染，扩展蔓延（图 5-38-2）。在云南经常栽培早播菜用蚕豆，其感染的白粉病和在病叶上产生的大量分生孢子，是秋播蚕豆发生白粉病的重要菌源。

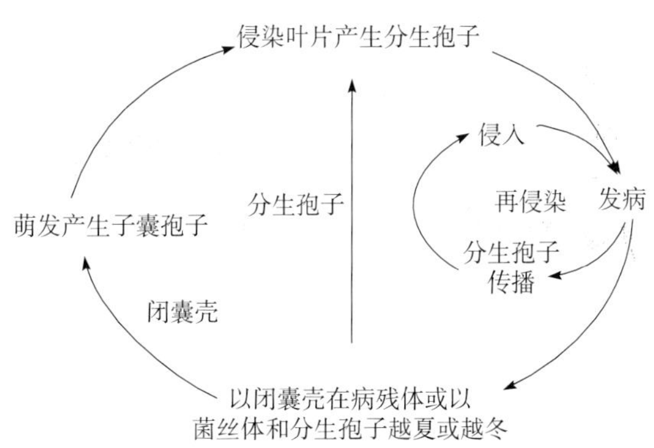

图 5-38-2 蚕豆白粉病病害循环（王阳和朱明旗提供）

Figure 5-38-2 Disease cycle of broad bean powdery mildew (by Wang Yang and Zhu Mingqi)

五、流行规律

干燥和气温较高的气候适合蚕豆白粉病发生和发展。气候干燥是发病的主要诱因。在云南昆明到大理一带，冬季的相对湿度约 54%～67%，春季相对湿度为 52%～61%，在蚕豆生长季节，很易发生蚕豆白粉病。同在干燥的条件下，较高的气温容易诱发病害。平均气温 20～24℃潜育期短，适合发病，18℃以下则潜育期长或发病较少。干旱少雨植株往往生长不良，抗病力弱，但病菌分生孢子仍可萌发侵入，尤其是干、湿交替利于该病扩展，发病重。

六、防治技术

（一）选用抗白粉病品种

选育和推广抗白粉病品种，并选用早熟品种，在白粉病大发生前蚕豆已接近成熟，以规避白粉病侵害。

（二）农业防治

1. 清洁田园 蚕豆收获后及时清除病株残体，并集中深埋或烧毁。

2. 加强田间管理 提倡施用酵素菌沤制的堆肥或用充分腐熟的有机肥，采用配方施肥技术，合理密植，加强管理，使植株生长健壮，提高抗病力。

（三）化学防治

发病初期喷施药剂，可选用 2%武夷菌素水剂 200 倍液、15%三唑酮可湿性粉剂 1 000～1 500 倍液、

50%萎锈灵乳油800倍液、50%硫黄悬浮剂200倍液、25%丙环唑乳油4 000倍液、30%碱式硫酸铜悬浮剂300～400倍液、20%三唑酮乳油2 000倍液、6%氯苯嘧啶醇可湿性粉剂1 000～1 500倍液，喷雾。隔7～10d喷药1次，连喷2～3次。

高小丽（西北农林科技大学）

第39节 蚕豆油壶菌火肿病

一、分布与危害

蚕豆油壶菌火肿病又称蚕豆火肿病，俗称蚕豆疱疱病，病部因细胞体积增大、数量增多而出现肥大，因此寄主叶片向侵染面凹陷而出现瘤状突起，形状犹如水泡。于1936年在日本发现并证实由巢豆油壶菌引起。在我国，于20世纪60年代在西藏拉萨地区零星发生，80年代初在四川省阿坝藏族羌族自治州和甘肃省临夏回族自治州大面积严重发生。1983年，在甘肃省和政县发生，受害面积占蚕豆播种面积的20%，减产10%～15%；1988年，甘肃渭源县的发病面积占蚕豆播种面积的10%，减产30%～40%。目前，在我国四川、甘肃、西藏、陕西等省（自治区）的春播蚕豆区频有发生，尤其对青藏高原过渡地带春播蚕豆产量影响较大。一般中等发病田减产20%，重病田减产30%以上。

二、症状

蚕豆油壶菌火肿病主要侵害叶片和茎。开花期顶部生长点的嫩叶开始发病，然后自上而下侵染茎、叶。叶片染病，在叶两面均可产生病斑。病斑初期为淡绿色突起小疱，后不断扩大呈圆形或椭圆形，色渐变褐，表面粗糙。突起的单个病疱，状似小肿瘤，直径2～5mm，突起高度1～3mm，其背面相应凹陷。1片小叶上常有小病疱10～30个，成为典型的疱疱。小病疱往往互相连接形成大病疱，从而形成更大的隆起和凹陷，导致叶片卷曲和畸形。后期病疱呈红褐色，多疱叶片提早干枯凋萎，最后溃烂。茎部染病，症状与叶片相似，多发生于茎的中下部，病茎上产生许多隆起的小病疱，肿瘤溃烂，抑制茎的生长。受害严重时，叶片畸形，植株矮小，重病株不同程度扭曲矮缩，有效结荚数甚少或无收。

三、病原

蚕豆油壶菌火肿病病原为蚕豆油壶菌（*Olpidium viciae* Kusano），属壶菌门油壶菌属真菌。游动孢子囊产生于寄主细胞内，每个病组织细胞内含1～30个。游动孢子囊无色，球形，壁薄，平滑，大小差异较大，直径23～33μm，有的可达52μm，萌发产生排孢管，释放游动孢子。游动孢子卵形，无色，中部有一亮点，尾部有一根鞭毛，在水内迅速游动；大小为（6～7）μm×5μm。游动孢子在蚕豆叶片表面游动一段时间后，失掉鞭毛，呈静止状态（即静孢子），外面形成一层包膜，膜上具孔。静孢子将其中的原生质输入到寄主表皮细胞内，发育成游动孢子囊。游动孢子又能起游动配子的作用，成对结合，形成双鞭毛接合子，接合子直径6～7μm。接合子侵入寄主，又可发育成厚壁休眠孢子囊，在寄主体内越冬，休眠孢子囊壁厚，球形，黄色，一般直径27～29μm。休眠孢子囊一般在发病后期形成（图5-39-1）。

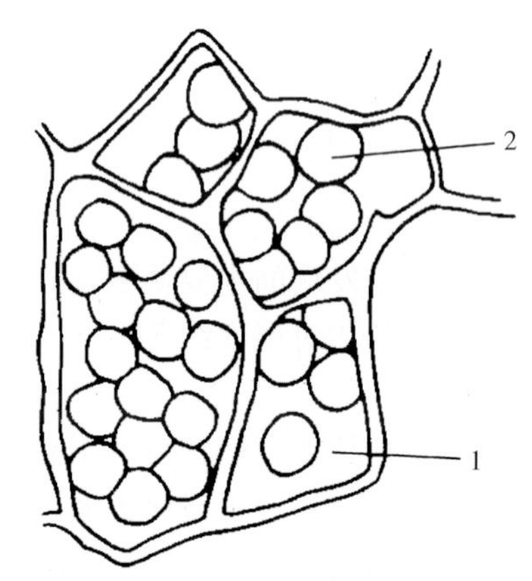

图5-39-1 蚕豆油壶菌（仿方中达，1996）
Figure 5-39-1 *Olpidium viciae* (from Fang Zhongda, 1996)
1. 寄主细胞 2. 蚕豆油壶菌的游动孢子囊

寄主植物有蚕豆、豌豆、菜豆、毛苕子等。

四、病害循环

蚕豆油壶菌以休眠孢子囊作为初侵染源，随病残体在土壤中越夏和越冬。翌年春播蚕豆出苗后在适宜条件下，厚壁休眠孢子囊萌发，释放出单鞭毛游动孢子侵入蚕豆幼芽、幼叶和幼茎，形成发病中心，导致豆苗发病。幼苗发病后，病菌在寄主细胞内产生薄壁的游动孢子囊，游动孢子囊成熟后遇雨露释放出游动孢子，经流水、雨滴和耕作等传播，进行多次再侵染，使病害在田间不断蔓延（图5-39-2）。蚕豆生长后期，病菌在病组织中又形成厚壁休眠孢子囊越冬，完成其侵染循环。在四川松潘地区蚕豆生长季节中，游动孢子囊可发生3～4代以上。可见，反复多次再侵染加剧了病害的迅速扩展。在蚕豆开花和始荚期，病害发生达到高峰，进入结荚期后，病害发展态势减弱。

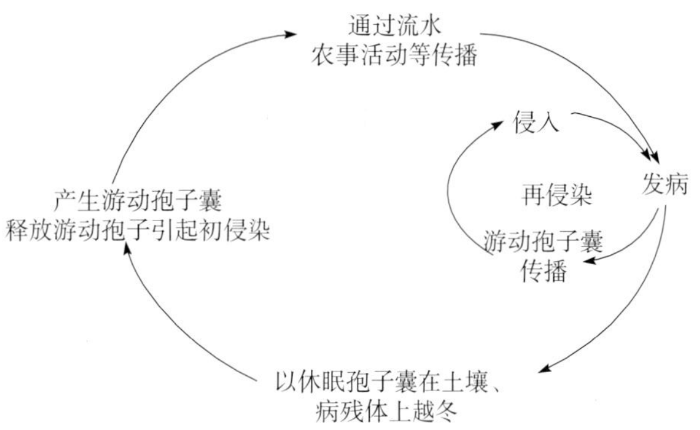

图5-39-2　蚕豆油壶菌火肿病病害循环（王阳和朱明旗提供）
Figure 5-39-2　Disease cycle of broad bean blister
(by Wang Yang and Zhu Mingqi)

五、流行规律

（一）降水

蚕豆油壶菌是一类较原始的真菌，单鞭毛游动孢子及双鞭毛游动接合子均是依靠水而起作用的能动器官，其侵染和传播与水的关系极为密切，故多雨湿的条件利于病害的发生与发展。据甘肃临夏蚕豆病区1983—1990年调查资料（张延礼等，1993），5月中旬至6月中旬降水量不同，发病程度有明显差异，其中，1985年、1987年同期降水量分别高出历年均值82.2mm和65.8mm，该病害为大流行年；1989年和1999年是干旱年，降水是历年均值的53.2%～55.9%，病害仅轻度发生。据此，在综合考虑当地品种抗病性、种植制度及化学防治等因素后，可根据5～6月降水量的预报，对当年病情做出初步预测。

（二）品种抗病性

据临夏州农业科学研究所鉴定，在67个蚕豆品种中，未发现免疫品种，但品种间发病程度存在差异。较抗病的有荷兰183-3-2、英175-2；严重感病的有青海5号和伊拉克45-1等。

（三）轮作年限与发病程度

连作利于土壤中菌源的积累，发病重。在临夏蚕豆病区调查结果表明，蚕豆—小麦—蚕豆轮作病情指数为30.63，蚕豆—油菜—小麦—蚕豆为18.59，蚕豆—小麦—油菜—小麦—蚕豆为9.88，间隔1年比2年和3年的病情指数分别高出12.04%和20.75%。因此，重病区改变轮作制度、延长轮作年限，是控制该病的有效措施。

（四）海拔高度

蚕豆油壶菌火肿病的最适发病温度为10～15℃，在海拔2 400m以上的高寒阴湿地区发病重，在海拔2 400m以下随着海拔降低发病逐渐减轻。

另外，田间小气候对发病亦有一定影响，阴坡、低洼地发病比向阳干旱地重，同一地块中，田边、树荫下发病程度比田中央重。

六、防治技术

（一）选用抗病品种

经抗病性观察，没有发现高抗品种，但品种间仍存在抗病性差异。如大粒品种的抗性强于小粒品种，一些地方品种中也有较抗病的，如四川松潘地区的丰来胡豆、马尔康胡豆、西昌胡豆、蒲西大白胡豆、金川胡豆及甘肃临夏马牙等。

（二）农业防治

1. 轮作倒茬　重病田实行豆—麦—麦（或马铃薯、油菜）3年轮作制，或采用豆—麦（或马铃薯）带状间作，防病作用明显。

2. 清洁田园　发病田中的病株应拔除烧毁，蚕豆收获后及时将病株残体清除出田园，以杜绝病菌来源。

3. 加强田间管理　及时排除田间积水，合理密植，保持田间通风透光；增施磷肥，提高植株抗病能力。

(三) 化学防治

1. 种子处理 用种子重量 0.1% 的 25% 三唑酮可湿性粉剂拌种，或采用 50% 多菌灵可湿性粉剂或 70% 甲基硫菌灵可湿性粉剂按种子量的 0.3%～0.5% 拌种，具有较好的防治效果。

2. 田间药剂防治 发病初期喷施药剂，可选用 25% 三唑酮可湿性粉剂 600 倍液、70% 甲基硫菌灵可湿性粉剂 1 000 倍液、50% 多菌灵可湿性粉剂 600 倍液、65% 代森锌可湿性粉剂 600 倍液、50% 苯菌灵可湿性粉剂 1 000～1 500 倍液喷雾，连续防治 2～3 次。

高小丽（西北农林科技大学）

第 40 节 蚕豆霜霉病

一、分布与危害

蚕豆霜霉病在我国蚕豆产区江苏、浙江、四川、云南、河南等省均有发生。尤其是苗期发病所造成的损失较大。

二、症状

蚕豆霜霉病主要侵染叶片，初期叶斑轮廓不明显，浅黄色，同时杂有赤色或赤褐色小斑点或不规则小斑痕，后叶片变色部分不断扩大至整个叶面，叶背密生浅紫色霉层，病叶由黄色变成青褐色，由下向上扩展，致全株干枯死亡。一般情况下，在遮阴的茎上基部叶片先发病，之后较上部位的叶片感病。

三、病原

蚕豆霜霉病病原为野豌豆霜霉［*Peronospora viciae*（Berk.）Caspary］，属卵菌门霜霉属。孢囊梗从寄主叶片气孔伸出，单生或束生，大小为（250～500）μm×（6～9）μm，分枝 4～8 次，在每个分枝上形成单个分生孢子囊；孢子囊椭圆形至短椭圆形，浅黄色，大小为（14～24）μm×（12～21）μm。卵孢子球形，膜黄色，具网状突起，直径 26～40μm。

寄主植物有蚕豆、豌豆、野豌豆等。

四、病害循环

病菌以卵孢子在病残体上或种子上越冬。翌年，条件适宜时产生游动孢子，侵入子叶下的胚茎，菌丝随生长点向上蔓延，进入芽或真叶，形成系统侵染，后产生大量孢子囊及孢囊孢子，借风雨传播蔓延，进行再侵染，经多次再侵染形成该病流行（图 5-40-1）。

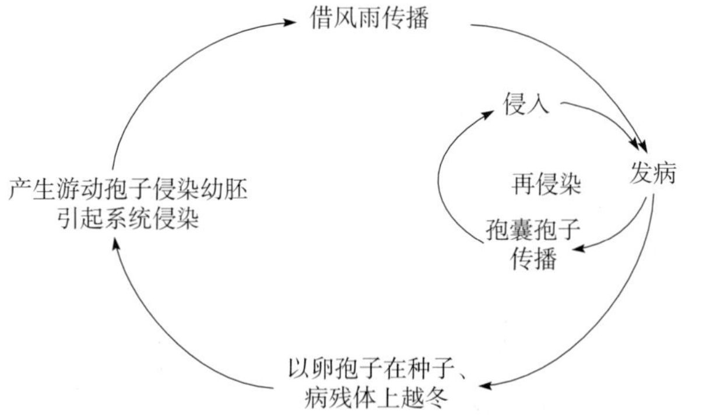

借风雨传播
侵入
发病
再侵染
产生游动孢子侵染幼胚引起系统侵染
孢囊孢子传播
以卵孢子在种子、病残体上越冬

图 5-40-1 蚕豆霜霉病病害循环（王阳和朱明旗提供）
Figure 5-40-1 Disease cycle of broad bean downy mildew (by Wang Yang and Zhu Mingqi)

五、流行规律

低温潮湿有利于发病。病菌萌发侵染的温度为 10～26℃，适宜温度 20～24℃发病重。在高湿条件下对发病有利，尤其是雨季或淹水条件下蚕豆霜霉病会大发生。因此，低温高湿，低洼积水田块发病严重。

六、防治技术

(一) 选用抗病品种，从无病田留种

各地可根据当地气候和品种资源状况，选育和推广抗病品种。从无病田采种，选用无病荚留种。

(二) 农业防治

1. 轮作倒茬 与小麦、水稻等禾本科作物实行 2 年以上轮作。

2. 清洁田园 蚕豆成熟收获后及时将病残体清除出田园，集中烧毁，并及时耕翻土地。

3. 配方施肥，合理密植 施用充分腐熟的有机肥，采用配方施肥技术，合理密植，改善田间通风透光条件，使植株生长健壮，提高抗病力。

（三）化学防治

1. 种子处理 播种前用种子重量 0.3%的 35%甲霜灵拌种剂拌种。

2. 田间药剂防治 发病初期开始喷洒 1∶1∶200 倍波尔多液，或 90%三乙膦酸铝可湿性粉剂 500 倍液、60%琥铜·乙铝可湿性粉剂 500 倍液、72%霜脲·锰锌（克抗灵）可湿性粉剂 800～1 000 倍液。对上述杀菌剂产生抗药性的地区可改用 69%安克锰锌可湿性粉剂或水分散粒剂（烯酰吗啉与代森锰锌混剂）1 000 倍液，隔 10d 防治 1 次，防治 1 次或 2 次。

王鹏科　高小丽（西北农林科技大学）

第 41 节　蚕豆细菌性茎疫病

一、分布与危害

蚕豆细菌性茎疫病在德国和前苏联有发生。该病诱发蚕豆叶片出现灰色病斑和茎秆黑化，并使整个植株腐败。在我国，1936 年，俞大绂先生发现这种蚕豆细菌病。1965 年、1972 年在昆明市呈贡县曾两次大发生，发病面积达数百公顷，几乎全无收成。近年来，在云南晋宁、呈贡、大理、邓川、剑川、保山、玉溪、永胜、弥渡、会泽等蚕豆产区发生细菌性茎疫病，导致死苗、花腐、叶坏死、茎枯，严重时全田黑枯像火烧一样，造成严重减产（黄琼等，2000）。在长江流域雨后常见该病发生，发病率为 10%～20%，个别田块达到 30%，引起全株死亡，发病率几乎等于损失率。

二、症状

蚕豆细菌性茎疫病发病部位多在茎秆、复叶叶柄和叶片基部。一般初感染的植株中部先发病，并向下或向上扩展延伸。茎秆受害，开始出现黑色短条斑，水渍状，有光泽，病部时常凹陷，在高度潮湿和较高温度下，病斑迅速扩大，愈合，向下方蔓延，病茎变黑软化，呈黏性，收缩成线状，呈典型茎枯状。叶片感病，开始边缘变成灰黑色，以后整叶变黑枯死脱落，仅留下枯干黑化的茎端。病菌滋生于寄主薄壁组织细胞间隙，维管束最易受害。豆荚受害，初期内部组织呈水渍状坏死，逐渐变黑腐烂，后期豆荚外表皮也坏死变黑。豆粒受害，表面形成黄褐至红褐色斑点，中间色较深（彩图 5-41-1）。

三、病原

蚕豆细菌性茎疫病病原为丁香假单胞菌蚕豆变种［*Pseudomonas syringae* pv. *fabae* Yu］，属薄壁菌门假单胞菌属。菌体杆状，大小为（1.1～2.8）μm×（0.8～1.1）μm，单生或对生，无芽孢，有荚膜，1～4 根极生鞭毛，革兰氏染色阴性。菌落圆形，白色，光滑，黏稠，有荧光，好气性，液化明胶，还原硝酸盐，产生吲哚和硫化氢，石蕊牛乳澄清，但不凝固和胨化，水解淀粉的能力极弱，发酵葡萄糖微产酸，但不产气，发酵其他多种糖类，不产酸也不产气。

病菌生长最适温度为 35℃，最高温度为 37～38℃，最低温度为 4℃，致死温度为 52～53℃。

茎疫病细菌除蚕豆外，还侵染菜豆、苜蓿、三叶草、豌豆、大豆、黄羽扇豆等。

四、病害循环

病残体及病田土是该病的初侵染菌源。病菌在土壤中及病残体上越夏，是秋播蚕豆发病的主要初侵染源。该病以植株地上部的伤口侵入为主，可从茎尖、花、叶和茎秆侵入，亦可从自然孔口侵入，经几天潜育即可发病（图 5-41-1）。病害的发生和流行与蚕豆生育期以及生长季节中的雨日和雨量、土壤湿度、土壤肥力有密切关系。一般在温度较高的晴天，发病植株茎部变黑且发亮；高温高湿条件下，叶片及茎部病斑迅速扩大变黑腐烂。因此，雨水、淹水及土壤湿度大，是再侵染蔓延的主要条件。蚕豆开花至结荚期最易感病。

五、流行规律

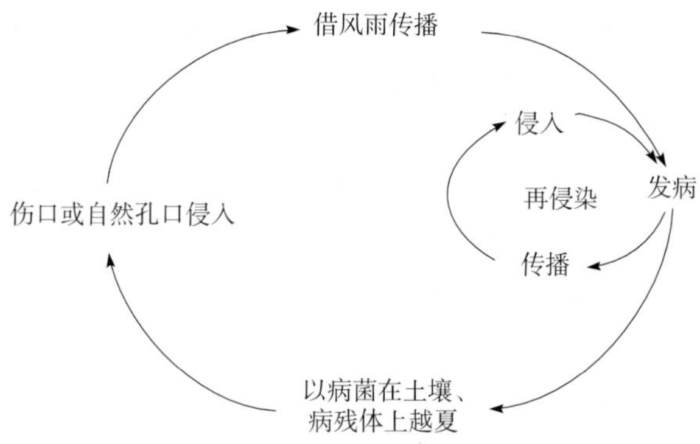

（一）温、湿度

该病适宜在高温高湿条件下发生，当春季气温回升快且春雨多的年份病害常常大流行。久旱后突然降大雨，2～3d后病害症状明显表现出来，并迅速蔓延，雨后渍水的田块发生最为严重。

（二）土壤肥力

在地势低洼、排水不良、种植粗放、土壤肥力差的田块发病重。植株受冻伤、虫伤及其他损伤，会加重发病。

图5-41-1 蚕豆细菌性茎疫病病害循环（王阳和朱明旗提供）
Figure 5-41-1 Disease cycle of broad bean bacterial blight (by Wang Yang and Zhu Mingqi)

（三）品种抗病性

不同蚕豆品种对茎疫病有明显抗病性差异，黄琼等所做抗病性鉴定（2000）结果表明，在159份种质资源中，免疫的有12份，高抗的有71份，抗病的有39份，感病的有20份，高感的有17份。发病率低于10%的品种有：启豆2号、启豆4号、洪都蚕豆、通研1号、宜池小胡豆、临蚕3号、海门大青豆、K0747、K0627等。

六、防治技术

（一）合理选用抗病品种

发病程度与各地品种的选育及品种的布局有关，应根据当地资源情况，选育和推广抗病且品质较好的品种轮换种植。

（二）农业防治

1. 合理轮作 蚕豆茎疫病以土壤传播为初侵染源，蚕豆与小麦、油菜、水稻合理轮作可有效地减少初侵染病原菌。建立无病留种田，防止种子带菌传播。

2. 加大农田基础设施建设 建好排灌系统，高垄栽培，雨季注意排水，降低田间湿度。一般雨后排水良好的田块发病较轻。

3. 加强栽培管理，合理施肥 对发病重的田块施硫酸钾150～225kg/hm^{2}或硫酸锌15～30kg/hm^2；初花期、初荚期喷2次硼肥。在低洼田内，适当稀植；加强栽培管理，注意防治其他病虫害和防止其他伤害。

4. 及时拔除中心病株 发现病株及时拔除并带出田外销毁，减少再侵染菌源，控制病害蔓延。

（三）化学防治

发病田块在初花期和初荚期需喷药防治，尤其是在大暴雨过后应及时喷药保护。可用药剂有：72%农用链霉素可溶粉剂3 000～4 000倍液、47%加瑞农（春雷霉素·王铜）可湿性粉剂800～1 000倍液、50%琥胶肥酸铜可湿性粉剂500～600倍液、14%络氨铜水剂300～500倍液、77%氢氧化铜可湿性粉剂500～800倍液，任选其一喷雾。

包世英 王丽萍（云南省农业科学院）

第42节 蚕豆根腐病

一、分布与危害

蚕豆根腐病在中国蚕豆主产区均有分布。常与枯萎病混合发生，一般病株率为5%～15%，发病严重时可达50%以上。

二、症状

蚕豆根腐病主要侵害根和茎基部，最终引起全株枯萎。根和茎基部发病，初生水渍状病斑，后发展为黑色腐烂，侧根枯朽，皮层易脱落，烂根表面有致密的白色霉层，是病菌的菌丝体，以后变成黑色颗粒，这是病菌的菌核。病茎水分蒸发后，变灰白色，表皮破裂如麻丝，内部有时有鼠粪状黑色颗粒（彩图5-42-1）。

三、病原

蚕豆根腐病病原为腐皮镰孢蚕豆专化型［*Fusarium solani*（Martius）Appel et Wollenw. ex Snyder et Hansen f. sp. *fabae*］，属无性型镰孢属真菌。分生孢子梗瓶状。大型分生孢子稍弯，纺锤形，具0～6个隔膜，典型的为3个，大小为34.8μm×5.2μm，无色。小型分生孢子着生在帚状分枝的分生孢子梗上，梗不规则。分生孢子卵圆形至圆筒形，单胞，大小为6.6μm×2.1μm。厚垣孢子顶生或间生，多为单胞，无色，圆筒形，单生，有时连接成短杆状，表面光滑。

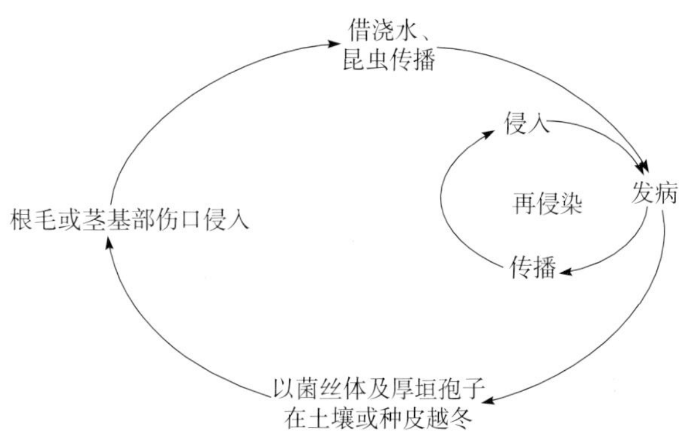

图5-42-1　蚕豆根腐病病害循环（王阳和朱明旗提供）

Figure 5-42-1　Disease cycle of broad bean root rot (by Wang Yang and Zhu Mingqi)

四、病害循环

病菌可在种子上存活或传带，种子带菌率为1.2%～14.2%，且主要在种子表面经种皮传播。此外，以菌丝体及厚垣孢子随病残体在土壤中越冬的病菌，也可成为翌年的初侵染源。条件适宜时，病菌从根毛或茎基部的伤口侵入，田间借浇水、雨水及昆虫传播蔓延，引起再侵染（图5-42-1）。

五、流行规律

该病发病程度与土壤含水量有关。在地下水位高、田间积水、田间持水量高于92%时发病最重，地势高的田块发病轻；精耕细作及在冬季实行蚕豆、小麦、油菜轮作的田块发病轻，多年连作发病较重。年度间的发病程度差异与气象条件相关，播种时遇阴雨连绵天气的年份，由根腐病导致的死苗严重发生。

六、防治技术

（一）农业防治

1. 合理轮作　蚕豆根腐病菌寄主范围窄，实行蚕豆、小麦、油菜等3年以上轮作，效果好。但不宜与豆科作物及牧草轮作。

2. 加强田间规划和管理　选用抗根腐病品种或者不带病的种子；选择高燥排水好的田块，播种时尽量避开阴雨连绵时段；加强田间管理，做好排水沟，干旱时及时灌水，多雨时疏沟排水，灌水实行速灌速排，防止土壤过干过湿。合理密植，保证田间通风透光状况良好。

3. 增施磷、钾肥　不偏施氮肥，增施磷、钾肥，促进植株生长健壮，提高抗病能力，施用充分腐熟的有机肥，不宜用病株沤肥，收获后及时清洁田园，清除带病的植株残体。

（二）化学防治

1. 种子处理　播种前进行种子处理，可防止种子带菌传播病害。种子处理方法有：①用种子重量0.25%的20%三唑酮乳油或用种子重量0.2%的75%百菌清可湿性粉剂拌种；②用50%多菌灵可湿性粉剂700倍液浸种10min或用56℃温水浸种5min。

2. 田间药剂防治　苗期用50%多菌灵可湿性粉剂1 000倍液灌根。发病初期往植株茎基部喷淋药剂，可选药剂有：70%甲基硫菌灵可湿性粉剂800～1 500倍液+50%福美双可湿性粉剂600倍液、50%多菌灵可湿性粉剂600倍液、70%甲基硫菌灵可湿性粉剂500倍液。隔7～10d喷淋1次，连续防治2～3次。

高小丽　王鹏科（西北农林科技大学）

第 43 节 豌豆白粉病

一、分布与危害

豌豆白粉病是豌豆上的重要病害之一。该病害为气传，广泛分布于世界各豌豆生产区，尤其在白天温暖、夜间冷凉的气候条件下最为严重。豌豆被白粉病侵染，可导致植株总生物量、单株结荚数、荚粒数、植株高度以及茎节数的减少，产量损失可达 26%～47%。此外，白粉病的发生能够加速豌豆植株的成熟，导致青豌豆的嫩度值快速提高，豆荚被严重侵染可导致籽粒变色，品质下降。

在我国，豌豆白粉病在北京、河北、内蒙古、辽宁、吉林、黑龙江、江苏、福建、台湾、安徽、河南、云南、广西、四川、广东、陕西、甘肃、新疆、青海等省（自治区、直辖市）都有发生，其中在云南、四川、福建、河北、甘肃等省一些豌豆主产区为害严重。

二、症状

白粉病菌能够侵染豌豆植株的所有绿色部分。发病初期，最先出现的症状是在叶片或叶托表面产生小的、分散的斑点。病斑初为淡黄色，逐渐扩大形成白色到淡灰色粉斑，最后病斑合并使病部表面被白粉（病菌的气生菌丝、分生孢子梗和分生孢子）覆盖，叶背呈褐色或紫色斑块。病害由植株下部向上逐渐蔓延，严重的病株，叶片、茎、豆荚上布满白粉，豆荚表皮失去绿色，结荚少（彩图 5-43-1，彩图 5-43-2）。受害较重的组织枯萎和死亡，被侵染区域下面的组织变黑，成熟病斑上散生黑色小粒点，即病原菌闭囊壳。

三、病原

豌豆白粉病病原为豌豆白粉菌（*Erysiphe pisi* DC.，异名：*E. polygoni* DC.）是活体营养型真菌，属子囊菌门白粉菌属。分生孢子椭圆形至两端钝圆的柱形，无色，单胞，大小为（30～50）μm×（13～20）μm。分生孢子在寄主叶片上萌发，产生附着胞直接穿透寄主表皮。菌丝从分生孢子上长出，在叶面上放射状扩展并从细胞间隙侵入表皮细胞，随后分生孢子梗形成。分生孢子梗包括 1 个足胞、1 个分生孢子发生细胞、1 个第一阶段和第二阶段分生孢子，产生连续的末端分生孢子，形成分生孢子链（彩图 5-43-3）。每一个附着胞下面寄主表皮细胞内形成 1 个吸器。闭囊壳暗褐色，扁球形，壁细胞为不规则多角形，直径 80～180μm。附属丝丝状，12～34 根，基部淡褐色，上部无色，长度为子囊壳的 1～3 倍，不分枝，局部粗细不匀或向上稍渐细，壁薄，有 0～1 个隔膜。闭囊壳内含有 3～10 个椭圆形至近球形子囊。子囊无色，有短柄近至无柄，一般含有 3～6 个子囊孢子。子囊孢子椭圆形，大小为（22～29）μm×（10～17）μm（图 5-43-1）。

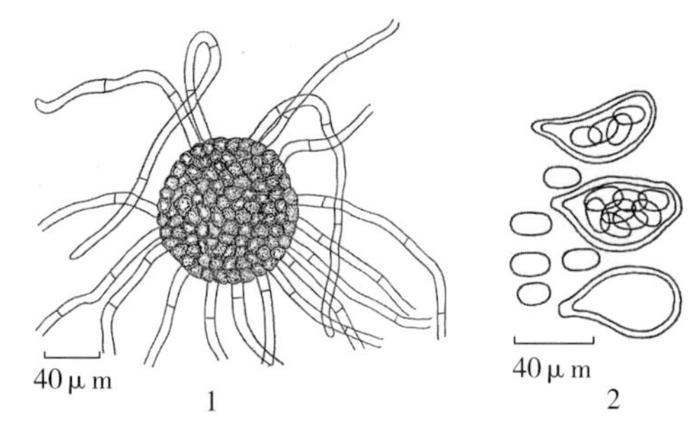

图 5-43-1 豌豆白粉菌特征（引自戚佩坤等，1966）

Figure 5-43-1 *Erysiphe pisi*: chasmothecium, appendages, asci and ascospores (from Qi Peikun et al., 1966)

1. 闭囊壳及附属丝 2. 子囊及子囊孢子

由于豌豆抗白粉病基因在不同地区产生不同的抗性表现，认为豌豆白粉病菌存在生理小种分化，但迄今还没有对豌豆白粉菌生理小种的明确描述。

除 *E. pisi* 外，最近在捷克和美国分别报道 *E. baeumleri* 和 *E. trifolii* 也引起豌豆白粉病。这 3 种病原菌在分生孢子大小和附属丝形态上存在差异（表 5-43-1）。

表 5-43-1 *Erysiphe trifolii*、*E. baeumleri* 和 *E. pisi* 形态结构的比较（引自 Ondřej 等，2005）

Table 5-43-1 Morphology comparison of *Erysiphe trifolii*, *E. baeumleri* and *E. pisi*（from Ondřej et al., 2005）

诊断性状	*E. trifolii*	*E. baeumleri*	*E. pisi*
分生孢子（μm）	（15～45）×（6～9）	（30～38）×（13～19）	（30～50）×（13～20）
闭囊壳（μm）	80～180	70～130	80～180

（续）

诊断性状	*E. trifolii*	*E. baeumleri*	*E. pisi*
闭囊壳细胞（μm）	8～30	6～20	8～25
附属丝长度（μm）（闭囊壳平均值的倍数）	(2～12) ×	(3～10) ×	(1～3) ×
附属丝隔膜数	1～（6）	2～（3）	0～1
二叉分枝	1～2（3）×	1～3（5）×	—
子囊（μm）	(45～80) × (25～50)	(40～70) × (25～45)	(40～75) × (25～55)
子囊孢子（μm）	(18～30) × (10～16)	(15～25) × (9～15)	(22～29) × (10～17)

四、病害循环

在西北或华北寒冷地区，病原菌以闭囊壳、休眠菌丝或分生孢子在病残体上越冬，成为初侵染源，翌年以子囊孢子进行初侵染，或从越冬的休眠菌丝上产生分生孢子进行侵染。初次侵染一旦建立，则很快形成分生孢子进行再侵染。分生孢子在分生孢子梗上连续产生，借气流作远距离传播，1h 内便可萌发造成侵染，在适宜条件下（约 25℃），潜伏期很短，5d 就能造成病害流行。在南部温暖地区，病原菌在寄主作物间辗转传播侵染，无明显越冬期。除侵染豌豆外，还可侵害其他一些豆科作物，如苜蓿、紫云英、羽扇豆、小扁豆等（图 5－43－2）。

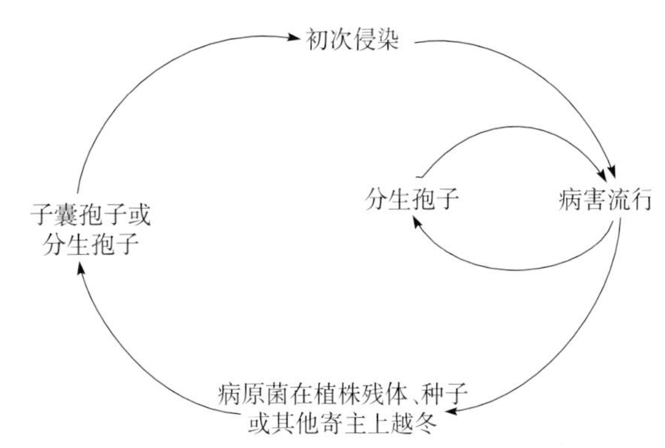

图 5－43－2　豌豆白粉病病害循环（朱振东提供）
Figure 5－43－2　Disease cycle of powdery mildew on pea (by Zhu Zhendong)

五、流行规律

豌豆白粉病在白天温暖、干燥，夜间冷凉并能结露的气候条件下发病最重。因此，半干旱的生长季节病害严重流行。分生孢子萌发温度为 10～30℃，最适温度为 20℃；分生孢子适宜萌发的相对湿度为 52%～75%。在无自由水的条件下，分生孢子也能够萌发和侵染植株，空气潮湿能够刺激分生孢子的萌发。但空气湿度超过 95%则显著抑制分生孢子萌发。因此，白粉病在温暖干燥或潮湿环境都易发生，叶面因结露和下雨时间长而存在自由水能够降低分生孢子的活力和冲掉分生孢子，减轻病害的发生。因此，在多雨或使用喷灌的地区，白粉病一般发生较轻。

在我国南部或西南部地区（秋播区）豌豆白粉病最早在 10 月上旬就可发生，10 月下旬至 11 月中旬田间病害发生达到高峰，12 月后病情下降。到翌年 2 月初，天气转暖，豌豆陆续进入始花期，病情迅速上升，到 3 月初，豌豆进入盛荚期，白粉病迅速蔓延扩展。到 4 月下旬豌豆已进入衰老枯死期，叶片黄化干枯，其上病斑仍可见。在西北及华北地区（春播区）白粉病通常在 7 月下旬至 8 月上、中旬严重流行，此时正值开花结荚期，豌豆受害后对生长及豆荚产量影响极大。

如果土壤干旱或氮肥施用过多，植株缺少钙、钾营养，抗病力降低时，病害发生相对严重。温度偏高，多年连作、地势低洼、田间排水不畅、种植过密、通风透光差、长势差的田块发病重。豌豆对白粉病的最易感病生育期为开花结荚时的中后期。因此，在北方地区晚熟品种或晚播有利于发病，而在南方地区如福建，迟播则发病时间也相应推迟，后期的损失较小。

品种间抗性存在明显差异，感病品种是病害流行的重要原因之一。林成辉等（2002）对我国主要栽培菜豌豆品种对白粉病的抗性特点的研究表明，虽然未发现免疫品种，但不同品种白粉病发病速率及抗扩展性存在差异，改良 11、红花系列的品种对白粉病的抗性强，病情指数都小于 10；白花系列的台湾 603、荷兰白花、美国甜脆豆属于感病品种，病情指数都达到 20 以上；改良的台中 11 和白花系列的中豌 6 号、四川大菜豌发病严重，为高感品种，病情指数都达 35 以上。其中，全国推广面积较大的大菜豌系列品种是高度感病的，这是我国豌豆白粉病大流行的重要因素之一。

六、防治技术

（一）利用抗病或耐病品种

迄今国外已在豌豆资源中鉴定了两个隐性抗白粉病（*er1* 和 *er2*）和一个显性抗白粉病基因（*Er3*）。*er1* 提供完全到中等水平的抗性，已在欧洲和北美洲广泛应用。*er2* 的抗性在某些地方是有效的，但在另外一些地方无效，其抗性表达被认为可能受环境因素的影响，如含有 *er2* 的品系 JI2480 的抗性水平极大地受温度和叶龄的影响。*Er3* 是最近在野生豌豆 *Pisum fulvum* 上鉴定的一个新的抗白粉病基因，该基因对检测的西班牙、英国和加拿大分离物产生完全抗性。

3个已知的抗白粉病基因目前在我国还没有应用。早期的研究表明，我国豌豆抗白粉病资源匮乏。1986—1989年彭化贤等对800多份豌豆资源进行抗性鉴定，未发现对白粉病免疫、高抗、抗病或中抗的资源。然而，美国从我国陕西引进、起源于广东的一份豌豆资源“Yi”（PI 391630）被证明含有 *er1*，表明我国豌豆资源中存在抗白粉病材料。

虽然，我国还未发现对白粉病免疫或高抗资源，但一些栽培品种在田间对白粉病表现出较好的抗病性，如适于北京、浙江、湖北种植的中豌2号，适于华北及西北部分地区种植的晋硬1号、晋软1号、绿珠豌豆、小青荚豌豆，适于西南、华南地区种植的无须豆尖1号豌豆、杂交大荚豌豆等。此外，我国一些科研单位已从澳大利亚、法国、加拿大、美国等引进抗源并用于抗白粉病豌豆品种的选育，云南省农业科学院粮食作物研究所已经培育出高抗白粉病的优质豌豆品系。

（二）农业防治

1. 春播区适时早播和利用早熟品种 避免白粉病侵染最有效的栽培措施就是适当早播，或种植早熟品种。豌豆对白粉病最敏感的生育期为花荚期，通常情况下此阶段的环境条件也适合白粉病菌发生。早播或种植早熟品种，花荚期温度较高，雨水较多，不利于发病。

2. 合理施肥 过度施用氮肥导致植株徒长和嫩弱而抗性降低，有利于白粉病发生。相反，适量增施磷、钾肥，可增强植株抗病力，减轻白粉病的发生率和严重度。

3. 实行轮作 轮作对白粉病的管理有一定的作用。豌豆根系分泌物对翌年植株根瘤菌活动及根系生长有负面影响，可降低植株活力和抗病性，因而需轮作倒茬。

4. 改善栽培管理措施 采用高畦深沟或高垄栽培，施足基肥，特别要重施腐熟有机肥，深翻细耙；生育中期追施化肥，并用好叶面肥；合理密植，及时整理枝蔓，加强通风透光，增强植株抗病力，增强群体抗病性。

5. 清洁田园 前茬作物收获后应及时清除杂草、秸秆和根茬，集中深埋或烧毁，搞好田园卫生，杜绝或减少初侵染菌源；播种前铲除豌豆自生苗。

（三）化学防治

1. 病害早期监测 在无抗病品种的情况下，使用杀菌剂是防治豌豆白粉病的有效方法。当病害症状早期出现时喷施杀菌剂，才能获得经济有效的防治效果。为了准确估计田间病害发生水平，在豌豆开花前及开花初期定期用W形9点取样方法进行田间病害调查。按图5-43-3在田间走W形路径，等距离取9个点，每点调查10株的白粉病发生情况。白粉病侵染初期，在叶片上产生灰色小斑块。当叶片的正面和背面、茎或荚上产生孢子时，白粉病的典型症状为粉状霉层。

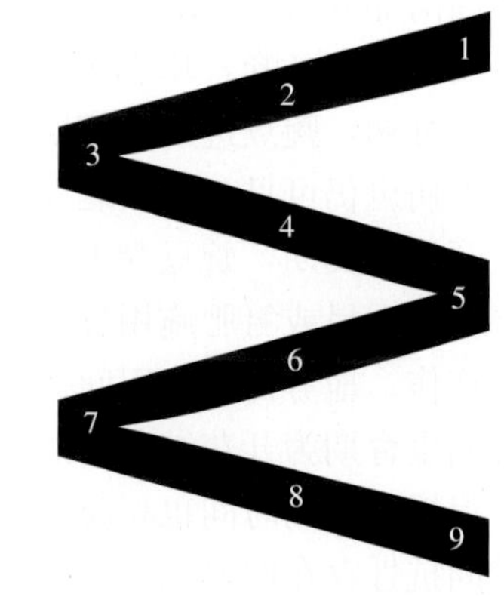

图5-43-3 豌豆白粉病田间调查W形路径（朱振东提供）

Figure 5-43-3 W path for powdery mildew field investigation (by Zhu Zhendong)

2. 防治时间 药剂防治应根据病害监测结果，在发病初期（侵染率小于5%）进行第一次喷药。白粉病常发区，可以采取预防性防治措施，即在开花初期进行第一次喷药。

3. 防治药剂 可选用以下药剂进行防治：40%氟硅唑乳油6 000～8 000倍液、30%氟菌唑可湿性粉剂4 000～5 000倍液、50%多硫悬浮剂600倍液、50%混杀硫悬浮剂（甲基硫菌灵与硫黄混剂）500倍液、15%三唑酮可湿性粉剂1 500～2 000倍液、10%苯醚甲环唑水分散粒剂 2 000～3 000倍液、43%戊唑醇悬浮剂 3 000 倍液、25%腈菌唑乳油 2 500～3 000 倍液、2%武夷菌素水剂 150～200 倍液、0.2～0.3 波美度石硫合剂等。根据病害发生情况隔 10～14d 防治 1 次，连续防治 3～4 次，不同药剂交替使用。

宁南霉素是理想的生物农药，用 2%水剂按有效成分剂量 50～75 mg/kg（260～400 倍液）防治白粉病，效果明显。若防治病毒病为主，兼治白粉病用 75～100mg/kg（200～260 倍液）为宜，在发病初期施药，每隔 7～10d 喷 1 次，用药不少于 3 次即能达到较好的防病增产效果。

4. 利用环境友好物质 大量研究表明，一些非杀菌剂产品，如可溶性硅、植物油、甲壳素、无机盐、植物提取物等对白粉病防治有效。0.5%（m/V）碳酸氢钾能够有效防治豌豆白粉病，苯并噻二唑（benzothiadiazole，BTH）、水杨酸（salicylic acid，SA）等可诱导豌豆对白粉病的抗性。

朱振东（中国农业科学院作物科学研究所）

第 44 节 豌豆镰孢菌根腐病

一、分布与危害

豌豆镰孢菌根腐病是最重要的病害之一，在世界范围内普遍发生，在美国、英国、法国、捷克、荷兰、韩国等发生严重。腐皮镰孢豌豆专化型是一种顽固性的土传病原菌，豌豆种子萌发后就开始侵染，向上扩展到地面，向下扩展到根系，产生红褐色到黑色条纹病斑，随着时间的推移病斑合并，根部维管束变红褐色，导致植株矮化、发黄和基部叶片坏死。豌豆镰孢菌根腐病一般导致 30%～57%的豌豆产量损失，严重发生的地块减产可达 60%以上。豌豆镰孢菌根腐病于 20 世纪 50 年代在我国青海最早报道，目前该病已在全国范围内普遍发生，其中，甘肃、宁夏、云南、四川、福建、安徽、内蒙古、河北发生严重。由于豌豆根腐病严重发生，导致豌豆主产区甘肃、宁夏栽培面积大幅度减少。

此外，腐皮镰孢豌豆专化型（*Fusarium solani* f. sp. *pisi*）和燕麦镰孢（*F. avenaceum*）、尖孢镰孢（*F. oxysporum*）、立枯丝核菌（*Rhizoctonia solani*）、豌豆丝囊霉（*Aphanomyces euteiches*）、根串珠霉（*Thielaviopsis basicola*）、链孢黏帚霉（*Gliocladium catenulatum*）、终极腐霉（*Pythium ultimum*）、壳二胞菌（*Ascochyta* spp.）等病原菌产生复合侵染引起豌豆根腐—镰孢菌枯萎病害复合体，导致更严重的危害。

二、症状

豌豆镰孢菌根腐病主要侵染根或根茎部。最初侵染发生在子叶节区、位于地下的上下胚轴和主根上部，随后向上扩展到地表以上茎基部和向下扩展到根部。侵染主、侧根的最初症状为红褐色到黑色条纹病斑，随后病斑合并，根变黑，根瘤和根毛明显减少，纵剖根部，维管束变褐或红色。茎基部产生砖红色、深红褐色或巧克力色病斑，严重时缢缩或凹陷，病部皮层腐烂；病株矮化，叶片变灰，接着变黄，下部叶片枯萎，最后植株死亡。

三、病原

豌豆镰孢菌根腐病由腐皮镰孢豌豆专化型［*Fusarium solani*（Martius）Appel et Wollenw. ex Snyder et Hansen f. sp. *pisi*］引起。该菌为无性型镰孢属真菌。菌丝有隔膜，无色。有性型为血红丛赤壳（*Nectria haematococca* Berk. et Broome）。在新制作的 PDA 培养基上产生蓝绿色到浅黄色分生孢子座（彩图 5-44-1）。大分生孢子丰富，在分生孢子座上产生，一般 3 隔，弯曲，无色，孢子长度的大部分背面与腹面平行，顶端细胞钝圆，或多或少呈喙状，足细胞圆形，或明显足状，大小为（4.5～5）μm×（27～40）μm（图 5-44-1）。在固体培养基上小分生孢子稀少，但在液体培养时能够大量产生。在基本培养基上培养 7～14d 后，可产生大量厚垣孢子。一般厚垣孢子由菌丝发展或由分生孢子转变而成，居间或末端、单个或成串（图 5-44-1）。除豌豆外，腐皮镰孢豌豆专化型还引起大豆、鹰嘴豆、人参的根腐病。

在农田系统中腐皮镰孢豌豆专化型存在极大的自然变异，并产生了复杂的致病基因型。腐皮镰孢豌豆专化型对豌豆的专化致病性由豌豆致病基因（pea pathogenicity genes，*pep* 基因）所控制。在腐皮镰孢豌豆专化型的一个超数染色体上存在一个豌豆致病基因簇，迄今在这个基因簇鉴定了 6 个豌豆致病基因（*pda*、*pep1*、*pep2*、*pep3*、*pep4* 和 *pep5*）。在这 6 个豌豆致病基因中，*pda* 基因家族编码细胞色素 P450 单加氧酶（cytochrome P-450 monooxygenase），该酶能够降解豌豆产生的植物保卫素豌豆素（pisatin），降低其活性，因此又称作豌豆素去甲基化酶（pisatin demethylase，*pda*）。所有自然发生的不含 *pda* 基因的 *Nectria haematococca* VI（*F. solani*）分离物一般对豌豆都不具有致病性。因此，*pda* 基因是腐皮镰孢豌豆专化型对豌豆致病性的决定基因。几个 *pep* 基因的功能目前还不清楚，但是它们在基因簇上的存在可以提高病原菌分离物对豌豆的毒力水平。

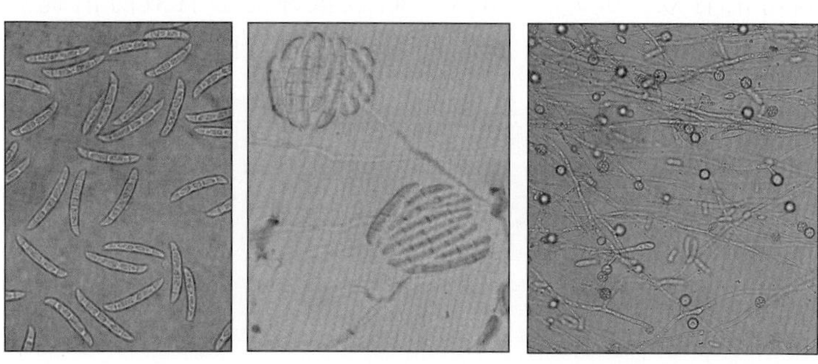

图 5-44-1 腐皮镰孢豌豆专化型的大分生孢子和厚垣孢子（朱振东提供）
Figure 5-44-1 Macroconidia and chlamydospores of *Fusarium solani* f. sp. *pisi* (by Zhu Zhendong)

四、病害循环

病原菌以厚垣孢子在病残体上或土壤中越冬。土壤带菌是病害发生的主要初次侵染源。当土壤相对湿度超过 9%时，豌豆播种在土壤中 20h 后，厚垣孢子就可大量萌发。豌豆种子吸涨和萌发时向土壤中释放营养是导致厚垣孢子萌发、生长和侵染豆苗的主要因素。病原菌的最初侵染一般从上、下胚轴的气孔开始，随后向下扩展到根系，但是也可以通过分泌酶直接穿透豌豆上胚轴的角质层进行侵染。当病残体进入土壤被降解，分生孢子和菌丝转换成厚垣孢子完成生活史（彩图 5-44-4）。

五、流行规律

豌豆镰孢菌根腐病菌主要靠带菌的土壤、沙尘和表面污染的种子传播。带菌土壤、秸秆、粪肥等是病害发生的初次侵染源。病害的田间传播主要通过雨水、灌溉水或农具等。病害严重度决定于植株遭受的逆境水平和品种抗性。

连作是病害发生的重要原因之一。连作导致土壤中病原菌不断积累，从而引发更严重根腐病的发生。由于镰孢菌能够在一些非感病植物的种子和根附近土壤内或含有其他有机物质土壤内萌发和繁殖，也可以侵染非寄主植物。因此，可以在染病的田块内无限期存活，短期轮作倒茬不能有效地降低土壤中病原菌密度，有时可能提高病原菌的种群密度，导致更严重的病害发生。李建荣等 2005 年在宁夏西吉县的一个示范点调查发现，轮作 6 年的豌豆产量为 2 250kg/hm^2，轮作 5 年的为 1 560kg/hm^2，轮作 4 年的为1 050 kg/hm^2，轮作 3 年的为 450kg/hm^2。

任何影响豌豆根生长的条件都会加重病害。干旱、高温气候条件有利于豌豆根腐病发生。在西北地区，春季干旱、少雨、土壤墒情差，种子在土壤中萌发吸水不够，延长了萌发出苗时间，易感染土壤中的病原菌，造成苗弱、苗死；在开花结荚期高温干旱，导致植株生长衰弱，抗病性降低，且高温有利于病原菌的活动及侵染。有研究表明，土壤湿度在田间持水量 75%时，豌豆根腐病的发生率和严重度最低，植株生长最好，过高和过低的土壤湿度都会加重病害的发生，当土壤湿度在田间持水量 100%时发病率最高。短时间的田间积水也显著提高根腐病的发生率和严重度。病原菌生长的最适温度为 25～30℃；病害发生的温度为 10～35℃，土壤温度在 10℃和 30℃，根腐病的严重度随着温度的升高而加重，其中病害最明显的加重在 25～30℃。叶部症状也随着温度的升高而加重。

土壤板结加重豌豆根腐病的发生。在田间，种植在被机械碾压的区域的豌豆植株常常矮化，根腐病的发生率和严重度比其他区域显著高（彩图 5-44-2）。此外，土壤 pH 高于 7.5 或低于 5.1、土壤贫瘠、地下害虫和线虫的为害、除草剂药害、种子活力低等都会加重根腐病为害。

六、防治技术

(一) 利用抗(耐)品种

豌豆对镰孢菌根腐病的抗性由多基因控制，属数量性状。国外已筛选出一些高抗资源并用于抗病品种的培育，一些抗性 QTLs 被鉴定。我国西北地区干籽粒豌豆抗根腐病育种始于 20 世纪 90 年代初，目前已培育出一些抗性较好的品种，如甘肃省定西市旱农中旱作农业科研推广中心育成的“定豌”系列品种定豌 1 号、定豌 2 号、定豌 3 号、定豌 4 号和定豌 5 号，这些品种的推广基本解决了生产中因根腐病导致的减产、绝收现象，在甘肃中部、宁夏南部山区的旱地农业生产中发挥了重要作用。此外，草原 276、草原 11、草原 12、草原 23、宝峰东 8 号、陇豌 1 号、古豌 1 号、宁豌 3 号、中豌 5 号、中豌 6 号、须菜 3 号、麻豌豆、天山白豌豆等也高抗或耐根腐病，不同种植区可根据品种的适应性，合理选择使用。豌豆对根腐病的抗性受环境因素的影响，抗病或耐病品种的种植必须结合适宜的栽培措施及肥水管理，才能够有效控制根腐病为害。

(二) 农业防治

1. 实行轮作 轮作年限对豌豆产量及根腐病发生有直接影响。有调查表明，轮作 5 年以上的田块根腐病发生轻，轮作 7~8 年的田块不发病，且产量高。因此，种植豌豆的田块必须与非寄主作物轮作 5 年以上。豌豆轮作倒茬既要考虑发挥自身增产潜力，又要考虑发挥用养结合的作用。在西北豌豆种植区建议实行豌豆—小麦(—小麦)—马铃薯—玉米—玉米—莜麦—糜谷(高粱)—玉米—豌豆，或豌豆—小麦(—小麦)—胡麻—莜麦—马铃薯—玉米—玉米—豌豆，或多年生牧草—豌豆轮作制。国外研究表明，用燕麦轮作防治豌豆根腐病有很好的效果。燕麦含有一些自然物质，如特异性皂苷 β-七叶皂苷钠，能够直接影响一些真菌的生长发育。试验表明，腐皮镰孢豌豆专化型在豌豆上的定殖随着 β-七叶皂苷钠浓度的提高显著减少。

2. 秋深耕、春碾压 种植豌豆的前茬地二耕二耱或三耕三耱，前 2 次耕翻要求耕深 20~25 cm，最后一次浅耕带耱，冬至前后碾压地，为豌豆生长创造良好的土壤环境，以达到蓄水、保墒、抗病、高产的目的。

3. 适时播种，合理密植 在西北地区，播种以 3 月下旬至清明前为宜。在墒情好的情况下，尽量浅播，播深为 7~10 cm 为宜，以提早出苗，培养壮苗，减轻病原菌的侵染。每公顷保苗 90 万~120 万株。

4. 合理施肥 施足经过充分腐熟的有机肥，增施磷、钾肥和石灰，调节土壤 pH 到 6.5~7.0。一般施农家肥 37 500~45 000kg/hm^2，磷肥 375~450kg/hm^2，施肥方式是 2/3 秋施，1/3 种施，种施尿素 30~45kg/hm^2 或磷酸二铵 45~75kg/hm^2。豌豆盛花期用 3kg/hm^2 磷酸二氢钾对水 450kg/hm^2 叶面喷施。

5. 合理栽培 高垄(畦)栽培，改善土壤的排水能力和通气性，促进不定根的产生，减轻根腐病的侵染；雨后及时排水；及时中耕，深松土壤减少土壤板结，根系能够在病原菌密度小的深土层生长，以减少侵染并获得更多的水分和营养，但要避免根、茎的机械损伤。

豌豆镰孢菌根腐病菌可在病残体及土壤中越冬存活，是翌年初侵染的主要来源。因此，收获后要及时清除田间病残体。

(三) 化学防治

1. 种子处理 种子处理可以有效防治引起苗期根腐的病原菌立枯丝核菌(*Rhizoctonia solani*)、终极腐霉(*Pythium ultimum*)、根串珠霉(*Thielaviopsis basicola*)等，同时可以预防镰孢菌的早期侵染。因此，在苗期根腐病严重的地区可以用 35%多·克·福(多菌灵+克百威+福美双)种衣剂、6.25%精甲·咯菌腈种衣剂进行种子包衣，或用种子重量 0.4%的 50%福美双可湿性粉剂或 50%多菌灵可湿性粉剂加 0.3%的 25%甲霜灵可湿性粉剂拌种。

2. 土壤处理 播种时用 70%甲基硫菌灵可湿性粉剂或 50%多菌灵可湿性粉剂和细干土以 1∶50 比例充分混匀后沟施或穴施，每公顷用药 22.5kg。种蝇、蛴螬、金针虫等害虫的为害可以加重豌豆根腐病的发生，因此在地下害虫发生严重的地块必须进行防治。播种前每公顷用 5%辛硫磷颗粒剂 22.5kg，与细土 30kg 混匀后撒于播种沟(或穴)内，播种后覆土。出苗后用 80%敌百虫可溶粉剂 1 000 倍液于 3~4 叶期灌根，每株 0.5L。

发病初期喷施或浇灌30%噁霉灵水剂1 000倍液，或70%甲基硫菌灵可湿性粉剂500倍液、75%百菌清可湿性粉剂600倍液、50%福美双可湿性粉剂1 000倍液、40%敌磺钠可湿性粉剂800倍液，每7～10d 1次，连施2～3次，喷药时注意细致喷洒根部、茎基部，用药液灌根，每株0.5L。

（四）生物防治

国外研究表明，利用一些生防菌制剂如哈茨木霉（*Trichoderma harzianum*）和枯草芽孢杆菌（*Bacillus subtilis*）对豌豆种子进行生物引发和包衣能够显著降低根腐病的发生率和严重度，促进豌豆植株的生长和产量。用生防菌粉红黏帚霉（*Clonostachys rosea*）菌株ACM941处理豌豆种子，可以显著提高豌豆种子萌发率和出苗率，降低根腐病的严重度。此外，用豌豆根瘤菌巢菜生物型（*Rhizobium leguminosarum* biovar *vicieae*）、非致病尖镰孢（*Fusarium oxysporum*）、丛枝泡囊菌根真菌处理豌豆种子能够显著减少根腐病的严重度，特别是根瘤菌能够提高氮的含量，促进植株生长。

朱振东（中国农业科学院作物科学研究所）

第45节 豌豆丝囊霉根腐病

一、分布与危害

豌豆丝囊霉根腐病，又称普通根腐病，是豌豆上最具破坏性的病害之一。该病于1925年在美国威斯康星州首次被报道，目前在美国、加拿大、挪威、英国、法国、荷兰、瑞典、德国、丹麦、澳大利亚、新西兰、俄罗斯、日本的许多豌豆产区发生。在美国，豌豆丝囊霉根腐病在大湖地区及东北各州发生最为严重，这些地区总体年平均产量损失为10%，严重地块绝产。在前苏联的欧洲部分，丝囊菌根腐病造成的豌豆产量损失可达50%以上。我国于1991年首先在甘肃报道豌豆丝囊霉根腐病，之后在青海和福建发现该病。2010年以来，云南省一些豌豆产区植株大量死亡被认为是根腐丝囊菌所致。在甘肃省，豌豆根腐病主要在中部及陇东发生，其中定西地区的定西、通渭、陇西、临洮等县严重发生。据1989—1990年调查，全区15万hm^2豌豆，发病面积达78%，常年因病害损失产量25%左右，减产1 500万kg以上。此外，丝囊霉根腐病还引起豌豆成熟不一致，降低种子品质。

二、症状

豌豆丝囊霉根腐病主要侵害根部和茎基部。症状一般在出苗后及以后的任何阶段出现。病原菌侵染主根和侧根的皮层，病部最初为灰色和水渍状，随后皮层组织变软腐烂，呈蜜棕色至棕黑色；最后根的体积减小、功能衰弱，当从土壤中拔出病株时，皮层常常脱落仍留在土内，只剩下中心维管束组织和植株相连（彩图5-45-1）。根部显症后，侵染很快向茎扩展，导致子叶黄化，上胚轴和下胚轴变黑和坏死，上胚轴的组织崩溃导致子叶上部缢缩。病株根和上、下胚轴受损，不能提供足够的水分和营养，导致叶片褪绿、坏死和萎蔫。根腐丝囊霉一般不引起豌豆出苗前死亡，但是在幼苗期被病原菌侵染，导致植株严重矮化。根染病常常导致根瘤数的减少，从而加重植株黄化。有的病株结荚期前死亡，存活植株虽能结荚，但形成种子少而小（彩图5-45-2）。在感病组织上无可见病征，但用显微镜在根和下胚轴的皮层组织内很容易看到病原菌的有性繁殖结构藏卵器和卵孢子，也可观察到一个或几个雄器围绕藏卵器。

豌豆丝囊霉引起的根腐病症状有时很难与腐霉、丝核菌、镰孢菌等引起的症状区分。然而，豌豆丝囊霉很少像腐霉那样引起种子腐烂或出苗前猝倒，丝核菌引起的病斑为凹陷和溃疡状，而镰孢菌可导致维管束组织变黑或红色，这些特征可以区分根腐丝囊霉的侵染。

三、病原

豌豆丝囊菌根腐病病原为根腐丝囊霉（*Aphanomyces euteiches* Drechs.），属卵菌门丝囊霉属。该菌菌丝无色，不分隔，分枝较少。丝囊霉为二倍体、同宗配合生物，有性繁殖器官为藏卵器、雄器和卵孢子。在染病的根皮层组织，产生大量的藏卵器和雄器，藏卵器受精后，产生卵孢子（图5-45-1）。卵孢子为双层细胞壁的球形或亚球形结构，直径18～25 μm，壁厚，近无色至深黄色。无性繁殖阶段产生游动孢子囊和游动孢子。游动孢子囊与菌丝在形态上无区别，由卵孢子萌发产生或由菌丝直接形成。在游动孢子囊内的初生无性孢子为圆柱形，大小为 30μm ×（3～3.5）μm。初生无性孢子成队单个从成熟孢子囊中排出，成簇集聚在孢子囊顶端口盖处形成一个大的孢子头（图 5-45-1）。在释放时初生孢子变圆，成为可以运动的游动孢子。游动孢子大小为 8～12μm，有 2 根鞭毛。游动孢子经过一段活跃的运动形成休止孢，或在寄主根分泌物的诱导下游向根部，在根表面形成休止孢。休止孢经过 1～2h 的休眠期，可以产生肾形或梨形、大小为（12～15）μm ×（6～8）μm、具有两根鞭毛的次生游动孢子（图 5-45-1）。休止孢也可直接萌发产生芽管，穿透根表皮在组织内生长。

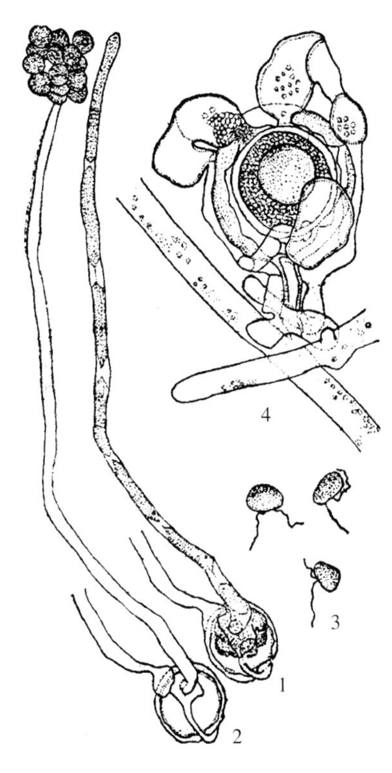

图 5-45-1　根腐丝囊霉无性和有性繁殖结构（引自魏景超，1979）

Figure 5-45-1　Organs of asexual and sexual reproduction of *Aphanomyces euteiches* (from Wei Jingchao, 1979)

1. 游动孢子囊形成　2. 初生无性孢子释放　3. 游动孢子　4. 藏卵器和雄器

除豌豆外，丝囊霉还侵染专化豆科植物，如香豌豆、羽扇豆、苜蓿、菜豆、蚕豆、小扁豆、红三叶草、白三叶草，以及繁缕、耕地堇菜、荠菜等杂草。

1982 年 Pfender 和 Hagedorn 将专化型的概念应用到根腐丝囊霉的分类中。他们发现根腐丝囊霉豌豆分离物对菜豆和苜蓿没有致病性或致病性很弱，而菜豆分离物对豌豆和苜蓿没有致病性或致病性很弱，因此将豌豆丝囊霉根腐病菌确定为根腐丝囊霉豌豆专化型（*A. euteiches* f. sp. *pisi*），将菜豆丝囊霉根腐病菌确定为根腐丝囊霉菜豆专化型（*A. euteiches* f. sp. *phaseoli*）。但是，根腐丝囊霉豌豆分离物和菜豆分离物是有性亲和性的，彼此间能够进行毒力基因的交换（彩图 5-45-3）。迄今，根腐丝囊霉专化型的分类没有被普遍接受。

四、病害循环

根腐丝囊霉以卵孢子在土壤中越冬，卵孢子能够在土壤中存活 10 多年。豌豆丝囊霉根腐病被认为是多循环病害，但是根腐丝囊霉在田间对豌豆再次侵染的水平很低，只发生在低于 15 cm 的非常小的距离范围内。因此，田间的病害流行主要以初次侵染为主。腐烂寄主组织内或土壤内的卵孢子在寄主根系分泌的化学信号物质的刺激下萌发。卵孢子以芽管形式直接萌发形成分枝菌丝，或通过形成游动孢子囊间接萌发，游动孢子囊释放初生孢子和游动孢子。游动孢子或卵孢子萌发产生的菌丝能够侵染豌豆任何生育阶段植株的根表皮，在皮层组织内生长，并分泌酶降解皮层细胞壁。一旦进入根组织内，病原菌就在细胞外形成多核菌丝。几天后单倍体的雄器和藏卵器形成。雄器通过受精管穿透藏卵器，将雄核输入到藏卵器，雄核与雌核结合形成双倍体的卵孢子。在病组织内卵孢子在 7～14d 内形成，之后保留在寄主组织内，待病组织腐烂降解后进入土壤（彩图5-45-4）。卵孢子通常联系着有机残渣，因此病原菌在自然感染的田块土壤中主要分布在 10～40cm 的耕作层，0～10cm 和 40～60cm 的土层中含菌量很少。

五、流行规律

根腐丝囊霉在生长季节的任何时候都能够侵染豌豆，但是侵染主要发生在出苗的早期阶段。卵孢子在气温不低于 10℃、土壤相对湿度为 50%～60%时开始萌发。侵染发生的最适土壤温度为 22～28℃，最适土壤相对湿度为 60%～80%。土壤温度低于 12℃、土壤相对湿度低于 45%则不发生侵染。虽然游动孢子需要自由水游动到寄主根部，积水也使寄主组织易被侵染，但是侵染发生后温暖和干燥的土壤条件更有利于病害的发展，导致最大的产量损失。如果田间病原菌接种体水平很高和天气潮湿，播种后 10d 症状就可出现。在春季冷凉、潮湿，接着天气干、热的年份病害常常发生十分严重。

土壤类型虽然不是影响病害发生的限制因子，但是土壤中的钙离子浓度高会抑制病害的发生；土壤肥力水平也影响病害发生，土壤贫瘠，利于病害的发生。土壤板结、排水不良处发病严重。

六、防治技术

（一）利用耐病品种

虽然迄今国内外还未发现对豌豆丝囊霉根腐病具有完全抗性的品种，但是豌豆资源存在对该病害表现部分抗性或耐病性的抗性资源。部分抗性品种能够减少病原菌卵孢子的产生，影响病原菌的繁殖和减缓病斑的发展。随着分子生物学的发展与应用，一些抗性的QTLs已经被鉴定，如Pilet-Nayel等（2002）利用从一个抗性品系90-2079衍生的重组自交系群体鉴定了7个抗性豌豆丝囊霉根腐病QTLs，其中一个定位在豌豆连锁群LG IVb的主效QTL *Aph1*可解释对根腐丝囊霉美国分离物抗性47%的表型变异。进一步，他们利用相同的群体在法国和美国两个不同的地点一致地检测到*Aph1* QTL，同时另外两个以前鉴定的QTLs *Aph2*（在LG V连锁群）和*Aph3*（在LG Ia连锁群）也一致地被检测到，只是*Aph2*仅对法国的分离物检测到。最近，Hamon等（2011）在新的豌豆抗丝囊霉根腐病抗源PI 180693和552检测的多个稳定的QTLs。QTLs鉴定为抗病育种分子辅助选择提供了基础，加快了抗病育种进程。目前，美国、法国等已有大量抗性品种应用到生产，但我国针对豌豆丝囊霉根腐病的抗性资源筛选及抗病品种选育方面尚未起步。由甘肃省定西地市旱作农业科研推广中心育成的部分“定豌”系列品种可能存在对根腐丝囊霉的抗性，这些品种在多种病原菌混合发生的重病田选择育成，在豌豆丝囊霉根腐病严重发生的甘肃中部表现较好的耐病性。正是由于这些豌豆品种的推广，基本解决了生产中因根腐病导致的减产、绝收。豌豆对丝囊霉根腐病的耐病性受环境等多种因素的影响，因此，耐病品种的种植必须结合合适的栽培措施及肥水管理，才能够有效控制根腐病的为害。

（二）农业防治

1. 轮作和种植覆盖作物 轮作可以减缓病田病原菌接种体积累的速度。但是，由于豌豆丝囊霉根腐病菌卵孢子存活时间很长，如果田间土壤中病原菌量很大，短时间的轮作效果不明显，在间隔6～8年后种植豌豆的田块豌豆丝囊霉根腐病的发病率依然很高。因此，用于与豌豆轮作的作物十分重要。用马铃薯、甜菜、玉米、甘蓝与豌豆轮作，可减轻病害10%～20%；豌豆与马铃薯、向日葵、玉米、荞麦及蔬菜轮作，可减轻根病的发生。覆盖作物和绿肥作物也是降低豌豆丝囊霉根腐病发生程度的有效途径。前茬种植燕麦，可以减轻病害的严重度。在感染的土壤中种植甘蓝型油菜、萝卜、白芥等十字花科作物4个月能够显著降低病害的严重度和减少病原菌卵孢子的数量。

2. 使用土壤改良剂 在田间，施用一些有机土壤改良剂能够有效地控制包括丝囊霉在内的卵菌病害的发生。用一些十字花科植物如甘蓝、油菜及一些非十字花科作物如燕麦、玉米、大豆等干的或新鲜植株部分添加到土壤中可显著减轻豌豆丝囊霉根腐病的严重度。十字花科的许多物种含有葡萄糖异硫氰酸盐（又称硫代葡萄糖苷），它们的水解产物，异硫氰酸酯、噁唑-2-硫酮、腈、上皮环硫腈、硫代氰酸盐对根腐丝囊霉具有抑制作用。然而，豌豆根腐病的抑制取决于加入土壤中十字花科生物的质量和数量。此外，污泥作为一种土壤改良剂对豌豆丝囊霉根腐病的控制也是有效的。

一些无机物添加到土壤中对控制豌豆丝囊霉根腐病也十分有效。如在病田施入中性的$CaSO_4$、$CaSO_3$、CaO和$Ca(OH)_2$能够明显延迟病害的发生和减轻病害严重度。此外，铜制剂对减轻豌豆丝囊霉根腐病的严重度也是有效的，特别是与钙、钡、锌盐混合使用效果更好。

3. 合理栽培和施肥 采用高畦深沟或高垄栽培，改善土壤的排水能力和通气性，降低根腐病的发生；低密度种植能够降低根腐丝囊霉对豌豆的再次侵染。游动孢子运动距离小于15 cm，因此，植株间距在15cm以上能够有效控制病害发生率。增施氮肥、钾肥能够显著减轻病害的发生。

（三）化学防治

目前，国内外还没有防治豌豆丝囊霉根腐病有效的化学方法。由于根腐丝囊霉主要与镰孢菌等其他根腐病原菌复合侵染豌豆，且侵染主要发生在出苗阶段的早期，因此种子处理对早期根腐病的防治可能是有效的。在苗期根腐病严重发生的地区可以用35%多·克·福（多菌灵＋克百威＋福美双）种衣剂、6.25%精甲·咯菌腈种衣剂加0.3%的25%甲霜灵可湿性粉剂进行种子包衣，或用种子重量0.4%的50%福美双可湿性粉剂或70%敌磺钠可湿性粉剂加0.3%的25%甲霜灵可湿性粉剂拌种。

发病初期喷施或浇灌30%甲霜·噁霉灵水剂1 000倍液，每7～10d 1次，连施2～3次，喷药时注意细致喷洒根部、茎基部，用药液灌根，每株0.5L。

（四）生物防治

利用微生物拮抗菌或植物有益微生物防治豌豆丝囊霉根腐病国外已有一些研究。洋葱假单胞菌[*Pseudomonas cepacia*（*Burkholderia cepacia*）]、荧光假单胞菌（*Pseudomonas flourescens*）、利迪链霉菌（*Streptomyces lydicus*）、丛枝菌根真菌（*Glomus intraradices*）等被报道具有一定的控制豌豆丝囊霉根腐病的能力，如用 *B. cepacia* AMMDR1 菌株处理豌豆种子，能够显著提高丝囊霉根腐病发生田的出苗率和提高几个豌豆品种的产量，*B. cepacia* AMMDR1 还对豌豆腐霉猝倒病具有很好的控制作用，其作用机制是减少丝囊霉藏卵器的形成和减少腐霉菌丝体的定殖。通过泡囊丛枝菌根真菌聚生球囊霉（*G. fasciculatum*）对豌豆根进行生物保护，当豌豆与菌根完全建立共生关系后能够有效抑制丝囊霉的侵染。此外，益生菌通过促进植株生长可以有效地补偿因根腐病的损失，如用荧光假单胞菌和根瘤菌（*Rhizobium leguminosarum*）共同接种豌豆，能够显著提高豌豆的生物量和根长，同时对根腐病菌具有拮抗作用。

朱振东（中国农业科学院作物科学研究所）

第 46 节　豌豆锈病

一、分布与危害

豌豆锈病是世界性的豌豆重要病害，广泛分布在欧洲、北美洲、南美洲、亚洲、澳大利亚和新西兰。已报道有多种单胞锈菌引起豌豆锈病，其中主要病原菌为豌豆单胞锈菌（*Uromyces pisi*）和蚕豆单胞锈菌（*Uromyces viciae - fabae*）。蚕豆单胞锈菌主要分布在热带和亚热带地区，该地区温暖、潮湿的气候条件有利于夏孢子和锈孢子的产生。在温带地区如西班牙，蚕豆单胞锈菌虽然在控制条件下能够侵染豌豆幼苗，但是在田间对豌豆的侵害很小，因此豌豆单胞锈菌是温带地区的主要病原菌。豌豆锈病通常在中春季节豌豆开花或结荚期发生，此时天气温暖、潮湿。锈菌侵染使植株生理与生化过程中断，显著降低光合作用。在流行年份，锈菌侵染导致叶片干枯、脱落，豆荚停止发育。据欧洲和地中海植物保护组织（EPPO，2009）报道，在适宜病害流行的环境条件下，豌豆单胞锈菌引起的产量损失可达 30%以上，而蚕豆单胞锈菌导致的产量损失高达 50%以上。此外，锈菌侵染还显著减少根瘤的数量与大小，降低固氮酶的活性。在我国，豌豆锈病在豌豆所有种植区均有发生，以云南、四川、陕西、甘肃、上海、江苏、浙江、福建等地严重。

二、症状

豌豆的叶、叶柄、茎、荚均可受害。叶片发病，初在叶面或叶背产生黄白色小斑点，然后在叶背产生杯状、白色的锈孢子器，继而形成黄色夏孢子堆，破裂后散出黄褐色的夏孢子。有时环绕老病斑四周产生一圈新的疱状斑，或不规则散生，发病重的叶片上满布锈褐色小疱，随后全叶遍布锈褐色粉末。后期病斑上产生黑色隆起斑，为冬孢子堆，破裂后散出黑褐色粉状物，即病菌的冬孢子（彩图 5 - 46 - 1）。被侵染的茎和叶柄上的病斑与叶片上的相似。

三、病原

豌豆锈病主要由担子菌门单胞锈菌属蚕豆单胞锈菌［*Uromyces viciae - fabae*（Pers.）Schroeter.，异名：*U. fabae* de Bary］和豌豆单胞锈菌［*U. pisi*（Pers.）G. Winter］引起。此外，绒毛花单胞锈菌（*U. anthyllidis* Schroeter）、野豌豆单胞锈菌（*U. ervi* Westend.）、亚单胞锈菌（*U. minor* Schroeter）、苜蓿条纹单胞锈菌（*U. striatus* Schroeter）和豇豆单胞锈菌（*U. vignae* Barclay）也侵染豌豆。

蚕豆单胞锈菌是一种长循环生活型锈菌，产生 5 种孢子类型，即夏孢子、冬孢子、担孢子、性孢子和锈孢子。该菌为单主寄生锈菌（autoecious），所有孢子类型在同一种寄主上形成。在植株残体上越冬的二倍体冬孢子在春季萌发，减数分离后形成的后担子产生两种不同交配型的单倍体担孢子，担孢子侵染寄主在叶表面产生性子器及性孢子。性孢子在不同交配型性子器间交换，授精作用后产生双核的锈孢子，锈孢子侵染寄主在形成的侵染结构中产生夏孢子堆及夏孢子。在秋天夏孢子堆分化成冬孢子堆，在产孢过程中核融合，产生单细胞双倍体冬孢子（图5-46-1）。

蚕豆单胞锈菌的性孢子器小，黄色。锈孢子器多数生于叶背面，也有生于茎上的，杯形；包被白色，边缘碎裂外翻，组成细胞的外向壁有条纹，厚6～7 μm，内向壁有瘤状凸起，厚2～3μm；锈孢子球形或椭圆形，有瘤，淡黄色，大小为（21～27）μm×（17～24）μm。夏孢子堆生于叶的两面、叶柄和茎上，褐色，直径0.2～1.0 mm；夏孢子球形至椭圆形，淡褐色，表面具刺，大小为（22～33）μm×（16～27）μm，壁厚1.5～2.5 μm，有3～5个芽孔，分布于赤道或靠近赤道处。冬孢子堆生于叶的两面、叶柄和茎上，早期裸露或后期裂出，黑褐色至黑色；冬孢子亚球形至椭圆形，大小为(22～42）μm×(15～30）μm，顶部圆或平，壁厚4.5～12 μm，下部稍窄，壁厚1.5～2.5 μm，平滑，褐色；柄不脱落，黄色到褐色，长达100 μm（图5-46-2）。

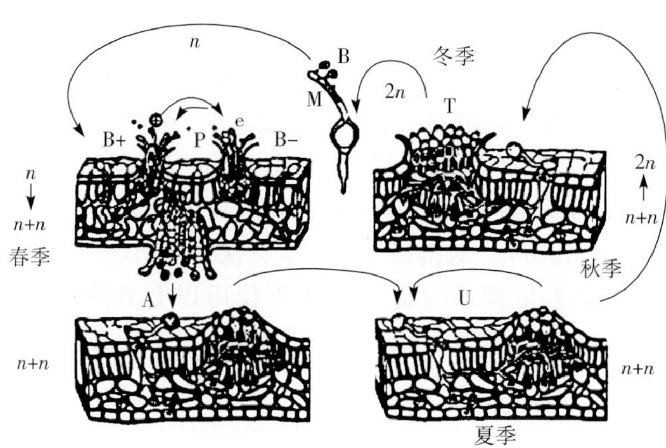

图5-46-1 蚕豆单胞锈菌生活循环（译自Voegele，2006）

Figure 5-46-1 Life cycle of *Uromyces viciae-fabae* (from Voegele，2006)

T. 越冬的二倍体冬孢子 B. 冬孢子萌发产生担孢子
P. 在豌豆、蚕豆等叶片表面产生单倍体性孢子
A. 受精后双核的锈孢子在叶背面锈子器内形成
U. 侵染的锈孢子产生夏孢子堆，在夏季末形成冬孢子堆

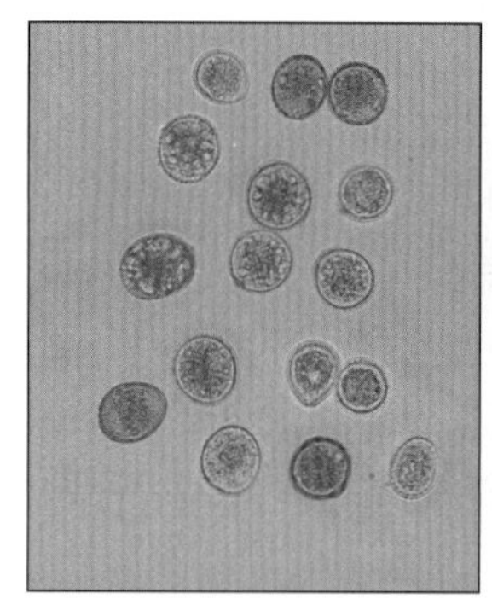
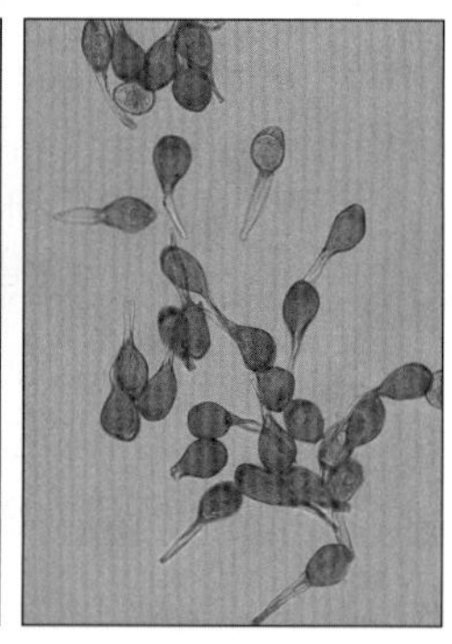

图5-46-2 蚕豆单胞锈菌的夏孢子和冬孢子（朱振东提供）

Figure 5-46-2 Urediospores and teliospores of *Uromyces viciae-fabae* (by Zhu Zhendong)

蚕豆单胞锈菌侵染的作物包括蚕豆（*Vicia faba*）、豌豆（*Pisum sativum*）、紫花豌豆（*P. arvense*）和兵豆（*Lens culinaris*），同时还侵染美洲野豌豆（*V. americana*）、山野豌豆（*V. amoena*）、大花野豌豆（*V. bungei*）、有距野豌豆（*V. calcarata*）、广布野豌豆（*V. cracca*）、双籽野豌豆（*V. disperma*）、硬毛果野豌豆（小巢菜）（*V. hirsuta*）、单花野豌豆（*V. monantha*）、豌豆状野豌豆（*V. pisiformis*）、救荒野豌豆（*V. sativa*）、野豌豆（*V. sepium*）、歪头菜（*V. unijuga*）、长柔毛野豌豆（*V. villosa*）等50多种野豌豆属（*Vicia* spp.）植物；大山黧豆（*Lathyrus davidii*）、海滨山黧豆（*L. japonicus*）、宽叶山黧豆（*L. latifolius*）、乳白山黧豆（*L. ochroleucus*）、香豌豆（*L. odoratus*）、欧洲山黧豆（*L. palustris*）、家山黧豆（*L. sativus*）、玫红山黧豆（*L. tuberosus*）、脉纹山黧豆（*L. venosus*）等约20种山黧豆属（*Lathyrus* spp.）植物。

豌豆单胞锈菌是转主寄生锈菌。在完整的生活史中能产生5种不同类型的孢子，即夏孢子、冬孢子、担孢子、性孢子和锈孢子（图5-46-3）。夏孢子、冬孢子堆在豌豆或其他豆类作物上，锈孢子器、性子器在大戟属植物如柏大戟（*Euphorbia cyparissias*）、乳浆大戟（*E. esula*）上（图5-46-4）。夏孢子堆，肉桂色。夏孢子球形至椭圆形，具刺，黄褐色，平均大小为20.8μm×19.8 μm，芽孔近赤道，平均3.9个。冬孢子堆与夏孢子堆类似，黑褐色。冬孢子亚球形，褐色，平均大小为22μm×17 μm。柄不脱落，黄色到褐色，平均长25.3 μm。

除了豌豆外，豌豆单胞锈菌还可侵染鹰嘴豆（*Cicer arietinum*）、兵豆（*Lens culinaris*）、牧地香豌豆（*Lathyrus cicera*）、单花野豌豆（*Vicia articulada*）、土耳其香豌豆（*V. ervilia*）、蚕豆（*V. faba*）。

虽然蚕豆单胞锈菌和豌豆单胞锈菌夏孢子形态大小及其在叶和茎上的侵染特征相似，但是冬孢子大小及气孔下泡囊具有明显的差异，可以区分这两个种（图5-46-5）。此外，利用ITS序列分析及RAPD分子标记能够有效地区分蚕豆单胞锈菌和豌豆单胞锈菌。

四、病害循环

在北方，蚕豆单胞锈菌以冬孢子堆在豌豆、蚕豆等病残体上越冬。翌春，冬孢子萌发产生担子和担孢子。担孢子借气流传播到寄主叶面，萌发时产生芽管直接侵染，在病部产生性子器及性孢子和锈孢子器及锈孢子，然后形成夏孢子堆。夏孢子重复产生，借气流传播进行再侵染，在病害流行中起着重要作用。秋季形成冬孢子堆及冬孢子越冬。豌豆单胞锈菌在我国还没有其转主寄主的报道。国外研究表明，在病残体上越冬的冬孢子萌发产生的担孢子通过风传播到转主寄主柏大戟，在柏大戟上产生性孢子和锈孢子，锈孢子借风传播侵染豌豆产生夏孢子，夏孢子重复产生并借气流传播进行再侵染。秋季形成冬孢子堆，冬孢子在植株残体上越冬。豌豆单胞锈菌也可以菌丝体在柏大戟根茎内越冬。

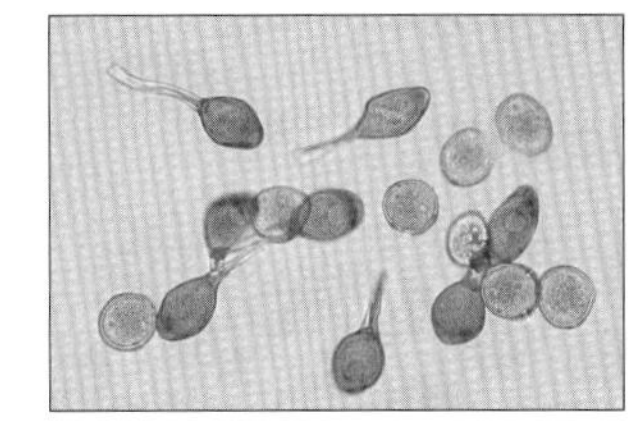

图 5-46-3　豌豆单胞锈菌的夏孢子和冬孢子（朱振东提供）

Figure 5-46-3　Urediospores and teliospores of *Uromyces pisi* (by Zhu Zhendong)

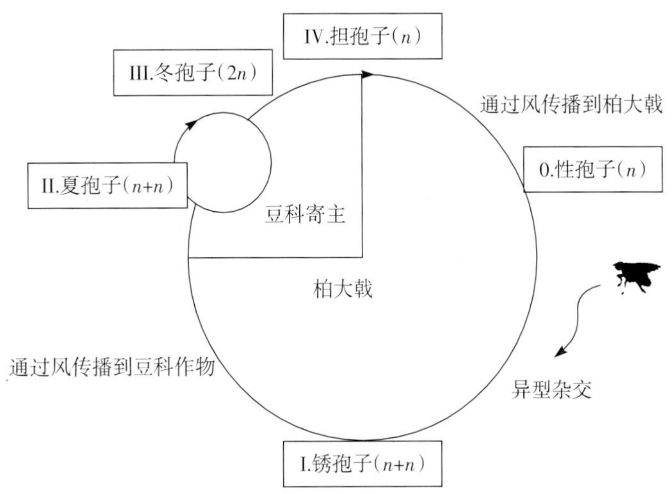

图 5-46-4　豌豆单胞锈菌生活循环（引自 Pfunder 和 Roy，2000）

Figure 5-46-4　Life cycle of *Uromyces pisi* (from Pfunder and Roy，2000)

在南方，蚕豆单胞锈菌和豌豆单胞锈菌以夏孢子进行初侵染和再侵染，并完成侵染循环。但是，蚕豆单胞锈菌也可能以越冬的冬孢子作为初次侵染源引发病害。在印度，研究表明锈孢子在豌豆整个生育期重复产生进行再侵染，是其东北部平原地区豌豆锈病暴发中起重要作用。在我国云南，染病豌豆叶片上的病征以锈孢子器为主，锈孢子可能是豌豆锈病流行的重要再侵染源。

五、流行规律

我国豌豆锈病病原菌在大部分地区以蚕豆单胞锈菌为主，目前仅在江苏、浙江和四川报道豌豆单胞锈菌引起豌豆锈病。蚕豆单胞锈菌的锈孢子在豌豆整个生育期都产生，是影响病害流行的主要因子。蚕豆单胞锈菌锈孢子产生的温度范围为 10～27℃，其中在 25℃左右产孢量最大。夏孢子主要在植株衰老时产生。锈孢子最适萌发温度为 25℃，夏孢子萌发的最适温度为 15℃，温度高于 15℃则萌发率下降。100% 的相对湿度有利于锈孢子萌发，而夏孢子萌发最适相对湿度为 98%。温度对锈病的流行有显著和直接影响，而降雨和湿度与锈病的发展呈负相关。

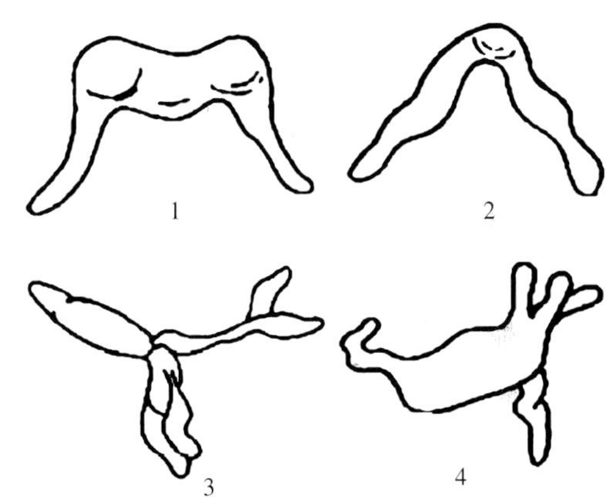

图 5-46-5　几个豆类锈菌分离物产生的典型气孔下泡囊（引自 Emeran 等，2005）

Figure 5-46-5　Typical substomatal vesicles of leguminous rust isolates (from Emeran et al.，2005)

1. 豌豆单胞锈菌　2. 蚕豆单胞锈菌小扁豆分离物
3. 蚕豆单胞锈菌蚕豆分离物
4. 蚕豆单胞锈菌救荒野豌豆分离物

豌豆品种、播种期及其他环境因子与病害流行有密切关系。感病品种是病害流行的重要原因；早播豌豆发病轻，迟播则发病重；地势低洼和排水不畅、土质黏重、植株种植过密、农田通风不良则发病重。

六、防治技术

（一）选种抗性品种

目前，还未发现对锈病具有完全抗性的豌豆资源，但大量的研究表明，在豌豆及其近缘种中存在对两种锈菌有效的不完全抗性资源。豌豆对锈病的部分抗性表现为潜伏期延长和侵染频率降低，其遗传基础是多基因控制的数量遗传。Vijayalakshmi 等（2005）在抗蚕豆单胞锈菌的豌豆品系 FC 1 中鉴定了一个主效基因 *Ruf*，该基因控制染病叶片上孢子堆产生的数量，被认为是一个部分显性基因，表明 FC 1 对锈病抗性还涉及其他的基因。利用 RAPD 标记 *Ruf* 被定位在 SC10-82_{360}（10.8 cM）和 SCRI-71_{1000}（24.5 cM）之间。Rai 等（2011）对 FC 1 的抗锈遗传进行了进一步分析，并利用 SSR 标记进行抗性基因的鉴定和作图，在豌豆 LG VII 发现了两个 QTLs *Qruf* 和 *Qruf1*。*Qruf* 位于 SSR 标记 AA505 和 AA446 区间，解释 58%以上的抗蚕豆单胞锈菌的表现变异，是一个主效 QTL；*Qruf1* 位于 SSR 标记 AD146 和 AA416 区间，解释 12%的抗性表型变异。

Barilli 等（2009）对 2 795 份豌豆属资源进行了抗豌豆单胞锈菌筛选，发现虽然所有资源都表现为亲和反应，但是病害反应的水平存在差异，一些资源特别是野生种 *Pisum fulvum* 资源 IFPI3260 存在高水平的抗性。进一步，他们对 IFPI3260 的抗性基因进行作图，在豌豆连锁群 LG III 鉴定了一个 QTL *Up1*，位于 RAPD 标记 $OPY11_{1316}$和 $OPV17_{1078}$间 19.4 cM 区间，解释了对豌豆单胞锈菌抗性 63%的表型变异。

我国也已筛选出一些抗病资源，如辽宁的海顶柱（G0000313）、麻豌豆（G0000321）、无名豌豆 4 号（G0000325）、无名豌豆 8 号（G0000327）表现抗病，中抗类型有内蒙古的白豌豆（G0002639）、美国的 Ps310126（G0003431）、辽宁的矮生大粒（G0000335）等。浙豌 1 号和新西兰菜豌豆在浙江表现较低锈病的发病率。

（二）农业防治

1. 适时早播和利用早熟品种 豌豆锈病主要发生在结荚期，早播豌豆发病轻，迟播则发病重。因此，适时早播和利用早熟品种可以有效避开锈病发生高峰期，减轻病害损失。

2. 改进栽培及管理措施 豌豆锈菌主要在豌豆、蚕豆等寄主的病残体上越冬，与非寄主作物轮作 1～2 年，可以有效降低田间菌源量；采用高畦深沟或高垄栽培，合理密植，及时整理枝蔓，加强通风透光，增强植株抗病力。田间土壤湿度大时，注意开沟排水降低田间湿度，减轻发病程度。

3. 合理施肥 适量增施磷、钾肥，增强植株抗病力，可以减轻锈病的发生率和严重度。避免过度施用氮肥导致植株徒长和嫩弱，抗性降低。

4. 清洁田园 收获后及时清除豌豆秸秆，集中深埋或烧毁，减少锈菌在田间的越冬基数；播种前铲除田间豌豆、蚕豆自生苗及其他野豌豆属苗，这些自生苗是豌豆锈菌“绿桥”，可能是重要的初次侵染源。

（三）化学防治

1. 防治药剂 豌豆锈病在发病初期可以选用以下药剂进行防治：40%氟硅唑乳油 6 000～8 000 倍液、30%氟菌唑可湿性粉剂 4 000～5 000 倍液、50%多硫悬浮剂 600 倍液、50%混杀硫悬浮剂 500 倍液、15%三唑酮可湿性粉剂 1 500～2 000 倍液、10%苯醚甲环唑悬浮剂 2 000～3 000 倍液、43%戊唑醇悬浮剂 3 000倍液、25%腈菌唑乳油 2 500～3 000 倍液、80%代森锰锌可湿性粉剂 600～800 倍液、25%丙环唑乳油 1 000 倍液、2%武夷菌素水剂 150～200 倍液、0.2～0.3 波美度石硫合剂等。根据病害发生情况隔10～14d 防治 1 次，连续防治 3～4 次，不同药剂交替使用。

2. 利用环境友好物质 研究表明，一些非杀菌剂产品，如可溶性硅、植物油、甲壳素、无机盐、植物提取物等对锈病防治有效。

3. 诱导抗性 一些特异性化合物能够诱导植物对病害的系统抗性。水杨酸（SA）、苯并噻二唑（BTH）、3-氨基丁酸（BABA）对豌豆抗锈病系统获得抗性诱导被证明是有效的。BTH 和 BABA 诱导抗性特征主要表现为侵染率的减少，即通过减少附着胞的形成、气孔穿透、侵染菌丝的生长和吸器的形成影响锈菌的侵染，如豌豆幼苗在接种豌豆单胞锈菌前喷施 10mmol/L 苯并噻二唑能够系统减少上部所有叶片的侵染，且无植物毒性症状产生；喷施 3-氨基丁酸使接种叶片侵染率减少 45%～58%，分别系统减少上部第二叶和第三叶 33%～58%和 49%～58%侵染。

朱振东（中国农业科学院作物科学研究所）

第 47 节　豌豆种传花叶病毒病

一、分布与危害

豌豆种传花叶病毒（*Pea seed - borne mosaic virus*，PSbMV）首先于 1966 年在捷克斯洛伐克被报道。由于 PSbMV 的种传特性，随着豌豆及其他可传毒食用豆类的引种与交换，该病在世界范围内迅速传播，目前已分布于欧洲（比利时、保加利亚、前捷克斯洛伐克、前南斯拉夫、丹麦、芬兰、法国、德国、荷兰、波兰、罗马尼亚、瑞典、瑞士、英国和俄罗斯的欧洲部分）、亚洲（约旦、黎巴嫩、叙利亚、以色列、土耳其、印度、巴基斯坦、尼泊尔、日本）、非洲（阿尔及利亚、埃及、埃塞俄比亚、摩洛哥、南非、苏丹、坦桑尼亚、利比亚、突尼斯、赞比亚、津巴布韦）、南美洲（巴西、秘鲁）、北美洲（加拿大、美国）、大洋洲（澳大利亚、新西兰）等 40 多个国家，成为影响豌豆生产的重要病害。除豌豆外，PSbMV 还侵染蚕豆、兵豆和鹰嘴豆等豆科作物以及一些豆类牧草。PSbMV 侵染豌豆造成的生产损失取决于豌豆品种、病毒株系及侵染时植株的大小。早期侵染可导致一些豌豆品种产量损失严重。有研究表明，在加拿大 PSbMV 引起的豌豆种子产量损失为 11%～36%、荚产量损失 63%，而在英国导致的种子产量损失高达 84%。此外，PSbMV 也可导致 45%的兵豆、41%的蚕豆和 66%的鹰嘴豆籽粒产量损失。同时，PSbMV 也影响种子的质量。感染 PSbMV 的豌豆种子种皮上产生褐色环带或褐斑，严重的种皮裂开。

PSbMV 在国内研究较少，目前在云南、河北、青海、新疆、台湾等豌豆产区已有分布，但其对生产的影响还无报道。此外，云南和青海的蚕豆上也发现 PSbMV。

二、症状

病害症状的严重度受豌豆品种、温度、其他环境条件和病毒株系或致病型的影响。田间自然侵染植株的典型症状包括叶向下卷，轻度褪绿，脉明，沿脉变色，花叶，叶扭曲，卷须非正常卷曲，过早产生腋生枝，植株不同程度的矮化。感染植株节的数量增加，节间缩短，常见末端莲座状（彩图 5 - 47 - 1）。一般中熟品种比早熟品种产生更严重的莲座症状。感染植株也产生畸形花，花瓣杂色，开花和结荚延迟，荚短小、扭曲，成荚数和每个荚的种子数减少，通常仅产生 1～2 粒种子，种子变形、皱缩、小而轻。被侵染种子常常表现为种皮破碎、裂口或有褐色环带和褐斑（彩图 5 - 47 - 2）。自然侵染植株在感染病毒后不久症状可以消失，植株恢复正常。

PSbMV 侵染蚕豆的典型症状包括叶片出现花叶、斑驳和明脉，叶片卷曲，植株轻度矮化，种子变小，种皮开裂并有坏死条纹（彩图 5 - 47 - 2）。

三、病原

豌豆种传花叶病毒病病原为豌豆种传花叶病毒（*Pea seed - borne mosaic virus*，PSbMV），异名有豌豆种传花叶马铃薯 Y 病毒（pea seed - borne mosaic poty virus）、豌豆卷叶病毒（pea leaf - roll virus）、豌豆脆顶病毒（pea fizzle top virus）、豌豆叶卷花叶病毒（pea leaf roll mosaic virus）、豌豆种传无症病毒（pea seed - borne symptomless virus），属马铃薯 Y 病毒科马铃薯 Y 病毒属（*Potyvirus*）植物病毒。病毒粒体长 770 nm、宽 12 nm，通常弯曲，无包膜。核酸含量 5.3%，蛋白质含量 94%。外壳分子质量为 3.4ku。核酸为单链正义 RNA，核苷酸长度为 9 924bp，编码一个 364ku 蛋白的多肽。热钝化温度为 55℃，在离体叶片汁液中存活 1d、根汁液中存活 4d。稀释终点为 10^{-3} 到 10^{-4}。病组织的超薄切片中可见到病毒的风轮状内含体。

PSbMV 存在不同株系或致病型，它们具有相似的形态学、寄主范围、症状学、种传能力及与其他 PSbMV 分离物密切相关的血清学关系，不同的是它们对不同豌豆基因型的侵染存在差异（表 5 - 47 - 1）。目前已经定名了 4 个 PSbMV 致病型，包括从豌豆上鉴定的 P1 和 P4、从兵豆上鉴定的 P2（L - 1）和从蚕豆上鉴定的 P3。P1 引起豌豆叶片暂时性明脉、花叶小叶下卷和节间缩短，是最普通的 PSbMV 致病型。P2 对感病的豌豆品种引起更严重的症状，导致明显的叶片杯状、畸形、花叶和节间缩短至植物严重矮化。然而，P2 不侵染抗菜豆黄花叶病毒（*Bean yellow mosaic virus*）的豌豆品系。P4 对豌豆侵染能力与 P1 相同，但是在许多品种上的症状表达要延迟许多天。基于对豌豆鉴别基因型不同的反应，一些暂时定名的其他致病型 U1、U2、Pi 和 Pv 已被描述。PSbMV 辅助成分蛋白酶（helper component - proteinase，HC - Pro）编码区核苷酸序列存在丰富多态性，利用 RT - PCR - RFLP 方法分析该序列可以将 PSbMV 划分为不同的基因型。

豌豆品种对不同 PSbMV 致病型的感病性划分为 A、B、C、D 4 类（表 5 - 47 - 1）。PSbMV 异源嵌合体分析表明，致病型 P1、P2 和 P4 对 C 类豌豆品种（Bonneville 和 Dark Skinned Perfection）的专化侵染性由马铃薯 Y 病毒属 P3 - 6k1 -编码区的性质决定，对 D 类品种（PI 269774 和 PI 269818）的专化侵染性由编码病毒基因组连接蛋白（VPg）的 5′端一半区域的性质决定，而 P3 专化性侵染由 P3 - 6k1 -编码区和病毒基因组连接蛋白（VPg）编码区的性质共同决定。编码 VPg 中心区域第 105 个到第 107 个氨基酸密码子的改变影响 P1 和 P4 对 PI 269818（*sml1*）的毒力。

PSbMV 与菜豆黄花叶病毒在血清学上相关，与菜豆黄色花叶病毒抗血清有微弱的沉淀反应，与其他马铃薯 Y 病毒属的豇豆蚜传花叶病毒、大豆花叶病毒、西瓜花叶病毒、菜豆普通花叶病毒等均无血清学关系。

表 5 - 47 - 1 PSbMV 4 个致病型对豌豆鉴别品种的反应（根据 Hjulsager 等，2002）

Table 5 - 47 - 1 Reactions of differentials to 4 pathotypes of *Pea seed borne mosaic virus*（from Hjulsager et al.，2002）

品系分类	豌豆品系	致病型			
		P1	P2	P3	P4
A	Fjord	S	S	S	S
	Brutus	S	S	S	S^b
B	PI 193586	R	R	R	R
	PI 347492	R	R	R	R
C（sbm - 2）	Bonneville	S	R	R	S
	Dark Skinned Perfection	S	R	R	S
D（sbm - 1）	PI 269774	R	R	S	S
	PI 269818	R	R	S	S

四、传播与流行

（一）种子传播

PSbMV 侵染种子是该病毒全球传播和田间病害发生最普遍的机制。PSbMV 在豌豆上的种传率最高可达 100％。PSbMV 种传率与病毒株系、豌豆品种、侵染发生时期、环境条件等多种因素有关。植株在生长早期开花之前感染病毒，产生的种子有 30％～90％可传毒。PSbMV 直接侵入未成熟胚，在种子成熟过程中病毒在胚组织内复制和存活。因此，种子传毒源于病毒对未成熟豌豆胚的直接入侵。病毒也可以通过花粉传到种子上。染病的成熟种子种皮、子叶和胚都含有病毒和细胞质内含体（CIB）抗源。整粒带毒种子制备的接种体具有侵染性。田间播种 0.3％～6.5％的染病种子，最终可导致 17.1％～81.5％的发病率，籽粒产量损失为 6％～25％。因此，在高风险区域，种子感染 PSbMV 率阈值应小于 0.5％。

此外，PSbMV 还可在其他豆类作物和牧草上种传，其中在兵豆上种传率高达 40％，蚕豆的种传率为 2％～10.6％，鹰嘴豆为 1.8％，山黧豆为 0.4％，名山黧豆为 5％，黄赭山黧豆为 0.7％，家山黧豆为 1％，班加尔野豌豆为 0.1％，纳博野豌豆为 0.3％，救荒野豌豆为 0.3％。

（二）介体传播

PSbMV 至少可以由 13 个属的 20 多种蚜虫以非持久性方式传播，传播时不需要辅助病毒。这些蚜虫包括豌豆蚜（*Acyrthosiphon pisum*）、天竺葵无网蚜（*A. pelargonii*）、田菁无网蚜（*A. sesbaniae*）、豆蚜（*Aphis craccivora*）、棉蚜（*A. gossypii*）、蚕豆蚜（*A. fabae*）、鼠李马铃薯蚜（*A. nasturtii*）、环球粗额蚜（*Aulacorthum circumflexum*）、茄粗额蚜（*A. solani*）、甘蓝蚜（*Brevicoryne brassicae*）、一种隐瘤蚜（*Cryptomyzus ribis*）、美洲谷菊指管蚜（*Uroleucon escalantii*）、麦长管蚜（*Sitobion miscanthi*）、大戟长管蚜（*Macrosiphum euphorbiae*）、蔷薇长管蚜（*M. rosae*）、麦无网蚜（*Metopolophium dirhodum*）、桃蚜（*Myzus persicae*）、山楂圆瘤蚜（*Ovatus crataegarius*）、大麻疣蚜（*Phorodon cannabis*）、禾谷缢管蚜（*Rhopalosiphum padi*）、欧胡萝卜半蚜（*Semiaphis dauci*）。蚜虫一般 5min 获毒，获毒后不到 1min 就可传毒。豌豆蚜、桃蚜和棉蚜是 PSbMV 最主要的传毒者。马铃薯蚜虫传毒效率也非常高。冷凉生长季节有

利于蚜虫种群增加，病毒传播迅速。PSbMV 也可以机械传播。

（三）寄主范围

PSbMV 的自然寄主范围局限于豆科作物豌豆、鹰嘴豆、兵豆、蚕豆、香豌豆、野豌豆、单花野豌豆、纳博野豌豆、褐毛野豌豆和一些豆科牧草。

五、防治技术

（一）品种抗病性

1971 年 Hagedorn 和 Gritton 鉴定了抗 PSbMV 致病型 P1 的两个埃塞俄比亚豌豆品系 PI193586 和 PI193835，随后发现它们对 PSbMV 的抗性由隐性单基因（*sbm*）控制。迄今在豌豆中已经鉴定了 4 个 *smb* 基因 *sbm1*、*sbm2*、*sbm3* 和 *sbm4*。在豌豆基因组中含有两个抗多种马铃薯 Y 病毒属病毒的隐性基因簇。一个基因簇位于第二连锁群（LG II），另一个位于第六连锁群（LG VI）。*smb1*、*sbm3*、*sbm4* 位于连锁群 LG VI（第六染色体）上，分别控制对 PSbMV 致病型 P1、P2 和 P4 的抗性。*smb2* 位于连锁群 LG II（第二染色体）上，抗 PSbMV 致病型 P2。*smb1* 与抗三叶草黄脉病毒（*Clover yellow vein virus*）基因 *cyv2* 和抗菜豆黄花叶病毒（*Bean yellow mosaic virus*）白羽扇豆株系的基因 *wlv* 位于同一基因簇，与豌豆第六染色体上的无蜡基因 *wlo* 连锁；*sbm2* 与抗菜豆普通花叶病毒（*Bean common mosaic virus*）基因 *bcm*、抗三叶草黄脉病毒基因 *cyv1*、抗菜豆黄花叶病毒及西瓜花叶病毒（*Watermelon mosaic virus*）基因 *mo*、抗豌豆花叶病毒（*Pea mosaic virus*）基因 *pmv* 在同一基因簇。

真核起始因子 4E（eIF4E）和它的异形体 eIF（iso）4E 在病毒侵染植物过程中起着关键作用。包括马铃薯 Y 病毒属在内的许多病毒的侵染依赖 eIF4E 或 eIF4G。植物中含有几个密码子差异的 eIF4E 突变体以隐性遗传方式介导对病毒侵染的抗性。eIF4E 在寄主细胞中的主要作用是通过允许细胞 mRNA 帽子结构的识别与互作来起始蛋白质翻译。病毒基因组连接蛋白（VPg）干扰 eIF4E 或异形体 eIF（iso）4E 的帽子结合能力，打断翻译起始复合体形成，抑制病毒侵染循环。研究表明，*sbm1* 是 eIF4E 的等位基因，而 *sbm2* 与 eIF4E 的异形体［eIF（iso）4E］紧密连锁。通过分析大量豌豆抗 PSbMV 品种或品系 eIF4E 基因组序列的变异，Smykal 等（2010）建立了基于 PCR、基因特异性单核苷酸多态性和共显性扩增子长度多态性的 eIF4E 等位基因特异性标记。这些特异性标记的发展为豌豆抗 PSbMV 分子标记辅助育种奠定了基础。

虽然我国还没有开展豌豆抗 PSbMV 的种质资源研究，但中国与澳大利亚科学家在 2003—2005 年的联合调查表明，我国云南、青海、河北等省豌豆主要产区 PSbMV 的发病率较低，认为目前我国豌豆栽培品种中普遍存在对 PSbMV 的抗性。

（二）综合治理

由于 PSbMV 种传和蚜虫非持久传毒特异，在没有抗病品种的情况下，该病害的防治必须依赖综合治理的方法。

1. 选用无毒种子 种植无病种子是控制 PSbMV 的有效措施之一。在生产中种用种子的病粒率应控制在 0.5％以下，因此必须加强对种子生产的监测和种子检测。豌豆种子传带 PSbMV 的检测有多种方法，包括生长试验和接种指示植物、血清学检测、特异性序列 PCR 等。侵染成熟豌豆种子胚的 PSbMV 的外壳蛋白分子质量为 33ku，而种皮内的分子质量为 27～29ku，因此，该蛋白缺失部分特异性抗血清只能检测到胚内的 PSbMV。由于种皮内的 PSbMV 不具有侵染性，Masmoudi 等（1994）利用这种在种子传毒和带毒间的血清学差异建立了有效的用于常规种子检测的血清学方法。PSbMV 致病型 P4 的种子传毒特性比 P1 低很多，在一些品种中用 ELISA 方法在如花粉、胚轴等繁殖组织中检测不到，为此 Kohnen 等（1995）建立了 PSbMV 致病型分子检测方法。

2. 控制蚜虫 控制潜在毒源和传毒介体：PSbMV 一旦通过污染种子进入田间，蚜虫防治便是控制病害流行的关键。在播种之前，必须搞好田园及周边环境卫生，通过控制藏匿病毒和蚜虫越冬或越夏的杂草、牧草、豌豆及蚕豆等自生苗绿桥，最大限度地减少豌豆田附近潜在的病毒侵染植物材料源。

喷施治蚜：在预测预报的基础上，可选择喷施 10％吡虫啉可湿性粉剂 2 500 倍液、22.4％螺虫乙酯悬浮剂 3 000 倍液、20％丁硫克百威乳油 1 500 倍液、50％抗蚜威可湿性粉剂 2 000 倍液、2.5％氟氯氰菊酯乳油 2 000 倍液。

3. 药剂防治病毒病 在发病初期，用 8%宁南霉素水剂（菌克毒克）400～800 倍液、6%低聚糖素水剂 1 500 倍液、0.5%香菇多糖水剂 500～600 倍液、20%盐酸吗啉胍·乙酸铜可湿性粉剂 200～400 倍液、6%菌毒清水剂 500 倍液、3.85%盐酸吗啉胍·三十烷醇可湿性粉剂 500～700 倍液、40%辛菌·吗啉胍可湿性粉剂 1 000 倍液、20%病毒 A 可湿性粉剂 500 倍液、1.5%植病灵乳剂 1 000 倍液喷施。

(三) 加强检疫

PSbMV 目前我国只有局部地区零星发生，因此必须加强对此病毒的检疫，防止国外其他致病型的入侵。同时，要加强产地检疫，避免从病害发生区调种。

朱振东（中国农业科学院作物科学研究所）

第 48 节 绿豆白粉病

一、分布与危害

绿豆白粉病是影响绿豆生产的世界性重要病害之一，广泛发生在包括澳大利亚、印度、巴基斯坦、菲律宾、韩国、泰国、中国等在内的亚热带和热带绿豆生产区。该病害为气传病害，冷凉、干燥的气候条件有利于病害流行。病害首先发生在叶片上，随后侵染茎秆、花序和荚，可导致绿豆单株结荚数、粒数、种子重量减少，从而造成严重的产量损失。有报道表明，在菲律宾绿豆白粉病导致的产量损失为 21%～40%，在澳大利亚为 30%以上。在印度，绿豆白粉病苗期发病可导致 100%的产量损失。此外，白粉病还影响绿豆种子的质量，如降低种子萌发率、豆苗活力及豆芽重量。

在我国，绿豆白粉病在所有绿豆产区均有发生，其中在江苏、浙江、湖北、福建、台湾、安徽、河南、广西、陕西等主产区为害较重，一般减产 20%～30%。在台湾，绿豆白粉病可造成 40%以上的产量损失。

二、症状

绿豆白粉病主要在绿豆开花、结荚期发生，能够侵害植株的所有绿色部分（彩图 5-48-1），在东南亚冬播地区苗期即可发病。病害首先出现在叶片上，随后茎、荚和花序被侵染。染病叶片最初出现的症状是形成模糊的、轻微变色的小斑，随后病斑逐渐扩大形成白色粉斑，病斑不规则。最后病斑合并使病部表面被白粉覆盖（彩图 5-48-2）。菌丝体在叶片两面均可生长。病害由下向上蔓延，严重病株的叶片、茎、豆荚、花序上布满白粉，在霉层下面，被侵染的叶组织或荚变为褐色或紫色（彩图 5-48-3）。发生严重时，叶片变黄、干枯、提早脱落。病原菌后期在菌丝层中产生黑色小粒点，即闭囊壳。

三、病原

绿豆白粉病由子囊菌门白粉菌属的蓼白粉菌（*Erysiphe polygoni* DC.）和叉丝单囊壳属的综丝叉丝单囊壳白粉菌［*Podosphaera fusca*（Fr.）U. Braun et Shishkoff］、瓜类叉丝单囊壳白粉菌［*P. xanthii*（Castagne）U. Braun et Shishkoff］、菜豆叉丝单囊壳白粉菌［*P. phaseoli*（Z. Y. Zhao）U. Braun et Takam］等引起。其中，蓼白粉菌和瓜类叉丝单囊壳白粉菌为我国绿豆白粉病的主要致病菌。

蓼白粉菌无性型为白粉孢（*Oidium erysiphoides* Fr.），菌丝无色，附着胞裂瓣形；分生孢子梗的脚胞柱形，直或弯曲，大小为（24～34.8）μm×（7.2～9.6）μm，上部着生 1～2 个孢子；分生孢子单个顶生，第一个孢子成熟后第二个孢子才开始发展，圆柱形或卵圆形，无色，单胞，大小为（28.8～50.4）μm×（12～21.6）μm，平均 41.26μm×17.53 μm（图 5-48-1）。子囊果聚生至散生，直径60～139 μm，附属丝多。附属丝菌丝状，与菌丝交织，多数呈扭曲状，不分枝，或不规则分枝 1～2 次，粗细均匀或局部粗细不均，壁平滑或微粗糙，具隔膜 0～3 个，褐色，或基部褐色向上渐无色；子囊 3～10 个，长卵形至亚球形，多有柄，大小为（49～82）μm×（29～53）μm；含有 3～6 个子囊孢子，间或有 2 个或 8 个，椭圆形或卵形，大小为（17～30）μm×（10～19）μm（图 5-48-2）。在印度，蓼白粉菌绿豆分离物被发现存在生理分化，基于含有不同抗白粉病基因的品种将不同地区来源分离物划分为 2 个生理小种（表 5-48-1）。

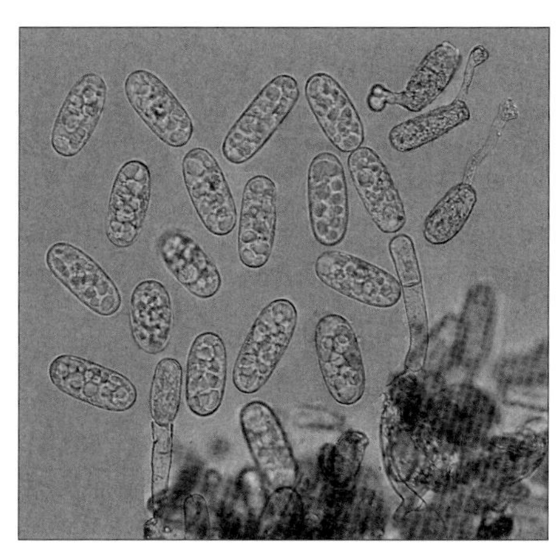

图 5-48-1 蓼白粉菌无性阶段分生孢子及分生孢子梗（朱振东提供）

Figure 5-48-1 Conidia and conidiophores of *Erysiphe polygoni* (by Zhu Zhendong)

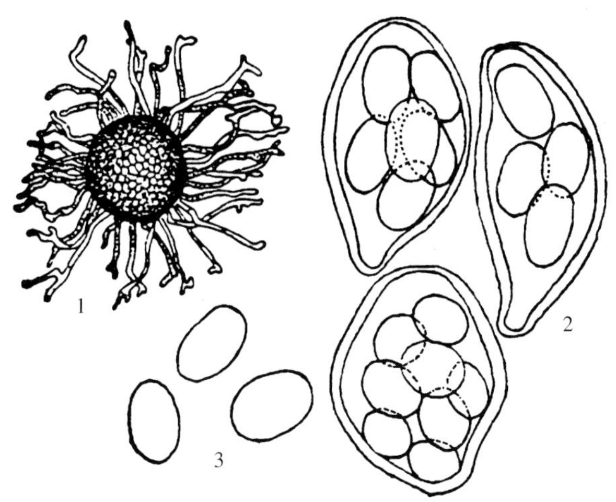

图 5-48-2 蓼白粉菌有性阶段（引自魏景超，1979）

Figure 5-48-2 Sexual stage of *Erysiphe polygoni* (from Wei Jingchao，1979)

1. 子囊壳 2. 子囊 3. 子囊孢子

表 5-48-1 绿豆鉴别品种对蓼白粉菌 4 个印度分离物的反应（引自 Redyy，2007）

Table 5-48-1 Disease reaction of differentials to 4 isolates of *Erysiphe polygoni* from India（from Redyy，2007）

鉴别品种	抗病基因	对 4 个分离物的反应			
		Akola	Trombay	Jabalpur	Gauribidanur
TARM-1	*Pm1Pm1Pm2Pm2*	R2	R0	R0	R0
S-158-16	*Pm1Pm1pm2pm2*	S	R1	R1	R1
S-2-4-1	*pm1pm1Pm2Pm2*	R2	R2	R2	R2
TPM-1	*pm1pm1pm2pm2*	S	S	S	S

注 病害反应分级（叶面积被侵染）：R0：0，R1：1%～5%，R2：6%～30%，S：31%～100%。

瓜类叉丝单囊壳白粉菌（*P. xanthii*，异名：*E. xanthii*、*Sphaerotheca fuliginea*、*S. xanthii*、*S. verbenae*、*S. cucurbitae*）菌丝无色，附着器乳头状。分生孢子梗与菌丝垂直生长，透明，大小为（57.6～124.8）μm ×（9.6～12）μm，脚胞上部着生 1～6 个细胞。分生孢子串生，椭圆形或卵圆形，大小为（20～36）μm×（12～20.4）μm，内有发达的纤维体（图 5-48-3）。子囊果散生至聚生，球形，初期为橘黄色，后期为褐色至暗褐，直径为 70～119 μm，壁细胞不规则长方形或多角形；附属丝 4～36 根，丝状，曲膝状弯曲，长度为子囊果直径的 0.5～3 倍，具 3～5 个隔膜，偶尔分枝，褐色，或靠近顶尖处颜色变淡；子囊 1 个，广椭圆形或近球形，无柄或有短柄，大小为（48～96）μm×（51～75）μm，子囊顶端“眼”的宽度为 15.6～28.8 μm。子囊孢子 8 个，广椭圆形或近球形，大小为（14～27）μm ×（11～19）μm（图 5-48-4）。

综丝叉丝单囊壳白粉菌 *P. fusca* 目前仅在澳大利亚报道引起绿豆白粉病，也是该国绿豆白粉病的主要病原菌。一些研究者认为 *P. fusca* 是 *P. xanthii* 的异名种，但 *P. fusca* 和 *P. xanthii* 子囊顶端“眼”的宽度存在明显的差异，平均长度分别为 10 μm 和 19 μm。此外，分子序列分析也清楚证明 *P. fusca* 和 *P. xanthii* 为不同种。菜豆叉丝单囊壳白粉菌（*P. phaseoli*）在泰国、韩国引起绿豆白粉病。

蓼白粉菌和瓜类叉丝单囊壳白粉菌都具有很广的寄主范围。据统计，蓼白粉菌能侵染 157 个属的 357 种植物；瓜类叉丝单囊壳白粉菌侵染被子植物菊科、葫芦科、唇形科、玄参科、茄科、马鞭草科、豆科等 47 个属的近 100 种植物。

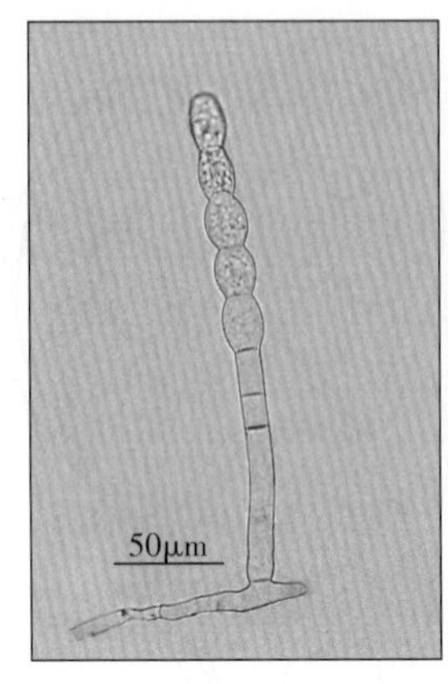

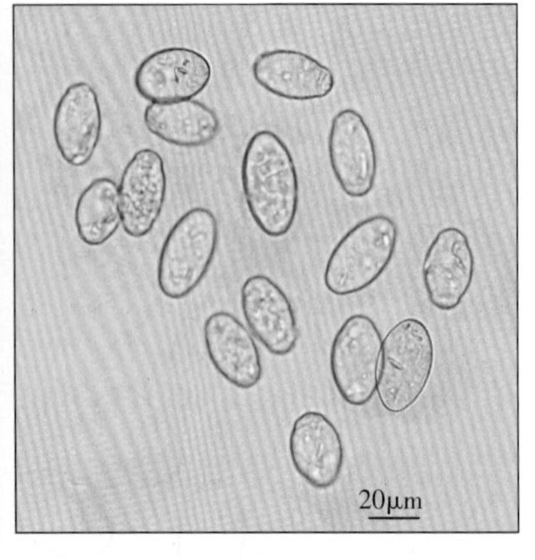

图 5-48-3 瓜类叉丝单囊壳白粉菌分生孢子及分生孢子梗（朱振东提供）

Figure 5-48-3 Conidia and conidiophores of *Podosphaera xanthii* (by Zhu Zhendong)

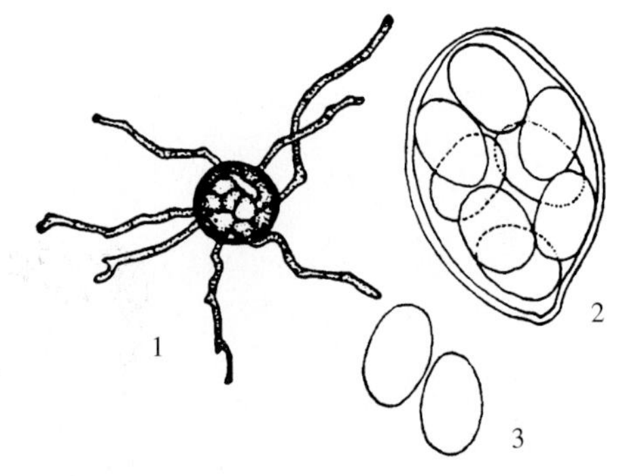

图 5-48-4 瓜类叉丝单囊壳白粉菌有性阶段（引自魏景超，1979）

Figure 5-48-4 Sexual stage of *Podosphaera xanthii* (from Wei Jingchao, 1979)

1. 子囊果 2. 子囊 3. 子囊孢子

四、病害循环

病原菌可以以闭囊壳在病残体上越冬，第二年在合适的条件下以子囊孢子进行初侵染。子囊孢子产生的温度为10～30℃，在释放后24h内完成萌发和侵染。在南方地区病原菌也可以菌丝体在多年生杂草寄主及冬播寄主作物的植株上越冬，在合适的条件下休眠菌丝产生分生孢子进行侵染。初次侵染一旦建立，则很快形成分生孢子进行再侵染。分生孢子在分生孢子梗上连续产生，借气流远距离传播。分生孢子可以借气流传播数百公里，因此，大多数作物病害流行可能是外来侵染源引起。子囊孢子和分生孢子侵染绿豆后病害潜伏期因温度的不同存在差异，在适宜条件下（约25℃），5d就能造成病害流行（图5-48-5）。

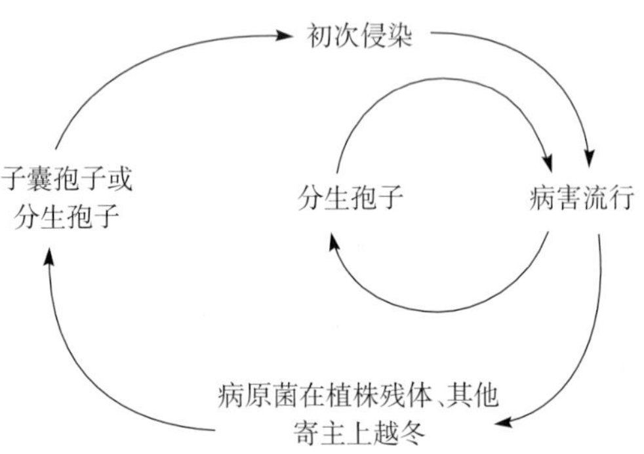

图 5-48-5 绿豆白粉病病害循环（朱振东提供）

Figure 5-48-5 Disease cycle of powdery mildew on mungbean (by Zhu Zhendong)

五、流行规律

绿豆白粉病流行的最适温度为20～26℃。白天温暖、干燥和多云，夜间冷凉气候条件下发病严重。除闭囊壳产生子囊孢子需要一定湿度外，白粉病菌的侵染对湿度的要求不严格。在没有自由水的条件下，分生孢子也能够萌发和侵染植株。叶面因下雨、结露或灌溉而产生的自由水能够降低分生孢子的活力和冲掉分生孢子，减轻病害的发生。因此，在多雨的地区或季节、使用喷灌等，白粉病一般发生较轻。

此外，多年连作、地势低洼、田间排水不畅、种植过密、通风透光差、长势差的田块发病重。氮肥施用过多，土壤缺少钙、钾肥，植株抗病力降低时，利于病害发生。绿豆对白粉病的最易感病生育期为开花结荚期，因此晚熟品种或晚播有利于发病。种植感病品种是病害流行的重要因素。

六、防治技术

（一）利用抗病品种

绿豆品种或资源对白粉病存在明显的抗性差异。具有不同抗性水平的绿豆品种在国外已被使用。抗性遗传研究表明，绿豆对白粉病存在单个显性基因控制的完全抗性和多基因控制的数量抗性的两种抗性类型。Reddy 等（1987）发现印度绿豆 Raipur Uthera Mung（RUM）品系对白粉病具有完全抗性。随后的遗传分析表明，在RUM品系中存在两个显性抗白粉病基因 *Pm1* 和 *Pm2*；同时含有 *Pm1* 和 *Pm2* 绿豆品系表现为完全抗性，当绿豆品系只含有 *Pm1* 时对白粉病表现为高抗，而只含有 *Pm2* 时则表现为中抗。最近，抗蓼白粉菌绿豆分离物2号小种的抗病基因 *Pm3* 在印度地方品种 Mulmarada 中被鉴定。Khajudparn 等（2007）对3个亚洲蔬菜研究与发展中心（AVRDC）抗白粉病绿豆品系 V4718、V4758 和 V4785 的抗性遗传分析表明，3个品系的对菜豆叉丝单囊壳白粉菌的抗性分别由不同的单个显性基因控制。Young 等（1993）在抗性资源 VC3890A 中鉴定了3个抗白粉病 QTLs，这3个 QTLs 为绿豆3个不同的分子连锁群，共解释抗性表型总变异的58%。Chaitieng 等（2002）作图表明了抗白粉病资源 VC1210A 的抗性基因，一个主效抗性 QTL *PMR1* 被鉴定。*PMR1* 位于一个新的分子连锁群，解释68%的抗性表型变异。Humphry（2003）利用高抗品系 ATF3640 衍生的重组自交系鉴定了一个抗白粉病主效 QTL，该 QTL 位于绿豆分子连锁群 LG K RFLP 标记 VrCS65 和 LpCS82 基因组区域，与 VrCS65 遗传距离为1.3 cM。由于该 QTL 解释高达86%的抗性表型变异，因此认为 ATF 3640 对白粉病的抗性很有可能由定位点控制。2008年，Zhang 等（2008）将 ATF 3640 与抗白粉病主效 QTL 连锁的 RFLP 标记 VrCS65 转换成基于 PCR 的位点专化性 SSR 和 STS 标记，为该 QTL 有效利用奠定了基础。

自20世纪80年代，我国开始从国外特别是从亚洲蔬菜研究与发展中心大量引进绿豆资源，其中一些资源对白粉病具有很好的抗性，如 VC1560C、V4785、VC2768A、VC6173-14、V1132、Vc1973A、Vc27784 等。以这些抗性资源为亲本培育出抗白粉病的绿豆品种已推广应用，如中绿系列品种中绿2号、中绿3号、中绿6号、中绿7号、中绿9号、中绿10号、中绿12、中绿13。

（二）农业防治

1. 适时早播和利用早熟品种 绿豆对白粉病最敏感的生育期为花荚期，通常情况下此阶段的环境条件也适合白粉病发生。早播或种植早熟品种，花荚期环境温度较高、雨水较多，不利于发病。晚播绿豆在开花结荚期环境温度正逐步降低，容易感染白粉病。因此，避免白粉病流行的最有效栽培措施就是适当早播，或种植早熟品种。

2. 合理施肥 施足基肥。基肥以腐熟的有机肥为主，增施磷、钾肥，控施速效氮肥。适量增施磷、钾肥，增强植株抗病力，可以减轻白粉病的发生率和严重度。过度施用氮肥导致植株徒长和嫩弱，使抗病性降低，有利于白粉病发生。

3. 合理的栽培及管理措施 与非寄主作物轮作2～3年，可有效地降低田间病原菌的数量，对控制白粉病有一定的作用。与高粱或谷子间作能够有效降低白粉病发生率和严重度。采用高畦深沟或高垄栽培，合理密植，加强通风透光，及时中耕除草，喷施叶面肥，增强植株抗病力，增强群体抗病性，可减轻病害发生。

4. 清洁田园 前茬作物收获后及时清除杂草及秸秆和根茬，集中深埋或烧毁，搞好田园卫生，杜绝或减少侵染来源。播种前铲除绿豆及其他豆科作物自生苗和杂草，可以显著减少绿豆生长季节田间接种体水平。此外，田间发现病株应立即拔除并晒干后焚烧，以减少田间菌源。

（三）化学防治

由于白粉病流行速度很快，只有当病害症状最初出现时喷施杀菌剂，才能获得经济有效的防治结果。药剂防治应在植株侵染率小于5%时进行。白粉病常发区，可以采取预防性防治措施，即在出苗后3周或开花前开始喷药。目前防治白粉病效果较好的药剂和使用剂量：40%氟硅唑乳油5 000～8 000倍液、10%苯醚甲环唑悬浮剂2 000～3 000倍液、50%多菌灵可湿性粉剂500倍液、50%多硫悬浮剂600倍液、50%混杀硫悬浮剂500倍液、15%三唑酮可湿性粉剂1 500～2 000倍液、43%戊唑醇悬浮剂3 000倍液、25%腈菌唑乳油2 500～3 000倍液、2%武夷菌素水剂150～200倍液、0.2～0.3波美度石硫合剂等，可任选其一。根据病害发生情况隔8～10d防治1次，连续防治3～4次，不同药剂交替使用，避免白粉病菌产生抗药性。

（四）利用环境友好物质

在国外，一些生防制剂已应用于绿豆白粉病的防治，如一些木霉（*Trichoderma hamatum*、*T. harzianum*、*T. viride*）和荧光假单胞菌（*Pseudomonas fluorescens*）能够显著降低白粉病严重度和提高产量。此外，大量研究表明，一些非杀菌剂产品，如可溶性硅、植物油、甲壳素、无机盐、植物提取物等对白粉病防治有效。0.5%（m/V）碳酸氢钾能够有效防治豌豆白粉病，苯并噻二唑（BTH）、水杨酸（SA）等可诱导对白粉病的抗性。应用0.5 mmol/L 水杨酸还可以提高绿豆的营养成分和抗氧化代谢，缓解其他非生物胁迫如盐害的多种影响。印楝油、荧光假单胞菌培养滤液等能够有效地防治白粉病。叶面喷施堆肥茶（compost tea）也能够有效防治白粉病。

朱振东（中国农业科学院作物科学研究所）

第49节 绿豆尾孢叶斑病

一、分布与危害

绿豆尾孢叶斑病（又称绿豆叶斑病、褐斑病和黑斑病）是世界性的绿豆重要病害之一。在我国，该病主要分布在河南、安徽、山东、江苏、河北、北京、天津、山西、内蒙古、陕西、辽宁、吉林、湖北、江西、广西、贵州、云南、四川、海南、台湾等地，其中在河南、安徽、山东、江苏、湖北、河北等一些绿豆主产区为害严重。在世界上，绿豆尾孢叶斑病主要分布在印度、孟加拉国、巴基斯坦、斯里兰卡、泰国、马来西亚、菲律宾、日本、巴西、伊朗、埃及、斐济、肯尼亚、尼加拉瓜、巴布亚新几内亚、尼日利亚、波多黎各、坦桑尼亚、津巴布韦、美国、澳大利亚，其中在东南亚国家及印度、巴基斯坦、菲律宾等国发生严重。病害一般在绿豆开花结荚期发生严重，但是适宜条件下在苗期也可造成严重危害，如广西南宁8月中旬播种，2周后便可发病（彩图5-49-1）。由于产生大量病斑，导致叶片成熟前枯死，植株早衰，一般导致23%～47%的产量损失，病害严重发生时减产达80%以上。此外，荚被侵染导致种子皱缩和变小。

二、症状

灰尾孢和菜豆假尾孢侵染叶片在叶片表面首先出现水渍状小点，随后形成圆形或不规则的小的亮褐色或紫褐色病斑，病斑边缘常常为红色或紫色，中心为灰白色，大小为0.5～5 mm。严重时病斑扩展和合并形成大的不规则坏死区域。由于绿豆品种间感病性或病原菌的不同，在自然条件下可产生3种类型病斑：①病斑中央灰白色，边缘褐色，病健组织交界处有褪绿的黄色晕圈；②病斑中央灰白色，边缘紫色，病健组织交界处无褪绿的黄色晕圈；③病斑中央褐色，病健组织交界处有黄色晕圈（彩图5-49-2）。在潮湿天气条件下病斑中心密生灰色霉层，即病原菌的分生孢子梗和分生孢子。病情严重时，病斑融合成片，导致叶片干枯。病原菌侵染茎秆产生大的黑色病斑，当病斑延长到4 cm以上时变为紫色。在荚上病斑凹陷，初为黑紫色，随后变为黑色。染病豆荚产生皱缩和小种子。尾孢叶斑病症状最早在播种后15d就可出现，但主要发生在开花和结荚期。

最近，在印度发现一种非典型绿豆尾孢叶斑病症状，由变灰尾孢一个新的变异菌株引起，可导致50%～70%产量损失。该症状为病斑干枯、坏死、形状不规则，上有灰色产孢霉层，无褪绿边缘（彩图5-49-3）。

三、病原

绿豆尾孢叶斑病病原有6个尾孢属种和1个假尾孢属种。它们分别是变灰尾孢（*Cercospora canescens* Ell. et W. Martin）、镰扁豆尾孢（*C. dolichi* Ell. et Ev.）、菊池尾孢（*C. kikuchii* Matsum. et Tomoy.）、菜豆明尾孢［*C. caracallae*（Speg.）Chupp］、*C. lussioniensis*、*C. columnaria*（*Isariopsis griseola*）、菜豆假尾孢［*Pseudocercospora cruenta*（Sacc.）Deighton］，异名：菜豆尾孢（*C. cruenta* Sacc.），其中变灰尾孢和菜豆假尾孢是分布最广、为害最大的绿豆尾孢叶斑病病原菌。尾孢属和假尾孢属均属于真菌门，半知菌门，丝孢纲，丛梗孢目，丛梗孢科。

变灰尾孢子座近球形，气孔下生，褐色，直径22.5～54.0 μm。分生孢子梗5～19根稀疏簇生至多根紧密簇生，浅褐色至中度褐色，色泽均匀，顶部较窄，直立至弯曲，不分枝，1～5个屈膝状折点，顶部圆锥形至平截，具1～8个隔膜，大小为（20.0～332.0）μm×（3.0～6.5）μm，孢痕明显，宽2.2～3.2 μm；分生孢子针形至倒棍棒形，无色，直或稍弯曲，顶端尖细至近钝，基部倒圆锥形至平截，3至多个隔膜，大小为（30.0～300.0）μm×（2.5～5.4）μm。该菌能够产生非寄主专化性毒素尾孢素，尾孢素能够影响种子萌发和根的生长，在病原菌致病过程中起作用。在纯培养时，变灰尾孢菌丝体生长最适的培养基为PDA，胡萝卜叶燕麦琼脂培养基（COA）适合菌丝体生长和产孢。菌丝体生长最适pH为6.0，连续光照有利于菌丝生长和产孢。变灰尾孢纯菌株在高粱米培养基上可产生大量分生孢子，其数量与温度关系密切，在 28℃、12h 近紫外线照射与 12h 黑暗交替条件下培养 14d 产孢量最多，分生孢子培养 24d 100%萌发（图 5-49-1）。

菜豆假尾孢的有性型为豆煤污球腔菌（*Mycosphaerella cruenta* Latham），属子囊菌门球腔菌属。菜豆假尾孢子实体叶两面生，主要生于叶背面。菌丝体细胞内生，松散交织，子座无或小，气孔下生，青黄褐色。分生孢子梗 5～15 簇根生至紧密簇生，浅橄榄色，色泽均匀，向顶变狭，直立或波状弯曲，1～3 个屈膝状折点，稀少分枝，顶部圆锥形，0～3 个隔膜，大小为（10.0～75.0）μm×（3.0～6.0）μm。分生孢子倒棍棒形至圆柱形，近无色至浅青黄色，直立至中度弯曲，顶部近尖细至钝，基部尖的倒圆锥形至平截，4～14 个隔膜，大小为(40.0～154.0）μm×（2.5～5.4）μm（图 5-49-2）。变灰尾孢和菜豆假尾孢寄主范围都较广，能够侵染包括红小豆、豇豆、花生、扁豆、黑绿豆、木豆、大豆、菜豆等作物在内的数十种豆科植物。

图 5-49-1　变灰尾孢的子座、分生孢子梗和分生孢子（朱振东提供）

Figure 5-49-1　Stroma, conidiophores and conidia of *Cercospora canescens* (by Zhu Zhendong)

四、病害循环

病原菌以子座、菌丝体或分生孢子在病残体或种子内越冬，成为第二年初侵染源。在室温条件下，变灰尾孢在侵染的绿豆种子上能够存活 8 个月。在土壤中的病残体内一些尾孢菌可存活 2～3 年。此外，变灰尾孢和菜豆假尾孢还可以在其他豆科寄主上越冬存活。在适宜条件下，越冬病原体产生分生孢子，分生孢子借风雨传播到绿豆叶片上，分生孢子萌发产生芽管并穿透寄主组织启动侵染过程，随后在叶片上形成病斑。病原菌在病斑上可以反复产生分生孢子进行再侵染并大量积累，借风雨传播，遇有适宜条件即引发病害流行（图 5-49-3）。

图 5-49-2　菜豆假尾孢（引自 Gupta 和 Paul，2002）

Figure 5-49-2　*Pseudocercospora cruenta* (from Gupta and Paul, 2002)

1. 分生孢子梗　2. 子座　3. 分生孢子

五、流行规律

病害主要发生在绿豆的开花结荚期。平均气温为 22.5～23.5℃、相对湿度为 77%～85%、每天多于 5h 的光照和较多的降水天数等气候条件下病害发展速度最快。间歇降雨有利于病害流行，持续干旱或降雨不利于发病。有和没有自由水的情况下，高湿高温都促进变灰尾孢分生孢子的萌发。分生孢子萌发和芽管生长的最适温度为 25～30℃，最适相对湿度为 98%～100%。黑暗条件下产分生孢子的量多。红光抑制分生孢子的萌发，紫光有利于居间细胞产生芽管。变灰尾孢的分生孢子能够在 pH3.0～10.0 的范围内萌发，适于萌发的最适 pH 为 6.0。氮、磷、钾、铜、钙、锌、铁、锰、钼和镁等元素对变灰尾孢发生孢子萌发具有抑制作用。夏播绿豆早播较晚播病害发生严重，早熟品种比晚熟品种病害发生严重。种植密度过大，导致田间通风透光差和湿度增大，有利于病害发展。高温高湿的天气条件有利于病害发生和流行，尤以秋季多雨、连作地或反季节栽培发病重。

在泰国的研究表明，变灰尾孢绿分离物存在致病性的差异，根据对 7 个不同绿豆品系的致病性，10 个分离物被划分为 7 个生理小种，其中 2 号生理小种最普遍和最具毒性，能够在所有鉴别品系上引起最严重的症状。最近印度在绿豆上也发现了比一般菌株更具毒力的变灰尾孢变异菌株。该菌株引起的产量损失为 50%～70%，显著高于一般菌株造成的损失。

绿豆品种形态学上不同影响尾孢叶斑病发生的严重程度有差异。一般叶片上气孔孔径小和单位面积的气孔数量少的品种抗病性好，而气孔孔径大且气孔数量多的品种容易感病。绿豆品种间也存在显著的遗传抗性差异。用不同的抗性资源进行遗传分析表明，绿豆对尾孢叶斑病的抗性遗传复杂，有的受显性单基因控制，有的受隐性单基因控制，有的为多基因控制数量性状。

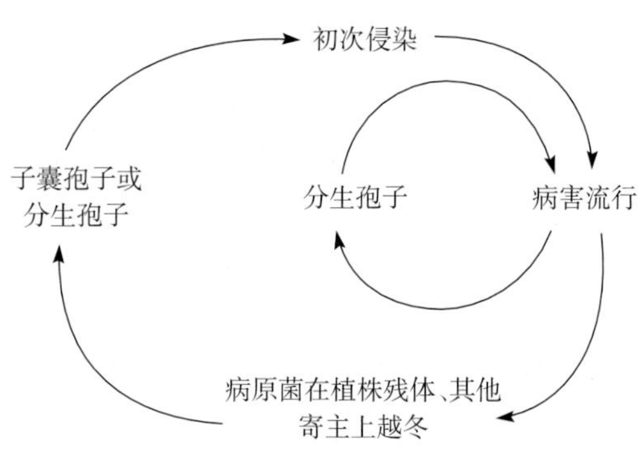

图 5-49-3 绿豆尾孢叶斑病病害循环（朱振东提供）
Figure 5-49-3 Disease cycle of Cercospora leaf spot on mungbean（by Zhu Zhendong）

六、防治技术

（一）利用抗病品种

绿豆及其野生资源中存在抗尾孢叶斑病的有效抗源。自 20 世纪 70 年代初亚洲蔬菜研究与发展中心（AVRDC）就开始致力于绿豆抗尾孢叶斑病的资源筛选和抗性品种的培育及推广。迄今，我国已引进许多 AVRDC 绿豆资源，其中包括一些抗尾孢叶斑病资源，如 VC1177B、VC1562A、VC1973A、VC2523A、VC2719A、VC2768A 、VC4059A 等。通过对 AVRDC 绿豆资源的系统选育或作为亲本，我国已培育出许多对尾孢叶斑病具有优异抗性的绿豆品种应用于生产，如中绿 1 号、中绿 2 号、中绿 3 号、中绿 5 号、中绿 6 号、中绿 7 号、中绿 8 号、中绿 12、豫绿 2 号、豫绿 3 号、豫绿 4 号、冀绿 2 号、潍绿 1 号、潍绿 5 号、苏绿 1 号、吉绿 9346。此外，我国从 20 世纪 80 年代开始了对绿豆资源抗尾孢叶斑病的鉴定，筛选出一些抗性较好的材料如小粒明 317（C1798）、小粒绿豆（C3734）、绿豆（C4007）、麻镇光籽（C4625）。利用国内资源，我国也选育出一些抗尾孢叶斑病品种，如嫩绿 1 号、洮绿 3 号、洮绿 218、黑绿豆 2 号、秦豆 4 号、秦豆 6 号等。

（二）农业防治

1. 使用无病种子 绿豆尾孢叶斑病菌可以种传。种子带菌不仅影响萌发率和导致弱苗，而且是病害发生的重要初次侵染源。因此，生产上必须选用无菌种子，或播前用 45℃温水浸种 10min 消毒。

2. 适时播种 避免绿豆尾孢叶斑病严重发生最有效的栽培措施就是夏播绿豆适时播种，避免在绿豆生育后期遭遇高温高湿或多雨天气。早播或种植早熟品种，花荚期温度较高，雨水较多，有利于发病，因此一般早播较晚播病害发生严重，早熟品种比晚熟品种病害发生严重。

3. 实行轮作或间套作 绿豆尾孢叶斑病菌在土壤中的病残体内越冬存活，是病害发生的主要初次侵染源。轮作能够有效根除或减少病原菌接种体。由于绿豆尾孢叶斑病菌侵染许多豆科作物，轮作时应选用非寄主作物，如禾本科的玉米、小麦、谷子等。实行间作或套种，可以减少病原菌传播，降低病原菌种群密度，创造有利于作物生长、不利于病害发生的环境。

4. 合理栽培 种植密度过大，导致田间通风透光差和湿度增大，病害发生加速。采用高畦深沟或高垄栽培，适当减少种植密度和加宽行距，可以改善田间通风透光条件，降低湿度，利于植株健壮生长和提高植株抗性。播种后覆盖稻草、麦秆等或覆盖地膜，可防止土壤中病菌侵染地上部植株，能够减轻病害和提高产量。

5. 合理施肥 增施农家肥，追施多元肥和复合肥，特别是增加钾肥、锌肥的施用量，培肥地力，增加抗性。一些含有氮、磷、钾及其他元素的叶面肥对病原菌分生孢子的萌发具有抑制作用，在绿豆生育的中后期喷施叶面肥能够增强植株的抗性和增加产量。

6. 加强田间管理 收获后应及时清除植株残体和杂草，集中深埋或烧毁，或深翻地灭茬促使病残体分解，杜绝或减少侵染来源；田间发现病株及时拔除，减少侵染源，防止病害蔓延。降雨后及时排水，降低田间湿度。

（三）化学防治

1. 药剂拌种或浸种 用种子重量 0.2%～0.4%的 50%多菌灵可湿性粉剂或 50%福美双可湿性粉剂拌种能够有效控制尾孢叶斑病的种传侵染，且 0.25%的多菌灵与福美双混合拌种效果更明显。在播种后 3 周和 5 周分别喷施多菌灵或福美双，能够极大地减轻病害发生程度和提高产量。此外，有研究表明：分别用 25%嘧菌酯悬浮剂 500 倍液、25%多·霉威悬浮剂 500 倍液或 25%戊唑醇乳油 500 倍液浸种 2h，出苗后用 25%嘧菌酯悬浮剂 600 倍液喷雾、25%多·霉威悬浮剂 600 倍液喷雾或 25%戊唑醇乳油 600 倍液喷雾对尾孢叶斑病具有较好的防治效果和一定的增产效果。

2. 药剂防治 加强病害的早期监测，特别是发病较重的地区和高温多雨地区，一旦出现连阴雨、高湿和寡照的不良天气，应提前喷药预防，或发病初期开始施药。对绿豆尾孢叶斑病防治有效的药剂有：25%嘧菌酯悬浮剂 1500～2000 倍液、15%三唑酮可湿性粉剂 1 500～2 000 倍液、25%丙环唑乳油 1 000～1 500 倍液、30%王铜悬浮剂 700 倍液、77%氢氧化铜可湿性粉剂 1 000～1 200 倍液、50%福美双可湿性粉剂 600～800 倍液、70%多菌灵可湿性粉剂 800～1 000 倍液、75%代森锰锌可湿性粉剂 600 倍液或 75%百菌清可湿性粉剂 600 倍液。隔 10～15d 防治 1 次，连续防治 2～3 次。不同药剂应交替使用，防止病原菌产生抗药性。

朱振东（中国农业科学院作物科学研究所）

第 50 节　双斑长跗萤叶甲

一、分布与危害

双斑长跗萤叶甲［*Monolepta hieroglyphica*（Motschulsky）］，又称双斑萤叶甲、双圈萤叶甲，俗称金花虫，属鞘翅目叶甲科。

双斑长跗萤叶甲在我国广泛分布于黑龙江、辽宁、吉林、内蒙古、宁夏、甘肃、新疆、河北、山西、陕西、江苏、浙江、湖北、江西、福建、台湾、广东、广西、四川、云南和贵州等地。国外主要分布在俄罗斯（西伯利亚）、朝鲜、日本、印度、菲律宾、印度尼西亚、新加坡、马来西亚、越南（北部）、缅甸、印度（东部）等国家和地区。

双斑长跗萤叶甲是一种杂食性昆虫，能够取食十字花科蔬菜、玉米、高粱、甘蔗、糜子、马铃薯、茼蒿、谷子、棉花、向日葵及豆科、杨柳科植物。以成虫群集为害寄主植物的叶片、花丝等，将大豆、蔬菜叶片吃成孔洞或残留网状叶脉，沿玉米、高粱、谷子的叶脉取食叶肉，仅留表皮，受害玉米叶片呈现大片透明白斑，严重影响光合作用；同时为害寄主植物的嫩穗、嫩粒、玉米花丝以及高粱、谷子、糜子等的花药，严重影响作物的授粉与结实。发生始期呈群集点片为害，发生量大时可扩散迁移为害（彩图 5-50-1）。

二、形态特征

成虫：体长 3.6～4.8 mm，宽 2.0～2.5mm，长卵形，棕黄或橙红色，有光泽。头、前胸背板色较深，有时呈橙红色或棕黄色，有光泽。头部额区稍隆，复眼较大，卵圆形，明显突出。触角 11 节，丝状，灰褐色，端部色深，长度约为体长的 2/3。前胸背板宽大于长，长宽之比约为 2∶3，表面隆起，密布很多细小刻点；小盾片黑色，呈三角形。鞘翅淡黄色，基半部黑色，被密而浅细的刻点，每个鞘翅各有一近于圆形的淡色斑，周缘为黑色，淡色斑的后外侧常不完全封闭，其后面的黑色带纹向后突伸成角状，有些个体黑色带纹模糊不清或完全消失，鞘翅基半部缘折一般黑色，侧缘稍膨出，两翅后端合为圆形，腹端外露。足大部黄色，足胫节端半部与跗节黑色，后胫节端部具一长刺；后跗第一节很长，超过其余 3 节之和。成虫形态特征参见彩图 5-50-2。雄虫腹部末节腹板后缘分为 3 叶，雌虫则完整。

卵：椭圆形，长约 0.6mm，宽约 0.4mm，颜色与成虫取食的食物有关：成虫取食高粱、玉米、白菜和榆树叶等，所产的卵为淡黄色或棕黄色；取食棉花，卵为棕红色。卵壳表面有近等边的六角形网纹。

幼虫：一般体长 5～6mm，体表具有排列规则的瘤突和刚毛，腹节有较深的横褶。共 3 个龄期，初孵化的幼虫淡黄色，随着龄期的增加，体色渐渐变为黄色。一龄幼虫头壳宽 0.19～0.23mm，二龄幼虫头壳宽 0.29～0.32mm，三龄幼虫头壳宽 0.42～0.45mm。幼虫在行动时，体节伸缩幅度很大，初孵幼虫长约 2.0mm，三龄幼虫长约 10mm，最长可达 11.2mm（宽约 1.2mm）。头部具触角 1 对，额缝、冠缝清楚，上颚端狭，具 3 个小齿。胸部 3 节，各具足 1 对，前胸背板骨化，颜色较深。腹部稍扁，共 9 节，自第三节以后明显膨阔。末腹节黑褐色，为一块铲形骨化板，端缘具较长的毛。气门 10 对，胸部 2 对，一至八腹节各 1 对。老熟幼虫化蛹前身体变短、变粗，并稍弯曲。幼虫形态特征参见彩图 5－50－2。双斑长跗萤叶甲的幼虫腹末节的铲形骨化板是区别于其他种类幼虫的重要特征。

蛹：长 2.8～3.5mm，宽约 2.0mm，白色至黄色，体表具刚毛。头和前胸背板色较深，有时橙红色；前端为前胸背板，头部位于其下，小盾片三角形。触角自两复眼之间向外侧伸出，丝状，约为体长的2/3，端部至前足近口器处。前后翅位于两侧，前翅盖在后翅上。后胸背板大部分可见。腹部 9 节，一至七节各有气门 1 对，第九节末端有 1 对稍向外弯的刺。腹面可见头部、足、翅及部分腹节。前、中足外露，后足大部分为后翅所覆盖。

三、生活习性

双斑长跗萤叶甲 1 年发生 1 代，以卵在土中越冬，卵期很长，翌年 5 月开始孵化。通常条件下，越冬卵的孵化很不整齐，孵化期跨度较大，7 月底还能挖查到初孵幼虫。幼虫全部生活在土中，一般靠近根部距土表 3～8 cm，以高粱、玉米、棉花及杂草等植物的根系为食完成生长发育，尤其喜食禾本科植物的根。张聪等在山西调查发现，双斑长跗萤叶甲的幼虫取食玉米根系，在根系表面形成一条孔道，有的钻入根系内部，在根系上造成的伤口呈红色，玉米的地上部分无明显症状。幼虫共 3 龄，整个幼虫期 30d 左右，老熟幼虫在 0～20cm 深的土壤中做土室化蛹。蛹经 7～10d 羽化。成虫于 6 月下旬至 7 月初开始羽化出土，初羽化的成虫先为害地边、沟旁、路边的红蓼、棒草、苍耳、刺儿菜、萹蓄等杂草，经 15d 左右，转移到高粱、玉米、豆类、谷子、杏树、苹果树上为害。7～8 月是成虫盛发期，对高粱的为害主要是在成虫期。

初羽化的成虫，先在田边、沟渠两侧的杂草上取食植物叶片，约经半个月转移至大田为害高粱。成虫先沿着高粱叶脉取食叶肉，然后逐渐转移到雌穗上，取食高粱花药以及初灌浆的高粱幼嫩籽粒。成虫有群集性和弱趋光性，日光强烈时，常隐蔽在叶背或花穗中。飞翔力弱，一般只能飞 2～5m。早、晚气温低于 8℃或风雨天，多躲藏在植物根部或枯叶下，气温高于 15℃时成虫活跃。成虫多在 9：00～11：00 和 16：00～19：00 飞翔取食，无风天气尤其活跃；早、晚或中午多藏在叶片背面或者心叶及土缝中，为害期长达 3 个月之久。

成虫羽化后经 20d 开始交尾、产卵。雌成虫把卵产在田间或菜园附近草丛中的表土下，一次可产卵 30 余粒，一生可产卵 200 余粒，卵散产或几粒黏在一起，卵极耐干旱，即使卵壳表面干瘪，经吸水后仍可恢复原形，条件适宜时即可发育孵化。大秋作物收获后，成虫转移到蔬菜上为害，尤其喜食十字花科蔬菜。到 10 月中下旬雌虫把卵产在田间或菜园周边杂草根际土缝内或在 5cm 以内的浅层土壤中越冬。

四、发生规律

（一）虫源基数

双斑长跗萤叶甲田间虫量大小与上年度发生量大小、田间及其周边清洁度有着密切的关系。田间郁闭、杂草多、管理较差则发生较重，干旱年份发生更加严重。双斑长跗萤叶甲在黏土地上发生早、为害重，在壤土地、沙土地发生明显较轻。因成虫具有弱趋光性，种植密度过大，田间郁闭，通风透光性差，有利于该虫发生为害。

（二）气候条件

双斑长跗萤叶甲对光、温的强弱较敏感。中午光线强、温度高，则在田间活动旺盛，飞翔力强，取食叶片量大；清晨或傍晚光线弱温度低时飞翔力差，活动力衰退，常躲在叶片背面栖息。由于该虫具有短距离迁飞的习性，相邻的农田同时发生时，其中一块地进行防治而其他地块不防治，则几天后防治过的地块又呈点片发生，加大了防治难度，为害程度更重。

双斑长跗萤叶甲发生期早晚与温度有关，5～6 月平均温度的高低决定着双斑长跗萤叶甲发生期的早晚，温度高则发生期早，温度低则发生期晚。王立仁等研究认为，双斑长跗萤叶甲在陕西发生的一个主要原因是气候适宜。该地区春季温暖湿润，有利于其越冬卵孵化和幼虫发育，特别是 4 月下旬至 5 月上旬的降水是影响成虫发生期和发生量的关键因素，而 7～9 月的高温干旱气象条件可造成成虫严重为害。

高温干燥对双斑长跗萤叶甲的发生极为有利。降水量少则发生重，降水量多则发生轻，暴雨对其发生极为不利。一旦条件适宜，该虫发生量大，为害程度重，持续时间长，可从 7 月上旬一直持续为害到 9 月下旬。杨光安等研究认为，2000 年双斑长跗萤叶甲在东辽县突然大发生，高温干旱的气象条件是大发生的主要原因。2000 年东辽县是一个历史上罕见的高温干旱年，据记载，2000 年东辽县 6～8 月出现严重的持续干旱天气，总降水量仅 169.4mm，而历年同期为 420mm，是当地有气象记录以来最少雨的年份，汛期日最大降水仅 19.4mm；气温特高，平均气温比历年高 6.3℃，6～8 月高于 30℃的日数达 39d，是历年同期的首位。由于 6～8 月这 3 个月气温特高降水特少，这种特殊的气象条件是造成双斑长跗萤叶甲大发生的重要原因。

（三）寄主植物

双斑长跗萤叶甲的寄主植物涉及禾本科的高粱、玉米、谷子等，十字花科蔬菜，豆类，棉花、向日葵、马铃薯、茼蒿、胡萝卜及木本的杨树、柳树等多种植物。国外文献记载，它的寄主还有荚蒾属、悬钩子属、刺核藤属植物。陈静等（2006）通过非选择性实验研究双斑长跗萤叶甲在新疆北部的取食范围，结果表明：在供试的 25 科 54 属 58 种植物中，该虫喜食植物有 25 种，较喜食植物有 21 种，完全不取食的有 12 种。由此可见，其取食范围之广泛。

（四）天敌昆虫

目前已发现的双斑长跗萤叶甲的天敌种类较少，寄生性的天敌主要有寄生蝇、小蜂、病原微生物线虫、昆虫病原真菌、寄生性蠕虫等。捕食性天敌则包括瓢虫、蜘蛛、螳螂、胡蜂等。

五、防治技术

（一）农业防治

减少越冬代虫量，降低虫口密度。秋季要及时清除田间地边杂草，减少双斑长跗萤叶甲的越冬寄主植物，降低越冬基数；高粱收获后及时深翻土壤灭卵，如有条件要进行冬灌灭卵，减少越冬虫卵基数；早春及时铲除田边、地埂、渠边杂草，消灭中间寄主植物，改变其栖息环境，减少食料来源，降低虫口密度。

合理施肥，强健植株，提高植株的抗逆性，从而减少和降低为害。对点片发生的地块在早晚进行人工捕捉，降低虫源基数。放宽防治指标，减少防治次数，当百株虫口达到 50 头时进行防治。双斑长跗萤叶甲为害重以及防治后的农田要及时补水、补肥，促进农作物的营养生长及生殖生长。

（二）生物防治

在农田地边种植小麦、苜蓿等作物作为生态带，以诱集害虫集中灭杀。合理使用农药，保护利用天敌。

（三）物理防治

双斑长跗萤叶甲具有一定的迁飞性，可用捕虫网捕杀，降低虫口基数。也可以采用频振式杀虫灯诱杀。

（四）化学防治

由于双斑长跗萤叶甲越冬场所复杂，且成虫有一定的迁飞习性，可转移扩散，防治难度大，必须采取统防统治，才能取得较好的效果。

6 月中、下旬先防治田边、地头、渠边的红蓼、棒草、苍耳、刺儿菜、萹蓄等中间寄主植物上的初羽化出土的成虫，可在清晨成虫飞翔能力弱的时段，选用 4.5％高效氯氰菊酯乳油 1 500 倍液＋1.8％阿维菌素乳油 4 000～6 000倍液，或 2.5％高效氯氟氰菊酯乳油 1 500～2 000 倍液＋1.8％阿维菌素乳油4 000～6 000倍液，喷雾 1～2 次，可收到良好的防治效果。也可选用低毒、低残留杀虫剂如 10％吡虫啉乳油 4 000～6 000倍液，喷雾防治；在成虫盛发期，喷施 4.5％高效氯氰菊酯乳油 1 500 倍液＋1.8％阿维菌素乳油4 000～6 000 倍液，或 4.5％高效氯氰菊酯乳油 1500 倍液＋48％毒死蜱乳油 2 000 倍液，杀虫效果较好，药效时间长，还可兼治玉米螟等鳞翅目害虫及高粱叶螨。喷药时间最好在 9：00 前和 17：00 后进行，间隔 5～7d 再喷 1 次。

王丽娟（辽宁省农业科学院植物保护研究所）

第 51 节　桃 蛀 螟

一、分布与危害

桃蛀螟［*Conogethes punctiferalis*（Guenée）］属鳞翅目草螟科，也称桃多斑野螟、桃蛀野螟、豹纹斑螟、桃蠹螟、桃斑螟、桃实螟蛾、豹纹斑蛾、桃斑蛀螟，幼虫俗称蛀心虫等。

在我国，北起黑龙江、内蒙古，南至台湾、海南、广东、广西、云南南缘，东接俄罗斯东境、朝鲜北境，西面自山西、陕西，西斜至宁夏、甘肃后，折入四川、云南、西藏均有发生和为害。广泛分布于辽宁、陕西、山西、北京、天津、河北、四川、河南（柴立英等，2006）、浙江（任如红等，1993）、云南、西藏等省（自治区、直辖市）（鹿金秋等，2010；张颖等，2010），台湾省也有分布（孟文，1996；王振营等，2006）。国外，分布于日本（Sekiguchi K and Kimura Y，1964）、朝鲜、韩国（Park，1998；Choi，2006）、印度（Bilapate and Talati，1977；Gour and Sriramulu，1992）、斯里兰卡、印度尼西亚、澳大利亚（Ironside，1979；Inoue and Yamanaka，2006）、尼泊尔、越南、缅甸、泰国、马来西亚、菲律宾、巴基斯坦以及巴布亚新几内亚等许多国家。

桃蛀螟寄主植物广泛，现已知的寄主植物有100多种（王振营等，2006），除幼虫蛀食桃、李、杏、梨、苹果、无花果、梅、樱桃、石榴、葡萄（蔺中祥，1995）、山楂、柿、核桃、板栗、柑橘、荔枝、枇杷、芒果、香蕉、菠萝、龙眼（陈元洪等，1996）、银杏等果树外，还为害高粱、玉米、向日葵、大豆、棉花、扁豆、甘蔗、蓖麻、姜科植物及松、杉、桧柏和臭椿等林木，是一种食性极杂的害虫（王振营等，2006）。在印度还发现桃蛀螟为害皂荚（Rao，1992）、丝绵树（Sridharan et al.，2000），韩国橡树上也发现了桃蛀螟为害（Park，1998）。

桃蛀螟为害极其严重，在有些寄主上甚至是毁灭性的。20世纪20年代印度报道了桃蛀螟是蓖麻的著名毁灭性害虫（Ballard，1924）。桃蛀螟幼虫特别喜欢从蓖麻的叶腋处蛀入茎，为害花蕾和嫩茎，蛀入成熟的荚果，蛀食种子。幼虫在蓖麻顶端吐丝结网，取食嫩叶，排出虫粪，受害植株极易腐烂（Ramakrishna，1935）。桃蛀螟也是重要香料姜科作物的重要害虫，主要为害姜花，初孵幼虫蛀入茎和花，排出虫粪，致使受害部位极易感染病害而腐烂；作物受害后，茎易折断，花不能结果，严重时全株枯萎，成片干枯失收（吴忠发，1998）。据报道，在印度桃蛀螟严重为害姜科作物时，可导致50%的产量损失（Koya，1998）。在我国也有桃蛀螟严重为害的记载（魏鸿钧，1956）。

20世纪90年代以来，国内多地相继报道了桃蛀螟在高粱、玉米上为害日益加重（陆化森等，1992；熊朝均等，1993；吕仲贤等，1995；吴立民等，1995；周洪旭等，2004；王振营等，2006）及桃蛀螟在其他寄主上扩散为害的情况（贾开云等，1998；陈元洪等，1996；李长存等，1991）。

在高粱上为害，成虫通常把卵单产在吐穗扬花的高粱穗上，一穗产卵3～5粒。初孵幼虫蛀入高粱幼嫩籽粒内，用粪便或食物残渣把口封住，藏在其内蛀害，吃空一粒又转一粒直至三龄前。三龄后吐丝结网缀合小穗，中间留有隧道，并在里面穿行啃食籽粒，严重的把高粱粒蛀食一空。不仅如此，幼虫在蛀孔处排满粪便，极易引起籽粒或小穗发霉，使高粱品质降低。除此之外，幼虫还可蛀秆为害。桃蛀螟为害状见彩图5-51-1。

二、形态特征

成虫：体长12mm，翅展22～25mm，黄至橙黄色，体、翅表面具许多黑斑点似豹纹，胸背有7个；腹背第一和第三至六节各有3个横列，第七节有时只有1个，第二、八节无黑点；前翅25～28个，后翅15～16个。雄成虫第九节末端黑色，雌成虫不明显。

卵：椭圆形，长0.6mm，宽0.4mm，表面粗糙布细微圆点，初产时乳白色，渐变橘黄、红褐色或鲜黄色，孵化前桃红色。

幼虫：体长22～25mm，体色多变，呈紫红色、淡灰色、灰褐色等，腹面多为淡绿色。头部暗褐色，前胸盾片褐色，臀板灰褐色；各体节毛片明显，灰褐至黑褐色，背面的毛片较大；第一至八腹节气门以上各具6个毛片，排成2横列，前4后2。气门椭圆形，围气门片黑褐色、突起。腹足趾钩为不规则的3序环。

蛹：长纺锤形，长13～15mm，初淡黄绿色，后变褐色；腹部第五至七节背面前缘各有一列小齿，腹部末端稍尖，臀棘细长，上生有钩刺一丛。茧长椭圆形，灰白色。

桃蛀螟成虫、蛹、幼虫形态特征见彩图5-51-2。

三、生活习性

桃蛀螟的生活习性受温度、光照以及取食寄主植物的影响，在不同地区、不同寄主上的发生规律不同。桃蛀螟以末代老熟幼虫在高粱、玉米、蓖麻等植物的残株、穗、叶鞘、枯叶和茎秆等处以及向日葵花盘、仓库缝隙、树皮裂缝、被害僵果、坝堰乱石缝隙等处越冬，偶有以蛹越冬（孟文，1995）；而在针叶树马尾松上的桃蛀螟，以三至四龄幼虫在虫苞中越冬（林志鹏等，1995）。

幼虫越冬因受温度和光照的影响而长短不同，关于桃蛀螟是以滞育还是休眠状态还是兼性滞育状态越冬，至今少有研究报道。

桃蛀螟在我国东北地区年发生2～3代，华北地区年发生3～4代，西北地区年发生3～5代，华中地区年发生5代（鹿金秋等，2010），而长江流域年发生4～5代。在韩国的板栗园中，桃蛀螟每年发生2～3代（Choi，2004）。

在华北地区，越冬代幼虫4月开始化蛹，5月上、中旬羽化。第一代幼虫主要为害果树，第一代成虫及产卵盛期在7月上旬。第二代幼虫7月中旬为害春高粱。8月中下旬是第三代幼虫发生期，集中为害夏高粱，是夏高粱受害最重的时期。9～10月，第四代幼虫为害晚播夏高粱和晚熟向日葵。10月中下旬以老熟幼虫越冬。在长江流域，第二代为害玉米茎秆，无果树种植区常年为害玉米和向日葵。

在河南，越冬幼虫于4月初化蛹，4月下旬进入化蛹盛期，4月底至5月下旬羽化，越冬代成虫把卵产在桃树上，卵期平均8d左右。一代幼虫历期平均19.8d，于5月下旬至6月下旬先在桃树上为害。幼虫共5龄。6月中下旬一代幼虫化蛹，成虫于6月下旬开始出现，7月上旬进入羽化盛期，二代卵盛期跟着出现，卵期平均4.5d，这时正值春播高粱抽穗扬花。7月中旬为二代幼虫为害盛期，二代幼虫历期平均13.7d。二、三代幼虫在桃树和高粱上都能为害。二代羽化盛期在8月上旬，这时春播高粱近成熟，晚播春高粱和早播夏高粱正抽穗扬花，成虫集中在这些高粱上产卵，卵期平均4.2d。桃蛀螟有明显的世代重叠现象，第三代卵于8月初开始孵化，三代幼虫历期平均为13.2d，8月中旬进入为害盛期。8月底三代成虫出现，9月上、中旬进入盛期，这时高粱和桃果已采收，成虫把卵产在晚播夏高粱和晚熟向日葵上，卵期平均6d。9月中旬至10月上旬进入四代幼虫发生为害期。10月中下旬，气温下降后以四代老熟幼虫越冬，越冬代幼虫历期平均208d。据观察，在河南桃蛀螟各世代平均蛹期分别为：一代8.8d，二代8.3d，三代8.7d，越冬代19.4d；成虫寿命平均为一代7.3d，二代7.2d，三代7.6d，越冬代10.7d。

羽化后的成虫必须取食补充营养后才能产卵。成虫趋化性较强，主要取食花蜜。卵单产在花、穗或果实上，每头雌虫一般可产卵20～30粒，最多能产169粒，卵期4～8d。

由于桃蛀螟食性杂、分布广，不同寄主上的桃蛀螟在形态、产卵习性等方面存在差异，推测可能存在更深层次的分化。

桃蛀螟喜湿，成虫趋化性较强，对黑光灯有一定趋性。白天隐藏，至20：00以后开始活动，交尾产卵，20：00～22：00为活动盛期。

四、发生规律

（一）虫源基数

桃蛀螟的发生与作物的播种早晚有密切关系，不同时间播种，收获前百株虫量不同，桃蛀螟的为害率也不同。作物的生育期避开桃蛀螟的产卵高峰期，受害就轻，如：北京地区6月27日播种的高粱，穗期与桃蛀螟的产卵高峰期正好吻合，被害严重。桃蛀螟的卵高峰时间并不完全取决于作物的生育期，而是取决于田间桃蛀螟的发生情况，不同播期的玉米、高粱、向日葵的各生育期的卵量比重不同。适宜成虫产卵的作物生育期，与成虫产卵高峰期相吻合时，落卵量就比较大。因此，田间农事操作时，使作物的特殊生育期避开害虫的高发期，可有效地减轻害虫的为害。

（二）气候条件

桃蛀螟的发生与气候条件的关系十分密切。孙中朴等（1985）的研究表明，桃蛀螟前期的发生与气象因子（特别是温度、降水和空气湿度）是密切相关的。而温度对桃蛀螟各虫态的发育历期、存活率、蛹重以及种群繁殖力有显著影响。杜艳丽等（2012）通过直接最优法计算得到桃蛀螟卵期、幼虫期、蛹期、产卵前期及全世代的发育起点温度分别为10.37℃、10.06℃、14.27℃、7.47℃和11.85℃，有效积温依次为70.84℃、287.71℃、118.42℃、58.33℃和509.06℃。同时研究表明：在15～27℃范围内，各虫态的发育历期均随温度的升高而缩短，发育速率与温度呈显著正相关；但是，当温度上升至31℃时，幼虫生长发育受到抑制，其发育历期比27℃时延长了1.11d；而卵期、蛹期和产卵前期仍符合随温度升高而缩短的趋势。此外，15℃下桃蛀螟五龄幼虫发育停滞，表明老熟幼虫的发育起点温度高于其他低龄幼虫。桃蛀螟世代存活率随环境温度变化的大小顺序为23℃＞27℃＞19℃＞31℃，其中，23～27℃的存活率较高，为54.44%～63.56%，31℃时为4.30%，说明温度过高或过低均不利于其生长发育。成虫产卵量在23℃时最高，单雌平均产卵量达55粒；其次为19℃和27℃，单雌平均产卵量分别为43.3粒和39.7粒；31℃下产卵量最少，仅为20.9粒。

桃蛀螟主要以老熟幼虫越冬，越冬幼虫冬季死亡的主要因子是低温，生物因子对越冬幼虫的作用因冬季低温而难以表现，至春季气温回升，生物因子对幼虫死亡的作用才能逐渐表现出来。鹿金秋等（2008）对桃蛀螟越冬幼虫在田间、室外的死亡率进行了调查：2007年在河北廊坊田间的玉米秸秆垛中，没有发现存活的桃蛀螟幼虫；室外实验楼前越冬幼虫的死亡率为80.0%，仅低温导致的死亡率就达到57.4%，白僵菌导致的死亡率为18.6%。2008年，越冬死亡率为91.3%，其中低温导致的死亡率为77.7%。结果表明：桃蛀螟的越冬幼虫死亡率很高，主要死亡原因是低温，其他生物致死因子主要是白僵菌，没有发现寄生蜂等天敌。2006年，鹿金秋对廊坊地区玉米和向日葵上的桃蛀螟老熟幼虫的平均过冷却点进行了测定，分别为－16.57℃和－18.11℃。从测定结果来看，只要该区冬季温度低于这个极限温度，桃蛀螟越冬幼虫会因结冰伤害而死亡。另外，越冬幼虫的成活率还与各地当年极端低温出现及持续时间有关，极端低温持续时间越长，可导致很多昆虫在体温没有降到过冷却点时就出现大量死亡。

桃蛀螟属喜湿性害虫，雨水充足的年份发生重，而少雨干旱年份则发生轻。

（三）寄主植物

桃蛀螟寄主植物广泛，现已知的寄主植物有100多种（王振营等，2006），是一种食性极杂的害虫，为害极其严重。不同寄主对于桃蛀螟的生长发育和存活影响明显不同，在同一作物不同品种上发育历期不同，且其对寄主不同品种的为害程度也不同。在高粱品种中，紧穗型品种的发生率明显重于半紧穗型的品种，而散穗型的品种发生最轻；在抗虫的蓖麻品种EB16－A上的幼虫发育历期长达26.5d，而在感虫品种上的发育历期为19d；不同的板栗品种对桃蛀螟的抗性存在明显差异，可能与成虫的产卵选择性以及某些品种总苞特异的内含物对卵及幼虫的抑制作用有关。

（四）天敌昆虫

桃蛀螟的主要寄生蜂类天敌有：绒茧蜂（*Apanteles* sp.）、广大腿小蜂［*Brachymeria lasus*（Walker)］和抱缘姬蜂（*Temelucha* sp.）、黄眶离缘姬蜂［*Trathala flavoorbitalis*（Cameron)］（李鸿筠等，2005）等。主要捕食性天敌有蜘蛛类如奇氏猫蛛（*Oxyopes chittrae* Tikader）（Sebastian and Sudhikumar，2004）。

白僵菌等寄生性微生物对桃蛀螟具有一定的抑制作用。

五、防治技术

（一）农业防治

农业防治就是把整个农田生态系统诸多因素进行综合协调管理，通过调控作物、害虫和环境因素，创造有利于作物生长而不利于桃蛀螟发生的农田生态环境。如，利用处理越冬寄主、改革耕作制度、种植抗螟品种、种植诱集田等措施控制桃蛀螟的为害。

1. 清洁环境，降低越冬虫源基数 冬前高粱、玉米要脱空粒，并及时处理高粱、玉米、向日葵等寄主的秸秆、穗轴及向日葵盘，集中消灭越冬虫体；在第二年老熟幼虫化蛹前，清除仓库缝隙及果园树皮缝隙等越冬场所的虫体，降低越冬虫源基数。

2. 调整播种期 根据各地、各作物上桃蛀螟的发生规律，使作物的高危生育期与桃蛀螟的发生高峰期错开，减轻为害。

3. 合理布局作物种类，减少交叉为害 避免将高粱种植在果园或大面积向日葵等田地附近，避免加重和交叉为害。另外，氮、磷和钾肥的用量也与虫口数量有关，多施磷肥和钾肥可以控制虫口数量（Thyagaraj and Chakravarthy，1999）。

（二）生物防治

目前对桃蛀螟天敌的研究报道较少，利用天敌昆虫控制桃蛀螟的研究尚未开展，生物防治的发展潜力巨大。生产上可以利用一些商品化的生物制剂防治桃蛀螟，如：病原线虫（Choo et al.，1995；2001）、苏云金杆菌（*Bacillus thuringiensis*）（Devasahayam，2000；徐建平等，2002）和球孢白僵菌［*Beauveria bassiana*（Bals.）Vuillemin］（陈文进，2004）。

利用桃蛀螟雄蛾对雌蛾释放的性信息素具有明显趋性的特点，采用人工合成的性信息素或者拟性信息素制成性诱芯放于田间，诱杀雄虫或干扰雄虫寻觅雌虫交配，致使雌虫不育，从而达到控制桃蛀螟的目的（杨振亚等，1986；李顺兴等，1989；Mori 等，1990；蔡如希和牟中林，1993；Jung 等，2000；柴立英等，2006）。

桃蛀螟成虫对向日葵花盘产卵有很强的选择性（郭焕敬，2001），可在高粱田周围种植小面积向日葵诱集成虫产卵，集中消灭，以减轻对高粱的为害。

（三）物理防治

根据桃蛀螟成虫具有较强的趋化性和一定的趋光性，在成虫羽化尚未产卵前，可利用黑光灯或糖醋液诱集成虫，集中杀灭；或采用频振式杀虫灯进行诱杀（王藕芳等，2004），能有效地降低成虫种群密度及后代幼虫发生数量，从而达到防治的目的。

（四）化学防治

化学防治在桃蛀螟的综合防治中占有重要地位。它具有速效、简便和经济效益高的特点，特别是在大发生情况下，是必不可少的应急措施。在进行化学防治前，应做好预测预报。可利用黑光灯和性诱剂预测发蛾高峰期，在成虫产卵高峰期、卵孵化盛期适时施药。

在高粱抽穗始期要进行卵与幼虫数量调查，当有虫（卵）株率达 20%以上，或 100 穗有虫达到 20 头以上时，即需用药剂防治。可用 40%乐果乳油 1 200～1 500 倍液，或 2.5%溴氰菊酯乳油 3 000 倍液等喷雾。

总之，在合理利用农业方法的基础上，适时进行化学防治和生物防治，可以有效控制桃蛀螟的为害。

董怀玉（辽宁省农业科学院植物保护研究所）

第 52 节　高 粱 蚜

一、分布与危害

高粱蚜［*Melanaphis sacchari*（Zehntner），异名：*Longiunguis sacchari*（Zehntner）］，属半翅目蚜科，别名甘蔗蚜、甘蔗黄蚜，俗名蜜虫、腻虫等，是一种突发性、猖獗性害虫。

分布于黑龙江、吉林、辽宁、内蒙古、陕西、山西、河北、北京、河南、山东、安徽、江苏、浙江、台湾、广东、湖南、湖北、四川、云南；朝鲜半岛、日本、菲律宾、印度尼西亚、泰国、马来西亚、印度、美国及大洋洲、非洲。除中国西北部分省份外，高粱蚜在国内遍布各高粱产区，以东北的辽宁、吉林、黑龙江三省，华北的山东、山西、内蒙古、河北等省份发生最重，是中国北方高粱产区的主要害虫，常在东北三省及内蒙古、山西、山东、河北等地大发生。主要为害高粱、甘蔗和荻草，除此以外，还可为害玉米、谷子、小麦及其他禾本科植物。在东北、华北主要以为害高粱为主，华中、华南以为害甘蔗为主。

高粱蚜在整个高粱生育期均可为害，以成蚜、若蚜聚集在寄主作物的叶背取食。初发期多在下部叶片为害，逐渐向植株上部叶片扩散，刺吸汁液，取食营养。被害株叶背布满虫体，虫体在刺吸汁液的同时分泌大量蜜露，滴落在下部叶片和茎上，积累成层，油光发亮，故称“起油株”，直接影响植株的光合作用，加之受害植株养分大量消耗，严重影响植株正常生长，导致叶色变红、叶枯，穗莠不实，造成“秃脖”、“瞎尖”，穗小粒少，籽粒单宁含量增高，米质变涩，严重时造成茎秆弯曲、不能抽穗，极大地影响高粱的产量与品质，甚至造成绝收。不仅如此，高粱蚜还能携带、传播高粱矮花叶病毒。高粱蚜虫为害状参见彩图 5-52-1。

二、形态特征

高粱蚜分为两性世代和孤雌胎生世代。

（一）两性世代

卵：长卵圆形，初黄色，后变绿色至黑色，具有光泽。

雌蚜：无翅，较小，与雄蚜交尾后产卵，又称无翅产卵雌蚜。

雄蚜：有翅，较小，触角上感觉孔较多，行动迅速，在东北地区于9月后大量出现。

（二）孤雌胎生世代

分为无翅孤雌胎生雌蚜和有翅孤雌胎生雌蚜2种。

无翅孤雌胎生雌蚜：体长卵形，长1.8mm，米黄色至浅赤色。复眼大，棕红色。触角细长，6节，等于或略长于体长1/2，触角第三至六节的长度比例为100：87：70：31～139。口器黑色，4节，喙不达中足基节，末节最长，为后跗节2节的0.85倍。体表光滑，腹背中央3～6节间具长方形大斑，腹部第一至五节背侧各有一暗色斑纹，腹部第八节有背中横带和毛2根，有时第七节和其他节以及后胸有斑或带，除第五节端部和第六节为黑色外，其余为淡色。跗节第一节毛序3，3，2。腹管短圆筒形，褐色或黑色，短于尾片，长度为尾片的0.82倍。尾片黑色，圆锥形，钝，中部稍粗，具刚毛8～16根。

有翅孤雌胎生雌蚜：体长卵形，头、胸、腹管、尾片均黑色，其余均为米黄色，具暗灰紫色骨化斑。触角6节，约为体长2/3，第三节具有圆形次生感觉圈8～13个，排成不整齐的一行，1～2个位于列外。腹部第一至四节和第七节有缘斑，第一至八节各有横带，有时中断；腹部第一至七节背面各有一深色横带，2～5节背中线的两旁各具1条深色纵带，有时不清楚。腹管黑色，短于尾片。尾片黑色，圆锥形，具刚毛8～16根。翅脉粗黑。高粱蚜成虫、若虫形态特征见彩图5-52-2。

三、生活习性

高粱蚜发生世代短，繁殖快，在我国北方地区，吉林公主岭年发生16代，辽宁沈阳发生19～20代。以受精卵在荻草基部和叶鞘与茎秆的缝隙间越冬。翌年4月中下旬，地表气温高于10℃以上时，越冬卵孵化为干母。干母沿根际土缝爬至荻草根部为害嫩芽，滋生1～2代后，于5月下旬至6月上旬高粱出苗后，开始产生有翅胎生雌蚜，迁飞到高粱上为害，逐步扩散蔓延至全田。7月中下旬为害严重。高粱蚜繁殖力强，每头无翅胎生雌蚜可生70～80头若蚜，多时高达180头，夏季3～5d即可繁殖一代。其发生程度与当年气候和天敌数量密切相关。当6～8月天气干旱，气温24～28℃，旬均相对湿度60%～70%，旬降水量低于20mm时，高粱蚜易大发生。当高粱未封垄之前，旬降水量大于50mm，相对湿度大于75%，气温低，会抑制高粱蚜的发生和蔓延。9月上旬后，随着气温下降和寄主老化，田间开始出现有翅雄蚜和无翅产卵雌蚜。有翅雄蚜与无翅产卵雌蚜交配后即在荻草上产卵越冬，而产在高粱上的卵，因高粱不是宿根植物，春季茎叶干枯，卵孵化后的干母因得不到食物而死亡。南方以成虫及若虫在被害株的茎秆及叶鞘内越冬，广西南部全年都可繁殖为害，发生代数更多。

高粱蚜在越冬寄主和夏季寄主之间以及在高粱田的迁飞、扩散有两种方式：一种是有翅蚜的迁飞；另一种是无翅蚜的转移。至于高粱蚜的迁飞、扩散次数，有每年4次和每年3次说。4次说认为：高粱蚜一年有4次迁飞扩散高峰，除春、秋两季迁入、迁出外，在高粱田内有2次迁飞扩散，第一次在6月末至7月上旬，扩散范围小，虫量少，为点片发生阶段，是早期防治的最适期；第二次在7月中下旬，这次扩散面积大，有虫株率及蚜量增长较快，是田间为害的高峰期；9～10月产生有翅雄蚜迁回荻草与无翅雌蚜交尾产卵越冬。3次说认为：第一次迁飞为6月上旬，由越冬寄主向春高粱地迁入；第二次迁飞是在高粱田间扩散，一般在7月中下旬，这时虫量成倍增长，进入严重为害阶段；第三次迁飞为8月上、中旬，高粱逐渐衰老，由高粱向越冬寄主迁飞。无翅蚜在田间的扩散靠爬行转移，先从原寄主植株上爬到地面，然后再爬到相邻植株繁殖为害，据调查24h顺垄可爬行3m以上，横垄爬行可远达1m。高粱蚜为害一般以原被害株，即俗称的“窝子蜜”为中心向外扩散，严重发生地块，“窝子蜜”大而且数量多，遇到适宜条件，可迅速向全田扩散，为害严重。

四、发生规律

（一）虫源基数

高粱蚜种群数量在田间的变化情况受其本身繁殖系数、气象、天敌、作物品种等多种因子的综合作用影响，以气象和天敌因素关系最为密切。春夏干旱极易导致大发生。以辽宁为例，6月初在高粱出苗后，有翅蚜飞离越冬寄主，迁入高粱田初见蚜开始，直至9月性蚜出现为止，高粱蚜在高粱田的发生历期多达3个月之久。从田间初见蚜到7月上旬是蚜虫发生的波动期，田间虫量时高时低，除山区和病弱苗田，一般不会造成大的危害；从 7 月上旬开始，遇高温干旱等适宜条件，蚜虫数量可急剧上升，为害集中，极大地影响高粱植株的抽穗和灌浆，可造成严重减产。据喀左县 1972—1986 年田间调查，该地区高粱蚜虫的为害可分 4 个发生期。一是点片发生期：此期一般发生在 6 月 15 日至 7 月 10 日，荻草上的高粱蚜开始迁飞到高粱上，降水多的年份出现早，干旱少雨年份出现晚，田间蚜量波动不定。二是蚜群上升期：随着蚜群波动期的结束，田间蚜群上升，喀左县一般发生在 7 月中旬。大发生年份蚜群上升期早且长，蚜群发展直线上升，由百头增加到几千头或上万头，每 5d 平均增长 2～5 倍，多者 10 倍以上，有翅蚜显著增多。1982 年 7 月中旬降水 4.7mm，旬平均气温 24.2℃，5d 时间田间蚜虫量增长 16.8 倍。轻发生年蚜群上升期晚，且持续时间短，蚜量上升不明显。三是蚜群盛发期：7 月 25 日至 8 月 10 日，田间蚜量由万头猛增到 9 万头甚至几十万头，植株起油株率达 100%（1981）。轻发生年盛发期蚜量仍较少，伏天干旱少雨是导致大发生的主要因子。四是蚜群消退期：一般在 8 月中下旬，由于寄主营养条件变差和温度降低，田间蚜量明显减退，有翅蚜开始转移到越冬场所产卵准备越冬。

（二）气候条件

高粱蚜的发生为害程度受气候条件影响最为明显，尤其是温、湿度的影响最大。高粱蚜必须在适宜的高温基础上，遇适宜的干旱条件才能大量繁殖、扩散。一般 6～8 月天气干旱，气温偏高，如旬相对湿度 60%～70%，旬降水量 20mm 以下，旬均温 24～28℃时，适合高粱蚜的繁殖，常常导致大发生。在高粱未封垄之前，降雨强度大，或在蚜虫发生后期，因降雨引起气温降低，相对湿度在 75%以上，旬降水量超过 50mm，会抑制其繁殖，不会大发生。当高粱蚜在高粱田大量繁殖进入为害盛期之后，雨水多少对高粱蚜群体数量的消长则不起主要的作用。

20 世纪 70 年代末，我国部分省份曾对 14 个地区的高粱蚜的 77 个年份的大发生年和非大发生年的气候特点进行分析认为，在东北地区 6 月中旬至 7 月中旬、山东菏泽地区 5 月中旬至 6 月中旬的气温平均在 22～29℃，旬平均相对湿度在 55%～77%，旬降水量在 100mm 以下，且同期的温湿系数（旬平均相对湿度/旬平均温度）为 2～3，温雨系数（旬雨量/旬平均温度）在 1 以下是高粱蚜大发生的主要条件。而在上述时期内，气温忽高忽低，相对湿度长时间处于 75%、旬降水量在 50mm、温湿系数在 3 以上的年份，高粱蚜发生则较轻。在辽宁省，当 6 月旬温在 23℃以上、相对湿度在 50%～60%时，或在此温度下，旬降水量 10mm 左右时，即旬温湿系数在 2.8 以下，温雨系数在 0.5 以下时，则大发生频率高，为害重。山西省忻定盆地 6～7 月，旬平均温度 23℃以上，降水量 10mm 以下，则会抑制高粱蚜繁殖，减轻为害。南方旬均温在 20～28℃，相对湿度 60%～75%则高粱蚜繁殖快，为害重。由此，辽宁省曾提出：在蚜虫迁飞入高粱田后的 30～40d 内（6 月初至 7 月上、中旬），持续 2 旬平均温度在 22℃以上，降水量在 25mm 以下是适于高粱蚜大发生的气候条件。

（三）寄主植物

高粱蚜的寄主主要以高粱、甘蔗、荻草为主。在我国东北、华北地区主要以荻草为越冬寄主，以高粱为夏季繁殖为害寄主；而在华中、华南地区则以甘蔗为主，以成虫及若虫在被害株的茎秆及叶鞘内越冬，尤其在广西南部地区，高粱蚜周年都可以繁殖为害。除此以外，还可为害玉米、谷子、小麦及其他禾本科植物。

不同高粱品种对高粱蚜的抗性存在显著差异。相关研究证明，高粱抗高粱蚜性状是受一对显性基因控制的，且抗性稳定性好，加之高粱蚜变异小，不易产生新的生物型，这为延长抗蚜材料和品种的使用寿命提供了有利条件。

（四）天敌昆虫

高粱蚜的天敌种类比较多，其数量多少与高粱蚜的发生具有密切的相关性。常见的天敌有瓢虫、食蚜蝇、草蛉、寄生蜂、瘿蚊以及蜘蛛等。

1. 瓢虫　瓢虫是高粱蚜的重要天敌之一，种类包括异色瓢虫、龟纹瓢虫、粉蜡瓢虫、七星瓢虫、多异瓢虫和十三星瓢虫等，前 3 种最为常见，在田间控制高粱蚜为害的作用较大。其中，异色瓢虫成虫每天可捕食约 160 头蚜虫，老熟幼虫每天可捕食约 130 头蚜虫，是高粱蚜的重要天敌；龟纹瓢虫成虫每天可捕食约 50 头蚜虫，老熟幼虫可捕食约 30 头蚜虫；而粉蜡瓢虫是高粱田最常见的高粱蚜天敌昆虫，每天可捕食约 6 头蚜虫。

2. 食蚜蝇　食蚜蝇也是高粱蚜的重要天敌之一，因其成虫在田间出现得早，对早期抑制蚜虫数量有较大的作用。其中，大灰食蚜蝇的老熟幼虫每天可捕食蚜虫约120头，4条食蚜蝇的老熟幼虫每天可捕食蚜虫约60头。

3. 草蛉 主要有大草蛉和丽草蛉2种。自高粱蚜迁飞入高粱田后，草蛉成虫便开始出现，至8、9月田间蚜虫消退，还能见到草蛉卵粒，其在高粱田间的发生持续期比其他天敌均长。成虫、幼虫均可捕食蚜虫，其中，大草蛉的老熟幼虫每天可捕食蚜虫约80头，而丽草蛉的老熟幼虫每天可捕食蚜虫约50头。

4. 蚜茧蜂 由于蚜茧蜂自然发生数量大，在很多年份成为田间控制高粱蚜发生的主要天敌。蚜茧蜂以蛹在蚜虫体内越冬，成虫羽化后在被寄生蚜虫腹管附近咬一圆形小洞而出，交尾后选择幼蚜产卵，每蜂寄生一头蚜虫。被寄生的蚜虫身体膨肿，初有光泽，渐变为黄褐色至土黄色，丧失繁殖能力。

5. 食蚜瘿蚊 食蚜瘿蚊以幼虫捕食蚜虫。食蚜瘿蚊幼虫体小，常年发生且数量大。食蚜瘿蚊幼虫数量多在田间蚜虫盛发期急剧增加，老熟幼虫每天可捕食蚜虫约15头。

在高粱田，蚜虫多的植株上有异色瓢虫、多异瓢虫、龟纹瓢虫、草蛉幼虫、食蚜蝇幼虫等多种天敌在进行捕食活动，对蚜虫具有重要的控制作用，在防治时应予以充分考虑与利用。

五、防治技术

高粱蚜的防治应根据其发生规律采取综合防控策略。高粱蚜在辽宁省从6月初开始迁入高粱田，至7月上旬田间蚜虫数量因为天敌的影响呈波动状态，不会造成大的危害，可以不用药剂防治。进入7月中旬以后，如果遇到持续高温干旱天气，田间蚜虫的数量会急剧上升，并开始出现星点的“窝子蜜”株，加之入伏以后几种捕食性天敌的行动变缓，而此时正值高粱孕穗前期，如蚜虫种群大，可造成集中为害，将严重影响穗发育与灌浆，导致严重的产量损失。因此，这一时期要跟踪进行田间虫口密度调查，根据高粱蚜发生情况及时采取农业防治和化学施药相结合的综合防治措施，避免高粱蚜暴发为害，造成不必要的损失。

（一）农业防治

1. 改革栽培措施 创造有利于作物生长而不利于高粱蚜生长繁殖的环境条件，可有效地控制蚜虫为害。如采用高粱与大豆间作，或高粱与玉米、花生间作，可明显减少高粱蚜的发生及为害。冬麦区可在冬小麦中套种高粱，利用麦田中的蚜虫天敌控制高粱蚜，效果显著。

2. 轻剪底叶 高粱蚜迁入高粱田初期，一般由下部叶片向上蔓延，可人工轻剪高粱底部叶片，注意不要使蚜虫抖落，并及时携出田外，就地深埋，以降低田间初始蚜虫基数。

（二）生物防治

高粱蚜的天敌种类多，对田间高粱蚜数量发展的抑制作用明显。可利用有利于天敌繁衍的耕作栽培措施，施用对天敌较安全的选择性农药，并合理减少化学农药的使用，保护利用天敌昆虫来控制高粱蚜的种群数量。

（三）化学防治

高粱蚜的防治应采取盛发期联防联治的策略。做好预测预报，当高粱蚜只是在点片、局部发生时，为了保护天敌，只对中心被害株区进行点片、局部的重点防治，避免一见到蚜虫就立刻进行全田喷药防治。当田间高粱蚜数量急剧上升，蚜虫株率为30%～40%，出现起油株时，或100株虫量超2万头时，并开始迅速向全田扩散蔓延而又主要集中在高粱植株下部叶片或少部分发展到中部叶片时，即需防治。施药方法可以采取先涂茎、熏蒸（包括颗粒剂熏蒸），后喷药的方法。

在蚜虫早期点片发生期及为害盛期前进行药剂防治。①施撒毒沙：用40%乐果可湿性粉剂50mL，对等量水拌匀后，再加入10～15kg细沙，制成毒沙扬撒在高粱株上；②乐果涂茎：将40%乐果乳油稀释成100倍液作涂茎（1～2节）处理，逐株涂抹，不可漏涂；③喷雾：用10%吡虫啉乳油或50%抗蚜威可湿性粉剂、或2.5%溴氰菊酯乳油、或20%氰戊菊酯乳油、40%乐果乳油，按照各药剂使用浓度要求对水稀释后喷雾。

喷药防治时要注意药液喷洒均匀，植株上、下部叶片，叶片正、反两面都要喷到。避免炎热高温天气施药，谨防中毒事故发生。

高粱对敌百虫、敌敌畏、石硫合剂、杀螟硫磷等多种农药非常敏感，高粱田应慎用或禁用，以免造成药害。

王丽娟（辽宁省农业科学院植物保护研究所）

第 53 节　高粱叶螨

一、分布与危害

高粱叶螨属蜱螨亚纲真螨目叶螨科，又称高粱红蜘蛛，俗称火蜘蛛、红砂火龙等。在我国，高粱叶螨是多种叶螨混合发生的复合种群，主要有截形叶螨［*Tetranychus truncatus*（Ehara)］、朱砂叶螨［*T. cinnabarinus*（Boisduval)］和二斑叶螨（*T. urticae* Koch)。

高粱叶螨是一种为害十分严重的植食螨类，是世界性的大害螨。世界温暖地区均有发生报道，广泛分布于美国北部、英国、地中海沿岸、南非、澳大利亚、摩洛哥、前苏联、新西兰和日本等 100 多个国家和地区。我国主要分布于黑龙江、吉林、辽宁、内蒙古、河北、山西、四川和贵州等省（自治区）的高粱产区，以干旱年份发生严重。主要为害高粱、玉米、谷子、棉花、辣椒、茄子以及豆类、瓜类、麻类等多种植物，也是花卉和果树生产上的重要害螨。

高粱叶螨以成螨、若螨先在作物下部叶片为害，逐渐向上部叶片蔓延，扩展到整株叶片的叶背、叶面和茎秆为害。为害初期叶螨群集于高粱叶片背面取食，刺穿细胞，吸取汁液。受害叶片先从近叶柄的主脉两侧出现失绿斑点，随着为害的加重，受害叶片变成红褐色或黄褐色，严重地抑制了作物光合作用的正常进行，最终导致叶片枯死。严重发生时虫口密度大，布满整个植株，被害叶布满丝网，呈火烧状，严重影响高粱产量，甚至导致绝收。高粱叶螨田间为害状参见彩图 5－53－1。

二、形态特征

成螨：截形叶螨雌成螨体长 0.50～0.55mm，椭圆形，体深红色，足及颚体白色，体侧具黑斑；须肢跗节端感器柱形，长约为宽的 2 倍，背感器长梭形，约与端感器等长；气门沟末端呈 U 形弯曲；各足爪间突裂开为 3 对针状毛，无背刺毛。雄成螨体长约 0.35mm，背面呈菱形，须肢跗节端感器柱形，长约为宽的 2.5 倍，背感器菱形，短于端感器；阳具柄部宽大，末端向背面弯曲形成一微小端锤，背缘平截状，末端 1/3 处具一凹陷，端锤内角钝圆，外角尖削。

朱砂叶螨雌成螨体长 0.28～0.32mm，体红至紫红色，有些甚至为黑色，在身体两侧各具一倒“山”字形黑斑，体末端圆，呈卵圆形。雄成螨体色常为绿色或橙黄色，较雌螨略小，体后部尖削。

二斑叶螨雌成螨体长 0.42～0.59mm，椭圆形，体背有刚毛 26 根，排成 6 横排；生长季节体白色、黄白色，体背两侧各具 1 块黑色长斑，取食后呈浓绿、褐绿色；当密度大时或种群迁移前体色变为橙黄色；滞育型体呈淡红色，体侧无斑。与朱砂叶螨的最大区别为在生长季节绝无红色个体出现，其他均相同。雄成螨体长 0.26mm，近卵圆形，前端近圆形，腹末较尖，多呈绿色。与朱砂叶螨难以区分。

卵：圆球形，长约 0.13mm，体表光滑，初产卵无色透明，随着发育渐变黄色、橙色或微红色。二斑叶螨卵孵化前可出现红色眼点。

幼螨：初孵时近圆形，体小，长约 0.15mm，体色透明或淡黄，取食后变暗绿色，眼红色，足 3 对。

若螨：幼螨蜕皮后为若螨，前期若螨体长 0.21mm，近卵圆形，足 4 对，体形、体色与成螨相似仅体小。后期若螨体长 0.36mm，黄褐色，与成虫相似。雄性前期若螨蜕皮后即为雄成螨。高粱叶螨的若螨、成螨形态见彩图 5－53－2。

三、生活习性

高粱叶螨年发生代数因地理纬度和寄主不同而异，南方年发生 20 代以上，北方年发生 12～15 代。在北方，高粱叶螨以受精雌成螨聚集在高粱、茄子及豆类等作物的枯枝落叶、杂草根际和土壤裂缝中越冬。翌年春天，越冬雌虫出蛰后，多集中在早春寄主（主要是宿根性杂草）上取食活动，待作物出苗后，便转移为害。春季当 5d 平均气温大于 7℃时，越冬成螨开始产卵，螨卵散产在叶背中脉附近或新吐的丝网上。早春平均单雌产卵 30 粒，夏季 100 粒左右，有记载单雌最多可产卵 216 粒。卵期 10d 左右，当 5d 平均气温高于 12℃时，第一代卵开始孵化。从越冬雌螨开始产卵至第一代幼螨孵化盛期需 20～30d，发育至若螨或成螨时正值高粱出苗期，5 月中旬至 6 月上旬迁往高粱田为害，7 月中旬至 8 月中旬进入为害高峰期。

高粱叶螨喜群集叶背主脉附近为害，大发生或食料不足时，常千余头群集于叶端成一虫团。为害先从下部叶片开始，当被害叶片失绿干枯后，逐渐向上部绿色叶片转移为害。高粱叶螨猖獗发生持续的时间较长，一般年份可持续到 8 月中下旬以后，当高粱接近成熟可转移到附近绿色作物或杂草上为害。9 月中下旬由于气温下降，高粱叶螨的为害逐渐减轻，陆续出现滞育个体，但如果此时温度高，滞育个体仍然可以恢复取食，体色由滞育型的红色再变回到黄绿色。进入 10 月后以受精雌成虫滞育越冬。

高粱叶螨一般行两性生殖，未受精的卵发育为雄虫，受精卵发育为雌虫。也可不经交配行孤雌生殖，其后代多为雌性。高粱叶螨最适繁殖为害的温度为 26～30℃，随气温升高繁殖加快，繁殖 1 代需 10～27d，如在 23℃时完成 1 代需要 13d，26℃需要 8～9d，30℃以上只需 6～7d。整个生长季世代重叠。

四、发生规律

（一）种植方式

高粱叶螨的发生与种植方式关系密切。高粱和小麦套作，或靠近果园、菜地等常易发生螨害；秋耕浅或不秋耕的地块，滞育越冬的成螨不能有效地被减少或杀灭，造成越冬虫口基数大，为翌春成螨出蛰、繁殖、为害提供了大量虫源。干旱地块田间湿度小，比水浇地块螨害重。

（二）气候条件

高粱叶螨的发生与温度及降雨等气候条件的关系十分密切。冬春气温偏高，高粱叶螨发生较早，且发生面广；持续高温天气时间长，降水量少，有利于叶螨发生扩散。5～6 月干旱少雨，气温高，转移至高粱上的叶螨种群数量会迅速上升，特别是进入 7 月上旬后，若持续遭遇干旱、少雨、多风天气，适宜高粱叶螨繁殖，田间叶螨数量呈暴发式增加，迅速由点片扩散、蔓延至全田，导致泛滥成灾，造成严重危害。降雨强度大，可冲刷掉大量叶螨，降低种群密度，具有抑制作用。

（三）寄主植物

高粱叶螨是截形叶螨、朱砂叶螨和二斑叶螨等混合发生的复合种群，为害寄主植物范围广泛。有研究表明，叶螨为害寄主不同，其发育历期也不相同。植物体表的形态结构和化学组成的变化，不仅直接影响螨类的产卵、取食及在植物体表的附着能力（Bodnaryk，1992），也能影响螨类对寄主植物的选择（Stork，1980）。不同高粱品种间的抗螨性存在明显差异，这可能与高粱叶片表面组织结构及其所含物质成分和比例不同有关。

（四）天敌

1. 天敌昆虫　叶螨的天敌昆虫约有 30 多种，主要有：深点食螨瓢虫、黑襟毛瓢虫、暗小花蝽、东亚小花蝽、塔六点蓟马、小黑隐翅虫、盲蝽、日本通草蛉、大草蛉、丽草蛉、草间钻头蛛等，以深点食螨瓢虫为优势种（卢永宏等，2010），对高粱叶螨具有一定的控制作用。如深点食螨瓢虫，幼虫期每头可捕食叶螨 200～800 头；东亚小花蝽对二斑叶螨的选择性为雌成螨＞若螨＞幼螨，东亚小花蝽五龄若虫每头平均可捕食二斑叶螨雌成螨 25.4 头/d、若螨 21 头/d 和幼螨 18.9 头/d，而雌成虫每头平均可捕食 22.1 头/d、14.9 头/d 和 14.3 头/d（孙月华等，2009）。

2. 捕食性螨类　包括小枕绒螨、长毛钝绥螨、拟长毛钝绥螨、东方钝绥螨、芬兰钝绥螨、德氏钝绥螨、异绒螨等。捕食螨与高粱叶螨几乎同时出蛰。孙月华等（2009）研究表明：伪钝绥螨雌成螨对叶螨各螨态的控制能力依次为幼螨＞卵＞若螨＞成螨；陈霞等（2008）研究表明，在 20～30℃温度范围内，随着温度上升，热带吸螨雌成螨捕食叶螨雌成螨的数量增加，处理猎物时间缩短，单位时间攻击率增大，控制能力随着温度的上升而增强，以（30±1）℃条件下的控制力最强。

3. 寄生微生物　藻菌、白僵菌等寄生微生物对高粱叶螨也具有一定的抑制作用。如：藻菌能使叶螨致死率达 80%～85%；白僵菌能使叶螨致死率达 85.9%～100%，与农药混用，可显著提高杀螨效果。

（五）抗药性

据国内有关资料报道，叶螨对有机磷类、氨基甲酸酯类、拟除虫菊酯类药剂均产生了不同程度的抗性。如，哒螨酮对二斑叶螨各螨态几乎无效。赵卫东等（2003），在室内模拟田间药剂的选择压力，用阿维菌素、哒螨灵和甲氰菊酯对二斑叶螨逐代处理，连续筛选至 12 代后，对阿维菌素抗性增长到 6.72 倍，对哒螨灵抗性增长到 12.1 倍，对甲氰菊酯抗性增长到 19.9 倍。叶螨不仅对多种药剂产生了抗药性，而且其交互抗性也日益突出。高新菊等（2010），在室内用甲氰菊酯药剂筛选二斑叶螨 38 代，抗性达到

247.35 倍；抗甲氰菊酯种群对三氯氟氰菊酯、苦皮藤生物碱、氯氰菊酯、三唑锡和四螨嗪等药剂有明显的交互抗性，抗性指数（RI）分别为 19.53、19.02、12.13、8.80 和 5.13。

叶螨抗药性的增强与遗传学、生物学、生态学及害螨的防治措施等有关。大面积长期频繁地、单一地使用同一类型化学农药，是使叶螨产生抗性的重要原因。寄主植物的种类、耐性和面积也影响叶螨对杀螨剂的抗药性。此外，温度、光照等因子也影响叶螨的抗性。据报道，叶螨抗性机制与其体内的解毒代谢作用增强、穿透作用降低、靶标部位的敏感度降低等有关。赵卫东等（2002）指出，哒螨灵产生抗药性的主要原因是叶螨体内的多功能氧化酶和羧酸酯酶活性的增强。王兴全等（2008）报道，二斑叶螨对甲氰菊酯抗性的产生与磷酸酯酶的活性相关，磷酸酯酶活性升高是二斑叶螨对甲氰菊酯产生抗性的原因之一。二斑叶螨对梅岭霉素抗性的主要机制是羧酸酯酶、多功能氧化酶解毒作用的增强和药剂对害螨体壁穿透性降低；对溴虫腈的抗性与药剂对害螨体壁穿透性降低和谷胱甘肽-S-转移酶和酯酶代谢作用的增强有关。

螺螨酯作为一种新型杀螨剂，杀螨谱广、适应性强、持效期长、低毒、低残留、安全性好，且卵幼兼杀。其杀螨机制独特，理论上与现有杀螨剂不存在交互抗性，但如果不科学合理地使用，抗性问题也是不可避免的。为延长其使用寿命和延缓螨类抗药性的产生，建议将螺螨酯与浏阳霉素、毒死蜱、噻螨酮、唑螨酯、苯丁锡、苦皮藤生物碱、阿维菌素、氯氟氰菊酯、四螨嗪、三唑锡、三氯杀螨醇、哒螨灵等农药交替使用、混用或轮用，避免与甲氰菊酯、氯氰菊酯等农药混用，一般每个生长季节最多使用 2 次，目前有关害螨对螺螨酯的抗性研究未见报道。

五、防治技术

高粱叶螨的防治应遵循坚持“预防为主、综合防治”的植保方针，以农业防治为基础，压低越冬虫口基数；充分保护利用天敌，以益控害；加强测报，做到早调查、早预报、早防治，严防扩散蔓延。

(一) 农业防治

加强田间管理，高粱收获后深翻土壤，破坏越冬场所，降低翌年虫源基数；及时铲除田间和地头、沟渠等杂草，减少越冬虫源。在经常严重发生地区，应避免高粱与小麦套作，或邻近果园、菜地等种植。

(二) 生物防治

高粱叶螨的天敌种类多，对田间高粱叶螨种群数量发展的抑制作用明显。可采取有利于天敌繁衍的耕作栽培措施，筛选对天敌较安全的选择性农药与白僵菌等生物制剂混合施用，并合理减少化学农药的使用量，力求“以虫治螨、以螨治螨、以菌治螨”来控制高粱叶螨的种群数量。

(三) 物理防治

利用高粱叶螨对黄色、蓝色的趋性，采用黄色或蓝色的黏虫板进行诱杀，可有效减少害螨的密度。

(四) 化学防治

高粱叶螨的化学防治主要应抓住点片初发阶段进行。早春是越冬后第一代螨和螨卵孵化初期，也是用药的最佳时期，可选用 5%噻螨酮乳油 2 000 倍液防治。此期用药可降低螨的虫口基数及后期螨的虫口密度。春末时节可选用 15%哒螨灵乳油 2 000～2 500 倍液或 78%阿维·哒螨乳油 6 000 倍液防治。夏季气温偏高，是螨类发生为害的高峰期，可选用 15%哒螨灵乳油 2 000～2 500 倍液，或 1.8%阿维菌素乳油 5 000～6 000 倍液、20%甲氰菊酯乳油 2 000 倍液、20%复方浏阳霉素乳油（浏阳霉素与乐果混剂）1 500 倍液、24%螺螨酯悬浮剂5 000～6 000 倍液、50%四螨嗪悬浮剂 2 000～2 500 倍液喷雾，对夏卵、成螨、幼螨、若螨均有较高的毒杀力。

目前高粱叶螨的防治主要是以化学防治为主，但使用农药时，要了解农药的性质和防治对象，还要注意将不同种类、不同作用方式的杀螨剂混用或交替使用，以发挥最理想的控螨效果，延缓抗药性的发生和发展。

董怀玉（辽宁省农业科学院植物保护研究所）

第 54 节　高粱芒蝇

一、分布与危害

高粱芒蝇（*Atherigona soccata* Rondani）属双翅目蝇科，又名高粱秆蝇，俗称蛀秆蝇，是一种严重为害高粱的害虫，以幼虫为害高粱幼苗，造成枯心。

高粱芒蝇在中国主要分布于湖北、湖南、四川、贵州、云南、广东和广西等省（自治区）。国外主要分布于阿富汗、泰国、缅甸、巴基斯坦、印度、伊朗、以色列、土耳其、意大利、埃及、利比亚、摩洛哥、尼日利亚、埃塞俄比亚等热带和亚热带地区。主要为害高粱及马唐等禾本科杂草。

高粱芒蝇主要以幼虫钻蛀高粱幼苗，从心叶基部呈环状咬断生长点，使幼苗心叶失水枯萎引起枯心苗，严重时枯心率高达 60%～70%，造成田间缺苗断垄甚至毁种绝收。高粱芒蝇幼虫为害状参见彩图 5-54-1。

二、形态特征

成虫：体长 4mm 左右，体黄褐色至灰黄色。复眼棕黑色，眼周缘银白色，间额棕黑色。胸部灰色，前中胸背面有 3 条由短黑毛构成的灰黑色纵纹。雌成虫前足腿节的基半部黄色，端半部黑色，腹部可见节的二至四节背面各有 1 对黑色斑；雄成虫前足腿节全为黄色，或端部部分黑色，腹部仅第二至三节背面各有 1 对黑斑。雄成虫腹部尾节隆起略呈枕状，两侧突呈短扁柱状。

卵：白色，椭圆形，大小为（0.8～1.2）mm×0.2mm，体表面有纵细刻纹，呈波浪状，卵中央纵行隆起，上面具网状纹，两边似船缘。

幼虫：老熟幼虫（三龄）体长 8～10mm，蛆形，初浅黄白色半透明，腹末暗色，老熟时黄色或鲜黄色，体末中央具 1 对黑色气门，显著突起，口钩黑色。全体共 11 节，第十一节末端黑色，这是该种区别于其他种的主要特征。

蛹：长 3.5～5mm，棕红色至棕黑色，似圆筒形，前端平截，边缘隆起似桶盖。末节端部和气门均为黑色。

高粱芒蝇成虫、幼虫及蛹等形态参见彩图 5-54-2。

三、生活习性

高粱芒蝇每年发生代数因地而异，西南地区年发生 5～7 代，如四川武胜地区可发生 5～6 代，贵州都匀地区可发生 7 代；华南地区年发生多达 11～12 代，如广东台山地区。除一代外，田间多有世代重叠现象。越冬虫态也因地而异，在西南地区通常以幼虫（贵州都匀）或蛹（四川武胜）在生育后期高粱的分蘖苗里及土壤中越冬；而在华南南部地区可终年活动，无越冬现象，但各虫态生长发育因温度较低而进度迟缓。在有越冬现象地区，多以老熟幼虫在土壤中或高粱分蘖苗内越冬，翌年 4 月下旬至 5 月上旬化蛹、羽化为成虫，一般蛹期 7d 左右。据贵州都匀观察，在平均气温 19～23℃、相对湿度 70%～80%的条件下，发生一个世代历时约 40d，卵期平均 4.2d，幼虫期平均 16.1d，蛹期平均 9.5d，成虫期平均 29.4d。而在广东，多数世代的卵期约为 2d，幼虫期 8～23d，蛹期 7～10d，雄成虫 3～11d，雌成虫 7～15.5d；但在冬季，卵期 5～8d，幼虫期 42～70d，蛹期 17～31d，除成虫期外历期可长达 73～90d。

成虫多在上午羽化，羽化后的成虫需取食含糖物质，且雌成虫还要取食蛋白质类食料补充营养后才能完成性成熟。高粱芒蝇成虫对蚜虫分泌的蜜露和腐烂鱼虾等发酵物质有较强烈的趋性，田间可利用这一特点进行集中诱捕灭杀。成虫在羽化后第二、三天交尾，多在上午进行。交尾后 3～5d 雌虫开始产卵，产卵期一般 1～5d，每头雌蝇一生可产卵 24～34 粒，多把卵散产在心叶最里边的 3 片叶背面，每株 1～3 粒，以 1 粒居多。高粱苗期若与芒蝇的产卵盛期相吻合，发生为害就重。

卵孵化期 2～3d。卵多在清晨天欲亮至 7：00 前孵化，孵化率可达 80%以上。初孵幼虫从叶片向叶鞘或心叶爬行移动，从心叶缝隙间侵入为害幼苗生长点，侵入率在 70%左右。初孵幼虫体壁具有黏液，爬行时如遇细沙等障碍物可黏附虫体，阻碍爬行或促使虫体向下跌落至地面死亡。幼虫以腐烂的植物组织为食，幼虫期 7～10d。幼虫活泼，有假死习性，不转株为害。以苗期为害为主，植株在 5 叶期前被害可造成枯心苗或丛生分蘖，主茎生长停滞；5 叶期后至孕穗期被害，除造成枯心苗外，还影响穗部发育和抽穗。高湿或叶片有露水有利于卵孵化和幼虫蛀入寄主，但对成虫产卵和成虫寿命有不利影响。

四、发生规律

（一）栽培条件与高粱品种

高粱芒蝇的发生程度与栽培条件以及高粱品种等关系密切。播种时期不当，高粱苗期若与高粱芒蝇的产卵盛期相吻合，则田间虫源基数大，发生为害就重。高粱田管理不善，杂草多或高粱蚜虫发生严重，高粱田邻近村庄、沟塘以及杂草丛生的地方，虫源基数大，发生为害就重。高粱连作区，上季播种的高粱分蘖多，高粱田虫口密度大，受害率及为害程度要比早季高粱发生严重。地势低洼的田块虫口密度大于地势相对较高的田块。

另外，生产实践证明，不同高粱品种对高粱芒蝇的为害抗性有差异，心叶维管束细胞壁厚、木质化程度高的高粱品种受害轻。

（二）寄主植物

高粱芒蝇除为害高粱外，还能为害野生高粱以及马唐等禾本科杂草。田间及高粱田周围清除野生高粱及马唐等禾本科杂草，高粱芒蝇的种群密度会明显降低。

五、防治技术

根据高粱种植地区具体情况采取综合防治措施进行防治。如选用抗虫品种，降低害虫侵入、为害；错期播种，压低虫口基数；利用害虫的趋化性进行诱杀；招引、保护天敌；加强预测预报，适时、科学合理地进行化学防治，在防治害虫的同时还应注意保护本地的天敌资源，这些综合措施的连续使用，会不断地压低虫口基数，提高天敌指数，将高粱芒蝇防治导入到良性化循环的轨道。

（一）农业防治

1. 选用抗虫品种、合理布局、清洁环境 因地制宜选用适宜本地区种植的抗虫品种，合理布局并选择远离村舍、沟渠、灌木杂草丛生的田块种植。同时应避免连作以减少高粱芒蝇虫源基数。

2. 择期播种，使高粱苗期避开成虫产卵期 调整播种时期，将高粱苗期与高粱芒蝇产卵盛期错开，可有效减轻虫害。如贵州贵阳地区，适宜高粱播种的时间为 4 月 9～16 日，可使高粱幼苗避开高粱芒蝇第一代幼虫发生高峰期，能有效地减少其为害；广东台山宜在 3 月 10 日左右播种，使高粱幼苗敏感期（3～5 叶期）错过高粱芒蝇幼虫盛发期，可有效降低为害。

3. 深翻土壤、加强田间管理 高粱收获后深翻土壤，破坏高粱芒蝇越冬场所，降低翌年虫源基数；冬季结合积肥，清除分蘖苗和自生高粱，使越冬成虫不能产卵繁殖或使越冬幼虫死亡，从而降低越冬虫源种群数量。早疏苗、晚定苗，及时蹚铲，清除田间杂草，及时拔除枯心苗，集中处理以消灭虫源。

（二）物理防治

利用成虫的趋化性进行诱杀：用糖醋液、腐臭动物或鱼粉，分别加 1%敌百虫液，配制成毒饵，诱杀成虫，效果很好。

（三）生物防治

利用寄生蜂、瓢虫、蜘蛛等天敌资源控制田间高粱芒蝇的种群数量，可以有效地降低为害。

（四）化学防治

高粱芒蝇的田间化学防治原则为：加强田间虫口数量及为害情况的观察，做好预测预报，早防早治。

播种前，可用 70%吡虫啉拌种剂 30g 对水 250mL，拌种 10～12.5kg，充分拌匀，风干后播种；或苗期在幼虫侵入之前，最好是在成虫产卵盛期，用 2.5%溴氰菊酯乳油 3 000 倍液，或 20%氰戊菊酯乳油 3 000倍液、10%氯氰菊酯乳油 4 000 倍液喷雾。也可使用 40%乐果乳油 700～1 000 倍液喷雾，不仅可毒杀幼虫，而且有杀卵作用。

董怀玉（辽宁省农业科学院植物保护研究所）

第 55 节　粟 灰 螟

一、分布与危害

粟灰螟［*Chilo infuscatellus* (Snellen)］属鳞翅目草螟科。在我国北方主要为害春谷区谷子（粟），在夏谷区也有分布；在南方主要为害甘蔗，称甘蔗二点螟。该虫在我国分布于黑龙江、吉林、辽宁、内蒙古、甘肃、陕西、山西、河北、河南、山东、安徽、福建、台湾、广东、海南、广西、湖南、湖北、四川、云南；在国外分布于朝鲜、缅甸、马来西亚、菲律宾、印度尼西亚、印度、阿富汗、塔吉克斯坦、意大利等国家。寄主植物除谷子、甘蔗外还有糜、黍、玉米、高粱等作物，以及稗草、狗尾草、香根草等杂草。

粟灰螟历年在各地都有不同程度发生。第一代为害春谷，造成枯心苗，大发生年可造成严重缺苗断垄，甚至毁种。第二、三代为害晚春谷、夏谷，前期仍造成枯心苗，后期则蛀茎为害，被害谷子形成白穗，莠而不实，遇风雨而倒折。未倒折的，也因害丧失营养和水分，穗小粒秕，影响产量和品质。所以陕北有“小虫全不见面，大虫全减一半”的谚语，就是形容西北黄土高原、山西、河北北部、内蒙古、辽宁等地春谷区谷子苗期受粟灰螟为害，几乎绝收，后期受粟灰螟为害，也减产严重。粟灰螟在辽西地区每年都有发生，一般受害减产5%左右，严重的减产10%～20%。20世纪70年代，辽宁绥中县葛家公社的谷子受粟灰螟为害比较严重，平均被害株率30%左右，最高达70%，每年因此减产近5万kg，损失谷草7.5万kg。2011年，粟灰螟在晋西吕梁山西麓的石楼县大面积偏重发生，全县发生面积为0.38万hm^2，占谷子播种面积的58%；7月中旬田间出现大量枯心苗，一般被害株率为10%～15%，严重的达到30%～40%，有的甚至毁种（彩图5-55-1）。

为提高单位面积粮食产量，目前夏谷区已逐步推行一年两熟的耕作制度，普遍种植冬小麦，春谷面积则大幅度减少，导致粟灰螟一代幼虫无适宜寄主。因此，该虫在夏谷区的二代虫量极少，基本不造成危害。

二、形态特征

成虫：雄蛾体长8.5mm，翅展约18mm；雌蛾体长10mm，翅展约25mm。头部及胸部淡黄褐色或灰黄色，触角丝状。前翅近长方形，外缘略呈弧形，淡黄而近鱼白色，杂有黑褐色细鳞片，中室顶端及中脉下方各有一个暗灰色斑点，沿翅外缘有成列的小黑点7个（偶有6个），缘毛色较淡，翅脉间凹陷深。后翅灰白色，外缘略呈淡黄色。足淡褐色，中足胫节有距1对，后足胫节有距2对（彩图5-55-2，1）。

卵：扁平，椭圆形，长0.8～1.5mm，宽0.6～0.8mm，壳面有网纹。初产时乳白色，临孵化时灰黑色。卵2～4行呈鱼鳞状排列，与玉米螟卵块相比，卵粒较薄，卵粒间重叠部分较小，排列较松散（彩图5-55-2，2）。

幼虫：末龄幼虫体长15～25mm。头部赤褐色或黑褐色，前胸盾板近三角形，淡黄或黄褐色。体背部有茶褐色纵线5条，其中背线暗灰色，亚背线及气门上线淡紫色，最下一条在气门上面，不通过气门（可与二化螟区别）。腹部一至八节，各节背面气门之间中央有一细皱纹，其前方有毛片各4个，排列成一梯形横列，后方有毛片2个，较小，各在前方一对毛片之间，毛片上均生毛1根。腹足趾钩为三序缺环（彩图5-55-2，3）。

蛹：长12～20mm，略带纺锤形，初为淡黄色，后变黄褐色。幼虫期背部的五条纵线，依然明显。腹部第八节以后，骤然瘦削，末端平。第五、六、七节背面和六、七节的腹面近前缘处，均有横列不规则的片状突起和齿状突起数个，其中第六节腹面较不明显，第五、六节腹面有腹足痕迹（彩图5-55-2，4）。

三、生活习性

（一）发生世代和时期

粟灰螟发生世代随纬度和海拔高度不同而异。长城以北地区1年发生1～2代，黄淮海地区1年3代，珠江流域4～5代，海南省6代。黄土高原河谷盆地1年2代，高海拔山地则1年1代。发生时期各地有别。在年种一茬的春谷地区，主要以第一代幼虫为害谷苗，造成减产。第一代为害盛期在6月下旬至7月上旬；第二代在7月下旬至8月上、中旬。在种植春谷和夏谷的地区，春谷遭受第一代幼虫为害，盛期在6月下旬；夏谷遭受第二代幼虫为害，盛期在8月中、下旬。

在3代区，以河北衡水为例，越冬代幼虫一般在4月下旬开始化蛹，盛期为5月中旬。5月中旬末到下旬是羽化盛期。第一代幼虫5月中旬始见，盛期在5月下旬至6月初，末期为6月中旬。由化蛹盛期到羽化盛期为10～12d，由化蛹盛期到产卵盛期约为15d。第一代幼虫5月下旬开始为害，6月中旬进入为害盛期，6月中旬末开始化蛹，化蛹盛期为6月下旬至7月上旬。第一代成虫羽化盛期在7月上、中旬，6月下旬开始产卵，7月上、中旬为产卵盛期。第二代幼虫为害盛期为7月中、下旬，7月下旬至8月上旬为化蛹盛期，第二代成虫羽化始期为7月下旬至8月上旬，羽化盛期为8月上旬末，8月中旬羽化基本结束。第三代产卵由7月下旬至8月上旬开始出现，盛期在8月上、中旬。第三代幼虫由8月上旬开始出现，为害盛期为8月中、下旬，8月下旬至9月上旬先后转入茎基部至根内开始越冬，有部分二代幼虫可直接越冬。

（二）习性

粟灰螟以幼虫在谷子、糜、黍根茬里越冬。一般年份越冬幼虫死亡率地表的占70%以上，地表下的占30%左右。地表下不同深度的土层内越冬幼虫死亡率也不一样。土深15cm左右处死亡率为30%，33cm左右的死亡率为13.3%，土深50cm处死亡率为7.4%。据河北张家口调查，暴露于地表的越冬幼虫死亡率为99.8%，埋于地下6cm的死亡率为64.9%，10cm深的为53.9%。在根茬里越冬幼虫的死亡率，随着埋土深浅而不同。谷茬存放的场所不同，越冬幼虫死亡率高低也不一样。在室外堆放的谷茬越冬幼虫死亡率达75.5%，而堆放于室内的为31.8%。春季多雨，地面垛草覆盖度大，谷茬虽露于地面，死亡率也小。根据以上根茬内越冬幼虫所处不同环境，可采取不同的越冬防治措施。地表根茬内越冬幼虫化蛹前，先在根茬上咬一羽化孔，以便成虫爬出。而埋在土下根茬内的越冬幼虫，化蛹前会脱茬而出，在表土下做一薄茧化蛹，羽化后成虫也可以顺利出土。因此，深翻埋茬，对消灭越冬幼虫的作用不大。

成虫羽化多在18：00～22：00，白天藏在谷子叶背、植株茎基部、杂草深处、土块下或地表裂缝等处，20：00后开始活动，午夜后活动较少。羽化后，成虫当日即交尾产卵，产卵前期1～2d，21：00～22：00产卵最多。一头雌蛾产卵20～30块，每块卵有3～5粒至20～30粒，共计200粒左右，最高可达300～400粒。成虫寿命6～8d。第一代卵多产在谷子幼苗下部第二至五片叶背面中部叶脉附近。第二、三代卵除产在夏谷上外，在晚春谷上或抽穗后，多产在基部小叶片上或中部叶片上，有的地区曾在谷田表土上发现产卵。卵期平均4d左右。

谷田初孵幼虫，行动活泼，爬行迅速，顺风吐丝，或落于地面转移到其他植株。部分留于本株者，第一天便爬至叶鞘或根际，第三天则转移至茎基部，并开始蛀入茎内部，第五天即开始出现青枯苗。所以对粟灰螟的防治，应抓住幼虫未蛀茎前的关键时期。一至三龄幼虫有群栖为害的习性，每株有幼虫4～5头至十几头不等。三龄后分散为害，后期则每株多为1头。幼虫由茎基部蛀孔钻入秆内，蛀孔排有少量虫粪和嚼碎残屑。幼虫蛀茎后14d左右（视植株大小），即外出转株为害。每头幼虫可转株2～3次，谷苗较小时，营养不足，转株较多；幼苗高大时，取食时间较长，转株较少。第二代幼虫为害夏谷或晚春谷，如果幼虫为害速度不及植株发育速度则不表现枯心和白穗症状。幼虫在茎内先顺茎向上取食，后向下转移，近老熟时转入基部，并作茧化蛹。幼虫一般有5个龄期，也有6龄、7龄的。一龄幼虫历期3～4d，平均3.1d，头宽0.29mm；二龄幼虫历期3～5d，平均3.8d，头宽0.44mm；三龄幼虫历期3～5d，平均3.7d，头宽0.7mm；四龄幼虫历期2～4d，平均2.9d，头宽1.02mm；五龄幼虫历期5～17d，平均8.8d，头宽1.41mm。总的幼虫历期为20～29d，平均24.2d，越冬代蛹期8～11d，平均9.8d，第一代蛹期6～9d，平均为7.7d。

四、发生规律

（一）气候条件

干旱环境是粟灰螟发生为害的特征性环境之一。陕西北部、山西大部和河北北部黄土深厚、地势高，丘陵起伏、岭谷交错、沟壑纵横，海拔800～1 200m，春秋降水少，易干旱，粟灰螟发生为害十分严重。河北渤海沿岸地区和河南、山东黄河沿岸地区也是重发区。其中衡水东部，海拔高度虽然只有16～25m，但来自南方沿海的潮湿空气受沂蒙山脉的阻隔，形成华北平原的少雨干旱中心；开封、聊城等地，由于黄河泛滥改道，多干沙丘与岗地，受害也非常严重。北方越冬幼虫的死亡原因主要是冬季低温，1月平均温度低则越冬幼虫死亡率高。越冬幼虫对低湿干燥具有相当强的忍耐力，但其化蛹除需要一定的积温外，还取决于湿度条件，在相对湿度70%～100%范围内，湿度越大化蛹率越高。越冬代成虫产卵和幼虫孵化的有利气象条件是温度20～25℃和相对湿度75%左右。如遇干旱，越冬代幼虫化蛹推迟，之后遇雨则会集中化蛹，羽化整齐，加之适宜产卵及孵化的温湿度条件，同时，谷苗也会因为春旱而生长缓慢，故而受害严重。

（二）寄主植物

谷苗株色浅、茎秆细硬、叶鞘茸毛浓密、分蘖力强和后期早熟等品种，在一定程度上能减轻受害。在越冬代成虫产卵盛期，成虫选择早播谷大量产卵为害，而迟播谷区谷苗矮小，错开了受害期，着卵量、茎内幼虫数及枯心苗数均显著减少。

(三) 天敌昆虫

粟灰螟的天敌昆虫主要是寄生性天敌小蜂及寄生蝇，对于控制其种群繁殖有一定作用。已知天敌有螟甲腹茧蜂、螟黑纹茧蜂、螟黄足绒茧蜂、寡节小蜂、赤眼蜂及寄生蝇等。其中，螟甲腹茧蜂为卵至幼虫的跨期寄生蜂，在山西北部寄生率很高。此外，在福建、台湾等局部地区，红蚂蚁的捕食作用显著，应注意保护和利用。

五、防治方法

(一) 农业防治

1. 彻底处理越冬寄主，减少田间虫源 北京延庆县处理谷茬较彻底，使粟灰螟为害率压低到 1%以下。陕西榆林县花园沟大队彻底处理谷茬，历年粟灰螟为害率不超过 2%。拾茬方法，一般是在谷子收获后，进行串耙，使茬子全部露于地表，彻底拾净。河北邢台、陕西榆林等地区有的谷子收获时，采取连根拔的做法。对根茬处理的时间，要掌握在成虫羽化前完成，如黄淮地区约以 4 月下旬前完成为宜。

2. 调整播期 利用粟灰螟趋向谷子早播高苗产卵的习性，调整谷子播期，诱集其集中产卵而灭之。河北衡水地区设早播谷子诱集带，山西晋东南地区种围墙谷，就是在大面积适期播种的谷田里，提前10～15d，用 5%～10%的小面积，隔离播下或谷地周围播下，诱集粟灰螟卵把第一代卵产到早播谷带或围墙谷上，集中消灭，可减轻大面积的为害和减少防治次数。

3. 轮作倒茬 利用粟灰螟飞翔力和趋光性都不强的习性，实行谷子远距离轮作倒茬的办法，使谷田与虫源自然隔离，减轻和控制为害。陕西延安枣园的经验是，谷子种在与上年谷田相邻的山上，粟灰螟为害重，种在远离上年谷田的山上，虽雨水气象条件等适宜，螟害也轻。一般谷田离虫源 800m，可显著减轻为害，离 2 000m，效果更突出。

4. 拔除枯心苗 谷田出现枯心苗时要结合定苗及时拔除，防止幼虫转移为害。

5. 种植抗虫丰产品种。

(二) 化学防治

1. 掌握防治适期 田间防治应在搞好预测预报，调查越冬基数、化蛹羽化进度和田间查卵的基础上进行。防治期要掌握在产卵盛期。黄淮海地区一般春谷防治在 5 月末、6 月初为宜，夏谷防治在 7 月上旬末到中旬为宜，北方春谷区在 6 月上旬为宜。防治指标为 1 000 茎有卵 2～3 块时立即防治。

2. 谷子苗期施药 当苗高 16～20cm，8～9 叶时，控制螟害。可选用 90%晶体敌百虫 800～1 000 倍液，或 50%辛硫磷乳油、50%杀螟硫磷乳油、50%杀螟丹可溶粉剂 1 000～1 500 倍液喷雾，或 2.5%溴氰菊酯乳油、2.5%高效氯氟氰菊酯乳油、4.5%高效氯氰菊酯乳油 2 000～2 500 倍液喷雾。每公顷喷药液 1 125～1 500kg。

(三) 生物防治

采取有利于天敌繁衍的耕作栽培措施，选择对天敌较安全的选择性农药，并合理减少施用化学农药，保护利用天敌昆虫来控制粟灰螟种群。

使用微生物农药：用 100 亿活芽孢/g 苏云金杆菌可湿性粉剂，每公顷 750g 对水稀释 2 000 倍液喷雾防治。

马继芳（河北省农林科学院谷子研究所）

第 56 节 粟 穗 螟

一、分布与危害

粟穗螟［*Mampava bipunctella* (Ragonot)］属鳞翅目螟蛾科，别名粟缀螟、粟实螟，主要分布于日本、印度、加里曼丹岛等国家和地区，在我国东北、华北、华东、中南、华南、西南地区都曾有分布，包括辽宁、河北、山西、山东、河南、江苏、浙江、四川、台湾、广东等省。但是，20 世纪 80 年代中后期以来该虫极少，东北、西北和华北谷子产区难以见到，2010年四川泸州有该虫为害高粱。

粟穗螟以幼虫为害谷子（粟）、高粱、玉米等作物，是一种间歇性大发生的害虫。幼虫在穗内吐丝结网，在网中蛀食籽粒，从谷子、高粱乳熟期开始为害，直到收获期。严重发生年，一个谷穗里有虫5～10头，多达60余头。高粱穗里有虫多达70～80头。有时随着收获谷穗、高粱穗将幼虫带入仓内，在仓内继续为害。受害谷穗颜色污黑，籽粒空瘪，布满丝网，并有大量虫粪，对产量和品质都有很大的影响。

二、形态特征

成虫：微红色。雄蛾体长7～8mm，翅展20～22mm；雌蛾体长9～11mm，翅展25～27mm。前翅长形，略带红白色，前缘及外缘颜色较深，外缘有5个不明显的小黑点，中部有2个小黑点。后翅半透明，白色，无纹斑。腹部带白色。

卵：长0.6mm，椭圆形，初产黄白色，1～2d后变淡黄色，孵化前为灰褐色（彩图5-56-1）。

幼虫：体长约20mm，淡黄白色。头部黑褐色，胸腹部背面有两条淡红褐色纵线，气门周围黑色，胸足淡褐色，腹足趾钩双序全环，共6龄。

蛹：长10～12mm，黄褐色，翅芽伸达腹部第四节末端，胸背及腹背第一至八节中央有一纵向隆起线，第八节背面中央还有一横向隆起线，腹部末端无臀刺。

三、生活习性

成虫白天躲藏在作物深处叶片的背面，20：00左右开始活动交尾，有较强的趋光性，羽化后2～3d即开始产卵。卵主要产在乳熟期的谷穗、高粱穗部的籽粒、颖壳裂缝处或小穗间，上部叶及叶鞘上极少。据河北调查，在乳熟期产的卵占总卵量的72%，在黄熟期产的卵仅占28%。产卵成块，每块有卵2～8粒不等，呈平面排列，形状不一。每头雌蛾能产卵200～300粒，卵期3～4d。孵化后幼虫开始咬食谷子乳熟期籽粒，并在谷穗内吐丝结网，把小穗缀在一起，在网内串通取食。一般中等大小的谷穗，有2～3头幼虫，即可被吃光大部。在高粱上，初龄幼虫先在籽粒顶端咬一小洞，钻入粒内为害，并吐丝作网，封住洞口。二龄后即转粒为害，并吐丝拉网，三龄开始结一薄茧，将附近几粒或10余粒高粱黏在一起，活动为害于茧内（彩图5-56-2）。一头幼虫一生为害高粱30～40粒。幼虫共6龄，幼虫期24～28d。有避光性，平时多暗藏于穗内，幼虫老熟后，在穗内化蛹，蛹期6～7d。

四、发生规律

（一）年发生史

粟穗螟在华北、华东地区1年发生2代。以老熟幼虫在高粱、谷子穗内及场院、仓库、大树干皮裂缝、谷草下部切口等隐蔽处越冬。越冬幼虫6月下旬化蛹，7月上旬为羽化盛期，7月下旬为羽化末期。第一代卵盛期在7月中旬，第一代幼虫为害盛期在7月中、下旬。7月末开始化蛹，8月上旬为化蛹盛期，蛹期6～7d，8月中旬为第一代蛾盛发期。第二代卵于8月中旬开始孵化，第二代幼虫为害盛期在8月下旬。第一代主要为害春谷，第二代主要为害夏谷、高粱及夏玉米，9月中旬幼虫开始结茧越冬。

粟穗螟在四川泸州等西南地区1年可发生不完全的1～3代，以年发生2代为主。越冬幼虫最早可于5月中旬化蛹，下旬即可羽化，一般6月中下旬为越冬代成虫盛发期，7月底8月初仍可见。6月中旬至7月中旬为一代幼虫盛发期，为害玉米和早熟高粱。部分个体滞育，1年只发生1代，大多数继续发育进入第二代。一代成虫7月上旬开始羽化，7月下旬至8月中旬为二代幼虫盛发期，为害中、晚熟高粱。绝大多数以滞育或老龄幼虫越冬，少数可于8月底羽化出二代成虫，并产卵于更晚熟或分蘖的高粱穗上为害，三代幼虫在食料满足的条件下可正常发育，一般至三龄即死亡。在四川泸州地区，幼虫只有随寄主收获进入室内才能安全越冬，主要转移到农具和墙壁缝隙及张贴物背面，也可存留在寄主上越冬。

（二）气候条件

粟穗螟卵、幼虫期、越冬代蛹、第一或第二代蛹、产卵前期的起点温度分别为19.9℃、20.1℃、20.3℃、23.9℃和23.1℃，有效积温分别为28.1℃、107.9℃、35.4℃、21.4℃和7.4℃；全世代的发育起点温度为19.1℃，有效积温211.9℃。粟穗螟的越冬代幼虫不仅需要一定的温度，更需要适宜的光周期才能解除滞育，其解除滞育的临界光周期为14h以上光照；在25℃下，导致50%个体解除滞育的临界光周期为 14h 33min。室内饲养研究表明粟穗螟成虫产卵的适温范围为 25～29℃，以 27～28℃为最适温度。粟穗螟的发生与气象条件也有密切关系。据河南新乡观察，7 月下旬至 8 月上旬的降水量大于 100mm，降雨次数超过 5 次，就可能大发生。山东省利津县根据 9 年资料分析认为，冬季温度偏高，初夏雨量多，8 月下旬雨量适中，暴雨少，就会大发生。四川南充地区的调查则显示，7 月中下旬的高温伏旱会严重影响粟穗螟第一代成虫产卵量和第二代初孵幼虫的存活率，大大减少了第二代的幼虫量。据河北调查，冬季低温－20℃，越冬幼虫 100％死亡，而在室内越冬幼虫死亡率仅为 14.5％。

粟穗螟喜湿，初孵幼虫在相同温度下，湿度越大死亡率越小；低湿环境下成虫寿命短，产卵少，死亡率高，相对湿度 90％以上，寿命延长，死亡少，产卵增多；卵和蛹对湿度的要求较小，在相对湿度 60％以上时，卵的孵化率在 90％以上。

（三）寄主植物

通过室内外控制饲养和田间调查发现，粟穗螟在谷子、高粱和玉米上能够完成整个生活史，成虫虽然可以在狗尾草上产卵，幼虫还可取食稗草，但野外调查尚未发现任何杂草受害。粟穗螟的田间寄主只有谷子、高粱和玉米等作物，并且选择趋性依次为谷子、高粱和玉米。粟穗螟成虫产卵趋性与寄主植物生育期密切相关。粟穗螟主要将卵产于谷穗上，因此，谷子扬花期是成虫产卵最适时期；高粱抽穗至灌浆乳熟期均适宜成虫产卵，但扬花期最适。对于玉米，粟穗螟产卵的最适时期则是抽雄散粉期，产卵部位主要在雄穗。此外，粟穗螟的为害程度还与谷子、高粱品种的穗形有关。一般紧穗品种发生最重，中散穗型品种次之，散穗型品种发生轻，大散把高粱一般不发生。在同一块田内，穗大的植株较穗小的植株受害重。

（四）天敌

粟穗螟幼虫期有捕食性天敌蜘蛛，寄生性天敌金小蜂、白僵菌、绿僵菌；卵期有寄生性天敌玉米螟赤眼蜂。这些天敌对粟穗螟的种群数量有一定控制作用。例如，在谷子吐穗至灌浆前这段时间连续 7 次释放玉米螟赤眼蜂，对粟穗螟的田间防效可达 87.5％。

五、防治方法

（一）农业防治

尽量选用穗型较松散的良种。适当调整播期，使粟穗螟成虫盛发期与作物适宜粟穗螟产卵的生育期错开，减少落卵量。

（二）物理防治

诱杀法。把剪下的谷穗、高粱穗放在场内暴晒，并在四周放一圈谷草，晚间用谷草把穗子盖上。由于太阳的暴晒和盖草，使温度上升，这样就会诱集幼虫爬进谷草中躲藏起来然后把谷草烧掉或用石磙子轧死其中幼虫；或者晚上用席盖在谷穗堆上，使幼虫爬到席上，早晨把幼虫集中在一起加以消灭。

（三）化学防治

做好虫情调查。从谷子、高粱抽穗开始，每 3d 进行一次系统调查，于扬花末期，掌握在卵孵盛期或幼虫二龄前喷洒 2.5％溴氰菊酯乳油 4 000 倍液，或 50％辛硫磷乳油 800 倍液、40％福戈水分散粒剂（20％氯虫苯甲酰胺＋20％噻虫嗪）4 000 倍液。

（四）生物防治

采取有利于天敌繁衍的耕作栽培措施，选用对天敌较安全的选择性农药，并合理减少施用化学农药，保护利用天敌来控制粟穗螟种群，亦可在粟穗螟产卵期，多次释放大量玉米螟赤眼蜂控制其种群数量。

甘耀进（河北省农林科学院谷子研究所）
李立涛（河北省农林科学院昌黎果树研究所）

第 57 节 粟凹胫跳甲

一、分布与危害

粟凹胫跳甲［*Chaetocnema ingenua*（Baly）］属鞘翅目叶甲科。别名粟茎跳甲、谷跳甲，俗称土跳蚤、地蹦子等。在国内，东北、华北、西北、华东等谷子产区均有分布；在国外，主要分布在日本、朝鲜等地。粟凹胫跳甲是春谷区谷子（粟）苗期的主要害虫，近几年在山西、内蒙古、河北北部、辽宁西部等地发生严重。除为害谷子外，还为害糜、黍、高粱、玉米、小麦及狗尾草等禾本科作物或杂草。以幼虫和成虫为害刚出土的幼苗。幼虫由茎基部咬孔钻入，造成枯心致死，或不能正常生长，形成丛生，俗称“芦蹲”或“坐坡”，发生严重年份，常造成缺苗断垄，甚至毁种。成虫取食幼苗叶片的表皮组织，形成条纹，白色透明，甚至干枯致死。该虫在辽宁、吉林、内蒙古、河北承德等春谷区发生较重。2008 年，在承德围场四合永镇大发生，谷田平均枯心苗率达 11%，严重地块可达 23%，造成严重的缺苗断垄。

二、形态特征

成虫：体长 2.6～3.0mm，宽 0.8～1.5mm，卵圆形。青铜色或蓝绿色，带有金属光泽。雌虫较雄虫肥大。头部密布刻点，漆黑色。触角 11 节，基部 4 节黄褐色，其余各节暗褐色。前胸背板密布刻点，鞘翅上有由刻点整齐排列而成的纵线。各足基部及后足腿节黑褐色，余均黄褐色。后足腿节粗大，胫节外侧有凹刻，并生有整齐的毛列。腹部腹面褐色，可见 5 节，具有粗刻点（彩图 5-57-1，1）。

卵：长椭圆形，米黄色，长约 0.75mm，宽约 0.35mm（彩图 5-57-1，2）。

幼虫：圆筒状。末龄幼虫体长 5～6mm，宽约 1mm。头部及前胸背板黑色。胸、腹部白色，体面有椭圆形褐色斑点。胸足 3 对，呈黑褐色（彩图 5-57-1，3）。

蛹：裸蛹，椭圆形，长约 3mm，宽约 1mm，乳白色，翅芽明显，体被白色短毛，腹端有 2 个赤褐色分叉。

三、生活习性

粟凹胫跳甲以成虫在表土层 5～10cm 处土块下、土缝中或杂草根际越冬。

成虫能跳会飞，跳起落地常翻身假死，以每日 9：00～16：00 最活跃，中午烈日或阴雨天，多潜伏于叶片背阴处、心叶中或土块下。成虫咬食叶肉，残留表皮，形成与叶脉平行的白色断续条纹，严重的造成叶片撕裂或枯萎（彩图 5-57-2）。成虫一生多次交尾，并有间断产卵习性。清晨或傍晚交尾，产卵多在 15：00～20：00，散产或 2～3 粒一起，多产在谷子根际地表土中 1～2cm 深处，在谷苗基部和叶鞘产卵较少。每头雌虫一生可产卵 100 粒左右，卵期 7～11d。幼虫孵化后，沿地面或叶基爬行，在谷茎接近地面部位咬小孔钻入，蛀孔似针刺黑色小孔，无虫粪。一般 1 株有虫 1～2 头，多者可达 10 余头。幼虫蛀入谷苗内，破坏生长点，3d 后植株萎蔫出现枯心，后期被害株矮化，叶片丛生，不能抽穗结实（彩图5-57-3）。以苗高 6～7cm 时受害较重，40cm 以上谷苗不再发生枯心。幼虫有转株为害习性，1 头幼虫可为害谷苗 2～7 株，平均 3 株。幼虫老熟后在被害株基部咬孔脱出，钻入谷苗附近 1.5～4cm 土壤中做土室化蛹，蛹期 8～12d。第二、三代幼虫发生期，谷子已拔节抽穗，幼虫极少蛀茎，大部在叶鞘或心叶丛里潜藏为害。

四、发生规律

（一）年生活史

内蒙古喀喇沁旗、吉林中南部地区 1 年发生 1 代，少数 2 代。5 月上旬越冬成虫开始活动，中旬开始产卵，6 月上旬孵化，6 月下旬至 7 月上旬为第一代幼虫为害盛期。第一代成虫于 7 月初始见，7 月中旬为盛发期，9 月初开始越冬。8 月间可见少数二代幼虫在稗草等杂草上为害，幼虫期和蛹期均较第一代短，9 月中旬第二代成虫羽化。

在宁夏固原、甘肃中部、山西雁北、内蒙古黄灌区 1 年发生 2 代。当 5 月上旬气温高于 15℃时，越冬成虫在麦田出现，6 月中旬迁移至谷田产卵。第一代幼虫盛期在 6 月中旬至 7 月上旬。第一代成虫 6 月下旬始见，7 月中旬产第二代卵，第二代幼虫为害盛期在 7 月下旬至 8 月上旬。第二代成虫 8 月下旬出现，10 月入土越冬。

河北中南部 1 年发生 3 代。越冬成虫于 4 月上、中旬开始活动，5 月上、中旬开始产卵，第一代幼虫为害盛期在 5 月中、下旬，第一代成虫于 6 月上、中旬出现，第一代成虫产卵盛期在 6 月中、下旬。第二代幼虫盛期在6月下旬至7月上旬。第二代成虫盛期在7月下旬至8月上旬，第二代成虫产卵期在8月上、中旬。第三代幼虫盛期在8月中、下旬。8月下旬至9月上旬出现第三代成虫，10月中、下旬陆续在田间枯叶、杂草根际或土块下越冬。

（二）环境条件

粟凹胫跳甲的发生和为害程度与地势、气候条件等因素相关，特别是降水量和温湿度对粟凹胫跳甲发生为害影响较大。粟凹胫跳甲喜干燥，一般在干旱少雨年份该虫发生重，尤其在成虫发生盛期，如遇高温干燥，则为害加重。丘陵、山坡、干旱地区发生较重，旱坡地重于水浇地。

粟凹胫跳甲的为害程度与谷子播期密切相关。一般早播为害较重，适期晚播为害轻，晚播10d左右被害率可降低4%～7%。据喀喇沁旗调查，1997年谷子播期较常年偏晚近20d，被害株率仅为2%～3%，而1998年播种较往年偏早，被害率达到9%～12%。

粟凹胫跳甲的为害程度还与前茬作物有关。重茬谷田受害重，轮作谷田受害轻。据张新德等调查，喀喇沁旗地区重茬谷田被害株率为20.3%，而轮作谷田则为8.9%。

另外，田间或地边杂草较多为粟凹胫跳甲提供了有利的越冬和栖息场所，虫口密度大，为害较重。

五、防治技术

粟凹胫跳甲的防治要将农业防治与化学防治有机地结合起来，在做好种子处理的基础上抓住成虫羽化盛期施药，在产卵盛期前消灭成虫，才能达到预定的防治效果。

（一）农业防治

实行轮作倒茬，并根据粟凹胫跳甲的越冬习性，秋季深翻土地，破坏越冬场所；拔除地头及田埂杂草，集中烧毁或深埋，减少越冬虫源；结合间苗、定苗及时拔除枯心苗，带出田外烧毁或深埋。调整播期，适当晚播，躲过成虫发生盛期，减轻为害。

（二）化学防治

1. 种子处理 可在播种前用70%吡虫啉可湿性粉剂或70%噻虫嗪湿拌种剂15～20g对水250mL，拌种5kg，可有效降低成虫及幼虫为害。

2. 喷雾防治 重点防治越冬代成虫，在一代幼虫蛀茎前进行喷雾防治。可选用4.5%高效氯氰菊酯乳油1 000～1 500倍液、2.5%溴氰菊酯乳油1 000倍液、2.5%高效氯氟氰菊酯乳油2 000倍液等菊酯类药剂，或2%阿维菌素乳油2 000～3 000倍液、10%吡虫啉可湿性粉剂1 000倍液、48%毒死蜱乳油500～800倍液等，幼苗进行封地面喷雾。喷药时应倒退施药，避免破坏药土层，可有效防治初孵幼虫，效果更佳。

马继芳（河北省农林科学院谷子研究所）

第58节　粟鳞斑肖叶甲

一、分布与危害

粟鳞斑肖叶甲［*Pachnephorus lewisii*（Baly），异名：*Pachnephorus formosanus* Chûjô］，属鞘翅目肖叶甲科，别名谷子鳞斑肖叶甲、粟鳞斑叶甲、粟灰褐叶甲。在国内，主要分布在黑龙江、吉林、辽宁、内蒙古、新疆、甘肃、宁夏、山西、河北、江苏、江西、浙江、福建、广东、海南、广西、湖北、四川、台湾等地；在国外，西伯利亚、日本、越南、老挝、柬埔寨、缅甸、泰国、印度尼西亚、印度等国家和地区均有报道。主要为害谷子（粟）、玉米、高粱、小麦、豆类、甘蔗等，为害谷子最为严重。在谷子发芽出土前以成虫咬断生长点，或出苗后咬断茎基部造成缺苗断垄。近年在山西、内蒙古、辽宁、吉林、河北承德等地发生较重。2009年，山西省阳曲县泥屯镇调查，每平方米平均有虫4头，最多有虫21头，谷子平均被害率达13%，最高可达58%，严重地块毁种。该虫已是当地威胁谷子生产的重要害虫。

二、形态特征

成虫：近椭圆形。雌虫体长2.5～3.5mm，雄虫体长2～2.5mm。初羽化时为黄白色，渐变淡褐色，最后变为灰褐色，具铜色光泽。头向下伸，从背面看，不甚明显。上唇、触角和足棕红色，触角长达前胸后缘，11 节，第一节膨大呈球形，第二至六节细，末端 5 节扁宽，略呈念珠状，常呈黑褐色。体背密被淡褐色和白色两色鳞片，腹面和足被白色鳞片。前胸圆柱形，背板表面密布细小刻点和鳞片。鞘翅刻点较大于前胸刻点，排列呈纵行，部分刻点排列不规则；刻点的行间有细小刻点，中缝两侧的行距较宽。翅面白色鳞片组成不规则的白斑，褐色鳞片均匀地分布于全翅。中、后足胫节端部外侧呈半月形凹切。腹部 5 节，第一节最长，近于后面 4 节长的总和（彩图 5－58－1，1）。

卵：椭圆形，长 0.5～0.6mm，初产时乳白色，渐变为淡黄色，表面光滑。将孵化时，由透明变暗。卵壳多被细微的土颗粒覆盖（彩图 5－58－1，2）。

幼虫：初孵幼虫为米黄色，后变为乳白色，头部淡黄。老熟幼虫 4～6mm。胸足 3 对，等长，端生 1 爪，腿节与胫节不甚明显。头部有刚毛 5～6 根，胸、腹部各节有刚毛 2 根。末龄幼虫体长 5mm 左右。

蛹：裸蛹，长约 3mm，初为白色，将羽化时颜色变深，尾端有 2 刺。

三、生活习性

早春，谷子出苗前，越冬成虫先在莎草科的菅草上取食，苍耳、野蓟发芽后，便从菅草上转移到苍耳、野蓟上。4 月，谷子开始发芽出土，即由杂草上扩散到谷田为害。10 月中、下旬，谷子收获，便由谷田向田边、坟场、荒草坡等杂草多的地方转移，在土块下、土缝里、烂叶下面和杂草的根际越冬。所以，耕作粗放、杂草多的地方，虫口密度大，谷子受害重。

粟鳞斑肖叶甲主要以成虫为害谷子嫩芽。随着谷子的播期和幼芽发育的早晚，其为害部位和程度也不同。谷子萌芽出土时，成虫咬食嫩芽生长点，使幼苗未出土即死亡，俗称“劫白”；谷苗出土后，多从茎基部齐土咬断，造成死苗，俗称“劫青”，可致缺苗断垄，甚至毁种（彩图 5－58－2）；待叶片展开后，成虫则咬食叶片，造成叶片残缺不全，影响幼苗生长（彩图 5－58－3）。另外，粟鳞斑肖叶甲幼虫也可为害寄主的幼根。

粟鳞斑肖叶甲成虫有假死性、群集性、趋光性，能远距离迁飞。盛发期，昼夜活动，19：00～22：00 黑光灯下能大量诱到成虫。粟鳞斑肖叶甲成虫寿命较长，可达 240～430d。产卵期可延续 3 个多月，最长达 162d，最短 33d，平均 92d，故田间世代发生不整齐。温度达 16℃以上时，开始产卵。每雌最多能产 140 粒，平均 38 粒。卵多产在谷子和杂草附近 0.5～3cm 的表土层中，以 1～2cm 深处最多，占 80％以上。初产下的卵，外被黏液，多黏着落叶屑和微细土粒，形成土壳，状如土粒不易辨识。在 20℃以下，平均卵期为 23d，最长达 28d。在 22～24℃下，卵期为 9～13d，最长 16d。在 28～30℃下，卵期为 5～7d，最长 11d。幼虫生活在禾本科作物或禾本科杂草根群中，活动在距地表 1～16cm 的土层内。在土壤含水量 12％～15％的情况下，幼虫在土壤中上下活动最盛。幼虫历期近 30d。幼虫老熟，作土室化蛹。在 25～26℃时，蛹期平均为 7d。

成虫食性杂，可为害的寄主植物有禾本科、豆科、菊科、旋花科、唇形科、藜科、毛茛科、伞形花科、莎草科、夹竹桃科、车前子科等 13 科 34 种以上。据山西调查记录为害 7 科 21 种植物，其中最喜食禾本科和菊科植物。在天敌中，已发现成虫有寄生蜂，且寄生率很高。

四、发生规律

（一）年生活史

粟鳞斑肖叶甲在山西和河北北部、辽宁南部 1 年发生 1 代，以成虫在田边、土块缝隙及杂草根际 5～6cm 土中越冬。越冬成虫 4 月中、下旬开始活动，5 月中旬大部出土，此时也是田间为害盛期。5 月下旬开始交尾，6 月中旬开始产卵，直至 7 月下旬，由 7 月上旬至 8 月下旬为幼虫期。老熟幼虫 7 月下旬至 9 月上旬化蛹，同时出现成虫；9 月下旬至 10 月初成虫陆续越冬。

在河北中部地区 1 年发生 1～2 代，以成虫越冬。越冬成虫早在 2 月末即开始活动，4 月下旬至 5 月上旬为成虫活动为害盛期。4 月中旬开始产卵，5～6 月为第一代幼虫活动盛期，6 月下旬开始化蛹，7 月上旬羽化为第一代成虫，7 月上、中旬为羽化盛期。成虫羽化后，即开始交尾产卵。第二代幼虫期为 7 月上旬到 8 月中、下旬。老熟幼虫从 8 月下旬至 9 月上、中旬先后化蛹、羽化，10 月下旬开始越冬。第一代羽化较晚的成虫，以一代成虫直接越冬。

(二)环境条件

粟鳞斑肖叶甲多发生在山地、坡地或沙壤土地带，一般坡地比平地发生重，旱田比灌区重，沙壤地比黏土地重。在低坡山地中，以背风向阳的山根谷田被害严重，阴面山根谷田相对较轻。一般耕作粗放、杂草多的地方，虫口密度大，为害重。

粟鳞斑肖叶甲喜干燥、干旱，尤其是春旱，是造成大发生的主要气候条件。同时由于气候干旱，土壤墒情不良，因而加大播种深度，造成种子发芽出土时间较长，也是造成严重为害的主要原因。

五、防治技术

由于粟鳞斑肖叶甲主要以出苗前后对谷子造成的危害较大，为害时期相对集中，因此，对于该虫的防治，要在清洁田园灭杀越冬虫源的基础上，做好种子处理，出苗后及时喷雾防治可有效控制该虫的为害。

(一)农业防治

1. 精耕细作 秋季耕翻土地，春季及时耕耙保墒，提高播种质量。在耕作粗放的地方，往往土地不平整，坷垃和杂草多，保墒不良，播种困难，势必加深播种深度，延长种子发芽出土时间，增加被为害的时间。所以，精耕细作，保好墒情，播种深度适宜，可促使种子快速发芽出土，减轻虫害。

2. 清洁田地，消灭杂草 田间及周边杂草是粟鳞斑肖叶甲的越冬场所和翌年的虫源基地，早春开始清除田边、地头、地埂杂草，可杀灭大量越冬成虫。

3. 提早播种，避开为害 河北衡水地区群众的经验是，在“清明”节前后，完成春谷的播种工作，待发生为害盛期，因谷子已发芽出土，可减轻为害。

(二)化学防治

1. 种子处理 可在播种前用70%吡虫啉可湿性粉剂或70%噻虫嗪湿拌种剂 15～20g 对水 250mL，拌谷种 5kg。

2. 撒毒土 可用48%毒死蜱乳油 250～300mL 对水 3～5kg，用喷雾器喷洒于 25～30kg 细沙土上，边喷边搅拌，混匀后于出苗前后顺垄撒施。

3. 喷雾防治 在谷子出苗前后进行全田喷雾防治。可用药剂有：4.5%高效氯氰菊酯乳油 1 000～1 500倍液、2.5%溴氰菊酯乳油 1 000 倍液、10%吡虫啉乳油 1 000 倍液、20%速灭威乳油 2 000 倍液、48%毒死蜱乳油 500～800 倍液、90%敌百虫晶体 1 000 倍液等。

董立（河北省农林科学院谷子研究所）

第 59 节 粟 芒 蝇

一、分布与危害

粟芒蝇［*Atherigona biseta*（Karl）］属双翅目蝇科，又称双毛芒蝇、粟秆蝇。是我国东北、华北及西北谷子（粟）产区的重要害虫，在黑龙江、吉林、辽宁、河北、河南、山西、山东、陕西、宁夏、甘肃、内蒙古、四川、台湾等省（自治区）普遍发生。在国外，俄罗斯远东地区、日本、朝鲜也有分布。寄主植物除谷子以外，还有狗尾草、大狗尾草、金色狗尾草、莠狗尾草（谷莠子）等狗尾草属杂草。

粟芒蝇幼虫孵化后从植株上部的喇叭口爬入心叶内部为害，外部无蛀孔。谷子从幼苗 3 叶期至抽穗前都易受害，并在不同生育期依次形成枯心苗、畸形株和死穗（白穗）三种典型症状（彩图 5－59－1，彩图 5－59－2，彩图 5－59－3）。在后两种症状出现之前，都先表现为枯心苗，之后逐渐演变为畸形株和死穗（白穗）。枯心苗和死穗（白穗）的产量损失率为 100%，畸形株虽有一定产量，但在株高、穗长、穗粒重和千粒重等经济性状上分别比健株减少 43%、66.3%、84%和 30%，产量损失率达 80.57%。

粟芒蝇在我国东北、华北和西北等长城以北地区主要为害春谷，尤以晚播春谷受害重，轻者受害率为10%～20%，重者达 70%～80%，甚至绝收。北京、河北、山西等长城以南地区，自 20 世纪 70 年代将春播谷改为夏播谷以来，粟芒蝇的发生为害逐渐成为谷子生产上的突出问题，特别在春、夏谷混种区发生尤其严重。1982 年，晋东南春谷和夏谷粟芒蝇为害率分别为 2.77%～14.9%和 7.5%～55.1%。其原因就是春谷区大面积扩种夏谷后，为第二代粟芒蝇提供了最适宜的寄主植物。山西晋城地区，在 20 世纪 70

年代推广小麦、夏谷一年两熟的耕作制度，1971—1975 年，夏谷面积由 666 hm^2扩大到 1.25 万 hm^2，为粟芒蝇的发生创造了极为有利的生态环境，1978 年粟芒蝇大发生，谷子被害率达 30%～70%。据统计当年晋城地区 7 666hm^2夏谷，每公顷平均产量仅为 525kg，不少地块几乎绝收，粟芒蝇的发生为害成为当时制约夏谷生产发展的主要障碍。

二、形态特征

成虫：体长 3～4.5mm，复眼、间额及下颚须棕黑色，眼眶及胸侧板铅灰色，胸背灰绿色，前足大部黑色，仅基节和股节基部 1/4 黄色，中、后足黄色，跗节较暗。腹部近圆锥形，暗黄色。雄蝇第一、二腹节合背板有 1 对不明显暗斑，第三腹节背板有 1 对三角形大黑斑，第四腹节背板有 1 对小圆形黑斑，腹末端背面可见三分叉的尾节突起，正中突与侧突大小相仿，肛尾叶的三叶突中叶棱形，顶端有 U 形缺刻，上无针刺。雌蝇第二、三、四腹节背面各有 1 对黑斑。黑须芒蝇［*Atherigona atripalpis*（Malloch）］成虫和粟芒蝇相似，但雄蝇前足股节基部约 1/2 黄色，尾节突起 3 个分叉的正中突很小，两侧突较大，三叶突中叶无 U 形缺刻，上具 1 列针刺（彩图 5-59-4）。

卵：乳白色，细长略弯，表面有纵棱。长约 1.5mm，宽约 0.4mm。在将孵化的卵中，一龄幼虫已发育，卵前端可透见黑色口咽器影迹（彩图 5-59-5）。

幼虫：蛆状。初孵幼虫透明，无色，渐变为乳白色。老熟时鲜黄色，长约 5.5mm，可见 11 节。尾端圆钝，具 1 对后气门突，其基座较扁，黑色，气门环以内棕褐色，口钩黑色（彩图 5-59-6）。

蛹：圆筒形，褐色，长约 5mm，前端平截具盖，尾端稍圆，上有 1 对黑色气门突（彩图 5-59-7）。

三、生活习性

粟芒蝇在我国北方 1 年发生 1～3 代，均以老熟幼虫在土中越冬。在一年一作的春谷区，以第一代为害谷苗主茎，第二代为害分蘖及未抽穗茎。在春、夏谷混作区，以第一代为害春谷，第二代主要为害夏谷，如有第三代发生则主要为害夏谷的分蘖和未抽穗茎。夏谷区第一代主要寄生在狗尾草上，第二、三代均为害夏谷。例如，在年平均气温 9℃的春谷生态区河北承德，粟芒蝇 1 年发生 2 代。第一代幼虫发生于 6 月，主要为害春谷和狗尾草等植物，第二代幼虫发生于 7～8 月，主要为害晚播春谷、夏谷及未抽穗的春谷。第二代老熟幼虫除少数在 8、9 月化蛹羽化外，绝大多数幼虫在 8～9 月离株入土越冬。在年平均气温 13.2℃的夏谷生态区石家庄，粟芒蝇 1 年发生 3 代。第一代幼虫发生在 5 月下旬至 6 月，主要为害春谷和狗尾草等植物；第二代和第三代幼虫发生在 6 月下旬至 7、8 月，主要为害晚播春谷和夏谷；第三代老熟幼虫在 8、9 月离株入土越冬。由于夏谷区的气温较高，因此，粟芒蝇各虫态历期略短于春谷生态区，各代单雌产卵量亦低于春谷区。

表 5-59-1　粟芒蝇在春谷区的年生活史（承德）（引自甘耀进等，2007）

Table 5-59-1　Annual life cycles of *Atherigona biseta* in the spring-sown millet ecotope（Chengde）（form Gan Yaojin et al.，2007）

世代	5月			6月			7月			8月			9月			10月			11月至翌年4月
	上旬	中旬	下旬	上旬	中旬	下旬	上旬	中旬	下旬	上旬	中旬	下旬	上旬	中旬	下旬	上旬	中旬	下旬	
越冬代	—	—	—	—	—	—													
		○	○	○	○	○	○	○											
			+	+	+	+	+	+	+	+									
第一代				△	△	△	△	△	△	△									
				—	—	—	—	—	—	—									
						○	○	○	○	○	○								
							+	+	+	+	+	+							
第二代								△	△	△	△	△							
								—	—	—	—	—	—	—	—	—	—	—	—
									○	○	○	○	○						
											+	+	+	+	+				

注　卵：△；幼虫：—；蛹：○；成虫：+。

表 5-59-2 粟芒蝇在夏谷区的年生活史（石家庄）（引自甘耀进等，2007）

Table 5-59-2 Annual life cycles of *Atherigona biseta* in the summer-sown millet ecotope (Shijiazhuang) (from Gan Yaojin et al., 2007)

世代	5月			6月			7月			8月			9月			10月			11月至翌年4月
	上旬	中旬	下旬	上旬	中旬	下旬	上旬	中旬	下旬	上旬	中旬	下旬	上旬	中旬	下旬	上旬	中旬	下旬	
越冬代	—	—	—	—															
	○	○	○	○	○	○													
		+	+	+	+	+	+	+	+										
第一代			△	△	△	△	△	△	△										
			—	—	—	—	—	—	—	—									
					○	○	○	○	○	○	○								
						+	+	+	+	+	+	+							
第二代							△	△	△	△	△	△							
							—	—	—	—	—	—	—						
								○	○	○	○	○	○	○					
								+	+	+	+	+	+	+	+	+			
第三代									△	△	△	△	△	△					
（越冬代）										—	—	—	—	—	—	—	—	—	—

注 卵：△；幼虫：—；蛹：○；成虫：+。

成虫多在清晨羽化，羽化 2d 后开始交尾，在气温 22～26℃、相对湿度 60%～80%时最活跃。夏天以清晨和傍晚，或雨后天晴时活动最盛。取食花蜜和蚜蜜，喜趋向发酵有机物，尤其是对腐鱼气味趋性强烈，其次是腐烂昆虫、发酵苹果、糖醋酒混合液等，也有较弱的趋光性。通常羽化后 5～7d 开始产卵。每雌一生产卵约 20～30 粒。雌蝇在每株谷苗基部上下往复多次，当爬到叶片基部时伸出尾部产卵器，将卵产于叶鞘内侧。卵散产，一般一株一粒。产卵部位有明显的趋湿性，干旱时产在贴近地面的谷苗基部，潮湿条件下产卵部位较高，但谷苗基部仍有一定卵量，其余产在叶鞘内外。卵经过 2～4d 孵化。初孵幼虫由心叶卷缝爬入心叶基部，呈螺旋状咬断幼嫩心叶或生长点，使心叶枯萎，不能抽穗。幼虫蛀入后一般 1～2d 出现枯心，谷株较大、心叶外层较硬时，可延至 7d 才显现枯心。

幼虫一般入土化蛹，深度可达 20cm。越冬代以在土层 10cm 左右处最多，其他各代以 5cm 左右处最多。但在田间湿度条件差、土壤特别干旱的情况下可直接在秆内化蛹。土壤湿度影响幼虫的入土深度，1975 年北京昌平调查，越冬幼虫一般入土深度为 10cm，但在湿度较差的沙土地，入土深度达 15cm。幼虫离株入土越冬与当时的气温变化也有密切关系，气温在 21.3℃时，幼虫离株率只有 16.4%；当气温下降到 16.1℃时，幼虫离株率达 64.0%；当气温下降到 12.9℃时，幼虫离株率高达 98%。幼虫离株越冬与温度呈极显著的负相关关系（$r=-0.99633^{**}$）。入土后的幼虫，随气温下降，深度会逐渐加深。山西沂州 9 月 20 日入土深度为 5～8cm，10 月中旬入土深度在 5～10cm 的最多，11 月上旬 8～10cm 的最多，11 月下旬后多在 12～14cm 处，最深可达 25cm。翌春，随气温升高，越冬幼虫逐渐向地表转移，4 月下旬至 5～10cm 浅土层化蛹。

四、发生规律

（一）气候条件

粟芒蝇的繁殖、为害与湿度关系密切。首先，湿度对卵孵化有明显影响，相对湿度 59%以下时卵不能孵化，相对湿度 60%～69%、70%～79%、80%～89%、90%～99%、100%时卵的孵化率分别为 13.20%、21.81%、57.53%、86.76%、94.98%。其次，幼虫化蛹和成虫羽化出土对土壤含水量要求较高，当土壤含水量 20%～30%时化蛹、羽化率最高，低于 5%幼虫不能化蛹。成虫羽化期间土壤含水量在 15%～19%时羽化率为 57.61%，含水量 19%～24%时羽化率为 81.96%。因此，成虫羽化期间如田间湿度较低，若遇降雨或浇水，成虫数量会骤增。成虫交尾也要求高湿条件，高温干燥羽化多日也不交尾，遇阴雨天气除新羽化的成虫外，均盛行交尾。卵多在后半夜谷子叶鞘布满露珠时孵化，无露水时一般不孵化。初孵化的幼虫需在谷苗布满露水，相对湿度高于 80%时才能借助露水向上蠕动，爬入嫩心为害。相对湿度低于 60%时，谷茎上露珠很快蒸发，幼虫爬行困难，最后失水死亡。因此，粟芒蝇在降水量少、气候干旱、相对湿度小的年份，或田间小气候湿度小时发生轻；在降水量多、气候湿润、相对湿度大的年份，或田间小气候湿度大时发生重。如 1982 年，承德粟芒蝇一代发生期遇到天气干旱，春谷枯心率为 2.58%，而附近麦田浇水致使田间湿度增大，使畦埂谷苗枯心率高达 62.3%。同样，由于天气干旱，二代粟芒蝇也属轻度发生年，同在麦茬地复种同一品种夏谷，在水浇地和旱地的夏谷被害枯心率分别为 79.4%和 23.9%。可见，粟芒蝇的发生轻重与田间生态环境中的湿度密切相关。二代发生区的夏播谷多在 6 月下旬至 7 月初播种，8 月中旬抽穗。7 月中旬至 8 月上旬是第二代粟芒蝇为害夏谷的关键时期。承德，1976—1985 年 7 月中旬至 8 月上旬，平均相对湿度在 80%以上时，二代粟芒蝇发生为害严重，相对湿度在 70%以下时则发生轻，相关性极显著（$r=0.814\ 26^{**}$）。河北涉县中原乡，1991 年、1992 年 7 月份降水量分别为 57.3mm 和 121.2mm，粟芒蝇为害率分别为 4.01%和 26.83%。因此，6～8 月多雨年份，粟芒蝇发生为害严重，同时低洼地、水浇地、树荫处等生态环境条件下发生为害也较重。反之，则较轻。

（二）栽培条件

谷子不同播种期与粟芒蝇发生为害有密切关系。无论是春谷还是夏谷均表现为早播被害轻，晚播被害重。1978 年，承德 5 月 5 日、5 月 20 日和 6 月 5 日播种，被害率分别为 10.1%、16.1%和 28.8%；河北石家庄 6 月 6 日、6 月 20 日和 6 月 30 日 3 个播种期的被害率分别为 26%、86%和 90%；河北涉县 5 月 30 日，6 月 10 日、20 日、30 日，7 月 10 日播种夏谷，被害率分别为 4.32%、15.88%、34.33%、46.50%和 46.12%。

谷子不同留苗密度对粟芒蝇发生为害有明显差别。1978 年，承德春播谷子调查，每公顷留苗 30 万株、60 万株和 90 万株 3 种密度的平均枯心率分别为 11.8%、18.3%和 25%，密度越大被害越重，这与粟芒蝇喜欢在郁闭阴湿环境中活动的习性有关。

谷子的种植形式一般分为单作和间作两种。大多为玉米与谷子间作，也有少数高粱与谷子间作。一般间作的带距在 2～5m。由于玉米、高粱等高秆作物比谷子植株高，间作的带距越窄，谷子受遮阴的面积越大，被害就越重。如 1985 年在承德县中磨村调查，同在 7 月上旬播种的 304 号夏谷，单作谷子枯心率为 31.8%，而在玉米和谷子间作（2.3m 带距）情况下的夏谷枯心率高达 95.8%。即使是间作带距较宽的夏谷，受遮阴部分被害情况仍较重；1982 年河北省滦平县四道河村调查，夏谷（304 号谷）、玉米（中单 2 号）间作带距 5m，其中与玉米相邻的第一行（距玉米 0.33m）谷子平均被害率为 87.67%，距玉米 1m 远的第三行谷子枯心率为 82.33%，第五行（距玉米 1.65m）谷子枯心率 78.66%，第七行（距玉米 2.31m）谷子的枯心率为 69.33%。受到树林和建筑物等遮阴的单作谷子，受粟芒蝇为害的程度也重于未受遮阴的谷子。

（三）天敌昆虫

寄生蜂是粟芒蝇的主要天敌，在春、夏谷区均有分布。目前已知以下 3 种：其一为芒蝇赘须金小蜂[*Halticoptera atherigona*（Huang）]，属金小蜂科柄腹金小蜂亚科赘须金小蜂属，主要分布于吉林、河北、晋东南等春谷区，自然寄生率 3.03%～7.20%，蝇量大时寄生率可达 18.56%。第二种为茧蜂科茧蜂属的小茧蜂（*Bracon* sp.），体长 3.5～4.0mm、黄褐色，一年发生 2 代，发生时期大致与粟芒蝇幼虫发生期吻合，该蜂将卵产于粟芒蝇幼虫体内，孵化出的小蜂幼虫附着在粟芒蝇幼虫体表取食寄主虫体，老熟后在干瘪死亡的寄主幼虫尸体附近作长形白色丝茧化蛹；吉林调查寄生率 1.9%～18.6%，河北调查寄生率 7%～8%。还有一种 *Neotrichoporoides* sp.，是一种小蜂，主要分布在夏谷区。自然寄生率为 4.55%～14.05%，最高可达 46%。

五、防治技术

（一）农业防治

适期早播，避免间、混、套种。粟芒蝇喜欢在阴湿的环境中活动，因此，在种植地点的选择上应避免低洼潮湿处。在种植形式上，由于间作和混作尤其是与高秆作物间作或混作，会使谷子生长期间易受遮阴，形成有利于粟芒蝇活动的生态环境，而且间作距离越窄，谷子受遮阴越大，粟芒蝇的发生为害越重。所以，在种植形式上应选择单作，避免间混套作。同时在管理上及时拔除被害株，带出田外深埋或烧毁，多中耕除草促进谷子的生长，造成不利于粟芒蝇繁殖的生态环境，都可以减轻谷子受害。

选种抗虫耐害品种。谷子品种对粟芒蝇的抗虫性主要表现在以下方面：一些谷子品种由于具有生长发育速度快的特性，其受害敏感期与粟芒蝇的盛发期错开，从而可以避免受害或减轻受害程度；还有一些品种具有分蘖性强的特点，当主茎受到粟芒蝇的为害后很快就可以分蘖或分枝，并能正常开花结实，这类品种虽然受害，但能够自动补偿以减少损失；有些品种因其具有特殊的组织形态结构或含有相关的生化物质而被害较轻。因此，利用作物抗虫性选育抗虫良种来控制害虫的为害是防治虫害最经济有效的措施。1990—1992年，涉县对56个谷子品种进行的抗性鉴定结果显示，凡生长期长、发育慢、拔节阶段长的晚熟种受害重，各品种抽穗前的生育天数与受害程度呈极显著正相关（$r=0.765^{**}$）。

（二）生物防治

保护利用天敌。从已发现的粟芒蝇寄生性天敌的寄生情况来看，二代发生区寄生蜂种类丰富，自然寄生率达6%～26.8%。三代发生区河北涉县，1985年田间调查，总寄生率在49%左右。天敌小蜂对控制粟芒蝇种群数量，减少虫源基数是不可忽视的因素。

（三）物理防治

根据粟芒蝇对腐鱼具有强烈趋性的特点，可于二、三代粟芒蝇成虫盛发期，在谷田放置腐鱼诱杀盆，每盆腐鱼用量0.75～1kg，每公顷放置15盆，盆间距30m左右，并在盆内喷洒杀虫剂。腐鱼诱集的成虫90%左右为雌蝇，可大大减少田间落卵量，减轻谷子被害率。

（四）化学防治

掌握成虫发生高峰期，用菊酯类药剂进行喷雾防治。可选用4.5%高效氯氰菊酯乳油1 000～1 500倍液，或2.5%溴氰菊酯乳油4 000倍液常规喷雾。山西在成虫始盛期用25%氰戊菊酯乳油150mL/hm^2微量喷雾，防治效果可达89%；承德用25%氰戊菊酯乳油300mL/hm^2（加水0.5kg），在粟芒蝇成虫盛发期用手持电动离心喷雾机进行隔行超低量喷雾，喷头的旋雾盘距地面在植株1/2高度处，并以每秒1m的速度行进。10d后防治第二次，防治效果分别为85.71%和93.51%。此法可大大节省用水用工，特别适合干旱农业区。

成虫测报方法：用臭鱼诱蝇器进行成虫发生量监测。6月下旬至7月上旬，每台每日诱蝇量接近或超过50头时为越冬代成虫进入盛发期，春谷田需要立即开始防治；7月下旬至8月上旬，日诱蝇量达100头以上时为一代成虫盛发期，夏谷田和晚播的春谷田需要进行防治。

甘耀进　马继芳（河北省农林科学院谷子研究所）

第60节　粟负泥虫

一、分布与危害

粟负泥虫［*Oulema tristis*（Herbst），异名：*Lema flavipes* Suffrian］，又称粟叶甲、舔虫、白焦虫，属鞘翅目负泥虫科。在黑龙江、吉林、辽宁、内蒙古、甘肃、陕西、山西、河北、河南、山东、江苏、浙江、湖北、四川、贵州等谷子（粟）产区均有分布；国外分布于朝鲜、日本及欧洲、俄罗斯的西伯利亚等地。该虫主要为害谷子，也为害糜、黍、大麦、小麦、高粱、玉米、陆稻等作物及多种禾本科杂草。以成虫和幼虫在谷子苗期至心叶期为害叶片。成虫沿叶脉咬食叶肉，受害叶片形成白色断续条斑（彩图5-60-1，1）。幼虫多藏在心叶内取食嫩叶，使叶面出现白色条斑（彩图5-60-1，2）。受害严重时，造成枯心、烂叶或整株枯死。近几年在山西、甘肃陇东、辽宁西部、内蒙古赤峰、河北承德和张家口、河南卫辉等地为害较重。2012年，在承德、赤峰、朝阳、卫辉等地严重发生，田间平均每平方米有成虫5～10头，幼虫每株最多可达14头，为害严重，部分田块造成毁种。

二、形态特征

成虫：体长3.5～4.5mm，体宽1.6～2mm。复眼黑褐色，大而向外侧突出。触角丝状，11节，黑褐色，基半部细于端半部，第一节膨大，长度与第三、四节接近，第二节最短，第五至八节几乎相等，大于第九和十节，第十一节最长，端末收狭。头、前胸背板、小盾片及体腹面钢蓝色，有金属光泽；足黄色，但基节钢蓝，爪节黑褐。前胸背板长大于宽，两侧于中部之后内凹，中央有1短纵凹，基部横凹明显。刻点多集中于 2 侧及基凹中，前部两侧的刻点较粗大，基凹中的较细密。中纵线有 2 行排列不整齐的刻点，中部之后仅见 1 行，于基部前消失。鞘翅平坦，肩胛近方形，各有整齐较大的纵列刻点 10 行。腹部腹面有银灰色绒毛（彩图 5－60－2）。

卵：椭圆形，长 0.8～1.5mm。初产时为淡黄色，孵化前黑色（彩图 5－60－3，1）。

幼虫：末龄幼虫体长 5～6mm，圆筒形，腹部膨大，背面隆起。头部黑褐色，口器和单眼深红褐色，胸腹部黄白色，有稀疏短毛。前胸背板有 1 排不规则的黑褐色小点（彩图 5－60－3，2）。

蛹：裸蛹，长约 5mm，黄白色。结灰色茧（彩图 5－60－3，3）。

三、生活习性

粟负泥虫在华北、西北和东北每年发生 1 代。均以成虫潜于杂草根际、作物残株内、谷茬地土缝中或梯田地堰石块下越冬，且在田间分布有一定的选择性，一般离山丘越近，越冬虫口密度越大。背阴地埂斜坡要比向阳地埂斜坡的越冬虫口密度大。华北和西北越冬成虫于翌年 5 月上旬和中旬开始活动，东北则在 5 月下旬和 6 月上旬开始活动。

越冬成虫出蛰后，先在杂草上为害，谷子出苗后，即成群转迁到谷田为害。成虫有假死性，受惊后即落地假死，并有一定的趋光能力，飞翔力不强。出蛰后的 5～6 月及秋季，中午前后活跃；仲夏，中午高温时活动变缓，一般白天不取食，只作短距离飞翔，多在谷苗叶背面或心叶内栖息。傍晚爬出心叶在植株叶片上求偶、交尾、产卵或取食。成虫顺叶脉取食叶肉，只留表皮，形成断续的白色条状食痕，严重为害时可使叶片焦枯破碎。越冬代成虫经过充分取食，交尾产卵。成虫将卵散产于谷苗第一至六叶的背面近中脉处。卵粒常 1～4 粒呈“一”字形排列。初产时为浅黄色，孵化前黑色。卵耐干旱，耐雨水冲刷，孵化率很高。卵期约 7d。雌成虫多次交尾，一生产卵 5～11 次，每次可产卵 3～29 粒。初孵幼虫爬行缓慢，陆续潜入谷苗心叶或接近心叶的叶鞘为害。一般一株有虫 3～5 头，多至二十几头潜入同一株谷苗心叶里取食叶肉，残留叶脉及表皮，致使叶片呈现白色焦枯纵行条斑，严重为害可导致枯心、烂叶或整株枯死。

幼虫有自相残杀现象，二龄后食量增大。粪便排于心叶内或叶鞘，并有部分粪便常背于体背末端。幼虫共 4 个龄期，一、二龄幼虫期一般各 6d，三、四龄幼虫期一般各 5d。幼虫期约 20d。幼虫为害盛期，华北和西北地区一般在 5 月下旬至 6 月中、下旬，东北地区则在 6 月中旬至 7 月。老熟幼虫多在晚上从谷苗心叶内爬至叶尖，坠落地面，选择疏松湿润土壤，钻入 1～2cm 深处作茧化蛹。茧外黏附细土，因此茧色与土壤颜色相同，不易区别。6 月下旬至 9 月上旬都有化蛹，但化蛹盛期在 7 月上旬。蛹期 16～21d，一般 18d 左右。7 月上旬出现当代成虫。成虫羽化时将茧咬一小孔爬出。刚羽化的成虫一日内体色由淡黄色变为金黄色、淡褐色、深褐色，最后呈蓝黑色。羽化盛期为 7 月下旬。当年羽化的成虫不进行交尾产卵，取食为害一段时间后，于 9 月上、中旬随天气变冷而逐渐越冬。

四、发生规律

冬季和早春气温对粟负泥虫发生程度有显著影响。如果 12 月至翌年 2 月气温低，则越冬成虫死亡率增加，为害轻；反之若冬春气温高，有利于越冬成虫的存活，春季虫源基数高，发生偏重。在北方旱作区，如果 5～6 月降雨偏少或遇春旱持续无雨，对粟负泥虫卵孵化有利，并且干旱造成作物长势弱、抗性低，也会加重虫害发生。如降雨偏多，则丘陵坡地发生较重。5、6 月气温高也有利于成虫活动为害。

随着免耕技术的推广，土壤深耕次数减少，给粟负泥虫安全越冬提供了有利的条件，因此，连作田块较轮作田块发生重。粟负泥虫一般在山坡旱地、早播田、谷苗长势好的地块发生严重。而平川水浇地、晚播田、谷苗长势差的地块发生较轻。干旱少雨的年份发生重。

五、防治技术

（一）农业防治

秋后或早春，结合耕地，清除田间农作物残株落叶和地头、地埂的杂草，集中烧毁，破坏成虫越冬场所，减少越冬虫源。

（二）人工防治

在成虫盛发期，利用成虫的假死性，人工捕杀成虫。可在谷子垄间轻震植株，使成虫坠落，并踩死。

另外，可在幼虫发生盛期人工捕杀幼虫。当发现谷子心叶有枯白斑症状时，用手从下到上捏心叶或叶鞘，可消灭大量幼虫。

（三）化学防治

抓好种子处理，以消灭越冬代成虫为主，兼治幼虫；化学防治掌握在成虫发生高峰期和卵孵化盛期用药。

1. 种子处理 可在播种前用70％吡虫啉可湿性粉剂或70％噻虫嗪湿拌种剂15～20g对水500mL，拌谷种子5kg。

2. 喷雾防治 可用4.5％高效氯氰菊酯乳油1 000～1 500倍液、2.5％溴氰菊酯乳油1 000倍液、20％氰戊菊酯乳油2 000倍液、20％速灭威乳油2 000倍液、10％吡虫啉可湿性粉剂1 000倍液、48％毒死蜱乳油500～800倍液、90％敌百虫晶体800倍液，任选其一全田喷雾；用80％敌敌畏乳油与40％辛·氯乳油按1∶2混合1 500倍液，防治幼虫效果较好。另外，在防治时，田间地头的杂草上也要喷药。

董立（河北省农林科学院谷子研究所）

第61节 粟缘蝽

一、分布与危害

粟缘蝽［*Liorhyssus hyalinus*（Fabricius）］属半翅目缘蝽科，又名粟小缘蝽。国内分布于黑龙江、内蒙古、甘肃、宁夏、陕西、山西、河北、北京、天津、山东、安徽、江西、江苏、福建、广东、广西、湖北、四川、贵州、云南、西藏；国外分布于日本、俄罗斯、智利及北非、北美等地。

以成虫和若虫刺吸谷子（粟）、糜子、高粱、水稻、玉米、苘麻、大麻、红麻、烟草、向日葵、莴苣等作物的汁液，尤其谷子和高粱穗部受害，造成秕粒，对产量有一定影响。

二、形态特征

成虫：体长6～7mm，草黄色，密被浅色细毛。头略呈三角形，头顶、前胸背板前部横沟及后部两侧、小盾片基部均有黑色斑纹，触角和足常具黑色小点。腹部背面黑色，第五背板中央有1块卵形黄斑，两侧各具1块小黄斑；第六背板中央有1条黄色纹，后缘两侧和第七背板端部中央及两侧黄色。前翅超出腹末（彩图5-61-1，1）。

卵：长0.8mm，宽0.4mm，肾形，卵盖椭圆形，布满小突起，其中央微凸，近端部中央具两个白色疣突。初产时暗红色，近孵化时黑紫色，每一卵块有卵10多粒（彩图5-61-1，2）。

若虫：初孵若虫暗红色，长椭圆形，触角棒状，4节，前胸背板较小，腹部圆大。五、六龄时体形似成虫，灰绿色。触角4节，头近三角形。翅芽显著。腹末背面紫红色（彩图5-61-1，3）。

三、生活习性

粟缘蝽一般在7月谷子抽穗后开始侵害，主要以成、若虫刺吸谷子穗部未成熟籽粒的汁液，形成秕粒。在田间，通常会出现成、若虫共同为害谷穗的现象，有时卵、若虫、成虫可同时出现在同一穗上，造成秕粒并滋生灰黑色杂菌，严重影响谷子的产量和品质。粟缘蝽成、若虫均活泼，遇到惊扰会立即飞逃。成虫夜间有一定趋光性，白天无风时常在穗外向阳处活动；若虫常潜于谷穗内，晴天可爬至穗外活动，受惊即钻入穗内。

粟缘蝽食性杂，一生可转换几种寄主，但喜食禾本科植物。早熟品种能避过受害盛期；紧穗型品种，不利于成、若虫钻入隐蔽，也不利于成虫隐蔽产卵，而有利于天敌捕食。因此，受害轻。

四、发生规律

在北京、山西1年发生2～3代，在河北和山东发生3代，以成虫在树皮下、墙缝和杂草丛中越冬。翌年4月下旬开始活动，为害蔬菜和杂草，5～6月转向谷子和高粱田为害，春谷抽穗后，成虫多转向穗部为害和产卵。卵产在小穗间，单雌可产40～60粒，卵期3～5d。若虫期10～15d，共6龄。8～9月产第二代卵，主要产在夏谷和高粱穗上。由于该虫世代重叠严重，至 8～9 月虫口大增，谷子和高粱常严重受害。10 月成虫陆续进入越冬场所。在云南西双版纳，9 月下旬成、若虫群集为害苘麻，卵常产于花托、蒴果或叶背面，每块卵 20～47 粒，不规则排列。在昆明 11 月中旬仍见该虫为害锦葵科植物，并将卵产于花托处。

五、防治方法

1. 选用抗虫品种 早熟品种或谷穗细长、小穗排列紧密的品种，虫害较轻。

2. 药剂防治 出苗后及时浇水，可消灭大量若虫。灌浆初期，喷撒 1.5%乐果粉剂，每公顷 30kg。也可选用 40%乐果乳油 1 500 倍液，或 4.5%高效氯氰菊酯乳油 1 500 倍液、50%杀螟丹可溶粉剂 1 500 倍液、10%吡虫啉可湿性粉剂 1 500 倍液、20%甲氰菊酯乳油 3 000～4 000 倍液喷雾。

3. 人工捕杀 成虫盛发期，用网捕杀成虫。

马继芳（河北省农林科学院谷子研究所）

第 62 节 糜子吸浆虫

一、分布与危害

糜子吸浆虫（*Stenodiplosis panici* Plotnikov）属双翅目瘿蚊科瘿蚊属，别名黍蚊、黍吸浆虫。国外分布于日本、俄罗斯、乌克兰、哈萨克斯坦、埃及、阿尔及利亚、欧洲南部、北美洲等地。国内主要分布在黑龙江、吉林、辽宁、甘肃、宁夏、河南等糜子种植区。

糜子吸浆虫食性颇专，主要为害糜子，有时稗草也被害。以幼虫蛀食尚未开花或正在开花授粉的糜穗花器，造成子房不能正常授粉或发育，形成空壳秕粒。整茬糜子受害较轻，复种糜子受害严重，是糜子生产上的主要害虫。糜子花器受害后，初期穗颖并不变色，当正常籽粒灌浆膨大时，受害的花器瘪瘦，逐渐褪绿干枯，呈瘦长的白色秕粒，色泽和大小与正常饱满的籽粒均有明显的差异。用手挤破秕粒，会挤压出红色的虫体组织浆液。

糜子吸浆虫在前苏联地区曾普遍发生，1932—1943 年在乌克兰曾严重为害，被视为重要害虫。我国糜子吸浆虫最早为朱象三（1955）的记载，主要发生在甘肃庆阳、宁县、镇原、环县、泾川与陕西的长武等地，糜穗上一般有 10%左右的空壳。魏凯等（1964）对宁夏银川以北平罗、石嘴山、陶乐、贺兰、青铜峡、永宁、吴忠、灵武、固原等县（市）的糜子吸浆虫进行了调查，早糜子被害率在 10%左右，回茬糜子被害率在 50%以上。刘启成（1965）记载新疆昌吉、呼图壁等县（市）糜子吸浆虫为害造成的秕粒最轻者 15%，重者达 42%。

二、形态特征

成虫：体长 2.0～2.5mm（不包括产卵器），翅展 4.5mm。体暗红色。复眼合眼式，黑色。触角灰黑色，14 节，由两复眼中间伸出。雌成虫触角较短，每节作圆筒形，中间近微凹，着生褐色微毛和长刚毛 22～26 根；雄成虫较雌虫细长而多毛，每节两端膨大，中间凹入作葫芦状，每节上着生刚毛及一圈环状毛。口器吻状退化，小颚须 3 节。胸、腹部背面灰黑色，腹面橘红色，前胸领状甚窄，中胸极大，小盾片呈圆形隆起，侧板发达，延伸成三角形。后胸较小，平衡棍淡红色。腹部各节的背板和腹板生有黑色长毛。翅浅灰色半透明，膜质，卵圆形，被密毛，缘毛长且密，翅脉 3 条，基部收缩成柄状，R_5 脉伸达翅顶。足细长，灰褐色，有细毛，跗节 5 节，第一节和第五节等长且短，第二节最长，相当于胫节的 2/3，余节依次渐短。雌成虫产卵管等于或稍长于体长，末端有 2 尖裂瓣，雄成虫腹部末端有钩状抱握器 1 对。

卵：长椭圆形，白色，半透明，0.35～0.40mm，末端有 1 带状附属物，约为卵长的 1/3。

幼虫：蛆形，橙黄色，老熟幼虫橘红色，长 2mm，共 13 节，表皮光滑，有光泽。前胸与头向下微倾，口器简单退化，周围有骨化圆片，第三体节上无剑骨片。触角微小仅 1 节。气孔向外突出，共 9 对，前胸 1 对，腹部 8 对。越冬幼虫结丝质长圆形淡黄色薄茧于糜子壳内。每个虫粒内有幼虫 1 头或数头。

蛹：长 2mm，裸蛹，初与幼虫色相似，以后红色渐深至深红色，翅、足变黑。前端有呼吸管 1 对，呈指状突出。头顶有弯毛 2 根。雄蛹尾部的抱握器明显，可与雌蛹区分。

三、生活习性

年发生 2～3 代，以老熟幼虫在糜籽或稗籽壳内结茧，糜子收获时，掉落在田里、场地及仓库内越冬。越冬期长达 9～10 个月，直到翌年 7 月化蛹，7 月底羽化。16～25℃条件下都能羽化，温度高羽化早。8 月中旬进入盛期。成虫全日内均可羽化，以 9：00～14：00 最盛。成虫飞翔力不强，遇风即在糜子剑叶与糜穗间不动，无风情况下早晨露水干后开始活动，至中午时最活跃，后渐少，18：00 后很少活动。

成虫寿命 4～5d，交尾后雌虫头部向上，倒退向糜穗下部活动，以产卵管寻找刚抽穗而未开花的糜粒产卵，将卵产于小穗的第三护颖内，在已开花的糜粒上未见产卵的。产卵时微有惊扰也不飞离。每颖壳内产卵 1～2 粒，每雌虫可产卵 10 余粒，最多可达 100 粒左右。卵期 3～4d，幼虫孵化后较活泼，即向子房内钻蛀，为害花器，使之不能授粉发育，形成空壳。糜子受害后只花器被破坏，外部 3 个护颖颖壳仍为绿色，从外形上看不出是否受害。幼虫在糜粒内为害，幼虫期 8～14d，老熟后在温湿度适合时即在颖壳内结茧化蛹。蛹期 3～7d，蛹在羽化时头部从内外颖尖伸出，钻出一半而羽化。完成一代需 20d 左右，当平均气温在 17～18℃时，12～14d 就可完成一代。8 月底、9 月初出现第二代成虫，交尾、产卵。

由于各代化蛹和羽化很不整齐，同一时期存在不同世代的各期虫态，一年内各个体亦很不一致，有的完成 1 代后越冬，有的则能完成 2～3 代，故常形成世代重叠。

四、发生规律

越冬代成虫集中产第一代卵于自生糜苗或早播的整茬糜子上为害，第一代成虫于 8 月底或 9 月初出现，集中产第二代卵为害复种糜子，晚播或迟熟的糜子受害更重。若 9 月气温偏高可在当月出现第二代成虫，从而发生第三代。末代老熟幼虫一般在 9 月中、下旬越冬。

越冬虫粒大量分散于谷场内、未打净的草堆中、掉落于田内及混入粮库等处。其中以田间及打谷场最多，越冬成活率也最高，是翌年发生的主要虫源。成虫不活泼，可短距离飞行。靠带虫的秕糜、稗粒混在种子或糜草中传播。

糜子吸浆虫成虫只产卵于尚未开花的糜穗，绝不产卵于已开花的糜穗。因此，糜穗受害与否和吸浆虫羽化期的糜穗生长情况有密切关系，而糜子生长又与品种与播种期有关。不同品种间受害程度有明显差异，朱象三在陕西调查，中熟糜子的茄秆子品种受害较重，早熟糜子的笊篱头、杏猴头、鸡蛋皮等亦受害重，晚熟糜子的黑黏糜子未见受害。一般小满前播种受害重，小满至芒种播种受害轻，芒种后播种受害最重。另外重茬糜子地受害重。

五、防治技术

糜子吸浆虫虫体小、发生为害大、隐蔽性强，因此对吸浆虫的防治一定要贯彻“预防为主、综合防治”的植保方针，加强系统监测，采取以农业措施降低虫口基数，在发病穗期进行有效的化学药剂防治的方法。

（一）农业措施

轮作倒茬，避免重茬。糜子收获后秋季翻耕，将遗留在田间的有虫糜穗糜壳翻埋入土，脱粒碾场后清洁场地，扬场时注意将秕粒与野糜子、稗子扬净，且勿使之远飞乱落，收集起来，深埋或烧掉。

（二）加强植物检疫

虫情较轻或无吸浆虫为害的地区引种时要严格检疫，防止虫情蔓延。

（三）化学防治

糜子吸浆虫发育物候特征明显，糜子抽穗期与糜子吸浆虫成虫羽化盛期基本吻合，各糜子产地应按照当地糜子主栽品种、栽培环境和温湿度条件，做好蛹发育进度调查及成虫活动调查。在成虫羽化产卵期每公顷用 10％吡虫啉可湿性粉剂 300g，40％毒死蜱乳油 1 500～3 000mL，或 4.5％高效氯氰菊酯乳油 150～225mL 等对水喷雾，施药 2 次，两次间隔时间 5～7d。第二次施药时，可结合“一喷三防”，混用杀虫剂、杀菌剂、叶面肥，兼治糜子灰斑病、斑点病、蚜虫等，达到防虫、防病、防早衰的作用。

若上年糜子茬田发生较重，改种其他旱作也需做药剂防治处理。可于 7 月中旬采取土表施药等措施，毒杀越冬后羽化的成虫，防止其迁飞扩散为害。一般每公顷用480g/L毒死蜱乳油2 250～3 000mL或5%毒死蜱颗粒剂30kg拌375kg细土或细沙制成毒土，均匀顺垄撒施（注意不要撒在作物叶上）并化锄，效果很好。

冯佰利　朱明旗（西北农林科技大学）

第63节　荞麦钩蛾

一、分布与危害

荞麦钩蛾（*Spica parallelangula* Alpheraky）属鳞翅目钩蛾科。俗名荞麦钩翅蛾、荞花虫、饺子虫、卷叶虫、荞麦麻蛆等。国内主要分布在山西、陕西、甘肃、宁夏、青海、四川、贵州、云南、广西、江西等地荞麦种植区。国外分布于前苏联高加索地区。

荞麦钩蛾是荞麦上的一种重要害虫，以幼虫为害荞麦的叶、花、籽粒，严重影响产量。荞麦钩蛾主要为害荞麦，也为害大黄、萹蓄、酸模叶蓼等蓼科植物；在荞麦品种中，喜食甜荞，苦荞次之，野荞也可取食。在荞麦苗后期至成熟期幼虫都可为害；荞麦的叶、花、嫩果均受害。啃食叶肉呈网状；为害花，使荞麦不能开花、开花而不结实，造成大幅度减产，甚至颗粒无收。一般年份田块平均被害株率为4%～10%，严重地块可达30%，个别地块达50%；可造成减产20%～30%，大发生年减产40%以上，甚至绝收。如1989—1990年甘肃武都荞麦钩蛾为害严重的地块，为害株率达100%，造成毁产，颗粒无收。1995年、1996年连续两年陕西志丹、安塞、吴旗县因荞麦钩蛾的为害，造成68.54%的荞麦田块绝收。2010年定边县荞麦茬地的大麻田普遍发生荞麦钩蛾，每株根部表土层有幼虫1～4头，最多可达6头，幼虫尚为三龄前，少数地块大麻叶片全部被食尽。

二、形态特征

成虫：体长9～14mm，翅展30～36mm。触角棕色，扁线状，头、胸、腹、前翅均为淡黄色。前翅肾形斑明显，在翅基到翅中有3条向外弯曲的＞形黄褐色线，亚外缘线由两条黄褐色波纹组成，顶角不呈钩状突出，从顶角向后有一条褐色斜线，与亚外缘线相连。后翅灰白色。中足胫节有1对距，后足胫节有2对距。腹部淡棕色，雌蛾末端较粗，毛丛较长。

卵：椭圆形，扁平，表面有颗粒状物。卵几十至百余粒稀疏地排列在一起，产于叶片背面呈块状。卵块近圆形，直径约8mm，上被白色鳞毛。

幼虫：体长18～30mm，暗褐色。头部红褐色，胸腹部颜色多变化，一般背面墨绿色，背线及亚背线为淡黄褐色；体侧有黄色带，气门线及气门下线淡墨绿色；前胸背板及臀板红褐色，腹面为白色。有腹足4对，尾足1对，足白色，趾钩2序中列式。

蛹：长11～15mm，赤褐色。胸部肥大，腹部尖瘦。体面布有圆形点刺，腹部第四至六节前缘周围有纵列短脊，第八节前缘两侧有三角形深窝，腹部臀刺4根，侧面2根稍短。

三、生活习性

荞麦钩蛾每年发生1代，以蛹在荞麦田的土中越冬，也有的在野生大黄根部及荞麦秆堆垛中越冬。越冬蛹于6月下旬至8月中旬羽化，羽化盛期为7月下旬。成虫白天栖息于生长茂密的荞麦叶背，天黑后开始活动，取食补充营养、交尾、产卵，到午夜12：00至次日1：00停息。

成虫寿命10～15d，趋光性较强。雌虫交尾后1～2d产卵。产卵盛期为8月中旬到9月上旬，卵期7～12d。产卵有趋绿性，多集中产在植株的第三至五片真叶的背面。卵粒平铺，近圆形，有荧光，排列整齐。卵初产时乳白色，孵化前变为黑色，孵化率为90%～95%。平均每块卵有卵30～50粒，多者130粒以上。卵块表面蒙罩一层白色绒毛。

幼虫有5个龄期，一龄6.4d，二龄5.5d，三龄6.3d，四龄6.7d，五龄11d；各龄期体色变化差异大。幼虫喜阴怕光，具假死性。卵多在上午孵化，孵化时幼虫咬破卵壳摆动而出，经5～10min后爬动，群集在一片叶或邻近叶片背面取食叶肉和下表皮，残留上表皮形成窗户纸一样的透明薄膜，时间稍久，膜破裂形成不规则的孔。二龄幼虫开始分散转移，以爬行和吐丝下垂借风力转株到附近植株取食为害。三龄后吐丝缀结叶沿，将叶卷成半圆形的苞，白天隐藏其内，天黑后出来为害，黎明后停止取食，重新卷叶隐藏，这一时期取食量增大。四至五龄暴食为害，大量幼虫转入为害花序和灌浆籽粒，叶片受害残缺不全，穿孔甚至全叶食光，被害籽粒被食去淀粉留下荞壳，既影响产量又影响品质。

荞麦收获前，老熟幼虫入土在土中作室化蛹越冬，一般入土深度为6～20cm。此时幼虫体形变短，体色变为黄褐色，不食不动，进入预蛹期，4～5d后蜕去最后一层皮化蛹，腹部节间可以转动，胸部节间不能活动。未老熟者随收获的荞麦进入堆垛中化蛹越冬。

四、发生规律

荞麦钩蛾对荞麦的为害程度与荞麦的播期关系密切：播期越早，为害越严重。在甘肃陇南7月上旬播种，平均每株有虫2.87头，为害株率100%；7月中旬播种，平均每株有虫1.01头，为害株率为58.4%；7月下旬播种则分别为0.3头和14.7%。

与地形地势的关系：多以山塬地发生为重，川、台地较轻，阴山比阳山发生重。

与荞麦品种的关系：一般阔叶型比小叶型受害重，晚熟品种比早熟品种重。

与7～9月降水的关系密切：雨量充足且无大到暴雨有利于成虫产卵、卵的孵化及低龄幼虫成活，发生量大，且为害严重。如果降水量少或有几次强降雨，则发生较轻。

五、防治技术

（一）农业防治

秋季荞麦收割后，及时深耕地，杀灭越冬蛹。荞麦收割时正值荞麦钩蛾化蛹越冬期，及时深翻地，可消灭一部分越冬蛹；适期迟播；翌年暮春越冬蛹虫羽化前将荞麦秸秆处理干净并对堆垛场所进行处理。

（二）物理防治

成虫具趋光性可利用黑光灯诱杀成虫减少蛾量。

（三）化学防治

荞麦是蜜源作物，故防治时应选高效、低毒、低残留的农药，并应注意施药方法。

防治成虫掌握在荞麦开小花（即荞麦分枝前的开花阶段）前这一时段；防治幼虫应抓住荞麦开大花（即荞麦分枝后的开花阶段）前后防治。可利用幼虫遇触动落地的习性，前面用长竹竿顺次敲动荞麦植株，使其坠地，后面人跟随撒毒土。常用辛硫磷毒土处理，每公顷用50%辛硫磷乳油或25%辛硫磷微囊剂1.5kg，对水22.5kg，拌细土或细沙225kg。

用25%灭幼脲悬浮剂10mg/kg稀释液每公顷喷洒1 500kg，不但可杀死幼虫，而且对人畜及害虫天敌安全。也可选用40%氧乐果乳油每公顷1 200～1 500g，或2.5%溴氰菊酯乳油每公顷1 500～2 250g、35%伏杀硫磷乳油每公顷1 200～1 500g、20%氰戊菊酯乳油每公顷450～600g喷雾防治。

王鹏科　朱明旗（西北农林科技大学）

第64节　豆　　蚜

一、分布与危害

世界上为害蚕豆的蚜虫有4～5种，但均以蚕豆豆蚜的发生为害最普遍严重。

豆蚜（*Aphis craccivora* Koch）属同翅目蚜科。分布全国，是我国蚕豆种植区为害蚕豆的主要害虫之一，尤其在北方发生比较普遍。新疆、宁夏和东北沈阳以北地区发生较多。在云南，主要在春季蚕豆苗期和豆粒膨大期为害最重，在发生盛期，可造成大面积的蚕豆芽梢被害，致使减产25%～30%，且品质下降，带来很大的经济损失。

豆蚜为害蚕豆常群集于蚕豆植株的嫩茎、幼芽、顶端嫩叶、心叶、花器及荚果处吸取汁液。受害蚕豆生长点枯萎，叶片卷缩变形，幼叶变小，影响开花结实。又因该虫大量排泄蜜露污染叶面，而引起煤污病，使叶片表面铺满一层黑色霉菌，影响光合作用，结荚减少，千粒重下降。特别是蚕豆开花、结荚期由于气温回升快、雨量少，豆蚜数量急剧上升，如不加以有效的防治，对蚕豆的生长、结荚及产量影响相当严重。豆蚜还为蚕豆花叶病毒的媒介，因此虫害往往伴随着病毒病害发生，造成的损失远远大于蚜虫的直接为害。

二、形态特征

若蚜：共分 4 龄，呈灰紫色至黑褐色。

有翅胎生雌蚜：体长 1.5～1.8mm，体黑绿色或黑褐色，具光泽；触角 6 节，第一、二节黑褐色，第三至六节黄白色，节间褐色，第三节有感觉圈 4～7 个，排列成行；腹管较长，末端黑色。

无翅胎生雌蚜：体长 1.8～2.4mm，体肥胖，黑色、浓紫色、少数墨绿色，具光泽，体被均匀蜡粉；中额瘤和额瘤稍隆；触角 6 节，比体短，第一、二节和第五节末端及六节黑色，余黄白色；腹部第一至六节背面有一大型灰色隆板，腹管黑色，长圆形，有瓦纹；尾片黑色，圆锥形，具微刺组成的瓦纹，两侧各具长毛 3 根。

三、生活习性

豆蚜在辽河流域 1 年发生 10～20 代，黄河流域、长江流域及华南 20～30 代。豆蚜冬季以成、若蚜在蚕豆、冬豌豆或紫云英等豆科植物心叶或叶背处越冬。常年，当月平均温度 8～10℃时，豆蚜在冬寄主上开始正常繁殖。4 月下旬至 5 月上旬，成、若蚜群集于留种紫云英和蚕豆嫩梢、花序、叶柄、荚果等处繁殖为害；5 月中、下旬以后，随着植株的衰老，产生有翅蚜迁向夏、秋刀豆及豇豆、扁豆、花生等豆科植物上寄生繁殖；10 月下旬至 11 月间，随着气温下降和寄主植物的衰老，又产生有翅蚜迁向紫云英、蚕豆等冬寄主上繁殖并在其上越冬。

豆蚜对黄色有较强的趋性，对银灰色有忌避习性，且具较强的迁飞和扩散能力，在适宜的环境条件下，每头雌蚜寿命可长达 10d 以上，平均胎生若蚜 100 多头。全年有 2 个发生高峰期，即春季 5～6 月、秋季 10～11 月。

适宜豆蚜生长、发育、繁殖温度范围为 8～35℃；最适环境温度为 22～26℃，相对湿度 60%～70%。在 12～18℃若虫历期 10～14d；在 22～26℃若虫历期仅 4～6d。

四、发生规律

豆蚜对蚕豆的为害程度与蚕豆的播期关系密切。表现为播种较早的春蚕豆植株上的豆蚜量较少，受害较轻，植株的株高、单株结荚数、每荚粒数、百粒重明显高于播种晚的蚕豆植株（芦光新等，2002）。

豆蚜的发生与气象因素关系密切。温度与湿度是影响蚕豆蚜虫种群消长的主要因素，其中温度与豆蚜种群消长呈正相关，而相对湿度与豆蚜种群消长呈负相关（文振祥，2010）。一般，冬季降雪稀少、大气干燥、无雪覆盖、气温偏高地区，豆蚜越冬基数大，蚕豆受害严重；寒冬地区豆蚜越冬基数小，蚕豆受害较轻。此外，春季气温稳定，降水少有利于蚜虫发生发展；春寒、倒春寒使蚜虫发生期推迟，发展缓慢。

五、防治技术

（一）农业措施

蚕豆收获后，及时处理残枝败叶，清除田间、地边杂草，减少虫源。

（二）物理防治

在地头边设置刷有不干胶的黄板（黄塑膜或黄纸箱片）诱蚜，杀灭迁飞的有翅蚜。并加强田间检查和虫情预测预报。

（三）生物防治

蚜虫的天敌较多，包括捕食性瓢虫、寄生蜂、草蛉和食蚜蝇等，在蚕豆田释放天敌，天敌数量多时，可抑制蚜虫数量的增长。

20 世纪 80 年代，中国农业科学院生物防治研究所对食蚜瘿蚊进行了人工培育，在北京、大庆的温室大面积应用示范防治蚜虫，每头食蚜瘿蚊幼虫一生可捕食 25 头豆蚜。放虫的适期应掌握在蚜虫发生初期，按照采点调查单株作物上的蚜虫量，计算出单位面积内的总蚜量，放虫量为食蚜瘿蚊与蚜虫比例为 1：

20～30。放虫时，将装有幼虫的盒子上面扎几个眼，分散均匀摆放在植株中间即可。放虫一次，整个生育期有效。

（四）化学防治

发生初期可采用以下药剂进行防治：20%氰戊菊酯乳油1 000倍液、2.5%溴氰菊酯乳油2 000倍液、50%抗蚜威可湿性粉剂2 000倍液、10%吡虫啉可湿性粉剂1 500倍液、3%啶虫脒乳油2 000倍液、10%氯噻啉可湿性粉剂2 000倍液、10%吡丙醚·吡虫啉悬浮剂1 500倍液、2.5%联苯菊酯乳油3 000倍液、25%噻虫嗪可湿性粉剂2 000倍液、10%氯氰菊酯乳油3 000倍液，任选其一，喷雾防治，每周1次，连续防治3～4次。

高小丽（西北农林科技大学）

第65节 豌 豆 象

一、分布与危害

豌豆象［*Bruchus pisorum*（L.）］属鞘翅目豆象科豆象属（*Bruchus*），俗称蛀虫、豌豆虫、豌豆牛等。除澳大利亚外，豌豆象分布已遍及世界各地。20世纪50年代在我国开始发生，1957年，河北省调查，除张家口外全省都有发生。1965年，传入新疆塔城和伊犁地区，检疫人员虽及时发现，但没采取有效措施，造成迅速蔓延。1958年秋，大量调进救灾种子时豌豆象从湖南、湖北等地传到广西中部和南部，导致桂林地区成为严重发生区。90年代以来，甘肃中部地区发生严重。国内除黑龙江尚未报道外，其他各地均有发生，且不论在田间豌豆结荚期或仓库储藏期，均较常见。主要为害豌豆、野豌豆、扁豆和山黧豆，是豌豆的毁灭性害虫，受害豌豆的重量损失高达60%，严重破坏豆粒发芽，降低豌豆的食用性和商品品质。

豌豆象以幼虫蛀害豆荚，取食豆粒，在鲜豌豆上可见暗色或褐色蛀入孔，形成坏死点，在仓库内将储藏豌豆蛀食成空洞（彩图5-65-1至彩图5-65-3）。

二、形态特征

成虫：体长椭圆形，黑色，长4～5mm，宽2.6～2.8mm；触角基部4节，前、中足胫节、跗节为褐色或浅褐色；头具刻点，被淡褐色毛；前胸背板较宽，刻点密，被黑色与灰白色毛，后缘中叶有三角形毛斑，前端窄，两侧中间前方各有1个向后指的尖齿；小盾片近方形，后缘凹，被白色毛；鞘翅具10条纵纹，覆褐色毛，沿基部混有白色毛，中部稍后向外缘有白色毛组成的1条斜纹，再后近鞘翅缝有1列间隔的白色毛点；臀板覆深褐色毛，后缘两侧与端部中间两侧有4个黑斑，后缘斑常被鞘翅所覆盖；后足腿节近端处外缘有1个明显的长尖齿。雄虫中足胫节末端有1根尖刺，雌虫则无（彩图5-65-4）。

卵：椭圆形，淡橙黄色至橘红色，长约0.8mm，较细的一端具2根长约0.5mm的丝状物。

幼虫：复变态，共4龄。体乳白色，头黑色，胸足退化成小突起，无行动能力，胸部气门圆形，位于中胸前缘。一龄幼虫略呈衣鱼形，胸足3对短小无爪，前胸背板具刺；老熟幼虫体长5～6mm，黄白色，短而肥胖多皱褶，略弯成C形。头小，棕褐色，口器褐色（彩图5-65-5）。

蛹：长约5.5mm，椭圆形，初为乳白色，后头部、中胸、后胸中央部分、胸足和翅转为淡褐色，腹部近末端略呈黄褐色；前胸背板侧缘中央略前方各具1个向后伸的齿状突起；鞘翅具5个暗褐色斑。

三、生活习性

豌豆象以成虫在储藏室缝隙、田间遗株、树皮裂缝、松土内及包装物等处越冬，翌春飞至春豌豆地取食、交尾、产卵。卵孵化后幼虫从卵壳下部咬一小孔，蛀入豆荚，再侵入豆粒。豌豆象幼虫有互相残杀的习性，故每粒豆中仅有1头成虫。幼虫不活泼，但蛀入豆荚、豆粒能力很强。随着豆粒的长大，幼虫逐渐老熟，在豆粒内化蛹。化蛹前，将豌豆粒蛀成圆孔，外围留一层豆皮。成虫羽化后经数日待体壁变硬后钻出豆粒，飞至越冬场所，或不钻出就在豆粒内越冬。成虫寿命可达330d左右，具有假死性，飞翔力强，可达3～7km，每日有两次活动高峰，一为10：00～13：00，另一为15：00～18：00，其他时间多隐藏于花苞及嫩苞中，阴雨天则躲藏不出。

四、发生规律

豌豆象1年发生1代，发育起点温度为10℃，发育有效积温为360℃。据室内定期观察结果，成虫开始外出到全部出完共历期25d，气温在10～20℃。当5d平均温度达16.3℃时，田间出现成虫，19.5℃时达高峰，即豌豆开花初期，室内成虫开始外出，开花盛期达高峰，故豌豆花期可作为预测室内成虫外出的根据之一。

幼虫6月上旬开始化蛹，6月下旬至7月上、中旬达盛期，历期40d，蛹期6～14d，平均8.3d（此期随收获的豌豆入库）。

在晋南地区，4月下旬当豌豆开花株率达12%时，田间开始发现成虫，5月上旬豌豆开花95%时，为成虫发生盛期，豌豆成熟时成虫绝迹。豌豆象成虫需经6～14d取食豌豆花蜜、花粉、花瓣或叶片，进行补充营养后才开始交尾、产卵。成虫交尾产卵后，很快就死亡，而且雄虫早于雌虫。卵一般散产于豌豆荚两侧，多为植株中部的豆荚上，每雌可产卵700～1 000粒，产卵盛期一般在5月中、下旬。卵期6～9d，平均7.2d。卵于5月中旬开始孵化，5月下旬达盛期，6月上旬全部孵化，历期约15d。幼虫历期最短20d，最长34d，平均29.2d。

豌豆各虫态历期在不同温度下差异较大（表5-65-1至表5-65-3）。

表5-65-1　豌豆象在各地产卵盛期（月/旬）（引自舒畅和汤建国，2009）

Table 5-65-1　The peak period of oviposition of *Bruchus pisorum* in different regions

（from Shu Chang and Tang Jianguo，2009）

地点	江苏、浙江	山东烟台	辽宁大连
盛卵期	5/中	5/中、下	5/下

表5-65-2　不同温度下豌豆象二龄幼虫发育至成虫历期

Table 5-65-2　Duration of *Bruchus pisorum* developing from 2th instar to adult at the different temperatures

温度（℃）	10	15	20	25
历期（d）	150	60	30	25

表5-65-3　豌豆象各虫态历期（d）

Table 5-65-3　Development duration of *Bruchus pisorum* at the different stages（d）

地点	虫态			
	卵	幼虫	蛹	成虫
山西临猗	6～9	37	8～9	305～488
山西关中	5～7	37	6～14	61～273
上海郊区	5～14	28～35	8～27	61～76
江西南昌	5～18	32～50	8～9	274～335

五、防治技术

（一）农业防治

1. 植物检疫　豌豆象为国内部分省份的检疫对象，因此，严格检疫，尤其是从疫区输入的豆类产品。

2. 清洁仓库　冬季清扫仓库，尤其要对仓库缝隙、旮旯以及仓外的草垛、垃圾等卫生死角进行清理，彻底通风降温，冻死隐匿在仓库的成虫，同时进行熏蒸。

3. 清洁田间 种植豌豆期间，可进行田间喷药防治，降低豌豆象的发生率。豌豆收获后，在半个月内使用塑料薄膜密封气控保管或熏蒸处理。停止种植豌豆3年，彻底消灭豌豆象。

4. 普通菜豆 α-淀粉酶抑制剂对豌豆象淀粉酶具有特异的抑制作用，因此可利用转α-淀粉酶抑制基因的豌豆品种来控制豌豆象为害。

（二）物理防治

1. 暴晒 豌豆脱粒后，立即暴晒5～6d，可杀死豆粒内幼虫90%以上。

2. 开水烫种法 当储藏豌豆种子数量少时，可用此法消灭豌豆象。具体方法是：通过晾晒，使豌豆种子含水量达到安全标准以下。用大锅将水烧开，把豌豆倒入筐里，浸入开水中，迅速搅拌，经25s后，立即提出，放入冷水中浸凉，然后摊在垫席上晒干，再储藏。

3. 密闭法 当储藏豌豆种子数量大时，可利用该方法消灭豌豆象。用密闭保温法升温，能杀死潜伏在豆粒的豌豆象幼虫，同时，由于呼吸作用产生大量的CO_2，也能使幼虫窒息死亡。

4. 气调防治法 对于储藏条件好的仓库，可往仓库中冲入CO_2，并使仓库内CO_2浓度达75%保持15d，能使99%以上的豆象死亡。

（三）化学防治

1. 田间防治 掌握在成虫产卵盛期（常与豌豆结荚盛期相吻合）及幼虫孵化盛期施药防治产卵的成虫和初孵幼虫，药剂可选用4.5%高效氯氰菊酯乳油1 000～1 500倍液、或0.6%阿维菌素乳油1 000～1 500倍液、90%敌百虫晶体1 000倍液、90%灭多威可湿性粉剂3 000倍液等，并尽量使每个豆荚均匀着药以提高防治效果。

2. 仓库熏蒸 豌豆收获后，利用磷化铝对种子进行熏蒸。在豌豆收获半个月内，将脱粒晒干后的种子，置入密闭容器内，用56%磷化铝片剂熏蒸，每200kg豌豆用药量为3.3g（1片），密闭3～5d后，再晾4d。必须严格遵守熏蒸的要求和操作规程，避免人畜中毒。

段灿星（中国农业科学院作物科学研究所）

第66节 豌豆彩潜蝇

一、分布与危害

豌豆彩潜蝇［*Chromatomyia horticola*（Goureau）］属双翅目潜蝇科，又称油菜潜叶蝇、豌豆潜叶蝇，俗称拱叶虫、夹叶虫、叶蛆等。该虫几乎遍布全世界，我国除西藏尚无报道外，其他各地均有发生。它是一种多食性害虫，寄主广泛，目前已记载的有21科77属149种，主要为害豌豆、蚕豆、白菜、甘蓝、萝卜、莴苣、茼蒿、芹菜、番茄、马铃薯、西瓜等，其中以豌豆受害最为严重。一般情况下，豌豆叶被害率为50%～80%，严重时高达100%，导致受害植株提早落叶，影响结荚，甚至枯萎死亡，幼虫也可潜食嫩荚及花梗。成虫还可吸食植物汁液使被吸处成小白点，严重影响作物的产量、品质和食用价值。

豌豆彩潜蝇主要以幼虫潜食叶肉、嫩茎或豆荚表皮，形成蜿蜒曲折的灰白色隧道，为害严重时叶片上布满蛀道，尤以植株基部叶片受害最重，叶片上的幼虫量有几头至几十头不等。严重时，叶肉全被食光，仅剩上下表皮（彩图5-66-1）。

二、形态特征

成虫：体小，雌虫体长2.3～2.7mm，翅展6.3～7.0mm。雄虫体长1.8～2.1mm，翅展5.2～5.6mm。全身暗灰而有稀疏刚毛。复眼椭圆形，红褐色至黑褐色。眼眶间区及颅部的腹区为黄色。触角黑色，分3节，第三节近方形，触角芒细长，分成2节，其长度略大于第三节的2倍。仅具一对前翅，透明，长约3.0mm，光下观察可见彩虹光彩。中胸近黑色，各腹节之后缘及腿节之末端黄色（彩图5-66-2）。

卵：长椭圆形，乳白色，长约0.3mm。

幼虫：共3龄，老熟幼虫体长约3mm，蛆状，前端可见黑色能伸缩的口沟，体表光滑柔软，由乳白变黄白或鲜黄色。

蛹：长约2.5mm，为围蛹，长椭圆形，略扁，黄褐色至黑褐色（彩图5-66-3）。

三、生活习性

成虫较活跃，取食、交尾和产卵均在白天进行，受惊扰时会在寄主植株上爬行或在附近飞舞以躲避干扰。飞行距离较短，一般1m左右。成虫在活动期间，多在寄主植物（少数非寄主植物）上吸食花蜜和水分，其寿命长短和繁殖力的强弱不仅与气候有关还与该虫取得营养的质和量密不可分。羽化后即绝食的彩潜蝇便会丧失生殖能力。该虫多在8：00～10：00交尾，雌雄一生交尾多次，每次短则5～10min，长则30min以上，受惊停止。雌虫交尾后1～2h乃至1d后产卵。豌豆彩潜蝇成虫喜欢选择高大茂密的植株产卵，产卵时，先用产卵器刺破叶背边缘表皮，然后插入组织，再经左右摇摆，将刺孔扩大到0.6～1mm，产1粒卵于其中，1头雌虫在同一叶片上一般只产卵1～2粒，基本为单粒散生，产卵部位常在嫩叶叶背边缘。据统计，自然状态下该虫每天能产9～20粒，每成虫可产50～100粒。被产卵器刺破的地方，表皮和叶肉全部枯死，呈现出灰白色小斑。

幼虫孵化后即在寄主组织内取食叶肉，取食方向由叶边缘向叶中央部分逐步推进。随着虫体的增大，蛀道逐渐变大。蛀道中，幼虫每隔一定距离便产下1粒细小、黑色、近圆形的虫粪，点状分布其中。潜道形状与叶片大小与为害虫量有关，叶片大、虫量少者则潜道弯曲少，否则弯曲多。幼虫共3龄，老熟后即在蛀道末端化蛹，化蛹时咬破末端表皮，使蛹前气门与外界相通，便于成虫羽化。

四、发生规律

1年发生4～18代，世代重叠。各地方发生代数不尽相同，华北地区每年发生4～5代，甘肃每年发生3～4代，安徽每年发生10～12代，福建每年发生13～15代。淮河以北地区以蛹在被害叶片内越冬，淮河秦岭以南至长江流域以蛹越冬为主，少数幼虫和成虫也可越冬。华南地区1年发生18代，可在冬季连续发生，各地均从早春起，虫口数量逐渐上升，春末夏初为害猖獗。在苏北1年发生8～10代，以蛹在油菜或豌豆上越冬，2月底3月初开始在油菜上为害，3月中旬到4月上旬成虫开始大量发生在蚕豆、甘蓝等蔬菜上，4月中旬到5月中、下旬幼虫为害最重，6～8月由于气温较高为害有所下降，9～10月气温下降为害又会加重。在11月由于气温下降为害也会随之减轻直至化蛹越冬。豌豆彩潜蝇的世代周期长短，随温度高低而变化，在13～15℃时，一个世代30d左右，在23～28℃时，仅为14d左右。

豌豆彩潜蝇有较强的耐寒力，同时豌豆彩潜蝇的生长发育受温度影响较大，在15～26℃时，豌豆彩潜蝇发育速率与温度成显著正相关，但28℃以上其卵、幼虫和蛹的发育速率明显减缓。成虫耐低温但不耐高温，适宜生长温度为16～18℃。幼虫适宜生长温度约为20℃，但在22℃下发育最快，高温对豌豆彩潜蝇的发育不利，夏季气温超过35℃不能存活或以蛹越夏。卵期在春季为10d左右，夏季为4～5d。卵孵化后，在叶片内潜食为害，幼虫共3龄，幼虫期一般在5～15d，老熟幼虫在叶片内化蛹，蛹期为10～20d。

五、防治技术

（一）农业防治

农业防治可有效减少或消灭彩潜蝇虫源，降低为害率。

1. 清洁田园，恶化彩潜蝇的生存条件 初春可重点控制一代虫源。豌豆、莴苣、大青菜为豌豆彩潜蝇一代的主要寄主，虫口密度最大，防治应以上述3种寄主为主要对象。该虫夏天喜在阴凉处的豆科等作物和杂草上化蛹越夏，如豇豆、菜豆、苦荬菜等，因此，要经常及时清除田间、地头或温室、大棚等设施内的杂草，对于早期点片发生时，尽可能摘除被害叶片并烧毁，减少越夏虫源。豌豆收获后，要及时彻底地清除所有的残余植株、叶片及杂草，特别是对于受害的植株残体，要集中深埋沤肥或烧毁；种植前最好深翻土壤，使土壤表层的卵粒不能羽化，以减少或消灭虫源。

2. 合理轮作、间作 将豌豆与彩潜蝇不喜为害的作物如小麦、甘蔗等进行轮作；或与葱、蒜、芫荽等有异味的蔬菜进行间作，适当稀植，增加田间通透性；如果有条件的话，可在豌豆田块的周边种植一些薄荷、苦瓜等植物，可减轻彩潜蝇的为害。

（二）物理防治

物理防治能有效诱杀彩潜蝇成虫，显著降低彩潜蝇卵量。

1. 黄板诱杀 由于彩潜蝇的成虫具有趋黄色习性，因此可利用黄板诱杀彩潜蝇成虫。豌豆出苗后，在豌豆大田或大棚、温室等设施内，悬挂两面涂有黄色油漆的废弃纤维板或硬纸板，板的高度可调，两面均涂上一层黏油（可用10号机油加一点黄油调匀），为一直保持黄板具有黏着性，每隔5～7d需涂油1次，连续若干次。每公顷挂450～600块，置于行间，根据豌豆的生长高度调节黄板高度，使黄板始终与豌豆苗高度相同，或高出豌豆生长尖10～20cm。

2. 高温消毒杀虫 对于种植豌豆的大田，如果条件允许，可采取夏季覆盖塑料薄膜，或深翻土再覆盖塑料薄膜的方式，使地温超过60℃以上，从而达到高温杀虫及深埋彩潜蝇卵的目的。对于温室或大棚，可在夏秋季节，利用设施闲置期，选晴天密闭大棚、温室，高温闷棚1周左右，使设施内最高气温达60～70℃，可杀死害虫。

（三）生物防治

不使用化学农药的情况下，可在大面积连片的豌豆田块释放姬小蜂、潜蝇茧蜂和分盾细蜂等彩潜蝇的天敌寄生蜂来控制为害，其中毛角金绿姬小蜂［*Chrysocharis pubicornis*（Zetterstedt）］、豌豆潜蝇姬小蜂［*Diglyphus isaea*（Walker）］、底比斯金绿姬小蜂（*Chrysocharis pentheus* Walker）、美丽新金姬小蜂［*Neochrysocharis formosa*（Westwood）］对豌豆彩潜蝇有较强的跟随作用和控制效果，寄生率可达50％～60％。

（四）化学防治

目前，利用化学农药防治彩潜蝇仍然是最常用、最有效的方法，但在生产实践中效果并不理想，这种状况往往是由于药剂选择、施用时间、用药方法、防治协调不当等造成的。始见幼虫潜蛀的隧道时为第一次用药适期，喷药宜在早晨或傍晚，注意交替用药，最好选择兼具内吸和触杀作用的杀虫剂，每隔7～10d防治1次，共2～3次。

对于彩潜蝇的化学防治，必须注意以下4个方面：

1. 防治时间 豌豆出苗后，每隔2～3d须到田间调查彩潜蝇的发生为害情况，当田间发现有彩潜蝇成虫时，除上述黄板诱杀外，需仔细调查豌豆叶片是否有被害症状，若发现豌豆叶片上有3～5个小虫道（幼虫3～5头）、且虫道长度为1～3cm时，必须及时防治。于8：00～11：00露水干后喷洒农药，此时幼虫开始到叶面活动或者老熟幼虫多从虫道中钻出，且为成虫羽化高峰，防治效果最佳。为巩固防治效果，每隔7～10d防治1次，连续3次。

2. 药剂选择 必须施用既具有强烈触杀又具有内吸作用的杀虫剂，且避开雨天施药。对于彩潜蝇成虫，建议选用具有强触杀作用的1.8％阿维菌素乳油2 000～2 500倍液、5.7％氟氯氰菊酯乳油1 500倍液、20％甲氰菊酯乳油1 500～2 000倍液、2.5％溴氰菊酯乳油2 000倍液或4.5％高效氯氰菊酯乳油1 000～1 500倍液，具有快速、高效的杀灭效果；对于潜入叶片为害的幼虫，要选择具有内吸性强且药效持续时间较长的药剂，如每667m^{2}选用氯虫苯甲酰胺悬浮剂10g、10％吡虫啉可湿性粉剂10～20g、10％灭蝇胺悬浮剂100～150mL或50％杀虫双可溶粉剂50～100g等，对水40～50kg均匀喷施，对彩潜蝇具有强持续杀灭作用，能收到很好的防治效果。

3. 统防统治 由于彩潜蝇成虫活动能力较强，极易随风传播扩散，因此对豌豆周边田块须进行统一防治（包括周边杂草等），以避免未防治田块中的彩潜蝇迁入为害。

4. 轮换交替用药 为了避免彩潜蝇产生抗药性，在施药过程中，须交替使用农药，不能一直喷洒同一类杀虫剂，如硫双威与高效氯氰菊酯轮换施用，吡虫啉与灭蝇胺等交替喷施，能起到更好更持久的杀虫作用。

段灿星（中国农业科学院作物科学研究所）

第67节 绿豆象

一、分布与危害

绿豆象［*Callosobruchus chinensis*（L.）］属鞘翅目豆象科瘤背豆象属，又称中国豆象、小豆象、豆牛，是食用豆类最为严重的储藏害虫之一，我国除西藏、青海、宁夏尚未发现外，其他各地均有发生。绿豆象能为害十余种豆类，主要包括绿豆、豇豆、红小豆、鹰嘴豆、蚕豆、豌豆、大豆、菜豆、花生以及莲子等，被害豆粒虫蛀率在20％～30％，甚至高达80％～100％，造成豆类千粒重、营养价值和发芽率严重下降或完全丧失，增加豆储品中的有害物质，使豆类食品安全生产受到严重威胁。

绿豆象以幼虫食害豆粒，将豆粒蛀食一空（彩图 5 - 67 - 1，彩图 5 - 67 - 2）。

二、形态特征

成虫：体长 2～3.5mm，宽 1.3～2mm，卵圆形，深褐色；头密布刻点，额部具 1 条纵脊，复眼大，突出，肾形。触角 11 节，着生在复眼前的窝内，雄虫栉齿状，雌虫锯齿状，全部黄褐色或第四至十一节深褐色至黑色；前胸背板后端宽，两侧向前部倾斜，前端窄，着生刻点和黄褐、灰白色毛，后缘中叶有 1 对被白色毛的瘤状突起，中部两侧各有 1 个灰白色毛斑。小盾片被有灰白色毛。鞘翅基部宽于前胸背板，小刻点密，灰白色毛与黄褐色毛组成斑纹，中部前后有向外倾斜的 2 条纹。臀板被灰白色毛，近中部与端部两侧有 4 个褐色斑。后足腿节端部内缘有 1 个长而直的齿，外端有 1 个端齿，后足胫节腹面端部有尖的内、外齿各 1 个。跗节 5 - 5 - 5 式，第一跗节略弯曲，第四节小，隐藏于第三节的叶状物内，爪有基钩（彩图 5 - 67 - 3）。绿豆象成虫体色和斑纹多变异，通常分为暗色型和明色型两类，见表 5 -67 -1。

表 5 - 67 - 1　绿豆象的二型区别（引自李隆术和朱炳文，2009）

Table 5 - 67 - 1　The difference between two biotypes of *Callosobruchs chinensis*（from Li Longshu and Zhu Bingwen，2009）

类别	暗色型	明色型
雄虫	体黑褐色，仅触角一至四节、鞘翅中部黑斑前后横带部分以及前、中足呈淡褐色	头、胸、腹部腹面，后足大部及鞘翅黑斑部分呈黑褐色至黑色；前、中足淡褐色，其余均赤褐色
	前胸背板后缘中央两瘤状突起上白斑椭圆形，突起间沟状明显	前胸背板后缘中央两瘤状突起上白斑呈桃形或山字形，突起间沟状不明显
	鞘翅基部、中部与端部黑褐色，中部与基部黑斑间有 1 宽横带，由大片金黄色毛与小片白色毛组成；端部黑斑间有 1 白毛组成的较窄横带	鞘翅除基部和中部外侧各具 1 黑斑外，其余均为赤褐色
	臀板上密覆白色细毛	臀板有 2 纵列椭圆形黑褐色斑，其间密被白毛，呈 1 条狭长白带，其余部分金黄色，间少量白毛
雌虫	体卵圆形，体色较雄虫淡，鞘翅上斑纹与横带不如雄虫明显，其余均与雄虫同	体宽卵圆形，除前、中足外，几乎全呈赤褐色，鞘翅上斑纹不明显，其余均与雄虫同

雄虫阳茎侧突直，指状，不超过外阳茎瓣；端部骨化，环生刚毛 2～3 根；顶端着生刚毛 15 根；内部约全长 1/4 着生微小刚毛。外阳茎弱骨化，外阳茎瓣蛇头形，端部钝而不尖。内阳茎端部有大量强骨化小齿突，集列成近菱形。

卵：长约 0.6mm，宽约 0.3mm，椭圆形，稍扁平；淡黄色，半透明，略有光泽。在仓库内，卵产在豆粒表面，每一粒豆上可产卵 3～5 粒；在大的豆粒（如豇豆）上可产得更多些。在田间，卵产在幼嫩豆荚上，每一豆荚平均产卵 4～5 粒，由产卵时分泌的胶液而黏附在豆荚上，初产时白色，后逐渐变黄，经 6～10d 后孵化为幼虫，并钻入豆粒内为害。

幼虫：长约 3.6mm，肥大弯曲，乳白色，多横皱纹。一龄幼虫前胸背板有齿，蜕皮后即消失。在豆粒内发育，这是对储藏豆类为害最严重的一个发育阶段。老熟幼虫长约 3mm，乳白色，肥胖，两端弯向腹面而呈弓状。头小，大部分缩入前胸内。胸足退化呈肉突状。在常温条件下，幼虫期约 15d。幼虫在豆粒内越冬，翌春化蛹。

蛹：长 3.4～3.6mm，椭圆形，黄色，头部向下弯曲，足和翅痕明显。

绿豆象和四纹豆象是瘤背豆象属的近似种，外形极为相似，常通过表 5 - 67 - 2 所列的形态特征进行鉴别。

表 5 - 67 - 2　绿豆象与四纹豆象的鉴别特征

Table 5 - 67 - 2　Differential morphological characteristics of *Callosobruchs chinensis* and *C. maculatus*

绿豆象	四纹豆象
1. 暗色型绿豆象前胸背板后缘中央有 2 个并列的椭圆形白色毛斑；明色型绿豆象前胸背板两瘤状突起上白色毛斑呈桃形或“山”字形	1. 前胸背板后缘中央有桃形、“山”字或 W 形白色毛斑
2. 雄虫触角梳齿状，雌虫锯齿状	2. 雌、雄虫触角均为锯齿状

（续）

绿豆象	四纹豆象
3. 腹部第二至五腹板两侧有浓密的白色毛带	3. 腹部第二至五腹板两侧无浓密的白色毛带
4. 鞘翅近端部有横列的白色毛带，翅中央及两侧有灰白色毛斑	4. 每鞘翅近前缘有3块黑斑，其中肩部的较小，中部和端部的较大
5. 外阳茎瓣蛇头形，端部钝而不尖	5. 外阳茎瓣长三角形，端部突尖
6. 内阳茎端部有大量强骨化小齿突，集列成近菱形	6. 内阳茎端部有大量强骨化大齿突，集列成U形

三、生活习性

卵一般单产于饱满光滑的豆粒面上，孵化后的卵壳内布满粉状排泄物，外观呈白色。卵的发育速度及孵化率因温度的高低而异。在30℃以下，卵期随温度的升高而缩短；温度升高至31℃以上则孵化率明显下降。幼虫共4龄，刚孵化时在原卵壳处往下蛀入豆粒内为害，蛀食至豆粒皮层下0.5～1mm，一至二龄幼虫体小，食量少，抗逆力差；三龄幼虫体渐大（2～2.5mm），食量增加；四龄为害最大，体长3～4mm，耐饥力较强，暴露在空气中也不会马上死去。幼虫老熟后，在豆粒内化蛹，并在豆粒皮层下咬一圆形羽化孔后即不食不动。蛹在有效温度范围内，随着温度升高历期缩短，同一批蛹的发育时间接近整齐。成虫善飞翔，并有假死习性。刚羽化时仍在豆粒内滞留一段时间，触角、足不断抽动。十几分钟后开始活动，待虫体变硬后从蛀孔钻出。1～4h后开始交尾，每次交尾需30～60min。雌虫一生交配1次，极少有2次。雌虫交尾后十几分钟即可产卵，一般选择在饱满、表面光滑的豆粒面上产卵，多产在晚间，白天相对较少。每头雌虫一生的产卵量最多为91粒，最少为20粒，平均50粒左右。雌虫产卵后数日内死亡。雌虫寿命越长，产卵量越大，两者存在极显著的相关性。

四、发生规律

我国从北至南年可发生4～12代，成虫与幼虫均可越冬。在北京室内自然温度下，绿豆象每年可发生7代。世代重叠较重，越冬代幼虫于翌年4月下旬开始羽化直到5月下旬结束。第一至六代成虫发生期分别在5月上旬至5月下旬、6月中旬至7月中旬、7月下旬至8月下旬、8月下旬至9月下旬、9月上旬至10月上旬、10月上旬至11月上旬。第七代幼虫在10月中、下旬开始孵出，并以此代的幼虫在豆粒内为害，到11月中旬开始逐渐越冬。绿豆象各代在北京室内以7月下旬到9月下旬三至五代发生量最大，为害也最重。在南宁室内饲养，每年可发生12代，无越冬期。绿豆象各代发育历期和室温存在极显著负相关，室温越高发育历期越短。如第一代发生时室内月平均温度为16.5℃，完成此代经历44d。第二至六代发生时室内月均温度和历期分别是：20.4℃，35d；25.0℃，26d；26.0℃，25d；29.0℃，22d；25.0℃，27d。

五、防治技术

（一）农业防治

1. 利用抗虫品种 筛选和培育抗绿豆象品种是控制绿豆象为害的最为经济、安全和有效的措施。利用抗绿豆象野生资源（TC1966）和从亚蔬—世界蔬菜中心引进的抗绿豆象种质（V2709、V2902），我国已培育出了晋绿豆7号和苏绿3号等抗绿豆象新品种，这些抗虫品种的推广运用，对于控制绿豆象的为害具有重要意义。

2. 冬季清扫仓库，尤其要对仓库缝隙、旮旯以及仓外的草垛等进行清理，彻底通风降温，冻死隐匿在仓库中的成虫。

（二）物理防治

1. 高温处理

（1）日光暴晒。炎夏烈日，地面温度不低于45℃时，将新绿豆薄薄地摊在水泥地面暴晒，每30min翻动1次，使其受热均匀并维持在3h以上，可杀死幼虫。

（2）开水浸烫。把绿豆装入竹篮内，浸在沸腾的开水中，并不停地搅拌，维持25～28s后，迅速取出，置于冷水中冲洗，然后摊开晾干。此法可完全杀死豆粒内的绿豆象，且不影响发芽力。用开水烫种，应掌握在豆象羽化为成虫以前。

（3）对于大批量绿豆可用暴晒密闭存储法。即将绿豆在炎夏烈日下暴晒5h后，趁热密闭储存。其原理是仓内高温使豆粒呼吸旺盛，释放大量CO_2，使幼虫缺氧窒息而死。

（4）气调防治法。对于储藏条件好的仓库，可在仓库中充入CO_2，使仓库内浓度达75%保持15d，能使99%以上的绿豆象死亡。

2. 低温处理

（1）利用严冬自然低温冻杀幼虫。选择强寒潮过境后的晴冷天气，将绿豆在水泥场上摊成6～7cm厚的波状薄层，每隔3～4h翻动1次，夜晚架盖高1.5m的棚布，经5昼夜以后，除去冻死虫体及杂质，趁冷入仓，关严门窗，即可达到冻死幼虫的目的。

（2）利用电冰箱、冰柜或冷库杀虫。把绿豆装入布袋后，扎紧袋口，置于冷冻室，控制温度在－10℃以下，经24h即可冻死幼虫。对于其他豆类也可用上述方法处理。

（3）植物熏避除虫。将花椒、茴香或碾成粉末状的山苍子等，任取一种，装入纱布小袋中，每袋装13g左右，均匀埋入粮食中，一般每50kg粮食放3袋。

（三）化学防治

1. 磷化铝处理 温度在25℃时，每立方米绿豆用56%磷化铝片剂2片（每片3.3g），在密闭条件下熏蒸3～5d，然后再暴晒2d装入囤内，周围填充麦糠，压紧，密闭严实，15d左右杀虫率可达到98%～100%，防治效果最好。这样既能杀虫、杀卵，又不影响绿豆胚芽活性和食用。注意一定要密封严实，放置干燥处，熏蒸完毕需彻底通风。

2. 酒精熏蒸 将50g酒精倒入小杯，将小杯放入绿豆桶中，密封好，1周后酒精挥发完就可杀死小虫子。

3. 敌敌畏熏蒸 将敌敌畏乳油装入小瓶中，用纱布封口，放在绿豆的表层，将绿豆密封保存5～7d后，取出敌敌畏瓶，然后密封保存。此法杀虫率在95%以上。每储藏100kg绿豆，需用80%敌敌畏乳油10mL。

附：绿豆（或小豆）抗绿豆象鉴定方法

绿豆（或小豆）抗绿豆象鉴定采用室内人工接虫、自由选择法进行，具体方法如下：

（1）种子处理。每份绿豆材料选50粒健康种子，分别放入直径6cm和高1cm的小铁盒中（不加盖）。每个大塑料盒（66cm×44cm×18cm），随机放入60份材料，包括2份感虫对照品种中绿1号。

（2）供试虫源及选择压。第一批供试绿豆，平均每份材料接8对羽化1～3d的绿豆象成虫，即每一大塑料盒内接豆象约500对，用黑布盖严，置于（27±2）℃、黑暗及相对高湿的养虫室中。从第二批开始，采取滚动式接种虫源，即在上一批供试绿豆的绿豆象成虫羽化前1周，每一大塑料盒内随机放入40份待鉴定的绿豆（包括2份感虫对照），同时保留20份上一批已接虫的绿豆。当感虫对照平均每粒着卵量达5粒时，除去所有绿豆象成虫。以后依次循环获得虫源。

（3）调查。接虫约45d后，该代绿豆象已完全羽化。调查每份材料的受害粒数，并根据种子被害率评价抗性级别，评价标准见附表5-67-1。

附表5-67-1 绿豆种质资源抗绿豆象分级评价标准

Supplementary Table 5-67-1 The resistance grades of mungbean germplasm to *Callosobruchs chinensis*

分级	种子被害率（%）	评价
0	0	免疫（I）
1	0.1～10.0	高抗（HR）
3	10.1～35.0	抗（R）
5	35.1～65.0	中抗（MR）
7	65.1～90.0	感虫（S）
9	>90	高感（HS）
感虫对照	>90	对照（CK）

初筛只设 1 次处理。初筛为中抗以上的材料进行复鉴，设 3 次重复。

段灿星（中国农业科学院作物科学研究所）

主要参考文献

白金铠，汪志红，胡吉成 . 1989. 谷子腥黑穗病的侵染途径和生物学特性研究［J］. 植物病理学报，19（01）：27－33.
白金铠 . 1995. 杂粮作物病害［M］. 北京：中国农业出版社 .
包淑英，林志，任英，等 . 2003. 绿豆吉绿 9346 的选育及栽培技术［J］. 杂粮作物，23（6）：364－365.
北京市昌平县农科所病虫测报站 . 1978. 粟秆蝇的发生与防治试验［J］. 昆虫知识（4）：113－115.
曹骥，李光博，贾佩华 . 1953. 京郊粟灰螟生活史研究［J］. 昆虫学报，3（1）：1－14.
曹骥 . 1979. 利用栽培方法防治粟灰螟的探讨［J］. 植物保护学报，6（1）：51－56.
曹如槐，梁克恭，王晓玲，等 . 1992. 农作物抗病虫鉴定方法［M］. 北京：农业出版社 .
柴立英，谢金良，余吴，等 . 2006. 豫北地区桃蛀螟发生规律及综合治理技术［J］. 河南农业科学（1）：92－93.
柴希民，何志华 . 1987. 为害马尾松的桃蛀野螟［J］. 昆虫知识，24（2）：99－100.
陈炳旭，董易之，梁广文，等 . 2010. 板栗挥发物对桃蛀螟成虫寄主选择行为的影响［J］. 应用生态学报，2，22（2）：464－469.
陈豪，梁革梅，邹朗云等 . 2010. 昆虫抗寒性的研究进展［J］. 植物保护，36（2）：18－24.
陈鸿逵，王拱辰 . 1992. 浙江镰孢菌志［M］. 杭州：浙江科学技术出版社 .
陈捷，高增贵 . 2003. 粮食作物病害识别与防治图册［M］. 沈阳：辽宁科学技术出版社 .
陈金明 . 2009. 蚕豆轮纹病的防治措施［J］. 福建农业（01）：23.
陈静，张建萍，张建华 . 2006. 双斑长跗萤叶甲的嗜食性研究［J］. 昆虫知识，44（3）：357－360.
陈巨莲，倪汉祥，丁红建，等 . 2000. 麦长管蚜全纯人工饲料的研究［J］. 中国农业科学，3（3）：54－59.
陈年来，胡敏，乔昌萍，等 . 2010. BTH、SA 和 SiO_2 处理对甜瓜幼苗白粉病抗性及叶片 HRGP 和木质素含量的影响［J］. 中国农业科学，43（3）：535－541.
陈庆河，翁启勇，何玉仙，等 . 2004. 福建省豌豆根腐病病原及致病性研究［J］. 福建农业学报，19（1）：28－31.
陈群航，郑益嫩 . 1998. 福建省豌豆白粉病调查与防治［J］. 福建农业科技（5）：11－12.
陈善铭，郑家兰，陈品三，等 . 1962. 谷子线虫病防治研究［J］. 植物保护学报，1（3）：221－230.
陈善铭，魏嘉典，陈品三，等 . 1956. 采用无病种子防治谷子线虫病［J］. 植物保护（4）：234－235.
陈思源，曾玲，梁广文 . 1999. 玉带凤蝶人工饲料初步研究［J］. 华南农业大学学报，20（1）：13－16.
陈霞，张艳璇，季洁，等 . 2008. 热带吸螨对二斑叶螨的捕食作用［J］. 福建农林大学学报：自然科学版，37（4）：341－343.
陈新，袁星星，崔晓艳，等 . 2011. 蚕豆病害研究进展［J］. 江西农业学报，23（8）：108－112.
陈元洪，黄玉清，占志雄，等 . 1996. 桃蛀螟危害龙眼果穗及防治［J］. 福建农业科技，4：19.
陈志谊，任海英，刘永锋，等 . 2002. 戊唑醇和枯草芽孢杆菌协同作用防治蚕豆枯萎病及增效机理初探［J］. 农药学学报，4（4）：40－44.
成卓敏 . 2008. 新编植物医生手册［M］. 北京：化学工业出版社 .
程须珍，王素华，金达生，等 . 2003. 绿豆抗豆象育种品系综合评价［J］. 植物遗传资源学报，4（2）：110－113.
程须珍，王素华，田静，等 . 1999. 绿豆优异种质综合评价［J］. 中国农业科学，32（增刊）：36－39.
褚菊征，曹秀菊，刘怀祥，等 . 1996. 粟白发病抗病性研究Ⅱ我国粟白发病菌生理小种及其分布［J］. 植物病理学报，26（2）：145－151.
崔乘幸，刘永榜，田雪亮 . 2006. 1.8%阿维菌素乳油防治油菜潜叶蝇的田间药效试验［J］. 安徽农业科学，34（20）：5196，5284.
崔光先，董志平 . 1995. 华北夏谷生态区粟新品种抗纹枯病鉴定［J］. 粟类作物，23（1）：29－30.
崔光先，郑桂春，董志平 . 1989. 粟线虫病抗源筛选研究［J］. 华北农学报，4（增刊）：145－151.
崔光先，郑桂春，董志平 . 1992. 我国北方粟新品种对锈病抗性的研究［J］. 华北农学报，7（2）：117－122.
崔娜珍，白秀娥，高燕平，等 . 2012. 吕梁山区粟灰螟发生世代的探讨［J］. 农业技术与装备，230（1）：13.
戴芳澜 . 1979. 中国真菌总汇［M］. 北京：科学出版社 .
戴志一，秦启联，杨益众，等 . 2000. 亚洲玉米螟滞育诱导外源性因子研究［J］. 生态学报，20（4）：620－623.
邓永学，李隆术 . 1990. 温度对绿豆象地理种群生长发育的影响［M］. 西南农业大学学报，12（4）：343－345.
刁治民 . 1996. 青海豌豆根腐病病原菌种类及致病性的研究［J］. 微生物学杂志，1：31－34.
董怀玉，姜钰，徐秀德，等 . 2004. 高粱优异种质资源对多种病虫的抗性鉴定［J］. 杂粮作物，24（4）：198－199.

董怀玉，姜钰，徐秀德.2003. 高粱抗病虫优异种质资源鉴定与筛选研究［J］. 杂粮作物，23（2）：80-82.
董怀玉，徐秀德，姜钰，等.2001. 高粱种质资源抗高粱靶斑病鉴定与评价［J］. 杂粮作物，21（5）：42-43.
董立，马继芳，董志平.2013. 谷子病虫草害原色生态图谱［M］. 北京：中国农业出版社.
董立，马继芳，许佑辉，等.2007. DB13/T 840—2007 无公害谷子（粟）主要病虫害防治技术规程. 河北省质量技术监督局.
董志平，崔光先，赵兰波，等.1995. 谷锈菌生理分化及谷子抗锈性研究初报［J］. 河北农业大学学报，18（4）：45-48.
董志平，董立，全建章，等.2011. 谷子锈病研究进展［C］//刁现民. 首届全国谷子产业大会文集. 北京：中国农业科学技术出版社：248-252.
董志平，甘耀进，董立，等.2005. 粟芒蝇研究进展［C］//成卓敏. 农业生物灾害预防与控制研究. 北京：中国农业科学技术出版社：416-420.
董志平，甘耀进.2002. 河北省谷子害虫种类调查及防治对策［J］. 河北农业科学，6（2）：49-51.
董志平，李青松，高立起，等.2003. 谷子纹枯病发生规律及影响因素［J］. 华北农学报，18（院庆专辑）：103-107.
董志平.2000. 谷锈菌优势小种监测及谷子品种抗性基因研究成果简介［J］. 河北农业科学，4（4）：70.
杜艳丽，郭洪梅，孙淑玲，等.2012. 温度对桃蛀螟生长发育和繁殖的影响［J］. 昆虫学报，55（5）：561-569.
杜志强，周广和.1997. 一种由 MDMV 引起的高粱病毒病的鉴定及药剂防治［J］. 陕西农业科学（1）：3-4.
段灿星，王晓鸣，朱振东.2003. 作物抗虫种质资源的研究与应用［J］. 植物遗传资源学报，4（4）：360-364.
范滋德.1992. 中国常见蝇类检索表［M］.2 版. 北京：科学出版社.
方中达.1996. 中国农业植物病害［M］. 北京：中国农业出版社.
冯成玉，孙瑾，林昌明，等.1996. 豌豆潜叶蝇药剂防治试验［J］. 农药，35（2）：40-41.
冯莲，谈倩倩，赵梦洁，等.2012. 豌豆潜叶蝇的生物学特性及防控技术［J］. 长江蔬菜，1：48-49.
冯凌云，刘维，赵廷昌.1991. 粟锈菌的两个新寄主［J］. 辽宁农业科学（4）：54-55.
冯凌云，刘维.1994. 粟锈菌生理分化研究［J］. 沈阳农业大学学报，25（1）：56-60.
付敬霞.2011. 蔬菜上主要斑潜蝇的形态特征及危害症状区别［J］. 现代农业科技，7：193.
甘耀进，董志平.2007. 粟芒蝇［M］. 北京：科学出版社.
甘耀进，杨大俐，李济宸，等.1985. 谷子粒黑穗防治的几个问题［J］. 植物保护，11（4）：41.
甘耀进，周汉章，高立起，等.1989. 粟芒蝇危害谷子症状类型［J］. 植物保护，15（5）：39.
甘耀进，周汉章，高立起，等.1992. 几种诱剂对粟芒蝇成虫趋性反应及诱蝇效果［J］. 病虫测报，12（增刊）：56-57.
甘耀进，周汉章，金达生，等.1991. 粟品种抗粟芒蝇鉴定接种技术研究［J］. 华北农学报，6（增刊）：127-130.
甘耀进.1997. 谷子抗虫育种［M］//谷子育种学. 北京：中国农业出版社：472-489.
高成，郭书普，朱永和，等.1993. 农业病虫草害防治大全［M］. 北京：北京科学技术出版社.
高卫东.1987. 华北区玉米、高粱、谷子纹枯病病原学的初步研究［J］. 植物病理学报，33（4）：247-251.
高新菊，谢谦，杨顺义，等.2010. 抗甲氰菊酯二斑叶螨种群对 12 种杀螨剂的抗药性及交互抗性［J］. 甘肃农业大学学报，45（2）：114-120.
高梓林，甘耀进，孙占贤，等.1983. 粟芒蝇在河北省分布及危害情况考察（初报）［J］. 河北师范大学学报：自然科学版（2）：53-58.
高梓林，甘耀进，刘茂成，等.1989. 粟芒蝇在河北省分布及危害考察初报［J］. 植物保护，15（1）：40.
葛钟麟，承河元，陈树仁，等.1996. 植物病虫草鼠害防治大全［M］. 合肥：安徽科学技术出版社.
郭书普.2005. 豆类蔬菜病虫害防治原色图鉴［M］. 合肥：安徽科学技术出版社.
郭英兰，刘锡琎.2005. 中国真菌志：第二十四卷　尾孢菌属［M］. 北京：科学出版社.
何苏琴，李玉奇，文朝慧，等.1999. 豌豆根腐病综合防治技术研究［J］. 甘肃农业科技，11：40-42.
何秀菊，蒋秋明，郭全金，等.1987. 粟秆蝇发生与防治研究初报［J］. 河南省农业科学（2）：14-15.
何振昌.1997. 中国北方农业害虫原色图鉴［M］. 沈阳：辽宁科学技术出版社.
贺献林.1995. 双毛芒蝇（粟芒蝇）发育起点温度和有效积温常数的研究［J］. 昆虫知识，32（5）：262-264.
胡兰，徐秀德，姜钰，等.2010. 我国不同地区高粱籽粒寄藏真菌种群分析［J］. 沈阳农业大学学报，41（6）：725-728.
华和春，张桂芬.2010. 优质豌豆新品系古豌 1 号的选育研究［J］. 草业科学，27（7）：168-171.
黄富，潘学贤，程开禄，等.1991. 粟穗螟发生为害与气候因素的关系研究［J］. 昆虫知识，28（4）：211-215.
黄琼，杨永红，汤翠凤，等.2000. 蚕豆茎疫病菌侵染蚕豆途径的研究［J］. 云南农业大学学报，15（03）：245-246.
贾开云，姜福林，肖国民，等.1998. 桃蛀螟在奉节县危害脐橙逐年加重［J］. 植物保护，5：39.
姜海平，张勤.1998. 桃蛀螟严重危害杂交油葵［J］. 植物保护，2：4930.
姜钰，徐秀德，王丽娟，等.2010. 高粱土种传病害的发生与防治［J］. 农业科技通讯，3：141-143.
蒋军喜，周雪平，石银鹿.2002. 高粱红条病病原的分子鉴定［J］. 浙江大学学报，28（3）：255-259.

金达生，马红苏，商玉霞，等. 1992. 粟种质资源对粟芒蝇的抗性鉴定研究 [J]. 作物种质资源 (1)：25-26.
金辉，魏长海，汪金叶. 2006. 13 种药剂防治蔬菜潜叶蝇田间试验效果分析 [J]. 黑龙江农业科学，2：35-36.
晋东南地区粟芒蝇协作组. 1983. 粟芒蝇的发生与防治 [J]. 山西农业科学 (6)：16-17.
晋齐鸣，杨守文，许海新. 1987. 谷子主要品种（系）与粟瘟病菌相互作用的研究 [J]. 华北农学报，2 (2)：69-75.
康乐. 1995. 斑潜蝇的生态学与持续控制 [M]. 北京：科学出版社.
况美华，刘曙雯，嵇保中，等. 2009. 取食针叶的桃蛀螟越冬状况调查和生物学特性 [J]. 昆虫知识，46 (4)：569-573.
李长存，石淑英. 1991. 桃蛀螟危害葡萄 [J]. 植物保护，3：43.
李超，谢宝瑜. 1981. 光周期与温度的联合作用对棉铃虫滞育的影响 [J]. 昆虫知识，18 (2)：58-61.
李春杰，南志标. 1986. 临夏地区蚕豆根腐病发生与为害调查 [J]. 植物保护 (6)：25-29.
李济宸，梁中海，程起，等. 1997. 高粱红条病的发生及防治 [J]. 北京农业科学，15 (2)：33-35.
李建荣，马平儒，张文钧. 2006. 宁夏西吉县豌豆根腐病的发生流行与综合防治 [J]. 宁夏农林科技 (2)：50-53.
李金萍，白全江，周艳芳，等. 2012. 两种病原菌引起的番茄白粉病的诊断与防治 [J]. 中国蔬菜 (3)：23-25.
李隆术，朱炳文. 2009. 储藏物昆虫学 [M]. 重庆：重庆出版社.
李敏权，张自和，柴兆祥，等. 2002. 紫花苜蓿白粉病病原鉴定 [J]. 甘肃农业大学学报，37 (3)：303-309.
李青松，高立起，梁秋华，等. 2000. 粟纹枯病分级标准研究 [J]. 河北农业科学，4 (3)：43-46.
李清泉. 2007. 国鉴绿豆新品种嫩绿 1 号的选育及栽培技术 [J]. 山东农业科学 (3)：115.
李文江. 1985. 螟甲腹茧蜂对粟灰螟的寄生率调查 [J]. 中国生物防治学报 (4)：41.
李延东. 1997. 谷子种质资源黑穗病抗性鉴定 [J]. 黑龙江农业科学 (2)：32-33.
李怡琳，李淑英，凌贤巨，等. 1985. 绿豆叶斑病药剂防治试验简报 [J]. 植物保护，11 (4)：29-30.
李永林，李维艳，孔凡祥. 2011. 玉米田双斑萤叶甲的发生及无公害综合防治技术 [J]. 农业科技通讯，4：131-132.
李月秋，彭宏梅，梁仙，等. 2002. 我国蚕豆品种资源对蚕豆锈病的抗性鉴定 [J]. 植物遗传资源科学，3 (l)：45-48.
李玥莹，赵姝华，杨立国，等. 2002. 高粱抗蚜品种叶片化学物质含量的分析 [J]. 杂粮作物，22 (5)：277-279.
李志朝，韩桂仲，代伐，等. 1999. 豌豆潜叶蝇发生与寄主植物的关系 [J]. 蔬菜，1：21-22.
李宗圈，白婧婧. 2008. 桃蛀螟在石榴上的发生与防治 [J]. 果树，8：117.
李宗友. 1987. 高粱粟穗螟研究 [J]. 西南农业大学学报，9 (1)：40-45.
梁景颐，白金铠. 1988. 高粱籽粒霉变的真菌种群研究 [J]. 沈阳农业大学学报，19 (1)：27-34.
梁克恭，刘维，王雅儒，等. 1992. 粟品种资源抗粟锈病鉴定研究 [J]. 沈阳农业大学学报，23 (1)：13-18.
梁克恭，武小菲，崔光先. 1992. 粟锈病菌寄主范围研究 [J]. 植物病理学报，22 (4)：292.
梁克恭，武小菲，刘维. 1994. 粟锈病菌夏孢子生活力及寄主范围的研究 [J]. 植物病理学报，24 (1)：90-94.
梁平彦，李玉麟，沈丽明. 1959. 粟瘟病（*Pyricularia setariae* Nishikado）的研究 [J]. 植物病理学报，5 (2)：89-99.
梁巧兰，徐秉良，颜惠霞，等. 2010. 南瓜白粉病病原菌鉴定及寄主范围测定 [J]. 菌物学报，29 (5)：636-643.
梁训义，周惠静，王政逸. 1992. 蚕豆种质资源对赤斑病的抗性鉴定与筛选 [J]. 浙江农业大学学报，18 (3)：37-42.
林成辉，唐乐尘，倪伟健，等. 2002. 不同豌豆品种对白粉病的抗性特点与防治对策 [J]. 中国蔬菜 (6)：37-38.
林黎奋，程须珍. 1987. 几个绿豆品种观察 [J]. 农业科技通讯 (2)：17-18.
林天武，崔广程. 1989. 西藏蚕豆油壶菌火肿病发生调查简报 [J]. 西南农业学报，2 (2)：86-87.
林奕峰，陈亚雪，罗燕华，等. 2010. 农优矮生豌豆病虫害的综合防治 [J]. 福建热作科技，35 (4)：38-40.
林志，包淑英，王佰众. 2008. 绿豆新品种"洮绿 3 号"的选育与栽培技术 [J]. 杂粮作物，28 (1)：17-19.
刘爱媛. 2002. 豌豆离体叶片鉴定白粉病抗性方法 [J]. 植物保护学报，29 (2)：119-123.
刘成科，李燕宏，王卫兵，等. 2009. 蚕豆萎蔫病毒 2 号分离物和侵染寄主植物细胞病理比较观察 [J]. 植物病理学报，39 (2)：168-173.
刘合会. 1999. 油菜潜叶蝇的发生与防治 [J]. 农业科技通讯，2：29.
刘洪江，李乃明，阎万元，等. 1988. 吉林省粟瘟病菌生理小种代表菌株选择报告 [J]. 吉林农业科学 (3)：33-38.
刘怀祥，曹秀菊，王雅儒，等. 1992. 谷子白发病抗病性研究 Ⅰ 抗病性鉴定技术的研究 [J]. 植物病理学报，22 (4)：357-360.
刘辉，林汝法，徐婀娜，等. 1990. 粟种质资源抗粟瘟病鉴定 [J]. 陕西农业科学 (3)：24-25.
刘建军. 1989. 粟茎跳甲生活习性的观察 [J]. 昆虫知识，26 (5)：41-44.
刘克明，许卓民. 1965. 豌豆象生物学与防治研究 [J]. 昆虫知识，6：332-335.
刘书城，王传耀，张淑芬，等. 1988. 贮粮害虫玉米象（*Sitophilus zeamais*）、豌豆象（*Bruchus pisorum*）致死剂量的研究 [J]. 核农学报，2 (2)：79-86.
刘松臣，申秉温. 1963. 张家口地区粟灰螟为害规律及其防治方法. 华北农学报，2 (3)：23-26.
刘维，那成勇，徐燕，等. 1989. 粟品种抗锈性鉴定 [J]. 沈阳农业大学学报，20 (1)：35-40.

刘维，王治民，徐燕．1986. 谷莠——粟锈菌一个新寄主［J］．沈阳农业大学学报，17（1）：79－80.
刘维，周良佳．1983. 粟锈菌与狗尾草锈菌交互侵染研究［J］．植物保护学报，10（3）：160，196.
刘维．1993. 粟品种抗纹枯病鉴定［J］．辽宁农业科学（3）：24－26.
刘旭明，金达生，程须珍，等．1998. 绿豆种质资源抗豆象鉴定研究初报［J］．作物品种资源，2：35－37.
刘学辉，韩瑞东，裴元慧，等．2007. 二斑叶螨对六种植物的选择性及生长发育［J］．昆虫知识，4：520－523.
刘章义．2011. 甘肃平凉豌豆根腐病病原菌种类及传播途径的研究［J］．中国植保导刊（10）：39－40.
刘子坚，古世禄，马建萍，等．1997. 谷子（粟）对粒黑穗病的抗性及遗传分析［J］．华北农学报，12（2）：115－120.
柳青山，梁笃，段冰，等．2009. 我国高粱红条病发生特点及防治措施［J］．山西农业科学，37（3）：75－77.
卢桂英，徐秀德，董怀玉．1999. 高粱丝黑穗病抗性鉴选效果分析［J］．辽宁农业科学（4）：1－6.
卢庆善，孙毅．2005. 杂交高粱遗传改良［M］．北京：中国农业科学技术出版社：428－429.
卢庆善．1999. 高粱学［M］．北京：中国农业出版社．
卢文坚．2005. 食荚豌豆主要病虫害安全防治技术［J］．福建农业科技（5）：24－25.
芦光新，杨元武，马莉贞，等．2002. 不同播期蚕豆蚜虫种群动态及防治的研究［J］．青海草业，11（2）：5－7.
陆化森．1992. 桃蛀螟危害玉米部位观察［J］．昆虫知识，1：13.
鹿金秋，王振营，何康来，等．2009. 桃蛀螟越冬老熟幼虫过冷却点测定［J］．植物保护，35（2）：44－47.
鹿金秋，王振营，何康来，等．2010. 桃蛀螟研究的历史、现状与展望［J］．植物保护，36（2）：31－38.
吕佩珂，高振江，张宝棣，等．1999. 中国粮食作物经济作物药用植物病虫原色图鉴（上册）［M］．呼和浩特：远方出版社．
吕仲贤，杨樟法，王桂跃，等．1995，玉米螟和桃蛀螟在玉米上的生态位及其种间竞争［J］．浙江农业学报，7（1）：31－34.
栾素荣，李青松，董志平，等．1996. 谷子纹枯病对产量影响的初步调查［J］．粟类作物，24（1）：28－29.
罗益镇，崔景岳．1995. 土壤昆虫学［M］．北京：中国农业出版社．
洛泾惠．1988. 粟负泥虫的生物学观察简报［J］．昆虫知识，25（1）：63.
骆平西，张思竹，陈雪梅．1991. 蚕豆种质资源抗锈病鉴定研究［J］．作物品种资源（4）：32－33.
马俐，贾炜，洪晓月，等．2005. 不同寄主植物对二斑叶螨和朱砂叶螨发育历期和产卵量的影响［J］．南京农业大学学报，28（4）：60－64.
马其彪，齐高．2004. 天祝县菜豌豆苗栽培技术［J］．甘肃农业科技（6）：52－53.
马秀英，李桂珍，陈柏柱，等．1995. 承德市大面积发生高粱红条病［J］．植保技术与推广（6）：38－39.
孟文，靳志强．1963. 粟灰螟发生规律的研究［J］．河北农学报，2（1）：45－50.
孟文．1964. 粟灰螟发生及其防治关键［J］．植物保护，2（1）：15－17.
孟有儒，李万苍，王多成，等．2006，玉米黑束病发病原因与防治对策．32（3）：71－74.
孟有儒，张保善．1992. 玉米黑束病研究：病害症状与病原生理特性的研究［J］．云南农业大学学报，7（1）：27－32.
潘学贤，程开禄，汪远宏，等．1989. 粟穗螟生物学生态学特性研究［J］．西南农业学报，2（3）：72－77.
潘学贤，程开禄，汪远宏，等．1993. 粟穗螟滞育的形成和解除与环境条件的关系［J］．昆虫学报，36（4）：451－458.
裴美云，许顺根．1958. 小米红叶病的研究Ⅲ．小米红叶病的传染方法［J］．植物病理学报，4（2）：87－93.
彭化贤，姚革．贾瑞林，等．1991. 豌豆抗白粉病资源鉴定研究．西南农业大学学报，13（4）：384－386.
戚佩坤．1978. 玉米、高粱、谷子病原手册［M］．北京：科学出版社．
秦芸亭．1994. 太行山区粟芒蝇发生规律研究［J］．植物保护，20（6）：25－26.
秦芸亭．1996. 太行山区高原过渡带粟芒蝇发生规律研究［J］．昆虫知识，33（2）：74－76.
阮兴业，王家和，唐嘉义，等．1986. 蚕豆苗期根病病原菌区系和优势种分析［J］．云南农业大学学报，1（1）：15－22.
商鸿生，王凤葵，沈瑞清，等．2005. 玉米高粱谷子病虫害诊断与防治原色图谱［M］．北京：金盾出版社．
商鸿生，王凤奎．2007. 高粱病虫害及防治原色图册［M］．北京：金盾出版社．
商鸿生．2005. 玉米高粱谷子病虫害诊断与防治原色图谱［M］．北京：金盾出版社．
邵力平，沈瑞祥，张素轩．1984. 真菌分类学［M］．北京：中国林业出版社．
盛金坤，钟玲，吴强．1989. 南昌地区豌豆潜叶蝇寄生蜂研究［J］．生物防治通报，5（4）：164－167.
石宝才，宫亚军，魏书军，等．2011. 豌豆彩潜蝇的识别与防治［J］．中国蔬菜，13：24－25.
舒畅，汤建国．2009. 昆虫适用数据手册［M］．北京：中国农业出版社．
宋刚，徐玉明．2001. 豌豆品种抗根腐病鉴定初报［J］．杂粮作物，21（4）：40－41.
孙常伟，张志东，李春，等．2011. 高粱螟虫的克星——福戈［J］．四川农业科技，2：37.
孙科福．1986. 九种豆象成虫识别初探［J］．昆虫知识，2：85－87.
孙晓会，徐学农，王恩东．2009. 东亚小花蝽对西方花蓟马和二斑叶螨的捕食选择性［J］．生态学报，29（11）：6285－

6291.
唐德志，何素琴，李玉奇，等.1991. 甘肃豌豆丝囊根腐病及其病原鉴定［J］. 植物保护，17（4）：4－5.
唐德志，何素琴，李玉奇，等.1993. 甘肃豌豆根病的病原菌种类及致病力研究［J］. 西北农业学报，2（2）：37－39.
唐德志.1993. 豌豆丝囊根腐病的研究进展［J］. 甘肃农业科技（1）：29－32.
滕立平，于林，高洁.2011. 高粱炭疽病重要流行环节研究Ⅰ. 孢子萌发侵染、潜育显症和病斑扩展［J］. 江苏农业科学，39（3）：128－131.
滕立平，于林，高洁.2012. 高粱炭疽病重要流行环节的初步研究Ⅱ. 分生孢子盘产孢、孢子飞散传播［J］. 河南农业科学，41（7）：80－83.
田静，乔尼特.2000. 绿豆白粉病的遗传［J］. 河北农业科学（4）：38－45.
田英，赵静，金玉华，等.2012. 新疆打瓜白粉病菌寄主范围测定及防治药剂筛选［J］. 江苏农业科学（4）：145－146.
汪远宏，潘学贤，程开禄，等.1989. 粟穗螟发生危害与寄主种类及其生育期的关系［J］. 西南农业大学学报，11（4）：355－359.
王斌，王召菊.2009. 谷子黑穗病生理小种研究初报［J］. 中国农学通报，25（10）：191－196.
王昶，杨晓明，陆建英，等.2011.4 种杀菌剂对豌豆白粉病的防效初探［J］. 中国植保导刊，31（6）：41，45－46.
王春梅，连荣芳，墨金萍，等.2008. 甘肃豌豆根腐病研究及抗病育种［J］. 杂粮作物，28（4）：272－273.
王拱辰，郑重，叶琪明.1996. 常见镰刀菌鉴定指南［M］. 北京：中国农业科学技术出版社.
王关林，方宏筠.1998. 植物基因工程原理与技术［M］. 北京：科学出版社：194－236.
王华.1995. 定西豌豆根腐病的发生流行与综防意见［J］. 甘肃农业科技，6：32－33.
王家和，唐嘉义.2001. 蚕豆枯萎病流行的时间动态规律研究［J］. 云南农业大学学报，16（2）：182－184.
王金生.2000. 病原植物细菌学［M］. 北京：中国农业出版社.
王进忠，田慧敏，张民照，等.2005. 绿豆象生物学习性及室内药效测定［J］. 北京农学院学报，20（4）：25－28，44.
王宽仓，张宗山，陈渐宁，等.1995. 豌豆根腐病发生规律及综合防治技术研究［J］. 宁夏农林科技，5：1－6.
王立仁，刘斌侠，付泓.2006. 玉米田双斑长跗萤叶甲的发生为害情况与防治对策［J］. 陕西农业科学（2）：123－131.
王丽兰.2011. 白粉菌属和叉丝单囊壳属形态学及分子系统学研究［D］. 长春：吉林农业大学.
王丽侠，程须珍，王素华.2009. 绿豆种质资源、育种及遗传研究进展［J］. 中国农业科学，42（5）：1519－1527.
王平远.1980. 中国经济昆虫学志　二十一册　鳞翅目螟蛾科［M］. 北京：科学出版社.
王淑英，南志标，刘福.1997. 甘肃蚕豆赤斑病及轮斑病的为害分析及经济阈值研究［J］. 植物保护学报，24（4）：371－372.
王小奇，方红，张治良.2012. 辽宁甲虫原色图鉴［M］. 沈阳：辽宁科学技术出版社.
王晓鸣，戴法超.2002. 高粱病虫害田间手册［M］. 北京：中国农业科学技术出版社.
王晓鸣，朱振东，Van Leur J，等.2006. 青海省蚕豆和豌豆病害鉴定［C］//彭友良. 中国植物病理学会 2006 年学术年会论文集. 北京：中国农业科学技术出版社：363－368.
王晓鸣，朱振东，段灿星，等.2007. 蚕豆豌豆病虫害鉴别与控制技术［M］. 北京：中国农业科学技术出版社.
王信，王晓鸣，杨家荣，等.2007. 蚕豆和豌豆对菜豆黄花叶病毒引致病毒病的抗性研究［J］. 作物杂志（2）：55－58.
王兴全，沈慧敏.2008. 二斑叶螨对甲氰菊酯的生化抗性机理研究［D］. 兰州：甘肃农业大学.
王秀芬.1998. 蚕豆立枯病和锈病的防治［J］. 植物医生，11（01）：18.
王雅儒，褚菊征，宋燕春，等.1985. 谷子品种抗粟瘟病的鉴定研究［J］. 植物保护学报，12（3）：175－180.
王雅儒，曹秀菊，段春兰，等.1997. 谷子（粟）白发病抗病性研究Ⅲ粟优异种质对白发病生理小种抗谱的测定［J］. 植物病理学报，27（3）：263－268.
王燕，Narayan S T，陈斌，等.2010. 绿豆象在不同豆类上的生长发育及产卵选择性研究［J］. 云南农业大学学报，25（1）：34－39.
王志明，潘学贤，程开禄，等.1990. 粟穗螟为主的高粱穗部害虫综合防治技术［J］. 四川农业科技，5：18.
魏景超.1979. 真菌鉴定手册［M］. 上海：上海科学技术出版社.
温琪汾，刘润堂，王雅儒，等.1996. 谷子品种资源抗黑穗病鉴定［J］. 粟类作物（1）：26－27.
温琪汾，刘润堂，王纶，等.2004. 谷子品种资源的抗黑穗病鉴定研究［J］. 石河子大学学报：自然科学版，22（增刊）：40－42.
温琪汾.1992. 谷子品种资源抗黑穗病的鉴定研究［J］. 山西农业大学学报，12（2）：107－109.
文振祥.2010. 蚕豆蚜虫种群动态与气候因子相关性分析［J］. 北方园艺（10）：195－196.
问锦曾.1964. 粟秆蝇的研究［J］. 植物保护学报，3（1）：41－47.
吴国平，毛忠良，王建华，等.2010. 种传虫害处理方式对出口豌豆种子质量的影响［J］. 江西农业学报，22（8）：97－98.

吴孔明，郭予元．1995. 棉铃虫滞育的诱导因素研究［J］．植物保护学报，22（4）：331－336.
吴坤君．2002. 关于昆虫休眠和滞育的关系之浅见［J］．昆虫知识，39（2）：154－160.
吴立民，陆化森．1995. 玉米田桃蛀螟发生规律的研究［J］．昆虫知识，32（4）：207－210.
吴全安，梁克恭，曹骥，等．1991. 粮食作物种质资源抗病虫鉴定方法［M］．北京：农业出版社．
吴绍宇，周吉红，程须珍，等．2002. 亚蔬中心绿豆品种（系）抗白粉病评价［J］．植物遗传资源科学（3）：6－9.
吴秀兰．1985. 谷子谷瘟病鉴定与筛选初报［J］．黑龙江农业科学（1）：46－50.
吴浙东，朱永健，朱国良，等．1999. 板栗桃蛀螟发生与防治试验［J］．河北果树（4）：17－18.
吴忠发，谢保龄．1998. 桃蛀螟为害姜科植物的特性及防治［J］．广西农业科学（3）：142.
吴子江．1959. 小型氯化苦熏蒸消灭豌豆象［J］．中国农业科学，9：311－312.
伍克俊，谢正团，李秀君．1992. 甘肃中部地区豌豆根腐病病原研究［J］．甘肃农业大学学报，27（3）：225－231.
武国栋，程宏祚，魏中鼎，等．1982. 双毛芒蝇的发生［J］．植物保护，8（6）：19.
夏敬源，马艳，王春义．1997. 不同寄主植物对棉铃虫发育与繁殖的影响［J］．植物保护学报，24（4）：375－376.
向妮，段灿星，肖炎农，等．2012. 豌豆镰孢根腐病菌的鉴定及其致病基因多样性［J］．中国农业科学，45（14）：2838－2847.
谢成君．2003. 豌豆象卵发育起点温度和有效积温测定［J］．植物检疫，17（4）：220－223.
谢廷芳，黄晋兴，谢丽娟．2005. 利用碳酸氢钾与聚电解质防治作物白粉病［J］．植物病理学会会刊（台湾），14（2）：125－132.
谢正华，杨伟，吴小辉，等．2005. 板栗桃蛀螟无污染防治试验［J］．四川林业科技，26（6）：58－60.
辛荫棠．1951. 用宽行密株改善施肥的栽培方法提高谷子产量避免白发病粪肥传染的建议［J］．中国农业科学（10）：21－22，33.
邢宝龙，冯高，郭新文，等．2012. 绿豆尾孢菌叶斑病田间药剂防治试验［J］．山西农业科学（3）：264－266.
熊朝均，宗勇，张优成，等．1993. 桃蛀螟在秋玉米上的发生规律及其防治的研究［J］．四川农业科技（4）：13－14.
徐邦君，袁红春，张卫华．2005. 蚕豆赤斑病与褐斑病的防治技术［J］．上海蔬菜（6）：63.
徐秀德，刘志恒．2012. 高粱病虫害原色图鉴［M］．北京：中国农业科学技术出版社．
徐秀德，潘景芳，卢桂英．1995. 高粱丝黑穗病菌不同生理小种对高粱同核异质品系的致病性［J］．辽宁农业科学（3）：43－45.
徐秀德，董怀玉，姜钰，等．2003. 高粱丝黑穗病菌种内分化的 RAPD 分析［J］．菌物系统，22（1）：56－61.
徐秀德，董怀玉，杨晓光，等．1996. 辽宁省高粱红条病毒病发生与鉴定简报［J］．辽宁农业科学（5）：47－48.
徐秀德，董怀玉，杨晓光．2000. 高粱抗丝黑穗病菌 3 号小种遗传效应研究［J］．杂粮作物，20（1）：9－12.
徐秀德，刘志恒，董怀玉，等．2000. 高粱新病害——靶斑病的初步研究［J］．沈阳农业大学学报，31（3）：249－253.
徐秀德，刘志恒．1995. 高粱靶斑病在我国的发现与研究初报［J］．辽宁农业科学，2：45－47.
徐秀德，卢庆善，潘景芳．1994. 中国高粱丝黑穗病菌小种对美国小种鉴定寄主致病力测定［J］．辽宁农业科学（1）：8－10.
徐秀德，潘景芳．1992，我国北方高粱丝黑穗病发生因素分析［J］．病虫测报（3）：12－13.
徐秀德，赵淑坤，刘志恒．1995. 高粱新病害顶腐病的初步研究［J］．植物病理学报，25（4）：315－320.
徐秀德，赵廷昌，刘志恒．1995. 我国高粱上一种新病害——黑束病的初步研究［J］．植物保护学报，02：16－18.
徐秀德，赵廷昌．1991. 高粱丝黑穗病菌生理小种鉴定初报［J］．辽宁农业科学（1）：46－48.
徐秀德．2002. 高粱玉米病虫害防治［M］．北京：科学普及出版社．
许英超，罗华，何建荣，等．2001. 富阳市桃蛀螟的发生规律及其防治［J］．浙江林业科技，21（3）：53－55.
许志刚，濮祖芹，曹琦．1985. 长江流域蚕豆病毒病发病情况［J］．南京农业大学学报，8（4）：42－48.
续刚太，秦路林，续陪德．2003. 粟灰螟发生规律初步研究［J］．中国植保导刊，23（12）：19－20.
严吉明，叶华智．2012. 蚕豆油壶菌火肿病的组织病理学［J］．植物病理学报，42（4）：365－373.
阎万元，谢淑仪，金莲香，等．1985. 粟瘟病菌生理小种研究初报［J］．中国农业科学（3）：57－62.
阎万元，谢淑仪，刘洪江，等．1988. 吉林省谷子品种资源及生产品种对粟瘟病专化抗性鉴定［J］．吉林农业科学（1）：6－9.
阎万元，谢淑仪，金莲香，等．1986. 吉林省粟瘟病菌生理小种研究［J］．吉林农业科学（3）：49－54.
阎毅，王瑞，伍德明，等．1984. 粟灰螟性诱剂的田间筛选及测报应用［J］．山西农业科学，4：12－14.
杨俊华．2005. 白僵菌防治桃蛀螟试验［J］．江西林业科技，4：26.
杨蕾，姜钰，徐秀德．2005. 高粱炭疽病发生与有效控制研究进展［J］．辽宁农业科学（5）：40－41.
杨燕涛，谢宝瑜，高增祥，等．2003. 寄主植物对棉铃虫越冬蛹抗寒能力的影响［J］．昆虫知识，4（6）：509－512.
杨英娟，孟祥波，吴卫．2008. 春玉米顶腐病发病原因及防治措施［J］．中国种业（1）：80－81.

杨永茂，叶向勇，李玉亮，等.2004. 瘤背豆象属6种检疫性害虫概述［J］. 植物检疫，18（3）：153-155.
杨振亚，宋其星，吕金武，等.1986. 桃蛀螟性信息素迷向防治试验［J］. 山东林业科技，59（2）：27-28.
应珊婷，姚晗珺，董国堃，等.2009. 豌豆使用农药的风险分析和应对策略［J］. 中国蔬菜（5）：22-24.
俞大绂，裴美云，许顺根.1957. 小米红叶病的研究Ⅰ. 红叶病，小米的一个新的病毒病害［J］. 植物病理学报，3（1）：1-18.
俞大绂，许顺根，裴美云.1958. 小米红叶病的研究Ⅱ. 小米红叶病的寄主范围［J］. 植物病理学报，4（1）：1-7.
俞大绂，许顺根，裴美云.1959. 小米红叶病的研究Ⅳ. 小米红叶病的发生、发展及其防治［J］. 植物病理学报，5（1）：12-20.
俞大绂.1987. 粟病害［M］. 北京：科学出版社.
袁海滨，尚利娜，赵炟焱，等.2007. 蒿属4种植物精油对绿豆象的杀虫活性测定［J］. 吉林农业大学学报，29（6）：612-615.
张长伟，潘学贤，汪远宏，等.1998. 高粱炭疽病的严重度和品种抗性分级标准［J］. 云南农业大学学报，13（1）：37-42.
张翠绵，田静，范保杰.2003. AVRDC绿豆品系的评价及应用［J］. 河北农业科学，7（1）：27-30.
张福耀，平俊爱，杜志宏，等.2005. 山西高平高粱丝黑穗病菌致病力研究［J］. 植物病理学报，5：475-477.
张古文，胡齐赞，丁桔，等.2009. 菜用豌豆品种比较试验［J］. 浙江农业科学（6）：1067-1069.
张海金，赵术伟.2009. 辽宁省谷子主要病虫害种类及其综合防治技术［J］. 现代农业科技（9）：143，145.
张佳环，高洁，杨玉范，等.1991. 两种谷子细菌性病害的鉴定［J］. 吉林农业大学学报，13（2）：20-21.
张景昆，程桂霞，黄克珍.1985. 谷子线虫病发生情况及防治方法［J］. 植物保护，11（1）：11-12.
张美淑，金大勇，刘继生.2009. 7种杀虫剂对截形叶螨和二斑叶螨的防效试验［J］. 长江蔬菜，2：58-59.
张民照，金文林，王进忠，等.2007. 微波处理对绿豆象的杀虫效果及对红小豆发芽率的影响［J］. 昆虫学报，50（9）：967-974.
张绍祖.1982. 蚕豆立枯病的发生和防治［J］. 江苏农业科学（3）：33-35.
张新德，张晓辉.1998. 喀喇沁旗粟茎跳甲危害严重的原因浅析及综合防治技术［J］. 内蒙古农业科技（S1）：161-162.
张园园，徐秀德，王振东，等.2012. 高粱靶斑病原菌侵染对高粱光系统Ⅱ的影响［J］. 作物杂志，2：44-46.
张园园，徐秀德，徐婧，等.2012. 高粱靶斑病病原菌种群多样性研究［J］. 沈阳农业大学学报，43（2）：163-167.
张志刚，杨自文，王开梅，等.2009. 离体叶片人工接种技术研究及微生物源先导化合物筛选［J］. 湖北农业科学，48（12）：3037-3040.
张志良，赵颖，丁秀云.2009. 沈阳昆虫原色图鉴［M］. 沈阳：辽宁民族出版社.
张中义，冷怀琼，张志铭，等.1988. 植物病原真菌学［M］. 成都：四川科学技术出版社.
张忠民，孙秀珍.1990. 粟品种抗粟芒蝇田间鉴定技术的改进［J］. 植物保护，16（5）：27.
张忠民，杨奇华.1991. 生化物质对粟芒蝇危害谷子的影响［J］. 植物保护学报，18（1）：80.
张作刚，陈淑琴，郭尚，等.2008. 山西省植物病原真菌区系特点的研究［J］. 山西农业大学学报：自然版，28（1）：21-25.
章彦俊，李鑫娥，屈俊成.2008. 冀西北粟茎跳甲发生规律及防治措施［J］. 河北农业科技（14）：26.
赵卫东，王开运，姜兴印，等.2003. 二斑叶螨对阿维菌素、哒螨灵和甲氰菊酯的抗性选育及其解毒酶活力变化［J］. 昆虫学报，46（6）：788-792.
赵卫东，王开运，姜兴印，等.2001. 二斑叶螨对常用杀螨剂的抗药性测定［J］. 农药学学报，3（3）：86-88.
赵秀榆.2000. 宁南霉素防治菜豌豆白粉病［J］. 农药，39（4）：41.
赵永玉，甘启芳，喻大昭.1991. 蚕豆褐斑病菌主要生物学特性研究［J］. 湖北农业科学（12）：31-33.
赵子捷.1957. 关于谷子线虫病的调查［J］. 农业科学通讯（2）：102-103.
郑桂春，崔光先，董志平，等.1990. 谷子锈菌夏孢子越冬侵染研究初报［J］. 植物病理学报，20（4）：246.
中国科学院动物研究所.1986. 中国农业昆虫：上册［M］. 北京：农业出版社.
中国科学院动物研究所.1987. 中国农业昆虫：下册［M］. 北京：农业出版社.
中国农业科学院植物保护研究所植物检疫组.1974. 磷化铝熏蒸处理豌豆象的效果初步研究［J］. 四川粮油科技，1：25-29.
中国农业科学院植物保护研究所.1995. 中国农作物病虫害：上册［M］. 2版. 北京：中国农业出版社.
中国农作物病虫害图谱编写组.1978. 中国农作物病虫害图谱 第三分册：旱粮病虫［M］. 北京：农业出版社.
周尤凡，张成双.2001. 高粱病毒病的病原及防治对策［J］. 植保技术与推广，21（5）：10-11.
周肇蕙，韩闽毅，严进.1987. 玉米黑束病的初步研究［J］. 植物病理学报，17（2）：84-88.
朱群.1964. 粟品种对粟瘟病的抗病性初步观察［J］. 植物保护学报，3（4）：23.

朱群．1984. 谷子品种对谷瘟病抗病性研究［J］．植物病理学报，14（1）：46.

朱振东，五晓鸣．1995. 蚕豆染色病毒病在我国的发生情况与根除对策［J］．植物保护（5）：41－43.

Abraham A，Makkouk K M，et al. 2000. Survey of faba bean (*Vicia faba* L.) virus diseases in Ethiopia [J] . Phytopathologia Mediterranea，39（2）：277－282.

Agrawal S C，Kotasthane S R. 1973. Efficacy of systemic fungicides and antibiotics in checking the rust of *Sorghum vulgare* L [J] . Science & Culture，39：235－236.

Ahmed M A，Saleh E A，El－Fallah A A. 1994. The role of biofertilizers in suppression of Rhizoctonia root－rot disease of broad bean [J] . Annals of Agricultural Science，Ain－Shams University，39（1）：379－295.

Ainsworth G C. 1965. *Sphacelotheca cruenta*. Descriptions of Pathogenic Fungi and Bacteria，No. 71 [M] . Kew，Surrey，England：Commomwealth Mycological Institute.

Akem C，Bellar M. 1999. Survey of faba bean (*Vicia faba* L.) diseases in the main faba bean－growing regions of Syria [J] . Arab Journal of Plant Protection，17 ：113－116.

Alconero R，Hoch J G. 1989. Incidence of pea seedborne mosaic virus pathotypes in the US National Pisum germplasm collection [J] . Annals of Applied Biology，114：311－315.

Ali A，Randles J W. 1997. Early season survey of pea viruses in Pakistan and the detection of two new pathotypes of pea seedborne mosaic potyvirus [J] . Plant Disease，81：343－347.

Ali A，Randles J W. 1998. The effects of two pathotypes of pea seed－borne mosaic virus on the morphology and yield of pea [J] . Australasian Plant Pathology，27（4）：226－233.

Ali M E K，Warren H L，Latin R X. 1987. Relationship between anthracnose leaf blight and losses in grain yield of sorghum [J] . Plant Disease，71：803－806.

Ali M E K，Warren H L. 1992. Anthracnose of sorghum，in sorghum and millets diseases [M] . A Second World Review.

Ali M E K，Warren HL. 1987. Physiological races of *Colletotrichum graminicola* on sorghum [J] . Plant Disease，71：402－404.

Ali M E K. 1986. *Colletotrichum graminicola* physiologic specialization，characterization of races and the effect of anthracnose leaf blight on grain yield of sorghum [D] . West Lafayette，USA：Purdue University.

Ali M Z，Khan M A A，Rahaman A，et al. 2011. Effect of fungicides on Cercospora leaf spot and seed quality of mungbean [J] . Journal of Experimental Biosciences，2（1）：21－26.

Allen R F. 1934. A cytological study of heterothallism in *Puccinia sorghi* [J] . Journal of Agricultural，49：1047－1068.

Assuncao I P，Nascimento L D，Ferreira M F，et al. 2011. Reaction of faba bean genotypes to *Rhizoctonia solani* and resistance stability [J] . Horticultura Brasileira，29（4）：492－497.

Attanayake R N，Glawe D A，McPhee K E，et al. 2010. *Erysiphe trifolii* — a newly recognized powdery mildew pathogen of pea [J] . Plant Pathology，59：712－720.

Babu A，Hern A，Dorn S. 2003. Sources of semiochemicals mediating host finding in *Callosobruchus chinensis* (Coleoptera：Bruchidae) [J] . Bulletin of Entomological Research，93（3）：187－192.

Bahlai C A，Goodfellow S A，Stanley－horn D E，et al. 2006. Endoparasitoid assemblage of the pea leafminer，*Liriomyza huidobrensis* (Diptera：Agromyzidae)，in Southern Ontario [J] . Environmental Entomology，35（2）：351－357.

Bainbridge A，Fitt B D L，Creighton N F，et al. 1985. Use of fungicides to control chocolate spot (*Botrytis fabae*) on winter field beans (*Vicia faba*) [J] . Plant Pathology，34（1）：5－10.

Baker K F. 1948. Fusarium wilt of garden stock (*Mathiola incana*) [J] . Phytopathology，38：399－403.

Bandyopadhyay R. 1986. Sooty stripe [M] //R. A. Frederiksen. Compendium of Sorghum Diseases. USA：The American Phytopathological Society.

Bandyopadhyay R，Mughogho L K，Satyanarayana V. 1987. Systemic infection of sorghum by *Acremonium strictum* and its transmission through seed [J] . Plant Disease，71：647－650.

Bao S，Wang X，Zhu Z，et al. 2007. Survey of faba bean and field pea viruses in Yunnan Province，China [J] . Australasian Plant Pathology，36：347－353.

Barilli E，Moral A，Sillero J C，et al. 2012. Clarification on rust species potentially infecting pea (*Pisum sativum* L.) crop and host range of *Uromyces pisi* (Pers.) Wint [J] . Crop Protection，37：65－70.

Barilli E，Prats E，Rubiales D. 2010. Benzothiadiazole and BABA improve resistance to *Uromyces pisi* (Pers.) Wint. in *Pisum sativum* L. with an enhancement of enzymatic activities and total phenolic content [J] . European Journal of Plant Pathology，128（4）：483－493.

Barilli E，Satovic Z，Rubiales D，et al. 2010. Mapping of quantitative trait loci controlling partial resistance against rust incited by *Uromyces pisi* (Pers.) Wint. in a *Pisum fulvum* L. intraspecific cross [J]. Euphytica, 175 (2): 151-159.

Barilli E, Satovic Z, Sillero J C, et al. 2011. Phylogenetic analysis of *Uromyces* species infecting grain and forage legumes by sequence analysis of nuclear ribosomal internal transcribed spacer region [J]. Journal of Phytopathology, 159: 137-145.

Barilli E, Sillero J C, Fernández-Aparicio M, et al. 2009. Identification of resistance to *Uromyces pisi* (Pers.) Wint. in *Pisum* spp. Germplasm [J]. Field Crops Research, 114 (2): 198-203.

Barilli E, Sillero J C, Moral A, et al. 2009. Characterization of resistance response of pea (*Pisum* spp.) against rust (*Uromyces pisi*) [J]. Plant Breeding, 128: 665-670.

Barilli E, Sillero J C, Rubiales D. 2010. Induction of systemic acquired Resistance in pea against rust (*Uromyces pisi*) by exogenous application of biotic and abiotic inducers [J]. Journal of Phytopathology, 158: 30-34.

Barilli E, Sillero J C, Serrano A, et al. 2009. Differential response of pea (*Pisum sativum*) to rusts incited by *Uromyces viciae-fabae* and *U. pisi* [J]. Crop Protection, 28 (11): 980-986.

Bergquist R R. 1971. Sources of resistance in sorghum to *Puccinia purpurea* in Hawaii [J]. Plant Disease Reporter, 55: 941-944.

Bergquist R R. 1974. The determination of physiologic races of sorghum rust in Hawaii [J]. Proc. Am. Phylopalhol. Soc., 1: 67.

Bonatti P M, Lorenzini G, Fornasiero R B, et al. 1994. Cytochemical Detection of Cell Wall Bound Peroxidase in Rust Infected Broad Bean Leaves [J]. Journal of Phytopathology, 140 (4): 319-325.

Borgstrøm B, Johansen I E. 2001. Mutations in pea seedborne mosaic virus genome-Linked protein VPg alter pathotype-specific virulence in *Pisum sativum* [J]. Molecular Plant-Microbe Interactions, 14 (6): 707-714.

Borikar S T, Reddy B V S, Ashok S Alur, et al. 2007. Rainy Season Sorghum Production Technologies for Dryland Areas of Maharastra. Global Theme on Crop Improvement [M]. Patancheru, Andhra Pradesh, India: International Crops Research Institute for the Semi-Arid Tropics.

Bos L, Hampton R O, Makkouk K M. 1988. Viruses and virus diseases of pea, lentil, faba bean and chickpea [J]. Current Plant Science and Biotechnology in Agriculture, 5: 591-615.

Bouhassan A, Sadiki M, Tivoli B. 2004. Evaluation of a collection of faba bean (*Vicia faba* L.) genotypes originating from the Maghreb for resistance to chocolate spot (*Botrytis fabae*) by assessment in the field and laboratory [J]. Euphytica, 135 (1): 55-62.

Brady C R, Noll L W, Saleh A A, et al. 2011. Disease Severity and Microsclerotium Properties of the Sorghum Sooty Stripe Pathogen, *Ramulispora sorghi* [J]. Plant Disease, 95 (7): 853-859.

Bramel-Cox P J, Claflin L E. 1989. Selection for resistance to *Macrophomina phaseolina* and *Fusarium Moniliforme* in sorghum [J]. Crop Science, 29: 1468-1472.

Brayford D. 1993. The identification of *Fusarium* species [M]. UK: International Mycological Institute.

Bruun-Rasmussen M, Møller I S, Tulinius G, et al. 2007. The same allele of translation initiation factor 4E mediates resistance against two *Potyvirus* spp. in *Pisum sativum* [J]. Molecular Plant-Microbe Interactions, 20: 1075-1082.

Burgess L W, Summerell B A, Bullock S, et al. 1994. Laboratory manual for *Fusarium* research [M]. 3th ed. Sydney: University of Sydney.

Casela C R, Ferreira A S, Schaffert R E. 1992. Physiological races of *Colletotrichum graminicola* in Brazil, in sorghum and millets diseases [M] //A Second World Review.

Casela C R. 1993. Evidence for Dilatory Resistance to Anthracnose in Sorghum [J]. Plant Disease, 77: 908-911.

Chaitieng B, Kaga A, Han O K, et al. 2002. Mapping a new source of resistance to powdery mildew in mungbean [J]. Plant Breeding, 121: 521-525.

Chakraborty U, Chakraborty B N. 1989. Interaction of *Rhizobium leguminosarum* and *Fusarium solani* f. sp. *pisi* on pea affecting disease development and phytoalexin production [J]. Canadian Journal of Botany, 67 (6): 1698-1701.

Chan M K Y, Close R C. 1987. Aphanomyces root rot of peas 2. Some pasture legumes and weeds as alternative hosts for *Aphanomyces euteiches* [J]. New Zealand Journal of Agricultural Research, 30 (2): 219-223.

Chan M K Y, Close R C. 1987. Aphanomyces root rot of peas 3. Control by the use of cruciferous amendments [J]. New Zealand Journal of Agricultural Research, 30 (2): 225-233.

Chand R, Singh V, Pal C, et al. 2012. First report of a new pathogenic variant of *Cercospora canescens* on mungbean (*Vigna radiata*) from India [J]. New Disease Reports, 26: 6.

Chandler M A, Fritz V A, Pfleger F L, et al. 1999. Effect of oat extract on pea root rot pathogen *Aphanomyces euteiches* [J]. HortScience, 34 (3): 529.

Chankaew S, Somta P, Sorajjapinun W, et al. 2011. Quantitative trait loci mapping of Cercospora leaf spot resistance in mungbean, *Vigna radiata* (L.) Wilczek [J]. Molecular Breeding.

Chase A F, Munnecke D E. 1980. Shasta daisy vascular wilt incited by *Acremonium strictum* [J]. Phytopathology, 70: 834-838.

Chaubey M K. 2008. Fumigant toxicity of essential oils from some common spices against pulse beetle, *Callosobruchus chinensis* (Coleoptera: Bruchidae) [J]. Journal of Oleo Science, 57 (3): 171-179.

Chen K C, Lin C Y, Kuan C C, et al. 2002. A novel defensin encoded by a mungbean cDNA exhibits insecticidal activity against bruchid [J]. Journal of Agricultural and Food Chemistry, 50 (25): 7258-7263.

Cheney, Gwendolyn M. 1932. Pythium root rot of Broad Beans in Victoria [J]. Australian Journal of Experimental Biology and Medical Science, 10 (3): 143-155.

Civelek H S, Yoldas Z, Weintraub P. 2000. The parasitoid complex of *Liriomyza huidobrensis* in cucumber greenhouses in Izmir Province, Western Turkey [J]. Phytoparasitica, 30: 285-287.

Clement S L, Mcphee K E, Elberson L R, et al. 2009. Pea weevil, *Bruchus pisorum* (L.) (Coleoptera: Bruchidae), resistance in *Pisum sativum* x *P. fulvum* interspecific crosses [J]. Plant Breeding, 128 (5): 478-485.

Conner R L, Bernier C C. 1982. Host range of *Uromyces viciae-fabae* [J]. Phytopathology, 72: 687-689.

Coutts B A, Prince R T, Jones R A C. 2009. Quantifying effects of seedborne inoculum on virus spread, yield losses, and seed infection in the Pea seed-borne mosaic virus-field pea pathosystem [J]. Phytopathology, 99: 1156-1167.

Dalmacio S C. 1969. Notes on the penetration and infection of *Puccinia purpurea* Cke [J]. Philippine Agriculture, 53: 53-59.

De Sousa-Majer M J, Hardie D C, Turner N C, et al. 2007. Bean alpha-amylase inhibitors in transgenic peas inhibit development of pea weevil larvae [J]. Journal of Economic Entomology, 100 (4): 1416-1422.

Deacon J W, Mitchell R T. 1985. Toxicity of oat roots, oat root extracts, and saponins to zoospores of *Pythium* spp. and other fungi [J]. Transactions of the British Mycological Society, 84: 479-487.

Dean J L. 1966. Local infection of sorghum by Johnson grass loose kernel smut fungus [J]. Phytopathology, 56: 1342-1344.

Deising H, Jungblut P. R Mendgen K. 1991. Differentiation-related proteins of the broad bean rust fungus Uromyces viciae-fabae, as revealed by high resolution two-dimensional polyacrylamide gel electrophoresis [J]. Archives of Microbiology, 155 (2): 191-198.

Deverall B J, Wood R K S. 1961. Chocolate spot of beans (*Vicia faba* L.) —interactions between phenolase of host and pectic enzymes of the pathogen [J]. Annals of Applied Biology, 49 (3): 473-487.

Dubey S C, Singh B. 2006. Influence of sowing time on development of cercospora leaf spot and yellow mosaic diseases of urdbean (*Vigna mungo*) [J]. The Indian Journal of Agricultural Sciences, 76 (12): 766-769.

Dubey S C, Singh B. 2010. Seed treatment and foliar application of insecticides and fungicides for management of cercospora leaf spots and yellow mosaic of mungbean (*Vigna radiata*) [J]. International Journal of Pest Management, 56 (6): 309-314.

El-Fiki A I I. 1994. Effect of seed dressing and foliar spraying fungicides on severity of root rot and chocolate spot of broad bean under field conditions [J]. Annals of Agricultural Science, Moshtohor, 32: 269-288.

El-Mohamedy, R S R, Abd El-Baky M M H. 2008. Evaluation of different types of seed treatment on control of root rot disease, improvement growth and yield quality of pea plant in Nobaria Province [J]. Research Journal of Agriculture and Biological Sciences, 4 (6): 611-622.

Emami K, Hack E. 2002. Conservation of XYN11A and XYN11B xylanase genes in *Bipolaris sorghicola*, *Cochliobolus sativus*, *Cochliobolus heterostrophus*, and *Cochliobolus spicifer* [J]. Current Microbiology, 45, 303-306.

Emeran A A, Román B, Sillero J C, et al. 2008. Genetic variation among and within Uromyces species infecting legumes [J]. Journal of Phytopathology, 156: 419-424.

Emeran A A, Sillero J C, Niks R E, et al. 2005. Infection structures of host specialized isolates of *Uromyces viciae-fabae* and of other species of *Uromyces* infecting leguminous crops [J]. Plant Disease, 89: 17-22.

Engelkes C A, Windels C E. 1994. β-escin (saponin), oat seedlings and oat residue in soil affects growth of *Aphanomyces cochlioides* hyphae, zoospores and oogonia [J]. Phytopathology, 84: 1158.

Erpelding J E, Prom L K. 2006. Variation for anthracnose resistance within the sorghum germplasm collection from Mozambique, Africa [J]. Plant Pathology Journal, 5: 28-34.

Erpelding J E, Wang M L. 2007. Response to anthracnose infection for a random selection of sorghum germplasm [J]. Plant Pathology Journal, 6: 127-133.

Erpelding J E. 2010. Field assessment of anthracnose disease response for the sorghum germplasm collection from the Mopti region [J] . American Journal of Agricultural and Biological Sciences, 5 (3): 363 - 369.

Etebu E, Osborn A M. 2009. Molecular assays reveal the presence and diversity of genes encoding pea footrot pathogenicity determinants in *Nectria haematococca* and in agricultural soils [J] . Journal of Applied Microbiology, 106 (5): 1629 - 1639.

Fletcher J D. 1993. Surveys of virus diseases in pea, lentil, dwarf and broad bean crops in South Island, New Zealand [J] . New Zealand Journal of Crop and Horticultural Science, 21 (1): 45 - 53.

Fondevilla S, Carver T L W, Moreno M T, et al. 2006. Macroscopic and histological characterisation of genes *er*1 and *er*2 for powdery mildew resistance in pea [J] . European Journal of Plant Pathology, 115: 309 - 321.

Fondevilla S, Rubiales D. 2012. Powdery mildew control in pea. A review [J] . Agronomy for Sustainable Development, 32: 401 - 409.

Forbes G A. 1986 . Characterization of grain mold resistance in sorghum (*Sorghum bicolor* L. Moench) [D] . Texas: Texas A& M University.

Forbes G, Crespo L B. 1982. Marchitamiento sorgo causado por *Acremonium Strictum* Gams. Inf. Tec. 89. Estac. Exp. Agropec. Manfredi INTA Arg. 4PP.

Frederikeen R A. 1992. Compendium of Sorghum Disease. American Phytopathological Society.

Frederiksen R A, Rosenow D T. 1972. Sorghum rust, a naturally stabilized disease in North America [J] . Phytopathology, 62: 757.

Frederiksen R A, Rosenow D T. 1974. A model for evaluation of genetic vulnerability of sorghum to disease. Proc. Am. Phytopathol. Soc. , 1: 57.

Frederiksen R A, Rosenow D T. 1979. Breeding for disease resistance in sorghum [M] //Harris M K. Biology and Breeding for Resistance to Arthropods and Pathogens in Agricultural Plants. MP - 1451, 137 - 167.

Frederiksen R A. 1984. Acremonium wilt [C] //Sorghum Root and Stalk Rots, a Critical Review; Proceedings of the Consultative Group Discussion on Research Needs and Strategies for Control of Sorghum Root and Stalk Rot Diseases. Patancheru, A. P. 502 324, India: ICRISAT: 49 - 51.

Frederiksrn R A. 1986. Compendium of sorghum diseases [M] . The American Phytopathological Society.

Frey S, Carver T L W. 1998. Induction of systemic resistance in pea to pea powdery mildew by exogenous application of salicylic acid [J] . Journal of Phytopathology, 146: 239 - 245.

Frowd J A. 1980. A world review of sorghum smuts. In: Sorghum Diseases: A world Review [C] . Patancheru, India: International Crops Research Institute for the Semi - Arid Tropics.

Fry P R, Young B R. 1980. Pea seed - borne mosaic virus in New Zealand [J] . Australasian Plant Pathology, 9 (1): 10 - 11.

Gan Y J, Zhou H Z, Gao L Q. 1992. A study on bioligical characteristics of milletshoot - fly [C] . Beijing China: Proceedings XIX International Congress of Entomology: 401.

Gao Z, Eyers S, Thomas C, et al. 2004. Identification of markers tightly linked to sbm recessive genes for resistance to Pea seed - borne mosaic virus [J] . Theoretical and Applied Genetics, 109 (3): 488 - 494.

Gao Z, Johansen E, Eyers S, et al. 2004. The Potyvirus recessive resistance gene, *sbm*1, identifies a novel role for translation initiation factor eIF4E in cell - to - cell trafficking [J] . Plant Journal, 40: 376 - 385.

Gaulin E, Jacquet C, Bottin A, et al. 2007. Root rot disease of legumes caused by *Aphanomyces euteiches* [J] . Molecular Plant Pathology, 8 (5): 539 - 548.

Gawande V L, Patil J V. 2003. Genetics of powdery mildew (*Erysiphe polygoni* D. C.) resistance in mungbean (*Vigna radiata* (L.) Wilczek) [J] . Crop Protection, 22 (3): 567 - 571.

Gbaye O A, Holloway G J, Callaghan A. 2012. Variation in the sensitivity of *Callosobruchus* (Coleoptera: Bruchidae) acetylcholinesterase to the organophosphate insecticide malaoxon: effect of species, geographical strain and food type [J] . Pest Management Science, 68 (9): 1265 - 1271.

Ghareeb H, Becker A, Iven T, et al. 2011. *Sporisorium reilianum* Infection Changes Inflorescence and Branching Architectures of Maize [J] . Plant Physiology, 156 (4): 2037 - 2052.

Girad J C. 1980. A review of sooty stripe and rough, zonate, and oval leaf spots [M] //Sorghum diseases. Hyderabad, India: 229 - 239.

Grünwald N J, Coffman V A, Kraft J M. 2003. Sources of partial resistance to Fusarium root rot in the *Pisum* core collection [J] . Plant disease, 2003, 87: 1197 - 1200.

Gubbels G H, Campbell C G, Zimmer R C. 1989. Interction of cultivar, seeding date and downymildew infection on various agronomic characteristics of buckwheat [J] . Canadian Journal of Plant Science, 70: 949 - 954.

Gutierrez J, Schieha E. 1984. The spider mite family Tetranyehidae (Arica) in New South Wales [J] . International Journal of Acarology, 9: 99-116.

Guy P L, Johnstone G R, Morris D I. 1987. Barley yellow dwarf viruses in, and aphids on, grasses (including cereals) in Tasmania [J] . Australian Journal of Agricultural Research, 38 (1): 139-152.

Hadwiger L A. 2008. Pea - *Fusarium solani* interactions contributions of a system toward understanding disease resistance [J] . Phytopathology, 98: 372-379.

Hagan W L, Hooker A L. 1965. Genetics of reaction to *Puccinia sorghi* in eleven corn inbred lines from Central and South America [J] . Phytopathology, 55: 193-197.

Hagedorn D J, Gritton E T. 1973. Inheritance of resistance to the pea seed - borne mosaic virus [J] . Phytopathology, 63: 1130-1133.

Hallett R H, Heal J D. 2003. Efficacy of various insecticides for control of pea leafminer on celery [J] . *Pest Management Research* Report, 42: 30-31.

Hamilton R I, Nichols C. 1978. Serological methods for detection of pea seedborne mosaic virus in leaves and seeds of *Pisum sativum* [J] . Phytopathology, 68: 539-543.

Hamon C, Baranger A, Coyne C J, et al. 2011. New consistent QTL in pea associated with partial resistance to *Aphanomyces euteiches* in multiple French and American environments [J] . Theoretical and Applied Genetics, 123 (2): 261-281.

Hampton R O, Kraft J M, Muehlbauer F J. 1993. Minimizing the threat of seedborne pathogens in crop germ plasm: elimination of pea seedborne mosaic virus from the USDA - ARS germ plasm collection of *Pisum sativum* [J] . Plant Disease, 77: 220-224.

Han Y N, Liu X G., Benny U, et al. 2001. Genes determining pathogenicity to pea are clustered on a supernumerary chromosomes in the fungal plant pathogen *Nectria haematococca* [J] . The Plant Journal, 25 (3): 1-11.

Hanounik S. 1980. Effect of chemical treatments and host genotypes on disease severity/yield relationships of *Ascochyta blight* in faba beans [J] . Faba Bean Information Service Newsletter (2): 50.

Harano T, Miyatake T. 2011. Independence of genetic variation between circadian rhythm and development time in the seed beetle, *Callosobruchus chinensis* [J] . Journal of Insect Physiology, 57 (3): 415-420.

Harrison J G. 1988. The biology of *Botrytis* spp. on *Vicia beans* and chocolate spot disease - a review [J] . Plant Pathology, 37 (2): 168-201.

Hasanzade F, Rastegar M F, Jafarpour B, et al. 2008. Identificaton of *Fusarium solani* f. sp. *pisi* the cause of root rot in chickpea and assessment of its genetic diversity using AFLP in northeast Iran [J] . Research Journal of Biological Sciences, 3 (7): 737-741.

Haussmann B I G, Hess D E, Sissoko I. 2001. Diallel analysis of sooty stripe resistance in sorghum [J] . Euphytica, 122: 99-104.

Helsper J P F G, Van Norel A, Burger - Meyer K, et al. 1994. Effect of the absence of condensed tannins in faba beans (*Vicia faba*) on resistance to foot rot, Ascochyta blight and chocolate spot [J] . The Journal of Agricultural Science, 123 (3): 349-355.

Hess D E, Bandyopadhyay R, Sissoko I. 2002. Pattern analysis of sorghum genotype × environment interaction for leaf, panicle and grain anthracnose in Mali [J] . Plant Diseases, 86: 1374-1382.

Heungens K, Parke J L. 2001. Postinfection biological control of oomycete pathogens of pea by *Burkholderia cepacia* AMMDR1 [J] . Phytopathology, 91: 383-391.

Heyman F, Lindahl B, Persson L, et al. 2007. Calcium concentrations of soil affect suppressiveness against Aphanomyces root rot of pea [J] . Soil Biology and Biochemistry, 39: 2222-2229.

Hooker A L. 1962. Additional sources of resistance to *Puccinia sorghi* in the United States [J] . Plant Disease Reporter, 46: 14-16.

Hooker A L. 1985. Corn and sorghum rust [M] //Roelfs A P, Bushnell W R B. The cereals rusts: Vol. 2. Disease distribution, epidemiology and control. NewYork: Academic Press.

Hossain S, Bergkvist G, Berglund K, et al. 2012. Aphanomyces pea root rot disease and control with special reference to impact of Brassicaceae cover crops [J] . Acta Agriculturae Scandinavica: Section B - Soil & Plant Science, 62 (6): 477-487.

Hughes T J, Grau C R. 2007. Aphanomyces root rot or common root rot of legumes [J] . The Plant Health Instructor.

Humphry M E, Magner T, McIntyre C L, et al. 2003. Identification of a major locus conferring resistance to powdery mildew (*Erysiphe polygoni* DC) in mungbean (*Vigna radiata* L. Wilczek) by QTL analysis [J] . Genome, 46 (5): 738-744.

Hymavathi A, Devanand P, Suresh B K, et al. 2011. Vapor - phase toxicity of derris scandens benth - derived constituents against four stored - product pests [J]. Journal of Agricultural and Food Chemistry, 59 (5): 1653 - 1657.

Ibrahim G, Hussein M M. 2009. A new record of root rot of broad bean (*Vicia faba*) from the Sudan [J]. The Journal of Agricultural Science, 83 (3): 381 - 383.

Ibrahim G, Owen H. 2008. Fusarium oxysporum Causal Agent of Root Rot on Broad Bean in the Sudan [J]. Journal of Phytopathology, 101 (1): 89 - 90.

Indira S, Xu X, Imsuppasit N. 2002. Diseases of sorghum and pearl millet in Asia [M] //Leslie J F. Sorghum and Pearl Millet Diseases USA: Iowa State Press.

Iqbal U, Iqbal S M, Zahid M A, et al. 2009. Screening of local mungbean germplasm against Cercospora leaf spot disease [J]. Pakistan Journal of Phytopathology, 21 (2): 123 - 125.

Jagtap G P, Khalikar P V. 2012. Integrated management of pea powdery mildew caused by *Erysiphe polygoni* DC [J]. Scientific Journal of Agriculture, 1 (2): 33 - 38.

Jardine D, Leslie J F. 1992. Aggressiveness of *Gibberella fujikuroi* (*Fusarium moniliforme*) isolates to Grain Sorghum Under Greenhouse Conditions [J]. Plant Disease, 76 (9): 897 - 900.

Johansen I E, Keller K E, Dougherty W G. 1996. Biological and molecular properties of a pathotype P - 1 and a pathotype P - 4 isolate of pea seed - borne mosaic virus [J]. Journal of General Virology, 77: 1329 - 1333.

Johansen I E, Lund O S, Hjulsager C K, et al. 2001. Recessive resistance in *Pisum sativum* and potyvirus pathotype resolved in a gene - for - cistron correspondence between host and virus [J]. Journal of Virology, 75 (14): 6609 - 6614.

Jones R A C. 2001. Developing integrated disease management strategies against non - persistently aphid - borne viruses: a model programme [J]. Integrated Pest Management Reviews, 6 (1): 15 - 46.

Jones R A C. 2004. Using epidemiological information to develop effective integrated virus disease management strategies [J]. Virus Research, 100: 5 - 30.

Joshi A, Souframanien J, Chand R. 2006. Genetic diversity study of *Cercospora canescens* (Ellis & Martin) isolates, the pathogen of Cercospora leaf spot in legumes [J]. Current Science, 90 (4): 564 - 568.

Jung Y S, Kim Y T, Sung J Y, et al. 1999. Mycological characteristics of *Fusarium solani* f. sp. *pisi* isolates from pea, ginseng and soybean in Korea [J]. Plant Pathology Journal, 15 (1): 44 - 47.

Kabore K B, Couture L. 1983. Mycoflore des semences du sorgho cultive en Haute - Volta [J]. Nat. Can. (Rev. Ecol. Syst.), (1) 110 : 453 - 457.

Kalia P, Sood S, Sharma A. 2002. Reaction of faba bean (*Vicia faba*) to powdery mildew (*Erysiphe polygoni*) [J]. Indian Journal of Agricultural Sciences, 72 (11): 681.

Karl O. 1939. Zwei neue Musciden (Anthomyiiden) aus der Mandschurei. Arb. Morph [J]. Taxon. Ent. Berlin - Dahlem, 6 (3): 279 - 280.

Kashiwaba K, Tomooka N, Kaga A, et al. 2003. Characterization of resistance to three bruchid species (*Callosobruchus* spp., Coleoptera, Bruchidae) in cultivated rice bean (*Vigna umbellata*) [J]. Journal of Economic Entomology, 96 (1): 207 - 213.

Kasimor K, Baggett J R, Hampton R O. 1997. Pea cultivar susceptibility and inheritance of resistance to the lentil strain (Pathotype P2) of pea seedborne mosaic virus [J]. Journal of the American Society for Horticultural Science, 122: 325 - 328.

Kaspi R, Parrella M P. 2005. Abamectin compatibility with the leafminer parasitoid *Diglyphus isaea* [J]. Biological Control, 35: 172 - 179.

Katewa R, Mathur K, Bunker R N. 2005. Variability in target leaf spot pathogen *Bipolaris sorghicola* of sorghum in Rajasthan, India [J]. International Sorghum Millets Newsletter, 46: 32 - 35.

Kawahigashi H Kasuga S, Tsuyu Ando T, et al. 2011. Positional cloning of ds1, the target leaf spot resistance gene against *Bipolaris sorghicola* in sorghum [J]. Theoretical and Applied Gentics, 123: 131 - 142.

Keller K E, Johansen I E, Martin R R, et al. 1998. Potyvirus genome - linked protein (VPg) determines *Pea seed - borne mosaic virus* pathotype - specific virulence in *Pisum sativum* [J]. Molecular Plant - Microbe Interactions, 11 (2): 124 - 130.

Khajudparn P, Wongkaew S, Thipyapong P. 2007. Identification of genes for resistance to powdery mildew in mungbean [J]. African Crop Science Conference Proceedings, 8: 743 - 745.

Kharbanda P D, Bernier C C. 1976. Control of ascochyta blight of faba beans by fungicides [J]. Proceeding of Canadian Phytopathological Society, 43: 20.

King E B, Parke J L. 1993. Biocontrol of aphanomyces root rot and Pythium damping - off by *Pseudomonas cepacia* AMMD on four pea cultivars [J]. Plant Disease, 77: 1185 - 1188.

Klesser, Patricia J. 1960. Virus diseases of Lupins. Virus diseases of Cowpeas. Virus diseases of Peas and Sweet Peas. Virus diseases of Broad Beans [J]. Bothalia, 7 (2): 207-231.

Kohnen P D, Johansen I E, Hampton R O. 1995. Characterization and molecular detection of the P4 pathotype of pea seed-borne mosaic potyvirus [J]. Phytopathology, 85 (7): 789-793.

Kohpina S, Knight R, Stoddard F L, 2000. Genetics of resistance to ascochyta blight in two populations of faba bean [J]. Euphytica, 112, 101-107.

Kraft J M, Boge W L. 1996. Identification of characteristics associated with resistance to root rot caused by *Aphanomyces euteiches* in pea [J]. Plant Disease, 80: 1383-1386.

Kraft J M, Boge W. 2001. Root characteristics in pea in relation to compaction and Fusarium root rot [J]. Plant Disease, 85: 936-940.

Kumar R, Pandey M, Chandra R. 2011. Effect of relative humidity, temperature and fungicide on germination of conidia of *Cercospora canescens* caused the Cercospora leaf spot disease in mungbean [J]. Archives of Phytopathology and Protection, 44 (16): 1635-1645.

Kushwaha C, Chand R, Srivastava C P. 2006. Role of aeciospores in outbreaks of pea (*Pisum sativum*) rust (*Uromyces fabae*) [J]. European Journal of Plant Pathology, 115 (3): 323-330.

Lamaria L, Berniera C C. 1985. Etiology of Seedling Blight and Root Rot of Faba Bean (*Vicia faba*) in Manitoba [J]. Canadian Journal of Plant Pathology, 7 (2): 139-145.

Latham L J, Jones R A C. Alfalfa mosaic and pea seed-borne mosaic viruses in cool season crop, annual pasture, and forage legumes: susceptibility, sensitivity, and seed transmission [J]. Australian Journal of Agricultural Research, 52 (7): 771-790.

Lawn R J, Rebetzke G J. 2006. Variation among Australian accessions of the wild mungbean (*Vigna radiata* ssp. *sublobata*) for traits of agronomic, adaptive, or taxonomic interest [J]. Australian Journal of Agricultural Research, 57 (1): 119-132.

Lee S Y, Hwang S J, Lee S B. 2002. Occurrence of powdery mildew on mung bean (*Vigna radiata* L.) caused by *Sphaerotheca phaseoli* [J]. Research in Plant Disease, 8: 166-170.

Leslie J F, Summerell B A. 2006. The Fusarium Laboratory Manual [M]. Ames, Iowa: Blackwell Professional Publishing.

Leslie J F. 1991. Mating populations in *Gibberella fujikuroi* (Fusarium Section Liseola) [J]. Phytopathology, 81: 1058-1060.

Ligat J S, Randles J W. 1993. An eclipse of pea seed-borne mosaic virus in vegetative tissue of pea following repeated transmission through the seed [J]. Annals of Applied Biology, 122: 39-47.

Lithourgidis A S, Roupakias D G, Damalas C A. 2004. Evaluation of faba beans for resistance to sclerotinia stem rot caused by *Sclerotinia trifoliorum* [J]. Phytoprotection, 85 (2): 85-94.

Lithourgidisa A S, Roupakiasb D G, Christos A. 2005. Damalasc. Inheritance of resistance to sclerotinia stem rot (*Sclerotinia trifoliorum*) in fababeans (*Vicia faba* L.) [J]. Field Crops Research, 91 (2-3): 125-130.

Little C R, Magill C W. 2009. The grain mold pathogen, *Fusarium thapsinum*, reduces caryopsis formation in *Sorghum bicolor* [J]. Journal of Phytopathology, 157 (8): 518-519.

Lorenzini G, Bonatti P M, Nali C, et al. 1994. The protective effect of rust infection against ozone, sulphur dioxide and paraquat toxicity symptoms in broadbean [J]. Physiological and Molecular Plant Pathology, 45 (4): 263-279.

Lorenzini G, Medeghini B P, Nali C, Baroni F R. 1994. The protective effect of rust infection against ozone, sulphur dioxide and paraquat toxicity symptoms in broadbean [J]. Physiological and Molecular Plant Pathology, 45 (4): 263-279.

Lundsgaarda T. 1981. Pea seedborne mosaic virus isolated from broad bean (*Vicia faba* L.) in Denmark [J]. Acta Agriculturae Scandinavica, 31 (2): 116-122.

M E M Hassan, S S A El-Rahman, et al. 2006. Inducing resistance against faba bean chocolate spot disease [J]. Egypt Journal of Phytopathology, 34 (1): 69-79.

Makkouk K M, Kumari S G, Bos L. 1990. Broad bean wilt virus: host range, purification, serology, transmission characteristics, and occurrence in faba bean in West Asia and North Africa [J]. Neth. J. PI. Path, 96: 291-300.

Makkouk K M, Kumari S G, Bos L. 1993. Pea seed-borne mosaic virus: occurrence in faba bean (*Vicia faba*) and lentil (*Lens culinaris*) in West Asia and North Africa, and further information on host range, transmission characteristics, and purification [J]. Neth. J. PI. Path, 99: 115-124.

Martin A D, Hallett R H, Sears M K, et al. 2005. Overwintering ability of *Liriomyza huidobrensis* (Blanchard) (Diptera: Agromyzidae), in southern Ontario, Canada [J]. Environmental Entomology, 34: 743-747.

Masmoudi K, Suhas M, Khetarpal R K, et al. 1994. Specific serological detection of the transmissible virus in pea seed infected by pea seed - borne mosaic virus [J] . Phytopathology，84 (7)：56 - 760.

McGee R J，Coyne C J，Pilet - Nayel M L，et al. 2012. Registration of pea germplasm lines partially resistant to Aphanomyces root rot for breeding fresh or freezer pea and dry pea types [J] . Journal of Plant Registrations，6：203 - 207.

McIntyre C L，Casu R E，Drenth J，et al. 2005. Resistance gene analogues in sugarcane and sorghum and their association with quantitative trait loci for rust resistance [J] . Genome，48 (3)：391 - 400.

Medeghini B P，L G，Baroni F R，et al. 1994. Cytochemical detection of cell wall bound peroxidase in rust infected broad bean leaves [J] . Journal of Phytopathology，140 (4)：319 - 325.

Mei L，Cheng X Z，Wang S H，et al. 2009. Relationship between bruchid resistance and seed mass in mungbean based on QTL analysis [J] . Genome，52 (7)：589 - 596.

Mew I P C，Wang T C，Mew T W. 1975. Inoculum production and evaluation of mungbean varieties for resistance to *Cercospora canescens* [J] . Plant Disease Reporter，59 (5)：397 - 401.

Mishra R K，Pandey P K. 2009. Effect of rust (*Uromyces fabae*) on nodulation and nitrogenase activity in pea (*Pisum sativum* L.) [J] . Pest Management in Horticultural Ecosystems，15 (1)：60 - 62.

Mishra S P，Asthana，A N，Yadav L. 1988. Inheritance of Cercospora leaf spot resistance in mung bean，*Vigna radiata* (L.) Wilczek [J] . Plant breeding，100 (3)：228 - 229.

Mondal K K，Rana S S，Sood P. 2002. Sclerotinia root rot：a new threat to buckwheat seedlings in India [J] . Plant Disease，86 (12)：1404.

Mondal K K，Sood P，Rana S S. 2003. Occurrence of *Sclerotinia sclerotiorum* on buckwheat (*Fagopyrum esculentum*) seedlings in Himachal Pradesh [J] . Plant Disease Research (Ludhiana)，18 (2)：199.

Mondal K K. 2004. Evaluation of seed - dressing fungicides against sclerotinia root rot of buckwheat [J] . Fagopyrum，21：105 -107.

Morton R L，Schroeder H E，Bateman K S，et al. 2000. Bean alpha - amylase inhibitor 1 in transgenic peas (*Pisum sativum*) provides complete protection from pea weevil (*Bruchus pisorum*) under field conditions [J] . Proceedings of the National Academy of Sciences of the United States of America，97 (8)：3820 - 3825.

Moussart A，Wicker E，Le Delliou B，et al. 2009. Spatial distribution of*Aphanomyces euteiches* inoculum in a naturally infested pea field [J] . European Journal of Plant Pathology，123 (2)：153 - 158.

Muehlchen A M，Rand R E，Parke J L. 1990. Evaluation of crucifer green manures for controlling Aphanomyces root rot of peas [J] . Plant Diseases，74：651 - 654.

Murray D C，Walters D R. 1992. Increased photosynthesis and resistance to rust infection in upper，uninfected leaves of rusted broad bean (*Vicia faba* L.) [J] . New Phytologist，120 (2)：235 - 242.

Murty D S，Diarra M，Coulibaly B，et al. 1997. Combining ability of hybrid parents for sooty stripe resistance in sorghum [J] . International Sorghum and Millets Newsletter，(38)：31 - 33.

Nagarajan K，Saraswathi V，Renfro B L，et al. 1971. Report of *Ramulispora sorghicola* from India and reaction of sorghum cultivars to *Ramulispora sorghi* and *Ramulispora sorghicola* [J] . Indian Phytopathology，4：644 - 648.

Nakayama H，Nagamine T，Hayashi N. 2005. Genetic variation of blast resistance in foxtail millet (*Setaria italica* (L.) P. Beauv.) and its geographic distribution [J] . Genetic Resources and Crop Evolution，52：863 - 868.

Napier E J，Rhode A，Turner D I，et al. 1957. Systemic action of captan against *Botrytis fabae* (chocolate spot of broad bean) [J] . Journal of the Science of Food and Agriculture，8 (8)：467 - 474.

Natural M P，Frederiksen R A，Rosenow D T. 1982. Acremonium Wilt of sorghum [J] . Plant Disease，66：863 - 865.

Nene Y L. 1988. Multiple - disease resistance in grain legumes [J] . Annual Review of Phytopathology，26：203 - 217.

Ngugi H K，King S B，Abayo G O，et al. 2002. Prevalence，incidence and severity of sorghum diseases in Western Kenya [J] . Plant Disease，86：65 - 70.

Nishizawa K，Teraishi M，Utsumi S，et al. 2007. Assessment of the importance of alpha - amylase inhibitor - 2 in bruchid resistance of wild common bean [J] . Theoretical and Applied Genetics，114 (4)：755 - 764.

Odvody G N，Dunkle L D，Boosalis M G. 1973. The occurrence of sooty stripe of sorghum in Nebraska [J] . Plant Disease Reporter (8)：681 - 683.

Odvody G N，Dunkle L D. 1973. Overwintering capacity of *Ramulispora sorghi* [J] . Phytopathology，12：1530 - 1532.

Odvody G N，Rosenow D T，Black M C. 2006. First Report of *Ramulispora sorghicola* in the United States causing oval leaf spot on Johnson grass and Sorghum in Texas [J] . Plant Disease，90 (1)：108.

Olive L S，Lefebvre C L，Sherwini H S. 1946. The fungus that causes sooty stripe of *Sorghum* spp. [J] . Phytopathology，36：190 - 200.

Ondrej M, Dostálová R, Odstrčilová L. 2005. Response of *Pisum sativum* germplasm resistant to *Erysiphe pisi* to inoculation with *Erysiphe baeumleri*, a new pathogen of pea [J]. Plant Protection Science, 41: 95 - 103.

Ou Q H, Zhao X X; Zhou X P, et al. 2012. Research on rice blast, corn and broad bean rust leaves by FTIR spectroscopy [J]. Spectroscopy and Spectral Analysis, 32 (9): 2389 - 2392.

Pajni H R, Sood S. 1975. Effect of peapollen feeding on maturation & copulation in the beetle, *Bruchus pisorum* L. [J]. Indian Journal of Experimental Biology, 13 (2): 202 - 203.

Patil - Kulkarni B G, Puttarudrappa A, Kajjari N B, et al. 1972. Breeding for rust resistance in sorghum [J]. Indian Phytopathology, 25: 166 - 168.

Payasi D, Pandey S, Nair S K, et al. 2011. Genetics of biochemical and physiological parameters responsible for powdery mildew disease resistance in mungbean [J]. Journal of Food Legumes, 24 (4): 292 - 295.

Pena - Rodriguez L M, Chilton W S. 1989. 3 - Anhydroophiobolin A and 3 - anhydro - 6 - epi - ophiobolin A, phytotoxic metabolites of the Johnson grass pathogen *Bipolaris sorghicola* [J]. Journal of Natural Products, 52, 1170 - 1172.

Persson L, Bødker L, Larsson - Wikström M. 1997. Prevalence and pathogenicity of foot and root rot pathogens of pea in southern Scandinavia [J]. Plant Disease, 81: 171 - 174.

Petrovic T, Walsh J L, et al. 2009. Fusarium species associated with stalk rot of grain sorghum in the northern grain belt of eastern Australia [J]. Australasian Plant Pathology, 38: 373 - 379.

Pfender W F, Hagedorn D J. 1982. *Aphanomyces euteiches* f. sp. *phaseoli*, a causal agent of bean root and hypocotyl rot [J]. Phytopathology, 72: 306 - 310.

Pfunder M, Roy B. 2000. Pollinator - mediated interactions between a pathogenic fungus, *Uromyces pisi* (Pucciniaceae), and its host plant, *Euphorbia cyparrissias* (Euphorbiaceae) [J]. American Journal of Botany, 87 (1): 48 - 55.

Pilet - Nayel M L, Muehlbauer F J, McGee R J, et al. 2002. Quantitative trait loci for partial resistance to Aphanomyces root rot in pea [J]. Theoretical and Applied Genetics, 106: 28 - 39.

Pilet - Nayel M L, Muehlbauer F J, McGee R J, et al. 2005. Consistent quantitative trait loci in pea for partial resistance to *Aphanomyces euteiches* isolates from the United States and France [J]. Phytopathology, 95: 1287 - 1293.

Platford R G, Bernier C C. 1973. Diseases of faba beans in Manitoba [C]. Proceeding of Manitoba Agronomy Conference: 92 - 93.

Pritehard A E, Baker E W. 1995. A revision of the spider mite milytetranyehidae [M] //Memoirs of the Pacific Coast Entomological Society.

Prom L K, Erpelding J E. 2009. New sources of grain mold resistance among sorghum accessions from Sudan [J]. Tropical and Subtropical Agroecosystems, 10: 457 - 463.

Provvidenti R, Alconero R. 1988. Inheritance of resistance to a lentil strain of pea seed - borne mosaic virus in *Pisum sativum* [J]. Journal of Heredity, 79: 45 - 47.

Provvidenti R. 1987. List of genes in *Pisum sativum* for resistance to viruses [J]. Pisum Newsletter, 19: 48 - 49.

Provvidenti R. 1990. Inheritance of resistance to pea mosaic virus in *Pisum sativum* [J]. Journal of Heredity, 81: 143 - 145.

Pérez - García A, Romero D, Fernández - Ortuño D, et al. 2009. The powdery mildew fungus *Podosphaera fusca* (synonym *Podosphaera xanthii*), a constant threat to cucurbits [J]. Molecular Plant Pathology, 10: 153 - 160.

Rahman M Z, Honda Y, Arase S. 2003. Red - light - induced resistance in broad bean (*Vicia faba* L.) to leaf spot disease caused by alternaria tenuissima [J]. Phytopathology, 151 (2): 86 - 91.

Rahman M Z, Honda Y, Islam S Z, et al. 2002. Leaf spot disease of broad bean (*Vicia faba* L.) caused by alternaria tenuissima—a new disease in Japan [J]. General Plant Pathology., 68 (1): 31 - 37.

Rai R, Singh A K, Singh B D, et al. 2011. Molecular mapping for resistance to pea rust caused by *Uromyces fabae* (Pers.) de -Bary [J]. Theoretical and Applied Genetics, 123 (5): 803 - 813.

Rajappan K, Mariappan V, Kareem A A. 1999. Development and evaluation of EC and dust formulation of plant derivatives against green gram powdery mildew [J]. Annals of Plant Protection Sciences, 7 (1): 110 - 112.

RajasabA H, Ramalingam A. 1989. Splash dispersal in*Ramulispora sorghi* Olive and Lefebreve, the casual organism of sooty stripe of sorghum [J]. Plant Science, 99 (4): 335 - 341.

Rakhonde P N, Koche M D, Harne A D. 2011. Management of powdery mildew of green gram [J]. Journal of Food Legumes, 24 (2): 120 - 122.

Rauf A, Shepard B M, Marshall M W. 2000. Leafminers in vegetables, ornamental plants and weeds in Indonesia: surveys of host crops, species composition and parasitoids [J]. International Journal of Pest Management, 46: 257 - 266.

Rawla G S, Chahal S S. 1975. Comparative trace element and organic growth factor requirements of *Ramulispora sacchari* and

R. sorghi [J] . Transactions of the British Mycological Society, 64 (3): 532 - 536.

Rawla G S, Kothath N S, Chahal S S. 1974. *Ramulispora sorghi* on *Sorghum halepense* and *Sorghum vulgare* [J] . Indian Phytopathology, 3: 282 - 285.

Reddy K S, Pawar S E, Bhatia C R. 1994. Inheritance of powdery mildew (*Erysiphe polygoni* DC.) resistance in mungbean (*Vigna radiata* L. Wilczek) [J] . Theoretical and Applied Genetics, 88: 945 - 948.

Reddy K S. 2007. Identification by genetic analysis of two races of *Erysiphe polygoni* DC. causing powdery mildew disease in mungbean [J] . Plant Breeding, 126 (6): 603 - 606.

Reddy K S. 2009. Identification and inheritance of a new gene for powdery mildew resistance in mungbean (*Vigna radiata* L. Wilczek) [J] . Plant Breeding, 128 (5): 521 - 523.

Riker A J, Riker R S. 1932. Studies on bacteria associated with the chocolate - spot disease of broad beans [J] . Annals of Applied Biology, 19 (1): 55 - 64.

Rosendahl S. 1985. Interactions between the vesicular - arbuscular mycorrhizal fungus *Glomus fascicuhtum* and *Aphanomyces euteiches* root rot of peas [J] . Journal of Phytopathology, 114: 31 - 40.

Rubiales D, Fernández - Aparicio M, Moral A, et al. 2009. Disease resistance in pea (*Pisum sativum* L.) types for autumn sowings in Mediterranean environments [J] . Czech Journal of Genetics and Plant Breeding, 45 (4): 135 - 142.

Rush C M, Kraft J M. Effects of inoculum density and placement on Fusarium root rot of peas [J] . Phytopathology, 1986, 76: 1325 - 1329.

Saber W I A, El - Hai K M A, Ghoneem K M. 2009. Synergistic effect of Trichoderma and Rhizobium on both biocontrol of chocolate spot disease and induction of nodulation, physiological activities and productivity of *Vicia faba* [J] . Research Journal of Microbiology, 4 (8): 286 - 300.

Salama I S. 1979. Investigations of the major stalk, foliar, and grain diseases of sorghum (*Sorghum bicolor*) including studies on the genetic nature of resistance. Annu. Rep. Field Crops Res. Inst. , 4th. PL480. Giza, Egypt.

Sarhan A R T. 1989. Biological control of Fusarium root rot of broad bean [J] . Acta Phytopathologica et Entomologica Hungarica, 22 (3 - 4): 271 - 275.

Scheffer S J. 2000. Molecular evidence of cryptic species within the *Liriomyza huidobrensis* (Diptera: Agromyzidae) [J] . Journal of Economic Entomology, 93 (4): 1146 - 1151.

Schroeder H E, Gollasch S, Moore A, et al. 1995. Bean [alpha] - amylase inhibitor confers resistance to the pea weevil (*Bruchus pisorum*) in transgenic peas (*Pisum sativum* L.) [J] . Plant Physiology, 107 (4): 1233 - 1239.

Segarra G, Reis M, Casanova E, et al. 2009. Control of powdery mildew (*Erysiphe polygoni*) in tomato by foliar applications of compost tea. [J] Journal of Plant Pathology, 91 (3): 683 - 689.

Shang H, Grau C R, Peters R D. 2000. Evidence of gene flow between pea and bean pathotypes of *Aphanomyces euteiches* [J] . Canadian Journal of Plant Pathology, 22: 265 - 275.

Sillero J C, Fondevilla S, Davidson J, et al. 2006. Screening techniques and sources of resistance to rusts and mildews in grain legumes [J] . Euphytica, 147: 255 - 272.

Smith A M, Ward S A. 1995. Temperature effects on larval and pupal development, adult emergence, and survival of the pea weevil (Coleoptera: Chrysomelidae) [J] . Environmental Entomology, 24: 623 - 634.

Smith A M. 1992. Modeling the development and survival of eggs of pea weevil (Coleoptera: Bruchidae) [J] . Environmental Entomology, 21: 314 - 321.

Smith P H, Foster E M, Boyd L A, et al. 2006. The early development of *Erysipe pisi* on *Pisum sativum* L [J] . Plant Pathology, 45: 302 - 309.

Smolinska U, Morra M J, Knudsen G R, et al. 1997. Toxicity of glucosinolate degradation products from *Brassica napus* seed meal towards *Aphanomyces euteiches* f. sp. *pisi* [J] . Phytopathology, 87: 77 - 82.

Smýkal P, Šafářová D, Navrátil M, et al. 2010. Marker assisted pea breeding: eIF4E allele specific markers to pea seed - borne mosaic virus (PSbMV) resistance [J] . Molecular Breeding, 26: 425 - 438.

Somta P, Kaga A, Tomooka N, et al. 2008. Mapping of quantitative trait loci for a new source of resistance to bruchids in the wild species *Vigna nepalensis* Tateishi & Maxted (*Vigna subgenus* Ceratotropis) [J] . Theoretical and Applied Genetics, 117 (4): 621 - 628.

Sorajjapinun W, Rewthongchum S, Koizumi M, et al. 2005. Quantitative inheritance of resistance to powdery mildew disease in mungbean (*Vigna radiata* (L.) Wilczek) [J] . SABRAO Journal of Breeding and Genetics, 37 (2): 91 - 96.

Srihuttagum M, Pichitporn S, Kitbamroong C. 2000. Reactions of mungbean lines to isolates of *Cercospora canescens* [J] . Thai Agricultural Research Journal, 18 (1): 79 - 90.

Suryawanshi A P, Wadje A G, Gawade D B, et al. 2009. Field evaluation of fungicides and botanicals against powdery mildew of mungbean [J] . Agricultural Science Digest, 29 (3): 209 - 211.

Tanaka, I. 1934. A new species of the downy mildew fungus on Buckwheat [J] . Trans. Sapporo Nat. Hist, Soc, 13 (3): 203 -206.

Tantanapornkul N, Wongkaew S, Laosuwan P. 2006. Effects of powdery mildew on yield, yield components and seed quality of mungbeans [J] . Suranaree Journal of Science and Technology, 13 (12): 159 - 162.

Tarr S A J. 1962. Disesae of sorghum, Sudan grass and Broom Corn [M] . Kew, Surrey, England: Commomwealth Mycolcgical Institute.

Temporini E D, VanEtten H D. 2002. Distribution of the pea pathogenicity (*PEP*) genes in the fungus *Nectria haematococca* mating population VI [J] . Current Genetics, 41: 107 - 114.

Thakur R P, Reddy B V S, Indira S, et al. 2006. Sorghum grain mold information bulletin no. 72. [M] . Patancheru, AP, India: International Crops Research Institute for the Semi - Arid Tropics.

Thomas M D, Bocoum F, Thera A. 1993. Field inoculations of sorghum with sclerotia and conidia of *Ramulispora sorghi* formed in vivo [J] . Mycologia, 85: 807 - 810.

Thomas M D, Sissoko I, Sacko M. 1996. Development of leaf anthracnose and its effect on yield and grain weight of sorghum in West Africa [J] . Plant Disease. , 80: 151 - 153.

Timmerman G M, Calder V L, Bolger L E A. 1990. Nucleotide sequence of the coat protein gene of pea seed - borne mosaic potyvirus [J] . Journal of General Virology, 71: 1869 - 1872.

Timmerman G M, Frew T J, Miller A L, et al. 1993. Linkage mapping of *sbm* - 1, a gene conferring resistance to pea seed - borne mosaic virus, using molecular markers in *Pisum sativum* [J] . Theoretical and Applied Genetics, 85 (5): 609 - 615.

Tiwari K R, Penner G A, Warkentin T D, et al. 1997. Pathogenic variation in *Erysiphe pisi*, the causal organism of powdery mildew of pea [J] . Canadian Journal of Plant Pathology, 19: 267 - 271.

Tiwari K R, Warkentin T D, Penner G A, et al. 1999. Studies on winter survival strategies of *Erysiphe pisi* in Manitoba [J] . Canadian Journal of Plant Pathology, 21: 159 - 164.

Torok V A, Randles J W. 2007. Discriminating between isolates of PSbMV using nucleotide sequence polymorphisms in the HC - Pro coding region [J] . Plant Disease, 91: 490 - 496.

Tsukiboshi T. 1990. Inheritance of resistanea to target leaf spot caused by *Bipolaris* (Saccade) shoemaler in sorghum (*Sorghum bicolor* Moench) [J] . Journal of Japanese Society of Grasssland Science, 25 (4): 302 - 308.

Tu J C. 1987. Integrated control of the pea root rot disease complex in Ontario [J] . Plant Disease, 71 (1): 9 - 13.

Tu J C. 1994. Effects of soil compaction, temperature, and moisture on the development of the Fusarium root rot complex of pea in southwestern Ontario [J] . Phytoprotection, 75 (3): 125 - 131.

Tuda M, Wasano N, Kondo N, et al. 2004. Habitat - related mtDNA polymorphism in the stored - bean pest *Callosobruchus chinensis* (Coleoptera: Bruchidae) [J] . Bulletin of Entomological Research, 94 (1): 75 - 80.

Valério H M, Resende M A , Weikert - Oliveira R C B, et al. 2005. Virulence and molecular diversity in *Colletotrichum graminicola* from Brazil [J] . Mycopathologia, 159: 449 - 459.

VanEtten H D, Matthews P S. 1984. Naturally occurring variation in the inducibility of pisatin demethylating activity in*Nectria haematococca* mating population Ⅵ [J] . Physiological Plant Pathology, 25: 149 - 160.

Vijayalakshmi S, Yadav K, Kushwaha C, et al. 2005. Identification of RAPD markers linked to the rust (*Uromyces fabae*) resistance gene in pea (*Pisum sativum*) [J] . Euphytica, 144 (3): 265 - 274.

Voegele R T. 2006. *Uromyces fabae*: development, metabolism, and interactions with its host *Vicia faba* [J] . FEMS Microbiology Letters, 259: 165 - 173.

Wadje A G, Suryawanshi A P, Gawade D B, et al. 2008. Influence of sowing dates and varieties on incidence of powdery mildew of mungbean [J] . Journal of Plant Disease Sciences, 3 (1): 34 - 36.

Wahid O A A, Ibrahim M E, Omar M A. 2008. occurrence of soil suppressiveness to Fusarium wilt disease of broad bean in Ismailia Governorate [J] . Journal of Phytopathology, 146 (8 - 9): 431 - 435.

Wall G C, Meckenstock D H, Nolasco R, et al. 1985. Effect of Acremonium wilt on sorghum in Honduras [J] . Phytopathology, 75: 1341.

Wang D, Manle A J. 1992. Early embryo invasion as a determinant in pea of the seed transmission of pea seed - borne mosaic virus [J] . Journal of General Virology, 73: 1615 - 1620.

Weintraub P G. 1999. Effects of cyromazine and abamectin on the leafminer, *Liriomyza huidobrensis* and its parasitoid, *Diglyphus isaea* in celery [J] . Annals of Applied Biology, 135: 547 - 554.

White Donald G. 2000. Compendium of corn disease [M] . 3rd ed. St. Paul, MN, USA: American Phytopathological Socity.

Wiberg L, Walke J. 1990. *Uromyces minor* on peas in Australia, with notes on other rusts of Pisum [J] . Australasian Plant Pathology, 19 (2): 42-45.

Wicker E, Rouxel F. 2001. Specific behaviour of French *Aphanomyces euteiches* Drechs. populations for virulence and aggressiveness on pea, related to isolates from Europe, America and New Zealand [J] . European Journal of Plant Pathology, 107 (9): 919-929.

Williams L E, Willis G M. 1963. Diseases of corn caused by *Colletotrichum graminicola* [J] . Phytopathology, 53: 364-365.

Williams-Alanís H, Pecina-Quintero V, Montes-García N, et al. 2009. Incidence of head smut *Sporisorium reilianum* (Kühn) Langdon and Fullerton in grain sorghum [*Sorghum bicolor* (L.) Moench.] hybrids [J] . Revista Mexicana de Fitopatología, 27 (1): 36-44.

Williams-Woodward J L, Pfleger F L, Fritz V A, et al. 1997. Green manures of oat, rape and sweet corn for reducing common root rot in pea (*Pisum sativum*) caused by *Aphanomyces euteiches* [J] . Plant and Soil, 188 (1): 43-48.

Willocquet L, Jumel S, Lemarchand E. 2007. Spatio-temporal development of pea root rot disease through secondary infections during a crop cycle [J] . Journal of Phytopathology, 155 (10): 623-632.

Wilson A R. 1937. The chocolate spot disease of beans (*Vicia faba* L.) caused by *Botrytis cinerea* Pers [J] . Annals of Applied Biology, 24 (2): 258-288.

Winder R S, Dyke C G. 1990. The pathogenicity, virulence, and biocontrol potential of two *Bipolaris* species on johnson grass (*Sorghum halepense*) [J] . Weed Science, 38: 89-94.

Xu X, Claflin L E. 1995. Optimizing inoculum producion for *Ramulispora sorghi* [J] . Phytopathology, 85 (10): 1169-1173.

Xu Z G, Cockbain A J, Woods R D, et al. 1988. The serological relationships and some other properties of isolates of broad bean wilt virus from faba bean and pea in China [J] . Annals of Applied Biology, 113 (2): 287-296.

Xue A G. 2003. Biological control of pathogens causing root rot complex in field pea using *Clonostachys rosea* strain ACM941 [J] . Phytopathology, 93: 329-335.

Yajima A, Akasaka K, Yamamoto M, et al. 2007. Direct determination of the stereoisomeric composition of callosobruchusic acid, the copulation release pheromone of the azuki bean weevil, *Callosobruchus chinensis* L., by the 2D-Ohrui-Akasaka method [J] . Journal of Chemical Ecology, 33 (7): 1328-1335.

Yamagashira A, Iwai C, Misaka M, et al. 2008. Taxonomic characterization of *Pyricularia* isolates from green foxtail and giant foxtail, wild foxtails in Japan [J] . Journal of General Plant Pathology, 74: 230-241.

Yohe J M, Poehlman J M. 1975. Regressions, correlations and combining ability in mungbeans (*Vigna radiata* L. Wilczek) [J] . Tropical Agriculture, 52: 343-352.

Zebitz C P W, Kehlenbeck H. 1991. Performance of Aphis fabae on chocolate spot disease-infected faba bean plants [J] . Phytoparaitica, 19 (2): 113-119.

Zhang J, Wu M D, Li G Q, et al. 2010. *Botrytis fabiopsis*, a new species causing chocolate spot of broad bean in central China [J] . Mycologia, 102 (5): 1114-1126.

Zhang M C, Wang D M, Zheng Z, et al. 2008. Development of PCR-based markers for a major locus conferring powdery mildew resistance in mungbean (*Vigna radiata*) [J] . Plant Breeding, 127 (4): 429-432.

Zhou H Z, Gan Y J. 1992. A study on pest-resistance of millet to millet shoot-fly in different developing stage and its usage [C] . Beijing China: Proceedings ⅩⅨ international congress of entomology: 401.

Zuther K, Kahnt J, Utermark J, et al. 2012. Host Specificity of *Sporisorium reilianum* is tightly linked to generation of the phytoalexin luteolinidin by *Sorghum bicolor*, 25 (9): 1230-1237.

第5单元　高粱及其他旱粮作物病虫害

彩图5-1-1　高粱丝黑穗病田间发病症状（姜钰提供）
Colour Figure 5-1-1　Symptoms of head smut of sorghum in the field（by Jiang Yu）

彩图5-2-1　高粱散黑穗病症状（徐秀德提供）
Colour Figure 5-2-1　Symptoms of loose kernel smut of sorghum（by Xu Xiude）
1. 前期　2. 后期

彩图5-4-1　高粱粒霉病症状（刘可杰提供）
Colour Figure 5-4-1　Symptoms of sorghum grain mold（by Liu Kejie）

彩图5-5-1　高粱镰孢菌茎基腐病症状（王丽娟提供）
Colour Figure 5-5-1　Symptoms of sorghum stalk rot（by Wang Lijuan）

彩图5-6-1　高粱顶腐病症状（徐秀德提供）
Colour Figure 5-6-1　Symptoms of sorghum top rot（by Xu Xiude）

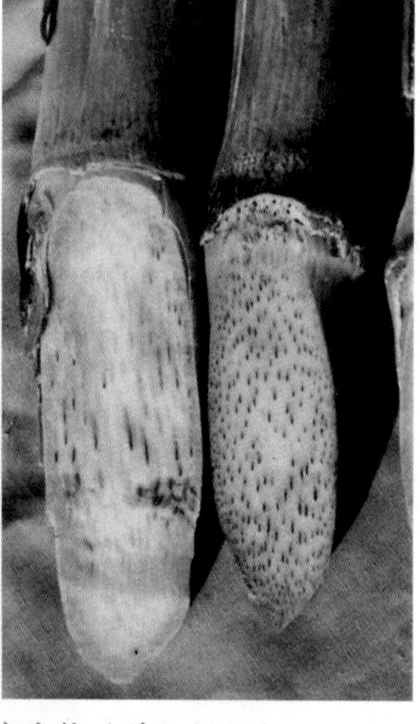

彩图 5-7-1 高粱黑束病症状（姜钰提供）
Colour Figure 5-7-1 Symptoms of Acremonium wilt of sorghum（by Jiang Yu）

彩图 5-8-1 高粱靶斑病症状（徐婧提供）
Colour Figure 5-8-1 Symptoms of sorghum target leaf spot（by Xu Jing）

彩图 5-9-1 高粱炭疽病症状（刘可杰提供）
Colour Figure 5-9-1 Symptoms of sorghum anthracnose（by Liu Kejie）

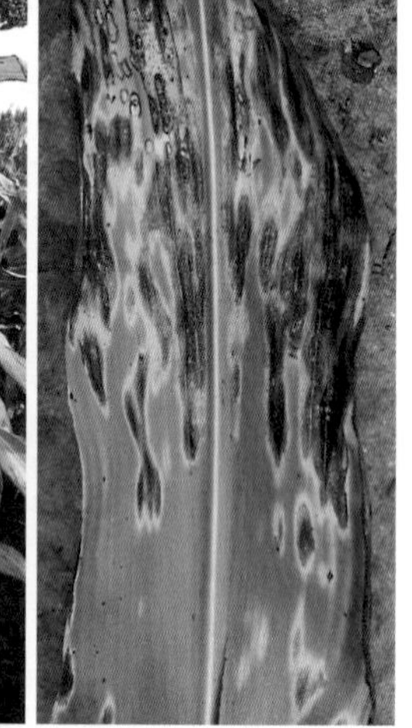

彩图 5-10-1 高粱煤纹病症状（徐秀德提供）
Colour Figure 5-10-1 Symptoms of sorghum sooty stripe（by Xu Xiude）

彩图 5-11-1 高粱锈病症状（徐秀德提供）
Colour Figure 5-11-1 Symptoms of sorghum rust（by Xu Xiude）

彩图 5-12-1 高粱红条病毒病症状（胡兰提供）
Colour Figure 5-12-1 Symptoms of sorghum red stripe virus disease（by Hu Lan）

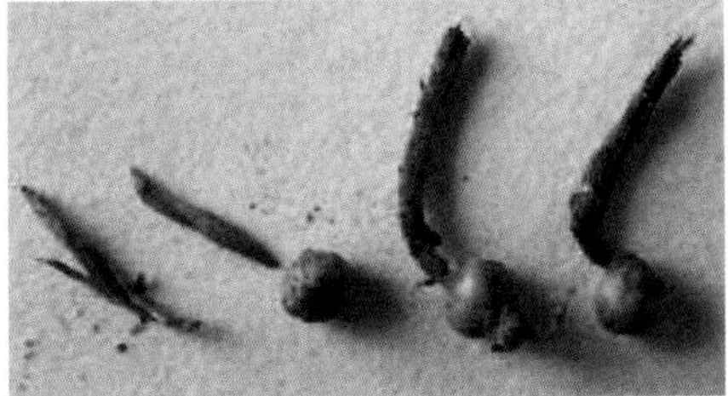

彩图5-13-1　粟白发病症状——芽死（董立摄）

Colour Figure 5-13-1　Symptoms of millet downy mildew—bud death（by Dong Li）

彩图5-13-2　粟白发病症状——灰背，叶片背面的白色霉层（白辉摄）

Colour Figure 5-13-2　Symptoms of millet downy mildew—white mold layer on the leaf-back, called the gray back（by Bai Hui）

彩图5-13-3　粟白发病症状——局部黄斑及背面的白色霉层（董立摄）

Colour Figure 5-13-3　Symptoms of millet downy mildew—yellow stripe and white mold layeron the leaf-back（by Dong Li）

彩图5-13-4　粟白发病症状——白尖（白辉摄）

Colour Figure 5-13-4　Symptoms of millet downy mildew—white tip（by Bai Hui）

彩图5-13-5　粟白发病症状——枪杆（白辉摄）

Colour Figure 5-13-5　Symptoms of millet downy mildew—gun（by Bai Hui）

彩图5-13-6　粟白发病症状——白发（白辉摄）

Colour Figure 5-13-6　Symptoms of millet downy mildew—white hair（by Bai Hui）

彩图5-13-7　粟白发病症状——刺猬头（董立摄）

Colour Figure 5-13-7　Symptoms of millet downy mildew—hedgehog head（by Dong Li）

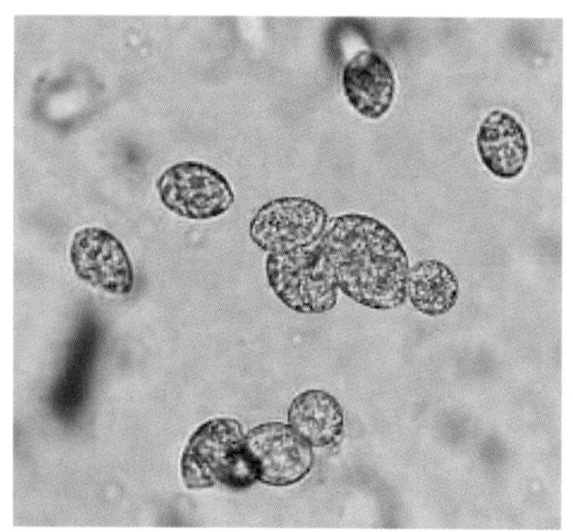

彩图 5-13-8 禾生指梗霉游动孢子囊（白辉摄）
Colour Figure 5-13-8 Zoosporangium of *Sclerospora graminicola*（by Bai Hui）

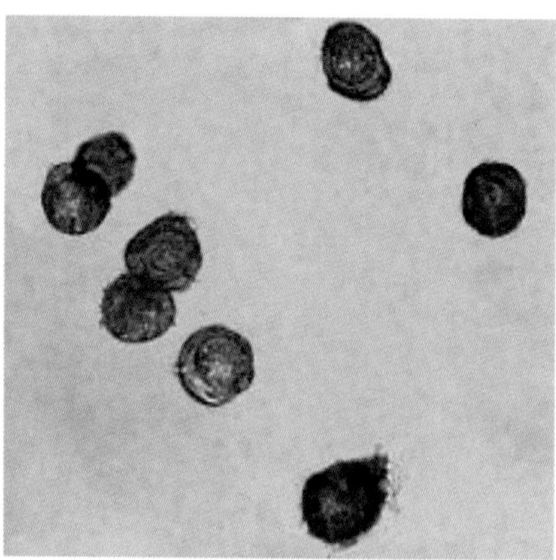

彩图 5-13-9 禾生指梗霉卵孢子（白辉摄）
Colour Figure 5-13-9 Oospore of *Sclerospora graminicola*（by Bai Hui）

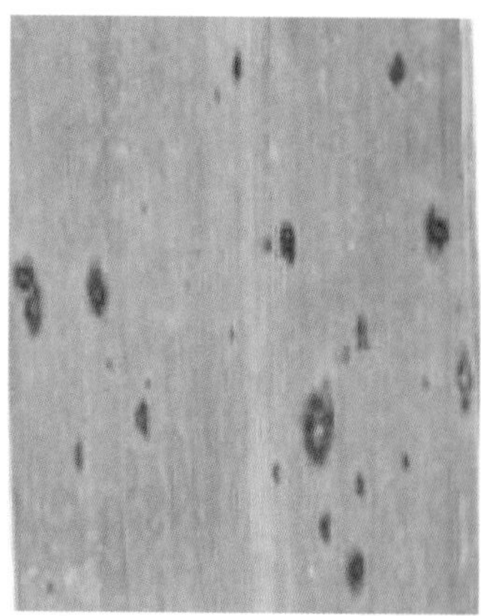

彩图 5-14-1 粟叶瘟发病初期病斑（董立摄）
Colour Figure 5-14-1 Symptoms of leaf blast of millet at early stage（by Dong Li）

彩图 5-14-2 粟叶瘟典型病斑（董立摄）
Colour Figure 5-14-2 Typical spots of leaf blast of millet（by Dong Li）

彩图 5-14-3 粟穗颈瘟（董立摄）
Colour Figure 5-14-3 Neck blast of millet（by Dong Li）

彩图 5-14-4 粟穗瘟典型症状（董立摄）
Colour Figure 5-14-4 Typical symptoms of panicle blast of millet（by Dong Li）

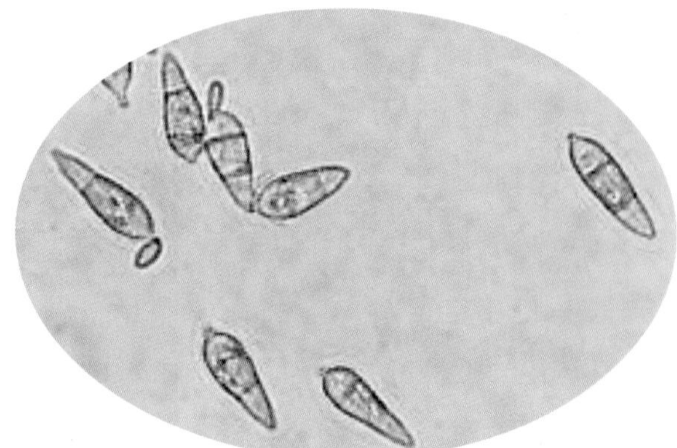

彩图 5-14-5 灰梨孢分生孢子（董立摄）
Colour Figure 5-14-5 Conidia of *Pyricularia grisea*（by Dong Li）

彩图5-15-1　粟锈病流行导致植株倒伏而绝产（崔光先摄）
Colour Figure 5-15-1　Millet lodging caused by rust epidemic（by Cui Guangxian）

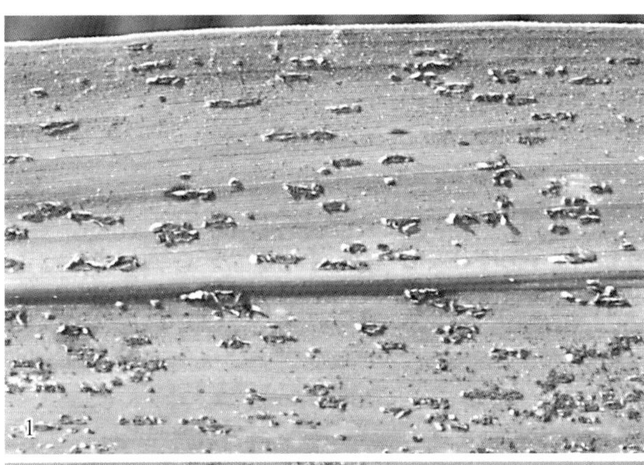

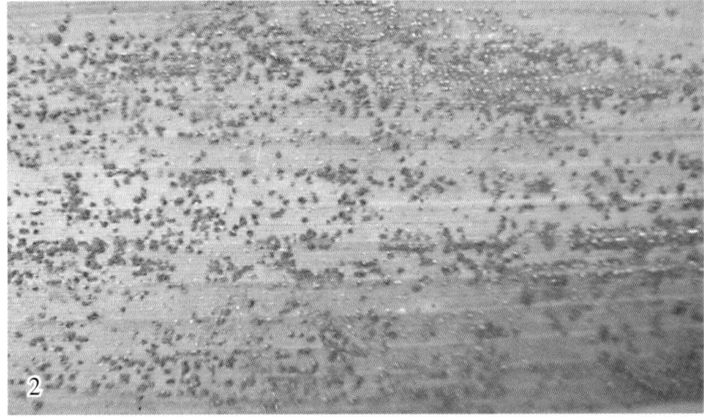

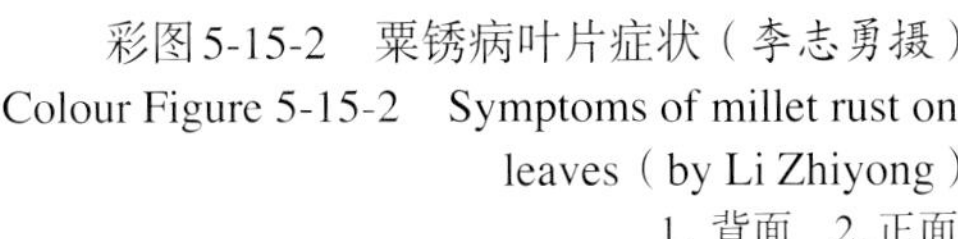

彩图5-15-2　粟锈病叶片症状（李志勇摄）
Colour Figure 5-15-2　Symptoms of millet rust on leaves（by Li Zhiyong）
1. 背面　2. 正面

彩图5-15-3　粟锈病田间症状（董志平摄）
Colour Figure 5-15-3　Symptoms of millet rust in the field（by Dong Zhiping）

彩图5-16-1　粟粒黑穗病绿矮症状（甘耀进摄）
Colour Figure 5-16-1　The olive green and dwarf symptoms of millet kernel smut（by Gan Yaojin）

彩图5-16-2　粟粒黑穗病病穗（左）与健穗（右）对比（甘耀进摄）
Colour Figure 5-16-2　The comparison of millet spray infected by millet kernel smut (left) and healthy millet spray (right)（by Gan Yaojin）

彩图5-16-3　粟粒黑穗病病粒（甘耀进摄）
Colour Figure 5-16-3　Millet kernel smut seeds（by Gan Yaojin）

彩图5-17-2 粟腥黑穗病病粒（甘耀进摄）
Colour Figure 5-17-2 Symptoms of millet seeds caused by *Tilletia setariae*（by Gan Yaojin）

彩图5-17-1 粟腥黑穗病病穗（甘耀进摄）
Colour Figure 5-17-1 Symptoms of millet sprays caused by *Tilletia setariae*（by Gan Yaojin）

彩图5-18-1 谷子线虫病田间症状（董立摄）
Colour Figure 5-18-1 Symptoms of millet nematodes disease（by Dong Li）

彩图5-18-2 谷子线虫病病粒（董立摄）
Colour Figure 5-18-2 Infected grains of millet nematodes（by Dong Li）

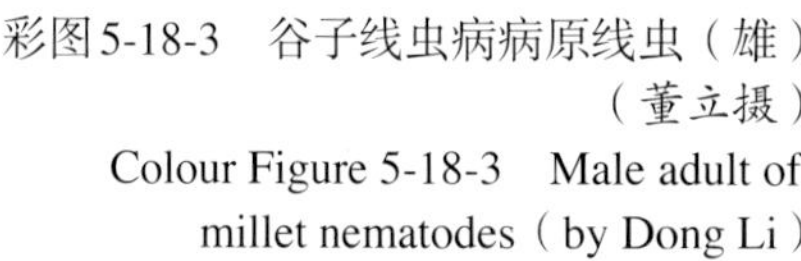

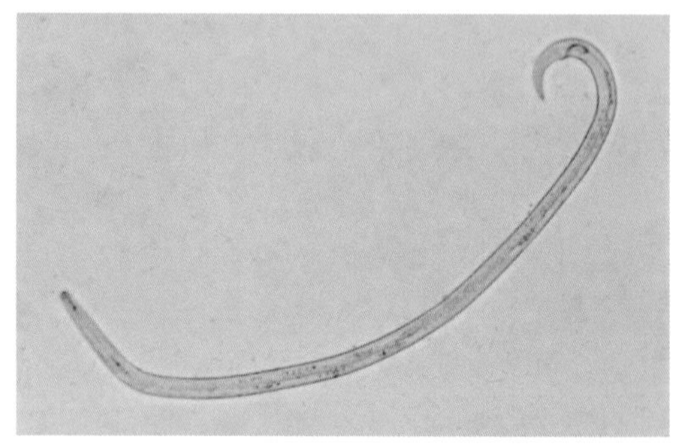

彩图5-18-3 谷子线虫病病原线虫（雄）（董立摄）
Colour Figure 5-18-3 Male adult of millet nematodes（by Dong Li）

彩图5-19-1 粟红叶病红叶型（1）和黄叶型（2）（董志平摄）
Colour Figure 5-19-1 Red leaf type (1) and yellow leaf type (2) of millet red leaf virus disease（by Dong Zhiping）

彩图5-19-2 谷子紫秆品种红叶病穗部变红（董立摄）
Colour Figure 5-19-2 Reddening of panicle in purple-stem varieties（by Dong Li）

彩图5-19-3　粟红叶病病株严重矮化、不能抽穗或抽穗后不结实（董立摄）
Colour Figure 5-19-3　Stunting of whole plant, no heading or seed（by Dong Li）

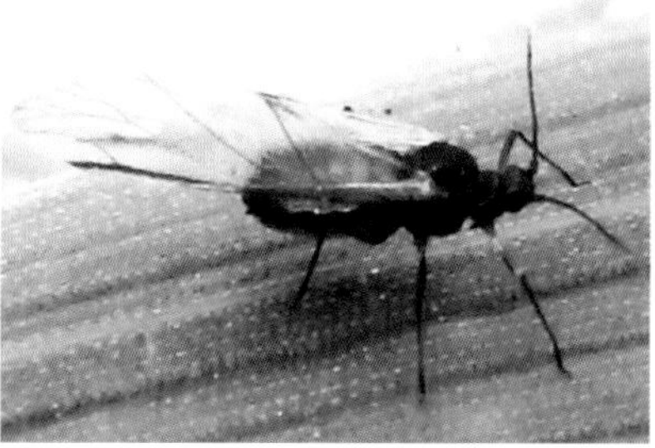

彩图5-19-4　粟红叶病传毒介体——玉米蚜（杨利华摄）
Colour Figure 5-19-4　Virus transmisson vector—*Rhopalosiphum maidis*（by Yang Lihua）

彩图5-20-1　粟纹枯病症状（马继芳摄）
Colour Figure 5-20-1　Symptoms of millet sheath blight（by Ma Jifang）

彩图5-20-2　粟纹枯病菌侵染叶鞘及茎秆（董志平摄）
Colour Figure 5-20-2　Sheath and stalk infected by *Rhizoctonia solani*（by Dong Zhiping）

彩图5-20-3　粟纹枯病菌菌核（马继芳摄）
Colour Figure 5-20-3　Sclerotium of *Rhizoctonia solani*（by Ma Jifang）

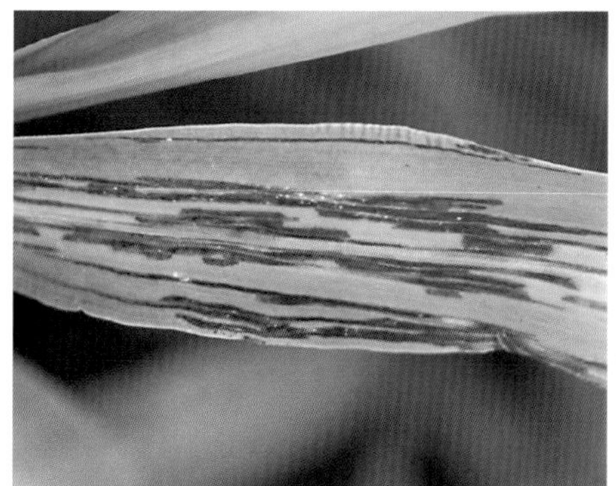

彩图5-21-1　粟褐条病叶片上的褐色条纹（董志平摄）
Colour Figure 5-21-1　Brown stripe on the leaf infected by millet brown stripe（by Dong Zhiping）

彩图5-21-2　粟褐条病引起全穗畸形或部分小穗坏死（董立摄）
Colour Figure 5-21-2　Spike malformation or partial spikelets necrosis caused by millet brown stripe（by Dong Li）

彩图 5-22-1 糜子红叶病症状（朱明旗提供）
Colour Figure 5-22-1 Symptoms of broomcorn millet red leaf in the field（by Zhu Mingqi）

彩图 5-21-3 粟褐条病引起植株顶部嫩叶腐烂不能抽穗（董立摄）
Colour Figure 5-21-3 Top leaf decay without heading caused by millet brown stripe（by Dong Li）

彩图 5-23-1 糜子黑穗病症状（王阳提供）
Colour Figure 5-23-1 Symptoms of broomcorn millet smut（by Wang Yang）
1. 病瘿 2. 剥开的病瘿 3. 后期病瘿

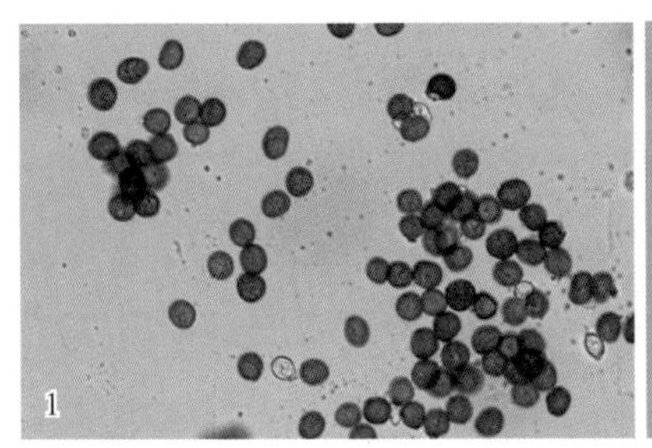

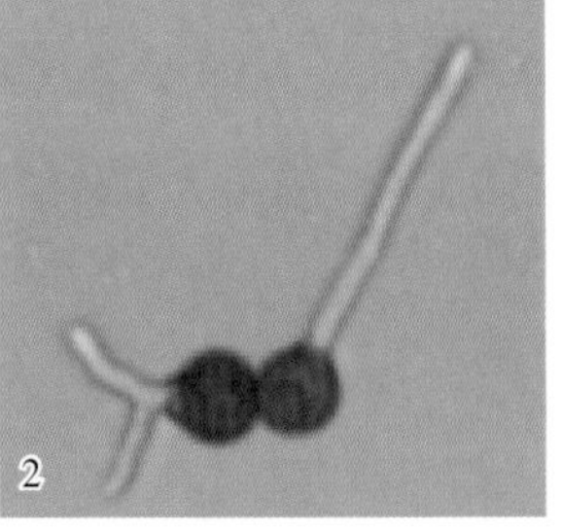

彩图 5-23-2 稷光孢堆黑粉菌厚垣孢子（1）、小孢子及孢子萌发（2）（冯佰利提供）
Colour Figure 5-23-2 Chlamydospore（1）, microspores and germination（2）of *Sporisorium destruens*（by Feng Baili）

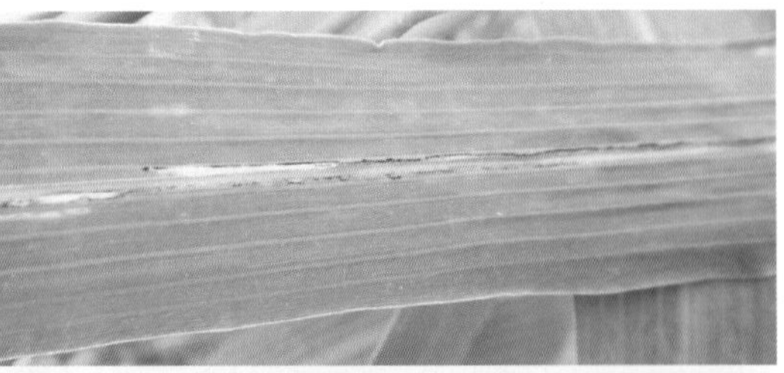

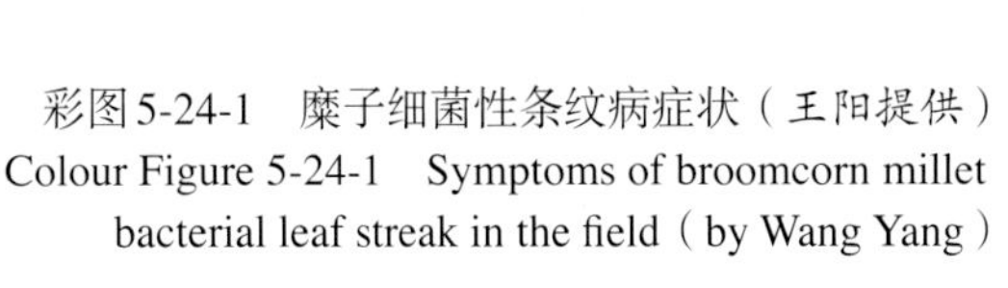

彩图 5-24-1 糜子细菌性条纹病症状（王阳提供）
Colour Figure 5-24-1 Symptoms of broomcorn millet bacterial leaf streak in the field（by Wang Yang）

彩图5-25-1　黍瘟病田间叶片症状（朱明旗提供）
Colour Figure5-25-1　Symptoms of broomcorn millet blast in the field（by Zhu Mingqi）

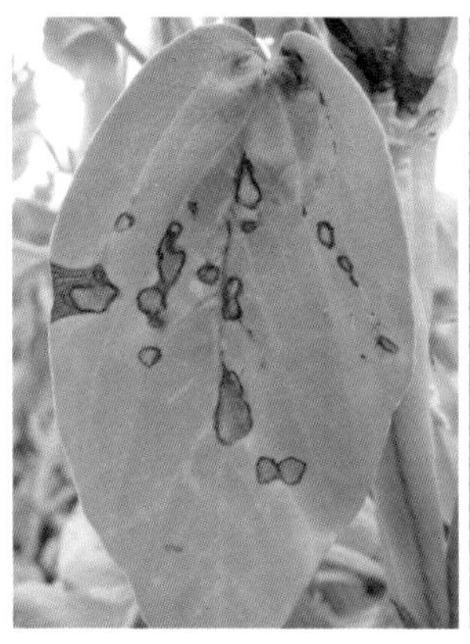

彩图5-30-1　蚕豆赤斑病症状（包世英提供）
Colour Figure 5-30-1　Symptoms of broad bean chocolate spot（by Bao Shiying）

彩图5-32-1　蚕豆萎蔫病毒病引起叶片皱缩及明脉（王丽萍提供）
Colour Figure 5-32-1　Symptoms of broad bean wilt virus disease（by Wang Liping）

彩图5-32-2　菜豆黄花叶病毒病叶片、籽粒症状（何玉华提供）
Colour Figure 5-32-2　Symptoms of bean mosaic virus disease（by He Yuhua）

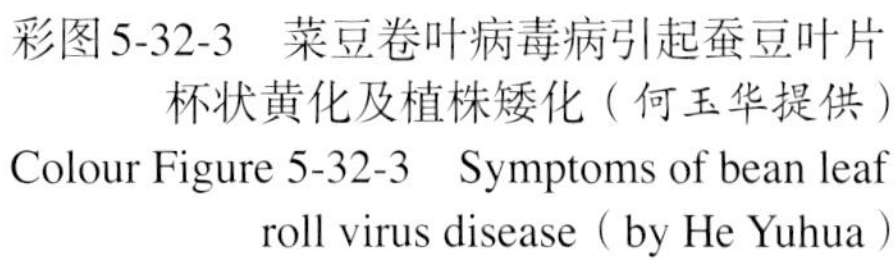

彩图5-32-3　菜豆卷叶病毒病引起蚕豆叶片杯状黄化及植株矮化（何玉华提供）
Colour Figure 5-32-3　Symptoms of bean leaf roll virus disease（by He Yuhua）

彩图5-33-1 蚕豆锈病叶片和荚上的夏孢子堆
（吕梅媛提供）
Colour Figure 5-33-1 Symptoms of broad bean rust
（by Lü Meiyuan）

彩图5-34-1 蚕豆褐斑病叶片症状及病菌产生的分生孢子器
（包世英提供）
Colour Figure 5-34-1 Symptoms of broad bean brown blotch
（by Bao Shiying）

彩图 5-36-1 蚕豆轮纹病叶片及豆荚上的症状（何玉华提供）
Colour Figure 5-36-1 Symptoms of broad bean ring rot
（by He Yuhua）

彩图5-41-1 蚕豆细菌性茎疫病引起植株顶端枯死（代程提供）
Colour Figure 5-41-1 Symptoms of broad bean bacterial blight（by Dai Cheng）

彩图5-43-1 豌豆白粉病田间发生状（朱振东提供）
Colour Figure 5-43-1 Symptoms of powdery mildew on pea in the field
（by Zhu Zhendong）

彩图5-42-1 蚕豆镰孢菌根腐病植株症状及根部症状（杨峰提供）
Colour Figure 5-42-1 Symptoms of broad bean root rot
（by Yang Feng）

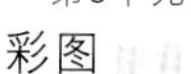

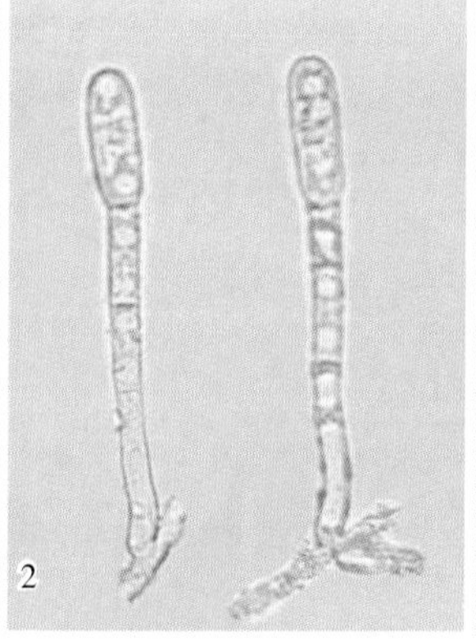

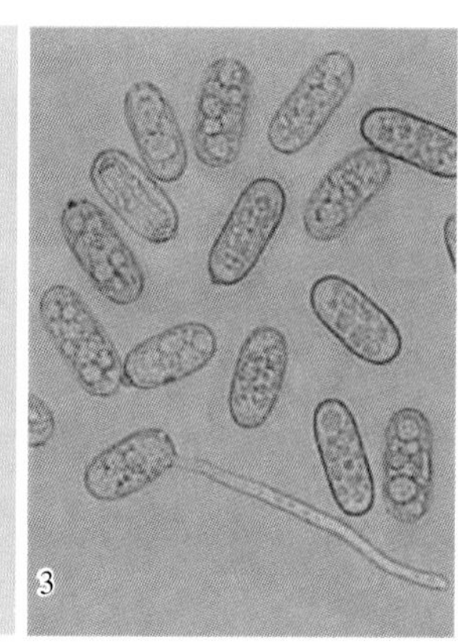

彩图5-43-3 豌豆白粉病菌无性型特征（朱振东提供）
Colour Figure 5-43-3 Morphology of *Erysiphe pisi*（by Zhu Zhendong）
1. 豌豆叶片上的菌落 2. 分生孢子梗 3. 分生孢子

彩图5-43-2 豌豆白粉病田间发生状（朱振东提供）
Colour Figure 5-43-2 Symptoms of powdery mildew on peas（by Zhu Zhendong）

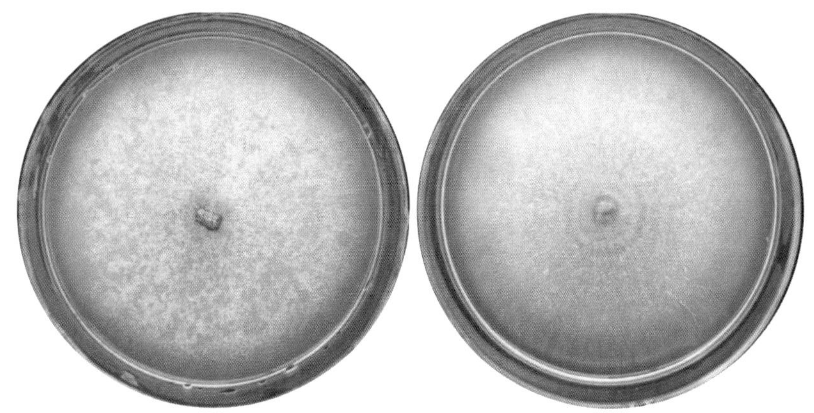

彩图5-44-1 腐皮镰孢豌豆专化型在PDA培养基上的菌落特征（朱振东提供）
Colour Figure 5-44-1 Colonies of *Fusarium solani* f. sp. *pisi* on PDA medium（by Zhu Zhendong）

彩图5-45-1 豌豆丝囊霉根腐病症状（朱振东提供）
Colour Figure 5-45-1 Symptoms of Aphanomyces root rot on peas（by Zhu Zhendong）

彩图5-45-2 豌豆丝囊霉根腐病田间症状（朱振东提供）
Colour Figure 5-45-2 Symptoms of Aphanomyces root rot on peas in the field（by Zhu Zhendong）

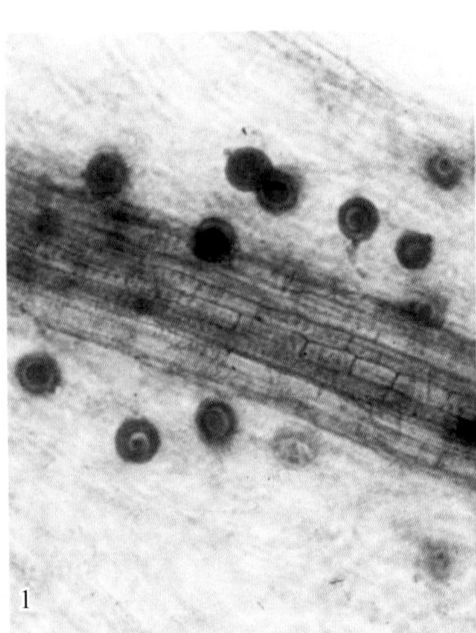

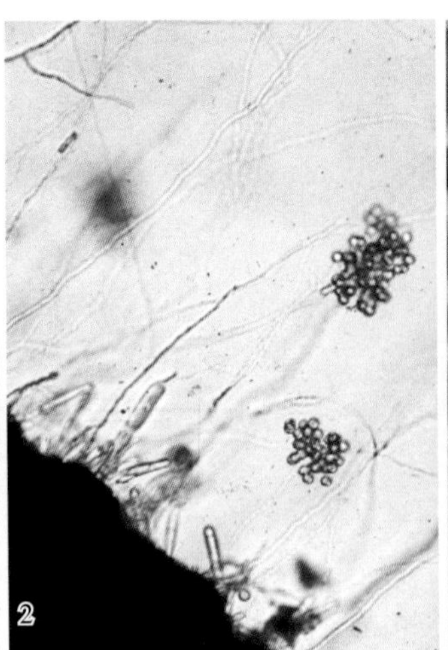

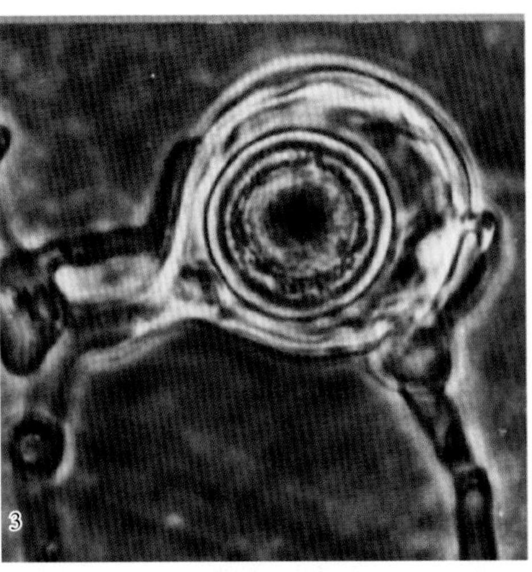

彩图 5-45-3 豌豆丝囊霉无性和有性繁殖结构
（引自 Hughes and Craig，2007）
Colour Figure 5-45-3 Organs of asexual and sexual reproduction of *Aphanomyces euteiches*（from Hughes and Craig, 2007）
1. 病组织内的卵孢子 2. 在游动孢子囊顶部的游动孢子 3. 雄器、藏卵器和卵孢子

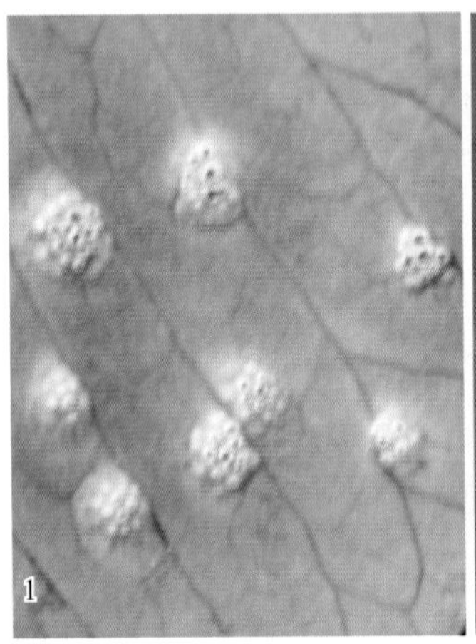

彩图 5-46-1 豌豆锈病叶片症状（朱振东提供）
Colour Figure 5-46-1 Symptoms of pea rust on leaves（by Zhu Zhendong）
1. 锈孢子堆 2. 夏孢子和冬孢子堆

彩图 5-47-1 豌豆种传花叶病毒病症状（朱振东提供）
Colour Figure 5-47-1 Symptoms of pea seed-borne mosaic virus disease（by Zhu Zhendong）

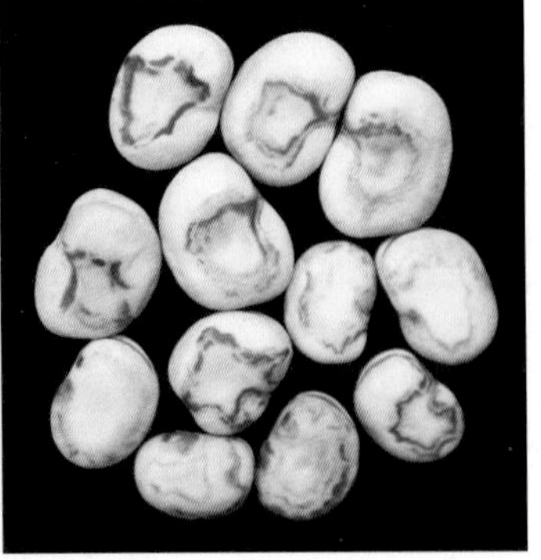

彩图 5-47-2 感染豌豆种传花叶病毒的豌豆和蚕豆种子
（朱振东提供）
Colour Figure 5-47-2 Pea and broad bean seeds infected with PSbMV（by Zhu Zhendong）

彩图 5-48-1 绿豆白粉病田间发生状
（朱振东提供）
Colour Figure 5-48-1 Symptoms of powdery mildew of mungbean in the field
（by Zhu Zhendong）

彩图5-48-2　绿豆白粉病叶部症状（朱振东提供）
Colour Figure 5-48-2　Symptoms of powdery mildew on leaves of mungbean（by Zhu Zhendong）

彩图5-48-3　绿豆白粉病侵染茎、叶柄、荚和花序症状（朱振东提供）
Colour Figure 5-48-3　Symptoms of powdery mildew on stem, petiole, pod and inflorescence of mungbean（by Zhu Zhendong）

彩图5-49-1　绿豆尾孢叶斑病苗期（1）、成株期（2）田间发病症状（朱振东提供）
Colour Figure 5-49-1　Symptoms of Cercospora leaf spot of mungbean in the field（by Zhu Zhendong）

彩图5-49-2　绿豆尾孢叶斑病叶片症状（朱振东提供）
Colour Figure 5-49-2　Symptoms of Cercospora leaf spot on mungbean leaves（by Zhu Zhendong）

彩图5-49-3　由变灰尾孢新的变异菌株引起的非典型绿豆尾孢叶斑病症状（引自Chand等，2012）
Colour Figure 5-49-3　Atypical symptoms of Cercospora leaf spot on mungbean leaf due to (a) new strain（from Chand et al., 2012）

彩图 5-50-1 双斑长跗萤叶甲为害高粱叶片状（王丽娟提供）
Colour Figure 5-50-1 Symptoms of leaves damaged by *Monolepta hieroglyphica*（by Wang Lijuan）

彩图 5-50-2 双斑长跗萤叶甲成虫、幼虫（徐秀德提供）
Colour Figure 5-50-2 Adult and larva of *Monolepta hieroglyphica*（by Xu Xiude）

彩图 5-51-1 桃蛀螟为害高粱穗部状（董怀玉提供）
Colour Figure 5-51-1 Symptoms of sorghum ear damaged by *Conogethes punctiferalis*（by Dong Huaiyu）

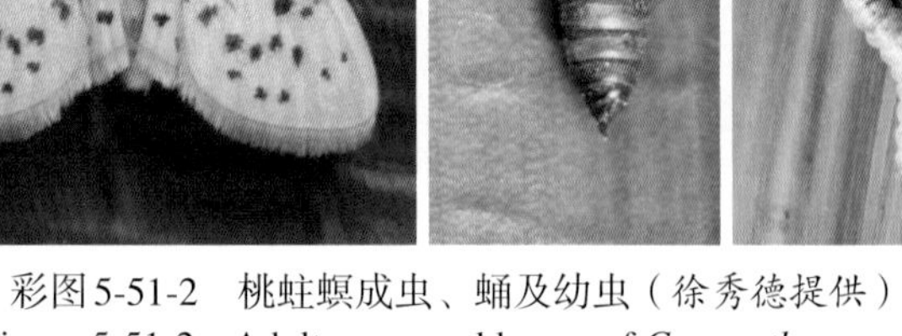

彩图 5-51-2 桃蛀螟成虫、蛹及幼虫（徐秀德提供）
Colour Figure 5-51-2 Adult, pupa and larvae of *Conogethes punctiferalis*（by Xu Xiude）

彩图 5-52-1 高粱蚜田间为害状（王丽娟提供）
Colour Figure 5-52-1 Symptoms of sorghums damaged by *Melanaphis sacchari*（by Wang Lijuan）

彩图 5-52-2 高粱蚜成虫、若虫（徐秀德提供）
Colour Figure 5-52-2 Nymphs and adults of *Melanaphis sacchari*（by Xu Xiude）

彩图5-53-1 高粱叶螨田间为害状（徐秀德提供）
Colour Figure 5-53-1 Symptoms of sorghum damaged by carmine spider mite （by Xu Xiude）

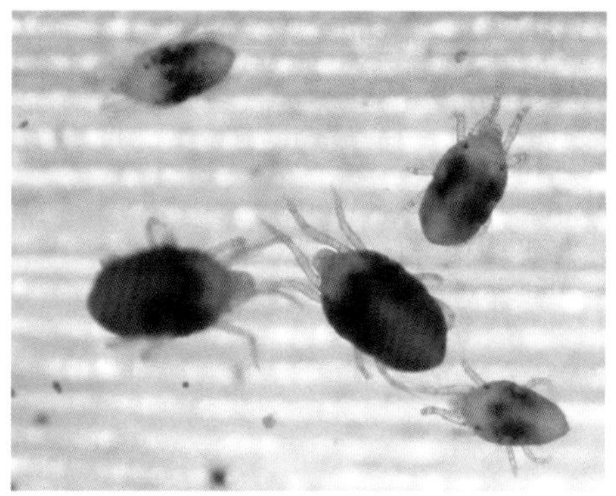

彩图5-53-2 高粱叶螨若螨、成螨（徐秀德提供）
Colour Figure 5-53-2 Nymphs and adults of carmine spider mite（by Xu Xiude）

彩图 5-54-1 高粱芒蝇田间为害状（董怀玉提供）
Colour Figure 5-54-1 Symptoms of sorghum damaged by *Atherigona soccata*（by Dong Huaiyu）

彩图5-54-2 高粱芒蝇成虫、幼虫及蛹（刘可杰提供）
Colour Figure 5-54-2 Adult，larvae and pupa of *Atherigona soccata* （by Liu Kejie）

彩图5-55-1 粟灰螟田间为害状（甘耀进摄）
Colour Figure 5-55-1 Symptoms of millet damaged by *Chilo infuscatellus* in the field（by Gan Yaojin）

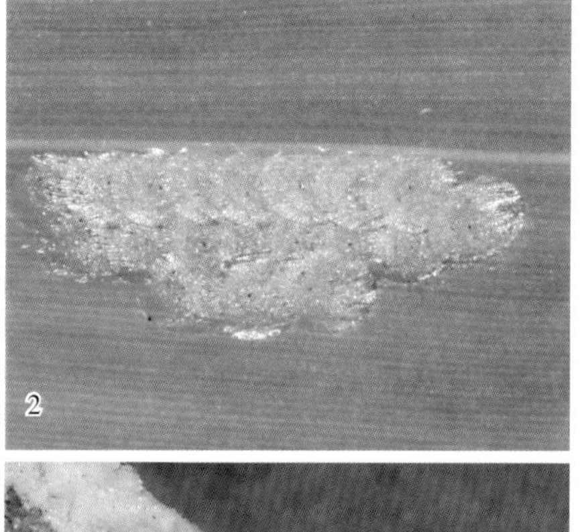

彩图5-55-2 粟灰螟（甘耀进、马继芳、董志平、董立摄）
Colour Figure 5-55-2 *Chilo infuscatellus*
（by Gan Yaojin, Ma Jifang, Dong Zhiping and Dong Li）
1. 成虫 2. 卵 3. 幼虫 4. 蛹

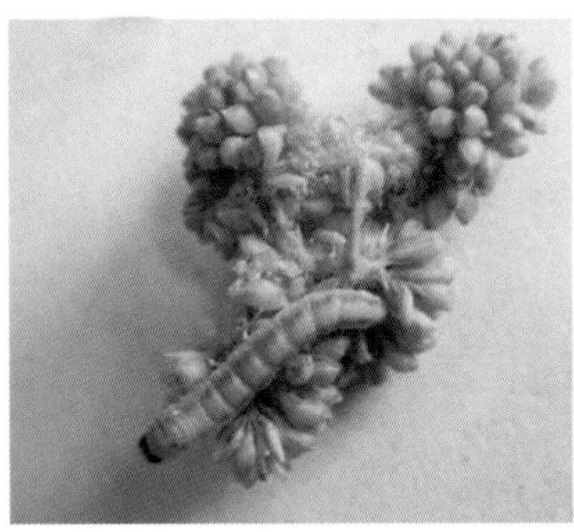

彩图5-56-1 粟穗螟幼虫（董立摄）
Colour Figure 5-56-1 Larva of *Mampava bipunctella*（by Dong Li）

彩图5-56-2 粟穗螟幼虫钻入谷穗内结网为害（董立摄）
Colour Figure 5-56-2 Larva of *Mampava bipunctella* boring into icker and spinning（by Dong Li）

彩图5-57-2 粟凹胫跳甲成虫为害造成断续白条（董志平摄）
Colour Figure 5-57-2 Symptoms caused by *Chaetocnema ingenua* adult on leaves（by Dong Zhiping）

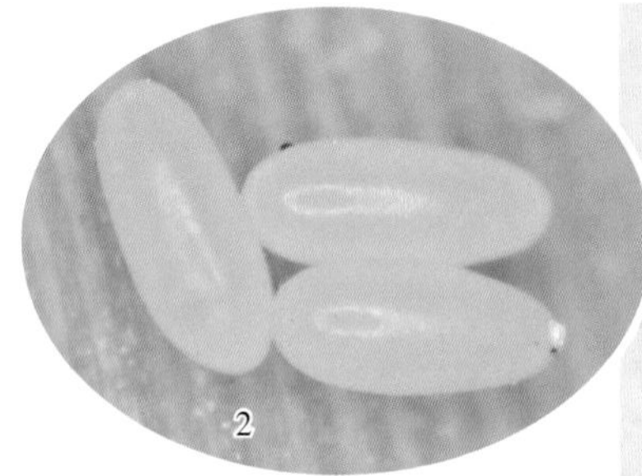

彩图5-57-1 粟凹胫跳甲（董立摄）
Colour Figure 5-57-1 *Chaetocnema ingenua*（by Dong Li）
1. 成虫 2. 卵 3. 幼虫

彩图5-57-3 粟凹胫跳甲幼虫为害造成枯心苗（董志平摄）
Colour Figure 5-57-3 Dead heart seedlings caused by *Chaetocnema ingenua* larvae（by Dong Zhiping）

彩图5-58-1 粟鳞斑肖叶甲（董志平和董立摄）
Colour Figure 5-58-1 *Pachnephorus lewisii*（by Dong Zhiping and Dong Li）
1. 成虫 2. 卵

彩图5-58-2 粟鳞斑肖叶甲为害谷子幼苗茎基部造成死苗（董立摄）
Colour Figure 5-58-2 Dead seedlings caused by *Pachnephorus lewisii* adult（by Dong Li）

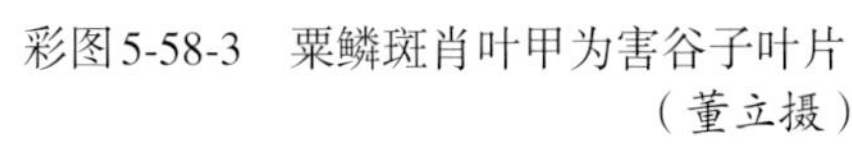

彩图5-58-3 粟鳞斑肖叶甲为害谷子叶片（董立摄）
Colour Figure 5-58-3 *Pachnephorus lewisii* adult nibbling leaves（by Dong Li）

彩图5-59-1　粟芒蝇为害谷子造成枯心苗（甘耀进摄）
Colour Figure 5-59-1　Seedlings with dead hearts caused by *Atherigona biseta* (by Gan Yaojin)

彩图5-59-2　粟芒蝇为害谷子造成畸形株（甘耀进摄）
Colour Figure 5-59-2　Deformed stems caused by *Atherigona biseta* (by Gan Yaojin)

彩图5-59-3　粟芒蝇为害谷子造成死穗（白穗）（甘耀进摄）
Colour Figure 5-59-3　Dead ear caused by *Atherigona biseta* (by Gan Yaojin)

彩图5-59-4　粟芒蝇成虫（甘耀进摄）
Colour Figure 5-59-4　Adults of *Atherigona biseta* (by Gan Yaojin)
1. 雌虫　2. 雄虫

彩图5-59-5　粟芒蝇卵（邓耀华摄）
Colour Figure 5-59-5　Eggs of *Atherigona biseta* (by Deng Yaohua)

彩图5-59-6　粟芒蝇幼虫和蛹（甘耀进摄）
Colour Figure 5-59-6　Larva and pupas of *Atherigona biseta* (by Gan Yaojin)
1. 幼虫　2. 蛹

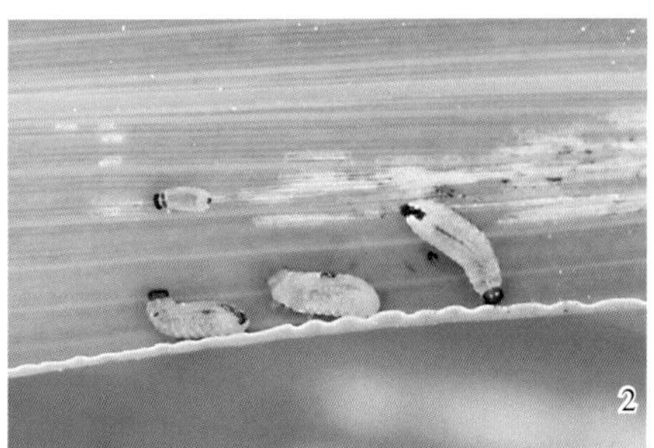

彩图5-60-1　粟负泥虫为害谷子叶片（董立摄）
Colour Figure 5-60-1　Symptoms caused by *Oulema tristis* on leaves (by Dong Li)
1. 成虫为害状　2. 幼虫为害状

彩图5-60-2　粟负泥虫成虫（董志平摄）
Colour Figure 5-60-2　Adult of *Oulema tristis* (by Dong Zhiping)

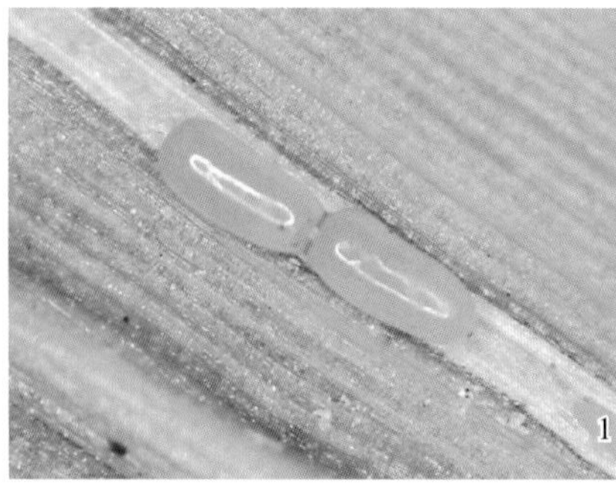

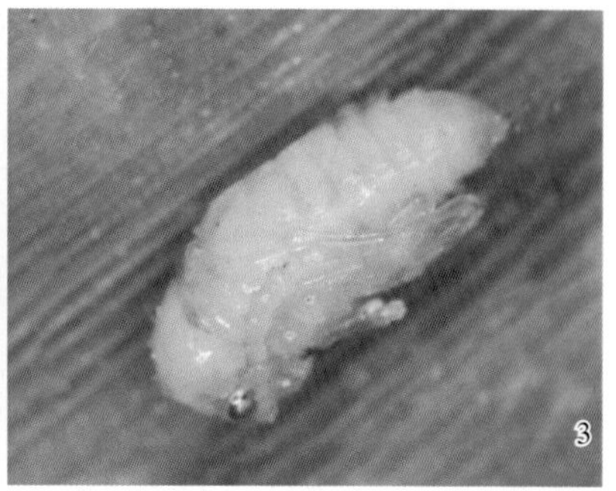

彩图5-60-3 粟负泥虫（董志平摄）
Colour Figure 5-60-3 *Oulema tristis*（by Dong Zhiping）
1. 卵 2. 幼虫 3. 蛹

彩图5-61-1 粟缘蝽（董立和马继芳摄）
Colour Figure 5-61-1 *Liorhyssus hyalinus*（by Dong Li and Ma Jifang）
1. 成虫 2. 卵 3. 若虫

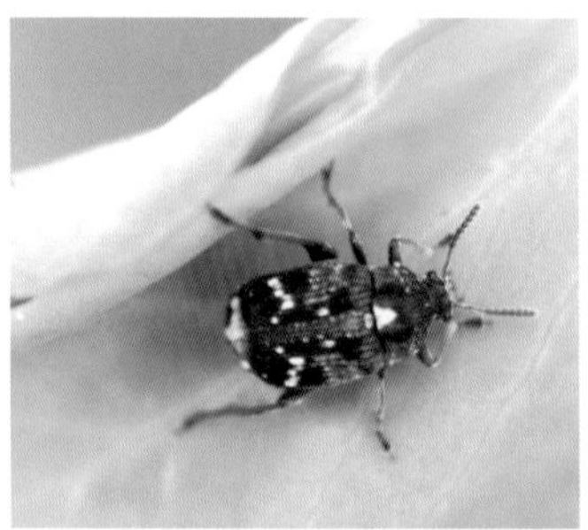

彩图5-65-1 豌豆象田间为害状（段灿星提供）
Colour Figure 5-65-1 Symptoms damaged by *Bruchus pisorum* in the field（by Duan Canxing）

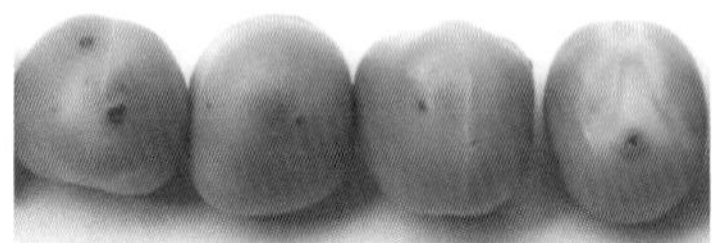

彩图5-65-3 豌豆象幼虫蛀入鲜豌豆（段灿星提供）
Colour Figure 5-65-3 Symptoms of fresh pea drilled by *Bruchus pisorum* larva（by Duan Canxing）

彩图5-65-2 豌豆象为害仓储豌豆（段灿星提供）
Colour Figure 5-65-2 Stored pea infested by *Bruchus pisorum*（by Duan Canxing）

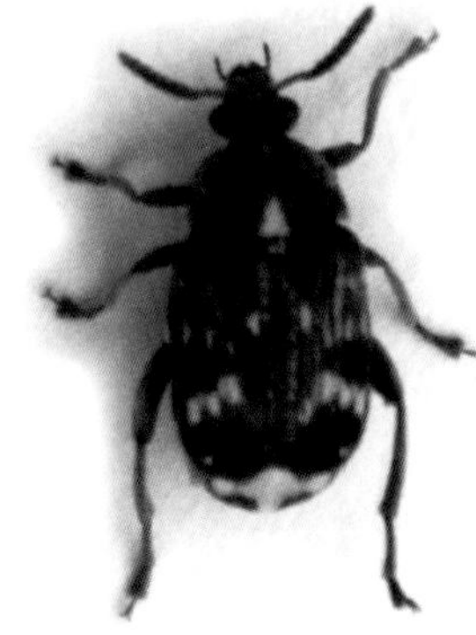

彩图5-65-4 豌豆象成虫（段灿星提供）
Colour Figure 5-65-4 Adult of *Bruchus pisorum*（by Duan Canxing）

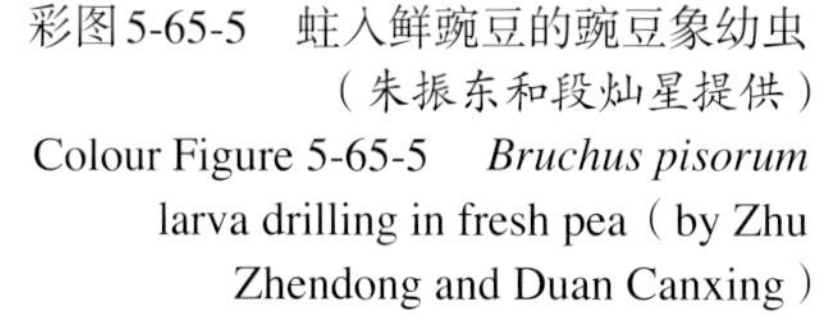

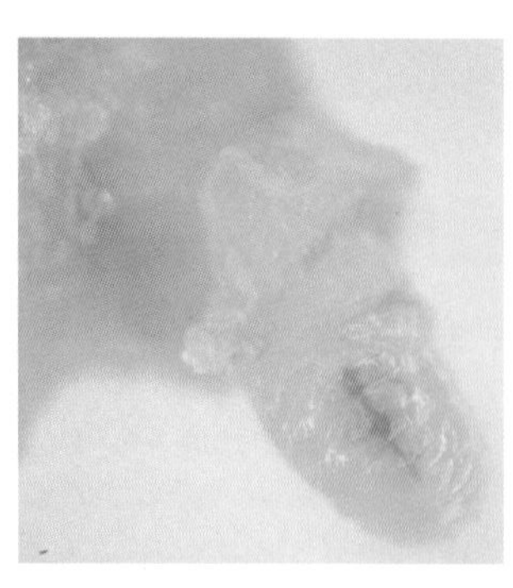

彩图5-65-5 蛀入鲜豌豆的豌豆象幼虫（朱振东和段灿星提供）
Colour Figure 5-65-5 *Bruchus pisorum* larva drilling in fresh pea（by Zhu Zhendong and Duan Canxing）

彩图5-66-1　豌豆彩潜蝇为害叶片状（段灿星提供）
Colour Figure 5-66-1　Symptoms of damaged leaves caused by *Chromatomyia horticola*
（by Duan Canxing）

彩图5-66-2　豌豆彩潜蝇成虫（张礼生提供）
Colour Figure 5-66-2　Adult of *Chromatomyia horticola*
（by Zhang Lisheng）

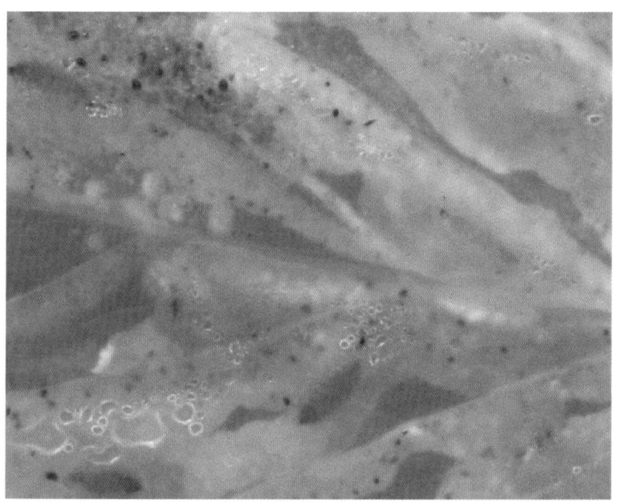

彩图5-66-3　豌豆彩潜蝇蛹（段灿星提供）
Colour Figure 5-66-3　Pupas of *Chromatomyia horticola*
（by Duan Canxing）

彩图5-67-1　绿豆象为害的绿豆（段灿星提供）
Colour Figure 5-67-1　Mungbean infested by *Callosobruchus chinensis*（by Duan Canxing）

彩图5-67-2　绿豆象在豆荚和豆粒上产的卵
（段灿星提供）
Colour Figure 5-67-2　*Callosobruchus chinensis* eggs laid on mungbean pod and seed（by Duan Canxing）

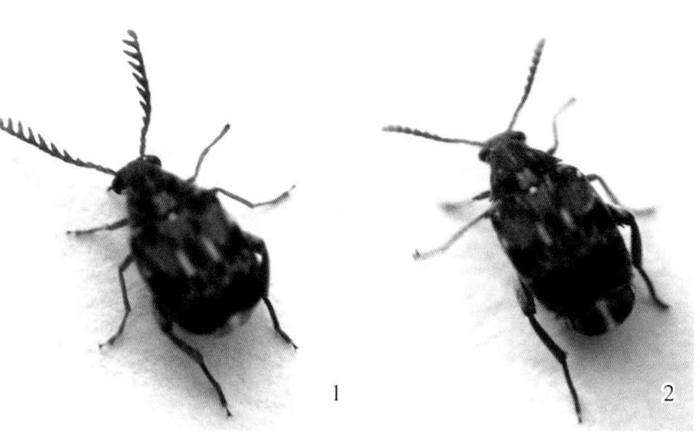

彩图5-67-3　绿豆象成虫（段灿星提供）
Colour Figure 5-67-3　Adults of *Callosobruchus chinensis*
（by Duan Canxing）
1. 雄虫　2. 雌虫

第 6 单元　棉花病虫害

第 1 节　棉花黄萎病

一、分布与危害

棉花黄萎病是世界上棉花生产中为害最为严重的病害之一。我国棉花黄萎病是在 1935 年由美国引进斯字棉 4B 棉种，未经种子处理即分发给山西、陕西、山东、河南和河北等地种植，而首先在我国河北棉区发病，以后又随种子调运逐渐在全国各棉区传播开来。我国棉花生产上习惯将棉花黄萎病和棉花枯萎病一起简称为"两萎病"。20 世纪 50 年代初，"两萎病"仅在陕西、山西、江苏、湖北等 10 个省份局部地区零星发生。随后，棉花黄萎病发生区域不断扩展，到 20 世纪 80 年代末，其分布已遍及江苏、浙江、上海、河南、河北、山东、山西、陕西、湖北、湖南、四川、云南、安徽、辽宁、新疆、甘肃、天津、北京等 18 个省（自治区、直辖市）的 478 个县（市）。1997 年、2003 年、2005 年、2009 年棉花黄萎病在长江流域和黄河流域棉区大暴发。目前，棉花黄萎病已遍及全国棉区，且呈日趋加重的态势，对棉花产量和品质造成的损失也日益加重。

二、症状

棉花黄萎病菌能在棉花整个生长期进行侵染。在自然条件下，黄萎病一般在播种 1 个月以后出现病株。由于受棉花品种抗病性、病原菌致病力及环境条件的影响，黄萎病呈现不同的症状类型。

1. 幼苗期　在温室和人工病圃里，2～4 片真叶期的棉苗即开始发病。棉花黄萎病的苗期症状是病叶边缘开始褪绿发软，呈失水状，叶脉间出现不规则淡黄色病斑，病斑逐渐扩大，褐色干枯，维管束明显变色，严重时叶片脱落并枯死（彩图 6-1-1）。

2. 成株期　自然条件下，黄萎病在棉花现蕾以后才逐渐发病，一般在 8 月下旬棉花开始吐絮期达到高峰。近年来，其症状呈多样化趋势，常见症状：病株由下部叶片开始发病，逐渐向上发展，病叶边缘稍向上卷曲，叶脉间产生淡黄色不规则的斑块，叶脉附近仍保持绿色，呈掌状花斑，类似西瓜皮状；有时，叶片叶脉间出现紫红色失水萎蔫的不规则斑块，斑块逐渐扩大，变成褐色枯斑，甚至整个叶片枯焦，脱落成光秆；有时，在病株的茎部或落叶的叶腋里，可发出赘芽和枝叶。黄萎病株一般不矮缩，还能结少量棉桃，但早期发病的重病株有时也变得较矮小。在棉花铃期，在盛夏久旱后遇暴雨或大水漫灌时，田间有些病株常发生一种急性型黄萎症状，先是棉叶呈水烫状，继则突然萎垂，迅速脱落成光秆（彩图 6-1-2）。

在枯萎病、黄萎病混生地区，两病可以同时发生在一株棉花上，叫作同株混生型，有的以枯萎病症状为主，也有的以黄萎病症状为主，使症状表现更为复杂。两病发病症状比较如表 6-1-1。

诊断棉花枯萎病、黄萎病时，除了观察病株外部症状外，必要时应剖开叶柄或茎秆检查维管束变色情况。发病严重的植株从茎秆到枝条和叶柄，内部维管束全部变色。一般情况下，黄萎病株茎秆内维管束为黄色或黄褐色条纹，变色较枯萎病株稍浅，而枯萎病株茎秆内维管束为褐色或黑褐色条纹。调查时剖开茎秆或掰下空枝、叶柄，检查维管束是否变色，这是田间识别枯萎病、黄萎病与早衰、雨涝等非侵染性病害的可靠方法，也是区别枯萎病、黄萎病与红（黄）叶茎枯病，排除旱害、碱害、缺肥、蚜害、药害导致植株产生类似症状的重要依据。但是，枯萎病、黄萎病维管束变色的深浅不是绝对的，有时黄萎病重病株比枯萎病轻病株维管束变色深些，这就需要辅之以室内分离鉴定。

表 6-1-1　棉花枯萎病和黄萎病症状比较

Table 6-1-1　Symptom comparison of cotton Fusarium wilt and Verticillium wilt

	枯　萎　病	黄　萎　病
株形	植株茎枝节间缩短弯曲，顶端有时枯死，导致株形矮化、丛生	一般植株不矮缩，顶端不枯死，后期可整株凋枯，严重时整株落叶成光秆，枯死
枝条	有半边枯萎、半边无病症的现象	植株下部有时发出新的枝叶
叶片	顶端叶片先显病状，但叶片不变软，下部叶片有时反而呈健态，症状多样	下部叶片先显病状，叶片变软，逐渐向上发展，大部分呈西瓜皮状
叶脉	叶脉常变黄，呈现明显的黄色网纹	叶脉保持绿色，脉间叶肉及叶缘变黄，多呈斑块
叶形	常变小增厚，有时发生皱缩，呈深绿色，叶缘向下卷曲	大小、形状正常，唯叶缘稍向上卷曲
茎秆	褐色或黑褐色条纹	黄褐色条纹

三、病原

棉花黄萎病病原为大丽轮枝孢（*Verticillium dahliae* Kleb.），属子囊菌无性型轮枝孢属。棉花黄萎病菌初生菌丝体无色，后变橄榄褐色，有分隔，直径2～4μm。菌丝体常呈膨胀状，可以单根或数根菌丝芽殖为微菌核。不同地区棉花黄萎病菌微菌核产生的数量、大小和形状有明显的差异。在培养基上微菌核有长条形、近圆形和椭圆形，大小从（48～90）μm×（32～68）μm到（93～121）μm×（36～58）μm不等。棉花黄萎病菌分生孢子单细胞，椭圆形，大小为（4.0～11.0）μm×（1.7～4.2）μm，由分生孢子梗上的瓶梗末端逐个割裂（彩图6-1-3）。空气干燥时，孢子在瓶梗末端聚集成堆，空气湿润时，则形成孢子球。显微镜下制片观察时，孢子即散开，只留下梗端新生出的单个孢子。病菌分生孢子梗常由2～4轮生瓶梗及上部的顶枝构成，基部略膨大、透明，每轮层有瓶梗1～7根，通常有3～5根，瓶梗长度为13～18μm，轮层间的距离为30～38μm。

棉花黄萎病菌在选择性培养基上可形成特定的培养性状。在L-山梨糖+蛋白胨培养基（KNO_2 2 g，KH_2PO_4 1 g，$MgSO_4 \cdot 7H_2O$ 0.5 g，$FeCl_3$微量，L-山梨糖16 g，蛋白胨5 g，琼脂16 g，蒸馏水1000 mL）上，不仅对棉花枯萎病菌和黄萎病菌反应灵敏，而且能够限制枯萎病菌落快速扩展，保证黄萎病菌有足够的营养面积，形成大量瘤状或斑点状突起的黑色小菌落，表面皱缩，有大量微菌核，气生菌丝极稀疏，上面着生轮层的分生孢子梗等大丽轮枝菌的特征性菌落。

棉花黄萎病菌的寄主范围很广，不像棉花枯萎病菌具有明显的寄主专化性，常因环境条件的影响而产生新的生理类型。1966年美国的Schnathorst等根据不同菌系对棉花致病的严重程度和致病类型，将其分为引起棉花落叶的落叶致病型（T1，后改为T9）和温和的非落叶致病型（SS4）。苏联波波夫（1974）和雅库特金（1976）认为，棉花黄萎病菌存在0、1、2等3个生理小种。20世纪70年代末，我国棉花枯萎病、黄萎病协作组将采自8个省（自治区、直辖市）的棉花黄萎病菌以陆地棉、海岛棉、亚洲棉三大棉种的不同抗、感品种为鉴别寄主，将我国棉花黄萎病菌划分为以下3个生理型：

生理型Ⅰ：致病力最强，以陕西泾阳菌系为代表，在9个鉴别寄主上均表现感病；

生理型Ⅱ：致病力弱，以新疆和田、车排子菌系为代表；

生理型Ⅲ：致病力中等，广泛分布于长江和黄河流域棉区。

1983年陆家云等首次报道在江苏南通、常熟局部地区发现了与T9落叶型菌系致病力十分相似的棉花黄萎病菌落叶型菌系，在非落叶型菌系中又区分出叶枯型和黄斑型两个致病类型。1993年、1995年和1996年棉花黄萎病接连严重发生，尤其是在北方棉区出现了大片落叶成光秆和死株的病田，与典型的落叶菌系为害症状十分相似。石磊岩等（1993）以具有代表性的棉花黄萎病菌系与美国落叶型菌系T9进行比较研究，根据各菌系对海岛棉、陆地棉和中棉三大棉种在不同鉴别寄主上的表现，划分出强、中、弱3个类型，其中落叶型菌系致病力最强，明显大于非落叶型菌系的致病力，并证实我国江苏常熟菌系VB为落叶型菌系。吴献忠等（1996）报道，采用鲁棉1号、苏棉1号品种对山东的20个代表菌系进行致病力测定表明，山东的棉花黄萎病菌系多属于致病力中等的Ⅱ型，致病力强的Ⅰ型和致病力弱的Ⅲ型均较少。另外，在山东一些重病田发现了强致病力的落叶型菌系，所分离到的SD5和SD13与国内的VD8和美国的T9致病力相似。1997年石磊岩等对采自河南、河北、山东、陕西、辽宁等北方棉区的34个棉花黄萎病菌系进行致病性测定，将27个菌系鉴定为落叶型，其中有些菌系致害棉株的落叶程度与美国T9相当或更重。此外，在20世纪80年代后，王清和、马峙英等对特定地区，如山东、河北、河南、山西、江苏、湖北、四川、云南的棉花黄萎病菌致病力分化及类型分别进行了研究，结果显示，各地的菌系均存在致病力分化现象，并且大多数地区存在落叶型菌系。进入21世纪后，各地均报道新分离的黄萎病菌系为落叶型菌系，而简桂良、朱荷琴的研究表明，一个地区乃至一块棉田存在各种类型的菌系，从生理型Ⅰ到生理型Ⅲ，甚至落叶型菌系均存在。由于大丽轮枝菌是非寄主专化型病原菌，不存在小种分化问题，故笔者认为，我国棉花黄萎病菌存在4种生理类型，即生理型Ⅰ、生理型Ⅱ、生理型Ⅲ和落叶型菌系。

传统的棉花黄萎病菌“种”及致病类型的鉴定主要以病菌形态、生理特性及其在鉴别寄主上的致病反应等特征为依据，而这些特征往往易受环境及人为因素的影响，加之黄萎病菌自身的变异，使致病力的划分难以体现其在遗传本质上的差异。随着现代科学技术的发展，人们开始借助于遗传学、生物化学、分子生物学等先进的手段对传统的病原菌分类进行验证，如营养亲和性、血清学、凝胶电泳、分子标记等方法。

棉花黄萎病菌的寄主范围很广，目前已报道的寄主植物有660种，其中十字花科植物23种，蔷薇科54种，豆科54种，茄科37种，唇形花科23种，菊科94种。其中农作物184种，占28%；观赏植物323种，占49%；杂草植物153种，占23%。在作物中除棉花外，可侵染马铃薯、茄子、番茄、辣椒、甜瓜、西瓜、黄瓜、芝麻、向日葵、甜菜、花生、菜豆、绿豆、亚麻、草莓、烟草等许多作物，并可相互感染；而有些植物，如禾本科的水稻、麦类、玉米、高粱、谷子等，则不受侵害。但国外报道，从小麦幼苗中分离出大丽轮枝菌，通过人工接种能侵染棉花和茄子。

四、病害循环

（一）侵染环境

棉花黄萎病是侵害棉株维管束的病害。在土壤中定殖的黄萎病菌，遇上适宜的温、湿度，从病菌孢子和微菌核萌发出的菌丝体接触到棉花的根系，即可从根毛或伤口处侵入根系。菌丝先穿过根系的表皮细胞，在细胞间隙中生长，继而穿过细胞壁，再向木质部导管扩展，并在导管内迅速繁殖，产生大量小孢子，这些小孢子随着输导系统的液流向上运行，依次扩散到茎、枝、叶柄、叶脉和铃柄、花轴、种子等棉株的各个部位。棉花黄萎病菌在土壤中能以腐殖质为生或在病株残体中休眠，连作棉田土壤中不断积累菌源，就形成所谓的“病土”。从此，年复一年重复侵染并加重发病（图6-1-1）。棉花黄萎病菌在土壤里的适应性很强，当遇到干燥、高温等不利环境条件时，还能产生微菌核等休眠体以抵抗恶劣环境。所以，病菌在土中一般能存活8～10年，长的可达20年以上。棉田一旦传入棉花黄病萎病菌，若不及时采取防治措施，将以很快的速度蔓延，几年内就能从零星发病发展到猖獗为害。

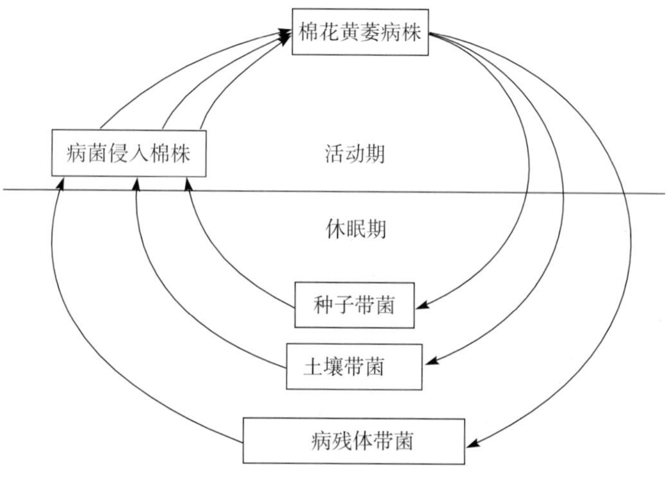

图6-1-1 棉花黄萎病病害循环（简桂良和马平提供）
Figure 6-1-1 Disease cycle of cotton Verticillium wilt (by Jian Guiliang and Ma Ping)

（二）传播途径

棉花黄萎病的扩展蔓延迅速，病原菌的传播途径繁多，为了有效地进行防治，明确其传播途径是非常重要的。

1. 棉籽传病 黄萎病棉株上的棉籽内部可携带病原菌，黄萎病随棉籽调运而传播，是棉花黄萎病远距离传播的主要途径。追溯我国各地棉花黄萎病最初传入和逐步扩散的历史，不难发现该病大多是由国外引种或从外地病区调进棉籽开始的。据记载，1935 年从美国引进大批斯字棉 4B 种子，未作消毒处理，就分发到泾阳等处农场和农村种植，这些地方后来也就成为我国棉花黄萎病发病最早和最重的病区。

关于棉籽带菌部位及带菌量问题，各地报道不一，因地区、年份及品种的不同而异。试验证明，从棉籽的短茸上容易分离到黄萎病菌，带菌率为 5.9%～39.8%，其内部带菌率小于 0.026%，正常情况下，通常认为黄萎病主要是由外部带菌传播。一般秋雨较多的年份，黄萎病棉籽带菌率较高。

2. 病株残体传病 棉花黄萎病菌存在于病株的根系、茎秆、叶片、花药、铃壳等各个部位，这些病株残体可直接落到地里或用以沤制堆肥，这也成为传播病害的重要途径。病株残体也是黄萎病借以传播的重要病菌来源。大田病株落叶的传病试验证明，在 6～7 月棉花生育中期，黄萎病株的落叶能增加土壤菌源，并传染给健康棉株，从而造成当年的再侵染，劈秆检查其发病率可达 35.8%；室内分离黄萎病株叶片，即使是干枯的病叶，包括叶柄、叶脉和叶肉都能分离到黄萎病菌，但其含菌量有较大的差异。根据前苏联学者格里希京娜的研究，病株的叶、茎和根（干重）的微菌核含量分别为82 000～7 000 000个/g、2 000～827 000 个/g 和 300～172 000 个/g，而每平方米土壤只要有 0.8 个侵入体即可造成感病品种 100%发病。2000 年，马平等通过电镜观察到棉花花粉被棉花黄萎病菌侵染和寄生的现象，为花粉成为棉花黄萎病菌再侵染源提供了间接证据。

3. 带菌土壤传病 棉花黄萎病菌能潜存于土壤内 20 年左右不死亡。黄萎病菌在土壤里扩展的深度常可达到棉花根系的深度，但大量的病菌还是分布在耕作层内。黄萎病菌在 1～20cm 耕作层中数量最多，在土层中的分布深度可达 60cm，随深度加深菌量逐渐减少。黄萎病菌一旦在棉田定殖下来，往往就不易根除。生产实践证明，同一块棉田或局部地区内的病害扩散，多半是由于病土的移动和灌溉用水的流动所致。

4. 流水和农业操作传病 黄萎病可借助水流扩散，雨后棉田过水或灌溉，能将病株残体和病土向四周传播，或带入无病田，造成病害蔓延。在病田从事耕作的牲畜、农机具以及人的手足等均能传带病菌，也是局部地区黄萎病扩展的原因之一。

五、流行规律

棉花黄萎病是一种土壤传播病害，棉株被黄萎病菌侵染后，除了与病原菌致病力强弱、土壤中病菌数量等致病因素有关外，其为害程度常取决于下列发病条件：

（一）气候条件

棉花黄萎病发病的最适温度为 22～25℃；高于 30℃，发病缓慢；高于 35℃，症状暂时隐蔽。一般在 6 月，当棉苗 4、5 片真叶时开始发病，田间出现零星病株；现蕾期进入发病适宜阶段，病情迅速发展；到 8 月花铃期达到发病高峰，往往造成病叶大量枯落，并加重蕾铃脱落；如遇多雨年份，湿度过高而温度偏低，则黄萎病发展尤为迅速，病株率成倍增长。

20 世纪 90 年代后，在北方棉区大面积发生的落叶型黄萎病，对棉花生产造成巨大影响，在棉花生育期内，如遇连续 4d 以上低于 25℃的相对低温，则黄萎病将严重发生。1993 年、2002 年、2003 年北方棉区，2009 年江苏盐城地区出现大量棉株落叶的病田，主要原因即 7～8 月出现连续数天平均气温低于 25℃的相对低温，导致黄萎病落叶型菌系的大量繁殖侵染，使棉株短时间内严重发病，叶片、蕾铃全部脱落成光秆，最后棉株枯死。

（二）耕作栽培

棉花黄萎病菌在棉田定殖以后，若连作感病棉花品种，则随着年限的增加，土壤中病菌量积累增多，病害就会日益严重。棉田地势低洼、排水不良，或者灌溉棉区，一般黄萎病发病较重。灌溉方式和灌水量都能影响发病，大水漫灌往往起到传播病菌的作用，并造成土壤含水量过高，不利于棉株生长而有利于病害的发展。营养失调也是促成寄主感病的诱因。氮、磷是棉花不可缺少的营养元素，但偏施或重施氮肥，反能助长病害的发生。氮、磷、钾配合适量施用，将有助于提高棉花产量和控制病害发生。

（三）棉花生育期

棉花黄萎病发病时期与棉花生育期有密切的关系。田间棉苗期一般很少见到病株，在现蕾前后逐渐发病，在花铃期达到发病高峰，表明棉株的苗期对黄萎病具有较好的抗病性，当棉花从营养生长转入生殖生长时，其抗病性开始下降，黄萎病开始发生。随着 20 世纪 90 年代黄萎病的逐年加重以及气候条件的变化，黄萎病在苗期也出现了严重发生的情况。

（四）棉花种及品种

棉花不同的种或品种对黄萎病的抗病性有很大差异。一般海岛棉对黄萎病抗性较强，陆地棉次之，亚洲棉较差。在陆地棉中各品种间对黄萎病抗性差异显著，如中植棉2号、冀958等品种抗病性很强，中棉所12号、冀668、33B属耐病品种，而86-1号、新陆早7号、13号、鲁棉1号等品种则高度感病。

六、防治技术

（一）以抗病品种为主，综合防治棉花黄萎病

1972年7月8～16日在西安召开的全国棉花枯萎病、黄萎病防治研究协作会议纪要中写道："在重病区，采用以种植抗病品种为主的综合防治措施，收到显著效果。"

20世纪60年代末至70年代初，全国棉花枯萎病区在保护无病区、消灭零星病区、压缩轻病区方面做了大量工作，但因棉种大量调运，检疫消毒不严，病区还在不断扩大。在零星病区采用挖出病土，化学药剂铲除病点，轮作倒茬等多种措施一齐应用，但这些方法费工费力，今年铲除几个病点，第二年又会出现更多的病点。消灭零星病区在理论上可行，但实际是达不到的，因而零星病区逐渐变成轻病区。而推广抗病品种的示范重病区逐渐受到控制，病情下降，从重病区向轻病区和零星病区转化，并使产量不断提高。因此"以抗病品种为主，综合防治棉花枯萎病、黄萎病"的策略在短期内被广大科技工作者和棉农所接受。1972年全国棉花枯萎病、黄萎病综合防治协作组成立，开始在四川射洪，陕西泾阳、三原、高陵。江苏常熟，河南新乡建立以抗病品种为主，综合防治棉花黄萎病的样板田（示范区），并收到良好的效果。陕西在上述3个县建立示范样板田2.7万 hm^2，推广抗病品种陕4、陕401等。1972年样板田枯萎病发病率40%左右，到1975年枯萎病发病率压低到5%以下，样板田皮棉产量翻了一番。四川、江苏、河南等省的样板田也获得了相同的防病高产的效果。至1976年全国样板田面积达到8万 hm^2 以上。随着新育成抗病品种丰产性和优质性的提高，抗病品种推广面积迅速扩大，到1986年达到100万 hm^2，1990年达到233.3万 hm^2，占全国植棉总面积的44.1%，棉花枯萎病得到控制。

（二）农业防治

20世纪60～70年代棉花枯萎病、黄萎病为害逐年加重，对应用农业措施防治枯萎病、黄萎病进行了大量研究，主要是轮作倒茬、地膜覆盖、无病土育苗移栽及加强田间管理等，到目前这些措施仍然是两病综合防治中不可缺少的。

应注意轮作倒茬，全国各枯萎病、黄萎病区都有连作导致两种病害逐年加重的调查数据，如新疆维吾尔自治区农业科学院在石河子纯黄萎病区调查，连作2年发病率12.2%，病情指数8.75；连作3年发病率15.3%，病情指数8.82；连作4年发病率30.2%，病情指数20.70；连作6年发病率53.0%，病情指数32.80。因此棉农有"一年轻二年重，三年四年不能种"，"头年一个点，二年一条线，三年四年一大片"的顺口溜。水旱轮作比旱田轮作防治枯萎病、黄萎病效果更好，各地试验结果均证明水稻与棉花轮作防治枯萎病、黄萎病效果比旱田轮作好。江苏常熟试验，夏季种植一季水稻后移栽棉花，黄萎病发病率35%，光秆率7%，种植两季水稻，第二年种棉花，黄萎病发病率降低到12%，光秆率降低到2%，而对照发病率达99%，光秆率达81.0%。

（三）化学防治

目前国内登记的防治棉花黄萎病的化学药剂有3种，即氯化苦、36%三氯异氰尿酸可湿性粉剂和80%乙蒜素乳油。其中氯化苦为土壤消毒剂，每平方米使用量为125毫升，防治费用较高；36%三氯异氰尿酸可湿性粉剂和80%乙蒜素乳油可采用叶面喷雾法。由于棉花黄萎病是土传病害，一旦植株地上部发现症状将很难根治，喷施化学药剂只能起到表面缓解的作用，因此笔者不建议使用化学农药防治棉花黄萎病。

（四）基于微生物杀菌剂的防治技术体系

河北省农林科学院植物保护研究所研制的微生物杀菌剂10亿芽孢/g枯草芽孢杆菌可湿性粉剂是国内外第一个用于防治棉花黄萎病的微生物杀菌剂。基于该微生物杀菌剂，在黄河流域、长江流域和新疆等棉区，建立了棉花黄萎病生物防治技术示范体系：

1. 黄河流域棉区 河北、河南和山东等省，直播栽培方式，采用10%种量拌种处理，防效可达

34.1%～70.83%。

2. 长江流域棉区 湖北、河南、安徽、江苏等省，育苗移栽栽培方式，采用拌种（10%种量）＋移栽（1：200 拌土穴施，100g/穴），防效达 60%以上。

3. 新疆棉区 本地区主要采用膜下滴灌供水方式，采用药液滴灌处理，6 月底第一次施药，间隔 7d 第二次施药，每次每 667m^{2}用药量 600g，防效达 60%以上。

简桂良（中国农业科学院植物保护研究所）
马平（河北省农林科学院植物保护研究所）

第 2 节 棉花枯萎病

一、分布与危害

棉花枯萎病是中国也是世界上主要产棉国家最重要的病害之一，其分布范围广，为害损失重，一直受到国内外广大植保和育种工作者的高度重视。我国是世界上最大的棉花枯萎病流行区，早在 1934 年黄方仁报道在江苏南通发现棉花枯萎病以来，每年都有不同程度的发生和为害，主要发生在陕西、甘肃、新疆、四川、河南、河北、山东、山西、江苏、安徽等地。在世界上该病主要分布于美国、印度、巴基斯坦、澳大利亚等国。棉花得病后，生理机能遭到干扰和破坏，甚至死亡。20 世纪 50～70 年代棉花枯萎病一直是侵害我国棉花的最重要病害，给我国棉花生产造成巨大损失，成为当时制约棉花生产可持续发展的重大障碍。80 年代以后，由于我国抗病品种培育和大面积的生产应用，棉花枯萎病的为害得到有效控制，到 90 年代初，大面积严重为害已很少见。虽然抗虫棉在推广应用，但 2000 年前后一度有些地区该病有抬头的趋势，2005 年后又随着黄河流域棉区重新种植我国育成的抗虫棉品种，枯萎病的为害进一步得到控制。我国于 1955 年把枯萎病、1957 年把黄萎病列为植物检疫对象，但目前，棉花枯萎病已遍布我国各棉区，1997 年修订时把枯萎病从植物检疫对象中删除。

二、症状

棉花枯萎病菌能在棉花整个生长期侵染为害。在自然条件下，枯萎病一般在播后 1 个月左右的苗期即出现病株。由于受棉花的生育期、品种抗病性、病原菌致病力及环境条件的影响，棉花枯萎病呈现多种症状类型，现分述如下：

（一）幼苗期

子叶期即可发病，现蕾期出现第一次发病高峰，造成大片死苗。苗期枯萎病症状复杂多样，大致可归纳为 5 个类型（彩图 6－2－1）。

1. 黄色网纹型 幼苗子叶或真叶叶脉褪绿变黄，叶肉仍保持绿色，因而叶片局部或全部呈黄色网纹状，最后叶片萎蔫而脱落。

2. 黄化型 子叶或真叶变黄，有时叶缘呈局部枯死斑。

3. 紫红型 子叶或真叶组织上出现红色或紫红色斑，叶脉也多呈紫红色，叶片逐渐萎蔫枯死。

4. 青枯型 子叶或真叶突然失水，色稍变深绿，叶片萎垂，猝倒死亡，有时全株青枯，有时半边萎蔫。

5. 皱缩型 在棉株 5～7 片真叶时，首先从生长点嫩叶开始，叶片皱缩、畸形，叶肉呈泡状突起，与棉蚜为害状很相似，但叶片背面没有蚜虫，同时其节间缩短，叶色变深，比健康棉株矮小，一般不死亡，往往与黄色网纹型混合出现。

以上各种类型症状的出现，随环境改变而不同。一般在适宜发病的条件下，特别是温室接种的情况下，多数为黄化型和黄色网纹型；在大田，气温较低时，多数病苗表现紫红型或黄化型；在气候急剧变化时，如雨后迅速转晴，则较多发生青枯型；有时也会出现混生型。

（二）成株期

棉花现蕾前后是枯萎病的发病盛期，表现多种类型症状，常见的症状是矮缩型，病株的特点是株形矮小，主茎、果枝节间及叶柄均显著缩短弯曲；叶片深绿色，皱缩不平，较正常叶片增厚，叶缘略向下卷曲，有时中、下部个别叶片局部或全部叶脉变黄，呈网纹状。有的病株症状表现于棉株的半边，另半边仍保持健康状态，维管束也半边变为褐色，故有“半边枯”之称。有的病株突然失水，全株迅速凋萎，蕾铃大量脱落，整株枯死或者棉株顶端枯死，基部枝叶丛生，此症状多发生于暴雨之后，气温、地温下降而湿度较大的情况下，有的地方此时枯萎病可出现第二个发病高峰。

棉花枯萎病的诊断方法与棉花黄萎病相同，具体见表6-1-1。

三、病原

棉花枯萎病病原为尖镰孢萎蔫专化型［*Fusarium oxysporum* Schltdl. ex Snyder et Hansen f. sp. *vasinfectum*（Atk.）Snyder et Hansen］，属子囊菌无性型镰孢属真菌（彩图6-2-2）。

棉花枯萎病菌在PDA（马铃薯葡萄糖琼脂）培养基上，菌丝为白色，培养时间稍长，培养基经常出现紫色，菌丝体透明，有分隔。具有3种类型的孢子，分别为大型分生孢子、小型分生孢子和厚垣孢子。大型分生孢子着生在复杂而又有分枝的分生孢子梗或瘤状的孢子座上，通常具有3～5个分隔，呈镰刀形至纺锤形，椭圆形弯曲基部有小柄，两端尖，顶端呈钩状，有的呈喙状弯曲，壁薄。其中以3个分隔的常见，大小为（2.6～4.1）μm×（22.8～38.4）μm，另有报道为（3～4.5）μm×（40～50）μm，黄褐色至橙色。小型分生孢子多数为单胞，少数有1个分隔，通常为卵形，有时为椭圆形、倒卵形、肾形，甚至柱形，大小为（5～12）μm×（2.2～3.5）μm，通常着生于菌丝侧面的分生孢子梗上，聚集成假头状。厚垣孢子通常单生，有时双生，多数在老熟的菌丝体上顶生和间生形成，有时亦可生于大型分生孢子上，表面光滑，偶有粗糙，球形至卵圆形，浅黄色至黄褐色。

棉花枯萎病菌可造成多种植物的维管束萎蔫性病害，已知的有咖啡属（*Coffea*）、木豆属（*Cajanus*）、木槿属（*Hibiscus*）、三叶胶属（*Hevea*）、茄属（*Solanum*）、蓖麻属（*Ricinus*）及豇豆属（*Vigna*）等一些种的枯萎病，根据报道棉花枯萎病菌的寄主有近50种植物，大部分为野生植物。

四、病害循环

（一）致病过程

棉花枯萎病菌是一种寄生兼腐生的土传性植物病原菌。该菌既可在侵染的棉花植株体内繁殖蔓延，也能在其他宿主体内生存，并随作物残体进入土壤，以腐生方式生活，或以厚垣孢子等休眠体结构在土壤中长期存活。有人认为在停种寄主作物后，该病原菌可在土壤内存活十多年，甚至可在某种土壤中无限期地存留。菌丝先穿过根系的表皮细胞，在细胞间隙中生长，继而穿过细胞壁，再向木质部的导管扩展，并在导管内迅速繁殖，产生大量小孢子，这些小孢子随着输导系统的液流向上运行，依次扩散到茎、枝、叶柄、叶脉和铃柄、花轴、种子等棉株的各个部位。同时，棉花枯萎病菌在土壤中不断积累，遇到不良条件时能够产生厚垣孢子来抵抗恶劣环境（图6-2-1）。所以，病菌在土壤中一般能存活8～10年。棉田一旦传入枯萎病菌，若不及时采取防治措施将以很快的速度蔓延，往往“头年一个点，二年一条线，三年一大片”，几年内就能从零星发病发展到猖獗为害。

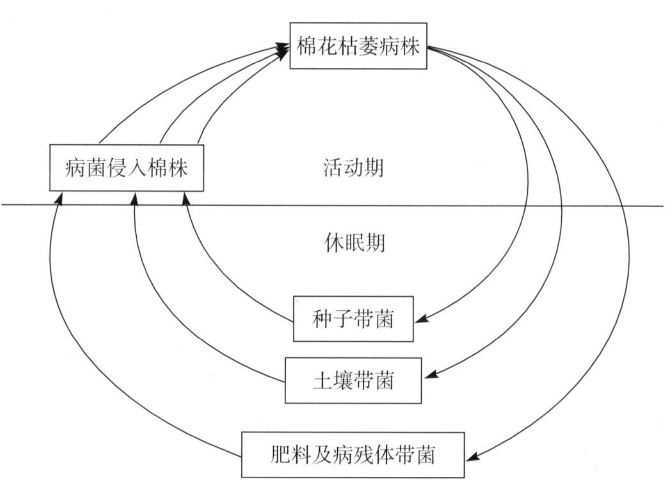

图6-2-1 棉花枯萎病病害循环（简桂良提供）
Figure 6-2-1 Disease cycle of cotton Fusarium wilt (by Jian Guiliang)

棉花枯萎病的扩展蔓延与病原菌的传播途径繁多，与棉花连年连作有关。为了有效地进行防治，明确其传播途径是非常重要的。

（二）传播途径

1. 棉籽传病 棉花枯萎病在世界各地及我国扩展蔓延的主要途径是随棉籽调运而传播。从棉籽的短茸上容易分离到枯萎病菌，从棉籽壳、棉籽仁中也能分离到少量的枯萎病菌。带枯萎病菌的棉籽当年就能造成棉花发病。棉籽带菌部位及带菌量各地报道不一，因地区、年份及品种的不同而异，枯萎病菌带菌率低的为 0.7%，高的可达 4.6%。

2. 棉籽饼和棉籽壳传病 采用冷榨方法榨油，不能杀死棉籽内、外的枯萎病菌，这种棉籽饼作为肥料施用，常能使病害远距离传播。棉籽饼和棉籽壳是喂养耕牛常用的饲料，据黄仲生等（1974）试验证明，带菌的棉籽壳，虽通过牛的消化系统，病菌仍能存活。所以，此病亦能借带菌棉籽饼和棉籽壳传播。

3. 病株残体传病 病株残体也是棉花枯萎病菌的重要传播来源。黄仲生进行病株残体传病试验，施用病叶和病秆沤制的堆肥，枯萎病发病率为 84.1%；施用病叶、病秆喂猪所积的粪肥，枯萎病发病率为 14.0%；而施不带菌厩肥或粪肥的对照区，则没有发现病株。

4. 带菌土壤传病 棉花枯萎病菌可在土壤中营腐生生活，其厚垣孢子的适应力又很强，因而病菌能潜存于土壤内 10 年左右不死亡。一块棉田一旦发生枯萎病，病菌就会在棉田定居下来，而且会不断繁殖扩展，往往不易根除。通过灌溉和土壤耕翻，导致枯萎病在同一块棉田或局部地区扩散。

5. 流水和农业操作传病 大雨过后棉田积水或干旱时浇水，都能将棉田中的枯萎病株残体和土壤中的棉花枯萎病菌向四周传播或带入无病田，造成病害蔓延。在病田耕作的牲畜、农机具及人体等也能传播病菌。

五、流行规律

（一）棉花枯萎病菌的传播扩散及侵染条件

1. 传播与扩散 棉花枯萎病是一种土传病害，病菌主要在土壤中和棉籽内、外以潜伏菌丝或孢子越冬，棉花枯萎病远距离传播的主要途径是调运带菌棉花种子。

2. 侵染条件 棉花枯萎病菌主要在土壤中和棉籽内外以潜伏菌丝或孢子越冬，春季棉花播种后，遇合适的温、湿度条件即可潜伏大、小型分生孢子和厚垣孢子或菌丝萌发长出新菌丝，从根部反复侵染棉花，造成维管束变黑褐色，植株矮化，叶片皱缩等各种症状。棉花枯萎病一般先从基部叶片开始发生，随着病害发展逐步向上蔓延，最后导致植株严重发病。在有利于病害发生的条件下，病害发展速度很快。

棉花枯萎病流行与否及其流行程度主要决定于以下几个因素：①品种抗病性；②土壤是否存在病原菌及病原菌含量；③5～6 月的降水量及气温，如遇到多雨低温年份，棉花枯萎病则可能发生严重。

（二）棉花枯萎病菌的种和生理小种

棉花枯萎病菌生理分化不大，目前世界上已报道的仅 8 个小种（表 6-2-1），美国的 Armstrong 等最早于 1958 年报道有 4 个小种，1966 年 Ibrahim 发现了第 5 号小种，1978 年 Armstrong 和 JK Armstrong 又在巴西发现了 6 号小种。

表 6-2-1 世界各国不同小种对不同寄主植物的侵染力

Table 6-2-1 Pathogencity of different races to cotton differentials from different countries

寄主植物	小种编号							
	1	2	3	4	5	6	7	8
	世界各地	美国	埃及和中国	印度	苏丹	巴西	中国	中国
亚洲棉 *Gossypium arboreum* cv. Rozi	R	R	S	S	S	R	S	W
海岛棉 阿西莫尼 *G. barbadense* cv. Ashmouni	W	W	R	R	S	S	S	W
海岛棉 萨克耳 *G. barbadense* cv. Sakel	S	S	S	R	S	S	S	W
陆地棉 阿卡拉 44 *G. hirsutum* cv. Acala 44	S	S	R	R	R	S	S	W
金元烟 *Nicotiana tabacum* cv. Gold dollar	R	S	R	R	R	R	R	W
大豆 *Glycine max* cv. Yelredo	W	S	R	R	R	R	R	W
黄羽扇豆 *Lupinus luteus* cv. Weiko	S	S	W	R	R	R	R	S

注 S：严重感染，发病株率 50%以上；W：轻度感染，发病株率 50%以下；R：不感染，发病株率为 0。

1982年，陈其熯等用国际通用的一套鉴别寄主对我国各地采集的144个菌系筛选出有代表性的17个进行研究发现，我国的棉花枯萎病菌致病力与当时国际上已报道的6个小种有区别。为此，将我国的棉花枯萎病菌分为3个小种，其中7号、8号小种是首次报道，7号小种是我国的优势小种，广泛分布于国内的各主产棉区，对鉴别寄主中的海岛棉、陆地棉和亚洲棉均表现出高度侵染、不感染或轻度感染5个非棉属寄主；而8号小种则不感染或轻度感染3个棉种的7个品种，轻度感染非棉属的秋葵、金元烟和大豆，严重感染紫苜蓿和白肋烟，仅在我国湖北新洲和麻城及江苏南京发现；3号小种严重感染海岛棉的Coastland、Sakel和亚洲棉的Rozi，不感染海岛棉的Ashmouni和陆地棉，不感染非棉属寄主的秋葵、金元烟、白肋烟和大豆，极轻度感染紫苜蓿（表6-2-2）。

表6-2-2 我国不同小种对鉴别寄主植物的侵染力（引自陈其熯等，1985）

Table 6-2-2 Pathogencity of different races to cotton differentials in China（from Chen Qiying et al.，1985）

鉴别寄主		小种编号及分布		
		3	7	8
		新疆麦盖提和吐鲁番	全国各地	湖北新洲、麻城，江苏南京
海岛棉	Ashmouni	R	S	W-R
	Coastland	S	S	W
	Sakel	S	S	W
陆地棉	Acala	R	S	W
	Rowden	R	S	W
	Stoneville	R	S	W
亚洲棉	Rozi	S	S	W
秋葵	Clemson spinelaess	R	W-R	W
紫苜蓿	Grimm	R	W-R	S
烟草	Burley 5	R	W-R	S
	Gold dollar	R	R	W
大豆	Yelredo	R	W-R	W-R

注 S：严重感染，发病株率50%以上；W：轻度感染，发病株率50%以下；R：不感染，发病株率为0。

（三）气候条件

棉花枯萎病菌在土温低、湿度大的情况下，菌丝体生长快；反之，在土温高而干燥的条件下，菌丝体生长慢。当气候条件有利于病菌繁殖而不利于棉花生长时，棉株感病就严重。在棉花生育过程中，一般出现两个发病高峰。以华北地区为例：当5月上、中旬地温上升到20℃左右时，田间开始出现病苗；到6月中、下旬地温上升到25～30℃，大气相对湿度达70%左右时，发病最盛，造成大量死苗，出现第一个发病高峰。待到7月中、下旬入伏以后，土温上升到30℃以上，此时病菌的生长受到抑制，而棉花长势转旺，病状即趋于隐蔽，有些病株甚至能恢复生长，抽出新的枝叶；8月中旬以后，当土温降到25℃左右时，病势再次回升，常出现第二个发病高峰。但20世纪80年代以后，由于大面积推广抗枯萎病品种，第二个发病高峰已很少见。雨量和土壤湿度也是影响枯萎病发展的一个重要因素，若5～6月雨水多，雨日持续1周以上，发病就重。地下水位高或排水不良的低洼棉田一般发病也重。雨水还有降低土温的作用，每当夏季暴雨之后，由于土温下降，往往引起病势回升，诱发急性萎蔫性枯萎病的大量发生。但若土温低于17℃，相对湿度低于35%或高于95%，都不利于枯萎病的发生。

（四）耕作栽培

连作感枯萎病棉花品种会增加土壤中病菌的数量，病害就会日益严重。棉田地势低洼、排水不良，或者灌溉棉区，一般枯萎病发病较重。灌溉方式和灌水量都能影响发病，大水漫灌往往起到传播病菌的作用，并造成土壤含水量过高，不利于棉株生长而有利于病害的发展。营养失调也是促成寄主感病的诱因。氮、磷是棉花不可缺少的营养元素，但偏施或重施氮肥，则可能助长病害的发生。氮、磷、钾配合适量施用，将有助于提高棉花产量和控制病害发生。

（五）棉田线虫

据调查棉田线虫有 20 余种，其中为害棉花的有根结线虫（*Meloidogyne incognita*），还有刺线虫（*Belonolaimus longicaudatus*）和肾状肾形线虫（*Rotylenchulus reniformis*）。这些线虫侵害棉花根系，造成伤口，诱致枯萎病的发生。棉田线虫是枯萎病发生的诱因之一，在美国有人认为枯萎病和线虫病是相互联系的复合性病害。

（六）棉花生育期

棉花枯萎病发病时期与棉花生育期有密切的关系，从出苗到出现发病高峰都是在现蕾前后进入发病盛期，若现蕾期推后则发病高峰也顺延，发病高峰的出现不因早播而提前。

（七）棉花种及品种

20 世纪 80 年代以后，随着我国棉花品种抗枯萎病能力的提高，棉花枯萎病在生产上已很少大面积发生。尤其是 90 年代以后，我国棉花品种大部分抗枯萎病，除在新疆等内陆棉区以外，在黄河及长江流域棉区已基本上被有效控制。

棉花不同的种或品种，对枯萎病的抗病性有很大差异。一般亚洲棉对枯萎病抗病性较强，陆地棉次之，海岛棉较差。在陆地棉中各品种间对枯萎病的抗性差异显著，如中植棉 2 号、86－1 号、中棉所 12 号等品种抗病性很强，而岱字棉 15、军棉 1 号、新陆早 7 号、鲁棉 1 号等品种则高度感病。

六、防治技术

（一）选用抗病高产品种

棉花不同品种对枯萎病的抗性差异非常明显，利用抗病高产品种是防治该病最经济、有效的措施。抗病良种可通过引种、杂交育种、系统选育和人工诱变等途径获得。棉花品种对枯萎病的抗性表现有不同的类型，其侵染型可划分为免疫（I）、高抗（HR）、抗（R）和感病（S）等不同等级。目前，我国推广应用的品种对该病的抗性均比较好，大部分品种可以达到高抗水平，可因地、因时制宜地推广种植。如中植系统品种、中棉所系列品种、鲁研棉系列品种、冀棉系列品种、新疆审定的系列品种。

（二）农业防治

20 世纪 60 年代我国棉花枯萎病、黄萎病发病面积较小，80％以上是无病区，根据不同病因的防治方法，并从贯彻“预防为主、综合防治”的植保总方针出发，提出“保护无病区，消灭零星病区，压缩轻病区，改造重病区”的防治策略，并制定了划分不同病区的标准。

无病区：没有病株；

零星病区：发病株率 0.1％以下；

轻病区：发病株率 0.1％～1.0％，没有发病中心；

重病区：发病株率 1.0％以上，或有明显的发病中心。

由于重病区造成的危害最大，发病严重时造成病田缺苗断垄，甚至绝产失收，所以人们历来重视重病区的防治。20 世纪 60～70 年代改造重病区提出以下几项措施：

1. 种植抗病品种 选育和推广抗枯萎病、黄萎病品种是防治两病，改造重病区为轻病区或零星病区最有效的方法。

2. 改变棉田生态条件，控制病害发展 由于棉花枯萎病在低洼的地块发病重，所以在这些地区挖排水渠，降低地下水位以及深翻改土，平整棉田，改变棉田的生态条件，有利于控制病害的发生和发展。长江流域棉区多雨，要特别注意排水，除棉田要做到深沟高畦，排水畅通外，还要注意雨后天晴及时中耕，必须及时清沟排渍，使棉苗根部通气良好，减少病害。

3. 加强栽培管理，提高棉株抗病力 棉田增施底肥和磷、钾肥，切忌偏施氮肥，可以减轻棉花枯萎病的为害。无菌营养钵育苗移栽，可以保证壮苗、全苗。试验证明，育苗移栽比直播者减轻病株率可达 70.1％。勤中耕松土，可以提高地温和降低地湿，控制病害的发展。

4. 杜绝病害传播 除注意调种、棉饼、棉壳、带菌粪肥的传播以外，特别要防止田间作业的传播。将田间间苗、定苗、整枝、打杈的棉苗枝叶全部带出田外，深埋或烧毁，禁止沤肥。拔棉柴后，扫尽棉田落叶、烂铃，集中烧毁，不混入土杂肥，不用病土垫圈、沤肥，可以减轻枯萎病的为害。

5. 实行轮作倒茬 在黄河流域棉区及其他北方棉区，一般认为采取两年三杂的轮作措施，即小麦—

玉米—棉花，有减轻发病的作用。重病田改种小麦、玉米5年以上，再种棉花。在长江流域棉区，采取水旱轮作和间隔轮作对防治棉花枯萎病有显著作用，种植水稻1年后播种棉花，发病率为2.62%，死苗率为0.7%；连作棉田发病率35.3%，死苗率30.6%，其中以连种水稻2年的效果最好。

轮作倒茬，全国各枯萎病、黄萎病区都有连作导致两病逐年加重的调查数据，如陕西高陵植保站1981年调查，连作2年枯萎发病率1.75%、3年为4.10%、4年为7.77%。轮作倒茬可以防治多种病虫害，应用轮作防治病虫害，提高农作物的产量在我国已有十分悠久的历史。水旱轮作比旱田轮作防治枯萎病、黄萎病效果更好，1957年四川简阳棉花试验站研究证明，枯萎重病田，用非寄主作物轮作两年，可以减轻发病率10.4%～39.4%。1959年陕西泾阳在枯萎重病田经过小麦、玉米两年轮作，枯萎病发病率由原来的85%降低到35%，死苗率由50%降低到20%。黄仲生等（1980）在北京平谷、通州试验，将棉花与小麦、玉米实行3～4年轮作，防病效果达到95%以上，轮作6年未查到病株，说明旱田轮作5～6年能达到良好的防病效果（表6-2-3）。各地试验结果均证明水稻与棉花轮作防治枯萎病、黄萎病效果比旱田轮作好。早在1959年江苏南通报道，种植一年水稻，再种棉花，枯萎病发病率降低68.9%，种两年防效比种一年再提高15.39%，种3年水稻再种棉花发病率降低99.24%。20世纪70年代，长江流域棉区对水旱轮作防治枯萎病做了很多试验研究工作。如张坚等1977—1978年在湖北省新洲县枯萎病田试验，连作重病田枯萎病发病率54.5%，病情指数36.8，轮作一年水稻后再种棉花，发病率8.8%，病情指数4.87，防病效果86.8%，种两年水稻后再种棉花，发病率3.2%，病情指数1.3，防病效果96.5%，种3年水稻再种棉花枯萎病发病率1.2%，病情指数0.6，防病效果98.4%。

表6-2-3 轮作对防治棉花枯萎病的作用（北京，1972—1977）

Table 6-2-3 Control effect of crop rotation to cotton Fusarium wilt (Beijing, 1972—1977)

调查地点	棉花品种	面积（hm^2）	发病类型	倒茬年限	发病率（%）
通州百家地渠西	徐州1818	0.33	重病田	1年	9.7
通州大马庄大队	徐州1818	3.33	重病田	3年	1.0
通州公庄大队	徐州1818	1.33	重病田	4年	0.4
平谷马各庄大队	徐州1818	0.53	重病田	6年	0

（三）化学防治

目前在我国登记的对棉花枯萎病具有一定防治效果的化学杀菌剂分别为土壤消毒剂氯化苦；拌种剂戊唑醇；浸种用甲基硫菌灵；喷雾剂三氯异氰尿酸、唑酮·乙蒜素、乙蒜素、辛菌胺醋酸盐、氨基寡糖素、氨基·乙蒜素。主要使用方式包括土壤消毒、拌种、浸种和喷雾等。

简桂良（中国农业科学院植物保护研究所）
马平（河北省农林科学院植物保护研究所）

第3节 棉苗炭疽病

一、分布与危害

棉苗炭疽病在我国各主要产棉省（自治区、直辖市）每年都有不同程度的发生。在世界上该病主要分布于美国、印度、巴基斯坦、澳大利亚、西班牙、希腊等国以及中亚、非洲产棉国和南美洲一些产棉国。棉苗炭疽病主要侵害棉花，少数小种也可侵染大麦、黑麦和一些禾本科杂草。棉苗炭疽病大流行年份可使棉花大面积死亡，减产30%左右，中度流行年份减产10%～20%，甚至棉苗成片死亡，使棉花几乎没有收成。但随着我国棉花种子的包衣化和工厂化育苗的发展，20世纪90年代以后，已很少见成片死亡的现象了。

二、症状

棉苗炭疽病菌不仅侵害棉苗的根和幼嫩叶片，同时也侵害成株期的叶片和棉铃等器官。当棉籽开始萌发后，病菌即可入侵，常使棉籽在土中呈水渍状腐烂；或幼苗出土后，先在幼茎的基部发生紫红色纵裂条痕，以后扩大成皱缩状红褐色梭形病斑，稍凹陷，严重时皮层腐烂，幼苗枯萎。炭疽病常在子叶的边缘形成半圆形的褐色病斑，发病初期病斑的边缘红褐色，干燥情况下病斑受到抑制，边缘呈紫红色，天气潮湿时病斑表面出现粉红色，叶缘常因病破裂。棉苗炭疽病病斑表面常产生红褐色黏性物质，为病菌产生的大量分生孢子，而印度炭疽病则病斑大，红褐色，上面散生小黑点，为分生孢子盘，扩展快，死苗多。棉苗在多雨潮湿低温时最容易得病（彩图6-3-1）。

三、病原

棉苗炭疽病病原为棉炭疽菌（*Colletotrichum gossypii* Southw.）和印度炭疽菌（*C. indicum* Dast.），均属子囊菌无性型炭疽菌属。其有性型为棉小丛壳［*Glomerella gossypii*（Southw.）Edg.］，属子囊菌门小丛壳属。我国棉苗炭疽病主要由棉炭疽菌引起。分生孢子单胞，长椭圆形，一端或两端有油滴，无色，多数聚集则呈粉红色，着生于分生孢子盘上；孢子盘内排列有不整齐的褐色刚毛。主要以菌丝及分生孢子在种子短茸、种子内及土中病残体中潜伏越冬。

四、病害循环

棉苗炭疽病的病原菌主要在棉花种子短茸、种子内、病残体中以菌丝或分生孢子越冬，为初侵染源。春季棉花播种后潜伏菌丝长出孢子，侵染萌发的种子，待根长出后，一旦环境条件合适就可侵入根部，造成烂根烂种；而棉苗出土后，即可侵染子叶和真叶，反复侵染棉花，直至棉花生长中后期病菌孢子随雨水和气流传播侵染棉铃和衰老的叶片，被侵染的棉花各组织器官又成为病残体遗落到棉田中，成为翌年的初侵染源，如此春去秋来，循环往复，构成棉苗炭疽病的病害循环（图6-3-1）。

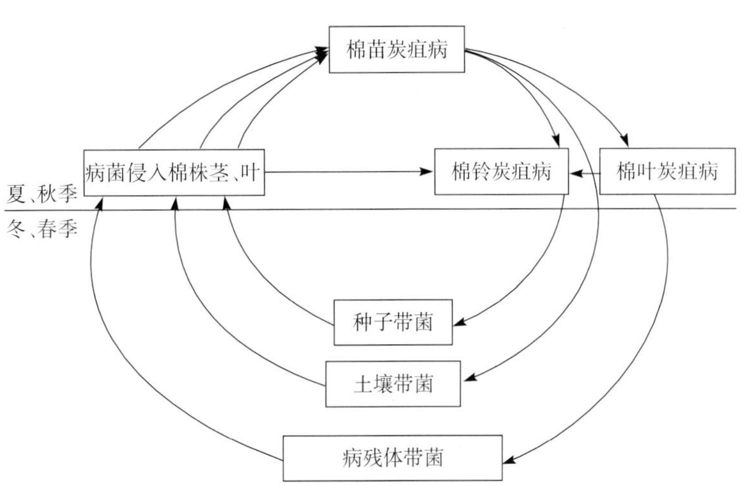

图6-3-1 棉苗炭疽病病害循环（简桂良提供）
Figure 6-3-1 Disease cycle of anthracnose of cotton (by Jian Guiliang)

五、流行规律

棉种由播种到出苗，均可受到炭疽病菌的侵害。当外界条件适宜时，病菌侵染棉苗，造成烂种、烂芽、病苗和死苗。在棉花出苗期间如遇低温阴雨，特别是温度先高然后骤然降低时，棉苗炭疽病可能严重发生。棉苗炭疽病的发生与土壤温度关系十分密切，棉籽发芽时遇到低于10℃的土温，会增加出苗前的烂种和烂芽；病菌在15～23℃时最易于侵害棉苗。炭疽病发病最适温度是25℃左右，棉苗炭疽病在晚播的棉田或棉苗出真叶后仍继续侵害。棉苗出土后，长期阴雨是引起死苗的重要因素，雨量多的年份死苗重。相对湿度小于70%，炭疽病不会严重发生。相对湿度大于85%，炭疽病菌最易侵入棉苗为害。棉苗炭疽病春季流行与否及其流行程度主要决定于以下几个因素：①棉花感病品种的种植面积；②土壤中的越冬菌源数量以及种子带菌与否；③4～5月的降水量，特别是5月的降水量；④春季气温变化，尤其是倒春寒的出现。如5月遇到气温波动大，降水量偏多，则可能诱发棉苗炭疽病的流行。

六、防治技术

（一）选用高质量的棉种适期播种

高质量的种子是培育壮苗的基础，棉种质量好，出苗率高，苗壮病轻。以5cm土层温度稳定达到12℃（地膜棉）至14℃（露地棉）时播种，即气温平均在20℃以上时播种为宜，早播引起棉苗根病的决定因素是温度，而晚播引起棉苗根病的决定因素则是湿度。

（二）种衣剂的应用及其他化学防治

应用种衣剂防治棉苗炭疽病是目前生产上最切实可行的方法，商品化的种子均采用含杀菌剂的种衣剂包衣。目前我国登记的对棉苗炭疽病具有一定防治效果的种衣剂有4种，即甲枯·福美双、福美·拌种灵、多·福和多·五·克百威。不同生态区应根据具体情况采用相应的种衣剂。

在我国登记的可用于防治棉苗炭疽病的其他化学杀菌剂仅有3种，即五氯硝基苯粉剂、溴菌·五硝苯粉剂和络氨铜水剂，通过拌种处理。

（三）深耕冬灌，精细整地

北方一熟棉田，秋季进行深耕可将棉田内的枯枝落叶等连同病菌和害虫一起翻入土壤下层，对防治棉苗炭疽病有一定的作用。秋耕宜早。冬灌应争取在土壤封冻前完成，冬灌比春灌病情指数减少10～17。进行春灌的棉田，也要尽量提早，因为播前灌水会降低地温，不利于棉苗生长。南方两熟棉田，要在麦行中深翻冬灌，播种前抓紧松土除草清行，冬翻两次、播前翻一次的棉田，苗期发病比没有翻耕的轻。

（四）及时中耕，提高地温

在棉花出苗后如遇到雨水多的年份，应当在天气转晴后，及时中耕松土，提高棉苗四周的通气状况和提高地温，可以有效地降低棉苗炭疽病的发生。

简桂良（中国农业科学院植物保护研究所）
马平（河北省农林科学院植物保护研究所）

第4节　棉苗立枯病

一、分布与危害

我国棉苗立枯病每年都有不同程度的发生和为害，主要发生在陕西、甘肃、新疆、四川、河南、河北、山东、山西、江苏、安徽、江西、湖南、湖北等地。在世界上该病主要分布于美国、印度、巴基斯坦等国以及中亚山区、西欧，在澳大利亚、新西兰、北非、东非和南美安第斯山区域发生也较多。棉花得病后，生理机能遭到干扰和破坏，甚至死亡。但随着我国棉花种子的包衣化和工厂化育苗的发展，20世纪90年代以后，已很少见因该病成片死亡的现象了。

二、症状

棉苗立枯病以侵害棉花幼苗的根部为主。幼苗出土前即可造成烂籽和烂芽。幼苗出土以后，则在幼茎基部靠近地面处发生褐色凹陷的病斑；然后，向四周发展，颜色逐渐变成黑褐色；直到病斑扩大缢缩，切断了水分、养分供应，造成子叶下垂萎蔫，最终幼苗枯倒。发病棉苗一般在子叶上没有斑点，但有时也会在子叶中部形成不规则的棕色斑点，以后病斑破裂而穿孔。低温多雨适合发病，湿度越大发病越重（彩图6-4-1）。

三、病原

棉苗立枯病病原为立枯丝核菌（*Rhizoctonia solani* Kühn），属担子菌无性型丝核菌属。菌丝体在生长初期没有颜色，后期黄褐色，多隔膜，直径5～12μm，分枝与主枝呈直角，在分叉处特别缢缩。幼嫩时无色，老时呈褐色，可聚集成菌核，菌核由不规则筒状菌丝交织而成，靠绳状菌丝相连接，无固定形状，褐色至黑褐色，表面粗糙，直径0.55～1mm，生长的最适温度18～21℃，较菌丝生长适温（25℃）低些。

四、病害循环

棉苗立枯病的初侵染源主要为土壤中的菌丝和菌核，这些初侵染物存在于土壤中的带菌植物残体上。菌核作为重要的初侵染来源，既可以在土壤中形成，也可以在组织中产生。这些初侵染物在萌动的棉籽和幼苗根部分泌物的刺激下开始萌发并在侵入前作短暂营养生长。菌核的侵染率最高，通常一个菌核可以萌发出数十条菌丝，而且可以反复萌发多次。被侵染或污染的种子也可成为初侵染源。

立枯丝核菌不存在典型的再次侵染。但是病株死亡之后，病组织上的菌丝可以迅速向四周扩散，当其接触新的健株时就继续侵染，引起成穴或成片的棉苗发病甚至死亡。

该病的病害循环图与棉苗炭疽病类似（图 6-3-1）。

五、流行规律

棉种由播种到出苗，均会受到棉苗立枯病菌的侵染，造成烂种、烂芽、病苗和死苗。低温高湿不利于棉苗的正常生长而有利于病菌的侵染，所以在棉花播种出苗期间如遇低温阴雨，棉苗立枯病发生一定严重。棉苗立枯病菌在 5～33℃的温度条件下都能生长。病害发生与土壤温度的关系十分密切，棉籽发芽时遇到低于 10℃的土温，会增加出苗前的烂种和烂芽；病菌在 15～23℃时最易于侵害棉苗。棉苗立枯病发病的温度较低，所以在幼苗子叶期发病较多。棉苗立枯病的侵害主要在 5 月上、中旬。高湿有利于病菌的发展和传播，也是引起苗病的重要条件。棉苗出土后，长期阴雨是引起死苗的重要因素，雨量多的年份死苗重。

六、防治技术

（一）化学防治

目前在我国登记的防治棉苗立枯病的化学杀菌剂很多，主要使用方式包括种子包衣、拌种、喷雾和浸种。

1. 种衣剂　吡·萎·福美双干粉种衣剂、噁霉灵种子处理干粉剂、福美·拌种灵可湿粉种衣剂，及拌·福·乙酰甲、吡·拌·福美双、吡·多·福美双、多·福、多·福·立枯磷、多·五·克百威、咯菌腈、甲枯·福美双、精甲·咯·嘧菌、克·硝·福美双、克百·多菌灵、噻虫·咯·霜灵、萎锈·福美双、五氯·福美双、五氯硝基苯悬浮种衣剂。

2. 拌种剂　甲基立枯磷乳油、甲霜·种菌唑微乳剂、五氯硝基苯粉剂、溴菌·五硝苯粉剂、络氨铜水剂、敌磺钠可溶粉剂、噻菌铜悬浮剂、甲霜·种菌唑微乳剂。

3. 喷雾剂　多抗霉素可湿性粉剂、三氯异氰尿酸可湿性粉剂、唑醚·代森联水分散粒剂。

4. 浸种　乙蒜素乳油。

（二）其他防治措施

参见棉苗炭疽病。

简桂良（中国农业科学院植物保护研究所）
马平（河北省农林科学院植物保护研究所）

第 5 节　棉苗红腐病

一、分布与危害

棉苗红腐病的发生遍布世界各棉区，特别是热带和亚热带棉区。在我国各棉区都有发生。其分布和为害因地区和年份不同有很大差别。棉苗红腐病多与其他苗期病害混合发生。棉苗红腐病侵害植物范围广，可侵染各种农作物和杂草等。棉苗感病后，发育滞缓，抗病力减弱，病害严重发生时，棉苗根部迅速腐烂，导致死苗，造成缺苗断垄。

二、症状

棉苗红腐病致病菌侵害棉苗根部，先在靠近主根或侧根尖端处形成黄色至褐色的伤痕，使根部腐烂，受害重时也会蔓延到幼茎。染病棉苗的子叶边缘常常出现较大的灰红色圆斑，在湿润的气候条件下，病斑表面会产生一层粉红色孢子。感染红腐病的幼苗，通常生长迟缓，发病严重的也会造成子叶萎黄，叶缘干枯，以致死亡。棉苗红腐病不仅侵害棉苗根部，也侵害棉铃，是一类重要的棉铃病害（彩图 6-5-1）。

三、病原

棉苗红腐病病原为镰孢属真菌（*Fusarium* spp.），主要为拟轮枝镰孢［*F. verticillioides*（Sacc.）

Nirenberg]，属子囊菌无性型。其在PDA（马铃薯葡萄糖琼脂）培养基上，菌丝为白色，菌落为淡粉色或暗紫罗兰色，气生菌丝柔软稠密，呈絮状，培养时间长后菌落表面出现一层葡萄霜样淡粉色分生孢子。具有2种类型的孢子：小型分生孢子和大型分生孢子。大型分生孢子着生在复杂而又有分枝的锥形瓶状分生孢子梗上，镰刀形或不对称的拟纺锤形，直或稍弯曲，纤细无色透明，具有尖而弯曲的顶细胞和具有小柄的基细胞，有3～7个分隔，大小为（25～60）μm×（3.5～6.1）μm。小型分生孢子梗单生，锥形，着生于气生菌丝上；卵形或椭圆形，单胞，无色，串生或成堆聚生，大小为（5～12）μm×（2.5～4.0）μm。土壤、病残体内都有大量病菌越冬，自然菌源很广。

四、病害循环

棉苗红腐病菌的侵染循环从棉花播种后即开始，棉种由播种到出苗，均可受到各种镰刀菌的侵害。当外界条件有利于棉苗的生长发育时，虽有病菌存在，棉苗仍可正常生长；相反，当外界条件不利于棉苗生长发育而有利于病菌侵入时，就会造成烂种、烂芽、病苗和死苗。在棉花播种出苗期间如遇低温阴雨，特别是温度先高然后骤然降低时，棉苗红腐病将严重发生。病菌在15～23℃时最易于侵害棉苗。棉苗出土后，长期阴雨是引起死苗的重要因素，雨量多的年份死苗重。相对湿度大于85%，棉苗红腐病菌易侵入棉苗为害。其侵染循环与棉苗炭疽病菌的侵染循环类似（图6-3-1）。

五、流行规律

（一）棉苗红腐病菌的传播扩散及其侵染条件

1. 传播与扩散 棉苗红腐病每年均会发生，传播扩散与播种出苗期间的气候条件关系密切，如遇低温阴雨，特别是持续的阴雨，造成土壤温度低，而湿度又大时，棉苗红腐病将严重发生。

2. 侵染过程及侵染条件 棉苗红腐病菌孢子遇合适的温、湿度条件即萌发长出芽管，沿着棉苗根系生长，菌丝沿着幼根生长，钻入根内，在其中长出侵染菌丝，从中吸取养料和水分，孢子萌发侵入寄主的过程即告完成。孢子的萌发和侵入都要求一定的温度和合适的相对湿度。在适宜的温度条件下，相对湿度80%以上延续时间长时，病菌就可以侵入棉苗。

（二）流行条件

棉苗红腐病发病率的高低年际间差异较大，但发病的起止时期及发病盛期在同一地区却大体一致。一般开始发生于4月中、下旬，5月上旬为发病盛期，5月下旬以后，则很少再发生。主要发生在棉苗子叶期至1～2片真叶期，而尤以5月上、中旬最为重要。棉苗红腐病严重与否与4～5月的气温有密切关系，特别是在棉苗幼苗期的一个多月内，如遇到连续的倒春寒天气则该病将流行。

六、防治技术

（一）化学防治

在我国登记的用于防治棉苗红腐病的化学杀菌剂仅有两种，即多·酮·福美双悬浮种衣剂和克·酮·多菌灵悬浮种衣剂，使用方法为棉花种子包衣。

（二）其他防治措施

参见棉苗炭疽病。

简桂良（中国农业科学院植物保护研究所）
马平（河北省农林科学院植物保护研究所）

第6节 棉苗疫病

一、分布与危害

棉苗疫病是棉花苗期的主要病害之一，引起棉花落叶或死苗。棉苗疫病最早于1926年在印度被发现，目前该病在美国、印度、埃及、西班牙、中国均有发生。我国棉苗疫病主要在长江流域棉区发生，其中江西、浙江、江苏、湖北等地发生较为严重，黄河流域棉区和西北内陆棉区发生较轻。棉苗发病后棉叶干枯、脱落，生长点枯死，棉苗死亡，造成缺苗断垄，严重发生年份导致棉花重播。1976年江苏启东棉苗疫病暴发，致使棉农重播面积达60%～70%；1989年江西部分地区棉苗疫病发生严重，其中彭泽县芙蓉乡发病面积达80%以上，严重地块死苗率达50%。

二、症状

棉苗疫病侵害棉苗子叶、真叶、幼根、幼茎。病叶呈水渍状或水烫状，灰绿色，茎部为白色。湿润天气，茎、叶病部可见白色绵毛，病健交界处分界不明显。叶部病斑初为暗绿色水渍状小斑，后扩大成黑绿色不规则水渍状病斑。低温高湿气候，扩展蔓延迅速，可侵及幼茎顶端及嫩叶，使其变黑死亡。天气晴好温度升高，叶部病斑周围呈暗绿色，最后呈不规则枯斑，致使叶脱落。棉苗疫病病株拔起时茎部易折断，根部表皮不脱落，而棉苗立枯病病苗拔起时，根部表皮常脱落，仅剩呈鼠尾状的木质部（彩图6-6-1）。

三、病原

棉苗疫病病原菌属卵菌门疫霉属，早期在埃及报道为 *Phytophthora parasitica* Dastur，国内早期的《棉花病虫害学》也认可引用。1982年通过培养形态及生理生化特性的比较，认为我国棉苗疫病的病原菌与棉铃疫病的病原菌一样，应为苎麻疫霉（*Phytophthora boehmeriae* Sawada），但是其生理小种可能不同。1994年报道引起棉苗疫病和棉铃疫病的病原菌不存在差异，且致病力差异不明显。

苎麻疫霉的菌丝无色无隔，孢囊梗无色，单生或呈假轴状分枝，大小为（25.0～130.0）μm×（2.0～3.0）μm。孢子囊初期无色，成熟后无色或淡黄色，卵圆形或近球形，大小为（26.4～88.0）μm×（13.2～59.4）μm，顶端有1个明显的半球形乳头状突起，偶尔2个，具脱落性，孢囊柄短，遇水后释放游动孢子。游动孢子肾脏形，侧生2根鞭毛。静止孢子球形或近球形，直径8.0～12.0μm。藏卵器球形，光滑，初无色，成熟后黄褐色，直径19.0～42.9μm。同宗配合，雄器绝大多数围生，少数侧生，椭圆或近圆形，大小为（14.8～18.3）μm×（14.6～16.5）μm。卵孢子球形，成熟后黄褐色，直径平均26.2μm。很少产生厚垣孢子（图6-6-1，彩图6-6-2）。

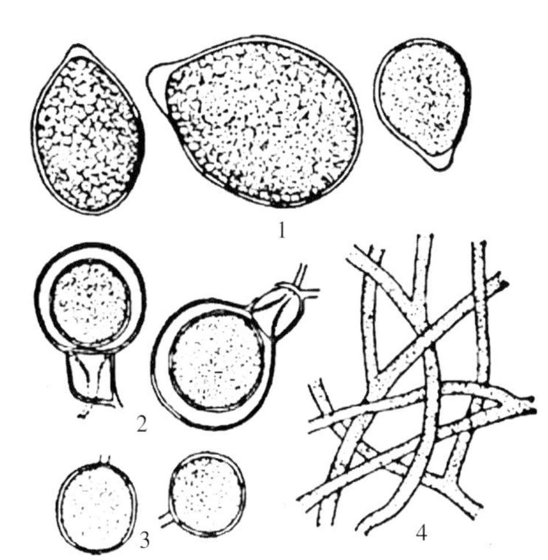

图6-6-1 苎麻疫霉（引自张玉聚等，2008）
Figure 6-6-1 *Phytophthora boehmeriae* (from Zhang Yuju et al., 2008)
1. 孢子囊 2. 雄器 3. 厚垣孢子 4. 菌丝体

苎麻疫霉的最适生长温度为25～30℃，最高生长温度低于35℃，最低生长温度高于8℃。苎麻疫霉对孔雀绿敏感，当孔雀绿浓度为0.5μg/mL时苎麻疫霉开始微弱生长，当孔雀绿浓度为1.0μg/mL时苎麻疫霉菌丝生长被完全抑制。棉铃疫病菌株对棉花的致病力最强，无论接种棉铃、棉苗，无伤或有伤均能侵染。对有伤或无伤苎麻和构树叶也能侵染，但病斑扩展速度很慢。能侵染有伤苹果、梨、香蕉、茄子、山楂、辣椒等果实和胡萝卜块根，而对有伤或无伤马铃薯块茎均不能侵染。

四、病害循环

棉苗疫病菌可根据不同环境条件以卵孢子和孢子囊在土壤中越冬，环境条件适合时，卵孢子萌发成菌丝，继而产生孢子囊。孢子囊释放出游动孢子侵染棉苗致病。夏季高温，病菌产生卵孢子、孢子囊及菌丝在土壤中越夏，至初秋温度适宜时各菌态萌发产生孢子囊，伴随降雨的条件下，释放的游动孢子随雨水飞溅至棉铃，造成棉铃疫病。病铃上产生孢子囊随气流扩散至其他棉铃上，形成再侵染，扩散为害新的棉铃（图6-6-2）。棉花采收结束后，残留在植株上或掉落在土壤中的烂铃和病残株内含有大量病原菌，如不及时清理，其即在土壤中越冬，待第二年温湿度适宜时，成为棉苗疫病的初侵染源。

五、流行规律

棉苗疫病菌能在土壤中长期存活，以卵孢子和厚垣孢子在土壤中越冬。多雨高湿是该病的重要发病条件，特别是 5 月的降水量对棉苗疫病发生轻重起决定性作用。凡雨水多的年份，发病就重，雨后几天是发病的主要时期。套作棉田、水边棉田田间湿度大，疫病发生较重。温度也是影响其发生的一个重要因素，温度 15～30℃均可发病。4～5 月，如低温多雨、寒流频袭，棉苗疫病即发生快，蔓延广，流行成灾；反之若天旱少雨，西南风多，棉田相对湿度在 60%以下，棉苗疫病发生少，为害轻。因此在 5 月多雨低温的南方棉区，棉苗疫病发病重于北方棉区。

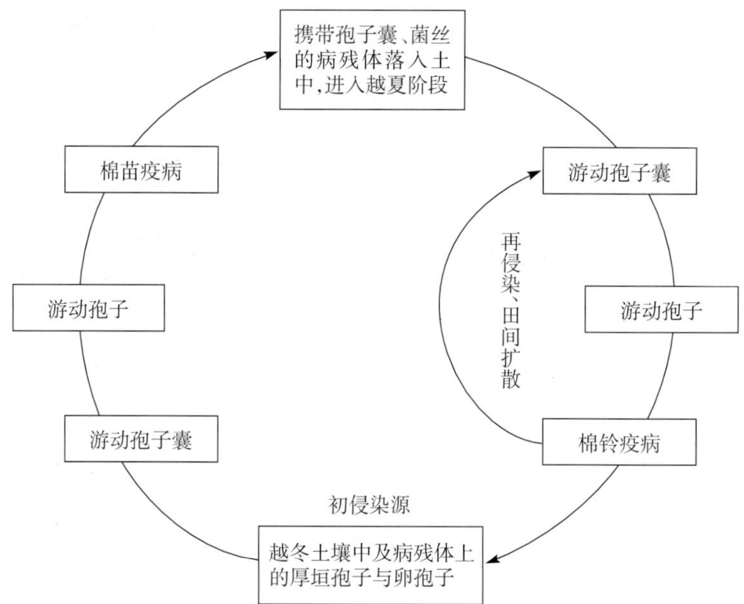

图 6-6-2 棉苗疫病病害循环（马平提供）
Figure 6-6-2 Disease cycle of cotton seedling blight (by Ma Ping)

六、防治技术

(一) 农业防治

1. 选用优质棉种 高质量的棉种是培育壮苗的基础，质量好的棉种，出苗率高，苗壮苗齐，抵抗病原菌侵染的能力强。

2. 清洁田园 清扫棉田残枝烂铃，严禁将棉田的烂铃、残枝、落叶沤肥，秋、冬季深翻土地，将病原菌翻入土壤下层，减少土表层的病原菌数量，对防治棉苗疫病具有一定的作用。

3. 合理灌溉 北方棉区实行冬灌，尽量避免春灌，以免播种时土壤湿度高，温度低，有利于病原菌繁殖却不利于棉苗发育。雨后抓紧中耕，晾墒减湿。平整土地，做好沟畦条灌，棉株生育期小水勤灌，清沟排渍，避免大水漫灌。

4. 栽培措施 提高播种质量，播前平整土地，使土质松软平坦。推荐高畦栽培，因其能改善通风透光条件，有利于排水减湿，在多雨后能及时排除积水，降低田间湿度，减少病菌滋生和侵染机会。在出苗现行时开始中耕松土，雨后中耕可提高土温降低土湿。多中耕，可使土壤疏松通气，不利于病原菌繁殖而有利于棉苗根系发育，促进棉苗生长，增强抗病力。

5. 间作套种 在不同的种植区域采用不同的间作套种模式。比如在长江流域棉区，采用麦棉间作套种和麦棉瓜间作套种模式，不仅减轻了疫病的发生，同时增加了经济效益。在黄河流域棉区，采用蒜棉、葱棉、瓜棉、豆棉等间作套种，可有效降低棉苗疫病的发生。

(二) 化学防治

1. 药剂拌种 采用 80%三乙膦酸铝可湿性粉剂以种子重量的 0.5%拌种，能够有效预防棉苗疫病。三乙膦酸铝为内吸性杀菌剂，既能通过根部和基部茎、叶吸收后向上输导，也能从上部叶片吸收后向基部叶片输导。药剂在植株体内发挥防病作用，离体条件下对病菌的抑制作用很小，其防病原理认为是药剂刺激寄主植物的防御系统。此外三乙膦酸铝有齐苗早，提苗、壮苗的作用，可使田间死苗率降低。

2. 喷药防治 出苗后在子叶展开时即可喷药保护。选用 80%三乙膦酸铝可湿性粉剂 500～800 倍液；46.1%氢氧化铜水分散粒剂 800～1 000 倍液；波尔多液，1∶1∶200；80%代森锌可湿性粉剂 200～400 倍液；70%代森锰锌可湿性粉剂 200～400 倍液；25%甲霜灵可湿性粉剂 500～700 倍液。

马平 李宝庆（河北省农林科学院植物保护研究所）

第 7 节　棉苗猝倒病

一、分布与危害

全国各棉区均有发生，特别在潮湿多雨地区发生严重，是一种常见的棉苗根病。国内外分布同棉苗立枯病。主要由瓜果腐霉菌引起，除侵染棉花外，还能侵害多种植物，如黄瓜、烟草、茄子、西瓜、甜菜、萝卜、芜菁、菜豆、豌豆、马铃薯、亚麻和麦类等。棉苗感病后，常造成棉花幼苗成片青枯倒伏死亡，对棉花出苗生长影响很大，有时造成缺苗断垄，严重影响棉花苗期的正常生长。

二、症状

一般先从幼嫩细根或茎基部侵染，侵害幼苗，也能侵害种子及露白的芽，造成种苗出土和发育不良。最初在幼茎基部贴近地面的部分出现水渍状症状，并很快扩展、缢缩变细，如线状，病部不变色或呈黄褐色，病势发展迅速，子叶仍为绿色、萎蔫前即倒伏而贴于地表。地下部细根受害则变黄褐色，吸水不良，导致整株幼苗死亡。子叶也随着褪色，呈水渍状软化。在高湿情况下，有时病部出现白色絮状物，为病菌的菌丝，能蔓延扩散侵染相邻健康棉株，以致成片棉苗死亡。此病常与其他苗病尤其是立枯病或红腐病混合侵染发病，故有时症状不明确（彩图 6－7－1）。

三、病原

棉苗猝倒病病原为瓜果腐霉［*Pythium aphanidermatum*（Edson）Fitzp.］，属卵菌门腐霉属。此菌在一般培养基上生长都良好，菌丝发达，呈纯白色绒毛状，菌丝体无色透明，无隔多核，自由分枝，直径 2.8～7.3μm。孢子囊长圆筒状，形状不规则，或肥大而有瓣状分枝，直径4～20μm，长 24～628μm，萌发时产生泡囊，每个泡囊中含有游动孢子十余个至数十个不等。游动孢子肾形，（12～17）μm×（5～6）μm，有 2 根侧生鞭毛。藏卵器球形，直径 27.3μm，顶生或间生，初期无色，老熟后呈黄褐色，壁厚，呈黄色，被覆在卵孢子外面；雄器呈桶形、圆形或宽棒形，有柄。每个藏卵器附属 1～2 个雄器；卵孢子球形，光滑，直径 12～24μm。生长适温为 34～37℃，最高温度为 41℃，最低为 5～6℃，孢子囊萌发最适温度为 24～26℃。此菌虽是高温性菌，但因温度受土壤湿度的影响，故发病温度较低，发病适温为 20～25℃。生长 pH 最高 10.7，最低 2.5，最适为 5.5～6.5，表明在酸性土壤中生长较好。寄主植物的根际影响卵孢子的萌发及其活动方向，当寄主的根伸到卵孢子附近时，其根分泌物即刺激卵孢子发芽并侵入。雨水或灌溉水量大、土壤过湿容易导致猝倒病的发生。有利于发病的土壤湿度一般为 70%～80%。

四、病害循环

棉苗猝倒病菌在土壤中以卵孢子和厚垣孢子（球状孢子）长期存活，卵孢子在土壤有机物上形成，可以休眠状态伴随组织崩溃释放入土壤中，可直接在土壤中存活 5 个月左右。当环境适宜时，得到水分、温度和营养即可发芽侵染植物。孢子囊释放出游动孢子侵染棉苗，造成发病。残留在植株上或掉落在土壤中的病残体内含有大量病原菌，如不及时清理，其即在土壤中越冬，待第二年温湿度适宜的情况下，成为初侵染源。

五、发生规律

病原菌属土壤习居菌，喜欢生活于潮湿而富含有机质的土壤中。故一般菜园土、大田土、苗床土、森林土和牧场土中均较多，而干燥的沙土以及含盐碱的沼泽土中则较少。土壤中所存活的病原菌（卵孢子）是初侵染的主要来源，在适宜条件下，每克土壤中只需 2 个游动孢子即可侵染。病菌常借水流传播，高温高湿条件下，病组织表面所长出的病菌是再次侵染的菌源。对病害发生起决定作用的是温度和湿度，特别是含水量高的涝洼地及多雨地区，有利于病菌的发育及游动孢子的传播。若土壤温度低于 15℃，萌动的棉籽出苗慢，就容易发病。棉苗出土后，若遇上低温降雨天气，地温低于 20℃，发病就重；棉苗出苗后 1 个月内是棉苗最感病时期，其他苗病也容易同时发生，使病害加重。南方 3 月下旬早播种的棉田，4 月中旬如5cm深的地温达到17～20℃则发病重而死苗多。地温超过20℃以上病势停止发展，但若降雨多又会加重发病。

六、防治技术

棉苗猝倒病的防治应采取以保苗为主的栽培措施，并结合一定特效的药剂来达到控制猝倒病的目的。

（一）农业防治

1. 播前精细整地 降低田间湿度，适期播种，培育壮苗。棉苗出土后1个月是猝倒病的易发期，1个月后则很少发生。出苗后破除土壤板结、降低土壤湿度也是主要防病措施。雨后及时中耕，大雨后应注意排涝，防止土壤含水量过多。

2. 种子处理 播种前必须精选高质量的棉种，经硫酸脱绒，以消灭表面的各种病菌，淘汰小籽、瘪粒、杂粒及虫蛀粒，再进行晒种30～60 h，以提高种子发芽率及发芽势，增强棉苗抗病力。

（二）化学防治

在我国登记的用于防治棉苗猝倒病的化学杀菌剂有4种，即噻虫·咯·霜灵悬浮种衣剂、精甲霜灵种子处理剂、多·福·立枯磷悬浮种衣剂、精甲·咯·嘧菌悬浮种衣剂，使用方法均为棉花种子包衣。

另外，用种子量0.2%的二氯萘醌拌种，或用甲霜灵颗粒剂在播种时沟施；在寒流及阴雨前及时喷药保护，一般出苗80%左右应进行喷药，以后根据病情决定喷药次数及药剂种类和浓度，常用制剂和方法有，40%三乙膦酸铝可湿性粉剂800倍液喷雾，25%甲霜灵可湿性粉剂3 000倍液苗期灌根。化学杀菌剂和生防菌木霉菌混合使用可以显著提高防治效果。

朱荷琴（中国农业科学院棉花研究所）
马平（河北省农林科学院植物保护研究所）

第8节 棉轮纹叶斑病

一、分布与危害

棉轮纹叶斑病又称棉黑斑病，常年发生，有时为害损失重。棉轮纹叶斑病在我国每年都有不同程度的发生和为害，主要发生在新疆、四川、河南、河北、山东、山西、江苏、安徽、陕西、辽宁、甘肃等地。该病在国外主要分布于美国、印度、巴基斯坦、澳大利亚等产棉国。棉花感病后，生理机能遭到干扰和破坏，前期侵害可使棉花生长受阻，棉苗滞长，甚至引起死苗；后期侵害则使铃重下降，成铃数降低。

二、症状

棉轮纹叶斑病以侵害棉花叶片为主，在1～2片真叶期，多发生在衰老的子叶上，严重时也可以蔓延到初生真叶，有时也侵害花萼和叶柄。发病初期在被害的子叶上发生针头大小的红色斑点，逐渐扩展成黄褐色的圆形至椭圆形病斑，边缘为紫红色，一般具有同心轮纹。发病严重时，子叶上出现大型的褐色枯死斑块，造成子叶枯死脱落。叶片和叶柄枯死后，菌丝会蔓延到子叶节，造成茎组织甚至生长点死亡（彩图6-8-1）。

三、病原

棉轮纹叶斑病病原为链格孢属真菌（*Alternaria* spp.），其中以大孢链格孢（*A. macrospora* Zimm.）、细极链格孢［*A. tenuissima*（Fr.）Wiltshire］和棉链格孢［*A. gossypina*（Thüm.）Hopkins］等为常见种。最常见的为大孢链格孢，为子囊菌无性型真菌。大孢链格孢在PDA培养基上菌落呈墨绿色，菌丝致密；分生孢子倒棒形，基部圆，嘴胞短，有横隔3～13个，纵隔3～5个，顶嘴胞细长，透明，丝状，有2～3个横隔，大小为（60～120）μm×（2～3）μm，分生孢子大小为（50.5～86.5）μm×（15.5～30）μm（彩图6-8-2）。种子及土壤病残体内部有大量病菌越冬，自然菌源很广。

四、病害循环

棉轮纹叶斑病的病原菌主要在病残体或棉籽内以潜伏菌丝或孢子越冬，为初侵染源。夏初棉花出苗后，越冬菌源萌发菌丝并长出分生孢子，通过气流或溅水传到小苗的子叶或真叶上，导致棉苗发病；成株期病原菌传到叶片上导致发病，发病叶片上产生分生孢子，成为田间再侵染源，病原菌反复侵染棉花，造成棉花后期发病。如此春去秋来，循环往复，构成棉轮纹叶斑病的病害循环。

五、流行规律

（一）棉轮纹叶斑病菌的传播扩散及其侵染条件

1. 传播与扩散 棉轮纹叶斑病是一种气流传播病害，分生孢子遇到轻微的气流，就会从孢子堆中飞散出来。风力弱时，孢子只能传播至邻近棉株上。当菌源量大、气流强时，强大的气流可将大量的孢子吹送至棉花冠层上空，随气流传播到全块棉田及以外的棉花上侵染为害。

2. 分生孢子萌发条件 棉轮纹叶斑病分生孢子的寿命与日光照射的时间长短及温、湿度的高低有密切关系。分生孢子萌发的最适温度为10～35℃，最高温度为35℃；侵入最适温度为27～30℃。

3. 侵染过程及侵染条件 棉轮纹叶斑病菌孢子落到感病棉花品种的叶片上，遇合适的温、湿度条件即萌发长出芽管，沿着叶表皮生长。遇到气孔后，芽管顶端膨大形成压力胞，然后从压力胞下方伸出1条管状的侵入丝，钻入气孔内。在气孔下长出侵染菌丝和吸器，伸入附近细胞内，用以从棉花组织中吸取养料和水分，孢子萌发侵入寄主的过程即告完成。相对湿度是孢子萌发和侵入的决定因素。在适宜的温度条件下，叶面露水只需保持3～4h，病原菌就可以侵入棉叶。

（二）流行规律

在棉花播种出苗期间如遇低温阴雨，特别是温度先高然后骤然降低时，棉轮纹叶斑病将严重发生。高湿有利于棉轮纹叶斑病菌的发展和传播，尤其是阴雨高湿，土壤湿度大，对棉苗生长不利，却有利于病菌的蔓延。棉轮纹叶斑病多在棉苗后期发生，为害衰老的子叶和感染初生的真叶。棉苗出土后，长期阴雨即可导致棉苗轮纹叶斑病发生。

六、防治技术

（一）选用高质量的棉种适期播种

高质量的种子是培育壮苗的基础，棉种质量好，出苗率高，苗壮病轻。以5cm土层温度稳定达到12℃（地膜棉）至14℃（露地棉）时播种，即气温平均在20℃以上时播种为宜。

（二）农业防治

1. 深耕冬灌，精细整地 北方一熟棉田，秋季进行深耕可将棉田内的枯枝落叶等连同病菌和害虫一起翻入土壤下层，对防治苗病有一定的作用。秋耕宜早。冬灌应争取在土壤封冻前完成，冬灌比春灌可减少病情指数10～17。进行春灌的棉田，也要尽量提早，因为播前灌水会降低地温，不利于棉苗生长。南方两熟棉田，要在棉行中深翻冬灌，播种前抓紧松土除草清行，冬翻两次、播前翻一次的棉田，苗期发病比没有翻耕的轻。

2. 深沟高畦 南方棉区春雨较多，棉田易受渍涝，这是引起大量死苗的重要原因。棉田深沟高畦可以排除明涝暗渍，降低土壤湿度，有利于防病保苗。

3. 及时中耕提高地温 在棉花出苗后如遇到雨水多的年份，应当在天气转晴后及时中耕松土，改善棉苗四周的通气状况和提高地温，可以有效地降低苗病的发生。

（三）化学防治

棉苗出土后还会受轮纹叶斑病和褐斑病等苗期叶病的侵害，因此，要喷药保护棉苗，预防叶病。防治轮纹叶斑病的药剂有1∶1∶200波尔多液，65%代森锌可湿性粉剂250～500倍液，25%多菌灵可湿性粉剂300～1 000倍液，50%克菌丹可湿性粉剂200～500倍液等。

简桂良（中国农业科学院植物保护研究所）
马平（河北省农林科学院植物保护研究所）

第 9 节 棉褐斑病

一、分布与危害

棉褐斑病是棉花上最常见的叶部病害之一，常年发生，但未见大面积严重为害的报道。该病在中国、美国、印度、巴基斯坦、澳大利亚等各产棉国家均有发生。棉花感病后，叶片生理机能遭到干扰和破坏，光合作用效率降低，导致棉花铃重下降，品质变低。

二、症状

棉褐斑病主要侵害棉花子叶和真叶，从棉苗到成株期都可发病，以苗期受害最为严重。最初在子叶上形成紫红色斑点，后扩大成圆形或不规则形黄褐色病斑，边缘为紫红色，稍有隆起（彩图 6-9-1）。在苗期多雨年份往往发病严重，以致子叶和真叶满布斑点，引起凋落，影响幼苗生长。病斑表面散生的小黑点是病菌的分生孢子器。

三、病原

棉褐斑病病原为小棉叶点霉（*Phyllosticta gossypina* Ellis et G. Martin），属子囊菌无性型叶点霉属真菌。其分生孢子器埋藏在叶组织内，球形，暗褐色；分生孢子卵圆形至椭圆形，单胞，无色，大小为（4.8～7.9）μm×（2.4～3.8）μm，以菌丝及分生孢子器在病组织内越冬。

四、病害循环

棉褐斑病菌寄生性强，以菌丝或分生孢子器在棉花叶片的病组织上越冬。春季随着棉花的生长，遇到合适的温湿度后越冬的分生孢子器长出分生孢子，借助风、雨传播到棉苗叶片上反复侵染，并在病组织内产生分生孢子器，继续产出分生孢子，成为再侵染源。同时，上年遗留的病组织上分生孢子器也可以反复产生分生孢子继续侵入，循环往复，导致棉褐斑病严重发生。

五、流行规律

低温高湿不利于棉苗的正常生长而有利于病菌的侵害，所以在棉花出苗期间、幼苗期间（5～6 月）如遇低温阴雨，特别是温度骤然降低时，棉褐斑病等叶部苗病将严重发生。

六、防治技术

参见棉轮纹叶斑病。

简桂良（中国农业科学院植物保护研究所）
马平（河北省农林科学院植物保护研究所）

第 10 节 棉红（黄）叶枯病

一、分布与危害

棉红（黄）叶枯病，也称为红叶茎枯病，一度在我国的部分棉区严重发生，是世界许多国家棉花上最重要的病害之一，其发生历史久远，分布范围广，为害损失重，一直受到国内外科学工作者的重视。1980 年以前，棉红（黄）叶枯病在我国每年都有不同程度的发生和为害，主要发生在陕西、甘肃、新疆、四川、河南、河北、山东、山西、江苏、安徽等地，但随着我国棉田施肥水平的提高，2000 年以来，没有大面积发生的报道。在世界上该病主要分布于美国、印度、巴基斯坦等国，在澳大利亚、北非、东非和南美也有报道。棉花受害后叶片先是发红发紫，随后枯萎脱落，不能进行正常的光合作用，从而影响植株的正常生长发育，严重时可造成减产 30%～40%。

二、症状

棉红（黄）叶枯病蕾期开始发病，花期普发，铃期盛发，吐絮期成片死亡。该病症状主要表现在棉花叶片上，呈现红叶或黄叶。①黄叶枯型：初期发病，叶色加深，叶片变厚，皱缩发脆，且出现黄色小斑，逐渐均匀地变成黄褐色（彩图 6-10-1），叶脉仍保持绿色。该症状很像黄萎病，但维管束颜色不发生变化。②红叶枯型：后期发病，叶片黄色，渐生红点，最后全叶呈紫红色，叶脉仍绿色，病株茎秆、枝条上可出现褐色条斑，以后连成一片，使茎秆、枝条呈焦枯状。两种症状均使棉花叶功能丧失，叶片焦枯，严重时全株叶片脱落成光秆，有铃无叶，果枝果节少，封顶早，生长无后劲，上部空果枝多，提前吐絮，棉桃小，衣分低，且成熟度差，棉纤维长度、麦克隆值、纤维强度等指标下降。

三、病原

棉红（黄）叶枯病是一类生理病害，没有生物性病原，主要诱因是土壤缺钾，同时，棉花生长后期营养不良，氮、磷、钾均缺乏等脱肥也与之有关。棉红（黄）叶枯病与棉花非侵染性早衰很容易混淆，有研究者认为应当合并研究，但其实质性的病因还是有区别的。

四、病害循环

棉红（黄）叶枯病是一种生理性病害，没有侵染循环，在环境条件合适时均可能发生。

五、发病规律

土壤缺钾的棉田容易引发棉红（黄）叶枯病。一般在棉花生长后期开始发生，即 7 月底至 8 月初开始发生。此时，棉花正处于花铃期，是棉铃成长的盛期，棉株需要大量营养，如果此时各种营养，尤其是氮、磷、钾供应不足，则棉红（黄）叶枯病将会大量发生。而在连作棉田，或高岗地、坑头地、沙性重的土壤以及黏性重的黄泥地等保水肥性差的棉田，再加上遇到干旱缺水，该病就可能大发生。

六、防治技术

棉红（黄）叶枯病一旦发生尚缺乏有效的防治措施，应立足于早期综合防控。

1. 平衡施肥 根据棉花需肥规律，施足底肥，增施有机肥，重施花铃肥，补施桃肥。合理施用微肥、叶面肥。

2. 及时化控，培育理想株形 在化调过程中应遵循“早、轻、勤”的原则。生育期化控 5 次，分别在 2～3 片叶、6～7 片叶、10～11 片叶、13～14 片叶和打顶后化控，缩节胺用量可根据当时的苗情、气候等环境条件确定，可塑造理想的株形，使棉花正常稳健生长，增加新叶数量。对抗虫棉可采用控制前期结铃，对中下部果枝在有 2～3 个铃后即应将边心摘除，同时在后期增施花铃肥，尤其是磷、钾肥，调节棉花的库源比例，促进根系发育，增强植株生长势，防止早衰。

3. 加强水肥管理 干旱时及时灌水，保证棉花在花铃期的水肥需求，以保证棉花高产稳产。因此，棉花生长季节遇到伏旱、高温年份，棉田出现旱象时，应及时灌水 2～3 次。而在旱塬地区应勤中耕，以减少土壤水分的蒸发，减轻该病的发生。

简桂良（中国农业科学院植物保护研究所）

第 11 节　棉角斑病

一、分布与危害

棉角斑病是棉花上的一种细菌性病害，主要侵害叶片和棉铃。近年来，随着我国棉花种子的产业化、包衣化以及海岛棉种植面积的减少，我国棉角斑病比较少见报道。20 世纪 80 年代以前棉角斑病在我国陕西、甘肃、新疆、四川、河南、河北、山东、山西、江苏、安徽等地发生过。在世界上该病主要分布于美国、印度、埃及等国以及中亚、西南欧，在澳大利亚、非洲和南美洲一些产棉国家发生较多，是美国、澳大利亚、埃及等国的主要病害。棉角斑病主要侵害棉花，也可侵害大麦、黑麦和一些禾本科杂草。病害大流行年份可使棉花减产30%左右。

二、症状

棉角斑病不仅侵害棉苗，也侵害棉花成株的茎、叶及发育中的棉铃。子叶染病后呈水渍状不规则形或圆形病斑，逐渐转变成黑褐色，严重的子叶枯死脱落。真叶染病后叶背先产生深绿色小点，后扩展成油渍状，叶片正面病斑多角形，有时病斑沿叶脉扩展成不规则条状，致叶片枯黄脱落。茎染病后出现水渍状病斑，后扩大变黑或腐烂，病部凹陷，病苗弯向一边。顶芽染病形成“烂顶”。棉铃染病初生油渍状深绿色小斑点，后扩展为近圆形或多个病斑融合成不规则形，褐色至红褐色，病部凹陷，幼铃脱落，成铃部分心室腐烂。湿度大时，病部分泌出黏稠状黄色菌脓，干燥条件下变成薄膜或碎裂成粉末状（彩图6-11-1）。

三、病原

棉角斑病病原为地毯草黄单胞菌锦葵变种［*Xanthomonas axonopodis* pv. *malvacearum*（Smith）Vauterin，Hoste，Kersiers et al.］，属薄壁菌门黄单胞菌属。菌落圆形，淡黄色有光泽，边缘整齐，革兰氏阴性，菌体短杆状，两端钝圆，大小为（1.2～2.4）μm×（0.4～0.6）μm，极生单鞭毛，常成对聚成短链状。以棉籽短茸带菌为主，土中病残体也可带菌。

四、病害循环

病菌在棉籽（主要是短茸）、土壤中的病残体上越冬，是棉角斑病的初侵染菌源，当棉籽发芽时或幼苗出土后，潜藏于种子病残体上的病菌即能侵染棉苗子叶和幼茎。在气候条件适宜的情况下，病菌大量繁殖，成为田间发病的菌源，并借风雨和蚜虫传播，造成再侵染，引起棉花叶片、茎秆、棉铃等发病。这样周而复始地多次侵染循环，构成该病大发生。

五、流行规律

（一）棉角斑病的传播扩散及其侵染条件

1. 传播与扩散 棉角斑病是一种依靠风、雨、昆虫等传播的病害，其远距离传播主要依靠种子带菌。一旦带菌种子发芽，首先侵入棉苗子叶，并在病斑上产生细菌溢脓，形成再侵染菌源，借助气流、雨水飞溅及昆虫携带进行传播和扩散。

2. 病菌萌发条件 棉角斑病菌的寿命与日光照射的时间长短及温、湿度的高低有密切关系。据报道，角斑病菌经日光照射后，40℃以上和0℃以下均很快死亡，但其休眠体对不良环境的抵抗力很强，在干燥条件下可耐80℃的高温和－21℃的低温。病菌生长适温25～30℃，最高38℃，最低10℃，最适合pH6.8，但在pH6.1～9.3均可生长。

3. 侵染过程及侵染条件 棉角斑病菌一般随着种子发芽，首先侵入棉苗子叶，并在病斑上产生细菌溢脓。在成株期棉角斑病菌在叶片上遇合适的温、湿度条件即成对数级繁殖，沿着叶片叶脉扩散，从棉花组织中吸取养料和水分。在土壤温度16～20℃开始发生，土壤湿度40%左右，土温27～28℃发病最迅速，30℃以上则很少再发病。

（二）棉角斑病流行规律

棉角斑病从3月下旬（南方）至5月上、中旬（北方）开始显病。在以当地越冬菌源为主的地区，棉角斑病一般先从子叶开始发生，逐步向上蔓延，最后导致植株严重发病。在没有越冬菌源的地区，棉角斑病的菌源依靠种子带菌，一般在棉花出苗即开始发生。该病严重与否，病原菌存在和品种抗性是先决条件，而温湿度是决定该病流行的重要因素，当气温为26～30℃，空气相对湿度60%～85%时，最适合发病。高湿是病原菌侵入的必要条件，而相对高温是促进病原菌增殖的主要因素，所以，7～8月多雨，空气相对湿度大，气温又相对比较高的年份，该病容易流行。病菌侵入棉株的主要途径是气孔和伤口，故暴风雨、虫害、机械伤口均有利于病菌的侵入；而风雨和昆虫是病原菌的主要传播媒介，因此，在棉花生长季节遭遇台风和暴风雨，该病往往蔓延迅速，流行成灾。

（三）棉角斑病菌的生理专化现象

棉角斑病菌是一种专化性寄生菌，菌种内存在一些彼此在形态上没有明显差异，但在致病性方面有所区别的生理小种。一个特定的生理小种只能侵害棉花的一些品种，对另一些品种不造成危害。

棉角斑病菌生理小种类型多、变异快，一个品种是否抗角斑病主要决定于它对当地的优势小种是否能够抵抗。抗病品种大面积推广种植后，多者经过 8～10 年，少者经过 3～5 年，其抗性往往就会“丧失”。国外已报道的生理小种有近 30 个，但我国由于该病很少大面积流行，没有这方面的研究。

六、防治技术

（一）选用抗（耐）病丰产良种

棉花不同种、陆地棉不同品种对角斑病的抗性差异非常明显，利用抗病良种是防治该病最经济、有效的措施，美国和澳大利亚等常年开展抗角斑病品种选育，不同时期培育出大量抗角斑病良种。

（二）农业防治

参见棉轮纹叶斑病。

（三）化学防治

1. 种衣剂的应用 这是目前生产上最切实可行的防治苗期角斑病的方法。种衣剂如 63%吡·萎·福美双种衣剂、63%吡·萎·福干粉种衣剂、20%克百·多菌灵种衣剂、2.5%咯菌腈悬浮种衣剂等，不同生态区应根据具体情况采用相应的种衣剂。

2. 化学防治 在棉花齐苗后，遇到寒流阴雨，棉角斑病等叶部病害就可能发生，要在寒流来临前喷药保护。防治角斑病应当与防治其他真菌类叶斑病结合进行，在控制真菌叶斑病的药剂 1∶1∶200 波尔多液、65%代森锌可湿性粉剂 250～500 倍液、25%多菌灵可湿性粉剂 300～1 000 倍液、50%克菌丹可湿性粉剂 200～500 倍液等中加入抗生素类药剂即可控制棉角斑病。

简桂良（中国农业科学院植物保护研究所）

第 12 节　棉茎枯病

一、分布与危害

棉茎枯病发生分布范围广，一直受到国内外广大植保工作者的重视。该病在我国属于偶尔发生的病害，新中国成立以来曾先后在辽宁、陕西、山西、河北、安徽、湖北、河南和山东等地严重发生，20 世纪 70 年代末在江苏、浙江、上海和甘肃等地有加重为害的趋势。但进入 80 年代以后，该病很少再有报道。而进入 21 世纪后，又有个别地区在转基因抗虫棉中再度出现，故仍然应关注其发生动向，防止其再度暴发。在世界上该病主要分布于美国、印度、巴基斯坦等国及澳大利亚、北非、东非和南美等局部区域。棉花感病后，生理机能遭到干扰和破坏，生长受到影响，有时，甚至可以导致棉株死亡，使棉花几乎没有收成。

二、症状

棉茎枯病以侵害棉花叶片为主，有时也侵害茎秆、叶柄和蕾铃。①叶片：棉苗一出土，茎枯病菌就能侵害幼苗，在子叶上多出现紫红色的小点，以后扩大成边缘紫红色，中间灰白色或褐色的病斑。真叶受害后，最初边缘组织上出现紫红色，中间黄褐色的小圆斑，以后病斑扩大、合并，在叶片上有时出现不甚明显的同心轮纹，表面常散生小黑点状的分生孢子器，最后导致病叶干枯脱落。在长期阴雨高湿的条件下，还会出现急性型病斑。起初叶片出现失水褪绿状，随后变成像开水烫过一样的灰绿色大型病斑，大多在接近叶尖和叶缘处开始，然后沿着主脉急剧扩展，1～2d 内即可遍及叶片甚至全叶都变黑。严重时还会造成顶芽萎垂，病叶脱落，棉株落成光秆。②叶柄与茎：叶柄发病多在中、下部，茎枝部受害多在靠近叶柄基部的交界处及附近的枝条下。开始先出现红褐色小点，继则扩展成暗褐色的梭形溃疡斑，其边缘紫红色，中间稍凹陷，病斑上常生有小黑点。后期严重时病斑扩大包围或环割发病部分，外皮纵裂，内部维管束外露，这是茎枯病的一个主要特征。叶柄受害后易使叶片脱落，茎部受害后可使茎枝枯折，故名茎枯病。③蕾铃：病菌能侵染苞叶和青铃，苞叶发病是青铃的直接侵染源。青铃受害后，铃壳上先出现黑褐色病斑，以后病斑迅速扩大，使棉铃腐烂或开裂不全，铃壳和棉纤维上有时会产生许多小黑粒（彩图 6-12-1）。

三、病原

棉茎枯病病原是棉壳二胞（*Ascochyta gossypii* Syd.），属子囊菌门壳二胞属真菌。分生孢子器近球形，黄褐色，顶端有稍为突起的圆形孔口。在显微镜下压迫孢子器或孢子器吸水膨胀，即有大量的器孢子从孔口射出。器孢子卵形，无色，单胞或双胞，双胞的约占 1/5，单胞的两端各有 1 个小油点。在马铃薯琼脂蔗糖培养基上，病菌不产生孢子，菌落呈橄榄色，老菌丝呈深褐色。孢子球形或卵圆形，淡黄色，大小为（18～28）μm×（18～24）μm，表面有微小细刺，散生 6～12 个芽孔。冬孢子菱形或棒形，大小为（30～53）μm×（12～20）μm，顶端平截或圆，褐色，下部色较浅，一般为双细胞，偶见单细胞或三细胞，顶端壁厚 3～5μm，横隔处稍缢缩，柄短，有色，不需冷冻处理便可萌发。

四、病害循环

棉茎枯病的初次侵染菌源，在病区以土壤带菌为主，病菌以菌丝体及孢子器在病残体上越冬，能在土壤中存活两年以上；在新棉区，种子带菌是最主要的初侵染源。当棉籽发芽时或幼苗出土后，潜藏于种子内外的以及病残体上的菌丝体、孢子即能侵染棉苗子叶和幼茎。在气候条件适宜的情况下，病菌产生大量的孢子，成为田间发病的菌源，并借风雨和蚜虫传播，造成再侵染。周而复始地多次侵染循环，构成该病大流行。

五、流行规律

棉茎枯病是一种偶发性病害，须在特定的环境气候条件下才发生。一般持续 4～5d 相对湿度在 90%以上的多阴雨天气，日平均气温为 20～25℃，即有可能引起茎枯病大流行。在发病期间若伴有大风和暴雨，造成棉株枝叶损伤，则更有利于病菌的侵染和传播。由于蚜虫的为害，棉株上出现大量伤口，为病菌侵入提供了条件。因此，蚜虫为害严重的田块，茎枯病就严重。棉田密度过大，施氮肥过多，会造成枝叶徒长，如果再加管理粗放，整枝措施跟不上，棉株荫蔽，通风透光不良，棉田湿度大，茎枯病就会加重。由于大量的茎枯病菌随病残体在土壤中越冬，所以连作棉田的茎枯病比轮作换茬棉田严重。

六、防治技术

（一）农业防治

1. 实行轮作换茬 棉花与禾谷类作物如稻、麦等 2～3 年轮作一次，可有效地减轻棉茎枯病的发生与为害。

2. 合理密植，及时整枝 水肥条件充足的棉田，应特别注意合理密植，不施过量的氮肥，配合适量磷、钾肥，使棉株生长稳健。中后期要及时打老叶、剪空枝，以改善棉田通风透光条件。

3. 清洁棉田 棉花收获后，要清理田间的残枝落叶和得病脱落的棉铃，作燃料或就地烧掉，同时要进行秋季（冬季）深翻耕，以消灭越冬菌源。

（二）化学防治

在气候条件适合茎枯病发生的时期，要经常注意天气的变化，抢在雨前喷药保护。药剂可用 1∶1∶200 波尔多液，75%百菌清可湿性粉剂或 50%克菌丹可湿性粉剂 500 倍液，65%代森锌可湿性粉剂600～800 倍液，25%多菌灵可湿性粉剂 1 000 倍液等。同时要注意防治蚜虫。

简桂良（中国农业科学院植物保护研究所）
马平（河北省农林科学院植物保护研究所）

第 13 节　棉铃疫病

一、分布与危害

棉铃疫病是棉花铃期的主要病害，其发病率及为害居各种铃病的首位。在我国，黄河流域棉区和长江流域棉区棉铃疫病发生严重，新疆棉区很少发生。在世界上该病分布于美国、印度、巴基斯坦、澳大利亚等产棉国家。近年来，由于 8～9 月降水量的增多，棉铃疫病发生非常严重。原本棉花已搭好了丰产架子，却因为棉铃疫病的发生导致减产，严重影响了棉花的产量和品质。据统计，棉铃感病后，轻的形成僵瓣，重的全铃烂毁。在腐烂的棉铃中 65%全无收成，20%形成僵瓣，15%的后期轻烂铃可以收获一些籽棉。烂铃多是中下部的棉铃，对产量的影响很大。通常我国北部棉区比南部棉区烂铃轻，一般棉田烂铃率为 5%～10%，多雨年份可达到 30%～40%。长江流域棉区常年烂铃率 10%～30%，严重的达 50%～90%以上。

二、症状

棉铃疫病主要侵害棉铃，多发生于中下部果枝的大铃上。发病多从棉铃基部萼片下面开始出现，其次在铃缝、铃尖及铃表面等部位也能侵染发病，初生淡褐、淡青至青黑色水渍状病斑，一般不软腐，形状不规则，边缘颜色渐浅，界限不明显。病斑不断扩散，扩展极快，3～5d 后整个棉铃变为光亮的青绿至黑褐色病铃（彩图 6 - 13 - 1）。病原菌侵染后，很快侵染中柱、心皮及种子外皮，这些部分变青色或青褐色。随后几天内在铃表面局部生出一层薄薄的白色霜霉状物。通常情况下，病铃很快被其他腐生菌或弱寄生菌侵染，疫病症状被掩盖，棉铃逐渐腐烂，棉絮变成僵瓣。

三、病原

我国棉铃疫病病原为苎麻疫霉（*Phytophthora boehmeriae* Sawada），其特性见棉苗疫病部分。

四、病害循环

棉铃疫病的侵染循环与棉苗疫病是同一循环上的不同阶段。铃期的疫病病原菌是棉苗上的病菌落入土中，或潜伏在棉株内，在铃期再次侵害。侵染循环图见棉苗疫病侵染循环图。

五、发病规律

（一）棉铃疫病的发生和流行

棉铃疫病受气候条件（主要是降雨）、棉株生育期和栽培管理措施、棉花品种等多种因素的影响。其中，降雨和棉株生育期的配合对疫病的发生和流行起着决定性的作用。

气候条件：一般大雨或连阴雨 3～5d 后，就会出现烂铃，特别是 8 月中、下旬雨水多，烂铃发生早，发生严重。如果遇到 9 月雨量比较多的年份，气温降低，疫病于 9 月中旬至 10 月初仍然可以在近成熟的棉铃上发生。

棉株生育期：棉株生长旺盛，叶色深绿，硝态氮含量高，易受疫病菌的侵染。

栽培条件：种植密度大，棉田荫蔽，易烂铃；黏土及低洼地烂铃多；7～8 月灌水多，土壤湿度大，烂铃率高；迟栽晚发和后期施氮肥偏多的棉田发病重。如整个棉铃生长期光照足，高温少雨，烂铃发生极轻，疫病发生少。棉株生长过旺，即使下雨不多，但棉株下部小气候湿度过大，也可使疫病发生严重。凡倒伏地面或受过水淹果枝的棉铃，发病重。

（二）棉铃疫病菌的越冬存活

张家清等报道厚垣孢子是棉铃疫病菌的主要越冬形态，马平等研究表明棉铃疫病菌主要以两种形态即孢子囊和卵孢子存活于棉田土壤中的病残体上，其中孢子囊可存活 3～4 个月，在棉花生长季节病原菌再侵染过程中起着重要的作用，但孢子囊不是棉铃疫病病原菌的越冬菌态。卵孢子在棉田地下 10～20cm 处的病残体（棉铃壳与棉籽）及 CA 培养物上，历经冬季 0℃以下 76d，其中最低温度为−2.8℃，存活 300d

以后，其存活率仍高达48.8%。越冬后的卵孢子能够侵染第二年的棉铃和棉苗并导致发病，证实了卵孢子不仅是棉铃疫菌的越冬菌态，而且也是棉铃疫病的初侵染来源。

郑小波等研究表明棉铃疫病菌卵孢子在土壤中经160d左右埋存越冬后仍有较高存活率；离体卵孢子可以单独在土壤中存活，并在次年引起棉苗发病。棉铃疫病菌卵孢子抵抗不良环境的能力极强，可以在土壤耕作层越冬，作为来年病害的初侵染源。值得重视的是棉铃疫病菌卵孢子不依赖病组织保护，能够单独在土壤中存活，说明棉铃疫病菌是土壤习居菌。棉铃疫病菌在培养基平板上或培养液中不产生或偶尔产生厚垣孢子，而卵孢子大量产生，经对病组织透明镜检，结果与培养基上观察到的结果相似。从菌株3cm×3cm（厚0.2～0.3cm）的培养基物中可提取到14万～20万个卵孢子，从一片病棉苗子叶中可提取到上万个卵孢子，均表明卵孢子的形成在棉铃疫病菌生活史中具有重要的生物学和生态学意义。

棉铃疫病菌在自然条件下可以同宗配合产生大量卵孢子，且卵孢子在土壤中越冬后具有较高的存活率，因此认为棉铃疫病菌的主要越冬形态是卵孢子，并作为次年病害的主要初侵染源。

（三）棉铃疫病菌的侵染行为

棉铃疫病菌游动孢子存在向植物体表伤口聚集的现象，这种现象没有专一性。在棉叶、棉铃以及非寄主菜豆叶片上均可发生。无伤接种时，游动孢子向植物体表一些特殊位点聚集，在棉花子叶和真叶上，游动孢子向腺体聚集的倾向尤为突出；在棉铃上，除腺体外，气孔及其周围组织也有大量游动孢子聚集休止；在菜豆叶片上，叶毛基部也是主要的聚集部位。休止于棉铃表面气孔及其周围组织的游动孢子很快萌发，往往不形成附着胞，而以芽管直接侵入气孔；休止孢能在棉铃气孔保卫细胞上产生附着胞。铃表气孔保卫细胞的蜡质等保护结构最为薄弱。

六、防治技术

（一）物理防治

清洁田园，减少初始菌源量；在棉田行间铺设麦秆、塑料薄膜阻隔土壤中的病原菌随水流向上飞溅；早摘烂铃，疫病烂铃都是铃皮先感病，全铃变黑后，内部棉絮仍完好，因此，在棉铃初发病时及时摘下晾晒或用照明灯烘烤，既能收获棉絮，又能防止病铃再传染。

（二）农业防治

1. 间作套种 在不同的种植区域采用不同的间作套种模式。比如在长江流域棉区，采用麦棉间作套种和麦棉瓜间作套种模式，不仅减轻了棉铃疫病的发生，同时增加了经济效益。在黄河流域棉区，采用蒜—棉、葱—棉、瓜—棉、豆—棉等间作套种，可有效降低棉铃疫病的发生。

2. 栽培措施 防止棉株生长过旺，枝叶过密、郁闭，而使田间湿度过大；防止铃期棉株氮素含量过高，以增强抗倒、抗病能力；同时要防止棉株铃期早衰。高畦栽培，能改善通风透光条件，降低湿度，减少烂铃；要做好棉田排水，在多雨或灌溉后，能及时排除积水，降低田间湿度，减少病菌滋生和侵染机会。防止棉株倒伏，做好棉株培土垫根工作，有利于减轻铃期倒伏；遇台风暴雨袭击，要及时扶理倒伏的棉花，推株并垄，利于散失水分，尤其可使棉铃脱离地面，明显减少烂铃。

（三）化学防治

主要是采取药剂防治，可选用80%三乙膦酸铝可湿性粉剂500～800倍液，46.1%氢氧化铜水分散粒剂800～1 000倍液，1∶1∶200波尔多液，80%代森锌可湿性粉剂200～400倍液，70%代森锰锌可湿性粉剂200～400倍液，25%甲霜灵可湿性粉剂500～700倍液。药液用量：特早熟棉区每667m^{2}不少于100kg，中熟棉区不少于125～150kg。喷药时间和次数：在盛花期后1个月（约7月底8月初）开始喷药，每隔10d左右，喷药1次。北方根据当年雨季长短可喷2～5次；南方根据雨季早晚、长短可喷2～4次。喷药要求：由于烂铃主要发生在棉株下部，所以必须把药剂均匀喷洒在棉株1/3～1/2的下部棉铃上，才能生效。

马平　鹿秀云（河北省农林科学院植物保护研究所）

第 14 节　棉铃红腐病

一、分布与危害

棉铃红腐病是腐生性烂铃病害。我国棉铃红腐病每年都有不同程度的发生和为害，主要发生在陕西、甘肃、新疆、四川、河南、河北、山东、山西、江苏、安徽、辽宁、江西等地。在世界上该病主要分布于美国、印度、巴基斯坦、澳大利亚等国以及中亚、西班牙、希腊、非洲和南美洲一些产棉国。棉铃红腐病菌的寄主范围很广，不仅侵害棉花，同时可侵害绿豆、蚕豆、豌豆、茄子、番茄、辣椒、西瓜、油菜、萝卜、小麦、大麦、玉米、高粱、甘蔗和一些禾本科杂草以及大量花卉等植物。棉铃感病后，棉铃腐烂，不能开裂，棉纤维被破坏；为害轻的，即使棉铃可以开裂，但铃重下降，棉纤维质量变劣，棉籽不能利用。

二、症状

棉铃红腐病多发生在受伤的棉铃上。当棉铃受疫病、炭疽病或角斑病侵染后，以及受到虫伤或有自然裂缝时，最易引起棉铃红腐病。病斑没有明显的界限，常扩展到全铃，在铃表面长出一层浅红色的粉状孢子或满盖着白色的菌丝体。病铃铃壳不能开裂或只半开裂，棉瓤紧结，不吐絮，纤维干腐（彩图 6-14-1）。

三、病原

棉铃红腐病由多种镰孢菌引起，主要有拟轮枝镰孢［*Fusarium verticillioides*（Sacc.）Nirenberg］和木贼镰孢［*F. equiseti*（Corda）Sacc.］，在我国主要的致病菌为拟轮枝镰孢菌，属子囊菌无性型。其培养性状参见棉苗红腐病。

四、病害循环

棉铃红腐病的侵染循环与棉苗红腐病是同一循环上的不同阶段。铃期的红腐病菌是棉苗上的病菌落入土中，或潜伏在棉株内，铃期时再次侵害。而铃期严重的棉铃红腐病，其病铃或铃壳掉落在土壤中，这些病残体则成为次年的主要侵染源，完成其侵染循环。侵染循环图见棉苗红腐病。

五、流行规律

（一）棉铃红腐病菌的传播扩散及其侵染条件

1. 传播与扩散　棉铃红腐病是一种依靠气流和雨水飞溅等复合传播的病害。分生孢子遇到轻微的气流，就会从孢子堆中飞散出来，风力弱时，孢子只能传播至邻近棉株上；气流强时，强大的气流可将大量的孢子吹送至空中，随气流传播到其他棉田棉花上侵染为害。同时，病原菌可以随着雨水飞溅等从土壤中传播到棉铃上侵染为害。而远距离传播与扩散主要依靠棉种携带。

2. 侵染过程及侵染条件　棉铃红腐病菌孢子落到感病棉花品种的棉铃上，遇合适的温、湿度条件即萌发长出芽管，沿着棉铃壳缝或已被其他病虫为害造成的伤口生长，菌丝沿着这些通道向棉铃内生长，钻入棉铃内，在其中长出侵染菌丝，从棉花组织中吸取养料和水分，孢子萌发侵入寄主的过程即告完成。孢子的萌发和侵入都要求一定的温度和合适的相对湿度。在适宜的温度条件下，相对湿度 80%以上且持续时间长时，病菌就可以侵入棉铃。

（二）流行规律

棉铃红腐病发病率的高低年际差异较大，但发病的起止时期及发病盛期在同一地区却大体一致。一般开始发生于 8 月上旬，8 月下旬（有的年份是中旬）为发病盛期，9 月上旬以后，如果遇到秋季阴雨年份则发病率比较高，甚至直到 10 月还可以看到有零星发生。发病时间前后延续近 3 个月，但主要发生在 8 月上旬至 9 月上旬的 40d 中，而尤以 8 月中、下旬最为重要。棉铃红腐病严重与否与 8～9 月的降雨有密切关系，特别是在 8 月中旬至 9 月中旬的 1 个多月内，雨量和雨日的多少是决定全年该病轻重的重要因素。发病率的高低与这个时期的降雨量呈正相关。在同一地区，该病发病率的年际差异相当大，这主要是受降雨的影响。棉铃红腐病菌的滋生及侵染棉铃，需要有一定的温度条件，生长最适宜的温度为19～24℃，湿度80%以上且持续时间长时，该病则可能严重发生。

六、防治技术

（一）农业防治

1. 清洁田园，减少初始菌源量

2. 整枝摘叶，改善棉田通风透光条件 在生长茂盛的棉田整枝摘叶，使通风透光良好，降低湿度，对减少该病害有一定的作用。

3. 抢摘病铃，减少损失 在棉铃红腐病开始发生时，及时摘收棉株下部的病铃，在场上晒干或在室内晾干，再剥壳收花，不仅可以减少病菌由下而上传播，而且可减轻受害棉铃的损失。因而及早动手，抢摘病铃是既容易做到又见效较快的措施，这在长江流域棉区是防治棉铃病害的主要措施。

4. 利用植株避病特性，培育抗病品种 一般说来，晚熟、铃大、果枝长及果节节间长的品种棉铃病害较轻，而早熟、铃多及果枝短的品种感病较重。但因环境及生育状况不同，表现不稳定。

（二）化学防治

在铃病发生前喷洒化学药剂具有一定的防治效果，如棉花铃期8月上旬、中旬和下旬喷洒1∶1∶200波尔多液2～3次，能明显减轻棉铃病害率。

简桂良（中国农业科学院植物保护研究所）
马平（河北省农林科学院植物保护研究所）

第15节 棉铃黑果病

一、分布与危害

棉铃黑果病是棉花烂铃病中的一种。该病在我国每年都有不同程度的发生和为害，主要发生在陕西、甘肃、新疆、四川、河南、河北、山东、山西、江苏、安徽等地。该病在世界上主要分布于美国、印度、巴基斯坦以及中亚、西南欧棉区，在澳大利亚、中南非和南美棉花生产国发生也较多。棉铃黑果病菌寄主范围比较广，除侵害棉花外，也可侵害花生、扁豆、绿豆、甜瓜等农作物。

二、症状

棉铃黑果病以侵害棉铃为主，多在结铃后期侵染棉铃，棉铃一般在受伤的情况下发病，病菌也可直接穿入铃壳果皮侵害棉铃，受害的棉铃后来出现一层绒状黑粉，这是由分生孢子器散出来的分生孢子。通常病铃发黑，僵硬，多不开裂（彩图6-15-1）。

三、病原

棉铃黑果病病原为可可毛壳单隔孢［*Lasiodiplodia theobromae*（Pat.）Griffon et Maubl.；异名：*Diplodia gossypina* Cooke，*Botryodiplodia theobromae* Pat.］，属子囊菌无性型壳色单隔孢属。菌落圆形，深褐色，菌丝淡褐色，有分枝，呈锐角分枝；分生孢子器球形，黑褐色，往往埋生于铃壳表皮下，顶端有乳头状孔口，直径300～400μm；分生孢子梗细，不分枝；分生孢子椭圆形，初无色，单胞，成熟后变褐色，双细胞，大小为（14.5～29.5）μm×（9.6～14.0）μm。其有性型为子囊菌门棉囊壳孢菌（*Physalospora gossypina* Stevens），子囊座丛生，黑色，大小为250～300μm，子囊长90～120μm，子囊孢子单生，无色，大小为（24～42）μm×（7～17）μm。病菌菌落在PDA培养基上为黑色，有菌丝，无孢子。一般只在燕麦粉培养基上才能诱导产生分生孢子器。

四、病害循环

可可毛壳单隔孢是一个弱寄生菌，不能直接侵入完好的棉铃，也不侵染棉花的其他器官，只在棉铃上有虫害和机械损伤，以及其他强寄生菌侵害的棉铃上侵入为害。棉铃黑果病菌主要在各棉区的病残体中以潜伏菌丝或孢子越冬，次年秋季棉花结铃后潜伏菌丝长出分生孢子，反复侵染棉花，直至棉花生长中后期。如此春去秋来，循环往复，构成棉铃黑果病的侵染循环。

五、流行规律

棉铃黑果病一般开始发生于 8 月上旬，8 月中、下旬为发病盛期，9 月下旬以后，一般不再发生。在新疆等西北内陆棉区，棉铃黑果病一般在 7 月下旬开始发生，主要发病期在 8 月中旬至 9 月中旬，而以 8 月底到 9 月上、中旬损失最重，9 月下旬以后即减少。棉铃黑果病与 7～9 月的降雨有密切关系，特别是在 8 月中旬至 9 月中旬的一个多月内，雨量和雨日的多少是决定全年该病轻重的重要因素。棉铃黑果病菌最适宜致病的温度为 25℃左右，在 15～30℃范围内都能侵染棉铃，相对湿度 85%以上且延续 4d 以上时，该病则可能严重发生。

六、防治技术

参见棉铃红腐病。

简桂良（中国农业科学院植物保护研究所）
马平（河北省农林科学院植物保护研究所）

第 16 节　棉铃炭疽病

一、分布与危害

棉铃炭疽病在我国各棉区均有发生，北方棉区发病率较低，长江流域棉区一般发生较重。在美国东南部及南部地区、科特迪瓦、塞内加尔、乌干达和中非等地区都有发生。棉铃受炭疽病侵害后，常内部烂毁或成为僵瓣，铃重下降，品质变劣。

二、症状

棉铃炭疽病不仅侵害棉铃，同时也侵害棉苗的根、幼嫩叶片及成株期的叶片等器官。病铃最初在铃尖附近发生暗红色小点，逐渐扩大成褐色凹陷的病斑，边缘紫红色，稍隆起。气候潮湿时，在病斑中央可以看到红褐色的分生孢子堆（彩图 6-16-1）。受害严重的棉铃整个溃烂或不能开裂。在苗期炭疽病严重的棉田，生长后期棉铃炭疽病发生往往也较多。棉铃炭疽病菌可以直接侵染无损伤的棉铃。棉铃炭疽病菌有两种，一是棉刺盘孢菌，另一种为印度刺盘孢菌，这两种病原菌引起的棉铃炭疽病症状有不同，棉刺盘孢菌引起的棉铃炭疽病初为暗红色小点，逐渐扩大成褐色凹陷的病斑，中央为暗黑色，上面有橘红色黏性物，为分生孢子；而印度刺盘孢菌引起的棉铃炭疽病病斑初呈水渍状，后变褐色凹陷，上面散生小黑点，为分生孢子盘。

三、病原

棉铃炭疽病病原为棉炭疽菌（*Colletotrichum gossypii* Southw.）和印度炭疽菌（*C. indicum* Dast.），属子囊菌无性型炭疽菌属。我国棉铃炭疽病的病原菌主要是棉炭疽菌，孢子盘内排列有不整齐的褐色刚毛，长 100～150μm，刚毛顶端尖而透明，基部黄褐色，有 2～5 个分隔。分生孢子梗短而透明，大小为（12～28）μm×5μm。分生孢子单胞，长椭圆形或短棒形，一端或两端有油滴，无色，大小为（9～26）μm×（3.5～7）μm，多数聚结则呈粉红色，着生于分生孢子盘上。主要以菌丝及分生孢子在种子外短茸内潜伏越冬，种子内及土中病残体也能带菌。

四、病害循环

棉铃炭疽病菌主要在棉花各种病残体，包括种子中以潜伏菌丝或孢子越冬。春季棉花播种后潜伏菌丝长出孢子，首先侵染萌发的种子，待根长出后，一旦环境条件合适就可侵入根部，造成烂根烂种。而棉苗出土后，即可侵染子叶和真叶，反复侵染棉花，直至棉花生长中后期病菌孢子随雨水和气流侵染棉铃和衰老的叶片。被侵害的棉花各组织器官又成为病残体遗落到棉田中，成为次年的侵染源。如此春去秋来，循环往复，构成棉苗炭疽病及棉铃炭疽病的侵染循环。

五、流行规律

1. 棉铃炭疽病菌的传播与扩散 棉铃炭疽病是一种气流传播病害，孢子盘内的孢子遇到轻微的气流，就会从孢子盘内飞散出来。风力弱时，孢子只能传播至邻近棉株上。当菌源量大、气流强时，可随气流传播到更远棉株的棉铃上侵害，使大面积的棉铃受到侵染。

2. 棉铃炭疽病菌萌发条件 棉铃炭疽病菌孢子萌发的最低温度为10℃，最适致病温度为25～30℃，最适相对湿度在80%以上。相对湿度低于70%时，不利于该病的流行。

3. 棉铃炭疽病菌侵染过程及侵染条件 棉铃炭疽病菌孢子落到感病棉铃品种的叶片上，遇合适的温、湿度条件即萌发长出芽管，在铃尖或铃壳接缝处表皮开始生长。长出侵染菌丝和吸器，伸入附近细胞内，用以从棉铃组织中吸取养料和水分，到此时，棉铃炭疽病菌孢子萌发侵入寄主的过程即告完成。棉铃炭疽病菌孢子的萌发和侵入与相对湿度关系密切，只有相对湿度达到85%以上，孢子才能萌发和侵入。因此，只要在相对比较高的温度条件下，再加上适宜的空气湿度，棉铃炭疽病菌就可以侵入棉铃。

六、防治技术

参见棉铃疫病。

简桂良（中国农业科学院植物保护研究所）

第17节 棉铃红粉病

一、分布与危害

棉铃红粉病是常见的棉铃病害之一，在我国各主要产棉区每年都有不同程度的发生和为害。该病在世界上主要分布于美国、印度、巴基斯坦、澳大利亚等国，以及中亚、西班牙、希腊、非洲和南美洲一些产棉国。棉铃红粉病主要侵害棉铃，影响棉花的产量和品质。

二、症状

棉铃红粉病以侵害棉铃为主，发病初期在铃壳及棉瓤上满布着淡红色粉状物，粉层较红腐病厚而呈块状，略带黄色，天气潮湿时呈茸毛状，故名棉铃红粉病，可导致棉铃不能开裂，棉瓤干腐（彩图6-17-1）。

三、病原

棉铃红粉病病原是粉红单端孢［*Trichothecium roseum*（Pers. ex Fr.）Link，异名：*Cephalothecium roseum* Corda］，属子囊菌无性型单端孢属真菌。分生孢子梗直立，线状，有2～3个隔膜，大小为（84.5～189.5）μm×（2.6～3.8）μm。分生孢子簇生于分生孢子梗的先端，梨形或卵形，无色或淡红色，双胞，中间分隔处稍缢缩，一端有乳头状突起。

四、病害循环

棉铃红粉病菌主要在各棉区的病残体中以潜伏菌丝或孢子越冬。翌年秋季棉花结铃后潜伏菌丝长出分生孢子，反复侵染棉花，直至棉花生长中后期病菌孢子随雨水和气流侵染已被寄生性强的病原菌为害或有虫伤和机械伤的棉铃组织器官，又成为病残体遗落到棉田中，成为次年的侵染源。如此循环往复，构成棉铃红粉病的侵染循环。

五、流行规律

棉铃红粉病的发病率年际差异较大，但发病的起止时期及发病盛期在同一地区却大体一致。棉铃红粉病一般开始发生比较晚，8月上旬至中旬才开始，9月上旬以后为发病盛期，如果遇到秋季阴雨年份则发病率比较高，甚至直到 10 月还可以看到有零星发生。在同一地区，该病发病率的年际差异相当大，这主要是受降雨的影响。棉铃红粉病生长最适宜的温度为 19～25℃，相对湿度 85%以上且延续时间长时，该病则可能严重发生。

六、防治技术

(一) 农业防治

参见“棉铃红腐病”，并合理施用氮、磷、钾肥，避免偏施、迟施氮肥而引起植株贪青晚熟；在土壤湿度大的地区，注意开沟排水，降低田间湿度，减轻棉铃发病程度，减少产量损失。

(二) 化学防治

在棉花铃期 8 月上旬、中旬和下旬喷洒 1∶1∶200 波尔多液 2～3 次，能明显减轻棉铃病害率。在治虫较彻底的棉田，单用波尔多液、代森锌、福美双防治棉铃病害，可达到 50%以上的防治效果。

简桂良（中国农业科学院植物保护研究所）

第 18 节　棉铃角斑病

一、分布与危害

参见棉角斑病。

二、症状

感病的棉铃开始在铃柄附近出现油渍状的绿色小点，逐渐扩大成圆形病斑，并变成黑色，中央部分下陷，有时几个病斑连成不规则形状的大斑。棉铃角斑病可以侵害幼铃，幼铃受害后常腐烂脱落；成铃受害，一般只烂 1～2 室，但亦可引起其他病害侵入而使整个棉铃烂掉（彩图 6-18-1）。

三、病原

同棉角斑病菌。

四、病害循环

棉铃角斑病与苗期的角斑病是同一循环上的不同阶段。铃期的角斑病菌是棉苗上的病菌落入土中，或潜伏在棉株内，在铃期再次侵害。角斑病菌可在土壤中长期存在并逐年累积。角斑病菌的传播主要是环境适宜时产生游动孢子，随土面雨水、水流蔓延。因此，多雨年份角斑病发生重。受侵害的棉铃到铃期又释放游动孢子，随雨水飞溅到棉铃上侵染。棉籽中也有角斑病菌，详细见棉苗角斑病。

五、流行规律

棉铃角斑病的发病率年际差异较大，一般开始发生比较晚，为 8 月上旬至中旬，9 月上旬以后为发病盛期，如果遇到秋季阴雨连绵年份，则发病率比较高。严重与否与 8～9 月的降雨有密切关系，特别是在 8 月中旬至 9 月中旬的 1 个多月内，雨量和雨日的多少是决定全年该病轻重的重要因素。该病发生最适宜的温度为 24～28℃，相对湿度 85%以上且延续时间长时，该病则可能严重发生。

六、防治技术

(一) 农业防治

整枝摘叶，改善棉田通风透光条件；抢摘病铃，减少损失（参见棉铃红腐病）。

(二) 化学防治

参见棉铃红腐病。

简桂良（中国农业科学院植物保护研究所）
马平（河北省农林科学院植物保护研究所）

第19节 棉铃灰霉病

一、分布与危害

棉铃灰霉病在我国各主要产棉区每年都有不同程度的发生。

二、症状

棉铃灰霉病以侵害棉铃为主。发病初期一般从有虫蛀等伤口的棉铃上或已被疫病侵扰的棉铃壳裂缝处开始发病，病原菌在这些伤口或壳缝处腐生为害，一旦温湿度合适，则迅速扩展，病铃表面长出灰茸状霉层，致使棉铃发生次生被害，最后严重时使棉铃停止生长，并成为干腐铃，不能开裂（彩图6-19-1）。

三、病原

棉铃灰霉病病原为灰葡萄孢（*Botrytis cinerea* Pers. ex Fr.），属子囊菌无性型葡萄孢属。分生孢子梗细长，数根丛生，深褐色，有分枝，一般在顶端有1～2次分枝，分枝顶端簇生葡萄穗状的分生孢子。分生孢子为短椭圆形，单胞，无色，聚集成堆，呈灰色，大小为（12～18）μm×（10～13）μm。病原菌可以形成菌核。

四、病害循环

棉铃灰霉病是一个次生性病害。一般从有虫蛀等伤口的棉铃上或已被疫病侵扰的棉铃壳裂缝处开始发病，病原菌在这些伤口或壳缝处腐生为害，一旦温湿度合适，则迅速扩展，致使棉铃发生次生被害。病残体遗落到棉田中，成为翌年的初侵染源，循环往复，构成棉铃灰霉病的侵染循环。

五、流行规律

1. 棉铃灰霉病的传播与扩散 棉铃灰霉病是一种气流传播病害，分生孢子遇到轻微的气流，就会从分生孢子梗中飞散出来，降落到已被其他侵染性强的棉铃病菌，如棉铃疫病菌侵染的棉铃壳裂缝、病斑，或虫蛀等伤口的棉铃上，开始发病。病原菌在这些伤口或壳缝处腐生侵染为害棉铃，导致棉铃腐烂，停止生长。

2. 棉铃灰霉病的流行规律 棉铃灰霉病是一种次生性病害，发病率的年际差异较大。一般开始发生比较晚，8月中旬才开始，9月上旬以后为发病盛期，如果遇到秋季阴雨，温度又比较高的年份则发病率比较高。棉铃灰霉病生长最适宜的温度为26～33℃，相对湿度85%以上且延续时间长时，尤其在8月中旬至9月中旬遇到台风等强降雨后，又接着高温高湿的年份，该病则可能严重发生。

六、防治技术

（一）农业防治

整枝摘叶，改善棉田通风透光条件；抢摘病铃，减少损失（参见棉铃红腐病）。

（二）化学防治

参见棉铃红腐病。

简桂良（中国农业科学院植物保护研究所）
马平（河北省农林科学院植物保护研究所）

第20节 棉铃软腐病

一、分布与危害

棉铃软腐病是棉铃病害的一种，其在国内外的分布及对棉花的为害参见棉铃红粉病。

二、症状

棉铃软腐病以侵害棉铃为主，发病初期棉铃出现深蓝色伤痕，有时呈现叶轮状褐色病斑，以后病斑扩大，发展成软腐状，上生灰白色毛，干枯时变成黑色（彩图6-20-1）。

三、病原

棉铃软腐病病原是黑根霉（*Rhizopus nigricans* Ehrb.），属藻菌纲毛霉目根霉属。培养菌落的菌丝生长茂盛，菌丝发达，有分枝，但一般无分隔。在病铃上有匍匐菌丝与假根。孢囊梗小，3根丛生，近褐色，顶端膨大，形成暗绿色球形的孢子囊，里面产生许多球形、单胞、浅灰色的孢囊孢子，直径1～24μm。孢子在5～33℃均可萌发，最适萌发温度为26～29℃。接合孢子黑色，球形，表面有突起，最适生长温度为23～25℃，低于6℃、高于30℃均不能发育。

四、病害循环

棉铃软腐病的病原菌以潜伏孢囊孢子在病残体或种子短茸等其他附着物上越冬，棉花进入花铃期后，在合适的环境条件下，潜伏在病残体上的孢子开始萌发，反复侵染棉铃，直至棉花生长中后期病菌孢子仍可繁殖蔓延为害。如此春去秋来，循环往复，构成棉铃软腐病的侵染循环。

五、流行规律

1. 棉铃软腐病菌的传播与扩散 棉铃软腐病是一种气流传播病害，病菌孢子遇到轻微的气流，就会从孢子囊中飞散出来，或借助雨水飞溅到棉铃上侵染为害。尤其是有伤口的棉铃更容易被害，其中害虫钻蛀的伤口往往成为该病菌侵入的最初通道，病原菌开始在这些伤口或铃缝处腐生扩散，造成棉铃腐烂。

2. 棉铃软腐病菌孢子萌发条件和流行规律 棉铃软腐病菌孢子萌发的最低温度为5℃，最适温度为26～29℃，最高温度为33℃；侵入最适温度为23～25℃。在平均气温为25℃左右，气温偏高的花铃期，雨水不多，但湿度又比较高的地区和年份，同时，虫害尤其是玉米螟发生比较重的年份，该病则可能严重发生。

六、防治技术

（一）农业防治

整枝摘叶，改善棉田通风透光条件；抢摘病铃，减少损失（参见棉铃红腐病）。

（二）化学防治

参见棉铃红腐病。

简桂良（中国农业科学院植物保护研究所）
马平（河北省农林科学院植物保护研究所）

第21节　棉铃曲霉病

一、分布与危害

棉铃曲霉病在我国各棉区都有发生，但不严重。在美国、印度、巴基斯坦和非洲产棉国家也有为害。棉铃曲霉病侵害后不仅使棉铃不能正常开裂吐絮，还使纤维长满孢子，干腐变质，影响棉花的产量和品质。棉铃曲霉病病原菌之一的黄曲霉在棉花种子上可产生黄曲霉毒素，影响棉籽粉和棉籽油的质量，为害人类健康。

二、症状

棉铃曲霉病以侵害棉铃为主。侵染后先在铃壳裂缝处产生黄褐色霉状物，以后变成黑褐色，将裂缝塞满，病铃不能开裂（彩图6-21-1）。

三、病原

棉铃曲霉病病原是曲霉属真菌（*Aspergillus* spp.），其中，黄曲霉（*A. flavus* Link ex Fr.）和黑曲霉（*A. niger* Tieghy.）比较常见，均属子囊菌无性型曲霉属。黄曲霉菌落起初略带黄色，最终成为褐绿色。分生孢子穗半圆形，分生孢子梗直立，不分枝，顶端膨大成圆形和椭圆形，上面着生12层瓶状小梗，呈放射状分布。分生孢子成串产生于小梗上，单胞、粗糙、球形，直径3～5μm。

四、病害循环

棉铃曲霉病菌主要在病残体中以潜伏菌丝或孢子越冬，也能深入到棉花种子中，使种子带菌，这些均为初侵染源。翌春产生分生孢子借气流传播，从伤口或穿透表皮直接侵入，在棉铃上营腐生的病菌分生孢子借风、雨传播蔓延，继续侵染有伤口、裂口的棉铃，使病害不断扩大。当年带菌的种子和病残体又为下一年病害发生提供了菌源，出现循环侵染。

五、流行规律

棉铃曲霉病被列为高温类型的棉铃病害。棉铃曲霉病菌在20～45℃时在棉铃纤维及种子上定殖发生，9月气温较高的年份发生重于较凉爽的年份。高湿条件下遇到高温（32℃及以上），病菌侵染力增强，能够沿着棉铃开裂的衰老组织和湿棉絮侵染。

棉铃曲霉病的发生轻重与虫害轻重有密切关系。虫害越重，棉铃曲霉病越重。

六、防治技术

1. 及时清理田间病铃，减少田间菌源。
2. 及时防治棉铃虫、棉田玉米螟、金刚钻等后期害虫，千方百计减少伤口。
3. 发病初期喷洒50%苯菌灵可湿性粉剂1 500倍液或50%异菌脲可湿性粉剂2 000倍液、70%代森锰锌可湿性粉剂400～500倍液、36%甲基硫菌灵悬浮剂600倍液。

简桂良（中国农业科学院植物保护研究所）
马平（河北省农林科学院植物保护研究所）

第22节　棉黑根腐病

一、分布与危害

棉黑根腐病在我国仅见于局部棉区发生的报道，主要发生在新疆局部地区，在世界上则是一些国家棉花上重要的病害之一。1922年首先在美国的亚利桑那州发现，为害损失重。世界上该病主要在美国、埃及、乌兹别克斯坦、塔吉克斯坦、秘鲁等少数产棉国见过报道。棉黑根腐病除侵害棉花外，还可侵染豆科、茄科、菊科、葫芦科、锦葵科、十字花科、兰科等20余科100余种植物，如棉花、烟草、茄子、番茄、大豆、蚕豆、菜豆、豌豆、黄瓜、芍药、一品红、秋海棠、西瓜、甜瓜、花生、胡萝卜、芹菜、葱、莴苣等，寄主范围很广。棉花感病后，正常生长受到很大影响，严重时可导致棉花成片死亡，使棉花几乎绝收。1979年曾经在新疆阿克苏农一师二团一块33hm^{2}的海岛棉发病，发病面积占87%，发病率70.2%，减产达到40%以上。1986年在新疆农一师十团海岛棉连作棉田的近30%棉株上发病。进入21世纪后，随着海岛棉种植面积的萎缩以及种子的包衣化和新疆棉区的全面地膜覆盖及滴灌技术的推广应用，该病大面积为害的事例已很少见。

二、症状

棉黑根腐病以侵害棉花根部为主，在苗期和成株期均可为害。在我国主要以侵害海岛棉为主，陆地棉受害轻，而亚洲棉则表现抗病。病苗主要症状为叶片皱缩不展或萎蔫，但不变色，随后倒伏死亡。病株根颈部和根部变黑褐色腐烂，湿度大时产生白灰色霉层，为分生孢子。皮层干腐易脆，常形成中空，很容易从土中拔起。纵剖根颈部和根部可见大部分根颈部往下10cm左右和地面以上2～3cm的木质部变成紫黑色腐烂，干后呈棕褐色，但茎部维管束不变色，病健处分界明显，呈黑褐色环状（彩图6-22-1）。

三、病原

棉黑根腐病病原是根串珠霉［*Thielaviopsis basicola*（Berk. et Br.）Ferraris］，属子囊菌无性型根串珠霉属。菌落为灰色，近圆形，呈放射状向四周生长，边缘整齐，菌落正面初期为乳白色，背面为灰白至灰绿色，短茸毛状，并有深褐色和灰白色相间的同心环带；菌丝无色至淡褐色，粗细不均，有分隔，由菌丝上长出分生孢子梗后，从1～4格开始分枝，一般一分为二，分生孢子梗顶形成分生孢子小梗。分生孢子有2种，内生分生孢子和厚垣孢子。分生孢子小梗顶端产生内生分生孢子，无色，短杆状，单胞，两端稍圆，各有1个油球，有时呈链状，大小为（13.3～25.5）μm×（3.1～5.4）μm。厚垣孢子簇生或单生于菌丝顶端或侧边，有时分生孢子梗上也可以产生厚垣孢子，往往1～8个深褐色厚垣孢子呈链状排列，其基部由1～3个浅色的薄壁细胞组成，棍棒状，大小为（40.8～67.5）μm×（10.2～12.7）μm。单个厚垣孢子圆形，大小为（10.0～15.0）μm×（5.0～8.0）μm。病原菌在5～30℃均可以生长，最适温度20～25℃，低于4℃和高于35℃均不能生长（图6-22-1）。

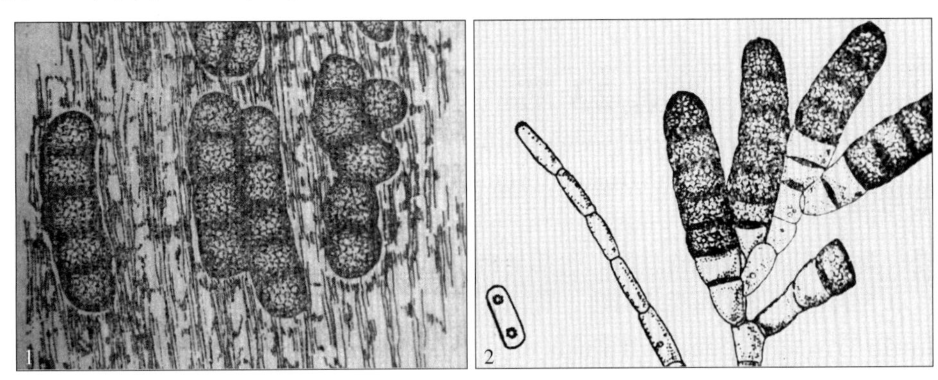

图6-22-1　根串珠霉（孙文姬提供）
Figure 6-22-1　*Thielaviopsis basicola*（by Sun Wenji）
1. 厚垣孢子　2. 分生孢子

四、病害循环

根串珠霉是一种土壤习居菌。主要以菌丝和厚垣孢子在土壤中的病残体上越冬。次年春天随着温度的上升和湿度的增加，在棉花播种后开始萌发侵入，首先从棉苗根毛的表皮侵入，进入皮层组织，并扩展到内胚层部，几天后即可产生分生孢子和厚垣孢子。并随流水和农事操作进一步蔓延扩散，形成再浸染，在环境条件合适时每年均可能发生棉黑根腐病。病株的病残体和遗留在土壤中的菌丝和孢子又成为第二年的侵染源。

五、流行规律

棉黑根腐病一般在棉花播种后即开始侵染，随着棉花的生长和温湿度等条件的满足，而快速发展。该病发生严重与否与温湿度关系密切，在土壤温度15～20℃时最适合病原菌的侵入和扩散，高于27℃和低于15℃很少发病。低洼棉田，连作的地块，土壤湿度大的棉田发病重，黏土比沙土发病重，中性和碱性土壤比酸性土壤发病重，贫瘠的田块比肥沃的田块发病重。但在棉苗3～4片真叶后，以及气温升高时病情发展变缓慢，土壤温度达到30℃该病即很难发展。进入秋天后，随着气温的回落，有利的气候条件重新出现，病情也迅速发展，叶片突然萎蔫下垂，全株迅速青枯，但叶片不立即脱落，根颈部肿大，病根从外到内变黑褐色，有时只有一半变色，或主根近末端部分不变色，须根变黑褐色。

六、防治技术

（一）种植抗病品种

该病主要侵害海岛棉，而陆地棉抗性比较好，基本上不侵害中棉。而海岛棉也有抗性好的品种，如

7718-235、C-6011、K102均表现出良好的抗性，但我国自育的海岛棉基本上没有抗性好的品种。在海岛棉中是存在抗病资源的，应加强对其的应用，将这些抗病资源的抗病基因转育到丰产品种中。在暂时没有满意的抗病丰产海岛棉的重病区，可以抓住种植结构调整的机会，采用陆地棉品种代替海岛棉品种。

（二）农业防治

1. 平衡施肥 根据棉花需肥规律，施足底肥，增施有机肥，重施花铃肥，合理使用微肥、叶面肥。增加土壤的有机质含量，改善土壤微生物种群结构，抑制病原菌的扩繁，可以有效减少棉株被侵入概率。

2. 垄土栽培，地膜覆盖，适时播种，合理密植 垄土栽培可以提高耕作层土壤温度1～2℃，并降低湿度；在土壤温度稳定达到12℃以上时播种，同时，加快棉苗的出苗和生长，结合间苗定苗拔除病株，并带出棉田烧毁或深埋。播前墒情好则可适当推迟浇水，严禁大水漫灌，雨后及时排水。

3. 轮作倒茬 重病区应与水稻、小麦、玉米等禾本科作物或苜蓿等轮作2～3年，可以有效控制棉黑根腐病的发生和扩展。

（三）化学防治

目前我国商品化的棉花种子已基本上包衣化，对棉黑根腐病有一定的防治效果。

简桂良（中国农业科学院植物保护研究所）
马平（河北省农林科学院植物保护研究所）

第23节 棉花早衰

一、分布与危害

棉花早衰是一类非侵染性病害的总称，包括生理性的、病虫害侵入诱发的、肥水管理失调等诱发的。棉花早衰的发生和为害已遍及我国西北内陆、黄河流域及长江流域三大主要棉区，东至江苏沿海，南至江西彭泽，西至新疆伊犁，北至北疆、辽宁朝阳。棉花得病后，叶片光合作用功能丧失，棉铃发育受阻，僵瓣、干铃增加，不能开裂，棉纤维被破坏；为害轻的，即使棉铃可以开裂，但铃重下降，棉纤维质量变劣，棉籽不能利用。2003—2004年，早衰导致北疆地区棉花产量损失达到40万～50万t，损失60亿～63亿元，严重时减产20%～30%。

二、症状

棉花早衰以侵害棉叶片为主。在棉花进入花铃期后，叶片自下而上叶肉均匀地黄化失绿（彩图6-23-1），叶功能丧失，后期叶焦枯，有铃无叶，光秆无秋桃，植株矮小，提前衰老、枯萎，但维管束不变色，蕾、铃脱落严重，僵瓣、干铃增加，果枝果节少，封顶早，生长无后劲，上部空果枝多，提前吐絮。早衰棉田的果枝、铃数明显减少。早衰棉花桃小，衣分低，且成熟度差，棉纤维长度、麦克隆值、纤维强度等指标下降。后期容易与黄萎病混淆，主要区别在于早衰叶片变色均匀，发病初期不萎蔫，同时，全株均变色，而且容易早衰的品种早衰发生率达到100%；茎秆和叶柄维管束不变色（彩图6-23-1，表6-23-1）。

表6-23-1 棉花早衰与棉花黄萎病的区别

Table 6-23-1 Symptom comparison of cotton premature senescence and Verticillium wilt

部位	早 衰	黄萎病
叶片	完整	有部分变褐
	全叶均匀地失绿变黄	从叶缘开始变色
维管束	不变色	变色
植株	往往全部叶片失绿变黄	往往部分叶片病变
棉田	100%发病	有发病中心

三、病原

棉花早衰是一类非侵染性病害，没有生物性病原，但一些病虫的侵入对其发生有诱发作用，如黄萎病、黑斑病均会促进其发生，加重其为害。

四、病害循环

由于早衰是一类非侵染性病害，没有侵染循环，只要是不抗衰品种，在环境条件合适时每年均可能发生。

五、流行规律

高温、低温及高、低温交替易引发早衰。如 2004 年 8 月 4～15 日新疆奎屯垦区的气温连续 10d 低于 19℃，最低温度只有 8.4℃。棉花叶片先是发红发紫，随后枯萎脱落，不能进行正常的光合作用，从而影响植株正常生长发育，形成大面积早衰，减产 30%～40%。2006 年 8～9 月持续高温，日平均温度达27～32℃，最高温度 42℃，过高的温度影响棉花的授粉受精，对坐伏桃不利。相当一部分桃较多的棉田都在此段时间落叶垮秆，造成提前早衰。湖北天门棉区 2005 年 8 月 14～15 日雨后天晴始见早衰症状，部分棉株叶片萎蔫青枯；8 月 20～23 日暴雨，温度剧降，24 日天气陡晴，温度急剧变化导致早衰大面积发生，表现为叶片变黑焦枯、脱落，棉株死亡。

六、防治技术

棉花早衰一旦发生尚缺乏有效的防治措施，应立足于早期综合防控。具体的防治方法有：

(一) 种植抗衰棉花品种

因地制宜种植抗病性好、抗逆性强、品质好、丰产性突出的棉花品种。

(二) 农业防治

1. 平衡施肥 根据棉花需肥规律，施足底肥，增施有机肥，重施花铃肥，补施桃肥。合理使用微肥、叶面肥。

2. 及时化控，培育理想株形 在化调过程中应遵循“早、轻、勤”的原则。生育期化控 5 次，分别在 2～3 片叶、6～7 片叶、10～11 片叶、13～14 片叶和打顶后，甲哌鎓（缩节胺）用量可根据当时的苗情、气候等环境条件确定，可塑造理想的株形，使棉花正常稳健生长，增加新叶数量，对抗虫棉可控制前期结铃，对中下部果枝在有 2～3 个铃后即应将边心摘除，同时在后期增施花铃肥，尤其是磷、钾肥，调节棉花的库源比例，促进根系发育，增强植株生长势，防止早衰。

3. 及时回收残膜 地膜覆盖栽培的棉田，犁地前采取机械和人力相结合的办法进行残膜回收。犁地后结合平地、耕地再次回收残膜，使回收残膜率达到 90%以上。以减少残膜对棉花根系生长的影响，促进棉根正常生长，减轻早衰。

简桂良　齐放军（中国农业科学院植物保护研究所）

第 24 节　棉花根结线虫病

一、分布与危害

根结线虫广泛分布于世界各地，造成的损失极其严重，特别是在热带及亚热带地区。迄今已报道的根结线虫有近 80 种，为害 2 000 余种作物，而且根结线虫的寄主植物不断增加，几乎在所有栽培作物以及很多杂草上都能找到根结线虫。为害棉花的根结线虫有 2 个种，即南方根结线虫（*Meloidogyne incognita*）和高粱根结线虫（*M. acronea*）。南方根结线虫主要分布在 35°S 至 35°N 的温带地区，是为害棉花最重要的病原线虫，国外侵染棉花的南方根结线虫有 3 号生理小种和 4 号生理小种。自 1889 年美国人 Atkinson 首次在亚拉巴马州棉花上发现根结线虫以来，南方根结线虫既可以在半干旱地区为害棉花，也可以在高降水量地区为害棉花，在美国所有棉花产区（州）都有发生和为害。但是为害严重度在一些地区有所不同。南方根结线虫在中非、埃塞俄比亚、加纳、南非、坦桑尼亚、乌干达、津巴布韦、巴西、萨尔瓦多、埃及、叙利亚、土耳其、巴基斯坦、印度和我国均有发生和分布。Taylor 等（1982）估计全世界棉花由于南方根结线虫造成的产量损失约为 3.1%；Orr 和 Robison（1984）报道美国得克萨斯州南部高原，南方根结线虫造成的产量损失为12%。另外一种严重为害棉花的是高粱根结线虫，到目前为止，该线虫仅仅在非洲南部的两个地区——马拉维南部雪利河谷（Shire Valley）棉花产区和南非的开普敦省（Cape）发现。这两个地区都是棉花的野生祖先草棉非洲变种（*Gossipium herbaceum* var. *africanum*）自然栖生地的边界，而草棉非洲变种的栖生地从博茨瓦纳经南非的德兰士瓦和津巴布韦的萨乌峡谷一直延伸到莫桑比克。受高粱根结线虫侵染的根系严重畸变，主根发育不良，向一侧扭曲；而次生根则过度增生，产量损失可以达到50%。为害我国棉花的根结线虫为南方根结线虫，目前主要分布于浙江金衢及上海、江苏、安徽、湖北和四川等地，在浙江和上海地区侵染棉花的为南方根结线虫4号生理小种，我国目前未发现南方根结线虫3号生理小种为害棉花。

二、症状

（一）根部

南方根结线虫是棉花根系的固定性内寄生线虫，在维管束内取食，引起细胞变形。南方根结线虫在棉花根部最典型的识别症状是形成“根结”。将棉株用铁铲轻轻挖出，冲洗干净，可看到主根及侧根上的不规则膨大，即根结。播种后一个月就可观察到根结，在整个生长季节，随着再次侵染，根结逐渐增多，加大。根结是由于根结线虫取食的刺激，诱导取食位点的棉花根系细胞不断分裂和繁殖，体积增大为巨形细胞而形成。根结线虫为害棉花的主根对棉花的危害性更大，在侧根上的根结对棉花植株的危害性相对较小，被害的幼主根上长出一些分支，可限制主根向下生长。棉花根系上根结的大小取决于棉花品种的感病性、侵入线虫的数量及巨形细胞的并合情况。一般来讲，在棉花上形成的根结不及其他更感病的植物如番茄、或某些豆类的根结大，但危害性是严重的。

（二）地上部

病株地上部无特殊症状。由于根系受害，在根结线虫取食为害的根系部位，抑制或阻碍水分及营养的吸收和向上输送，造成维管束中断，正常的组织结构系统紊乱。受害棉花水分和营养物质运输效率降低，导致棉花产生非特异性的类似营养缺乏和水分缺乏的症状，棉花植株地上部矮化，变小，叶片变黄，棉铃减少。在高温天气的下午，即使田间含水量合适，罹病棉花植株呈现临时性萎蔫症状；而在高温干旱的情况下，罹病棉花老植株可能死亡。

三、病原

（一）测量值

雌虫：据Whitehead（1968）报道，南方根结线虫雌虫体长500～723μm，体宽331～520μm，口针长10～16μm，背食道腺开口到口针基部球的距离为2～4μm；据马承铸1983年对侵染棉花的南方根结线虫的测定，雌虫体长525～825μm，体宽330～525μm，口针长14.3～16.9μm。雄虫：体长1 108～1 953μm，a=31.4～55.4，口针长23.0～32.7μm，背食道腺开口到口针基部球的距离为1.4～2.5μm，c=97～225，交合刺长28.8～40.3μm，引带长9.4～13.7μm。幼虫：体长337～403μm，a=24.9～31.5，尾长38～55μm，口针长9.6～11.7μm（a表示虫体总长度/虫体最大宽度；c表示虫体长度/尾长）。

（二）形态特征（图6-24-1）

雌虫：乳白色，鸭梨形，有突出的颈部；虫体埋在植物根内。头部具有2个环纹，偶尔3个。排泄孔处于口针基球位置水平或略后，距头端10～20个环纹；会阴花纹类型变化较大，典型的南方根结线虫背弓较高，圆形，两侧近乎直角，其条纹平滑或波纹状，没有明显的侧线。阴门在身体末端。新生的雌虫至成熟产卵需8～10d。雄虫：虫体为蠕虫状。头区不缢缩，头区具有高、宽的头帽；头区有1或3条不连续的环纹。口针的锥部比杆部长，口针基部球突出，通常宽度大于长度；排泄孔位于狭部后的位置，半月体通常位于排泄孔前0～5个环纹处，侧区4条侧线，外侧带具网纹；尾部钝圆，末端无环纹；交合刺略弯曲，引带新月形。幼虫：分4个龄期。卵内物质经过胚胎发育形成线形一龄幼虫，卷曲成“8”字形。在卵内第一次蜕皮后变成二龄幼虫。二龄幼虫线形，头部不缢缩，略隆起，侧面观平截锥形，背腹面观亚球形，侧唇片与头区轮廓相接，头区有2～4条不连续条纹，口针基部球明显，圆形；半月体3个环纹长，位于排泄孔前；侧区4条侧线，外侧带具网纹。直肠膨大。尾渐变细，末端稍尖。

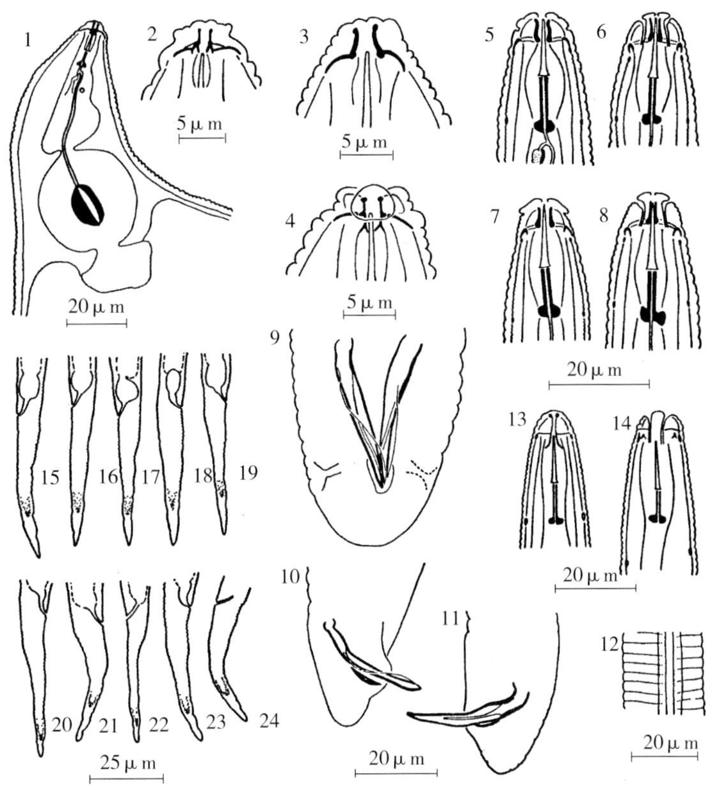

图 6-24-1　南方根结线虫（引自 K. J. Orton Williams，1973）

Figure 6-24-1　*Meloidogyne incognita*（from K. J. Orton Williams，1973）

1. 雌虫虫体前端腹面观　2～4. 雌虫头部侧面观　5～8. 雄虫头部（5、7. 雄虫头部侧面观；6、8. 雄虫头部背、腹面观）
9～11. 雄虫尾部　12. 二龄幼虫侧区　13. 二龄幼虫头部侧面　14. 二龄幼虫头部腹面　15～24. 幼虫尾部

四、病害循环

（一）生活史

南方根结线虫是棉花根系的固定性内寄生线虫。整个虫体侵入棉花根组织内。成熟雌虫产卵于胶质卵块中。在合适的条件下，卵经胚胎发育形成一龄幼虫。在卵内进行第一次蜕皮，发育成二龄幼虫。二龄幼虫是南方根结线虫的唯一侵染期。二龄幼虫从卵壳内逸出，从根尖端后的 2cm 范围内侵入。在皮层内穿过细胞内或细胞间向上移动取食，对皮层只引起轻微的损伤，然后在根的中柱鞘部位移动，寻找合适的永久取食部位，一旦建立永久取食位点便不再移动。二龄幼虫在根系内经 3 次蜕皮后发育成成虫。由于线虫分泌物的刺激，棉花根组织在入侵幼虫的头部周围形成 4～8 个巨形细胞，这些细胞专供线虫取食；同时，根组织受其刺激，细胞不断分裂、体积增大而形成根结。雌成虫与雄成虫的比例取决于侵染的密度及寄主的生长状况。如侵染密度低、寄主生长良好，雌成虫比例高。一条雌虫产卵 500～1 000 粒。南方根结线虫各世代历期的长短和数量均取决于温度和湿度的影响。当旬均温度超过 30℃以上时，幼虫数量显著下降。在棉花上，从二龄幼虫侵入到雌虫产卵约需 22d。一般情况，3～4 周完成一个生活史。

（二）越冬存活

南方根结线虫的越冬存活百分率与秋季线虫群体密度呈负相关。由于卵孵化死亡，在越冬存活期间，卵的群体量呈指数衰减。另外，幼虫群体初始时由于卵的孵化而增加，然后呈指数衰减，春末时，二龄幼虫是越冬存活群体的主要组分。对高粱根结线虫而言，当卵处于胶质卵块或濒死雌虫（moribund female）厚厚的体壁内时，高粱根结线虫卵能在非洲南部干旱季节存活 6～7 个月，仅仅在土壤相对湿度不低于 97.7%的条件下，卵维持活性但处于休眠状态。

五、流行规律

（一）根结线虫与真菌病害复合症

除了植物受害直接与线虫致病有关外，根结线虫经常卷入其他生物的病害复合症中。棉花上的南方根结线虫卷入几种病害复合症，其中最值得注意的是镰刀菌枯萎病与根结线虫复合症和几种苗期病害复合症，包括腐霉菌猝倒病（*Pythium*），丝核菌立枯病（*Rhizoctonia*），枯萎病（*Fusarium*）和黑根腐病（*Thielaviopsis* spp.）。在盆栽试验中，南方根结线虫也能增加大丽轮枝菌侵染棉花的程度（Khoury & Alorn，1973）。Roberts 等（1984）报道在棉枯萎病菌存在时，南方根结线虫为害函数的斜率比无枯萎病菌的斜率数值更小。Starr 等（1989）在微小区的研究中测定了尖镰孢对南方根结线虫与棉花生长相互关系的影响，发现在高密度线虫群体（每 $100cm^3$ 土壤中卵和幼虫初始群体密度>10）和中等镰刀菌群体时，两个病原物对棉花死亡有明显的影响，棉花植株高度和产量受到抑制主要是由于线虫而不是镰刀菌的影响。

中国农业科学院植物保护研究所曾以不同数量的南方根结线虫和枯萎病菌进行混合接种，发现在相同菌量下，同时接种南方根结线虫的枯萎病病株率和病情指数都比未接线虫的处理高，它们之间呈明显的正相关，充分表明棉花根结线虫与枯萎病菌复合侵染后，加重了枯萎病的为害程度。在田间同样发现，当线虫密度大时，棉花枯萎病、黄萎病为害也就严重。如果防治了线虫或用抗线虫品种，这两种病害就很轻。只抗枯萎病的品种，在有根结线虫侵染的情况下，抗病性会丧失。通过病理检查发现，在巨形细胞内枯萎病菌的菌丝非常茂盛。这从生理上说明，根结线虫的侵染加强了植株对枯萎病的感病性（武修英等，1984）。

在高粱根结线虫首次被发现寄生棉花时，人们认为它能形成一个鞣化的胞囊形结构（Bridge et al.，1976），后来发现这种鞣化过程是在黑根腐病菌（*Thielaviopsis basicola*）分泌的酶的作用下形成的。这种真菌分泌多酚氧化酶，将一些多酚化合物转化为黑色素。目前认为在黑根腐真菌菌丝侵染阶段，存在于线虫中的苯甲酸与寄主植物组织的鞣酸一起被黑化，导致高粱根结线虫雌虫呈现“胞囊形结构”（Starr & Jeger，1990）。近年来，一些科学家正在研究多相相互作用对枯萎病的影响。因为在土壤中有多种植物线虫同时存在，所以在线虫与线虫之间，以及各种线虫与病菌之间必然有多相相互作用，如纽带线虫（*Hoplolaimus galeatus*）不会加剧枯萎病的严重性，但在枯萎病菌污染的棉田中当纽带线虫与南方根结线虫同时存在时，枯萎病的发病率就比枯萎病病菌单独侵染或南方根结线虫和枯萎病菌共同侵染时的发病率明显提高。某些土壤真菌也有类似情况。如哈茨木霉（*Trichoderma harzianum*）在正常情况下不会加剧枯萎病的严重性，但是当它与南方根结线虫、纽带线虫三者同时存在时，枯萎病的发病率就比枯萎病菌单独侵染或枯萎病菌与南方根结线虫同时侵染时提高很多（武修英等，1984）。

六、防治技术

（一）化学防治

在美国防治棉花根结线虫习惯上过度依赖于杀线虫剂。Orr 和 Robinson（1984）对其 16 年研究周期 80 个研究小区的试验进行了总结报道，当棉花根结线虫侵染的棉田用二溴氯丙烷（DBCP）或二溴乙烷（EDB）熏蒸时，平均增产 26%，个别棉田甚至增产 3 倍。熏蒸性杀线虫剂 DBCP 或 EDB 在大多数国家被禁止使用，非熏蒸性杀线虫剂涕灭威防治效果较好，但防治根结线虫的水平较低，用量为 0.84～1.68kg/hm^2。在线虫量极高时，可以将 1，3-二氯丙烯和涕灭威结合使用。棉田种植前 7 周，用棉隆 60～80kg/hm^2 或滴滴混剂 60 L/hm^2 熏蒸，熏蒸时土壤表面用地膜覆盖，能得到满意的防治效果。克百威是一种氨基甲酸酯类化合物，施用 3%颗粒剂 60～75kg/hm^2，与细土混匀，施入播种沟内或在苗附近挖沟施入，然后盖土，对棉花线虫病有明显的防效。用克百威与内吸杀菌剂复配成种衣剂，有兼治病虫作用，且缓释持久，效果更好（武修英等，1984）。当前应用的杀线虫剂有：80%二氯异丙醚乳油、20%灭线磷颗粒剂、98%～100%棉隆微粒剂、克百威、涕灭威。这类药剂多做成颗粒剂施用，较之土壤熏蒸剂对环境污染轻，且持效期长。

（二）抗性品种

已经鉴定出陆地棉一些品种对南方根结线虫具有抗性，并已经培育出一些抗线虫品种，抗性品种 Auburm 623 表现出的对根结线虫的抗性比用熏蒸性杀线虫剂二溴氯丙烷防治的效果都要好很多。Shepherd（1982，1986）证明通过抗南方根结线虫，能取得对镰刀菌枯萎病有效的田间抗性，反之则不然，抗镰刀菌枯萎病并不意味着此基因型抗线虫。20 世纪 80 年代后美国有几个商品化的棉花品种对镰刀菌与根结线虫复合症具有抗性（Anonymous，1987）。Robinson 和 Percival（1997）在室内环境生长箱中测定了 46 个陆地棉品系和 2 个海岛棉品系对南方根结线虫 3 号生理小种和肾形线虫的抗性，与对照品种岱字 16 相比较，仅仅只有海岛棉的两个品系 TX-1347 和 TX-1348 明显降低肾形线虫的繁殖率，但对南方根结线虫 3 号小种高度感病。陆地棉品系 TX-1174、TX-1440、TX-2076，TX-2079 和 TX-2107 对南方根结线虫的抗性水平远远高于许多抗性育种应用的主要抗源 Clevewilt 16 和野生墨西哥品系 Jack Jones，但这些抗性品系不抗肾形线虫。在我国棉花生产上已推广的抗病品种中也有兼抗根结线虫的。如在陕棉 401 的根际，根结线虫数量明显低于耐病品种中棉所 3 号。关于棉花抗线虫的育种工作还有待研究。

（三）轮作和休闲

轮作的目的是减少土壤中某种优势植物寄生线虫的数量，这是防治线虫病害较有效的栽培措施之一。利用非寄主作物与棉花轮作 2 年或以上，可以有效地降低南方根结线虫的群体数量并将其群体维持在低水平。轮作大麦和单纯休闲 9 个月后将明显地降低群体密度，棉花与豇豆轮作可以有效地控制棉花南方根结线虫和豇豆爪哇根结线虫（*M. javanica*）。棉花与花生轮作对防治南方根结线虫有效，棉花与花生轮作对两种作物都有益。因为花生是南方根结线虫的非寄主植物，棉花与花生轮作可以有效地减少下季棉花的根结数量，一季棉花两季花生防治南方根结线虫效果更佳，但与玉米轮作则没有效果。在轮作中，应用抗病棉花品种 Aubum 623 与感病品种轮作，通过抑制线虫群体密度，也可增加感病品种的籽棉产量。防治高粱根结线虫可与珍珠稷、龙爪稷、玉米、花生、瓜尔豆或银合欢轮作，上述这些植物是高粱根结线虫的不良寄主或非寄主植物。棉花中没有对高粱根结线虫的抗性，高粱根结线虫的棉花寄主包括海岛棉、树棉、草棉非洲变种和几个陆地棉品种，包括 Makoka 72、Aubum623 和 Clevewilt。而 Aubum623 和 Clevewilt 是抗南方根结线虫的。对根结线虫和肾形线虫严重的棉田改种水稻，经 2～3 年后，可以压低线虫数量。在某种植物线虫严重侵染的地块，不种植任何植物（休闲），减少线虫食物源，也是防治线虫病害有效的措施之一，配合杂草防除，其防治效果几乎相当于熏蒸剂处理后的效果。但由于当年没有经济收益，所以很难在生产上应用。

加强线虫检疫，防止传入有害的寄生线虫，营养钵移栽，增施有机肥，暴晒土壤及合理灌水等措施均可减轻线虫的为害程度。

彭德良（中国农业科学院植物保护研究所）

第 25 节　棉花肾形线虫病

一、分布与危害

为害棉花的病原肾形线虫有 2 种。一种是肾状肾形线虫（*Rotylenchulus reniformis* Linford et Oliveira），广泛分布于全世界亚热带和热带地区，寄主范围达 115 种植物，在美国、中国、埃及、印度、坦桑尼亚和加纳等国家均有为害。在严重侵染地区，产量损失高达 40%～60%。另外一种是微小肾形线虫（*R. parvus*），仅在非洲南部的棉田中发生为害。Smith（1940）在美国佐治亚州发现肾形线虫严重侵染棉花。次年，Smith 和 Tayler 在路易斯安那州也发现肾形线虫为害棉花。目前，在美国从南卡罗来纳州到得克萨斯州和加利福尼亚州沿岸均发现该线虫为害棉花，而美国所有生产用的棉花品种均感病，造成严重的经济损失。我国曾经在上海、四川等地棉田中发现肾状肾形线虫。

二、症状

肾形线虫主要为害棉花小侧根，影响根系从土壤中吸收水分和养分。棉花幼苗受害，3～4 叶开始地上部表现出明显矮化，在田间棉株矮化变小，叶色褪绿，茎秆发紫，病株根系变少，黄褐色，多有坏死斑，营养根极少；严重者茎、叶焦枯，死苗。当线虫群体密度较高时，较老植株的叶缘呈现紫色，花蕾少，棉铃变小，成熟期推迟，棉花产量低。田间观察时，轻轻地将植株连根挖出，在小侧根上可看到黏带的一团团小土粒，在小团粒里面就是肾形线虫，肾形线虫分泌黏胶物质包围其整个身体，把卵产在其内，同时，也将土粒黏在身体周围。在棉花次生根系上，肾形线虫在棉花根尖和沿根轴迁移取食，产生细小、黑色、凹陷的皱缩伤痕是肾形线虫侵染棉花的第一症状，有时侧向扩展或绕根发展而引起棉花发生根裂病；根尖变皱缩和变黑，导致许多侧根死亡，最后主根上无侧根。田间植株地上部症状是植株矮化、褪绿和萎蔫，有时出现早衰和死亡。

三、病原

（一）测量值

未成熟雌虫：体长 0.34～0.42mm，a=22～27，b=3.6～4.3，b’=2.4～3.5，c=14～17，c’=2.6～3.4，V=68～73，口针长 16～18μm，O=81～106（Siddiqi，1972）。

成熟雌虫：体长 0.34～0.52mm，a=4～5，V=68～73，阴门处体宽 100～140μm。

雄虫：体长 0.38～0.43mm，a=24～29，b’=2.8～4.8，c=12～17，口针长 12～15μm，交合刺长 19～23μm，引带长 7～9μm。

幼虫：体长 0.35～0.41mm，a=20～24，b’=3.5～4.1，c=12～16，口针长 13～15μm（Siddiqi，1972）[a 表示虫体总长度/虫体最大宽度；b 表示虫体总长度/自头顶至食道与肠交界处的体长；b’表示体长/自头顶至食道腺末端的距离；c 表示虫体长度/尾长；c’表示体长/肛门处体宽；V 表示（虫体前端至阴门的距离/体长）×100；O 表示（EGO/口针长）×100]。

（二）形态特征

肾状肾形线虫（图 6-25-1）未成熟雌虫：游离于土壤中，虫体纤小（0.23～0.42mm），蠕虫形；热杀后虫体朝腹面弯曲成螺旋形或 C 形。头部抬升，锥形与体轮廓相连，头区 4～6 个（通常 5 个）环纹，头部高度骨质化。口针中等发达，口针基部球圆形；向后倾斜，背食道腺开口远离口针基部球后，略为 1 个口针长度处；中食道球卵圆形，具有明显的瓣门，食道腺长，主要覆盖于肠的腹面。排泄孔位于狭部的基部，紧靠半月体后。阴门位于虫体后部（V=68～73），阴唇不突起。双生殖管，对生，每条生殖管双折叠。尾部渐变细，末端圆形，20～24 个环纹，尾部透明部分长为 4～8μm。成熟雌虫：定居于根上，虫体膨大，向腹面弯曲成肾形，颈部轮廓不规则。阴门突起，生殖管盘旋状。肛门后的虫体呈球形，纤细的尾尖部分长度为 5～9μm。雄虫：蠕虫形，头部骨质化；口针和食道退化，中食道球弱，无瓣门，交合刺延长，纤细，腹面弯曲、引带直线形。幼虫：与未成熟雌虫相似，但虫体较短小，无阴门和生殖管。

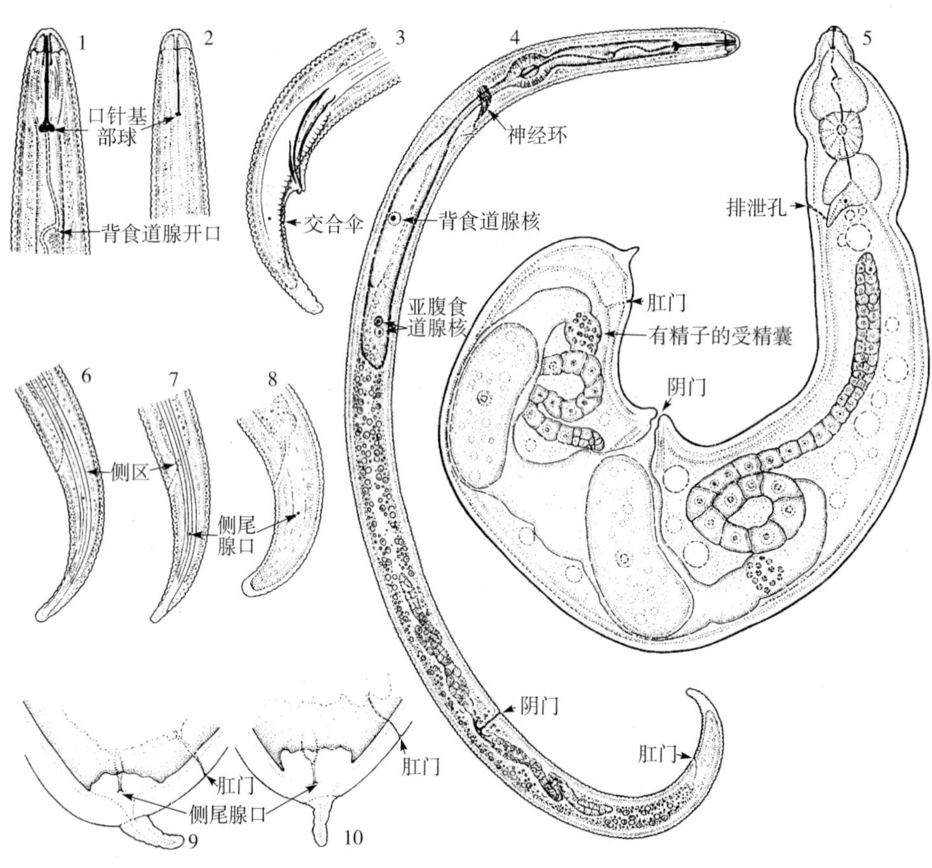

图 6-25-1 肾状肾形线虫（引自 M. R. Siddiqi，1972）

Figure 6-25-1 *Rotylenchulus reniformis* (from M. R. Siddiqi，1972)

1. 年轻雌虫头部 2. 雄虫头部 3. 雄虫尾部 4. 年轻雌虫 5. 成熟雌虫 6、7. 年轻雌虫尾部 8. 幼虫尾部 9、10. 雌成虫尾部

四、病害循环

（一）生活史

肾形线虫属半内寄生线虫。通常仅仅头部和颈部（约占虫体的 1/3）侵入幼根的皮层组织，虫体其余部分裸露在根表面膨大变成肾形。卵在胶囊内发育为一龄幼虫，卵内的一龄幼虫经第一次蜕皮变成二龄幼虫，二龄幼虫逸出卵壳，进入土壤，不侵染植物，也不取食；二龄幼虫在土壤中继续发育，再经 2 次蜕皮后，变成年轻雌虫和雄虫。年轻雄虫的口针很弱，食道退化。只有年轻雌虫为侵染植物阶段。肾形线虫可侵染根的任何部位，但主要侵染小侧根。侵染后虫体部分嵌入根部皮层内，开始取食，留在根外的身体后部逐渐膨大成囊状，到侵入后的第 4～5d 身体后部呈肾脏形。由于肾形线虫取食，在头部周围的一些棉花中柱鞘及内皮层细胞形成 5～10 个巨形细胞，其细胞质浓，细胞较大、细胞器增多，可提供线虫营养。肾形线虫取食使皮层其他细胞离解，根部细胞组织脱落、坏死和腐烂，严重影响植株的生长发育。繁殖后代时需要雌雄虫交配后才产卵，在雌虫周围常可看到蜷曲的雄虫。雌虫侵入根内 2～3d 后，便向体外分泌黏胶物质包围整个根外的身体，将卵产于由特化的阴道细胞分泌的胶质物（卵囊）中。

在棉花上 26～29℃条件下线虫卵发育至二龄幼虫需 8～12d，从二龄幼虫发育为雄虫或侵染期雌虫需 8～14d；侵染期雌虫接种于沪 204 棉花品种的根围土壤中，25～30℃下经 9d 可发育为成熟的产卵雌虫。完成一个生活史需 25～30d。

（二）存活、群体动态与为害阈值

肾形线虫主要通过带虫苗和土壤传播。在缺乏寄主植物的潮湿土壤中，肾形线虫一般可存活 7 个月，而在干燥的土壤中能存活 6 个月，并且能够以低湿休眠的幼虫期和卵在休闲田中以休眠方式存活。在棉田中残存于田间寄主根表和根围土壤中的卵囊、二龄幼虫和侵染期雌虫为棉花早春发病的初侵染源。幼虫和侵染期雌虫在 0℃以上土壤中可保持侵染力 4～6 个月；幼虫在不适条件下可出现滞育现象。

一般来说，在春末和耕种后 45d，肾状肾形线虫的群体数量最小，而在秋季棉花接近成熟时群体数量最大（Bird et al.，1973），可检测到的土壤群体数量每 100g 土壤高达 49 000 条。在杀线虫剂处理区，Pf/Pi（线虫最终群体数量与初始群体数的比值）值为 16.7，群体密度的高峰出现在种植后 5.3 个月，而在未处理区群体密度高峰出现在种植后 2.5 个月（Thames and Heald，1974），在非寄主玉米和休闲情况下，群体密度分别减退 86％和 75％（Brathwaite，1974）。

五、流行规律

在棉田中肾状肾形线虫与尖孢镰刀菌和大丽轮枝菌一起引起复合侵染。在发生轮枝菌黄萎病的棉田，肾状肾形线虫的群体水平每 100cm^3 土壤达 925～2 000 条，大大高于不表现轮枝菌黄萎病症状棉田的肾形线虫的群体水平每 100cm^3 土壤 225～565 条（Prasad and Padeganur，1980）。在陆地棉和海岛棉两类棉花中也观察到镰刀菌枯萎病和线虫复合症（Starr and Page，1990）。肾状肾形线虫也增加棉花苗期病害的发生率和严重度，线虫侵染对植株的影响是增加了棉花对众多苗期病原的敏感度（Brodie and Cooper，1964）。用肾状肾形线虫和棉枯萎病菌混合接种，在感枯萎病的棉花品种洞庭 1 号上，枯萎病发病率达 100％，病情指数达 90.8，比单接种枯萎病菌的发病率上升 29.3％，病情指数提高 45.3；在抗枯萎病品种川 73－27 上混合接种，枯萎病发病率为 38.3％，病情指数为 25.4，比单独接种枯萎病菌的发病率上升 21.6％，病情指数提高 16.2。

六、防治技术

（一）化学防治

在田间，当初始群体密度超过耐性水平时，应用熏蒸性杀线虫剂将使棉花产量明显增加。然而，用杀线虫剂防治肾形线虫应用并不广泛（Starr and Page，1990）。

（二）抗性品种

在几个棉花品种中鉴定出了对肾形线虫的抗性。阿拉伯棉、索马里棉和海岛棉中对肾形线虫有高水平的抗性，而树棉和草棉对肾形线虫有中等抗性（Yik and Birchfield，1984）。Beasley 和 Jones（1985）报道几乎所有得克萨斯陆地棉资源都抗肾形线虫。Jones（1988）释放了几个兼抗肾形线虫和南方根结线虫的陆地棉品种。经过育种学家和病理学家不懈的共同努力，相信将来能培育出适应当地条件且对肾形线虫和根结线虫具有抗性的棉花品种。

（三）轮作

高粱是一种好的轮作作物，玉米也可作为轮作作物。高粱、玉米与棉花轮作能降低肾形线虫的群体数量，增加产量。

为了防治线虫病害而采用轮作措施时，必须考虑轮换作物的经济价值和效益。另外，轮作地块的土质和水源等条件均影响轮作的可能性。在棉田前作种植黄瓜、豇豆及大豆等作物，经过80～100d肾形线虫虫口密度可增加50～100倍，每100cm^{3}土壤达500～1 000条，后茬棉苗将会受到严重为害，如果用一茬水稻或玉米与棉花轮作，棉田肾形线虫密度将下降95%～99%。

彭德良（中国农业科学院植物保护研究所）

第26节 绿盲蝽

一、分布与危害

绿盲蝽［*Apolygus lucorum*（Meyer-Dür）］属半翅目盲蝽科。绿盲蝽曾先后被划归为原盲蝽属（*Capsus*）（1883）、草盲蝽属（*Lygus*）（1942，1963）、丽盲蝽属（*Lygocoris*）（1995），1999年被移至后丽盲蝽属（*Apolygus*），其名也称绿后丽盲蝽。文献中常见的学名*Capsus lucorum* Meyer-Dür、*Lygus lucorum*（Meyer-Dür）、*Lygocoris lucorum*（Meyer-Dür）是同种异名。

除海南、西藏以外，绿盲蝽在我国其他省（自治区、直辖市）均有分布，北起黑龙江（伊春、裴德、勃利），南迄广东、广西，西至新疆（塔城、巴楚）、甘肃（舟曲、岷县、文县、康县）、青海（西宁）、四川、云南（文山），东达沿海各省。绿盲蝽主要在长江流域和黄河流域地区发生为害；新疆地区于2014年7～8月首次在昌吉州玛纳斯县发现绿盲蝽严重为害棉花和葡萄、向日葵等农作物。国外分布于日本、俄罗斯、埃及、阿尔及利亚、欧洲、北美洲等地。绿盲蝽的寄主植物种类繁多，我国已记载的有38科150余种，包括棉花、绿豆、蚕豆、向日葵、玉米、蓖麻、苜蓿、苕子、胡萝卜、茼蒿、甜叶菊、枣、葡萄、樱桃、苹果、桃、梨等作物。

在我国，以绿盲蝽为优势种的盲椿象为害棉花的报道始见于20世纪30年代。50年代初期，盲椿象在黄河流域和长江流域棉区暴发成灾，其中1952年河南新野皮棉产量损失率在60%以上。之后，随着化学农药在棉田的普遍使用，盲椿象得到了有效兼治，为害程度明显减轻。20世纪70～80年代，由于推广间套作技术、绿肥作物蚕豆的种植面积扩大等耕作制度与种植结构的改变，江苏、河南等局部地区盲椿象上升为一类主要害虫，如1987年江苏阜宁、大丰、东台盲椿象严重为害苗床幼苗和大田植株，导致棉花产量损失10%～30%；1987和1989年河南安阳盲椿象严重发生，棉花产量损失达20%以上。90年代，伴随着棉铃虫的连年暴发成灾，棉田化学农药的大量投入致使盲椿象发生程度减轻，生产上几乎不造成损失。以1994年为例，长江流域棉区盲椿象造成的棉花产量损失仅为0.26%，黄河流域棉区为0.32%；同年，长江流域和黄河流域棉区在盲椿象防治上使用化学农药0.5次和0.2次。进入21世纪以后，由于转*Bt*基因抗虫棉花（以下简称“Bt棉”）的大面积种植，有效控制了棉铃虫的发生为害并大幅度减少了化学农药的使用量，导致昔日的兼治对象——盲椿象种群数量剧增，上升为我国棉花生产上的首要害虫。农业部统计资料显示，与1997年开始商业化种植Bt棉时相比，近3年全国盲椿象的发生面积与产量损失上升了4～7倍。黄河流域棉区的河南、河北、山东、山西以及长江流域棉区的江苏、安徽、湖北、湖南等地盲椿象发生为害普遍比较严重。在盲椿象重发地区，棉花受害田块达100%、植株受害率达90%以上，产量损失率达20%～30%，每年需要使用10～20次化学农药来防治盲椿象。此外，棉田盲椿象的严重发生还波及了枣、葡萄、樱桃、苹果、桃、梨、茶等其他农作物，成为影响我国多种农作物安全生产的重大问题。

二、形态特征（彩图6-26-1）

成虫：体长5～5.5mm，宽2.5mm，全体绿色。头宽短，头顶与复眼的宽度比约为1.1∶1。复眼黑褐色、突出，无单眼。触角 4 节，比身体短，第二节最长，基两节黄绿色，端两节黑褐色。喙 4 节，端节黑色，末端达后足基节端部。前胸背板深绿色，密布刻点。小盾片三角形，微突，黄绿色，具浅横皱。前翅革片为绿色，革片端部与楔片相接处略呈灰褐色，楔片绿色，膜区暗褐色。足黄绿色，腿节膨大，后足腿节末端具褐色环斑，胫节有刺。雌虫后足腿节较雄虫短，未超腹部末端。跗节 3 节，端节最长，黑色。爪二叉，黑色。

卵：长 1mm 左右，宽 0.26mm，长形，端部钝圆，中部略弯曲，颈部较细，卵盖黄白色，中央凹陷，两端稍微突起。

若虫：洋梨形，全体鲜绿色，被稀疏黑色刚毛。头三角形。唇基显著，眼小，位于头两侧。触角 4 节，比身体短。喙 4 节，端节黑色，其余绿色。腹部 10 节，臭腺开口于腹部第三节背中央后缘，周围黑色。跗节 2 节，端节长，端部黑色。爪 2 个，黑色。

一龄若虫体长 1.04mm，宽 0.50mm。头大。唇基突出。眼小，黑色。触角灰色，被细毛，第一、二节粗短，第三节较细，端节最长，且膨大。喙末端达腹部第二节。胸部环节宽度一致，第一节较长，第三节最短。背片骨化部分深绿色，周围及背中线绿色，腹背中央有暗色圆斑。头、胸部之长大于腹部。

二龄若虫体长 1.36mm，宽 0.68mm。眼小，黑色。触角灰色，被细毛，第四节长而膨大，细毛密集。头部，前、中胸背中央有纵凹陷。胸背骨化部分深绿色，边缘及中线浅绿色，中、后胸和后缘凹入，侧边具极微小的翅芽。头、胸部之长小于腹部。

三龄若虫体长 1.63mm，宽 0.88mm。眼红褐色。触角基两节绿色，端两节褐色，第一节粗短，第四节略膨大。前胸背板梯形，背中线凹陷。翅芽与中胸分界清晰，中胸翅芽盖于后胸翅芽上，后胸翅芽末端达腹部第一节中部。腹部比胸部宽，第一、二节每节有一排黑色刚毛，第三至十节每节有两排黑色刚毛。

四龄若虫体长 2.55mm，宽 1.36mm。前胸背板梯形，背中线浅绿色，两侧具有深绿色方形骨化部分，盾片三角形。翅芽绿色，末端达腹部第三节。腹部第四节最宽。足绿色，胫节绿色。

五龄若虫体长 3.40mm，宽 1.78mm。触角红褐色，端部色深。端部两节较基部两节细。盾片三角形，边缘深绿色。中胸翅芽绿色。脉纹处深绿色。膜区墨绿色，末端达腹部第五节。后胸翅芽浅绿色，覆于前翅芽之下。足绿色，胫节被黑色微毛，有刺。

三、生活习性

绿盲蝽年发生代数自北向南为 3～7 代。在长江流域和黄河流域棉区，一般 1 年发生 5 代，在湖北襄阳、江西南昌发生 6～7 代。以卵越冬，光周期是诱导卵滞育的主要因素，临界光周期为 13h16min，温度对卵滞育无明显的诱导作用。光周期也是越冬卵滞育解除的关键因素，低温处理能够提高滞育解除率，但不是卵滞育解除的必要条件。绿盲蝽越冬寄主达 100 多种，主要在棉花等枯枝与铃壳、枯死杂草、苜蓿根茬、果树与杞柳等断茬髓部中越冬。部分卵随着植物枯枝落叶散落在土表，因此绿盲蝽越冬卵可以通过淘土发现。在长江流域棉区，4 月中旬越冬卵孵化，若虫主要为害越冬作物如苜蓿、苕子、蚕豆、桑树的嫩头等以及部分杂草。一代成虫羽化高峰在 5 月中、下旬，羽化后即大量迁移到蚕豆、胡萝卜、苜蓿、苕子、芹菜和茼蒿等花期蔬菜留种田以及蛇床子等杂草上产卵繁殖，并有小部分迁移到棉田为害。二代成虫羽化高峰在 6 月下旬，羽化后全面迁入棉田。三、四代若虫主要在棉田为害，三代成虫在 7 月中、下旬至 8 月上、中旬羽化，四代成虫于 9 月中、下旬羽化，随着棉田食物条件的恶化，大部分四代成虫迁移到蔬菜及野菊花等寄主上产卵繁殖。五代成虫在 10 月中、下旬至 11 月羽化后迁至越冬寄主上为害，并产卵越冬。在黄河流域棉区，4 月中、下旬越冬卵开始孵化，一代若虫在果树、牧草、杂草上取食。一代成虫羽化高峰一般在 5 月下旬至 6 月初，部分迁移到播娘蒿等花期植物上产卵繁殖。二代成虫羽化高峰在 6 月中、下旬，羽化后集中迁入棉田。三代成虫多集中在 7 月下旬至 8 月上旬羽化，四代成虫于 9 月初羽化。此后，随着棉花植株的成熟与老化，大部分成虫转移到苜蓿和葎草等寄主上产卵繁殖。五代成虫在 9 月底至 10 月上旬迁至越冬寄主上为害并产卵越冬。在上述两大棉区，8 月底所产的卵部分进入滞育状态；9 月中旬以后则大部分成为滞育卵。另外，绿盲蝽成虫寿命长，在 25℃下平均寿命为 30d，最长达 120d，所以田间世代重叠现象严重。

绿盲蝽成虫羽化主要在下午和晚上进行，羽化过程持续约 15min。羽化后 3d，约有 50％的雌性成虫进入性发育成熟阶段。交配前，雌、雄成虫之间具有明显的性召唤行为，雌性成虫通过释放以丁酸己酯和丁酸己烯酯等为主的性信息素来吸引雄性成虫，释放时间主要是21：00至翌日5：00。交配时，雄性成虫先在雌性上方，随即下滑位于雌性一侧，雌、雄个体呈约30°夹角，尾端接触交配，整个交配过程持续（67.7±27.9）s。多数雌性成虫一生中进行多次交配。绿盲蝽的产卵前期约（6.7±0.5）d，单次产卵持续（31.4±0.8）s；卵为散产，一次产卵后需寻找新的地点进行第二次产卵，两次间隔时间长短不一，最短的不足2min，一般间隔数十分钟。产卵主要在晚上进行，在18：00至翌日6：00的产卵量占全天的93.41%。在25℃时，雌性成虫一般在7日龄后开始产卵，产卵持续时间很长，发现最长76日龄时产下2粒有效卵。其中，7～16日龄（10d）产卵量占整个成虫期的48.9%；在随后20d内（17～40日龄），产卵量占40%左右；40～60日龄期间，产卵量约占8%；60日龄后有零星产卵，大部分卵不能正常孵化。

绿盲蝽成虫善于飞行，在昆虫飞行磨上24h平均飞行40.6km，最远达111.4km，表现出了远距离迁移的潜力。在田间，绿盲蝽成虫常在多种作物之间转移为害，特别是在寄主植物生育期变化等胁迫条件下，能进行大规模、远距离的寄主转移。铷标记—回捕试验发现，河南宁陵绿盲蝽在梨园区5～12d内可以扩散到400m，河南新郑6d可以扩散到1280m，河南南阳7d可以扩散到800m。另外，2002年以来，在渤海湾离海岸40～60km远的北隍城岛上每年能诱集到迁入的绿盲蝽成虫数百头。

绿盲蝽成虫对不同寄主植物具有明显的选择偏好性，明显嗜好绿豆、蚕豆、艾蒿、香菜、茼蒿、蓖麻、凤仙花、葎草、野艾蒿、黄花蒿等寄主植物。绿盲蝽成虫喜食花蜜，并对植物花中的挥发性物质有特殊的趋性。如凤仙花开花前绿盲蝽成虫很少发生，进入花期后成虫数量剧增。花期的蓖麻、大麻、蚕豆、猪毛蒿和野艾蒿等很多植物常吸引绿盲蝽成虫大量聚集。这一特点直接决定了绿盲蝽的季节性寄主转移规律，如河南安阳地区，5月绿盲蝽成虫开始向开花的豌豆和马铃薯等植物迁移；6月转向开花的草木樨等植物；7月大麻、葎草等进入花期，成为绿盲蝽的为害寄主；8月则趋向于向日葵、蓖麻、大麻和葎草等植物；9～10月荞麦、艾蒿、白蒿及一些其他菊科植物进入花期，成为绿盲蝽的集中场所。

绿盲蝽卵常为散产，在棉花植株的第二至十果枝上均有分布，但在第一果枝上没有发现；下部（第一至三）果枝上卵量不到全株总量的10%，中部（第四至七）果枝上卵量占65%左右，上部（第八至十）果枝占25%左右。从不同器官来看，叶柄上卵量最高，约占总卵量的50%；其次是叶脉、蕾柄与铃柄，约占40%；叶肉、蕾、苞叶、铃、侧枝等器官上卵量偏低，约占5%；主茎上未发现绿盲蝽卵。在枣树枝条上，发现绿盲蝽有高密度集中产卵现象，一个断枝茎髓部分达400多粒。另外，在一株胡萝卜上最多查到606粒卵。绿盲蝽卵产在植物组织之中，仅留卵盖在植物表面，卵盖长不足1mm，颜色较浅，难于调查。在25℃时，绿盲蝽卵历期为（8.2±0.1）d。当卵孵化时，若虫顶开卵盖爬出。

25℃时，绿盲蝽若虫历期为（11.8±2.0）d，其中一至五龄若虫依次为3.0d、1.6d、2.2d、1.8d和3.2d。若虫集中在棉花嫩头、蕾花铃及其苞叶中活动取食，顶上5～7台果枝上的若虫占总虫量的70%～75%。绿盲蝽若虫行动敏捷、隐蔽性强，在田间调查时不易被发现。

绿盲蝽成虫和若虫均能刺吸为害，主要取食寄主植物的生长幼嫩部位和繁殖器官。在其取食过程中，绿盲蝽通过口针的剧烈活动撕碎植物细胞，同时向植株组织内注入大量的唾液，其唾液中常含有多聚半乳糖醛酸酶等多种酶类物质，可将植物细胞与组织分解为泥浆状的物质并吸入，而造成植物组织的坏死，形成刺点（刺斑），随着组织器官的生长发育进一步形成多样化的为害症状。棉苗真叶初现时，如生长点基部全部受害，将不再发生新芽，只留两片肥厚的子叶，称之为“公棉花”或“无头苗”；如真叶幼嫩部分受害，则端部枯死，造成主茎不能发育，而自基部生出不定芽，形成乱头棉，称之为“破头疯”。在整个生育期内，嫩叶被害后，初呈现小黑点，随叶片长大，被害状由小孔变成不规则孔洞，这一症状称为“破叶疯”。棉株现蕾后被害，可造成幼蕾脱落、烂叶、棉株疯长、侧枝丛生和棉铃稀少等现象，形状如“扫帚菜（地肤）”，故称之为“扫帚苗”；当小蕾受害后，被害处出现黑色小斑点，2～3d后全蕾变为灰黑色，干枯、脱落；当大蕾受害后，除表现黑色小斑点、苞叶微微向外张开外，一般很少脱落。花瓣初现时，如花瓣顶部遭受绿盲蝽为害，花冠则出现黑色斑点，花瓣表现为卷曲变厚，不能正常开放；花瓣开放后，如花瓣中部或下部受害，则呈现暗黑色的小黑点，严重时密布成片；雌雄蕊、花药和柱头受害后变黑或雄蕊脱落，只剩黑色的花药，严重时可全部变黑，只剩柱头。幼铃受害后，常密布黑点，一般当黑点达铃面积

1/5 时，幼铃自行脱落或变黑僵死，不能正常吐絮；中型铃受害后，受害处周围常有胶状物流出，局部僵硬，但很少脱落；大型铃受害后，铃壳上有点片状的黑斑，均不脱落。

绿盲蝽食性杂，成虫和若虫除了取食植物以外，还能捕食鳞翅目昆虫的卵、蚜虫、蓟马和螨类等小型昆虫，甚至同种的低龄若虫。绿盲蝽二龄若虫对棉铃虫卵、棉蚜、烟粉虱若虫的最大日捕食量分别为 11.2 粒、6.8 头和 2 头，四龄若虫分别为 31 粒、12.2 头和 4.8 头，5 日龄成虫依次为 35 粒、13.6 头和 6.4 头。试验种群生命表研究发现，只取食动物性食物的若虫存活率较低，其中以棉蚜或烟粉虱若虫为食的个体不能正常发育为成虫，取食棉铃虫卵的若虫存活率仅为 13.3%；而同时取食植物性食物和动物性食物的若虫存活率显著高于只取食植物性食物或动物性食物的若虫。

四、发生规律

（一）虫源基数

早春寄主田内的绿盲蝽虫量与二代发生量有密切关系，并影响到棉花蕾期的受害程度。在江苏大丰的调查发现，绿盲蝽第一代若虫主要在苕子、蚕豆上为害、繁殖，二代向胡萝卜、苕子留种田迁移，到成虫羽化后再侵入棉田。由于蚕豆面积大，蚕豆上一代虫量与后代发生量关系很大。1975—1977 年一代蚕豆上每公顷虫量分别为少量、64 200 头和 864 000 头，二代苕子留种田每公顷虫量依次为 46 725 头、405 000头和 485 100 头，胡萝卜田每公顷虫量达 183 330 头、1 251 000 头和 4 050 000 头，棉田被害率为 5%～6%、10%左右及 20%左右。江苏响水报道，二代绿盲蝽为害盛期的百株虫口与胡萝卜上二代卵高峰前百株累计卵量有关，关系式为 $y=-2.13+0.61\ln x$（$r=0.99$，$P<0.01$）。陕西关中发现，4 月中旬苜蓿田内以绿盲蝽为优势种的盲椿象每公顷虫量分别为 59 400 头、90 000 头和 216 000 头时，6 月下旬现蕾棉花田每公顷虫量相应虫量为 3 690 头、14 220 头和 15 600 头，棉株受害率依次为 24.6%、46.2% 和 54%。

（二）气候条件

绿盲蝽卵的发育起点温度为 3.0℃，有效积温 188℃；若虫的发育起点温度为 4.6℃，有效积温 340℃。卵和若虫的发育速率随着温度的升高而加快，在 35℃下卵和若虫的平均历期仅为 6.4d 和 11.1d，比 20℃下缩短了 50%。在田间，绿盲蝽的越冬卵于早春开始孵化，如这段时间内气温较高，卵发育整齐且发育速度快，有助于绿盲蝽的快速增长；反之，则孵化期推迟、孵化不整齐。越冬卵在均温 11℃以上和较大的湿度下孵化率高，4 月低温则可明显抑制绿盲蝽的发生。而夏季持续高温将导致绿盲蝽种群数量下降。若温度为 25～30℃，绿盲蝽种群快速上升；而在 35℃时，若虫存活率与成虫寿命明显降低，产卵量与卵孵化率也降低。

绿盲蝽属喜湿昆虫。在相对湿度为 70%～80%的高湿条件下，卵孵化率与若虫存活率提高、成虫寿命延长、单次产卵量增加，整个种群净增值率和内禀增长率也明显提高。而在相对湿度为 40%～50%的低湿条件下，绿盲蝽种群适合度明显减弱。降雨对大气相对湿度有直接影响，从而左右绿盲蝽的种群发生数量。江苏响水报道，三代绿盲蝽发生为害盛期时的百株虫口与 6 月上旬至 7 月下旬降雨天数呈正相关。陕西关中发现，6 月降水量与蕾期绿盲蝽为主的盲椿象复合种群的增长有显著的正相关性。棉田盲椿象种群消长曲线受降水量与降雨期的调节，根据降水量与降雨期的不同分为前峰型、中峰型、后峰型与双峰型 4 种类型。其中，前峰型属前涝后旱型，即蕾期为害型；后峰型属前旱后涝型，即铃期为害型；双峰型属涝年型，即蕾、铃两期为害型；中峰型属旱年型，即蕾、铃两期受害均轻型。大雨之后，植物常出现疯长现象，给绿盲蝽的种群发生提供了充足的食物，往往使绿盲蝽的发生为害加重。如 2005 年江苏盐城地区棉花生长后期台风过境频繁、雨水多，因而棉田内出现了三、四代绿盲蝽在局部田块虫量偏高、为害较重的情况。越冬卵的孵化与降雨也密切相关。河北沧州调查发现，绿盲蝽一代若虫的发生量与早春降雨情况关系密切。如降雨次数多，绿盲蝽越冬卵大部分正常孵化，一代若虫发生较重；如没有有效降雨，大部分越冬卵不能孵化，一代若虫发生相对较轻。山东滨州调查发现，早春季节每次小雨后常会出现一个绿盲蝽越冬卵的孵化高峰。因此，在生产上，有“一场雨一场虫”的说法。

（三）寄主植物

绿盲蝽在不同寄主植物上的种群适合度和增长率有明显的差异。如绿盲蝽在绿豆上的若虫存活率和发育速率、成虫产卵量明显高于棉花。不同棉花品种、同一棉株的不同组织器官上绿盲蝽种群的发生存在明显的差异。叶片茸毛少、表皮层厚、油点多或缩合单宁、芸香苷和总萜烯类化合物含量高的棉花品种常对绿盲蝽具有一定抗性。绿盲蝽喜好取食棉花嫩叶、小蕾、花、小铃等幼嫩组织，而取食老叶、成铃、茎秆等组织对其种群生长不利。

作物栽培方式对绿盲蝽的发生也有一定的影响。在棉花与西瓜套作、棉花与枣树邻作等种植模式下，由于棉花与这些作物共生期较长，给绿盲蝽提供了充足的食物资源，延长了绿盲蝽的为害时间，常加重其发生为害。寄主种类和耕作制度的变更直接影响种群结构的组成。20世纪70年代在江苏大丰，由于早春的苕子、黄花菜、箭筈豌豆和蚕豆的种植面积较大，绿盲蝽一代、二代虫量占种群数量的91.7%和78%。80年代后，绿肥面积逐渐减少，绿盲蝽种群比例逐渐降低。近年来，随着我国农作物种植结构的调整，正由传统的单一粮油作物种植逐步向多元化作物种植的格局转变，这种转变将有利于绿盲蝽种群发生为害的进一步加重。

(四) 天敌昆虫

绿盲蝽的捕食性天敌有蜘蛛、瓢虫、草蛉、猎蝽、长蝽、螳螂等。江苏南京观察发现，T纹豹蛛、鞍形花蟹蛛、棕管巢蛛、草间小黑蛛及三突花蛛、跳蛛等取食量大，三色长蝽及窄姬猎蝽也能捕食一定数量的绿盲蝽。室内捕食功能研究发现，三突花蛛［*Misumenops tricuspidatus* (Fabricius)］成蛛日捕食绿盲蝽二龄、四龄若虫分别达到56.5头、22.1头。但田间绿盲蝽若虫活动敏捷，天敌昆虫对其捕食作用比较有限。河北廊坊田间生命表试验发现，2009年天敌捕食作用对绿盲蝽一至五龄若虫的致死率分别为15.29%、9.38%、2.25%、4.12%和1.74%；2010年依次为10.62%、11.48%、7.33%、7.46%和3.66%。

绿盲蝽卵寄生蜂有3种：缨翅缨小蜂（*Anagrus* sp.）、盲蝽黑卵蜂（*Telenomus* sp.）和柄缨小蜂（*Pelyhema* sp.）。江苏如东调查发现，二代绿盲蝽卵寄生率为20%～40%，最高达66.2%，盲蝽黑卵蜂占90%以上。一般一粒卵有寄生蜂1头，由于蜂的发育期为15～18d，在田间捕获到隆起的黑色盲蝽卵，往往都是被寄生蜂寄生的卵。绿盲蝽若虫寄生蜂有2种：红颈常室茧蜂（*Peristenus spretus* Chen & van Achterberg）和黑足盲蝽茧蜂［*P. relictus* (Stygicus)］。两种寄生蜂主要寄生二至四龄若虫，有跨期寄生现象，主要是单寄生，极少在一个寄主内能正常发育出2头寄生蜂。田间自然寄生率平均为3.8%（0.4%～9.7%）。

(五) 化学农药

过去棉田使用的化学农药都是广谱性、高毒、高残留品种，对绿盲蝽有很好的兼治效果，使绿盲蝽发生为害普遍很轻，生产上基本无须进行专门防治。中国农业科学院植物保护研究所通过10多年的系统研究发现，21世纪初以来，随着我国高毒农药的相继禁用以及Bt棉的大面积种植带来的棉田化学农药使用模式的改变（特别是棉铃虫化学防治力度的降低），给绿盲蝽的种群增长提供了空间，导致其在棉田暴发成灾，并随着种群生态叠加效应衍生成为区域性多种作物的重要害虫。

五、防治技术

绿盲蝽的防治策略为开展统防统治、铲除早春虫源、狠治迁入成虫。①开展统防统治：绿盲蝽成虫具有直接的危害性和较强的飞行扩散能力，在寄主植物和作物田块间转移性强；因此局部地块的防治对绿盲蝽区域性种群控制作用不大，需采取大面积的“统防统治”。②铲除早春虫源：越冬期和早春寄主阶段是绿盲蝽年生活史中最薄弱的环节；通过毁灭越冬场所、清除早春杂草寄主等方法来控制绿盲蝽越冬和早春虫源，是降低其发生程度的重要手段。③狠治迁入成虫：绿盲蝽具有较强的繁殖能力，卵小且产在植物组织中，待发现若虫为害时，往往已错过防治适期；绿盲蝽成虫刚刚从早春寄主向棉田转移时是防治的最佳时期，防治迁入成虫可以收到事半功倍的效果。

(一) 农业防治

早春4月绿盲蝽越冬卵孵化之前，可通过毁减越冬场所来压低虫源基数。产在棉株组织内的越冬卵可随棉秆带出田外，农田土壤中越冬卵可通过耕翻埋入土下，枣树、葡萄等越冬寄主可结合冬季修剪将带卵的枝条带出果园，并需及时清除棉田和果园田边的枯死杂草。苜蓿、杂草是绿盲蝽自越冬卵孵化到入侵棉田之前的主要早春寄主。调整苜蓿刈割时间或早春清除田埂杂草，能使大量绿盲蝽若虫因食物匮乏而大量死亡。尽可能使棉花、果树等同种作物集中连片种植，这样有利于较大范围内采取某些一致有效的防治措施。要避免棉花与向日葵、蓖麻、果树、蔬菜、牧草等毗邻或间作，减少绿盲蝽在不同寄主间的交叉为害。

绿盲蝽成虫偏好高水、高肥的田块和含氮量高的植株和植物组织。控制氮肥过量使用，及时打顶，清除无效边心、赘芽和花蕾，花蕾期适时适量喷施甲哌鎓，能有效控制棉花植株徒长，减轻绿盲蝽的发生为害。当棉株受绿盲蝽为害而形成“破叶疯”或丛生枝时，应及时将丛生枝除去，每株棉花保留 1～2 枝主干，可以使植株迅速恢复现蕾。

绿盲蝽成虫偏好绿豆，在棉田四周种植绿豆诱集带，可以隔断绿盲蝽成虫迁入棉田，同时将棉田成虫吸引到诱集带上，再结合诱集带上的定期化学防治，能有效降低棉田绿盲蝽的发生为害。另外，向日葵、蓖麻等也可作为绿盲蝽的诱集植物。

（二）生物防治

利用有利于天敌繁衍的耕作栽培措施，选择对天敌较安全的选择性农药，并合理减少化学农药施用，保护利用天敌昆虫来控制绿盲蝽种群。

（三）物理防治

绿盲蝽成虫有着明显的趋光性，生产上可以利用频振式杀虫灯进行诱杀，从而有效降低成虫种群密度及后代发生数量。

（四）化学防治

棉田绿盲蝽的防治指标为：二代（苗、蕾期）绿盲蝽百株虫量 5 头，或棉株新被害株率达 2%～3%；三代（蕾、花期）百株虫量 10 头，或被害株率 5%～8%；四代（花、铃期）百株虫量 20 头。防治适期为绿盲蝽二至三龄若虫的发生高峰期。防治绿盲蝽的药剂种类较多，防治效果比较好的种类及其用量为：5%丁烯氟虫腈乳油 450～600mL/hm^2、10%联苯菊酯乳油 450～600mL/hm^2、40%灭多威可溶粉剂525～750g/hm^2、45%马拉硫磷乳油 1 050～1 200mL/hm^2、40%毒死蜱乳油 900～1 200mL/hm^2、35%硫丹乳油 600～900mL/hm^2。

当前，绿盲蝽对化学农药的抗药性水平还很低。绿盲蝽对菊酯类农药（联苯菊酯、溴氰菊酯、高效氯氰菊酯、高效氯氟氰菊酯、氰戊菊酯）的抗性指数在 1.2 倍以下；对有机磷类（毒死蜱、乙酰甲胺磷、辛硫磷、马拉硫磷）的抗性指数也小于 3 倍；对氨基甲酸酯类（灭多威、硫双灭多威、丁硫克百威）的抗性指数也在 1.5 倍以下；对烟碱类杀虫剂吡虫啉的抗性指数最高，达到了 7.6 倍，处于低水平抗性阶段；对有机氯杀虫剂硫丹处于敏感阶段。因此，绿盲蝽化学防治的关键在于掌握确切的防治时机。绿盲蝽早春入侵棉田时是其防治的关键时期，此时应适当加大用药量，杀死入侵个体，这样可以有效地减少棉田绿盲蝽的种群基数。而此时如果防治不力，入侵虫源将大量繁殖、暴发成灾。

绿盲蝽喜潮湿，连续降雨后田间常出现绿盲蝽种群数量剧增、为害加重的现象。为此，在雨水多的季节，应及时抢晴防治，以免延误最佳防治时机。

附：绿盲蝽测报技术

绿盲蝽种群调查测报规程详见中华人民共和国农业行业标准《NY/T 2163—2012 棉盲蝽测报技术规范》。

陆宴辉　吴孔明（中国农业科学院植物保护研究所）

第 27 节　中黑盲蝽

一、分布与危害

中黑盲蝽［*Adelphocoris suturalis*（Jakovlev）］属半翅目盲蝽科苜蓿盲蝽属，也称中黑苜蓿盲蝽。中黑盲蝽在我国的分布广泛，北起黑龙江（裴德），西至甘肃东部、陕西、四川，南迄江西（九江）、湖南，东至江苏、河北、河南、安徽、湖北等地均有发生。中黑盲蝽主要在我国长江流域和黄河流域南部地区发生。国外分布于朝鲜、日本（北海道、九州）、前苏联（西伯利亚东部、沿海边区、高加索）等地。中黑盲蝽的寄主植物种类繁多，我国已记载的有 32 科 120 余种，包括棉花、蚕豆、向日葵、蓖麻、苜蓿、胡萝卜、茼蒿等。

20世纪80年代至20世纪末，中黑盲蝽主要在江苏及周边棉区有一定的发生为害，是这一地区盲椿象的优势种类。21世纪初以来，随着Bt棉的大面积种植，与绿盲蝽等其他盲椿象一样，中黑盲蝽的总体发生程度逐步加重。目前，中黑盲蝽在江苏、安徽、江西、湖南、湖北等省的棉花生产中发生比较严重。

二、形态特征（彩图6-27-1）

成虫：体长7mm，宽2.5mm，体表被褐色绒毛。头小，红褐色，三角形，唇基红褐色。眼长圆形，黑色。触角4节，比体长；第一、二节绿色，第三、四节褐色；第一节长于头部，粗短；第二节最长，长于第三节；第四节最短。前胸背板颈片浅绿色；胝深绿色；后缘褐色，弧形；背板中央有黑色圆斑2个；小盾片、爪片内缘与端部、楔片内方、革片与膜区相接处均为黑褐色。停歇时这些部分相连接，在背上形成1条黑色纵带，故名中黑盲蝽。革片前缘黄绿色，楔片黄色，膜区暗褐色。足绿色，散布黑点。后中腿节略膨大；胫节细长，具黑色刺毛，端部黑色；跗节3节，绿色，端节长，黑色。雌性产卵管位于第八、九腹节腹面中央腹沟内。雄虫仅第九节呈瓣状。

卵：淡黄色，长1.14mm，宽0.35mm，长形，稍弯曲。卵盖长椭圆形，中央向下凹入、平坦，卵盖上有一指状突起。颈短，微曲。

若虫：头钝三角形，唇基突出，头顶具浅色叉状纹。复眼椭圆，赤红色。触角比体长，4节，第一节粗短，第二节最长，第四节短而膨大，基部两节淡褐色，端部两节深红色。腹背第三节后缘有红褐色臭腺横开口。足红色。腿节及胫节疏生黑色小点。跗节2节，端节黑色。

一龄若虫体长1.04mm，宽0.69mm，全体深红褐色。头前端突出。眼黑红色。触角比体长。胸部环节第一节较窄，第三节最宽。背中央有纵走凹沟。足红色。后腿节末端及胫节上有黑点。

二龄若虫体长2.04mm，宽0.82mm，体暗红色，被稀疏刚毛。触角被细绒毛。胸部浅红褐色，第一节窄而长，第三节宽而短，第二节后缘凹入。背中线呈凹沟。腹部膨大，后半部深红褐色，第三节臭腺开口呈横缝状，周围与体同色。头、胸之长小于腹部。足浅红褐色，略有暗点。

三龄若虫体长2.89mm，宽1.47mm。体色比前两龄稍浅。头黑红色。眼与头同色。触角略带红色，第四节略膨大，被细绒毛。胸部第一、二节颜色较深，第三节较浅，前胸前缘及线为红色，其余为绿色。翅芽向侧后突出，中胸翅芽达后胸翅芽之中部，后胸翅芽达第一腹节中部。腹部第一至三节色较浅，第三节以后深褐色，颜色以中部为深。足与体同色，被稀疏黑点与黑色刚毛。胫节上有黑色刚毛列。

四龄若虫体长3.57mm，宽1.36mm。体色比前几龄若虫淡，绿色。触角端节膨大扁平，色较深。前胸背板梯形，绿色，稀生黑色刚毛。中线两侧有两块椭圆形隆起。翅芽绿色，末端达于腹部第三节。臭腺开口呈横缝状，周围红褐色。腹部中央红褐色，周围绿色。足遍布黑点与刚毛。

五龄若虫体长4.46mm，宽2.06mm。全体绿色，被细而短的黑色刚毛。眼红色。前胸背板胝已突起，翅芽全体绿色，末端达腹部第五节。革片、膜区已能分辨，羽化前，膜区颜色变深，红褐色。腹背中央红褐色。足被黑点。胫节上具刚毛列。雌虫第八、九腹节腹面中间有一条缝，称为中缝。

三、生活习性

中黑盲蝽1年发生4～5代。以滞育卵越冬，短光照是诱导滞育的主要因子，临界光周期为13h14min，而温度对滞育诱导无明显作用。中黑盲蝽的越冬寄主多达115种，包括多种作物（棉花等）、牧草（苜蓿等）、杂草等。在棉花上，卵产在叶片的叶柄、叶脉、叶缘组织内、棉秆枝条切口髓部、枯铃夹层里。随棉花叶片破碎或枝条松散而散落土表，因此淘土可以发现越冬卵。中黑盲蝽在长江流域1年发生4～5代。在江苏地区，越冬卵产在杂草及棉花的叶柄和叶脉中，随叶片枯焦脱落，一起在棉田土表越冬。4月中旬开始孵化，4月下旬至5月初为孵化盛期，若虫主要在棉茬越冬作物上生活。一代成虫5月中、下旬迁入棉田或豆科植物和胡萝卜等作物上产卵繁殖。6月下旬至7月上旬出现二代，8月上、中旬出现三代，9月上、中旬出现四代，成虫集中在棉田产卵为害。四代、五代成虫9月下旬至11月上旬在棉田及杂草上生活，产卵越冬。棉田二至四代二至三龄若虫盛期分别出现在6月中、下旬，7月中、下旬和8月中、下旬，为害盛期为7月中旬至9月上旬，主要为害花及幼铃，其中以四代成虫为害最重。在湖北地区，越冬卵在3月下旬至4月上旬开始孵化。4月下旬出现一代若虫高峰，5月下旬为一代成虫羽化

末端达腹部第二节。前胸梯形，中胸和后胸因龄期不同，翅芽有不同程度的发育。背中线色浅，比较明显。腹部10节，在第三节背中央后缘有小型横缝状臭腺开口，足深黄褐色。腿节稍膨大，近端部处有一浅色横带。前足和中足胫节近基部与中段黄白色，后足胫节仅近基部处有黄白色斑，其余呈黑褐色。

一龄若虫体长1.12mm，宽0.57mm。胸部三节宽度相同，前胸长，后胸短。背中线色浅，两侧骨化部分黄褐色，周围橙黄色。无翅芽，头、胸部之和长于腹部。

二龄若虫体长1.87～2mm，宽0.93～1.03mm。前胸窄而长，后胸宽而短。胸部骨化颜色加深的部分已消失。中胸后缘凹入，中、后胸微显翅芽痕迹。

三龄若虫体长2.25mm，宽1.19mm。翅芽显著，末端抵达腹部第一节中部。翅芽基部与胸部有明显分界。

四龄若虫体长3.4～3.75mm，宽1.27～1.7mm。翅芽末端抵达腹部第三节。小盾片钝三角形。

五龄若虫体长4mm，宽2.4mm，眼红褐色。前胸背板上胝显著。背中线凹陷。翅芽、爪片、革片、膜区已很分明，羽化前膜区变黑，翅芽末端抵达腹部第五节。足黄褐色，近端有一暗黄色横带。雌虫腹部第八、九节腹面有一中缝。

三、生活习性

三点盲蝽在黄河流域棉区1年发生3代，以卵在洋槐、加拿大杨、柳及榆、桃、杏等树皮内滞育越冬。越冬卵5月上旬开始孵化。第一代成虫的出现时间大约在6月下旬到7月上旬；第二代在7月中旬出现；第三代在8月中、下旬出现。三点盲蝽成虫寿命长，25℃下雌、雄成虫的寿命分别为28.6d和30.8d，同时成虫产卵期长，因此田间世代重叠现象严重。

三点盲蝽成虫飞行能力强，10日龄成虫24h内的飞行距离为38.7km，其中最远达77.0km。成虫有强烈的趋花性，当棉株现蕾开花时成虫即飞来，蕾和花盛期成虫数量达到最多，8月底蕾花期渐过，虫量也逐渐减少。同时，成虫明显偏好扁豆和益母草等寄主植物。

三点盲蝽成虫主要在叶柄顶端和叶片相连处产卵，占全株产卵量的51.2%；此外，叶脉上卵量占13.3%，叶柄基部占9%，嫩果枝上占2.6%。卵为散产，整个卵埋在植物组织里，仅留卵盖在植物表面，肉眼一般难于发现。产卵多在夜间进行，每产1粒卵需1min左右，间隔2～3min再继续产卵。25℃下，卵的发育历期约10d。卵的孵化亦多在夜间，其中18：00至翌日早晨6：00的孵化量达80%。

25℃时，三点盲蝽的若虫发育期为16.5d。若虫活动迅速，隐蔽性强，常藏于棉花苞叶和花中。三点盲蝽成虫和若虫食性相似，属杂食性；除了为害棉花等寄主植物以外（植物受害状参见绿盲蝽），还能捕食棉蚜、棉铃虫卵等多种小型昆虫或昆虫的卵，同时还存在种间相互自残现象。

四、发生规律

三点盲蝽卵的发育起始温度和有效积温分别为6.26℃和188.81℃，若虫的发育起始温度和有效积温分别为3.04℃和366.73℃。15～30℃范围内，卵和若虫的发育速率随着温度上升而加快；15℃下两者发育历期分别为20.1d和32.2d，而30℃时依次为7.8d和13.6d。对于成虫寿命与繁殖，20～30℃最为适合，35℃高温下寿命明显缩短、繁殖力显著下降。在田间，中午时分成虫常藏于植物叶片背面等阴凉处，以躲避高温的不利影响。

三点盲蝽喜好在枣、桃、梨等果树上越冬和发生。因此，与单作棉田相比，果棉混作模式更有利于这种害虫的发生为害。

其余发生规律与绿盲蝽相似。

五、防治技术

要避免果棉间作或邻作，减轻三点盲蝽在寄主间的交叉为害；早春越冬卵孵化期，加强棉田周围果树上三点盲蝽初孵若虫的防治，压低棉田的虫源基数。其他防治方法及测报技术参见绿盲蝽。

陆宴辉　吴孔明（中国农业科学院植物保护研究所）

第29节 苜蓿盲蝽

一、分布与危害

苜蓿盲蝽［*Adelphocoris lineolatus*（Goeze）］属半翅目盲蝽科苜蓿盲蝽属。苜蓿盲蝽是世界性害虫，广泛分布于全北区和东洋区。在我国，北起黑龙江（裴德）、内蒙古，西至山西、新疆、甘肃（固原）、四川（西昌），东达河北、山东、江苏，南止于浙江、江西和湖南、湖北等省份的北部，主要分布在黄河流域以及西北内陆地区。国外分布于远东沿海、西伯利亚、土耳其斯坦、高加索地区、伊朗、叙利亚、埃及、突尼斯、阿尔及利亚等地，北美洲也有分布。苜蓿盲蝽的寄主植物有32科160余种，包括苜蓿、棉花、向日葵、小麦等作物。

20世纪80～90年代，苜蓿盲蝽在河南豫东棉区为害比较严重，其余地区发生程度普遍较轻。近年来，苜蓿盲蝽同绿盲蝽等其他种类一样，发生为害逐步加重，是当前我国棉花上的一种主要盲椿象。

二、形态特征（彩图6-29-1）

成虫：体长8～8.5mm，宽2.5mm。全体黄褐色，被细绒毛。头小，三角形，端部略突出。眼黑色，长圆形。触角褐色，丝状，比体长，第一节较粗壮，第二节最长，端部两节颜色较深，第四节最短。喙4节，基部两节与体同色，第三节带褐色，端部黑褐色，末端达后足腿节端部。前胸背板绿色，略隆起。胝显著，黑色，后缘带褐色，后缘前方有两个明显的黑斑。小盾片三角形，黄色，沿中线两侧各有纵行黑纹1条，基前端并向左右延伸。半翅鞘革片前缘、后缘黄褐色，中央三角区褐色；爪片褐色；膜区暗褐色，半透明；楔片黄色；翅室脉纹深褐色。足基节长，斜生。腿节略膨大，端部约2/3具有黑褐色斑点。胫节具刺。跗节3节，第一节短，第三节最长，黑褐色。

卵：长1.2～1.5mm，宽0.38mm，长形，呈乳白色，颈部略弯曲。卵盖倾斜，棕色，较厚，比颈部宽，在卵盖的一侧有一突起，卵盖椭圆形，周缘隆起而中央凹入。卵产于植物组织中，卵盖外露。

若虫：全体深绿色，遍布黑色刚毛，刚毛着生于黑色毛基片上，故本种若虫特点为绿色而杂有明显黑点。头三角形。眼小，位于头侧。触角4节，褐色，比身体长，第一节粗短，第二节最长，第四节长而膨大。喙有横缝状臭腺开口，周围黑色。足绿色。腿节上杂以黑色斑点，胫节灰绿色，上有黑刺；跗节2节，端节长。爪2个，黑色。

一龄若虫体长1.28mm，宽0.38mm。头大，突出。眼小，黑色。触角浅褐色，比体长。胸部前胸最长，后胸最短，宽度几乎一致。中央有明显的背中线。足灰色。腿节端部有一白环，胫节端部色较深。

二龄若虫体长1.87mm，宽0.82mm。体上黑色刚毛较一龄时显著。头三角形，唇基显著。前胸长而窄，后胸宽而短；胸部背板沿中线两侧有方形的骨化区域，呈深绿色；边缘浅绿色。从头到胸的中线浅绿色，中胸后缘凹入，中后胸有翅芽痕迹，臭腺开口较为明显。

三龄若虫体长2.98mm，宽1.17mm，全身的黑色点较二龄突出明显。胸部三节的颜色更深，背中线呈浅绿色；中后胸开始露出明显的三角形翅芽，前胸翅芽达后胸翅芽中部，后胸翅芽达第一腹节中部，足腿节深绿色，密布较大黑点，胫节灰绿色，上具小刺。

四龄若虫体长3.66～4.07mm，宽1.49～1.80mm。头部有浅绿色叉状纹，体表黑点比三龄更为显著。胸部深绿色，中线浅绿色，翅芽深绿色，基部与胸部有明显分界，翅芽末端可达第三腹节。足绿色，密布黑点，端部黑色。跗节黑色。

五龄若虫体长6.30mm，宽2.13mm。头绿色。眼红褐色。触角第一节绿色，粗短，上有黑点及黑色刚毛；第二节最长，绿色，端部褐色；第三、四节褐色，第四节膨大且扁平。前胸背板梯形，中胸小盾片钝三角形。背中线浅绿色。翅芽的爪片、革片、膜区已可分辨，快羽化时膜区变为黑色，末端可至腹部第五节或第六节。

三、生活习性

苜蓿盲蝽在黄河流域棉区1年发生4代，在西北内陆棉区1年发生3代。苜蓿盲蝽以卵在苜蓿、杂草、棉秸等茎秆内滞育越冬。在黄河流域棉区，4月上、中旬前后在野生寄主上孵化，取食幼嫩杂草，若虫期40d左右，5月中旬开始羽化，扩散到正在孕穗的小麦田取食；5月底，小麦等越冬作物相继成熟，麦、棉套种田（或其他套种田）的成虫直接转移到正处在花期的野胡萝卜、全叶马兰、加拿大蓬等杂草地或早期棉田繁殖为害。第二代成虫羽化高峰期为7月上旬，成虫大量迁入棉田为害；第三代、第四代成虫发生高峰期分别是8月上旬和9月上旬，这两代仍然主要为害棉花，至9月中旬棉花植株开始衰老，苜蓿盲蝽成虫陆续迁出棉田，在晚秋继续开花的田菁、野苜蓿、女菀和小白酒草等豆科和菊科杂草上产卵越冬。在西北内陆棉区，越冬卵于5月上旬开始孵化，5月下旬为孵化盛期；第一代成虫发生盛期为6月上、中旬，成虫羽化后迁入棉田；7月中旬出现第二代若虫，7月底至8月初第二代成虫开始羽化；8月上、中旬迁出棉田；最后一代成虫于9月中旬前后在苜蓿和黄花苦豆子上产卵越冬。苜蓿盲蝽田间世代重叠现象严重。苜蓿盲蝽成虫飞行扩散能力强，室内吊飞24h能飞行26.3km，田间常随着植物的开花顺序而在不同寄主植物间转移扩散。

苜蓿盲蝽偏好紫花苜蓿、草木樨等寄主植物；除了取食植物以外，还能捕食蚜虫、鳞翅目昆虫等的卵和小型昆虫。与其他种类盲椿象一样，苜蓿盲蝽若虫也具有很强的活动能力和明显的隐蔽性。

四、发生规律

（一）气候条件

苜蓿盲蝽卵的发育起始温度和有效积温分别为5.58℃和231.66℃，若虫的发育起始温度和有效积温分别为6.23℃和291.64℃。从种群适合度来说，25～30℃最为有利；苜蓿盲蝽抗高温能力相对较弱，30℃以上的高温不利于种群增长。夏日正午时分，苜蓿盲蝽常选择棉花苞叶内、叶片下等阴凉处躲避高温。

高湿条件能明显提高苜蓿盲蝽卵和若虫的存活率、延长成虫寿命、增加其产卵量，而低湿不利于种群增长。湿度对苜蓿盲蝽存活的影响主要表现在卵期，尤其在高温下更是如此。在自然条件下，棉花生长季节常年的平均温度比较稳定，但年度间的降水量变化较大，故湿度成为影响苜蓿盲蝽种群消长的主导因子，这也正是多雨年份苜蓿盲蝽易大发生的主要原因。

另外，冬、春季节雨雪多，有助于越冬卵孵化和杂草寄主的生长，能使虫源地的苜蓿盲蝽虫口密度明显增加，当年发生量大；春季气温高、回升早的年份，发生早而重。

（二）寄主植物

取食不同寄主植物的苜蓿盲蝽，其发育历期、存活率、若虫平均体重、成虫繁殖力与寿命等生命参数均有明显差异，其中苜蓿为嗜食寄主，棉花次之，菜豆和芝麻为非嗜食寄主。

在河南豫东棉区，草木樨和田菁是苜蓿盲蝽的最适寄主，在其周围野生的菊科、禾本科为主的多种杂草混生的植物群落是其最佳生境。这样的生境中，除了冬季和早春，一年中植物开花期连续不断。越冬卵孵化后，有助于种群繁衍和迅速壮大，为棉田提供充足虫源；棉花结束开花后，苜蓿盲蝽成虫迁回杂草生境、产卵越冬。因此，离杂草生境近的棉田苜蓿盲蝽发生普遍较重。草木樨和田菁本是常见的绿肥和牧草，曾在豫东地区有过栽培；20世纪70年代后大量野生，直接导致当地苜蓿盲蝽连年大发生；90年代以后，随着垦殖荒地、铲除杂草，苜蓿盲蝽种群发生程度明显减轻。此外，在麦棉间（套）作模式下，晚熟小麦地一代成虫发生数量较高；小麦收获后，其周围的早发棉田受害最重。

在河北沧州等地，大面积种植的优质牧草——苜蓿是苜蓿盲蝽最重要的寄主植物，苜蓿盲蝽主要在苜蓿地上越冬和发生。但苜蓿的每次刈割会造成苜蓿地内苜蓿盲蝽成虫的大量被动外迁，棉田苜蓿盲蝽种群高峰完全与周边苜蓿的刈割日期相吻合。因此，在这种模式下，苜蓿的种植和管理情况成为影响棉花上苜蓿盲蝽发生为害的主要原因。

（三）天敌昆虫

苜蓿盲蝽的捕食性天敌种类很多，包括捕食蝽类、草蛉类和蜘蛛类等。在室内条件下，三突花蛛、大眼长蝉蝽等对其低龄若虫有一定捕食作用；但在田间，这些广谱性天敌的主要猎物为蚜虫、粉虱等，而捕食行动迅速的苜蓿盲蝽若虫的难度大、效率低。

苜蓿盲蝽卵寄生蜂有3种：缨翅缨小蜂（*Anagrus* sp.）、盲蝽黑卵蜂（*Telenomus* sp.）和柄缨小蜂（*Pelyhema* sp.）。1954年，被调查的12865粒二代卵，寄生率达78.3%，其中缨翅缨小蜂占91%，盲蝽黑卵蜂占6%，柄缨小蜂占3%；因为二代寄生率高，有效抑制了三代苜蓿盲蝽的发生。

苜蓿盲蝽若虫寄生蜂发现有两种：红颈常室茧蜂（*Peristenus spretus* Chen & van Achterberg）和黑足盲蝽茧蜂［*P. relictus*（Stygicus）］。两者为单寄生，亦有跨期寄生现象（高龄若虫—成虫），平均自然寄生率为1.6%（0.2%～2.4%）。

五、防治技术

早春时分，加强棉田周围豆科、菊科等杂草寄主上的虫源防治。在棉花与苜蓿混作地区，需做好棉田与苜蓿地苜蓿盲蝽的统一防治。苜蓿地是苜蓿盲蝽的主要虫源地，成虫期刈割苜蓿将迫使其向棉田大量扩散。而若虫期刈割，可导致若虫大量死亡。苜蓿第一次刈割的时间，一般越早越好，能有效压低苜蓿盲蝽种群数量。后期苜蓿盲蝽的世代重叠现象十分严重，成虫和若虫常混合发生。因此，可以采用条形收割的方法，即苜蓿地一半刈割，可以使收割地中的苜蓿若虫因食物匮乏而大量死亡；另一半不刈割，可以使苜蓿盲蝽成虫保留在苜蓿地中，而不致于向棉田扩散。秋季，苜蓿盲蝽在苜蓿地中大量产卵，使之成为苜蓿盲蝽最主要的越冬场所之一。因此，最后一次苜蓿刈割不宜过早，而且留茬越低越好。

其余防治技术参见绿盲蝽。

陆宴辉　吴孔明（中国农业科学院植物保护研究所）

第30节　牧草盲蝽

一、分布与危害

牧草盲蝽［*Lygus pratensis*（L.）］属半翅目盲蝽科草盲蝽属。牧草盲蝽广布于古北区。在我国，主要分布在西北内陆地区的新疆等地，在河北、河南、陕西亦有分布。日本（本州、四国、九州）、蒙古国、西伯利亚及其东部沿海地区、土耳其斯坦、高加索地区、伊朗、中亚地区、北美洲（加拿大、美国）、中美洲（墨西哥）等地也多有分布。牧草盲蝽的寄主植物有18科50余种，包括棉花、苜蓿、枣、梨等作物。

牧草盲蝽在新疆一直有发生，但总体发生程度较轻。近年来，牧草盲蝽的为害问题日益突出，已成为新疆棉花上的一种主要害虫，并波及同一种植区域内的枣、香梨等作物。总体来说，牧草盲蝽在南疆为害程度重于北疆。

二、形态特征（彩图6-30-1）

成虫：体长5.5～6mm，宽2.2～2.5mm，体绿色或黄绿色，越冬前后为黄褐色。头宽而短，复眼呈椭圆形，褐色。触角丝状，长3.60mm左右，其第一、第二、第三和第四节比例为1∶3.20∶1.88∶1.36；各节均被细毛，其两侧为断续的黑边，胝的后方有2个或4个黑色的纵纹，纵纹的后面即前胸背板的后缘，尚有两条黑色的横纹，这些斑纹个体间变化较大。小盾片黄色，前缘中央有两条黑纹，使盾片黄色部分呈心脏形。前翅具刻点及细绒毛，爪片中央、楔片末端和革片靠爪片、翅结、楔片的地方有黄褐色的斑纹，翅膜区透明，微带灰褐色。足黄褐色，腿节末端有2～3条深褐色的环纹，胫节具黑刺，跗节、爪及胫节末端色较浓。爪2个。

卵：长约0.9mm，宽约0.22mm，苍白色或淡黄色。卵盖很短，高仅0.03mm左右，口长椭圆形，0.24mm×0.09mm。卵中部弯曲，端部钝圆。卵壳边缘有一向内弯曲的柄状物，卵壳中央稍下陷。

若虫：黄绿色，前胸背板中部两侧和小盾片中部两侧各具黑色圆点1个；腹部背面第三腹节后缘有一黑色圆形臭腺开口，构成体背5个黑色圆点。

一龄若虫体长0.72～1.2mm，淡黄绿色。头淡黄色，较大，呈三角形；复眼红色或红褐色；触角第四节鲜红色或赤褐色，较二、三节粗。胸部2对黑点不明显，腹部第三节腺囊开口处黑点很小，不易看见，紧靠其上有一个较大的橙黄色圆斑。足淡黄褐色。

二龄若虫体长1.27～1.39mm，淡绿色。头淡黄色，复眼红褐色，触角第四节淡红色，比第三节稍粗。翅芽不明显。前胸和中胸2对黑点不明显，腹部第三节腺囊开口处的黑点和其上的橙黄色圆斑均明显。

三龄若虫体长1.94～2.11mm，绿色。触角第四节紫红色。翅芽稍稍突出。体背5个黑点已经明显，但腹部黑点上面的黄斑已不显著。

四龄若虫体长2.60～3mm，绿色。头三角形，翅芽达腹部第二节。

五龄若虫体长3.00～4.1mm，绿色或黄绿色，被黑色的短绒毛。头微向前突，复眼褐色。前胸背板和小盾片有淡灰色的斑块；翅芽黄褐色，上有褐色的云状花纹，即将羽化时末端变为黑褐色。前胸背板和小盾片的中线两侧各有2个黑点，加上腹部第三节后缘的黑色腺囊，共有5个黑点。足淡褐色，腿节末端有2～3条褐色环纹；胫节密生绒毛，短而刚；基部亦有褐色的环纹；爪及跗节两端黑色。

三、生活习性

牧草盲蝽以成虫在土缝、墙缝、各种杂草、植物枯枝残叶和树皮裂缝内蛰伏越冬。牧草盲蝽在南疆1年发生4代。3月中、下旬温度9℃以上时，可在冬麦、冬菠菜及十字花科蔬菜的植株上出蛰活动；5月中、下旬出现第一代成虫和若虫，主要为害苜蓿和杂草，并开始少量向生长旺盛的棉田转移；第二代发生高峰期在6月中、下旬至7月上旬，此时棉花进入现蕾盛期至开花期，受害后极易形成中空；第三代发生在8月上、中旬，主要为害棉株中上部幼蕾，8月中、下旬迁飞到棉田外的寄主上；第四代若虫和成虫发生在9月中、下旬，在苜蓿、油菜、杂草、枯枝落叶及土缝内越冬，对棉田少为害。在北疆地区，牧草盲蝽1年发生3代，以成虫在杂草残体和树皮裂缝中越冬；翌年3～4月，平均气温10℃以上，相对湿度达70%左右时，越冬成虫出蛰活动，先在田埂杂草上取食，6月中旬第一代成虫迁入棉田为害，7月下旬第二代成虫达到为害盛期，8月下旬出现第三代；9月下旬后，成虫陆续迁移到开花的杂草上产卵繁殖，最后以成虫蛰伏越冬。牧草盲蝽成虫寿命随世代而异，以越冬代最长，约200d。另外，产卵期可达25～60d。因此，造成全年世代重叠。

牧草盲蝽羽化后不久即交配，再经4～6d开始产卵。产卵时，腹部朝上，产卵管伸长，猛力向植物组织插入，不断蠕动。每产1粒卵需35～46s，每头雌成虫能产300～400粒卵。在棉花上，卵主要产在2～3mm粗的嫩茎、叶柄、花柄、花梗处，而在棉蕾、嫩叶中较少。

牧草盲蝽成虫有趋绿、趋花性，常随寄主植物生长发育阶段变化而迁移。虫口高峰期与植物开花期吻合，以后随着植物成熟而不断迁出。

四、发生规律

（一）气候条件

牧草盲蝽卵的发育起点温度为10.4℃，有效积温为126℃；若虫的发育起点温度为8.5℃，有效积温为199℃。对于牧草盲蝽来说，冬、春季节的气温对其种群发生影响最大。冬季温度偏高，有助于成虫的顺利越冬；早春温度高，出蛰活动时间早。

牧草盲蝽属于喜湿昆虫，降雨丰沛、田间湿度大有助于其发生为害。在新疆莎车地区，1963年牧草盲蝽的发生数量是1962年同期的19倍，主要原因是1963年春、夏季节降水量明显偏高。棉田灌溉对牧草盲蝽的发生有着重要的影响。特别是在新疆，牧草盲蝽迁入棉田的早晚与第一次灌溉的关系极为密切，凡灌水早或大水漫灌、串灌的棉田牧草盲蝽为害相对严重。靠近干渠的棉田，因渠内常年流水导致空气湿度大而为害重。

（二）寄主植物

凡棉花茂密、生长发育快、现蕾早、肥力足的棉田，牧草盲蝽发生数量多、侵入也早。另外，与甜菜、菠菜、苜蓿、油菜等作物以及枣、梨等果树间（邻）作的棉田，牧草盲蝽发生重。

（三）天敌昆虫

牧草盲蝽的天敌很多，包括瓢虫、草蛉、蜘蛛、花蝽、姬蝽、隐翅虫等。这些天敌对牧草盲蝽有一定的控制作用。但是由于牧草盲蝽在棉田造成产量损失的关键为害期极短，主要集中在棉蕾前期，即成虫迁入棉田不久。因此，就棉田而言，天敌的作用相对较弱。

五、防治技术

盐碱地和荒滩滋生大量的藜科等杂草，是牧草盲蝽秋季繁殖的主要场所，应结合条田规划加以开垦改良。冬季在开始冻结后（地面未积雪之前），彻底清除棉田杂草和枯枝烂叶，使牧草盲蝽骤然失去越冬场所，受到寒冷的侵袭，便可冻死。棉田不要与甜菜、菠菜和十字花科蔬菜的留种地，油菜、苜蓿等作物，枣、梨等果树间（邻）作，避免牧草盲蝽在不同作物间交叉为害。在不影响棉花生长发育的情况下，适当推迟灌头水的时间，并推行细流沟灌的方式，防止大水漫灌。

其余防治技术参见绿盲蝽。

陆宴辉 吴孔明（中国农业科学院植物保护研究所）

第31节 棉花蚜虫

一、分布与危害

棉花蚜虫，别名蜜虫、腻虫、油汗等，是我国棉花上的一类重要害虫。目前发现为害棉花的蚜虫有：棉蚜［*Aphis gossypii*（Glover）］，又名瓜蚜，属同翅目蚜科；棉长管蚜［*Acyrthosiphon gossypii*（Mordvilko）］，又名棉无网长管蚜、大棉蚜，属同翅目蚜科；豆蚜［*Aphis craccivora*（Koch），异名：*Aphis atrata*（Zhang）］，又名棉黑蚜、花生蚜、苜蓿蚜、紫团蚜，属同翅目蚜科；拐枣干蚜［*Xerophylaphis plotnikovi*（Nevsky）］，属同翅目蚜科；桃蚜［*Myzus persicae*（Sulzer）］，又名烟蚜、菜蚜，属同翅目蚜科；菜豆根蚜［*Smynthurodes betae*（Westwood）］，又名甜菜根蚜，棉根蚜，属同翅目瘿绵蚜科。其中，棉蚜、棉黑蚜和棉长管蚜较为普遍，以棉蚜为害最重。

1. 棉蚜 棉蚜是世界性分布的害虫。除西藏未见报道外，棉蚜在我国各个棉区均有分布和为害。北方棉区常年发生而严重，辽河流域、西北内陆棉区发生早，为害重。进入21世纪以来，棉蚜在西北内陆秋季棉区连年发生“秋蚜”。黄河流域棉区是棉蚜发生为害最严重的区域，不仅在棉苗期普遍而严重发生，且在某些年份的夏季“伏蚜”暴发，对棉区产量产生很大影响。棉蚜在长江流域棉区为害相对较轻，华南棉区干旱年份发生较重，一般年份发生较轻。

棉蚜是一种多食性害虫，寄主种类多。据文献记载，全世界范围内，其寄主植物有116科900多种。据调查，在大田作物上有棉花、甜瓜、西瓜。在蔬菜中以黄瓜、西葫芦等发生多，其他还有丝瓜、苦瓜、冬瓜、葫芦、芹菜、辣椒、刀豆、豇豆等蔬菜类植物。在温室或室内盆花中有石榴、扶桑、月季、茉莉、苏丹凤仙、仙客来、五色梅、九月菊、一串红、大丽花、小丽花、三角梅、散珠和瓜叶吊兰等。木本寄主主要有石榴、梓树、木槿、花椒等；杂草中寄生也很多，有野西瓜苗、马齿苋、田旋花、锦葵和苘麻等。通常，蚜虫在全年发生时有寄主转移现象，在我国已知的常见越冬寄主（第一寄主）有花椒、木槿、石榴、鼠李、芙蓉、夏至草、车前草、月季、菊花等；夏季寄主（第二寄主）有棉花、瓜类、麻类、菊科、茄科、豆科、苋科等植物。

棉蚜为害特征：棉蚜以成蚜、若蚜群集于棉株及其他寄主植物的叶片背面（彩图6-31-1，1），尤其喜好在嫩叶和嫩芽（彩图6-31-1，2）上以刺吸式口器吸取汁液。棉蚜造成的损害有：①直接吸取植株汁液。植株叶片细胞受到破坏，生长不平衡，叶片向背面卷曲或皱缩，棉株矮缩，呈拳头状，光合作用的有效叶面积减少。棉株生长缓慢，推迟现蕾和开花，蕾数减少，果枝数也减少。②破坏正常生理代谢。棉蚜在吸食过程中，将唾液注入棉组织中，可使糖化酶的活性增加，多糖和双糖大量转化为单糖，使茎、叶中可溶性碳水化合物浓度的储备下降，引起棉株发育不良，植株矮小，叶数和蕾铃数减少，生育期推迟，造成减产和品质下降。③分泌蜜露，招致霉菌。棉蚜聚集在叶片背面，从腹管中分泌大量蜜露，使茎、叶呈现一片油光，遇风尘土又污染叶面，阻碍叶片的光合作用等生理活动，减少了干物质的积累。并且易诱发霉菌滋生，蕾铃受害，易落蕾。在吐絮期“秋蚜”的蜜露污染棉絮，使棉纤维含糖量增加，品质下降，不利纺纱。同时招引蚂蚁取食，影响天敌的活动。④转移取食，传播病毒。棉蚜又是传播多种病毒的媒介，据统计可传播各种作物病毒达60多种，如甜瓜病毒病，造成更大的危害和损失。

2. 棉黑蚜 主要分布于西北内陆棉区，包括新疆、宁夏、甘肃，在新疆的北疆发生重于南疆。喜欢群聚在棉花嫩叶和嫩芽取食为害，使顶芽生长受阻，腋芽丛生，叶片卷缩而成畸形，使棉苗发育迟缓，导致霜前花减少，产量下降。棉黑蚜以卵在苜蓿、苦豆子上越冬。一般年份于5月中旬至6月上旬在个别田块群集发生，高峰在5月下旬至6月中旬。棉黑蚜属低温型种类，发生适宜温度为20～22℃，当高温来临的6月下旬至7月初即从棉田消退。9月中旬出现性蚜，9月底至10月上旬产卵越冬。

3. 棉长管蚜 分布于新疆。无群集现象，善于爬行，在棉花叶背面、嫩枝和花蕾上分散取食为害，受害叶片出现淡黄色、失绿小斑点，叶片不发生卷缩。当虫口密度大时，造成不结铃或落蕾，为害盛期在蕾铃期。一般情况下对棉花为害轻。棉长管蚜以卵在骆驼刺、甘草上越冬，春季气温达10℃时卵孵化。迁入棉田时间与黑蚜相同，在棉花上分散活动，种群数量一般不大。秋末迁回越冬寄主。

二、形态特征

1. 棉蚜 棉蚜有卵、干母、无翅胎生雌蚜、有翅胎生雌蚜、有翅性母蚜、无翅有性雌蚜、有翅雄蚜、无翅若蚜、有翅若蚜等虫态。

卵：长0.5～0.7mm，椭圆形，初产时橙黄色，后变漆黑色，有光泽。

干母：为越冬受精卵孵化的蚜虫。无翅，体长1.6mm，宽卵圆形，茶褐色，触角5节，约为体长的一半。尾片常有毛7根。

无翅胎生雌蚜：体长1.5～1.9mm，卵圆形，体色有黄、青、深绿、暗绿等色，春、秋季深绿色，体表具清楚的网纹构造。前胸、腹部第一及七节有缘瘤。触角长约为体长的一半，触角第三节无感觉圈，第五节有1个，第六节膨大部有3～4个。尾片常有毛5根。盛夏常发生小型蚜，俗称伏蚜，触角可见5节；尾片有毛4或5根，体黄色。

有翅胎生雌蚜：体长1.2～1.9mm，大小与无翅胎生雌蚜相近，体黄色、浅绿色至深绿色。腹背各节间斑纹明显。触角较体短，第三节常有次生感觉圈6～7个。头、胸部黑色，两对翅透明，中脉3叉。尾片常有毛6根。

有翅性母蚜：为当年第一代无翅卵生雌蚜之母。体背骨化斑纹更明显。触角第三节有次生感觉圈7～14个，一般为9个；第四节为0～4个；第五节偶尔有1个。

无翅有性雌蚜：体长1.0～1.5mm，触角5节，后足胫节膨大，为中足胫节的1.5倍，有多数小圆形的性外激素分泌腺。尾片常有毛6根。

有翅雄蚜：体长卵形，较小，腹背各节中央各有一黑横带。触角6节，第三至五节依次有次生感觉圈33个、25个和14个。尾片常有毛5根。

无翅若蚜：共4龄，夏季黄色至黄绿色，春、秋季蓝灰色，复眼红色。

有翅若蚜：也是4龄。夏季黄色，秋季灰黄色，二龄后现翅芽。腹部一、六节的中侧和二、三、四节两侧各具1个白色圆斑。

2. 三种主要蚜虫形态特征比较 以有翅雌蚜和无翅孤雌蚜比较其形态特征（表6-31-1）。

表6-31-1 三种主要棉花蚜虫的形态特征

Table 6-31-1 Morphological identification of three major species of cotton aphids

项 目	棉 蚜	棉黑蚜	棉长管蚜
体色	淡黄色至深绿色	褐色至黑色，有光泽	草绿色
额瘤	不显著	不显著	显著，外倾
触角长度	体长的60%～75%	体长的60%～75%	体长的1.1倍
前翅中脉	分三叉	分三叉	分三叉
腹管	黑色，体长的1/5	黑色，体长的1/5	绿色或淡红褐色，体长的1/3～1/2

三、生活习性

（一）棉蚜的生活史周期型

因棉蚜生活地域、寄主植物种类以及有性生殖和孤雌生殖繁殖类型的差异，其生活史周期型有4种类型。

1. 异寄主全周期型 棉蚜以秋末产生的受精卵（图6-31-1，1）在花椒、木槿、石榴、鼠李等越冬寄主上越冬。棉蚜多在木本植物冬芽内侧及其附近或树皮裂缝中，或者草本植物根部越冬。第二年春天越冬卵孵化为无翅干母（fundatrix）（图6-31-1，2），干母在越冬寄主上以孤雌胎生的繁殖方式产下干雌（fundatrigenia）（图6-31-1，3）。干雌大部分无翅，少数为有翅迁移蚜。干雌继续在越冬寄主上以孤雌胎生方式产生若干代。春末或夏初棉苗出土的时候，干雌以孤雌胎生方式产生的有翅蚜，成长后迁飞到棉苗或其他夏季寄主上，这些有翅蚜称为迁移蚜（migrant）（图6-31-1，4）。迁移蚜在棉田或其他夏季寄主上再以孤雌胎生方式产生无翅蚜，称为侨蚜（alienicola）（图6-31-1，5、6）。侨蚜在夏季寄主上连续孤雌胎生繁殖多代，在蚜虫密度过大、营养条件恶化时再以孤雌胎生方式产生有翅型侨蚜（图6-31-1，7）在夏季寄主之间扩散。夏末，侨蚜以孤雌胎生方式产生雌性蚜虫，称为性母（sexupara）（图6-31-1，8），性母大多数为有翅蚜。有翅性母陆续迁飞到越冬寄主上，在越冬寄主上以孤雌胎生方式产生性蚜（sexuales）（图6-31-1，9、10），性蚜包括雄性蚜虫和雌性蚜虫。两种性蚜交配之后在越冬寄主上产下越冬卵。

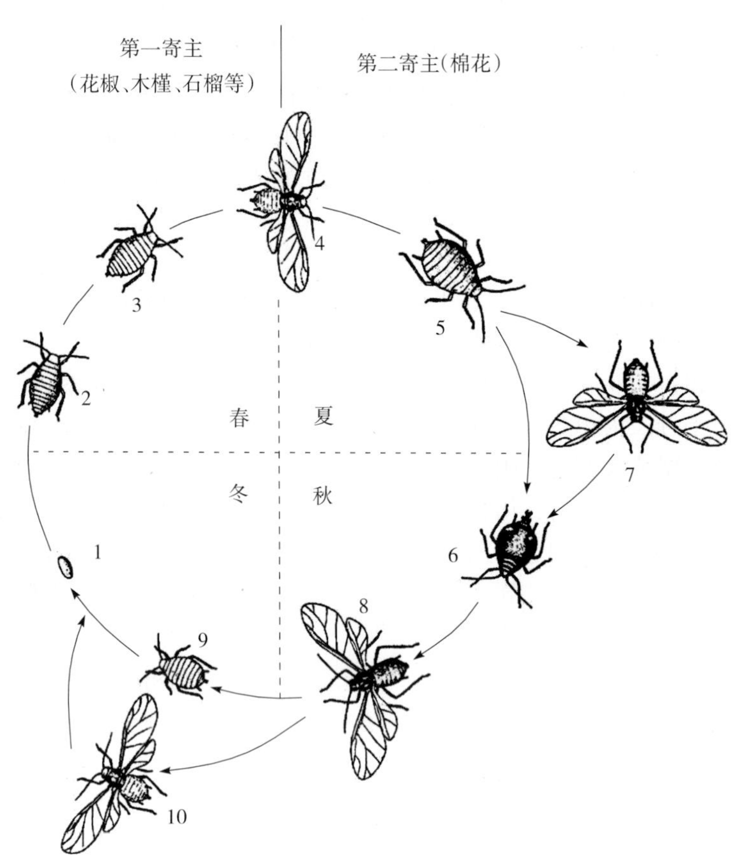

图6-31-1 棉花蚜虫的异寄主全周期型生活史（参考彩万志等，2001）
Figure 6-31-1 Annual history cycle of *Aphis gossypii* (from Cai Wanzhi et al.，2001)
1. 受精卵 2. 干母 3. 干雌 4. 迁移蚜 5、6. 侨蚜 7. 有翅型侨蚜 8. 性母 9、10. 性蚜

2. 同寄主全周期型 木槿、花椒等植物既是棉蚜的越冬寄主，又是它的夏季寄主。早春越冬卵孵化后，一部分个体并不迁移，一直都在其上生活，秋末发生1代有性的雌、雄蚜，交配产卵越冬。

3. 异寄主不全周期型 在温室、花房的多种寄主植物上迁飞转换寄主，多数棉蚜春季迁飞进入棉田、瓜地等，多次迁飞、扩散，至秋末迁回室内，始终孤雌生殖，即异寄主不全周期型。

4. 同寄主不全周期型 终年生活在同一种寄主上进行孤雌生殖，无有性繁殖阶段。如在亚热带南部、热带地区及温室和花房中，棉蚜全年营孤雌生殖，不产生雌性卵生蚜和雄蚜，成为不全周期型。

（二）棉蚜的生活史

棉蚜按照生长时间可分为：越冬卵、苗蚜、伏蚜和秋蚜。

1. 越冬卵 棉蚜在室外木本或草本植物以及室内花房、温室、大棚和住宅楼内的花卉，蔬菜上越冬。春季温度上升后，多数棉蚜从这些越冬寄主上产生有翅蚜向过渡寄主或棉田迁飞，成为棉田蚜源的基地。

2. 苗蚜 在棉苗出土至现蕾阶段发生的棉蚜，常称苗蚜。苗蚜在黄河流域和辽河流域棉区发生最普遍而严重，在长江流域棉区也较为常发。苗蚜在棉田按其发生消长大体可分为三个阶段。

点片发生：在越冬寄主上的棉蚜有翅蚜发生高峰期通常与当地棉苗出土时期相吻合，有翅蚜陆续迁入棉田。迁入棉田的初期，因虫源基地的远近，迁入数量大小、棉田环境等的差异，棉蚜在棉田中分布得很不均匀，常出现点片发生。这个阶段大体在5月上、中旬。

普遍发生：一般为5月下旬至6月上旬。由于前阶段点片发生的棉苗上蚜群拥挤，营养恶化，又通过爬行或有翅蚜的飞翔扩散到全田，蚜口剧增，使棉苗严重受害。

衰亡或绝迹：一般为6月上旬末至6月中旬。此阶段小麦已黄熟收割，麦田蚜虫天敌无猎物可捕食或寄生，跟随棉蚜大量迁入棉田，迅速控制棉田蚜害，棉蚜密度急剧下降，甚至达到绝迹的地步。可是在一些喷药频繁的地区或棉田，大量天敌被杀伤，棉蚜产生抗药性，这个时期的蚜害仍有加剧的趋势。

3. 伏蚜 伏蚜是棉蚜种群在盛夏形成的生物型，体型小，黄色，耐高温。在7～8月黄河流域和长江流域棉区常发生蚜群密度急剧增长，有些单株虫口达万头以上。棉株上蚜虫分泌的蜜露如同油腻展布，枝叶卷缩，蕾铃脱落，损失十分严重。一般持续为害20～40d，常因蚜霉菌的流行而结束为害。

4. 秋蚜 有些地区气候反常，加之施肥、喷药不当，在棉花9～10月吐絮期，棉田蚜虫虫口密度迅速增长，造成较严重的为害，这就增加了性蚜的虫量，增加了越冬卵量。

棉蚜在辽河流域棉区每年发生10～20代，黄河流域、长江流域及华南棉区每年发生20～30代。北方棉区以卵在越冬寄主上越冬。翌年春季越冬寄主发芽后，越冬卵孵化为干母，孤雌生殖2～3代后，产生有翅胎生雌蚜，4～5月迁入棉田，为害刚出土的棉苗。随之在棉田繁殖，5～6月进入为害高峰期，6月下旬后蚜量减少，但干旱年份为害期多延长。10月中、下旬产生有翅的性母，迁回越冬寄主，产生无翅有性雌蚜和有翅雄蚜。雌、雄蚜交配后，在越冬寄主枝条缝隙或芽腋处产卵越冬。

黄河流域、长江流域棉区也以卵在越冬寄主上越冬。翌年3月孵化，在越冬寄主上繁殖3～4代，到4月下旬，棉苗出土后，产生有翅蚜迁入棉田繁殖为害，5月下旬至6月上旬进入苗蚜为害高峰期；7月中旬至8月上旬形成伏蚜猖獗为害期。秋季棉株衰老时，迁回越冬寄主上，产生唯一的一代雄蚜，与雌蚜交配后在芽腋处产卵越冬。棉蚜在棉田按季节可分为苗蚜和伏蚜。苗蚜发生在出苗到6月底，5月中旬至6月中、下旬至现蕾以前，进入为害盛期。适应偏低的温度，气温高于27℃繁殖受抑制，虫口迅速降低。伏蚜发生在7月中、下旬至8月，适应偏高的温度，27～28℃大量繁殖，当日均温高于30℃时，虫口数量才减退。大雨对棉蚜抑制作用明显。多雨的年份或多雨季节不利于其发生，但时晴时雨的天气利于伏蚜迅速增殖。一般伏蚜4～5d就繁殖1代，苗蚜需10d繁殖1代，田间世代重叠。有翅蚜对黄色有趋性。冬季气温高，越冬卵量多，孵化率高。棉蚜发生适温为17.6～24℃，相对湿度低于70%。一熟棉田、播种早的棉蚜迁入早，为害重，棉花与麦、油菜、蚕豆等套种时，棉蚜发生迟且轻。

棉蚜在西北内陆地区的新疆棉区每年发生30～40代。在北疆，从时间上看5月下旬至6月上旬为苗期棉蚜的迁飞高峰期，棉蚜向棉田和瓜田迁飞，但数量有限，此时棉田和瓜田棉蚜点片发生种群数量少，为害轻。6月下旬后数量增加，由点片开始向全田蔓延。7月上旬为棉蚜“伏蚜”迁飞始期，7月中下旬为棉蚜“伏蚜”迁飞高峰期，此时棉蚜在田间普遍发生，为害严重，有蚜株率可达100%。8月上旬到中旬为棉蚜“秋蚜”迁飞期，8月下旬后棉蚜逐渐迁出棉田。

（三）棉蚜的习性

1. 食性 各型棉蚜食性的广度各不相同。以干母和干雌的食性最为专化，几乎只能在越冬寄主上生活。迁移蚜和侨蚜的食性十分广泛。性母和产卵雌蚜的食性更加广泛，甚至可以在未造成损害的植物上发育繁殖和产卵。成长的雄蚜取食少。除性母和产卵雌蚜适应于取食老叶外，其他各型大都适于取食植物幼嫩部分。

2. 趋黄性 有翅蚜有趋黄色的习性，可用黄板检测有翅蚜的发生迁飞情况。

3. 繁殖 棉蚜具有极强的繁殖力，这是其易猖獗的内在因素。在全年中只有越冬世代出现两性交配产卵，其余世代都进行孤雌生殖。若蚜出生后，在夏季只经4～5d，蜕皮4次，即变为成蚜，又能产生若蚜，一生可产仔60余头。

4. 迁飞扩散 棉蚜产生有翅蚜的原因颇多，主要与寄主植物的营养条件、群体的拥挤程度、气候的影响等有关。每年棉蚜的迁飞有3～5次；迁移蚜迁飞1次；侨蚜迁飞1～3次；有翅蚜雌性母和雄蚜各迁飞1次。

四、发生规律

（一）虫源基数

在木本或草本植物越冬寄主上，有翅蚜数量与迁入棉田初期的棉蚜数量关系密切，并影响到棉花苗期的受害程度。在越冬寄主上的棉蚜有翅蚜发生高峰期通常与当地棉苗出土时期相吻合，有翅蚜陆续迁入棉田。迁入棉田的初期，因虫源基地的远近、迁入数量、棉田环境等的差异，棉蚜在棉田中分布得很不均匀，常出现点片发生。同时亦会受到气候条件的影响。2011年天津全市受春季低温影响，蚜虫始见期较常年偏晚7d左右。据5月底苗蚜发生盛期调查，一般地块蚜株率为50%～60%，百株蚜量一般为400～

800头，个别严重地块蚜株率达80%以上，百株蚜量2 000头以上；7月上旬伏蚜发生盛期调查，田间平均有蚜株率40%～60%，百株蚜量2 000～5 000头，部分严重地块蚜株率达80%以上，百株蚜虫量1万～2万头。

（二）气候条件

棉蚜卵发育起点温度为5.0℃，卵期的有效积温为117.4℃。6月下旬至7月初气温多为23～26℃，25.3℃时棉蚜平均历期5.1d。棉蚜适应温度范围较广，但地区间有差异。在北方寒冷地区的棉蚜耐寒性较强，适应于较低的温度。最适生长发育温度为16～22℃，高于25℃有抑制作用。在温带气温17～28℃范围内，随温度的升高而发育速度加快，棉蚜种群数量急剧上升，29℃以上的高温对发育有抑制作用。在亚热带地区的棉蚜则较耐热，适宜较高温度。冬季低温，可大大压低早期蚜虫的发生数量。早春温度的剧烈变化对发育中的胚胎有致命的影响。当旬均温上升到5℃以上时，部分胚胎幼蚜已经形成，忽遇寒流降温，旬均温度降至2℃左右，干母孵化率较正常年份下降18%～54%。秋季9～10月若气温偏高，有利于蚜虫虫口上升，引起秋蚜为害，产生性蚜虫口密度大，越冬卵量多。

棉蚜对湿度的适应范围较广，苗蚜在相对湿度47%～81%时，棉蚜虫口密度均急剧增长，其中以58%左右最为适宜。而伏蚜流行时，适宜的相对湿度为69%～89%，最适为76%左右，相对湿度超过90%以上时，棉蚜种群数量即下降。此时高湿对棉蚜不利的另一个因素是导致蚜霉菌的流行，造成蚜群大量减少，甚至全部覆灭。大雨对蚜虫虫口有明显的抑制作用，因此多雨的气候不利于蚜虫发生。而时晴时雨天气有利于伏蚜虫口增长。

棉蚜种群动态也受到风和气流的影响。春、秋两季节的风，常使气温下降，从而抑制棉蚜虫口数量增长的速度。在有翅蚜迁飞时期，近地面的微风，有助于有翅蚜迁飞扩散到附近或较远的棉田。遇热空气上升对流运动，起飞的蚜群借上升气流送至上空，带向远处。遇暴风雨冲刷，则可使棉蚜种群数量显著下降。

（三）寄主植物

棉蚜的寄主植物种类很多，根据棉蚜的生活史周期型的不同，有些棉蚜在全年中在不同寄主之间转移。同时有些棉蚜在不断地进化过程中因嗜食寄主不同而形成了不同的寄主型。如在我国新疆和南京等地区，已经出现了分别取食棉花和瓜类的棉花型和黄瓜型棉蚜。

棉蚜的发生与寄主植物的营养有密切关系，尤其是棉株含氮量的多少，影响最为明显。有研究表明，随着棉田施氮肥量的增加，棉叶内含可溶性氮和蛋白质相应提高，棉蚜的个体增大，寿命和产仔历期延长、蚜体内的胚胎数及成蚜产仔数增加。

棉花不同品种、生育期的抗蚜性有明显的差异。如果棉叶多短毛，棉花受蚜害轻。如果棉叶毛少而长，棉花受害严重。棉花组织中棉酚及单宁是棉花抗蚜的重要生化物质。特别是单宁的抗蚜作用显得更为突出。单宁含量高的棉花品种，无论是对苗蚜还是伏蚜都表现出较强的抗性。

（四）天敌昆虫

棉蚜常见天敌种类很多，捕食性天敌种类有瓢虫、草蛉、小花蝽、姬猎蝽、食蚜蝇、蜘蛛；寄生性天敌种类有蚜茧蜂、跳小蜂、蚜小蜂、蚜霉菌等。在一般情况下，苗期天敌数量较少，对棉蚜种群数量的增长无明显的抑制作用。但在麦蚜大发生的年份，所诱发的天敌数量多，有些年份在5月下旬至6月中旬蚜茧蜂寄生率达20%，可使棉蚜虫口大幅度下降。6月上、中旬，当瓢蚜比达1∶150时，也可有效地控制蚜害。棉花进入蕾铃期以后，在棉铃虫发生量少，不喷药或改进施药方式的情况下，棉田发生的多异瓢虫、龟纹瓢虫、食虫蜘蛛、小花蝽、草蛉等捕食性天敌足以抑制伏蚜的猖獗发生。但棉田不适当的多次用药，尤其是6～7月大量用药，大量杀伤天敌，失去自然平衡，会导致伏蚜发生。

天敌对棉蚜的控制作用具有相当大的潜能，如室内控制试验研究表明，龟纹瓢虫幼虫期的捕食量，按照不同棉蚜龄期来分别估算，平均每头龟纹瓢虫幼虫可以捕食（1 063.1±227）头1日龄棉蚜，（847±241）头2日龄棉蚜，（520±105）头3日龄棉蚜，（327±102）头4日龄棉蚜，（259±76.4）头5日龄棉蚜，（169±54.7）头10日龄棉蚜。雌成虫平均可以捕食（10 950±2 672）头1日龄棉蚜，（8 724±2 117）头2日龄棉蚜，（5 356±1 422）头3日龄棉蚜，（3 367±1 323）头4日龄棉蚜，（2 667±1 215）头5日龄棉蚜，（1 739±840）头10日龄棉蚜。通过试验估算中华草蛉分别对各个龄期棉蚜的捕食量，结果表明，在幼虫期平均每头中华草蛉捕食（1 281±212）头1日龄棉蚜，（1 019±198.3）头2日龄棉蚜，

(627±126）头 3 日龄棉蚜，(393.5±106）头 4 日龄棉蚜，(312.1±77.9）头 5 日龄棉蚜，(204±72.8）头 10 日龄棉蚜。

（五）化学农药

化学农药的使用在一定程度上能够控制蚜虫的发生量，但是长期施用广谱性、高毒、高残留农药品种，不仅杀伤大量的蚜虫天敌，而且导致棉蚜产生抗药性，从而造成此类化学农药对棉蚜的抑制作用失效。因而需要慎重选择化学农药来控制蚜虫为害。

五、防治技术

（一）农业防治

冬、春两季铲除田边、地头杂草，早春往越冬寄主上喷洒氧乐果，消灭越冬寄主上的蚜虫。实行棉麦套种，棉田中播种或地边点种春玉米、高粱、油菜等，招引天敌，控制棉田蚜虫。一年两熟棉区，采用麦—棉、油菜—棉、蚕豆—棉等间作套种，结合间苗、定苗、整枝打杈，把拔除的有虫苗、剪掉的虫枝带至田外，集中烧毁。具体包括：

1. 合理布局作物 可采用多种作物条带种植、间作、套种或插花种植，以丰富棉区植物和动物的生态结构，给棉蚜的天敌提供季节性的食物和生境。并利用麦类、油菜等作物上的蚜虫诱来蚜虫天敌，创造天敌自然控制棉蚜的条件。

2. 选用抗蚜品种 选用抗蚜或耐蚜害的棉花品种。

3. 合理施肥 棉田应配方施肥，不宜过多施用氮肥，尤其是棉苗期更应注意。

4. 拔除虫株 结合间苗和定苗，注意将有蚜苗拔除并带出田外集中烧毁。

（二）生物防治

1. 保护利用天敌 在蚜虫天敌盛发期尽可能在棉田少施或不施化学农药，避免杀伤天敌，利于发挥天敌的自然控制作用。

2. 招引天敌 棉田插种苜蓿或油菜，招引蚜虫天敌。棉蚜大发生时，砍掉苜蓿或油菜让天敌转移至棉株上控制棉蚜。

（三）物理防治

有翅蚜有趋黄色的习性，生产上可以利用黄色波段频振式杀虫灯进行诱杀，从而有效降低有翅蚜种群密度及后代发生数量。

（四）化学防治

1. 播种期防治

药剂拌种：先把棉籽在 55～60℃温水中预浸 30min，捞出后晾至种毛发白，用 40％甲拌磷乳油 400mL 稀释 30 倍，喷拌在 50kg 棉种上，闷 12h 后播种，或用种子重量 1.5％的 70％灭蚜硫磷粉剂拌种，也可用 3％克百威颗粒剂 20kg 拌 100kg 棉籽，再堆闷 4～5h 后播种。还可在播种时把上述颗粒剂施于播种沟内，然后覆土。也可用 10％吡虫啉乳油按有效成分 50～60g 拌棉种 100kg，对棉蚜、棉卷叶螟防效较好，播种 45～60d 有蚜株率 10％～60％，百株蚜量的相对防效为 72.6％～85.7％和 84.8％～97.3％。麦套棉播种晚，用吡虫啉拌种后基本能控制其为害。

近年一些地方棉农采用 3％克百威颗粒剂或 5％涕灭威颗粒剂拌种，药剂与棉种的用量比为 1∶4～1∶3。先将棉籽用 50～60℃的温水浸泡 30min，然后用凉水浸泡 6～12h，捞出均匀拌入药剂，堆闷 4～5h 即可播种，控制蚜害时间可达播种后 50～60d，且对棉花还有显著促进生长的作用。

2. 苗期防治

药液滴心：40％氧乐果乳油 150～200 倍液，每 667m^2用对好的药液 1～1.5kg，用喷雾器在棉苗顶心 3～5cm 高处滴心 1s，使药液似雪花盖顶状喷滴在棉苗顶心上即可。

药液涂茎：用 40％氧乐果乳油 20mL，田菁胶粉 1g 或聚乙烯醇 2g，对水 100mL 搅匀，于成株期把药液涂在棉茎的红绿交界处，不必重涂，不要环涂。

3 片真叶前，苗蚜卷叶株率 5％～10％，4 片真叶后卷叶株率 10％～20％，伏蚜卷叶株率 5％～10％或平均单株顶部、中部、下部三叶蚜量 150～200 头时，及时喷洒 35％硫丹乳油 1 500 倍液或 20％灭多威乳油、44％丙溴磷乳油 1 500 倍液、20％吡虫啉可溶液剂 3 000～4 000 倍液、43％辛・氟氯氰乳油 1 500

倍液、90%灭多威可溶粉剂3 500倍液、20%丁硫克百威乳油1 000倍液防治伏蚜、20%丁硫克百威乳油2 000倍液防治苗蚜。必要时上述杀虫剂与增效剂混用，可提高防效，延缓抗药性。棉蚜对菊酯类杀虫剂的敏感性仍然很差，有的产生了明显抗药性，不宜用于防治棉蚜。44%丙溴磷乳油、40%硫丙磷乳油、40%毒死蜱乳油1 500倍液防治棉蚜效果达70%以上，可见对棉蚜防效不甚理想，但对棉铃虫防效好，可用于防治三、四代棉铃虫为主，兼治棉花生长中期的伏蚜和叶螨。此外，20%丁硫克百威乳油6 000倍液防效高，持效期7d左右；氨基甲酸酯类的20%灭多威乳油和有机氯类的35%硫丹乳油1 500倍液是防治棉蚜的高效药剂，1～7d防效90%以上。

3. 蕾铃期防治 用于苗期喷雾防治棉蚜的药剂和浓度同样适于蕾铃期防治伏蚜。除此之外，当蕾铃期伏蚜发生时，由于温度高，棉株已封行，操作困难，可用敌敌畏拌麦糠熏蒸的方法进行防治。每公顷用80%敌敌畏乳油0.75～1.125kg，对水75kg，喷在112.5kg麦糠上，边喷边搅匀，在16：00后撒于棉田即可。

附：棉蚜测报技术

棉蚜种群调查测报规程详见中华人民共和国国家标准《GB/T 15799—2011 棉蚜测报技术规范》。

戈峰 欧阳芳（中国科学院动物研究所）

第32节 棉 叶 螨

一、分布与危害

棉叶螨又称棉红蜘蛛，在我国为害棉花的叶螨主要有朱砂叶螨［*Tetranychus cinnabarinus* (Boisduval)］、截形叶螨（*T. truncatus* Ehara）、二斑叶螨（*T. urticae* Koch）、土耳其斯坦叶螨（*T. turkestani* Ugarov et Nikolski）和敦煌叶螨（*T. dunhuangensis* Wang），均属蛛形纲蜱螨亚纲真螨总目绒螨目叶螨科。

我国为害棉花的棉叶螨是混合种群，种类组成和优势种在各地不尽相同。长江流域、黄河流域棉区优势种主要是朱砂叶螨，截形叶螨和二斑叶螨为常见物种，常与朱砂叶螨混合发生。土耳其斯坦叶螨仅在新疆发生，为北疆棉区优势种，敦煌叶螨为南疆棉区优势种，进入21世纪以来，截形叶螨在南、北疆棉区的数量和发生面积大大增加，已成为棉田常见种类。

棉叶螨寄主植物非常广泛，共43科146种，除为害棉花外，还为害玉米、高粱、豆类、瓜类、蔬菜、树木及杂草等。棉花从幼苗到蕾铃期都能受到叶螨的为害，其成、若、幼螨均取食棉花叶片。叶螨常群集在棉花叶背，也可在棉花的嫩枝、嫩茎、花萼、果柄及幼嫩的蕾铃部位为害。以口针刺入绿色组织，吸取汁液，据测定，在1min内可吸干20～25个植物细胞。受害部症状因棉花品种、螨的密集程度及为害时间而有不同。朱砂叶螨、二斑叶螨、土耳其斯坦叶螨和敦煌叶螨在棉花生长初期为害，叶正面呈现黄白色斑点，当螨密集时，很快呈现出橘黄色斑，严重时呈现紫红色斑块。被害处的叶背面有丝网和土粒黏结，呈现土黄色斑块。为害严重时，叶片扭曲变形，甚至枯萎脱落，棉株枯死。为害嫩茎、苞叶或蕾铃时，会形成锈色斑。中后期发生时，叶片变红，干枯脱落，状如火烧，能引起中下部叶片、花蕾和幼铃脱落，造成棉花大幅度减产甚至绝收。长绒棉被害叶片并不出现紫红色斑块，而是褪绿或变枯黄。截形叶螨为害后只产生黄白斑点，不产生红叶。叶螨多时，叶背有细丝网，网下群聚螨体。截形叶螨为害时在棉叶正面出现症状较晚，使其发生为害更加隐蔽，为害严重时，棉苗瘦弱，生长停滞，常导致受害叶大量焦枯脱落，应引起足够重视。

棉叶螨以刺吸口器在棉叶背面为害，以汁液作为营养源，吸取汁液量每小时可达自身体重的20%～30%。棉株受害后，轻者叶片表皮被破坏，海绵组织表现疏松，中度受害棉叶，其海绵组织细胞变形，排列混乱，重者叶片上下表皮、栅栏组织、海绵组织极为混乱难分，表皮外出现硬结层，叶片各组织完全丧失正常功能，使棉花产生一系列的生理变化，叶绿素和水分减少，光合作用受到抑制。据有关资料，当每叶有螨分别为15头、30头和60头时，其光合作用分别减少26%、30%和43%。据测定，当每平方米面积的棉株有朱砂叶螨71.6头为害时，叶绿素含量仅是对照的39.35%。当土耳其斯坦叶螨分别为

10头/叶、30头/叶和50头/叶时，为害棉叶2d，叶绿素a的含量下降幅度为7.8%、17.5%和24.4%，8d后下降幅度增加到21.8%、31.1%和38.0%；叶绿素b含量也随着为害时间的延长而下降，10头/叶、30头/叶和50头/叶处理下降幅度分别由2d的4.1%、14.7%和16.2%增加到8d的33.1%、36.5%和46.5%；叶绿素的总含量也是随着为害时间的延长而持续下降，分别由2d的6.6%、16.6%和21.8%增加到8d的26.5%、31.7%和40.7%；造成同化作用减退，生长调节失衡，影响棉花的生长发育。用六级分级法，当叶螨为害平均为2.45级时，使纤维缩短4.7%，千粒重减轻21.4%；断裂荷重减少7.7%，断裂长度缩短4.0%，棉花减产30%左右，受害叶还表现出细胞膜透性增大，过氧化物酶、同工酶和酯酶同工酶谱都发生变化，氨基酸含量与蛋白质含量减少，代谢和生理机能失调，最终出现各种症状：即棉叶褪绿、黄萎、红叶，严重者造成落叶、落蕾、落花、落铃，使植株生长势减退，造成减产。

二、形态特征

（一）朱砂叶螨（彩图6-32-1）

成螨：体长0.42～0.52mm，体宽0.28～0.32mm，雌螨梨圆形；夏型雌成螨初羽化体呈鲜艳红色，后变为锈红色或红褐色。体躯两侧背面各有两个褐斑，前1对大的褐斑可以向体末延伸，与后面1对小褐斑相连接。冬型雌螨体橘黄色，体两侧背面无褐斑。雄成螨体长0.26～0.36mm，体宽0.19mm，体呈红色或橙红色，头、胸部前端近圆形，腹部末端稍尖。

卵：圆球形，直径0.13mm，初产时微红，渐变为锈红至深红色。

幼螨：由卵初孵的虫态叫幼螨，有足3对。

若螨：幼螨蜕皮后变为若螨，有4对足。

（二）土耳其斯坦叶螨（彩图6-32-2）

成螨：雌螨体长0.48～0.58mm，体宽0.36mm，椭圆形，体呈黄绿、黄褐、浅黄或墨绿色（越冬雌螨为橘红色），体两侧有不规则的黑斑；须肢端感器柱形，其长2倍于宽，背感器短于端感器，梭形；气门沟末呈U形弯曲；各足爪间突呈3对刺状毛，第一跗节具2对双毛，彼此远离。

雄螨体长0.38mm，浅黄色，菱形；阳茎柄部弯向背面，形成一大端锤，近侧突起圆钝，远侧突起尖利，其背缘近端侧的1/3处有一角度。

卵：圆形，初产时透明如珍珠，近孵化时为淡黄色。直径为0.12～0.14mm。

幼螨：有3对足，体近圆形，长为0.16～0.22mm。

若螨：体椭圆形，长0.30～0.50mm。有4对足，体浅黄色或灰白色，行动迅速。与雌成螨所不同的是少基节毛2对，生殖毛1对，同时无生殖皱襞。

（三）截形叶螨（彩图6-32-3）

在外部形态上与朱砂叶螨不易区别，但两者雄螨的阳具有显著差别。此外，截形叶螨的卵初产时为无色透明，渐变为淡黄至深黄色，微见红色。

五种叶螨检索表

1. 夏型雌螨浅黄色、黄绿色或黄褐色 …… 2
   夏型雌螨红色或暗红色 …… 4
2. 阳茎端锤小，与柄部呈一角度，远侧突起较突出 …… 敦煌叶螨（图6-32-1）
   阳茎端锤大，与柄部平行 …… 3
3. 阳茎端锤稍大，两侧突起尖而小 …… 二斑叶螨（图6-32-2）
   阳茎端锤大，近侧突起圆钝，端锤顶部近外侧1/3处有一明显角度 …… 土耳其斯坦叶螨（图6-32-3）
4. 阳茎端锤顶部呈截形，并在外侧1/3处有一浅凹 …… 截形叶螨（图6-32-4）
   阳茎端锤顶部呈弧形，两侧突起大小相似 …… 朱砂叶螨（图6-32-5）

三、生活习性

朱砂叶螨发生代数因地而异。长江流域棉区1年发生18～20代，黄河流域棉区1年发生12～15代，华南棉区1年发生20代以上。在10月中、下旬受精的雌成螨陆续由棉田迁至干枯的棉叶、棉秆、杂草根际或土缝中及棉田周围树皮裂缝处越冬。翌年2月下旬开始出蛰活动，在早春寄主上取食繁殖1～2代。5月上旬开始迁入棉田，初期点片发生，以后蔓延到全田。棉田于6月上旬出现第一次螨量高峰，6月下旬出现第二次螨量高峰，7月下旬至8月初如雨季来临，降雨频繁，螨群密度骤降；如持续干旱，8月仍可出现第三次螨量高峰。9月中旬后开始越冬。各棉区严重发生期有所差异，东北、西北棉区7月下旬至9月下旬有1个发生高峰，黄河流域棉区6月中、下旬至8月下旬可发生2个高峰。各棉区每年发生的严重时间年间有差异。东北、西北棉区，7月下旬至9月下旬约有1次高峰，黄河流域棉区6月中、下旬至8月下旬可发生两次高峰，长江流域棉区和华南棉区4月下旬至9月上旬可发生3～5次高峰。

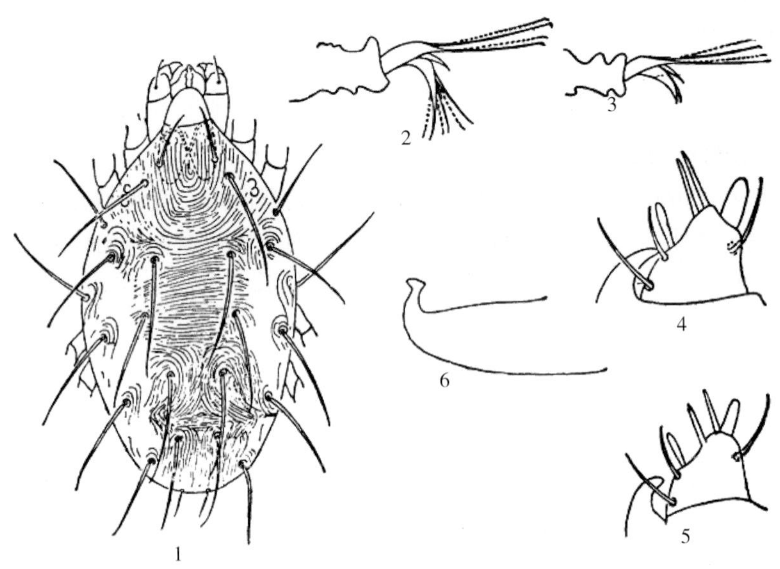

图6-32-1 敦煌叶螨形态特征（引自王慧芙，1981）

Figure 6-32-1 Morphological characteristics of *Tetranychus dunhuangensis* (from Wang Huifu, 1981)

1. 雌螨背面观 2. 雌螨须肢跗节 3. 雌螨足第一跗节端部 4. 雄螨须肢跗节 5. 雄螨足第一跗节端部 6. 阳茎

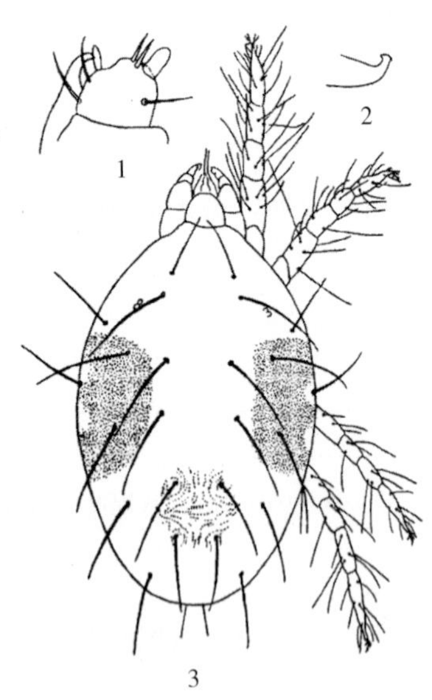

图6-32-2 二斑叶螨形态特征（引自洪晓月，2012）

Figure 6-32-2 Morphological characteristics of *Tetranychus urticae* (from Hong Xiaoyue, 2012)

1. 须肢跗节 2. 阳茎 3. 雌螨背面观

图6-32-3 土耳其斯坦叶螨形态特征（引自鲁素玲等，1997）

Figure 6-32-3 Morphological characteristics of *Tetranychus turkestani* (from Lu Suling et al., 1997)

1. 雌螨背面观 2. 雌螨须肢跗节 3. 雄螨须肢跗节 4. 阳茎

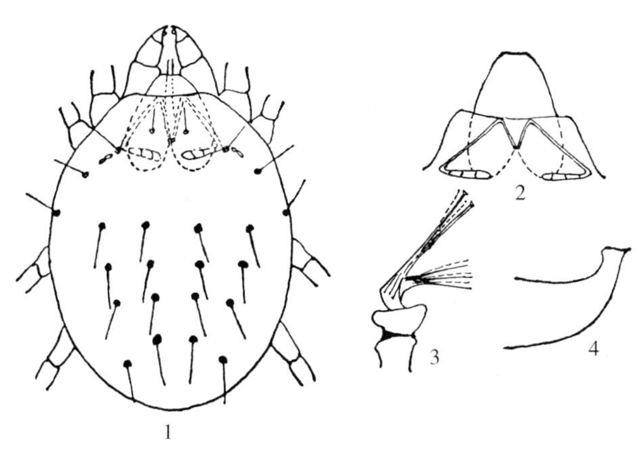

图 6-32-4　截形叶螨形态特征（引自匡海源，1986）
Figure 6-32-4　Morphological characteristics of *Tetranychus truncatus*（from Kuang Haiyuan，1986）
1. 雌螨背面观　2. 气门沟　3. 雌螨足第一跗节端部　4. 阳茎

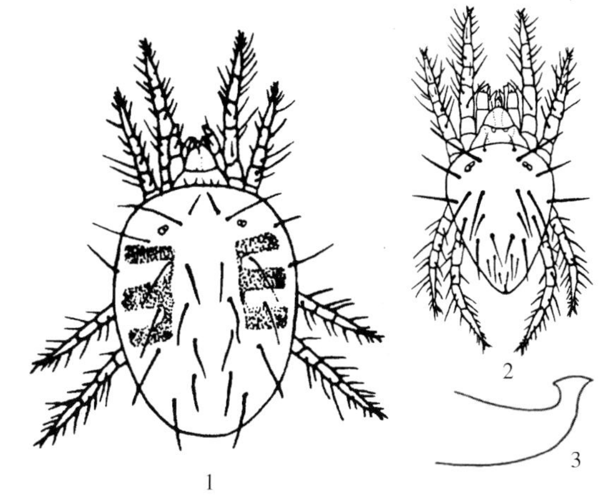

图 6-32-5　朱砂叶螨形态特征（引自洪晓月，2012）
Figure 6-32-5　Morphological characteristics of *Tetranychus cinnabarinus*（from Hong Xiaoyue，2012）
1. 雌螨背面观　2. 雄螨背面观　3. 阳茎

土耳其斯坦叶螨在新疆北疆1年发生9～11代，以橘红色的受精雌成螨越冬。越冬螨体两侧黑斑消失，越冬寄主和场所：一是杂草根际处，以双子叶杂草为最多，如旋花草、苜蓿、苋菜、三叶草、艾蒿、荠菜、苦荬菜、蒲公英、独行菜等；二是田内外、地头、林带的枯枝落叶层下。来年当气温升高到8℃时，越冬螨就开始出蛰活动，从物候关系看，只要越冬寄主一露出嫩芽，越冬螨就开始取食，取食后的越冬雌螨体色由橘红色重新变为橘黄或黄褐色，黑斑也显现出来。当气温升高到12℃以上时，就开始产卵，最早于3月底至4月初可在杂草上见到第一代卵，当棉苗出土后土耳其斯坦叶螨便从不同的越冬场所陆续向棉田迁移取食为害。土耳其斯坦叶螨在新疆北疆棉区于5月上、中旬开始点片出现，但此时气温较低，繁殖速度慢，棉苗受害较轻。5月下旬至6月初，此时若雨量少，气温很快上升，棉叶螨会很快繁殖，集中为害，棉叶上很快出现红斑。6月下旬至7月初出现第一个高峰期，7月中、下旬出现第二个高峰期，如得不到有效的控制会于8月出现第三个高峰，而且一次比一次的螨量多、为害重，到8月下旬受害严重的棉田便呈现一片红叶，对棉花生产造成严重损失。

棉叶螨螨态分为卵、幼螨、若螨和成螨。若螨又分为第一若螨和第二若螨。每龄期蜕皮之前有一个不食不动的静伏期。雄螨只有第一若螨期，静伏期后直接蜕皮羽化为雄成螨；从第二若螨期蜕皮后，即羽化为雌成螨。棉叶螨主要进行两性生殖，也可进行孤雌生殖。未受精卵发育成雄螨，在雌若螨静伏期有早羽化的雄成螨守候在旁，待雌螨羽化后争相与之交配。不经交配的雌成螨繁殖的全为雄螨。土耳其斯坦叶螨在田间的雌雄比例生长季节为8∶1或10∶1，而深秋时为（4～5）∶1。干旱时，雄螨也较多。但一般情况下，雌螨比例远大于雄螨，1头雄螨可与几头雌螨交配。多数雌螨一生只交配1次，而少数的可交配2～3次。产卵前期1～2d，卵多产于叶背丝网下叶脉两侧和莩凹处。1头雌成螨日产卵量3～24粒，平均6～8粒，一生可产100粒左右，多产于叶螨取食活动处。通常卵的孵化率达95%以上。

棉叶螨靠自身爬行扩散较慢，只在小范围内或待棉田植株封垄后特别是当食料不足时进行扩散，据1996年7月测定，土耳其斯坦叶螨在光滑的棉叶上每分钟平均爬行4.7～5.3cm；在叶柄上为3.9～5.5cm。可见在株间虽可扩散但速度较慢。大面积的扩散如田块与田块之间的扩散主要借助外力，如随风飘荡。当食料恶化时，螨体大量聚集在一起，成百个个体用丝网串黏在一块，呈球状，然后随丝下垂，当微风吹过时，借风飘到新的棉株上。另外还可借流水传播，当灌水时，由于螨体、卵较轻，可漂浮在水面上，附着在落叶或小草上漂流传播。同时还可借人们在田间作业、农机具作业及虫、鸟的携带等传播。在螨足的跗节前端有发达的爪和爪间突及其黏毛，使叶螨能牢固地黏附在其他物体上，随之传播。据资料记载，有19种昆虫可携带传播棉叶螨。

四、发生规律

(一) 温湿度

温湿度影响棉叶螨的螨态历期。夏型世代的发育主要受温度支配，在一定温度范围内两者几乎呈直线关系。温度与雌成螨的产卵前期、寿命和螨态历期呈负相关，但与日产卵率呈正相关。世代历期的长短与温度关系较大。朱砂叶螨的发育起点温度为10.49℃，完成1代的有效积温为163.25℃。温度16～20℃时，完成1代所需时间平均为19～29d；温度22～28℃时，10～13d完成1代；28℃以上时只需7～8d。朱砂叶螨生长发育适宜温区是26～28℃，20℃以下雌成螨产卵期间的卵峰不明显，而在27℃以上时卵峰明显且多出现于成螨羽化后第2d，产卵量主要集中在羽化后的12d之内。平均温度为25℃、26.3℃和31℃情况下，卵期分别为6.2d、4.35d和3.17d，未成熟期分别为11.47d、7.08d和4.57d，完成一个世代所需日数（卵至成螨产卵）分别为27.28d、19.9d和14.29d，成螨寿命分别为15d、17d和14d。截形叶螨在15℃、20℃、25℃、30℃和35℃下，雌螨的卵期平均分别为13.65d、6.45d、3.56d、2.97d和2.29d，未成熟螨历期平均分别为15.15d、7.77d、4.33d、3.38d和2.76d，整个世代历期分别为32.13d、15.82d、9.02d、7.26d和5.64d。在24℃、27℃、30℃、33℃和35℃恒温下，雌螨平均寿命分别为23.80d、19.35d、16.78d、14.30d和12.46d。土耳其斯坦叶螨全世代发育起点温度和有效积温分别为雌螨10.75℃和164.01℃，雄螨11.56℃和113.29 ℃。在15℃、20℃、25℃和30℃的恒温条件下，雌螨完成1代平均历期分别为35.15d、19.05d、11.04d和8.68 d，可见温度升高其发育历期缩短。15℃时，产卵历期16.4d；25℃时，产卵历期13.8d；30℃时，产卵历期8.8d；33℃时，产卵历期仅6.4d。单雌产卵量在25℃时为97.1粒，产卵量最高，死亡率最低，平均日产卵量7～9.1粒。1头雌螨平均可产卵90～140粒。卵的发育起点温度为8.4～9.4℃；幼螨为9.1～11.4℃；前若螨为13.0～11.9℃；后若螨为12.5℃。

温度还影响棉叶螨的生存和发生期。据湖北省资料记载，当气温降到-2～-3℃时，若虫和雄成螨几乎全部绝迹，雌成螨不活动但仍存活。新疆棉区早春平均气温达6～8℃时，土耳其斯坦叶螨便开始在萌发早的杂草上活动产卵。四川省早春平均气温达7℃以上时，朱砂叶螨雌螨活动频繁并大量产卵。土耳其斯坦叶螨在19～31℃范围内世代存活率达79.8% ～ 100%，产雌率达83.3%～85.3%。(20±1)℃、(25±1)℃、(30±1)℃、(34±1)℃时净增殖率R_0分别为44.579 3、57.030 7、52.678 5和57.658 8；种群增长指数分别为27.03、44.50、43.13和26.59。种群倍增时间随着温度的上升而缩短，(20 ±1)℃时为4.879 9d，(34 ±1)℃ 时仅为2.361 0d。研究结果表明，在恒温条件下，30℃是截形叶螨种群繁殖增长的最适温度，雌螨总产卵量（F）、净增殖率（R_0）、内禀增长率（r_m）及周限增长率（λ）在24～30℃下均随温度升高而升高，但在30～35℃下均随温度升高而降低。

湿度亦可影响各螨态的发育。高湿（85%±5%）有延长棉叶螨发育历期和缩短成螨寿命的效应。温湿度联合作用组建朱砂叶螨生命表的结果表明，在高温（29～35℃）低湿（60%±5%），中温（25～29℃）低湿（60%±5%）和低温（25℃）低湿（60%±5%）情况下，其净生殖率（R_0）和自然内禀增长率（r_m）分别为20.857 4和0.238 1，25.290 0和0.184 9，8.716 4和0.081 9，而高温（29～35℃）高湿（85%±5%）和中温（25～29℃）高湿（85%±5%）时则分别为2.037 1和0.044 4，4.069 0和0.075 1，其种群加倍所需时间分别为3.261 9d、15.789 2d、4.270 0d、9.596 4d和8.733 1d。说明在高温低湿情况下，净生殖率和自然内禀增长率均最高，种群增殖快，翻倍期短，对种群的迅速建立最为有利。在自然条件下，高温低湿环境很大程度上有助于朱砂叶螨急剧增殖，而在高湿情况下，种群数量则很快消退。

相对湿度40%～65%对土耳其斯坦叶螨的生长发育最为有利。新疆北疆6月、7月、8月3个月的平均气温分别是24.8℃、25.4℃、23.9℃左右，平均湿度分别是40%、52.3%、54.1%左右，正好有利于棉叶螨的生长繁殖。当湿度超过80%时，对其繁殖不利。因此，在棉田中改变田间小气候，降低温度，可抑制棉叶螨的发生。

(二) 光

光对朱砂叶螨的滞育和生长发育都有影响。短光照可诱发朱砂叶螨滞育，每天10h以下光照诱发滞育率达100%，12h以上的光照时间则不能产生滞育个体。在郑州每天11h的光照发生在9月下旬，届时平均气温在 18℃左右，这种情况下，叶螨从卵发育到成螨约历期 2 周，于 10 月中旬开始产生滞育个体。光照和温度两因素的联合作用对朱砂叶螨滞育有显著作用。在短光照下，高温能抑制滞育发生，在 10h 光照和温度 20℃、25℃和 30℃条件下，其滞育率分别为 100%、69.2%和 49.1%。朱砂叶螨在长光照下可解除滞育而复苏为夏型个体，但滞育解除的速度和滞育期长短呈负相关，滞育 2d 的个体而后置于长光照、30℃下，经 27d 全部解除滞育，滞育期为 30d 的个体，经 20d 即可解除滞育。长、短光照对朱砂叶螨的发育有显著影响。在 20℃时，长光照的发育历期为 20.41d，内禀增长率（r_m）为 0.133 9，短光照的发育历期为 15.96d，内禀增长率（r_m）为 0.171 9，明显加速叶螨的发育。在 25℃、30℃和 35℃时，长光照的发育期各为 9.42d、8.02d 和 6.85d，短光照的发育期各为 10.90d、9.40d 和 7.39d；长光照的内禀增长率各为 0.242 6、0.287 7 和 0.342 5，短光照各为 0.229 7、0.242 8 和 0.283 7，短光照明显延缓叶螨的发育。种群生殖最适温度在长光照下是 25℃，短光照下是 30℃。长光照、35℃时发育速率最大，r_m最高，种群加倍所需日数最短。

（三）降雨和风力

降水量、降水强度、雨滴大小及降雨时风力的强弱对棉叶螨的数量变动都有很大影响。一般来说，南方棉区 5～8 月如有两个月降水量都在 100mm 以下，朱砂叶螨发生严重，如果连续 3 个月降水量均在 100mm 以下，甚至 50mm 以下，朱砂叶螨将猖獗发生；反之，若 5～8 月中，有 3 个月降水量均超过 100mm，或 4 个月降水量超过 100mm，则朱砂叶螨发生中等或轻发生。在新疆棉区，若 6～8 月平均降水量在 100mm 以下，土耳其斯坦叶螨会大发生，若 3 个月平均降水量在 200mm 以上，发生就轻，在 100～150mm，会中等发生。降水量和降雨强度对棉叶螨田间数量消长有两种作用。一是雨量的多少能影响田间的相对湿度，从而影响棉叶螨的生长发育和繁殖；二是暴雨能直接冲刷其各个虫态，特别是能把叶螨冲刷到地面上，使其被泥浆黏结而死，暴雨还将泥浆溅到叶背，把栖息在叶背的叶螨黏死。同时雨水多会引起霉菌发生，抑制叶螨的繁殖。据河南郑州 1986 年资料记载，6 月 26～27 日降水量 4.3mm，雨后单叶平均螨量下降 25%，7 月 2～5 日连续降雨 3d，降水量达 15.7mm，雨后螨量下降 73%。同年河南虞城县 6 月10～14 日连续降雨，降水量达 30.6mm，螨量下降 63%。7 月 15～20 日降雨 5 次，降水量达 52.7mm，螨量下降 75%。而后 20d 无雨，天气晴朗，螨量又急剧上升，回升率为 64%。8 月中旬后连续降雨 44.9mm，使螨群一蹶不振而逐渐绝迹。在新疆暴雨和连阴雨的天气较少，一般的中、小量雨对土耳其斯坦叶螨控制作用不大。据 1996 年在石河子地区下野地棉田调查：5 月 25 日有螨株率为 8%，5 月 27 日下中量雨（降水量 6mm），30 日有螨株率仍为 8.5%，说明一般的中量雨起不到冲刷作用，有时风雨还可起到帮叶螨传播的作用。可是若连续下 1～2 场大雨或暴雨，可抑制棉叶螨 10～15d。

另外，风对棉叶螨的分散传播有很大作用。除卵以外，各发育阶段的棉叶螨都会随空气流动而分散传播，螨的移动距离可达近 200m，高度可达 3 000m。当植物营养恶化和种群密度大时，会吐丝拉网借以分散传播。这种分散在很大程度上受湿度影响，严重受害棉叶相对湿度降低，再加之营养质量低下，就促进了叶螨的分散。

（四）寄主植物

1. 寄主植物种类 棉叶螨属杂食性害虫，寄主极为广泛，但对寄主有明显的选择性。不同的寄主及其生长状态对棉叶螨的发育和繁殖有很大的影响。据河南省农业科学院资料记载，以绿豆为食的朱砂叶螨单雌产卵量最高，平均 124.8 粒；其次是大豆，平均 96.5 粒；其余作物依次为西瓜平均 61.9 粒，棉花平均 59.0 粒，玉米平均 20.2 粒，小麦平均 15.1 粒；芝麻最低，平均 10.3 粒。通过生命表的组建得出总生殖力（*GRR*）和净生殖率（R_0）均以绿豆最大，分别为 118.0 粒和 83.64；其次是大豆，依次为 90.9 粒和 55.72；西瓜为 88.3 粒和 44.69；棉花为 69.3 粒和 28.33；玉米为 19.9 粒和 4.7；小麦和玉米很相似，分别为 13.3 粒和 4.79；芝麻最低，为 10.30 粒和 4.18。自然内禀增长率（r_m）和种群加倍时间呈负相关，大豆上的 r_m值最大，为 0.310 57，种群加倍时间最短，为 2.86d，其次是绿豆，分别为 0.305 67 和 2.93d，西瓜为 0.231 37 和 3.51d，棉花为 0.218 34 和 3.81d，小麦为 0.150 28 和 4.61d，芝麻为 0.122 15 和 5.78d，玉米为 0.095 715 和 7.55d。据分析，如棉花与绿豆或大豆间作，1 个月后螨量将比单作棉田增加 5.6 倍和 6.7 倍；如棉花与芝麻、玉米和小麦套种，1 个月后螨量将比单作棉花田减少一半。因此，棉花宜与芝麻、玉米和小麦间作，不宜与大豆或绿豆套种。

在室内 25℃ 恒温条件下，分别采用菜豆（*Phaseolus vulgaris* Linn.）、茄子（*Solanum melongena*

Linn.）、月季（*Rosa chinensis* Jacq.）、桃（*Amygdalus persica* Linn.）和转 *Bt* 基因抗虫棉（transgenic Bt cotton）等5种植物饲养二斑叶螨和朱砂叶螨，不同寄主植物上的2种叶螨发育历期及产卵量略有差别，但2种螨都是在桃树上的发育历期最短，在菜豆上的雌成螨5d产卵量最高。综合发育历期和产卵量两个因素来看，菜豆和桃树为二斑叶螨的最佳寄主；朱砂叶螨在菜豆、茄子和桃树上发育最适合。

2. 棉花品种 棉花品种不同，棉叶螨的发生数量也有相当的差别。棉花体内的某些次生化学物质，如单宁、类萜烯化合物和生物碱等的代谢物质能降低叶螨对植物的为害，形成寄主植物对害螨的抗性。这些物质在植物体内并不呈均匀分布，含量依寄主的器官、年龄、组织形成和外部状况而有差别。河南省农业科学院以抗螨棉花品种川98-19与感螨品种中12在苗期分别饲育朱砂叶螨，结果川98-19上叶螨生命参数的 R_0 和 r_m（14.22和0.153 1）均小于中12（20.38和0.171 1），而在成株期则有相反的结果，说明川98-19苗期具有抗螨性能，成株期抗螨性能则消失。棉株体内的类萜烯化合物是主要抗生性化学物质，其主要成分是棉酚，对叶螨、象甲、盲蝽、棉铃虫等害虫均有一定毒害：单宁对不少棉虫也有抑制作用（Zummo等，1984），单宁含量从苗期到成株期逐渐增加。如棉花品种川98-19苗期含单宁0.954%，成株期含单宁1.58%。中棉12苗期含单宁0.931%，成株期含1.51%。抗螨品种川98-19在苗期具有抗螨性的原因是体内单宁和棉酚的含量均高于品种中12，而在成株期中12的棉酚和单宁含量上升，并与川98-19的含量相近，至此川98-19与中12相比已无明显的抗螨性。

3. 棉花形态学抗螨性 有的研究者发现腺毛的密度与叶螨的成活率呈负相关。由于腺毛能分泌一种抗性物质，使叶螨的跗节黏附其上不能活动，而死于腺毛丛中，或因棉叶腺毛长而多，叶螨的口针难于插进叶片，因而抗性强。但腺毛密度相同的品种其抗性也不尽一致，电子显微镜扫描证实抗性与腺毛长短和形状不同有关。毛的长度是有无抗性的关键，高密度而不具适宜长度也是无抗性的。抗性还与叶片和叶表蜡质层厚度有关。叶螨的口针长度约为139.4μm，当棉叶片的下表皮加海绵组织的厚度为167.1～174.9μm时，棉花品种受害则轻，相反，在129.6～131.2μm时，受害就重。河南省农业科学院植物保护研究所通过对98个棉花品种的苗期鉴定，筛选出了一批对朱砂叶螨抗性强的种质资源，包括亚洲棉、海岛棉和部分具有多毛、红叶和无色素腺性状的陆地棉品种。所鉴定的红叶、多毛和无色素腺品种平均受害指数显著低于推广品种，表明这些性状具有潜在的抗螨性。多毛品种的叶毛密度需协同一定的叶毛长度才具有抗螨性。土耳其斯坦叶螨对棉花18个不同品种（系）的寄主选择性存在显著差异，对新海21选择性最弱；对297-5、81-3等的选择性较强。土耳其斯坦叶螨对棉花不同品种的选择性与棉花叶片蜡质含量、游离棉酚含量、黄酮含量、叶绿素含量呈显著负相关，与单宁含量呈正相关，与茸毛密度、可溶性糖含量无显著相关性。即棉花叶片内蜡质含量、游离棉酚含量、黄酮含量、叶绿素含量越高，土耳其斯坦叶螨对其选择性越弱，单宁含量越高，土耳其斯坦叶螨对其选择性越强。

朱砂叶螨在转 *Bt* 基因棉叶上连续饲喂12代后，与常规棉相比，转 *Bt* 基因棉对朱砂叶螨的净增殖率、内禀增长率、平均寿命、种群加倍时间等生命参数无显著影响，显示出在短期内转 *Bt* 棉的种植均不会明显地表现出对朱砂叶螨种群的增长呈有利或有害的迹象。

（五）栽培技术

不同的土壤耕作技术、轮作、邻作、连作年限对叶螨种群数量均有显著影响。通过秋耕、冬灌，可破坏棉花害螨的越冬场所，消灭部分越冬害螨，减少越冬基数。连作年限越长棉叶螨的发生越重。前茬为小麦、玉米等单子叶植物的棉田，棉叶螨发生晚而轻；凡是前作为油葵、豆类等双子叶植物的，棉叶螨发生早而重。棉花邻作小麦比邻作苜蓿的棉田叶螨发生轻。

1. 不同耕作方式与棉叶螨为害的关系 对前茬作物不同的棉田、连作年限不同的棉田和毗邻作物不同的棉田内棉叶螨发生的差异进行了系统调查。连作有利于棉叶螨的发生，棉叶螨发生早，为害重，连作2年的棉田红叶率为49%，连作3年红叶率高达89%。连作发生重的原因是当棉花收获后，棉叶螨仍然栖息在棉田内外的土缝、杂草、枯枝落叶下越冬，第二年就近在棉田内为害，因此连作时间越长，红叶率越高，受害越重。

2. 灌水对棉叶螨种群数量的影响 灌溉方式和灌水量对棉叶螨种群数量均有一定的影响。如沟灌棉田有利于土耳其斯坦叶螨的发生，滴灌棉田不利于土耳其斯坦叶螨的发生；滴灌条件下，水量过高或过低的棉田均有利于叶螨的发生，叶螨发生盛期早于常规水量棉田，数量也高于常规棉田叶螨数。不同灌水时期对叶螨的发生影响不大。

3. 施肥与棉叶螨种群动态的关系 棉花施肥量对叶螨的繁殖也有很大影响。不同叶螨受氮肥影响不同，对朱砂叶螨，棉花氮肥施用量增加，叶螨繁殖力亦随之增强，发育时间有随棉叶含氮率逐步提高而缩短，棉叶螨产卵量有随棉叶含氮率逐渐增高而相应延长和增加的趋势。如棉叶高含氮率（3.38%）的朱砂叶螨存活率最高，其50%死亡时间为10.2d，而低含氮率（2.96%）50%死亡时间为6.6d。田间不同施氮肥水平试验亦表明，每667m^2施尿素分别为68.8kg、24.8kg和8kg的螨株率依次为56.5%、48.4%和25.7%。氮肥含量较低利于土耳其斯坦叶螨的发生。当氮肥量超过正常水平时，随着施肥量的增高螨量呈下降趋势，氮肥水平较高不利于该害螨发生，这说明增施氮肥不利于土耳其斯坦叶螨的发生。

磷肥对叶螨的营养作用仅次于氮肥，棉叶螨体内含磷量的50%被每日产卵所利用，所以叶螨繁殖力随磷肥施量的增加而增加。钾对棉花和棉叶螨都是不可缺少的重要元素。棉花含钾量多少在一定范围内与螨的繁殖力呈正相关，所以利用合理施肥对叶螨的产卵数及发育都有很大影响。

4. 棉田杂草与棉叶螨发生的关系 杂草是棉叶螨的滋生地，又是其越冬和过渡寄主，杂草丛生为棉叶螨的发生提供了良好的环境条件，从调查结果看，杂草多的棉田棉叶螨发生早，为害时间长，冰湖乡的一块杂草较多的棉田6月初棉叶螨开始发生，6月24日达中度发生，7月中旬红叶率已达76%；相邻一块杂草极少的棉田棉叶螨于7月上旬点片发生，7月底红叶率为42%。另外，凡靠近沟渠、道路、井台、坟地、菜田、玉米、高粱、豆类、桑树、刺槐等的棉田，由于寄主杂草多，虫源多及寄主间转移为害等原因，棉叶螨往往发生早，为害重。

5. 棉叶螨发生与棉田环境的关系 凡靠近村庄、菜园及玉米、豆类等处的棉田因寄主之间相互转移，这类棉田叶螨发生早，螨源多，发生重。新疆昌吉九家沟三组一块棉田靠近居民居住区，7月初该棉田棉叶螨虫株率达100%，红叶率为64%。二组一块棉田左邻玉米田，在棉田靠近玉米田的5行棉株受害极为严重，受害程度与其他棉株相比有较为明显的差别，虫株率比为61%：40%。

6. 植物生长调节剂对棉叶螨发生的影响 棉苗使用生长调节剂甲哌鎓（缩节胺）后，叶片变绿加厚。使用浓度20mg/kg时，叶片总厚度达283.89μm，比对照增加20.35%；下表皮与海绵薄壁细胞组织之和达145.78μm，比对照增加18.5%，超过朱砂叶螨雌成螨的口针长度。在喷施缩节胺的叶片上叶螨取食受阻，繁殖率下降22.67%。使用甲哌鎓（缩节胺）浓度增至160mg/kg时，棉叶下表皮与海绵薄壁细胞组织总厚度达164.90μm，比对照增加34.07%，叶螨繁殖率下降45.7%～57.33%。田间试验亦证明，棉株喷洒缩节胺后，朱砂叶螨为害减轻，棉株蕾铃脱落减少，产量增加。

（六）农药的影响

1. 拟除虫菊酯类杀虫剂的刺激作用 一些拟除虫菊酯类杀虫剂对叶螨的繁殖和发育起到促进作用，加快了其在田间的分散和猖獗。据河南省农业科学院资料记载，室内用溴氰菊酯处理朱砂叶螨3代后，其净生殖率和内禀增长率各为23.91和0.213 0，明显高于对照的19.117和0.180。田间试验表明，第三次施用溴氰菊酯后的第十天，螨量为对照区的8.71倍。叶螨因杀虫剂刺激出现的分散作用，一方面可以减少天敌的威胁，使环境变得更适于其繁殖。另外，菊酯类农药对叶螨有忌避性效果，其扩散到未受害和未着药的植株上的比例增大，繁殖力增强。

2. 农药亚致死作用的影响 农药除了对叶螨具有致死作用外，农药亚致死剂量对叶螨生长发育及繁殖也有一定影响。如阿维菌素、哒螨灵和螺螨酯LC_{20}、LC_{10}剂量处理土耳其斯坦叶螨成螨后，可使成螨的产卵量、平均寿命和卵孵化率显著降低；卵期、幼螨期、若螨期和产卵前期明显延长，而成螨期和雌螨寿命又明显低于对照；对次代种群的影响表现在净生殖率（R_0）、周限增长率（λ）降低，生存率和平均每雌日产卵率明显降低，内禀增长率（r_m）由0.37降低至0.17～0.29，平均世代历期（T）除阿维菌素LC_{20}处理时长于对照外，其他处理均低于对照，种群倍增时间（D_t）延长。三种药剂亚致死剂量处理卵后，内禀增长率（r_m）由0.32降低至0.11～0.22，净生殖率（R_0）降低，平均世代历期（T）和周限增长率（λ）降低，而种群加倍时间（D_t）增长；除螺螨酯亚致死量对若螨期没有影响，其他处理的幼螨期、若螨期和产卵前期明显长于对照，成螨期和雌螨寿命显著短于对照；生存率和平均每雌日产雌率明显降低。因此，在亚致死剂量下，阿维菌素、哒螨灵和螺螨酯能够降低土耳其斯坦叶螨种群的发育速率，这对土耳其斯坦叶螨的综合防治策略的制定有积极意义。

3. 棉叶螨的抗药性问题 抗药性是害螨再猖獗的另一重要原因。叶螨大发生季节，选用有效农药可将螨口密度降低。但长期使用同种农药，使其产生了抗药性，防治效果显著降低。在北方棉区，朱砂叶螨和截形叶螨混合发生，互为优势种。据中国农业科学院植物保护研究所研究，两种叶螨对不同药剂的毒力反应和抗性程度不同，在河南省新乡棉区，截形叶螨对三氯杀螨醇的 LC_{50} 是朱砂叶螨的 3.5 倍，前者对久效磷的 LC_{50} 是后者的 5.1 倍。这种差异直接影响田间的防治效果。所以，大田化学防治时，要根据优势种的消长及毒力反应情况，采用相应农药，才可达到良好效果。

（七）天敌的控制作用

1. 棉叶螨天敌种类 棉田捕食棉叶螨的天敌种类很多，统计有 2 纲 8 目 19 科 59 种。主要有横纹蓟马（*Aeolothrips fasciatus* L.）、长角六点蓟马（*Scolothrips longicornis* Priesner）、塔六点蓟马（*S. takahashii* Priesner）、深点食螨瓢虫（*Stethorus punctillum* Weise）、连斑小毛瓢虫（*Scymnus inderihensis* Mulsant）、四斑小毛瓢虫（*Scymnus mimulus* Capra et Fursch）、异色瓢虫［*Harmonia axyridis*（Pallas）］、龟纹瓢虫［*Propylea japonica*（Thunberg）］、肩毛小花蝽（*Orius niger* Wolff）、叶色草蛉（*Chrysopa phyllochroma* Wesmael）、丽草蛉（*Chrysopa formosa* Brauer）、普通草蛉（*Chrysoperla carnea* Stepnens）、日本通草蛉［*Chrysoperla nipponensis*（Okamoto）］、食螨瘿蚊（*Acaroletes* sp.）、日本赤螨（*Erythraeus nipponicus* Kawa shima）、圆果大赤螨（*Anystis baccarum* L.）、三突花蛛［*Misumenops tricuspidata*（Fabricius）］、草间钻头蛛［*Hylyphantes graminicolum*（Sundevall）］、黑微蛛［*Erigone atra*（Blackwall）］等。

2. 天敌的捕食能力 不同的天敌捕食能力不同，深点食螨瓢虫和塔六点蓟马成虫对朱砂叶螨成螨日最大捕食量分别为 41.11 头和 38.14 头，深点食螨瓢虫成虫对朱砂叶螨成螨的捕食能力强于塔六点蓟马。斯氏钝绥螨对朱砂叶螨的日捕食量为 9.833 头。丽草蛉 1h 可吃朱砂叶螨成虫 30 头，卵 24 粒，幼虫日捕食量为 39.4～105 头。大草蛉幼虫日捕食量 74.5 头左右。日本通草蛉（中华草蛉）幼虫日捕食量 48.2～165.8 头。塔六点蓟马对棉叶螨也有很好的捕食作用，每株棉苗有棉叶螨 91.6 头时接种塔六点蓟马若虫 6 头，10d 后棉叶螨减少 79.7%，15d 后减少 94.4%，不接种的对照 10d 后，棉叶螨增加了 266.7%。塔六点蓟马成虫和后期若虫捕食优先选择朱砂叶螨幼、若螨，一龄若虫主要取食叶螨卵和幼、若螨。塔六点蓟马对叶螨卵、若螨和成螨的最大日捕食量，其成虫分别为 36 头、93 头和 17 头，二龄若虫分别为 63 头、36 头和 5 头。带纹蓟马成虫、若虫都能捕食棉叶螨的各个螨态，1 头带纹蓟马成虫 1h 捕食朱砂叶螨卵 5 粒，成螨或若螨 3 头。小花蝽成虫日捕食朱砂叶螨成螨 8.4 头，若虫日捕食成螨 4.4 头。大眼长蝽成虫、若虫只捕食朱砂叶螨成、若虫，未见吃卵，1h 可捕食朱砂叶螨 20 头。黑襟小瓢虫成虫日捕食成、若螨 14.4 头或卵 7.1 粒。异色瓢虫成虫日捕食卵 2.3 粒，龟纹瓢虫成虫日捕食卵 10.7 粒，幼虫日捕食卵 7.3 粒。草间钻头蛛日捕食成螨 13.5～24 头，三突花蛛日捕食成螨 13 头。跳蛛日捕食成螨 13 头。

深点食螨瓢虫幼虫日捕食土耳其斯坦叶螨卵 49.5～121 粒，平均为 82.7 粒。幼虫日捕食成螨 12～41.3 头，平均为 24.3 头。塔六点蓟马日均捕食活动螨 23～42.2 头，卵为 33.4 粒。日本通草蛉（中华草蛉）一生可捕食土耳其斯坦叶螨成螨 2 142 头、若螨 6 180 头，一头成虫日捕食卵 200～243 粒。室内饲养草蛉二龄幼虫，日均捕食叶螨卵 51.3 粒，捕食活动螨 36.2 头；整个幼虫期可捕食 1 300 头叶螨。肩毛小花蝽的二龄若虫对土耳其斯坦叶螨活动螨的日均捕食量为 34～52.5 头。在猎物低密度时，日均捕食活动螨 15.3 头、卵48.5～125 粒，平均 34 粒。食螨瘿蚊幼虫、食螨盲蝽等在 10～15s 内就可吸干一粒土耳其斯坦叶螨的卵。微小黑蛛、黄褐新圆蛛日捕食土耳其斯坦叶螨卵分别为 15 粒和 22.4 粒。日本赤螨和圆果大赤螨日捕食土耳其斯坦叶螨卵分别为 15.7 粒和 19 粒。

3. 主要天敌对棉叶螨发生的影响 叶螨天敌在棉花不同生长期数量不同，对棉叶螨控制作用不同。塔六点蓟马是棉叶螨主要天敌，但在棉田前期数量少。据河南省农业科学院资料记载，塔六点蓟马在高温下增殖率大，在 25℃和相对湿度 60%条件下的净生殖率（R_0）和自然内禀增长率（r_m）分别为 8.716 4 和 0.079 39，而在高温（29～35℃）和相对湿度 60%时的 R_0 和 r_m 分别为 20.857 4 和 0.212 5。所以在棉花苗期（河南 5 月，日均温 20℃左右），田间很难找到该天敌有效控制叶螨，只有 6 月后（棉花蕾花期，日均温 25～30℃），对叶螨才能起较大的自然控制作用。

河南省邓县叶螨 5 月以前的天敌主要是肉食螨，5 月以草蛉、小花蝽为主，6 月以草蛉、小花蝽、肉食螨为主，7 月以肉食螨、肉食蓟马、瓢虫为主，8 月以肉食蓟马为主，9 月以大眼长蝽、肉食蓟马为主。

在新疆棉田中出现早、数量多、捕食作用明显的种类有捕食性蓟马、食螨瓢虫、花蝽、草蛉、食螨瘿蚊、蜘蛛和多种捕食螨。6～7 月上旬天敌数量单株平均 0.8 头，叶螨数量少，用药也少，此时天敌对叶螨有明显的控制作用；7 月上旬后天敌数量增大，平均每株 1.8 头，但叶螨的数量也增多，天敌仍有一定的控制能力。8 月叶螨量剧增，而天敌数量却下降，单株平均 1.2 头，9 月仅 0.2 头，这主要是由于大量使用杀虫剂，对天敌有很大的杀伤作用，特别是花蝽、食螨蓟马、草蛉等数量减少更为明显。据调查，不同种类的天敌在棉田中的数量是不相同的，其中小花蝽占天敌总数量的 32%，草蛉占 20.9%，深点食螨瓢虫占 19.7%，食螨瘿蚊占 15.1%，其余的共占 13.1%。

天敌不仅对叶螨有捕食作用，对叶螨的存活及生殖也有一定干扰作用，如智利小植绥螨对朱砂叶螨有较强的生殖干扰作用，并且捕食螨密度越大，干扰作用越强，叶螨后代增殖潜能越小。天敌在棉田若有一定数量时，对棉叶螨有明显的控制作用，因此要加强保护利用。

（八）不同叶螨的种间竞争

我国为害棉花的叶螨是混合种群，长江流域、黄河流域棉区优势种主要是朱砂叶螨，截形叶螨和二斑叶螨常与朱砂叶螨混合发生，土耳其斯坦叶螨为新疆北疆棉区优势种，近几年在某些年份和某些地区截形叶螨或二斑叶螨暴发成灾。分析掌握主要叶螨的种间竞争，能为棉田叶螨的管理提供很好的依据。

二斑叶螨和朱砂叶螨以棉花为寄主时，两种叶螨试验单种种群的活动虫态数量动态曲线均在第 38 天达到峰值，两者的单种种群达到峰值时活动虫态数量基本相等；而在混合种群中，二斑叶螨和朱砂叶螨活动虫态数量达到峰值时分别是第 48 天和第 54 天，且达到峰值时，朱砂叶螨成螨数量约为二斑叶螨的 2 倍。无论单种种群还是混合种群，朱砂叶螨的活动虫态和成虫的 r_m 均略高于二斑叶螨，表明在以棉花为寄主植物时，朱砂叶螨比二斑叶螨具有更强的竞争力。

15%哒螨灵乳油、25 % 三唑锡超微可湿性粉剂、57% 炔螨特乳油、1.8% 阿维菌素乳油、5% 噻螨酮乳油、9.5% 喹螨醚乳油 6 种药剂对二斑叶螨的卵和雌成螨的 LC_{50} 值均明显大于朱砂叶螨，说明二斑叶螨比朱砂叶螨有更强的耐药性。

在（25 ±0.5）℃的条件下，在寄主棉花上，截形叶螨的生殖能力和种群增长指数低于土耳其斯坦叶螨，但截形叶螨存活时间长于土耳其斯坦叶螨，其一旦进入棉田，则造成更大的危害。

五、防治技术

棉花害螨的防治应以压低虫源基数和控制点片发生阶段为重点，协调运用农业防治、生物防治和化学防治等方法，控株、控点相结合，力争把棉花害螨控制在 6 月底以前，保证棉花不受较重为害。

（一）农业防治

1. 越冬防治　越冬前应及时清除棉田杂草，在为害重的棉田喷药，压低越冬虫量。在秋播时耕翻整地，通过深翻将越冬叶螨翻压到 17～20cm 的深土下。在棉苗出土前，及时铲除田间或田外杂草，也可大大压低虫源基数。

2. 点片防治　坚持“查、抹、摘、打、追”等措施。“查”是查虫情，逐垄检查被害棉株，并抽查其他寄主上的虫源；“抹”是发现棉叶上有少数棉叶螨时用手抹掉；“摘”是在查虫情时，随身携带 1 个塑料袋，发现棉叶螨多的棉叶，摘下放入塑料袋内带出田外；“打”是除摘、抹被害株外，插上喷药标志，发现一株喷一圈，发现一窝打包围；“追”就是跟踪追击找虫源，同时追肥壮苗，创造不利于棉叶螨的繁殖条件。

3. 生长调节剂　棉花蕾期受朱砂叶螨为害后，适量施用甲哌鎓（缩节胺）可提高受害植株的耐害补偿能力，减少产量损失。其耐害补偿效应主要表现为棉株生长速率加快，缓解受害棉株株高、果枝数、结铃数受到的不良影响。其耐害补偿效应强弱取决于棉株长势水平和施用甲哌鎓的剂量。朱砂叶螨为害棉花后具体施用甲哌鎓的剂量需根据棉苗长势水平而定，以充分发挥甲哌鎓增强受害棉株耐害补偿功能的作用。一般一类棉苗施用 4 次甲哌鎓，总剂量为 142.5 g/hm^2，产量损失挽回率达 15.2%；二类棉苗施用 4 次甲哌鎓，总剂量为 112.5 g/hm^2，产量损失挽回率达 7.04%；三类棉苗施用 4 次甲哌鎓，总剂量为 82.5 g/hm^2，产量损失挽回率达 2%。

（二）生物防治

首先要注意保护利用自然天敌。努力创造有利于自然天敌安全生存的环境条件，尽可能选择对天敌毒性小的杀螨剂，必须使用对天敌杀伤力大的药剂时，应采用拌种、涂茎或带状间隔喷雾等对天敌安全的施药方法。

（三）化学防治

当叶螨大面积发生时常用的喷雾药剂有73%炔螨特乳油每667m² 33～50mL；20%哒螨酮可湿性粉剂每667m² 50～65g；10%浏阳霉素乳油每667m² 20～30mL；2%阿维菌素乳油每667m² 30～50mL等。

附：棉叶螨测报技术

棉叶螨种群调查测报规程详见中华人民共和国国家标准《GB/T 15802—2011 棉花叶螨测报技术规范》。

张建萍（石河子大学农学院）

第33节 烟 粉 虱

一、分布与危害

烟粉虱（*Bemisia tabaci* Gennadius）又称棉粉虱、一品红粉虱、甘薯粉虱及银叶粉虱等，属半翅目粉虱科小粉虱属。最早发生于亚洲、非洲以及中东等热带、亚热带和温带边缘地区。近年来，烟粉虱已经扩散至整个欧洲、地中海盆地、非洲、亚洲、美洲和加勒比海等100多个国家和地区，并暴发成灾，对全球农业生产造成极大的经济损失。

烟粉虱在我国最早记载于1949年，以往主要分布在台湾、云南和湖北等地，并不是主要经济害虫。自1994年从国外引进一品红后，上海地区烟粉虱在园林植物上开始大发生，施药难以控制。1997年烟粉虱在广东东莞发生，且逐年加重，至2000年在南方大部分地区均有烟粉虱为害的报道。近几年，随着北方保护地的迅猛发展，烟粉虱借助花卉、苗木等的长距离运输迅速传播扩散，先后在新疆、北京、天津、河北、山东、山西等地暴发。经专家鉴定，在我国大发生的多数是B型烟粉虱，对农业生产造成了极大的冲击。

烟粉虱在我国为害棉花的报道始见于1953年的台湾，此后云南、海南、湖北、上海等地先后有烟粉虱为害棉花的报道。20世纪90年代以前我国棉田烟粉虱发生为害较轻，发生范围局限在部分区域。如20世纪80年代末以前，上海郊区棉田烟粉虱种群数量最高的1981年，全生长季节烟粉虱种群数量也仅为112头/叶。由于发生为害较轻，在相当长的一段时间里，烟粉虱未列入我国棉田的主要害虫。20世纪90年代中期以后，我国棉田烟粉虱频繁暴发，发生范围也逐渐扩大，几乎覆盖所有棉花种植区域（彩图6-33-1）。

烟粉虱属刺吸为害的昆虫，寄主种类众多，全球寄主植物涵盖74科500多种，我国已知的有57科245余种，涉及果树、花卉、观赏植物及经济作物，包括十字花科、葫芦科、茄科、锦葵科、豆科、菊科、旋花科、戟科及杜鹃科等。

二、形态特征（彩图6-33-2）

烟粉虱的生活周期有卵、4个若虫期和成虫期，通常将第四龄若虫称为伪蛹。

成虫：虫体黄色，翅白色，无斑点，被有白色蜡粉。雌虫体形大于雄虫，雄虫体长约0.85mm，雌虫体长约0.91mm。触角7节。复眼黑红色。前翅脉1根，不分叉，静止时左右翅合拢呈屋脊状，从上往下可隐约看到腹部背面。跗节有2爪，中垫狭长如叶片。雌虫尾端尖形，雄虫尾端呈钳状（彩图6-33-3）。

卵：长梨形，有光泽，大小约为0.21mm×0.096mm，有小柄，与叶面垂直插入叶表缝隙，不规则散产在叶背面（少见叶正面）。初产时淡黄绿色，孵化前颜色加深至深褐色。

一至三龄若虫：一龄若虫椭圆形，扁平，大小约为0.27mm×0.14mm，灰白色，稍透明，腹部透过表皮可见两个黄点。有3对足和1对触角，体周围有蜡质短毛，尾部有2根长毛。一龄若虫能够爬行寻找合适取食点。二龄、三龄时，足和触角等附肢退化消失，仅有口器。体缘能够分泌蜡质，体椭圆形，腹部平，背部微隆起，淡绿色至黄色，体长分别约为0.36mm和0.50mm。

四龄若虫（伪蛹）：体长约0.70mm，椭圆形，后方稍收缩，淡黄白色，有黄褐色斑纹，背面显著隆起。蛹壳的背面有长刚毛1～7对或无毛，有1对尾刚毛。管状孔呈三角形，长大于宽，孔后端有小瘤状突起，孔内缘具不规则齿。盖瓣近心脏形，覆盖孔口约1/2，舌状器明显伸出于盖瓣之外，呈长匙形，末端具2根刚毛，腹沟清楚，由管状孔后通向腹末，其宽度前后相近（彩图6-33-4）。

三、生物型及地理分布

不同地理种群的烟粉虱形态极其相似，但在寄主范围、抗药性、适应性及传播植物病毒的能力等方面又表现出相当大的区别，根据这些生物学特性的差异，烟粉虱被分为多种不同的生物型；截至2001年，至少确定了24个生物型，而且还有许多烟粉虱种群的生物型尚未确定；这24个生物型包括A型、AN型、B型、B2型、C型、Cassava（木薯）型、D型、E型、F型、G型、G/H型、H型、I型、J型、K型、L型、M型、N型、NA型、Okra（秋葵）型、P型、Q型、R型、S型，其中B型烟粉虱是一种世界性的入侵害虫，几乎全世界均有分布，其他生物型均为区域性分布。

不同生物型的烟粉虱具有一定的地理分布模式，从广义上来分可以分为8个地理种群：撒哈拉沙漠以南地区种群、非洲种群、新大陆种群、地中海地区种群、中东地区种群、亚洲1种群、亚洲2种群和澳大利亚种群，不同的种群由亲缘关系密切的生物型组成。根据不同生物型间的亲缘关系的远近，烟粉虱种群可以归类为7个类群，分别为：①新世界（包括A型、C型、N型和R型）；②泛世界（包括B型和B2型）；③贝宁E型和西班牙S型；④印度H型；⑤苏丹L型、西班牙Q型和阿尔及利亚J型；⑥土耳其M型；⑦澳大利亚AN型。

近年来，烟粉虱在我国华北及其他地区暴发且造成严重的危害，通过分子生物学等手段研究发现造成这种严重危害的烟粉虱主要是外来入侵生物——B型烟粉虱，但某些地区仍然存在包括Q型和非B型等其他生物型烟粉虱的为害。Q型烟粉虱目前在云南、江苏、浙江、河南及北京等地造成危害；非B型主要在海南、福建、浙江、广西、广东、湖南、湖北、云南、山西等地造成危害。而B型烟粉虱分布最广、为害最重、造成的经济损失最大。

四、生活习性

（一）各虫态生活习性

1. 成虫 烟粉虱成虫通过第四龄若虫背面的T形线羽化出来，绝大多数成虫在光期羽化，很少在黑暗中羽化，温度波动时羽化高峰延迟。成虫幼嫩阶段在27℃时约4h。夏季，成虫羽化后1～8h内交配。春、秋季羽化后3d内交配。成虫喜欢无风温暖天气，气温低于12℃停止发育，14.5℃开始产卵。当气温在21～33℃时，随气温升高，产卵量增加，高于40℃成虫死亡。相对湿度低于60%成虫停止产卵或死去。

烟粉虱成虫具有趋黄性、趋嫩性，喜欢群集于植株上部嫩叶背面取食和产卵。随着植株的生长，成虫也不断向上部叶片转移，以致在植株上各虫态的分布就形成一定的规律：最上部的嫩叶，以成虫和初产淡绿色至淡黄色卵为最多，稍下部的叶片多为黄褐色的卵和初孵若虫，再下部为中、高龄若虫，最下部则以蛹最多。

烟粉虱成虫寿命一般为10～22d，长则达到1～2个月。成虫产卵期2～18d，每头雌虫平均产卵66～300粒，最高可达500粒。烟粉虱的产卵能力与温度、寄主植物和地理种群密切相关。在棉花上每头雌虫产卵48～394粒。在7～8月平均温度28.5℃的条件下，烟粉虱平均每头雌虫产卵252粒；在10～11月平均温度22.7℃的条件下，平均每头雌虫产卵204粒；在12月至翌年1月平均温度14.3℃的条件下，平均每头雌虫产卵61粒。在美国亚利桑那州，棉花上的烟粉虱在恒温和光照条件下，低于14.9℃时不产卵，在26.7℃时每头雌虫产卵81粒，在32.2℃时每头雌虫产卵72粒；在苏丹的棉田中，每头烟粉虱雌虫秋初平均产卵160.4粒；在印度的棉花上，平均每头雌虫产卵43粒。

烟粉虱成虫可在植株内或植株间作短距离扩散，也可借助大范围的苗木、种子调运以及风力或气流作长距离迁移。在温暖地区，烟粉虱一般在杂草和花卉上越冬，但在北方寒冷地区的露地不能越冬，而是转移到保护地（温室）的作物和杂草上越冬，春季末迁至蔬菜、花卉和经济作物上为害，随着温度的升高虫口数量迅速上升，并在7月和10月达到高峰期，暴发成灾。暴风雨能抑制其大发生，在干热的条件下易暴发，特别是在氮肥用量高、水分少的敏感作物上发生严重。

2. 卵 烟粉虱的卵多数产在植株上部的新鲜叶片上，卵不规则散产在叶背面，有时也产成半圆或圆形。卵有光泽，有一细长的卵柄插入叶片中，与叶面垂直，卵柄不仅有附着作用，而且有给卵输送水分和营养的作用。卵初产时淡黄绿色，以后颜色逐步加深，孵化前变为黑褐色，卵期约5d，但在不同寄主植物或温湿度条件下差别较大。

温度对烟粉虱卵的孵化及存活有着显著的影响。卵在26℃条件下的存活率最高，达到95.5%，而在17℃和35℃条件下的存活率分别为66.8%和71.4%。当温度高于36℃时卵将不能孵化。

3. 若虫 烟粉虱若虫有3龄，淡绿色。一龄若虫具相对长的触角和足，较活跃，在孵化时身体半弯直到前足抓住叶片，脱离废弃的卵壳。一般在叶片上爬行几厘米寻找合适的取食点，也可爬行到同一植株的其他叶片上。在叶背将口针插入至韧皮部取食汁液。开始取食后，大多2～3d蜕皮进入二龄。二至四龄若虫足和触角退化，固定在叶上不动，若虫期约15d。一龄若虫的死亡率与植物表皮的厚度和营养因素有关。比如烟粉虱一龄若虫取食成熟期（大于25片叶）莴苣时的死亡率为100%，而在嫩叶期（5片叶）莴苣上的死亡率只有58.3%。

不同寄主植物上的烟粉虱若虫形态变异较大，无毛叶片上的烟粉虱若虫体型较大，虫体背面没有大刚毛，虫体边缘光滑；而有毛叶片上的若虫体型较小，虫体边缘有时发生凹陷，虫体背面大多着生2～3对大刚毛，分别位于口器前两侧、后足内侧、管状孔前两侧。

4. 伪蛹 烟粉虱的四龄若虫称为伪蛹。烟粉虱伪蛹的形态特征变异较大，在不同的寄主上形态差异显著。蛹的形态变异主要是由寄主叶片背面性状决定的。在有茸毛的植物叶片上，蛹体边缘大多凹陷，多数蛹壳背部有刚毛4～7对，分别着生于复眼外侧、口器前两侧、中足前两侧、后足前外侧、后足后内侧、第四腹节两侧、管状孔前两侧；而在光滑的植物叶片上，蛹体边缘光滑，蛹壳背部不着生刚毛。在恒温(29.5±0.6)℃，光照14L∶10D（光期∶暗期）的条件下，90%以上的蛹能羽化为成虫。

（二）取食为害特点

1. 为害方式 烟粉虱主要以3种方式为害作物：①取食植物汁液，引起植物生理异常，对不同的植物表现出不同症状。为害叶菜类如甘蓝、花椰菜，导致叶片萎缩、黄化、枯萎；为害根菜类如萝卜，表现为根茎白化、无味、重量减轻；果菜类如番茄被害，表现为果实不均匀成熟；西葫芦被害表现为银叶；在花卉上，可导致一品红白茎，叶片黄化脱落。②成虫和若虫分泌大量蜜露，诱发煤污病，严重污染叶片和果实，严重影响植物光合作用及花木观赏效果，严重影响蔬菜的商品性。③传播多种植物病毒，造成病毒病流行。如棉花卷叶病毒、棉花皱叶病毒、南瓜曲叶病毒（SqLCV）、番茄黄色曲叶病毒（TYLCV）、烟草曲叶病毒（TLCV）、番茄黄花叶病毒（ToYMV）、番茄坏死矮化病毒（ToNDV）等。

2. 为害棉花 烟粉虱为害棉花主要通过吸食棉花叶片汁液，大量消耗棉花同化产物，导致棉叶正面出现成片黄斑，严重时导致棉株衰弱，甚至可使植株死亡，引起蕾铃大量脱落，影响棉花产量和纤维质量，造成棉花大幅度减产。烟粉虱若虫和成虫分泌的蜜露，还可诱发煤污病，不仅影响叶片光合作用，还可导致棉花品质下降。由烟粉虱传毒引起的卷叶病可使早期棉花产量损失高达80%，卷叶病可使棉铃减少15%～87%，铃重降低0～39%，棉株上部受害减产58%，全株受害减产69%。

（三）迁移扩散和寄主转移

1. 迁移扩散 烟粉虱具有两种迁移扩散方式：①短距离飞行，扩散范围在几米之内；②被动的长距离飞行，但迁移距离和方向常常受控于风力和风向，通过标记释放回收技术研究证明，其最长飞行距离可达7km。

短距离的飞行发生在植株的冠层之间和相邻地块之间（但距离不超过5m）。通过这种距离的飞行烟粉虱成虫在寄主植株内（离开底部老叶到达顶部新嫩叶）和不同寄主间（降落在一种不适合的寄主上时，就会飞离去找更适合的寄主）进行扩散、为害。研究表明，烟粉虱短距离飞行的路线通常是环行的，它们常出现在叶片表面然后匍匐潜行到叶背面取食和产卵。

长距离飞行主要发生在寄主植物衰老或枯萎时，烟粉虱大量迁出，随后随气流飞行，直到它们被地面黄绿色的植物所吸引而降落。如果生存环境较合适，烟粉虱不会轻易起飞更换寄主。

2. 寄主转移 烟粉虱的长距离飞行特性促使了其从夏季为害寄主到越冬寄主的季节迁移成为可能，其季节寄主转移大致可分为3个阶段：一是10月底至11月中旬从大田棉花等作物迁移到周边杂草及越冬寄主上；二是3月底至4月初从越冬寄主迁移到春季作物蔬菜、花卉和杂草上；三是5月中旬至6月初从春季作物和杂草上迁移到大田棉花等作物上。

五、发生规律

(一) 生活史

烟粉虱的生活周期包括卵、一至四龄若虫和成虫，通常将第四龄若虫称为伪蛹。在热带和亚热带地区，烟粉虱1年可发生11～15代，且世代重叠。烟粉虱在不同寄主植物上的发育时间各不相同，在25℃条件下，从卵发育到成虫需要18～30d。夏季卵期3d，冬季33d。三龄若虫9～84d，伪蛹期2～8d。成虫产卵期2～18d，寿命一般为10～22d，长则可达1～2个月。以卵、若虫、成虫在保护地内越冬，翌年5月中旬至6月上旬在棉田内出现并为害，8月中、下旬至9月上旬达到为害高峰期。

(二) 发生规律

1. 长江流域棉区 包括浙江、上海、江西、湖南、湖北、江苏及安徽的淮河以南，四川盆地，河南南阳和信阳地区，以及陕西南部和云南、贵州、福建三省北部等地区，属亚热带湿润气候区，是我国三大主产棉区之一。在本区烟粉虱全年发生11～15代，世代重叠，于7月中、下旬在棉田出现，8月上旬种群数量迅速上升，并在8月下旬出现全年的最高峰，有的年份在9月中、下旬还会出现第二个小高峰，9月下旬以后随着气温的不断下降及棉花的成熟，烟粉虱种群密度迅速下降，至10月上旬田间烟粉虱成虫消失。烟粉虱成虫主要有4个迁移期：

(1) 越冬期。10月底至11月上旬，随着晚秋蔬菜、棉花等大部分栽培寄主收获，烟粉虱迁移到温室蔬菜和极少数覆盖双膜且背风向阳、土表不结冻等地方的越冬蔬菜及杂草上越冬。

(2) 春、夏缓增期。3月中、下旬，温室内少量烟粉虱成虫通过通风口迁飞到附近杂草、越冬及春季定植蔬菜、春播棉花、大豆、花生等寄主上为害，即成虫第一迁移期。5月下旬至6月中旬，揭膜后、罢园前的温室蔬菜及上述寄主上烟粉虱繁殖速度逐步加快，虫口密度逐渐上升，除在原地繁殖为害外，部分成虫陆续迁移到夏播（栽）蔬菜、大豆、花生、麦套移栽棉花等作物上，即成虫第二迁移期。

(3) 夏、秋盛发期。7月中、下旬，烟粉虱繁殖速度进一步加快，8月中旬田间出现烟粉虱卵和若虫高峰，主要寄主上的虫量达到全年最高值。8月下旬，主要寄主及田间杂草上的成虫数量进入高峰期，一般可延续到9月上旬。

(4) 秋季递减期。9月中旬以后，烟粉虱各虫态的密度均逐日下降。随着大豆、花生及夏季蔬菜的收获和棉花的逐渐老黄，温室越冬菜开始定植，多数大田作物上的成虫先后向即将扣棚的设施蔬菜、晚秋露地蔬菜及田外杂草迁移，即成虫第三迁移期。10月底至11月上旬，即将拔除秸秆的棉花及晚秋露地蔬菜、杂草上的部分成虫从通风口迁飞到温室及少数背风向阳、覆盖双膜的越冬蔬菜上，即成虫第四迁移期，以后进入越冬期。

2. 黄河流域棉区 包括河北长城以南、山东、河南（除南阳和信阳）北部、陕西关中、甘肃陇南、江苏及安徽的淮河以北、北京和天津地区等，属于暖温带半湿润季风气候区。在本区烟粉虱全年发生9～11代，世代重叠，于6月中旬开始向棉田扩散，但在7月上旬以前发生量较小，一般不造成危害或为害较轻。7月中、下旬以后，烟粉虱大量迁入棉田，随着温度的升高，烟粉虱种群数量迅速上升，分别在8月中、下旬和9月中旬达到高峰，此时正值棉花开花盛期和棉铃膨大期，对棉花造成的损失极大。烟粉虱在棉田的为害一直持续到9月底10月初，随着棉叶老化干枯而逐渐结束。在本区烟粉虱发生主要分为3个阶段：

(1) 越冬期。10月底至11月中旬烟粉虱成虫从大田作物棉花、大豆、蔬菜等作物迁移到温室越冬寄主蔬菜上为害，以卵、若虫和成虫越冬。

(2) 春、夏发生期。4月下旬少数烟粉虱成虫从温室的越冬寄主迁移到春季作物蔬菜、花卉及温室周边杂草上为害，种群数量逐渐上升。

(3) 夏、秋盛发期。6月中旬烟粉虱成虫从春季作物迁移到大田作物棉花、大豆、蔬菜等经济作物上为害，9月下旬随着棉花等作物的收获，烟粉虱成虫陆续向温室转移，进入越冬期。

3. 西北内陆棉区 包括新疆、甘肃河西走廊及沿黄灌区，属于中温带和暖温带大陆性干旱气候区。在本区烟粉虱全年发生6～10代，世代重叠，主要以各个虫态在温室蔬菜及花卉上越冬为害，翌年6月初迁移到田间棉花上开始为害棉花，时间长达120d。6月中旬至7月初虫口密度增长较慢，7月下旬至8月中旬虫口密度达到高峰，造成巨大危害，9月下旬随着棉花收获，温室蔬菜、花卉栽培开始，烟粉虱陆续向温室转移，进入越冬期。

4. 气候因子的影响 烟粉虱耐高温和耐低温的能力均比较强，能忍受40℃以上高温，5℃时成虫、若虫仍然继续存活。烟粉虱发育的最高和最低极限温度为32.2℃和10℃，最佳发育温度为26～28℃，在此温度下，卵期约5d，若虫期约15d，成虫期寿命可达1～2个月，完成1个世代仅仅需19～27d，繁殖速度相当快，容易暴发成灾。田间小气候中相对湿度高或低对烟粉虱的生长发育影响较大。低湿干燥有利于烟粉虱种群的发生。连续多年大田观察和调查发现，降雨对烟粉虱种群具有直接影响，降雨强度愈大，降雨时间愈长，对烟粉虱成虫的冲刷和杀伤作用愈大。

5. 作物布局和耕作栽培措施的影响 农业产业结构调整丰富了烟粉虱的食物链和越冬场所。农业产业结构调整后，我国经济作物和蔬菜、花卉等园艺作物的播种面积大大增加，特别是黄瓜、番茄、西瓜等烟粉虱的嗜好寄主作物丰富，并且这些嗜好寄主与大田作物插花种植现象较普遍，为烟粉虱的周年繁殖为害提供了丰富的食料和栖息、繁殖场所，加重了烟粉虱的发生。近10多年来，我国农业设施栽培的保护地不断增多，特别是我国北方日光温室和冬季加温大棚的数量和面积大幅度上升，大大增加了烟粉虱的越冬场所，保证了棉田烟粉虱的暴发虫源。

另外，棉花种植结构对烟粉虱种群数量动态也有较大的影响。单作棉田烟粉虱的发生量大于麦套棉田，而菜棉套种、瓜棉套种棉田烟粉虱的发生量又明显大于单作棉田。

6. 种植转基因棉花的影响 我国自1997年开始商业化种植转基因Bt抗虫棉来控制棉铃虫的发生为害，Bt棉田用于棉铃虫防治的化学农药施用次数及使用量大幅度减少。棉田棉铃虫防治上常用的有机磷类、菊酯类等化学农药同样对烟粉虱有着很好的控制作用，但连年大面积的重复使用导致了烟粉虱的抗药性增强，降低了防治效果。因此Bt棉田化学农药使用量的剧减和烟粉虱种群的抗药性增长，使棉田原先化学农药兼治烟粉虱的作用丧失殆尽，直接导致了烟粉虱种群的暴发。

7. 自然天敌的影响 据不完全统计，全球烟粉虱约有45种寄生性天敌，主要包括恩蚜小蜂属（*Encarsia*）和桨角蚜小蜂属（*Eretmocerus*）；有62种捕食性天敌，包括瓢虫、草蛉和花蝽等；以及7种虫生真菌（拟青霉、轮枝菌和座壳孢菌等）。我国烟粉虱约有19种寄生性天敌（主要是蚜小蜂科的恩蚜小蜂属和桨角蚜小蜂属的寄生蜂类），18种捕食性天敌（主要是瓢虫、草蛉和花蝽等）和4种虫生真菌［玫烟色棒束孢（*Isaria fumosoroseus*）、蜡蚧轮枝菌（*Lecanicillium lecanii*）、粉虱座壳孢（*Aschersonia aleyrodis*）和球孢白僵菌（*Beauveria bassiana*）。棉田中烟粉虱的优势天敌种群包括中华草蛉、大草蛉、龟纹瓢虫、异色瓢虫、小花蝽、大眼长蝽、丽蚜小蜂、桨角蚜小蜂和白僵菌等。田间调查发现，捕食性天敌如草蛉类、瓢虫类等对烟粉虱种群数量的影响较大，控制作用较强，应加以保护和利用。

室内研究表明，异色瓢虫、中华草蛉、龟纹瓢虫的成虫和三龄幼虫对烟粉虱若虫的最大日捕食量分别为417头、263头、156头和625头、238头、108头。小黑瓢虫、陡胸瓢虫、刀角瓢虫和淡色斧瓢虫等对烟粉虱卵和若虫均有较强的捕食作用，能较好地抑制烟粉虱种群的发展。

蚜小蜂在烟粉虱种群控制中的作用非常明显。在放蜂区，释放桨角蚜小蜂3周后，烟粉虱种群的增长趋势指数为11.76，为对照区的16倍，寄生率达到了50.4%。田间调查表明，蚜小蜂对烟粉虱的寄生率有2个高峰期，分别在4月中旬至6月下旬和9月中旬至11月中旬，黄瓜上蚜小蜂最高寄生率发生在4月下旬，为26.39 %，番茄上蚜小蜂最高寄生率发生在5月上旬，为24.38 %。6月下旬至8月上旬和11月下旬至翌年2月下旬蚜小蜂在2种蔬菜上的寄生率较低，其中12月底黄瓜上的寄生率只有2.45 %。8月上旬和翌年2月中旬后蚜小蜂的寄生率呈逐渐上升趋势。

六、防治技术

（一）农业防治

解决烟粉虱为害问题的根本措施需从耕作制度和作物布局等方面着手，切断烟粉虱生活周期的连续性，有效控制其种群发生与增长。

1. 切断越冬虫源 我国主要棉区的烟粉虱冬季一般只能在温室（大棚）内越冬。因此，从越冬环节切断烟粉虱的自然生活史是控制棉田烟粉虱的一种经济有效的措施。冬季在温室（大棚）内尽量避免栽植黄瓜、番茄、茄子等烟粉虱喜食作物，可以种植辣椒、韭菜、芹菜等烟粉虱的非嗜好寄主作物，可以有效地降低烟粉虱越冬虫口密度。温室（大棚）内种植一些较耐低温的作物，冬季适当降低温室（大棚）内温度，或在作物允许的耐受范围内短时间大幅度降低温室（大棚）内温度，也可以使烟粉虱种群密度迅速下降。另外，初夏在温室或棚内作物换茬时利用晴天闷棚也可以大幅度地杀死烟粉虱。在闷棚时适当增加棚内湿度，可以提高闷棚效果。大棚揭膜前再对棚内进行一次全面的药剂控制，也是有效控制烟粉虱的重要措施。

2. 清除田园杂草及残枝落叶 温室当茬蔬菜收获结束后，大棚周围的杂草是烟粉虱从大棚迁出后的第一寄主，应及时清除温室内带虫的残留枝叶，集中烧毁或深埋，并用除草剂杀灭田间及大棚周围的杂草，使其迁出后无寄主可寄生和繁殖，减少虫源基数和虫口增殖，可有效防止烟粉虱的为害和蔓延，对降低大田棉花烟粉虱数量、减轻为害具有很好的效果。

3. 培育无虫苗 把苗床和生产大田分开，育苗前清除杂草和残留株，彻底熏蒸杀死残留虫源，培育“无虫苗”；避免黄瓜、番茄、豆类混栽或换茬，以减轻发生；田间作业时，结合整枝打杈，摘除植株下部枯黄老叶，减少虫源。

4. 抗虫品种的利用 试验证明，烟粉虱对棉花不同品种的自然选择性不同，如多毛的棉花品种上烟粉虱的种群数量明显大于少毛的品种，秋葵叶形的棉花品种上烟粉虱为害轻等。因此，种植棉花时要注意结合品种的产量、品质等其他性状特点，选用烟粉虱嗜好性差的棉花品种，以减轻损失。

5. 合理栽培、科学管理 在加强棉花促早栽培措施下，尽量避免棉花与瓜菜等作物大面积插花种植，也不要在棉田内套种或在田边种植瓜菜。同时还要注意提高棉花中后期管理水平，及时修棉整枝，摘除棉花底部无效老叶，将布满害虫的废枝废叶带出棉田集中处理。清除棉田内外杂草，减少烟粉虱的寄主源，以压缩棉田虫口数量。

烟粉虱为害与作物的嫩绿长势密切相关，要大量使用有机肥和生物菌肥，配合施用钾、氮、磷，促进作物的正常健康生长。特别是要补施硅、钙肥，增加作物表皮细胞壁厚度及角质化程度，提高作物抗逆性，减轻为害。

（二）物理防治

利用烟粉虱对黄色和个别寄主植物的强烈趋性，设计诱集陷阱或诱集植物带，在关键时期将烟粉虱诱集到一起，然后集中杀死，进而达到控制其种群增长的目的。

1. 黄板诱杀 黄板一方面可诱杀成虫，另一方面也可提供监测。在烟粉虱成虫盛发期内，利用烟粉虱对黄色的强烈趋性，在田间设置黄板，可有效诱杀成虫。在烟粉虱种群控制尤其是害虫综合治理中，利用黄色黏虫卡田间诱捕成虫是一种重要的防治手段和有益补充。

2. 诱集植物诱杀 利用烟粉虱嗜食苘麻的习性，种植苘麻诱集带，诱集烟粉虱成虫取食和产卵，而后集中施药防治，以减少棉花上的烟粉虱虫量和防治用药次数。在南美洲，罗马甜瓜被种植在棉田周围来诱集烟粉虱成虫，进而保护棉花免受烟粉虱的为害。

3. 设置植物屏障 绝大多数烟粉虱成虫通常在离地面不到 2m 的高度飞行，因此，在大田周围设置一圈高的物理屏障就能阻止或延缓烟粉虱迁入大田。通常用作物理屏障的作物有禾本科作物如高粱、玉米和大象草。

4. 高温闷棚法 室内和温室试验表明，防治烟粉虱的最佳措施是将棚内环境控制在温度为 45～48℃，空气相对湿度达到 90％以上，闭棚 24h，可以杀死 80％以上的烟粉虱成虫。

5. 高温密闭法 高温密闭法是一种简单易行、兼具喷雾法与熏蒸法优点的新方法，具有较高的实用和推广价值。在天气晴朗、太阳辐射较低、气温较高的时间，将具有熏蒸作用的农药和触杀作用的农药混配喷雾，同时将温室密闭数小时，利用温室效应增强防治效果。

6. 利用驱避剂 烟粉虱等多种害虫对印楝油素敏感，一旦嗅其气味将逃离植物，不交配、不产卵、不取食，造成神经错乱而致死，因此，可将 0.3％印楝素（绿晶）喷施于农田四周或作物上，将减轻烟粉虱的为害。

（三）生物防治

1. 保护和利用天敌 棉粉虱天敌种类较多，目前已发现捕食性天敌（瓢虫、捕食蝽、草蛉、小花蝽、捕食螨、蜘蛛等）62 种、寄生性天敌（恩蚜小蜂、丽蚜小蜂等）45 种，要加以保护和利用。选择一些对天敌杀伤小的农药，特别是早春，尽量少用对天敌杀伤大的农药，使天敌在自然界大量繁殖，控制烟粉虱为害。

在保护地内每株烟粉虱成虫低于50头时释放丽蚜小蜂（黑蛹），每株3～5头，原则上蜂虫比为3∶1，7～10d放1次，连续放蜂3～5次，可有效控制烟粉虱种群增长，寄生率可达75%以上。如果棚内基数过大，在放蜂期间可施用25%灭螨猛可湿性粉剂1 000倍液防治烟粉虱成虫、若虫和卵，而不影响丽蚜小蜂的生长繁殖。在棉田，利用丽蚜小蜂防治烟粉虱，当每株棉花有烟粉虱0.5～1头时，每株放蜂3～5头，10d放1次，连续放蜂3～4次，可基本控制其为害。

2. 利用生物农药防控烟粉虱 针对烟粉虱极易对化学农药产生抗药性的问题，应积极选择推广使用生物农药，利用昆虫生长调节剂、植物源农药、抗生素类等防治烟粉虱。经田间试验初步明确对烟粉虱低龄若虫，使用1.8%阿维菌素乳油2 000～3 000倍液和40%绿莱宝乳油（阿维菌素与敌敌畏混剂）1 000倍液，处理第7天防效为85%～95%；植物源杀虫剂6%烟百素乳油（绿浪）1 000倍液，防效为80%左右，0.3%印楝油（绿晶）、0.3%苦参碱水剂（保硕一号）和0.4%蛇床子可溶液剂（虫清）等对烟粉虱均有驱避、拒食和直接杀伤作用，而且有较长的效果；昆虫几丁质酶抑制剂25%噻嗪酮可湿性粉剂1 000～1 500倍液，防效为80%左右，上述药剂建议为首选种类。

（四）生态调控

1. 生态调控策略 烟粉虱的生态调控就是要从生态系统的整体观点出发，本着预防为主的指导思想和安全、有效、经济、简便的原则，因地因时制宜，合理运用农业、生物、化学、物理方法，以及其他有效的生态手段，把烟粉虱控制在不足为害的水平，以达到增产保收的目的。

烟粉虱区域生态调控必须综合考虑生态环境条件、作物生长特性和害虫发生为害特性三方面因素，结合考虑其世代发展与寄主转移规律（图6-33-1），创造不适于害虫的生存和繁殖环境而减轻为害。烟粉虱生态调控需遵循如下策略。

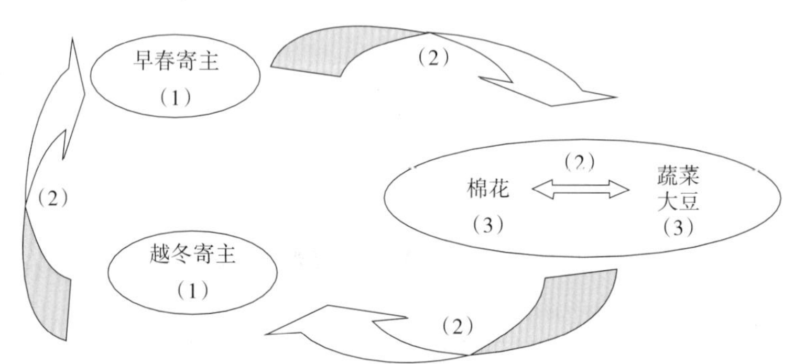

图6-33-1 烟粉虱的寄主转移规律（林克剑绘）
Figure 6-33-1 Host plant transfer of *Bemisia tabaci* (by Lin Kejian)
1. 切断虫源 2. 控制转移 3. 适时防治

（1）切断虫源。解决烟粉虱为害问题的根本措施，就是切断其生活周期的连续性，有效地控制其种群发生。要着重考虑烟粉虱侵入作物田之前的防治，即通过严控越冬场所、清除早春寄主蔬菜、杂草等作物上的虫源，加强烟粉虱越冬、早春虫源的控制。

（2）控制转移。由于世代发生或种群增长的需求，烟粉虱常在不同寄主植物之间进行转移为害。控制其转移即能有效地限制其为害范围、减低其为害程度。如初夏时分，烟粉虱常从田边杂草等早春寄主上向棉田转移，可以通过在棉田四周种植诱集植物对其进行集中诱杀，有效控制进入棉田的虫源基数。对于棉花与蔬菜等不同作物之间的转移可以通过调整作物布局，避免不同种类寄主植物邻作、间作，来对其扩散转移进行限制，以防烟粉虱在不同作物之间交替为害。

（3）适时防治。烟粉虱治理应以预防为主，防治为辅。可有机地结合使用农业防治、生物防治、物理防治等各种防治措施，减少田间烟粉虱发生基数，抑制其种群的暴发。当作物田烟粉虱种群发生数量接近防治指标时，需及时地采用化学防治手段将其种群数量迅速降低，以免导致严重的产量损失。

2. 生态调控措施

（1）调整种植制度，改善生态环境。

①严格控制外来虫源。从外地调进的植物材料要严格检疫，严禁引进烟粉虱卵虫量大的花卉、菜秧；卵虫量少的调入前要先喷药防治，防止外来虫源传入本地。

②整治越冬场所，降低本地越冬虫源。在9月上、中旬越冬蔬菜定植前的苗床和定植后、扣棚前的温室覆盖防虫网，防止烟粉虱进入。同时对近2年烟粉虱重发棚室，可改种烟粉虱不喜食的耐寒性越冬蔬菜，如芹菜、生菜、韭菜或大蒜、洋葱等，从越冬环节上切断其自然生活史。

③优化种植结构，恶化其发生环境。调节农作物种植结构，积极选用适应当地生物、土壤、气候、水

资源的高产抗性配套新品种，通过科学轮作、间套作，提高田间水肥增产潜力，提高作物耐害性与抗性，同时种植诱集作物或间套作过渡性作物，减少作物前期用药，创造天敌生存与繁衍的条件，增加天敌繁殖数量，增强天敌的控害作用，进而恶化烟粉虱的生存条件，减轻为害。

（2）调整作物布局，加强栽培管理。

①适时监测、准确预报。对田间烟粉虱的发生情况、种群数量进行跟踪监测，综合当地气候条件、作物布局、寄主植物种类及栽培管理措施等情况进行预测预报，以便准确及时地掌握田间虫情发生动态。

②调整作物布局，科学管理。首先，尽量选用烟粉虱选择性差和抗病毒的棉花品种，而且田间布局时避免与其嗜食寄主番茄、瓜类等蔬菜插花种植。合理密植，科学施肥（尤其是少施氮肥），适时灌溉，在增强作物防御能力的同时，营造不利于烟粉虱发生的区域环境；其次是清洁田园，受烟粉虱为害严重的番茄、茄子、大豆、瓜类、棉花等作物收获后，要彻底清除残枝落叶及其田间、路边杂草，特别是葎草要作为重点清除对象，并加以销毁，减少越冬蔬菜上的虫源。

③优先选用无公害控害措施。在烟粉虱发生前期，保护利用本地烟粉虱的捕食性天敌，主要是小花蝽、瓢虫和草蛉，寄生性天敌主要有丽蚜小蜂、蚜茧蜂，有条件的可释放上述天敌抑制烟粉虱种群的增长。在烟粉虱发生的高峰期，可以采用物理防治（黄板和诱集植物）诱杀成虫，减少虫卵基数。

④科学合理地使用化学农药。当烟粉虱种群数量达到经济阈值时，需及时进行药剂防治，根据其发生条件积极选择使用生物农药，利用昆虫生长调节剂、植物源农药、抗生素类等防治烟粉虱，以保护和利用天敌。温室蔬菜在全面扣棚前，露地作物在虫口密度低的始发阶段喷药防治，连片棚室和田块要统一防治时间，同时做好田外杂草的防除。化学防治时要注意将不同农药轮流交替使用，并严格控制使用次数和浓度，以减缓烟粉虱抗药性的产生。喷药时要使叶片反面均匀喷透，晨、晚露水未干时喷药，可提高防治成虫的效果。

（3）综合调控方法，促进有机结合。

①时间调控。调节作物播种期，避开季节性的种群高峰期和扩散期，可有效地降低烟粉虱的种群数量。如春季敏感作物可早播，提前收获；秋季温室敏感作物适当晚播，避开秋季扩散高峰期。

②空间调控。空间调控方法主要有利用防虫网或非寄主植物阻隔、增加作物密度，减少作物被害率。

③行为调控。通过种植方式和耕作制度的调整来改变昆虫的致害行为。利用作物之间的相互关系种植一些植物或为天敌提供寄主，或控制害虫寻找寄主的行为，从而控制害虫。比如在棉田附近种植对烟粉虱有诱集作用的作物苘麻、烟草等（即诱杀田），从而减少了棉花上烟粉虱的为害，而诱杀田上的害虫可以利用杀虫剂集中杀死，继而避免害虫直接为害目标植物。

④寄主调控。寄主调控是促使寄主质量的改变，从而影响烟粉虱的生殖发育和存活的方法。通过科学施肥、合理灌溉，促进作物生长，增强作物的耐虫性和抗虫性；科学轮作，提倡与烟粉虱不喜食的作物倒茬；及时清理田间残株杂草，减少虫源基数。

总之，烟粉虱区域性生态调控应采用农业防治和生物防治为主，化学防治为辅的全程调控策略指导，充分利用烟粉虱的寄主选择行为和对诱集植物强烈的趋性，在其发生期准确监测和预报基础上，通过调整区域作物布局，种植抗虫品种和诱集植物，在诱集植物上结合使用病毒、真菌等生物农药及植物生长调节剂，适当地使用选择性农药如植源性杀虫剂等措施，通过综合、优化、设计与实施，使它们相互协调，形成全程烟粉虱区域性生态调控技术体系，就能很好地解决生产中烟粉虱猖獗为害的问题。

（五）化学防治

当前，我国烟粉虱综合防治技术体系还不够健全、完善，尚处于发展阶段，化学防治仍是我国烟粉虱防治的主要手段。根据 Naranjo 等（1996）的研究结果，可以得出相应的烟粉虱不同虫态的经济阈值（即防治指标），即卵 11.4～13.5 粒/cm^2、若虫 2.5～3.1 头/cm^2 和成虫 7.7～9.5 头/叶。

1. 化学防治药剂 目前，常用的烟粉虱化学防治措施有 2 种，即熏杀和喷雾。熏杀主要适合在大棚中使用，每 667hm^2 使用 80%敌敌畏乳油 150mL，加水 3～5kg，均匀喷于 20kg 干木屑上，于傍晚撒在作物行间闭棚熏蒸，对烟粉虱成虫和初孵若虫均有较好的防治效果。药剂喷雾属于直接施药，是化学防治烟粉虱最常用的一种方法。化学防治的关键在于掌握确切的防治时间，烟粉虱喷雾防治的适期为初孵若虫孵化高峰期。鉴于烟粉虱世代重叠严重，进行防治时必须连续防治 3～4 次，每次间隔 6～7d，效果最佳。

当前，对烟粉虱防治效果比较好的农药包括：吡虫啉，推荐使用浓度为 10%可湿性粉剂 1 500 倍液喷雾，防效90%以上且持效期达20d；啶虫脒，推荐使用浓度为3%乳油1 500～2 000倍液喷雾，持效期达20d；噻虫嗪，推荐使用浓度为25%水分散粒剂2 000～2 500倍液喷雾，持效期可达1个月左右；阿维菌素，推荐使用浓度为1.8%乳油2 000～3 000倍液喷雾，持效期为15～20d；噻嗪酮，推荐使用浓度为25%可湿性粉剂1 000～1 500倍液喷雾；甲氨基阿维菌素苯甲酸盐，推荐使用浓度为0.3%乳油15 000倍液喷雾，持效期10d以上；硫丹，推荐使用浓度为35%乳油1 000～1 500倍液喷雾；敌敌畏，推荐使用浓度为80%乳油1 000倍液喷雾；高效氯氟氰菊酯，推荐使用浓度为2.5%乳油1 500倍液喷雾；毒死蜱，推荐使用浓度为48%乳油1 000～1 500倍液喷雾；联苯菊酯，推荐使用浓度为2.5%乳油1 500倍液喷雾。

由于烟粉虱对不同类型杀虫剂的抗药性和不同杀虫剂对烟粉虱不同虫态的防治效果存在差异，因此在使用药剂防治时一定要做到查清虫情，保证施药质量；科学选择和使用药剂；关键抓好烟粉虱前期和低龄若虫期的防治。在冬季防治时必须以大棚蔬菜为重点，在春、夏防治时以大棚蔬菜附近的田块为重点，统一连片用药，以达到事半功倍的效果。

2. 化学防治关键技术

(1) 治早治小。在烟粉虱种群密度较低、虫龄较小的早期防治至关重要，一龄烟粉虱若虫蜡质薄，到处爬行，接触农药的机会多，抗药性差，易防治。

(2) 集中连片统一用药。烟粉虱食性杂，寄主多，迁移性强，流动性大，只有全生态环境尤其是田外杂草也统一用药，才能控制其繁殖为害。

(3) 关键时段全程药控。烟粉虱繁殖率高，生活周期短，群体数量大，世代重叠严重，卵、若虫、成虫多种虫态长期并存，在7～9月烟粉虱繁殖的高峰期必须进行全程药控，才能控制其繁衍为害。当然要注意不同药剂的交替轮换使用，以延缓抗性的产生。

(4) 选准农药，科学用药。从保护利用天敌和提高对烟粉虱的防治效果考虑，初期防治烟粉虱时可选用抗生素类药剂，随着时间推移可轮换使用人工合成烟碱类药剂，或用苯基吡唑类药剂。当若虫虫口密度大时，可用菊酯类药剂。

(5) 保证施药质量。施药时，一定要严格控制使用浓度，采用不同类型的农药适当轮换使用和不同作用方式的农药合理混用，避免过早产生抗药性。在施药防治时，要结合棉株高大、叶片重叠、施药困难的现实情况，重点针对棉株中下部并且兼顾上部的原则，采用水量充足、接触虫体、仔细周到的喷雾施药技术，以最大限度地保证治虫效果。防治成虫以6：00前施药为好。另外，在进行化学防治时应做到统一行动时间、统一防治标准、不遗漏地块、不留死角。并对田边地头进行清沟排渍，清除杂草，彻底清除烟粉虱成虫和虫卵的生存环境，减少虫源，降低发生基数。

张永军　林克剑（中国农业科学院植物保护研究所）

第34节　烟 蓟 马

一、分布与危害

烟蓟马（*Thrips tabaci* Lindeman）属缨翅目蓟马科蓟马属，也叫棉蓟马、葱蓟马。烟蓟马在国外分布于日本、欧洲和美洲；在我国广泛分布于全国各棉区，其中新疆棉区发生较为严重。主要寄主有棉花、瓜类、葱、蒜、洋葱、烟草、马铃薯、向日葵、甘草、甜菜等20多种。

烟蓟马以成虫、若虫的锉吸式口器锉破棉花组织吸食汁液。子叶受害后背面产生银白色斑点，真叶受害后会产生银白色斑点，严重者可造成叶片畸形；若子叶期生长点被食，造成主茎不能生长，形成“无头棉”或“公棉花”，真叶期生长点被害则形成无主茎的“多头棉”；也可以使叶片皱缩破烂，影响光合作用，从而使棉花生长延缓，产量降低，成熟推迟；6月棉花进入现蕾期以后，棉蓟马仍可为害棉花，导致花、蕾脱落，但为害的损失大减。

二、形态特征

成虫：雌虫体长约1.1mm，淡黄褐色。头部黄褐色，宽为长的1.3倍；复眼紫红色，单眼3个，三角形排列；触角7节，第三节基部的梗很长，第六节向尖端变细，第七节很小；复眼紫红色，稍突出，单眼3个，三角形排列；前胸与头等长，宽为长的1.6倍；翅长为宽的14倍，淡黄色，前、后翅后缘的缨毛均细长色淡；前翅前脉基鬃7～8根，端鬃4～6根，后脉鬃15～16根。足与体色相似或稍淡。腹部长为宽的2倍稍多，第二至八节背片前缘有两端略细的栗棕色横条，腹部第八节腹面有1个向下弯曲的锯齿状产卵器。

卵：长约0.3mm，乳白色，肾形。

若虫：共分4个龄期，一龄若虫体长约0.37mm，白色透明；二龄若虫体长约0.9mm，浅黄色到黄褐色。前蛹（三龄若虫）和伪蛹（四龄若虫）与二龄若虫相似，但有翅芽。

三、生活习性

烟蓟马在我国华北地区1年发生6～8代，在新疆棉区1年发生6～10代，一般以成虫和若虫潜伏在棉花、大葱、苜蓿、杂草的枯枝落叶上或土缝、土块、土表下越冬。早春开始在越冬寄主上活动，后转到先萌发的杂草上繁殖，当棉花出苗后，迁入棉苗上为害。

在新疆南部棉区一般3月底至4月初、北部棉区4月上旬，越冬烟蓟马开始活动。当气温升高到10～15℃时，越冬若虫和蛹羽化为成虫，当棉花出苗后，开始为害棉花。新疆南部棉区5月中旬、北部棉区5月底，棉花处于子叶期至1～2片真叶期时，是烟蓟马为害棉花的重要时期。此时烟蓟马主要为害生长点，是造成“无头棉”和“多头棉”的主要时期，也是造成棉花减产的关键时期。7月上、中旬后，棉花进入蕾期，由于棉株高大，棉田湿度较高，虫口密度逐渐下降，此时又迁至幼嫩杂草和葱、蒜、洋葱等田为害，直到10月下旬进入越冬状态。

烟蓟马主要营孤雌生殖。成虫寿命一般8～10d，羽化后1～2d开始产卵，单雌产卵量为20～100粒。产卵时将锯齿状产卵器刺入棉花叶片背面叶肉中或嫩茎组织中，卵一般单产，卵期1周左右。一龄若虫活动能力不强，多在孵化处取食活动，二龄若虫较为活泼，常常聚集为害。一龄和二龄若虫期一般5～10d，前蛹期1～3d，伪蛹期4～6d。

成虫活泼，善飞翔，借助于风的外力可飞很远。有趋嫩为害和产卵的习性。成虫若虫畏光，白天多在隐蔽的叶背或叶腋间活动为害，早、晚及阴天可在叶正面取食为害。随着棉花的生长，棉蓟马成虫的活动部位逐渐向上转移，主要分布于花蕾内和叶片上。成虫对蓝色有较强趋性。

四、发生规律

（一）与气候的关系

烟蓟马喜欢干旱的环境，通常温度25℃以下，相对湿度60%以下，有利于烟蓟马的发生，高温高湿则不利，暴风雨可降低其发生数量。高温多雨对蓟马群体数量有抑制作用。因而干旱地区或干旱年份和季节，烟蓟马常大量繁殖，形成灾害。

烟蓟马对田间湿度比较敏感，6月下旬棉田灌水后其数量有所波动。7月中、下旬以后，随着棉花封垄和田间湿度的增加，烟蓟马数量便一直保持在较低水平。不同年份棉田烟蓟马的发生数量和发生期有很大不同。

（二）与棉花播期的关系

烟蓟马有趋嫩为害的习性，因此它向棉田的转移和扩散蔓延与棉花出苗与生育期有密切关系。一般播期晚或出苗晚的棉田受害严重，此时出苗早的棉花已经过了为害敏感期，此时播期早或出苗早的棉田棉蓟马转移至播期晚或出苗晚的棉田，常为害严重。

20世纪70～80年代，在新疆棉区，烟蓟马对棉花的为害非常严重，与地老虎、盲椿象一起统称为“马虎象”，是新疆棉区主要的三大害虫之一，随着新疆地膜棉花种植技术以及棉种包衣和药剂处理技术的普及，烟蓟马的为害得到有效控制。

（三）与前作、连作、间作的关系

根据烟蓟马的转移规律及越冬习性，棉田前作为苜蓿、棉花、瓜类等为害严重，前作为小麦、玉米等禾本科作物为害较轻。邻作为大葱、大蒜、洋葱、向日葵等为害严重，邻作为禾本科作物为害较轻。棉花与油菜、大蒜等作物间作受害轻。

(四) 天敌的控制作用

棉田常见的烟蓟马天敌有小花蝽［*Orius minitus*（L.）］、横纹蓟马［*Aeolothrips fasciatus*（L.）］、草蛉类、蜘蛛类、瓢虫类等。4～5月在棉花苗期，田间自然天敌的种类和数量都较少，对烟蓟马的控制作用较小，6～7月在棉花蕾铃期以后，自然天敌种类和数量迅速增加，对烟蓟马的发生有一定的抑制作用。

(五) 与土质的关系

沙质土壤较黏质土壤的棉田烟蓟马发生重。

五、防治技术

(一) 农业防治

棉田及时进行秋深翻和冬灌；冬、春及时清除田间及四周杂草，减少虫源；加强棉田管理，尽量不与大葱、蒜、瓜类、洋葱、向日葵邻作、轮作或间作；及时中耕除草，降低虫源。

(二) 化学防治

1. 种子处理 药剂处理棉种是防治烟蓟马最有效和最经济的处理方法。目前常见包衣和拌种的药剂主要有25%呋·福种衣剂、35%克百威种衣剂或者60%吡虫啉种子处理悬浮剂等，按种子重量的1%～2%进行包衣；或者用40%乙酰甲胺磷乳油1.5～2.0kg拌棉种100kg。拌种时应注意现拌现用，并且要堆闷2h，晾干播种，方能最好地发挥药效。

2. 苗期喷药 根据实际烟蓟马发生情况，一般在5月中、下旬棉花出苗后至2片真叶期进行防治。常用药剂有2.5%溴氰菊酯乳油、10%氯氰菊酯乳油、40%辛硫磷乳油、10%吡虫啉乳油、48%毒死蜱乳油等。

(三) 保护和利用天敌

棉田常见烟蓟马天敌有横纹蓟马、食虫蝽类、草蛉类、瓢虫类、蜘蛛类等。一般5月底、6月初，棉花进入蕾期，烟蓟马的为害程度下降，此时应注意保护天敌，利用天敌的控制作用，不宜对棉田进行全田药剂防治。

姚举（新疆农业科学院植物保护研究所）

第35节 棉叶蝉

一、分布与危害

棉叶蝉［*Amrasca biguttula*（Ishida），异名：*Empoasca biguttula*（Shiraki）］属同翅目叶蝉科。国外分布于印度、日本。国内除新疆外均有分布，其北限为辽宁、山西，但极偶见；甘肃、四川西部和淮河以南比较常见；长江流域及其以南地区，特别是湖北、湖南、江西、广西、贵州等省份发生密度较高，尤以长江中下游及其以南棉区为害较重。棉叶蝉的寄主植物有棉花、茄子、烟草、番茄、茶树、黄麻等33科77种，还能为害杂草，其中最喜欢为害棉花和茄子。

在新中国成立初期，我国的棉花栽培管理比较粗放，那时长江中下游棉区常年遭受棉叶蝉为害，损失一般在10%左右。以后随着管理水平的不断提高和有机磷农药的普遍应用，棉叶蝉的发生为害明显减轻。但在棉花生育中后期若有所忽视，仍会严重为害。

进入21世纪以来，转基因Bt抗虫棉花在各棉区被广泛种植，导致棉铃虫等鳞翅目害虫的发生程度明显减轻，化学农药的使用量显著下降，使得棉铃虫以外的其他非靶标害虫发生程度有所上升。棉叶蝉就是其中最突出的一种。如今，在华南棉区，棉叶蝉已取代棉铃虫，成为该地区棉花上最主要的害虫。而在长江流域，棉叶蝉的发生量也较Bt棉花种植以前有显著上升，如2003年安徽棉叶蝉3～4级发生面积达13.33万hm^2。

二、形态特征

成虫：体长约3mm，淡黄绿色。头部微呈角状，向前突出，端圆。头冠淡黄绿色，近前处有2个小黑点，小黑点四周环绕淡白色纹。复眼黑褐色，上有淡色斑。前胸背板淡黄绿色，前缘有 3 个白色斑点，后缘中央有 1 个白色斑点。小盾片淡黄绿色，基部中央、两侧缘中央各有 1 个白色斑点。前翅透明，微带黄绿色，末端约 1/3 处居前、后缘正中有 1 个黑点，这是棉叶蝉成虫的主要特征。后翅无色透明。足淡黄绿色，自胫节末端以下到整个跗节为黄绿色，爪黑色。雌虫较宽大，腹面尾节正中有 1 根黑褐色产卵管，雄虫腹面尾节中央处、两旁各有 1 块狭长并密生细毛的下生殖板。

卵：长约 0.7mm，宽约 0.15mm，长肾形，初产时无色透明，孵化前为淡绿色。

若虫：共分 5 龄。一龄体长约 0.8mm，淡绿色，复眼棕黑色。口器长达腹部第七节，中、后胸两侧各有 1 个乳状突起的翅芽。

二龄体长约 1.3mm，口器长达腹部第五节末端，前翅芽伸至后胸末端，后翅芽长达腹部第二节前缘。

三龄体长约 1.6mm，口器长达腹部第一节，前翅芽伸至腹部第一节末端，后翅芽长达腹部第二节末端。在前胸背板后缘有 2 个淡褐色小点。前、后翅芽的内侧各有 1 个淡色黑点。

四龄体长约 1.9mm，口器长达后胸末端，前翅芽伸至腹部第二节末端，后翅芽长达腹部第三节前端。

五龄体长约 2.2mm，口器长达中胸后部，头部复眼内侧有 2 条斜走黄色隆线，胸部淡绿色，中央白色，前胸背板后缘中央有淡黑色小点，小点四周环绕黄色圆纹。前翅翅芽黄色，长达腹部第四节，后翅翅芽长达腹部第四节末端。

三、生活习性

棉叶蝉在南方热带和亚热带棉区全年均可发生为害。长江以南棉区每年发生 10 多代。江西中部每年发生 13～14 代，湖北武汉发生 12～14 代，南京发生 8 代以上，黄河流域的河北每年发生 4 代。在长江流域和黄河流域，棉叶蝉的越冬机制尚不清楚。在广东，有报道认为其以成虫呈半休眠状态在多年生木棉上越冬。但湖南农业大学调查了华南冬季多处的锦葵科、木棉科、茄科多种植物上的棉叶蝉发生数量后发现，棉叶蝉在华南地区可周年发生，冬季各虫态并存，并非以某一特定虫态滞育过冬，而木棉上也未发现棉叶蝉任何虫态。

棉叶蝉入侵棉田的时间和盛发期在不同地方不尽相同，一般南部棉田早于北部棉田。如在长江流域棉区，3～4 月棉叶蝉先在杂草及其他寄主上为害。5 月中、下旬开始迁入棉田，7～8 月繁殖最快，至 9 月上、中旬形成为害高峰。9 月以后陆续离开棉田迁向其他寄主，并转入越冬。在淮河以南和长江以北，一般 7 月上旬成虫开始迁入棉田，发生为害盛期在 8 月下旬至 9 月下旬。10 月转移到其他寄主或杂草上。在云南棉区，11 月到翌年 5 月棉叶蝉主要为害蚕豆、宿根茄子和宿根棉，7～9 月主要为害主播棉，9 月以后为害茄子。

棉叶蝉成虫白天活动，晴天高温时特别活跃，有趋光性，受惊后迅速横行或逃走。具有迁飞习性。迁飞发生于卵巢成熟前的幼嫩后期。起飞时先从植株上栖息处逐渐向上爬行，直至中上部，稍待片刻，再爬至顶部叶片上静伏待飞。起飞时猛烈蹬动，离开寄主植物，迅速向上空朝光亮处飞去，夏、秋季均在日落后起飞。其飞翔起始温度为 17.1℃。夏季棉叶蝉起飞主要受光照强度影响，秋季则受温度影响较大。天完全漆黑时不再起飞，其起飞时间一般为 18：30～20：50。据测定，无风或微风（风速小于 0.6m/s）时适于起飞，当风速大于 1m/s 或遇到降雨时不起飞。

成虫羽化后第二日即可进行交配。交配多在太阳初出到中午的一段时间内，午后很少。雄虫向雌虫求爱时，常振其四翅，追逐于雌虫后面，如果雌虫接受，雄虫立即调转身体，与雌虫尾端迅速相连而成“一”字形交配式。此时雄虫四翅覆于雌虫翅上，静止不动。如遇惊扰，雌雄虫都向同一方向横行或斜走逃避，仍不脱离。但受惊恐太大，则双双跳跃坠地。除非经数次惊扰，很少会互相脱离。雌雄虫交配 1 次需时32～83min，但一般在 45min 左右即行分离。分离后雄虫慢慢爬开，雌虫则在原地休息。

雌虫交配后的第二天即开始产卵。卵散产于棉株中上部嫩叶背面组织内，以叶柄处着卵量最多。其次是主脉上，有时也产于侧脉及叶片组织内，每片叶上每次产卵 3～4 粒或以上。产卵前，雌虫先以产卵器在植物上划一裂口，然后将卵产于其内。卵多在白天孵化，卵孵化时棉叶裂口组织枯死。若虫共 5 龄，每次蜕皮都黏在寄主叶片背面，所以田间是否发生很容易发现。在 28～30℃时，棉叶蝉卵历期 5～6d，若虫期 5.6～6.1d，成虫期 15～20d。棉叶蝉第一、二龄若虫常群集于靠近叶柄的叶片基部，三龄以上若虫和成虫多在叶片背面取食，喜食幼嫩叶片。其在棉田的空间分布属聚集分布，以棉株上部虫口居多，其中以上部三台果枝最为集中，占总虫量的73.7%；中部次之；上部五台果枝以下的仅占总虫量的6.7%。夜间或阴天若虫、成虫常爬到叶片的正面。棉叶被害后，先是叶片的尖端及边缘变黄，逐渐扩展至叶片中部。显微镜检查变黄棉叶的切片，可见上表皮已有部分细胞变为鲜红色。为害加重时，棉叶的尖端及边缘由黄色变红，并逐渐向叶片中部扩大，显微镜检查变红棉叶的切片，不仅上表皮绝大多数细胞变红，部分下表皮细胞也会变红。受害最重时，后期棉叶还会由红色变成焦黑色，最后枯死脱落。棉花遭受棉叶蝉严重为害时，造成棉株果枝瘦小短缩、蕾铃脱落、棉铃成熟延迟，明显降低棉花产量和品质。

四、发生规律

（一）气候条件

棉叶蝉越冬卵于气温稳定达15℃左右时开始孵化。平均温度在32℃左右时，最适于棉叶蝉大量繁殖，温度降到15℃以下，成虫活动迟钝，当温度降至6℃以下时，即进入休眠状态。温度在32℃时最有利于棉叶蝉的繁殖。

在相对湿度为70%～80%时，最有利于棉叶蝉繁殖。下雨时，成虫多躲避于棉株基部枝叶茂密处，不太活动，大雨或久雨，常阻碍棉株上部棉叶蝉的孵化和羽化。

光照强烈，田间温度高，有利于棉叶蝉繁殖。在同一块棉田内，往往光照较强的部分，棉叶蝉较多，为害也较重，而在树荫下光照较弱的场所，棉叶蝉较少，为害也较轻。有时在树荫下氮肥施用偏多，也会使棉叶蝉繁殖较多，但为害程度仍然较轻。

（二）寄主植物

不同棉花品种，对棉叶蝉的抗性也不同。据观察，棉叶背面毛少或毛短而柔软、叶片肥厚的棉花品种，如岱字15等遭受棉叶蝉为害重。而叶背多毛尤其毛长较硬的棉花品种，棉叶蝉发生少，受害轻。

棉田的播种时期、栽培措施及棉田的环境也能影响到棉叶蝉的发生。如早播的棉花，虽然棉叶蝉发生较早，但7～8月虫口密度增大时，由于棉株生长健壮，故受害程度较轻。迟播的棉花，虽然棉叶蝉发生较晚，但7～8月虫口密度增大时，棉株生长较嫩，抵抗力弱，受害反而较重。

密植棉田，在棉叶蝉盛发期间，棉株已经封行，不利于其发生；稀植棉田，在棉叶蝉盛发期间，棉株行间通风透光，田间小气候有利于棉叶蝉发生。

棉花长势好坏，对棉叶蝉往往也表现出不同的耐害能力。如平原地区的地势和土质较好，具有较好的保肥保水能力及通气性能，氮、磷、钾等肥料配施也适当，该地区的棉株一般生长健壮，抵抗力强，棉叶蝉的为害较轻。而在丘陵地区，因地势和土质较差，田块的肥水保持能力及透气性能较差，又缺乏灌溉条件时，该地区的棉株往往生长较差，棉叶蝉的为害则较重。

此外，虽然棉叶蝉最喜欢取食棉花，但它也能取食其他众多的寄主植物，包括杂草。故分散种植或邻近地块多杂草的棉田，受害较重，而集中成片的棉田，则大面积受害较轻。

（三）天敌昆虫

棉叶蝉的捕食性天敌有多种蜘蛛、瓢虫、草蛉、隐翅虫、蚂蚁等。寄生性天敌有棉叶蝉柄翅缨小蜂[*Gonatocerus longicornis*（Kieffer）]、红恙螨、寄生菌等。

（四）化学农药

过去棉田使用的化学农药都是广谱性、高毒、高残留品种，对棉叶蝉有很好的兼治效果，使其发生为害普遍很轻，生产上基本无须进行专门防治。但进入21世纪以来，由于Bt棉的大面积种植带来的棉田化学农药使用模式的改变（特别是棉铃虫化学防治力度的降低），给棉叶蝉的种群增长提供了空间，导致其在棉田的发生程度显著上升，成为长江流域及华南棉区的重要害虫。

五、防治技术

（一）农业防治

农业防治是基础。棉区要统一规划，尽可能采取水旱轮作，棉田宜集中连片；提倡适时早播，育苗移栽，适当密植，注意氮、磷、钾、钙配方施肥，多施有机质肥料，不要偏施氮肥；及时防旱抗旱排渍，适时打顶，促进棉株健壮生长，早发早熟，以减轻棉叶蝉为害。

选用多毛品种。清除田间杂草，尤其是冬季和早春清除杂草，以消除其越冬场所。

（二）生物防治

利用有利于天敌繁衍的各种耕作栽培措施，减少化学农药施用，以保护利用多种天敌，控制棉叶蝉。

（三）物理防治

成虫盛发初期可利用其趋光性用黑光灯诱杀，减少虫口基数。

（四）化学防治

防治棉叶蝉的农药有很多，包括有机磷类和拟除虫菊酯类。其中生产上使用效果较好的有50%马拉硫磷乳油1 000倍液、4.5%高效氯氰菊酯乳油250～300倍液、2.5%溴氰菊酯乳油2 000倍液，喷雾防治。

使用化学药剂防治棉叶蝉，必须及时掌握虫情。从棉花开花后开始，选定有代表性的棉田2～3块，每5d查虫1次。每次按5点取样法，每点随机调查20株，每块田共查100株棉花，每株随机抽查上部大叶1片，共查100片，分别统计棉叶蝉成虫数和若虫数，当百叶成虫、若虫数达100头以上或棉叶尖端开始变黄时，就是施药的有利时机，特别要抓住若虫盛发期施药，防治效果更好。施药时须注意，能兼治的，不专治；能单用药的，不混用药；能用低浓度的，不用高浓度。首先注意保护邻近多杂草的棉田或成片种植的周边棉花。施药时宜采取打防线，打包围，要求治小面积，保大面积，目的是控害保益（天敌）。

黄民松（湖北省农业科学院植保土肥研究所）

第36节　棉铃虫

一、分布与危害

棉铃虫［*Helicoverpa armigera*（Hübner)］属鳞翅目夜蛾科实夜蛾亚科棉铃虫属。棉铃虫是世界性重大害虫，分布于50°N至50°S的欧洲、亚洲、非洲、澳大利亚各地。在我国各棉区均有发生。20世纪90年代初，棉铃虫在我国连续大暴发，严重制约了棉花与其他多种作物的生产。仅1992年，棉铃虫在我国各种作物上累计发生面积达2 192万hm^2，造成直接经济损失逾百亿元。棉铃虫的猖獗为害带来植棉效益低下、农药污染和人畜中毒严重等一系列经济、社会及环境问题，上升成为我国棉区农业生产和农村经济发展的重大制约因素。

棉铃虫在黄河流域棉区常年发生量大，为害重，是常发区。1990年后，冀、鲁、豫三省棉铃虫连续大发生，特别是1992年二代棉铃虫的发生量为历年所罕见，发生持续时间长，棉田卵量和幼虫量特别高，据河南新乡、河北邯郸棉区调查，在卵高峰期当日百株卵量超过1 000粒，累计卵量超过10 000粒，百株幼虫量一般棉田均达100多头。为害重的地块棉株嫩顶和幼蕾被害率高达90%，个别地块甚至棉叶被吃光，形成光秆。在长江流域棉区，棉铃虫为间歇性大发生，自1970年起大发生的频率明显增大，如1971年、1972年、1978年、1982年和1990年三、四代棉铃虫在湖北、江苏、江西、浙江、安徽等省棉区都曾大发生，若防治不及时，常造成棉花产量损失。在其他棉区，棉铃虫每年都有不同程度的发生，在环境条件适宜的年份也可暴发为害。自1997年转基因抗虫棉花在我国商业化种植以来，整个生态系统中棉花及其他多种农作物上棉铃虫种群发生数量均明显减少，有效控制了棉铃虫的发生为害，在长江流域、黄河流域棉区棉铃虫已不再是主要致灾因子。近些年，新疆棉区植棉面积逐年扩大，造成生物群落多样性下降。由于番茄、彩椒等种植面积增加，间套、保护地面积增大，为棉铃虫提供了丰富的食源和越冬场所；加上棉花品种更换、“矮、密、早、膜”栽培模式、大面积滴灌等栽培技术、耕作制度变化等因素的影响，造成了棉铃虫发生日益严重，部分地区暴发成灾。

棉铃虫属杂食性害虫，寄主种类众多，我国已知的有20多科200余种，在栽培作物中，除为害棉花外，还为害玉米、小麦、高粱、番茄、豌豆、蚕豆、豇豆、茄子、苜蓿、芝麻、亚麻、苘麻、黄麻、蓖麻、花生、向日葵、西瓜、南瓜等。

二、形态特征

成虫：体长15～20mm，翅展27～38mm。前翅颜色变化较多，雌蛾前翅赤褐色或黄褐色，雄蛾多为青灰色或灰绿色。内横线不明显，中横线很斜，末端达翅后缘，位于环状纹的正下方，亚外缘线波形幅度较小，与外横线之间呈褐色宽带，带内有清晰的白点8个，外缘有7个红褐色小点，排列于翅脉间。环状纹圆形，有褐边，中央有1个褐点；肾状纹褐色，中央有1个深褐色肾形斑。后翅灰白色，翅脉褐色，中室末端有1条褐色斜纹，外缘有1条茶褐色宽带纹，带纹中有两个月牙形白斑。复眼球形，绿色。雄蛾腹末的抱握器毛丛呈“一”字形。

卵：近半球形，长0.51～0.55mm，宽0.44～0.48mm，顶部稍隆起，底部较平。中部通常有24～34条直达底部的纵棱，每2条纵棱间有1条纵棱分为二叉或三叉，纵棱间有横道18～20条。初产卵乳白色或翠绿色，逐渐变黄色，近孵化时变为红褐色或紫褐色，顶部黑色。

幼虫：可分为5～6个龄期，多数为6个龄期。初孵幼虫头壳漆黑，身上条纹不明显，随着虫龄增加，前胸盾板斑纹和体线变化渐趋复杂。背线一般有2条或4条，气门上线可分为不连续的3～4条线，其上有连续白纹，体表满布褐色和灰色小刺，长而尖，腹面有黑色或黑褐色小刺，十分明显。老熟幼虫头部黄色，有褐色网状斑纹，虫体各节上有毛片12个。体色变化较大，大致可分为4个类型：①体绿色，背线与亚背线绿色，气门线淡黄色。②体淡绿色，背线、亚背线同色，但不明显，气门线白色，毛片与体色同。③体黄白色，背线、亚背线浅绿色，气门线白色，毛片与体色同。④体淡红色，背线、亚背线为淡褐色，气门线白色，毛片黑色。不同龄期幼虫体色和斑纹变化很大，主要表现为：

一龄体长1.8～3.2mm，头宽0.21～0.28mm。头纯黑色，前胸背板红褐色，体表线纹不明显，臀板淡黑色，三角形。

二龄体长4.2～6.5mm，头宽0.38～0.46mm。头黑褐色或褐色，前胸背板褐色，两侧缘各出现1个淡色纵纹，体表背面和侧面出现浅色线条，臀板浅灰色，三角形。

三龄体长8.0～12.2mm，头宽0.59～0.79mm。头淡褐色，出现大片褐斑和相连斑点，前胸背板两侧绿黑色，中间较淡，出现简单斑点，二纵纹明显，气门线乳白色，臀板淡黑褐色，斑纹退化变小。

四龄体长15.5～23.9mm，头宽0.9～1.52mm。头淡褐带白色，有褐色纵斑，小片网纹出现，前胸背板出现白色梅花斑，体表出现黄白色条纹，臀板上斑纹退化成小纵条斑。

五龄体长22.0～29.0mm，头宽1.44～2.06mm。头较小，往往有小褐斑，前胸背板白色，斑纹复杂，体侧3条线条不清楚，臀板上斑纹消失。

六龄体长30.8～40.2mm，头宽2.56～2.80mm。头淡黄色，白色网纹显著，前胸背板白色，斑纹复杂，体侧3条线条清晰，扭曲复杂，臀板上斑纹消失。

蛹：体长14～23.4mm，体宽4.2～6.5mm，纺锤形。初期蛹体色乳白至褐色，常带绿色；复眼、翅芽、足均半透明，复眼外侧有斜线排列的4个黑褐色眼点，如果滞育，此眼点到越冬后才消失；如果未进入滞育状态，此眼点逐渐消失，进入发育中期。中期蛹为褐色，足逐渐发黑，形成黑色“领带”，翅芽不透明，边缘不发黑。后期蛹逐渐变为深褐至黑褐色，但以翅芽边缘发黑作为与中期的划分界限，接着翅芽、复眼，直到全身发黑，此时即将羽化。腹部第五至七节背面和腹面有7～8个比较稀而大的马蹄形刻点，尾端有臀刺两枚，刺基部分开。气门较大，围孔片呈筒状突出。雌蛹生殖孔位于腹部腹面第八节，与肛门距离较远，第八、九腹节后缘呈倒V形；雄蛹生殖孔位于腹部腹面第九节，与肛门距离较近，第八、九腹节后缘正常。

三、生活习性

棉铃虫成虫多在夜间羽化，19：00至翌日2：00羽化最多，占羽化总数的65.1%，少数在白天上午羽化。羽化后当夜即可交配，一生可交尾1～5次。羽化后第2～5d开始产卵，产卵期一般5～10d，越冬代和末代稍长一些。成虫交尾、产卵和取食花蜜等活动主要在夜间进行，一般有3次明显的飞翔活动时间。第一次在日落后3h内，在18：00～21：00，以19：30～20：30最盛，多在开花的蜜源植物上边飞翔边取食，称为黄昏飞翔，这次飞翔雌蛾比雄蛾早半小时左右。第二次在1：30～4：00，以2：00～2：30最活跃，主要是觅偶和交尾，称为婚飞。第三次在黎明前，找寻隐蔽处所，称为黎明飞翔。日出后停止飞翔活动，栖息于棉叶背面、花冠内和玉米、高粱心叶内或其他植物丛间。成虫飞翔能力强，往往在植株的中部或上部穿飞。对黑光灯和半干的杨柳枝叶有较强趋性，而对糖醋液的趋性较差。棉铃虫雌蛾比雄蛾早羽化1～2d，在黑光灯和杨树枝把诱蛾调查中，每一代开始雌蛾多于雄蛾，当雌蛾与雄蛾的比例接近1∶1或蛾量突然上升时则为当代棉铃虫的发蛾高峰。后期雄蛾显著多于雌蛾。

成虫繁殖的最适温度是 25～30℃。雌蛾平均怀卵量超过 1 200 粒，产卵率高达 97%以上。高于 30℃或低于 20℃时，则有不同程度的下降，15℃时每雌平均怀卵仅 200 余粒，在 35℃时，成虫怀卵量和产卵率急剧下降。成虫产卵期常与寄主的孕蕾开花期吻合。卵散产在棉株上，产卵部位随寄主种类不同而异。同种寄主植物上的产卵部位又因代别而有变化。如 6 月中、下旬的二代棉铃虫卵主要分布在顶梢、嫩叶正面、幼蕾、苞叶及嫩茎上，占总卵数的 80%以上。7～8 月的三、四代棉铃虫卵多产在群尖、上部幼蕾和嫩叶上。

卵的孵化率一般为 80%～100%。受精卵初产时乳白色，以后顶部出现紫黑色的晕环，临孵化时顶部全变为紫黑色。未受精卵初产时乳白色或鲜黄色，以后逐渐干瘪。卵历期一般 2～4d。幼虫经常在一个部位取食少许即转移到他处为害，常随虫龄增长，由上而下从嫩叶到蕾、铃依次转移为害。幼虫转移为害时刻主要在 5：30～19：30，尤以 5：30～12：00 最为频繁，占总转移次数的 50%，12：00～19：30 占 37.5%。

初孵幼虫通常先吃掉卵壳，然后取食嫩叶、嫩梢、幼蕾、花、铃等器官。大部分初孵幼虫吃过卵壳后转移到叶背栖息，当天不食不动，翌日大多转移到中心生长点、幼蕾、苞叶内或上部果枝嫩梢上取食，第三天蜕皮。蜕皮前不食不动。一至二龄幼虫若受惊动有吐丝下坠的习性。第二代一至二龄幼虫主要为害生长点和幼蕾。生长点轻度受害对棉株生长无明显影响，但严重受害后棉株顶心出现黑褐色，然后坏死，使棉株不能继续生长，随后顶部长出许多分杈，形成多头棉。幼蕾受害后变黄、脱落。三龄以后多钻入蕾、花、铃内为害。在蕾期幼虫通过苞叶或直接蛀入蕾中取食，虫粪排出蕾外，被害蕾蛀孔较大，直径约 5mm，被害蕾苞叶张开，变为黄色而脱落。在花期幼虫钻入花中取食花粉和花柱或从子房基部蛀入为害，被食害花一般不能结铃。在铃期幼虫从青铃基部蛀入，往往蛀食一空，留下铃壳，有时仅取食 1 到数室，留下的其他各室也引起腐烂。蛀食铃时虫体大半外露，虫粪也排在铃外。据田间定期调查统计，每头二代幼虫食害 10～13 个蕾，0.5～0.6 个顶尖，每头三代幼虫食害 8～9 个蕾，0.3 朵花，2.5～2.9 个铃。部分三至四龄幼虫在 9：00 前后有钻出蕾、铃爬到叶面的习性。每次蜕皮前幼虫自食料中爬出，静止不动，也不取食，约半天开始蜕皮。大部分幼虫将所蜕的皮吃掉，仅留头壳。

幼虫龄数多少与食料种类和环境条件有关。如取食棉花蕾、铃的 5 龄与 6 龄各半，有时以 5 龄为主，取食豌豆、向日葵果实的以 5 龄为主。取食玉米嫩穗、小麦嫩粒和番茄果实的以 6 龄为主。在同样的温度下，幼虫历期也随食料而异。一般取食番茄的历期长，取食向日葵、豌豆的历期短，而取食棉花、小麦的介于两者之间。各龄幼虫大致历期为：一龄 2～5d，二龄 2～4d，三龄 2～3d，四龄 2～4d，五龄 2～3d，六龄 2～5d。幼虫历期 12～24d。

幼虫老熟后多在 9：30～12：00 吐丝下坠入地筑土室化蛹。入土前停食 0.5～4h，并排空体内粪便。土室直径约 10mm，长约 20mm，土室一般在离棉株 25～50cm 的疏松土中，入土深度 2.5～6cm，最深达 9cm，仅个别的在枯铃或青铃内化蛹。化蛹前有一预蛹期，一般 1～3d。蛹期 10～14d，因性别而有不同。一般雌虫蛹期短于雄虫，因此每代成虫的羽化，前期雌多于雄，后期相反，雄多于雌，而在高峰期雌雄比例相近。

棉铃虫以滞育蛹越冬，出现 50%滞育蛹的时期，长江流域的湖北、江苏多在 9 月上、中旬至 10 月上旬，黄河流域多在 9 月上、中旬，新疆在 9 月上旬。决定出现滞育蛹的主要因素是光照长短，温度和食料也十分重要。棉铃虫幼虫在 25℃的适温下，光照 14h 是蛹滞育的临界点，此时有 50%的蛹滞育；光照短于 14h，蛹全部滞育。较低的温度会延长引起滞育的光照期，在 20℃时滞育的临界光照期介于 14～15h，在 25℃时介于 13～14h，而在 28℃时即使幼虫经每昼夜 12h 的短光照期，滞育蛹仍不到 50%。食料对棉铃虫种群滞育临界期出现迟早也有明显的影响，如幼虫取食棉铃、番茄等食料引起滞育的光照临界期比取食棉叶的短。根据棉铃虫适应当地气候的滞育、抗寒特点，我国棉铃虫被划分为 4 个地理型：热带型，亚热带型、温带型和新疆型。随纬度升高，过冷却点降低，棉铃虫抗寒能力增强。热带型棉铃虫分布在我国华南地区，没有滞育能力；亚热带型棉铃虫分布在长江流域，少数具有滞育能力；温带型棉铃虫分布在黄河流域，具有滞育能力；新疆型棉铃虫分布在新疆，具有滞育能力。棉铃虫不能在我国东北越冬，东北的棉铃虫种群是从黄河流域迁飞过去的。

四、发生规律

棉铃虫在各棉区年发生代数由北向南逐渐增多，在 40°N 以北地区，包括辽河流域棉区、新疆、甘肃、河北北部、山西北部，1年发生3代，部分2代，少数4代。32°～40°N的黄河流域棉区及部分长江流域棉区，包括河北省大部、河南、山东全省、山西东南部、陕西关中、湖北北部、安徽北部和江苏北部等棉区，1年发生4代，有的年份有不完整的5代。25°～32°N的长江流域棉区，包括江苏、浙江、湖北荆州、湖北黄冈、江西九江、江西南昌、安徽南部、湖南洞庭湖地区和四川中部等棉区，1年发生5代，有的年份出现不完整的6代。25°N以南的华南棉区，包括广东曲江、广西柳州、湖南南部和云南开远，1年发生6代，在云南部分地区，可发生7代，冬季蛹不滞育。

在新疆地区，越冬蛹5月开始羽化，一代成虫产卵高峰期南疆在6月上旬，北疆在6月中旬，主要产在胡麻、豌豆、早番茄、直播玉米等作物上，此外紫草、曼陀罗上也有。二代产卵高峰南疆在7月上、中旬，北疆在7月中旬，主要产在玉米、棉花、番茄、烟草、辣椒等植物上，三代产卵高峰均在8月，主要产在玉米、烟草、棉花、晚番茄、高粱上。

黄河流域棉区以滞育蛹越冬，4月中、下旬始见成虫，一代幼虫主要为害小麦、豌豆、越冬豆科绿肥苜蓿、苕子、早番茄等，为害盛期为5月中、下旬。二代幼虫为害盛期在6月下旬至7月上旬，主要为害棉花，其他寄主还有番茄、苜蓿等。三代幼虫为害盛期在7月下旬至8月上旬，发生期延续的时间长，主要为害棉花、玉米、豆类、花生、番茄等。四代幼虫除为害上述作物外，还为害高粱、向日葵及苜蓿等豆科绿肥，部分非滞育蛹当年羽化，并可产卵、孵化，但幼虫因温度逐渐降低不能满足其发育而死亡。

长江流域棉区越冬蛹4月底至5月初羽化，第一代幼虫主要为害小麦、豌豆、苕子、苘麻和锦葵。棉花、玉米、芝麻和冬瓜等是二至四代幼虫的主要寄主。四代成虫始见于9月上、中旬。五代幼虫发生于9月下旬至11月上旬，主要在秋玉米、高粱、向日葵及菜豆等蔬菜及其他寄主上为害。以五代滞育蛹越冬。

棉铃虫在棉田发生时间和为害的轻重，因地区、代别和年份不同而有明显差异。辽宁和新疆以第二代为害较重，黄河流域棉区常年是第二、三代为害严重，少数年份第四代发生量大，主要为害夏播棉和晚熟棉花。长江流域棉区为间歇性大发生，常以第三、四代为害严重。影响棉铃虫在棉田发生消长的主要因素有：

（一）作物布局和耕作栽培措施的影响

棉铃虫是杂食性害虫，在各代棉铃虫发生期间，由于各棉区棉花种植方式和其他作物布局不同，使棉铃虫在棉田和其他作物上的发生情况有所差异。如黄河流域棉区，第一代主要在小麦、豌豆等早春作物及少数早发棉田上发生为害，第二代则主要在棉田为害，少数在蔬菜和春玉米上为害，第三、四代则多分散在棉花、玉米、高粱、菜豆和番茄上。1980年以后，麦、棉间作和夏播棉面积迅速扩大，春玉米面积缩小而夏玉米面积扩大，棉花生育期推迟，秋桃数量增加，使棉铃虫三、四代种群数量上升，棉花与各种豆类、芝麻、蔬菜作物套种，棉花秸秆拔除时间晚，土地不能彻底耕翻，使蛹的成活率提高，有利于棉铃虫在棉田的大发生。长江流域第一代主要在豌豆、小麦、番茄、颠茄和苕子留种田上发生为害，第二代为害春玉米、番茄和早发棉，第三、四代转移到棉花上为害。

扩大嗜食作物种植面积有利于棉铃虫的发生；复种增加，棉田以外寄主增多，有利于棉铃虫发生；间作套种有利于棉铃虫的发生，小麦、棉花或豌豆、棉花间作，虫口密度显著高于平作棉田；但同时，通过合理的间作套种诱集植物可以减轻棉花上棉铃虫的发生为害，如棉田间作玉米或高粱，常可减轻棉花上的卵量。棉花生长情况与棉铃虫发生有关。棉花生长好的棉田棉铃虫卵、虫量都高于生长差的田块。各种作物上棉铃虫发生数量的多少也取决于花期、果实期与各代发蛾期是否吻合以及作物长势。一般高水肥，棉花长势旺，蕾、花、铃多的棉田虫口密度大。集中连片棉田比与玉米、高粱等作物插花种植棉田发生重。

（二）转基因棉花种植的影响

作为防治棉铃虫的新手段，我国自1997年开始商业化种植转基因棉花（Bt棉花），至2001年，Bt棉花已遍及华北地区，转基因棉花目前已成为治理棉铃虫的重要途径。与普通棉花品种相比，Bt棉花对棉铃虫的控制效果明显，蕾铃被害率、顶尖被害率明显降低，皮棉产量显著增加。如1997—1998年在河北、河南种植的转基因棉花GK-2、GK-5对田间二代棉铃虫的控制效果达88.7%～95.5%，保蕾率达94.5%～99.1%。但转基因棉花杀虫蛋白表达量在棉花生育过程中有明显的时空动态变化。总的趋势是苗期和蕾期杀虫蛋白表达量较高，花期呈下降趋势，花铃期下降最为明显，到铃期和吐絮期含量略有回升。不同组织器官的杀虫蛋白表达量也有显著的差异，其顺序为叶>铃>花心>花萼、花蕾>花瓣>苞叶。因此，转基因棉花应加强中后期对棉铃虫的监测和及时补充化学防治。

Bt棉花的种植有效地控制了棉铃虫的种群，通过分析1992—2007年我国华北地区六省（河北、河南、山东、山西、安徽、江苏）100个监测点棉花及其他作物（玉米、花生、大豆、蔬菜）上棉铃虫种群发生数量，发现随着Bt棉花的种植应用，整个生态系统中棉花及其他多种农作物上棉铃虫种群发生数量均明显减少。棉花上棉铃虫卵密度与其他作物上棉铃虫幼虫密度均呈线性下降趋势，而且原来棉田的每年二至四代3个完整产卵高峰，已减少为仅有二代1个产卵高峰，三、四代棉铃虫产卵高峰已不太明显。主要原因可能是：棉铃虫一代成虫主要把卵产在棉花上，棉田成为其他作物上随后各代棉铃虫的虫源地。Bt棉花杀死了大部分的棉铃虫二代幼虫，从而压低了其他作物上的虫源基数。对整个棉铃虫种群来说Bt棉花成了一个致死性的诱集植物。因此，Bt棉花种植使棉花等多种作物上棉铃虫的发生得到了区域性控制。

（三）天敌的影响

棉田天敌资源十分丰富，寄生和捕食棉铃虫卵和幼虫的天敌种类很多，在一些年份或代别对抑制棉铃虫的种群消长有明显作用。寄生棉铃虫卵的有：拟澳洲赤眼蜂（*Trichogramma confusum* Viggiani）和玉米螟赤眼蜂（*Trichogramma ostriniae* Pang et Chen）等，据新乡和邯郸地区调查，第二、三代棉铃虫卵的寄生率较低，一般为2%～8%，第四代卵寄生率可高达30%～60%。寄生棉铃虫幼虫的有：棉铃虫齿唇姬蜂（*Campoletis chlorideae* Uchida）、螟蛉悬茧姬蜂［*Charops bicolor*（Szepligeti）］、悬茧蜂（*Meteorus* sp.）、瘦姬蜂（*Ehicospitus* sp.）、拟瘦姬蜂（*Netelia* sp.）、棉铃虫侧沟茧蜂（*Microplitis* sp.）、跳小蜂（*Litomastix* sp.）和寄蝇（*Exorista* sp.）等。在北方棉区，棉铃虫齿唇姬蜂对棉铃虫低龄幼虫的控制作用显著。据河南新乡棉区1986—1988年系统调查资料分析，不同年份、不同世代齿唇姬蜂的寄生率不同。一代棉铃虫（5月中、下旬）的寄生率可达15.59%～78.5%，平均为37.62%，二代（6月中、下旬至7月上旬）寄生率为17.10%～35.0%，平均为23.12%，三代寄生率为15.5%～28.5%，平均18.71%，四代寄生率为8.98%～38.3%，平均为20.4%。一般对低龄幼虫寄生率高而对大龄幼虫寄生率低，对四龄以上老龄幼虫无寄生能力。捕食棉铃虫卵和幼虫的天敌有：草蛉类如大草蛉［*Chrysopa pallens*（Rambur）］、日本通草蛉［（*Chrysoperla nipponensis*（Okamoto）］、叶色草蛉（*Chrysopa phyllochroma* Wesmael）、丽草蛉（*Chrysopa formasa* Brauer）等，马蜂（*Polistes okinawansis* Matsumura et Uchida）、小花蝽（*Orius* sp.）、姬蝽（*Nabis* sp.）、草间钻头蛛（*Hylyphantes graminicola* Sundevall）和三突花蟹蛛（*Misumenops tricuspidatus* Fabricius）等。据试验，草蛉幼虫日平均捕食棉铃虫卵39.6～49.8粒，捕食幼虫48.7～65.3头；异色瓢虫、龟纹瓢虫、七星瓢虫和黑襟毛瓢虫日平均捕食棉铃虫卵41～72.3粒，捕食幼虫62.2～71.3头；草间钻头蛛日捕食棉铃虫幼虫38头；三突花蛛日捕食棉铃虫幼虫90.5头；日本蟏蛸日均捕食棉铃虫幼虫82.7头；每头小花蝽成虫或若虫日捕食棉铃虫卵2～10粒；华姬蝽可捕食棉铃虫卵8～128粒，第一龄幼虫9～64头，第二至三龄幼虫3～6头。另外螳螂、青蛙、麻雀等也在棉田捕食大龄幼虫。对控制棉铃虫数量都有一定作用。

（四）气候的影响

温度和降水是影响棉铃虫发生消长的关键气候因素。最适宜于棉铃虫生长繁殖的温度为25～28℃，相对湿度70%以上。冬季和早春的气温变化直接影响一代棉铃虫发生迟早和二代棉铃虫在棉田发生的时间，当5d平均气温达20℃以上时，适于成虫产卵活动，若5月中、下旬有寒流侵袭，成虫产卵活动受到影响，使一代发生量少，幼虫发育进度缓慢，可致使二代棉铃虫在棉田晚发生。如1990年春季寒流袭击次数多，使一代棉铃虫在麦田发生晚并造成二代在棉田比常年晚发生5～7d。1991年冬季气候温暖，1992年春季气温稳步回升，使一代棉铃虫在麦田早发生5～7d，且数量比常年高10～20倍，导致二代棉铃虫在棉田暴发成灾。8～10月气温的变化影响秋季种群数量和越冬基数，秋季低温来临早，末代棉铃虫卵孵化率和发生量也降低。

棉铃虫耐干旱能力强，在干燥气候条件下存活率和繁殖率高，易暴发成灾。长江流域棉区降水量较多，本不是棉铃虫的常发区，但遇到干旱气候也会大发生。20世纪70年代初和90年代初长江流域比较干旱，这两个时期棉铃虫在此区域都大发生。降水量影响土壤中蛹的存活率。土壤处于浸水状态能造成蛹大量死亡。在棉铃虫化蛹期间，土壤绝对含水量达40%时，蛹的死亡率达86%～100%。据江苏东台1974年观察，7月下旬降水量在266.8mm，土壤含水量达30%以上，蛹死亡率达66.7%。河南新乡分析17年气象资料，蛹期降水量超过100mm的，下代发生量则低，而降水量适中，分布均匀，没有旱象则对其发生有利。长江流域棉区，常年降水量较多，棉铃虫发生较轻，但遇较干旱年份，也可大发生。如湖北荆州资料分析，在第三、四代棉铃虫大发生的年份，7～8月两月上、中旬的降水量均在60mm以下。另外，暴雨或大阵雨能冲刷掉棉铃虫卵和部分低龄幼虫，可使当时棉田的卵量显著下降，据江苏省启东县调查，每小时降水10.1mm，卵损失53.3%，降水43mm，损失达68.2%。但雨后成虫仍能继续产卵，使虫口密度回升。同时高湿也常使存活下来的幼虫感染真菌性病害（如白僵菌等）而死亡。

五、防治技术

防治棉铃虫有效的方法主要有农业防治、生物防治、物理防治和化学防治。

（一）农业防治

1. 抗性品种 转基因抗虫棉对棉铃虫具有较好的抗虫效率，是当前最为有效的防治手段。但有些转基因抗虫棉品种存在抗虫不稳定、抗虫效率低等问题，因此，一定要选择种植通过国家审定、抗虫效率高、在棉花不同生长季抗虫性稳定的转基因抗虫棉品种。经审定的转基因抗虫棉花品种都通过了抗虫性鉴定、区域试验等多重测试检验，具有抗虫效率高、前后生育期抗虫性稳定、丰产性好等特点。这不仅有利于棉铃虫种群的控制，同时将有助于缓解棉铃虫对转基因抗虫棉花抗性的发展。

2. 田间耕作管理和农事操作 主要措施有：对棉铃虫发生严重的棉田在棉花拔秆后应进行翻耕或冬灌，以杀灭越冬蛹。一代棉铃虫虫口密度大的麦田，在割麦后应进行中耕或彻底翻耕以破除蛹室，减少第二代在棉田发生的虫源。另外，在进行棉花整枝、打顶心、摘边心时，将摘除的嫩顶、嫩叶和枝条带出田外，以防止被摘除的幼虫转移为害其他棉株。

3. 玉米、高粱诱集带 棉田种植诱集作物能较明显地减少棉铃虫在棉花上的落卵量，控制其对棉花的为害。据河北省邯郸棉区的经验，在棉田点种高粱即高粱诱集带，其方法是每隔6行棉花在宽行垄沟中点种高粱，株距2m，对减轻三、四代棉铃虫的卵量效果显著。有的棉区在棉田种植玉米诱集带，种植方式同高粱诱集带。玉米对棉铃虫的诱集作用因生育期而异。一般心叶期和抽穗期诱集作用较大，因此在选择玉米品种和播种期时，应考虑使其生育期与棉铃虫成虫的发生盛期相吻合。棉田种植高粱或玉米诱集带的密度均不能过大，以免影响棉花生长和通风透光。

（二）生物防治

1. 保护利用天敌 棉田天敌资源十分丰富，寄生性天敌主要有姬蜂、茧蜂、蚜茧蜂、赤眼蜂等，捕食性天敌主要有瓢虫、草蛉、捕食蝽、胡蜂、蜘蛛等，昆虫病原微生物有真菌和病毒等，对棉铃虫有显著的控制作用。因地制宜采用可行措施，保护、增殖和利用自然天敌控制棉铃虫为害是综合治理的重要内容。易于掌握和实行的措施有：棉田种植高粱或玉米诱集带以利天敌生存繁殖，也可躲避不良环境的影响和减轻农药对天敌的杀伤；选用对天敌安全的微生物制剂和选择性化学农药等防治棉铃虫，适当放宽中、高产棉田二代棉铃虫防治指标，可减少棉田施药次数；另外在进行棉田管理和农事操作时注意对天敌的保护，如麦、棉间作田在割麦时留高茬有利于天敌向棉花转移；有条件的地方，可以通过人工释放赤眼蜂、中红侧沟茧蜂等天敌昆虫来控制棉铃虫发生。

2. 应用微生物农药防治棉铃虫 棉铃虫卵始盛期，每667m² 用10亿多角体PIB/g棉铃虫核型多角体病毒（NPV）可湿性粉剂80～100g对水后喷雾。棉铃虫核型多角体病毒对棉铃虫的药效表现较慢，施药后1～2d效果表现差，但越往后效果表现越好。感染病毒的棉铃虫幼虫粪便，通过接触等途径可再传染其他健康的害虫，使病毒在棉田辗转流行，对控制下代虫口密度有一定的作用。核型多角体病毒首次施药7d后再施1次，使田间始终保持高浓度的昆虫病毒，效果较好；当虫口密度大、世代重叠严重时，宜酌情加大用药量及用药次数；同时选择阴天或太阳落山后施药，避免阳光直射。微生物杀虫剂多杀菌素对棉铃虫具有明显的杀卵效果，甲氨基阿维菌素苯甲酸盐喷施后棉铃虫初孵幼虫取食带有药剂的卵壳，可以造成初孵幼虫大量死亡，昆虫生长调节剂——氟啶脲、氟铃脲、甲氧虫酰肼处理可以杀死部分棉铃虫初孵幼虫，且明显抑制幼虫的生长。因此，使用适当剂量的微生物农药在棉铃虫卵或初孵幼虫高峰期喷施，可有效降低棉铃虫为害。

（三）物理防治

棉铃虫成虫具有明显的趋光性，可利用黑光灯、频振式杀虫灯诱杀成虫。有条件的地区，可在棉田内插萎蔫的杨树枝把诱集成虫。用46～60cm长的带叶杨树枝条8～10枝捆在一起，捆得松紧适当，倒插在田间，使枝把稍高于棉株，每667m² 分散插立10～15把，每天早晨用塑料袋套住枝把拍打，使成蛾进入袋内进行捕杀。树枝把过于干枯后应及时更换。用这种诱杀防治措施，需大面积连片进行和坚持每天早晨捉蛾捕杀，才可获得较好的减少棉田卵量的效果。

（四）化学防治

1. 防治指标 在棉铃虫发生期间，由于棉花长势和棉田生态环境的不同，各田块间棉铃虫的发生量有很大差异，因此每个植棉村应设专人检查虫情，根据虫情预报，当棉田出现棉铃虫卵时，即开始对不同类型棉田进行调查，每隔2d调查1次，记载棉铃虫卵、初孵幼虫数和嫩顶及幼蕾被害情况。转基因抗虫棉花的抗虫性前期较好，在一般年份能有效地控制二代棉铃虫的发生，基本无须做其他防治；其后期抗虫性常有所下降，因此转基因棉花应加强中后期对棉铃虫的监测并及时补充进行化学防治。转基因抗虫棉田可根据幼虫发生量确定防治指标，长江流域棉区为二代百株低龄幼虫15头，三、四代8～10头；黄河流域棉区为二代百株低龄幼虫20头，三代15头。非转基因棉可根据卵或幼虫量确定防治指标，长江流域棉区为二、三代当日百株有卵30粒，四代百株有卵30～50粒；黄河流域棉区为二代百株累计卵量超过150粒或百株低龄幼虫10头，三代百株累计卵量25粒或百株低龄幼虫5～8头，四代低龄幼虫8～10头。

2. 棉铃虫抗药性及治理要点 20世纪70年代末河南、河北棉区棉铃虫对滴滴涕产生了28～136倍的抗性，1982年江苏滨海和东台棉区的棉铃虫对甲萘威也产生5倍左右的抗性。1980年以后菊酯类杀虫剂开始试验并推广应用于棉铃虫的防治，但因缺乏宏观保护性管理措施以及较长时期在棉田单一使用，使棉铃虫对菊酯类杀虫剂也产生了较高的抗性。据中国农业科学院植物保护研究所在河南新乡棉区1980—1990年的系统监测，棉铃虫在1985年以前对主要菊酯类杀虫剂处于敏感状态，但到1986年棉铃虫对溴氰菊酯抗性增加到25倍，而1990年其抗性增至近100倍，这期间在河北和山东棉区棉铃虫对主要菊酯类农药品种也都不同程度地产生了几十倍和100多倍的高抗性。

转基因棉花的种植导致在棉铃虫治理中杀虫剂用量减少，1994—2002年在中国的北方监测棉铃虫对常用杀虫剂的抗性演变规律，发现棉铃虫田间种群对高效氯氟氰菊酯、辛硫磷和硫丹等的抗性呈明显下降趋势，分别由1997年Bt棉种植之前的197～262倍、52～74倍和18～38倍下降为2002年Bt棉种植之后的9～15倍、11～14倍和6～8倍。但由于棉田防治其他害虫及防治三、四代棉铃虫还需要喷施化学农药，因此，在部分地区对高效氯氟氰菊酯等农药还存在较高抗性。如2010年全国农业技术推广服务中心发布的《2010年全国农业有害生物抗药性监测结果》显示：全国7省（自治区、直辖市）14地棉铃虫种群，9地对辛硫磷处于敏感至敏感性下降状态，2地处于低水平抗性，3地处于中水平抗性；2地对高效氯氟氰菊酯处于低水平抗性，5地处于中水平抗性，6地处于高水平抗性，1地处于极高水平抗性；4地对甲氨基阿维菌素尚处于敏感状态，6地处于敏感性下降状态。

抗性棉铃虫的治理是一个涉及面宽、难度大而又复杂的系统工程。根据我国棉铃虫防治的历史和现状，首先应加强棉铃虫的测报和棉田虫情调查以指导防治，更加注重科学、合理地使用农药，使药剂防治与农业措施、生物防治等防治手段密切协调和配合。在对高效氯氟氰菊酯产生高至极高抗药性的地区，应暂停使用高效氯氟氰菊酯防治棉铃虫，限制辛硫磷防治棉铃虫的使用次数，注意轮换用药，防止其抗药性继续上升；减少甲氨基阿维菌素在棉铃虫防治中的使用次数，降低抗药性风险。

3. 选用适当农药及时防治 建议在棉铃虫卵和初孵幼虫高峰期喷洒对棉铃虫防效较高的药剂，如0.5%甲氨基阿维菌素苯甲酸盐微乳剂1 000～1 500倍液、15%茚虫威（安打）悬浮剂每667m^2 8.8～17.6mL、10%虫螨腈（除尽、溴虫腈）悬浮剂每667m^2 30～40mL、20%氯虫苯甲酰胺（康宽）悬浮剂每667m^2 8～15mL、2.5%多杀菌素（多杀霉素）悬浮剂每667m^2 80～100mL等。防治棉铃虫时应考虑兼治棉蚜、棉盲蝽、棉叶螨、烟粉虱、甜菜夜蛾、斜纹夜蛾等，反之亦然。甲氨基阿维菌素不仅对棉铃虫等鳞翅目害虫高效，而且对多种刺吸式口器害虫、螨类效果显著；多杀菌素不仅对多种鳞翅目害虫有效，且可以用来防治蓟马和其他双翅目、缨翅目害虫。这些新型药剂防治棉铃虫效果显著，但要注意在棉田的使用次数和间隔期，防止棉铃虫对其产生抗性，如茚虫威的使用间隔期为5～7d，虫螨腈的间隔期为15～20d，每个生长季使用次数不超过2次。在对化学农药抗性水平较高的地区，应限制有机磷类、氨基甲酸酯类、拟除虫菊酯类等药剂的使用。

注意施药方式和方法，如在蕾铃期棉株高大，喷药应掌握保证棉叶正反面、顶尖、花、蕾、铃均匀着药，才能保证药效。若用对棉铃虫作用慢的微生物制剂和选择性化学农药防治，则施药时间要提前2～3d，即掌握在卵高峰期施药，才可获得理想的防治效果。施药后3～5d应进行防治效果检查，若棉田卵和幼虫存量大时，应进行第二次防治。同时注意选择杀虫机制不同的药剂，交替用药和轮换用药，施药后遇雨要及时补喷。

（五）棉铃虫对Bt棉花抗性的预防性治理技术

1997年，在大规模种植Bt棉花之前，中国农业科学院植物保护研究所建立了我国棉铃虫种群的敏感基线，此后连续10余年监测了棉铃虫自然种群对Bt棉花的抗性变化。建立了基于棉铃虫种群抗性水平测定的常规测定方法、基于单雌家系水平检测的F_1/F_2方法和基于抗性基因变异的分子水平检测方法，组成了我国棉铃虫对Bt棉花抗性监测的技术体系。系统监测了我国Bt棉花种植区棉铃虫自然种群对Bt棉花的敏感性和抗性基因频率变化动态，表明在我国大面积种植Bt棉花的情况下，除在Bt棉花高强度种植的部分地区，个别年份发现棉铃虫自然种群携带的微效普通抗性基因累积引起Bt棉花耐受性的轻微变化外，棉铃虫对Bt棉花抗性的基因频率没有明显变化。

但是，随着第一代转基因棉花（Bt-Cry1Ac棉花）的长期广泛应用，棉铃虫的抗性问题不容忽视。在室内通过高选择压筛选可以获得对Cry1Ac高达近3 000倍的抗性品系。为了延长Bt棉花的使用寿命，延缓田间抗性的发展，中国农业科学院植物保护研究所针对我国棉花种植区农业生态系统和作物种植模式的特点，提出了棉铃虫Bt棉花抗性预防性治理对策。主要技术要点包括：①利用我国小农户小规模多作物种植模式所提供的天然庇护所延缓棉铃虫的抗性进化。我国华北地区和长江流域地区为多种植物混合种植区，玉米、大豆、花生和蔬菜等多种棉铃虫寄主作物提供的天然庇护所，可有效延缓棉铃虫对Bt棉花的抗性进化。②通过转基因作物安全性管理严格禁止低表达量Bt棉花品种进入市场。我国Bt棉花品种多数是利用原有的Bt棉花作为亲本，通过杂交选育而来。一些衍生后代品系Bt蛋白的表达量明显降低，将增加棉铃虫的存活数量，而加大棉铃虫的抗性风险。可在Bt棉花品系商业化之前采取强制性检测手段，严格禁止低表达量Bt棉花品种进入市场，保障棉农种植Bt蛋白表达量高和稳定的棉花品种，达到降低抗性昆虫杂合子成活率，延缓抗性发展的目的。③通过转基因作物安全性管理严格控制表达Bt-Cry1A蛋白玉米的商业化种植。国际上已进入商业化阶段的多种Bt作物产品具有类似的Bt基因和相近的靶标害虫。国外公司培育的Cry1Ab玉米已在我国申请商业化种植，由于害虫的交互抗性问题，此类Bt玉米的商业化种植将减少棉铃虫的天然庇护所，而大幅度增加Bt棉花的抗性风险。应从国家长期利益的战略高度，严格控制表达Bt-Cry1A蛋白玉米的商业化种植。④研发和商业化种植新一代多基因Bt抗虫棉花，为棉铃虫的抗性治理提供新产品。挖掘新的Bt基因，培育和种植与Cry1Ac不同作用机制的新的抗虫棉花品种，实现我国抗虫棉花的更新换代，为棉铃虫的抗性治理和Bt棉花的持续利用提供产品支撑。

附：棉铃虫测报技术

棉铃虫种群调查测报规程详见中华人民共和国国家标准《GB/T 15880—2009　棉铃虫测报调查规范》。

梁革梅　陆宴辉　张永军（中国农业科学院植物保护研究所）

第37节　红铃虫

一、分布与危害

红铃虫［*Pectinophora gossypiella* (Saunders)］属鳞翅目麦蛾科。为世界性害虫，分布于美国、澳大利亚、埃及、印度、巴基斯坦等产棉国家。在国内，除新疆、宁夏、青海3个省（自治区）以及甘肃的河西走廊外，在其他棉区均有分布。据文献记载，红铃虫的寄主植物有8科27属77种，其中以锦葵科为主。另外还包括大戟科、豆科等。

红铃虫在我国分布虽然广泛，但其发生存在明显的地理区划。如在新疆北部、甘肃西北、陕西北部、山西北部和辽宁南部，红铃虫滞育幼虫无法在自然条件下越冬，其虫源仅为从外地调入的带虫籽棉，故其发生较轻。河南、河北、山东、山西等黄河流域棉区及江苏、安徽的淮北棉区为红铃虫越冬限制区，红铃虫在区内的越冬死亡率很高，有时能全部死亡。虽然该地区在20世纪50年代时红铃虫曾造成中等程度的危害，后因采取利用冬季自然低温等防治措施，到 60 年代以后，该地区红铃虫已基本被消灭。80 年代后，因农村生产方式的改变，黄河流域南部及淮北棉区的红铃虫种群数量又有所回升，为害加重。长江流域及以南地区为红铃虫的安全越冬区。在该区域内，华南因棉花种植面积小，红铃虫对生产造成的影响小。但长江流域为我国主要的棉区之一，红铃虫造成的损失常年为 10%～30%，最重年份损失近 50%，给该地区的棉花生产造成了严重为害，成为长江流域棉花生产上最重要的害虫。90 年代以后，棉铃虫在长江流域棉区暴发频次逐渐上升，为害程度也迅速超过红铃虫。在此期间，为控制棉铃虫的为害，大量的化学农药被投入棉田使用，使得红铃虫的种群数量也得到了一定的兼治，其对棉花的为害有所下降。2000 年以后，转 *Bt* 基因抗虫棉花开始在长江流域商业化种植，对棉铃虫和红铃虫均表现出了很好的控制效果，红铃虫的发生量随 Bt 棉花种植面积的上升而迅速下降，2006 年以后，红铃虫已不再是长江流域棉花上的主要害虫。

二、形态特征（彩图 6-37-1）

成虫：体长 6～10mm，翅展 15～20mm，灰黑色，有 4 组不规则的黑斑。头细小，光滑、淡褐色并带有灰色鳞片。复眼黑色。触角鞭状，约与前翅等长，共 37 节，每节交界处有一黑色环状鳞片，基节有 5～6 根排列稀疏的栉毛。口器螺管式，吻管卷曲于头下，淡棕色，约为体长的一半，满布两排鳞片。下唇须发达，棕褐色，展伸于头部前端，向上卷曲超过头顶，第一节短，第二节粗，第三节细长，顶端部扁尖，有两个界限明显、宽而黑的环纹。腹部扁平，呈筒形，比翅短，被翅遮蔽。腹背淡褐色，腹面灰色，两侧黑褐色，腹的节间处有黑褐色鳞片。腹部尾端有丛毛，雄蛾尖形，端部呈小圆孔状，上部丛毛较长，雌蛾丛毛整齐，呈马蹄形圆孔，下部稍现缺口。足灰黑色，后足胫节被有长毛，第一对距在胫节中部前，外距的长度为内距的 2 倍。

卵：长椭圆形，长 0.5mm 左右，宽 0.3mm。卵顶端有 4 个锯齿状缺刻，尾端椭圆形。卵壳表面具有规则的纵脊和不规则的横纹相交，呈花生壳状。

幼虫：共分 4 龄。初孵的一龄幼虫体长 0.99mm，体宽 0.17mm。体表着生明显的毛。头部淡灰色。二龄幼虫体长 3mm，三龄幼虫体长 7mm，体色均呈乳白色。四龄幼虫体长 12.7mm。各节体背有 4 个淡黑色的小毛瘤。毛瘤周围呈现红色润斑。老熟幼虫头部红棕色、球形、坚硬。大颚黑褐色，侧缘有 2 根毛，外缘具 4 个粗壮而短的齿。上唇前缘中部下凹成弧形，表面有刚毛 12 根。上唇上缘附有上唇毛 2 根，上唇片柄伸出，如指状。幼虫触角 4 节，第一节最长，第二节次之，第四节细小，第三节稍大于第四节。第二节顶端有乳状突起两个，大小相当于第四节。头部两侧各有 6 个单眼。前胸节背部有暗棕色的硬皮板，中央有淡黄色的纵线，硬皮板两侧各有一下凹的淡黄色肾形斑。硬皮板上着生刚毛 6 根。腹足 4 对，趾钩 15～17 个。臀足有一横列单序的趾钩。尾节有硬皮板，较小、淡褐色、三角形，有 8 根刚毛着生其上，硬皮板尖端有毛瘤，上有 2 根刚毛。腹部和七、八两节之间有 1 对黑色睾丸状斑的为雄性，无此斑的为雌性。

蛹：为橙黄色，复眼棕褐色。雌蛹体长 5～8mm，体宽 2～3mm。雄蛹体长 5～7.5mm，体宽 2～3mm。体形呈纺锤形，体表遍被短毛。头小，复眼位于唇基两侧，略呈圆形。

三、生活习性

红铃虫发生代数自北向南为 2～6 代。辽宁和河北北部棉区 1 年发生 2 代；河南、山东、甘肃、河北、山西、陕西的大部分棉区 1 年发生 2～3 代；长江流域棉区 1 年发生 2～4 代；而在云南、贵州、广东、广西、福建、台湾等地，红铃虫食料终年不断，1 年能发生 5～6 代甚至 7 代。红铃虫以滞育的老熟幼虫越冬。滞育的影响因子为食物性质、光照时间和低温。这些因子的作用具有程序性，首先起作用的是幼虫的食物，其次为光照时间和低温。据南京的研究表明，以棉蕾和花为食料的幼虫，温度在 23℃以上，光照在 12h 以上时，不会进入滞育状态。一旦温度低于 18℃，就有 68%的幼虫发生滞育。而用棉铃饲养时，即使光照时间在 13h 以上，温度为 26℃时，也有 1.8%的幼虫发生了滞育。温度是红铃虫解除滞育的关键因子。

红铃虫越冬场所主要为棉仓等储花场所。越冬时，大部分滞育的老熟幼虫随采收的籽棉一起被带进棉仓，小部分留在枯铃里。晒花时，阳光照射，温度上升，部分幼虫爬上仓壁、屋顶或其他阴暗的缝隙里结茧过冬。余下的幼虫则在籽棉转运储藏过程中继续爬出，成为收花站、轧花厂等仓库的潜伏越冬虫源。一般来说，在棉仓、收花站和晒花工具里越冬的幼虫，占总越冬幼虫数的85%左右，棉籽里占13%左右，棉秆上的枯铃里约占2%。

每年的2～5月，气温回升至15℃以后，红铃虫越冬幼虫开始化蛹，3～6月羽化。越冬幼虫的化蛹和羽化时期非常不一致，先后可延长两个月之久，造成越冬代红铃虫成虫发生期参差不齐，致使后代世代重叠现象严重。但就整个种群而言，越冬代成虫发生的高峰期一般出现在6月下旬至7月上旬，与当地的棉花现蕾期吻合。红铃虫羽化后，随即进入到距离棉花仓库及村庄较近的早发、现蕾棉田为害棉蕾。一代红铃虫的成虫发生高峰期为7月下旬至8月初，二代成虫的盛发期为8月底至9月上旬。二、三代红铃虫均为害棉铃。8月下旬红铃虫幼虫开始进入越冬期，至10月中旬后大部分进入滞育越冬状态。红铃虫的发生进入到下一个循环。

红铃虫一般在白天羽化，以8：00～12：00羽化最多。羽化后的成虫立即飞往黑暗处，如土块、枯叶下及其他隐蔽场所潜伏，21：00至翌晨2：00以前出来活动。红铃虫成虫飞翔能力强。在昆虫飞行磨上，雌、雄成虫累计飞行距离分别可达23.46km和41.25km。有文献资料表明，红铃虫成虫能扩散至其发生区52～120km外的地方为害。在900m的高空中，也能捕获到红铃虫成虫。这显示了红铃虫成虫具有较强的远距离扩散能力。但在田间条件下，一代红铃虫一般仅在储花及堆放棉秆场所的附近为害。

成虫交配多在羽化后24h内开始，求偶交配的时间从午夜零时起至2：00～3：00最多。雌蛾求偶时静伏于棉株上部，将第八、九腹节伸出，散发出比例为1：1的顺顺、顺反7，11-十六双烯-1-醇乙酸酯混合体的信息素，引诱雄蛾前来交配。雄蛾接受了该性信息素的刺激后，就会出现触角摆动、振翅等反应，并循着性信息素在大气中扩散的轨迹飞到雌蛾附近来交配。如果无雄蛾前来，雌蛾的静止求偶状态可一直持续到天明之前。当天羽化的雌蛾，由于性器官尚未完全成熟，求偶率仅为4.7%。至羽化后第三天，雌雄蛾的交配率可达到90.9%。田间条件下，超过60%的雌蛾一生只交配1次，而雄蛾一般交配3～4次。交配后第二天开始产卵，产卵时间主要在前半夜。因为卵在雌蛾腹内是陆续形成的，所以产卵期很长，达18d之久，但是超过80%的卵在羽化后第3～8d内产出。产卵百分率随产卵日期的延长而逐日下降。

红铃虫卵散产。一代红铃虫卵多产于棉株上部嫩头附近。其中果枝上占40.3%，主干叶上占37.5%，花蕾上占13.9%，其他部位占8.3%。每处有卵1～5粒。第二代成虫产卵盛期，棉株中下部均已结铃，卵多产于中下部的青铃萼片附近，其中有超过50%的卵直接产于青铃基部，产于果枝叶片上的超过30%，上部主干叶片及其他部位的不到10%。第三代卵有70%以上产于青铃萼片上，15%以上产在铃上，6%的卵产于其他部位。田间条件下，红铃虫卵历期4～5d，取食棉蕾的幼虫历期（11.8±0.4）d，取食20日龄棉铃的幼虫历期（19.0±1.0）d。

一代红铃虫在为害棉蕾时，其初孵幼虫在2h内寻觅到大小适合的棉蕾，从其上部蛀一小孔钻入，蛀孔呈现褐色小圆点，被害蕾的苞叶不张开。蛀入幼虫在蕾内取食，一直发育到成熟。幼虫无转移为害习性。开花时，有虫的花因幼虫吐丝缠绕花瓣，致使花瓣不能正常地张开，形成风轮状花朵，有时呈几个花瓣缠连的不正常花朵。每头幼虫一生只能为害一个蕾或花。部分幼虫因花蕾早期脱落而不能完成发育，致使红铃虫一代幼虫存活率较低。

二、三代红铃虫幼虫最喜为害日龄为16～20d的青铃。由于生活空间大，食料丰富，一个棉铃可容纳多条幼虫，幼虫发育也好。为害青铃时，常从铃下部蛀一小孔钻入，蛀孔呈褐色。幼虫通过铃壁达到铃壳的内壁。如被害的棉铃日龄较小，铃壳内层组织还未老化，幼虫能直接穿透内壁进入棉瓤，为害纤维和棉籽。这时铃壁因受刺激而增生，在侵入室的内壁形成不规则的疣状突起，称为虫疣。如被害铃的日龄较大，铃壳内壁组织开始老化，幼虫常不能直接穿透内壁，先在内壁下潜行一段距离后再穿透内壁侵入棉瓤，这时在内壁或瓤壁上会留下一条水青色或棕褐色的虫道。侵入棉瓤的幼虫直接损伤纤维并留下斑迹，有时还引起霉烂，则造成的损失就很大。幼虫的最终目标是侵入棉籽。一头幼虫能侵害的棉籽数随棉铃的日龄而不同。日龄小的棉铃被害棉籽数高于日龄大的棉铃。平均来看，每头幼虫为害棉籽2粒左右。如果被害的棉籽较嫩，就会影响纤维的发育，如被害的棉籽成熟度高，棉籽表面的纤维已经形成，则影响较小。侵入棉铃的红铃虫不再转移为害，在一个铃内发育成熟。幼虫成熟时，如棉铃尚未吐絮，幼虫能在铃壳上咬一个羽化孔，以便爬出棉铃，落到土面下化蛹。如棉铃已临近吐絮，铃内水分下降，幼虫则在咬成的羽化孔旁化蛹，孔口有层薄丝覆盖。成虫羽化时能破盖而出。棉铃受红铃虫为害后病菌极易通过蛀孔侵入，引起棉铃腐烂。这种次生性的为害有时比红铃虫造成的直接损失更大。小铃被害后脱落，硬青铃被害后常引起烂铃或形成僵瓣花，影响棉花产量和品质。

四、发生规律

（一）虫源基数

红铃虫生活史相对简单。在棉花生长期时其在田间取食为害，棉花收获后就集中在收花场所越冬。因种群数量未在其他寄主植物上加倍累积，故棉田内红铃虫的发生量就主要取决于越冬基数。如在西北北部，因无法越冬，红铃虫不发生或发生量很轻；黄河流域的越冬基数低，发生程度中等；长江流域的越冬存活率高，红铃虫的发生与为害也就严重。

（二）气候条件

气候对红铃虫种群数量的影响主要表现在两个方面，第一是冬季低温能影响到红铃虫的越冬存活率。研究表明，在冬季的绝对低温达到－16℃和连续 1 个月的平均温度低于－5℃时，红铃虫滞育幼虫将全部死亡。在我国西北内陆棉区及 40°N 以北的特早熟棉区、黄河流域北部、辽河流域棉区和河北、山西、陕西的北部棉区，冬季温度均低于红铃虫的抗寒临界点，红铃虫在此无法越冬。故这些棉区要么无红铃虫为害，要么红铃虫为害程度较轻。而在长江流域棉区，正常年份越冬红铃虫的死亡率并不高，这些存活的幼虫成为来年发生的虫源，从而使得长江流域成为红铃虫的主要为害区。

此外，气候还能影响田间条件下红铃虫的发生情况。在 20～32℃，相对湿度 60％以上时，随着温湿度的增加，红铃虫成虫的产卵量、卵孵化率均显著上升。而当温度低于 20℃或于高于 35℃，相对湿度低于 60％时，雌蛾就不产卵，卵的孵化率也显著降低。故一般而言，夏、秋两季高温高湿有利于红铃虫的发生。具体而言，影响一代红铃虫发生量的主要为雨量。成虫产卵高峰日前 10d，累计雨量愈大，则百株卵量愈多。影响二代红铃虫种群数量的主要因子为温度，即二代卵高峰期 3d 前的 10d 平均温度越高，则累计卵量就越大。影响三代红铃虫种群数量消长的主要因子是连续雨日。根据气象资料分析，三代红铃虫卵量高峰日前 15d 内连续阴雨日数（包括两段连续 3d 或以上雨日）大于等于 7d，则百株累计卵量大于 800 粒。连续阴雨日数小于等于 6d（包括时段内无连续雨日）时，百株累计卵量则小于 800 粒。

（三）寄主植物

红铃虫除取食棉花外，还能取食锦葵科中的槿属、苘麻属、蜀葵属，田麻科的黄麻属，豆科，大戟科及亚麻科的部分植物。但总体来说，红铃虫对这些植物的趋性远不如棉属植物。在田间条件下，其他寄主数量太少，故影响红铃虫种群数量的寄主植物只有棉花。

红铃虫的田间种群动态与棉花的生育期密切相关，在第一代红铃虫发生期，发蛾盛期和棉花现蕾期配合越好，红铃虫发生量就越大，棉花的受害也就越重。一旦发蛾高峰期与棉花现蕾期错开，后代红铃虫幼虫就会因为得不到适宜的食料而成为无效蛾，从而降低红铃虫的发生量。

二、三代红铃虫的发生量则与易感青铃数量相关。因为红铃虫幼虫蛀害日龄为 16～20d 棉铃的成活率为 63.3％，日龄 21～25d 的为 56.5％，日龄 26～30d 的下降至 23.9％。这种现象可能与棉酚的形成有关。棉酚在 25d 后的棉铃内逐渐增多，它能影响幼虫的存活。而取食铃龄高的幼虫也会因不能外出内表皮而死在铃壳内。因此，在红铃虫二、三代盛发时，如正好遇上易感青铃多，就会导致红铃虫的种群数量迅速增加。故一代红铃虫以现蕾早、长势好的棉田受害重，二代以结铃早、结铃多的棉田受害重，三代以迟衰、后劲足的棉田受害重。

此外，不同的棉花品种上红铃虫的发生量也存在明显差异。叶片茸毛少、无蜜腺、窄苞叶或缩合单宁、棉酚含量高的棉花品种对红铃虫具有一定抗性。种植这些品种对红铃虫的种群有不利影响。

（四）天敌昆虫

红铃虫的寄生性天敌分为卵期寄生和幼虫期寄生。卵期的寄生性天敌有螟黄赤眼蜂、松毛虫赤眼蜂、稻螟赤眼蜂和玉米螟赤眼蜂 4 种赤眼蜂。据宗良炳等报道，棉红铃虫的卵寄生蜂主要为螟黄赤眼蜂，其他几种赤眼蜂在红铃虫卵上出现的频率极低。湖北多点的调查表明，螟黄赤眼蜂对一、二、三代红铃虫的平均寄生率为 2％、0.31％和 2.93％。

红铃虫幼虫期的寄生性天敌共有24种。主要为红铃虫齿腿姬蜂、黑胸茧蜂、红铃虫金小蜂等。其中黑胸茧蜂为红铃虫田间条件下最重要的寄生蜂，其对一代红铃虫的寄生率在早发棉田为50%～65%，一般棉田为19.7%～25%，对青铃内第二代红铃虫的寄生率为5%～11%，对铃内第三代红铃虫的寄生率为28%～37.4%。金小蜂则为红铃虫越冬幼虫的重要寄生蜂。其成虫在棉仓内于4月上旬羽化，此时对红铃虫的寄生率为13.4%，5月中旬寄生率上升至52.3%，6月中旬可达92.4%。

红铃虫捕食性天敌有螳螂、草蛉、猎蝽、花蝽、虎甲、步甲等。据宗良炳、雷朝亮等进行的捕食能力研究表明，小花蝽成虫对红铃虫卵的日捕食量为9.9粒，若虫的日捕食量为7.2粒。在田间条件下，第三代红铃虫卵期，小花蝽对红铃虫的捕食率一般为4.08%～37.77%，平均捕食率为16.76%。

五、防治技术

红铃虫的防治策略应以地理区划为基础，在不能越冬区和越冬限制区内，开展以利用冬季自然低温为主消灭或降低越冬虫源的方法；在越冬区则利用各种综合措施，开展以“降低越冬虫源、种植抗虫品种、放弃田间一代、狠抓二代、巧治三代”的防治方法来达到控制红铃虫种群数量及为害程度的目的。

（一）农业防治

1. 晒花除虫 越冬阶段是红铃虫生活史中的薄弱环节，此时大量滞育幼虫藏匿于集中堆放的籽棉中。可采用帘架晒花，利用幼虫背光、怕热的习性，通过帘架晒花而使幼虫落地，再集中处理，连续几次效果更好；也可在堆花时覆盖麻袋，幼虫多爬至覆盖物下面，第二天晒花前扫杀；有条件的地方则可收花时籽棉不进暖室，种子冷室堆放。这些措施均能显著压低虫源基数，控制红铃虫的为害。

2. 除早蕾 切断红铃虫早期食物链，以控制为害。据湖北崇阳县调查，摘去7月15日前的早蕾，可使虫花减少98.92%，接近切断虫源。摘去7月上旬的全部早蕾，可消灭大部蛀铃虫源，能显著减轻或基本控制二代红铃虫为害。而摘去早蕾后，能促进棉株建立高光效营养体，把开花结铃调整到梅雨结束后的最佳光能辐照期，集中多结伏桃和早秋桃，以提高棉花产量。

3. 调节播期 控制棉花生长发育进度，错过红铃虫的发生期，从而控制红铃虫种群数量。如将棉花播种延迟至5月下旬，棉株现蕾推迟至7月上旬，使6月底以前羽化的越冬代红铃虫因无合适的食料而无法生存，可以大幅压低第一代红铃虫的虫口密度。采用这个措施需要有一定的面积范围，如延迟播种棉田面积过小，到棉花生长后期，周围棉田内的红铃虫可以转移到迟播棉田，反而会使迟播棉田遭受更严重的损害。延迟播期还需要早熟的棉花品种配合，否则会影响到棉花的正常产量。此外还可以将棉花的播期提前，促成其早熟而控制红铃虫的为害，如现在营养钵技术、地膜覆盖技术等的应用都能促进棉花早熟。提早播期虽然有利于一代红铃虫的发生，但由于早期棉花补偿功能较强，一般不会影响产量，但到第三代发生时，红铃虫则会因为棉花处于老熟阶段，不利于取食，从而使其发生受到抑制。

（二）抗虫品种

利用植物抗虫性来控制害虫种群密度的技术已经被广泛应用。棉花对红铃虫抗性的类型可粗略分为形态抗性、生化抗性和转基因抗性。一般而言，形态抗性主要表现为对红铃虫的驱避作用，抗性最弱。生化抗性属于棉株产生的一些对寄主昆虫生长发育有影响的次生性物质，如棉酚、单宁等，生化抗性对红铃虫的控制作用可达到30%～50%。对红铃虫抗性最强的当属转*Bt*基因棉花，这类品种能有效控制红铃虫等鳞翅目害虫的发生与为害。

转*Bt*基因棉花于1997年开始在我国北方棉区商业化种植，2000年在长江流域棉区试种。湖北省农业科学院的研究表明，转*Bt*基因棉花对红铃虫表现出了极佳的抗性效果。在试种期间，Bt棉田一代红铃虫的花害率仅为0.38%～2.46%，二代红铃虫的百铃羽化孔数为0.35～0.75个，三代发生期的百铃含虫量为1.5～11.83头，均显著低于常规棉田的5.54%～9.83%、百铃17.61～19.67个和80.5～108.17头。Bt棉花自此开始在长江流域大面积推广，种植比例从2000年的不足10%迅速上升到了2010年的94%，而该地区棉田内红铃虫的累计卵量和幼虫发生量则较Bt棉花种植以前分别下降了91%和95%。Bt棉花对整个长江流域的红铃虫种群起到了极强的压制作用，使得目前红铃虫已不再是长江流域棉花上的重要害虫。

然而，在自然条件下红铃虫仅可取食棉花，大面积种植Bt棉花势必会形成对红铃虫的高压汰选，从而促成其抗性的产生。而近年来的抗性监测也表明，长江流域的红铃虫也确实对Bt棉花产生了早期的抗性。因此，寻找一个合适的 Bt 棉花种植比例，使其既压制红铃虫种群数量，又能延缓其对 Bt 棉花抗性的产生将是今后的一个重要课题。

（三）生物防治

红铃虫的生物防治方法有二。一是保护利用天敌昆虫的自然种群来控制红铃虫种群。如采用有利于天敌繁衍的耕作栽培措施，种植抗虫品种，选择对天敌较安全的选择性农药，合理减少施用化学农药等。二是天敌昆虫的人工培养与释放。如 1958 年我国就已在生产上应用了金小蜂防治越冬红铃虫，有效地压低了越冬基数，降低了第一代红铃虫的发生与为害。此外，利用黑胸茧蜂控制田间红铃虫种群数量也取得了很好的效果，在每 667m^2 放蜂 437 头的条件下，黑胸茧蜂对一、二、三代红铃虫的控制率分别达 60.5%、53.1%和 60.6%，显著高于对照区的 9.8%、10%和 10.3%。

红铃虫的性诱剂已被广泛用作一种防治手段。主要从两个方面着手。一是利用性信息素对红铃虫雄蛾的强烈引诱作用捕杀雄蛾，称为诱捕法。二是利用性信息素挥发的气体弥漫于棉田内迷惑雄蛾，使它不能正确找到田间雌蛾的位置以至于不能正常交配，称为迷向法。诱捕法单独使用时，在红铃虫发生密度低的田块内效果较好，但大面积使用则不尽如人意。1986—1988 年，束春娥等探索了性信息素防治红铃虫的使用策略，在江苏的沿海棉区，3 年内采用诱捕与干扰交配相结合的方法防治红铃虫，使得棉田内红铃虫的虫花率、青铃被害率、籽棉含虫量均显著低于化学防治田和对照区，其防治效果可达到 75%～94%。

迷向法则是一种简单易行、效果显著的防治方法，悬挂 1 次，效果达 3 个月之久，对各代成虫的迷向率均在 98%以上，防治红铃虫的效果中心区为 83%～91%，边缘区为 68%～91%，且能有效减少化学农药用量，增进天敌种群的繁育，是一种较为先进无公害的防治方法。

（四）物理防治

红铃虫成虫对普通灯光不敏感，但其对黑光灯趋性强，因此可设置黑光灯或频振灯（1 盏/hm^2）诱杀成虫，减少棉田落卵量，从而有效降低成虫种群密度及下代发生数量。

（五）化学防治

化学农药主要用于控制非 Bt 抗虫棉田的红铃虫种群。在非 Bt 棉田，在当前产量结构水平下，因一代红铃虫为害造成的虫害花脱落率对争取伏前桃和伏桃数量影响不大，可不必进行防治。防治的重点应放在第二代，以减轻防治第三代的压力。防治指标为百株二代累计卵量 180 粒，三代 500 粒。二代的防治适期为棉花每株平均结铃 9～10 个时。据此，早、中发棉田第一次用药在 8 月上旬，迟发棉田可推迟到 8 月中旬；三代的防治适期为 9 月上、中旬。由于红铃虫活动习性特殊，幼虫在外暴露时间极短，一般卵孵化后 2h 内即蛀入蕾铃，故需要选用菊酯类高活性农药，如 20%氰戊菊酯乳油 750～1 050mL/hm^2、10%联苯菊酯乳油 400～600mL/hm^2、2.5%溴氰菊酯乳油 300～600mL/hm^2 等药剂喷雾防治。

附：红铃虫测报技术

红铃虫种群调查测报规程详见中华人民共和国国家标准《GB/T 15801—2011　红铃虫测报技术规范》。

万鹏　黄民松（湖北省农业科学院植保土肥研究所）

第 38 节　甜菜夜蛾

一、分布与危害

甜菜夜蛾［*Spodoptera exigua*（Hübner）］，异名 *Laphygma exigua*（Hübner），又名贪夜蛾、菜褐夜蛾、玉米夜蛾，属鳞翅目夜蛾科。

甜菜夜蛾具有分布范围广、寄主多、迁飞扩散能力强、喜温且耐高温等特性。自 48°～57°N 至 35°～40°S 之间均有分布。我国各地均有分布，原在长江以北为害较重，近年来在广东有逐渐加重的趋势。该虫属多食性昆虫，已知寄主达 170 种，涉及 35 科 108 属，主要为害蔬菜、棉花、烟草、玉米、花生、甜菜、花卉等植物。

甜菜夜蛾源于南亚地区，常年发生于亚热带地区，并经常在温带地区大发生。在印度及其周边国家最常见，为害麻类和烟草，在埃及和北非、中东地区各国为害棉花、蚕豆。1880年左右迁入美国的夏威夷，以后相继在美国各州发现，从1880年起不到50年的时间内扩散到了从俄勒冈到佛罗里达的整个美国，并向南从墨西哥扩展到中美洲，进入加勒比海诸国。经过多年的广泛调查和甜菜夜蛾的扩散，其分布范围又进一步扩大，已覆盖了欧洲、亚洲和北美洲等57°N以南广大地区和整个非洲、澳大利亚，仅在南美洲的报道很少。国内20世纪60年代即有其为害的报道，但属于次要害虫，从20世纪80年代中后期开始，该虫在我国发生的地区不断扩大，为害程度日趋严重，尤其进入20世纪90年代后，在我国许多地方暴发成灾，南起台湾、广东，北至河北、北京等地，为害遍及20多个省（自治区、直辖市）。

二、形态特征（彩图6-38-1）

成虫：体长10～12mm，翅展19～25mm。体灰褐色。头、胸有黑点。前翅灰褐色，基线仅前段可见双黑纹；内横线双线黑色，波浪形外斜；剑纹为一黑条；环纹粉黄色，黑边；肾纹粉黄色，中央褐色，黑边；中横线黑色，波浪形；外横线双线黑色，锯齿形，前、后端的线间白色；亚缘线白色，锯齿形，两侧有黑点，外侧在M1处有1个较大的黑点；缘线为1列黑点，各点内侧均白色。后翅白色，翅脉及缘线黑褐色。

卵：圆球状，白色，成块产于叶面或叶背，8～100粒不等，排为1～3层，外面覆有雌蛾脱落的白色绒毛，因此不能直接看到卵粒。

幼虫：老熟幼虫体长约22mm，体色变化很大，有绿色、暗绿色、黄褐色、褐色至黑褐色的变化，背线有或无，颜色亦各异。较明显的特征为腹部气门下线为明显的黄白色纵带，有时带粉红色，此带直达腹部末端，不弯到臀足上，各节气门后上方具一明显白点，是别于甘蓝夜蛾的重要特征。

蛹：长10mm，黄褐色，中胸气门外突。臀刺上有刚毛2根，其腹面基部也有2根短刚毛。

三、生活习性

甜菜夜蛾在我国的发生范围已遍及20余个省（自治区、直辖市），其发生规律在不同地区间有较大差异。随着甜菜夜蛾的发生发展，各地对甜菜夜蛾的发生规律及生物学特性进行了大量研究，通过对甜菜夜蛾越冬能力的研究，将我国甜菜夜蛾的发生划分为3个区域：即非越冬区，包括华北北部、东北、西北等地区；可能越冬区，包括甜菜夜蛾常年发生为害最严重地区；常年活动区，即广东等地区。根据该区域划分，云南处在可能越冬区。不同区域内甜菜夜蛾发生情况有差异，其中北京、河北、陕西关中1年发生4～5代；山东、苏北、徐州、安徽宿松1年发生5代；湖北、苏南1年发生6代，少数年份7代；江西、湖南、浙江1年发生6～7代；深圳地区1年发生10～11代，无越冬现象。甜菜夜蛾幼虫老熟后多在疏松表土内做土室化蛹，深度0.5～3cm，表土坚硬时，可在土表或杂草地化蛹（不做土室），亦可吐丝缀合枯枝落叶在其内化蛹。在黄淮地区1年发生5代，以蛹在表土层越冬，翌年6月中旬始见越冬成虫；鲁南地区1年发生4～5代，以蛹在土中越冬，各代之间有明显的世代重叠现象，10月以后陆续进入土壤，以老熟幼虫化蛹越冬；在福建福州1年可发生7代，世代重叠，其发生量主要受气温和降水量影响；在江苏1年发生4～5代，其中三、四、五代世代重叠现象较为明显，三、四代为主害代；在福建漳州1年发生9～10代，3月中旬开始发生，4～10月是严重期。其中8～9月为全年发生为害高峰期，其发生为害除与气候条件相关外，还与蔬菜作物耕作制度的变化以及农田生态系统密切相关。上海地区露地主要发生时间为7～9月，比20世纪80年代提前1个月左右；在温室中可周年发生。

受气候条件、栽培制度等因素影响，甜菜夜蛾在我国不同地区的主要为害时期及主害代不一样。在河南、河北、北京等北方地区，7～8月为害最重。在苏北地区，一至三代幼虫种群数量小，四代开始迁入甜菜、棉田发生为害，数量逐渐上升，五代数量达到全年高峰，构成当地主害代；在大发生年份，该地区四代成为主害代。在上海，三至五代（约8～10月）为主害代。在南方地区如广东，甜菜夜蛾对蔬菜的为害时间明显提前，以5～8月为严重。各地区第一、二代世代比较明显，以后世代则往往出现重叠。

甜菜夜蛾对高温有较强的适应能力。在30～35℃条件下，甜菜夜蛾可以保持很高的生殖力，表明甜菜夜蛾是一种亚热带昆虫，对高温有较强的适应力。甜菜夜蛾为害作物的时期，出现在气温较高的4～10月，1～2月为全年温度最低月份，3月以后，随着气温的回升，甜菜夜蛾开始发生。但发生为害较轻，4～10月气温逐渐升高，由于虫口密度的逐渐积累，该时期甜菜夜蛾为害十分严重，10月之后随着气温的下降，种群数量逐渐降低。

甜菜夜蛾幼虫一般分为 5 个龄期，但随着不同环境的改变龄期也可能延长为 6 龄或 7 龄。甜菜夜蛾一龄幼虫具正趋光性，二龄幼虫有弱负趋光性，三、四龄幼虫分布不受光强度的影响，而五龄幼虫有强的负趋光性。一、二龄幼虫群集在叶背卵块处吐丝结网，啮食叶肉，使叶片残留表皮（据此为害特征，可较早判断某作物上该虫的发生情况），三龄后分散为害，使叶片形成穿孔或缺刻，四龄后食量大增。四、五龄是为害暴食期，取食量占全幼虫期的 80%～90%。大龄幼虫白天潜伏于植株根基、土缝间或草丛内，傍晚前后移到植株上取食为害，直至翌日早晨；阴雨天可全天为害。幼虫有假死性。虫口密度过大时，会自相残杀。幼虫老熟后，在土表下 0.5～3cm 处做椭圆形土室化蛹，也可在植株基部隐蔽处化蛹。

成虫昼伏夜出，白天潜伏于土缝、杂草丛及植物茎叶浓荫处，傍晚开始活动。其活动有 2 个高峰，分别是 19：00～23：00 和 5：00～7：00，前一高峰为产卵盛期，后一高峰则为交配盛期。成虫有补充营养习性，对黑光灯和糖醋液趋性强。卵多产于寄主植物的叶片背面。但辣椒上有 90%的卵产于叶片正面。卵呈块状，每块 7～35 粒不等，平均 20 粒左右，分 2～3 层重叠在一起，上面覆盖有白色绒毛。成虫产卵前期为 1～2.5d，产卵盛期为 3～4d，产卵后期为 4～6d。1 头雌虫可产卵 100～600 粒，最多可达 1 800 多粒。成虫寿命 6～10d。卵孵化一般只需要 2～3d。羽化后即可交配，雌蛾一生平均交配 2 次左右，最多的可达 5～6 次。交配后即可迅速产卵，因而产卵前期比较短，一般在 2d 左右。甜菜夜蛾在 25℃、光暗比为 14∶10 的室内条件下，成虫在熄灯后 5～7h 后开始交配，交配持续 40～58min；田间交配时间为日落后 5.5～8.5h。交配过的雌蛾在（4.8±1.5）d 内产下（713±154）粒卵；羽化后第 1 天晚上产下约全部卵量的 40%；而未交配的雌蛾在（5.3±2.2）d 内产下（371±175）粒卵；羽化后交配延迟 4d 以上，会导致产卵量减少和孵化率降低。在菊花、番茄等温室作物上，甜菜夜蛾的卵大多数产在土表以上 10cm 的植株叶片背面；在菊花上，幼嫩植株上的卵多于衰老植株上的卵。

一般认为，甜菜夜蛾具有远距离迁飞的习性。在美洲，曾在墨西哥离海岸 106km 和 160km 的海面石油平台上用黑光灯诱集到甜菜夜蛾；甜菜夜蛾能在海上连续飞行 3 218km；雷达观测也表明，甜菜夜峨在我国华北地区存在大规模的迁飞现象。甜菜夜蛾的 3 日龄雌蛾在 15h 的吊飞过程中，累计最远飞行距离达 67.89km，最大飞行速度可达 1.33m/s，最长持续飞行时间 14.93h。甜菜夜蛾具有较强的飞行能力。

对甜菜夜蛾越冬虫态的报道不一致，但是甜菜夜蛾以蛹越冬的文献资料最多。在韩国、日本南部、土库曼斯坦等地均有甜菜夜蛾以蛹越冬的报道。对于甜菜夜蛾在我国的越冬北界也存在争议。在我国的华北地区和长江流域存在甜菜夜蛾越冬的现象；在山东菏泽的甜菜夜蛾越冬可能性及过冷却点的研究表明，蛹的过冷却点为－11.96℃，结冰点为－4.86℃，田间越冬试验表明，甜菜夜蛾能在山东菏泽越冬，但越冬存活率极低（0.79%）。在幼虫、预蛹和蛹 3 种虫态中，蛹的冷却点最低，平均值为－17.6℃，预蛹次之，三至五龄幼虫过冷却点较高，平均值为－11.21℃。耐寒力试验表明，在 5℃、0℃、－5℃和－10℃条件下，甜菜夜蛾各虫态的 LT_{50}、LT_{90} 和 LT_{99} 均随温度的降低而缩短。尽管不同虫态的耐低温能力有很大的差别（卵<成虫<幼虫<蛹），但这些结论均表明，蛹是甜菜夜蛾的 4 个虫态中耐低温能力最强的，因而是最可能的越冬虫态。但由于蛹在 0℃条件下的 $LT_{99.9}$ 为 38.06d，表明甜菜夜蛾在冬季 0℃以下的温度超过 38d 的地区不能越冬，据此初步将我国甜菜夜蛾的越冬北界定于 38°N 左右，即 1 月－4℃等温线左右。

四、发生规律

（一）气候条件

甜菜夜蛾为高温干旱型害虫，异常气候条件是造成甜菜夜蛾暴发的主要原因。研究表明，温、湿度对甜菜夜蛾的发生有明显影响。甜菜夜蛾对高温有较强的适应能力。在我国，甜菜夜蛾发生为害最严重的时期均出现在当地气温较高的时候，各地报道甜菜夜蛾的主要为害期均为 7～9 月，第一代幼虫发生期多数集中在 5～7 月。甜菜夜蛾种群成长、生存和繁殖的温度区间是 15.5～40℃，一龄幼虫、五龄幼虫和蛹对极端温度更敏感。在 22～28℃时雌虫能产更多卵。各虫态最短的发育历期出现在 33～35℃，蛹是甜菜夜蛾 4 个虫态中耐低温能力最强的，温室及塑料大棚的大量出现，可能也会对甜菜夜蛾的实际越冬能力产生一定的影响。另外，湿度对甜菜夜蛾的发生产生很大影响。在相对湿度 44.3%～100%的范围内，其卵孵化率在 90%以上，含水量高不利于化蛹。在浙江一些地区，凡是当年 7～8 月干旱少雨的年份，甜菜夜蛾发生为害就较重；入梅早，夏季炎热少雨，则秋季发生为害。夏季多雨年份甜菜夜蛾发生轻，原因一是甜菜夜蛾的幼虫和蛹耐湿性较差，土壤湿度过大，影响蛹的成活和正常羽化；雨天幼虫食用带水寄主叶片后，其成活率降低。连续喂养5d带水的叶片，其成活率降低80%～100%；二是多雨年份有利于白僵菌的繁衍，从而使甜菜夜蛾幼虫的被寄生率大增。2010年以后的几年冬季气温偏暖，为甜菜夜蛾提供了较好的越冬保证，为甜菜夜蛾种群数量的积累提供了条件。通过室内饲养对甜菜夜蛾不同虫态的历期进行研究，认为仅温度与卵、幼虫、蛹及成虫的历期显著相关，而温、湿度与预蛹历期均显著相关。甜菜夜蛾长距离迁移寻找合适环境，但其越冬温度尚不能确定，自然种群甜菜夜蛾所能忍受的极端最低温度高于实验室种群。温度迅速降到亚致死温度，有助于提高幼虫在0℃以下的生存潜力，延长暴露时间对甜菜夜蛾幼虫是致命的。

（二）寄主植物

甜菜夜蛾的杂食性使其能找到足够的食物。我国各地甜菜夜蛾为害的作物主要有十字花科蔬菜、大葱、豆类、苋菜、蕹菜、瓜类、辣椒、茄类、甜菜等蔬菜与玉米、棉花、甘薯、烟草、亚麻等农作物以及台湾的花卉满天星和康乃馨。国内还有报道该害虫在芦荟、紫花苜蓿、茶树和姜上发生为害；国外对该害虫在洋葱、棉花、芹菜、番茄、菊花和鸡冠花、辣椒、芦荟等作物上的为害做了一些研究，认为该害虫对不同作物的敏感性不同，而这一敏感性与作物自身所含物质对甜菜夜蛾的抗性有关：番茄叶片中的一些酶类能诱导作物对甜菜夜蛾产生抵抗力；用甘蓝、棉花、辣椒、反枝苋和向日葵5种不同作物饲养甜菜夜蛾幼虫，发现用反枝苋饲养的幼虫其幼虫期最短，幼虫存活率和成虫产卵量最高，而用甘蓝饲养的幼虫其情况恰好相反。甜菜夜蛾对作物敏感性的差异，造成同一地区不同作物上甜菜夜蛾的为害程度不同。近年来，随着种植结构的调整和农作物肥水条件的提高，塑料大棚等保护地栽培给甜菜夜蛾提供冬季食物的同时，也提供了良好的越冬场所，保证了大量蛹能安全越冬和少量幼虫可周年为害，从而增加了来年为害的虫源。特别是甘蓝、香菇等嗜食寄主面积的扩大及复种指数的提高。为多食性的甜菜夜蛾整个生育期提供了丰富的食料和繁殖条件，使其发生量增加，并导致世代重叠，增加了防治难度和下一代的虫源基数。另外，农作物偏施氮肥、枝叶繁茂、通风条件差，都为甜菜夜蛾提供了良好的取食繁育条件，是甜菜夜蛾进入21世纪以来暴发成灾的重要原因。

（三）耕作条件

作物的轮作是影响害虫猖獗水平的因素；在土壤湿度条件适宜的情况下，土壤钾含量对甜菜夜蛾成虫产卵量和幼虫生长速度有影响，研究发现低钾的土壤环境可延缓甜菜夜蛾灾害的发生。

（四）天敌昆虫

天敌数量的骤减是甜菜夜蛾高发的另一重要原因。甜菜夜蛾在自然界有很多天敌，如捕食性节肢动物、寄生蜂、真菌、苏云金芽孢杆菌和核型多角体病毒等。由于长期在作物上大量滥用化学农药，天敌种群数量急骤下降，很大程度上解除了天敌对甜菜夜蛾的自然控制作用，导致甜菜夜蛾的泛滥。

（五）化学农药

甜菜夜蛾的防治一直以化学药剂为主，长期大量使用农药导致该虫对包括有机氯、有机磷、氨基甲酸酯、拟除虫菊酯、苯甲酰脲类及多杀霉素等多种杀虫剂产生了不同程度的抗药性。此外，抗药性的增强也给甜菜夜蛾的防治增加了困难，从而造成甜菜夜蛾日益猖獗。20世纪80年代以来，全国各地均报道甜菜夜蛾对化学药剂产生了不同程度的抗性，尤其对拟除虫菊酯类农药的抗性最大。采用虫体浸渍法测定上海地区甜菜夜蛾对拟除虫菊酯类和有机磷类农药的抗性（1991年与1981年比较），其中对氯氰菊酯、溴氰菊酯和氰戊菊酯的抗性分别为84.9倍、16.9倍和222.6倍，达到高抗水平；在武汉地区的抗药试验表明，顺式氯氰菊酯对甜菜夜蛾已基本无效。普遍认为由于在对甜菜夜蛾防治上仍然主要依赖于化学农药，加上大部分农民施药时操作不规范，防治药剂品种单一，施药频繁等，造成甜菜夜蛾抗性增加。对联苯菊酯和甲基毒死蜱的研究认为，抗药性的变化取决于不同龄期幼虫体内酶活性的不同，而实验室群体比自然群体对药剂更敏感。在棉花田间试验中观察到，氯氰菊酯高剂量处理的甜菜夜蛾幼虫数量反而最大，因而认为甜菜夜蛾是一种杀虫剂诱导性害虫，大量使用杀虫剂可能会诱导其暴发，而使用杀虫剂少的地方天敌能起到重要的调控作用。

五、防治技术

20世纪80年代以前，甜菜夜蛾在我国仅是一种偶发性害虫，很少造成严重危害。20世纪80年代中期以来，甜菜夜蛾在我国的发生为害范围逐渐扩大，目前已遍及全国 20 多省（自治区、直辖市），且有不断扩大的趋势，成灾频率高，为害日趋严重。20 世纪 90 年代以来，经过大量的试验，筛选出一些效果较好的农药品种，在生产中起到重要作用，并取得一定的经济效益。然而，近年来甜菜夜蛾对生产中经常性使用的农药产生了抗药性或耐药性。为了有效防治甜菜夜蛾，除传统的防治措施外，一些生物防治措施逐渐引起人们的重视而得到开发利用。

（一）农业防治

农业防治的重点是减少虫源，秋耕冬灌，杀死在浅层土壤中的幼虫和蛹，冻死越冬蛹。高龄幼虫期及其蛹期搞好深耕灌水，消灭土中的幼虫，破坏化蛹的环境。杂草是甜菜夜蛾的桥梁寄主，春季消除路边、地头和田内的杂草，能恶化其取食、产卵条件，切断其转移的桥梁，减少早期虫源。

（二）物理防治

在成虫始盛期，安装黑光灯、高压汞灯或频振式杀虫灯诱杀成虫，同时利用性诱剂诱杀成虫，能明显降低虫卵密度和幼虫数量，并可根据诱到成虫的数量变化，准确地预测田间落卵及幼虫孵化情况，为及时防治提供依据。

结合田间管理，人工捉虫，挤抹卵块。甜菜夜蛾的卵块大，其颜色与绿色寄主反差较大，极易发现。摘除卵块简便易行，可有效地降低田间虫口密度。

（三）生物防治

甜菜夜蛾的天敌资源丰富，特别是寄生性天敌种类很多。作为一种自然控制因子，天敌在各地对甜菜夜蛾的发生为害起着十分重要的控制作用。甜菜夜蛾常见的捕食性天敌有各种蛙类、鸟类、蝽类、蜘蛛类、蟾蜍、草蛉、步甲、瓢虫等。寄生性天敌有甲腹茧蜂（*Chelonus insularis*）、镶颚姬蜂（*Hyposoter exigua*）、侧沟茧蜂（*Microplitis* sp.）、斑痣悬茧蜂（*Meteorus pulchricornis*）和阿格姬蜂（*Agrypon* sp.）等。在田间侵染甜菜夜蛾的病原微生物有白僵菌、核型多角体病毒、微孢子虫等。甜菜夜蛾幼虫可被地老虎六索线虫（*Hexamermis agrotis*）、白色六索线虫中华亚种（*H. albicans*）、菜粉蝶六索线虫（*H. pieris*）和太湖六索线虫（*H. taihuensis*）寄生。

另外，人工合成的甜菜夜蛾性诱剂和植物提取物已广泛应用于监测甜菜夜蛾的种群动态和防治。目前，Bt 制剂、多核蛋白壳核型多角体病毒（SeMNPV）、颗粒体病毒（SeNPV）、线虫胶囊等对甜菜夜蛾效果较好。

（四）化学防治

甜菜夜蛾世代重叠严重，抗药性和隐蔽性强，其药剂防治应坚持“防早治小”策略。加强虫情监测，确定各代防治最佳适期。抓住卵孵盛期或幼虫初见为害时，立即选用高效、低毒、无公害的化学农药防治，注意不同药剂间的复配与轮换使用，清晨或傍晚施药效果最佳，预测发生重的世代，隔 5d 再补施1～2 次。目前防治甜菜夜蛾主要用灭幼脲、氟啶脲、虫酰肼、多杀霉素、虫螨腈、甲氨基阿维菌素苯甲酸盐及茚虫威等具有特殊杀虫毒理机制的新型药剂。

另外，甜菜夜蛾是一种极易产生抗药性的害虫，因此宜选用不同类别的药剂交替使用，才可降低抗药性，达到理想的防治效果。可选用 4.5%高效氯氰菊酯乳油 1 000 倍液加 50%辛硫磷乳油 1 000 倍液，防治效果均在 85%以上。也可用 5%氟啶脲乳油、5%氟虫脲乳油，或 75%农地乐乳油（毒死蜱与氯氰菊酯混剂）500 倍液或 5%氯氰菊酯乳油 1 000 倍液喷雾防治，5d 的防治效果均达 90%以上。

张青文　刘小侠（中国农业大学农学与生物技术学院）

第 39 节　斜纹夜蛾

一、分布与危害

斜纹夜蛾［*Spodoptera litura*（Fabricius）］属鳞翅目夜蛾科，又名莲纹夜蛾，俗称夜盗虫、乌头虫等，是一种常见的农作物害虫。因成虫前翅中有 1 条灰白色宽阔的斜纹而得名。

斜纹夜蛾在国外普遍分布于朝鲜、日本、印度、澳大利亚等国。国内各地都有发生，是一种暴食性害虫，主要发生在长江流域的江西、江苏、湖南、湖北、浙江、安徽；黄河流域的河南、河北、山东等地。

斜纹夜蛾是一种杂食性害虫，对白菜、甘蓝、芥菜、马铃薯、茄子、番茄、辣椒、南瓜、丝瓜、冬瓜等蔬菜以及藜科、百合科等多种作物都能为害。

斜纹夜蛾以幼虫为害，主要取食植物叶片。幼虫共6龄，初孵幼虫群集在叶背咬食叶肉，只留表皮和叶脉。二龄渐分散，仅食叶肉，虫口密度高时，可将叶片吃成扫帚状。三龄后将叶片吃成缺刻或孔洞。四龄后进入暴食期，严重时将植株吃成光秆后转移为害，还可为害花及果实，造成落花、落果、烂果等，也能钻入白菜、甘蓝等结球作物的叶球、心叶取食，造成烂心；排泄的粪便污染蔬菜，易使植株感染软腐病。

二、形态特征（彩图6-39-1）

成虫：体长14～20mm，翅展35～46mm，前翅灰褐色，内横线和外横线灰白色，呈波浪形，有白色条纹，环状纹不明显，肾状纹前部呈白色，后部呈黑色，环状纹和肾状纹之间有3条白线组成明显的较宽斜纹，自翅基部向外缘还有1条白纹。后翅白色，外缘暗褐色。

卵：是扁平的半球状，直径约0.5mm，表面有纵横脊纹，初产黄白色，后变为暗灰色，块状黏合在一起，每块数十粒至几百粒，卵粒常3、4层不规则重叠排列成块，上覆黄褐色绒毛。

幼虫：共6龄，体色变化很大。虫口密度大时幼虫体色较深，多为黑褐或暗褐色，密度小时，多为暗灰绿色。一般幼龄期的体色较淡，随幼虫龄期增加虫体颜色加深。三龄前幼虫体线隐约可见，腹部第一节的1对三角形黑斑明显可见。四龄以后体线明显，背线和亚背线呈黄色。沿亚背线上缘每节两侧各有1对黑斑，其中腹部第一节的黑斑最大，近菱形。第七、八节的黑斑也较大，为新月形。

蛹：长15～20mm，圆筒形，褐色至暗褐色。第四至七节背面近前缘密布小刻点，尾部有1对短刺。

三、生活习性

斜纹夜蛾在我国华北地区1年发生4～5代，长江流域1年发生5～6代，福建1年发生6～9代，在广东、广西、福建、台湾可终年繁殖，无越冬现象。在长江流域以北地区，该虫冬季易被冻死，越冬问题尚未定论，推测春季当地虫源可能从南方迁飞而来。长江流域多在7～8月大发生，黄河流域则多在8～9月大发生。成虫夜出活动，飞翔力较强，对糖、醋、酒等发酵物尤为敏感。卵多产于叶背的叶脉分杈处，以茂密、浓绿的作物产卵较多，卵堆产，卵块常覆有鳞毛而易被发现。初孵幼虫具有群集为害习性，三龄以后则开始分散，老龄幼虫有昼伏性和假死性，白天多潜伏在土缝处，傍晚爬出取食，遇惊就会落地蜷缩作假死状。当食料不足或不当时，幼虫可成群迁移至附近田块为害，故又有“行军虫”的俗称。斜纹夜蛾发育适温为29～30℃，一般高温年份和季节有利于其发育、繁殖，低温则易引致虫蛹大量死亡。该虫食性虽杂，但食料情况，包括不同寄主，甚至同一寄主不同发育阶段或器官，以及食料的丰缺，对其生育繁殖都有明显的影响。间种、复种指数高或过度密植的田块有利于其发生。

成虫昼伏夜出，有较强的迁飞能力，在菜田常与菜青虫、甘蓝夜蛾、银纹夜蛾同时发生。成虫20：00～24：00活动最盛，飞翔能力强，一次可飞数十米远，飞行高度达8m以上。成虫有趋光性，并对糖、酒、醋液及发酵的胡萝卜、豆饼等有趋化性。羽化后成虫当日交配，次日产卵。成虫喜欢选择在枝叶茂密的植株上产卵，卵多产于叶背和叶柄，呈块状，以植株中部最多，多数多层排列，上覆黄色疏松绒毛，田间管理时易被发现。以甜菜、灰藜等藜科植物上着卵量大。1头雌蛾一生产卵3～5块，每块卵有卵粒30～400粒。卵期2～6d。

幼虫共6龄，幼虫期11～39d。初孵幼虫有群集习性，二龄后分散为害，四龄后食量大增，大龄幼虫具负趋光性，白天多潜入土中或菜心内，夜间取食为害，有假死性，受惊后即蜷曲落地，有自相残杀习性，五至六龄幼虫为害最重。当气温高，密度大，食料缺乏时有成群迁移习性。初孵幼虫群集在叶片背面，三龄前仅食叶肉，留下叶片的上表皮和叶脉，呈白纱状，后转黄色，易被发现。四龄后，进入暴食期，白天潜于植株下部或土缝，傍晚取食为害。幼虫老熟后入土1～3cm吐丝筑室化蛹，如表土坚硬，也可在表土化蛹。

蛹期7～11d，蛹在－12℃低温下仅能耐寒数日，不能长期抵御低温。

斜纹夜蛾的特性可以总结为：

1. 群集性 斜纹夜蛾产卵量大，初龄幼虫群集在一起，三龄后才明显扩散为害。

2. 隐蔽性 斜纹夜蛾的卵产在叶背上，不易发现，直到孵化为害后，才见到为害状，二龄后期开始吐丝分散为害，有昼伏夜出习性，有的白天潜伏在土缝、老叶、土块等背光处，夜间爬到植株上部取食，有时白天只见被害状和粪便，难见虫体。老熟幼虫在表土下1～3cm处化蛹。

3. 暴食性 低龄幼虫食量小，三龄后食量明显加大，四至六龄为暴食期，占整个幼虫期取食量的绝大部分。大量高龄幼虫可在几天内将整株叶片吃尽，豆荚吃光，造成严重损失。

4. 假死性 幼虫有假死性，而以三龄后最为突出，一受惊动，即假死落地。

5. 杂食性 不仅取食棉花、大豆（包括黑皮青仁豆、黑皮黄仁豆），还取食蔬菜、水稻、甜菜等。

6. 暴发性 发生世代多而易重叠，加上卵量大而集中，孵化后分散为害，初期不易察觉，可在短期内出现大量虫源，使对其防治措手不及。

四、发生规律

（一）气候条件

斜纹夜蛾是喜温性害虫，温度为28～30℃，相对湿度为75%～85%，土壤持水量20%～30%时最为适宜。但在38～40℃条件下，也能正常生长。温度直接影响卵、幼虫和蛹的发育进度。在日平均温度24℃时，卵期为5～6d，28℃时为3～4d；在温度21℃时，幼虫期为27d，26℃时为17d。在日平均温度23～26℃时，蛹期为12d，28～30℃时为9d。在平均温度21℃条件下，各虫态的历期约为：成虫产卵期7d，卵期7.5d，幼虫期27d，蛹期15d。在平均温度29.5℃条件下，各虫态的历期约为：成虫产卵期2.5d，卵期2.2d，幼虫期14.5d，蛹期9d。温度高于38℃和冬季低温对卵、幼虫和蛹发育不利。在夏、秋气候暖和干燥、少暴雨的条件下，常严重发生为害。土壤含水量在20%以下时，对幼虫化蛹、成虫羽化不利；一龄幼虫、二龄幼虫如遇暴风雨则大量死亡；蛹期大雨，田间积水对羽化不利。

（二）寄主植物

斜纹夜蛾幼虫取食不同食物其发育历期、存活率、蛹重和成虫的羽化率有显著的差别。取食人工饲料的幼虫发育历期最短（18.11d），其次为取食甘蓝和大豆（20.13d和20.45d）。取食不同食物对斜纹夜蛾预蛹历期影响较小，各处理间无显著差异（$P>0.05$）。取食人工饲料幼虫存活率高达91.80%，显著高于取食棉花（75.47%）、甘蓝（73.68%）和大豆（72.22%）的。幼虫取食人工饲料的个体，蛹重达0.398g，显著高于取食甘蓝（0.275g）、棉花（0.247g）和大豆（0.232g）。成虫的羽化率亦以取食人工饲料的处理最高，达90.54%，显著高于其他3种作物。

幼虫取食人工饲料、甘蓝、棉花和大豆的成虫寿命和产卵前期没有显著性差别，但成虫的产卵期、产卵量和卵的发育历期有显著不同（$P<0.05$）。幼虫取食人工饲料的成虫产卵量达到单雌2 141粒，显著高于取食甘蓝（1879.5粒）、棉花（1855粒）和大豆（1789.5粒）（$P<0.05$）。产卵期的第三至五天为产卵高峰期，此后日均产卵量逐渐降低。

斜纹夜蛾幼虫期的不同食物使成虫的飞行能力有显著差别。取食人工饲料的3日龄成虫飞行时间达9.55h、飞行距离达42.86km、平均速度每小时达4.82km，显著高于取食甘蓝的，而以取食大豆和棉花处理的飞行能力最差。在15h的吊飞测试中，甘蓝饲养的3日龄成虫飞行能力显著高于取食大豆和棉花的（$P>0.05$）；甘蓝处理的成虫连续飞行超过8h的个体达46.43%、超过30km的占39.29%，也显著高于大豆的（$P<0.05$）。7日龄成虫的测试结果也显示了同样的趋势。表明幼虫期营养质量高的成虫具有较强的飞行能力。

（三）天敌

斜纹夜蛾的天敌有黑卵蜂、赤眼蜂、小茧蜂、广大腿蜂、姬蜂、蜘蛛、寄生蝇、步行虫以及核型多角体病毒、鸟类等，这些天敌对斜纹夜蛾的发生为害有显著的控制作用。

（四）化学农药

利用化学农药防治斜纹夜蛾需注意保护天敌，天敌数量多时少用农药，实行挑治。抓住幼虫低龄期用药，每667m^2用90%敌百虫晶体50g，加水50kg喷雾，或2.5%溴氰菊酯乳油10～15mL对水50kg，或10%氯菊酯乳油6mL加水40kg喷雾。喷药在早晨或17：00以后效果更好。

20世纪60年代以来，在印度、埃及、日本、土耳其等地以及中国的台湾、上海等地区先后报道了斜纹夜蛾对多种杀虫剂产生了抗性，其中包括有机氯、有机磷、氨基甲酸酯、拟除虫菊酯以及苏云金杆菌等。早在1965年就有斜纹夜蛾对六六六产生抗性的报道。紧接着斜纹夜蛾对有机磷、氨基甲酸酯等杀虫剂也产生了不同程度的抗性。80年代以来，随着多种拟除虫菊酯类农药大量投入使用，斜纹夜蛾对其也很快产生了抗性。关于斜纹夜蛾对苏云金杆菌许多株系不敏感的报道也很多，如斜纹夜蛾对苏云金杆菌内毒素产生抗性；斜纹夜蛾幼虫对苏云金杆菌的抗性比家蚕幼虫高2 500倍。斜纹夜蛾对杀虫剂的抗性水平因药剂种类、地区及使用时间、频率、强度等不同而不同。在斜纹夜蛾的不同为害区，由于其为害程度不同，对其防治使用的杀虫剂剂量、次数等都会有差异，由此引起的害虫对一种或同类杀虫剂产生的抗性也有所不同。

五、防治技术

8～9月正值斜纹夜蛾第四至五代的高发期，也是防治斜纹夜蛾的关键时期。因此，在防治上应做到抓住关键时期，按“综合防治，预防为主”的方针，早做准备，积极防治。

（一）农业防治

1. 轮作、冬耕与灌水 对斜纹夜蛾发生为害严重的地块实行水旱轮作（如甘蓝、白菜等与水稻轮作），杀死部分越冬蛹，减轻越冬虫源的为害。对有虫源的豆类等收获田块及时冬耕冻垡，压低越冬虫源。结合抗旱在蛹期灌水淹蛹。

2. 人工摘卵或捕捉老龄幼虫 产卵高峰期至初孵幼虫期，人工摘除卵块带出田外销毁，降低田间基数，减轻发生。对高龄幼虫密度较大的田块，人工捕捉，快速降低田间虫口基数、减轻为害。

3. 清除田间杂草 收获后翻耕晒土或灌水，破坏或恶化其化蛹场所，减少虫源。

4. 种植诱集作物 斜纹夜蛾虽然食性杂，但有其偏嗜性特点。在种植区的周围适当搭配种植槟榔芋或其他嗜好作物，诱集斜纹夜蛾产卵和幼虫取食，既能有效控制斜纹夜蛾虫源又不影响作物产量。一般嗜好作物与当地作物种植总面积比以1∶9为宜。

（二）生物防治

斜纹夜蛾的天敌有步行虫、蜘蛛、寄生蝇、广赤眼蜂、黑卵蜂、小茧蜂、线虫及鸟类等，充分保护和利用天敌，对斜纹夜蛾的自然控制有一定的作用。还可利用白僵菌和病毒微生物等防治斜纹夜蛾。

1. 病毒防治斜纹夜蛾 在斜纹夜蛾的生物防治中，核型多角体病毒是使用最多、效果最好的一类微生物杀虫剂。中国及日本、印度、韩国等国已将核型多角体病毒广泛地用于防治大豆、棉花、草莓、甘薯和蔬菜等作物上的二至四龄斜纹夜蛾幼虫，并取得了很好地防治效果。在我国，斜纹夜蛾核型多角体病毒已进行工厂化生产，并进入商品化阶段。

2. 天敌昆虫防治斜纹夜蛾 斜纹夜蛾的天敌昆虫种类较多，国内主要用人工释放广赤眼蜂寄生斜纹夜蛾的卵和初孵幼虫防治斜纹夜蛾，效果较好。国外报道了人工释放甲腹茧蜂和黑卵蜂防治花椰菜上的斜纹夜蛾幼虫，黑卵蜂能较好地控制斜纹夜蛾的种群数量。

3. 苏云金杆菌防治斜纹夜蛾 由于苏云金杆菌具有专一性强、对人畜安全、防治效果好、生物降解无残毒及易于工业化生产等优点，是一种较理想的生物杀虫剂。选育对夜蛾科幼虫高效的苏云金杆菌菌株将是解决这个问题的关键。现在我国正在筛选对斜纹夜蛾幼虫有更高毒性的菌株。

4. 微孢子虫防治斜纹夜蛾 微孢子虫是斜纹夜蛾的一类重要病原，侵染斜纹夜蛾后，除直接杀死寄主外，还可以降低其生殖力，缩短其寿命，影响其发育和活力，并能经卵垂直传播，这在斜纹夜蛾的生物防治中具有重要意义。但环境的温度、湿度和光照等因素对微孢子虫的活力影响较大。多年来，国内外对微孢子虫的形态、分类、病理等方面进行了研究，已取得了一定的进展，可望将来大面积用于斜纹夜蛾的生物防治。

5. 利用线虫防治斜纹夜蛾 室内侵染试验结果表明，斯氏线虫和异小杆线虫对斜纹夜蛾幼虫有较强的侵染力，同时，这些线虫可以防治多种害虫，对人畜和天敌等安全，又不污染环境，并可以用人工培养基大量繁殖，形成有应用前景的生物防治制剂，有关中间试验正在进行中。

（三）物理防治

斜纹夜蛾成虫具有明显的趋光性和趋化性，可利用黑光灯、频振式杀虫灯、性诱剂、糖醋液进行诱杀，诱杀成虫能明显降低田间的卵量和幼虫数量。

1. 灯光诱杀 频振式杀虫灯是运用趋光、趋波、趋色的特点，引诱害虫成虫扑灯，频振高压电网触杀害虫，达到控害的目的。斜纹夜蛾具有极强的趋光性，因此杀虫灯对斜纹夜蛾的诱杀效果十分明显。

2. 糖醋液诱杀 利用成虫的趋化性，采用糖醋液（糖：醋：酒：水＝3：4：1：2）加少量敌百虫液，能够很好地诱杀斜纹夜蛾，减少田间幼虫。

3. 柳枝诱杀 柳枝蘸 500 倍敌百虫药液可诱杀斜纹夜蛾成虫，减轻为害。

（四）化学防治

根据斜纹夜蛾幼虫消长动态及昼伏夜出的情况，在卵孵高峰期，或二龄幼虫始盛期，当每 $667m^2$ 有初孵群集幼虫 2～3 窝时，应进行田间挑治，施药时间在 18：00 以后，直接喷至虫体和食料上，触杀、胃毒并举，以获得最佳防治效果。每隔 8d 喷 1 次药，连喷 2～3 次。药剂选用高效、低毒、低残毒农药。可用 50%辛硫磷乳油 1 500 倍液、15%菜虫净乳油（喹硫磷与氯氰菊酯混剂）1 500 倍液、2.5%溴氰菊酯乳油 3 000 倍液或复合病毒杀虫剂虫瘟 1 号 1 500 倍液等。防治三龄幼虫可撒毒饵。配制比例为：豆饼 5 份、苏云金杆菌可湿性粉剂（强敌 315）1 份、水 2 份。于傍晚将毒饵撒施在被害植物叶面或地面，每 $667m^2$ 毒饵施用量 3～4kg。

另外，采用辛硫磷和高效氯氰菊酯的复配药效果较好。辛硫磷属触杀剂，对鳞翅目害虫高效，且对高龄幼虫毒性也较强，对人畜安全。

张青文　刘小侠（中国农业大学农学与生物技术学院）

第 40 节　玉 米 螟

一、分布与危害

玉米螟属鳞翅目螟蛾科秆野螟属，俗名玉米虫、钻心虫，是为害玉米的主要害虫，但在玉米、棉花混作区除为害玉米外，也是棉田的重要害虫。据报道，其广泛分布于北美洲、欧洲、澳大利亚、大洋洲、非洲西北及亚洲温、热带地区与国家，在我国各地棉区也广为分布。我国除新疆、内蒙古、宁夏和河北的少部分地区有欧洲玉米螟［*Ostrinia nubilalis*（Hübner）］或与亚洲玉米螟［*O. furnacalis*（Guenée）］混合发生外，其余地区包括北京、河南、陕西、甘肃、四川、云南、湖南、湖北、江西、江苏、广东、广西、黑龙江、吉林等地的玉米螟均为亚洲玉米螟。两者的形态特征、为害习性、发生规律、防控技术等十分相近，一般统称为玉米螟。

玉米螟为多食性钻蛀害虫，寄主植物有 100 余种。以幼虫钻蛀为害玉米、高粱、谷子、棉花、向日葵、麻类等作物，最嗜食玉米。由于我国南北旱粮棉区麦、棉间套作面积的扩大，玉米面积及品种布局的变化，玉米螟在玉米上生活周期不能完成时，就转而集中为害棉花，有的地区日趋严重。北方春玉米面积减少的棉区主要以一代玉米螟在棉田为害，麦、棉间作棉田被害较重，大发生年份，严重受害棉田棉花被害株率高达 80%以上，造成大片棉田断头。若防治不及时，常造成棉花减产，二、三代为害棉花较轻。南方棉区以二、三代转移到棉田蛀食棉花，出现倒叶，蛀害顶芯、茎秆、果枝、花蕾、幼铃和青铃等器官，严重地块蛀顶率可达 50%～80%，青铃被害率可达 70%以上，对棉花产量和品质有明显的影响。如江苏沿海旱粮棉区自 20 世纪 80 年代以来，由于耕作制度与作物布局的变化，加之品种的更新与棉花栽培技术的提高，玉米螟已成为棉花上的主要害虫，曾连年猖獗发生，局部地区其为害程度甚至超过棉铃虫。玉米螟在棉花上产卵，前期产于下部叶片背面，后期产在中部叶片背面。幼虫可蛀食棉花嫩头、嫩茎、叶柄、茎秆、蕾、花、铃，造成蛀顶、蛀秆、挂叶、蛀蕾铃、脱落等。一般第一代（营养钵育苗移栽的棉田和少数早发棉田）和第二代初孵幼虫从棉株嫩头下或叶柄基部蛀入，先是叶片枯萎下垂，然后转向主茎蛀食，在蛀入孔处有蛀屑和虫粪堆积，蛀孔以上部分逐渐枯萎，如遇大风，很易折断。第三代幼虫主要为害青铃，青铃蛀孔外有大量潮湿的虫粪，引起棉铃腐烂，造成严重损失。玉米螟还有转移为害的特性，首先侵入嫩头，然后沿茎秆向下蛀食为害，或转移至中下部茎秆蛀入；也有的直接蛀秆蛀铃。1 株棉花上的玉米螟可转移为害邻近棉花 5～6 株。江苏省农业科学院曾组织协作组研究棉田玉米螟不同卵块密度与蛀茎、蛀铃、产量损失及影响皮棉品级之间的关系，结果表明，卵块密度增加，蛀茎株数也随之增加，但在百株 14 块以下蛀茎数增长较快，尔后增加平缓。百株虫量与铃害率之间呈极显著的正相关。蛀茎对结铃的影响表现为棉株易折断，遇台风，则折断率高达 56%。棉株折断后，营养水分输导受阻，结铃数明显大幅度减少。蛀茎后未遇台风蛀茎株折断较少，但对生长与结铃仍有影响，单株果枝数及总果节数比健株减少 23.27%和 19.20%，单株结铃数减少 21.93%。玉米螟蛀铃可使铃重减轻，烂铃增加。据报道，棉田玉米螟为害损失一般为 10%～20%，严重地区和年份可达 30%～40%，二、三代玉米螟重发而不防治的棉田，棉花甚至完全失收。

二、形态特征

玉米螟是完全变态昆虫，一生经过卵、幼虫、蛹、成虫 4 个虫期。

成虫：是一种小型黄褐色蛾子。雄成虫体躯消瘦，长 12～14mm，翅展 22～28mm。体背黄褐色，翅淡黄色。前翅内、外横线呈锯齿状和波浪状，暗褐色，中横线仅有前缘一段，外缘线及亚外缘线较宽，呈锯齿状，外横线与外缘线之间有一褐色阔带，中室中央及端部各有深褐色斑 1 个；后翅灰黄色，中央有一褐色阔带，外缘及近外缘处也有一褐色阔带。雌成虫体躯粗壮，较雄成虫稍大。体长 13～15mm，翅展 28～30mm，形态与雄成虫近似。唯体色与翅色较雄成虫淡，腹部较肥，前翅上的锯齿纹和斑纹不及雄成虫明显，后翅黄白色。

卵：扁椭圆形，长约 1.0mm，表面有大小不同的蜂窝网纹，排列成鱼鳞状，形成卵块。形状不规则或呈带状。1 个卵块有卵数粒至数十粒不等，一般 20～60 粒。卵初产时乳白色，后转黄白色，半透明。孵化前卵粒中出现黑点，若被寄生蜂寄生后则呈漆黑色。

幼虫：第一代幼虫 5～6 龄，第二、三代均 5 龄。一龄幼虫头幅平均 0.295mm，二龄 0.429mm，三龄 0.754mm，四龄 1.189mm。老熟幼虫体长 18～30mm，体宽平均 3mm，体淡黄色或淡红色，背中央有 1 条色较深的背线，中、后胸背面各有 4 个污黄色毛片。第一至八腹节背面各有 6 个毛片，前 4 后 1 排成 2 排。一般初蜕皮的幼虫体色较深，背线明显，以后体色较浅。

蛹：黄褐色，体外有薄茧。雌蛹体长 16～18mm，宽 3.5～4mm，雄蛹体长 13.5～17mm，宽 3～3.5mm。身体黄棕色，头、尾色较深。前端呈肩形，全体表面满布很细的颗粒状突起。腹部背面第一至七节各节有突起的横皱纹；第五、六、七腹节前缘均有突边板。腹部背面第三、四、五、六、七节各节近后缘处有褐色小齿 1 横列，这列小齿常分成 4 小横列，每列包括小齿 1～3 个，多数为 2 个；第十腹节背面前缘有显著的突起线 1 条，两侧各有侧沟 1 条，臀棘较长，深褐色，背面有不规则的突起皱纹。尾端有 1 丛 5～6 根短钩刺，尾尖缠连于丝上。前足腿节可见，前足末端到达下颚的 1/2 左右处，中足长达翅末端，后足末端露出在下颚末端之后，翅芽到达第四腹节后缘。第五及六腹节腹面各有腹足遗迹 1 对。

三、生活习性

玉米螟在各地的发生代数随当地纬度、海拔不同而有显著的差异。在我国，45°N 以北 1 年发生 1 代，45°～40°N 1 年发生 2 代，40°～30°N 1 年发生 3 代，30°～25°N 1 年发生 4 代，25°～20°N 1 年发生 5～6 代。一般从北到南，从西到东，代数逐渐增加。海拔越高，发生代数越少。如 45°N 以北的黑龙江和吉林长白山地区 1 年仅发生 1 代；40°～45°N，包括吉林、辽宁、宁夏、内蒙古通辽市以南、山西北部、陕西北部、河北北部，以及云南、贵州山区 1 年发生 2 代；32°～40°N，大致在长城以南，长江以北，包括河南、山东、河北中南部、山西中南部、四川大部、湖北中北部、安徽北部、江苏北部，1 年基本发生 3 代；25°～32°N，包括江西、浙江、湖南、湖北东部丘陵、安徽南部、江苏南部、重庆、四川南充和雅安年 1 年发生 3～4 代；25°N 以南 1 年发生 4 代以上，越往南代数越增加。从主要棉区发生代数看，黄河流域棉区 1 年发生 3 代，长江流域棉区 1 年发生 3～4 代。玉米螟各代发蛾期比较集中，蛾高峰期明显，世代重叠现象不显著。

玉米螟以老熟幼虫在玉米与高粱茎秆中、穗轴内、根茬中和棉株茎秆枯铃内或苍耳等杂草寄主茎秆中越冬。在黄河流域棉区，越冬代成虫多在 5 月上旬出现，蛾盛期在 5 月中、下旬。卵多产在小麦、春玉米和棉苗上，孵化后的幼虫取食小麦、玉米和棉花。麦、棉间作棉田，小麦收割后幼虫大量转移到棉苗上为害，为害高峰期多在 6 月上、中旬。第二代和第三代主要在玉米、高粱和其他作物上取食，仅少数在棉田为害棉花。在长江流域棉区，越冬代幼虫于 5 月上旬化蛹，5 月底至 6 月上旬羽化，以后各代蛾的盛发期分别在 7 月中旬、8 月上旬和 9 月上旬。第一代玉米螟主要在春玉米、小麦和春高粱上取食活动，少数在棉花上为害，从第二代起转移到棉田为害，为害高峰期多在 7 月下旬，8 月上旬和 8 月中、下旬，有时延至9月上旬。

玉米螟成虫的飞行能力较强，能飞越高山和森林。扩散为害距离达4km以上。玉米螟蛾有趋光性，对双波灯和高压汞灯均有较强的趋性。趋光性的强弱与复眼暗适应性有关，夜间暗适应敏感性比白天强，在相同光强刺激下，夜间更易产生视觉干扰，使其趋光反应强于白天。在双波灯下，一般雌性多于雄性，第一、二代雌蛾分别占76.1%和59.9%，其中1～3级卵巢占总数的60.1%。

成虫于夜间活动，白天潜伏在作物和杂草丛间。羽化后第二天开始交配，产卵期5～8d。每头雌蛾平均产卵13.8～25.4块，第一代1个卵块约有20多粒、第二代40粒、第三代50多粒，最多的有100多粒，卵历期3～5d。棉田产卵第一、二代相对集中，多产于棉株中下部主茎叶片反面，少数产在嫩叶正面。而第三代则比较分散，主要分布在3～10台果枝上，卵以1～7台果枝主茎叶与第1～3台果枝叶背为多，且内围卵量多于外围，下部卵量多于上部，主茎叶约占30%，果枝叶占60%～70%。

玉米螟卵基本在上午孵化，占全天孵化总数的80%左右，其中7：00～9：00占上午孵化量的80%以上。初孵幼虫聚集在原处啃食卵壳后，多数在棉株上爬行，少数吐丝下垂随风飘移到邻近棉株上或坠入地面再行爬移。低龄幼虫开始集中在棉株嫩头叶背上取食，2～3d后蛀入嫩头、蕾或中上部叶柄基部为害。

玉米螟幼虫共5龄，少数6龄，幼虫历期16～25d。玉米螟幼虫有趋湿和背光性并有转器官和转株为害的特点，在棉田为害时更为突出。一、二代玉米螟初孵幼虫为害棉株时，先在嫩头或上部叶片的叶柄基部或赘芽处蛀入，使嫩头和叶片凋萎下垂，有的被害嫩头和叶柄因蛀空而折断。叶片枯死后，幼虫向主茎蛀食，蛀入孔处有蛀屑和虫粪堆积，蛀孔以上的枝叶逐渐枯萎，如遇大风棉株上部折断。二代幼虫也为害幼蕾和幼铃。三代玉米螟主要蛀食棉铃。幼虫常从青铃基部和中部蛀入。幼铃被害脱落，大棉铃被害后虽不脱落，但铃内纤维多被食去，同时蛀孔外排有大量湿润的虫粪，更容易招致病菌的侵入，引起棉铃腐烂，严重影响棉花产量和品质。根据同龄幼虫在棉花不同器官之间的分布，可估算出平均1头幼虫一生破坏棉花器官数，第二代为3.373个，第三代为2.202个。通过各龄幼虫存活情况，可估算出1块卵孵化出的幼虫，第二代可平均为害棉花蕾7.46个、嫩头7.12个、棉铃3.32个、钻蛀茎秆3.32次。第三代则平均为害棉花嫩头2.44个、棉铃9.97个、钻蛀茎秆1.26次。

玉米螟与红铃虫、棉铃虫、金刚钻均为棉田钻蛀性害虫，但玉米螟蛀食棉花蕾铃的为害与红铃虫、棉铃虫、金刚钻有一些区别。玉米螟为害的蛀孔，一般比棉铃虫的蛀孔小，比红铃虫和金刚钻的蛀孔大。同时在蛀孔周围所排的粪便比棉铃虫所排的粪便小，而比金刚钻所排的粪便大。

玉米螟蛹的历期6～10d。幼虫在棉花上钻蛀为害后，基本上就在为害部位化蛹。一般以末代老熟幼虫（有些年份也有部分幼虫第二代）进入滞育越冬。经系统调查，有88.1%的个体在棉铃中化蛹，其次是茎秆与苞叶，各占4.76%。随着秋季低温的来临和棉秆的拔除，玉米螟幼虫的越冬场所则比较广泛，但仍以棉铃和茎秆为主：棉铃中占57.6%，茎秆中占34.1%，地表枯枝落叶中占5.9%。拔除后堆放的棉秆中，有相当数量的活虫。因此，于第二年越冬幼虫化蛹羽化前及时处理这部分虫源，对于减少次年一代的发生意义重大。

玉米螟对不同寄主植物的趋性有较明显的差别。心叶期的玉米对玉米螟成虫产卵有较大吸引力。因此，在玉米、棉花并存的条件下，玉米心叶期的落卵量明显高于棉花。在不同长势的单作棉田玉米螟的落卵量不同。江苏沿江地区农业科学研究所调查，二代玉米螟发生时，移栽棉百株累计落卵24块，而直播棉田则未发现落卵，三代发生时，直播棉田棉株嫩绿，百株卵量96块，而移栽棉株已老健，百株卵量仅38块。

四、发生规律

（一）虫源基数

玉米螟的自然成活率一般很低。据江苏徐州在玉米上的调查，第一代平均为5.26%，第二代为7.42%，第三代为4.82%。一般上代虫源基数大，死亡率低，则下代发生重，反之则轻。如越冬代基数直接影响第一代玉米螟在棉田的发生量和对棉花的为害程度。越冬代基数大的年份，5月越冬代蛾量也大，第一代卵量或被害株率均较高，但天气不利，不能造成严重为害。据江苏旱粮棉区调查，玉米秆内越冬玉米螟的死亡率为50%～60%，而在棉秆枯铃内越冬的幼虫死亡率高达60%～80%。因此，旱粮棉区玉米螟越冬虫源基数取决于当地玉米秆内残留虫量的多少，同时越冬幼虫的寄生天敌数量也对越冬虫量有一定影响。据2010年前后分析，有时玉米螟越冬基数与第一代发生数量并不呈正相关，推测成虫可能也有远距离迁飞的能力，尚需进一步研究。

（二）气候条件

棉田玉米螟数量消长与气候有密切关系，其中以雨量和温度影响最大。玉米螟发生期间，温度在20～26℃，相对湿度在80%左右，有利于其发生为害。天气持续高温干旱或大暴雨，对玉米螟发生不利。春季复苏后的越冬幼虫必须咬嚼潮湿秸秆或吸食雨水、露滴，取得足够水分，才能化蛹；成虫羽化后必须饮水，才能正常产卵；产卵时要求有较高的相对湿度（80%左右），卵才能正常孵化。产卵孵化期间，天气干旱，相对湿度仅50%左右，则部分卵块干瘪剥落，幼虫成活率低。但在成虫发生盛期和产卵盛期的降水过多，达150mm以上或降水强度每小时在3.5mm以上，成虫活动就要受到抑制，发生量就会减少。温度高低除直接影响玉米螟的发育进度和发生时期外，还可间接影响玉米螟的发生数量。棉田自然种群生命表研究结果表明，影响玉米螟种群增长的关键虫期为卵期至一、二龄幼虫期，风雨导致初孵幼虫死亡及天敌寄生，是制约玉米螟种群数量的主要因素。

在黄河流域棉区，春季气候温和，雨量适中，旬平均相对湿度在60%以上时，有利于第一代玉米螟在棉田的大发生。天气干燥、早春温度太低和雨量过多，湿度太高对玉米螟的发生有抑制作用。玉米螟属兼性、短日照滞育性昆虫，田间发生时有“局部世代”现象，即各世代都有部分个体发生滞育，而其他个体正常发育。光周期变化是幼虫滞育产生和化性分化的重要外在因素。一般情况下，光照时数等于或短于黑暗时数，发育中的幼虫就有可能进入滞育状态；当光照时数长于黑暗时数，幼虫完成化蛹羽化。取食棉铃的第三代滞育幼虫比取食玉米茎秆的同代幼虫和第四代幼虫的化蛹时间有所提前。夏季低温能影响幼虫滞育率，减少种群基数。如江苏大丰县1991年7月下旬低温持续时间长，平均气温连续低于幼虫滞育起点温度26℃，二代幼虫滞育率达69%，大部分幼虫直接进入越冬，从而造成第三代的玉米螟发生为害轻。而1990年7月下旬温度较高，二代幼虫滞育率仅10%左右，第三代的玉米螟发生为害重。江苏大丰、东台等地棉田玉米螟滞育的临界光周期为14.03h（25℃）。玉米螟滞育外源性因子研究结果表明，影响年度间二代玉米螟滞育比例变动的主要因子为温度和食料，而温度对滞育诱导的刺激强度又明显大于食料。低温能延缓幼虫发育，促进滞育。玉米螟取食玉米与取食棉花其滞育率也不一样。短光周的幼虫滞育诱导无特定的敏感龄期，但以三龄与二龄对短光周刺激敏感性较强，短光周的诱导强度具积累效应。温度和食料的综合影响作用导致了年度间玉米螟世代分化数量上的差异。

（三）寄主植物

玉米螟的寄主植物达100多种，主要有玉米、高粱、谷子、棉花、大麻、黄麻、向日葵以及苍耳、茅草、赤蓼、荻草等，其次为小麦、荞麦、水稻、茭白、黍、番茄、辣椒、茄子、芝麻、蓖麻、苘麻、绿豆、大豆、菜豆、花生、甜菜等。在棉花与玉米、高粱并存的情况下，玉米螟主要为害玉米、高粱。不同寄主对玉米螟的发育、存活、繁殖和种群增长的影响显著。据报道，取食玉米雌穗的玉米螟种群世代存活率最高，棉铃次之，棉茎最低。以玉米雌穗、棉铃、棉茎为食料的世代净生殖率依次为45.62、27.91和0.48；其内禀增长率分别为0.096 2、0.084 6和−0.014 3。但在旱粮棉区的玉米及不同生育期的品种安排中，若出现一个玉米螟在玉米上的生活周期断层，玉米螟就被迫转移到棉花上为害，其受害程度则随玉米品种面积与棉花面积的比例大小而定，且随着持续时间和发生代数而有加重趋势。因此，玉米螟在棉田发生为害程度与棉区作物布局关系密切，特别是棉花与不同类型玉米面积的比值直接关系到棉田玉米螟的发生为害程度。如黄河流域棉区，春玉米面积小时，早发棉苗的棉田一代玉米螟为害严重。在长江流域棉区，当春玉米与棉花面积的比值大于1，或夏玉米与棉花面积的比值小于1，以及春玉米与棉田距离近时，则棉田玉米螟为害重，反之则轻。江苏沿江棉区调查，玉米种植面积大于棉田1倍时，玉米螟在棉田发生较轻。棉田面积大于玉米面积，尤其是夏玉米面积很小时，二、三代玉米螟集中在棉田为害。棉花面积虽然小于玉米面积，但夏玉米或晚熟品种面积很小时（如如皋市城郊），三代玉米螟对棉花青铃的为害率常达50%～70%。棉田面积虽然大于玉米田面积，但玉米早、中、晚熟品种面积比例接近，玉米螟为害棉花也较轻。棉田百株卵块落卵量Y随距虫源地距离X的增加而递减，其扩散服从$Y=AX^b$的模型，其函数关系式为：$Y=23.09X^{-0.765}$（$R=-0.9326$）。

棉田的不同种植方式对玉米螟的发生也有明显的影响。小麦与棉花间作棉田，玉米螟发生量比平作棉田显著高，大发生年份棉苗蛀茎率高达80%以上。在早中熟玉米面积大的地区，当地棉田面积很小，玉米螟能向邻近稻棉地区逐步转移扩散，为害棉铃。三代比二代为害更重，扩散面积更大。

此外，棉花本身的长势及棉花品种的抗虫性也直接影响着棉田玉米螟的发生为害程度。玉米螟喜趋长势好与早发棉田产卵，如棉田一、二、三类苗的着卵量比例约为3.4∶1.8∶1。1997年以来，转*Bt*基因棉花品种的大面积种植，对棉田多种鳞翅目害虫包括玉米螟均有着较好的控制作用。在发生量相同的情况下，抗虫品种或品系上的幼虫存活率低，甚至很难存活，棉花受害很轻，而感虫品种或品系则相反。据江苏省农业科学院植物保护研究所试验结果，室内生物测定转*Bt*基因棉花品种苏抗103的嫩叶、蕾、花、铃上玉米螟幼虫的死亡率分别为100%、100%、83.3%与95.8%，玉米螟化蛹率分别下降为100%、100%、50.1%与92.3%，嫩叶、蕾、铃上玉米螟成虫减退率分别为100%、100%与90.9%。同时对玉米螟的发育、繁殖也有着直接影响，如幼虫期延长20.7%，蛹重下降18.2%，蛹期延长19.8%，雌成虫寿命缩短幅度达22.9%～40.5%，产卵量下降幅度达46.7%～100%。田间抗性测定结果表明，抗虫棉田玉米螟幼虫虫量减退率为72.7%～100%，蛀茎减退率达100%，蕾铃被害率减少75%以上，大大减轻了棉田玉米螟的化学防治压力。

（四）寄生与捕食性天敌

据记载，捕食、寄生玉米螟卵和幼虫的天敌有70多种，主要有玉米螟赤眼蜂（*Trichogramma ostriniae*）、螟黄赤眼蜂（*T. chilonis*，异名：*T. confusum*）、黑卵蜂（*Telenomus* spp.）、螟虫长体茧蜂［*Macrocentrus linearis*（Nees）］、黄眶离缘姬蜂［*Trathala flavo-orbitalis*（Cameron）］、玉米螟厉寄蝇（*Lydella grisescens*）、蜘蛛、瓢虫、草蛉、花蝽、蓟马类以及微生物中的白僵菌、细菌和微孢子虫、病毒和螨类等。寄生卵的天敌主要有赤眼蜂、黑卵蜂等，其中玉米螟赤眼蜂为优势种，约占90%以上；捕食卵块的天敌主要有瓢虫、草蛉、蜘蛛等，其中各类蜘蛛占53.44%，瓢虫占43.14%，瓢虫种类主要有黑襟毛瓢虫［*Scymnus*（*Neopullus*）*hoffmanni* Weise］和龟纹瓢虫［*Propylea japonica*（Thunberg）］，另有塔六点蓟马（*Scolothrips takahashii* Priesmer）、小花蝽等。这些捕食性天敌对捕食玉米螟卵块、控制频繁转移的低龄幼虫起到了十分重要的作用；寄生幼虫及蛹的天敌主要有螟虫长体茧蜂、黄眶离缘姬蜂和寄生蝇以及微生物中的白僵菌等，其中以螟虫长距茧蜂为优势种，约占70%以上。江苏沿海旱粮棉区玉米螟寄生性天敌有8种，其中优势种为赤眼蜂及螟虫长距茧蜂。玉米上一、二代玉米螟幼虫受螟虫长距茧蜂的寄生，对棉田玉米螟的发生有直接影响，可使发生期推迟2～5d，发生量可减轻1～2个等级。据在江苏大丰调查，第三代玉米螟的卵通常每年都受到赤眼蜂不同程度的抑制，累计寄生率最高可达70%以上。第三代玉米螟的幼虫寄生率最高可达20%，一般年份为1%～2%，但作用较慢，幼虫被寄生后，要到第二年化蛹前才能致死。一般而言，棉田玉米螟的寄生率远比玉米田的低，这与棉田生态环境及喷药次数较多有关。

（五）化学农药

在转*Bt*基因棉大面积推广种植以前，棉田的棉铃虫等鳞翅目害虫常发生较重，防治棉铃虫等鳞翅目害虫对玉米螟均有较好的兼治作用，因此一般棉区常不把玉米螟作为主治对象。随着转*Bt*基因棉的大面积推广种植与玉米、棉花种植面积比例的上升，给棉田玉米螟化学防治提出了新的挑战。同时，化学农药种类繁杂、机理不一，对玉米螟的控制效果也有着较大差异。选择防治棉田玉米螟的化学药剂品种，不仅关系到当代的防控效果，对下代的发生为害程度也起着一定的作用。由于玉米螟在棉花上以钻蛀为害为主，因此，一般选择兼具内吸、胃毒与触杀作用的药种进行棉田玉米螟防治，其防效要高于仅具触杀作用药剂的防效。

五、防治技术

棉田玉米螟的防治策略为注重越冬防治、棉田外虫源地防治与综合控制。①越冬防治：玉米螟主要以幼虫在残茬枯铃中越冬，是玉米螟年生活史中最薄弱的环节。在其化蛹、羽化前通过毁灭越冬场所来控制玉米螟越冬基数，是降低第一代发生为害程度的重要手段，对全年玉米螟的控制也有着重要作用。②棉田外虫源地防治：旱粮棉区棉田玉米螟的主要虫源来自玉米，玉米对玉米螟的吸引力大于其他作物。玉米螟在棉田产卵隐蔽，钻蛀为害，棉花受害器官多，防治比较困难。因此应根据当地玉米品种与播种面积的安排，分析玉米螟发生和为害的重要时期和对象田，做出棉田外虫源地的防治安排。③综合控制：重点是采取各种有效方法控制虫源，减轻棉田防治压力，掌握棉田玉米螟发生关键时期与主害代，兼顾棉田其他鳞翅目害虫，及时进行防治。具体可因地制宜选择如下方法：

(一) 农业防治

1. 注重越冬防治 在冬、春季节越冬幼虫化蛹或羽化以前，清除棉田残枝枯铃。在4月底之前，将棉秆和玉米秆作燃料烧掉，并对玉米秆堆放场所彻底清理，可大大减少越冬基数。也可将玉米秸秆铡碎沤肥还田，留作牲畜饲料的秸秆要铡细，存放待用，以消灭大部分越冬虫源，减轻一代玉米螟发生量。

2. 种植玉米或高粱诱集带 北方夏玉米棉花混作棉区于4月10日左右在棉田四周或田间插播少量春玉米或早熟高粱，使其喇叭口心叶期与第一代玉米螟产卵盛期相遇；南方春玉米棉花混作棉区于6月上旬在棉田四周或田间插播少量夏玉米，使其喇叭口心叶期和破口抽穗期分别与二、三代玉米螟产卵盛期相遇。每667m^{2}约种植玉米150～200株，诱集玉米螟产卵，并及时抹去卵块或玉米螟产卵结束后刈割作为饲料，可减少棉株上玉米螟的卵量，防止玉米螟幼虫转移为害棉花。

3. 摘除老叶和"挂叶" 据江苏东台报道，在二代卵高峰期，结合棉田农事操作，人工摘除棉花中下部老叶带出田外，可减少30%～40%的卵，同时还能改善棉田通风透光条件，减轻烂铃的发生。对玉米螟初龄幼虫开始为害叶柄和嫩头所造成的虫伤"挂叶"和虫伤嫩头，在出现棉叶萎蔫下垂或嫩头萎蔫现象时，此时幼虫大部分还未离开被害部位，可一并人工摘除被害叶和嫩头，以防止幼虫再转移为害。

(二) 生物防治

棉田玉米螟的生物防治主要采用三种方式：一是保护利用玉米螟的田间天敌。如麦收留高茬并推迟灭茬，帮助天敌向棉株转移；二是增殖、释放天敌。如有条件，在玉米螟卵孵化始盛期，每公顷人工释放赤眼蜂150 000头，连放两次；三是选用对天敌安全的选择性农药。如选用氟啶脲及生物农药如灭蛾灵（苏云金杆菌乳油或粉剂）防治主要棉虫及玉米螟，以减少对天敌的杀伤。据在江苏大丰试验，应用5%氟啶脲乳油1 000倍液或2 000IU/mL Bt悬浮剂400倍液或每公顷棉田苏云金杆菌乳油3 000mL对水喷雾，在玉米螟卵孵化初期至幼虫钻蛀前连续使用2次，防治效果可达70%～80%，天敌保存量80%以上。

(三) 物理防治

集中连片应用佳多频振式杀虫灯、双波灯等诱虫灯在玉米螟发蛾期间诱杀成虫。单灯控制面积一般为2～3.33 hm^2，连片规模设置效果更好。灯悬挂高度，前期为1.5～2m，中后期应高于作物顶部。江苏沿江农业科学研究所运用双波灯诱杀玉米螟成蛾，在灯区半径100m的圆区面积内卵量比无灯区平均下降54.29%，铃害率平均下降83.51%。

(四) 化学防治

棉田玉米螟化学防治指标与施药适期一代为百株9块卵、二代为百株4块卵、三代为百株5块卵。掌握卵孵化初期至盛期为棉田施药适期。

常用药剂有25%灭幼脲悬浮剂600倍液、48%毒死蜱乳油1 500倍液、40%辛硫磷乳油1 500倍液、90%敌百虫原药600～1 050g/hm^{2}或稀释1 000～1 500倍，或2.5%高效氯氟氰菊酯乳油、2.5%溴氰菊酯乳油450～600mL/hm^{2}或稀释1 500～2 000倍喷雾，也可用25%甲萘威可湿性粉剂200倍液，防治效果一般可达80%～90%。

需要指出的是，专门针对棉田二代或三代玉米螟的防治用药，1个代次仅用1次药很难控制住玉米螟的为害，应当在1个代次施用2次甚至2次以上，才能收到预期效果，以产卵盛期与孵化高峰期分别施药效果最佳。

柏立新（江苏省农业科学院植物保护研究所）

第41节 金刚钻

一、分布与危害

金刚钻又名钻夜蛾，属鳞翅目夜蛾科，俗名断头虫、花毛虫。我国为害棉花的金刚钻主要有3种，即鼎点金刚钻（*Earias cupreoviridis* Walker）、翠纹金刚钻（*E. fabia* Stoll）和埃及金刚钻（*E. insulana* Boisduval）。3种金刚钻在全国范围内分布不一。鼎点金刚钻又称棉绿金刚钻、棉黄金刚钻，分布范围最大，主要分布于长江流域棉区，华北棉区也有发生，辽河流域仅个别地区发现；翠纹金刚钻又称绿带金刚钻，主要分布于华南和长江流域棉区，以广东、广西、云南等省份为害严重，特别是云南一些地势较低、湿度较大和气候变化缓和的地区发生最重；埃及金刚钻又称棉斑实蛾、绿纹金刚钻，仅分布于云南、广东和台湾等地的亚热带棉区，其他棉区尚不多见。

长江流域棉区的鼎点金刚钻在6～7月的发生重于黄河流域，至8～9月时，翠纹金刚钻又占优势，常混合发生。其年度间种群数量消长和为害不尽相同。一般年份以鼎点金刚钻为主，但也有两种金刚钻同时普遍严重为害的年份。一般来说，在棉花生长前期常以鼎点金刚钻发生多，为害重，造成断头棉和花蕾大量脱落；8月以后的生长后期，翠纹金刚钻的比例上升，占据优势，可造成大量僵瓣和烂铃。各地发生各有特点，江苏棉区以鼎点金刚钻为主。在黄河流域棉区，以鼎点金刚钻发生多，为害重，翠纹金刚钻往往只在棉花生长后期偶然可见。在华南棉区，特别是云南部分地区，虽然鼎点金刚钻发生数量也不少，但很少为害棉花，以翠纹金刚钻和埃及金刚钻为害为主。20世纪70年代以来，金刚钻在全国各棉区的为害普遍减轻，仅在局部棉区或棉田发生为害。

金刚钻为多食性钻蛀害虫，可为害棉花、蜀葵、冬葵、向日葵、苘麻、木槿、木芙蓉等。金刚钻为害棉花从苗期就开始，但主要在蕾、铃期。当棉苗6～8片真叶时，鼎点金刚钻初孵幼虫常从顶芽蛀入幼茎，造成棉花嫩头变黑枯死、倒头，植株生长矮小，叶片增多，发育延迟。此种为害对产量影响较大。在蕾、铃期，翠纹金刚钻发生，初孵幼虫不从顶芽蛀入，而从顶芽下6～15cm处蛀入，有时从果节间蛀入。二者的为害状显然不同。3种金刚钻均为害棉花蕾、花和青铃。取食蕾后，被害蕾留有圆形蛀孔，苞叶张开，变黑褐色而脱落。为害花时，取食雄蕊，咬断柱头，花内排有大量粪便，被害花不能成铃而脱落。为害幼铃多从基部蛀入，在铃的基部有圆整的蛀孔，孔径2.5mm左右，往往仅吃一部分即转移为害他铃，被害铃虽不致脱落，但因纤维被害形成僵瓣，降低了品质与产量，许多霉菌易从蛀孔侵入，造成烂铃。一头幼虫可为害10多个花蕾和4～5个青铃。据云南宾川观察，7月开花期百株幼虫35头减产25.3%。金刚钻为害的蛀孔一般比红铃虫的蛀孔要大，但比棉铃虫、玉米螟的蛀孔要小，在蛀孔的周围堆集有黑色虫粪，这是识别金刚钻为害的主要特征。棉田多种害虫可钻蛀或取食为害蕾和花，常易混淆，表6-41-1列出了它们各自为害蕾、花的症状区别。

表6-41-1 金刚钻与其他棉花害虫为害蕾和花的症状区别

Table 6-41-1 Comparison of damage symptoms of cotton bud and flower caused by the spotted bollworms and other insect pests

为害虫种	主要为害时段	蕾被害症状	花被害症状
金刚钻	6～9月	蛀孔多在蕾基部，孔中型而圆，蕾内器官未被全部吃光。有时幼虫腹部末端露出孔外，被害蕾的苞叶张开，变黄而脱落	幼虫从花朵中下部蛀入，花内器官部分被咬食，幼虫大多可在花内找到
棉铃虫	6～9月	蛀孔在蕾的中下部，孔大而不圆，蕾内器官全被食空	花朵仍开放，有时可见幼虫腹部末端露在孔外
红铃虫	7～9月	蛀孔在蕾的上部，孔呈针尖大小的褐色小点	幼虫吐丝缠住花瓣，使花冠不能顺利开放，蛀孔在花朵上部且小，掰开花瓣，在蛀食基部可见到幼虫
斜纹夜蛾	7～8月	蛀孔多在蕾中上部，孔大而圆，蕾内器官未被全部吃光	幼虫从花的中部蛀入，将花内大部分器官吃光，但花朵仍可开放，幼虫常2～3头群集于花内
棉小造桥虫	8～9月	老熟幼虫咬食蕾上苞叶，引起脱落。蕾上无虫蛀孔	幼虫取食花芯，一般引起花脱落
盲椿象	6～8月	以成、若虫为害，小蕾受害后，被害处呈黑色小斑点，后干枯脱落。大蕾受害后，除呈现黑色小斑点，苞叶微张，一般很少脱落	未开放的花上苞叶被成、若虫吮食汁液，花上无蛀孔，吸食处产生黑褐色小斑点，且引起花朵脱落

二、形态特征

金刚钻是完全变态昆虫，一生经过成虫、卵、幼虫、蛹4个虫期。

成虫：鼎点金刚钻成虫体长6～8mm，翅展18～23mm。下唇须、前足跗节及前翅前缘基部均呈红褐色；前翅桨状，大部黄绿色，外缘角橙黄色，外缘为褐色波纹状，翅中部有3个褐色小斑点，呈鼎足状分布，为其典型识别特征。翠纹金刚钻成虫体长9～13mm，翅展20～26mm，前胸背草绿色，正中有1个白色纵纹；前翅桨状，粉白色，中间有1条从翅基部直到外缘的翠绿色三角形长带，极易识别。埃及金刚钻成虫体长 7～12mm，翅展 20～26mm，头胸及前翅均呈绿色；前翅桨状，中部至外缘部分有 3 条 W 形的波状横纹。

卵：三种金刚钻的卵多为鱼篓状，初产时天蓝色。鼎点金刚钻卵顶端纵棱有长短两种，不分叉；翠纹金刚钻的纵棱同长，不分叉；埃及金刚钻纵棱同长，分叉。近孵化时，鼎点金刚钻卵上部棕黑色，下部灰白色；翠纹金刚钻卵中心及上部 1/3 处呈黑色圆圈，其余部分为灰绿色。

幼虫：鼎点金刚钻幼虫浅灰绿色，腹部背面毛突各节均隆起且粗大，第二、五、八节黑色，其余灰白色；翠纹金刚钻幼虫赤褐色，有光泽，腹部背面毛突仅第八节隆起，且粗小，白色；埃及金刚钻幼虫淡灰绿色，腹部背面毛突各节均隆起而细长，仅第二节黑色，其余白色。

蛹：三种金刚钻蛹均为赤褐色，体腹面均为黄色，长 7.5～10.5mm。鼎点金刚钻蛹背面黄褐色，中央暗褐色，满布粗糙的网状皱纹，肛门两侧有 3～4 个突起；翠纹金刚钻蛹背面中央黑褐色，具有比鼎点金刚钻蛹细而密的网状皱纹，肛门两侧有 2～3 个突起；埃及金刚钻蛹背面中央黑褐色，有较细而不规则的网状皱纹，肛门两侧有 5～8 个突起。

表 6-41-2 三种金刚钻各虫态的区别特征

Table 6-41-2 Morphological characteristics of three species of the spotted bollworms

虫态	特征	鼎点金刚钻	翠纹金刚钻	埃及金刚钻
卵	直径（mm）	0.4	0.5	0.49
	高（mm）	0.32	0.38	0.38
	形状	鱼篓形	鱼篓形	扁球形
老熟幼虫	体长（mm）	10～15	12～15	10～15
	体节上毛突	各节隆起且粗大，第二、五、八节黑色，其余灰白色	仅第八节隆起，粗短、小、白色	各节隆起但细长，第二节黑色，其余各节白色
蛹	体长（mm）	7.9～9.5	8～10.5	8～10.5
	触角比中足	长	短或同长	短
	尾部角突数	3～4	2～3	5～8
成虫	体长（mm）	6～8	9～13	7～12
	头、前胸色	头青白或青黄色，胸青黄色	头白色，胸翠绿色，中央有粉白色	绿色，微间白色
	前翅	青黄色，前缘有红褐和橘黄色条，翅中央有 3 个鼎足排列的褐色小点	粉白色，中间有 1 条翠绿色条纹，三角形	淡绿、草黄或淡褐色，有 3 条深色条纹

三、生活习性

（一）发生世代

由于不同种类金刚钻的发育起点温度与各虫态发育历期均存在差异，因此，我国各地金刚钻的年发生代数与所在区域的温度条件及当地金刚钻发生种类有着密切关系。南北区域有着较大的差异，一般由北向南的发生代数由少增多。

1. 鼎点金刚钻 从北到南 1 年发生 4～8 代。1 年发生 4 代为主区以河北邯郸、河南新乡、山西运城、四川巴中、湖北襄阳等地为代表。1 年发生 5 代为主区以湖北武昌、荆州，江苏南京，贵州思南等地为代表。1 年发生 6 代为主区以湖南大通湖，安徽安庆，江西南昌、彭泽、新余等地为代表，而江西吉安、湘南等地 1 年发生 6～7 代。江西赣州、广东等地 1 年发生 7～8 代。同地同年之所以存在几种不同的代数，主要是越冬蛹羽化历期较长的缘故。各代发生时期因地而异，发生期从北到南有逐渐提早趋势。第一代多在冬葵等其他寄主上，第二代开始侵入棉田。以江西彭泽为例，一至六代幼虫盛发期分别为 5 月下旬至 6 月上旬、6 月下旬至 7 月上旬、7 月下旬至 8 月上旬、8 月中下旬、9 月中下旬、10 月中下旬。

2. 翠纹金刚钻 从北到南 1 年发生 4～10 代。湖北武昌以 1 年发生 4 代为主，湖北宜昌、荆州、江陵，湖南大通湖，江西彭泽以 1 年发生 5 代为主；江西新余 1 年发生 5～6 代，江西赣州以 1 年发生 6 代为主；云南开远1年发生8～9代，云南潞江1年发生9代，广东广州1年发生9～10代；云南沅江、海南1年发生10～11代。各地幼虫发生期差别很大。以云南开远为例，一至八代幼虫发生期分别为2月中旬至3月中旬、4月上旬至5月上旬、5月上旬至6月上旬、6月中旬至7月中旬、7月中旬至8月下旬、8月上旬至9月下旬、9月上旬至10月下旬、10月上旬至11月下旬，12月尚有少数第九代幼虫发生。

3. 埃及金刚钻 主要分布在华南，发生代数与海拔高度等因素有关。在云南巍山1年发生5代，弥渡6代，宾川7代，开运9代，潞江10代，元江11代。在发生代数最多的元江，几乎每月1代，可终年发生为害。

（二）越冬

鼎点金刚钻越冬场所较分散，每年以蛹在棉秸、枯铃、枯枝、烂叶、土块缝隙、地边草丛、电杆缝隙内、晒花场附近及棉仓内等处越冬。各地越冬调查显示，该虫在黄河以南均可安全越冬，在河南新乡室内外均可过冬，再往北则大部分被冻死，而在云南元江，部分老熟幼虫可在土中过冬，该虫的安全越冬北限大致为35°N；在辽宁朝阳鼎点金刚钻不能越冬，但翌年夏有幼虫为害，可能由南方远距离迁飞而来。翠纹金刚钻在长江以北各虫态均不能越冬，虫源主要来自外地。在江苏南京、湖北武昌、江西彭泽和南昌等地，入冬幼虫化蛹后虽然少数可活到翌年1～2月，但均不能羽化。在广西百色、南宁，广东，海南，云南开远、元江等地，冬季无明显休眠现象，入冬部分幼虫在土表结茧，以蛹及老熟幼虫越冬，春节前即有羽化。长江流域以北棉区所发生的翠纹金刚钻可能从华南地区迁飞而来。

（三）各虫态历期

金刚钻各虫态历期与气温关系密切。温度高历期短，温度低历期长。如江西彭泽鼎点金刚钻在日平均温度22.9℃时，平均卵期为5.5d，幼虫期18.9d，前蛹期2.4d，蛹期12.6d，成虫期9.8d；日平均气温26.9℃时，平均卵期为3.2d，幼虫期12.6d，前蛹期1.4d，蛹期7.9d，成虫期8.8d；日平均气温29.1℃时，平均卵期为3.3d，幼虫期11.5d，前蛹期1.4d，蛹期6.9d，成虫期7.8d。翠纹金刚钻在日平均温度22.6℃时，平均卵期为5.5d，幼虫期15.3d，前蛹期1.6d，蛹期13d，成虫期16.1d；在日平均气温26.9℃时，平均卵期为3.4d，幼虫期11.5d，前蛹期1.4d，蛹期8d，成虫期9.6d。在云南开远，埃及金刚钻一般卵期为2.4～9.1d，幼虫期9.9～22.8d，前蛹期1.4～4.2d，蛹期8.6～16.4d，成虫期4.7～29.1d。

（四）成虫交配产卵习性

金刚钻成虫有一定的趋光性，喜在锦葵、蜀葵上产卵。在棉田金刚钻成虫白天多潜伏在棉叶背面及花蕾苞叶上，傍晚开始活动，2：00～5：00活动最盛，交配产卵多在夜间进行，交配后第二天开始产卵。卵历期最长15d，最短2d，一般3～9d。鼎点金刚钻成虫最多产卵542粒，最少17粒，一般为200粒左右。翠纹金刚钻一生最多可产卵300粒，最少20粒，一般为150粒左右。卵散产在棉株顶心和上部果枝尖端嫩叶和幼蕾苞叶上，棉株中下部产卵极少。

（五）幼虫为害与化蛹习性

幼虫在三龄前活动性强，频繁转移为害，食量小而损失大，一般抗药性不强，是喷药防治的有利时机；三龄后食量增大，但活动减少，常钻蛀在幼铃内，且抗药性增强，喷药防治也常效果不佳。17：00后至第二天10：00前是幼虫出铃活动时间，特别是早晨虫体多露在蛀孔外，人工捕捉或喷施触杀性农药适宜在此时进行。金刚钻幼虫老熟后有爬行选择化蛹场所的习性。在冬葵、蜀葵等植物上为害的幼虫，老熟后一般都要爬行到其他植物或杂草上化蛹；在棉株上为害的幼虫，化蛹部位因棉花生育期而异。蕾期主要分布在中下部，以下部最多；铃期以上中部分布多，以中部最多；吐絮期以上部最多，中部次之，下部极少。

四、发生规律

（一）虫源基数

从不同寄主的角度看，冬葵、蜀葵是鼎点金刚钻早春的主要寄主；秋葵、黄芙蓉是翠纹金刚钻早春的主要寄主；苘麻是埃及金刚钻早春的主要寄主。三种金刚钻在棉花现蕾前或无棉花的季节里，主要在这些以锦葵科为主的寄主植物上生活。棉田外的这些寄主植物无疑为棉田金刚钻的虫源地，这些寄主植物的面积大小、虫口密度、离棉田远近等直接决定着金刚钻的虫源基数，影响着棉田金刚钻的发生为害程度。

从不同发生代次的角度看，上代棉田金刚钻的虫源基数直接影响着下代棉田金刚钻的发生为害程度。

上代虫源基数越高，则残存虫量就可能越高，下代及后期棉田金刚钻发生为害程度重的可能性就越大。因此，加强“早春虫源地防治、注重压前控后策略”对于棉田金刚钻的防治至关重要。

（二）气候条件

一般而言，气温影响着金刚钻的发育进程，而降水量则与金刚钻的发生消长关系密切。金刚钻卵的孵化最适相对湿度为75%；气温23～30℃，相对湿度80%以上适于幼虫发育。雨水调匀且雨量适中，对鼎点金刚钻的发生十分有利；而雨水稀少干旱，相对湿度偏低，对鼎点金刚钻不利，而对翠纹金刚钻有利；大雨对金刚钻成虫产卵、幼虫孵化均不利。例如，江西1961年6～9月各月的月降水量均为160～170mm，比较适中，鼎点金刚钻发生量最大，为害亦最重；1962年雨水偏多，6月有暴雨天气，降水量最高达424.8mm，并集中在下半月，鼎点金刚钻发生少，为害轻；而在1960年和1962年的8～9月雨水稀少，降水量分别为80.2mm、48.5mm和60.2mm、102mm，这两年翠纹金刚钻均大量发生，造成严重为害。

（三）寄主植物

金刚钻寄主植物除棉花外，还有苘麻、红麻、向日葵、蜀葵、锦葵、黄秋葵、冬葵、冬苋菜、木槿、木棉、木芙蓉、黄芙蓉、假谷古、羊角绿豆、灰背黄花稔、玄参、蒲公英、午时花、铃铛草、猪屎豆等。其中许多种类是金刚钻的主要早春寄主与棉田外金刚钻虫源地，金刚钻可在这些寄主植物与棉花间辗转为害，棉田外寄主种类与丰富度直接影响着棉田金刚钻的发生为害程度。由于营养影响，取食不同寄主植物的金刚钻幼虫期长短亦不同。以鼎点金刚钻为例，取食3种不同寄主植物后幼虫的历期为冬葵（12d）＜棉铃（14.4d）＜一丈红（16d）。

在棉田，金刚钻的发生和转移为害与棉花的生育期密切相关。一般棉花现蕾早、现蕾多的田块，金刚钻发生早、密度大；后期早熟的棉田，落卵量少，为害轻；但后期贪青晚熟的田块，常引诱成虫集中产卵，为害重。据试验，金刚钻幼虫取食棉株的花发育最快，取食蕾、铃次之，取食嫩叶发育最慢；蛹以取食青铃的最重，后羽化出的成虫产卵量也最大，而取食花、蕾的次之，取食嫩叶的蛹重则最轻，羽化出的成虫产卵量也最小。

不同栽培制度影响着寄主植物的丰富度，从而也影响着金刚钻的发生为害程度。如在云南棉区，过去曾将一年一熟的植棉制度改为一年多熟制，发展了春播棉、夏播棉和再生棉等，由于栽培制度复杂化，棉区内终年有不同生育期的棉花生长，为金刚钻提供了丰富的食料，导致埃及金刚钻和翠纹金刚钻暴发。后来改为粮棉轮作，切断了金刚钻的食物链，使其不能辗转迁移为害，发生量明显减少。

此外，棉花品种的抗虫性也直接影响着棉田金刚钻的发生为害程度。转*Bt*基因棉花品种的育成与大面积种植，对棉田多种鳞翅目害虫包括金刚钻也有着较好的控制作用。据调查，种植转*Bt*基因抗虫棉GK22，金刚钻的幼虫密度较对照品种泗棉3号减少93%以上，大为减轻了棉田金刚钻的化学防治压力。

（四）天敌昆虫

金刚钻的天敌种类较多，主要为寄生性与捕食性昆虫两大类。

国内已知金刚钻卵的捕食性天敌有华姬蝽（*Nabis sinoferus* Hsiao）、暗色姬蝽（*Nabis stenoferus* Hsiao）、南方小花蝽［*Orius strigicollis*（Poppius）］等。捕食幼虫的天敌有步行甲（*Chlaenius pictus* Chaudoir）、叉角厉蝽（*Cantheconidea furcellata* Wolff）、黄带犀猎蝽（*Sycanus croceovittatus* Dohrn）。捕食卵和幼虫的天敌有白翅大眼长蝽［*Geocoris pallidipennis*（Costa）］。捕食蛹的天敌有步行甲等，捕食幼虫、成虫的天敌有小花蝽、三色长蝽、窄姬猎蝽、马蜂、草蛉类、瓢虫类、食卵赤螨等。此外，还有红蚂蚁、蜘蛛、螳螂、蜻蜓等捕食幼虫、蛹、成虫。

寄生幼虫的天敌主要有螟蛉悬茧姬蜂［*Charops bicolor*（Szepligeri）］、红铃虫甲腹茧蜂［*Chelonus pectinophorae*（Cushman）］、粗臀盘绒茧蜂［*Cotesia scabriculus*（Reinhard）］、棕色茧蜂（*Rogas drymoniae* Watanalre）与绒茧蜂（*Apanteles* sp.）等，其中棕色茧蜂寄生率可达30%左右，绒茧蜂寄生率可达35.9%；寄生蛹的天敌有费氏大腿蜂（*Brachymeria fiskis* Crawford）、花胸姬蜂［*Gotra octocinctus*（Ashmead）］、舞毒蛾黑疣姬蜂［*Coccygomimus disparis*（Viereck）］、角额姬蜂（*Listrognathus* sp.）、广大腿蜂［*Brachymeria lasus*（Walker）］、金刚钻脊茧蜂（*Aleiodes earias* Chen et He）、齿腿姬蜂（*Pristomerus taoi* Sonan）、羽角姬小蜂（*Sympiesis* sp.）等。

（五）化学农药

在转*Bt*基因棉大面积推广种植以前，棉田的棉铃虫等鳞翅目害虫常发生较重，防治棉铃虫等鳞翅目害虫对金刚钻均有较好的兼治作用，因此一般棉区常不把金刚钻作为主治对象。随着转 *Bt* 基因棉的大面积推广种植，给局部棉田金刚钻化学防治提出了新的挑战。同时，化学农药种类繁杂、机理不一，对金刚钻的控制效果也有着较大差异。选择防治棉田金刚钻的化学药剂品种，不仅关系到当代的防控效果，对下代的发生为害程度也起着一定的作用。

五、防治技术

棉田金刚钻的防治策略为注重早春虫源寄主防治与综合控制。①早春虫源寄主防治：通常，金刚钻的第一代主要在锦葵科等棉田外的早春虫源寄主上发生，如在金刚钻迁入棉田为害前，合理做出这些虫源地的防治安排，力争在这些早春寄主上将虫源基本扑灭，这对全年棉田金刚钻的控制必将起到十分关键的作用。②综合控制：重点是根据当地金刚钻的发生规律与生活习性，在棉田金刚钻发生关键时期与主害代，兼顾棉田其他鳞翅目害虫，因地制宜选用不同有效方法及时进行防治，以促进棉株健壮生长、控制虫口密度，将金刚钻在棉田的为害程度控制至经济允许水平以下。具体方法有：

（一）农业防治

1. 处理早春寄主 鼎点金刚钻越冬蛹羽化后，不直接进入棉田，大多集中在棉田外的早春寄主植物冬葵、蜀葵、苘麻等上产卵繁殖，特别是蜀葵和留种冬葵上虫口密度大，每年 5 月应及时采收、烧毁、人工捕杀或喷药防治，压低早春发生基数，减轻棉田压力。

2. 栽培防治 一是选用早熟丰产棉花品种，注意氮、磷、钾的平衡施用，适期调节棉株生长并适当提早打顶心，促进棉株壮苗、早发、早成熟，以躲避后期金刚钻为害。避免棉株生长过旺，贪青晚熟，招引金刚钻为害。二是结合根外追肥，喷施 1%～2%过磷酸钙浸出液，具有驱避作用，可减少田间落卵量。三是结合整枝打杈，于 8 月中、下旬后及时去边心、抹赘芽、去无效花蕾，可直接消灭部分卵和初孵幼虫，并去掉金刚钻喜欢产卵的引诱物。

（二）生物防治

棉田金刚钻的生物防治主要是保护天敌，包括捕食性天敌昆虫与寄生性天敌昆虫。注意在棉田防治用药时尽量选择能减少对寄生性与捕食性天敌昆虫杀伤力的药剂，如选用 5%氟啶脲乳油 1 000 倍液或 2 000IU/mLBt 悬浮剂 400 倍液喷雾防治金刚钻，可使天敌昆虫在自然控制金刚钻发生为害的过程中发挥重要的生物防治作用。

（三）诱杀防治

1. 灯光诱杀 利用金刚钻成虫有较强趋光性的特点，结合防治棉铃虫等利用黑光灯、佳多频振式杀虫灯等诱虫灯诱杀成虫。

2. 寄主诱杀 利用成虫喜在锦葵、蜀葵等寄主上产卵的习性，可在早春于棉田边种植蜀葵、黄秋葵、冬葵等植物诱集带，引诱金刚钻在上面产卵并及时集中用药防除或在成虫产卵结束后将诱集带铲除，减轻棉田落卵量和幼虫的为害。

（四）化学防治

以当日百株卵量 10 粒以上或嫩头受害率达 1%作为防治指标，40%辛硫磷乳油、48%毒死蜱乳油、0.3%苦参碱水剂、2.5%溴氰菊酯乳油、2.5%高效氯氟氰菊酯乳油、20%灭多威乳油，任选一种对水 1 000倍及时喷雾防治；喷药应在金刚钻产卵盛期或孵化高峰期进行，并将中上部群尖打透，否则金刚钻三龄后蛀入青铃，药剂接触不上，加之高龄虫的耐药性强，防治就难以奏效。也可结合防治棉铃虫、红铃虫等兼治。但需注意生长前期金刚钻以一类棉田为害重，后期以迟熟棉田发生重，因此要根据棉花长势，区别不同田块，有针对性地重点防治。

柏立新（江苏省农业科学院植物保护研究所）

第 42 节　小造桥虫

一、分布与危害

小造桥虫［*Anomis flava*（Fabricius）］又称棉夜蛾，属鳞翅目夜蛾科桥夜蛾属。除西藏发生不详、新疆未发现外，在全国各棉区均有分布，每年都有不同程度的发生，为害程度因年份和地区而异。长江流域和黄河流域的部分棉区在一些年份都曾大量发生，造成严重危害。该害虫在棉花中后期常暴食为害棉叶，发生轻微时，仅将叶片食成缺刻和小孔，发生严重时，可将棉叶食光，形成光秆，有时蕾、花、幼铃、嫩枝也被食害。湖北荆州调查，受害株比健株单株鲜叶重降低34.7%，蕾、花、铃减少57.0%，百铃重减少20.0%；浙江萧山20世纪80年代小造桥虫大暴发，一株棉花上有幼虫近百头。该虫除为害棉花外，还取食苘麻、红麻、蜀葵、锦葵、秋葵、木槿、冬苋菜、黄麻等植物。

二、形态特征

成虫：体长约10～13mm，翅展26～32mm，前翅内半部淡黄色，外半部暗褐色，有4条横行的黄褐色波纹，环状纹白色，周围暗褐色。雌蛾体色较淡，触角丝状；雄蛾触角羽毛状。

卵：扁圆形，直径约0.6mm，高约0.2mm，青绿色。纵棱三分叉，中部有30～34根隆起的纵线。横道较细，有11～14根，交叉成方格纹。

幼虫：体色多为灰绿、黄绿、绿色等，体长35mm左右。第三节腹足完全退化，仅留趾钩痕迹，腹足3对、尾足1对，但腹部第四节的第二对腹足较小，趾钩11～14个，其他腹足趾钩超过18个。第一至三腹节常隆起，呈桥状。亚背线、气门上线及下线灰褐色，中间有不连续的白斑（彩图6-42-1）。

蛹：体型中等，赤褐色；头顶中央有1个乳头状突起。腹部末端较宽，背面与腹面有不规则皱纹，两侧延伸为尖细的角形突起，上有刺3对，腹面中央1对粗长，略弯曲，两侧的2对较细，黄色，尖端钩状。

三、生活习性

在长江流域棉区，小造桥虫1年发生5～6代。第一代幼虫于5月中、下旬多发生在木槿、冬苋菜及苘麻上。6～9月1个月左右发生1代。第五代盛蛾期在10月上旬，10月中、下旬的木槿和冬苋菜上均可找到第六代幼虫的为害。在棉田为害的主要是第二至五代的幼虫，以第三、四代为害较重。

黄河流域棉区，在棉田1年可以发生3代，7～9月每月发生1代。河南新乡棉区黑光灯诱蛾发现，小造桥虫的成虫常年7月发生较少，大多集中在8～9月。大多数年份7月中旬幼虫开始在棉田发生，8月以后为害渐重，个别年份9月中旬幼虫还可造成严重危害。

成虫寿命10～12d，卵历期2～3d，幼虫历期14～18d，蛹历期6～7d。各世代的历期随温度升高而缩短，温度降低则延长。1个世代一般需要经历1个月左右。

成虫羽化主要在夜间，少数在白天。雌蛾羽化高峰从23：00至翌晨3：00，雄蛾羽化高峰多在22：00至清晨5：00，还有少数在上午羽化。成虫有趋光性，在黑光灯下以20：00～22：00和3：00～5：00诱蛾最多。

成虫交尾大多在4：00～6：00，交尾时间长达49～116min。成虫产卵集中在18：00～24：00，每头雌蛾可产卵200～800粒，大多数散产在棉株中下部叶片背面，少数产在上部棉叶背面。成虫白天隐藏在棉叶背面、苞叶间和杂草丛中。

幼虫孵化后食去卵壳，低龄幼虫极活泼，受惊后即跳动下坠。幼虫为害先从棉株中下部开始，一、二龄幼虫只吃叶肉，残留表皮，三、四龄幼虫把棉叶吃成小孔或缺刻，五、六龄幼虫转移到棉株上部咬食棉叶，甚至花、蕾、幼铃和嫩梢。每头幼虫食叶量约1g，相当于两片中等大小的叶片。三龄以前的食量仅占总食叶量的5.4%，四龄以后食量大增，占总食叶量的94.6%。老熟幼虫在叶片苞叶间吐丝连接，做薄茧化蛹。

在南方棉区，如浙江、四川，小造桥虫以蛹在木槿、冬葵和棉花枯叶或棉铃苞叶间越冬。在黄河流域棉区，如河北保定、成安、武安、邯郸以及山东聊城，10月中旬至11月中旬在棉田杂草、枯枝落叶和锦葵上都能调查到蛹，但是否全能安全越冬，尚未明确。

四、发生规律

气候因子是影响小造桥虫发生消长的主要因素。适宜小造桥虫卵孵化和幼虫成活的温度为25～29℃，相对湿度为75%～95%。特别是在7～9月，雨日多，湿度大有利于小造桥虫的发生。

湖北荆州个别年份第四代小造桥虫特大发生，在部分棉田造成严重危害。从发生情况分析，在适宜于小造桥虫发生的温度范围内，6～8 月的降水量和降水量分布对第二、三、四代的种群数量起着重要作用。如 6 月降水量超过 100 mm，第二代百株幼虫发生量达 82 头，7 月虽然降水量也达 110 mm，但全月降水量均集中在 13～14 日，两日降水共 97.5 mm，占全月降水量的 80%以上，由于暴雨对成虫活动和产卵不利，同时也可冲掉一部分卵和低龄幼虫，全月除两日大雨外，其他日期的降水量仅为 13.8 mm，因而第三代发生量小，百株幼虫仅 50 头；8 月共降雨 62.5 mm，上、中旬降水量分布适中，故第四代幼虫发生量大，百株高达 1 000 多头，为第二、三两代发生量的 10 倍以上。9 月气温下降到 23℃，降水量又少，对小造桥虫的发生不利，同时后期天敌增多，棉田虽有一定的幼虫存量，但为害不严重。浙江萧山小造桥虫曾大发生，与当年 5～8 月降水量多、雨日多密切相关，月平均相对湿度高，相对湿度超过 85%～90%的日数多，极利于小造桥虫的发生为害。另外调查发现，台风过境少、狂风暴雨不多，对小造桥虫的发生有利。因为大风暴雨对小造桥虫的卵、初孵幼虫机械打击大，对成虫羽化、补充营养供给和成虫产卵等也不利。

棉田距离村庄、树林的远近影响着小造桥虫初期发生的轻重。一般靠近树林、村庄、杂草多的棉田，发生早，虫口密度大，为害重。长势旺的一类棉田的虫口密度又显著高于低产棉田。

小造桥虫的卵、幼虫、蛹均有天敌寄生和捕食。主要有赤眼蜂（*Trichogramma* spp.）、棉铃虫齿唇姬蜂（*Campoletis chlorideae* Uchida）、斑痣悬茧蜂［*Meteorus pulchricornis*（Wesmael）］、纹黄边胡蜂（*Vespa crabro niformis* Smith）、小花蝽（*Orius minutus* L.）、草间钻头蛛［*Hylyphantes graminicolum*（Sundevell）］、寄生蝇和菌类等。据河北邯郸观察，棉小造桥虫第三代各虫态的寄生率很高，卵期超过 70%，幼虫期达 50%，蛹期为 33%。

五、防治技术

（一）农业措施

1. 杨树枝把诱蛾 在小造桥虫发生季节，用杨树枝或柳树、刺槐、紫穗槐、洋槐等带叶树枝 8～10 根捆在一起，松紧适当，倒插立在田间，使枝把稍高于棉株，每公顷分散插立 150～200 把，每天早晨用塑料袋套住枝把拍打，使成蛾进入袋内，进行捕杀。树枝把过于干枯后应及时更换。在长江、黄河流域棉区均可与诱杀棉铃虫成虫相结合。

2. 田间耕作管理和农事操作 对小造桥虫发生严重的棉田，在棉花拔秆后应清除枯枝、枯叶，以杀灭越冬蛹。在整枝打杈和摘除下部老叶后，将摘除的老叶和枝杈带出田外，以防止被摘除的幼虫又继续在棉田为害。

（二）药剂防治

在棉田中后期小造桥虫大发生时，必须抓住有利时机进行专治。7～8 月调查棉株上中部幼虫，百株三龄前幼虫量达到 300 头为施药标准。常用的农药有 90%敌百虫晶体 1 500 倍液、1.8%阿维菌素乳油 2 000倍液、50%辛硫磷乳油 1 500～2 000 倍液，喷雾防治，或 25%除虫脲可湿性粉剂 1 000 倍液、10%氯氰菊酯乳油以及 20%氰戊菊酯乳油 2 000～3 000 倍液，喷雾防治，均能有效地控制小造桥虫的为害。

（三）生物防治

应用含菌量为 100 亿活芽孢/g 的苏云金芽孢杆菌可湿性粉剂，稀释 100～200 倍在初孵幼虫期喷洒，防治效果可达 70%左右。

杨益众（扬州大学园艺与植物保护学院）

第 43 节　大造桥虫

一、分布与危害

大造桥虫（*Ascotis selenaria* Denis et Schiffermuller）属鳞翅目尺蛾科。它是一种间歇性、局部地区发生的多食性害虫。寄主植物有棉花、蚕豆、大豆、花生、豇豆、菜豆、刺槐等，其次也为害向日葵、小蓟、刺苋、黄麻、红麻、小旋花、柑橘、梨、苦楝、蜀葵等。近几年还有在水杉、枣、樱桃上发生为害的报道。该虫在棉田是一种较为重要的食叶性害虫，取食棉叶后，常使棉叶成缺刻或孔洞，受害严重的棉田，棉叶被食光，棉株上部结铃减少，降低了铃重和纤维品质。转基因棉花大面积推广种植后，棉田仍可见到少量的该虫为害。

二、形态特征

成虫：雌蛾体长 16mm，翅展 45mm；雄蛾体长 15mm，翅展 38mm。体色变异很大，一般全体暗灰色，遍布黑褐及淡黄色的小鳞毛。头部细小，前缘有 2 个不透明的暗黑色小纹。触角细长，超过前翅前缘中部。雄蛾触角淡黄色，羽毛状；雌蛾触角暗灰色，线状。前翅正面暗灰而稍带白色，夹以黑褐及淡黄色的鳞粉，底面银灰色。内横线、外横线及亚外缘线为黑褐色波状纹，内、外横线间有 1 个白斑，四周黑褐色。中横线有时不甚明显，常连接在白斑下方。外缘上方有 1 个近三角形的黑褐斑，沿外缘有半月形黑痣，互相连接。后翅与前翅同，唯色较淡。雄蛾腹部瘦小而尖，雌蛾则肥大。

卵：长椭圆形，长 0.73mm，宽 0.39mm。青绿色，上有深黑与灰黄色纹，卵壳表面有许多纵向排列的小点，坚厚强韧，耐干湿。

幼虫：老熟时体长 40mm，宽 6mm，黄绿色，圆筒形，表面光滑。头黄褐色，大颚突出其旁，有黑褐色颗粒 6 个。背线甚宽，由前胸直达尾端，淡青色，并夹以 6 条黑色纵纹，尤以胸部较为显著。亚背线黑色，气门线黄褐色，尾端最深。气门下线深黑褐色，胸部特别显著。腹线由第一腹节达于尾端，黄褐而窄。胸足 3 对，赤色，中后足间有 1 个深黑色大横点。腹足 2 对，分别着生在第六腹节和臀节上，趾钩双序中带（彩图 6 - 43 - 1）。

蛹：体长 14mm，宽 5mm，深褐色，全体光滑。头部细小，触角长达腹部第三节，此节也最大，尾端尖锐，附有 2 刺，气门深黑色，长圆形，在第五腹节侧面气门前方有 1 个凹沟。

三、生活习性

大造桥虫在长江流域棉区 1 年发生 4～5 代，末代幼虫于 10 月上旬开始入土化蛹越冬。翌年 3 月中、下旬羽化。浙江慈溪连续多年黑光灯诱集和田间调查发现，该虫 1 年可发生 5 代：越冬代蛾于 3 月 19 日始见，4 月中、下旬为发蛾盛期，第一代发蛾在 6 月上、中旬，第二代为 7 月，第三代在 8 月前后，第四代成虫发生在 9 月中、下旬。一般年份蛾的终见期在 10 月中旬，少数年份可推迟到 11 月上、中旬。且以这代成虫产卵孵化的第五代幼虫为害后化蛹越冬。

另据田间调查，第一代幼虫发生在 5 月上、中旬，第二代为 6 月中、下旬，第三代为 7 月中、下旬，第四代为 8 月中、下旬，第五代为 9 月中旬至 10 月上、中旬。据上海观察，该虫完成一个世代需 32～69d，卵期 5～15d，幼虫期 16～32d，蛹期 6～13d，成虫寿命 3～9d。

成虫白天静伏暗处或植物枝干叶间，夜间活动。趋光性强，飞翔力弱。一般羽化后 1～3d 交配，交尾多在 20：00 至翌日黎明，再过 1～2d 开始产卵，产卵持续 3～4d。卵产在土隙间、草屋和柴堆檐下的稻、麦叶鞘上或屋檐的瓦缝里，十多粒至数十粒卵结成长方形。发生量较多年份可在树干、植物枝杈、叶片背面等处产卵。卵初产时灰白色，1d 后转为淡灰黄色，孵化前呈黄褐色。据上海观察，每头雌成虫一生产卵 560～1 080 粒，平均 800 多粒。卵壳厚而坚韧，对潮湿的抵抗力极强，卵浸水 24h 仍能孵化，故可凭借流水蔓延他处。初孵幼虫能吐丝随风飘移，幼虫行走如架桥，故名“造桥虫”。幼虫共 5 龄，行动不甚活泼，常栖息于棉茎上，拟态状如嫩枝。以五龄幼虫食量最大，占总食量的 71%～82%。在浙江慈溪棉区第一代幼虫为害蚕豆，受害较重的蚕豆田，百株有虫 5～10 头，严重田块达 247～946 头，蚕豆叶被吃光。第二代幼虫为害棉花，第三代发生量不多，这与当地气候转入炎热季节和气候干旱有关。第四代幼虫在棉田发生量增加，受害严重田块棉叶有时被吃光。第五代幼虫以迟熟棉田受害较重。在棉区，此虫各代可同时为害大豆、花生等作物。因此，凡是作物配置较复杂的棉区此虫发生为害比较严重。棉田内很少单独防治该虫，往往通过防治其他鳞翅目害虫而兼治。

四、防治技术

（一）农业防治

作物收获后，及时将枯枝落叶收集干净，清理出田外或销毁，以消灭其中的卵块、幼虫及蛹，从而压低虫口基数。一般迟熟棉花、秋大豆、花生等田块是大造桥虫末代幼虫的重要寄主，这些作物也是越冬蛹的主要场所，应进行冬耕灭蛹，减少翌年虫源。此外，在各代幼虫化蛹期间，也可结合棉花等寄主作物田中耕灭蛹。

（二）物理防治

利用成虫趋光性很强的特点，在羽化期安装黑光灯或频振式杀虫灯诱杀成虫；利用成虫的趋化性，在田间插杨树枝把或柳树、刺槐等枝把，每 667m^2 插 10 把。

（三）药剂防治

目前使用的杀虫剂有 20%氰戊菊酯乳油 3 000 倍液、2.5%溴氰菊酯乳油 3 000 倍液、10%氯氰菊酯乳油 3 000 倍液及 90%敌百虫原药 1 000 倍液及 1.8%阿维菌素乳油 2 000 倍液，在三龄幼虫前施药，虫口减退率可达 90%以上，如在一、二龄幼虫期施药，效果更佳。

杨益众（扬州大学园艺与植物保护学院）

第 44 节　棉大卷叶螟

一、分布与危害

棉大卷叶螟［*Haritalodes derogata*（Fabricius），异名：*Sylepta derogata*（Fabricius）］又称棉褐环野螟、棉大卷叶野螟、棉卷叶野螟、棉卷叶虫、包叶虫、裹叶虫，属鳞翅目草螟科。分布于亚洲、非洲、大洋洲。我国除新疆、青海、宁夏及甘肃西部没有报道外，其他各地均有发现。寄主有棉花、苘麻、黄蜀葵、蜀葵、芙蓉、木槿、木棉、冬苋菜、扶桑花、梧桐等。该虫曾是棉花种植史上的重要害虫，大发生时，卷害棉叶，影响结铃或使棉铃过早吐絮。同时也为害一些灌木、黄秋葵，造成经济上的损失。进入21世纪，以长江流域的江苏、浙江、江西、安徽、湖南、湖北、四川和上海等地发生较多。据江苏扬州的调查，一些棉花品种田棉大卷叶螟种群数量明显上升，百株有卷叶螟幼虫超过 900 头，个别棉花品种田后期棉株的被害率达 88.0%，叶片平均被害率 17.1%，冠层叶片被害的卷叶率达到 87.2%，当日百株幼虫量 3050 头，严重影响了棉花的现蕾开花与产量。该害虫早期先在苘麻、蜀葵和木槿等寄主上为害，7月侵入棉田，当 8～9 月棉花开花结铃盛期，幼虫常将棉叶卷起，在内食害，甚至造成棉花整株枯死。虽然大面积种植的转基因棉花对棉大卷叶螟有一定的抗性，但由于棉花后期化学农药用量的锐减，棉大卷叶螟种群数量在长江中下游棉区有所回升，特别是 8 月中旬以后的第四代和第五代棉大卷叶螟种群数量大，卷叶率高，已成为棉花中后期的重要食叶性害虫。

二、形态特征（彩图 6-44-1）

成虫：体长 10～14 mm，翅展 22～30 mm。全体黄白色，有闪光，头背面方形扁平，后部有 1 个黑褐色小点。复眼黑色，呈半球形。触角鞭状，细长，淡黄色，超过前翅前缘的一半。头和胸部白色，微带黄色。腹部白色，各节前缘有黄褐色带。雄蛾尾端基部有 1 个黑色横纹，雌蛾的黑色横纹至第八腹节的后缘。前、后翅的外缘线、亚外缘线、外横线、亚基线均为褐色波状纹。前翅中央接近前缘处有似 OR 形的褐色斑纹，是该虫的重要特征，纹下有中横线一段。

卵：椭圆形，略扁，长约 0.12 mm，宽约 0.09 mm。初产时乳白色，后变淡绿色，孵化前呈灰色。

幼虫：老熟时体长约 25 mm，宽约 5mm，全体青绿色，近化蛹时略呈桃红色。头扁平，赤褐色，夹以不规则的暗褐色斑纹。胸、腹部青绿色，前胸盾板赤褐色，背线褐绿色，气门线细而稍淡。除前胸及腹部末节外，每节两侧各有毛片 5 个，上生刚毛。胸足黑色，腹足半透明，尾足背面为黑色。

蛹：长 13～14mm，细长，呈竹笋状，红棕色，从腹部第九节到尾端有刺状突起。

三、生活习性

以老熟幼虫在地面的落叶、树皮缝隙、树桩孔洞、棉秆枯叶、枯铃及铃壳的苞叶里越冬，也有少数在田间杂草根际或靠近棉田的建筑物上越冬。江苏扬州研究发现，该虫的有效越冬虫源为第五代滞育的老熟幼虫，滞育率为 24.4%～33.1%，其余幼虫仍能继续化蛹进入下一代。第六代棉大卷叶螟的发生对第二年的种群基数影响不大。滞育老熟幼虫的越冬存活率为60.0%～71.9%。次年越冬代羽化的成虫雌虫少，雄虫多，单雌产卵量平均为163.4～198.8粒。1年发生代数各地不一，辽河流域1年发生3代，黄河流域1年发生4代，华南1年发生5～6代，台湾1年发生6代。据江苏扬州观察，长江流域棉区越冬代幼虫4月中、下旬开始化蛹。在棉田，棉大卷叶螟幼虫始见于6月中、下旬，此时发生量极少，主要为害田外杂草苘麻、木槿、蜀葵等植物。7月中旬第二代成虫开始向棉田大量迁移，7月中、下旬的第三代棉大卷叶螟幼虫急增。8月中旬至9月上旬是棉大卷叶螟在棉田的为害高峰期，主要是第四代棉大卷叶螟幼虫及部分早发的第五代幼虫。进入9月中旬以后，棉大卷叶螟数量开始下降，此时一部分幼虫蜷缩身体，进入滞育越冬状态，另有一部分继续化蛹羽化产卵。田间调查发现，第六代幼虫一般只能发育至三至四龄即停止取食，且均不能安全越冬。

江苏扬州观察发现，成虫多在夜间羽化，羽化当天或第二天晚上交配，交配时间多在20：00～2：00，交配时雌雄个体附于攀附物上呈一形，交配持续时间1～4h。交配后的成虫一般于第二天或第三天开始产卵，少数在第四天产卵。产卵期一般7～8d，最短3d，最长12d。成虫不同世代、同世代不同雌虫产卵量差异大，73～638粒不等。卵绝大多数产于棉叶背面，以叶脉边缘分布较多。

卵发育的适温为19～29℃，温度愈高，所需时间愈短。在自然状况下，29.4℃为2.8d，27.2℃为3.2d，22.6℃为4.1d，19.2℃为9d。

幼虫多在下午及夜间孵化，上午孵化量少，同一天产的卵孵化时间比较整齐。初孵幼虫群集在孵化的叶片上取食，留下表皮；二龄以后开始分散吐丝将棉叶卷成喇叭状，并于卷叶内取食，虫粪排于卷叶内，发生多时，在同一卷叶内可有数头幼虫。幼虫有转移习性，一片叶未吃完，常又转移至其他叶片继续卷叶为害，如棉叶全部被吃光，因食料缺乏，也能食害棉铃的苞叶或幼蕾。幼虫共有5龄，主要在夜晚蜕皮，五龄幼虫老熟后即觅地化蛹，预蛹持续期2～4d。化蛹时以丝将尾端黏于叶上，化蛹于卷叶内。蛹经过7d左右羽化成蛾，一般完成一代约需37d。

四、发生规律

棉大卷叶螟喜荫蔽的环境，其发生数量和棉花受害的轻重，在不同地区、不同年份和不同地块间有很大差异。这些差异与气候条件、棉花生育状况及天敌数量等均有密切关系。

首先棉大卷叶螟的发生数量与降水量、降水时期及棉田湿度关系密切。据调查，多雨年份，特别是秋雨多的年份，其发生数量较大，而干旱年份发生少；有灌溉条件、湿度大的棉田为害重，在旱地棉花上很少发生。

棉大卷叶螟的寄主植物较广。在棉花中，亚洲棉叶片小，陆地棉叶片大，前者较后者受害显著减轻。早熟棉品种比晚熟棉品种受害轻，同一品种棉花生育前期受害轻，生育后期受害重。因此，一般早衰棉田很少见到受害，而生长茂盛荫蔽的棉田受害严重。

转基因棉花的大面积推广种植对棉大卷叶螟种群的发生有一定的抑制作用。田间调查发现，转基因抗虫棉“国抗22”的为害程度及百株虫量均小于亲本对照棉“泗棉3号”，其差异达显著水平；室内饲养结果表明，两个棉花品种均有利于棉大卷叶螟的增殖，但“国抗22”对棉大卷叶螟的抗性明显优于“泗棉3号”，且对棉大卷叶螟成虫有一定的产卵排斥效应。

棉大卷叶螟的天敌昆虫种类丰富。捕食性天敌有蜘蛛类、日本通草蛉［*Chrysoperla nipponensis*（Okamoto）］、龟纹瓢虫［*Propylea japonica*（Thunberg）］、小花蝽（*Orius* sp.）。寄生性天敌有玉米螟厉寄蝇（*Lydella grisescens* Robineau - Desvoidy）、菲岛扁股小蜂（*Elasmus philippinensis* Ashmead）、日本棱角肿腿蜂（*Goniozus japonieus* Ashmead）、棉大卷叶螟绒茧蜂［*Apanteles opacus*（Ashmead）］、棉红铃虫甲腹茧蜂（*Chelonus pectinophorae* Cushman）、羽角姬小蜂（*Sympiesis* sp.）、广黑点瘤姬蜂（*Xanthopimpla punctata* Fabricius）、棉铃虫齿唇姬蜂（*Campoletis chlorideae* Uchida）等。

五、防治技术

棉大卷叶螟系食叶性害虫，三龄以后的幼虫常隐藏于卷叶内，药剂防治困难。因此，需要进行综合治理。药剂防治要掌握在三龄以前。

(一) 越冬防治

结合秋收，收集田间枯枝落叶，铲除田内、田边杂草，清除树叶，及时烧毁或沤肥。4 月前处理完棉秆、铃壳和枯铃等加以烧毁或沤肥，以消灭越冬幼虫，减轻对棉花的为害。

(二) 消灭中间寄主上的虫源

木槿、苘麻、蜀葵、芙蓉等是棉大卷叶螟幼虫的主要中间寄主植物，也是其嗜食寄主。可用药剂防治，以消灭虫源，减轻对棉田的为害。也可利用这些作物作为诱集作物，从而减轻对棉田的压力。

(三) 药剂防治

在棉田一般结合防治其他棉虫，兼治棉大卷叶螟。单独施药防治，可应用 10%氯氰菊酯乳油 2 000～2 500 倍液、2.5%溴氰菊酯乳油 2 500～3 000 倍液、90%敌百虫原药 1 000 倍液以及 1.8%阿维菌素乳油 2 000 倍液等喷雾防治。

杨益众（扬州大学园艺与植物保护学院）

第 45 节　棉 象 甲

一、分布与危害

棉象甲是为害棉花的象甲科昆虫统称，属鞘翅目象甲科。我国已知 10 余种，都是为害棉叶和花蕾的害虫，主要有棉尖象（*Phytoscaphus gossypii* Chao）、小卵象（*Calomycterus obconicus* Chao）、大灰象（*Sympiezomias velatus* Chevrolat）、蓝绿象（*Hypomeces squamosus* Fabricius ）4 种。其他还有棉苗小象（大吻黑筒喙象）（*Lixus vetula* Fabrcius）、玉米象［*Sitophilus zeamais*（Matschulsky）］、蒙古土象（*Xylinophorus mongolicus* Faust）等；在稻、棉轮作区稻象甲［*Echinocnemus squameus*（Billberg）］有时也为害棉花。美洲有为害严重的墨西哥棉铃象（*Anthonomus grandis* Boheman），我国尚未发现，为我国对外检疫对象。

棉尖象分布在我国的黄河流域、长江流域、西北内陆、东北等地区。除为害棉花外，还为害茄子、豆类、玉米、甘薯、谷子、大麻、桃、高粱、小麦、水稻、花生、牧草及杨树等 33 科 85 种植物。

小卵象分布于江苏、浙江、四川、陕西、河北、广东、福建等地。为害棉花、油菜、大豆、番茄、桑、苎麻等。成虫食害桑芽、叶，把叶片吃成缺刻或穿孔，常留有短线状黑色粪便。一般第一代成虫在夏伐后为害桑芽最重，有的把新芽全部吃光，造成桑树迟迟不发芽。

大灰象分布于东北、华北以及山东、河南、湖北、陕西等地。为害玉米、麦类、棉花、花生、节瓜、马铃薯、辣椒、佛手瓜、瓠子、黄瓜、苦瓜、南瓜、丝瓜、甜瓜等。

蒙古土象分布于东北、华北、西北、江苏、内蒙古等地。主要为害棉花、麻类、谷子、莙荙菜、甜菜、瓜类、玉米、花生、大豆、向日葵、高粱、烟草、果树幼苗等。

蓝绿象分布于长江流域以南地区及河南等省份。寄主植物除柑橘外，还有苹果、梨、桃、李、梅、番石榴、龙眼、荔枝、腰果、椰子、罗汉果、猕猴桃、栗、油茶、茶树、榆、松、杉、柚木、枫、杨、枣、大豆、绿豆、花生、棉花、芝麻、高粱、小麦、马铃薯、甘薯、向日葵、烟草等。

二、形态特征

1. 棉尖象（彩图 6-45-1）

成虫：体长 4.1～5.0mm，雌虫较肥大，雄虫较瘦小。体和鞘翅黄褐色，鞘翅上具褐色不规则形云斑，体两侧、腹面黄绿色，具金属光泽。喙长是宽的 2 倍，触角弯曲呈膝状。前胸背板近梯形，具褐色纵纹 3 条。足腿节内侧具 1 个刺状突起。

卵：长约 0.7mm，椭圆形，有光泽。

幼虫：体长 4～6mm，头部、前胸背板黄褐色，体黄白色。虫体后端稍细，末节具管状突起，围绕肛门后方具骨化瓣 5 片，两侧的略小，骨化瓣间各具刺毛 1 根，中间两根刺毛长。

蛹：为裸蛹，长 4～5mm，腹部末端具 2 根尾刺。

2. 小卵象

成虫：雄成虫体长 3.3～3.6mm，宽 1.6～1.8mm；雌成虫体长 3.5～3.9mm，体暗灰色，头部梯形，喙粗短，末端褐色，复眼黑色，椭圆形。触角 11 节，膝状，柄节为全长的 1/2，鞭节 3 节。前胸背板具很多小粒状突起，密生暗灰色鳞毛。1 对鞘翅，翅面上生纵行刻点纹 10 条，且密生圆形的灰白色鳞片，纹间稍隆起。

卵：长 0.8mm，初为乳白色，后变黑褐色。

幼虫：末龄幼虫体长 3mm，初孵化时乳白色，后渐变为黄色。体 12 节，纺锤形，常弯曲。

蛹：长 2.5～2.9mm，初为乳白色，后变黄褐色。

3. 大灰象（彩图 6－45－2）

成虫：体长 10mm 左右，黑色，全身被灰白色鳞毛。前胸背板中央黑褐色。头管短粗，表面有 3 条纵沟，中央一沟黑色。鞘翅上各有 1 个近环状的褐色斑纹和 10 条刻点列。

卵：长椭圆形，长 1mm，初产时乳白色，近孵化时乳黄色。

幼虫：老熟幼虫体长约 14mm，乳白色，头部米黄色，第九腹节末端稍扁。

蛹：长 9～10mm，长椭圆形，乳黄色，头管下垂达前胸。头顶及腹背疏生刺毛，尾端向腹面弯曲。末端两侧各具一刺。

4. 蒙古土象

成虫：体长 4.4～6.0mm，宽 2.3～3.1mm，卵圆形，体灰色，密被灰黑褐色鳞片，鳞片在前胸形成相间的 3 条褐色、2 条白色纵带，内肩和翅面上具白斑，头部呈光亮的铜色，鞘翅上生 10 纵列刻点。头喙短扁，中间细，触角红褐色，膝状，棒状部长卵形，末端尖。前胸长大于宽，后缘有边，两侧圆鼓。鞘翅明显宽于前胸。

卵：长 0.9mm，宽 0.5mm，长椭圆形，初产时乳白色，24h 后变为暗黑色。

幼虫：体长 6～9mm，体乳白色，无足。

蛹：为裸蛹，长 5.5mm，乳黄色，复眼灰色。

5. 蓝绿象

成虫：体宽 5～6mm，雌虫体长 15～18mm，雄虫体长 13～15mm。体被金光闪闪的蓝绿色鳞片（部分个体为灰色、珍珠色、褐色或暗铜色），鳞片表面常附着黄色粉末，鳞片间散布有银灰色毛。触角短而粗，眼突出。前胸背板中间有 1 条宽而深的纵沟。每一鞘翅上各有由 10 条刻点组成的纵沟纹，刻点前端各有短毛 1 根。

卵：椭圆形，长 1.6～2.0mm，宽 0.8～0.9mm，乳白色，后渐变为淡黄色，孵化前为淡灰黑色。

幼虫：老熟幼虫体长 15～18mm，宽 5～7mm。体乳白色或黄白色，头部褐色，前胸背板淡黄色。

蛹：长 13～16mm，胸部最宽处 7～8mm，体淡黄色。

三、生活习性

棉尖象是棉花苗期和蕾铃期常发性害虫，棉尖象成虫喜群集，有假死性，怕强光，夜间为害，一株棉花上有时群聚十几头，甚至几十头。咬食叶柄，被害棉叶萎蔫下垂；咬食嫩端，造成断头；为害苞叶和幼蕾，严重时幼蕾脱落。成虫寿命 30d 左右，羽化后取食 10d 左右开始交尾，2～4d 后产卵。卵多散产在禾本科作物基部一、二茎节表面或气生根、土表、土块下，每雌平均产卵 20 粒左右，卵期约 8d。幼虫孵化后入土，以作物嫩根为食，秋末气温下降，幼虫即下移越冬。

小卵象 1 年发生 1 代，以幼虫在土下越冬。成虫有假死性和群聚性，以早、晚活动为害最烈。除阴雨天全天为害外，一般 7：00 前 18：00 后在棉株上为害，其余时间皆躲入棉株根部四周泥块或落叶下。棉株上的成虫一遇惊动即跌落假死，几秒至几十秒后又继续爬向棉株为害。为害叶片成孔洞或缺刻，亦有的食害叶柄及嫩尖。为害后主要引起落叶，严重的田块造成棉苗光秆，个别棉株会死亡。

大灰象 2 年发生 1 代，以幼虫和成虫在土壤中越冬。4 月中、下旬成虫开始活动，群集于苗基部取食和交尾，白天静伏于表土下或土块缝隙间，夜间活动。成虫、幼虫均可为害，成虫食害幼苗，直至食尽，取食叶片成半圆形缺刻。幼虫取食根系和腐殖质。在棉田成虫取食棉苗的嫩尖和叶片，轻者把叶片食成缺刻或孔洞，重者把棉苗吃成光秆，造成缺苗断垄。5 月下旬成虫开始产卵，雌虫产卵时用足将叶片从两侧向内折合，将卵产在合缝中，分泌黏液将叶片黏合在一起。6 月上旬陆续孵化为幼虫落到地上，然后寻找土块间隙或疏松表土进入土中。幼虫只取食腐殖质和根毛，9月下旬幼虫向下移动至40～80cm深处，做土窝在内越冬。第二年春天继续取食，6月下旬开始在60～80cm深处化蛹。7月羽化为成虫，成虫不出土，在原处越冬。

蒙古土象在内蒙古、东北、华北2年发生1代，黄海地区1～1．5年发生1代，以成虫或幼虫越冬。翌春均温近10℃时，开始出土，成虫白天活动，以10：00前后和16：00前后活动最盛，受惊扰假死落地；夜晚和阴雨天很少活动，多潜伏在枝叶间和作物根际土缝中。产卵期约40余d，每雌可产卵200余粒，卵期11～19d。5～6月棉花受害最重。

蓝绿象每年发生1代，以成虫及幼虫在土中越冬。成虫活动性不强，刚出土时常群集活动和取食，有假死习性。出土后10d后交配产卵，卵散产于叶片上。成虫一生多次产卵，产卵期长达57～98d。卵多在中午孵化，孵化出的幼虫即落地入土。幼虫共5龄，少数6龄，初龄幼虫多在10～15cm深的表土中取食植物须根和腐殖质，二、三龄幼虫常互相残杀，高龄幼虫深居于40～60cm深的土中。幼虫老熟后在土中造广椭圆形蛹室及从蛹室通向土表的隧道1条，在蛹室中化蛹。蛹期12～15d，成虫羽化后通过隧道，顶开孔口盖爬出土面。

四、发生规律

棉尖象在南、北棉区均1年发生1代，大多以幼虫在玉米、大豆根部的土壤中越冬。4～5月气温升高，幼虫上升至表土层，在黄河流域5月下旬至6月下旬化蛹，6月上旬成虫出现，6月中旬至7月中旬进入为害盛期。在长江流域于5月中旬化蛹，5月中、下旬成虫出现。成虫喜在发育早、现蕾多的棉田为害。具避光、假死和群迁习性，喜欢群居于草堆和杨树枝把中。温度高、湿度大，幼虫化蛹和成虫羽化相应提前，棉田前茬为玉米和黄豆时，虫量大，受害重。

小卵象在南、北棉区均1年发生1代，在棉花出苗至现蕾前为害，温度偏低有利于小卵象的发生，气温较高时小卵象繁殖受到抑制，虫口迅速下降，时晴时雨天气有利于小卵象的发生。以幼虫在被害作物地耕层土里越冬，5月中、下旬化蛹，10d左右成虫出现，成虫取食地面上的杂草，棉花出苗后，开始为害棉苗。7月上旬交配产卵，7月中旬卵孵化。6月下旬至7月中旬是为害盛期。

大灰象两年1代，第一年以幼虫越冬，第二年以成虫越冬。4月中、下旬成虫开始活动，5月下旬开始产卵，6月下旬陆续孵化，幼虫取食腐殖质和植物根系，随着温度降低，幼虫下移，9月下旬在60～80cm深的土中越冬。翌春越冬幼虫上升至表土层继续取食，6月下旬开始化蛹，7月中旬羽化为成虫，在原地越冬。

蒙古土象一般5月开始产卵，5月下旬幼虫开始孵化，幼虫生活于土中，为害棉花地下部组织，至9月末筑土室于内越冬。翌春继续活动为害，至6月中旬开始老熟，筑土室于内化蛹，7月上旬开始羽化，不出土即在蛹室内越冬，第三年4月出土，两年发生1代。

蓝绿象成虫于4月中旬开始出土为害，至6月中、下旬成虫数量达高峰，是为害棉花的盛期；8月田间虫口数量减少，至10月底田间成虫基本不见。

五、防治技术

(一) 农业防治

成虫出土期在棉田行间挖10cm深的小坑，坑底撒毒土，上边堆放一些青草、树叶等，次日清晨集中杀死。

(二) 人工防治

主要是利用棉象甲的假死性，可在黄昏时一手持盆置于棉株下面，一手摇动棉株使其落入盆中，然后集中杀死。

(三) 化学防治

百株虫量达30～50头，花蕾期百株虫量100头时，可选用50%辛硫磷乳油、40%丙溴磷乳油等1 000～1 500倍液喷雾防治。

崔金杰（中国农业科学院棉花研究所）

第46节 棉　　蝗

一、分布与危害

棉蝗［*Chondracris rosea rosea*（De Geer）］属斑腿蝗科棉蝗属。俗称大青蝗、蹬山倒。

棉蝗在我国分布于内蒙古、河北、山东、陕西、江苏、浙江、湖北、湖南、江西、广东、海南、广西、云南、福建；国外分布于缅甸、斯里兰卡、印度、日本、印度尼西亚、尼泊尔、越南、朝鲜。棉蝗食性较杂，成虫和蝗蝻均为害棉花、水稻、玉米、高粱、大豆、谷子、绿豆、豇豆、甘薯、马铃薯、苎麻、甘蔗、茶、竹、樟树、柑橘、椰子、木麻黄等。其中最喜欢取食的是黄豆、棉花、花生、苎麻、蒲葵、芭蕉、泡桐等。为害特点是取食叶片成缺刻或孔洞。

20世纪90年代，棉蝗在我国许多地区严重发生。1989年在淮北大豆田发生，每平方米虫口密度达到60头，减产5%～20%。1993年福建省长乐市沿海木麻黄防护林发生百年不遇的棉蝗虫灾，近百万平方米木麻黄枝叶被蚕食殆尽，犹如火烧一般，有虫株率达100%，最高虫口密度达每株上千头，虫灾以每日数万平方米的速度危及500hm^2木麻黄，最高虫口密度达500头/m^2以上，2004年再度暴发成灾，受害面积1 095hm^2，最高虫口密度达100头/m^2以上。

二、形态特征

成虫：雄性成虫体长45～51mm，雌性体长60～80mm，雄性前翅长12～13mm，雌性前翅长16～21mm，身体黄绿色，后翅基部玫瑰色，体表有较密的绒毛和粗大刻点。头较大，头顶钝圆，颜面略向后倾斜，较前胸背板长度略短。触角丝状，向后到达后足股节基部，中段一节长为宽的3.3～4倍。前胸腹板突为长圆锥形，向后极弯曲，顶端接近中胸腹板。前翅发达，长达后足胫节中部，后翅与前翅近等长。头顶中部、前胸背板沿中隆线及前翅臀脉域生黄色纵条纹。后足股节内侧黄色，胫节、跗节红色，后足胫节上侧的上隆线有细齿，但无外端刺。雄虫腹部末节背板中央纵裂，肛上板三角形，基半中央有纵沟。雌虫肛上板亦为三角形，中央有横沟。下生殖板后缘中央三角形突出，产卵瓣短粗。

卵：圆柱形，中间稍弯，刚产的卵呈黄色，经数天变成茶褐色。蝗蝻共6龄，个别雌虫可有7龄。

一龄蝗蝻：体长1.05～1.18mm，复眼条纹1，触角13～14节，翅芽不明显，前胸背板上、下缘长度近似相等，后缘不向后突出。外生殖器难以辨认。

二龄蝗蝻：体长1.21～1.40mm，复眼条纹2，触角19节，翅芽开始可见，但向后突出不明显。前胸背板上、下缘变大，后缘不向后突出。外生殖器隐约可辨。

三龄蝗蝻：体长1.70～1.95mm，复眼条纹2，触角21节，翅芽明显，向后突出，前翅芽较尖，后翅芽较宽，呈三角形。前胸背板上、下缘比二龄大，上缘微隆起，后缘略向后突出。外生殖器较明显。

四龄蝗蝻：雌虫体长2.45～2.90mm，雄虫体长2.10～2.70mm，复眼条纹3，触角23～24节，多数23节，翅芽进一步向后突出，翅芽尖指向斜后方，前翅芽小于后翅芽，翅脉隐约可见。前胸背板上、下缘比三龄大，上缘隆起较明显，后缘向后突出明显。外生殖器明显。

五龄蝗蝻：雌虫体长3.30～4.20mm，雄虫体长3.10～3.30mm，复眼条纹5，触角25节，翅芽开始覆盖于背部，前翅芽在后翅芽内方，翅芽伸达第二腹节背板前缘附近，未盖及听器。中、后胸背板已见不到。

六龄蝗蝻：雌虫体长4.20～5.10mm，雄虫体长3.60～4.10mm，复眼条纹6，触角27节，翅芽伸达第四腹节背板前缘附近，盖及听器，翅脉已具雏形。

七龄蝗蝻：雌虫体长4.56～5.50mm，复眼条纹6，触角29节，仅见于雌虫。

一般而言，一至四龄与五、六龄蝗蝻的显著区别是从五龄开始前、后翅芽向上翻折，在背部合拢；一、二龄的区别是二龄翅芽模糊可辨，而一龄不明显；三、四龄的区别是三龄前后翅芽差异不大，而四龄前翅芽明显小于后翅芽；五、六龄的区别是五龄翅芽伸达第二腹节前缘附近，未盖及听器，而六龄翅芽伸达第四腹节背板前缘附近，盖及听器。

三、生活习性

棉蝗为多食性害虫，为害禾本科及其他多种粮食和经济作物，尤其对棉花的为害极大，造成粮、棉及其他经济作物减产。

成虫羽化后取食10d左右开始交尾，交尾在白天、晚上均可进行，以14：00～18：00常见，有多次交尾的习性，每次历时3～24h。偶受外界骚扰，并不即时离散，交尾后继续取食。产卵高峰在7月下旬至8月中旬，多在11：00～13：00产卵。雌蝗产卵往往选择土质颗粒大、不易黏结，较干燥、地势较高、人类耕作干扰少且向阳的地方，因为这些地方不易被水淹没，渗透性强，土壤通气性好，温度较高，有利于春季幼虫孵出。极少在积水地、杂草地或郁闭度较大、地被物较多的林地产卵。棉蝗繁殖力强，每雌可产1～2块卵块，每卵块中有卵107～151粒。卵长椭圆形，中间稍变曲，初产时黄色，数日后变为褐色。卵粒通常不规则地沉积于卵块下半部，上半部为产卵后排出的乳白色胶状物。卵孵化期长达1个多月，因为卵囊有保护作用，因此卵的孵化率极高，在95%以上。棉蝗完全能够依靠孤雌生殖进行繁殖，孤雌生殖棉蝗体型小、全代生育期短、产卵少、孵化率低。

临近孵化的卵壳透明，呈绿色，同一卵块卵粒按先上部后下部的顺序孵化，卵孵化多在7：00～12：00。孵化后，幼蝻先沿着卵块顶部的泡状物，借身体的蠕动钻出沙层，留下一段虫道，经3 min左右蜕去卵膜，即可跳跃，24h后即可取食，有群聚性。

二龄前幼蝻食量小，三龄后食量逐渐增大，以五龄至成虫交尾前食量最大。取食时间一般在6：00～8：00叶片露水未干时，幼蝻在叶片表面为害，在8：00叶片露水蒸发后，幼蝻转移至叶片背面为害。一龄期的跳蝻，身体较软，少跳跃，一般取食较低矮的植物，如黄豆、花生、绿豆、四季豆、紫苏等。二龄期的跳蝻身体较结实，善跳跃，可取食较高的植物，如玉米、泡桐、棉花、苎麻等。取食时，先将叶片咬成小孔，后咬成缺刻。三龄至七龄，食量渐增，可将整片叶吃光，或只留叶脉。虫体随着龄期的增加而增大，跳跃能力增强，活动范围扩大。二龄前蝗蝻群集取食，数百头乃至成千头聚集取食，三、四龄后开始分散活动。

羽化后的棉蝗能够较远地迁移，为害更高的植物，并能异地为害，可取食芭蕉芋、菜豆、蒲葵、红蕉、风车草、走马风、芭蕉等。成虫一般在寄主上生活70～80 d。寄主植株受害后，生长缓慢，影响开花结果，严重的植株枯死。

据试验，棉蝗一生中的累积总食量，如以大豆叶片为食料时，其新鲜重量为75～80 g，若以干重计为13.5～14.5g。一般情况下，成虫期的食量为蝻期的3～4倍。

四、发生规律

棉蝗每年发生1代，以卵块在土中越冬。在河南于5月下旬孵化，6月上旬进入盛期，7月中旬为成虫羽化盛期，9月后成虫开始产卵越冬。在广东于4～5月开始孵化，6～7月为成虫羽化盛期，至10月中、下旬才相继产卵死亡。在福建沿海孵化盛期为5月底至6月初，7月下旬至8月中旬陆续羽化为成虫，成虫于8～10月交尾产卵后逐渐死亡。在武汉于6月中旬孵化，蝗蝻的发生期为5月中旬至8月中旬，成虫期为8月上旬至10月下旬。

(一) 寄主植物

棉蝗食性较杂，取食不同食料的棉蝗生长发育、成活率及生殖力都有差异。四龄蝗蝻取食麻类不能存活，取食芦苇、狗尾草的蝗蝻虽然完成一个龄期，但与用大豆、棉花等食料饲养的蝗蝻对比，分别推迟3 d、4 d和2 d才完成一个龄期，且虫体较小，体长比正常蝗蝻短1～1.5mm，且不能正常完成各发育阶段，并出现器官残缺现象。饲以不同食料植物，棉蝗的生殖力也有所不同。在饲以栽培作物时，以取食大豆、棉花、山芋等生殖力最强，其次为水稻等。在饲以野生植物时，以水葫芦、莎草生殖力高，而强迫取食狗尾草、爬根草、芦苇等生殖力最低，有的虽可勉强交配、产卵，但次数少，产卵量极少，有的大部分在地面上产卵，造成无效卵。

棉蝗发生地往往植被丰富，在集约度高的农田或林地发生较轻，而在集约度不高的农田或林地易发生严重。

（二）气候条件

棉蝗卵的发育起点温度为18.13 ℃，有效积温为462.96℃，棉蝗卵的适宜发育温度为31～34℃、土壤含水量为8%～12%，而34℃、12%土壤含水量组合最有利于卵的孵化和发育，卵发育速率为0.0346，孵化率为95%。一至六龄蝻及整个蝻期的发育起点温度分别为19.04℃、21.28℃、20.23℃、20℃、19.93℃、17.02℃和19.78℃，有效积温分别为87.48℃、59.65℃、70.41℃、76.96℃、86.41℃、178.61℃和513.19℃。在25～34℃条件下，卵和蝗蝻的发育速率随温度的升高而增大。

若、成虫发生期气候干旱，会促使其取食，因为棉蝗取食的食物大部分未经消化即排出体外，它们取食不仅为了获得营养，同时还为了获取水分，因此在干旱年份取食量大，为害特别严重。

（三）土壤条件

土壤条件往往是抑制棉蝗发生的重要因素。棉蝗产卵选择的环境条件也比较严格，选择土质颗粒较大、不易黏结、较干燥、地势较高、人类耕作干扰少的地方，因为这些地方不易被水淹没、渗透性强、土壤通气性好、温度较高，有利于春季幼虫孵出。因此，在农田边缘及田埂的土壤中，聚集密度明显大。极少在积水地、杂草地或郁闭度较大、地被物较多的林地产卵。

（四）天敌

蝗虫的天敌在减少静态蝗虫群集和群集种群的增长速度方面具有不可忽视的作用。棉蝗的天敌昆虫有蜂虻科、丽蝇科、皮金龟科、食虫虻科、步甲科、拟步甲科、麻蝇科和缘腹细蜂科。寄生螨红蝗螨、三角真绒螨、拟蛛赤螨、格氏灰足跗线螨等均可寄生在蝗蝻和成虫体表。除此之外，格氏灰足跗线螨非常喜食蝗卵，还有一些红螨类的其他种类寄生在不同蝗虫的卵囊内。许多鸟类如粉红椋鸟、灰椋鸟、喜鹊、灰喜鹊、百灵鸟、乌鸦、池鹭、小白鹭等都善于捕食蝗虫。用鸟类灭蝗虽然不如化学治蝗效率高，但具有较好的经济效益、生态效益，且有益于蝗灾的可持续治理。

五、防治技术

在“改治并举，根除蝗害”的治蝗方针指导下，综合采用生态调控、生物防治、化学防治等蝗灾治理措施，我国的蝗虫测报、防治和蝗虫发生基地的改造取得了极其显著的成绩。

（一）生态调控

针对棉蝗的食性和发生特点，有针对性地调整植物群落结构，蝗区植物的多样性会延长蝗虫寻找食物的时间，植物的高覆盖度可减少棉蝗产卵的场所。在蝗虫发生基地大搞植树造林，使其密集成荫，绿化堤岸、道路，改变蝗区的小气候，减少棉蝗产卵繁殖的适生场所。这样既绿化了环境，又减少了蝗虫的发生数量。同时，植树造林还有利于鸟类的栖息，提高蝗虫天敌存量和控制蝗虫种群。这是长期控制蝗灾的有效途径。

（二）农业防治

提高复种指数，避免和减少撂荒现象。因地制宜，合理规划农、林、渔等产业。在秋、春季铲除田埂、地边5cm以上的土及杂草，把卵块暴露在地面晒干或冻死。在蝗虫产卵后对土地进行深耕翻土，既可将蝗卵深埋于地下，使其无法孵化出土，也可进行浅耕翻土，将产于地表的蝗卵翻出，因暴露而不能孵化或被天敌捕食。

（三）生物防治

生物防治是一种可持续控制蝗灾的新途径，包括微生物农药（如绿僵菌、微孢子虫、痘病毒）、植物源农药（如天然除虫菊酯）、昆虫信息素（如蝗虫聚集素）等。可在棉蝗聚集取食阶段喷洒蝗虫微生物农药，微生物农药还可与氟虫脲等特异性杀虫剂协调应用或混配使用，实现了速效与长效、化防与生防协调治蝗的目的。

对蝗虫有抑制作用的天敌大约有八大类70余种，包括菌类、线虫、螨类、昆虫类、蜘蛛类、两栖类、爬行类和鸟类。其中昆虫类、菌类、鸟类等已被作为生物防治手段加以研究利用。另外，天敌昆虫在治蝗中具有较大的潜力。

（四）化学防治

化学防治是蝗虫综合治理的重要措施之一，也是在蝗虫大暴发时采取的主要应急方法，其灭蝗率高达90%以上。化学农药治蝗具有经济、简便、快速、高效、效果较稳定等特点，特别是应用飞机喷洒农药，速度快、效率高，对于大面积、高密度猖獗发生的蝗虫是必不可少的手段。近年来，山东省植物保护总站研究利用 GPS 卫星定位系统和 GIS 地理信息系统进行东亚飞蝗的蝗情侦察、预测预报和包括飞机喷药导航在内的综合治理工作，成效显著。

在蝗蝻尚未分散为害前，可用 45%马拉硫磷乳油、80%敌敌畏乳油、2.5%溴氰菊酯乳油、10%氯氰菊酯乳油等制剂对水成 1 000～1 500 倍液喷雾。也可用 90%敌百虫晶体 50g 拌炒香的麦麸、豆饼 5kg 制成毒饵撒于田间诱杀。棉蝗的林间防治应在跳蝻上树为害前，即 5 月下旬及 6 月上旬进行两次防治，效果好，可控制该虫的发生蔓延。

（五）人工防治

人工防治是最古老、最直接的治蝗方法，在古代多采用，现在已很少采用。虫口密度不大时，可组织人工撒网捕杀，变害为宝，饲喂禽类或制成动物性饲料。

崔金杰　张帅（中国农业科学院棉花研究所）

第 47 节　双斑长跗萤叶甲

一、分布与危害

双斑长跗萤叶甲［*Monolepta hieroglyphica*（Motschulsky）］别名双斑长足跗萤叶甲、双斑萤叶甲，属鞘翅目叶甲科萤叶甲亚科长跗萤叶甲属。

国外主要分布区域有俄罗斯（西伯利亚）、朝鲜、日本、印度、菲律宾、印度尼西亚、新加坡、马来西亚、越南北部、缅甸、印度东部等国家和地区。我国分布于黑龙江、吉林、辽宁、内蒙古、宁夏、甘肃、河北、山西、陕西、江苏、浙江、湖北、湖南、江西、福建、台湾、广东、广西、四川、云南和贵州等省份。1998 年，在新疆奎屯车排子垦区棉田首次发现双斑长跗萤叶甲为害棉花，为新疆棉区的一种新发生害虫，在博乐、奎屯、石河子、昌吉、五家渠、呼图壁、玛纳斯、哈密等地区蔓延，目前已广泛分布于北疆棉田。

主要为害棉花，其次还为害玉米、谷子、高粱、豆类、甘蔗、青麻、十字花科蔬菜、马铃薯、胡萝卜、茼蒿、麻芋、向日葵、辣椒、榆树、刺儿菜、田旋花、苘麻、枸杞、葡萄等植物。

程宏祚在山西长治市郊 6 个县谷田多点调查显示，一般每穗有成虫 1～3 头，多者 5 头以上，在谷子抽穗前仅啃食叶肉，留下表皮，影响不大。抽穗后集中在穗部为害，取食花药、小花及嫩粒，使成粒数减少，影响产量。通过单穗、罩网、袋接不同量的成虫试验，测得接不同虫量为害的产量损失，每穗一头成虫可造成 2.34%的产量损失，随着虫量的增加损失也逐步上升，虫量与为害损失的回归方程为 $y=1.596+1.058x$；推算一般年份每穗含成虫 1～3 头，可造成产量损失 3%～5%，发生严重年份损失更重。据此认为该虫应作为谷子穗期的主要害虫，采取措施加以控制。

2000 年双斑长跗萤叶甲在吉林省东辽县大发生，据杨光安调查，玉米被害株率达 50%～80%，被害叶率达 6.3%～24%；大豆被害株率达 100%，被害叶率为 85.2%，严重影响作物的光合作用。成虫群集为害，大豆百株虫量高达 400～1 400 头。7 月下旬该虫又转移到玉米和水稻上为害，取食玉米花丝和稻穗，水稻百穗虫口量可达 300～450 头。7～8 月在蔬菜上调查，双斑长跗萤叶甲还为害菜豆、胡萝卜、茄子等作物，双斑长跗萤叶甲是一种突发型的害虫，尤其在干旱年份发生重。

2001 年在新疆农七师就发现双斑长跗萤叶甲开始点片为害棉花，至 2004 年为害面积达 1.3 万～2 万 hm^2，占全师棉花种植面积的 1/4，石河子地区棉田 2004 年开始点片发生并有不同程度的为害，2005 年农八师为害面积达 1.8 万 hm^2，该虫已经成为新疆棉花的主要害虫之一。进入 21 世纪以来，双斑长跗萤叶甲在陕西、吉林、山西、宁夏等地的玉米或谷子上都有为害加重的趋势。双斑长跗萤叶甲对棉花、玉米的为害症状不同，成虫为害棉花的叶片和花蕾，常在棉株中上部叶片背面啃食棉叶，被害叶片上表皮或下表皮被食后，形成许多不规则斑块，2～3d 后干枯，形成缺刻或破孔，为害严重时，仅剩下叶脉和叶片的上表皮或下表皮。影响了棉花的光合作用，直接影响了棉花生长发育，造成减产。成虫期对棉花的花蕾也造成危害，受害花蕾露出花蕊、花冠残缺不全，影响了花蕾生长及授粉坐铃，导致棉花减产及品质下降。在玉米叶片上首先沿两小脉间纵向取食，成虫蚕食下表皮及叶肉，留上表皮和叶脉，形成带状透明为害斑，长3～11mm，远看呈大面积不规则白斑，严重时为害斑相连成片，上表皮干枯脱落后叶片支离破碎，8月中旬玉米抽雄吐丝后群集取食小穗、花丝、苞叶及嫩粒。玉米受害后，叶片光合面积减少，授粉及灌浆受阻、雄穗成粒数减少，发生严重时还蚕食果穗顶部裸露幼粒，造成玉米产量损失。

双斑长跗萤叶甲主要以成虫为害棉花上部叶片，初为害或数量少时，仅取食上表皮及叶肉，形成凹陷，几天后凹陷由绿色变成黄褐色，形成花叶。为害时间较长或数量较大时，叶片形成缺刻，受害处变成黄褐色，最后形成枯斑，为害严重时形成网状叶脉，影响叶片的光合作用，导致营养恶化、叶色发黄，被害部位焦枯，使生长发育受阻，易形成弱苗，从而影响棉花的正常生长。幼虫为害棉花在地下食根或蛀茎、蛀根。

在新疆棉区棉花初蕾期（5月底至6月初）以成虫出现，棉花大量现蕾后虫口逐渐回升，6月中、下旬在棉田可形成庞大种群，为害达到高峰期。据高淑华2005年6月20日调查统计，在农七师车排子垦区部分棉田棉花受害株率达80%以上，百株虫口达68头，棉田网捕调查，在发生较重的点片上百网虫口高达500头以上。6月下旬成虫开始交尾，7月棉田花铃期阶段，虫口虽然有所递减，但棉田分布为害仍然较广；8～9月上旬田间虫口下降。9月中、下旬棉田虫口基本消失，为害明显减轻。雌成虫羽化后平均15d左右开始产卵，雌成虫可多次交配、多次产卵，以卵在表土中越冬。据奎屯2005年5月27日调查，百株单叶受害率为5%左右；石河子6月4日棉田调查，百株单叶受害率为6%左右。双斑长跗萤叶甲成虫期3个多月，初羽化的成虫喜在地边、沟旁杂草上活动，后转移到棉田为害，一般为害盛期在6月15～30日。成虫为害期长达90d。

近几年，双斑长跗萤叶甲在陕西玉米作物上的为害逐年加剧，王立仁调查，在陕西该虫自2001年在岐山县部分玉米田发生以来，为害逐年加重，2004年虫田率90.0%，虫株率10.6%，平均百株虫量14.6头，2005年则分别上升为94.4%、21.3%和36.8头，严重田块虫株率达95%以上。玉米减产6%～10%，现已成为该县玉米生产上的重要害虫之一。

二、形态特征（彩图6-47-1）

双斑长跗萤叶甲系全变态害虫，一生经过卵、幼虫、蛹和成虫4个虫期。

成虫：长3.6～4.8mm，宽2.0～2.5mm，长卵形，棕黄色，有光泽，头、前胸背板色较深，有时为橙红色，鞘翅淡黄色，每个鞘翅基半部有一个近于圆形的淡色斑，周缘为黑色，淡色斑的后外侧常不完全封闭，它后面的黑色带纹向后突伸成角状，有些个体黑色带纹模糊不清或完全消失。鞘翅缘折及小盾片一般黑色。足胫节端半部与跗节黑色。中、后胸腹面黑色。头部三角形的额区稍隆，额瘤横宽，二瘤间有一细沟，具极细刻点；复眼较大，卵圆形，明显突出。触角11节，长度约为体长的2/3，基部一至三节褐黄色，第二、三节变短，第二、三节长之和大约与其他节相等。前胸背板很宽，长宽之比约为2∶3，表面拱突，密布细刻点，四角各具毛1根。小盾片三角形，无刻点。鞘翅被有密而浅细的刻点，侧缘稍膨出，端部合成圆形。后胫节端部具1个长刺，第一后跗节很长，超过其余3节之和。雄虫腹部末节腹板后缘分为3叶，雌虫则完整。

卵：椭圆形，颜色与成虫取食的食物有关。取食棉花时，所产的卵为棕红色，取食白菜、玉米、榆树叶时，卵为淡黄色或黄色。长约0.6mm，宽约0.4mm。卵壳表面有近等边的六角形网纹。

幼虫：长形，初孵化的幼虫淡黄色，随着龄数增加体色渐渐变为黄色。幼虫共3个龄期，一龄头壳宽0.19～0.23mm，二龄0.29～0.32mm，三龄0.42～0.45mm。体表具有排列整齐的瘤突和刚毛，腹节有较深的横褶。幼虫在行动时，体节伸缩幅度很大，初孵幼虫长约2.0mm，三龄幼虫长约10mm，最长可达11.2mm（宽约1.2mm），老熟幼虫化蛹前身体缩短、变粗，并稍弯曲。头部具触角1对，额缝、冠缝清楚，上颚端狭，具3个小齿。胸部3节，各具足1对，前胸背板骨化，颜色较深，腹部稍扁，共9节，自第三节以后明显膨阔。末腹节黑褐色，为一块铲形骨化板，端缘具较长的毛。气门10对，胸部2对，一至八腹节各1对。双斑长跗萤叶甲幼虫腹末节的铲形骨化板是区别于其他幼虫的一个重要特征。

蛹：长2.8～3.5mm，宽约2.0mm，黄色，体表具刚毛。前端为前胸背板，头部位于其下，小盾片三角形，前、后翅位于两侧，前翅盖在后翅上，后胸背板大部分可见，腹部9节，一至七节各有气门1对，第九节末端有1对稍向外弯的刺。腹面可见头部、足、翅及部分腹节。触角自两复眼之间向外侧伸出，端部至前足近口器处，前、中足外露，后足大部分为后翅所覆盖。

三、生活习性

双斑长跗萤叶甲成虫将卵产在表土中，以卵在土中越冬，卵期很长，自然条件下，孵化很不整齐。土壤中分离出的卵为暗红色，室内饲养观察，以棉叶饲养的成虫，所产卵为棕红色，以白菜饲养时，所产卵颜色为淡黄色。卵多产在 0～5cm 深的表土中，最深可达 11cm 左右。

幼虫共 3 龄。经室内饲养观察发现，幼虫淡黄色，并随龄期增加色泽逐渐加深，怕光，喜黑暗。试验发现，种有小麦的瓶内幼虫和蛹的成活率高，这说明大多数幼虫在土中取食。在大田中，幼虫在地下取食寄主植物的根系，不会爬到地面上为害植物。幼虫可以取食棉花、玉米、杂草等植物的根系，完成其发育，幼虫的食量较小，即使一株棉花、玉米苗或杂草的根系遭到多头幼虫为害，也很难发现其受害症状。在调查中发现，玉米诱集带根系土壤有虫率最高，个别地块中百株幼虫率达到 100%（在新疆特殊的种植条件下，棉田两边种有玉米诱集带，主要诱集棉铃虫等害虫产卵，然后集中药剂处理来降低对棉花为害的防治方法）。杂草根系周围的土壤中幼虫率相对最低。

经室内饲养观察发现，蛹初期为黄色，后期触角、翅及体型轮廓等清晰可见。在土壤中，老熟幼虫尾部分泌黏液，用周围的土壤做成土室，幼虫在土室中化蛹。

刚羽化的成虫体色鲜亮，腹部较瘪，体型显得小些，活动性也差。当取食寄主植物，补充营养后，体型正常，活动逐渐迅速。成虫具有以下习性。

取食习性：在田间调查发现，成虫有群集取食的习性；在植物上，自上而下地取食，主要为害棉花上部叶片，取食棉叶上表皮多于下表皮。初为害或数量少时，仅取食上表皮及叶肉，形成凹陷，几天后凹陷由绿色变成黄褐色，形成花叶。为害时间较长或数量较大时，叶片形成缺刻，受害处变成黄褐色，最后形成枯斑，为害严重时形成网状叶脉，影响叶片的光合作用，导致营养恶化、叶色发黄，被害部位焦枯，使生长发育受阻，易形成弱苗，从而影响棉花的正常生长（彩图 6 - 47 - 2）。

趋光性：成虫有弱趋光性，如果晚上有光照射，会爬到有光的一面，日光强烈时常隐蔽在下部叶背或花穗中，在诱虫灯中未发现双斑长跗萤叶甲成虫。

活动习性：成虫在田间分布不均匀。成虫飞翔力弱，一般只能飞 2～5m，早晚气温较低时或风雨天喜躲藏在植物根部或枯叶下。取食和交尾活动都集中在有阳光的白天。成虫除了为害棉花以外，也取食白菜、玉米、沙枣树叶、杨树叶、苍耳、灰藜、刺儿菜。黏土地发生重，沙土地无；弱苗上发生重，开荒地发生多，玉米地边发生多，黏土地发生多，渠道杂草多的地方发生数量多，早晚出现多，中午少。

产卵习性：在棉田，交配产卵期为 6 月中旬至 7 月中旬左右，大约持续 1 个月。饲养观察发现成虫交尾大部分集中在白天，不同个体交尾的具体时间不同，在不受干扰的情况下，一般持续 30～50min。交尾时，雄虫飞到雌虫的背上，然后两性尾部相对相连。雌虫产卵前腹部变粗膨大，各节节间伸展，腹部长度明显超过鞘翅。此时，雌虫行动迟缓。即将产卵前，雌虫先把腹部末端插入土中缝隙处将卵产下。一般会分批产卵，一次几粒到四五十粒不等，大部分卵产于1～5cm 深的表土中，偶尔也将卵产在棉花叶片上。

双斑长跗萤叶甲雌虫多次产卵，部分雌虫从开始产卵到个体死亡一直间歇不断地产卵。雌、雄个体都可多次交配。平均寿命雌虫长于雄虫，25～28℃时，雌虫平均寿命 55～60d，雄虫平均寿命 40～45d。

产卵前期随温度的不同而有差别，在平均温度 25～28℃，15d 左右就开始产卵，雌虫的产卵量与温度有很大关系，在 22～25℃，雌虫产卵量最高，平均可达 90 粒，最高个体产卵量可达 270 粒。单头雌虫间歇产卵。当雌虫产卵达到高峰期后，产卵量逐渐减少，部分雌虫产卵期可超过 90d。

成虫取食棉花，初产卵棕红色而后逐渐变为暗红色。幼虫生活在表土中，个体小，怕光，很少爬离土表，主要取食作物、杂草的根系，完成生长发育，幼虫食量小，没有暴食习性，一般不会造成农作物的受害。幼虫老熟时，做土室准备化蛹，老熟幼虫经过一个预蛹阶段才能化蛹，化蛹前老熟幼虫体节收缩，身体向腹面逐渐蜷曲，最终形成体长缩短、体宽增加的蛹。

成虫在黏土地发生重，沙土或壤土地发生轻；成虫喜食长势弱、叶片老的棉花叶片。成虫喜生活在田间小气候干燥的棉田中，灌溉可驱使双斑长跗萤叶甲成虫转移，能够显著减轻为害。

四、发生规律

双斑长跗萤叶甲在新疆、山西、陕西、河北、吉林 1 年发生 1 代，在陕西、山西等地，双斑长跗萤叶甲主要为害玉米、谷子等作物。卵主要产在地块周围的杂草根系土壤中，翌年越冬卵孵化以后，幼虫取食杂草根系，完成生长发育，成虫羽化后，先在杂草上取食一段时间，再转移到玉米、谷子等作物上为害。在新疆北疆以卵在棉田、玉米田及地边、林带等土壤中 0～15cm 处越冬，并主要在距地表 5cm 以内的土里，尤其在未翻耕过的棉田里数量较多。翌年 4 月中、下旬越冬卵开始孵化，幼虫取食棉花、玉米、杂草等植物的根系完成生长发育，幼虫期 30～40d，5 月底、6 月初成虫开始羽化出土，为害棉花叶片。双斑长跗萤叶甲越冬卵的孵化时间与田间的湿度有很大关系，田间湿度大，越冬卵容易孵化，孵化时间较早，孵化率高。少数越冬卵直到 6～7 月才开始孵化，越冬卵孵化时间的早晚决定成虫在田间的出现时间。6 月下旬至 7 月上旬，在田间成虫种群数量达到高峰期，为害也达到盛期，7 月上旬至中旬产卵达到高峰期。成虫寿命较长，8 月下旬虫口基数逐渐减少，9 月下旬棉花叶片逐渐老化，营养恶化，成虫大量死亡，在田间仅调查到少量成虫。雌成虫羽化后平均 15d 左右开始产卵，雌成虫可多次交配、多次产卵，以卵在表土中越冬。双斑长跗萤叶甲种群数量在 6 月中、下旬至 7 月上旬达到高峰期，此时正值棉花营养生长向生殖生长过渡期，若对其不加以控制，对棉花的生长将造成很大影响。

双斑长跗萤叶甲年生活史见表 6－47－1。

表 6－47－1 双斑长跗萤叶甲在新疆的年生活史

Table 6－47－1 Annual life history of *Monolepta hieroglyphica* in Xinjiang

虫态	1月	2月	3月	4月	5月	6月	7月	8月	9月	10月	11月	12月
卵												
幼虫												
蛹												
成虫												

五、发生与环境关系

（一）寄主植物

陈静等（2007）研究报道了双斑长跗萤叶甲在新疆北疆的为害植物范围。在北疆采用常见的 25 科 54 属 58 种植物，在非选择寄主植物的条件下，该虫可取食 46 种，其中有 25 种最喜欢取食；21 种较喜欢取食；有 12 种根本不取食。此虫在新疆可取食锦葵科的陆地棉；十字花科的芥菜、油菜、沼生焯菜［*Rorippa islandica*（Oed.）Borb.］；菊科的刺儿菜、红花（*Carthamus tinctorius* L.）、向日葵、苦苣菜（*Sonchus oleraceus* L.）；卫矛科的卫矛［*Euonymus alatus*（Thunb.）Sieb.］；茄科的马铃薯、龙葵、番茄；藜科的甜菜、灰藜（*Chenopodium album* L.）；禾本科的玉米、燕麦、狗尾草；旋花科的田旋花、甘薯；车前科的平车前（*Plantago depressa* Willd.）；蓼科的酸模叶蓼（*Polygonum lapathifolium* L.）；大麻科的大麻；豆科的大豆、菜豆、粗毛甘草（*Glycyrrhiza aspera* Pall.）、蚕豆、苦豆子、落花生、树锦鸡儿（*Caragana arborescens* Lam.）、白车轴草（*Trifolium repens* L.）；马齿苋科的马齿苋；葫芦科的丝瓜；蔷薇科的月季、西伯利亚杏［*Armeniaca sibirica*（L.）Lam.］、榆叶梅、草莓；牻牛儿苗科的天竺葵；芍药科的芍药；百合科的新疆百合（*Lilium martagon* var. *pilosiusculum* Freyn）；榆科的白榆（*Ulmus pumila* L.）、欧洲大叶榆（*Ulmus laevis* Pall.）；杨柳科的新疆杨（*Populus alba* var. *pyramidalis* Bge.）、垂柳；壳斗科的夏栎（*Quercus robur* L.）；花忍科的小天蓝绣球（*Phlox drummondii* Hook.）。

（二）温度

温度对双斑长跗萤叶甲发育速率的影响及有效积温：在 19～31℃温度范围内，该虫发育速率随温度的升高而加快；在 19℃、22℃、25℃、28℃和 31℃下，卵期分别为 131.2d、100.1d、73.0d、64.1d 和 58.2d，完成一个世代的历期分别为 224.8d、173.1d、127.4d、108.6d 和 97.6d。卵、幼虫、蛹、产卵前期及世代的发育起点温度分别为 9.8℃、10.8℃、12.6℃、10.1℃和 10.2℃，有效积温分别为1 182.2℃、401.2℃、111.9℃、269.0℃和 1 971.6℃。

温度对成虫繁殖的影响：雌虫产卵量在 22～25℃时最高，高于 25℃或低于 22℃，产卵量逐渐降低，产卵历期明显缩短；25℃时雌虫的平均产卵量为 93.8 粒。温度越高，产卵前期越短，31℃下雌虫的产卵前期为 13.5d。在 19℃、22℃、25℃、28℃和 31℃的温度范围内，雌虫的平均产卵量分别为 29.2 粒、82.1 粒、93.8 粒、73.4 粒和 63.1 粒。

温度对成虫寿命的影响：在 19～31℃时，成虫寿命整体上随温度的升高而缩短。雌虫平均寿命略长于雄虫。在 19℃、22℃、25℃、28℃和 31℃下雌雄成虫平均寿命分别为 64.1d、61.8d、55.6d、42.1d 和 34.7d，个体最高寿命出现在 22℃时，达 156d。

（三）天敌

蠋蝽［*Arma chinensis*（Fallou）］隶属于半翅目蝽科益蝽亚科，是一种重要的捕食性天敌。不仅能捕食多种鳞翅目、鞘翅目幼虫，近来发现其亦能捕食棉田新害虫双斑长跗萤叶甲成虫。蠋蝽对双斑长跗萤叶甲成虫的捕食功能符合 HollingⅡ模型，捕食量随猎物密度的增加而增大，当猎物密度达到一定程度时，捕食量增加缓慢；在猎物密度固定的情况下，随着蠋蝽若虫密度的增加，个体间相互干扰增加，捕食率下降。日最大捕食量为 20.4 头成虫。

六、调查与测报

双斑长跗萤叶甲的空间分布型和抽样技术：通过 Iwao 法、Taylor 幂法则以及聚集度指标等方法，分析了该虫种群的空间分布型，结果表明，成虫符合负二项分布，聚集度指标检验成虫为聚集分布，聚集原因是由外界环境引起的；并建立了成虫在棉田中的理论抽样数学模型，田间随机取样适宜选用平行线、棋盘式和 Z 形。

七、防治技术

（一）农业防治

1. 清除田间、地头杂草，减少幼虫的寄主 新疆棉花普遍采用覆膜栽培技术，如果在播种前不清理田间杂草，棉花播种后，杂草就被束缚在地膜下，杂草往往具有顽强的生命力，仍可在地膜下继续存活，幼虫就可利用膜下特有的高温和充足的食物完成其发育，幼虫的存活率会大大升高，有利于其发生为害。所以，清除田间的杂草对防治双斑长跗萤叶甲尤为重要。

2. 秋耕冬灌 现已证实双斑长跗萤叶甲以卵越冬，秋耕冬灌，既可以直接机械破坏越冬卵，又破坏了卵的越冬场所，恶化了双斑长跗萤叶甲卵的生存环境，可以起到压低越冬卵成活数量的作用，减少次年虫口密度。同时将枯枝落叶翻入土中，能增加土壤肥力。

3. 合理轮作 双斑长跗萤叶甲食性杂、寄主植物多，通过合理地调整作物布局和品种搭配，能减轻双斑长跗萤叶甲对棉花的为害。笔者在田间调查时发现，单子叶植物小麦地中很难见到双斑长跗萤叶甲成虫，因此，在重发生地采用棉花与小麦等作物的间作套种或插花种植能够增加复种指数，丰富棉田天敌资源，维持生态平衡，减轻双斑长跗萤叶甲的发生与为害。

4. 加强田间管理，增强棉花的抗虫能力 双斑长跗萤叶甲喜在长势弱、叶片相对老化的棉花上为害，同时田间小气候相对湿度越小，为害越重。因此，要及时加强肥水的管理，促健苗、壮苗，增强棉花的抗虫能力，同时创造不利于双斑长跗萤叶甲发生为害的环境。

5. 加强对玉米诱集带的管理 在调查中发现，双斑长跗萤叶甲的幼虫在玉米诱集带根系周围的虫量远大于棉花根系周围的虫量，部分棉田玉米诱集带根系周围有虫率接近 100%，玉米的须根系在苗期就很发达，能为幼虫提供丰富的食物。所以，可采用拌种或内吸性药剂来防治幼虫，从而降低成虫对棉花的为害。

（二）物理防治

1. 网捕法 双斑长跗萤叶甲对大多数药剂都比较敏感，相对防效可达 90%以上，但频繁施药杀伤天敌，极易引起棉蚜、棉叶螨的大发生。仅依靠化学防治会给其他害虫的防治带来困难。2005 年在新疆 125 团通过对点片发生的地块施行人工网捕，既降低了虫口数量，又减少了防治成本。

2. 诱集作物 在防治中应考虑利用生物多样性在害虫控制中的效能，增加种植诱集作物，比如豆科植物，菊科金盏菊花，诱杀双斑长跗萤叶甲成虫。这样既可以保护棉花，又可减少喷施化学农药的频率。

（三）生物防治

目前已发现的双斑长跗萤叶甲的天敌种类较少，寄生性的天敌主要有寄生蝇、胡蜂、昆虫病原微生物线虫、真菌、寄生性螨虫等。捕食性的天敌则包括小蜂、蜘蛛、蠋蝽等。在调查中发现，在新疆螳螂、捕食性蜘蛛、胡蜂是双斑长跗萤叶甲的主要天敌，在天敌：猎物＝1：15时，一只螳螂平均每日可捕食5.3头双斑长跗萤叶甲，一头蜘蛛可捕食2.4头成虫。要更好地利用生物防治，首先就要减少农药的使用量，并尽可能地使用对害虫高毒力、对天敌杀伤性小的选择性药剂。

（四）化学防治

虽然双斑长跗萤叶甲成虫对常用的药剂都比较敏感，简单的化学防治就能够控制其为害，但防治措施要得当合理，在采取防治时应尽量减少用药次数，防止引起其他害虫的大发生，施药时尽量与不同类型的药剂交替使用，延缓其抗药性的增加。当大面积发生时常用的药剂有25%噻虫嗪水分散粒剂每667m^2 10～20g（有效浓度25～50mg/L）或2%甲氨基阿维菌素苯甲酸盐可溶液剂每667m^2 15～20 mL进行叶面喷雾。

防治关键时期：要抓住成虫的为害高峰期和产卵高峰期两个有利时期，确保在降低施药次数的前提下能够减少成虫对棉花的为害，降低卵在田间的着落量。在新疆北疆，双斑长跗萤叶甲成虫羽化后取食棉花叶片5～8d后才开始交配，15d左右开始产卵，18～25d产卵达到高峰期。

张建萍（石河子大学农学院）

第48节 美洲斑潜蝇

一、分布与危害

美洲斑潜蝇（*Liriomyza sativae* Blanchard）属双翅目潜蝇科植潜蝇亚科斑潜蝇属。本种最初由Blanchard于1938年根据从阿根廷紫花苜蓿（*Meclicago sativae*）上采到的标本而定名。其后，先后有如下异名：*L. verbenicola* Hering（1951），*L. canomarginis* Frick（1951），*L. pullata* Frick（1952），*L. propepusilla* Frost（1954），*L. minutiseta* Frick（1957），*L. guytona* Freeman（1958），*L. munda* Frick（1958），*Lemurimyza lycopersicae* Pla&Cruz（1981）。英文名称有：Leafminer of Vegetables，Vegetable Leafminer，Serpentine Vegetable Leafminer，Tomato Leafminer。国内文献中文异名有：蔬菜斑潜蝇、苜蓿斑潜蝇、美洲甜瓜斑潜蝇。

美洲斑潜蝇原产新北区、新热带区，近年已蔓延到非洲和亚洲等地。国外分布于阿曼、津巴布韦及北美洲、南美洲大多数国家和地区。我国除西藏、新疆、内蒙古以外的各省均有分布，以南方发生严重。如广东、福建、湖南、湖北、江西、四川、贵州等省份，美洲斑潜蝇已成为以上地区的重要潜蝇。美洲斑潜蝇的寄主种类繁多，我国已记载的有21科100余种，包括棉花、黄瓜、甜瓜、西葫芦、西瓜、冬瓜、丝瓜、南瓜、茄子、番茄、马铃薯、辣椒、烟草、龙葵、白菜、萝卜、芥菜、花椰菜、黄豆、菜豆、豇豆、蚕豆、豌豆、斑豆、羽扇豆、紫苜蓿、白香草木樨、利马豆、芍药、秋菊、万寿菊、蓖麻等。其中，豆科的斑豆、菜豆，葫芦科的黄瓜、丝瓜和茄科的番茄等为其嗜好寄主，在多种瓜菜作物中为害严重。

我国于1993年12月在海南三亚首次发现美洲斑潜蝇，1994年将其列为国内检疫对象。随后美洲斑潜蝇在全国大部分地区迅速扩散，对豆类、瓜类和茄类蔬菜为害严重。1995年美洲斑潜蝇在我国21个省（自治区、直辖市）的大部分蔬菜产区暴发为害，受害面积达148.8万hm^2，一般田块虫株率达30%以上，严重的达100%，造成减产30%～40%，受害特别严重的田块失收。据报道，1994年海南仅秋季蔬菜损失达3亿元，1995年山东损失高达11亿元，1995年河北发生面积近33万hm^2，一般损失20%～30%，秋芸豆几乎绝收；云南、四川均呈暴发之势，云南早春蚕豆因该蝇为害减产超过150万kg，四川损失近3亿元；1996年、1997年调查表明，美洲斑潜蝇对天津、内蒙古、山西、新疆、甘肃等地蔬菜生产均造成重大损失。据1997年海南调查，黄瓜、豇豆等作物植株被害率高达100%，叶片被害率为30%～40%，严重的达80%以上，一般减产20%～30%，重的达50%以上，甚至绝收，叶菜类蔬菜减产5%～10%（彩图6-48-1）。

二、形态特征

成虫：为体型短小，黄黑相间的小型蝇类。雌蝇体长 2.1mm，前翅长 1.7～1.9mm，雄蝇体长 1.4mm，前翅长 1.3～1.5mm。头部颜面、触角鲜黄色，眼眶与额面位于同一平面，后头黑色区域伸至眼眶及上额，使复眼后缘呈黑色，侧额至内后顶鬃基部棕色。中胸背板亮黑色，小盾片黄色，中侧片黄色，其上散布大小易变的黑斑，在浅色个体中，此黑斑收缩成沿下缘伸展的小灰带纹；在深色个体中，此黑斑扩大上升达前缘。腹侧片上有大块三角形黑斑，边缘黄色。足基节和腿节鲜黄色，胫节以下较黑，前足黄褐色，后足黑褐色。翅灰色透明，翅腋瓣和平衡棒黄色。腹部长圆形，大部黑色，仅背片两侧黄色（彩图 6-48-2）。

头部外后顶鬃着生于头部黑色区域，内后顶鬃着生于头部黑色区域或黄色区域。上下额眶鬃各 2 对，均后倾，眶小鬃稀。触角芒状，第三节圆形，从该节侧面伸出触角芒，触角密生微细感觉毛。

中胸背板两侧各有背中鬃 4 根，第一至二根的距离是第二至三根的 2 倍，第三至四根的距离与第二至三根的约相等。中鬃 4 列，排列不规则。翅中室小，M_{3+4}脉末段长度是亚末段的 3～4 倍。

雌、雄成虫有如下区别。雌蝇中侧片毛 4 根，雄蝇 3 根。雌蝇腹部末端几节形成圆筒形产卵管鞘，不用时缩入腹内，产卵时伸出产卵管鞘，并从鞘内伸出产卵管而产卵。雄蝇腹部末端有 1 对背刺突（侧尾叶），其腹面有下端钩突；阳具包被于背刺突中；阳具端部分开，淡色；精囊位于体内。

卵：长 0.3～0.4mm，宽 0.15～0.2mm，长椭圆形，初期淡黄白色，后期淡黄绿色。

幼虫：初龄幼虫体长 0.4～4mm。体色初期淡黄色，中期淡橙黄色，老熟幼虫橙黄色。体圆柱形，稍向腹面弯曲，各体节粗细相似，前端稍细，后端粗钝。头部后面 11 节，其中第一至三节有能自由伸缩的黑色骨化口钩，其外方有小齿 4 个，与口钩后相连的是黑色分叉的咽骨。胸部和腹部各体节相接处侧面有微粒状刺突。气门两端式，前气门 1 对突出于前胸近背中线处，后气门 1 对位于腹末节近背中线处。每个后气门呈圆锥状突起，其顶端又分 3 叉，每叉上有气门开口。

蛹：雌蛹长 1.7～2.1mm，宽 0.5～0.7mm；雄蛹长 1.5～1.7mm，宽 0.7～0.8mm。初蛹淡黄色，中期黑黄色，末期黑色至银灰色。围蛹椭圆形，蛹体末节背面有后气门 1 对，分别着生于左右锥形突上，每个后气门端部有 3 个指状突，中间指状突稍短，气门孔位于指状突顶端。肛门位于蛹腹部腹面第七至八节间中线上，蛹末期体前端几节纵裂成羽化孔，是成虫羽化外出的通道。

区别雌、雄蛹，可测量蛹体末端着生两个后气门锥形突基部间的距离。雌蛹距离为 0.140mm，锥形突基部高度较雄蛹高；雄蛹距离为 0.145mm，其尾端几节较雌蛹宽。

三、生活习性

美洲斑潜蝇年发生代数自北向南为 5～19 代。在海南和广东等地的热带地区 1 年发生 14～19 代；湖南、湖北等华中地区 1 年发生 9～11 代；山东、河北和北京等地区在露地 1 年发生 6～10 代，露地自然条件下不能越冬，但在温室、大棚等保护地内冬季可发生为害。该虫在华中及北方等地一般 1 年只有 1 个发生高峰期。冬季温度较低的地区则以蛹在不同深度的土层和植株残枝落叶中越冬，越冬部位一部分在黄瓜、豇豆、芸豆等作物的残枝落叶和残株架上，其他大部分蛹在地面和土表或缝隙内越冬。美洲斑潜蝇在江苏地区 1 年发生 9～10 代，但世代重叠严重，田间调查时，往往各虫态同时存在。露地蔬菜在 4 月中旬始见，11 月后，随着气温的下降，露地很难查见该虫，但在大棚或日光温室中能延续到翌年 2～3 月。根据积温测算 6 月和 10 月该虫的一代周期为 20d 左右，虫口密度以 10 月上旬为最高峰。美洲斑潜蝇在江苏的露地上不能越冬，但在淮北等地的保护地日光温室中少量虫源可以越冬。在湖南长沙地区，4 月中、下旬越冬蛹陆续开始羽化。成虫即可开始活动，产卵，为害始见期出现在 4 月下旬，5 月初期零星为害，幼虫盛发高峰期分别在 5 月中旬和 10 月中旬。6～9 月因受雨水、高温及食料条件的影响，蔬菜田内虫口数量大幅度下降。12 月中旬以后气温不利于斑潜蝇的发生，该虫发生量明显减少，为害减轻。12 月中、下旬至翌年 3 月均为蛹，并以蛹越冬。广东（如深圳）等一些地区，3 月底越冬代斑潜蝇断续羽化迁移到大田叶菜幼苗取食和产卵。4 月初第一代成虫羽化，中旬进入第二代幼虫期，并在 4～6 月形成第一个高峰期。随着温度的升高，斑潜蝇的发育周期逐渐缩短，并出现世代重叠，多世代多种群为害，一般在 10～12 月出现第二个高峰期。

田间与室内系统观察表明，美洲斑潜蝇成虫羽化时间为7：00～14：00，羽化高峰为8：00～11：00，此间的羽化数量占羽化总数的88%左右。成虫借助顶囊的顶力，先在蛹背部顶端开1个孔，然后靠顶囊的不断收缩和身体的扭动及足的推力将身体带出，这一过程需10～60min，羽化时间与蛹的开孔大小有关，此期内有些成虫会因力竭而死亡。新羽化的成虫除复眼、触角、足的胫节与腿节为浅褐色外，其余皆为鲜黄色，翅未完全展开而紧贴虫体，表现出很强的趋光性，先爬至有光处静伏20min左右，其后舒展虫体并硬化着色，此过程需30～120min。围蛹的大小与羽化率、成虫活力呈正相关，雄虫先于雌虫羽化，雌、雄性比接近1：1，以雌虫略多，雌虫虫体比雄虫大。

成虫具有趋光、趋绿和趋化性，对黄色趋性更强。雌虫飞行能力较强，2日龄飞行能力最强，最长一次连续飞行时间25.00min，距离888.88m。黄卡检测表明，成虫喜欢在离地30～90cm处活动，活动高峰期在8：00～14：00，成虫夜晚不活动。

成虫羽化后24h内即可交配，雌、雄可多次交配。交尾时雄虫爬到雌成虫体背上，用前足握住雌虫中胸，中足抱握住雌虫腹部，后足平压雌虫翅膀，双翅盖于雌虫体上，腹部向下弯曲，将生殖器插入雌虫生殖器进行交配。交配时间通常为10min左右，长的可达35～120min。1次交配足以使1头雌虫所有卵受精。雌虫产卵对寄主有较强的选择性，喜欢在豆类、瓜类、番茄等叶片上产卵。卵产在已展开的叶片正面表皮下，多分布在寄主的叶尖或叶缘，卵散产。产卵时，雌虫弯曲其腹部，将产卵器垂直伸向叶片，产生刺伤点，刺伤点也为雌雄虫的取食点；雄成虫不能造成刺伤点，但可在雌虫造成的刺伤点中取食，叶面上可见到的白色小点即为取食点；雌虫不在产卵孔中取食，因此产卵孔不为白色，用肉眼很难观察到。产卵前期的时间因温度而异，温度高，产卵前期短，反之，则产卵前期相应延长。在平均气温21.4℃、26.1℃、29.9℃、30.9℃和32.3℃条件下，产卵前期分别为3.5d、1.42d、1.12d、1.08d和1.0d。产卵时雌成虫在叶片正面沿叶缘爬行，几分钟后，将头和胸部向叶面轻叩4～5次，多时达20余次，试探叶面是否适合产卵。选定产卵叶片和产卵部位后，即将腹部紧贴叶面，翅平覆体上，伸出产卵管插入叶肉中，虫体与叶面倾斜，呈30°锐角状。从产卵器插入叶片到产卵结束大约需要10s。产卵处呈水渍状产卵痕，孔口凹陷，叶表皮微隆起，卵横卧于叶肉中。1～2d后产卵痕呈白色小斑点。产卵后虫体后退，用口器清理产卵部位，然后飞离叶片或继续在原叶片上爬行，寻找新的产卵部位产卵。雌蝇在产卵时如遇干扰，常抬起后足摆动作御敌状。若干扰较大，则扇动双翅并停止产卵而飞往他处。在1个叶片上可多次产卵。两次产卵间隔时间约20s，在1m^{2}的叶面上可连续产卵4次。卵多产于寄主植物中上部叶片正面，下部老叶片落卵较少，一般不产卵在植株上部未展开的嫩叶上。美洲斑潜蝇产卵量受温度等因素影响较大。在广东广州室内自然气温条件下研究该虫的产卵量，结果表明，室内平均温度23.9℃，相对湿度74.3%的条件下，每雌平均产卵70.6粒，产卵高峰出现在羽化后的第3～7d，卵孵化率90.8%；在室内平均温度为29℃，相对湿度69.0%的条件下，每雌平均产卵124.8粒，产卵高峰在羽化后的第3～10d，卵孵化率达96.5%。在辽宁朝阳地区，6～7月平均温度27.2℃，每雌平均产卵98.5～158.6粒，1d最多产卵24粒，产卵高峰出现在开始产卵后的第2～3d，占总产卵量的53.7%；9月平均室温下降到22℃，每雌平均产卵降至24.5粒；10月上旬室内平均温度低于16.7℃，虽然可见到雌、雄成虫交配，但未见产卵；35℃高温条件下，每雌仅产50多粒卵。在新疆库尔勒地区，每雌平均产卵60～200粒。产卵高峰出现在羽化后的第3～7d。

美洲斑潜蝇成虫具有飞翔能力，但较弱；趋光性弱，有趋密和趋绿性，对橙黄色有一定的趋性；对糖类及瓜类、茄果类和豆类的分泌物有趋性，嗜食瓜叶菊、万寿菊、矮牵牛、美女樱、豇豆、茄子、番茄、小白菜、甜瓜、黄瓜等。

卵散产于刺伤点叶肉内，每一产卵痕中产卵1粒，产卵痕长椭圆形，较饱满透明，而取食痕略凹陷，扇形或不规则形，卵不为肉眼所见。产卵孔比取食孔小，每孔有卵1粒，临近孵化时，卵变为褐色，口钩可见，卵变长，幼虫凭借自身的蠕动和口钩的力量破卵而出，并开始取食。

幼虫分为3龄。初孵幼虫体透明，以挥动黑色口钩取食，一龄幼虫取食量小，故潜道内少见排粪线；从二龄开始，幼虫的取食量增加，可见黑色排粪线分列于潜道两侧，潜道一般由直线变为盘绕弯曲，虫体也从白色变为淡黄色；三龄幼虫食量大增，潜道逐渐加宽。幼虫蛆状，前端锥形，后端平截，靠虫体蠕动而行，老熟幼虫体长达3mm，腹末端有1对上翘的后气门。幼虫临近蜕皮时，隐约可见口钩上的齿增多，即开始形成新口钩；蜕皮时幼虫停止取食，虫体蠕动，蜕下的皮被遗弃在一边，而进入下一龄的幼虫由于虫体长大、食量大增，所以潜道突然变宽（有别于同一龄期内的匀速变宽），剥查潜道时在突然变宽处可见到被遗弃的口钩。老龄幼虫一般在7：00～8：00停止前进，在原地边潜食边转动，形成一个潜食斑，当找到适当的突破口时，幼虫依靠虫体蠕动时的体液压力将寄主叶表皮撕开一个口，先钻出头部，随后借虫体蠕动脱离潜道，此期有一部分幼虫因力竭而亡。脱离潜道的幼虫在叶表面翻滚蠕动，有时甚至呈倒立状，在落入的土中或叶背凹陷处定位，虫体两端开始不断收缩，经20～30min表皮硬化，整个化蛹过程为2～4h。

斑潜蝇主要以雌成虫和幼虫为害寄主植物，幼虫潜食植物叶片是其主要为害方式。雌成虫以尾部产卵器刺伤叶片形成刺伤点，雌、雄成虫用口器通过刺伤点来取食汁液，形成白色斑点状的取食斑，严重影响花卉的美观和蔬菜的质量。由于大量的取食刻点破坏了叶表组织，常常引起大量的细胞坏死，光合作用降低，严重时可导致幼期植株死亡；取食刻点能影响植株的正常生长发育，特别是在嫩叶上形成刻点后，随着叶片的生长刻痕也进一步扩大，在高温时，刻点处易形成坏死斑。另外，斑潜蝇为害不仅降低作物产量，还传播病毒和真菌疾病。雌成虫将卵产于叶片上、下表皮之间，幼虫孵化后，在上、下表皮内来回潜食，形成不规则状的潜道，潜道随着幼虫的生长不断加宽、变长，可明显降低植物的光合作用；为害严重时，可将叶片食成透明状，致使植物叶片枯萎、脱落，幼苗枯死，严重影响作物产量和观赏价值。

四、发生规律

（一）气候条件

温度对美洲斑潜蝇的生长发育有显著的影响。美洲斑潜蝇的世代发育起点温度与有效积温分别为8.77℃和295.69℃，适温为20～30℃，在此温度范围内，各虫态的发育历期随温度的升高而缩短，发育速率加快。在35℃高温下，幼虫可以继续发育，而蛹不能发育。因此，35℃是美洲斑潜蝇发育的上限温度。当温度大于34℃或小于19℃时，各虫态的存活率都显著降低。在利马豆上，温度从19℃升高到34℃，卵的发育历期从4.7d降到1.7d，幼虫发育历期从8d降到3.4d。温度对成虫寿命也有一定的影响，成虫寿命随温度的升高而缩短，15℃时，雌、雄虫寿命分别21.0d和11.5d，30℃时分别为14.3d和8.6d。低温对美洲斑潜蝇的化蛹明显不利，当温度在18.2～29.4℃时，温度对化蛹数量和成虫羽化没有明显的影响；幼虫在恒温4.4℃或更低的温度下不能存活；在7.2℃时50%的幼虫不能化蛹，几乎不能羽化出成虫；在10℃条件下幼虫可以化蛹，但不能羽化出成虫；在12.8℃时，只有1/4的蛹可以羽化出成虫；在浙江温州地区，11月中旬露地越冬蛹开始进入滞育状态，滞育期长达110d左右，越冬寄主主要是蚕豆。越冬蛹的过冷却点和结冰点分别为－9.5℃和－9.2℃；各龄幼虫的过冷却点和冷致死时间不同，对低温的忍受能力不同，以一龄幼虫最强，预蛹阶段的幼虫耐寒性最弱。

湿度对美洲斑潜蝇主要表现在对蛹的生长发育与存活的影响，空气相对湿度和土壤含水量对成虫羽化有显著的影响，高温低湿及高温高湿对成虫羽化均不利，20～30℃时，蛹存活及羽化最适宜相对湿度为65%～85%，相对湿度低于45%或者高于95%时羽化率都低于60%；土壤含水量在25%时，成虫的羽化率在84%以上。空气和土壤湿度对美洲斑潜蝇发育与存活影响的研究结果表明，在含水量0～100%土壤中的老熟幼虫均可化蛹，但以含水量为5%的土壤中化蛹率最高，以含水量为100%的土壤化蛹率最低。不同土壤含水量对该蝇的羽化具有明显的影响，在30℃时，以相对含水量为60%的土壤最适于蛹的发育，其蛹期最短，羽化率最高。反之，含水量为100%和含水量为0的土壤均不利于蛹的发育，其蛹期延长，羽化率明显降低。在空气相对湿度为52%、76%和100%，室温为30℃的处理中，蛹的失水率随其日龄的增大而增加。对1996年云南省抚宁县气象要素与美洲斑潜蝇种群数量的相关分析表明，美洲斑潜蝇种群数量与气温、降水量、相对湿度均呈指数相关，并达到极显著水平，而与日照时数无关。逐步回归分析表明，美洲斑潜蝇种群数量的自然对数与气温关系最密切，其次是相对湿度，说明高温高湿不利于美洲斑潜蝇种群数量的增长，降水量和日照时数对美洲斑潜蝇种群影响较小。美洲斑潜蝇初羽化的成虫不耐水浸，对土壤湿度敏感；老熟幼虫连续浸水16h以后全部死亡，但是每天间断浸水4h，连续4d蛹都不会死亡，说明短期暴雨对美洲斑潜蝇蛹的存活没有明显的影响。但如果遇到大暴雨和连续降雨，成虫受到冲刷，土壤积水，湿度大，对蛹的发育极为不利，浸泡过水的蛹羽化率可降低60%。

（二）光照

光照对美洲斑潜蝇化蛹和羽化均有影响。在24h光照条件下，卵发育到蛹需10℃以上有效积温97～

134℃，24h内均有成虫羽化；14L∶10D条件下，卵发育到蛹所需的有效积温数略低于前者，98.5%的成虫在光照期间内羽化；幼虫发育期的光周期长短不影响成虫的羽化，但蛹在全天光照条件下，其发育时间比在14L∶10D条件下长1d多。研究结果表明，美洲斑潜蝇成虫具有一定的向光性，决定了其在作物上的分布位置；围蛹对光的反应表现在蛹历期的长短上，通过室内比较观察，不遮光的蛹历期正常、羽化率高，遮光的蛹历期延长10d左右，羽化率下降；光照还是导致美洲斑潜蝇世代重叠的重要因子之一。

（三）寄主植物

美洲斑潜蝇在不同寄主植物上的种群适合度和增长率有明显的差异。如美洲斑潜蝇在菜豆上的幼虫存活率和发育速率、成虫产卵量明显高于番茄。不同番茄品种上美洲斑潜蝇种群的发生存在明显的差异。叶片茸毛少且长、不光滑、可溶性糖含量高的寄主植物常对美洲斑潜蝇具有一定抗性。

（四）天敌

美洲斑潜蝇的寄生性天敌均为寄生蜂，共7种，分别为底比斯金绿姬小蜂（*Chrysocharis pentheus* Walker）、丽新金姬小蜂［*Neochrysocharis formosa*（Westwood）］、冈崎新金姬小蜂（*Neochrysocharis okazakii* Kamijo）、异角短胸姬小蜂［*Hemiptarsenus varicornis*（Girault）］、黄潜蝇金绿姬小蜂（*Chrysocharis oscinidis* Ashmead）、甘蓝潜蝇茧蜂［*Opius dimidiatus*（Ashmead）］和离斑蝇茧蜂（*Opius dissitus* Muesebeek），其中前5种为幼虫寄生蜂，后2种为幼虫至蛹期的跨期寄生蜂，底比斯金绿姬小蜂和丽新金姬小蜂为优势种，一般情况下美洲斑潜蝇寄生蜂寄生率为15%～20%。美洲斑潜蝇寄生蜂对三龄幼虫的控制作用大于一、二龄幼虫和蛹。在菜豆、豇豆上的控制作用大于丝瓜和黄瓜。

相对于寄生性天敌来说，关于捕食性天敌的研究报道较少。陆自强等（2000）报道革翅目的贝小肥螋（*Euborellia plebeja*）对美洲斑潜蝇具有捕食作用；韩桂仲等（2001）报道，蜘蛛、龟纹瓢虫、异色瓢虫对美洲斑潜蝇都有较好的控制作用；孙宗瑜等（2002）发现，在洛阳地区，美洲斑潜蝇的捕食性天敌主要有2种蚂蚁、3种瓢虫、4种蜘蛛、步甲和草蛉等，这些捕食性天敌取食刚从叶表钻出来尚未化蛹的老熟幼虫或结网捕食成虫；而蚂蚁专在叶面、地面上捕食刚从叶片出来或落到土表的老熟幼虫，受害重的作物植株上及周围土表蚂蚁数量很大，受害轻的作物上蚂蚁较少。

在美国，有2种昆虫病原真菌 *Pseudoperonus poracubensis* 和 *Sphaerotheca fulgina* 对美洲斑潜蝇种群起着主要的控制作用；邱名榜等（1998）发现了一类寄生菌，能使被寄生的美洲斑潜蝇幼虫变黑变软，尸体直接留在虫道内；赵刚等（2000）发现，美洲斑潜蝇蛹在田间被真菌寄生率高达18%；张平磊等（1997）发现，阴雨连绵时，美洲斑潜蝇幼虫易被细菌寄生。

五、防治技术

（一）农业防治

利用美洲斑潜蝇对不同寄主选择性不同的特点，综合地考虑作物空间和时间上的布局，增加农田生态系统的作物种类和作物品种的多样性，尽可能地发挥农田生态系统的自控能力，降低美洲斑潜蝇的为害已成为一种可能。结合田间管理，摘除有虫枝叶，及时清除田间杂草和枯枝落叶，一并带出田外集中烧毁或深埋，已被证明是一项简单有效的措施，这对北方温室尤为重要。合理疏植，减少枝叶隐蔽，造成不利于该虫生长发育的环境，可压低虫口密度，有效控制该虫为害。实行水旱轮作，蛹期结合灌水，增加土壤湿度，可抑制蛹的发育。合理施肥，深翻土壤，以及在虫源地保护作物，周围设置更为敏感的作物作为诱虫带，进行诱集杀灭等措施，控制效果也比较理想。

（二）生物防治

利用有利于天敌繁衍的耕作栽培措施，选择对天敌较安全的选择性农药，并合理减少施用化学农药，保护利用天敌昆虫来控制美洲斑潜蝇种群。

（三）物理防治

美洲斑潜蝇对黄色具有强烈的趋性，利用这种特性可以在田间和大棚内设置黄色黏卡或黄板诱杀成虫，在使用时应注意根据实际情况调整黄板的高度。在温室内亦可白天挂黄板，夜间则用频振式杀虫灯诱杀成虫。在保护地蔬菜栽培中，充分利用太阳辐射能，在地表覆盖膜或者在高温季节封闭大棚40h左右，可以杀死土壤1～2cm表层的蛹。在夏、秋季节，利用设施闲置期，采用密闭大棚、温室的措施，选晴天高温闷棚1周左右，使设施内最高气温达60～70℃，可杀死害虫。在菜园内，可采取覆盖塑料薄膜，深翻土，再覆盖塑料薄膜的方式，使其地温超过 60℃，从而达到高温杀虫以及深埋斑潜蝇卵的作用。

(四) 化学防治

防治指标依地区、作物种类及作物生长发育阶段而定，例如，四川美洲斑潜蝇的防治指标为苗期有虫叶率 5%～10%、生长中期 15%～20%、结果期 20%～30%；冀东地区菜的防治指标为平均每叶有活虫数 2～4 头、丝瓜平均每叶有活虫数 5～8 头；河南豇豆上的防治指标为虫情指数 8～10 等。

一般来说，美洲斑潜蝇的防治指标为田间受害叶片出现 1cm 以下的虫道或虫叶率达到 5%～10%，此时为防治关键期，美洲斑潜蝇最佳防治时期为低龄幼虫盛发期。

防治美洲斑潜蝇的药剂种类较多，防治效果比较好的种类为：生物源类阿维菌素，沙蚕毒素类的杀螟丹、杀虫双、杀虫单，有机磷类的毒死蜱，拟除虫菊酯类的高效氯氟氰菊酯、高效氯氰菊酯、甲氰菊酯，氨基甲酸酯类的速灭威、甲萘威、丁硫克百威，昆虫生长调节剂类的灭蝇胺等。防治效果比较好的药剂及其有效成分用量为：高效氯氟氰菊酯 15～18.75g/hm^2、高效氯氰菊酯 27～33.8g/hm^2、灭蝇胺 150～225g/hm^2、阿维菌素 10.8～21.6g/hm^2、毒死蜱 300～420g/hm^2。其中，阿维菌素类农药因具有对美洲斑潜蝇成虫取食和产卵有显著的忌避作用，对幼虫杀伤力强且持效期长，与其他农药相比对天敌杀伤力弱的特点，赢得了国内外学者的普遍公认，成为目前防治美洲斑潜蝇的首选药剂。生产上应坚持轮换使用不同类型的药剂，以减缓或防止抗性的产生。最佳用药时间应掌握在晨露干后至 11：00。

慕卫（山东农业大学植物保护学院）

第 49 节　扶桑绵粉蚧

一、分布与危害

扶桑绵粉蚧（*Phenacoccus solenopsis* Tinsley）属半翅目粉蚧科绵粉蚧属。首次记录于美国南部的新墨西哥州，采于火蚁属（*Solenopsis*）的蚁巢中，曾一度被认为是土栖粉蚧。直到 1990 年，在美国得克萨斯州发现它为害棉花，随后相继在中美洲、加勒比海地区、墨西哥和南美洲多个国家和地区被发现。2005 年印度和巴基斯坦的棉花遭到一种粉蚧的严重为害，后被证实为扶桑绵粉蚧。目前除欧洲未见报道外，北美洲、南美洲、非洲、大洋洲、亚洲均有分布，北美洲分布于墨西哥、美国、古巴、牙买加、危地马拉、多米尼加、巴拿马；南美洲分布于厄瓜多尔、巴西、智利、阿根廷；非洲分布于尼日利亚、贝宁、喀麦隆；大洋洲分布于新喀里多尼亚；亚洲分布于巴基斯坦、印度、泰国、中国。

扶桑绵粉蚧在我国于 2008 年 8 月在广东广州街道的扶桑上首次被发现和鉴定。由于它是棉花生产的潜在重要害虫，2009 年 2 月 3 日农业部和国家质量监督检验检疫总局联合发布第 1147 号公告，该虫被列入《中华人民共和国进境植物检疫性有害生物名录》，2010 年 5 月 5 日，农业部、国家林业局第 1380 号公告将该虫列入检疫性有害生物。目前扶桑绵粉蚧已在福建、海南、广东、湖南、浙江、江西、广西、云南、四川、江苏、新疆等 11 个省（自治区）局部地区发生。

扶桑绵粉蚧对棉花为害严重。1990 年在美国发现该虫为害棉花，2005 年以来，巴基斯坦大部分地区和印度西北部地区扶桑绵粉蚧严重为害棉花。巴基斯坦塞因得区、旁遮普省和信德省棉花受害严重，其中 18 个种植区中有 11 个发生该虫，发生面积 450 万 hm^2，在 Bt 棉花和非 Bt 棉花上该虫均暴发成灾；2006 年、2007 年棉花产量损失达 12%，旁遮普地区近 40%棉花受害，发生范围正在不断扩大。2009 年 8 月，我国江西永修县三角乡建华村 0.27hm^2 棉花遭受为害，死亡植株 95%以上（毁灭性），并在周边 1.5hm^2 的棉花、芝麻和甘薯等作物上发现了扶桑绵粉蚧的为害。2009 年 9 月，湖南长沙发现棉花试验田遭受扶桑绵粉蚧严重为害，个别地块棉花为毁灭性致死。适生性评估分析结果显示，该虫对我国各大棉区棉花生产威胁巨大，未来可能广布于各棉花产区。

二、形态特征

扶桑绵粉蚧具有雌雄二型现象。雌虫为渐变态：卵、若虫（3 龄）、成虫，即卵→一龄若虫→二龄若虫→三龄若虫→成虫。雄虫为过渐变态：卵、若虫、拟蛹、成虫，即卵→一龄若虫→二龄若虫→拟蛹→成虫。

棉花上扶桑绵粉蚧各虫态形态特征为：

成虫：雄成虫羽化后，腹末端先从白色蜡质絮状物中伸出，而后虫体从絮状物末端开口倒退出来。虫体红褐色，较小，体长（1.24±0.09）mm，体宽（0.30±0.03）mm；复眼突出，呈暗红色；口器退化；触角较长，丝状，10节；具1对发达透明前翅，其上覆盖一层白色薄蜡粉，后翅退化为平衡棒；足发达，红褐色；腹部细长，呈圆筒状，腹末端具有2对白色细长蜡丝，交配器呈锥状突出（彩图6-49-1）。

雌成虫呈椭圆形，初蜕皮时淡黄色，触角9节，体长（2.77±0.28）mm，体宽（1.30±0.14）mm；胸、腹背面的黑色条斑明显；随着取食时间延长，体色加深，身体变大，体表白色蜡粉较厚实，胸、腹背面的黑色条斑在蜡粉覆盖下呈成对的黑色斑点状，其中胸部可见1对，腹部可见3对；体缘蜡突明显，其中腹部末端2～3对较长；在与雄成虫配对之后、临近产卵之前，其体长可达（3.50±0.32）mm，宽（1.84±0.14）mm，而到了生殖期，其体长可达4～5mm、体宽2～3mm。随蜡质物的覆盖，体缘现18对明显蜡突，其中腹部末端2对较长；足发达，呈暗红色，可爬动为害。

卵：长椭圆形，两端钝圆，长（0.33±0.01）mm，宽（0.17±0.01）mm。卵呈淡黄或乳白色，卵壳表面光滑，有光泽，略透明。一端部有2个红色暗点，孵化后即为若虫单眼。卵集生于雌虫生殖孔处产生的棉絮状卵囊中，大多数卵在雌成虫产卵过程中或产卵后0.5h内即孵化，极少数卵在雌虫产后0.5～24h内孵化（彩图6-49-2）。

一龄若虫：长椭圆形，头部钝圆，腹末稍尖，触角6节，体长（0.43±0.03）mm，宽（0.19±0.01）mm。初孵若虫体表光滑，呈淡黄色；头、胸、腹区分明显。单眼突出，呈暗红色；足发达，红棕色。之后体表逐渐覆盖一层薄蜡粉，呈乳白色，但体节分区明显。该龄若虫爬动能力强，从卵囊爬出后短时间内可取食为害（彩图6-49-2）。

二龄若虫：长椭圆形，体缘出现明显齿状突起，尾瓣突出。触角6节，体长（0.80±0.09）mm，宽（0.38±0.04）mm。初蜕皮时呈淡黄色，在其中胸背面亚中区肉眼可见2个黑色点状斑纹，腹部背面有2条黑色条状斑纹。取食1～2d后，虫体明显增大，体表逐渐覆盖乳白色蜡粉，黑色斑纹逐渐清晰。末期雄虫体表蜡质加厚，停止取食，寻找庇护场所等待化蛹，此时雄虫虫体将分泌絮状蜡质物包裹自身；而雌虫则继续取食发育，体表形态特征无明显变化（彩图6-49-3）。

三龄若虫：该龄期只有雌虫。初蜕皮若虫呈椭圆形，淡黄色，较二龄若虫体缘突起明显，尾瓣突出，触角7节，体长（0.32±0.08）mm，体宽（0.63±0.058）mm。前、中胸背面亚中区和腹部一至四节背面清晰可见2条黑斑，胸背2条斑较短，几乎呈点状。2～3d后，体表逐渐被蜡粉覆盖，腹部背面的黑斑比胸部背面的黑斑颜色深，体缘现粗短蜡突（18对），其中腹部末端2对蜡突明显较长。三龄若虫末期虫体明显增大，其体长可达2.0mm左右，外表和雌成虫相似（彩图6-49-3）。

预蛹：该虫期只有雄虫。虫体包裹在其自身分泌的白色蜡质絮状物中，剥去蜡质物，可见虫体呈亮黄棕色，长椭圆形，体表光滑，稀被蜡质物，体背黑色斑纹隐约可见，头、胸、腹开始有所分化。虫体长1.223mm，宽0.5mm。中胸两侧出现半圆形突起，此后蛹期中，该突起发育为翅芽；触角9节，长度不超过翅芽基部。足发达，呈黄棕色，可爬动。虫体可分泌丝状蜡质物覆盖自身。

蛹：该虫期只有雄虫。虫体包裹在其自身分泌的白色蜡质絮状物中，剥去蜡质物，可见黄棕色离蛹（裸蛹），呈长椭圆形，黄褐色，虫体覆盖少量白色蜡粉，头、胸、腹分化显著，体长（1.41±0.02）mm，体宽（0.58±0.06）mm；离蛹足发达，呈黄棕色，可爬动；中胸两侧出现1对明显细长型翅芽；触角10节，长度超过翅芽基部（彩图6-49-2）。

三、生活习性

黄玲等观察在5种不同温度条件下扶桑绵粉蚧各虫态的发育历期，结果见表6-49-1。由表6-49-1可知，在30℃条件下，扶桑绵粉蚧的卵和若虫（一龄、二龄、三龄）的生长发育均较快，发育历期分别为（0.5±0.10）d，（4.5±0.50）d，（2.3±0.26）d和（3.2±0.17）d，产卵前期为（8.1±0.06）d，即30℃条件下，成虫的产卵前期较短。当温度高于30℃时，寄主植物生长状况欠佳，所以不予考虑。

黄玲等根据扶桑绵粉蚧在5种不同温度条件下的发育历期，应用李典谟的直接最优法计算发育起点温度和有效积温，见表6-49-2。由表6-49-2可知，扶桑绵粉蚧雌虫卵期的发育起点温度较低，为10.12℃；二龄若虫期要求的发育起点温度较高，为14.74℃；成虫产卵前期所需的发育起点温度为13.86℃，有效积温为131.99℃。

表 6-49-1 不同温度条件下扶桑绵粉蚧雌虫发育历期（引自黄玲等，2011）

Table 6-49-1 Developmental duration of female *Phenacoccus solenopsis* under different temperatures（from Huang Ling et al.，2011）

温度（℃）	卵期（d）	若虫期（d）			成虫产卵前期（d）
		一龄	二龄	三龄	
18	2.2±0.53a	8.8±0.20a	10.8±0.40a	11.0±1.00a	31.6±0.80a
22	1.5±0.20b	6.8±0.25b	5.0±0.00b	5.0±0.20b	16.2±0.32b
25	1.0±0.10c	4.8±0.20c	3.1±0.06c	3.6±0.17c	12.5±0.30c
28	0.8±0.27c	4.6±0.10c	2.9±0.17c	3.5±0.00c	9.0±0.20d
30	0.5±0.10d	4.5±0.50c	2.3±0.26d	3.2±0.17c	8.1±0.06e

注 表中数据为平均数±标准误，每列数据后的不同小写字母表示差异显著（$P<0.05$）。

表 6-49-2 扶桑绵粉蚧雌虫发育起点温度与有效积温（引自黄玲等，2011）

Table 6-49-2 Lower development threshold（℃）and thermal constant（DD）of female *Phenacoccus solenopsis*（from Huang Ling et al.，2011）

	卵期（d）	若虫期（d）			成虫产卵前期（d）
		一龄	二龄	三龄	
发育起点温度（℃）	14.07±0.56	7.50±0.52	14.74±0.66	13.65±0.71	13.86±0.28
有效积温（℃）	10.12±0.70	94.11±1.63	35.37±0.81	46.60±3.00	131.99±4.60

朱艺勇等研究发现温度对扶桑绵粉蚧的生长发育具有显著影响。在恒温37℃条件下，扶桑绵粉蚧在若虫阶段全部死亡，不能完成整个生活史。而17～32℃范围内，该虫各虫态的发育历期均随着温度的升高而缩短，其中17℃最长，雌虫若虫期50.6d，雄虫若虫及蛹期58.5d，显著长于其他温度；22℃时雌虫若虫期为22.5d，雄虫若虫及蛹期为23.0d；而32℃时最短，雌虫若虫期仅为16.0d，雄虫若虫及蛹期为16.5d；27℃与32℃无明显差异，雌虫若虫期为16.7d，雄虫若虫及蛹期为17.3d。同样，温度也影响到雌成虫的繁殖能力。其中，22℃时平均产卵量最大，为544粒；27℃时为481粒，32℃和17℃的产卵量较小，分别为292粒和196粒，然而在变温环境25～40℃条件下，扶桑绵粉蚧的发育速率更快，雌、雄虫的未成熟期仅为12.6d和12.9d，平均产卵量为329粒。在17～32℃范围内，随着温度的上升，该虫的发育速率同温度呈正相关，当温度为持续的高温时（如恒温37℃），其发育明显受到抑制，甚至死亡；在17～32℃范围内，扶桑绵粉蚧的存活率最高，繁殖力最强，是该虫生长发育的最适宜温度，而高温和低温对扶桑绵粉蚧的生存均是不利的。而在模拟外界夏季高温的变温环境中，扶桑绵粉蚧的发育、存活及繁殖均更快更好，这表明，扶桑绵粉蚧具有极强的环境适应能力，能在我国大部分地区生存繁衍，将严重威胁到棉花等经济作物的安全生产。

关鑫等测定了扶桑绵粉蚧除卵以外其他各虫态的过冷却点和体液结冰点，其中，过冷却点以一龄若虫最低，为－24.02℃；雄虫预蛹次之，为－22.13℃；雄虫蛹、雄虫二龄若虫、雌虫三龄若虫、雄成虫、雌虫二龄若虫、雌成虫过冷却点逐渐升高，分别为－21.08℃、－20.25℃、－19.05℃、－18.42℃、－17.91℃、－16.89℃。体液结冰点也以一龄若虫最低，为－23.2℃，雄虫预蛹次之，为－19.09℃；雄虫蛹、雄虫二龄若虫、雌虫三龄若虫、雌虫二龄若虫、雌成虫、雄成虫结冰点逐渐升高，分别为－16.64℃、－15.81℃、－13.92℃、－13.20℃、－12.85℃、－12.79℃。以上结果表明，扶桑绵粉蚧过冷却点低，耐寒性较强，可能适宜在中国北部更广泛的区域生存。

关鑫等进行了热水处理对扶桑棉粉蚧的致死作用试验，证明扶桑棉粉蚧不同虫态热耐受力，在48℃和50℃30min处理下，各虫态死亡率从小到大依次为：一龄若虫＜二龄若虫＜成虫＜三龄若虫；52℃30min处理下，一龄若虫的死亡率为96.7%，其他虫态均全部死亡。热耐受能力最强的虫态为一龄若虫，同样的处理时间下死亡率随处理温度增高而增加。48℃处理死亡率较低，如处理60min时死亡率为18%左右，需经较长时间处理才能使大部分死亡，处理270min时死亡率为96%。随处理温度升高，达到高死亡率的时间逐渐缩短。如49℃时处理240min死亡率达100%，而50℃时为150min，51℃、52℃和53℃

时分别缩短到60min、40min和6min。

扶桑绵粉蚧多滞留在叶背面或叶正面的叶脉处，二龄若虫和成虫多在茎秆上取食。其中：

一龄若虫没有固定的取食部位，大多在棉花的叶背面，沿叶脉分布。一龄若虫行动活跃，善于爬行，觅食能力强。

二龄若虫在叶片近缘端分布，但大多在寄主植物的茎秆上取食。二龄若虫行动较为缓慢，多固定取食。

三龄若虫在寄主植物叶片远端分布，部分聚集在茎秆顶部取食。

雌成虫多在寄主植物茎秆处取食。

当扶桑绵粉蚧雌雄虫均已发育至成虫阶段，即可交配。交配时，有翅雄虫会寻找雌成虫，一旦发现目标，即靠近雌虫尾部进行交配。扶桑绵粉蚧还可以进行孤雌生殖以繁衍种群；雄成虫的寿命显著短于雌成虫。黄芳等试验在两性生殖种群中观察到，雄成虫死亡后雌成虫仍可继续产卵。

扶桑绵粉蚧的蜡质分泌物起着防御外界病原微生物及真菌感染的保护作用。当扶桑绵粉蚧受到外界干扰时，身体的背部小孔能快速分泌珠状液体，这种珠状液体与空气接触并迅速固化，以起到防御作用。其次，扶桑绵粉蚧在受到寄生性天敌寄生时，可扬起尾部对天敌进行驱赶，避免被寄生蜂寄生。

扶桑绵粉蚧以成虫在土壤表层、枯叶中越冬。越冬过程中，依靠体内的脂肪维持生命。黄玲等采用索氏抽提法测定扶桑绵粉蚧越冬前后体内的脂肪含量。结果表明，越冬前后体内的脂肪含量存在显著差异。越冬前脂肪含量为35.86%，这为扶桑绵粉蚧顺利越冬提供了充足的能源储备；越冬后脂肪含量降为4.9%，此时，寄主植物萌发生长，食物源充足，体内的脂肪含量虽降低至一定水平，但会很快得到补充。

黄芳等研究了棉花、番茄和茄子3种寄主植物对扶桑绵粉蚧生长发育和繁殖的影响。采用的方法为，在恒温27℃下，观察扶桑绵粉蚧的个体发育及种群发展情况，记录并分析各虫态的发育历期、存活率及试验种群生命表参数。其中，扶桑绵粉蚧在3种寄主植物上的平均存活率为：棉花＞茄子＞番茄，存活曲线差异明显，但均以一龄和二龄若虫的死亡率最高；若虫的发育历期除一龄外无显著差异，棉花上蛹期显著长于其他两者，雌性成虫存活历期为：棉花＞番茄、茄子，雄性为棉花、茄子＞番茄；交配过的扶桑绵粉蚧雌成虫多于夜间产卵，但棉花上部分扶桑绵粉蚧可于白天产卵；其在3种寄主植物上的产卵能力为：棉花＞茄子＞番茄；3种寄主植物上扶桑绵粉蚧种群的内禀增长率（r_m）相近且均大于0.1，种群呈增长趋势，但种群增长的速度不快。因此，扶桑绵粉蚧繁殖力及种群发展能力极强，从而使其具备较强的环境适应性，这是其极易大规模发生的主要原因。

郑婷等在室内条件下研究了饥饿对扶桑绵粉蚧不同龄期若虫和初羽化雌成虫存活率和雌成虫产卵量的影响。扶桑绵粉蚧不同虫态在饥饿条件下存活的时间存在显著差异，表现为：雌成虫＞二龄若虫＝三龄若虫＞一龄若虫。扶桑绵粉蚧各龄若虫和雌成虫随着饥饿时间的延长，存活率逐渐下降。其中，雌成虫存活率下降速度较慢，完全饥饿8d后存活率仍为50%左右；二、三龄若虫50%个体死亡需要的饥饿时间约为6d，一龄若虫约需5.5d。饥饿会显著降低一龄若虫存活率，但对二、三龄若虫没有显著影响。扶桑绵粉蚧雌成虫饥饿4d对其产卵前期、平均每头雌虫一生的产卵量没有显著影响，但寿命显著低于对照。证明扶桑绵粉蚧耐饥力较强，这有助于它在自然条件下建立种群。

四、发生规律

扶桑绵粉蚧的寄主范围较广，包括57科149属207种，其中以锦葵科、茄科、菊科、豆科为主，包括农作物、园林植物、杂草和灌木等。我国广东、海南、广西等省（自治区）均发现其为害扶桑；浙江查到寄主有19科29种，其中粮食作物有玉米、甘薯2种，蔬菜有南瓜、青菜、冬瓜、丝瓜和蕹菜5种，还有半藤本灌木或小乔木观赏植物6种，草本花卉5种，杂草11种，以太阳花、五色梅、胭脂花、南瓜、枸杞、小飞蓬受害最严重。新疆在温室和花卉市场内为害的植物有棉花、番茄、烟草、玉麒麟、扶桑、长寿花、金枝玉叶、仙人掌、大将军、鸭掌木、三角梅、桑叶牡丹、吊兰、龙骨、绿萝、玉水观音、国王叶子等。

扶桑绵粉蚧主要为害棉花和其他植物的幼嫩部位，包括嫩枝、叶片、花芽和叶柄，量大时也可寄生在老枝和主茎上，以雌成虫和若虫吸食植物叶片、枝条、嫩茎、根、果实等的汁液，影响植株生长，果实被害后常结实少、变小、畸形。另外，分泌的蜜露诱发的煤污病会阻碍植物的光合作用，受害棉株生长势衰弱，生长缓慢或停止，失水干枯，亦可造成花蕾、花、幼铃脱落，严重时可造成棉株成片死亡。扶桑绵粉蚧对绿色鲜嫩植物有较强的趋向性，在鲜嫩多汁的寄主植物上种群较为密集，虫体生长较为肥壮，生长发育迅速。

扶桑绵粉蚧繁殖能力强，营兼性孤雌生殖，单头雌性成虫平均产卵400～500粒，种群增长迅速，年发生世代多、重叠。雌虫产卵在卵囊内，每卵囊有卵150～600粒，且多数孵化为雌虫，卵期很短，孵化多在母体内进行，因而产下的是小若虫，一龄若虫行动活泼，从卵囊爬出后短时间内即可取食为害，属于卵胎生。气温10～20℃开始繁殖，卵经3～9d孵化为若虫，若虫期22～25d，常温下全世代25～30d。在冷凉地区，以卵、成虫或其他虫态在土壤表层、枯叶中越冬；热带地区终年繁殖。由于该粉蚧繁殖量大，种群增长迅速，世代重叠严重。苏燕春在广西钦南区观察，正常情况下，扶桑绵粉蚧完成1代时间为25～30d；1年可以繁殖12～15代。扶桑绵粉蚧在钦南区可以终年繁殖，世代重叠严重，同一时期可观察到各种虫态；且繁殖能力强，虫体数量增加迅速。

扶桑绵粉蚧可通过风、水、动物及人类农事活动、器械等方式扩散，随寄主苗木或修剪下的寄主枝条等的调运进行长距离传播。该虫若虫可从染虫的植株转移到健康植株。低龄若虫可随风、雨、鸟类、覆盖物、机械等传播到健康植株。由于具蜡质，虫体常被动地黏附于田间使用的机械、设备、工具、动物或人体上而传播、扩散。若虫也可随灌溉水流动而扩散。蚂蚁等蚧的共生者常会将若虫从染虫的植株搬运到健康植株上。苏燕春在广西钦南区观察，从2009年发现至2011年10月，扶桑绵粉蚧仍局限发生于街道绿色带的扶桑上，没有扩散至大田农作物上，说明该虫自身的传播扩散能力有限。

在自然界中，扶桑绵粉蚧的寄生性天敌主要为跳小蜂，捕食性天敌包括瓢虫、草蛉以及蜗牛等。黄玲等在湖南经过室外定点、不定期的调查和室内饲养发现，扶桑绵粉蚧的寄生性天敌有2种，即科斑氏跳小蜂（*Aenastus bambawalei* Hayat）和另一种小蜂总科未鉴定种。捕食性天敌有鞘翅目的异色瓢虫［*Harmonia axyridis*（Pallas）］、龟纹瓢虫［*Propylea japonica*（Thunberg）］、七星瓢虫（*Coccinella septempunctata* Linnaeus）、孟氏隐唇瓢虫（*Cryptolaemus montrouzieri* Mulsant）。目前国内常见的主要捕食性天敌（虞国跃，2010）是六斑月瓢虫（*Menochilus sexmaculata*），还有脉翅目的大草蛉［*Chrysopa pallens*（Rambur）］等。但在巴基斯坦和印度，很少有天敌可以控制该虫。

五、防治技术

（一）植物检疫

1. 做好进境植物检疫管理 由于扶桑绵粉蚧个体微小，隐秘性强，且寄主范围广泛，极容易随进口的种苗传入我国，因此，把好进境口岸检疫的第一道关口，防止其从境外传入是做好国内封锁控制的重要保障。

2. 做好国内调运检疫管理 2010年5月，农业部第1380号公告明确将扶桑绵粉蚧列入全国农业植物检疫性有害生物；另外，国家林业局也将其列为全国林业植物检疫性有害生物，从此，扶桑绵粉蚧的检疫地位已经确定，实行检疫管理就有法可依了。国内检疫管理的关键是防止其人为远距离快速传播扩散，特别是防止其扩散到大田农作物上。目前扶桑绵粉蚧在我国11个省（自治区、直辖市）有发生和零星分布，将所有的发生区划为疫区或疫情发生区（点），一律禁止所有寄主植物从疫区（点）调出很难做到，也不经济。各级农业、林业行政主管部门和各级植物检疫机构要按照职责分工，依法对扶桑绵粉蚧实施检疫措施；尤其从疫情发生区调运扶桑（朱槿）等寄主植物时，必须切实强化植物检疫，实施严格的检疫，加大抽样的力度，对通过检疫发现带有疫情的苗木必须采取灭虫处理，严防人为扩散。同时，有关单位和个人应当配合植物检疫机构做好对扶桑绵粉蚧的检疫管理工作。植物检疫部门还要加强与园林部门沟通协调，严禁从疫区或疫情发生区调入扶桑绵粉蚧寄生的园林植物。国内发现疫情以后，农业部门、林业部门要及时进行通报，并与口岸检验检疫部门沟通，加强3个检疫部门的信息沟通和配合作战。

3. 加强对疫情发生区的检疫管理 目前扶桑绵粉蚧发生点之间相距较远，相对孤立，并没有大面积发生和造成严重的危害。疫情发生早期如果能够及时加大投入力度，立即采取检疫控制措施，铲除疫情发生点是有可能的，也是最经济的。因此，发生区应及时加强调查监测，查清分布范围，加大宣传培训力度，组织群防群控和联防联控，压低密度，降低为害，缩小范围，逐步铲除疫情点。

（二）农业防治

1. 清洁田园 将绿化区、果园、农田等周边有扶桑绵粉蚧的杂草铲除，统一清理烧毁有害虫的植物落叶或枯枝。根据扶桑绵粉蚧的越冬习性，结合冬季植物修剪，剪去蚧密度大的枝条，对局部白色卵囊分布较密集的枝条和叶片，人工剪除深埋或烧毁，或用硬毛刷、细钢丝等刷除越冬若虫、卵囊等，刮除枝、干上的老皮、翘皮，降低越冬虫量，减少虫口基数。

2. 冬耕冬灌 冬季如有条件，可采取深耕冬灌消灭越冬虫蛹，降低和减少翌年害虫越冬基数，从而减轻扶桑绵粉蚧的发生为害。

3. 加强栽培管理 合理密植，增施有机肥，创造良好的通风透光生态环境，增强树势等栽培措施，有利于减轻扶桑绵粉蚧的为害。

（三）化学防治

化学防治要抓住最佳时期，适时、准确、合理用药，可有效防治扶桑绵粉蚧的发生和为害。对农作物、果树、林木和花卉等植物上的扶桑绵粉蚧进行药剂防治时，考虑到扶桑绵粉蚧世代重叠严重，要尽量选择低龄若虫高峰期进行。防治药剂可以选用40%劲克介乳油（氧乐果与杀扑磷混剂）、40%氧乐果乳油和48%毒死蜱乳油等药剂防治，用量为稀释1 000倍，持效期可达15d以上，且速效性也较好。胡学难等试验表明，扶桑绵粉蚧对6种供试药剂的敏感程度依次为：啶虫脒>吡虫啉>高效氯氰菊酯>毒死蜱>虫螨腈>氟虫腈，其中啶虫脒、吡虫啉和高效氯氰菊酯可作为扶桑绵粉蚧化学防治的备选药剂，吡虫啉和高效氯氰菊酯复配对扶桑绵粉蚧具有增效作用。在扶桑绵粉蚧低龄若虫期施用农药效果好，当虫龄较大或发生严重时，防治上可适当加大用药剂量，充分发挥药剂杀灭扶桑绵粉蚧的功效，以达到最佳的防效和经济效益。

（四）生物防治

生物防治具有成本低、效果好、节省农药、保护环境等优点。有条件的地方，要注意保护瓢虫、草蛉和寄生蜂等天敌，有利于害虫的长期控制。

姜玉英（全国农业技术推广服务中心）

第50节 蜗 牛

一、分布与危害

蜗牛属软体动物门腹足纲柄眼目巴蜗牛科，俗称狗螺螺、蜒螺、螺蛳、水牛等，为陆生软体动物，广泛分布在黑龙江、吉林、辽宁、北京、河北、河南、山东、山西、安徽、江苏、湖北、江西、浙江、福建、广东等省份，是湖滨、沿江河、沿海棉区棉苗期的重要有害生物。蜗牛是几个蜗牛近似种的一个总称，常见的有灰巴蜗牛［*Bradybaena ravida*（Benson）］、同型巴蜗牛［*Bradybaena similaris*（Ferussac）］、江西巴蜗牛［*B. kiangsinensis*（Martens）］和条华蜗牛［*Cathaica fasciola*（Draparnaud）］等。灰巴蜗牛除西北内陆棉区外其他各棉区均有分布，同型巴蜗牛主要分布在华东、华中、西南、西北等棉区，尤以沿江、沿海发生量大。如江苏沿海旱粮棉区及稻棉轮作地区发生的优势种有同型巴蜗牛和灰巴蜗牛，前者以沿海旱粮棉区为主，后者在稻棉轮作地区较为普遍。江西巴蜗牛主要分布在长江流域、黄河流域及东北等地。条华蜗牛主要分布在北京、河北、山西、陕西、湖北、湖南、江西、江苏等省份。蜗牛为长江中下游、江淮和黄淮棉区偶发性有害生物，具有发生周期长、寄主广、食性杂、抗逆性强等特点。阴湿多雨的年份在局部地区大量发生。蜗牛以成贝和幼贝为害棉苗的嫩芽、叶片、嫩茎、花、蕾、铃，用齿舌和颚片刮锉，形成不规则的缺刻或孔洞。初孵幼贝只取食叶肉，留下表皮。棉苗子叶期受害最重。苗期咬断幼苗造成缺苗断垄，真叶期可吃光叶片，现蕾期将棉叶嫩头咬破，受害株生长发育推迟。棉株受蜗牛为害后，受害轻的，叶片被吃成大小不等的缺刻和孔洞，严重的叶片被吃光，棉茎被截断；棉株上的白色爬痕和青色粪便还能造成棉苗枯萎死亡。蜗牛在棉田为点片发生，但可造成严重的产量损失。蜗牛在棉田为害后常造成棉花缺苗断垄，当每平方米有成、幼贝3～5头时，棉花缺苗断垄5%～10%。当每平方米有5头以上或成贝量大时，缺苗率可超过15%，局部田块严重为害时则可造成整块棉田重翻重播。一般，每667m^{2}有蜗牛1.5万～6万头时，棉花产量损失可达5%～15%。如江苏大丰1990年单株棉花有幼蜗上百头，为害严重田块每 667m² 损失皮棉 10～20 kg。蜗牛除为害棉花外，还为害豆科、十字花科、茄科、禾本科、瓜类作物及草莓等。经常取食为害的寄主作物包括豆类、油菜、苜蓿、大麦、小麦、高粱、玉米、花生、甘薯、马铃薯、麻、桑以及其他十字花科、茄科蔬菜和果树等。据估计，仅江苏一般年份蜗牛年发生为害面积就达 13 万 hm² 左右。

二、形态特征

蜗牛是带贝壳的陆生软体动物，不属昆虫类。蜗牛一生经过卵、幼体和成体三个时期。成、幼体体外都带贝壳。雌雄同体，异体受精，两体交配。即蜗牛繁殖时，自己的卵不能同自己的精丝受精，必须与另一个体交接，交换精丝。蜗牛身体分贝壳与肉体两大部分。贝壳上有旋轮，每一个旋轮称为一个壳阶。幼贝不断生长，壳阶逐渐增加。成熟蜗牛一般有 5～6 个壳阶。肉体分头、颈、足和内脏几部分。内脏常潜藏在贝壳内。头、颈、足三部分在行动时突出壳外，遇到刺激时会很快缩回壳内。头部突出前方，上有两对圆柱状触角，前面一对较小，称前触角；后面一对很长，顶端有黑眼，称后触角。两对触角均能伸缩。头部和内脏之间为颈部。颈最前端的右侧有生殖孔，颈部腹侧为足。蜗牛行动迟缓，借足部肌肉伸缩爬行。足的腹面呈长舌状，行走时，足面分泌黏液，在爬过的地方留下一道白色发亮的爬痕。

成贝：头部前下方为口器，口器的上方生有深褐色长触角 1 对，下方生有短触角 1 对。眼长在长触角的顶端，触角为嗅觉器官。生殖孔位于头右后方下侧。休息时身体藏在螺壳内，壳高约 20mm，宽约 21mm，纵长约 23mm，口径约 13mm。表面螺旋形条纹将螺壳分成 5 层半，各层螺纹顺时针方向排列，壳顶圆而小，下几层宽度骤增，最下一层占整个壳面的 2/3 以上，壳呈黄褐色，顶及近顶两层呈淡黄色，有光泽。口部呈 D 形，外唇微内倾，边缘不厚，内层底部外翻，遮盖住脐孔的大部。蜗牛爬行时体长为 30～36mm，背面褐色，有网纹，腹面浅黄色。

幼贝：形似成贝。初孵幼贝壳薄，半透明，淡黄色，从外面可隐约看到壳内肉体。肉体乳白色，带有不显色的斑纹；触角深蓝色；壳顶及第一层并不高起，壳的直径约 1.8mm，宽约 1.3mm。1 个月后，壳右旋增加；2 个月后，壳右旋增加到 2 个小螺旋；4 个月后，壳旋增加到 3 个小螺旋，爬行时体长 4～4.5mm；6 个月后，壳旋大增，达到 4.5～5 旋，食量大增；8 个月后逐渐变为成贝，壳旋增加到 5.5～6 旋。春季孵化的幼贝，秋季即发育为成贝；秋季孵化的幼贝，翌年春末可交配、产卵。

卵：圆球形，直径 1～1.5mm，乳白色，有光泽，但不透明，孵化前色稍变深。卵粒间有胶状物黏结，一般以 10～40 粒黏结在一起成为卵堆，分布在疏松的表土内。有的卵堆可达 30～50 粒甚至百粒之多。卵壳质坚硬，如暴露在空气或日光下，很快就会爆裂，发出“劈啪”的响声。

在我国棉田为害的常见蜗牛包括灰巴蜗牛、同型巴蜗牛、江西巴蜗牛和条华蜗牛等，其形态特征主要区别与分布范围详见表 6-50-1。

表 6-50-1　我国常见蜗牛的形态特征区别与分布范围

Table 6-50-1　Morphological characteristics and ecological distribution of common snails

种　名	形态特征	分布地区
灰巴蜗牛	贝壳圆球形，有 5.5～6 螺层，体螺层膨大，贝壳黄褐色。壳口椭圆形。脐孔狭窄，呈缝状。壳高 19mm，宽 21mm	黑龙江、吉林、北京、河北、河南、山东、山西、安徽、江苏、浙江、福建、广东
同型巴蜗牛	贝壳扁球形，有 5～6 螺层，壳高 12mm，宽 16mm。壳面有细的生长线，贝壳黄褐色或红褐色。在体螺层周缘和缝合线上，常有 1 条褐色带，但有的缺少。壳口马蹄形，脐孔圆孔状，小而深	山东、河北、内蒙古、陕西、甘肃、湖北、湖南、江西、江苏、浙江、福建、广东、广西、台湾、四川、云南
江西巴蜗牛	贝壳圆球形，较大，壳高 28mm，宽 30mm。壳质厚、坚固，有 6～6.5 螺层，体螺层膨大，在体螺层周缘中部有 1 条红褐色带环绕。贝壳黄褐色或琥珀色，壳口椭圆形。脐孔洞穴状	黑龙江、北京、河北、河南、湖北、湖南、四川、江西、广西
条华蜗牛	贝壳圆盘形，有 5.5 螺层，壳高 10mm，宽 16mm。体螺层膨大，周缘中部有 1 条黄褐色带。贝壳淡黄色，壳口椭圆形，其内有 1 条白瓷状的肋。脐孔呈洞穴状	北京、河北、山西、陕西、湖北、湖南、江西、江苏，为北京、河北的优势种

三、生活习性

蜗牛一般1年发生1～1.5代，寿命一般1～1.5年，长的可达2年。据江苏观察，灰巴蜗牛寿命略长于同型巴蜗牛。不同种类的蜗牛均以成贝、幼贝在绿肥作物根部、蔬菜根部或草堆、石块、表土下4cm土内越冬。蜗牛对高温和低温均有一定程度的耐受力，对土壤酸碱度的要求并不严格。越冬时或遇其他不良环境（如夏季高温、缺乏食物等）影响，常在壳口分泌一层白膜封住。据研究报道，条华蜗牛受到刺激后还可表现出假死性，假死的时间长度与其体重、饥饿时间及环境温度、光照强度呈正相关。

蜗牛在江苏沿海、沿江棉区，一般于翌年春季，即3月上旬开始复苏活动，继而取食越冬作物和春播作物如麦子、蚕豆、玉米、棉苗等（北方地区推迟约1个月）。一般情况下，成贝春季苏醒后首先交配，然后大量取食补充养分。5～6月是蜗牛一年中活动为害的第一个高峰，至7～8月高温期间封口蛰伏越夏，但遇连阴雨天气仍可继续为害。9月气温下降，是蜗牛一年中的第二个活动为害高峰，主要为害秋大豆、二刀薄荷、花生、山芋等秋熟作物和部分早秋播作物如冬绿肥、蚕豆、豌豆、各类蔬菜。11月下旬气温下降至10℃以下时，蜗牛在作物根部附近封口入土越冬。江西彭泽一般在2月中旬可见越冬成贝、幼贝开始活动，3月中旬至4月下旬为害绿肥、蚕豆、豌豆、苜蓿及油菜、小麦等，4月下旬棉苗出土时转入棉田棉苗上为害，取食子叶和嫩茎，5月中旬为害真叶，一直为害到6月中旬，其中以5月上、中旬为害猖獗。9～10月当年孵化的幼贝为害秋苗，10月下旬后陆续越冬。苏南、浙江棉区的蜗牛一般于2～3月开始为害，4月上旬至6月上旬是为害盛期，为害高峰在5月中、下旬，7～8月干旱季节，常隐藏在根部或土下，分泌膜封闭壳口，暂时不食不动，但遇连阴雨天气仍然恢复活动，9月起又大量活动为害，到11月下旬转入越冬状态。

成贝在4～5月、9～10月各有1次交配与产卵高峰，交配后数天即可产卵。因蜗牛是雌雄同体、异体受精的软体动物，任何一个成贝交配后均能产受精卵，交配方式为相对错位交配式。据观察，越冬成贝一般于3月下旬开始交配，4月为交配盛期，9月气温下降时又开始大量交配。交配持续时间较长，一般为13～17h，长的可达30h，且有多次交配的习性，每对成贝平均交配1.9次，多的可达3次。成贝产卵前期为11～46d，平均26.8d，能多次产卵。一般每对成贝能产卵2～4堆，多的可达5～7堆。一般每堆有卵30～40粒，多的可达90粒以上。春、秋季活动高峰都可产卵，以秋季产卵量高，卵多产在潮湿疏松的土下1.5～3cm处。据室外饲养观察，蜗牛的卵期春季为22～33d，平均27.1d；秋季为15～36d，平均为20.8d；孵化率一般为21.7%～75.8%，平均为55%。蜗牛在棉田产卵多产于棉株根部附近1～3cm深的疏松润湿土壤中，黏结成块状。土壤干燥时可产在土表下6～7cm。每成贝可产卵30～235粒，一般10～40粒卵黏结在一起形成卵堆。卵的孵化历期一般需要15d左右，产卵历期20d。据试验，灰巴蜗牛卵的发育起点温度为（13.64±0.46)℃，有效积温为（75.12±5.97)℃。幼贝孵化5～6d聚集取食，半个月后分散取食。初孵幼贝取食量很小，仅食叶肉，留下表皮。稍大后取食量增加，用齿舌刮食造成孔洞缺刻，当发育至5～6螺层时，取食量激增。蜗牛发育与活动最适温度为20～25℃，高于30℃则封口越夏。土壤含水量20%～40%时最为适宜，低于13%时呈休眠状态，淹水24h以上时，成、幼贝大部分死亡。成贝寿命至少2年，所以，田间可同时看到成、幼贝。成、幼贝在阴雨天昼夜均能黏附在植物茎、叶上，干旱的热天则白天隐蔽在植物根部土缝内或枯枝落叶下，夜间出来黏附在植株上为害。

蜗牛的发生还与地势和土质有关。沿江、沿河、沿海、滨湖沿岸沙壤地，低洼潮湿的棉田发生多。蜗牛卵暴露在干燥空气中会自行爆裂。据试验观察，卵暴露在直射阳光下8～21min即开始爆裂，平均爆裂时间为13.4min。而置于作物遮阴处，蜗牛卵的爆裂时间为13～47min，平均为37.7min。在干燥土壤中即使不受阳光直射，卵也多干瘪而不能孵化，因此，春季干旱则当年发生轻，春季雨水旺盛则发生重、为害大。在套种绿肥、油菜、豆类的连作棉田，深翻晒垡少，田间荫蔽，食料充足，常发生量大。

据江苏南通研究结果，蜗牛成贝、幼贝在农田的空间分布格局均为聚集分布型，蜗牛聚集分布的原因为本身的习性所致。田间调查取样一般以Z形取样为宜。

四、发生规律

（一）虫源基数

蜗牛发生基数直接影响着蜗牛的为害程度，即蜗牛为害程度随着蜗牛密度的增加而加重。氨水对蜗牛有一定的防治作用，在前茬用过氨水的田块，蜗牛发生较少。

蜗牛的发生与水肥条件、复种指数关系密切。蜗牛严重发生区常为雨水充沛区或渠井双保险的灌溉区，也是施肥水平较高的高产区，大水大肥的栽培方式，作物生长茂密，田间阴湿郁闭，为蜗牛繁衍生息提供了良好的生态环境。农田复种指数高的地区，蜗牛食料丰富，供给时间长，田间耕作少，蜗牛生存环境相对稳定，则其虫源基数相对就高。前期或前茬作物上蜗牛发生重的田块，往往蜗牛发生基数大，为害也重。

蜗牛在田间的种群密度还与作物布局、耕作制度关系密切。据1992年5月在江苏南通调查，以菜类（包括油菜）、豆类和瓜类的田块密度最高，达35～40头/m^2，麦类和棉花套作田为20～30头/m^2，而薄荷与油菜间套作的田块为15头/m^2左右。这种差异除食料因素外，与作物群体的荫蔽程度大小，新老茬作物交替时是否耕翻播种有关。据1993年江苏海门试验，旱作田耕翻区比免耕播种区蜗牛数量减少80%，实行旱改水第一年的蜗牛密度几乎降到0，但次年继续种植旱作物时因蜗牛的转移为害仍会出现再猖獗。因此，实行水旱轮作措施必须成片和连续几年方能奏效。

（二）气候条件

蜗牛对气候条件尤其是温湿度十分敏感，喜多雨潮湿的生态环境，惧怕强光直射及高温干旱。无风或微风对其活动无影响，遇大风天气活动明显受到抑制。据观察，若全天刮风4～5级，傍晚仅有少数蜗牛出壳活动，且行动迟缓，很不正常。蜗牛的适宜活动温度为16～22℃，但在10～35℃的范围内均可取食活动。在10℃低温或30℃以上高温及强光照条件下的活动受到明显抑制，大多处于封口休眠状态。土壤水分含量与成贝产卵及卵的孵化密切相关，据测定，土壤含水量在10%以下则不能产卵，在16%左右产卵明显受到影响，在20%左右时则可正常产卵且卵能正常孵化，在低于15%时卵不能孵化。由于恶劣的气候，其死亡率可达40%～60%，尤其成贝产卵之后，对外界环境条件适应能力变弱，遇到突然高温高湿就大批死亡。同样，秋季产卵以后遇上寒潮也会出现死亡高峰。因此，某个地区不同年度间的蜗牛发生为害程度的波动主要取决于气候条件。一年中如春雨连绵、梅雨期长和有间断秋雨对蜗牛繁殖为害最为有利。凡4～5月或7～8月雨日多的年份，蜗牛的发生为害必然相对较重。如雨日集中到4～5月，则直播棉苗、蚕豆、豌豆、玉米及早春蔬菜等受害偏重。如雨日集中到7～8月，则成株期棉花、大豆、秋季蔬菜等受害偏重。在暖湿、阴雨情况下，蜗牛可整天取食，为害特别重。同时，施药前后降雨对药效影响显著。而在高温干燥或秋季低温条件下，蜗牛则封口潜伏土中，停止取食。

（三）寄主植物

蜗牛取食的寄主作物种类有58科206种之多。据在江苏调查，蜗牛可取食的寄主植物种类有58科188种，包括多种大田农作物、绿肥、蔬菜、花卉、果树苗木、特种经济作物及多种杂草。特别对直播（地膜）棉田、豆类、蔬菜、绿肥及薄荷等经济作物为害严重。蜗牛虽然食性较杂，但其取食对寄主有较大的选择性。在调查中发现不同作物、品种及不同地块之间，蜗牛的密度有明显的差异。根据蜗牛的取食为害特点，蜗牛的取食寄主可分为两类：主动取食寄主与被动取食寄主。如灰巴蜗牛喜食棉花、大豆、花生、多种蔬菜、玉米及繁缕、牛繁缕、葎草、小蓟等。在多种植物并存的情况下，灰巴蜗牛能主动、优先取食这一类寄主。条华蜗牛能主动取食大叶黄杨及其他树木的枯枝落叶及落地果实。在没有蜗牛喜食寄主存在的情况下，蜗牛只得就近取食那些非喜食寄主植物，以维持种群延续。这一类寄主可称之为被动取食寄主。如莎草科、天南星科的大部分植物，蜗牛均不喜食。通过调查与饲养可清楚地看出，蜗牛取食双子叶植物优于单子叶植物。在豆科植物中，赤豆受害明显轻于大豆、绿豆等其他豆类。因此，蜗牛在不同寄主植物上的发生程度与取食为害规律等均有着较大差异，不同寄主植物直接影响着蜗牛的发生为害程度，这也为监测、利用轮作换茬等防治蜗牛提供了科学依据。

（四）天敌

蜗牛的天敌有鸡、鸭、蛙、鸟、鼠、步甲、虎甲、隐翅虫、蠼螋等。据江苏东台观察，艳步甲（*Carabus lafossei* Feisthamel）幼虫和成虫均可取食蜗牛，其幼虫食量大于成虫，每头成虫每天取食一年生蜗牛2～3头或二年生蜗牛1～2头，幼虫每天取食一年生蜗牛3～4头或二年生蜗牛2～3头。特别是幼虫在取食时，若头部已钻入蜗牛贝壳中，当翻动贝壳时，其不会受惊逃跑，且取食速度加快；一般1头蜗牛在40min左右能被吸完肉汁，最后拉步甲丢下空的贝壳再去寻找新的猎物。据田间观察，在麦子以及棉花长高以后，成虫可攀高追捕取食蜗牛。

（五）化学农药

早在20世纪50～60年代，化学防治蜗牛曾用碳酸钙、砷酸钙，具有一定的控制效果。70年代提出四聚乙醛（灭蜗灵）等药剂防治蜗牛，对当时农田蜗牛防治工作起了很好的推动作用。后引进或研发了除蜗特（四聚乙醛与甲萘威混剂）、灭蜗净（硫酸铜与碳酸钠混剂）等防治蜗牛的药剂，防效进一步提高。同一防蜗剂对不同壳阶蜗牛的药效有所差异，一般随着蜗牛壳阶的增加，对药剂的敏感性下降、死亡率降低。防治蜗牛药剂效果的高低直接影响着控制蜗牛为害的能力并影响着蜗牛下一代的发生基数。如30%除蜗特母粉每公顷用量7.5kg，加30～45kg麦麸或玉米糁作饵料，和少量水均匀拌成毒饵，于蜗牛活动盛期，选择暖湿天的傍晚撒施于作物行间，可达到70%～90%的灭贝效果，药效5～7d，但药后淋雨须及时补施，同时，该药剂有轻度药害，不宜喷雾。80%灭蜗净每公顷用量3.25～3.5kg，对水900～1 000kg，于作物苗期和成株期全株喷雾，对蜗牛有显著的拒避作用，保苗保叶效果达90%以上，增产效果50%～100%。但由于种种原因，这两种防治蜗牛的复配药剂在生产上推广应用的面积与年限均不够理想。生产上仍然迫切需求高效、安全并且经济的防治蜗牛的药剂。因此，随着我国农业生产结构的调整、生产条件的变化及其他相关因素的限制、高毒农药的禁用等，需进一步研究非化学农药的蜗牛控制技术，同时需要开拓、筛选具有自主知识产权的经济安全、高效灭贝、拒避力强的杀蜗剂，以提升对蜗牛的控害减灾能力。

五、防治技术

棉田蜗牛的防治策略为：灭卵杀贝，治前控后，农化结合，综合治理。即从整体生态观点出发，注重越冬防治与诱杀防治，因地制宜地运用农业、生物、化学等多种行之有效的综合措施，创造一个有利于棉花生长而不利于蜗牛发生的生态环境，将蜗牛为害控制在经济允许水平以下。

（一）农业防治

可因地制宜选用的农业防控技术措施主要有以下几点：

1. 轮作 有条件的地方可实行水旱轮作，如粮棉轮作、粮菜轮作等。

2. 耕翻 结合整地、养地，在作物播种前与收获后耕翻土地，耕翻深度10～18cm。

3. 理墒 高湿和低洼田块清沟排渍，降低棉田湿度，抑制蜗牛繁殖。

4. 中耕暴卵 在4～5月产卵高峰期结合棉花田间管理进行中耕翻土，可使部分卵暴露于土表，在日光下自行爆裂，也可杀死部分成、幼蜗牛，压低其种群密度。

5. 清理越冬场所 11月以后，蜗牛均迁入沟、渠、路边朝阳的杂草中越冬，12月或3月上旬前进行越冬场所清理，减轻发生基数。

（二）人工诱杀

1. 堆草诱杀 5月上、中旬傍晚前后在重发地块田间设置若干新鲜的杂草堆、树枝把，也可放置菜叶、瓦块等诱集蜗牛，翌日清晨日出前将诱集的蜗牛集中杀死。

2. 人工捕捉 在清晨日出前或傍晚和阴雨天蜗牛活动时，可在棉苗和土面上捕捉。

（三）生物防治

禁用高毒、剧毒农药，尽量保护蛙、鸟及棉田步甲、虎甲、隐翅虫、蠼螋等天敌。有条件的地方可在蜗牛为害活动高峰期放鸡、鸭于蜗牛重发田块啄食。先将捕捉回来的蜗牛喂养鸡、鸭，使之喜食，然后放鸡、鸭到田间任其啄食。据报道，3～5月1只训练有素的鸭子可食蜗牛13 080头，每667m^2棉田放养1只鸭即可。

（四）化学防治

5月上、中旬幼贝盛发期和6～8月多雨时，当成、幼贝密度达到每平方米3～5头或棉苗被害率达5%左右时，用6%四聚乙醛（密达）颗粒剂或6%甲萘·四聚乙醛（除蜗灵）毒饵距棉株30～40cm顺行撒施诱杀。也可每公顷用90%敌百虫原药250g与炒香的棉籽饼粉或茶籽饼粉或麦麸5kg拌成毒饵，于傍晚撒施在棉田中诱杀。当清晨蜗牛未潜入土时，可用硫酸铜800倍液、氨水100倍液或1%食盐水喷洒防治。需要注意的是，以上药剂均须在晴天施用，阴雨天无效。在一个地方用药，面积不能过小，必须在一定范围内全面进行，否则药效短、防效差。

柏立新（江苏省农业科学院植物保护研究所）

第51节 野蛞蝓

一、分布与危害

野蛞蝓［*Agriolimax agrestis*（Linnaeus）］又称旱螺、无壳蜒蚰螺、黏液虫、鼻涕虫等，为陆生软体动物，属于软体动物门腹足纲柄眼目蛞蝓科。我国的广东、广西、云南、贵州、福建、浙江、江苏、安徽、湖北、湖南、江西、四川、河北、北京、河南、陕西、山西、新疆等省（自治区、直辖市）均有分布。野蛞蝓食性很杂，除为害棉花外，其寄主还有麻类、烟草、甘薯、马铃薯、大豆、蚕豆、豌豆、花生、玉米、白菜、油菜、甘蓝、苜蓿、麦类、绿肥等。春季主要为害棉、麻幼苗，甘薯秧苗、大豆、花生和蔬菜作物等；秋末、冬季和早春还为害黄花苜蓿等。

野蛞蝓属间歇性的局部暴发性有害生物，在棉田主要为害棉苗幼芽、嫩茎，受害叶片被咬食成小孔，受害轻的造成叶片大小不等的缺刻和孔洞，重者则叶片被吃光。野蛞蝓爬过后留下的白色胶质也能造成棉苗枯萎死亡。受害植株受其排泄的粪便污染，易诱发菌类侵染而导致腐烂，降低产量和质量。为害严重的地块可造成缺棵断垄，甚至毁种。

二、形态特征

野蛞蝓一生经过卵、幼体和成体3个时期。

成体：体长20～25mm，爬行时体长可达30～36mm，体宽4～6mm。身体柔软，无外壳，体表灰褐色、黄白色或灰红色，少数有明显的暗带或斑点，背部有外套膜，离头部3～4mm，颜色较深。外套膜是由体壁的一部分褶襞伸长而成，用以保护头部和内脏，其长度约为体长的1/3，其边缘卷起，内有一退化的贝壳（盾板）。外套膜后方腹部背面为树皮纹状花纹。头部及腹部末端尖。头部前端有2对触角，暗黑色，第一对为前触角，具触感作用，在头部前下方，长约1mm。第二对为后触角，在第一对的上后方，细长，长约4mm，端部有眼，爬行时常向外伸出，静止或触及障碍物时便缩入头内。从头部腹面看，2个前触角中间的凹陷处是口，口内排列有一定形状的齿状物，用以取食食物。口的两侧后方有2个侧唇，侧唇的后方连接腹足。腹足扁平，两侧边缘明显，中央有两条腹足沟。生殖孔（即交配孔）在左右触角后方约2mm处。呼吸孔以细小的细带环绕。尾嵴钝。体背及腹面有很多腺体细胞，分泌无色光滑黏液，所以在爬行经过的地方，遗留有一层很薄的黏液，干燥后留有明显的白色痕迹。

卵：卵粒椭圆形，长2～2.5mm，宽1mm左右。初产晶莹透明，后呈乳白色，有弹性。卵堆产于土下3～4mm处，少的8～9粒，多的20多粒，卵粒间有胶状物黏接，互相黏附成链球状卵块。可见卵核，少数有2～3个卵核，这种卵粒比正常卵稍大。据观察，含有2个核的卵，能够进行正常胚胎发育。

幼体：初孵幼体体长2～2.5mm，体宽1mm。身体淡褐色或灰白色，外套膜后部的内壳隐约可见。初孵幼体在土下1～2d不大活动，3d后爬出土外觅食，1周后体长增加到3mm左右，2周后增加到4mm，1个月后体长达8mm，2个月后体长达10mm，宽2mm，一般5～6个月后发育成为成体（快的4个多月，慢的7个月）。

野蛞蝓和蜗牛一样，均为软体动物，且形态相似，都不是昆虫。但是蜗牛有外壳，而野蛞蝓体更柔软而且无外壳。野蛞蝓近似种有同科的双线嗜黏液蛞蝓［*Philomycus bilineatus*（Benson）］、黄蛞蝓［*Limax flavus*（Linnaeus）］与高突足襞蛞蝓（*Vaginulus alte* Ferussac）。这四种常见蛞蝓的形态特征主要区别与为害及分布范围详见表6-51-1。

表6-51-1 我国常见四种蛞蝓的形态特征区别与分布范围

Table 6-51-1 Morphological characteristics and ecological distribution of four major slugs

种名	形态特征	为害植物	分布地区
双线嗜黏液蛞蝓	伸展时体长35～37mm，宽6～7mm。外套膜覆盖全身，灰白色或淡黄褐色，背部中央有1条黑色纵带，两侧各有1条黑点纵带。体前端较宽、后端狭长。尾部有1个嵴状突起。黏液乳白色	棉花、麦、油菜、甘薯、马铃薯、蔬菜、烟草、林木等	云南、贵州、广东、广西、浙江、上海、江苏、安徽、湖北、湖南、四川、河北、北京、黑龙江、新疆等

（续）

种名	形态特征	为害植物	分布地区
野蛞蝓	伸展时体长30～60 mm。体表暗灰、黄白、灰红色，或有不明显暗带或斑点。触角两对，暗黑色。外套膜为体长的1/3，其边缘卷起，内有一退化的贝壳（盾板）。尾嵴钝。黏液无色	棉、麻、烟草、甘薯、马铃薯、大豆、蚕豆、豌豆、花生、玉米、白菜、油菜、甘蓝、苜蓿、麦类、绿肥等	云南、贵州、广东、广西、福建、浙江、江苏、安徽、湖北、湖南、江西、四川、河北、北京、河南、陕西、山西、新疆等
高突足襞蛞蝓	伸展时体长80mm以上，收缩时头尾弯曲成拱形。成体裸露，无保护外壳。体表黑褐色，有无数细小的颗粒突起；背部有1条细的黄褐色条纹，两侧有无数细小的黄色斑点	蔬菜、烟草、咖啡等	广东、广西、台湾
黄蛞蝓	伸展时体长120mm，宽12mm。成体裸露，无保护外壳。有2对淡蓝色触角，体背前端1/3处有椭圆形外套膜，其前半部游离，内有1个椭圆形盾板。有短的尾嵴。体黄褐或深橙色。并有零散的浅黄色斑点	蔬菜、瓜果、花生等	云南、贵州、广东、广西、浙江、上海、江苏、安徽、湖北、湖南、四川、河北、北京、天津、山东、陕西、山西、黑龙江、新疆等

三、生活习性

野蛞蝓在大多数地区1年繁殖2代。至4月上旬其越冬幼体可发育成熟、交配、产卵。由于野蛞蝓是雌雄同体、异体受精的动物，所以每个成体均可产卵繁殖。其1年有春、秋2次交配产卵盛期。春季1次在4～5月，秋季1次在10月。成体交配后2～3d即可产卵，卵聚集成堆，产在土内。每次产1个卵堆，隔1～2d再产第二个卵堆。每个成体可产3～4个卵堆。产卵期8～16d，一般13d。在江西彭泽，卵历期一般春季为16～17d，夏、秋季为13d左右，冬季为30d以上。卵暴露在日光或干燥的空气中，会自行爆裂。幼体历期平均为152d，成体产卵前期一般30d左右，产卵历期平均78d，产卵期最长可达160d。成体寿命为10～12个月。完成一个世代约250d。

以成体、幼体和卵潜伏在棉田作物如大麦、小麦、油菜、蚕豆、绿肥等春季作物的根部周围潮湿的土缝里、沟河边的草丛中及石板下越冬。在江浙棉区，若遇冬季气温暖和，野蛞蝓仍能活动为害。一般在第二年的3月上旬，日均气温达10℃以上时开始大量活动并为害，先取食黄花苜蓿、蚕豆、豌豆等作物的嫩叶；4月底至5月爬上麦株穗部，伸入护颖内取食，棉田出苗后为害棉叶。5～7月在田间大量活动为害。入夏气温升高，活动减弱，秋季气候凉爽后，又活动为害。在日均气温30℃以上时即不喜活动，故7～8月高温干旱季节基本停止为害，潜入作物根部、土下、草堆下、石块下等地方越夏。如气温在26℃以下，天气阴雨或夜间露水较多，可继续活动。9月中旬以后气温下降，恢复活动，遂再度为害秋季作物。至11月中旬后，气温下降，陆续转入越冬。因此，一般在南方每年4～6月和9～11月有2个活动高峰期，在北方7～9月为害较重。梅雨季节是为害盛期。野蛞蝓活动为害期间，其成体和幼体喜白天潜伏，夜间活动为害。自黄昏后陆续从土下爬出觅食，22：00～23：00达活动为害高峰，清晨天亮之前又陆续潜入土下或作物根部隐蔽处。

四、发生规律

（一）虫源基数

野蛞蝓的发生基数直接影响其为害程度，即野蛞蝓的为害程度随着其密度增加而加重。野蛞蝓在田间的虫源基数与作物布局、耕作制度、水肥条件也有着密切的关系。前期或前茬作物上野蛞蝓发生重的田块，往往野蛞蝓发生基数大，为害也重。雨水充沛地区或灌溉区，加之施肥水平较高，使得作物生长茂密，田间阴湿郁闭，为野蛞蝓繁衍生息提供了良好的生态环境，也常使得野蛞蝓发生基数高，成为严重发生为害区。氨水对野蛞蝓有一定的防治作用，在前茬用过氨水的田块，野蛞蝓发生较少。一般而言，水旱轮作棉田的野蛞蝓发生基数相对较低，而相邻非稻茬麦棉田野蛞蝓的发生密度则相对较高。农田复种指数高的地区，野蛞蝓食料丰富，供给时间长，田间耕作少，野蛞蝓生存环境相对稳定，则其虫源基数相对就高，需加强野蛞蝓的种群监测与防控。

（二）气候条件

温度为10～20℃、土壤含水量为20%～30%、相对湿度为85%以上时，对野蛞蝓生长发育最为有利。在一定湿度条件下，日均气温高于20℃或低于10℃时，死亡率增加，但以高温的威胁大，越夏的死亡率往往高于越冬的1～3倍。成、幼体均惧光，强光下2～3h即可死亡。野蛞蝓喜阴暗、低温、潮湿、多腐殖质的环境，故一般白天隐蔽，傍晚至次日清晨或阴雨天外出活动。阴暗潮湿条件下，气温为11.5～18.5℃，土壤含水量为20%～30%时，对卵孵化和胚胎发育最为有利，干燥的土壤环境对卵孵化、胚胎发育均不利。春季多雨潮湿则有利于当年野蛞蝓的大发生。低洼的棉田野蛞蝓发生数量相对较多。在套、间作绿豆、绿肥、蚕豆、油菜的连作棉田，以及密度高、田间荫蔽潮湿、通风透光条件不好的田块，野蛞蝓常发生为害重。

（三）寄主植物

野蛞蝓为多食性陆生软体动物，寄主植物种类较多。主要寄主有豆科、十字花科、茄科蔬菜和落葵、菠菜、生菜，以及菊花、一串红、月季、仙客来等花卉及棉花、玉米、蚕豆、小麦、烟草、麻类、草莓等多种农作物与杂草。此外，还可为害香菇、木耳、灵芝等。野蛞蝓耐饥力强，在食物缺乏或不良条件下能不吃不动。

（四）天敌

据江苏东台观察，艳步甲（*Carabus lafossei* Feisthamel）幼虫和成虫均可取食野蛞蝓的成体和幼体，其食量幼虫大于成虫，每头拉步甲成虫每天取食野蛞蝓5～7头，每头拉步甲幼虫每天取食野蛞蝓10头以上，表现出对野蛞蝓良好的控制作用。

（五）化学农药

化学农药是防治野蛞蝓的重要手段，所用药剂的防效高低，直接影响着控制野蛞蝓为害作物的能力。在各地长期防治野蛞蝓的实践中，也曾不断探索用各种杀虫剂、杀螨剂等化学农药防治野蛞蝓，筛选到一些对野蛞蝓有一定防效的化学农药，对于控制野蛞蝓的发生为害起到了一定的作用，但由于针对野蛞蝓的高效低毒防治农药品种相对较少，致使一些农区的野蛞蝓发生为害仍相当严重。因此，随着我国农业生产结构的调整、生产条件的变化及高毒农药的禁用等，大面积生产上既需要进一步加强非化学农药的、因地制宜的农业防治与生态控制野蛞蝓技术的研发，也需要进一步开拓、筛选具有自主知识产权的经济、安全、高效的灭杀野蛞蝓的新型药剂，以更新提升针对野蛞蝓的控害减灾能力。

五、防治技术

棉田野蛞蝓的防治策略为：农化结合，综合治理。即从整体生态观点出发，注重越冬防治与诱杀防治，因地制宜地运用农业、化学等多种行之有效、经济安全的综合措施，恶化野蛞蝓的生存与繁殖环境，将野蛞蝓的为害控制在经济允许水平以下，保护棉花等作物的健康生长。

（一）农业防治

可因地制宜选用的农业防控技术措施主要有以下几点：

（1）冬季深翻，消灭越冬虫态；

（2）采用高畦栽培、地膜覆盖、破膜提苗等方法，以减少为害，如利用地膜覆盖栽培技术，使野蛞蝓白天无法潜入土壤缝隙里躲藏，遇强光照射后死亡，还可以有效地抑制野蛞蝓夜间爬出土缝活动与为害；

（3）地势低洼及阴湿多雨的棉区，应及时开沟排水，降低地下水位；

（4）野蛞蝓重发地区，连作棉田改为水旱轮作，可减轻其发生为害；

（5）施用充分腐熟的有机肥，创造不适于野蛞蝓发生和生存的条件；

（6）在4～5月产卵高峰期结合棉花田间管理进行中耕翻土暴卵，可使部分卵暴露于土表，在日光下自行爆裂，也可杀死部分野蛞蝓的成体与幼体，压低其种群密度；

（7）向苗床或农田的土埂上洒茶枯液（茶枯粉1kg对水10kg煮沸0.5h，揉搓过筛后取澄清液，再对水60kg搅匀）进行触杀喷雾。

（二）诱杀防治

傍晚在棉苗行间每隔2～3m放置杂草、绿肥或菜叶诱集，次日清晨组织人力集中将诱到的野蛞蝓杀死、沤肥或作为家禽、家畜鸡、鸭、猪等的食料。鲜草可以重复利用5～6d。

（三）氨水毒杀

农用氨水对水稀释100倍，现配现用，于4～5月野蛞蝓猖獗、夜间大量活动时，对准野蛞蝓成体和幼体进行针对性喷洒，杀灭效果在90%以上。该法杀灭快、对作物无害（浓度过高则易产生烧伤），但需直接喷到虫体上，否则影响效果。

（四）石灰粉围杀

在棉苗出土后的下午或傍晚，用刚化的新鲜熟石灰粉沿棉苗与垄沟边之间围撒，形成一条对棉苗保护的封锁带，防止野蛞蝓通过。每公顷施生石灰75～120kg，有效期可维持1周左右。

（五）化学防治

可因地制宜选用有效药剂与施药方式开展野蛞蝓的化学防治。

用0.1%～0.5%（有效成分）杀螺胺乳油（贝螺杀）进行喷雾，对野蛞蝓的防治效果较好，喷药液时，必须接触蛞蝓的身体。

用48%地蛆灵乳油（毒死蜱与辛硫磷混剂）或6%蜗牛净颗粒剂（四聚乙醛与甲萘威混剂）配成含有效成分4%左右的豆饼粉或玉米粉毒饵，在傍晚撒于田间垄上诱杀。

用8%灭蛭灵颗粒剂每667m^{2}2kg撒于田间；或于清晨喷洒48%地蛆灵乳油或48%毒死蜱乳油1 500倍液。

6%四聚乙醛颗粒剂每667m^{2}施用500～667g。除蜗净（20%甲萘威与10%四聚乙醛混合粉剂），每667m^{2}用量250～500g。甲萘威（灭旱螺）2%饵剂用于防治蛞蝓，每667m^{2}施用333～500g。

在野蛞蝓发生重的地块，结合防治病苗，连续喷洒2次1∶1∶100波尔多液，可兼治野蛞蝓，药效7d以上。

柏立新（江苏省农业科学院植物保护研究所）

第52节 棉花主要病虫害综合防治技术

一、我国棉花的种植分布情况

自20世纪80年代中期以后，我国一直是世界上最大的棉花生产国，每年棉花产量占世界总量约1/4。我国棉在适宜种植区大致为18°～46°N，76°～124°E，即南起海南岛，北到新疆的博尔塔拉，东起长江三角洲沿海地带及辽河流域，西至塔里木盆地西缘。但各地宜棉程度有很大悬殊，棉田集中的情况也有很大差别。

冯泽芳于20世纪50年代将我国的宜棉区依据它们的不同生态条件和地理纬度划分为五大棉区，胡竞良等又对全国各棉区的水、热条件进行了系统研究，并提出若干修改建议，但一般仍接受五大棉区划分的意见。它们是华南棉区、长江流域棉区、黄河流域棉区、北部特早熟棉区和西北内陆棉区（表6-52-1）。在习惯上，通常将前两个棉区统称为南方棉区，将后3个棉区统称为北方棉区。华南棉区是我国最早发展棉花生产的区域，1949年华南棉区棉田面积占全国的18%，而目前只有零星种植，面积小于1%。历史上北部特早熟棉区和西北内陆棉区曾各占全国棉花播种面积的3%左右。20世纪80年代起，北部特早熟棉区逐渐衰退，目前与华南棉区一样，面积不到全国棉田总面积的1%。而西北内陆棉区植棉面积在不断扩大。目前，我国的三大主产棉区为长江流域棉区、黄河流域棉区和西北内陆棉区。

进入21世纪以来，我国常年棉花播种面积为530万～570万hm^2，其中面积在6.7万hm^{2}以上的省（自治区、直辖市）有：长江流域棉区的江苏、安徽、湖南、湖北；黄河流域棉区的河北、河南、山东、山西、天津；西北内陆棉区的新疆、甘肃等。其中，新疆、山东、河北、河南、安徽、江苏、湖北的植棉面积均在33.3万hm^{2}以上。而新疆植棉面积最大，常年在133.3万hm^{2}左右。从棉花的单产来看，新疆地区棉花单产最高，每667m^{2}产皮棉110～125kg；而长江流域与黄河流域棉区各大主产省的单产基本一致，每667m^{2}产皮棉65～80kg。我国常年皮棉总产量为650万～750万t。新疆地区棉花总产量同样最高，约占我国棉花总产量的40%；其次是山东，每年产量占10%以上，其他总产量较高的省份有：河北、河南、湖北、安徽、江苏、湖南等。

表6-52-1 全国五大棉区主要生态条件及棉花种植特点

Table 6-52-1 Ecologial conditions and cotton planting patterns in five major cotton-growing regions

生态条件	华南棉区	长江流域棉区	黄河流域棉区	北部特早熟棉区	西北内陆棉区
主要范围及疆界	云南大部、四川西南部、贵州及福建南部、广东、广西、海南、台湾	贵州中部以北，黄河流域棉区以南，东起海滨，西至四川盆地	秦岭、淮河、苏北灌渠以北，北部特早熟棉区以南，西起陇南，东至海滨	千山山脉以西，西北内陆棉区以东，包括辽宁南部、晋中、陕北、陇东	六盘山以西，包括新疆、甘肃、河西走廊、甘肃和宁夏沿黄河灌区
热带量	北热带至南亚热带	中亚热带至北亚热带	南温带	南温带北缘至中温带南缘	南温带及中温带
干湿气候区	湿润区	湿润区	亚湿润区	亚湿润区及亚干旱区	干旱区
≥10℃持续天数（d）	270～365	220～270	195～220	165～180	160～215
≥10℃积温（℃）	6 000～9 300	4 600～6 000	4 000～4 600	3 200～3 600	3 100～5 500
≥15℃活动积温（℃）	5 500～9 200	4 000～5 500	3 500～4 000	2 600～3 100	2 500～4 900
年平均气温（℃）	19～25	15～18	11～14	8～10	7～14
全年降水量（mm）	1 600～2 000	1 000～1 600	600～1 000	400～800	<200
全年日照时数（h）	1 400～2 600	1 200～2 400	2 200～2 900	2 400～2 900	2 700～3 300
适宜品种生态型	中熟海岛棉及中晚熟陆地棉	中熟陆地棉	中早熟陆地棉	早熟陆地棉	适宜干旱气候的早熟、中熟海岛棉及陆地棉
耕作栽培特点	一年两熟或三熟，畦作，适宜秋播或早春播	一年两熟，畦作，育苗移栽	一年一熟为主，平作或与小麦间套作	一年一熟，垄作或平作，地膜覆盖	一年一熟，平作，灌溉植棉，地膜覆盖

二、我国棉花病虫害种类演替情况

由于各棉区生态条件差异，棉花病虫害的种类有很大不同。我国棉花害虫已知的有300种左右，其中，经常为害棉花、造成经济损失的约有30种。世界各国报道的侵染性棉花病害有250多种，国内已有记载的棉花病害有80余种，其中，常见并造成生产威胁的有20多种。近年来，由于我国农业种植结构调整、全球气候变化、转 *Bt-Cry1A* 基因抗虫棉（简称抗虫棉）大面积种植等原因，棉田多种病虫害的地位发生了巨大变化，同时发生趋势也趋于复杂，特别是盲椿象、黄萎病等在我国多个棉区相继严重发生，其成灾频率高、为害重。

（一）病害发生情况

1. 黄萎病与枯萎病 目前，棉花的主栽品种对黄萎病的抗性均较差，加上常年连作，造成棉花黄萎病发生和流行有逐年加重的趋势。而曾经严重影响我国棉花生产的重要病害——枯萎病，则由于抗病品种的培育和推广应用，得到了较好的控制，已不是制约我国棉花生产的主要病害。

2. 苗期和铃期病害 种子包衣技术的推广及广泛使用，对棉花苗期病害控制取得了良好的效果。铃病常年发生，在雨水多、田间空气相对湿度大的环境中时有严重流行发生，而且引起棉花减产严重。棉花病毒病害在我国局部地区已有发生，并有进一步扩展和加重的趋势，值得注意。

3. 生理性病害 需特别重视一些非传统性、非侵染性病害对我国棉花生产的严重影响及为害。如进入21世纪，早衰的发生已给我国棉花生产造成重大损失。这主要是长期以来抗早衰育种并不为人们所关注，加上常年连作、有机肥缺乏导致土壤地力的下降，覆膜育苗引起残膜在土壤中的累积，从而影响棉花根系的正常发育，使得早衰成为严重制约我国棉花生产的重要问题之一。

（二）虫害发生情况

1. 咀嚼式口器害虫

（1）棉铃虫与红铃虫。抗虫棉对棉铃虫具有很好的毒杀作用，抗虫效率一般为90%～95%。目前，我国黄河流域、长江流域棉区棉铃虫基本得到了控制，种群发生数量普遍较低，各代百株残虫量一般在10头以下，基本无需防治。而北疆地区抗虫棉种植面积小，棉铃虫发生为害仍然比较严重。

抗虫棉对红铃虫也有极强的毒杀效果。由于红铃虫寄主植物范围较窄，因此，抗虫棉的种植对红铃虫防治效果尤其明显。目前，红铃虫在我国的发生数量很少，生产上基本已不再造成危害和损失。

（2）其他害虫。抗虫棉对棉大卷叶螟、棉造桥虫、玉米螟、金刚钻等也有较好的毒杀作用。棉大卷叶螟主要在棉花生长后期发生，此时抗虫棉的杀虫蛋白表达量与抗虫效率较生长前期有所下降，因此，棉大卷叶螟在江苏、湖北等地还有一定的发生和为害。而棉造桥虫、玉米螟、金刚钻等已得到了有效控制。抗虫棉对甜菜夜蛾的毒杀效果低于棉铃虫，为60%～70%，目前，甜菜夜蛾在生产中有零星发生。抗虫棉中表达的杀虫蛋白对斜纹夜蛾没有明显的控制效果，这种害虫猖獗暴发时会对抗虫棉的生产造成严重危害，近几年斜纹夜蛾问题在长江流域棉区比较突出。

抗虫棉对地老虎、蝼蛄、金龟子、蛞蝓、蜗牛等地下有害生物没有控制作用。这些有害生物在我国局部地区棉花苗期有一定的发生和为害，个别地区为害严重。

2. 刺吸式口器害虫

抗虫棉对棉盲蝽、棉蚜等刺吸式口器害虫的发生没有直接影响。但由于抗虫棉有效控制了棉铃虫、红铃虫等靶标害虫，棉田广谱性化学农药的使用量随之大幅度减少，这导致一些非靶标害虫的地位发生了明显变化，特别是棉盲蝽已从次要害虫上升为主要害虫。

（1）棉盲蝽。抗虫棉田化学农药使用量明显减少，给棉盲蝽种群增长提供了空间。棉盲蝽田间天敌控制力弱，因此，抗虫棉大面积种植以后，其种群发生数量剧增，为害加重，已成为当前棉花生产上的首要致灾因子，并呈区域性灾害趋势发展。

（2）棉蚜。抗虫棉田化学农药使用量的减少，使得瓢虫类、草蛉类、蜘蛛类等捕食性天敌数量明显增加，从而间接地抑制了棉蚜伏蚜的种群发生数量。而近年来苗期蚜虫为害问题仍然比较严重，是棉花苗期病虫害防控的一大重点。

（3）其他害虫。棉叶螨的天敌控制作用同样较弱，在我国各棉区均有一定发生，特别是在气候干旱年份易严重发生。烟粉虱寄主广泛、虫源丰富，在很多地区发生为害严重，个别地区还出现了“虫雨”现象，棉花也难逃厄运。目前，烟粉虱已成为棉花生长中后期的一种主要害虫。另外，江苏等局部地区棉田蓟马为害比较严重。而棉叶蝉等害虫基本无需防治。最近，扶桑绵粉蚧传入我国，已扩散至全国9个省（自治区、直辖市）的局部地区，对棉花生产构成了新的威胁。

三、棉花病虫害的综合防治技术体系

自“六五”以来，依据生态学和系统分析的理论和方法，把棉花与环境作为统一的整体来考虑，以棉花及其生长发育、耐害补偿功能为动态主体，以多种病虫害为对象，协调各种防治措施，发挥自然因素的控制作用，根据不同棉区耕作栽培特点和水平以及植物保护工作基础，组建形成了适用于我国不同棉花种植区的棉花病虫害综合防治技术体系。

（一）指导思想

棉花病虫害综合防治技术体系的组建，改变了以往单纯着眼于消灭病虫，把棉花视为完全被动保护对象的观点，而以棉花为主体，以多种病虫的复合体为对象，按照生态学系统的自我调控作用，以经济、生态、社会效益为目标，组建整体的综合的棉花病虫害防治技术体系。由于我国棉区分布广，生态条件和耕作栽培的历史与植保工作基础又不尽相同，除了种植抗病棉花品种、放宽害虫防治指标、协调耕作栽培措施、调节土壤微生物群落、保护利用天敌、科学施用农药等共同的原则之外，还应该体现地区的特点。因此，施行这个技术体系，要按照不同棉区的具体棉田生态条件，实行适合于当地的、区域性的棉花病虫害综合防治技术体系。

（二）核心防治技术

1. 农业防治 农业防治是棉花病虫害综合治理的基础，可减轻棉花病虫害的发生为害程度。目前，棉花生产上主要的农业防治措施有以下几种：

（1）利用抗病虫品种。作物抗性的利用是最有效、最经济的治理手段，抗虫棉花的商业化种植就是一个典型的例子。棉铃虫是我国棉花上的首要害虫，其抗药性高、防治难度大，化学防治等措施难于有效控制，而抗虫棉种植后短短几年时间，棉铃虫为害问题就得到了基本解决。棉花枯萎病、黄萎病均为土传病害，还没有有效的化学防治措施，只有依靠棉花抗病品种来增强棉花对枯萎病、黄萎病的抗病、耐病能力。近年来，中国农业科学院植物保护研究所成功选育出了中植棉 2 号等高抗枯萎病、抗黄萎病的抗虫棉新品种，能有效减轻棉花枯萎病、黄萎病发生为害，在河南、山东、江苏等病害重发的老棉区备受广大棉农的青睐。但目前生产中存在着抗虫棉品种杂、部分品种抗病虫性差等问题，直接导致棉铃虫、枯萎病、黄萎病为害重，棉花产量损失严重的后果。因此，建议在生产上选用通过审定的转基因抗虫棉花品种，同时考虑优选兼具抗病性的品种。

（2）实行合理间套作与轮作。棉花与小麦、蔬菜等作物间套作，可控制棉花苗期蚜害。目前，种植面积最大，控制蚜害效果最好的是棉花与小麦间作。由于小麦的屏障作用和早春小麦上存在的丰富天敌资源，使得棉蚜发生晚，为害轻，在麦收前后，小麦上的大量天敌向棉花转移，继续控制棉蚜为害，常年麦、棉间作田在棉花苗期可不用喷药治蚜。棉花与洋葱等蔬菜类作物间作，虽然对棉蚜的控制效果没有麦、棉间作效果好，但不影响前期棉苗的生长，且棉农可获得较高的经济收入，在人多地少的高肥水棉区，可充分利用棉田土地，以获得较高的经济效益。棉花与油菜间作有较好的控制苗蚜作用，但在 6 月上旬前要及时铲除油菜，以免影响棉苗生长。

棉花与禾本科等作物实行 3 年以上轮作，或实行棉稻轮作，可有效降低土壤中的各种棉花病害病原菌，减轻土传病害如枯萎病、黄萎病的发生，起到良好的防病效果。同时，也能减轻部分害虫的发生及为害程度。育苗移栽的苗床土，要每年更换，最好用种植禾谷类作物田的土壤，并施入充分腐熟的有机肥料，保证棉苗在苗床内健壮生长。

（3）种植诱集植物。种植诱集作物，能较明显减少棉铃虫在棉花上的落卵量，控制棉铃虫对棉花的为害。依据河北省邯郸棉区的经验，在棉田点种高粱，即高粱诱集带，其方法是每隔 6 行棉花，在宽行垄沟中点种高粱，株距 2m，对减轻三、四代棉铃虫的卵量和伏蚜的为害效果显著。有的棉区在棉田种植玉米诱集带，种植方式同高粱诱集带。棉田种植高粱或玉米诱集带，其密度均不能过大，以免影响棉花的通风透光。在棉田四周种植绿豆或蓖麻诱集带，结合诱集带上定期施药，能有效地诱杀绿盲蝽成虫，减轻其在棉田的发生为害。在棉田田埂侧播种苘麻诱集带，能减少烟粉虱与棉大卷叶螟在棉田的发生为害。

（4）科学农事操作。通过培养壮苗，可以提高棉花的抗病虫能力。播种前采取精选种子、晒种以及温汤浸种等措施，可提高棉种的发芽势和发芽率。利用杀虫剂和杀菌剂对棉花种子包衣，能增强棉花苗期的抗病虫能力。棉花无病土育苗移栽，可以避过病害苗期侵染，增强棉苗抗病能力，减轻苗期病害发生。直播棉田在棉苗出土后早中耕、勤中耕，以提高地温，疏松土壤，可以促进根系发育，减轻棉苗病害的发生。

利用农事操作可直接减轻虫口密度，控制棉花病虫害的发生。主要的有效措施是在棉苗期进行间苗、定苗时，将拔除的棉苗带出田外，可防止被拔除棉苗上的蚜虫、棉叶螨重新转移到其他棉苗为害。及时拔除棉花病株，清理四周的病叶并带出田间，防止棉花枯萎病、黄萎病转移扩散。结合棉花整枝、打杈，进行棉铃虫、斜纹夜蛾、棉大卷叶螟、棉盲蝽等卵、幼（若）虫以及烂铃的人工摘除。对于抗虫棉品种，建议将第一个果枝去除，防止棉花过早进入生殖生长，并可促进根系健康生长发育，可有效防止棉花黄萎病和早衰的发生。清除田边地头杂草并集中处理，以降低病虫害的发生程度。

注意氮、磷、钾肥合理搭配，做好有机肥与复合肥相结合，增施钾肥及微肥，切忌偏施氮肥，以防止棉花生长过旺和早衰。当棉株出现多头苗时，应迅速采取措施，将丛生枝整去，每株棉花保留 1～2 枝主秆，可以使植株迅速恢复现蕾。

（5）铲除虫源地。主要措施有冬耕冬灌，即棉花拔棉秆后（多在 12 月），应及时翻耕棉田或冬灌。一方面可破坏越冬棉铃虫的蛹室，杀死棉铃虫的越冬蛹，压低棉铃虫越冬虫口基数，另一方面还可降低棉叶螨的虫口数量。冬季清除棉田残枝落叶和田埂枯死杂草、对棉田进行深耕细耙能降低棉盲蝽越冬卵基数。

早春铲除田边的杂草，可减轻早春棉盲蝽、棉叶螨和棉蚜数量，清除棉虫早期在棉田外的繁殖、生存基地。

2. 物理防治 与其他防治措施相比，物理防治常需耗费较多的劳力，因此在生产上应用相对偏少。但其中一些方法能杀死隐蔽为害的害虫，而且基本没有化学防治所产生的副作用。在有条件的地方，可适时选用一些物理防治措施。

（1）灯光诱蛾。频振式杀虫灯是利用害虫的趋光、趋波、趋色、趋性信息素等特性，选用对害虫有极强诱杀作用的光源与波长、波段引诱害虫，并通过频振高压电网杀死害虫的一种先进实用工具，可诱杀棉铃虫、小地老虎、斜纹夜蛾、金龟子、棉盲蝽、金刚钻等害虫。

（2）枝把诱蛾。利用棉铃虫、地老虎成虫对半枯萎杨树枝有趋性的习性，在棉田插杨树枝把进行诱集。方法是把杨树枝把剪成 70cm 长，每把 10 枝，傍晚插在棉田，位置高于棉株，每 667m^{2}10 把，在翌日清晨查收杨树枝把并消灭害虫。

（3）食料诱杀。糖醋液（糖：醋：酒：水为 6：3：1：10）可诱杀地老虎成虫。地老虎的幼虫对桐树叶具有一定的趋性，可取较老的桐树叶，用水浸湿后于傍晚放在田间，每 667m^{2}放置 120～150 片叶，翌日清晨揭开桐树叶捕捉幼虫。也可将杨树枝条绑成小把，于傍晚插于棉田诱杀成虫，效果较好。在傍晚撒菜叶于棉田边作诱饵可诱杀蛞蝓，于翌日清晨揭开菜叶捕杀。

用 90％敌百虫晶体 0.5kg，加水 5L，喷拌在 50kg 铡碎的鲜草上或碾碎炒香的麸皮或棉籽饼上，制成毒饵，于傍晚溜施在棉苗附近，对地老虎幼虫具有良好的诱杀效果。

（4）人工捕捉。利用金龟子的假死性，可对它进行人工捕捉。对于地老虎等，可在每天早晨进行人工捕捉，当发现新截断的被害植株时，就近挖土捕捉，可收到一定的效果。另外，犁地时也可拣杀蛴螬等地下害虫。

（5）物理隔离。在沟边、苗床或作物间于傍晚撒石灰带，每 667m^{2}用生石灰 7～7.5kg，阻止蛞蝓为害棉花叶片。

3. 生物防治 生物防治技术具有对人类及其他有益生物安全，不污染环境，不使病虫害产生抗药性等突出优点，长期备受关注。

（1）保护利用天敌。棉田天敌种类繁多，全国已查明的就有 200 多种。不同棉区在棉花的不同生育阶段，棉田害虫主要天敌的发生有其自身的规律。如华北棉区棉花苗期（6 月中旬以前）害虫的主要天敌有七星瓢虫、蚜茧蜂、龟纹瓢虫、食蚜蝇、大草蛉、叶色草蛉、塔六点蓟马、星豹蛛、草间钻头蛛等十几种；蕾铃期（6 月中旬至 8 月中、下旬）害虫的主要天敌有棉铃虫齿唇姬蜂、侧沟茧蜂、螟蛉悬茧蜂、龟纹瓢虫、黑襟毛瓢虫、异色瓢虫、小花蝽、草间钻头蛛、星豹蛛、三突花蛛、日本水狼蛛、塔六点蓟马、叶色草蛉、日本通草蛉、蚜茧蜂、蚜霉菌等种类；吐絮收花期（8 月下旬以后）在棉田发生的害虫主要天敌有小花蝽、草间钻头蛛、三突花蛛、星豹蛛、叶色草蛉、日本通草蛉、食蚜蝇、棉铃虫齿唇姬蜂等。此外，胡蜂、螳螂、青蛙、麻雀等喜欢在棉田捕食鳞翅目老龄幼虫，对控制棉铃虫老龄幼虫有显著作用。

①因地制宜地运用防治指标。充分利用棉株自身的耐害补偿能力，合理放宽防治指标，减少棉田总的施药次数，利用自然天敌的控害作用，实现棉田生态良性循环，进而达到治理和克服害虫抗药性的目的。值得注意的是，防治指标是因不同的地域（生态区）、作物生长阶段、品种、土壤肥力、灌溉条件等而不同的。所以，合理放宽指标应因地制宜，特殊的地方应参考当地科研、农技推广部门制定的标准执行，不可通用一种指标。

②通过合理的耕作栽培制度使天敌增殖。实行麦棉间套作、稻棉轮作邻作、棉花油菜间作和在棉田插花式种植高粱、玉米等诱集作物，既是夺取粮棉油丰收、提高单位面积经济效益的科学栽培措施，又是实现农田作物布局多样化、使天敌增殖的极好方式，便于早春天敌在这些场所扩大繁殖、躲避不良环境的影响，为棉田苗期天敌群落的建立提供源库。生产应用表明，麦套棉一项栽培措施的运用，就可在棉花苗期节省和减少用药 2～3 次，经济效益明显，并为下一步棉花生长中后期天敌的保护利用打下基础。

③保护早春天敌源库，使用对天敌较安全的选择性农药防治麦田害虫。以往的棉田天敌保护利用，一般只是“头痛医头、脚痛医脚”，仅仅着眼于棉田局部孤立的综合防治，没有从生物群落的高度考虑运用整个农田生态系统的自我调节作用，多是狭隘的或者顾此失彼。近年来的研究表明，广大棉区的麦田是多种天敌的越冬场所与早春的增殖基地，是棉虫天敌的主要发源地，如果麦田的天敌得不到保护和保存，即

使在棉田采取了一系列的天敌保护措施，也还是会因天敌的“源库”已遭到破坏而不起作用。因此，麦田害虫天敌的保护、保留已成为棉田保护利用天敌成败与否的关键。

④保护棉田天敌，使用选择性杀虫剂防治棉田害虫。利用选择性杀虫剂能在有效控制棉花害虫的同时，保护田间天敌免受不良影响，从而促进田间天敌的增殖与自然控害能力的增强。如噻虫嗪（阿克泰）对棉蚜毒力高，但对天敌瓢虫杀伤力较小，具有较高的选择性与安全性。

⑤改进施药方法。采用对天敌较为安全的内吸性药剂随种播施、拌种、包衣等隐蔽施药技术，防治苗蚜、棉盲蝽等害虫。如利用吡虫啉拌种，防治蚜虫效果显著，同时可以避免苗期地毯式广谱性喷洒，对瓢虫、蚜茧蜂、草蛉等天敌安全，效果很好。采用涂茎、点心、针对性局部对靶施药挑治等技术，可防治第二代棉铃虫以及苗期点片发生的苗蚜、棉叶螨、地老虎、棉盲蝽等害虫。正确地运用这些技术，不但能有效地防治害虫，还可避免天敌直接接触农药，减少天敌的死亡，或者大大缩小棉田的喷洒面积，使大部分天敌得以保存和增殖，在后续害虫的防治中发挥其控害作用。

⑥改进棉田农事操作，保护利用自然天敌。浇水要注意尽量进行沟灌，避免漫灌，这既是高产栽培的技术环节，也是保护蜘蛛等多种天敌的有效手段。棉田施肥，要按科学配方进行，最好多施农家肥和有机肥，保持和改良土壤结构，以利于天敌的繁殖和栖息。在棉田用杨树枝把诱蛾捕杀棉铃虫，有时也能诱到多种天敌，因而在收把杀死害虫的同时，要注意尽量不要伤害天敌，并将其重新放回棉田。整枝打杈时，应先将枝、杈、叶背上的天敌茧、蛹、成虫、幼虫摘除，放回棉株，再将病虫枝叶带出田外统一销毁。

（2）使用生物农药。目前，在棉虫防治上应用较广的微生物制剂是棉铃虫核型多角体病毒制剂。棉铃虫核型多角体病毒制剂在害虫卵孵盛期喷洒，对棉铃虫初孵幼虫有效，此外，还可兼治棉小造桥虫、棉大卷叶螟、玉米螟等棉田其他害虫。由于该制剂的病毒在棉田可经由取食、粪便接触等途径再传染给其他健康的害虫，故一次施药后可在棉田辗转流行，长期有效，对控制下代害虫也有一定的作用。阿维菌素等农用抗生素能有效控制棉叶螨等害虫的发生与为害。灭幼脲、虫酰肼、氟啶脲等生化农药可防治棉铃虫等害虫。病原微生物对害虫从侵染到致病、致死，一般需要 3～5d 才能表现效果，对害虫的致死作用速率较慢，击倒率较低，容易误认为效果不佳，特别是对棉虫暴发或发生特异的年份和世代，还不能完全达到立竿见影、迅速见效的要求。

4. 化学防治　在棉花病虫害综合治理中，药剂防治仍然是及时有效地控制病虫害对棉花为害的重要措施。施用农药防治害虫的优点已被人们认识。但还需认识到，农药使用不当也会带来许多副作用，如病虫产生抗药性、造成环境污染、杀伤棉虫的天敌、破坏棉田的生态平衡、引起病虫害再猖獗等。因此，应该正确认识、了解和掌握科学用药防治棉花病虫害的各项技术措施的内容和方法。

（1）掌握防治适期，适时施药。要用最少量的药剂，达到最好的防治效果，就必须把药用到火候上。每种病虫害都有防治指标。病虫害的防治应在达到防治指标时进行，同时也不应错过有利时期打“事后药”。防治病虫害应在最佳时期，如一般害虫应在卵孵化盛期至三龄幼虫抗病能力弱的时期施药，气流传播病害在初见病期及时施药，可以收到事半功倍的效果。

（2）掌握有效用药量，适量用药。用药量主要是指单位面积上的用药量，按照农药说明书推荐的使用剂量和浓度，准确配药用药，不能为追求高防效随意加大用药量，用药量超过限度，作用效果反而会更差，并容易出现药害。

（3）轮换交替使用不同种类的农药。长期连续使用一种农药或同类型的农药，极易引起病虫产生抗药性，降低防治效果。因此，应根据病虫特点，选用几种作用机制不同的农药交替使用。如选用生物农药和化学农药交替使用等，既有利于延缓病虫的抗药性产生，达到良好的防治效果，又可以减少农药的使用量。

（4）合理混用农药。在棉花生长中，几种病虫混合发生时，为节省劳力，可将几种农药混合使用。合理的混用，可以扩大防治范围，提高防治效果，并能防止或延缓病菌、害虫产生抗药性。但是农药的混用必须讲究科学，要遵守以下几个原则：①混合后不能产生物理和化学变化；②混合后对棉花无不良影响；③混合后无拮抗作用（又称减效作用）；④混合后毒性不能增加。

（5）掌握配药技术，充分发挥药效。配制乳剂时，应将所需乳油先配成 10 倍液，然后再加足量水。稀释可湿性粉剂时，先用少量水将可湿性粉剂调成糊状，然后再加足全量水。配制毒土时先将药用少量土混匀，经过几次稀释并要充分翻混药剂后才能与土混拌均匀。配制药液时要用清水。

另外，根据病虫害的发生部位或发生特点进行施药能大大地提高防治效果。比如，二代棉铃虫和苗期蚜虫主要集中在棉株的顶尖、嫩梢等部位，利用滴心法施药能有效地控制害虫，同时减少农药用量和对天敌昆虫的杀伤力。棉花蕾铃期棉花高大，同时棉盲蝽成虫飞行能力强，在这种情况下机动喷雾器的防治效果要比手动喷雾器好，不会使成虫不沾农药而得以成功潜逃。如有机动喷雾器，几台同时作业效果较好。

（三）不同棉区综合治理技术规程

基于多年来在棉花病虫害发生规律、防控技术方面的系统研究，形成了分别适用于不同生态区的、按照棉花生长发育阶段安排的病虫害综合防治技术体系。

1. 长江流域棉区

（1）播种至苗期。防治的重点是苗蚜、棉盲蝽、苗病、地老虎、枯萎病、黄萎病等。

①农业防治。及时清除田间杂草和病残体。枯萎病、黄萎病、棉叶螨发生严重的田块应轮作换茬。因地制宜种植国家审定的兼抗枯萎病、黄萎病的转基因抗虫棉等优质抗病虫品种。育苗用土应采用无病土，4 月中旬营养钵拱棚育苗，5 月下旬移栽，适时播栽，培育壮苗。清除田埂杂草，压低棉盲蝽等早春虫源。棉田周边种植玉米、绿豆等诱集作物，诱杀害虫。

②生物防治。早春种植绿肥、蚕豆招引天敌。麦棉套种，割麦留高茬保护天敌；油菜秸秆适度存放田间，以利于天敌过渡；前茬为小麦、油菜的棉田，6 月底前避免使用杀虫剂，结合棉田覆盖草和秸秆，可以增加天敌种群量，推迟首次用药时间。

③化学防治。用种子量 2%的 10%灵・福悬浮种衣剂拌种，防治炭疽病、立枯病等苗病。用 10%吡虫啉可湿性粉剂有效成分 5～6g 拌棉种 10kg，控制苗期蚜虫，防治温室大棚及春季绿肥豆科作物上越冬的棉蚜、棉盲蝽、烟粉虱等，压低虫源基数。采用撒毒土的办法防治地老虎低龄幼虫，龄期较大时，用 90%敌百虫晶体喷拌麦麸或棉籽饼制成毒饵，于傍晚顺垄撒施，予以诱杀。

（2）蕾期至结铃吐絮期。防治的重点是棉盲蝽、棉铃虫、棉叶螨、伏蚜、斜纹夜蛾等夜蛾类害虫和铃病，以及局部地区的棉蓟马和烟粉虱等。

①农业防治。加强水肥管理，培育健壮植株，提高抗病虫能力。结合整枝、打杈人工抹卵，捕捉高龄幼虫。及时去除老叶、空枝，以利通风透光，减轻病害发生。棉花中后期开展棉田“四清理”，即打顶心、去边心、抹赘芽、摘无效花蕾，降低田间棉铃虫等害虫的卵量，并减轻棉盲蝽的发生与为害。当棉株受棉盲蝽为害而形成破叶疯或丛生枝，徒长而不现蕾时，应迅速将丛生枝整去，每株棉花保留 1～2 枝主秆，使植株迅速恢复现蕾。

②物理防治。用频振式杀虫灯、性诱剂等诱集棉铃虫、棉盲蝽、斜纹夜蛾等害虫的成虫，减少田间落卵量。频振式杀虫灯，每 2～3.33hm^2设置 1 盏。在田间放置黄板，每 667m^2 20～40 块，诱杀蚜虫、烟粉虱等害虫。清洁田园，减少初始菌源量；在棉田行间铺设麦秆、塑料薄膜，阻隔土壤中的病原菌随水流向上飞溅；早摘烂铃，烂铃都是铃皮先感病，全铃变黑后，内部棉絮仍完好，因此，在棉铃初发病时及时摘下晾晒或用照明灯烘烤，既能收获棉絮，又能防止病铃再传染。

③生物防治。保护和利用自然天敌，发挥天敌的自然控害作用。当天敌总量与蚜量比为 1∶（60～100）时，天敌可控制棉蚜为害，不需使用化学农药。要推广使用苦参碱、核型多角体病毒制剂等生物农药防治害虫。有条件的地区，可人工释放赤眼蜂、捕食螨等天敌，控制棉田害虫、害螨。在播种时拌生防制剂商品可在一定程度上控制苗病和枯萎病、黄萎病。

④化学防治。选用选择性药剂，要注意不同作用机理的品种交替使用。严格按照防治指标开展防治。对达到防治指标的田块，选用低毒、对天敌影响较小的农药，如阿维菌素、吡虫啉、丙溴磷、哒螨灵，或昆虫生长调节剂氟铃脲、氟啶脲等，减少拟除虫菊酯类农药的使用，杜绝使用高毒、高残留农药。对一、二代棉铃虫可弃治，对二、三代棉盲蝽可选用乙酰甲胺磷、辛硫磷等低毒、低残留药剂进行防治，对三、四、五代棉铃虫使用氟铃脲、硫丹、辛硫磷与拟除虫菊酯类药剂进行复配防治，棉叶螨选用哒螨灵、阿维菌素等药剂进行防治。

棉盲蝽、蚜虫、枯萎病、黄萎病和铃病等病虫害的防治指标，参见黄河流域棉区病虫害防治。

2. 黄河流域棉区

（1）播种至出苗期。主要防治对象是苗蚜、苗病以及一些病虫害的越冬或早春虫源。

①农业防治。种植通过审定的转基因抗虫棉品种，优选兼具优异抗病性的品种。秋耕冬灌，清除枯萎

病、黄萎病的病株残体，降低病虫害越冬基数。清除田埂杂草，降低棉盲蝽等早春虫源基数。棉花枯萎病、黄萎病严重发生的田块，应改种小麦、玉米等禾本科作物3年以上，有条件的地区，实行水旱轮作2年，可收到良好的防病效果。轻病田块应多施有机肥及磷、钾肥，改善土壤中的微生物环境，压低土壤中的病菌数量。

集中连片棉田在棉行间插播少量春玉米、芹菜、萝卜等作物，播期根据作物的生育期进行推测，使开花期与棉铃虫产卵盛期相吻合，可诱集棉铃虫成虫栖息、产卵，便于集中消灭。在田埂插播绿豆、蓖麻等植物，用于诱集棉盲蝽迁入成虫，减少入侵虫源。

适时播种，培育壮苗。当土壤5cm深的地温稳定在14℃时为适宜播期，一般播种深度以4～5cm为宜，播种过早易发生立枯病。

②生物防治。实行麦—棉、豆—棉、瓜—棉、棉—蒜等间作套种可以保护天敌，充分发挥天敌的作用，减轻棉蚜、棉叶螨、棉铃虫等为害。

③化学防治。用2.5%咯菌腈悬浮种衣剂10mL对水100mL，搅拌均匀后拌棉种10kg，对棉花苗病有良好的预防作用。枯萎病、黄萎病新发生区应对棉种进行硫酸脱绒，然后用50%多菌灵悬浮剂0.4～0.5kg对水50kg，常温下浸泡棉种20kg，12～14h后捞出晾至种芽发白后播种，可控制炭疽病、立枯病等苗期病害。用10%吡虫啉可湿性粉剂500～600g拌棉种100kg防治苗蚜。建议最好采用商业化的包衣棉种，既可以保证棉种质量，又可以有效地防止苗期病虫害的发生。

（2）苗期。防治的重点是苗蚜、苗病和地老虎等。

①农业防治。及时中耕松土，破坏土壤板结层，不但可以提高地温，减轻苗病，还可以清除杂草，消灭部分地老虎的卵和初孵幼虫。利用绿豆等诱集带诱杀入侵棉田的棉盲蝽。适时播种，净土育苗，培育健苗，壮苗移栽，以提高植株的抗病性。

②生物防治。当田间天敌与蚜虫种群量比大于1∶120时，不需进行化学防治，可充分发挥天敌的自然控害作用。采用一些生防制剂可在一定程度上控制苗病。

③化学防治。当有蚜株率达到30%或卷叶株率5%时，用10%吡虫啉可湿性粉剂或3%啶虫脒乳油等药剂喷雾，或用氯·辛乳油涂茎，还可兼治棉蓟马、棉叶螨、棉盲蝽等害虫。棉苗出土后，如遇到低温多雨年份，易受到轮纹斑病和褐斑病等苗期叶病的侵害，应提早喷药保护，防止苗病流行。采用撒毒土的办法防治地老虎低龄幼虫。龄期较大时，用90%敌百虫原药喷拌麦麸或棉籽饼制成毒饵，于傍晚顺垄撒施，毒杀地老虎幼虫。

（3）蕾铃至吐絮期。防治重点是棉盲蝽、棉铃虫、棉叶螨、伏蚜、枯萎病、黄萎病和铃期病害等。

①农业防治。加强水肥管理，培育健壮植株，提高抗逆能力。麦收后（6月10日前）及时浅耕灭茬，消灭一代棉铃虫蛹，压低二代基数。结合整枝、打杈，人工抹棉铃虫卵，捕捉老龄幼虫，把疯杈、顶尖、边心及无效花蕾、烂铃等带出田外集中处理，降低田间卵和幼虫量。棉花生长后期，要及时推枝并垄、去除老叶及空枝，以利于通风透光，减轻病害流行。利用玉米、绿豆、蓖麻等间作作物诱杀棉铃虫、棉盲蝽。

②物理防治。安设频振式杀虫灯可大量诱杀棉盲蝽、棉铃虫、地老虎、金龟子、金刚钻等多种害虫，单灯控制面积2～3.33hm^2，连片规模安装诱杀效果更好。杨树枝把诱杀二、三代棉铃虫羽化期成虫，在棉田内插萎蔫的杨树枝把，每667m^2 10～15把，诱集棉铃虫成虫于其中，然后集中予以消灭。

③生物防治。选择高效、低毒、选择性强的药剂品种，严格按防治指标用药，尽量减少化学农药对天敌的杀伤，充分发挥天敌的自然控害作用。从二代棉铃虫卵始盛期开始，每代棉铃虫发生期人工释放赤眼蜂3次，每次间隔57d，每667m^2放蜂量每次1.2万～1.4万头，均匀放置5～8点。具体方法：赤眼蜂开始羽化时（约5%的柞蚕卵上出现羽化孔），将蜂卡撕成小块，用中部棉叶反卷包住蜂卡，附着在其他叶片的背面，避免阳光直射，在早晨或傍晚释放，可减少田间棉铃虫虫量60%左右。采用生防制剂可在一定程度上控制枯萎病、黄萎病。推广应用生防制剂棉铃虫核型多角体病毒、阿维菌素、苦参碱等生物农药，防治棉田病虫害。

④化学防治。此时期为多种害虫交替重叠发生阶段，应根据田间主要害虫发生程度，抓住有利时机，统筹兼顾，尽可能混合用药，避免重复施药，充分发挥兼治作用。

二代棉铃虫应隐蔽或顶部集中用药，药剂可选用棉铃虫核型多角体病毒（NPV）或1.8%阿维菌素乳油等生物农药。三、四代棉铃虫应视田间实际情况开展防治。三代以保护蕾、铃为重点，喷匀打透，四代以挑治为主，压低田间虫量。药剂可选用5%氟铃脲乳油或4.5%高效氯氰菊酯乳油或52.25%毒・氯乳油。三、四代防治期间由于棉株大、产卵分散，喷药时应注意棉花顶尖、花蕾铃上着药均匀，同时注意交替用药和轮换用药，施药后遇雨，要及时补喷。棉铃虫防治指标为转基因抗虫棉田二代百株低龄幼虫为20头，三代15头。非转基因抗虫棉二代百株累计卵量为150粒，或百株低龄幼虫10头，三代百株累计卵量25粒，或百株低龄幼虫5～8头，四代为百株低龄幼虫8～10头。

当百株上、中、下三叶伏蚜量达到1万～1.5万头时，要用药防治，可选用10%吡虫啉可湿性粉剂或3%啶虫脒乳油等。

三代（蕾、花期）百株有虫10头以上，或被害株率5%～8%，四代（花、铃期）百株虫量达20头时，用5%丁烯氟虫腈乳油、10%联苯菊酯乳油、35%硫丹乳油、40%灭多威可溶粉剂、45%马拉硫磷乳油或40%毒死蜱乳油进行喷施防治。

对棉叶螨，当红叶株率达到3%时，用1.8%阿维菌素乳油或20%哒螨灵可湿性粉剂等药剂喷雾防治。

枯萎病、黄萎病新发生田块，拔除零星病株，连同落叶一起烧掉，然后每平方米用98%棉隆原粉70g拌入30～40cm深土中，对病株周围40cm以上的病土进行药剂处理，上面再覆盖一层净土。当田间开始出现零星病株时，用99植保水剂（成分为一种吸水、保水的高分子材料）或100～150倍磷酸二氢钾溶液喷雾，隔10～15d喷1次，连续3～4次，也可用3%广枯灵水剂（噁霉灵与甲霜灵混剂）灌根，抑制症状扩展。

夏季多雨或棉田郁闭易诱发棉花铃病。可在发病初期选用25%咪鲜胺乳油或80%代森锰锌可湿性粉剂800～1 000倍液，进行喷洒防治。

3. 西北内陆棉区

（1）播种前。棉花、玉米、高粱、番茄等作物田收获后至封冻前，实行秋耕冬灌，翻耕深度18～20cm，可有效降低棉铃虫、棉叶螨等的越冬基数。在开始结冰后（地面未积雪之前），彻底清除棉田及四周杂草和枯枝落叶，使棉盲蝽骤然失去越冬场所而被冻死。结合春季整地破除老埂，可进一步减少越冬虫源。

（2）播种期。

①农业防治。种植玉米诱集带，诱集棉铃虫后予以集中杀灭。棉花枯萎病、黄萎病严重发生区，应改种小麦、玉米等禾本科作物5年以上。选用高产、优质、抗（耐）枯萎病、黄萎病的棉花品种，并辅助以种子消毒。严禁将枯萎病疫区的带菌棉籽、棉壳、棉饼、棉柴带入无病区。土壤5cm深的地温稳定在12℃时，为适宜播期，一般播种深度以2～4cm为宜，播种过早易发生立枯病，要加以防治。

②生物防治。在棉田周边的地埂、林带等空闲处，种植苜蓿、油菜、红花等作物，诱集和保护多种天敌栖息繁殖，提高对害虫的控制能力。采用生防制剂商品如芽孢杆菌、木霉制剂拌种可在一定程度上控制苗病和枯萎病、黄萎病。

③化学防治。用种子量0.5%的50%敌磺钠可湿性粉剂对脱绒棉籽拌种，预防苗期病害。用20%丁硫克百威乳油拌种，对棉花苗期蓟马、蚜虫、叶螨等有较好的控制作用。建议尽可能采用包衣的棉种，种衣剂有吡・萎・福美双干粉种衣剂、萎・福悬浮种衣剂等。

（3）苗期。棉花苗期防治的重点是棉铃虫、棉蚜、棉叶螨等。

①农业防治。结合间苗、定苗，拔除病苗、弱苗。中耕松土，破坏土壤板结层，不但可以提高地温，减轻苗病，还可清除杂草，消灭部分地老虎卵和初孵幼虫。

②生物防治。棉叶螨点片发生期，人工释放捕食螨来进行防治。在中心株上挂1袋捕食螨，其两侧各挂1袋，每袋有1 500～3 000头捕食螨，可有效控制叶螨的为害。

③物理防治。春季棉蚜迁飞期间，在蚜源地及棉田四周放置黄板诱杀，可降低田间蚜虫量，减轻为害。从棉铃虫越冬代成虫始发期开始，设置频振式杀虫灯诱杀棉铃虫等害虫，可按单灯有效控制面积为2～3.33hm^2的标准，确定设置数量。

④化学防治。春季棉叶螨迁入棉田前，对棉田边缘5～10行棉苗及周边杂草用专性杀螨剂进行喷雾防治，减少棉叶螨迁入棉田的量。田间发现棉蚜中心株时，用内吸性杀虫剂滴心，或在棉苗红绿茎交界处

2～3cm 长的范围内涂茎，注意不可环茎涂抹。当棉蚜为害面积较大时，棉田益害比为 1∶150 左右时，要逐田调查，对达到防治指标的棉田，用吡虫啉、啶虫脒等药剂防治。出苗后如遇到连续降温天气，棉苗叶斑病可能流行为害时，选用 46.1%氢氧化铜水分散粒剂 800～1 000 倍液、1∶1∶200 波尔多液、80%代森锌可湿性粉剂 200～400 倍液、70%代森锰锌可湿性粉剂 200～400 倍液、25%甲霜灵可湿性粉剂 500～700 倍液，在子叶开展时即可喷药保护。

（4）蕾铃至吐絮期。此时期的防治重点是棉铃虫、棉叶螨、伏蚜、枯萎病、黄萎病、铃期病害和早衰等。

①农业防治。加强水肥管理，培育健壮植株，提高抗逆能力。结合整枝、打杈，人工抹除棉铃虫卵，捕杀高龄幼虫，把疯杈、顶尖、边心及无效花蕾、烂铃等，带出田外集中处理，可以降低田间卵和幼虫量。对于抗虫棉应注意控制其过早进入结铃，消耗同化产物，促进根系生长发育，以控制黄萎病和早衰的发生，可采用去除第一果枝，控制二至三果枝花蕾 3～4 个为宜。棉花生长后期，要及时去除老叶、空枝，以利通风透光，减轻铃期病害流行。继续采用玉米诱集带诱杀。

②生物防治。在二代棉铃虫卵孵始盛期人工释放赤眼蜂，连续释放 4 次，每次间隔 3～4d，放蜂量每 $667m^2$ 每次为 1 万头。具体方法是：赤眼蜂开始羽化时（5%～7%的柞蚕卵上出现羽化孔），把蜂卡剪成小块，用中部棉叶反卷包住蜂卡，附着在其他叶片背面，避免阳光直射，按照行宽 7m，顺行长 15～20m 放置 1 块蜂卡，于早晨或傍晚释放。

③物理防治。采用频振灯诱杀棉铃虫等害虫的成虫。在长江流域棉区，对已成熟，并被棉铃病菌侵入的棉铃，应及时摘下带回晾晒，既能收获棉絮，又能防止病铃再传染。

④化学防治。选用选择性农药品种，注意不同作用机理的品种交替使用。严格按照防治指标开展防治，不宜大面积喷施农药。对棉铃虫、棉叶螨、棉蚜等害虫、害螨达到防治指标田块，可选用低毒、对天敌较安全的药剂，如阿维菌素、吡虫啉、啶虫脒、硫丹、哒螨灵等进行防治，杜绝使用高毒、高残留农药。

陆宴辉　简桂良（中国农业科学院植物保护研究所）

主要参考文献

柏立新，陈春泉，曹燕萍，等.1992. 棉花病虫草害综合防治［M］. 南京：江苏科学技术出版社.

柏立新，孙洪武，孙以文，等.1992. 棉铃虫寄主植物种类及其适合性程度［J］. 植物保护学报，24（1）：1-6.

柏立新.1997. 棉田玉米螟灾变规律及其综合控制技术研究进展［J］. 江苏农业学报，13（1）：15-16.

彩万志，庞雄飞，花保祯，等.2001. 普通昆虫学［M］. 北京：中国农业大学出版社.

曹赤阳，何本极，朱深甫.1991. 红铃虫防治理论研究与实践［M］. 南京：江苏科学技术出版社.

曹赤阳，万长寿.1983. 棉盲蝽的防治［M］. 上海：上海科学技术出版社.

曹赤阳.1992. 中国棉花害虫综合防治的新进展［J］. 昆虫知识，29（3）：170-172.

常新龙.2009. 浅析 2008 年北疆棉花早衰原因及补救措施［J］. 中国棉花（3）：32.

陈方新，高智谋，齐永霞，等.2001. 安徽省棉铃疫病菌的鉴定及生物学特性研究［J］. 安徽农业大学学报，28（3）：227-231.

陈方新，高智谋，齐永霞，等.2004. 棉铃疫病菌（*Phytophthora boehmeriae*）对甲霜灵的抗性遗传研究［J］. 植物病理学报，34（4）：296-301.

陈方新，齐永霞，高智谋，等.2005. 棉铃疫病菌的生物学特性及其遗传研究［J］. 中国农学通报，21（10）：287-290.

陈建，杨进，陆佩玲，等.2008. 棉大卷叶螟的年生活史与种群动态［J］. 植物保护，34（3）：119-123.

陈其煐.1992. 棉花病虫害综合防治技术［M］. 北京：农业出版社.

崔淑芳，金卫平，黎鸿慧，等.2004. 河北省棉铃疫病的发生规律及其防治［J］. 中国棉花（10）：27.

单卫星，张硕成，李玉红，等.1995. 棉铃疫病病菌侵染行为观察［J］. 棉花学报，7（4）：246-251.

邓先明，杨永柱，刘光珍.1993. 四川省棉田寄生线虫种类及肾形线虫与棉花枯萎病发生关系的研究［J］. 植物病理学报，23（2）：163-167.

邓先明.1992. 四川省棉田肾形线虫（*Rotylenchulus reniformis*）和棉花枯萎病发生的关系研究［J］. 西南农业大学学报，14（3）：240-243.

董合忠，李维江，唐薇，等.2005. 棉花生理性早衰研究进展［J］. 棉花学报，17（1）：56-60.

高玉龙，郭旺珍，王磊，等.2006. 海岛棉抗病基因类似物与防卫基因类似物的分离及特征分析［J］. 中国科学（C 辑：生命科学)，36 (2)：97 - 108.
高振峰．1992. 棉铃疫病的发生和防治 [J]．河北农业科学 (2)：35 - 36.
戈峰，丁岩钦．1996. 棉田生态系统中害虫、天敌群落结构与功能关系的研究 [J]．生态学报，16 (5)：535 - 540.
戈峰．1996. 不同类型棉田捕食性天敌的种群消长动态及其对害虫的控制作用 [J]．昆虫学报，39 (3)：267 - 273.
郭予元，等．1998. 棉铃虫的研究 [M]．北京：中国农业出版社．
韩宏伟，刘培源，高峰，等．2011. 新疆北部棉区黄萎病菌种群致病性分化及变异 [J]．植物保护学报，38 (2)：121 -126.
郝树广，康乐．2001. 温、湿度对美洲斑潜蝇发育存活及食量的影响 [J]．昆虫学报，44 (3)：330 - 333.
郝延堂．2002. 2001 年馆陶县棉花轮纹叶斑病发生严重 [J]．植保技术与推广，22 (1)：22 - 39.
何红，曹以勤，陆家云．1992. 棉苗疫病快速诊断方法及室内药效测定 [J]．南京农业大学学报，3：125 - 127.
何红，曹以勤，陆家云．1993. 棉疫病研究现状 [J]．植物保护，5：32 - 33.
何红，郑小波，曹以勤，等．1994. 苎麻疫霉寄生专化性研究 [J]．植物病理学报，24 (2)：129 - 133.
贺福德，陈谦，孔军．2001. 新疆棉花害虫及天敌 [M]．乌鲁木齐：新疆大学出版社．
洪晓月，丁锦华．2007. 农业昆虫学 [M]．2 版．北京：中国农业出版社．
黄晓磊，乔格侠．2005. 蚜虫类昆虫生物学特性及蚜虫学研究现状 (1) [J]．生物学通报，40 (11)：5 - 7.
籍秀琴，李宝栋．1982. 棉花苗期疫病菌“种”的鉴定 [J]．中国农业科学，1：14 - 18.
籍秀琴．1984. 棉花苗期病害及其防治 [M]．北京：农业出版社．
简桂良，卢美光，王凤行，等．2007. 转基因抗虫棉黄萎病综合防治技术体系 [J]．植物保护，33 (5)：136 - 140.
简桂良，赵磊，张文蔚，等．2011. 黄萎病不同抗性陆地棉品种抗病基因同源序列生物信息学分析 [J]．棉花学报，23 (6)：490 - 499.
简桂良，赵磊，张文蔚，等．2011. 陆地棉抗病基因同源序列的克隆与分析 [J]．生物技术通报 (10)：101 - 108.
简桂良，邹亚飞，马存．2003. 棉花黄萎病连年流行的原因及对策 [J]．中国棉花，30 (3)：13 - 14.
简桂良．2009. 棉花黄萎病枯萎病及其防治 [M]．北京：金盾出版社．
景忆莲，刘耀斌，范万法，等．1999. 棉花黄萎病及其抗性育种研究进展 [J]．西北农业学报，8 (3)：106 - 110.
康乐．1996. 斑潜蝇的生态学与持续控制 [M]．北京：科技出版社．
李笃肇．1991. 肾线虫 (*R. reniformis*) 与棉花枯萎病 [J]．西南农业大学学报，13 (1)：81.
李家春．2007. 奎屯垦区棉花早衰原因分析及防治对策 [J]．新疆农垦科技，2：11 - 12.
李金玉，李庆基，李成葆，等．1984. 农药种衣剂处理棉种综合防治苗期病害试验研究 [J]．植物保护，9 (2)：56 - 58.
李进步，吕昭智，王登元，等．2005. 新疆棉区主要害虫的演替及其机理分析 [J]．生态学杂志，24 (3)：261 - 264.
李经仪，顾本康，钱清海，等．1985. 江苏棉花黄萎病病原菌寄主范围的研究 [J]．中国农业科学，18 (5)：94 - 96.
李俊杰，陈德强，艾则孜．2008. 新疆博州滴灌棉花早衰主要原因及防治 [J]．中国棉花，35 (4)：29 - 30.
李明远，付维新，高登东．2008. 湖北省石首市棉花早衰的现状及对策 [J]．中国棉花，35 (6)：21 - 22.
李莎，张文蔚，齐放军，等．2011. 环境条件对棉花轮纹斑病菌分生孢子萌发的影响 [J]．棉花学报，23 (5)：472 - 475.
林克剑，吴孔明，郭予元，等．2003. 寄主作物对 B 型烟粉虱生长发育和种群增殖的影响 [J]．生态学报，23 (5)：870 -877.
林克剑，吴孔明，郭予元，等．2004. 温度和湿度对 B 型烟粉虱发育、存活和生殖的影响 [J]．植物保护学报，31 (2)：166 - 172.
林玲，章如意，张昕，等．2012. 江苏省棉花黄萎病菌的培养特性及致病力分化监测 [J]．棉花学报，24 (3)：199 - 206.
刘兴利．2010. 棉田死苗的原因和预防措施 [J]．中国棉花，37 (2)：32.
卢金宝，赵书珍，郃红忠，等．1999. 南疆海岛棉中后期叶病的发生及防治 [J]．中国棉花，26 (8)：29 - 44.
陆宴辉，简桂良，李香菊，等．2011. 棉花病虫害防控技术问答 [M]．北京：金盾出版社．
陆宴辉，齐放军，张永军．2010. 棉花病虫害综合防治技术 [M]．北京：金盾出版社．
陆宴辉，吴孔明，姜玉英，等．2010. 棉花盲蝽的发生趋势与防控对策 [J]．植物保护，36 (2)：150 - 153.
陆宴辉，吴孔明．2008. 棉花盲椿象及其防治 [M]．北京：金盾出版社．
马承铸，谢叙生，朱德渊，等．1986. 上海棉田植物寄生线虫的种属分布和群体动态 [J]．上海农业学报，2 (2)：41 - 48.
马承铸，张家清，钱振官．1994. 拟粗壮螺旋线虫对棉花的致病力及其与棉枯萎病的复合症 [J]．植物病理学报，24 (2)：153 - 157.
马承铸．1986. 南方根结线虫 2、3 号小种对棉花的寄生力 [J]．上海农业学报，2 (3)：81 - 88.
马存，简桂良，孙文姬．1997. 我国棉花抗黄萎病育种现状、问题及对策 [J]．中国农业科学，30 (2)：58 - 64.
马存，简桂良．1994. 1993 年冀、鲁、豫棉花黄萎病暴发及应急防治措施 [J]．植保科技与推广，14 (4)：23 - 24.
马存．2007. 棉花枯萎病与黄萎病的研究 [M]．北京：中国农业出版社．

马辉刚，李瑞明，胡水秀，等．1996. 棉铃疫病菌的鉴定及致病力的研究［J］．江西农业学报，8（2）：129－132.
马平，李社增，陈新华，等．1998. 利用拮抗菌防治棉铃疫病［J］．中国生物防治，14（2）：65－67.
马平，沈崇尧．1994. 棉铃疫菌的越冬存活［J］．植物病理学报，24（1）：74－79.
马平，沈崇尧．1994. 棉苗疫菌与棉铃疫菌的关系研究［J］．植物保护学报，21：220－230.
马祁，李号宾，汪飞，等．2000. 新疆棉花害虫综合防治技术体系研究［J］．新疆农业科学（1）：1－5.
齐放军，简桂良，李家胜．2013. 棉花早衰、红叶茎枯病与棉花轮纹斑病间关系辨析［J］．棉花学报，25（1）：23－26.
全国农业技术推广服务中心．2007. 中国植保手册：棉花病虫防治分册［M］．北京：中国农业出版社．
戎文治，申屠广仁．1984. 警惕棉花根结线虫病的蔓延为害［J］．中国棉花，11（2）：43－44.
戎文治，申屠广仁．1987. 浙江省棉根结线虫的研究［J］．中国农业科学，20（4）：13－18.
沈成，刘平知，王亮，等．2009. 2008 年湖北省仙桃市棉花大面积早衰的原因及对策［J］．中国棉花，36（5）：23－24.
沈其益．1992. 棉花病害基础研究与防治［M］．北京：科学出版社．
宋先云．2000. 棉花轮纹斑病的发生与防治［J］．安徽农业（6）：6－18.
苏丽，戈峰，刘向辉．2002. 化学防治对不同类型棉田害虫和捕食性天敌群落多样性的影响［J］．昆虫学报，45（6）：777－784.
苏涛．2008. 麦盖提垦区棉花后期早衰原因及防治措施［J］．中国棉花，35（8）：26－27.
孙峰，陆永跃．2011. 新入侵害虫扶桑绵粉蚧严重危害棉花［J］．中国棉花，38（2）：19－20.
汤建国．1990. 彭泽县 1989 年棉苗疫病发生严重［J］．植物保护，4：46.
涂礼莉，张献龙，朱龙付，等．2003. 海岛棉 NBS 类型抗病基因类似物的起源、多样性及进化［J］．遗传学报，30（11）：1071－1077.
王登元，于江南．2010. 新疆农业昆虫图志［M］．乌鲁木齐：新疆科学技术出版社．
王汝贤，杨之为，庞惠珍，等．1989. 陕西省棉田主要线虫类群对棉花枯萎病发生影响的研究［J］．植物病理学报，19（4）：205－209.
王少山，贺福德，冯志超，等．2004. 警惕"新害虫"对新疆棉花的为害［J］．中国棉花，31（6）：34－35.
王升正，齐放军，张文蔚，等．2010. 抗黄萎病新品系中植棉 KV－3 抗性遗传特性研究［J］．棉花学报，22（5）：501－504.
新疆农业科学院植物保护研究所．1995. 新疆经济作物病虫害防治［M］．乌鲁木齐：新疆科技卫生出版社．
徐理，朱龙付，张献龙．2012. 棉花抗黄萎病机制研究进展［J］．作物学报，38（9）：1553－1560.
牙森·沙力，吴孔明，玉山江·吐尼亚孜．2007. 寄主植物对土耳其斯坦叶螨实验种群生长发育及繁殖的影响［J］．植物保护，33（1）：99－102.
杨秀荣，刘水芳，孙淑琴．2009. 棉花苗期病害的诊断与防治［J］．天津农业科学，15（6）：43－46.
杨永柱．1992. 四川省棉田植物寄生线虫种属研究［J］．西南农业大学学报，14（4）：292－295.
杨之为．1990. 棉花黄萎病的产量损失的模型建立［J］．植物病理学报，20（1）：73－78.
姚耀文．1987. 棉花黄萎病产量损失及补偿作用研究［J］．植物病理学报，17（3）：135－140.
于江南，等．2003. 新疆农业昆虫学［M］．乌鲁木齐：新疆科学技术出版社．
于江南，王登元，马明明．2000. 土耳其斯坦叶螨的发育起点温度与有效积温［J］．昆虫知识，37（4）：203－205.
于江南，王登元，曲丽红，等．2002. 自然因素对土耳其斯坦叶螨发生的影响和防治对策［J］．新疆农业大学学报，25（3）：64－67.
袁锋，等．2001. 农业昆虫学［M］．3 版．北京：中国农业大学出版社．
袁辉霞，张建萍，杨孝辉．2008. 土耳其斯坦叶螨和截形叶螨生殖力比较［J］．蛛形学报，17（1）：35－38.
张保龙，杨郁文，倪万潮，等．2006. 陆地棉 CC－NBS－LRR 基因的克隆及特征分析［J］．江苏农业学报，22（4）：351－353.
张辅志，方崇庆．1988. 安徽省沿江棉区棉苗疫病发生、消长规律及其防治研究［J］．安徽农业科学，01：67－70.
张建华，张建萍，王佩玲，等．2005. 新疆棉花害虫新动态及其防治对策［J］．中国棉花，32（7）：4－6.
张文蔚，赵磊，王升正，等．2012. 10 个棉花品种（系）田间人工病圃黄萎病抗性稳定性分析［J］．中国棉花，39（5）：20－22.
张亚，何录秋，王芳，等．2009. 环洞庭湖区棉花早衰原因与对策［J］．湖南农业科学，4：8－9.
张永孝，曹雁萍，柏立新，等．1986. 棉花不同生育期棉盲蝽的为害损失及防治指标的研究［J］．植物保护学报，23（2）：73－78.
赵海，曾红军，李玉国，等．2006. 北疆棉田新害虫双斑长跗萤叶甲的危害与防治［J］．中国棉花，33（2）：32.
赵磊，王升正，齐放军，等．2009. 棉花多抗品种中植棉 KV－1 抗病基因同源序列的克隆与分析［J］．棉花学报，21（6）：465－468.

赵小华，胡斌．2009. 棉花早衰原因及防治策略［J］．安徽农学通报，15（14）：136－137.

浙江省慈溪县农林局病虫观测站．1974. 棉苗疫病初探［J］．中国棉花，1：29－32.

郑小波，陆家云，何红，等．1992. 棉铃疫病菌越冬卵孢子作为初侵染源的研究［J］．植物保护学报，19（3）：251－256.

中国农业科学院植物保护研究所．1996. 中国农作物病虫害：下册［M］．2版．北京：中国农业出版社．

朱荷琴，冯自力，等．2009. 棉花苗病防治技术［J］．中国棉花，36（2）：23.

朱荷琴，冯自力，尹志新，等．2012. 我国棉花黄萎病菌致病力分化及 ISSR 指纹分析［J］．植物病理学报，42（3）：225－235.

朱荷琴．2007. 棉花主要病害研究概要［J］．棉花学报，19（5）：391－398.

朱艺勇，黄芳，吕要斌．2011. 扶桑绵粉蚧生物学特性研究［J］．昆虫学报，54（2）：246－252.

Bhat R G，Subbarao K V. 1999. Host range specificity in *Verticillium dahliae*［J］. Phytopathology，89（12）：1218－1225.

Bird G W，Crawford J L，McGlohon N W. 1973. Distribution frequency of occurrence and population dynamics of *Rotylenchulus reniformis* in Georgia［J］. Plant Disease Reporter，57：399－401.

Bolek Y，Bell A A，El－Zik K M，et al. 2005. Reaction of Cotton Cultivars and an F_2 Population to Stem Inoculation with Isolates *Verticillium dahliae*［J］. Journal of Phytopathology，153：269－273.

Brathwaite C W D. 1974. Effect of crop sequence on populations of *Rotylenchulus reniformis* in fumigated and untreated soil［J］. Plant Disease Reporter，58：259－261.

Bridge J，Jones E，Page S L J. 1976. *Meloiodgyne acronea* associated with reduced growth of cotton in Malawi［J］. Plant Disease Reporter，60：5－7.

Bridge J，Page S L J. 1975. Plant parasitic nematodes associated with cotton in the lower Shire Valley and other cotton growing regions of Malawi［J］. United Kingdom Overseas Development Administration Technical Report.

Brodie B B，Cooper W E. 1964. Relation of parasitic nematodes to post－emergence damping－off of cotton［J］. Phytopathology，54：1023－1027.

Bugbee W M. 1970. Effect of Verticillium wilt on cotton yield，fiber properties and seed quality［J］. Crop Science，10：649－652.

Carter W W，Nieto S. 1975. Population development of *Meloidogyne incognita* as influenced by crop rotation and fallow［J］. Plant Disease Reporter，59：404－403.

Evans G，Snyder W C，Wilhelm S. 1996. Inoculum increase of the Verticillium wilt fungus in cotton［J］. Phytopathology，56：590－594.

Fassuliotis G，Rau G J，Smith F M. 1968. *Hoplolaimus columbus*，a nematode parasite associated wilt cotton and soybeans in South Carolina［J］. Plant Disease Reporter，52：571－572.

Feng H，Gould F，Huang Y，et al. 2010. Modeling the population dynamics of cotton bollworm *Helicoverpa armigera*（Hübner）（Lepidoptera：Noctuidae）over a wide area in northern China［J］. Ecological Modelling，221：1819－1830.

Gilman D P，Jones J E，Williams C，et al. 1978. Cotton－soybean rotation for control of reniform nematodes［J］. Louisiana Agriculture，21：10－11.

Gutierrez A P，DeVay J E，Pullman G S，et al. 1983. A model of verticillium wilt in relation to cotton growth and development［J］. Phytopathology，73：89－95.

Heald C M，Orr C C. 1984. Nematode parasites of cotton［M］//Nickle W R. Plant and Insect Nematodes. New York：M. Dekker：147－166.

Hillocks R J. 1992. Cotton Diseases［M］. Melksham UK：Redwood Press Ltd.

Howell C R. 2002. Cotton seedling preemergence damping－off incited by *Rhizopus oryzae* and *Pythium* spp. and its biological control with *Trichoderma* spp.［J］. Phytopathology，92（2）：177－180.

Howell C R. 2007. Effect of seed quality and combination fungicide － *Trichoderma* spp. seed treatments on pre－and postemergence damping－off in cotton［J］. Phytopathology，97（1）：66－71.

Johnson K B，Apple J D，Powelson M L. 1998. Spatial patterns of *Verticillium dahliae* propagules in potato field soils of oregon’s Columbia Basin［J］. Plant Disease，72：484－488.

Jones J E，Beasly J P，Dickson J I，et al. 1988. Registration of four cotton germplasm lines with resistance to reniform and root-knot nematodes［J］. Crop Science，28：199－200.

Khoury F Y，Alcorn S M. 1973. Effect of *Meloidogyne incognita* acrita on the susceptibility of cotton plants to *Verticillium albo-atrum*［J］. Phytopathology，63：485－490.

Kirkpatrick T L，Sasser J N. 1983. Parasitic variability of *Meloidogyne incognita* populations on susceptible and resistant cotton［J］. Journal of Nematology，14：302－307.

Klosterman S J, Atallah Z K, Vallad G E. 2009. Diversity, pathogenicity and management of Verticillium species [J] . Annual Review of Phytopathology, 47: 39 - 62.

Lacy M L, Horner C E. 1965. Verticillium wilt of mint: Interactions of inoculm density and host resistance [J] . Phytopathology, 55: 1176 - 1178.

Liu C X, Li Y H, Gao Y Y, et al. 2010. Cotton bollworm resistance to Bt transgenic cotton: A case analysis [J] . Science China Life Sciences, 53, 934 - 941.

Liu X X, Zhang Q W, Zhao J Z, et al. 2005. Effects of Bt transgenic cotton lines to the cotton bollworm parasitoid *Microplitis mediator* in the laboratory [J] . Biological Control, 35: 134 - 141.

Lu Y H, Qiu F, Feng H Q, et al. 2008. Species composition and seasonal abundance of pestiferous plant bugs (Hemiptera: Miridae) on Bt cotton in China [J] . Crop Protection, 27 (3 - 5): 465 - 472.

Lu Y H, Wu K M, Jiang Y Y, et al. 2010. Mirid bug outbreaks in multiple crops correlated with wide - scale adoption of Bt cotton in China [J] . Science, 328 (5982): 1151 - 1154.

Lu Y H, Wu K M, Jiang Y Y, et al. 2012. Widespread adoption of Bt cotton and insecticide decrease promotes biocontrol services [J] . Nature, 487: 362 - 365.

Mastafa M A. 1957. Review of fungal disease of cotton in Egypt [J] . Egyptian Review of Science, 3: 55.

Men X Y, Ge F, Edwards C A, et al. 2005. The influence of pesticide applications on *Helicoverpa armigera* Hübner and sucking pests in transgenic Bt cotton and non - transgenic cotton in China [J] . Crop Protection, 24 (4): 319 - 324.

Men X Y, Ge F, Liu X H, et al. 2003. Diversity of arthropod communities in transgenic Bt cotton and nontransgenic cotton agroecosystems [J] . Environment Entomology, 32 (2): 270 - 275.

Mitra M. 1929. *Phytophthora parasitica* Dastur. causing "damping off" and "fruit rot" of guava in India [J] . Transactions British Mycological Society, 14: 249 - 254.

Orr C C, Robinson A F. 1984. Assessment of cotton losses in Western Texas caused by *Meloidogyne incognita* [J] . Plant Disease, 68: 284 - 285.

Palanisamy S, Balasubramanian. 1983. Assessment of avoidable yield loss in cotton (*Gossypium barbadense* L.) by fumigation with metham sodium [J] . Nemalologia Medilerranea, 11: 201.

Palmateer A J, McLean K S, Morgan - Jones G, et al. 2004. Frequency and diversity of fungi colonizing tissues of upland cotton [J] . Mycopathologia, 57 (3): 303 - 316.

Prasad K S, Padeganur G M. 1980. Observations on the association of *Rotylenchulus reniformis* with Verticillium wilt of cotton [J] . Indian Journal Nematology, 10: 91 - 92.

Pérez - artés E, García - Pedrajas M D, Bejarano - Alcázar J. 2000. Differentiation of cotton - defoliating and nondefoliating pathotypes of *Verticillium dahliae* by RAPD and specific PCR analyses [J] . European Journal of Plant Pathology, 106: 507 - 517.

Robinson A F, Percival A E. 1997. Resistance to *Meloidogyne incognita* race 3 and rotylenchulus reniformis in wild accessions of *Gossypium hirsutum* and *G. barbadense* from Mexico [J] . Journal of Nematology, 29 (4S): 746 - 755.

Shepherd R L. 1982. Genetic resistance and its residual effects for control of the root - knot nematode - Fusarium wilt complex in cotton [J] . Crop Science, 22: 1151 - 1155.

Shepherd R L. 1983. New sources of resistance to root - knot nematodes among primitive cottons [J] . Crop Science, 23: 999 - 1002.

Shepherd R L. 1986. Cotton resistance to the root - knot nemtode - Fusarium wilt complex. Ⅱ. Relation to root - knot resistance and its implications on breeding for resistance [J] . Crop Science, 26: 233 - 237.

Starr J L, Jeger M J, Martyns R D, et al. 1989. Effects of *Meloidogyne incognita* and *Fusarium oxysporum* f. sp. *vasinfectum* on plant mortality and yield of cotton [J] . Phytopathology, 79: 640 - 646.

Starr J L, Page S L J. 1990. Nematode parasites of cotton and other tropical fibre crops [M] //Luc M, Sikora R A, Bridge J. Plant Parasitic Nematodes in Subtropical and Tropical Agriculture [M] . Wallingford, UK: CAB International: 539 -556.

Starr J L, Veech J A. 1986. Susceptibility to root - knot nematodes in cotton lines resistant to the Fusarium wilt/root knot complex [J] . Crop Science, 26: 543 - 546.

Thames W H, Heald C M. 1974. Chemical and cultural control of *Rotylenchulus reniformis* on cotton [J] . Plant Disease Reporter, 58: 337 - 341.

Wan P, Huang Y X, Tabashnik B E, et al. 2012. The halo effect: Suppression of pink bollworm on non - Bt cotton by Bt cotton in China [J] . PLoS ONE, 7: 1 - 6.

Wan P, Huang Y Y, Wu H H, et al. 2012. Increased frequency of pink bollworm resistance to Bt toxin Cry1Ac in China [J]. PLoS ONE, 7 (1): e29975.

Wan P, Wu K M, Huang M S, et al. 2008. Population dynamics of common cutworm, *Spodoptera litura* Fabricius, on Bt cotton in the Yangtze River valley of China [J]. Environmental Entomology, 37 (4): 1043-1048.

WangF X, Ma Y P, Yang C L, et al. 2011. Proteomic analysis of cotton roots upon infection with the wilt pathogen *Verticillium dahliae* [J]. Proteomics, 11: 4296-4309.

Wright P R. 1999. Premature senescence of cotton-predominantly a potassium disorder caused by an imbalance of source and sink [J]. Plant and Soil, 211: 231-239.

Wu K M, Guo Y Y, Gao S. 2002. Evaluation of the natural refuge function for *Helicoverpa armigera* (Hübner) within Bt transgenic cotton growing areas in north China [J]. Journal of Economic Entomology, 95 (4): 832-837.

Wu K M, Guo Y Y. 2005. The evolution of cotton pest management practices in China [J]. Annual Review of Entomology, 50: 31-52.

Wu K M, Lu Y H, Feng H Q, et al. 2008. Suppression of cotton bollworm in multiple crops in China in areas with Bt toxin-containing cotton [J]. Science, 321 (5896): 1676-1678.

Wu K M. 2007. Monitoring and management strategy for *Helicoverpa armigera* resistance to Bt cotton in China [J]. Journal of Invertebrate Pathology, 95: 220-223.

Wu K. 2010. No refuge for insect pests [J]. Nature Biotechnology, 28: 1273-1275.

Xia J Y. 1997. Biological control of cotton aphid (*Aphis gossypii* Glover) in cotton (inter) cropping systems in China: a simulation study [D]. The Netherlands: Thesis Landbouwuniversiteit Wageningen.

Yik C P, Birchfield C. 1984. Resistant germplasm in *Gossypium* species and related plants to *Rotylenchiiliis reniformis* [J]. Journal of Nematology, 16: 146-153.

Zhang W W, Jiang T F, Cui X, et al. 2013. Colonization in cotton plants by a green fluorescent protein labeled strain of *Verticillium dahliae* [J]. European Journal of Plant Pathology, 135: 867-876.

ZhangW W, Jian G L, Jiang T F, et al. 2012. Cotton gene expression profiles in resistant *Gossypium hirsutum* cv. Zhongzhimian KV1 responding to *Verticillium dahliae* strain V991 infection [J]. Molecuar Biology Reports, 39: 9765-9774.

ZhangW W, Wang S Z, Liu K, et al. 2012. Comparative expression analysis in susceptible and resistant *Gossypium hirsutum* responding to *Verticillium dahliae* infection by cDNA-AFLP [J]. Physiological and Molecular Plant Pathology, 80: 50-57.

Zhao J Q, Li S, Jiang T F, et al. 2012. Chilling stress-the key predisposing factor for causing *Alternaria alternata* infection and leading to cotton (*Gossypium hirsutum* L.) leaf senescence [J]. PLoS ONE, 7 (4): e36126.

第6单元　棉花病虫害

彩图6-1-1　棉花黄萎病苗期症状（简桂良提供）
Colour Figure 6-1-1　Symptoms of cotton Verticillium wilt at the seedling stage（by Jian Guiliang）
1. 苗期症状　2. 苗期落叶型

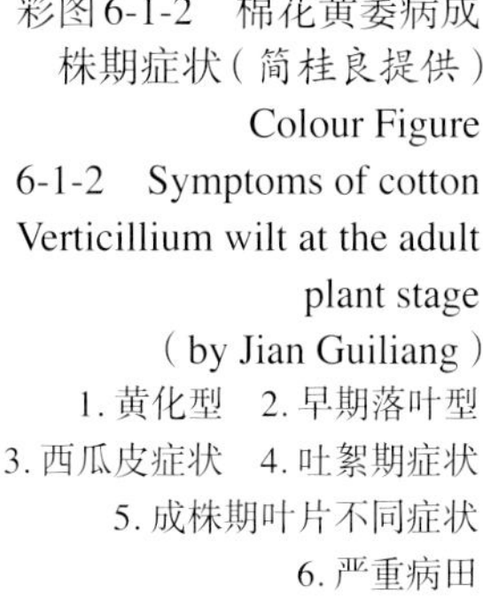

彩图6-1-2　棉花黄萎病成株期症状（简桂良提供）
Colour Figure 6-1-2　Symptoms of cotton Verticillium wilt at the adult plant stage（by Jian Guiliang）
1. 黄化型　2. 早期落叶型
3. 西瓜皮症状　4. 吐絮期症状
5. 成株期叶片不同症状
6. 严重病田

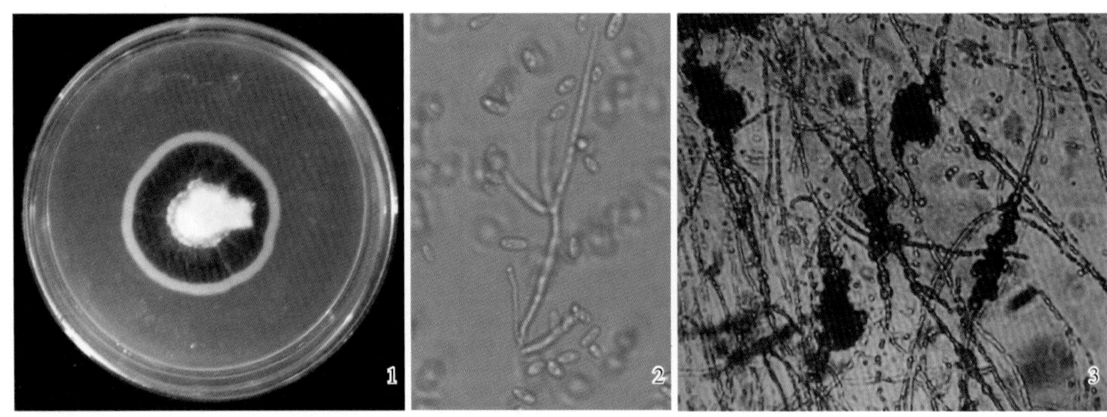

彩图6-1-3　大丽轮枝孢（简桂良提供）
Colour Figure 6-1-3　*Verticillium dahliae*（by Jian Guiliang）
1. 菌落　2. 分生孢子梗及分生孢子　3. 微菌核

彩图6-2-1　棉花枯萎病症状（简桂良和马平提供）
Colour Figure 6-2-1　Symptoms of cotton Fusarium wilt on the seedling, adult plant in the field
（by Jian Guiliang and Ma Ping）
1. 黄色网纹型　2. 黄化型　3. 紫红型　4. 青枯型
5. 皱缩型　6. 皱缩型与紫红混生型　7. 维管束变色

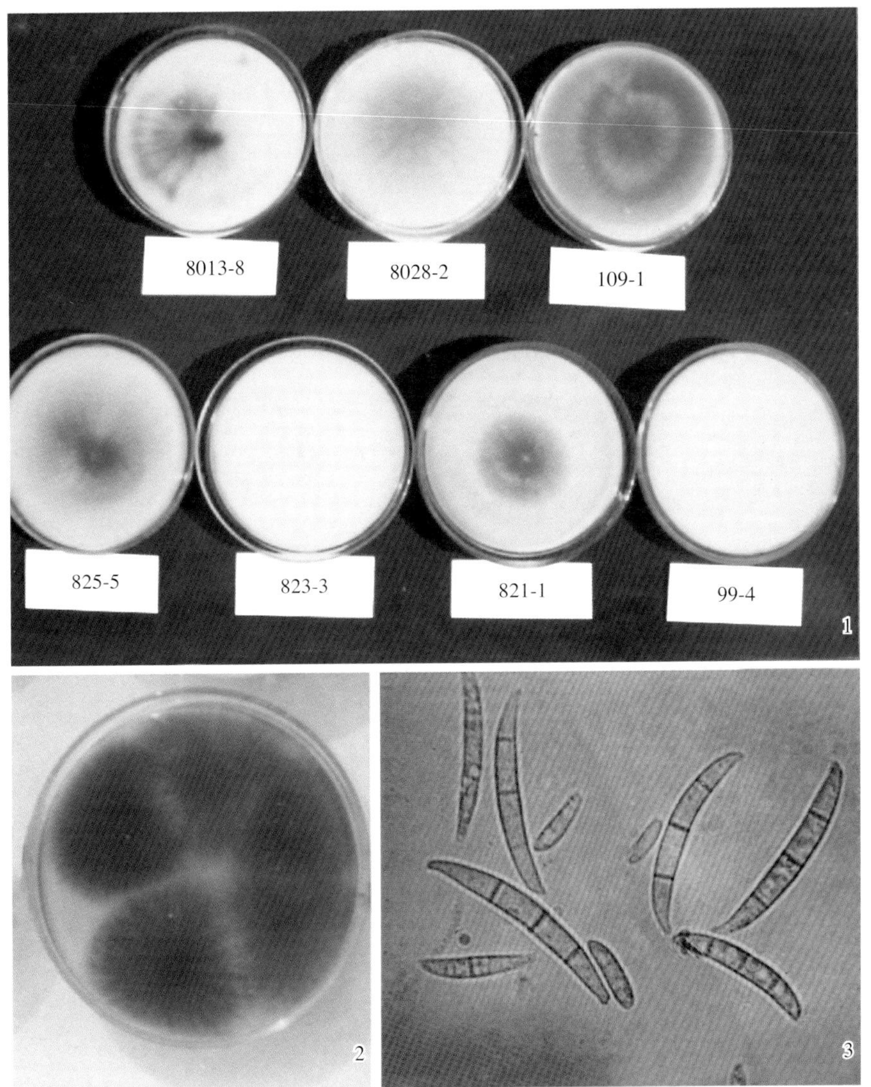

彩图6-2-2　尖镰孢萎蔫专化型（孙文姬提供）
Colour Figure 6-2-2　*Fusarium oxysporum* f. sp. *vasinfectum*
（by Sun Wenji）
1. 菌落　2. 菌落背面　3. 大型分生孢子

彩图6-3-1　棉苗炭疽病根部症状
（简桂良提供）
Colour Figure 6-3-1　Symptoms of cotton anthracnose on seedling roots
（by Jian Guiliang）

彩图6-4-1　棉苗立枯病症状（简桂良提供）
Colour Figure 6-4-1　Symptoms of cotton damping-off in the field（by Jian Guiliang）

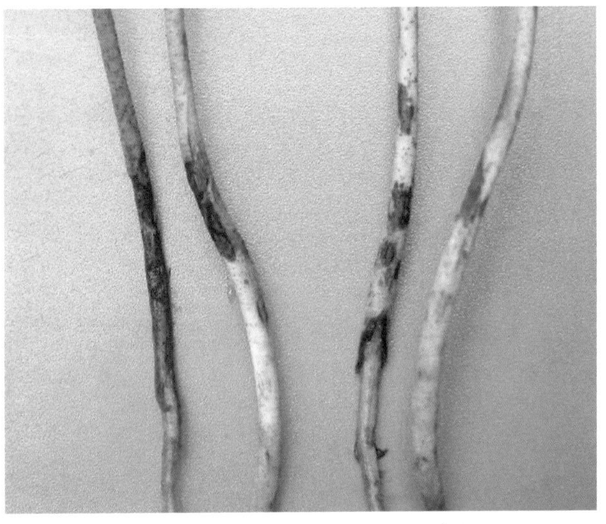

彩图6-5-1　棉苗红腐病症状（简桂良提供）
Colour Figure 6-5-1　Symptoms of Fusarium root rot on cotton seedling（by Jian Guiliang）

彩图6-6-1 棉苗疫病症状（马平提供）
Colour Figure 6-6-1 Symptoms of cotton seedling blight（by Ma Ping）

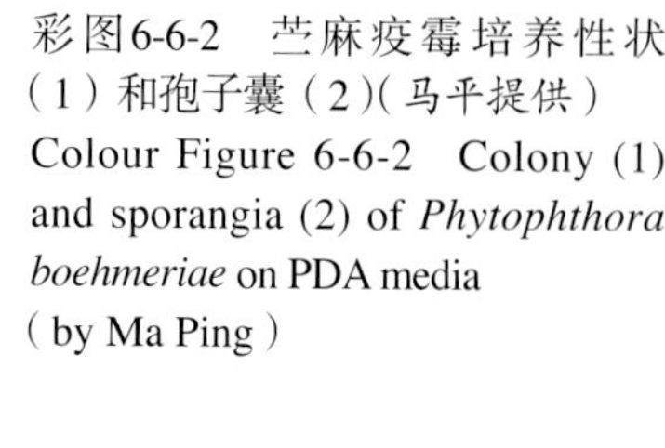

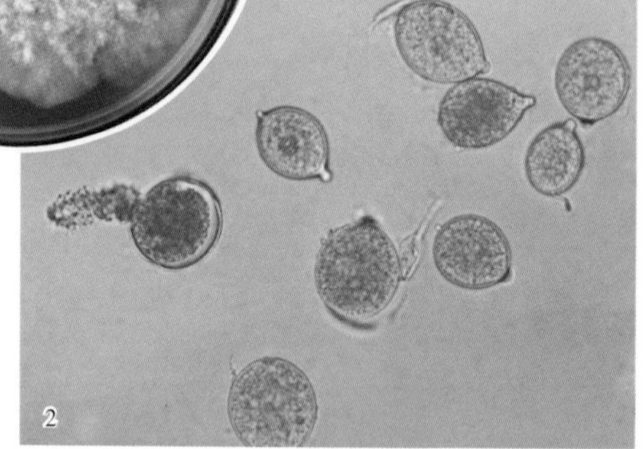

彩图6-6-2 苎麻疫霉培养性状（1）和孢子囊（2）（马平提供）
Colour Figure 6-6-2 Colony (1) and sporangia (2) of *Phytophthora boehmeriae* on PDA media（by Ma Ping）

彩图6-7-1 棉苗猝倒病症状（朱荷琴提供）
Colour Figure 6-7-1 Symptoms of cotton damping-off（by Zhu Heqin）

彩图6-8-1 棉轮纹叶斑病症状（简桂良提供）
Colour Figure 6-8-1 Symptoms of Alternaria leaf spot on cotton seedling, adult plant and boll in the field（by Jian Guiliang）
1. 苗期 2. 成株期 3. 铃期

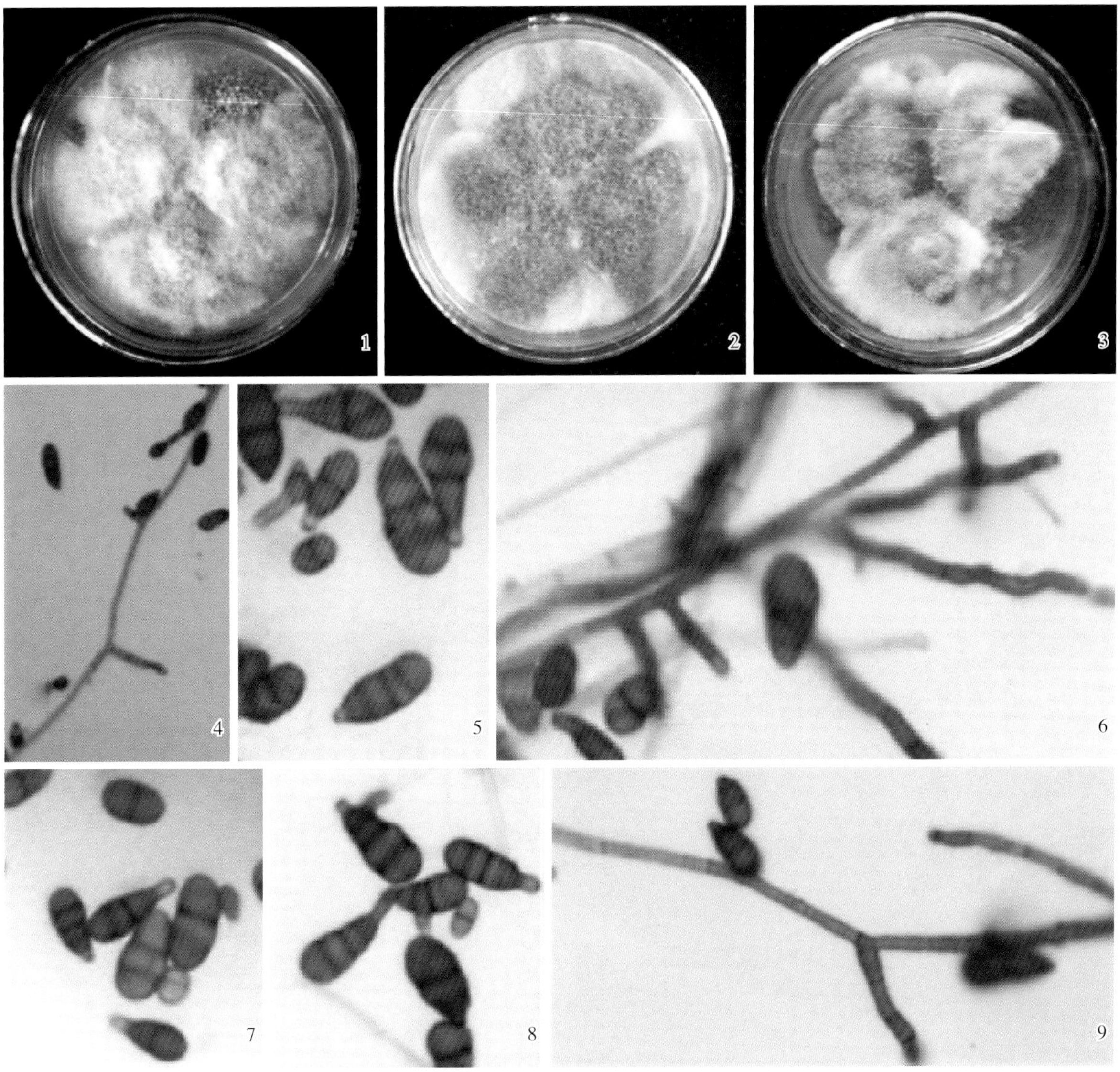

彩图6-8-2　我国棉轮纹叶斑病病原菌培养形态及分生孢子形态（简桂良提供）

Colour Figure 6-8-2　Morphological characters of *Alternaria* spp. in China（by Jian Guiliang）

1 ~ 3. 培养形态　4 ~ 9. 分生孢子

彩图6-9-1　棉褐斑病症状（简桂良提供）

Colour Figure 6-9-1　Symptoms of cotton Phoma leaf spot in the field（by Jian Guiliang）

彩图6-10-1　棉红（黄）叶枯病症状（简桂良提供）

Colour Figure 6-10-1　Symptoms of potassium deficiency of cotton in the field（by Jian Guiliang）

彩图6-11-1 棉角斑病症状（简桂良提供）
Colour Figure 6-11-1 Symptoms of cottont bacterial blight in the field（by Jian Guiliang）

彩图6-12-1 棉茎枯病症状（简桂良提供）
Colour Figure 6-12-1 Symptoms of cotton Ascochyta spot（by Jian Guiliang）

彩图6-13-1 棉铃疫病症状（简桂良提供）
Colour Figure 6-13-1 Symptoms of cotton Phytophthora boll rot（by Jian Guiliang）

彩图6-14-1 棉铃红腐病症状（简桂良提供）
Colour Figure 6-14-1 Symptoms of cotton Fusarium boll rot in the field（by Jian Guiliang）

彩图6-15-1 棉铃黑果病症状（简桂良提供）
Colour Figure 6-15-1 Symptoms of Lasiodiplodia boll rot of cotton in the field（by Jian Guiliang）

彩图6-16-1 棉铃炭疽病症状（简桂良提供）
Colour Figure 6-16-1 Symptoms of cotton anthracnose boll rot in the field（by Jian Guiliang）

彩图6-17-1　棉铃红粉病症状（简桂良提供）
Colour Figure 6-17-1　Symptoms of cotton Acremonium boll rot in the field（by Jian Guiliang）

彩图6-18-1　棉铃角斑病症状（简桂良提供）
Colour Figure 6-18-1　Symptoms of cotton bacterial blight boll rot in the field（by Jian Guiliang）

彩图6-19-1　棉铃灰霉病症状（简桂良提供）
Colour Figure 6-19-1　Symptoms of cotton Botrytis boll rot in the field（by Jian Guiliang）

彩图6-20-1　棉铃软腐病症状（简桂良提供）
Colour Figure 6-20-1　Symptoms of cotton Rhizopus boll rot in the field（by Jian Guiliang）

彩图6-21-1　棉铃曲霉病症状（简桂良提供）
Colour Figure 6-21-1　Symptoms of cotton Aspergillus boll rot（by Jian Guiliang）

彩图6-22-1　棉黑根腐病症状（简桂良提供）
Colour Figure 6-22-1　Symptoms of cotton black root rot on the seedling roots（by Jian Guiliang）

彩图6-23-1　棉花早衰症状
（朱荷琴提供）
Colour Figure 6-23-1　Symptoms of cotton premature senescence
（by Zhu Heqin）

彩图6-26-1　绿盲蝽（陆宴辉和吴孔明提供）
Colour Figure 6-26-1　*Apolygus lucorum*（by Lu Yanhui and Wu Kongming）
1. 成虫　2. 若虫　3. 为害棉叶状　4. 为害棉铃状

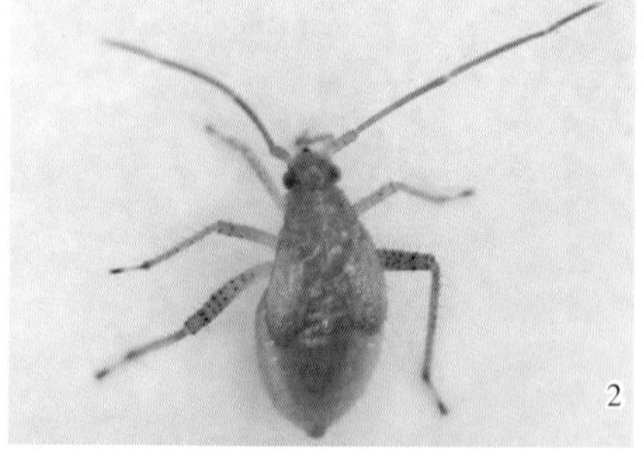

彩图6-27-1　中黑盲蝽
（陆宴辉和吴孔明提供）
Colour Figure 6-27-1　*Adelphocoris suturalis*（by Lu Yanhui and Wu Kongming）
1. 成虫　2. 若虫

彩图6-28-1　三点盲蝽
（陆宴辉和吴孔明提供）
Colour Figure 6-28-1
Adelphocoris fasciaticollis
（by Lu Yanhui and Wu Kongming）
1. 成虫　2. 若虫

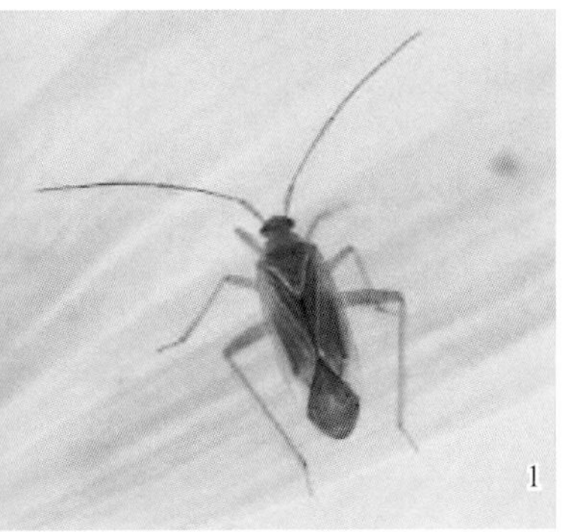
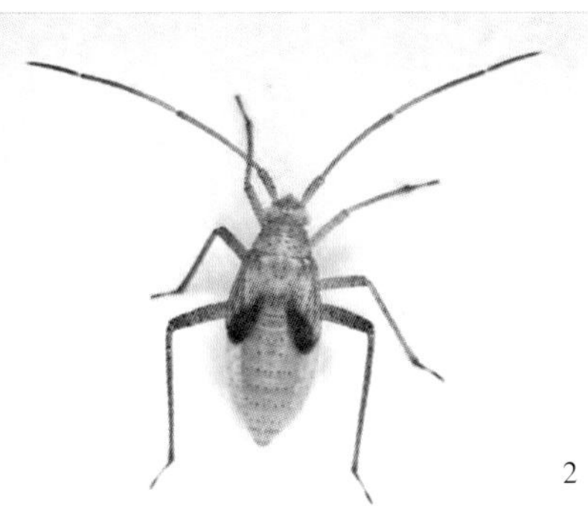

彩图6-29-1 苜蓿盲蝽（陆宴辉和吴孔明提供）
Colour Figure 6-29-1 *Adelphocoris lineolatus*（by Lu Yanhui and Wu Kongming）
1. 成虫 2. 若虫

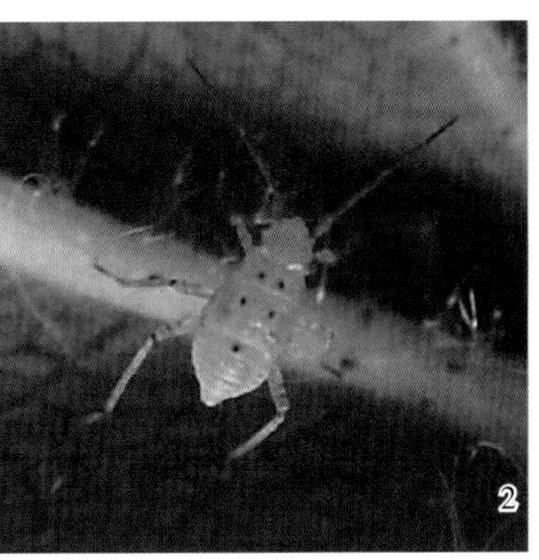

彩图6-30-1 牧草盲蝽（陆宴辉和吴孔明提供）
Colour Figure 6-30-1 *Lygus pratensis*（by Lu Yanhui and Wu Kongming）
1. 成虫 2. 若虫

彩图6-31-1 棉蚜为害棉花状（戈峰和欧阳芳提供）
Colour Figure 6-31-1 Symptoms caused by *Aphis gossypii* in the cotton field（by Ge Feng and Ouyang Fang）
1. 棉蚜为害棉叶背面 2. 棉蚜为害棉花嫩叶和嫩芽

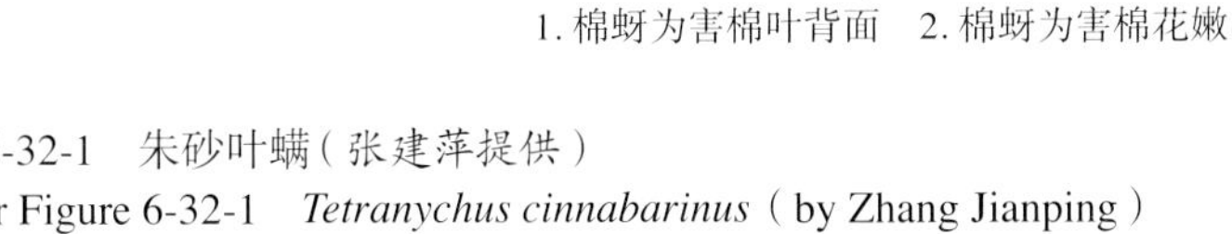

彩图6-32-1 朱砂叶螨（张建萍提供）
Colour Figure 6-32-1 *Tetranychus cinnabarinus*（by Zhang Jianping）
1. 卵 2. 幼螨 3. 若螨 4. 雌螨 5. 雄螨 6. 雌螨（左）和雄螨（右）

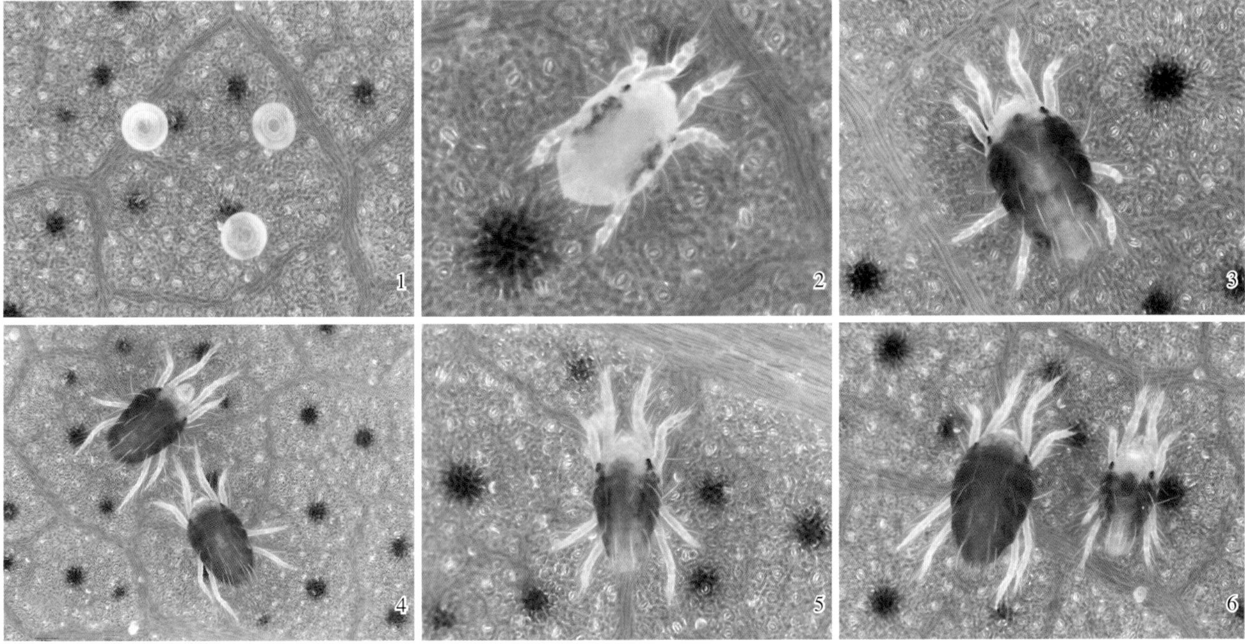

彩图6-32-2 土耳其斯坦叶螨（张建萍提供）
Colour Figure 6-32-2 *Tetranychus turkestani*（by Zhang Jianping）
1. 棉叶受害状 2. 卵 3. 幼螨 4. 若螨 5. 雄螨 6. 雌螨

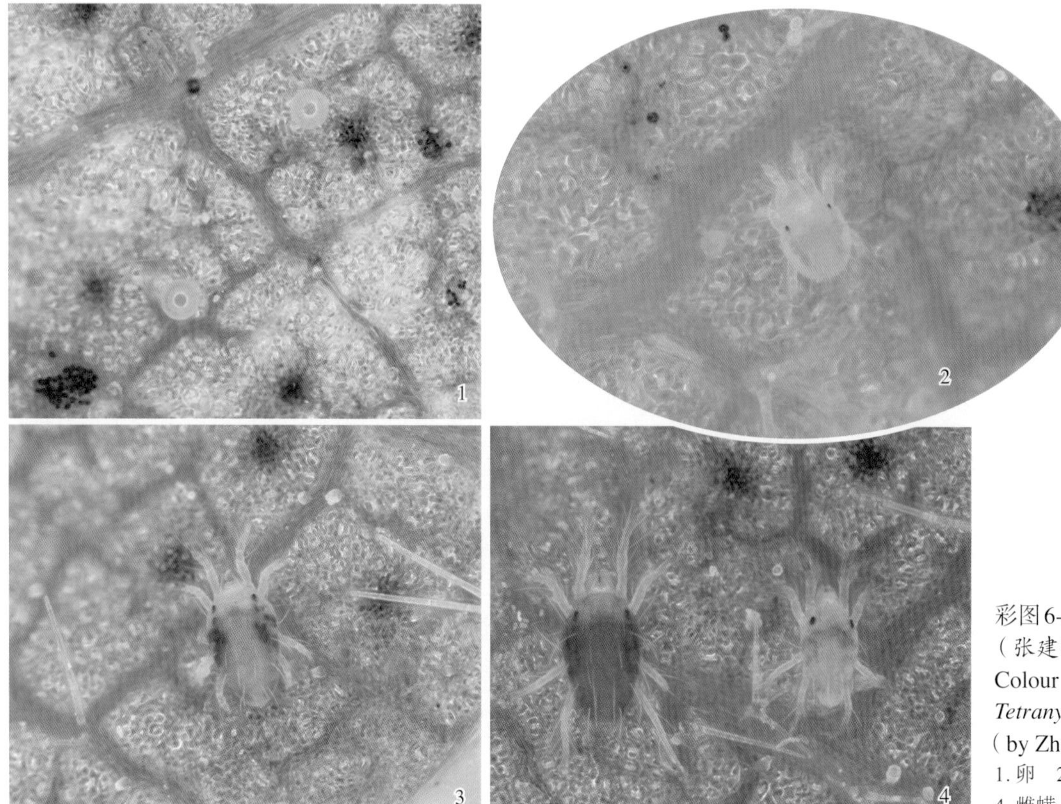

彩图6-32-3 截形叶螨（张建萍提供）
Colour Figure 6-32-3 *Tetranychus truncatus*（by Zhang Jianping）
1. 卵 2. 幼螨 3. 若螨 4. 雌螨（左）与雄螨（右）

彩图6-33-1　棉田烟粉虱为害状（周国珍提供）
Colour Figure 6-33-1　Damage symptoms caused by *Bemisia tabaci* in cotton field（by Zhou Guozhen）

彩图6-33-2　烟粉虱形态特征（张永军和林克剑提供）
Colour Figure 6-33-2　Morphological characteristics of *Bemisia tabaci*（by Zhang Yongjun and Lin Kejian）

卵
一龄若虫
二龄若虫
三龄若虫
四龄若虫
成虫

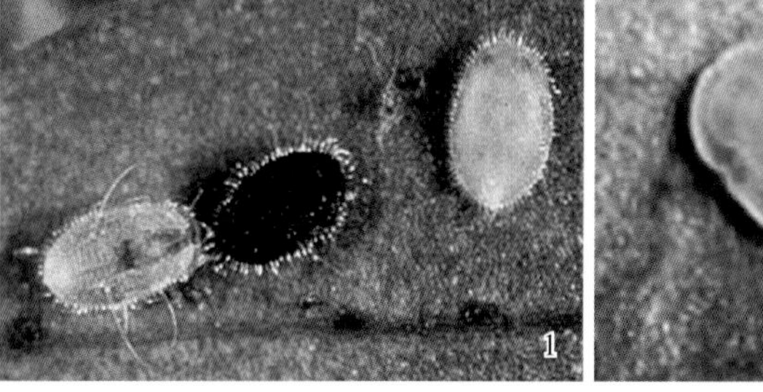

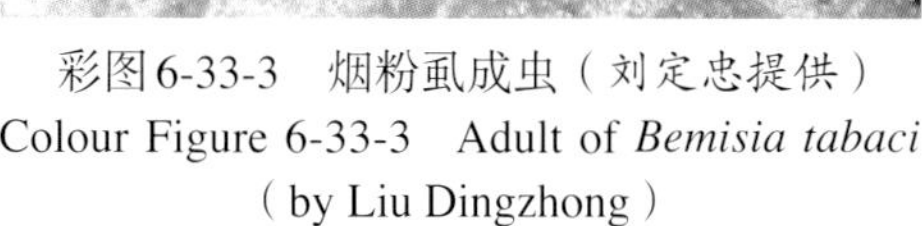

彩图6-33-3　烟粉虱成虫（刘定忠提供）
Colour Figure 6-33-3　Adult of *Bemisia tabaci*（by Liu Dingzhong）

彩图6-33-4　烟粉虱（1）和温室白粉虱（2）伪蛹比较（吴青君提供）
Colour Figure 6-33-4　Pupas of *Bemisia tabaci* (1) and *Trialeurodes vaporariorum* (2)（by Wu Qingjun）

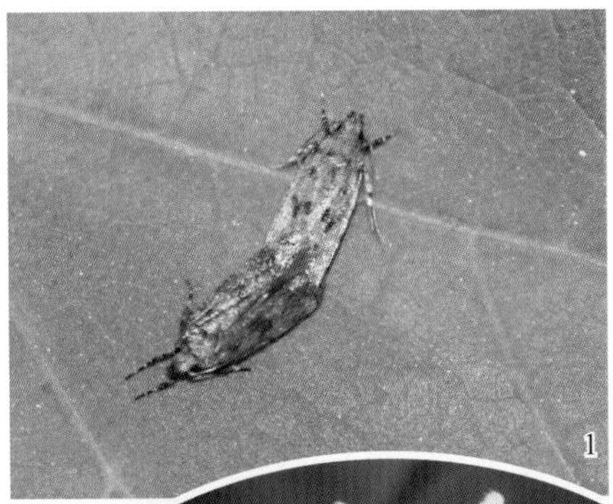

彩图6-37-1 红铃虫（万鹏和黄民松提供）
Colour Figure 6 37 1 *Pectinophora gossypiella*
（by Wan Peng and Huang Minsong）
1. 成虫 2. 老熟幼虫及为害状 3. 羽化孔 4. 虫害花

彩图6-38-1 甜菜夜蛾（张青文和刘小侠提供）
Colour Figure 6-38-1 *Spodoptera exigua*
（by Zhang Qingwen and Liu Xiaoxia）
1. 幼虫 2. 成虫 3. 幼虫为害棉花叶片

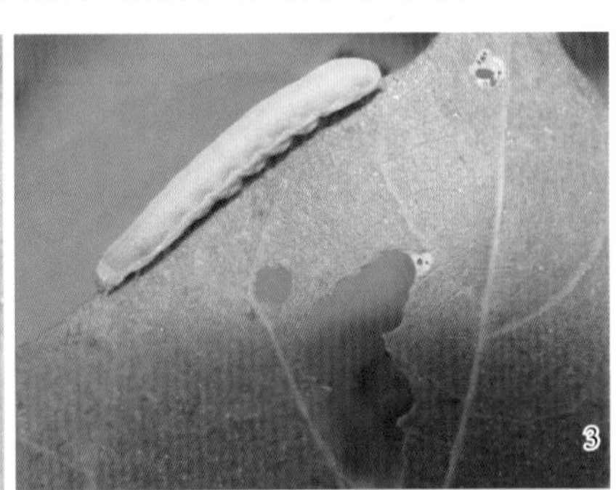

彩图6-39-1 斜纹夜蛾
（张青文和刘小侠提供）
Colour Figure 6-39-1 *Spodoptera litura*
（by Zhang Qingwen and Liu Xiaoxia）
1. 幼虫 2. 成虫

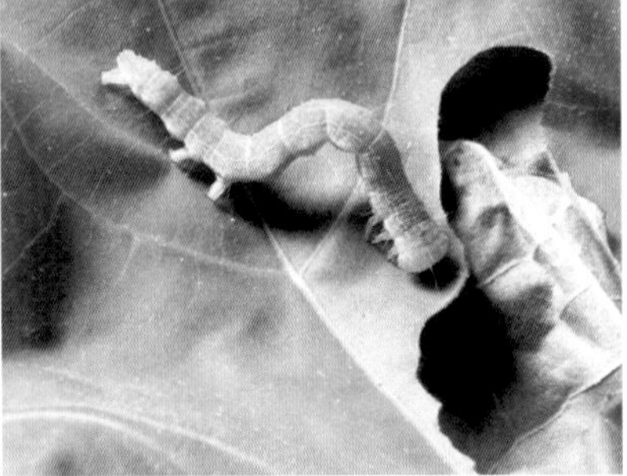

彩图6-42-1 小造桥虫幼虫
（杨益众提供）
Colour Figure 6-42-1 Larva of *Anomis flava*（by Yang Yizhong）

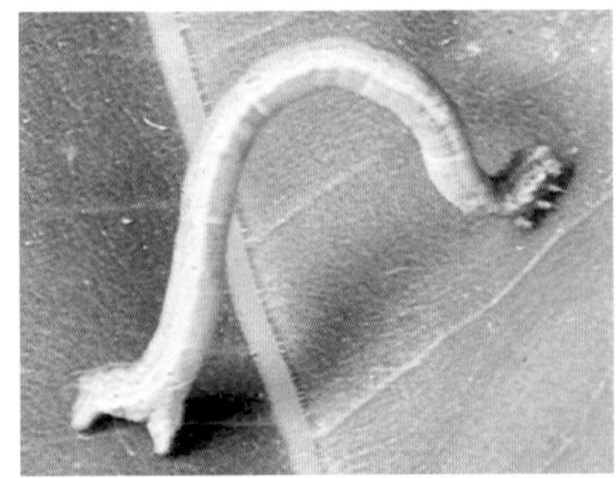

彩图6-43-1 大造桥虫幼虫
（杨益众提供）
Colour Figure 6-43-1 Larva of *Ascotis selenaria*（by Yang Yizhong）

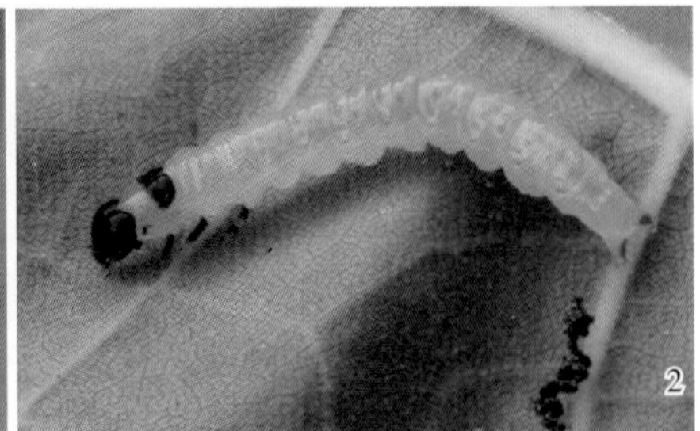

彩图6-44-1 棉大卷叶螟（杨益众提供）
Colour Figure 6-44-1 *Haritalodes derogata*（by Yang Yizhong）
1. 成虫 2. 幼虫

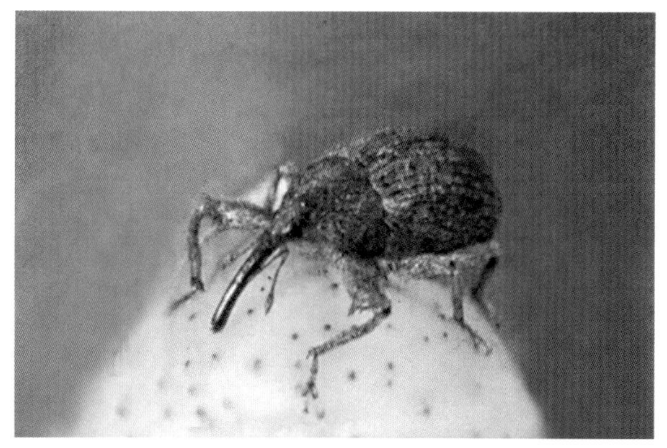

彩图6-45-1　棉尖象（崔金杰提供）
Colour Figure 6-45-1　*Phytoscaphus gossypii*
（by Cui Jinjie）

彩图6-45-2　大灰象（崔金杰提供）
Colour Figure 6-45-2　*Sympiezomias velatus*
（by Cui Jinjie）

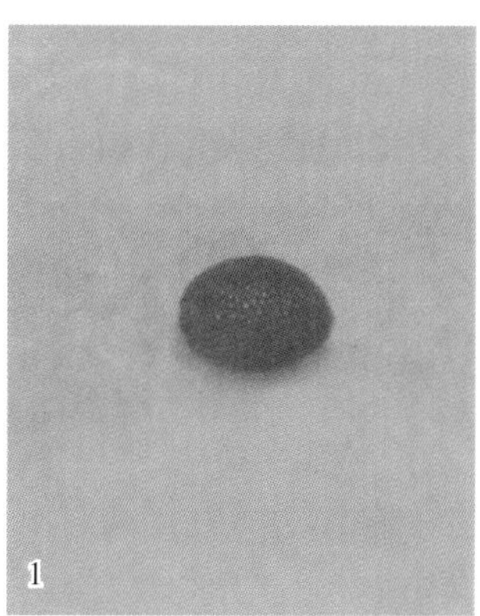

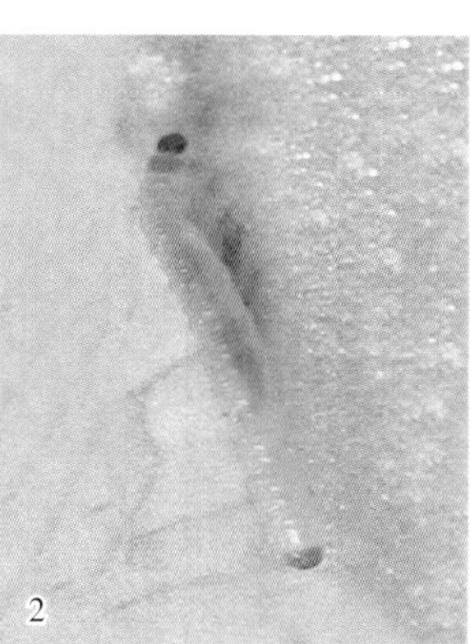

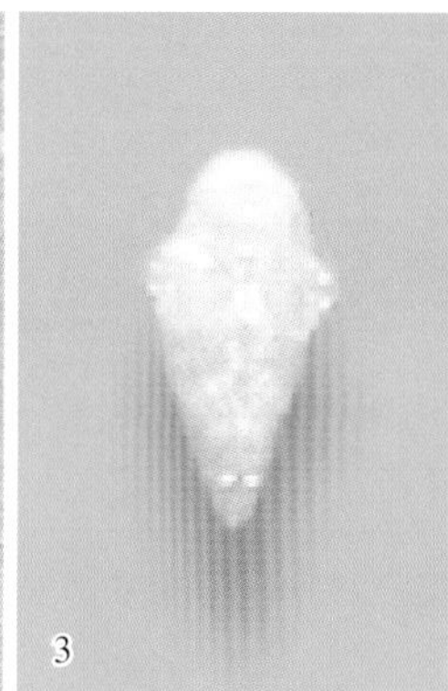

彩图6-47-1　双斑长跗萤叶甲（张建萍提供）
Colour Figure 6-47-1　*Monolepta hieroglyphica*（by Zhang Jianping）
1. 卵　2. 幼虫　3. 蛹　4. 成虫

彩图6-47-2　双斑长跗萤叶甲为害棉花状（张建萍提供）
Colour Figure 6-47-2　Damage symptoms caused by *Monolepta hieroglyphica*（by Zhang Jianping）

彩图6-48-2　美洲斑潜蝇成虫（慕卫提供）
Colour Figure 6-48-2　Adult of *Liriomyza sativae*（by Mu Wei）

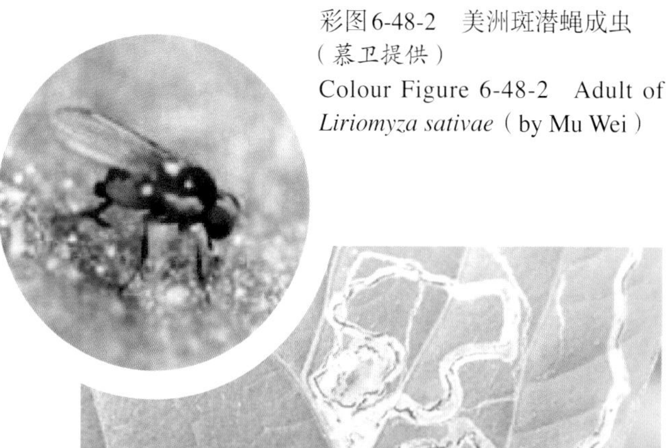

彩图6-48-1　美洲斑潜蝇为害菜豆叶片（慕卫提供）
Colour Figure 6-48-1　Damage caused by *Liriomyza sativae* larvae to greenbean leaves
（by Mu Wei）

彩图6-49-1 扶桑绵粉蚧成虫（引自朱艺勇等，2011）
Colour Figure 6-49-1 Adults of *Phenacoccus solenopsis*（from Zhu Yiyong et al., 2011）
1. 雌成虫初期 2. 雄成虫 3. 雌成虫（右）和雄成虫（左） 4. 雄虫蛹期的茧

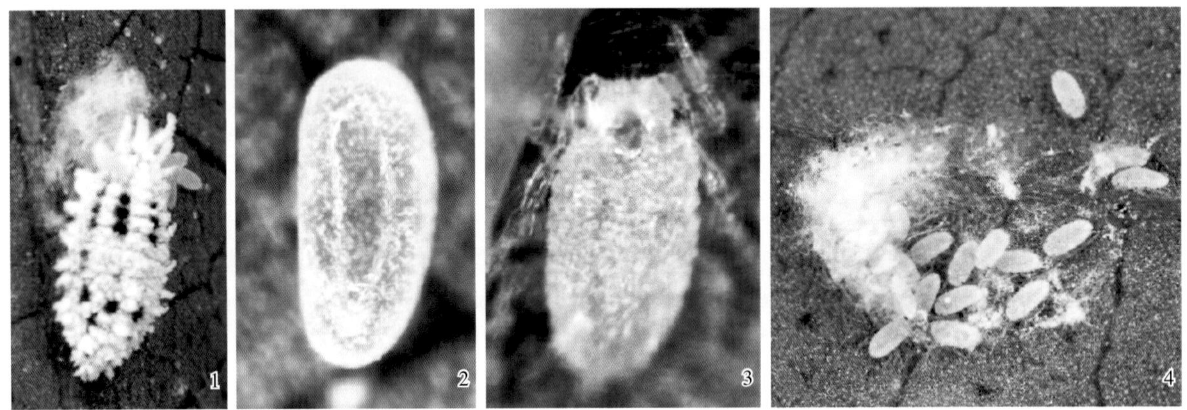

彩图6-49-2 扶桑绵粉蚧卵期和一龄若虫期虫态（引自朱艺勇等，2011）
Colour Figure 6-49-2 The egg and the lst instar nymph of *Phenacoccus solenopsis*（from Zhu Yiyong et al., 2011）
1. 成虫产卵 2. 卵 3. 一龄若虫 4. 卵囊中的一龄若虫

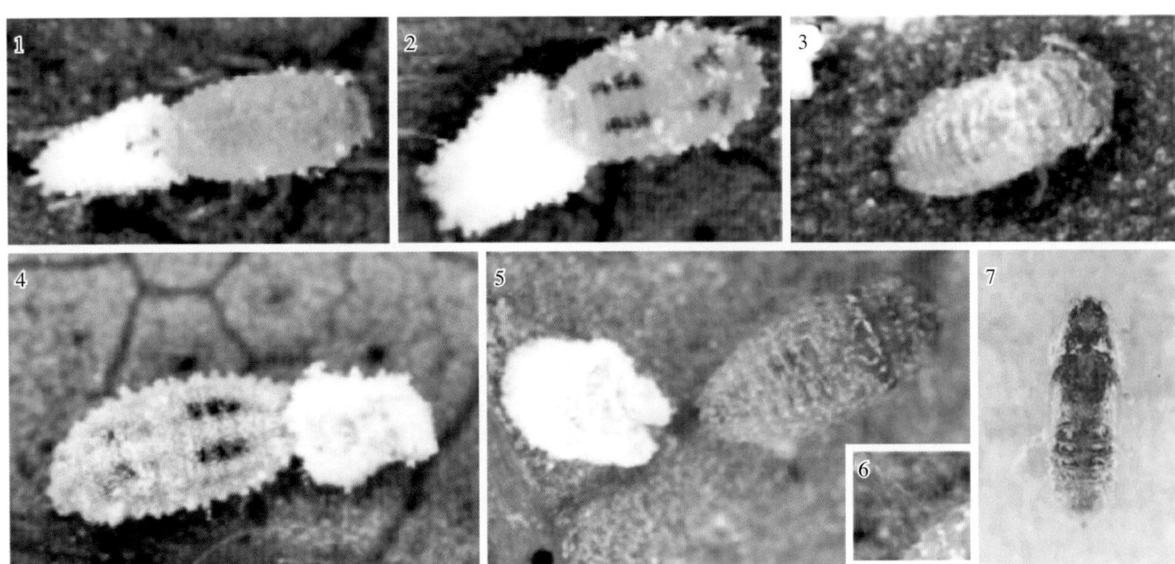

彩图6-49-3 扶桑绵粉蚧二龄、三龄若虫和蛹（引自朱艺勇等，2011）
Colour Figure 6-49-3 The 2nd, 3rd instar nymphs and pupa of *Phenacoccus solenopsis*（from Zhu Yiyong et al., 2011）
1. 二龄若虫 2. 三龄雌若虫初期 3. 预蛹初期 4. 三龄雌若虫末期 5. 预蛹末期 6. 分泌丝状物 7. 蛹

第 7 单元　大豆病虫害

第 1 节　大豆疫霉根腐病

一、分布与危害

大豆疫霉根腐病又名大豆疫病、大豆疫霉病，是我国重要的植物检疫对象。美国目前大约有 800 万 hm^2 大豆受害，是为害大豆生产的三大严重病害之一，高感品种受害几乎绝产。该病最早于 1948 年在美国印第安纳州东北部发现，以后相继在澳大利亚、加拿大、匈牙利、日本、阿根廷、前苏联、意大利和新西兰发现。我国大豆疫霉根腐病主要分布于黑龙江及黄淮地区，一般造成减产 10%～30%，重病地块减产可达 60%以上，少数严重田块可导致绝收。该病在黑龙江仅发生在长期积水的黏土和高感品种上，近年来有加重趋势，必须预防和严格检疫。

二、症状

大豆疫霉根腐病在大豆出苗前可以引起种子腐烂，出苗后可以引起植株枯萎。一般苗期感病植株表现为出苗差，近地表茎部出现水渍状病斑，叶片变黄萎蔫，严重时植株猝倒死亡。成株期植株受侵染后下部病斑褐色，并可向上扩展，茎皮层及髓变褐（彩图 7-1-1，1）；根腐烂，根系发育不良；未死亡病株的荚数明显减少，空荚、瘪荚较多，籽粒缢缩。在潮湿条件下，根部侵染的病菌可以产生大量游动孢子，孢子随雨水飞溅，侵害茎部和叶片，甚至出现病荚，叶片上的病斑逐渐呈黄褐色干枯，种子失水干瘪（彩图 7-1-1，2）。耐病品种被侵染后仅根部受害，病苗生长受阻。抗病品种上仅茎部出现长而下陷的褐色条斑，植株一般不枯死。

大豆疫霉引起的根腐症状往往易与腐霉属（*Pythium*）、镰孢属（*Fusarium*）和丝核菌属（*Rhizoctonia*）引起的根腐症状相混淆，所以，单凭症状鉴别大豆疫霉根腐病很不可靠。

三、病原

大豆疫霉根腐病病原为大豆疫霉（*Phytophthora sojae* Kaufman et Gerd.，异名：*P. megasperma* Drechsler f. sp. *glycinea* Kuan & Erwin 和 *P. megasperma* Drechsler var. *sojae* Hildeb.），属卵菌门疫霉属。

病原菌形态：有性阶段产生卵孢子。卵孢子球形，壁厚而光滑。卵孢子在不良条件下可长期存活，条件适宜可萌发形成芽管，发育成菌丝或孢子囊。卵孢子为同宗配合，雄器多侧生，偶有穿雄生。孢囊梗单生，无限生长。孢子囊典型的顶生式，倒梨形，顶部稍厚，乳突不明显，大小为（42～65）μm×（32～53）μm。新孢子囊在旧孢子囊内部产生。游动孢子在孢子囊里形成，卵形，一端或两端明显钝尖，具有 2 根鞭毛，茸鞭朝前，尾鞭长度为茸鞭的 4～5 倍。游动孢子产生的最适温度为 25℃，最低温度为 15℃。菌丝分枝大多呈直角，在分枝基部稍微缢缩。菌丝体生长的最适温度为 15～28℃，最高温度为 32～35℃，最低温度为 5℃，可以形成厚垣孢子，但极少。

病原菌生物学：菌丝生长的温度范围为 8～35℃，适温为 24～28℃。孢子囊直接萌发的最适温度为 25℃，间接萌发的最适温度为 14℃。卵孢子形成和萌发的最适温度为 24℃。病菌在 PDA 培养基上生长缓慢，在利马豆培养基和自来水中可形成大量孢子囊。病组织中可形成大量卵孢子，卵孢子有休眠期，形成后 30d 才能萌发。土壤、根部分泌液及低营养水平均有助于卵孢子萌发。光照和换水有利于游动孢子产生和萌发。

病原菌生理分化：大豆疫霉根腐病菌寄生专化性很强，除为害大豆外，也可侵害羽扇豆、菜豆、豌豆，侵染苜蓿和三叶草的是另外一个专化型。大豆疫霉根腐病菌生理小种分化十分明显，美国已报道 39 个生理小种，澳大利亚已鉴定出生理小种 1 号、4 号、13 号、15 号和一个未定名小种。大豆主产国阿根廷用美国的大豆疫霉根腐病菌小种鉴别寄主体系对阿根廷 46 个大豆疫霉根腐病菌菌株进行鉴定，发现所有菌系均为 1 号小种，阿根廷推广的多数品种都感病。

四、病害循环

大豆疫霉根腐病是典型的土传病害。病菌以菌丝体和卵孢子随病残体在土壤或混在种子中越冬，成为翌年的初侵染源。豆粒种皮、胚和子叶亦可带菌成为病菌远距离传播的重要载体。大豆种子萌发或生长季节，在适宜条件下，土壤或种子中携带的菌丝体或卵孢子萌发，在积水中产生游动孢子囊和游动孢子。游动孢子遇大豆根后形成休止孢，然后侵入寄主的细胞间，形成球状或指状吸器吸取营养，同时也能形成大量卵孢子。土壤中或病残体上的卵孢子可存活多年。卵孢子经 30d 休眠才萌发。低温多湿的环境条件有利于发病，土壤黏重或重茬地发病重。大豆疫霉根腐病菌寄生专化性较强，寄主范围不广泛，但可侵染羽扇豆、菜豆、豌豆等。

初侵染：此病为典型的土传病害。初侵染来源为土壤中大豆病残体上的卵孢子。卵孢子在土壤中可存活多年，条件适宜时萌发形成孢子囊，孢子囊萌发时先形成泡囊，并很快破裂，游动孢子通过裂口释放，附着于种子或幼苗根上，进而萌发侵染，这是间接萌发；有时孢子囊直接产生芽管，起分生孢子的作用；或形成游动孢子，在孢子囊内萌发产生芽管，穿透孢子囊壁生长。游动孢子遇固体碰撞时易形成休止孢。休止孢直接萌发产生芽管，间接萌发产生游动孢子或小型孢子囊（图 7-1-1）。

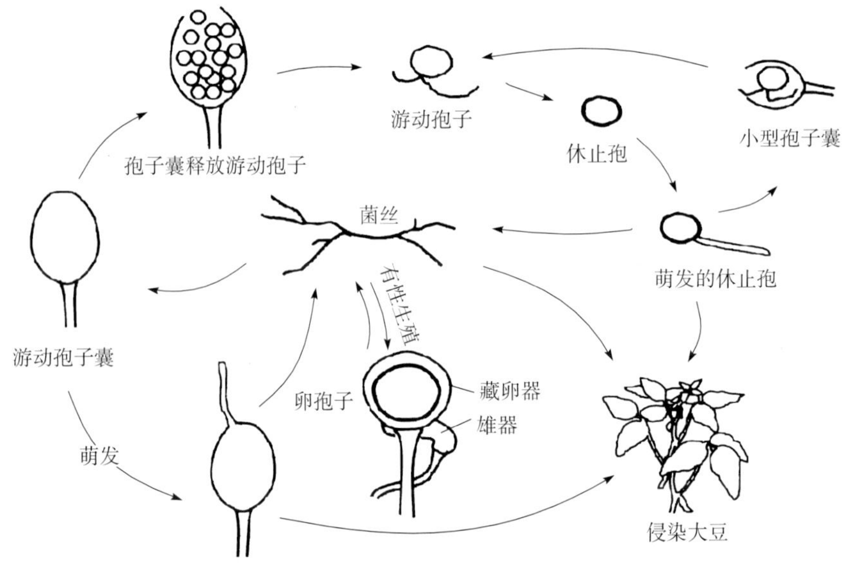

图 7-1-1 大豆疫霉生活史（叶文武绘）

Figure 7-1-1 Life cycle of *Phytophthora sojae*（by Ye Wenwu）

传播：灌溉试验表明，无论是刚播种后或植株较大时灌溉，都会加重大豆疫霉根腐病的发生。这是因为土壤水分饱和，不仅有利于孢子囊释放大量游动孢子，而且水流还可直接传病，水对发病十分重要。带病土壤飞溅引起的叶部侵染会导致比根部侵染严重得多的叶部症状。

侵入与发病：当土壤中有自由水时，孢子囊萌发产生大量游动孢子，随水传播，侵入寄主根部。病菌在根的细胞间生长，形成球状或指状吸器吸收营养，引起发病。

再侵染：生长季节中病组织上可以迅速地不断形成孢子囊，并萌发形成游动孢子进行再侵染。在大豆生长期内可进行多次再侵染。但寄主以苗期最易感病，随着植株生长发育，寄主抗病性也随之增强。

五、发病条件

大豆疫霉根腐病的发生与流行主要取决于品种抗病性、土壤湿度、栽培方法和耕作制度等。

品种抗病性：品种抗病性对发病流行程度影响很大。大豆抗病品种较易获得，但由于不断出现新的生理小种，抗性极易丧失。美国利用抗病品种曾一度控制了该病大面积为害，如 1964 年推广抗病品种 HarosoY63，大部分疫区都种植含有相同抗性基因（Rps_1）的品种，疫病在生产上为害不大，但 1965 年出现 2 号小种，1972—1978 年又相继出现 3 号、4 号、9 号小种，使老疫区的为害再度加重。

土壤湿度：土壤湿度是影响该病流行的重要因素。土壤含水量饱和是卵孢子萌发形成孢子囊的必要条件。孢子囊必须在有水的条件下才能释放游动孢子，有水时间越长，释放的游动孢子越多。据报道，土壤积水 2h 游动孢子即可形成和释放，并完成侵染。所以在排水良好没有积水的地块，基本不发生此病。地势低洼、黏土、排水不良地块发病重。在病区土壤温度达 15～20℃时，遇大雨田间积水，此病严重发生。

耕作栽培：耕作栽培措施会影响土壤含水量和排水，影响通风透光，直接影响发病。及时耕地、排水，发病轻；少耕和免耕板结地发病重。轮作与发病关系不大，大豆与非寄主作物轮作 4 年也不能明显减轻病害，这可能与卵孢子休眠时间长短不一有关，目前尚未发现打破休眠的因素。

六、防治技术

大豆疫霉根腐病的防治策略是利用抗病和耐病品种，加强耕作栽培措施，做好种子及土壤药剂处理的综合防治。

1. 利用抗病、耐病品种 尽管大豆疫霉根腐病菌生理小种很多，新小种出现较快，但利用抗病品种仍然是最有效的防治手段。最好使用对当地小种有抗病性的品种。此外，应不断针对小种变化情况更换抗病品种，以免被新小种侵染。要积极利用耐病品种，它们由多基因控制，抗性不易丧失。

2. 耕作栽培措施 早播、少耕、免耕、窄行、除草剂使用增加、连作和一切降低土壤排水性、通透性的措施都将加重大豆疫霉根腐病的发生和为害。做到适期播种，保证播种质量，合理密植，宽行种植，及时中耕增加植株通风透光是防治病害发生的关键措施。

3. 化学防治 利用甲霜灵进行种子处理或播种前加入种子重量 0.3％的 35％甲霜灵粉剂拌种可控制早期发病，但对后期发病无效。必要时喷洒或浇灌 25％甲霜灵可湿性粉剂 800 倍液或 58％甲霜灵·锰锌可湿性粉剂 600 倍液、64％噁霜·锰锌可湿性粉剂 500 倍液、72％霜脲·锰锌可湿性粉剂 700 倍液、69％烯酰吗啉·锰锌可湿性粉剂 900 倍液。或利用甲霜灵进行土壤处理，防治效果较好，可沟施、带施或撒施，用量为 0.28～1.12kg/hm^2，根据品种耐病程度决定用量，一般耐病性好的比耐病性差的品种用量要少。目前还没有发现大豆疫霉抗甲霜灵的报道，在美国俄亥俄州连续使用了 8 年尚未发现抗药性。

4. 加强检疫 因病菌可随种子远距离传播，各地要做好种子调运的检疫工作。

王源超（南京农业大学植物保护学院）

第 2 节　大豆胞囊线虫病

一、分布与危害

大豆胞囊线虫病又称大豆根线虫病、大豆萎黄病，俗称“火龙秧子”，是世界大豆生产上的重要病害，主要发生于偏冷凉地区。在我国，主要分布于东北和黄淮海两个大豆主产区，尤其东北地区多年连作大豆的干旱、沙碱老豆区普遍发生严重，是仅次于大豆花叶病毒病的第二大病害。大豆受其为害后，轻者减产 20％～30％，严重的达到 70％～80％，并且每年都有大面积地块绝产。

二、症状

大豆胞囊线虫病在大豆整个生育期均可发生。病原线虫寄生于大豆根上，直接为害根部。幼苗期植株受害生长迟缓，子叶及真叶变黄，重病苗停止生长，终至死亡。被线虫寄生后，大豆植株矮小、花芽簇生、节间短缩、开花期延迟、不能结荚或结荚少、叶片发黄；严重地块大面积枯黄，似火烧状，因而又称“火龙秧子”（彩图 7－2－1）。大豆根系被线虫寄生后，主根和侧根发育不良，须根增多，整个根系呈发状须根。须根上着生白色至黄白色比针尖略大的小突起，大小约 0.5mm，即线虫的胞囊（彩图 7－2－2）。病根根瘤很少或不结瘤，植株地上部分明显矮小、节间短、叶片发黄，叶柄及茎的顶部也呈浅黄色，结荚很少。

大豆胞囊线虫病与大豆根腐病的区别是：胞囊线虫病须根多，上有胞囊，主根和侧根发育不良或无，形成“发状根”。根腐病则为主根发病，侧根和须根少或因主根发病重，侧根和须根腐烂而脱落形成“秃根”。

大豆胞囊线虫的二龄幼虫从根尖处侵入根部，造成根组织的代谢失调和组织损伤。受害的大豆苗期叶片发黄，外缘和叶肉部分失绿，植株矮小，叶片从下向上逐渐变黄脱落，甚至最后枯死。根系短粗、不发达，侵染后期大部分根脱落。挖出根部，用水冲洗可发现白色或黄色颗粒（胞囊）。大豆胞囊线虫在干旱年份，在风沙土、盐碱土、旱地、岗地等土壤瘠薄、土质疏松、透气良好的土壤中发病严重。在雨水较多的年份，土壤肥沃、低洼湿地等土壤条件下发病较轻。

三、病原

大豆胞囊线虫病是由大豆胞囊线虫（*Heterodera glycines* Ichinohe）侵染引起的，属线虫门垫刃目异皮科胞囊线虫属，形态如彩图7-2-3、彩图7-2-4所示。

胞囊为柠檬形，初为白色，渐呈黄色，最后为褐色，长0.6mm（彩图7-2-5）。表面有斑纹。卵长椭圆形或圆筒形，大小为（50～111）μm×（39～43）μm，藏于胞囊中。幼虫分为4龄，二龄以前雌雄相似，三龄以后雌雄可分，老熟雄虫线形，两端钝圆，多向腹侧弯曲，体长1.33mm。老熟雌虫呈柠檬形，大小为0.85mm×0.51mm，白色、黄白色或褐色，体内充满卵粒。体壁角质层变厚，可直接转化为柠檬状的皮囊（或称胞囊），具有抵御不良环境的作用，在胞囊内卵可存活10年以上。

大豆胞囊线虫的寄主范围较广。大豆是大豆胞囊线虫的模式寄主，国外报道大豆胞囊线虫的其他寄主植物有170多种，主要寄生豆科作物，如细茎大豆、豌豆、赤豆、菜豆、娟毛胡枝子、长柔毛野豌豆，还有唇形科的宝盖草，石竹科的苍耳、繁缕，玄参科的无毛钓钟柳、大花钓钟柳、多叶钓钟柳及毒鱼草。而玉米、小麦、燕麦、黑麦、高粱、牧草、苜蓿、棉花、瓜类、花生、水稻、烟草等是非寄主植物。红花三叶草是不良寄主，但在美国白花三叶草是良好的寄主。在我国大豆胞囊线虫的寄主植物有大豆、菜豆、赤豆、饭豆、野生大豆、半野生大豆、地黄、豌豆、泡桐。

四、病害循环

大豆胞囊线虫以卵在胞囊内越冬。春季温度16℃以上卵发育孵化成一龄幼虫，折叠在卵壳内，蜕皮后成为二龄幼虫，从寄主幼根根毛中侵入，侵入大豆幼根皮层直到中柱后为止，用口针刺入寄主细胞营内寄生生活。第二次蜕皮后成为三龄幼虫，虫体膨大成豆荚形。第三次蜕皮后成为四龄幼虫，雌虫体迅速膨大成瓶状，白色，大部分突破表皮外露于根外，只是头颈部插入根内。此时雄虫虫体逐渐变为细长蠕虫状，蜷曲于三龄雄虫的蜕皮中，在根表皮内形成突起。四龄幼虫最后一次蜕皮后成为成虫，雄成虫突破根皮进入土中寻找雌成虫交尾。交配后的雌虫继续发育，生殖器官退化，体内充满卵粒，部分排入身体后部胶质的囊中形成卵囊，大多卵粒仍在虫体内，虫体体壁加厚，虫体逐渐变为褐色胞囊，成熟胞囊脱落在土中。胞囊中的卵成为当年的再侵染源和来年的初侵染源。在没有寄主的情况下，胞囊内的卵保持活力时间最长可达10年，并可逐年分批孵化一部分，成为多年的初侵染源。侵染循环图如图7-2-1所示。

由于线虫身体微小，活动缓慢，在土壤中仅能短距离的移动，活动范围仅1～2m。但线虫在田间的传播范围却是十分广泛的。在田间，线虫的传播主要靠作业机具携带、田间灌排水、人为农事操作，还可因大风对土壤风蚀而传播。同时黏附在种子表面的胞囊或在种子中混有的含胞囊土粒更可作为大豆胞囊线虫远距离传播的途径。

五、流行规律

大豆胞囊线虫病的发生轻重与耕作制度、土壤类型、土壤质地和土壤温湿度等多种因子有关。

（一）温、湿度

温度高，土壤湿度适中，通气良好，线虫发育快，大豆胞囊线虫最适宜的发育及活动温度为18～25℃，低于10℃幼虫便停止活动，最适的土壤湿度为60%～80%，过湿氧气不足，易使线虫死亡。

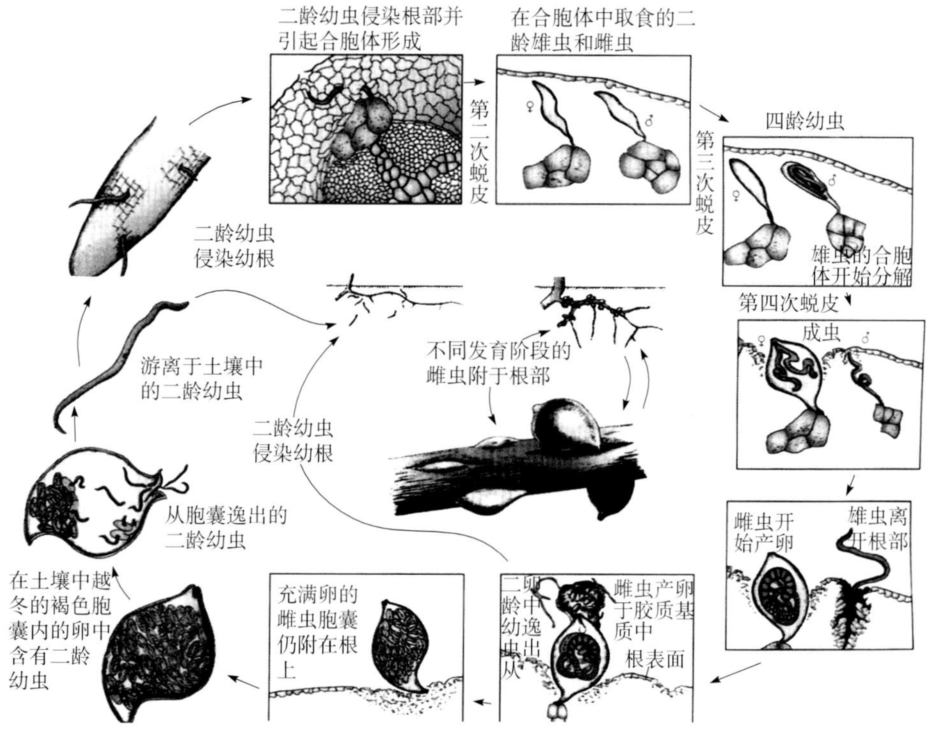

图 7-2-1 大豆胞囊线虫的侵染循环（引自 Agrios，2004）

Figure 7-2-1 Infection cycle of soybean cyst nematode (from Agrios，2004)

（二）土壤类型

在通气良好的土壤，如冲积土、轻壤土、沙壤土、草甸棕壤土等粗结构的土壤和老熟瘠薄地、沙岗地、坡地等胞囊密度大，线虫病发生早而重，减产幅度大。在偏碱性的土壤和白浆土中，线虫病发生也重。

（三）耕作制度

大豆胞囊线虫在土壤内大豆耕作层中垂直分布，因此，多年连作地土壤内线虫数量逐年增多，为害也逐年加重。与非寄主植物进行合理轮作，土壤内线虫会逐年减少，为害也相应减轻。

六、防治技术

（一）种子检验

大豆种子上黏附线虫，如泥花脸豆以及种子间混杂有线虫土粒以及农机具调运是造成大豆胞囊线虫远距离传播的主要途径，所以，要做好种子的检验，杜绝带线虫的种子进入无病区。

（二）农业技术

轮作是目前已知的最有效的控制大豆胞囊线虫的措施，采取大豆与禾本科作物如小麦、玉米、谷子等轮作，就可有效地进行防治。一般说来，种植两年非寄主植物，就允许种植感病的大豆品种，如果线虫的虫口密度极高，再多种一年非寄主作物，就能获得较好的防治效果。抗病品种有时也可代替非寄主作物，在线虫虫口密度很低的地块，或真菌寄生线虫严重的地块，种植非寄主作物一年，就足以防治大豆胞囊线虫。施足底肥，提高土壤肥力，可以增强植株抗病力。厩肥要充分发酵腐熟。土壤干旱利于线虫的繁殖，灌水增加土壤湿度使线虫窒息死亡，可减轻大豆受害。田间机械作业要注意清除残草和泥土，并且要先在无病田作业，然后再到病田作业。

（三）抗病育种

不同的大豆品种对大豆胞囊线虫有不同程度的抵抗力，种植抗（耐）病品种如垦丰 1 号、抗线 1 号、抗线 2 号、辽豆 13 等，可避免线虫造成的减产，而且可以大大减少土壤内线虫密度，缩短轮作年限。但是，大多数田间的线虫是不同基因型的混合型。由于抗性品种影响施加的选择力，导致线虫虫口基因比例的变化。连续或经常地使用抗病品种，使生理小种发生改变，结果造成毒力强的生理小种增多，如黑龙江安达地区由于长期使用抗线 1 号，使原来弱致病力的 3 号优势小种变为强毒力的 14 号小种。因此今后的抗病育种工作应选择多种抗性基因品种的轮换种植，以及抗病、耐病品种普通品种的轮换种植，可有效避免强毒力生理小种的出现。

（四）药剂处理

常年严重发病的地块建议采用药剂处理土壤，但化学杀线剂价格贵，成本高，用量大，污染严重，轻易不使用。当前杀线虫较好的药剂有滴滴混剂、克百威等。滴滴混剂每667m^2 30kg加水稀释成75kg液，播前15～20d，在大豆垄中每米打4穴，穴深15～20cm，与土拌匀后覆土3～4cm，然后播种。亦可使用5%涕灭威颗粒剂，每667m^2 10～12kg，施入土中。此外，目前黑龙江多数大豆产区使用种衣剂防治线虫的初侵染，其主要杀线虫成分为克百威。

（五）生物防治

生物防治是利用大豆胞囊线虫的天敌来控制虫口数量和减少损失。大豆胞囊线虫繁殖率很高，每个胞囊中有200～300个卵，具有不同的虫态，土壤中自由活动的幼虫和雄虫，根内固定寄生的雌虫，包在胞囊内的卵，这些特征使大豆胞囊线虫更加难以防治。可以作为生物防治因子而应用于实际的天敌数量是有限的。

1. 昆虫 某些昆虫可以摄食胞囊。在培养皿里，一些弹尾虫能贪婪地取食大豆胞囊线虫的胞囊，大量弹尾虫能在长有大豆胞囊线虫的温室花盆中找到，然而若将它们应用于实践还需进一步研究。

2. 细菌 在日本、韩国、美国已发现巴氏穿刺芽孢杆菌（*Pasteuria penetrans* Sayre & Starr）可以侵染大豆胞囊线虫。该细菌侵染效率高，对不利环境条件有抗性，专化性强，但是它不能在人工培养基上生长，使这种线虫专性寄生物的应用受到限制。

3. 真菌

（1）捕食性真菌。捕食性真菌从营养菌丝上产生黏性网、黏性球、黏性枝和收缩环等捕食器官来捕食土壤中运动的线虫。最著名的捕食线虫真菌是节丛孢属（*Arthrobotrys*）、小指孢霉属（*Dactylella*）和单顶孢属（*Monacrosporium*）的一些真菌（Robert，1992），但是这种生防真菌的捕食性属于被动性捕食，捕食效率不是很高，是这类生防菌表现生防效果的一个局限性。

（2）寄生性真菌。寄生性真菌有卵内寄生真菌和虫体内寄生真菌。具有应用前景的真菌有轮枝孢属（*Verticillium*）、拟青霉属（*Paecilomyces*）、被孢霉属（*Mortierella*）、钩丝孢属（*Harposporium*）、线疫霉属（*Nematophthora*）等。其中淡紫拟青霉（*P. lilacinus*）和厚壁轮枝孢（*V. chlamydosporium*）是大豆胞囊线虫卵及雌虫的寄生菌。胞囊线虫雌虫上发现3种重要的专性内寄生真菌，即辅助链枝菌（*Catenaria auxiliaris*）、嗜雌线疫霉（*Nematophthora gynophila*）和链壶菌（*Lagenidium* sp.），目前正有许多寄生性真菌被逐渐发现。

1986年，美国从土壤中的卵和二龄幼虫中分离出一种叫阿肯萨斯真菌18（Arkansas Fungus 18，ARF18）的真菌。它不能产孢，通过对其隔膜的结构和沃尔宁体（Woronin bodies）的形式分析，证明它是一种子囊菌。ARF18不侵染大豆、水稻、棉花等作物，可以直接穿透胞囊壁，侵染卵和胞囊内的二龄幼虫，也可寄生在根部幼嫩的雌虫上，但没有捕捉机制，不能寄生在活动的二龄幼虫上（Robert，1992）。

捕食性和非捕食性寄生真菌联合使用要比单独应用其中的一种更有效。理想状态下，寄生真菌能寄生大豆胞囊线虫的卵和雌虫，而捕食性真菌能杀活动的幼虫。

（六）抗大豆胞囊线虫育种

培育抗病品种是防治大豆胞囊线虫最经济有效的途径。据报道，美国1975—1980年培育出的抗胞囊线虫的大豆品种Forrest，政府的投入不到100万美元，而在美国7个州推广，挽回的损失是4.01亿美元，投入产出比是1∶400，由此可见应用抗胞囊线虫品种是防治大豆胞囊线虫最经济和有效的途径。我国的抗大豆胞囊线虫育种起步较晚，育种水平虽相当落后，但取得了可喜的成绩。由中国农业科学院植物保护研究所提供抗病品种资源Franklin，黑龙江省农业科学院安达盐碱作物育种研究所应用丰收18作母本，Franklin作父本培育出了高抗大豆胞囊线虫3号小种，耐盐碱、耐瘠薄的黄种皮大豆新品种抗线1号、抗线2号，目前已在黑龙江西部和内蒙古东北部地区推广应用13.3万hm^2以上。抗线1号1997年获国家发明4等奖，这是我国第一个获国家发明奖的抗线虫品种。目前我国育成的其他高产、抗胞囊线虫的品种还有嫩丰15、庆丰1号、高作1号、跃进8号、青岛84-51、齐黄25、庆抗83219、垦秣1号、白农2号、抗线4号、辽豆13、东农163等。一些地区也育成推广了一批抗病或耐病的品种，如黑龙江省农垦命科学），36（2）：97-108.
高振峰．1992. 棉铃疫病的发生和防治［J］．河北农业科学（2）：35-36.
戈峰，丁岩钦．1996. 棉田生态系统中害虫、天敌群落结构与功能关系的研究［J］．生态学报，16（5）：535-540.
戈峰．1996. 不同类型棉田捕食性天敌的种群消长动态及其对害虫的控制作用［J］．昆虫学报，39（3）：267-273.
郭予元，等．1998. 棉铃虫的研究［M］．北京：中国农业出版社．
韩宏伟，刘培源，高峰，等．2011. 新疆北部棉区黄萎病菌种群致病性分化及变异［J］．植物保护学报，38（2）：121-126.
郝树广，康乐．2001. 温、湿度对美洲斑潜蝇发育存活及食量的影响［J］．昆虫学报，44（3）：330-333.
郝延堂．2002. 2001年馆陶县棉花轮纹叶斑病发生严重［J］．植保技术与推广，22（1）：22-39.
何红，曹以勤，陆家云．1992. 棉苗疫病快速诊断方法及室内药效测定［J］．南京农业大学学报，3：125-127.
何红，曹以勤，陆家云．1993. 棉疫病研究现状［J］．植物保护，5：32-33.
何红，郑小波，曹以勤，等．1994. 苎麻疫霉寄生专化性研究［J］．植物病理学报，24（2）：129-133.
贺福德，陈谦，孔军．2001. 新疆棉花害虫及天敌［M］．乌鲁木齐：新疆大学出版社．
洪晓月，丁锦华．2007. 农业昆虫学［M］．2版．北京：中国农业出版社．
黄晓磊，乔格侠．2005. 蚜虫类昆虫生物学特性及蚜虫学研究现状（1）［J］．生物学通报，40（11）：5-7.
籍秀琴，李宝栋．1982. 棉花苗期疫病菌“种”的鉴定［J］．中国农业科学，1：14-18.
籍秀琴．1984. 棉花苗期病害及其防治［M］．北京：农业出版社．
简桂良，卢美光，王凤行，等．2007. 转基因抗虫棉黄萎病综合防治技术体系［J］．植物保护，33（5）：136-140.
简桂良，赵磊，张文蔚，等．2011. 黄萎病不同抗性陆地棉品种抗病基因同源序列生物信息学分析［J］．棉花学报，23（6）：490-499.
简桂良，赵磊，张文蔚，等．2011. 陆地棉抗病基因同源序列的克隆与分析［J］．生物技术通报（10）：101-108.
简桂良，邹亚飞，马存．2003. 棉花黄萎病连年流行的原因及对策［J］．中国棉花，30（3）：13-14.
简桂良．2009. 棉花黄萎病枯萎病及其防治［M］．北京：金盾出版社．
景忆莲，刘耀斌，范万法，等．1999. 棉花黄萎病及其抗性育种研究进展［J］．西北农业学报，8（3）：106-110.
康乐．1996. 斑潜蝇的生态学与持续控制［M］．北京：科技出版社．
李笃肇．1991. 肾线虫（*R. reniformis*）与棉花枯萎病［J］．西南农业大学学报，13（1）：81.
李家春．2007. 奎屯垦区棉花早衰原因分析及防治对策［J］．新疆农垦科技，2：11-12.
李金玉，李庆基，李成葆，等．1984. 农药种衣剂处理棉种综合防治苗期病害试验研究［J］．植物保护，9（2）：56-58.
李进步，吕昭智，王登元，等．2005. 新疆棉区主要害虫的演替及其机理分析［J］．生态学杂志，24（3）：261-264.
李经仪，顾本康，钱清海，等．1985. 江苏棉花黄萎病病原菌寄主范围的研究［J］．中国农业科学，18（5）：94-96.
李俊杰，陈德强，艾则孜．2008. 新疆博州滴灌棉花早衰主要原因及防治［J］．中国棉花，35（4）：29-30.
李明远，付维新，高登东．2008. 湖北省石首市棉花早衰的现状及对策［J］．中国棉花，35（6）：21-22.
李莎，张文蔚，齐放军，等．2011. 环境条件对棉花轮纹斑病菌分生孢子萌发的影响［J］．棉花学报，23（5）：472-475.
林克剑，吴孔明，郭予元，等．2003. 寄主作物对B型烟粉虱生长发育和种群增殖的影响［J］．生态学报，23（5）：870-877.
林克剑，吴孔明，郭予元，等．2004. 温度和湿度对B型烟粉虱发育、存活和生殖的影响［J］．植物保护学报，31（2）：166-172.
林玲，章如意，张昕，等．2012. 江苏省棉花黄萎病菌的培养特性及致病力分化监测［J］．棉花学报，24（3）：199-206.
刘兴利．2010. 棉田死苗的原因和预防措施［J］．中国棉花，37（2）：32.
卢金宝，赵书珍，邰红忠，等．1999. 南疆海岛棉中后期叶病的发生及防治［J］．中国棉花，26（8）：29-44.
陆宴辉，简桂良，李香菊，等．2011. 棉花病虫害防控技术问答［M］．北京：金盾出版社．
陆宴辉，齐放军，张永军．2010. 棉花病虫害综合防治技术［M］．北京：金盾出版社．
陆宴辉，吴孔明，姜玉英，等．2010. 棉花盲蝽的发生趋势与防控对策［J］．植物保护，36（2）：150-153.
陆宴辉，吴孔明．2008. 棉花盲椿象及其防治［M］．北京：金盾出版社．
马承铸，谢叙生，朱德渊，等．1986. 上海棉田植物寄生线虫的种属分布和群体动态［J］．上海农业学报，2（2）：41-48.
马承铸，张家清，钱振官．1994. 拟粗壮螺旋线虫对棉花的致病力及其与棉枯萎病的复合症［J］．植物病理学报，24（2）：153-157.
马承铸．1986. 南方根结线虫2、3号小种对棉花的寄生力［J］．上海农业学报，2（3）：81-88.
马存，简桂良，孙文姬．1997. 我国棉花抗黄萎病育种现状、问题及对策［J］．中国农业科学，30（2）：58-64.
马存，简桂良．1994. 1993年冀、鲁、豫棉花黄萎病暴发及应急防治措施［J］．植保科技与推广，14（4）：23-24.
马存．2007. 棉花枯萎病与黄萎病的研究［M］．北京：中国农业出版社．

2～3cm 长的范围内涂茎，注意不可环茎涂抹。当棉蚜为害面积较大时，棉田益害比为 1∶150 左右时，要逐田调查，对达到防治指标的棉田，用吡虫啉、啶虫脒等药剂防治。出苗后如遇到连续降温天气，棉苗叶斑病可能流行为害时，选用 46.1%氢氧化铜水分散粒剂 800～1 000 倍液、1∶1∶200 波尔多液、80%代森锌可湿性粉剂 200～400 倍液、70%代森锰锌可湿性粉剂 200～400 倍液、25%甲霜灵可湿性粉剂 500～700 倍液，在子叶开展时即可喷药保护。

（4）蕾铃至吐絮期。此时期的防治重点是棉铃虫、棉叶螨、伏蚜、枯萎病、黄萎病、铃期病害和早衰等。

①农业防治。加强水肥管理，培育健壮植株，提高抗逆能力。结合整枝、打杈，人工抹除棉铃虫卵，捕杀高龄幼虫，把疯杈、顶尖、边心及无效花蕾、烂铃等，带出田外集中处理，可以降低田间卵和幼虫量。对于抗虫棉应注意控制其过早进入结铃，消耗同化产物，促进根系生长发育，以控制黄萎病和早衰的发生，可采用去除第一果枝，控制二至三果枝花蕾 3～4 个为宜。棉花生长后期，要及时去除老叶、空枝，以利通风透光，减轻铃期病害流行。继续采用玉米诱集带诱杀。

②生物防治。在二代棉铃虫卵孵始盛期人工释放赤眼蜂，连续释放 4 次，每次间隔 3～4d，放蜂量每 $667m^2$ 每次为 1 万头。具体方法是：赤眼蜂开始羽化时（5%～7%的柞蚕卵上出现羽化孔），把蜂卡剪成小块，用中部棉叶反卷包住蜂卡，附着在其他叶片背面，避免阳光直射，按照行宽 7m，顺行长 15～20m 放置 1 块蜂卡，于早晨或傍晚释放。

③物理防治。采用频振灯诱杀棉铃虫等害虫的成虫。在长江流域棉区，对已成熟，并被棉铃病菌侵入的棉铃，应及时摘下带回晾晒，既能收获棉絮，又能防止病铃再传染。

④化学防治。选用选择性农药品种，注意不同作用机理的品种交替使用。严格按照防治指标开展防治，不宜大面积喷施农药。对棉铃虫、棉叶螨、棉蚜等害虫、害螨达到防治指标田块，可选用低毒、对天敌较安全的药剂，如阿维菌素、吡虫啉、啶虫脒、硫丹、哒螨灵等进行防治，杜绝使用高毒、高残留农药。

陆宴辉　简桂良（中国农业科学院植物保护研究所）

主要参考文献

柏立新，陈春泉，曹燕萍，等 . 1992. 棉花病虫草害综合防治 [M] . 南京：江苏科学技术出版社 .

柏立新，孙洪武，孙以文，等 . 1992. 棉铃虫寄主植物种类及其适合性程度 [J] . 植物保护学报，24 (1)：1 - 6.

柏立新 . 1997. 棉田玉米螟灾变规律及其综合控制技术研究进展 [J] . 江苏农业学报，13 (1)：15 - 16.

彩万志，庞雄飞，花保祯，等 . 2001. 普通昆虫学 [M] . 北京：中国农业大学出版社 .

曹赤阳，何本极，朱深甫 . 1991. 红铃虫防治理论研究与实践 [M] . 南京：江苏科学技术出版社 .

曹赤阳，万长寿 . 1983. 棉盲蝽的防治 [M] . 上海：上海科学技术出版社 .

曹赤阳 . 1992. 中国棉花害虫综合防治的新进展 [J] . 昆虫知识，29 (3)：170 - 172.

常新龙 . 2009. 浅析 2008 年北疆棉花早衰原因及补救措施 [J] . 中国棉花 (3)：32.

陈方新，高智谋，齐永霞，等 . 2001. 安徽省棉铃疫病菌的鉴定及生物学特性研究 [J] . 安徽农业大学学报，28 (3)：227 -231.

陈方新，高智谋，齐永霞，等 . 2004. 棉铃疫病菌 (*Phytophthora boehmeriae*) 对甲霜灵的抗性遗传研究 [J] . 植物病理学报，34 (4)：296 - 301.

陈方新，齐永霞，高智谋，等 . 2005. 棉铃疫病菌的生物学特性及其遗传研究 [J] . 中国农学通报，21 (10)：287 - 290.

陈建，杨进，陆佩玲，等 . 2008. 棉大卷叶螟的年生活史与种群动态 [J] . 植物保护，34 (3)：119 - 123.

陈其煐 . 1992. 棉花病虫害综合防治技术 [M] . 北京：农业出版社 .

崔淑芳，金卫平，黎鸿慧，等 . 2004. 河北省棉铃疫病的发生规律及其防治 [J] . 中国棉花 (10)：27.

单卫星，张硕成，李玉红，等 . 1995. 棉铃疫病病菌侵染行为观察 [J] . 棉花学报，7 (4)：246 - 251.

邓先明，杨永柱，刘光珍 . 1993. 四川省棉田寄生线虫种类及肾形线虫与棉花枯萎病发生关系的研究 [J] . 植物病理学报，23 (2)：163 - 167.

邓先明 . 1992. 四川省棉田肾形线虫 (*Rotylenchulus reniformis*) 和棉花枯萎病发生的关系研究 [J] . 西南农业大学学报，14 (3)：240 - 243.

董合忠，李维江，唐薇，等 . 2005. 棉花生理性早衰研究进展 [J] . 棉花学报，17 (1)：56 - 60.

高玉龙，郭旺珍，王磊，等 . 2006. 海岛棉抗病基因类似物与防卫基因类似物的分离及特征分析 [J] . 中国科学 (C 辑：生科学院的垦丰1号，吉林白城地区农科所的白城2号，山西的跃进5号、晋豆11，河南的商丘7608，这些耐病或较抗病品种在发病条件下比生产上的常规品种一般要增产10%～30%，在重病地也可成倍增产，因此受到病区农民的欢迎，推广面积也迅速扩大。据美国报道，一个抗病品种在病区连续种植几年后，其抗性会逐渐消失，这可能是由于新小种的产生，因此，种植抗病品种也必须有几个品种交替使用，防止新小种的产生，延长抗病品种的使用年限。

段玉玺（沈阳农业大学）
彭德良（中国农业科学院植物保护研究所）

第3节 大豆花叶病毒病

一、分布与危害

大豆在生长发育过程中受到多种病毒的侵染，据研究，在美国可以侵染大豆的病毒有110多种，在我国也有50多种。大豆花叶病毒（SMV）是众多大豆病毒病害中影响最大，地域分布最广的病毒病害，在几乎所有种植大豆的地区都有发生。在我国，大豆花叶病毒病从北到南发生逐渐加重。SMV严重影响大豆产量，它引起的产量损失一般在15%左右，严重时可达70%甚至绝产。SMV侵染导致大豆种皮产生斑驳，外观品质下降。

二、症状

大豆花叶病毒在植株上的症状（彩图7-3-1）主要有花叶和坏死两大类，花叶类症状表现为感染初期，嫩叶上出现明脉，随着病程的发展，陆续出现轻花叶、花叶、黄斑花叶，有些还出现疱叶、皱缩、增厚发脆、叶片向下反卷，甚至植株矮化、茎秆和豆荚上的茸毛消失（光荚）等症状；坏死型症状主要表现为感染初期叶片上出现褐色枯斑或叶脉坏死，随后坏死部分扩大甚至连成一片，严重时叶片脱落。一些大豆品种感染某些株系后，主茎或分枝生长点坏死，形成所谓的"顶枯"，往往造成整株死亡。

SMV的侵染也可导致大豆种皮的斑驳（彩图7-3-1），籽粒斑驳有淡褐、深褐、赤褐、黑色等多种颜色，但多数与种子的脐色接近。斑驳的形状一般呈不规则斑块状。斑驳与SMV株系以及环境条件密切相关，但与种子的带毒率没有严格的对应关系，病株上产生的斑驳种子可能携带病毒，但并非所有斑驳种子都携带病毒，通过淘汰斑驳种子减少病毒初侵染来源的方法并不是十分可靠。

三、病原

（一）分类地位

大豆花叶病毒病病原为大豆花叶病毒（*Soybean mosaic virus*，SMV），属马铃薯Y病毒科马铃薯Y病毒属（*Potyvirus*）。

（二）理化特性

大豆花叶病毒粒体为线杆状，长630～750nm，宽13～19nm。稀释限点为10^{-2}～10^{-4}，致死温度50～65℃，常温下体外存活期1～4d，0℃下可达120d。

（三）分子生物学特点

大豆花叶病毒粒体由外壳蛋白及单链正义RNA组成，两者均为单一成分，分子质量分别为2.60×10^4～2.65×10^4u和2.9×10^6～3.2×10^6u。病毒粒体中RNA占5.3%，蛋白质占94.7%。提纯病毒对紫外光有吸收峰，最高值为258～263nm，最低值为240～244nm。Hill（1980）、陈炯（2002）和黎昊雁（2003）等报道了大豆全基因组序列以及各个蛋白的功能。大豆花叶病毒与马铃薯Y病毒组其他成员一样，全长约10 000个核苷酸，5′端有一共价键连接的金属蛋白Vpg，3′端有一个Poly（A）尾巴，整个基因组按一个开放阅读框（ORF）翻译，产生一个多聚蛋白前体，约3 066个氨基酸。起始于AUG密码子，终止于9333位点处UAA密码子，通过蛋白酶切割加工，形成P1、HC-Pro、P3、PIPO、6K1、CI、6K2、NIaVPg、NIa-Pro、NIb、CP共11个不同功能的成熟蛋白（图7-3-1）。

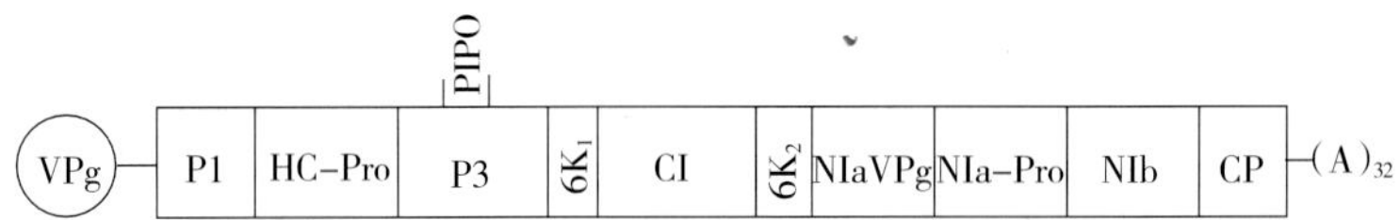

图7-3-1 大豆花叶病毒（SMV）基因组结构（智海剑绘）

Figure 7-3-1 Schematic genome structure of *Soybean mosaic virus*（SMV）（by Zhi Haijian）

（四）SMV的株系划分

大豆花叶病毒在与寄主长期的共同进化过程中发生了致病性分化，产生了不同的致病类群，每个类群被称为一个株系。虽然有利用现代生物技术鉴别SMV株系的报道，但目前国内外主要利用一套致病性不同的鉴别寄主划分SMV株系。由于所使用的鉴别寄主不同，尚没有一套统一的SMV株系划分体系。

Cho和Goodman（1979）利用Rampage、Buffalo、Davis、Kwanggyo、Marshall、Ogden和York 7个鉴别寄主将美国SMV划分为G1～G7 7个株系。韩国基本沿用了美国划分体系。日本高桥幸吉（1980）用3个抗病品种Harosoy、白豆、奥羽13和一个感病品种十胜长叶为鉴别寄主，将日本的SMV分成A～E 5个株系群。

中国濮祖芹等（1982）、吕文清等（1985）、余子林等（1986）、罗瑞梧等（1991）、张明厚等（1998）、尚佑芬等（1997）在不同时期对我国不同地区的SMV曾做过株系划分，对当时当地的SMV防治特别是抗SMV育种发挥了一定作用。目前南京农业大学国家大豆改良中心与国内有关研究机构合作，利用从国内外鉴别寄主中筛选的10个鉴别寄主，把来自各个大豆产区的2 000多个分离物划分成21个株系（表7-3-1），初步建立了一套全国统一的SMV株系划分体系（王修强，2000；杨雅麟，2002；战勇，2003；

表7-3-1 我国21个SMV株系在10个鉴别寄主上的症状反应

Table 7-3-1 Sympotms of 21 *Soybean mosaic virus* strains on the ten soybean differentials in China

株系	鉴别寄主									
	南农1138-2	诱变30	8101	铁丰25	Davis	Buffalo	早熟18	Kwanggyo	齐黄1号	科丰1号
SC1	—/M	—/—	—/—	—/—	—/—	—/—	—/—	—/—	—/—	—/—
SC2	—/M	—/M	—/—	—/—	—/—	—/—	—/—	—/—	—/—	—/—
SC3	—/M	—/M	—/M	—/—	—/—	—/—	—/—	—/—	—/—	—/—
SC4	—/M	—/M	—/M	—/M	—/—	—/—	—/—	—/—	—/—	—/—
SC5	—/M	—/M	—/M	—/M	—/M	—/—	—/—	—/—	—/—	—/—
SC6	—/M	—/M	—/M	—/M	—/M	—/M	—/—	—/—	—/—	—/—
SC7	—/M	—/M	—/M	—/M	—/M	—/M	—/M	—/—	—/—	—/—
SC8	—/M	—/M	—/M	—/M	—/M	—/M	—/M	N/M	—/—	—/—
SC9	—/M	—/M	—/M	—/M	—/M	—/M	—/M	N/M	—/M	—/—
SC10	—/M	—/M，N	—/M	—/M	—/M	—/M，N	—/M	—/—	—/M	—/—
SC11	—/M	—/—	—/M	—/M	—/—	—/—	—/—	—/—	—/—	—/—
SC12	—/M	—/—	—/M	—/M	—/—	—/M	—/—	—/—	—/—	—/—
SC13	—/M	N/M	—/M	—/M，N	—/M	—/M	—/—	N/N	—/—	—/—
SC14	—/M	—/—	—/M	—/M	—/—	—/—	—/—	—/—	—/—	—/M
SC15	—/M	—/M	—/M	N/M	—/M	—/M	N/M	N/M	—/M	—/M
SC16	—/M	—/—	—/M	—/M	N/—	N/—	—/—	N/—	—/—	—/—
SC17	—/M	N/M	—/M	—/M	—/M	N/M	—/M	N/N	—/—	—/M
SC18	—/M	—/—	—/M	—/—	—/—	—/—	—/—	—/—	—/—	—/—
SC19	—/M	N/N	—/M	—/—	—/N	N/N	—/N	—/—	—/M	—/—
SC20	—/M	N/N	—/M	—/—	—/N	N/N	N/N	—/—	—/—	—/—
SC21	—/M	N/N	—/M	—/—	—/M	—/M	—/—	—/—	—/—	—/—

注 接种叶反应/上位叶反应，—为无症状，M为花叶，N为坏死。

郭东全，2005；王延伟，2005；Li，2010）。在这个鉴别体系下，各地主要流行株系分别是东北大豆产区为SC8和SC11，黄淮地区流行株系相对复杂，主要是SC3、SC7、SC8、SC11、SC13，长江中下游地区主要是SC3、SC7、SC10、SC18，华南地区主要是SC7、SC9、SC15、SC18。

四、病害循环

在我国大部分大豆产区，大豆花叶病毒在大豆种子上越冬，它长出的病苗成为初侵染源，而在南方，除了种传SMV外，部分感染SMV的越冬豆科植物也成为初侵染源。蚜虫的非持久性传播导致SMV的反复侵染和田间的扩散，感染SMV的大豆植株上的种子部分携带SMV，它又成为下一年度SMV流行的病原。其侵染循环如图7-3-2所示。

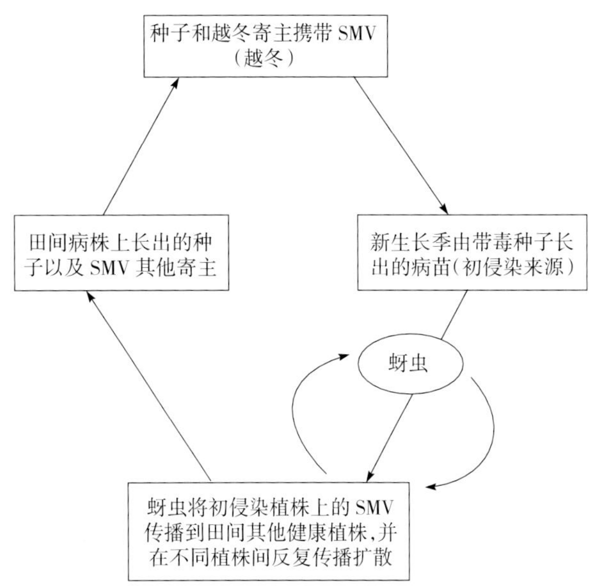

图7-3-2　我国大豆花叶病毒病病害循环（智海剑绘）

Figure 7-3-2　Disease cycles of *Soybean mosaic virus* in China（by Zhi Haijian）

五、流行规律

SMV的田间流行与否主要取决于SMV株系的致病性、大豆品种抗性及带毒率、介体蚜虫的种类及数量、环境条件，特别是温度。

（一）病原

在我国大多数产区，SMV在前一生长季病株上收获的种子上越冬，翌年带毒种子长出的病苗成为SMV流行的初侵染源，在北方春大豆区带毒种子是唯一初侵染源。在南方大豆产区，种植结构复杂，SMV的侵染循环与北方产区稍有不同，除了种子带毒以外，其他越冬寄主上的SMV也成为翌年大豆花叶病毒病的初侵染来源。周雪平等（1994）在长江流域田间自然发病的豌豆、蚕豆上分离鉴定出了SMV，周建农等（1991）从金花菜和紫云英上分离到SMV。

种子的带毒率明显影响大豆花叶病毒的流行速度，带毒率小于0.5%显著推迟SMV流行的时期，若种子带毒率小于0.2%，SMV一般很难流行。由此看出，选用低种传率品种，苗期拔除种传病苗在一定程度上能够减轻SMV的为害。

在我国侵染大豆的病毒以SMV为主，此外还有黄瓜花叶病毒（CMV）、花生斑驳病毒（PMV）、豇豆花叶病毒（CPMV）等多种病毒。在多种病毒对大豆进行复合侵染时，病毒间可能形成交叉保护，从而减轻为害。但在多数情况下，病毒间产生协生作用，加重病情。

（二）寄主

SMV寄主范围较窄，一般以侵染大豆为主，但因株系不同而有差异，致病性强的株系寄主范围相对较宽，某些株系可侵染蚕豆、豌豆、扁豆、金花菜和紫云英等豆科植物，可在蚕豆、金花菜和紫云英上越冬。

大豆生产上种植的品种如果高感当地流行株系，则SMV流行的风险会加大。智海剑（2005）发现，我国最新育成的大豆品种高感以及高抗当地流行株系的比例各占30%，高抗品种的比例比生产上对抗病品种的需求偏低。由此看来，进一步加强抗病育种十分必要。

（三）传毒介体

蚜虫是SMV的传毒介体，它以非持久方式传播造成SMV的再侵染，年度间传播SMV的蚜虫种类有所不同。郭井泉等（1989）发现大豆蚜（*Aphis glycines*）是传播SMV的主要介体，对病害田间流行有重要影响。其他传毒介体还有豆蚜（*Aphis craccivora*）、桃蚜（*Myzus persicae*）、茄无网蚜（*Acyrthosiphon solani*）、绣线菊蚜（*Aphis citricola*）、棉蚜（*Aphis gossypii*）、萝卜蚜（*Lipaphis erysimi*）、禾谷缢管蚜（*Rhopalosiphum padi*）、玉米蚜（*R. maidis*）、麦二叉蚜（*Schizaphis graminum*）和三叶草彩斑蚜（*Therioaphis trifolii*）等。介体蚜虫获毒时间为30～60s的传毒效率高，以40～50s最高。蚜虫传播SMV距离多为2～10m，很少超过15m。多数介体蚜虫一次获毒后传毒致病一株就失去传毒能力，但可以反复多次获毒，反复传播。桃蚜偶尔能以很低的概率（2.94%）传毒致病第二株。传毒效率以豆蚜最高，为58.33%，桃蚜为47.66%，大豆蚜为33.33%。有翅蚜迁飞频率与SMV流行速率密切相关，蚜虫迁飞高峰出现在大豆开花期前，SMV发病增长率与蚜虫迁飞量呈显著线性正相关；蚜虫迁飞高峰出现在大豆开花期后，SMV发病增长率与蚜虫迁飞量没有显著线性相关。田间有翅蚜发生和迁飞降落高峰一般在7月，此时的迁飞降落蚜量和SMV的种子带毒率决定病害流行的程度。

（四）环境条件

影响SMV流行的环境因素主要是大豆生长期间特别是大豆生长前期的温度，降雨对SMV的影响不明显，但可以影响传毒介体，间接影响病毒的流行。SMV的显症起始温度为9℃，最适温度为26℃，当温度超过30℃时，经常出现带毒隐症现象。大豆苗期是SMV容易感染阶段，在我国春大豆生长的苗期，气温一般在20℃左右，适合大豆花叶病毒繁殖侵害。而夏大豆苗期正值夏季高温，日间气温一般都在30℃以上，大豆较易出现带（病）毒隐症现象，这就是SMV对春大豆的为害大于夏大豆的主要原因。

六、防治技术

大豆花叶病毒病的防治主要侧重于以下几个方面。

（一）减少初侵染来源

带毒种子长出的病苗是SMV流行的初侵染来源，降低种子带毒率可以阻止SMV的流行。大豆不同品种的带毒率存在明显差异，种植带毒率低的品种可以降低SMV的初侵染来源。此外避免从疫区调入种子以及在大豆制种田拔除病株都可以在一定程度上降低种子带毒率，从而减少SMV的初侵染来源。

（二）减少再侵染

介体蚜虫的传毒造成SMV的再侵染，在大豆生长的早期，利用化学杀虫剂杀灭蚜虫在一定程度上可减少SMV的再侵染。目前常用的药剂有吡虫啉、联苯菊酯乳油等，具体用量为每667m^2用25%吡虫啉乳油30～50g、5%联苯菊酯乳油2g，喷雾。但SMV是由蚜虫非持久性传播，蚜虫获毒即可传毒，因此，很难在蚜虫传毒前杀死所有蚜虫。据报道，在大豆生长前期，在大豆叶面上喷洒矿物油或植物油可以阻止蚜虫的传毒，但成本高昂，而且易造成环境污染，难以在生产上推广。

蚜虫对银灰色有较强的负向趋性，在田间挂银灰塑料条或用银灰地膜覆盖一定程度上可减少蚜虫传播SMV的机会。

（三）选育抗病品种

大豆对SMV的抗性在品种间存在明显差异，推广抗SMV品种是目前最经济有效的防治手段。韩国由于坏死株系SMV-N出现，使Kwanggyo丧失抗性，造成SMV的流行。随后由于推广Suweon系列抗病品种，阻止了SMV-N的流行。日本利用线虫不知与Harosoy杂交选育出的品种出羽娘可以抗日本4个株系（A、B、C、D）的侵染。我国也十分重视抗大豆花叶病毒品种的选育。20世纪80～90年代曾选育出可以抗几乎所有我国SMV株系的科丰1号、齐黄1号及兼抗多个株系的山东7222等抗病品种。目前我国已育成的高产、抗SMV的国审大豆品种有汾豆56、汾豆60、汾豆78、汾豆79、邯豆8号、合豆5号、华春5号、吉农27、冀豆17、冀豆18、冀豆19、晋豆34、晋遗31、科豆1号、奎丰1号、临豆9号、鲁黄1号、苏豆8号、潍科998、天隆2号、徐豆14、徐豆18、浙鲜豆4号、中豆32、中豆40、中黄24、中黄36、中黄47、中黄57、周豆19。这些抗病品种的种植推广对SMV防控起到重要作用。

智海剑　李凯（南京农业大学农学院）

第4节　大豆细菌性斑疹病

一、分布与危害

大豆细菌性斑疹病是世界性病害，又名大豆细菌性叶烧病、大豆叶烧病。生长季节温暖和频繁有阵雨的条件下易于发生，该病在我国南北方均有发生，南方大豆比北方大豆发病严重。我国南方大豆产区细菌性斑疹病经常造成较大损失。据统计，发生比较重的年份大豆减产达15%～20%。

二、症状

大豆细菌性斑疹病从幼苗到成株均可发病，主要侵染叶片、豆荚，也可侵害叶柄和茎。叶片发病初生浅绿色小点，后变为大小不等的多角形红褐色病斑，大小为1～2mm，病斑逐渐隆起扩大，形成小疱状斑，干枯，表皮破裂后似火山口状，形似斑疹，周围无明显黄晕。隆起的疱斑是该病害鉴别标志。严重时大量病斑会合，组织变褐，枯死，似火烧状。豆荚发病，初生红褐色圆形小点，后变成黑褐色枯斑，稍隆起。斑疹病与斑点病的区别在于：斑疹病的病斑初期不呈水渍状，并且中央常有一突起的小疹，病斑周围也没有黄色晕圈（彩图7-4-1）。

三、病原

大豆细菌性斑疹病的病原是油菜黄单胞菌大豆致病变种（*Xanthomonas campestris* pv. *glycines*），属普罗特斯细菌门黄单胞菌属。病原细菌为杆状，大小为（1.3～1.5）μm×（0.6～0.7）μm，无荚膜，无芽孢，极生单鞭毛，革兰氏染色阴性，好气性。

病原菌在肉汁冻琼脂培养基上形成黄色圆形菌落，表面光滑，全缘，似奶油状，能液化明胶，石蕊牛乳凝固变蓝色，水解淀粉，不产生亚硝酸盐，产生硫化氢和氨。病原菌发育适温为25～32℃，最高38℃，最低10℃。

四、发病规律

大豆细菌性斑疹病在种子和土壤表层的病残体中越冬，成为翌年的初侵染源。病组织腐烂后病菌很快死亡。带菌种子和带有病残体的农家肥可使幼苗子叶被侵染，病部的细菌借风雨传播，从寄主气孔侵入，在薄壁细胞内大量繁殖，进行再侵染，扩大为害。高温、干燥、持续干旱时，病害迅速发展。

五、发病条件

1. 种植密度 种植密度大、通风透光不好，发病重。

2. 土壤与耕作 土壤黏重、偏酸；多年重茬，田间病残体多；氮肥施用过多，生长过嫩；肥力不足、耕作粗放、杂草丛生的田块，植株抗性降低，发病重。

3. 菌源 种子带菌、肥料未充分腐熟、有机肥带菌或用易感病种子易发病。地下害虫、线虫多易发病。

4. 气候 干旱、高温的气候发病重。

六、防治技术

（一）农业防治

1. 减少菌源 播种或移栽前，或收获后，清除田间及四周杂草，集中烧毁或沤肥；深翻地灭茬，促使病残体分解，减少病源。清除病株、老叶，集中烧毁，病穴施药。

2. 轮作 和非本科作物轮作，水旱轮作最好。

3. 清洁种子 选用抗病品种，选用无病、包衣的种子，如未包衣则种子须用拌种剂或浸种剂灭菌。建立无病种子田，或从无病田留种，以保证种子不带菌。如在轻病田取种，则种子必须进行消毒处理，可用种子重量0.3%的50%福美双可湿性粉剂拌种，或用50～100IU农用链霉素液浸种30～60min，晾干后播种。

4. 苗期灭菌 育苗移栽或播种后用药土覆盖，移栽前喷施一次除虫灭菌剂，这是防病的关键。

5. 培育壮苗 适时早播、早移栽、早间苗、早培土、早施肥，及时中耕培土，培育壮苗。施用酵素菌沤制的堆肥或腐熟的有机肥，不用带菌肥料；采用配方施肥技术，适当增施磷、钾肥，加强田间管理，培育壮苗，增强植株抗病力，有利于减轻病害。地膜覆盖栽培；增加田间通风透光度。

6. 控制田间湿度 选用排灌方便的田块，开好排水沟，降低地下水位，达到雨停无积水；大雨过后及时清理沟系，防止湿气滞留，降低田间湿度，这是防病的重要措施。

7. 土壤灭菌 土壤病菌多或地下害虫严重的田块，在播种前撒施或沟施灭菌杀虫的药土。

8. 合理灌溉 高温干旱时应科学灌水，严禁连续灌水和大水漫灌。

（二）生物防治

1. 浸种 用硫酸链霉素500倍液，浸种24h后播种。

2. 喷施生物杀菌剂 90%新植霉素可溶性粉剂4 000倍液、72%农用硫酸链霉素可溶性粉剂3 000倍液和10%抗菌剂乙蒜素乳油1 000倍液。

（三）物理防治

45℃恒温水浸种15min，捞出后移入冷水中冷却、播种。

（四）化学防治

1. 拌种 用种子重量0.3%的50%福美双可湿性粉剂拌种，100kg种子用药0.3kg。

2. 喷施化学杀菌剂 14%络氨铜水剂300倍液、77%氢氧化铜可湿粒粉剂500倍液、47%春雷霉素·王铜可湿性粉剂800倍液、30%碱式硫酸铜悬浮剂400倍液或50%琥胶肥酸铜可湿性粉剂500倍液，隔7～10d防治1次，连续防治2～3次。采收前3天停止用药。

附：大豆细菌性斑疹病抗性鉴定分级标准

附表7-4-1 大豆细菌性斑疹病抗性鉴定分级标准

Supplementary Table 7-4-1 Standard of evaluating soybean resistance to *Xanthomonas campestris* pv. *glycines*

级别	分级标准	抗病反应
0	接种点无反应或形成灰白色小枯斑	高抗（HR）
1	叶片上散生少量斑点，直径1mm左右病斑约占叶面积的5%以下，无晕圈	抗病（R）
2	病斑扩展，周围形成晕圈，直径5mm以下，占叶面积的10%～20%	感病（S）
3	病斑扩展蔓延，大块融连，叶片萎黄坏死，占叶面积的25%以上	高感（HS）

王源超（南京农业大学植物保护学院）

第5节 大豆细菌性斑点病

一、分布与危害

大豆细菌性斑点病广泛分布于世界各大豆产区，如巴西、美国、阿根廷、俄罗斯、日本、朝鲜和欧洲等地。在我国，大豆细菌性斑点病分布于东北、黄淮和南方大豆产区，北方较南方发生普遍严重。大豆细菌性斑点病使豆粒完全粒率降低，粒重减轻，品质和产量下降。据国外报道，大豆细菌性斑点病对大豆能造成很大危害。如俄罗斯的克拉斯诺达尔地区一重病田减产50%，远东地区减产20%以上。我国大豆细菌性斑点病可引致大豆减产18%～20%。

二、症状

大豆细菌性斑点病病原菌在大豆各生育时期均可侵染。带病种子表现为侵入点呈灰白色，周围褐色油渍状扩展；子叶发病一般表现为病斑中央褐色，周围褪绿，呈水渍状；三出复叶发病表现为多角形水渍斑或褐色坏死斑，周围出现褪绿圈，同时可以侵染大豆叶片、幼苗、叶柄、茎、豆荚，其主要侵害对象是叶片。叶片症状特点为病斑初为褪绿的小斑点，呈半透明的水渍状；然后转为黄色至淡褐色，扩大成直径3～4mm、红褐色至黑褐色的病斑，呈多角形或不规则形，且边缘有明显的黄色晕圈，同时在病斑背面有白色的菌脓溢出；病斑常会合成枯死的大斑块，一般在老病斑中央处撕裂脱落，造成下部叶片早期脱落。豆荚上的病斑特点初为红褐色小点，后变成黑褐色，大部分集中在豆荚的合缝处。籽粒上的病斑特点为不规则形、褐色，上面覆有1层菌脓。茎和叶柄上病斑为黑褐色、水渍状条斑（彩图7-5-1）。

三、病原

大豆细菌性斑点病的病原为萨氏假单胞菌大豆致病变种［*Pseudomonas savastanoi* pv. *glycinea*（Coerper）Gardan et al.，异名：丁香假单胞菌大豆致病变种（*Pseudomonas syringae* pv. *glycinea*）］属薄壁菌门假单胞菌属。菌体杆状，大小为0.6～0.9μm，有荚膜，无芽孢，极生鞭毛1～3根，革兰氏染色阴性。在肉汁冻琼脂培养基上，菌落圆形白色，有光泽，稍隆起，表面光滑，边缘整齐，在KB培养基上产生荧光。

四、发生规律

大豆细菌性斑点病菌主要在种子和土壤表层的病株残体中越冬，对土壤中微生物的拮抗作用特别敏感，在土壤中不能长期存活，土壤中病组织腐烂后病菌很快死亡。播种病种子能引起幼苗发病，并借风雨进行再侵染。土壤湿度越大、土层越深，病菌死亡越快。因此，病菌在北方土壤内的残株中可越冬，而在南方则不能在残体中越冬。病原细菌从气孔侵入，在寄主叶组织的细胞间生长，病菌的黏液和寄主组织的汁液很快充满这些空腔，使病斑呈水渍状。病菌分泌出毒素使病斑周围形成黄色晕环。病菌发育适温为25～27℃，最高为37℃，最低为8℃，致死温度为47℃，10min。气温低、多雨露天气有利于发病，病菌也可由雨滴反溅带到叶片，也可在叶面潮湿时通过田间作业或收获而传播。暴风雨有利于该病传播和侵染。

大豆细菌性斑点病菌存在明显的生理分化现象。早在1966年，Cross等就对大豆细菌性斑点病菌的生理小种进行了开创性的研究。他将采集于美国各地的104个菌株在Acme等7个大豆品种上进行了大豆细菌性斑点病抗感反应的测定，并确定了7个生理小种，即小种1号、2号、3号、4号、5号、6号和7号。后来，人们又使用Cross的鉴别寄主体系，陆续鉴定了生理小种8号、9号、10号、11号、12号和0号。

大豆细菌性斑点病菌生理小种类型多、变异快，一个品种是否抗病主要取决于它是否能够抵抗当地的优势小种。抗病品种大面积推广种植后，多者经过8～10年，少者经过3～5年，其抗性往往就会减退或"丧失"。大豆细菌性斑点病菌生理小种的变化、新的致病小种的产生和发展是引起大豆品种抗性"丧失"的主要原因，同时这种变化又与大豆品种类型和布局的改变有着密切的联系，二者之间存在着相互制约的关系。

我国每年都采用成套的鉴别寄主监测大豆细菌性斑点病菌生理小种的组成、致病性特点、变异动态以及品种抗病性的变化趋势，供大豆育种和植保部门参考与利用。目前所用的鉴别寄主有14个大豆品种（系），依次命名为C1、C2、C3、C4、C5、C6、C7、C8、C9、C10、C11、C12、C13和C14（表7-5-1）。十胜长叶是最为感病的鉴别寄主，14个小种全部都能使它发病。长农4号是比较感病的鉴别寄主，除了抗C1、C5和C6小种外，对其余11个小种都感病。相比较，在这6个鉴别寄主中，丹豆4号抗的小种数最多，分别为C1、C2、C4、C5、C6、C7、C8、C9和C12，即可以认为它是对大豆细菌性斑点病较为抗病的品种。吉林28是中抗的鉴别寄主，它抗14个小种中的7个。早丰3号和晋特1号都是较为感病

表7-5-1 14个生理小种在6个鉴别寄主上的反应

Table 7-5-1 Reaction of 14 physiological races of *Pseudomonas savastanoi* pv. *glycinea* on 6 differential hosts

鉴别寄主	生理小种													
	C1	C2	C3	C4	C5	C6	C7	C8	C9	C10	C11	C12	C13	C14
十胜长叶	S	S	S	S	S	S	S	S	S	S	S	S	S	S
长农4号	R	S	S	S	R	R	S	S	S	S	S	S	S	S
丹豆4号	R	R	S	R	R	R	R	R	R	S	S	R	S	S
早丰3号	R	R	R	S	S	S	S	S	R	R	S	S	S	S
吉林28	R	R	R	R	R	S	S	R	S	S	S	S	R	S
晋特1号	R	R	R	R	S	S	R	S	S	S	R	S	S	S

注 R：抗病，S：感病。

的品种，它们抗的小种数分别为5个和6个，感的小种数分别为9个和8个。这6个鉴别寄主与所确定的14个生理小种间的交叉互作反应明显，能反应出生理小种的特性，鉴别能力较强。

五、防治技术

大豆细菌性斑点病在不同的地区发生和为害程度不一样，因此，根据大豆细菌性斑点病的发生规律，我们应该本着“预防为主，综合防治”的方针去防治大豆细菌性斑点病。

(一) 农业防治

一是选用抗病品种，目前我国已育出一批较抗大豆细菌性斑点病的大豆品种，例如科黄2号、徐州424、南493-1、沛县大白角等。特别是重病区切忌种植感病品种。二是清洁田园，收获后及时销毁田间病株残体，深翻地，必要时可以深埋或焚烧。三是与禾本科作物轮作，轮作年限达3年以上，大豆和玉米进行间作可以减轻病害的发生。四是施用日本酵素菌沤制的堆肥或充分腐熟的有机肥。五是合理密植，调整播种期，以减轻病害的发生。

(二) 化学防治

一是选用无病种子，播种前可选用50%福美双拌种消毒，用量为种子重量的0.3%；二是在发病初期用药剂防治，可选用12%松脂酸铜乳油800倍液，或47%春雷霉素·王铜可湿性粉剂600～800倍液，或77%氢氧化铜可湿性粉剂400倍液，7～10d喷1次，连喷3～4次。同时发病始期喷施多菌灵、代森锌等杀菌剂。还可以在发病初期喷洒1∶1∶160波尔多液或30%碱式硫酸铜悬浮液400倍液，视病情防治1次或2次。

附：大豆细菌性斑点病和大豆细菌性斑疹病的区别

附表7-5-1 大豆细菌性斑点病和大豆细菌性斑疹病的区别

Supplementary Table 7-5-1 Differences between bacterial blight of soybean and bacterial pustule of soybean

	相同点	不同点
大豆细菌性斑点病	在叶片上形成多角形水渍状小斑点，褐色至黑褐色，中央很快干枯，呈黑色，边缘有黄色晕圈，以后扩大成为不规则的干枯大斑，病部易脱落，使叶片呈破碎状，病株底叶常提早脱落。在豆荚上产生水渍状小斑点，以后扩展至荚的大部分，变成褐色。种子表面包被一层细菌黏液，病粒萎缩，稍褪色或色泽不变。在茎和叶上产生较大的黑色病斑	病斑初期呈水渍状，并且中央常没有突起的小疹
大豆细菌性斑疹病	在子叶上的病斑呈褐色。成株期叶片病斑为淡褐色小点，随即转化为暗褐色多角形小斑，大小为1～2mm；其后病斑稍隆起，表皮开裂，形似斑疹，病斑周围无黄色晕圈。受害重时，叶片上病斑群生，大块组织变褐枯死，似火烧状。该病也能侵染豆荚，初为圆形小点，褐色，后渐变成黑褐色枯斑	病斑初期不呈水渍状，并且中央常有一突起的小疹

王源超（南京农业大学植物保护学院）

第6节 大豆菟丝子

一、分布与危害

菟丝子是旋花科菟丝子属植物的通称，俗称金线草，是一类缠绕在木本和草本植物茎叶部营全寄生生活的草本植物。菟丝子也是传播某些植物病害的媒介或中间寄主，除本身有害外，还能传播类菌原体和病毒等，引起多种植物的病害。

寄生大豆的菟丝子俗称豆寄生、无根草、黄丝、金黄丝子、马冷丝、巴钱天、黄鳝藤、菟儿丝，是种植期容易发生的寄生病害。为害大豆的菟丝子可以分为中国菟丝子和欧洲菟丝子两种。

菟丝子分布于华北、华东、中南、西北及西南各省份，在连云港、邱县、铜山、宝应、南京、吴江等地都有发生，生长在山坡路旁、河边，多寄生在豆科、菊科、蓼科等植物上。菟丝子有成片群居的特性，故在野外极易辨识。

菟丝子会使大豆生长受到严重抑制，植株矮小不育或逐渐枯死，产量损失20%～80%，能传播作物病毒病和细菌性癌肿病。

二、症状

大豆苗期受害，菟丝子以茎蔓缠绕大豆，产生吸盘伸入寄主茎内吸取养分，受害大豆茎、叶变黄、植株矮小、结荚少，严重的全株黄枯而死。菟丝子可以通过喷洒除草剂等方式来防治。

三、病原

狭义来讲，菟丝子有两种，即中国菟丝子（*Cuscuta chinensis* Lam.）和欧洲菟丝子（*C. australis* R. Br.）。种子椭圆形，大小为（1～1.5）mm×（0.9～1.2）mm，浅黄褐色。

中国菟丝子茎纤细，丝状，淡黄色，无叶，数个至十余个小花簇生，较松散，有时2个并生；花萼杯状，5裂，背中有脊，基部大半相愈合；花冠白色，壶状或钟状，裂片5个，向外反曲，果实成熟时将果实全部包住；雄蕊5枚，生于花冠1/2略上部，与花冠裂片互生，花丝短，雌蕊1枚，子房2室，每室着生2胚珠，花柱直立后分杈，柱头头状。蒴果球形，稍扁，破裂时呈盖裂；种子表面较粗糙，有白霜状突起。

欧洲菟丝子与中国菟丝子相似，其区别在于组成花序的小花数量较多，有数个至数十个簇生在一起，较紧密；花萼卵圆形，背中无脊，基半部相愈合；花冠大部伸出花萼，裂瓣长为花冠之半，成熟时端部不翻折；雄蕊长与花冠裂瓣约等；雌蕊长不及子房之半；鳞片不发达，呈1～3个指状细裂；成熟时，花冠、花萼包住子房基半部；蒴果破裂时不规则。

菟丝子萌发的适宜温度为25～35℃，15℃以下或35℃以上均不能萌发。适宜的土壤湿度为15%～30%，最适宜的湿度为20%～25%。种子在土深1cm左右出苗最快，6cm以下则不能萌发出土。幼芽萌发时，先生出白色较粗的锥形胚根，其中储存供幼芽生长的营养和水分。幼芽为黄白色细丝，出土后弯曲伸长，一遇寄主即缠绕攀缘，营寄生性生长发育，下段幼茎逐渐枯干，与胚根脱离；如果遇不到寄主，只能存活10～13d，待其营养耗尽即死去；在其寄生后，很快扩展蔓延，尤其在阴雨高湿条件下生长更快，每个生长点24h能生长10cm以上，所以在雨水多的年份，水浇地或涝洼地，菟丝子的种子抗逆性很强，可存活多年，具有隔年萌发的习性。其线茎生活能力很强，被折断的茎节或人工摘除时残留有吸盘的一小段茎节，遇寄主即可发育成新株，继续蔓延为害。

四、传播途径

菟丝子以成熟种子脱落在土壤中休眠越冬。经越冬后的种子，翌年春末夏初，当温湿度适宜时种子在土中萌发，长出淡黄色细丝状的幼苗。随后不断生长，藤茎上端部分旋转，向四周伸出，当碰到寄主时，便紧贴在上缠绕，不久在其与寄主的接触处形成吸盘，并伸入寄主体内吸取水分和养料。此期茎基部逐渐腐烂或干枯，藤茎上部分与土壤脱离，靠吸盘从寄主体内获得水分、养料，不断分枝生长，开花结果，不断繁殖蔓延为害。夏、秋季是菟丝子生长高峰期，开花结果于11月。菟丝子的繁殖方法有种子繁殖和藤茎繁殖两种。一种是靠鸟类传播种子，或成熟种子脱落土壤中，再经人为耕作进一步扩散；另一种是借寄主之间的接触由藤茎缠绕蔓延到邻近的寄主上，或人为将藤茎扯断后有意无意抛落在寄主上。

五、检验方法

菟丝子属杂草已列为禁止输入检疫对象，严禁从国外随种子、苗木或其他植物产品传入。应对受检的植物、植物产品进行直接检验或过筛检验。直接检验适用于新鲜苗木或带茎、叶的干燥材料。按规定取代表性样品，用肉眼或借助放大镜检查植物茎、叶有无菟丝子缠绕或夹带。于干燥材料上发现菟丝子茎丝后，其种子有时会脱落，应注意检查检验材料底层的碎屑。过筛检验适用于谷类作物的种子材料。检查材料大于菟丝子，可采用正筛法将菟丝子由筛下物分检出来，检查材料小于菟丝子种子，可采用倒筛法将菟丝子由上筛层分检出来，检查材料与菟丝子种子大小相近的，可通过适当的比重法、滑动法、磁吸法分检。菟丝子属是中国公布的《中华人民共和国进境植物检疫病、虫、杂草录》规定的二类检疫性杂草，应严格施行检疫。菟丝子属杂草种类繁多，对农作物的为害也极大。

六、防治技术

（一）农业防治

1. 精选种子 播前对种子进行检验，若检验发现确认该批种子有菟丝子，对种子进行机械清选。清选处理后可清除 99%的菟丝子种子。若少量苜蓿、三叶草和沙打旺、百脉根等种子间混有菟丝子，可用斜放的粗毛袋子反复溜种，使种皮粗糙的菟丝子种子滞留在袋子上。

2. 人工防除 掌握在菟丝子幼苗未长出缠绕茎以前中耕除草。田间发现菟丝子后，必须立即刈割被感染作物，带到田外烧毁或深埋，防止蔓延。

3. 轮作与深翻 合理轮作，避免重茬和迎茬。大豆和禾谷类作物轮作 2～3 年，可避免其为害。菟丝子种子在土表 7cm 以下不易发芽出土，大豆收获后深耕翻土，掩埋菟丝子种子。

4. 杜绝粪肥传播途径 禁止用感染菟丝子的病株喂牲畜，厩肥要经高温发酵处理，使菟丝子种子失去发芽力或沤烂。

（二）药剂防治

1. 鲁保 1 号 一种利用寄生在苜蓿、大豆菟丝子上的真菌孢子制成的生物制剂。使用浓度要求每毫升水中含活孢子数不少于 3 000 万个，使用剂量为 30～37.5L/hm^2，于雨后或傍晚及阴天喷药。隔 7d 喷 1 次，连续 2～3 次。在喷药前，如能破坏菟丝子茎蔓，人为制造伤口，防效明显提高。对苜蓿、大豆等作物是安全的，但成本较高。

2. 乙草胺 50%乙草胺乳油，用量 2 250～3 000mL/hm^2，大豆播种后出苗前施药，采取喷雾或土壤表面喷均可。对其他单、双子叶杂草也有显著的防除作用。

3. 仲丁灵 48%仲丁灵乳油，用量为 2 250～3 000mL/hm^2，大豆出苗前采用喷雾法均匀喷土壤表面，或在大豆生长期对发生部位进行局部茎、叶喷雾。对其他单、双子叶杂草也具有显著的防除作用。也可用 48%仲丁灵乳油加水 25 倍，按种子重量的 4%～5%拌种。

4. 甲草胺 48%甲草胺乳油，用量为 3 000mL/hm^2，加水 450kg，在大豆出苗、菟丝子缠绕初期均匀喷雾。

王源超（南京农业大学植物保护学院）

第 7 节 大豆羞萎病

一、分布与危害

大豆羞萎病是一种较老的大豆真菌病害，属次生病害。1957 年，吉林省九站农业科学研究所首次在所内发现该病。多年来一直零星发生，不被重视。近年来，由于种植结构不合理，加之气候条件及整地、施肥等管理方式粗放，该病在某些省份暴发流行。2009 年大豆羞萎病在黑龙江北部 21 个县（市、区）发生面积达 8.67 万 hm^2，部分地区发生较为严重，650hm^2 大豆因此绝收，全省减产近 3 000t。该病主要侵害茎及叶片、叶柄，发病地块植株大部分折倒，且茎秆髓部变褐色，严重地块发病率达 70%，减产 50%左右。

二、症状

大豆植株从苗期到成株期均可发病。茎、叶柄、叶枕、叶片、荚、籽粒都可受侵染，幼嫩的器官组织易受侵染。苗期发病的植株生长受抑制而显著矮小，常早期枯死。茎部多在柔嫩枝梢上发病，呈褐色条斑，纵向伸展，发病的一侧生长受抑制，使茎扭曲。叶柄上的症状与茎部相似。条斑出现在叶柄上端时，常因叶柄扭曲，使叶片翻转萎垂。叶柄基部受害时，常变黑色、细缢而使叶柄披垂。受害的叶枕呈暗褐色，逐渐变为黑色，也常细缢而使小叶萎垂。叶片上的症状是在叶背面沿叶脉出现条斑，起初红褐色，逐渐变为黑色。豆荚受害时，常从梗端开始变褐，沿维管束扩展。受害严重的豆荚扭曲，呈畸形而不结实。受害较轻的豆荚仍能结实。籽粒受害的程度随豆荚受害的程度而定。轻病粒的饱满程度和色泽基本正常，仅脐部变褐，并有菌丝层。受害较重的籽粒，脐部周圆也有褐色病斑。受害越重的籽粒变褐范围越大，籽粒越瘦小。茎、叶、荚的受害部位都能产生大量分生孢子，黏结成粉块状，起初略带粉红色，逐渐变为淡黄白色以至白色。老病斑上的孢子堆则呈暗褐色。受病籽粒萌发时，褐色病斑在种皮上迅速扩展，并产生密集的孢子堆（彩图7-7-1，1～4）。

三、病原

大豆羞萎病病原为大豆黏隔孢（*Septogloeum sojae* Yoshii et Nishiz.），属子囊菌无性型黏隔孢属。菌丝在寄主表皮下集结，形成子座结构，淡黄褐色，突破表皮后仍可继续扩展，并可互相联合。分生孢子梗排列紧密，短棒状，无色，单胞，大小为（18～36）μm×（3.6～5.4）μm。分生孢子棒状或长纺锤状，直或稍弯，无色，有1～6个横隔，大小为（20～51）μm×（3～5.9）μm（彩图7-7-1，5～8）。

在新鲜大豆茎叶煎汁、蔗糖、琼脂培养基上，从孢子产生的菌丝体最初黄白色，菌落扩展很慢，但很快不断产生暗酱红色带黏性的孢子堆，形成不规则隆起、凸凹不平的块状菌落。菌落上偶尔有少许灰白色气生菌丝，边缘常有一窄圈埋生菌丝。菌落分泌色素，使培养基变为琥珀色。分生孢子梗和分生孢子均无色，菌丝无色至淡黄褐色，形态与寄主上的相同。

在新鲜大豆茎叶、蔗糖培养液中，主要在表面形成漂浮的菌落，结成一层，也有少量沉底。在表面菌落上产生酱红色黏性孢子堆。孢子梗在菌丝上比较疏散。分生孢子形态正常，常有发芽的。菌落分泌色素，也使培养液变成琥珀色。在固体和液体中培养的老菌丝都能产生厚垣孢子，顶生或间生，单生或链生，起初无色，后变为褐色。

四、病害循环

病菌以分生孢子盘在病残体上越冬，也可以菌丝在种子上越冬，成为翌年的初侵染源。

五、发病条件

1. 重茬 重茬是发病的主要因素。常年连作导致田间病残体积累过多，为该病的发生提供了充足的菌源，遇到适合的气候条件即引起发病。

2. 特殊的气候条件 大豆生长时前期干旱少雨，后期低温多雨，造成大豆苗小、苗弱，长势不好，抗病能力不强。

3. 施肥不合理 氮肥施用过多，生长过嫩的地块发病较重。另外，钾肥施用量不足亦导致抗病力下降。

4. 地势低洼、排水不良 长期浸泡在水中的大豆植株生长发育不良，易感病。

5. 除草剂使用不当 春季使用封闭除草剂，在低温、多雨等不良环境下，农民担心药效发挥不好，所以均超量使用，从而导致大豆苗受药害严重，生长发育受阻，苗势弱，抗病能力下降，易感病。

六、防治技术

根据“预防为主、综合防治”的植保方针，采取农业防治与化学防治相结合的方法。

（一）农业防治

1. 建立无病留种田，选用无病种子 对种子要严格检疫，严禁随意调运种子，防止病害随种子传播蔓延。

2. 合理轮作 与小麦、玉米等禾本科作物实行3年以上轮作。

3. 清除病残体 收获后清除田间病株残体，集中烧毁或沤肥；秋季深翻灭茬、晒土，促使病残体分解，减少菌源。

4. 及时排水 开好排水沟，降低地下水位，达到雨停无积水；大雨过后及时清理沟系，防止湿气滞留，降低田间湿度。

5. 合理施肥，培育壮苗 避免偏施氮肥，增施磷、钾肥，提高抗病力。

（二）化学防治

1. 种子处理 用2.5%咯菌腈悬浮种衣剂+35%多·克·福种衣剂拌种，既预防种子带菌，也预防苗期害虫。或选用70%多·福合剂、40%拌种双或50%苯菌灵可湿性粉剂拌种。

2. 在苗期和发病初期喷药防治 苗期可选用30%戊唑·多菌灵悬浮剂、45%咪鲜胺水乳剂、10%

苯醚甲环唑水分散粒剂、40%氟硅唑乳油、50%甲基硫菌灵悬浮剂预防，发病初期可喷上述药剂进行治疗。

文景芝（东北农业大学农学院）

第8节 大豆炭疽病

一、分布与危害

大豆炭疽病是世界上大豆产区的重要病害之一，在我国东北、华北、华东、西北和华南各大豆产区均普遍发生，一般南方重于北方。冷凉地区发病较轻，热带和亚热带地区发病较重，主要侵害豆荚、豆秆和幼苗，造成幼苗死亡，茎秆枯死，豆荚干枯不结粒，可减产16%～26%，严重时减产50%以上。

二、症状

大豆炭疽病从苗期至成熟期均可发病，子叶、叶片、叶柄、茎秆、豆荚及种子皆可受害。

1. 子叶 子叶上出现红褐色至黑褐色病斑，边缘略浅，病斑扩展后常出现开裂或凹陷，气候潮湿时，子叶变水渍状，很快萎蔫、脱落。病斑可从子叶扩展到幼茎上，致病部以上枯死。

2. 叶片 叶上发病，病斑不规则形，边缘深褐色，内部浅褐色，病斑上生粗糙的刺毛状黑点，即病菌的分生孢子盘（彩图7-8-1左）。

3. 叶柄 叶柄发病，病斑褐色，不规则形。

4. 茎秆 茎秆发病，初生红褐色病斑，渐变褐色，最后变灰色，不规则形，其上密布呈不规则排列的黑色小点，常包围整个茎。

5. 豆荚 豆荚上的病斑呈近圆形或不规则形，边缘常隆起，中央部凹陷，潮湿时各患部斑面上出现轮纹状排列的朱红色小点或小黑点，病荚不能正常发育，种子发霉，暗褐色并皱缩或不能结实（彩图7-8-1右）。

6. 种子 带病种子发病，大部分于出苗前即死于土中。

三、病原

引起大豆炭疽病的最常见的病原是平头炭疽菌［*Colletotrichum truncatum*（Schwein.）Andrus et Moore］，属子囊菌无性型炭疽菌属；有性型为围小丛壳［*Glomerella cingulata*（Stonem.）Spauld. et von Schrenk］，属子囊菌门小丛壳属。

子囊壳球形，聚生，直径180～340μm。子囊长圆形，大小为（30～106）μm×（7～13.5）μm。子囊孢子无色，单胞，周生黑色刚毛。分生孢子梗无色。分生孢子弯月形，无色，单胞，大小为（16～25）μm×（3.7～4.5）μm。发育适温为25～28℃，高于34℃或低于14℃均不能发育。分生孢子萌发适温为20～29℃，最适pH 7～9。

其他可能的病原菌包括：菜豆炭疽菌［*C. lindemuthianum*（Sacc. et Magnus）Briosi et Cav.］，有性型：菜豆小丛壳（*G. lindemuthiana* Shear）；毁灭炭疽菌（*C. destructivum* O'Gara），有性型：大豆小丛壳（*G. glycines* Lehm. et Wolf）；胶孢炭疽菌［*C. gloeosporioides*（Penz.）Penz. et Sacc.］，有性型：围小丛壳［*G. cingulata*（Stonem.）Spauld. et von Schrenk］；禾生炭疽菌［*C. graminicola*（Ces.）Wilson］，有性型：禾生小丛壳（*G. graminicola* Politis）；黑线炭疽菌［*C. dematium*（Pers.：Fr.）Grove］。

四、发病规律

病菌以菌丝体和分生孢子盘在病茎秆或种子上越冬，成为翌年的初侵染源。分生孢子借风雨进行初侵染和再侵染。发病适温25～28℃，病菌在12以下或35℃以上不能发育。生产上苗期低温或土壤过分干燥，大豆发芽出土时间延迟，容易造成幼苗发病。生长后期高温多雨的年份发病重。植株浓绿，田间郁闭，通风透光差，田间湿度大，有利于病菌繁殖侵染，发病较重。连作田发病重。

五、防治技术

(一) 农业防治

1. 选用优良种子 选用抗病品种或无病种子，并进行种子消毒，保证种子不带病菌。

2. 减少菌源 收获后及时清除田间病株残体或实行土地深翻，减少菌源。

3. 加强栽培管理 合理施肥，避免施氮肥过多，提高植株抗病力。加强田间管理，及时深耕及中耕培土。雨后及时排除积水，防止湿气滞留。

4. 实行轮作 提倡实行3年以上轮作，与禾本科作物轮作，可减轻病害。

(二) 化学防治

播种前用50%多菌灵可湿性粉剂或50%异菌脲可湿性粉剂，按种子重量0.4%的用量拌种，拌后闷3～4h。也可用种子重量0.5%的50%异菌脲可湿性粉剂拌种。

在大豆开花期及时喷洒药剂，保护种荚不受害。可选用50%甲基硫菌灵可湿性粉剂600倍液、50%多菌灵可湿性粉剂600倍液、80%炭疽福美可湿性粉剂800倍液、70%代森锰锌可湿性粉剂500～600倍液、25%溴菌腈可湿性粉剂500倍液、47%春雷·王铜可湿性粉剂600倍液等喷雾防治。

王源超（南京农业大学植物保护学院）

第9节　大豆立枯病

一、学名与分布

大豆立枯病俗称死棵病、猝倒病、黑根病，分布于我国东北、华北和南方少数省份。

二、症状

幼苗被害严重时，茎基部变褐细缩，折倒枯死；幼株被害严重时，植株变黄，生长迟缓，植株矮小，靠地面茎基部红褐色，皮层开裂，呈溃疡状（彩图7-9-1）。

三、病原

大豆立枯病病原为立枯丝核菌（*Rhizoctonia solani* Kühn）AG-4和AG1-IB菌丝融合群，有性型为瓜亡革菌［*Thanatephorus cucumeris*（Frank）Donk］，属担子菌门真菌。立枯丝核菌菌丝体发达，具分枝，无隔膜，菌丝宽3～7μm；游动孢子囊顶生，膨大成不规则的姜瓣状，萌发后形成球状泡囊，泡囊内含游动孢子8～29个，游动孢子肾形，双鞭毛，休止时呈球状，大小为11～12μm；藏卵器顶生，球状，无色，大小为18～36μm，雄器同丝或异丝生，近椭圆形；卵孢子球形，光滑，不满器，浅黄色，直径17～28μm。

四、病害循环

立枯丝核菌主要营寄生生活，但在土壤中有很强的腐生生活能力，菌丝可在土中自由扩展，并随水扩散。当外界条件不利于菌丝生长时，菌丝体可形成菌核，菌核细胞可多次萌发，迅速繁殖。菌核的存活期长，在土壤中可存活几个月至几年。大豆立枯病的初侵染源主要来自土壤、农作物的病残体和肥料等，病菌以菌丝体或菌核在病株残体或土壤中腐生越冬。翌年，病菌在萌动的幼苗根部分泌物的刺激下开始萌发，直接侵入或从自然孔口及伤口侵入寄主，侵入的菌丝在苗上扩展很快，侵入十几个小时就出现症状，2～3d后即可造成死苗。

五、发病条件

病菌以菌丝体或菌核在土壤中或病残体中越冬，可在土壤中腐生2～3年。通过雨水、喷淋、带菌有机肥及农具等传播。病菌发育适温20～24℃。连作发病重，轮作发病轻。因病菌在土壤中连年积累增加了菌量，种子质量差则发病重。凡发霉变质的种子一定发病重，立枯病的病原可由种子传播，并与种子发芽势降低、抗病性衰退有关。播种愈早，幼苗田间生长时期长发病愈重。用病残株沤肥未经腐熟，能传播病害，发病重。地下害虫多、土质瘠薄、缺肥和大豆长势差的田块发病重。

六、发病特点

大豆立枯病是由立枯丝核菌侵染引起的。该病为土壤习居菌引起的土传病害，病菌直接侵入大豆初生根系或次生根系，或由伤口侵入。苗期遇低温和雨水大时易于发病。地势低洼、排水不良或土壤黏重的地块发病重。重茬地和高粱茬地发病重。

七、防治技术

大豆立枯病的防治以农业防治和药剂防治为主，使用无病种子和较抗（耐）病品种，在加强栽培管理，提高植株抗性的基础上，采用生长期喷药保护为重点的综合防治方法。药剂拌种，用种子量0.3%的40%甲基立枯磷乳油或50%福美双可湿性粉剂拌种。实行轮作，与禾本科作物轮作3年。选用排水良好的高燥地块种植大豆。低洼地采用垄作或高畦深沟种植，合理密植，防止地表湿度过大，雨后及时排水。浇水要根据土壤湿度和气温确定。

王源超（南京农业大学植物保护学院）

第10节 大豆根结线虫病

一、分布与危害

根结线虫属全世界已报道的有80余种，分布广、为害大，是很多蔬菜和大田作物的重要病害，也能为害大豆。据报道，在国外侵染大豆的根结线虫有南方根结线虫（*Meloidogyne incognita*）、爪哇根结线虫（*M. javanica*）、花生根结线虫（*M. arenaria*）、保鲁根结线虫（*M. bauruensis*）、无饰根结线虫（*M. inornata*）和纳西根结线虫（*M. nassi*）。大豆根结线虫病在国外分布于各大豆产区，在国内黄淮海大豆产区发生普遍，分布于河南、山东、江苏、安徽、四川、浙江、广东和北京等地，2012年在海南三亚的大豆育种基地也发现了该病害。在福建、湖北等南方大豆种植区也较为普遍，尤以沿海、沿江、滨湖的沙壤土中最为严重。大豆株发病率一般为20%～50%，个别严重的达100%。

二、症状

根结线虫为害大豆植株根部。被线虫侵染的根组织受刺激增生膨大，成为不规则形或串珠状根结，根结的形状和大小不一，表面粗糙，因不同种群侵染而略有差异（彩图7-10-1）。一般情况下，北方根结线虫造成的根结较小，而南方根结线虫、爪哇根结线虫和花生根结线虫造成的根结则较大或稍大，但大量形成根结时均造成根系过度分杈、纤细。受害植株地上部生长发育不良，植株矮小，叶片萎黄，底部叶片焦灼，早期脱落，严重时植株萎蔫枯死。拔出根部则见根结处伴生许多侧根，使整个根系形成乱发状的根结团，检视膨大的根端，可见乳白色的球形或苹果形雌虫及雌虫尾部的卵囊。

三、病原

大豆根结线虫病病原为根结线虫属（*Meloidogyne*）中几个不同种。国内目前鉴定到的侵染大豆的根结线虫为南方根结线虫［*M. incognita*（Kofoid & White）Chitwood］和北方根结线虫（*M. hapla* Chitwood），国外报道引起大豆根结线虫病的病原有南方根结线虫、花生根结线虫、北方根结线虫和爪哇根结线虫等。

根结线虫雌雄异型；卵呈长椭圆形或卵形，无色，较胞囊线虫的卵大，大小为（30～60）μm×（75～113）μm；第一龄幼虫在卵内发育，第二龄幼虫在卵内蜕皮后孵出卵壳，进入土壤中，成为线形的侵染性幼虫，在土壤里寻找寄主，从近根尖处侵入寄主的根组织里，第三龄幼虫虫体渐膨大，呈袋囊状或豆荚形，虫体经4龄发育阶段可分出雌、雄，成熟雌虫一般为梨形或苹果形，雄虫为细长线形；雌成虫阴门位于体末，阴门周围角质层体表环纹会形成特异性花纹，具有较明显的鉴别特征，称之为会阴花纹，会阴花纹和口针形态是区别不同种类线虫的重要形态特征。雌成虫性成熟后产卵，卵立即孵化，1年可发生数代。

南方根结线虫雌虫会阴花纹特征是背弓纹高而平，北方根结线虫雌虫的会阴花纹背弓纹平或圆，线纹细、平滑而连续，中心区无纹，肛后区有刻点，侧线常不明显，有时在尾端一侧或两侧沿侧线位置向外形成“翼”。花生根结线虫典型的会阴花纹全貌呈不平滑近圆形，背弓纹低，侧线不明显或可见，背、腹纹在侧线处相接成角，在近侧线处往往有不规则排列的短线纹，有时在肛后两侧形成“翼”。爪哇根结线虫雌虫会阴花纹图形圆，背弓中等高度，主要特征为双侧线从肛门上方向两侧斜下延伸，呈明显的“八”字形，将背区与腹区分开。

四、病害循环

大豆根结线虫以卵在土壤内越冬，带线虫土壤是主要初次侵染源。翌春当地温回升至 11.3℃时，卵陆续发育为一龄幼虫，地温平均达 12℃以上时，一龄幼虫蜕皮发育成二龄幼虫，进入土内活动，寻至近根尖处（称为侵染性二龄幼虫）侵染大豆根部。在根尖处侵入寄主，头部在维管束的筛管附近寻找适宜细胞固着定殖，刺激 3～5 个细胞分裂膨大形成多核的巨细胞，巨细胞成为幼虫吸取寄主营养的代谢库，供幼虫生长发育，受害部位增粗，虫体也膨大，幼虫蜕皮形成豆荚形三龄幼虫及葫芦形四龄幼虫，经最后一次蜕皮性成熟成为梨形雌成虫，阴门露出根结外排出胶黏液，产卵于其中，遇空气后凝结形成卵囊团，随根结逸散入土中或黏附在操作工具上传播。1 条雌虫产卵 300～600 粒不等，条件适宜时可多达 2 000 粒。一个根结内至少有一个雌虫，多者 5 个。卵的孵化和幼虫的发育与温度有关，温度高、发育快，在一年内完成世代数多。4 个常见种的雄虫，在第四次蜕皮后，又恢复为线形，钻出根结，交配以后不久即死去，有的认为雄虫与生殖无关。

根结线虫在土壤内水平移动速度很慢，在田间传播是通过农机具、人、畜作业的携带，以及随土粒和径流水传播。

五、发病条件

大豆根结线虫病的发生与土壤内线虫含量、土壤温湿度的高低有很大关系。根结线虫在土壤内垂直分布深度可达 80cm，但其中 80%以上的幼虫分布在 0～40cm 的土层内，又以 0～30cm 的耕层内最多。土壤内的线虫大量集中在大豆根分布区，使大豆根更多地遭受线虫侵染而受害严重。根结线虫在土壤内的存活期很长，因此，连作大豆的土壤内，逐年积累的线虫量大、初次侵染来源多且病害重。

根结线虫产卵的最适温度为 25～32℃，15～16℃时产卵量很少，而 20～24℃时产卵量有显著增加，32.6℃时北方根结线虫产卵量反而减少，产卵的临界温度为 33.6℃。卵孵化受温度的影响很大，温度在 12～27℃时，北方根结线虫卵孵化率随温度升高而增加，27℃下孵化率最高。

根结线虫卵孵化还与土壤酸碱度有关，pH 为 7 最适于南方根结线虫卵孵化，孵化的最低 pH 为 3，pH 为 2 则卵不能孵化，pH 为 7 以上卵孵化率下降，pH 为 10.5 时卵的孵化率很低。

根结线虫适应于偏酸到中性的土壤条件。沙质土壤和土壤瘠薄会促进根结线虫病的发生。

根结线虫的为害除引致植物形态学和生理学的变化，直接影响其生长和产量外，同时还影响土壤微生物和动物区系的互作，如固氮作用即被影响；国外盆栽试验抗病大豆在接种后 75d 固氮量比对照多，而在接种后 50d 和 100d 却均较对照少；感病品种在接种后 50d 固氮作用比对照强，此后直至 135d 试验结束，固氮作用均比对照弱。用尖镰孢（*Fusarium oxysporum*）或腐皮镰孢（*F. solani*）与南方根结线虫混合处理，比单独处理的大豆产量都高。大豆胞囊线虫也存在着和南方根结线虫相似的关系。某些微生物的存在，使线虫所引起的为害比单独存在线虫时小。

六、防治技术

根结线虫为难以防控的一类土传线虫，既有广泛的寄主范围，又存在复杂的致病线虫群体，可同时存在两个或两个以上的种或生理小种，混合为害，因此，制定理想的防治策略要搞清当地的种及小种，以及合理地综合应用几种主要防治措施加以防控。

（一）轮作

必须明确地鉴定田间根结线虫的种类，从而利用非寄主植物进行轮作才能行之有效。如玉米和棉花是南方根结线虫的良好寄主，若与大豆轮作，则不会降低土壤中南方根结线虫的群体数量，应尽量不采用，而花生不是其寄主，则可以利用。禾本科作物不是北方根结线虫的寄主，在北方根结线虫为害区，可与禾本科作物轮作，花生、豆类、马铃薯及三叶草则是北方根结线虫的良好寄主，不能与这些作物轮作。

与非寄主植物轮作的年限要长于种植感病品种的年限，一般 3～5 年的轮作年限，才可提高防治效果，控制根结线虫群体量，使之处于经济阈值之下。

（二）应用抗病品种

国外最早研究大豆对南方根结线虫的抗性，曾选出许多抗病品种，有些品种抗花生根结线虫或爪哇根结线虫，有的有兼抗作用，应用抗病品种能达到使用药剂防治的水平。但是抗性会发生变化，尤其南方根结线虫存在地理种、小种，可因品种抗性改变而发生相应的变化。此外环境也会使根结线虫的为害程度有所改变。所以在一个地区不宜连续或长期使用同一抗病品种。

（三）其他特殊防治方法及药剂防治

1. 淤灌 在水源丰富和土地平整的地方，通过对地表10cm或更深的深度淤灌几个月来防治根结线虫有时也可行。淤灌可能是通过溺水遏制了根结线虫的卵孵化和幼虫的侵染，同时也阻止了线虫的发育侵染和繁殖，淤灌时幼虫可以存活下来，但是不能完成侵染。

2. 干燥 在某些气候条件下，可在干燥季节每隔2～4周耕1次土壤，减少田间根结线虫的虫口密度。这样使卵和幼虫处于干燥状态下，许多暴露在土壤表层的被太阳热力和紫外线杀死，可有效地使后茬感病作物显著增产。

3. 增施粪肥 土壤肥力差，植株生长不良，导致病害加重。适当增施粪肥既可促进植株生长，又可提高植株抗性和组织愈伤能力，对减轻为害具有很好的效果。

4. 化学防治 最早多应用熏蒸剂，属于预防性土壤消毒剂，效果较好，但不能在寄主生长期使用，而且局限在设施栽培条件下使用。如溴甲烷和棉隆等熏蒸剂必须在施用方法及土壤条件上严格规范化，使药剂达到适当的分布深度（地表面下净深20cm处）并要立即密闭一定时限（半个月左右），以防药效流失。20世纪80年代以来治疗型药剂涕灭威每667m^2 150g（有效成分），克百威每667m^2 250～300g（有效成分），及硫环磷等均有明显的防治效果，并兼治其他土内害虫，有的还有利于大豆生长；突出的作用是在播种时，将药剂施于播种沟底，可控制种苗期第一代线虫的初侵染，有效地保护主根，其防治效果表现在后期显著保产、增产，效益较高。但目前溴甲烷、涕灭威、克百威、硫环磷等化学杀线剂因破坏大气臭氧层和高毒高残留等问题而陆续被限制使用，有效药剂越来越少。

因此，对于根结线虫的防控要提倡可持续治理的观点，根据当地线虫病的为害程度和种（小种），及当地的设施、技术条件、经济实力等综合考虑，选用适合的综合防治措施，多应用抗病品种、轮作和生物防治等综合措施把线虫病害控制在经济阈值之下。

陈立杰（沈阳农业大学）

第11节 大豆霜霉病

一、分布与危害

大豆霜霉病分布于我国各大豆产区，1921年首先发现于东北地区，以东北和华北发生较普遍，大豆生育期气候凉爽的地区发病较重，多雨年份病情加重。国外普遍分布于世界各大豆产区。种子发病率10%～50%，百粒重减轻4%～16%，重者可达30%左右。病种发芽率下降10%以上，含油量减少0.6%～1.7%，出油率降低2.7%～7.6%。由于大豆霜霉病的侵害，病叶早落，大豆产量和品质下降，可减产6%～15%。寄主植物除大豆外，还有野生大豆。

二、症状

大豆霜霉病侵害大豆幼苗、叶片、荚和籽粒。最明显的症状是叶片正面是褪绿斑而叶背产生霜霉状物。种子带菌经系统侵染引起幼苗发病，但子叶不表现症状，当幼苗第一对真叶展开后，沿叶脉两侧出现淡黄色的褪绿病斑，后扩大至半个叶片，有时整叶发病变黄，天气多雨潮湿时，叶背密生灰白色霉层（彩图7-11-1）。成株期叶片表面产生圆形或不规则形，边缘不清晰的黄绿色斑点，后变褐色。病斑常会合成大的斑块，病叶干枯死亡。豆荚表面常无明显症状，剥开豆荚，内壁有灰白色霉层，重病荚的荚内壁有一层灰黄色的粉状物，即病菌的卵孢子。病荚所结种子的表面无光泽，并在部分种皮或全部种皮上附着一层黄白色或灰白色菌层，为病菌的卵孢子和菌丝体。

三、病原

大豆霜霉病病原为东北霜霉菌［*Peronospora manshurica*（Naumov.）P. Sydow］，属卵菌门霜霉属。病菌无性阶段产生孢子囊，有性阶段产生卵孢子。孢囊梗自气孔伸出，无色（在叶片上呈灰色或淡紫色），单生或数枝束生，呈树枝状，大小为（240～424）μm×（6～10）μm；顶部作数次叉状分枝，主枝呈对称状，弯或微弯，小枝呈直角或锐角，最末的小梗顶端尖细，其上着生 1 个孢子囊。孢子囊椭圆形或倒卵形，少数球形，无色或略带淡褐色，单胞，表面光滑，多数无乳头状突起，大小为（14～26）μm×（14～20）μm。卵孢子黄褐色，近球形，厚壁，表面光滑，内含 1 个卵球，藏卵器不正形（图 7 - 11 - 1）。大豆霜霉病菌生理分化明显，已报道有 26 个生理小种。日温 20～30℃适宜于病斑发展，温度低于 10℃，高于 30℃时，则不能形成孢子。

四、病害循环

大豆霜霉病菌以卵孢子附着在病籽粒上和在病组织中越冬，成为第二年的初侵染菌源，以在种子上越冬的卵孢子为主。每年 6 月中、下旬开始发病，7～8 月是发病盛期。病籽粒上附着的卵孢子越冬后萌发产生游动孢子，侵染大豆幼苗的胚茎，菌丝随大豆的生长上升，而后蔓延到真叶及腋芽，形成系统侵染。幼苗被害率与温度有关，附着在种子上的卵孢子在 13℃以下可造成 40%幼苗发病，而温度在 18℃以上便不能侵染。病苗叶片上产生大量孢子囊，随风雨、气流散播，孢子萌发后产生芽管，再侵入寄主，在细胞间隙蔓延，再形成孢囊梗和孢子囊，从而进行多次再侵染。

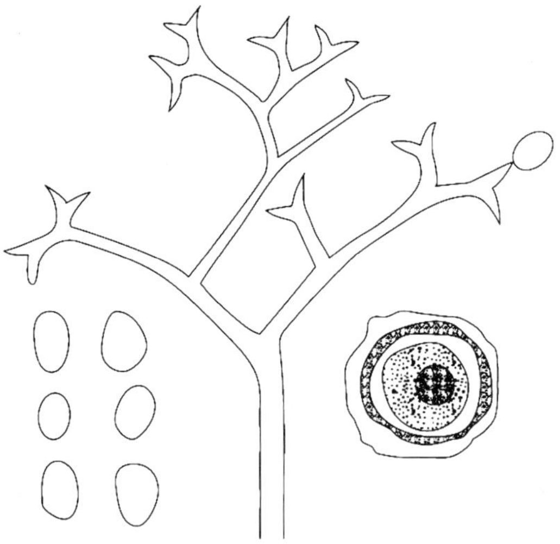

图 7 - 11 - 1　东北霜霉菌孢囊梗、孢子囊和卵孢子形态（朱晓峰绘）

Figure 7 - 11 - 1　Zoosporangiophore, zoosporangium and oospore of *Peronospora manschurica* (by Zhu Xiaofeng)

五、流行规律

大豆霜霉病的发生、流行与气候条件、品种抗病性以及菌源的多少有关，其中气候条件是影响流行的主要因素，以雨量和温度最为主要。东北、华北地区多雨年份发病严重。

（一）菌源量

种子带菌量的多少、田间越冬菌源的多少及空中孢子的数量都影响着病害的流行。种子带菌率高不仅苗期病重，也为成株期发病提供大量菌源，引起严重发病；大豆田连作，田间越冬菌源量大，霜霉病重；空中孢子的数量出现高峰期后 10d 左右，田间出现发病高峰。

（二）品种抗病性

不同品种之间抗病性存在着显著差异。例如在吉林推广的品种中，在相同的环境条件下，籽粒罹病率以小金黄 1 号和集体 4 号最高，为 11%～12.5%；黑铁荚和集体 5 号次之，为 6.4%～8.2%；早丰 5 号和白花锉最低，为 0.2%～2.4%。田间病株率以小金黄 1 号最高，为 33%；九农 5 号和九农 6 号次之，为 20%；九农 2 号最低，为 11%。因而各地发病轻重同品种布局有一定关系。大面积种植感病品种，环境适合，短时间内病害即可蔓延到全田。

（三）气候条件

由于较低的温度（晚上 10℃，午间 24℃）和较高的湿度有利于病菌孢子囊的形成萌发和菌丝体生长，所以在大豆生长季节气候冷凉高湿有利于此病的发生流行；高温干旱则不利于发病。在黑龙江，6 月大豆处于幼苗阶段，如气温偏低（13℃以下）、多雨，苗期往往发病重；如气温偏高（18℃以上）、干旱，则苗期发病轻。在东北和华北地区，7～8 月正值大豆成株期，月平均气温处于发病适温（20～24℃）范围内，病害的发生流行主要取决于此时的降雨情况，如雨水较多，特别是持续阴雨，最易造成病害流行。反之，遇上干旱低湿，发病就轻。在长江流域和江南地区，7～8 月月平均气温一般在 26℃以上，往往又是旱季，故发病较轻，进入 9 月之后，气温虽已下降，但大豆已转入生育后期，此时发病对产量影响较小。

六、防治技术

（一）选育和推广抗病品种

现已知较抗病的品种有早丰 5 号、白花锉、九农 9 号、九农 2 号、丰收 2 号、丰地黄、合交 1 号、牧师 1 号、东农 6 号、东农 36、哈 75 - 5048、合丰 25、黑农 21、郑长叶豆（18）、吉林 21 等。尤其是绥农 4 号、绥农 6 号、绥 76 - 5187、绥 78 - 5035、绥 79 - 5345、抗霉 1 号等品系对霜霉病表现免疫。因此推广抗病高产新品种是防治霜霉病的重要措施。同时要积极开展抗病资源和病菌生理小种的鉴定。应注意病菌的生理小种变异问题，根据优势小种调整大豆品种的抗性基因布局。

（二）种子处理

在无病田或轻病田留种的基础上，播前要注意精选种子，并进行药剂拌种。可用种子量 0.1%～0.3%的 35%甲霜灵（瑞毒霉）拌种剂、80%三乙膦酸铝（克霉灵、乙膦铝）拌种，防治效果均可达到 100%。也可用 50%多菌灵可湿性粉剂和 50%多·福合剂拌种，用量为种子重量的 0.7%。如需同时拌根瘤菌的，为避免药剂直接与根瘤菌接触，可把根瘤菌拌在有机肥料或泥粉中，然后施入垄内作基肥用。

（三）实行轮作

进行 2 年以上的轮作，大豆收获后，进行秋季深翻，清除田间病叶残株，以减少初次侵染菌源。

（四）加强田间管理

增施磷、钾肥，增加中耕次数，促进植株生长健壮，提高抗病力。

（五）药剂防治

在发病初期落花后，用 75%百菌清可湿性粉剂 700～800 倍液、瑞毒霉锌（25%甲霜灵与 80%代森锌可湿性粉剂按 1∶2 混合）500 倍液，也可用 50%福美双可湿性粉剂、65%代森锌可湿性粉剂和 50%退菌特可湿性粉剂等，使用浓度 500～1 000 倍液。每 667m^2 用药液 75L 左右。每 15d 喷 1 次，连喷 2～3 次。

陈立杰（沈阳农业大学）

第 12 节 大豆锈病

一、分布与危害

大豆锈病目前已在全世界各大洲的 39 个国家和地区有报道。我国先后在台湾、河北、四川、西藏、吉林、陕西、江西、福建、湖南、黑龙江、辽宁、湖北、广西、广东、贵州、云南、江苏、浙江、安徽、山东、甘肃、海南、河南以及山西等 24 个省份发现了该病。其中东北三省以及河北偶有报道，发生很少。据不完全统计，我国大豆锈病主要在南方大豆种植区发生和为害严重。大豆锈病病原菌的寄主广达 53 个属的 150 种豆科植物，目前已知的天然寄主至少有 31 种，分别属于 17 属，其中 12 属的 21 种植物分布在我国。大豆属为大豆锈病菌最理想的寄主，其他常见的寄主还包括落花生属（*Arachis*）、木豆属（*Cajanus*）、刀豆属（*Canavalia*）、小冠花属（*Coronilla*）、猪屎豆属（*Crotalaria*）、山蚂蝗属（*Desmodium*）、镰扁豆属（*Dolichos*）、毛辨花属（*Elilsema*）、刺桐属（*Erythrina*）、羽扇豆属（*Lupinus*）、大翼豆属（*Macroptilium*）、黧豆属（*Mucuna*）、豆薯属（*Pachyrhizus*）、菜豆属（*Phaseolus*）、豌豆属（*Pisum*）、四棱豆属（*Psophocarpus*）、葛属（*Pueraria*）、钩豆属（*Teramnus*）、野豌豆属（*Vicia*）和豇豆属（*Vigna*）植物等。

二、症状

大豆锈病主要侵染叶片、叶柄和茎，在发病初期，大豆叶片出现黄褐色小点，以后病菌侵入叶组织，形成夏孢子堆，叶片出现褐色小斑，夏孢子堆成熟时，病斑隆起，呈红褐色、紫褐色及黑褐色，表皮破裂后散发出棕褐色粉末，即夏孢子。在温湿度适于发病时，夏孢子可多次再侵染，叶片两面均可发病（彩图 7 - 12 - 1）。在发病后期病斑上形成黑褐色稍隆起的疱斑，即冬孢子堆，内聚生冬孢子，冬孢子堆表皮不破裂，不产生孢子粉。受侵染叶片变黄枯焦脱落，严重者影响到全株，形成瘪荚，豆粒不饱满。大豆整个生育期内均能被侵染，开花期到鼓粒期更容易感染，叶柄和茎上的病斑与叶片相似。根据大豆锈病病斑在大豆品种上的反应型分为 3 种类型，即 0 型（免疫或接近免疫）、Tan 型（14d 后病斑呈棕色，大小为 0.4mm^2，每个病斑产生 2～5 个夏孢子堆，病斑发展快，此类型属感病反应型）、RB 型（14d 后病斑呈红棕色，大小为 0.4mm^2，每个病斑产生 0～2 个夏孢子堆，病斑发展慢，此类型属抗病反应型）。

三、病原

大豆锈病病原为豆薯层锈菌（*Phakopsora pachyrhizi* Sydow et P. Sydow）或山蚂蝗层锈菌（*P. meibomiae*），属担子菌门层锈菌属。豆薯层锈菌发生范围比较广，可引起严重的产量损失，山蚂蝗层锈菌目前只在美洲有报道，对大豆产量影响不大。两种病原菌在症状上无法区分，但在 ITS 区有较大的差别。在自然条件下，只发现病原菌夏孢子和冬孢子阶段，夏孢子是寄主的传染源，冬孢子存在于寄主叶片上。夏孢子堆呈圆形、卵圆形或椭圆形，生于叶的下表皮层，稍隆起，淡红褐色；夏孢子淡黄褐色，近球形，卵形或椭圆形，单胞，表面密生细刺，具 4～5 个不明显的萌芽孔，大小为（22.4～35.2）μm×（14.4～25.6）μm。冬孢子堆埋生于寄主组织内，由 2～4 层冬孢子栅状排列组成，散生或聚生，冬孢子淡黄褐色至黑褐色，长椭圆形或长柱状，表面光滑，膜厚，大小为（13～25）μm×（8～12）μm（图 7-12-1）。

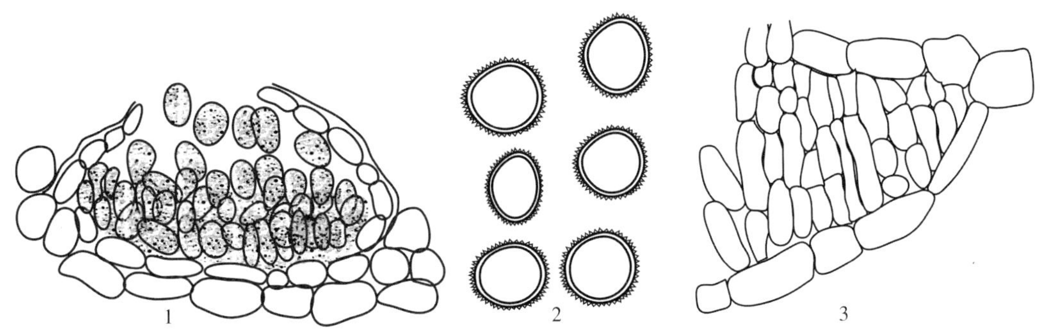

图 7-12-1　豆薯层锈菌（仿白金铠，1987）

Figure 7-12-1　*Phakopsora pachyrhizi*（from Bai Jinkai，1987）

1. 夏孢子堆　2. 夏孢子　3. 冬孢子堆

四、病害循环

大豆锈病菌性孢子器及锈孢子器阶段不明。目前仅发现夏孢子及冬孢子。尽管有在实验室条件下诱发冬孢子萌发形成担子或担孢子的报道，但是担孢子的作用还不明确。夏孢子可在大豆上越冬、越夏，侵染大豆后，进行多次再侵染，并可通过气流传播至各地。凡雨量、雨日多的高湿年份有利于大豆锈病流行。在南方大豆产区秋大豆播种越早，发病越重。

五、流行规律

大豆锈病的流行是由病菌的多重侵染特性和夏孢子巨大的繁殖能力决定的，夏孢子 10～14d 便可完成一个侵染循环，一个夏孢子堆成熟后可释放出成千上万个夏孢子。因此适合夏孢子生长萌发和侵染的环境条件，如温度、降水量和雨日数是造成流行的主要因素。当日平均气温在 15～26℃时，夏孢子开始萌发并繁殖，日平均气温低于 15℃或高于 27℃均不利于夏孢子的萌发和侵染。雨量和降雨日数是影响内陆或平原地区大豆锈病发生的主要因素，当雨季推迟或雨量减少时，锈病的发生会随之推迟并减弱，当雨季提前或阴雨连绵时，锈病的发生则相应提前。长时间的雾、露天气也有利于夏孢子的侵染和繁殖，有研究表明，在 20℃时与露水接触 1.5h 夏孢子即可萌发，我国福建、浙江、广西和云南等沿海和山区大豆锈病的流行均与这些地区常年的雾、露天气密切相关。美洲的大豆锈病流行地区也多集中在雾、露多发的地区。海拔高度也与大豆锈病的发展有关，通常山区比平原地区严重，海拔 600m 以下，大豆锈病严重度与海拔呈正相关，海拔 600m 以上，大豆锈病普遍比较严重，在巴西，同样也观察到海拔 800m 以上，大豆锈病普遍发生比较严重。

大豆在整个生育期均可受到大豆锈病菌侵染，但以花期最为敏感，病菌侵染速率与植株生育期呈正相关。田间的病情严重度与地势、排水状况、灌溉方式以及种植密度相关。增加田间湿度的因素如畈田、冲田、排水不畅或漫灌等均可加重病害程度。

通过对各地气象资料与大豆锈病调查情况的分析，谈宇俊等将中国大豆锈病发生区域分为3个区域。重病区、常发病区和偶发病区。①重病区：重病区位于19°～27°N，这个区域内大豆锈病常年发生，通常可造成30%～50%的产量损失，严重时可达50%～70%，甚至100%；②常发病区：主要分布在27°～34°N，如在大豆花期降雨日数超过15d，月降水量达到150mm，大豆锈病的发生即可造成50%～70%的减产，而降水量少的年份锈病几乎不发生；③偶发病区：主要位于34°N以北，这类地区在大豆花期后降雨很少，因此锈病很少发生。在东南亚、美洲以及非洲等大豆锈病多发的地区均集中在雨水较多的区域。

六、防治技术

（一）抗病品种筛选和抗病育种

控制大豆锈病最有效的方法是应用抗（耐）病品种，因此，许多大豆锈病为害严重的国家开展了大豆抗锈病品种筛选和抗锈病育种研究。泰国生产上应用的10个大豆品种多数对大豆锈病是感病的。据1988年南非大豆品种在津巴布韦进行的抗病筛选试验结果显示，所有的品种均感病，仅有津巴布韦的6个品系是抗病的。台湾亚洲蔬菜研究和发展中心提供的15个品系是感病的。2002年巴西在田间自然发病条件下鉴定了452个品种对大豆锈病菌的抗性，有10个品种表现抗病，但2003年在半干旱地区，全部表现为感病，目前的育种目标主要是筛选抗RB型的品种和种质。巴西在出现大豆锈病2年后对501个大豆栽培品种和2 023个品系进行抗性鉴定结果显示，无一个表现抗病。目前已发现与大豆锈病抗性有关的2个标记（Satt12和Satt472），将被用于大豆锈病抗性品系的筛选。我国台湾1965年就开展了抗大豆锈病品种筛选和抗锈病育种研究，20世纪60年代末对从美国引入的大豆种质进行抗性筛选，已经鉴定出PI200492、PI200490和PI200451对大豆锈病具有抗性，可用作抗源。我国谈宇俊等鉴定了8 711份大豆材料，未鉴定出免疫和高抗资源，鉴定出74份中抗材料，单志慧、马占鸿等也相继鉴定出了一些中抗和耐病的品种和材料，如九月黄、中黄2～4号、九丰3号、徐豆1号、苏豆1号、桂豆5号等。最近研究表明，我国有6个生理小种，导致有些抗病品种的抗性丧失，因此，在常年发病区，如果应用抗病品种，要注意抗病基因的合理布局。

近两年对大豆锈病菌抗性基因的鉴定、定位工作也有了很大的进展，目前已知有大豆品种对大豆锈病的抗性多由1对显性基因控制，感病为隐性，由一些抗性基因控制的，有*Rpp1*、*Rpp2*、*Rpp3*、*Rpp4*和*Rpp5*。有*Rpp3*和*Rpp5*两个抗性基因被定位。

（二）农业措施

1. 适当提早播种，避开环境有利于病害发生的季节，缩短播种期，避免种植密度过高，以利于田间喷洒杀菌剂。津巴布韦采取一种“陷阱”方法，即在大豆种植农场选择0.25hm^2的一块大豆田，较其他地块提早1个月播种，出现大豆锈病后也不喷药，大豆开花后每天观察大豆锈病发生情况，一旦出现锈病症状开始喷药。

2. 加强田间管理，开好排水沟，达到雨停无积水；大雨过后及时清理沟系，防止湿气滞留，降低田间湿度，这是防病的重要措施。

3. 采用测土配方施肥技术，适当增施磷、钾肥。培育壮苗，达到“冬壮、早发、早熟”，增强植株抗病力，有利于减轻病害。

（三）药剂防治

田间应用三唑酮可使发病大豆显著增产；氧化萎锈灵或氧化萎锈灵和苯菌灵混用可减轻落叶，但单独使用苯菌灵没有明显作用。生产上常用的还有代森锰锌、氟环唑、环丙唑醇、戊唑醇、嘧菌酯、丙环唑、百菌清、己唑醇和联苯三唑醇等。

段玉玺（沈阳农业大学）

第 13 节 大豆紫斑病

一、分布与危害

大豆紫斑病是目前大豆生产中的重要病害之一，在世界各大豆产区均有分布，大豆紫斑病在我国大豆产区发生普遍，是我国南方大豆产区常见的一种病害，在北方大豆产区也时有发生，在东北大豆产区多次流行。主要分布于我国黑龙江、吉林、辽宁、河北、河南、山西、陕西、湖南、湖北、山东、江苏、浙江、广东、广西和甘肃等地。常于大豆结荚前后发病，导致叶片早落，形成紫斑粒，感病品种的紫斑粒率15%～20%，严重时在50%以上，影响产量及品质，且感病种子发芽率下降，出苗率降低10.5%～52.5%。大豆紫斑病不但使种子活力降低，出苗率下降，而且也影响大豆的品质和产量。

二、症状

大豆紫斑病可侵害大豆叶、茎、荚与种子。以种子上的症状最明显。叶片被侵害后，起初发生圆形紫红色斑点，散生，扩大后变成不规则形或多角形，病斑褐色、暗褐色，边缘紫色，主要沿中脉或侧脉的两则发生。条件适宜时，病斑会合成不规则形大斑；病害严重时叶片发黄，湿度大时叶片正反两面均产生灰色、紫黑色霉状物，以背面为多。侵染茎秆，在发病初期产生红褐色斑点，扩大后病斑形成长条状或梭形，严重的整个茎秆变成黑紫色，上生稀疏的灰黑色霉层。豆荚上的病斑近圆形至不规则形，与健康组织分界不明显，病斑灰黑色，病荚内层生有不规则形紫色斑。荚干燥后变黑色，有紫黑色霉状物。在大豆籽粒上病斑无一定形状，大小不一，多呈紫红色。轻的在种脐周围形成放射状淡紫色斑纹；重的种皮大部变紫色，并且龟裂粗糙。病斑仅对种皮造成危害，不深入内部。籽粒上的病斑除紫色外，还有黑色及褐色两种，发病籽粒干缩，有裂纹（彩图 7-13-1，彩图 7-13-2）。

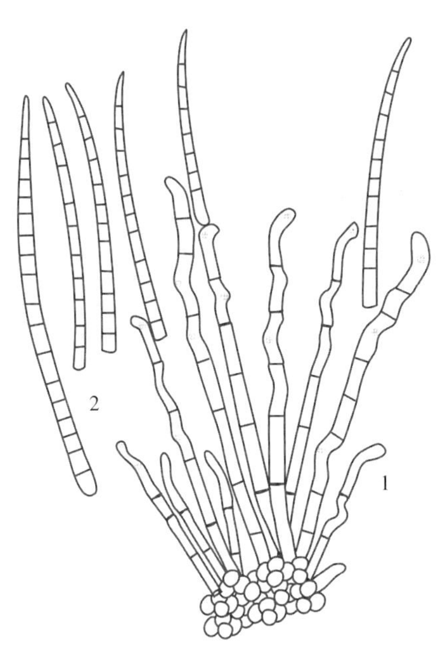

图 7-13-1 菊池尾孢（朱晓峰绘）
Figure 7-13-1 *Cercospora kikuchii* (by Zhu Xiaofeng)
1. 分生孢子梗 2. 分生孢子

三、病原

大豆紫斑病病原为菊池尾孢［*Cercospora kikuchii*（Matsumoto et Tomoyasii）Gardner］属子囊菌无性型尾孢属。病菌产生子座和分生孢子梗。子座小，褐色，直径19～35mm；分生孢子梗束生，有的多至23根，暗褐色，顶端色淡，或上下色泽均匀，多隔膜，0～2个膝状节，孢痕显著，大小为（16～192）μm×（4～6）μm；分生孢子鞭形，无色透明，正直或弯曲，基部截形，顶端略尖，多隔膜可达20个以上，但不明显，大小为（54～189）μm×（3～5.5）μm（图 7-13-1）。大豆紫斑病菌在侵染大豆过程中产生一种非化毒素——尾孢毒素，是重要的致病因子，具有明显的光敏致毒活性。

四、病害循环

大豆紫斑病菌以菌丝体或子座在豆粒或病残体上越冬，成为第二年的初侵染菌源。来年播种的病种及病残体上的菌源侵入幼苗子叶发病，产生大量分生孢子，随气流和雨水传播，成为当年再次侵染的菌源。

五、流行规律

大豆紫斑病菌菌丝生长发育及分生孢子萌发温度为16～33℃，最适温度为28℃，产生分生孢子的适温为23～27℃。大豆生育期内多雨、高温发病重，特别是大豆结荚期高温多雨，对籽粒为害重；低洼地比高岗地发病重；过于密植，通风透光不良地块发病亦重。抗病性差的品种发病率较重。

六、防治技术

（一）选用抗病品种

选用抗病或早熟品种。如铁丰19、徐州424、齐黄26、豫豆24、周豆12、京黄3号、丰收15、文丰15、九农5号、西农69、黑农41、垦农18～30和垦鉴豆37、38、41、42、43等。

（二）精选种子并进行种子消毒

严格粒选，剔除紫斑粒。无紫斑的种子，用种子重量0.3%的50%福美双可湿性粉剂或70%敌磺钠（敌克松）拌种；也可用2.5%咯菌腈悬浮种衣剂，使用浓度为10mL加水150～200mL，混匀后拌种5～10kg，包衣后播种。

（三）轮作

与禾本科或其他非寄主植物进行2年以上的轮作，可减轻发病。

（四）田间管理

注意预防、剔除带病种子，合理密植，避免重茬。培育壮苗，播前精细整地，适时播种。土地深耕深翻，加速病残体的腐烂分解，减少病源；收获后及早清除田间病残株叶，带出田外深埋或烧毁，销毁病株；适时浇水，注意清沟排湿，防止田间湿度过大；要及时防治其他病虫草害。

（五）化学防治

在发病初期，选用50%多·霉威可湿性粉剂1 000倍液、80%代森锰锌可湿性粉剂500～600倍液。每667m^{2}用药液75～100kg，每隔7～10d防治1次，连续防治2～3次。多雨季节，在蕾期到嫩荚期，可喷洒77%氢氧化铜可湿性粉剂500倍液、10%苯醚甲环唑水分散粒剂1 500～2 000倍液，一般每隔10～15d喷1次，喷2～3次，每667m^{2}用药液50kg左右。

陈立杰　朱晓峰（沈阳农业大学）

第14节　大豆灰斑病

一、分布与危害

大豆灰斑病分布很广泛，几乎遍及世界各个大豆栽培区。曾先后在日本、中国、美国、澳大利亚、加拿大、巴西、朝鲜、德国、前苏联等国发现。国内各大豆产区也均有分布，不同的地区和年份发生程度不同，在东北以黑龙江东部三江平原地区（合江、牡丹江、松花江、绥化地区）发生程度较重。大豆灰斑病除侵害叶片、降低光合作用，致使提前落叶造成产量损失外，还严重影响大豆的品质，据黑龙江农业科学院合江农科所分析，灰斑粒中脂肪含量降低2.9%，蛋白质含量降低1.2%，百粒重降低2g左右，而且大豆灰斑病侵害种子形成褐斑粒，严重影响出口，如1985年合江地区3.5亿kg大豆中有2.5亿kg因病粒率高而不能出口，所以大豆灰斑病已对大豆生产特别是黑龙江三江平原地区构成极大威胁，是亟待研究解决的生产课题。大豆灰斑病仅侵害大豆。

二、症状

大豆灰斑病可侵害大豆幼苗子叶、叶片、茎、荚和豆粒。

幼苗子叶上的病斑圆形、半圆形或椭圆形，深褐色，略凹陷。天气干旱时病斑常不扩展；苗期低温多雨，子叶上的病斑迅速扩延至幼苗的生长点，使幼苗顶芽变褐枯死；成株期叶片病斑圆形、椭圆形或不规则形，中央灰色，边缘红褐色，状如薄纸而透明。病斑与健全组织分界明显，呈蛙眼状，故大豆灰斑病又称为“蛙眼病”（彩图7-14-1）。气候潮湿时，病斑背面生有密集的灰色霉层，为病菌的分生孢子及分生孢子梗。病斑刚出现时为红褐色小点，以后逐渐扩大，严重时叶片布满斑点，斑点互相合并，使叶片干枯脱落；茎上病斑圆形或纺锤形，灰色，边缘黑褐色，密布微细黑点，并有不太明显的霉状物；荚上病斑圆形或椭圆形，扩大可呈纺锤形，灰褐色；粒上病斑轻者只产生褐色小斑点，重者病斑圆形或不规则形，灰褐色，边缘暗褐色，中部为灰色，严重时病部表面粗糙，可突出种子表面并生有细小裂纹。

三、病原

大豆灰斑病病原为大豆褐斑钉孢［*Passalora sojina*（Hara）H. D. Shin et U. Braun；异名：*Cercospora sojina* Hara，*Cercosporidium sojinum*（Hara）X. J. Liu et Y. L. Guo］，属子囊菌无性型钉孢属。病菌的分生孢子梗生于病叶正反两面，以背面为多，无子座或子座较小，分生孢子梗 5～12 根丛生，淡褐色，上下色淡均匀，单一或分枝。有时顶端稍狭，正直或具有 1～8 个膝状节，隔膜 0～5 个，顶端近截形至圆形，孢痕显著，梗的大小为（51～128）μm×（5～6）μm。分生孢子初为椭圆形，后为倒棍棒形、圆柱形，无色透明，通常正直，基部近截形至倒圆锥截形，顶端略钝至较圆，隔膜 1～9 个，大小为（19～80）μm×（3.5～8）μm（图 7－14－1）。

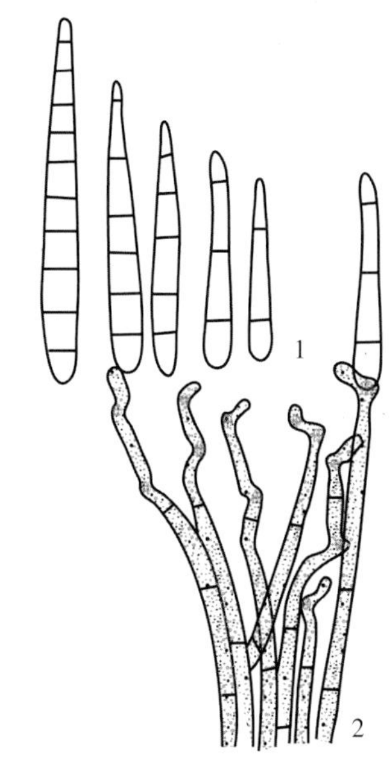

图 7－14－1　大豆褐斑钉孢（朱晓峰绘）
Figure 7－14－1　*Passalora sojina*
(by Zhu Xiaofeng)
1. 分生孢子　2. 分生孢子梗

大豆灰斑病菌有明显的小种分化。美国的 Athow 等用 16 个鉴别品种组成一套鉴别寄主，鉴别出 11 个生理小种。巴西的 Yorinore 等用 10 个鉴别品种鉴别出 20 余个生理小种。我国用 6 个鉴别寄主鉴定出 14 个生理小种，黑龙江三江平原优势小种是 1 号小种。菌丝生长最适温度为 21～25℃，在 pH5、黑暗条件下利于生长。分生孢子萌发的最适条件为温度 24～26℃，pH7，黑暗；高于 35℃、低于 15℃不能生长。分生孢子生命力较强。只有在高湿条件下，分生孢子才能萌发侵染。

四、病害循环

大豆灰斑病菌以菌丝体在种子上和病残体上越冬。带菌种子和病残体是病害的初次侵染源。在秋季收集病叶将其用金属网储存于室外，并另将病叶埋于不同深度的土层里，第二年春季不同时期检查叶上病菌的存活情况，到 2 月 27 日病斑上还可产生孢子，经萌发试验仍能产生芽管，5 月 2 日叶片已发生腐烂，叶片破碎，很不完整，但在病斑上仍可保湿产生有生命力的孢子，能够萌发，具有侵染致病能力。一般大豆复叶期开始发病（7 月初），7 月中旬进入发病盛期。豆荚从嫩荚开始发病，鼓粒期为发病盛期，8 月底后感染籽粒，9 月上、中旬为籽粒发病高峰。复叶发病至荚发病间隔 40d，荚至种皮发病相隔 5d。

五、流行规律

据报道，大豆籽粒的褐斑粒率基本上与叶部病情指数无关，而主要取决于盛花期到豆荚盛期的气候条件是否适合于病菌侵染和扩展。叶片上病斑的数量、大小与气候有关。当温度适宜，平均气温在 19℃以上时病斑直径可达 3～4mm。当温度适宜，平均温度在 20℃以上和相对湿度在 80％以上时，则潜育期短，病斑小，有的只有一个褐点，因而在大流行年份，叶片的病斑小而多。李本宁认为降雨和湿度条件是灰斑病流行极为重要的因素。尤其是病粒率的多少更是取决于荚盛期——鼓粒中期的降水量和降雨日数。这个时期降雨日数多，又有连续降雨，病粒率将会增高，损失会增加。而在无雨条件下，病荚及病粒率均明显降低。因病菌侵入豆荚后，在寄主体内扩展也要求有一定的湿度，如在长期无雨露条件下，豆荚虽受害，但病粒率却会很低。7～8 月多雨高湿（湿度＞80％）可造成病害流行。高密植、多杂草发病严重。根据不同温度，该病害潜育期 4～16d（30℃为 4d，20℃为 12～16d）不等。

六、防治技术

大豆灰斑病初次侵染来源是病株残体和带菌种子。因此应清除菌源，合理轮作。种植抗病品种及搞好预测预报。大发生年及时喷药保护。

1. 农业防治　清除田间菌源，秋收后彻底清除田间病残体，及时翻地，把遗留在田间的病残体翻入地下，使其腐烂，可减少越冬菌源。进行大面积轮作，及时中耕除草，排除田间积水，对减轻病害作用很大。

2. 选种和种子处理 可用种子重量0.3%的50%福美双可湿性粉剂或50%多菌灵可湿性粉剂拌种，能达到防病保苗的效果，但对成株期病害的发生和防治作用不大。不同药剂对灰斑病拌种的保苗效果是不同的。福美双、克菌丹的保苗效果很好。

3. 药剂防治 目前应用的药剂有：①40%多菌灵悬浮剂1 500g/hm^2，稀释成800～1 000倍液喷雾；②50%多菌灵可湿性粉剂或70%甲基硫菌灵可湿性粉剂1 500～2 250g/hm^2，对水稀释成800～1 000倍液喷雾；③2.5%溴氰菊酯乳油600mL/hm^{2}与50%多菌灵可湿性粉剂1 500g/hm^{2}混合，加水1 500kg喷雾，可兼防大豆食心虫。

4. 选用抗病品种 品种不抗病是灰斑病经常大发生的重要因素。选用抗病品种是解决灰斑病经济而有效的措施，但大豆品种对灰斑病的抗病只是被害程度上的差异。抗病品种表现为单叶病斑少，病斑小，当前较抗病的品种有垦农一号、合丰27、合丰28、合丰29等。还未发现免疫品种。抗病推广品种有合丰27、合丰28、合丰29、合丰30、合丰32、合丰33、合丰34、绥农9号、绥农10号、宝丰7、宝丰8、垦农7、垦农8号等20多个，同时也育成了东农9674、东农593、绥945007、绥945025等抗病品系。

段玉玺　王媛媛（沈阳农业大学）

第15节　大豆菌核病

一、分布与危害

大豆菌核病发生于我国东北、华东、西南和西北的各大豆产区，黑龙江发病情况尤为严重。由于大豆栽培面积不断扩大，使得大豆重迎茬面积占大豆播种面积的70%以上，加之油菜、向日葵、马铃薯等经济作物面积不断扩大，加剧了大豆菌核病的发生，发病面积呈上升趋势，在流行年份减产20%～30%，严重地块减产达50%～90%，甚至绝产。大豆菌核病除侵害大豆外，还可侵染菜豆、蚕豆、马铃薯、茄子、辣椒、番茄、白菜、甘蓝、油菜、向日葵、胡萝卜、菠菜、莴苣等64科300多种植物。

二、症状

大豆苗期到成株期均可发生，尤其是开花结荚期受害较重，地上部分受害可造成苗枯、茎腐、叶腐、荚腐等症状，幼苗先在茎基部发病，以后向上扩展，病部呈深绿色湿腐状，其上生白色菌丝体，以后病势加剧，幼苗倒伏、死亡。茎秆染病多从主茎中下部分杈处开始，病部水渍状，后褪为浅褐色至近白色，病斑形状不规则，常环绕茎部向上、下扩展，致病部以上枯死或倒折。潮湿条件下病部生白色棉絮状菌丝体，其中杂有大小不等的鼠粪状菌核。病茎内部中髓变空，菌丝充满其中，并有菌核散生。后期遇干燥条件茎部皮层纵裂，维管束外露，呈乱麻状。病重时全株枯死、绝产，病轻时部分分枝和豆荚提早枯死而减产。叶片被害，呈湿腐状，也可产生白色棉絮状菌丝体和黑色菌核。叶柄分枝均可发病，病部苍白，后期表皮破裂，也呈乱麻状，其上也有白色菌丝体和黑色菌核。豆荚染病后现水渍状不规则褐色病斑，逐渐呈白色，结小粒或不结实，大多荚内种子腐败干缩，荚内、外均可形成较茎内菌核稍小的菌核（彩图7-15-1）。

三、病原

大豆菌核病病原为核盘菌［*Sclerotinia sclerotiorum*（Lib.）de Bary］，属子囊菌门核盘菌属。茎上形成不规则的鼠粪状菌核，大小为（1～4）mm×（3～7）mm，坚硬，外部黑色，内部白色，切面呈薄壁组织状。产生菌核的温度范围是5～30℃，最适温度15～24℃，可耐−40℃低温，并能存活多年。菌核在温度5～20℃，最适为18～20℃时萌发产生子囊盘。子囊盘呈盘状，有柄，大小为（108～135）μm×（9～10）μm，上生栅状排列的子囊。子囊棒状，内含8个子囊孢子。子囊孢子单胞，无色，椭圆形，大小为（9～14）μm×（3～6）μm。萌发温度为0～35℃，适温为5～10℃。侧丝无色，丝状，夹生在子囊间。菌丝在5～30℃均可生长，适温20～25℃。

四、病害循环

菌核散落于土壤里、混在种子或未腐熟的植株残渣里。越冬的菌核是翌年侵染源，土壤中的菌核在适宜的温湿度条件下产生子囊盘并弹射出子囊孢子，借气流传播至叶、叶柄及茎部，而再侵染菌源主要是菌丝及菌核附着物。

五、流行规律

条件适宜时，尤其是大气和田间湿度较高时，菌丝生长迅速，2～3d 后健株即发病。菌核在田间土壤深度 3cm 以上能正常萌发，3cm 以下不能萌发，在 1～3cm 深度范围内，随着深度的增加菌核萌发的数量递减。子囊盘柄较细弱，形成的子囊盘也较小。菌核从萌发到弹射子囊孢子需要较高的土壤温度和大气相对湿度。要求适宜的土壤持水量为 27%至饱和，过饱和不利于菌核萌发，反而会加快菌核腐烂；要求大气相对湿度 85%以上，低于这个湿度子囊盘干萎，不能弹射子囊孢子。本病发生流行的适温为 15～30℃、相对湿度 85%以上。当旬降水量低于 40mm，相对湿度小于 80%时，病害流行明显减缓；当旬降水量低于 20mm，相对湿度小于 80%时，子囊盘干萎，菌丝停止增殖，病斑干枯，流行终止。一般菌源数量大的连作地或栽植过密、通风透光不良的地块发病重。

六、防治技术

大豆菌核病是土传病害，初侵染来源主要是土壤中的菌核，在防治上应以预防初次侵染为主。

1. 确定合理的种植结构 加强测报工作，以正确估计本年度发病程度，并据此确定合理的种植结构。避免与向日葵、油菜地相邻，以控制大豆菌核病的蔓延。菌核在土壤内越冬或越夏，应与不感染菌核病的作物进行 3 年以上轮作，效果较好。水稻产区发生该病可用水旱轮作，以减轻病害。

2. 清除菌源 及时深翻，清除种子中混杂的菌核，将散落于田间的菌核及病株残体深埋土里或收集烧毁，可抑制菌核萌发，减少初侵染来源。及时排除田间积水，降低大豆田湿度，避免菌核在高温条件下腐烂。勿过多施用氮肥，可减轻发病。

3. 选用抗（耐）病品种 抗大豆菌核病的品种有吉育 35、合丰 26、黑河 7 号、九丰 3 号、内豆 1 号等。

4. 药剂防治 一般菌核从萌发出土后到子囊盘萌发盛期，可喷施 40%菌核净可湿性粉剂 1 000 倍液，50%腐霉利可湿性粉剂 1 500～2 000 倍液，还可喷施 80%多菌灵可湿性粉剂 600～700 倍液、50%异菌脲可湿性粉剂 1 000～1 500 倍液、12.5%治萎灵（多菌灵水杨酸盐）水剂 500 倍液、40%治萎灵粉剂 1 000 倍液、50%复方菌核净可湿性粉剂 1 000 倍液，于发病初期防治 1 次，7～10d 后再喷 1 次，注意药剂喷施要均匀。

陈立杰　朱晓峰（沈阳农业大学）

第 16 节　大豆纹枯病

一、分布与危害

大豆纹枯病分布于我国吉林、江苏、湖北、湖南、福建、江西、贵州、四川、台湾等省份。多局部零星发生，南方比北方重。因它侵染传播速度快，大豆田一旦感染，整片豆田很快就会全部感染，造成严重减产，甚至绝收。

二、症状

大豆纹枯病侵害茎部、叶片和豆荚。病株生育不良，茎、叶变黄，逐渐枯死。茎上病斑呈不规则形云纹状，褐色，边缘不明显，表面缠绕白色菌丝，后渐变褐色，上生褐色米粒大的菌核，易脱落（彩图 7-16-1）。叶上初生水渍状不规则形大斑，湿度大时病叶似烫伤状枯死。天晴时病斑呈褐色，逐渐枯死脱落，并蔓延至叶柄和分枝处，严重时全株枯死。荚上形成灰褐色、水渍状病斑，上生白色菌丝，后形成褐色菌核。种子被害后腐败。

三、病原

大豆纹枯病病原为立枯丝核菌（*Rhizoctonia solani* Kühn），属担子菌无性型丝核菌属；有性型为瓜亡革菌［*Thanatephorus cucumeris*（Frank）Donk］，属子囊菌门亡革菌属。菌核初为白色，后变为暗褐色，球形，直径0.5～1μm，有少许菌丝连接于寄主上，极易脱落。菌核萌发温度范围为13～38℃，适温为32～33℃。担子倒卵形或长椭圆形，无色，大小为（9～20）μm×（5～7）μm。担子顶端生2～4个小梗，每个小梗上着生1个担孢子。担孢子为倒卵形或卵圆形，基部稍尖，无色，单胞，大小为（5～10）μm×（3.6～6）μm（图7-16-1）。

四、病害循环

大豆纹枯病菌以菌核在土壤中越冬，也能以菌丝体和菌核在病残体上越冬，成为翌年的初侵染菌源。在适宜的温、湿度条件下，菌核萌发长出菌丝，继续侵害大豆。7～8月田间往往一条垄上一株或几株接连发病，病株常上下大部分叶片均被感染。高温高湿条件下发病严重，与水稻轮作或水稻田埂上的大豆易发病。

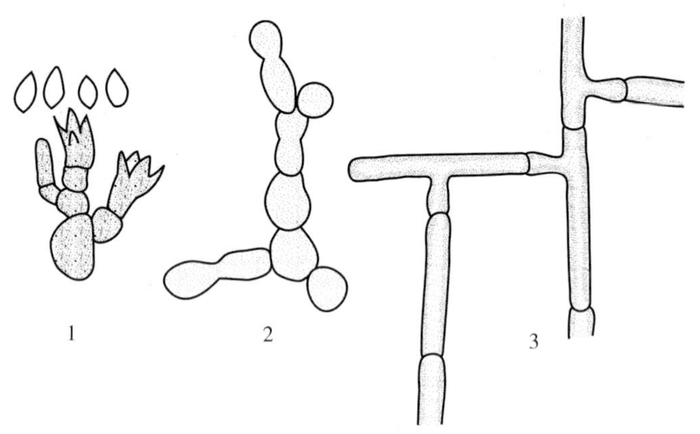

图7-16-1 立枯丝核菌（朱晓峰绘）
Figure 7-16-1 *Rhizoctonia solani*（by Zhu Xiaofeng）
1. 担子和担孢子 2. 厚垣孢子 3. 菌丝体

五、流行规律

大豆纹枯病的季节流行曲线为S形，始发期为5月底至6月初，6月上旬，大豆植株小，行间荫蔽度低，田间相对湿度小，病害增长缓慢，日增长率较低，属S曲线缓慢增殖期；6月中旬，大豆处于结荚期和鼓粒初期，感病组织大量存在，田间封行隐蔽，相对湿度增大，气温显著升高，病害迅速发展，日增长率明显提高；6月下旬，寄主抗性增强，重复感染增加，病害发展缓慢，其流行进入增殖衰退期，病情指数出现下降趋势。

六、防治技术

1. 选种抗病品种 如河南的豫泛961、豫泛963、豫豆28、豫豆29等表现一定的抗病性。

2. 合理密植 每公顷密度不应超过18.75万株，且实行3年以上轮作。

3. 秋收后及时清除田间遗留的病株残体 秋翻土地，将散落于地表的菌核及病株残体深埋土里，可减少菌源，减轻翌年发病程度。

4. 化学防治 发病初期用2%井冈霉素可溶粉剂800～1 000倍液或50%菌核净乳油300～500倍液、70%甲基硫菌灵可湿性粉剂800倍液喷雾，连续2次，每次间隔1周。

段玉玺 王媛媛（沈阳农业大学）

第17节 大豆根腐病

一、分布与危害

大豆根腐病是我国东北大豆产区的主要根部病害，也是世界各大豆产区的重要病害，自1917年美国发现大豆根腐病以来，目前在中国、日本、印度、澳大利亚、加拿大、保加利亚等国家均有报道。主要分布在我国东北和华北黄淮地区以及西北陕西等地，其中尤以黑龙江三江平原和松嫩平原最重。原黑龙江省农业科学院合江农科所1990—1993年对三江平原地区大豆根腐病的发生为害调查结果表明，大豆生育前期（开花以前）平均发病率为56%，生育后期平均发病率则高达75%以上。病情指数一般年份为30～

40，多雨年份为 50～60。据调查，浅山丘陵低湿地的病株率为 15.5%～48.1%，平坝水田区种植的“田坎豆”病株率为 31.5%～81.8%。全国各大豆产区根腐病一般田块发病率为 40%～60%，重病田达 100%，一般年份减产 10%，严重时损失可达 60%，而且使大豆含油量明显下降。苗期发病影响幼苗生长，甚至造成死苗，使田间保苗数减少。成株期由于根部受害，影响根瘤的生长与数量，造成地上部生长发育不良，以至矮化，影响结荚数与粒重，从而导致产量下降。

二、症状（彩图 7-17-1）

大豆整个生育期均可感染大豆根腐病。出土前种子腐烂，受害种子变软，不能萌发，表面生有白色霉层。种子萌发后腐烂的幼芽变褐畸形，最后枯死腐烂。幼苗期症状主要发生在根部，主根病斑初为褐色至黑褐色或赤褐色小点，扩大后呈菱形、长条形或不规则形的稍凹陷大斑，病重时病斑呈铁锈色、红褐色或黑褐色，皮层腐烂呈溃疡状，地下侧根从根尖开始变褐，水渍状，并逐渐腐烂，重病株的主根和须根腐烂，造成“秃根”。病株地上部生长不良，病苗矮瘦，叶小，色淡发黄，严重时干枯而死。在成株期，病株根部形成褐色斑，形状不规则，大小不一，病重时根系开裂，木质纤维组织露出，植株的地上部叶片由下而上逐渐发黄，先是底部 2～3 片复叶变黄，以后整株叶色浅绿，感病植株矮化，比正常植株矮 5～8cm。发病植株须根较正常植株少 30～34 条，根瘤较正常植株少 20～25 个。大豆开花结荚期为发病高峰期，田间出现大量黄叶，病株矮化，根系全部腐烂，导致病株死亡，轻者虽可继续生长，但叶片变黄，提早脱落，结荚少，籽粒小，产量低。

三、病原

大豆根腐病由多种病原真菌侵染所致，不同地区病原菌种类不同，镰孢菌、腐霉菌和立枯丝核菌为主要致病菌，目前报道的有多种镰孢菌：尖镰孢（*Fusarium oxysporum* Schltdl. ex Snyder et Hansen）、尖镰孢芬芳变种（*F. oxysporum* var. *redolens*）、尖镰孢大豆专化型（*F. oxysporum* f. sp. *glycines*）、腐皮镰孢［*F. solani*（Martius）Appel et Wollenw. ex Snyder et Hansen］、腐皮镰孢大豆专化型（*F. solani* f. sp. *glycines*）、木贼镰孢［*F. equiseti*（Corda）Sacc.］、禾谷镰孢（*F. graminearum* Schwabe）、燕麦镰孢［*F. avenaceum*（Fr.）Sacc.］；多种腐霉菌：瓜果腐霉［*Pythium aphanidermatum*（Edson）Fitzg.］、乳突腐霉（*P. mamillatum* Meurs）、畸雌腐霉（*P. irregulare* Buisman）、群结腐霉（*P. myriotylum* Drechs.）、终极腐霉（*P. ultimum* Trow）；以及大豆疫霉（*Phytophthora sojae* Kaufman et Gerd.）和立枯丝核菌（*Rhizoctonia solani* Kühn）。由于地区性差异，各地报道的病原菌种类不尽相同。黄淮地区大豆根腐病病原菌主要为腐皮镰孢、尖镰孢和木贼镰孢，其中以腐皮镰孢的分离频率高，达 68.8%～84%；黑龙江大豆根腐病的病原主要有：尖镰孢芬芳变种、燕麦镰孢、立枯丝核菌和腐霉菌，其中尖镰孢为优势种群，是黑龙江大豆根腐病的主要致病菌，其次是燕麦镰孢和腐霉菌，立枯丝核菌为次要病菌，各种菌的变化情况为尖镰孢、燕麦镰孢随着大豆种子发芽而侵染率提高，分枝期达到高峰，以后逐渐下降。而腐霉菌和立枯丝核菌则随着生育进程略微下降。陕西关中地区大豆根腐病的病原主要为腐皮镰孢，分离频率高达 93.3%，其次为尖镰孢芬芳变种，分离频率为 84.6%，木贼镰孢分离频率为 3.1%。

四、病害循环

大豆根腐病主要由土壤传播。引起大豆根腐病的大多数病原菌属于土壤习居菌，除了能以菌丝或菌核在土壤中或病组织上越冬外，还可以在土壤中营腐生生活。因此，土壤和病残体（病根）是大豆根腐病的初次侵染来源。大豆种子萌发后 4～7d 病菌即可侵染胚茎和胚根，虫伤和其他自然伤口有利于多种病菌侵入，引起苗期病害。当苗期低温多雨、低洼积水和土壤黏重时，大豆根腐病发病严重。与病原菌的其他寄主重茬发病亦重。

五、流行规律

1. 种植方式 由于病菌属土壤习居菌，连作增加了土壤中的菌源数量，所以连作发病重，轮作发病轻，垄作比平作发病轻，大垄比小垄发病轻。

2. 土壤类型 质地疏松、通透性好的沙壤土、轻壤土、黑壤土、较黏重土壤及白浆土发病轻，土质肥沃的地块较瘠薄地发病轻。

3. 播期 播种过早的较适时晚播的发病重。由于播种早土壤温度低，幼苗长势弱，易受病菌侵染，发病重，土壤旱情时间长或久旱后突然连续降雨，使大豆幼苗迅速生长，根部表皮纵裂，伤口增多，发病重。

4. 播种深度 播种过深，地温低，幼苗生长慢，组织柔嫩，地下根部延长，根易被病菌侵染，发病重。

5. 施肥 施肥水平和施肥种类对大豆根腐病影响很大。一般氮肥用量大，组织柔嫩，发病重；增施磷肥可减轻病害。

6. 地下害虫 地下害虫越多，大豆根腐病发生越重。

7. 化学除草 化学除草剂使用不当，对大豆幼苗产生药害，会加重该病的发生。

六、防治技术

1. 合理轮作 实行与非寄主植物3年以上的轮作。

2. 种子消毒处理 用种子重量0.3%的50%福美双或40%拌种双可湿性粉剂拌种。

3. 农业措施 精耕细作，深耕平整土地，早中耕，深中耕，排除积水，提高土温，降低湿度，增施速效肥等。提倡垄作栽培，有利于降湿，增温，减轻病害。适时晚播发病轻，地温稳定通过7～8℃时开始播种，并注意播种深度为3～5cm，不能过深。

陈立杰（沈阳农业大学）

第18节 大豆黑斑病

一、分布与危害

大豆黑斑病在我国普遍发生于东北三省、江苏、浙江、湖北、四川等地大豆产区。国外见于美国、澳大利亚、俄罗斯等国。该病发生时期为植株生育后期，对产量影响甚微。

二、症状

大豆黑斑病菌主要侵染叶片（彩图7-18-1），但也能侵染豆荚。症状主要表现为叶上病斑圆形至椭圆形，直径3～6mm，褐色，具同心轮纹，上生黑色霉层（病菌的分生孢子梗和分生孢子），常一片叶上散生几个至十几个病斑，但未见叶片因受害导致枯死脱落的；荚上生圆形或不规则形黑斑，密生黑色霉层，常因荚皮破裂侵染豆粒。

三、病原

大豆黑斑病的病原有芸薹链格孢［*Alternaria brassicae*（Berk.）Sacc. var. *phaseoli* Brun.］、链格孢［*Alternaria alternata*（Fr.：Fr.）Keissl.］和簇生链格孢［*Alternaria fasciculata*（Cke. et Ellis.）Jones et Grout］，为子囊菌无性型链格孢属真菌（图7-18-1）。

芸薹链格孢分生孢子梗单生或2～3根丛生，不分枝，多数正直，具1～4个隔膜，基部细胞稍膨大，淡褐色，顶端色淡，大小为（32～86）μm×（4～5）μm。分生孢子绝大多数单生，倒棍棒形，褐色；嘴喙稍长，不分枝，淡色；孢身有4～7个横隔膜，0～3个纵隔膜，隔膜处略缢缩，大小为（29～54）μm×（11～15）μm；嘴喙有0～1个隔膜，大小为（14～32）μm×（3～5）μm。

链格孢分生孢子梗单生或数根束生，基部细胞稍膨大，不分枝或偶有分枝，正直至屈曲，具1～15个隔膜，暗褐色，顶端色淡或上下色泽均匀，大小为（19～51）μm×（4～5.5）μm。分生孢子3～6个串生，梭形，椭圆形，卵形，倒棍棒形，褐色至榄褐色，无嘴喙或甚短，孢身具2～6个横隔膜，0～3个纵隔，隔膜处有缢缩，大小为（16～37）μm×（8～14）μm，嘴喙多无隔膜，大小为（0～20）μm×（0～6）μm。

簇生链格孢的分生孢子梗多数丛生，3～6根，少数单生，不分枝，正直或有1～3个膝状节，基部细胞稍膨大，有 3～8 个隔膜，暗褐色，顶端色淡，大小为（32～128）μm×（4～5.5）μm。分生孢子 2～5 个串生，少数单生，椭圆形或倒棍棒形，暗褐色，嘴喙无或短小，不分枝，色淡，孢身具 3～9 个横隔膜，0～6 个纵隔膜，隔膜处有缢缩，大小为（13～48）μm×（6～8）μm，嘴喙有 0～2 隔膜，大小为（3～32）μm×（3～6）μm。

四、病害循环

3 种大豆黑斑病菌均以菌丝体及分生孢子在病叶上越冬，成为第二年的初侵染菌源，然后借风、雨传播，进行重复侵染。多发生于植株生育后期。

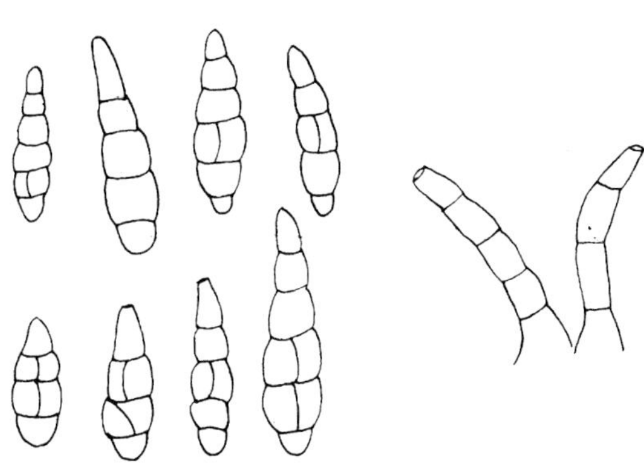

图 7-18-1　大豆黑斑病菌分生孢子和分生孢子梗（引自白金铠，1987）

Figure 7-18-1　Conidia and Conidiophore of *Alternaria* spp.（from Bai Jinkai，1987）

五、流行规律

高温多雨天气有利于发病。在大豆植株受机械损伤、昆虫为害和其他病害造成伤口后，大豆黑斑病菌常常作为次级侵染病原物从伤口侵入，侵害大豆叶片，因此，在大豆生育后期较易发病。

六、防治技术

1. 农业措施　主要采用农业技术措施。清除田间病株残体，秋翻土地，将病株残体深埋土里等。

2. 实行轮作　与非寄主禾本科作物实行 3 年以上轮作。

3. 选种耐病品种　种植发病轻的品种，可减轻发病。

4. 综合防治　及时防治其他病虫害可减轻该病发生程度。

段玉玺　王媛媛（沈阳农业大学）

第 19 节　大豆毛口壳叶斑病

一、分布与危害

大豆毛口壳叶斑病于 2008 年在我国安徽阜阳地区首次发现，可严重影响叶片的正常光合作用，引起大豆植株早期落叶及早衰，由于发病期处于大豆的鼓粒期，因此对大豆的产量影响较大。

二、症状

田间症状表现为大豆叶片黄化，叶片中部产生大面积的褪绿斑，叶斑中部呈不规则的深褐色坏死，周围形成大片不规则的黄色褪绿病斑，在叶背面表面着有散生的小黑点，为病原菌的分生孢子器，中下部叶片发病重，部分品种的顶部叶片也有发生（彩图 7-19-1）。

三、病原

大豆毛口壳叶斑病病原为油滴毛口壳孢（*Aristastoma guttulosum* Sutton），为子囊菌无性型毛口壳孢属真菌。病菌载孢体为分生孢子器，直径 150～300μm，表生，散生；分生孢子器处具多根刚毛，刚毛直，数目不定，不分枝，顶端渐尖；分生孢子直或弯曲呈棍棒状，具 0～3 个隔膜，内含有明显油球，大小为（32～42）μm×（3.9～4.6）μm。

病原菌孢子萌发的最适碳源为蔗糖；最适氮源为酵母膏浸出汁；碳氮源组合为 4%蔗糖和 2%酵母膏浸出汁；中性偏酸性条件下孢子易萌发，最适 pH 为 6；温度在 20～30℃，孢子的相对萌发率较高，以 25℃为最适温度；光照条件下孢子也更易萌发。该病原菌在 PDA 培养基上生长较缓慢，后期菌落变黑，产生分生孢子器。

四、病害循环

大豆毛口壳叶斑病的病残体和分生孢子器均能成为再侵染的侵染源，且大豆毛口壳叶斑病菌通过分生孢子器能更好地度过不良环境。侵入途径试验表明，孢悬液直接接种叶片和针刺接种2种方法均能使大豆叶片产生病斑，且从伤口侵染毒素扩展迅速。在室温保湿条件下，伤口处理5～6d，大豆开始表现出症状。自然条件下7～8d，开始表现出侵染症状。

大豆毛口壳叶斑病能产生毒素，采用弱极性溶剂乙酸乙酯能萃取到病原菌毒素，且毒素存在于有机相。针刺接种大豆叶片，25～30℃室温保湿培养72h后能产生明显褪绿斑。

对大豆毛口壳叶斑病菌毒素产生的最适条件研究表明，采用改良Richard培养液，培养液pH为7，培养温度20～30℃，黑暗条件下振荡培养15～20d。在此条件下有利于大豆毛口壳叶斑病菌毒素的产生，毒素毒性较强。

大豆毛口壳叶斑病菌毒素在不同稀释倍数中以5倍浓度对胚根生长抑制较高，毒素的浓度越高对胚根的生长抑制率越高。不同植物对大豆毛口壳叶斑病菌毒素的敏感性测定表明，该毒素对南瓜、番茄、玉米、豇豆均有明显的毒害作用，对向日葵无毒害作用，表明该病菌毒素有一定的侵染能力，且对不同植物的致病性有差异。

大豆毛口壳叶斑病为新病害，应严密监控此病害的发生情况，虽然对其侵染循环、流行规律、防治技术还不清楚，但我们应加快研究进程，做好技术储备，防止新病害变为流行病害。

陈立杰　朱晓峰（沈阳农业大学）

第20节　大豆食心虫

一、分布与危害

大豆食心虫［*Leguminivora glycinivorella*（Matsumura）］又名大豆蛀荚蛾、豆荚虫、小红虫等，属鳞翅目卷蛾科豆食心虫属。大豆食心虫在国外分布于日本、朝鲜、蒙古、俄罗斯等国，在我国分布南限约在33°N，西至104°E，主要分布于东北、华北、西北等地，以黑龙江、吉林、辽宁、山东、安徽、河南、河北等地为害严重，是我国北方大豆产区的重要害虫。

大豆食心虫食性单一，主要食害大豆，也为害野生大豆（*Glycine ussuriensis*）。以幼虫蛀入豆荚为害，咬食豆粒成沟状或吃去大半（彩图7-20-1），虫食率常年为10%～20%，严重时达30%～40%，最高可达70%以上，严重影响大豆的产量和质量。

二、形态特征

成虫：体长5～6mm，黄褐色至暗褐色（彩图7-20-2）。前翅略呈长方形，在外缘近翅尖下方处稍内凹，沿前缘有10条左右被黄色包围的黑紫色短斜纹，以外侧第四条最长，在翅外缘臀角上方处有1个银灰色椭圆形肛上纹，内有3条紫褐色小横斑。雄蛾色较浅，腹末较钝，雌蛾腹末较尖。雌蛾后翅中室下缘肘脉（Cu）基部有栉毛，而雄蛾则无。

卵：长约0.5mm，扁椭圆形。初产时乳白色，后变黄色或橘红色，孵化前变为紫黑色。

幼虫：初孵幼虫黄白色，渐变橙黄色，老熟时红色（彩图7-20-3）。老熟幼虫体长8～10mm，头及前胸背板黄褐色，腹足趾钩单序全环。前胸气门最大，其次为第八节气门，椭圆形，其余气门均为圆形。雄虫腹部第七至八节背面有1对紫红色小斑。

蛹：长5～7mm，长纺锤形，红褐色或黄褐色，羽化前黑褐色。腹部第二至七节背面前、后缘各有小刺1列，第八至十节各有1列较大的刺。腹部末端有8根粗大的短刺。

土茧：长7～9mm，长椭圆形（彩图7-20-4）。由幼虫吐丝缀合土粒而成。

三、生活习性

大豆食心虫为专性滞育昆虫，在我国1年发生1代，以老熟幼虫在土内结茧越冬。东北地区越冬幼虫于翌年 7 月上旬开始到表土陆续化蛹，7 月末为化蛹盛期，蛹期 10～15d。成虫 7 月底始现，8 月上、中旬为盛期，8 月末终现。成虫寿命 8～10d。8 月中、下旬为产卵盛期，卵期 6～7d。幼虫入荚期在 8 月中、下旬，盛期在 8 月下旬，荚内为害 20～30d 后老熟，9 月上、中旬开始脱荚，9 月下旬为脱荚盛期。幼虫脱荚后即入土做茧越冬。山东、安徽、河南发生较东北晚约 10d。

成虫一般在夜间羽化。成虫飞翔力弱，一次飞行不超过 5～6m，飞翔高度约在植株上方 0.5m。成虫多在 15：00 以后到日落前活动，以 16：00～18：00 最活跃，上午和午间多潜伏在大豆叶背面或茎秆上，受惊吓后作短距离飞行。性诱现象强烈。成虫交尾时在田间能看到集团飞翔现象，成虫发生盛期雌雄性比接近于 1：1，雌蛾分泌性外激素引诱雄蛾追逐，田间可见“打团飞”现象，依此可估测田间成虫盛发期，指导防治。成虫对黑光性有较强趋性。

成虫产卵期 5～8d，每雌产卵 80～100 粒。产卵对植株部位、豆荚大小和品种有选择性。大豆食心虫卵绝大多数产在嫩绿的豆荚上，主要把卵产在 3.1～4.6cm 长的豆荚上，其中以 3.6～4.1cm 长的豆荚上有卵频次最高，2.6cm 以下和 5cm 以上长的豆荚上产卵很少；少数卵可产在叶柄、侧枝及主茎上。有荚毛的品种着卵多，无荚毛的着卵少；毛多毛直的着卵多，毛少毛弯的着卵少。豆株距离地面 25～32cm 高度的豆荚上有卵频次最多，离地面 20cm 以下、60cm 以上高度的豆荚上有卵频次很少。每豆荚着卵多为 1 粒，其次 2～3 粒，4 粒以上极少。大豆食心虫卵在豆田分布型属聚集分布。在田间调查卵、幼虫数量和为害情况时，以 Z 形和棋盘式取样较适宜。

卵孵化出的幼虫先在豆荚上爬行一段时间（一般不超过 8h，个别可达 24h），然后选择豆荚边缘合缝处蛀入。入荚前在荚上先吐丝结成细长形薄白丝网，可以此检查幼虫是否蛀荚。入荚后先蛀食豆荚组织，后蛀食豆粒，幼虫共 4 龄，可在荚内生活 20～30d，咬食 1～3 粒大豆粒，至豆荚成熟时在豆荚的边缘咬出一个孔，由荚内脱出入土（一般土深 3～8cm）做茧越冬，垄作大豆以垄台入土最多。一般早熟品种脱荚早，晚熟品种脱荚迟。脱荚时间多在温暖的晴天 10：00～14：00。少数幼虫在大豆收割时仍留在豆荚内，如收割后放置田间，仍能继续脱荚，故随割随运可减少田间越冬虫量。越冬幼虫翌年化蛹前，有咬破土茧上升到 3cm 表土层内重新做茧的习性，在 3cm 以下的土层中幼虫化蛹极少，也不能正常羽化出土。

四、发生规律

（一）气候条件

大豆食心虫的发生与温度、湿度和降雨等气候条件关系密切。成虫产卵最适温度为 20～25℃，相对湿度为 95%，高温干燥及低温多雨不利于成虫产卵，相对湿度 40%以下卵孵化受抑制。温度能影响荚内幼虫的发育，东北地区若 8～9 月气温低，大豆贪青晚熟，可造成幼虫发育迟缓，幼虫脱荚延迟，越冬死亡率增高。土壤湿度影响化蛹和羽化率。土壤含水量 10%～30%能正常化蛹和羽化，20%最为适宜，低于 10%有不良影响。土壤干旱、地面板结对化蛹不利，化蛹后死亡率高，甚至不能羽化。土壤含水量达 50%时对化蛹极不利，甚至完全不能羽化。降雨和大豆食心虫发生关系密切。幼虫脱荚期（9 月中、下旬）若雨量较多、土壤湿润，有利于幼虫入土及越冬，翌年发生重。7 月上、中旬若雨量偏多，土壤湿度大，有利于幼虫的转移、化蛹等活动，死亡率较低。干旱少雨则对其发生不利。在成虫发生盛期若连降大雨或暴雨，则影响成虫活动，蛾量和卵量均减少。

光照影响大豆食心虫的滞育，在 25℃，相对湿度 80%左右时，光照时间大于 16h 可以抑制大豆食心虫的滞育，光照时间小于 15h 则全部滞育。

（二）天敌

大豆食心虫天敌有步甲、猎蝽、花蝽、农田蜘蛛等捕食性天敌和赤眼蜂、姬蜂、茧蜂等寄生性天敌，以及白僵菌等昆虫病原微生物。东北地区寄生性天敌拟澳洲赤眼蜂（*Trichogramma confusum*）、中华齿腿姬蜂（*Pristomerus chinensis*）和东方愈腹白茧蜂（*Phanerotoma orientalis*）对大豆食心虫的寄生率较高，常年达 17.9%～42.3%，白僵菌寄生率一般达 5%～10%，对压低其种群密度起重要作用。

（三）植物抗虫性

大豆食心虫对不同大豆品种的为害程度差异较大。大豆品种对大豆食心虫的抗性表现在以下几方面：

1. 抗选性　成虫喜选择豆荚有荚毛和荚毛直的品种产卵，无荚毛或荚毛弯曲的品种着卵量少而表现为抗虫。

2. 形态结构抗虫性 豆荚表皮细胞呈近圆形突起、直径小或表皮细胞下小细胞层数多、表皮下有特长形细胞的品种具有抗虫性。豆荚荚皮的隔离层与抗虫性有关。隔离层细胞短椭圆形、直径小、紧密且横向排列的品种，幼虫入荚死亡率高而表现为抗虫。而黄大豆的隔离层细胞较稀疏，呈纵向排列，幼虫入荚死亡率低，为害重。荚皮的硬度与大豆食心虫入荚死亡率呈正相关。荚皮黑色素也与抗虫性有关，黑色的虫食率低于褐色的虫食率。虫食率与大豆百粒重之间呈正相关性。大豆植株分枝少、株形收敛、直立形、无限结荚习性的品种，成虫产卵少，表现为一定的抗虫性。

3. 抗生性 大豆抗虫品种籽粒中类黄酮含量、荚皮中多酚氧化酶活性高于感虫品种。豆荚硅元素含量高的品种一般具有抗虫性。大豆荚皮的纤维素含量与大豆品种的抗虫性具有正相关性。

4. 生态抗性 只有幼嫩的豆荚对大豆食心虫幼虫有吸引力，在幼虫发生期，若大豆没有结荚或荚已老黄不适蛀入，幼虫会被饿死。因此，培育极早熟或较晚熟品种，或调整播期，可错过幼虫为害期而减轻受害。

（四）耕作栽培制度

大豆重茬、邻茬发生重，实行远距离轮作（1 000m以上）可降低虫食率10%～40%，能明显减轻大豆食心虫的为害。适当调整播种期，使大豆结荚盛期与成虫产卵盛期错开，大豆受害减轻。秋季耕翻豆茬地，增加虫源地中耕次数，可破坏大豆食心虫越冬环境，消灭部分幼虫和蛹，减少羽化率，能减轻大豆食心虫的为害。

五、防治技术

防治大豆食心虫应以农业防治为基础，采取农业防治与化学防治、生物防治相结合的综合防治措施。

在成虫盛发期，连续3d累计百米双行垄长蛾量达100头，需防治成虫；百荚卵量达20粒，需进行幼虫防治。用敌敌畏熏蒸防治成虫，需在成虫初盛期开始防治；用溴氰菊酯等喷雾防治成虫和幼虫，在成虫高峰期及峰后5～7d进行。

（一）农业防治

1. 选用抗虫品种 不同大豆品种对大豆食心虫的抗性不同。各地可因地制宜选用虫食率低、丰产性好的品种，如东北地区可选用铁荚四粒黄、吉林16、吉林1号、吉林4号、吉林3号、黑河3号、东农8004、黑农40、垦农4号、垦农5号、合丰25、垦丰8号、垦农18、垦鉴豆3号、合丰39等品种；黄淮海地区可选用忠豆1～4号、鲁豆2号、鲁豆4号、鲁豆13等品种。

2. 实行远距离大面积轮作，距大豆茬1 000～1 500m受害显著减轻。

3. 及时耕翻豆后麦茬地 在东北地区小麦收获时间一般在7月中、下旬至8月初，而此时正是大豆食心虫越冬幼虫转移至表土层化蛹的时期，及时耕翻土壤可将表土层的蛹翻入土壤深处，使羽化的成虫不能出土而死亡。

4. 增加虫源地中耕次数，特别是化蛹和羽化期增加中耕次数，可减少羽化，减轻大豆食心虫为害。

5. 耕翻豆茬地 对虫口数量较大的大豆地块在深秋实行耕翻耙地，可恶化大豆食心虫的越冬场所，增加其越冬死亡率。

6. 大豆收割后随割随运 大豆收割后仍有少量幼虫留在豆荚内，若收割后放置田间仍可继续脱荚，故随割随运可减少田间越冬虫量。

（二）化学防治

1. 敌敌畏熏蒸防治成虫 在封垄好的大豆田，可用敌敌畏熏蒸防治成虫。每公顷地用80%敌敌畏乳油1 500～2 250mL，用2节长的高粱或玉米秸秆（长度20～30cm），一节去皮蘸药，吸足药液，一节留皮，制成药棒。每公顷450根，均匀地将药棒留皮的一端插于垄台上。要注意敌敌畏对高粱有药害，高粱间种大豆地不宜采用，距高粱20m以内的豆田内不能施用。

2. 常规喷雾 封垄不好的大豆田可用菊酯类等药剂喷雾防治。2.5%溴氰菊酯乳油、4.5%高效氯氰菊酯乳油300～450mL/hm^2，25%氰戊菊酯乳油450mL/hm^2，5%顺式氰戊菊酯乳油或2.5%高效氯氟氰菊酯乳油375mL/hm^2，40%毒死蜱乳油1 200～1 500mL/hm^2，分别对水30～60kg。也可用12%吡·甲氰乳油1 000～2 000倍液。用背负式喷雾器，将喷头朝上，从大豆根部向上喷，注意结荚部位要着药，倒着走，边喷边向后退。

3. 超低容量喷雾 2.5%溴氰菊酯乳油1 125mL/hm^{2}或20%氰戊菊酯乳油975mL/hm^2，加水稀释

1～2 倍，喷雾。

（三）生物防治

1. 白僵菌防治脱荚幼虫 在幼虫临近脱荚时，每公顷用 22.5kg 白僵菌粉加细土或草木灰 67.5kg，均匀撒在大豆田垄台上。

2. 人工释放赤眼蜂 防治大豆食心虫的赤眼蜂主要有拟澳洲赤眼蜂、螟黄赤眼蜂等。在成虫产卵盛期放蜂，每公顷释放 30 万～45 万头。

3. 性诱剂诱杀 大豆食心虫性信息素的主要活性组分为 E，E-8，10-十二碳二烯醇乙酸酯。采用水盆式诱捕器，盆内盛 3/4 水，水中加少量洗衣粉（0.5%），将大豆食心虫性诱剂诱芯用铁丝穿好固定在水盆上方距水面 1.0cm 处。取 3 根竹竿做成三脚架，置于大豆田内，将水盆放在三脚架上，使盆高出豆株 10cm。诱芯设置密度为每 $667m^2$ 4 个，呈直线排列，诱芯间相距 12m。据王克勤等报道，田间防治效果可达 45.9%～50%，在诱捕器中加入少量杀虫剂防效可达 62.7%。

附：大豆食心虫测报技术

大豆食心虫测报调查规程详见中华人民共和国国家标准《GB/T 19562—2004 大豆食心虫测报调查规范》。

于洪春（东北农业大学农学院）

第 21 节 豆荚斑螟

一、分布与危害

豆荚斑螟［*Etiella zinckenella*（Treitschke）］属鳞翅目螟蛾科荚斑螟属。别名豆荚螟、豆蛀虫、豆荚蛀虫、大豆荚螟、红虫、红瓣虫等。豆荚斑螟为世界性分布的豆类害虫，我国各省（自治区、直辖市）均有分布。豆荚螟为寡食性，寄主为豆科植物，除了为害大豆外，还能为害豌豆、扁豆、绿豆、豇豆、菜豆、猪屎豆、小叶金鸡儿、刺槐、春箭筈豌豆等豆科植物。秋大豆比春大豆受害更重。该虫以幼虫在豆荚内蛀食豆粒，荚内堆满虫粪。常将豆粒蛀成缺刻，有时全荚被吃空、变褐色以至腐烂。幼虫期能蛀食豆粒 3～5 粒，当一荚被食空后还能转荚为害。大豆豆荚的蛀害率为 15%～30%，个别干旱年份的旱地秋大豆豆荚蛀害率可高达 80%以上。

二、形态特征（彩图 7-21-1）

成虫：体长 10～12mm，翅展 20～24cm，全体灰褐色，下唇须长而突出于唇部前上方，触角丝状，雄蛾触角基部内侧着生有 1 圈暗褐色鳞片，外侧覆有 1 丛灰白色鳞片，腹部尾端钝形，亦具长鳞毛丛。雌蛾腹端圆锥形，鳞毛较少。前翅窄长，混生黑褐、黄褐及灰白色鳞片，沿前缘有 1 条白色纵带，中室的内侧及外侧均有黄色横带。

卵：椭圆形，大小约为 0.5mm×0.6mm×0.4mm，卵壳表面密布网状纹，初产时乳白色，渐变红色，孵化前呈暗红色。

幼虫：共 5 龄，第五龄幼虫体长 14～18mm，初孵幼虫呈鲜黄色，后变白色，继之变绿色，老熟幼虫背面紫红色，但两侧与腹面仍为绿色。全体有褐色体毛。一至三龄幼虫前胸背板有黑色山字形纹，四至五龄幼虫前胸背板近前缘中央有人字形黑斑，两侧各有 1 个黑斑，后缘中央有 2 个小黑斑。背线、亚背线、气门线、气门下线都明显。

蛹：体长 10mm，外具白色丝状的茧，其上黏附土粒而呈土色。蛹黄褐色，羽化前 2d 颜色加深，腹端较尖细，具棘 6 枚。

三、生活习性

豆荚斑螟每年发生代数随地区和当地气候变化而异，广东、广西等省份 1 年发生 7～8 代，福建惠安 1 年发生 5～6 代，湖北、湖南、江苏、安徽、浙江、江西等省 1 年发生 4～5 代，山东、陕西和辽宁南部

1 年发生 2～3 代。其部分地区世代、虫态历期见表 7-21-1、表 7-21-2。

表 7-21-1 豆荚斑螟发生世代历期（仿马振泉等，1979）

Table 7-21-1 Generations and duration of *Etiella zinckenella* at different stages（from Ma Zhenquan et al.，1979）

地点	代别	卵（月/旬）	幼虫（月/旬）	蛹（月/旬）	成虫（月/旬）	备注
广东	越冬代			1/下～3/底	2/中～4/上	1966 年雷州半岛
	一代	2/中～4/上	2/底～4/下	3/下～5/中	4/中～5/下	
	二代	4/中～5/下	4/下～6/上	5/上～6/下	5/中～7/上	
	三代	5/下～6/下	5/底～7/上	6/中～7/下	6/下～7/底	
	四代	7/初～7/底	7/上～8/上	7/中～8/下	7/下～8/下	
	五代	8/上～8/底	8/上～9/中	8/下～9/底	9/初～10/上	
	六代	9/上～10/上	9/中～10/下	9/下～10/下	10/上～11/中	
	七代	10/上～10/底	10/底～11/中	11/上～12/下	11/下～1/上	
	八代	12/上～1/下	12/中～3/上	（越冬）		
湖北	越冬代			3/底～5/上	5/下～6/上	1964 年武昌
	一代	6/上～6/下	6/上～7/上	6/中～7/中	6/下～7/中	
	二代	7/上～7/中	7/上～7/下	7/中～8/上	7/下～8/中	
	三代	7/下～8/下	7/下～8/底	8/上～9/上	8/下～9/下	
	四代	8/底～9/中	9/上～10/中	9/中～10/上	9/中～10/下	
	五代	9/中～10/中	9/下～10/下	（越冬）		
山东	越冬代			5/中～5/下	5/下～6/中	1976 年利津
	一代	6/上～6/中	6/中～7/上	6/下～7/中	7/上～7/下	
	二代	7/下～8/上	7/下～8/下	8/中～9/上	9/上～9/中	
	三代	9/上～9/下	9/中～10/上	（越冬）		

表 7-21-2 豆荚斑螟各虫态历期（d）（仿马振泉等，1979）

Table 7-21-2 Development duration of *Etiella zinckenella* at different stages（d）（from Ma Zhenquan et al.，1979）

地点	代别	卵期			幼虫期			蛹期			成虫期		
		平均	最长	最短	平均	最长	最短	平均	最长	最短	平均	最长	最短
湖北	越冬代										16.7	36	5
（室内饲养）	一代	7.4	8	5	17.7	24	15	12.7	14	11	11.9	25	5
	二代	3.2	4	3	11.6	19	10	8.6	18	7	9.4	15	4
	三代	3.3	4	3	12.6	19	10	8.2	10	6	7.2	16	2
	四代	3.8	4	3	11.9	15	8	12.1	18	9	16.1	52	1
（1964 年）	五代	6.2	7	5	28.7	51	19	25.4	38	20			

各地多以老熟幼虫在寄主附近土表下 1～6cm 处结茧越冬，少数以蛹越冬。4～5 代区，以 4 月上、中旬化蛹最多，4 月下旬至 5 月中旬陆续羽化出土。

越冬代成虫在豌豆、绿豆或冬种豆科绿肥作物上产卵发育为害，一般以第二代幼虫为害春大豆最重，第三代为害晚播春大豆、早播夏大豆及夏播豆科绿肥，第四代为害夏播大豆和早播秋大豆，第五代为害晚播夏大豆和秋大豆，到 10 月下旬至 11 月上旬，大部分以幼虫入土越冬；而另有少部分继续在豆科绿肥如木豆等植物上终年繁殖，完成第六代。在 7～8 代区，越冬幼虫于 3 月下旬至 4 月上旬化蛹，一至三代在豆科绿肥及豌豆上发育繁殖，7 月下旬第四代开始转害大豆，至 10 月下旬大豆收获，幼虫入土越冬，但也有一部分仍在绿肥植物及木豆上继续繁殖，11 月至翌年 3 月仍有成虫发生。山东每年发生 3 代，第一代为害刺槐，第二代为害春大豆，第三代为害夏大豆。陕西南部每年发生 2 代，第一代为害豌豆、赤豆，第二代为害大豆。辽宁南部每年发生 2 代，8 月上旬为害大豆。

成虫日间多栖息于豆株叶背或杂草丛中，傍晚开始活动，趋光性不强，飞翔力也弱，每次飞翔的距离仅3～4m。成虫羽化时刻依代数而异，第一至四代多在夜间羽化，而五至六代则在午后羽化。羽化时，若遇到土壤板结，大多数虫体不能破土羽化而致死。刚羽化的成虫当晚就能交尾，隔日产卵于豆荚上，每荚仅产卵1粒，也有极少数产2粒者。产出的卵以雌蛾分泌的黏液斜插而黏附于豆荚毛之间。若遇到大豆未结荚时，也会产卵于幼嫩的叶柄、花柄、嫩芽及嫩叶背面。雌蛾产卵对寄主植物有选择性，一般喜欢产卵于豆荚有毛的品种上，但若缺乏具毛的豆荚时，也能产在无毛豆荚上或其他豆科寄主植物上。每雌平均产卵88.1粒，最多达到226粒，产卵期平均4～5d，最长达8d。雌蛾寿命平均7.33d，最长12d；雄蛾寿命仅1～5d，一般交尾后则死亡。

卵期一般4～6d，多在6：00～9：00孵化，初孵幼虫先在豆荚表面爬行1～3h，然后多选在豆荚的两侧蛀入。入荚时先造一个约1mm的白色丝囊，藏身其中，然后逐渐咬破豆荚表皮而蛀入，需经过6～8h才能将整个身体蛀入荚内，而白色丝囊却留在荚外。该丝囊可作为田间检查豆荚斑螟为害的迹象。幼虫蛀孔小，孔口呈黑色，入荚后蛀入豆粒内为害，豆粒外面仅见一小孔。三龄幼虫即可外出到豆粒间为害，四至五龄幼虫食量增加，每天能取食1/3～1/2面积的豆粒。每头幼虫全幼虫期能取食豆粒3～5粒。被害豆粒残缺不全，或被食尽，荚内充满虫粪。在一荚内食料不足或环境不适的条件下，幼虫可转荚为害1～3次，以二至三龄幼虫转荚最为常见。一般一荚仅1虫，偶尔亦有一荚见2虫。从豆株受害情况看，上部的豆荚先受害，然后逐渐向株下部的豆荚转移。幼虫除为害豆荚外，偶见蛀入茎内为害。幼虫在南京、福建惠安等地共5龄，第一代幼虫期12d，第二代幼虫期10d，第三代幼虫期6.5d，第四代幼虫期37d，第五代（越冬代）幼虫期长达165d。

幼虫老熟后，在豆荚上咬孔，出荚落地，并潜入植株附近土面3.3cm深处结茧，亦有的在两豆荚之间吐丝缀合两荚，然后在之间结茧。福建惠安地区一般在结茧后2d就化蛹，蛹期第一代28.7d，第二代10d，第三代9.4d，第四代10.5d，第五代15d左右。

越冬幼虫在秋大豆成熟前就脱荚入土，在1～5cm深的土层内结茧越冬。另外一部分在收割、搬运时受震动，会迅速脱荚入土；亦有部分随收割脱粒暴晒而爬出在晒场附近入土；少数还能随大豆种子入库储存，而在仓库内结茧越冬。越冬幼虫死亡率高达90%～90.5%，一般在翌年早春天气转暖时死亡最多，据观察，其中大部分是在即将化蛹时被一种真菌寄生致死。

四、发生规律

（一）气候条件

由于全球气候变暖，特别是近几年来，厄尔尼诺现象所带来的冬季温暖、早春不冷、盛夏不热、晚秋不凉的特殊气候，十分有利于豆荚斑螟的生长繁殖和越冬，越冬幼虫死亡率低，残留基数高致使越冬代成虫数量多，羽化时期长，除第一代发生较整齐外，以后各代有不同程度的世代重叠现象，给防治工作增加了难度。

在适温条件下，湿度对豆荚斑螟发生的轻重有很大影响，如土壤湿度太高，饱和水分达到50%时，幼虫死亡率达100%。幼虫入土结茧之前，如果土壤湿度过大，会使幼虫结不成茧而致死。所以豆区农民有“旱年生虫，雨年虫少”的说法。据观察，往往旱地大豆比水田大豆受豆荚斑螟的为害更重。如广东惠东沿海水稻、小麦、大豆轮作区，豆荚斑螟的为害明显较轻。壤土地的夏大豆被害程度较严重，黏土地的被害程度较轻，如同一品种大豆，壤土地被害率达53.2%，黏土地仅10.0%；平地的夏大豆被害程度较严重，洼地的被害程度较轻；高坡、岗上地的夏大豆被害程度较严重，岗下地的被害程度较轻。另外，不同大豆品种，由于物候期不同，被豆荚斑螟为害的程度就有显著的差别。

豆荚斑螟发生代数多，世代重叠，发生时间长，对温度的适应范围广，7～35℃都能生长发育，最适环境温度为26～30℃，相对湿度70%～80%。卵发育起点温度为13.9℃，有效积温44.8℃；幼虫的发育起点温度为17.1℃，有效积温100.2℃。卵和幼虫的发育速率随着温度的升高而加快。气温在23.5℃时，卵历期7.1d；气温在27.4℃时，卵历期4.5d；气温在29.2℃时，卵历期3.8d；气温在31.1℃时，卵历期3.5d。

室内测定观察，雌、雄蛾在相对湿度低于60%以下时产卵少，湿度过高也不利。湿度大于30.5%时，越冬幼虫便不能存活，土壤饱和水分为25%（绝对含水量12.66%）时，化蛹率及羽化率均高。

（二）寄主植物

豆荚斑螟在某一地区的发生程度与寄主食物链的关系非常密切。寄主食物链完整的地域，豆荚斑螟的发生为害就严重。豆荚斑螟的主要寄主有大豆、豇豆、扁豆、豌豆、绿豆、柽麻及苕豆等豆科作物，种植面积扩大，早、中、晚熟品种混栽明显，不同海拔地区播种和结荚期差异大，食料丰富，有利于其发生，同一田块植株生长不整齐，荫蔽、湿度大的发生较重。越冬代成虫羽化集中产卵于越冬豆科作物豌豆及毛苕子上，一代产卵于刺槐荚上及豆科蔬菜豇豆、菜豆上。寄主的相互衔接，有利于种群繁殖，虫源量阶梯式增长。据调查，陕西安康地区1986年豌豆荚受害率为33.4%，刺槐荚受害率达87.5%～91.6%；1987年豌豆荚受害率为18.0%，刺槐荚受害率为44.7%，说明虫源呈直线上升，一代发生数量的大小间接影响三代的消长，亦是左右大豆受害及发生面积的主要因素，因此切断桥梁寄主，可减少大豆受害。在大豆收获期对不同品种、不同播期受豆荚斑螟的为害情况做了调查，调查结果显示，不同品种之间被害差异较大，生育期短的品种受害重，如早熟一号。生育期长的品种受害轻，如白浪。同一播期，同时处于结荚盛期的各品种，也以早熟一号受害重，无疑在品种之间存在着一定的抗虫性差异。同一品种播期不同，被害程度差异明显，一般早播受害重，迟播受害轻，大豆结荚盛期与豆荚斑螟产卵高峰期吻合的受害重，避开的受害轻。

（三）天敌昆虫

豆荚斑螟的天敌有黑胸茧蜂、绒茧蜂、甲腹茧蜂和鸟类等。寄生蜂对豆荚斑螟幼虫和蛹的寄生率达50%以上。

五、防治技术

（一）农业防治

选育早熟、少毛或无毛品种，可避免或减少成虫产卵。适当调整播种期，使结荚期避开成虫产卵盛期。水旱轮作，开花期灌水，提高土壤湿度。大豆收获时，在不影响产量的前提下早收，将未脱荚的老熟幼虫带回晒场，集中杀灭。大豆收获后立即翻耕土地，消灭越冬幼虫，压低虫口密度，降低翌年虫源基数。集中防治一代幼虫，切断桥梁寄主，减少大豆受害潜势。

（二）物理防治

利用豆荚斑螟的趋绿性，采用绿板诱杀成虫，以减少卵、虫基数。将18cm×9cm的硬纸板（三合板或纤维板）两面分别用绿色油漆涂成绿色，晾干后刷10号机油，田间顺行每平方米插放绿板1～2块，绿板高度依大豆植株高度而定。当豆荚斑螟黏满板面时，及时补涂机油，一般7～10d涂1次；利用成虫的趋光性，5～10月的夜晚架设黑光灯、频振式杀虫灯等，诱杀成虫，减少虫源基数。

（三）生物防治

豆荚斑螟的天敌有甲腹茧蜂、小茧蜂、豆荚螟白点姬蜂、赤眼蜂，以及一些寄生性微生物等。温室夏大豆于豆荚斑螟产卵盛期释放赤眼蜂，放蜂量不少于15头/hm^2，对豆荚斑螟的防治效果可达80%以上；老熟幼虫脱荚入土前，当田间湿度较高时，可施用白僵菌粉剂45kg/hm^2（每7.5kg菌粉+细土或草木灰6.75kg），均匀撒在豆田垄台上，脱荚落地的幼虫接触到白僵菌孢子，于适合温度、湿度条件下发病死亡。

（四）化学防治

在成虫盛发期与幼虫盛孵期内喷药，可毒杀成虫与初孵幼虫。幼虫孵化多在6：00～9：00，且刚孵出的幼虫会在豆荚上爬行15～30min，然后开始吐丝裹住虫体并钻蛀入豆荚，这时的幼虫幼小，属于低龄期，抗药能力较低，是用药喷杀的最佳时期。因此，在喷药防治时，应尽量掌握在6：00～9：00进行。老熟幼虫出荚入土前对土表施药，也可以毒杀即将入土的老熟幼虫。常用药剂为：1.8%虫螨腈悬浮剂2 000倍液、2.5%多杀霉素悬浮剂1 500倍液、50%辛硫磷乳油800倍液、90%敌百虫晶体800倍液、50%倍硫磷乳油1 000～1 500倍液、50%杀螟硫磷乳油1 000倍液、10%氯氰菊酯乳油2 000～3 000倍液、2.5%溴氰菊酯乳油1 250～2 500倍液、20%氰戊菊酯乳油3 000倍液、10%吡虫啉可湿性粉剂1 000～1 500倍液、2.5%高效氯氟氰菊酯乳油1 000倍液、48%毒死蜱乳油1 500倍液，不同类别农药要交替轮换使用，且要严格掌握农药安全间隔期，在豆荚收获前10天禁止使用农药。

史树森　崔娟（吉林农业大学）

第 22 节　豆荚野螟

一、分布与危害

豆荚野螟［*Maruca vitrata*（Fabricius）］属鳞翅目草螟科豆荚野螟属。其学名原为 *Maruca testulalis* Geyer，Heppner（1995）建议改用 *Maruca vitrata*。1880 年 Butler 在《伦敦动物学会报》中已有我国台湾的分布记录，当时所用学名为 *Maruca aquatilis* Doisduval。20 世纪 70 年代前豆荚野螟还曾被误认为是玉米螟。它的中文别名有豇豆荚螟、豆野螟、豇豆豆荚野螟、豇豆螟、豇豆蛀野螟、豆螟蛾、大豆螟蛾、豆卷叶螟、大豆卷叶螟、花生卷叶螟、豆角螟、豆蛀螟、豆叶螟、豆螟、豇豆钻心虫、豆荚钻心虫、豆角钻心虫等约 20 个。1985 年以后来自国外的翻译资料多将 *Maruca testulalis* Geyer（豆荚野螟）译作豆荚螟，很容易与 *Etiella zinckenella* Treitschke（豆荚螟）混淆。

豆荚野螟的国内分布范围广泛，北起吉林、内蒙古，南至台湾、海南及广东、广西、云南，东面临海，西向陕西、宁夏、甘肃折入四川、云南，并再西展至西藏。该虫在欧洲、亚洲、非洲及西半球许多国家都有发生。

豆荚野螟是为害豆科作物的世界性重要害虫，主要为害大豆、菜豆、赤豆、豌豆、豇豆、扁豆、绿豆、洋刀豆等豆科植物，尤其对豇豆、扁豆、菜豆、豌豆和绿豆为害甚烈。豆荚野螟以幼虫蛀食为害豆科作物的花器、果荚和籽粒，还能吐丝卷叶于其中蚕食叶片以及蛀害嫩茎和取食花瓣，造成落蕾、落花和烂荚，严重影响作物产量和品质。

二、形态特征（彩图 7-22-1）

成虫：体长 10～16mm，翅展 25～28mm。体灰褐色，前翅黄褐色，前缘色较淡，在中室部有 1 个白色透明带状斑，在室内及中室下面各有 1 个白色透明的小斑纹。后翅近外缘有 1/3 面积色泽同前翅，其余部分为白色半透明，有若干波纹斑。前、后翅都有紫色闪光。雄虫尾部有灰黑色毛 1 丛，挤压后能见黄白色抱握器 1 对。雌虫腹部较肥大，末端圆筒形。

卵：椭圆形，大小为 0.4mm×0.6mm，极扁平。初产时淡黄绿色，后逐渐变成淡黄色，孵化前橘红色。卵壳具四至六边形花纹。未孵化幼虫前胸背板山字形，中间各有毛片 1 块。发育过程中卵色变化顺序为无色期、淡黄绿期、眼点出现全身红斑期、中肠血红期、黑头期。

幼虫：有 5 个龄期。初孵幼虫淡黄色，此后随环境的变化，幼虫体色会有分化，大致可分为 4 种体色，即淡黄色、黑绿色、绿色和粉红色。老熟幼虫体黄绿色，头部及前胸背板褐色。中、后胸背板有黑褐色毛片 6 个，排成两列，前列 4 个各生有 2 根细长的刚毛，后列 2 个无刚毛。腹部各节背面上的毛片位置同胸部，但各毛片上都着生 1 根刚毛。腹足趾钩为双序缺环。

蛹：长 11～13mm，宽 2.5mm。翅芽伸至第四腹节的后缘。触角、中足胫节和下颚等长，至第十腹节。中胸气门前方有刚毛 1 条。棘突褐色，上生臀棘 8 枚，末端向内卷曲。早期蛹绿色，复眼浅褐色；后期蛹茶褐色，复眼红褐色；羽化前在褐色翅芽上能见到成虫前翅的透明斑纹蛹。体外被白色有薄丝茧，茧长 18mm，宽 8mm。蛹室（土茧）长 20～30mm，宽 10mm。

三、生活习性

豆荚野螟在我国从北到南 1 年发生 2～10 代。推测北部的新疆和黑龙江年发生代数为 2～3 代，南部的海南年至少发生 10 代。表 7-22-1 显示豆荚野螟在我国部分地区的年发生代数。

豆荚野螟成虫羽化昼夜都可进行，白天羽化率 17.82%，18：00 至翌日 6：00 羽化率 82.18%，其中上半夜羽化率 57.43%；但绝大多数在黑暗中羽化（其中雌蛾占 86%，雄蛾占 73%），成虫羽化 2～4d 后即交尾，成虫一生交配 1～4 次；喜黄昏交配，产卵前期 3d 左右。豆荚野螟成虫白天停息在作物下部的叶背面等荫蔽处，天黑开始活动，以 22：00～23：00 活动最盛，养虫笼中的成虫取食花蜜、糖液等活动也在夜晚。成虫寿命 6～12d，生命的中、后期羽化产卵较多。成虫每雌产卵量平均 84.7 粒，最高产卵量 412 粒；卵多散产，少数 2～5 粒堆叠在一起，但有人观察结论是卵块产，一个卵块仅 2～3 粒卵，用黏液将卵黏在一起。豆荚野螟卵在田间之所以比较难发现，是因为绝大多数产于花托或花萼表面的凹陷处，卵壳薄软、透明。

表 7-22-1 我国各地豆荚野螟发生代数（仿忙定泽，2012）

Table 7-22-1 The generations of *Maruca vitrata* in different areas of China（from Mang Dingze，2012）

地 区	发生代数	地 区	发生代数
浙江杭州	7	湖南	6～7
浙江宁波	6	江西南昌	5～6
浙江温州	7～8	贵州	5～6
上海	4～5	河南	5
江苏	4～5	山东	4
安徽	6	陕西	4～5
湖北荆州	7～8	福建	6
湖北襄北	6～7	广东	9
湖北武汉	5～6	海南	≥10

在田间，卵主要产于花下部，如花萼、花托、花瓣下部等，80%～85%的卵产于含苞待放的花上；若寄主尚未出现花蕾，则卵多产于嫩茎、嫩叶上或附近。初孵幼虫吃掉卵壳，爬行若干小时后，直接钻蛀花苞或在上午花瓣开放时进入花内，也可从花瓣抱合的缝隙进入，或三者均有之。幼虫喜钻蛀未开花的花朵，整个幼虫期可全部在花中完成。幼虫最喜食花中子房部分，其次是合生的雄蕊花丝和龙骨瓣。幼虫为害过程中，常见其将 2 朵以上花或 2 根以上荚或连同叶、茎等用丝缀合在一起，隐蔽其中，通过蛀孔来回取食，缀合的花最多达 13 朵。幼虫昼伏夜出。有背光性，白天潜在花器、嫩茎或缀叶内，傍晚至翌日清晨 7：00 爬出活动，转移为害。

豆荚野螟喜温喜湿。夏季温度在 25～32℃，相对湿度 85%左右或降水量>200 mm 时最易大发生，造成严重危害；温度适宜，若湿度低于 70%，为害较轻。

幼虫老熟后，离开花或荚寻找隐蔽处化蛹，蛹具薄丝茧，茧丝初期白色，后逐渐变成黄白色、土黄色及黄褐色。一般是在浅土层、土表隐蔽处或较宽的土缝中化蛹，土中化蛹深度 0～3cm。

四、发生规律

(一) 气候条件

豆荚野螟对温度的适应范围广，7～31℃均能发育，最适发育温度为 28℃，最适相对湿度为 80%～85%。豆荚野螟幼虫、蛹的发育历期与日平均温度之间的对数回归方程分别为 $Y_1=3.5625-1.7766x$ 和 $Y_p=3.8118-2.0800x$。豆荚野螟喜高温潮湿的环境，不间断的阴雨天气，相对湿度在 82%～89%时对豆荚野螟种群的增长极为有利。干旱往往是抑制豆荚野螟大发生的重要原因，而不适宜的温度条件也影响其发生发展。卵历期主要受温度的高低制约，卵的发育起点温度为 11.3℃。

幼虫历期与寄主植物、温度等有关。朱均权等用豇豆、菜豆和扁豆 3 种植物及 20℃、25℃和 30℃ 3 个温度交叉组合对比发现，在 20℃、25℃时，取食 3 种不同寄主豆荚的幼虫历期有显著差异，取食扁豆的最长，取食菜豆的最短，取食豇豆的居中；但在 30℃条件下，取食 3 种寄主的幼虫历期无显著差异。丁彩虹等对试验种群 5 个龄期幼虫的测试结果显示，除一龄幼虫外，日均温相差 2～3℃，各龄幼虫的历期差异可达显著水平；日均温相差 5～7℃，历期差异可达极显著水平；而卵、预蛹、蛹及成虫对温度的敏感程度都不及幼虫。幼虫的发育起点温度为 7.75℃，是 4 个虫态中最低的，最接近全世代的发育起点温度 7.84℃；幼虫发育有效积温 183.56℃，占全世代有效积温的 38.7%。

(二) 寄主植物

寄主植物对豆荚野螟的生长发育有显著影响。文礼章等分别用豇豆、扁豆和刀豆各饲喂 22 头一至二龄幼虫，直至羽化为成虫，结果是用豇豆、扁豆和刀豆饲喂的化蛹数依次为 21 头、20 头和 14 头，成虫羽化数依次为 21 头、19 头和 5 头，平均每雌产卵量依次为 17.7 粒、7.6 粒和 2.5 粒，取食扁豆的产卵量只占取食豇豆的 42.9%；罗庆怀等发现，在贵阳地区，豆类蔬菜被害轻重依次为豇豆>少毛菜豆类>扁豆>多毛菜豆类。

(三) 天敌

豆荚野螟的天敌种类丰富，寄生性天敌有微小花蝽［*Orius minutus*（L.）］、黄眶离缘姬蜂［*Trathala flavo-orbitalis*（Cameron）］、安赛寄蝇［*Pseudoperichaeta insidiosa*（R. D.）］、菜蛾盘绒茧蜂［*Cotesia plutellae*（Kurdjumov）］等，凹头小蜂（*Antrocephalus* sp.）是寄生蛹的优势种，黄眶离缘姬蜂 7～11 月的寄生率达 40%左右。猎捕寄生性天敌有黄喙蜾蠃［*Rhynchium quinquecinctum*（Fabricius）］。捕食性天敌有广屁步甲［*Pheropsophus occipitalis*（Macleay）］、草间钻头蛛［*Hylyphantes graminicola*（Sundevall）］、七星瓢虫［*Coccinella septempuctata*（L.）］、龟纹瓢虫［*Propylea japonica*（Thunberg）］、异色瓢虫［*Harmonia axyridis*（Pallas）］、草蛉、蠼螋、猎蝽和蚂蚁等。研究发现三突花蛛和星豹蛛的寻找效应随着豆荚野螟密度的上升而下降，在实际应用这两种蜘蛛时，益害比分别为 1.5 和 1.3 时有较好的效果，三突花蛛和 T 纹豹蛛对豆荚野螟二至三龄幼虫控制力较强，三突花蛛日最大捕食量 6.63 头，T 纹豹蛛日最大捕食量 2.87 头。致病微生物有真菌、线虫和微孢子虫等。

(四) 化学农药

化学杀虫剂一直是防治豆荚野螟的主要途径。20 世纪 70～80 年代的杀虫剂主要是有机磷中的敌敌畏、敌百虫、马拉硫磷、乐果等，用青虫菌防治豆荚野螟也取得很好的效果。20 世纪 90 年代初生物源杀虫剂和拟除虫菊酯类杀虫剂应用发展很快。进入 21 世纪后，越来越多的对人畜更安全的杀虫剂，特别是生物农药受到高度重视。文礼章等曾于 1994 年用 12 种杀虫剂对豆荚野螟进行药剂试验，根据方差分析将参试的 12 种药剂分为最好、较好和较差 3 类，Bt 乳剂属于最好之列，而有机磷类的乐果、敌敌畏、敌百虫等都属于较差一类。

五、防治技术

(一) 农业防治

1. 合理轮作 实行水旱轮作或与玉米轮作。采用与非豆科作物轮作的耕作措施，可减少豆荚野螟虫源，减轻豆荚野螟的为害。

2. 清洁田园 每天人工摘除被豆荚野螟幼虫虫丝牵拉住的已从果枝上分离的虫蛀萎蔫花、烂花，以及已脱离花托但仍附着在嫩荚顶端的花冠。及时清除豆田田间的落花、落荚，将落地花和落地豆荚收集起来深埋，并摘除被害的卷叶和虫荚集中烧毁，以减少虫源，防止豆荚野螟转移为害。

3. 灌溉灭虫 在水源方便的地区，在秋季和冬季灌水数次，提高土壤湿度，或在上茬作物收获后灌水沤田，可使入土结茧幼虫死亡，以压低发生为害的虫口基数。

4. 加强栽培管理 在同一豆田种植区域内，要做到最早播种田块和最迟播种田块播种期相差天数不能太多，尽量做到种植期相对统一；要加强肥水管理，同一田块尽量做到出苗一致、长势整齐，以便在关键时期采取措施集中防治。

(二) 物理防治

1. 灯光诱杀 在豆田上悬挂佳多频振式杀虫灯诱杀豆荚野螟成虫。佳多频振式杀虫灯利用害虫较强的趋光、波、色、味的特性，将杀虫灯光波设在特定的范围内，近距离用光，远距离用波，加上害虫本身发出的性信息素引诱成虫扑灯，再配以特制的高压电网触杀，使豆荚野螟成虫落入专用虫袋内，可有效降低田间产卵量，压缩虫口基数，减轻为害。

2. 利用性诱剂诱杀 利用豆荚野螟性信息素诱杀还处于实验阶段。豆荚野螟性诱剂引诱豆荚野螟雄蛾进入诱捕器内，从而破坏其交配，以减少豆荚野螟子代幼虫的发生量。

(三) 生物防治

利用高效、低毒、低残留的生物制剂防治豆荚野螟，要选择使用渗透性强、杀虫杀卵效果显著、对花期安全的生物农药制剂；用药部位主要是大豆植株上部。生产实践证明，选用 Bt、核型多角体病毒、阿维菌素等生物制剂喷雾防治豆荚野螟，均可取得较好的防治效果。

(四) 化学防治

选用高效、低毒、低残留的农药喷雾防治，可选用 5%氯虫苯甲酰胺悬浮剂 1 000 倍液、10%虫螨腈悬浮剂600倍液、24%甲氧虫酰肼悬浮剂2 500倍液、1%甲氨基阿维菌素苯甲酸盐乳油3 000倍液、15%茚虫威悬浮剂1 200倍液等。

史树森　崔娟（吉林农业大学）

第23节　豆根蛇潜蝇

一、分布与危害

豆根蛇潜蝇［*Ophiomyia shibatsuji*（Kato)］又名大豆根潜蝇，俗名大豆根蛆，属双翅目潜蝇科蛇潜蝇属。国内分布于黑龙江、吉林、辽宁、内蒙古、山东、河北等省份，以黑龙江和内蒙古受害较重。2000年仅黑龙江七台河大豆受害面积就达0.53万hm^2，占大豆播种面积的15%，被害株率轻者10%左右，严重田块达20%～30%。

豆根蛇潜蝇只为害大豆和野生大豆，为单食性害虫。以幼虫为害为主。成虫以产卵器刺破大豆幼苗的子叶和真叶，舐食汁液，取食处呈枯斑状。幼虫在幼苗茎基以下3～6cm根段的根皮层钻蛀为害，为害主根的皮层和木质部，被害根变粗、变褐或纵裂，或畸形增生，或生肿瘤。受害后的大豆根系不发达，幼苗长势弱、矮小，叶色黄，受害严重者逐渐枯死。受害轻者，在幼虫化蛹后，根部伤口愈合，植株恢复生长，但根瘤小而少，侧根减少，顶叶发黄，荚少，产量降低。根据调查，受害株较健康单株可减产35.4%～46.7%。此外，幼虫在根部造成伤口，会导致感染大豆的根部病害——大豆根腐病，使大豆受害损失加重。

二、形态特征

成虫：体长约2.3mm，亮黑色。背视头顶宽约为复眼宽的1.5倍；单眼三角区尖端伸达额区中部；触角3节，端节球形，芒光滑，生于端节基背面。前翅翅脉棕黑色，翅面具浅紫色金属闪光；前缘近基部有1个断裂；径中横脉约在中室偏端方1/3处，与中横脉间的距离明显短于中横脉（彩图7-23-1，1)。

卵：长约0.4 mm，橄榄形，白色透明。

幼虫：体长3.5～4.0mm，淡黄色，半透明，蛆形，尾部稍细。口沟黑色。前胸气门1对，向背伸出，脚掌形，端部暗棕色，端截面具24～30个气门孔，排列成2行；后气门1对，位于腹部第八节背面，向尾端平伸，端部膨大，呈喇叭状，截面有28～41个气门孔（彩图7-23-1，2)。

蛹：体长2.6～3mm，长椭圆形，黑色。前、后气门明显突出，靴形。

三、生活习性

豆根蛇潜蝇在东北三省、内蒙古1年发生1代，以蛹在豆株根部或被害根部附近土内越冬。

在黑龙江越冬蛹翌年5月末至6月初羽化，时值大豆幼苗有1对单叶和1个3出复叶刚长出。6月上、中旬为成虫羽化盛期，6月上旬成虫开始产卵，产卵盛期为6月中旬。幼虫6月上旬孵化，孵化盛期为6月中、下旬。老熟幼虫于6月下旬至7月中旬陆续在土表5～10cm深处化蛹、越冬。

成虫在温暖的晴天，多集中在植株上部；在气温低、阴雨天或风力大时，栖息在下部叶片背面。成虫飞翔力弱。成虫以产卵器刺破豆叶组织，舐食汁液，取食处呈枯斑状。成虫羽化后2～3d即可交配，交配当日即可产卵。产卵时喜选择幼嫩的豆苗，在近土表用产卵器刺破幼苗根部表皮，形成1个孔道，将卵产在里面。每次产卵1粒，一般1株豆苗上产卵1粒。每雌产卵19～22粒。幼虫孵化后随即蛀入根部皮层及韧皮部中为害，随虫体长大，取食量增加而形成1条孔道。被害豆株根系不发达，侧根少，根瘤也少。

豆根蛇潜蝇各虫态发育历期为：卵期3～4d，幼虫期约20d，蛹期320～340d，成虫期6～8d。

四、发生规律

（一）气候条件

豆根蛇潜蝇发育的适宜温度为20～25℃。在黑龙江6月上旬为该虫羽化出土盛期，降雨后土壤湿润，对成虫羽化出土有利，有利于其发生为害。

据调查，当土壤湿度在25%～28%，越冬蛹超过20头/m^2，成虫羽化率在70%以上时，当年大豆损失率在20%以上；若越冬蛹10～20头/m^2，越冬羽化率60%～70%，则当年大豆产量损失率为10%～20%。如果在6月上、中旬成虫羽化高峰期每天网捕成虫，5网平均在50头以上，且3～4d不减退，则当年受害趋重，预计被害株率将超过50%，减产幅度在20%以上。

（二）耕作栽培措施

1. 茬口 不同茬口豆根蛇潜蝇发生程度不同。重茬地越冬虫源数量较多，发生为害最重；其次为迎茬地，而正茬地发生为害最轻。据张雷报道，正茬地被害株率为3.33%，迎茬地被害株率为10%，重茬地随着重茬年限的增加，为害呈递增趋势，重茬9年被害株率达40%。赵奎军等报道，大豆重、迎茬能加剧豆根蛇潜蝇的为害，重茬一、二、三年的有虫株率分别比正茬高14.8%、23.5%和25.5%。

2. 播种期 大豆播期不同，豆根蛇潜蝇发生程度不同。播种过晚，5月20日后播种的地块发生重。晚播地块，当豆根蛇潜蝇幼虫盛发时，大豆幼苗根、茎表皮细嫩，有利于其发生为害。适当早播和选用早熟品种，幼苗生长发育快，当幼虫盛发时主根的木质化程度较高，能忍耐幼虫钻蛀，从而能减轻豆根蛇潜蝇的为害。

3. 施肥水平和土壤肥力 施肥水平不同，豆根蛇潜蝇发生程度不同。施肥多的为害轻，施肥少的为害重，不施肥的为害最严重，化肥相同的情况下加施农肥的处理为害较轻。土壤有机质含量低于5%，缺肥，幼苗生长瘦弱，豆根蛇潜蝇为害加重；土壤有机质含量高于5%，水肥充足，促使幼苗早发、生长发育健壮，为害减轻，即使受害，恢复也快。

4. 耕翻土壤 秋耕深翻或秋耙茬地块发生轻。深翻能将蛹埋入土中，蛹在土层中深度越深，羽化率就越低。据试验，蛹接近地面者羽化率为72%，深度5cm羽化率为50%，深度10cm羽化率为41%，而深度20cm羽化率仅为10%。所以秋季深翻土壤20cm以上，能把蛹深埋土中，降低羽化率。秋耙能把当年豆茬地地表下的越冬蛹带到地表面，经冬季长期低温和干燥的影响，增加其死亡率。

（三）天敌

已知豆根蛇潜蝇的天敌有离颚茧蜂（*Dacnusa* sp.），能寄生豆根蛇潜蝇的卵和初孵幼虫，自然寄生率可达20.2%～39.3%，对豆根蛇潜蝇的发生具有一定的抑制作用。此外，幼虫和蛹还可受到真菌的寄生而引起死亡。

五、防治技术

对豆根蛇潜蝇的防治应狠抓农业防治，药剂防治应着重在播前沟施农药或药剂拌种防治幼虫，适期用药防治成虫。

（一）农业防治

1. 轮作换茬 实行大豆与禾本科等作物2年以上轮作，可以减轻其受害程度。

2. 豆田秋季深翻或耙茬 秋季深翻或秋耙茬，重、迎茬地块作物秋收后马上深翻40cm以上，然后耙平起垄和镇压，能压低越冬基数，减少虫源，减轻为害。

3. 适时早播和增施肥料 当土壤温度稳定通过8℃时进行大豆播种，播种深度3～5cm，播后镇压。施足基肥，增施腐熟的有机肥，适当增施磷、钾肥，培育壮苗，促进幼苗生长和根皮木质化，增加豆株的抗虫能力。

（二）化学防治

1. 拌种 50%辛硫磷乳油按种子重量的0.2%拌种，或40%乐果乳油500～700mL拌大豆种子100kg，晾干后立即播种。

2. 种子包衣 8%甲·多种衣剂或35%多·克·福悬浮种衣剂，按种子重量的1.2%～2.0%进行种子包衣处理。

3. 土壤处理 播前沟施5%涕灭威颗粒剂45kg/hm^2，或3%克百威颗粒剂45kg/hm^2。

4. 适期喷药防治成虫 大豆出苗后，若田间成虫达到0.5～1头/ m^2，应喷药防治。通常在大豆幼苗抽出第一个3出复叶而叶片未展开时进行第一次喷药，7～10d后再喷第二次。常用药剂有25%喹硫磷乳油1 500倍液、2.5%溴氰菊酯乳油2 000倍液、48%毒死蜱乳油1 500倍液，或40%乐果乳油1 000倍液与80%敌敌畏乳油2 000倍液混用。

5. 药剂熏杀成虫 在成虫盛发期用80%敌敌畏乳油2 250mL/hm² 混拌细沙300kg或浸玉米穗轴225kg，均匀撒在地内。

赵奎军（东北农业大学农学院）

第24节 豆秆黑潜蝇

一、分布与危害

豆秆黑潜蝇［*Melanagromyza sojae*（Zehntner）］别名豆秆蝇、豆秆穿心虫，属双翅目潜蝇科黑潜蝇属。该虫世界性分布，是热带、亚热带豆科作物上的重要害虫。据文献记载，在国外，日本、印度、印度尼西亚、斯里兰卡、马来西亚、斐济、密克罗尼西亚、以色列、沙特阿拉伯、埃及、利比亚、苏丹、南非、巴西、澳大利亚等国均有发生；在国内，分布于吉林、辽宁、陕西、甘肃、河北、河南、山东、江苏、上海、安徽、浙江、湖北、湖南、江西、广东、海南、广西、四川、台湾等省（自治区、直辖市），是黄淮流域、长江流域以南及西南等大豆产区的重要害虫之一，除大豆外，还为害赤豆、绿豆、菜豆、豇豆、蚕豆、木豆、紫苜蓿、野生大豆、田皂角、草木樨、千斤拔等多种豆科植物。

豆秆黑潜蝇从苗期开始为害，幼虫钻蛀，造成茎秆中空。苗期受害，因水分和养分输送受阻，有机养料累积，刺激细胞增生，使根颈部肿大，全株铁锈色，比健株显著矮化，分枝极少，受害重者茎中空，叶脱落，最终导致死亡。成株期受害，造成花、荚、叶过早脱落，豆荚显著减少，秕荚、秕粒增多，有的大豆植株一半以上的侧枝为空荚，无籽粒，千粒重降低，使大豆严重减产。据王经伦、王化理、邹德华等研究报道，黄淮区春大豆受害株率一般为70%～80%，夏大豆达100%，常年减产20%以上，重者可达30%～50%，甚至颗粒无收。

二、形态特征（彩图7-24-1）

成虫：体长2.4～2.6mm，体小型，黑色，腹部有金绿色光泽。复眼暗红色，触角黑色，3节，第三节钝圆形，其背中央生有细长角芒1根，为触角的3～4倍。前翅膜质透明，有淡紫色金属闪光，肘脉自中肘横脉至外缘间的长度为中脉自胫至中肘间长度的1.5～2倍。亚前缘脉（Sc）在到达前缘脉（C）之前与第1径脉（R_1）靠拢而弯向前缘。径中横脉（r-m）位于基第2中室（$1M_2$）中央的端方，腋瓣具黄白色缘缨，平衡棒黑色，触角仅具毳毛。雌虫稍大于雄虫，雌虫腹部丰满较大，末端有针状产卵管，长度0.3～0.4mm，雄虫腹部有交尾器。

卵：长椭圆形，乳白色，半透明，长约0.07mm，宽约0.05mm。初产卵呈乳白色，翌日卵的两端透明，中段腰部混浊，待混浊物消失，卵的一端显一黑点，孵化前黑点蠕动，幼虫破壳而出。

幼虫：体长2.4～4.4mm，初为乳白色，后呈淡黄色，口钩黑色，稍尖，下缘具一齿。第一胸节上着生前气门1对，很小，呈冠状突起，上具6～9个椭圆形气门裂。第八腹节上有后气门1对，淡灰棕色，中央有深灰棕色的柱状突起，在其周围具6～9个气门裂。体表生有很多棘刺，尾部有两个明显的黑刺。

蛹：长1.6～3.4mm，长椭圆形，淡黄褐色，稍透明。前气门1对，呈黑褐色三角状突起，相距较远。后气门1对，相距较近，中央柱状突褐色。尾部有两个黑色短刺。

三、生活习性

豆秆黑潜蝇每年发生代数因地而异，在一般情况下，从北向南世代递增，辽宁、陕西1年发生3代，河南、江苏1年发生4～5代，山东1年发生5代，湖北1年发生5～6代，浙江1年发生6代，四川、福建1年发生6～7代，湖南1年发生9代，广西柳州1年发生13代以上（全年均见为害）。黄淮及长江流域均以蛹在大豆及其他寄主根茬和秸秆中越冬，广西柳州冬季幼虫、蛹、成虫均可见。

豆秆黑潜蝇成虫飞翔能力较弱，多集中在豆株上部叶面活动，每天6：00～8：00、17：00～18：00为其活动盛期。成虫除喜食花蜜外，常以腹部末端刺破豆叶表皮，以口器吮吸汁液，被害嫩叶的正面边缘常出现密集的小白点和伤孔，严重时可呈现枯黄凋萎。成虫寿命一般3～4d，个别长达13d。

豆秆黑潜蝇卵为单粒散产，个别的一处产两粒，产在叶片背面靠基部主脉附近表皮下，以上中部叶片着卵量较多，并用黑褐色黏液覆盖伤口，产卵处外表即呈黑褐色斑点，一头雌虫最多可产卵13粒，多为7～9粒，产卵历时2～3d。

初孵幼虫先在叶背表皮下潜食叶肉，形成1条极小而弯曲，稍微透明的小虫道，经主脉蛀入叶柄，再往下蛀入分枝及主茎，蛀食髓部和木质部。粪便排泄于隧道内，初为黄褐色，后变红褐色；虫道蜿蜒曲折如蛇行状，1头幼虫蛀食的虫道可长达17～35mm。每株豆秆有幼虫2～7头，可多达13头以上。该虫的为害大体可分为过渡、扩散和重发3个阶段。豆秆黑潜蝇在大豆播后30～40d首先侵入大豆主茎，播后50～60d才钻入叶柄和分枝，豆株各部位受害程度表现为主茎＞叶柄＞分枝；幼虫老熟后先在茎干或者叶柄上咬一羽化孔，并在孔的上方化蛹。一般每头成虫都有一个羽化孔，少数的几头合用一孔。

在我国为害大豆的潜蝇共有5种，其形态相似，容易混淆，为方便在生产实践中正确识别，将5种潜蝇为害状及分布区域列于表7-24-1中。

表7-24-1 我国为害大豆的5种潜蝇为害状及分布（仿问锦曾，1980）

Table 7-24-1 Damage and distribution of 5 species of soybean miners（from Wen Jinzeng，1980）

种类及区别	豆秆黑潜蝇 [*Melanagromyza sojae* (Zehntner)]	豆梢黑潜蝇 (*M. dolichostigma* de Meijere)	豆秆蛇潜蝇 [*Ophiomyia centrosemaxis* (Meijere)]	豆根蛇潜蝇 [*O. shibatsuji* (Kato)]	豆叶东潜蝇 [*Japanagromyza tristella* (Jhomson)]
为害状及部位	幼虫潜道主要在叶柄及侧枝、主茎和根的髓部，受害后初为淡褐色，后变红褐色	幼虫潜道仅限于茎、梢髓部，自梢顶向下，长2～3 mm，下方潜道大，仅剩皮层，红褐色	幼虫潜道仅限于茎中，老熟时在茎的皮层内化蛹，其前气门伸出表皮外	幼虫潜道仅限于茎基部至主根表层中，黑褐色。蛹紧贴在褐色表皮下，前气门伸出表层外	幼虫潜道仅在叶片上，潜食叶片栅状组织，使叶片表面呈现直径1～2cm的白色膜状斑块
分布	除高寒地区外，全国各主要大豆产区均有分布	福建、湖北、江西、广西等	福建	黑龙江、吉林、辽宁、河北、山东等	北京、山东、河南、河北、湖北、江苏、广东

四、发生规律

（一）气候条件

豆秆黑潜蝇成虫活动适温是25～30℃，高于30℃或低于25℃或有风雨，风力达3级以上时，成虫隐藏不动；相对湿度低于80%时，活动亦受到抑制。从不同时间田间（5：00～20：00每小时网捕1次，每次200网）网捕成虫数量看出，14：00气温32℃以上时，成虫多栖息在豆株中部背阴处，网捕成虫数最少，占全天的1.3%～3.2%，早晨气温较低时成虫活跃，每次网捕成虫量占全天的7.5%～8.5%。降水量的多少对越冬蛹的滞育有明显的影响。在黄淮流域，据河南省农业科学院植物保护研究所邹德华、王玉琴报道，1980年6月上旬降水量50.8mm，比1981年同期多36.9mm，1980年第一代成虫发生盛期比1981年早7d。7月上旬第二代成虫发生时，1980年旬降水量46.1mm，比1981年同期多33.8mm，1980年成虫盛期比1981年早3d。1981年三代成虫发生期间，7月29日降水量112.4mm，8月初促使大批成虫羽化。1981年5～7月比1980年同期降水量少，1981年越冬代、第二代成虫量显著比1980年少，发生轻。

（二）寄主生育期

豆秆黑潜蝇为害与大豆生育期关系密切。成虫产卵对植株不同生育阶段有较强的选择性，一般营养期豆株虫量多，结荚期豆株虫量少。分期播种可影响大豆的被害情况，一般早播轻，晚播重，播种越晚百株虫量越多，受害越重。据王瑞明、林付根等研究报道，不同熟期大豆的受害程度依次为秋大豆＞夏大豆＞春大豆；对于同样的品种和播期而言，前茬为空白茬口豆田的受害程度要显著低于前茬有作物的豆田。

（三）天敌

山东省惠民地区农业科学研究所报道，通过室内饲养和田间调查发现，豆秆黑潜蝇有8种寄生蜂，对其田间消长起着重要的控制作用。该蜂类群隶属小蜂总科金小蜂科的有长腹金小蜂［*Chlorocytus spicatus*（Walker）］、斯夫金小蜂（*Sphegigaster* sp.）、隐后金小蜂（*Cryptoprymna* sp.）；柄腹金小蜂科的有环赘须金小蜂［*Halticoptera circulus*（Walker）］、黑绿金小蜂［*Syntomopus incurvus*（Walker）］；广肩小蜂科的有广肩小蜂（*Eurytoma* sp.）；姬蜂总科茧蜂科的有豆秆蝇茧蜂（*Bracon* sp.）；瘿蜂总科环腹瘿蜂科的有豆秆蝇瘿蜂（*Gronotoma* sp.）。饲养结果表明，长腹金小蜂，斯夫金小蜂和豆秆蝇茧蜂为外寄生，其余为内寄生且跨期寄生。其中，豆秆蝇瘿蜂等6种为优势种群，同时测定了这6种的生态位宽度、生态位重叠和生态位相似性比例指数，其中豆秆蝇瘿蜂生态位宽度指数最高（0.769 5），豆秆蝇瘿蜂对黑绿金小蜂生态位重叠指数最高（0.050 7），黑绿金小蜂对长腹金小蜂相似性比例指数最高（0.879 3）。按生态位概念进行全面分析，豆秆蝇瘿蜂为控制豆秆黑潜蝇效能最高的种类。

五、防治技术

（一）农业防治

1. 选种抗虫品种 选用高产早熟、有限结荚习性、分枝少、节间短、主茎粗、前期生长快和封顶快的大豆品种可以有效地防治豆秆黑潜蝇的为害。

2. 适时早播 可以使大豆早出苗，避开虫量较大的第二代幼虫；合理轮作，尽量避免连作，可以减少豆秆黑潜蝇的发生。

3. 及时处理豆秆，消灭越冬蛹 于4月底在越冬蛹羽化前将豆秆处理完，以便减少虫源，并可利用豆田深翻，增施基肥，适时间苗等措施使植株快出苗，生长健壮，提高耐受力。

（二）物理防治

在成虫盛发期，盆内放入红糖375g、醋500mL、白酒125 mL、敌百虫0.5g，加开水500mL，稀释后放置田间，每1～2hm^2放1盆，6：00～9：00和17：00～19：00诱杀，可减轻为害。

（三）生物防治

保护天敌，发挥寄生蜂对生育期内幼虫和越冬蛹数量的抑制作用。

（四）化学防治

防治成虫是中心环节，应在做好中期预报的基础上，抓住成虫盛发期，突击喷药防治。

1. 超低量喷雾 超低量喷雾功效高，成本低，不仅对当代成虫有较好的防治作用，同时可兼治下一代幼虫。施用的药剂有50%杀螟硫磷、50%辛硫磷、50%马拉硫磷乳油，每公顷用750～1 050mL，或用40%乐果乳油每公顷1 500～2 250mL，在成虫盛发期，防治一次，效果分别达88%～96%和82%～88%。防治一代成虫可选用40%乐果乳油或50%马拉硫磷乳油，可兼治大豆蚜虫，防治二代成虫可选用50%杀螟硫磷乳油或50%辛硫磷乳油，可兼治大豆造桥虫、豆荚螟等害虫。

2. 常规喷雾 防治成虫效果较好，但对幼虫效果较差。防治成虫可每667m^2用50%辛硫磷乳油50mL，或50%马拉硫磷乳油1 000倍液加40%乐果乳油750mL混合液喷雾，平均效果分别达80%、75%。防治幼虫可在防治成虫的基础上，隔6～7d再治一次。只要防治两次，就可基本控制为害，达到预期的目的。

史树森（吉林农业大学）

第25节 大 豆 蚜

一、分布与危害

大豆蚜（*Aphis glycines* Matsumura）属半翅目蚜科蚜属。国外分布于菲律宾、印度尼西亚、马来西亚、泰国、越南、印度、朝鲜、韩国、日本、俄罗斯、肯尼亚、美国、加拿大和澳大利亚等国家，国内各大豆产区均有分布，但以黑龙江、吉林、辽宁、河北、河南、山东、内蒙古等省（自治区）的部分地区为害较重。

大豆蚜是大豆上的重要害虫。以成蚜、若蚜群集在豆株的顶叶、嫩叶、嫩茎刺吸为害，严重时布满茎叶（彩图7-25-1），幼荚也可受害。被害豆叶形成鲜黄色不规则的黄斑，随后黄斑逐渐扩大，变为褐色。

受害严重的植株，叶卷缩，根系发育不良，叶黄、植株矮小，分枝及结荚减少，豆粒千粒重降低，苗期发生严重时可使整株死亡。分泌的蜜露布满叶面也会导致霉菌的繁殖而引发煤污病。干旱年份大发生时为害严重，如不及时防治，轻者减产 20%～30%，重者减产 50%以上。此虫还能传播大豆花叶病毒，造成更严重的危害。

大豆蚜为乔迁类蚜虫，有冬寄主（第一寄主）和夏寄主（第二寄主）之分，前者为鼠李等，后者有大豆、黑豆和野生大豆。

二、形态特征

有翅孤雌蚜：体长 1.0～1.5mm，长卵形，复眼暗红色，头、胸黑色，腹部黄色或黄绿色，体侧有显著的乳状突起，额瘤不显著。触角 6 节，约与体等长，第三节上有 6～7 个次生感觉孔，排成 1 行但距离不等，第六节鞭部长为基部的 4 倍。腹管黑色，圆筒形，基部比端部粗两倍，上有瓦状纹。尾片黑色，圆锥形，生有 2～4 对长毛。

无翅孤雌蚜：体长 1.0～1.3mm，长椭圆形，体黄色或黄绿色，体侧的乳状突起、复眼和额瘤等特征均与有翅蚜相同。触角短于身体，第三节无感觉孔，第五节末端及第六节基部与鞭状部相接处各有 1 个原生感觉孔，第六节鞭部长为基部的 2～3 倍。腹管黑色，圆筒形，基部稍宽，有瓦状纹。尾片圆锥形，中部缢缩，生有 3～4 对长毛。

三、生活习性

大豆蚜 1 年发生 20 代左右，在东北、华北主要以卵在鼠李的枝条芽腋或缝隙间越冬，在华北也有以卵在牛藤上越冬的报道。在吉林公主岭 4 月在鼠李芽鳞露绿到芽开绽期，平均气温达 10℃时，越冬卵开始孵化为干母，取食萌芽的鼠李，并孤雌胎生繁殖 1～2 代。5 月中、下旬鼠李开花前后发生迁移蚜，从鼠李迁飞到大豆幼苗上为害。6 月末至 7 月中、下旬是为害盛期。9 月产生有翅性母蚜，飞回越冬寄主鼠李上，并胎生无翅型雌蚜，另一部分在大豆上胎生有翅型雄蚜，飞回越冬寄主上，9 月中、下旬雌蚜与雄蚜交配后产卵越冬。其年生活史见图 7-25-1。

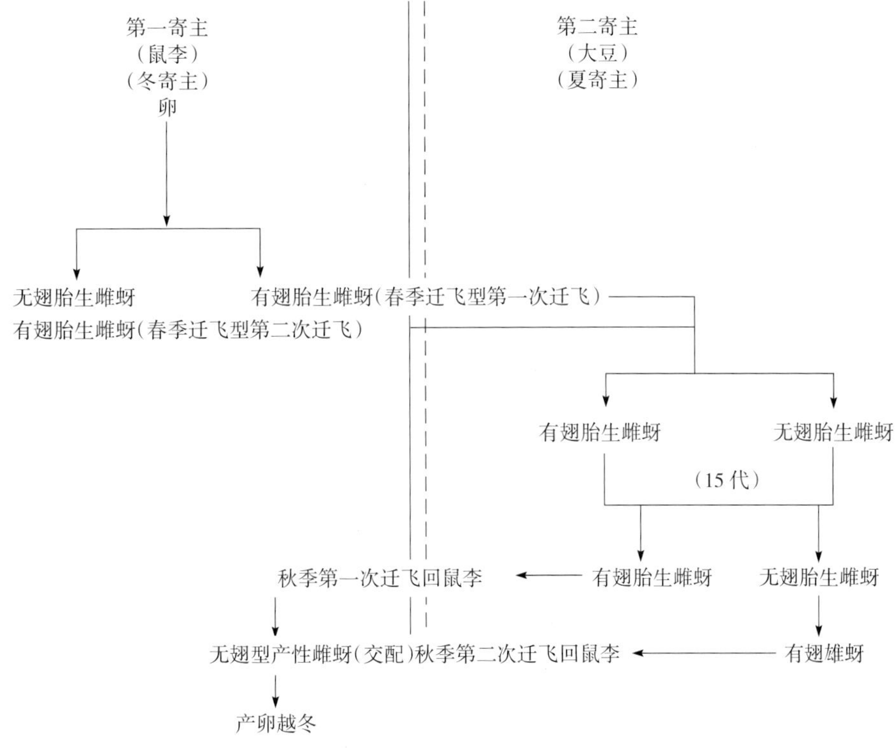

图 7-25-1 大豆蚜的生活史（仿王承伦等，1962）

Figure 7-25-1 Life cycle of *Aphis glycines* (from Wang Chenglun et al., 1962)

大豆蚜在东北大豆产区 1 年大致有 4 次迁飞，形成较为明显的 4 个发生阶段。

（一）初发阶段

初发阶段为5月中、下旬有翅迁移蚜第一次从鼠李上向大豆幼苗上迁飞开始至6月下旬大量产生有翅蚜之前。迁入豆田后的蚜虫第一代全部为无翅蚜，第二代有些个体产生有翅蚜，扩大蔓延，造成大豆蚜在大豆田间点片发生。一般自6月中旬开始有蚜株率显著增加，可造成部分早播田、早熟品种及发育较好的田块豆苗受害。

（二）盛发阶段

盛发阶段一般发生在6月下旬至7月中、下旬。6月下旬，大豆开花以前，大豆蚜产生大量有翅型在田间扩散迁飞（第二次迁飞），田间蚜量和有蚜株率迅速上升，有蚜株率有时可达100%，是造成大豆严重减产的主要时期。7月中旬，田间可再次大量产生有翅蚜，迅速扩散迁飞（第三次迁飞），单株蚜量剧增，如条件适宜可造成严重危害的局面。

（三）消退阶段

7月末至8月末，田间蚜虫种群数量消退，蚜虫由原来多数集中在植株上部而转移至植株中下部叶背面，并出现大量淡黄色或乳白色小型蚜，生长缓慢，繁殖力降低。

（四）回迁阶段

8月末至9月初，大豆上的大豆蚜陆续产生有翅蚜，逐渐向冬寄主鼠李上回迁。

大豆蚜在鼠李上多寄生在下部的枝条上，并喜寄生在背风、向阳的矮小植株上，一般较高大的多年生枝条上很少寄生，因此，调查越冬卵时应选择一年生枝条。

大豆蚜种群的空间分布型为聚集分布型。大豆蚜在发生初期具有很强的趋嫩性，主要集中在植株顶端的嫩叶上繁殖为害。随着大豆的生长和大豆蚜数量的增长，大豆蚜开始向全株扩散，由心叶为害逐渐转向全株为害。

大豆蚜繁殖力强，1头雌蚜可繁殖50～60头若蚜，若气候适宜，若蚜5～7d即能成熟，进行生殖，大豆蚜1年可在大豆上繁殖约15代。大豆蚜在10℃、15℃、20℃、25℃和30℃下完成1代分别需要22.08d、14.04d、10.67d、9.92d和6.71d。大豆蚜世代发育起点温度约为1.7℃，有效积温约为202.8℃。

四、发生规律

（一）气候条件

4月下旬至5月中旬，若气温高，雨水充足，利于越冬寄主植物的萌芽和生长，鼠李生长旺盛，蚜虫成活率高，繁殖力大。6月下旬至7月上旬，若旬平均气温达20～24℃，旬平均相对湿度在78%以下，有利于蚜量的增长，导致花期为害严重。高温高湿对大豆蚜不利，若5日平均气温在25℃以上，相对湿度在80%以上，常造成大豆蚜的大量死亡。暴雨过后，常导致田间蚜量快速减少。

（二）天敌

大豆蚜的天敌种类众多，包括捕食性天敌、寄生性天敌和病原微生物等。大豆蚜常见的捕食性天敌主要包括瓢虫（如异色瓢虫、七星瓢虫、十三星瓢虫、龟纹瓢虫、黑襟毛瓢虫、纵带纹瓢虫等）、食蚜蝇（如黑带食蚜蝇、狭带食蚜蝇、大灰食蚜蝇、四条小食蚜蝇、长扁食蚜蝇、短刺刺腿食蚜蝇等）、草蛉（如大草蛉、中华草蛉、丽草蛉、叶色草蛉等）、食虫椿象（如小花蝽、华姬猎蝽、窄姬猎蝽、黑食蚜盲蝽、大眼蝉长蝽等）、农田蜘蛛（如草间小黑蛛等）、食蚜斑腹蝇等。寄生性天敌主要有蚜茧蜂和蚜小蜂，如豆柄瘤蚜茧蜂、茶足柄瘤蚜茧蜂、日本柄瘤蚜茧蜂、黄足蚜小蜂等。病原微生物主要有虫霉和白僵菌等，如弗氏新接蚜霉菌、块状耳霉、暗孢耳霉、冠耳霉、有味耳霉、新蚜虫疠霉、努利虫疠霉等。这些天敌在大豆田起着抑制蚜虫发生的作用，尤其在大豆蚜发生的中后期抑蚜作用较显著。

（三）越冬寄主的分布和数量

在越冬寄主鼠李分布广、数量多的地区，大豆蚜初发期一般较早，为害期较长；反之，则初发期偏晚。

（四）品种抗虫性

大豆蚜在抗性品种上繁殖较慢。抗性品种多属裸生型（无荚毛）大豆，虽品质差、产量低，但其抗性基因可通过遗传育种手段来利用，有待研究。

有研究表明，大豆叶片内木质素含量高的品种抗蚜性较强。大豆叶片内氮素含量与大豆蚜的发生量有着密切的关系，大豆顶叶全氮量与田间百株蚜量呈正相关，百株蚜量较高的品种叶片内氮素含量高于百株蚜量低的品种。

五、防治技术

防治大豆蚜的策略和原则为合理施药，保护天敌，尽量保持田间优势天敌种群，早期防治（播种期、点片发生期、第二和第三次迁飞前），防止扩散蔓延为害。

（一）农业防治

1. 合理间作或套种 麦、豆连作田套种油菜可有效地增加豆田天敌数量，在大豆蚜大发生年份可使百株蚜量较对照减少 61.4%～73.3%。大豆与小麦间作或大豆与玉米间作，均可降低田间大豆蚜的发生数量，如大豆与玉米以 8：2 间作对大豆蚜控制效果好，可减少发生量。

2. 培育和选用抗虫品种 我国从数千份大豆品种资源中筛选出国育 98－4、国育 100－4、青皮平定、嘟噜豆和野生大豆 85－32 等，都有一定的抗蚜性，但没有发现高抗的种质资源。美国发现抗大豆蚜虫材料 Dowling、Jackson 和 PI71506。在田间试验中，Dowling 的抗蚜性对大豆的保护作用等同于施用杀虫剂。

（二）生物防治

1. 保护和利用天敌 合理选择和使用化学农药，减少对天敌的杀伤。人工饲养和释放天敌，加强天敌对大豆蚜的控制作用。美国中西部大豆产区释放蚜茧蜂来控制大豆蚜，以减少杀虫剂的用量。连续多年在豆田释放日本豆蚜茧蜂可使大豆蚜的寄生率达 56%以上，在中等发生年份可将大豆的卷叶率控制在 1%以下。

2. 利用病原微生物 如利用虫霉代谢产物制成的虫霉水乳剂，24h 防治效果和 48h 校正防效可与 40%氧乐果的防治效果相当。蜡蚧轮枝菌素 1%和 3%的浓度对大豆蚜的室内校正死亡率分别为 65.56%和 99.53%，田间平均防效可达 70%以上。球孢白僵菌室内生物测定对大豆蚜致死率可达 70%以上。

3. 植物杀虫活性成分的利用 0.3%苦参碱水剂 400～500 倍液或 1.5%除虫菊素水乳剂 500 倍液喷雾。苦参碱对大豆蚜的天敌较安全。独角莲乙醇浸提液 24.154 5mg/mL 和水蒸气蒸馏液 23.014mg/mL 同时使用对大豆蚜触杀和拒食活性好，大豆蚜死亡率可达 100%。

（三）化学防治

防治指标：大豆蚜各地防治指标不尽相同。吉林田间大豆蚜在单株蚜量达到 3 000 头时需要进行防治；山东大豆蚜的防治指标为大豆花荚期的百株蚜量达到 10 000 头；辽宁以卷叶株率为大面积生产防治的指示指标，卷叶率达到 8%～10%时需要防治；浙江大豆苗期防治指标为有蚜株率达 35%、百株蚜量达 500 头；美国宾夕法尼亚州大豆蚜的防治指标为每株 250 头。一般来讲，当田间大豆蚜点片发生，并有 5%～10%植株卷叶，或有蚜株率达 50%，百株蚜量 1 500 头以上，天敌较少，温湿度适宜时，应进行田间防治。

1. 土壤处理 播种前沟施 3%克百威颗粒剂，用量为 75kg/hm^2。

2. 异丙磷毒土熏蒸 在田间大豆蚜发生期，每公顷用 50%异丙磷乳油 750mL 拌细土 150kg，均匀地间隔 12 垄撒 1 垄。

3. 常规喷雾 50%抗蚜威可湿性粉剂 1 500 倍液、5%增效抗蚜威液剂 2 000 倍液、40%氧乐果乳油 1 000倍液、48%毒死蜱乳油 1 000 倍液、25%吡蚜酮可湿性粉剂 1 000～2 000 倍液，或 2.5%氟氯氰菊酯乳油 300～375mL/hm^2、3%啶虫脒乳油 225～300 mL/hm^2、70%吡虫啉水分散粒剂 15～30g/hm^2，对水喷雾。吡蚜酮对大豆蚜主要天敌昆虫瓢虫较安全，推荐使用。

4. 超低容量喷雾 40%氧乐果乳油用水稀释 10 倍，每公顷用稀释液 6 000mL 超低容量喷雾。

赵奎军（东北农业大学农学院）

第 26 节 筛豆龟蝽

一、分布与危害

筛豆龟蝽［*Megacopta cribraria*（Fabricius）］又名豆圆蝽、豆平腹蝽、臭金龟，异名：*Coptosoma cribraria* Fabricius，属半翅目龟蝽科豆龟蝽属，食性杂，主要为害大豆、绿豆、豇豆、豌豆等豆科作物，菜豆等豆科蔬菜以及臭椿、刺槐、杨、桃、李、枣、苘麻、苋菜、玉米等。是河南、福建、浙江、江西、江苏等地大豆产区的主要害虫。近年来在浙江中部发生普遍而严重，该虫以成虫、若虫聚集在大豆植株的幼嫩茎叶等组织上吸吮汁液为害，使豆株幼嫩组织变褐、萎缩，致使植株提早枯黄早衰；花期为害造成花荚脱落，影响籽粒饱满，百粒重降低。大发生时百株虫量可达 10 万头以上，严重影响大豆的产量和品质。

二、形态特征（彩图 7－26－1）

成虫：体扁圆形，体长 5～5.5mm，淡黄褐色或黄绿色，有光泽，密生黑褐色小刻点，小盾片大并覆盖腹部，复眼红褐色，前胸背板有 1 列刻点组成的横线。小盾片基胝两端色淡，显灰白，侧胝无刻点。各足胫节背面具纵沟。腹部腹面两侧具辐射状黄色宽带纹。雄虫小盾片后缘向内凹陷，露出生殖节。

卵：长 0.6～0.7mm，宽约 0.4mm，圆桶状，一端为假卵盖，微拱起，另一端钝圆。卵初产时乳白色，渐现微黄，孵化前肉黄色，卵产于叶背、叶柄上；卵块横置，排列成 2 纵行，每个卵块约有卵 30 枚。

若虫：共 5 龄。淡黄绿色，密被黑白混生的长毛，其中以两侧缘的白毛为最长。

一龄若虫长 1.2～1.4mm，宽 0.9～1.1mm。扁卵圆形，复眼红褐色，腹背中央肉黄色。中胸背板后缘平直，其后角不与第一腹节相接，腹侧缘各节向外平生 2 根白色长毛。

二龄若虫长 1.9～2.4mm，宽 1.4～1.7mm。扁卵圆形。中胸背板后缘平直，其后角与第一腹节相碰，腹侧缘各节向外平生 4 根白色长毛。

三龄若虫长 2.8～3.2mm，宽 2.0～2.3mm。从三龄起体形龟状，胸、腹各节（后胸除外）两侧均向外前方扩展，呈半透明的半圆薄瓦状。三龄中胸背板后缘中央稍向后弯曲，其后角后延成翅芽，盖于第一腹节前缘。腹侧缘薄板上各节平生 7 根白色长毛。

四龄若虫长 3.7～4.5mm，宽 2.8～3.3mm。翅芽伸达第一腹节后缘或第二腹节前缘。腹侧缘薄板上各节平生 8 根白色长毛。

五龄若虫长 4.8～6.0mm，宽 3.6～4.5mm。翅芽伸达第二腹节后缘或第三腹节前缘。腹侧缘薄板上各节平生 9 根白色长毛。

三、生活习性

筛豆龟蝽 1 年发生 1～3 代。在江西以 2 代为主，少数 1 代，极少数发生 3 代，田间世代重叠，以成虫在寄主植物附近的枯枝落叶下越冬。越冬成虫 4 月上旬开始活动，寻找寄主茎秆吸汁。4 月中旬开始交尾，4 月下旬至 7 月中旬产卵，其中以 5 月上旬至 6 月上旬为盛，6 月中旬至 7 月下旬陆续死亡。第一代若虫 5 月初至 7 月下旬先后孵出，6 月上旬至 8 月下旬羽化。其中大多数可在 6 月中旬至 8 月下旬交尾，6 月下旬至 8 月底产卵，8 月中旬至 9 月上旬陆续死亡，但少数有在 8 月中旬末以后羽化的，当年即不交尾产卵，与二代成虫一起蛰伏越冬。第二代若虫 7 月上旬至 9 月上旬孵出，7 月底至 10 月中旬羽化，10 月中、下旬开始陆续越冬。从筛豆龟蝽的年生活史中可以看出，其世代重叠现象非常明显。几乎周年都有两个不同世代的成虫同时存在，特别是 7 月，几乎第一、二两代所有虫态都能与越冬代成虫生活在一起。且 6 月中旬至 7 月上旬有一部分越冬成虫可与第一代早羽化的成虫交尾，繁殖后代，从而增加了世代发生的复杂性。其卵期第一代 7～10d，第二代 5～7d；若虫期第一代 26～42d，第二代 25～37d；成虫寿命第一代 1.5～3 个月，少数越冬的长达 10～11 个月，第二代 9～10.5 个月。第一代成虫产卵前期 12～20d。筛豆龟蝽在河南 1 年发生 2～3 代，世代重叠，以成虫在寄主植物附近的杂草、枯枝落叶、土隙缝、树包、树皮裂缝和屋檐下越冬。翌年 4～5 月越冬成虫开始活动，先在刺槐、菜豆等寄主植物上取食、产卵，6

月上、中旬第一代成虫羽化。第二代在夏大豆上发生，是主害代，为害盛期为8月中、下旬。7月底至8月初为产卵盛期，若虫7月中、下旬至9月中、下旬发生，8月上、中旬至9月中、下旬羽化为成虫。第三代产卵盛期为8月底至9月上旬，部分9月底、10月初仍在产卵，但不能孵化，若虫8月上、中旬至11月上旬发生，9月上、中旬至11月上旬羽化为成虫，夏大豆收获后继续在田边的野生绿豆等寄主植物上为害。10月下旬至11月上、中旬成虫陆续潜居在越冬场所。筛豆龟蝽在浙江1年发生3代，世代重叠。以成虫在朝南山坡的土缝中或草丛间越冬。3月上旬平均气温达10℃，遇晴暖天气，越冬成虫开始活动。在臭椿、杨树、刺槐等树木上吸取汁液，4月底陆续迁入春大豆田。6月中旬为第一代若虫高峰期，7月上旬为第一代成虫高峰期；8月中旬为第二代若虫高峰期，8月底为第二代成虫高峰期；9月下旬为第三代若虫高峰期，10月上旬为第三代成虫高峰期。第一代在春大豆上发生，是主害代，第二、三代主要在夏、秋大豆上为害，但发生量较少，为害亦轻。6月中旬、8月中旬、9月下旬为第一、二、三代若虫高峰期，亦是为害主要时期。

筛豆龟蝽成虫活泼，耐饥力强，喜在茎秆上刺吸寄主汁液，使豆株幼嫩组织变褐、萎缩，致使植株提早枯黄早衰；花期为害造成花荚脱落，影响籽粒饱满，使百粒重降低。筛豆龟蝽有一定的群集性和假死性，成虫和三龄以上若虫惊动时会分泌臭液，受惊后即迁飞他株，飞行高度达10m左右。成虫全天都能羽化，羽化后不久即能交配，一生可多次交配，时间多在傍晚或清晨。卵多产在豆叶背面，占86.6%，其次是茎秆，占9.4%，少数产在叶片正面，占4.6%。另外，在虫口密度高的情况下，在枣苗及马唐等杂草叶片上亦可产卵。越冬雌成虫产卵期长达30～40d，平均每雌虫产卵87粒左右，多的产110粒以上。卵粒聚产成两纵行，呈人字形排列。每块卵粒数10～32枚，羽状排列。卵历期与温度有关，在日平均温度19℃时为11d；21.4℃时为8d；26.7℃时为6d；28.8℃时为5d；29.2℃时为4d。成虫产卵前期7d～8d。卵多在晚间孵化，孵化率72.6%（40块卵检查结果）。卵孵化整齐，一般1d内卵块即可孵化完毕。卵刚孵化时，若虫先用口咬破卵壳，前足不断外爬，身体逐渐露出，4～5min全体脱出。孵化后1～3d若虫围集在卵壳边，4～5d后陆续散开。若虫不活泼，在豆株嫩茎部叮吸为害。田间虫口密度差异较大，一般每株大豆有若虫数十头，发生重的每株多达数百至上千头。小若虫喜栖叶托下和嫩头未展开的小叶间。中、大若虫常与成虫一起群集在茎秆中上部为害，荚果和叶柄上也有。若虫和成虫爬行较缓慢，尤其是小若虫。若虫蜕皮多在叶片正面进行，腹面朝上，头、胸部和腹部蜷缩，蜕皮后则可爬动。各龄若虫历期：一龄8～9d、二龄6～7d、三龄6d、四龄4.5d、五龄4～5d。

四、发生规律

播种早，生长嫩绿的春大豆上虫口密度高，为害重；向阳避风山坡地种植春大豆发生时间早于平坂；晴热高温不利于该虫产卵和卵的孵化，田间虫口密度也随之下降；对春大豆的为害重于秋大豆，秋大豆上虫量低，为害亦轻，一般不对产量造成影响。

五、防治技术

春大豆上发生的第一代筛豆龟蝽是全年的主害代，也是防治重点。若虫不活泼，转移慢，虫体小盾片尚未长满，药剂防治效果好，二至三龄若虫发生盛期为其防治适期，防治指标是春大豆8头/穴，夏大豆11头/穴，一般百株虫量有300～500头的豆田即需用药防治。由于有机磷农药对大豆安全性较差，防治筛豆龟蝽以高效氯氰菊酯等菊酯类农药为宜，提倡交替使用和合理混用。筛豆龟蝽成虫有迁飞性，成虫期药剂防治时，小面积防治效果差，要组织大面积统一防治。

（一）农业防治

冬季清洁田园：结合冬季积肥，在局部历年为害区内的寄主作物田间及其附近，清除枯枝落叶和杂草，可有效减少越冬虫源。

（二）物理防治

利用成虫假死性，振落成虫后捕杀。

（三）生物防治

豆田天敌资源非常丰富，捕食性天敌和寄生性天敌种类繁多，田间共发现筛豆龟蝽的2种卵寄生蜂，分别为卵跳小蜂（*Ooencyrtus* sp.）和沟卵蜂（*Trissolcus* sp.），2种寄生蜂体形大小相近，其中卵跳小蜂为优势种，占总发生量的98.04%。2种寄生蜂的发育历期基本一致。寄生蜂从大豆初花期开始发生，一直持续到筛豆龟蝽产卵结束，发生量逐渐增大。筛豆龟蝽在大豆盛花初期产的卵有54.41%被寄生蜂寄生，到盛花期末产的卵95.63%被寄生，以后趋于平稳，只是在毛豆灌浆鼓粒初期产的卵被寄生率略有下降，达77.61%，随后又有回升。盛花期前产的卵有29.01%被寄生蜂寄生，盛花期之后产的卵有84.69%被寄生。可见，大豆盛花期后筛豆龟蝽产卵逐渐减少，而寄生蜂种群数量逐渐增大，所产的卵大多都被寄生，很大程度上控制了筛豆龟蝽卵的发生。卵寄生蜂对第一代筛豆龟蝽卵的总寄生率为61.36%，大大降低了第一代筛豆龟蝽的种群数量。筛豆龟蝽的天敌除卵寄生蜂外，还有蜘蛛、真菌、蚂蚁等。

（四）化学防治

防治适期要掌握在若虫羽化前。若虫期每公顷喷施4.5%高效氯氰菊酯乳油、2.5%溴氰菊酯乳油、20%氰戊菊酯乳油225～375mL，对水750～1 125 kg，要注意喷洒到叶背、叶柄、茎秆上，防效可达90%；成虫期防治，针对筛豆龟蝽的迁飞习性，要组织大面积统一防治，小面积单独防治效果不佳。

史树森　毕锐（吉林农业大学）

第27节　斑须蝽

一、分布与危害

斑须蝽［*Dolycoris baccarum*（Linnaeus）］别名细毛蝽、斑角蝽，俗称臭大姐，属半翅目蝽科斑须蝽属。国外分布于朝鲜半岛、日本、蒙古、俄罗斯、土耳其、巴基斯坦、印度、挪威及北美洲等；国内分布于全国各地，在西北和华北发生较重。

斑须蝽为多食性害虫，寄主种类很多，可为害大豆、玉米、小麦、高粱、谷子、水稻、甜菜、棉花、亚麻、白菜、油菜、甘蓝、萝卜、豌豆、胡萝卜、葱等多种农作物及果树和花卉等。斑须蝽以成虫和若虫刺吸寄主嫩叶、嫩茎及穗部汁液为害。茎、叶被害后，出现黄褐色斑点，严重时叶片卷曲，嫩茎凋萎，影响生长。还可造成寄主落花、落果、籽粒不实。

二、形态特征

成虫：体长8.0～13.5mm，体宽5.5～6.5mm。椭圆形，黄褐色或紫褐色。头部中叶稍短于侧叶，复眼红褐色；触角5节，黑色，每节基部和端部淡黄白色，形成黑黄相间；喙细长，紧贴于头部腹面。前胸背板前侧缘稍向上卷，浅黄色，后部常带暗红色。小盾片发达，三角形，末端钝而光滑，黄白色。前翅革片淡红褐色或暗红色，膜片黄褐色，透明，超过腹部末端。足黄褐色，腿、胫节密布黑色刻点。从背部观，腹部外露部分黄褐色，具黑色刻点（为黑色的腹节间）。腹部腹面黄褐色，具黑色刻点（彩图7-27-1）。

卵：长约1mm，宽约0.75mm，桶形，初产时浅黄色，后变赭灰黄色，卵壳有网纹，密被白色短绒毛。

若虫：略呈椭圆形，腹部自第二节背面各有1个黑色腺斑，各节两侧也有黑斑。

三、生活习性

斑须蝽在我国1年发生1～4代。在黑龙江和吉林1年发生1代，在辽宁、内蒙古、宁夏1年发生2代，在黄淮以南地区1年发生3～4代。均以成虫在田间杂草、枯枝落叶、树皮下或房屋缝隙中越冬。翌年春季日均温度14～15℃时成虫开始活动。在内蒙古成虫4月初开始活动，4月中旬交尾产卵，4月底5月初幼虫孵化，第一代成虫6月初羽化，6月中旬为产卵盛期；第二代幼虫于6月中、下旬至7月上旬孵化，8月中旬开始羽化为成虫，10月上、中旬陆续越冬。

在黑龙江绥化于5月中旬可见越冬成虫在二年生的小杨树上为害，5月下旬至6月上旬成虫转移到玉米、甜菜、大豆等农作物上为害。6月中、下旬为产卵盛期，7月上旬为卵孵化盛期，8月中旬田间出现成虫，一直为害到秋季并以成虫在土缝、杂草根部等处越冬。

成虫飞翔力弱，飞翔距离也较短，一般一次飞行3～5m。成虫具弱趋光性，有假死性。成虫需吸食补充营养才能产卵，产卵前期是其为害的重要阶段。斑须蝽喜欢在嫩叶、嫩芽和嫩茎等幼嫩多汁处刺吸为害，常在傍晚或清晨到植株地上部的幼嫩部位为害，白天多在受害作物的根部潜伏。卵多产在上部叶片正面或花蕾、果实的苞片上，间或产在叶背及嫩茎上。卵块产，每块有卵粒10～20粒，最多可达40余粒，多行整齐纵列。单雌产卵量26～112粒。成虫和卵块在田间呈聚集分布（多为嵌纹分布或负二项分布）。初孵若虫具有群集性，聚集在卵壳上或卵块四周不食不动，经2～3d完成第一次蜕皮后才分散取食为害。

斑须蝽卵、若虫、成虫和全世代的发育起点温度分别为16.3℃、15.8℃、7.7℃和14.2℃；有效积温分别为47.6℃、392.9℃、91.2℃和598.6℃。卵期在21℃时约10d，24～26℃时5～6d，28～30℃时3.5～4d。若虫共5龄，若虫期在21℃时约75d，24～26℃时41～49d，28～30℃时31～35d。成虫产卵前期4～7d。在21～30℃时，斑须蝽完成1代历时39～92d。

四、发生规律

（一）气候条件

斑须蝽的发生与气候条件有关。气温24～26℃、相对湿度80%～85%有利于其发生为害。冬季气温偏高，雨雪较多，利于成虫越冬。早春气温回升快，特别是4月中旬与5月上、中旬气温偏高，产卵量多。暴风雨对若虫有冲刷作用，能使虫口下降，降水量偏少对其发生有利。

（二）田间环境

在春季，播娘蒿多、长势好、背风向阳的麦田斑须蝽数量多。在众多寄主中，豆科作物如绿豆、大豆及玉米、甜菜等受害较重。早春麦田镇压、搂锄、施肥对越冬成虫均可产生不利影响。

（三）天敌

斑须蝽天敌有卵寄生蜂、寄生蝇、食虫虻、步甲、螳螂、农田蜘蛛、草蛉等。已知斑须蝽寄生蜂有黑足蝽沟卵蜂［*Trissolcus nigripedius*（Nakagawa）］、稻蝽小黑卵蜂（*Telenomus gifuensis* Ashmead）、稻蝽沟卵蜂［*Trissolcus mitsukurii*（Ashmead）］；寄生蝇有斑须蝽膜腹寄蝇（*Cymnosoma dolycoridis* Dupuis）、中介筒腹寄蝇［*Cylindromyia intermedia*（Meigen）］。还有中华羽角食虫虻［*Cophinopoda chinensis*（Fabricius）］、单腹基叉食虫虻（*Phirodicus univentris* Walker）、虎斑食虫虻（*Astochia virgatipes* Coqullete）、灰长鬃食虫虻（*Mua grisea* Hermann）、蠋蝽［*Arma chinensis*（Fallou）］中华星步甲（*Calosoma chinense* Kirby）、中华大刀螳［*Tenodera sinensis*（Saussure）］、星豹蛛［*Pardosa astrigera*（L. Koch）］、拟水狼蛛（*Pirata subpiraticus* Boes. et Str.）、中华狼蛛（*Lycosa sinensis* Schenkel）均可捕食斑须蝽。其中，黑足蝽沟卵蜂对第一代斑须蝽卵寄生率较高，平均可达50%以上，对第二代斑须蝽卵寄生高峰时寄生率为20%左右，第三代卵寄生率为30%左右，全年调查平均寄生率为15.3%，是斑须蝽的优势寄生蜂。这些天敌对斑须蝽的发生具有一定的抑制作用。

五、防治技术

（一）农业防治

清除杂草及枯枝落叶并集中烧毁，可消灭部分越冬成虫。

（二）物理防治

1. 在成虫盛发期进行人工捕杀成虫和摘除卵块，集中杀灭初孵化尚未分散的若虫。
2. 成虫盛发期用黑光灯或频振式杀虫灯诱杀。

（三）化学防治

3%啶虫脒乳油450mL/hm^2，10%吡虫啉可湿性粉剂225～300g/hm^2，对水225～300kg进行喷雾防治。或用48%毒死蜱乳油1 000～2 000倍液喷雾。在斑须蝽卵孵化至三龄若虫高峰期可用2.5%溴氰菊酯乳油300～450mL/hm^2，对水225～300kg喷雾防治。

赵奎军（东北农业大学农学院）

第28节 点蜂缘蝽

一、分布与危害

点蜂缘蝽［*Riptortus pedestris*（Fabricius）］属半翅目缘蝽科蜂缘蝽属，是豆科作物上的一种常见害虫，近年来在我国局部地区发生为害较重。

点蜂缘蝽是东南亚特有种类，国外分布于印度、缅甸、斯里兰卡及马来西亚。国内分布较广，已知最北采集地为吉林二道白河，辽宁沈阳和熊岳、河北昌黎、山西沁水、陕西武功及以南各省份均有分布。成虫和若虫刺吸植物汁液，在大豆开始结实时，往往群集为害，致使蕾、花凋落，果荚不实或形成瘪粒；严重时全株枯死，颗粒无收。除了为害大豆、菜豆、蚕豆、豇豆等豆科作物外，还能吸食水稻、甘薯、丝瓜、莲子等作物的汁液，在柑橘、桃、梨、桑、杧果等果树上也有其成虫活动为害的记述。

二、形态特征（彩图7-28-1）

成虫：体长15～16.8mm，体宽3.6～4.3mm，深褐色或黑褐色。体形狭长，黄褐至黑褐色，被白色细绒毛。头在复眼前部呈三角形，后部细缩如颈。触角第一节长于第二节，第一节、二节、三节端部稍膨大，基半部色淡。头、胸部两侧的黄色光滑斑纹呈点斑状或消失。前胸背板及胸侧板具许多不规则的黑色颗粒，前胸背板前叶向前倾斜，前缘具领片，后缘2个弯曲，侧角呈刺状。前翅膜片淡棕色，稍长于腹末。腹部侧接缘稍外露，黄黑相间。足与体同色，胫节中段色淡，后足腿节粗大，有黄斑，腹面具4个较长的刺和几个小齿，基部内侧无突起，后足胫节向背面弯曲。腹下散生许多不规则的小黑点。

卵：长约1.3mm，宽约1mm。半卵圆形，附着面弧状，上面平坦，中间有1条不太明显的横形带脊。

若虫：共5龄。一至四龄体似蚂蚁，五龄体似成虫，仅翅短。一龄体长2.8～3.3mm，二龄体长4.5～4.7mm，三龄体长6.8～8.4mm，四龄体长9.9～11.3mm，五龄体长12.7～14.0mm。

三、生活习性

点蜂缘蝽1年发生3代，以成虫在枯枝落叶和草丛中越冬，翌年3月下旬开始活动，4月下旬至6月上旬在春大豆、菜豆、豇豆等豆科作物上产卵，若虫取食作物茎、叶和豆荚的汁液。第一代成虫6月上旬开始出现，在豇豆、菜豆等作物上产卵为害，第二代成虫7月中旬开始羽化，8月中、下旬盛发，此时大量飞往莲田为害。第三代成虫9月上旬至11月中旬羽化，10月下旬以后陆续蛰伏越冬。

点蜂缘蝽羽化后成虫需取食寄主作物的汁液补充营养，才能正常发育及繁殖。卵多散产于叶背、嫩茎和叶柄上。雌虫每次产卵7～21粒，一生可产卵12～49粒。成虫和若虫极活泼，善于飞翔，反应敏捷，早、晚温度低时反应稍迟钝。

四、发生规律

（一）气候条件

点蜂缘蝽能适应海拔较高的山区环境条件，耐低温能力较强，冬季气温偏高，雨雪较多，有利于成虫越冬，早春气温回升快，特别是3月下旬至4月上旬气温高，有利于越冬成虫活动。

（二）寄主植物

点蜂缘蝽寄主广泛，除为害豆科植物外，还能在莲子、水稻、大麦、小麦以及野燕麦和窃衣等野生植物上分散为害。由于成虫需取食果荚和蕾、花汁液才能使卵正常发育及繁殖，因此，豆田周围早开花早结实的野生植物多，往往发生为害较重。

五、防治技术

对点蜂缘蝽的治理应采取综合防治或兼治措施，即发生程度在中等偏重以上的年份，采用农业、生物、化学相协调的综合防治措施；在发生程度偏轻的年份，结合防治其他害虫进行兼治。

（一）农业防治

首先清除田园周围的杂草、枯枝落叶，压低越冬虫源基数。其次，及时铲除田边早开花早结实的野生植物，避免其作为早春过渡寄主，减少部分虫源。

（二）生物防治

捕食性天敌球腹蛛、长螳螂和蜻蜓，以及寄生性天敌黑卵蜂等对控制点蜂缘蝽的发生起着重要作用，应注意保护利用。

（三）化学防治

在大豆植株现蕾、开花和初荚期，可使用 3%啶虫脒乳油 1 500 倍液、10%吡虫啉可湿性粉剂 4 000 倍液、20%氰戊菊酯乳油 2 000 倍液或 80%敌敌畏乳油 1 000 倍液喷雾，隔 7～10d 喷 1 次，连喷 2 次。

臧连生　崔娟（吉林农业大学）

第 29 节　稻 绿 蝽

一、分布与危害

稻绿蝽（*Nezara viridula* L.）又名稻麦蝽、打屁虫、屁巴虫等，属半翅目蝽科绿蝽属，是粮食和油料作物上的重要害虫之一。分布很广，除新疆、宁夏、黑龙江未见有记载外，其余各省（自治区、直辖市）均有分布。稻绿蝽食性极杂，主要为害大豆、水稻，此外，尚为害高粱、棉花、麻类、花生等。该虫以刺吸式口器为害大豆叶片、嫩芽、生长点，吸取汁液，形成枯斑，严重时使植株生长不良，叶片卷曲、矮化、叶片早落，分枝及结荚数减少，苗期可使整个植株死亡。是我国南方多作大豆区的重要害虫。

二、形态特征（彩图 7－29－1）

成虫：体长 1.2～5.5mm，全体青绿色，体背色较浓而腹面色略淡，复眼黑色，单眼暗红，触角第四、五节末端黑色，小盾片基部有 3 个横列的小黄白点，前翅膜区无色透明。稻绿蝽除上述全绿型外还有点斑型［*N. v.* f. *aurantiaca*（Costa）］和黄肩型［*N. v.* f. *torguata*（Fabricius）］。黄肩型和点斑型个体的区别为前者在两复眼间之前以及前盾片两侧角间之前的前侧区均为黄色，其余部分为青绿色。后者体背黄色，小盾片前半部有 3 个横列绿点，基部亦有 3 个小绿点，端部的 1 个小绿点与前翅革片的小绿点排成 1 列。

卵：桶形，顶端有圆盖，盖周围有小齿状突起。卵长 1.2～1.5mm，宽 0.8～1mm。初产时乳白色，几小时或 1d 后变淡黄色，后变黄色，快孵化时为红褐色。假卵盖稍突起，周缘具一黄褐色环纹，上有白色短棒状精孔突 24～30 枚。卵壳上被有少量白色绒毛。

若虫：共 5 龄。

一龄若虫体长 1.2～1.7mm，体宽 0.9～1.3mm。椭圆形，初孵时橙黄色，后变黄褐或赤褐色，胸部暗褐色，中央有 1 个圆形黄斑，第二腹节有 1 个长形白斑，第五、六腹节近中央两侧各有 4 个黄斑，排成梯形。胸、腹边缘具半回形橘黄斑。

二龄若虫体长 2.0～2.3mm，体宽 1.8～2.1mm，黑色，或头、胸和足黑色，腹部绿色，前、中胸背板两侧各有 1 个黄斑，腹背第一、二节有 2 个长形黄白色斑，第三、五节背中央各具 1 个隆起黑斑，上有臭腺孔各 1 对。

三龄若虫体长 4.0～4.5mm，体宽 3.0～3.7mm。黑色，或头、胸黑色，腹部绿色。第一、二腹节背面有 4 个横长形的浅黄白斑，第三腹节至腹末背板两侧各具 6 个浅黄白斑，中央两侧各具 4 个对称的浅黄白斑。小盾片和前翅芽初现。

三龄若虫体色多变，以黑白相间较多，爬行快而活跃。

四龄若虫体长 5.2～7.5mm，体宽 3.8～5.2mm。体色变化较复杂，多数个体头部有一倒 T 形黑斑，中胸黑色，腹部绿色。体上斑纹同三龄。小盾片明显，前翅芽达第一腹节后缘。

五龄若虫体长 7.5～12mm，体宽 5.4～6.1mm。底色绿，触角第三、四节黑色。前胸与翅芽上散生黑点，前翅芽达第三腹节前缘，外缘橙红。腹部背面第二至四节中央各具 1 个红斑，第三、四节红斑两端各具1对臭腺孔，腹部边缘的半圆形斑亦为红色。足赤褐色，跗节黑色。

三、生活习性

稻绿蝽的年发生代数在我国南北各不相同。山东1年发生2代，广东1年发生4代，江西南昌1年发生3代，并有世代重叠现象。各地均以成虫在杂草丛中、土缝、树洞、林木茂盛处越冬，常有聚集在一处的习性。据江西南昌系统饲养和观察，越冬成虫于3月下旬始出土，4月上、中旬盛出，4月下旬开始交尾，5月中旬初开始产卵。由于一年发生代数较多，成虫产卵期较长，始卵期又较晚，故从5月下旬至11月上旬，田间可见各虫态。11月上旬至12月中旬成虫陆续蛰伏越冬。

稻绿蝽雌虫较雄虫肥大，若虫从开始羽化到羽化完毕约需10min。羽化后静伏1～3h后开始活动，常集中为害花穗、幼荚和嫩果。交配前，雄虫先亲近雌虫，雄虫用头去顶撞雌虫尾部或腹部，以此求偶。雌虫若不许则逃走，雄虫继续追逐并多次重复以上动作，直到交配。交配时，雄虫将尾部与雌虫尾部接触，互成反向排为一直线，可同时行走但不取食。有多次交配习性，多的交配6次后才产卵。1头雄虫能与几头雌虫交配。一般是白天交配晚上产卵。卵多产于叶背。卵块呈四边形或长方形。1头雌虫产1～3块卵，多数产1块。卵块粒数一般17～146粒，多数为50～100粒。

室内观察成虫、若虫均有取食自己卵粒为空壳的现象。成虫寿命较长，越冬成虫可成活5～7个月。成虫趋光性较强。20：00～21：00上灯率最高，阴天晚上上灯多于晴天。成虫、若虫有趋浓绿习性。虫口密度以距田边1m内的密度高于田中部。成虫、若虫有较强的假死性。在露水干后的中午，虫体活跃，稍有触动，马上下坠，后逃跑或远飞。成虫、若虫中午躲在稻丛下部，下午集中于稻穗或植株上部。

初孵若虫停息于卵壳上，1.5～2d后即开始在卵壳附近取食，取食后仍返回卵壳上栖息。二龄后为黑色，群集稻穗上为害，活动范围不大，少数二龄若虫亦有返回卵壳上栖息的习性。三龄后才扩散为害。若虫喜食嫩荚和嫩秆。

四、发生规律

(一) 虫源基数

20世纪80年代以来随着生产责任制的变化，我国南方早、中、晚稻混栽程度加大，作物布局复杂，大豆、玉米、棉花、芝麻等间作套种，为稻绿蝽各代提供了丰富的食料，有利于虫量积累。

(二) 气候条件

随着海拔的升高、温度的降低，成虫始见期有推迟现象。如在贵州铜仁县谢侨乡，海拔250m，成虫始见期在4月下旬；江口县海拔360m，成虫始见期是5月中旬；石吁县海拔450m，成虫始见期是7月中、下旬。从温度来看，当月均温为22.3℃时，始见成虫；月均温为21.2℃时，成虫始见期推迟。

(三) 寄主植物

除受气候条件影响外，寄主植物的种类和营养组分也是影响稻绿蝽发生的重要因子。用稻叶饲养成虫，虽然能维持生命，但不能怀卵，用大豆幼苗饲养也不能正常发育和产卵。而用寄主生殖器官（稻穗和豆荚）进行饲养，成虫就能正常发育和产卵。可见，成虫必须获得寄主生殖器官的营养物质组分，作为补充营养，才能促使卵巢发育成熟，繁衍后代。稻绿蝽在不同季节内，产卵繁殖的植物有所不同。当寄主植物被毁除时，稻绿蝽还可以在乞丐草（*Desmodium* spp.）、猪屎豆（*Crotalaria* spp.）、蜘蛛草（*Amaranthus* spp.）和其他不同类型的杂草上发育，为补充食物偶尔取食澳洲坚果。

稻绿蝽不仅在同一地区有寄主季节转换习性，即使在不同地区，其嗜好的寄主种类也有所不同。如据山东报道，稻绿蝽主要为害大豆和小麦，江西以为害芝麻、水稻为主，广东以为害水稻、大豆、花生、芝麻为主。在澳大利亚和美国稻绿蝽被列为蔬菜主要害虫。在西印度群岛则为棉花重要害虫。

(四) 天敌昆虫

根据调查，稻绿蝽卵期寄生天敌有粒卵蜂（*Gryon* sp.），成虫、若虫尚未见有天敌寄生；室内初步饲养，蜘蛛在饥饿条件下可捕食稻绿蝽若虫，但尚待进一步观察。

(五) 化学农药

20世纪80年代以来，农田有机氯农药迅速被杀虫双等农药取代，据1987年药效试验，杀虫双对稻绿蝽基本无效，防效仅 19.6%。显然稻绿蝽在 80 年代中期发生为害加重除了其他因素外，与农药更新换代亦有一定关系。

五、防治技术

对于稻绿蝽的防治应以农业防治为基础，严重发生时，应及时实施药剂防治，结合防治其他害虫进行兼治。

（一）农业防治

冬、春季清除杂草和残枝落叶，消灭越冬虫源。结合防治附近其他作物上的稻绿蝽，减少大豆田迁入量。

（二）物理防治

在稻绿蝽为害阶段，人工捕杀成虫和若虫或摘除卵块，以减少虫害。在发生密度较大的农田，设置黑光灯，诱杀成虫。

（三）生物防治

保护和利用自然天敌对稻绿蝽能起到一定的抑制作用。稻蝽小黑卵蜂（*Telenomus gifuensis* Ashmead）及稻绿蝽沟卵蜂（*Trissolcus* sp.）等，能寄生卵粒。食虫蛇、蜘蛛、鸟类、青蛙、蚂蚁等，能捕食其成虫和若虫。

在北美洲地区，稻绿蝽的天敌主要是卵期寄生蜂（*Trissolcus basalis*），通过人工大量繁殖该蜂，在多个地区释放，取得了较好的控制作用。在巴西北部 1 个州的大豆田，Correafereira 调查到稻绿蝽的卵期寄生蜂有 20 多种，隶属于 4 个属，其中沟卵蜂寄生率最高，达到 62%，且发生期最长，除寄生稻绿蝽卵外，还能寄生其他害虫的卵。

（四）化学防治

稻绿蝽是一种迁飞转移性极强的害虫，使用一般常规性农药很难达到防治效果，必须选择内吸、高效、广谱型杀虫剂，结合防治其他害虫一并进行。如喷施 3%啶虫脒乳油 1 500 倍液不仅防治烟蚜效果较好，对稻绿蝽击倒速度也较快，防治效果明显，建议在虫害发生重的地块使用。

化学农药中，2.5%溴氰菊酯乳油与 18%杀虫双撒滴剂混用、80%敌敌畏乳油与 18%杀虫双撒滴剂混用对稻绿蝽的防治有增效作用。80%敌敌畏乳油、90%敌百虫原药对稻绿蝽击倒力强。

史树森　毕锐（吉林农业大学）

第 30 节　烟　蓟　马

一、分布与危害

烟蓟马（*Thrips tabaci* Lindeman）别名棉蓟马、葱蓟马、葡萄蓟马等，属缨翅目蓟马科蓟马属。烟蓟马是一种世界性分布的害虫，亚洲、欧洲、南美洲、北美洲均有发生和分布。在国内各地均有分布，以长江流域及东北大豆产区为害较重。

烟蓟马是一种多食性害虫，已知寄主多达 150 余种，在我国以大豆、烟草、棉花、葱、蒜类等作物受害最重。成虫、若虫均能严重为害大豆，以锉吸式口器在叶背面吸食叶液，受害叶变厚变脆，叶背面沿叶脉出现银白色斑，正面出现黄褐色斑，叶面皱缩不平，致使豆苗生长迟缓。生长点被害后，不能形成真叶，豆株出现多头现象，生长停滞。后期为害大豆花器，以致落花落荚，影响大豆产量。烟蓟马还能传播多种植物病毒。

二、形态特征

成虫：体长 1.0～1.4mm，体暗黄至淡棕色。复眼紫红色，单眼排列呈三角形，单眼间鬃较短，位于前单眼后外侧。触角 7 节，第一节较淡，其余较暗；第三、四节端部各有 U 形感觉锥，第五节端部两侧各有 1 个短的感觉锥，第六节有 1 个细长的感觉锥。翅狭长，淡黄色，具长缘毛。前翅前脉基鬃 7 根或 8 根，端鬃 2～6 根，后脉鬃 15 根或 16 根。前胸背片后缘鬃 2～ 5 对，后胸盾片前中部有几条横纹，中部为网纹，两侧为纵纹。腹部第二至八节背面前缘各有一栗色横纹（彩图7-30-1）。

卵：长约0.3mm，初产时肾形，后变为卵圆形，乳白色，近孵化时变黄白色，可见红色眼点。

若虫：共分4龄。一龄若虫体长约0.37mm，白色透明；二龄体长0.9mm，体浅黄至深黄色。前蛹（三龄若虫）和拟蛹（四龄若虫）与二龄若虫体形相似，但有翅芽。末龄若虫体长1.2～1.6mm，黄色，复眼红色，翅芽显著，触角翘向头、胸部背面。

三、生活习性

烟蓟马在我国发生的世代数因地区不同而异。东北和华北地区1年发生3～4代，黄河流域1年发生6～10代，华南地区1年发生20代以上。以成虫越冬为主，也可以拟蛹、若虫越冬；越冬场所为豆田土中、土块下、土缝中、枯枝落叶中，以及大葱、大蒜叶鞘内侧等冬季有草覆盖的场所。在华南地区无越冬现象。翌年春季，在葱、蒜、杂草返青后，先在其上发生为害繁殖一段时间，待大豆出苗后，迁移到大豆田为害。在适宜条件下，繁殖很快，常是孤雌生殖，在田间很少见到雄虫，雌虫不经交配就能产卵，卵常产在豆叶背面的叶肉或叶脉里。每雌平均产卵约50粒。初孵若虫不太活泼，有群集为害的习性，常集中在豆叶基部为害，稍大时分散。二龄若虫后期常转向地下，在表土中经历前蛹及拟蛹期。

烟蓟马的种群空间分布型为聚集分布型的负二项分布（嵌纹分布）。烟蓟马若虫活动性不强，多在原孵化处及周围取食。成虫较活泼，善飞，飞翔力较强，可借风力迁飞到远处。成虫怕光，晴天白天多隐蔽在叶荫或在叶背取食，夜间或阴天才在叶面活动、取食，早、晚或阴天取食强。一年中以春、夏季为害严重。

烟蓟马在25～28℃条件下，卵期5～7d，一至二龄若虫期6～7d，前蛹期2d，拟蛹期3～5d，成虫寿命8～10d。

四、发生规律

烟蓟马可以在7～38℃的温度中生活，最适宜的温度为25℃左右，适宜的相对湿度为44%～70%，最适相对湿度约为60%，25℃和相对湿度60%以下时，有利于烟蓟马的发生。烟蓟马喜干旱天气，东北地区6～7月天气干旱，发生重；高温高湿对其发生不利，暴雨能降低其种群数量，雨季到来后，其虫口数量会自然下降。高温干旱季节烟蓟马2～3周即可繁殖1代，常导致烟蓟马种群数量快速提升，造成严重危害。

烟蓟马的天敌有捕食螨、瓢虫、小花蝽、猎蝽、草蛉、农田蜘蛛等。如巴氏钝绥螨雌成螨对烟蓟马一龄若虫在15～35 ℃下日均捕食量为2.00～18.33头。天敌对烟蓟马的发生有一定的抑制作用。

五、防治技术

烟蓟马具有发育历期短、个体小且易隐蔽、对杀虫剂极易产生抗药性等特点，所以传统的化学防治措施已经难以取得理想的控制效果。防治烟蓟马应采取预防为主、防治结合的综合防治策略。

（一）农业防治

1. 恶化越冬环境 冬、春季结合积肥，铲除杂草及田间残枝枯叶，深耕土地，恶化烟蓟马越冬环境，降低越冬虫源基数。

2. 合理轮作 尽量选择距葱、蒜地较远的地块种植大豆。

3. 加强灌溉 干旱年份有条件的地方可对大豆进行喷灌，降低田间虫源数量。

（二）化学防治

1. 种子处理 35%多·克·福大豆种衣剂，按种子重量的1.2%～2.0%拌种。

2. 喷雾 防治适期为若虫初孵期和若虫聚集为害期。用20%氰戊菊酯乳油2 000～3 000倍液、2.5%溴氰菊酯乳油1 500～2 000倍液、50%灭蚜硫磷乳油1 000～1 500倍液或5%高效氯氰菊酯乳油2 000倍液，隔4～8 d喷1次，连喷2～3次。在成虫和若虫发生盛期，用10%吡虫啉可湿性粉剂2 000倍液、3%啶虫脒乳油2 000～3 000倍液或40%毒死蜱乳油1 000倍液喷雾。喷雾要均匀周到，尤其叶背面要喷到。

（三）生物防治

用0.3%印楝素乳油（绿晶）150～225mL/hm²、2.5%多杀霉素悬浮剂1 500倍液、2%甲氨基阿维菌素苯甲酸盐乳油2 000倍液或1.8%阿维菌素乳油2 000倍液，喷雾防治。

赵奎军（东北农业大学农学院）

第31节　白边地老虎

一、分布与危害

白边地老虎［*Euxoa oberthuri*（Leech）］别名白边切夜蛾、白边切根虫，俗名土蚕、地蚕、截虫、切根虫等，属鳞翅目夜蛾科切根属。国外分布于日本、朝鲜、俄罗斯。国内分布于青海、甘肃、新疆、西藏、黑龙江、吉林、辽宁、内蒙古、四川、贵州、云南、河南、河北、北京等省（自治区、直辖市）。在内蒙古锡林郭勒盟、河北坝上地区、吉林延边及黑龙江嫩江、哈尔滨、宝清等局部地区发生较重。

白边地老虎寄主范围广，其寄主有大豆、豌豆、蚕豆、菜豆、玉米、小麦、燕麦、谷子、高粱、亚麻、烟草、甜菜、菠菜、番茄、茄子等栽培作物，以及苦苣、苦荬菜、车前、苜蓿等杂草或牧草。

白边地老虎以幼虫咬食为害，一般一、二龄幼虫为害作物的心叶或嫩叶，造成孔洞或缺刻，三龄以后近地面切断作物幼苗的嫩茎，断口平滑，使整株死亡。幼虫可从地面上咬断幼苗，使主茎硬化，可爬到上部为害生长点。在表土层中咬断刚出土的大豆幼苗嫩茎（彩图7-31-1），并沿垄向转株为害，造成严重的缺苗断垄，甚至毁种重播，对大豆产量影响较大。

二、形态特征

成虫：体长16～19mm，翅展37～45mm。雌蛾触角丝状；雄蛾触角微栉齿状。胸红褐色，颈板中央有黑、白横纹。前翅狭长，灰褐色至红褐色，颜色、斑纹变化大，但可分两种基本色型。一种为白边型：前缘具明显灰白色至黄白色的淡色宽边；中室后缘有白色狭边；基线、内横线、外横线均明显；剑纹黑色，环纹及肾纹灰白色，明显；中室在环状纹的两侧全为黑色；亚缘线淡色；缘线呈黑褐色（彩图7-31-2）。另一种为暗化型：前翅全部深暗，无白边、淡斑和黑斑；后翅均褐色，翅反面为灰褐色，前缘密布黑褐色鳞片，外缘有2条褐色线，中室有黑褐色斑点；缘毛灰白色。

卵：直径约0.7mm，半球形。初产时乳白色，孵化前变灰褐色。

幼虫：老熟时体长35～40mm，体黄褐色至暗褐色，体表光滑，无微小颗粒。头黄褐色，有明显的八字形斑纹。后唇基为等边三角形，额区直达颅顶，略呈双峰，颅中沟极短。胸、腹部气门线以上区域淡黑色；气门线以下浅褐色或浅灰色。腹部背面的D_1（α）毛片略小于D_2（β）毛片。气门椭圆形，气门片黑色。腹足趾钩15～22个，臀足18～25个。臀板黄褐色，前缘及两侧深褐色，小黑点集中于臀板基部，排成2个弧形（彩图7-31-3）。

蛹：体长18～20mm，黄褐色，腹部第三至七节前缘有许多小刻点，末端有1对臀棘（彩图7-31-4）。

三、生活习性

白边地老虎在黑龙江、内蒙古、河北等地均1年发生1代，以胚胎发育完全的卵或滞育卵在表土或草丛下越冬。在黑龙江以胚胎发育成熟的卵在表土层中越冬，幼虫于4月中、下旬孵化，早春取食灰菜、苣荬菜等杂草，5月下旬幼虫三龄后开始为害刚出土的大豆、玉米、甜菜、烟草、糜子、高粱、谷子等幼苗。幼虫期57.8～61.3d。6月中、下旬老熟幼虫潜入10cm深的湿润土壤中做土室化蛹。蛹期20～22d。成虫于6月底7月初羽化，7月下旬为盛发期，成虫平均寿命约30d。成虫于8月初产卵，1周后胚胎发育成熟，即在表土开始越冬，越冬卵存活时间长达9个月。

在河北坝上高原地区白边地老虎以不脱壳的幼虫在卵内越冬。4月底至5月底三龄前的幼虫占85%～89.6%，是防治幼虫的关键时期。幼虫为害盛期在6月上、中旬，7月上、中旬幼虫开始在5cm左右深的土内化蛹。7月中旬开始羽化为成虫，7月下旬到8月上、中旬为发蛾盛期，发蛾末期在9月底至10月上旬。成虫于 7 月下旬开始产卵，16～20d 卵即完成其胚胎发育，并以此卵越冬。室内饲养观察各虫态平均历期为：卵 276d、幼虫 54d、蛹 25d。

成虫多在 5：00～10：00 羽化。成虫昼伏夜出，白天喜在植株繁茂或杂草丛生的阴暗潮湿处以及土块和干草堆里栖息。成虫对糖醋液具有趋化性，对黑光灯趋性较强，活动高峰期为 21：00～22：00，发蛾量高的天气多为闷热无风的夜晚。产卵前期 13～30d，平均约 19.8d。卵多产在土块、土表土缝、草棍或杂草四周，卵黏着成块，但不甚牢固，也有散产现象。每雌产卵 200～330 粒，产卵期约 20d。卵经 7～18d 胚胎发育成熟，但并不孵化出幼虫，而是以卵滞育越冬。卵发育起点温度是 6.22℃，翌年春季在连续 2d 以上平均温度达 6.2℃以上时开始孵化。

幼虫多数 6 龄，少数 5 龄或 7 龄，初孵幼虫耐低温、抗饥饿，对不良环境抵抗力强，三龄后入土，幼虫白天潜伏在土表下，黄昏后取食为害。一龄幼虫多群集在杂草心叶里取食，将叶片咬成针孔状，随着虫龄的增长，幼虫逐渐转移到叶片背面啃食叶肉。三龄前具有潜伏在杂草心叶中的习性，早春出苗最早的碱毛菊、灰菜、猪牙菜等杂草是幼虫栖息取食的宿营地。三龄后幼虫喜在干湿土层之间栖息，土层愈干潜土愈深，入土深度可达 15cm 以上。10：00 前、16：00 后，在土中活动频繁，中午天气热，温度高，即潜入土层深处栖息，多以 3～5cm 深处为最多。幼虫不耐潮湿，土壤含水量达饱和状态时，则全部溺死于土中。一至六龄幼虫历期分别为 15.5～17.2d，8.4～9.0d，6.0～7.6d，8.4～9.2d，7.4～7.9d，10.4～12.3d。幼虫转株为害能力强，一至三龄幼虫可为害谷苗 11.5 株，四至六龄幼虫可为害 49.6 株。老熟幼虫多在 5～10cm 深的土壤内做土室化蛹，土室为椭圆形，顶端有 1 个小孔。

四、发生规律

温度影响翌年越冬卵的孵化和幼虫出现的早晚，在日平均气温达 4～5℃时连续 5d 以上，幼虫即破卵壳而出，尤其在中午气温较高时，在土壤表面可见幼虫爬行。当气温下降或食物缺乏时，幼虫可忍受低温和饥饿，待气温上升和草芽长出后，进行取食和生长发育。幼虫在日平均气温达 8～9℃时（5 月中旬），迅速生长发育；在日平均气温 11℃以上时，大量进入三龄，很快进入为害期。幼虫在干旱天气下生长发育较快，为害亦猖獗。

土壤含水量对初孵幼虫有较大影响，土壤含水量大于 15%，幼虫死亡率较高。土壤湿度也影响蛹的羽化，土壤湿度大于 30%，蛹羽化为成虫的数量明显减少。

白边地老虎发生的严重程度与前茬作物、杂草和环境有关，在杂草多的荒地，特别是刺儿菜与灰菜多的地块，幼虫发生较重；在同一地块，靠近田边杂草较多的地埂附近，幼虫发生数量较多。前茬为蔬菜、瓜类、麦类、荞麦等杂草多的地块，接近田埂、背风向阳或林带地块易受害。耕翻虫源地土壤能减轻白边地老虎的为害。

天敌也是影响白边地老虎发生的因素之一。其捕食性天敌有鸟类、蟾蜍、蚂蚁、螳螂、虎甲、步甲、蠼螋、食虫虻、草蛉、蜘蛛等，寄生性天敌有寄生蜂、寄生蝇、寄生螨、线虫和病原细菌、真菌等。

五、防治技术

（一）农业防治

白边地老虎早春幼虫孵化较早，此时在我国北方作物还没有出苗甚至还没有播种，此时地老虎以幼嫩的杂草为食物，待大豆幼苗出土后开始为害大豆，杂草成为幼虫向作物转移为害的桥梁。因此，早春铲除地头、地边、田埂杂草，清除田内杂草并及时处理，能消灭一部分幼虫。

春、秋耕翻土壤，实行精耕细作，可消灭部分越冬卵，减少地表土壤的着卵量。

（二）物理防治

1. 诱杀成虫 在成虫盛发期，利用黑光灯、杀虫灯或糖醋液诱杀成虫。糖醋液配方为：糖 6 份、醋 3 份、白酒 1 份、水 10 份、90%敌百虫原药 1 份，混匀。

2. 人工捕杀 在高龄幼虫为害期，每天早晨到田间检查，扒开新被害植株周围的表土，捕杀其中的幼虫。

（三）化学防治

当大豆田间白边地老虎幼虫虫口密度达到 1 头/m^2时需进行药剂防治。

1. 叶面喷药防治低龄幼虫 对三龄前的地老虎幼虫可采用下列药剂进行叶面喷雾防治。4.5%高效氯氰菊酯乳油 1 500 倍液、21%灭杀毙乳油（马拉硫磷与氰戊菊酯混剂）2 000 倍液、20%氰戊菊酯乳油 2 000倍液、10%氯氰菊酯乳油1 500倍液、10%高效氯氰菊酯乳油 3 000～4 000 倍液、2.5%溴氰菊酯乳油 2 000 倍液、2.5%高效氯氟氰菊酯乳油 2 000 倍液、80%敌敌畏乳油 1 000 倍液、48%毒死蜱乳油1 000 倍液等，或用 5%顺式氰戊菊酯乳油 300～450mL/hm^2。

2. 毒饵诱杀防治 在田间大龄幼虫为害期，将 90%敌百虫晶体 0.5kg 或 50%辛硫磷乳油 500mL 加水 2.5～5.0kg，拌以幼虫喜食的碎鲜草或菜叶（如灰菜、刺儿菜、苦荬菜、小旋花、苜蓿、白菜叶等）30～50kg 制成毒草；或将 50%辛硫磷乳油 500mL 加水 1～5kg，喷在 30kg 磨碎炒香的麦麸、谷糠、菜籽饼或豆饼上制成毒饵。将毒饵或毒草于傍晚撒到作物幼苗根际，毒草用量为 450kg/hm^2，毒饵用量为 75kg/hm^2。

3. 毒土毒沙法 用 50%辛硫磷乳油、50%敌敌畏乳油、2.5%溴氰菊酯乳油分别按 1∶1 000、1∶1 000、1∶2 000 的比例拌成毒土或毒沙，于傍晚撒施在苗根附近，形成 6cm 宽的药带，用量 300～375kg/hm^2。或用 2%哒嗪硫磷粉剂 45～75kg/hm^2，撒施后耕翻覆土。

4. 药剂拌种 用 75%辛硫磷原药按大豆干重的 0.5%～1.0%拌种。

(四) 生物防治

播种前用白僵菌 1 号 15 000g/hm^2与细土 150kg/hm^2或潮麦麸 75～150kg/hm^2、大豆粉 15kg/hm^2混匀后，随种子一起进行穴施或随机械沟施，并覆土。

于洪春（东北农业大学农学院）

第 32 节　小绿叶蝉

一、分布与危害

小绿叶蝉［*Empoasca flavescens*（Fabricius）］属半翅目叶蝉科小绿叶蝉属，俗称浮尘子、叶跳虫。小绿叶蝉在全国各地均有分布。是一种多食性害虫，除为害豆科植物外，还能为害棉花、甜菜、水稻、马铃薯、茄子等多种作物和蔬菜，以及茶树和桃、李、杏、樱桃、葡萄等多种果树。成虫和若虫均能吸汁为害，被害叶初现黄白色斑点，逐渐扩大成片，叶片自周缘逐渐卷缩凋零，严重时全叶苍白脱落。是我国黄淮夏大豆区和南方多作大豆区的主要刺吸类害虫。

二、形态特征（彩图 7-32-1）

成虫：体长 3.3～3.7mm，淡黄绿至绿色，复眼灰褐至深褐色，无单眼，触角刚毛状，末端黑色。前胸背板、小盾片浅鲜绿色，常具白色斑点。前翅半透明，略呈革质，淡黄白色，周缘具淡绿色细边。后翅透明，膜质，各足胫节端部以下淡青绿色，爪褐色，跗节 3 节，后足跳跃足。腹部背板色较腹板深，末端淡青绿色。头背面略短，向前突，喙微褐，基部绿色。

卵：新月形，长约 0.8mm，初产时乳白色，逐渐转淡绿色，孵化前头端呈现 1 对红色眼点。

若虫：共 5 龄，一龄长约 0.95mm，乳白色，体表被稀疏细毛；二龄长约 1.3mm，淡黄色，体节分明；三龄长约 1.64mm，淡绿色，翅芽始现；四龄长约 2.08mm，淡绿色，翅芽明显；五龄长约 2.24mm，淡绿色，翅芽伸达第五腹节。

三、生活习性

小绿叶蝉年发生代数因地区而异，在安徽 1 年发生约 10 代，在贵州、福建地区 1 年发生 9～11 代。以成虫在落叶、杂草或低矮的绿色植物中越冬。在广东、广西、海南等地则无明显的越冬现象。越冬成虫一般在气温升至 10℃以上时开始活动取食、产卵。卵期 5～20d；若虫期 10～20d；非越冬成虫寿命 30d；完成 1 个世代 40～50d。由于发生代数多，成虫产卵期长，致使前后世代重叠发生。

成虫、若虫喜白天活动，均有趋嫩为害习性，在叶背刺吸汁液或栖息。成虫善跳，若虫除幼龄较迟钝外，三龄后活跃。成虫、若虫均畏阳光，怕雨湿，阴雨天气或露水未干，都不活动。成虫喜欢在植株间短距离飞行。

四、发生规律

（一）气候条件

旬平均气温在15～26℃时，对小绿叶蝉生长发育较为适宜，但旬平均气温超过28℃、高温干旱或连阴多雨均不利于其生长发育。

（二）耕作栽培

背风向阳的豆田，冬季气温较高，越冬死亡率较低，春季发生较早。豆田及其四周杂草丛生的田块，有利于小绿叶蝉的发生。

（三）天敌

小绿叶蝉的捕食性天敌主要有蜘蛛、步甲、虎甲、隐翅虫、花蝽、宽黾蝽、长蝽、瓢虫、草蛉、螳螂、蚂蚁、鸟类等。寄生性天敌的研究报道较少，以缨小蜂科寄生蜂为主，四川近年发现绿叶蝉缨小蜂也可对其卵进行寄生。此外，云南发现圆孢虫疫霉（*Erynia radicans*），在雨季常有流行。

五、防治技术

防治小绿叶蝉应以农业防治为基础，加强测报，适时科学用药，把其控制在成灾之前。

（一）农业防治

秋、冬季节，彻底铲除田间及四周的杂草，集中销毁，消灭越冬成虫。

（二）化学防治

主抓第一代的防治，掌握在越冬代成虫迁入后，各代若虫孵化盛期及时施药。防治时可选择20％异丙威乳油、10％吡虫啉可湿性粉剂、3％啶虫脒乳油以及0.5％楝素乳油和武大绿洲YY等植物源杀虫剂，均能收到较好效果。

臧连生　崔娟（吉林农业大学）

第33节　烟粉虱

一、分布与危害

烟粉虱［*Bemisia tabaci*（Gennadius）］属同翅目粉虱科小粉虱属。首先报道于1889年，在希腊的烟草上发现，命名为烟粉虱。俗名棉粉虱或甘薯粉虱。近年研究表明，烟粉虱是一个包含30个以上隐种的物种复合体。

我国的烟粉虱最早记载于1949年，分布于广东、广西、海南、福建、云南、上海、浙江、江西、湖北、四川、陕西、北京、台湾等13个省份，近年来在新疆、河北、天津、山东、山西等省（自治区、直辖市）也已发现。很长一段时间，烟粉虱不是我国主要的经济害虫。但近年来，烟粉虱在上述各地均有暴发之势。如今，随着花卉等农产品的频繁调运，这种害虫已成功入侵吉林，并开始成为设施园艺尤其是花卉生产上的潜在威胁。

烟粉虱主要以3种方式为害作物：①取食植物汁液，分泌蜜露污染植物产品；②传播植物病毒；③引起植物生理异常。

近年来，烟粉虱已扩散到全国22个省（自治区、直辖市），并且正不断扩散到更多的地区。经DNA技术分析鉴定，近年来在我国大陆大发生的主要是B型烟粉虱（又称银叶粉虱）。在我国，目前已记录的烟粉虱寄主植物达150种以上，基本上所有阔叶农作物均受其害。目前，在我国中原以南地区的大豆种植区，烟粉虱的发生相当严重，部分田块在进行农事操作时，常有铺天盖地的烟粉虱成虫乱飞乱撞现象发生。

二、形态特征（彩图7-33-1）

烟粉虱的生活周期有卵、4个若虫期和成虫期，通常将第四龄若虫称为伪蛹。

成虫：体淡黄白色到白色，前翅脉1条，不分叉，左右翅合拢呈屋脊状，翅白色，无斑点，雌虫体长（0.91±0.04）mm，翅展（2.13±0.06）mm，雄虫体长（0.85±0.05）mm，翅展（1.81±0.06）mm。

卵：椭圆形，有光泽，长梨形，有小柄，与叶面垂直，长宽约为0.21mm×0.096mm。卵柄通过产卵器插入叶表面裂缝中。卵初产时淡黄绿色，孵化前颜色加深，至深褐色。

若虫：一龄若虫椭圆形，长宽约为0.27mm×0.14mm，有3对发达且各有4节的足和1对3节的触角，体腹部平，背部微隆起，淡绿色至黄色，腹部透过表皮可见2个含菌体。含菌体中常有几种内共生菌，在营养生理上起重要作用。在二、三龄时，烟粉虱的足和触角退化至只有一节，在体缘分泌蜡质，蜡质有帮其附着在叶上的作用。二、三龄体长分别约为0.36 mm和0.50mm。粉虱的四龄若虫常称为伪蛹，淡绿色或黄色，体长0.6～0.9mm，蛹壳边缘扁薄或自然下陷，无周缘蜡丝，胸气门和尾气门外常有蜡缘饰，在胸气门处左右对称，瓶形孔长三角形，舌状突长，匙状，顶部三角形，具1对刚毛，管状肛门孔后端有5～7个瘤状突起。

三、生活习性

烟粉虱一生经历卵、4个龄期的若虫、成虫几个阶段。成虫营孤雌生殖产生雄虫，受精卵为二倍体，发育成雌虫，未受精卵为单倍体，发育成雄虫。通常情况下，正常交配受精的雌虫产下雄性和雌性子代，而未交配或未能成功交配受精的雌虫产下的子代均为雄性。烟粉虱主要在热带、亚热带及相邻的温带地区发生。在适宜的气候条件下，1年发生11～15代。在我国北方露地不能越冬，保护地可常年发生，每年繁殖10代以上，呈现明显的世代重叠现象。在25℃条件下，从卵发育到成虫需要18～30d，成虫的寿命为10～22d，每头雌虫在适合的植物上平均产卵200粒以上。

烟粉虱雌、雄成虫往往成对在叶背取食，雄虫略小于雌虫，多在植株的中上部产卵，但随着寄主植物的生长，若虫在下部叶片发生多，老叶和枯死的叶片均可见枯死的伪蛹（壳）。一龄若虫具有相对长的触角和足，较活跃，在叶背爬行，寻找合适的取食场所，二至四龄若虫足和触角退化，在叶片上固定不动，刺吸取食，直到成虫羽化。成虫多在光照条件下羽化，一般羽化4h后即可交配，有孤雌生殖的习性。成虫喜群集，不善飞翔，对黄色有强烈的趋性。还可在氮肥施用量高、水分少的敏感作物上排泄很多的蜜露，造成严重的煤污病，当受害植株萎蔫时，成虫大量迁出。

四、发生规律

（一）气候条件

温度：烟粉虱在干热的气候条件下易暴发，适宜生存的温度范围宽，耐高温的能力较强，适宜的发育温度范围为23～32℃。温度对烟粉虱的生长和繁殖有很大影响，且不同虫态对温度的适应性存在着明显的差异。在17～29℃内，烟粉虱的发育历期随着温度的升高而缩短，在不同温度下，烟粉虱各虫态存活率差异显著，在26℃条件下，烟粉虱从卵发育到成虫存活率最高，达67.3%。低温、高温都不利于烟粉虱各虫态的生长发育。高龄若虫耐低温、高温能力较强，B型烟粉虱耐高温（＞32℃）比耐低温(＜17℃）能力强。

湿度：湿度对烟粉虱各虫态的存活率、成虫寿命及产卵影响显著，主要表现为低湿明显促进烟粉虱种群增长，有利于烟粉虱种群的发生。大雨后烟粉虱密度往往明显下降，是因为大雨可冲刷掉植物上的烟粉虱成虫，或提高湿度后对若虫发育和存活不利，或湿度增加后昆虫病原真菌的侵染率提高。

光照：烟粉虱具有喜光性，在阳光直射处，烟粉虱成虫活动强烈，而在背光处飞翔活动明显减弱。光周期对其发育历期（速率）与子代性比的影响不显著，但对各虫态存活率、成虫寿命及产卵、种群增长的影响显著。在一定范围内，光周期越长，越有利于成虫的存活与产卵，有利于烟粉虱的发生。

（二）品种抗性

大豆品种对烟粉虱的抗性常与植株叶片的光滑程度有关。叶片光滑对烟粉虱的产卵有一定的驱避作用，叶片上毛多有利于卵的附着，因此，叶片光滑少毛的豆株能有效地减少落卵量和虫口密度，受害程度远远低于叶面多毛的豆株。

（三）耕作栽培

增施钾肥，少施氮肥；种植前，清理田间残留植株、叶片和杂草等，对其进行深埋或焚烧处理；与玉米、高粱等禾本科作物进行轮作或间作。这些措施均可减轻烟粉虱的发生与为害。

(四) 天敌

烟粉虱的天敌资源丰富，其寄生性天敌有膜翅目昆虫，捕食性天敌有鞘翅目、脉翅目、半翅目昆虫和捕食螨类，以及一些寄生真菌。据报道，在世界范围内，烟粉虱有 45 种寄生性天敌［主要为恩蚜小蜂属（*Encarsia*）和桨角蚜小蜂属（*Eretmocerus*）寄生蜂］，114 种捕食性天敌（主要为瓢虫、草蛉和花蝽等）以及 7 种虫生真菌（拟青霉、轮枝菌和座壳孢菌等）。这些天敌在自然界中对控制烟粉虱的发生发挥着重要作用。

五、防治技术

由于烟粉虱 1 年发生多代且世代重叠、寄主范围广、扩散能力强、繁殖力高、耐高温、可传播多种植物病毒、对杀虫剂产生抗性快等特性，而使其为害严重且难以控制。综合国内外防治烟粉虱的成功实践经验，栽培防治、抗虫品种的培育和利用、生物防治、物理防治是防治烟粉虱的基础，这些方法的综合规划和实施，可以在较大区域内将烟粉虱的发生基数压到很低的水平，同时为药剂防治的成功实施提供基础，而药剂防治只在虫量较高时（每叶 5 头成虫以上）用于及时压低虫口数量。

(一) 农业防治

1. 选种抗虫品种 在当地主推品种中选种叶片光滑、茸毛较少的大豆品种，可有效减轻烟粉虱为害。

2. 合理轮作 有条件的地区与玉米、高粱等禾本科作物实行大面积轮作，可有效控制虫源。

3. 清洁田园 种植前，清理田间残留植株、叶片和杂草等，进行深埋或焚烧处理。

(二) 生物防治

对于大豆上的烟粉虱，其生物防治应立足于对天敌的保护。目前，国外已开始商业化生产烟粉虱的天敌丽蚜小蜂、小黑瓢虫、草蛉、盲蝽等，其中应用最广、最成功的当属丽蚜小蜂。我国部分地区也已开始大面积应用丽蚜小蜂来防治粉虱类害虫。应用丽蚜小蜂防治烟粉虱时，推荐如下使用方法。①放蜂时期：作物苗期，发现烟粉虱成虫后，每天调查植株叶片，当平均每株有粉虱成虫 0.5 头左右时，即可第一次放蜂；②放蜂间隔期：每隔 7～10d 放蜂 1 次；③放蜂次数：3～5 次；④放蜂数量：丽蚜小蜂与烟粉虱的比例为 3∶1；⑤释放虫态：可根据田间烟粉虱发生情况确定，原则上释放黑蛹的时间应比成蜂提前 2～3d，最好是成蜂与黑蛹混合释放；⑥放蜂位置：将蜂卡均匀分成小块置于植株上即可。

(三) 物理防治

利用烟粉虱对黄色有强烈趋性的特点，可以在保护地内设置黄板诱杀。自备塑料板，在板两侧贴上黄色蜡光纸（黄板也可直接从市场购得），再涂上一层黏油（用 10 号机油加少许黄油调匀）。黄板可诱杀成虫，同时也可作为一种监测工具。

(四) 化学防治

烟粉虱为重要的检疫害虫，在入侵并为害初期，建议首选特效药剂防治，争取将其彻底消灭，以防后患。可选择的高效低毒药剂有 10%吡虫啉可湿性粉剂 2 000 倍液、1.8%阿维菌素乳油 2 000～3 000 倍液等。烟粉虱主要聚集在叶背为害，所以，植株叶背为重点施药部位。为延缓抗药性的产生，注意轮换用药。

臧连生（吉林农业大学）

第 34 节 豆黄蓟马

一、分布与危害

豆黄蓟马（*Thrips nigropilosus* Uzel）属缨翅目蓟马科蓟马属，是东北大豆产区的主要害虫之一。

豆黄蓟马主要分布于我国东北，是大豆上的主要害虫之一，除为害大豆外，还能为害野大豆、绿豆、菜豆等豆科植物。豆黄蓟马以成虫及一至二龄若虫为害大豆嫩叶、花器及嫩荚。对大豆植株的不同器官取食情况也有所不同，以叶片上最多，其次为嫩荚，茎上较少，花器上只偶尔可见。以锉吸式口器锉破豆叶或嫩荚表皮吸取汁液为害，致使被害部位表面发白并逐渐枯死变褐。幼嫩新叶受害表现为皱缩卷曲，严重时干枯死亡，导致植株矮小，生长势减弱甚至整株枯死。雌成虫的为害不仅在于其吸食叶片汁液，而且在产卵过程中以锯状产卵器刺破表皮组织造成伤口。在大豆幼苗期，当每株有虫4头以上时，大豆生长受阻，受害植株明显较正常植株矮缩。由于其体小和活动隐蔽，为害初期不易被发现，往往在造成严重灾害后才被发现。严重发生时造成大豆减产20%～25%或以上。

二、形态特征（彩图7-34-1）

成虫：雌成虫体长1～2mm，黄色，各腹节间褐色。触角7节，黄棕色，第三至四节有叉状感觉锥，前翅略黄，前缘鬃21根，前脉端鬃5根，后脉鬃11根，足淡黄色。雄成虫体长约0.6mm，淡黄色，其他特征与雌虫相同。

卵：肾形，近无色，产在大豆叶脉内。

若虫：可分4个龄期，形态基本与成虫相似，但无翅。一龄若虫体长0.3～0.4mm，初孵时近无色，复眼红色，几小时后体色变黄。二龄若虫体长0.6～1.0mm，体黄色，触角四至七节紧密连接在一起。三龄若虫体白色，呈透明状，出现翅芽，行动迟缓，称前蛹。四龄若虫体白色，静止不动，称拟蛹。

三、生活习性

豆黄蓟马在东北地区1年发生5～6代，各世代历期因发生时期不同而有差异，第一代历期长，平均24d，第三、四代因气温高，历期短，为15d左右，生殖方式主要为孤雌生殖，少数营两性生殖，因此，田间采集到的多数为雌虫。以成虫在小蓟等杂草上越冬，雄虫生活力较弱，不能越冬，越冬成虫均为雌性。第二年5月中旬越冬雌成虫陆续出现，孤雌生殖繁殖出第一代，5月下旬转移到刚出苗的大豆上为害，6月初豆苗上数量明显增加，6月中旬越冬成虫量达到高峰，6月中旬后，成虫和若虫混合发生，田间世代重叠现象明显，6月下旬到7月下旬出现为害盛期，大豆受害最严重。9月中旬大豆成熟，迁回到小蓟等杂草上越冬。据周弘春等报道，在黑龙江密山，豆黄蓟马各世代历期因其发生时期的不同而有差异。第一及最后一个世代历期长，平均24d。中间3～4个世代平均历期16.7d。雌虫寿命平均17.5d，雄虫寿命平均5.6d。若虫各龄期历期随季节和温度变化而异。6月平均温度17.9℃，一至二龄为4d，三至四龄为8d；7月平均温度23℃，一至二龄为6d，三至四龄为3d；8月平均温度18.2℃，一至二龄为6d，三至四龄为5d。

豆黄蓟马一龄若虫爬行距离有限，常在孵化处群集取食为害。二龄若虫较活泼，四处爬行寻找适合的取食场所，多数选择嫩叶的叶脉附近取食。成虫取食处不固定，很少在一处停留很久，成虫的飞翔力较弱，一次只能飞行数米远，高度不超过豆株上部1m，因此，可以通过飞翔转到其他叶片或植株上为害。雌成虫很少起飞，但爬行很快。雄成虫很活泼并起飞频繁，可借助风力进行稍远距离的迁移，每日活动时间以10：00前及16：00后最盛，中午阳光照射下则潜伏于叶背栖息。成虫、若虫均有一定的趋嫩性及趋触性，在叶上往往依附于叶脉或凹坑的边缘。

四、发生规律

（一）气候条件

豆黄蓟马的发生与为害常受气候的影响，温暖干旱利于其大发生，低温多雨对其发生不利。

（二）耕作栽培

早播田比晚播田发生重；地势低洼虫量发生重；早熟和小粒型品种易感虫。

（三）天敌昆虫

豆黄蓟马的天敌主要有蜘蛛、横纹蓟马、小花蝽等。

五、防治技术

针对豆黄蓟马的防治，应重点在大豆苗期和花期害虫发生前或初期进行。幼苗期调查平均每株成虫量达到3.3头，就应采取防治措施，尤其是持续干旱少雨天气，更应及时防治。对豆黄蓟马的防治应采取农业防治和生物防治为主，化学防治为辅的综合治理方法，将豆黄蓟马控制在为害水平以下。

(一) 农业防治

大豆收获后及时进行翻耕，冬、春及时清除豆田内外杂草，降低越冬虫量；实行大豆与非寄主作物轮作，可减轻为害；加强田间水肥管理，使植株生长旺盛；干旱年，有条件的地块进行喷灌，可减轻豆田蓟马的发生与为害。

(二) 生物防治

豆黄蓟马的天敌有蜘蛛、横纹蓟马、小花蝽等，因此，在防治其他大豆害虫时尽量使用选择性杀虫剂，或减少施药次数等来保护天敌，使天敌的种群维持在一定水平，以便控制蓟马种群数量急剧上升。

(三) 物理防治

有条件的地区，在成虫发生期，及时在田间使用佳多频振式杀虫灯或黑光灯等方法诱杀成虫，可降低豆黄蓟马种群密度。

(四) 化学防治

种子处理：40%辛硫磷乳油2kg对水10kg，充分混合后，拌种1 000kg，晾干后即可播种。

田间防治：幼苗2～3片复叶，平均每株成虫量达到3.3头时，应立即施药防治。花期单株虫量在30头左右时，应及时施药防治。药剂可选用40%氧乐果乳油、80%敌敌畏乳油、20%甲氰菊酯乳油、10%氯氰菊酯乳油、5%甲氨基阿维菌素苯甲酸盐乳油等。喷药时要做到均匀，尤其是叶背面更要喷到。

臧连生 崔娟（吉林农业大学）

第35节 草地螟

一、分布与危害

草地螟［*Loxostege sticticalis*（Linnaeus）］又名网锥额野螟、甜菜网螟、黄绿条螟等，属鳞翅目螟蛾科锥额野螟属。

草地螟是世界性分布的害虫，为北温带干旱少雨气候区的一种暴发性害虫。国外主要分布于欧洲、亚洲大陆和北美洲的草原及接近草原地带的平原。草地螟在我国主要分布于37°N以北，由108°～118°E斜向东北至50°N的地区，有黑龙江、吉林、内蒙古、宁夏、甘肃、青海、北京、河北、山西、陕西、江苏等省（自治区、直辖市）。39°～43°N与110°～116°E为主要越冬区，其他为扩散区。

草地螟是一种间歇性暴发的害虫，新中国成立后草地螟在我国有3次暴发周期，分别是1953—1959年，1978—1983年，1996年开始草地螟在我国进入了第三个暴发周期，其发生面积、为害程度和时间跨度都超过前两个暴发周期。2002年、2004年和2008年，草地螟在东北、华北和西北局部地区严重发生，仅黑龙江2004年发生面积就高达330万hm^2，1996—2004年，黑龙江草地螟累计发生面积近1 333万hm^2次，比1978—1983年增加了近800万hm^2次。2008年，草地螟二代幼虫在我国的为害面积达到了1 106.7万hm^2，内蒙古、黑龙江大部、河北、山西北部，以及吉林和辽宁的中西部地区都发生了严重的草地螟灾害，在黑龙江桦南县草地螟幼虫最高密度更是超过了10 000头/m^2，为新中国成立以来历年、历代发生之最。

草地螟食性杂，可取食35科近300种植物，嗜食大豆、甜菜、向日葵，对麻类、马铃薯、瓜菜、玉米、高粱、甘蓝、茴香、胡萝卜、洋葱等作物均能为害。野生植物中喜食灰菜、猪毛菜等藜科植物及苋科、菊科杂草。

草地螟为害大豆以幼虫食叶为害。初龄幼虫在叶背啃食叶肉，残留薄壁；二至三龄幼虫群居，常在心叶部为害，残留透明的角质膜及叶脉，被害叶片被食成网状；三龄以后食量大增，咬食叶片成大量孔洞。大发生时，受害作物每株有幼虫几十头至数百头，可将全田叶片吃光，造成大片豆株幼苗死亡（彩图7-35-1，4）。幼虫食尽叶片后，在田间食料缺乏时，可成群向外迁移，亦可为害不喜食的寄主植物，造成灾害的扩大。

二、形态特征

成虫：体长8～12mm，翅展24～26mm。体、翅灰褐色，前翅有暗褐色斑，翅外缘有淡黄色条纹，中室内有1个较大的长方形黄白色斑，近顶角处有1个长形黄白色斑。后翅灰色，近翅基部较淡，沿外缘有两条黑色平行的波纹。挤压雌虫腹部时，腹末部呈一圆形的开口，其内伸出产卵器；雄虫在挤压腹末时，腹端呈两片状向左右分开，其中有钩状的阳具和抱握器等（彩图7-35-1，1）。

卵：椭圆形，长0.8～1.0mm，宽0.4～0.5mm，初产时乳白色，有光泽，后变黄色，近孵化时为黑色。

幼虫：老熟时体长19～21mm，头黑色，有白斑，胸、腹部灰绿或暗绿色，有明显的纵行暗色纵带，带间有黄绿色波状细纵线。前胸背板黑色，有3条黄白色纵纹。腹部背线两侧每一体节有2对毛瘤，上生1根刚毛，毛瘤部黑色，有两层同心的黄白色圆环（彩图7-35-1，2）。

蛹：体长约15mm，黄褐色，腹末有8根刚毛，蛹外包被泥沙及丝质袋形的茧，茧长20～40mm。

三、生活习性

草地螟在我国每年发生1～4代。在年等温线0℃以北地区每年发生1代，主要包括黑龙江北部和内蒙古北部地区；年等温线0～8℃地区1年发生2～3代，主要包括东北大部、华北大部和西北北部；年等温线8～12℃地区1年发生3～4代，主要包括北京、天津、河北、山西和陕西等地的南部地区。各地均以老熟幼虫在土中结茧越冬（彩图7-35-1，4）。

在东北，越冬代成虫5月中、下旬出现，6月上、中旬盛发。一代幼虫发生于6月中旬至7月中、下旬，6月下旬至7月上旬是严重为害期。一代成虫7月中旬至8月为盛发期。二代幼虫8月上旬至9月下旬发生，一般为害不大，但2008年草地螟二代幼虫在黑龙江省发生，严重为害玉米和向日葵等作物。幼虫老熟后陆续入土越冬。少数可在8月化蛹，再羽化为二代成虫，不经产卵而死。

草地螟卵发育起点温度为（14.3±1.2）℃，幼虫发育起点温度为（12.7±0.4）℃，蛹发育起点温度为（11.6±0.2）℃。各虫态在不同温度下的发育历期见表7-35-1。

表7-35-1 草地螟在不同温度条件下的发育历期（引自罗礼智等，1993）

Table 7-35-1 The developmental duration of *Loxostege sticticalis* at different temperature（from Luo Lizhi et al.，1993）

虫态	发育历期（d）						
	16℃	19℃	22℃	25℃	30℃	32℃	34℃
卵	9.0±0.3	6.8±0.3	4.6±0.2	3.4±0.2	1.8±0.1	1.7±0.1	1.7±0.1
一龄幼虫	7.5±0.7	5.4±0.5	3.5±0.6	2.3±0.5	2.0±0.4	1.3±0.4	1.5±0.6
二龄幼虫	5.7±0.5	3.8±0.7	3.1±0.6	2.2±0.4	1.5±0.6	1.0±0.2	1.3±0.5
三龄幼虫	5.7±0.9	4.0±0.5	3.2±0.7	2.5±0.6	1.5±0.6	1.4±0.4	1.0±0.2
四龄幼虫	5.7±1.0	4.3±0.5	3.5±0.9	2.1±0.3	1.8±0.4	1.7±0.5	1.0±0.0
五龄幼虫	20.8±3.0	13.0±2.6	10.2±1.1	6.1±1.1	4.7±0.7	3.7±0.5	4.3±1.2
幼虫	46.6±2.8	30.5±1.0	23.4±1.7	15.1±1.2	11.5±0.7	9.7±0.5	8.5±0.5
蛹	31.3±1.3	21.7±1.1	16.2±0.9	12.1±1.0	8.8±0.7	7.5±0.7	6.8±0.6
成虫产卵	18.9±5.2	10.0±0.8	7.6±3.3	7.2±1.1	6.6±1.2	4.3±2.7	11.0±3.8

成虫具远距离迁飞的习性，成虫可上升至距地面50～70m高，夜间随气流能迁飞到200～300km以外的地方，在迁飞过程中完成性成熟，如中途遇气流回旋，可被迫下降，形成新的繁殖中心，发生突增现象。垂直监测昆虫雷达监测表明，草地螟主要在夜间迁飞，飞行高度集中在300～500m，400m是主要飞行高度，迁飞高峰期夜间迁移时间可持续9h。研究证实，我国草地螟越冬代成虫远距离北迁主要有两条线路：86.1kPa槽或切变线前高压西北边缘，有一条从草地螟发生基地经河北承德、内蒙古赤峰、辽宁朝阳、吉林白城到黑龙江和内蒙古呼伦贝尔的西南气流，被认为是越冬代草地螟成虫远距离北迁的主要路径；86.1kPa槽或切变线前高压西北边缘，还有一条从草地螟发生地经蒙古，到达我国内蒙古呼伦贝尔一带，再沿高压线边缘转向黑龙江和吉林北部的气流，也是越冬代草地螟成虫远距离北迁的一条重要路径。近年来研究证实，东北地区大发生的草地螟虫源，一部分来自内蒙古乌兰察布市，一部分来自蒙古中东部及中蒙、中俄边境地区，推测我国与国外草地螟存在虫源交流。

成虫白天多潜伏在杂草丛中和麦田等作物田内，受惊扰后，可作高1m、长度3～7m的短距离飞移，据此习性可进行步测和网捕。成虫在20：00～23：00活动最盛。成虫具有群集性，其飞翔、取食、产卵或在草丛中停栖隐蔽等活动，均以大小不等、密集的个体群形式出现。

成虫具趋光性，对黑光灯趋性强，但对糖醋液无趋性。草地螟成虫对紫外区360nm和近紫外的400nm光波趋性反应强烈，其趋光反应率随单色光和白光光强度的增强而升高。雌蛾较雄蛾的趋光反应率高。初羽化（1日龄）成虫趋光反应较不明显，随着蛾龄的增加，成虫趋光反应率明显升高，10日龄雌蛾仍具有明显的趋光行为。

成虫交配从4日龄开始，9日龄达到高峰。每日的交配主要发生在晚上熄灯后4～8h（2：00～6：00）。雌、雄成虫都能进行多次交配，交配次数1～6次不等，平均为2.4次。其中以交配2次的比例最高，交配1次的次之，之后的比例便随交配次数的增加而下降。草地螟的交配持续时间21～148min不等，平均为58.7min，其中，以50～70min为最多，30～50min的次之，小于30min的比例最少。成虫交配持续时间随蛾龄的增加而延长。

成虫羽化后需要补充营养，多选择夏至草、白花荠菜、丁香、洋槐、苜蓿等蜜源植物。产卵以菊科、豆科、藜科、蓼科、禾本科、十字花科、伞形科植物着卵量大，喜产于嫩绿多汁液、耐盐碱的杂草上，如灰菜、猪毛菜、刺蓟、盐蒿、萹蓄以及狗尾草、画眉草等，豆科植物中大豆、豌豆、蚕豆等作物上着卵量较大。卵多产在叶片背面，叶片正面和叶柄上也可落卵。成虫喜在植株较小的植物上产卵，多产在底层1～3片叶片背面；同一植株上，植株下部叶片上产卵量最多，中部次之，上部最少。卵单产或3～5粒排成覆瓦状，单雌平均产卵200余粒，多者可达800余粒。

幼虫共五龄。一至二龄幼虫有吐丝下垂的习性，初孵幼虫多先在杂草上取食。幼虫有吐丝结网的习性，通常三龄幼虫开始结网，一般3～4头结1个网，四龄末至五龄幼虫常单虫结网分散为害。一至二龄幼虫多群集于植物心叶内和叶背取食叶肉，残留表皮，食量小。三龄以后幼虫食量逐渐增大，可将叶肉全部食光，仅留叶脉和表皮。五龄幼虫进入暴食阶段，食量占幼虫期总食量的80%以上。三龄前幼虫靠吐丝下垂后借微风摆动在株间迁移，四至五龄幼虫一般不吐丝下垂，活泼而暴烈，当遇到振动或触动时，即做波浪状向前或向后跃动，迅速掉落于植株其他部位或地表而逃走。幼虫有群集迁移习性，四至五龄幼虫吃尽一块作物后，迅速群集迁移到其他田块为害。幼虫老熟后，钻入土层4～9cm处做袋状茧，竖立于土中，在茧内化蛹。

四、发生规律

（一）气候条件

温、湿度是影响草地螟发生的重要因素。一般来说，平均气温、降水量和相对湿度偏高的年份，往往有利于草地螟的大发生。长期高温干旱，或发蛾盛期持续低温，大发生的频率降低。越冬幼虫在春季化蛹阶段，如遇低温易被冻死，春寒对越冬代成虫的发生量有抑制作用。

越冬代成虫的发生期与4～5月的平均气温关系密切。一般在旬平均气温15～17℃，10℃以上积温高于80℃时开始羽化，积温为150～200℃时则大量羽化。在成虫盛发期，温度直接影响成虫的生殖力。成虫产卵前期的发育起点温度为16.7℃，发育最适温度为18～23℃，最适相对湿度为50%～80%。高温和干旱能引起雄蛾不育，或使雌蛾卵巢发育受到抑制，产卵量减少。成虫在5d内，连续每天4h温度为30～35℃，相对湿度为55%～60%，雌虫产卵量减少70%～80%。湿度和降雨对草地螟的性成熟和生殖力影响也很大。相对湿度为60%～80%时，生殖力最高；相对湿度低于40%时，雌蛾生殖力减退或不孕。第一代幼虫的发生与6月温、湿度及降雨关系密切。幼虫发育的最适平均温度为20℃或稍高，相对湿度为60%～70%。在温度适宜的条件下，相对湿度若低于50%，幼虫则大量死亡。

温、湿度也影响草地螟的产卵方式和田间落卵部位。一般适温、高湿（平均气温20～22℃，相对湿度79%～89%），成虫选择把卵产在植物叶背（底层1～3片叶片）和植物留在地表上的细枯枝或草根上，多块产，其上的卵也能正常孵化和转移为害。适温、相对湿度偏低（平均气温20～22℃，相对湿度54%～75%），卵多产在底层1～3片叶片的叶背；低温、低湿（平均气温15.8℃，相对湿度38%～43%），卵多产在叶面和中部叶片上，少量产在叶背和底层叶片上，多单产。

（二）食物条件

成虫具有补充营养的习性。成虫发生期蜜源植物的多少决定着产卵量的大小。成虫发生期若蜜源植物丰富，营养供应充足，雌蛾产卵量大，为害程度重。对蜜源的要求是既要提供充足的营养，又能提供足够的水分，若水分不足，即使蜜源充足，产卵量也不会增加。幼虫期的营养对成虫影响也较大。若幼虫取食适宜的食料，如藜科植物，幼虫个体发育好，蛹重可达 30mg 以上，羽化的成虫寿命长，产卵量大；若取食的食料不适宜，蛹重在 30mg 以下，成虫寿命短，产卵少。张李香等研究证实，草地螟成虫羽化后取食 10%蜂蜜水与取食清水对比，其产卵历期、产卵量与雌蛾平均寿命有显著不同，取食 10%蜂蜜水的雌蛾其产卵历期为 10.6d，产卵量为 359.1 粒/头，平均寿命为 21.0d，而取食清水的雌蛾产卵历期为 3.14d，产卵量为 206.0 粒/头，平均寿命为 10.1d，两者差异显著，表明草地螟成虫期补充营养与其生殖力有密切关系。

（三）耕作栽培措施

耕作和栽培管理技术对草地螟越冬幼虫的存活影响较大。秋翻、春耕和深覆土可促进越冬幼虫死亡。越冬幼虫要求土壤干燥，冬灌把土壤含水量从 5%提高到 25%左右，可使其死亡率提高 1～3 倍。草地螟成虫产卵喜选择在杂草种类多的环境中，在杂草少，植物种类单一的生境里，这些杂草和植物即使是草地螟成虫产卵和幼虫喜食的主要优势种寄主，落卵量也偏低。对试验区采取早中耕除草、中耕除草后拾草、不拾草和进入低龄幼虫期中耕除草等不同除草措施的试验结果表明，卵孵化期中耕除草并拾草带到田外对草地螟的防效最好，虫口减退率达 97.2%；其次是在产卵前采取中耕除草措施的；进入低龄幼虫期中耕除草的防效最低，虫口减退率仅为 13.5%。因此，兴修水利，扩大灌溉面积，实行秋翻春耕，加强田间管理，清除杂草等措施，可破坏幼虫的越冬环境，恶化成虫的栖息、产卵场所和幼虫的取食条件，是抑制草地螟发生的基本农业技术措施。

（四）天敌

草地螟的天敌种类很多。据国外报道草地螟的寄生蜂、寄生蝇及其他天敌有 70 余种，其中赤眼蜂用于防治草地螟效果较好。我国主要的草地螟天敌类群有寄生蝇、寄生蜂、白僵菌、细菌类以及捕食性的蚂蚁、步行甲和鸟类等。

目前我国已鉴定的草地螟寄生蝇种类有 22 种，草地螟寄生蝇的优势种主要有伞裙追寄蝇（*Exorista civilis* Rondani）、双斑截尾寄蝇［*Nemorilla maculosa*（Meigen)］、黑袍卷须寄蝇［*Clemelis pullata*（Meigen)］和草地追寄蝇（*E. pratensis* Robineau - Desvoidy）4 种。黑袍卷须寄蝇的寄生率最高的可达 74.6%，伞裙追寄蝇的寄生率可达 67.8%，对控制草地螟的种群有重要作用。

草地螟寄生蜂有 10 余种，优势种为茧蜂和姬蜂。有资料记载广赤眼蜂（*Trichogramma evanescens*）和微小赤眼蜂（*T. minutum*）可寄生草地螟卵。我国 2008 年首次实地发现草地螟卵寄生蜂——暗黑赤眼蜂（*T. pintoi* Voegele），这是我国分离出的第一个草地螟卵寄生蜂，其对二代草地螟卵的寄生率约为 1%。

吴晋华等用 16 个分离自内蒙古地区的球孢白僵菌（*Beauveria bassiana*）菌株对草地螟幼虫的致病力做了室内测定，结果表明，16 个菌株对草地螟幼虫均表现出一定的致死率，其中一菌株在使用浓度为 1×10^8 个孢子/mL 时，草地螟幼虫累积死亡率可达 93.3%。

五、防治技术

防治策略为加强草地螟的异地监测，随时掌握其发生动态，在大发生年份以压低虫源基数和控制第一代幼虫为害为重点，及时采取各种有效措施，尽可能把为害控制在虫源地和幼虫迁移扩散之前，防止草地螟大面积暴发成灾。

（一）农业防治

1. 耕翻整地 在草地螟集中越冬区，采取秋翻、春耕、耙耱及冬灌等措施，可增加越冬幼虫死亡率，压低越冬虫源数量。

2. 铲除杂草灭卵 在成虫产卵盛期后、卵孵化前锄净田间、地埂处的杂草，尤其是藜科杂草，并进行深埋处理，可起灭卵作用，能减少田间虫口密度。特别是中耕除草期间降雨偏少、空气湿度偏低的年份，中耕除草灭卵效果好。

3. 种（留）植诱集带诱控草地螟产卵 山西省植物保护站根据草地螟成虫有采集苜蓿花蜜补充营养，

并在其上产卵的习性，在寄主作物田边种植苜蓿，在草地螟产卵后立即收割苜蓿，并集中处理，可减轻其周围作物上草地螟的发生和为害。黑龙江省植物保护站试验，在作物田四周留出不除草区域，引诱草地螟在其上产卵，并在卵孵化期或低龄幼虫期集中处理虫卵，也收到较好的防治效果。

（二）物理防治

利用草地螟的趋光性，成虫发生期在田间设置黑光灯、频振式（普通型和太阳能型）杀虫灯、高压汞灯进行诱杀。灯距设置距离100m，高度80～100cm。

有试验表明，普通频振式杀虫灯（220V、15W）、黑光灯（220V、20W）和太阳能频振式杀虫灯（220V、15W）对草地螟成虫均有较好的诱杀效果，田间落卵量可分别减少97.6%、94.7%和90.7%，幼虫量分别减少97.9%、94.7%和91.7%。灯控区基本不需要进行化学防治，而化学防治区需用药2～3次，灯控区比化学防治区降低30%的费用。黑龙江用普通频振式杀虫灯（220V、15W）和高压汞灯（220V、400W）诱杀草地螟，防效分别为74.1%和65.6%。

（三）化学防治

应注意把握防治适期，将幼虫消灭在三龄以前。防治指标因作物而异，大豆田有幼虫30～50头/m^2，甜菜田有虫4～6头/株或24～30头/m^2，向日葵田有虫30～50头/m^2，胡麻田有虫15～20头/m^2，马铃薯田有虫30～50头/m^2。

常用的药剂有20%三唑磷乳油2 000倍液、48%毒死蜱乳油1 000～2 000倍液、12%高氯·毒死蜱乳油600～900mL/hm^2，2.5%溴氰菊酯乳油、2.5%高效氯氟氰菊酯乳油、2.5%氟氯氰菊酯乳油、4.5%高效氯氰菊酯乳油、20%氰戊菊酯乳油、5%顺式氰戊菊酯乳油等2 000～3 000倍液，喷雾。5%氟虫脲乳油、5%氟啶脲乳油2 000倍液，喷雾，喷药时期适当提前。在受害重的田块周围需喷洒药带封锁地块，阻止幼虫迁移扩散为害。

（四）生物防治

在一至二龄低龄幼虫期用16 000IU/mg苏云金杆菌可湿性粉剂500～1 000倍液、0.6%氧苦内酯水剂1 000～1 500倍液、1.8%阿维菌素乳油3 000倍液喷雾。

附：草地螟测报技术

草地螟调查测报规程详见中华人民共和国农业行业标准《NY/T1675—2008 农区草地螟预测预报技术规范》。

于洪春（东北农业大学农学院）

第36节 双斑长跗萤叶甲

一、分布与危害

双斑长跗萤叶甲［*Monolepta hieroglyphica*（Motschulsky）］别名双斑萤叶甲，属鞘翅目叶甲科长跗萤叶甲属。在我国东北、华北及内蒙古、江苏、浙江、湖北、江西、福建、广东、广西、宁夏、甘肃、陕西、四川、云南、贵州、新疆、台湾等地均有分布。

双斑长跗萤叶甲为多食性害虫，其寄主包括豆类、玉米、马铃薯、苜蓿、茼蒿、胡萝卜、十字花科蔬菜、向日葵、果树等。该虫原为次要害虫，近年来在我国北方的大豆、玉米、棉花及一些蔬菜等多种作物上为害程度明显上升，其为害作物种类多、发生面积大、虫口密度高，对农作物生产造成较大威胁，在局部地区已经成为生产上的主要害虫。据调查，仅内蒙古自治区2007年在赤峰、通辽、鄂尔多斯、锡林郭勒、包头、呼和浩特和乌兰察布等7市（盟）31个旗（县）发生为害面积就超过47万hm^2。2007年7月下旬至8月中旬调查，玉米百株虫量200～500头，严重的达2 000头以上；豆类每平方米有虫30～50头，严重的达90～150头；受害田估计一般产量损失为15%左右。

双斑长跗萤叶甲主要以成虫为害，成虫食害叶片和花穗成缺刻或孔洞。为害玉米时食害叶肉，仅留表皮，受害叶片呈现成片的透明白斑。幼虫为害轻，一般对作物不造成经济损害。

二、形态特征

成虫：体长3.6～4.8mm，体宽2.0～2.5mm，长卵形，棕黄色，具光泽，头、前胸背板颜色较深，有时呈橙红色。复眼较大，卵圆形，明显突出。触角11节，丝状，端部色黑，长为体长的2/3。前胸背板宽大于长，表面隆起，密布很多细小刻点。小盾片黑色，呈三角形。鞘翅布有线状细刻点，每个鞘翅基半部具1个近圆形的淡色斑，四周黑色，淡色斑后外侧多不完全封闭，其后面黑色带纹向后突伸成角状，有些个体黑带纹不清或消失。两翅后端合为圆形。足胫节端半部与跗节黑色。腹端外露（彩图7-36-1）。

卵：椭圆形，长约0.6mm，宽约0.4mm，初为棕黄色，表面具网状纹。

幼虫：体长5～6mm，白色至黄白色，体表具瘤和刚毛，前胸背板颜色较深。

蛹：为裸蛹。长2.8～3.5mm，宽2mm，白色，表面具刚毛。

三、生活习性

双斑长跗萤叶甲在东北、河北、山西、新疆等地1年发生1代，以卵在土中越冬。翌年5月卵开始孵化。幼虫生活在土中，在3～8cm深的土中活动，取食杂草或作物根部，幼虫期30d左右。7月初始见成虫，一直延续到10月，成虫期3个多月。初羽化的成虫喜在地边、沟旁、路边的苍耳、刺菜、红蓼、萹蓄等杂草上活动，约经15d转移到豆类、玉米、高粱、谷子、杏树、苹果树上为害，7～8月为成虫为害盛期，大田收获后，常转移到十字花科蔬菜上为害。

成虫有群集性和弱趋光性，在一株上自上而下地取食，临近植株常受害轻或不受害，田间发生初期呈点片分布为害。成虫飞翔力弱，一次一般飞行1～3m，最多能飞4～6m。气温高于15℃时成虫活动活跃，以20～28℃活动为害最盛，当气温低于8℃或遇阴雨、风大的天气，以及在早晨低温或日光强烈时常隐蔽于植株下部叶背、根部、土缝或枯叶下。成虫羽化后经20d开始交尾，交尾时间一般30～50min。雌成虫产卵时，腹端部向土里伸，把卵产在田间及其附近田埂、沟旁草丛中的表土下，一次可产卵30余粒，一生可产卵200余粒；田间也见有少量卵产在玉米花丝和苞叶等处。卵散产或数粒黏在一起成块。

幼虫共3龄，全部历期在土壤中度过。幼虫一般生活在未经翻耕、杂草丛生的地块表土中，大田中幼虫发生数量较少。虽然一些野生植物对幼虫有一定的指示作用，但在野外或室内饲养，仅见到禾本科、豆科植物及苍耳的根部有明显的被幼虫啃食的痕迹。老熟幼虫在土中筑土室化蛹，蛹室土质较疏松，蛹一经触动即猛烈旋动，蛹期7～10d。

四、发生规律

双斑长跗萤叶甲的发生与气候有关。高温干燥对双斑长跗萤叶甲的发生有利，降水量少则发生重；降水量多则发生轻，暴雨对其发生不利。所以在高温干旱年份双斑长跗萤叶甲易暴发，其发生为害严重。双斑长跗萤叶甲卵耐干旱，在干燥条件下，卵壳表面虽干瘪，但一经吸湿后，仍可恢复原形，条件适宜时即可发育至孵化。

双斑长跗萤叶甲的发生与土质类型有一定关系，一般在黏土地上发生早、为害重，在壤土地、沙土地上发生较轻。旱田发生重于水浇田和盐碱田。

荒草地是双斑长跗萤叶甲的重要滋生场所，荒地头、沟渠边、田间道路及田间杂草丛生，为双斑长跗萤叶甲初羽化成虫提供了充足的食料，同时也为其产卵繁殖提供了良好的环境。双斑长跗萤叶甲在田间比较郁闭、杂草多、管理较差的农田发生较重。据调查，玉米田四周杂草生长茂盛的田块比没有杂草或杂草少的田块，单株虫量可高出35%～60%。

五、防治技术

（一）农业防治

及时铲除田边、地埂、渠边杂草，消灭中间寄主植物；秋季深翻土壤，将表土中的卵翻至土壤深层，可消灭部分越冬卵，减少越冬虫源。

（二）化学防治

在成虫发生盛期可喷洒3%啶虫脒乳油2 000～2 500倍液、4.5%高效氯氰菊酯乳油3 000倍液、20%

马·氰乳油2 000倍液、20%氰戊菊酯乳油2 000倍液、2.5%溴氰菊酯乳油2 000倍液或25%噻虫嗪水分散粒剂225g/hm²。在缺乏水源的地区可在早晨有露水时喷撒2%杀螟丹粉剂或2%杀螟硫磷粉剂，用量为30kg/hm²。在成虫发生盛期，田外寄主杂草多的地方有必要时也需要喷药防治。

于洪春（东北农业大学农学院）

第37节 豆二条萤叶甲

一、分布与危害

豆二条萤叶甲［*Monolepta nigrobilineata*（Motschulsky）］又称豆二条长跗萤叶甲，别名大豆二条叶甲、二黑条萤叶甲、大豆异萤叶甲、二条黄叶甲、二条金花虫等，属鞘翅目叶甲科麦萤叶甲属。国外分布于日本、朝鲜、俄罗斯西伯利亚东南部，在国内各大豆产区均有分布。

豆二条萤叶甲的寄主包括大豆等豆科植物以及甜菜、大麻、高粱等植物。为害大豆时，以成虫为害子叶、真叶、生长点及嫩茎，食害真叶成圆形孔洞，严重时幼苗被毁（彩图7-37-1，1）；为害花雌蕊，减少结荚数；咬食青荚荚皮和嫩茎，形成黑褐色洼坑。幼虫在土中为害根瘤，致根瘤成空壳或腐烂，造成植株矮化，影响大豆产量和品质。

二、形态特征

成虫：体长约3mm，淡黄褐色，椭圆形至长卵形。鞘翅黄褐色，盖不住腹部末端，两侧近于平行，翅面稍隆突，刻点细，在两鞘翅中央各有1条略弯曲的纵行黑条纹。触角丝状，11节，基部2节色浅，其余褐色或黑褐色。足黄褐色，各足胫节基部外侧有深褐色斑纹（彩图7-37-1，2）。

卵：球形，长0.4mm，初为黄白色，后变褐色。

幼虫：末龄幼虫体长4～5mm，乳白色，头部和臀板黑褐色，胸足3对，等长，褐色。

蛹：为裸蛹。乳白色，长3～4mm，腹部末端具向前弯曲的刺钩。

三、生活习性

豆二条萤叶甲在东北、华北、安徽、河南一带1年发生2～4代，以成虫在杂草及土壤中越冬。在浙江越冬成虫于4月上、中旬开始活动，4月下旬至5月下旬为害春大豆，6月为害夏大豆，7月中下旬又为害大豆花及秋大豆幼苗。在河南越冬成虫于5月中旬为害大豆幼苗，7月上、中旬为害豆花。在东北4月下旬至5月上旬始见成虫，5月中、下旬为害刚出土的豆苗或甜菜苗，取食大豆子叶及生长点，6月是取食豆叶的盛期。成虫产卵于豆株四周土表，单雌产卵约300粒，卵期6～7d，幼虫孵化后就近在土中为害根瘤，末龄幼虫在土中化蛹，蛹期约7d，成虫羽化后取食一段时间，于9～10月入土越冬。

豆二条萤叶甲在黑龙江1年发生2代，一般以成虫在大豆根部杂草和周围5～6cm深的土层中越冬。翌年5月中、下旬越冬成虫出土后取食刚出土的大豆幼苗子叶和生长点，6月成虫进入为害盛期。5月下旬至6月上旬是越冬代成虫产卵盛期。6月中、下旬卵孵化为幼虫。幼虫孵化后就近在土中为害根瘤。7月下旬至8月上旬豆田出现第一代成虫。8月上、中旬田间出现第二代卵，卵在8月中、下旬孵化为第二代幼虫。9月上、中旬幼虫陆续化蛹，蛹期10d左右。蛹于9月中、下旬羽化为第二代成虫并越冬。

豆二条萤叶甲成虫一般白天藏在土缝中，早、晚为害。成虫活泼善跳，具有假死性，飞翔能力弱。越冬成虫先为害刚出土的大豆子叶，将子叶吃成凹坑状，随后为害真叶、复叶、生长点及嫩茎，将真叶吃成圆形孔洞，严重时仅剩叶脉，呈网状，致使幼苗被毁，造成缺苗断垄。成虫为害花，可将雌蕊吃掉或造成落花，为害荚时将荚吃成沟状、圆洞状，取食豆粒或使豆粒裸露在外，造成大量豆荚掉落，未掉落而裸露在外的豆粒容易霉烂。豆二条萤叶甲成虫在田间呈随机分布型。成虫一般将卵产于大豆植株附近土表1～2cm深处。幼虫孵化后主要在大豆根部取食为害根瘤和须根，幼虫将头蛀入根瘤内部取食根瘤内容物，使根瘤变成空壳或腐烂，影响根瘤固氮和植株生长，导致植株矮化，叶片发黄，对产量影响较大。幼虫有转株为害习性。

四、防治技术

(一) 农业防治

1. 清洁田园 秋收后及时清除豆田杂草和枯枝落叶，集中烧毁或深埋。

2. 耕翻土壤 在北方秋季翻耙豆茬地，破坏越冬场所，增加越冬成虫死亡率。

3. 轮作 实行远距离大面积轮作，一般距离上年豆茬地 1 000m 以上可减轻其为害。

(二) 化学防治

1. 播种期防治 在蛴螬等地下害虫发生较重的地区，可结合地下害虫的防治，在播种期采取拌种、撒施毒土等方法防治豆二条萤叶甲。

50%辛硫磷乳油按药：水：种＝1：40：400 进行闷种；或 35%多·克·福种衣剂按药种比 1：(75～80) 进行包衣；或 50%辛硫磷乳油 0.5kg 加适量水，喷拌 100kg 细沙，每公顷施用毒土 300kg，在播种时先开沟撒施，然后再进行播种；或 3%克百威颗粒剂 30～45kg/hm^2 随种肥下地。

2. 生长期防治 在成虫发生期，喷洒 5%顺式氰戊菊酯乳油 2 000 倍液，20%甲氰菊酯乳油 2 000 倍液，或 2.5%高效氯氟氰菊酯乳油、2.5%溴氰菊酯乳油、4.5%高效氯氰菊酯乳油 375～450mL/hm^2，25%辛·灭乳油 450 mL/hm^2，48%毒死蜱乳油 600～750mL/hm^2，3%啶虫脒乳油 225～300mL/hm^2，对水喷雾。喷雾时要均匀，叶片正反面均要均匀着药。

于洪春（东北农业大学农学院）

第 38 节　斑鞘豆叶甲

一、分布与危害

斑鞘豆叶甲 [*Monolepta signata* (Olivier)] 又称黄斑长跗萤叶甲，属鞘翅目叶甲科豆叶甲属，国内分布于黑龙江、辽宁、河北、陕西、江苏、安徽、浙江、湖北、江西、福建、台湾、广东、海南、广西、四川、云南等省（自治区）；国外分布于朝鲜、日本、西伯利亚地区、越南北部、缅甸、印度、菲律宾、印度尼西亚。幼虫为害根部表皮和须根，影响幼苗生长。成虫为害大豆叶片、地下茎、子叶及嫩芽，受害叶片呈现缺刻、孔洞状，严重者叶肉几乎被吃光，仅留下叶脉及少部分叶肉组织，可导致幼苗干枯死亡。发生严重时扒开一株大豆根部可发现 20 余头成虫，可使苗期受害株率达 100%。

二、形态特征（彩图 7－38－1）

成虫：体长 1.6～3mm，体宽 0.9～1.7mm，体卵形或长方圆形。体色变异大，有深有浅；浅色个体体背淡棕黄色或棕色，腹面暗褐色，触角完全黄色或端节暗褐色到黑色，足黄色或褐黄色，头顶后方、胸部、鞘翅中缝和基部横凹上的一斑均为黑色。深色个体除触角、上唇和足黄色，肩胛内侧有一黄斑外，其余均黑色。头部刻点粗大而密，头顶中部隆高，复眼内侧和上方有 1 条宽且深的纵沟。触角丝状，达到或超过体长之半，第一节膨大，第三、四两节最短。前胸背板宽稍大于长，侧缘中部稍突，形成 1 个小尖角。小盾片三角形，光亮。鞘翅基部稍宽于前胸，刻点排列成规则的纵列，基半部刻点大而清楚，端半部刻点细而小。

卵：长椭圆形，长 0.4～0.5mm，宽 0.2mm，初产时乳白色，后变淡黄色。

幼虫：老熟幼虫体长约 3.6mm。头、前胸背板黄褐色，胴部乳白色。虫体向腹面弯曲，呈 C 形，体上具刚毛。

蛹：长 2.0～2.5mm，初为乳白色，后变浅黄色。复眼黑色。

三、生活习性

斑鞘豆叶甲在吉林每年发生 1 代，以成虫在土中越冬，翌年 5 月中旬始见，6 月上、中旬进入盛期。5 月下旬产卵，6 月中、下旬至 7 月初进入产卵盛期，6 月孵化出幼虫，持续到 8 月，7 月下旬至 8 月中旬化蛹，9 月上旬进入化蛹末期。8 月上旬始见第一代成虫，大部分成虫羽化后在土中 2～10cm 深处直接越冬。

豆苗出土后，出蛰成虫5月中、下旬为害大豆子叶、嫩芽及叶片，啃食叶肉组织。一般上午和傍晚取食为害，中午躲在豆株根部的土缝内。越冬代成虫7月上旬死亡，成虫期10个多月；成虫善跳，喜欢在10：00～16：00活动，白天在叶上取食，夜间潜伏在土块下或土缝内，白天交尾，一般交尾后经3～4d产卵在幼苗附近的土下，卵块状，每块4～31粒，每雌最多产卵19粒，气温23℃时，卵期8～11d。幼虫期约50d，幼虫在大豆茎中生活，为害较为隐蔽，老熟幼虫在土中做土室化蛹，蛹期8d。大部分成虫羽化后直接在土中越冬，早期有少量成虫出土为害叶片，但到8月中旬地上部成虫全部入土越冬。

四、发生规律

（一）环境条件

在适宜的环境条件下，斑鞘豆叶甲出蛰成虫的取食量随着温度的升高而增大，17℃取食量最小，雌、雄成虫日均取食量分别为5.07mm^2、3.27mm^2；33℃取食量最大，雌、雄成虫日均取食量分别为22.78mm^2、17.54mm^2。在同一环境温度下，雌成虫取食量大于雄成虫。通过回归分析建立斑鞘豆叶甲雌、雄成虫日取食量与环境温度间的回归模型分别为：$Y_{雌}=220.5-27.52x+1.110x^2-0.013x^3$；$Y_{雄}=10.06-11.18x+4.925x^2-0.477x^3$。

出蛰成虫在饥饿状态下的死亡速度随温度升高而加快，在17℃、21℃、25℃、29℃和33℃温度下，雌成虫的平均寿命分别为17.92d、13.92d、10.08d、8.75d和7.08d，雄成虫的平均寿命分别为13.83d、12.00d、8.17d、7.25d和5.67d。在同一环境温度下，雌成虫耐饥力强于雄成虫。斑鞘豆叶甲出蛰成虫耐饥力与环境温度密切相关，雌、雄成虫耐饥力与环境温度间的回归模型分别为：$Y_{雌}=197.8-2.00x+0.775x^2-0.009x^3$，$R^2=0.992$；$Y_{雄}=112.8-11.10x+0.390x^2-0.004x^3$，$R^2=0.963$。

（二）天敌

斑鞘豆叶甲的天敌主要是蜘蛛、步甲等捕食性天敌。

五、防治技术

（一）农业防治

收获后，及时清除田间杂草和枯枝落叶，并深翻土地，使虫体暴露，减少越冬虫量。

（二）化学防治

成虫发生初期喷药防治，喷洒40%氧乐果乳油1 000倍液、40%水胺硫磷乳油1 500倍液、2.5%溴氰菊酯乳油5 000倍液等，杀虫率均达90%以上。也可喷洒10%氯氰菊酯乳油1 500～3 000倍液或5%顺式氯氰菊酯乳油1 500～3 000倍液。

陶淑霞　崔娟（吉林农业大学）

第39节　蒙古土象

一、分布与危害

蒙古土象［*Xylinophorus mongolicus*（Faust)］别名蒙古灰象甲、蒙古小灰象、甜菜象鼻虫，俗名放牛小、灰老道等；属鞘翅目象甲科土象属。国内主要分布于黑龙江、吉林、辽宁、内蒙古、河南、河北、山东、山西、陕西、甘肃、江苏、四川、北京等省（自治区、直辖市），在北方各省份发生较普遍。国外分布于蒙古、俄罗斯、朝鲜、日本等国家。

蒙古土象为多食性害虫，已知寄主达52科173种，喜食豆科、禾本科、十字花科、藜科、葫芦科、蔷薇科等植物，如大豆、豌豆、棉花、花生、麻类、谷子、玉米、高粱、牧草、甜菜、向日葵、烟草、树木幼苗等。为害大豆时，成虫取食幼苗子叶、嫩芽、心叶，在叶片上形成孔洞或缺刻，为害重时可将叶片吃光，咬断茎顶，造成缺苗断垄；幼虫主要取食大豆根系。

二、形态特征

成虫：雄成虫体长 4.0～6.2mm，体宽 2.2～3.0mm；雌成虫体长 4.4～6.6mm，体宽 2.5～3.3mm。体卵圆形，黑灰色或土色，被覆褐色和白色鳞片，鳞片间散布细毛。褐色鳞片在前胸背板中间和两侧形成3条纵纹，白色鳞片在前胸近外侧形成2条淡纵纹，在鞘翅第三、四行间基部和肩部形成白斑。头部细长，呈光亮的铜色。喙短而扁平，基部较宽，中沟细，长达头顶；额宽于喙。触角11节，膝状，棒状部长卵形，末端尖，红褐色；触角柄节长约0.6mm，第一索节长近0.2mm，约为第二索节的两倍，第三索节长略等于宽。前胸背板覆发铜光的褐色鳞片，宽大于长，前端略缢缩，两侧边呈圆弧形，后缘有明显的边；雄虫前胸背板窄长，雌虫前胸背板宽短；小盾片三角形，有时不明显。鞘翅宽于前胸，两鞘翅愈合，向下弯，包住腹部，故翅不能展开；每鞘翅上各有10条纵行刻点排列线，线间密生黄褐色短毛和灰白色鳞片，在靠前胸处形成4个白斑；雄虫鞘翅末端钝圆锥形，雌虫鞘翅末端圆锥形；后翅退化，不能飞翔。前足胫节内侧有1列钝齿，端部向内外放宽（彩图7-39-1）。

卵：长0.9～1.3mm，宽0.5～0.6mm，椭圆形，初产时乳白色，24h后变黑褐色，进而变黑色。

幼虫：体长6.0～9.0mm，乳白色，稍弯曲，无足。上颚深褐色，粗壮，有2个尖齿。内唇前缘具4对齿状长突起，中央有3对齿状小突起，第一对极小，其侧后方的2个三角形褐色纹于基部连在一起，并延长呈舌形。下颚须、下唇须均2节。

蛹：雄蛹体长5.2～6.5mm，雌蛹体长6.0～8.8mm。蛹乳白色、乳黄色。椭圆形。复眼灰色。上颚颚尖宽大；喙下垂，末端达后足跗节基部。头部及腹部背面生褐色刺毛。腹末有1对刺。

三、生活习性

蒙古土象在内蒙古、黑龙江、吉林、辽宁及华北地区2～3年发生1代，黄海地区1～1.5年发生1代。以成虫和幼虫在土壤中越冬。在东北地区4月中旬前后越冬成虫出土活动，越冬成虫经一段时间取食后于5月上、中旬开始交尾产卵，5月下旬至6月上旬幼虫陆续出现，8月以后成虫绝迹，9月末幼虫筑土室越冬，此时幼虫多数为十二至十三龄，少数九龄，越冬后继续取食。第二年6月中旬幼虫老熟，于土室内化蛹，7月上、中旬羽化，羽化后蛰伏于土室内，以成虫越冬。

成虫白天活动，以10：00前后和16：00前后活动最盛，受惊扰假死落地；夜晚、阴雨天、大风天、气温降低很少活动，多潜伏在枝叶间和作物根际土缝中。自羽化在土内蛰伏至出土死亡雄虫寿命达355d，雌虫寿命390d。成虫耐饥力较强，饥饿21d全部死亡。成虫不能飞翔，靠爬行扩散，每分钟可爬行60～87cm，能在竖立的光滑表面上爬行。成虫有群居性和假死习性。蒙古土象在豆田的分布型呈聚集分布，种群个体间相互吸引，分布的基本成分是个体群，聚集度随种群密度的增减而升降。

雌虫产卵时先用足将地面踏实，卵散产于土中，极少数两粒在一起，产卵深度集中在1cm深处。每雌可产卵70～905粒，日产卵1～53粒，以1～17粒居多，占82.8%；白天产卵占75.3%；成虫连续产卵1～10d的最多，占78%，最长连续66d都产卵；产卵期约71d。卵期11～19d。

幼虫生活在土中，在土内活动深度最深50cm左右，幼虫冬季有向下转移的趋势，但不显著。河北昌黎越冬幼虫87.6%集中在30cm以上土层，夏季92.2%的幼虫集中在30cm以上土层活动。幼虫取食腐殖质和植物根系。蛹期15～20d，化蛹深度最浅10cm，最深40cm。

四、发生规律

（一）气候条件

在春季平均气温接近10℃时，成虫开始出土为害。4～5月，一天内温度最高时成虫为害最盛。在排水好的土壤中发生较多，成虫在水中浸泡48h死亡68%，浸泡72h全部死亡。

（二）天敌

蒙古土象的天敌主要有双斑黄虻、蚂蚁、步甲、蠼螋、地蝼甲等。其中双斑黄虻幼虫数量较多、食量大，是蒙古土象幼虫和蛹的主要天敌，1头老熟双斑黄虻幼虫平均每天捕食十三至十四龄蒙古土象幼虫2～3头。蚂蚁、步甲、蠼螋、地蝼甲捕食蒙古土象卵、幼虫和蛹。此外，还有一些病原生物，如腐生螨、线虫、白僵菌、红僵菌。腐生螨能吸食蒙古土象卵液，在潮湿的土壤中密度很大。经接种试验，线虫对蒙古土象幼虫能寄生。在土壤潮湿情况下，白僵菌和红僵菌对蒙古土象幼虫寄生率在90%以上。鸡和蟾蜍也可取食蒙古土象。

五、防治技术

（一）农业防治

1. 翻耕土壤 蒙古土象在表土层内越冬，通过春季精细耕作、秋季深耕措施，改变其生存的环境，使其暴露于地表，机械伤害、其他动物取食以及风吹、日晒、冰冻等不利的自然条件可大大降低虫口密度，减轻为害。

2. 适时灌溉 由于土壤湿度过大不利于成虫在地表爬行活动，所以结合适当灌溉，增加土壤湿度，可以限制其取食、产卵等有害活动，提高其死亡率。

3. 合理施肥 结合早春施肥，撒施或浅施碳酸氢铵，其放出的氨气可直接驱避害虫。

（二）生物防治

格氏线虫（*Steinernema glaseri*）对蒙古土象幼虫防治效果较好，每头幼虫100头线虫的剂量下，5d致死感染率达到53%，9d达到87%。将线虫剂量增加到200头和400头时，9d致死感染率均达到100%，其中400头线虫的剂量7d致死感染率即达到100%。毛蚊线虫（*S. bibionis*）防治效果一般，9d致死感染率仅达到53%。

（三）物理防治

1. 人工捕杀 利用该虫群集性和假死性，于10：00前或16：00后人工捕捉成虫，集中烧毁。

2. 挖沟封锁、诱集 在受害重的田块四周挖封锁沟，沟宽、深各40cm，内放置腐败的杂草诱集成虫，集中杀死。

（四）化学防治

1. 拌种 使用35%多·克·福种衣剂按大豆种子重量的1.5%包衣处理。包衣要均匀，包衣后阴干，然后正常播种。

2. 土壤处理 3%克百威颗粒剂，用量45kg/hm^2，拌细土150kg，大豆播种后，条施于播种沟中后覆土。用40%辛硫磷乳油0.5kg加细土200kg拌匀，每公顷沟施600kg毒土，播种时施入；或撒施30%辛硫磷颗粒剂，每公顷用30～37.5kg。也可使用48%毒死蜱乳油1 500倍液灌根。

3. 诱杀 在成虫发生初期，采摘鲜嫩的甜菜叶或洋铁酸模，用90%敌百虫原药500倍液或80%敌敌畏乳油1 000倍液浸泡1～2h，每日上午将毒饵放置田间，成虫出土后取食菜叶，中毒死亡。

4. 喷雾 在成虫为害期，用40%氧乐果乳油或40%辛硫磷乳油1 000倍液、4.5%高效氯氰菊酯乳油或48%毒死蜱乳油1 500倍液、10%吡虫啉可湿性粉剂2 000倍液等在无风的早晨或傍晚进行喷雾防治。

赵奎军 戴长春（东北农业大学农学院）

第40节 中华弧丽金龟

一、分布与危害

中华弧丽金龟［*Popillia quadriguttata*（Fabricius）］又称四纹丽金龟、四斑丽金龟、豆金龟子、葡萄金龟，属鞘翅目丽金龟科弧丽金龟属。国内主要分布于黑龙江、吉林、辽宁、内蒙古、宁夏、甘肃、陕西、河北、河南、山东、山西、江苏、安徽、浙江、云南、贵州、湖北、广东、广西、福建、台湾等省（自治区），国外分布于朝鲜和越南等国家。

该虫为多食性害虫，成虫可取食19科30种以上的植物，如大豆、玉米、棉花、苜蓿、花生、马铃薯、糜子、高粱、向日葵、葡萄、果树、林木等。成虫食叶呈孔洞或不规则缺刻，严重时将叶片食光，仅残留叶脉；有时食害花或果实；幼虫为害植物的地下组织，为我国北方的重要地下害虫之一。

二、形态特征

成虫：体长7.5～12mm，体宽4.5～6.5mm，雄虫大于雌虫。体椭圆形，翅基最宽，前后收狭。体色变异较大，多为深铜绿色，带金属光泽。鞘翅黄褐色带漆光，四周深褐至墨绿色；足黑褐色或深红褐色，中、后足跗节色深。头顶密布小刻点。触角 9 节，棒状部 3 节。唇基梯形，雄虫唇基侧缘斜度常较小，密被挤皱刻点，前缘直，侧角圆弧形，额部刻点密集，点间横皱。前胸背板宽大于长，呈圆形隆起，前端窄后端宽，明显狭于鞘翅基部。盾片三角形，前方呈弧状凹陷。鞘翅宽短，略扁平，后方窄缩，肩突发达，具 6 条近平行的粗刻点纵沟，沟间有 5 条隆起纵肋。腹部第一至五节腹板两侧各具白色毛斑 1 个，由密细毛组成。在胸部腹面的两中足间有指状突起。足短粗；前足胫节外缘具 2 个齿，第一外齿大而钝，中、后足胫节略呈纺锤形；爪成对，不对称，前、中足内爪大，分叉，后足则外爪大，不分叉。臀板菱形，密布锯齿形横纹，臀板基部具白色毛斑 2 个（彩图 7 - 40 - 1）。

卵：长 1.5mm，宽 1.0mm，初产时乳白色，椭圆形至球形。

幼虫：体长约 15mm，头宽约 3mm，头赤褐色，体乳白色。头部前顶刚毛每侧 5～6 根呈 1 纵列；后顶刚毛每侧 6 根，其中 5 根呈 1 斜列。肛背片后部有由骨化环围成的心圆形臀板，后部敞开较大而宽；肛门孔横裂缝状；肛腹片后部覆毛区中间刺毛列呈八字形排列，每侧由 5～8 根、多为 6～7 根锥状刺毛组成。

蛹：为离蛹。长 9～13mm，宽 5～6mm，锈褐色。唇基长方形。腹部第一至七节背板中间具 6 对发音器；腹部第二至七节两侧呈锥状突起，尾节近三角形，端部双峰状，峰顶生褐色细毛。雌蛹臀节腹面平坦，生殖孔位于基缘中间；雄蛹臀节腹面具瘤状外生殖器。

三、生活习性

中华弧丽金龟在辽宁 1 年发生 1 代，多以三龄幼虫在 30～80cm 深的土层内越冬。第二年 4 月上旬移至表土层为害，5～6 月老熟幼虫开始化蛹，蛹期 8～18d，成虫于 6 月中、下旬至 8 月下旬羽化，7 月上旬是发生盛期。6 月底开始产卵，7 月中旬至 8 月上旬为产卵盛期，卵期 8～18d。幼虫可在 8～9 月继续为害，三龄时钻入深土层越冬。

成虫具假死性和群集性，无趋光性；夜伏昼出，以 10：00 后至 18：00 活动最盛，夜晚入土潜伏。成虫飞行力强。成虫寿命 18～30d，多为 25d。成虫出土 2d 后取食，群集为害一段时间后交尾产卵，喜于地势平坦、保水力强、土壤疏松、有机质含量高的地块产卵，一般大豆、花生、甘薯和杂草地产卵较多。卵散产于 2～5cm 深的土层里，一个卵室产 1 粒卵。每雌可产卵 20～65 粒，多为 40～50 粒，分多次产下。初产卵为椭圆形，孵化前为近圆球形。

初孵幼虫以腐殖质或植物幼根为食，稍大为害植物地下组织，以三龄幼虫为害最重。老熟幼虫多在 3～8cm 深的土层里筑椭圆形土室化蛹。蛹黄色，潜伏深度多为 11～20cm。羽化后成虫稍加停留就出土活动。

四、发生规律

（一）气候条件

成虫活动适温为 20～25℃。当 10cm 深的土均温达 19.7℃时，成虫开始羽化；气温达到 20℃以上，相对湿度 47%～87%时进入羽化出土盛期，气温在 28.1℃时成虫活动数量明显下降，高于 29.5℃时成虫多静伏不动。

卵孵化率约为 75%，在土壤含水量 16.7%～17.8%时，卵孵化率为 95.3%。当 10cm 深的土层均温低于 6.7℃时，幼虫开始向深土层转移，11 月中旬开始越冬，越冬土层深度多为 40～50cm，幼虫越冬深度因地而异，一般在坚实的黄壤中最深为 65cm，在疏松壤土中为 72cm。第二年 4 月，当 2cm 深处土温达到 9.5℃时，幼虫移入表土层活动为害。

（二）农田环境

荒地虫量最大，农田里以大豆和花生茬口虫量多，玉米间种大豆或玉米间种花生次之，清种玉米或高粱再次之。成虫嗜食苹果等果树，故村庄附近成虫发生量大，幼虫量也多。pH6.54～7.00 的壤土是其良好的生态环境。

（三）天敌

食虫虻、线虫、土蜂、黄蚂蚁、白僵菌、绿僵菌、原生动物微孢子虫和乳状菌均为中华弧丽金龟的重要天敌，其中以乳状菌应用较多。此外，鸡和鸟也可大量捕食成虫。

五、防治技术

中华弧丽金龟主要在大豆苗期以幼虫为害其根部，隐蔽性好，一旦发现严重为害，即错过防治适期。因此，对该虫的预测预报尤为重要。一般采取Z形五点取样，每点挖土调查1m^2，挖土深度30～50cm，调查幼虫数量、发育期、入土深度，统计每平方米内的平均头数，当大于3头/m^{2}时为严重发生，必须采取措施防治。

（一）农业防治

1. 翻耕土壤 利用中华弧丽金龟在土壤中活动和越冬的生活习性，在成虫出土前和幼虫越冬前通过春季耕作、秋季深翻等农业措施，使其暴露于地表，机械伤害、天敌取食以及冷冻等不利的自然条件可大大降低虫口基数，一般可压低虫量15%～30%，减轻第二年的为害。

2. 合理轮作 前茬为大豆、玉米、花生、薯类的地块虫口数量较多，可与非寄主作物进行轮作。

3. 合理施肥 避免施用未腐熟的粪肥，因成虫对其有较强趋性，喜将卵产于粪内，施肥时易将其一起带入田间。施用碳酸氢铵、腐殖酸铵、氨水、氨化过磷酸钙等化学肥料会散发出氨气，对幼虫具有一定的驱避作用。

4. 适时灌溉 通过灌溉使部分幼虫因窒息而死，未死的也被迫下移至土壤深处，减轻为害。

（二）生物防治

1. 保护利用天敌 利用有利于天敌繁衍的耕作栽培措施，选择对天敌较安全的选择性农药，并合理减少施用化学农药，保护利用天敌昆虫、鸟类来控制中华弧丽金龟种群。

2. 诱杀 将雌虫腹部后三节磨碎，涂于玻璃片放在水盆上，可引诱雄虫，使之落水死亡。

3. 病原微生物防治 使用含量为23亿～28亿孢子/g的绿僵菌（*Metarhizium anisopliae*）菌剂进行拌种，每公顷使用菌剂75.0kg，虫口减退率可达到62.2%。每公顷用150kg菌剂与750kg潮湿细土或1 500kg有机肥混匀，制成菌土或菌肥在中耕时撒施豆株根际周围，埋土，虫口减退率可达到86%以上。菌剂的载体用土或肥效果比较一致，用菌剂拌种穴播的效果较差。此外也可使用卵孢白僵菌进行防治，于大豆中耕时施用菌剂，每公顷用菌剂37.5～45kg。在锄地前撒施在大豆根基部，然后常规锄地覆盖施菌，虫口减退率可达61.91%，并且在施用后第二年及第三年仍有一定防效。用活孢子含量为1×10^9个活孢子/g的乳状菌粉，用量为3kg/hm^2，播前与底肥同时施用，或苗后在植株根际施用，并及时覆土。

（三）物理防治

利用成虫假死的习性，趁它们在树上取食时，人工摇树，使其落地假死而进行人工捕杀。

（四）化学防治

1. 拌种 播种前将60%吡虫啉悬浮种衣剂稀释3～5倍，按药种比1∶500拌种；或用40%辛硫磷乳油拌种，用量100g，加水10L，拌种100kg。此外，还可以使用35%多·克·福种衣剂按大豆种子重量的1.5%包衣处理。包衣要均匀，包衣后阴干，然后正常播种。

2. 土壤处理 3%克百威颗粒剂，用量45kg/hm^2，拌细土150kg，大豆播种后，条施于播种沟中后覆土。30%辛硫磷微囊悬浮剂或30%毒死蜱微囊悬浮剂拌细沙土，在大豆播种时与大豆种子一起施入地下，药剂使用量分别为15kg/hm^{2}和7.5g/hm^2，毒土用量为450kg/hm^2。

成虫出土前用5%辛硫磷颗粒剂37.5kg/hm^2，加适量土做成毒土，均匀撒于地面并浅耙；或用40%氧乐果乳油稀释100倍拌土撒施；或用40%辛硫磷乳油、10%吡虫啉可湿性粉剂1 500倍液灌根防治。

3. 喷雾 在成虫盛发期，用40%辛硫磷乳油或10%吡虫啉可湿性粉剂1 000～2 000倍液喷雾，防治成虫。

赵奎军 戴长春（东北农业大学农学院）

第41节 豆卷叶螟

一、分布与危害

豆卷叶螟（*Lamprosema indicata* Fabricius）属鳞翅目草螟科蚀叶野螟属，又称豆卷叶虫、豆蚀叶野螟、豆三条野螟。国内分布于吉林、辽宁、浙江、江苏、江西、福建、台湾、广东、湖北、四川、河南、河北、内蒙古等省（自治区）；国外在日本、印度及北美洲均有发生。豆卷叶螟主要为害大豆、豇豆、菜豆、扁豆、绿豆、赤豆等豆科作物，是大豆上的主要食叶性害虫之一。以幼虫卷叶、缀叶、食害叶片，影响作物的光合作用，严重时全株有50%的叶片受害，影响大豆结荚的饱满度，使大豆品质下降。

二、形态特征（彩图7-41-1）

成虫：体长10mm，翅展18～21mm，体黄褐色，胸部两侧附有黑纹，前翅黄褐色，前翅中室有1个深褐色斑，外缘黑色，翅面生有黑色鳞片，翅中有3条黑色波状横纹，内横线外侧有黑点，后翅外缘黑色，有2条黑色横波状横纹，展翅后与前翅内、外横线相连。

卵：椭圆形，长0.53～0.82mm，散产；刚产下的卵呈透明状，淡黄绿色，孵化前呈淡褐色。

幼虫：末龄幼虫体长15～17mm，头部和前胸背板浅黄色，单眼，口器褐色，胸部淡绿色。前胸侧板具1个黑色斑，胸、腹部浅绿色，气门环黄色，沿各节的亚背线，气门上、下线和基线处具小黑纹。体表被细毛。幼虫生性活泼，受惊时迅速倒退。一龄幼虫的个体小，长1mm左右。一、二龄幼虫的体色乳白色，三、四龄幼虫体色逐渐变绿，老熟幼虫体黄绿色。

蛹：长约12mm，纺锤形，褐色。茧白色，丝质极薄，近椭圆形，长约17mm。

三、生活习性

豆卷叶螟以为害大豆为主，在浙江1年发生2～3代，在福州地区菜用大豆田1年发生4～5代，世代重叠。以老熟幼虫越冬，翌年越冬幼虫4月中、下旬出蛰，越冬代成虫5月中旬至6月上旬羽化。5月中、下旬是第一代幼虫为害高峰期，第一代成虫高峰期在6月中旬；第二代幼虫高峰期在6月下旬，7月中旬是第二代成虫高峰期；6～9月田间各虫态均有。8月中、下旬第三代幼虫盛发，9月上旬是第三代成虫的高峰期；第四代幼虫发生期在9月中、下旬，第四代蛹高峰期在9月中、下旬，9月下旬至10月上旬是第四代成虫盛发期；10月中旬是第五代幼虫高峰期。11月后豆卷叶螟进入越冬状态，以老熟幼虫越冬。

成虫昼伏夜出，雌、雄蛾多在傍晚后交配，白天喜潜伏在叶背面隐蔽，有趋光性，对黑光灯的趋光性较弱。豆卷叶螟行两性生殖，交配后可多次产卵。大多在夜晚或清晨时产卵。雌蛾喜欢在生长茂密的豆田中，将卵散产在菜用大豆叶片背面，特别是叶脉两侧的叶片上。雌成虫一生最多可产400粒卵。

豆卷叶螟以幼虫取食为害大豆叶片，从定苗到结荚期均可为害。幼虫孵化后即吐丝卷叶或缀叶潜伏在卷叶内取食和排泄。被卷食的叶片发臭，枯萎。三龄前喜食叶肉，不卷叶。三龄后开始卷叶，四龄幼虫则将豆叶横卷成筒状，潜伏在其中为害，四龄食量增大，有时数片叶卷缩在一起，常引致落花落荚，使植株不能正常生长。豆卷叶螟老熟幼虫发育后期化蛹前，静止不食不动。可在卷叶中化蛹，亦可在落叶中化蛹，腹部末端的足突固定在叶片上，开始化蛹。初化蛹时整个蛹体浅绿色，随着蛹的发育，颜色变深，呈褐色。

四、发生规律

（一）环境条件

适宜豆卷叶螟生长发育的温度范围为18～37℃；最适温度为22～34℃，最适相对湿度为75%～90%。豆卷叶螟卵历期4～7d，幼虫期8～15d，蛹期5～9d，成虫寿命7～15d。属完全变态。幼虫5龄。室温条件下，一龄幼虫的龄期是3～4d，二龄幼虫的龄期是3～4d，三龄幼虫的龄期是3～5d，四龄幼虫的龄期是3～5d。

（二）天敌

寄生豆卷叶螟幼虫的天敌昆虫有绒茧蜂、肿腿蜂和稻苞虫赛寄蝇，其中绒茧蜂为优势种。被绒茧蜂寄生的幼虫在四至五龄时死亡，田间寄生率一般为6.1%～21.3%。肿腿蜂寄生率为10.5%～19.6%。稻苞虫赛寄蝇田间寄生率一般为8%～12%。此外，尚有多种捕食性天敌，如瓢虫、草蛉、步甲和蜘蛛等。

五、防治技术

（一）农业防治

1. 清洁田园　作物采收后，及时清除田间的枯株落叶，集中焚烧，减少虫源基数和越冬幼虫数。

2. 人工捕杀 在害虫发生初期，查摘豆株上的卷叶，带出田外集中处理或随手捏杀卷叶内的幼虫。

3. 培育抗虫品种 豆卷叶螟是我国南方大豆上的主要食叶性害虫之一，培育抗虫品种是减轻其为害最经济有效的措施。

（二）物理防治

在 6 月下旬至 7 月上旬越冬成虫盛发期，用黑光灯诱杀成虫。

（三）生物防治

选用 16 000IU/mg Bt 可湿性粉剂 600 倍液，隔 7～10d 防治 1 次。

（四）化学防治

在各代发生期，查见豆株有 1%～2%的植株有卷叶为害状时（此时为卵孵始盛期）开始防治，每隔 7～10d 防治 1 次，连续防治 2 次。可选用的农药有 1%阿维菌素乳油 1 000 倍液、2.5%溴氰菊酯乳油 3 000倍液、2.5%高效氯氟氰菊酯乳油 3 000 倍液、10%高效氯氰菊酯乳油 2 500 倍液、20%氰戊菊酯 1 500倍液、48%毒死蜱乳油 1 000 倍液、52.25%农地乐（47.5%毒死蜱＋4.75%氯氰菊酯）乳油 1 000 倍液、80%敌敌畏乳油 1 000 倍液等，喷雾防治。

陶淑霞 崔娟（吉林农业大学）

第 42 节 豆 叶 螨

一、分布与危害

豆叶螨（*Tetranychus phaselus* Ehara）别名大豆叶螨、大豆红蜘蛛，属蛛形纲蜱螨目叶螨科。在我国北京、浙江、江苏、四川、云南、湖北、福建、台湾等省份均有分布。

豆叶螨以成螨、幼螨和若螨在大豆叶片背面刺吸汁液为害，受害豆叶最初出现黄白色斑点，以后随着繁殖数量增多吐丝结网，网间略具红色斑块且有大量豆叶螨潜伏，受害叶片局部甚至全部卷缩、枯焦变黄或呈火烧状，叶片脱落甚至光秆，严重时造成植株枯死。受害大豆苗生长迟缓、矮小，叶片早落，结荚数减少，结实率降低，豆粒变小，甚至造成田间呈点、块状成片枯死，对大豆的产量影响很大，在干旱年份常造成严重减产，发生严重的地块减产幅度达 15%～50%。

二、形态特征（彩图 7 - 42 - 1）

雌虫：螨体长 0.46mm，体宽 0.26mm。体椭圆形，深红色，体侧具黑斑。须肢端感器柱形，长是宽的 2 倍，背感器梭形，较端感器短。气门沟末端弯曲，呈 V 形。具 26 根背毛。

雄虫：螨体长 0.32mm，体宽 0.16mm，体黄色，有黑斑，须肢端感器细长，长是宽的 2.5 倍，背感器短。阳具末端形成端锤。阳茎的远侧突起比近侧突起长 6～8 倍，是与其他叶螨相区别的重要特征。

三、生活习性

豆叶螨在北方 1 年发生 10 代左右，以雌成螨在豆田枯叶上、杂草丛中或缝隙内、土缝中越冬。翌年 5 月开始活动，可先在小蓟、小旋花、蒲公英、车前等杂草上繁殖为害，6～7 月转到大豆上为害，7 月中、下旬至 8 月初随着气温升高繁殖加快，迅速蔓延，为田间严重为害期。8 月中旬后逐渐减少，到 9 月随着气温下降，开始转到越冬场所越冬。冬季多在豆科植物、杂草等近地面的叶片上栖息。豆叶螨卵期 5～10d，从幼螨发育至成螨 5～10d。

豆叶螨成虫喜群集于大豆叶片背面吐丝结网并为害。卵散产于豆叶背面的丝网中，雌虫一生可产卵 70～130 粒。幼螨及一龄若螨体小而弱，不甚活动。二龄若螨则较活泼，食量也大，善于爬行转移。先为害植株下部叶片，再向中、上部叶片蔓延，当繁殖数量过多时，常在叶尖聚集，向下滚落，并随风飘散，向其他植株扩散。在田间初为点片发生，后爬行或吐丝下垂，借风雨扩散，严重发生时最终可蔓延至全田。

四、发生规律

高温干旱天气有利于豆叶螨的发生和为害。相对湿度 35%～55%，平均温度 22～28℃时适于其发生，相对湿度超过 70%则不利于其发生为害。低温、多雨、大风天气对豆叶螨发生不利，尤其是低温、暴雨会使豆叶螨发生数量明显下降。

大豆田间杂草多或植株稀疏的，豆叶螨发生较重。秋季耕翻土壤、清洁田园能恶化豆叶螨越冬环境，降低田间越冬基数，减轻其为害。

豆叶螨天敌有食虫蓟马、瓢虫、草蛉、捕食螨、小花蝽、猎蝽、农田蜘蛛等，对其发生有一定的抑制作用。

五、防治技术

（一）农业防治

1. 清洁田园　结合积肥，秋末或早春及时清除田间、地头、路边杂草和残株落叶。

2. 耕翻整地　秋末耕翻豆田地，可消灭大量越冬成螨，降低田间越冬虫源基数。

3. 加强水肥管理　施足底肥，增加磷、钾肥的施入量，以保证苗齐苗壮，后期不脱肥，增强大豆抗豆叶螨为害的能力。在干旱的气候条件下，有条件的地区要及时采取灌水或喷灌措施，可有效抑制豆叶螨的繁殖与为害。

（二）化学防治

应加强田间虫情检查，将豆叶螨控制在点片发生阶段。当发现有零星豆株叶片出现黄白斑为害状时，立即喷药防治。可选用 20%双甲脒乳油 2 000 倍液或 25%三唑锡乳油哒螨灵 1 000～2 000 倍液、5%氟虫脲乳油 1 000～2 000 倍液、20%哒螨灵可湿性粉剂 1 500 倍液、10%哒螨灵乳油 2 000 倍液、1.8%阿维菌素乳油 2 000～3 000 倍液、73%炔螨特乳油 1 500 倍液、5%噻螨酮乳油1 000～2 000 倍液、20%复方浏阳霉素乳油 1 000～1 500 倍液，以上药剂每公顷用药液 750kg，或 48%毒死蜱乳油 750～1 050mL/hm^2。喷雾要着重喷叶片背面，注意喷头朝上，上下喷透，喷雾器应增加压力，冲破蛛网，使虫触药死亡。若采用小四轮作业，应保持在二挡之内匀速喷雾，同时要将喷头调整至向上状态，确保叶背及正面都能均匀着药。注意交替和轮换使用农药，以延缓抗药性产生。

赵奎军（东北农业大学农学院）

第 43 节　豆 芫 菁

一、分布与危害

豆芫菁属（*Epicauta* Dejean，1834）是鞘翅目芫菁科的一个大属，种类很多，全球已知 341 种（亚种），分为 2 个亚属，即豆芫菁亚属［*Epicauta*（*Epicauta*）Dejean，1834］和长豆芫菁亚属［*Epicauta*（*Macrobasis*）Le Conte，1862］，前者已知 270 余种，分布于除澳大利亚、新西兰和马达加斯加外的世界各大陆，后者 70 种，仅分布于北美洲。我国豆芫菁已知 30 种（亚种），许多种类是我国农作物上的重要害虫，特别是豆类，例如中华豆芫菁、毛角豆芫菁、暗黑豆芫菁（锯角豆芫菁）、暗头豆芫菁等。本节主要介绍中华豆芫菁（*Epicauta chinensis* Laporte）和暗黑豆芫菁［*Epicauta fabricii*（Le Conte），异名：*Epicauta gorhami*（Marseul）］。这两种昆虫广泛分布于黑龙江、内蒙古、新疆、台湾、海南、广东、广西、江苏、浙江、江西、湖南、四川等省（自治区、直辖市）。成虫群集取食大豆及其他豆科植物的叶片、花瓣甚至果实，受害植株叶片轻则被咬成孔洞、缺刻，重则叶肉全被吃光，只剩网状叶脉，严重发生的田块作物不能结实或被咬成光秆，植株成片枯死，受害田作物的品质、产量极大降低。此外豆芫菁还为害花生、棉花、马铃薯、甜菜、麻类及番茄、苋菜、蕹菜以及槐树、刺槐、紫穗槐、锦鸡儿、胡枝子等。

二、形态特征

（一）暗黑豆芫菁（彩图 7-43-1）

成虫：雄成虫体长 11.5～14mm，雌成虫体长 14～19mm。体和足黑色，头红色，有 1 对光亮的黑瘤，有时近复眼的内侧也为黑色；前胸背板中央和每个鞘翅中央各有 1 条由灰白毛组成的宽纵纹，小盾片、翅侧缘、端缘及中缝、胸部腹面两侧和各足腿节、胫节均有白毛，前足最密，各腹节后缘有1条由白毛组成的宽横纹；触角黑色，基部4节部分红色。雄虫触角三至七节扁平，锯齿状，每节外侧都有1条总凹槽，而第七节的凹槽有时浅而不明显；雌虫触角丝状；前胸长大于宽，两侧平行。前足胫节具2个尖细端刺，后足胫节具2个短而等长的端刺；雄虫前足腿节端半部的腹面和胫节腹面具金黄色毛，第一跗节基部细棒状，端部腹面向下扩展呈斧状。

卵：长椭圆形，长2.5～3mm，宽0.9～1.2mm，初产时乳白色，后变黄褐色，表面光滑，卵块产，卵块有卵70～150粒，排列成菊花状。

幼虫：复变态，各龄幼虫形态不同。幼虫共6龄，一龄似双尾虫，深褐色，长2～5mm，胸足发达；二至四龄蛴螬型，乳白色，头部淡褐色；五龄（又称伪蛹）象甲幼虫型，长约9mm，乳白微带黄色，全体被膜，光滑无毛，胸足不发达，体稍弯；六龄蛴螬型，长12～13mm，乳白色，头褐色，胸足短小。

蛹：长约15mm，全体灰黄色，复眼黑色。

（二）中华豆芫菁（彩图7-43-2）

成虫：体长15～22mm，体和足黑色，头略呈三角形，红色，被黑色短毛，有时近复眼的内侧亦为黑色；触角除第一、二节为红色外，其余均为黑色。中华豆芫菁触角具有明显的第二性征，雄性为锯齿状，雌性为丝状（仅基部弱锯齿状）；雄性在触角长度上比雌性长约1.0mm；雄性各鞭节均比雌性多，其作用可能是为更多不同类型的感器着生提供“着陆平台”，进而用于搜寻、接受雌性性信息素并在与异性交配时起协助抱握的作用。前胸背板中央有1条由白色短毛组成的白纵纹，沿鞘翅侧缘、端缘和中缝均镶有由白色短毛组成的白边。

卵：椭圆形，长2.4～2.8mm，宽1mm，黄白色，初产时乳黄白色，后变黄褐色，表面光滑，聚生。

幼虫：一龄幼虫似双尾虫，深褐色，体长3～7mm；二、三、四和六龄幼虫胸足缩短，无爪和尾须，形似蛴螬，体长分别为4～5mm、6～8mm、10～13mm和12～14mm；五龄幼虫伪蛹状，胸足呈乳状突起，形似象甲幼虫，体长13mm。

蛹：长约15mm，全体灰黄色，复眼黑色，裸蛹。

三、生活习性

豆芫菁在东北、华北1年发生1代，在长江流域及长江流域以南各省份每年发生2代。均以五龄幼虫（伪蛹）在土中越冬，翌春蜕皮发育成六龄幼虫，再发育化蛹。1代区于6月中旬化蛹，6月下旬至8月中旬为成虫发生与为害期，并交尾产卵；2代区成虫于5～6月出现，集中为害早播大豆，而后转害茄子、番茄等蔬菜，一代成虫于8月中旬左右出现，为害大豆，9月下旬至10月上旬转移至蔬菜上为害，发生数量逐渐减少。

豆芫菁多在晴朗无风的白天取食，以每天10：00～12：00，17：00～19：00最甚，中午多在叶下或草丛中栖息。群居为害，喜食嫩叶、心叶和花，能短距离飞翔，一般爬行迁移，受惊即迅速飞逃或坠地躲藏，并从腿节末端分泌含芫菁素的黄色液体，触及皮肤可导致红肿或起泡。一头成虫每天可食4～6片豆叶。成虫羽化后4～5d交配，交配后的成虫取食一段时间后，在地面挖一个5cm深、口窄内宽的土穴产卵，每雌可产400～500粒卵，卵产于穴底，尖端向下用黏液相连，排成菊花状，用土封好后离去。卵多产于被害作物地块附近蝗虫常栖居活动的场所。在北京地区成虫寿命30～50d，卵期18～21d，孵化的幼虫从土穴中爬出，行动敏捷，分散寻找蝗虫卵及土蜂巢内的幼虫取食，10d内如未找到食物即会死亡，四龄幼虫食量最大，五至六龄不取食。幼虫有假死性，受惊后腹部蜷曲不动，待周围安静后再活动。

四、发生规律

1. 与蝗虫的关系 豆芫菁幼虫专门取食蝗虫的卵。在蝗虫密集区豆芫菁发生量大。

2. 与温、湿度的关系 经调查，随温度升高，田间湿度增大，豆芫菁为害逐渐减轻。

3. 与草场及杂草的关系 靠近禾本科牧草、野大豆、黄芪、野苜蓿、苦马豆等豆科牧草丰富的沿山区，豆芫菁发生量大。

五、防治技术

(一) 农业防治

根据豆芫菁以幼虫在土中越冬的习性，秋季翻耕豆田，破坏蝗虫和中华豆芫菁产卵场所，机械杀伤、风干或饿死幼虫，增加越冬幼虫的死亡率。水旱轮作，淹死越冬幼虫。合理安排茬口。避免在蝗虫常栖居活动的区域种植马铃薯、甜菜等中华豆芫菁的喜食作物。

(二) 人工捕杀成虫

成虫有群集为害习性，可于清晨用网捕捉成虫，集中消灭。

(三) 化学防治

1. 喷雾 成虫盛发期用4.5%高效氯氰菊酯乳油、20%氰戊菊酯乳油2 500倍液或40%辛硫磷乳油、40%乐果乳油、20%灭多威乳油1 000倍液，清晨或傍晚喷雾防治。

2. 拌种 不同剂量吡虫啉拌种后，对豆芫菁都有较好的防效。

樊东（东北农业大学农学院）

第44节 豆天蛾

一、分布与危害

豆天蛾俗名叫豆虫、豆丹，属鳞翅目天蛾科豆天蛾属。分为3个亚种，我国以豆天蛾（*Clanis bilineata tsingtauica* Mell）为主，此外，还有豆天蛾南方亚种［*Clanis bilineata bilineata*（Walker）］和豆天蛾台湾亚种（*Clanis bilineata formosana* Gehler）。

豆天蛾发生在亚洲，国外分布于朝鲜、日本、印度、尼泊尔、泰国和越南。在我国除西藏外，广泛分布于全国各省（自治区、直辖市），以山东、河北、河南、安徽、江苏、湖北、四川、陕西等省发生较重。主要寄主植物有大豆、绿豆和豇豆，还为害刺槐、爬山虎、地锦、藤萝、泡桐、女贞、柳、榆等。豆天蛾幼虫食害大豆叶片，轻则吃成网孔、缺刻，重则将豆株吃成光秆，以致不能结实而颗粒无收。

二、形态特征

成虫：体长40～45mm，翅展100～120mm。体和翅黄褐色，多绒毛。头、胸部背中线暗褐色。腹部背面各节后缘具棕黑色横纹。前翅狭长，前缘近中央有较大的半圆形淡白色斑，翅面上可见6条波状横纹，顶角有1条暗褐色斜纹。后翅小，暗褐色，基部上方有色斑，臀角附近黄褐色（彩图7-44-1，1）。

卵：近椭圆形或球形，直径2～3mm。坚硬，表面似一层蜡质。初产时浅绿色，渐变黄白色，孵化前颜色变深。

幼虫：有5个龄期。一龄幼虫头部圆形。二至四龄幼虫头部三角形，有头角。五龄幼虫头部弧形，无头角，体长约90mm，头绿色，体青绿色，全身密生黄色小颗粒，一至八腹节两侧有黄白色斜纹。尾角短，青色，向下弯曲（彩图7-44-1，2）。

蛹：体长40～50mm，体宽约18mm，红褐色，纺锤形。喙明显突出，略呈钩状，与身体贴紧，末端露出。腹部第五至七节气孔前各有1个横沟纹。臀棘三角形，表面有许多颗粒状突起，末端不分叉。腹端部5节能活动。

三、生活习性

豆天蛾在河南、河北、山东、安徽、江苏等省份1年发生1代，在湖北、江西1年发生2代，均以老熟幼虫在9～12cm深的土层中越冬。翌春移动至表土层化蛹。1代发生区，一般在6月中旬化蛹，7月上旬为羽化盛期，7月中、下旬至8月上旬为成虫产卵盛期，7月下旬至8月下旬为幼虫发生盛期，9月上旬幼虫老熟入土越冬。2代发生期，5月上、中旬化蛹和羽化，第一代幼虫发生于5月下旬至7月上旬，第二代幼虫发生于7月下旬至9月上旬。全年以8月中、下旬为害最烈。9月中旬后老熟幼虫入土越冬。

当表土温度达24℃左右时越冬后的老熟幼虫化蛹，蛹期10～15d。幼虫四龄前白天多藏于叶背，夜间取食；四至五龄幼虫白天多在豆秆枝茎上为害，并常转株为害。

成虫昼伏夜出，白天隐藏在豆田和其他作物田内，傍晚开始活动，20：00活动逐渐下降，22：00后又恢复活动，直至黎明。飞翔力强，能在几十米的高空急飞，可作远距离飞行。有喜食花蜜的习性，对黑光灯有较强的趋性。卵多散产于豆株叶背面，少数产在叶正面和茎秆上。每叶上可产1～2粒卵。雌蛾一生可产卵250～450粒。成虫寿命9～10d，雌蛾寿命比雄蛾长，产卵期2～5d，前3天产卵量占总产卵量的95%以上。卵期4～7d。幼虫孵出后先取食卵壳。一至二龄幼虫多在叶缘取食，三至四龄幼虫食量增加，五龄为暴食期，约占幼虫期食量的90%，9月幼虫入土越冬。

初孵幼虫有背光性，白天潜伏于叶背，一至二龄幼虫一般不转株为害，三至四龄幼虫因食量增大而有转株为害习性。在2代区，第一代幼虫以为害春播大豆为主，第二代幼虫以为害夏播大豆为主。

四、发生规律

豆天蛾在化蛹和羽化期间，如果雨水适中，分布均匀，发生就重。雨水过多，则发生期推迟，天气干旱不利于豆天蛾的发生。在植株生长茂密、地势低洼、土壤肥沃的淤地发生较重。大豆品种不同，受害程度也有异，以早熟、秆叶柔软、含蛋白质和脂肪量多的品种受害较重。豆天蛾的天敌有赤眼蜂、寄生蝇、草蛉、瓢虫等，对豆天蛾的发生有一定的控制作用。

五、防治技术

（一）农业防治

1. 选种抗虫品种 大豆品种不同，受害程度也有异，豆天蛾幼虫一般喜欢在早熟、茎秆柔软、蛋白质和脂肪含量多的大豆品种上取食，因此，选用晚熟、秆硬、皮厚、抗涝性强的品种，可以减轻豆天蛾的为害。

2. 及时秋耕，降低越冬基数 在秋、冬季节大豆收获后，及时深耕翻土，能把豆天蛾在土中越冬的老熟幼虫翻到地面上，或者破坏其越冬场所，利用机械的杀伤作用和冬季的严寒天气杀死害虫，可将一大部分虫源消灭，减少第二年成虫数量。

3. 轮作 水旱轮作，尽量避免豆科植物连作，可以减轻为害。

（二）人工防治

当幼虫达四龄以上时，可采用人工捕捉、剪刀剪等人工防治措施。人工捕捉到的高龄幼虫可以食用，也可以进一步加工成豆天蛾食品。

（三）物理防治

利用成虫较强的趋光性，设置黑光灯诱杀成虫，可以减少豆田的落卵量，从而减轻幼虫的取食和为害。

（四）生物防治

用杀螟杆菌或青虫菌（每克含孢子量80亿～100亿个）稀释500～700倍液，每667m^2用菌液50kg可防治豆天蛾的低龄幼虫。

（五）化学防治

防治适期为一至三龄幼虫盛发期，百株幼虫达到10头时喷药，喷药时间以下午为宜。防治时期是影响防治效果的重要因素，喷洒的均匀程度也是影响药效的重要因素，所以喷药要均匀周到，特别要注意喷洒叶背。

可用药剂为40%辛硫磷乳油1 500倍液、2.5%溴氰菊酯乳油3 000～4 000倍液、4.5%高效氯氰菊酯乳油1 500倍液、20%氰戊菊酯乳油1 000～2 000倍液、45%马拉硫磷乳油1 000倍液或25%灭幼脲悬浮剂1 000倍液。

樊东（东北农业大学农学院）

第 45 节　豆灰蝶

一、分布与危害

豆灰蝶［*Plebejus argus*（Linnaeus）］属鳞翅目灰蝶科豆灰蝶属。国内分布于黑龙江、吉林、辽宁、河北、山东、山西、河南、陕西、甘肃、青海、内蒙古、湖南、四川、新疆等地，国外主要分布于欧洲、亚洲的温带地区和日本。据报道，在欧洲中部和西部国家该虫分布范围逐渐缩小，在英国已经成为濒危物种。该虫寄主为大豆、豇豆、绿豆、沙打旺、苜蓿、紫云英、黄芪等。幼虫咬食叶片下表皮及叶肉，残留上表皮，个别啃食叶片正面，严重的把整个叶片吃光，只剩叶柄及主脉，有时也为害茎表皮及幼嫩荚角。

二、形态特征

成虫：体长 9～11mm，翅展 25～30mm。雌雄异形。雄蝶前、后翅蓝紫色，具青色闪光，具有较宽的黑色缘带，缘毛白色且长；前翅前缘多白色鳞片，后翅具 1 列黑色圆点与外缘带混合。雌蝶翅棕褐色，前、后翅亚外缘的黑色斑镶有橙色新月斑，翅的反面灰白色。前、后翅具 3 列黑斑，外列圆形与中列新月形斑点平行，中间夹有橙红色带，内列斑点圆形，排列不整齐，第二室 1 个，圆形，显著内移，与中室端长形斑上下对应，后翅基部另具黑点 4 个，排成直线；黑色圆斑外围具白色环（彩图 7-45-1）。

卵：扁圆形，直径 0.5～0.8mm，初产时为黄绿色，后变为黄白色。

幼虫：头黑褐色，胴部绿色，背线色深，两侧具黄边，气门上线色深，气门线白色。老熟幼虫体长 9～13.5mm。背面具 2 列黑斑。

蛹：长 8～11.2mm，长椭圆形，淡黄绿色，羽化前变为灰黑色，无长毛及斑纹。

三、生活习性

因成虫飞翔能力较弱，豆灰蝶的分布具有较强的局限性，成虫只在其羽化地点附近活动，产卵在植株的基部并把卵产在距离黑毛蚁［*Lasius niger*（Linnaeus）］巢穴比较近的地方，幼虫孵化后一直受到蚂蚁的保护，蚂蚁可以驱赶取食豆灰蝶幼虫的捕食性蜂类、蜘蛛和肉食性椿象，作为回报，豆灰蝶幼虫的腹部具有一个可外翻的腺体，分泌一些含糖的物质供蚂蚁取食。当幼虫接近化蛹时，蚂蚁把幼虫搬运进蚁巢。幼虫化蛹后，蚂蚁对其进行悉心照料。成虫羽化后从蚁巢中爬出，爬到植物茎秆上将翅伸展开。豆灰蝶和黑毛蚁的这种关系并不是真正的共生关系，被黑毛蚁带到蚁巢内的豆灰蝶幼虫如果得不到黑毛蚁的照料常常会死亡，而黑毛蚁如果不取食豆灰蝶产生的含糖物质则可以正常生活。

雄性豆灰蝶常常在植物上飞舞寻找雌性，偶尔停留在花上取食花蜜；而雌性豆灰蝶颜色暗淡，通常不活动，很难被发现。雌、雄性相遇后，马上就会进行交尾，这个过程可能会持续 1h 左右。成虫喜欢在阳光比较好的白天活动，阴雨天不活动或很少活动，夜间潜伏。

四、发生规律

豆灰蝶在河南 1 年发生 5 代，以蛹在土壤耕作层内越冬。翌年 3 月下旬羽化为成虫，4 月底至 5 月初进入羽化盛期，成虫把卵产在沙打旺等叶片或叶柄上，在田间繁殖 5 代，9 月下旬老熟幼虫钻入土壤中化蛹越冬。成虫喜白天羽化、交配。成虫可交配多次，多次产卵，卵多产在叶背面，散产，有的产在叶柄或嫩茎上，每产 1 粒卵需 40～55s，每雌产卵 46～121 粒，雌蝶寿命 14.6d，雄蝶寿命 12.4d，卵期 4.5～6.3d，幼虫 5 龄，三龄前只取食叶肉，三龄后食量增加，最后暴食 2d。幼虫老熟后爬到植株根附近，头向下进入预蛹期，预蛹期 1～2d，蛹期 7～14d。

五、防治技术

（一）农业防治

1. 选用抗虫品种　大豆品种不同，受害程度也不同，选用抗虫品种可以减轻为害。

2. 秋、冬季深翻灭蛹 在秋、冬季节大豆收获后，及时深耕翻土，能把豆灰蝶在土中越冬的蛹翻到地面上，或者破坏其越冬场所，利用机械的杀伤作用和冬季的严寒天气杀死害虫，减少第二年成虫数量。

（二）化学防治

幼虫孵化初期，喷洒25%灭幼脲悬浮剂1 000倍液，使幼虫不能正常蜕皮而死亡。喷洒1.8%阿维菌素乳油1 000倍液、48%毒死蜱乳油1 000倍液、4.5%高效氯氰菊酯乳油3 000倍液、20%氰戊菊酯乳油2 000～3 000倍液或选用40%辛硫磷乳油1 000～2 000倍液、20%灭多威乳油500～1 000倍液均匀喷施，视虫情间隔7～10d喷1次，连续防治2～3次。

樊东（东北农业大学农学院）

第46节 银纹夜蛾

一、分布与危害

银纹夜蛾［*Argyrogramma agnata*（Staudinger）］属鳞翅目夜蛾科。为世界性害虫，我国各大豆产区均有发生，但以黄淮、长江流域发生较重。银纹夜蛾除为害大豆外，还可为害美人蕉、大丽花、菊花、一串红、海棠、香石竹、槐、竹、泡桐等花卉和林木，也为害油菜、甘蓝、花椰菜、白菜和萝卜等十字花科植物。作为大豆田的主要害虫之一，银纹夜蛾以幼虫取食大豆叶片，常造成大豆落花、落荚、籽粒不饱满等，给大豆生产造成严重损失。

二、形态特征

成虫：体长12～15mm，翅展32～35mm，黄褐色。前翅有蓝紫色闪光，翅中央有1个银白色近三角形斑纹及1个马蹄形银边褐色斑纹，两者靠近但不连在一起（彩图7-46-1，1）。

卵：半球形，直径0.4～0.5mm，初为乳白色，后变浅黄至紫色，从顶端向四周放射出隆起纹若干条。

幼虫：老熟时体长25～32mm，淡黄绿色，头部有花纹。胸足淡绿色，腹足2对。第八腹节背面肥大，四龄后此节上有2个淡黄色圆斑的为雄虫，无斑的为雌虫（彩图7-46-1，2）。

蛹：体长18～20mm，纺锤形，尾端有6根尾刺，第一至五腹节背面前缘灰黑色。

三、生活习性

银纹夜蛾在湖北孝感地区1年可发生5代。第一代发生于4月下旬至6月下旬；第二代发生于6月中旬至7月中旬；第三代发生于7月下旬至8月中旬；第四代发生于8月中旬至9月中旬；第五代发生于9月上旬至10月中旬。可分别为害十字花科蔬菜、大豆、泽泻等植物。在江西1年可发生5～6代。早春田少有发生；5月中旬后，春播大豆田有零星发生；9月上、中旬，秋播大豆受害较重。

成虫多在7：00～10：00羽化，羽化后需补充营养。成虫饲以蜜糖水后，2～3d即可产卵。产卵量较大，平均每雌可产311.9粒，最高可达756粒。但随环境温度的下降，卵的产出量逐渐减少，低于20℃时，雌虫停止产卵。卵多单粒散产于叶背，但也有集中产卵现象（2～3粒粘连产出）。

成虫昼伏夜出，趋光性强。喜在生长茂密的豆田内产卵，卵多散产在植株上部叶片的背面。一至三龄幼虫多于叶背取食，取食后仅留叶片表皮结构；四龄幼虫可大量蚕食叶片，造成缺刻、孔洞等。老熟幼虫在叶背处结茧化蛹。

四、发生规律

（一）气候条件

银纹夜蛾的发生、为害程度常受温湿度的影响。温度对银纹夜蛾各虫态发育历期、存活率及成虫生殖力均有影响。其最适温度范围为22～25℃；高温对银纹夜蛾生长不利，温度过高，则存活率和生殖力下降；温度过低，则发育历期延长。

在湖北孝感，因虫源基数少、田块湿度低，常造成豆田一代虫源孵化率低、初龄幼虫存活率低；7 月中旬后，温度和降水适中，有利于卵的孵化及幼虫存活，有利于幼虫的大发生；之后，气温逐渐降低、豆株衰老，豆田三代虫源很少发生。

（二）天敌

七星瓢虫、龟纹瓢虫、异色瓢虫、三化螟沟姬蜂、棉铃虫齿唇姬蜂、广黑点瘤姬蜂、脊腹茧蜂、中红侧沟茧蜂、塔吉克侧沟茧蜂、黑玉巨胸小蜂、银纹夜蛾多胚跳小蜂等均为其重要的天敌种类。

五、防治技术

（一）农业防治

适期播种，选择合适的种植品种、种植方式（如同穴、间作）及施肥方式，对于控制银纹夜蛾的发生均具有一定效果。

（二）物理防治

可利用黑光灯等设备诱杀银纹夜蛾成虫，降低田间害虫的发生数量。

（三）生物防治

可选用对天敌低毒的药剂，调整施药时间，避免天敌大发生期用药；也可助迁天敌，捕捉或饲养相应天敌类群，投放于作物田，控制害虫的发生基数。也可利用银纹夜蛾核型多角体病毒对其开展防治。

（四）化学防治

90%敌百虫原药 1 000 倍液、10%氰戊菊酯乳油 2 000～3 000 倍液、40%氧乐果乳油 1 000 倍液对银纹夜蛾均有一定的防治效果。

刘健（东北农业大学农学院）

第 47 节　灰斑古毒蛾

一、分布与危害

灰斑古毒蛾（*Teia ericae* Germar，异名：*Orgyia ericae* Germar）属鳞翅目毒蛾科，别名灰斑台毒蛾、沙枣毒蛾。分布于我国东北及青海、宁夏、河北、陕西等省份及俄罗斯和欧洲。除为害大豆，也为害沙枣、沙拐枣、沙棘、榆、杨、旱柳等林木。幼虫取食大豆叶片，常造成缺刻和孔洞，只残留叶脉，严重时可将叶片吃光。

二、形态特征

成虫：雄蛾体长 10～13mm，翅展 24～30mm。前翅锈褐色，有两条横带，内带较直、外带向翅顶弯曲后斜向后缘；近后缘具一白点，点的内侧较暗；后翅暗褐色，缘毛浅黄色。雌蛾体长 10～15mm，体被白色短毛，足短，爪简单，翅退化。

卵：圆形，白色，中央有 1 个棕色小点，直径约 0.7mm。

幼虫：体长 30mm 左右，红黄色。头黑色。前胸背面两侧各有一黑色长毛束，第一至四腹节背面中央各有一浅黄色毛刷，背线黑色；第八腹节背面有一黑色长毛束。足黑色（彩图 7-47-1，1）。

蛹：体长 10～13mm，纺锤形，黄褐色。

茧：黄白色，丝质、松软，茧体上可见幼虫体毛（彩图 7-47-1，2）。

三、生活习性

灰斑古毒蛾在我国东北 1 年可发生 1 代。以卵在木本寄主枝条上越冬。5 月下旬越冬卵开始孵化，6 月中、下旬有大量幼虫出现，老熟幼虫 7 月上、中旬化蛹，7 月下旬至 8 月上旬出现成虫。

雌蛾翅退化，活动能力较弱；雄蛾白天活动，寻找雌蛾交尾。幼虫行动迟缓、不活泼，多于大豆植株中上部叶片为害，无集群为害习性。

四、发生规律

（一）气候条件

18～28℃时，在寄主杨柴上，各虫态的发育历期与温度呈负相关。卵、幼虫、雌虫、雄虫的发育起点温度分别为（12.23±1.12）℃、（8.96±1.29）℃、（10.69±2.11）℃、（10.27±0.86）℃。温度可影响灰斑古毒蛾虫龄。18℃时，幼虫为5龄；高于18℃时，幼虫为6龄。

（二）天敌

毒蛾卵啮小蜂、舞毒蛾黑瘤姬蜂、寡埃姬蜂、毒蛾长尾啮小蜂、黑青金小蜂、蓝绿啮小蜂、齿腿长尾小蜂、古毒蛾岐腹姬蜂及古毒蛾追寄蝇均为灰斑古毒蛾的重要天敌种类。

五、防治技术

（一）物理防治

及时清除越冬卵粒，摘除虫茧，也可利用诱虫灯对成虫进行诱杀。

（二）生物防治

合理保护和利用天敌，是防治灰斑古毒蛾的重要途径。灰斑古毒蛾病毒对幼虫也有很好的侵染能力。

（三）化学防治

可施用5％顺式氰戊菊酯乳油3 000倍液、25％灭幼脲悬浮剂3 000倍液等药剂进行防控。此外，5％桉油精乳油、1.2％苦・烟乳油及苏云金芽孢杆菌等生物制剂对灰斑古毒蛾也有较好的防治效果。

刘健（东北农业大学农学院）

第48节　人纹污灯蛾

一、分布与危害

人纹污灯蛾［*Spilarctia subcarnea*（Walker）］属鳞翅目灯蛾科污灯蛾属，又名红腹白灯蛾、红腹灯蛾、桑红腹灯蛾和人字纹灯蛾。在我国北至黑龙江，南至台湾，西至四川，东至上海均有分布。在不同的地区，由于地理气候条件的原因，发生代数也有很大的差异，吉林1年发生2代、上海1年发生2代、浙江太湖1年发生3代、福建南平1年发生4代。国外分布于日本、朝鲜、菲律宾。寄主植物有黑荆、喜树、桑、木槿、十字花科蔬菜、豆类等。调查结果表明，目前该虫是十字花科和茄科蔬菜、烟草、麻类和向日葵上的主要害虫。主要为害白菜、茄子、辣椒、菜豆类、大麻、剑麻、烟草和向日葵。其次为害大豆、玉米、谷子、甜菜、瓜类、芹菜、胡萝卜、苹果、梨、李、杏、醋栗等。还取食多种禾本科和阔叶杂草，是一种多食性害虫。近年来对烟草的为害需引起高度重视。该虫以幼虫为害叶片、花和嫩果。且为害期较长，食量较大。当虫口密度大时，作物苗期受害轻，则植株残缺，重则仅留根茬或生长点被害，而必须毁种。作物生长期受害，造成叶片缺刻和孔洞而残缺不全，严重时仅剩叶脉、叶柄。果实被害后常造成黑褐色疤痕而降低食用价值，对产量和质量均有很大影响。现已成为生产上必须引起高度重视的主要害虫之一。近年来人纹污灯蛾在我国部分地区的发生和为害面积有抬头的趋势，尤以南方为害较为严重，田间可观察到人纹污灯蛾各龄幼虫取食豇豆等多种蔬菜的叶片，严重影响蔬菜叶片的光合作用、有机物质的制造和积累，导致豇豆等多种农作物的品质和产量下降，致使菜农的收入下降。

二、形态特征

成虫：雄虫体长15～20mm，翅展45～50mm；雌虫较雄虫稍大，体长20～23mm，翅展55～58mm。头黄白色，触角锯齿形，黑褐色，额下部黑色，下唇须红色，其顶端黑色。胸部黄白色，翅基片近三角形，有的具黑点，胸足黄白色，前足基节侧面和腿节上方红色，胫节和跗节有黑斑。腹部背面除基节与端节外红色，腹面黄白色，背面、侧面及亚侧面各有1列黑点。前、后翅正面白色或红色，反面均为淡红色，前翅外缘至后缘有1列斜黑点，黑点的头大尾小，两翅合拢时呈人字形纹（彩图7-48-1）。

卵：为馒头形，有光泽，卵表面有不明显的菱状花纹。初产时乳白色，后逐渐变成淡绿色，直径为

0.6～0.8mm。

幼虫：共6龄，老熟幼虫体长45～55mm；头部黑色，颅侧区及单眼区下后方橙红色，上唇呈U形缺刻。胸、腹部黄褐色，背线不明显，亚背线暗绿色；体表密被棕黄色长毛；背线橙红色，亚背线褐色，气门上线棕红色，中胸及腹部第一节背面各有横列的黑点4个，腹部第七至九节背线两侧各有1对黑色毛瘤，其上密被棕色长毛，腹部腹面黑褐色，气门白色，胸足、腹足黑色，趾钩异形中带。

蛹：体长14～18mm，体宽4～6mm，棕褐色，腹部末端臀棘上有1束短粗的刺。蛹外被丝质、灰黄色薄茧，其上常夹杂有体毛、土粒和碎屑。

三、生活习性

人纹污灯蛾在吉林1年发生2代。多以蛹在被害田及其附近的表土下7～10cm处越冬，少数个体在荒地或沟坡道旁杂草根际的表土下或缝隙中越冬。越冬蛹多于5月中、下旬羽化，羽化盛期在5月下旬至6月上旬。第一代卵孵化盛期和幼虫始期为6月上、中旬，为害盛期为6月中、下旬，幼虫期29～36d。7月中、下旬幼虫老熟后陆续转移到隐蔽场所并入土化蛹。前蛹期2～3d，蛹期多为10～12d。7月下旬至8月上旬始见当年第一代成虫，盛期多在8月上、中旬，8月上旬始见第二代幼虫，其为害盛期在8月中、下旬，并一直为害到9月中旬，而十字花科秋菜在10月上旬仍受其为害。幼虫一般在9月上、中旬老熟并陆续入土化蛹，以蛹在土中越冬。

成虫多在15：00～19：00羽化，有正趋光性（雄蛾比雌蛾趋光性更强），活动性强，白天潜伏不出，躲在蔬菜等叶片的背面、作物间、杂草中或树丛内，夜间出行、交配和产卵，交配高峰期在21：00～23：00，成虫寿命7d左右。产卵部位主要在叶背面，卵呈块状，单层平铺，其上覆有少许绒毛；每头雌虫可产3～8个卵块，每个卵块有数十至数百粒卵。常温下，卵期5～7d，孵化高峰期在11：00～15：00，幼虫期30d左右。初孵幼虫在卵块附近就近取食，一至二龄幼虫取食叶片下表皮和叶肉，仅剩上表皮。受到惊扰时通过吐丝下垂或假死等方式逃逸。三龄以后，随着龄期的增大，取食量逐步增多，幼虫开始分散，并大量取食叶片，造成叶片缺刻和孔洞，甚至仅剩叶脉或叶柄。高龄幼虫活泼，爬行速度快，有明显的假死性，但很少吐丝下垂。幼虫多选择入土化蛹，化蛹深度为5～10cm，蛹期10～12d。末代（越冬代）幼虫选择好合适的场所后化蛹越冬，直至翌年5月下旬至6月上旬羽化。

四、发生规律

幼虫发生期的降水量和降雨强度是影响人纹污灯蛾发生程度的主要因素之一。此期如遇大雨或暴雨，能明显减轻为害。而在较干旱的年份发生为害则较重。凡靠近荒地、林带和沟渠的地块以及管理粗放、草荒较重的地块均发生较重。

五、防治技术

人纹污灯蛾幼虫大量取食蔬菜等多种农作物的叶片，常影响叶片的光合作用和植株正常的生长发育，造成农作物的品质降低以及产量下降。近几年，人纹污灯蛾为害有逐年加重的趋势，为保证农作物的安全生产和农民的经济收入，以及防止其从次要害虫上升为主要害虫，采取合理的、科学的防治策略就显得尤为重要。要以“预防为主，综合防治”的方针为导向，以加强田园管理措施，改善农作物生长条件为基础，多施有机肥（农家肥），增强农作物抗虫能力；以田间的预测预报为重点，重点防治越冬代（可结合田间管理，如灌水、中耕松土等，消灭越冬蛹，降低翌年虫源基数）；以化学防治为应急措施，合理地、综合地运用各种措施，将人纹污灯蛾控制在经济阈值之下，实现真正意义上的综合治理。

（一）农业防治

10月下旬之后，结合田间管理措施，通过灌水、中耕松土等方式，破坏人纹污灯蛾越冬环境，利用自然条件消灭越冬虫源。清除蔬菜地内（旁）的石头、残叶、残株和杂草，破坏越冬环境或不给其越冬代提供合适的越冬环境。

（二）生物防治

人纹污灯蛾的自然天敌较多，大部分都有很好的控制作用。如人纹污灯蛾绒茧蜂（*Apanteles bosrl* Bhalenger），对第一代幼虫的寄生率为58%～60%，对第二代幼虫的寄生率为47%～49%，对第三代幼虫的寄生率为28%～29%。其他的天敌包括：隔离狭颊寄蝇［*Carcelia excisa*（Fallén）］、广黑点瘤姬蜂［*Xanthopimpla punctata*（Fabricius）］、黑腹星步甲［*Calosoma maximoviczi*（Morawitz）］、金星步甲［*Calosoma chinense*（Kirby）］、赤胸步甲（*Dolichus halensis* Schaller）、双斑青步甲（*Chlaenius bioculatus* Motschulsky）、淡足青步甲（*Isiocarabus fiduciarius* Thomson）、绿光通缘步甲、白僵菌、蜘蛛、鸟类、病毒等。

细菌和真菌也是其重要天敌。可用100亿活芽孢/g苏云金杆菌可湿性粉剂，每667m^{2}100～300g，加水50～60kg喷雾；或用100亿活芽孢/g青虫菌粉剂1 000倍液喷雾；或用100亿活芽孢/g杀螟杆菌可湿性粉剂加水稀释成1 000～1 500倍液喷雾。尽量选择在低龄幼虫时期喷洒，7～10d防治1次，连续防治2～3次。

（三）物理防治

人工摘除有卵块的叶片或初龄幼虫群集的叶片，集中销毁；在人纹污灯蛾幼虫为害时，人工捕杀正在为害的幼虫；利用幼虫的假死性，摇动植株，收集掉在地上假死的幼虫，放在毒瓶内（或其他方式）集中销毁；在成虫高峰期，利用频振式杀虫灯进行诱杀，也能很好地控制下代的发生数量。

（四）化学防治

化学防治要注意防治时期。当一至二龄幼虫还在聚集为害时，应立即采取措施，因为此时的幼虫比较集中且抗药性弱，便于控制。随着龄期的增大，幼虫抗药性会逐步增强，控制难度会更大，成本会更高。可选用低毒高效的药剂进行喷雾防治，如90%敌百虫晶体、50%敌敌畏乳油、10%吡虫啉可湿性粉剂、0.2%苦皮藤素乳油1 000倍液、40%毒死蜱乳油1 500倍液、2.5%溴氰菊酯乳油、2.5%高效氯氟氰菊酯乳油、1.8%阿维菌素乳油、20%氰戊菊酯乳油2 000倍液。喷药时间应选择在晴朗无风的下午进行，每周喷1～2次，连续喷2～3次。注意农药的交替使用以及安全间隔期，尽量避免幼虫产生抗药性和农药残留。

韩岚岚（东北农业大学农学院）

第49节　豆小卷叶蛾

一、分布与危害

豆小卷叶蛾［*Matsumuraeses phaseoli*（Matsumura）］属鳞翅目小卷蛾科。寄主作物有大豆、豌豆、绿豆、赤豆等豆科植物及苜蓿、草木樨等。主要分布在我国东北、西北、华东、台湾等地。近年来，菜用大豆在长江流域种植面积不断扩大，并呈规模化种植趋势，为害大豆的害虫种类较多，豆小卷叶蛾就是其中之一。幼虫食害叶、花簇，蛀食荚粒，初孵幼虫在嫩芽或叶片茸毛间结丝为害，二龄后吐丝把叶缘、顶梢数叶、豆荚缀合成团，幼虫在其中取食，致顶梢干枯。

二、形态特征

成虫：雌蛾（图7-49-1，1）体暗褐色，体长6～7mm，翅展16～18mm。头部鳞毛褐色，复眼灰绿色。单眼淡褐色，基部镶有黑圈。触角线状，长达前翅的一半，背侧黑褐色，腹侧淡褐色。下唇须灰褐色，伸向头前方，侧视呈三角形。第一节短小，第二节扩大纵扁，呈砍刀形，第三节细小，呈指状。喙管淡褐色，端部内侧2/3的部分生有两列刺状突起。胸部背面密生暗褐色而端部为白色的长鳞毛，腹面为灰白色短鳞毛。胸足3对，前足最短，胫节无距；中足次之，胫节有端距1对；后足最长，胫节中部及端部各有距1对。前翅深褐色，近似长方形，外缘前方稍凹入。前缘部分有18～20组黑褐色短斜纹，中室外侧有1个较大的黑褐色斑，臀角内上方有3个黑点，呈直线排列，顶角附近亦有黑点2个。缘鳞由长短不同的两组鳞片组成，由于短组鳞端部为灰白色，所以缘鳞中间似夹有1条灰白色镶边。后翅灰色，近似半圆形，前缘中部突出。具翅僵3条。翅边和翅脉部分颜色较深。Cu脉具长毛。缘鳞灰色，亦由长短两组缘鳞组成，但短组端部的白色不明显，所以，缘鳞中无灰白色镶边。腹部近似圆锥形，背面灰褐色，腹面灰白色，末端有淡黄褐色的产卵瓣。雌蛾生殖孔2个：一个为交配孔，生于第八腹节的腹面，其两侧有三角形的灰褐色毛丛；另一个为产卵孔，位于产卵瓣内。交配囊体圆形，前端稍尖，生有曲齿状交配囊片2枚。交配囊的入口处更连有细导精管。

雄蛾（图7-49-1，2）体长7～9mm，翅展18～20mm，体色较雌蛾淡。前翅淡褐色，斑纹较明显。后翅翅缰1条。腹部末端较雌蛾粗钝。第八腹节两侧生有具长形鳞毛簇的侧味刷1对。雄性外生殖器发达，背兜颇宽阔，爪形突不存在，颚形突退化。背兜侧突由2个骨化弱的侧臂合成。基腹弧新月形。抱握器很发达，中部下侧凹入很深。抱器腹近似半圆形，其后有抱器腹突。抱器端宽大，端部内侧具有1列倒生刚毛。阳茎近似S形，通过阳茎基环和阳茎端环可伸至生殖腔。

卵：为椭圆或卵圆形，扁薄，中央较厚，长径0.56～0.75mm，短径0.40～0.48mm（图7-49-1，3）。初产时白色微黄，卵壳有网状纹。在发育过程中，卵面依次出现若干红色小点。在室温21～24℃的情况下，卵自产下后约2d，出现红点2～4个，分为2组排列。至第三天出现红点共8～10个，分成3组排列。至第四天出现红点16～18个，分成4组排列，同时有的红点扩大，彼此连成小片。至第五天所有红点逐渐消失，卵面渐变为黄褐色。在第六天即可透视内部弯曲虫体，黑色头壳及前胸盾清晰可见，不久即将孵化。

幼虫：初孵幼虫体淡黄色，头部及前胸盾漆黑有光。体长0.6～1.0mm。取食后体色稍深，一般一至二龄体为黄色，至三龄渐变为淡绿色，并可区分雌雄。雄虫腹部第五节背中线两侧可透视1对分成4室的黄白色睾丸。幼虫多5龄，在第四次蜕皮后，头部及前胸盾均变为淡褐色，头部两侧后方出现黑色楔形纹，体色亦由青绿渐变为青褐色，老熟幼虫体长11～14mm（图7-49-1，4）。各个龄期的头宽和体长如表7-49-1。

蛹：雌蛹（图7-49-1，5）体长7～8mm；雄蛹（图7-49-1，6、7）体长8～9mm。初为黄白色，后渐变为黄褐色。蛹体背面可见前、中、后胸等部位。腹部第二至八节各生气门1对，气门缘片稍突起，第八腹节气门退化为缝状。此外腹部第二至七节背面各生齿刺两列，前列齿刺较大。腹部末端亦有较大齿刺8枚。蛹的腹面可见复眼、附肢及生殖孔等。头部上唇的两侧有小形上颚1对。下唇须呈尖叶形，伸向下方。喙管伸达蛹体1/4处。前足位于喙的两侧，中足伸达两翅芽合抱处，后足通过翅芽合抱缝而略超过翅端。触角位于足、翅之间。翅芽伸达第四腹节后方。腹部腹面平滑，末端有生殖孔并生有钩毛8根。雌蛹腹部四、五、六节分节明显，七、八、九、十节分节不明显，生殖孔位于第八、九腹节腹面正中，为一黑色纵纹，周围稍突起。肛门生于第十腹节，亦为黑色纵纹，与生殖孔相距较远（图7-49-1，9）。雄蛹腹部四、五、六、七节分节明显，只八、九、十节分节不明显。生殖孔生于第九腹节，亦为黑纵缝，其周围突出较高。肛门生于第十腹节，与生殖孔相距较近。此外，雄蛹自第八腹节起，较雌蛹细缩（图7-49-1，10）。

表7-49-1　豆小卷叶蛾各虫龄幼虫头宽及体长

Table 7-49-1　Different instar larvae's head breadth and body length of *Matsumuraeses phaseoli*

龄期	头宽（mm）			体长（mm）		
	最小	最大	平均	最小	最大	平均
一龄	0.22	0.24	0.233	0.6	2.0	1.95
二龄	0.33	0.36	0.335	3.0	5.0	4.50
三龄	0.57	0.60	0.582	6.0	7.5	7.00
四龄	0.87	0.92	0.904	8.5	10.5	9.50
五龄	1.23	1.35	1.280	11.0	14.0	12.50

三、生活习性

豆小卷叶蛾在山东1年发生4代，第一代成虫于7月下旬盛发，第二代8月上旬发生，第三代8月下旬至9月上旬发生，9月下旬至10月中旬以第四代末龄幼虫越冬。成虫昼伏夜出，具趋光性，卵多产于幼苗期真叶和成株的下部叶茸间隙，初孵幼虫爬至上部幼芽或茸毛间结丝取食，二龄后转移为害叶片、花簇、豆荚等，并在叶缘、顶梢数叶、豆荚上吐丝缀合成团，于其中取食，致顶梢干枯，幼虫二龄前不活泼，三龄后受惊多迅速后退。

湖北武汉地区6～7月为田间幼虫为害盛期，成虫夜间活动，以19：00～23：00最盛。成虫有趋化性，喜食花蜜。成虫羽化后立即产卵，单雌产卵量为105～502粒，卵多产在豆叶背面，在豆苗上以第一对真叶上产卵最多。卵期6～7d。幼虫历期为11～16d。蛹期8～10d。

在重庆，越冬代成虫可在蚕豆上产卵为害，4月下旬发现第一代成虫，6月上旬发现第二代成虫，可

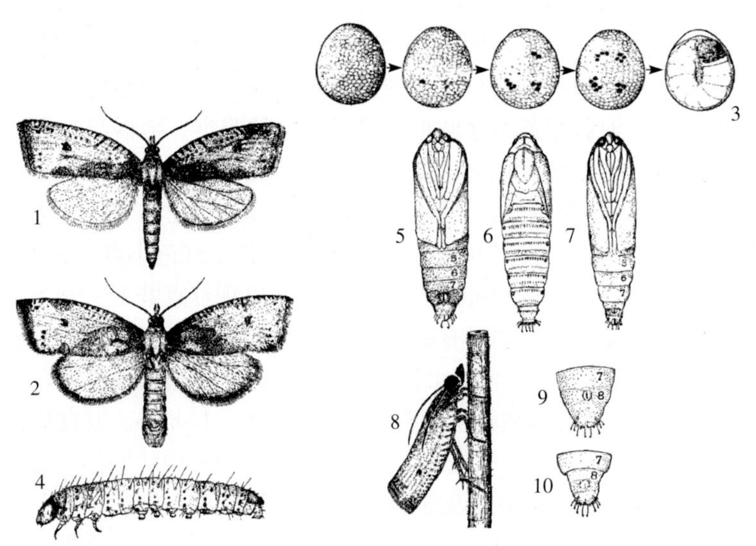

图7-49-1 豆小卷叶蛾各虫态（引自吕锡祥，1965）

Figure 7-49-1 Each instar morphology of *Matsumuraeses phaseoli* (from Lü Xixiang，1965)

1. 雌性成虫 2. 雄性成虫 3. 卵及发育过程 4. 幼虫侧面观 5. 雌蛹腹面观 6. 雄蛹背面观 7. 雄蛹腹面观 8. 成虫停息时的侧面观 9. 雌蛹腹部末端的腹面 10. 雄蛹腹部末端的腹面

在紫穗槐、刺槐、春大豆和花生上产卵为害。

在陕西1年发生4～5代，以第四或第五代末龄幼虫或蛹在豆田越冬，翌年4月上旬越冬代成虫羽化。4～5月把卵产在苜蓿、草木樨等豆科植物叶片背面，5月下旬至6月上旬第一代成虫出现，幼虫孵化后为害春播大豆。7月中旬至8月中旬，9月上旬至10月上旬出现第二、三代成虫，幼虫为害夏播大豆。10月中旬至11月第四代成虫出现，在秋播豆类、苜蓿、草木樨上产卵越冬。

四、发生规律

豆小卷叶蛾的发生与气候和栽培制度关系密切，多雨年份发生重，夏季干旱少雨发生轻。豆田周围如有豆科的绿肥植物或刺槐、紫穗槐等，可为该虫的发生提供丰富的食料，同时为害也重。

五、防治技术

（一）农业防治

选用抗虫品种。一般多毛或有限结荚的品种有耐虫或抗虫性。

（二）物理防治

利用黑光灯诱杀成虫或对有明显为害状的叶片进行人工摘除。

（三）化学防治

在幼虫孵化盛期或低龄幼虫为害期用药，隔10d防治1次，可控制其为害，如需兼治其他害虫，则应全面喷药。采收前7d停止用药。可选用4.5%高效氯氰菊酯乳油2 000倍液、10%联苯菊酯乳油1 500倍液、2.5%溴氰菊酯乳油1 500倍液、2.5%高效氯氟氰菊酯乳油3 000倍液、20%氰戊菊酯乳油2 000倍液、52.25%毒死蜱·氯氰菊酯乳油（农地乐）2 000倍液、48%毒死蜱乳油1 000倍液等进行喷雾处理，药液要注意全面周到，特别要喷到叶背面。

韩岚岚（东北农业大学农学院）

第50节 红棕灰夜蛾

一、分布与危害

红棕灰夜蛾［*Polia illoba*（Butler)］别名苜蓿紫夜蛾、桑夜盗虫，属鳞翅目夜蛾科灰夜蛾属。

国内分布于黑龙江、辽宁、吉林、内蒙古、河北、甘肃、江苏、江西等省（自治区）；国外分布于日本、朝鲜、俄罗斯（西伯利亚）、印度等国家。该虫为多食性害虫，主要为害大豆、豌豆、烟草、马铃薯、苜蓿、甜菜、棉花、荞麦、胡萝卜、葱、紫苏、茄子、牛蒡、草莓、枸杞、菊、茼蒿、菜豆、豇豆、桑、黑莓等。幼虫食害大豆叶片成缺刻或孔洞，严重时可食光全叶；也可为害其他植物的嫩头、花蕾和浆果。

二、形态特征

成虫：体长15.0～17.0mm，翅展38.0～41.0mm。头部与胸部红褐色。触角黄褐色；下唇须红褐色，向上斜伸。腹部灰褐色，腹端具褐色长毛。前翅红棕色，基线及内横线隐约可见，均为双线波浪形；剑纹粗大，褐色；环纹及肾纹椭圆形，灰褐色，不明显；外横线棕色，锯齿形；亚缘线微白，内侧深棕色，较粗；缘毛褐色；翅基片长，毛笔头状；后翅褐色，基部色浅，缘毛白色。足红棕色，胫节具长毛，前足胫节外侧具白边，前、中足胫节基部无黑点，各足跗节均有白色环（彩图7-50-1）。

卵：半球形，长0.4mm，宽0.65mm，馒头形，顶部较平，近中部有50条左右的纵棱，棱间有细横格，初产时浅绿色，2～3d后顶部出现紫色小点，全卵逐渐变紫褐色。

幼虫：体长35.0～45.0mm，头宽3.0～3.5mm。体色淡绿色至黄褐色。头褐色，单眼黑色。前胸盾褐色。两侧气门线淡黄色或白色，较宽而明显；背线及亚背线各具1纵列黄白色小圆斑，圆斑上生棕褐色边，每节每列5～7个，毛片圆形黑色；气门线黑褐色，沿上方具深褐色圆斑；气门下线浅黄色至黄色。腹足颜色与体色相同。趾钩单序带。初孵幼虫浅灰褐色，腹部紫红色，全体布有大而黑的毛片；胸足3对，腹足5对，臀足1对。三龄幼虫绿色或青绿色，四龄后出现红棕色型，六龄时基本都为红棕色。

蛹：体长18.0～20.0mm，体宽6.0～7.0mm；深褐色至黑褐色，纺锤形。下唇须细长具柄，柳叶形；下颚达前翅末端；下颚须达第四腹节后缘。触角接近下颚末端。前足胫节达下颚末端1/3处，中足达下颚与前足末端之间，后足几乎不可见。蛹体正面包括翅面布满皱纹，胸部背面布满粗糙疙瘩和皱纹，后胸及腹部第一至三节背面有不规则横带状突起。腹部末端向后凹削，尾端细，有臀棘1对，短粗，末端分成二叉。

三、生活习性

在辽宁、吉林、江苏赣榆和宁夏银川1年发生2代，以蛹在土中越冬。在吉林5月上旬出现第一代成虫，6月上旬出现第一代幼虫，为害大豆心叶，常将心叶卷成筒状在其内为害；幼虫为害至7月中旬老熟入土化蛹。8月上旬第二代成虫始见，并交尾产卵。在甘肃银川第一代成虫5月中、下旬出现，第二代成虫7月下旬至8月上旬出现。在江苏赣榆越冬蛹于3月下旬至5月上旬羽化，产卵前期3～5d，卵期8～12d，幼虫期约41.1d。5月上旬至6月中旬幼虫老熟，入土化蛹，以蛹越夏，8月底至10月间羽化。第二代幼虫于10月至11月中、下旬入土化蛹，以蛹或幼虫越冬。

成虫产卵于大豆叶背面或枝上，每雌可产卵150～200粒。成虫具有趋光性，特别是对20W黑光灯和1 000W镓钴灯有较强趋性。此外，成虫对糖醋液也有一定趋性。成虫昼伏夜出，白天隐伏在株丛或土块之间，夜晚觅食、交配产卵。成虫需要补充营养。

6月上、中旬及8月下旬至9月中旬是幼虫为害大豆盛期。一、二龄幼虫群聚在叶背取食叶肉，三龄后开始分散，四龄时出现假死性，五、六龄进入暴食期，24h即可吃光1～2片叶，幼虫极少有7龄。幼虫白天多栖息在叶背或心叶上，多夜间取食，受惊扰有蜷缩落地习性。6月下旬至7月中旬及10月上旬老熟幼虫入土3～6cm深处化蛹。

四、发生规律

（一）气候条件

夏季高温常引起蛹滞育越夏。夏季和冬季蛹在土中越夏和越冬期间耕翻土壤，不利于蛹的存活。

(二) 天敌

捕食性天敌主要有蜘蛛、小花蝽等，寄生性天敌有齿唇姬蜂等，此外，红棕灰夜蛾核型多角体病毒（SiNPV）对红棕灰夜蛾具有一定防效。将红棕灰夜蛾核型多角体病毒悬浮液按饲料表面积 1.5×10^3 PIB/cm^2 和 1.5×10^6 PIB/cm^2 的浓度涂于叶片上，前者在13d后死亡率达到89.1%，后者在6d后死亡率达到100%，高浓度剂量对红棕灰夜蛾防效较好。该病毒可侵染多种夜蛾科害虫，并具有较高的毒力。红棕灰夜蛾幼虫可在简易人工饲料上连代饲养，幼虫体重可达1.2g，是活体增殖病毒农药的理想虫种，用于生产SiNPV供作该类害虫的无公害防治具有可行的实际意义。

五、防治技术

(一) 农业防治

大豆收获后，进行秋翻地，可杀伤一大批在土壤中越冬的害虫，并破坏其越冬环境。增加越冬蛹的死亡率，降低来年虫口基数，减轻为害。

(二) 生物防治

1. 保护和利用天敌 利用有利于天敌繁衍的耕作栽培措施，选择对天敌较安全的选择性农药，并合理减少化学农药施用，保护利用天敌昆虫、鸟类以控制红棕灰夜蛾种群。

2. 病原微生物 在幼虫二龄时喷施100亿孢子/g Bt乳剂200倍液。

(三) 物理防治

1. 灯光及糖醋液诱集 红棕灰夜蛾成虫有明显的趋光性和趋化性，在成虫发生盛期前，可以利用频振式杀虫灯和糖醋液进行诱杀，从而有效降低成虫种群密度及幼虫发生数量。

2. 人工捕杀 直接进行人工捕杀幼虫。

(四) 化学防治

在幼虫二至三龄阶段，使用90%敌百虫原药，每公顷2 250～3 000g，对水喷雾；2.5%溴氰菊酯乳油或2.5%高效氯氟氰菊酯乳油，每公顷300～450mL，对水喷雾；40%氧乐果乳油800倍液或40%辛硫磷乳油1 500倍液喷雾。

赵奎军 戴长春（东北农业大学农学院）

第51节 大造桥虫

一、分布与危害

大造桥虫（*Ascotis selenaria* Denis et Schiffermüller）又称步曲、量尺虫，属鳞翅目尺蛾科棉尺蛾属。全国各地均有分布，主要发生在东北、华北、华中、华东等地区，属间歇性暴发害虫。主要寄主有豆类、棉花、辣椒、芦笋、茄子及十字花科蔬菜等。幼虫取食大豆芽叶及嫩茎，严重时食成光秆。

二、形态特征（彩图7-51-1）

成虫：体长15～20mm，翅展38～45mm，体色变异很大，有黄白、淡黄、淡褐、浅灰褐色，一般为浅灰褐色，翅上的横线和斑纹均为暗褐色，前、后翅中室端各具1个星状斑纹。前翅亚基线和外横线锯齿状，其间为灰黄色，有的个体可见中横线及亚缘线；后翅外横线锯齿状，其内侧灰黄色，有的个体可见中横线和亚缘线。雌虫触角丝状，雄虫触角羽状，淡黄色。

卵：长椭圆形，青绿色。

幼虫：6龄。末龄幼虫体长38～49mm，黄绿色。头黄褐至褐绿色，头顶两侧各具1个黑点。背线宽，淡青至青绿色，亚背线灰绿至黑色，气门上线深绿色。腹部第二节背中央近前缘处有1对黄褐色毛疣；第三、四腹节上具黑褐色斑，气门黑色，围气门片淡黄色；胸足褐色，腹足2对生于第六、十腹节，黄绿色，端部黑色。各龄幼虫头宽和体长见表7-51-1。幼虫的头宽与体长均随着龄期的增长而增大，其生长模型为：头宽 $y_1=0.178e^{0.489x}$（$R^2=0.997$）；体长 $y_2=1.671e^{0.519x}$（$R^2=0.994$）。

表 7-51-1 大造桥虫各龄幼虫的头宽和体长（仿史树森等，2012）

Table 7-51-1 The head width and body length of every instar larva of *Ascotis selenaria* (from Shi Shusen et al.，2012)

龄期	头宽（mm）		体长（mm）	
	极值	平均	极值	平均
一龄	0.26～0.29	0.27±0.01f	1.00～4.11	2.58±1.01f
二龄	0.41～0.51	0.48±0.03e	3.11～6.60	5.14±1.21e
三龄	0.71～0.90	0.82±0.06d	3.52～9.61	7.67±1.75d
四龄	1.16～1.42	1.31±0.08c	8.21～16.12	12.67±2.78c
五龄	1.99～2.22	2.09±0.07b	12.52～31.20	23.84±6.42b
六龄	2.95～3.41	3.21±0.18a	40.52～51.95	35.94±8.34a

注 不同字母表示差异显著。

蛹：体长14mm左右，深褐色，有光泽，尾端尖，臀棘2根。

三、生活习性

大造桥虫在长江流域1年发生4～5代，以蛹在土中越冬。各代成虫盛发期分别为6月上、中旬，7月上、中旬，8月上、中旬，9月中、下旬，有的年份11月上、中旬可出现少量第五代成虫。第二至四代卵期5～8d，幼虫期18～20d，蛹期8～10d，完成1代需32～42d。10～11月以末代幼虫入土化蛹越冬。在辽宁沈阳6月下旬至8月下旬均可见到成虫，成虫发生盛期在6月中、下旬。

成虫昼伏夜出，趋光性强，飞翔力弱。羽化后1～3d开始交尾，多在20：00至翌日黎明，交尾后1～2d产卵，卵多产在地面、土缝及草秆上，大发生时枝干、叶片上都可产卵，数十粒至百余粒成堆，每雌可产卵1 000～2 000粒，越冬代仅产200余粒。卵期7d左右。卵多在清晨孵化。

初孵幼虫活动能力强，可吐丝随风飘移传播扩散。低龄幼虫活动能力较强，先从植株中下部开始，取食嫩叶叶肉，留下表皮，形成透明点。三龄幼虫多取食叶肉，沿叶脉或叶缘将叶片咬成孔洞或缺刻；四龄后进入暴食期，转移到植株中上部叶片，食害全叶，使枝叶破烂不堪，甚至吃成光秆。随着龄期增长，活动能力减弱，但食量倍增，大造桥虫幼虫发育阶段与取食量的关系模型为：叶面积 $y_1=6.387e^{1.202x}$（$R^2=0.976$）；鲜叶重 $y_2=0.467e^{1.319x}$（$R^2=0.949$）。整个幼虫期可累计取食大豆叶片面积为17 218.88mm²，重量为2 669.50mg。其中，四至六龄幼虫的取食量占整个幼虫期取食量的98%以上。幼虫阴雨天和白天不取食，在豆株上常有拟态，头朝下倒立，以腹足固定于叶片或枝条上，状如嫩枝，行走时曲腹如拱桥。

四、发生规律

（一）气候条件

在27～28℃条件下，大造桥虫三龄幼虫发育最快，平均只需1.86d；六龄幼虫发育时间最长，平均历期为6.38d；其中一至四龄历期均在2～3d范围内，整个幼虫期发育历期平均需要19.05d。降水和土壤湿度对大造桥虫存活和发育影响较大。成虫期雨水充足往往能促使造桥虫大发生，但连续降雨会导致卵块减少，卵孵化率降低。土壤绝对含水量在11%时，越冬蛹干瘪死亡，不能羽化，土壤绝对含水量在60%～70%时，越冬蛹正常羽化，含水量过高也不能羽化。

（二）田间管理

生长茂密的豆田为害程度比生长较差的豆田重，单作豆田比间作豆田受害重。

（三）天敌

大造桥虫的主要天敌有麻雀、大山雀和中华大刀螂（*Parus maior*）等，中华大刀螂是主要天敌昆虫，据饲养观察，中华大刀螂三龄后开始捕捉大造桥虫，平均每夜能捕食大造桥虫幼虫3～5头，一生约捕食造桥虫180头，保护利用中华大刀螂可作为生物防治手段进行有效防治。

五、防治技术

掌握大造桥虫幼虫盛发期，控制在三龄前施药效果最好，喷药重点为植株中下部叶片背面。

(一) 农业防治

作物收获后，及时将枯枝落叶收集干净，并清理出田外深埋或烧毁，消灭藏匿在其中的幼虫、卵块和蛹，以压低虫口基数。结合翻耕土壤亦能有效降低虫蛹数量。

(二) 物理防治

1. 利用成虫趋光性，在羽化期安装黑光灯或频振式杀虫灯诱杀成虫。

2. 利用成虫的趋化性，在田间插杨树枝把诱蛾，或用柳树、刺槐、紫穗槐等枝条插在植株行间，每公顷插150把，每天捉蛾。

3. 在老熟幼虫入土化蛹前，用塑料薄膜在树干周围堆6～10cm厚的湿润松土，诱其化蛹加以消灭。

(三) 化学防治

可选择2.5%溴氰菊酯乳油、10%氯氰菊酯乳油、20%氰戊菊酯乳油或20%甲氰菊酯乳油等拟除虫菊酯类农药2 000～3 000倍液，也可用1.8%阿维菌素乳油2 000倍液、25%除虫脲可湿性粉剂1 000倍液、10%虫螨腈悬浮剂2 000倍液、16 000 IU/mg Bt可湿性粉剂1 000倍液喷雾。

徐伟　崔娟（吉林农业大学）

第52节　苜蓿夜蛾

一、分布与危害

苜蓿夜蛾（*Heliothis viriplaca* Hüfnagel）别名大豆叶夜蛾、亚麻夜蛾，属鳞翅目夜蛾科实夜蛾属。文献中常见的学名 *Heliothis dipsacea* L.，*Chloridea dipsacea* L.，*Phalaer dipsacea* L. 是同种异名。苜蓿夜蛾在我国分布于黑龙江、吉林、辽宁、新疆、青海、甘肃、宁夏、陕西、河北、天津、河南、江苏、浙江、云南、四川和西藏等省（自治区、直辖市），国外在日本、朝鲜、印度及欧洲等地均有发生。寄主主要以豆科植物为主，寄主包括苜蓿、大豆、豌豆、赤豆、花生、甜菜、大麻、亚麻、胡麻、烟草、向日葵、马铃薯、棉花、玉米、番茄、栎树、柞树、苹果、水飞蓟、黄芩、柳穿鱼、矢车菊、芒柄花、百脉根等70多种植物。

在我国苜蓿夜蛾主要为害豆科植物中的苜蓿和大豆等作物，是北方大豆营养生长阶段重要的食叶害虫，以第一代幼虫的为害严重，常暴发成灾，食叶率达到80%以上，取食叶片形成大的孔洞或残缺不全，严重时可将叶片食光，降低大豆的产量和品质。20世纪90年代末期由于施行保护性耕作，不进行秋季翻耕，越冬蛹存活基数大，苜蓿夜蛾在一些豆类、麻类和甜菜种植区上升为主要害虫。

二、形态特征（彩图7-52-1）

成虫：体长14～17mm，翅展28～36mm。头、胸灰褐色，下唇须和足灰白色。前翅黄褐色带青绿色，内横线棕褐色隐约不清，中横线较宽、棕色，外横线棕褐色但浓淡不均。环纹由中央1个棕色点与外围3个棕色小点组成；肾纹棕色，不十分清楚，位于中横线上，上有许多不规则的小黑点；缘毛灰白色，沿外缘有7个新月形黑点。后翅淡黄褐色，中部有1个大型弯曲黑斑，外缘有黑色宽带，带的中央有1个白色至淡褐色斑。雌蛾翅正面斑纹颜色较深，后翅反面斑纹为红褐色；腹部粗大，腹面灰白色，散生一些小黑点，腹末具1圈橙黄色毛。雄蛾翅正面斑纹颜色较浅，后翅反面斑纹为枯黄色；腹部细长，腹面灰白色，腹末尖具枯黄色长毛，抱握器明显。

卵：半球形，直径0.54mm，高约1mm，底部较平，卵壳表面有33～36条纵棱。初产时白色，后变为黄绿色。

幼虫：末龄幼虫体长31～37mm。体色变化较大，有浅绿色、黄绿色、灰绿色和棕绿色等。头部淡黄褐色，上有许多明显的黑褐色小斑点。体背有淡色纵带，纵带下侧有暗褐色宽带，下方有黄绿色带，背线及亚背线浓绿色至黑褐色，气门线和足黄绿色。前胸盾黄褐色，散布有小黑点，臀板黄绿至深绿色，上面有黑褐色斑点，身体体节突起上着生有黑色毛。

蛹：体长15～20mm，体宽4～5mm，黄褐色，体末端生有尖而略弯的刺1对。

三、生活习性

苜蓿夜蛾以蛹在土中做茧越冬，在东北 1 年发生 2 代，5 月上、中旬越冬蛹开始羽化，5 月下旬至 6 月上、中旬为成虫盛期。6 月上、中旬成虫开始产卵，卵 7d 左右孵化。6 月中旬出现幼虫，幼虫 5 龄，在 26℃时幼虫期为 15～21d。第一代幼虫为害最重，6 月下旬至 7 月上旬幼虫老熟入土化蛹。7 月中、下旬至 8 月上旬第二代成虫出现。8 月中、下旬第二代幼虫开始入土化蛹越冬。

成虫夜伏昼出，白天出来后能作远距离飞翔，尤以中午最为活跃，多在植株间飞翔，吸食花蜜，夜间也有较强的趋光性。成虫羽化后第二天交尾产卵，卵散产于叶背，每雌产卵量为 600～700 粒。

幼虫有假死性，受惊后可蜷成筒形，落地假死，有时幼虫也有退行习性。幼虫吐丝把大豆顶叶卷起，在其中蚕食。被害叶张开时，叶面附着有细丝和虫粪。幼虫长大后不再卷叶，而是沿叶的主脉暴食叶肉，形成长而大的缺刻与孔洞，幼虫日夜取食，以夜间为盛。在华北第二代幼虫为害豆荚比为害叶片更重，在荚上咬成圆孔，食害荚中乳熟的豆粒，被害粒缺口平滑而大。

四、发生规律

（一）温、湿度

中等温度和湿度有利于苜蓿夜蛾发生，化蛹和成虫羽化期间土壤干燥或较多的降水会导致蛹的死亡率较高，不利于成虫出土。

（二）品种抗虫性

转基因大豆对苜蓿夜蛾具有抗生性，转基因大豆叶片损失率较小，叶片受为害程度降低。而取食的幼虫食量减少，体重变轻，死亡率增加，发育历期延长，蛹重减少。

（三）耕作栽培

实行轮作或间、混作可减轻苜蓿夜蛾的发生与为害。但一些大豆、苜蓿和花生等作物种植区从经济效益角度出发，生产上多为重茬连作，导致苜蓿夜蛾发生越来越重。

（四）天敌

苜蓿夜蛾的捕食性天敌有螳螂、草蛉、瓢虫、猎蝽、蜘蛛和鸟类，寄生性天敌有姬蜂和寄蝇、绿僵菌、苜蓿夜蛾核型多角体病毒等。

五、防治技术

在幼虫卷叶期，根据卷叶习性捏杀幼虫，幼虫三龄前采用药剂防治。成虫期根据其习性可采用黑光灯和糖蜜诱杀的方法控制苜蓿夜蛾的种群数量。

（一）农业防治

清除豆田及其附近的杂草，并进行翻地，减少越冬虫源。种植抗虫品种，增施磷肥和钾肥均可减轻苜蓿夜蛾的为害。

（二）物理防治

苜蓿夜蛾成虫有明显的趋光性，生产上可以利用频振式杀虫灯或黑光灯进行诱杀。利用幼虫假死性，可用手振动植株，使幼虫落地，就地消灭。

（三）生物防治

用生物农药 2 000IU/μL Bt 悬浮剂 800 倍液喷雾或青虫菌、杀螟杆菌（每克含活孢子数 100 亿个以上），加水 800kg，并加入 0.1%洗衣粉喷雾，效果较好。

（四）化学防治

在苜蓿夜蛾幼虫三龄以前，用 90%敌百虫原药 1 000 倍液或 10%氯氰菊酯乳油、2.5%溴氰菊酯乳油、2.5%高效氯氟氰菊酯乳油 2 500 倍液连续喷施叶面 2～3 遍。有些地方由于多年利用有机磷类和菊酯类农药防治苜蓿夜蛾，产生了明显的抗药性。针对这一实际情况，在生产上应注意选出适合的化学药剂交替使用民以延缓苜蓿夜蛾抗药性的产生和发展。

徐伟　崔娟（吉林农业大学）

第53节 斑缘豆粉蝶

一、分布与危害

斑缘豆粉蝶（*Colias erate* Esper）属鳞翅目粉蝶科黄粉蝶亚科豆粉蝶属。斑缘豆粉蝶在国内除西藏外的各省（自治区、直辖市）均有分布，在山区发生在海拔100～2 400m区域范围内。国外分布于朝鲜、日本、克什米尔、印度、东欧等地。斑缘豆粉蝶幼虫取食大豆属、苜蓿属、三叶豆属、百脉根属、蚕豆属等植物的叶片。是东北春大豆开花结荚期田间最常见的食叶类害虫，老龄幼虫将叶片食成大的缺刻或孔洞，严重时可将叶片全部吃光，仅残留叶柄。

二、形态特征（彩图7-53-1）

成虫：雄蝶体长17～20mm，翅展44～55mm；雌蝶体长15～18mm，翅展46～59mm。体躯黑色。头、胸部密被灰色长绒毛，头及前胸绒毛端部红褐色。腹部被黄色鳞片和灰白色短毛，腹面色较淡。触角红褐色，锤部色较暗，端部淡黄褐色。复眼灰黑色，下唇须黄白色，端部深紫色。足淡紫色，外侧较深。翅色变化较大，一般为黄色或淡黄绿色，前翅中室端部有一黑斑，外缘为一黑色宽带，带中通常有1列形状不规则的淡色斑，Cu_1与Cu_2脉间色斑较大，M_3与Cu_1脉间缺淡色斑。后翅中室端部有一橙色斑，端带黑色模糊。

斑缘豆粉蝶存在性二型和多型现象。雄成虫可分为黑缘型、普通型，雌成虫分为橙色型、黄色型、淡色型。

黑缘型（雄）：翅面鲜黄色，前翅外缘黑色宽带内无淡色斑；后翅外缘带较窄，边缘清晰，仅Cu脉前方存在。前、后翅基散布黑色鳞片。翅反面橙黄色，前翅中室端斑黑色，近外缘翅脉间有1排黑褐色斑，后方3个较鲜明，翅前缘近翅端有2个暗褐色斑点；后翅中室端斑银白色，外环褐色双边，近外缘脉间有6个褐点，其中$Sc+R_1$脉前方斑点较大。该型个体数量极少。

普通型（雄）：翅面黄色，前翅黑色外缘带内饰有1列大小不等的黄色斑，排成弧形，Cu_1与M_3脉间缺黄色斑；后翅外缘带于翅脉间间断，边缘模糊，其内方散布黑色鳞片较少。翅反面深黄色，色斑与黑缘型相似。该型最为常见。

橙色型（雌）：翅面橙黄色，前翅基部散布黑色鳞片至中室中部，不超过Cu_2脉分支处。亚前缘脉前方灰绿色，翅前缘基半部砖红色。中室端黑斑边缘有橙红色晕圈，斑中央散布橙色鳞片。黑色端带内色斑与普通型雄蝶相似，但颜色较深。翅黑色端带模糊，内饰1列较大的黄斑，边缘模糊，连成带状。2A脉前方端带内侧区域橙黄色，其上散布黑色鳞片，翅基部色较深。2A脉后方淡黄绿色。前、后翅反面橙黄色。色斑与雄蝶相似，该型个体数量较少。

黄色型（雌）：翅面黄色，翅斑与橙色型雌蝶相似。翅反面为黄色，较均匀。该型个体数量不多。

淡色型（雌）：翅斑与橙色型雌蝶相似，但翅面及端带中色斑为淡黄绿色，翅反面淡黄色，前翅顶角和后翅黄色较深。该型最为常见。

卵：纺锤形，上、下端较细，直径0.5mm，高约1.1mm。初产时乳白色，之后颜色变成乳黄色、橙黄色至橙红色，顶端颜色略淡，孵化前为银灰色，有光泽。

幼虫：共5龄。初孵幼虫体长约3mm，头壳黑色，上有淡色短毛，胸足黑色，胸、腹部暗绿色，体表密布黑色颗粒状小点。三龄时气门线黄白色，清晰可见；老龄幼虫体长约30mm，头壳为绿色，从正面看略呈圆形。体深绿色，密布小黑点，体节多褶皱，体背密生黑色短毛，毛片亦为黑色。气门线黄白色，气门的后方有橙色斑，其下方有1个圆形黑斑（发育不良时，该黑斑模糊或消失）。气门白色，外环褐色。

蛹：鸡胸形，体长20～22mm，头部突起较短。初化蛹时草绿色，背面颜色较深，侧腹面较淡。羽化前体背浅黄绿色，头、胸缀紫色，翅缘、足及触角紫红色，翅斑清晰可见，腹部腹面色较淡。

三、生活习性

斑缘豆粉蝶通常以幼虫或蛹越冬。在吉林1年约发生2代，越冬代成虫一般在5月出现，6月末至7

月下旬出现当年第一代成虫，9月初至10月上旬均可见到成虫。斑缘豆粉蝶成虫一般产卵于寄主叶片表面，通常单产，偶有在一处产2粒者，成虫一生产卵400～550粒。初孵幼虫在叶片主脉处停留一段时间，然后开始啃食叶肉，残留叶背表皮而呈窗斑状，二龄时将叶片食成孔洞，残留叶脉呈网状，三龄后食量增加，将叶片食成大的缺刻或孔洞，严重时可将叶片全部吃光，仅残留叶柄。斑缘豆粉蝶幼虫在三龄后进入暴食期，其四、五龄幼虫的取食量占整个幼虫期总取食量的近95%。老熟幼虫在叶柄或侧枝下方化蛹。蛹为缢蛹。成虫羽化时从蛹的腹面沿头和触角裂开。

自然变温条件下斑缘豆粉蝶卵的发育历期为2.5d（24.3～30.5℃），幼虫的发育历期为15.62d（23.9～30.1℃），蛹的发育历期为6.7d（23.6～29.9℃）。在恒温条件下卵、各龄期幼虫及蛹的发育历期见表7-53-1。

表7-53-1 不同温度下斑缘豆粉蝶各虫态的发育历期（仿齐灵子等，2012）

Table 7-53-1 Duration of each developmental stage for *Colias erate* at different temprature (from Qi Lingzi et al., 2012)

温度（℃）	历期（d）						
	卵	一龄幼虫	二龄幼虫	三龄幼虫	四龄幼虫	五龄幼虫	蛹
20	5.15	5.11	4.24	4.91	6.27	8.48	12.25
25	3.26	2.90	2.74	2.86	3.47	5.45	7.23
30	2.00	2.07	2.29	2.07	2.50	4.15	5.37
35	1.74	1.80	1.91	2.50	2.40	4.75	5.50

四、发生规律

（一）气候条件

斑缘豆粉蝶在20～30℃条件下，各虫态的发育速率随温度的升高而加快，但当温度达到35℃时，斑缘豆粉蝶的高龄幼虫生长速率明显减慢，生长发育受到抑制。斑缘豆粉蝶各虫态的发育起点温度和有效积温见表7-53-2。完成个体生长发育所需的积温为381.29℃。其中，卵发育的有效积温为36.57℃，幼虫发育的有效积温为249.44℃，蛹发育的有效积温为95.28℃。

表7-53-2 斑缘豆粉蝶发育的起点温度和有效积温（仿齐灵子等，2012）

Table 7-53-2 Developmental threshold and effective accumulated temperature of *Colias erate* (from Qi Lingzi et al., 2012)

虫态	发育起点温度（℃）	有效积温（℃）
卵	13.099±1.778	36.567±4.216
一龄幼虫	11.627±1.797	40.224±4.300
二龄幼虫	7.804±2.142	50.756±5.313
三龄幼虫	12.618±0.276	35.818±0.758
四龄幼虫	13.269±0.353	41.517±1.181
五龄幼虫	10.335±0.411	81.121±2.190
蛹	12.099±0.451	95.283±3.174

在适温范围内，各龄幼虫日取食量均有随温度升高而增加的趋势，当幼虫进入暴食期时，在30℃条件下的日取食量是20℃条件下的2.65倍。不同温度条件下幼虫各龄期的累积取食量回归方程为：20℃，$y=2.3881e^{1.5766x}$（$R^2=0.9999$）；25℃，$y=2.5040e^{1.6137x}$（$R^2=0.9999$）；30℃，$y=3.6996e^{1.5209x}$（$R^2=0.9998$）。

（二）天敌

斑缘豆粉蝶的主要寄生性天敌有选择盆地寄蝇［*Bessa parallela*（Meigen）］、粉蝶盘绒茧蜂［*Cotesia glomeratus*（Linnaeus）］等，捕食性天敌有异色瓢虫［*Harmonia axyridis*（Pallas）］、龟纹瓢虫［*Propylea japonica*（Thunberg）］等。

五、防治技术

（一）农业防治

农业防治是防治斑缘豆粉蝶的基础，做好农业防治能减少农药的使用，关键是能够有效地保护生态环境。应清洁田园，收获后及时清除田间残株败叶，集中烧毁，以减少虫口密度。

（二）生物防治

幼虫一至三龄发育高峰期，可用100亿活芽孢/g苏云金杆菌可湿性粉剂500～800倍液喷雾；或用100亿活芽孢/g青虫菌粉剂1 000倍液喷雾；或用100亿活芽孢/g杀螟杆菌可湿性粉剂加水稀释成1 000～1 500倍液喷雾，7～10d喷1次，连续喷2～3次。但需注意的是，离桑园较近的地块不能使用以上生物农药，可与内吸性有机磷杀虫剂或杀菌剂混合使用。

（三）物理防治

人工捕捉幼虫、蛹及成虫是很容易做到的，利用斑缘豆粉蝶成虫喜好白天活动、取食、交配的习性，人工网捕飞舞的斑缘豆粉蝶，减少虫源。

（四）化学防治

幼虫发生盛期可选用20%氰戊菊酯乳油2 000～3 000倍液、4.5%高效氯氰菊酯乳油2 000倍液、2.5%氟氯氰菊酯乳油2 000倍液、2.5%溴氰菊酯乳油2 000倍液、90%敌百虫晶体1 000倍液或40%辛硫磷乳油1 000倍液等喷雾。

史树森（吉林农业大学）

第54节　豆卜馍夜蛾

一、分布与危害

豆卜馍夜蛾［*Bomolocha tristalis*（Lederer）］属鳞翅目夜蛾科卜馍夜蛾属。分布于我国华北、东北以及日本等地。幼虫为害大豆，将叶片食成缺刻或孔洞，严重时可将全叶食光，仅剩叶脉，造成落花落荚。

二、形态特征（彩图7-54-1）

成虫：体长13～14mm，翅展28～33mm；头、胸棕褐色，下唇须色更棕黑（雌蛾较淡），足深褐色，胫节棕褐色，跗节棕黑色，节间有灰褐色环；腹部褐色，背面有棕点，基节上毛簇棕黑色；前翅棕褐色，有棕黑色斑纹，雄蛾内线很不清楚，需仔细观察才可见从前缘呈几个曲弧形，中、外线间雄蛾为棕褐色，满布黑色，前缘后有1个不很规则的四边形黑色区，雌蛾此黑色区很明显，中室后方则为褐色，此黑色区内在中室的基部有1竖鳞黑色点，中室的外缘有时有1～2竖鳞黑色点，翅尖部分有半圆形棕褐色区，外围棕黑色，中间褐色，有1个长黑点，前缘上有1棕黑条，上有两个小褐色点，此半圆区雌蛾更为明显，亚端线由1列黑点组成；沿半圆区内侧倾斜向后，端线为1排新月形黑点，外缘棕黑色间褐色，呈锯齿形，后翅棕黑色很均匀，横脉纹显著，外缘棕褐色，雌蛾较淡。

卵：扁圆形，皿状，直径0.6mm，翠绿色。瓣饰3列，第一列6瓣，第二列8瓣，第三列不清楚，3列瓣饰都是玫瑰花瓣形，纵脊与第三列瓣饰之间有空隙，纵脊突出，有波浪形棱，长纵脊7条，中部脊14条，横脊10条，小室横宽，四边形，形如蛛网，卵底平滑。

幼虫：老熟幼虫体长27～31mm；头部较大，绿色，具有不规则的黑褐色斑；胴部深绿色，细长，背线、亚背线为半透明绿色线，不太显著，气门线白色，以第八至十腹节最显著，身体节间分明，节间膜黄白色。腹足灰绿色，第一对退化，第二对较小，行动像尺蠖，腹足趾钩20～25个，单序中带。

蛹：体长11～13mm，体宽3～4mm，红褐色至黑褐色。第一至四腹节的隆脊上有3～6个小点，腹部末端有钩刺4对，中间1对细长而卷曲。

三、生活习性

豆卜馍夜蛾在东北1年发生1～2代，以蛹在枯叶及土茧中越冬。在黑龙江和吉林，6月下旬至7月上旬为成虫羽化盛期，7 月中旬至 8 月上旬幼虫为害大豆。在北京，8～9 月是幼虫为害盛期，7 月下旬至 8 月中旬化蛹，蛹期 15～17d。

成虫有趋光性，夜间活动，产卵于叶背面。

幼虫多在豆株上部为害，比较活泼，幼虫行动活泼，爬行时前几个腹节弯曲成拱桥状，食害豆叶成孔洞或缺刻。一触动即跳落在豆株中部叶片上或地面上，幼龄时啃食叶肉成孔洞，三龄后沿边缘啃食叶肉成缺刻。幼虫老熟后吐丝卷叶，在内化蛹或入土营土室化蛹。

四、发生规律

重迎茬地块发生多，越冬蛹基数大。近年来连续出现暖冬气候，降雪早，降雪量大，也致使越冬蛹存活率上升，加大了发生地的虫源基数。

五、防治技术

应做好虫情测报。在幼虫二至三龄阶段，田间百株幼虫量达 60 头以上时，应及时喷洒触杀性药剂防治。

（一）农业防治

在大豆收获后，实行秋翻，可使部分在土中越冬的蛹受到机械损伤死亡，或破坏越冬环境，增加其死亡率。

通过大豆与小麦、玉米或其他非豆科作物实行 1 年以上的轮作，破坏该害虫生存环境，可有效减轻为害。大豆生长期加强田间管理，及时进行铲趟，破坏其化蛹环境，可减少成虫羽化数量，降低田间着卵量。

（二）物理防治

在成虫发生盛期利用黑光灯诱杀。

（三）生物防治

可利用苏云金杆菌可湿性粉剂或乳剂 1 000～1 500 倍液喷雾。

（四）化学防治

1. 常规喷雾　可用 90%敌百虫晶体或 80%敌敌畏乳油 1 000～1 500 倍液，2.5%溴氰菊酯乳油 3 000～4 000 倍液、20%氰戊菊酯乳油 3 000 倍液。

2. 超低容量喷雾　50%杀螟硫磷乳油或 50%马拉硫磷乳油，每公顷用量 2.25～3kg。

徐伟　崔娟（吉林农业大学）

第 55 节　斜纹夜蛾

一、分布与危害

斜纹夜蛾［*Spodoptera litura*（Fabricius）］属鳞翅目夜蛾科，俗名椰菜虫、五花虫、黑头虫、露水虫。斜纹夜蛾曾先后被划归为模夜蛾属［*Noctua*（1775）］，盗夜蛾属［*Hadena*（1833）］，斜纹夜蛾属［*Prodenia*（1852）］，甘蓝夜蛾属［*Mamestra*（1862）］，灰翅夜蛾属［*Spodoptera*（1982）］，导致其学名变动频繁，文献中常见的学名 *Prodenia litura*（Fabricius）是同种异名。

国内分布广泛，西至新疆（墨玉）、西藏、青海，东达沿海各省份以及台湾，北起吉林，南至海南均有分布。在长江流域的江西、湖北、湖南、浙江、江苏和安徽以及黄河中下游地区发生严重。国外分布于北非及地中海地区、东半球热带及亚热带地区、大洋洲的澳大利亚、新西兰等。寄主种类繁多，我国已记载的有 99 科 290 种，包括大豆、花生、棉花、芝麻、烟草、甜菜、甘蓝、白菜、萝卜等，莲藕等水生蔬菜、苋菜、茄子、马铃薯、番茄、瓜类以及单子叶的玉米、高粱等作物。

在 20 世纪 50 年代以前斜纹夜蛾主要是我国广州郊区蔬菜生产上的重要害虫，每年导致蔬菜大幅度减产。1958 年斜纹夜蛾在我国大暴发，长江流域的江西、湖北、湖南、江苏、浙江、安徽等省份和黄河流域的河南、河北、山东等省份发生严重，给农业生产造成了严重的损失。20 世纪 80 年代以来，由于种植业结构的调整，大力发展蔬菜、经济作物等，为斜纹夜蛾的生长发育和种群持续增长提供了良好的环境和营养条件，致使该虫的发生和为害日趋严重。2001—2003年安徽每年发生面积均在30万hm^2以上，为害高峰期大豆、十字花科蔬菜等作物上平均百株幼虫虫口数达数百甚至上千头，高的田块超过万头。斜纹夜蛾已由过去间歇性、偶发性、次要性害虫上升为常发性、暴发性的重要农业害虫。

二、形态特征（彩图7-55-1）

成虫：体长16～21mm，翅展37～42mm。体灰褐色，头、胸部黄褐色，有黑斑，尾端鳞毛茶褐色。前翅黄褐色至淡黑褐色，中室下方淡黄褐色，翅基部前半部有白线数条，内、外横线灰色，波浪状，其间有自内横线前缘斜伸至外横线近后缘1/3处的灰白色阔带，灰白色阔带中有2条褐色线纹（雄蛾的褐色线纹不显著）；环状纹不明显，肾状纹前半部白色，后半部黑褐色；外缘暗褐色，其内侧有淡紫色横带，此横带与外横线之间上段为青灰色，有铅色反光。后翅白色，有紫色反光，翅脉、翅尖及外缘暗褐色，缘毛白色。

卵：扁半球形，高约0.4mm，直径约0.5mm，卵表面有纵棱和横道，纵棱约30余条。卵初产时黄白色，后变为灰黄色，孵化前呈暗灰色。卵粒常三、四层重叠成块。卵块椭圆形，其上覆有雌虫的棕黄色鳞毛。

幼虫：共6龄，老熟幼虫体长38～51mm，圆筒形。体色因虫龄、食料、季节而变化。初孵幼虫体为绿色，二至三龄时为黄绿色，老熟时多数为黑褐色，少数为灰绿色；头部、前胸及末节硬皮板均为黑褐色；背线、亚背线橘黄色，沿亚背线上缘每节两侧各有1个半月形或三角形黑斑，其中腹部第一节和第八节上的最大；在中、后胸及腹部第二至七节半月形斑的下方有橙黄色圆点，中、后胸的尤为明显；气门线暗褐色；气门椭圆形，黑色，其上侧有黑点；气门下线由污黄色或灰白色斑点组成。

蛹：体长18～23mm，圆筒形，末端细小；体赤褐至暗褐色；胸部背面及翅芽上有细横皱纹，腹部光滑，但第四节背面及第五至七节背面和腹面前缘密布圆形刻点；气门椭圆形隆起，黑褐色；腹端有粗刺1对，基部分开，尖端不呈钩状。

三、生活习性

斜纹夜蛾年发生世代数随地理纬度不同而异，由北向南发生代数逐渐增加，世代重叠。在河北和河南1年发生4代，山东、安徽（阜阳）1年发生5代，湖北（武昌、江陵）、南京、上海1年发生5～6代，江西（南昌）1年发生6～7代，福建（福州）1年发生6～9代，广东（广州）1年发生8代，广西（南宁）1年发生9代。在福建以南终年均可发生，无越冬现象，在江西以幼虫和蛹越冬，在河北和江苏等地以蛹越冬。各地虽然年发生代数不同，但严重为害的时期均在7～10月。根据灯下诱蛾的消长，上海地区常年越冬代成虫始见期在5月中旬至6月中旬，12月上旬终见。第一代成虫6月中、下旬至7月中、下旬发生，历期25～35d；第二代成虫7月中、下旬至8月上、中旬发生，历期24～28d；第三代成虫8月上、中旬至9月上、中旬发生，历期27～30d；第四代成虫9月上、中旬至10月中、下旬发生，历期30～35d；第五代成虫10月中、下旬至11月下旬，12月上旬发生，历期45d以上。成虫羽化后3～5d为产卵盛期，卵期一般为6～14d，卵期长短随温度高低而异。幼虫6龄，老熟后入土1～3cm，做土室化蛹，土壤过于干燥时，多在土缝中或枯枝落叶下化蛹。蛹发育历期8～18d，一般8d左右。

成虫昼伏夜出，对黑光灯有较强的趋性，还对糖、醋、酒及发酵的胡萝卜、麦芽、豆饼、牛粪等有趋化性。飞翔力很强，随气流可迁飞数千千米。成虫多在夜间羽化，偶见白天发生的。羽化高峰在日落或光照结束后1～2h，交配也常常发生在日落后1～2h，并且80%的交配发生在午夜前。羽化后的成虫静栖10～30min，而后爬动、飞行。白天静伏在土表、土缝、繁茂植物的叶背、落叶下、杂草丛中等，傍晚开始飞行，飞行以20：00～24：00为盛。雌蛾羽化当晚即可交配。雄蛾羽化当天无交配能力，而后交配能力随蛾龄增加而提高，4日龄蛾达到高峰，此后下降。自然光照下，一夜间雄蛾有两个求偶高峰，一个在日落后1h，另一个在日出前3h。

雌蛾交配当晚或次日晚便可产卵。未交配的雌虫绝大多数不产卵，即使产卵，卵也不孵化。产卵时对寄主有明显的偏好。据田间调查，几种寄主的着卵量多少依次是蓖麻>豇豆>棉花>玉米>向日葵。因此，可用蓖麻作为诱集产卵的植物。卵多产于寄主植物叶背，卵粒一般排成2～3层卵块状，每个卵块有卵数十粒至数百粒不等，通常为 100～200 粒，卵块表面密被雌蛾的灰黄色鳞毛。雌蛾日产卵量先是随蛾龄的增加而增加，5 日龄时最高，达 544 粒，此后随蛾龄增加而减少，一头雌蛾平均产卵数为 1 712 粒或 1 878粒。

初孵幼虫群集于卵块附近取食，遇惊扰或有风时即爬散开或吐丝下垂随风飘散。二龄开始分散取食。低龄幼虫白天和晚上均有取食活动。三龄前仅食叶片下表皮及叶肉，叶片被害处仅留上表皮及叶脉，呈灰白色窗纱状，枯死后呈黄色。四龄后出现背光性，取食多在傍晚和夜间，晴天在植株周围的阴暗处或土缝里潜伏，但在阴雨天气的白天有少量的个体也会爬上植物取食，多数仍在傍晚后出来为害，至黎明前又躲回阴暗处。四龄后食量骤增，咬食叶片仅留主脉，为害嫩茎，蛀食豆荚，甚至将整株甚至整块田的大豆吃成光秆；有假死性及自相残杀现象，虫口密度过高、大发生时，幼虫有成群迁移的习性。

幼虫一般在土中做土室化蛹，可在 3cm 疏松土壤土层内化蛹，如土壤板结，则在土表枯枝残叶上化蛹。蛹期长短与温度有关，温度 23.2～29.1℃，蛹期 9d，20℃以下，蛹期 31d，北方越冬蛹期长达 100d。

四、发生规律

（一）气候条件

斜纹夜蛾是一种喜温、喜湿性昆虫，高温、多阵雨、秋季温度偏高的天气有利于害虫的发生。适宜生长发育的温度范围为 20～40℃；最适环境温度为 28～32℃，最适相对湿度 75%～95%，最适土壤含水量 20%～30%。在 28～30℃下卵历期 3～4d，幼虫期 15～20d，蛹历期 6～9d。不耐低温，长期处于 0℃条件下，基本不能存活。土壤含水量低于 20%时不利于化蛹、羽化，但田间积水时，对羽化也不利。

（二）寄主植物

寄主植物影响幼虫发育历期和成虫生殖力。例如，取食芋叶和白菜叶时，幼虫的发育历期为 13d，取食花生叶和番薯叶时，幼虫的发育历期为 18d；取食老棉叶时，幼虫的发育历期为 21～25d，取食嫩叶时，幼虫的发育历期为 17～23d；取食老蓖麻叶时幼虫的发育历期为 15～19d，取食嫩叶时幼虫的发育历期为 14～18d。取食十字花科蔬菜和水生蔬菜时，幼虫发育快，成活率高，成虫产卵多。

（三）品种抗虫性

抗性品种对斜纹夜蛾的为害有明显的抑制作用，表现为着卵量较少，幼虫取食量减少，体重轻，生长发育缓慢，死亡率高，蛹重减轻等。

（四）耕作制度

实行轮作和水旱轮作田的斜纹夜蛾虫量比连作田少。大豆疏植，透风良好，加强田间管理，及时除草，在收获后翻犁灌水，可减轻为害。

（五）天敌

斜纹夜蛾的天敌较多，常见的有小蜂、绒茧蜂、姬蜂、寄生蝇、螳螂、步甲、蜘蛛、泽蛙、蟾蜍以及苏云金芽孢杆菌（Bt）、斜纹夜蛾核型多角体病毒、斜纹夜蛾颗粒体病毒、斜纹夜蛾微孢子虫（*Nosema* sp.）等，它们对斜纹夜蛾种群数量有相当显著的自然抑制作用。

五、防治技术

在做好预测预报的基础上，仍以化学防治为主。根据幼虫习性，药剂防治应掌握在二龄幼虫分散前喷药。一般选在幼虫活动最盛的早晨或 16：00 以后施药，使药剂能直接喷到虫体和食物上，触杀、胃毒并进，增强毒杀效果。

（一）农业防治

清除杂草，结合田间作业可摘除卵块，幼虫扩散为害前筛查网状被害叶，集中烧毁。大豆收获后清除豆秆和残枝、败叶，灌水翻犁，浸泡 3～5d 后自然落干，消灭土缝里的幼虫和蛹，减少下茬虫源基数。

（二）物理防治

可用黑光灯、糖醋液（糖：酒：醋：水＝6：1：3：10）、甘薯或豆饼发酵液诱杀成虫。糖醋液中可加少许敌百虫。于成虫发生期放在田边四周，每公顷放 45～60 盆。每天早上捡去死虫，盖上诱盆，以防日晒雨淋而失效，晚上再把盖掀开。

（三）生物防治

1. 喷施生物农药 幼虫三龄前喷施 1×10^7 PIB/mL 斜纹夜蛾核型多角体病毒。

2. 性诱剂诱杀 使用性诱剂可直接诱杀雄蛾，减少与雌蛾的交配概率，降低虫口密度。每公顷设置5～10个点，间隔距离约50m×20m，性诱瓶悬挂点距地面1.0～1.5m，或高出作物生长顶点20～50cm，设置时间为春季5月、6月和秋季8月、9月。

（四）化学防治

以50g/L氟虫脲可分散液剂、5%氟啶脲乳油、20%氰戊菊酯乳油、5%氟苯脲乳油2 000～2 500倍液，2.5%高效氯氟氰菊酯乳油2 000～3 000倍液，80%敌敌畏乳油、25%喹硫磷乳油1 000倍液喷雾防治。

徐伟　崔娟（吉林农业大学）

第56节　短额负蝗

一、分布与危害

短额负蝗（*Atractomorpha sinensis* Bolivar）属直翅目蝗科负蝗属，别名尖头蚱蜢。短额负蝗在我国各大豆产区均有发生，是一种杂食性害虫，若虫、成虫几乎可以取食所有的作物和杂草，造成植物叶片形成缺刻或孔洞，严重时可食光全部叶片，严重影响植物的光合作用，甚至毫无收成。其寄主有豆类、水稻、麦类、玉米、高粱、甘薯、棉花、烟草、甘蓝、白菜、茄子、甘蔗、花生、谷子、油菜、麻类、芝麻、山芋、马铃薯、苋菜、辣椒、柑橘、桑等200余种植物。

二、形态特征（彩图7-56-1）

成虫：雌虫体长28～35mm，雄虫体长19～23mm，绿色或黄褐色。头部长锥形，短于前胸背板。颜面斜度甚大，与头顶呈锐角，触角至单眼距离约等于触角第一节宽，触角剑状。前胸背板背面略平，中隆线较细，侧隆线不明显。前胸背板侧片后缘域近后缘具环形膜区。从头部到中胸背板两侧缘有1条粉红色线和1列淡黄色疣突。前翅发达，翅端尖削，翅长超过后腿节后端。后翅基部红色，端部淡绿色。后腿节细长，外侧下缘常有1条粉红色线，近后端较清楚。雄性肛上板三角形，尾须短于肛上板之长；下生殖板端部为圆弧形。雌性上、下产卵瓣短粗，其顶端较弯，上产卵瓣外缘具钝齿。

卵：长椭圆形，中间稍凹陷，一端较粗钝，长3～4mm，黄褐色或深黄色，卵壳表面呈鱼鳞状花纹。卵在卵囊内斜排成3～5行，不甚规则，每卵块数量25粒至百余粒不等。

若虫：又称蝗蝻，共分5龄。一龄蝗蝻体长0.3～0.5cm，黄绿色，散生疣粒，前足和中足褐色，其中有若干棕色环。前、后翅芽未分化；二龄蝗蝻体色逐渐变绿，前胸背板中间内凹较浅，镜下可见前、后翅芽；三龄蝗蝻前胸背板稍凹以至平直，翅芽肉眼可见，前翅芽和中胸背板后缘呈一角度，前、后翅芽未合拢，翅芽盖住后胸一半至全部；四龄蝗蝻前胸背板中央稍向后突出，后翅翅芽在外侧盖住前翅芽，开始合拢于背上。翅芽长达第一腹节至第三腹节的一半；五龄蝗蝻前胸背板向后方突出大，形似成虫，翅芽增大，盖去腹部第三节或稍超过一点。雌雄蝗蝻区别：雄性体较细小，且较光滑，体表颗粒很少，多数个体从头至腹端背部中央有1条棕色的纵带，前足红绿相间，中足几乎全呈淡红色；头、胸部两侧缘各有1条淡红棕色斜带；雌性体较粗壮，全身较粗糙，体表颗粒大且多。

三、生活习性

短额负蝗在我国东北1年发生1代，华北1年发生1～2代，以卵在荒地或沟侧土中越冬。东北8月上、中旬可见大量成虫。华北5月中旬至6月中旬孵化，7～8月成虫大量出现。在山东北部地区短额负蝗1年发生2代，越冬卵于5月下旬孵化出土，孵化期20d左右，孵化时间多集中在11：00左右，下午孵化少，阴雨天及低温天不孵化。孵化率与土壤湿度有关，一定范围内，土壤湿度大，孵化率高。初孵化的蝗蝻有避光的习性，多栖息在根部和杂草丛中。初孵化和初蜕皮的蝗蝻有2.5h左右的停食期，然后取食。8：00～10：00和16：00～20：00为蝗蝻取食高峰，中午温度高及阴雨天停食或少食。三龄前取食少，四龄后食量猛增，7月上旬，蝗蝻经过6次蜕皮开始羽化，第一代蝗蝻历期46d左右。羽化有2个高峰，即8：00～10：00和15：00～17：00。上午蜕皮多，下午蜕皮少，阴雨、低温及夜间不蜕皮羽化，成虫羽化后取食2～3h，并进入暴食阶段，雌虫的食量远远高于雄虫。第一代成虫羽化后6～13d开始交尾，成虫有多次交尾习性，可交尾15～20次。温度愈高，交尾次数愈多，阴雨天交尾次数减少或不交尾。交尾最适温度为25℃。交尾高峰一般在10：00～15：00，每次交尾时间4～6h。交尾结束后雄虫仍负在雌虫背上，形成假交现象。第一代成虫交尾后7d左右开始产卵，成虫产卵喜在高燥、向阳坡、地埂、渠埂、沟边、植被覆盖度20%～50%的地方。产卵最适土壤深度为5cm，最适土壤含水量为15%～25%。卵块长14～25mm。每卵块含卵30～60粒，每头雌虫产1～4块卵。卵于8月中、下旬开始孵化，孵化期10d左右，孵化历期短且集中，第二代蝗蝻历期27d左右，羽化为成虫，成虫羽化后5～9d开始交尾，交尾5d左右开始产卵，10月下旬至11月上旬成虫陆续死亡。

短额负蝗活动范围较小，不能远距离飞翔，多善跳跃或近距离迁飞。成虫喜在植被多、湿度大的环境里栖息。在无风的晴朗天气，多趴在植株上栖息，在天气炎热的中午或低温时，多栖息在根部或杂草丛中。短额负蝗卵多产于草多、向阳处，产卵深度3～5cm。初孵蝗蝻喜群集在附近的幼嫩阔叶杂草和作物上取食。三龄蝗蝻开始迁移扩散到作物田取食为害。以大豆叶片测定短额负蝗蝗蝻各龄期单虫的平均摄食量结果分别是，一龄蝗蝻食叶4.11cm^2，占蝗蝻期摄食量的6.99%；二龄蝗蝻食叶9.74cm^2，占蝗蝻期摄食量的16.56%；三龄蝗蝻食叶12.58cm^2，占蝗蝻期摄食量的21.39%；四龄蝗蝻食叶32.38cm^2，占蝗蝻期摄食量的55.06%。

短额负蝗喜食大豆、苜蓿、棉花、蔬菜、芝麻等双子叶作物，也喜食苍耳、小蓟、苋菜、葎草等双子叶杂草。

四、发生规律

（一）气候条件

短额负蝗的卵发育起点温度为4.47℃，有效发育积温为641.1℃。温度和光照对短额负蝗的生长发育和寿命影响很大。据陈茂才（1965）报道，在饲养短额负蝗过程中，由于房屋南边和北边温度和光照的差异，短额负蝗的发育情况不尽相同，房屋南边较北边温度高2.14℃，日照8h，在其他条件都相同的情况下，南边的蝗蝻发育比北边快7～10d，寿命长8～11d，而且饲养于南边的第二代成虫仅5%未产卵而死，北边的则高达80%。短额负蝗卵的孵化受温度的影响也很大，在房屋南边较北边温度高6℃的情况下，南边的卵孵化较北边早。

短额负蝗成虫交尾与气候的关系密切。温度在16℃以下（高于14℃）时很少交尾，在22～30℃时交尾比较集中，阴天交尾次数减少，雨天室外无交尾现象。

光照强度5～26 250lx都有交尾的，但交尾集中的光照度（室内）为40～2 000lx。

气候也会对成虫的产卵产生影响。温度在20～31℃时，雌虫均可产卵，最适产卵温度为25～29℃。雌虫在光照强度为225～25 000lx时可以产卵，但当光照强度大于3 000lx时，产卵明显减少。雨天室外无产卵现象。

（二）天敌

短额负蝗的天敌主要有青蛙、蟾蜍、蜘蛛、蚂蚁、鸟类等捕食性天敌及大寄生蝇等寄生性天敌。

室内试验显示，三突花蛛和星豹蛛可捕食短额负蝗，但星豹蛛仅在室内非选择条件下才能捕食短额负蝗，且捕食量较大，当为星豹蛛提供不同猎物时，星豹蛛则拒食短额负蝗。通过三突花蛛和星豹蛛对猎物密度的功能反应试验，得出三突花蛛对短额负蝗的处置时间较星豹蛛长，瞬间攻击率、日最大捕食量和a'/Th（a'为瞬间攻击率，Th为对一头猎物的处置时间）均较低，说明星豹蛛对短额负蝗的捕食潜能高于三突花蛛。1990年和1991年，在山西大同田间调查发现，大寄生蝇对短额负蝗成虫的寄生率分别为2%和10.6%～11.2%，对短额负蝗有一定的抑制作用。

五、防治技术

（一）农业防治

对短额负蝗的适生环境进行改造，恶化其生存环境。根据短额负蝗产卵多集中在田埂、地边的特点，应在春、秋两季结合农田基本建设，把田埂和地边5cm以上的土及杂草铲除，把卵块暴露在地面晒干或冻死，也可重新加厚田埂，增加盖土厚度，使孵化后的蝗蝻不能出土。在入冬前发生量多的沟、渠边，利用冬闲深耕晒垡，破坏越冬虫卵的生态环境，减少越冬虫卵。对适宜产卵的特殊环境进行深耕、细耙，杀灭蝗卵。

（二）生物防治

短额负蝗的天敌较多，在自然条件下可以发挥一定的抑制作用，应注意保护和利用，减轻农药对环境的污染。在发生不太严重时，可以采用100亿孢子/mL绿僵菌油悬浮剂进行生物防治。

（三）化学防治

虫情发生严重时，可采用药剂防治，可选用的药剂有2.5%高效氯氟氰菊酯乳油2 000～3 000倍液、1.8%阿维菌素乳油2 000～4 000倍液、0.5%苦参碱水剂500～1 000倍液、5%氟虫脲悬浮剂1 000～1 500倍液、40%辛硫磷乳油1 500倍液、20%氰戊菊酯乳油3 000倍液、48%毒死蜱乳油1 000倍液、2.5%溴氰菊酯乳油4 000倍液、5.7%氟氯氰菊酯乳油800～1 000倍液、25%除虫脲可湿性粉剂1 500倍液等，进行喷雾防治。

采用化学防治法，一定要抓住初孵蝗蝻在地埂、渠堰集中为害杂草、扩散能力极弱的时期，在三龄前及时进行防治，这样防治面积既小又省药。若等羽化后防治，成虫已扩散到大田为害，不仅防治面积大，用药量多，而且成虫的耐药力增强，防治效果不理想。

史树森　田径（吉林农业大学）

第57节　棉　　蝗

一、分布与危害

棉蝗［*Chondracris rosea rosea*（De Geer）］属直翅目斑腿蝗科棉蝗属，别名大青蝗。分布于我国内蒙古、河北、山东、陕西、四川、湖南、湖北、江苏、浙江、江西、广东、广西、福建、云南、海南、台湾等省（自治区）。国外分布于缅甸、斯里兰卡、印度、日本、印度尼西亚、尼泊尔、越南、朝鲜。

棉蝗是一种多食性害虫，可为害35科68种植物，包括豆类、棉花、花生、苎麻、蒲葵、芭蕉、泡桐、甘蔗、水稻、柑橘、西瓜、刺槐、木麻黄、榄仁树、团花、美蕊花、南岭黄檀等。棉蝗以成虫和蝗蝻取食叶片，取食量较大，可造成严重损失。据张怀玉等（1993）报道，棉蝗一生累积总食量，可取食新鲜重量为75～85g的大豆叶片，干重为13.5～14.5g，成虫的食量为蝗蝻期的3～4倍。1989年安徽部分地区大豆田棉蝗发生严重，据报道该虫以往没有对大豆造成危害，当年，在淮北平原的五河县新及区、城郊区的邵家湖大豆田为害严重。发生面积433hm^2，2～5头/m^{2}的有200hm^2，6～30头/m^{2}的有167hm^2，31～60头/m^{2}的有67hm^2，减产5%～10%的有233hm^2，减产10%～20%的有200hm^2。1990年该地区棉蝗发生依然严重，受灾面积为457hm^2，2～5头/m^{2}的有167hm^2，6～30头/m^{2}的有200hm^2，31～60头/m^{2}有87hm^2，另有3hm^{2}除棉蝗还混有负蝗等，受害最重的被吃成光秆，颗粒无收。据1990年7月中旬在新及区邵家湖调查，三、四龄蝗蝻占85%，部分已进入五龄。每平方米豆田最高达20头，一般5～10头，棉田和山芋田最高为10头，一般2～5头。

二、形态特征（彩图7-57-1）

成虫：雌虫体长62～81mm，雄虫体长45～55mm。草绿色或黄绿色。头宽而短，约等于前胸背板沟后区的长度。头顶钝圆，有中隆线，触角丝状细长，常超过前胸背板的后缘，共24节。单眼3个，中背单眼位于额脊中上部的弧形凹面处，侧背单眼着生在中隆线末端与复眼前缘之间。前胸背板特别发达，背脊隆起呈屋脊状，中隆线较高，呈弧形，有3条明显横沟，并均割断中隆线。前胸背板无侧隆线。前胸腹板突圆锥形，向后倾斜，伸达腹板的基腹片前缘。中、后胸紧密地嵌合在一起。前翅发达，透明，翅基部红色。后足胫节红色，沿外缘具刺8根，内缘具刺11根，刺为黄白色，刺端黑色。第一跗节较长，约为其余2节的长度之和。爪间的中垫很长，常超过爪的长度。腹部11节，第一腹节背板的两侧下角处各有1个半膜质区，其下方有1个较发达的听器。尾须圆锥形，不分节。

卵：圆柱形，中间稍弯，上端较平。刚产的卵呈黄白色，经数天后变为茶褐色。卵粒长 7.0～7.5mm，宽 1.5～2.0mm。卵块长圆柱状，外面黏有一层薄沙，长为 2.0～5.0cm，平均为 3.3cm；宽为 0.8～1.5cm，平均为 1.08cm。上部有不等长的白色泡状覆盖物，长为 1.8～4.0cm，平均为 2.7cm。卵粒与卵囊纵轴呈放射状近平行交错排列。卵孵化时幼蝻都经过泡状物爬到地面上。

若虫：6 龄，极个别雌虫可发育至七龄。蝗蝻皆呈深绿色，形状似成虫，仅大小不同。除一龄外，其余各龄都可见到不等长的翅芽。一龄触角 12～14 节，体长 1.05～1.18cm，前胸背板上、下缘长度相近，后缘不向后突出；二龄触角 17～19 节，体长 1.21～1.40cm，翅芽隐约可见，上、下缘之比变大；三龄触角 20～22 节，体长 1.70～1.95cm，翅芽明显，向后突出，前、后翅翅芽呈三角形，翅脉形成，但不明显，前胸背板隆起，后缘略向后突出，可见外生殖器；四龄触角 23～24 节，雄虫体长 2.10～2.70cm，雌虫体长 2.45～2.90cm，前胸背板上、下缘之比更大，上缘隆起较明显，后缘向后突出明显，外生殖器明显可见；五龄触角 25～28 节，雄虫体长 3.10～3.30cm，雌虫体长 3.30～4.20cm，前、后翅翅芽在背上合拢，前翅翅芽在后翅翅芽的内方，翅芽伸达第二腹节背板前缘附近，未盖及听器；六龄触角 28 节，雄虫体长 3.60～4.10cm，雌虫体长 4.20～5.00cm，翅芽伸达第四腹节背板前缘附近，盖及听器，翅脉明显；七龄触角 29 节，体长 4.65～5.50cm。

三、生活习性

棉蝗一年发生 1 代，以卵在土中越冬。8 月中旬至 9 月下旬棉蝗老龄若虫陆续羽化为成虫，羽化前头向下，开始时腹部不断收缩，15min 后前胸背板即出现裂缝，后逐渐扩大，20min 后头部、触角先伸出，随后前足、中足也跟着伸出。前、后翅也慢慢出现，约 30min，后足伸出即收起，头部和前、中足爬转向上，50min 后腹部才脱离皮壳。60min 后，翅长成，较远地超过腹端。70min 后，后足胫节提起，将前、后翅合起收拢，一前一后的柔梳，翅收拢得很自然。这时整个羽化即完成。3h 25min 后虫体开始爬行、跳跃。

成虫羽化后取食 10d 左右即进行交尾，交尾高峰期在 8 月中、下旬。交尾在白天、晚上均可进行，以 14：00～18：00 常见。雌、雄成虫均有多次交尾习性，一般交尾 5～7 次，每次交尾的时间为 2～17h。交尾时如受外界干扰，并不即行离散，交尾后继续取食。成虫多在阳光充足、土质坚硬而干燥的土中产卵。产卵时，雌蝗利用其腹端的背瓣和腹瓣在土中掘穴，直至把腹部全部插入土中。若沙土较松或有阻碍物，往往弃而不产。每头雌虫可产卵 1～3 块。成虫喜生活于草丛中，当大豆开花结荚时，便迁入豆田为害。成虫寿命一般可达 25～40d，于 9 月下旬至 10 月下旬相继死亡。

卵呈块状，每块卵平均为 126 粒。卵要孵化时，卵壳透明，呈淡绿色，同一卵块卵粒按先上部后下部的顺序孵化。卵多在上午孵化，孵化时，幼蝻先沿着卵块顶部的泡状物，借身体蠕动而钻出土层，留下一段虫道。经 3min 左右脱去卵膜，即可跳跃，24h 后即可取食。蝗蝻需经两个多月才能发育为成虫。幼蝻具有群聚性，一、二龄群聚性最强，常数十头群集于一株豆株上为害，三、四龄幼蝻群聚性逐渐减弱，五、六龄以后逐渐分散取食。一、二龄幼蝻食量较小，三龄开始食量逐渐增大，以五龄后期至成虫末期交尾产卵前食量最大。取食时间一般在 6：00～8：00 叶片露水未干时，幼蝻在叶片表面为害，在 8：00 叶片露水蒸发后，幼蝻转移至叶片背面为害。

四、发生规律

（一）环境条件

棉蝗卵的发育起点温度为（13.56±0.08）℃，有效积温为（662.01±12.62）℃；一至五龄蝗蝻的发育起点温度接近，为 20℃左右，但末龄蝗蝻的发育起点温度较低，为（17.02±0.19）℃，说明六龄蝗蝻较前五龄蝗蝻更耐低温。棉蝗蝗蝻的发育速率与温度有关，随着温度升高，发育速率增加，但温度超过 37℃时，其发育速率降低，最适发育温度为 34℃左右，这时蝗蝻的发育状况整齐，存活率高。一至六龄蝗蝻发育速率（$1/y$）与温度（x）的非线性回归方程为一龄：$1/y=-0.000634x^2+0.05017x-0.7984$（$r=0.9884$）；二龄：$1/y=-0.00129x^2+0.09066x-1.4001$（$r=0.9325$）；三龄：$1/y=-0.00108x^2$，$+0.0761x-1.1566$（$r=0.9387$）；四龄：$1/y=-0.00083x^2$，$+0.06026x-0.9211$（$r=0.9260$）；五龄：$1/y=-0.0011x^2+0.07444x-1.1181$（$r=0.8604$）；六龄：$1/y=-0.0003136x^2+0.02293x-$

0.3329（$r=0.9593$）（y为历期，单位为d；r为相关系数）。

土壤含水量对卵、蝗蝻的发育速率也会产生影响。在最适温度下，土壤含水量为8%～12%比较适宜棉蝗卵的发育。在低温、高土壤含水量（25℃、16%）和高温、低土壤含水量（37℃、8%）的情况下，棉蝗卵的发育受到明显抑制，卵孵化完全停止。在低温、高土壤含水量的条件下，卵块容易受霉菌感染，死亡率高；而在高温、低土壤含水量的条件下，卵块容易失水导致干缩，死亡率也很高。温度31～37℃、土壤含水量12%时比较适宜蝗蝻的发育。在低温、低土壤含水量（25℃、8%）和低温、高土壤含水量（25℃、16%）的条件下，一至六龄蝗蝻的发育速率受到明显的抑制。在高温、高土壤含水量的情况下，以及在高温、低土壤含水量和低温、高土壤含水量的情况下，蝗蝻取食能力下降，生长发育所需要的能量供应不足，生长发育延缓，甚至死亡。

（二）天敌

对棉蝗具有致病性、寄生性及捕食性的天敌有：蝗虫微孢子虫（*Nosema locustae* Canning）、蜡状芽孢杆菌（*Bacillus cereus* Frankland and Frankland）、簇孢霉（*Sporothrix* sp.）、蝗虫霉［*Entomophaga grylli*（Fres）］、球孢白僵菌［*Beauveria bassiana*（Balsamo）Vuilemin］、广腹螳螂［*Hierodula patellifera*（Serville）］、大刀螳［*Paratenodera aridifolia*（Stoll）］、斜纹猫蛛（*Oxyopes sertatus* L. Koch）、锥盾菱猎蝽（*Isyndus reticulates* Stål）、变色树蜥［*Calotes versicolor*（Dandin）］、蜡皮蜥（*Leiolepis belliana rnbritaeniata* Mertens）、圆梗举腹蚁（*Crematogaster dohrniartifex* Mayr）、红尾伯劳（*Lanius cristatus* L.）、追寄蝇（*Exorista* spp.）等。

五、防治技术

（一）生物防治

蝗虫微孢子虫、蜡状芽孢杆菌、簇孢霉及白僵菌等微生物对棉蝗具有较强的致病作用，在生产上可以使用。

1. 蝗虫微孢子虫 对棉蝗二、三龄蝗蝻的半致死浓度（LC_{50}）为3.88×10^5孢子/mL，对四、五龄蝗蝻的LC_{50}为3.98×10^6孢子/mL。两者相比，在达到感染死亡率为50%时的用量，四、五龄蝗蝻比二、三龄蝗蝻要高出6倍多，因此应在蝗蝻处在低龄时进行防治。使用浓度为5×10^7～1×10^9孢子/mL。

2. 蜡状芽孢杆菌 具有致病速度快的特点，对四、五龄蝗蝻的LC_{50}为1.23×10^7孢子/mL。使用浓度为5×10^7孢子/mL的悬浮菌液，对蝗蝻及成虫具有较好的防治效果。

3. 簇孢霉 对棉蝗具有很高的感染率，能达到较理想的防治效果。毒力测定结果显示，簇孢霉对五、六龄蝗蝻的LC_{50}为7.76×10^9孢子/mL。

（二）化学防治

喷洒21%增效氰·马乳油1 000倍液，可有效防治蝗蝻，该药剂的特点是见效时间短、效果好，是一种值得大力推广的高效灭蝗剂。

使用25%灭幼脲悬浮剂800倍液也可有效防治蝗蝻。灭幼脲属于昆虫生长调节剂，对棉蝗跳蝻的作用较缓慢。

史树森　田径（吉林农业大学）

第58节　蜗　牛

一、分布与危害

为害大豆的蜗牛主要有同型巴蜗牛［*Bradybaena similaris*（Ferussac）］、灰巴蜗牛［*B. ravida*（Benson）］等，两种蜗牛均属腹足纲柄眼目巴蜗牛科巴蜗牛属，俗称蜗牛、水牛、天螺、蜒蚰螺等。

同型巴蜗牛分布于我国山东、河北、内蒙古、陕西、甘肃、湖北、湖南、江西、江苏、浙江、福建、广西、广东、台湾、四川和云南等省（自治区）。灰巴蜗牛分布于我国的黑龙江、吉林、北京、河北、河南、山东、山西、安徽、江苏、浙江、福建、广东等省（直辖市）。

蜗牛觅食范围非常广泛，取食的寄主种类有58科200多种。杂食性与偏食性并存，尤其喜食多汁鲜嫩的植物组织。同型巴蜗牛为害大豆、棉花、玉米、苜蓿、油菜、蚕豆、豌豆、大麦、小麦等作物。灰巴蜗牛为害棉花、麦类、麻、桑、豆类、甘薯、马铃薯、蔬菜、果木等。

蜗牛将植株叶、茎舐磨成孔洞或吃断，成贝食量较大，边吃边排泄粪便，具有暴食性。数量多时，大豆叶片被严重取食，甚至吃光，影响光合作用，从而导致豆荚少，豆粒少，严重影响产量。蜗牛为害后常引发病菌污染，造成腐烂。在作物种子到子叶期，可咬断幼苗，或全部吃光，造成缺苗断垄，甚至毁种。以前蜗牛主要发生在雨水较多的南方地区，2004年，蜗牛在江苏建湖县严重大发生，密度之大，历史罕见。其中，颜单镇七里村7月6日调查结果显示，每株大豆有30～40头蜗牛，蜗牛发育不整齐，小的如绿豆大，占10%，中等的如黄豆大，占50%，大的如蚕豆大，占40%。7月7日在芦沟乡双荡村进行调查，每株大豆有蜗牛3～7头，大豆叶片被害率为8.3%，已发生为害15d。近年来，由于天敌数量减少，北方灌溉水渠的修建，田块耕作粗放等原因，为蜗牛提供了适宜的生长环境，在我国北方地区发生也较为严重，发生面积逐渐扩大，为害程度持续加重。2003—2004年，河南杞县花生、大豆田有蜗牛为害，平均百株虫量11.8头，作物产量损失不太严重，2005—2006年，蜗牛为害加重，不仅取食叶片，还为害大豆豆荚，产量损失达10%以上，2007—2009年，大豆田叶片被害率90%，豆荚被害率30%，产量损失15%（彩图7-58-1，3）。

二、形态特征

同型巴蜗牛（彩图7-58-1，1）：壳质厚，扁球形，壳高11.5～12.5mm，壳宽15～17mm，有5～6个螺层，顶部几个螺层增长缓慢，略膨胀，螺旋部低矮，体螺层增长迅速、膨大。壳顶钝，缝合线深。壳面有细的生长线，贝壳呈黄褐色、红褐色、灰褐色或梨色。在体螺层周缘和缝合线上，常有1条暗褐色色带，但有些个体没有。壳口呈马蹄形，口缘锋利，轴缘外折，遮盖部分脐孔。脐孔呈圆孔状，小而深。个体间形态变异较大。卵圆球形，直径2mm，乳白色，有光泽，渐变为淡黄色，近孵化时为土黄色。

灰巴蜗牛（彩图7-58-1，2）：贝壳呈圆球形，壳高18～21mm，壳宽20～23mm，有5.5～6个螺层，顶部几个螺层略膨胀。体螺层膨大，贝壳黄褐色或琥珀色，常分布暗色不规则斑点，而且有细致而稠密的生长线和螺纹。壳顶尖，缝合线深，壳口椭圆形，口缘完整，略外折，锋利、易碎。轴缘在脐口处外折，略遮盖脐孔，脐孔狭窄，呈缝状。个体大小、颜色差异较大。卵为圆球形，白色。

三、生活习性

蜗牛在我国1年发生1～1.5代，以成贝、幼贝在作物根部以及砖块、烂草堆和疏松的土壤下越冬。田间调查显示，灰巴蜗牛和同型巴蜗牛在山东1年发生1代。两种蜗牛都以成贝或幼贝在豆类、蔬菜、棉花、玉米、麦类等作物根部，以及砖块、烂草堆和疏松的土壤下越冬，壳口有白膜封闭；翌年3月当气温回升到10～15℃时开始活动，先在豆类、麦类及油菜等夏熟作物上为害。蜗牛成贝于4月中旬开始交配产卵，5月底至6月初为产卵高峰，气温偏低或多雨年份的产卵期可延迟到7月；蜗牛幼贝从5月上、中旬起陆续孵化。成贝、幼贝于4月下旬后逐渐转移至棉花苗床、地膜棉、直播棉、移栽棉、春播大豆和直播玉米等秋熟作物上为害。

蜗牛喜潮湿，阴雨天气可全天为害，晴天早、晚活动取食，白天潜伏或栖息在作物叶片反面与作物根部的土缝中。在7～8月的盛夏干旱季节，蜗牛钻入土中，并且封闭壳口，不吃不动，蛰伏越夏；在此期间若环境条件适宜，蜗牛亦会伺机活动。进入9月前后当气温逐步下降到20～25℃时，蜗牛再次复出活动，并且交配产卵和繁殖后代。晚大豆、玉米和蔬菜等作物深受其害，严重的能被吃光叶片和幼荚（铃），仅剩秃秆，造成很大的损失。蜗牛持续活动到11月底至12月初气温下降到10℃以下时，才以成贝、幼贝进入越冬场所越冬。

蜗牛为雌雄同体，异体受精，任何一个个体都能产卵。据观察，蜗牛交配时间长达12～18h，交配到产卵需15～20d，卵期15～25d，一生可产卵多次，每成贝可产卵30～235粒，卵粒呈堆状，多产于潮湿疏松的土里、枯叶下或沟渠边的杂草丛中。土壤干燥或卵裸露地表则不能孵化。

蜗牛行动迟缓，借腹足部肌肉伸缩爬行，并分泌黏液，黏液遇空气干燥、发亮，污染蔬菜及作物叶面。蜗牛具有很强的忍耐性。在寒冷的冬季会冬眠，在旱季则会休眠。受到敌害侵扰时，头和腹足便缩回壳内，分泌黏液封住壳口，当外壳损害致残时，亦能分泌某些物质进行修复。

四、发生规律

（一）虫源基数

前茬作物与虫源基数：前茬为油菜田的情况，由于油菜田遮阴性大，田间湿度高，油菜茬田大豆蜗牛每株30～40头，而麦茬田大豆蜗牛每株只有0.1头，油菜茬田播种大豆的蜗牛数量是麦茬田的百倍。

耕作制度与虫源基数：由于近年来机械收割和秸秆还田面积不断扩大，田间小环境发生了变化，田间腐殖质含量增加，同时作物根部较为郁闭，比较有利于蜗牛隐藏，形成有利于蜗牛的生态环境，导致部分地区田间蜗牛数量不断上升。当年为害较重的田块，秋季未深翻或耕作粗放，有利于蜗牛基数逐渐增大，翌年为害也较重。

（二）气候条件

蜗牛喜欢温暖潮湿的环境，气温在15～25℃，相对湿度在20%～30%时，有利于蜗牛的发生。阴天及细雨蒙蒙天，其活动频繁，为害较重，常形成高峰期；气温10℃以下或35℃以上，干旱少雨，湿度低于10%，不利于蜗牛发生。昼伏夜出，最怕阳光直射，对强光的刺激敏感。生活于潮湿的草丛、田埂、作物根际土块和土缝中。

（三）天敌

蜗牛的天敌有蜗牛步甲、鸟类等，天敌的多少对蜗牛的种群数量有直接的影响，要充分利用天敌的作用，压低蜗牛数量，减轻蜗牛的为害。

五、防治技术

蜗牛的防治应采取综合治理措施，重点抓好农业防治，辅以物理、化学防治。蜗牛属于软体动物，杀虫剂对其防治效果极差。要加强蜗牛的监测预报工作，早、晚进行田间观察，特别是雨后，及时发布预报，为防治提供参考。

（一）农业防治

控制基数，恶化其生存环境。彻底及时清除田间、畦面的杂草和作物残体，及时中耕，破坏蜗牛的栖息地和产卵场所，减少虫源。秋、冬深翻地，把卵和越冬成虫翻至地表，晒死、冻死或被天敌取食。在蜗牛发生严重的地块，冬、春季和秋季翻耕土地的时候留一小块杂草地，引诱蜗牛，集中消灭。不施用未腐熟的有机肥。

强降雨后及时排水，降低田间湿度，破坏蜗牛的生存环境。

（二）物理防治

1. 人工捕杀 晴天20：00～21：00，蜗牛开始活动时进行捕捉，连续3～4个晚上，基本可以控制蜗牛的为害。或者利用树枝、杂草、菜叶等做诱集堆，每隔3～5m放置一堆，让蜗牛潜伏在诱集堆下，翌日清晨集中捕捉，捣碎深埋。人工捉蜗牛比较耗费人力，但效果很好，捕捉到的蜗牛，即使死亡也要带出田地，以防蜗牛体内的卵继续孵化。

2. 撒生石灰带 在作物行间或四周撒生石灰，每公顷用量45～75kg，也可增加到75～150kg，可显著减轻蜗牛的为害，同时具有较好的保苗效果。地面潮湿时收效较差，并注意不要撒到叶面上。

（三）生物防治

在清晨、傍晚或阴雨天气蜗牛活动期间，放鸭子到田间啄食蜗牛，但要注意回避作物的幼苗期和结实期，否则得不偿失。同时要加强对步行虫等天敌的保护和利用。

（四）化学防治

每公顷用6%四聚乙醛颗粒剂（密达）7 500g，在作物苗期及封行前后于傍晚各撒施1次，注意不能喷雾，以免造成药害；每公顷用80.3%克蜗净可湿性粉剂（速灭威与硫酸铜混剂）2 250～2 700g，作物封行后的8月中、下旬第一次喷撒，其后间隔15～20d再喷雾1次；40%辛硫磷乳油和50%敌敌畏乳油混合，稀释500倍喷雾；油茶子饼粉每公顷用量75kg，撒施，或45kg加水750 kg浸泡24h后取其滤液喷雾。

史树森　田径（吉林农业大学）

主要参考文献

毕永彬，张丹．2008. 豆黄蓟马的综合防治［J］．农村实用科技信息（9）：53.

蔡红．2001. 大豆根潜蝇及根腐病的发生与防治［J］．大豆通报（3）：15.

曹越平，李海英，刘学敏，等．2003. 大豆灰斑病菌（*Cercospora sojina* Hara）及其对寄主作用的研究［J］．植物病理学报，33（2）：116－120.

常红艳，吴上华．2009. 豆菌核病的发生与防治技术［J］．黑龙江科技信息（24）：138.

陈德牛，高家祥．1980. 几种危害农作物的蜗牛和蛞蝓的识别［J］．植物保护（6）：27－30.

陈方景，夏建美．2005. 大豆豆荚螟的发生规律及综合防治技术［J］．长江蔬菜，7：30－31.

陈炯，黎昊雁，尚佑芬，等．2002. 大豆花叶病毒黄淮5号株系的基因组全序列分析［J］．病毒学报，18（3）：270－274.

陈立杰，段玉玺，范圣长，等．2005. 大豆胞囊线虫病的生防因子研究进展［J］．西北农林科技大学学报：自然科学版，8（33）：190－194.

陈立雪，孙洪飞．2008. 大豆二条叶甲发生规律及防治技术研究［J］．中国农村小康科技（12）：47.

陈流光，夏绍蓉，赵志清．1990. 小绿叶蝉的发生规律、测报及防治技术研究［J］．贵州农业科学（3）：41－44.

陈茂才．1965. 负蝗的初步研究［J］．昆虫知识（3）：153－156.

陈品三，廖林，王昌家．1994. 我国大豆主要病虫发生与危害［J］．植物保护，8（4）：223－225.

陈品三，陈森玉．1989. 中国大豆根结线虫病（*M. incognita*，*M. arenaria*，*M. hapla*）病原鉴定及地区分布［J］．大豆科学，8（2）：167－176.

陈琦，王俊岭，郭松景，等．2009. 筛豆龟蝽的生物学特性研究［J］．河南农业科学（4）：87－90.

陈庆恩，白金铠，史耀波．1987. 中国大豆病虫图志［M］．长春：吉林科学技术出版社．

陈瑞屏，刘清浪．1995. 分离及利用蝗虫霉防治棉蝗的研究［J］．广东林业科技，11（2）：42－46.

陈瑞屏，刘清浪．1996. 常用化学农药对棉蝗的毒杀作用［J］．昆虫天敌，18（4）（增刊）：11－13.

陈森玉，陈品三．1990. 大豆根结线虫病病原生物学特性观察［J］．植物病理学报，20（4）：253－258.

陈绍江，王金陵，杨庆凯．1996. 大豆紫斑病菌毒素研究［J］．植物病理学报，1：45－48.

陈申宽，闫任沛，齐广，等．2001. 白边地老虎室内药剂防治试验［J］．植物医生，14（4）：43－44.

陈申宽．1992. 大豆根潜蝇发生为害及防治的研究［J］．大豆科学，11（4）：363－369.

陈申宽．1994. 大豆根潜蝇危害导致根腐病发生严重［J］．植物保护，20（6）：44－45.

陈顺立，李友恭，黄昌尧．1989. 双线盗毒蛾的初步研究［J］．福建林学院学报，9（1）：1－9.

陈吴健．2007. 大豆豆荚炭疽病的病原鉴定及其防治［D］．杭州：浙江大学农业与生物技术学院．

陈晓，陈继光，薛玉，等．2004. 东北地区草地螟1999年大发生的虫源分析［J］．昆虫学报，51（7）：599－606.

陈晓，翟保平，宫瑞杰，等．2008. 东北地区草地螟（*Loxostege sticticalis*）越冬代成虫虫源地轨迹分析［J］．生态学报，28（4）：1521－1535.

陈彦，王兴亚，徐蕾，等．2011. 几种杀虫剂防治大豆蚜效果及对天敌的影响［J］．农药，50（12）：929－931.

陈阳，姜玉英，刘家骧，等．2012. 标记回收法确认我国北方地区草地螟的迁飞［J］．昆虫学报，55（2）：176－182.

陈振耀．1986. 稻绿蝽的体色变化［J］．江西植保（2）：9－10.

陈芝卿，林尤洞．1982. 棉蝗的初步研究［J］．动物学研究，3（增刊）：209－218.

陈芝卿．1979. 大麻黄的大害虫——棉蝗［J］．林业科技通讯（6）：23.

程量．1976. 粉白灯蛾的初步研究［J］．昆虫学报，19（4）：410－416.

储一宁．1998. 点蜂缘蝽危害桑树初报［J］．云南农业科技（2）：39.

褚栋，张友军，万方浩．2008. 烟粉虱生物型的监测及其遗传结构研究［J］．昆虫知识，45（3）：353－356.

褚茗莉，许国庆，焦敏．1996. 沈阳地区大豆害虫基本调查［J］．辽宁农业科学（5）：39－42.

崔章林，盖钧镒，等．1997. 大豆种质资源对食叶性害虫抗性的鉴定［J］．大豆科学，16（2）：93－102.

崔章林，盖钧镒，吉东风，等．1997. 南京地区大豆食叶性害虫种类调查与分析［J］．大豆科学，16（1）：12－20.

崔章林，盖钧镒．1996. 大豆抗豆秆黑潜蝇研究进展［J］．中国油料，18（3）：79－81.

戴长春，刘健，赵奎军，等．2009. 大豆田中大豆蚜天敌昆虫群落结构分析［J］．昆虫知识，46（1）：82－85.

戴芳澜．1991. 中国真菌总汇［M］．北京：科学出版社．

戴建青，黄志伟，等．2005. 印楝素乳油对斜纹夜蛾的生物活性及田间防效研究［J］．应用生态学报，16（6）：1095－1098.

丁锦华．1991. 农业昆虫学［M］．南京：江苏科学技术出版社．

丁琦，仪美芹，徐守健，等．2004. 12%吡·甲氰乳油防治大豆食心虫田间药效试验［J］．农药科学与管理，25（9）：

12-14.
丁永福.2008.2007年修水县稻椿象局部暴发成灾[J].江西植保，31(3)：118-119.
董慈祥，房巨才，杨青蕊，等.2003.斑须蝽生活习性及防治技术[J].华东昆虫学报，12(2)：110-112.
董慈祥，杨青蕊，房巨才，等.2000.斑须蝽发育始点和有效积温研究[J].植保技术与推广，20(1)：8-9.
杜俊岭，赵晓丽.1993.光照对大豆食心虫滞育影响的初步研究[J].植物保护，19(1)：17-18.
杜文丁.1984.豆秆黑潜蝇发生规律和防治适期的研究[J].湖南农业科学(3)：39-41.
段玉玺.2011.植物线虫学[M].北京：科学出版社.
方承莱，等.1985.中国经济昆虫志：第三十三册 鳞翅目灯蛾科[M].北京：科学出版社.
费永祥，邢会琴，张建朝，等.2010.豆芫菁对马铃薯的为害与防治技术[J].中国蔬菜，5：24-25.
冯纪年，侯有明，袁锋.1991.烟田烟蓟马种群空间分布型及序贯抽样技术的研究[J].西北农业大学学报，19(4)：69-73.
冯建设.2000.毛豆炭疽病的发生与防治[J].植保技术与推广，20(3)：14.
冯晓三，陈相兰，李东来，等.1996.斑鞘豆叶甲的生物学特性和防治研究初报[J].森林病虫通讯，2：32-33.
付夭玉.1984.浅谈白边地老虎发生的间歇性[J].中国甜菜(1)：47-49，31.
盖钧镒，胡蕴珠，崔章林，等.1989.大豆资源对SMV株系的抗性鉴定[J].大豆科学，8(4)：323-330.
高岱.1998.点蜂缘蝽为害莲子的初步研究[J].福建农业科技(2)：16.
高凤菊，王建华.2009.大豆紫斑病的发生规律及综合防治[J].大豆科技，5：2，40-41.
高集峰，于卫东.2006.乌兰察布市白边地老虎的发生与防治[J].现代农业(9)：46.
高正良，钱玉梅.1989.斑须蝽在烟田的空间分布及田间抽样技术的探讨[J].昆虫知识，26(4)：215-217.
顾成玉，邵德炜，王中田.1978.白边地老虎的发生与防治[J].昆虫知识(2)：39-40.
顾成玉.1994.大豆根潜蝇发生为害与防治[J].大豆通报(2)：22.
顾春武，陈雅娟.2007.铁岭市大豆食心虫发生量预测预报及防治[J].杂粮作物，27(6)：420-421.
顾地周，车喜全，朱俊义，等.2008.独角莲不同提取液对大豆蚜虫的生物活性及活性浓度的筛选[J].大豆科学，27(6)：1010-1014.
顾鑫，丁俊杰.2010.大豆蚜虫生物防治技术研究的回顾与展望[J].中国农学通报，26(13)：332-334.
官宝斌，陈乾锦，陈家骅，等.1999.斜纹夜蛾的生物学和生态学研究[J].华东昆虫学报，8(1)：57-61.
郭东全，智海剑，王延伟，等.2005.黄淮中北部地区大豆花叶病毒株系的鉴定与分布[J].中国油料作物学报，27(4)：64-68.
郭井泉，张明厚.1989.大豆花叶病毒(SMV)主要介体及其传毒效率研究[J].大豆科学，8(1)：55-63.
郭守桂，冯真，单玉莲，等.1983.大豆品种抗大豆食心虫 *Leguminivora glycinivorella* 研究初报[J].大豆科学，2(3)：200-206.
郭祥.1997.沿海地区棉蝗的发生发展及其防治对策[J].林业科技发展(3)：39-40.
郭祥.1998.棉蝗 *Chondracris rosea rosea* 生物学特性及防治技术研究[J].武夷科学，14：144-146.
郭亚辉，许志刚，杨光.2011.大豆品种对大豆细菌性斑疹病的抗性[J].大豆科学，30(2)：263-265.
郭元朝.1992.白边地老虎的发生规律及预测预报方法[J].内蒙古农业科技(5)：17-19.
韩凤英，任爱娟，靳江波.1999.短额负蝗交尾、产卵与气候因子的关系[J].山西大学学报：自然科学版，22(3)：270-273.
韩凤英.1999.短额负蝗卵发育起点温度和有效积温的研究[J].山西大学学报：自然科学版，22(4)：380-382.
韩晓增，何志鸿，张增敏.1998.大豆主要病虫害防治技术[J].大豆通报，15(6)：5-6.
何富刚，颜范悦，辛万民，等.1991.大豆蚜防治适期与防治指标研究[J].植物保护学报，18(2)：155-159.
何继龙，傅天玉.1984.八种地老虎幼虫记述[J].上海农学院学报，2(1)：41-47.
何永梅，罗光耀.2012.大豆炭疽病的识别与防治[J].农药市场信息(19)：44.
何振昌，等.1997.中国北方农业害虫原色图鉴[M].沈阳：辽宁科学技术出版社.
河田党，等.1958.原色病虫害图鉴[M].东京：株式会社北隆馆.
洪小琴，沈伟良.2000.博杀特防治鳞翅目害虫药效试验[J].长江蔬菜(5)：20-21.
胡代花，蔡崇林，张璟，等.2012.大豆食心虫性信息素及其类似物的简易合成及田间引诱活性[J].农药学学报，14(2)：125-130.
胡森.1991.红棕灰夜蛾的初步研究[J].病虫测报(4)：45-46.
胡奇，张为群，姚玉霞，等.1992.大豆叶片氮素含量与大豆蚜发生量的关系[J].吉林农业大学学报，14(4)：103-104.
胡维民，黄自然，陆长德，等.1993.专一地切割苜蓿夜蛾核多角体病毒多角体蛋白mRNA的ribozyme的设计与性质[J].昆虫学报，36(3)：257-262.

胡亚军，赵滨，徐金彪，等 . 2007. 东北地区大豆食心虫发生规律及防治措施［J］. 农业科技与信息（8）：25.
胡志江 . 1992. 中国农作物病虫图谱：油料病虫（一）［M］. 北京：农业出版社 .
黄尔田，田立道，肖练章，等 . 1992. 实用桑树保护学［M］. 成都：四川科学技术出版社 .
黄尔田 . 1984. 桑毛虫绒茧蜂生物学特征和保护利用的研究［J］. 蚕业科学，10（11）：6 - 12.
黄国俊，刘桂芝 . 2010. 大豆主要害虫的发生及防治［J］. 现代农业科技（7）：199，206.
黄建华，罗任华，秦文婧，等 . 2012. 巴氏钝绥螨对芦笋上烟蓟马捕食效能研究［J］. 中国生物防治学报，28（3）：353 - 359.
黄颂禹，梁召其 . 1984. 蜗牛的发生及防治技术［J］. 植物保护，10（5）：39.
黄仲生，王军，张芝莉，等 . 2002. 叶菜类蔬菜病虫害识别与防治［M］. 北京：中国农业出版社 .
嵇保中，张凯，刘曙雯，等 . 2011. 昆虫学基础与常见种类识别［M］. 北京：科学出版社 .
及尚文，朱红，朱玉山，等 . 1995. 短额负蝗发生规律及防治研究［J］. 山西农业科学，23（2）：49 - 52.
吉林农业大学植物病理教研组 . 1965. 大豆新病害——羞萎病的症状观察和病原鉴定［J］. 吉林农业科学（3）：35 - 38.
贾慧春 . 2008. 菜豆点蜂缘蝽的发生与防治［J］. 现代园艺（7）：30.
江苏省植物保护站 . 2006. 农作物主要病虫害预测预报与防治［M］. 南京：江苏科学技术出版社 .
江幸福，张总泽，罗礼智 . 2010. 草地螟成虫对不同光波和光强的趋光性［J］. 植物保护，36（6）：69 - 73.
姜玉英，康爱国，王春荣，等 . 2011. 草地螟产卵和取食寄主种类初报［J］. 中国农学通报，27（7）：266 - 278.
姜玉英，曾娟 . 2008. 警惕双斑长跗萤叶甲加重为害北方多种作物［J］. 中国植保导刊（4）：45 - 46.
蒋杰贤，梁广文，等 . 2002. 斜纹夜蛾的生物抑制研究［J］. 植物保护学报，27（3）：221 - 226.
蒋佩兰，蒋天俤，李志华，等 . 1997. 银纹夜蛾的空间分布与抽样技术研究［J］. 江西植保，20（2）：1 - 4.
焦晓丹 . 2012. 黑龙江大豆羞萎病发生概况与防控措施［J］. 中国植保导刊（4）：31 - 33.
康爱国，樊荣贤，张玉慧，等 . 2003. 草地螟第三个暴发周期的发生特点、成因及防治对策［J］. 昆虫知识，40（1）：75 - 79.
康爱国，张莉萍，沈成，等 . 2006. 草地螟寄生蝇寄生规律及控害作用研究［J］. 中国植保导刊，26（8）：8 - 10.
康爱国，张跃进，姜玉英，等 . 2007. 草地螟成虫产卵行为及中耕除草灭卵控害作用研究［J］. 中国植保导刊，27（11）：5 - 7.
柯礼道，方菊莲，李志强 . 1985. 豆野螟的生物学特性及其防治［J］. 昆虫学报，28（1）：51 - 59.
兰国胜，杨文成 . 2007. 银纹夜蛾的发生与综合防治［J］. 湖北农业科学，46（1）：74 - 75.
雷国明 . 1978. 豆秆黑潜蝇的初步观察［J］. 湖北农业科学（1）：25 - 26.
雷勇刚，刘安全 . 2000. 大豆立枯病发病情况及防治方法［J］. 新疆农业科技（4）：23.
黎国翰，张铭，邹继刚 . 1991. 豆野螟的发生与防治［J］. 湖北农业科学（6）：34 - 35.
黎昊雁，陈炯，陈剑平 . 2003. 大豆花叶病毒杭州分离物基因组全序列测定及其结构分析［J］. 科技通报，3（2）：90 - 93.
黎天山 . 1995. 棉蝗的寄主及生活习性观察［J］. 广西科学，2（4）：41 - 44.
黎正宇，王健，张永竹，等 . 1990. 豆秆黑潜蝇成虫卵巢发育及其在短期测报上的应用［J］. 昆虫知识，27（1）：11 - 14.
黎正宇，王健 . 1990. 豆秆黑潜蝇短期测报技术研究［J］. 植物保护，16（增刊）：43 - 44.
李宝芹 . 2001. 大豆根潜蝇的发生及防治技术［J］. 植保技术与推广，21（9）：24 - 25.
李宝英，马淑梅 . 1996. 大豆疫霉病研究初报［J］. 大豆科学，15（2）：164 - 165.
李斌 . 2005. 旱作田内蜗牛危害特点及防治措施［J］. 植物医生（3）：8.
李长锁，刘健，赵奎军 . 2008. 哈尔滨地区大豆蚜在大豆田中的迁飞扩散研究［J］. 东北农业大学学报，39（11）：11 - 14.
李成德，等 . 2004. 森林昆虫学［M］. 北京：中国林业出版社 .
李传隆 . 1963. 中国“豆粉蝶”与“斑缘豆粉蝶”的厘定及其地理分布［J］. 昆虫学报，12（1）：98 - 104.
李传隆 . 1992. 中国蝶类图鉴［M］. 上海：上海远东出版社 .
李海燕，宗世祥，盛茂领，等 . 2009. 灰斑古毒蛾寄生性天敌的调查［J］. 林业科学，45（2）：167 - 170.
李红，罗礼智 . 2007. 草地螟的寄生蝇种类、寄生方式及其对寄主种群的调控作用［J］. 昆虫学报，50（8）：840 - 849.
李虎群，张艳刚，张书敏，等 . 2008. 白洋淀地区长翅木蝗、短额负蝗生物学特性初步饲养观察［J］. 中国植保导刊，28（12）：10 - 14.
李惠明 . 2006. 蔬菜病虫害预测预报调查规范［M］. 上海：上海科学技术出版社 .
李建学 . 1999. 安康地区豆荚螟发生规律及其防治对策［J］. 陕西农业科学（1）：24 - 26.
李进荣，于佰双，王家军 . 2008. 7 种杀虫杀螨剂对大豆红蜘蛛的防效试验简报［J］. 牡丹江师范学院学报：自然科学版，65（4）：19 - 20.
李景科 . 1986. 蜂缘蝽属在吉林的首次发现［J］. 四川动物（2）：37.
李龙臣，曹磊，李连忠，等 . 2001. 四纹丽金龟对冷季型草坪的危害及防治［J］. 中国园林（4）：84 - 86.

李瑞，王一耒．2010. 旱作农田蜗牛的发生及防治［J］．山东农业科学（9）：88-90.
李少昆，赖军臣，明博．2009. 玉米病虫草害诊断专家系统［M］．北京：中国农业科学技术出版社．
李天飞，张克勤，刘杏忠．2000. 食线虫菌物分类学［M］．北京：中国科学技术出版社．
李卫华，李键强．2004. 大豆籽粒紫斑病研究进展［J］．作物杂志，4：30-32.
李秀敏，任国栋，王新谱．2009. 中华豆芫菁的触角感器与类型分布［J］．河北大学学报：自然科学版，29（4）：421-426.
李颖楠，陈树文，李亚光，等．1995. 高寒地区大豆根潜蝇的发生和防治对策［J］．植保技术与推广，14（3）：39.
李永林，李维艳，孔凡祥．2011. 玉米田双斑萤叶甲的发生及无公害综合防治技术［J］．农业科技通讯（4）：131-132.
李云瑞，等．2006. 农业昆虫学［M］．北京：高等教育出版社．
李在源，孙作丽．2011. 大豆立枯病发生与防治［J］．吉林农业（12）：84.
李占文，王东菊，王建勋，等．2010. 灰斑古毒蛾对宁夏东部干旱山沙区灌木林危害和气候关系及其综合防控技术研究［J］．植物检疫，24（5）：55-57.
林建伟．2008. 大豆豆荚螟的发生及综合防治技术［J］．福建农业，6：24.
林荣华，李照会，叶保华，等．2000. 豆荚野螟（*Maruca testulalis* Geyer）研究进展［J］．山东农业大学学报：自然科学版，31（4）：433-436.
林章荣．2000. 小绿叶蝉的发生与防治［J］．植保技术与推广，20（6）：22.
凌以禄．1980. 大豆病害［J］．中国油料，4：94-98.
刘春来，王克勤，李新民，等．2003. 蜡蚧轮枝菌素对5种蚜虫毒杀作用的初步研究［J］．中国农学通报，19（2）：77-79.
刘红飞．2009. 浅析豆芫菁的发生与防治［J］．农业技术与装备，22：36-38.
刘健，赵奎军．2007. 大豆蚜的生物学防治技术［J］．昆虫知识，44（2）：179-185.
刘健，赵奎军．2010. 中国东北地区大豆主要食叶性害虫种类分析［J］．昆虫知识，47（3）：576-581.
刘健，赵奎军．2012. 中国东北地区大豆主要食叶害虫空间动态分析［J］．中国油料作物学报，34（1）：69-73.
刘军，刘复生，庞义，等．1994. 温度对银纹夜蛾实验种群的影响［J］．昆虫天敌，16（3）：127-133.
刘清浪，陈瑞屏，林思诚，等．1995. 棉蝗的生物学特性观察及其发生环境因子的调查［J］．广东林业科技，11（2）：37-41.
刘清浪，陈瑞屏，吴若光．1999. 应用生物防治棉蝗及星天牛——沿海防护林木麻黄病虫害综合控制技术研究报告［J］．昆虫天敌，21（3）：97-106.
刘绍友．1990. 农业昆虫学：北方本［M］．杨陵：天则出版社．
刘惕若，辛惠普，李庆孝．1979. 大豆病虫害［M］．北京：农业出版社．
刘维志．2004. 植物线虫志［M］．北京：中国农业出版社．
刘新生，吴学仁，赵春，等．1990. 应用昆虫病原线虫侵染蒙古灰象甲试验初报［J］．河北农业技术师范学院学报，4（4）：63-68.
刘兴磊，张正坤，徐文静，等．2011. 球孢白僵菌对大豆蚜毒力的室内生物学测定［J］．应用昆虫学报，48（6）：1699-1702.
刘杏忠．2004. 植物寄生线虫防治［M］．北京：中国科学技术出版社．
刘颖，柳松梅，梁慧明．2008. 大豆红蜘蛛发生消长规律与综合防治措施［J］．上海农业科技（1）：96-97.
刘永生．2002. 板栗枝枯病发生规律及防治［J］．福建林学院学报，22（4）：334-337.
刘宇．2010. 豆菌核病的发生及防治措施［J］．黑龙江科技信息（29）：253.
刘志红，李桂亭，吴福中，等．2005. 豆天蛾的研究进展［J］．安徽农业科学，33（6）：1101-1102.
楼兵干，陈昊健，林钗，等．2009. 一种新大豆豆荚炭疽病症状类型及其病原鉴定［J］．植物保护学报，36（3）：229-233.
卢学松，翁启勇，王长方，等．2003. 利用黄色粘虫卡对烟粉虱成虫活动规律的研究［J］．福建农业学报，18（4）：233-235.
陆家云．1997. 植物病害诊断［M］．2版．北京：中国农业出版社．
陆近仁，管致和，吴维均，等．1951. 鳞翅目幼虫分科检索［J］．中国昆虫学报，1（3）：321-340.
吕佩珂，高振江，张宝棣，等．1999. 中国粮食作物 经济作物 药用植物病虫原色图鉴［M］．呼和浩特：远方出版社．
吕佩珂，苏慧兰，吕超．2007. 中国粮食作物 经济作物 药用植物病虫原色图鉴：下册［M］．呼和浩特：远方出版社．
吕文清，张明厚，魏培文，等．1985. 东北三省大豆花叶病毒（SMV）株系的种类与分布［J］．植物病理学报，15（4）：225-228.
吕锡祥．1965. 豆小卷叶蛾 *Matsumuraeses phaseoli*（Matsumura）的初步研究［J］．植物保护学报，4（3）：258-269.

栾树森，徐俊峰，杨建军，等．2010．两种生物农药对灰斑古毒蛾防治效果比较［J］．中国森林病虫，29（3）：42－43．

罗开珺，古德祥，张古忍，等．2004．十字花科蔬菜主要害虫四种夜蛾的寄生蜂［J］．中国生物防治，20（3）：211－214．

罗礼智，黄绍哲，江幸福，等．2009．我国2008年草地螟大发生特征及成因分析［J］．植物保护，35（1）：27－33．

罗礼智，李光博．1993．草地螟的有效积温及其世代区的划分［J］．昆虫学报，36（3）：332－339．

罗庆怀，黎家文，赵宏，等．2003．贵阳地区豆野螟和亮灰蝶的生物学特性［J］．昆虫知识，40（4）：329－334．

罗瑞梧，尚佑芬，等．1991．大豆花叶病的流行因素和发生预测研究［J］．植物保护学报，3（2）：267－271．

马虎鸣，刘宗院，杨勤元．2009．宝鸡市陈仓区玉米双斑萤叶甲偏重发生的原因及防治对策［J］．中国农村小康科技（4）：50－51．

马继凤，周程爱，廖新光．1986．大豆纹枯病病原与流行规律的研究．植物保护，15（6）：6－10．

马占鸿．2005．美国发现大豆锈病对我国大豆进口的影响及对策［J］．中国植保导刊，25（2）：9－13．

忙定泽，罗庆怀，舒 敏，等．2012．中国豆野螟发生与防治研究沿革、进展及展望［J］．中国农学通报，28（4）：79－88．

孟祥海，梁嘉陵，时新瑞，等．2012．牡丹江丘陵区大豆食心虫发生规律及生物防治效果研究［J］．大豆科学，31（2）：324－326．

苗进，吴孔明，李国勋．2005．大豆蚜的研究进展［J］．大豆科学，24（2）：135－138．

慕卫，刘峰，张文吉．2002．甲氨基阿维菌素对甜菜夜蛾、棉铃虫、黏虫和苜蓿夜蛾的活性研究［J］．农药，43（8）：27－28．

慕卫，吴孔明，梁革梅，等．2002．苜蓿夜蛾人工饲养技术［J］．农药学学报，4（1）：93－97．

年海．2008．豆秆黑潜蝇的为害特点及防治方法［J］．大豆科技（6）：7－8．

牛呼和，包宝山，柯建武，等．2010．我国北方草原草地螟暴发原因及防治对策［J］．江苏农业科学（2）：136－138．

彭逸，马林，王兆唐，等．2005．蜗牛猖獗与防治对策［J］．上海农业科技（1）：103－104．

彭宇文，邓先明．2000．大豆种衣剂加钼防治大豆立枯病效果试验［J］．植物医生，13（3）：40．

濮祖芹，曹琦，房德纯，等．1982．大豆花叶病毒的株系鉴定［J］．植物保护学报，9（1）：15－19．

濮祖芹，曹琦．1983．大豆品种（品系）对大豆花叶病毒六个株系的抗性反应［J］．南京农学院学报（3）：41－45．

戚克耀，王伟东，李永生．2003．大豆红蜘蛛的发生与防治技术［J］．大豆通报（6）：12．

戚克耀，张建伟，王伟东．2001．豆黄蓟马在讷河市发生严重［J］．植物保护，27（3）：49．

戚克耀，赵宪兴，王治．2002．大豆蓟马的发生危害及防治［J］．大豆通报（1）：13．

齐灵子，崔娟，史树森．2012．温度对斑缘豆粉蝶生长发育的影响［J］．吉林农业大学学报，34（4）：373－375，390．

钱希．1988．扁秆鹿茸草的生物学及其防除［J］．植物保护学报，10（2）：119－125．

秦爱红，杨建勋，魏国宁，等．2008．向日葵苗期害虫蒙古灰象甲的防治措施［J］．陕西农业科学（5）：212．

秦厚国，叶正襄．2007．斜纹夜蛾灾变规律与控制［M］．北京：中国农业科学技术出版社．

邱宝利，任顺祥，2006．利用黄板监测烟粉虱及其寄生蜂的种群动态［J］．昆虫知识，43（1）：56．

仇兰芬，车少臣，等．2009．荔蝽、稻绿蝽和茶翅蝽生物防治研究概况［J］．中国森林病虫，28（2）：23－25．

裘维蕃．1955．关于大豆紫斑病菌（*Cercospora kikuchii* Matsumoto et Tomoyasu）的生物学研究［J］．植物病理学报，1（2）：191－202．

曲耀训，高晓华，马振泉．1992．豆秆黑潜蝇八种寄生蜂的识别［J］．山东农业科学（4）：27－28．

曲耀训，高孝华，夏基康．1994．豆秆黑潜蝇寄生蜂资源生态位研究［J］．中国油料作物学报，16（3）：50－53．

任春光，李虎群，陈富强．1991．豆天蛾对大豆为害产量损失的研究［J］．昆虫知识，28（5）：276－278．

任有科，于宝泉．2010．大豆灰斑病研究进展［J］．现代农业科技（3）：164－166．

荣秀兰，李琦，赵华．1992．棉蝗的形态研究Ⅳ腹部［J］．华中农业大学学报，11（4）：333－338．

荣秀兰，李琦，邹应文．1991．棉蝗的形态研究Ⅲ胸部的附肢和附器［J］．华中农业大学学报，10（4）：332－339．

荣秀兰，余逊玲，朱达美，等．1988．棉蝗 *Chondracris rosea rosea*（De Geer）的形态研究Ⅰ头部［J］．华中农业大学学报，7（3）：272－280．

荣秀兰，余逊玲，朱达美，等．1989．棉蝗 *Chondracris rosea rosea*（De Geer）的形态研究Ⅱ胸骨骼［J］．华中农业大学学报，8（2）：113－120．

沙洪林，周安民，杨慎之．1992．斑鞘豆叶甲初步观察［J］．植物保护，18（2）：22．

山东省惠民地区豆秆黑潜蝇防治研究协作组．1978．山东豆秆黑潜蝇的研究［J］．昆虫学报，21（2）：137－150．

商学惠．1979．四纹丽金龟发生规律和防治研究［J］．昆虫学报，22（4）：478－450．

尚佑芬，赵玖华，杨崇良，等．1997．黄淮地区大豆花叶病毒株系鉴定［J］．山东农业科学（6）：24－27．

邵玉彬．1993．呼盟大豆根潜蝇的危害情况及防治对策［J］．内蒙古农业科技（5）：24－25，27．

申效诚．1984．斑须蝽卵蜂生物学特性的初步研究［J］．昆虫知识，21（4）：173－175．

沈崇尧，苏彦纯．1991．中国大豆疫病的发现及初步研究［J］．植物病理学报，21（4）：298－299．

盛茂领，赵瑞兴 . 2012. 寄生灰斑古毒蛾的姬蜂（膜翅目，姬蜂科）及一新种记述［J］. 动物分类学报，37（3）：606 - 610.
施海燕，郑尊涛，等 . 2004. 斜纹夜蛾性信息素的研究进展［J］. 植物保护，30（1）：17 - 20.
石宝才，宫亚军，朱亮，等 . 2012. 农药使用指南（三）——蓟马的防治［J］. 中国蔬菜（5）：31.
史树森，徐伟，臧连生，等 . 2013. 大豆害虫综合防控理论与技术［M］. 长春：吉林出版集团有限责任公司 .
史树森，康芝仙，齐永家，等 . 1996. 斑缘豆粉蝶多型现象及生活习性的研究［J］. 吉林农业大学学报，18（2）：17 - 21.
司升云，周利琳，望勇，等 . 2007. 大造桥虫的识别与防治［J］. 长江蔬菜，8：30 - 31.
宋木权，刘学东，程树芝 . 1982. 拟澳洲赤眼蜂——寄生于大豆食心虫卵的优势蜂种［J］. 昆虫天敌，4（4）：16 - 18.
宋淑云，张伟，刘影，等 . 2009. 大豆品种对大豆菌核病（*Sclerotinia sclerotiorum*）的抗性分析［J］. 吉林农业科学，34（3）：30 - 32.
宋秀娟 . 2011. 大豆病害防治［J］. 黑龙江科技信息（14）：228.
宋月芹，仵均祥，孙会忠，等 . 2007. 银纹夜蛾幼虫气门形态特征的扫描电镜观察［J］. 昆虫知识，44（6）：840 - 843.
孙赫，李学军 . 2010. 大豆蚜虫主要天敌控害作用研究进展［J］. 辽宁农业科学（1）：43 - 46.
孙兴全，王新民，叶黎红，等 . 2009. 大造桥虫生活习性及室外防治研究［J］. 安徽农学通报，15（24）：81 - 82.
孙兴全，刘晓平，陆军 . 2008. 棉花烟蓟马的发生与综合防治措施［J］. 安徽农学通报，14（24）：109，29.
孙学海，轩广武，李瑞 . 2010. 农田蜗牛的发生与防治［J］. 现代农业科技（8）：183 - 184.
孙雪，安明显，赵奎军，等 . 2012. 黑龙江省二条叶甲的发生及综合防治［J］. 现代化农业，392（3）：4 - 5.
孙耀武，黄春红，刘玲 . 2008. 灰斑古毒蛾生物学特性及防治试验研究［J］. 现代农业科技（4）：73 - 75.
孙哲辉 . 2008. 大豆紫斑病的防治技术［J］. 农村实用科技信息，8：12.
孙祖东，杨守臻，等 . 2001. 南宁大豆食叶性害虫调查［J］. 广西农业科学（2）：104 - 106.
谈宇俊，余子林 . 1991. 大豆锈病研究［R］. 武昌：中国第一次大豆锈病研究会议 .
谈宇俊 . 1982. 大豆锈病流行规律及防治研究［J］. 中国油料，4：1 - 8.
谭国忠，李春杰，许艳丽，等 . 2008. 豆黄蓟马的识别与综合防治［J］. 大豆通报（3）：29 - 30.
谭娟杰，虞佩玉，李鸿兴，等 . 1980. 中国经济昆虫志：第十八册 鞘翅目 叶甲总科（一）［M］. 北京：科学出版社 .
谭娟杰 . 1958. 中国豆芫菁属记述［J］. 昆虫学报，8（2）：152 - 167.
汤建国 . 1989. 苗期棉蓟马的发生及预测简报［J］. 江西棉花（4）：35.
田方文 . 2005. 紫花苜蓿田短额负蝗发生规律与防治［J］. 草业科学，22（3）：79 - 81.
田华 . 2009. 大豆害虫豆天蛾的危害与综合防治［J］. 南阳师范学院学报，8（6）：58 - 60.
田晓霞，罗礼智，胡毅，等 . 2010. 我国首次发现草地螟卵寄生蜂——暗黑赤眼蜂［J］. 植物保护，36（3）：152 - 154.
万方浩，郑小波，郭建英 . 2004. 重要农林外来入侵种的生物学与控制［M］. 北京：科学出版社 .
汪西北，方屹豪，郑校平，等 . 1994. 大豆苗期蚜虫为害损失与经济阈值研究［J］. 植物保护，20（4）：12 - 13.
汪自卿，李锦秀 . 1987. 豆荚野螟的初步研究［J］. 昆虫知识，24（3）：153 - 155.
王春，王芊 . 2012. 3 种药剂对大豆蚜的防治效果及其天敌瓢虫的安全性［J］. 农药科学管理，33（5）：47 - 50.
王春荣，陈继光，郭玉人，等 . 1998. 黑龙江省大豆蚜虫发生规律与防治方法［J］. 大豆通报（6）：15.
王春荣，陈继光，宋显东，等 . 2006. 黑龙江省草地螟第三个暴发周期特点及成因分析［J］. 昆虫知识，43（1）：98 - 104.
王翠英，刘建，宋凤瑞，等 . 1992. 大豆食心虫性信息素的化学结构触角电位及田间诱蛾效果［J］. 植物保护学报，19（4）：331 - 335.
王迪轩，夏正清 . 2010. 短额负蝗的识别与防治［J］. 农药市场信息（24）：39.
王恩和 . 1974. 从白边地老虎发生规律谈预测预报及防治方法［J］. 内蒙古农业科技（1）：28 - 29.
王恩和 . 1976. 白边地老虎生活习性观察［J］. 昆虫知识（2）：56 .
王恩和 . 1978. 白边地老虎天敌——多胚跳小蜂的初步观察［J］. 内蒙古农业科技（1）：28.
王福莲，侯茂林，王香萍，等 . 2007. 三突花蛛和星豹蛛对涝渍菜田短额负蝗的捕食作用［J］. 湖北农业科学，46（4）：573 - 575.
王国荣，孙志峰，陈吴健，等 . 2012. 大豆豆荚炭疽病有效杀菌剂的筛选与防治适期研究［J］. 浙江农业学报，24（2）：258 - 262.
王继安，罗秋香 . 2001. 大豆食心虫抗性品种鉴定及抗性性状分析［J］. 中国油料作物学报，23（2）：57 - 59.
王健立，郑长英 . 2010. 8 种杀虫剂对烟蓟马的室内毒力测定［J］. 青岛农业大学学报：自然科学版，27（4）：300 - 302.
王金水 . 1984. 大豆豆秆黑潜蝇的发生规律及其防治研究［J］. 中国油料（2）：75 - 77.
王经伦，宋桂芹 . 1983. 大豆豆秆黑潜蝇的发生及防治［J］. 河南农林科技（7）：21 - 22.
王凯，程云霞，江幸福，等 . 2011. 草地螟交配行为及能力［J］. 应用昆虫学报，48（4）：978 - 981.
王克勤，李新民，刘春来，等 . 2006. 黑龙江省大豆品种对大豆食心虫抗性评价［J］. 大豆科学，25（2）：153 - 157.

王克勤，李新民，刘春来，等.2009. 利用昆虫性诱剂防治大豆食心虫［J］. 中国农学通报，25（15）：190－193.
王克勤.1996. 应用赤眼蜂防治大豆食心虫的研究［J］. 植物保护，22（1）：8－10.
王琳，李有林.2004. 中华豆芫菁发生规律观察［J］. 中国植保导刊，24（6）：13－14.
王琳，曾玲，陆永跃.2003. 豆野螟发生为害及综合防治研究进展［J］. 昆虫天敌，25（2）：83－88.
王攀，郑霞林，雷朝亮，等.2011. 豇豆荚螟种群变动影响因子及防治技术研究进展［J］. 植物保护，37（3）：33－38.
王瑞明，林付根，陈永明，等.2002. 不同熟期大豆豆秆黑潜蝇的危害特征分析［J］. 江西农业学报，14（4）：31－36.
王文，甄伟玲.2006. 四种药剂防治李园四纹丽金龟比较试验［J］. 北方园艺（6）：167－168.
王先炜，谢玉，侯传祥，等.1999. 大造桥虫对火炬树的危害及其发生特点［J］. 昆虫知识，36（3）：146－148.
王小奇，方红，张治良，等.2012. 辽宁甲虫原色图鉴［M］. 沈阳：辽宁科学技术出版社.
王晓鸣，Schmitthenner A，马书君.1998. 黑龙江省大豆疫霉根腐病的调查［J］. 植物保护，24（3）：9－11.
王修强，盖钧镒，濮祖芹.2003. 黄淮和长江中下游地区大豆花叶病毒株系鉴定与分布［J］. 大豆科学，22（2）：102－107.
王延伟，智海剑，郭东全，等.2005. 中国北方春大豆区大豆花叶病毒株系的鉴定与分布［J］. 大豆科学，24（4）：263－268.
王义，张履鸿.1989. 红棕灰夜蛾核型多角体病毒的研究［J］. 病毒学杂志（3）：320－321.
王永锋，马赛飞，裴桂英，等.2001. 大豆纹枯病的防治方法［J］. 河南农业（4）.
王永锋，张跃进，裴桂英，等.2001. 大豆纹枯病与其种植密度的关系［J］. 安徽农业科学（5）：630－631.
王玉正.1999. 大豆田银纹夜蛾系统控制研究［J］. 生态学报，19（3）：388－392.
王直诚.1999. 东北蝶类志［M］. 长春：吉林科学技术出版社.
王植杏，王华弟，陈桂华，等.1996. 筛豆龟蝽发生规律及防治研究［J］. 植物保护，22（3）：7－9.
王志华，郑良，刘德生.2008. 大豆红蜘蛛发生及防治［J］. 中国农村小康科技（7）：53，56.
王志平，张荣宗.1999. 豆荚螟的发生特点与防治措施［J］. 福建农业科技，1：35－36.
王志友，黄爱斌，王帅，等.2008. 五味子蒙古灰象甲的发生及防治［J］. 现代农业科技（24）：144，146.
卫玲，樊云茜，肖俊红，等.2008. 豆秆黑潜蝇的识别与综合防治［J］. 陕西农业科学（3）：218－219.
魏德永.2011. 豆秆黑潜蝇的为害情况及防治措施［J］. 科学种养（7）：31.
魏鸿钧，张治良，王荫长.1989. 中国地下害虫［M］. 上海：上海科学技术出版社.
文礼章，肖新平，邓培云.2000. 豇豆荚螟的生物学特性与防治技术研究［J］. 昆虫知识，37（5）：274－278.
文兆明，韦静峰，彭有兵，等.2008. 几种植物源杀虫剂防治茶小绿叶蝉效果比较试验［J］. 中国农学通报，24（1）：379－383.
乌麻尔别克，张泉，艾然提江，等.2007. 白边切夜蛾发生规律及防治研究初报［J］. 新疆畜牧业（增刊）：53－54.
巫学文.1985. 大豆纹枯病发生规律的初步观察［J］. 植物保护，14（6）：47.
吴凤云，杨雪梅.2010. 大豆羞萎病的发生及防治［J］. 大豆科技（2）：57－58.
吴刚，荣秀兰，雷朝亮，等.2002. 棉蝗雄性生殖器的解剖观察研究［J］. 湖北植保（3）：4－6.
吴刚.2003. 棉蝗生物学、生态学特性及人工饲养研究［D］. 武汉：华中农业大学.
吴海燕，远方，陈立杰，等.2001. 大豆胞囊线虫病与大豆抗胞囊线虫机制的研究［J］. 大豆科学，20（4）：285－289.
吴晋华，刘爱萍，徐林波，等.2011. 不同的球孢白僵菌对草地螟的毒力测定［J］. 中国植保导刊，31（10）：10－13.
吴梅香，蒋振环，2011. 豆卷叶螟及其主要寄生蜂——长颊茧蜂的若干生物学特性［J］. 武夷科学，27：63－68.
吴梅香，吴珍泉，华树妹.2006. 筛豆龟蝽及其2种卵寄生蜂若干生物学特性的初步研究［J］. 福建农林大学学报，35（2）：147－150.
吴梅香，许开腾.2002. 福州郊区菜用大豆害虫的初步研究［J］. 武夷科学，18：27－32.
吴明才，肖昌珍.1999. 世界大豆线虫病研究概述［J］. 湖北农业科学，1：38－40.
吴淑娟.2010. 大豆霜霉病防治方法［J］. 植物保护（7）：86.
吴嗣勋，李大勇.1991. 稻绿蝽的为害损失及药效防治［J］. 病虫测报（1）：27.
吴雄强.2009. 小绿叶蝉及其缨小蜂种群动态和茶树对叶蝉刺激的生理反应［D］. 福州：福建农林科技大学.
吴彦玲，朱少宇，吴娟.2009. 大豆菌核病的发生与防治［J］. 现代农业科技（24）：176，178.
吴月琴，章新民，华阿清.1992. 筛豆龟蝽生物学特性观察及防治［J］. 昆虫知识，29（5）：272－274.
武春生.2010. 中国动物志［M］. 北京：科学出版社.
夏晨哮，许启山，张志鹏.1992. 二条叶甲危害大豆严重［J］. 植物保护，18（2）：48.
夏桂平，沈佐锐.1997. 麦豆连作田套种油菜对大豆害虫及其天敌的生态效应［J］. 安徽农业科学，25（1）：17－21.
肖德海，郑秀真.2007. 蜗牛发生规律及综合防治技术［J］. 现代农业科技（15）：69－70.
肖顺，刘国坤，张绍升，等.2008. 淡紫拟青霉菌株PL050705的生物学特性及其对柑橘线虫卵的寄生性［J］. 中国农学通报，24：72 - 76.
肖婷，郭建，陈宏州，等 . 2010. 低温处理对豆天蛾幼虫越冬以及化蛹的影响 [J]. 经济动物学报，14 (1)：49 - 51.
谢永辉，李正跃，张宏瑞 . 2011. 烟蓟马研究进展 [J]. 安徽农业科学，39 (5)：2683 - 2685，2785.
辛惠普，台莲梅，范文艳 . 2009. 大豆病虫害防治彩色图谱 [M]. 北京：中国农业出版社 .
邢光南，赵团结，盖钧镒 . 2008. 大豆对豆卷叶螟 *Lamprosema indicata* (Fabricius) 抗性的遗传分析 [J]. 作物学报，34 (1)：8 - 16.
熊艺，司升云，荣凯峰，等 . 2007. 豆小卷叶蛾的识别与防治 [J]. 长江蔬菜 (9)：36.
徐公天，杨志华 . 2007. 中国园林害虫 [M]. 北京：中国林业出版社 .
徐建国，戴瑞云，范惠，等 . 2005. 农田蜗牛发生与防治技术研究 [J]. 蔬菜，8：27.
徐金彪，江延朝，赵同芝 . 2009. 绥化市斑须蝽发生世代及发生规律的研究 [J]. 作物杂志 (5)：76 - 77.
徐蕾，许国庆，刘培斌，等 . 2011. 温度对大豆蚜生长发育和繁殖的影响 [J]. 中国油料作物学报，33 (2)：189 - 192.
徐林波，刘爱萍，王慧 . 2007. 草地螟的生物学特性及室内毒力测定研究 [J]. 草业科学，24 (9)：83 - 85.
徐庆丰，郭守桂，韩玉梅，等 . 1965. 大豆食心虫 *Leguminivora glycinivorella* (Mats.) Obraztsov 的研究 [J]. 昆虫学报，14 (5)：461 - 475.
徐玉芬 . 1959. 鳞翅目主要害虫蛹的鉴别 [J]. 昆虫学报，9 (5)：395 - 422.
许方程，叶曙光，等 . 2002. 频振式杀虫灯对菜田斜纹夜蛾等害虫的诱杀效果初报 [J]. 植物保护，28 (2)：55 - 56.
许国庆，陈彦，王兴亚，等 . 2011. 大豆蚜对环境的适应及对大豆产量的影响 [J]. 应用昆虫学报，48 (6)：1638 - 1645.
许建军，郭文超，李鹏发，等 . 2007. 不同生物农药防治棉田烟蓟马研究初报 [J]. 新疆农业科学，44 (4)：450 - 452.
许胜利，刘朝霞，闫锋，等 . 2010. 灰斑古毒蛾发育起点温度和有效积温研究 [J]. 中国森林病虫，29 (6)：28 - 30.
许向利，成巨龙，郭丽娜，等 . 2012. 烟田斑须蝽空间分布型格局及抽样技术研究 [J]. 西北农林科技大学学报：自然科学版，40 (6)：114 - 119.
许艳丽，李春杰，赵丹，等 . 2006. 大豆锈病研究现状与进展 [J]. 植物保护，32 (4)：9 - 13.
薛华 . 2010. 大豆豆秆黑潜蝇防治 [J]. 北京农业 (19)：44.
薛俊杰，程红梅 . 1992. 大豆抗大豆食心虫机制研究初报 [J]. 华北农学报，7 (4)：91 - 98.
闫日红，杨振宇，王曙明，等 . 2011. 大豆抗食心虫性的遗传方式及其相关性研究概述 [J]. 大豆科技 (1)：17 - 19.
颜金龙，郭兴文 . 1998. 豆天蛾发生规律及与气象因子的关系 [J]. 植保技术与推广，18 (2)：12 - 14.
杨奋勇，栾树森，苏海，等 . 2009. 三种生物农药防治灰斑古毒蛾林间试验 [J]. 中国森林病虫，28 (1)：34 - 35，24.
杨江平 . 2008. 双斑萤叶甲的危害与防治技术 [J]. 新疆农业科技，183 (6)：55 - 56.
杨雅麟 . 2002. 长江中下游地区大豆花叶病毒株系组成、分布及抗性研究 [D]. 南京：南京农业大学 .
杨勇 . 2010. 大豆菌核病的发生及防治 [J]. 现代农业科技 (7)：187.
杨玉霞，任国栋 . 2006. 云南豆芫菁属一新种（鞘翅目：芫菁科）[J]. 昆虫分类学报，28 (4)：271 - 274.
杨振廷 . 2005. 大豆炭疽病的发生与防治技术 [J]. 中国农村小康科技 (3)：39.
杨志华，吕锡麟 . 1990. 银纹夜蛾生物学特性的观察 [J]. 昆虫知识，27 (5)：287 - 289.
尹楚道，徐学农，王展，等 . 1993. 大豆食心虫卵空间格局与落卵规律研究 [J]. 安徽农业大学学报，20 (4)：315 - 320.
尹姣，曹雅忠，罗礼智，等 . 2005. 草地螟对寄主植物的选择性及其化学生态机制 [J]. 生态学报，25 (8)：1844 - 1852.
尹姣，曹煜，李克斌，等 . 2005. 不同药剂对草地螟控制效果的研究 [J]. 中国植保导刊，25 (9)：39 - 41.
袁锋，等 . 2007. 农业昆虫学 [M]. 北京：中国农业出版社 .
袁锋，冯纪年，贾传宝，等 . 1994. 斑须蝽三代卵块的空间分布和田间抽样技术研究 [J]. 昆虫知识，31 (2)：88 - 91.
岳德荣，郭守桂，单玉莲 . 1987. 大豆品种抗大豆食心虫机制初步探讨 [J]. 吉林农业科学 (1)：40 - 42，46.
臧连生，2005. B 型烟粉虱对浙江本地非 B 型烟粉虱的竞争取代及其行为机制 [D]. 杭州：浙江大学 .
翟利钧，李海平 . 2012. 吡虫啉种衣剂对甜菜生长性状的影响及对中华豆芫菁的防治效果 [J]. 内蒙古农业大学学报，33 (2)：30 - 33.
战勇，智海剑，喻德跃，等 . 2006. 黄淮地区大豆花叶病毒株系的鉴定与分布 [J]. 中国农业科学，39 (10)：2009 - 2015.
张春生，于东坡 . 2004. 筛豆龟蝽的暴发为害及防治技术初探 [J]. 中国植保导刊，24 (8)：45.
张范强，薛淑珍，纪勇，等 . 1981. 四纹丽金龟甲初步观察 [J]. 陕西农业科学 (6)：27 - 28.
张桂荣，金久范，万立 . 1983. 大豆根潜蝇天敌——离颚茧蜂初步研究 [J]. 昆虫天敌，5 (1)：10 - 11.
张弘弼，曲凤臣，庞亚群，等 . 2011. 白边地老虎发生规律及综合防治技术 [J]. 黑龙江农业科学 (8)：160.
张怀玉，张贤光，李强 . 1993. 棉蝗的发生规律及防治技术 [J]. 昆虫知识，30 (1)：12 - 14.
张怀玉 . 1990. 安徽省五河县棉蝗为害严重 [J]. 植物保护 (5)：51.
张慧，高玉芬，袁章虎，等 . 1989. 坝上高原白边地老虎生物学特性及防治研究 [J]. 植物保护学报，16 (4)：269 - 272.
张结玉 . 2009. 泾阳县泾惠灌区玉米田蜗牛重发原因分析及防治对策 [J]. 中国植保导刊，2：23 - 24.

张雷.2008. 黑河地区大豆根潜蝇可控制技术的研究［J］. 作物杂志（6）：85-87.
张李香，范锦胜，王贵强.2011. 草地螟成虫期补充营养与其生殖力的关系［J］. 植物保护，37（2）：59-62.
张丽，张云慧，曾娟，等.2012.2010 年牧区 2 代草地螟成虫迁飞的虫源分析［J］. 生态学报，32（8）：2371-2380.
张履鸿，李国勋，赵奎军，等.1993. 农业经济昆虫学［M］. 哈尔滨：哈尔滨船舶工程学院出版社.
张明厚，魏培文，张春泉.1998. 我国东北五省市 SMV 对大豆主栽品种的毒力测定［J］. 植物病理学报，28（3）：237-242.
张绍升.1999. 植物线虫病害诊断与治理［M］. 福州：福建科学出版社.
张巍巍，李元胜.2011. 中国昆虫生态大图鉴［M］. 重庆：重庆大学出版社.
张维球，戴宗廉等.1981. 农业昆虫学（下册）［M］. 北京：农业出版社：513-517.
张霞，金燕.2008. 大豆常见病害症状识别与防治［J］. 现代农业科技，24：135-136.
张孝羲.1957. 大豆豆荚螟 *Etiella zinckenella* Treitschke 在苏南地区的生活史及数种生态因子的初步探讨［J］. 南京农学院学报，2：27-45.
张兴林，蒋哗男，王会新.1995. 气象因素对大豆食心虫的影响及预报［J］. 黑龙江气象（2）：27-30.
张友廷，杜相革，董民，等.2003. 筛豆龟蝽卵寄生蜂田间发生调查初报［J］. 昆虫知识，40（5）：443-445.
张玉聚，等.2008. 中国农业病虫草害原色图解［M］. 北京：中国农业科学技术出版社.
张玉聚，等.2010. 中国农作物病虫害原色图解［M］. 北京：中国农业科学技术出版社.
张跃进，姜玉英，江幸福.2008. 我国草地螟关键控制技术研究进展［J］. 中国植保导刊，28（5）：15-19.
张云慧，陈林，程登发，等.2008. 草地螟 2007 年越冬代成虫迁飞行为研究与虫源分析［J］. 昆虫学报，51（7）：720-727.
章士美，汪广.1959. 斜纹夜蛾 *Prodenia litura* Fab. 的初步考察［J］. 昆虫知识，3：83-84.
章士美，胡梅操.1981. 两种为害豆科作物的蜂缘蝽［J］. 江西农业科技（12）：15-16.
赵爱莉，李楠，牛建光，等.1996. 根据温雨系数预测大豆食心虫的危害程度［J］. 大豆通报（3）：11-12.
赵爱莉，王陆玲，王晓丽，等.1994. 大豆品种抗大豆食心虫性与其形态学和生物学因子关系的研究［J］. 吉林农业大学学报，16（4）：43-48.
赵丹，许艳丽.2006. 大豆菌核病的识别与综合防治［J］. 大豆通报（3）：15-16.
赵奎军，张丽坤，李国勋，等.1999. 大豆重迎茬对大豆根潜蝇种群数量的影响［J］. 沈阳农业大学学报，30（3）：305-307.
赵寅，孟凡华，徐永海.2004. 大豆红蜘蛛发生特点及综合防治技术［J］. 大豆通报（2）：10.
赵云成，马红明，麻淑芬，等.2011. 防治蓟马农药筛选试验［J］. 中国园艺文摘（7）：22-23.
中国科学院动物研究所.1986. 中国农业昆虫：上册［M］. 北京：农业出版社.
中国科学院动物研究所.1986. 中国农业昆虫：下册［M］. 北京：农业出版社.
中国农业科学院植物保护研究所.1995. 中国农作物病虫害：上册［M］.2 版. 北京：中国农业出版社.
周国有，原国辉.2008. 黄淮流域夏大豆豆荚螟的发生及防治［J］. 安徽农业科学，36（21）：9165-9166.
周弘春，辛惠普，向春玲，等.1994. 豆黄蓟马发生规律与防治研究［J］. 黑龙江八一农垦大学学报，7（4）：27-33.
周弘春，辛惠普.1994. 豆黄蓟马发生为害与防治［J］. 植物保护，20（3）：28.
周建农，蒋伶活，濮祖芹，等.1991. 大豆花叶病毒的越冬寄主［J］. 江苏农业学报，7（2）：56.
周雪平，濮祖芹，方中达.1994. 豌豆病毒病病原研究［J］. 植物病理学报，24（3）：207-212.
周繇，朱俊义.2003. 中国长白山蝶类彩色图志［M］. 长春：吉林教育出版社.
周肇蕙.1995. 大豆疫病的检疫研究——病原菌的分离鉴定［J］. 植物检疫，9（5）：257-261.
周正才，刘鑫宇，苏静，等.2009. 半干旱区大豆食心虫的发生及综合防治措施［J］. 杂粮作物，29（1）：45-46.
朱弘复，等.1983. 中国蛾类图鉴Ⅱ［M］.2 版. 北京：科学出版社.
朱弘复，王林瑶.1956. 豆芫菁 *Epicauta gorhami* Marseul 的生活史及复变态讨论［J］. 昆虫学报，6（1）：61-73.
朱弘复.1956. 鳞翅目幼虫毛序命名及其应用［J］. 昆虫学报，6（3）：323-333.
朱均权.2010. 人纹污灯蛾的生物学特性及防控技术［J］. 长江蔬菜（1）：45-46.
朱莉昵.2011. 大豆立枯病的识别与防治初探［J］. 园艺与种苗（4）：14-16.
朱文炳.1992. 油料作物害虫［M］. 北京：农业出版社.
朱振东，李怡林，邱丽娟，等.2002. 大豆对紫斑病抗性鉴定方法的研究［J］. 大豆科学，2：96-100.
庄炳昌，岳德荣，王玉民，等.1992. 大豆不同品种次生代谢产物及相关酶类含量与抗食心虫的关系［J］. 中国油料（3）：18-20.
庄剑云.1992. 中国大豆锈病的病原寄主及分布［J］. 中国油料，3：67-69.
邹德华，王玉琴.1982. 豆秆黑潜蝇发生规律研究初报［J］. 河南农林科技（6）：12-14.

邹德华．1983．豆秆黑潜蝇生物学生态学特性研究初报［J］．中国油料作物学报（4）：59－63．

祖爱民，戴美学．1997．灰斑古毒蛾核型多角体病毒毒力的生物测定及田间防治［J］．中国生物防治，13（2）：57－60．

Bologna M A，Pinto J D．2002．The Old World genera of Meloidae（Coleoptera）：a key and synopsis［J］．Journal of Natural History，36：2013－2102．

Boosalis M G．1950．Studies on the parasitism of *Rhizoctonia solani* Kuehn on Soybeans［J］．Phytopathology，40（9）：820－831．

Chen P，Buss G R，Tolin S A．2002．Breeding and genetics of virus resistance［R］．China and international soybean conference and exhibition：65－67．

Cho E K，Goodman R M．1979．Strains of soybean mosaic virus：classification based on virulence in resistant soybean cultivars［J］．Phytopathology，69（5）：467－470．

Fenille R C，Ciampi M B，Kuramae E E，et al．2003．Identification of *Rhizoctonia solani* associated with soybean in Brazil by rDNA－ITS sequences［J］．Fitopatologia Brasileira，28（4）：413－419．

Frederick R D，Snyder C L，Peterson G L，et al．2002．Polymerase chain reaction assays for the detection and discrimination of the soybean rust pathogens *Phakopsora pachyrhizi* and *P．meibomiae*［J］．Phytopathology，92：217－227．

Goellner K，Loehrer M，Langenbach C，et al．2010．*Phakopsora pachyrhizi*，the causal agent of Asian soybean rust［J］．Mol Plant Pathology，11：169－177．

Hildebrand A A．1959．A root and stalk rot of soybean caused by *Phytophthora megasperma* Drechsler var．sojae *var．nov．*［J］．Canadian Journal of Botany，37：927－957．

Hill J H，Benner H I．1980．Porperities of Soybean mosaic virus ribonucleic acid［J］．Phytopathology，70（3）：236－239．

Hong S K，Choi H W，Lee Y K，et al．2012．Occurrence of Soybean Sleeping Blight Caused by *Septogloeum sojae* in Korea［J］．Mycobiology，40（4）：265－267．

Juliane R S，Claudia T M，Lucia J R，et al．2010．Genetic relatedness of Brazilian *Colletotrichum truncatum* isolates assessed by vegetative compatibility groups and RAPD analysis［J］．Biological Research，43：51－62．

Kaufmann J J，Gerdemann J W．1958．Root rot of soybeans caused by *Phytophthora sojae*［J］．Phytopathology，48：201－208．

Kendrick M D，Harris D K，Ha B K，et al．2011．Identification of a second Asian soybean rust resistance gene in Hyuuga soybean［J］．Phytopathology，101：535－543．

Kim D G，Riggs R D，Correll J C．1998．Isolation，characterization，and distribution of a biocontrol fungus from cysts of *Heterodera glycines*［J］．Phytopatholgy，88（5）：465－471．

Komatsu K，Okuda S．1999．QTI Mapping of antibiosis resistance to common cutworm（*spodoptera litura* Fabricius）in soybean［J］．Crop Science，45（5）：2044－2048．

Koshimizu Y，Iizuka N．1963．Studies on soybean virus diseases in Japan［J］．Tohoku Agricultural Experimental，27：1－103．

Kuan T L，Erw D C．1980．Formae speciales differentiation of *Phytophthora megasperma* isolates from soybean and alfalfa［J］．Phytopathology，70：333－338．

Li H C，Zhi H J，Gai J Y，et al．2006．Inheritance and Gene Mapping of Resistance to Soybean Mosaic Virus Strain SC14 in Soybean［J］．Journal of Integrative Plant Biology，48（12）：1466－1472．

Li K，Yang Q H，Zhi H J，Gai J Y．2010．Identification and Distribution of Soybean mosaic virus Strains in Southern China［J］．Plant Disease，94：351－357．

Liu X Z，Chen S Y．2001．Screening isolates of Hirsutella species for biocontrol of *Heterodera glycines*［J］．Biocontrol Science and Technology，11（1）：151－160．

Mackay M R．1959．Larvae of the North American Olethreutidae（Lepidopters）［J］．The Canadian Entomologist（Supplement 10）：5－11，28－29，46－48．

Obraztsov，N．S．1960．Die Gattungen der palaearktischen TortricidaeⅡ［J］．Die Unter familie Olethreutidae．Tijdschrift voor Entomologie，103（1－2）：131－134．

Srinivasaperumal S，Samuthiravelu P，Muthukrishnan J．1992．Host plant preference and life tale of *Megacopta cribraria*（Fab．）（Hemiptera：Plataspidae）［J］．Proceeding Indian National Sciences Academy，B58（6）：333－340．

Stark D M，Beachy R N．1989．Protection against potyvirus infection in transgenic plants evidence for broad－spectum resistance［J］．Biotechnology，12：1257－1262．

Tullu A，Buchwaldt L，Lulsdorf M，et al．2006．Sources of resistance to anthracnose（*Colletotrichum truncatum*）in wild *Lens* species［J］．Genetic Resources and Crop Evolution，53：111－119．

Wrather J A. 1997. Soybean disease loss estimates for the top 10 soybean producing countries in 1994 [J] . Plant Disease, 81: 107 - 110.

Yeh C C, Tschanz A T, Sinclair J B. 1981. Induce teliospore formation by *Phakopsora pachyrhizi* (soybean rust) ten hosts [J] . Phytopathology, 71 (8): 914.

Yorinori J T. 2004. Country report and rust control strategies in Brazil [C] //Proceedings of Ⅶ World Soybean Research Conference, Ⅳ International Soybean Processing and Utilization Conference, Ⅲ Congresso Brasileiro de Soja (Brazilian Soybean Congress) . Foz do Iguassu, PR, Brazil, 447 - 455.

Yu M H , Frenkel M J, Mekern N M, et al. 1989. Coat protein of potyvirues amino acid sequences suggest watermelon mosaic virus and soybean mosaic virus - n are strains of the same potyvirus [J] . Achives of Virology, 105: 55 - 64.

Yu Y G, Buss G R, Saghai Maroof M A. 1996. Isolation of a superfamily of cidate disease - resistance genes in soybean based on a conserved nucleotide - binding site [J] . Proceedings of the National Academy of Science of the United States of America, 93 (11): 11751 - 11756.

Zhu X F, Pan Y, Chen L J, et al. 2012. First Report of leaf spot of soybean caused by *Aristastoma guttulosum* in China [J] . Plant Diease, 96 (11): 1694.

第7单元 大豆病虫害

彩图7-1-1 大豆疫霉根腐病田间症状（王源超摄）
Colour Figure 7-1-1 Symptoms caused by *Phytophthora sojae* in the field（by Wang Yuanchao）
1. 病株 2. 整片病株

彩图7-2-2 大豆根上着生的胞囊线虫雌成虫（段玉玺摄）
Colour Figure 7-2-2 The female adults of *Heterodera glycines* on root of soybean（by Duan Yuxi）

彩图7-2-1 大豆胞囊线虫病田间症状（段玉玺摄）
Colour Figure 7-2-1 Symptoms of soybean cyst nematode in the field（by Duan Yuxi）

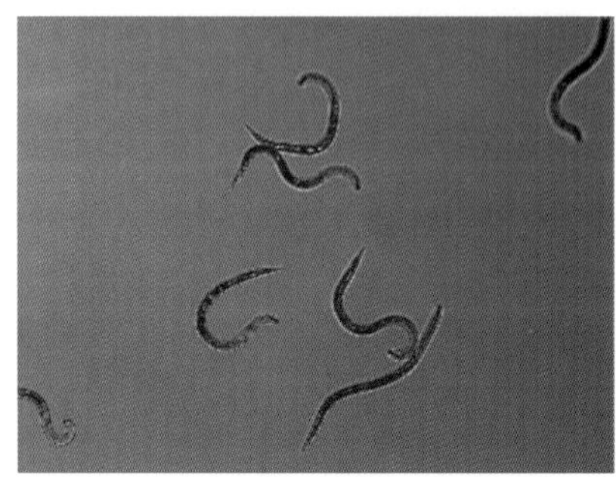

彩图7-2-3 大豆胞囊线虫二龄幼虫（段玉玺摄）
Colour Figure 7-2-3 J2 of *Heterodera glycines*（by Duan Yuxi）

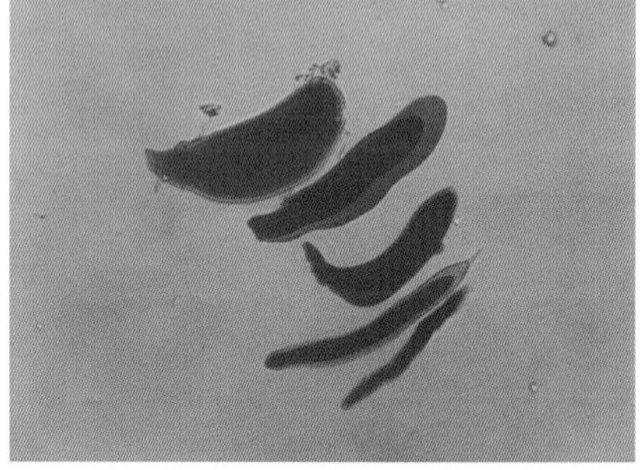

彩图7-2-4 大豆胞囊线虫各龄虫态（经染色）（段玉玺摄）
Colour Figure 7-2-4 Shape of different juveniles of stained *Heterodera glycines*（by Duan Yuxi）

彩图7-2-5 脱落在土壤中的大豆胞囊线虫的褐色胞囊（段玉玺摄）
Colour Figure 7-2-5 Brown cysts of *Heterodera glycines* fell off in the soil（by Duan Yuxi）

彩图7-3-1 SMV在大豆植株和籽粒上形成的症状（智海剑和李凯提供）
Colour Figure 7-3-1 Symptoms caused by *Soybean mosaic virus* on the soybean plants and seeds（by Zhi Haijian and Li Kai）
1. 花叶 2. 坏死 3. 籽粒上的斑驳

彩图7-4-1　大豆细菌性斑疹病症状（陆辰晨摄）
Colour Figure 7-4-1　Symptoms of bacterial pustules of soybean（by Lu Chenchen）

彩图7-5-1　大豆细菌性斑点病叶片症状（引自CPC数据库，2007）
Colour Figure 7-5-1　Symptoms caused by *Pseudomonas savastanoi* pv. *glycinea*（from CPC, 2007）

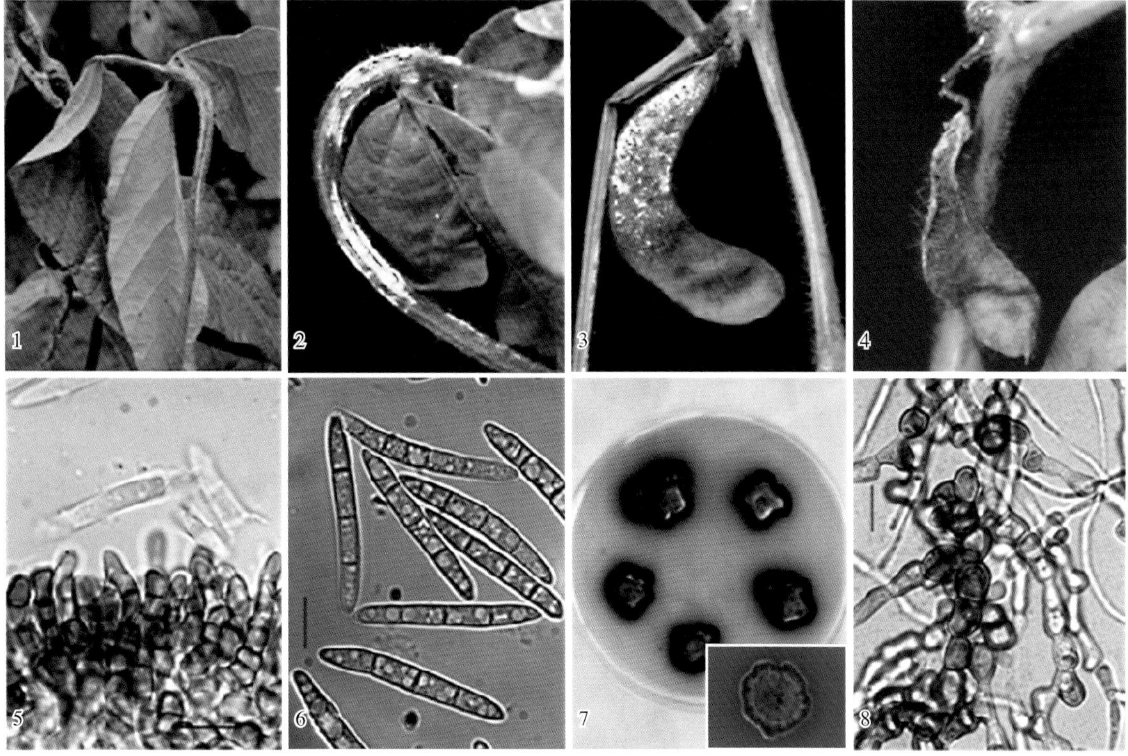

彩图7-7-1　大豆羞萎病田间症状和病原菌形态（引自Sung et al.，2012）
Colour Figure 7-7-1　Symptoms of soybean sleeping blight and the morphology of *Septogloeum sojae*（from Sung et al., 2012）
1～4. 田间症状　5. 病斑上的分生孢子梗　6. 分生孢子　7. 马铃薯琼脂培养基上的菌落　8. 厚垣孢子

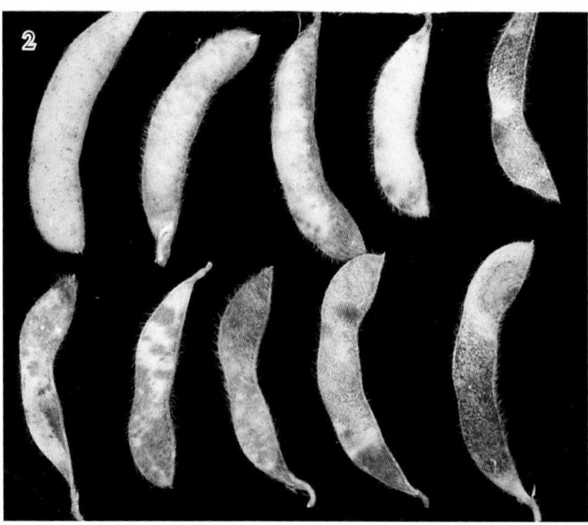

彩图7-8-1　大豆叶片（1）和豆荚（2）上的炭疽病症状（陆辰晨摄）
Colour Figure 7-8-1　Symptoms of anthracnose on the leaf（1）and hull（2）of soybean（by Lu Chenchen）

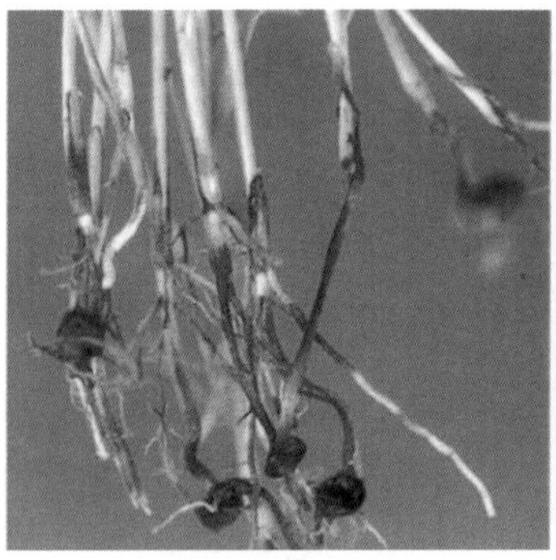

彩图 7-9-1 大豆立枯病根部症状（陆辰晨摄）
Colour Figure 7-9-1 Root symptoms of soybean seedling blight（by Lu Chenchen）

彩图 7-10-1 大豆根结线虫病症状（李云辉摄）
Colour Figure7-10-1 Symptoms of root knot nematode on soybean in the filed（by Li Yunhui）

彩图 7-11-1 大豆霜霉病症状（陈立杰和王媛媛摄）
Colour Figure 7-11-1 Symptoms of soybean downy mildew（by Chen Lijie and Wang Yuanyuan）

彩图 7-12-1 大豆锈病症状（史耀波和王媛媛摄）
Colour Figure 7-12-1 Symptoms of soybean rust（by Shi Yaobo and Wang Yuanyuan）

彩图 7-13-1 大豆紫斑病种子症状（王媛媛摄）
Colour Figure 7-13-1 Symptoms of soybcan purple stain on seeds（by Wang Yuanyuan）

彩图 7-13-2 大豆紫斑病叶片症状（引自白金铠，1987）
Colour Figure 7-13-2 Symptoms of soybean purple stain on leaves（from Bai Jinkai, 1987）

彩图7-14-1　大豆灰斑病症状（史耀波摄）
Colour Figure 7-14-1　Symptoms of soybean frogeye leaf（by Shi Yaobo）

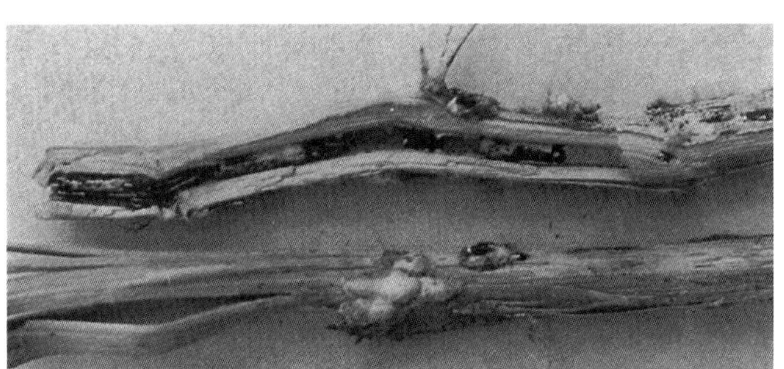

彩图7-15-1　大豆菌核病症状（引自白金铠，1987）
Colour Figure 7-15-1　Symptoms of soybean Sclerotinia stem rot（from Bai Jinkai, 1987）

彩图7-16-1　大豆纹枯病症状（史耀波和王媛媛摄）
Colour Figure 7-16-1　Symptoms of soybean aerial web blight（by Shi Yaobo and Wang Yuanyuan）

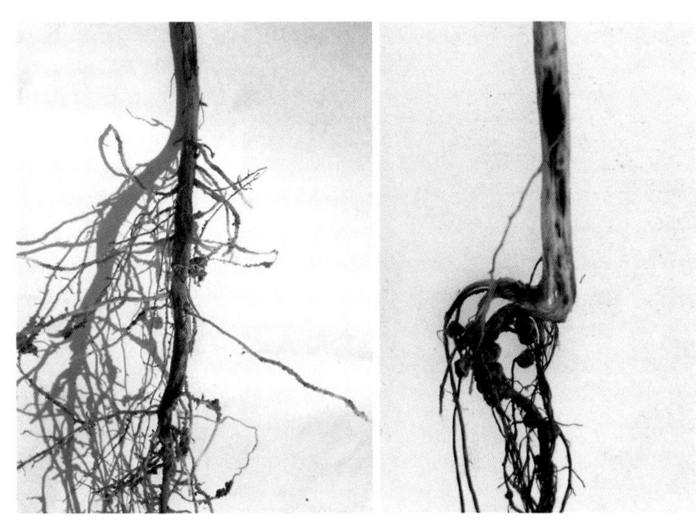

彩图7-17-1　大豆根腐病症状（王媛媛摄）
Colour Figure 7-17-1　Symptoms of soybean root rot（by Wang Yuanyuan）

彩图 7-18-1 大豆黑斑病叶片症状（引自白金铠，1987）
Colour Figure 7-18-1 Symptoms of soybean Alternaria leaf spot（from Bai Jinkai, 1987）

彩图 7-19-1 大豆毛口壳叶斑病病叶及病叶上的分生孢子器和分生孢子（陈立杰等摄）
Colour Figure 7-19-1 Symptoms of soybean Aristastoma leaf spot and pycnidia and conidia of *Aristastoma guttulosum*（by Chen Lijie et al.）

彩图 7-20-1 大豆食心虫幼虫为害豆荚状（于洪春摄）
Colour Figure 7-20-1 The damage caused by *Leguminivora glycinivorella* larvae（by Yu Hongchun）

彩图 7-20-2 大豆食心虫成虫（于洪春摄）
Colour Figure 7-20-2 Adult of *Leguminivora glycinivorella*（by Yu Hongchun）

彩图 7-20-3 大豆食心虫老熟幼虫（于洪春摄）
Colour Figure 7-20-3 Mature larva of *Leguminivora glycinivorella*（by Yu Hongchun）

彩图 7-20-4 大豆食心虫老熟幼虫做的土茧（于洪春摄）
Colour Figure 7-20-4 Earth-cocoon of *Leguminivora glycinivorella* larva（by Yu Hongchun）

彩图7-21-1　豆荚斑螟
（史树森和崔娟摄）
Colour Figure 7-21-1 *Etiella zinckenella*（by Shi Shusen and Cui Juan）
1.雌成虫　2.雄成虫　3.卵
4.幼虫　5.蛹　6.豆荚被害状
7.幼虫蛀荚孔　8.幼虫脱荚孔

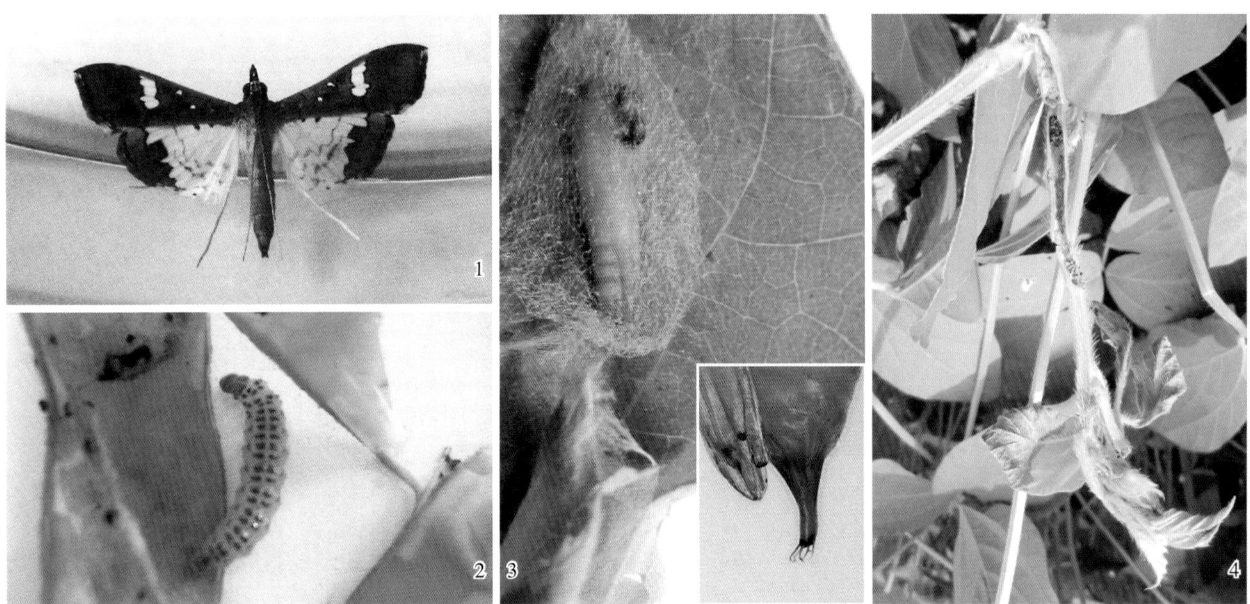

彩图7-22-1　豆荚野螟（崔娟和史树森摄）
Colour Figure 7-22-1　*Maruca vitrata*（by Cui Juan and Shi Shusen）
1.成虫　2.幼虫　3.蛹　4.嫩茎被害状

彩图 7-23-1　豆根蛇潜蝇（引自何振昌，1997）
Colour Figure 7-23-1　*Ophiomyia shibatsuji*（from He Zhenchang, 1997）
1. 成虫　2. 幼虫

彩图 7-24-1　豆秆黑潜蝇（崔娟和史树森摄）
Colour Figure 7-24-1　*Melanagromyza sojae*（by Cui Juan and Shi Shusen）
1. 成虫　2. 前翅　3. 幼虫　4. 蛹　5. 成虫羽化孔　6. 茎秆被害状

彩图7-25-1 大豆蚜无翅孤雌蚜及其为害状（于洪春摄）
Colour Figure 7-25-1 The damage symptom and apterous viviparous females of *Aphis glycines* （by Yu Hongchun）

彩图7-26-1 筛豆龟蝽（崔娟摄）
Colour Figure 7-26-1 *Megacopta cribraria* （by Cui Juan）
1. 成虫 2. 若虫群集为害 3. 若虫 4. 卵

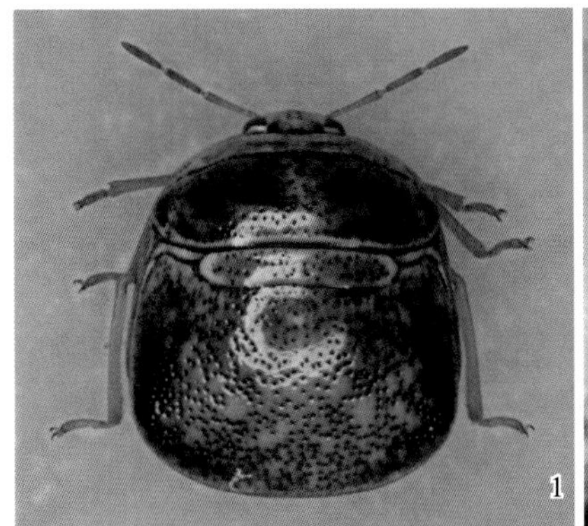

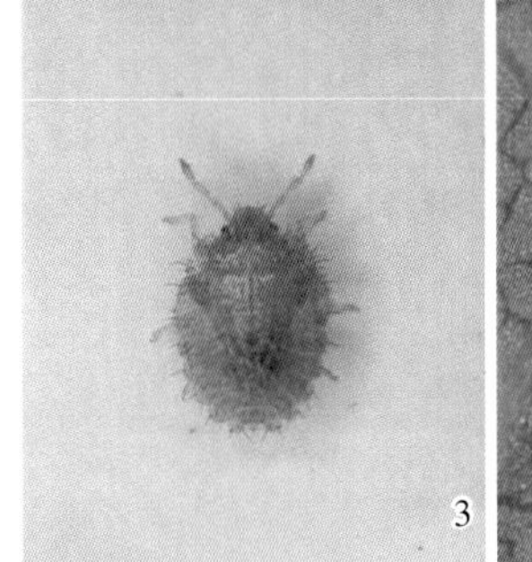

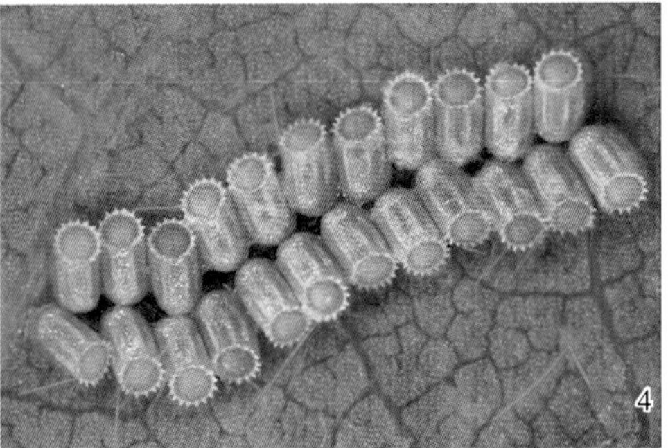

彩图7-27-1 斑须蝽成虫（于洪春摄）
Colour Figure 7-27-1 Adult of *Dolycoris baccarum*（by Yu Hongchun）

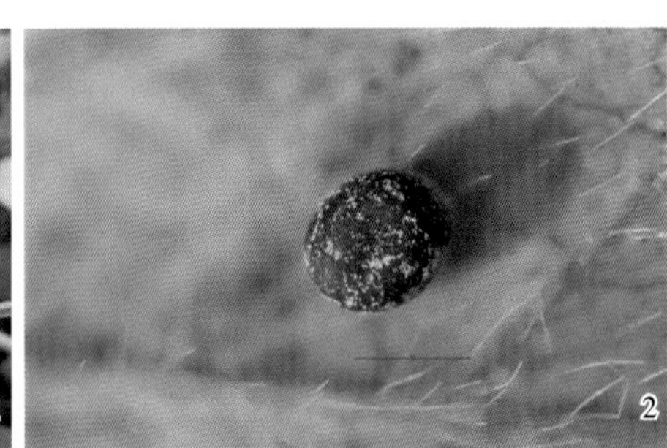

彩图7-28-1 点蜂缘蝽（史树森和崔娟摄）
Colour Figure 7-28-1 *Riptortus pedestris* （by Shi Shusen and Cui Juan）
1. 成虫 2. 卵
3. 若虫 4. 若虫为害状

彩图7-29-1 稻绿蝽（崔娟和史树森摄）
Colour Figure 7-29-1 *Nezara viridula*（by Cui Juan and Shi Shusen）
1. 全绿型成虫 2. 黄肩型成虫 3. 点斑型成虫 4. 成虫自然状 5. 卵 6. 初孵若虫 7. 低龄若虫 8. 高龄若虫 9. 若虫群集为害

彩图7-30-1 烟蓟马成虫
（引自吕佩珂等，2007）
Colour Figure 7-30-1
Adult of *Thrips tabaci*
（from Lü Peike et al., 2007）

彩图7-31-1　白边地老虎幼虫在土表内咬断大豆嫩茎（于洪春摄）
Colour Figure 7-31-1　The damage caused by *Euxoa oberthuri* larvae（by Yu Hongchun）

彩图7-31-2　白边地老虎成虫（于洪春摄）
Colour Figure 7-31-2　Adult of *Euxoa oberthuri*（by Yu Hongchun）

彩图7-31-3　白边地老虎幼虫（于洪春摄）
Colour Figure 7-31-3　Larva of *Euxoa oberthuri*（by Yu Hongchun）

彩图7-31-4　白边地老虎蛹（于洪春摄）
Colour Figure 7-31-4　Pupa of *Euxoa oberthuri*（by Yu Hongchun）

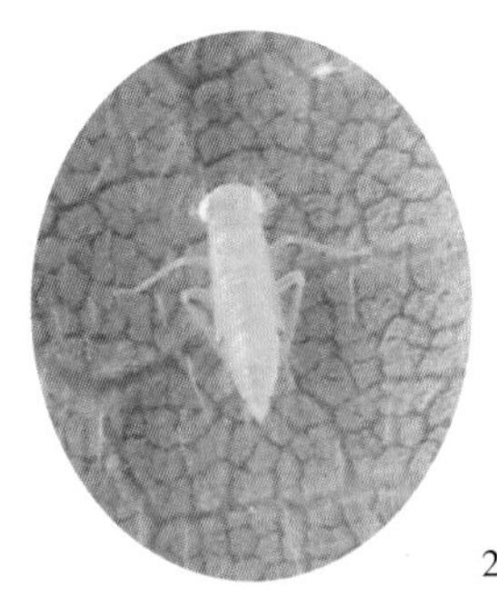

彩图7-32-1　小绿叶蝉（史树森和崔娟摄）
Colour Figure 7-32-1 *Empoasca flavescens*（by Shi Shusen and Cui Juan）
1. 成虫　2. 若虫　3. 叶片被害状　4. 田间为害状

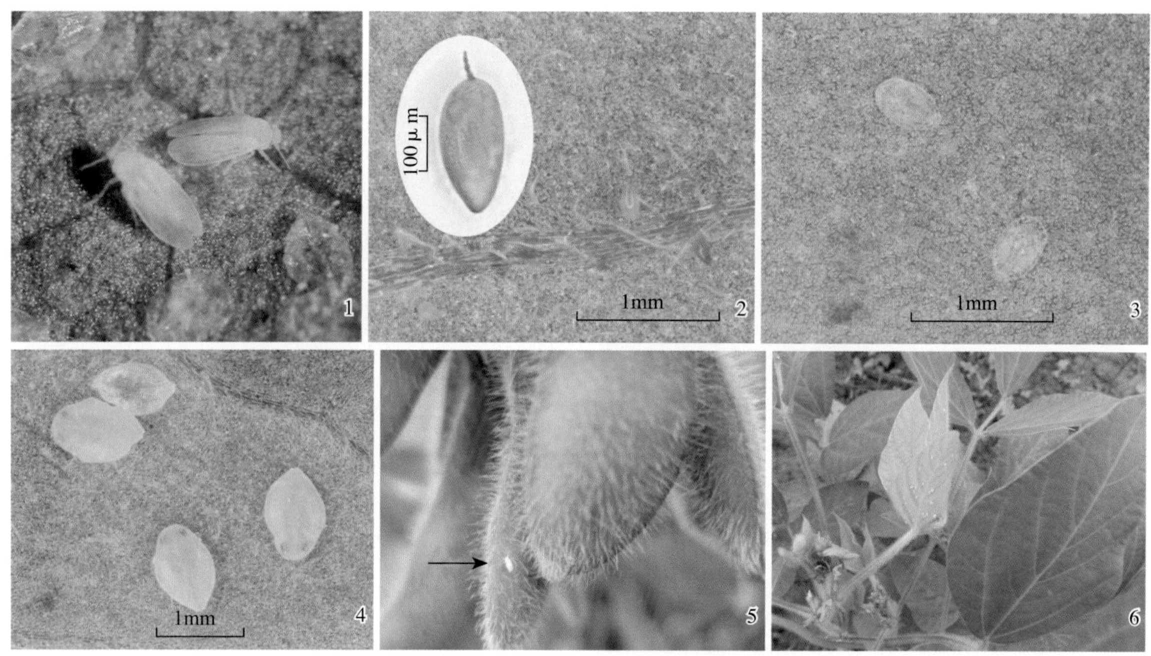

彩图7-33-1 烟粉虱（臧连生摄）
Colour Figure 7-33-1 *Bemisia tabaci*（by Zang Liansheng）
1. 成虫 2. 卵 3. 若虫 4. 伪蛹 5. 成虫为害豆荚 6. 成虫为害叶片

彩图7-34-1 豆黄蓟马（崔娟摄）
Colour Figure 7-34-1 *Thrips nigropilosus*（by Cui Juan）
1. 成虫 2. 成虫放大 3. 成虫腹末放大 4. 若虫 5. 叶片被害状

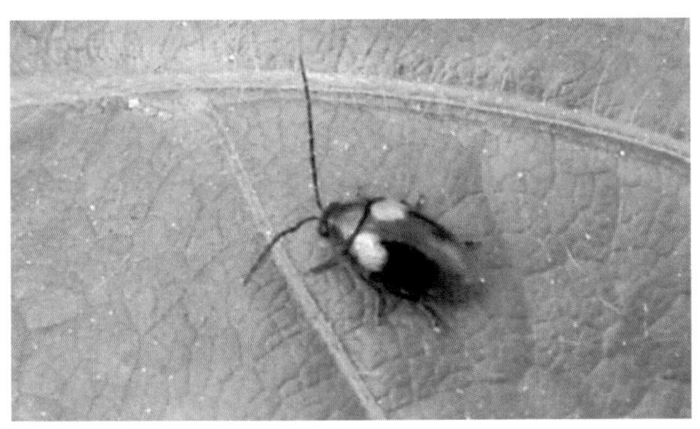

彩图7-36-1　双斑长跗萤叶甲成虫（于洪春摄）
Colour Figure 7-36-1　Adult of *Monolepta hieroglyphica*
（by Yu Hongchun）

彩图7-35-1　草地螟（于洪春摄）
Colour Figure 7-35-1　*Loxostege sticticalis*
（by Yu Hongchun）
1. 成虫　2. 幼虫　3. 土茧　4. 田间为害状

彩图7-37-1　豆二条萤叶甲（于洪春摄）
Colour Figure 7-37-1　*Monolepta nigrobilineata*
（by Yu Hongchun）
1. 成虫为害状　2. 成虫

彩图7-38-1　斑鞘豆叶甲（崔娟摄）
Colour Figure 7-38-1
Monolepta signata（by Cui Juan）
1. 成虫　2. 卵　3. 幼虫
4. 蛹　5. 为害状

彩图7-39-1 蒙古土象成虫
（戴长春摄）
Colour Figure 7-39-1 Adult of *Xylinophorus mongolicus*
（by Dai Changchun）

彩图7-40-1 中华弧丽金龟成虫
（戴长春摄）
Colour Figure 7-40-1 Adult of *Popillia quadriguttata*
（by Dai Changchun）

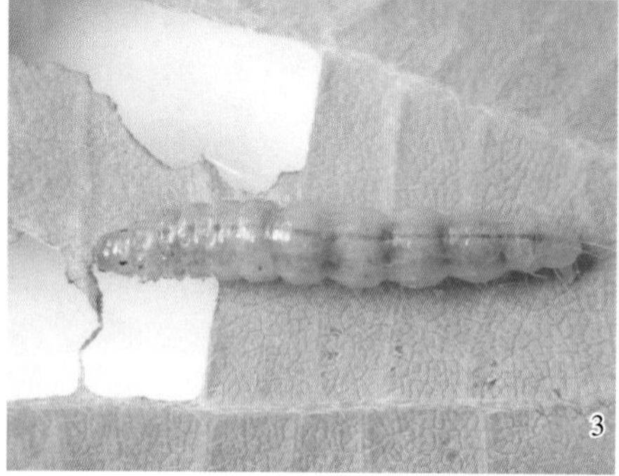

彩图7-41-1 豆卷叶螟（崔娟和史树森摄）
Colour Figure 7-41-1 *Lamprosema indicata*
（by Cui Juan and Shi Shusen）
1. 成虫 2. 为害状 3. 幼虫 4. 蛹

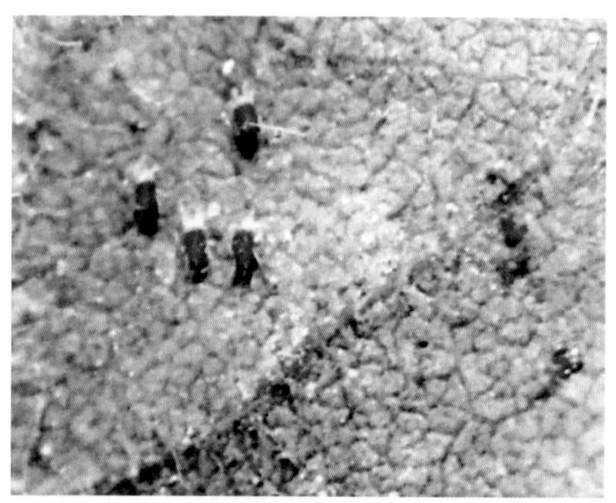

彩图7-42-1 豆叶螨成螨（引自何振昌等，1997）
Colour Figure 7-42-1 Adults of *Tetranychus phaselus*
（from He Zhenchang et al., 1997）

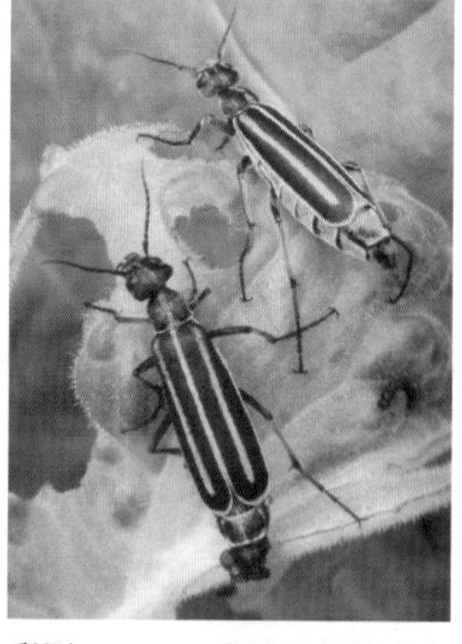

彩图7-43-1 暗黑豆芫菁成虫
（引自张玉聚等，2008）
Colour Figure 7-43-1 Adults of *Epicauta fabricii*
（from Zhang Yuju et al.，2008）

彩图7-43-2 中华豆芫菁成虫
（樊东摄）
Colour Figure 7-43-2 Adult of *Epicauta chinensis*（by Fan Dong）

彩图7-44-1 豆天蛾
（1. 引自徐公天，2007；2. 郑桂玲摄）
Colour Figure 7-44-1
Clanis bilineata tsingtauica
（1. from Xu Gongtian，2007；
2. by Zheng Guiling）
1. 成虫 2. 幼虫

彩图7-45-1 豆灰蝶成虫
（引自张玉聚等，2008）
Colour Figure 7-45-1 Adults of *Plebejus argus*
（from Zhang Yuju et al.，2008）
1. 雄成虫 2. 雌成虫

彩图7-46-1 银纹夜蛾
（刘健摄）
Colour Figure 7-46-1 *Argyrogramma agnata*
（by Liu Jian）
1. 成虫 2. 幼虫

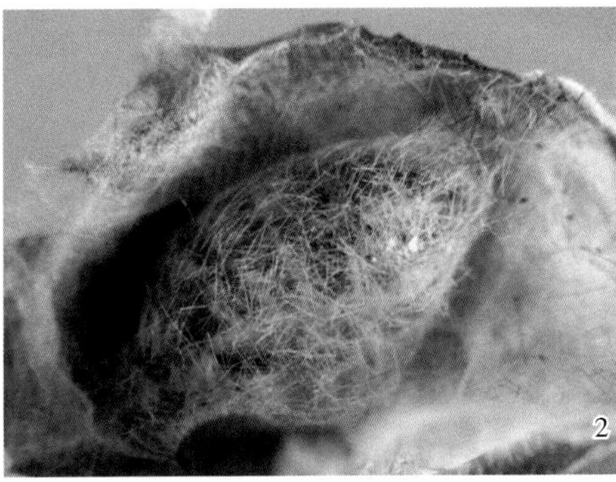

彩图7-47-1 灰斑古毒蛾
（刘健摄）
Colour Figure 7-47-1 *Teia ericae*（by Liu Jian）
1. 幼虫及为害状 2. 茧

彩图7-48-1 人纹污灯蛾成虫（韩岚岚摄）
Colour Figure 7-48-1 Adult of *Spilarctia subcarnea*
（by Han Lanlan）

彩图7-50-1 红棕灰夜蛾成虫（戴长春摄）
Colour Figure 7-50-1 Adult of *Polia illoba*
（by Dai Changchun）

彩图 7-51-1 大造桥虫（崔娟和史树森摄）
Colour Figure 7-51-1 *Ascotis selenaria*（by Cui Juan and Shi Shusen）
1. 雌成虫 2. 雄成虫 3. 卵 4. 幼虫 5. 蛹 6. 幼虫为害状

彩图 7-52-1 苜蓿夜蛾（崔娟摄）
Colour Figure 7-52-1 *Heliothis viriplaca*（by Cui Juan）
1. 成虫 2. 卵 3. 幼虫 4. 蛹 5、6. 为害状

彩图7-53-1　斑缘豆粉蝶（崔娟摄）
Colour Figure 7-53-1　*Colias erate*（by Cui Juan）
1. 雌成虫　2. 雄成虫　3. 卵　4. 幼虫　5. 蛹　6. 为害状

彩图7-54-1　豆卜馍夜蛾（崔娟摄）
Colour Figure 7-54-1　*Bomolocha tristalis*（by Cui Juan）
1. 雌成虫　2. 雄成虫　3. 卵　4. 幼虫　5. 蛹　6. 幼虫为害状

彩图 7-55-1 斜纹夜蛾（崔娟和史树森摄）
Colour Figure 7-55-1 *Spodoptera litura*
（by Cui Juan and Shi Shusen）
1. 成虫 2. 卵块 3. 幼虫 4. 蛹 5. 为害状

彩图 7-56-1 短额负蝗
（崔娟和史树森摄）
Colour Figure 7-56-1 *Atractomorpha sinensis*（by Cui Juan and Shi Shusen）
1. 成虫 2. 卵及卵囊 3. 若虫 4. 为害状

彩图7-57-1 棉蝗（崔娟和史树森摄）
Colour Figure 7-57-1 *Chondracris rosea rosea*（by Cui Juan and Shi Shusen）
1. 成虫 2. 卵及卵囊 3. 若虫 4. 为害状

彩图7-58-1 蜗牛及其为害状（史树森摄）
Colour Figure 7-58-1 Snail and the damage caused by it（by Shi Shusen）
1. 灰巴蜗牛 2. 同型巴蜗牛 3. 为害状

第 8 单元　油菜病虫害

第 1 节　油菜菌核病

一、分布与危害

油菜菌核病又称白腐病、茎腐病、秆腐病、白秆病等，在所有栽培油菜的国家和地区均有分布。主要发生在油菜生长季节相对冷凉和潮湿或雨量较多的地区，但在温暖和干燥的气候条件下也有发生，在亚洲冬油菜区和北美、欧洲油菜主产区比较严重，一般损失 5%～10%，严重时可达 50%以上。

油菜菌核病在我国所有油菜产区均有发生，一般发病率为 10%～30%，产量损失在 5%～50%，严重时可达 80%以上，含油量降低 1%～5%。根据该病害发生情况，可将我国油菜菌核病分为 3 大病区：长江中下游及东南沿海重病区（上海、浙江、安徽、江苏、江西、湖北、湖南、河南南部）、长江上游和云贵高原中病区（云南、贵州、重庆、四川、青海东部、陕西汉中地区）、北方和青藏高原轻病区（河南中北部、山西、陕西其他地区、甘肃、内蒙古、新疆、青藏高原）。每年实际发生程度受气候和栽培条件影响，轻病区如气候条件适宜，也会严重发生，青海地形复杂，多数山区（东部）病害较重。

油菜菌核病菌的寄主很多，已知的有 64 科 225 属 396 种植物，以十字花科、菊科、豆科、茄科、伞形科和蔷薇科植物为主。我国报道的该菌自然寄主有 36 科 214 种植物，除油菜外，还包括大豆、向日葵、花生、烟草和 10 多种主要蔬菜等重要经济作物。

二、症状

油菜各生育阶段均可感染菌核病，病菌能侵染油菜地上部分的各器官组织，但侵染主要发生在花期，终花期以后茎秆发病受害造成的损失最重。

苗期感病后，一般首先在接近地面的根颈和叶柄上形成红褐色斑点，后转为白色，病组织变软腐烂，其上长出大量白色棉絮状菌丝。病斑绕茎后幼苗死亡，病部形成黑色菌核。

开花期花瓣感病后，变成暗黄色，水渍状，有时可见到油渍状暗褐色无光泽小点，晴天可凋萎，极易脱落，潮湿情况下可长出菌丝。花药受侵染后，变成苍黄色，并且通过蜜蜂携带有病的花粉，在植株间传播，可引起顶枯。叶片感病后，初生暗青色水渍状斑块，后扩展成圆形或不规则形大斑，病斑灰褐色或黄褐色，有同心轮纹，外围暗青色，外缘具黄晕。潮湿时病斑迅速扩展，全叶腐烂，上生白色菌丝；干燥时则病斑破裂穿孔。主茎与分枝感病后，病斑初呈水渍状，浅褐色，椭圆形，后发展成长椭圆形、梭形直至长条状绕茎大斑。病斑略凹陷，有同心轮纹，中部白色，边缘褐色，病健交界明显。在潮湿条件下，病斑扩展迅速，病部软腐，表面生出白色絮状菌丝，故称“白秆”、“霉秆”，此时，髓部消解，植株渐渐干枯而死或提早枯熟，可见皮层纵裂，维管束外露呈纤维状，极易折断，剖视病茎，可见黑色鼠粪状菌核。当病斑绕茎后，一般病斑上部的茎枝将枯死，角果早熟，籽粒不饱满，含油量降低。角果感病后，初期形成水渍状浅褐色病斑，后变成白色，边缘褐色。潮湿时可全果变白腐烂，长有白色菌丝，在角果内面和外面形成黑色小菌核。种子感病后，表面粗糙，无光泽，灰白色，皱秕，含油量降低（彩图 8-1-1）。

三、病原

（一）病原菌分类地位及形态特征

油菜菌核病病原为核盘菌［*Sclerotinia sclerotiorum*（Lib.）de Bary］，属子囊菌门核盘菌属真菌。马铃薯琼脂培养基适合菌丝生长。在该培养基上生长的菌丝白色，丝状，具隔膜，有分枝，菌落圆形，菌丝平展，白色，粗糙，不产生色素。在寄主或培养基上，老龄菌丝聚集成团，形成白色无定形颗粒状物，称之为菌核。随着菌核的成熟，其颜色转变为黑色，鼠粪状，球形或不规则形，直径一般为2～6mm，大约由三层细胞厚的黑色外皮和埋在纤丝状基质中的疏丝组织的髓组成；髓部粉色至米黄色，表面无茸毛。菌核萌发有两种形式：产生子囊盘柄和子囊盘，或直接萌发形成菌丝，是采用子囊盘柄还是菌丝形式萌发取决于菌核生理状态和萌发所处的环境条件。每个菌核萌发可产生1至数个子囊盘柄；子囊盘柄褐色，顶部膨大张开形成子囊盘；每个子囊盘柄上产生1个子囊盘，偶尔子囊盘柄分枝产生2个子囊盘。子囊盘肉质，淡褐色至暗褐色，初呈杯状，展开后呈盘状，直径为2～16mm。子囊着生在子囊盘内，棍棒状或圆柱形，无色，顶部钝圆，无囊盖，大小为（91～162）μm×（6～11）μm。每个子囊内生8个子囊孢子。子囊孢子无色透明，单胞，椭圆形，具2核，大小为（8～14）μm×（3～8）μm，单倍染色体数8条，其内常有2～3油球（图8-1-1，彩图8-1-2）。

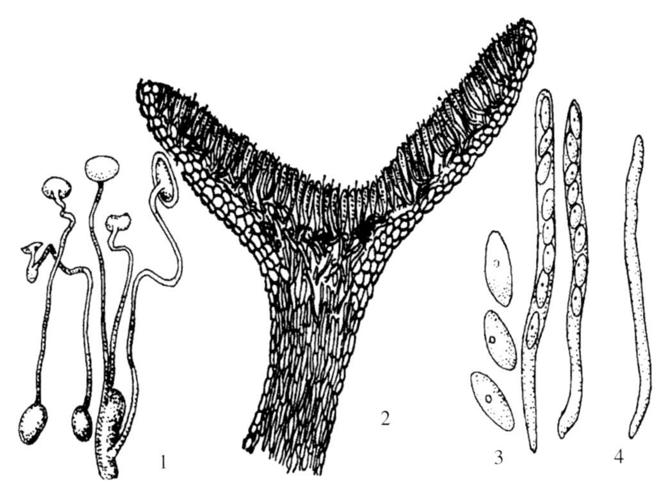

图8-1-1　核盘菌（引自陈利峰等，2001）

Figure 8-1-1　*Sclerotinia sclerotiorum*

（from Chen Lifeng et al.，2001）

1. 菌核萌发形成子囊盘　2. 子囊盘纵剖面　3. 子囊和子囊孢子　4. 侧丝

在老熟的营养菌丝上或菌核的子囊盘原基突破表皮萌发时，也可产生小分生孢子。分生孢子圆形，无色，链状，在病害循环中不起作用，但有人认为它们起精子作用。

油菜菌核病菌有2个近缘种：三叶草核盘菌（*Sclerotinia trifoliorum* Eriks）和小核盘菌（*Sclerotinia minor* Jagger）。三叶草核盘菌产生菌核较大。菌核直径一般为2～6mm，表面有茸毛；子囊孢子4核；单倍染色体数8条（亦有报道为9条）；子囊孢子需要外来营养才能发生侵染，一般通过凋萎的花和植株衰老、坏死部分侵染；寄主范围窄，仅侵染饲用豆科作物、绿肥作物。小核盘菌产生菌核较小较多。菌核直径一般为0.5～2mm，表面无茸毛；子囊孢子4核；单倍染色体数4条；菌核不需要外来营养，可直接萌发产生菌丝侵染植物；寄主范围广。

（二）病原菌生理特征

油菜菌核病菌在5～30℃的范围内均可形成菌核，其中最适温度为15～25℃。菌核耐干热、低温，但不耐湿热。在－17～31℃下4个月不丧失生活力，干热70℃10h仍有部分生活力；但在50℃热水中浸5min或60℃热水浸1min全部死亡。在自然条件下，水田中的菌核易为土壤微生物所寄生，夏季1个月即全部腐烂死亡；旱地土温达28～34℃，含水量在20%以上，历时1个月绝大部分菌核也会死亡；而在室内干燥条件下却可存活数年。

菌核在5～25℃范围内都可萌发形成子囊盘，萌发最适温度因各地环境差异而不同，一般为8～20℃，并且要求连续10d以上温暖湿润环境，土壤水势在－0.1～－0.2Pa之间为最佳。子囊盘不耐3℃以下低温和26℃以上干燥气候。子囊盘形成还必须有320nm以下的短波光照射。处于土壤深度10cm以下的菌核不能形成子囊盘。

子囊孢子在－1～35℃范围内均可发芽。发芽最适温度为5～20℃，相对湿度要求在85%以上。侵染的最适温度为15～25℃。子囊孢子在日光下直射4h丧失发芽力。

菌丝生长的温度范围是0～30℃，最适温度为18～25℃。相对湿度85%以上菌丝生长迅速，70%以下则停止生长。菌丝生长需要丰富的碳素、氮素营养，适宜pH 1.7～10，最适为pH 2～8。形成菌核条件与菌丝生长条件相似。

病菌具有生理分化现象，异源菌系在培养、生理特征和致病力等方面均有差异。

四、病害循环

油菜菌核病主要以菌核在种子、土壤和病残体中越夏（冬油菜区）和越冬（冬、春油菜区）。其次是以菌丝在病种子中或以菌核、菌丝在野生寄主（如芥菜、紫罗兰、刺儿菜、金盏菊等）中越夏、越冬。病残体、种子中的菌核可随着施肥、播种等农事操作进入土壤。越夏的菌核在秋季有少量萌发，产生子囊盘或菌丝，侵染油菜幼苗，这种情况在自然条件下仅在四川盆地发生较普遍，在长江中下游地区，苗期（11～12月）如遇温暖多雨气候，偶尔也可见到。大多数菌核在越夏、越冬后，至翌春，在旬平均气温超过5℃、土壤湿润的条件下陆续萌发，除少数直接产生菌丝侵染油菜外，主要是形成子囊盘。子囊盘初现至终止历时20～50d。子囊盘成熟后（约5d）散出大量子囊孢子，呈烟雾状，每个子囊盘喷射子囊孢子的持续时间为8～15d，晴天多在10：00～12：00释放，雨天则在雨停后释放。释放的子囊孢子可随气流传播，最远可至数千米。子囊孢子可在寄主上发芽产生侵入丝，借助机械压力由寄主表皮细胞间隙或伤口、自然孔口侵入，在寄主体内发育成菌丝。菌丝直接侵染寄主的方式与子囊孢子发芽侵染相同，二者均需外来营养，主要侵染处于衰老阶段的器官组织。在寄主体内，菌丝分泌多种果胶酶、纤维素分解酶、蛋白分解酶及草酸等毒素，分解或杀死寄主细胞导致发病。在田间，子囊孢子主要侵染花瓣，少数可侵染花药、老叶和弱小植株的茎，感病的花瓣和花药落到叶上，引起叶片感病，而后通过叶柄或病叶黏附到茎秆上引起茎秆发病，再通过毗连茎、叶蔓延至邻近健株。至油菜成熟阶段，当田间小气候相对湿度较大时，病菌在发病部位形成菌核，随着收获、运输、脱粒等农事操作，又混入种子或遗落于土壤、病残体内越夏、越冬，从而完成一个生产季节的病害循环（图8-1-2）。土壤中菌核表面虽然可产生小孢子丛，但无特殊功能或其功能尚不清楚。

五、流行规律

该病的发生和流行主要受菌源、寄主抗病性、气候条件、栽培管理条件等诸多因素的影响。田间菌源量大，寄主抗性差，田间阴雨潮湿都会加重该病的发生。

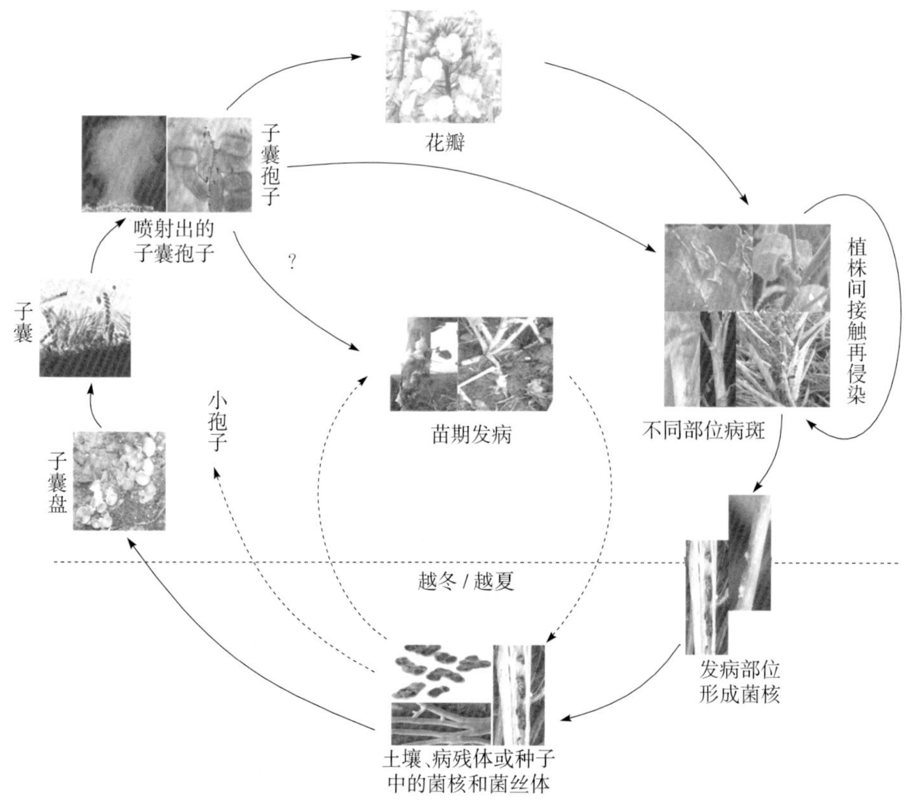

图8-1-2 油菜菌核病病害循环（刘胜毅绘）
Figure 8-1-2 Disease cycle of Sclerotinia stem rot of oilseed rape (by Liu Shengyi)

(一) 菌源数量

菌核在土壤中的存活率和存活数量随着年限的加长而锐减，在高温、长期泡水的田中（如水稻田）消亡更快。旱地轮作油菜发病率较水旱轮作油菜一般高 1 倍以上，旱地连作油菜发病率又高于旱地轮作油菜发病率。轮作油菜的发病率与轮作年限、换茬作物等有关，轮作年限长、与禾本科作物轮作病害发生较轻。除此之外，施用未腐熟带有油菜病残体的肥料，播种带菌种子，都会增加田间菌源数量，加大发病可能性。而菌核在土壤中腐烂死亡，主要是多种微生物寄生所致。已知寄生菌核的真菌、细菌、放线菌有 30 余种。土壤寄生菌在有机质含量高、潮湿的土壤中最为活跃，寄生率亦高。

(二) 寄主抗病性

油菜抗病性对菌核病流行有着重要的影响。这种影响表现在：①抗病品种阻止或减慢了病害扩展或扩展速度，致使当年病害流行减轻，病情指数降低，产量损失减少，如图 8-1-3 所示，抗感品种的发病率相同，但病情指数抗病品种却明显低于感病品种，从而减少了产量损失；②抗病品种阻止了病害流行，使田间病原和菌核数量减少，从而减少了翌年田间菌源量，这种效应逐年累积将使病害发生明显减轻。据调查，抗病品种中油 821 的长期推广应用明显减轻了种植地区菌核病的发生。

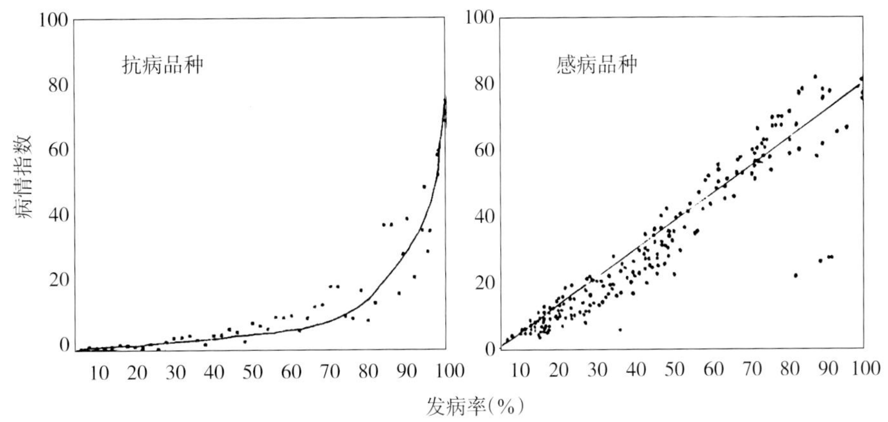

图 8-1-3 油菜抗病或感病品种上菌核病发病率与病情指数

Figure 8-1-3 Incidence and index of Sclerotinia stem rot in susceptible and resistant varieties of oilseed rape

油菜类型间、品种间对菌核病抗病性差异很大。三种类型的油菜品种中，以芥菜型抗性最好，甘蓝型次之，白菜型最感病。迄今为止未发现高抗品种，但品种抗病性差异大，田间避病品种也存在。分枝部位高、紧凑及茎秆紫色、坚硬、蜡粉多的品种一般病害较轻。在冬油菜区，开花迟、花期集中或无花瓣的油菜因错开了子囊孢子发生期或减少了子囊孢子侵染机会，病害发生较轻。能耐受草酸毒害的品种抗病性较强。

(三) 气候条件

已知气温、降水量、雨日数、相对湿度、日照和风速等气象因子与病害的发生和流行都有关系，其中影响最大的是降雨和湿度。在病害常发区，油菜开花期和角果发育期降水量均大于常年，特别是油菜成熟前 20d 内降雨很多，是病害大流行的必备条件。

1. 温度 温度除了影响病菌的生长发育之外，还影响油菜的生长发育，进而影响发病。在我国冬油菜区，由于各地温度和播种期不同，油菜开花结果期也不一致，一般长江上游区早，下游区迟，相差约 1 个月；江南早，江北迟，相差约半个月；秦岭—淮河以北地区与华南沿海地区相差更大，各地区病害发生期相应早迟不同。这种地区间病害发生期的差异，主要受温度控制。温度主要影响油菜开花期，而开花期的迟早又决定了病害的发生时期。同时，开花期与子囊孢子发生期相吻合时间的长短，也进一步影响病害发生程度，影响这种吻合期长短的一个重要因素就是温度。据唐启义（1990）观察，叶发病迟早与 1～2 月气温高低有关，均温高于 5℃，发病偏早，反之较迟。另外，叶片病情增长速度亦与温度成正相关。同样的原因，在同一地方，由于春季的气温回升快慢不同，寒流频次有别，菌核病发生迟早和严重程度也有所差异。寒流到来的天气，温度下降至 0℃，就会造成花器受冻大量脱落，而子囊孢子抗低温能力强，有利于子囊孢子侵染与传播。寒流往往伴随着大风与降雨，造成油菜倒伏与田间相对湿度增高，从而加重病害的发生。至油菜角果发育期，如果气温过低，即使雨量充沛，病害的扩展亦将受到抑制，这是高山地区和平原丘陵区某些年份虽雨量充足而病害较轻的重要原因。

2. 降水量 雨量的多少和雨日持续时间，一方面影响大气的相对湿度与田间小气候，另一方面影响土壤含水量，即土壤的湿度，从而在油菜抽薹至开花期影响菌核萌发、子囊盘形成与子囊孢子释放、萌发及侵染。此外，同一时期的降雨和气温常常呈负相关关系，降雨通过影响气温也可影响发病。在温度适宜的条件下，田间菌核萌发与子囊盘形成至少需要连续10d以上的湿润土壤。开花后期至结果期降雨主要影响病菌在田间的传播。雨量大，雨日多，田间湿度高，油菜叶片易衰老，病斑扩展快而大，可使整叶腐烂并黏于茎上，从而感染健康的茎。同时，茎、枝上的病菌由于湿度大，菌丝生长繁茂，有利于接触侵染。降雨少，晴天多，田间湿度小，油菜叶上病斑扩展慢，表面不长菌丝，叶片衰老脱落，病菌不会传至茎秆，这是某些年份前期子囊盘产生多，花瓣、花药侵染多，叶发病高，而后期茎发病轻的原因。在长江中、下游地区，降水量和雨日是影响相对湿度的决定性因素；但在云贵高原，由于高原山区的特有气候，雾大且维持时间长，有时降水量和雨日不多相对湿度相应地也高，因此发病较重。

周必文（1991）根据在武汉积累的25年的资料分析，从上年油菜收获后的5月中旬开始至当年5月上旬油菜成熟，各旬降水量（mm）对油菜成熟期发病率（%）的时间效应［$a(t)$］为：

$$a(t)=0.031\Phi_0(t)+0.005\,6\Phi_1(t)+0.000\,29\Phi_2(t)+0.000\,031\Phi_3(t)$$

式中$\Phi_k(t)$为第t旬（上年5月中旬$t=1$，余类推）的第k正交多项式的值。据此式，降水量影响病害的发生程度主要在当年1月上旬至5月上旬（图8-1-4），此期正逢菌核萌发，子囊盘形成，子囊孢子侵染，菌丝再侵染和病害发生发展阶段，降水量与成熟期发病率成正相关。降水量时间效应［$a(t)$］随时间呈加速增长趋势，1月上旬降水量每增加10mm，成熟期发病率平均增加0.1%；5月上旬降水量同样增加10mm，成熟期发病率增长2.5%，说明时间不同，降雨作用大小不一。降水量影响成熟期病害的另一段时间是在上年油菜收获后的5月中旬至6月下旬，降水量与病害成负相关，其原因可能是多雨促成落入土中的菌核腐烂，减少了当年菌源之故。但这阶段降水量影响较当年1～5月的影响要小很多。

3. 日照 日照与晴天是密切相关的。在子囊盘形成期，日照时间长，空气和土壤湿度低，子囊盘的寿命很短。据陈祖佑（1989）观察，气温20℃以上，日照6h以上，相对湿度60%以下，子囊盘很快干裂、枯萎死亡。日照除影响温度与相对湿度外，也影响油菜的生长发育，日照不足，油菜株间温度低，茎秆木质化速度慢、程度低，中、下部叶易衰老变质，有利于病菌侵染，促进病害发生。反之，日照充足，油菜茎秆木质化程度高，抗病能力增强，再加上田间小气候不利于病菌侵染繁殖，病害发生轻。我国北方春油菜区油菜开花期平均日照时数在250h以上，加上风速大，相对湿度在60%以下，病害发生少，造成的危害轻；而长江中、下游地区，油菜开花期间，平均月日照时数仅160h以下，相对湿度在80%以上，病害重。

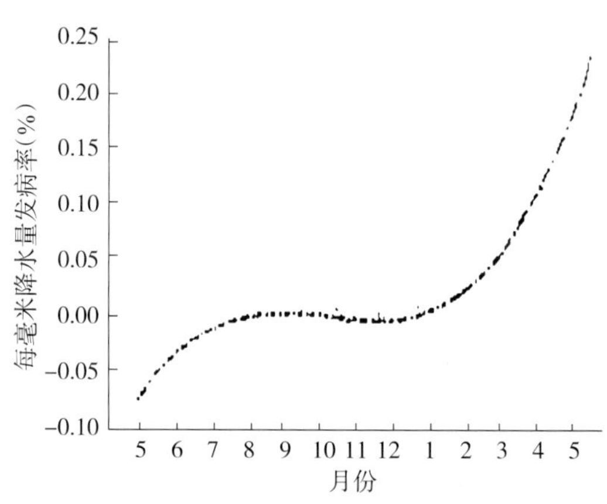

图8-1-4 降水量影响油菜菌核病发病率的时间效应
Figure 8-1-4 The time effect of rainfall on incidence of Sclerotinia stem rot in oilseed rape

4. 风 和风对降低油菜株间湿度，调节蒸腾和光合作用有一定作用，可以促进油菜生长发育健壮，减轻病害。但在冬油菜区，寒潮往往伴随大风，使油菜倒伏，加上多雨，更加加重发病。而在北方春油菜区，大风则往往使土壤干燥，由于降雨少，病害发生极少。

（四）栽培管理条件

栽培管理因素对病害发生和流行的影响非常复杂。各地耕作制度、种植品种、栽培管理技术等千差万别，各个因素之间相互促进或制约，对病害发生和流行的影响是各种因素综合作用的结果，在特定地点和年份也许某一因素起着主要的作用，其他因素只是辅助的作用。各种栽培管理因素主要通过直接影响病原数量、田间小气候和油菜抗病力，间接影响病菌的侵染、繁殖和传播，油菜在空间和时间上的避病程度，从而影响病害发生轻重。

1. 轮作 轮作是指同一地块每年在同一栽培季节不连续种植油菜，但在南方一年两茬栽培区，稻茬油菜因为特殊的淹水条件，虽连年栽培油菜一般年份病害发生不十分严重；而旱作茬油菜虽2～3年更换一次，由于轮作的作物不同，发病有时也相当严重，如南方冬油菜区与蔬菜轮作发病重，而与蚕豆、豌豆轮作次之，与大麦、小麦轮作最轻。轮作减轻病害的主要原因是可以减少田间有效菌源，一方面，前一年土壤中菌核大量萌发因无适宜寄主侵染而不能增殖；另一方面，轮作可影响土壤中的微生物群体，种植相应的寄主植物可能增加土壤中对病菌有寄生或拮抗作用的微生物，从而减少了菌源。然而，国外也有报道认为轮作对减轻发病是无效的，理由是菌核在土壤中生存期长，且能产生次生菌核，病菌寄主范围广，包括许多田间杂草；此外，子囊孢子可以传播一定距离，流行年份稻茬油菜发病重便可以充分说明这一点。因此，要使轮作能有效减轻病害，一是面积要大；二是时间要长，至少4年以上；三是要防除好杂草。

2. 播种期 在油菜正常播种时间范围内，播种愈早发病愈重。一方面，播种早，开花早，开花期长，与子囊盘形成期吻合时间长，角果发育期也较长，感病机会多，发病重。另一方面，油菜苗期生长发育需要较高的温度，早播有利于幼苗生长，植株高大，分枝多，株间生态条件更适于菌核病的发生。

3. 施肥 肥料中对病害影响较大的是氮肥。氮肥可促进茎叶生长。氮肥施用过多，易使植株组织柔嫩，枝叶生长繁茂，田间郁闭，相对湿度大，且后期易倒伏，油菜抗病力下降，加重病害发生。特别是氮素薹肥施用迟、用量大时，易造成油菜贪青倒伏，则病害更重。除氮素之外，磷、钾肥与病害发生的关系，目前尚无一致看法。

4. 密度 油菜种植密度与发病的关系，实际上是通过影响田间油菜植株间湿度，而影响病菌的侵染、繁殖与传播，导致发病程度不同。因此，在不同肥力、不同施肥水平下的密植程度，植株生长发育有差异，田间相对湿度不同，病害发生也有差别，不能一概都认为稀植病轻、密植病重。

5. 翻耕土壤 菌核在土层5cm以下时，萌发出土率很低；而在10cm以下时，则不能萌发出土。一般子囊盘柄长度只能达6cm，因此土壤翻耕20cm以上，可以将落在表土的大部分菌核埋入土层深处，防止其萌发产生子囊盘，减少菌源。另外，深耕可使油菜根系发达，生长健壮，不易倒伏，间接地减轻病害。

6. 中耕培土 油菜抽薹期进行中耕培土有两方面作用，一是破坏子囊盘，防止子囊盘形成与喷射子囊孢子，一般情况下，中耕培土可使子囊盘数量减少50%～90%；另一方面，培土可以防止油菜倒伏，从而减轻病害。

7. 开沟排水 排水好的地（山地、斜坡地）和土壤（沙土、壤土）一般发病轻，排水差的地（洼地）和土壤（黏土）一般发病重。同一类型土壤和排水条件，窄畦深沟的油菜地比宽畦浅沟地发病轻。土壤的排水条件，主要通过影响土壤湿度和植株间湿度，进而影响菌核的萌发、侵染和菌丝的生长、传播；同时，还可影响油菜的生长发育，从而导致病害发生轻重不同。

六、防治技术

根据油菜菌核病的发生流行规律和生产实际，目前该病的综合防治策略为：以种植抗病品种为基础，化学防治为加强措施，生物和农业防治为辅。将来该病的综合防治策略应为：在防治决策指导下，以抗病品种和施用生物制剂为基础，化学防治为加强措施，农业防治等措施为辅。

（一）选用抗病品种

芥菜型、甘蓝型油菜较白菜型油菜抗病，同时，甘蓝型油菜对病毒病、霜霉病等病害的抗性亦较强。因此，在油菜产区应选用芥菜型或甘蓝型抗病良种。在甘蓝型油菜中，以分枝部位稍高、分枝角度较小的品种抗病性更强。在现有的栽培油菜品种中，虽然缺乏高抗品种，但品种间表现出明显的抗性差异，如中油821、陕油18、中双9号、中双11、中油杂11、苏9905、油H1023、圣光76、华油杂12、华双5号、皖核杂4号、沪油杂1号、核杂9号、扬6614、浙油17等品种抗性较好，生产上可因地制宜选用适合当地种植的抗病品种。

（二）农业防治

1. 合理轮作 重病田块实行轮作，可有效减少土壤中的菌源数量。在有条件的地方，可实行水旱轮作，能显著减轻病害的发生。没有水旱轮作条件的，旱地油菜的轮作年限应在2年以上，而且按照子囊孢子传播距离，至少要在100m范围内进行轮作，小面积的轮作防病效果甚微。

2. 选留无病种子与种子处理 油菜成熟期选择田间无病、性状优良的植株，取主轴中段留种。未进行无病选种的种子，在播种前可用10%盐水或20%硫酸铵溶液汰选种子，汰除浮在上面的菌核和秕粒，清水洗种后播种；也可用50℃温水浸种10～20min或1∶200福尔马林浸种3min，福尔马林浸种后需用清水洗净方可播种。

3. 科学施肥 从防病角度考虑，并注意到高产栽培，施肥应做到：

（1）氮、磷、钾等多种肥料配合施用，防止偏施氮肥。

（2）在油菜各生长发育阶段氮肥的用量比例：重施基肥和苗肥，早施或控施蕾薹肥，最好不施花肥。在氮肥总用量中，基肥和苗肥应占80%以上，薹肥控制在20%以内较好，进入开花期后不宜施用氮肥。氮素薹肥以早施为适，可在薹高5cm以前施下。

（3）在红、黄壤水稻土上，油菜现蕾开花期喷施硼、锰、钼、铜、锌等微量元素具有一定的防病增产作用。

通过施肥等管理措施，使油菜苗期生长健壮，薹期稳长，花期茎秆坚硬，着果发育期不脱肥早衰，不贪青倒伏，关键是预防营养生长过旺而产生的倒伏。

4. 加强栽培管理

（1）深耕、培土。油菜收获后种植下季作物之前，深耕将落入土壤表层的菌核深埋于土层10cm以下，可以促进菌核腐烂，防止菌核产生子囊盘。在油菜抽薹期进行一次中耕培土，破坏已出土的子囊盘和土表的菌核，防止菌核萌发长出子囊盘。

（2）深沟窄畦，清沟防渍。病区地势低及其他排水不良的油菜地，要注意整窄畦，开深沟，畦面宽度一般不宜超过2m，沟深应在25cm以上。油菜开花之前还应注意清沟排水，预防开花结果期田内渍水。

（3）合理安排油菜播期。一般在正常播期内，早播油菜产量高，但也不可过早播种，一方面易引起冬季抽薹，另一方面油菜生长过旺，菌核病发生重。播种密度可根据土壤肥沃情况、施肥水平和品种特性来综合考虑，肥少可密植，肥多可适当稀植。

（4）摘除病、黄、老叶。在油菜开花期分1～2次摘除油菜中下部黄、老、病叶，可以大大减少菌源，预防叶病向茎部转移；还可降低田间湿度，改善田间小气候，增强植株抗病力，提高油菜产量。摘叶可在生长茂密长势好的油菜田进行，摘下的叶片要运出田外集中处理。

5. 处理病残体 油菜收获后的残体、残茬等可能混有大量菌核，应及时清除，集中烧毁或加水沤肥并充分腐熟。

（三）药剂防治

目前国内外防治油菜菌核病常用的药剂及用量：每667m^{2}可选用：①25%咪鲜胺乳油30～50mL；②50%啶酰菌胺水分散粒剂25～50g；③15%氯啶菌酯乳油55～66g；④80%代森锰锌可湿性粉剂100～120g；⑤255g/L异菌脲悬浮剂150～200mL；⑥40%菌核净（纹枯利）可湿性粉剂100～150g；⑦50%多菌灵可湿性粉剂150～200g；⑧50%腐霉利（速克灵）可湿性粉剂30～60g。以上药剂对水50～60L，防治1～2次。

还可选用70%甲基硫菌灵（甲基托布津）可湿性粉剂500～1 500倍液，或36%甲基硫菌灵悬浮剂500倍液，每667m^{2}喷施75～150L，防治2～3次。

药剂防治主要用于油菜长势好，计划每667m^{2}产量在100kg以上的田块，或根据预测预报病害有可能大发生的田块。施药时间一般可掌握在初花期至盛花期，叶病株率达10%以上，茎病株率在1%以下时最为适宜。用手动喷雾器喷药时，将药液主要喷于植株中、下部茎叶上，注意喷药均匀、全面覆盖。用动力喷雾器喷药时，可将药液主要喷于植株上部花序上，用药量要适当加大。药剂防治的次数需要根据病害发生轻重、天气状况以及油菜生长的好坏来决定，一般喷施1～2次，病重或雨日多可适当增喷一次药。每次施药时间相隔10d左右。因节省人力成本的需要，建议采用小型遥控飞机进行大面积高效喷施。

（四）生物防治

生物防治是一种环境友好型的防治方法，并具有修复土壤生物多样性的作用，已成为当今研究和开发的热点。目前研究最多的，已知对油菜菌核病田间防治效果较好的细菌有产碱假单胞菌（如菌株A9）、巨大芽孢杆菌（如菌株A6）和枯草芽孢杆菌（如菌株TU100）等，真菌有盾壳霉（*Coniothyrium minitans*）、木霉（*Trichoderma viride*、*T. hamatum*、*T. harzianum*）、黄蓝状菌（*Talaromyces flavus*）（如Tf-1）和黏帚霉（*Gliocladium virens*、*G. deliguescens*）等。上述生防菌可在富含有机质的基质上生长，如麦麸、谷粒、麦粒、棉籽壳、稻草等，培养方便，可以和培养基质一道施入田中，也可以用它们制成包衣、丸剂、液剂、粉剂等施用。其中，研究较多的是丸化和包衣两种剂型，包衣以藻酸钠和明胶最好，丸化优于包衣，且对种子发芽率没有影响，菌剂可在室温下储存 10 个月，菌体仍有很高的活力。另外，还有人研制出种子＋真菌＋细菌＋硼肥的丸化复合制剂，复合制剂的防病效果比单一真菌制剂增加 20%以上，增产效果是单一真菌制剂的 1 倍以上。

刘胜毅　程晓晖　任莉（中国农业科学院油料作物研究所）

第 2 节　油菜病毒病

一、分布与危害

油菜病毒病在世界上许多国家均有分布，如加拿大、英国、德国、荷兰、新西兰和澳大利亚等。全世界报道的引起油菜病毒病的病原有 13 种，其中芜菁花叶病毒（TuMV）分布最广，甜菜西方黄化病毒（BWYV）、花椰菜花叶病毒（CaMV）、芜菁黄化花叶病毒（TYMV）和萝卜花叶病毒（RaMV）是澳大利亚和欧洲一些国家油菜上常见的病毒，但在我国油菜上却很少发生。

中国油菜病毒病主要发生在冬油菜区，以长江中、下游地区最严重，其他地区虽有发生，一般都比较轻。中国报道的油菜病毒病病原有 4 种：芜菁花叶病毒（TuMV）、黄瓜花叶病毒（CMV）、油菜花叶病毒（ORMV）和花椰菜花叶病毒（CaMV），其中前 3 种较为常见。

油菜病毒病为间歇性流行病害，大流行年份，发病率一般为 20%～60%，严重时可达 70%以上，产量损失在 20%～30%。油菜感病后主要影响菜籽的产量和品质，据中国农业科学院油料作物研究所测定，感病植株一般产量损失在 34%～92%，含油量降低 1.7%～13.0%。此外，病株易感染菌核病、霜霉病和软腐病，引起植株枯死，导致失收。

二、症状

不同类型油菜感染病毒病的症状差别较大，甘蓝型油菜苗期叶片上的症状主要有黄斑、枯斑型和花叶型，而白菜型和芥菜型油菜苗期的主要症状是明脉、花叶、皱叶和矮化。成株期茎秆上表现为条斑和轮纹斑（彩图 8-2-1）。

黄斑和枯斑：常伴有叶脉坏死和叶片皱缩，老叶先表现症状。

花叶：支脉和小脉半透明，叶片呈黄绿相间的花叶，有时还出现疱斑。

条斑：病斑初为褐色至黑褐色梭状斑，后成长条形，连片后易导致植株死亡。病斑后期纵向裂开，裂口处有白色分泌物溢出。

侵染油菜的病毒很多，同一类型的症状可能由不同类型的病毒侵染所致，同一种病毒在不同类型的油菜上和同一类型不同品种的油菜上可以引起完全不同的症状，因此不能根据症状确定由何种病毒引起。

三、病原

过去认为我国油菜病毒病的病原主要有 5 种：芜菁花叶病毒（*Turnip mosaic virus*，TuMV）、黄瓜花叶病毒（*Cucumber mosaic virus*，CMV）、油菜花叶病毒（*Oilseed rape mosaic virus*，ORMV）、花椰菜花叶病毒（*Cauliflower mosaic virus*，CaMV）和烟草花叶病毒（*Tobacco mosaic virus*，TMV）。后来蔡丽等人（2005）通过鉴别寄主植物的反应、血清学性质和分子生物学分析发现，侵染油菜的烟草花叶病毒（TMV）分离物是油菜花叶病毒（ORMV）的一个株系。目前认为，我国油菜病毒病的病原主要是 4 种：TuMV、CMV、ORMV 和 CaMV，其中前 3 种分布较广。

TuMV：属马铃薯 Y 病毒科马铃薯 Y 病毒属（*Potyvirus*）。寄主范围非常广泛，能侵染十字花科、豆科、茄科、菊科、藜科等多种植物。病毒粒体线状，平均长度 680～754nm。致死温度 62℃；稀释限点 10^{-3}～10^{-4}；体外存活期 3～4d。基因组为 ssRNA。TuMV 通过蚜虫或汁液接触传播，在自然条件下蚜虫以非持久传播方式传播，目前已知至少有 89 种蚜虫可以传播 TuMV。

CMV：属雀麦花叶病毒科黄瓜花叶病毒属（*Cucumovirus*），是我国油菜上仅次于 TuMV 的主要病毒。CMV 寄主范围广泛，不仅能侵染双子叶植物，也包括单子叶植物、灌木和树木等。CMV 侵染油菜后主要引起花叶症状。病毒粒体球形，中间暗黑色，直径约 29nm。致死温度 55～70℃；稀释限点 10^{-3}～

10^{-4}；体外存活期 1～10d。基因组为 ssRNA。通过蚜虫、汁液和种子传播。

ORMV：属烟草花叶病毒属（*Tobacovirus*），侵染油菜后引起明脉和花叶。病毒粒体直杆状，长约 300nm，宽 15～18nm。致死温度 95℃；稀释限点 10^{-6}～10^{-8}；存活期限 22 个月。基因组为 ssRNA。通过汁液、土壤和水传播，无需借助传毒介体。

CaMV：属花椰菜花叶病毒科花椰菜花叶病毒属（*Caulimovirus*），自然侵染十字花科芸薹属、萝卜属植物和拟南芥。油菜感染 CaMV 后引起花叶、枯斑、明脉、矮化等症状。病毒粒体球形，直径约 53nm。致死温度 75～80℃；稀释限点 10^{-2}～10^{-3}；体外存活期 5～7d。基因组为 dsDNA。通过蚜虫、汁液和种子传播。

不同病毒在不同鉴别寄主上的反应如表 8－2－1。

表 8－2－1 油菜病毒病不同病原在鉴别寄主上的症状

Table 8－2－1 The response of host differentials to different viruses

病毒名称	鉴别寄主	症 状
芜菁花叶病毒（TuMV）	白菜	叶片褪绿或产生坏死斑，系统明脉，形成淡绿与深绿相间的重花叶，植株严重畸形和矮化
	油菜	叶片产生褪绿黄斑，系统感染在嫩叶上出现针尖状褐色坏死，叶片皱缩，植株矮化
	普通烟	叶片产生褪绿斑，中心坏死，边缘褐色，环绕着褪绿晕圈，无系统感染
黄瓜花叶病毒（CMV）	苋色藜、昆诺藜	局部褪绿斑和坏死斑，无系统侵染，可作为枯斑寄主
	黄瓜	系统侵染形成花叶，矮化
	心叶烟	不同程度花叶
花椰菜花叶病毒（CaMV）	花椰菜	接种叶通常无症状，系统侵染形成明脉，发展成绿色脉带
油菜花叶病毒（ORMV）	普通烟	系统侵染形成花叶和斑驳
	苋色藜、昆诺藜、心叶烟	局部侵染

四、病害循环

TuMV 在车前草和辣根上越夏，CMV 可在烟、黄瓜、辣椒等作物上越夏，由蚜虫在越夏寄主上吸毒后，迁飞到早播的白菜等十字花科蔬菜和油菜苗上引起初侵染。病毒病的再侵染主要由蚜虫迁飞将病株上的病毒传至健株引起。此外，农事操作接触摩擦也可以传播病毒。

病毒病的侵染来源包括：①越夏杂草寄主蔊菜、车前草、烟、番茄和黄瓜等；②早播的十字花科蔬菜，主要是萝卜、小白菜，红菜薹和大白菜等；③病残体：土中病残体与健株接触也可传病；④种子：带毒种子偶尔也会成为初侵染源。

五、流行规律

（一）病毒病的传播扩散与侵染条件

1. 传播途径 病毒病主要通过蚜虫和汁液接触传播。传播病毒病的主要蚜虫有桃蚜、萝卜蚜和甘蓝蚜。此外，ORMV 主要通过汁液、土壤和水传播，无需借助传毒介体。

2. 病毒病的侵染过程与侵染条件 病毒没有主动侵染能力，只能通过机械伤口侵入或通过介体直接注入植株而被动侵入。

（二）病毒病的流行规律

油菜病毒病的流行与油菜品种、栽培措施（主要是播种期）、传毒蚜虫、毒源作物及夏秋的气象条件有密切的关系。就整体而言，甘蓝型油菜的抗性较强。此外，播种期与病毒病发生关系密切，据研究，油菜角果发育期病毒病发病率随播种期延迟而逐渐下降。

六、防治技术

油菜病毒病目前没有可行的化学防治技术，生产上的防治主要是以杀灭传毒介体蚜虫为重点，结合抗病品种的使用和合理的栽培管理措施，重点要预防苗期感病。

(一) 选用抗病品种

目前生产上抗 TuMV 的油菜品种很少，存在一些耐病品种。一般而言，甘蓝型油菜比芥菜型和白菜型油菜抗病，不同类型油菜间的抗病性差异较大。因此，要因地制宜选用抗病品种。

(二) 治蚜防病

有效消灭蚜虫是防治油菜病毒病的关键措施。播种前对周围的十字花科作物及杂草上的蚜虫进行喷药防治，可减少初侵染源。油菜苗期对蚜虫和病毒病非常敏感，因此，在出苗后一旦发现蚜虫，应及时防治，每 7～10d 喷雾一次，连续施药 2～3 次。

用于防治蚜虫的药剂种类很多，常用的药剂及用量：10%吡虫啉可湿性粉剂 1 500 倍液、25g/L 溴氰菊酯乳油 2 500 倍液、25%噻虫嗪水分散粒剂 5 000 倍液，每 667m^2 喷施药液 50L；或 50%抗蚜威可湿性粉剂每 667m^2 6～10g，对水喷雾。

(三) 调整播期，适时播种

通过调整播种期可避开蚜虫迁飞高峰期。一般迟播油菜病毒病较轻。因此，在不影响油菜产量的前提下，可适当迟播以减轻病毒病造成的危害。

(四) 加强田间栽培管理

合理施肥，培育壮苗。保持田间适当的湿度，及时灌溉以减少蚜虫为害。同时，拔除病苗和杂草。

刘胜毅　程晓晖　任莉（中国农业科学院油料作物研究所）

第 3 节　油菜霜霉病

一、分布与危害

油菜霜霉病在我国所有油菜栽培地区均有发生。一般而言，以长江流域及东南沿海冬油菜区发病较重，春油菜区发病少而轻。三种类型油菜中，以白菜型油菜最为感病，芥菜型油菜次之，甘蓝型油菜最轻。一般发病率为 10%～30%，严重时可达 100%，引起的油菜单株产量损失达 10%～50%。油菜霜霉病菌寄主范围较窄，除侵染油菜外，还可侵染白菜、萝卜、花椰菜、甘蓝、芥菜、芜菁等十字花科植物，一般属间植物上病原不互相侵染。

二、症状

油菜各生育期均可感染霜霉病，病菌侵染叶、茎、花、花梗、角果等地上部分各器官。

叶片感病后，初现淡黄色斑点，后扩大成黄褐色大斑，因受叶脉限制呈不规则形，叶背面病斑上出现霜状霉层，严重时全叶变褐枯死。一般由植株的底叶先变黄枯死，逐渐向上发展蔓延。薹、茎、分枝、花梗和角果感病后，病部初生褪绿斑点，后扩大呈黄褐色不规则形斑块，病斑上有霜状霉层。花梗和角果严重受害时变褐萎缩，密布霜状霉层，最后枯死。花梗发病后有时顶端肿大弯曲，呈“龙头状”，花瓣肥厚变绿，不结实，长有霜状霉层。感病严重时，叶片枯落直至全株死亡（彩图 8-3-1）。

三、病原

油菜霜霉病的病原为寄生明霜霉［*Hyaloperonospora parasitica*（Pers.：Fr.）Constant；异名：*Peronospora parasitica*（Pers.：Fr.）Fr.，*P. brassicae* Gäum.，*P. capparidis* Sawada］，属卵菌门明霜霉属真菌。病原菌的菌丝体无色，不具隔膜，分枝多，在寄主组织细胞间生长，以球形或棍棒形吸器伸入寄主细胞内吸收营养。从菌丝体上分化长出的孢囊梗为有限生长，从病组织气孔伸出。孢囊梗无色，单生或束生，高为 200～500μm，较细，基部稍缢缩，双叉分枝，分枝末端尖锐，弯曲，顶端着生 1 个孢子囊。孢子囊无色，球形至椭圆形，单胞，大小为（24～27）μm×（12～22）μm，成熟时通过交叉的壁从小梗脱落，萌发时直接产生芽管。病原菌的有性繁殖可同宗结合也可异宗结合。有性繁殖器官在发病后期病组织内的菌丝上形成球形的藏卵器和侧生的雄器，受精后形成卵孢子。成熟卵孢子球形，单胞，厚壁，黄褐色，表面光滑或略有皱纹，直径为 26～46μm，可直接萌发产生芽管。

四、病害循环

病原菌主要以卵孢子随病残体在土壤、粪肥和种子上越冬和越夏，并成为初侵染源。在冬油菜区，病菌以卵孢子随病残体在土壤、粪肥和种子中越夏，秋季萌发侵染幼苗，产生孢子囊进行再侵染。冬季气温低，不适于病害发展，以菌丝在病叶中越冬，翌春气温回升，又产生孢子囊再侵染叶、茎、角果，条件适合时可有多次再侵染。油菜成熟时，在组织中又形成卵孢子，进入休眠阶段。

五、流行规律

（一）油菜霜霉病菌的传播扩散及其侵染条件

1. 病菌的传播与扩散 油菜霜霉病菌的短距离传播主要是依靠气流和雨水。孢囊梗干缩扭曲后，孢子囊从小梗顶端放射到空气中，然后随气流传播到油菜植株上，传播距离可达10m。土壤病残体中的卵孢子可能通过水流移动，萌发产生孢子囊，由雨水溅到健康幼苗上，秋季灌溉时孢子囊也可随流水传播。另外，施用带菌的粪肥也可传播病菌。霜霉病菌的长距离传播主要是依靠携带有卵孢子或菌丝的种子调运。

2. 孢子萌发条件 孢子囊的活力与温度、湿度、营养等有关。病菌的孢子囊形成最适温度为8～12℃，相对湿度为90%～95%。温、湿度是影响孢子囊萌发的重要因素，在0℃时孢子囊萌发率很低，干燥5h即失去萌发力，相对湿度90%以下不萌发。卵孢子形成的最适温度为10～15℃，萌发的最适宜温度为25℃，30℃以上不能萌发。

3. 油菜霜霉病菌侵染过程及侵染条件 油菜霜霉病菌的孢子囊落到感病部位，在适宜的温、湿度条件下产生芽管，形成附着胞，产生侵入丝，从角质层直接侵入，偶尔也通过气孔侵入植物组织。侵入寄主的菌丝开始在表皮细胞间生长，然后在细胞间向所有方向产生分枝，在寄主细胞内形成吸器，以吸取营养。20～24℃有利于吸器的形成。温度是影响孢子囊形成和萌发的最大因素，孢子囊形成的最适温度为8～12℃，3～25℃下可萌发，最适萌发温度为7～13℃，侵染适温为16℃。光照对油菜霜霉病菌的侵染也有一定影响，光照超过16h不发生侵染，光照少于16h，在子叶阶段可发生严重的系统侵染。

（二）油菜霜霉病流行规律

1. 病害流行因素 油菜霜霉病的发生与气候、品种和栽培等因素有一定的关系。温度和雨量是油菜霜霉病流行的重要条件，低温、多雨、高湿和日照少的条件有利于病害的发生。甘蓝型油菜比白菜型、芥菜型油菜抗病，一般而言，霜霉病的流行主要发生在栽培白菜型油菜的地区。连作地土壤中存留的卵孢子多，菌源量大，发病比轮作地相应要重，前作为水稻的油菜田一般发病轻。早播使油菜在有利于发病的温度条件下生长期较长，发病数量增多，积累的病原增多，导致春季发病重。氮肥施用过多，油菜生长过旺，易造成倒伏，增加植株间的湿度，往往发病重，缺钾也加重发病。另外，种植过密，田间湿度大，会使发病加重。

2. 地区流行规律 在长江中、下游和东南沿海油菜产区，秋、冬季一般气温低，雨水较少，苗期发病较轻；抽薹开花期雨水多，湿度大，且气温较低，因而发病较重。长江上游油菜产区，苗期田间湿度大，病害发生普遍，而春季干旱，发病轻。北方冬油菜产区、云南冬油菜产区以及北方春油菜区，苗期与抽薹开花期雨水均少，一般发病极轻。长江中、下游山区一般发病重于平原区。

3. 季节流行规律 在冬油菜区，油菜霜霉病一般在秋、冬期间致幼苗发病，冬季停发，春季流行。油菜苗期霜霉病的发生与降雨密切相关，9～10月至少有连续4d以上的降雨，霜霉病才能迅速蔓延。春季寒潮频繁，冷暖交替，并伴随着降雨，容易满足病菌孢子囊形成和侵染条件，是春季病害流行的重要影响因素。种植白菜型油菜易造成病害流行，除品种感染外，生育期的气候条件也是一个重要原因。白菜型油菜霜霉病发生高峰出现在开花结果期，病害发生重；而甘蓝型油菜出现在抽薹开花期，而在角果发育期温度高，不适于再侵染，因此病害发生轻。

六、防治技术

（一）种植抗病品种

因地制宜种植抗病品种，如秦油2号、中双4号等。三种类型油菜中，甘蓝型油菜最抗病，芥菜型次之，白菜型油菜最感病。

(二) 轮作

油菜与大麦、小麦等禾本科作物轮作2年以上，或者水、旱轮作，可以大大减少土中的卵孢子数，减轻发病。

(三) 栽培措施

适时播种，合理密植，使田间通风透光，降低田间湿度；均衡施肥，增施微量元素；窄畦深沟，注意排渍。

(四) 药剂防治

从油菜苗期开始，病株率在20%以上时开始喷药，隔10d左右再喷1次。防效较好的药剂有：80%乙蒜素乳油5 000倍液、0.3%苦参碱乳油300倍液、25%烯酰松脂铜水乳剂300倍液、25%甲霜灵可湿性粉剂或58%甲霜·锰锌可湿性粉剂1 500倍液、80%烯酰吗啉可湿性粉剂2 500倍液、80%代森锌可湿性粉剂500倍液、75%百菌清可湿性粉剂1 000倍液等。以上药剂也可用于种子处理。

刘胜毅　程晓晖　任莉（中国农业科学院油料作物研究所）

第4节　油菜黑胫病

一、分布与危害

油菜黑胫病是一个世界性分布和造成危害的病害，是欧洲、澳大利亚和北美油菜上的一个最重要的病害，如澳大利亚、加拿大等国每年因黑胫病引起的产量损失很大，甚至严重影响油菜的出口。

在我国，油菜黑胫病主要分布于湖北、湖南、四川、安徽、浙江、内蒙古、陕西等省份。由于我国油菜黑胫病目前均为弱毒株双球小球腔菌（*Leptosphaeria biglobosa*）引起，尚未出现强毒株斑点小球腔菌（*Leptosphaeria maculans*）引起的茎基溃疡病（油菜检疫性病害），因此黑胫病引起的油菜损失相对较轻。但黑胫病引起植株死亡的现象时有发生，引起的产量损失逐步加重，严重时损失可达50%以上。有些地方黑胫病的发生率甚至高于油菜菌核病。

二、症状

油菜各生育期均可感染黑胫病。病部形成灰白色枯斑，斑内散生黑色小点。病斑蔓延至茎基部及根系，引起须根腐朽，根颈易折断。成株期叶上病斑圆形或不规则形，稍凹陷，中部灰白色。茎、根上病斑初呈灰白色、长椭圆形，逐渐枯朽，上生黑色小点，植株易折断死亡。角果上的病斑多从角尖开始，与茎上病斑相似；种子感病后变白皱缩，失去光泽。由斑点小球腔菌（*L. maculans*）引起的症状常见于茎基部，而双球小球腔菌（*L. biglobosa*）引起的症状常局限于茎基以上茎秆（彩图8-4-1）。

三、病原

油菜黑胫病病原有斑点小球腔菌［*Leptosphaeria maculans*（Desmaz.）Ces. et de Not.］和双球小球腔菌（*L. biglobosa* Shoemaker et H. Brun）两种，均属子囊菌门球腔菌属。其中，双球小球腔菌（*L. biglobosa*）致病力较弱，是我国油菜黑胫病的主要病原；斑点小球腔菌（*L. maculans*）致病力强，是欧美等国油菜黑胫病的主要病原。斑点小球腔菌（*L. maculans*）引起的黑胫病也称为茎基溃疡病，是我国油菜上的检疫性病害。病原假子囊壳球形，黑色，具孔口，埋生于寄主组织内，成熟后爆出表皮外，内生圆柱形或棍棒形子囊。子囊双层壁，大小为（80～125）μm×（15～22）μm，内生8个子囊孢子。子囊孢子圆柱形或椭圆形，末端钝圆，黄褐色，大小为（35～70）μm×（5～8）μm。无性阶段为黑胫茎点霉［*Phoma lingam*（Tode：Fr.）Desm.］，分生孢子器球形至扁球形，深黑褐色。分生孢子圆柱形，无色，单胞，大小为（3～5）μm×（1.5～2）μm，两端各有1个油球（图8-4-1）。

黑胫病的两种病原在培养形态上存在差异。在马铃薯葡萄糖琼脂（PDA）培养基上，双球小球腔菌（*L. biglobosa*）菌丝体表面绒毛状，菌丝分枝少，生成黄色至黄棕色色素，培养一段时间后，可观察到粉色液滴溢出；斑点小球腔菌（*L. maculans*）在PDA上形成的菌丝分枝多，气生菌丝少，不形成色素。一般根据色素的有无可判断病原类型。通过分子生物学技术在分子水平上区分两种病原是更为可靠的方法。

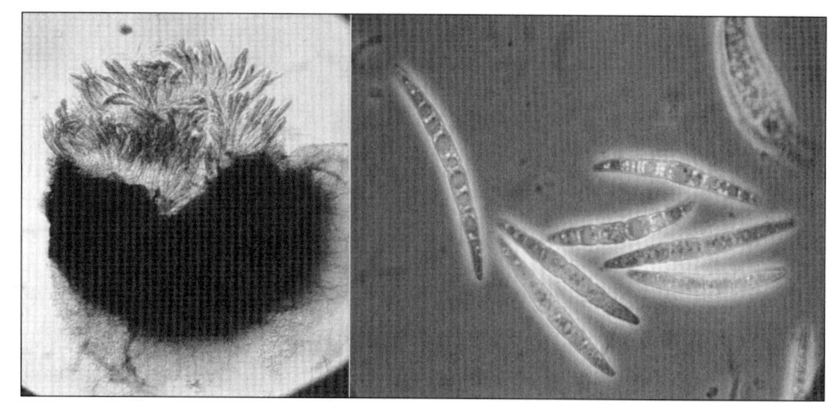

图 8-4-1 斑点小球腔菌假子囊壳和子囊孢子（引自 A. Mengistu，1993）

Figure 8-4-1 Crushed pseudoperithecium and ascospores of *Leptosphaeria maculans*（from A. Mengistu，1993）

四、病害循环

病菌以假子囊壳和菌丝在病残体中越冬和越夏，子囊壳在适宜温度（10～20℃）和高湿条件下释放出子囊孢子，通过气流传播，成为初侵染源。据研究，病残体上的病菌存活 2～4 年后仍能产生假囊壳。种子所带病菌偶尔也可随种子萌发而直接侵染，成为初侵染源。植株感病后，病斑上产生的分生孢子借气流、雨水和流水传播，进行再侵染，但分生孢子引起的再侵染造成的危害比子囊孢子引起的初侵染要轻得多，因此一般认为黑胫病没有再侵染（图 8-4-2）。

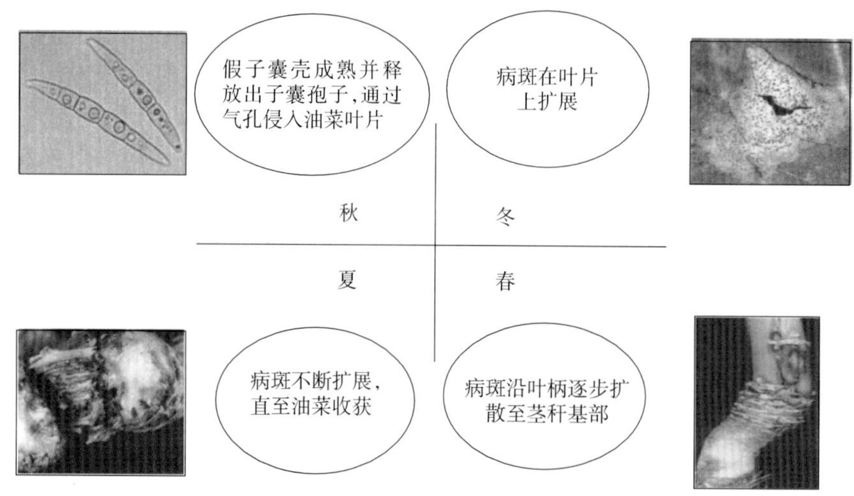

图 8-4-2 冬油菜黑胫病和茎基溃疡病的病害循环（仿 N. Evans，2008）

Figure 8-4-2 Disease cycle of blackleg and stem canker of winter oilseed rape（from N. Evans，2008）

五、流行规律

1. 黑胫病的传播与扩散 油菜黑胫病的子囊孢子主要靠气流传播，子囊孢子借助空气传播距离可达 2km 以上。分生孢子也可以借助雨水飞溅传播。

2. 子囊孢子和分生孢子的萌发条件 温度是影响分生孢子和子囊孢子萌发的重要因素。分生孢子在 16℃下 24h 可萌发，而子囊孢子萌发温度比分生孢子萌发温度低，在 4～8℃下 8h 即可萌发。假子囊壳成熟的最适温度是 5～20℃。温度和湿度是影响侵染的重要因子，孢子的萌发和侵染需要高湿度（RH80%以上）。温度对潜育期也有影响，低温下潜育期长。

3. 黑胫病的侵染过程 子囊孢子和分生孢子一般从气孔侵入，也可从表皮直接侵入。从气孔侵入后，菌丝在细胞间蔓延，不进入细胞内，使寄主细胞水解而出现坏死症状。病菌进入植株组织后由叶柄向茎秆扩展，进入维管束，主要在木质部的导管间扩展，最后侵入并破坏茎皮层细胞，引起茎的溃疡症状。从表皮细胞直接侵入的孢子在维管束内蔓延和定殖，并通过分泌多种细胞壁降解酶破坏植株正常的木质化过程，阻塞导管，使植株表现萎蔫症状。黑胫病主要是单循环病害，病株上产生的分生孢子虽可传播引起再侵染，但在害病流行中作用不大。

六、防治技术

(一) 选用抗（耐）病品种

抗病品种在许多国家已经成功应用于油菜黑胫病的防治，但对于双球小球腔菌（*L. biglobosa*）的抗性研究甚少。此外，一些研究表明，对斑点小球腔菌（*L. maculans*）的抗性基因对双球小球腔菌（*L. biglobosa*）并没有效果。文献报道，我国很多油菜品种对国外的强毒病原斑点小球腔菌（*L. maculans*）引起的黑胫病均表现感病，可见黑胫病始终是我国油菜生产上的威胁，培育和选用抗病品种可防患于未然，避免黑胫病对我国油菜造成毁灭性为害。

(二) 种子处理

选择无病株留种或对种子进行消毒处理，可减少初侵染源。

(三) 农业防治

及时清理病株和病残体，轮作，油菜收获后深翻土地等，在一定程度上均可以减轻黑胫病造成的危害。一般认为与非寄主植物（如小麦、水稻等）至少轮作3年以上。

(四) 化学防治

麦角甾醇生物合成抑制剂（EBI）杀菌剂（如氟硅唑）和苯并咪唑类杀菌剂（如多菌灵）是最常用的防治黑胫病药剂，可于发病初期喷施。EBI是防治黑胫病的最有效农药，可以显著抑制病原的分生孢子萌发和生长，但却不能抑制子囊孢子的萌发。

附：油菜抗黑胫病鉴定方法

1. **接种体制备**。病原菌在V8培养基上20℃培养10d左右至孢子形成。用5mL无菌水冲洗并用刮铲刮下孢子。孢子液用灭菌纱布过滤后，用血细胞计数板统计孢子浓度，调节浓度为1×10^7孢子/mL。

2. **寄主植物**。种子在湿滤纸上催芽2d后移栽到塑料钵中，温室中生长10d后，将材料移入生长箱中，生长条件为白天22℃，夜间16℃，14h光周期。去掉所有真叶，只留子叶。生长期间按需浇水。

3. **子叶接种**。从催芽日起，13d后开始子叶接种。每片子叶上用特制的镊子制造2个直径1mm的伤口。在每个伤口上接种10μL分生孢子液。每个植物品种做2个重复，每个重复2株，共4株。每株植物接种4个位点（每个子叶2个位点）。接种后的植物用塑料盒和黑色塑料袋盖在塑料钵上面以保持湿度。保湿时间不少于24h。每两天去一次真叶以保证子叶常绿。接种后14d和21d，测量接种点的病斑大小和组织坏死情况。

4. **抗性标准**。采用0～6级分级标准对病害进行分级，具体标准为：

0级：无症状；

1级：病斑面积（长×宽）$<5mm^2$；

2级：病斑面积为5～$10mm^2$；

3级：病斑面积为11～$15mm^2$；

4级：病斑面积为16～$20mm^2$；

5级：病斑面积为21～$30mm^2$；

6级：病斑面积$>30mm^2$。

计算各品种的病害分级（Disease score），根据品种的病害分级与感病品种Westar的分级百分比评价抗感性。具体如下：

高感（HS）：病害与Westar的百分比在90%以上；

感病（S）：百分比为70%～89%；

中感（MS）：百分比为50%～69%；

中抗（MR）：百分比为30%～49%；

抗病（R）：百分比为0～29%。

引自 H. R. Kutcher，S. R. Rimmer et al.，2009。

刘胜毅 程晓晖 任莉（中国农业科学院油料作物研究所）

第5节 油菜根肿病

一、分布与危害

油菜根肿病是一种重要的世界性植物病害，俗称"萝卜根"、"大根病"或"大脑壳病"。13世纪即在欧洲发现，1874年被俄国的Wornin描述，迄今已有140年的历史。早在1936年我国台湾地区的大白菜上即有该病的报道，1955年我国其他地区也报道了该病，目前造成危害严重的地区主要集中在四川、云南、贵州、安徽和湖北等省。由该病引起的油菜籽产量损失在10%以上，发病严重的田块甚至绝收。该病在我国的十字花科蔬菜的主栽区几乎均有分布，常年发病面积100多万hm^2，损失非常严重，而且发病面积逐年增加。

二、症状

根肿病侵害油菜根系，通常苗期和成株期均可感病，以苗期侵染为主。植株发病初期地上部分不表现明显症状，以后生长迟缓，植株僵缩矮小，叶片无嫩绿光泽，叶色变淡，基部叶片中午有萎蔫现象，早晚可恢复，后期基部叶片逐渐变黄死亡，严重时整株枯死（彩图8-5-1左）。常发生植株大量死亡，甚至全田毁灭。拔起病株可见主根和侧根膨胀形成大小不等的肿瘤或鸡肠根，其形状大小受着生部位影响较大，主根上的瘤多靠近上部大而少，肿瘤一般呈纺锤形、圆筒形、手指形、球形或近球形等形状（彩图8-5-1中），表面凹凸不平、粗糙，后期表皮有时开裂，有时不开裂；侧根上的瘤多呈圆筒形或手指状；须根上的瘤多且串生在一起。发病后期易被软腐细菌侵染，造成组织腐烂（彩图8-5-1右），散发臭气致整株死亡。

三、病原

油菜根肿病病原为芸薹根肿菌（*Plasmodiophora brassicae* Woronin），属原生动物界根肿菌门根肿菌属。

病菌的营养体是没有细胞壁的原生质团，在寄主根细胞内形成休眠孢子。扫描电镜下油菜根肿病菌休眠孢子近球形，孢壁不平滑，有乳突，直径为1.9～4.3μm（平均3.5μm）。休眠孢子密生于寄主细胞内，呈鱼子状排列（图8-5-1）。在透射电镜下游动孢子肾形或椭圆形、近球形，大小为1.6～3.8μm（平均2.8μm），同侧着生不等长的尾鞭式双鞭毛。环境潮湿有利于休眠孢子的萌发及游动孢子的侵入。休眠孢子的萌发温度为6～30℃，适宜温度为18～25℃。

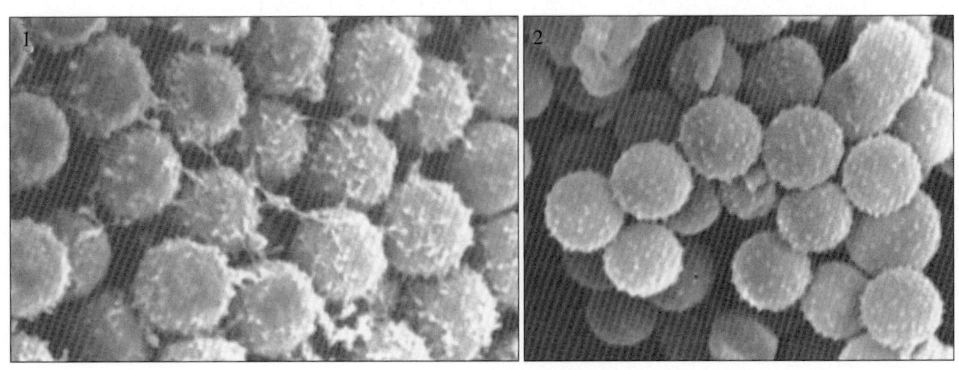

图8-5-1 芸薹根肿菌休眠孢子（引自K. Kageyama，2009）

Figure 8-5-1 Hypnospore of *Plasmodiophora brassicae* (from K. Kageyama，2009)

1. 未成熟休眠孢子 2. 成熟休眠孢子

该菌的生活史可分为两个阶段，即侵染根毛阶段和侵染皮层组织阶段。根肿菌生活史的大部分时期都是单倍体，发生核配后立即进行减数分裂形成游动孢子囊，游动孢子囊释放出次生游动孢子，次生游动孢子侵染皮层组织最后形成休眠孢子。到目前为止，根肿菌的所有阶段并不是都能直接观察到，但根据已经观察到的大部分阶段可大致推测出根肿菌的生活史（图8-5-2）。

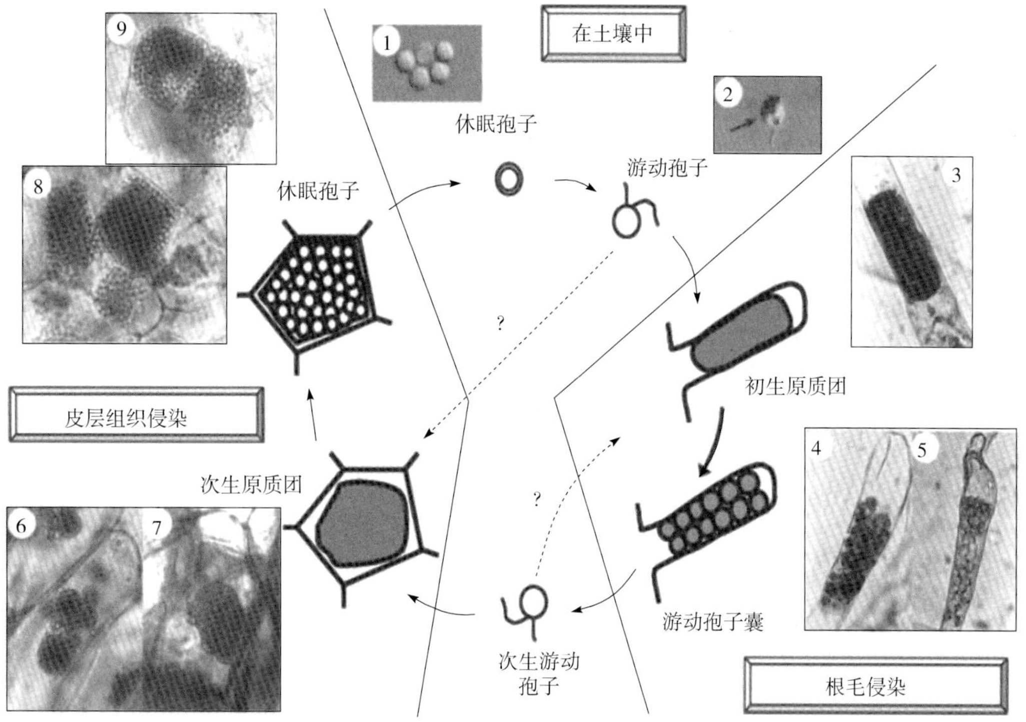

图8-5-2 芸薹根肿菌生活史（引自K. Kageyama，2009）

Figure 8-5-2 Life cycle of *Plasmodiophora brassicae* (from K. Kageyama，2009)

1. 休眠孢子 2. 初生游动孢子 3. 根毛中的初生原质团 4. 根毛中的游动孢子囊簇

5. 空游动孢子囊 6、7. 皮层组织细胞中的次生原质团 8、9. 皮层组织细胞中的休眠孢子

根肿菌属专性寄生菌不能人工培养。对根肿菌的检测研究报道很多，主要检测方法有：荧光显微镜鉴别方法、血清学ELISA检测法和基于DNA的PCR检测方法。因专一性强、精确度高，PCR检测方法广泛应用到土壤、水和植物样本的根肿菌检测中。

根肿菌属专性寄生菌，致病性分化明显，国际上生理小种的划分主要有两个系统。Williams于1965年提出以Wilhelmsburger和Laurentian两个芜菁甘蓝品种、Badger Shipper和Jersey Queen两个结球甘蓝品种为鉴别寄主的鉴别系统。

表8-5-1 Williams根肿病菌生理小种鉴别系统

Table 8-5-1 Williams clubroot differential set

鉴别品种	模式小种															
	1	2	3	4	5	6	7	8	9	10	11	12	13	14	15	16
Cabbage：Jersey Queen	+	+	+	+	−	+	+	−	−	+	−	+	−	−	−	−
Cabbage：Badger Shipper	−	+	−	+	−	−	+	−	−	+	+	−	+	+	+	−
Rutabaga：Laurentian	+	+	+	+	−	−	−	+	+	−	+	−	+	−	−	−
Rutabaga：Wilhelmsburger	+	−	−	+	−	−	−	−	+	+	+	+	−	+	−	+

Williams系统最早正式使用，由于鉴别寄主少、归类方式简单、使用方便等优点而得到广泛的应用。该鉴别系统采用4个鉴别寄主将芸薹根肿菌分为16个生理小种。但Williams鉴别系统对一些小种不能进行明确鉴别，通过1974年在欧洲植物育种研究学会十字花科作物会议上的广泛讨论，于1975年正式建立欧洲根肿病菌生理小种鉴别系统（European clubroot differential set），简称ECD系统。ECD和Williams两套根肿菌生理小种鉴别系统成为国际上通用的鉴别系统。

表 8-5-2 欧洲根肿病菌鉴别系统（ECD）

Table 8-5-2 European clubroot differential set

鉴别序号	鉴别寄主	二进制值	十进制值
	Brassica campestris L. sensu lato（$2n=20$）		
01	ssp. *rapifera* line aaBBCC	2^0	1
02	ssp. *rapifera* line AAbbCC	2^1	2
03	ssp. *rapifera* line AABBcc	2^2	4
04	ssp. *rapifera* line AABBCC	2^3	8
05	ssp. *pekinensis* cv. Granaat	2^4	16
	Brassica napus L.（$2n=38$）		
06	var. *napus* line Dc101	2^0	1
07	var. *napus* line Dc119	2^1	2
08	var. *napus* line Dc128	2^2	4
09	var. *napus* line Dc129	2^3	8
10	var. *napus* line Dc130	2^4	16
	Brassica oleracea L.（$2n=18$）		
11	var. *capitata* cv. Badger Shipper	2^0	1
12	var. *capitata* cv. Bindsachsener	2^1	2
13	var. *capitata* cv. Jersey Queen	2^2	4
14	var. *capitata* cv. Septa	2^3	8
15	var. *acephala* subvar. *laciniata* cv. Verheul	2^4	16

四、病害循环

根肿菌主要以休眠孢子在土壤、病残体中或黏附在种子上越冬、越夏。休眠孢子在土壤中的存活力很强，一般可存活至少 8 年，环境适宜可存活 10 年以上。该菌靠流水、雨水、灌溉水和土壤中的线虫、昆虫的活动以及农事操作在田间近距离传播；远距离传播主要通过休眠孢子污染的种子、感病植株的调运或带菌泥土的转移传播。

根肿菌休眠孢子萌发产生初生游动孢子侵染根毛并形成游动孢子囊，游动孢子囊产生次生游动孢子，释放出的次生游动孢子再侵染根毛，或者成对融合后侵染皮层细胞形成次生原质团，刺激皮层细胞分裂、膨大，致根系形成肿瘤，肿瘤内进而形成大量休眠孢子（图 8-5-2）。发病后期，病部易被软腐细菌等侵染，造成组织腐烂或崩溃，散发臭气。根瘤烂掉后，休眠孢子囊进入土中或黏附在种子上越冬、越夏。休眠孢子在适宜条件下侵染植株，休眠孢子萌发产生游动孢子从根毛侵入到根部表现根肿症状，一般历时 9～10d，侵染发生越早，植株受害越重。

五、流行规律

根肿菌在土壤中的休眠孢子靠流水和土壤中的线虫、昆虫的活动及农事操作等近距离传播，水旱轮作有利于根肿病在本田的传播和扩散；病菌还可随带病根的菜苗、菜株的调运或菜苗根系带菌泥土的转移进行较远距离传播；跨地区远距离传播病原主要来源于混杂在种子中的病残体或黏附在种子上的休眠孢子。

土壤中存在大量的根肿菌休眠孢子是该病发生的主要条件，在十字花科作物连作田中，有大量的芸薹根肿菌的休眠孢子存在，连作田发病重；土壤 pH5.4～6.5 时发病重，最适 pH6.2，pH7.2 以上发病轻，酸性土壤适于根肿病菌的发育和侵染；土壤含水量 50%～98%都能发病，以 70%～90%最为适宜，土壤含水量低于 45%，病菌容易死亡，高于 98%也会妨碍病菌的发育；氧化钙不足，缺钙、黏重的土壤透气性差，利于发病；根肿病的发生要求温度为9～30℃，适宜温度为19～25℃。

在适宜的条件下，休眠孢子萌发后，产生游动孢子，从寄主的根毛或侧根的伤口侵入寄主，刺激寄主细胞分裂，体积增大，根部出现肿瘤。地上部生长迟缓、萎蔫。一般病菌侵染后10d左右根部长出小肿瘤。

油菜根肿病发生流行有以下特点：秋季播种早发病重，播种晚发病轻；在根肿病发生区域内，酸性土壤种植油菜，发病较重；土壤有机质含量低，地下水位高，排水状况差的田块发病较重；病害发生早产量损失大，发病的早晚、轻重与当年苗期温度、降雨和土壤湿度有关，油菜各生育时期均会感染根肿病，以苗期感染（主根感染）对产量的影响最大。

六、防治技术

（一）实行检疫

虽然根肿病在国内许多地区都有发生，但有些地区仅在局部发生。因此，加强检疫，防止从病区调运蔬菜及种苗和种子至无病区，对防治根肿病具有重要意义。

（二）选用抗（耐）根肿病丰产良种

对于专性寄生菌侵染引起的病害，利用抗病品种是最理想的防治手段。国外在根肿病的抗病遗传方面做了不少研究工作，已培育出一些很好的十字花科蔬菜抗根肿病品种。抗根肿病的油菜育种工作进展较为缓慢。2009年先锋公司（Pioneer Hi - Bred）培育并登记的油菜品种45H29为世界上第一个抗根肿病的杂交油菜。45H29对根肿病菌3号生理小种表现出高抗，并且对5、6、8号生理小种也表现出抗病。国内油菜抗病育种研究主要集中在对现有的主栽品种和油菜品种资源的抗病性鉴定，筛选抗病材料，生产上没有抗根肿病品种推广。

（三）农业防治

1. 与非十字花科作物轮作 实行5年以上的水旱轮作和与非十字花科作物如水稻、小麦、大麦、玉米、大豆、花生等轮作，可以有效降低土壤中休眠孢子数量，减轻发病。

2. 种植“诱饵植物”捕杀休眠孢子 叶用萝卜“CR - 1”能诱导根肿菌休眠孢子萌发进行初次感染，但是却不发病，不生成根瘤。除了十字花科植物以外，在根肿病严重的田里种植燕麦品种“ヘイオーツ，雪印”，休眠孢子的密度也会下降。

3. 改良土壤，降低土壤酸度 调节土壤酸碱度，每667m^{2}用生石灰100～150kg均匀撒施于土表，通过整地充分拌于土中。

4. 加强栽培管理 坚持深沟高垄栽培，及时排除田间积水。选择长势好、健壮的油菜苗移栽。

5. 及时拔除、销毁病株 发现病株，及时拔除，并用高温煮或晾干后统一烧毁，绝不能将病株留于田中或丢弃在其他区域，防止病菌蔓延。

（四）化学防治

1. 药剂拌种 播种前用55℃温水浸种15min，再用10%氰霜唑悬浮剂2 000～3 000倍液浸种10min。

2. 药剂防治

（1）育苗移栽油菜防治技术。①苗床消毒。苗床育苗前2～3d，每100m^{2}苗床用10%氰霜唑悬浮剂25mL，稀释为2 000倍液喷浇；②移栽后百菌清定根。油菜苗移栽后，每1 000m^{2}用75%百菌清可湿性粉剂400g，稀释为2 000倍液浇苗（下雨前进行）。

（2）直播油菜防治技术。用500g/L氟啶胺悬浮剂对油菜种子包衣或丸粒化，每克种子用500g/L氟啶胺悬浮剂1mL，晾干后播种。

方小平（中国农业科学院油料作物研究所）

第6节 油菜灰霉病

一、分布与危害

油菜灰霉病是灰葡萄孢（*Botrytis cinerea* Pers.：Fr.）引起的一种病害。因在发病部位产生灰褐色粉状霉层而得名。这种病害在我国各油菜产区均有发生，尤其是在长江中下游流域冬油菜产区。根据洪海林等（2012）调查，油菜灰霉病在湖北省咸宁市普遍发生，在水旱轮作油菜田，3～4月的病株率达到18%～23%，在旱地油菜田，病株率达到30%～48%。油菜灰霉病在油菜茎秆和枝条上发生时，导致油菜植株倒伏；在油菜荚上发生时，造成荚腐和籽粒腐烂，直接导致油菜千粒重和含油量下降。油菜灰霉病菌的寄主范围十分广泛，可侵染200多种植物。除油菜外，灰霉病菌的寄主植物还有辣椒、茄子、番茄、黄瓜、月季、仙客来、香石竹、葡萄、草莓、黑莓、蓝莓、苹果、梨和小麦等。

二、症状

油菜灰霉病在油菜植株各部位均可发生。在叶片上造成叶斑和叶片腐烂，在茎秆和枝条上造成茎腐和枝条腐烂，在荚上造成荚腐和种子腐烂。

在叶片和叶柄上，病斑初期水渍状，干燥条件下变成灰白色或灰褐色。在叶片上病斑圆形，边缘出现黄色晕圈。在潮湿条件下，病斑呈现腐烂症状。病斑表面密生灰白色至灰褐色分生孢子梗和粉状分生孢子（彩图8-6-1，1、2）。在干燥条件下，叶片和叶柄振动时分生孢子像灰尘一样弥散在空气中。

在茎秆和枝条上，病部表面灰白色，密生灰色至灰褐色分生孢子梗和粉状分生孢子。在发病后期，茎秆表皮下产生黑色扁平菌核（彩图8-6-1，3、4）。

在荚上，病部表面灰白色。表面密生灰色至灰褐色分生孢子梗和粉状分生孢子。病荚内的籽粒干瘪、皱缩、表面布满霉层（彩图8-6-1，5、6）。

油菜灰霉病和油菜菌核病在症状上有时十分相似，但二者在病征及菌核特征方面存在显著差异（表8-6-1）。

表8-6-1 油菜灰霉病和油菜菌核病症状比较

Table 8-6-1 Comparison of symptoms of Botrytis gray mold and Sclerotinia stem rot

比较特征	灰霉病	菌核病
病斑颜色	初期水渍状，后期灰白色	初期水渍状，后期白色
病症	大量产生灰色或灰褐色分生孢子及黑色菌核	在高湿度下产生茂盛白色絮状菌丝及黑色菌核
菌核	菌核产生在病组织表皮下，扁平。菌核不易脱离病组织，黑色	菌核产生在病组织表面或病茎秆内部，椭球形或鼠粪状。菌核易脱离病组织

三、病原

引起油菜灰霉病的病原是灰葡萄孢（*Botrytis cinerea* Pers.：Fr.），为子囊菌无性型葡萄孢属真菌。分生孢子梗单生或丛生，大小为（712～1 745）μm×（10～17）μm，在顶部产生多轮互生分枝，最后一轮分枝顶端膨大，芽生分生孢子。分生孢子呈簇状着生于分生孢子梗顶端，椭圆形，单胞，大小为（7～14）μm×（6～13）μm（图8-6-1）。灰霉病病原有性型为富克葡萄孢盘菌［*Botryotinia fuckeliana*（de Bary）Whetzel］，属子囊菌门葡萄孢盘菌属（*Botryotinia*）。有性阶段发生在菌核上，即菌核萌发产生子囊盘，在子囊盘中产生子囊及子囊孢子。鲜见灰霉病菌在自然条件下发生有性繁殖。

灰葡萄孢菌丝生长的温度范围是0～28℃，最适生长温度为20℃。在马铃薯葡萄糖琼脂培养基上，灰葡萄孢菌落边缘整齐。菌丝体初期灰白色，绒毛状。后期在菌落表面产生分生孢子梗、分生孢子及菌核。菌核初期为白色菌丝团原基，逐渐变成灰白色颗粒状，有水滴从菌核溢出。成熟菌核黑色，形状不规则，散生于整个培养皿，大小为（1.0～12.9）μm×（0.7～6.1）μm。菌核不易脱离基质（彩图8-6-2）。

四、病害循环

灰葡萄孢以菌核在土壤中或以菌丝及分生孢子在病残体上越冬或越夏。当环境条件适宜时，菌核萌发产生菌丝或分生孢子。活跃生长的菌丝与油菜组织接触后发生侵染。分生孢子一般需要在外源营养物质（油菜花粉、衰老花瓣、伤口外渗物等）刺激下萌发及进行菌丝生长，进而感染健康油菜组织。在死亡油菜组织上产生分生孢子梗和分生孢子。新形成的分生孢子经气流、雨水及农事操

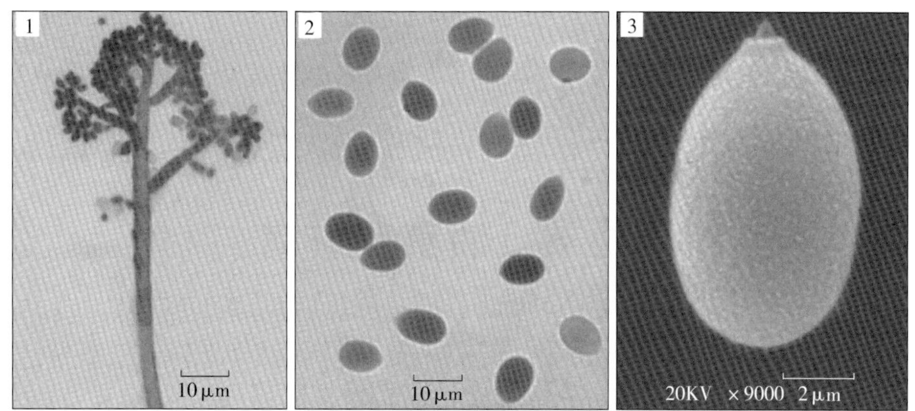

图 8-6-1 灰葡萄孢形态特征（张静摄）

Figure 8-6-1 Conidiophore and conidia of *Botrytis cinerea* (by Zhang Jing)

1. 分生孢子梗 2、3. 分生孢子

作进行传播。

油菜灰霉病一般在低温潮湿和光照不足的条件下易造成流行。病害发生的温度范围为 5～25℃，最适宜发病温度为 20～23℃。当空气相对湿度在 85%以上时发病严重。

五、流行规律

油菜灰霉病的流行与温度、湿度和田间栽培管理措施有关。

（一）温度和湿度

油菜灰霉病菌喜低温和潮湿的环境条件。冬季或早春多雨有利于该病的发生。根据笔者在湖北省的调查，油菜灰霉病从每年 2 月开始发生。最早发生在植株中下部叶片和叶柄上，进而蔓延至茎秆、枝条、花瓣、荚和种子上。在潮湿的环境下，病部产生大量分生孢子，在干燥条件下，病部产生黑色扁平状菌核。

（二）栽培管理措施

实施水旱轮作、田间残体处置得当和及时中耕除草等栽培措施时油菜灰霉病发生较轻。灰霉病的初侵染来源是越冬后病残体上的菌丝或菌核萌发产生的分生孢子，分生孢子借空气传播。实施上述栽培措施可以减少田间灰葡萄孢分生孢子数量。

六、防治技术

迄今没有发现抗灰霉病的油菜品种。因而，防治油菜灰霉病可采取清除病残体、加强栽培管理、药剂防治和生物防治等措施。

（一）清除病残体

在病残体上灰霉菌产生大量分生孢子。清除病残体则能减少再侵染来源。具体措施包括病残体深埋（20cm 以上）、焚烧或作为堆肥材料充分腐熟。

（二）加强栽培管理

平衡施肥，不偏施氮肥，增施磷、钾肥，培育壮苗，提高植株自身的抗病性。在有条件的地区宜推行水稻—油菜连作耕作模式。

（三）药剂防治

对油菜菌核病有效的杀菌剂一般对灰霉病也有效。在花期喷药防治油菜菌核病可兼防油菜灰霉病。每 667m^2 可选用 40%菌核净可湿性粉剂 100～150g、50%多菌灵可湿性粉剂 150～200g、50%腐霉利可湿性粉剂（速克灵）45～60g，对水喷雾；还可选用 45%噻菌灵悬浮剂（特克多）3 000～4 000 倍液、50%异菌脲可湿性粉剂（扑海因）1 500 倍液。在油菜花期间隔 7～10d 喷 1 次，共喷 1～2 次。需要注意的是，灰霉病菌易产生抗药性，防治时应尽量减少药量和施药次数，并注意交替用药，切忌长期使用一种杀菌剂。

(四) 生物防治

使用一些防治油菜菌核病的微生物，如木霉、粉红黏帚霉、酵母菌和链霉菌等，对油菜灰霉病也可起到一定的防治作用。

李国庆（华中农业大学植物科学技术学院）

第7节 油菜黑斑病

一、分布与危害

油菜黑斑病是油菜产区的常见病害，也是一种世界性病害，在印度、英国、德国发病较重，严重时产量损失可达20%～50%。该病在全国各油菜产区均有发生，并有扩大的趋势。其寄主植物除油菜外，还有萝卜、芥菜、白菜等十字花科蔬菜。

二、症状

油菜黑斑病主要发生于油菜角果发育成熟期，病原菌能侵染油菜的叶片、茎秆和角果（彩图8-7-1）。

植株下部叶片容易感病。叶片发病初期，产生灰褐色或黑色小病斑，后发展成黑褐色、有同心轮纹、边缘有黄色晕圈的圆形或不规则形病斑。湿度大时，病斑上长出黑色的霉状物。发病严重时，病斑密布叶片，破裂穿孔，引起叶片干枯脱落。

茎秆上病斑圆形或梭形，初期褐色，后期中间白色，边缘深褐色，有同心轮纹。当病斑环绕侧枝或主茎一周时，导致侧枝或整株枯死。

角果发病初期为黑色的小圆点，后发展成圆形或椭圆形黑色病斑，湿度大时角果变黑，上面密布黑色霉层，收获前角果容易裂开。病株油菜籽千粒重明显低于健株的，产量损失可达24.6%。

三、病原

不同油菜产区引起黑斑病的病原也不相同，油菜黑斑病病原主要有3种，芸薹链格孢［*Alternaria brassicae*（Berk.）Sacc.］、芸薹生链格孢［*A. brassicicola*（Schwein.）Wiltshire］和日本链格孢［（*A. japonica* Yoshii），异名：萝卜链格孢（*A. raphani* Groves et Skolko）］，属子囊菌无性型链格孢属真菌。该病近几年来在油菜成熟期发生较为严重，姜小洁（2010）从湖北省黄冈市、仙桃市、荆门市、孝感市和武穴市采集了发病叶片和角果，对病原菌进行了分离和致病性测定，结果表明湖北地区油菜黑斑病是芸薹生链格孢引起。芸薹生链格孢在PDA培养基上初为白色，后逐渐变为黑褐色菌落。在PCA培养基上，培养5d的孢子链长超过10个分生孢子，在单生分生孢子梗上形成小树状分枝的分生孢子链。分生孢子梗直立或上部随着产孢作膝状弯曲，淡褐色。成熟的分生孢子卵形或倒棒状，大小为（40.0～63.0）μm×（11.5～15.5）μm，具1～5个横隔膜和0～2个纵、斜隔膜，分隔处明显缢缩，喙一般不发达，多为单细胞假喙，淡褐色（彩图8-7-2）。芸薹链格孢和萝卜链格孢的形态与芸薹生链格孢十分相似，但是，芸薹链格孢和萝卜链格孢的分生孢子较大、有喙、多为单生。三种病原菌的最适生长温度均为20～25℃，最适pH为6.0～7.0，并且它们能够有效利用多种碳、氮源。芸薹生链格孢和芸薹链格孢在连续光照、光暗交替的条件下生长较快，在黑暗条件下生长较慢，而萝卜链格孢在这3种光照条件下的生长速率无显著差异。

四、病害循环

油菜黑斑病以菌丝体和分生孢子在土壤、病残体及种子内外越冬或越夏。次年病原菌的菌丝或分生孢子通过气流和农事操作传播侵染油菜引起发病，病斑上可以不断产生新的分生孢子，对健康的植株进行再侵染。用芸薹生链格孢接种油菜叶片后染色，并进行显微观察，结果表明，接种3h后，少量孢子开始萌发，孢子两端或侧面可生出芽管；接种9h、12h后，随着时间增加芽管不断伸长；接种24h后，有少量芽管可从气孔和表皮直接侵入油菜组织；接种48h后，被侵染的油菜细胞组织周围变褐，可在叶片上直接观察到黑色小斑点；接种3d后，被侵染的油菜细胞组织褐变扩大，并且油菜叶片表面的病斑也随之扩大；接种5d后，叶片细胞表面有大量菌丝产生，细胞组织大面积坏死，可以看到叶片表面有大量的黑色病斑（彩图8-7-3）。芸薹生链格孢分生孢子侵入油菜茎秆、角果的过程大致相似，但病原菌侵入茎秆和角果较快，接种12h后，就有少量的芽管侵入油菜组织；接种24h后，大量的芽管侵入到油菜组织中，并且被侵染的组织细胞周围变褐，可观察到叶片表面有明显的黑色斑点。

五、流行规律

该病害的流行受气候条件、病菌种类和栽培品种的抗性影响。张敏（2010）用芸薹生链格孢分生孢子接种油菜角果，研究了不同温度（15℃、20℃和25℃）及保湿时间（3h、6h、9h、12h、24h、36h、48h、60h和72h）对角果发病率的影响，结果表明，在15℃、20℃和25℃条件下保湿培养3h和6h后，角果均未发病，当保湿时间大于9h后，15℃下病害潜伏期为48h，20℃下病害潜伏期为24h；在15℃、20℃和25℃条件下，随着保湿时间的延长，角果发病率逐渐增加，保湿72h与60h的角果发病率无显著差异，但均显著高于保湿9h和12h的角果发病率。Mridha用芸薹链格孢接种油菜植株，发现在15～30℃范围内油菜叶片和角果都能发病，其中老叶发病最重。在同一温度下，发病率随着湿度的增加而增加。在不同温度条件下，植株发病所需的最少保湿时间随着温度的增加而缩短。上述结果表明，湿度在病害侵入过程中起着重要作用，病菌成功侵入后，温度则决定了病害的发展速度。

病害的发生与种子的带菌率有着密切的关系。带菌种子萌发后，可造成幼苗生长缓慢，发育不正常，主要表现在子叶变黄、变褐、有黑色病斑，严重时烂苗。种子带菌率越高，病害发生越重。同一地区长期连作、种植过密都有利于该病的发生。白菜型油菜最感病，甘蓝型较抗病，芥菜型油菜最抗病。

不同地域来源菌株的致病力强弱不同，同一地区菌株的致病力也表现差异。姜小洁（2010）用不同地区分离的23个菌株分别接种油菜叶片，待油菜发病后按病情分级标准调查供试品种的发病情况，并计算病情指数。结果表明，荆门市、仙桃市和孝感市采集的菌株致病力较强，平均病情指数为56.79，54.50和47.40；武穴市采集的菌株致病力居中，平均病情指数为35.18；而黄冈采集的菌株致病力较弱，平均病情指数为17.97。

六、防治技术

（一）选用抗病品种

现有的油菜栽培品种中缺乏高抗品种，但是品种之间有较明显的抗性差异，姜小洁（2010）用致病力较强的菌株XT-1接种了68个油菜品种的角果，结果表明：荆油杂8号、鼎油杂3号、中双5号等7份表现为抗病，阳光2008、沪油21、G142等35份表现为中抗，圣光77、HM42、N6013等26份表现为感病。因此，在生产上可因地制宜地选用一些抗性较好的品种种植。

（二）农业防治

1. 种子处理 在播种前精选种子，并做好种子处理。可用种子重量0.4%的50%福美双可湿性粉剂或0.2%～0.3%的50%异菌脲（扑海因）可湿性粉剂拌种。

2. 合理轮作 发病重的田块要实行轮作，与非十字花科蔬菜如瓜类、豆类、葱蒜类等蔬菜轮作2～3年，可以有效减少土壤中病原菌的数量。

3. 加强田间管理 种植过密、排水不良的油菜田既影响油菜的生长，还有利于油菜黑斑病的发生。因此，要做到合理密植、窄畦深沟、清沟排水，降低田间湿度。合理施肥，避免过量施用和偏施氮肥，适量增施磷、钾肥，可提高植株抗病力。

（三）药剂防治

油菜黑斑病发病初期，选用30%苯甲·丙环唑水分散粒剂、10%苯醚甲环唑水分散粒剂、43%戊唑醇悬浮剂、70%甲基硫菌灵可湿性粉剂、40%多菌灵悬浮剂等化学农药进行喷雾防治，可以达到较好的防病效果。

黄俊斌（华中农业大学植物科学技术学院）

第8节 油菜白锈病

一、分布与危害

油菜白锈病在世界上分布广泛，很多国家均有发生，其中造成危害较重的国家有印度、德国、加拿大等。油菜白锈病在我国各省份均有发生，其中以四川、云南、贵州、江苏、安徽、浙江和上海较重。据报道，有些年份油菜白锈病苗期发病率几乎100%，“龙头”率70%以上，严重田达100%，每公顷减产300kg左右。在发病较重的地区，大流行年份发病率达50%～100%，产量损失30%～50%，千粒重和含油量均下降。

二、症状

白锈病可侵害油菜的叶片、茎枝、花和花梗、角果等部位。在油菜苗期至开花结荚期均能感染白锈病，抽薹开花期最为严重。叶片染病，初期在叶片正面产生淡绿色小点，后变黄，叶背面长出白漆状疱斑，破裂后散出白色粉末，发展成白斑，最后变成褐色枯斑。幼茎和花梗染病后，顶部肿大弯曲成“龙头”状，疱斑多呈长圆形或短条状。花器染病后，畸形肥大，花瓣变绿变厚，不脱落也不结实，上生白色漆状疱斑。角果染病后，病部褪绿，长出白色疱状物，破裂后散出白色粉末（彩图8-8-1）。

油菜白锈病与油菜霜霉病的症状有相似之处，二者在花器上都形成“龙头”拐杖，区别在于白锈病菌形成的“龙头”表面粗糙，霜霉病菌形成的“龙头”表面光滑，上面覆有霜状霉层。在其他部位病斑的主要区别在于白锈病的病斑为疱疹状，主要在表皮下，病斑破裂后散出白粉；霜霉病的病斑在表面，为霜状霉层。

三、病原

(一) 病原的分类及形态

油菜白锈病的病原是白锈菌［*Albugo candida*（Pers.）Kuntze］，属卵菌门白锈菌属。白锈菌是一种专性寄生菌，有无性阶段和有性阶段，无性繁殖产生具双鞭毛的游动孢子，有性繁殖产生卵孢子。

菌丝无隔，多核，蔓生于寄主细胞间，借吸器侵入细胞内吸收营养。孢囊梗棍棒状，不分枝，无色，无隔，大小为（26～42）μm×（8～15）μm。成栅栏状排列丛生于寄主表皮下，顶端着生链状孢子囊。孢子囊球形、近球形或椭圆形，壁薄、等厚，单胞，无色透明，大小为（14～22）μm×（12～18）μm。孢子囊以由上往下的方式产生，也就是说，最老的孢子囊在顶端，萌发时直接产生双鞭毛游动孢子，一般不形成芽管。一个孢子囊可产生5～18个游动孢子。游动孢子大小为（9～15）μm×（11～22）μm，两根鞭毛一长一短，帮助孢子在水中游动。卵孢子褐色，近球形，直径为31～42μm，外壁有网状突起或瘤刺等纹饰，可作为白锈菌种鉴定的主要依据。卵孢子萌发形成游动孢子。卵孢子有5层细胞壁，可帮助病原度过干旱等逆境（彩图8-8-2）。

(二) 病原的致病性分化

白锈菌的专化性很强，有许多生理小种，其致病性分化现象在很久以前就有研究。Eberhardt于1904年将*A. candida*分为两种类型，一种寄生荠属（*Capsella*）、独行菜属（*Lepidium*）和南芥属（*Arabis*），另一种寄生芸薹属（*Brassica*）、白芥属（*Sinapis*）和二行芥属（*Diplotaxis*）。根据这种对不同十字花科寄主的致病性，Napper对英国20个白锈菌小种进行了描述。Pound和Williams收集了十字花科6个属的寄主植物上的白锈病菌，根据不同寄主将白锈菌分为6个生理小种，而病原的来源寄主就作为这6个生理小种区分的最佳鉴别寄主。这6个生理小种分别为：小种1来自于萝卜（*Raphanus sativus*）品种Early Scarlet Globe，小种2来自于芥菜（*B. juncea*）品种Southern Giant Curled，小种3来自于辣根（*Armoracia rusticana*）品种Common，小种4来自荠菜，小种5来自钻果大蒜芥（*Sisymbrium officinale*），小种6来自蔊菜（*Rorippa islandica*）。

四、病害循环

病菌可以菌丝体随病残体越冬，也可以卵孢子在病株残体上、土壤中和种子上越冬和越夏。卵孢子在干旱条件下可存活 20 年以上。在冬油菜区秋播油菜苗期，卵孢子萌发产生芽管，芽管顶端膨大形成孢子囊，孢子囊萌发产生游动孢子，借风雨传播至叶片上，从气孔侵入，引起初侵染。卵孢子也可直接萌发产生芽管侵入寄主。病斑上产生的孢子囊又随风雨传播进行再侵染。冬季以菌丝或卵孢子在寄主组织内越冬。春季气温回升时产生大量孢子囊继续侵染，到油菜收获时形成卵孢子越夏。白锈病是一种低温高湿病害，0～25℃时病菌孢子均可萌发，以 10℃最适宜。只要水分充足，就能不断发生，连续为害。品种间抗病性有差异（图 8-8-1）。

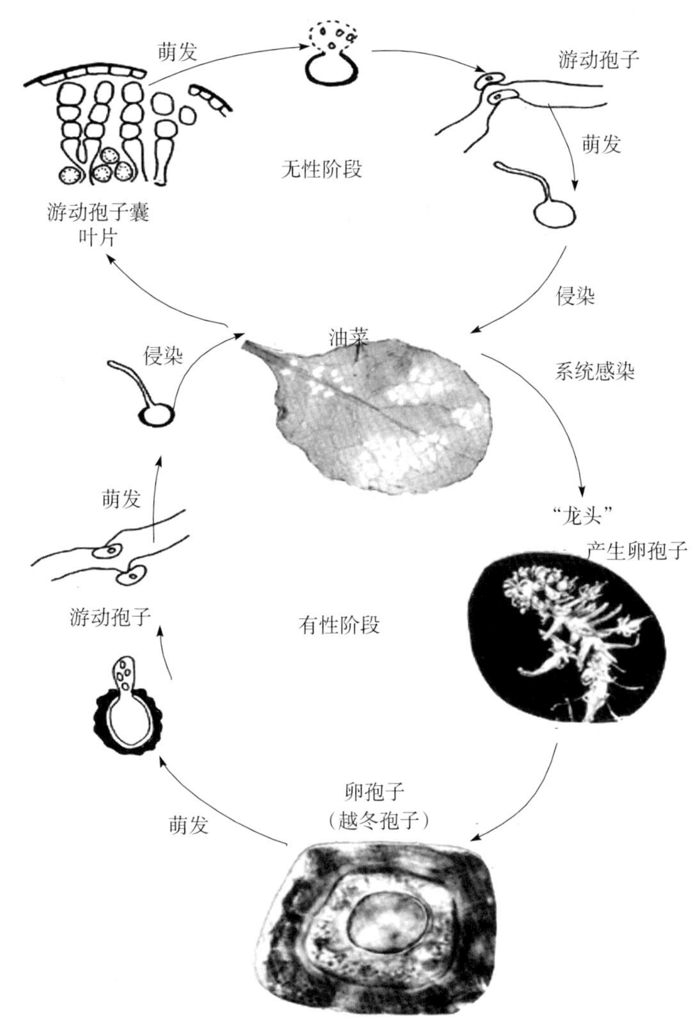

图 8-8-1　白锈菌生活史（程晓晖仿 P. R. Verma）

Figure 8-8-1　Life cycle of *Albugo candida* (from P. R. Verma by Cheng Xiaohui)

五、流行规律

（一）病原的传播扩散及侵染条件

油菜白锈病是一种雨水和气流传播病害。卵孢子萌发后产生的游动孢子借雨水传播，从气孔侵入；孢子囊也可借气流辗转传播，遇到适宜的条件时萌发侵入寄主。

白锈菌侵入寄主的最佳温度为 18℃。卵孢子萌发的温度一般为 0～25℃，最适温度为 10℃。孢子囊一般在寄主组织腐烂、疱斑破裂时萌发。低温高湿为孢子囊萌发所必需条件，一般萌发温度为 1～20℃，最适温度为 7～13℃；湿度 90%以上有利于孢子囊萌发。

病菌一般由游动孢子从气孔侵入引起初侵染。侵染过程中会形成侵入钉、吸器等结构帮助侵入和寄生。

（二）流行规律

气温、降水量和湿度是影响白锈病发生的主要因素。气温和降雨两个因素均满足时病害才能流行。冬季气温偏高有利于病原菌越冬，早春气温回升缓慢或有倒春寒时有利于孢子囊的萌发和侵入油菜。油菜花期降雨日、降水量和空气相对湿度决定病害的严重程度。

六、防治技术

防治的基本原则是以种植抗病品种为基础，提高田间管理水平，对感病品种或病害流行年份及时喷药进行化学防治。

（一）种植抗（耐）病品种

不同品种对白锈病的抗性差异较大。一般而言，白菜型和芥菜型油菜发病较重，甘蓝型油菜发病较轻，且早熟品种比晚熟品种发病更重。

（二）农业防治

1. 轮作　可实行水旱轮作，以降低菌源量。

2. 摘除"龙头"　在主茎或分枝上初见"龙头"时，及时摘除"龙头"，对白锈病的防效可达 98%。

3. 加强田间管理 适期播种，合理施肥。

(三) 化学防治

研究发现，用于防治霜霉病的杀菌剂均对白锈病有效，如波尔多液、代森锰锌、福美锌、嘧菌酯、百菌清、甲霜灵等。在用农药进行防治时，需要注意避免抗药性的产生，在同一个地方最好多种药剂轮换使用。同时要注意避免产生药害。

药剂的使用方法包括拌种和田间喷施。田间喷施时，在油菜3～5叶期和初花期用药效果最好，根据病情可施药多次，间隔7～10d。

刘胜毅　任莉（中国农业科学院油料作物研究所）

第9节　油菜白粉病

一、分布与危害

油菜白粉病在世界上很多国家均有发生。由于病害发生不十分严重，且造成的产量损失不大，是油菜上的次要病害之一。在我国，油菜白粉病过去主要分布于湖北、四川、云南、贵州等省。随着全球气候变暖，病害逐渐向东和北蔓延，在陕西、山西、甘肃等省也有大面积发生，成为油菜生产中的潜在隐患性病害（邵登魁，2006）。据报道，感染白粉病的油菜（发病率26%～100%）与健康植株相比，千粒重降低18.8%～77.5%，单株有效角果数平均减少8～18个，每荚粒数平均减少1～4粒，单株产量减少21.3%～80.7%。

二、症状

白粉病可侵害油菜的叶片、茎秆、角果等部位。发病初期在感病部位形成少量的点块白斑（菌丝、分生孢子梗和分生孢子），以后向外扩展连接成片，一段时间后受害部位变黑，有的产生黑色粒状物（彩图8-9-1）。病轻时，植株生长、开花受阻；严重时白粉状霉覆盖整个叶面，到后期叶片变黄、枯死，植株畸形，花器异常，直至植株死亡。

霜霉病与白粉病有一定相似之处，二者都是在叶片上形成白色霉层，区别在于霜霉病在叶片正面产生黄色病斑，叶背面形成白色霜状霉层；而白粉病则在叶片正面和背面（一般在叶片正面）出现白色粉状霉层。

三、病原

油菜白粉病的病原为蓼白粉菌（*Erysiphe polygoni* DC.）或十字花科白粉菌（*E. cruciferarum* Opiz ex Junell），属子囊菌门白粉菌属。

白粉病菌的有性阶段产生暗褐色扁球形闭囊壳，一般为聚生，较少散生，直径为83～137μm，具7～39根附属丝。附属丝一般不分枝，较少数有一次不规则的分枝，呈曲折状，长度是闭囊壳直径的1～2倍。每个闭囊壳含有3～10个子囊。子囊卵形或近球形，一般有明显的短柄，少数无柄，大小为（45.7～71.1）μm×（30.5～50.8）μm，内有2～8个子囊孢子。子囊孢子椭圆形，单胞，无色或略带黄色，有的有油滴，大小为（17.5～36.3）μm×（11.2～17.5）μm。

白粉病菌的无性阶段产生分生孢子。分生孢子圆柱形到卵圆形，大小为（26.6～43.2）μm×（15.2～20.0）μm。分生孢子的长宽比约为2。分生孢子梗直立，不分枝，顶端形成分生孢子。

白粉病菌的菌丝体无色或灰色，常通过吸器侵入寄主组织内。附着胞裂瓣形；足细胞圆柱形，直立，大小为（35～42）μm×（7～10）μm。

四、病害循环

在南方，油菜白粉病菌主要以菌丝体或分生孢子在不同作物，尤其是十字花科作物上辗转传播和为害。在北方，油菜白粉病菌主要以闭囊壳在病残体上越冬。在条件适宜时，子囊释放出子囊孢子随风雨传播，进行初侵染。发病后，病原菌在发病部位产生的分生孢子随风传播，进行多次重复侵染。在油菜收获前病菌产生闭囊壳越夏。

五、流行规律

（一）白粉病菌的传播与扩散

油菜白粉病是一种气流传播病害，子囊孢子和分生孢子在遇到气流时会飞散到附近的油菜叶片、茎秆或角果上，之后萌发形成芽管侵入寄主组织。

（二）孢子萌发条件

油菜白粉病菌的生长温度通常在 16～28℃，分生孢子萌发的温度一般为 20～24℃，但不同菌系之间会有差别。分生孢子萌发的最适相对湿度为 100%。低温有利于子囊孢子萌发。高温有利于病害流行。

（三）侵染过程及侵染条件

油菜白粉病菌的子囊孢子和分生孢子随风飞散，落到感病油菜品种的叶片、茎秆或角果上。当温、湿度条件合适时，孢子萌发形成芽管，芽管顶端逐渐膨大形成附着胞，在附着胞下方形成侵入钉侵入寄主表皮，侵入钉顶部发育成吸器，之后菌丝体附生在表皮组织上，通过吸器吸收营养供菌丝生长，再由菌丝侵入表皮细胞形成吸器，如此反复。

适宜的温、湿度是白粉菌侵染的关键因子。温度决定病害发生的时间和扩展速度，降水量影响病害的流行和严重程度。高温有利于病害流行，14℃以下很少发病。干湿交替、持续高温有利于白粉病菌的二次侵染，这主要是由于干旱会降低寄主的抗病能力，而短暂的湿润条件可满足孢子的萌发和侵染。

六、防治技术

（一）选用抗（耐）病品种

油菜不同品种对白粉病的抗性差异非常明显，利用抗病品种是防治白粉病最经济有效且对环境友好的措施。据文献报道，对白粉病近免疫或高抗的品种有中双 8 号、中双 9 号、黔油 14、尼古拉斯等，这些品种在白粉病发病盛期只有轻微感病症状，菌丝扩展慢，后期不散孢；中抗品种有中双 6 号、中双 7 号等，表现为植株表现感病症状，但病斑几乎不扩展，也不散孢；感病品种有湘油 15、湘油 13 等，表现出明显的白粉病症状，后期散发出分生孢子；高感品种有晋油 1 号，表现为发病初期菌丝扩展快，散孢早。

（二）农业防治

1. 轮作　与非寄主植物如水稻等轮作，可有效降低菌源量。

2. 加强栽培管理　注意田间卫生，发病初期及时摘除病叶。增施磷、钾肥以增强植株的抵抗力，少施氮肥以防徒长。叶面喷施腐熟的堆肥可抑制病原的生长，在一定程度上可减轻病害。干旱时及时进行灌溉。在土壤湿度大的地区，注意开沟排水并避免种植过密，降低田间湿度。

（三）化学防治

在没有抗病品种时，喷药防治是控制病害大面积流行的主要手段。发病初期可喷施嘧菌酯、咪鲜胺、多菌灵、苯醚甲环唑等，病害严重时可防治 2～3 次，每次间隔 7～10d。

刘胜毅　任莉（中国农业科学院油料作物研究所）

第 10 节　油菜立枯病

一、分布与危害

油菜立枯病又称油菜根腐病，是油菜苗期的主要病害之一，在我国各油菜产区均有分布。据田间调查，该病在苗期发生较重，株发病率一般在 3%～5%，重害田可高达 10%～20%，发病植株结荚率显著降低，并且会早衰、倒伏。总之，油菜立枯病可对油菜产量和品质构成严重威胁。

二、症状

该病在油菜整个生育期都可发生为害，以苗期发病最严重。发病植株主要症状表现为近地面茎基部出现褐色凹陷病斑，以后渐干缩，湿度大时有淡褐色蛛丝状菌丝附着其上，病叶萎垂发黄，易脱落。

苗期发病，主根及土壤下5～7cm的侧根常有浅褐色病斑，后病斑扩大、变深并发生凹陷，继而发展成环绕主根的大斑块，有时还会向上扩展至茎部并形成明暗相间的条斑。由于根系吸水、吸肥能力差，植株的叶片常变黄，失水过快时，植株叶片萎蔫，严重时倒伏枯死（彩图8-10-1）。

成株期发病，根茎部膨大，主根根皮变褐色，侧根少，根上均有灰黑色凹陷斑，稍软，主根易拔断，断截上部常生有少量次生须根，有时仅剩一小段干燥的主根。

三、病原

油菜立枯病由立枯丝核菌（*Rhizoctonia solani* Kühn）引起，属担子菌无性型丝核菌属真菌。菌丝初期无色，分枝成直角，基部缢缩，距分枝不远有一隔膜，随着菌丝生长，菌丝体颜色加深，老熟菌丝体黄褐色，较粗大，部分菌丝形成膨大的念珠状细胞。后期菌丝相互纠结在一起，形成菌核，菌核暗褐色，不规则形（彩图8-10-2）。

根据不同菌株菌丝间融合结果，可将菌丝融合群划分为AG2-1、AG2-2、AG3、AG4、AG5等类型。不同类型菌株融合群的培养特性、致病力有明显差异，同一融合群内不同菌株的致病力也不一致。

四、病害循环

病菌主要以菌丝体和菌核在土中或病残体上越夏、越冬，油菜播种后，菌核或菌丝受雨水和农事活动传播接触油菜植株，病菌的菌丝借助于侵染垫侵染油菜苗的胚轴和根。菌丝在其表面顺向生长，次生菌丝有纵横分枝，进一步变粗缩短，相互缠绕形成致密的半球形侵染垫。从侵染垫下生出无数侵染丝穿透角质层和表皮细胞的垂周细胞壁进入胚轴。一旦进入皮层，病菌可在胞间和胞内生长，并通过酶解中间层破坏皮层组织，产生明显褐色病斑。最后为害维管组织，导致胚轴和根组织的全部崩解。病菌在抗、感品种上均能形成侵染垫，但菌丝生长速度、侵染垫数量在抗、感品种上有明显差异。在抗病品种中，菌丝侵染胚轴后仅在薄壁组织内生长，不能为害内皮层或维管束组织。侵染植株1周左右就表现症状，其茎基部产生菌丝和菌核又进一步传播为害。

五、流行规律

油菜立枯病的发生受天气、土壤条件、菌丝融合群类型以及土壤中菌源数量影响。该病在苗期常见，在苗床发生最频繁。如果种植油菜的田块整地不均匀，油菜根系扎根不牢固；田间清沟不好，排水不畅，厢面易积水；油菜播种量过大，种植过密。在这些栽培条件下立枯病发生较为严重。病菌发育最适温度为25℃左右，每年10月上、中旬为发病盛期，以后随着气温的下降，病情扩展速度也相应减缓。

此外，施用未腐熟的带菌肥料，也可加重病害的发生，因为该病病原菌可以在土壤中进行腐生生活，长期生存，一旦遇到合适的条件就可以侵染为害油菜。

六、防治技术

油菜立枯病的防治应采取以加强苗床栽培管理、培育壮苗、增加幼苗抗病力为主，化学防治为辅的综合防治措施。

（一）合理利用抗性品种

目前尚未发现高抗立枯病的油菜品种。但不同品种对菌株的抗病性表现出明显差异。成株期比苗期发病轻，胚轴角质层厚的品种抗病性较好。可以通过田间抗性鉴定，筛选对当地菌株表现较好抗性的品种进行推广种植。

（二）加强栽培管理

新苗床应选择地势较高，排水良好的田块。播种时整平苗床，除去植株病残体，施用充分腐熟的有机肥和合理施用氮、磷、钾肥。播种均匀，不宜过密。使用旧苗床，可在播种前每平方米施用50%多菌灵可湿性粉剂8～10g与适量细土拌匀，取2/3撒施于床面作垫土，另1/3播种后混入覆盖土中；或者每平方米施用53%精甲霜·锰锌水分散粒剂5～7g与适量细土拌匀，然后1/3铺到苗床上，剩余的2/3药土于播种后均匀地盖到种子上。油菜直播地应实行轮作，尽量不连续多年重播，应避开与十字花科作物重茬。油菜移栽大田后要搞好田间排水防渍、合理施肥等栽培管理措施。

（三）化学防治

该病的主要传染源是带病土壤，因此播种前应对土壤进行彻底消毒，常用 50%多菌灵可湿性粉剂并拌入适量石灰制备药土，然后将药土均匀混入耕作层中，该处理能有效降低发病风险。

田间发现零星病株，应及时用药剂喷雾或浇灌，控制病害蔓延。常用药剂包括百菌清、多菌灵、甲基立枯磷（利克菌）、环唑醇。施药后撒草木灰或干细土，降湿保温，防病效果更好。

（四）生物防治

育苗时在苗床可施用木霉菌，其中哈茨木霉（*Trichoderma harzianum*）对立枯病有较好的防治效果。此外，VA 菌根和荧光假单胞菌也能抑制病菌侵染油菜根系，用其处理种子和土壤可降低立枯病的发病率。

黄俊斌（华中农业大学植物科学技术学院）

第 11 节　油菜炭疽病

一、分布与危害

油菜炭疽病在我国分布范围广泛，以湖北、湖南、安徽、江苏、浙江、云南、贵州、四川、河南、山西、甘肃等省油菜产区为主要发生区。由于病害主要发生在白菜型和芥菜型油菜上，而田间油菜以甘蓝型油菜为主，因此，一般情况下炭疽病造成的危害不是十分严重。

二、症状

炭疽病侵害油菜地上部分。叶上病斑小而圆，初为苍白色，水渍状，以后扩展为直径 1～3mm 的圆形病斑，中心呈白色或草黄色，稍凹陷，呈薄纸状，极易穿孔。边缘紫褐色，微隆起。叶柄和茎上斑点呈长椭圆形或纺锤形，淡褐色至灰褐色，明显凹陷，中央偶见小黑粒。角果上的病斑与叶上相似（彩图 8-11-1）。潮湿情况下，病斑上产生淡红色黏状物，为炭疽病菌的分生孢子。发病重的叶片病斑相互联合后，形成不规则形的大斑块，导致叶片变黄而枯死。

三、病原

油菜炭疽病病原为希金斯炭疽菌（*Colletotrichum higginsianum* Sacc.），属子囊菌无性型炭疽菌属真菌。分生孢子盘埋生于表皮下，圆盘形或近圆盘形，盘周围生有黑色刚毛；刚毛深褐色至黑褐色，1～3 个分隔，大小为（45～70）μm ×（3～6）μm；盘内产生圆柱形、无色、单胞的分生孢子，大小为（13～21）μm ×（2～5.5）μm。

四、病害循环

油菜炭疽病菌以菌丝在病残体、土壤或种子内越冬和越夏，也可以分生孢子在寄主种子表面越冬、越夏。秋天油菜播种时，分生孢子萌发后从叶片气孔或表皮直接侵入，经过 3～5d 的潜育期形成病斑，病斑上产生的分生孢子借风雨传播，可进行再侵染。

五、流行规律

（一）炭疽菌的传播扩散及侵染条件

油菜炭疽病是一种高温高湿型气流和雨水传播病害。病原菌生长温度为 10～38℃，最适温度为 28～30℃。病原菌对 pH 适应范围较广，为 3.5～10.5，弱酸性环境有利于菌丝生长，最适 pH 为 6，但弱碱性环境有利于产孢，最适产孢 pH 为 8.2～9。条件适宜，病菌再侵染频繁，病害发展很快。高温、高湿条件有利于发病，24～28℃且多雨时病害易流行。

除气候条件外，病害发生也与品种抗性有关，一般甘蓝型油菜抗病，叶色深比叶色淡的品种抗病。

（二）油菜炭疽病菌的侵染过程

炭疽菌是一种半活体营养型真菌。病菌在侵染过程中会形成一些结构以助于侵染。当病原菌黏附到寄主表面后，分生孢子萌发形成圆顶状黑色的附着胞和细长的侵入钉，以帮助病菌穿破寄主表皮和细胞壁。之后，肿胀的初级菌丝侵入寄主的表皮细胞并进入质膜内，类似于活体营养菌的吸器一样。与其他种类的炭疽病菌不同，油菜炭疽病菌在活体营养阶段，初级菌丝被完全限制在最初侵染的表皮细胞内，之后病菌会形成次级菌丝。次级菌丝的分枝在寄主细胞间扩展成网状，在侵染前杀死寄主细胞，病菌进入死体营养阶段。病菌侵入后经3～5d潜育期即可发病。

六、防治技术

（一）选用抗病品种

一般甘蓝型油菜抗病性比白菜型和芥菜型强。

（二）使用无病种子

一般种子要消毒，可用50℃温水浸种10min，或用种子重量0.4%的50%多菌灵可湿性粉剂、32.5%苯甲嘧菌酯水剂等拌种。

（三）加强田间管理

播种前深翻晒土。适时播种，合理密植。注意肥水管理，增施磷、钾肥以增强植株的抗性，苗期控制氮肥的使用。雨后及时排水。收获后清除田间病残体，并深翻土壤。

（四）轮作

重病地与非十字花科作物进行2年以上轮作。

（五）化学防治

发病初期及时进行药剂防治，防效较好的药剂有：75%百菌清可湿性粉剂500倍液、70%甲基硫菌灵可湿性粉剂600倍液，32.5%苯甲·嘧菌酯水剂1 000倍液、20%氟硅唑·咪鲜胺水乳剂800倍液、80%炭疽福美可湿性粉剂800倍液，共喷施2～3次，每次间隔7～10d。

刘胜毅　程晓晖（中国农业科学院油料作物研究所）

第12节　油菜软腐病

一、分布与危害

油菜软腐病属细菌性病害，在全国各油菜产区均有发生和为害，以冬油菜区发病较重。寄主植物除油菜外，还有大白菜、小白菜、芜菁、芥菜、甘蓝、萝卜等十字花科蔬菜，及瓜类、辣椒、马铃薯等。芥菜型、白菜型油菜上发生较重，油菜整个生育期均能发病，一般在抽薹后发病严重。白菜型油菜如开花期发病，受害严重的病株枯死，受害轻的大量落花。健株成荚率54.2%～68.8%，而病株成荚率仅为34.1%～44.2%。如角果发育成熟期发病，受害重的造成落荚，落荚率达44.6%～61.4%；受害轻的则影响籽粒千粒重和增加秕粒数。

二、症状

油菜软腐病菌初在茎基部或靠近地面的根部伤口侵入，产生不规则形水渍状病斑软腐，后逐渐扩展，略凹陷，表皮微皱缩，后期皮层易龟裂或剥开，病害向内扩展，茎内部软腐变成空洞。病菌可从茎部蔓延至根部及茎基部的叶柄、叶片，使病根、病叶软腐，腐烂部位有灰白色或污白色菌脓溢出，有恶臭味，病株与根部分离稍拔即起，靠近地面的叶片叶柄纵裂、软化、腐烂。被侵染的叶片萎蔫，早晚可恢复，而晚期则失去恢复能力（彩图8-12-1）。严重的病株倒伏干枯而死。苗期重病株因根部腐烂而死亡。

三、病原

油菜软腐病病原为胡萝卜欧文氏菌胡萝卜亚种［*Erwinia carotovora* subsp. *carotovora*（Jones）

Bergey et al.（简称 Ecc)]，属原核生物界薄壁菌门欧文氏菌属细菌。该菌在普通肉汁冻培养基上的菌落呈灰白色，圆形或不定形，表面光滑，微突起，半透明，边缘整齐。菌体短杆状，大小为（0.5～1.0）μm×（2.2～3.0）μm，周身鞭毛 2～8 根，无荚膜，不产生芽孢，革兰氏染色阴性。在 Cuppels 与 Kelman 的结晶紫果胶酸盐培养基（CPV）上产生杯状凹陷。

油菜软腐病菌生长发育最适温度为 25～30℃，致死温度为 50℃经 10min，或 4℃经 10d；在 pH5.3～9.2 均可生长，以 pH7.2 最适；不耐日光和干燥，在日光下暴晒 2h，大部分死亡，在脱离寄主的土中只能存活 15 d 左右。

四、病害循环

油菜软腐病菌主要是在土壤、堆肥、田中病残体以及留种株上越冬和越夏，在温度适宜的条件下大量繁殖，通过雨水、灌溉水以及昆虫传播，从植株伤口、生理裂口处侵入组织中。软腐病菌寄主广泛，可在田中多种蔬菜如马铃薯、番茄、辣椒、莴苣、胡萝卜、芫荽、芹菜上传播繁殖不断侵染，然后传到伏白菜和秋菜上。该病菌是由新鲜伤口进入到组织中。因此，茎基部和叶柄基部有无伤口直接关系到发病的轻重。病菌分泌果胶酶分解植株细胞中胶层，使细胞分离，组织瓦解。在腐烂过程中由于腐败细菌的侵染，分解细胞的蛋白质，产生吲哚，因而产生臭味。发病植株的病菌又可通过雨水、灌溉水传播，感染无病株。

五、流行规律

病菌主要初侵染来源是土壤中的病残体以及未腐熟带菌的有机肥。一般认为病菌可在土中存活 4 个月以上。病菌在土温 15℃以上很快死亡，10℃以下死亡速度减慢，5℃以下几乎不死亡。病菌主要靠雨水、灌溉水和昆虫传播，从伤口或自然孔口侵入油菜组织内。连作地或前作为软腐病菌可侵染的蔬菜作物、施用带菌肥料，土壤中病菌多，病害重。害虫多的田块病害也重，这是由于昆虫在油菜上取食造成伤口，又可携带病菌传播感染。这些昆虫有种蝇、黄曲条跳甲、菜粉蝶、菜螟、菜蝽和蝼蛄等。秋冬温度高，而春季温度又偏低的年份往往发病重。油菜播种愈早，发病愈重，播种早，气候有利于病菌繁殖与侵染。高畦栽培、排水好且土壤湿度低的地块，发病轻。施用高氮肥的地块有利于发病。油菜生长期雨水多，田间油菜伤口愈合速度慢，或受冻伤，也会加重病害发生。

六、防治技术

（一）选用抗病品种

白菜型和芥菜型油菜易感病，可推广抗病性较强的甘蓝型油菜。

（二）农业防治

实行水旱轮作或与禾本科作物轮作，可有效减轻病害。适期播种，秋季高温年份要适当推迟播种。加强田间管理，合理掌握播种期，采用高畦栽培，防止冻害，减少伤口。播前 20d 耕翻晒土，施用酵素菌沤制的堆肥或充分腐熟的有机肥，提高植株抗病力；合理灌溉，雨后及时开沟排水；发现重病株连根拔除，带出田外深埋或沤肥，病穴撒石灰消毒；收获后及时清除田间病残体，减少翌年菌源。认真治虫减少病原入侵的伤口，苗期开始防治食叶及钻蛀性害虫如菜青虫、甘蓝夜蛾、甜菜夜蛾、小菜蛾、菜螟、根蛆、黄曲条跳甲等。此外，病毒病、霜霉病、黑腐病等病害都可能加重软腐病的发生程度。因此，要做好这些病害的防治。

（三）化学防治

发病初期，可选用 72%硫酸链霉素可溶性粉剂 3 000～4 000 倍液、50%代森铵水溶液 500 倍液、2%氨基寡糖素水剂 200～350 倍液、47%春雷氧氯铜可湿性粉剂 900 倍液、30%碱式硫酸铜悬浮剂 500 倍液、53.8%氢氧化铜干悬浮剂 1 000 倍液、14%络氨铜水剂 350 倍液等喷雾防治，连续喷施 2～3 次，每次隔 7～10d 防治 1 次。油菜对铜制剂敏感，要严格控制用药量，以防药害。

刘勇（四川省农业科学院植物保护研究所）

第13节　油菜细菌性黑斑病

一、分布与危害

油菜细菌性黑斑病在全国各油菜产区均有发生和造成危害，其中陕西汉中地区发生较重，常造成很大损失，影响油菜产量和品质。

二、症状

叶、茎、花梗、角果和根头部均可受害。病斑初期出现在叶片背面，产生不规则形、水渍状或油渍状绿色至淡褐色小斑点，直径约1mm，后变为具有光泽的褐色或黑褐色不规则形或多边形病斑，薄纸状，不突破叶脉；开始时在外叶发生多，后延及内叶，叶片正面初期为与叶背对应的青色斑块，当坏死斑融合后形成大的不整齐的坏死斑，可达2～4cm以上，后变为淡褐、黑褐色焦枯状；病菌还可侵染叶脉，致使叶片生长变缓，叶面皱缩，开始外叶发生多，后波及内叶；发病严重时，全株叶片表现为白色灼状斑块，后变为淡褐色焦枯状，导致植株枯黄而死亡（彩图8-13-1）。茎及花梗上的病斑椭圆形至线形，水渍状，褐色或黑褐色，有光泽，斑点部分凹陷。角果上产生圆形或不规则形，偶成条状黑褐色斑，稍凹陷。根头部初生不规则圆形暗色病斑，后变深渐成黑色。

三、病原

油菜细菌性黑斑病病原为丁香假单胞菌斑生致病变种［*Pseudomonas syringae* pv. *maculicola*（McCulloch）Young et al.］，属于薄壁菌门假单胞菌属。菌体杆状或链状，无芽孢，具1～5根极生鞭毛，大小为（1.5～2.5）μm×（0.8～0.9）μm，革兰氏染色阴性，好气性。在肉汁冻琼脂平面上菌落平滑有光泽，白色至灰白色，边缘初圆形，后具皱褶。在肉汁冻培养液中云雾状，没有菌膜。在KB培养基上产生蓝绿色荧光。该菌发育适温为25～27℃，最高29～30℃，最低0℃，致死温度48～49℃经10min，适宜pH为6.1～8.8，最适pH7。病原菌具有丁香假单胞菌种的特征，此外，还能产生果聚糖。水解熊果苷，明胶缓慢液化或不液化。利用D-葡糖酸、内消旋肌醇、甘露醇和酒石酸盐作为碳源；但不利用赤藓糖醇、甲酸盐、D-高丝氨酸、L（+）酒石酸盐，大多数菌系利用D-山梨醇。

四、病害循环

病菌主要在种子上或土壤及病残体上越冬，在土壤中可存活1年以上，随时均可侵染，雨后易发病。病原细菌可通过植株地上部分各部位的伤口和自然孔口侵入寄主造成发病，但不能侵染根部发病；种子接种也不能导致发病；从田间群体动态来看，细菌在健叶表面和病残体中存活时间长，存活数量大，是主要的田间初次侵染源；在健叶表面存活的病菌对于再次侵染是很重要的；该菌在土壤中的存活能力差。症状表现仅与侵染途径有关，而与菌株无关。

五、流行规律

病害由带菌种子传播，田间传播以风雨和昆虫传播为主，细菌性黑斑病在田间有明显的发病中心，在多雨潮湿的环境条件病害能迅速流行，株发病率达100%。

六、防治技术

（一）农业防治

1. 加强种子管理　首先要加强对油菜等十字花科蔬菜种子的进境检疫，杜绝带菌种子进境，防止在我国传播蔓延。选育和种植抗病品种也是控制该病的可行途径。另外，在播种前对种子进行消毒，用50℃温水浸种20min后移入凉水中冷却，催芽播种。

2. 加强田间管理　采用高畦栽培、覆膜栽培。雨后及时排水，降低田间湿度，严防湿气滞留，以减少菌源。施足粪肥，氮、磷、钾肥合理配施，避免偏施氮肥，增施磷、钾肥，以提高植株抵抗力。均匀灌水，小水浅灌，发现病株及时拔除。收获后彻底清除病残体，集中深埋或烧毁。

3. 定期轮作 与非十字花科蔬菜实行 2 年以上的轮作或与水稻轮作，可恢复与提高土壤肥力，减轻病虫害，增加产量，改善品质。

（二）化学防治

1. 拌种处理 用种子重量 0.4%的 50%琥胶肥酸铜或福美双可湿性粉剂拌种；亦可用 72%农用硫酸链霉素可溶性粉剂或 60%农用氯霉素可溶性粉剂 1 000 倍液浸种 2 h，晾干后播种。

2. 喷药防治 于发病初期选择喷施 30%碱式硫酸铜悬浮剂 500 倍液、70%代森锰锌可湿性粉剂 600 倍液、80%乙蒜素乳油 5 000 倍液，或 72%农用硫酸链霉素可溶性粉剂，每 667m^2用液 50～60L，连续喷施 2～3 次，每次间隔 7～10d。油菜对铜制剂敏感，要严格掌握用药量，以避免产生药害；炎热的中午不宜喷药。

附：如何区别油菜细菌性黑斑病和真菌性黑斑病

1. 细菌性黑斑病　细菌引起的黑斑病主要特征是在茎、叶、花梗及角果上出现褐色或黑色斑点，病斑变色部分浅，不向内深入。叶上病斑油渍状，初为淡褐色，渐变为黑褐色，近回形或多角形。茎上病斑为椭圆形或条状，褐色或黑褐色，油渍状，有光泽，斑点中心凹陷。角果上散生黑褐色油渍状斑点。

2. 真菌性黑斑病　真菌引起的黑斑病发生于幼芽、叶片和角果等部位，以叶片为多。主要症状特点是病斑为褐色轮纹圆斑。幼芽发病在下胚轴出现褐斑，继而在子叶上出现褐点。叶上病斑初为灰褐色或黑褐色隆起小斑，后变黑褐色圆斑，直径 2～6mm，有明显同心轮纹，周缘干燥，有黄白色晕圈。空气潮湿时，病斑上长出黑霉，可致叶片枯死。叶片和茎上产生椭圆形或长条形黑褐色病斑，花序和花柄均可出现长条形褐斑。角果上的病斑与叶片上的相似，严重时籽粒停止发育，形成红籽，收获前易裂角，湿度大时，其内可产生菌丝。

刘勇（四川省农业科学院植物保护研究所）

第 14 节　油菜白斑病

一、分布

油菜白斑病在我国各油菜产区均有发生，以湖北、湖南、安徽、浙江、云南、贵州、四川、河南、山西、甘肃、新疆等省份为主要发生区域。该病在我国发生较轻，主要发生在白菜型油菜上，当角果感病时，一般可引起 15%的产量损失。

二、症状

油菜白斑病病斑在老叶上较多，初为淡黄色小斑，后病斑扩大，近圆形或不规则形，直径 1～2cm，中央灰白色或浅褐色，有时略带红褐色，周围黄绿色或褐色，病斑稍凹陷，后期病部变薄，常破裂穿孔。湿度大时，病斑背面产生稀疏的淡灰色霉状病菌，病斑相互连接形成大斑，常致叶片枯死。白斑病在加拿大等国也称为灰茎病。茎上病斑不规则形，灰色到黑色。严重时整株变成灰色（彩图 8-14-1）。

白斑病在症状上与芸薹生球腔菌（*Mycosphaerella brassicicola*）引起的环斑病较为类似。在自然发病情况下，白斑病引起的病斑为灰白色或浅褐色，边缘呈褐色，有时候会形成假菌核（子座）。环斑病在叶片上引起的病斑为淡褐色至黑色，并有黑色的性孢子器。

三、病原

油菜白斑病的病原为荠假小尾孢菌［*Pseudocercosporella capsellae*（Ellis & Everh.）Deighton，异名：*Cercosporella brassicae*（Faitrey and Roum.）Höhn］，属无性子囊菌无性型假小尾孢属真菌。菌丝无色，有隔膜。分生孢子梗从病部气孔伸出，束生，无色，不分枝，大小为（7.0～12.6）μm ×（2.0～2.7）μm，顶端圆截形，着生 1 个分生孢子。分生孢子无色，线状或鞭状，直或弯曲，基部稍膨大，顶端稍尖，有横隔膜3～4个，大小为（40～65）μm×（2.0～2.5）μm。病原的有性型为荠球腔菌（*Mycosphaerella capsellae* A. J. Inman & Sivanesan），属子囊菌门球腔菌属（小球壳属）真菌。

四、病害循环

病原菌主要以菌丝体在病残体上或以分生孢子黏附在种子上越冬和越夏，翌年以雨水传播飞溅到叶片上引起初侵染。病斑上的分生孢子继续传播引起再侵染。

五、流行规律

（一）病原的传播扩散及侵染条件

病原菌的分生孢子随风雨或灌溉水传播，飞散高度可达30cm，距离3m，由气孔侵入植株引起病害。病原菌在5～28℃范围内均可侵染，最适发病温度为11～23℃。湿度大有利于发病，发病的田间湿度要求在60%以上。

（二）流行规律

温度和湿度是影响病害发生的主要因素。属低温型病害，气温偏低病害易发生流行。连续降雨易引起病害流行，长江中下游一般在3～4月发生和流行。此外，不同油菜品种之间抗性差异较大，甘蓝型油菜较抗病，白菜型油菜较感病。

六、防治技术

1. 轮作 病区实行2年以上与非十字花科植物轮作。

2. 选用抗病品种 应选择当地田间抗白斑病的品种种植。

3. 加强田间管理 施足底肥，增施磷、钾肥以增强植株抗病性。

4. 种子消毒 用50%多菌灵可湿性粉剂浸种1h。

5. 化学防治 重病区应进行化学防治。发病初期及时喷药。可选用的药剂包括：50%多菌灵可湿性粉剂500倍液、75%百菌清可湿性粉剂600倍液、70%代森锰锌可湿性粉剂500倍液、50%异菌脲可湿性粉剂1 000倍液、10%苯醚甲环唑水分散粒剂2 000倍液等，连续喷施2～3次，每次间隔7～10d。

刘胜毅 任莉（中国农业科学院油料作物研究所）

第15节 油菜黑腐病

一、分布与危害

油菜黑腐病在湖北、浙江、贵州、江苏、陕西、河南、北京等省（直辖市）均有发生。油菜黑腐病菌除侵染油菜外，还侵染十字花科蔬菜。一般发病率在3.5%～72%，严重发病地块，可造成相当大的产量损失。

二、症状

油菜黑腐病是一种细菌引起的维管束病害，主要特征是维管束坏死变黑。主要侵害叶、茎和角果。幼苗、成株均可发病。叶片染病，现黄色V字形斑，叶脉黑褐色，叶柄暗绿色水渍状，有时溢出黄色菌脓，病斑扩展致叶片干枯（彩图8-15-1）。抽薹后主轴上产生暗绿色水渍状长条斑，湿度大时溢出大量黄色菌脓，后变黑褐色腐烂，主轴萎缩卷曲，角果干秕或枯死。角果染病，产生褐色至黑褐色斑，稍凹陷，种子上生油渍状褐色斑，局限在表皮上。该病可致根、茎、维管束变黑，后期部分或全株枯萎，病部无臭味。

三、病原

油菜黑腐病的病原为油菜黄单胞菌油菜致病变种［*Xanthomonas campestris* pv. *campestris* (Pammel)

Dowson]，属薄壁菌门黄单胞菌属细菌。大小为（0.7～3）μm×（0.4～0.5）μm，极生鞭毛，无芽孢，有荚膜，菌体单生或链生，革兰氏染色阴性。在牛肉汁琼脂培养基上菌落近圆形，初呈淡黄色，后变为蜡黄色，边缘完整，略凸起，薄或平滑，具光泽，老龄菌落边缘呈放射状，能使明胶液化，在费美液中生长很少，在孔氏液中不生长。氧化酶阴性，能产生硫化氢，不产生吲哚，硝酸盐不还原，能水解淀粉，尿酶阳性，耐酸碱度范围为 pH 6.1～6.8，最适 pH6.4，耐盐浓度为 2%～5%。

病菌生长发育的适温为 25～30℃，最低 5℃，最高 39℃，致死温度 51℃。相对湿度在 80%～100%最适合该菌生长。该菌在生活过程中能产生胞外多糖及一些胞外酶如蛋白酶、果胶酶、纤维素酶、淀粉酶等。

四、病害循环

油菜黑腐病可以通过带菌的种子、昆虫、雨水、农具等传播，通过造成伤口和植株叶片的水孔侵染，长时间的高温、高湿是最适发病条件。

油菜黑腐病菌一般先从叶片水孔或根部伤口侵入，在维管束中大量繁殖，堵塞导管，限制水分的输送，从而导致发病部位以上的分枝、茎、叶和角果枯死。

黑腐病菌对干燥抵抗力很强，干燥状态下可存活 12 个月，在病残体上一般可存活 2～3 年。病菌进入果荚和种皮，在留种株上，病菌从果荚的柄维管束进入果荚内而使种子表面带菌，可以在种子内和病残体上越冬、越夏，种子带菌率低时为 14.67%～17.31%，高时可达 100%。因此，种子带菌是黑腐病的主要侵染源。在植株生长期，病菌主要通过病株、带菌的土壤和肥料，经风雨、农具以及昆虫等媒介传播蔓延。

五、流行规律

油菜黑腐病菌生长发育的最适温度为 25～30℃，最高 39℃，最低 5℃，致死温度为 51℃，最适湿度为 80%～100%。在人工接种研究中发现，温度与病菌侵染关系密切，但接种时的湿度更为重要。病菌进入水孔后，与环境的湿度关系不大，在适合的温度范围内，温度越高发病越快。油菜在秋季（平均气温 15～21℃）多雨、结露时易发病。

16～28℃范围内连续降雨 20mm 以上，15～20d 后油菜的病情指数就能明显增加。偏施氮肥、植株徒长或早衰、害虫猖獗或暴风雨频繁易发病。

十字花科作物重茬地及地势低洼、排水不良、播种早、发生虫害地块发病重，高温多雨、高湿多露条件有利于病害的流行。

六、防治技术

1. 种植抗病品种。

2. 种子处理 播种前，种子用 45%代森铵水剂 300 倍液浸种 15～20min，冲洗后晾干播种；或用 3%中生菌素（农抗 751）可湿性粉剂 100 倍液 15mL 浸拌 200g 种子，吸附后阴干；或每千克种子用漂白粉 10～20g 加少量水，将种子拌匀后，放入容器内封存 16h，均能有效地杀灭油菜种子上携带的黑腐病菌。

3. 轮作 与非十字花科作物进行 2～3 年轮作，尤以水旱轮作效果较好。

4. 选无病田留种 在未发生黑腐病的田块采集种子。

5. 健康栽培 适时播种，培育壮苗；科学施肥，采用配方施肥，增强植株抗病力。及时中耕除草、防虫，减少病菌传播途径。发现病株，及时清除销毁。收获后及时清洁田园。

6. 化学防治 在发病初期及时喷药防治。可供选用的药剂有：77%氢氧化铜可湿性粉剂 500～800 倍液、1∶1∶250～300 波尔多液、72%农用硫酸链霉素可溶性粉剂 3 500 倍液、20%噻菌酮可湿性粉剂1 000倍液、45%代森铵水剂 900～1 000 倍液、50%琥胶肥酸铜可湿性粉剂 1 000 倍液、60%琥·三乙膦酸铝可湿性粉剂 1 000 倍液等，每 7～10d 喷 1 次，共喷 2～3 次，各种药剂宜交替施用。

方小平（中国农业科学院油料作物研究所）

第16节 油菜猝倒病

一、分布与危害

油菜猝倒病是油菜育苗期的一类重要土传病害，在全国各地均有发生，以南方多雨地区较重，常引起缺苗断垄。猝倒病主要侵害油菜、黄瓜、茄子、青椒、莴苣、芹菜、菜豆等多种蔬菜幼苗，严重时成片死苗，甚至毁种。另外，猝倒病菌也可侵染苗木、花卉、烟草等。据统计，由该病引起的死苗约占幼苗死亡的80%，造成重大的经济损失。

二、症状

主要发生在油菜出苗后长出1～2片叶之前，初期在茎基部近地面处产生水渍状淡褐色斑，腐烂，后缢缩成线状，最后直至倒伏死亡（彩图8-16-1）。根部发病，出现褐色斑点，严重时地上部分萎蔫，从地表处折断，潮湿时，病部密生白霉。发病轻的幼苗，可长出新的支根和须根，但植株生长发育不良。子叶上亦可产生与幼茎上同样的病斑。

三、病原

油菜猝倒病的病原是瓜果腐霉［*Pythium aphanidermatum*（Edson）Fitzp.］，属卵菌门腐霉属。菌丝体生长繁茂，呈白色棉絮状。菌丝无色，无隔膜，直径为2.3～7.1 μm。菌丝与孢囊梗区别不明显。孢子囊丝状或分枝裂瓣状，或呈不规则膨大，大小为（63～725）μm×（4.9～14.8）μm。孢子囊球形，内含6～26个游动孢子。藏卵器球形，直径为14.9～34.8 μm。雄器袋状至宽棍状，同丝或异丝生，多为1个，大小为（5.6～15.4）μm×（7.4～10.0）μm。卵孢子球形，平滑，不满器，直径为14.0～22.0 μm。

四、病害循环

油菜猝倒病菌以卵孢子在12～18cm表土层越冬，并可在土中长期存活。翌春，遇适宜条件萌发产生孢子囊，以游动孢子或卵孢子直接长出芽管侵入寄主。此外，在土中营腐生生活的菌丝也可产生孢子囊，以游动孢子侵染幼苗引起猝倒。田间的再侵染主要靠病苗上产出孢子囊及游动孢子，借灌溉水或雨水溅附到贴近地面的根茎上引致更严重的损失。病菌侵入后，在皮层薄壁细胞中扩展，菌丝蔓延于细胞间或细胞内，后在病组织内形成卵孢子越冬（图8-16-1）。

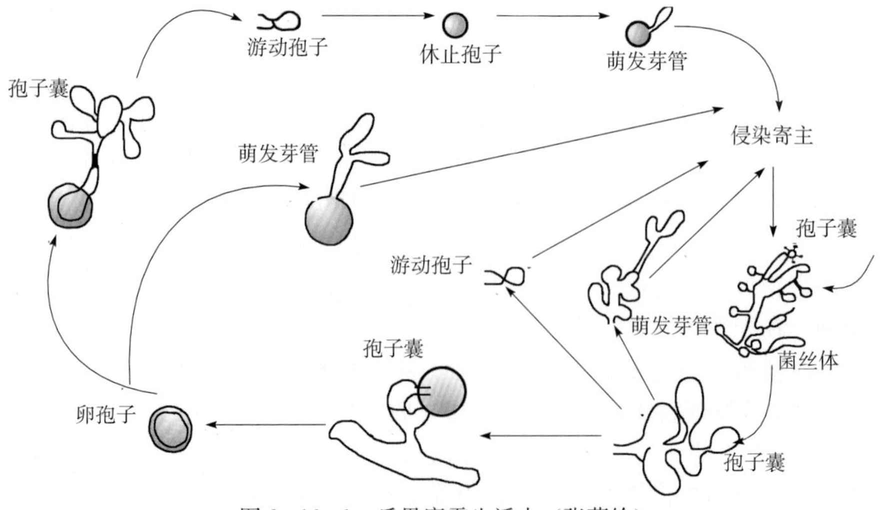

图8-16-1 瓜果腐霉生活史（张蕾绘）
Figure 8-16-1 Life cycle of *Pythium aphanidermatum* (by Zhang Lei)

五、流行规律

油菜猝倒病菌生长适宜温度为 15～16℃，适宜发病地温 10℃，温度高于 30℃生长受到抑制。地势低洼，土质黏重，灌水量大，床土阴冷，高湿低温，床土温度上升慢，幼苗生长弱小，病害发生重。夏秋育苗，苗地易被雨水浇淋，种子或幼苗被浸泡，湿度适宜病菌侵染，致使病害急剧发生，迅速传播，导致出苗少、死苗现象严重。所以，低温潮湿的气候是造成油菜苗期猝倒病发生的主要原因。

猝倒病的发生与苗的不同生育阶段有关。幼苗出土后，在子叶期或真叶尚未完全展开时。种子内所储存的养分已逐渐耗尽，根系发育不健全，第一片真叶快要抽出，幼苗独立生活能力及抗逆力差，遇到不良环境，幼苗生命活动消耗大于积累，抗病力弱，极易发生病害。

保护地或露地育苗，若覆盖过严，造成光照缺乏、通风不良；播种量大，使幼苗拥挤郁闭；幼叶黄化，二氧化碳供给少，易发病。

育苗时水量过大，不及时分苗，农家肥未充分腐熟或床土肥力差，未及时消毒处理，重茬严重等因素，均易诱发病害。

六、防治技术

（一）农业防治

1. 田间管理 提倡施用酵素菌沤制的堆肥和充分腐熟的有机肥，增施磷、钾肥，避免偏施氮肥，培育壮苗。

2. 排渍降湿 雨后及时排水、排渍，防止地表湿度过大。

3. 合理密植 科学控制植株密度，使田间通风透光，防止湿气滞留，促进幼苗健壮生长，提高抗病力。

4. 轮作 与非十字花科作物进行轮作。

（二）化学防治

1. 种子处理 可用种子重量 0.2%的 40%拌种双或拌种灵粉剂、80%敌菌丹可湿性粉剂拌种。

2. 土壤处理 每 667m^2 可用 50%福美双可湿性粉剂 500g 进行苗床处理。

3. 喷药处理 苗床如果发现少量病苗，应及时拔除，可选用 30%甲霜·噁霉灵水剂 10mL、50%烯酰吗啉水分散粒剂 10g、72.2%霜霉威水剂 15mL 对水 15L 泼浇，每平方米用液 2～3L，以防治病害蔓延。

刘勇（四川省农业科学院植物保护研究所）

第 17 节　油菜枯萎病

一、分布与危害

油菜枯萎病在我国发生较轻，在湖北、湖南、江西、安徽、浙江、云南、贵州、四川、陕西、河南、山西、甘肃、内蒙古等省份均有报道。除油菜外，尚可为害其他十字花科植物，如花椰菜、羽衣甘蓝、球芽甘蓝、球茎甘蓝、大白菜、芜菁、芥菜和萝卜等。

二、症状

油菜植株在从苗期到成熟期的任何阶段均可感染枯萎病。

油菜枯萎病发病初期，病株叶片表现出暗绿至黄绿的变色并伴随着植株生长停滞。随着病情的发展，植株黄化愈发明显并且严重矮化，下部叶片转为黄褐色，出现坏死区域，并提早脱落。后期叶片黄化、变褐、脱落，并逐渐向上部发展。

苗期在茎基部产生褐色或黄褐色病斑，多从基部向上发展，严重时或土壤湿度低气温高时叶失水、卷曲至枯死（彩图 8-17-1）。

初花期前后茎秆出现隆起的和沟状的长斑，并造成落叶，根和茎的维管束有菌丝或分生孢子并为黑色黏状物所填塞，植株矮化，萎蔫，最后枯死。

三、病原

油菜枯萎病的病原为尖镰孢黏团专化型［*Fusarium oxysporum* Schltdl. ex Snyder et Hansen f. sp. *conglutinans*（Woll.）Snyder et Hansen］，属子囊菌无性型镰孢菌属真菌。病菌可产生大小两种分生孢子。大型分生孢子镰刀形或纺锤形，两端稍尖，略弯曲，无色，孢子壁较薄，典型的孢子具有3个分隔，大小为（28～34）μm×（3.2～3.7）μm。小型分生孢子无隔，单胞，无色，卵圆形至椭圆形，单生或串生，大小为（6～15）μm×（2.5～4.0）μm。子座玫瑰色至浅紫色。厚垣孢子单胞或双胞。在人工培养基上可形成菌核，菌核圆形，单生或群生。病菌在7～35℃下均可生长，最适生长温度为25～27℃。

四、病害循环

油菜枯萎病菌在土壤中越夏、越冬，附着在土粒上传播，在土壤中可存活11年以上。带菌土壤可由风、灌溉水和雨水等传播，到达油菜根部。病菌主要通过根尖侵染，从根冠细胞间隙或表皮细胞进入分生组织细胞，也可通过伤口侵入。病菌侵入后，先在木质部定殖，随后又向上扩展到茎秆和叶片部位。病菌繁殖后堵塞导管并产生可能导致木质部变黑和叶片黄化的毒素。植株死亡后，在受侵染组织的外表和内部会产生大量的分生孢子和厚垣孢子。病菌可产生镰刀菌酸和果胶酶类，对致病有一定作用。此外，病菌还影响寄主植物的蛋白质代谢。油菜枯萎病是一种典型的温带气候病害，其发生和严重度与土壤温度关系密切，当土壤湿度低，温度达到27～33℃时，发病最重。

五、防治技术

（一）种植抗病品种

品种间抗性差异较大，各地可因地制宜选用抗病品种。

（二）轮作

重病地块应与非十字花科作物轮作3～4年，尤其是水旱轮作效果较好。

（三）选用无病种子或种子消毒

可选用乙蒜素、多菌灵等药剂进行浸种处理。

（四）加强田间管理

科学管理水肥，及时间苗、中耕除草，使植株生长健壮，增强抗病力。收获后及时清除田间病残株。

刘胜毅　程晓晖（中国农业科学院油料作物研究所）

第18节　油菜黄萎病

一、分布与危害

油菜黄萎病是一种重要的土传维管束病害，主要分布于欧洲以及加拿大、美国等油菜种植区，尤其是在瑞典、丹麦、英国和德国北部发生较为严重，引起的产量损失可达50%。该病在我国发生较少，仅在湖北、江西、云南、贵州等省部分地区有报道，造成的产量损失也较低。

二、症状

油菜黄萎病症状主要出现于叶片、茎秆、根和角果上。早期症状出现在开花之后，最初表现为老叶单侧褪绿变黄，后发展为浅褐色直至干枯（彩图8-18-1，1），午间太阳光强烈时可引起凋萎，一般由下部叶片逐渐向上发展，最后全株凋萎枯死。茎秆发病时，初期在单侧茎秆上产生浅棕色的条带，纵剖病茎，对应的木质部上可见浅褐色变色条纹；后期茎秆变浅灰黑色，同时，由于表皮下产生大量的微菌核，茎秆组织就像喷洒了铁屑一样，表皮脱落为小条状，茎秆基部和根部变成暗灰色到黑色（彩图8-18-1，2、3）。小心拔出病株，可见主根显现灰色到黑色条纹，而侧根时常腐败，因此病株很容易被拔出。感病植株一般表现为早熟，易倒伏，角果内种子稀少。有时病害发展延迟，黄萎病的症状可能直到作物成熟才明显，或者可能仅仅出现在收获后的残株上。

油菜黄萎病的一些外部病症与其他病害十分相似，如黑胫病和灰霉病。黄萎病的微菌核在茎秆外部和内部都有，而黑胫病的分生孢子器虽具有相似的形状和大小，但是仅出现在茎秆表面。

三、病原

过去普遍认为油菜黄萎病的病原为大丽轮枝孢（*Verticillium dahliae* Kleb.），后来，这种病害被认为是由大丽轮枝孢（*V. dahliae*）的一个变种引起的，该变种主要以芸薹属植物为寄主，最近在分类学上被证实为长孢轮枝孢［*V. longisporum*（Stark）Karapapa，Bainbridge & Heale］，属子囊菌无性型轮枝孢属。分生孢子梗基部透明，由 2～4 层轮枝和一个顶枝组成，大小为（110～130）μm×2.5μm，每个小枝顶生一至数个分生孢子。分生孢子透明，椭圆形到近椭圆形，多数为单细胞二倍体，大小为（2.5～10）μm×（1.4～3.2）μm。病菌可产生暗棕色或黑色、不规则、伸长的微菌核，由菌丝分隔、膨大、芽殖形成形状各异的紧密的组织体（图 8-18-1）。微菌核在土壤中可以存活 6～8 年。病菌生长适温为 19～24℃，5℃和 30℃下仍能生长，最适 pH 为 5.3～7.2，pH3.6 时亦生长良好。最好的碳源为蔗糖和葡萄糖。

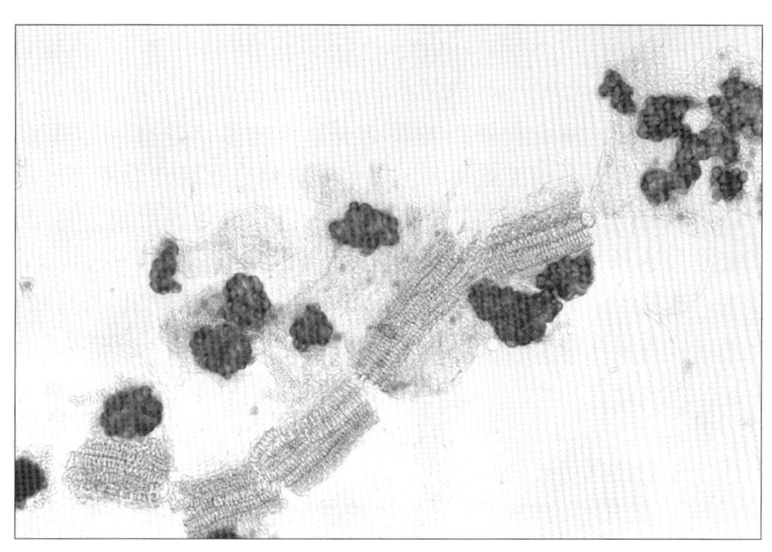

图 8-18-1　油菜黄萎病菌的微菌核（引自 L. Buchwaldt，2007）
Figure 8-18-1　Microsclerotia of *Verticillium* sp.（from L. Buchwaldt，2007）

四、病害循环

油菜黄萎病菌主要以菌丝体和微菌核在土中越夏或越冬。下季油菜种植时，病菌通过菌丝体直接穿透根部或通过线虫等造成的伤口入侵，然后进入维管束系统引起发病。在油菜上，虽然侵染可能在秋季就已经开始，但是直到翌春才会首次出现病症。分生孢子在木质部产生，随蒸腾作用向上运输，形成新的菌落。最初，病菌仅限于木质部，只在发病的最后阶段周围组织才坏死，并在表皮下产生大量的微菌核。分生孢子很少产生在寄主的表面，并且在同一个生产季节内不会造成次生传播。因此，油菜黄萎病是一个单循环病害。病残体上的微菌核随着田间耕作混入土壤中，并成为下一个生长季的主要侵染源。

五、流行规律

油菜黄萎病传播的主要途径是病残体和带菌土壤，借风雨、流水、人、畜及农具传播。病害流行受土壤温度、空气温度和土壤湿度等因素的影响。一般空气温度 20～25℃，土壤平均温度 15～19℃，并且土壤湿度大时，有利于黄萎病的发生。干旱胁迫可使根部和木质部功能受损，从而增加病害的严重度。地势低洼，排水不良，土壤黏重的地块发病重。连作、缺肥或偏施氮肥，可促进病害发生。播期越早，秋季田间生长期越长，黄萎病发生率就越高。除草剂甲草胺、除草醚和氟禾灵可加重病害的发生。

六、防治技术

由于油菜黄萎病菌属广谱型菌，其病原体微菌核在土壤中存活期长且能在病残体和土壤中生长发育、病菌绝大部分的生命周期在寄主体内以及该病菌群体遗传和致病的多样性等多种因素，使得化学防治对黄萎病效果不佳；同时，由于抗源的缺乏，目前生产上基本没有对黄萎病表现出抗性的品种。因此，对于该病的防治，目前主要以农业措施为主。

1. 合理轮作 通过较长时间的轮作（超过3年），尤其是与大麦轮作，对黄萎病的发生有明显的控制效果。

2. 加强栽培管理 合理安排播期，及时清除病残体和寄主杂草，施用腐熟肥料，不偏施氮肥，注意开沟排水。

刘胜毅 程晓晖（中国农业科学院油料作物研究所）

第19节 油菜淡叶斑病

一、分布与危害

油菜淡叶斑病主要分布于欧洲、澳大利亚以及东南亚部分地区，是温带芸薹属作物上的一种重要病害。过去，此病在芸薹属蔬菜叶片上引起斑点和褪色，主要影响其商品性而不是产量，因此一直未受到重视。然而，随着油菜种植面积的增加和油菜特别感病，该病也日益受到重视。比如，2004—2007年该病在英国引起的油菜籽产量损失达到了22%以上。油菜淡叶斑病在我国发生较少，仅在湖北、四川、云南等省部分地区有报道发生，造成的产量损失也较低。该病早期侵染会导致田间植株群体密度的降低，花期侵染会导致角果数量的减少，角果期侵染会使角果提前成熟而裂开导致种子散落。

二、症状

油菜植株整个地上部分都能显现淡叶斑病症状。

种子受侵染后，子叶上可能有小的坏死斑点。叶片感病后，开始表现为青铜色小点，后变为淡绿色，周围有黄色边缘，继而转变为黄色，病斑扩展后形成一个不规则的区域，老病斑中央变为苍白色和薄纸状，然后破溃。分离的病斑可能合并，导致侵染严重的叶片凋谢。该症状在外观上很容易和除草剂药害、氮肥使用过量引起的焦枯、机械损伤以及霜害引起的症状混淆，所不同的是油菜淡叶斑病病斑的边缘可产生白色的孢子层，以近似同心环状排列，每个直径1mm左右（彩图8-19-1，1）。如果幼叶在完全展开以前就受到侵染，叶片会扭曲。特别感病的品种严重发病时，在秋冬季偶尔可使整株枯死。叶片枯死的矮小植株在春季仍可长出新苗。春季茎上叶感病后可引起枯死、变形以及植株矮化等严重症状。

茎秆感病后，病斑通常仅局限于表面，为浅黄褐色边缘有黑色小点的条纹（彩图8-19-1，2）。除非在异常潮湿的情况下，这些病斑表面一般不会产孢。后期病斑上的表皮会一层层破溃开裂，呈纵向脱散的状。茎上的病斑极易和油菜黑胫病的类似症状混淆。

花芽受侵染会引起枯死，花不能开放，最终导致不育。角果在发育早期受侵染会变得卷曲或歪曲，并在表面形成典型的白色孢子层（彩图8-19-1，3）。

三、病原

油菜淡叶斑病的病原为芸薹硬座盘菌（*Pyrenopeziza brassicae* Sutton & Rawlinson），是一种半活体营养型真菌，属子囊菌门硬座盘菌属真菌。子囊盘产生于死亡病组织的类菌核体上，常2～3个成丛，无柄或短柄，大小随着生的位置不同而变化，产生于叶片上的较小（0.1～0.2mm），产生于叶柄处的较大（1～2mm），边缘为鼠灰色，并有白色粉状物（彩图8-19-2）。子囊棍棒形，大小为（80～100）μm×（7～9.5）μm。子囊孢子长筒形，直或弯曲，末端钝圆，0～1个隔膜，无色，光滑，大小为（13.5～

15.5）μm×（2.5～3）μm，通常通过风力扩散开来。无性阶段为 *Cylindrosporium concentricum* Grev.，属子囊菌无性型柱盘孢属真菌。分生孢子盘生于角质层下，离生或合生，圆形，无色或淡褐色，大小为 100～200μm。分生孢子成团时白色，单个时无色，光滑，无隔，长圆形，大小为（10～16）μm×（3～4）μm，主要通过雨水飞溅传播。

病菌在 PDA、MA（5%麦芽浸膏）、MEB（0.5%麦芽浸膏加 0.075%菌蛋白）、V 8培养基上均能生长，在 V 8和 MEB 上培养 4 个月就可大量产生类菌核体，而在 PDA 上则产生较少。病菌在 1～24℃范围内均可生长，以 10～15℃生长最快。分生孢子萌发的最适温度为 16℃，相对湿度为 98%～100%。菌丝扩展温度为 15～20℃，以 18℃症状表现最快，在 5～15℃范围内 5d 可表现症状。

病菌除侵染油菜外，尚可侵染甘蓝、花椰菜、抱子甘蓝、嫩茎花椰菜、芜菁甘蓝、芥蓝等。

四、病害循环

病菌以菌丝或类菌核在种子、病残体和土壤中越夏或越冬。种子上的病菌在干燥条件下储存 19 个月仍有活性。在有杂草的土表子囊盘可存活 27 周，而在土中仅能存活 8 周。分生孢子在未灭菌的肥土中可存活 10 周。在下季种植油菜时，病菌遇到适宜条件可产生子囊孢子或分生孢子，萌发侵染油菜，然后在病斑上形成分生孢子进行再侵染。油菜收获时又以菌丝、类菌核越夏、越冬，从而完成一个生产季节的病害循环。

五、流行规律

病害流行的初侵染源主要来自于带菌的种子、雨水飞溅而来的分生孢子以及经气流传播而来的子囊孢子。其中，雨水飞溅传播的分生孢子可能只在局部扩散，而借助风力传播的子囊孢子则能够使病害在更大的范围内扩展。病菌在侵染过程中需自由水，必要的叶面湿润持续时间依温度而定：在 16℃，叶面至少需要保持 6h 的湿润才能保证侵染发生；在 4℃，则需长达 24h 的叶面湿润；只要叶面保持湿润长达 48h 以上，则在任何适宜的温度下侵染效率都会显著提高。由于雨水飞溅有助于病原菌的扩散，孢子的有效萌发也需要水分，所以温和湿润的季节淡叶斑病容易暴发流行。

六、防治技术

（一）农业措施

1. 合理轮作 通过较长时间的轮作（超过 3 年），尤其是水旱轮作，对淡叶斑病的发生有明显的控制效果。

2. 处理病残体 油菜收获后的残体、残茬等可能混有病菌，应及时予以清除或销毁。

（二）化学防治

1. 种子处理 可用种子重量 0.4%的 40%福美双可湿性粉剂拌种，也可用种子重量 0.2%～0.3%的 50%异菌脲可湿性粉剂拌种。

2. 药剂防治 抑制麦角甾醇的三唑类杀菌剂对淡叶斑病具有较好的防治效果，这类产品包括环唑醇、苯醚甲环唑、氟硅唑、咪鲜胺、丙环唑和戊唑醇等。

3. 使用植物生长调节剂抑芽唑（triapenthenol），除了能促进油菜增产外，还能有效防治淡叶斑病的发生。

刘胜毅　程晓晖（中国农业科学院油料作物研究所）

第 20 节　油菜白绢病

一、分布与危害

油菜白绢病又叫南方枯萎病。由于白绢病是高温高湿型病害，发生需要的温度较高，与油菜生育期内的温度差别较大，因此在我国发生较少，仅在湖北、湖南、江西、安徽、河南、四川等省部分地区有报道发生，一般在温暖潮湿的热带或亚热带地区发生。

二、症状

白绢病菌可侵染500多种植物，在不同植物上引起的症状较类似。病害主要发生在幼苗靠近地面的根颈部。根颈开始发病时，表皮呈褐色水渍状，长出白菌丝，菌丝继续生长形成白色菌丝层，状如白色丝绢。潮湿时菌丝体辐射状扩展，蔓延至附近的土表。病部组织下陷，皮层腐烂。病斑可向根部发展。病部和地面有时均覆盖有白色绢丝状的菌丝体；后期在病部和地表形成许多初为白色、后为黄色、最后呈茶褐色的油菜籽状菌核（彩图8-20-1）。发病植株生长不良，叶片尖端枯死，逐渐衰弱凋萎乃至枯死。

三、病原

油菜白绢病的病原是齐整小核菌（*Sclerotium rolfsii* Sacc.），属担子菌无性型小菌核属真菌，是强腐生性土壤习居菌。病菌的无性时期只产生菌丝和菌核，不产生孢子。菌核表生，初白色，最后茶黄色，球形或近球形，直径0.5～1mm，表面光滑且有光泽，很像菜籽，易与菌丝脱离。菌核内部灰白色，结构比表层疏松。菌丝体白色，有绢丝般光泽，呈羽毛状，从中央向四周辐射状扩展。镜检菌丝呈淡灰色，有横隔膜，常呈直角分枝，分枝处微缢缩，离缢缩不远处有一横膜。

四、病害循环

油菜白绢病菌一般以成熟菌核或菌丝体等形态在土壤和病残体内越冬或越夏。病菌借流水及农事操作传播，也可以种子中混杂菌核传播。菌核在适宜条件下萌发产生菌丝，菌丝接触到寄主时，可直接侵染，伤口有利于侵染。菌丝体在土中蔓延，接触感染形成再侵染。菌核作为初次侵染源，侵染寄主后形成次生菌核，作为翌年的初侵染源。菌核可借流水、昆虫、农事操作等传播，造成再侵染。菌核在土壤中可存活数年。

五、流行规律

油菜白绢病是高温高湿型病害。菌核在25～35℃，相对湿度90%以上时萌发。在适宜的湿度条件下，温度在27～30℃最适宜于病原侵染。菌丝在8～40℃范围内均能生长，42℃下也能存活数日，最适生长温度为30～35℃。温度降到-10～2℃时能杀死菌丝体和发芽的菌核，但不能杀死休眠的成熟菌核。菌丝生长和菌核萌发的pH要求为2.0～8.0，最适pH为5.0～6.0。因此，在中性和弱酸性的土壤中病害较重。菌核一般局限在土壤表层或土层深7cm以上，在潮湿条件下及土壤深处，菌核存活时间较短。此外，在施有未腐熟的有机肥和过多氮肥的田间发病较重。

六、防治技术

（一）种植抗病品种

（二）加强田间管理

做好田间清洁，及时消除病残体。合理密植以改善田间通风条件。深埋菌核以减少初侵染源。

（三）与非寄主植物实行轮作

玉米为白绢病的非寄主植物，高粱、棉花等也较少感染白绢病，可作为轮作植物。

（四）化学防治

化学药剂可用于拌种、灌根和喷施。常用药剂包括：20%三唑酮乳油1 000倍液、40%菌核净可湿性粉剂600～1 000倍液、50%异菌脲可湿性粉剂800倍液、50%腐霉利可湿性粉剂1 000～1 500倍液等，可根据情况喷施1～2次，间隔7～10d；用于灌根时每株灌100～200mL，视病情可灌根1～2次；用于拌种时药剂用量为种子重量的0.5%。

刘胜毅　任莉（中国农业科学院油料作物研究所）

第21节　蚜　　虫

一、分布与危害

蚜虫属同翅目蚜科，已知为害油菜的蚜虫有3个种，即萝卜蚜［*Lipaphis erysimi*（Kaltenbach）］，别名菜蚜、菜缢管蚜；桃蚜［*Myzus persicae*（Sulzer）］，别名桃赤蚜、烟蚜；甘蓝蚜［*Brevicoryne brassicae*（Linnaeus）］，别名菜蚜。

蚜虫是为害油菜的主要害虫之一，国内各地均有分布。国外主要分布于朝鲜、日本、印度、泰国、印度尼西亚及西亚地区，以及非洲、澳大利亚、美洲等地区。其中桃蚜是世界上分布最广、为害最大的蚜虫之一，在局部地区密度很高。甘蓝蚜主要发生在40°N以北或海拔1 000m以上的高原、高山地区，我国新疆、宁夏和辽宁沈阳以北地区发生较多。

萝卜蚜的寄主植物有30余种，主要为油菜、萝卜、白菜、甘蓝、芥蓝、菜薹等十字花科植物。桃蚜的寄主植物达50科400多种。我国记载的就多达170种以上，包括油菜、萝卜、白菜、甘蓝、莴苣、茼蒿、番茄、马铃薯、烟草、菠菜、桃、李、梨、樱桃、枸杞等。甘蓝蚜的寄主植物主要为油菜、甘蓝、花椰菜、白菜、萝卜等十字花科植物。

蚜虫以成蚜、若蚜密集在油菜叶背、茎枝和花轴上刺吸汁液，破坏叶肉和叶绿素，苗期叶片受害卷曲变形、发黄，植株矮缩、生长缓慢，严重时叶片枯死。油菜抽薹后，蚜虫多集中为害菜薹，致花梗畸形，形成“焦蜡棒”，影响油菜开花结荚，并使嫩头焦枯。蚜虫在取食过程中分泌大量蜜露，污染叶片、花蕾等，影响植株正常光合作用，并引起煤污病，造成严重减产。如桃蚜为害后一般可造成油菜产量损失高达15%～20%。此外，蚜虫还可传播病毒病，萝卜蚜所传播的病毒多数为非持久性病毒，这类病毒在植株体内分布较浅，蚜虫只需短时间的试探取食就可获毒、传毒，传播速度很快。桃蚜能传播115种植物病毒（占所有蚜虫可传播植物病毒的67.7%），如黄瓜花叶病毒（CMV）、马铃薯Y病毒（PVY）、烟草蚀纹病毒（PEV）等。蚜虫传播病毒造成的损失比蚜虫自身为害造成的损失还要大。

二、形态特征

（一）萝卜蚜（彩图8-21-1）

有翅胎生雌蚜：体长1.6～2.1mm，体宽1.0mm，长卵形。头、胸部黑色，复眼赤褐色，额瘤隆起不明显。腹部黄绿色至绿色，腹部第一、二节背面及腹管以后各节的背面均有1条淡黑色横带，腹管以前各节两侧有黑斑，体上常被有稀少的白色蜡粉。腹管较短，约与触角第五节等长，淡黑色，圆筒形，中后部稍膨大，末端稍缢缩。触角第三节有感觉圈21～29个，排列不规则；第四节有感觉圈7～14个，排成1行；第五节有感觉圈0～4个。第一至六腹节各有独立缘斑，腹管前、后斑愈合，第一节背中部有窄横带，第五节有小型中斑，第六至八节各有横带，但第六节横带不规则。尾片圆锥形，较短，灰黑色，两侧各有长毛2～3根。翅透明，翅脉黑褐色。

无翅胎生雌蚜：体长1.8～2.3mm，体宽1.3mm，卵圆形。额瘤不明显。全身黄绿色至黑绿色，被有稀少的白色蜡粉。触角较身体短，约为体长的2/3，第三、四节无感觉圈，第五、六节各有1个感觉圈。胸部各节中央有1条黑色横纹，并散生小黑点。体表皮粗糙，有菱形网纹。各节背面有浓绿色斑。腹管短，长筒形，淡黑色，顶端收缩成瓶颈状，长度为尾片的1.7倍，尾片圆锥形，两侧各有长毛2～3根。

（二）桃蚜（彩图8-21-2）

有翅胎生雌蚜：体长约2.0mm，额瘤显著，内倾。体不被白粉。头、胸部黑色，腹部淡暗绿色，有黑褐色斑纹。腹部第四至六节背中融合为1块大黑斑，第二至六节各有大型缘斑，第八节背中有1对小突起。触角第三节有7～17个（多数为12～15个）排成1列的感觉圈；第四至五节无感觉圈。腹管长筒形，端部具有瓦片纹，腹管长于尾片1倍以上。尾片指状，较长。翅无色透明，翅痣灰黄或青黄色。

有翅雄蚜：体长1.3～1.9mm，体色深绿、灰黄、暗红或红褐。头、胸部黑色。触角第四至五节有感觉圈。

无翅胎生雌蚜：长卵形，体长约2.6mm，体宽1.1mm。额瘤明显、内倾，中额瘤微隆。体色淡绿色至樱红色，无蜡粉。头部色深。体表粗糙，背中域光滑，第七、八腹节有网纹，腹部第八节有毛4根，腹部背面无色带和黑斑。触角较长，约2.1mm，触角第三节长0.5mm，有毛16～22根，无感觉圈。腹管长筒形、细长，是尾片长度的2.3倍，中后部略膨大，末端明显缢缩，端部黑色。尾片黑褐色，圆锥形，近端部1/3收缩，有曲毛6～7根。

卵：椭圆形，长0.5～0.7mm，初产时为橙黄色，后变成漆黑色而有光泽。

（三）甘蓝蚜（彩图8-21-3）

有翅胎生雌蚜：体长约2.2mm。纺锤形，头、胸部黑色，复眼赤褐色，无额瘤。腹部黄绿色，有数条暗绿色横带，两侧各有5个黑点，全身被有明显的白色蜡粉。触角短，约为体长的1/2，触角第三节有37～49个排列不规则的感觉圈。腹管很短，短于尾片长度，中部稍膨大。尾片很短，近似等边三角形。

无翅胎生雌蚜：体长2.5mm左右。纺锤形，全身暗绿色，被较厚的白色蜡粉。腹部各节背面有断续的黑色横带。头部背面黑色，复眼黑色，无额瘤。触角短，约为体长的1/2，触角无感觉圈。腹管短于尾片。尾片近似等边三角形，两侧各有2～3根长毛。

三、生活习性

（一）萝卜蚜

萝卜蚜在我国北方地区1年发生10余代，南方1年发生30～40代。淮河流域以南的油菜以萝卜蚜为害为主。长江以北地区萝卜蚜在油菜及其他蔬菜上以无翅蚜和卵越冬，晚秋部分萝卜蚜可产生性蚜，交配产卵。有翅蚜对黄色有强烈的趋性，对银灰色有负趋性。此外，萝卜蚜还具有趋嫩的习性，常聚集在油菜的心叶及花序上为害。

每头雌蚜平均能产仔蚜60～100头，最多能产143头。萝卜蚜对温度的适应范围广，较耐高温。每年5～11月萝卜蚜的发生量较多，9～10月是萝卜蚜一年中的为害高峰期。

（二）桃蚜

漫长的进化过程使桃蚜演化出了复杂的生活史（常见的有全周期、不完全周期和兼性周期）和适应机制。全周期蚜虫有5个或6个蚜型，不同的蚜型在形态上有显著的差异。在我国发生世代由北向南逐渐增多。华北地区1年发生10余代，长江流域1年发生20～30代，南方地区1年可发生30～40代，且世代重叠。每头无翅胎生雌蚜产60～70头若蚜，产期持续20d。桃蚜较耐低温。在北方，以受精卵在桃树枝条上越冬；在南方，以成虫和若虫在露地油菜及其他蔬菜上越冬，也可在菜心内产卵越冬。在温室内油菜及其他蔬菜上终年胎生繁殖，无越冬现象。

春季条件适宜时，越冬卵孵化为干母，群集在冬寄主植株芽上为害，植株展叶后迁移到叶背和嫩梢上为害、繁殖，并陆续产生有翅胎生雌蚜，向苹果、梨、杂草及十字花科植物等夏寄主上迁飞。5月上旬繁殖最快，为害最盛，并产生有翅蚜在夏寄主作物内或夏寄主作物之间迁飞，迁飞来势猛，面积大，为害重。当有翅蚜占蚜虫总量的30%时，7～10d后便是有翅蚜迁飞的高峰期。秋末发生有翅性母蚜（雌性蚜之母）和雄蚜，飞回桃树上交配产卵越冬。桃蚜一年中大都是孤雌生殖，一般仅在秋末、冬初有两周左右的有性生殖。有性阶段是桃蚜种群基因交流的关键环节，卵的遗传多态性最大。

在我国长江流域及北方地区桃蚜呈春、秋季两个发生高峰。

（三）甘蓝蚜

甘蓝蚜主要为害十字花科植物，尤其偏嗜叶面光滑、蜡质较多的甘蓝、花椰菜、油菜等。甘蓝蚜喜冷凉环境，是高海拔地区蚜虫的优势种。在华北地区1年发生10余代，世代重叠。以卵在晚甘蓝、球茎甘蓝、冬萝卜和冬白菜近地面根颈凹陷处、叶柄基部和叶片上越冬。在温暖地区也可终年孤雌生殖为害。越冬卵一般在翌年4月开始孵化，孵化后先在寄主嫩芽上胎生繁殖。5月中、下旬以有翅蚜迁飞到定植甘蓝、花椰菜、春油菜上继续胎生繁殖为害。春油菜是甘蓝蚜在生长季中的主要转移寄主之一，然后再扩大到夏、秋菜上，以春末夏初及秋季为害最重。10月开始产生性蚜，交配产卵于留种或储藏的菜株上越冬，少数成蚜和若蚜亦可在菜窖中越冬。甘蓝蚜发生呈春、秋季两个高峰。早春由于虫源少，气温低，蚜虫繁殖较慢，随气温上升，到4～5月，蚜虫量激增，形成第一个高峰。夏季高温多雨，天敌捕食，对其繁殖不利，同时夏季十字花科蔬菜种类较少，食料缺乏，蚜虫群体增长受到抑制。秋季十字花科蔬菜面积大，气候凉爽，蚜虫再度大量繁殖，至9～10月形成第二个高峰。每头雌蚜产仔蚜40～50头。甘蓝蚜能够储藏和释放出强烈芥子油气味的化学物质来吓跑天敌。

三种蚜虫对黄色和橙色有强烈的趋向性，对银灰色有负趋性。无翅蚜爬行可进行近距离传播，远距离传播主要靠有翅蚜迁飞。

四、发生规律

（一）虫源基数

1. 萝卜蚜 在温暖地区或温室中，萝卜蚜终年以无翅胎生雌蚜繁殖，无显著越冬现象；在淮河以北地区，萝卜蚜可产生无翅雌、雄性蚜，交配后在油菜及其他十字花科蔬菜叶片背面产卵越冬，翌年3～4月卵孵化为干母，在越冬寄主上繁殖几代后产生有翅蚜，向其他油菜田和蔬菜田转移，扩大为害，亦有部分成蚜、若蚜在温室中继续繁殖。淮河以南至长江流域，萝卜蚜在油菜及其他十字花科蔬菜上主要以成蚜、若蚜越冬，萝卜蚜无转换寄主的习性。潜伏在油菜心叶和叶背面越冬的蚜虫是开春后蚜虫暴发的虫源基础。

2. 桃蚜 冬寄主上的越冬虫卵、躲在贴近地面的油菜叶背面的越冬无翅蚜是主要蚜源，是开春后蚜虫暴发的虫源基础。春季气温达6℃以上时，桃蚜开始活动，在越冬寄主上繁殖2～3代，于4月底产生有翅蚜迁飞到其他田块的油菜等寄主植物上繁殖，扩大为害。

3. 甘蓝蚜 在晚甘蓝、球茎甘蓝、冬萝卜和冬白菜近地面根颈凹陷处、叶柄基部和叶片上越冬的甘蓝蚜虫卵，是春油菜及其他十字花科蔬菜的主要蚜源，是开春后蚜虫暴发的虫源基础。越冬卵翌年4月孵化，先在越冬寄主嫩芽上胎生繁殖，后产生有翅蚜迁飞到其他田块继续胎生繁殖为害。

（二）气候条件

1. 萝卜蚜 萝卜蚜发育适温稍广，在较低温度下萝卜蚜发育快，有翅蚜和无翅蚜的发育起点温度分别为6.4℃和5.7℃，自出生至成蚜的有效积温分别为116℃和111.4℃，种群能生长繁殖的温度范围为10～31℃，适宜繁殖的温度为14～25℃，适宜相对湿度为75%～80%。当候平均温度在30℃以上或6℃以下、相对湿度小于40%时，会引起蚜量迅速下降。在候平均温度高于28℃和相对湿度大于80%的情况下，蚜量也会下降。9.3℃时，萝卜蚜发育历期17.5d；27.9℃时，发育历期4.7d。成蚜寿命在10.7℃时为16.1d，在30.1℃时为6.9d。

夏季雨量大，可促进病原菌对蚜虫的寄生，此外大雨对蚜虫还有机械冲刷作用。如在9月上旬出现暴雨，能直接抑制蚜量上升，压低虫口基数，使蚜量高峰推迟出现，高峰期的蚜量亦显著减少。

2. 桃蚜 桃蚜有翅蚜和无翅蚜的发育起点温度分别为4.3℃和3.9℃，有效积温分别为137℃和119.8℃，种群能增长的温度范围为5～29℃。在16～24℃范围内，数量增长最快。温度高于28℃则对其发育和数量增长不利。温度由9.9℃上升至25℃时，桃蚜的平均发育期由24.5d降至8d，每天平均产蚜量由1.1头增至3.3头，但寿命由69d减至21d。8℃下桃蚜完成一个世代需要30.15d，而28℃下仅需6.51d；16℃时若蚜的成活率最高；19℃时成蚜生殖力和世代净增殖率最大。高温会增加蚜虫个体的活性，相对增加其种群拥挤度，从而能促使有翅蚜形成和迁飞。

桃蚜在不同年份发生量不同，主要受降水量、气温等气候因子的影响。一般气温适中（16～22℃）的条件下，降雨是蚜虫发生的限制因素。

3. 甘蓝蚜 甘蓝蚜发育起点温度为4.3℃，所需有效积温为134.5℃，羽化为有翅蚜所需有效积温为148.6℃。在15～20℃下繁殖力最高，一般每头无翅雌蚜平均产仔40～60头。繁殖适温为16～18℃，低于14℃或高于18℃产卵量减少，繁殖力降低。温度低于15℃时，无翅胎生雌蚜寿命为33.5d；15～20℃时，无翅胎生雌蚜寿命为31.5d；20～25℃时，无翅胎生雌蚜寿命为21.2d；大于25℃时，无翅胎生雌蚜寿命为15.2d。

（三）寄主植物

1. 萝卜蚜 萝卜蚜主要寄主为白菜、油菜、萝卜、芥菜、青菜、菜薹、甘蓝、花椰菜、芥蓝、青花菜、紫菜薹、抱子甘蓝、羽衣甘蓝、薹菜、芜菁等十字花科蔬菜，尤其偏嗜白菜及芥菜型油菜。

2. 桃蚜 桃蚜有明显的季节性迁移为害特性，且与寄主是相互制约的。桃蚜对不同寄主的选择存在差异，其生长发育及数量变动差别很大。例如，桃蚜在百合和小白菜上的繁殖量高于菊花和菜豆上，而且发育历期短。同一寄主植物的不同品系对蚜虫表型也有影响，寄主植物本身的特性可决定有翅蚜的产生，如韧皮部化学物质组成的下降会使桃蚜生理性能和种群数量均下降。

3. 甘蓝蚜 甘蓝蚜主要为害十字花科植物，偏嗜叶面光滑、蜡质较多的甘蓝、花椰菜、油菜等。在上述寄主上发生量较大。

（四）天敌

蚜虫的主要天敌有食蚜瘿蚊（*Aphidoletes aphidimyza*）、食蚜蝇类（Syrphidae）、菜少脉蚜茧蜂（*Diaeretiella rapae*）、七星瓢虫（*Coccinella septempunctata*）、异色瓢虫（*Harmonia axyridis*）、草蛉类（Chrysopidae）、蚜霉菌（*Entomophthora japonicum*）等。

（五）化学农药

防治蚜虫的常用药剂有有机磷类、拟除虫菊酯类等，这类农药使用方便，见效快，短时间内可以大量杀灭蚜虫，但是长期连续大量的使用，严重污染生态环境，同时也使蚜虫产生抗药性。

20世纪90年代以后，对蚜虫的防治进入高效低毒农药时代。这类药物主要有菊酯类，如溴氰菊酯、氰戊菊酯、氟氯氰菊酯等，其特点是高效、低毒、低残留、杀虫谱广、对人畜毒性小，但是由于长期使用这类农药，蚜虫的抗药性增强。因此，随着使用时间的延长，灭蚜效果也逐渐降低。吡虫啉是新型高效低毒杀虫剂，除具有广谱、高效、低毒、低残留、不易产生抗药性、对人畜及植物和天敌安全等特点外，还有触杀、胃毒和内吸多重药效。害虫接触药剂后，中枢神经正常传导受阻，使其麻痹死亡。啶虫脒与吡虫啉同为新烟碱类杀虫剂，由于其作用机理与常用药剂不同，对有机磷类、氨基甲酸酯类及合成除虫菊酯类具有抗性的蚜虫有效，将其混用，既弥补了菊酯类持效性差的不足，又克服了单用啶虫脒成本高的缺点，还能减缓害虫抗药性的产生，是防治蚜虫的理想药剂。

五、防治技术

（一）农业防治

1. 选用抗蚜虫、抗病毒的高产、优质油菜品种。根据品种特点，适当迟播，可避开蚜虫发生高峰，减轻苗期蚜虫为害。

2. 种植油菜的田块要远离种植其他十字花科蔬菜的田块，减少或切断蚜虫由蔬菜田传入油菜田。

3. 清洁田园，及时间苗、定苗或移栽，除去有蚜株，减低虫口基数；适时灌水，保墒保湿，促进幼苗健壮生长。开春时及时摘除植株下部病叶、老叶，可大大减少虫源基数。

4. 重施底肥，轻施苗肥，巧施薹花肥，可减轻蚜虫为害。

（二）生物防治

1. 保护利用天敌 油菜田有多种蚜虫天敌，对蚜虫有显著的抑制作用，在喷药时要选用对天敌杀伤力较小的农药，使田间天敌数量保持在占总蚜量的1%以上。在蚜虫发生初期人工释放瓢虫、草蛉、蚜茧蜂等天敌，来控制蚜虫的发生。

2. 利用蚜虫报警信息素 蚜虫个体在遭遇天敌时，具有多种防御反应，蚜虫的报警就是其中的一种防御反应。蚜虫在受到惊吓时会从腹管中分泌出报警信息素，使周围的其他蚜虫感知并迅速逃逸。该类信息素施用于田间，可使蚜虫的虫口密度控制在一定阈值内而减轻其对作物的影响。（反）β-法尼烯是许多蚜虫报警信息素的主要成分，将它与常规杀虫剂混用可降低杀虫剂的用量，有利于保护环境、食物的安全和天敌。

（三）物理防治

1. 黄板诱蚜 利用蚜虫的趋黄性，可在田间均匀悬挂黄板300片/hm^2，黄板大小为30cm×60cm，黄板上均匀涂抹黄油，诱杀有翅成蚜。黄板悬挂高度以高出植株40～50cm为宜。

2. 银膜驱蚜 银灰色对蚜虫有驱避作用，在油菜地内间隔铺设银灰色地膜或悬挂银灰色膜条，可抑制有翅蚜的着落和定居。

（四）化学防治

蚜虫防治应抓住3个时期施药：第一是苗期（3片真叶）；第二是现蕾初期；第三是油菜抽薹高度10cm左右时。但在这3个时期内也要根据蚜虫数量的多少来决定是否施药，当苗期有蚜株率达到10%～30%，花角期有蚜株率达到10%时，立即喷药防治。

防治蚜虫的药剂种类很多，防效较好的药剂及其用量为10%吡虫啉可湿性粉剂2 500～4 000倍液、

0.5%印楝素可湿性粉剂 1 000 倍液、3%啶虫脒乳油 1 500～2 000 倍液、2.5%溴氰菊酯乳油 2 000～3 000 倍液、40%氰戊菊酯 3 000 倍液、4.5%高效顺反氯氰菊酯乳油 3 000 倍液。此外，丁醚脲＋吡虫啉（8.5∶1），烯啶虫胺＋溴虫腈（1∶6.7）和吡虫啉＋溴虫腈（1∶3.8）具有明显的增效作用。

胡宝成（安徽省农业科学院）

第 22 节　菜 粉 蝶

一、分布与危害

菜粉蝶［*Pieris rapae*（Linnaeus）］属鳞翅目粉蝶科菜粉蝶属，别名菜白蝶、白粉蝶，其幼虫称菜青虫。寄主植物主要为油菜、甘蓝、花椰菜、白菜等十字花科植物。尤其偏嗜含有芥子油糖苷、叶表面光滑无毛的甘蓝、花椰菜和油菜。我国各地均有分布，以华东、华中、华南各省份发生较重。世界各国均有分布。

二、形态特征（彩图 8－22－1）

成虫：体长 12～22mm，翅展 45～55mm；身体灰黑色，翅白色，顶角灰黑色。雌蝶前翅正面近翅基部呈灰黑色，约占翅面的 1/2，顶角有 1 个近似三角形的黑斑，前翅中室外侧有 2 个明显的黑色圆斑，后翅正面前缘离翅基 2/3 处有 1 个黑斑。雄蝶前翅正面的灰黑色部分较小，前翅中室外侧只有 1 个明显的黑斑。雌、雄蝶后翅底面均为淡粉黄色。

菜粉蝶成虫具有季节二型性，随着生活环境的变化，菜粉蝶翅的色泽有深有浅，斑纹有大有小，通常在高温下生长的个体，翅背面的黑斑色深，翅腹面的黄鳞色泽鲜艳；反之，在低温条件下生长的个体则黑斑小或完全消失。

卵：竖立，弹头形，高约 1mm，宽约 0.4mm。表面有较规则的纵横脊纹 12～15 条，初产时淡黄色，后变为橙黄色。

幼虫：共 5 龄。老熟幼虫体长 28～35mm，体背青绿色，背面有隐约可见的黄色背线；腹面淡绿色，密被细毛。各腹节均有 4～5 条横皱纹；气门线黄色，其上有 2 个黄斑，其一为环状，围绕气门，另一个在气门后面。气门淡褐色，围气门片黑褐色。初龄时灰黄色，后变为青绿色。身体圆筒形，各节密生细小黑色毛瘤，中段较肥大。

蛹：纺锤形，长 18～21mm，两端尖细，中间膨大，头部前端中央有 1 个管状突起，短而直。背部有 3 条纵隆线和 3 个棱角状突起。蛹色因化蛹环境而异，有绿色、青绿色、灰绿色、灰褐色、棕褐色。雌蛹在第八腹节腹部中央有一纵裂缝，裂缝较长，连接第八、九腹节。长纵裂缝由第八腹节上的生殖孔和第九腹节上的产卵孔连接而成。雄蛹仅在第九腹节腹面有一纵裂缝，裂缝较短。短纵裂缝为第九腹节上的生殖孔。

三、生活习性

菜粉蝶年发生代数在我国由北向南逐渐递增。各地发生代数和历期不同。东北及北京、宁夏 1 年发生 1～4 代，河北、河南、陕西等地 1 年发生 4～5 代，山东 1 年发生 5～6 代，华东 1 年发生 7～8 代，华中、华南和西南地区 1 年发生 8～10 代，世代重叠。各地均以蛹在菜地附近的墙壁、屋檐下或篱笆、树干、砖石、土缝、杂草和枯枝落叶堆内越冬。多分布在油菜田及周围，一般在背阴的一面。越冬蛹蛹期可达 6 个月，翌春 4 月越冬蛹开始羽化为成虫，成虫边取食花蜜边产卵。以晴天日照强的中午活动最盛，在蜜源植物和产卵寄主间频繁飞翔，进行取食交配产卵活动，夜间和风雨天常躲在隐蔽处。交配后 3～7d 开始产卵。卵散产，多产于叶背面。

幼虫不活跃，一般不转株为害。初孵幼虫先食卵壳后食叶片，二龄前只啃食叶肉，留下一层透明的表皮。三龄以后可啃食整个叶片，轻者叶片伤口累累，重者仅剩下叶脉。以五龄幼虫为害最重，占幼虫总食叶面积的 85.19%。五龄幼虫期是造成油菜、甘蓝等产量损失的主要龄期。长江流域菜青虫为害油菜主要发生在春、秋两季；东北为害盛期在 7 月和 9 月。

四、发生规律

（一）虫源基数

在菜地附近的墙壁、屋檐下或篱笆、树干、杂草残株、土缝等处背阴面越冬的蛹是翌春菜粉蝶的发生虫源。秋季如果油菜，尤其是甘蓝类蔬菜的种植面积大，食物丰富，蜜源植物多，成虫补充营养充足，其繁殖力就大，越冬蛹就多，则翌春菜粉蝶发生量大。

（二）气候条件

菜粉蝶喜欢阴凉的气象条件，不耐高温。生长发育的最适温度为20～25℃，相对湿度80%左右，最适降水量每周为7.5～12.5mm，暴雨袭击会造成低龄幼虫死亡。气温升到28℃时其个体发育受阻，若超过32℃或低于－9.4℃，相对湿度在68%以下，幼虫大量死亡。高温对卵的孵化率影响也很大，平均温度30℃以上时，卵孵化率仅为47.9%。成虫产卵与温度、光照和补充营养的关系也十分密切。温度低于15℃时，成虫一般不产卵；成虫产卵最适温度为22～25℃，在25℃时，产卵量最大，平均每头雌蝶产卵量为120粒左右。无光照时，成虫一般不产卵；田间蜜源植物丰富时成虫产卵多。

16～30℃时菜粉蝶都能正常完成世代发育。但完成一个世代所需时间差别很大，16℃时，完成一个世代平均需要49.5d，18℃时平均需要45.8d，21℃时平均需要40.2d，24℃时平均需要34.4d，27℃时平均需要29.2d，30℃时完成一个世代平均只需20.4d，随着温度的升高完成一个世代平均需要的天数逐渐缩短。在相同的温度条件下，四龄幼虫、五龄幼虫的发育历期最短，卵次之，蛹最长。室内人工饲养以24～27℃范围内菜粉蝶发育历期最短，发育速度最快。

卵的发育起点温度为8.4℃，有效积温为56.4℃，发育历期3～8d，在19～28℃时卵孵化率较高，均为96% 左右。16℃时卵孵化率相对较低，为86%。幼虫的发育起点温度为6℃，有效积温为217℃，发育历期11～22d；幼虫发育的最适温度为20～25℃，相对湿度76%左右。若气温升到28℃，其个体发育受阻，温度超过32℃或低于－9.4℃时，能使幼虫死亡。蛹的发育起点温度最低为14.5℃，有效积温为150.1℃，发育历期5～16d。在28 ℃时，成虫羽化率最高。

在一定温度范围内，菜粉蝶成虫寿命随着温度的升高而逐渐缩短，成虫寿命在16℃时可达8.62d，而在28℃时只有3.01d。

（三）寄主植物

菜粉蝶的寄主植物约有35种，但其偏好十字花科植物，以油菜甘蓝、花椰菜、大白菜、萝卜、芥菜、白菜等受害最重。

（四）天敌

菜粉蝶的天敌目前已知有70多种。卵期重要天敌有广赤眼蜂（*Trichogramma evanescens*），幼虫期重要天敌有微红盘绒茧蜂（*Cotesia rubecula*）、粉蝶盘绒茧蜂（*C. glomeratus*）、颗粒体病毒（PrGV）等，蛹期重要天敌有蝶蛹金小蜂（*Pteromalus puparum*）。

（五）化学农药

化学药剂防治菜青虫时，应避免使用广谱杀虫剂，尽量保护利用天敌，发挥天敌的自然控制作用。尽量采用微生物杀虫剂、抗生素类杀虫剂、植物性杀虫剂、昆虫特异性杀虫剂进行防控。

五、防治技术

（一）农业防治

1. 作物收获后及时清除田间杂草和残株败叶，杀灭虫蛹，减少下代虫源。作物合理布局，避免油菜与十字花科蔬菜连作。夏季停种过渡寄主，可以减轻为害。幼虫盛发期在清晨露水未干时进行人工捕捉，或在成虫活动时进行网捕。

2. 用1%～3%过磷酸钙溶液在成虫产卵始盛期喷油菜叶片，可使植株上着卵量减少50%～70%，并且有叶面施肥效果。

（二）生物防治

1. 保护天敌 在寄生蜂盛发期，尽量减少使用化学农药。可在11月中、下旬释放蝶蛹金小蜂，提高当年的寄生率，控制早春菜青虫的发生。

2. 选用微生物杀虫剂 在幼虫三龄前盛发期喷洒苏云金杆菌乳剂、粉剂（每克含活孢子100亿个）800倍液。要根据预测预报的防治适期提前2～5d施药，且要避开强光照、低温、暴雨等不良天气。

3. 选用抗生素类杀虫剂 可选用2.5%多杀霉素悬浮剂1 000～1 500倍液、1.8%阿维菌素乳油2 500～3 000倍液喷雾。

4. 选用植物源杀虫剂 可选用1%印楝素水剂800～1 000倍液或0.65%茴蒿素水剂400～500倍液喷雾。

（三）化学防治

大田中百株虫量达到20～40头时，需进行防治。防治菜青虫的药剂很多，防治效果比较好的有以下几种。在低龄幼虫发生初期，选用特异性杀虫剂5%氟啶脲乳油、5%氟虫脲乳油、25%灭幼脲悬浮剂500～1 000倍液、20%除虫脲悬浮剂3 000～5 000倍液。施药时间较普通杀虫剂提早3d左右。

选用高效低毒低残留化学杀虫剂，如3%啶虫脒乳油1 000～2 000倍液、10%醚菊酯悬浮剂1 500～2 000倍液、12.5%氟氯氰菊酯悬浮剂8 000～10 000倍液、2.5%联苯菊酯乳油或20%氰戊菊酯乳油3 000倍液、10%氯氰菊酯乳油3 000倍液喷雾。

侯树敏（安徽省农业科学院作物研究所）

第23节　其他菜粉蝶

一、分布与危害

（一）东方菜粉蝶［*Pieris canidia*（Sparrman）］

属鳞翅目粉蝶科菜粉蝶属。别名黑缘粉蝶、多点菜粉蝶。全国各地均有分布，以南方各省份为害较重；27°N以南较常见，以北多分布在山区。常与菜粉蝶混合发生。国外分布于朝鲜、日本、菲律宾、越南、老挝、柬埔寨、泰国、缅甸、印度、孟加拉国、新加坡、巴基斯坦、阿富汗。主要寄主植物为油菜、甘蓝、花椰菜、芥蓝、菜心、白菜、萝卜等十字花科植物。

（二）大菜粉蝶［*Pieris brassicae*（Linnaeus）］

属鳞翅目粉蝶科菜粉蝶属。别名欧洲粉蝶。在我国新疆、云南局部地区为害重。国外主要分布在欧洲、北非的农地、草原及公园。主要寄主植物为油菜、甘蓝、花椰菜、白菜、芥蓝等十字花科植物。

（三）云斑粉蝶［*Pontia daplidice*（Linnaeus）］

属鳞翅目粉蝶科。异名 *Leucochloe daplidice*（Linnaeus），别名斑粉蝶、花粉蝶、朝鲜粉蝶。我国除福建、台湾、广东、海南未见外，其他各省（自治区、直辖市）均有分布，以东北、华北、西北地区发生较多。主要寄主植物为油菜、甘蓝、紫甘蓝、花椰菜、青花菜、紫球茎甘蓝、芥蓝、根芥菜、辣根、菜薹、薹菜、乌塌菜、白菜、板蓝根等十字花科蔬菜及野生植物。

（四）黑纹粉蝶［*Pieris melete*（Menetries）］

属鳞翅目粉蝶科菜粉蝶属。别名黑脉粉蝶。我国除内蒙古、宁夏、青海、广东未见外，其他各省（自治区、直辖市）均有分布。在江西主要分布在海拔100m以上的山区，在海拔610m和810m处黑纹粉蝶的种群数量占绝对优势。国外分布于朝鲜、日本、俄罗斯、印度、缅甸及克什米尔地区。主要寄主为油菜、白菜、甘蓝、黄芽白、芥菜、萝卜等栽培及野生十字花科植物。

二、形态特征

（一）东方菜粉蝶

成虫：体长15～21mm，翅展41～55mm；身体背部黑色，着生白色绒毛，腹面白色。翅面粉白色，翅脉白色。前翅前缘有细黑色线，翅基部和前缘布满黑色鳞片，雌蝶特别明显。顶角宽，黑褐色，与外缘中部黑褐色菱形斑相连，前翅顶角和翅上有2个黑色斑；后翅前缘有1个黑色大斑，后翅外缘有4～6个黑斑。前翅反面仅中域有2个显著斑，较正面大而色深，近翅基靠近前缘有黑色鳞片，后翅无斑纹，中后部有稀疏的黑色鳞片，肩角细狭，黄色（彩图8-23-1，1、2）。

卵：瓶胆状，高约1mm，初产时淡黄色，后转为深黄色。

幼虫：老熟幼虫体长28mm左右，虫体暗绿色，体背黑褐色的毛瘤周围有墨绿色的圆斑，粗看似乎毛瘤特别大，体表看起来较粗糙，背中线鲜黄色。各腹节气门线上有2个黄斑，1个环状围绕气门（彩图8-23-1，3）。

蛹：体长18～21mm，纺锤形，绿色、灰绿色或灰黄色。胸背有1个三角形突起峰，腹背基部两侧各有1个分叉的突起，其中一个分叉呈针状或尖角形，端部一段黑色，背中线不平滑，在第二、三节间有一段凹陷，头前的中突起呈管状，且较长（彩图8-23-1，4）。

（二）大菜粉蝶

成虫：体形较大，翅展60～70mm。前翅白色，顶角黑色，内缘呈圆弧形，前、后翅脉上无黑褐色条纹。雌蝶具3个黑斑，黑斑略呈弧形排列，雄蝶无黑斑，后翅白色，有时微带黄色，后翅外缘之间有1个黑斑。雄蝶前翅顶角有1群黑斑，中央横脉处有1个黑斑，后翅背面黑斑隐约可见。头部、口器及腹部黑色，有一些白毛。

卵：弹头形，高约1mm，淡黄色，表面具有纵横网格（纵脊16～17条，其中12条到达精孔区，有瓣饰8个，横脊30～38条）。

幼虫：老熟幼虫体长30～44mm，头部黑色，在额区及沿颅中沟两侧有A形黑带；胴体蓝绿色，带黑点；体背黄色，体背毛瘤周围无墨绿色圆斑，体侧具白毛构成的隐约条纹，各体节每侧具有1个显著黑斑。

蛹：体长22mm左右，纺锤形，中间膨突，棱角状突起，初化蛹时为淡绿色，后渐变为绿色，蛹上具有黑斑或黑点。

（三）云斑粉蝶

成虫：体长15～18mm，翅展38～51mm。身体灰黑色，密被白色长毛。翅白色。雄蝶前翅正面顶角有1群黑斑，中央横脉处有1个黑斑，后翅背面黑斑隐约可见，外缘无斑纹；雌蝶前翅黑斑均比雄蝶大，中央黑斑至外缘之间有1个黑斑，后翅外缘有1列黑斑。前、后翅反面斑纹较多，均为黄绿色，前翅斑纹同正面；后翅中室周围斑纹较大，呈圆环状，中央黄色。

卵：弹头形，高约1mm，顶端圆平，黄色，表面具有纵横网格，有16条纵脊均到达精孔区；瓣饰5个，有3列；横脊30～32条。

幼虫：老熟幼虫体长约30mm，蓝灰色，头部及体表散布紫黑色突起，突起上有短毛，胴部具有相间的黄色纵纹。

蛹：体长约20mm，纺锤形，灰黄褐色，体表有黑斑。

（四）黑纹粉蝶

成虫：体长约16mm，翅展50～65mm。体背黑色，头、胸部有白色绒毛。雄蝶翅白色，脉纹黑色，较明显；前翅顶角及后缘均为黑色，近外缘的2个黑斑较大，且下面的1个黑斑与后缘的黑带连接；后翅前缘外方有1个黑色圆斑，翅背面的前翅顶角和后翅有黄色鳞粉，后翅基角处有橙黄色斑点1个，中室区域灰色，且脉纹较粗。雌蝶翅基部浅黑褐色，前翅中室区域及后缘有1层灰黑色鳞片，其斑纹也比较宽大；后翅外缘处的黑色脉纹多呈棒槌状；其他特征与雄蝶相似。

黑纹粉蝶分春型和夏型。春型个体稍小，翅略细长，黑色部分色深；夏型个体较大，体色稍浅且明显。

卵：炮弹形，长而直立，上端较细，高约1mm，宽约0.45mm。顶端具精孔区，表面有隆起的纵脊线和横脊线；每个卵有纵脊线14～16条，其中7～9条伸达精孔区。卵初产时为透明绿色，1d后变成浅黄色，2～3d后变为乳白色，约4d后卵外壳全透明，能观察到幼虫身体上的黑色刚毛，头部会偶尔在壳顶左右转动，隐约可以分辨出其头部。

幼虫：共5龄，体绿色，老熟时体长约30mm，具有13节体节。各腹节间有4条横皱纹，背面生有细毛和小黑点，身体表面较粗糙，背中线颜色与体色相同，气门线上只有1个环状黄斑围绕气门，气门后无黄斑。头略呈半圆球形，头正面为三角形的唇基，额区较宽，在唇基上呈人字形，两侧各有6只单眼。口器咀嚼式，开始为透明色，后颜色逐渐加深为棕色至黑色。

一龄幼虫头部微黄，明显能见其上长有长的棕色刚毛；身体乳白色微泛黄，密生柔软透明色刚毛。足为透明色。刚毛顶端有晶莹的水珠状物质。

二龄幼虫头部为透明黄色，体表湿润，呈暗黄色，且密生泛黄色透明刚毛，刚毛顶端有晶莹的水珠状物质，胸、腹部仍为透明黄色，胸、腹部体节清晰可见，其上有小突起及次生毛。后期，体色变为黄绿色，斑点颜色加深，头部和背中线与体表颜色一致，均为黄绿色，足与胸、腹部颜色一致，均为透明黄色。

三龄幼虫头部暗黄色泛绿，体表淡绿色泛白，背中线贯穿整个身体且与头部颜色一致，在其刚毛顶端有晶莹的水珠状物质。后期，体色加深，头部颜色和体表颜色都为黄绿色。清楚可见两侧黑色单眼。背中线明显且与头部颜色相近。

四龄幼虫头部黄绿色膨大状，体表绿色泛黄，后期身体各部位颜色都有一定程度的加深，头部和体表刚毛多而密集，背中线为翠绿色，可见身体第一节及第四至十一节两侧有淡黑色气门，气门上有淡黄色斑，环状，围绕淡黄色的气门，有黄褐色围气门片，虫体各体节膨大，肌肉质腹足和尾足上密生白色刚毛。

五龄幼虫头部青绿色，其上有 2 根特别长的白色刚毛，基部白色，但多有较短的黑色刚毛。头部两侧有 6 只黑色单眼，基部白色，明显可见 2 个黑色唇瓣。体表深绿色，其上有黑点，多且大，体中线为淡绿色，两侧气门及黄色环状外圈颜色加深。清楚可见第一至九体节背中线两侧各有 1 对基部有 1 个绿色圈带的较大刚毛。

二龄幼虫身体生长速度最快，其次为三龄幼虫，最慢的为五龄幼虫。幼虫在一至三龄期间主要是身体长度和宽度的变化；而在四至五龄期间主要是外在与内在特征的变化。

蛹：纺锤形，长达 18.2～23.5mm，高为 4.5～5.0mm，两端稍尖。胸背有一显著突起，呈弧状，弧形两边各连有 1 个短细条状黑斑。背基部两侧各有 1 个相互对称的突起，突起不分叉，呈三角形。蛹表面有规则排列的黑色斑点和斑块，背中线白色。初化蛹为翠绿色，后渐变为淡绿或淡黄色，尾部黏附于枝干上，头部前端中央有 1 个短的管状突起，尾部较尖。多在叶柄部化蛹，蛹似枯黄的植株叶片，具有保护作用。

三、生活习性

（一）东方菜粉蝶

东方菜粉蝶在江西铜鼓县 1 年发生 6～8 代，10 月下旬老熟幼虫开始陆续爬上土屋墙、瓦缝、篱笆和树上等隐蔽处化蛹越冬，11 月下旬停止化蛹，全部进入越冬状态。翌年 4 月上旬越冬蛹开始羽化，4 月中旬进入高峰，4 月下旬结束。越冬蛹春季羽化时间的早迟与前一年化蛹的早迟无相关性。第一代发生于 4 月中旬至 6 月中旬；第二代发生于 5 月中旬至 7 月中旬；第三代发生于 6 月中旬至 8 月下旬；第四代发生于 7 月上旬至 9 月中旬；第五代发生于 8 月上旬至 10 月上旬；第六代发生于 8 月下旬至 10 月下旬；第七代发生于 9 月中旬至 11 月中旬；第八代发生于 10 月中旬至 11 月底。6 月上旬可见第一、二代成虫并存，8 月中旬可见第三、四代幼虫并存，世代重叠十分明显。幼虫以第一、二、六、七、八代发生数量较多，为害亦较重，其他代发生量较少。

卵期 3～5d；第一代幼虫期 16～18d，第二至六代幼虫期 11～13d，第七至八代幼虫期 18～20d；蛹期 7～15d；越冬蛹期 128～174d。

成虫在白天羽化，以上午羽化最多。晴朗天气下，成虫在花丛和菜田里飞翔吸食花蜜并进行交配，雨天一般不出来活动。新羽化的成虫当天能否交配，主要取决于天气。天气晴朗时当天羽化当天交配，阴雨天时则推迟至晴天交配。当天交配的，交配时间较短，一般 70～90min；隔几天交配的，交配时间较长，一般 2h 左右，长的达 3h。每头雌蝶需和 2 头雄蝶交配，才能充分产卵。与 2 头雄蝶交配的，每雌产卵量 150 粒左右，只与 1 头雄蝶交配的，每雌产卵量一般 50 粒左右。

雄蝶一般在交配后第三天死亡，雌蝶在正常的交配条件下，可存活 1 周多。交配后第二天雌蝶开始产卵，以 9：00～11：00 产卵最多，下午较少。卵多散产在叶背。成虫喜欢在萝卜、芥菜、白菜、独心菜、鲜蔊菜上产卵。

初孵幼虫先食卵壳，然后在叶背啃食叶肉，残留表皮，形成透明小孔。三龄后，食量大增，可将叶片食成网状或缺刻，严重时仅留叶柄。第一、二代幼虫主要为害开花结荚的芥菜、白菜、油菜，幼虫特别喜食嫩荚，发生量大时，可将菜荚全部食尽，仅留菜秆。第三、四代幼虫主要在田旁和沟边的独心菜、野蔊菜和自生苗小白菜上为害。以后各代主要在萝卜、芥菜、白菜、油菜上取食为害。幼虫共 5 龄，幼虫老熟后，部分在寄主上化蛹，部分迁至附近的屋墙、瓦缝、篱笆和树上等处化蛹。越冬代老熟幼虫全部离开寄主，寻找隐蔽场所化蛹。10月下旬化蛹的个体尚有部分不进入越冬而能羽化，11月上旬化蛹的个体全部进入越冬。

在南方东方菜粉蝶常与菜粉蝶混杂发生，但数量少，在江西海拔300m以上的山区较常见。

（二）大菜粉蝶

大菜粉蝶主要在西南、西北地区发生，以新疆地区发生严重。成虫白天活动。雌虫多在幼苗的第一至二片外叶背面产卵，卵成丛，每丛有卵50～80粒，每头雌蝶可产卵2～3丛。初孵幼虫群集为害，而且会分泌出难闻的化学物质，以避过掠食者；幼虫三龄以后分散到周围菜株上取食为害；幼虫老熟后即在寄主植物叶或茎上化蛹。以蛹越冬，越冬蛹多在墙壁缝内、树皮下、枝条等处。翌年3月下旬越冬蛹开始羽化。

幼虫食叶成缺刻或孔洞，严重时将叶吃光，仅留叶脉，并能钻蛀甘蓝叶球或花椰菜头部，影响包心，造成减产。同时排泄粪便，污染菜株。为害油菜角果时只取食角果的绿色表肉造成白角，有时也直接咬食角果，造成孔洞或残角。老龄幼虫个体较大，取食量大，为害较重。

（三）云斑粉蝶

云斑粉蝶主要在东北、华北、西北等地区发生。各地发生世代不一，华北地区1年发生3～4代，以蛹越冬，翌年3～4月成虫羽化，4～11月是幼虫为害盛期。卵多产在叶背或叶柄上，每头雌蝶一生可产卵100多粒。幼虫孵化后即在寄主上为害，全年以春、秋两季虫量较大。发生时期与菜粉蝶接近，常与菜粉蝶混合发生，但虫口比例在年度间和地区间都有所不同，一般都零星发生。

云斑粉蝶虫态有成虫、卵、幼虫、蛹。幼虫取食叶片，幼虫共5龄，二龄前只食叶肉，留下一层透明的表皮，三龄后可蚕食整个叶片，造成叶片缺刻或孔洞，严重时整个叶片被吃光，只剩下叶脉和叶柄，粪便还会污染菜心。以五龄幼虫为害最重。

（四）黑纹粉蝶

黑纹粉蝶在江苏南京地区1年发生2～3代，在江西南昌地区1年发生2～5代。以蛹在菜园附近的篱笆、屋墙、树干、枯枝落叶中越冬，翌年3～4月成虫羽化，4～11月是幼虫为害期。

成虫3月下旬开始产卵，4月初为产卵高峰，4月中旬为产卵盛末期，个别可延至5月初产卵。卵4月初孵化，4月中旬为卵孵化高峰期，4月下旬为卵盛孵末期，5月上旬卵孵化完毕。幼虫4月底开始化蛹，5月上旬为化蛹高峰期，5月中旬化蛹结束。这一代蛹的绝大多数个体进入夏季滞育，仅有极少数早批化蛹的个体（$<0.5\%$）在5月中旬羽化，但这些羽化的个体由于野外寄主植物缺乏，其繁殖的后代一般都在发育过程中死亡。

第二代幼虫9月中旬开始化蛹，此时化蛹的个体大部分能羽化，继续繁殖第三代，少部分则滞育越冬，这些个体1年只发生2代。第三代幼虫10月下旬化蛹，此时化蛹的个体，少部分能继续羽化，繁殖第四代，而大部分滞育越冬的个体1年可发生3代。由于越夏蛹分散在很长时期内羽化，因此世代重叠现象十分明显，9月下旬可同时出现第一、二代成虫，10月下旬可同时出现第一、二、三代成虫。另外，越夏代10月中旬以后羽化的个体，秋季也只能繁殖1代。

成虫白天羽化，天气晴朗无风时在花丛和菜园中飞翔，吸食花蜜，飞翔速度较慢，雨天成虫不活动。雄虫一般先羽化，3～5d后雌虫再羽化。成虫交配前，雌、雄蝶在空中飞舞，相互追逐3～5min，在空中交尾后再降落到攀缘物上。交尾时间一般持续2h左右，个别可长达22h。交尾后一般第二天开始产卵。春季，成虫一般在已开花的寄主植物上部的叶片背面产卵，少数产在花柄或嫩荚上。秋季，成虫最喜欢在萝卜上产卵，其次是白菜和芥菜。成虫产卵有明显的趋嫩性，在同一片菜田中，卵常产在出苗不久的小苗上。卵单产，一片叶上可产卵1～8粒，多为1～3粒。平均每雌产卵100～200粒。雄虫寿命较短，交配后3～4d死亡。雌虫寿命较长，越冬代成虫和10月下旬羽化的成虫寿命一般超过15d，8月下旬至9月的成虫寿命为7d左右。

幼虫孵化后即吃掉卵壳，然后在叶背啃食叶肉，残留表皮。幼虫从三龄开始食量激增，将叶片吃成缺刻。部分幼虫能迁移取食。幼虫每次蜕皮后，即取食其虫蜕，一般3～4min便可食完。

幼虫老熟后，滞育的个体均迁移到附近的屋墙、瓦缝、篱笆、树干和砖石等隐蔽处化蛹。化蛹前，老熟幼虫将腹部末端用丝腺黏着在附着物上，并吐丝带将其身体第一节束缚在附着物上，此时为预蛹阶段，预蛹后经1～2d化蛹。非滞育的个体部分迁移，部分直接在寄主的茎秆或叶片上化蛹。11月上旬后化蛹的个体全部进入越冬。

四、发生规律

（一）虫源基数

在菜地附近的房屋墙壁缝、瓦缝、篱笆、枝条、杂草和树干上越冬的蛹，是翌春东方菜粉蝶、大菜粉蝶、云斑粉蝶和黑纹粉蝶的发生虫源。

（二）气候条件

在春、秋季低温情况下，大菜粉蝶的卵、幼虫及蛹的发育历期平均为17.6d、40.7d和28.8d，而在夏季高温条件下，发育历期则分别3.2d、5.6d和7.3d。越冬蛹历期可长达半年之久。

黑纹粉蝶成虫不耐低温，如气温连续5d在10℃以下，成虫死亡。雄越冬蛹和雌越冬蛹滞育后发育的阈值温度分别为（7.1±1.5）℃和（7.4±0.4）℃，滞育后发育的有效积温分别为（133.4±3.3）℃和（155.7±5.3）℃。

温度对黑纹粉蝶蛹滞育的维持和终止有重要作用，越夏期间，高温维持了夏季滞育。18℃和22℃的恒温能明显促进夏季滞育的解除；越冬期间，冬季低温能促进滞育的解除。10℃低温比中性温度更有利于越夏蛹滞育的解除，黑纹粉蝶越夏蛹在10℃低温下处理50d滞育解除最快，从10℃转入20℃后，第十天就开始有羽化，平均滞育持续期为71.34d。5℃低温有利于越冬蛹滞育的解除，越冬蛹在5℃低温下处理60d滞育解除最快，从5℃转入20℃后，第八天就开始有羽化，第十二天羽化率就达到70%，平均滞育持续期为75.29d。

光照对黑纹粉蝶也有重要影响，成虫交配需要在太阳光的刺激下才能进行，晴天上午羽化的成虫，当天即可交配；下午羽化的成虫，一般在第二天交配。3月下旬至4月（越冬代成虫羽化期）若低温多雨，特别是阴雨天气持续时间长，则不利于成虫交配，可明显降低成虫的繁殖力，减轻幼虫造成的危害；反之，若此段时期温暖干燥，则有利于越冬成虫的交配和繁殖，可导致春季世代大发生。在滞育前期，短日照能加速越夏蛹滞育的解除，而长日照加速了越冬蛹滞育的解除，但随着滞育的进程，光周期的影响逐渐消失。

秋季干旱对黑纹粉蝶的发生数量影响也很大，但这种影响实际上是间接的。秋季干旱有利于油菜害虫——小猿叶甲和蚜虫大发生，特别是油菜苗期这两种害虫发生更重，致使农户在苗期频繁使用农药，而黑纹粉蝶又最喜欢在菜苗上产卵，结果在菜苗上生长的幼虫被杀死，种群数量一直被控制在低水平。

（三）寄主植物

1. 东方菜粉蝶　主要寄主植物为油菜、甘蓝、花椰菜、芥蓝、菜心、白菜、萝卜等十字花科植物。

2. 大菜粉蝶　主要寄主植物为油菜、甘蓝、花椰菜、白菜、芥蓝等十字花科植物，尤其偏爱花椰菜、青花菜等甘蓝的变种植物。

3. 云斑粉蝶　主要寄主植物为油菜、甘蓝、紫甘蓝、花椰菜、青花菜、紫球茎甘蓝、芥蓝、根芥菜、辣根、菜薹、乌塌菜、白菜、板蓝根等十字花科蔬菜及野生植物。

4. 黑纹粉蝶　主要寄主为油菜、白菜、甘蓝、黄芽白、芥菜、萝卜等栽培及野生十字花科植物。尤其偏爱白菜、萝卜和芥菜。

（四）天敌

大菜粉蝶幼虫天敌是纹白蝶绒茧蜂。

黑纹粉蝶的主要天敌有寄生幼虫的绒茧蜂，寄生蛹的蝶蛹金小蜂，使幼虫致病死亡的核型多角体病毒及捕食幼虫的蜂类和鸟类。

（五）化学农药

化学药剂防治时避免采用广谱杀虫剂，尽量保护利用天敌，发挥天敌的自然控制作用。尽量采用微生物杀虫剂、抗生素类杀虫剂、植物性杀虫剂、昆虫特异性杀虫剂进行防控。

五、防治技术

（一）农业防治

1. 清洁田园　油菜收获后及时清洁田园，清除田间枯枝残体及周边杂草，杀灭虫蛹，减少虫源基数。

2. 合理布局 避免将油菜与十字花科蔬菜连作。夏季停种过渡寄主，可以减轻为害。

3. 人工捕捉 成虫盛发期在清晨露水未干时人工捕捉，或在成虫活动时进行网捕。

(二) 生物防治

1. 保护天敌 在寄生蜂盛发期，尽量减少使用化学农药。南方可在 11 月中、下旬释放蝶蛹金小蜂，提高当年的寄生率，控制早春幼虫的发生。

2. 选用微生物杀虫剂 在幼虫三龄前盛发期喷洒苏云金杆菌乳剂、粉剂（每克含活孢子 100 亿个）800 倍液。要根据预测预报的防治适期提前 2～5d 施药，且要避开强光照、低温、暴雨等不良天气。或在二龄幼虫高峰期前喷洒 20%除虫脲或 25%灭幼脲悬浮剂 500～1 000 倍液防治。施药时间较普通杀虫剂提早 3d 左右。

3. 选用抗生素类杀虫剂 可选用 2.5%多杀霉素悬浮剂 1 000～1 500 倍液喷雾、1.8%阿维菌素乳油 2 500～3 000 倍液喷雾。

4. 选用植物源杀虫剂 可选用 1%印楝素水剂 800～1 000 倍液或 0.65%茴蒿素水剂 400～500 倍液喷雾。

(三) 化学防治

选用高效低毒低残留化学杀虫剂，如 3%啶虫脒乳油 1 000～2 000 倍液、10%醚菊酯悬浮剂 1 500～2 000倍液、12.5%氟氯氰菊酯悬浮剂 8 000～10 000 倍液、2.5%联苯菊酯乳油或 20%氰戊菊酯乳油3 000 倍液、10%氯氰菊酯乳油 3 000 倍液喷雾。

由于东方菜粉蝶、大菜粉蝶、云斑粉蝶和黑纹粉蝶常与菜粉蝶混合发生，一般不单独采取防治措施，在防治菜粉蝶时可兼治此虫。

侯树敏（安徽省农业科学院作物研究所）

第 24 节 小 菜 蛾

一、分布与危害

小菜蛾［*Plutella xylostella*（Linnaeus）］属鳞翅目菜蛾科菜蛾属，又名菜蛾、方块蛾。小菜蛾在我国各地均有分布，是南方冬油菜及其他十字花科作物上的重要害虫之一。

小菜蛾主要为害甘蓝、油菜、花椰菜、球茎甘蓝、荠菜、芜菁、白菜和萝卜等；也能为害马铃薯、番茄、葱、洋葱等蔬菜和紫罗兰、桂竹香等观赏植物及板蓝根等药用植物。

小菜蛾以幼虫取食叶片，初孵幼虫可钻入叶片组织内，取食叶肉；二龄后啃食叶片留下一层表皮，形成透明的膜斑，俗称“开天窗”；三、四龄幼虫食叶成孔洞和缺刻，严重时叶片被食成网状，降低农产品产量和食用价值。油菜苗期常集中在心叶为害，抽薹后为害嫩茎、幼荚和籽粒，油菜受害一般减产10%～50%，严重的减产 90%以上，甚至绝收。

二、形态特征

成虫：体长 6～7mm，翅展 12～15mm。头部黄白色，胸、腹部灰褐色。触角丝状，褐色，有白纹。前、后翅狭长，缘毛很长，前翅中央有 3 度曲折的黄白色波纹，静止时两翅覆盖体背呈屋脊状，双翅黄白色波纹合并成 3 个连串的斜方块；后翅银灰色。雄蛾体色较深，腹部末节腹面左右分裂；雌蛾色淡，前翅为淡灰褐色，腹部末节腹面呈管状（彩图 8-24-1，1、2）。

卵：长约 0.5mm，宽约 0.3mm，椭圆形，扁平，淡黄绿色，表面光滑，有光泽。

一龄幼虫：体长 1.3～2.0mm，头宽 0.157mm。头部全黑，前胸背板有 2 块灰黑色半菱形斑，体灰色，头与体躯等宽。

二龄幼虫：体长 2.0～3.0mm，头宽 0.244mm。头部全黑，前胸背板有 2 个间断的 U 形纹，体灰色至淡黄色，头比体躯宽。

三龄幼虫：体长 3.0～5.0mm，头宽 0.386mm。头部黄白，上有深褐色不规则花纹，似二龄幼虫，体灰黄色至绿色，头比体躯宽。

四龄幼虫：体长 5.0mm 以上，头宽 0.607mm。头部黄白，上有深褐色花纹，似二龄幼虫，体绿色至翠绿色，腹部第四、五节最宽。

老熟幼虫：体长 10～12mm。体纺锤形，淡绿色，头部黄褐色。前胸背板上有两个由淡褐色小点组成的 U 形纹。腹足趾钩单行缺环型。臀足后伸超过腹端（彩图 8-24-1，3）。

蛹：体长 5.0～8.0mm。有黄白、粉红、黄绿、绿和灰黑等色泽。无臀棘，腹末有钩状臀刺 4 对，肛门附近有钩刺 3 对。

茧：灰白色，薄似网状。

三、生活习性

小菜蛾每年发生代数自北向南逐渐递增。在东北、山东、北京、宁夏等地 1 年发生 3～4 代；河北 1 年发生 4～5 代；新疆 1 年发生 4 代；河南 1 年发生 6 代；湖北武汉 1 年发生 11～13 代；广东、广西 1 年发生 17 代；台湾 1 年可发生 18～19 代。在长江中下游及其以南地区，终年可见各种虫态，无滞育现象。

成虫白天栖息在植株隐蔽处，夜间活动，有趋光性。成虫羽化后当天即可交尾产卵，小菜蛾雌蛾腹部分泌性激素引诱雄蛾交配，交尾高峰在 12：30、0：30 和 6：30。交尾持续时间 50～125min。一般交尾后需 1～2d 开始产卵，产卵期约 10d，每雌可产卵 100～500 粒，在 20～30℃时，产卵量最大，20℃时卵期 4.5d。卵多散产于寄主叶片背面近叶脉的凹陷处，少数将数粒卵聚产在一起，也有少数卵产于叶片正面或叶柄上。越冬代成虫寿命最长，产卵期也长，田间世代有明显的重叠现象。成虫产卵对寄主有选择性，倾向于选择含有异硫氰酸酯类化合物的植物产卵，芥菜的汁液也可吸引其产卵。其产卵选择性受化学因素和植株表面形态结构的双重影响。

非越冬代成虫寿命一般为 11～28d，越冬代成虫寿命可长达 3 个月以上。成虫飞翔力弱，但可借风力作远距离迁移。

幼虫对食料质量要求低，在老叶、黄叶上均能完成发育。

幼虫共有 4 个龄期，初孵化的幼虫潜入叶片表皮内取食叶肉，二龄幼虫从潜道内退出，在叶背取食，表皮留下透明斑点，三、四龄幼虫蚕食叶片成孔洞或缺刻，严重的只留叶脉，呈网状，受惊动后吐丝下垂（彩图 8-24-1，4）。26℃时幼虫期 12.6d，幼虫昼夜取食，一般不转株为害，老熟后在原地吐丝结茧化蛹，预蛹期 1d，蛹期 4.4d。

四、发生规律

（一）虫源基数

小菜蛾幼虫、蛹、成虫各虫态均可越冬、越夏，无滞育现象。全年发生为害明显呈两次高峰，第一次在 3～6 月；第二次在 8～10 月。南方十字花科蔬菜种植面积不断扩大，为小菜蛾发生提供了条件，增加了其越冬基数。北方不断扩大温室大棚蔬菜种植面积，为小菜蛾越冬创造了条件，增加了虫源基数。

虫源基数的增加加重了小菜蛾对油菜的为害。

（二）气候因素

小菜蛾的分布地区，不同年度发生为害轻重，都受到气候因素的制约，特别是受温度和降水影响。

小菜蛾在温度适宜区主要以蛹越冬，冬季温度过低处迁飞到温暖处越冬。小菜蛾蛹在 0℃下，28d 死亡率 99.9%。冬季温度连续低于 0℃时间超过 28d 的地区，小菜蛾不能越冬。

小菜蛾发育的最适温度为 20～26℃，30℃以上的高温对其存活和繁殖有明显的抑制作用。夏季 30℃以上高温导致小菜蛾种群下降。

在适宜温度内，小菜蛾卵期、幼虫期和蛹期缩短。18℃时，卵期 6.1d，幼虫期 15d，蛹期 7.3d，全世代期 27.5d；22℃时，卵期 3.4d，幼虫期 10.1d，蛹期 5.1d，全世代期 19.1d。26℃时，卵期 3.2d，幼虫期 12.5d，蛹期 4.4d，全世代期 16.9d。28℃时，卵期 2.4d，幼虫期 6.5d，蛹期 3.3d，全世代期 12.2d。

雨天多，降水量大，机械性冲刷对小菜蛾幼虫的发生为害有显著的抑制作用。

（三）化学农药

小菜蛾发生世代多，世代重叠严重，繁殖速度快，防治难度大。人们一开始就依赖合成的杀虫剂进行防治。随着杀虫剂长期大量广泛使用，小菜蛾产生了严重的抗药性。小菜蛾对有机氯杀虫剂最早产生抗性。现在对有机磷杀虫剂敌敌畏、马拉硫磷、辛硫磷、亚胺硫磷、乐果、乙酰甲胺磷等药剂抗性增加 10

倍、27.4倍、144.87倍、246.38倍、10.1倍和16.6倍等。

小菜蛾对拟除虫菊酯杀虫剂抗性尤为突出，在江苏对溴氰菊酯、氯氰菊酯、氰戊菊酯的抗药性达到78～324倍，在南昌对溴氰菊酯、氯菊酯、氰戊菊酯的抗药性分别为34.4倍、16.3倍、3.7倍。在福建小菜蛾对氨基甲酸酯杀虫剂抗药性从1997年的10.73倍上升到1999年的28.59倍。对苯甲酰脲类昆虫生长调节剂，在山东泰安和浙江杭州抗虫性分别增加35倍和122.1倍等。

小菜蛾对抗生素类杀虫剂如阿维菌素的抗性在对宣化田间品系进行抗性选育13代后，抗性指数是选育前的93.55倍，27代后抗性已高达812.7倍。

从目前的研究结果看，相同作用机理的杀虫剂之间大都有交互抗性。不同作用机理的杀虫剂品种之间存在不同程度的交互抗性。

杀虫剂在防治小菜蛾时，也会杀伤天敌昆虫，诱发小菜蛾大发生。

(四) 天敌

寄生性天敌有菜蛾啮小蜂［*Oomyzus sokolowskii*（Kurdjumov)］（寄生率84.5%）、短管赤眼蜂（*Trichogramma pretiosum* Riley）、玉米螟赤眼蜂（*Trichogramma ostriniae* Pang et Chen）、螟黄赤眼蜂（*Trichogramma chilonis* Ishii）等寄生小菜蛾卵。菜蛾盘绒茧蜂［*Cotesia vestalis*（Haliday)］和半闭弯尾姬蜂［*Diaddegma semiclausum*（Hellén)］寄生小菜蛾幼虫。

小菜蛾的捕食性天敌有普通草蛉［*Chrysoperla carnea*（Stephens)］、草间钻头蛛［*Hylyphantes graminicola*（Sundevall)］和叉角厉蝽［*Cantheconidea furcellata*（Wolff)］等。

(五) 寄主植物

小菜蛾主要取食油菜、大白菜、萝卜、菜心、甘蓝等十字花科作物。白菜、油菜、甘蓝、花椰菜、萝卜不同寄主植物饲喂幼虫平均发育历期分别为8.5d、7.6d、6.7d、8.2d和7.9d，蛹的历期分别为3.35d、3.56d、3.65d、3.93d和3.61d，蛹的羽化率分别为76.7%、84.8%、91.2%、87.5%和90.9%，每雌平均产卵量分别为124粒、95粒、106粒、104粒和93粒。由于小菜蛾产卵受植物挥发性化学物质的影响，可以筛选出对小菜蛾具有强烈引诱作用或者驱避作用的油菜品种。

五、防治技术

(一) 农业防治

合理耕作布局，实行十字花科作物与禾本科作物3年轮作。将十字花科作物的早、中、晚熟品种与其他作物错开一定距离种植，避免周年连作或邻作。作物收获后，要及时清洁田园，清除残株败叶，带出田间加以处理，消灭大量虫口。

(二) 生物防治

近年来苏云金芽孢杆菌（*Bacillus thuringiensis*）已成为应用广、发展快的微生物杀虫剂，具有胃毒作用，对小菜蛾属中度敏感。剂量为每667m^2用100亿活芽孢/g可湿性粉剂100～300g喷雾，150亿活芽孢/g可湿性粉剂100～150g喷雾，100亿活芽孢/mL悬浮剂100～150mL喷雾。

HD-1（*Bacillus thuringiensis* var. *kurstaki*）是苏云金芽孢杆菌的一个变种，即库尔斯泰克制剂。800～1 000倍液每667m^2喷施75～100kg。

在小菜蛾卵每100株51～150粒时释放拟澳洲赤眼蜂，每667m^2设7～15个放蜂点，每点放蜂2 000头。放蜂总量1万～2万头。

利用性诱芯诱捕雄蛾，具体产品根据当地实际情况选择。

(三) 物理防治

每天晚上通宵点3W黑光灯2盏或100W白色磨砂灯1盏，距地面50cm放水盆，两灯相距至少200m，逐日早晨调查诱虫情况并深埋。水盆上放性诱芯结合诱杀。

(四) 化学防治

可选用以下杀虫剂：50%高效氯氰菊酯乳剂600mL/hm^2、20%氰戊菊酯乳剂600mL/hm^2、15%阿维菌素乳油750mL/hm^2、3%啶虫脒乳油450mL/hm^2、5%氯铃脲乳油750mL/hm^2、0.3%印楝素乳油500倍液。

庞红喜（西北农林科技大学）

第 25 节　甘蓝夜蛾

一、分布与危害

甘蓝夜蛾［*Mamestra brassicae*（Linnaeus）］别名甘蓝夜盗蛾，异名：*Barathra brassicae*（Linnaeus），属鳞翅目夜蛾科甘蓝夜蛾属。广泛分布于亚洲、非洲、欧洲及北美洲。国内除福建、广东、台湾未见外，其余各省份均有分布。是我国北方油菜、甜菜、豆类等农作物和甘蓝、白菜等蔬菜上的重要害虫，具有暴发为害的特点，常在局部地区间歇性暴发。

甘蓝夜蛾的食性极杂，已知寄主达 45 科 100 余种，如油菜、甘蓝、花椰菜、白菜、萝卜、甜菜、胡萝卜、茄子、番茄、菠菜、豆类、瓜类、马铃薯、甘薯、高粱、玉米、麦类、棉花、麻类、烟草、甘蔗、葡萄、柑橘、桑等。主要受害作物随季节、地区而异。在晚秋食料缺乏时，可吃杂草甚至树皮和松针。

甘蓝夜蛾以幼虫取食寄主叶片，初孵幼虫群集叶背，啃食叶肉，残留上表皮；二、三龄后可将叶片吃成孔洞或缺刻，并逐渐分散到产卵株附近的植株上为害；四龄后白天多潜伏于心叶、叶背或寄主根部附近土表中，夜间暴食，仅留叶脉、叶柄；五、六龄食量最大，为害最烈，常可将作物蚕食殆尽。当食料缺乏时，幼虫能成群迁移至邻田为害。大龄幼虫有钻蛀习性，常钻入甘蓝叶球或菜心为害，并排出粪便，导致腐烂而失去商品价值。在冬油菜区常以幼虫取食秋苗叶片造成缺苗断垄。在春油菜区常取食油菜角果或将角果咬断，造成严重减产。如 2000 年在青海西宁、民和、乐都、化隆、平安、湟中等地油菜田普遍发生，一般受害株率在 80%以上，田间植株平均有虫 30～40 头/m^2，个别田块虫口密度高达 90 头/m^2，幼虫取食角果，致使每公顷损失油菜籽 300～750kg，给油菜生产造成严重损失。

二、形态特征（彩图 8-25-1）

成虫：体长 15～25mm，翅展 30～55mm，虫体及前翅灰褐色，亚外缘线白而细，沿外缘有 1 列黑点；外横线、内横线和亚基线黑色波纹状，肾状纹灰白色，其外缘白色，环状纹灰黑色，楔形纹褐色，位于环状纹内下方，翅前缘近端部有 3 个小白点；后翅无斑纹，灰白色，背面中央有 1 个小黑点。

卵：半球形，底径 0.6～0.7mm。卵壳表面具放射状三序纵棱，棱间有 1 列下陷横带，隔成方格。初产时黄白色，之后中央及周缘出现褐色斑纹，孵化前呈紫黑色。

幼虫：共 6 龄，各龄头宽、体长均值如表 8-25-1。

表 8-25-1　甘蓝夜蛾各龄幼虫头宽和体长

Table 8-25-1　The head width and body length of different instar larva of *Mamestra brassicae*

虫　龄	一龄	二龄	三龄	四龄	五龄	六龄
头宽（mm）	0.35	0.55	0.88	1.36	2.08	3.32
体长（mm）	4.0	6.5	8.0	13.5	17.2	29.1

初孵幼虫灰黑色，以后体色多变，从淡绿、黑绿至黑褐色不等。一、二龄幼虫缺前两对腹足，行动像尺蠖；三龄幼虫有 4 对腹足，深绿色，背面色深，呈现背线和亚背线；四龄以后体背为黑褐色；老熟幼虫体长 26～40mm，头部黄褐色，体背暗褐色至黑褐色，腹面淡黄褐色。体节明显。背线及亚背线细，灰黄色。气门线和气门下线形成灰黄色带纹，弯至臀足外侧（甜菜夜蛾不弯至臀足）。褐色型幼虫体背各节有 2 个马蹄形或倒八字形黑色斑纹。气门椭圆形，气门筛黄白色，围气门片暗褐色。腹足趾钩单行单序中带。

蛹：长约 20mm，赤褐至深褐色，背部中央具一深色纵带。腹部四、五节后缘和六、七节前缘色深，五至七节前缘有较粗密的小刻点。臀棘末端有 2 根长刺，刺端部膨大，呈球状。

三、生活习性

甘蓝夜蛾每年发生代数各地不一，在西藏（日喀则）1 年发生 1 代；甘肃（酒泉）1 年发生 1～2 代，以1代为主，极少能完成2代；东北、华北、华东、青海（西宁、民和、乐都、湟中和柴达木等地）1年发生2代；新疆（石河子）1年发生2～3代，一般年份发生2代；辽宁（兴城）、四川（垫江）1年发生2～3代；重庆1年发生3～4代；陕西（泾阳）1年发生4代（不同地区各世代发生时间见表8-25-2）。各地均以蛹在土中越冬，有明显的滞育现象。一般于春季气温达15～16℃时，越冬蛹羽化出土，但因各地气候及蛹的滞育期不同，其羽化期多不整齐且较长，越冬代成虫出现的时间为3～6月。据西南农学院在室内饲养观察，成虫出现的时期是越冬代3月下旬至4月上旬；第一代5月下旬至6月中旬；第二代9月上旬至10月中旬。第一代幼虫在5月上、中旬先后化蛹，仅一部分早期化蛹的在6月羽化为成虫，这部分可发生3代；化蛹迟的一部分则以蛹在土中越夏，到9月才羽化，这部分只能发生2代。成虫羽化后1～2d即可交配，交配后2～3d开始产卵，一般雌蛾寿命5～10d，最长达16d。卵在23.5～26.5℃的适温范围内，历期为4～5d，在15～17℃时，历期为10～12d；卵的发育温度最高为30℃，最低为11.5℃。受精卵经2～3d后，卵顶出现红点，3～4d后卵中部出现红褐色环带，幼虫体躯开始形成，当卵变为乌黑色时，幼虫孵化出壳。幼虫蜕皮5次，共6龄（各龄发育历期见表8-25-3），在适温范围内历期20～30d。

表8-25-2 甘蓝夜蛾各世代发生时期*

Table 8-25-2 Generation period of *Mamestra brassicae*

年发生世代	地 区	越冬代成虫羽化盛期（始见至终见）	一代	二代	三代	四代	幼虫严重为害期
1代区	西藏（日喀则）	6～7m（5～7p）	6m～（8p9a）				8月
1～2代区	甘肃（酒泉）	5p～6m（5m～7a）	5m～7p8a	7m～（9p）			7m
2代区	东北、西北	6am（5m～7a）	6am～7p8a（含滞育越夏）	7p8a～（9mp）			8～9月
2～3代区	华北、华中、华东、辽宁（兴城）、四川（垫江）	4p5a（4a～5m）	4mp～（6a～8m滞育越夏），4mp～6m	9am～（10m）6am～8p9a	9am～（10mp）		5～6月 9～10月
3～4代区	陕西（泾阳）、重庆、湖南	3p～4mp	4am～6am	6am～8p9a（含滞育越夏）	9a～10mp	10am～（11am）	4～5月 9～10月

注 表内数字为月份；a表示上旬；m表示中旬；p表示下旬；（ ）表示进入越冬。

表8-25-3 甘蓝夜蛾各龄幼虫发育历期

Table 8-25-3 The developmental duration of each instar larva of *Mamestra brassicae*

虫龄	一龄	二龄	三龄	四龄	五龄	六龄	预蛹	全幼虫期
温度（℃）	17.9	18.6	15.8	17.1	15.8	16.7	15.0	16.8
历期（d）	5.8±0.3	3.8±0.5	5.9±0.9	4.4±0.5	5.8±0.7	8.9±0.6	8.2±0.9	42.9±1.4
虫龄	一龄	二龄	三龄	四龄	五龄	六龄	预蛹	全幼虫期
温度（℃）	14.3	16.0	19.8	17.9	18.9	21.0	19.7	17.5
历期（d）	9.6±1	5.8±0.9	4.7±0.7	4.2±0.7	4.3±0.5	6.0±0.8	4.5±0.8	39.1±1.5

幼虫发生盛期各地不同。在陕西关中多以第三代幼虫于9月上旬至10月为害油菜幼苗，11月上、中旬化蛹越冬。在青海西宁、民和、乐都和湟中等地多以第二代幼虫于7月上、中旬至8月为害油菜枝叶及角果，9月中、下旬化蛹越冬。蛹期一般为10d左右，越夏蛹期一般为2个月，越冬蛹期可达半年以上。

甘蓝夜蛾幼虫食性杂，寄主多而广，可暴发性为害油菜、甘蓝、甜菜等多种作物。初孵幼虫群集取食；三龄后分散为害，取食叶片成孔洞；四龄后昼伏夜出，夜间出来取食，故又名夜盗虫。但在植物密度大的情况下，虽在白天，也不下地躲藏。幼虫四龄以后食量增大，以六龄食量最大，占一生食量的80%，是为害最烈的时期，可将油菜幼苗的叶肉食光，仅剩叶脉和叶柄；在油菜成熟期取食角果及枝叶并可将角果咬断。各龄幼虫食量见表8-25-4。

表8-25-4 甘蓝夜蛾各龄幼虫食量（以豌豆叶片为饲料）

Table 8-25-4 The feeding amount of each instar larva of *Mamestra brassicae* (pea leaves as food)

虫龄		一龄	二龄	三龄	四龄	五龄	六龄	合计
食量(mg)	均值	4.1	8.7	91.0	297.5	502.1	3 477.6	4 381.0
	(变幅)	—	—	(49～126)	(96～598)	(210～761)	(2 191～4 783)	
占百分比(%)		0.09	0.20	2.08	6.79	11.46	79.38	100

幼虫发育最适温度为20～24.5℃，发育温区上限为30.6℃，下限为16℃，在－10℃下，经48h全部死亡。幼虫在不同密度下，有明显的色型变异。随幼虫密度增大，体色加深，发育加速，蛹体减小，重量减轻，蛹期延长，滞育比率增高，成虫的卵成熟期和产卵期延长，飞行能力增强。高龄幼虫在缺食和密度过大时，常成群迁移，并有互相残杀习性。

甘蓝夜蛾幼虫老熟后潜入6～10cm深的表土内吐丝做土茧化蛹，入土深度与土质有关。黏土浅，沙壤土深，蛹多在较潮湿处，而土壤太湿则不能入土，幼虫死于土表，杂草（灰藜）丛生处入土较浅，甚至直接化蛹于草堆下。越冬蛹多分布于寄主作物本田、田边杂草或田埂下。在秋作物收获早、植株密度小的情况下，因食料缺乏，幼虫迁移化蛹，往往使本田内蛹的密度小于田边。蛹的发育适温为20～24℃，其发育上限为31℃，下限为14.8℃。

甘蓝夜蛾以蛹滞育越冬，在东北、西北部分地区、华北、华中、重庆等地的夏季可以蛹滞育越夏。其在长光照和短光照条件下均有较高的滞育率，中性光照下滞育率低，属中性光照滞育型。其临界虫期为五龄及六龄初的幼虫期，临界光周期约为12h。光周期对其夏季滞育起重要作用，一般长光照（16L∶8D）诱导的滞育个体滞育持续期较短（40～56d），而短光照（11L∶13D）诱导的滞育个体滞育持续期明显增长（83～97d）。其次，温度对其滞育也有影响，如在东北，当室温在22℃以上时，各代蛹总有一部分不羽化，直到温度降到18℃时才羽化，滞育期可达2～4个月。

成虫昼伏夜出，多于傍晚羽化，刚羽化的成虫当晚不活动，翌日晚开始飞翔寻食，以21：00～23：00为活动高峰。成虫对黑光灯及糖蜜、糖醋液均有较强的趋性。在西藏日喀则，成虫于0：00～3：00和5：00～7：00出现两次扑灯高峰，雌蛾趋光性大于雄蛾，灯下的雌蛾绝大部分处于产卵盛期。雌蛾一生仅交配1次，雄蛾可与两头以上的雌蛾交配。每天产卵最盛时期在19：00～20：00。卵多产在作物中下部叶背面，植株生长高大茂密的田块着卵量多。卵单层成块。每雌平均产卵5～6块，每块140～150粒。总产卵量500～1 000粒，最多可达3 000粒。产卵的多少与产卵期的气温和能否吸食蜜露等补充营养密切相关。产卵最适温度为21.8～25.2℃，温度过高或过低，产卵量急剧下降。补充营养不足，产卵量降低。据研究，用清水饲养的成虫，寿命仅4～5d，不产卵或产卵量在312粒以下；而用蜜糖水和红糖水饲养的成虫，寿命分别为7～9d、10～15d，平均产卵量分别为792粒和634粒。

四、发生规律

甘蓝夜蛾是一种间歇性局部大发生的害虫，常在春、秋季暴发成灾，种群变动与下述因素密切相关。

（一）温、湿度

甘蓝夜蛾喜温暖和偏高湿的气候。日均温18～25℃及相对湿度70%～80%对其生长发育有利；温度低于15℃或超过30℃，湿度低于65%或高于85%则均不利于其发生。如当室温达25℃以上时，饲养的幼虫食欲减退，体躯发软，发育不正常，并大批感病；土壤温、湿度会影响蛹的发育，形成大量发育不健全的"束翅蛾"。如土壤含水量为16%～19%，气温在21℃以上时，束翅蛾率达56.2%。此外，降水量是影响其发生的关键因子之一。旬降水量超过80mm或干旱无雨均不利于成虫发生。在黑龙江7月中旬至8月中旬（化蛹至二代虫一至三龄期），旬降水量低于30～40mm时有利于其发生，旬降水量超过70mm（或其中一旬超过120mm）则不利于其发生。

（二）食料

甘蓝夜蛾幼虫食性极杂，适应性广，因此，食料条件不是影响其数量消长的主要原因。但对于成虫，能否获得充足的补充营养，直接影响到成虫的寿命和产卵量。所以，在成虫羽化盛期，附近蜜源植物的多少也直接影响其下代发生的种群数量。一般成虫在羽化时，与油菜等十字花科蔬菜或其他蜜源植物的花期相吻合，是导致春、秋季或春油菜区的夏季该虫大发生的重要因素之一。此外，由于成虫常选择在较高大、茂密的植株上产卵，所以，卵在田间的分布不均匀，常导致局部猖獗为害。

（三）天敌

甘蓝夜蛾的天敌种类较多，且分布较广。北京调查其天敌43种以上，其中，寄生性天敌8种，捕食性天敌35种。在山西中南部亦调查发现其天敌昆虫16种，寄生菌2种（表8-25-5）。目前已知的寄生蜂，卵期有广赤眼蜂（*Trichogramma evanescens* Westwood）和螟黄赤眼蜂（*Trichogramma chilonis* Ishii）等；幼虫期有甘蓝夜蛾拟瘦姬蜂［*Netelia ocellaris*（Thomson）］、黏虫白星姬蜂（*Vulgichneumon leucaniae* Uchida）和银纹夜蛾多胚跳小蜂（*Copidosoma maculata*）等；蛹期有广大腿小蜂（*Brachymeria lasus* Walker）等。捕食性天敌步甲、虎甲、瓢虫、草蛉、蚂蚁、马蜂、蜘蛛等对其幼虫的控制也有较大作用。据山西调查，在甘蓝田、苤蓝田释放螟黄赤眼蜂、广赤眼蜂防治甘蓝夜蛾，5月寄生率可达56.25%～68.76%，9月达到88.16%～92.82%。据重庆调查，步行虫和单枝虫霉（*Empusa* sp.）可较好地抑制甘蓝夜蛾二代幼虫的发生。

表8-25-5 山西甘蓝夜蛾天敌种类统计

Table 8-25-5 The species of natural enemy of *Mamestra brassicae* in Shanxi

天敌种类		目	科	种	分布区域
寄生性天敌	卵寄生蜂	膜翅目	赤眼蜂科	螟黄赤眼蜂（*T. chilonis*）	太原、晋中、临汾
				广赤眼蜂（*T. evanescens*）	太原、晋中
				玉米螟赤眼蜂（*T. ostriniae*）	太原、晋中、忻州
	幼虫寄生蜂		姬蜂科	甘蓝夜蛾拟瘦姬蜂（*Netelia ocellaris*）	太原
				夜蛾瘦姬蜂（*Ophion luteus*）	太原、晋中
				黏虫白星姬蜂（*Vulgichneumon leucaniae*）	太原、晋中
				螟甲腹茧蜂（*Chelonus munakatae*）	太原、晋中
	蛹寄生蜂		小蜂科	广大腿小蜂（*Brachymeria lasus*）	太原
	捕食性天敌	脉翅目	草蛉科	中华草蛉（*Chrysopa sinica* Tieder）＝日本通草蛉［*Chrysoperla nipponensis*（Okamoto）］	太原、晋中、临汾、运城
				大草蛉［*Chrysopa pallens*（Rambur）］	太原、晋中、临汾、运城
				丽草蛉（*Chrysopa formosa* Brauer）	太原、晋中
		鞘翅目	瓢虫科	七星瓢虫（*Coccinella septempunctata* Linnaeus）	太原、晋中、临汾、运城
				异色瓢虫［*Harmonia axyridis*（Pallas）］	太原、晋中
				二星瓢虫［*Adalia bipunctata*（Linnaeus）］	太原、晋中、吕梁
			步甲科	双斑青步甲（*Chlaenius bioculatus* Motschulsky）	太原、晋中、吕梁
			虎甲科	中华虎甲（*Cicindela chinensis* De Geer）	太原、晋中

五、防治技术

（一）农业防治

对秋季末代幼虫发生较多的田块进行冬耕深翻，可直接消灭部分越冬蛹，被深埋的蛹则不能羽化出土，而暴露地表的蛹又会被鸟类等天敌捕食或风干而死，因而可大大降低来年的虫口基数。

（二）物理防治

1. 诱杀成虫 利用成虫的趋光性和趋化性，在羽化期设置黑光灯或糖醋液盆诱杀成虫（诱液可用糖、醋、酒、水按6∶3∶1∶10或3∶4∶1∶2的比例配制后加入适量敌百虫），以降低田间落卵量和幼虫密度。

2. 人工采卵和捕杀幼虫 根据成虫成块产卵及初龄幼虫群聚取食的习性，结合田间管理，及时摘除卵块及初孵幼虫为害的叶片，带出田外处理，可减少虫口数量。

（三）生物防治

卵期可人工释放赤眼蜂，每667m^{2}设6～8个放蜂点，每次释放2 000～3 000头蜂，共放2～3次，寄生率可达 70%～80%。对三龄前幼虫可喷施苏云金杆菌（Bt 乳剂、HD-1 可湿性粉剂等），一般含 100 亿孢子/g，对水 500～1 000 倍喷施，选择温度 20℃以上的晴天施用效果较好。

（四）化学防治

掌握在三龄以前喷药，这时幼虫比较集中，食量小，抗药性弱，是化学防治的有利时机。可根据灯下或糖醋液盆诱集成虫的高峰期确定一至二龄幼虫期（一般在成虫盛发期后 1 周开始用药），或根据初龄幼虫为害状（食叶片呈网状）确定防治时间。甘蓝夜蛾四龄以后，幼虫分散，抗药性强，且昼伏夜出，防治较困难，可适当加大用药量。喷药时要注意喷施均匀，特别是叶背和中下部叶片。通常选用 2.5%溴氰菊酯乳油、4.5%高效氯氰菊酯乳油、3.2%甲氨基阿维菌素苯甲酸盐乳剂、5%阿维菌素乳油或 5%氟虫脲乳油配成 1 000～1 500 倍液喷施。

李永红　李建厂（陕西省杂交油菜研究中心）

第 26 节　斜纹夜蛾

一、分布与危害

斜纹夜蛾［*Spodoptera litura*（Fabricius）］属鳞翅目夜蛾科。是一种世界性分布的多食性害虫。在国外以非洲、中东、马来群岛、日本、印度等地发生重。在我国各省份均有分布，尤其以长江流域的江西、湖北、湖南、江苏、浙江、安徽以及黄河流域的河南、河北、山东等地发生密度大。20 世纪 90 年代以前，斜纹夜蛾在我国为间歇性发生。20 世纪 90 年代以来，随着我国作物布局的改变和复种指数的增加，农事管理与农业生态系统的变化，许多次生害虫上升为主要害虫，斜纹夜蛾的发生越来越频繁，为害程度也日趋严重。特别是近几年，斜纹夜蛾在我国油菜上的发生为害程度越来越重。

斜纹夜蛾的寄主植物包括蕨类植物、裸子植物、双子叶植物、单子叶植物，共计 109 科 389 种（包括变种），可取食甘薯、棉花、大豆、烟草、十字花科、茄科、葫芦科等 99 科 290 多种农作物，其中喜食的约 90 种。斜纹夜蛾以幼虫为害。幼虫食叶、花蕾、花及果实，严重时可将全田作物吃光。初孵幼虫群集在叶背啃食叶肉，只留一层表皮和叶脉，呈窗纱状；二龄时可咬食花蕾和花；三龄后分散为害，将叶片吃成缺刻，严重时除主脉外，全叶皆被吃尽，甚至咬食幼嫩茎秆；五至六龄可蛀食角果。大发生时幼虫吃光一田块后能成群迁移到邻近的田块为害。

二、形态特征（彩图 8-26-1）

成虫：体长 14～16mm，翅展 33～35mm，头、胸、腹均灰褐色，胸部背面有白色丛毛，腹部前数节背面中央具暗褐色丛毛；前翅灰褐色，斑纹复杂，内横线及外横线灰白色，波浪形，中间有白色条纹，在环状纹与肾状纹间，自前缘向后缘外方有 3 条黄白色斜线，中室 M-Cu 脉黄白色，将斜纹横切，内线与基线之间棕褐色间灰蓝色，除边缘处为黄色条纹外，其后有一叉形纹，外线的外方，从翅尖至后缘，有蓝灰色斑，向后形成一弯曲内凹的宽带（雌蛾的为灰黄色），端线内方各纵脉间有黑色小点，缘毛黑褐色与白色相间；后翅银白色，无斑纹。前、后翅常有水红色至紫红色闪光；足褐色，各足胫节有灰色毛，均无刺，各节末端灰色。

卵：馒头形，直径 0.75～0.95mm，初产时黄白色，近孵化时为黑色，卵面有细的纵横脊纹；卵成块状，1～4 层重叠成椭圆形卵块，外覆黄色绒毛。

幼虫：初龄幼虫体灰黑色，老熟幼虫体长 35～47mm，前端较细，后端较宽，头部黑褐色，胴部体色因寄主和虫口密度不同而呈土黄色、青黄色、灰褐色或暗绿色，背线、亚背线及气门下线均为灰黄色及橙黄色。中胸至第九腹节在亚背线内侧有三角形黑斑 1 对，中胸至第八腹节气门上方各有 1 个黑褐色不规则斑点；腹足俱全，但一龄、二龄幼虫有时缺前两对腹足，趾钩单序，第一对腹足趾钩 23～27 个，第二至四对腹足趾钩 26～30 个，臀足趾钩 31～35 个。

蛹：体长 18～23mm，圆筒形，赤褐色至暗褐色。腹部气孔后缘锯齿状，第四至七节背面近前缘处密布圆形或半圆形小刻点，末端有 1 对臀棘，基部分开。

三、生活习性

斜纹夜蛾在我国华北地区1年发生4～5代，长江流域1年发生5～6代，福建1年发生6～9代，在广东、广西、福建、台湾可终年繁殖，无越冬现象，在长江流域以北的地区，越冬问题尚无结论，推测春季虫源有从南方迁飞而来的可能性，长江流域多在7～8月大发生，黄河流域多在8～9月大发生。在福建福州以蛹在土中蛹室内越冬，少数以老熟幼虫在土缝、枯叶、杂草中越冬，南方无越冬及滞育现象。各地发生期的迹象表明此虫有长距离迁飞的可能。

斜纹夜蛾成虫昼伏夜出，飞行能力强，对光、糖醋液有趋性。成虫多在每天下午羽化后于植株茂密处、杂草丛中及土缝内隐藏，傍晚外出活动、交配，其中，以20：00至24：00活动最盛，翌日晚产卵；寿命一般为5～7d，冬季可达12d。成虫有趋光性，并对糖、醋、酒液及发酵的胡萝卜、麦芽、豆饼、牛粪等有趋性。成虫需补充营养，取食糖蜜的平均产卵577.4粒，未取食者只能产数粒卵。卵多产于高大、茂密、浓绿的边际作物上，以植株中部叶片背面叶脉分叉处最多，卵成块，卵块上覆盖棕黄色绒毛，每头雌蛾可产卵3～5块，每块200～300粒，多的可达1 000粒；卵发育历期，22℃时约7d，28℃时约2.5d。初孵化的幼虫群栖于卵块附近，昼夜取食叶肉，有吐丝随风飘荡的习性；三龄前群聚在寄主叶背取食叶肉，只剩上表皮和叶脉，使叶片变成枯黄白色、半透明的薄膜，如筛网状；三龄后分散取食叶肉，白天躲在心叶中或寄主附近的土块下，傍晚至翌日早晨日出前或阴雨天，爬到叶上取食成不规则的孔洞；五至六龄幼虫食量增大，叶片被咬成缺刻，甚至被吃光，田间虫口密度大时，会造成毁灭性灾害。幼虫畏光，大龄幼虫有假死性，当食料不足时还有群迁性及扩散为害的特性。幼虫发育历期21℃时约27d，26℃时约17d，30℃时约12.5d，老熟幼虫在被害作物处入土约3cm做一椭圆形土室化蛹，蛹期28～30℃时约9d，23～27℃时约13d。斜纹夜蛾的发育适温较高（29～30℃），因此，各地严重为害时期皆在7～10月。

四、发生规律

（一）虫源基数

斜纹夜蛾繁殖能力强，在22.5～26.5℃时卵即可孵化，因此，在适宜的条件下只要有少量虫源，就存在暴发的可能。斜纹夜蛾属迁飞性害虫，一旦气候适宜，就有可能在一些地方突然暴发成灾。湖南斜纹夜蛾每年初始虫源全部为外地虫源，3月诱蛾量与4～6月诱蛾量有显著的相关性，预测模型为 $y=233.54+112.44x$（$r=0.815^{*}$，$n=8$）。浙江海宁6～8月的斜纹夜蛾成虫数量与其种群基数存在显著相关关系，尤以当旬诱集量与前3旬累计诱集量相关性最大，其可以用如下线性回归方程表述：$y=0.579\,55x+161.9122$（$r=0.863706^{**}$）（x 表示前3旬累计诱集量；y 表示当旬诱集量）。浙南根据斜纹夜蛾自然生命表中实际产卵量直接计算得出，斜纹夜蛾第一代自然种群繁殖一代后增长了17.41倍；第二代自然种群繁殖一代后增长了4.33倍；第三代自然种群繁殖一代后增长了5.68倍；第四代自然种群繁殖一代后下降45%；第五代只有极少量幼虫能正常化蛹越冬。

（二）气候条件

斜纹夜蛾是一种喜温性昆虫，只要温度适宜，一年四季均可繁殖，其种群受温、湿度影响较大，气候高温干旱，降水量少，没有暴雨，温、湿度适宜时，斜纹夜蛾往往会大暴发。温度是影响其发生的首要气候因子。钟国洪等研究表明，在18～34℃范围内，斜纹夜蛾发育速率与温度呈正相关，温度越高，其发育速率越快。温度对斜纹夜蛾存活率和产卵量也有显著影响，斜纹夜蛾卵孵化率，幼虫、预蛹、蛹存活率，成虫日产卵量以及总产卵量在29℃左右的条件下为最高。在相对湿度62%～90%条件下，幼虫存活率与湿度呈正相关，取食量随湿度升高而增加。

在对斜纹夜蛾的影响中，温度与湿度之间往往存在着重要的交互作用。斜纹夜蛾最适宜的温、湿度范围是29～31.07℃、80%～94.14%，在此范围内，各虫态存活率均明显提高，各世代平均历期和成虫寿命缩短，内禀增长力增加。在低温（16.93～19℃）、低湿（65.86%～70%）条件下，各虫态存活率明显降低，世代平均历期和成虫寿命延长，内禀增长力减少。在高温（29～31.07℃）、高湿（80%～94.14%）条件下，各虫态存活率明显提高，世代平均历期和成虫寿命缩短，内禀增长力大增。在温度18～34℃、相对湿度62%～90%的条件下，随着温、湿系数的减小（温度升高，湿度降低），蛹重减轻，成虫产卵量也减少。

（三）寄主植物

取食不同食物斜纹夜蛾幼虫的发育历期、存活率、蛹重及成虫羽化率有显著差异。寄主植物的布局也会对斜纹夜蛾的发生发展产生较大影响。随着产业结构的调整，蔬菜和一些经济作物种植品种增多，种植面积不断扩大，复种指数提高，多种作物的间作和套作，给斜纹夜蛾提供了丰富的食料和栖息繁殖场所。另外，农田生态系统中的杂草以及城镇中的绿化植物，也都为斜纹夜蛾提供了适宜的野生寄主和桥梁寄主，为其转移、繁殖及世代延续提供了十分有利的条件。在田间管理粗放的农田中，斜纹夜蛾先在杂草上产卵、繁殖，三龄后开始向周边的作物转移为害，突发性较强。因而，斜纹夜蛾的这些寄主条件很容易造成斜纹夜蛾生育期不整齐、发生期延长、世代重叠现象严重，给预测预报、种群监控和防治带来了极大的困难。

（四）天敌

斜纹夜蛾的天敌种类很多。捕食性天敌有草间小黑蛛、拟环纹豹蛛、三突花蛛、星豹蛛、八点球腹蛛、食虫瘤胸蛛、宽条盗蛛、广长脚蛛、泽蛙、金线蛙、中华大蟾蜍等，寄生性天敌有斜纹夜蛾绒茧蜂［*Apanteles prodeniae*（Viereck）］和螟蛉盘绒茧蜂［*Cotesia ruficrus*（Haliday）］、细菌、病毒和白僵菌等。陈乾锦认为斜纹夜蛾侧沟茧蜂［*Microplitis prodeniae*（Rao & Kurian）］寄生斜纹夜蛾一龄、二龄幼虫，在大田平均寄生率为22.31%，最高可达54.8%，对斜纹夜蛾种群有着良好的控制作用。草间小黑蛛雌成蛛、拟水狼蛛雌成蛛和叉角厉蝽二龄若虫对斜纹夜蛾一龄、二龄幼虫均有较强的捕食能力。蒋杰贤等组建斜纹夜蛾自然种群生命表，进行排除作用控制指数分析，结果表明捕食性天敌的作用是影响斜纹夜蛾种群数量动态的重要因子。蜡状芽孢杆菌（*Bacillus cereus*）产生的类卵磷脂酶C能破坏斜纹夜蛾幼虫肠壁细胞，使菌体进入，引起幼虫败血症而起到杀虫作用。苏云金芽孢杆菌也是一种对斜纹夜蛾比较理想的杀虫剂，我国已经筛选出对斜纹夜蛾幼虫有很高毒性的菌株。

（五）人为因素

斜纹夜蛾具有繁殖能力强、发生面广的特点，并且斜纹夜蛾高龄幼虫抗药性特强，大龄时使用一般药剂难以奏效，药剂防效差，因而引起人们盲目加大施药浓度，使用农药次数增多，导致该害虫抗药性增强，形成恶性循环，破坏田间原有的生态平衡，同时又杀伤了大量的天敌。天敌数量减少，改变了农田生态系统和生物种群组成，降低了生物群落的多样性，导致生态系统的稳定性下降，生态平衡失调，自然控制作用降低，虫量失控，常引起有害生物迅速再生繁殖，给斜纹夜蛾的再猖獗创造了有利条件，形成大发生的态势。

五、防治技术

斜纹夜蛾是一种杂食性、喜温、迁飞性、旱地食叶害虫，1年可发生多代，世代重叠，抗药性较强，防治比较困难。因此，斜纹夜蛾的综合防治必须坚持作物合理布局、种植诱集作物、诱蛾抹卵、压低虫源基数，准确测报、消灭低龄幼虫的治理策略。

（一）加强预测预报工作

加强斜纹夜蛾发生规律等基础研究，完善预测预报技术。首先要研究斜纹夜蛾在当地的发生规律，掌握各虫态的发育历期，再用黑光灯或糖醋液诱集斜纹夜蛾成虫，根据成虫的发生期早迟、发生数量，参照各代防治后田间调查的幼虫数量、龄期，结合历史资料、气候条件、油菜长势等，以卵块密度和发生面积来划分发生程度，对发生期和发生量做出准确预报，并逐步建立数学预测模型。只有这样，才能科学指导防治。

（二）农业防治

1. 中耕除草　除尽田间及周围的杂草，减少成虫产卵的场所；高龄幼虫期及蛹期要搞好深中耕，消灭土中的幼虫和蛹；作物收获后要及时清园，将残株落叶及时深埋或带出田外处理，杀灭部分幼虫和蛹。

2. 农事活动　结合田间农事活动，摘除卵块或带初孵幼虫的叶片，对于大龄幼虫也可进行人工捕杀。在产卵盛期至二龄幼虫期，每2～3d采集卵虫叶1次，带出田外销毁。

（三）物理防治

利用斜纹夜蛾的趋光性、趋化性诱杀斜纹夜蛾，能明显降低斜纹夜蛾田间卵量和幼虫发生量。

1. 利用趋光性诱杀　大力推广频振式杀虫灯和黑光灯对斜纹夜蛾进行诱杀。频振式杀虫灯对斜纹夜蛾等鳞翅目害虫具有良好的诱杀功能。每 3.6hm^2 安装频振式杀虫灯 1 盏，每晚开灯 9h，对压低虫源基数效果显著。

2. 利用趋化性诱杀 在成虫发生期采用糖醋液（糖：醋：白酒：水：90%敌百虫晶体按 6：3：1：10：1 混合）诱杀成蛾，或每 667m^2 使用 10～15 个杨树枝把诱蛾，方法简便，效果明显。

（四）生物防治

1. 保护利用自然天敌 斜纹夜蛾的天敌种类很多，南方地区捕食性天敌有瓢虫、蜘蛛类、侧刺蝽、蚂蚁、青蛙、鸟类等；寄生性天敌主要有侧沟茧蜂、斑痣悬茧蜂、绒茧蜂、索线虫等，以及白僵菌、绿僵菌等微生物，这些天敌对斜纹夜蛾的自然种群控制起着重要的作用。化学防治时应选用对天敌伤害低的农药品种，酌情挑治，以减少对自然天敌的杀伤，保护田间天敌种群，增强天敌对斜纹夜蛾的自然控制能力。可每 667m^2 释放 1.5 万头拟澳洲赤眼蜂进行大面积防治。

2. 使用生物制剂 白僵菌、阿维菌素、核型多角体病毒对斜纹夜蛾幼虫防治效果较好，应大力推广，但不宜使用 Bt 制剂。

3. 利用性信息素 每 667m^2 放置性信息素管 80～100 个，田外周围放置性信息素管 15～30 个。

（五）化学防治

1. 确定防治对象田 根据大田调查情况，一般有初孵群集幼虫 45～75 窝/hm^2，应列为防治田，积极进行挑治，三龄前不必全田喷药。

2. 适时用药 要在卵孵化盛期（产卵高峰期后 5d 左右），最好掌握在二龄幼虫始盛期用药，施药时间以傍晚太阳下山后为好，若防治面积较大可适当提前用药。

3. 低容量喷雾 选用 1mm 的喷片孔径低容量喷雾，用水量 600～750L/hm^2。喷雾要均匀周到，除了油菜植株上要均匀着药以外，对植株根际附近地面也要喷透，以防漏治滚落地面的幼虫。

4. 选择高效、低毒、低残留农药 少用拟除虫菊酯类药剂，有控制地选用中等毒性以下的有机磷农药。目前比较理想的药剂有 10%溴虫腈悬浮剂、10%氯溴虫腈悬浮剂、10%呋喃虫酰肼悬浮剂、15%茚虫威悬浮剂、5%甲氨基阿维菌素苯甲酸盐乳油、10%氟铃脲乳油、10%甲氨基阿维菌素乳油、0.8%甲氨基阿维菌素乳油。交替使用不同类型农药，10d 防治 1 次，连用 2～3 次，并合理混配，以确保防治效果，并防止斜纹夜蛾产生抗药性。

冯宏祖（塔里木大学植物科学学院）

第 27 节　甜菜夜蛾

一、分布与危害

甜菜夜蛾［*Spodoptera exigua*（Hübner）］属鳞翅目夜蛾科，俗称白菜褐夜蛾、玉米叶夜蛾、贪夜蛾。是一种世界性害虫，40°～57°N 至 35°～40°S 均有分布，在亚洲、美洲、欧洲、大洋洲及非洲均有严重发生和为害的记录。20 世纪 80 年代中后期以来，甜菜夜蛾在我国为害的地区逐渐扩大，为害程度也越来越严重。尤其是近年来，甜菜夜蛾不仅连续多年在我国南方地区和长江流域暴发，河南、河北、山东、山西、陕西等地也遭受甜菜夜蛾的严重为害。

甜菜夜蛾是一种多食性害虫，已知的寄主植物有 170 余种，在我国寄主植物有 35 科 108 属 138 种，包括蔬菜、大田作物、药用植物、牧草等。蔬菜上主要有豆科、旋花科、十字花科、藜科、百合科等，大田作物主要有玉米、油菜、甘薯、棉花、绿豆、大豆、花生等，野生寄主有藜科、蓼科、苋科、菊科、豆科等杂草。

甜菜夜蛾一般以食叶为主，但在为害棉花时，偶食花蕾和幼铃；为害大葱、辣椒时钻入葱管和辣椒内取食。甜菜夜蛾以幼虫取食植物叶片，初孵幼虫在叶背面集聚结网，啃食叶背面叶肉，只留上表皮，呈透明的小孔。三龄后幼虫开始分散为害，可将叶片吃成孔洞、缺刻，严重时全部叶片被食尽，整个植株死亡。四龄后食量大增，叶片被咬成不规则破孔，上均留有细丝缠绕的粪便。老熟幼虫可食尽叶片，仅留叶脉。五至六龄幼虫食量占幼虫总食量的 88%～92%。

二、形态特征（彩图8－27－1）

成虫：体长8～10mm，翅展19～25mm。灰褐色，头、胸有黑点。前翅灰褐色，基线仅前段可见双黑纹；内横线双线黑色，波浪形外斜；剑纹为一黑色条纹；环纹粉黄色，黑边；肾纹粉黄色，中央褐色，黑边；中横线黑色，波浪形；外横线双线黑色，锯齿形，前、后端的线间白色；亚缘线白色，锯齿形，两侧有黑点，外侧在M_1处有1个较大的黑点；缘线为1列黑点，各点内侧均衬白色。后翅白色，翅脉及缘线黑褐色。

卵：圆球状，白色，直径0.2～0.3mm，初产时淡绿色，将孵化时转为灰色，表面有放射状的隆起线，成块产于叶面或叶背，8～100粒不等，排为1～3层，外面覆有雌蛾脱落的白色绒毛，因此不能直接看到卵粒。

幼虫：5龄，少数6～7龄。一至三龄幼虫体长0.1～8mm，体色变化很大，有绿色、暗绿色、黄褐色、褐色至黑褐色，背线有或无，颜色亦各异。头黑色，渐呈浅褐色。二龄时前胸背板有1个倒梯形斑纹。三龄时气门后出现白点。四龄幼虫体长9～14mm，老熟幼虫体长可达22～30mm，体色有绿色、暗绿色、黄褐色、褐色至黑褐色等。前胸背板斑纹呈口字形，背线有不同颜色或不明显，气门线下为黄白色或绿色，有时带粉红色的纵带出现并直达腹末，不弯到臀足上，各节气门后上方具一明显白点，后两项是该虫区别于其他夜蛾的重要特征。

蛹：体长约10mm，黄褐色。中胸气门深褐色，位于前胸后缘，显著向外突出，故从腹面正视，可清晰地看到外突部。腹部第三至七节背面、第五至七节腹面有粗刻点，腹部第十节背面中央有短刺1对，臀棘稍延伸，着生分开的粗刺1对。雌蛹生殖孔位于腹部腹面第八节，与肛门相距较远，第八、九腹节后缘呈倒V形；雄蛹生殖孔位于腹部腹面第九节，与位于第十节的肛门相距较近，第八、九节后缘正常。

三、生活习性

在我国，甜菜夜蛾1年发生的代数由北向南逐渐增加，在陕西关中1年发生4～5代，北京（约40°N）1年发生5代，湖北1年发生5～6代，湖南衡阳（约27°N）1年发生5～6代，江西1年发生6～7代，福建福州1年发生8～10代，广东深圳（约23°N）1年发生10～11代。为害高峰期通常集中于6～10月高温季节，如河北、河南、北京、山东、安徽、江苏等地区在7～9月（第二至四代），上海、湖南在6～7月（第三至五代），广东和福建在5～9月。在欧洲和亚洲，甜菜夜蛾在44°N以北不能越冬。在我国38°N及1月－4℃等温线以南的广大地区以蛹或幼虫在土表下越冬，在北京周缘的华北地区可以在温室中繁殖越冬，在华南地区无越冬现象，可终年繁殖为害。

甜菜夜蛾完成1代需22～30d（在25～30℃条件下）。成虫寿命6～10d，产卵前期1～2.5d，产卵期4～6d。不同寄主植物对雌虫寿命、产卵前期、产卵期、孵化率等生物学特性并无显著影响。成虫有取食补充营养习性，对黑光灯和糖醋液趋性强。成虫昼伏夜出，白天躲在杂草及植物茎、叶的浓荫处，受惊时短距离飞行后，又很快落于地面，傍晚开始活动，气温20～23℃，相对湿度50%～75%，风力4级以下，无月光时最适宜成虫活动。田间诱捕试验显示，成虫在日落后6～8h最活跃。室内观察到雌、雄虫在夜间各有两个羽化高峰期，分别为17：00～22：00及1：00～5：00。二日龄的成虫交尾率最高，其产卵量和卵孵化率最大。延迟交配，会影响成虫生殖力，但未交尾成虫寿命及产卵前期延长，有利于未交尾成虫向外迁移及寻求配偶。甜菜夜蛾有较强的飞行能力，研究表明，甜菜夜蛾不仅是一种远距离迁飞害虫，而且也是至今被确认的飞行距离最远的昆虫之一。

甜菜夜蛾成虫羽化后第一天即具备交尾能力，交尾活动发生在黑夜，以午夜后为多。雌蛾一生平均交尾2次左右，最多的可达5～6次。甜菜夜蛾产卵前期平均2d，产卵期2～9d。甜菜夜蛾产卵一般是在夜间进行，产于寄主植物叶背面，卵排列成块，覆以灰白色鳞毛，卵初产时淡绿色，孵化前转为灰色。每块卵卵粒数不等，少则十余粒，多则上百粒。卵粒一般单层排列，但也有重叠排列的。雌蛾前1～4天产卵量最高，之后急剧下降。部分雌蛾有间歇产卵的习性，停产时间可达1～3d。平均每雌产卵量为400～600粒，最高的可达1 000粒。

卵期2～6d，幼虫共5龄，少数幼虫6龄。初孵幼虫取食卵壳，结疏网群集在其中，在重叠叶片之间啃食叶片表皮，造成网状半透明的窗斑，三龄后分散为害，造成孔洞或缺刻。一至三龄幼虫食量小，为害不大，多群集在叶片背面，吐丝结网，在内取食，三龄后分散活动。当气温高，虫量大，又缺乏食物时，幼虫可成群迁移。甜菜夜蛾低龄幼虫主要集中在植株的中上部为害，随着虫龄的增加，幼虫在植株上的分布重心逐渐下移，高龄幼虫则有向叶背面和土表等背光处转移的趋势。四龄以后食量大增，昼伏夜出，白天常栖息于叶背、地面或潜入土中，早晚、夜间及阴天取食为害。18：00开始向植物上部迁移，4：00后开始向下部迁移。遇阴天或在茂密作物上，幼虫下移时间较晚，雨天不大活动。幼虫有假死性，受惊扰即落地。在室内饲养时，如幼虫密度过大而又缺乏食料时，幼虫可互相残杀。幼虫期11～39d。老熟幼虫多在疏松表土内做土室化蛹，也有的在土表或杂草地化蛹，表土坚硬时，可在表土化蛹，一般化蛹深度为0.2～2cm。蛹期7～11d。

四、发生规律

（一）气候条件

甜菜夜蛾属喜温性害虫，卵、幼虫和蛹的临界发育温度分别为37.23℃、43.76℃和43.01℃。在26～28℃的范围内，各虫态的发育状况较理想，其中，卵孵化率在82.7%～84.3%；幼虫成活率在87.3%～90.3%；蛹羽化率在92.3%～93.7%；雌虫产卵量最高，每雌平均可产卵502～608粒。

甜菜夜蛾原发生于亚洲南部，对高温有较强的适应能力，一年中发生的早晚取决于1～3月温度的高低，而发生轻重及延续时间的长短则取决于4～8月旬降水量100mm以上时间的长短，旬降水量100mm以上的时间越长，该虫发生量越少，严重为害的时间越短；反之，该虫发生量越大，严重为害的时间越长。夏季低温多雨年份，秋季甜菜夜蛾发生就轻。如在浙江一些地区，凡是当年7～8月干旱少雨的年份，甜菜夜蛾为害就重。

（二）种植结构

甜菜夜蛾为杂食性害虫，可为害多种寄主植物。从甜菜夜蛾幼虫在不同寄主上的取食、发育试验结果看出，甜菜夜蛾幼虫最喜食苋菜，其次为油菜和白菜，不喜欢取食大豆叶，从初孵幼虫发育到老熟幼虫所需时间依次为9d、10d、11d和19d。近年来作物布局以插花式栽培为主，由于各种作物播期长，茬口多，为甜菜夜蛾提供了充足的食源，使其适生时间延长。甜菜夜蛾喜产卵于10cm以下的杂草上，如凹头苋、马唐、蟋蟀草等，凡是管理不善的大田，周围或田内杂草丛生的，虫口密度高，为害重，杂草较多的田块比无杂草田块虫口密度高0.97倍。

（三）天敌

甜菜夜蛾的天敌资源丰富，特别是寄生性天敌种类很多，作为一种自然控制因子，在各地天敌都对甜菜夜蛾起着十分重要的控制作用。甜菜夜蛾常见的捕食性天敌有各种蛙类、鸟类、蜘蛛类、蟾蜍、草蛉、瓢虫等。寄生性天敌包括甜菜夜蛾镰颚姬蜂（*Hyposoter exiguae*）、侧沟茧蜂（*Microplitis* sp.）、斑痣悬茧蜂（*Meteorus pulchricornis*）和阿格姬蜂（*Agrypon* sp.）等。在田间侵染甜菜夜蛾的病原微生物有白僵菌、核型多角体病毒、微孢子虫等。甜菜夜蛾幼虫可被地老虎六索线虫（*Hexamermis agrotis*）、白色六索线虫中华亚种（*H. albicans*）、菜粉蝶六索线虫（*H. pieris*）和太湖六索线虫（*H. taihuensis*）所寄生。人工合成的甜菜夜蛾性诱剂已广泛应用于监测甜菜夜蛾的种群动态和防治。目前的生物制剂主要有Bt制剂、甜菜夜蛾核型多角体病毒（SeNPV）、线虫胶囊。

五、防治技术

（一）农业防治

在蛹期结合农事需要进行中耕除草、秋耕冬灌。早春铲除田间地边杂草，破坏早期虫源滋生、栖息场所，恶化其取食、产卵环境。在虫卵盛期结合田间管理，提倡早晨、傍晚人工捕捉大龄幼虫，挤抹卵块，降低虫口密度。有试验表明，人工摘除卵块3次和人工捕捉幼虫3次对甜菜夜蛾的控制效果能达到70%～93%。

（二）生物防治

保护利用天敌，甜菜夜蛾的寄生性和捕食性天敌资源很丰富，特别是幼虫寄生性天敌种类很多，是重要的自然控制因素，前期应节制使用广谱性农药，以保护农田天敌。应用生物农药如Bt制剂，甜菜夜蛾颗粒体病毒（LeGV）、甜菜夜蛾核型多角体病毒（SeNPV）、苜蓿银纹夜蛾核型多角体病毒（AcMNPV）和芹菜夜蛾核型多角体病毒（SfaMNPV）制剂，以保护天敌；可加一些病毒的抗紫外线保护剂，如1%尿酸、1%活性炭和1%叶酸等，能明显减轻紫外线对病毒的钝化作用，提高防治效果。提倡采用生物防治法，喷施每克含孢子100亿个以上的杀螟杆菌或青虫菌粉500～700倍液。同时利用性诱剂诱杀成虫。性诱剂防治甜菜夜蛾，能大量诱杀雄虫。据试验，防治区比非防治区甜菜夜蛾减少60%以上，成虫受精精囊下降41.96%，几乎看不到甜菜夜蛾幼虫和卵。成虫对糖醋液和杨树散发的气味有较强的趋性，因此，可用糖醋液和杨树枝把诱蛾。

（三）物理防治

在成虫始盛期，在大田设置黑光灯、频振式杀虫灯诱杀成虫。

（四）化学防治

甜菜夜蛾在二龄以前抗药性最弱，是用药防治的最佳时期；二龄以后虫体抗药性增强，虫体越大，抗药性越强，药剂防治效果越差，所以防治时，要本着“治早治小”的原则，及早进行防治。对甜菜夜蛾最有效的防治方法为触杀。因此，应选择8：00以前，或18：00以后害虫正在菜叶表面活动时用药效果最佳。一般阳光强、温度高时不宜用药，因为此时害虫早已潜伏在土缝间、草丛内，起不到直接触杀作用，防效不明显。可选用48%毒死蜱乳油1 000倍液、2.5%多杀霉素悬浮剂1 000～1 500倍液、10%虫螨腈悬浮液1 000～1 500倍液、20%虫酰肼悬浮剂1 000～1 500倍液，其中，毒死蜱+氯氰菊酯（农地乐）及虫螨腈防治甜菜夜蛾有特效；或用5%氟啶脲乳油1 500～3 000倍液、1.8%虫螨克乳油2 000～3 000倍液、2.5%高效氟氯氰菊酯乳油1 000倍液加5%氟虫脲乳油500倍混合液、5%高效氯氰菊酯乳油1 000倍液加5%氟虫脲可分散液剂500倍混合液。但使用上述农药时要交替使用，一般应从害虫发生初期开始喷药，每7～10d 1次，连喷2～3次。同时喷药要均匀细致，做到上翻下扣，四面打透。由于该虫抗药性极强，要注意交替轮换使用杀虫机理不同的杀虫剂，如氟啶脲、氟虫脲、丁醚脲等，但要严格限制这些新型农药的使用次数和剂量，避免和延缓甜菜夜蛾对它们产生抗药性。

24%甲氧虫酰肼悬浮剂、5%定虫隆乳油等昆虫生长调节剂对甜菜夜蛾也有较好的防治效果。

冯宏祖（塔里木大学植物科学学院）

第28节　黄曲条跳甲

一、分布与危害

黄曲条跳甲［*Phyllotreta striolata*（Fabricius）］属鞘翅目叶甲科黄条跳甲属，俗称狗虱虫、跳虱，简称黄条跳甲。在我国各省份均有分布，以秦岭、淮河以北冬油菜区及青海、内蒙古等春油菜区发生重。在世界上，亚洲、欧洲、北美洲和南非等50多个国家和地区均有分布，已成为油菜等十字花科作物生产中最难控制的世界性害虫之一。在我国黄曲条跳甲为害越来越严重，主要为害油菜、甘蓝、花椰菜、白菜、菜薹、萝卜、芜菁等十字花科作物，也为害茄果类、瓜类、豆类蔬菜。

二、形态特征

成虫：体长1.8～2.4mm，头、胸部黑色光亮，无绿色金属光泽。鞭状触角约为体长之半，其中第五节最长，雄虫第四至五节特别粗壮膨大。前胸背板及鞘翅上有许多刻点，排成纵行。鞘翅中央具1条黄色斑驳，略似弓形，中部稍窄，仅两端向内弯曲。后足腿节膨大，特别发达。

卵：长约0.3mm，椭圆形，初产时淡黄色，后变为乳白色，半透明。

一龄幼虫：头宽0.14～0.18mm，体长1.13～1.26mm，体宽0.25～0.27mm。臀板宽0.14～0.17mm。

二龄幼虫：头宽0.20～0.27mm，体长1.65～2.08mm，体宽0.31～0.42mm。臀板宽0.22～0.30mm。

三龄幼虫：头宽0.30～0.41mm，体长3.23～4.43mm，体宽0.60～0.84mm。臀板宽0.30～0.42mm。

老熟幼虫：体长4mm左右，稍呈圆筒形，尾部稍细。头部和前胸盾板淡褐色，胸、腹部淡黄白色。胸、腹部各节上疏生黑色短刚毛，末节臀板椭圆形，淡褐色，在末节腹面有1个乳状突起。

蛹：体长2mm左右，长椭圆形，乳白色。头部隐藏在前胸下面，翅芽和足达第五腹节。胸、腹部背面有稀疏的褐色刚毛。腹末端有1对叉状突起，末端褐色。

雌成虫的生殖系统由1对卵巢、1对侧输卵管、中输卵管、交配囊、受精囊、生殖腔和产卵器组成；雄成虫的生殖系统由睾丸、1对输精管、1对附腺、射精管和阳茎组成。雌成虫的每个卵巢有卵巢管8～12条，每条卵巢管内有卵7～10粒，卵巢内的总卵数为112～240粒。雄成虫腹部和阳茎具有向内弯曲等特点，有利于成功交配。

三、生活习性

黄曲条跳甲在华南地区1年发生7～8代，一年中主要发生期为4～11月，其中5～6月和9～11月为发生为害高峰期，世代重叠。成虫寿命长，平均50d，最长可达1年。卵期4～9d，最长15d。幼虫3龄，历期11～16d。初孵幼虫沿须根向主根剥食根的表皮，形成不规则条状疤痕，也可咬断须根，使植株叶片发黄萎蔫死亡，甚至引起腐烂导致软腐病传播。幼虫的栖土深度可达12cm。老熟幼虫在土下3～7cm处做室化蛹，蛹期11～13d。

黄曲条跳甲发生代数因地而异，在我国由北向南代数逐渐增加，如黑龙江、青海等地1年发生2～3代，河北1年发生3～4代。总体趋势为华北地区1年发生4～5代，华东地区1年发生4～6代，华中地区1年发生5～7代，华南地区1年发生7～8代。长江以北地区，成虫在枯枝、落叶、杂草丛或土缝里越冬；长江以南地区，无越冬现象，冬季各种虫态都可见。黄曲条跳甲每年有春夏和冬季2个发生为害高峰期。南方春季湿度高，有利于卵的孵化，而北方春季干旱，影响卵的孵化，因此，春季南方受害一般比北方重。

甘肃民乐县黄曲条跳甲1年发生2～3代，在海拔2 000m左右的地区，4月下旬越冬代成虫开始活动，5月上旬取食为害，6月中、下旬第一代成虫取食为害，7月下旬至8月上旬第二代成虫取食为害，8月下旬至9月上旬第三代成虫取食为害，9月下旬成虫开始在杂草丛中潜伏越冬。全年以油菜出苗期的5月为害最严重，常具有毁灭性。在浙江，越冬成虫于3月中、下旬开始出蛰活动，4月上旬开始产卵，以后约每月发生1代，10～11月第六、七代成虫先后蛰伏越冬。全年可分为春夏季为害高峰（5～6月）和秋季为害高峰（9～10月）。

黄曲条跳甲成虫常群集在叶背取食，体小，会飞，善跳，性极活泼，成虫啃食叶片，造成被害叶面布满稠密的椭圆形小孔洞，使得叶片光合作用降低，叶片枯萎。蔬菜幼苗期受害最重，常造成秧苗断垄，甚至全田毁种。空间分布型分析表明，黄曲条跳甲成虫在寄主植物上符合负二项分布和奈曼分布，其空间图式是聚集的，分布的基本成分为个体群。聚集原因主要由环境因素（食料等）造成，也与自身特性有关。

黄曲条跳甲具有趋光性（尤其是黑光灯），耐饥饿力弱，抗寒性较强。成虫善于跳跃，高温时能飞翔，略有趋光性，具有明显的趋黄和趋嫩绿习性，喜取食叶色深绿的油菜等十字花科作物，苗期为害比后期重。在高温季节，成虫早晚活动，中午躲藏在心叶内或下部叶片背面；温度较低时于中午活动。

成虫多产卵于植株根部周围的土缝中或细根上，以晴天为多，一天中以午后为多。各代成虫产卵量差别很大，第一、二代仅产卵25粒左右，而越冬代产卵量可达600粒以上，并聚集成块，每块有卵20余粒。卵期5～7d，发育始温12℃，适温26℃，对湿度的要求也很高，如果相对湿度达不到100%，许多卵不能成功孵化。幼虫共3龄，幼虫期11～16d，最长可达20d。卵因为需在高湿下才能孵化，因而近沟边的地里幼虫较多。幼虫在田间的空间分布型与成虫相同，也表现为聚集分布，符合负二项分布。蛹的发育始温为11℃，预蛹期2～12d，蛹期3～17d，羽化后，成虫爬出土面为害。

四、发生规律

（一）虫源基数

由于油菜及其他十字花科蔬菜种植面积的扩大，同时十字花科蔬菜常年四季连作，终年食料不断，致使黄曲条跳甲大量繁殖，虫源不断积累，虫口密度大幅度增加，猖獗为害。

（二）气候条件

黄曲条跳甲发生的适温范围为21～30℃。随着全球气候变暖的影响，我国部分地区气温、地温升高，有利于黄曲条跳甲各虫态的发育和成虫的活动。越冬现象不明显，造成严重危害。当温度超过35℃或低于10℃时成虫即潜伏于荫蔽处。

黄曲条跳甲成虫产卵喜潮湿土壤，相对湿度低于90%时，卵极少孵化，高于90%时，孵化率随湿度上升而加大。天气干旱时农民浇水很勤，田间一般保持湿润状态，相对湿度大，卵孵化率高。

（三）寄主植物

黄曲条跳甲在不同的寄主植物上种群增长速度有明显差异，雌成虫寿命也有明显差异。

（四）天敌昆虫

茧蜂是黄曲条跳甲的重要寄生性天敌。20 世纪 50 年代以来，在北美洲开展了有关黄曲条跳甲的天敌调查与研究，已发现黄条跳甲食甲茧蜂（*Microctonus vittatae*）、两色汤氏茧蜂（*Townesilitus bicolor*，异名：*Microctonus bicolor*）等 2 种茧蜂可以稳定寄生黄曲条跳甲。黄条跳甲食甲茧蜂将卵产于黄曲条跳甲成虫胸部，一虫一卵。卵孵化后，幼虫在黄曲条跳甲体内发育到老熟阶段后从其尾部钻出化蛹，致使寄主死亡。整个寄生生活史需 18～20d。Smith 和 Peterson 研究发现，黄条跳甲食甲茧蜂对黄曲条跳甲的寄生率平均可达 46.4%。两色汤氏茧蜂则将卵产在黄曲条跳甲的腹部节间膜处。卵 3～4 周后孵化，2 周后发育为成虫。

黄曲条跳甲的捕食性天敌至今仅有零星报道。Burgess 在加拿大观察到长蝽科的泡大眼长蝽（*Geocoris bullatus*）可捕食黄曲条跳甲成虫，但在实验室内却观察不到这一现象。张茂新在田间调查黄曲条跳甲的捕食性天敌时，也曾观察到有步甲、蚂蚁等捕食黄曲条跳甲幼虫和蛹的现象，但带回实验室内观察，同样发现无一捕食猎物。关于黄曲条跳甲的天敌昆虫，国外的研究起步较早，主要集中在茧蜂的引进与利用方面，而我国鲜见相关报道。

（五）化学农药

黄曲条跳甲成虫食叶，幼虫为害菜根，蛀食根皮，并在土中化蛹。目前多数农户施用化学药剂以防治成虫为主，而忽视了对地下的幼虫和蛹的防治。药剂无法兼顾地下的幼虫和蛹，导致黄曲条跳甲地下的幼虫和蛹防治失控，一旦药效消失，地下幼虫又不断化蛹及羽化，继续出现成虫出土为害叶片的现象。黄曲条跳甲抗药性增强，化学防治难度加大，发生为害严重的后果。

选择的农药多为触杀性且以防治成虫为主，无法兼治土中的幼虫、蛹和卵，成虫不断羽化出土为害，这样既增加了喷药次数和用药量，同时也杀伤了大量的天敌，使害虫抗药性不断增强，导致防效下降；用药时期不当主要是未抓住一年中最佳防治时机和不同季节一天中的最佳防治时间；喷药操作方法不当表现在单一叶面喷雾、喷液量不足等方面。

五、防治技术

（一）农业防治

1. 合理轮作 尽量避免油菜和其他十字花科作物之间的轮作，可选择与非十字花科作物如水稻、葱、蒜、胡萝卜等进行轮作换茬，能中断害虫的食物供给，进而减轻为害。

2. 保持田间清洁 彻底铲除田地周边杂草，清除残株败叶，消灭成虫越冬场所和食料基地，消灭越冬成虫，减少田间虫源。

3. 深耕晒土 播前深耕晒土，造成不利于幼虫生活的环境并消灭部分蛹。

（二）生物防治

黄运霞等在广西南宁市郊土壤中分离到一株对黄曲条跳甲成虫具有毒力的菌株 Pu165，经鉴定为坚强芽孢杆菌（*Bacillus firmus*）。室内毒力测定结果表明，浓度为 1×10^8 个孢子/mL、2×10^8 个孢子/mL、4×10^8 个孢子/mL 的菌液对黄曲条跳甲成虫 48h 的毒杀效果分别为 76.9%、94.2%和 100%。但此研究尚停留在实验室水平，该菌对黄曲条跳甲的田间防效如何以及实际应用技术等都还需深入研究。

球孢白僵菌（*Beauveria bassiana*）是一类广谱性昆虫病原真菌，可寄生 15 目 149 科 700 多种昆虫。该菌具致病性强、适应性强等特点，已成功用于防治多种重要的农林害虫。在国外，球孢白僵菌被开发成多种剂型并登记注册，是世界上研究最多、应用最广泛的一种虫生真菌。邝灼彬等研究了一株分离自小猿叶甲（*Phaedon brassicae*）的球孢白僵菌对黄曲条跳甲的致病能力，室内测定结果表明，该菌能侵染黄曲条跳甲幼虫和成虫。幼虫在处理后第 5 天开始表现出感病症状，第 6～8 天时出现感病高峰，而成虫在处理 12d 后才出现感病高峰。幼虫 10d 和成虫 14d 的累计死亡率分别为 63%和 60%。该菌株对黄曲条跳甲的致病性及田间防效还需进一步研究。

昆虫病原线虫作为新型生物农药已广泛用于防治农林、牧草、花卉和卫生等重要害虫。这类线虫对寄主有主动搜寻能力，特别是对土栖性及钻蛀性害虫的防治效果是化学农药和其他生物制剂不可比拟的。世界上许多国家已对其豁免注册生产和施用。研究表明，小卷蛾斯氏线虫（*Steinernema carpocapsae*）对黄曲条跳甲具有较好的控制效果。张茂新等以种群趋势指数和种群控制指数为指标，综合评价了小卷蛾斯氏线虫 AⅡ品系对黄曲条跳甲自然控制的效果。结果表明，施用小卷蛾斯氏线虫 AⅡ品系后，对黄曲条跳甲当代二龄幼虫、三龄幼虫、预蛹及蛹的感染率分别是27%、53%、39%和43%；种群趋势指数由12.9降到2.39；当代新羽化成虫减少了49.5%。侯有明等提出条带式施用方法（条带宽约10cm，带间距22.5cm），可显著降低小卷蛾斯氏线虫 A24 品系的用量，对黄曲条跳甲幼虫的感染率和防效分别为71.28%和72.2%，与全量施用无显著差异。在成虫迁入油菜田的高峰期，配以植物性杀虫剂联合防治，可使黄曲条跳甲种群趋势指数降到1以下。印楝素对黄曲条跳甲成虫有忌避作用，并能抑制其自然种群的发展。

昆虫病原线虫是近几年发展起来的一种有潜能的生物防治因子，其生产及应用技术已日臻成熟。在我国，广东省昆虫研究所已实现了昆虫病原线虫的商业化生产，且成功应用于黄曲条跳甲的防治，但由于昆虫病原线虫容易受品系、土壤环境及应用技术等多种因素的影响致使田间防效不稳定。

（三）物理防治

利用成虫具有趋光性及对黑光灯敏感的特点，夜晚用黑光灯诱杀成虫，具有一定的防治效果。

（四）化学防治

1. 土壤处理 在耕翻播种时，每667m^{2}均匀撒施3%辛硫磷颗粒剂2～3kg，可杀死土壤中的幼虫和蛹，持效期一般在20d以上。

2. 药剂拌种 播种前用5%氟虫腈种衣剂拌种，按药剂与种子1∶10的比例搅拌均匀，晾干后播种。该药剂具有触杀、胃毒和内吸作用，能杀灭土壤表层根区内的黄曲条跳甲幼虫。

3. 加强幼虫防治 幼虫防治主要以保苗为主。油菜苗出土后及时调查，及时用药灌根或撒施颗粒剂防治。由于黄曲条跳甲卵产于湿润土隙中，幼虫在表土层啃食根皮，所以应选择在土壤中活性高、稳定，而在作物上易分解的无公害杀虫剂。可用48%毒死蜱乳油1 000倍液、90%敌百虫晶体800～1 000倍液、1.3%鱼藤酮乳油800倍液、50%马拉硫磷乳油800倍液或40%辛硫磷乳油500倍液等灌根处理，或每667m^{2}在植株根部撒施3%氯唑磷颗粒剂1.5～2kg、5%辛硫磷颗粒剂2～3kg防治。

4. 重点防治成虫 黄曲条跳甲主要以成虫造成严重损失，所以应重点做好成虫的防治。用药适期应掌握在成虫已开始活动而尚未产卵时，故苗期防治成虫是关键。同时由于成虫群集为害，逃逸快，所选药剂应具有强烈的触杀、熏蒸作用。可选用80%敌敌畏乳油800～1 000倍液、90%敌百虫可溶粉剂800～1 000倍液、0.3%印楝素乳油800～1 000倍液、48%毒死蜱乳油1 000倍液、10%氯氰菊酯乳油2 000～3 000倍液、50%马拉硫磷乳油1 000倍液、40%辛硫磷乳油1 000倍液、2.5%溴氰菊酯乳油2 500～4 000倍液、25%杀虫双水剂400倍液等喷雾防治。喷雾时间应选择在成虫活动盛期，并采用由四周向中央包围的围歼法，防止害虫受惊逃逸。

肖铁光（湖南农业大学植物保护学院）

第29节 小地老虎

一、分布与危害

小地老虎［*Agrotis ipsilon*（Hufnagel）；异名：*Noctua ypsilon*（S. A. von Rottenberg），*Agrotis ypsilon* Hufnagel等］属鳞翅目夜蛾科地老虎属，俗称土蚕、地剪、切根虫等，是一种多食的世界性重要农业害虫。分布范围为62°N至52°S，遍及世界各地，包括大洋洲的很多岛屿。国外分布于日本、印度、斯里兰卡、马来西亚、爪哇、朝鲜、越南、俄罗斯、巴基斯坦、澳大利亚、新西兰、英国、法国、意大利、瑞士、瑞典、挪威、德国、加拿大、美国、墨西哥、巴西、智利、秘鲁、阿根廷、委内瑞拉、南非、埃及等。在我国各省份均有分布，为害也较重。以雨量丰富、气候湿润的长江流域与东南沿海各地，如江苏、浙江、福建、四川、贵州等地发生为多；北方地区，如内蒙古、黑龙江、河北、甘肃的乌鞘岭以东地区（中部、陇东、陇南）也普遍发生；在西藏昌都、日喀则，新疆墨玉及青海西宁也有分布，其中又以沿海、沿湖、沿河、低洼内涝地及水浇地，土壤湿润、杂草多的杂谷区和粮、棉、油夹种地区发生最重，如安徽北部、河南南部淮北泛区，河南黄河泛区、引黄济南灌溉区，山东、苏北沿湖区，陕西渭河流域下游，河北海河流域下游，山西中部低洼区及汾河两岸，东北辽河下游，内蒙古河套地区等。

小地老虎寄主十分广泛，主要为害对象有棉花、玉米、高粱、谷子、麦类、薯类、豆类、麻类、苜蓿、烟草、甜菜、油菜、瓜类及各种蔬菜等100多种作物，药用植物、牧草和林木苗圃的实生幼苗也常受害，多种杂草常为其重要寄主。小地老虎在各地均以第一代幼虫的为害最重，一至二龄幼虫取食作物心叶或嫩叶，三龄以上幼虫咬断作物幼茎、叶柄，严重时造成缺苗断垄，甚至毁种重播。据上海调查，在春季蔬菜田如不防治，断茎株率平均达36.4%，高的可达70%以上，给定植后的豆类、茄果和芦笋等多种蔬菜的产量和品质带来极大影响，防治不力的田块损失更为惨重。小地老虎也会为害刚出苗或幼苗期的油菜，在我国西南地区、北方地区及西北春油菜区，春季油菜播种期为害最重，在长江流域秋季播种的冬油菜区，如疏于防治，有时也会发生为害，造成一定损失。据报道，2012年6月在云南发现部分油菜地由于疏于防范，小地老虎为害严重，部分油菜苗出现被取食成光秆的现象。

二、形态特征（图8-29-1）

成虫：体长16～23mm，翅展42～54mm，额部平整，无突起。雌成虫触角丝状，雄成虫触角双栉齿状，分支渐短，仅达触角之半，端半部为丝状。头、胸部背面暗褐色，腹部灰褐色。足褐色，前足胫节、跗节外缘灰褐色，中后足各节末端有灰褐色环纹。前翅褐色，前缘区黑褐色，并具6个灰白色小点；内横线内方及外横线外方多为淡茶褐色，两线之间及近外缘部分为暗色（有时中横线至内横线之间也呈淡茶褐色）；肾状纹、环状纹及棒状纹周围各围以黑边；在肾状纹外侧凹陷处，有一明显的尖端向外的黑色三角形斑，与亚外缘线上2个尖端向内的黑色楔形斑相对，是本种的重要识别特征；亚基线、内横线、外横线及亚外缘线均为双条曲线，但内、外横线明显；外缘及其缘毛上各有1列（约8个）黑色小点。后翅灰白色，翅脉及近外缘线茶褐色；缘毛白色，有淡茶褐色线1条。

卵：馒头形，直径约0.5mm，高约0.3mm，表面具纵横隆线。初产时乳白色，后渐变为黄褐色，孵化前卵顶上呈现黑点。

幼虫：圆筒形，末龄幼虫体长37～50mm，头宽3.2～3.5mm。头部黄褐色至暗褐色，颅侧区具黑褐色不规则网纹，唇基为等边三角形，颅中沟很短，额区直达颅顶，呈单峰；体黄褐色至暗褐色，背线明显。体表极粗糙，密布大小不一而彼此分离的黑色颗粒，背线、亚背线及气门线均黑褐色；气门后方的毛片比气门大1倍多，气门菱形，气门片黑色。前胸背板暗褐色，胸足与腹足黄褐色。腹足趾钩15～25个，除第一对腹足有时不到20个外，其余腹足趾钩均在20个

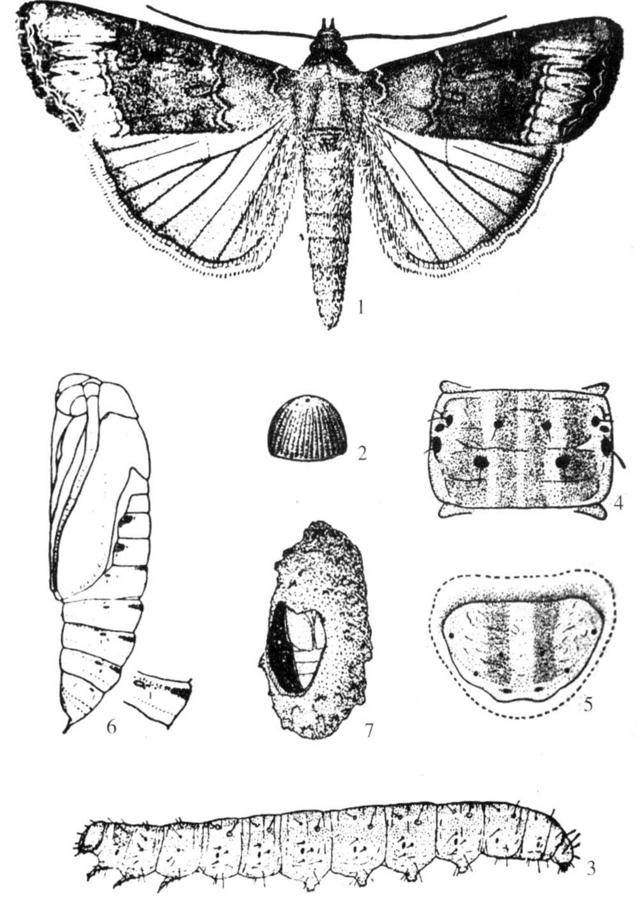

图8-29-1　小地老虎（引自浙江农业大学，1982）

Figure 8-29-1　*Agrotis ipsilon* (from Zhejiang Agricultural University, 1982)

1. 成虫　2. 卵　3. 幼虫　4. 幼虫第四腹节背面观　5. 幼虫末节背板（刚毛已略去）　6. 蛹（右下角为第七腹节部分放大，示刻点）　7. 土茧

以上。臀板黄褐色，有两条明显的深褐色纵带。幼虫一般6龄，各龄幼虫特征如下。

一龄幼虫体长2.1mm，头宽0.24mm。体灰褐色，表面光滑，粒突大小略相似。气门淡褐色，近圆形，前胸和第八腹节气门比第一至七腹节的约大1/4。第一、二对腹足退化，无趾钩，行动似尺蠖。

二龄幼虫体长4.2mm，头宽0.39mm。体绿褐色，粒突较大，大小也略相似，但具棱角。气门形状同一龄幼虫。第一对腹足除少数有很小、发育不全的趾钩外，大部分均无趾钩，行动也似尺蠖。

三龄幼虫体长7.8mm，头宽0.63mm。体绿褐色，粒突比二龄幼虫略大，形状差异不显著。气门色加深成深褐色，椭圆形，前胸和第八腹节气门比第一至七腹节的约大1/6。

四龄幼虫体长14.4mm，头宽1.14mm。体暗褐色至灰褐色，背面有淡色纵带，粒突开始出现大小之分，相间排列，棱角甚明显。气门同三龄幼虫。

五龄幼虫体长23.3mm，头宽1.78mm。体色同四龄幼虫，粒突大小显著不同，棱角逐渐消失。其余同四龄幼虫。

六龄幼虫体长47.5mm，头宽2.56mm。体表粒突大小差异很大，几无棱角。其余同五龄幼虫。

蛹：体长18～24mm，体宽6～7.5mm，红褐色或暗褐色，具光泽。口器与翅芽末端相齐，均伸达第四腹节后缘。腹部第四至七节背面前缘中央深褐色，具有粗大的刻点，两侧的细小刻点延伸至气门附近；第五至七节腹面前缘也有细小刻点。腹末端具臀刺1对。

三、生活习性

小地老虎无滞育现象，条件适宜时可终年繁殖。在我国各地年发生世代数由北向南递增，由高海拔向低海拔递增。在黑龙江、内蒙古河套、吉林1年发生1～2代；辽宁沈阳、甘肃银川、内蒙古包头1年发生2～3代；北京、河北霸县、山西太原、四川雅安1年发生3代；山东济宁、陕西武功、江苏徐州、河南郑州及新乡、贵州福泉、四川成都1年发生4代；江苏南京、重庆1年发生4～5代；湖北江陵及宜昌、湖南长沙1年发生5代；台湾1年发生5～6代；广西桂林1年发生6代；广西南宁1年发生7代。从地理区域来看，长城以北一般1年发生2～3代；长城以南、黄河以北1年发生3代；黄河以南至长江沿岸1年发生4代；长江以南1年发生4～5代；华南亚热带地区，包括广东、广西、云南南部，1年发生6～7代。除南岭以南地区有冬、春两代为害外，其他地区无论发生几个世代，都以当地发生最早的一代造成生产上的损害，其后各代种群数量骤减，为害较轻。第一代幼虫为害盛期从北向南逐渐提早，黑龙江为6月中、下旬，辽宁为5月下旬至6月上旬，北京为5月上、中旬，湖北武汉为4月中、下旬，福建福州为3月中旬至4月上旬。

越冬情况随各地冬季气温的不同而不同。在我国的越冬北界位于1月0℃等温线或33°N一线，按1月不同等温线可分为4类越冬区：①主要越冬区为10℃等温线以南，即岭南地区。冬季能正常发育繁殖为害。②次要越冬区为4～10℃等温线之间，即南岭以北、长江以南地区。以老熟幼虫、蛹及成虫越冬。③零星越冬区为0～4℃等温线之间，即长江与淮河之间的地区。多以成虫越冬，也有少数以幼虫和蛹越冬的报道。④非越冬区为0℃等温线以北地区，即淮河以北，不能越冬。

在25℃条件下，小地老虎的卵期为5d，幼虫期为20d，蛹期为13d，成虫期为12d，全世代历期约为50d。受发生期温度的影响，不同世代的发育历期相差很大，在多数地区第一代发生期气温低，发育历期长。局部地区越冬代因气温过低而无法完成。

小地老虎的越冬场所主要在杂草较多且未翻耕的闲田中，冬耕地内较少；潮湿土壤和腐殖质多的田块小地老虎数量较多，而土壤干燥和无草或杂草少的田内小地老虎幼虫越冬数量很少。越冬成虫产卵场所多因迁入地地貌不同而异，杂草或作物未出苗前，大部分产在土块和枯草棒上，而寄主植物丰盛时，则多产在寄主植株上。

小地老虎成虫昼伏夜出，羽化时间多在15：00～22：00。白天栖息在阴暗处或潜伏在田间杂草、柴草垛、油菜田、麦田、土缝、枯叶、屋檐等隐蔽场所，入夜进行飞翔、取食、交尾、产卵等活动，以19：00～22：00最盛。成虫的活动飞翔和温度有关，在春季夜间气温达4～5℃时即有成虫出现，温度升至10℃以上时数量较多，温度越高，活动的范围和数量越大。成虫飞翔能力很强，具有远距离迁飞能力，可累计飞行34～65h，迁飞总距离达1 500～2 500km。成虫具强烈的趋化性，特别喜欢酸、甜、酒味的发酵物及各种花蜜和泡桐叶。成虫有趋光性，对普通灯光趋性不强，但对黑光灯有强烈趋性。

成虫羽化后需补充营养，3～5d后交配、产卵。产卵场所因季节而异，当杂草或作物出苗前，多产在土块、根茬或枯草秆上，寄主植物丰盛时，多产在寄主植物上。有追踪小苗产卵的习性。卵散产或成堆产在3cm以下的幼苗叶背面或嫩茎上（杂草或作物）。一般以土壤肥沃而湿润的田里为多。成虫产卵选择叶片表面粗糙多毛的植物，如灰菜、刺儿菜、小旋花、酸模、水蓼、叶蓼、藜、小蓟、猪毛菜等杂草幼苗。雌成虫一生可产卵6～7次，每雌产卵量可达800～1 000粒，最高达3 000粒以上。成虫产卵前期4～6d。在成虫高峰出现后4～6d，田间相应出现2～3次产卵高峰。产卵期2～10d。雌、雄平均比例为50.42∶49.58。雌成虫平均寿命15d左右，雄成虫平均寿命10d左右。

卵的孵化以中午前后为盛。卵在干燥和短期淹水后仍可孵化。卵的发育起点温度为8.08～8.61℃，有效积温为67.61～72.33℃。在25℃温度下，卵的发育历期为4.65d，孵化率为92.52%。

幼虫共6龄，少数7龄或8龄。一至二龄幼虫昼夜均在寄主植物心叶处取食，将心叶咬成针状孔，展叶后呈窗纸状孔或排孔；三龄后扩散，昼伏夜出为害，白天潜伏在作物、杂草根部附近的表土干、湿层之间，夜间或清晨出来取食为害作物，一至三龄幼虫食量很小，仅占全幼虫期食量的3%左右；四龄以上幼虫多从植株茎基部咬断，将苗拖入土中或土块缝中继续取食，嫩茎不全咬断，造成枯心，四龄后食量开始剧增；五至六龄进入暴食期，食量占总取食量的96%左右，每头幼虫一夜能咬断菜苗4～5株，多的达10株以上。一至三龄幼虫浸水48h死亡。四至五龄幼虫浸水32h全部死亡。成长幼虫行动敏捷，三龄后幼虫还有假死性，一遇惊动就缩成环形。平时性极残暴，有相互残杀习性。幼虫还有迁移习性，在食料不足、环境恶化或寻找越冬场所时，表现尤为明显。如我国西南部分布在油菜或薹子田中的小地老虎，当收获翻耕后，即向田边杂草中迁移，耕地播种出苗后又迁回田间为害，在北方地区由于密度大，也常可以看到将一块地吃完又迁移到邻近地块为害。迁移时间多在夜间，但也有白天迁移的。幼虫发育起点温度为9.18～9.75℃，有效积温为281.17～333.93℃。幼虫历期约为1个月，越冬代较长，在浙江杭州为2个月，在重庆达3个月。在24℃时，幼虫历期为21.10d，其中，一至六龄幼虫历期依次为3.08d、2.23d、2.07d、2.38d、3.24d和8.01d。在25℃时，幼虫历期为20.46d。老熟幼虫潜入地下筑土室化蛹。

幼虫老熟后停止取食，随即潜入6cm左右深的土中，分泌黏液筑成土室，蜕一次皮变成蛹，蛹在土室内头部向上。越冬蛹多在苜蓿、蔬菜及田埂野草根部附近。蛹的发育起点温度为11.78～11.85℃，有效积温为182.51～185.22℃。在浙江杭州平均蛹期为12.4～17.9d，越冬代平均蛹期为150d。在24℃时，蛹历期为14.43d，在25℃时，蛹历期为15.69d。

小地老虎为多食性害虫，主要以幼虫为害幼苗。幼虫将油菜幼苗近地面的茎部咬断，使整株死亡，造成缺苗断垄，严重的可使油菜苗出现被取食成光秆的现象。一龄幼虫啃食叶肉，残留表皮，叶片呈小米粒大小的透明被害状；二龄幼虫吃成高粱粒至豆粒大小的孔洞，仍留表皮；三龄幼虫将叶片咬成缺刻，有的可咬断油菜嫩心；四龄幼虫能整齐地咬断油菜幼苗的嫩茎，拖入穴中；五至六龄幼虫进入暴食期，取食量约占整个幼虫期的96%。

四、发生规律

（一）虫源基数

小地老虎是一种迁飞性害虫，它既不在亚热带平原地区越夏，也不在温带地区越冬，在同一地区有明显的季节性突增突减现象。春季越冬代成虫主要由南向北迁飞，秋季再由北向南回迁到越冬区越冬。在我国主要越冬区，夏季高温期间很难见到，秋季虫源来自北方。冬季生长发育正常，形成较大种群，翌年3月越冬代成虫大量北迁，是我国境内春季小地老虎的主要迁出虫源基地。在次要越冬区，夏季虫量较少，秋季迁入虫量也少。1～2月气温低于幼虫发育起点温度，幼虫发育停滞，越冬代成虫到4月才出现迁出高峰，且迁出量较少。春季有大量北迁成虫过境。在零星越冬区，夏季和秋季种群密度较低，秋季迁入虫量少，冬季0℃低温持续时间长，小地老虎极少存活，春季虫源来自南方，并有部分过境。在非越冬区，冬前虫量极少，冬季全部死亡。春季越冬代成虫全部由南方迁入，第一代成虫大量外迁。25°N以南是长江流域以北为害区的虫源地，成虫从虫源地交错向北迁飞为害。

（二）气候条件

影响较大的有温度、降雨和风。小地老虎是一种喜温暖的害虫，低温限制其越冬，高温不利于其生长发育和繁殖。室内测定各虫态的过冷却点表明，卵的耐寒力最强，其次是蛹和成虫，幼虫的抗寒能力则随虫龄增大而降低。成虫产卵和幼虫生长发育的适宜气温为 15～25℃，高于 28℃或低于 12℃均不利于其发生。温度 25℃左右，相对湿度为 80%～90%，土壤含水量为 15%～20%，是小地老虎种群生长发育和繁殖的最适条件，卵、幼虫、蛹等各虫态成活率均在 90%以上，成虫寿命最长，雌成虫的产卵量最高。当早春（3～4 月）温度高时，发生就早，温度低则发生晚。幼虫较耐低温，在 2～4℃条件下，幼虫可存活 2 个月，但 1 月温度低于 0℃则不能存活。冬季温度过低会增加小地老虎的死亡率，在−5℃的情况下，幼虫经 2h 全部死亡。高温也不利于小地老虎的生长与繁殖，在温度高于 30℃，相对湿度为 100%时，常引起一至三龄幼虫大量死亡。蛹期如遇高温（30℃以上），往往使蛹体减轻，90%的个体不能羽化。当平均温度高于 30℃时，成虫寿命缩短，产卵量显著下降或不能产卵。当温度升至 35℃时，仅有 17.5%的个体存活。因此，小地老虎在能正常越冬的地区无法越夏，而在能正常越夏的地区则不能越冬，所以需要迁飞。小地老虎在各地发生代数不一，但均以第一代幼虫猖獗为害，以后各代种群数量骤减，其主导因子与夏季高温对其繁殖不利有关。

降水量影响小地老虎的分布和发生程度。在年降水量小于 250mm 的地区，小地老虎种群数量极低，在降水量充沛的地方，发生较多。长江流域各省份降水量较多，常年土壤湿度较大，为害偏重；北方降水量少或常年干旱的地区，为害较轻。

风直接影响小地老虎迁飞的各个过程。每年太平洋暖流和西伯利亚冷流形成的季风，决定小地老虎迁飞时间、迁飞方向、迁飞距离和各迁入区发蛾的多少。迁飞过程中是否降落与下沉气流等有关，如气旋及锋面天气等常使迁飞途中的蛾群迫降，蛾峰的出现常与切变线或锋面天气同步，这是大范围内蛾量同期突增的主要原因。

小地老虎喜欢温暖潮湿的土壤环境。因此，沿河、沿湖、水库边、灌溉地、地势低洼地及地下水位高、耕作粗放、杂草丛生的田块虫口密度大。春季田间凡有蜜源植物（如油菜）的地区发生亦重。在北方各省（自治区、直辖市），常年灌溉区发生严重，丘陵旱地发生极少。发生面积和当地前一年的积水面积有关，积水面积大，发生面积也大。发生程度与积水地区的退水早晚有关，凡前一年晚秋至当年早春退水的地区受害重，退水过早或过迟的地区受害轻。在成虫产卵盛期，土壤含水量在 15%～20%的地区发生较重。如果头年 8～10 月降水量在 250mm 以上，土壤湿度大，杂草丛生，有利于成虫产卵和幼虫取食活动，翌年 3～4 月降水量在 150mm 以下，是小地老虎大发生的预兆；但秋季雨少，春季雨多，湿度过大，则不利于幼虫发育，初龄幼虫淹水后很易死亡；土质疏松、团粒结构好、保水性强的壤土、黏壤土、沙壤土易透水且排水迅速，更适宜小地老虎的繁殖发育，尤其是头年被水淹过的地方发生量大，为害更严重。而重黏土和沙土则发生较轻；土质与小地老虎的发生也有关系，但实质是土壤湿度不同所致。我国南部沿海、滨海地区油菜区多为沙质壤土，受害常较重。

（三）寄主植物

小地老虎为多食性害虫。在我国北方地区低洼内涝区，主要为害一些耐涝作物，如高粱、苘麻（青麻）、马铃薯、春小麦、玉米及部分烟草、棉花。在灌溉区中栽培棉花的地区主要为害棉苗及一些杂粮作物，还有各种蔬菜。在南方沿长江流域的棉区，主要为害棉苗及蔬菜，在西南如四川主要为害玉米、棉花、油菜及豆类等，贵州受害作物主要是烟草苗。在东南如福建南部山区主要为害玉米。据研究观察，小地老虎喜食植物有玉米、棉花、番茄、茄子、辣椒、葫芦、向日葵、马铃薯、烟草、蓖麻、西瓜、南瓜、黄瓜、苦瓜、白菜、甘蓝、萝卜、胡萝卜、番薯、蕹菜、蚕豆、豌豆、大豆、油菜、红花、鸭跖草、酢浆草、碎米荠、藜、野薄荷、马齿苋、蛇目菊、蓼、酸模、野苋、醴肠、美人蕉、芭蕉、茑萝、百日草、蝴蝶花、叶下珠、滇苦菜、泥胡菜、牵牛花、一年蓬、合欢、虎耳草、车前、乌蔹莓等。较喜食乌桕、野菠菜、积雪草、益母草、狗尾草、梨、杠板归、鼠曲草、回回蒜、悬钩子、苍耳、葎草、益母草、野蔷薇、小元宝草、紫花地丁、蓬蒿、紫茉莉、扁柏、紫薇、葛藟、金丝桃、连翘、野菊、芙蓉、黄芩、桑、茉莉、栀子、蟋蟀草、鸡冠花、杉、八仙花、凤仙花、铁苋草等。不喜食狗牙根、艾细叶蓼、刺槐、芫花、防己、白茅、稗、牡荆、蜀葵、黄檀、稻、蒜盘子、牛皮冻、丝棉木、忍冬、六月雪、女贞、桃、小灰木、棣棠、白杨、枇杷、合萌、曼陀罗、法国梧桐等。寄主植物与小地老虎的发生有密切关系。在杭州郊区，春播苋菜常被小地老虎吃光。在辣椒、茄子、番茄等地里撒播苋菜，可引诱其集中为害苋菜，以减轻对上述作物的为害。在南京地区，小地老虎以菜地发生密度最大，麦田密度最小。此外许多杂草，大多是幼虫早期的丰富食料。小地老虎的为害程度也常与播种前耕地草荒程度有关。杂草少受害轻，反之则重。

耕作粗放、长期不翻耕的地区小地老虎必然严重。

（四）天敌

小地老虎的天敌种类丰富，根据近20年国内外文献记录，其天敌种类至少有120多种。主要有天敌昆虫和病原微生物两大类群，包括捕食性和寄生性昆虫、蜘蛛、细菌、真菌、病原线虫、病毒、微孢子虫等。天敌昆虫中捕食性种类分属于4个目（螳螂目、革翅目、鞘翅目、半翅目）7个科（螳螂科、蠼螋科、虎甲科、步甲科、隐翅虫科、蝽科、姬蝽科），共有29种。代表种类有广腹螳螂［*Hierodula patellifera*（Serville）］、中华虎甲（*Cicindela chinensis* De Geer）、大气步甲（*Brachinus scotomedes* Redtenbacher）等。寄生性天敌昆虫分属于双翅目寄蝇科和膜翅目姬蜂科、茧蜂科、小蜂科、细蜂科、赤眼蜂科等。寄蝇科共有19种，其中国内记述有14种，国外记述有5种，代表种类有双斑膝芒寄蝇（*Gonia bimaculata* Wied.）、灰等腿寄蝇（*Isomera cinerascens* Rondani）、伞裙追寄蝇（*Exorista civilis* Rondani）、中华膝芒寄蝇（*Gonia chinensis* Wiedemann）、饰额短须寄蝇［*Linnaemyia comta*（Fallén）］等。姬蜂科共有17种，其中国外记述的有8种，代表种有夜蛾齿唇姬蜂（*Campopletis* sp.）、小地老虎大凹姬蜂（*Ctenichneumon* sp.）等。茧蜂科有14种，其中国外记述的有10种，代表种类有伏虎悬茧蜂（*Meteorus rubens* Nees）、螟蛉盘绒茧蜂［*Cotesia ruficrus*（Haliday）］等。赤眼蜂科主要有4种，即广赤眼蜂（*Trichogramma evanescens* Westwood）、螟黄赤眼蜂（*Trichogramma chilonis* Ishii）、松毛虫赤眼蜂（*Trichogramma dendrolimi* Matsumura）和暗黑赤眼蜂［*Trichogramma euproctidis*（Girault）］。它们都是小地老虎卵寄生蜂。苏云金芽孢杆菌（*Bacillus thuringiensis*）有9个亚种对小地老虎有杀虫活性。其中以鲇泽亚种毒性最强。对小地老虎有侵染毒性的真菌有五大类群，如球孢白僵菌（*Beauveria bassiana*）、金龟子绿僵菌［*Metarhizium anisopliae*（Metschn.）Sorokin］等，其中，国外记述的有3种，即莱氏蛾霉（*Nomuraea rileyi* Furl），玫烟色拟青霉［*Paecilomyces fumosoroseus*（Wize）Brown et Smith］和巨孢虫霉（*Entomophthora megasperma* Cohn）。病毒有质多角体病毒（CPV）、核型多角体病毒（NPV）和颗粒体病毒。病原线虫有斯氏线虫科、索科、异小杆科。据调查，麦套棉田中第一代小地老虎幼虫被六索线虫（*Hexamermis agrotis*）寄生，寄生率可达62.21%～84.38%。微孢子虫有4种，其中国外记述的有3种，代表种为多形微孢子虫［*Vairimorpha necatrix*（Kramer）］和具褶微孢子虫（*Pleistophora schubergi*）。

（五）化学农药

早期油菜田化学防治地下害虫多用内吸性好的克百威、甲拌磷等剧毒农药，尽管对小地老虎防治效果较好，但同时杀伤大量天敌，使农田生态系统遭到破坏，也影响农产品质量安全和人的健康。小地老虎对敌百虫、马拉硫磷、辛硫磷等有机磷类和甲萘威、克百威等氨基甲酸酯类杀虫剂已产生了较高的抗药性。据试验，化学杀虫剂对小地老虎的触杀毒力顺序依次为拟除虫菊酯类>有机磷类>沙蚕毒素类杀虫单>氨基甲酸酯类。辛硫磷和敌百虫混配有明显的增效作用，在生产上应用合理的混配药剂来提高杀虫效果，减少施药量和次数。现在一般使用溴氰菊酯、氰戊菊酯等菊酯类及溴·马等混配制剂，敌百虫、辛硫磷等有机磷类，氟啶脲、氟虫脲等昆虫生长调节剂，等等。使用技术一般用毒饵诱杀、毒土拌种或根际撒施、灌根等。

五、防治技术

小地老虎是一种迁飞性害虫，呈间歇性暴发。小地老虎的防治，首先要做好预测预报工作，及时准确地确定各地的发生量和防治适期，再根据各地油菜及其他特种经济作物种类及生长发育状况，以第一代的防治为主，采取预防为主，因地制宜地以农业防治、物理防治、化学防治和生物防治相结合的综合防治措施。

（一）预测预报

对成虫的测报可采用黑光灯、蜜糖液诱蛾器或性诱器，在华北地区春季4月15日至5月20日设置，如平均每天每台诱蛾5～10头以上，表示进入发蛾盛期，蛾量最多的一天即为高峰期，过后20～25d即为二至三龄幼虫盛发期，为防治适期；诱蛾器如连续两天诱蛾30头以上，预兆将有大发生的可能。对幼虫的测报采用田间调查的方法，如定苗前有幼虫0.5～1头/m^2，或定苗后有幼虫0.1～0.3头/m^2（或百株幼苗上有虫1～2头），即应防治。

（二）农业防治

1. 除草灭虫 杂草是小地老虎产卵的主要场所和初龄幼虫的重要食源，也是幼虫转移到作物为害的桥梁。在北方春油菜区，春播前应精耕细耙，清除菜地内杂草，可消灭部分虫卵。在油菜出苗前或幼虫盛孵期进行一次除草，并及时将除下的杂草运出田外，远离菜田沤肥或烧毁，防止杂草上的幼虫转移到幼苗上为害。在长江流域冬油菜区，秋翻地晒土及冬灌，可杀灭虫卵、幼虫和部分越冬虫蛹。

2. 灌水和轮作 小地老虎发生后，及时进行灌水，可收到一定的防治效果。即在前作收获翻耕后灌水，经一昼夜后排干效果良好。此外，实行水旱轮作对防治小地老虎能起很大的作用。

3. 种植诱集作物 在油菜地里套种芝麻或苋菜，诱集小地老虎产卵，然后于孵化盛期集中喷杀，消灭低龄幼虫，以减轻油菜受害。

4. 肥料处理 在露天的灰肥或覆盖用枯草，应沤制或喷药处理后再施用，防止小地老虎卵随肥、草带入菜地。

5. 加强栽培管理，合理施肥灌水，增强植株抵抗力 合理密植，雨季注意排水，保持适当的温、湿度，及时清园，适时耕种除草，秋末冬初深翻土壤，减少虫源。

（三）生物防治

由于天敌对药剂的敏感性都比较高，应尽量不用或少用药剂，必须使用药剂防治时特别注意保护和利用天敌，尽量选择对天敌杀伤力小的植物源、微生物源（Bt、线虫、病毒制剂等）、矿物源杀虫剂，避开天敌繁殖期和敏感期施药，发挥天敌的自然控制作用来控制和降低小地老虎种群密度。

（四）人工、物理、生态防治

1. 人工捕杀幼虫 当田间检查断苗率低于1%时，可采取人工捕杀，于清晨刨开断苗附近的表土捕杀幼虫，连续捕捉几次，可收到良好的效果。

2. 诱杀成虫 ①利用黑光灯、频振式杀虫灯诱杀成虫。如每2.68～3.35hm^{2}安装一盏频振式杀虫灯诱杀成虫。②糖醋酒液诱杀成虫。糖6份、醋3份、白酒1份、水10份、90%敌百虫晶体1份，调匀，在成虫盛发期设置，均有诱杀效果。③性诱剂诱杀成虫。在早春设置性诱器30～45个/hm^2，平均防治效果可达80%以上。

3. 诱捕或诱杀幼虫 可用新鲜的蓖麻叶或泡桐叶，清晨捕捉幼虫。隔3～5行每1m放置1片，1 050～1 350片/hm^2，每天清晨在叶下捕杀幼虫，5d换1次叶片。选择小地老虎喜食的灰菜、刺儿菜、苦荬菜、小旋花、苜蓿、艾蒿、青蒿、白茅、鹅儿草等杂草堆放诱集地老虎幼虫。如叶上喷50%敌敌畏乳油1 000倍液，效果更佳。

（五）化学防治

对不同龄期的幼虫，应采用不同的施药方法。幼虫三龄前用喷雾、喷粉或撒毒土进行防治；三龄后，田间出现断苗，可用毒饵或毒草诱杀。小地老虎的防治指标为定苗前有幼虫0.5～1头/m^2，或定苗后有幼虫0.1～0.3头/m^2（或百株幼苗上有虫1～2头）。

1. 喷雾 可选用50%辛硫磷乳油750mL/hm^2、2.5%溴氰菊酯乳油或40%氯氰菊酯乳油300～450mL/hm^2、90%敌百虫可溶粉剂750g/hm^2，对水750L喷雾。或3%甲氨基阿维菌素苯甲酸盐微乳剂3 000倍液，病毒制剂（核型多角体病毒）1 000倍液喷雾，喷药适期在幼虫三龄盛发前。

2. 毒土或毒砂 可选用2.5%溴氰菊酯乳油90～100mL、50%辛硫磷乳油500mL或90%敌百虫可溶粉剂500g，加适量水，喷拌细土50kg配成毒土，300～375kg/hm^{2}顺垄撒施于幼苗根标附近。

3. 毒饵或毒草 一般三龄以上幼虫可采用毒饵或毒草诱杀。毒饵可选用90%敌百虫可溶粉剂0.5kg或50%辛硫磷乳油500mL，加水2.5～5L，喷在50kg碾碎炒香的棉籽饼、豆饼或麦麸上，于傍晚在受害作物田间每隔一定距离撒一小堆，或在作物根际附近围施，用量75kg/hm^2。毒草可用90%敌百虫可溶粉剂0.5kg，与拌切成3.3cm左右长的鲜嫩杂草或菜叶75～100kg混合，用量225～300kg/hm^2。

4. 灌根 用48%毒死蜱乳油或50%辛硫磷乳油1 000倍液、2.5%高效氟氯氰菊酯乳油2 000倍液、90%敌百虫可溶粉剂800～1 000倍液或80%敌敌畏乳油1 000～1 500倍液灌根，每穴灌液0.5kg。

贝亚维（浙江省农业科学院植物保护与微生物研究所）

第 30 节　黄地老虎

一、分布与危害

黄地老虎［*Agrotis segetum*（Denis et Schiffermüller）；异名：*Euxoa segetum*（Schiffermüller），*Noctua segetum* Schiffermüller 等］属鳞翅目夜蛾科地夜蛾属，俗称土蚕、地剪、截虫、切根虫等，是一种多食性的世界性重要农业害虫。国外分布于欧洲、亚洲、非洲各地。在日本、朝鲜和印度发生都很普遍；在法国严重为害玉米和其他多种作物；在奥地利为害甜菜、玉米和冬季禾谷类作物；在英国还为害森林苗圃。黄地老虎在我国除广东、海南、广西未见报道外，新疆、青海、甘肃、陕西、内蒙古、辽宁、吉林、河北、山东、河南、山西、江西、江苏、浙江、福建、四川、贵州、台湾等省份均有分布。20 世纪 60 年代以前，主要为害区在新疆、甘肃和青海一带，主要在乌鞘岭以西年降水量 250mm 以下的干旱地区密度较高；以东地区密度很低。如在新疆莎车地区，黄地老虎与警纹地老虎混合发生，黄地老虎在冬麦地内占 85.7%～100%，白菜田内占 71.2%～93.9%，马铃薯田内占 19%～28.6%。20 世纪 70～80 年代，在河南、山东、北京和江苏等地，黄地老虎种群数量有所上升。在北京，1974 年与 1975 年两年灯下黄地老虎蛾量仅次于小地老虎，居第二位，占总诱蛾量的 45.6%。

黄地老虎为多食性害虫，寄主有大麦、小麦、豌豆、玉米、马铃薯、油菜、萝卜、大白菜、甘蓝、辣椒等各种农作物及牧草、草坪草及藜、野燕麦等多种杂草。为害时期不同，以第一代幼虫为害春播作物的幼苗最严重，常切断幼苗近地面的茎部，使整株死亡，造成缺苗断垄，甚至毁种。黄地老虎为害分布较普遍，以北方各省份较多。主要为害地区在降水量较少的草原地带，如华北、新疆、内蒙古部分地区，在甘肃河西以及青海西部常造成严重危害，在黄淮海地区与小地老虎混合发生，在华东沿海地区有逐年加重趋势。黄地老虎是新疆地区的优势种，发生为害最为普遍。春季为害春播作物最重，秋季除为害早播冬麦外，大白菜等秋菜被害特别严重。轻则缺苗断垄，重则必须重播或耕翻改种，虫口密度最高可达 200 头/m^2。黄地老虎与小地老虎一样也会为害刚出苗或幼苗期的油菜，在我国西北新疆等地 8 月底早播的冬油菜区，在播种前已做土壤处理的情况下，在苗期还有 19 头/m^2 的虫口密度，严重影响冬油菜的出苗和齐苗。在长江流域秋季播种的冬油菜区，往往与小地老虎混合发生，对油菜出苗和齐苗造成一定影响。

二、形态特征（图 8－30－1）

成虫：体长 14～19mm，翅展 32～43mm，灰褐色至黄褐色；额部具钝锥形突起，中央有一凹陷；雌成虫触角丝状，雄成虫触角双栉齿状，分支长而向端部渐短约达触角 2/3 处，端部的 1/3 为丝状；前翅黄褐色，全面散布小褐点，各横线为双条曲线，但多不明显，变化很大，肾状纹、环状纹和棒状纹明显，且围有黑褐色细边，其余部分为黄褐色；后翅白色，前缘略带黄褐色。

卵：扁圆球形，底平，高 0.44～0.49mm，宽 0.69～0.73mm。具 40 多条波状弯曲纵脊，其中约有 15 条达到精孔区，横脊 15 条以下，组成五角形或六角形的网状花纹。卵初产时乳白色，以后渐现淡红色波纹至黄白色，精孔区斑及横带橙色，孵化前变为黑色。

幼虫：末龄幼虫体长 33～43mm，头宽 2.8～3.0mm。头部黄褐色，颅侧区有略呈长条形的黑褐色斑纹，唇基三角形底边略大于斜边，无颅中沟或仅有很短一段颅中沟，额区直达颅顶，呈双峰。体淡黄褐色，背面有浅色条纹，但不明显，体表颗粒不明显，多皱纹而色淡。腹部各节背面毛片后两个比前两个稍大，第一至七腹节气门后方的毛片比气门大约一倍，第八腹节气门的大小与气门后方毛片约相等。气门椭圆形，围气门片黑色，气门筛颜色很浅。腹足趾钩为 12～21 个，臀足趾钩为 19～21 个，臀板上有两块黄褐色大斑，中央断开，小黑点较多，基部及各刚毛间均匀分布。幼虫一般 6 龄，各龄幼虫体长、头宽如下。

一龄幼虫体长 1.6～3mm，头宽 0.3mm。腹足 3 对。

二龄幼虫体长 4～5.6mm，头宽 0.5～0.6mm。腹足 4 对。

三龄幼虫体长 6.5～14.3mm，头宽 0.8～1.5mm。腹足 5 对。

四龄幼虫体长 9.5～20.8mm，头宽 1.2～1.9mm。腹足 5 对。

五龄幼虫体长 18～27.9mm，头宽 1.8～2.9mm。腹足 5 对。

六龄幼虫体长 36～40mm，头宽 2.7～3.8mm。腹足 5 对。

蛹：体长 16～19mm，红褐色。从侧面看腹部不隆起，第一至三节无横沟，第五至六节前缘的刻点背面和侧面大小一致，第四节背面有稀少而不明显的刻点，第五至七节背面有很密的小刻点 9～10 排，腹末节有较粗的尾刺 1 对。

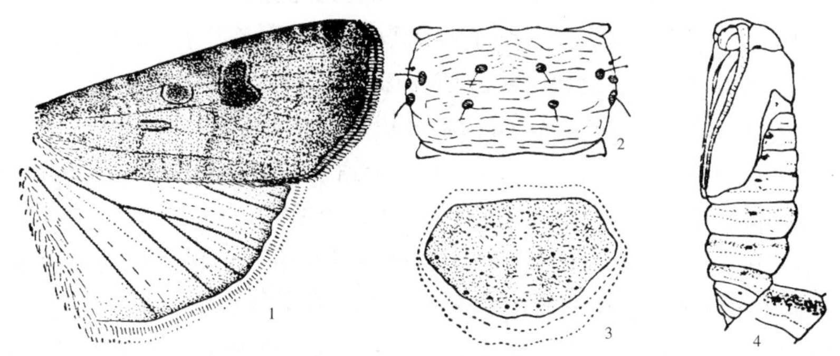

图 8-30-1 黄地老虎（引自浙江农业大学，1982）

Figure 8-30-1 *Agrotis segetum*（from Zhejiang Agricultural University，1982）

1. 成虫前、后翅 2. 幼虫第四腹节背面观

3. 幼虫末节背板（刚毛已略去） 4. 蛹（右下角为第七腹节部分放大，示刻点）

三、生活习性

黄地老虎在我国各地的发生世代数不同，黑龙江、辽宁、内蒙古河套地区、河北坝上地区和新疆北部 1 年发生 2 代；甘肃河西、新疆南部、陕西、河北其他地区、北京 1 年发生 3 代；黄淮地区及华东沿海地区 1 年发生 4 代。一年中春、秋两季为害，春季为害比秋季重。大多数地区第一代幼虫为害春播作物幼苗最重，为害期在 5～6 月，如内蒙古在 5～6 月、新疆莎车在 5 月下旬至 6 月上旬为害春播作物，山东聊城 5 月下旬至 6 月上旬为幼虫为害盛期，新疆玛纳斯一带约迟 1 旬以上。在黄淮地区黄地老虎发生比小地老虎晚，为害盛期相差半个月以上。但在新疆及华北地区末代幼虫也为害白菜、萝卜、油菜等冬菜，以及过冬绿肥和冬小麦。

各地多以老熟幼虫（个别以蛹）在土壤中越冬，越冬场所为麦田、绿肥、苜蓿、番茄、冬白菜、冬油菜、草地、休闲地以及野生杂草较多的田埂、沟渠、堤坡附近等，以冬油菜地、早播冬麦地、各种蔬菜地、苜蓿地的田埂向阳面越冬虫口多，是主要越冬场所。幼虫在田埂上越冬密度远较田间大，新疆莎车地区，幼虫在田埂上越冬的占 88.6%，而田中仅 11.4%。幼虫迁移田埂越冬时，田埂 6～8cm 深处，地温较田中高 1℃以上，其湿度亦较低，此为幼虫集中在田埂越冬的主要原因。另外，田埂向阳面越冬幼虫密度大，背阴面密度小，田埂土壤松紧适度、杂草较少和碱性较小者密度大，反之则小，田埂高低适中者密度大，太高或太低者均小。田间越冬虫口密度大小因作物种类而异，以大白菜最大，平均 24 头/m^2；早播冬麦、马铃薯次之，为 1.6～3.3 头/m^2；苜蓿、棉花和玉米地最小，为 1.3～1.5 头/m^2。初期越冬深度较浅，当土冻结时，达越冬深度。越冬深度范围较广，一般为 2～17cm，以 7～10cm 最多，占总越冬虫数的 50%～85.7%。越冬幼虫在土中造土穴越冬，身体在土中呈 V 形。幼虫越冬深度范围与 11 月下旬温度有关。温度高时，上下分布较广，低时则狭。越冬深度在沙质土或经过翻耕的土中较深，在黏土或没有经过翻耕的板结土中较浅。在新疆北疆越冬较深，南疆越冬较浅（与北疆地面覆雪厚和土壤质地重有关）。此外，不同作物田幼虫越冬深度亦有差异。冬麦、马铃薯田幼虫越冬较深，而白菜、苜蓿田较浅。在山东不同地貌、地形和作物类型条件下，越冬幼虫的密度和龄期都有显著差异，其特点是油菜地和河堤、沟边等刺儿菜较多的特殊环境中幼虫密度大，龄期高。前茬为玉米、高粱、谷子等刺儿菜较多的早播麦田次之，甘薯、黄烟等晚茬麦田幼虫密度最低，龄期最小。

四至六龄幼虫均可越冬，3～4 月气温回升，越冬幼虫开始活动，末龄幼虫陆续移动到土表 3cm 左右深处做土室化蛹。四至五龄幼虫再次取食麦苗或杂草，约在 4 月上、中旬至老熟后再潜入土中化蛹，蛹期 20～30d。4～5 月为各地化蛾盛期，黄淮海地区越冬代成虫发生期及第一代幼虫为害期比小地老虎迟 20～30d。新疆莎车地区每年有 3 次发蛾高峰期，第一次在 4 月下旬至 5 月上旬，第二次在 7 月上旬，第三次在8月下旬。

成虫昼伏夜出，白天躲藏于叶片下面（多半在近根部的叶片下面），或在土块及其他覆盖物之下；被惊动时，通常佯作死亡，极少飞走。当天黑时，成虫就开始飞翔，进行取食、交配、产卵等活动，21：00～23：00，成虫大量活动，随着天气逐渐变凉，成虫飞翔、活动逐渐减少，到黎明时分完全停止。成虫飞翔、活动的数量多少随温度、降水量、风速和月亮的圆缺而定。在高温、无风、空气湿度大的黑夜最活跃，气温高于12～15℃的无月黑夜，特别是天气阴暗时，成虫飞翔活动的强度最大。成虫对糖醋液及其他发酵液的趋性也很强，对黑光灯也有很强的趋性。据新疆田间调查，越冬代雄成虫占45.8%～61.5%，雌成虫占38.5%～54.2%，雄成虫略多于雌成虫。雌成虫寿命10～15d，雄成虫寿命10d左右。成虫产卵前需要取食花蜜作为补充营养，才能大量繁殖。在新疆越冬代成虫主要蜜源有马兰、沙枣、葱、洋槐、紫穗槐、萝卜、白菜、油菜、向日葵等。不补充营养的每雌产卵265粒左右，补充营养的产卵量平均为1 074.5粒。黄地老虎喜产卵于低矮植物或杂草近地面的叶片、土块、枯草根茎上。各代成虫的产卵寄主多为田间杂草，而在作物幼苗上卵量较少。如在新疆越冬代成虫在棉花、玉米田内野生苘麻、灰藜、旋花上的卵量占99%、99.7%，而棉花、玉米上仅占1%、0.3%。苘麻上的卵孵化后的幼虫不取食即转移至玉米、棉花和杂草上为害。成虫产卵趋于植株幼嫩而叶片有茸毛的植物。苘麻为产卵寄主而非取食寄主。二代成虫于冬麦和秋菜田内的产卵寄主亦以杂草为最多。

卵散产或堆产。在苘麻、番茄叶上喜欢堆产，一张叶片上常有卵10～30粒，成堆排列。而在玉米、棉花等作物上卵1～2粒散产。叶面、叶背均可产卵，以叶背为多。一般产卵量为300～600粒，在苘麻上一般为1 000粒左右，高的可达2 000粒以上。产卵前期3～6d，产卵期5～11d。卵期长短因温度变化而异，一般为5～9d，如温度在17～18℃时为10d左右，28℃时只需4d。据新疆在野生苘麻中调查，从4月中旬到9月中旬，田间均有黄地老虎卵出现，全年有3个高峰，第一次高峰在5月上、中旬，第二个在6月底至7月上、中旬，第三个在9月上旬。初孵幼虫有取食卵壳习性。

在温度高的晴暖天气以13：00～15：00卵孵化率最高，占当日孵化量的71.4%～83.3%，初孵幼虫吃完卵壳后在卵迹周围上、下爬行达32～46min后，下爬至地面，入土深度0.8～2.3cm。阴凉的天气温度偏低，卵无明显的孵化高峰，初孵幼虫在根须、棍棒上停留长达6～12h方才下行觅食或入土，当地表温度在40℃以上时，初孵幼虫不食不动，常因暴晒、饥饿、失水而死亡。

幼虫共6龄。陕西（关中、陕南）第一代幼虫出现于5月中旬至6月上旬，第二代幼虫出现于7月中旬至8月中旬，越冬代幼虫出现于8月下旬至翌年4月下旬。在平均温度19.5℃下，一至六龄幼虫历期分别为4d、4d、3.5d、4.5d、5d和9d，幼虫期共30d。甘肃（河西地区）第一代幼虫期54～63d，第二代幼虫期51～53d，第二代后期和第三代前期幼虫8月末发育成熟，9月下旬起进入休眠。新疆（莎车地区）第一代幼虫于5月上旬孵化，幼虫历期30d左右。西藏6月为第一代幼虫盛发期，8月开始可在田间见到大量第二代幼虫，11月中、下旬幼虫开始休眠越冬。

幼虫老熟后多在田中或田边地头的土壤中筑一椭圆形土室化蛹，一般在田埂上化蛹的较多。化蛹深度2～9cm，一般5cm左右。据新疆的观察，化蛹深度为3cm左右。蛹期在温度为14～15℃时为34～48d，23～24℃时为14～16d。在西藏，室温和室外自然变温条件下预蛹期3～6d，平均4.5d，在26℃恒温下为1～4d，一般2～3d。室温下蛹历期25～27d，自然条件下29～30d，在25℃恒温下13～16d。

初孵幼虫有取食卵壳的习性，将卵壳食去1/3～1/2，然后爬往他处寻找食物。幼虫蜕皮5次。幼虫在三龄前昼夜取食为害，常群集在作物或杂草的嫩心叶或其他幼嫩部位取食，将叶片咬成小米到豆粒大小的洞孔。一龄幼虫为害麦苗顺叶脉间取食叶肉，仅留透明表皮；为害白菜、藜等双子叶植物，多在叶背取食叶肉，被害叶片呈半透明的白斑或麻布眼状。二、三龄幼虫在白菜叶脉间取食，形成孔洞或缺刻。虫多食料不足时，可将叶肉食光而仅留叶脉。三龄以后幼虫开始扩散，白天潜伏在被害作物或杂草根部附近的土层中，夜晚出来活动为害。四龄后幼虫食量大增，常将幼苗嫩茎咬断，拖入穴中继续取食，幼虫在19：30左右开始活动为害，20：00后活动最盛。秋季为害冬白菜、冬油菜时也常咬断茎部，造成缺株或咬断生长点，只留两个肥大的子叶。在新疆，较大龄的幼虫在白菜卷心前，常从菜帮基部蛀入白菜心内，导致软腐病的发生。大龄幼虫还能钻蛀马铃薯的块茎。其为害方式有四种：①爬到地表将幼苗从近地面处咬断，四龄以上幼虫一夜可咬断3～5株麦苗。②天冷时只将头部伸出地表，将幼苗咬断后拖到穴中取食。③在表土下将幼苗在距根颈1～3cm处咬断，被害苗翌日太阳一晒即萎蔫死亡，易于拔出和识别。④为害大白菜时，低龄幼虫昼夜在心叶中取食为害，四龄后常钻进菜球中为害，被害白菜由于虫粪发酵和伤口易于被菌类寄生而造成腐烂。幼虫对高温和寒冷的耐性较强。五、六龄幼虫在玻瓶中进行太阳照射，4～5cm 深处土温达 39℃，11cm 深处土温达 35℃，生命无碍。田间调查，冬季幼虫虽处于土壤冻层，但生命无碍。在含水量为 40%的土壤中幼虫不能存活，含水量为 30%和 20%不适于幼虫的生活，其幼虫存活和化蛹、羽化率仅分别为 20%和 27%；而含水量为 10%和 10.7%时幼虫存活、化蛹羽化率分别为 73%和 75%。

四、发生规律

（一）虫源基数

黄地老虎一般以第一代幼虫为害最重。第一代发生程度的轻重受到诸如虫源（越冬基数）、气候条件、天敌情况、食物因素、作物种类及布局、耕作制度、灌溉、田间杂草多寡等多种因素的影响。在这些因素中，越冬基数和气候条件是影响黄地老虎第一代发生轻重的主要因素，而越冬基数是第一代大发生的基础，凡前一年越冬幼虫基数大，死亡率低，第二年春天发蛾量就高，田间虫口密度大。幼虫进入越冬前的寄主营养状况和土壤含水量与越冬幼虫死亡率有关，一般寄主营养状况好，植被覆盖度大，越冬幼虫死亡率低。土壤含水量 16.3%时，越冬幼虫死亡率 37%，土壤含水量 7.7%时，死亡率高达 52.7%。据山东调查，越冬幼虫在油菜地的密度达 5 头/m^2 以上，加之其他条件的有利配合（寄主营养状况和土壤含水量），即有造成第二年春天大发生的趋势。

（二）气候条件

气候条件对黄地老虎各代各虫态的发生均有一定的影响。温度不仅影响各虫态发育期的长短，更重要的是影响越冬幼虫死亡率的高低。越冬幼虫死亡率一般在 22%～42.4%。初冬和早春寒流突然侵袭，能导致表土下尚未进入越冬和早春已开始活动取食的幼虫死亡。黄地老虎在比较干旱的地区或季节为害严重，如西北、华北等地，但十分干旱的地区发生也很少，一般在上年幼虫越冬前和春季化蛹期雨量适宜才有可能大量发生。高温干旱对各虫态均不利，阻碍卵的成熟，并降低成虫的繁殖力，干旱季节食料缺乏，对黄地老虎幼虫的生长发育有影响。但干旱年份，幼虫常蔓延为害。早春、初夏温暖而干旱，有助于黄地老虎的发育，7～8 月干旱期延长，为害程度将大幅度加重。干旱也阻碍了植物的生长，并降低其抵抗力。高温干旱对自然蜜源及雌、雄蛾的生理机能，均有不良影响。至于繁殖能力，在 20℃下最强，高温则不利，28℃时仅 20%的成虫交配产卵，32℃下则不产卵。黄地老虎有随温度而迁飞的习性，喜欢在温度合适的地方产卵、生长发育、为害取食，不合适就迁飞，可使某一地区一代发生重而另一代发生轻。高湿对黄地老虎生长发育也不利。在空气湿度为 65%～85%，而平均温度为 20～25℃时雌蛾的繁殖力最大。

另外，黄地老虎喜在湿度正常、柔软、颗粒状的土壤中产卵。疏松土壤有利于幼虫的活动，因此田间的土壤结构也是决定其发生的主要原因之一。施肥也会影响黄地老虎的生长发育，施用厩肥的比施用化肥的发生重。耕作粗放，田间杂草丛生也有利于黄地老虎产卵。

在山东，前一年秋雨多，受涝面积大，耕作粗放，杂草较多，有利于四代黄地老虎发生，若在刺儿菜较多的早播麦田内，越冬幼虫平均每平方米 0.5 头以上，特殊环境 1 头以上，油菜地 5 头以上，1 月的温度比历年偏高，3～4 月温度适中，5 月温度略偏低，降水量、空气相对湿度适中等条件下，即有翌春大发生的趋势。在新疆泽普县，第一代黄地老虎的发生量大小除了与越冬虫源基数外，还与 1 月的温度，3～4 月的温、湿度密切相关。

（三）寄主植物及食料

各地黄地老虎的越冬寄主和场所、各代成虫补充营养的蜜源植物、雌成虫的产卵寄主和幼虫的取食为害寄主有所不同。

越冬寄主及场所：在新疆伊犁地区，一般在苜蓿、冬油菜、冬白菜、番茄、冬麦地以及渠堤坡、渠边等野生杂草较多的地里越冬。在山东，冬麦、油菜、萝卜、菠菜地以及田埂、地头、沟边等杂草较多的特殊环境是其主要越冬场所。油菜地和河堤、沟边等刺儿菜较多的特殊环境中越冬幼虫密度大，龄期高，前茬为玉米、高粱、谷子等刺儿菜较多的早播麦田次之，甘薯、黄烟等晚茬麦田幼虫密度最低，龄期最小。在甘肃酒泉，在玉米、甜菜、蚕豆、胡麻和秋菜地埂 10～15cm 深的土层内越冬。避风向阳坡埂的北面虫量较多，越冬存活率一般在95%以上。

成虫补充营养蜜源植物：在新疆，越冬代发蛾期有马兰花、洋槐花、紫穗槐花、沙枣花及萝卜、白菜等十字花科植物的花，但以前三种花蜜最为嗜食，其他花上成虫很少。马兰花及洋槐花与发蛾盛期吻合，成虫特别集中。沙枣花略迟，在发蛾盛期之末为多。第一代发蛾期有向日葵、大葱及棉花等花，对前两种花蜜特别嗜食。第二代则以向日葵和棉花花为其主要蜜源植物。山东越冬代成虫多趋向于取食大葱和芹菜花，其次为油菜和胡萝卜花，再次为紫穗槐花。

雌成虫产卵寄主：在新疆，产卵寄主植物约有30余种。此外，残根、枯枝、落叶、地面和土块上亦可产卵。各种作物幼苗上各代卵量比较少，以田间杂草上卵量最多。越冬代成虫在棉花、玉米田内野生苘麻上的卵量占87.3%、90.2%，灰藜上占6.5%、4.5%，旋花上占5.2%、5%，而棉花、玉米上仅占1%、0.3%。苘麻上的卵孵化后的幼虫不取食即转移至玉米、棉花和杂草上为害。苘麻为产卵寄主而非取食寄主。二代成虫于冬麦和秋菜田内的产卵寄主亦以杂草为最多。如糠稷（星星草）百株卵量达56.8～248.6粒，苘麻为118.2粒，旋花为1.12～10.3粒，野生糜子为3.2～5.4粒，枯枝残根为0.28～0.6粒。在山东，野苘麻、小旋花、刺儿菜、苦菜等杂草是主要产卵寄主。

幼虫取食的寄主：在新疆，春季主要为害玉米、棉花、高粱、蔬菜、瓜类、甜菜；秋季主要为害大白菜、冬麦、冬油菜和马铃薯。在新疆福海县，第一代幼虫为害玉米、蔬菜、高粱和瓜苗等；第二代幼虫为害冬白菜、马铃薯、黄萝卜、青萝卜、芹菜等晚秋作物。在西藏，幼虫的寄主有大麦、小麦、豌豆、玉米、油菜、大萝卜、大白菜、甘蓝、辣椒等作物及藜、野燕麦等多种杂草。

在实验室用不同食料饲养幼虫，以灰藜最好，苘麻最差。灰藜饲养的幼虫发育历期为23～30.9d，蜕皮4～5次，自然死亡率8.0%～43%；苘麻饲养的幼虫发育历期为46.1～47.1d，蜕皮6～7次，自然死亡率达45%。各种食料饲养的蛹重，以白菜和灰藜较重，马铃薯较轻。幼虫取食食料种类与成虫产卵量高低关系较为密切，如幼虫取食白菜、棉花及玉米、马铃薯混杂草者，较取食旋花、马铃薯及玉米者产卵量高0.15～2.23倍，产卵期和寿命亦较长。取食混合食料的幼虫，发育速度和成虫产卵量，一般均较取食单纯一种食料为高。在成虫取食各种花蜜饲养中，以供食蜂蜜红糖水、马兰花和向日葵花者产卵率和产卵量最高，白菜花、苜蓿花和清水者最低，前者为后者产卵量的1.99～14.06倍，雌蛾产卵率高11.1%～35.7%，产卵期和寿命亦以前者为长。从幼虫和成虫取食不同营养对产卵量的影响来看，成虫期补充营养较幼虫期营养更为重要。因而某一地区蜜源植物的种类、分布密度以及蜜源植物花期与成虫发生期的符合程度，是决定黄地老虎种群密度高低、为害轻重的最主要因素之一。

黄地老虎大田发生严重与否与播种期关系很大。在新疆，玉米、棉花、甜菜、高粱等春播作物其播期正值黄地老虎越冬代发蛾从无到有、从少到多的阶段，因而播种早发生就轻，播种晚发生就重；冬小麦、冬油菜等秋播作物播期正值越冬前幼虫逐渐减少阶段，以早播发生重，晚播发生轻；秋萝卜、秋白菜播期正值发蛾高峰，发生一般均较严重，但萝卜一般以早播稍轻，而白菜以早播较重。播种期决定发生为害的轻重，其实质是灌水早晚的问题。由于农田播种前必须灌溉，早播的必须早灌，晚播的一般均灌水较晚。因此，春季晚灌水、晚播种和秋季早灌水、早播种的田块，灌水时间与成虫发蛾产卵盛期吻合或接近，产卵就多，幼虫发生为害就重。秋播的白菜、萝卜、冬油菜，播种适期正值发蛾和产卵高峰期，为害均较严重，很难从调整播期来错过为害，因此必须注意其他防治措施的使用。

（四）天敌

黄地老虎卵、幼虫、蛹、成虫均有天敌，其中以幼虫和蛹的天敌种类较多，寄生率亦较高。

1. 卵的天敌 发现两种寄生蜂。一种为赤眼蜂（*Trichogramma* sp.），另一种为黑卵蜂（*Telenomus* sp.），但寄生率极低，仅偶有寄生。

2. 幼虫的天敌 小茧蜂（绒茧蜂 *Apanteles* sp.、侧沟茧蜂 *Microplitis* spp.）幼虫寄生在寄主体内，老熟后咬穿寄主体壁，在寄主尸体附近结黄褐色丝茧而后化蛹。黑瓦根寄蝇（*Wagneria nigrans* Meigen）寄生在寄主体内，寄主体内一般有幼虫2～6头，老熟后咬破寄主表皮，在土壤中化蛹。黄地老虎颗粒体病毒（AsGV）也可寄生幼虫。

3. 蛹的天敌 姬蜂主要种类是驼姬蜂（*Goryphus* sp.）和棘领姬蜂（*Therion* sp.），此两种姬蜂对各代蛹寄生率颇高（越冬代寄生率为7.0%～29.4%，第一代为10.5%～38.3%）。华丽膝芒寄蝇（*Gonia* *ornata* Meigen)、黑角长须寄蝇［*Peleteria rubescens*（Robineau - Desvoidy)］寄生率亦较高。

4. 成虫的天敌 有一种大型蜘蛛（学名待定）可在夜间捕食蜜源植物上的成虫。

（五）化学农药

黄地老虎世代重叠严重，多虫态同时存在，防治比较困难。以前长期使用敌百虫、溴氰菊酯、辛硫磷、氧乐果等常规化学农药进行防治，虽然能取得一定效果，但也同时杀伤天敌、污染环境、增强抗药性，造成该虫再猖獗的恶性循环。

灭幼脲是近年来发展起来的新型仿生抑制昆虫几丁质合成的药剂，主要起胃毒作用，干扰幼虫、若虫及卵内胚发育过程中几丁质的合成，使幼虫、若虫不能正常蜕皮而死亡，卵不能正常孵化。并且，该药选择性强，对有益昆虫和天敌安全，能在环境中降解。灭幼脲可以同时杀死黄地老虎的卵和幼虫，亦可杀死部分成虫，并且可使未被杀死的雌成虫产卵和卵孵化受到极大的抑制。用灭幼脲油剂处理卵、幼虫和成虫，死亡率分别达83.3%～92.86%、84.03%～100%和8.3%～9.03%，成虫相对产卵率降至7.90%～12.96%，相对孵化率降至0.80%～2.76%；用灭幼脲悬浮剂处理卵、幼虫和成虫，死亡率分别达5.55%～22.22%、82.64%～98.61%和7.64%～9.74%，成虫相对产卵率降至10.82%～16.43%，相对孵化率降至2.76%～5.88%。油剂的效果好于悬浮剂。

五、防治技术

参见小地老虎。

贝亚维（浙江省农业科学院植物保护与微生物研究所）

第31节 油菜薄翅野螟

一、分布与危害

油菜薄翅野螟（*Evergestis extimalis* Scopoli），别名油菜薄翅螟、茴香薄翅野螟、油菜螟、茴香螟，属鳞翅目草螟科薄翅螟亚科薄翅螟属，是油菜和其他十字花科蔬菜角果期的重要害虫。国内主要分布于河北、山东、江苏、陕西、四川、云南、甘肃、宁夏、内蒙古、黑龙江和青海。国外分布于朝鲜、日本、西伯利亚、欧洲及美国。寄主有茴香、油菜、白菜、萝卜、甘蓝、芥菜、荠菜、甜菜等。在油菜上主要以幼虫钻蛀角果蛀食籽粒为害。

二、形态特征

成虫：体长11～13mm，前翅长13～15mm。下颚须翘达额的前部，侧面各节的基部黄褐色，端部黄白色；下颚须细长，上翘内弯，白色微黄；额面平滑前倾，黄白色；触角丝状，黄褐色，干背覆白鳞，腹面具纤毛。胸背黄白色，颈片较暗，肩片稍淡。腹部黄白色。前翅淡黄色，外缘顶角至Cu_1脉间有暗褐色斑，中室端有小暗斑；翅中部稍内在亚前缘、中室后缘及2A脉处各有1个小暗斑；外线黑褐点形，前缘至M_2间外斜，M_2之后内斜；缘毛灰褐色。后翅白色微黄，外缘淡黄褐色，亚缘脉纹上有褐色小点列；缘毛灰黄色，中段稍暗。前翅背面黄白色，前缘由基部至顶角内侧黄褐色，横脉处较尖宽；外缘淡黄褐色。后翅背面黄白色，前缘近基部及外缘色暗（彩图8-31-1，1、2）。

卵：块产，卵块形状长条形、近方形或不规则形。卵块由4～10粒卵组成，最少1粒，最多20粒，平均7粒。卵粒直径0.8～1.0mm。初产时乳白色，经一昼夜后变为橘黄色或杏黄色，孵化前为灰褐色，点状黑头明显可辨（彩图8-31-1，3、4）。

幼虫：共5龄。一龄幼虫体长1～1.5mm，头部黑色，体淡黄色，前胸盾板褐色。二龄幼虫前期体长2～3mm，后期体长5～8mm，头部黑色，体淡褐色，被暗褐色毛片，褐色纵带清晰可辨，前胸盾板暗褐色，背中线淡灰色。三龄幼虫体长7～11mm，前胸盾板被淡灰色背中线一分为二，形成两个近方形的黑色斑块。四龄幼虫同样呈现如此特征。老熟幼虫体长25mm，体黄绿色，背中线呈黄色或暗红色纵带，背侧线与气门上线连成一较宽的灰褐色纵带，气门线为淡黄色，腹面淡黄色；头部黑色，有光泽，前胸背板上的黑色盾板分为左右两块，中后胸及腹部第九节各有4个黑色毛片排成一排；腹部一至八节背面各有6

个黑色毛片，前4个大，后2个小，排成两排。尾节背面有2个黑斑。腹足趾钩二序缺环式（彩图8-31-1，5）。

蛹：长10mm左右，初化蛹时黄褐色略带绿色，后变为黄褐色，羽化前附肢、翅芽、触角变为暗褐色。腹部腹面有微突，腹部末端暗褐色，端部有2个淡色的向后弯曲的细小臀棘（彩图8-31-1，6）。

三、生活习性

成虫羽化后喜欢在田埂、渠道、田边地头的草滩等长年不翻动、生长旺盛的杂草间活动。在油菜与小麦间种地区，成虫首先在小麦田栖息飞行，吸取补充营养，小麦齐穗扬花期正是成虫羽化高峰期。油菜盛花到挂角期，成虫迁徙至油菜田间开始产卵，邻近小麦田的一边或油菜田边地头，卵块出现时间相对油菜田中间早，高度也高。成虫飞翔能力不强，只能在油菜田间植株间短距离飞行，并在中下层油菜叶背、枝条下方栖息产卵。

幼虫孵化后即可蛀入油菜嫩茎皮下为害表皮及皮层组织，在油菜茎上形成明显的为害状；又能蛀入幼嫩角果内为害籽粒，在角果表皮上留下细小的蛀孔，蛀孔周围有细小的植物残渣和幼虫的排泄物。一龄幼虫蛀入角果后可直接取食幼嫩籽粒。有的幼虫可在花序上吐丝缀花为害。幼虫蜕皮时，有的在角果内完成，有的在枝干上、花序上或在叶片基部吐丝结成薄网并在其中完成。随着虫龄的增大，幼虫个体增长，食量增大，可不断转角为害或转株为害，在油菜角果上造成一至多个孔洞，为害状明显可辨。一头幼虫一生最多可取食为害7个油菜角果，平均取食量为0.6465g。幼虫除为害甘蓝型油菜外，也可为害白菜型和芥菜型油菜（彩图8-31-1，7）。

幼虫老熟后在田间、地埂或田块周围的荒草滩表土下做土茧越冬。越冬深度为1～4cm。这是翌年为害油菜的主要虫源。

四、发生规律

油菜薄翅野螟在春油菜区1年发生1代，以老熟幼虫在油菜田及周围田埂、地头土中做土茧越冬。

在青海油菜主产区，越冬幼虫6月上旬开始化蛹，6月中旬达到化蛹高峰期，6月下旬终见。蛹历期15～30d，最长可达40d。田间成虫6月中旬初始见，7月中、下旬为成虫发生高峰期，7月底为盛末期，8月中旬成虫终见。田间卵始见期为6月下旬，7月中、下旬为高峰期，卵历期5～15d。幼虫于7月中旬始见，田间为害期长达60d，至油菜收获后仍在角果中继续取食为害。

青海省农林科学院植物保护研究所室内饲养研究表明，每头油菜薄翅野螟幼虫一生平均为害6个角果，油菜平均每正常角果27.5粒，正常角果平均千粒重为3.918g，幼虫一生平均取食0.6465g油菜籽粒。

青海省农林科学院植物保护研究所2007—2010年研究表明，如果按油菜平均每667m^2产量175kg，油菜价格2.2元/kg，防治两次费用11.4元计算，即允许经济损失5.18kg油菜籽。产量越高经济允许损失率越小，防治成本越高经济允许损失率越高。按经济允许损失5.18kg计算，则田间幼虫量应控制在8 012头之下，即幼虫数量不超过12.0头/m^2或卵块数量不超过2～3块/m^2。

五、防治技术

根据油菜薄翅野螟的生物学特征、年生活史、发生规律和为害特点，结合当地油菜生产实际情况，防治油菜薄翅野螟，应认真落实“预防为主，综合防治”的植保方针，农业、物理、化学、生物等多种防治措施并进，方能取得较好的防治效果。

（一）农业措施

做好秋季深翻和冬灌，破坏幼虫越冬场所；做好播前准备工作，充分耙耱，破坏越冬土茧；结合油菜苗期松土，破坏化蛹场所。

（二）物理防治

密切进行田间害虫监测，有条件的地方在成虫羽化高峰期前安置诱虫灯，诱杀薄翅野螟成虫。

（三）化学防治

1. 土壤处理

（1）油菜播种时结合油菜跳甲防治，于油菜播种时随种播施毒死蜱等颗粒剂农药。

（2）结合油菜抽薹前防治油菜茎象甲为害，于油菜抽薹前用灭多威、硫双灭多威、丁硫克百威等氨基甲酸酯类杀虫剂或毒死蜱、乙酰甲胺磷、辛硫磷、马拉硫磷等有机磷类杀虫剂 1 000 倍液喷施油菜叶面，利用喷施到地面的药液及时翻动表土和灌水兼治油菜薄翅野螟。

2. 油菜开花末期（角果初期）药剂防治幼虫

（1）防治指标。在油菜薄翅野螟成虫羽化高峰期到油菜田间调查，如田间幼虫数量达到 12 头/m^2 或有卵块 2～3 块/m^2 时，即达到防治指标。

（2）防治适期。油菜处于开花末期，油菜薄翅野螟卵黑头期或幼虫孵化初期即为防治适期。

（3）药剂和防治方法。每 667m^2 50%高效氯氟氰菊酯乳油 40～50mL＋2.5%阿维菌素乳油 20～25mL 或 48%毒死蜱乳油 40～50mL 的用药量，对水 30kg，喷施油菜叶面 2～3 遍，施药间隔 7d，防治效果可达到 85%以上。

王瑞生（青海省农林科学院春油菜所）

第 32 节　油菜蚤跳甲

一、分布与危害

油菜蚤跳甲（*Psylliodes punctifrons* Baly）别名菜蓝跳甲、油菜蓝跳甲、点额跳甲，属鞘翅目叶甲科十节跳甲属。在国内广泛分布于河北、山西、陕西、甘肃、新疆、河南、江苏、安徽、浙江、湖北、江西、湖南、福建、台湾、广西、贵州、云南、四川、西藏等省份。国外分布于日本、越南、菲律宾、印度尼西亚等国。在我国陕西、甘肃以旱塬区为害普遍且严重。

油菜蚤跳甲寄主植物种类较多，除油菜、芥菜、花椰菜、大白菜、青菜、甘蓝、萝卜、芜菁、荠菜等十字花科植物外，其成虫还为害小麦、青稞、四季豆、豇豆、扁豆等作物。

油菜蚤跳甲的成虫和幼虫均可取食为害油菜。幼虫多潜入叶柄、叶片的主脉蛀食。秋苗期在叶的上、下表皮之间啃食叶肉，或蛀入嫩茎组织内取食成潜道，其排出的粪便及黏液填塞于叶片和嫩茎内，影响光合作用和组织输导，使幼苗生长不良，重者致油菜青干，造成大量的死苗甚至毁种重播；在抽薹期，幼虫主要为害下部叶片，蛀食叶肉、叶脉和叶柄组织，轻者叶片发黄，重者干枯脱落或因分泌物致使叶片霉烂。有些幼虫还潜入根、茎或分枝内取食，使组织呈水渍状腐烂，遇风雨易折断，角果数和千粒重显著降低。成虫主要取食油菜叶片、嫩茎和嫩角等。在秋季幼苗刚出土时，常取食子叶和生长点，造成幼苗死亡而缺苗断垄；在秋苗期和早春主要为害幼嫩叶片，啃食叶肉，造成圆形或近圆形大小不一的孔洞和缺刻，延缓苗期的生长速度。在油菜角果期，刚羽化的成虫常群集于幼嫩角果和嫩尖上为害，啃食角果表皮，造成许多不规则的孔洞或斑痕，有些甚至咬断花梗，咀食幼嫩的籽粒，使角果腐烂或籽粒干秕，影响角果正常成熟。据 1989—1991 年在陕西杨陵、永寿、乾县、武功等地调查，一般油菜田受害株率为 28.7%～45.9%，严重田块达 85%以上。受害田块可减产 10%～35%，甚至更高。由于其为害造成油菜籽粒小、质劣，不但单产、总产降低，而且还影响其商品性。

二、形态特征（彩图 8－32－1）

成虫：体长 2.5～3.2mm，体宽 1.5mm，雌虫稍大于雄虫，长卵圆形，头、尾稍尖狭，虫体背面及鞘翅呈蓝黑色或黑褐色，具金属光泽，腹面黑色。头顶部密布细小刻点，复眼卵形，额部向前隆突，额瘤不显。触角基部远离，紧贴于复眼内缘，呈丝状，由 10 节组成，为体长的 1/2～2/3，向后伸可接近鞘翅中部，第二、三节等长，第四节较长，端部 4 节短粗，由基部至端部逐节增大，基部二、三节棕黄色，端部黄褐色至褐色，各节上具细毛。前胸背板近似梯形，宽大于长，具细密小刻点，后缘弧形，两侧缘及后缘有脊。小盾片无刻点，略具紫色光泽。鞘翅上具较粗刻点，排成 11 纵列。足黑褐色，前、中足胫节带棕色，后足腿节黑色，膨大特化为跳跃足。

卵：圆形，长 0.6～0.7mm，宽 0.3mm，初产时鲜黄色，后渐变为棕黄色；5～6d 后卵的一端出现一黑点，12～14d 后两端均变黑，中部仍为棕黄色。

幼虫：初孵幼虫灰色至灰白色，后渐变为白色或黄白色，老熟幼虫体长 6～8mm。胴部 12 节，略扁，各节上均有褐色毛突，其上生有短毛。头部、前胸背板和臀板黄褐色至褐色，末节背板末端有二分叉，呈灰褐色。

蛹：为裸蛹，乳白色至灰褐色。卵圆形，长约 3mm，腹末较尖削，末端有 1 对深色臀棘。体表有淡褐色的小突起及短毛。

三、生物学特性

（一）生活史

油菜蚤跳甲 1 年发生 1 代（表 8-32-1），以成虫、卵和初龄幼虫越冬。成虫主要在油菜根际土缝中、枯叶下、心叶缝隙等处越冬；卵主要在根颈处和根际土壤中越冬；初龄幼虫则在叶柄、叶脉和嫩枝中越冬。翌年春，随气温回升，越冬成虫陆续出土活动、取食、为害并交尾产卵。越冬卵和当年所产新卵也陆续孵化，为害油菜。卵多散产于油菜毛根附近的表土中，通常卵历期约 15d，而越冬卵历期长达 100d 以上。在陕西关中等冬油菜区，成虫一般于 2 月中、下旬至 3 月初油菜返青时出土活动、交尾产卵。幼虫的孵化时期与冬油菜的返青期一致，一般年份在 3 月上旬，3 月中旬达卵孵化盛期。3 月下旬，越冬成虫相继死亡。其幼虫共 7 个龄期，为害期在 3 月上旬至 5 月中旬，为害盛期在 4 月上旬至 5 月初。4 月下旬开始化蛹，5 月中旬为化蛹盛期，蛹期 15d 左右，分前蛹期、初蛹期、中蛹期和后蛹期 4 个阶段。5 月上旬蛹开始羽化为成虫，5 月中、下旬达羽化盛期，成虫羽化后迁入油菜田为害，啃食蕾、花、嫩茎、嫩叶和角果。5 月下旬油菜收获后，成虫相继转移到附近的十字花科蔬菜、杂草上取食为害。6 月中、下旬随气温升高，潜伏于杂草上或土壤表层越夏。8 月下旬越夏成虫开始活动，9 月油菜出苗后又陆续迁入油菜田取食为害，9 月下旬至 10 月上旬迁入虫量达高峰。迁入成虫咬食油菜嫩芽幼叶，并交尾产卵。成虫产卵分秋末和早春两个阶段。秋季交尾盛期在 9 月下旬至 10 月，产卵盛期在 10 月上旬至 11 月上旬。秋末所产的卵部分于 11 月上旬孵化，而大部分卵进入越冬状态。

在青海海晏县等春油菜区，油菜蚤跳甲成虫于 4 月下旬至 5 月初出土活动，取食为害和交尾产卵，卵多产在油菜根际附近的表土层，5 月中、下旬达卵孵化盛期。6 月上旬至 7 月初为为害盛期，油菜收获后成虫陆续转移到其他十字花科蔬菜、杂草上取食为害，高温时期在杂草上、树皮下或土壤表层越夏。

表 8-32-1 油菜蚤跳甲生活史

Table 8-32-1 Life cycle of *Psylliodes punctifrons*

1月			2月			3月			4月			5月			6~7月			8月			9月			10月			11月			12月		
上旬	中旬	下旬	上旬	中旬	下旬	上旬	中旬	下旬	上旬	中旬	下旬	上旬	中旬	下旬	上旬	中旬	下旬	上旬	中旬	下旬	上旬	中旬	下旬	上旬	中旬	下旬	上旬	中旬	下旬	上旬	中旬	下旬
(+)	(+)	(+)	(+)																													
(●)	(●)	(●)	(●)	(—)	(—)																											
(—)	(—)	(—)	(—)	+	+	+	+	+																								
				●	●	●	●																									
						—	—	—	—	—	—	—	—																			
											⊕	⊕	⊕	⊕																		
												+	+	+	(+) +	(+)	(+)	(+)	(+)	(+) +	+	+	+	+	+	+	+	(+)	(+)	(+)	(+)	(+)
																							●	●	●	●	● (●)	(●)	(●)	(●)	(●)	(●)
																											—	(—)	(—)	(—)	(—)	(—)

注 ●：卵；—：幼虫；⊕：蛹；+：成虫；（ ）：越夏或越冬。

（二）虫态历期

室内饲养观察，春季卵的发育历期为 12～17d；幼虫期 32～48d；蛹期 12～19d；成虫历期可达 270～290d。

1. 卵历期 油菜蚤跳甲的卵无滞育现象，但越冬期和生活期卵的历期有较大差异。在越冬前期所产卵遇 5℃以下低温时停止发育，卵历期延长达 87～104d；秋、春季气温 10～15℃时，卵历期为 14～19d。

2. 幼虫历期 根据幼虫头宽和体长的测定，可将幼虫分为 7 个龄期。冬前孵化的幼虫发育历期超过 100d；早春孵化的幼虫发育历期为 56～68d，平均 61.6d。

3. 蛹历期 蛹历期14～17d，平均15.2d，可分为4个阶段，即前蛹期（预蛹期），4～5d；初蛹期，2～3d；中蛹期，3～4d；后蛹期，5～7d。

4. 成虫历期 油菜蚤跳甲成虫的寿命较长，历期达300d。一般在5月下旬羽化的成虫，至翌年春交尾产卵后才逐渐死亡。

（三）生活习性

1. 幼虫习性 幼虫具有钻蛀、隐蔽生活的习性，若暴露在植株体外则不能存活，历时1d即死亡。初孵幼虫从根茎交接处蛀入，在茎秆内蛀食，或由下部近地面叶片的叶柄和叶脉处蛀入为害，侵入叶片需0.5～4h。据调查，侵入初期幼虫多数集中于油菜植株基部的1～3片老叶中为害，约占侵入幼虫总数的84.2%，继而集中到根部蛀食为害。据1985年陕西渭北塬区的调查结果，在解剖检查的37株白菜型油菜中，共查到幼虫949头，平均每株有25.6头，其中叶内有145头，占15.3%；角果中有24头，占2.5%；分枝秆中有173头，占18.2%；茎中有227头，占23.9%；根中有380头，占40%。而1998—1999年对甘肃张家川县油菜剖株调查，共查到幼虫6 840.0头，每株虫量0～46.0头，平均28.5头，其中根部有幼虫6 070.0头，占剖查总虫量的88.7%；茎秆、叶片有幼虫770.0头，占总虫量的11.3%，角果中未查到幼虫。可见，在油菜生长后期，60%以上的幼虫集中到根和茎基部为害。此外，在叶片中为害的，大多集中于叶柄和主脉中，约占受害叶片的67%。

幼虫活动范围小，只能在本植株组织内穿行取食，离开组织后则不能从外部重新侵入，因此，不能转株为害。

2. 化蛹和羽化习性 油菜蚤跳甲的幼虫老熟后爬出蛀孔，落于土表，钻入根际附近的表土或土缝中，筑蛹室化蛹，蛹室卵圆形，内壁光滑；也有极少量化蛹于枯叶下或杂草丛中。田间淘土检查表明，蛹在土壤中的水平分布是离油菜根际越近数量越多，0～10cm、10～20cm和20～30cm范围内的蛹量分别占全部蛹量的80.37%、17.39%和2.24%；蛹在土壤中的垂直分布是越近表层虫量越多，25cm以下则完全无蛹，0～5cm、5～10cm、10～15cm、15～20cm和20～25cm深度的蛹量分别占总蛹量的51.72%、24.14%、15.52%、6.90%和1.72%，且上述比例随调查田块的变化不明显。蛹的发育可分为4个阶段：前蛹期（预蛹期）的幼虫虫体收缩，长约3.5mm，弯曲，呈弧形；初蛹期的虫体纯白色，可见翅芽和3对胸足；中蛹期的虫体后足腿节膨大，呈褐色，并可见1对黑色复眼，其余仍呈白色；后蛹期的虫体前翅由白变黑，由软变硬，后翅呈灰色，经5～7d即可羽化。其成虫全天都可羽化，但大多集中在后半夜和上午。

3. 成虫习性

（1）食量大，可造成毁灭性灾害。油菜蚤跳甲新羽化的成虫需经较长时间的取食才能达到性成熟，这是它一生食量最大、为害最为严重的时期。刚羽化的成虫先取食油菜或其他十字花科蔬菜的幼嫩枝叶及角果，后迁至播娘蒿、苦荬菜、刺儿菜等杂草上取食栖息、越夏。经越夏的成虫在秋季才进入交配产卵期。

（2）群集性、趋绿性强，有趋上性。油菜蚤跳甲成虫群集性强，常多个成虫集中在一起取食为害，一个角果可多达50多头成虫。趋上性明显，除在中午前后躲避强光外，一般都有向植株上部、主茎顶部和角果尖端集中的习性。成虫有趋绿性，在油菜田中不同植株的成熟度有差异，成虫常集中于青绿的植株上或植株的幼嫩部位取食。

（3）善跳跃，有趋光性，对黑光灯特别敏感。早晚或阴天、雨天躲藏在叶背或土块下，中午前后温度较高时活动旺盛。在10℃左右开始取食，超过15℃时食量渐增。成虫对低温抵抗力强，在−5℃时经20d仅死亡10%，−10℃时经5d死亡达20%～30%。

（4）假死性。成虫受惊扰即落地假死，经数秒钟后才恢复活动。

（5）耐饥性强，新羽化成虫有较强的耐饥性，室内饲养连续14d不供食才开始死亡。

（6）越夏性及多次交尾产卵习性。越夏后的成虫有多次交尾、产卵习性，每头雌虫一般交尾5～7次，最多可达11次。每次交尾历时2～3h。成虫交尾后2～6d即开始产卵。卵散产，多产在油菜根际附近的表土层，也有产在油菜心叶中、叶柄上的。每雌产卵量42～78粒，平均56粒，冬前产卵量占73.2%，早春产卵量占26.8%。

4. 寄主及食性 油菜蚤跳甲的寄主主要是油菜、大白菜、青菜、萝卜、甘蓝、芥菜、播娘蒿等十字花科植物。此外，成虫还为害小麦、青稞、四季豆、豇豆、扁豆等作物。

四、发生规律

油菜蚤跳甲的发生和为害情况与油菜生长的环境、气候条件及寄主作物等有着密切的关系。

（一）地理环境、土质及灌溉

油菜蚤跳甲是干旱半山区或塬区油菜的主要害虫，以向阳半山旱地发生严重，川地水浇地发生较轻。例如 1999 年 4～5 月，在甘肃张家川县的四方、太阳、龙山等乡（镇）随机抽查的 69 点共 21.0hm^2 油菜田中，死亡株率小于 10％的一级田有 4.9hm^2，占调查总面积的 23.3％；死亡株率在 11％～25％的二级田 5.5hm^2，占 26.2％；死亡株率为 26％～40％的三级田 3.1hm^2，占 14.8％；死亡株率为 41％～55％的四级田 3.2hm^2，占 15.2％；死亡株率在 56％以上（基本绝收或改种）的五级田 4.3hm^2，占 20.5％。受害程度由轻到重的排序为川灌地、川旱地、梯田地、阴坡山地、阳坡山地。

油菜蚤跳甲大多在土中产卵和化蛹，因此，土壤质地与其发生量关系密切。土质疏松、不能灌溉的旱地发生程度明显重于土质黏重、已进行冬灌的田块，两种类型田块虫口密度相差 1.59～5.50 倍。在同一条件下，未冬灌的油菜田百株虫口达 368 头，经冬灌的油菜田百株虫口仅有 144 头。室内测定不同土壤含水量对其蛹的羽化影响试验结果表明，土壤含水量为 15％时最适宜蛹的发育，其羽化率可达 100％；土壤含水量为 10％、20％、25％时，蛹羽化率分别为 46.7％、34.5％和 20％。

（二）气候条件

冬、春干旱是导致油菜蚤跳甲严重发生的环境因子。在甘肃张家川县，1997 年 11 月至 1998 年 3 月的降水量为 93mm，1998 年 11 月至 1999 年 4 月的降水量仅 84mm，均低于常年均值，导致该虫连续两年严重发生。

（三）播种时期和种植方式

油菜播期的早晚，直播和移栽等均关系到油菜蚤跳甲成虫迁入油菜田的迟早和数量的多少。播期早，幼苗出土早而长势好，则秋苗期成虫迁入量大，整个生育期均发生较严重。系统调查表明，8 月下旬播种田比 9 月上旬播种田虫口密度高 37.6％～80.4％。直播田虫口密度明显高于移栽田和套种田，相差 2～4 倍，移栽田和套种田虫口密度则无明显差异。

（四）寄主植物

大白菜、青菜等蔬菜田和白菜型油菜田发生重。芥菜、甘蓝等蔬菜田和芥菜型、甘蓝型油菜田发生轻。十字花科蔬菜连作或相邻、与油菜田连作或相邻的田块发生严重，一些连作田的幼苗，甚至子叶尚未出土便被咬死。

据 1990 年 4 月在陕西永寿县调查，白菜型、甘蓝型、芥菜型油菜受害程度明显不同，平均百株下部受害叶片中幼虫数分别为 849.4 头、555.2 头和 226.7 头，三者之比为 3.75∶2.45∶1。同一类型，不同品种，受害程度差异亦很大。小区种植 9 个甘蓝型油菜品种进行试验观察，秦油 3 号、甘油 5 号、华油 9 号、7211、7511、82089、奥罗、波利莫尔、青油 4 号的有虫株率分别为 73％、84％、100％、91％、100％、100％、96％、100％和 100％；百株幼虫量（下部叶片中的幼虫数量）分别为 171 头、375 头、513 头、530 头、559 头、590 头、630 头、668 头和 907 头。其中以秦油 3 号受害株率最低，百株幼虫量最少。

五、预测预报

（一）调查内容和方法

分别在油菜齐苗期、秋苗期、返青期、抽薹期和角果期，选定当地种植的不同油菜类型、品种、播期，水浇地及旱地等油菜田 10 块以上。每块地 5 点取样，调查成虫数量和植株根、茎、叶等不同部位的幼虫数量及为害状况。

（二）预测方法

根据冬前调查的虫口密度和下式的计算结果决定是否防治。

当 $N\times Q/(P-M)\geqslant 0$ 则需防治；而当 $N\times Q/(P-M)<0$ 时可不防治，其中 N 表示冬前虫口基数，Q 表示根据调查数据推断的自然增殖倍数，P 表示每 667m^2 株数，M 表示单株平均阈值的幼虫量。

据李元林等多年调查，由冬前成虫基数与春季幼虫量、蛹量，计算出油菜蚤跳甲繁殖倍数为 80～

100，每株内幼虫20头以下均属经济水平允许范围。根据这两个指标，每年秋季把各田块的成虫基数和定植株数调查清楚，按 $N\times100/P$（N 表示冬前虫口基数，P 表示每 $667m^2$ 株数）决定是否防治，一般小于20头者可不防治。

六、防治技术

采用药剂拌种、适期晚播、及时冬灌、适时化防为主的综合防治措施，可有效控制油菜蚤跳甲的为害。

（一）农业防治

1. 调整种植结构，轮作倒茬 根据油菜蚤跳甲对甘蓝型油菜的为害程度显著轻于白菜型油菜的特点，可适当扩大甘蓝型油菜种植面积。在茬口选择上，将油菜等十字花科蔬菜与小麦等非十字花科作物合理轮作。

2. 调整播期，适时冬灌 适期晚播，可推迟油菜蚤跳甲迁入期，减少迁入数量，缩短为害时期。在11月下旬或12月初土壤早冻午消期及时灌水，可达到保证油菜安全越冬和降低虫口数量的目的。

3. 摘除茎基部老黄残叶 在油菜返青抽薹期，大多数幼虫在油菜植株基部的叶柄或叶脉上钻蛀为害。通过摘除茎基部的老黄叶片，带出田外深埋或烧毁，可以减少田间幼虫来源。

（二）物理防治

油菜蚤跳甲成虫有着明显的趋光性，利用黑光灯或频振式杀虫灯诱杀成虫，可有效降低成虫的种群密度和后代发生数量。

（三）化学防治

1. 土壤处理 播种前整地时，每 $667m^2$ 用48%毒死蜱乳油500mL对水20kg均匀喷雾，或用5%辛硫磷颗粒剂2～3kg，于播种时撒入土表，然后再精细整地，使药剂均匀混合在表土中，可防治越夏成虫，并兼治其他害虫。

2. 药剂拌种 可选用48%毒死蜱乳油、3.2%甲氨基阿维菌素苯甲酸盐微乳剂、20%氰戊·马拉硫磷乳油按种子量的0.5%～1%拌种。堆闷8～12h后再播种，可控制油菜蚤跳甲从子叶期到3叶期的为害，并可压低越冬虫口基数。

3. 适时喷药 冬油菜在秋苗期，油菜蚤跳甲成虫大量迁入油菜田和交尾产卵之前的10月上、中旬，喷药消灭成虫，以减少产卵量，降低越冬虫口基数。做好虫情测报，调查冬前成虫基数与春季幼虫数量，在油菜返青期和角果成熟期，根据虫情适时喷药，防治幼虫和成虫的扩散为害；春油菜应注意油菜4叶期以前，在油菜蚤跳甲成虫产卵前或幼虫蛀入叶组织前及时向茎基部及叶腋处喷药防治。防治油菜蚤跳甲，通常选用20%氰戊菊酯·马拉硫磷乳油、3.2%甲氨基阿维菌素苯甲酸盐微乳剂、2.5%溴氰菊酯乳油或48%毒死蜱乳油1 500～2 000倍液喷雾，均可取得较好的防治效果。

李永红　郭徐鹏（陕西省杂交油菜研究中心）

第33节　大猿叶虫

一、分布与危害

大猿叶虫［*Colaphellus bowringi*（Baly）］属鞘翅目叶甲科无缘叶甲属，为东洋、古北区系共有种，在各地有许多俗名，又称白菜撑叶甲、乌龟虫、黑壳虫、猿叶甲虫、菜金花虫、黑蓝虫、牛屎虫，幼虫又称滚蛋虫、癞虫、弯腰虫。国内分布北起黑龙江（嫩江）、内蒙古，南至海南及广东、广西南缘；东邻前苏联东境、朝鲜北境滨海岸，西自陕西、宁夏、甘肃抵达青海，折入四川、云南，止于101°E附近。国外分布于越南北部、马来西亚。猿叶虫在我国菜区主要有大猿叶虫和小猿叶虫两种，全国各地均有分布；大猿叶虫在长江以南常与小猿叶虫一起发生。大猿叶虫属于寡食性害虫，为害大白菜、油菜、白菜、菜薹、荠菜、萝卜、芜菁等十字花科蔬菜，以薄叶型的蔬菜（白菜）受害最重。其成虫和幼虫均能为害，初孵幼虫仅食叶肉，造成小凹斑痕。成虫和高龄幼虫把叶片咬成许多豆粒大小的孔洞或缺刻。为害严重时，叶片千疮百孔，仅剩叶脉，加上虫粪对蔬菜的污染，不但降低产量，也影响品质，造成严重的经济损失。特别是春季叶菜较少，而菜青虫、小菜蛾等食叶性害虫的幼虫还未发生时，此虫为菜田重要害虫。1995年在山东枣庄薛城区甘蓝地暴发成灾，属历史罕见。

二、形态特征（图8-33-1）

成虫：椭圆形，体长4.2～5.2mm，体宽约1.5mm，体表黑蓝色，略有金属光泽，小盾片三角形，鞘翅基部宽于前胸背板，并形成稍隆起的“肩部”，前胸背板及鞘翅上有刻点，后翅发达，能飞翔，一般雌虫略大于雄虫。

卵：长椭圆形，长约1.5mm，宽约0.6mm，橙黄色，表面光滑。

幼虫：老熟幼虫体长7.5mm，头黑色，有光泽，体灰黑色带黄色，肛上板坚硬，胸、腹部灰褐色，各体节有大小不等的明显黑色肉瘤20个左右，以气门下线及基线上的肉瘤最明显。

蛹：长约6mm，黄褐色，略呈半球形，前胸背部中央有1条浅纵沟，腹部各节两侧各有1丛短小的黑色刚毛，腹末有1对叉状突起，尖端紫黑色。

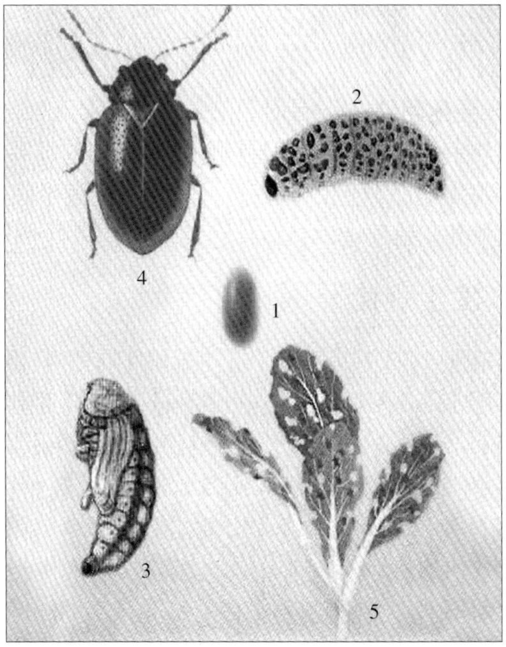

图8-33-1 大猿叶虫（仿陈树仁，2001）
Figure 8-33-1 *Colaphellus bowringi* (from Chen Shuren, 2001)
1. 卵 2. 幼虫 3. 蛹 4. 成虫 5. 被害状

三、生活习性

大猿叶虫属短日照型昆虫，以成虫在土壤中越冬和越夏，曾有报道大猿叶虫能以成虫在枯叶、土缝、杂草和石块下越冬，薛芳森等认为这是观察上的错误，原因可能是某地区冬季12月和翌年1月仍能够在上述场所找到成虫，而事实上这些成虫不能存活到春天。成虫在来年气温上升至10℃以上时即开始为害，先在杂草上为害，喜食蓼科杂草，然后部分转移到菜地取食、交配、产卵、为害。成虫一生能交配多次，卵堆产于根际地表、土缝或植株心叶上。幼虫日夜取食，老熟后入土中化蛹，成虫多在夜间羽化，羽化出土时地面留有明显的圆形孔洞。成虫白天活动，以晴天最活跃，早、晚隐蔽在土块下或植株心叶内。成虫无趋光性，有假死性，受惊动后可缩足落地。幼虫喜在心叶内取食，昼夜均活动，以晚间取食最激烈。幼虫有假死性，受惊动后可分泌黄绿色液体并坠地。成虫还有较强的耐饥饿能力，90d不食可以继续存活。

一般1年发生2代，以第二代成虫在较干燥的土中和有杂草、落叶等覆盖物的土壤缝隙中越冬，第二年3～4月开始活动，为害春菜并交配产卵，9～10月出现幼虫为害秋菜，很快出现成虫继续为害秋菜后越冬。

（一）交配习性

大猿叶虫营两性生殖，刚解除滞育出土的成虫不能立即进行交配，需经过数天补充营养后才能进行交配。交配时，雄虫伏于雌虫体背上，前足及中足抱住雌虫虫体，生殖器下弯，引入雌虫的产卵器。交配时间长短不定，短的10min，长的达1h以上，一般0.5h左右。交配多发生在10：00～12：00和16：00～18：00。根据对室内配对成虫的观察可知，雌、雄成虫一生能进行多次交配，一般在7次以上，最多的可达15次。

（二）产卵习性

春季，滞育成虫3月中旬至4月下旬出土，取食数天后再行交配产卵。据室内观察，在25℃下，成虫产卵期为11～34d，每雌产卵量最少228粒，平均861粒，最高达1 527粒。春季外出繁殖的成虫大多数个体产卵后即死亡，但有部分个体（13.2%）能再次入土越夏。秋季，滞育成虫8月下旬至9月中旬出土为害。室内观察8对成虫，在25℃下，产卵期为13～26d，每雌产卵量最少492粒，平均775粒，最高达1 068粒。秋季出土繁殖的成虫中亦有极少数个体（2.6%）繁殖后能再次滞育越冬。在野外，卵一般是数粒或数十粒成堆地产在寄主根际间的土表，成虫密度大时，亦会产卵在植株的心叶处。

（三）化蛹习性

大猿叶虫的老龄幼虫在末期食量逐渐减小，开始入土做土室化蛹，在土中有2～6d的预蛹期，其长短取决于温度的高低。在裸蛹初期颜色呈米黄色，之后颜色逐渐加深至暗黄色、黄褐色。蛹期一般为3～5d，长者可达8d。

（四）羽化习性

成虫在羽化时，从头壳上方蜕裂缺口处先将头钻出来，靠爬动使蛹的表皮由头部向尾部剥开。刚羽化的成虫，身体呈暗黑色，无亮光，其鞘翅稍短于腹部。成虫在羽化后亦需在土中栖息一段时间后再出土，2～3h后成虫开始取食。然后体色逐渐变为黑蓝色，有金属光泽。

四、发生规律

长江以北1年发生2代，长江流域1年发生2～3代，华南地区1年发生5～6代，以成虫在菜田土缝、表土层15cm深处的枯枝落叶下越冬。江西南昌越冬代成虫于翌年3月初开始活动，迁往春菜地为害、交配和产卵。3月下旬至4月上旬始见第一代幼虫，为害期1个月，5月中旬即见第一代成虫。气温26℃时成虫入土蛰伏夏眠近3个月，8～9月开始种植秋菜时，成虫又外出交配产卵，发生第二代幼虫，为害白菜、萝卜、疙瘩菜等，10月后开始越冬。每年4～5月、9～10月有两次为害高峰，幼虫孵化后爬到寄主叶片上取食，日夜活动，老熟后落地入土做土室化蛹。大猿叶虫不同时期其各虫态历期有较大差异，如江西南昌3月中旬卵期12～15d，5月卵期仅为3d；幼虫期9～23d，幼虫共4龄；蛹期以6月上旬最短，仅4～6d，11月上旬为12～14d；成虫寿命61～550d。

对黑龙江哈尔滨地区的大猿叶虫地理种群研究得出，光周期对大猿叶虫存活率无影响。温度对大猿叶虫各虫态和发育阶段的存活率有显著影响，适宜其生长发育的温度是22～25℃，28℃以上的高温对其生长和存活不利，死亡率显著增加。食料种类对大猿叶虫的存活率有显著影响，最适于其生长和存活的食料是野生寄主独行菜和栽培作物雪里蕻（雪菜），其次为白菜和油菜，而萝卜不适宜大猿叶虫的取食和存活，其食性与其他地理种群相比发生了明显的分化。

当年入土滞育的成虫，第二年仍以滞育状态栖息在土中，直至第三年或第四年春季或秋季才出土繁殖，为隔年繁殖型。

（一）1年1代型

1年1代型可再分为两类。一类是当年越夏或越冬的个体至第二年春季出土繁殖，然后以新羽化的成虫进入夏—秋—冬滞育；另一类是当年越夏或越冬的个体至第二年秋季出土繁殖，然后以新羽化的成虫越冬。

（二）1年2代型

1年2代型亦可分为两类。一类是当年越夏或越冬的个体在第二年春、秋两季各繁殖1代；另一类是当年越夏或越冬的个体第二年秋季连续繁殖2代。

（三）1年3代型

1年3代型仍可分为两类。一类是当年越夏或越冬的个体在第二年春季繁殖1代，秋季繁殖2代；另一类是当年越夏或越冬的个体在第二年8月中旬出土繁殖的成虫，在秋季可连续繁殖3代。

（四）1年4代型

1年4代型室内系统饲养观察表明，在春季发生1代，秋季发生3代，田间发生情况亦基本如此。

五、防治技术

（一）人工捕捉

利用大猿叶虫的假死性，制作水盒（或水盆）置于木制简易的拖板上，随着人在行间的走动，虫子就落于推着的木盒中，然后集中处理。捕捉时一手拿盒，一手轻抖叶片，使虫子被抖入水盆中，然后集中处理，清晨进行效果较好。

（二）及时清理田园

秋季收获后，及时把杂草、落叶集中处理或沤制肥料，可起到破坏害虫蛰伏场所和部分食料的作用。

（三）喷药与浇水相结合

在幼虫初孵期和成虫出蛰期，借助浇水进行田间喷药防治，在地头设置旧网纱或埋泥，使顺水而下的害虫被集中消灭。在卵孵化盛期可用于防治大猿叶虫的药剂有 5%氟虫脲可分散液剂 1 000～2 000 倍液、40%水胺硫磷乳油 1 000～2 000 倍液、50%乐果乳油 1 000 倍液、50%辛硫磷乳油 800～1 500 倍液，虫口数量大时，在卵孵初期和盛期各喷药 1 次。

江俊起（安徽农业大学植物保护学院）

第 34 节　小猿叶虫

一、分布与危害

小猿叶虫（*Phaedon brassicae* Baly）属鞘翅目叶甲科猿叶甲属，又称白菜猿叶甲、黑壳虫、乌壳虫。全国除新疆、西藏外各地均有分布。小猿叶虫是一种寡食性害虫，主要为害白菜、萝卜、芥菜、花椰菜、莴苣、胡萝卜、洋葱、葱等蔬菜。以成虫和幼虫取食叶片为主，且群集为害，将叶片取食成孔洞或缺刻，严重时仅留叶脉，叶片呈网状，同时虫粪成堆，不但作物减产，降低品质，有的甚至不能食用。根据观察，小猿叶虫初孵幼虫 30min 后开始爬行啃食叶肉，造成许多小凹斑，食量很小，对蔬菜生长影响不明显；三龄以后食量骤增，此时，成虫、幼虫均为害叶片，造成孔洞缺刻，严重时千疮百孔，仅剩叶脉，虫粪狼藉。油菜（主要是白菜型、芥菜型）的茎皮由下而上被啃光，最后导致失收。随着设施蔬菜种植面积的不断扩大，复种指数提高，为小猿叶虫提供了丰富的食料来源，导致该虫成灾，特别是早春季节，其他害虫为害较少，通常不进行药剂防治，忽略了该虫的存在，苗期蔬菜常常受到毁灭性的为害。

小猿叶虫初孵幼虫啃食叶肉，残留表皮，使叶片形成细小枯斑。高龄幼虫与成虫咬食叶片成椭圆形或卵圆形孔洞，洞的大小与虫体相似。各孔洞连成网眼状。小猿叶虫重发时只留叶柄和主脉，受害蔬菜还受虫粪污染，加之成虫和幼虫混合为害，造成蔬菜生产上的损失。同时小猿叶虫成虫寿命平均为 2 年左右，长的可达 4 年之久。在如此之长的生命周期里取食为害十分严重。

成虫喜产卵于嫩叶上半部叶背的叶脉中。产卵开始前，成虫伏在叶背的叶脉上不动，以口器将叶脉咬出一个凹入的浅洞，然后转身伸出腹末产卵器，产卵于浅洞中，卵粒平卧或直立，但绝大多数平卧。卵长椭圆形，上覆薄薄一层酱油色黏液，整个产卵过程需 10～15min。初产卵浅黄色，以后颜色渐转深，为黄色。卵孵化需 5～7d，被天敌寄生的卵粒呈黑褐色。初孵幼虫暗黄色，体呈长三角形，头黑色，最宽，向尾部渐窄，末端略尖。初孵幼虫爬出卵壳后，转移到近叶缘处，啃食叶背叶肉，造成很多小斑痕。成虫产卵时咬破叶脉，严重影响蔬菜的产量和品质。

二、形态特征（图 8－34－1）

成虫：体长 2.8～4mm，近圆形，蓝黑色，具金属光泽，前胸背板短，有小刻点。鞘翅上有细密刻点 11 行，后翅退化，不能飞翔。

卵：长 1.2～1.8mm，长椭圆形，初产时鲜黄色，后变暗黄色。

幼虫：体长 6～7mm，初孵时浅黄色，后变褐色，头黑具光泽。各节具黑色肉瘤 8 个，沿亚背线的一行肉瘤最大。

蛹：体长 4mm，近半球形，淡黄色，腹末不分叉。

图 8－34－1　小猿叶虫（仿陈树仁，2001）

Figure 8－34－1　*Phaedon brassicae*（from Chen Shuren，2001）

1. 卵　2. 幼虫　3. 蛹　4. 成虫　5. 被害状

三、生活习性

越冬、越夏习性与大猿叶虫相似。小猿叶虫的成虫、幼虫都具为害性，活动能力弱，成虫不善于飞翔，有群居性，每叶片常聚集幼虫20多头。在连作2年以上或阳光不足以及长势茂盛的菜田发生较重。成虫在菜帮和粗叶脉的背面打洞产卵，每个洞产1～2粒卵。小猿叶虫的卵散产于叶基部，甚至幼根上，以叶柄上为最多，中脉和较大的叶柄上也有，多为一孔一卵。有研究者认为不同蔬菜上着卵部位有差异，如在萝卜上卵多散产于嫩叶上半部叶背的叶脉中，在芥菜上卵多散产嵌于叶背叶脉中，叶柄上少有着卵。产卵处常见小的黑色疤痕，成虫产卵量较高，每雌平均产卵1 200粒。小猿叶虫成虫无飞翔能力，全靠爬行迁移觅食。成虫、幼虫均有假死习性，幼虫受惊时臭腺能分泌黄色状液。幼虫共3龄，老熟后在土中5cm深的地方化蛹，成虫最长能活2年。

四、发生规律

早在20世纪30～40年代，小猿叶虫在浙江曾一度暴发为害成灾。50年代以后，小猿叶虫发生很少，未引起人们的关注。90年代以后，在一些地区，小猿叶虫的发生为害有严重趋势。其发生动态呈现以下两个特点：第一是种群明显上升。根据2005年夏季的田间调查，在江苏扬州汤旺乡无公害蔬菜生产基地，一株青菜上小猿叶虫幼虫竟多达几百头；在扬州大学植保系试验田内，小猿叶虫的为害导致无法育苗，即使为害较轻也造成减产和植株的后期枯黄。第二是发生比较普遍。在国外小猿叶虫主要分布于越南；在我国主要分布于湖北、江苏、江西、安徽、浙江、湖南、福建、台湾、四川、贵州、云南、广州。值得一提的是，江南各菜区还有大猿叶虫与小猿叶虫混合发生，在北方以大猿叶虫发生较多。

小猿叶虫在长江流域1年发生3代，以成虫越冬，在广东1年发生5代左右，无明显越冬现象。在南方2月底至3月初成虫开始活动，3月中旬产卵，卵散产于叶基部或幼根上，以叶柄上最多，3月底孵化，幼虫集中取食，昼夜活动，以晚上最多，4月为害最重，4月下旬做蛹羽化。5月中旬气温升高，成虫蛰伏越夏，8月下旬气温下降，又开始活动，9月上旬产卵，9～11月虫口密度又迅速上升，12月中、下旬以成虫越冬。

小猿叶虫在15～30℃范围内，随温度升高，发育历期缩短。小猿叶虫各虫态的发育起点温度均较低，其中卵发育至成虫的发育起点温度为7.21℃，因此，该虫在浙江的冬季也能产卵孵化发育，这与田间观察的结果相一致。高温和低温均不利于该虫的生长发育，最适生长发育温度为20～25℃。田间调查小猿叶虫在大白菜上的种群消长动态，结果表明小猿叶虫世代重叠严重，为害最严重的是4～6月，杂草碎米荠是小猿叶虫的重要中间寄主。

五、防治技术

小猿叶虫的防治以“预防为主，综合防治”为原则，以农业防治为基础，化学防治、生物防治相结合。

（一）农业防治

1. 清洁田园，结合秋、冬沤肥积肥，铲除菜地杂草，清除残株落叶，消灭越冬成虫。冬闲菜地、连作田块要耕翻1～2次。

2. 成虫越冬前，在田间、地埂、畦埂处堆放菜叶、杂草，引诱成虫，集中杀灭。

3. 早春可先种植羊蹄草诱集，然后喷药或除草。

4. 轮作换茬。采取十字花科蔬菜与葫芦科、茄科、豆科等作物轮作。

（二）人工捕捉

利用其假死性，于清晨用浅口容器承接叶下，容器中可盛水或涂以稀泥，然后振动植株或叶片，使其跌落到容器内，集中杀死。

（三）化学防治

小猿叶虫产卵时间长，虫态发育不整齐，防治时间应掌握在产卵后10～15d，用生物农药阿维菌素及其复配剂效果最佳，防效达90%以上。也可于二、三龄幼虫高峰期，用顺式氯氰菊酯乳油、三氟氯氰菊酯乳油、除虫脲悬浮剂、氟啶脲乳油等。除虫脲、氟啶脲为迟效型农药，应提前3～4d用药，菊酯类农药气温低时药效更好，避免高温天气使用，对鱼、蜜蜂、家蚕毒性大，应避免污染鱼塘、蜂场、桑园。虫量低时，防治菜粉蝶、小菜蛾时可兼治。注意天敌发生量大时，不用或少用化学药剂。严格掌握农药使用安全间隔期。以无公害的生物农药为主是最佳的方法。

1. 每 $667m^2$ 用鱼藤粉 0.5kg，加少量细土，在早晨露水未干前撒施。用烟草粉 1 份加草木灰 3 份，或烟草粉 5 份加草木灰 4 份，混匀后在早晨露水未干前撒在菜叶上。

2. 掌握成虫、幼虫盛发期施药，苗期发现成虫，应立即开始药剂防治，并应每隔 5～7d 喷药 1 次，直至虫量被控制住。为防止其产生抗药性，可将不同农药间隔使用。

3. 喷药防治 喷药时为防止成虫逃走，可先喷洒地块的外围。常用的药剂有 50%辛硫磷乳油 1 000～2 500 倍液、90%敌百虫可溶粉剂1 000倍液、50%马拉硫磷乳油 1 000 倍液、50%杀螟丹可湿性粉剂1 000倍液、10%氯氰菊酯乳油 3 000 倍液、20%氰戊菊酯乳油 2 000～3 000 倍液、40%氰戊菊酯乳油 4 000 倍液、2.5%溴氰菊酯乳油 3 000 倍液、21%氰戊·马拉硫磷乳油（增效）4 000～6 000 倍液、20%氰戊·马拉硫磷乳油 3 000 倍液。

4. 灌根防治 用 50%辛硫磷乳油 1 000 倍液或 90%敌百虫可溶粉剂 1 000 倍液灌根。

（四）生物防治

生物农药苏云金杆菌制剂对小猿叶虫有一定的防治效果。同时，苏云金杆菌制剂也可作为增效剂使用，例如，敌敌畏、氯氰菊酯等药剂中加入苏云金杆菌制剂可提高防治小猿叶虫的效果。

氯代烟碱类杀虫剂吡虫啉和啶虫脒对小猿叶虫的防治效果都很好，并且可兼治同时期发生的蚜虫、小菜蛾等重要蔬菜害虫。

以上生物剂制均能降低防治成本，减少化学农药的施用量，能够降低杀虫剂对蔬菜害虫的选择性压力，延缓害虫抗药性的产生，也能起到保护天敌，维护菜田生态平衡，减少化学农药对环境的污染等诸多作用。

江俊起（安徽农业大学植物保护学院）

第 35 节　黑缝油菜叶甲

一、分布与危害

黑缝油菜叶甲（*Entomoscelis suturalis* Weise）鞘翅目叶甲科油菜叶甲属，俗称绵虫、黑蛆或蒙头虫。在国内分布于河北、山西、陕西、江苏、甘肃等省，主要在陕西、甘肃和山西发生较重。国外分布于俄罗斯、乌克兰、高加索地区、罗马尼亚、保加利亚、土耳其等地。

寄主主要有油菜、芥菜、花椰菜、白菜、青菜、甘蓝、萝卜、芜菁、荠菜等十字花科植物。

幼虫以取食油菜嫩叶为主，叶片被食后呈缺刻状，仅残留主脉和大叶脉。群集性强，大发生时可食光大片油菜。蕾薹期至初花期，也取食蕾、花和嫩枝，使油菜不能正常抽薹、开花、结实。茎秆木质化后部分幼虫啃食茎秆基部表皮，并蛀食茎髓，造成茎秆折断枯死。成虫可昼夜取食为害，以白天最烈。多群集在油菜生长茂密的低湿处，取食蕾、花、角果及幼嫩的茎、叶，大发生时可将油菜吃成光秆。越夏成虫在秋苗上蚕食叶片，呈缺刻状。

二、形态特征（彩图 8－35－1）

成虫：雄虫体长 5～6mm，体宽 4mm；雌虫体长 8～9mm，体宽 4.5mm。虫体卵圆形，背面十分拱突，前胸背板及鞘翅黄褐至红褐色。头部宽，黑色或棕褐色，仅头顶中央具一黄褐色横斑或黑斑；前胸背板中部有“凸”字形黑斑，两侧各有 1 个小黑点；鞘翅除中缝黑色外，无长形黑斑；复眼、触角、小盾片、胸腹面和足均黑色。触角粗棒状，11 节，向后超过鞘翅肩部。头部深嵌入前胸，具粗刻点。前胸背板横宽，后缘中部拱弧，无边框，侧边微圆，表面刻点粗密，沿中线有一狭条无刻点的光亮横纹。小盾片半圆形，具稀而细的刻点。鞘翅刻点较前胸略粗，从肩胛向后角呈皱状，刻点间明显隆起，至中缝处渐浅细。越夏后的雌虫腹部膨大，末端 2～3 节露在鞘翅外。

卵：长椭圆形，长 1.3～1.8mm，宽 0.8mm，初产为橙黄色，遇潮湿变为紫褐色，表面密布刻点。

幼虫：老熟幼虫体长 10～13mm，头宽 2mm。纺锤形，体背黑褐色，较粗糙，腹面黄褐色。头、前胸背板、臀板、足为黑褐色。前胸背板两侧下方各有 1 个褐色毛瘤。中、后胸每侧有大小不等的黑褐色毛瘤12个，排列成3行，唯基线处的毛瘤最大。腹部一至六节每侧有毛瘤8～12个，排列成3行；七、八节各节每侧有毛瘤3～4个。腹面各节有毛瘤7个，排列成单行。臀板上有多个黑色突起。

蛹：为裸蛹，浅黄色至橙黄色，体长5～7mm，体宽3.5～4.5mm，卵圆形，末端有1对臀棘。

三、生活习性

黑缝油菜叶甲1年发生1代。以卵或初龄幼虫在油菜根部表土内、土缝中、土块或枯叶下越冬。在陕西关中越冬卵于2月中、下旬油菜返青时孵化，甘肃天水越冬卵于3月上旬开始孵化。2月下旬至4月初为幼虫为害期。幼虫共4个龄期，4月上旬至5月上旬老熟幼虫相继钻入土中2～6cm处做土室化蛹，蛹期10～18d。4月中、下旬蛹陆续羽化为成虫取食为害油菜，5月上旬进入羽化盛期，5月下旬油菜黄熟后，成虫潜入土中7～22cm处越夏。9月下旬至10月上旬越夏成虫又复出活动为害幼苗，10月上旬至11月上旬交尾产卵，卵多产于油菜根部土缝中，一般20～40粒聚成一堆，每雌产卵200～300粒。部分卵11月中、下旬孵化，多数卵越冬后于翌年2月中、下旬孵化。越冬虫态有卵和初龄幼虫两种。

1. 幼虫习性

（1）群集性强，喜光，食量大，可造成毁灭性灾害。幼虫有群集点片为害，后逐渐向四周爬迁扩展的习性，一般喜在8：00～17：00为害，夜间、早晚及阴雨天潜伏在土块下。陕西乾县1980—1989年3月调查，在幼虫密集处，百株虫口可达1 847～6 324头，最高单株有虫168头。1980年春，石牛公社中兴三队一块$2hm^2$多的油菜田被整片食光。1999年甘肃天水平均虫田率79.1%，每平方米虫口454头，最高达2 000头以上，其中清水县金集梁半山地，平均虫口1 350头/m^2，毁苗面积20%以上。2006年甘肃环县发生面积达1 200.0 hm^2，占播种面积的92.3%，被害率为85.3%，严重田块高达100%。

（2）假死性。幼虫受惊后虫体蜷缩落地假死，经10min后才开始活动。

（3）耐寒性强，能以初龄幼虫越冬。1979年在陕西乾县田间定点观察表明，11月14日至12月底，有40%左右的卵块孵化，初孵化3～5d的幼虫经－10℃以下的低温仍然存活。1980—1989年2月中、下旬调查，田间有二、三龄幼虫为害。1987年2月6～8日对乾县乾陵乡11块油菜田的黑缝油菜叶甲幼虫进行调查，并将随机带回的5 327头幼虫分龄期统计，其中一龄2 046头，占38.41%；二龄2 845头，占53.41%；三龄436头，占8.18%。此外，田间仍有一部分卵块直到3月上旬才孵化。因此，越冬虫态有卵和初龄幼虫两种。

2. 化蛹习性

（1）化蛹特征及场所。幼虫老熟后入土化蛹，一室一虫，一般入土深度1.5～6cm，入土处留有蛹孔。蛹孔直径约0.4cm，圆形开放式，垂直向下直达蛹室。蛹室近圆球形，直径约0.5cm。蛹头部向上，蜕皮在下。

（2）蛹期及羽化特征。蛹期10～18d。在蛹羽化前4d左右，眼点开始变红、变黑，之后身体各部分逐渐变黑，从足开始活动到羽化结束约经历15h。成虫羽化多在晚上，以傍晚和前半夜为最多。

3. 成虫习性

（1）新羽化成虫的习性。新羽化成虫昼夜均可取食，尤以白天最烈，该期为其一生食量最大，为害最严重的时期。此外，成虫的群集性强，多集中在油菜的幼嫩枝叶上。1979年5月6日田间调查，每平方米有虫594头，在一个20cm长的枝条上有虫37头，往往将成片油菜食成光秆，造成毁灭性灾害。成虫取食时，头部向上，由枝条顶端开始向后倒退取食。有假死性，受惊即落地装死，数分钟后又顺茎秆向上爬行。有后翅，但在越夏前不飞翔，有向周围田块爬迁的习性。

（2）越夏习性。油菜成熟后，成虫即入土越夏，越夏期5个多月。越夏场所以原为害地和土壤潮湿疏松处最多。土室为封闭式，圆球形，直径0.5～0.8cm，外壁坚硬，厚约0.3cm。成虫大多平伏室底，呈休眠状态。据1979年5月20日在陕西乾县调查，成虫越夏大多集中在地下10～20cm处，占88%；7～10cm处占10%；20～22cm处占2%。

（3）秋、冬季成虫有出土活动交尾习性。10月上旬成虫出土为害油菜幼苗，有短距离飞迁现象，无趋光性、趋化性。成虫出土时在地面留有直径0.4～0.5cm的圆形出土孔。成虫出土后即可飞翔，每天11：00～16：00多在叶面活动，其余时间多在地面，晚上在土壤中或叶片下等隐蔽处栖息。10月中旬至11月上旬交尾产卵，有多次交尾习性，交尾期雌虫比较活跃，可边交尾边爬行，并继续取食油菜叶。以13：00～15：00交尾最盛，交尾后1～3d产卵，卵多产于油菜根部土块、土缝、枯叶下等隐蔽向阳处，尤以畦埂表土下产卵量为多，一头雌虫一次产卵20～70粒，一生平均产卵200～300粒，最多达500余粒，卵常聚产成小堆，产卵后不久，成虫死于地面。卵初产时为黄色，后渐变为橙色，最后变为褐色，但在干燥、湿度不足时不变色。成虫耐寒性较强，一般年份12月下旬仍有成虫活动，个别暖冬年份1月中旬田间仍有成虫交尾、产卵。陕西乾县1986年12月，日平均气温为0.6℃，比往年高0.5℃，直到1987年1月中旬仍发现田间有成虫交尾产卵，成虫寿命亦延长1个月有余。

4. 寄主及食性 黑缝油菜叶甲食性较为简单，寄主有油菜、芥菜、白菜、芜菁、荠菜、播娘蒿等十字花科蔬菜及杂草。田间调查和室内饲养表明，其成虫、幼虫均为害油菜，并以芥菜型油菜受害最重，其次为白菜型油菜，甘蓝型油菜受害最轻，偶有取食十字花科杂草的现象，但不取食非十字花科植物。

四、发生规律

黑缝油菜叶甲的发生和为害情况与地理环境、气候条件及寄主作物等有着密切的关系。

（一）地理环境

黑缝油菜叶甲是干旱半山区或塬区油菜上的主要害虫。一般以干旱半山区为害最重，水浇地及高寒山区相对较轻。例如1999年3月上旬调查，在甘肃清水县金集梁半山地，平均有虫1 350头/m^2，毁苗面积多在20%以上，而武山等高寒山区平均有虫1～5头/m^2，受害较轻。在甘肃陇西县渭河两岸的旱川地区如三台、文峰、南安、巩昌、渭河、首阳等乡镇虫口密度大，其中尤以旱地、低洼地或山谷地密度最大。由于该虫喜欢干旱温暖地区，所以在沙土或沙质壤土地上分布多，而在冬灌地区和高寒山区分布少。据1992年调查，川水区卵孵化最早，幼虫始见期为3月9日，浅山区次之，为3月16日，旱川区最迟，为3月21日；川水区和旱川区幼虫盛发期为3月24日，浅山区为3月31日；川水区虫口密度每平方米为53头，旱川区为65头，浅山区高达135头；浅山区化蛹期较川水区及旱川区提早2～3d。

多年来在陕西关中调查表明，该虫以渭北塬区发生较重，渭河流域发生较轻。在大荔、乾县等地此虫主要发生在北部旱塬和丘陵沟壑区，在南部水浇地则很少发现。1986年秋，在乾县调查发现，秋季成虫迁入油菜田后，多集中在向阳坡地，尤以垄坎下，畦梁边和沟岔内最为密集，百株成虫虫口达50～82头。由于这些地方比较温暖，成虫寿命和交尾产卵期均较长，每雌产卵量较大，田间产卵密度亦较高，最高可达0.1m^{2}10万多粒。因此，这些地方春季幼虫的虫口量及密度均较大，为害时期也提早10d左右。1987年调查，百株幼虫达1 847～6 324头，为害特别严重。而平地的百株成虫虫口仅为0.82～6.8头，翌年春百株幼虫为93～328头，为害程度一般。背阴坡地，秋季百株成虫在0.25头以下，翌春幼虫发生晚，且百株幼虫不超过30头，为害较轻。

（二）气候条件

黑缝油菜叶甲喜干旱温暖的气候条件。秋、冬季及来年春季的气温和湿度对该虫的发生影响最大，上年冬雪少，气候温暖，春季气温回升早，干旱，则有利于卵块的越冬和幼虫的孵化，这是造成当年该虫大发生和猖獗为害的有利条件。

上年10～11月的降水量小于100mm，成虫正常出土、迁飞、取食、交尾和产卵；降水量过大，不利于其正常活动。

上年12月平均气温在0℃以上，可延长成虫的寿命和产卵历期，同时产卵量增加；在0℃以下气温越低成虫寿命越短，产卵量亦少。

当年1月气温在0℃以上时，越冬期不明显，已孵化的幼虫在晴暖的中午仍可活动取食，卵也可继续孵化；气温在0℃以下，则幼虫与卵均进入越冬状态。

2月气温回升越快，幼虫为害越早，也越严重；气温回升慢，则幼虫为害晚且相对较轻。

陕西乾县1983年10～11月，降水量较常年多，为201.4mm，则成虫的交尾产卵均受到不利影响。虽然12月气温偏高，为1.0℃，卵孵化较早，但1984年1月气温仅为－1.8℃，2月为－0.1℃，较常年偏低，对幼虫越冬不利。大大减少了越冬虫口，1984年春季调查，黑缝油菜叶甲幼虫的百株虫口仅有13.8头，为害期也比正常年份推迟半个多月，从而减轻了其对油菜的为害。

1986年10～11月，降水量仅为30mm，远低于常年的降水量，对成虫的交尾产卵十分有利。而12月气温偏高，为0.6℃，成虫产卵期延长，卵孵化较早。1987年1～2月又气温偏高，为0.3℃和3.3℃，2月气温回升快，卵的孵化期和幼虫为害期均提前，向阳坡地2月上旬的百株虫口已达193.8头，下旬北部旱塬平均百株虫口为1 327头，在油菜返青时为害严重。

(三) 寄主植物

芥菜、大白菜、大青菜、白萝卜等蔬菜田和芥菜型、白菜型油菜田发生重。甘蓝、花椰菜等蔬菜田和甘蓝型油菜田发生轻。露地蔬菜田发生重，保护地蔬菜田发生轻。十字花科蔬菜连作或相邻的田块发生严重。

(四) 播种时期

冬油菜播种早的地块出苗早，秋季有利于叶甲成虫的迁入和集中取食、产卵，则翌年春季幼虫密度大，为害重。在冬、春油菜交界区，冬油菜受害较重。甘肃陇西县1994年调查表明，全县866.7hm^{2}冬油菜田黑缝油菜叶甲普遍严重发生，密度一般83头/m^{2}左右，严重地块高达156头/m^2；而17.3hm^{2}多春油菜田则未发生为害，原因一是春油菜于3～4月播种，年前越冬寄主少，无越冬幼虫及卵块，二是油菜出苗起薹晚，避开了其为害时期。

(五) 田间管理

冬灌及时的田块，虫口密度小。据甘肃陇西县1993年调查，进行冬灌的地块叶甲幼虫平均为10头/m^2，而未冬灌的地块则达23～54头/m^2。

五、防治技术

采取“预防为主，综合防治”的方针，加强虫情测报，将农业防治、化学防治相结合，抓住黑缝油菜叶甲成虫迁入交尾产卵之前以及油菜返青前后幼虫孵化活动的关键时期适期防治。

(一) 农业防治

1. 轮作倒茬 将油菜等十字花科蔬菜与小麦等非十字花科作物合理轮作。

2. 调整播期 适当偏晚播种可推迟黑缝油菜叶甲迁入期，减少迁入数量，缩短为害时期。在黑缝油菜叶甲为害严重的冬、春油菜交界区，适当扩大春油菜种植面积，或将冬、春油菜品种搭配种植，可有效控制该虫为害。

3. 加强管理，增肥灌水 由于黑缝油菜叶甲的虫情消长受降水量和灌水的影响十分显著，因此，在有灌溉条件的地区，结合冬、春灌水，追施氮、磷肥，可以抑虫壮苗，减轻为害。

(二) 化学防治

1. 土壤处理 播种前整地时，每667m^{2}用48%毒死蜱乳油500mL对水20kg均匀喷雾，或用2.5%辛硫磷粉剂2kg对细土30kg，于播种时撒入土表，然后再精细整地，使药剂均匀混合在表土中，可防治越夏成虫及越冬卵块，并兼治其他害虫。

2. 适时喷药 在成虫大量迁入油菜田和交尾产卵之前，喷药消灭成虫，可减少产卵量，降低越冬虫口基数；在油菜返青前后，定期、定点做好虫情测报，检查卵块密度和孵化率，当每平方米内有一堆卵块，而孵化率高于80%或虫口密度达14头/m^{2}的防治指标时，及时喷药，以防治初龄幼虫的为害扩散；而对于害虫常年发生较重的地区，可在油菜角果期根据其羽化成虫的为害情况适期喷药。通常选用2.5%溴氰菊酯乳油、20%氯·马乳油、50%辛硫磷乳油、2.5%氯氟氰菊酯水乳剂、35%硫丹乳油、48%毒死蜱乳油等1 000～1 500倍液喷施，均可取得较好的效果。

李永红 李建厂（陕西省杂交油菜研究中心）

第36节 东方油菜叶甲

一、分布与危害

东方油菜叶甲（*Entomoscelis orientalis* Motschulsky）属鞘翅目叶甲科油菜叶甲属。在国内分布于黑龙江、辽宁、内蒙古、江苏、浙江、河南、河北、北京、天津、山西、山东、湖北、广西、宁夏、甘肃等省（自治区、直辖市）。国外分布于朝鲜、俄罗斯及欧洲其他地区。主要为害油菜，寄主还有甘蓝、芜菁、萝卜、花椰菜、芥菜、白菜、萹蓄、斑叶蓼、棉毛叶蓼和藜等。

成虫和幼虫都可以为害，成虫可为害油菜地上各部分，对荚果和果梗为害较重。一般造成油菜减产10%，严重地块减产20%～30%。1982年河南密县因东方油菜叶甲为害油菜，毁种面积占播种面积的

26%，对油菜生产构成严重威胁。

二、形态特征

成虫：体圆形，体长 5～7mm，体宽 3～3.5mm，黄褐色。复眼和口器黑褐色，触角黑褐色，基节稍带红色。头顶有一蓝黑色 T 形纹。前胸背板中部、鞘翅中央大部、小盾片、足蓝黑色，均具金属光泽。雌性成虫体较大，产卵期腹部较膨大，末端较尖，最后 2～3 节常露出鞘翅末端。雄性成虫体略小，腹部末端一般不露出鞘翅末端（彩图 8-36-1）。

卵：呈长椭圆形，长 1.0～1.2mm。初产时橘黄色，孵化前变灰暗，放大后可见有橘皮样浅皱纹。

幼虫：体呈土灰色，多皱纹。老熟幼虫体长 5～8 mm。头灰黄褐色，沿蜕裂线中部有“人”字形黑褐色纹，两侧有黑色眼形斑纹。各体节多毛瘤，上着生土灰色刚毛。胸足 3 对，爪黑色。腹部偏肥大，向后渐细，末节分为 2 叉，爬行时用以固定并推动身体前进。

蛹：为离蛹，体长 5～6mm，体宽 4.0～4.5 mm，黄褐色，初化蛹时色淡，后渐变深，羽化前大颚及复眼变黑色。蛹体末端有 1 对臀棘。

三、生活习性

在河南 1 年发生 1 代，成虫和幼虫都可以为害油菜。幼虫集中在 3 月为害，成虫一年为害两次，分别集中在 4～5 月和 10～11 月。以卵在油菜根部附近的土块下越冬，翌年 2 月越冬卵开始孵化，3 月上旬为孵化盛期，3 月中、下旬是幼虫为害盛期，3 月下旬至 4 月上旬老熟幼虫入土化蛹。4 月上旬成虫开始羽化，4 月中旬是成虫羽化出土盛期，4 月中旬到 5 月中旬是成虫发生为害盛期，油菜荚果和嫩枝受害尤重，此时是成虫的第一次为害期。5 月上、中旬，气温逐渐升高，油菜进入老熟，成虫陆续入土越夏，入土深度 15～20cm，多数在耕作层底部做土室越夏。9 月中、下旬，气候逐渐转凉，越夏成虫开始出土活动，为害秋播油菜幼苗，开始成虫的第二次为害期。10 月中、下旬成虫开始交配产卵，10 月下旬至 11 月上旬是产卵高峰，12 月下旬产卵结束，成虫产卵后 10～15d 相继死亡。

幼虫和成虫活动力较弱，行动缓慢，均具有群居性和假死性。幼虫和成虫的活动、取食皆与温度、光照呈正相关。由于早晨温度较低、光照较弱，幼虫和成虫全部在土块下或叶面下不食不动。随着温度的升高，开始陆续出土。10：00 以前有群聚到避风向阳处取暖的习性。11：00～16：00 活动取食，在田间呈核心分布，常呈点片被害状，随着气温下降逐渐停止活动、取食。成虫一生可交配多次，平均每天每对交配 2.6 次，单头雌虫一生平均产卵 241.5 粒，最多可达 425 粒以上。成虫羽化出土时会在地面留有明显的圆形羽化孔洞，成虫对黑光灯没有趋性。

四、发生规律

（一）虫源基数

幼虫活动能力比较弱，越冬卵量大的地块，则翌年幼虫孵化后群集为害，严重的情况下油菜苗被害殆尽，损失严重。而越夏成虫量大，则秋季油菜苗受成虫为害重。

（二）气候条件

成虫和幼虫均较喜低温低湿环境。发育适温范围为 5～20℃，相对湿度 40%～60%。水肥地发生量很少。温度过低，阴雨高湿天气不利于成虫取食产卵，土壤过湿也不利于其入土栖息。晴朗适温天气，成虫食量大增，产卵量也相应上升，为害较重。春、秋两季干旱，温、湿度适合，则为害较严重。5 月下旬温度超过 20℃、相对湿度 70%以上时，则成虫入土越夏。

（三）油菜生育期

成虫和幼虫的发生为害和油菜生育期有密切关系。在河南，油菜返青，越冬卵孵化；油菜抽薹，幼虫为害；油菜开花，幼虫入土化蛹；油菜结荚，成虫为害；油菜成熟，成虫入土越夏。

（四）耕作制度

连作田发生较重，轮作田发生较轻；单作田发生较重，间作田发生较轻；直播田发生较重，移栽田发生较轻。这是因为连作田越冬卵量大，单作田对成虫的引诱力比较强，直播田冬前苗小，抗虫性差，因而这三类地块受害都较重。

(五) 油菜品种

白菜型油菜品种播种偏早，成虫迁入田间产卵则早且多，因而受害普遍重于甘蓝型油菜品种。

五、防治技术

(一) 农业防治

东方油菜叶甲在麦油间作田发生较轻，广泛推广麦油间作，可减轻为害。改旱田为水田，采取移栽法，提高田间湿度，增强油菜长势，都可以改变生态环境，可能有效地控制该虫为害。

(二) 物理防治

利用成虫和幼虫的假死性及群集性，在其发生为害期人工连续捕杀2～3次，可以收到较好的控制效果。

(三) 化学防治

在油菜抽薹期防治幼虫，油菜秋苗期和结荚期防治成虫。可用下列农药常规喷雾，均有良好效果：2.5%鱼藤酮乳油500倍液、0.5%川楝素乳油800倍液、1%苦参碱醇溶液500倍液、10%高效氯氰菊酯乳油2 000倍液、50%辛硫磷乳油1 500倍液、40%毒死蜱乳油1 000倍液、5%氟虫脲悬浮剂1 500倍液、50%马拉硫磷乳油1 000倍液、20%氰戊菊酯乳油2 500倍液、2.5%溴氰菊酯乳油2 500倍液进行喷雾。

曹玉（塔里木大学植物科学学院）

第37节 丽色油菜叶甲

一、分布与危害

丽色油菜叶甲［*Entomoscelis adonidis*（Pallas），异名：*Chrysomela adonidis* Pall］属鞘翅目叶甲科油菜叶甲属。国内主要分布于新疆乌鲁木齐、石河子、奇台、塔城、伊犁、阿勒泰、哈密、巴里坤等地。国外主要分布于俄罗斯、哈萨克斯坦、蒙古等。

以幼虫为害油菜等十字花科植物幼苗叶肉，成虫为害油菜叶、花及荚果。寄主植物除油菜外，还有芜菁、萝卜、白菜、甘蓝、花椰菜、蒿草、冰草、红花、柽柳和小麦等。1999年在新疆裕民县，丽色油菜叶甲对油菜的为害严重，被害面积大，油菜被害后田间光秃秃一片。

二、形态特征

成虫：体长圆形，长7～10mm，宽约6mm。背面棕黄色，腹面黑色。头的前端、头顶中央斑、触角、前胸背板中部纵带及两侧斑、小盾片、鞘翅中缝两侧、各鞘翅中部的长梭形斑、足全为黑色。触角第二节近球形，第三至五节较长，其余各节粗短。前胸背板略突，两侧缘呈弧状，小盾片上具少量刻点。鞘翅表面皱纹状，上具刻点，比胸部刻点略粗（图8-37-1）。

卵：长圆形，长2～2.5mm，宽1～1.5mm。

幼虫：老熟幼虫体长12～15mm。背面暗绿褐色，腹面赭黄色。每一体节上具有3列黑色毛瘤，毛瘤上生有棒状刚毛。

蛹：黄褐色，长约9mm。

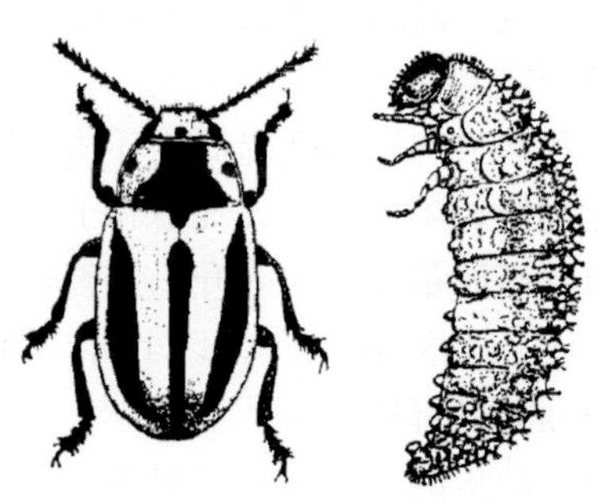

图8-37-1 丽色油菜叶甲成虫和幼虫（引自张生芳和马德成，1999）

Figure 8-37-1 The adult and larva of *Entomoscelis adonidis*（from Zhang Shengfang and Ma Decheng，1999）

三、生活习性

在新疆1年发生1代，主要以卵或幼虫在土壤表面或表土层内越冬。翌春幼虫孵化后主要取食十字花科杂草叶片，接着为害油菜、甘蓝、白菜和萝卜等十字花科植物叶片。幼虫历期15～28d。以后老熟幼虫开始陆续入土化蛹，入土深度为5～8cm。蛹期14～20d。5月下旬成虫开始羽化，羽化后即开始为害，成虫喜食十字花科植物的叶、花和荚果。进入 6～7 月的炎热干燥季节时，成虫入土夏蛰，入土深度为 15～18cm。8～9 月，成虫出土继续为害，取食油菜等多种十字花科植物，包括一些杂草。然后交尾产卵，卵散产或成块状。单头雌虫一生产卵 180～250 粒，产卵期由 8 月持续到 11 月。部分早产的卵当年秋季可孵化出幼虫，这部分幼虫即可越冬。

四、防治技术

采取农业防治和化学防治相结合的防治策略。

(一) 农业防治

加强检疫，防止扩大蔓延。因地制宜选用抗虫品种。生产上春油菜发生轻，因此扩大春油菜种植面积，冬、春油菜品种搭配种植，可有效控制该虫为害。

加强田间水肥管理，做到壮苗抑虫，减轻为害。收获后结合深翻整地，清除田间病残组织，带出田外集中处理，可以杀死一部分越冬卵或幼虫，减少来年虫源基数。

(二) 化学防治

根据丽色油菜叶甲的发生规律，抓住时机进行化学防治。土壤内施药，每 667m^2 用 2.5％辛硫磷粉剂 2kg 拌细土 30kg，在播种时撒入土表，然后耙入或翻入土中，可防治越夏成虫及越冬卵块。油菜出土后至越冬前，发现成虫为害时，每 667m^2 喷撒 2.5％辛硫磷粉剂 1～1.5kg，减少产卵量和越冬基数。油菜返青后抽薹前，幼虫初发阶段每 667m^2 喷撒 2％杀螟丹粉剂 1.5～2kg。油菜结荚期发现成虫为害时，喷洒化学药剂，如 50％辛硫磷乳油 1 500 倍液、50％马拉硫磷乳油 1 000 倍液、2.5％氯氟氰菊酯乳油 1 500 倍液、20％氯・马乳油 2 000 倍液、0.6％苦参烟碱乳油 1 500 倍液。

曹玉（塔里木大学植物科学学院）

第 38 节　油菜茎象甲

一、分布与危害

油菜茎象甲（*Ceutorhynchus asper* Roelofs）属鞘翅目象甲科龟象属，别名油菜茎龟象、油菜象鼻虫。

油菜茎象甲是油菜上的重要害虫之一，主要以幼虫在油菜茎中钻蛀为害，成虫亦可为害油菜的叶片和茎皮。广泛分布于我国各地油菜产区，以西北地区为害最重。一般年份有虫株率 20％～30％，产量损失率约 20％，严重发生年份，例如 1986 年、1987 年、1988 年、1993 年、1994 年、2002 年、2004 年、2008 年和 2012 年受害株率均在 40％以上，减产 2～4 成，极大地影响了油菜生产。油菜茎象甲除为害油菜外，亦可为害其他十字花科蔬菜。

二、形态特征（彩图 8－38－1）

成虫：近卵圆形，体长 3～3.5 mm。体黑色，全身密生黄白色绒毛。喙细长，圆柱形，不短于前胸背板，伸向前足中部。触角膝状，着生在喙的前中部，触角沟直。前胸背板密布粗大刻点，前缘略向上翻起。中胸后侧片大，从背部可以看见，嵌在前胸背板和鞘翅之间。鞘翅上有小点刻，排成沟，沟间有 3 行密而整齐的毛。

卵：圆形，直径约 0.6 mm，乳黄色。

幼虫：乳白色，纺锤形，头大，无足。

蛹：为裸蛹，体长 3.5～4.0mm，纺锤形，乳白色或略带黄色。土茧椭圆形，表面光滑。

三、生活习性

油菜茎象甲成虫昼夜均可活动取食，并有假死习性，遇风吹、触动即收拢头、喙、足，缩成一团，滚落不动。温暖无风的晴天 11：00～16：00，气温 15～20℃时活动最盛，夜晚活动性较差。气温下降和风雨天气多在心叶外侧、叶柄下和土缝中潜伏。成虫飞翔力较强，飞翔高度可达 1m 左右，飞程 1～10m。幼虫取食寄主茎髓，成虫主要取食寄主叶片、幼茎和花序。其寄主除油菜外，还有白菜、青菜、芥菜、甘蓝、萝卜、播娘蒿、小花糖芥、荠菜等。

油菜茎象甲主要以幼虫钻蛀茎秆造成油菜主茎茎髓空洞，一般低海拔的陕西、甘肃比青海、新疆发生稍早。越冬成虫出土活动时间不一致且延续时间较长。同一地区阳坡地带发生最早，其次是平川，最后是阴坡。成虫在产卵时以及卵在孵化过程中均可分泌有害物质刺激植株，茎秆受害后往往肿大，扭曲变形，直至崩裂，油菜遇风雨易折倒伏。受害植株生长缓慢，株高明显降低，重者分枝短小，结荚少，甚至上部生长停止，在为害部位以下产生多个分枝而呈丛枝状。受害植株往往早衰，导致籽粒秕瘦，含油量及产量降低。调查表明，白菜型油菜比甘蓝型油菜受害重，芥菜型油菜受害相对较轻，多年重茬或与其他十字花科作物连茬的油菜受害重。旱塬油菜比水浇地油菜受害重，高水肥、抽薹早、生长旺盛的油菜受害轻。田间地头野生油菜、播娘蒿、芥菜等寄主多的油菜田受害重。冬、春干旱年份受害重。

四、发生规律

油菜茎象甲在西北地区 1 年发生 1 代。以成虫在寄主田 5cm 左右深的土里或土缝中越冬。青海、甘肃、内蒙古、新疆地区 3 月至 4 月上、中旬（日平均气温在 5℃左右）成虫陆续出土活动，早春成虫寿命一般为 20～25d，开始主要在油菜或十字花科植物的心叶附近取食，不久即寻求配偶交尾，雌、雄成虫均可多次交尾，每日 9：00～11：00 和 16：00～18：00 为交尾高峰期，交尾后 3～7d 雌虫开始产卵。卵多产于油菜主茎上（约占总卵量的 90%）；仅少数产于叶柄之上，但多为油菜抽薹前所产，而这部分卵只有产于叶腋中的一部分可孵化钻入茎内，其余多因叶柄受刺激开裂不能钻入茎内为害。因此，油菜茎象甲的产卵为害时期与油菜抽薹期一致，通常产卵盛期在 4 月下旬至 5 月上、中旬。雌虫产卵时先用喙在幼嫩茎表蛀一小孔，后将卵产于其中，每孔一卵，每雌可产卵 3～7 粒，多者可产 20 粒以上。单株着卵量一般为 2～6 粒，多的可达 25 粒。卵在茎中经 4～7d 变黄，卵期约 10d，产卵后若遇上低温则卵期会延长。幼虫期 25～35d，幼虫共 3 个龄期，6 月中旬至 7 月中旬为幼虫为害盛期。7 月中、下旬至 8 月中旬老熟幼虫由茎中钻出，入土于地表 3～6cm 处筑土室化蛹。蛹期 20 d 左右。8 月中、下旬至 9 月初蛹羽化为成虫，成虫可在其他十字花科植物上再蛀食为害一段时间，之后于 11 月上旬入土越冬，直到第二年才出土活动。

五、防治技术

抓好春季田间管理，促进油菜生长，以缩短成虫在嫩茎上的产卵时期。春季在油菜现蕾抽薹期要适时早灌现蕾抽薹水，使部分越冬成虫在泥浆中致死，以降低虫口基数；在耕作制度上要合理轮作倒茬，尽量使油菜与禾本科作物进行轮作；同时要加强中耕除草，彻底清除田间地头的播娘蒿、芥菜等寄主，以杜绝和减少虫源。

做好虫情测报，因地制宜，准确把握当地虫情的发生规律，及时组织药剂防治。油菜茎象甲主要以幼虫钻蛀为害为主，成虫为害为次要。春季必须抓住越冬成虫在产卵前的活动盛期进行预测预报、及时防控，即在 3 月下旬至 4 月上、中旬（油菜现蕾抽薹期，薹高 3cm 左右时）进行化学防治。各地可根据地形、气候差异具体掌握最佳防治时期。第一次喷药防治后，根据虫情隔 1 周左右可再喷 1～2 次。每次每 667m^2 喷药液 30～35 kg。常用药剂及浓度为 48%毒死蜱乳油、20%氰戊菊酯·辛硫磷乳油、30%氧乐·菊酯乳油或 90%灭多威可湿性粉剂 1 000～1 500 倍液。

王瑞生（青海省农林科学院春油菜所）

第 39 节 油菜花露尾甲

一、分布与危害

油菜花露尾甲［*Meligethes aeneus*（Fabricius）］属鞘翅目露尾甲科菜花露尾甲属。该虫在欧洲、澳大利亚等地油菜上严重发生，近年来亦成为甘肃、青海、新疆等地春油菜上的主要害虫之一，油菜花露尾甲以成虫取食花器和产卵于花蕾内为害，形成典型的“秃梗”症状；以幼虫在花内食害，使角果的瘪粒数增加，产量下降。该虫与油菜叶露尾甲混合发生，为害性更大。

二、形态特征（彩图 8－39－1）

成虫：体长 2.2～2.9mm，身体椭圆扁平，黑色略带金属光泽，全体密布不规则的细密刻点，每刻点上生一细毛，触角 11 节，端部 4 节膨大，呈锤状。足短，扁平，前足胫节红褐色，外缘呈锯齿状，齿黑褐色，17～19 枚，胫节末端有长而尖的刺 2 枚；跗节被淡黄色细毛。腹末端常露于鞘翅之外，交尾产卵期最明显。

卵：长约 1mm，长卵形，乳白色，半透明。

幼虫：老熟幼虫体长 3.8～4.5mm。头黑色，身体乳黄色。前胸背板上褐色斑块 2 块，中、后胸背板上各 4 块，第一至八节腹板上各 3 块。腹部每侧面各生 1 根刚毛，腹面每节具左右对称的毛 2 根。胸足 3 对，黑色。

蛹：为离蛹，卵圆形，大小为 2.4～2.9mm。复眼下侧方各有 1 根刚毛；胸部有 4 对刚毛，翅盖至腹部第五节。

三、生活习性

油菜花露尾甲越冬成虫在油菜现蕾初期迁入油菜田，取食油菜的花蕾、花瓣、花粉、蕾柄、雄蕊、萼片，以取食花蕾对油菜造成明显的产量损失。可直接取食直径小于 0.5mm 的蕾；在直径 0.5～3.0mm 的蕾上蛀成小孔，取食其内部组织，造成后期蕾发黄、干枯，也可直接咬断蕾梗造成花蕾脱落；对直径 3mm 以上的花蕾和已开的花朵，一般取食花瓣、花粉、雄蕊、萼片，尚能正常形成角果。成虫在取食花蕾的同时，在其他花蕾中产卵。一般 1 个蕾产 1 粒卵，少数产 2 粒。幼虫在花中取食花粉，影响授粉和胚珠的发育，使籽粒瘦小，千粒重下降。

油菜花露尾甲 1 年发生 1 代，以成虫越冬。翌年越冬代成虫在春季气温稳定回升后陆续出现，先在田间野生杂草苦荬菜、马蔺、蒲公英的花上取食花瓣、花粉。春油菜现蕾初期，进入春油菜田取食春油菜的花蕾，并在花蕾中产卵，至 7 月下旬产卵终止而死亡。成虫具有明显的趋黄性，预测预报时，可在田间放置黄板或黄碗诱集调查。

成虫白天取食、交尾、产卵，大多选择直径 2.0～3.0mm 的花蕾产卵，卵紧贴花瓣内下壁。蕾长在 2.4mm 以下时易被产卵致死。幼虫有 2 个龄期，老熟后在土内做土室化蛹。成虫产卵期为 6～7 月，卵发生期为 6 月中旬至 7 月下旬；幼虫发生期为 6 月中、下旬至 7 月下旬，幼虫为害始于 6 月中、下旬，终于 8 月中旬；蛹发生期为 7 月上旬至 8 月上旬，7 月上旬开始化蛹，8 月下旬羽化。成虫当年 7 月中、下旬陆续羽化出土，此时是春油菜角果形成期，基本不见成虫为害，仅在晚熟春油菜上取食花蕾。主要在田间杂草、野花、灌木丛（沙棘）及其他作物上（蚕豆）活动，至 9 月中旬到枯枝落叶下的地表面上越冬，10 月中旬最低气温下降至 0℃以下后终见。卵和幼虫在油菜蕾、花内发育，需时 7～9d。蛹在土内发育，需时8～14d。从卵到成虫需 15～23d。

表 8－39－1　油菜花露尾甲在青海、甘肃春油菜上的生活史

Table 8－39－1　Life cycle of *Meligethes aeneus* on spring oilseed rape in Qinghai and Gansu

世代	1～3月			4月			5月			6月			7月			8～10月			11～12月		
	上旬	中旬	下旬	上旬	中旬	下旬	上旬	中旬	下旬	上旬	中旬	下旬	上旬	中旬	下旬	上旬	中旬	下旬	上旬	中旬	下旬
越冬代	（+）	（+）	（+）	（+）	（+）	（+）	+	+	+	+											
							●	●	●	●	●	●									
								－	－	－	－	－									
第一代									＝	＝	＝	＝									
										⊕	⊕	⊕	⊕								
											+	+	+	+	+	+	+	+	（+）	（+）	（+）

注　（+）：越冬成虫，+：成虫，●：卵，－：一龄幼虫，＝：二龄幼虫，⊕：蛹。

四、发生规律

油菜花露尾甲对温度的适应能力强，夏季高温干旱有利于成虫取食、产卵及幼虫的发育。在春油菜花蕾期降雨次数多、降水量大对成虫有明显的抑制作用，油菜受害减轻。

油菜花露尾甲以成虫越冬，冬季气温偏暖有利于成虫越冬，来年为害加重。

统一连片大规模种植方式使油菜花露尾甲为害加重。早播春油菜受害重。

春油菜种植地区的生态类型对油菜花露尾甲的发生有影响。水浇地发生轻，山旱地区相对发生重，高位山旱地部分地区发生严重。

五、防治技术

油菜花露尾甲成虫短距离迁飞能力较强，个别地块零星防治的效果不明显。统防统治是控制该虫为害的重要方法。应以乡、村为单位统一进行大田防治。防治最好使用机动喷雾器。喷雾应均匀、周到，不留死角。同时，注意喷防田块四周的杂草。防治适期在油菜现蕾期，为害严重地区可在油菜现蕾期和蕾盛期连续防治 2 次。

（一）农业防治

针对油菜花露尾甲在油菜蕾期迁入油菜田的特性，可种植保护带诱杀成虫。具体方法是每 0.13hm^2 连片的油菜田中间，顺行长种植 2 行（株行距 8cm×10cm）生育期较早的油菜品种（生育期早 8d 左右）作为保护带。保护带油菜和被保护油菜同时播种。在保护带现蕾期仅对其上的成虫进行药剂防治，可显著降低整块油菜田的虫口密度，防治效果可达 80%以上。

（二）化学防治

蕾期防治是控制该虫为害的关键时期。油菜现蕾盛期每百株虫量达到 80 头即进入防治适期。油菜花露尾甲用菊酯类农药防治效果较好，但易产生抗药性。为延缓抗药性产生，应提倡用复配农药或菊酯类农药和其他药剂混用或轮用。用药时间宜在傍晚，以避免对蜜蜂的伤害。

王瑞生（青海省农林科学院春油菜所）

第 40 节　油菜叶露尾甲

一、分布与危害

油菜叶露尾甲［*Strongyllodes variegatus*（Fairmaire）］属鞘翅目露尾甲科。国内 20 世纪 90 年代初在甘肃临夏回族自治州春油菜上首次发现该害虫，主要分布在甘肃、青海等春油菜区；2008 年在安徽巢湖冬油菜区首次发现该害虫，2012 年在陕西杨凌发现该害虫的幼虫。目前已知该害虫分布于甘肃、青海、安徽、陕西；国外还未见相关研究报道。主要寄主植物为油菜、白菜、甘蓝及梨树。

二、形态特征（彩图 8-40-1）

成虫：体长 2.4～2.8mm，体宽 1.3～1.5mm；身体两侧平直，黑褐色，有斑纹，背部呈弧形隆起。触角 11 节，长约 0.6mm，端部 3 节呈椭球状膨大，长约 0.25mm，其上有 6～7 根刚毛。腹部 5 节，末节露出鞘翅外。前胸背板和鞘翅黑色，被有不同色泽的刚毛。前胸背板梯形，被有淡棕色细毛，前缘凹入；背部中间常有略似"工"字形的黑斑。中胸小盾片三角形且小，被有白色刚毛。鞘翅中缝处有 3 个不规则黑斑，从前向后依次由小到大；鞘翅靠侧缘有一大椭圆形黑斑；端部有一半圆形黑斑；鞘翅各黑斑上的刚毛均为黑色。白色刚毛在鞘翅背部形成似双 W 形的白色斑纹。足 3 对，前足胫节端部有小齿 5 个，胫节外缘有 1 列整齐的小齿。中、后足相似，胫节端部有齿 12 个。

卵：乳白色，长椭圆形，长约 1mm。

幼虫：2 龄，成熟幼虫体长 3～4mm，体扁平，淡黄色至淡白色。头部极扁，褐色，蜕裂线 U 形。前胸背板有骨化程度高的淡白色斑两块。胸部侧突不明显。腹部共 9 节，每节侧突呈明显乳状，端部有两根刚毛。第九节末端分叉，缺口深。中胸至腹部末节各节背板上背突起和背侧突起退化成不太明显的骨化程度较高的圆斑。

蛹：体长 3.0～3.4mm。初期乳白色，羽化前，翅、足变成黑色，前胸背板梯形，外缘有 5 根刚毛，靠近前缘和后缘各有 4 根刚毛。末端分叉呈尾须状，腹部每体节侧突上有两根刚毛。

三、生活习性

油菜叶露尾甲在甘肃临夏春油菜上 1 年发生 1～2 代，在田间有世代重叠现象。以成虫在较干燥的土壤及草埂土内休眠越冬。主要以越冬成虫取食花蕾和以第一代幼虫潜叶为害，早熟油菜受害轻而中晚熟油菜受害重。越冬代成虫发生期为 4 月下旬至 7 月下旬，高峰期为 5 月下旬至 6 月上旬。第一代卵发生期为 5 月中旬至 7 月中旬，高峰期为 6 月上、中旬。第一代幼虫发生期为 5 月下旬至 7 月下旬，高峰期为 6 月中、下旬。第一代蛹发生期为 6 月中旬至 8 月中旬。第一代成虫在春油菜上的发生期为 6 月下旬至收获。第一代成虫的活动情况比较复杂，一部分产卵于中晚熟油菜上，油菜收获时幼虫完成发育进入化蛹，可形成第二代成虫，但如果产卵太晚，就不能形成第二代；也有部分第一代成虫产卵于野生油菜苗上，形成第二代。羽化出土较晚的第一代成虫不再繁殖而直接进入越冬。第二代仅部分个体可在春油菜或野生油菜苗上完成 1 个世代。春油菜收获后，出土的成虫以自生油菜苗等为食。羽化早的第一代成虫有可能飞到山上晚播的春油菜上取食。越冬代成虫寿命长，可存活到 7 月底，但 7 月中旬后不再产卵。

油菜叶露尾甲在安徽 1 年发生 2 代，主要为害期为每年 3～5 月，世代重叠。春、秋两季出现，3 月，温度升高时越冬成虫开始出现，取食油菜嫩叶、嫩茎和花蕾，3 月中、下旬为产卵高峰期，雌成虫在油菜叶片上大量产卵，5～7d 后卵开始孵化，幼虫潜食叶片，4 月上、中旬为害加重。自 4 月中旬开始有幼虫化蛹、羽化，4 月下旬是第一代成虫发生高峰期，也是第一代成虫产卵高峰期。5 月中、下旬，油菜上最后一批幼虫入土化蛹，羽化为成虫。当温度达 30℃左右时，成虫入土越夏，一部分成虫混入收获的油菜籽中越夏。9 月下旬，成虫出土，在十字花科蔬菜上取食，10 月中、下旬转移到油菜田为害，但未见成虫交配产卵及幼虫出现；11 月下旬温度较低时，成虫开始入土越冬，直至翌年 3 月越冬成虫出土活动。秋季只有成虫为害油菜叶片，春季是油菜叶露尾甲为害最严重及大量繁殖的季节。

油菜叶露尾甲以成虫和幼虫为害油菜。成虫以口器咬破叶片背面（较少在正面）或嫩茎的表皮，形成长约 2mm 的月牙形伤口，将头伸入其内啃食叶肉，被啃部分的表皮呈半月形的半透明状，啃食面积约 $4mm^2$。此为害状多分布在叶背主脉两侧或沿叶缘部位。虫量大时，叶片上虫伤多，水分蒸发加快，叶片易干枯脱落。成虫为害花蕾时，可取食幼蕾（长度＜2 mm），咬断大蕾蕾梗，在角果期形成明显的仅有果梗而无角果的秃梗症状，直接影响产量；也可取食大蕾或花的萼片、花瓣、花药和花粉。蕾期单株虫量 10 头以上时，花蕾严重受害，出现植株顶部有叶无蕾的秃顶状。

雌成虫将卵产在叶片或嫩茎上被啃食的半月形表皮下，主要在叶片的边缘，卵单产，极个别有 2 粒卵。每雌产卵 120～144 粒，最高日产卵量达 21 粒。幼虫孵化后从半月形表皮下开始潜食叶肉，初期，被潜食部分的表皮呈淡白色泡状胀起，呈不规则块状而不是弯曲的虫道，从外部可看到幼虫虫体及边潜食边留下的绿色虫粪。天气干燥时，叶片干枯；湿度大时，被害部分开始腐烂或裂开，在叶片上形成大孔洞，并过早落叶。每头幼虫平均潜食叶面积（2.05 ± 1.61）cm^2。受害较重的地块，整个田间叶片如火烧状。幼虫老熟后入土化蛹，深度为 0～9cm，3～6cm 深的土层中蛹数最多，为主要化蛹土层。

该虫在植株上表现垂直分布为害特征，蕾期，越冬代成虫集中在蕾簇中取食；蕾花期，成虫在花蕾、叶片上取食，多在植株顶部活动，中部叶片上卵多，下部叶片上幼虫多；随着植株生长，下部叶片幼虫入土化蛹并脱落，幼虫集中在中部叶片为害，顶部小叶则为卵；收获时，中下部叶片脱落，仅上部小叶供卵和幼虫发育。

成虫对黄色有一定趋性，有较强的飞翔能力，可连续 2min 飞行 30～40m。成虫具有假死性，当油菜植株受到震动或成虫感受到威胁时能迅速假死，掉地，数秒钟后又恢复活动。由于成虫较小，且为黑褐色，一旦落入土中，一般很难发现。

四、发生规律

（一）虫源基数

在春油菜区越冬成虫是翌年春的虫源；冬油菜区，越夏成虫是秋季的虫源，越冬成虫是翌年春的虫源。

（二）气候条件

油菜叶露尾甲喜冷凉气候，发生适宜温度为10～30℃，低于10℃或高于30℃时，成虫都进入休眠。一般山区发生重于川区和平原地区。

甘肃春油菜区越冬成虫在4月中旬至5月初，当平均气温达10℃以上时，成虫开始出土，此时如气温低于10℃，成虫又潜入土中不动。5月下旬至6月上旬，平均气温达15℃以上，成虫出土达到高峰。

在平均室温为17.5℃的变温条件下饲养，油菜叶露尾甲卵历期8～11d。幼虫共2龄，历期平均10d，一龄期为4～7d，二龄期4～5d。预蛹期6～9d。蛹期8～12d。从卵发育至成虫需32～42d。随着温度升高，各发育历期明显缩短。在（25±1）℃恒温下饲养，卵历期平均4.7d，幼虫期7.1d，整个蛹期14.5d，从卵发育至成虫需26.3d。

（三）寄主植物

油菜叶露尾甲寄主植物主要为油菜、白菜、甘蓝及梨树，但尤其偏爱油菜、白菜等十字花科植物。目前还未见其他寄主。

五、防治技术

（一）农业防治

1. 清洁田园 油菜收获后及时清洁田园，集中处理有虫叶片，以降低虫口基数。

2. 调整油菜品种种植结构 调整春油菜品种结构，减少晚熟春油菜的播种面积。

（二）物理防治

利用油菜叶露尾甲的趋黄性，可在田间设置黄板或黄盆，诱杀成虫。

（三）化学防治

在中晚熟春油菜蕾薹期，越冬代成虫发生高峰期，结合防治油菜花露尾甲，可选用2.5%溴氰菊酯乳油6 000～8 000倍液喷雾或用其他菊酯类药剂防治。虫量大而发生期长时，需用药1～3次。喷雾宜在黄昏进行，以避免伤害蜜蜂。

在安徽，冬油菜需在春、秋两季进行防治，重点是春季油菜蕾花期，但当秋季成虫发生量大时，需进行防治，同时也可降低越冬成虫基数，减轻其春季为害。

侯树敏（安徽省农业科学院作物研究所）

第41节 油菜潜叶蝇

一、分布与危害

油菜潜叶蝇［*Chromatomyia horticola*（Goureau），异名：*Phytomyza horticola* Goureau、*Phytomyza atricornis* Meigen］属双翅目潜蝇科彩潜蝇属。别名豌豆彩潜蝇、豌豆潜叶蝇，俗称夹叶虫、拱叶虫、叶蛆和串皮虫等。

油菜潜叶蝇几乎是全世界分布的害虫。在国内，除西藏、新疆、青海尚无报道外，北自内蒙古、东北，南至广西，西自云南、贵州，东至台湾、江苏、浙江、山东等各省份均有发生。

油菜潜叶蝇寄主较广泛，目前已记载的有21科77属149种。除为害油菜外，还为害其他十字花科蔬菜，如甘蓝、球茎甘蓝、白菜、萝卜等，特别对豌豆、蚕豆为害较重。油菜潜叶蝇成虫和幼虫均可为害，以幼虫为主。幼虫在叶片中潜食叶肉，仅留上、下表皮，形成弯弯曲曲的细长潜道。由于成虫一般将卵产在叶缘，幼虫孵化后从叶缘开始潜食，所以潜道总是由叶片边缘开始，随着幼虫取食，潜道向中间盘旋伸展，并且越来越宽。一片叶上有时可被数十头幼虫为害，潜道相互交错，布满叶片，呈网状，最终全叶枯萎，受害植株生长不良，造成严重减产。油菜抽薹后，幼虫还可钻潜花薹嫩枝甚至角果。叶菜类受害后，除造成减产外，还大大降低叶菜食用价值。雌虫为了将卵产在叶片组织内而以产卵器刺破叶片组织，然后，雌、雄成虫从刺破口吸食汁液，在叶片上形成许多白点（彩图8-41-1，1）。

二、形态特征

成虫：体小型。雌虫体长2.3～2.7mm，翅展6.3～7.0mm。雄虫体长1.8～2.1mm，翅展5.2～

5.6mm。全体暗灰色，有稀疏的刚毛。复眼椭圆形，红褐色至黑褐色；眼眶间区及颅部的腹区均为黄色；触角黑色，分 3 节，第三节近方形；触角芒细长，分成 2 节，其长度略大于触角第三节的 2 倍。中胸黑色而稍带灰色，有 4 对粗大的背中鬃，小盾片后缘有 4 根粗长的小盾鬃。足黑色，但腿节端部黄褐色。翅半透明，有紫色反光，第二、三脉几近平行，第四脉直；平衡棒黄色或橙黄色。腹部灰黑色，但各节背板及腹板的后缘为暗黄色。雌虫腹部末端有粗壮而漆黑色的产卵器；雄虫腹部末端有 1 对明显的抱握器（彩图 8－41－1，2）。

卵：长卵圆形，灰白色，长 0.3～0.33mm，宽 0.14～0.15mm，一端有小而突出的卵孔区。卵壳薄而柔软，外表光滑。当胚胎发育到后期，可透过卵壳见到幼虫的黑色口器。

幼虫：蛆状，身体长圆筒形。初孵时为乳白色，取食后逐渐变为黄色，前端可见黑色能伸缩的口钩（彩图 8－41－1，3）。

一龄幼虫大小约为 0.44 mm×0.15 mm，仅后端有 1 对气门，无前气门。

二龄幼虫体长 1.4～2.1mm，体宽 0.55～0.63mm，身体最宽处在后气门所在部位；属两端气门式，前、后两对气门均长在突起上，前气门各有 9～10 个开孔，排成不整齐的双行；后气门各有 7 个开孔，排成圆圈形。

三龄幼虫体长 3.2～3.5mm，体宽 1.5～2.0 mm；前气门各有 6～10 个开孔，后气门通常有 6～9 个开孔。

蛹：为围蛹。长卵圆形而略扁，体长 2.1～2.6 mm，体宽 0.9～1.2 mm。蛹的颜色随着发育由乳白色变成黄色、黄褐色或黑褐色。前端有 1 对叉状的前气门突，每突起上各有 10 个气门开口，环绕在突起上。前气门通常伸出叶面。后气门突不从共同的基部分出，每突起也有 10 个开口环绕在突起上，但并不成全环。雄蛹体长通常不超过 2.2 mm，而雌蛹可达 2.5 mm 以上（彩图 8－41－1，4）。

三、生活习性

油菜潜叶蝇是一年发生多世代的害虫，发生代数由北向南逐渐增加。如在山西太原地区 1 年发生 5 代，在苏北 1 年发生 8～10 代，在华南地区 1 年则发生 18 代。在北方，冬季以蛹越冬；在江浙一带，冬季无固定越冬虫态；在华南，则可在冬季连续发生，但夏季温度超过 35℃时，就有蛹期越夏现象。在河南洛阳，该虫一般 1 年发生 5 代，一代幼虫 2 月底至 3 月初出现，较集中为害蜜源植物和越冬寄主，如油菜、豌豆和留种大白菜、莴苣等作物；二代幼虫 3 月中旬至 4 月上、中旬发生，为害范围扩展至野生寄主，如苦荬菜、蒲公英、荠菜、野茼蒿等；三代幼虫 4～5 月发生，这时寄主范围最广，各寄主植物受害也最严重，形成为害高峰期；四代幼虫 6～8 月发生，此时虫量逐渐减少；五代幼虫 9 月底至 10 月初发生，虫量又有所上升。10 月下旬后，该虫又在油菜、豌豆上繁殖为害，并陆续以蛹越冬。成虫则喜选择高大茂密的植株产卵，因此，长势好的田块受害更严重。

油菜潜叶蝇的耐寒能力较强，据记载，在 0℃以下时，幼虫和蛹仍能发育。在北京 3 月就可见到阳畦的甘蓝苗被幼虫为害。这说明在此之前，越冬蛹早已完成发育，成虫产卵及卵的发育也已完成。

成虫较活跃，一般在白天活动，出没于寄主植物间，进行摄食、交配和产卵，受惊扰时，即在植株间飞翔，或在原株上爬行。飞行距离较短，一般为 1m 左右。成虫在活动期间，多在寄主植物（少数在非寄主植物）上吸食花蜜和水分，或以雌虫产卵器刺破叶片，从刺孔中吸取汁液，补充营养。当晴天夜间气温在 15～20℃以上时，成虫亦能活动或飞翔，灯下也可诱集到成虫。其寿命长短和繁殖力的强弱不仅与气候有关，还与取得营养的质和量密不可分。羽化后即绝食的成虫便会丧失生殖能力。成虫羽化后经 36～48h 交配，交配时间大多在 8：00～10：00，雌、雄成虫一生交配多次。每次时间短则 5～10min，长则 30min 以上，受惊停止。雌虫交配后 1～2h 乃至 1d 后产卵。在自然情况下有选择健壮植株产卵的习性。产卵时，先用产卵器刺破叶背边缘表皮，然后插入组织，再经左右摇摆，将刺孔扩大到 0.6～1.3mm×0.5～0.7mm，产 1 粒卵于其中。1 头雌虫在同一叶片上一般只产卵 1～2 粒，产卵部位常在嫩叶叶背边缘，很少有距离边缘 1cm 以上的。据统计，自然状态下该虫每天能产卵 9～20 粒，成虫期可产卵 45～98 粒。被产卵器刺破的叶片，表皮和叶肉全部枯死，呈现出灰白色小斑。

幼虫从卵中孵化出来以后，很快就能取食，食去叶肉，留上、下表皮，边吃边向前钻，随着虫体增大，隧道也越来越大，并在隧道里遗留有细粒状虫粪。幼虫将近化蛹时，在隧道的末端钻破表皮，形成小孔，然后在隧道内化蛹。通过这个小孔，使蛹的前气门与外界相通。到成虫羽化时，这个小孔又是成虫的羽化孔。

油菜潜叶蝇有时也为害油菜的嫩枝，导致植株营养生长不良，幼蕾大量退化或脱落，花朵受精受阻，幼荚不能充分发育而脱落，荚数减少，粒数减少，粒重下降，最终造成生物产量及经济产量的极大损失。

四、发生规律

(一) 气候条件

油菜潜叶蝇数量消长呈现明显的季节变化规律。从早春起，虫口数量逐渐上升，春季末期成为为害最猖獗的时期。南方大面积种植油料油菜的地区，油菜潜叶蝇的为害主要发生在春季油菜开花以后，4月油菜受害最重。据在浙江温州调查，油菜上油菜潜叶蝇的数量增长情况如下，每667m^2平均有虫2月18日为155 400头，3月2日为777 000头，3月17日增至3 782 000头之多。夏季则逐步转移到白菜、青菜、萝卜等十字花科蔬菜作物上为害，或以蛹越夏。但数量骤减，在田间极少见到为害。到了秋季，虫口数量又增长起来，但不及春季多。深秋以后虫口逐渐增加，以后又转移到油菜上繁殖为害。严重时一片叶上常有几头至几十头幼虫钻蛀，叶肉全被幼虫吃光，仅剩两层表皮，影响叶片光合作用，甚至全叶枯萎死亡。

温度对油菜潜叶蝇的发育有明显影响。一般成虫发生的适宜温度为16～18℃，幼虫为20℃左右。春季虫口数量的逐步增长同温度的逐步上升有关。油菜潜叶蝇在10℃下完成1代约需50d，在20℃下则仅需14d。而幼虫和蛹在22℃时存活率最高，在此期间，不仅发育速度加快，而且雌、雄虫数量比也在变化。例如在福建福州，气温较低的2～3月以前，雌、雄虫的数量比为1：(2.5～5)；2～3月天气渐暖，雌、雄虫数量比为1：(1.4～2.7)；3月下旬为1：(0.5～1.2)；4月上、中旬变为1：(0.3～0.9)。这种雌虫比例的增长也对虫口数量增长起着重要作用。春末夏初以后，虫口突然下降，一是由于气温过高，二是由于天敌寄生率增高。高温对油菜潜叶蝇的发育不利，超过35 ℃不能生存，因此夏季高温是幼虫、蛹自然死亡率迅速升高的原因。在江苏，5月下旬95%以上的幼虫不能化蛹而死亡，能存活下来的进入越夏。在此期间，只有在林荫地、溪流边以及其他较阴凉的地方，该虫才可以继续发育和繁殖。

(二) 寄主植物

寄主老化后食料缺乏对油菜潜叶蝇的发生也有一定影响。油菜潜叶蝇喜欢选择高大茂密的植株产卵，因此，油菜生长茂密的地块受害较重。分布在沟边、渠旁的油菜比大田内的油菜发生重，毗邻蔬菜田的油菜发生重。

(三) 天敌昆虫

寄生性天敌对油菜潜叶蝇的虫口数量起着十分重要的控制作用。油菜潜叶蝇春季发生早（3月开始发生），且在植株下部取食产卵，此时田间蚂蚁、寄生蜂和瓢虫等开始在植株下部活动捕食，对该虫有较强的控制作用。目前以寄生蜂的研究较为深入，如毛角金绿姬小蜂（*Chrysocharis pubicornis* Zetterstedt）、豌豆潜蝇姬小蜂［*Diglyphus isaea*（Walker）］、底比斯金绿姬小蜂（*Chrysocharis pentheus* Walker）、美丽新金姬小蜂［*Neochrysocharis formosa*（Westwood）］对油菜潜叶蝇有较强的跟随作用和控制效果。以江西南昌地区为例，油菜潜叶蝇的寄生蜂种类有近20种，其中优势种4种。据福建调查，3月下旬的油菜潜叶蝇幼虫及蛹被小茧蜂寄生的为22.3%，被小蜂寄生的占23.4%，被一种黑卵蜂寄生的占2.8%，不明原因而死亡的有18.5%，能羽化为成虫的只有33.0%。而在4月中旬，所捕捉到的幼虫大部分是由于寄生而死亡的，蛹只占总虫数的16.7%。而蛹的被寄生率很高，4月上旬仅小蜂寄生的就占48.4%。由此可见，天敌对控制油菜潜叶蝇数量增长起着十分重要的作用。不过5月以后，蛹被寄生的只占25%，而由于气温升高导致的非寄生“自然死亡率”则高达75%，亦即当时的蛹无一能存活。从这点看，在福建，5月以后温度对控制油菜潜叶蝇所起的作用更为突出。

五、防治技术

(一) 农业防治

由于油菜潜叶蝇的卵、幼虫、蛹3个虫期都是在叶片内生活的，所以清除收获后的残株败叶用作饲料或沤肥，均可消灭大量残虫。在以蛹越冬的地区，这一措施还可减少春季虫源，而且能明显减轻以后各代的发生程度。

（二）生物防治

保护利用天敌昆虫，加强天敌调查，在天敌大量发生的季节尽量不用农药，至少应该少用农药，或用对天敌较安全的农药。

（三）药剂防治

1. 化学制剂 在卵孵化高峰至幼虫潜食始盛期，每667m²喷洒2.5％溴氰菊酯乳油30mL、90％敌百虫可溶粉剂200g或48％毒死蜱乳油2 000倍液均有很好的防效，可控制油菜潜叶蝇的增长。以早晨露水干后8：00～10：00用药为宜，施药时应顺着植株从上往下喷，以防成虫逃跑，尤其要注意将药液喷洒到叶片正面。要注意不断轮换使用或更新农药，以防害虫产生抗药性。

2. 生物农药制剂 利用生物制剂防治害虫虽然药效稍缓于化学杀虫剂，但其持效期长，且害虫不易产生抗药性，特别适用于对化学杀虫剂已产生抗性的害虫。据冯莲等报道，用0.3％印楝素乳油1 000倍液防治油菜潜叶蝇药后11d的校正防效达95.69％；用1.8％阿维菌素乳油2 000倍液防治油菜潜叶蝇药后11d的校正防效达88.09％；用0.6％银杏苦内酯水剂1 000倍液防治油菜潜叶蝇药后11d的校正防效达97.82％。

张国安（华中农业大学植物科技学院）

第42节　番茄斑潜蝇

一、分布与危害

番茄斑潜蝇［*Liriomyza bryoniae*（Kaltenbach），异名：*Liriomyza solani* Hering、*Liriomyza citrulli* Rohdendor］又称瓜斑潜蝇、蔬菜斑潜蝇，属双翅目潜蝇科斑潜蝇属。

番茄斑潜蝇在日本、印度、俄罗斯、英国、法国、德国、西班牙、荷兰、丹麦、埃及等地区都有分布，在我国分布于台湾、黑龙江、北京、安徽、新疆、上海、河北、河南、湖北、湖南、江西、四川、云南、贵州、香港、浙江、福建、江苏、海南、广东、广西等地区。

番茄斑潜蝇属于高杂食性害虫，可侵害十字花科、茄科、葫芦科、豆科等36科植物。如十字花科的油菜、芥蓝、甘蓝、包心芥菜、包心白菜、小白菜、青梗白菜、花椰菜、萝卜，葫芦科的香瓜和茄科的番茄等。嗜食番茄、瓜类、莴苣和豆类等蔬菜。

番茄斑潜蝇在田间分布属扩散型，在发生为害高峰期间，全田均可被侵害，且成虫、幼虫均可为害。雌成虫以其产卵管在叶片上刺伤叶组织而造成许多“刻点”，并产卵或吮吸“刻点”泌出的汁液，子叶被害尤为明显。番茄斑潜蝇除成虫刺食与产卵给植物造成伤害外，幼虫的蛀食活动是主要的为害方式。幼虫孵化后潜食叶肉，呈曲折蜿蜒的食痕，苗期2～7叶受害多，为害严重时白色食痕密布，叶片几无绿色，严重影响光合作用，致叶片枯焦或脱落。

二、形态特征（彩图8-42-1）

成虫：体长2～2.5mm，体色较淡，头大部分黄色，复眼、单眼三角区、后头及前胸背板和中胸背板中部亮黑色，头部和小盾片呈黄色至浅黄色，眼后中部有一狭形黑纹，内、外顶鬃均着生在黄色区。小盾片基部两侧的黄色区域向侧面扩展，与侧面相连。中侧片通常下缘具黑色条纹，但有时向上延伸。翅脉M_{3+4}末段为前一段的2倍。腹背面大体黑色，腹部其余部分基本黄色；雄虫端阳体呈1对卵形，顶端钝圆，与中阳体前端骨化部以膜相连，呈空隙状，精泵褐色。背针突内下角具1个齿。

卵：米色，稍透明，大小为（0.2～0.3）mm×（0.1～0.15）mm。

幼虫：蛆状，初孵无色，渐变黄橙色，老熟时长约3mm。幼虫后气门突各具7～12个孔。

蛹：卵形，腹面稍平，橙黄色，大小为（1.7～2.3）mm×（0.5～0.75）mm。

三、生活习性

番茄斑潜蝇在长江流域1年发生8～13代，在华南地区1年发生25～26代，世代重叠现象严重。在露地以蛹在土壤表层越冬，保护地内可终年发生。每年有两次发生高峰，第一次在3～6月，4月达到高峰；第二次在10～12月，10月进入高峰。一般种群密度上半年高于下半年，露地栽培于11月底至12月初越冬。成虫具昼出性，以早晨至11：00活动最盛，14：00以后活动减弱，对黄色光谱有较强的趋性，晴朗的白天行动活泼，可短距离飞翔，夜间静止。在植株间的活动区域以叶片发育成熟的中下部为多。

在甘蓝上卵多产在真叶上，成虫偏好在成熟的叶片上产卵，故基部叶片上卵最多，并由下向上较有规律地分布扩展，子叶上卵较少。卵可产在叶片背面，但绝大多数产在正面。在雌成虫以产卵管刺伤叶组织而造成的“刻点”中，有10%～20%的刻点内含有卵。雌虫一生平均产卵110～300粒，25℃条件下每雌产卵量约183粒。

番茄斑潜蝇幼虫孵化后即可行蛀食活动，潜食植株叶肉，幼虫取食速度相当快，在叶正面常形成短而粗的不规则形虫道，在叶背面形成粗而弯曲的黄白色虫道，虫道间常折叠在一起。虫道的终端不明显变宽，虫道可穿过叶中脉，黑色虫粪位于虫道内中央。这与美洲斑潜蝇的虫道终端常明显变宽，虫道不穿过叶中脉，虫粪在虫道内两侧交替排列成黑条纹等为害状有明显差别。透过叶面在隧道中很难看见番茄斑潜蝇的幼虫轮廓，即便是用针将隧道的上表皮挑破，也不容易发现幼虫。当幼虫密度过大时，幼虫可潜入叶柄而转移到另一片叶上，有时甚至可转移到第三片叶上，但幼虫不能从外面钻进另外的叶片内。幼虫老熟后咬破叶表皮，在叶外或土表下化蛹。化蛹前幼虫在叶上表面咬一个半圆形缺口，再在隧道内停留片刻，而后出叶，绝大多数幼虫落于土壤表层化蛹，少数在叶面甚至叶背上化蛹。但据室内研究表明，幼虫在叶上化蛹及落土化蛹的数量各占50%，当温度高于30℃时，在叶片上化蛹的比例高达73%。

四、发生规律

（一）气候条件

温度对番茄斑潜蝇生长发育有显著的影响。据报道，番茄斑潜蝇试验种群在15～35℃的温度范围内，各虫态均能完成生长发育，各虫态的发育历期与温度呈显著的负相关，即随温度的升高发育历期明显缩短。番茄斑潜蝇生长发育的适宜温度范围为10～30℃，最适生长发育温度为20～25℃。据试验，15℃时成虫寿命10～14d，卵期13d左右，幼虫期9d左右，蛹期20d左右；20～25℃时成虫寿命8～12d，卵期2～4d，幼虫期4～6d，蛹期10～15d。

番茄斑潜蝇的卵、幼虫、蛹的发育起点温度分别为8.43℃、5.65℃和5.53℃，有效积温分别为81.23℃、92.32℃和205.98℃。番茄斑潜蝇发育与产卵的最低临界温度分别是8℃与11℃，最适温度为25℃。番茄斑潜蝇具有强的抗低温能力，一些蛹可在有30d霜期且最低温度达－11.5℃的冬季幸存下来，少数蛹可在7℃低温下存活长达9个月。

温度还影响番茄斑潜蝇的取食，例如，在15～30℃时，不同温度下番茄斑潜蝇的幼虫取食叶片面积不同，就平均值而言，在20℃时的取食面积最大，15℃时的次之，25℃时的再次之，30℃时的取食面积最小。

番茄斑潜蝇适宜的空气相对湿度为80%～85%。4月和10月均温25～27℃，雨水少适宜其发生。

（二）寄主植物

番茄斑潜蝇在对菊科、茄科、葫芦科、十字花科等几种寄主植物的选择中，更嗜好十字花科蔬菜，其次为葫芦科的洋香瓜，再次为菊科的茼蒿和茄科的番茄。十字花科蔬菜在生长初期被害较其他各科的寄主植物严重。同是十字花科的花椰菜、球茎甘蓝和包心菜被害较该科其他蔬菜严重，其中以青梗白菜和萝卜被害最轻。

（三）天敌昆虫

番茄斑潜蝇的自然天敌资源十分丰富，已发现番茄斑潜蝇的天敌有蛹寄生蜂赘须金小蜂［*Halticoptera circulus*（Walker）］、菜豆潜蝇茧蜂（*Opius phaseoli* Fischer），对番茄斑潜蝇均有不同的寄生作用，其中菜豆潜蝇茧蜂的寄生率比赘须金小蜂高。已报道的寄生性天敌还有潜蝇茧蜂属的淡足潜蝇茧蜂（*Opius pallipes* Wesm.）、甘蓝斑潜蝇茧蜂［*O. dimidiatus*（Ashmead）］；金绿姬小蜂属的一些种类，包括毛角金绿姬小蜂［*Chrysocharis pubicornis*（Zetlerstedt）］、黄潜蝇金绿姬小蜂［*C. oscinidis*（Ashmead）］及橙节短胸姬小蜂（*Hemiptarsenus zilahisebessi* Erdos）、豌豆潜蝇姬小蜂［*Diglyphus isaea*（Walker）］，以及长背瘿蜂（*Charips* sp.）、普通茜金小蜂（*Cyrtogaser vulgaris* Walker）、金属光泽柄腹姬小蜂［*Pediobius metallicus*（Nees）］等。

五、防治技术

（一）农业防治

1. 种子处理 每 100g 油菜种子用 77%高巧（福美双+戊菌隆+吡虫啉）等种衣剂 200～300mL，加少量水放在盆内浸泡，搅拌均匀，待晾干后即可播种，出苗后可减少番茄斑潜蝇的侵害。

2. 栽培技术 适当疏植，增加田间通透性。及时清洁田园，将被害植株叶片、残体带出田间集中深埋、烧毁或沤肥，减少虫源。合理安排油菜与其他蔬菜的种植布局，在保护地内可把番茄斑潜蝇嗜食的瓜类、茄果类、豆类与其不为害的蔬菜如苦瓜、葱、蒜等轮作或套种。

（二）生物防治

可释放姬小蜂（*Diglyphus* spp.）、离颚茧蜂（*Dacnusa* spp.）、潜蝇茧蜂（*Opius* spp.）等寄生蜂，这 3 种寄生蜂对斑潜蝇寄生率较高。在欧洲已成功运用季节性释放西伯利亚离颚茧蜂、淡足潜蝇茧蜂和豌豆潜蝇姬小蜂的措施来控制温室中的番茄斑潜蝇。其中西伯利亚离颚茧蜂更适合于气温较低的季节，有研究认为淡足潜蝇茧蜂与西伯利亚离颚茧蜂虽可自然发生，但对番茄斑潜蝇控制作用不大，必须进行人工释放。具体措施是在第二代番茄斑潜蝇开始发生时，以第一代番茄斑潜蝇幼虫量 3%的比例释放。

（三）物理防治

在油菜地内架设黄板，保持黄板悬挂高度始终在作物生长点上方 20cm，并保持黄板的黏着性，可收到很好的诱杀效果。或在番茄潜叶蝇发生始盛期至盛末期利用灭蝇纸诱杀，每 667 m^2 设置 15～20 个诱杀点，每点放置 1 张灭蝇纸，每隔 3～4d 更换灭蝇纸 1 次。

在保护地内，也可在通风口处设置防虫网，防止露地和棚内的虫源交换，防虫网以银灰色效果最佳。

（四）化学防治

1. 施用昆虫生长调节剂 在番茄斑潜蝇发生期喷 5%氟啶脲乳油 1 500 倍液或 5%氟虫脲乳油 1 500 倍液，可使成虫不孕，用药后成虫产的卵孵化率低，孵化的幼虫易死亡，可影响幼虫蜕皮化蛹。

2. 毒饵诱杀 以 90%敌百虫可溶粉剂 250g 加 50kg 甘薯、胡萝卜煮液制成毒饵液，每隔 3～5d 点喷 1 次，连喷 5～6 次。

3. 药剂防治 用药适期应掌握在幼虫侵害初期，即一至二龄幼虫期，群体上应在叶被害率为 5%～8%时进行喷雾防治。喷雾防治药剂可选用 1.8%阿维菌素乳油 2 000 倍液、20% 阿维·杀虫单（斑潜净）微乳剂 1 500 倍液、2.5%联苯菊酯乳油 3 000 倍液、44% 氯氰菊酯·毒死蜱乳油（速凯）1 000 倍液、10%高效顺式氯氰菊酯乳油（灭百可）2 000 倍液、52.25%毒死蜱+氯氰菊酯乳油（农地乐）1 000 倍液、10.8%四溴菊酯乳油（凯撒）3 000 倍液。掌握在发生高峰期 5～7d 喷 1 次，连续 2～3 次。防治时间应在 8：00～10：00，露水干后，幼虫开始到叶面活动时开始施药，老熟幼虫多数从虫道中钻出时是喷药最有利时机。

在密封好的棚室内每 667m^2 可使用 25%敌敌畏烟剂 400～500g 熏蒸或 30%灭蝇胺可湿性粉剂对水喷雾，见效快，但要连续用 2～3 次。

张国安（华中农业大学植物科技学院）

第 43 节 菜 叶 蜂

一、分布与危害

菜叶蜂属膜翅目叶蜂科菜叶蜂属。国内已知为害油菜及其他十字花科蔬菜的菜叶蜂有 4 个种 5 个亚种。

黄翅菜叶蜂［*Athalia rosae ruficornis*（Jakovlev），异名：*Athalia rosae japanensis*（Rhower）］、新疆菜叶蜂［*Athalia rosae rosae*（Linnaeus），异名：*Athalia colibri*（Ghrist）］、黑翅菜叶蜂［*Athalia proxima*（Klug），异名：*Athalia lugens proxima*（Klug）、*Athalia tibialis*（Cameron）、*Tenthredo proxima*（Klug）］、黑斑菜叶蜂［*Athalia nigromaculata*（Cameron）］、日本菜叶蜂［*Athalia japonica*（Klug），异名：*Tenthredo japonica*］。

黄翅菜叶蜂在国内分布最广，除新疆、西藏外在全国各省份都有发生，其不同亚种新疆菜叶蜂主要分布于新疆；近缘种黑翅菜叶蜂主要分布于长江流域及以南地区的江苏、安徽、浙江、江西、福建、台湾、四川、云南等省份；黑斑菜叶蜂主要分布于西藏；日本菜叶蜂主要分布于台湾、广西、云南、江苏、山西、陕西、河南、四川、甘肃及青海等地。在国外，黄翅菜叶蜂分布于西伯利亚、古北界东部和东洋界的日本、印度等地；新疆菜叶蜂在欧洲及亚洲日本等地均有分布；黑翅菜叶蜂广泛分布于欧洲、日本、印度、马来西亚、爪哇、缅甸、孟加拉国等地；黑斑菜叶蜂仅在印度有所分布；日本菜叶蜂分布于西伯利亚及以南地区、朝鲜半岛、日本、印度等地。5 种菜叶蜂的区别见检索表。以下以黄翅菜叶蜂为主对几种菜叶蜂进行介绍。

5 种菜叶蜂的主要寄主有油菜、白菜、芜菁、萝卜、花椰菜、芥蓝、芥菜、甘蓝、蔊菜和山葵等十字花科植物，其次还为害黄芩、旱金莲、芹菜等唇形花科、金莲花科、伞形花科、毛茛科、车前科、菊科和景天科等植物。

以初孵幼虫在叶背面取食叶肉，使叶片呈纱布状，稍大后将叶片啃食成孔洞或缺刻；三龄后幼虫食量大增，常食叶成网状，严重时把叶片吃光，仅剩叶脉。被害植株光合作用降低，茎秆细弱，植株矮小，分枝结角数少，产量品质降低。而雌虫产卵于作物的叶组织内，可使叶片产生瘤状突起，叶片纵缩、畸形，影响正常生长发育。雌虫产卵器刺伤叶组织的伤口及幼虫咬的孵化孔也使病菌易于侵染。此外，花角期幼虫还为害幼茎、花和幼嫩角果。菜叶蜂在油菜整个生育期内均可对油菜造成危害，但以秋季对幼苗的为害最为严重，可造成油菜严重缺苗断垄或成片被食光而毁种。陕西关中 5～6 月和 9～10 月是每年幼虫为害最严重的时期。

5 种菜叶蜂检索表

1. 翅烟黑色（尤其前翅的基半部及前缘附近） …… 2
   翅淡黄色（尤其前翅的基半部） …… 4
2. 除第一腹节背板为黑色外，第二至七腹节两侧各有 1 个黑斑；前翅根部微呈淡黄色 …… 黑斑菜叶蜂
   腹部大部橙黄色，两侧无黑斑；前翅根部黑色 …… 3
3. 第一腹节背板黑色；3 对足的腿节都多少带有黑色 …… 日本菜叶蜂
   第一腹节背板橙黄色；3 对足的腿节全为橙黄色 …… 黑翅菜叶蜂
4. 中胸背板两侧叶全部黑色 …… 新疆菜叶蜂
   中胸背板两侧叶仅部分为黑色 …… 黄翅菜叶蜂

二、形态特征

（一）黄翅菜叶蜂（彩图 8-43-1）

成虫：雌虫体长 7.0～7.8mm，翅展 15～19mm；雄虫稍小，体长 6.2～7.3mm，翅展 13～15mm。头部黑色，胸部大部橙黄色，但前胸侧板、中胸背板侧叶的后部、后胸大部为黑色；足的胫节端部和跗节端部为黑色，其余为橙黄色；触角 10 节，丝状，黑色，雄性触角基部 2 节淡黄色；腹部和腹板橙黄色，雌虫有一黑色锯状产卵器；翅淡黄色，前翅基部黄褐色，向外渐淡，翅尖透明，前翅前缘有一黑带与翅痣相连。

卵：近圆形，长约 0.83mm，宽约 0.42mm，卵壳光滑，初产时淡黄色，后期为乳白色透明，卵内虫体可见，亦呈乳白色，卵的端部两侧出现黑色眼点，孵化前为浅蓝色。

幼虫：初孵的一、二龄幼虫为灰蓝色，足稍透明，三龄后大多幼虫为黑色带有蓝色光泽。末龄幼虫体长9.1～18.5mm；体表多皱纹并密生小颗粒状突起；胸部较粗，腹部较细，胸足 3 对，腹足（包括臀足）8 对。

茧和蛹：茧为长椭圆形，长 7.5～11.0mm，宽 4.0～5.3mm，由末龄幼虫吐胶质物缀合土粒构成，呈灰白色，外附有泥土颗粒。蛹长 7～9mm，头部及眼暗黑色。蛹体初为浅青色，背线透明，触角、翅芽、足乳白色透明，后为淡黄色或黄色，羽化前为橙黄色。

（二）新疆菜叶蜂（彩图 8-43-2）

成虫：雌虫体长 7.8～8.0mm；雄虫体长 5.6～6.9mm，翅展 14.0～17.5mm。虫体橙黄色，有光泽，头部黑色，口器淡黄色，上颚褐色；触角 10 节，丝状，黑色。胸大部橙黄色，但前胸侧板、中胸盾片、

后胸、中胸背板侧叶全为黑色；足的胫节端部和跗节端部为黑色，其余为橙黄色；腹部橙黄色，仅背板Ⅰ烟褐色，雌虫有一黑色锯状产卵器；翅淡黄色，前翅基部黄褐色，向外渐淡，翅尖透明，前翅前缘有一黑带与翅痣相连。

卵：长椭圆形，长约 1mm，宽约 0.5mm，乳白色透明，孵化前为褐色。

幼虫：初孵的一、二龄幼虫为灰蓝色，三龄后大多幼虫为黑色带有蓝色光泽。末龄幼虫体长约 25mm，圆筒形，体表多皱纹并密生小颗粒状突起。气门灰白色。

蛹：体为淡黄色或黄色，羽化前为橙黄色，体长 7～9 mm，体宽 3～3.5mm。复眼褐色。茧为长椭圆形，长 9～12mm，宽 4.5～7mm，由末龄幼虫吐胶质物缀合土粒构成，呈灰白色，外部常黏有泥土颗粒。

（三）黑翅菜叶蜂（彩图 8－43－3）

雌虫体长 7.0～7.8mm；雄虫稍小，体长 6.4～7.4mm。虫体黑色，有光泽，头部黑色，唇基、上唇黄色；触角 10 节，黑色。前胸侧板大部分橙黄色，只中央有 1 个黑斑隐于头后，中胸背板侧叶全为橙黄色，中胸后背板、小盾附器、后小盾片黑色。第一腹节背板橙黄色（有时中央膜质部分附近色较暗）。3 对足的腿节为橙黄色，而胫节和跗节均为黑色。翅烟黑色，半透明。

（四）黑斑菜叶蜂

雌虫体长 8.2～8.8mm；雄虫体长 7.2～7.9mm。触角 10 节，黑色，第十节约为第九节长度的 2 倍。胸部橙黄色，光滑。腹部第一腹节背板黑色，第二至七节背面两侧各有 1 个黑斑，第七节上黑斑较小。翅烟黑色，端部较透明，根部灰黄色。

（五）日本菜叶蜂（彩图 8－43－4）

雌虫体长 6.8～7.4mm；雄虫体长 5.2～7.0mm。触角 10 节，黑色。中胸背板两侧全为橙黄色。腹部大部橙黄色，两侧无黑斑，前翅根部黑色，第一腹节背板黑色。中足和后足的腿节前端黑色，胫节及跗节全为黑色，但第一至三跗节基部较淡。翅烟黑色，半透明。

黑翅菜叶蜂、黑斑菜叶蜂和日本菜叶蜂的卵、幼虫、蛹及茧的形态特征与黄翅菜叶蜂相似。

三、生物学特性

（一）生活史

1. 黄翅菜叶蜂 每年发生代数各地不一，在青海 1 年发生 2～3 代；华北地区 1 年发生 4～5 代；辽宁、山西、河南（安阳）、四川（凉山）等地 1 年发生 5 代；陕西 1 年可发生 6～7 代。各地均以老熟幼虫在土中结茧越冬。在陕西关中地区，越冬代于 3 月下旬至 4 月中旬化蛹，4 月上旬始见成虫，雌成虫寿命 5～12d，雄成虫寿命 3～9d。成虫羽化当天即可交尾，1～2d 后开始产卵，产卵结束后，当天或 1～2d 后死亡。卵历期 6～14d。幼虫共 6 龄，历期 10～36d。前蛹期 5～21d，蛹历期 7～25d。4 月下旬至 5 月中旬为第一代幼虫为害盛期。各代成虫的发生时期为：越冬代 4 月上旬至 4 月下旬，第一代 5 月中旬至 6 月上旬，第二代 6 月中旬至 7 月上旬，第三代 7 月上旬至下旬，第四代 8 月上旬至中旬，第五代 9 月上旬至下旬。越冬代幼虫一般于 11 月中、下旬老熟后入土结茧越冬。因各世代发生期所处的温度条件不同，各虫态的历期亦有差异，卵历期在春季和秋季为 11～14d，夏季为 6～9d；幼虫历期第一至四代为 11～15d，第五至六代为 20～27d；越冬代前蛹期 138～164d，蛹历期 10～20d。黄翅菜叶蜂完成 1 个世代需 25～45d，越冬代历期为 180～200d。

2. 新疆菜叶蜂 在新疆 1 年发生 2～4 代，各地均以老熟幼虫在地下 3～15cm 处结茧越冬。在阿勒泰、塔城、石河子、乌苏、阜康和乌鲁木齐等地 1 年发生 2 代，越冬蛹于 5 月中、下旬至 6 月上旬羽化为成虫，成虫寿命 5～7d。在阿勒泰和塔城地区，第一代幼虫于 6 月中、下旬为害油菜；第二代幼虫于 8 月上、中旬为害白菜、萝卜、甘蓝和油菜。在乌苏、石河子、阜康和乌鲁木齐等地，第一代幼虫于 5 月下旬至 6 月上旬发生；第二代于 8 月发生。其老熟幼虫均于 10 月中旬入土做茧越冬。

昭苏、伊犁地区 1 年发生 3～4 代。在伊犁越冬蛹于 4 月下旬至 5 月上旬陆续羽化为成虫，第一代幼虫于 5 月上、中旬发生，第二代幼虫于 6 月中、下旬发生；第三代幼虫发生量大，为害严重，一般于 8 月上、中旬发生；第四代幼虫（即越冬代）9 月中、下旬发生，10 月上、中旬开始入土，吐丝做茧越冬。

3. 黑翅菜叶蜂 在台湾 1 年发生 7～8 代，无夏蛰习性。在印度 1 年发生 5 代，10 月至翌年 3 月为其活动盛期，在合适的条件下，卵历期 5～7d；幼虫共 6 龄，历期 13～15d；完成一个生命周期需 30～39d。

4. 黑斑菜叶蜂 在我国发生于西藏高海拔地区，年生活史不详。

5. 日本菜叶蜂 1年发生2代，有夏蛰习性。越冬代于4月下旬至5月上旬化蛹，5月上旬始见成虫，5月上、中旬产卵，卵历期8d左右；第一代幼虫于5月中旬至6月上旬发生；6月上、中旬老熟幼虫陆续入土夏蛰，前蛹期70～90d，9月下旬进入蛹期，蛹历期6～7d。第二代成虫于10月上旬发生，10月中旬至11月上旬为幼虫发生期；11月上旬老熟幼虫入土结茧越冬，越冬代前蛹期160～180d，蛹历期8d。

（二）生活习性

1. 幼虫习性 幼虫的孵化率很高，一般为93.3%～100%。其蜕皮时间以1：00～8：00最多。一般在早晚活动、取食最盛，一至三龄幼虫白天多躲在叶片背面取食；四至五龄幼虫逐渐转移到叶面和叶缘上取食。幼虫的取食量因龄期而异，一至二龄幼虫平均取食量为8.9～11.5 mm^2，占幼虫总食量的5.5%；三至四龄幼虫平均取食量为37.9～103.5mm^2，占幼虫总食量的38.8%；五龄幼虫食量突增为203.2mm^2，占幼虫总食量的55.7%。幼虫有假死习性，受惊扰立即蜷缩滚落假死，晴天气温高时假死性明显。

2. 化蛹习性 老熟幼虫入土后吐一种胶质物缀合土粒成茧，即进入前蛹期。前蛹期的长短因各世代而异，前蛹在蛹茧内蜕皮一次，进入蛹期。黄翅菜叶蜂蛹茧入土深度一般为1～5cm，最深可达11cm，其中以地表5cm以上处最为集中，约占总蛹量的90.4%。5种菜叶蜂中仅日本菜叶蜂有夏蛰习性，常以老熟幼虫入土夏蛰。

3. 成虫习性

（1）成虫的羽化与飞翔习性。成虫全天任何时刻都能羽化出土，但以1：00～6：00为羽化盛期。羽化时在蛹茧端部咬一圆形羽化孔爬出。通常羽化率可达81.0%～97.5%，第一代羽化率最高，越冬代最低，为81.0 %。成虫羽化出土后，先在地面爬行数分钟后才能飞翔。晴天微风可飞翔数十米，一般只作1～5m的短距离飞翔，早晨、傍晚、阴天飞翔能力较弱，雨天或有露的早晨不能飞翔。成虫在晴朗高温的白天十分活跃，早晚或阴雨天多隐蔽在植株或草丛间。

（2）取食习性。刚羽化的成虫在1～2d内很少取食，之后主要取食植物蜜露，但不取食固体食物，每天取食高峰期在10：00～17：00。取食可延长成虫寿命，有试验表明，取食蜜露和白菜花液的成虫比不取食任何食料的成虫寿命延长5～7d。黄翅菜叶蜂成虫喜食白糖水和蜜水，但不喜食糖、酒、醋液。

（3）假死性。成虫有较强的假死性，受惊后则紧缩体躯落地假死，经数秒钟或数分钟才能恢复活动。早晨、傍晚、阴雨天假死性较强，晴天较弱。

（4）雌雄性比与交尾习性。不同时期、不同世代雌雄性比有所变化，一般雌雄性比为1∶（0.4～0.5），雌虫多于雄虫。成虫羽化当天即可交尾，有多次交尾习性，一般为10～20次，多者可达30～40次。交尾时雄虫飞向雌虫，以足迅速拖着雌体，将交配器伸向雌虫尾部，结合后，足立即离开雌体，扭转体躯，头向相反的方向，呈“一”字形，交尾时雌、雄不动，但有时雌虫可将雄虫拖起爬行。以晴朗高温的天气交尾最多，阴天较少，雨天不交尾，一天中12：00～18：00为交尾盛期，其余时间很少交尾。

（5）产卵和孤雌生殖习性。成虫交尾后1～2d即开始产卵，3～4d为产卵盛期，产卵期7d。每天产卵的时间大多集中在10：00～18：00，尤以13：00～16：00产卵最多，占全天产卵量的68.7%。产卵方式有单产和聚产两种，雌虫产卵时用锯形产卵器在叶缘或叶基部将叶面划开，然后将产卵器插入叶背面的组织里产卵，并由附腺分泌黏液将卵粒包裹，待凝固后即在产卵处形成1个小隆起。每隆起内有卵1～4粒，最多可达10粒。雌虫边移动边产卵，卵在叶背排成一排。成虫产卵对部位有一定的选择性，以叶缘和叶基最集中，其中叶缘占53.4%，叶基占40.9%，叶尖仅占5.7%。产卵方式为单产或聚产，据田间调查，每子叶有卵1粒的占54%，2粒的占25.8%，3～6粒的占25.8%，9～10粒的仅占0.2%～0.9%。每头雌虫的产卵量平均为120.1粒，最多可达318粒，最少为35粒。此外，黄翅菜叶蜂可进行孤雌生殖。其后代的性别，不同世代有所不同。一般越冬代孤雌生殖后代皆为雌性；非越冬代孤雌生殖后代大多数为雄性，极少数为雌性（3%左右）。

四、发生规律

（一）气候条件

秋、冬温暖，雨雪少，则当年秋季和翌年易发生为害。而秋季降水量和降水分布是影响黄翅菜叶蜂发生的主要气象因子。一般 9 月中、下旬较强的降水过后，连续数日晴天，之后又持续连阴小雨有利于菜叶蜂的发生。例如，在山西晋南地区，黄翅菜叶蜂大发生的 2003 年，9 月末连续两次遇 30mm 降水，之后持续 5d 左右晴天，进入 10 月又遇到 8～9d 的连阴小雨天气，10 月中旬调查，油菜百株虫口量达 136～271 头，造成翌年油菜成片缺苗断垄。之后的 2005 年、2006 年和 2007 年又遇到了同样的气候条件和菜叶蜂的大发生。而新疆菜叶蜂喜欢温热干燥的气候条件，6～7 月少雨、气候干燥是造成其大发生的主要原因。

（二）耕耙土地

菜叶蜂幼虫的入土做茧率一般很高，以黄翅菜叶蜂为例，一至二代为 94.6%～95.1%，三至五代为 81.0%～84.4%。蛹茧在土层内 1～5cm 深处最多，约占总量的 90%。四川凉山报道，耕耙土壤，可通过机械将 12%左右的蛹茧直接压死，还可将大量蛹茧暴露于土表。在自然条件下，裸露于土表的蛹茧经过数小时阳光照晒后，其表面的土粒开始脱落，照晒 20h 以上者蛹茧开始破裂，通常在阳光下照晒的时间愈长蛹的羽化率愈低，5～15h 化蛹率 100.0%，20～30h 化蛹率 90.0%～95.0%，40～50h 化蛹率 15.0%～65.0%，60～80h 不能化蛹。

（三）施肥与灌溉

田间氮、磷、钾的施用比例及用量与菜叶蜂的虫口量相关，通常较高的氮肥水平会使其虫口数量增加，而适当增施磷、钾肥可减少田间菜叶蜂的发生量。此外，土壤湿度对蛹的羽化有一定影响，菜叶蜂蛹的羽化率通常较高，可达 90%以上，但在土壤相对湿度为 100%时，保持 8～10d，蛹的羽化率即降至 60%，因此加强田间灌溉，特别是冬灌可有效减少菜叶蜂的虫口量。

（四）寄主植物

菜叶蜂在大白菜和白菜型油菜田发生严重，萝卜、甘蓝和甘蓝型油菜田发生相对较轻。十字花科蔬菜连作或相邻，与油菜田连作或相邻的田块发生严重；油菜及其他十字花科蔬菜与禾本科作物轮作的田块发生较轻。菜叶蜂产卵对不同寄主作物具有选择性。据 1960 年 8 月新疆北屯调查，冬白菜有卵株率达 85.13%，而冬萝卜有卵株率仅 53.57%，冬白菜平均每株有卵 5.12 个，冬萝卜每株平均仅有 2.28 个。菜叶蜂在冬白菜上的产卵量远多于冬萝卜。

五、防治技术

（一）农业防治

1. 十字花科蔬菜收获后要及时中耕、除草，使蛹茧暴露或受机械破坏，以减少虫源。冬油菜区还可结合培土壅根和冬灌，破坏越冬蛹室，压低虫口基数。

2. 适期播种，以使油菜幼苗躲过幼虫大发生时期，减轻受害程度。

3. 利用幼虫的假死性，震落捕杀。

（二）化学防治

菜叶蜂幼虫对药剂较为敏感。在幼虫发生期，选用 20%灭幼脲悬浮剂或 5%氟虫脲乳油 1 000～1 500 倍液，80%敌敌畏或 50%辛硫磷乳油 1 000 倍液，20%氰戊菊酯、2.5%溴氰菊酯、4.2%高氯甲维盐、48%毒死蜱乳油 1 500～2 000 倍液在早晚喷洒，均可取得较好的防治效果，尤以一至三龄幼虫发生盛期喷药效果最佳。

李永红　李建厂（陕西省杂交油菜研究中心）

第 44 节　蜗　　牛

一、危害与分布

近年来，蜗牛为害油菜越来越重，蜗牛主要有灰巴蜗牛［*Bradybaena ravida*（Benson）］和同型巴蜗牛［*Bradybaena similaris*（Ferussac）］，属动物界软体动物门腹足纲柄眼目巴蜗牛科。

灰巴蜗牛是我国常见的为害农作物的陆生软体动物之一，全国均有分布，喜食十字花科作物，如大白菜、油菜、青菜、甘蓝及白萝卜等，最喜食质地柔嫩、品质优良的品种，油菜苗受害后，轻者叶片被咬成孔洞，严重者缺苗断垄甚至毁种，而且蜗牛粪便还使健叶腐烂发臭，极大地影响了油菜的品质和产量。

同型巴蜗牛别称水牛，是农作物和果树上的重要害虫之一，发生量大，为害严重，会造成缺苗断垄，严重影响着农作物的产量和品质。

蜗牛分布于中国的黄河流域、长江流域及华南各省份等。寄主有紫薇、芍药、海棠、玫瑰、月季、蔷薇、白蜡以及白菜、油菜、萝卜、甘蓝、花椰菜等多种蔬菜。初孵幼螺只取食叶肉，留下表皮，稍大个体则用齿舌将叶、茎磨成小孔或将其咬断。

二、形态特征

（一）灰巴蜗牛（彩图 8-44-1）

成贝：贝壳壳质坚硬而厚，黄褐色或略呈红褐色，壳体扁球形，壳高 19mm、宽 19～21mm，有 5～6 个螺层，壳的表面具有细而较密的生长线和螺纹，壳口椭圆形、脐孔缝隙状；头部发达，有 2 对触角，前触角较短，后触角较长，眼位于后触角顶端；腹部足腺能分泌黏质状液体，干后呈银白色，所以在其爬行和取食过的地方可见银白色的弯曲线状痕迹。

卵：圆形，直径 2mm，初产时湿润，乳白色具光泽，随后变为浅黄色，近孵化时呈土黄色，并且幼贝轮廓明显可见。

幼贝：深褐色或鼠灰色。

（二）同型巴蜗牛（彩图 8-44-2）

成贝：贝壳扁球形，壳质厚而坚实，有 5～6 个螺层，前几个螺层缓慢增长，略膨胀，螺旋部低矮。体螺层迅速增长膨大，壳顶钝，缝合线深。壳面黄褐、红褐或栗色，有稠密而细致的生长线，在体螺层周缘或缝缘上，常有一暗褐带。壳口马蹄形、口缘锋利，轴缘上、下部略外折，略遮盖脐孔，脐孔小而深。壳高约 12mm，宽约 16mm。爬行时体长 31～37mm。头部有两对触角，色深，上者长（约 9mm），且顶端有眼；下者短小（约 1.5mm），是嗅觉器官。口在头部前下方，只分唇、颚、舌三部分。颚在口内上方，坚硬骨化，颚下为舌，舌前端微尖，中间凹入，表面有纵横并列的尖锐小齿，用以舔取食物，啮食叶片或咬断嫩茎、花梗。蜗牛爬过后留有白色闪光分泌物，有时还留下青绿色如细头蝇状的粪便，可与昆虫的为害状相区别。

卵：圆球形，直径 1.0～1.5mm，乳白色，有光泽，不透明，孵化前变暗成土黄色，并有两个淡黑小点，即幼贝触角。卵壳石灰质，硬而脆，暴露在日光或空气中即会爆裂。

幼贝：初孵幼体仅 2mm，背壳淡褐色。1 个月后壳右旋增加，2 个月后壳右旋延长为 2 个小螺旋，爬行时体长 2～4mm。4 个月后壳右旋延长到 3 个小螺旋，体长 13～14mm，食量不大。6 个月后壳右旋大增，达 4.5～5.0 旋，体长 24～29mm，食量也增大。8 个月后逐渐变为成贝，壳增加到 5.5～6.0 旋。春季孵化的幼贝，到秋季可长成成贝。秋季孵化的幼贝，到翌年夏初就能交配产卵。

三、生活习性

（一）灰巴蜗牛

灰巴蜗牛以成贝、幼贝在农田土壤耕作层内、草堆、石块下等潮湿阴暗处越冬或越夏，亦可在土缝或较隐蔽的场所越冬或越夏。1 年繁殖 1～3 次。一般在 9～10 月份大量活动为害。蜗牛属雌雄同体、异体交配的动物，交配时间一般在黄昏和夜晚或阴雨天，交配后 15 天左右开始产卵，1 年可产卵 4～6 次，每次产卵 150～270 粒，卵经 10～18d 孵化。初孵幼贝只取食作物叶肉，留下表皮，长大后常将作物叶片食成孔洞或缺刻。在疏松的土层中可随温度变化上下移动。据观察，灰巴蜗牛和同型巴蜗牛多在晴天傍晚至清晨取食，食性杂，常为害十字花科、豆科和茄科类蔬菜以及棉、麻、甘薯等农作物，还为害花卉，如月季、杜鹃、佛手、兰花等。灰巴蜗牛还严重为害草坪，以阔叶草为主，尤其喜食白三叶、红花酢浆草、小冠花等豆科草坪草。昼伏夜出，多在 18：00 以后开始活动、取食，20：00～23：00 达到高峰，午夜后摄食量逐渐减少，至清晨陆续停止取食，潜入土中或隐蔽处；喜阴暗、潮湿的环境，阴雨天或浇水后可昼夜活动取食。

（二）同型巴蜗牛

同型巴蜗牛年生 1 代，寿命可达 2 年。成贝大多蛰伏在作物秸秆堆下面或冬作物的土壤中越冬，幼贝也可在冬作物根部土壤中越冬。越冬期间如遇温暖天气，还能活动取食。遇干旱或有害情况时，成贝会分泌一层白色薄膜封住壳口蛰伏。越冬蜗牛于翌年 4 月中、下旬活动取食（塑料大棚内于 3 月下旬开始活动取食），5～7 月为为害盛期，8 月下旬后当年幼贝为害日渐严重，特别在多雨季节，白菜、萝卜、油菜、菜花、甘蓝、豆角、茄子、辣椒等蔬菜及葡萄、梨果常遭严重为害。若遇伏旱天气，则隐伏在植物根部或草丛下蛰伏，旱季过后又大量为害。10 月中旬后渐转入越冬，11 月中旬气温达－4℃时，蜗牛全部进入越冬。全年为害期达 260d 以上。蜗牛雌雄同体，体内有一雌雄共同的精卵巢。精子和卵子一般不同时成熟，所以不能自体受精，需两个个体交配互相受精。从春季到秋季均可交配，每次 2～3h，交配后数日卵子成熟，顺输卵管排出，与预先储存在受精囊中的精子相遇而受精，再经过生殖孔产出。成贝每年有两次产卵高峰，即 4～5 月和 9～10 月，卵产在疏松湿润的土中。产卵前先用腹足和口将土掘成 1.5～3.0cm 深的小坑，产卵后将小坑盖好。一头蜗牛一次产卵 30～50 粒，一年可产数次，产卵期平均约 20d。卵孵化时期平均为 10d，孵化的小蜗牛约经 100d 后性成熟。同型巴蜗牛大发生是由于上年存贝量大、多阴雨、土壤湿润、空气湿度（大棚、日光温室）大等因素所致。复种指数高的地区，蜗牛常为害频繁，且日趋严重。

四、发生规律

（一）气候条件

决定灰巴蜗牛发生量的主要气象因子是雨量。灰巴蜗牛属陆生贝类软体动物，喜湿怕干。每年春、夏、秋（由惊蛰到立冬）降雨的多少直接影响其产卵量及活动为害程度。3～4 月多雨，蜗牛封厣夏蛰少，增大为害和产卵量；秋季多雨可促使新孵幼贝成活，反之则不利于产卵和卵粒孵化，幼贝也常处于封厣蛰伏状态，则会减少为害。

同型巴蜗牛的发生与气温和雨量有关，尤其与空气湿度和土壤湿度关系密切。在温度为 20～25℃、湿度在 90%左右的条件下，最适宜于同型巴蜗牛的生存、活动和取食为害；若温度高于 25℃，土壤含水量在 10%以下或 40%以上，会引起同型巴蜗牛死亡或生长受到抑制。连续阴雨天气是导致蜗牛暴发的主要因素，特别是 5～6 月雨量、雨日多，寡照有利于蜗牛卵的孵化和幼贝的成活；阴雨天、清晨或傍晚的温湿度较适宜于蜗牛的活动和取食，因而也是蜗牛猖獗为害的时段。高温干旱年份或地点蜗牛为害较轻，反之则蜗牛发生量大、为害重。

（二）寄主植物

蜗牛是杂食性动物，喜食十字花科作物，如大白菜、油菜、青菜、甘蓝及白萝卜等，最喜食质地柔嫩、品质优良的品种，为害指数为 36～40；其次是豆类，如梅豆、豇豆、黄豆，同样喜食其中品质细嫩的品种；再就是部分茄果类蔬菜，如茄子、青椒，其中绿茄比紫茄受害重，甜椒比辣椒受害重，为害指数为 11～35。

（三）天敌昆虫

蜗牛天敌有鸟类、鸡、蛙、步甲、蚂蚁及病原微生物等。田间可见蚂蚁捕食蜗牛卵粒，青蛙吞食贝体。某些鸟类亦可啄食蜗牛。天敌数量的多少直接影响蜗牛数量。

（四）传播途径

蜗牛就地扩散、自然转移是在阴雨天靠腹部的足完成；异地传播主要是由种苗引进携带卵所致。另外，远距离货物、成品蔬菜、集装运输等也有可能夹带蜗贝而导致传播。

五、防治技术

蜗牛系贝类软体动物，具有坚硬的贝壳，且常昼伏夜出，采用喷洒药液的方法很难防除。根据蜗牛生活习性可因地制宜采取综合措施，减少其数量。消灭成螺的主要时期是春末夏初，尤其在 5～6 月蜗牛繁殖高峰期之前。在这期间要恶化蜗牛生长及繁殖的环境。

(一) 农业防治

1. 控制土壤中的水分 控水对防治蜗牛起着关键作用，雨水较多，特别是地下水位高的地区，应及时开沟排除积水，降低土壤湿度。

2. 控制基数 清洁田园，人工锄草或喷洒除草剂清除油菜田四周的杂草，去除地表茂盛的植被、植物残体、石头等杂物，可降低田间湿度，减少蜗牛隐藏地，恶化蜗牛栖息的环境。

3. 翻耕 播种前翻地，使蜗牛成螺和卵块暴露于土壤表面，使其晒死、冻死或被天敌取食。

4. 人工捡拾 坚持每天20：00～21：00或在日出前及阴天蜗牛活动时，在土壤表面和绿叶上捕捉，其群体数量大幅减少后可改为每周1次，捕捉的蜗牛一定要踩死，不能扔在附近，以防其体内的卵在母体死亡后孵化。人工捡拾虽然费时，但很有效。

5. 集中诱杀 在种植场外堆集杂草和树叶进行诱集（掺入一定的农药效果可能更好），之后集中处理。

(二) 生物防治

利用有利于天敌繁衍的耕作栽培措施，选择对天敌较安全的选择性农药，并合理减少施用化学农药，保护利用天敌昆虫来控制蜗牛种群数量。

此外，还可以应用生物农药甲氨基阿维菌素、苏·阿维和核型多角体病毒对其进行防治，有一定效果。

(三) 物理防治

1. 田周边开隔离沟或撒生石灰带 在油菜田边开隔离沟或撒石灰带或草木灰或干细沙阻止蜗牛进入田间，蜗牛沾上石灰、草木灰或干细沙就会失水死亡。此方法必须在地面干燥时进行，可杀死部分成贝或幼贝。

2. 堆草诱集 将杂草、菜叶、树叶等堆放在油菜田中作诱集物，每5m放1堆，夜间诱集蜗牛栖息。

(四) 化学防治

蜗牛发生盛期，每667m^{2}选用5%四聚乙醛杀螺颗粒0.5～0.6kg或10%四聚乙醛颗粒0.6～1kg搅拌干细土或细沙后，于傍晚均匀撒施到田间油菜根际周围或蜗牛经常出没、易于接触的地方。

此外，在清晨蜗牛潜入土中之前（阴天可在上午）用硫酸铜1∶800倍液或1%食盐水喷洒防治，或用80%四聚乙醛可湿性粉剂800～1 000倍液喷雾防治。上述药品交替使用可以起到杀蜗保叶的作用，并可延缓蜗牛产生抗药性。

张蕾　刘勇（四川省农业科学院植物保护研究所）

第45节　野蛞蝓

一、分布与危害

野蛞蝓［*Agriolimax agrestis*（Linnaeus）］属软体动物门腹足纲柄眼目蛞蝓科野蛞蝓属。俗名无壳蜒蚰螺、鼻涕虫、黏虫，分布于欧洲、美洲、亚洲以及中国的广东、海南、广西、福建、浙江、江苏、安徽、湖南、湖北、江西、贵州、云南、四川、河南、河北、北京、西藏、新疆、内蒙古等地，生活环境为陆地，常生活于山区、丘陵、农田及住宅附近以及寺庙、公园等的阴暗潮湿、多腐殖质处。野蛞蝓为杂食性，为害呈逐年加重的趋势，在油菜苗期为害，常可造成大面积油菜田缺苗断垄或连片被吃光。在温湿度条件适宜时，野蛞蝓可周年为害，其发生密度可达3～5头/m^2，受害株率达60%～80%，严重影响油菜的产量与品质。

二、形态特征（彩图8-45-1）

成体：伸直时体长30～60 mm，体宽4～6 mm；内壳长4 mm，宽2.3 mm。长梭形，柔软，光滑而无外壳，体表暗黑色、暗灰色、黄白色或灰红色。触角2对，暗黑色，下边一对短，约1 mm，称前触角，有感觉作用；上边一对长约4 mm，称后触角，端部具眼。口腔内有角质齿舌。体背前端具外套膜，为体长的1/3，边缘卷起，其内有退化的贝壳（即盾板），上有明显的同心圆线，即生长线。同心圆线中心在外套膜后端偏右。呼吸孔在体右侧前方，其上有细小的色线环绕。嵴钝。黏液无色。在右触角后方约

2 mm 处为生殖孔。

卵：椭圆形，韧而富有弹性，直径 1 mm 左右，白色透明可见卵核，近孵化时色变深。

幼体：初孵化前为黑灰色，长 1～1.5 cm。

三、生活习性

以成体或幼体在作物根部湿土下越冬。次年 5～7 月在田间大量活动为害，入夏气温升高，活动减弱，秋季气候凉爽后，又活动为害。完成一个世代约 250 d，5～7 月产卵，卵一般产在地下 1～3 cm 的疏松湿润土中，或阴湿的地方，大多靠近水渠或水沟地带；卵堆产，每堆 10～40 粒；每隔 1～2d 产 1 次，产1～32 粒，每处产卵 10 粒左右，平均产卵量为 400 余粒。卵期 16～17 d，从孵化至成体性成熟约 55 d。成体产卵期可长达 160 d。野蛞蝓雌雄同体，异体受精，亦可同体受精繁殖。幼体在土壤表层 0.1～1 cm 处活动，具有群居性。初取食杂草、蔬菜叶片等，在 2～3 周后开始分散为害，当幼体长至 2cm 时食量倍增进入暴食阶段。

在南方每年 4～6 月和 9～11 月有两个活动高峰期，在北方 7～9 月为害较重。气温在 11.5～18.5℃、土壤含水量 20%～30%时，对野蛞蝓取食、活动和生长发育有利；若温度升至 25℃以上，则迁徙到土缝或潮湿土壤下停止活动；当土壤含水量在 10%以下或高于 40%时会引起死亡或生长受到抑制。怕光，强日照下 2～3h 即死亡，因此均夜间活动，从傍晚开始出动，22：00～23：00 时达高峰，清晨之前又陆续潜入土中或隐蔽处。耐饥力强，在食物缺乏或不良条件下能不食不动。背阳、潮湿、肥沃的田块发生偏重，向阳、干燥、贫瘠的田块少发生，阴暗潮湿的环境下易大发生。

四、发生规律

野蛞蝓在贵阳地区自然条件下能安全越冬，无滞育现象。主要以二、三代成体、幼体越冬。田间内虽有大量卵粒，经过一个冬季，有的干瘪，有的霉烂，基本上不能孵化。其越冬场所，主要是冬季油菜或杂草根际周围的土缝中、结球蔬菜的叶球内、枯枝落叶底层、土坎裂缝及土块、石块下湿土中。

蛞蝓田间发生数量大小，为害轻重，与温度、湿度、日照、风、耕作栽培等外界环境条件关系密切。撒播比点播发生量大，地势低湿比高燥发生量大，阴湿坝地比向阳坝地发生量大，地下水位高比水位低的发生量大。

五、防治技术

（一）农业防治

1. 播前清洁田园 油菜播种前及时清理和深翻田地，杀死成体和卵。

2. 苗床地和大田可撒施石灰粉、草木灰、具芒麦糠、谷皮等杀死蛞蝓。

（二）生物防治

1. 引入天敌 蛙类是蛞蝓最主要的天敌，雌蛙食量大，且无次生为害；因此可将蛙类引入具有围栏的田中防治蛞蝓。

2. 微生物防治 细菌、病毒、线虫等可使蛞蝓病亡（如嗜水气单胞菌、副溶血弧菌、短芽孢杆菌等）。专门寄生在蛞蝓体内的线虫（*Phasmarhabditis hermaphrodita*）对大多数蛞蝓有致死作用，寄主死后新生线虫可通过土壤环境感染其他蛞蝓。

（三）物理防治

在蛞蝓高发期，借助手电筒、矿灯等光源进行人工捡拾。蛞蝓对甜、香、腥气味有一定的趋性。傍晚在育苗地及周边撒幼嫩莴笋叶、白菜叶等有气味食物，清晨揭开引诱物后可进行人工捕杀。

（四）化学防治

1. 药剂拌种 每千克油菜种子用吡虫啉 8.1g 临时拌种，可显著减轻蛞蝓为害，且维持时间较长。

2. 喷洒农药

①在蛞蝓活动时，喷施 80%溴氰菊酯乳油 1 000 倍液或 50%辛硫磷乳油 1 000 倍液，杀灭效果达 83%；②20%氰戊菊酯乳油喷洒于田面，防治效果较好；③喷施 25%速灭威可湿性粉剂或 10%异丙威可湿性粉剂 300 倍液，杀灭效果均在 90%以上；④用喷雾器喷洒硫酸铜 800～1 000 倍液或 1%食盐水，杀

灭效果可达80%以上；⑤茶枯饼用纱布包裹后，浸水（茶枯饼∶水为1∶4）30min，揉搓制得茶枯原液，稀释成600～800倍液，于傍晚喷施，防治效果可达92%以上。

3. 撒施药剂 在蛞蝓高发期、夜间喷洒药物难的情况下，在白天可选用50%杀螺胺乙醇胺盐可湿性粉剂1 200g/hm^2、2.6%四聚乙醛颗粒7 500g/hm^2，其防效均在90%以上，且14 d后防效仍高于70%。

刘勇 张蕾（四川省农业科学院植物保护研究所）

主要参考文献

安英芬．2010. 油菜蚤跳甲在海晏县的发生及防治［J］．甘肃农业科技（5）：52-53.

鲍康阜．2010. 菜田蜗牛的发生与防治技术［J］．安徽农学通报，16（14）：217-218.

北京市农业科学院植物保护研究室，北京市通县农业科学研究所植保组，北京市通县台湖公社台湖大队科技组．1977. 京郊地老虎发生规律及防治研究［J］．昆虫学报，20（3）：294-302.

卞锡元．1980. 黄地老虎的发生与防治［J］．农业科技通讯（3）：29.

蔡丽，许泽永，陈坤荣，等．2005a. 芜菁花叶病毒研究进展［J］．中国油料作物学报，27（1）：104-110.

蔡丽，许泽永，陈坤荣，等．2005b. 油菜花叶病毒Wh株系的鉴定［J］．植物保护学报，32（4）：367-372.

蔡丽．2008. 油菜病毒株系鉴定和抗病相关基因研究及转基因飘逸评价［D］．武汉：华中农业大学．

蔡振生，史先鹏，徐培河．1994. 青海经济昆虫志［M］．西宁：青海人民出版社．

蔡志平，张栋海，李克福，等．2012. 新疆小海子垦区果棉间作田黄地老虎、警纹地老虎和八字地老虎成虫种群动态［J］．中国棉花（2）：22-24.

曹雅忠．2008. 地下害虫［M］//成卓敏．新编植物医生手册．北京：化学工业出版社．

曾爱平，陈永年，周志成，等．2010. 湖南烟区斜纹夜蛾（*Spodoptera litura*）的发生规律及预测方法［J］．中国烟草科学，31（6）：9-13.

柴武高．2010. 甘肃河西走廊油菜黄曲条跳甲生活习性及防治方法［J］．中国植保导刊，30（6）：23-24.

陈斌，李隆术．2002. 储藏物害虫生物性防治技术研究现状和展望［J］．植物保护学报，29（3）：272-278.

陈德牛，高家祥．1980. 几种危害农作物的蜗牛和蛞蝓的识别［J］．植物保护（6）：27-30.

陈国生，汪义慰，李国强，等．1989. 六索线虫防治小地老虎的小区试验［J］．生物防治通报，5（3）：125-126.

陈金安．1994. 大棚野蛞蝓的综合防治［J］．蔬菜（1）：21.

陈进友．2007. 蜗牛在花卉上的发生及综合防治技术［J］．北方园艺（11）：194-195.

陈坤荣，蔡丽，许泽永，等．2006. 油菜品种和资源材料对芜菁花叶病毒的抗性鉴定［J］．中国油料作物学报，28（3）：350-353.

陈世骧．1964. 叶甲的演化与分类［J］．昆虫学报，13（4）：469-483.

陈庭华，陈彩霞，蒋开杰，等．2001. 斜纹夜蛾发生规律和预测预报新方法［J］．昆虫知识，38（1）：36-39.

陈永兵，张纯胄，胡丽秋．1999. 寄主植物对甜菜夜蛾生长发育的影响［J］．昆虫知识，36（6）：332-334.

陈用东，陈方景．2011. 浙江景宁县菜田蜗牛发生规律及综合防治研究［J］．蔬菜，3011（5）：33-34.

陈增良，杨新玲，张钟宁．2010. 一种鉴别菜粉蝶蛹雌雄的方法［J］．昆虫知识，47（1）：213-214.

陈宗宪，贾佩华．1958a. 我国的大害虫（十六）地老虎［J］．昆虫知识（2）：92-97.

陈宗宪，贾佩华．1958b. 我国的大害虫（十六）地老虎（续）［J］．昆虫知识（3）：139-141.

程洪坤，等．2008. 保护地害虫天敌的生产与应用［M］．北京：金盾出版社．

戴建青，韩诗畴，杜家纬．2010. 小菜蛾化学信息素研究进展及应用概况［J］．热带作物学报，31（7）：1218-1226.

戴荣珍．2011. 优质油菜新品种玉红油1号的选育［J］．种子，30（4）：114-115.

丁蕙淑．1992. 文山州小地老虎发生及迁飞规律研究［J］．昆虫知识，29（1）：10-13.

董建棠．1983. 黄地老虎生物学的研究［J］．昆虫知识（1）：14-17.

堵南山，等．1989. 无脊椎动物学［M］．上海：华东师范大学出版社．

房德纯，关天舒，蒋玉文，等．2000. 白菜甘蓝类蔬菜病虫害诊治［M］．北京：中国农业出版社．

冯殿英．1997. 甜菜夜蛾越冬蛹的抗寒能力测定［M］//中国植物保护研究进展．北京：中国科学技术出版社．

冯高．2010. 油菜主要病虫害的防治［J］．植物医生，23（3）：21-22.

冯光荣．2001. 蔬菜幼苗猝倒病的发生与防治［J］．吉林农业，3：17.

冯琳琳．2008. 蚜虫报警信息素的绿色合成及应用研究［D］．北京：首都师范大学．

冯夏，李振宇，吴青君，等．2011. 小菜蛾抗性治理及可持续防治技术研究与示范［J］．应用昆虫学报，48（2）：247-253.

符明联，杨玉珠，李根泽，等．2011. 不同油菜品种对根肿病的抗性分析［J］．华中农业大学学报，30（4）：443-447.

付绍军 . 2008. 土壤电特性与电场杀虫技术研究［D］. 杨陵：西北农林科技大学 .
高美林，孔小新 . 2004. 丽色油菜叶甲的防治［J］. 农村科技（10）：12.
高泽正，吴伟坚，崔志新 . 2000. 关于黄曲条跳甲的寄主范围［J］. 生态科学，19（2）：70－72.
葛斯琴，王书永，杨星科，等 . 2002. 广西叶甲亚科昆虫种类记述（鞘翅目：叶甲科）［J］. 昆虫分类学报，24（2）：116－124.
葛斯琴 . 2002. 中国叶甲亚科系统分类学研究［D］. 北京：中国科学院动物研究所 .
郭凤霞 . 2010. 白菜霜霉病的发生与综合防治［J］. 农技服务，27（11）：1421－1422.
郭慧卿，曹纪兰 . 2000. 菜田猿叶虫的防治［J］. 河南农业（7）：18.
郭普 . 2006. 植保大典［M］. 北京：中国三峡出版社 .
郭书普 . 2010. 新版蔬菜病虫害防治彩色图鉴［M］. 北京：中国农业大学出版社 .
过七根，周瑶敏 . 2008. 蚜虫防治研究新进展［J］. 江西农业学报，20（9）：90－91，98.
韩兰芝，翟保平，张孝羲 . 2003. 不同温度下甜菜夜蛾实验种群生命表研究［J］. 昆虫学报，46（2）：184－189.
韩召军，杜相革，徐志宏 . 2001. 园艺昆虫学［M］. 北京：中国农业大学出版社 .
韩召军 . 1986. 小地老虎对几类杀虫剂的毒力反应及其抗药性变化［J］. 植物保护学报，13（2）：125－130.
郝丽芬，宋培玲，李子钦，等 . 2012. 油菜黑胫病菌（*Leptosphaeria biglobosa*）生物学特性研究［J］. 中国油料作物学报，34（4）：419－424.
何礼远，孙福在，华静月，等 . 1983. 油菜黑腐病病原细菌的鉴定［J］. 植物保护学报，10（3）：179－184.
贺春贵，范玉虎，邹亚暄，等 . 1998. 油菜花露尾甲对春油菜的危害及对产量的影响［J］. 植物保护学报，25（1）：15－191.
贺春贵，王国利，范玉虎，等 . 1998. 油菜新害虫——油菜叶露尾甲研究［J］. 西北农业学报，7（4）：18－23.
贺华良，宾淑英，林进添 . 2012. 黄曲条跳甲生物学·生态学特征及发生原因研究进展［J］. 安徽农业科学，40（20）：10683－10686.
洪海林，李国庆，余安安，等 . 2012. 油菜灰霉病发生规律与防治研究初报［J］. 湖北植保，3：38－41.
洪晓月，丁锦华 . 2007. 农业昆虫学［M］. 北京：中国农业出版社 .
洪晓月 . 2011. 农业昆虫学实验与实习指导［M］. 北京：中国农业出版社 .
侯耀国，吴梅，孙永飞 . 2006. 斜纹夜蛾暴发原因及综合治理对策［J］. 上海农业科技（5）：157－158.
胡慧芬，方小平，肖春 . 2006. 油菜种质资源抗小菜蛾的鉴定［J］. 江西农业学报，18（5）：73－76.
胡森，李树强，陈祝平，等 . 1989. 东方油菜叶甲及其对蔄蓄控制作用的观察［J］. 昆虫知识，26（5）：280－282.
胡胜昌 . 1990. 甘蓝夜蛾的生物学特性［J］. 昆虫知识，27（3）：144－147.
华南农业大学 . 1994. 农业昆虫学［M］. 北京：中国农业出版社 .
黄惠英 . 1988. 蔬菜害虫图谱［M］. 广州：科学普及出版社广州分社 .
黄颂禹，梁召其 . 1984. 蜗牛的发生及防治技术［J］. 植物保护，10（5）：39.
黄永菊，等 . 2000. 甘蓝型油菜菌核病抗性的遗传研究［J］. 中国油料作物学报，22：1－5.
冀瑞琴 . 2006. 油菜抗菌核病分子机制研究［D］. 武汉：中国农业科学院 .
江幸福，罗礼智，李克斌，等 . 2001. 甜菜夜蛾抗寒与越冬能力研究［J］. 生态学报，21（10）：1575－1582.
江幸福，罗礼智，李克斌，等 . 2002. 温度对甜菜夜蛾飞行能力的影响［J］. 昆虫学报，45（2）：275－278.
江幸福，罗礼智 . 1999. 甜菜夜蛾暴发原因及防治对策［J］. 植物保护，25（3）：32－33.
江扬先，严龙 . 2008. 番茄斑潜蝇的发生与综合防治［J］. 长江蔬菜（8）：18－19.
姜海洲，梅爱中，郜德良，等 . 2001. 蔬菜田小地老虎的发生特点及防治［J］. 上海蔬菜（1）：25.
蒋杰贤，梁广文，庞雄飞 . 1999. 斜纹夜蛾天敌作用的评价［J］. 应用生态学报，10（4）：461－463.
蒋杰贤，梁广文，王奎武 . 2001. 几种天敌对斜纹夜蛾幼虫的捕食作用［J］. 上海农业学报，17（4）：78－81.
蒋杰贤，梁广文 . 1999. 斜纹夜蛾核型多角体病毒对宿主实验种群的控制作用［J］. 昆虫天敌，21（1）：14－17.
蒋玉文，贾岚，何振昌，等 . 1992. 卷球鼠妇的生物学特性及防治［J］. 沈阳农业大学学报，23（2）：88－92.
金道超，李子忠 . 2006. 赤水桫椤景观昆虫［M］. 贵阳：贵州科学技术出版社 .
金玲莉 . 2000. 光周期对甘蓝夜蛾夏季滞育诱导和解除的影响［J］. 江西园艺（5）：39－40.
金苹，高晓余 . 2011. 白绢病的研究［J］. 农业灾害研究，1（1）：14－22.
孔常兴 . 1986. 黄地老虎生物学观察［J］. 西藏农业科技，Z1：13－15.
雷仲仁，王音，问锦曾 . 1996. 蔬菜上 11 种潜叶蝇的鉴别［J］. 植物保护，22（6）：40－43.
李春艳，刘希全 . 2004. 大白菜抗白斑病的生理生化相关性状的研究［J］. 辽宁农业科学，3：8－10.
李方球，官春云 . 2001. 油菜菌核病抗性鉴定、抗性机理及抗性遗传育种研究进展［J］. 作物研究（3）：85－92.
李芳，陈家华，何榕宾 . 2001. 小地老虎天敌应用研究概况［J］. 昆虫天敌，23（1）：43－48.

李惠明 . 2006. 蔬菜病虫害预测预报调查规范［M］. 上海：上海科学技术出版社 .
李建军 . 2006. 黄曲条跳甲综合防治技术［J］. 病虫防治（11）：28 - 29.
李丽丽 . 1994. 世界油菜病害研究概述［J］. 中国油料，16（1）：79 - 81.
李明霞 . 2011. 油菜主要病害防治研究进展［J］. 农药研究与应用，15（2）：4 - 7.
李强生，胡宝成，陈凤祥，等 . 2008. 油菜黑胫病［J］. 中国食用菌，27：90 - 93.
李强生，荣松柏，胡宝成，等 . 2013. 中国油菜黑胫病害分布及病原菌鉴定［J］. 中国油料作物学报，35（4）：415 - 423.
李荣峰，徐秉良，梁巧兰，等 . 2012. 甘肃省白菜型冬油菜霜霉病发生规律［J］. 中国油料作物学报，34（4）：413 - 418.
李少峰 . 1996. 油菜潜叶蝇发生规律及防治措施［J］. 云南农业（10）：21.
李拴平，王锋，高鹏，等 . 2010. 油菜蚤跳甲的发生规律和防治技术［J］. 西北园艺（1）：43 - 44.
李伟丰，古德就，陈亦根，等 . 2000. 蔬菜品种对小猿叶甲生物学特性影响的研究［J］. 华南农业大学学报，21（1）：38 - 40.
李永红，何振才 . 1998. 油菜茎象甲幼虫蛀茎防治方法研究［J］. 陕西农业科学（1）：13 - 14.
李永禧 . 1964. 小地老虎生活习性及防治［J］. 昆虫知识，8（1）：1 - 3.
李永欣，李桂兰，贾方成 . 1982. 油菜叶甲的发生规律与防治方法［J］. 河南农业科学（9）：15 - 17.
李元林，胡保新 . 1957. 陕西关中地区为害油菜的两种新害虫［J］. 昆虫知识，118（3）：120 - 123.
李元林，刘双耀，郑京海，等 . 1988. 油菜蚤跳甲对油菜的为害［J］. 昆虫知识，25（6）：338 - 339.
李照会 . 2004. 园艺植物昆虫学［M］. 北京：中国农业出版社 .
李正龙，王恩国 . 2011. 小菜蛾性诱监测效果与种群数量时空变化规律研究［J］. 安徽农学通报，17（11）：122 - 145.
李志胜，黄永俏，林醒，等 . 2002. 黄曲条跳甲成虫空间分布型及抽样技术［J］. 福建农林大学学报（自然科学版），31（3）：297 - 300.
李作能 . 1964. 黄地老虎若干国外研究文献综述［J］. 新疆农业科学（5）：179 - 182.
梁艳春 . 1991. 甘蓝夜蛾种群消亡因素与防治时期的研究［J］. 病虫测报（2）：37 - 39.
廖华明，宁红，等 . 2010. 茄果类蔬菜病虫害绿色防控技术［M］. 北京：中国农业出版社 .
刘红敏，周顺玉 . 2010. 油菜病虫害及其无公害综合治理技术［J］. 安徽农学通报（上半月刊），11：269 - 270.
刘绍友，胡作栋，史淑中，等 . 1992. 油菜病虫害及其防治［M］. 西安：陕西科学技术出版社 .
刘绍友 . 1990. 农业昆虫学［M］. 杨陵：天则出版社 .
刘胜毅，刘仁虎，Latunde - Dada A O，等 . 2007. 黑胫病弱毒种和化学诱导剂诱导油菜对黑胫病抗性的比较研究［J］. 科学通报，52（6）：660 - 667.
刘胜毅，马齐祥，等 . 1998. 油菜病虫草害防治彩色图说［M］. 北京：中国农业出版社 .
刘胜毅 . 1999. 油菜抗菌核病机制、遗传和单倍体离体突变研究［D］. 北京：中国农业科学院 .
刘铁志 . 2007. 内蒙古白粉菌分类及区系研究［D］. 呼和浩特：内蒙古大学 .
刘同先 . 2005. 昆虫学研究：进展与展望［M］. 北京：科学出版社 .
刘效明 . 1995. 甜菜夜蛾生物学特性及防治技术［J］. 植物保护，21（6）：29 - 30.
刘延虹，陈雯，谢飞舟 . 2007. 灰巴蜗牛发生规律研究［J］. 陕西农业科学（4）：126 - 127，129.
刘勇，黄小琴，柯绍英，等 . 2009. 四川主栽油菜品种根肿病抗性研究［J］. 中国油料作物学报，31（1）：90 - 93.
刘勇，罗一帆，黄小琴，等 . 2010. 芸薹根肿菌生理小种鉴别方法研究进展［J］. 中国油料作物学报，33（4）：420 - 426.
刘勇，谭新球，张德咏，等 . 2011. 主要农作物有害生物防治实用技术手册［M］. 长沙：中南大学出版社 .
刘泽 . 2009. 农作物病害研究之——油菜黑胫病害［M］. 北京：光明日报出版社 .
刘长仲，王国利，贺春贵，等 . 2000. 油菜叶露尾甲空间分布型的研究及其应用［J］. 甘肃科学学报，12（1）：58 - 61.
卢鉴植，赵恒 . 1980. 黄地老虎性引诱研究初报［J］. 新疆农业科学（5）：19 - 20.
陆致平，沈雪生，史顺荣，等 . 1996. 吡虫啉防治蔬菜小猿叶虫与蚜虫的效果［J］. 江苏农业科学（5）：51 - 52.
罗进仓，陈海贵 . 1992. 甘蓝夜蛾卵的空间分布型与抽样技术研究初报［J］. 中国甜菜（2）：20 - 24.
罗开珺，古德祥，张古忍，等 . 2004. 十字花科蔬菜主要害虫四种夜蛾的寄生蜂［J］. 中国生物防治，20（3）：211 - 214.
罗宽，周必文 . 1994. 油菜病害及其治理［M］. 北京：中国商业出版社 .
罗礼智，曹雅忠，江幸福 . 2000. 甜菜夜蛾发生危害特点及其趋势分析［J］. 植物保护，26（3）：37 - 39.
罗益镇，崔景岳 . 1995. 土壤昆虫学［M］. 北京：中国农业出版社 .
吕佩珂，李明远，吴钜文，等 . 1992. 中国蔬菜病虫原色图谱［M］. 北京：农业出版社 .
吕佩珂，苏慧兰，吕超 . 2007. 中国粮食、经济、药用作物病虫原色图鉴［M］. 呼和浩特：远方出版社 .
吕庆，达可，韩建青 . 2002. 柴达木地区甘蓝夜蛾生物学特性及防治［J］. 青海大学学报，20（2）：28.
马惠，王开运，崔淑华，等 . 2005. 甘蓝夜蛾的发生与防治［J］. 长江蔬菜（4）：33.
马奇祥，常中先，戴小枫，等 . 1989. 常用农药使用简明手册［M］. 北京：中国农业科学技术出版社 .

毛嘉正．2006. 菜粉蝶的发生及防治［J］．种植园地（7）：11.

孟玲，李保平，Jack DeLoach，等．2005. 新疆柽柳上的植食性昆虫种类调查［J］．中国生物防治，21（1）：24－28.

缪勇．2001. 药用植物害虫学［M］．北京：中国农业出版社．

农业部农药检定所．1989. 新编农药手册［M］．北京：农业出版社．

彭水成，刘银发，尹敬耿，等．2010. 油菜病毒病的发生与防治［J］．现代农业科技，3：187.

钱秀娟，许艳丽，刘长仲，等．2005. 昆虫病原线虫研究的历史现状及其发展应用动力［J］．甘肃农业大学学报（5）：693－697.

秦厚国，汪笃栋，丁建，等．2006. 斜纹夜蛾寄主植物名录［J］．江西农业学报，18（5）：51－58.

秦厚国，叶正襄，丁建，等．2002. 温度对斜纹夜蛾发育、存活及繁殖的影响［J］．中国生态农业学报，10（3）：76－78.

秦厚国，叶正襄，黄水金，等．2002. 斜纹夜蛾自然种群生命参数的研究［J］．中国生态农业学报，10（4）：84－86.

秦厚国，叶正襄，黄水金，等．2004. 不同寄主植物与斜纹夜蛾喜食程度、生长发育及存活率的关系研究［J］．中国生态农业学报，12（2）：40－42.

秦厚国，叶正襄．2007. 斜纹夜蛾灾变规律与控制［M］．北京：中国农业科学技术出版社．

秦韶梅，冷德训，孙秀丽，等．2006. 十字花科蔬菜黑腐病软腐病的综合防治［J］．西北园艺（蔬菜），5：14.

邱书志，叶萌，徐健君，等．1996. 灭幼脲防治黄地老虎的试验研究［J］．甘肃林业科技（3）：48－53.

屈年华．2011. 辽西地区黄地老虎生物学特性观察及防治［J］．吉林农业（9）：74.

全国农业技术推广服务中心．2006. 农作物有害生物测报技术手册［M］．北京：中国农业出版社．

全国小地老虎科研协作组．1990. 小地老虎越冬与迁飞规律的研究［J］．植物保护学报，17（4）：337－342.

任沪生，王圣玉，李丽丽，等．1985. 油菜白锈病抗原筛选鉴定报告［J］．中国油料，3：49－55.

戎可．2004. 鼠妇［J］．呼伦贝尔学院学报，12（1）：105－106.

邵登魁，裴建文，雷建明，等．2006. 白菜型冬油菜白粉病病程中超氧化物歧化酶和过氧化物酶及多酚氧化酶的变化［J］．西北农业学报，15（5）：118－122.

邵登魁．2006. 油菜抗白粉菌鉴定及相关的生理生化特性研究［D］．兰州：甘肃农业大学．

申君．2010. 桃蚜的抗药性监测、杀虫剂的配方筛选及其增效生化机理的研究［D］．武汉：华中农业大学．

石宝才，路虹，宫亚军，等．2006. 蔬菜上 4 种斑潜蝇的识别与防治［J］．中国蔬菜（4）：49－50.

史卫东，黄鹏祥．1988. 油菜蓝跳甲在油菜植株上的分布［J］．植物保护，14（4）：20.

宋尔宽，管青霞．1994. 黑缝油菜叶甲的发生为害和防治措施［J］．植保技术与推广（6）：3－5.

宋燕，周恩义，胡美绒，等．2010. 黄翅菜叶蜂的发生规律和防治技术［J］．西北园艺（2）：46－47.

苏建亚．1998. 甜菜夜蛾的迁飞及在我国的发生［J］．昆虫知识，35（1）：55－57.

唐文俊，薛桂莉，刘治权．2004. 菜粉蝶发生规律及预测预报方法［J］．农业与技术，24（2）：67，70.

唐永，何爱军，朱新伟．2009. 黄曲条跳甲的发生与防治［J］．现代农业科技（4）：116.

田坤发．1999. 十字花科蔬菜上黄曲条跳甲的发生与防治［J］．蔬菜（11）：20－21.

田素梅，王玉玲．2012. 几种生物农药对同型巴蜗牛防治效果比较［J］．商丘师范学院学报，28（6）：82－85.

田毓起．2000. 蔬菜害虫生物防治［M］．北京：金盾出版社．

万洪深，吴猛，刘缠民，等．2010. 三种鼠妇形体特性的初步研究［J］．湖北农业科学，49（10）：2500－2502.

汪谨桂，丁邦元．2007. 油菜病虫害发生特点及防治对策［J］．现代农业科技，2：54.

汪鸣谦，苏雪琴，王需庆．1991. 冬油菜主要害虫综合防治研究［J］．甘肃农业科技（9）：37－39.

汪万宝，夏理定，魏俊章，等．1993. 小猿叶甲习性特点及药剂防治试验［J］．长江蔬菜（1）：21.

汪云好，杨新军．2003. 斜纹夜蛾发生规律及防治技术［J］．安徽农业科学（1）：133－134.

王爱玲，侯生英，张贵，等．2005. 青海油菜田新害虫大菜粉蝶［J］．青海农林科技（3）：69，74.

王秉坤．2009. 黄曲条跳甲的鉴别及为害特点［J］．农技服务，26（1）：81－82.

王成德，李谦，张士元，等．1995. 锡盟油菜主要虫害种类及其综合防治技术［J］．内蒙古农业科技（4）：17－20.

王穿才．2008. 灰巴蜗牛发生规律和习性观察［J］．中国蔬菜（6）：27－29.

王风葵，王学让，尚中发．1990. 油菜茎象甲幼虫龄数的测定［J］．西北农业大学学报，118（3）：7，108.

王风葵，王学让，尚中发．1992. 渭北旱塬油菜茎象甲生物学及生态环境的研究［J］．干旱地区农业研究，10（4）：86－89.

王锋，高鹏，李拴平，等．2009. 黑缝油菜叶甲的生活习性及防治［J］．西北园艺（1）：34－35.

王果红，韩日畴．2008. 黄曲条跳甲的生物防治［J］．中国生物防治，24（1）：91－93.

王红艳，高九思，张青梅，等．2007. 甜菜夜蛾的发生与无害化药剂防治技术研究［J］．现代农业科技（3）：43.

王竑晟，徐洪富，崔峰，等．2004. 温度对甜菜夜蛾生殖行为及生殖力的影响［J］．生态学报，24（1）：162－166.

王华军．2002. 蜗牛的习性与防治［J］．蚕桑通报，33（2）：53－55.

王敬儒，戴淑慧，禹如龙，等.1982. 不同食料对黄地老虎生长发育和繁殖的影响［J］. 植物保护学报，9（3）：187-192.
王敬儒，戴淑慧，禹如龙，等.1983. 黄地老虎生物学特性的研究［J］. 新疆农业大学学报（1）：43-49.
王靖，黄云，胡晓玲，等.2008. 油菜根肿病症状、病原形态及产量损失研究［J］. 中国油料作物学报，30（1）：112-115.
王久兴，贺桂欣.2004. 蔬菜病虫害诊治原色图谱：白菜、甘蓝类分册［M］. 北京：科学技术文献出版社.
王满，李周直.2004. 昆虫滞育的研究进展［J］. 南京林业大学学报（自然科学版），28（1）：71-76.
王前，纵玉华.2009. 番茄斑潜蝇与美洲斑潜蝇的鉴别及防治［J］. 农技服务，26（1）：93-94.
王秦，谭琦，魏德忠.1985. 黄翅菜叶蜂产卵习性的进一步观察［J］. 植物保护，12（6）：34-35.
王秦，谭琦，魏德忠.1987. 黄翅菜叶蜂孤雌生殖习性的初步研究［J］. 昆虫知识（1）：27-28.
王清文，张吉昌，邓志勇，等.1998. 油菜黑腐病田间分布型及抽样技术. 陕西农业科学（4）：22-23.
王仁清，杨晓芳，朱艳花，等.2002. 野蛞蝓发生动态及生活习性观察［J］. 植保技术与推广，22（2）：13.
王少伟.2011. 不同萝卜抗源抗黑腐病相关基因差异表达比较研究［D］. 北京：中国农业科学院.
王圣玉，李丽丽，方小平，等.1990. 我国南方油菜病毒病的发生和病原血清学鉴定［J］. 植物保护，16（6）：2-4.
王香萍，方宇凌，张钟宁.2003. 小菜蛾性信息素研究及应用进展［J］. 植物保护，29（5）：5-9.
王小平.2004. 大猿叶虫滞育诱导及滞育后生物学特性的研究［D］. 长沙：湖南农业大学.
王心辉.1999. 油菜叶露尾甲的发生与防治［J］. 甘肃农业科技（9）：42.
王荫长，陈长琨，尤子平.1987. 小地老虎抗寒能力的研究［J］. 植物保护学报，14（1）：9-14.
王永卫，曹伯祥，陈铭书.1987. 新疆菜叶蜂的初步研究［J］. 昆虫知识（1）：25-27.
王玉磊，赵传东，姚峰，等.2008. 甜菜夜蛾为害特点及其发生规律研究［J］. 现代农业科技（12）：125.
王长政.1990. 小地老虎越冬、迁飞与预测预报的研究［J］. 病虫测报（4）：10-16.
韦泽平.1994. 大、小猿叶虫的发生与防治［J］. 广西植保（3）：16.
尉吉乾，徐文，吴耀，等.2010. 油菜霜霉病新型防治药剂的防治效果［J］. 江苏农业科学，5：181-182.
魏崇德.1991. 浙江动物志：甲壳类［M］. 杭州：浙江科学技术出版社.
魏鸿钧，张治良，王荫长.1989. 中国地下害虫［M］. 上海：上海科学技术出版社.
魏慧珍，潘岩，潘巧芝.2012. 黑缝油菜叶甲在环县的发生规律及防治［J］. 甘肃农业科技（1）：59-60.
吴福桢.1990. 中国农业百科全书：昆虫卷［M］. 北京：农业出版社.
吴吉庆，程兴民，张新华，等.1992. 灰巴蜗牛综合防治技术试验［J］. 陕西农业科学（3）：29-30.
西北农业大学.1999. 农业昆虫学［M］. 北京：中国农业出版社.
夏湛恩，竺利红，桑金隆，等.2000. 广谱 Bt 杀虫剂田间试验报告［J］. 中国病毒学，15（S1）：260.
向玉勇，杨康林，廖启荣，等.2009. 温度对小地老虎发育和繁殖的影响［J］. 安徽农业大学学报，36（3）：365-368.
向玉勇，杨茂发.2008. 小地老虎在我国的发生危害及防治技术研究［J］. 安徽农业科学，36（33）：14636-14639.
辛惠普，王笑芹，靳学惠，等.1996. 机械化栽培春油菜病虫草害综合防治技术的研究［J］. 黑龙江八一农垦大学学报，8（4）：1-12.
徐公天，杨志华.2007. 中国园林害虫［M］. 北京：中国林业出版社.
徐蕾，许国庆，刘培斌，等.2010. 蚜虫生物学研究进展［J］. 湖北农业科学，49（12）：3204-3206.
徐世才，延志连，贺民，等.2011. 菜粉蝶在不同温度下的实验种群生命表［J］. 植物保护，37（1）：79-81.
徐世才，张修谦，刘长海，等.2009. 菜粉蝶发育起点温度和有效积温的研究［J］. 长江蔬菜（学术版）（20）：64-66.
徐文华，周家春，张萼，等.2001. 温湿度对同型巴蜗牛的影响效应［J］. 江苏农业学报，18（2）：15-16.
徐潇龙，王现芝.2011. 几种油菜病虫害的发生与综合防治［J］. 河南农业，5：34.
徐云菲，徐寿万.1994. 小猿叶虫发生与若干生物学特性研究［J］. 浙江农业科学（6）：262-264.
许均祥，刘绍友，董耀东，等.1995. 油菜蚤跳甲生物学特性研究［J］. 西北农业学报，4（1）：51-55.
许泽永，陈坤荣.2008. 油料作物病毒和病毒病［M］. 北京：化学工业出版社.
许志刚，沈秀萍，赵毓潮.2006. 萝卜细菌性黑斑病的检测与防治［J］. 植物检疫，6：392-393.
薛芳森，杨爱卿，李爱青，等.2001. 大猿叶虫夏眠与冬蛰的观察［J］. 江西植保，24（1）：1-2.
严晓平，宋永成，沈兆鹏，等.2006. 中国储粮昆虫 2005 年最新名录［J］. 粮食储藏，35（2）：3-9.
杨合同，任欣正，王少杰.1991. 丁香假单胞菌黑斑致病变种的侵染途径与群体动态研究［J］. 山东科学，12（4）：35-36.
杨吉祥，马平平，陈彦平，等.2003. 油菜蓝跳甲的发生与防治研究［J］. 甘肃农业科技（3）：48-49.
杨建全，陈家骅，张玉珍，等.1998. 小地老虎的发育历期、发育起点温度与有效积温［J］. 福建农业大学学报，27（4）：510-512.
杨建全，陈乾锦，陈家骅，等.2000. 几种杀虫剂对小地老虎的毒力测定［J］. 华东昆虫学报，9（1）：53-56.

杨青，陶佳良．1983. 油菜黑腐病研究初报［J］．湖南农业科学（5）：23－25.
杨世瑞．1966. 黄翅菜叶蜂的初步研究［J］．昆虫学报，15（1）：56－64.
尹仁国．1991. 应用性诱剂防治小地老虎［J］．农业科技通讯（10）：25－26.
虞佩玉，王书永，杨星科．1996. 中国经济昆虫志：第五十四册　叶甲总科（二）［M］．北京：科学出版社．
喻法金，赵毓潮，毛张菊，等．2007. 萝卜细菌性黑斑病在高山菜区发生规律观察［J］．湖北植保，3：35－361.
袁锋．1996. 昆虫分类学［M］．北京：中国农业出版社．
袁锋．2001. 农业昆虫学［M］．3 版．北京：中国农业出版社．
翟永键．1966. 小地老虎越冬调查［J］．昆虫知识（3）：170.
张宏宇．2006. 论储粮害虫的生态调控［J］．粮食储藏，35（4）：3－7.
张慧．1985. 河北省小地老虎虫源分析［J］．河北农学报，10（2）：45－46.
张吉昌，邓志勇．1997. 油菜黑腐病危害损失测定研究初报［J］．陕西农业科学（2）：19－20.
张建华，张建萍，王佩玲．2005. 新疆棉花害虫新动态及其防治对策［J］．中国棉花，32（7）：4－6.
张俊斌．2005. 小地老虎的防治措施［J］．山西农业（3）：38－39.
张茂新，凌冰，梁广文．2000. 十字花科蔬菜上黄曲条跳甲种群动态调查与分析［J］．植物保护，26（4）：1－3.
张茂新，凌冰，庞雄飞，等．2002. 新疆北部叶甲科昆虫的区系组成及经济意义［J］．武夷科学，18（12）：33－37.
张全胜．2002. 小猿叶虫早春生活习性的观察分析［J］．植保技术与推广，22（8）：24.
张生芳，马德成．1999. 丽色油菜叶甲在新疆局部地区大发生［J］．植物检疫，13（6）：355－356.
张天宇．2003. 中国真菌志：第十六卷　链格孢属［M］. 北京：科学出版社．
张筱秀，贺沛芳，周运宁，等．2011. 甘蓝夜蛾天敌种类调查与优势种利用研究［J］．农业技术与装备（9）：69－70.
张原，吴冰玉，陈先雄．1995. 农用助效剂混配杀虫剂防治蔬菜害虫试验［J］．农资科技（2）：19－22.
张长全．2002. 花椰菜细菌性黑斑病的综合防治［J］．植物保护，7：281.
赵善欢．1999. 植物化学保护［M］．北京：中国农业科学技术出版社．
浙江农业大学．1982. 农业昆虫学：上册［M］．2 版．上海：上海科学技术出版社．
郑建秋．2004. 现代蔬菜病虫鉴别与防治手册：全彩版［M］．北京：中国农业出版社．
《中国大百科全书》编辑部．1991. 中国大百科全书：生物学卷［M］．北京：中国大百科全书出版社．
中国科学院动物研究所．1983. 中国蛾类图鉴［M］．北京：科学出版社．
中国农业科学院植物保护研究所．1995. 中国农作物病虫害［M］．2 版．北京：中国农业出版社．
中国农作物病虫图谱编绘组．1992. 中国油料作物病虫图谱［M］．北京：农业出版社．
周传金，徐学芹．1993. 甜菜夜蛾生物学特性及防治研究［J］．中国甜菜（1）：24－27.
周艳芳，李宝聚，谢学文，等．2009. 湖北长阳火烧坪高山蔬菜病害调查［J］．中国蔬菜，21：18－20.
周忠明，王会福．油菜主要病虫害发生特点及防控技术［J］．上海农业科技，4：125.
朱弘复，王林瑶．1962. 中国残青叶蜂亚科（ATHALIINAE）研究［J］．动物学报，14（4）：505－514.
朱弘复，王林瑶．1963. 中国菜叶蜂的种类和地理分布［J］．昆虫学报，12（1）：93－97.
竺利红，李孝辉，吴吉安，等．2004. 苏云金芽孢杆菌 Ba9808 防治小猿叶虫和酸浆瓢虫试验［J］．浙江农业科学（4）：216－217.
祝树德，陆自强，陈丽芳，等．2000. 温度和食料对斜纹夜蛾种群的影响［J］．应用生态学报，11（1）：111－114.
祝树德，陆自强，陈丽芳．1994. 甘蓝菜食叶害虫为害当量系统及复合防治指标［J］．江苏农学院学报，15（3）：23－28.
Abe M. 1988. A biosystematic study of the genus *Athalia* Leach of Japan（Hymenoptera：Tenthredinidae）［J］. ESAKIA（26）：91－131.
Agrios G N. 1997. Plant Pathology［M］. 4th ed. San Diego，CA：Academic Press.
Alippi A M，Ronco L. 1996. First report of crucifer bacterial leaf spot caused by *Pseudomonas syringae* pv. *maculicola* in Argentina［J］. Plant Disease，80：223.
Arie T，Kobayashi Y，Okada G，et al. 1998. Control of soilborne clubroot disease of cruciferous plants by epoxydon from *Phoma glomerata*［J］. Plant Pathology，47：743－748.
Aycock R. 1966. Stem rot and other diseases caused by *Sclerotium rolfsii*［J］. North Carolina Agricultural Experiment Station Technical Bulletin，174：202.
Bachi P，Seebold K. 2008. Southern blight［R］. Kentucky：University of Kentucky.
Baka Z A M. 2008. Occurence and ultrastructure of *Albugo candida* on a new host，*Arabis alpina* in Saudi Arabia［J］. Micron，39：1138－1144.
Birker D，Heidrich K，Takahara H，et al. 2009. A locus conferring resistance to *Colletotrichum higginsianum* is shared by four geographically distinct *Arabidopsis* accessions［J］. Plant Journal，60：602－613.

Bruehl G W. 1987. Soilborne Plant Pathogens [M]. London：Macmillan Publishing Company.

Buczack S T, Toxopeus H, Mattusch P, et al. 1975. Study of physiologic specialization in Plasmodiophora brassicae：Proposals for attempted rationalization through an international approach [J]. Transactions of the British Mycological Society, 65：295 - 303.

Buhariwalla H, Greaves S, Magrath R, et al. 1995. Development of specific PCR primers for amplification of polymorphic DNA from the obligate root pathogen *Plasmodiophora brassicae* [J]. Physiological and Molecular Plant Pathology, 47：83 - 94.

Bulluck L R III, Ristaino J B. 2002. Effect of synthetic and organic soil fertility amendments on southern blight, soil microbial communities, and yield of processing tomatoes [J]. Phytopathology, 92 (2)：181 - 189.

Burkholder W E, Boush G M. 1974. Pheromones in stored product insect trapping and pathogen dissemination [J]. Bulletin of the OEPP (4)：455 - 461.

Chase A R. 1987. Compendium of Ornamental Foliage Plant Diseases [M]. St. Paul, MN：APS Press.

Chase A R. 1997. Foliage Plant Diseases Diagnosis and Control [M]. St. Paul, MN：APS Press.

Cheah L H, Gowers S, Marsh A T. 2006. Clubroot control using Brassica break crops [J]. Acta Horticulturae, 706：329 - 332.

Chen J, Chen J P, Adams M J. 2002. Variation between Turnip mosaic virus isolates in Zhejiang province, China and evidence for recombination [J]. Phytopathology, 150：142 - 145.

Chen Y, Fernando W G D. 2006. Induced resistance to blackleg (*Leptosphaeria maculans*) disease of canola (*Brassica napus*) caused by a weakly virulent isolate of *Leptosphaeria biglobosa* [J]. Plant Disease, 90：1059 - 1064.

Choi Y J, Shin H D, Hong S B et al. 2007. Morphological and molecular discrimination among *Albugo candida* materials infecting *Capsella bursa - pastoris* world - wide [J]. Fungal Diversity, 27：11 - 34.

Choi Y J, Shin H D, Ploch S et al. 2008. Evidence for uncharted biodiversity in the *Albugo candida* complex, with the description of a new species [J]. Mycological Research, 112：1327 - 1334.

Choi Y J, Shin H D, Voglmayr H. 2011. Reclassification of Two *Peronospora* species parasitic on *Draba* in *Hyaloperonospora* based on morphological and molecular phylogenetic data [J]. Mycopathologia, 171：151 - 159.

Cintas N A, Koike S T, Bull C T. 2002. A new pathovar, *Pseudomonas syringae* pv. *alisalensis* pv. nov., proposed for the causal agent of bacterial blight of broccoli and broccoli raab [J]. Plant Disease, 86：992 - 998.

Cuppels D A, Ainsworth T. 1995. Molecular and physiological characterization of *Pseudomonas syringae* pv. *tomato* and *Pseudomonas syringae* pv. *maculicola* strains that produce the phytotoxin coronatine [J]. Applied and Environmental Microbiology, 61：3530 - 3536.

Dadang, Ohsawa. 2001. Efficacy of plant extracts for reducing larval populations of the diamondback moth, *Plutella xylostella* L. (Lepidoptera：Yponomeutidae) and cabbage webworm, *Crocidolomia binotalis* Zeller (Lepidoptera：Pyralidae), and evaluation of cabbage damage [J]. Applied Entomology Zoology, 36 (1)：143 - 149.

Degenhardt K J, Petrie G A, Morrall R A A. 1982. Effects of temperature on spore germination and infection of rapeseed by *Alternaria brassicae*, *A. brassicicola*, and *A. raphani* [J]. Canadian Journal of Plant Pathology, 4：115 - 118.

Dixon G R. 2009. The Occurrence and Economic Impact of Plasmodiophora brassicae and Clubroot Disease [J]. Journal of Plant Growth Regulation, 28：194 - 202.

Dodman R L, Barker K R, Walker J C. 1968. A detailed study of the different modes of penetration by *Rhizoctonia solani* [J]. Phytopathology, 58：1271 - 1276.

Donald E C, Cross S J, Lawrence J M, et al. 2006. Pathotypes of Plasmodiophora brassicae, the cause of clubroot, in Australia [J]. Annals of Applied Biology, 148：239 - 244.

Donald E C, Porter I J. 2009. Integrated control of clubroot [J]. Journal of Plant Growth Regulation, 28：289 - 303.

Eckert M, Rossall S, Selley A, et al. 2010. Effects of fungicides on in vitro spore germination and mycelial growth of the phytopathogens *Leptosphaeria maculans* and *L. biglobosa* (phoma stem canker of oilseed rape) [J]. Pest Management Science, 66：396 - 405.

Enright S M, Cipollini D. 2011. Overlapping defense responses to water limitation and pathogen attack and their consequences for resistance to powdery mildew disease in garlic mustard, *Alliaria petiolata* [J]. Chemoecology, 21：89 - 98.

Evans H F. 1981. Quantitative assessment of the relationships between dosage and response of the nuclear polyhedrosis virus of *Mamestra brassicae* [J]. Journal of Invertebrate Pathology (37)：101 - 109.

Fahy P C, Lloyd G J. 1983. Pseudomonas：the fluorescent *Pseudomonads* [M]. Queensland：Austrilian Academic Press.

Fitt B D L, Brun H, Barbetti M J, et al. 2006. World - wideimportance of phoma stem canker (*Leptosphaeria maculans* and

L. biglobosa) on oilseed rape (*Brassica napus*) [J]. European Journal of Plant Pathology, 114: 3-15.

Fitt B D L, Dhua U, Lacey M E, et al. 1989. Effects of leaf age and position on splash dispersal of *Pseudocercosporella capsellae*, cause of white leaf spot on oilseed rape [J]. Aspects of Applied Biology, 23: 457-464.

Fitt B D L, Evans N, Howlett B J, et al. 2006. Sustainable strategies for managing Brassica napus resistance to *Leptosphaeria maculans* (phoma stem canker) [M]. Dor-drecht, Netherlands: Springer.

Fitt B D L, Hu B C, Li Z Q, et al. 2008. Strategies to preventspread of *Leptosphaeria maculans* (phoma stem canker) onto oilseed rape crops in China; costs and benefits [J]. Plant Pathology, 57 (4): 652-664.

Fitt B D L, Inman A J, Lacey M E, et al. 1991. Splash dispersal of *Pseudocercosporella capsellae*, cause of white leaf spot on oilseed rape [J]. Proceedings of the 8th International Rapeseed Congress, 2: 477-482.

Fountain M T, Thomas R S, Brown V K, et al. 2009. Effects of nutrient and insecticide treatments on invertebrate numbers and predation on slugs in upland grassland: A monoclonal antibody-based approach [J]. Agriculture, Ecosystems and Environment, 131 (3/4): 145-153.

Fuset, Yoonkw, Katot, et al. 1998. Heat-induced apoptosis in human glioblastoma cell line A172 [J]. Neurosurgery, 42: 843-849.

Gaetán S, Madia M. 2004. First report of canola powdery mildew caused by *Erysiphe polygoni* in Argentina [J]. Plant Disease, 88 (10): 1163.

Ge S Q, Daccordi M, Wang S Y, et al. 2009. Study of the genus Entomoscelis Chevrolat (Coleoptera: Chrysomelidae: Chrysomelinae) from China [J]. Proceedings of the Entomological Society of Washington, 111 (2): 410-425.

Goyal B K, Verma P R, Spurr D T, et al. 1996. *Albugo candida* staghead formation in *Brassica juncea* in relation to plant age, inoculation sites, and incubation conditions [J]. Plant Pathology, 45: 787-794.

Göker M, Voglmayr H, Bläzquez G, et al. 2009. Species delimitation in downy mildews: the case of *Hyaloperonospora* in the light of nuclear ribosomal ITS and LSU sequences [J]. Mycological Research, 113: 308-325.

Göker M, Voglmayr H, Riethmüller A, et al. 2007. How do obligate parasites evolve? A multi-gene phylogenetic analysis of downy mildews [J]. Fungal Genetics and Biology, 44: 105-122.

Haas M, Bureau M, Geldreich A, et al. 2002. Cauliflower mosaic virus: still in the news [J]. Molecular Plant Pathology, 3 (6): 419-429.

Hagan A K, Olive J W. 1999. Assessment of new fungicides for the control of southern blight on aucuba [J]. Journal of Environmental Horticulture, 17: 73-75.

Hardwick N V, Davies J M L, Wright D M. 1994. The incidence of three virus diseases of winter oilseed rape in England and Wales in the 1991—1992 and 1992—1993 growing seasons [J]. Plant Pathology, 43: 1045-1049.

Hayward A, Mclanders J, Campbell E, et al. 2012. Genomic advances will herald new insights into the *Brassica*: *Leptosphaeria maculans* pathosystem [J]. Plant Biology, 14: 1-11.

Hollaway G J, Gillings M R, Fahy P C. 1997. Use of fatty acid profiles and repetitive element polymerase chain reaction (PCR) to assess the genetic diversity of *Pseudomonas syringae* pv. *pisi* and *Pseudomonas syringae* pv. *syringae* isolated from field peas in Australia [J]. Australasian Plant Pathology, 26: 98-108.

Howard R J, Strelkov S E, Harding M W. 2010. Clubroot of cruciferous crops-new perspectives on an old disease [J]. Canadian Journal of Plant Pathology, 32: 43-57.

Howlett B J. 2004. Current knowledge of the interaction between *Brassica napus* and *Leptosphaeria maculans* [J]. Canadian Journal of Plant Pathology, 26 (3): 245-252.

Huang Y J, Hood J R, Eckert M R, et al. 2011. Effects of fungicide on growth of *Leptosphaeria maculans* and *L. biglobosa* in relation to development of phoma stem canker on oilseed rape (*Brassica napus*) [J]. Plant Pathology, 60: 607-620.

Huang Y J, Liu Z, West J S, et al. 2007. Effects of temperature and rainfall on date of release of ascospores of *Leptosphaeria maculans* (phoma stem canker) from winter oilseed rape (*Brassica napus*) debris in the UK [J]. Annuals of Applied Biology, 151: 99-111.

Huser A, Takahara H, Schmalenbach W, et al. 2009. Discovery of pathogenicity genes in the Crucifer anthracnose fungus *Colletotrichum higginsianum*, using random insertional mutagenesis [J]. Molecular Plant-Microbe Interactions, 22 (2): 143-156.

Hwang S F, Strelkov S E, Feng J, et al. 2012. Planmodiophora brassicae: a review of an emerging pathogen of the Canadian canola (*Brassica napus*) crop [J]. Molecular Plant Pathology, 13 (2): 105-113.

Hwang S F, Swanson T A, Evans I R. 1986. Characterization of *Rhizoctonia solani* isolates from canola in west central Alberta [J]. Plant Disease, 70 : 681-683.

Iacomi - Vasilescu B, Avenot H, Bataille - Simoneau B, et al. 2004. In vitro fungicide sensitivity of Alternaria species pathogenic to crucifers and identification of *Alternaria brassicicola* field isolates highly resistant to both dicarboximides and phenylpyrroles [J]. Crop Protection, 23: 481 - 488.

Inman A J, Sivanesan A, Fitt B D L, et al. 1991. The biology of *Mycosphaerella capsellae* sp. nov., the teleomorph of *Pseudocercosporella capsellae*, cause of white leaf spot of oilseed rape [J]. Mycological Research, 95: 1334 - 1342.

Kageyama K, Asano T. 2009. Life cycle of Plasmodiophora brassicae [J]. Journal of Plant Growth Regulation, 28: 203 - 211.

Kataria H R, Verma P R. 1992. *Rhizoctonia solani* damping - off in oilseed rape and canola [J]. Crop Protection, 11: 8 - 13.

Kataria H R, Verma P R. 1990. Efficacy of fungicidal seed treatments against pre - emergence damping - off and post - emergence seedling root rot of growth chamber grown canola caused by *Rhizoctonia solani* AG2 - 1 and AG4 [J]. Can adian Journal of Plant Pathology, 12: 409 - 416.

Kimura Y, Masaki S. 1998. Diapause programming with variable critical daylength under changing photoperiodic conditions in *Mamestra brassicae* (Lepidoptera: Noctuidae) [J]. Entomological Science (1): 467 - 475.

Kleemann J, Rincon - Rivera L J, Takahara H, et al. 2012. Sequential delivery of host - Induced virulence effectors by appressoria and intracellular hyphae of the phytopathogen *Colletotrichum higginsianum* [J]. Plos Pathogen, 8 (4): 1 - 15.

Kolte S J. 1985. Disease of annual edible oilseed crops [M]. Florida: CRC Press.

Kothari K L, Verma A C. 1972. Germination of conidia of poppy powdery mildew (*Erysiphe polygoni* DC) [J]. Mycopathologia, 47 (3): 253 - 260.

Kowata - Dresch L S, May - De mio L L. 2012. Clubroot management of highly infested soils [J]. Crop Protection, 35: 47 - 52.

Latham L J, Smith L J, Jones R A C. 2001. Incidence of three viruses in vegetable brassica plantings and associated wild radish weeds in south - west Australia [J]. Australian Plant Pathology, 32 (3): 387 - 391.

Li C X, Sivasithamparam K, Walton G, et al. 2008. Both incidence and severity of white rust disease reflect host resistance in *Brassica juncea* germplasm from Australia, China and India [J]. Field Crops Research, 106: 1 - 8.

Li H, Sivasithamparam K, Barbetti M J, et al. 2004. Germination and invasion by ascospores and pycnidiospores of *Leptosphaeria maculans* on spring - type Brassica napus canola varieties with varying susceptibility to blackleg [J]. Journal of General Plant Pathology, 70: 261 - 269.

Liu S Y, Liu Z, Fitt B D L, et al. 2006. Resistance to *Leptosphaeria maculans* (phoma stem canker) in *Brassica napus* (oilseed rape) induced by *L. biglobosa* and chemical defence activators in field and controlled environments [J]. Plant Pathology, 55: 401 - 412.

Martin F M. 1992. Pythium [M] //Singleton J D, Mihail L L, Rush C M. Methods for Research on Soilborne Phytopathogenic Fungi. St. Paul, MN: APS Press.

Mosserdd, Caronaw, Bourgetl, et al. 1997. Role of human heat shock protein hsp70 in protection against heat - induced apoptosis [J]. Molecular Cell Biology, 17: 5317 - 5327.

Mridha M A U, Wheeler B E J. 1993. In vitro effects of temperature and wet periods on infection of oilseed rape by *Alternaria brassicae* [J]. Plant Pathology, 42: 671 - 675.

O'Connell R J, Herbert C, Sreenivasaprasad S, et al. 2004. A novel *Arabidopsis* -*Colletotrichum* pathosystem for the molecular dissection of plant - fungal interactions [J]. Molecular. Plant - Microbe Interactions., 17: 272 - 282.

Pedras M S C, Zheng Q A, Gadagi R S, et al. 2008. Phytoalexins and polar metabolites from the oilseeds canola and rapeseed: Differential metabolic responses to the biotroph *Albugo candida* and to abiotic stress [J]. Phytochemistry, 69: 894 - 910.

Peng G, McGregor L, Lahlali R, et al. 2011. Potential biological control of clubroot on canola and crucifer vegetable crops [J]. Plant Pathology, 60: 566 - 574.

Petrie G A, Vanterpool T C. 1978. *Pseudocercosporella capsellae*, the cause of white leaf spot and grey stem of *Cruciferae* in Western Canada [J]. Canadian Plant Disease Survey, 58 (4): 69 - 72.

Punja Z K. 1985. The biology, ecology, and control of *Sclerotium rolfsii* [J]. Annual Review of Phytopathology, 23: 97 - 127.

Rimmer S R, Shattuck V I, Buchwaldt L, et al. 2007. Compendium of Brassica Diseases [C]. St. Paul, MN: APS Press.

Rollo C D, Vertinaky I B, Wellington W G, et al. 2006. Alternative risk taking styles: The case of time budgeting strategies of terrestrial gastropods [J]. Researches on Population Ecology, 25 (2): 321 - 335.

Rouxel T, Balesdent M H. 2005. The stem canker (blackleg) fungus, *Leptosphaeria maculans*, enters the genomic era [J]. Molecular Plant Pathology, 6 (3): 225 - 241.

Segarra G, Reis M, Casanova E et al. 2009. Control of powdery mildew (*Erysiphe polygoni*) in tomato by foliar applications of compost tea [J]. Journal of Plant Pathology, 91 (3): 683-689.

Sherf A F, Macnab A A. 1986. Vegetable Diseases and their Control [M]. New York: John Wiley & Sons.

Shoemaker R A, Brun H. The teleomorph of the weakly aggressive segregate of *Leptosphaeria maculans* [J]. Canadian Journal of Botany, 79: 412-419.

Simms L C, Ester A, Wilson M J. 2006. Control of slug damage to oilseed rape and wheat with imidacloprid seed dressings in laboratory and field experiments [J]. Crop Protection, 25 (6): 545-555.

Singh H B, Singh U P. 1981. Effect of volatiles of some plant extracts and their oils on conidia of *Erysiphe polygoni* DC [J]. Australian Journal of Plant Pathology, 10 (4): 66-67.

Sprague S, Howlett B, Kirkegaard J, et al. 2007. Pathways of infection of *Brassica napus* roots by *Leptosphaeria maculans* [J]. New Phytologist, 176: 211-222.

Strelkov S E, manolii V P, Cao T, et al. 2007. Pathotype classification of Plasmodiophora brassicae and its occurrence in Brassica napus in Alberta [J]. Canada Journal of Phytopathology, 155: 706-712.

Takahara H, Dolf A, Endl E, et al. 2009. Flow cytometric purification of *Colletotrichum higginsianum* biotrophic hyphae from *Arabidopsis* leaves for stage-specific transcriptome analysis [J]. Plant Journal, 59: 672-683.

Takahashi K. 1994. Influences of some environmental factors on the viability of resting spores of Plasmodiophora brassicae Wor. incubated in sterile soil [J]. Annals of the Phytopathological Society of Japan, 60: 658-666.

Tohyama A, Tsuda M. 1995. Alternaria on cruciferous plants. 4. Alternaria species on seed of some cruciferous crops and their pathogenicity [J]. Mycoscience, 36: 257-261.

Trematerra P. 1997. Integrated pest management of stored-product insects: practical utilization of pheromones [J]. Anzeiger für Schadlingskunde Pflanzenschutz Umweltschutz (70): 41-44.

Verma P R. 1996. Biology and control of *Rhizoctonia solani* on rapeseed: A review [J]. Phytoprotection, 77 (3): 99-111.

Voorrips R E. 1995. Plasmodiophora brassicae: aspects of pathogenesis and resistance in Brassica oleracea [J]. Euphytica, 83: 139-146.

Walsh J A, Jenner C E. 2002. Turnip mosaic virus and the quest for the furable resistance [J]. Molecular Plant Pathology, 3 (5): 289-300.

West J S, Evans N, Liu S, et al. 2000. *Leptosphaeria maculans* causing stem canker of oilseed rape in China [J]. Plant Pathology, 49 (6): 800.

West J S, Kharbanda P D, Barbetti M J, et al. 2001. Epidemiology and management of *Leptosphaeria maculans* (phoma stem canker) on oilseed rape in Australia, Canada and Europe [J]. Plant Pathology, 50 (1): 10-27.

Wiebe W L, Campbell R N. 1993. Characterisation of *Pseudomonas syringae* pv. *maculicola* and comparison with *P. s. tomato* [J]. Plant Disease, 77: 414-419.

Williams P H. 1966. A system for the determination of races of Plasmodiophora brassicae that infect cabbage and rutabaga [J]. Phytopathology, 56: 624-626.

Williams, P H. 1980. Black rot: a continuing threat to world crucifers [J]. Plant Disease, 64: 736-742.

Xu Z H. 2008. Overwinter survival of *Sclerotium rolfsii* and *S. rolfsii* var. *delphinii*, screening hosta for resistance to *S. rolfsii* var. *delphinii*, and phylogenetic relationships among *Sclerotium* species [D]. Ames: Iowa State University.

Yang J, Verma P R, Lees G L. 1992. The role of cuticle and epidermal cell wall in resistance of rapeseed and mustard to *Rhizoctonia solani* [J]. Plant Soil, 142: 315-321.

Yarden G, Shani A, et al. 1994. Evidence for volatile chemical at tractant in the beetle Maladera matrida Argaman (Coleoptera: Scarabaeidae) [J]. Journal of Chemical Ecology (20): 2673-2685.

Young J M, Triggs C M. 1994. Evaluation of determinative tests for pathovars of *Pseudomonas syringae* van Hall 1902 [J]. Journal of Applied Bacteriology, 77: 195-207.

Yu F, Lydiate D J, Rimmer S R. 2005. Identification of two novel genes for blackleg resistance in *Brassica napus* [J]. Theoretical and Applied Genetics, 110: 969-979.

Zhang H Z, Hu Z Q, Wei B, et al. 1995. Relationship between bred density and reproduction of Mylabris phalarata [J]. Journal of Chinese Medicinal Materials, 18 (11): 531-535, 546-551.

Zhao Y, Damicone J P, Demezas D H, et al. 2000. Bacterial leaf spot diseases of leafy crucifers in Oklahoma caused by *Pseudomonas syringae* pv. *maculicola* [J]. Plant Disease, 84: 1015-1020.

第8单元 油菜病虫害

彩图8-1-1 油菜菌核病症状（1和2. 刘勇等摄；3～9. 程晓晖等摄）
Colour Figure 8-1-1 Symptoms of Sclerotinia of oilseed rape
(1 and 2. by Liu Yong et al.; 3-9. by Cheng Xiaohui et al.)
1、2. 苗期症状 3. 叶片症状 4. 角果症状 5～7. 茎秆症状 8. 全株症状 9. 种子症状

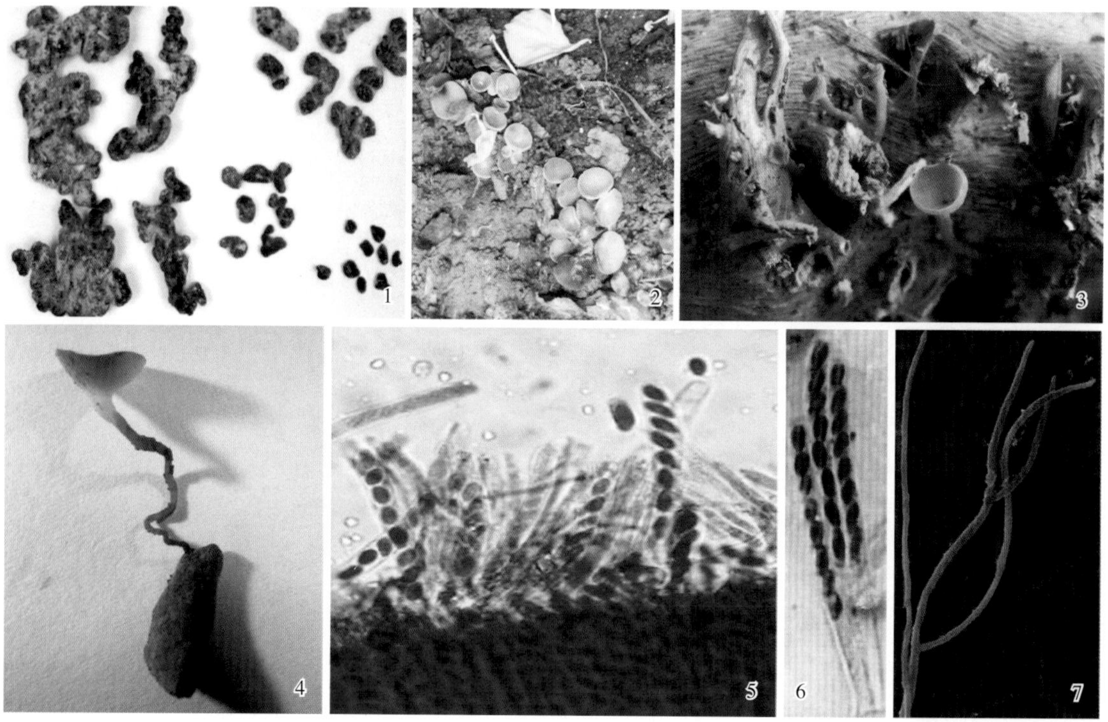

彩图8-1-2 油菜菌核病菌（1～4. 李国庆等摄；5. 引自L. Buchwaldt，2007；6和7. 刘胜毅等摄）
Colour Figure 8-1-2 *Sclerotinia sclerotiorum* on oilseed rape
(1-4. by Li Guoqing et al.; 5. from L. Buchwaldt, 2007; 6 and 7. by Liu Shengyi et al.)
1. 菌核 2～4. 菌核萌发形成子囊盘 5、6. 子囊和子囊孢子 7. 菌丝

彩图8-2-1　油菜病毒病症状（1和2. 刘胜毅摄；3和4. 程晓晖摄；5和6. 陈坤荣摄）
Colour Figure 8-2-1　Symptoms of viral diseases of oilseed rape
(1 and 2. by Liu Shengyi; 3 and 4. by Cheng Xiaohui; 5 and 6. by Chen Kunrong)
1. 叶卷曲和茎纵裂　2. 茎条纹状黑褐色斑　3. 矮化　4. 花叶　5. 成熟前枯死　6. 叶片表现枯斑、花叶，茎秆上形成褐色条状坏死斑

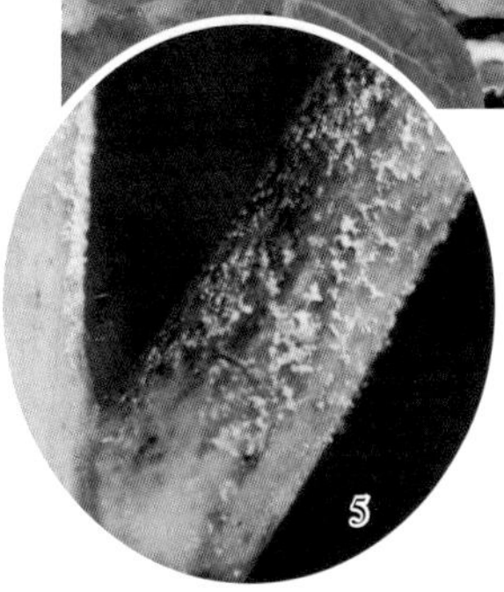

彩图8-3-1　油菜霜霉病症状（1、2和4. 方小平等摄；3. 引自N. I. Nashaat, 2007；5. 刘胜毅摄）
Colour Figure 8-3-1　Symptoms of downy mildew of oilseed rape
(1, 2 and 4. by Fang Xiaoping et al.; 3. from N. I. Nashaat, 2007; 5. by Liu Shengyi)
1. 叶片正面　2. 叶片背面　3. 子叶　4. 花梗　5. 茎分枝

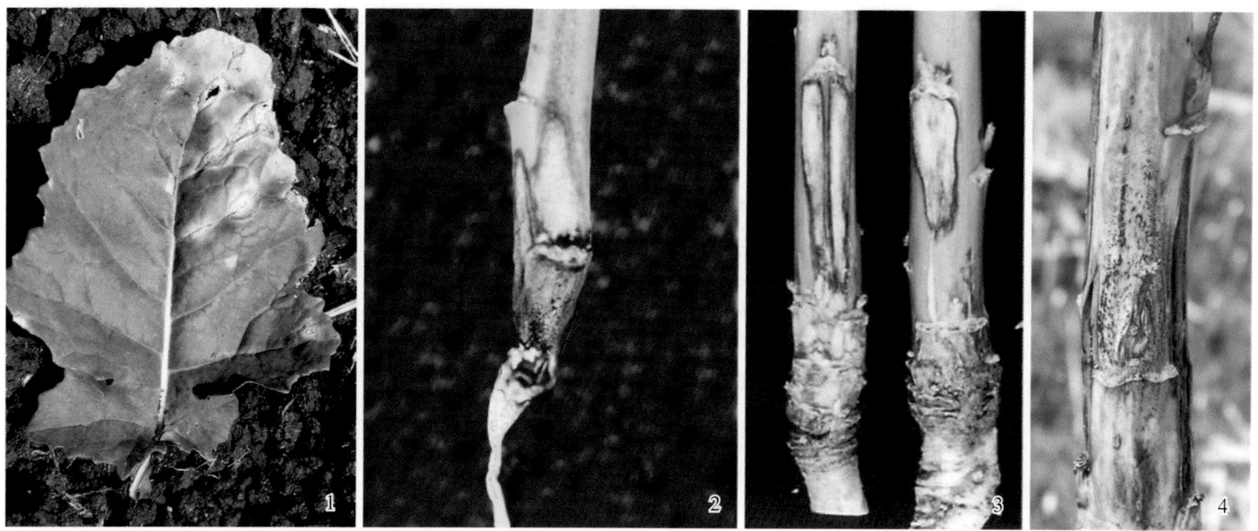

彩图8-4-1 油菜黑胫病症状（1和2.引自S. R. Rimmer，1992；3和4.任莉摄）
Colour Figure 8-4-1 Symptoms of black leg of oilseed rape (1 and 2. from S. R. Rimmer, 1992; 3 and 4. by Ren Li)
1.叶片症状 2.茎基部症状 3、4.茎秆症状

彩图8-5-1 油菜苗期（1）、成株期（2）和成熟期（3）根肿病症状（方小平摄）
Colour Figure 8-5-1 Symptoms of oilseed rape clubroot at the stage of seedling (1), adult plant (2) and pods (3) in the field (by Fang Xiaoping)

彩图8-6-1 油菜叶片和叶柄灰霉病症状（李国庆摄）
Colour Figure 8-6-1 Symptoms of gray mold of oilseed rape (by Li Guoqing)
1、2.病叶 3、4.病茎秆和枝条
5、6.病荚和病籽粒

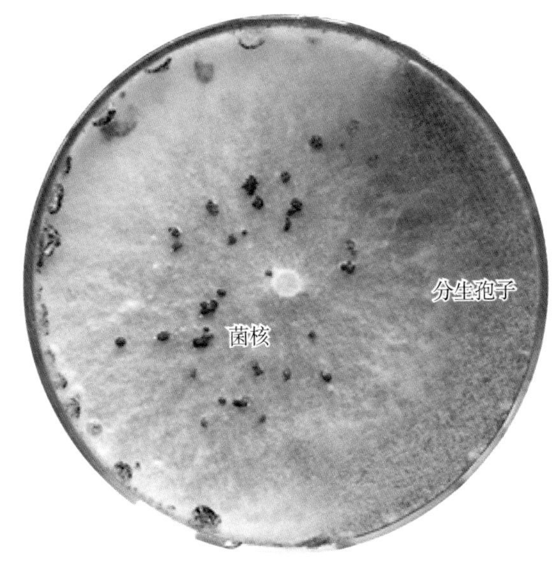

彩图8-6-2　灰葡萄孢在马铃薯葡萄糖琼脂培养基上的菌落特征（20℃，15d）（张静摄）
Colour Figure 8-6-2　Morphology of a culture of *Botrytis cinerea* on potato dextrose agar after incubation at 20℃ for 15 days (by Zhang Jing)

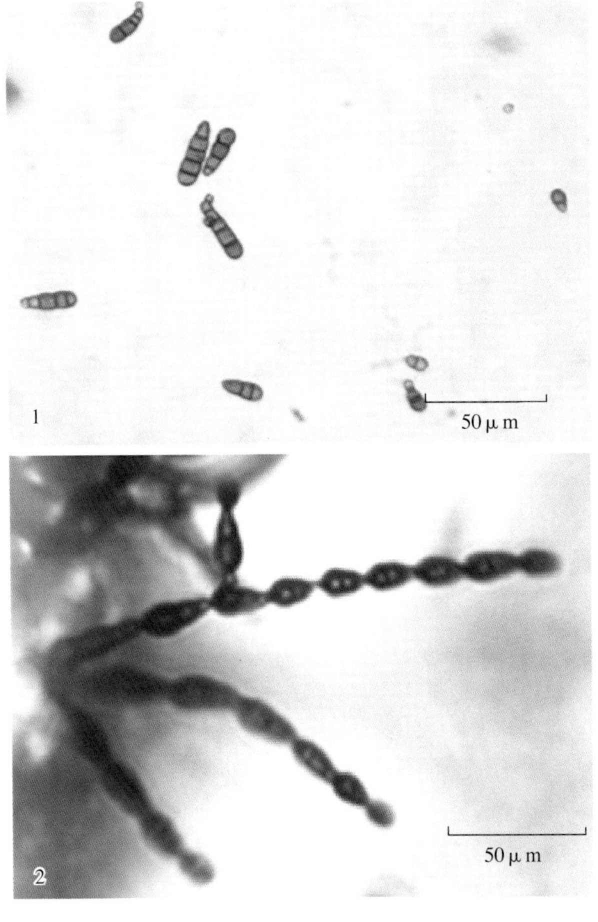

彩图8-7-2　芸薹生链格孢分生孢子及产孢表型（黄俊斌摄）
Colour Figure 8-7-2　Conidia and sporulation pattern of *Alternaria brassicicola* (by Huang Junbin)
1. 分生孢子　2. 产孢表型

彩图8-7-1　油菜黑斑病症状（黄俊斌摄）
Colour Figure 8-7-1　Symptoms of black spot of oilseed rape (by Huang Junbin)
1. 田间症状　2. 茎秆症状　3. 叶片症状　4. 角果症状

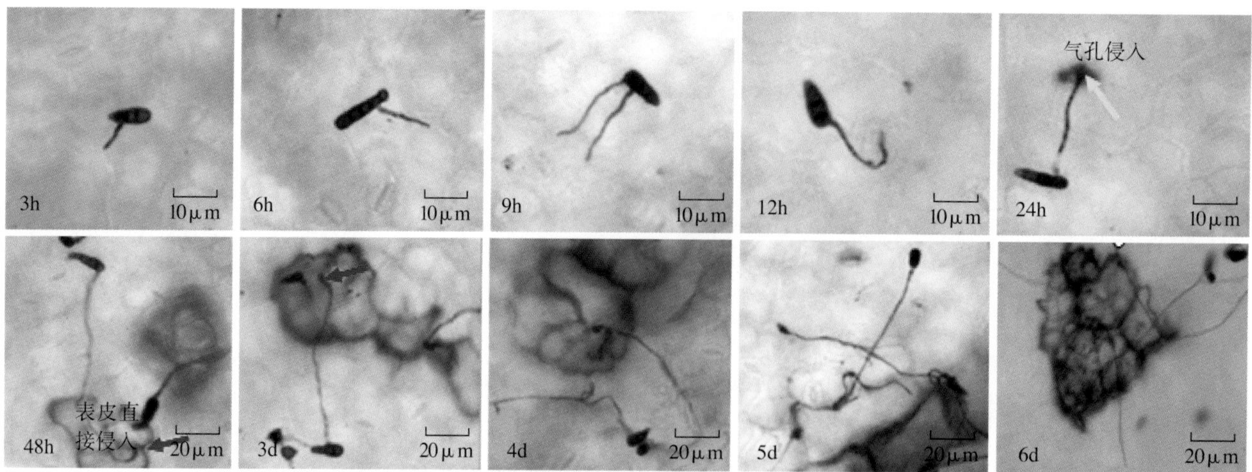

彩图 8-7-3 油菜黑斑病菌侵染油菜叶片过程（黄俊斌摄）
Colour Figure 8-7-3 Infection process of *Alternaria brassicicola* in oilseed rape leaves (by Huang Junbin)

彩图 8-8-1 油菜白锈病症状（1 和 2. 引自 G. A. Petrie，1988；3 ~ 5. 刘胜毅摄）
Colour Figure 8-8-1 Symptoms of white rust of oilseed rape (1 and 2. from G. A. Petrie, 1988; 3-5. by Liu Shengyi)
1. 叶片正面症状 2. 叶片背面症状 3. 花梗“龙头”症状 4. 严重发病茎表面的脓疱 5. 叶片病斑放大

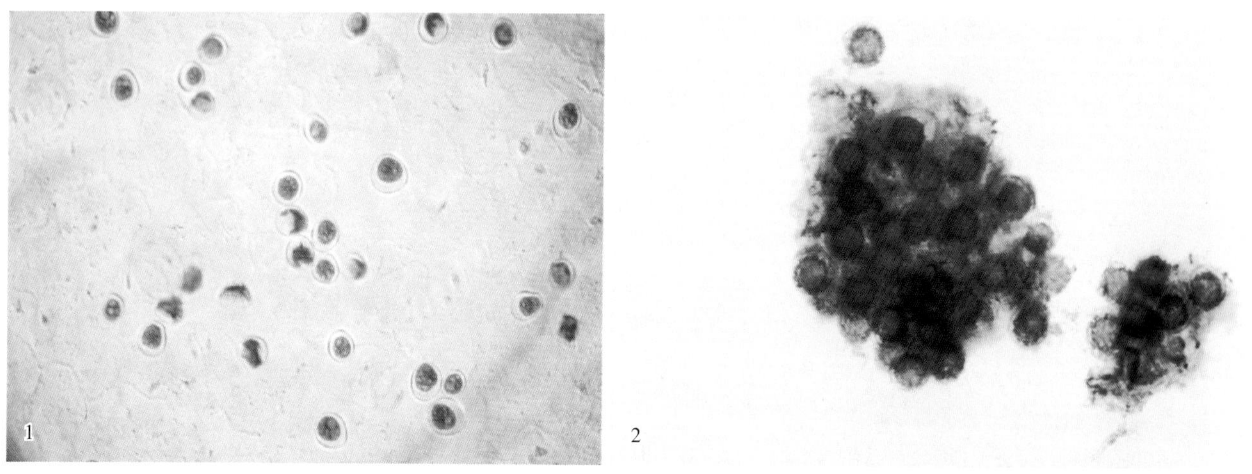

彩图 8-8-2 油菜白锈病菌游动孢子（1）和卵孢子（2）（引自 S. R. Rimmer，1995）
Colour Figure 8-8-2 Germinating sporangia (1) and oospores (2) of *Albugo candida* (from S. R. Rimmer, 1995)

彩图8-9-1　油菜白粉病症状（1. 引自 V. I. Shattuck，1992；2～4. 任莉摄；5. 刘胜毅摄）
Colour Figure 8-9-1　Symptoms of powdery mildew of oilseed rape
(1. from V. I. Shattuck, 1992; 2-4. by Ren Li; 5. by Liu Shengyi)
1. 叶片症状　2、3. 茎秆症状　4. 角果症状　5. 全株症状

彩图8-10-1　油菜立枯病症状（姜道宏摄）
Colour Figure 8-10-1　Symptoms of seedling blight of oilseed rape (by Jiang Daohong)
1. 植株矮小，萎蔫倒伏
2. 叶片萎蔫，根部缢缩
3. 发病部位产生菌丝

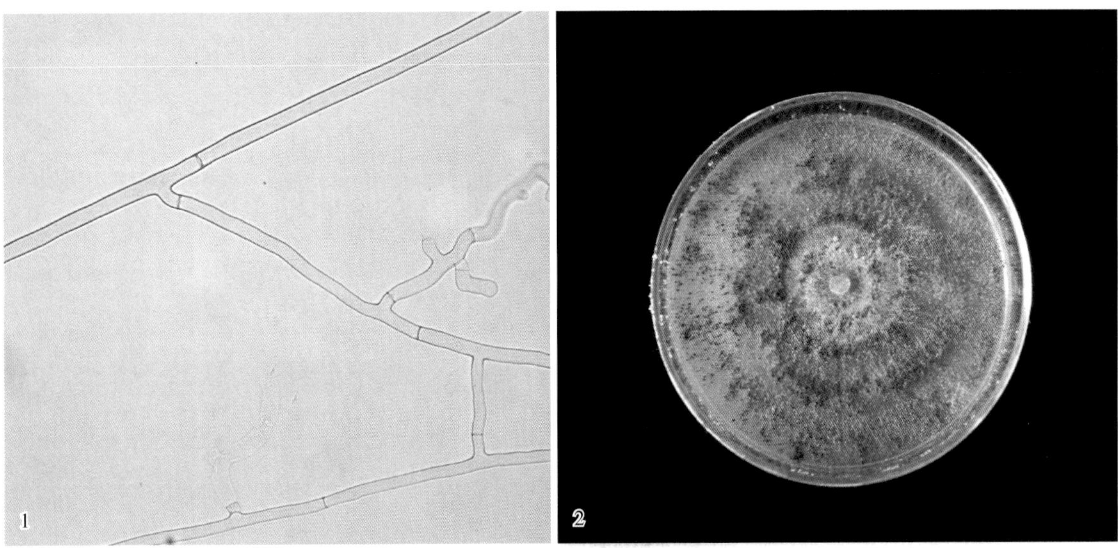

彩图8-10-2　立枯丝核菌形态（PDA，12d）（李国庆摄）
Colour Figure 8-10-2　Morphology of *Rhizoctonia solani*（PDA，12d）(by Li Guoqing)
1. 菌丝形态　2. 菌落形态

彩图 8-11-1 油菜炭疽病角果症状
（引自吕佩珂等，1999）
Colour Figure 8-11-1 Symptoms of anthracnose on the pods of oilseed rape (from Lü Peike et al., 1999)

彩图 8-12-1 油菜软腐病症状（刘胜毅摄）
Colour Figure 8-12-1 Symptoms of soft rot of oilseed rape (by Liu Shengyi)

彩图 8-13-1 油菜细菌性黑斑病叶片症状
（引自 R. H. Morrison，2007）
Colour Figure 8-13-1 Symptoms of bacterial black spot on a leaf of oilseed rape
(from R. H. Morrison, 2007)

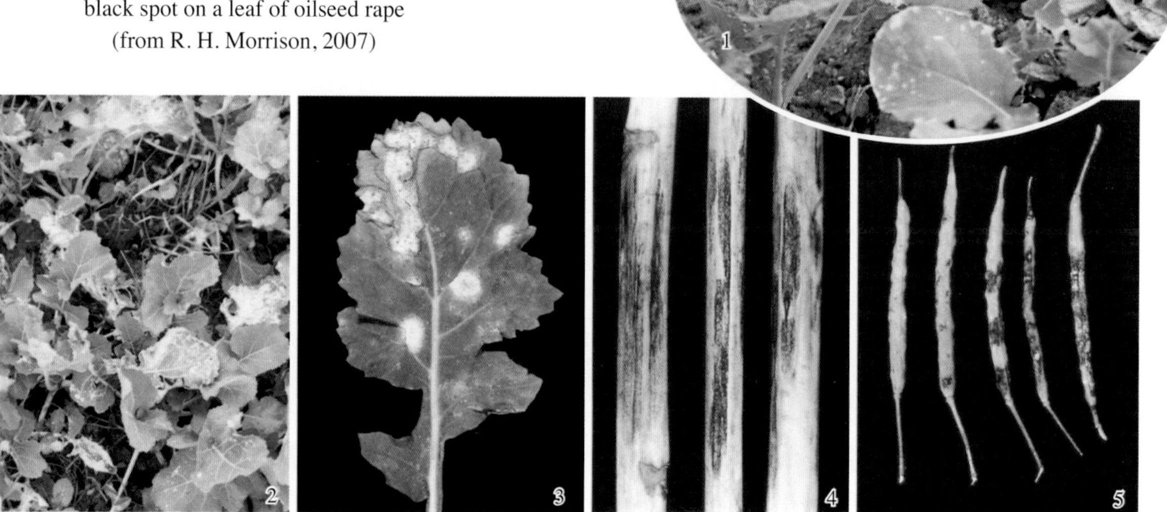

彩图 8-14-1 油菜白斑病症状（1 和 2. 刘胜毅摄；3 ~ 5. 引自 A. J. Inman，1991）
Colour Figure 8-14-1 Symptoms of white leaf spot of oilseed rape (1 and 2. by Liu Shengyi; 3-5. from A. J. Inman, 1991)
1 ~ 3. 叶片症状 4. 茎秆症状 5. 角果症状

彩图8-15-1　油菜黑腐病叶片症状（王少伟摄）
Colour Figure 8-15-1　Symptoms of black rot on leaves of oilseed rape (by Wang Shaowei)

彩图8-16-1　油菜猝倒病症状（刘胜毅摄）
Colour Figure 8-16-1　Symptoms caused by *Pythium aphanidermatum* (by Liu Shengyi)

彩图8-17-1　油菜枯萎病苗期发病初期（1）和末期（2）症状（引自R. H. Morrison，2007）
Colour Figure 8-17-1　Symptoms of Fusarium wilt of oilseed rape seedling in early and late period (from R. H. Morrison, 2007)

彩图8-18-1　油菜黄萎病症状（引自V. H. Paul，1992）
Colour Figure 8-18-1　Symptoms of Verticillium wilt of oilseed rape (from V. H. Paul, 1992)
1. 叶片症状　2. 茎秆早期症状　3. 茎秆后期症状

彩图 8-19-1 油菜淡叶斑病症状（引自 Rothamsted Research，2007）
Colour Figure 8-19-1 Symptoms caused by *Pyrenopeziza brassicae* on oilseed rape (from Rothamsted Research, 2007)
1. 叶片症状 2. 茎秆症状 3. 角果症状

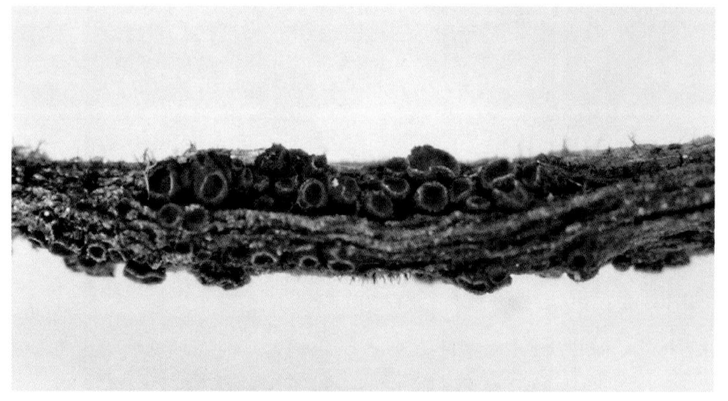

彩图 8-19-2 油菜淡叶斑病菌的子囊盘
（引自 Rothamsted Research，2007）
Colour Figure 8-19-2 Apothecia of *Pyrenopeziza brassicae* on a dead petiole of oilseed rape (from Rothamsted Research, 2007)

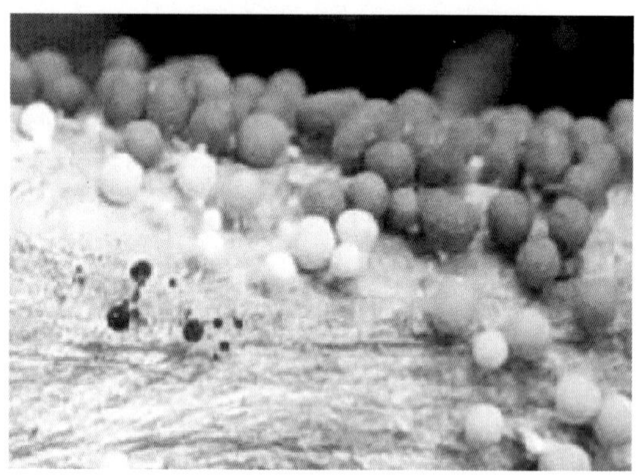

彩图 8-20-1 油菜白绢病菌的菌核
（引自金苹和高晓余，2011）
Colour Figure 8-20-1 Sclerotia of *Sclerotium rolfsii* (from Jin Ping and Gao Xiaoyu, 2011)

彩图 8-21-1 萝卜蚜
（郭书普摄）
Colour Figure 8-21-1
Lipaphis erysimi
(by Guo Shupu)
1、2. 为害状 3. 无翅蚜
4. 有翅蚜

彩图8-21-2　桃蚜（郭书普摄）

Colour Figure 8-21-2　*Myzus persicae* (by Guo Shupu)

1. 无翅蚜　2. 无翅蚜为害状　3. 有翅蚜和无翅蚜　4. 大田为害状

彩图8-21-3　甘蓝蚜（郭书普摄）

Colour Figure 8-21-3　*Brevicoryne brassicae* (by Guo Shupu)

1. 无翅蚜为害状　2. 无翅蚜　3. 有翅蚜　4. 无翅若蚜

彩图8-22-1 菜粉蝶（郭书普摄）
Colour Figure 8-22-1 *Pieris rapae* (by Guo Shupu)
1. 成虫 2. 幼虫 3. 卵 4. 蛹

彩图8-23-1 东方菜粉蝶（郭书普摄）
Colour Figure 8-23-1 *Pieris canidia* (by Guo Shupu)
1、2. 成虫 3. 幼虫 4. 蛹

彩图8-24-1　小菜蛾（刘胜毅摄）
Colour Figure 8-24-1　*Plutella xylostella* (by Liu Shengyi)
1、2. 成虫　3. 刚从虫蜕中出来的幼虫　4. 油菜被害状

彩图8-25-1　甘蓝夜蛾（引自邱强等，1996）
Colour Figure 8-25-1　*Mamestra brassicae* (from Qiu Qiang et al., 1996)
1. 卵　2. 幼虫　3. 蛹　4、5. 成虫

彩图8-26-1 斜纹夜蛾（引自郭书普，2010）
Colour Figure 8-26-1 *Spodoptera litura* (from Guo Shupu, 2010)
1. 成虫 2. 低龄幼虫 3. 不同体色的幼虫 4. 蛹

彩图8-27-1 甜菜夜蛾（引自郭书普，2010）
Colour Figure 8-27-1 *Spodoptera exigua* (from Guo Shupu, 2001)
1. 成虫 2. 卵块 3. 不同体色的幼虫 4. 蛹

彩图8-31-1　油菜薄翅野螟（王瑞生和张登峰摄）

Colour Figure 8-31-1　*Evergestis extimalis* (by Wang Ruisheng and Zhang Dengfeng)

1. 成虫　2. 成虫补充营养　3. 卵　4. 卵黑头期　5. 三龄（左）和五龄（右）幼虫　6. 蛹　7. 油菜角果被害状

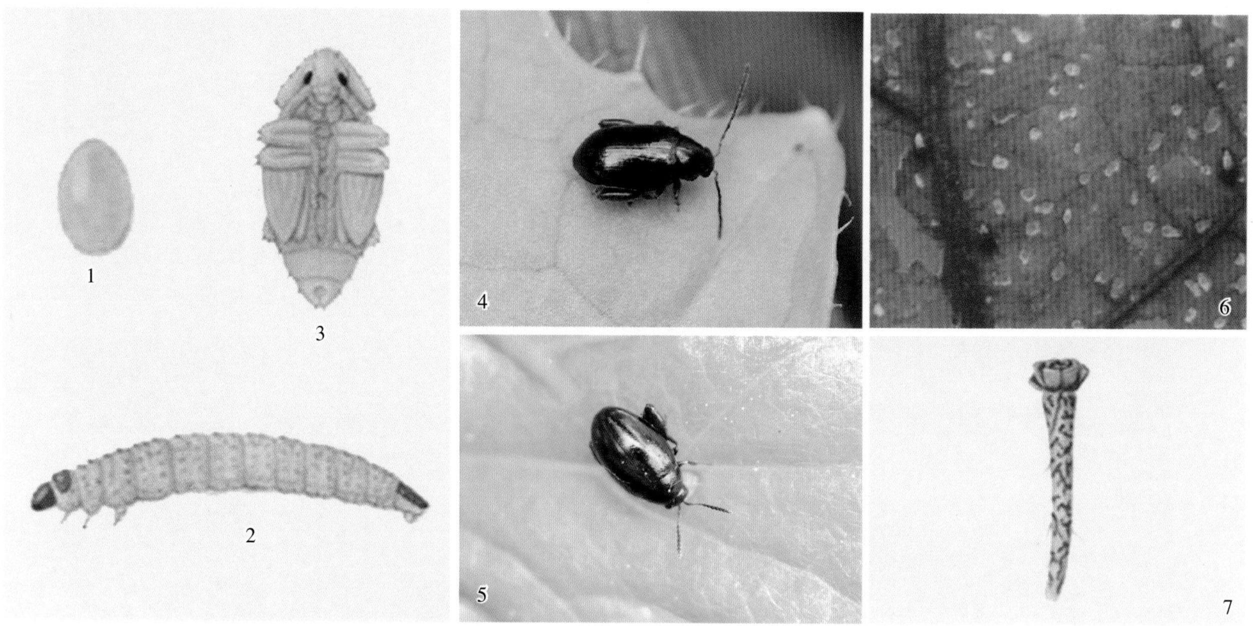

彩图8-32-1 油菜蚤跳甲（1、2、3、6和7. 引自胡自江，1992；4和5. 李永红摄）
Colour Figure 8-32-1 *Psylliodes punctifrons*（1, 2, 3, 6 and 7. from Hu Zijiang，1992；4 and 5. by Li Yonghong）
1. 卵 2. 幼虫 3. 蛹 4、5. 成虫 6. 叶部被害状 7. 根部被害状

彩图8-35-1 黑缝油菜叶甲（邱强摄）
Colour Figure 8-35-1
Entomoscelis suturalis
(by Qiu Qiang)
1. 卵 2. 幼虫 3. 蛹 4. 成虫

彩图8-36-1 东方油菜叶甲成虫（李永欣摄）
Colour Figure 8-36-1 Adult of *Entomoscelis orientalis*
(by Li Yongxin)

彩图8-38-1　油菜茎象甲（王瑞生摄）
Colour Figure 8-38-1　*Ceutorhynchus asper* (by Wang Ruisheng)
1. 成虫　2. 幼虫　3. 为害状（油菜蕾薹期）　4. 为害状（花期）　5. 为害状（角果期）

彩图8-39-1　油菜花露尾甲（王瑞生摄）
Colour Figure 8-39-1
Meligethes aeneus
(by Wang Ruisheng)
1. 成虫　2. 为害油菜花
3. 为害油菜花蕾

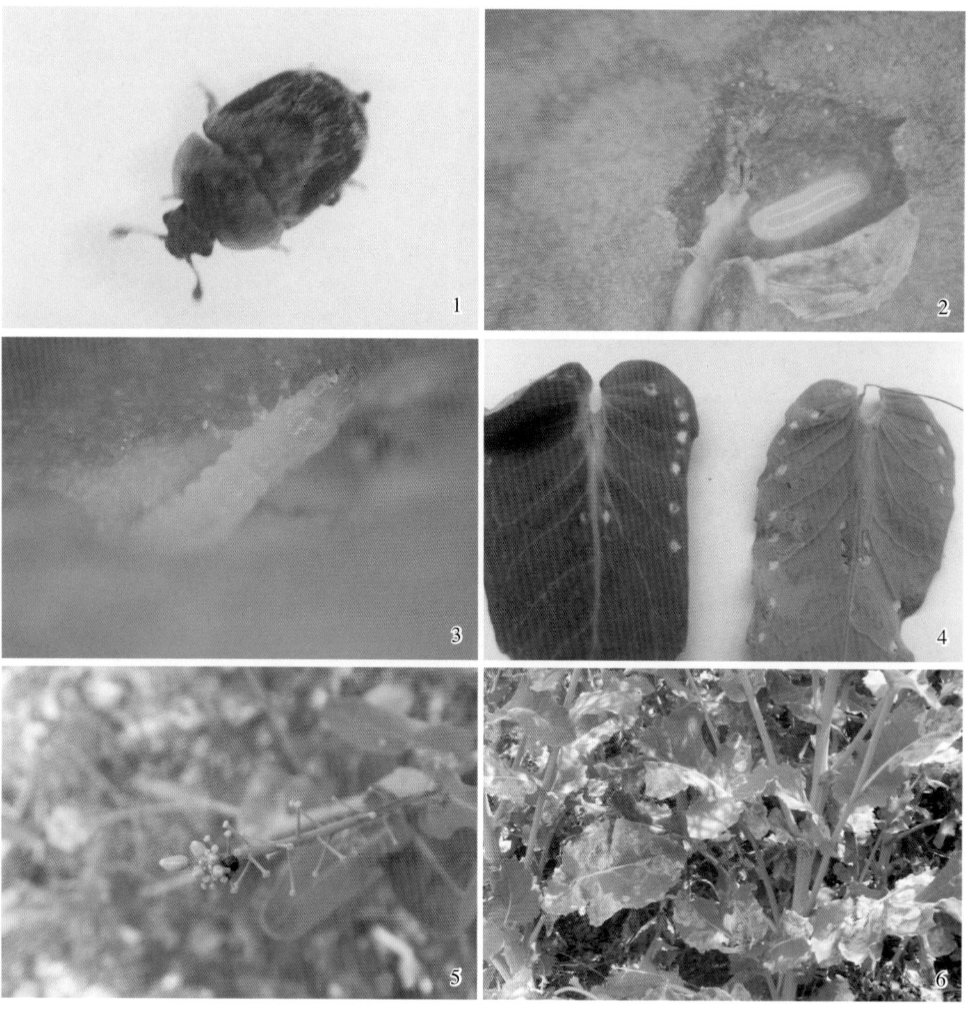

彩图 8-40-1 油菜叶露尾甲
（侯树敏和胡本进摄）
Colour Figure 8-40-1
Strongyllodes variegatus
(by Hou Shumin and Hu Benjin)
1. 成虫 2. 卵 3. 幼虫
4. 产卵状 5. 成虫为害状
6. 幼虫田间为害状

彩图 8-41-1 油菜潜叶蝇
（张国安摄）
Colour Figure 8-41-1
Chromatomyia horticola
(by Zhang Guoan)
1. 为害状 2. 成虫
3. 幼虫 4. 蛹

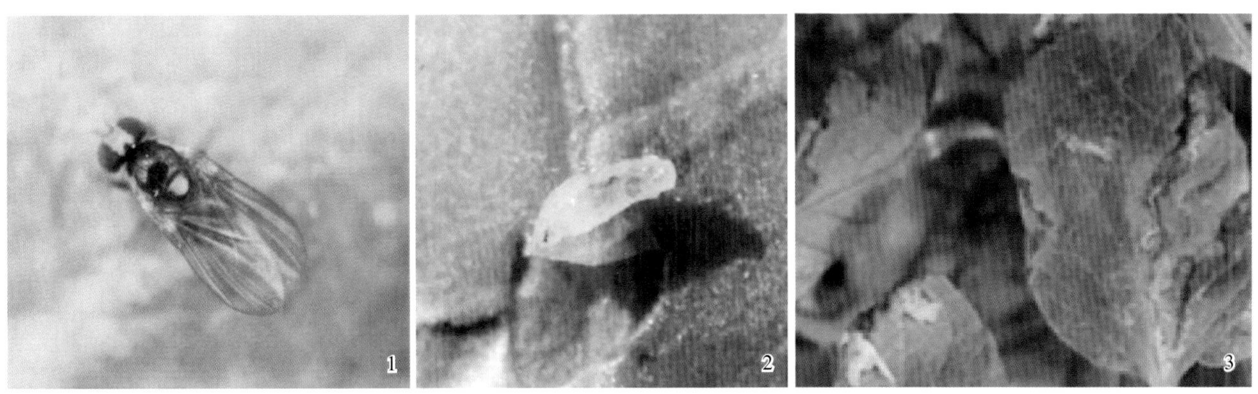

彩图8-42-1　番茄斑潜蝇（引自郭书普，2010，2009）
Colour Figure 8-42-1　*Liriomyza bryoniae* (from Guo Shupu, 2010, 2009)
1. 成虫　2. 幼虫　3. 为害状

彩图8-43-1　黄翅菜叶蜂（引自邱强等，1996）
Colour Figure 8-43-1
Athalia rosae ruficornis
(from Qiu Qiang et al.,1996)
1. 卵及产卵叶片　2. 幼虫及为害状
3. 茧　4. 蛹　5. 成虫

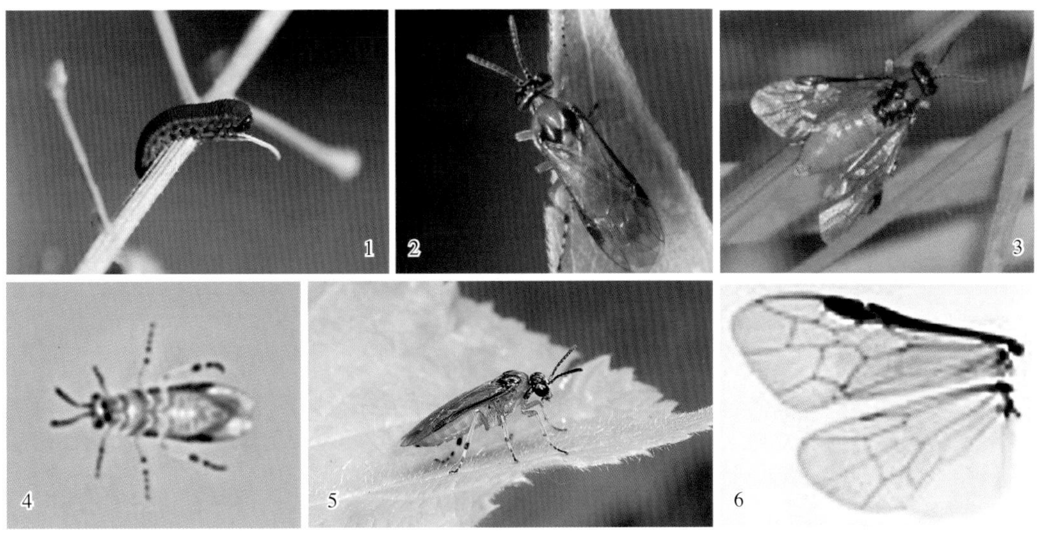

彩图8-43-2　新疆菜叶蜂（引自邱强等，1996）
Colour Figure 8-43-2　*Athalia rosae rosae* (from Qiu Qiang et al.,1996)
1. 幼虫　2 ~ 5. 成虫　6. 翅

彩图8-43-3　黑翅菜叶蜂成虫（李永红提供）
Colour Figure 8-43-3　Adults of *Athalia proxima* (by Li Yonghong)

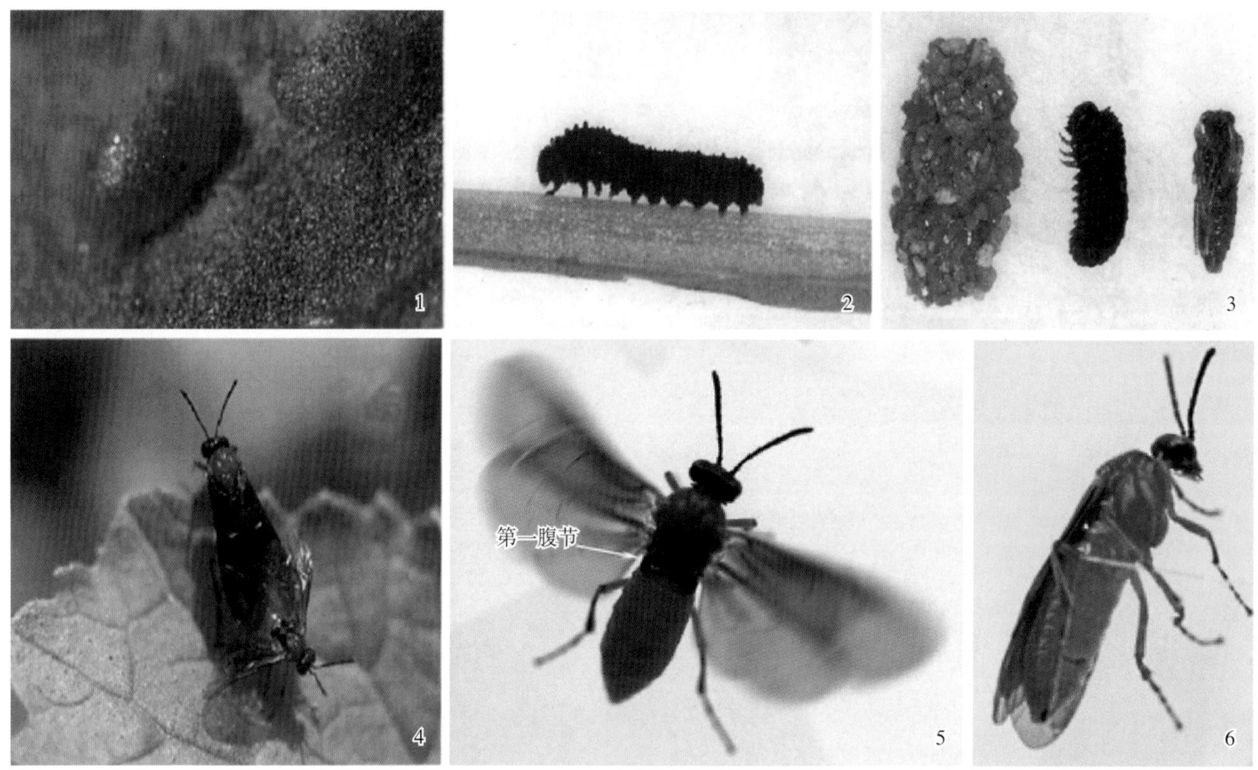

彩图8-43-4　日本菜叶蜂（引自ESAKIA，1988）
Colour Figure 8-43-4　*Athalia japonica* (from ESAKIA, 1988)
1. 卵形成的瘤状突起　2. 幼虫　3. 茧、幼虫和蛹　4. 成虫交尾　5、6. 成虫

彩图8-44-1　灰巴蜗牛成贝及为害叶片状（刘勇等摄）
Colour Figure 8-44-1　Symptoms of damaged leaves caused by *Bradybaena ravida* (by Liu Yong et al.)

彩图8-44-2　同型巴蜗牛成贝及为害叶片状（刘勇等摄）
Colour Figure 8-44-2　Symptoms of damaged leaves caused by *Bradybaena similaris* (by Liu Yong et al.)

彩图8-45-1　野蛞蝓及其为害叶片状（刘勇等摄）
Colour Figure 8-45-1　Symptoms of damaged leaves caused by *Agriolimax agrestis* (by Liu Yong et al.)

第 9 单元　花生及其他油料作物病虫害

第 1 节　花生褐斑病

一、分布与危害

花生褐斑病又称为早斑病，是世界范围内分布广泛的一种花生叶部真菌病害，尤其在热带和亚热带地区发生普遍。在我国，花生褐斑病在各产区均有发生，是花生上分布范围最广、发生频率最高、为害最严重的病害之一。总体而言，在干旱、瘠薄土壤上花生褐斑病发生早、发病重，旱坡地比水田发病重。感染褐斑病的花生植株，由于叶片上能产生大量病斑，导致叶片组织不同程度受损，光合面积和光合能力下降，而且生长中后期随着病害的加重，叶片严重脱落，加之与干旱的交错影响，可导致茎秆枯死，严重影响植株干物质积累和荚果的充实与成熟。褐斑病一般可引起花生减产 10%～20%，严重发生时达 40%以上。目前，花生褐斑病的病原菌只侵害花生而尚未发现其他寄主植物。

二、症状

花生褐斑病主要侵害花生叶片，严重时也可侵害叶柄、茎秆、托叶和果针。褐斑病最早可在花生的初花期开始发生，一般在生长中、后期达到发病高峰。被侵染叶片上最初出现如针头大小的细小褪绿斑点，与黑斑病不易区分，随着症状的扩展，在侵染点附近产生近圆形或略不规则形的黄褐色病斑，病斑直径随不同年份、不同环境条件以及花生品种的抗病性而存在较大差异，变异范围在 1～10mm。病斑正面呈黄褐色至深褐色，背面黄褐色，病斑周围一般具有黄色的晕圈（彩图 9-1-1）。褐斑病菌的分生孢子主要产生在病斑表面，在潮湿条件下叶片正面病斑上产生明显可见的灰色霉状物，即病菌的分生孢子梗和分生孢子。发病严重时，病斑连成一片，叶片枯死或脱落，仅剩植株顶端少量新长出的绿色叶片。茎秆上的病斑呈褐色至黑褐色，一般为长椭圆形，边缘清晰，表面略为凹陷。

三、病原

花生褐斑病的病原为花生生尾孢（*Cercospora arachidicola* Hori），属于子囊菌无性型尾孢菌属；有性型为花生球腔菌［*Mycosphaerella arachidis*（Hori）Jenkins］，属于子囊菌门球腔菌属，在我国尚未发现。

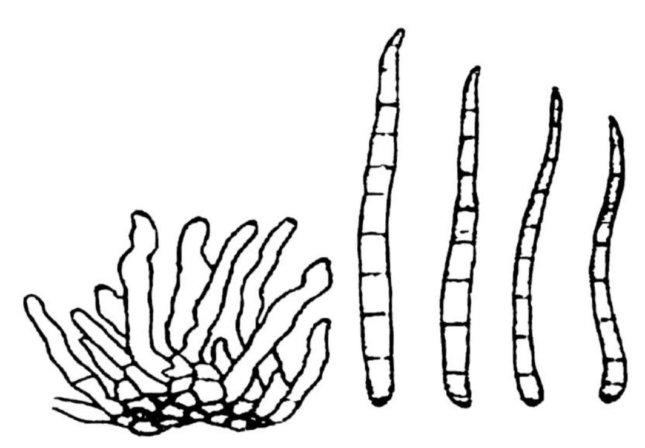

图 9-1-1　花生生尾孢分生孢子梗和分生孢子（引自 Kokalis-Burelle 等，1997）

Figure 9-1-1　Conidiophores and conidia of *Cercospora arachidicola*（from Kokalis-Burelle et al.，1997）

花生褐斑病菌的子座一般着生在花生叶片正面的病斑上，散生，排列不规则，深褐色，直径 25～100μm。分生孢子梗丛生或散生，膝状弯曲，不分枝，黄褐色，基部色暗，无隔膜或有 1～2 个隔膜，大小为（15～45）μm×（3～6）μm。分生孢子着生在分生孢子梗顶端，底部平整，无色或淡褐色，细长，3～12 个隔膜，多数为 5～7 个隔膜，大小为（35～110）μm×（3～6）μm（图 9-1-1）。有性阶段子囊壳近球形，着生于叶片的正反两面，大小为（47.6～84）μm×（44.4～74）μm，孔口处有乳状突起；子囊圆柱形或倒棍棒状，束生，大小为

(27.0～37.8) μm×(7.0～8.4) μm，内生 8 个子囊孢子，子囊孢子双胞无色，上部细胞较大，弯曲无色，大小为 (7.0～15.4) μm× (3～4) μm。病原菌有性阶段在花生上很少发现。在人工培养条件下，该病原菌在多数培养基上生长缓慢，产孢很少。

四、病害循环

花生褐斑病菌以分生孢子和菌丝在土壤中的花生病残体上越冬，其中，花生茎秆、叶柄和果柄上的菌丝比叶片上的菌丝更易越冬。当气温达到 20～24℃、湿度大于 90%时，分生孢子容易释放。分生孢子萌发后产生 1 个至多个芽管，芽管从气孔或直接穿透寄主表皮细胞进行初侵染。菌丝在寄主细胞间增殖蔓延，产生吸器侵入栅栏组织和海绵组织的叶肉内吸取营养，引起病害症状和造成危害。叶面湿润维持较长时间利于孢子产生；当气温高于 19℃、田间相对湿度超过 95%并持续较长时间时，有利于病害流行。病斑上产生的分生孢子借助风、气流、雨水和昆虫进行短距离传播，形成再次侵染（图 9-1-2）。在合适温、湿度条件下，田间可发生多轮再侵染，病害严重时到收获前可导致叶片全部脱落。在我国南方产区，春花生收获后，病残株上的病菌又成为秋花生的初次侵染源。通常情况下，子囊孢子不是主要侵染源。

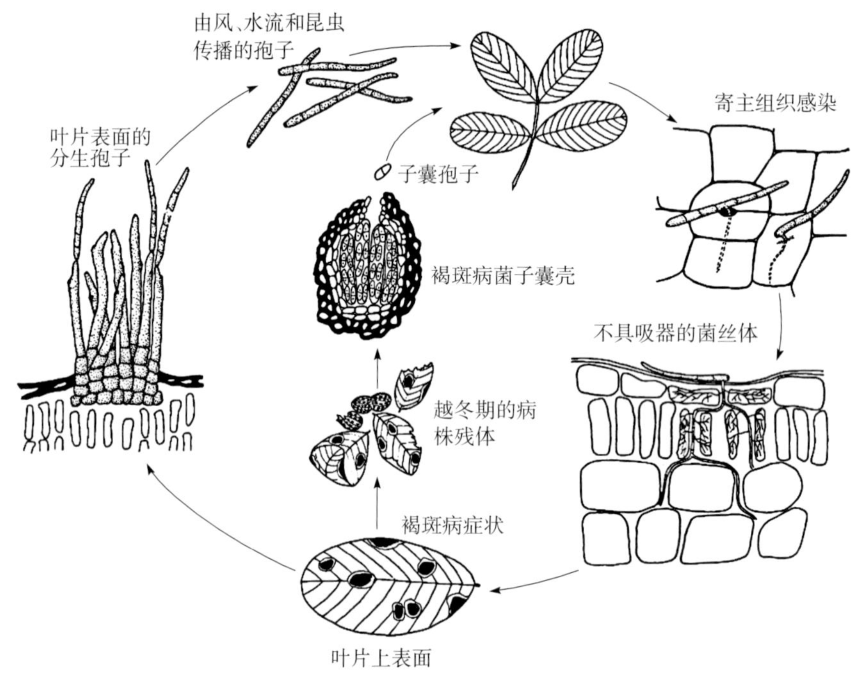

图 9-1-2 花生褐斑病病害循环（引自 Kokalis-Burelle 等，1997）
Figure 9-1-2 Disease cycle of early leaf spot of peanut
(from Kokalis-Burelle et al.，1997)

五、流行规律

(一) 温度和湿度

花生褐斑病菌生长发育温度范围为 10～37℃，最适温度为 25～30℃，低于 10℃或高于 37℃均不能生长。分生孢子产生的适温为 25℃，最适温时产生的孢子量最多，随着温度的上升或下降，分生孢子的数量均下降。产生分生孢子的最适湿度为 83.7%，随着相对湿度的下降，分生孢子的数量也下降。雨量大，温、湿度适宜，分生孢子数量多，雨量多而温度过高，不利于孢子形成。雨日 3d 以上，露日 3～4d，有利于分生孢子形成。在温度 20～30℃条件下，持续阴雨天气或叶面上有露水，有利于病菌分生孢子萌发、侵入和形成。因此，花生生长中后期多雨潮湿，病害发生就重，少雨干旱病害则轻。

(二) 生育期

花生不同生育阶段感病程度存在差异。通常生长前期发病轻，中、后期发病重；幼嫩叶片发病轻，老叶片发病重。北方春花生以饱果成熟期（收获前 1 个月左右）发病重，南方 6～7 月发病重。

（三）花生品种

人工接种条件下，大多数高产优质花生品种对褐斑病表现感病。花生种质资源中存在对褐斑病表现高抗的材料。花生褐斑病抗性水平主要根据病斑数和落叶情况来判断，不同花生材料褐斑病的潜伏时间、落叶时间、落叶程度和产孢量也存在差异，抗病材料上病原菌的潜伏时间长，从病斑开始出现到落叶的时间长；而感病材料病害的潜伏时间短，从病斑出现到落叶的时间短。我国花生栽培品种间田间病情指数存在明显差异，虽然无高抗褐斑病的品种，但具有田间抗性的品种，如湛油 1 号、花 17、鲁花 4 号、开农 31、豫花 6 号、豫花 15、豫花 11、花 28、中花 4 号、粤油 92、粤油 7 号、中花 12 等具有良好的田间抗（耐）性。

（四）栽培管理

花生褐斑病发生程度与土壤条件、肥力水平和花生长势相关。通常土质好、肥力水平高、花生长势好的地块病害轻；而山坡地上由于土壤瘠薄、肥力较低、生长势弱，病害发生早而且严重。病害严重程度也与花生连作紧密相关，连作地由于菌源积累多而有利于病害的发生，连作年限越长，病害越重。

六、防治技术

（一）选育和种植抗病品种

选育抗病花生品种是防治褐斑病的重要措施。从南美洲收集的多粒型花生地方品种中存在较高水平的褐斑病抗性，但这些抗病资源由于抗性与不良农艺性状的紧密连锁而在育种中的应用效果较差。国外从野生花生与栽培种花生的杂交后代中选育出了高抗褐斑病的品种，如国际热带半干旱地区作物研究所（ICRISAT）培育的 ICGV86699 具有高抗水平，其他品种 ICGV-SM-93531、ICGV-IS-96802、ICGV-IS-96827 和 ICGV-IS-96808 也对褐斑病具有较好抗性。国内在花生叶斑病抗性方面也取得了一些进展，但是高产品种的抗性水平仍不高，只具有中抗水平或一定的田间抗性，如花 39、8130、鲁花 11、鲁花 13、鲁花 9 号、花 17、中花 12、中花 4 号、湛油 1 号、粤油 7 号、粤油 22 等，这些品种主要表现为病斑较少、落叶晚、不早衰。

（二）农业防治

花生收获后及时清除田间病残体，深耕深埋或销毁，可减少菌源从而减轻下季病害的发生。花生与甘薯、玉米、水稻等作物轮作 1～2 年，均可减少田间菌源，明显减轻病害发生程度。

一些田间管理措施，包括适期播种，合理密植，施足基肥，避免偏施氮肥而增施磷、钾肥，适时喷施叶面肥，注意田间排水等，可促进花生健壮生长，提高抗病能力，减轻病害发生。

（三）药剂防治

应用杀菌剂是防治花生褐斑病的重要措施之一。用于褐斑病防治的杀菌剂有 50％多菌灵可湿性粉剂 800～1 500 倍液、70％代森锌可湿性粉剂 600～800 倍液、75％百菌清可湿性粉剂 500～800 倍液、70％甲基硫菌灵可湿性粉剂 1 000 倍液或 12.5％烯唑醇可湿性粉剂 1 500～2 000 倍液、80％代森锌可湿性粉剂 800 倍液、12.5％氟环唑悬浮剂 2 000 倍液、18.3％吡唑醚菌酯·氟环唑乳油、50％咪鲜胺锰盐可湿性粉剂 500～1 000 倍液、20％戊唑醇·烯肟菌胺悬浮剂、12.5％戊唑醇水乳剂等。花生褐斑病常发地区一般在播种后 60d 左右开始第一次喷药，以后视病情发展，隔 10～15d 喷 1 次，病害重的地块喷药 3～4 次，可有效控制病害发生。不同杀菌剂应交替使用，避免病菌产生抗药性。

廖伯寿　晏立英（中国农业科学院油料作物研究所）

第 2 节　花生黑斑病

一、分布与危害

花生黑斑病又称为晚斑病，是世界范围内分布最为广泛和危害最大的花生病害，其发生范围和总体危害程度均超过其他花生病害（包括褐斑病）。在我国各花生产区，黑斑病的发生非常普遍，一般情况下，北方春花生易感染，南方秋花生易受为害。发生黑斑病的花生叶片出现大量斑点，造成植株大量落叶，导致光合作用下降，荚果发育受阻，一般可引起 10％～30％的减产，严重时可减产 50％以上，并严重影响花生的品质。该病原菌只侵害花生，尚未发现其他寄主植物。

二、症状

花生黑斑病主要侵害叶片，严重发生时叶柄、托叶、茎秆和果针均可受害。黑斑病有时可单独发生，大多情况下与褐斑病、锈病、网斑病混合发生。在北方产区，黑斑病与网斑病混合发生时危害更大。黑斑病的病斑一般比褐斑病小，直径1～5mm，近圆形或圆形，病斑呈黑褐色至黑色（彩图9-2-1），病斑在叶片正、反两面的颜色相近。病斑周围黄色晕圈与花生品种相关，多数品种上没有黄色晕圈，但一些品种有明显的黄色晕圈。在叶片背面的病斑上，通常产生许多黑色小颗粒（病菌分生孢子座），紧密排列成同心轮纹状。病害严重时，产生大量病斑，引起叶片干枯脱落。病菌侵染茎秆，产生黑褐色病斑，表面可略为凹陷，严重时使茎秆变黑枯死。

三、病原

花生黑斑病的病原为球座褐柱丝霉［*Phaeoisariopsis personata*（Berk et M. A. Curtis）Arx，异名：*Cercosporidium personatum*（Berk. et M. A. Curtis）Deighton］，属子囊菌无性型褐柱丝霉属。有性型为伯克利球腔菌（*Mycosphaerella berkeleyi* W. A. Jenkins），属子囊菌门球腔菌属。

病菌无性态分生孢子座着生于花生表皮下，近球形或长椭圆形，呈深褐色至黑色。分生孢子梗紧密簇生于分生孢子座上，梗粗短，直立或微弯曲，多数无隔膜，无分支，平滑，孢痕明显，厚而突出，末端呈膝状弯曲，褐色至深褐色，大小为(24～54) μm×（5～8）μm。分生孢子倒棒状，较粗短，直立或微弯曲，顶部钝圆，基部倒圆锥平截，基脐褐色至深褐色，多胞，具1～8个隔膜，多数为3～5个，不缢缩，大小为（18～60）μm×（5～11）μm（图9-2-1）。黑斑病菌子囊壳扁卵圆形至球形，大小为（112.6～147.7）μm×(112.4～141.4) μm。子囊孢子双胞，分隔处有缢缩、透明，大小为（10.9～19.6）μm×（2.9～3.8）μm。国外曾在尚未腐烂的花生病叶组织内发现黑斑病菌的子囊壳，国内江苏等地在花生病株茎秆组织上也发现过该病菌的有性阶段。

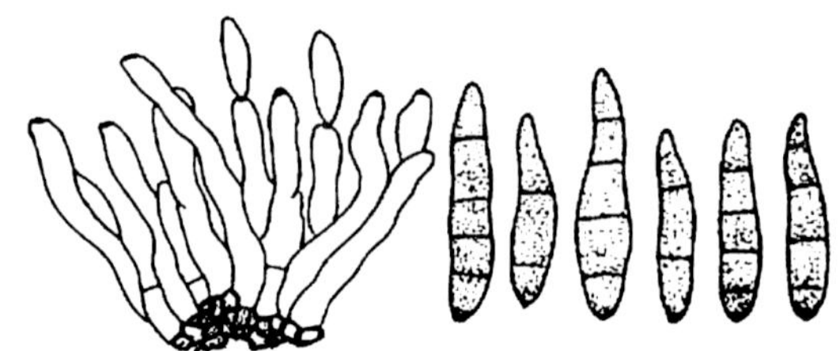

图9-2-1 花生黑斑病菌分生孢子梗和分生孢子（引自 Kokalis-Burelle 等，1997）

Figure 9-2-1 Conidiophores and conidia of *Phaeoisariopsis personata* (from Kokalis-Burelle et al., 1997)

四、病害循环

花生黑斑病菌以菌丝或分生孢子座随花生病残体在土壤中越冬，或以分生孢子黏附在荚果、茎秆表面越冬。田间极少发现黑斑病菌的子囊壳，因此，子囊孢子不是主要的初侵染来源。翌年条件合适时，越冬分生孢子萌发后产生的芽管或菌丝直接从寄主表皮或气孔侵入，在寄主细胞内部产生吸器吸取营养。病斑一般首先出现在植株基部的老叶上，下部叶片病斑产生的分生孢子可以成为田间再侵染源（图9-2-2）。

五、流行规律

花生黑斑病在田间的发生时间随环境温度、湿度的变化而有所不同，降雨和结露利于分生孢子萌发，从而有利于病害的发生和流行。气流、风速、雨水、昆虫等因素均可影响分生孢子的传播和病害的流行。

（一）温度和湿度

花生黑斑病菌生长发育的温度范围为10～35℃，适宜温度为20～30℃，最适温度为28℃，低于5℃或高于40℃均不能生长。分生孢子在低于10℃或高于40℃时不能萌发，在20～30℃时孢子萌发率较高，最适温度为25℃。分生孢子在水滴中具有较高的萌发率，其他湿度条件下萌发率均较低，如相对湿度在100%以下时萌发率不超过10%。分生孢子侵染花生叶片最适条件为温度高于20℃，相对湿度大于93%，持续时间超过12h。当温度低于28℃，高湿度持续时间低于12h，或叶片保湿时间低于10h，都不利于发病。阴雨天气或叶面上有露水，有利于病菌分生孢子萌发、侵染及病害流行。因此，花生植株生长中后期

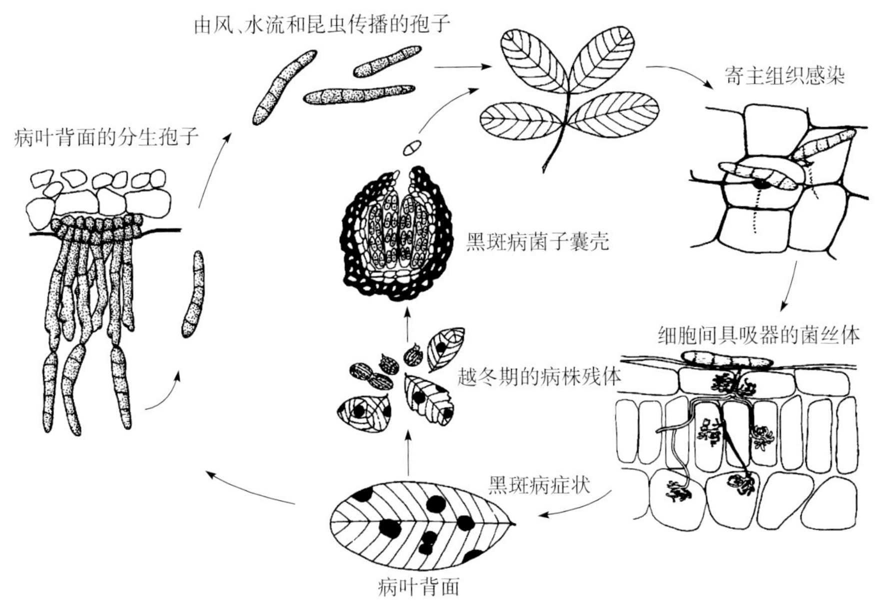

图 9-2-2　花生黑斑病病害循环（引自 Kokalis-Burelle 等，1997）

Figure 9-2-2　Disease cycle of late leaf spot of peanut（from Kokalis-Burelle et al.，1997）

降雨频繁、田间湿度大或早晚雾大露重的天气有利于病害的发生和流行，持续干旱少雨的天气病害则较轻。

（二）生育期

花生黑斑病一般在花生结荚期开始发生，少数情况下可在开花下针期出现，成熟期达到发病高峰。通常花生生长前期发病轻，后期发病重。新生叶片比老龄叶片抵抗力强，衰老叶片更容易受到侵染。

（三）花生品种

花生品种对黑斑病的抗性存在广泛差异。一般早熟品种比晚熟品种发病重，直立型品种较蔓生型或半蔓型品种发病重。叶片大而薄、叶色浅、叶背面气孔多而大的品种容易感病，叶片小而厚、叶色深绿、气孔较小的品种发病相对较轻。在栽培种花生资源中，来自于南美洲的多粒型材料对黑斑病的抗性较强，这一抗病性已成功转移到高产品种中，但迄今利用多粒型抗源育成的抗病品种仍然存在荚果和籽仁形状不好、荚果网纹深、出仁率低等缺陷。野生花生资源对黑斑病的抗性普遍较强，一些高抗的野生种质不产生病斑（近于免疫）或潜伏期长、病斑少、病斑小、不产生分生孢子、受损叶面积小，这些高抗材料可作为抗病亲本加以利用。国外已经培育出多个抗花生黑斑病的品种，如美国培育出的南方蔓生、DP-1、GA-01R和Golden，印度的GPBD4 等。国内虽然尚未有高抗的花生品种，但中花 12、鲁花 11、鲁花 14、花育 16 和群育 101 对晚斑病的感病程度轻。

（四）栽培措施

花生黑斑病的发生流行与花生长势和连作密切相关。通常土质好、肥力水平高、花生长势好的地块病害轻，而山坡地、肥力低、长势弱的地块病害相对较重。连作花生的地块由于土壤中菌源基数较高，病害偏重，连作年限越长一般病害流行越重。

六、防治技术

（一）选用抗病品种

选育抗病花生品种是防治黑斑病的重要途径。由于育种中抗病性与产量、品质性状的矛盾，目前国内外尚没有高抗黑斑病的高产优质品种，各地可因地制宜选用感病程度较轻的花生品种，如中花 12、鲁花 11、鲁花 14、豫花 14、豫花 15、湛江 1 号和粤油 92 等，以减少病害造成的损失。

（二）轮作

花生与甘薯、玉米、水稻等作物轮作 1～2 年，可有效减轻黑斑病的发生和为害程度。

（三）减少菌源

花生收获后及时清除田间病叶和深耕深埋，均可减少菌源和减轻病害。使用有病株沤制的粪肥时，要使其充分腐熟后再施用，以减少菌源数量。

（四）加强栽培管理

通过适期播种、合理密植、施足基肥、保持田间通风、排渍防涝，可促进花生健壮生长，提高抗病力，减轻病害。

（五）药剂防治

化学防治仍然是花生黑斑病防治最有效的手段。据河北省农林科学院粮油作物研究所和中国农业科学院油料作物研究所试验，通过化学防治可提高花生产量9%～46%。根据田间综合防治花生黑斑病和其他主要叶部病害的需要，可在花生生长中后期（结荚期）开始防治。用于黑斑病防治的药剂有50%多菌灵可湿性粉剂800～1 500倍液、75%百菌清可湿性粉剂500～800倍液、70%甲基硫菌灵可湿性粉剂1 000倍液、12.5%烯唑醇可湿性粉剂1 500～2 000倍液、80%代森锌可湿性粉剂800倍液、12.5%氟环唑悬浮剂2 000倍液、30%苯甲·丙环唑乳油2 000倍液等。第一次施药后，每隔10～15d喷1次，病害重的地块喷药2～3次，可以控制病害发生，还可兼治褐斑病。

廖伯寿　晏立英（中国农业科学院油料作物研究所）

第3节　花生锈病

一、分布与危害

花生锈病最早于19世纪80年代在南美洲巴拉圭首次发现。20世纪70年代以前，该病害的流行和为害主要局限在西半球美洲地区，随后逐步扩展蔓延遍及世界各地的花生产区。在20世纪70年代以来，花生锈病在我国广东、广西、福建、四川、江西、湖南、湖北等产区广泛发生，为害较为普遍，但不同年份发病及为害程度差异很大。在广东，春花生和秋花生均有锈病发生，而福建、江西以秋花生发病较多。山东、河北、辽宁等临近海岸的北方产区也常有锈病发生，但一般不造成经济损失。近十多年来，我国花生锈病的危害程度总体呈下降趋势。

花生植株发生锈病后，叶片提早枯死，失去光合功能而引起减产，减产的程度与病害发生的时期相关，发病越早，损失越重，如在开花下针期即受到侵染而后期环境条件又适合发病，减产可达50%以上。如果在生长后期（如成熟期）才开始发病，损失则较小。锈病除对花生产量有影响外，也可引起出仁率和出油率下降。花生锈菌除侵染花生外，尚未发现侵染其他寄主植物。

二、症状

花生锈病主要侵害花生叶片，亦可侵害叶柄、茎秆、果柄和果壳。植株下部叶片首先发病，逐渐向顶部叶片扩展。受侵染的叶片背面初生针头大小的白斑，对应的叶片正面出现鲜黄色小点，以后叶背面病斑变成淡黄色，圆形或近圆形，并逐渐扩大。随病斑的扩大，病斑中部突起呈黄褐色。随着病斑进一步突起，导致表皮破裂，露出铁锈色粉末，即病菌夏孢子堆和夏孢子（彩图9-3-1）。夏孢子堆直径0.3～0.6mm，叶片正、反两面均可产生。叶片密集着生夏孢子堆后，很快变黄枯干。枯死叶片不脱落，严重时可导致植株连片枯死，远望如火烧状。病害严重时，病斑也可从叶片蔓延到茎部和荚果。托叶上的夏孢子堆稍大，叶柄、茎和果柄上的夏孢子堆椭圆形，长1～2mm，果壳上的夏孢子堆圆形或不规则形，直径1～2mm，夏孢子数量较少。锈病症状较重的花生植株在收获时果柄易断、落荚。

三、病原

花生锈病的病原为落花生柄锈菌（*Puccinia arachidis* Speg.），隶属担子菌门柄锈菌属。在叶片上形成的夏孢子堆是最主要的病状。夏孢子堆呈小丘状突起，圆形或椭圆形，初始形成时隐埋在叶片表皮下，表面有一层薄薄的被膜，成熟后孢子堆突出，变成暗橙色，若被膜破裂，溢出粉末状的夏孢子。夏孢子一般呈椭圆形或卵圆形，大小为（22～29）μm×（16～22）μm，橙黄色，壁厚1～2.2μm，表面有细刺（图9-3-1），孢子的中轴两侧各有一个发芽孔。

锈菌冬孢子堆零星、裸露地分布在叶片的下表面，呈栗褐色或暗橙色，冬孢子萌发时变成灰色。冬孢子长圆形、椭圆形或卵圆形，顶端较厚，外壁光滑，大多双胞，偶尔单胞、3胞或4胞，大小为（38～42）μm×（14～16）μm，淡黄色或金黄色。

锈菌夏孢子萌发温度为11～33℃，最适温度为20～25℃，萌发需要高湿度、低光照和充足的氧气。夏孢子致死温度为50℃ 10min，但在60℃干热下10min，仍不丧失萌发力。在热带地区，夏孢子存活时间很短，如在广州夏季室温下能存活16～29d，40℃时可存活9～11d，45℃时可存活7～9d，冬、春季温度较低时可存活120～150d。夏孢子只有在有水滴或水膜的情况下才能萌发，无水滴时，即使在饱和的湿度下也不萌发。已萌发的夏孢子，在侵入叶片组织前如果水膜已干，便失去生活力，即便再置于充足水分环境中，芽管也不能再生长。大多数夏孢子萌发只产生1个芽管，极少数能产生2个芽管。新鲜夏孢子在22℃的水滴中1h后开始发芽。在24.5～26℃下，7h后产生附着胞。在22℃的温度条件下，15h后产生侵染丝。在25～28℃温度范围内，潜伏期为9d左右，在20℃恒温下，潜伏期为13d。光照对夏孢子萌发有抑制作用，黑暗条件下夏孢子萌发良好，即使温、湿度合适，强烈阳光下，夏孢子也不能萌发。夏孢子在缺氧的情况下不萌发。

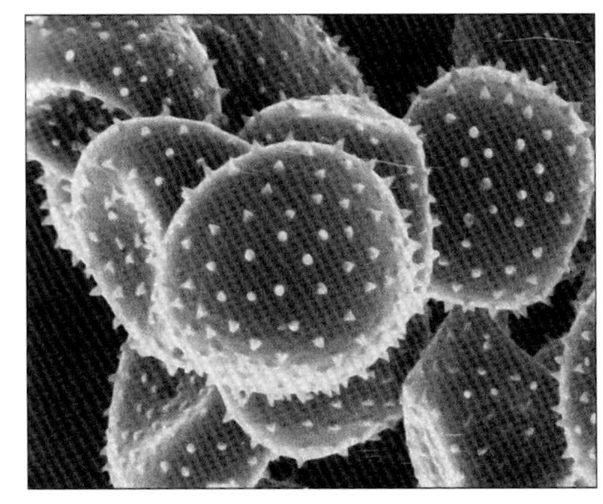

图9-3-1　落花生柄锈菌夏孢子（引自Kokalis-Burelle等，1997）

Figure 9-3-1　Urediospores of *Puccinia arachidis* (from Kokalis-Burelle et al., 1997)

四、病害循环

花生锈病菌生活史的主要阶段是夏孢子，靠夏孢子传播来完成侵染循环。除了极少数国家有锈菌冬孢子的报道外，多数无冬孢子的报道。该病原菌具有高度的寄主专化性，尚未发现除花生之外的其他寄主植物。花生夏孢子存活时间的长短与温度关系密切，高温下存活时间短，低温下存活时间长。在福建、广西，夏孢子可在室内外堆放的秋花生病株上或冬季储藏的果壳上越冬。在广东和海南，春、夏、秋、冬都可以种植花生，花生锈病全年都可以发生。长江流域和北方产区的锈菌初侵染源主要来自热带地区，夏孢子主要通过季风长距离传播。在田间，则主要靠风、气流、雨水或者昆虫传播，形成多次侵染。

五、流行规律

花生锈病的流行与菌源数量、气候条件、花生品种抗病性等因素有关。在无抗性品种的情况下，前两者是影响流行的主要因素。适温高湿的天气或密植栽培的生态环境有利于锈病的发生。

（一）菌源量

花生锈病菌孢子数量是决定病害流行的重要因素。热带地区周年四季均有花生植株作为寄主繁殖锈菌，也是其他地区的病菌来源，其数量与热带地区花生种植、气候、品种等因素有关。

（二）气候条件

花生锈病菌夏孢子的适宜生长温度范围为20～25℃，温度在20～30℃而且叶片表面存在自由水时，夏孢子容易侵染花生和产生症状。当气温保持在26℃以上而相对湿度低于75%时，不利于锈菌夏孢子的侵染，病害发生较轻。我国广东、广西和福建的春、秋花生种植期，温度基本都在花生锈病菌适宜范围内，能满足夏孢子的萌发，而叶片上有无水滴或者水膜是影响夏孢子萌发的关键。因此，影响锈病流行的主要因素是雨水和雾露，降雨和雾露天数多，病害发生重。广东、广西、福建、江西春花生种植期，即5、6月份月平均降水量在200～300mm以上，雨日数多，锈病容易流行。福建、广西秋花生种植期，即9月份多雨，或10月份雾露重，则锈病发生严重。

（三）栽培管理

花生锈病的发生和流行需要合适的温度和湿度（尤其是叶片上的水膜和雾露）。水田湿度大，有利于病害发生，旱坡地湿度小，发病则轻。春花生早播锈病轻，晚播病重，秋花生则早播病重，晚播病轻。合理配方施肥，有利于花生生长，发病较轻，施氮过多或种植密度大，通风透光不良，排水条件差，发病偏重。

(四) 花生品种抗（耐）病性

最早在南美洲发现抗锈病栽培花生 Tarapoto（PI259747）等资源。国际半干旱热带地区作物研究所（ICRISAT）在20世纪80年代经过多年的筛选得到多个高抗锈病的花生材料（多粒型为主）。我国从引进花生种质资源中筛选得到高抗锈病材料200多份，其中，包括利用野生花生杂交转育创造的高抗锈病材料。我国各花生育种单位利用抗锈病的材料选育出汕油27、汕油523、粤油223、粤油79、湛油30、湛油12、粤油5号、湛油62、湛油41、仲恺花1号、汕油162、粤油7号、中花4号、中花12等较抗锈病的花生品种。东南亚热带国家花生品种的抗锈病能力也有较大提高。由于热带地区抗病品种的普及，减少了锈病菌的数量，可能是近年来锈病发生流行的频率和程度下降的重要原因。

六、防治技术

(一) 选种抗（耐）病品种

推广种植抗病或耐病的花生品种，并注意品种合理搭配，做好品种提纯复壮，防止长期大面积种植单一品种。目前育成的抗锈病花生品种主要集中在广东、福建和湖北，抗锈病品种有粤油7号、粤油13、粤油223、粤油79、汕油162、湛油30、湛油62、仲恺花1号、汕油27、汕油162、泉花327、中花4号、中花12等。

(二) 加强栽培管理

花生收获后应及时清除病残体。秋花生收获后1个半月，清除田间自生苗。秋花生病株体应在春播前处理掉。因地制宜调节播期。高畦深沟，雨后及时清沟排水，降低田间湿度。合理密植，保持田间通风透光。平衡施肥，多施有机肥，增施磷、钾肥和石灰，增强花生抗病力，适时喷施叶面肥。

(三) 药剂防治

锈病发生初期及出现中心病株时，及时进行药剂防治。每隔7～10d喷药1次，连续3～4次，至收获前20d停止。可选用药剂有：50%硫黄悬浮剂150倍液、75%百菌清可湿性粉剂500～600倍液、80%代森锌可湿性粉剂600倍液、10%苯醚甲环唑600倍液，也可选联苯三唑醇1 000倍液，都有较好的防治效果。

廖伯寿　晏立英（中国农业科学院油料作物研究所）

第4节　花生网斑病

一、分布与危害

花生网斑病在我国北方花生产区发生普遍，并具有不断加重的趋势。1982年在山东、辽宁花生主产区首次发现，此后陕西、河南等省相继报道。国外该病于1972年首次在美国得克萨斯州发现，之后在佛罗里达州、佐治亚州、新墨西哥州、俄克拉荷马州和弗吉尼亚州也相继发现，同时在津巴布韦亦有报道。迄今，花生网斑病还在安哥拉、阿根廷、澳大利亚、巴西、加拿大、日本、莱索托、马拉维、毛里求斯、尼日利亚、南非、赞比亚和前苏联等国有报道。花生植株受网斑病侵染后，叶绿素含量明显下降，随着病害的进一步扩展和蔓延，叶片的光合强度逐渐降低，并导致生长后期快速大量落叶，最终导致花生籽粒充实受阻，严重影响产量，一般可造成减产10%～20%，严重的达30%以上，而网斑病和其他叶部病害混合发生造成的产量损失可达50%以上。

二、症状

花生网斑病最早可发生于花生的开花下针期，但主要发生在生长中后期。以侵害叶片为主，茎、叶柄也可以受害。一般先从下部叶片发生，通常表现两种类型（彩图9-4-1）：一种是污斑型，初为褐色小点，渐渐扩展成近圆形、深褐色污斑，病斑较小，0.7～1.0cm，近圆形，病斑边缘较清晰，周围有黄色晕圈，病斑可以穿透叶片，但叶片背面形成的病斑比正面的要小；另一种是网纹型，病斑较大，直径可达1.5cm，在叶正面产生边缘白色网纹状或星芒状、中间褐色病斑，病斑形状不规则，边缘不清或模糊，周围无黄色晕圈，病斑颜色不均匀，一般不穿透叶面，该类型往往是多个病斑连在一起形成更大病斑，甚至布满整个叶片。污斑型病斑的出现多在高温多湿的雨季，其大量出现说明环境条件很适合病害发生，当外界条件不利时多形成网纹型症状。两种类型病斑能在同一个叶片上发生，可相互融合，扩展至整个叶面。感病叶片很快脱落，田间病害发生严重时，植株叶片很快落光，造成光秆。茎秆、叶柄上的症状初为一个褐色斑点，后扩展成长条形或长椭圆形病斑，中央凹陷，严重时引起茎叶枯死。

三、病原

花生网斑病病原为花生茎点霉（*Phoma arachidicola* Marasas，Pauer et Boerema），属于子囊菌无性型茎点霉属。有性型为花生生亚隔孢壳［*Didymella arachidicola*（Khokhr.）Taber］。有性阶段在病害侵染中不起作用。

花生网斑病菌在燕麦琼脂培养基上25℃下培养，菌落初呈白色，后变成灰白色，平铺，较薄。在气生菌丝中产生球形、表面光滑、褐色的厚垣孢子，大小为7.5～12.5μm。在近紫外光照射培养下，可大量产生淡褐色、球形、壁薄、具孔口的分生孢子器，直径125～250μm。分生孢子无色，椭圆形，单胞，极少数双胞，大小为（2～4）μm×（3.3～9.16）μm。在麦芽汁培养基上，菌丝生长适宜温度为5～34℃，最适温度20℃；分生孢子在5～30℃均能萌发，最适温度20～25℃，低于0℃或高于30℃不能萌发。适宜pH为5～7，孢子萌发率一般在90%以上。pH在2以下和11以上不能萌发。病原菌接种8种豆科作物20～30d后观察，只有花生出现症状，其他物种未发病，说明其专化寄生性较强。

自然条件下，病斑组织产生的分生孢子器为黑色，球形或扁球形，埋生或半埋生，具孔口，直径50～200μm。

据国外报道，取发病的离体叶片在高湿条件下培养2周可形成子囊壳，在田间自然条件下也可形成子囊壳。子囊壳呈深褐色，球状，有短喙或无喙，单生，直径65～154μm，埋生于寄主表皮下。子囊柱状或棍棒状，多有一个分化的足胞，大小为（10～17）μm×（35～60）μm。子囊孢子椭圆形，大小为(5～7）μm×（12.5～16）μm，有一隔膜，光滑，透明至淡黄色，随成熟而变暗。

四、病害循环

花生网斑病菌以菌丝、分生孢子器、厚垣孢子和分生孢子等在花生病残体上越冬，为翌年的初侵染来源。国外报道，病害初侵染源还有病菌子囊孢子。条件适宜时，分生孢子借风雨、气流传播到寄主叶片，萌发产生芽管直接侵入，菌丝以网状在表皮下蔓延，杀死邻近的细胞，形成网状坏死症状。菌丝也能伸入到表皮下组织，随着菌丝大量生长引起细胞坏死，产生典型坏死斑块症状。病组织上产生的分生孢子经风雨传播在田间扩散引起反复再侵染，导致病害流行。在我国北方产区，病害一般在花生花针期开始发生，8、9月是发病盛期，病害严重地块造成花生多数叶片脱落，显著影响花生产量。花生收获后，病菌随病残体越冬。

五、流行规律

花生网斑病田间发病规律在各地基本一致。我国北方产区始发期为6月上旬，盛发期为8月末。在此期间，持续阴雨和生长后期低温对病害的发生极为有利。据辽宁和山东等地观察，病害一般在花生花针期开始发生，8、9两月是发病盛期，病害严重时导致花生多数叶片脱落。网斑病的发生程度与生育日数、气温和相对湿度呈正相关关系，前两者为极显著相关水平，后者为显著相关水平，与降水量为负相关。各因子对网斑病发生的直接效应依次为：生育日数>相对湿度>气温。间接效应多数因子因生育日数的增加对发病效应最大，说明随生育期的延长，发病愈重。发病情况与湿度关系较大，每逢雨后5～10d出现一次发病高峰，干旱胁迫下病害发生平缓，为害轻。

六、防治技术

（一）选用抗病品种

选用抗病品种是防治花生网斑病的重要措施之一。经多年观察表明：对网斑病抗性和产量均较好的花生品种有群育101、P12、鲁花9号、鲁花10号、鲁花14、8130、花37、鲁花11、潍花6号、潍花8号、豫花15、丰花8号、花育16、花育17、花育19、花育26等，可因地制宜地选用。

（二）农业防治

1. 适度深翻土地 翻转耕翻30cm较常规耕深20cm的防治效果高出47%，增产11.2%。此法把表土残留的病菌较彻底翻转至底层，降低了初侵染基数，防病效果明显。

2. 合理肥水管理 增施基肥和磷、钾肥，合理灌溉，及时中耕除草，提高植株抗病力。使用的有机肥要充分腐熟，并不得混有植物病残体。用花生专用肥（N∶P∶K=1∶1.5∶2）最好，较不施肥防治效果高16%。

3. 优化种植模式 垄种及大垄双行种植较平种好，防治效果可提高15%；花生、小麦套种较夏季直播发病率轻13%。

4. 实行合理轮作 由于该病菌寄主范围很窄，越冬分生孢子生活力不超过1年，因此，与其他作物如甘薯、玉米、大豆等合理轮作1～2年，可减轻病害发生。

（三）药剂防治

北方产区7月上、中旬开始用杀菌剂、物理保护剂和生物制剂喷洒叶片，以25%联苯三唑醇可湿性粉剂防效最好，也可用25%多·锰锌可湿性粉剂，用药量为375～750g/hm^2。

迟玉成 许曼琳 陈殿绪（山东省花生研究所）

第5节 花生焦斑病

一、分布与危害

花生焦斑病也称斑枯病、叶焦病、胡麻斑病，在我国各个花生产区普遍发生，是花生中后期的重要病害，其中，以河南、山东、湖北、广东和广西等省份发生偏重。该病主要侵害叶片，也侵害叶柄、茎、果柄和荚果。植株下部叶片首先发病，然后向中、上部蔓延，最终叶片斑痕累累、提早脱落，严重影响光合效能，造成荚果不饱满，重者整株枯死，导致产量和品质下降。据在广东的调查，花生焦斑病病株率一般为20%～30%，重者达100%。在急性流行情况下，可在很短时间内引起大量叶片枯死，造成严重产量损失。

二、症状

花生焦斑病通常产生焦斑和胡麻斑两种类型症状，常见为焦斑类型症状。在染病叶片上，病斑多发生在叶尖或叶缘，也可发生在叶片内部。叶尖、叶缘处的病斑常呈楔形（似V形）或半圆形，有时不规则；随病情发展，病斑由黄变褐，边缘深褐色，外围有黄色晕圈，以后病斑变灰褐色至深褐色，枯死、破裂，甚至脱落。叶片内部的病斑也逐渐扩大成圆形或近圆形或不规则的褐色大斑；病斑中部灰褐色或灰色，中央有一明显褐点，周围有轮纹（彩图9-5-1）。后期病斑上出现许多针头大的小黑点，即病菌有性子实体（假囊壳）。收获前多雨、潮湿，叶片上出现黑色水渍状圆形或不规则形斑块，病斑发展很快，叶片变黑褐色后蔓延到叶柄、茎和果柄。茎和叶柄上的病斑不规则形，浅褐色，水渍状，病斑边缘不明显。当病原菌不是自叶尖端或边缘侵染时，便产生密密麻麻的小黑点，故称为胡麻斑。胡麻斑类型产生病斑小（直径小于1mm），病斑常出现在叶片正面。病害发生严重时，花生呈焦灼状枯死，枯死部常可达叶片1/3～3/4以上，远望如火烧焦状。有时此病会与其他病害如锈病、黑斑病等混合发生，加重损失。

三、病原

花生焦斑病病原为粗小光壳［*Leptosphaerulina crassiasca*（Séchet）C. R. Jacks. et Bell，异名：*L. arachidicola* J. M. Yen，M. J. Chen et K. T. Huang］，属子囊菌门小光壳属。该菌子囊果为假囊壳，散生，初期埋于寄主组织内，后露出，褐色，球形或近球形，直径为43～117μm，壁厚，有孔口，孔口呈短乳头状突起，内生数个子囊，子囊初无色透明，近卵圆形，成熟时变黄褐色，子囊内有8个子囊孢子。子囊孢子长圆形或椭圆形，大小为（26～31）μm×（9～15）μm，浅褐色，有3～4个横隔膜和1～2个纵隔膜，隔膜处缢缩。病菌在马铃薯琼脂培养基上生长的最低、最适和最高温度分别为8℃、28℃和

35℃。子囊孢子在25～28℃水滴中2h就可以萌发，在28℃和100%的相对湿度时，萌发率达96%。

四、病害循环

病菌以菌丝及子囊壳在花生病残株中越冬，第二年花生生长季节，子囊孢子从子囊壳内释放出来，扩散高峰在晴天露水初干和开始降雨时。子囊孢子生出芽管可以直接穿入花生叶片表皮细胞。病害潜育期15～20d，病斑上再产生子囊壳和子囊孢子，经风雨或气流传播，花生生长期可出现多次再侵染，每次再侵染后即出现一次发病高峰。

五、流行规律

花生焦斑病通常比褐斑病发生更早，一般自花生初花期开始发病，结荚中后期为害加重。适温高湿、雨水频繁的天气有利于发病。低洼积水、土壤贫瘠、偏施氮肥的田块发病重。花生病株在田间分布不均匀，有明显的发病中心，首先在某一株或几株发病，然后向四周扩展，严重时导致全田发病。土壤肥力差或偏施氮肥，病害发生严重。据观察，品种间抗病性差异显著，仲恺花1号、汕油21、粤油13等品种发病较轻。

六、防治技术

（一）选用抗病品种

生产上可因地制宜选用抗锈病、叶斑病兼较抗焦斑病且高产稳产的花生品种，如仲恺花1号、汕油21、粤油13等。育种科研单位也应在既有高产抗逆良种的基础上，重视兼抗焦斑病花生新品种的选育。

（二）加强田间管理

重病区和重病田宜实行轮作，水源方便的地方最好进行水旱轮作。完善排灌系统，雨后及时清沟排渍，降低田间湿度。清洁田园，重病田彻底清理烧毁病蔓以减少菌源，减轻发病。合理施肥，施足基肥，增施有机质肥和磷、钾肥，不过晚或过多偏施氮肥，适时喷施叶面营养剂。在发病初期按每公顷15kg尿素加11.25kg过磷酸钙，对水900～1 125kg施用；适当增施草木灰和钾肥。

（三）及时喷药预防控病

花生焦斑病常发地区，应在齐苗后植株开始发棵时即开始喷施农药，一般发病的地区应于植株封行或花针期起施药防控。可选用25%三唑酮可湿性粉剂600～800倍液、10%苯醚甲环唑水分散粒剂2 000～2 500倍液、12.5%烯唑醇可湿性粉剂1 000～2 000倍液、25%丙环唑乳油500～1 000倍液、25%咪鲜胺乳油500～1 000倍液，喷药时加入0.2%展着剂（如洗衣粉等）有增效作用。每隔7～10d喷施1次，连续喷施3～4次。还可使用40%氟硅唑乳油或40%腈菌唑乳油6 000倍液，每隔10～15d喷施1次，连续喷施2～3次，前密后疏，喷匀喷足。

曲明静（山东省花生研究所）

第6节　花生茎腐病

一、分布与危害

花生茎腐病是我国花生上的一种常见病害，特别是重茬地块发生更为严重。该病害在我国各花生产区均有报道，其中，以山东、江苏、河南、河北、陕西等北方花生产区发病严重。近年来，随着花生种植面积的增大、地区间调种频繁、重茬地块增多等因素的影响，花生茎腐病呈逐年加重的趋势。世界上花生茎腐病在非洲、南美洲、美国、澳大利亚、印度尼西亚、印度等均有发生。花生植株在苗期及成株期均可受害，主要在幼苗的胚轴及成株的茎基部第一次分枝以下部位发病，导致整个植株枯死。一般发病地块病株率为10%～20%，重者可达50%以上，尤其在多雨年份为害更大，经常造成大量死株，使花生缺苗断垄，甚至成片死亡，颗粒无收。

该病害的病原菌寄主范围广泛，除花生外，还能够侵染棉花、大豆、绿豆、扁豆、菜豆、赤豆、豇豆、豌豆、甘薯、茄子、田菁、马齿苋、甜瓜、马铃薯、柑橘、香蕉、苹果、杨树、月季等多种植物或局部组织，引起黑腐、梢枯、萎蔫等症状。

二、症状

花生从苗期到成株期均可感染茎腐病。花生幼苗出土前即可感病，病菌通常先侵染子叶，使子叶变黑褐色腐烂，并侵入植株根颈部（下胚轴），产生黄褐色水渍状病斑，以后逐渐变成黑褐色病斑。病斑自根颈部向纵横方向扩展，致使茎基组织腐烂，地上部萎蔫枯死。幼苗发病到枯死通常历时3～4d。在潮湿条件下，病部产生密集的黑色小突起（病菌分生孢子器），表皮易剥落，软腐状。田间干燥时，病部皮层紧贴茎上，呈褐色干腐，髓部干枯中空。发病植株地上部开始表现叶片发黄，叶柄逐渐萎蔫下垂，最后整株枯死（彩图9-6-1）。成株期发病时，特别是在花期后发病，主茎和侧枝基部产生黄褐色水渍状病斑。病斑向上、向下发展，茎基部变黑枯死，引起部分侧枝或全株萎蔫枯死，病灶部位有时长达10～20cm，表面密生小黑点。有时仅侧枝感病，病枝往往先后枯死。发病植株用手拔起时，往往在近地表处（即病灶部位）发生折断，发病植株地下部的荚果易腐烂。花生生长中后期有时也可见仅主茎离地面较高的部位及其着生侧枝感病，造成病部以上茎枝枯死，病部以下茎枝照常生长。据国外报道，病害还可侵害花生种子，造成种子受损伤、饱满度下降并带菌。

三、病原

花生茎腐病的病原为可可毛壳色单隔孢［*Lasiodiplodia theobromae*（Pat.）Griffon et Maubl.，异名：*Diplodia gossypina* Cooke，*Botryodiplodia theobromae* Pat.］，属子囊菌无性型壳色单隔孢属。其有性型为柑橘囊孢壳（*Physalospora rhodina* Berk. et Curt.），属子囊菌门囊孢壳属真菌。

病菌分生孢子器散生或集生，球形或烧瓶形，在寄主表皮下埋生，成熟后暴露。孢子器直径130～250μm（以220～230μm居多），暗褐色至黑色，单腔，壁厚，有一乳头状突出孔口。产孢细胞不分枝，少见分隔，形状多样，呈倒棍棒状或圆筒形，大小为（8.5～10.3）μm×（2.9～3.6）μm。全壁芽生环痕式产孢，分生孢子单个顶生于产孢细胞上，椭圆形、长圆形或卵圆形，基部平截，端部钝圆，初期未成熟时无色、单胞、椭圆形，大小为（7～15）μm×（15～30）μm；成熟外释时孢子转变为暗褐色、双细胞、椭圆形，表面光滑，少数有纵纹，孢子比原来稍小一些（图9-6-1）。两种分生孢子都能萌发，具有较强的生活力。分生孢子在27℃的水滴中经过105min就能萌发，2h能达到60%的萌发率，2.5h芽管长度能达到孢子长度的8～10倍。

花生茎病病菌在马铃薯琼脂培养基上菌落呈灰白色，质地疏松，菌丝绒毛状，呈辐射状生长。培养3～5d后，菌落中央聚集成絮状，后随菌丝黑色素的产生，菌落变为灰黑色，培养基底部变黑色，10d后开始产生暗灰色、小蘑菇状、近圆形的菌丝团，直径3～5mm。20d后，菌丝团顶端产生黑色子座，分生孢子座炭黑色，圆柱形，直径1～3mm。在麦粒培养基上易产生分生孢子器和分生孢子。

菌丝体生长温度为10～40℃，最适温度为23～35℃；致死温度为52℃10min；长时间培养，菌丝能产生色素；生长条件越适宜，培养基颜色越深；多数菌株能在35℃高温下生长，个别菌株生长受到抑制，在35℃培养时能够产生红色色素使培养基变粉红色。该菌耐低温能力较强，−1～−3℃下经27d仍有侵染力，耐高温能力较弱；用人工培养3～4d的菌丝，附于干枯的花生茎秆表面，放置于干燥器内，在−1～−3℃下，菌丝体可存活7～294d，25℃下可存活7～36d。附于干燥果仁（含水量60%左右）表面的菌丝体，放置于25～30℃的干燥器中，经80d后取出接种花生，仍有侵染力。田间自然病株在室外存放7个月，或在室内存放2年，仍有致病力。菌丝在pH3～12范围内都能生长，生长的最适pH为4～8；光照对菌丝生长的影响不大，对子实体的形成影响很大，在黑暗条件下

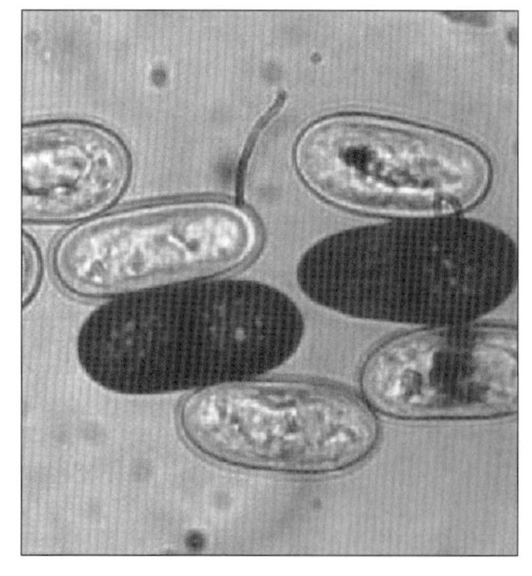

图9-6-1 可可毛壳色单隔孢分生孢子器（郭宏参提供）
Figure 9-6-1 Pycnidia of *Lasiodiplodia theobromae* (by Guo Hongshen)

不能形成子实体。

四、病害循环

花生茎腐病菌菌丝和分生孢子器在土壤中的花生病残株、果壳和种子上越冬，成为第二年初侵染来源。病菌在土壤中分布很深，可达30cm，以0～15cm的表层土内较多。病株和粉碎的果壳饲养牲畜后的粪便，以及混有病残株的未腐熟农家肥也是该病传播蔓延的重要菌源。种子是花生茎腐病远距离和异地传播的主要初侵染来源。另外，病菌还能在其他感病植物残体上越冬，如棉花、大豆、马齿苋等，因此，这些作物也可以成为病害发生的初侵染来源。

病菌以分生孢子作为初侵染源与再侵染源，从表皮或伤口侵入致病。在田间主要借风雨或流水传播，病原菌借雨水飞溅和流水冲带等再侵染，造成花生成株期发病，农事操作过程中携带病菌也能传播。花生苗期为最适侵染时期，其次为结果期，而花期不利于病菌的侵染。在北方花生产区，一般在5月下旬到6月初出现病株，6月中、下旬出现发病高峰，夏季高温季节不利于病害发生，8月中、下旬可出现第二次发病高峰，一般发病较轻。

五、流行规律

花生茎腐病的发生流行与气候、种子、栽培管理等因素有密切相关。其中，花生种子质量好坏，是影响茎腐病发生的主要因素。霉捂种子由于生活力下降及带菌率明显增加，容易引起该病害发生。种子收获后遭遇阴雨天气，不能及时晾干，储藏期间容易霉捂。据在山东地区的调查，晾晒好的种子荚果带菌率约为5%，田间发病率为3%～4%，而霉捂种子荚果带菌率可达50%以上，田间发病率可达25%。

气候条件对病害发生的影响也很大，当5cm土温稳定在20～22℃时，田间即开始出现病株。当5cm土温达23～25℃、相对湿度60%～70%、旬降水量10～40mm时，适于病害发生。花生苗期降雨较多，土壤湿度大，病害发生重，尤其雨后骤晴，气温回升快，容易出现大量死苗。一般雨水较多湿度较大的年份，病害发生较重。

花生连作田病重，轮作田病轻，轮作年限越长，发病越轻。春播花生病重，夏播花生病轻；早播的病重，晚播的病轻。江苏省农业科学院调查发现，4月22日播种的地块由于茎腐病造成的死株率为41.4%，5月4日播种的为17.2%，5月15日播种的为10.9%，收麦后播种的很少发生茎腐病。早播的茎腐病发生重的原因主要是生长前期低温不利于花生的生长发育，有利于病害的发生。土壤结构和肥力好的花生田病轻；沙性强、瘠薄的田块病重。一般施有机肥多的花生田病轻，反之病重。但是施用带菌的有机粪肥，往往又传播病害，使病害发生严重。花生田深翻或田间精细管理，或进行地下害虫防治的田块发病轻。花生品种间抗病性有一定差异，一般直立型早熟花生品种高度感病，蔓生型品种发病相对较轻。

六、防治技术

防治花生茎腐病首先要把好种子质量关，在保证种子质量的前提下，做好种子消毒工作，同时还要做好各项农业防治工作。

（一）选用抗病品种

目前尚未有对茎腐病免疫的花生品种，但不同品种间抗性差异较大。高产、抗性较强的品种有鲁花13、花育20、远杂9102、豫花10号、豫花14、豫花2号、豫花4号、豫花5号、豫花7号、豫花8号等。

（二）保证种子质量

留种用花生要适时收获，及时晒干，安全储藏。播种前进行粒选，选大粒饱满的，剔除变质、霉捂、受伤的荚果，精选的荚果播前晒种数天。因夏播花生发病轻，种子生命力强，北方产区可选用夏播花生留种。

（三）种子消毒

种子消毒是当前最有效的花生茎腐病防治措施，而且增产作用十分显著。

1. 拌种 拌种用的药剂以70%甲基硫菌灵可湿性粉剂、50%或25%多菌灵可湿性粉剂最好，还可以兼治立枯病、根腐病、菌核病、白绢病。拌种的方法包括药土拌种和药液拌种。药土拌种用50%多菌灵可湿性粉剂按干种子量的0.3%，或用25%多菌灵可湿性粉剂按干种子量的0.5%，再加5～10倍的细干土，混合均匀，配成药土。花生种子先浸泡一夜或用水使之湿润，再分层与药土掺和拌匀，使每粒种子上都沾有药土，拌后立即播种。药液拌种是将50%多菌灵可湿性粉剂0.15kg对水2kg，配成药液，均匀地喷在50kg花生种子上，晾干后播种。

2. 浸种 选用70%甲基硫菌灵可湿性粉剂、50%或25%多菌灵可湿性粉剂，按干种子量的0.3%或0.5%，即药剂：水：种子=1：100：200配成药液，浸泡24h（种子将水吸干），中间翻动2～3次。

3. 种子包衣剂 2.5%咯菌腈悬浮种衣剂，药种比为1：500；25%多克福种衣剂，药种比为1：50。

（四）农业防治

1. 轮作 合理安排轮作，与禾谷类非寄主作物轮作，轻病田轮作1～2年，重病田轮作2～3年以上。不要与棉花、大豆、甘薯等易感病作物轮作。

2. 清除田间病株残体，深翻改土 花生收获后及时清除田间遗留的病株残体，并进行深翻，以减少土壤中的病菌积累。

3. 加强田间管理，增施肥料 花生田要整平，以便于排灌；不要用带菌的肥料，要施足底肥，追肥可增施一些草木灰；中耕时勿伤及根部。

（五）药剂防治

在花生苗期，选用50%多菌灵可湿性粉剂1 000倍液、70%甲基硫菌灵可湿性粉剂800～1 000倍液喷雾，有一定防病效果。也可用50%多菌灵可湿性粉剂1 000倍液，或70%甲基硫菌灵可湿性粉剂+75%百菌清可湿性粉剂按1：1的比例混匀配制1 000倍液，或60%唑醚·代森联水分散粒剂1 500倍液，在花生齐苗后和开花前各喷1次，或在发病初期喷药2～3次，着重喷淋花生茎基部。

迟玉成 许曼琳 王辉（山东省花生研究所）

第7节 花生白绢病

一、分布与危害

花生白绢病又名白脚病，在世界各地均有发生。长期以来该病害在我国主要分布于长江流域和南方各花生产区，一般为零星发生，严重的发病率高达30%。由于耕作制度的改变及高产新品种的推广应用，带来了田间小气候的显著变化，使花生白绢病的分布范围和发生程度逐年扩大，有北移趋势，如2010年在河南中牟、开封、濮阳等地严重发生，已成为河南北部产区的主要病害之一。该病害除花生外，还能侵染60多科的200多种植物，包括烟草、番茄、茄子、马铃薯、甘薯、大豆、棉花、甘蔗等作物和多种杂草。

二、症状

花生白绢病多在花生下针和荚果形成期发生，主要侵害茎基部，其次为果柄及荚果。植株受害初期茎组织软腐，病斑表面长出一层白色丝绢状菌丝体，在合适条件下菌丝蔓延至植株中下部茎秆，沿土表在植株间蔓延。随病情发展，受侵染的植株叶片变黄，边缘焦枯，茎秆组织呈纤维状，最后枯萎而死（彩图9-7-1）。果柄和荚果受害，会长出很多白色菌丝，呈湿腐状。土壤潮湿荫蔽时，病株周围土表植物残体和有机质上布满一层白色菌丝体。天气干旱时，仅侵害花生地下部分，菌丝层不明显。发病后期在病部菌丝层中形成很多菌核。菌核初期白色，后变黄褐色，最后变黑褐色，大小不一，表面光滑圆润，似油菜籽。随着发病组织的腐烂，使水分和养分不能正常运输，因而病株地上部首先叶片变黄，而后逐渐枯死。病部腐烂，皮层脱落，仅剩下一丝丝的纤维组织，很易折断。花生的初生根和次生根仅偶尔感病，一般感病较轻。果柄较易感病，最后腐烂断折。荚果和果仁不如茎和果柄感病严重，荚果感病后病部变浅褐色至暗褐色，果仁感病后变皱缩腐烂，病部覆盖灰褐色菌丝层，后期还能形成菌核。病菌在种壳里面和种仁表面生长的时候还能产生草酸，以致在种皮上形成条纹、片状或圆形的蓝黑色彩纹。

三、病原

花生白绢病的病原为齐整小核菌（*Sclerotium rolfsii* Sacc.），为担子菌无性型小核菌属真菌。其有性型为齐整阿太菌［*Athelia rolfsii*（Curai）Tu et Kimbr.］，属担子菌门阿太菌属。

在培养基上，菌丝初期白色，后变黄褐色，宽3～9μm，常见有锁状联合，菌丝在基物上往往形成菌丝束。后期菌丝紧密聚集形成菌核。菌核初期为白色小球体，以后增大变黄褐色，最后变黑褐色或茶褐色。菌核坚硬，表面光滑，圆球形，直径一般为0.3～8mm，大的超过6mm，小的也有1mm以下的；在培养基上形成的菌核要大些（图9-7-1），直径一般为2～3mm。菌核内部灰白色，边缘细胞小而排列紧密，中部细胞大而排列疏松。病菌的有性型在自然情况或人工条件下很少产生。菌丝的分枝顶端形成棍棒状的担子。担子无色，单细胞，大小为（9～20）μm×（8～7）μm。担子顶端长出4个小梗。小梗无色，牛角状，长约3～5μm。每个小梗的顶端生一个担孢子。担孢子无色，单细胞，倒卵圆形，顶端圆形，基部略尖，大小为(5～10）μm×（3.6～10）μm。

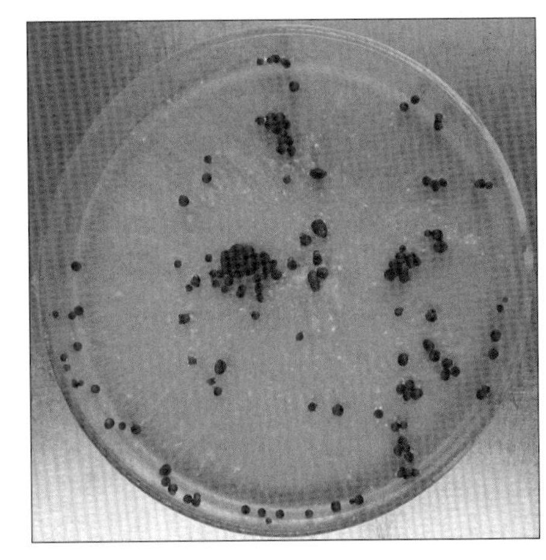

图9-7-1 培养基上的齐整小核菌菌丝和菌核（晏立英提供）

Figure 9-7-1 Mycelium and sclerotia of *Sclerotium rolfsii* on PDA medium (by Yan Liying)

病菌生长的温度范围为13～38℃，适温为31～32℃，一般情况下，8℃以下、40℃以上病菌停止生长。病菌生长的酸碱度范围为pH 1.9～8.8，最适为pH 5.9；在培养基上长期培养，易丧失致病性。菌核在水中或高湿的土壤中存活时间较短，在干燥的土壤中或干枯的病株上存活时间较长。菌核萌发的温度范围是10～42℃，最适温度为25～30℃；酸碱度范围为pH 3～8，最适为pH 5～6。

四、病害循环

病菌以菌核或菌丝体在土壤中及病残株上越冬，大部分分布在1～2cm的表土层中。菌核在2.5cm以下土层中发芽率明显减少，在土层7cm处几乎不发芽，近土表病菌菌核可以存活多年，但在土壤深处菌核存活不超过1年。在条件适宜时，菌核萌发长出菌丝，利用地表和浅表植物残株和有机质作为营养及传播桥梁，从植株茎基部的表皮或伤口侵入，也可侵入子房柄或荚果。病菌主要靠流水、昆虫扩散传播，种子也能带菌。温暖潮湿的气候有利于病害发展，高温多雨、土质黏重、排水不良、植株生长过茂以致田间小气候湿度过大时发病重，长期连作病害逐年加重。花生田一般7月中、下旬开始发病，8月中旬为盛发期。如遇高温、多雨，病害就会发生蔓延。特别是雨后立即转晴，病株可很快枯萎死亡。珍珠豆型花生品种发病重，普通型大花生品种发病较轻。有机质丰富、落叶多、植株长势过旺倒伏，病害加重。春花生晚播和夏播花生发病相对较轻。

五、流行规律

花生白绢病由于病菌在土壤中越冬，因此，连作花生田发病重，连作年限越长，发病越重。在安徽调查发现，当年种花生的地块发病率为0.5%～2%，连种3年的发病率为20%～30%，连种5年的发病率为25%～51%。轮作地发病轻，前茬是水稻或其他禾本科作物的发病较少；前茬是烟草、马铃薯、甘蔗、甘薯等感病作物的，发病较重。该病在酸性至中性的土壤和沙质土壤中发生较重。土质疏松，通气良好的沙质土壤适合于病害的发生；过于黏重和潮湿的土壤不适合病害的发生。一般水田发病较少，旱田发病较多。地势高的病轻，地势低的病重。花生生长中后期遇高温多雨、株间湿度大，病害发生严重；干旱年份发生很轻。品种间抗性差异明显，尚未发现免疫品种，白沙1016相对较抗病。抗病性与生长习性有关，直立型品种一般比蔓生型容易感病。花生覆盖地膜栽培对白绢病的发生有促进作用。据卞建波等（2003）报道，一般覆膜地块病株率为36.57%，病情指数为13.68；未覆膜地块病株率则为29.48%，病情指数为10.56。

六、防治技术

花生白绢病与气候、品种、栽培管理有密切关系，实行轮作、改良土壤、加强肥水管理、切断传播途径、药剂拌种、田间药剂喷雾或淋根等措施可控制该病的发生。

（一）选用抗病品种

目前还没有育成高抗白绢病的花生品种，但不同品种间的抗病力有差异。据董炜博等报道，白沙1016较抗病，台湾早熟蔓生也较抗病。美国佐治亚州和佛罗里达州分别培育出多个蔓生型的抗病品种，如Georgia-07W、Georgia-03L、AP3、C-99R等。

（二）农业防治

花生收获后及时清除病残体，深翻土壤，减少田间越冬菌源。合理轮作是防治白绢病的基本措施。选择与非寄主作物或禾本科植物实行3～5年轮作，可以在一定程度上减轻病害。在南方，花生与水稻轮作则效果更好。试验表明，淹水10d左右菌核有50%以上死亡。施用腐熟的有机肥，注意防涝排渍，改善土壤通气条件。选用抗病品种及健株留种，增施追肥和微肥，培育壮株，加强田间管理。春花生适当晚播，苗期清棵蹲苗，提高抗病力。

（三）化学防治

用种子重量0.5%的50%多菌灵可湿性粉剂拌种，或用种子重量0.1%～0.2%的2.5%咯菌腈悬浮种衣剂拌种。发病初期，对发病中心进行重点防治。用50%苯菌灵可湿性粉剂或50%异菌脲可湿性粉剂、50%腐霉利（速克灵）可湿性粉剂、20%甲基立枯磷乳油1 000～1 500倍液灌根，每株灌100～200mL，然后全田喷雾，每7～10d喷1次，连续喷2～3次。用70%五氯硝基苯和60%福美双等量混合，每667m^2用混合药粉1kg，再加细泥土15kg混合配成毒土，覆盖病穴，每穴用药土50～100g。使用除草剂除草既能除草又能防病，花生播种时喷洒对花生白绢病菌具有毒力的除草剂（如三氟羧草醚和乙氧氟草醚），可有效减少田间初侵染源。

曲明静（山东省花生研究所）

第8节 花生根腐病

一、分布与危害

花生根腐病主要侵害花生地下根系和茎基部，苗期至成株期均可发病，造成单枝或全株枯死，对花生产量影响很大。在我国各花生产区均有不同程度的发生，轻则引起5%～8%的减产，重则减产20%以上，是影响花生生产的主要病害之一，在广东、广西、湖北、安徽、江苏、山东、河南、辽宁、江西、福建等省份均有报道。根腐病在花生整个生育期都可发生。在出苗前染病可引起烂种或烂芽，影响花生出苗；在苗期发病引起幼苗枯萎死亡，减少基本苗数；在成株期染病可引起根腐、茎基腐和荚果腐烂。一般春花生比秋花生发病严重，出苗至开花初期发生较重，尤其在开花结果期发病最重。

二、症状

花生从苗期到生长后期都能受到根腐病侵害，但以开花结荚期根部受害最为普遍。在花生幼芽未出土前受害，胚轴上出现淡黄色水渍状病斑，渐变为褐色或灰色而腐烂。在潮湿的土壤中，花生烂芽的表面可长出粉红色霉层（为病菌的分生孢子梗及分生孢子）。盛花期前后是发病高峰期，最初在近地面的幼茎基部出现黄褐色水渍状病斑，后渐变为褐色，皮层腐烂，只剩下木质部。植株地上部失水萎蔫，叶柄下垂，终至枯死脱落。另一种症状是植株矮小，生长不良，叶片由下而上变黄后干枯。受害植株主根变褐、皱缩、干腐，侧根脱落，或侧根少而短，如同鼠尾状（彩图9-8-1）。由于主根受损，在环境潮湿时主茎近地面处可产生不定根。严重时从表现症状至枯死仅需2～3d，一般为7～10d。没枯死的开花结果少，且多为秕果，严重影响产量。在储藏期间，病菌常侵染花生荚壳组织，分解其胶质层，只留下内部的纤维组织，严重时使荚壳变为紫红色，有时荚果外表完整，但剥开后则见其内表面上或种仁表面有白色菌丝或淡红色霉层。

三、病原

引起花生根腐病的病原为镰孢属真菌。镰孢菌是一种土壤习居菌，在土壤中种类很多，从病苗和发霉的种壳或种子上人工分离可以得到很多类型。据国外记载，侵染花生的镰孢菌主要有以下 5 种：腐皮镰孢［*Fusarium solani*（Martius）Appel et Wollenw. ex Snyder et Hansen］、尖镰孢（*F. oxysporum* Schltdl. ex Snyder et Hansen）、粉红镰孢［*F. roseum*（Link）Snyder et Hansen］、三线镰孢［*F. tricinctum*（Corda）Sacc.］和所谓的串珠镰孢（*F. moniliforme* Sheldon）等，都能产生小分生孢子、大分生孢子和厚垣孢子。其中，小分生孢子无色，无分隔，圆筒形，多为单细胞；大分生孢子镰刀形或新月形，具有 3～5 个分隔（图 9-8-1）；厚垣孢子中生或串生，近球形。国内花生上的镰刀菌种类也很多，但因缺乏深入研究尚不能确定其种名。

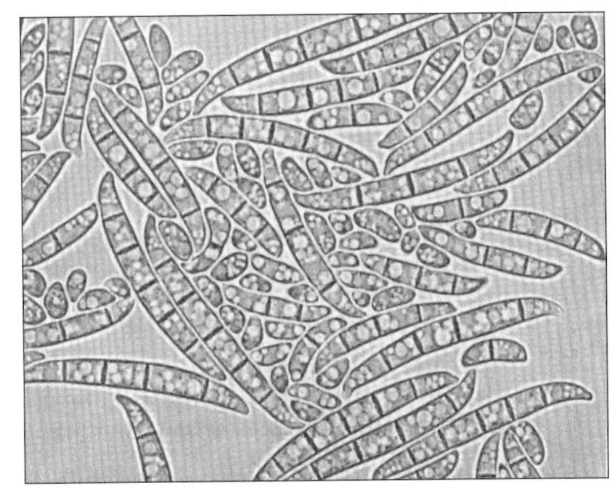

图 9-8-1　腐皮镰孢的大分生孢子和小分生孢子（引自 Kokalis-Burelle 等，1997）

Figure 9-8-1　Macroconidia and microconidia of *Fusarium solani*（from Kokalis-Burelle et al.，1997）

四、病害循环

病菌在土壤、病株残体或种子上越冬，成为翌年田间的初侵染病原。该类病菌腐生性强，厚垣孢子能在土壤中存活很长时间。花生种子带菌率可高达 40%以上。病菌主要借助风雨、花生病残体以及农事操作传播。病菌从花生根颈的伤口或表皮直接侵入，田间通过分生孢子进行再侵染。花生在整个生育期都可被镰刀菌侵染，但以苗期至开花前受害最重。花生收获后，病菌进入土壤或在花生植株残体及种子中越冬。

五、流行规律

（一）初侵染源

由于花生根腐病菌主要在残留土壤中的病残体上越冬，而且腐生能力和存活能力很强，所以，连作土壤发病一般较重，前茬发病重的重茬地发病更重。该病害种子带菌普遍，带菌种子可以传播。有机肥中如果带菌，在没有充分腐熟的情况下，也会传播病害。

（二）环境因素

低洼积水地块、土壤黏重和板结地块，由于透气性差，导致花生根系发育不良，容易受到侵染和发病。早春连续阴雨天导致土壤湿度大、透气性差、温度偏低会导致花生生长缓慢，抵抗力下降而容易发病。夏季高温高湿、暴雨骤晴的天气也容易发病。

（三）栽培措施

氮肥施用过多，花生植株柔嫩脆弱，栽培过密，株行间郁闭，通风透光差，长势差的花生易感病。不适当的耕作，如中耕导致的根系机械伤害，除草剂引起的根系伤害，都可以加重病害的发生。

（四）花生品种抗性

迄今关于花生根腐病抗性的研究较少，但品种间抗性存在较大差异。珍珠豆型早熟品种一般抵抗力较差。连续种植高度感病的花生品种容易增加土壤中的菌源数量和侵染压力。

六、防治技术

（一）选用抗病品种

花生不同品种对根腐病的抗性存在一定差异，据报道花育 17、花育 22、粤油 22、鲁花 6 号、鲁花 9 号、鲁花 11、北京 5 号、北京 6 号、北京 9 号均存在一定抗性，抗青枯病的花生品种对根腐病具有相对较强的抗性。

（二）农业防治

实行合理轮作，因地制宜确定轮作方式、作物搭配和轮作年限，最好采用水旱轮作，轻病田隔年轮作，重病田须 3～5 年以上轮作。加强田间管理，注意施用腐熟的有机肥，清洁田园，深翻灭茬。深耕改土，提高土壤排水与蓄水能力。合理排灌水，开沟排水，防止积水，降低田间湿度，提高花生地的防涝抗旱能力，雨后及时清沟、排水降湿。严格选种。播前翻晒种子，剔除变色、霉烂、破损的种子，淘汰病弱种子。不用发病田的花生作种子。

（三）药剂防治

1. 种子处理 用种子重量0.5%的25%多菌灵可湿性粉剂或种子重量0.3%的50%多菌灵可湿性粉剂拌种；70%甲基硫菌灵可湿性粉剂按种子重量的0.3%～0.5%拌种；用40%福·萎胺悬剂200～400mL拌100kg种子；2.5%咯菌腈悬浮种衣剂10～20mL对150g清水稀释，拌5～15kg花生种（仁），5min后形成药膜，即可播种；35%精甲霜灵种子处理乳剂40mL加入1.5kg的清水将药剂混匀后拌100kg花生种子，晾干后播种。

2. 土壤处理 播种前用95%噁霉灵可湿性粉剂按750g/hm^{2}对水450kg均匀施于地表，或用石灰300～450kg/hm^{2}进行消毒。当发现病株时，应立刻拔起，病穴用石灰杀菌，消灭土壤中的病原，避免对附近健株的传染和病害蔓延。

3. 药剂喷雾或淋施 发病初期，用50%多菌灵可湿性粉剂1 000倍液、70%敌磺钠可湿性粉剂800～1 000倍液、70%甲基硫菌灵可湿性粉剂500～800倍液喷施或灌根，每隔7d喷1次，连续喷2～3次。齐苗后、开花前和盛花下针期，用50%多菌灵可湿性粉剂1 000倍液、70%甲基硫菌灵可湿性粉剂800～1 000倍液、70%硫菌灵可湿性粉剂加75%百菌清可湿性粉剂（1∶1）1 000～1 500倍液、30%氧氯化铜悬浮剂加70%代森锰锌可湿性粉剂（1∶1）1 000倍液，着重喷淋植株茎基部。

晏立英 雷永（中国农业科学院油料作物研究所）

第9节 花生青枯病

一、分布与危害

花生青枯病主要分布在印度尼西亚、马来西亚、越南、斯里兰卡、泰国、菲律宾、中国和一些非洲国家，美国曾在20世纪60年代报道过花生青枯病的发生，但之后未出现明显的流行和危害。我国花生受青枯病危害程度居世界首位，迄今在四川、重庆、贵州、河南、湖北、湖南、安徽、江苏、山东、江西、浙江、广东、广西、福建、海南等省份均有发生的报道。在北方产区，山东临沂地区发病较重，其他地区较轻。自然条件下，花生青枯病的发病率一般在10%～30%，重病地发病率可达50%～100%，导致严重减产，甚至完全绝收。在花生的细菌性病害中，青枯病是导致经济损失最大的病害。

我国花生青枯病区多数是土壤贫瘠的传统花生产区，由于种植其他作物难以取得较好的收益，而种植花生的比较效益高，致使花生连作十分普遍，青枯病菌在土壤中持续累积，病害的潜在威胁很大。随着我国花生种植区域的持续扩大，花生青枯病的新病区不断出现。虽然过去传统认为花生青枯病主要发生在酸性沙壤土上，但到目前已经在碱性土壤和黏重土壤上发现了这一病害的大面积发生。由于青枯病菌的寄生范围很广，可以侵害番茄、辣椒、茄子、花生、芝麻、蓖麻、生姜、向日葵、萝卜、菜豆、马铃薯、西瓜、黄瓜、田菁、香蕉、桉树、桑树等超过50个科的200多种农作物、树木和杂草，尤其是田间各种感病杂草的存在，导致了土壤中病菌的持续存在，即使未种植过花生的地块，也具有发生青枯病的风险。

二、症状

花生青枯病是细菌性维管束病害。在花生的整个生育期都能发病，一般开花结荚期达到发病高峰。通常是植株主茎顶梢第一、第二片叶首先表现症状，失水下垂，1～2d后全株急剧凋萎，叶色暗淡仍呈绿色，故称青枯（彩图9-9-1）。病株主根尖端呈褐色湿腐状，纵切根茎部，初期导管变成浅褐色，后期变成黑褐色。病株上的果柄、荚果呈黑褐色湿腐状。青枯病引起的枯萎植株容易整株拔起，根与茎不断裂，由于主根的木质部与韧皮部分离，拔起的主根没有须根而呈光滑的鼠尾状。

三、病原

花生青枯病病原为茄劳尔氏菌［*Ralstonia solanacearum*（E. F. Smith）Yabuuchi］（曾命名为*Pseudomonas solanacearum*），属薄壁菌门劳尔氏菌属。病菌短杆状，两端钝圆形，大小为（0.9～2）μm×

(0.5～0.8) μm，无芽孢和荚膜，极生鞭毛1～4根，革兰氏染色阴性，好气性，菌体内有聚-β-羟基丁酸盐的蓝黑色颗粒（图9-9-1）。在马铃薯琼脂培养基上，菌落呈乳白色，圆形，光滑，稍突起，有荧光反应，直径2～5mm，初期边缘整齐，2d后菌落因具流动性而不规则。随培养时间的延长，菌落周围易产生褐色水溶性色素。

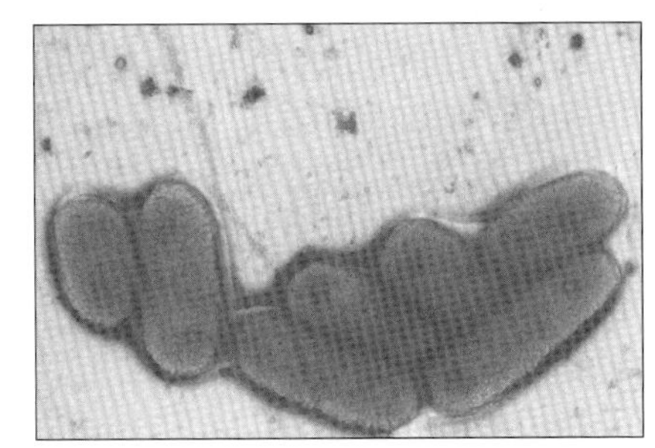

图9-9-1 茄劳尔氏菌形态（参照Kokalis-Burelle等，1997）

Figure 9-9-1 Morphology of *Ralstonia solanacearum* (from Kokalis-Burelle et al., 1997)

青枯菌生长温度为10～40℃，最适温度为28～33℃，致死温度为52～54℃，10min。花生青枯病菌对酸碱度的适应范围为pH6～8，pH5以下生长微弱，在pH4时死亡。适宜的含盐量为0.1%～0.5%，含盐量达1%时，生长受到抑制。花生青枯病菌不耐光，不耐干燥，在干燥条件下10min即死亡。病株暴晒2d病菌全部死亡。在长期脱离寄主的人工培养条件下，致病力容易丧失，随着菌种在培养基上继代次数增多，致病力下降。

青枯菌有致病型和非致病型两种类型。在TTC培养基上，致病型菌落大，初期圆形，生长2d后边缘不规则，中心粉红色，边缘乳白色，具流动性。非致病型菌落较小，圆形，深红色。致病型青枯菌菌体有明显的黏质层，非致病型菌体无明显的黏质层。

青枯菌是一个复杂多样的种。国内外从不同的角度对青枯菌存在多种分类方法。迄今，青枯菌被划分为5个生理小种（race）。Baddenhagen等最早于1962年根据青枯菌对不同寄主植物致病性的差异，划分为3个生理小种，包括主要侵染茄科植物的1号小种、侵染香蕉等植物的2号小种和侵染马铃薯的3号小种。之后，Zehr（1969）分离到了仅对生姜有强致病力的菌株，命名为4号小种。1983年何礼远等将仅对桑树有致病力的菌株，命名为5号小种。目前发现的侵染花生的青枯菌株属于1号小种。

Hayward等（1964）根据青枯菌对3种双糖（乳糖、麦芽糖和纤维二糖）和3种醇（甘露醇、甜醇和山梨醇）的氧化能力差异，将青枯菌区分为4个生化变种（biovar），具体如下：①生化变种Ⅰ：不能氧化3种双糖和3种己醇；②生化变种Ⅱ：只能氧化3种双糖，不能氧化3种己醇；③生化变种Ⅲ：能氧化3种双糖和3种己醇；④生化变种Ⅳ：只能氧化3种己醇，不能氧化3种双糖。后来何礼远等（1983）发现侵染桑树的菌株能氧化3种双糖和甘露醇，但不氧化甜醇和山梨醇，将其划分为生化变种Ⅴ。目前侵染花生的青枯病菌有生化变种Ⅰ、Ⅲ、Ⅳ型，其中生化变种Ⅰ分布于美国东南部，其他国家的花生青枯菌均为生化变种Ⅲ和Ⅳ。在我国，侵染花生的青枯菌也为生化变种Ⅲ和Ⅳ。

随着分子生物技术的发展，青枯病菌根据其分子多样性特征被划分为亚洲分支（Asiaticum）和美洲分支（Americanum）。分子生物学特征的研究较好地揭示了青枯菌种地理起源与进化关系。国际上完成对典型青枯菌株的全基因组测序，为致病相关基因和致病分子机理研究奠定了基础。

我国花生青枯病菌的致病力存在差异。李文溶等（1987）按照花生青枯病菌对6个花生鉴别品种的致病表现，划分为7个致病型，南方菌株比北方菌株的致病力强。Ⅲ和Ⅴ型是占优势的致病型，在南、北方5个省都有出现，而Ⅰ、Ⅱ型主要分布在北方，Ⅵ、Ⅶ型主要分布在南方。尚未发现花生青枯病菌株与花生品种之间有明显的专化性存在。

四、病害循环

花生青枯病菌主要在土壤中越冬，病土、病残株和土杂肥是主要的初侵染源，晒干的种子不传带病菌。花生青枯病菌在土壤中能存活1～8年，一般3～5年仍能保持致病力。花生青枯病菌在田间主要靠土壤、流水及农具、人、畜和昆虫等传播。该病菌通过花生根部伤口和自然孔口侵入，通过皮层进入维管束，由导管向上蔓延。病菌还可以突破导管进入薄壁细胞，病菌分泌果胶酶，溶解中胶层致皮层腐烂，腐烂后的根系病菌散落至土壤中，经流水侵入附近的植株进行再侵染。

五、流行规律

（一）气候条件

花生青枯病菌是一种喜温的细菌，高温有利于病害发生。在田间，日均温稳定在20℃以上，5cm深土层温度稳定在25℃以上约6～8d，田间花生植株即开始出现病症。旬平均气温在25℃以上、土壤温度在30℃左右，发病可达到高峰。土壤温度对青枯病的发生有直接影响，土温高，发病迅速。青枯病始发期和盛发期一般都发生在盛花期前，特别是初花期发病最为严重。山东临沂、日照在6月下旬至7月上旬，湖北、湖南、四川、江西等省份在6月，南方春播花生在5～6月，秋播花生在9月下旬至10月下旬为发病盛期。

雨日数及降水量的多少对病害影响很大，时晴时雨，雨后骤晴最有利于病害的暴发。干旱年份病害发生比较集中，主要在持续几天雨日后发病；而降雨持续时间长或雨日分布均匀的年份，病害发生比较缓慢，病情也较轻。

（二）土壤类型

一般保水、保肥力差及有机质含量低的瘠薄土壤如片麻岩、片岩、板岩风化后并在流水的冲刷和分选形成的沙泥土、麻骨土，土层瘠薄、土壤颗粒大、孔隙多、通气性强，呈中性到微酸性，适合好气性青枯菌生长繁殖，此类土壤利于发病；土壤有机质含量低的细沙土或有机质含量高、土质黏重、地下水位高、通透性不良、保水力强的黏土也不利于青枯病发生。局部地区黏重土壤，只要有一定的通气性，仍有花生青枯病的发生。

（三）土壤含菌量

新垦地一般不发病，但随着附近病土的扩散和流水的传入，发病率随花生连作年限延长而上升。土壤中含菌量越高，发病越重，连作病重的原因是病原菌在田间的大量积累。连作青枯病发生重还与土壤微生物群落失衡，土壤酶活性降低和土壤养分比例失调导致植株长势差相关。

（四）花生品种抗性

国际上花生抗青枯病育种工作早在20世纪20年代已经开展。1926年前后，印度尼西亚首次育成抗青枯病花生品种Schwarz21，后来以Schwarz21为抗源，又培育出Gadjah、Macan、Tupai等品种。我国花生青枯病抗病育种工作开展时间相对较晚，但进展迅速。自20世纪70年代中期鉴定出协抗青、台山三粒肉、台山珍珠等抗源以来，利用它们及其他青枯病抗源通过不同的育种方法相继培育出了一批抗花生青枯病品种，如中花2号、鄂花5号、粤油92、桂油28、鲁花3号、中花6号、中花21、鄂花6号、粤油256、粤油202、天府11（粤油200）、粤油79、抗青19、粤油114、抗青29、抗青31、远杂9102、泉花2号、泉花646、泉花734、福花102、福花3号、龙花243、龙花3号、贺油0172、贺油0326等。南北各有青枯病发生的省份皆培育出了适应当地生态条件的抗花生青枯病品种，有效地遏制了青枯病为害。

青枯菌对抗病或感病花生品种均能侵染，只是在抗病品种根系和茎中的含菌量显著低于感病品种，抗病不是抗侵染而是抗扩展。不同抗病品种在花生青枯病菌潜伏侵染后，单株生产力受影响程度不同，有的抗病品种受青枯病菌潜伏侵染时单株生产力影响很小，它们在生产上应用的潜力更大。

（五）栽培制度

新种植区或新垦地，极少发生青枯病。旱坡地连年种植花生，病害会越来越重。旱坡地轮作的年限越长，发病越轻。花生与水稻轮作，青枯病发生很少或不发病。青枯病发生严重田块，要求水旱轮作2年以上，旱地轮作4年以上。

六、防治技术

（一）选用抗病品种

我国已培育出较多的抗青枯病花生品种。粤油92、粤油200、粤油79、粤油256、泉花646、泉花227、中花2号、中花6号、中花21、鄂花6号、远杂9102、抗青19、抗青29、日花1号、贺油0172、贺油0326、桂花836、桂花21、桂花833、桂油28、贺油11、贺油14、贺油15等均为高抗青枯病品种，各地可因地制宜选用。

（二）实行合理轮作

在有条件的地区进行水旱轮作，是控制花生青枯病的有效措施。对旱坡地花生种植区，可与青枯病菌的非寄主植物轮作，如玉米、甘薯、高粱、大豆等，一般轮作2～3年，具有明显减轻病害的作用。

（三）加强栽培管理

在花生青枯病发生区，应注意田间水肥管理。对旱坡地通过深耕、深翻、平整土地、开沟作畦、排除积水及增施尿素、石灰、有机肥等措施，可以减轻发病。

廖伯寿　晏立英　雷永（中国农业科学院油料作物研究所）

第 10 节　花生疮痂病

一、分布与危害

花生疮痂病于 1940 年首次在巴西发现，其后日本、阿根廷等国家相继报道该病害的发生。花生疮痂病在我国首次于 1992 年在广东和江苏部分地方暴发成灾，1999 年在福建沿海春花生产区大面积流行。自 2007 年以来，花生疮痂病蔓延到我国较多的花生种植省份。受疮痂病侵害的花生植株扭曲、矮缩，病叶明显变形、皱缩，生长发育受阻。在发病较早而疏于防治的田块，花生荚果少而小，严重影响花生产量与质量，一般可造成减产 10%～15%，重病田减产 30%～50%以上，已成为许多花生产区的一种主要病害。

二、症状

花生疮痂病最初在花生叶片和叶柄上产生很多小褪绿斑，直径 1mm 左右，随着病害的发展，叶片正面病斑变为淡褐色，边缘淡黄绿色，病斑中心稍下陷，后期破裂或穿孔。在叶背主脉或侧脉上，病斑狭长，连生成短条状斑、锈褐色，其表面木栓化，粗糙，全叶畸形、皱缩、歪扭。病株新长出的叶片上不仅有病斑，而且叶缘易内卷，全叶皱缩、扭曲。叶柄和茎上的病斑较大，卵圆形至短梭形，较叶片上的病斑为大，宽 1～2mm，长 2～4mm，褐色，中部下陷，边缘稍隆起，有的呈典型的火山口状开裂，患部均表现木栓化疮痂状，斑面上病征通常不明显，潮湿时出现隐约可见的橄榄色薄霉。病害发展后期，病斑相连，引起植株茎秆弯曲生长，呈 S 或 L 状（彩图 9-10-1）。子房柄症状与叶柄上的相同，但有时肿大变形，荚果发育明显受阻。在严重情况下，疮痂状病斑遍布全株，植株严重矮化，荚果少而小，种仁充实度差，含油量下降。

三、病原

花生疮痂病病原为花生痂圆孢（*Sphaceloma arachidis* Bitan C. et Jenkins），属子囊菌无性型痂圆孢属。病菌分生孢子盘为浅盘状，大小为 300μm×45μm，初埋生，后突破表皮外露，褐色至黑褐色，盘上无刚毛。分生孢子梗透明、圆形或圆锥形，聚集成栅栏状。分生孢子长卵圆形至纺锤形，两端钝圆，一端略尖，油点1～2 个，但多不明显，透明，单胞。国外报道有大、小两种类型分生孢子，大小分别为(3～4)μm×（5～7）μm 和（3～4）μm×（12～20）μm（图 9-10-1）。除上述两种类型外，国内报道还有一种更小的分生孢子，大小为（2.5～2.8）μm×（2.8～3）μm。该病菌适合在 PSA 培养基、花生和大豆等豆类煎汁培养基上生长。在固体培养基上菌落隆起呈肉质块状，生长缓慢，表面有皱纹，颜色从淡黄色至黑色。

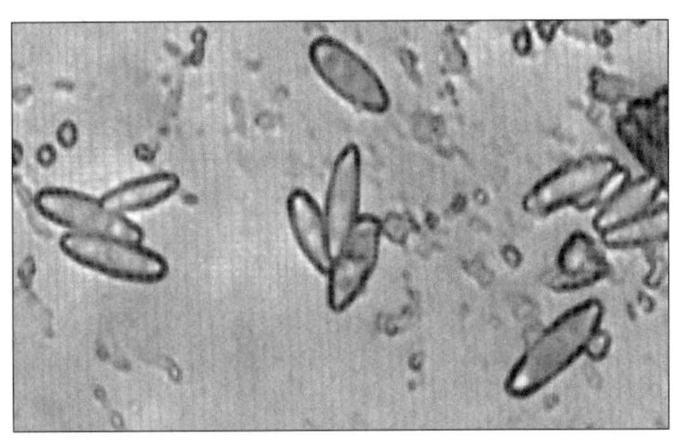

图 9-10-1　花生痂圆孢分生孢子（晏立英提供）
Figure 9-10-1　Conidia of *Sphaceloma arachidis* (by Yan Liying)

四、病害循环

花生疮痂病菌只侵染花生，不侵染其他豆科植物，主要从伤口或者表皮侵入花生组织致病。病菌以菌丝体和分生孢子盘在花生病残体、荚果和土壤中越冬。感病品种的荚果带菌率较高，病害可通过种子调运和销售进行远距离传播，这是病区不断扩大的主要原因。分生孢子是该病害主要的初侵染源与再侵染源，田间借风、雨传播，也可靠带菌土壤传播。春花生在老病区出苗后，当旬温>20℃，雨日 5d 左右时，就可能在田间出现零星的早期病株，逐渐形成发病中心。该病害能否流行取决于感病品种下针结荚期与降雨的吻合程度，凡花生下针结荚期的雨日达到约 3d 以上，病害就可能流行。该病害具有潜育期短、再侵染频率高、孢子繁殖量大的特点。开花下针期持续降雨或持续暴雨，可导致疮痂病迅速蔓延和大面积暴发成灾。

五、流行规律

（一）生育期

花生下针结荚期和饱果成熟期是对疮痂病的敏感期，病害发生程度与敏感期的雨量有密切关系，雨日多，雨量大，病害发展快。

（二）降水和灌溉

该病害为高湿性诱发病害。一般雨季早，雨量偏高，发病早；雨季迟，雨量少，发病迟。水旱地无明显差异，瘦瘠地和肥沃地发病也无明显差异。在广东、广西、福建春花生上，始病期为3月底或4月底，4月下旬至5月进入高峰期。该病害在福建的秋花生上也有发现，但发病很轻。发病与早春阴雨天气明显相关。而且风雨过后，病情有所跃升，天气持续转晴，病情缓和或受抑制。生育中期的高温多雨天气有利于该病的蔓延扩展。充足的雨水和高湿为该病发生流行的主导因素。干旱对花生疮痂病有较大的抑制作用。

（三）肥水管理

长期使用化肥，忽视有机肥的施用，导致地力下降、土壤板结和通透性差，花生生长势弱，抗病力下降。氮肥施用过多，常导致植株生长过旺、田间郁闭、茎叶嫩，易感病；相反，氮肥不足，花生长势衰弱，发病后易枯死。

（四）品种抗性

目前尚未发现免疫的花生品种，一些品种在田间存在明显的抗病性，如徐花8号、贺油13、鲁花11、豫花15、花育17、淮花8号、粤油290、濮花28、湛油62、汕油217、粤油7号、海花1号、丰花1号等发病率较低。

（五）地膜覆盖

地膜覆盖种植的花生与邻近未覆盖的田块相比，前者田间病害始发期延迟10d以上，发病中心病株少，前、中期发病程度明显轻，后期即使多雨高湿年份虽田间发病亦较重，但减产幅度小。

六、防治技术

（一）选用抗病品种

我国尚未发现免疫和高抗的花生种质资源。研究发现，徐花8号、G/845、P903-2-40、贺油13、粤油290、濮花28、湛油62、汕油217、粤油9号、鲁花11、豫花15、花育17、淮花8号等品种相对抗病。

（二）减少越冬菌源

田间病残物、收后的秸秆等都应集中烧毁，病秸秆、加工场所花生壳等应在3月份前处理完毕。有机肥未经腐熟，不能作为肥料使用。

（三）实行合理轮作

与水稻轮作能有效减轻病害发生。旱地可与玉米、甘薯等作物轮作。

（四）覆盖地膜栽培

积极推广地膜覆盖栽培技术，最好大面积推广这一高产技术，既能防病又能使花生增产。

（五）加强肥水管理

施足量完全基肥，减少追肥的数量，可促进植株前期健壮生长，防治后期徒长，增强植株抗病能力。微肥拌种也有明显增产效果。适当增施磷、钾肥，控制氮肥施用量，培育壮苗，增强植株的抗病能力。

（六）药剂防治

1. 药剂拌种 用种子重量0.5%的50%多菌灵可湿性粉剂或用种子重量0.2%的60%吡唑醚菌酯·代森联水分散粒剂拌匀即可播种，必须随拌随播。

2. 喷药预防 花生出苗后7～10d，用60%吡唑醚菌酯·代森联水分散粒剂1 500倍液喷施可预防疮痂病的发生。

3. 发病初期喷药防治 可有效防治花生疮痂病的化学农药有 70%甲基硫菌灵可湿性粉剂 500 倍液、75%百菌清可湿性粉剂 800 倍液、43%戊唑醇悬浮剂 3 000 倍液、30%苯甲·丙环唑乳油 3 000 倍液、60%吡唑醚菌酯·代森联水分散粒剂 1500 倍液、10%苯醚甲环唑可湿性粉剂 1 000 倍液、25%嘧菌酯水分散粒剂 3 000 倍液、40%氟硅唑乳油 5 000 倍液，每隔 7～10d 喷洒 1 次，共施用 2～3 次，具有良好的防治效果。

晏立英　廖伯寿（中国农业科学院油料作物研究所）

第 11 节　花生条纹病毒病

一、分布与危害

花生条纹病毒病，又称花生轻斑驳病毒病，广泛分布于包括中国、印度尼西亚、马来西亚、日本、泰国和越南的东亚和东南亚花生生产国，近年通过种子带毒传播到美国、印度和塞内加尔，引起国际社会的广泛关注。

花生条纹病毒病是我国花生上分布最广的一种病毒病害，广泛流行于一些花生产区。20 世纪 80 年代调查，山东、河北、辽宁、陕西、河南、江苏、安徽和北京等省份花生产区，一般发病率在 50%以上，不少地块达到 100%，但在南方和多数长江流域花生产区，仅零星发生。

花生条纹病毒病存在不同症状类型。在中国占优势的轻斑驳类型，由于引起花生症状较轻，不易引起人们的重视。该病害一般引起花生减产 5%～10%，但早期感病可以造成 20%左右产量损失。由于该病害流行范围广、发生早、发病率高，因此是影响我国花生生产的重要病毒病。在我国花生和大豆、芝麻混作地区，花生条纹病毒病可以从发病的花生传到邻近的大豆、芝麻，给这两种作物生产造成损失。

二、症状

在田间，种传花生病苗通常在出苗后 10～15d 内出现症状，叶片表现斑驳、轻斑驳和条纹，长势较健株弱，较矮小，全株叶片均表现症状。受蚜虫传毒感染的花生病株开始在顶端嫩叶上出现清晰的褪绿斑和环斑，随后发展成浅绿与绿色相间的轻斑驳、斑驳、斑块和沿侧脉出现绿色条纹以及橡树叶状花叶等症状（彩图 9-11-1）。叶片上症状通常一直保留到植株生长后期。

不同类型花生品种症状表现存在差异，白沙 1016 等珍珠豆型品种感病后叶片稍皱缩，比普通型花生品种明显，而花 37 等普通和中间型品种症状较轻，引进的一些国外多粒型花生品种上则产生明显的环斑症状。该病害症状通常较轻，除种传苗和早期感染病株外，病株一般不明显矮化，叶片不明显变小。病毒坏死株系引起花生叶脉坏死和产生黄斑，叶柄下垂，严重时顶芽坏死、叶片脱落，植株明显矮化，在田间仅零星发生。

三、病原

花生条纹病毒病病原是菜豆普通花叶病毒（*Bean common mosaic virus*，BCMV），曾称作花生条纹病毒（*Peanut stripe virus*，PStV），在我国曾报道为花生轻斑驳病毒（Peanut mild mottle virus，PMMV），属马铃薯 Y 病毒科马铃薯 Y 病毒属（*Potyvirus*）。有关 PStV 在马铃薯 Y 病毒属内的归属，McKern 等（1992）依据高分辨率的液相色谱对壳蛋白（CP）多肽组成分析，首次将 PStV、BICMV、AzMV 和 BCMV 部分株系，划为同一种病毒，称作菜豆普通花叶病毒（BCMV）；另一些 BCMV 株系称为菜豆普通花叶坏死病毒（BCMNV）。随后的研究表明，PStV 与 BCMV、AzMV、BICMV 等病毒 *cp* 基因序列一致性稍低于 90%，CP 氨基酸序列一致性在 90%左右，而 CP/3′UTR 核苷酸序列一致性高于 90%，证实可以将 PStV 划作 BCMV 的一个株系，在国际病毒分类委员会（ICTV）第七次病毒分类报告中被认可为菜豆普通花叶病毒（*Bean common mosaic virus*，BCMV）的一个株系。但在应用上，目前仍习惯称作花生条纹病毒（PStV）。

PStV 粒体为线状，长为 750～775nm，宽为 12nm（图 9-11-1）。病毒体外稳定性状：致死温度55～60℃，稀释限点 10^{-3}～10^{-4}，存活期限 4～5d。

PStV 主要侵染豆科植物。国内外报道，除花生外，PStV 在自然条件下还能侵染大豆（*Glycine max*）、芝麻（*Sesamum indicum*）、长豇豆（*Vigna unguiculata* subsp. *sesquipedalis*）、扁豆（*Lablab purpureus*）、鸭跖草（*Commelina communis*）、白羽扇豆（*Lupinus albus*）等 17 种植物，在大豆和芝麻上分别引起花叶和黄花叶等症状。

在人工接种条件下，PStV 还侵染望江南（*Cassia occidentalis*）、决明（*Cassia tora*）、绛三叶草（*Trifolium incarnatum*）、克利夫兰烟（*Nicotiana clevelandii*）、白氏烟（*N. benthamiana*）、苋色藜（*Chenopodium amaranticolor*）、灰藜（*C. glaucum*）、昆诺藜（*C. quinoa*）、胡卢巴（*Trigonella foenum-graecum*）、绿豆（*Vigna radiata*）、紫云英（*Astragalus sinicus*）等植物。

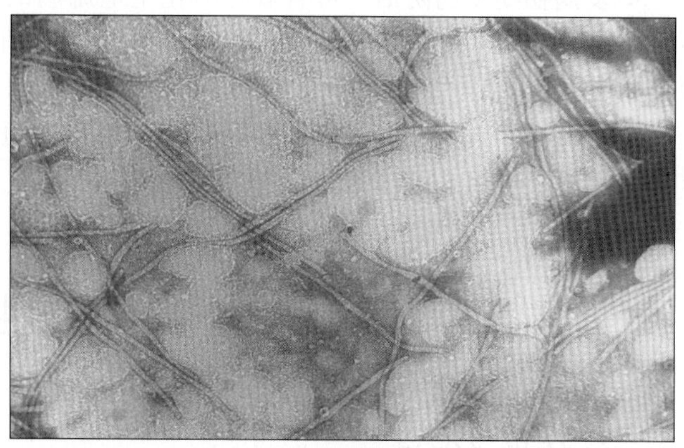

图 9-11-1 菜豆普通花叶病毒粒体（许泽永提供）
Figure 9-11-1 Virions of *Bean common mosaic virus*（by Xu Zeyong）

PStV 可以采用鉴别寄主进行有效鉴别。大豆：接种后 5～6d 顶端嫩叶出现明脉，随着明脉症的消失，叶片表现系统花叶；苋色藜：接种 30d 后，接种叶出现褪绿斑，随后发展为 3mm 左右带红褐晕圈的白色枯斑，无系统侵染；决明：接种 4d 后，接种叶出现黑色圆斑，随后上方叶片系统环状坏死。枯斑寄主：苋色藜、昆诺藜、灰藜。繁殖寄主：白氏烟、克利夫兰烟、羽扇豆。

花生、大豆、苋色藜还可作为鉴别寄主区分我国花生上的黄瓜花叶病毒（CMV-CA）、菜豆普通花叶病毒（BCMV）、花生矮化病毒（PSV-Mi）、花生斑驳病毒（PMV）和辣椒褪绿病毒（CaCV）等 5 种病毒。我国 5 种侵染花生的病毒在鉴别寄主上的反应见表 9-11-1。

表 9-11-1 我国 5 种侵染花生的病毒在鉴别寄主上的反应
Table 9-11-1 Reaction of five peanut virus on differential plants

病毒	鉴别寄主反应（接种叶/系统症状）		
	苋色藜	大豆	花 生
BCMV	LLc、n/—	—/Mo	—/Mot、Str
PMV	—/—	—/Mo	—/Mot
CMV-CA	LLc、n/—	—/—	—/YMo
PSV-Mi	LLc、n/Mo	—/Mo、Str	—/CMo
CaCV	LLc、n/—	LLc/Mo	LLc. n/Ys、N

注 LLc：局部褪绿斑；LLc、n：局部褪绿和坏死斑；Mo：花叶；Mot：斑驳；YMo：黄花叶；CMo：普通花叶；Str：条纹；Ys：黄斑；N：坏死；—：无症状。

CMV-CA 在苋色藜上产生针尖大小褪绿和坏死斑，接种 2～3d 后出现；PStV 在苋色藜上产生较大褪绿斑（2～3mm），接种 1 周后出现；CaCV 在苋色藜上产生褪绿和坏死斑较小，周围有红色晕圈。

PStV 在病组织细胞质内产生卷筒类型风轮状内含体，归类于 Edwardson 划分的马铃薯 Y 病毒属（*potyvirus*）内含体类型Ⅰ。在血清学性质上，PStV 与黑眼豇豆花叶病毒（BICMV）、大豆花叶病毒（SMV）、三叶草黄脉病毒（CYVV）和赤豆花叶病毒（AzMV）有明显亲缘关系，与花生斑驳病毒（PMV）无血清学亲缘关系。

PStV 通过花生种子和被蚜虫以非持久方式传播。花生种子子叶和胚均带毒，种皮通常不带毒。花生种传率较高，达 0.5%～5.0%。

PStV 基因组为正、单链核酸，全长 10 059nt，含 1 个大的开放阅读框（ORF），被翻译成单个的聚合蛋白，加工后产生的 8 种蛋白及大小为：P1 蛋白，48ku；HC-Pro 蛋白，51ku；P3 蛋白，38ku；CI 蛋白，70ku；NIa-VPg 蛋白，21ku；NIa-Pro 蛋白，27ku；Nib 蛋白，57ku；CP 蛋白，32ku。PStV 基因组含有其他 Potyvirus 一致的保守序列，但特殊的是 P1 蛋白碳端的氨基酸保守序列由 Potyvirus 基本一致的 FI（V）VRG 变为 FMIIRG。

PStV 存在株系分化。依据在花生上的症状，来源于 8 个国家的 24 个 PStV 分离物划分为 7 个症状类型株系，这些株系血清学上没有明显差异，与地区来源没有相关性。我国 PStV 被划分为轻斑驳、斑块（blotch）和坏死 3 种症状类型株系，斑块株系引起的症状重于轻斑驳株系，而轻斑驳株系在田间发生最为普遍，台湾地区报道有 PStV 坏死和大豆株系。

虽然 PStV 株系间在血清学上没有明显差异，但它们 *cp* 基因和 3′端 UTR 区段序列一致性存在着差异，反映了遗传亲缘关系的差异。对来源于泰国、印度尼西亚、中国、美国和南非等国家和地区的 28 个不同症状类型 PStV 株系 *cp* 基因和 3′UTR 区段序列分析表明，PStV 株系地域间遗传变异明显大于地域内。以 *cp* 基因序列变异为例，地域间最大差异为 7.3%，地域内最大差异为 3.1%。地域间，如泰国和印度尼西亚的变异为 4.9%～7.3%，中国和泰国为 4.5%～6.3%，中国和印度尼西亚为2.3%～3.1%，都存在比较大的变异。地域内变异相对较小，中国为 0～0.5%，印度尼西亚为 0～2.1%，泰国为0.1%～3.3%。上述分析表明，PStV 在不同国家和地区是独立进化的。同时发现，PStV 印度尼西亚株系 CP/3′UTR 区域有 242nt 大小片段存在着与 BICMV 重组的 RNA 序列。

陈坤荣等（1999）对武汉花生上分离的 PStV-W1（轻斑驳）和 PStV-W2（斑块）分离物以及广州花生上分离的 PStV-G（斑块）*cp* 基因进行序列分析，W1 和 W2 株系序列一致性为 100%，与 G 株系序列一致性为 99.5%。毕玉平等（1999）分析 PStV 山东分离物 *cp* 基因序列，与 W1 和 W2 株系一致性为 99.4%，与 G 株系一致性为 99.2%。这些结果说明，我国南北不同地区 PStV 株系 *cp* 基因序列一致性在 99%以上，遗传亲缘关系十分密切。

世界范围内菜豆普通花叶病毒与其他重要花生病毒的基本特性和地理分布情况如表 9-11-2。

表 9-11-2 侵染花生的主要病毒基本特性和地理分布

Table 9-11-2 Characteristics and geographic distribution of major peanut viruses

病毒名称	科、属	基本特性			地理分布	在花生上首次报道的文献
		粒体形态	传毒介体	花生种传率		
菜豆普通花叶病毒（*Bean common mosaic virus*）	马铃薯 Y 病毒科（*Potyviridae*）	线状，约 750nm	蚜虫、非持久性方式传播	1%～5%	东亚和东南亚	Xu et al.，1983
花生斑驳病毒（*Peanut mottle virus*）	马铃薯 Y 病毒属（*Potyvirus*）	线状，约 750nm	蚜虫、非持久性方式传播	1%～2%	美国等世界范围	Kuhn，1965
黄瓜花叶病毒（*Cucumber mosaic virus*）	雀麦花叶病毒科（*Bromoviridae*）	球状，直径约 30nm	蚜虫、非持久性方式传播	1%～2%	中国、阿根廷	许泽永等，1984
花生矮化病毒（*Peanut stunt virus*）	黄瓜花叶病毒属（*Cucumovirus*）	球状，直径约 30nm	蚜虫、非持久性方式传播	0.1%以下	中国、美国等	Miller and Troutman，1966
番茄斑萎病毒（*Tomato spotted wilt virus*）	布尼亚病毒科（*Bunyaviridae*）	球状，直径 80～120nm，有脂质包膜	蓟马	非种传	美国、澳大利亚等	Coster，1941
花生芽枯病毒（*Peanut bud necrosis virus*）	番茄斑萎病毒属（*Tospovirus*）				印度及其他南亚、东南亚国家	Reddy et al.，1992
花生丛簇病毒（*Groundnut rosette virus*）	形影病毒属（*Umbravirus*）	单链 RNA，全长 4 000nt	被 GRAV 粒体包裹，蚜传	非种传	由两种病毒及卫星 RNA 病原复合体引起的花生丛簇病仅发生在非洲	Zimmerman，1907
花生丛簇协助病毒（*Groundnut rosette assistor virus*）	黄症病毒科（*Luteoviridae*） 黄症病毒属（*Luteovirus*）	球状，直径约 26nm	蚜虫、持久性方式	非种传		
花生丛矮病毒（*Peanut clump virus*）	花生丛矮病毒属（*Pecluvirus*）	杆状，长 190nm 和 245nm，宽 21nm	禾谷多黏菌（*Polymyxa graminis*）传播	5%～6%	非洲	Thouvenel，1976
印度花生丛矮病毒（*Indian peanut clump virus*）					印度	Reddy et al.，1983

四、病害循环

PStV通过带毒花生种子越冬，花生种传病苗是病害主要初侵染源。春季，病害通常在花生出苗10d后发生，这时多为种传病苗。病害被蚜虫以非持久性传毒方式在田间传播，传播效率高，但传播距离短。发病初期可以观察到由种传病苗形成的发病中心，然后迅速在全田扩散。据在北京、徐州和武昌等地观察，病害在花生花期形成发病高峰，随流行年份不同，历时半个月至1个多月达到80%以上发病率。据我国和美国研究，生长季内PStV传播距离通常在100m以内。花生上的PStV同时向邻近的大豆、芝麻以及田内外的杂草寄主植物传播。

五、流行规律

（一）种子传毒

病毒的种传率高低直接影响病害流行程度，种传高的地块，发病早，病害扩散快，损失也重。病毒种传率高低受花生品种、病毒侵染时期影响。海花1号等普通型或其他型花生品种种传率低，而白沙1016等珍珠豆型品种种传率高。早期发病的花生，种传率高，开花盛期以后发病的花生，种传率明显下降。地膜覆盖花生病害轻，种传率也低。大粒种子带毒率低，小粒种子带毒率高。

（二）蚜虫传毒

试验证明，豆蚜、桃蚜等多种蚜虫均能以非持久性传毒方式传播病毒。花生田间蚜虫发生早晚、数量及活动程度与病害流行程度密切相关。据江苏徐州观察，1979年、1981年和1982年苗期30株花生最高蚜量分别为273头、597头和360头，病害严重流行，花生出苗后26～28d发病率达到50%；而1980年和1983年同期发生最高蚜量分别为2头和3头，病害发生轻，历时50d和58d发病率达到50%。传播病毒的主要是田间活动的有翅蚜。1990年武昌花生上很少见到蚜虫，但苗期黄皿诱蚜234头，病害在播后80d发病率达到100%。

（三）气象因素

在气象因素中，花生苗期降水量与蚜虫发生和病害流行密切相关。凡花生苗期降雨多的年份，蚜虫少，病害也轻；反之，病害则重。武昌1983年、1984年和1985年花生苗期降水量分别为191.5mm、85.8mm和246mm，这3年分别为病害中度、严重和轻度流行年。根据1979—1985年徐州7年病害和蚜虫观察资料建立病害流行预测式：$Y=19.1756+0.544X_1-0.2662X_2+1.72$（$Y$为出苗至50%发病率的日距，$X_1$为出苗后20d内总雨量，$X_2$为出苗后20d内最高蚜株率）。经检验，7年历史符合率为100%。

（四）花生品种感病程度

花生品种对PStV感病程度存在差异。一般来说，海花1号、徐州68-4、花37等普通或中间型品种感病程度低，种传率也较低，田间发病较迟，病害扩散较慢；而伏花生、白沙1016等珍珠豆型品种感病程度高，种传率高，发病早，扩散快。

（五）生态环境

靠近村庄、果园、菜园或杂草多的花生地，蚜虫多，病害也重。

六、防治技术

（一）种植感病程度低和种传率低的花生品种

种植具有相对抗性的花生品种如花37、豫花1号、海花1号等，逐步淘汰感病重、种传率高的品种可以减轻病害的发生。国内外曾对近万份花生种质资源进行筛选，均未在栽培花生资源中发现对PStV免疫和高抗的材料。在野生花生资源中抗性差异显著，多数材料不抗病，但 *Arachis glabrata* PI262801和PI262794 2份材料对PStV免疫。

花生对PStV种传的抗性存在明显差异。在近千份花生资源材料中，PStV种传率变异幅度为小于1%～50%，多数材料为5%～20%，未发现不种传材料；通常珍珠豆型花生种传率高，普通型花生较低；试验表明种传特性是遗传的。

应用转基因技术选育抗病转基因花生是研究的热点。澳大利亚和印度尼西亚科学家合作将PStV *cp* 基因通过基因枪技术导入印度尼西亚Gajah花生品种，获得RNA介导对PStV高抗的转基因品系。国内也开展了相关研究，晏立英等（2012）利用 RNAi 介导的抗病性获得抗 PStV 和 CMV - CA 的转基因烟草，但应用转基因抗性花生品种仍要经历一段较长的过程。

（二）应用无毒种子

无毒种子可以由无病地区调入或本地隔离繁殖。轻病田留种或播前粒选种子，减少种子带毒率也可以减轻花生条纹病的发生。

（三）采用地膜覆盖栽培

应用地膜覆盖既是一项丰产栽培措施，又具有驱蚜和减轻花生条纹病侵害的作用。

（四）减少蚜虫传毒

清除田间和田边杂草，减少蚜虫来源并及时防治蚜虫。

（五）强化检疫

该病在我国南方花生产区仅零星发生，因此应禁止从北方病区向南方大规模调种，以免将花生条纹病毒病传带到南方。

许泽永　晏立英（中国农业科学院油料作物研究所）

第 12 节　花生黄花叶病毒病

一、分布与危害

由黄瓜花叶病毒（*Cucumber mosaic virus*，CMV）引起的花生黄花叶病毒病又称为花生花叶病毒病。早在 1939 年，俞大绂报道了江苏和山东的花生病毒病，对花叶病毒病的症状作了描述。20 世纪 50 年代，周家炽和蔡淑莲对北京花生花叶病病原病毒做了初步鉴定。

该病害分布于辽宁、河北、山东和北京等地，主要在河北省唐山市、秦皇岛市，辽宁省大连市、锦州市，山东省烟台市、威海市以及北京市郊县等沿渤海湾花生产区流行为害，属多发性流行病害。流行年份发病率可达 80%以上，并常与花生条纹病毒病混合流行。除我国外，近年仅阿根廷报道了 CMV -花生株系（Pe）在花生上的流行，CMV-Pe 引起花生田间发病率高达 27%～90%，给生产带来较大损失。

该病害对花生生长和产量影响显著，早期感病花生壳减产 30%～40%，已成为病区花生生产发展的限制因素之一。

二、症状

我国发生的 CMV-CA 株系通常引起花生典型黄绿相间的黄花叶症状。CMV-CA 种传病苗通常在出苗后即表现黄花叶、花叶症状，病苗矮小。受再次侵染花生病株开始在顶端嫩叶上出现褪绿黄斑、叶片卷曲。随后发展为黄绿相间的黄花叶、花叶、网状明脉和绿色条纹等各类症状（彩图 9 - 12 - 1）。通常叶片不变形，病株中度矮化。病株结荚数减少，荚果变小。病害发生后期有隐症趋势。

在阿根廷发生的 CMV-Pe 株系引起花生严重矮化，叶柄变短，叶片变小、畸形，表现褪绿斑驳，结荚数减少，荚果变小。

三、病原

花生黄花叶病毒病病原是黄瓜花叶病毒（*Cucumber mosaic virus*，CMV），属雀麦花叶病毒科黄瓜花叶病毒属（*Cucumovirus*）。CMV 是经济上有重要影响的病毒，遍布世界各地，侵染葫芦科、茄科、豆科、十字花科等多种作物和花卉，造成重大经济损失。CMV 存在众多株系，但多数株系不侵染花生，侵染花生的 CMV 株系在我国首次发现，定名为中国花生（China *Arachis*，CA）株系，简写 CMV-CA。

人工接种条件下，CMV-CA 可以系统侵染花生（*Arachis hypogaea*）、望江南（*Cassia occidentalis*）、绛三叶草（*Trifolium incarnatum*）、长豇豆（*Vigna unguiculata* subsp. *sesguipedalis*）、菜豆（*Phaseolus vulgaris*）、刀豆（*Canavalia gladiata*）、扁豆（*Lablab purpureus*）、豌豆（*Pisum sativum*）、蚕豆（*Vicia faba*）、金甲豆（*Phaseolus lunatus*）、克利夫兰烟（*Nicotiana clevelandii*）、白氏烟（*N. benthamiana*）、普通烟（*N. tobacum*）、心叶烟（*N. glutinosa*）、明刚氏烟（*N. megalasiphon*）、欧

氏烟（*N. occidentalis*）、酸浆（*Physalis alkekengi*）、茄子（*Solanum melongena*）、千日红（*Gomphrena globosa*）、长春花（*Catharanthus roseus*）、百日菊（*Zinnia elegans*）、甜菜（*Beta vulgaris*）、菠菜（*Spinacia oleracea*）、玉米（*Zea mays*），引起花叶、黄花叶、坏死和矮化等症状；隐症感染番茄（*Lycopersicon esculentum*）和黄瓜（*Cucumis sativus*）。局部侵染白藜、苋色藜（*Chenopodium amaranticolor*）、昆诺藜（*C. quinoa*）、绿豆（*Vigna radiata*）、曼陀罗（*Datura stramonium*），在接种叶上产生褪绿斑和坏死斑。不侵染大豆（*Glycine max*）、小麦（*Triticum aestivum*）、白三叶草、红三叶草（*Trifolium pratense*）、杂三叶草（*T. hybridum*）。

鉴别寄主：花生，接种后4～5d新叶发生褪绿斑和卷曲，随后叶片表现花叶、斑驳和明脉，植株矮化；苋色藜，接种后2d，接叶出现大量针状褪绿斑，有的中心枯死呈白色，无系统侵染；黄瓜和番茄，隐症感染；大豆，不侵染。繁殖寄主：克利夫兰烟、普通烟。

CMV-CA通过花生种子传播和包括豆蚜（*Aphis craccivora*）、桃蚜（*Myzus persicae*）等多种蚜虫以非持久性方式传播，田间花生病株种子种传率1.3%左右。

在电镜下，经乙酸双氧铀负染的CMV-CA提纯粒体为球状，中心呈暗色，直径28.7nm（图9-12-1）；体外存活期6～7d，致死温度55～60℃，稀释限点10^{-2}～10^{-3}。

制备的CMV-CA抗血清在微量沉淀和琼脂扩散血清试验中滴定系数分别是1∶256和1∶64。琼脂双扩散试验表明，CMV-CA与CMV-D、CMV-CI的沉淀线相融合，与CMV-S产生交叉，说明CMV-CA属于CMV的DTL血清类型。CMV-CA与PSV-Mi、PSV-E株系、番茄不孕病毒（*Tomato aspermy virus*，TAV）有血清学关系，而与PSV-W株系无血清学关系。

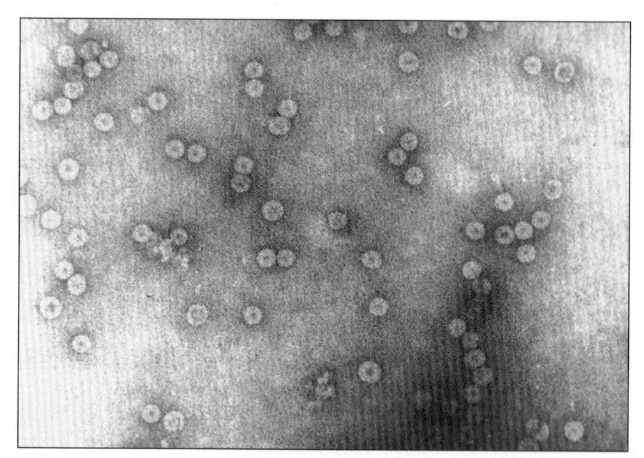

图9-12-1 黄瓜花叶病毒中国花生株系（CMV-CA）粒体（许泽永提供）

Figure 9-12-1 Virions of CMV-CA (by Xu Zeyong)

CMV-CA基因组正、单链RNA，由三组分构成。已完成了CMV-CA基因组全序列分析。CMV-CA RNA1全长3 356 nt，含一个开放阅读框（ORF），编码993个氨基酸、分子量为111ku的1a蛋白，5′UTR 95nt，3′UTR 279nt。RNA2全长3 045nt，含两个ORF，编码858个氨基酸、分子量为96.7ku的2a蛋白和编码111个氨基酸、分子量为13.1ku的2b蛋白，5′UTR95nt，3′UTR 279nt。RNA3全长2 219nt，含两个ORF，编码279个氨基酸、分子量为30.5ku的3a蛋白和218个氨基酸、分子量为24ku的外壳蛋白（CP），5′UTR122nt，3′UTR302nt，*3a*和*cp*基因间区域长298nt（晏立英等，2005）。3a蛋白抑制寄主F-actin，与病毒在细胞间的运转相关。此外含有亚基因组RNA4（1.0kb）和RNA4A（0.7kb）。RNA4编码病毒壳蛋白，与病毒胞间转运和长距离运转相关，也是蚜传因子。RNA4A编码2b蛋白（15ku），通过抑制寄主长距离信号的传递来抑制寄主植物的沉默，是寄主沉默的抑制子；该蛋白还可以结合寄主siRNA和AGO来抑制siRNA和AGO的活性，此外还能抑制寄主的水杨酸和茉莉酸防御途径。

根据核酸序列一致性将CMV划分为Ⅰ、Ⅱ两个亚组，依据RNA3 5′UTR结构以及5′UTR和CP系统进化树分析，进一步将亚组Ⅰ划分为亚组ⅠA、ⅠB两个亚组。一般而言，亚组Ⅰ的株系比亚组Ⅱ的株系毒力更强，亚组Ⅰ成员产生的症状比较严重，包括花叶和矮化，而亚组Ⅱ的株系表现比较温和的症状，有时无症状。CMV-CA RNA1与CMV亚组ⅠA CMV-Fny、亚组ⅠB CMV-SD、亚组Ⅱ CMV-Q株系序列一致性分别为91.3%、91.1%和76.5%，RNA2分别为92.1%、90%和71.2%，RNA3分别为96.1%、92.6%和74.5%；与同属花生矮化病毒ER株系RNA1、RNA2、RNA3序列一致性分别为67.1%、58.2%和55.7%。对CMV-CA RNA3 5′UTR和CP系统进化树分析表明，CMV-CA属CMV ⅠB亚组。在24个来源于世界各地的CMV株系中，CMV-CA与来源于我国的CMV株系SD、K关系最近。

在田间发现引起花生严重矮化的CMV强毒力株系，称CS株系。该株系田间少见。CMV-CS感染病株引起严重矮化，中、上部叶片显著变小，顶端叶片皱缩、畸形，伴有花叶、斑驳和坏死褐斑等症状。CMV-CS 寄主范围和 CA 株系相似，对豆科植物致病力强，但不侵染大豆，隐症感染黄瓜和番茄；蚜传效率低于 CA 株系，在收获的 22 粒种子中没有发现种传；血清学性质和 CA 株系非常相近。CMV-CS RNA1 和 RNA2 全长分别为 3 356nt 和 3 045nt，与 CA 株系大小相一致，RNA3 全长 2 212nt，比 CA 株系少 7nt，*cp* 基因编码 217 个氨基酸的 CP 蛋白，比 CA 株系少 1 个氨基酸。CS 和 CA 株系 RNA1、RNA2、RNA3 的一致性分别为 98.4%、98.9%和 96.7%，高于与 CMV 株系 SD、KRNA 的序列一致性，说明两个侵染花生的 CMV 株系遗传关系更为亲近。

发生在阿根廷的 CMV-Pe 株系属于 CMV 亚组Ⅱ，CMV-Pe CP 蛋白和 CMV 亚组Ⅱ的 Q、WL、S 和 LS 株系氨基酸序列一致性高达 97.7%～99.5%，与亚组Ⅰ Fny、D、M、Ny 和 CS 株系氨基酸序列一致性为 77.1%～79.4%。

四、病害循环

CMV-CA 通过带毒花生种子越冬。北京市密云病区调查，除菜豆外，未发现其他蔬菜、杂草上 CMV 株系能侵染花生，因此带毒种子成为翌年病害主要初侵染源。种传花生病苗出土后即表现症状，病毒被蚜虫在田间迅速扩散。在病害流行年份，花生花期即可形成发病高峰，迅速达到 50%以上发病率。

五、流行规律

CMV-CA 通过花生种传，被多种蚜虫以非持久方式传播。由于 CMV-CA 种传病苗在田间发生早，提供了丰富的毒源，而蚜虫传播效率高，因此在合适气象条件下，蚜虫发生早、发生量大时，病害会迅速传播、流行。

（一）种子传毒

CMV-CA 的种传率较高。北京市密云县调查，自病田收获花生种子，CMV-CA 种传率为 0.1%～4.2%，平均为 1.7%。种传率高低和感病早晚相关，花针期发病花生种传率高达 3.3%～4.4%，结荚期降到 0.4%～1.9%，饱果期为零。覆膜田花生病害轻，病毒种传率也低，检测 12 批种子，种传率为 0～2%，平均为 0.9%，而露地花生种传率为 1.7%～4.2%，平均达 3%。种传率高低直接影响病害流行程度，田间病毒种传率高，病害发生早、扩散快，损失也重。

（二）蚜虫传毒

豆蚜、大豆蚜、桃蚜和棉蚜对 CMV-CA 均有较高传毒效率，而麦长管蚜和禾谷缢管蚜传毒效率较低。花生田内蚜虫发生早、发生量大，病害流行严重；反之，发生则轻。北京市密云县 1986 年花生出苗即见蚜虫，6 月上旬百株花生蚜量高达 1 670 头，造成病害严重流行，发病率高达 95%。1987 年和 1990 年，花生上蚜虫始见期推迟 20d，同期百株花生蚜量分别为 238 头和 30 头，病害发生显著减轻，发病率分别为 32%和 5.9%。

（三）品种抗性

田间调查表明，花生品种对 CMV-CA 的抗性有显著差异，如鲁花 11、鲁花 14 有较强的田间抗性，发病轻；而鲁花 10 号、白沙 1016 感病，发病重。因此，在同一地区，因品种对病害抗性不同，不同田块发病程度有显著差异。

（四）气象因素

分析北京市密云县 1985—1990 年气象资料，花生苗期降水量、温度与这一时期蚜虫发生、病害流行程度密切相关。花生苗期降雨少、温度高的年份，如 1986 年，降水量仅 13.1mm，日均温度 22℃，蚜虫发生量大，病害严重流行；雨量多、温度偏低的年份，如 1987 年，降水量 91.2mm，日均温度 19.7℃，蚜虫发生少，病害偏轻。

六、防治技术

（一）应用无（低）毒花生种子

花生黄花叶病毒病目前仅在北方局部地区流行，可由无病区调入无（低）CMV 病毒的种子。北京密云县 1987 年从外地调入无 CMV 病毒种子，在隔离区扩大繁殖，次年提供全县 333.3 hm^2 花生用种，对减轻病害起到重要作用。1988 年和 1989 年，该县庄禾屯农场应用无 CMV 病毒种子和覆膜栽培，病害始见期推迟 1 个月，发病率为 19.9%和 9.2%；而邻近对照田发病率高达 75.6%和 95%。此外，自轻病田留种也可以减少毒源，减轻病害的发生。

（二）应用抗（耐）病花生品种

花生品种对病害抗性存在明显差异，病区应用鲁花 11、鲁花 14 等具有田间抗性的品种，淘汰感病品种，可以减少病害发生，减轻病害损失。调查表明，覆膜条件下，鲁花 11 平均发病率为 4.5%，而相邻田块鲁花 10 号平均发病率为 30%；露地栽培条件下，鲁花 11 发病率为 23%，而相邻田块白沙 1016 发病率为 94%。田间小区诱发鉴定，属于低抗品种的有鲁花 11、中花 3 号、鲁花 14（发病率低于 30%），而多数品种属于低、中感病（发病率 30%～50%），占参试品种的 72.3%，属于高感的（发病率高于 50%）7 个，占参试品种的 19.4%。

61 份野生花生在人工接种鉴定条件下，*Arachis glabrata* PI 262801 和 PI 262794 两份材料表现免疫，*A.* sp. PI338454 高抗（发病率 10%以下），32 份材料表现中抗（发病率 10%～30%），其余为中、高感。

（三）应用地膜覆盖栽培

地膜覆盖是一项花生增产的栽培措施，同时又能驱蚜，减轻病害发生。1985 年北京密云县调查，覆膜花生黄花叶病毒病发病率为 29%～90%，平均为 57%，病情指数平均为 32.5；露地花生黄花叶病毒病发病率为 91%～100%，平均为 95%，病情指数平均为 85。

（四）早期拔除种传病苗

CMV 种传病苗在田间出现早，易于识别。此时田间蚜虫发生少，及时在病害扩散前将其拔除，可以显著减少毒源，减轻病害。

（五）药剂治蚜防病

以种衣剂拌种，或苗期及时喷药治蚜，有一定防病效果。

（六）检疫

由于 CMV - CA 种传率高，容易通过种质资源交换和种子调运而扩散，有必要将 CMV - CA 列为国内检疫对象，禁止从病区调运种子。

许泽永　晏立英（中国农业科学院油料作物研究所）

第 13 节　花生普通花叶病毒病

一、分布与危害

花生矮化病毒（*Peanut stunt virus*，PSV）引起的花生矮化病害于 1966 年在美国首次报道。PSV 于 20 世纪 60 年代在美国弗吉尼亚等州花生上流行，70 年代以来，虽然在美国三叶草等牧草上发生仍然普遍，在花生上仅零星发生。该病毒的报道遍及世界各地，包括法国、西班牙、德国、匈牙利、波兰、日本、韩国、中国、泰国、伊朗、苏丹、塞内加尔和摩洛哥等。

PSV 引起的花生普通花叶病毒病于 1985 年在中国首次报道，但该病害从 20 世纪 70 年代以来，在北方花生产区，包括山东、河北、辽宁、河南等省流行，造成经济损失。PSV 在美国引起花生严重矮化，故称花生矮化病毒病，但是在我国发生的 PSV 株系仅引起花生普通花叶症状，不引起严重矮化，因此称作花生普通花叶病毒病。花生早期感染 PSV 病害减产 40%以上，荚果变小、畸形。除花生外，在我国报道 PSV 发生感染的还有菜豆、大豆和刺槐等。

二、症状

PSV 存在株系变异，不同株系引起花生的症状变化较大。我国发生普遍的是毒力较弱的 PSV-Mi 株系。受 PSV-Mi 侵染，花生病株开始在顶端嫩叶出现明脉（侧脉明显变淡、变宽）或褪绿斑，随后发展成浅绿与绿色相间的普通花叶症状，沿侧脉出现辐射状绿色小条纹和斑点。叶片变窄、小，叶缘波状扭曲，病株通常轻度或中度矮化（彩图 9 - 13 - 1）。病害明显影响荚果发育，形成很多小果和畸形果。在河南开封，病毒株系对花生致病力更弱，引起病害症状较轻，易与花生条纹病相混淆。我国也存在 PSV 强毒力株系，引起花生叶片变小，病株显著矮化。

在美国，PSV株系的毒力强，常引起花生严重矮化，矮化可以发生在1个或几个分枝上，也可是全株，取决于病毒感染的早、晚和花生生育阶段。病株叶片变小，叶柄变短，叶缘上卷、变形；叶片不同程度褪绿、斑驳。病株荚果数减少，荚果变小、畸形，荚壳开裂；种子小、活力下降。

三、病原

病原为花生矮化病毒（*Peanut stunt virus*，PSV），属雀麦花叶病毒科黄瓜花叶病毒属（*Cucumovirus*）。提纯PSV粒体为球状，直径30nm（图9-13-1）。PSV体外稳定性：致死温度55～60℃，稀释限点10^{-2}～10^{-3}，体外存活期限3～4d。

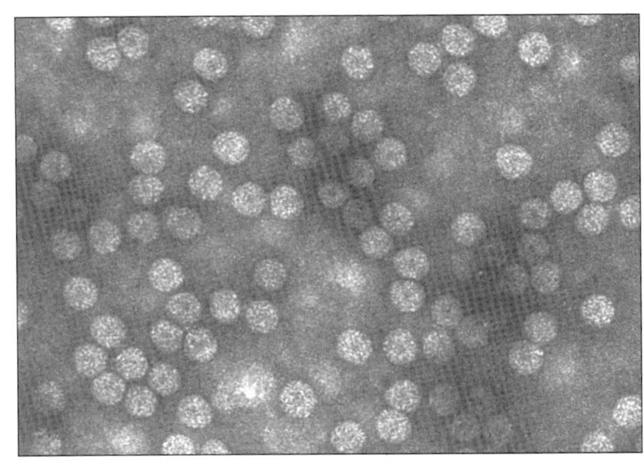

图9-13-1 花生矮化病毒粒体（许泽永提供）
Figure 9-13-1 Virions of *Peanut stunt virus* (by Xu Zeyong)

PSV自然侵染寄主植物包括花生、菜豆、大豆、豌豆、芹菜、普通烟、苜蓿、红三叶草、白三叶草、羽扇豆、刺槐（*Robinia pseudoacacia*）、地中海三叶草（*Trifolium subterraneum*）、绣球小冠花（*Coronilla varia*）等。PSV在这些寄主植物上引起各种花叶症状，叶片畸形、坏死，植株不同程度矮化。

在人工接种条件下，还能侵染望江南、甜菜、苋色藜、昆诺藜、千日红、百日菊、黄瓜、蚕豆、心叶烟、克里夫兰烟、白氏烟、刀豆、酸浆、豇豆、芝麻、番茄、黄花烟（*Nicotiana rustica*）、杂交烟（*N. hybrid*）、田菁（*Sesbania cannabina*）、西葫芦（*Cucurbita pepo*）、白曼陀罗（*Datura metel*）、辣椒（*Capsicum annuum*）。

鉴别寄主：苋色藜，在接种叶上出现褪绿斑，引起系统褪绿斑和花叶，叶片向下卷曲，有的株系无系统侵染；菜豆，严重花叶，叶片扭曲、畸形变小；曼陀罗，系统花叶，有的株系不侵染或为局部枯斑；千日红，局部褪绿斑，有的株系不侵染或局部枯斑；普通烟，在接种叶上出现褪绿斑，随后引起系统褪绿斑和花叶。繁殖寄主：克利夫兰烟、杂交烟。

PSV和*Cucumovirus*属内的黄瓜花叶病毒（CMV）、番茄不孕病毒（*Tomato aspermy virus*，TAV）有不同程度的血清学关系。在受感染寄主植物所有部分、细胞质和液泡中均能发现病毒粒体，在细胞质中发现结晶状内含体，具有诊断价值。

PSV基因组为正、单链核酸，由3个组分组成，即RNA1、RNA2和RNA3。RNA1含一个大的开放阅读框（ORF），编码1a蛋白。RNA2含2a和2b两个ORF，编码2a蛋白。2b ORF与2aORF有重叠，通过亚基因组RNA4A表达，1a和2a蛋白为核酸复制酶，与病毒复制相关。2b蛋白与病毒寄主范围和症状相关。RNA3含两个ORF，其中上游ORF编码3a蛋白，又称运动蛋白，与病毒在细胞间运转相关；下游ORF，为*cp*基因，CP蛋白由亚基因组RNA4表达。

20世纪90年代初日本Karasawa等首次完成PSV-J株系核酸全序列分析。至今，包括PSV-J在内已有5个PSV分离物完成核酸全序列分析，2个分离物完成核酸部分序列分析，包含了4个PSV亚组。

PSV存在明显株系分化现象。1969年美国报道寄主反应和血清学性质不同的PSV-E和PSV-W株系，随后在PSV-E血清组内发现3个不同血清型。Hu等（1997）完成PSV-ER和PSV-W株系RNA全序列分析，PSV-ER和PSV-W RNA1、RNA2、RNA3的序列一致性分别为79%、76%和80.4%，从而首次依据分子遗传亲缘关系将PSV-E和PSV-W 2个血清组进一步归属为PSV 2个亚组；而同一亚组PSV-ER和PSV-J株系RNA1、RNA2、RNA3之间一致性达90%、94%和91%。

在国内，20世纪80年代中期相继报道我国花生上发生的PSV。对我国不同地区花生、刺槐、菜豆和紫穗槐上分离的PSV分离物与美国PSV-E和PSV-W 2个典型株系比较试验表明：参试的我国PSV分离物寄主反应相似、血清学关系十分亲近，而在苋色藜等寄主植物上的反应和血清学关系上与PSV-E和PSV-W株系存在明显差异。PSV-Mi基因组全序列分析表明：1a基因，大小为3015nt，编码1a蛋白分子量为111 604u。2a基因长2 538nt，编码2a蛋白分子量为94 647u。2b基因编码2b蛋白分子量为10 748u。3a基因864nt，编码3a蛋白分子量为30 942u。*cp*基因654nt，编码CP蛋白分子量为23 643u。花生上致病力不同的PSV-Mi和PSV-S株系*cp*基因克隆和序列分析表明，2个株系之间*cp*基因核苷酸序列一致性为99.1%；与亚组Ⅰ PSV-ER、PSV-J株系*cp*基因序列一致性仅为75.7%～77.8%，与亚组Ⅱ PSV-W *cp*基因序列一致性为74.3%和74.6%，鉴于我国PSV株系血清学性质，以及*cp*基因序列一致性与已报道的PSV 2个亚组的明显差异，确立了我国PSV株系独自构成一个新亚组，即PSV亚组Ⅲ。

Kiss L. et al.（2008）对匈牙利PSV刺槐分离物（Rp）基因组作全序列分析，根据RNA核苷酸序列与其他亚组PSV株系的一致性比较，将其划分为一个新的亚组，即亚组Ⅳ。目前PSV已有的4个亚组及其代表株系分别为亚组Ⅰ（PSV-E）、亚组Ⅱ（PSV-W）、亚组Ⅲ（PSV-Mi）和亚组Ⅳ（PSV-Rp）。上述结果表明，PSV的遗传变异要比CMV更为丰富。

四、病害循环

PSV通过花生种子越冬，种传是病害初侵染源之一。但由于PSV种传率很低，美国报道，从中等矮化病株收获较大种子种传率为0.0073%，从严重矮化病株收获小种子种传率为0.207%。我国从河南开封收集病株种子，PSV种传率为0.05%。因此，种子可能不是病害主要初侵染来源。在我国北方，花生田周围、路边、村庄内均有很多刺槐树。调查表明，刺槐PSV感染率约为30%。早春，刺槐抽芽早，蚜虫发生也早。当花生出苗时，刺槐上产生的有翅蚜向花生田迁飞，同时将病毒传入。病毒被蚜虫在花生田间传播开来，而感病花生又成为病毒向其他感病寄主植物传播的再侵染来源。PSV被多种蚜虫以非持久性方式传播，包括桃蚜、豆蚜和绣线菊蚜（*Aphis citricola*），但棉蚜不传。在美国，白三叶草等饲用牧草可成为PSV越冬寄主和次年初侵染来源。由于白三叶草等牧草上越冬的蚜虫春季不向花生田大规模迁飞，尽管白三叶草等牧草普遍感染PSV，而PSV通常很少能在花生上流行。

五、流行规律

据河南省开封市、郑州市和河北省唐山市观察。花生普通花叶病毒病在花生生长前期发展缓慢，流行年份通常在7月中、下旬进入发生高峰期，8月上、中旬达到80%以上发病率。毒源、蚜虫发生数量以及气候条件是影响病害流行的重要因素。

（一）刺槐传毒

刺槐树数量与病害流行区域相关。凡病害流行区如河北省唐山市、河南省开封市均种植一定数量的刺槐树。

（二）蚜虫传毒

蚜虫发生与病害流行关系密切。河南开封1988年和1991年病害流行，花生苗期（5月中旬至6月上旬）和结荚期（7月中旬至下旬）曾分别出现蚜虫发生高峰。1988年黄皿诱蚜分别为2 305头和120头，1991年分别为1 361头和53头，两年发病率分别达到90%和45%；而1989年和1990年，蚜虫发生少，苗期黄皿诱蚜分别为70头和30头，结荚期为零，两年病害均很轻。

（三）气象因素

气候条件通过影响蚜虫发生与活动，从而影响病害流行。开封1988—1991年气象资料表明，花生生长前、中期降水量影响蚜虫发生和活动，从而影响病害流行。1988年降水量最少，5月中旬至6月中旬和6月下旬至8月上旬降水量分别为27.6mm和176.2mm，旱情严重导致蚜虫大发生和病害严重流行。1990年同期降水量分别为137.8mm和282.9mm，雨水均匀，蚜虫发生少，病害很轻。

（四）品种抗性和病毒株系

虽然未发现高抗花生品种，但是花生品种对PSV抗性存在差异。中国农业科学院油料作物研究所在河北省唐山市病害流行区，选育出中花1号、中花3号对PSV有较强的田间抗性。在人工接种条件下鉴定，86-1004、86-1010、86-1011和2241等4个花生品系对PSV有一定抗性，发病率和病情指数均显著低于感病品种。野生花生材料*Arachis glabrata* PI262801、*A. duranensis* PI468319、*A. duranensis* PI30073和*A. paraguariensis* PI331187对花生矮化病毒（PSV）表现高抗。

我国的PSV株系血清学亲缘关系相近，但对花生的致病力存在差异，依据引起花生症状严重程度，划分为强、中、弱 3 种毒力类群。在参试的 29 个 PSV 分离物中，强、中、弱毒力类群株系分别为 8、7 和 14 个，其中，刺槐、紫穗槐分离物毒力较弱，菜豆分离物毒力较强，而 20 个花生分离物中，强、中、弱毒力类群分别为 6 个、5 个和 9 个。在河南，PSV 弱毒力株系占据优势，而河北唐山地区，强毒力株系占据优势（陈坤荣等，1998）。在早期人工接种条件下，致病力强的株系引起花生减产 56.3%～85.9%，而致病力弱的株系也能引起花生减产 40.8%～46.5%。

六、防治技术

（一）减少病害初侵染源

自无病田选留种子，花生种植区域内除去刺槐花叶病树或与刺槐相隔离，均可有效杜绝或减少病害初侵染源，达到防病目的。

（二）地膜覆盖栽培

地膜覆盖可以减少病害发生和减轻病害损失。

（三）种植抗（耐）病品种

种植抗（耐）病品种，在病区推广应用中花 1 号、中花 3 号等具田间抗性的品种，可以减少病害损失。

许泽永　晏立英（中国农业科学院油料作物研究所）

第 14 节　花生芽枯病毒病

一、分布与危害

我国于 1986 年首次报道花生芽枯病毒病，并对病原病毒生物学特性、粒体形态进行了鉴定。花生芽枯病毒病广泛发生在我国广东、广西花生产区，田间多为零星发生，但在局部发生重的地块发病率超过 20%，给生产造成一定损失。

与花生芽枯病毒病症状类似的一类病毒病广泛分布于世界各花生产区，它们均由番茄斑萎病毒属（*Tospovirus*）的 7 种不同病毒引起，由不同种类蓟马传播。其中，花生斑萎病毒病在美国从 20 世纪 80 年代中期以来曾成为影响花生生产的主要病害，造成美国东南部花生损失逐年增加，仅佐治亚州病害损失估计达 12%，即 4 000 万美元。花生芽坏死病毒病也是印度花生上为害最重的病毒病，发生在印度主要花生产区，严重地块发病率高达 100%。

二、症状

感染芽枯病毒病的花生病株开始在顶端叶片上出现很多伴有坏死的褪绿黄斑或环斑。沿叶柄和顶端表皮下维管束坏死呈褐色状，并导致顶端叶片和生长点坏死，顶端生长受抑制，节间缩短，植株明显矮化（彩图 9－14－1）。

三、病原

花生芽枯病毒病病原为辣椒褪绿病毒（*Capsicum chlorosis virus*，CaCV），属于布尼亚病毒科番茄斑萎病毒属（*Tospovirus*）。在电镜下观察花生病叶超薄切片，CaCV 中国花生株系（China peanut，CP）为球状病毒粒体，直径 70～90nm，外面有一层脂蛋白双膜，分散于内质网膜间隙，有的粒体聚集，外面有一层包膜（图 9－14－1）。CaCV 体外稳定性：致死温度 45～50℃，稀释限点10^{-3}～10^{-4}，在室温下体外

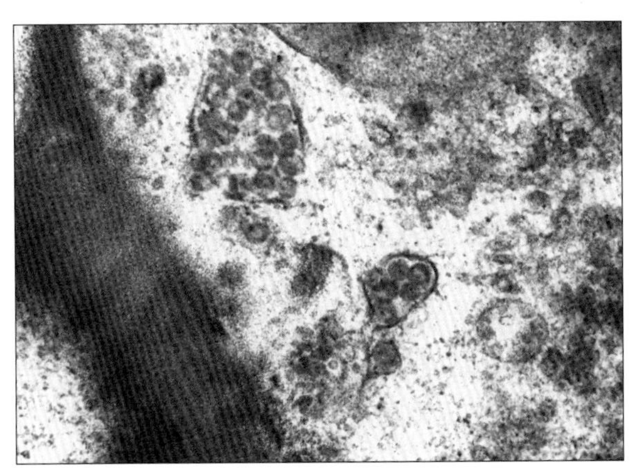

图 9－14－1　感染 CaCV 花生病叶超薄切片中的球状病毒粒体（许泽永提供）

Figure 9－14－1　Virions of CaCV in the ultrasection of the infected peanut plant（by Xu Zeyong）

存活期5～6h。

CaCV自然侵染寄主包括辣椒、番茄和花生等。在人工接种试验中，CaCV系统侵染花生、菜豆、白羽扇豆、黄烟、心叶烟、白氏烟、欧克氏烟、番茄、普通烟、曼陀罗、马铃薯、茄子、辣椒、酸浆、矮牵牛、决明、田菁、瓜尔豆等，引起枯斑、花叶、坏死、皱缩和矮化等症状；局部侵染苋色藜、昆诺藜、千日红、豇豆、长豇豆和望江南，引起接种叶褪绿斑和枯斑；不侵染蚕豆、芝麻、百日菊、黄瓜、木豆、鹰嘴豆和长春花。

鉴别寄主：与花生芽坏死病毒（*Peanut bud necrosis virus*，PBNV）比较，CaCV-CP对豆科植物侵染力较弱，不侵染大豆、豌豆，仅局部侵染绿豆、菜豆和短豇豆；白氏烟和欧克氏烟可作为繁殖寄主。

与番茄斑萎病毒属其他病毒一样，CaCV通过蓟马传播，但尚未见CaCV传播介体调查和试验的报道。

CaCV属于WSMoV血清组。在ELISA血清试验中，CaCV-CP和同一血清组的PBNV印度分离物抗血清起弱阳性反应，和番茄斑萎病毒（*Tomato spotted wilt virus*，TSWV）抗血清无反应。

与番茄斑萎病毒属其他病毒一样，CaCV具有3组分、单链RNA基因组，依据分子大小分别称为LRNA、M RNA和S RNA。L RNA为负义（negative sence）链，而M RNA和S RNA采用双义（ambisence）编码方式。

CaCV于2002年首次从澳大利亚昆士兰州的辣椒和番茄上分离鉴定，随后泰国从番茄和花生上分离了该病毒。至今，仅见CaCV澳大利亚和泰国分离物*N*基因序列报道。CaCV泰国花生与番茄分离物N蛋白氨基酸序列一致性为92.3%，确认为2个不同株系。

我国已完成CaCV-CP株系S RNA全序列分析。CaCV-CP株系S RNA全长3 399nt，含两个开放阅读框（ORF），分别为病毒非结构蛋白（NSs）和核壳蛋白（N）基因。*NSs*基因大小为1 320 nt，推导编码NSs蛋白分子量为49.9ku，第二个ORF长828nt，编码分子量为30.7ku的N蛋白。5′和3′端非编码区均为66nt。CaCV *n*基因与4个CaCV澳大利亚和泰国分离物*n*基因序列一致性为84.7%～86.4%，N蛋白氨基酸序列一致性为92.4%～93.1%。CaCV-CP与同一WSMoV血清组的PBNV、西瓜银叶斑驳病毒（WSMoV）和西瓜芽坏死病毒（WBNV）3种病毒*n*基因序列一致性为77.2%～79.4%，N蛋白氨基酸序列一致性为81.9%～86.3%；而与最近报道的该血清组百合褪绿斑病毒（CCSV）同源性较低，分别为63.5%和64.6%。与同属的TSWV、花生环斑病毒（*Groundnut ring spot virus*，GRSV）、花生褪绿扇斑病毒（*Peanut chlorotic fan-spot virus*，PCFSV）、菜瓜致死褪绿病毒（ZLCV）、菊茎坏死病毒（CSNV）和凤仙花坏死斑病毒（INSV）等其他病毒*n*基因序列一致性在39%～65%。

能侵染花生的番茄斑萎病毒属病毒除CaCV、TSWV和PBNV外，还有INSV、GRSV，以及在我国台湾地区花生上发生的PCFSV，这些病毒对花生生产有潜在的影响。在南亚花生上广泛发生的花生黄斑病毒（*Peanut yellow spot virus*，PYSV），仅在花生上局部侵染，引起叶片黄斑，而不引起系统症状。

四、病害循环

国内田间观察，病株多分布于田边，逐渐向田内扩散。据国际热带半干旱地区作物研究所（ICRISAT）研究，在印度PBNV通过蓟马传播，有5种蓟马能传毒。通常通过蓟马若虫获毒，成虫传毒。PBNV和蓟马均有广泛寄主范围，PBNV随蓟马从其他寄主作物、杂草传入花生。花生种子不传毒。

在美国，携带TSWV的蓟马是田间病害流行的主要初侵染源。仅若虫在TSWV病株吸食，获得病毒，获毒若虫发育为成虫，经过无翅到有翅成虫，带毒有翅蓟马成虫向外扩散，传播病毒。带毒有翅蓟马能在生命大多数时间内传毒，但不能传给下一代。传毒的西花蓟马（*Frakliniella occidentalis*）和烟蓟马（*F. fusca*）在美国多数花生产区的花生田间发生，是传播TSWV的主要介体昆虫。

五、流行规律

国内尚未开展CaCV的系统研究。据印度研究，花生芽坏死病毒病流行与毒源数量、介体密度、寄主抗性及环境条件密切相关。印度多年多点不同花生品种的小区试验说明，病害最早在花生出苗后13d出现，有明显的发病高峰期。出苗后60～75d，病害发展趋缓，有明显的成株期抗性。抗病品种ICGV86029和2159－5（9）平均发病率分别为9.9%和8.1%，而感病品种JL24高达60.4%。不同地区环境条件下发病差异大，在 Rajendranagar 和 Narkoda 两地，PBNV 发病率高达 85%以上，在 Patan cheru 为 55%，而 Raichur 最低，仅 25%左右。蓟马通过风传，迁入花生地蓟马数量以及花生上蓟马群体数量与病害发生成正相关。播种时期与病害发生密切相关，在 7 月 1 日正常播种期前两周播种的花生发病率最高，而推迟到 7 月中、下旬播种的花生发病率最低。

六、防治技术

（一）种植抗病品种

在田间鉴定中，ICRISAT 选育的一些高产花生品种对病害和蓟马均表现明显抗性。如 ICGV91228、ICGV90013、ICGV91177 等品种在田间对 PBNV 引起的病害平均发病率为 13.6%～23.7%，对照 JL24 的发病率为 58.4%。ICGS44 和 ICGS11 等抗性品种已在印度推广应用。

（二）调整播种期

调整播种期可以使花生早期感病阶段避开蓟马迁飞和传毒高峰期。

（三）防治蓟马

播种时随种子施入内吸杀虫颗粒剂，加上前期适时喷洒内吸性杀虫剂可以防治蓟马，减轻病害发生。

许泽永　晏立英（中国农业科学院油料作物研究所）

第 15 节　花生斑驳病毒病

一、分布与危害

花生斑驳病毒（*Peanut mottle virus*，PMV）于 1965 年在美国首次报道侵染花生和大豆，分布遍及世界各花生产区，包括非洲东部、欧洲、南美洲及澳大利亚、印度、日本、马来西亚、菲律宾、泰国等地区和国家，在美国、苏丹等国花生上有大面积流行的报道。在国内，20 世纪 80 年代报道花生斑驳病毒病，多依据于症状诊断。

由于该病害通常在花生上引起轻斑驳症状，病株不明显矮化，不易引起人们重视。但是美国温室和田间试验说明，田间占优势的 PMV 株系早期感染分别引起花生减产 25%和 22%。1973 年，美国佐治亚州统计由该病毒引起 5%的花生产量损失达 1 100 万美元。印度的田间试验表明，感病花生品种产量损失在 40%以上。PMV 在美国大豆、豇豆、羽扇豆和豆科牧草上发生普遍，也给这些作物生产造成影响。由于该病害广泛分布，被认为是具有全球经济重要性的花生病害之一。

二、症状

PMV 在花生嫩叶上引起轻斑驳症状，浓绿与浅绿相间，在透光情况下更容易观察。通常叶缘向上卷曲，脉间组织凹陷，使得叶脉更加明显（彩图 9 - 15 - 1）。随着植株成熟，特别在炎热、干旱的气候条件下，会出现隐症，但适合条件下，症状会重新出现。病株不矮化，没有其他明显的症状。病株荚果比正常荚果小，有的产生不规则灰至褐色斑块。

PMV 存在不同症状类型株系，除了上述由田间普遍发生的轻斑驳株系引起的典型症状外，其他株系可以引起重花叶、坏死以及褪绿条纹等症状。

三、病原

花生斑驳病毒病病原是花生斑驳病毒（*Peanut mottle virus*，PMV），属马铃薯 Y 病毒科马铃薯 Y 病毒属（*Potyvirus*）。病毒粒体为线状，常见 740～750nm 长，但长度范围为 704～984nm。体外稳定性：致死温度 60～64℃，稀释限点 10^{-3}～10^{-4}，在 20℃下存活期限 1～2d。

寄主范围比较狭窄，主要局限于豆科植物。在自然情况下，除花生外尚能侵染大豆、菜豆、豌豆、豇豆、地中海三叶草、望江南、白羽扇豆、决明、细荚决明（*Cassia leptocarpa*）、*Cassia bicapsularis*、*Trifolium vesiculosam*、*Desmodium canum* 等（Kuhn，1965；Bock and Kuhn，1975）。通过人工接种尚可侵染黄瓜、千日红、芝麻、克利夫兰烟、绛三叶草、胡卢巴、鹰嘴豆、西瓜、瓜尔豆、烟豆、甜豌豆、宽翼豆、长圆叶豇豆、毛蔓豆等。PMV在上述寄主上主要引起斑驳和花叶症状，但在一些寄主上能引起坏死。豌豆和豇豆可用作病毒繁殖寄主。

在感染一些株系的豌豆、花生、菜豆表皮细胞内可观察到圆柱状内含体（Subdivision Ⅱ），而另一些株系引起卷筒类型风轮状、薄层状内含体，归类于Subdivision Ⅲ。

采用PMV提纯制剂肌肉注射家兔，制备抗血清环状沉淀反应的效价为1∶8 192。PMV和BCMV、BYMV、CABMV、SMV、PVY、CYVV、SuMV、PStV、PGMV、TEV及GEV血清学亲缘关系相远。

PMV基因组为正、单链核酸。1997年美国Flasinski等首次完成PMV基因组全序列分析（基因库登录号：NC 002600）。PMV基因组除去Poly（A）尾端，全长9 709nt，显著小于PStV基因组10 059 nt。如同马铃薯Y病毒属其他病毒一样，PMV基因组含1个大的开放阅读框（ORF），9 300nt长；5′端和3′端非编码区大小分别为122nt和280nt。PMV ORF编码单个的1个大的聚蛋白，随后加工产生10种蛋白，即P1蛋白、辅助成分蛋白酶（HC-Pro）蛋白、P3蛋白、细胞质/柱状内含体（CI）蛋白、病毒编码与基因组连接（NIa-VPg）蛋白、核内含体蛋白a（NIa-Pro）、核内含体蛋白b（NIib）、外壳蛋白（CP）以及P3和CI蛋白间的2个6K蛋白。

应用CP氨基酸同源性对侵染豆科植物的18种病毒进化树分析表明，PMV与其他17种病毒在进化上亲缘关系相远，虽然它与豌豆种传花叶病毒（PSbMV）相近，但各自是独立进化的。

国内，对2个PMV山东分离物RT-PCR扩增获得*cp*基因837bp序列片段，与国外8个PMV分离物*cp*基因的核苷酸和氨基酸一致率分别为95.3%～99.2%和93.5%～99.6%。构建系统进化树划分为3个组，中国与以色列分离物聚为一组，美国和澳大利亚分离物分别构成另2个组。

PMV存在引起不同花生症状类型的株系。在美国，除去田间占优势的轻斑驳（M）株系外，还有重花叶（S）、坏死（N）和褪绿条纹（CLP）株系。这些株系在寄主植物上的反应、花生种传率和蚜传效率上存在差异，但血清学性质密切相关。

四、病害循环

PMV通过带毒花生种子越冬，种传花生病苗是病害主要初侵染源。在田间，PMV被蚜虫以非持久性方式扩散，同时传播到邻近的大豆、豇豆、菜豆以及豆科牧草上。PMV在美国佐治亚州羽扇豆上流行，曾达到80%以上发病率，病毒可以在羽扇豆上越冬，成为病害第二年初侵染源。

五、流行规律

在田间条件下，花生PMV种传率为0.1%～1%。美国佐治亚州检测6个花生栽培品种，PMV种传率在0.3%左右。病害发生初期，病害从种传病苗向临近花生传播，可以观察到明显的发病中心，随后进入病害迅速扩散期。佐治亚州1971年病害在播种后第六周迅速扩散，3周后从5%上升到90%发病率。种子传毒率高低是影响病害流行的一个重要因素。蚜虫发生和活动是影响病害流行的重要因素之一，但佐治亚州黄皿诱蚜观察田间有翅蚜活动与病害传播的关系，未发现明显正相关。

六、防治技术

（一）应用无毒花生种子

无毒花生种子可以在无病害区域或病害隔离区生产，在病害隔离区除与发病花生地隔离外，应注意与其他感病寄主如菜豆和豇豆隔离，距离至少在100m以上。另一个可以利用的是对PMV种传的抗性，对283份花生种质资源材料进行抗种传的筛选，其中，EC 76446（292）和NCAC17133两份材料在各自检测的12 000多粒种子中，没有发现带毒种子；而其他材料均表现种传，最高为4.8%。

（二）应用抗（耐）病品种

在花生栽培品种中尚未发现抗性，但可以应用耐病品种和种传率低的花生品种，以降低病害发生和病害损失。野生花生中有高抗PMV材料，应用种间杂交是选育抗病品种的一个途径。

在美国最初的37个花生栽培品种和428份材料的抗性筛选中，没有发现高抗材料。随后对PMV坏死（N）株系的抗性筛选，获得少数症状轻的材料，进一步用于轻斑驳（M）株系的抗性鉴定，获得两份耐病材料PI261945和PI261946。这两份材料虽然感染M株系，但没有产量损失；而感病品种Starr减产31%。在

156 份野生花生材料抗性筛选中，PI468171 等 8 份材料在人工接种条件下表现对 PMV 的高度抗性。

许泽永　陈坤荣（中国农业科学院油料作物研究所）

第 16 节　花生丛枝病

一、分布与危害

花生丛枝病历史上曾被当作是一种病毒病，与非洲发生的花生丛簇病毒病相混淆。在国外，该病害分布于印度尼西亚、泰国、印度和日本等亚洲国家，其中在印度尼西亚造成的危害较重。在我国，主要分布于海南、广东、广西、福建、湖南和台湾等省份，北方产区也有零星发生。在海南、广东发生普遍，一般春花生发病率为 2%～3%，重病田块发病率可达 100%。秋花生发病率为 10%～20%，严重的高达 80%以上，可造成严重损失，如广东博罗县秋花生曾大面积发病，病株率达 30%～80%。早期感病植株颗粒无收，中期感病损失 60%以上，后期感病损失 10%～30%。

二、症状

花生丛枝病通常在花生开花下针时开始发生。发病初期，一些小叶从病株基部叶腋处伸出，并向上发展至顶梢。长出的弱小茎叶密生成丛，茎枝节间缩短，植株严重矮化（彩图 9-16-1）。病害发展到中、后期，花器变成叶状，又称“返祖”变态。当病株出现丛枝时，叶片多出现黄化，逐渐脱落，仅留小叶丛生的茎枝。根部也发生萎缩。在植株轻度发病时，果针入土后能形成荚果，但籽粒不饱满，种子表面有“青筋”。发病重的植株子房柄可伸长，变成秤钩状，颜色青紫，向上生长，不能入土形成荚果，可引起严重减产。

三、病原

花生丛枝病由花生丛枝病植原体（Peanut witches’ broom phytoplasma）引起。该病原形态上不像病毒，更像细菌的细胞。通过电镜观察，在花生病株叶脉、叶柄和茎的韧皮薄壁组织细胞中，均发现有多形态的病原，大小为 100～760μm。病原寄主范围未明。在广东田间调查，花生田和绿肥田附近发现有可疑寄主 47 种之多，主要是豆科植物的猪屎豆、豇豆、绿豆等。这些寄主植物表现丛枝、小叶和花器变态等症状。

国内制备了花生丛枝病植原体鼠腹水抗体。血清学研究表明，花生丛枝病植原体与豇豆上分离的丛枝病植原体有血清学亲缘关系，而与番茄、芝麻、苦楝和竹分离的丛枝病植原体没有关系。

四、病害循环

花生丛枝病由小绿叶蝉（*Empoasca flavescens* Fabricius）传播。小绿叶蝉成虫最短获毒饲育时间在 24h 以内，虫体循回期 9～11d。带毒成虫和若虫可终生传病。试验条件下嫁接可以发病，潜育期在广州夏秋季为 25～40d，冬季为 46～63d，其长短主要受温度、光照和试验植物株龄的影响。试验证明，病株种子不传病，该病由小绿叶蝉从其他寄主传到花生上。

五、流行规律

（一）病害发生与播种期关系密切

在广东，春花生迟播（清明后）和秋花生早播（大暑前）地块发病重。据调查，广东南部秋花生 7 月下旬播种平均发病率为 13.6%，8 月上旬为 4.9%，8 月中旬为 1.9%，8 月下旬为 1%以下。海南秋花生发病始见期比春花生早 30d 左右，春花生始病在播后 60～80d，而秋花生在播后 32～45d。

（二）病害与叶蝉发生量关系密切

据广东各地观察，凡叶蝉大发生年份，花生丛枝病发生严重。

（三）旱地比水田、沙土地比黏土地、坡地比平地发病重

干旱年份病害发生重。部分秋花生因旱灌水，发病率比不灌水的高 10%。上述因素可能通过影响叶蝉繁殖和活动，而影响病害的发生。

(四) 品种抗性

广东省花县对不同花生品种抗病性调查显示，粤油551、汕油27等较感病，而粤油551-116等较抗病。海南省南部历年以辐矮50最感病，粤油551和白沙1016次之，粤油551-116较轻，未发现高抗或免疫品种。

六、防治技术

最主要的防治技术是种植抗（耐）病品种，如粤油551-116等。此外，应注意适时播种。春花生适时早播，秋花生适时晚播。广东春花生以在雨水至春分、秋花生在立秋后播种较为合适。铲除田内外豆科杂草和绿肥等可疑寄主，减少初侵染来源。绿篱作物具有一定的防病效果，花生田块周围种植木薯或橡胶苗，都能阻隔昆虫介体的活动，具有很好的防病效果。

在病害发生初期，及时拔除病株、及时防治叶蝉均可减轻病害发生。措施包括：①利用频振灯诱杀小绿叶蝉，针对小绿叶蝉只能短距离跳跃的特点，挂灯高度以距地面100cm左右为宜；②利用黄板诱杀，小绿叶蝉具有趋黄性，田间挂上涂以环保胶的黄板用以黏杀该虫，每667m^{2}用黄板30～40片，黄板悬挂高度为高于花生植株顶梢20cm为宜；③成虫盛发期喷施杀虫剂，如25%辛·甲·氰乳油2 000倍液、1.8%阿维菌素B 1 000～4 000倍液、10%吡虫啉可湿性粉剂2 000倍液、50%抗蚜威超微可湿性粉剂3 000～4 000倍液，均能收到较好的效果。

许泽永　陈坤荣（中国农业科学院油料作物研究所）

第17节　花生根结线虫病

一、分布与危害

花生根结线虫病是花生上一类重要病害。国内最早发现于山东烟台，至今已有50多年的历史，曾被列为检疫对象。花生根结线虫病在我国大部分花生主产区，如山东、河北、辽宁、河南、安徽、江苏、北京、湖北、湖南、广东、广西、贵州、陕西等十几个省份均有发生，其中黄河以北主要为北方根结线虫引起，黄河以南主要为花生根结线虫引起。山东、河北、辽宁是花生线虫病发生和造成危害最重的地区，但该病害在大多数田块的分布和为害程度是不均匀的，受害花生一般减产20%～30%，重者达70%～80%，甚至绝产。线虫病不仅影响花生产量，也严重影响荚果质量，对花生的出口贸易也有较大影响。

北方根结线虫的寄主植物有550多种，主要包括番茄、萝卜、南瓜、甜瓜、花生、大豆、菜豆等。花生根结线虫的寄主植物有330多种，包括茄子、甘蓝、莴苣、辣椒、马铃薯、花生等。根结线虫还与多种真菌性根部病害发生交叉感染作用，如接种根结线虫对花生猝倒病有加重的作用，北方根结线虫对花生黑腐病的发生有促进作用。

二、症状

根结线虫在花生的地下部分（根、荚果、果柄）均能侵入和为害。花生播种后，当胚根突破种皮向土壤深处生长时，侵染期幼虫即能从根端侵入，使根端逐渐形成纺锤状或不规则形的根结（虫瘿），初呈乳白色，后变淡黄至深黄色，随后从这些根结上长出许多幼嫩的细毛根。这些毛根以及新长的侧根尖端再次被线虫侵染，又形成新的根结。这样经过多次反复侵染，使整个根系形成了乱发似的须根团，根系沾满土粒与沙粒，难以抖落。根结线虫主要侵害根系，根的输导组织受到破坏，影响水分与养分的正常吸收与运转。因此，受害植株的叶片黄化瘦小，叶缘焦灼，植株萎缩黄化。在山东病区，花生植株生长前期地上部症状明显，到7、8月伏雨来临时，病株才由黄转绿，稍有生机，但与健株相比仍较矮小，生长势弱，田间经常出现片状的病窝。

我国两种花生根结线虫为害形成的根结略有不同。北方根结线虫为害形成的根结如小米粒大小，其上增生大量细根，严重时根密集成簇，在根结上方生出侧根是北方根结线虫侵染的特征（彩图9-17-1）；花生根结线虫为害所形成的根结较大或稍大，症状特点为根结与粗根结合，根结大并包着主根。花生荚果受侵染后，荚壳上的虫瘿呈褐色疮痂状突起，幼果上的虫瘿乳白色略带透明状，而根颈部及果柄上的虫瘿往往形成葡萄状的虫瘿穗簇。

花生根结线虫病引起的根结与固氮根瘤容易混淆。主要区别是：虫瘿长在根端，呈不规则状，表面粗糙，并长有许多小毛根，剖视可见乳白色沙粒状的雌虫；根瘤则长在根的表面，圆形或椭圆形，表面光滑，不长小毛根，容易脱落，内呈褐色海绵状，内有共生细菌（根瘤菌）脓液。

三、病原

我国花生根结线虫病有两个病原线虫，即北方根结线虫（*Meloidogyne hapla* Chitwood）和花生根结线虫［*M. arenaria*（Neal）Chitwood］，属垫刃线虫目异皮线虫科根结线虫属。北方根结线虫主要分布于北方花生产区，是为害我国花生的主要根结线虫；花生根结线虫主要分布在南方花生产区。

图 9 - 17 - 1 根结线虫雌虫的会阴花纹（引自 Perry 等，2006）

Figure 9 - 17 - 1 Perineal pattern of female root - knot nematodes (from Perry et al.，2006)

1. 花生根结线虫 2. 北方根结线虫

北方根结线虫：雌虫梨形或袋形，排泄孔位于口针基部球后，会阴花纹圆至卵圆形，背弓低平，侧线不明显，近尾尖处常有刻点，近侧线处无不规则横纹。雄虫蠕虫形，头区隆起，与体躯界限明显，侧区具 4 条侧线。头感器长裂缝状。幼虫体长 347～390μm，头端平或略呈圆形，头感器明显。排泄孔位于肠前端，直肠不膨大，尾部向后渐变细。

花生根结线虫：雌虫乳白色，梨形，大小为 405～960μm，口针基部球圆形，向后略斜。会阴花纹圆或卵圆形，背弓低，环纹清楚，侧线常常不明显。近尾尖处无刻点，近侧线处有不规则横纹，有些横纹伸至阴门角。雄虫细长灰白，头略尖，尾钝圆，导刺带新月形，大小为（1272～2226）μm×（35～53）μm。幼虫体长约 448μm，半月体紧靠排泄孔前，直肠膨大，尾部向后渐细，末端较尖。

花生根结线虫与北方根结线虫的主要区别是前者雌虫阴门近尾尖处无刻点，近侧线处有不规则的横纹，雄虫体较长，达 1800μm；而后者雌虫阴门近尾尖处常有刻点，近侧线处没有横纹（图 9 - 17 - 1）。根结线虫基因组 DNA 和 rDNA 指纹图谱分析技术用于种和小种的鉴定灵敏、可靠，在根结线虫种、小种的鉴定上十分有效。

四、病害循环

（一）侵染来源

花生根结线虫可以卵、幼虫在土壤中越冬，包括在土壤中、粪肥中的病残根上的虫瘿以及田间寄主植物根部的线虫。因此，病地、病土、带有病残体的粪肥和田间的寄主植物是花生根结线虫病的主要侵染来源。

（二）传播途径

在很长一段时间内，国内一直认为花生荚果、叶柄上虫瘿内的线虫通过种子调运远距离传播，因此把线虫列为检疫对象，并把检测荚果作为检疫的主要手段。近年来经山东省花生研究所试验证明，当荚果含水量低于 26.1%时，线虫全部死亡。因此，充分干燥的荚果是不传病的。所以，田间传播主要是由病残体、病土、病肥中及其他寄主根部的线虫经农事操作和流水传播。

（三）侵染及发病过程

线虫卵在春天平均地温为 12℃时开始孵化。刚孵化的幼虫为仔虫期幼虫，在卵壳内脱第一次皮后脱壳而出，发育成侵染期幼虫。随着土壤温度的升高，越冬幼虫与刚孵化的幼虫在土壤中开始活动；当平均地温达到 12℃以上时，春播花生的胚根刚萌发，侵染期幼虫就能从根端侵入，由根皮细胞向内移动，经过皮层，头部钻入中柱或中柱的分生组织，用吻针对细胞壁进行频繁穿刺，最后吻针插入细胞内，由食道腺分泌毒液，破坏中柱细胞的正常生长，引起薄壁组织细胞过度发育、核多次分裂，形成多核和核融合的巨型细胞，并以此为中心增生性生长，形成突起的瘤状根结（虫瘿）。在根组织内的幼虫，取食巨型细胞内的液汁，作为其生长发育所需的营养。当雌、雄虫发育成熟后，雌成虫仍定居于原处组织内继续为害、产卵，不再移动；雄虫则可离开虫瘿到土壤中，钻入其他虫瘿与雌虫交配。雌虫产卵集中在卵囊内，卵囊一端附于阴门处，一端露于虫瘿外或埋于虫瘿内，雌虫产卵后即死亡。卵在土壤中孵化成侵染期幼虫，继续为害花生。卵囊内卵的孵化不是同期完成的，延续期可长达 4～5 个月。

（四）消长规律

据在山东省烟台地区观察，北方根结线虫 1 年完成 3 个世代，第一代约需 50～62d，于 6 月下旬到 7 月上旬完成；第二代约需 32～46d，于 8 月下旬完成；第三代约需 44～56d，于 10 月下旬完成。花生根结线虫在广东花生上发生 3～4 代，田间存在世代重叠现象，线虫可反复侵染为害，最后再以卵、幼虫和虫瘿越冬。

五、流行规律

（一）土壤温、湿度

土壤温度为 12～34℃时幼虫均能侵入花生根系，最适温度为 20～26℃，4～5d 即能侵入，土温高于 26℃时，侵入困难。土壤含水量 70%左右最适宜根结线虫侵入，20%以下或 90%以上均不利于根结线虫侵入。土壤内的线虫可随土壤水分的变化而上下移动。

（二）土壤质地

花生根结线虫病多发生在沙土地和质地疏松的土壤上，尤其是丘陵山区的瘠薄沙土地、沿河两岸的沙滩地发病严重。温度较高、通透性和返潮性较好的土壤，有利于线虫生长发育、生存和大量繁殖，通气性不良的黏质土、碱性土不利于根结线虫的生长发育。

（三）耕作制度

常年连作田发病重，与非寄主作物轮作田发病轻，生茬田种植花生则很少发病。早播的花生比晚播的花生发病重，一般 5 月播种的花生发病重，6 月播种的花生发病轻。

（四）野生寄主

花生田寄主杂草的种类和密度及其受根结线虫为害程度，与花生病害的发生轻重有密切关系，野生寄主多，发病重，反之则轻。

（五）水流及灌溉

花生根结线虫病田内的线虫及病残体可随着雨水和灌溉水转移到无病地，这是该病扩展蔓延的主要途径。因此，河流两岸的花生田、下水头田及过水田发病严重。

（六）农事活动

病土和病残株随人、畜、农具的携带而传播。用病残株沤粪积肥，施入无病田亦使病害扩大蔓延。

六、防治技术

（一）农业防治

北方花生产区实行花生与玉米、小麦、大麦、谷子、高粱等禾本科作物或甘薯实行 2～3 年轮作，能有效减少土壤内线虫的虫口密度，轮作年限越长，效果越明显。

深翻改土，多施有机肥，创造花生生长的良好条件，增强抗病力，是农业防治的一项重要措施。花生收获后深翻，可把根上线虫带到地表，通过阳光暴晒和干燥消灭一部分线虫。修建排水系统，清除田内外的杂草和野生寄主，都可减轻花生根结线虫病为害。

种植诱捕作（植）物是一种降低线虫群体数量的好方法，但要注意及时销毁诱捕作（植）物。

（二）选育和应用抗病品种

选育和应用抗性品种是防治花生根结线虫病的重要途径。美国已在野生花生中发现了对花生根结线虫表现高抗的材料如 *A. cardenasii*、*A. batizocoi*、*A. diogoi* 等，通过抗性转育而培育出了抗线虫病的 COAN、NemaTAM 等品种。山东省花生研究所经多年在病圃对花生种质资源筛选鉴定发现，花生不同类型和不同品种对北方根结线虫的抗性有明显差异，已选出 2 份高抗、3 份中抗资源作为亲本用于抗病育种。除常规抗病育种外，国外近年从番茄中克隆获得了抗根结线虫的 *Mi* 基因并开展抗性分子机制的研究，为通过基因工程技术培育抗根结线虫作物品种提供了新的途径。

（三）生物防治

国外研究发现，淡紫拟青霉（*Paecilomyces lilacinus*）和厚垣轮枝孢（*Verticillium chlamydo-*

sporium）能明显降低花生根结线虫群体和消解其卵。国内调查表明，卵寄生真菌对花生根结线虫的自然寄生率一般为5%左右，有的高达10%甚至30%。此外，有研究发现，一些土壤根际细菌属如 *Pseudomonas* 和 *Agrobacterium* 的某些种能抑制根结线虫卵的孵化和二龄幼虫的生长，为根结线虫病的生物防治提供了更多的微生物资源。

（四）化学防治

常用的杀线虫剂有熏蒸剂、触杀或内吸性的非熏蒸剂。

1. 熏蒸剂 常用熏蒸剂及用量：99.5%氯化苦液剂每公顷施500kg，或98%棉隆微粒剂每公顷施45～75kg等，在播种前20～30d结合春耕施药，沟深20cm，沟距30cm，将药均匀施于沟底并立即覆土，以防止挥发，并压平表土，密闭闷熏。熏蒸剂剧毒、易挥发，使用时要注意保障人畜安全。

2. 内吸剂 常用的内吸剂及用量：5%涕灭威每公顷施45kg，15%涕灭威颗粒剂每公顷施15kg，10%克线磷颗粒剂每公顷施30～60kg，3%克百威颗粒剂每公顷施75kg，播种时用药盖种或撒于播种沟内。

3. 触杀剂 常用触杀剂及用量：80%丙线磷颗粒剂每公顷施22.5～30kg、10%克线丹颗粒剂每公顷施30kg，结合播种施药于播种沟内，沟深15cm，与种子隔离施用，以防发生药害。此外，40%甲基异柳磷乳油每公顷施30kg，在线虫病轻而虫害重的地块，结合播种施药可同时防治线虫病和其他地下害虫。

迟玉成　袁美　王磊（山东省花生研究所）

第18节　花生立枯病

一、分布与危害

花生立枯病在我国主要分布于北方的吉林、辽宁、山东、河北、河南和长江流域的江苏、江西、安徽、湖北及湖南等花生产区。该病害在花生的各个生育期均能发生，但主要以花生发芽出苗期和苗期受害最为普遍，田间发病率一般在5%～10%，严重的可达30%以上，造成田间基本苗不足而影响产量。在一些产区花生生长中后期发生叶片腐烂现象（叶腐病），也是立枯病菌所致，由于成片叶片快速腐烂和植株枯死，可导致花生减产20%～30%，并引起烂果而严重影响花生品质。

二、症状

花生播后出苗前受病菌侵染会导致种子腐烂而不能出苗，缺苗断垄。出土的幼苗受病菌侵染后会在近地表的茎基部（上胚轴和下胚轴）出现褐色凹陷斑（彩图9-18-1），病斑扩展导致幼苗表皮和维管束严重受损而枯死，此时幼苗叶片还很少，植株上部发病较轻，所以植株枯死时还能保持直立。病菌侵染根系可引起根系腐烂，也将导致全株枯萎，对根系的侵染也以苗期为主。在花生成株期病菌也会侵染花生，侵染通常在茎秆和下部叶片开始发生，在茎、叶尖和叶缘产生暗褐色病斑，在潮湿条件下，病斑可迅速扩展，叶片变黑褐色干枯卷缩，容易发生快速腐烂。叶片腐烂症状在湿度大的田块（尤其是稻田）更容易出现，在田间呈片状分布。在受侵染的部位可见灰白色棉絮状菌丝，尤其在成株期发病时，田间易见蛛丝状菌丝由下部向植株中、上部茎和叶片蔓延，菌丝生长到一定时间和数量会形成灰褐色或黑褐色的菌核。植株发病轻时，仅下部叶片腐烂，提前脱落；严重时中、上部叶片也可腐烂，植株干枯死亡，导致严重减产。病菌还可侵染入土的果针和荚果，导致荚果腐烂，籽仁品质下降，甚至加剧黄曲霉毒素的污染。

三、病原

花生立枯病病原为立枯丝核菌（*Rhizoctonia solani* Kühn），属担子菌无性型丝核菌属。国内尚缺乏对菌丝融合群的研究。据国外报道，该菌群从花生种子和荚果分离的病菌属多核（每个细胞4个以上核）的AG2和AG4组，从叶片和茎秆病组织分离的病菌属AG1和AG4菌丝融合群。病菌在马铃薯琼脂培养基上产生匍匐状气生菌丝，菌丝分枝处呈直角，基部稍有缢缩。菌丝有分隔，宽4～15μm，白色至深褐色。菌丝紧密交织而形成菌核，菌核初呈白色，后变黑褐色，圆形或不规则形。有性型为瓜亡革菌［*Thanatephorus cucumeris*（Frank）Donk］，属担子菌门亡革菌属。一般在土表或病残体上形成一层白色菌膜，子实体一般为一紧密的薄层，浅黄色。担子近棍棒形，大小为（12～18）μm×（8～11）μm，顶生4个小梗，每个小梗顶生1个担孢子；担孢子长椭圆形，单细胞，无色，大小为（7～12）μm×（4～7）μm。该菌的寄主植物种类很多，国内报道有74种，包括水稻、棉花、大豆、芝麻、番茄、烟草、菜豆、黄瓜等。

四、病害循环

花生立枯病菌以菌核和附在病残体上的菌丝越冬。花生立枯病菌是一种土壤习居菌，能在很多土壤里长期存活，也可以在花生荚果上和荚果内种子上越冬。播种带菌的花生种子，或在病土上种植花生，都可以引起立枯病的发生。在合适条件下，菌丝萌发侵染花生，病原菌通过花生植株组织伤口或直接从寄主表皮组织侵入。病菌分泌纤维素酶和果胶酶及真菌毒素杀死寄主组织，以便从分解的植物组织中吸取营养供其生长需要。在花生成株期，这一病害主要发生在结荚期，北方产区发病盛期一般为7月底至8月初，南方发病相对早一些。如果花生植株徒长、密度过大通风不良或因连续阴雨导致高温高湿的小气候，病害容易大发生。一般地势低洼、排水不畅、土壤湿度大的花生田和常年连作田病害重。

五、流行规律

侵染花生的立枯丝核菌菌系生长温度为10～38℃，最适为28～31℃。菌核在12～15℃开始形成，以30～32℃形成最多，40℃以上则基本不能形成。高温多雨、田间积水有利于发病。偏施氮肥、生长过旺、田间郁闭可促进病害的发生和蔓延，前茬为水稻等纹枯病发生重的田块花生立枯病发生也较重。

六、防治技术

（一）选用抗病品种

花生不同品种之间对立枯病（叶腐病）具有一定的抗性差异。中花6号、粤油7号、粤油13等品种具有相对较强的田间抗性。

（二）合理轮作

实行花生与玉米、小麦等禾本科作物轮作，但由于马铃薯、大豆、菜豆或棉花也受立枯丝核菌的侵害，所以在病害常发区域这些作物不宜与花生轮作，或应避免以这些作物为前茬。

（三）农业防治

改善田间排灌条件，做到平衡施肥，合理密植，促进植株健壮生长，增强植株抗病力。收获后及时将花生病残体清理干净，深埋或烧毁。留种用花生收获后要尽快晒干，减少种子带菌，并注意在干燥条件下保存。播种前对花生果进行暴晒，然后再剥壳，精选种子，剔除色泽不正常的带病种仁和发育不完全的瘪、小种仁。播种不能过早，切忌过深。

（四）处理种子

采用杀菌药剂处理种子，综合防治花生立枯病、茎腐病、根腐病，可防治花生的烂种和死苗。成株期立枯病和叶腐病的防治可喷施石灰过量式（1∶2∶200）的波尔多液，或喷25%多菌灵可湿性粉剂500～600倍液，每隔10d左右喷1次，连续喷2～3次，可取得良好的防治效果。

陈坤荣（中国农业科学院油料作物研究所）

第19节　花生冠腐病

一、分布与危害

花生冠腐病又名黑霉病、曲霉病，是一种常见的土传病害。病菌从种子脐部、受伤的子叶或直接从种皮侵入，在发芽前或发芽后直接造成烂种。花生种子出苗后，病菌可从残存的子叶处侵染茎基部或根颈部，导致子叶和根冠部位（子叶及第一对分枝着生部位）腐烂，最终造成缺苗断垄。在印度和美国的花生产区，冠腐病是一种严重的病害，每年引起的花生产量损失均在5%左右，发生严重地区减产可达40%。我国多数花生产区也有冠腐病的发生，虽然大多数地区只是零星发生，一般不造成重大经济损失，但随着连作重茬和不良气候的影响，花生冠腐病的发生为害有逐年加重的趋势，尤其是在中部和南方地区已成为常发性病害。

二、症状

花生从播种出土到成熟前都可以感染冠腐病，但主要在花生苗期或生长前期。冠腐病主要侵害未出苗种子、萌发的子叶和植株茎基部，尤其以茎基部受害最为常见。受侵染后，根冠部最初出现稍凹陷的黄褐色病斑，病斑边缘呈褐色，随着病斑的扩大，表皮组织发生纵裂，呈干腐状，最后病部只剩下破碎的纤维组织，维管束变深褐色，地上部茎叶呈现失水状态，叶片对合，失去光泽，随后叶缘微卷，植株很快枯萎死亡。在潮湿的环境中，病部丛生黑色霉状物，即病原菌子囊和分生孢子。将病部纵向切开，可见维管束和髓部变褐色。拔起病株时，易从茎基的病部折断（彩图 9-19-1）。如果病害发生在茎节以下的根颈部，土壤若潮湿，仍能长出新根，病株还能恢复生长。

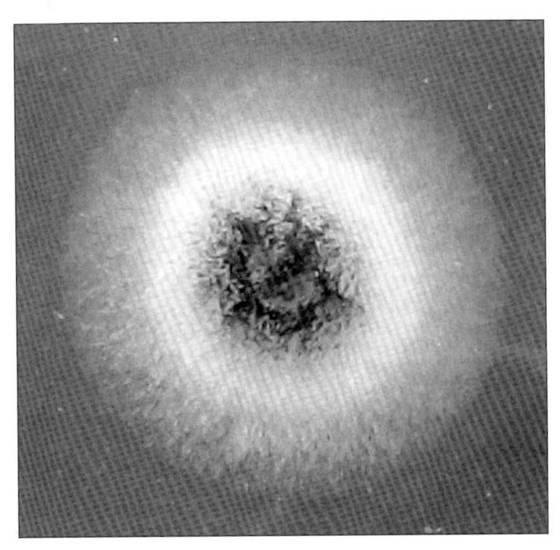

图 9-19-1　PDA 培养基上的黑曲霉
（晏立英提供）
Figure 9-19-1　*Aspergillus niger* on PDA medium (by Yan Liying)

三、病原

花生冠腐病的病原为黑曲霉（*Aspergillus niger* Tiegh.），属子囊菌无性型曲霉属。分生孢子梗无色或上部 1/3 呈黄褐色，光滑，长 200～400μm，有的长达数毫米，宽 7～10μm，有的达 20μm 以上；顶端膨大成球形或近球形，直径 20～50μm，大的可达 100μm，无色或黄褐色；球状体着生放射状小梗，串生圆形、单胞、褐色分生孢子。分生孢子大小为 2.5～4μm。在马铃薯培养基上，初期菌丝白色，能分泌黄色素。分生孢子形成后，菌落变为黑色（图 9-19-1）。病菌生长的适温为 32～37℃，在土壤中 30～35℃条件下生长最快，能耐较低的土壤湿度。除侵染花生外，*A. niger* 还能侵染棉花、苹果、石榴、柑橘、梨、酸枣、香蕉和无花果等。

四、病害循环

花生冠腐病菌以菌丝或分生孢子在病株残体、种子和土壤中的有机物上越冬，为翌年初侵染菌源。带菌种子播种后，分生孢子萌发形成菌丝，从种子脐部和子叶间隙侵入，也可以直接从种皮侵入。花生苗出土后，病菌可以从残存的子叶处侵染茎基部或根颈部。病部产生分生孢子，随风、雨、气流传播，进行扩大再侵染。

五、流行规律

黑曲霉是一种弱寄生菌，能在土壤中腐生，只能侵染生活力弱或受伤的花生组织，如播种后不能正常萌发的种子、因环境低温或水分胁迫发芽慢的种子、失去生活力的子叶以及近地面易受伤的部位等。冠腐病的发生与种子质量好坏有密切关系，凡荚果受潮、发热、霉捂而生活力较弱的种子，播种后都易感染。高温、高湿条件，或间歇性干旱和多雨，都有利于该病的发生。播种过深导致幼苗迟迟不能出土，发病加重；田间排水不良，耕作栽培粗放，常年连作的花生田发病重。其他病害发生严重，能加剧该病的发生，该病常与花生青枯病、白绢病、根腐病、茎腐病等混合发生，统称为“死棵或枯萎病”。花生品种对冠腐病抗性存在差异，一般直立型较蔓生型花生抗病。花生团棵期达到发病高峰，后期发病较少。以收获时种子堆发热受冻或入仓时晒得不干的种子作种，则易感染该病。

六、防治技术

（一）选用抗病品种

不同花生品种之间存在对冠腐病抗性的差异。一般珍珠豆型品种的抗性相对强于普通型大花生品种，而且珍珠豆型小粒品种发芽出苗速度快，对苗期低温的忍耐力较强，发病率较低。因此，在发病重的地区，以选用珍珠豆型或中间型的品种为宜，如远杂9102、中花16、白沙1016等。

（二）把好种子质量关

把好花生种子质量关是防治冠腐病最主要的措施之一。要在无病田选留花生种子，迅速晒干，单独保存，储藏期防止种子受热霉捂。播种前晾晒几天后剥壳选种。播种前选用饱满无病、没有霉捂的种子。

（三）栽培防治

花生播种不宜过深，适当浅播晚播，播深均匀。播种后遇雨时，雨后及时松土，增加土壤通气性，以利出苗。加强田间管理，及时排除积水，促使花生健壮生长，减轻病害。田间除草松土时不要伤及花生根部。

（四）化学防治

用种子重量0.2%～0.5%的50%多菌灵可湿性粉剂拌种或用药液浸种，可取得良好的防病效果。戊唑醇、咪鲜胺、醚菌酯、多菌灵、福美双对冠腐病菌具有良好的防治效果。对于冠腐病发生严重的田块，播种时采用药剂拌种处理防治。对于冠腐及其他花生常见病害混合发生的田块，可在团棵期灌墩防治。

曲明静（山东省花生研究所）

第20节 花生菌核病

一、分布与危害

花生菌核病包括花生叶部菌核病、花生小菌核病和花生菌核茎腐病。花生菌核病主要发生在花生生长的中后期，由菌丝体在病体上纠结形成菌核，故此而得名。花生叶部菌核病通常称为花生菌核病，花生茎枝和荚果上发生的菌核病称为花生小菌核病，花生菌核茎腐病通常称为花生大菌核病。在花生上能结菌核的病害除以上3种外，还有花生立枯病、花生紫纹羽病、花生纹枯病、花生炭腐病、花生白绢病、花生叶腐病等，为便于比较，特将不同真菌性病害的症状等特征列入表9-20-1。

表9-20-1 花生菌核病病原和症状特点比较

Table 9-20-1 Comparison of pathogens and symptoms of peanut diseases with sclerotinia

病害	病原菌学名	侵害部位	主要症状	菌核形态		
				大小	形状	颜色
花生叶部菌核病	*Rhizoctonia solani*	叶片、茎秆、荚果	圆或不规则水渍状斑点，株枯	0.5～3.5mm	不规则形，表面粗糙	黑褐色，内外色一致
花生小菌核病	*Botryotinia arachidis*	叶片、茎秆、荚果等	圆或不规则形斑，株枯	0.5～2.5mm	不规则形，表面粗糙	外黑内白
花生菌核茎腐病	*Sclerotinia miyabeana*	茎秆	不规则赤褐色大斑，株枯	大小不一	不规则形，表面粗糙	黑色
花生立枯病	*Rhizoctonia solani*	植株各部器官	凹陷伤痕，芽枯、株枯	大小不一	扁平不规则	褐至黑褐
花生叶腐病	*Rhizoctonia solani*	叶片边缘、茎秆、荚果	褐色或黑褐色病斑，株枯	(0.34～3.5) mm ×(0.25～1.9) mm	圆形或扁圆形	褐色或黑褐色
花生纹枯病	*Rhizoctonia solani*	主要叶片、茎秆	圆或水渍状不规则斑，株枯	大小不一，多为绿豆大	圆形至卵圆形	褐色至暗褐色
花生炭腐病	*Rhizoctonia bataticola*	茎基部	赤褐色不规则大斑，株枯	0.5～1.0mm	圆或不规则形，表面光滑	黑色
花生白绢病	*Sclerotium rolfsii*	茎基部	病体地表一层白绢，株枯	0.5～2.0mm	近圆形表面光滑	深褐色
花生紫纹羽病	*Helicobasidium mompa*	茎基部、根及荚果	叶尖黄，植株生长迟滞，病部有紫色霉	大小不一	扁球形	褐紫至黑紫

（一）花生叶部菌核病

花生叶部菌核病是我国花生产区发生的一种新病害。该病在我国大部分省份花生种植地区都有发生，特别是山东、河南、安徽、广东等省发生尤为严重，一般导致减产 15%～20%，发病重的年份减产达 25%以上。1993 年在莱西花生实验地块植株呈点片枯死，死亡率高达 30%以上，为害较重。由于该病侵害叶片，很快造成叶片脱落，蔓延至茎秆，致全株枯死，故严重影响产量和质量。引起花生减产程度的大小取决于发病的早与晚，发病的早晚又取决于 6～7 月雨季的早与晚，雨季来得早，发病早且为害重，否则相反。目前，该病害发生越来越普遍，但很容易与花生叶腐病、花生纹枯病等病害混淆。

花生叶部菌核病菌寄主范围广泛，除侵染花生外，还可侵染水稻、棉花、大豆、番茄、菜豆、黄瓜、向日葵等多种作物。

（二）花生小菌核病

花生小菌核病主要分布于吉林、甘肃、新疆、广西、四川、云南、广东、山东和安徽等地。一般为害不大，个别地区和田块、雨水多的年份为害严重。花生小菌核病与花生大菌核病相似，但比花生大菌核病为害重、分布更广。

花生小菌核病菌除侵染花生外，还可侵染鳢肠、油莎草等植物。

（三）花生菌核茎腐病

花生菌核茎腐病又称花生大菌核病。主要分布于山东、山西、河南和江苏等地，一般为害不大。

二、症状

（一）花生叶部菌核病

花生叶部菌核病的症状特点随着田间湿度的不同而有所变化。当花生进入花针期，病菌首先侵染叶片，总趋势是自下而上，随着病害发展也可侵害茎秆、果针等地上部分。若天气干旱，叶片上的病斑呈近圆形，直径 0.5～1.5cm，暗褐色，边缘有不清晰的黄褐色晕圈；在雨量多、田间湿度大、高温高湿条件下，叶片上的病斑为水渍状、不规则黑褐色大斑，边缘晕圈不明显。感病叶片干缩卷曲，很快脱落。茎秆上病斑长椭圆或不规则形，稍凹陷，导致茎秆软腐，轻者造成烂针、落果，重者全株枯死。田间湿度大时，病组织表面常有白色蛛丝状的菌丝，落叶丝连，故其在田间往往呈点片发生。菌体上的菌丝逐渐纠结成团，初呈白色小绒球状，逐渐变为褐色至黑褐色菌核，变得越来越坚密。菌核近圆形或不规则形，大小不一，小的如小米粒，大的不小于绿豆粒，其直径为 1.0～3.5mm。表面较粗糙，内外颜色一致。

（二）花生小菌核病

花生小菌核病常发生在花生生长后期，侵害叶片、茎、果柄、荚果等各个部位。初期在叶片上产生近圆形、直径 3～8mm 不明显的轮纹状褐色病斑。潮湿时，病斑呈水渍状。茎上病斑由褐色变深褐色，进一步蔓延扩大，造成茎秆软腐，植株萎蔫枯死。在潮湿条件下，病斑上布满灰褐色绒毛状霉状物和灰白色粉状物，即病菌菌丝、分生孢子梗和分生孢子。花生接近收获时，在病组织内外产生大量黑色小菌核。果针易受害，使荚果掉落在土内。荚果受害后变褐色，表面及内部都可产生白色菌丝和黑色菌核，种子腐败干缩。

（三）花生菌核茎腐病

花生菌核茎腐病与小菌核病的症状相似，多发生在花生生长的后期，主要侵害花生的茎，也能侵害根、荚果、叶片和花。茎部的病斑初为水渍状暗褐色，不规则形；在潮湿的情况下，病部组织很快软化腐烂，颜色逐渐由深变浅而呈灰褐色。

病部皮层组织撕裂而呈纤维状，往往露出白色的木质部。病部表面长满棉絮状的菌丝层，茎、叶逐渐枯死。后期病部产生鼠粪状、大小不一的黑色菌核，潮湿时菌核产生在病部表面，干燥时菌核产生在髓腔之内（彩图 9-20-1）。菌核初为白色，以后变黑褐色且坚硬。荚果受害后腐烂，并长出棉絮状菌丝，荚果内部也能产生菌核。

三、病原

（一）花生叶部菌核病

花生叶部菌核病病原无性阶段为立枯丝核菌（*Rhizoctonia solani* Kühn），属担子菌无性型丝核菌属，

AG1-IA菌丝融合群（标准菌株为国际普遍采用的Ogoshi的融合群标准菌株：AG1-IA、AG1-IB、AG1-IC）。该菌与花生立枯病菌、花生纹枯病菌、花生叶腐病菌不同，不属于一个菌丝融合群。有性型为瓜亡革菌［*Thanatephorus cucumeris*（Fr.）Donk］，属担子菌门亡革菌属。

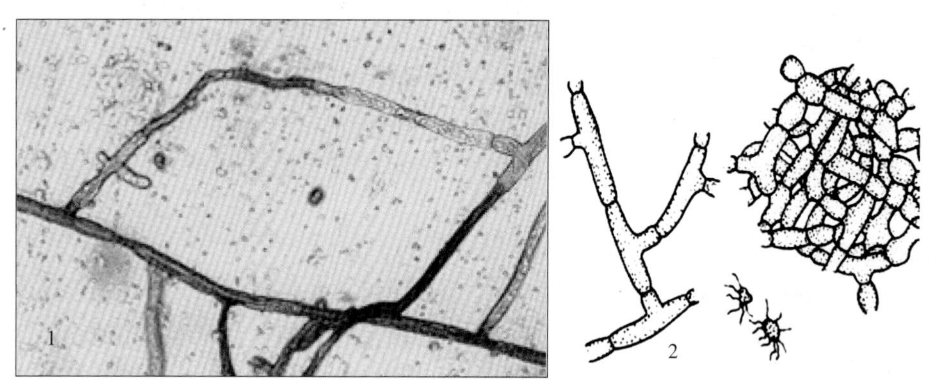

图9-20-1 立枯丝核菌形态特征（迟玉成提供）
Figure 9-20-1 Morphology of *Rhizoctonia solani* (by Chi Yucheng)
1. 菌核菌丝融合群鉴定 2. 菌丝细胞内有多个细胞核

在PDA培养基上，菌落呈圆形，黄白色，长绒毛状菌丝体向四周放射生长，3～4d菌丝开始结核。初生菌丝有隔膜，分枝呈锐角，分枝处缢缩，分枝不远处有一隔膜，细胞内有多个细胞核（图9-20-1）。老熟菌丝黄褐色，后期形成黑褐色菌核。菌丝直径6.0～12.5μm。子实体为一紧密薄层，浅黄色。担子近棍棒形，大小为（12～18）μm×（8～11）μm，顶生4个小梗，每个小梗顶端生一个担孢子；担孢子近长椭圆形，单细胞，无色，大小为（7～12.5）μm×（4～7）μm。

花生叶部菌核病菌生长的温度为5～40℃，最适温度为25～30℃，在适宜温、湿度条件下生长迅速，长势旺，在最适温度范围内培养3d即长满培养皿，第四天即产生菌核。在10℃和35℃下仍能较慢生长，7d才长满培养皿并产生菌核。

病原菌适宜生长的酸碱度范围较广，在pH3～14条件下均能生长，适宜生长的pH为5～9，培养第三天即长满培养皿，第四天即结核。最适宜pH为7，菌落生长速度最快，第二天菌落直径即达到3.0～5.6cm，第三天即长满培养皿。临界生长的pH为3和14，当pH为1和15时均不能生长。

花生叶部菌核病菌菌核对光照不敏感，有光、无光，或在不同光照条件下均能正常生长发育，生长基本一致。

花生叶部菌核病菌耐旱性较强，于室内干储4年半仍有12.8%的菌核有生命力，但失去侵染能力。而于室内干储半年的菌核100%有较强的生命力和侵染力。

（二）花生小菌核病

花生小菌核病菌国内外报道种类有落花生核盘菌（*Sclerotinia arachidis* Hanzawa），小核盘菌（*Sclerotinia minor* Jagger）、花生葡萄孢盘菌［*Botryotinia arachidis*（Hanzawa）Yamamoto］，但*Botryotinia arachidis*（Hanzawa）Yamamoto比较准确，属子囊菌门葡萄核盘菌属。病菌无性型为葡萄孢属（*Botrytis* spp.），分生孢子梗直立，细长，褐色，有隔膜，顶端对生分枝，分枝上部着生分生孢子；分生孢子无色或浅灰色，单胞，卵圆形或椭圆形，大小为（6～12）μm×（6～9）μm。菌核不规则状，外层黑色，内部白色，大小为（1～2.5）mm×（0.5～1.5）mm。菌核在土表萌发，初生分生孢子，后形成1至数个子囊盘。子囊盘初呈圆柱形，后变为漏斗状，顶部扁平，直径约0.6mm。子囊棍棒形，略有弯曲，子囊内生8个透明、扁椭圆形、单胞子囊孢子。子囊孢子大小为（11～14）μm×（6～7）μm。菌核一般很少形成子囊盘，多形成葡萄孢（*Botrytis*）型的分生孢子。

（三）花生菌核茎腐病

花生菌核茎腐病菌有性阶段为宫部核盘菌（*Sclerotinia miyabeana* Hanzawa），为子囊菌门核盘菌属真菌。菌核黑色，圆柱形或不规则形，似鼠粪，表面平滑或微皱缩，大小为(3～12)mm×(3～5)mm，较花生小菌核病菌的菌核要大一些。菌核外皮由2～4层（一般3层）近圆形细胞组成，组织比较松散。菌核萌发长出几个子囊盘，初呈圆柱形，后变漏斗状，直立或稍弯曲，柄长15mm、宽3mm，上部黄褐色，基部黑褐色，顶部盘状扁圆形，黑褐色，直径3.5～4mm。盘内形成多个子囊，排列成层。子囊无色，棍棒形，大小为（130～170）μm×（10～15）μm，内生8个子囊孢子，排成1行。子囊孢子无色，单胞，椭圆形，大小为（10～15）μm×（5～7）μm；子囊孢子成熟后，从顶端孔口强烈射出；子囊间有侧丝，侧丝丝状，顶端膨大，有隔膜，直径3～6μm。菌核在一年之中可产生两次子囊盘，一次在春季，另一次在秋季。病菌无性型为葡萄孢属（*Botrytis* spp.）真菌的一种，产生小型分生孢子，无色，单细胞，球形，大小为3.6～6.2μm。

四、病害循环

（一）花生叶部菌核病

花生叶部菌核病初侵染源来自残留于土壤中的病残体，以菌核为主在土壤中越冬。再侵染发生在病株与健株相互接触时，病部的气生菌丝攀缘到健株的枝叶上，连续蔓延扩展，重复侵染。病菌也可以随人、畜田间作业携带或病体随流水、风力进行传播。

（二）花生小菌核病

花生小菌核病菌以菌核在病残株、荚果和土壤中越冬，菌丝体也能在病残株中越冬。翌年小菌核萌发产生菌丝和分生孢子，有时产生子囊盘，释放出子囊孢子。分生孢子和子囊孢子借风雨传播，菌丝也能直接侵入寄主，分生孢子和子囊孢子萌发产生芽管，多从伤口侵入；从侵染到发病约需1周时间，发病即长出分生孢子梗及分生孢子，进行再侵染。产生菌核需18d，在一个季节里可有多次再侵染。通常连作地病害重，高湿促进病害扩展蔓延，并进一步加重病情。

（三）花生菌核茎腐病

花生菌核茎腐病菌以菌核在土壤和病株残体中越冬，菌丝体也可以在病株残体中越冬；在干燥条件下，病组织中的菌丝体可以存活8个月。翌年菌核萌发产生子囊盘，释放子囊孢子，借风雨或气流传播，从伤口侵入，引起发病。病菌随荚果或果仁的调运也可作远距离传播。

五、流行规律

（一）花生叶部菌核病

花生叶部菌核病发病初期，在我国北方产区一般为7月上旬，高峰期为7月下旬至8月中旬。在南方产区（广东），始发期和盛发期相应提早半月左右，为6月中、下旬，盛发期为7月上、中旬至8月初。高温高湿有利于菌核病的发生蔓延，如连续阴雨，温度又较高或田间小气候郁闭，易引起该病流行。北方产区，1993年和1998年是花生生长期间降雨较多的年份。1993年田间平均发病率为20.3%，最重的地块为34%；1998年田间平均发病率为27.8%，最重的地块高达46.2%；2002年降水量为常年水平，平均田间发病率为14.5%。广东，2000年花生生长期间降雨较多，大田调查，平均病株率为24%。地块低洼或排水不畅、内涝积水的田块发病较重；重茬地易发病。品种间抗性差异显著，高抗品种一般年份发病率很少超过10%，而高感品种发病率高达50%以上。由于病原菌的特性是对温度、pH的适应范围较大，对光照不敏感，耐旱性和耐水性较强，有较强的生命力和侵染能力，因而发病率较高，蔓延较快。

（二）花生小菌核病

花生小菌核病的菌核在适宜的条件下萌发，以菌丝体侵染花生。菌核萌发和侵染的适宜温度为17～21℃，相对湿度大于95%，土壤pH为6.5。在适宜条件下，花生叶、茎、荚果均可被侵染，通常在土壤2.54cm以上土层部分受害最重。受伤害植株更易被侵染。

（三）花生菌核茎腐病

一般花生连作田病害发生严重；土壤黏重，排水不良，可促进病害的发生。

六、防治技术

（一）选用抗病品种

对花生叶部菌核病抗性较好的大果类型品种有鲁花11、鲁花8号、鲁花9号、潍花6号、豫花5号等，小果类型抗性较好的有青兰2号、S17、白沙、鲁花15等。对小菌核病抗性较好的品种有VA-98R、VA 93B、Perry等。

(二) 减少初侵染源

花生菌核病初侵染源来自土壤，可通过控制病原基数减轻病害发生。在花生播种时，将除草剂与杀菌剂混合后同时喷洒到地面，可达到防病除草的双重目的。试验结果较好的药剂组合有：灭菌威＋乙草胺、绿亨2号＋乙草胺、锰锌·霜脲＋乙草胺、菌核净＋乙草胺4个处理，平均防病增产幅度为8.87%～18.31%。另外，这些处理不仅防治菌核病效果显著，同时可兼治叶斑病和其他病害，饱果率和出仁率也明显比对照高。

(三) 化学防治

应用40%菌核净可湿性粉剂500倍液、50%多菌灵可湿性粉剂800倍液、25%溴菌腈可湿性粉剂500倍液、72%霜脲·锰锌可湿性粉剂600倍液等，在花生生长期间共喷药2～3次，每次喷药间隔10～15d，均有较好防治效果。用药剂拌种也有一定的防病效果，药剂拌种效果较好的有99%噁霉灵粉剂，用药量为种子重量的0.3%，防病效果在50%以上。

(四) 农业防治

运用有效的农艺措施防治花生菌核病，经济实用无公害，也是防治花生菌核病较好的途径之一。措施有轮作换茬、适度深耕、早耕与反转耕翻和及时清除病株残体等。

1. 轮作换茬 随着轮作年限的加长花生菌核病明显减轻。广东省农业科学院试验结果，花生与水稻轮作，品种为湛油30，连作的病株率为42.3%，轮作1年的病株率为29.8%，轮作2年的病株率仅为12.1%，轮作时间越长，病害减轻越明显。山东省花生研究所试验结果，品种为8130，连作田病株率为65.37%，与小麦、玉米轮作的病株率为34.83%，连作的比轮作的发病率高46.72%，说明轮作换茬是控制病害的较好措施。

2. 翻耕土地 由于花生菌核病的初侵染源来自土壤，所以可通过耕翻土地来降低病原基数以达到控制病害的目的。冬前用四铧犁深耕30cm比浅耕20cm的发病率减少10.3%；同样耕翻20cm，反转耕翻比常规耕翻病株率减少18.48%。另外，在花生生长期间，发现病株及时拔除就地烧毁，控制病原菌传播，防病效果较好。

迟玉成　吴菊香　鄢洪海（山东省花生研究所）

第21节　花生炭疽病

一、分布与危害

花生炭疽病在我国南、北花生产区均有一定的发生，迄今在河南、吉林、江西、湖南、山西等省都有过报道，但一般在生产上为害不大，减产程度均在10%以下。在国外，美国、印度、阿根廷、塞内加尔、坦桑尼亚和乌干达等国也有过该病发生的报道，但各国关于该病害的症状描述存在一定的差异，而且所报道的病原菌也不尽相同，有待进一步研究和统一。该病害主要侵害花生叶片，导致光合组织受损，引起叶片提前脱落，严重时引起植株提前枯死，从而导致花生减产和品质降低。

二、症状

花生炭疽病主要侵害花生叶片，尤以植株下部叶片发病较多，发病顺序为由下至上扩展。花生叶片受侵染后，多在叶缘或叶尖产生病斑（比黑斑病或褐斑病的病斑更大），其中，叶缘病斑呈半圆形或长半圆形，直径1～2.5cm；叶尖病斑多沿主脉扩展，呈楔形、长椭圆形或不规则形，病斑通常较大，其面积可占叶片面积的1/6～1/3（彩图9-21-1）。侵染初期的病斑为细小（1～3mm）的水渍状，黄色或褐色，后期则变为深褐色，病斑上有较明显的轮纹（这是在田间区别于早斑病和晚斑病症状的重要特征），病斑边缘一般有浅黄褐色的晕圈（但有时候不明显，主要与花生品种类型及抗性水平有关）。随着病程的进展，病斑中部出现黑褐色，病斑上着生较多的小黑点，即病菌的分生孢子盘。有时候，在田间可以观察到因炭疽病引起叶片穿孔的现象。据报道，不同区域花生炭疽病的症状存在一定的差异。如台湾的炭疽病斑直径3～6mm，圆形或不规则形，病斑边缘暗褐色，中央灰白色；非洲的病斑呈长圆形或圆形，大病斑可达半个叶片；印度的病斑呈暗褐色，直径1～3mm，在适宜条件下病斑迅速扩大，变成不规则形，可蔓延至整个叶片，甚至引起整株死亡。

三、病原

我国大陆报道花生炭疽病病原为平头炭疽菌［*Colletotrichum truncatum*（Schwein.）Andrus et Moore］，我国台湾曾报道为 *C. arachidis* Sawada（1909 年），属子囊菌无性型炭疽菌属真菌。国外报道为 *C. mangenoti* Che.（1952，非洲）、*C. capsici*（Syd.）E. J. But. et Bisby（1955，坦桑尼亚）和 *C. dematium*（Pers.：Fr.）Grove.（1967，印度）。

不同的病原菌形态不同。*C. truncatum* 具有褐色刚毛，大小为 76.5～122.4μm；分生孢子梗圆筒形或圆柱形，无色，单胞，大小为（12.9～18.0）μm×2.6μm（平均 15.4×2.6）；分生孢子镰刀形或新月形，无色，单胞，大小为（21.8～28.3）μm×2.6μm（平均 25.1×2.6）。

C. mangenoti 的分生孢子盘为扁平枣核形或椭圆形，玫红色或黑色，直径 67～160μm，露出表皮。刚毛坚硬，直立或半弯，连续或有分隔，末端渐细，褐色，长 62～215μm。分生孢子梗两端钝圆，透明，圆柱状，内含颗粒状物或油滴。

C. arachidis 分生孢子盘黑色，散生于叶面上；子座暗褐色；分生孢子梗（13～15）μm×4.5μm，圆柱形，单胞，较短，透明。刚毛很少，黑色。分生孢子椭圆形，基部、末端圆，透明，单胞。

C. dematium 产生圆形褐色至黑色的分生孢子盘，直径 75～135μm。刚毛黑色，具有 2～7 个分隔，长度为 78～146μm。分生孢子梗（21～28）μm×（2～4）μm，透明，直立。分生孢子（19～30）μm×（2.5～4.0）μm，无色，单胞，镰刀形，一端或两端钝。

四、病害循环

花生炭疽病菌以菌丝体和分生孢子盘随病残体在田间土壤中越冬，或以分生孢子黏附在荚果或种子上越冬。土壤病残体、带菌的荚果和种子就成为翌年病害的初侵染源。翌年春天温湿度适宜时，菌丝体和分生孢子盘产生分生孢子，分生孢子通过风雨传播，到达寄主感病部位，从寄主伤口或气孔侵入致病，完成初次侵染。初次侵染产生病斑后又可以产生新的分生孢子，进行再侵染，一个生长季节可以有多次再侵染。

五、流行规律

温暖高湿的天气条件有利于病害发生。连作地或偏施过量氮肥、植株长势过旺的地块往往发病较重。花生品种之间对炭疽病的反应不同，叶片颜色为淡黄或浅绿的花生品种发病相对较重，叶色深的品种发病轻。

六、防治技术

（一）减少土壤菌源

花生收获后，及时清除病株残体，也可以结合秋天深翻土地掩埋病株残体，但一定要将病株埋于 20cm 土壤下。

（二）栽培管理措施

加强栽培管理，合理密植，增施磷、钾肥，减少氮肥施用量；雨后及时清沟排水，不留积水，降低田间湿度。

（三）种子处理

播前连壳晒种，精选种子，并用种子重量 0.3%的 70%硫菌灵可湿性粉剂+70%百菌清可湿性粉剂（1：1）密封 24h 后播种。

（四）化学防治

结合防治其他叶斑病适时喷药预防控病，除结合黑斑病、褐斑病等进行喷药兼治外，对花生炭疽病严重的田块，还可选喷 80%炭疽福美可湿性粉剂 600 倍液、25%溴菌腈可湿性粉剂 600 倍液，连续施药 2～3 次，隔 7～15d 交替喷施。

陈坤荣（中国农业科学院油料作物研究所）

第22节 花生灰霉病

一、分布与危害

花生灰霉病是一种分布十分广泛的病害，在美国、委内瑞拉、前苏联、日本、坦桑尼亚及大洋洲等地均有过报道，一般造成的危害不很严重，但气候因素的改变可引起灰霉病的暴发和流行。在我国，花生灰霉病主要发生在南方产区，春季如果遇长期低温阴雨天气，可引起该病害的流行，给生产带来损失。如该病害曾在广东省多地春花生田流行成灾，病轻的死苗率为30%，病重的死苗率达90%，有些病害严重的花生田不得不重新播种或改种其他作物，损失严重。该病发生在花生生长前期造成烂顶死苗，缺株断垄；后期轻病株虽能恢复生长，但其生长势弱，植株大小不一，病株开花迟，下针结果迟，成熟不一致，最后影响荚果数量和种子饱满度。病株比健株的总分枝数和有效分枝数均减少，第一、二对侧枝发育不良或部分枯死，花少果少，病株总果数、饱果和双仁果数均明显下降，对产量和品质均有较大影响。

二、症状

花生灰霉病主要发生在植株生长前期，侵害叶片、托叶和茎，尤其顶部的叶片和茎最易感病。茎基部和荚果也可受到侵害。被害部位初期形成圆形或不规则形的水渍状病斑，似开水烫过一样。天气潮湿时，病部迅速扩大，组织变褐色并呈软腐状，表面密生灰色霉层，即病菌的分生孢子梗、分生孢子和菌丝体，最后导致地上部局部或全株腐烂死亡（彩图9-22-1）。如遇天气转晴，高温、低湿的条件，仅上部死亡的病株还可能恢复生长，下部可能长出新的侧枝。天气干燥时，叶片上的病斑近圆形，淡褐色，直径2～8mm。茎基部和荚果感病后变褐腐烂，病部产生黑褐色的菌核。

三、病原

花生灰霉病病原为灰葡萄孢［*Botrytis cinerea* Pers.：Fr.］，为子囊菌无性型葡萄孢属真菌。有性型为富克葡萄孢盘菌［*Botrytinia fuckeliana*（de Bary）Whetzel］，属子囊菌门葡萄孢盘菌属，国内尚未见到有性阶段。

病菌的分生孢子梗直立，丛生，浅灰色，有隔膜，长350～500μm、宽11～19μm，顶端有几个分枝，分枝顶端细胞膨大，近圆形，大小为38.4μm×32.0μm，其上生许多小梗；小梗顶端着生1个分生孢子，形成葡萄穗状。分生孢子卵圆形，单胞，浅灰色，大小为（16～28.8）μm×（16.0～19.8）μm。

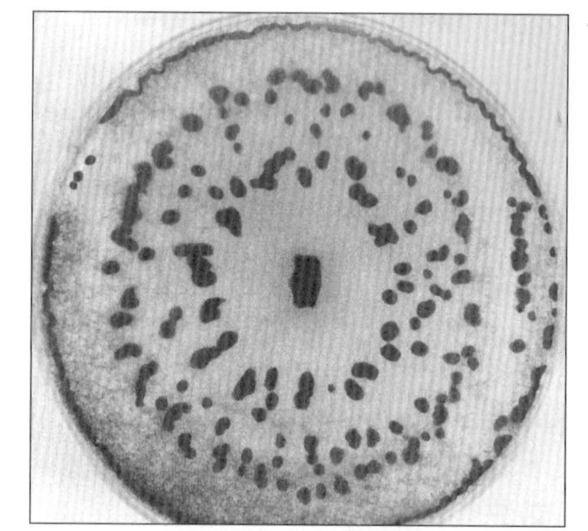

图9-22-1 灰葡萄孢在培养基上产生菌核
（引自Kokalis-Burelle等，1997）
Figure 9-22-1 Sclerotia of *Botrytis cinerea* on PDA medium（from Kokalis-Burelle et al.，1997）

菌核黑褐色，扁圆形或不规则形，表面粗糙（图9-22-1）。直径0.5～5mm，一般较菌核菌（*Sclerotinia sclerotiorum*）的菌核稍小。菌核萌发产生2～3个子囊盘；子囊盘直径为1～5 mm，柄长2～10mm，浅褐色。子囊圆筒形或棍棒形，大小为（100～130）μm×（9～13）μm。子囊孢子卵形或椭圆形，无色，大小为（8.5～11）μm×（3.5～6）μm。侧丝有隔膜，线形。病菌生长的适温为10～20℃，饱和湿度有利于分生孢子的产生和萌发。

花生灰霉病菌寄主范围很广，除花生外，还侵染包括葡萄、茄子、番茄、甘蓝、菜豆、洋葱、马铃薯、草莓等60多种植物。

四、病害循环

花生灰霉病菌以菌核在土壤中或花生病株残体中越冬。第二年菌核萌发，长出的菌丝、分生孢子梗和分生孢子，随气流和风雨转播，在适宜的温、湿度条件下，分生孢子萌发，直接侵入或从伤口侵入寄主，是病害的主要初侵染来源。数日后，可从花生发病部位长出大量的分生孢子，传播出去进行多次再侵染，短期内病害就可能严重发生。病叶接触茎部，也能导致茎部发病。发病后期在病部产生很多菌核，落入土中或在病株残体中越冬。

五、流行规律

（一）气候因素

低温和高湿条件有利于花生灰霉病的发生流行。据在广东地区的观察，病情的发展随气候条件而变化，低温、低湿和高温、高湿都不利于该病害的发生。据 1976 年在广东各地的流行情况，气温在 12～16℃和相对湿度 90%以上，有利于病害发生，若气温超过 20℃以上，则不利于病害的发生。长期多雨、多雾、气温偏低导致花生生长势弱，是促进灰霉病发生流行的主要条件。

（二）花生生育期

花生初花期抗病力最弱，容易感病；苗期和生长后期抗病力较强，所以受侵染的程度较轻。

（三）品种抗性

花生品种间抗病能力存在一定差异，但未见高抗品种的报道。长期种植高感品种可加重病害的发生。

（四）土壤环境

一般沙质土壤花生灰霉病发生较重，冲积土或黄泥土发病轻。过量偏施氮肥的田块发病重，施用草木灰或钾肥的发病轻。

六、防治技术

（一）实行合理轮作

实行花生与其他非寄主作物的合理轮作，减少花生田的病原菌数量，从而减轻发病的压力。

（二）加强田间栽培管理

在花生种植中做到适期播种。长江以南春季寒潮频繁的地区不宜过早播种，以免播种后迟迟不能出土或出土后遇上寒潮，这些不良条件都能促使灰霉病的发生。北方无霜期短，秋雨较多，又会促使生长后期发生灰霉病，所以也不宜过晚播种。避免偏施过量氮肥，增施磷、钾肥或草木灰。花生生长期间做到及时排除田间积水，降低田间湿度。

（三）化学防治

花生发病初期及时喷施 45%硫黄悬浮剂 100 倍液，还可使用 50%多菌灵可湿性粉剂和 25%灭菌丹可湿性粉剂等量混合的 1 000 倍液、70%甲基硫菌灵可湿性粉剂和 50%百菌清悬浮剂，也对该病害具有防治效果。每 7～10d 施药 1 次，连续施药 2～3 次。

陈坤荣（中国农业科学院油料作物研究所）

第 23 节　花生紫纹羽病

一、分布与危害

花生紫纹羽病最早于 1936 年在辽宁省首次报道，1964 年安徽省也报道了该病的发生，20 世纪 70～80 年代在我国其他多个省份也有报道。目前，该病害在花生上仅零星发生，我国主要发生在辽宁、河南、安徽、湖北、江苏等省份，造成的产量损失一般不大。在国外，该病害主要在日本、马来西亚、印度尼西亚和南非有过报道。花生紫纹羽病的病原菌除了侵染花生，还能侵染甘薯、棉花、大豆、梨树、李树、苹果、桑树等 100 多种植物，寄主范围较广泛。

二、症状

该病害主要侵染花生根、茎基部和荚果。被侵染的花生植株地上部叶尖变黄，生长迟缓，以后逐渐萎垂以致全株枯死。发病花生植株的茎基部及附近的土壤表面覆盖一层紫红色的毯状物，若将病株拔起，可见感染部位变褐，腐烂，病部上紫褐色革质菌毯紧紧包裹病部，不易分离（彩图9-23-1）。荚果早期感病变褐腐烂，种仁发育受阻，后期感病则种仁变黑褐完全腐烂，严重影响花生的品质。

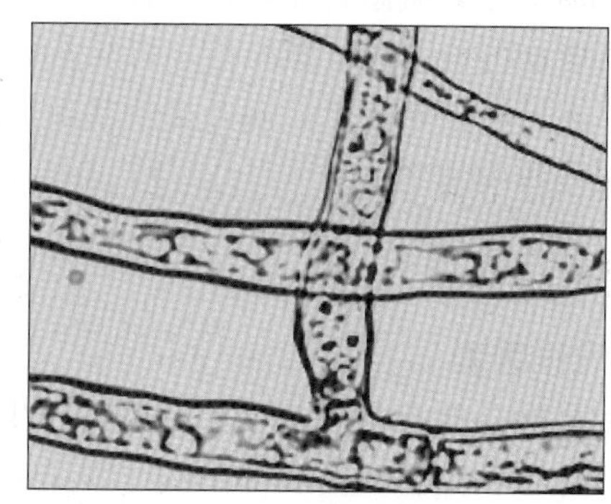
图9-23-1 桑卷担菌成熟菌丝（引自Sung Kee Hong，2011）
Figure 9-23-1 Mature mycelium of *Helicobasidium mompa* (from Sung Kee Hong，2011)

三、病原

花生紫纹羽病病原为桑卷担菌（*Helicobasidium mompa* N. Tanaka），属担子菌门卷担菌属。老熟菌丝紫褐色，能形成菌索、菌膜和菌核。菌核紫红色半球形，直径1～2mm。病菌子实体扁平，深褐色，厚6～10mm，毛绒状，表面排列一层担子；担子无色，圆筒形或棍棒形，4个细胞，大小为（6～7）μm×（25～40）μm，每个细胞生1小梗；小梗无色、圆锥形，大小为(5～15) μm×（3～4.5）μm，顶生无色、单胞、卵圆形的担孢子；担孢子顶部圆形，基部钝，大小为（6～8）μm×（16～19）μm。

在PDA培养基上，病菌适合的生长温度为23～25℃，在该培养条件下7～9d病原菌长出淡褐色菌丝，随着生长时间的延长，菌丝由淡褐色变成暗褐色，培养皿的底部可见到菌丝呈扇形并有黑色素产生。培养2周后病原菌在培养基上长出白色颗粒状的菌丝块，3周左右菌落直径可以达到5.2～5.3cm。菌落不规则，毛绒状，产生很多气生菌丝，表面为浅褐色，培养基质中为深紫红色。成熟菌丝产生直角分枝，分枝点基部靠近隔膜，分枝处稍缢缩（图9-23-1）。老熟菌丝宽5.2～6.0μm，幼嫩菌丝宽3.5～3.9μm。通常在培养状态下不产生有性型孢子。

病原菌子实体扁平，膜质，深褐色，厚度为6～10mm，毛绒状。子实层淡红紫色；担子无色，圆筒形或棍棒形，弯向一侧。由4个细胞组成，大小为（25～40）μm×（6～7）μm；担子每个细胞长出一个小梗，小梗顶端着生一个担子孢子。担子孢子无色，单胞，卵圆形或肾形，顶部宽圆，基部狭窄，大小为（10～25）μm×（5～8）μm。

病原菌生长温度为8～35℃，8℃时停止生长，35℃时生长受抑制。最适生长温度为23～25℃；生长pH为5.0～8.7。病原菌好氧，在缺氧的条件下不能生长，干燥条件下生长受抑制，在湿润有氧的条件下菌丝生长旺盛。

四、病害循环

花生紫纹羽病菌是土壤习居真菌，主要以菌丝体、根状菌索和菌核在土壤中越冬。条件适宜时，根状菌索和菌核产生菌丝体，菌丝体集结形成菌丝束，在土壤表面或浅土层下增殖扩展，一旦接触到花生或其他寄主植物的根、茎基部和荚果，即可侵染。菌丝体在花生茎基部表面扩展，产生症状。病菌虽然能产生担子孢子，但寿命短，萌发后侵染概率小，所以病菌的担子孢子在病害传播中作用不大。病原菌在田间通过病部与健部接触、田间农事操作、地面流水等方式进行传播。

五、流行规律

花生紫纹羽病菌是一种腐生菌，可以在土壤中长期存活，也是一种弱寄生菌，一般在花生生长势弱的情况下才容易侵入和产生症状。病原菌在土壤中的分布集中在土壤耕作层中，随土壤温度的升高，侵染能力增强，发病率增加；当地温达到25～26℃时，最有利于发病，10cm土层温度低于15℃以下时，发病则减轻。一般重茬地的花生发病重，重茬年限越长发病越重；低洼潮湿的地块发病重；开垦时间短、黏土含量低、pH低的未熟化土壤容易发病，尤以沙质或排水通气性较好的坡地发病重；施用未腐熟的有机质肥料也容易引起发病。

六、防治技术

（一）合理轮作换茬

实行花生与禾本科作物轮作，特别是水旱轮作，可有效防治这一病害，同时轮作换茬对于该病害也具有良好的防治作用。要避免与其他寄主作物轮作。

（二）加强栽培管理

在花生种植中增施充分腐熟的有机肥，防止外部菌源输入田间，减少初侵染源。注意土地深耕翻，改善土壤结构，促进土壤微生物群落的平衡，抑制病原菌的数量。改善排灌条件，防止田间积水及其对花生根系生长的抑制，促进花生健壮生长以提高抗病力。及时拔除早期发病的病株并销毁，病穴用生石灰消毒。发病严重的地块，花生播种前可施用生石灰杀灭病菌。

（三）化学防治

在实行栽培防治的基础上，对于发病严重的花生地块可用70%甲基硫菌灵可湿性粉剂、45%代森铵水溶液1 000倍液或50%多菌灵可湿性粉剂500倍液处理土壤，或20%石灰水、2.5%硫酸亚铁溶液进行土壤消毒，均能够取得较好的防治效果。对花生病株用70%甲基硫菌灵药液进行灌根，也能起到一定的防治作用。

晏立英（中国农业科学院油料作物研究所）

第 24 节　芝麻茎点枯病

一、分布与危害

芝麻茎点枯病又称芝麻茎腐病、茎枯病、茎点立枯病、炭腐病、黑根疯、黑秆疯等，在世界各芝麻产区均有分布，是影响芝麻生产最主要的病害之一。在我国河南、湖北、山东、河北、安徽、江西、江苏、浙江、福建、广西、台湾等省份均有发生，尤以河南、江西、湖北、安徽等主产区为害严重，发病率一般为10%～25%，一般年份减产10%～15%，病株平均高度降低15%～37%，蒴果数减少20%～50%，千粒重损失达4.3%～10.7 %，单株产量损失达19%～100%，含油量下降4.2%～12.6%，严重者则全田枯死，减产达80%甚至完全绝收。

二、症状

芝麻茎点枯病在芝麻整个生育期内均可发生，发病盛期常在终花期后，其他时期发病较轻。主要侵害芝麻的根、茎及蒴果。播种后到出苗前发病可引起烂种、烂芽。苗期发病，根部先变褐腐烂，随后地上部萎蔫枯死，在茎秆上散生许多小黑点（分生孢子器和小菌核）。成株期发病，多从植株根部或茎基部开始变褐腐烂，而后向茎秆上部扩展，有时病菌也可直接侵染茎秆中、下部。根部感病后，主根和侧根逐渐变褐枯萎，皮层内布满黑色小菌核。茎部感病初呈黄褐色水渍状，病健交界不明显，条件适宜时，病部很快发展为绕茎大斑，病斑变为黑褐色，后期病部中央变为银灰色，有光泽，其上密生针尖大的小黑点（分生孢子器和小菌核）（彩图 9-24-1）。病株较正常植株稍矮，叶片由下而上逐渐发黄变黑褐色，卷缩萎蔫下垂，不脱落，植株顶端弯曲下垂。轻病株仅部分茎秆或枝梢枯死，严重时整株枯死，髓部被蚀中空，易折断。蒴果感病后呈黑褐色枯死状，无光泽，有时也能产生小黑点。种子感病后表面散生许多小黑点（小菌核）。

三、病原

芝麻茎点枯病的病原为菜豆壳球孢［*Macrophomina phaseolina*（Tassi）Goid.，异名：*M. phaseoli*（Maubl.）Ashby，*M. sesami* Sawada，*Macrophoma corchori* Sawada］，属子囊菌无性型壳球孢属真菌。病部的小黑点是分生孢子器和菌核的着生位置不同，分生孢子器着生在表皮角质层下，以孔口突破表层而外露；菌核着生在表层下或皮层与木质部之间。分生孢子器球形或近球形，器壁黑色或暗褐色、炭质，有孔口，以孔口突破表皮而外露，大小为（116.0～238.0）μm×（92.8～220.4）μm，器壁内密生分生孢子梗。分生孢子梗无色，长12.0～13.0μm，顶端生分生孢子。分生孢子长椭圆形、卵形或圆筒形，无色，单胞，内含几个油球，大小为（12.5～30.0）μm×（5.0～11.3）μm。在病根和人工培养基上可产生大量菌核，菌核比分生孢子器小，球形或不规则形，黑褐色，大小一般为（82.5～120）μm×（67.5～120）μm。

菌丝生长最适温度为30～35℃，最适酸碱度为pH 6～6.8。分生孢子在0～40℃均可萌发，萌发适温为 25～35℃，萌发最适相对湿度为 96%以上或有水滴。菌核形成的适温为 30～35℃。致死温度为 60℃ 0.5～2min 或 55℃ 8～12min。

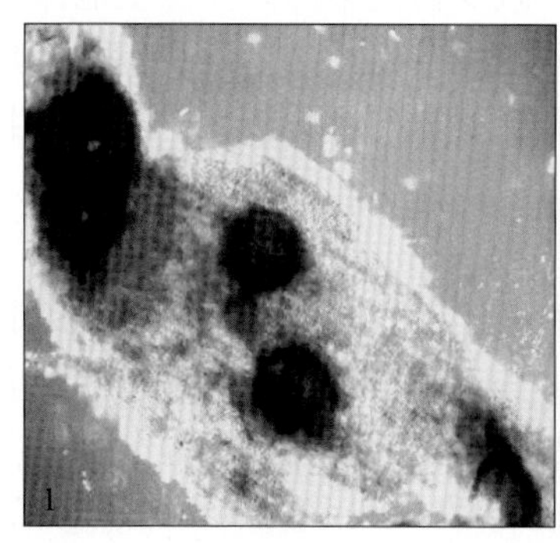
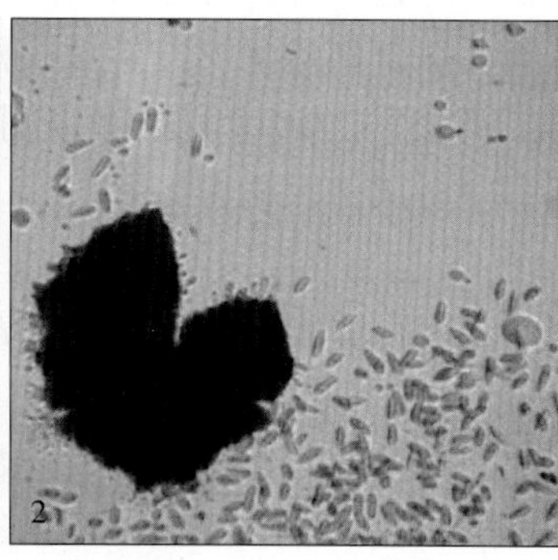
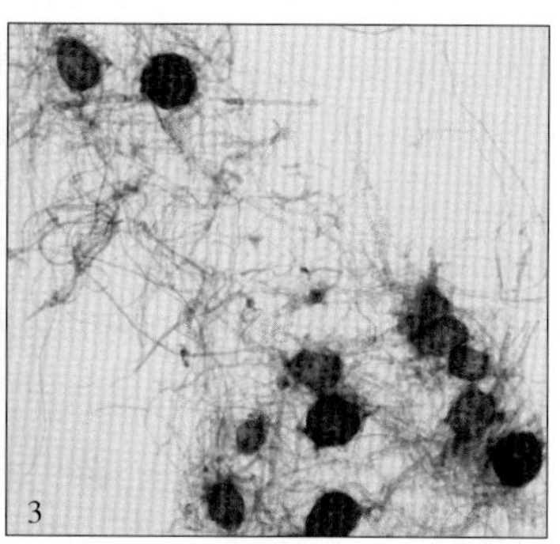

图 9-24-1 菜豆壳球孢分生孢子器（1）、分生孢子（2）和菌核（3）（赵辉提供）

Figure 9-24-1 Pycnidia (left), pycnidiospores (middle) and microsclerotia (right) of *Macrophomina phaseolina* (by Zhao Hui)

芝麻茎点枯病菌的寄主范围很广，包括芝麻、黄麻、豆类、花生、烟草、甘蔗、向日葵、甘薯、棉花、茄子、番茄等 120 多种植物，人工接种可侵染 270 多种植物。目前仅发现在芝麻和黄麻等少数寄主上产生分生孢子器，在其他寄主上仅产生菌核，在人工培养基上也仅生长菌丝和产生大量菌核。

从不同地域分离到的菌株存在致病性差异。对 *M. phaseolina* 进行 RFLP（restriction fragment length polymorphisma）和 RAPD（random amplified polymorphic DNA）分析，没有发现变种和生理小种的分化。据报道，在有些 *M. phaseolina* 体内发现了 dsRNA，其拷贝数一般为 1～10，大小为 0.4～10kb。用蔗糖密度梯度离心法证明了这种双链核酸结构是存在于病原菌脂囊泡中的病毒颗粒。这种颗粒能降低病原菌的致病性，推测是不同菌株之间存在致病性差异的一个因素。尽管普遍认为 *M. phaseolina* 是 *Macrophomina* 属中唯一的致病种，但也有报道认为该病原菌种内存在寄主专化性和遗传分化。

四、病害循环

芝麻茎点枯病的初侵染源主要是在种子、土壤和病残体中越冬的病原菌菌核。而病残体上的分生孢子器，在田间越冬过程中，经雨水浸蚀，早在翌年芝麻播种前分生孢子就已放射殆尽，一般不能起到初侵染源的作用。

播种带菌种子可引起烂种和烂芽。土壤和病残体中的病菌也可引起芝麻生长后期发病。幼苗出土后，湿度大、温度在 25℃以上的条件下，病原菌可侵染幼苗，并且在早期病株茎秆上产生小菌核和分生孢子器，二者借风雨传播，进行再侵染。芝麻成株期至生长后期，病原菌主要通过伤口或从茎基部衰弱部分、根部或叶痕处侵入。也可直接侵入。在 25℃以上和高湿条件下，潜育期为 5～10d。此时期如遇降雨较多的天气，分生孢子则可通过风雨传播，使病害迅速蔓延，造成后期再侵染，此时分生孢子在病害流行中起着主要作用。随着植株的逐渐成熟，病株茎秆、蒴果和种子上的菌核和分生孢子器进入休眠期。2011 年和 2012 年在河南省驻马店市平舆县进行了芝麻田周围空中茎点枯病菌孢子数量的时间动态监测，结果表明：7 月上、中旬芝麻田周围空中开始出现茎点枯病菌孢子，7 月中、下旬芝麻田周围空中茎点枯病菌孢子密度达到高峰，之后孢子数量逐渐减少，8 月中旬以后未再捕捉到芝麻茎点枯病菌的孢子。

五、流行规律

芝麻茎点枯病的侵染流行主要与病原菌致病性、寄主生长状况和环境条件密切相关。

（一）温度与降雨

芝麻茎点枯病发生高峰期出现在高温季节，即在芝麻开花结蒴至终花期后（7、8 月），此时正处于芝麻主产区的高温季节，一般温度在 25℃以上，完全适合病菌的侵入和扩展。但是，温度不是该病流行的主要限制因素，决定该病流行严重度的关键因素是降水量和降雨日。尤以开花结蒴期间，降雨对病害流行程度至关重要。据湖北襄阳连续 7 年的观察，7～8 月旬降水量为 50～70mm，雨日 3～8d，为小发生年（平均发病率在 5%以下）；旬降水量 100mm 左右，雨日 6d，为中发生年（平均发病率 10%左右）；旬降水量130mm以上，雨日7d左右，为大发生年（平均发病率20%以上）。因此，7～8月雨日多、降水量大，芝麻茎点枯病就发生重。

（二）寄主生育阶段

芝麻茎点枯病在芝麻生长期间有感病—抗病—感病3个阶段，即苗期生活力弱，处于感病阶段；现蕾至花期生活力旺盛，为抗病阶段；封顶后，植株逐渐衰老，感病严重。试验表明，从5月22日至7月10日分4期播种，无论播种迟早，在芝麻生育期间均有两个发病期：苗期发病，病情较轻；终花期后发病，病情严重；现蕾至终花期前不发病或发病较轻。2012年对河南平舆的夏芝麻田调查表明，8月17日左右终花，8月19日左右大面积出现病株，8月27日收获时达到发病高峰。

（三）耕作制度

据报道，芝麻茎点枯病菌菌核在土壤中可存活2年以上。因此，连作重茬田发病较重，轮作田发病轻。轮作年限越长，病害越轻，5年轮作田块的平均发病率为8.3%，3年轮作的平均发病率为14.7%，连作田平均发病率为38.4%。但应注意与非寄主作物轮作，如前茬为豆科作物的发病率为15.9%～39.5%，麦茬地发病率则为3.9%～9.1%。另外，与其他作物间作也可以降低茎点枯病的发病率。此外，芝麻的早播、种植过密、偏施氮肥等栽培措施会加重病害的发生。

（四）种子带菌

种子带菌是芝麻茎点枯病苗期发病的一个重要因素。经对我国6个芝麻主产区的13个广泛栽培的芝麻品种的检测发现，种子带菌率较高，为4.00%～40.67%。播种带菌种子后会引起烂种死苗，种子带菌与植株发病呈正相关，即种子带菌率高植株发病重。实验表明：播种带菌率为13.1%的种子，后期发病率为16.0%；播种带菌率为50%的种子，后期发病率为56%。

（五）品种抗性

1991—1995年通过田间自然诱发和人工接种对国内外3 108份芝麻种质资源抗茎点枯病鉴定表明，高抗品种有32份，高耐品种112份，抗病品种885份，感病品种1 756份，高感品种323份，品种间抗性差异显著。2010年和2011年对129份芝麻种质资源和品种（包括10份国外资源）的茎点枯病抗性鉴定及抗性评价结果表明，未发现免疫类型，高抗品种和高感品种占比低，感病品种占比较大。随着环境中微生物群落的演替，芝麻品种的抗性也会发生变化。抗性资源地域分布上，国内各产区，以江淮一年两熟夏芝麻区的抗源材料最多，其次为华北春芝麻区。

芝麻形态学和表型特征与芝麻抗茎点枯病水平有一定关系，植株分枝数、种子光滑度和种皮颜色与茎点枯病的抗病性存在相关性，单秆型芝麻较分枝型的抗性强，白芝麻抗源材料最多，其次为黄、褐芝麻，而灰、黑芝麻抗性最差。

六、防治技术

芝麻茎点枯病的控制策略目前主要采取以农业防治为主（如轮作、种植抗病品种、种子消毒和加强栽培管理）、化学防治为辅的综合防治措施。

（一）农业防治

1. 轮作 病田要与禾本科作物如小麦、玉米、谷子以及棉花、甘薯等实行3年以上轮作，以降低菌源数量。

2. 种植抗病品种 品种间抗病性差异显著，应因地制宜地选用抗病良种，是防治该病经济有效的措施，如种植豫芝4号、豫芝7号、豫芝8号、郑芝98N09、中芝5号、中芝7号、中芝8号、中芝9号、冀芝1号、冀芝3号等抗病性较强的品种，可以起到良好的防治效果。

3. 加强田间管理 芝麻耐渍性极差。因此，建议采用沟畦栽培，做好田间排水，减少田间积水。并且施足底肥，苗期不要过多施用氮肥，生长期间适当施用磷、钾肥，多施动物粪肥和绿肥，改良土壤的物理和化学性质，增加有益菌的数量。及时中耕除草和间苗，防治虫害，使植株健壮，增强抗病力。

（二）物理防治

清除田间病株残体，降低病原菌在土壤中的数量；收获前要从无病田或无病株选留种子；播种前对带病种子要进行种子处理，可用55～56℃温水浸种30min或60℃温水浸种15min。

（三）化学防治

用种子重量0.2%（有效成分）的异菌脲、多菌灵、福美双进行种子处理。或播种前可用50%多菌灵可湿性粉剂18kg/hm^{2}拌适量细土撒入播种沟内，可预防和减轻茎点枯病的发生。

苗期、初花期、终花期植株各喷1次杀菌剂，如50%多菌灵可湿性粉剂或70%甲基硫菌灵可湿性粉剂、50%苯菌灵可湿性粉剂、50%咪鲜胺锰盐可湿性粉剂等。多菌灵和甲基硫菌灵易在芝麻中残留，建议每个生长季节限用1次。

赵辉 刘红彦（河南省农业科学院植物保护研究所）

第25节 芝麻枯萎病

一、分布与危害

芝麻枯萎病属世界性的重要病害，最早于1950年在北美洲发现。目前在印度、巴基斯坦、苏丹、埃及、美国等芝麻生产国均有不同程度发生。在我国，芝麻枯萎病是芝麻主要病害之一，分布于河南、湖北、安徽、河北、山西、辽宁、吉林等芝麻产区，其中在东北、华北产区发病较为普遍，黄淮、江淮产区次之，在华南等地区较为少见。该病可导致植株枯死，种子多不能正常成熟，蒴果炸裂，对产量和籽粒品质影响较大。一般发病率为5%～10%，较重地块高达30%以上，严重时可导致绝收。

二、症状

芝麻各生育时期均可感病，以苗期和成株期发病重。苗期症状表现为植株根、茎、叶发育受阻，叶片萎蔫卷曲或褪绿变黄，有时茎部或根茎交接部出现明显缢缩，根红褐而短，最终表现为幼苗整株枯萎死亡。成株期病株主要表现为：发病初期，叶片往往半边变黄（又称“半边黄”），下垂卷曲，后期会表现出萎蔫，严重时叶片脱落；茎部半边或全部维管束变褐，根部组织表现为红褐色。在发病严重、环境潮湿的情况下，病株茎秆一侧常出现纵向扩展的褐色或暗褐色长条斑，后期茎秆干枯，表面有粉红色霉层，蒴果常过早干枯、炸裂，种子变褐，多不能正常成熟（彩图9-25-1）。

三、病原

芝麻枯萎病病原为尖镰孢芝麻专化型［*Fusarium oxysporum* Schltdl. ex Snyder et Hansen f. sp. *sesami*（Zaprom.）Castell.］，隶属子囊菌无性型镰孢属。分生孢子有大、小两型。大型分生孢子镰刀形，无色透明，3～5个分隔，大小为（19～51）μm×（3.5～5）μm；小型分生孢子卵圆形，无色，单胞或双胞，大小为（6～21）μm×（3～6）μm。在马铃薯蔗糖培养基（PDA）上生长良好，气生菌丝絮状。该菌菌落呈发射状生长，但颜色多样，如淡紫色、粉红色、白色等；厚垣孢子顶生或间生，球形或椭圆形，表面光滑或有皱纹，单胞或双胞，直径7～16μm。培养温度为10～35℃，以26～30℃最适（图9-25-1）。

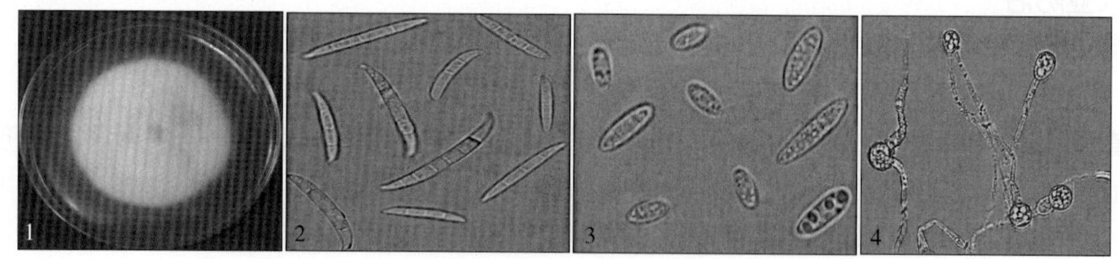

图9-25-1 尖镰孢芝麻专化型病原菌形态（苗红梅提供）

Figure 9-25-1 Morphology of *Fusarium oxysporum* f. sp. *sesami* (by Miao Hongmei)

1. 菌落形态 2. 大型分生孢子 3. 小型分生孢子 4. 厚垣孢子

四、病害循环

病原菌在土壤、病株残体内越冬，在土壤中可存活6年以上。种子亦可带菌。病菌主要通过根毛、根尖和伤口侵入，也能侵染健全的根部。室内鉴定结果显示，在接菌后 7d，芝麻幼苗即开始出现枯萎病病症；至 25～28d，病情指数趋于稳定。研究表明，芝麻枯萎病菌穿过角质层以及表皮细胞壁，通过胞质分解酶和细胞壁分解酶破坏改变细胞形态并到达维管束组织，然后通过纹孔膜到达木质部导管。芝麻枯萎病菌与其他尖孢镰刀菌相似，能够产生果胶酶和纤维素酶等水解酶以及尖孢镰刀菌毒素，对植株起侵染作用；侵染后菌丝体逐渐堵塞维管束，切断水分及营养物质供应，从而导致发病。室内观察发现，病原菌致病力不同，其菌丝在植株内的扩展速度和数量存在一定差异。播种带菌种子，可引起幼苗发病。在河南、安徽、湖北等主产区一般于 7 月上旬（2～4 对真叶期）开始发病，主要发病时期为苗期以及初花期到终花期。芝麻收获后，病菌又在土壤、病残株和种子内外越冬，成为下一生长季节的初侵染源。

五、流行规律

芝麻枯萎病的发生具有明显的地区差异性，我国东北、华北地区发病普遍且较重，黄淮、江淮流域多零星发生，华南芝麻产区极少发生。调查显示，除品种差异外，芝麻枯萎病的发生与土壤环境、播种时期、栽培与田间管理措施等多种因素有关。发生程度与空气湿度呈正相关，与重茬种植密切相关，连作田块发病重。此外，病原菌菌株的致病力差异亦可导致同一品种对枯萎病菌不同菌株的抗性表现不完全一致，并可能造成品种抗性具有地域性特征，如在湖北表现抗病的品种到河南则呈现感病，一些引种品系在当地多表现感病等。我国利用人工芝麻枯萎病单一病圃对近千份国内外芝麻种质资源的枯萎病抗性进行多年鉴定，结果显示：除野生种芝麻（如 *S. radiatum* Schum & Thonn 和 *S. schinzianum* Asch.）表现为免疫外，尚未发现对枯萎病免疫的栽培种芝麻种质；在我国芝麻种质资源中，高抗枯萎病资源约占 10%，比例较低。

六、防治技术

（一）选用抗（耐）病品种

选用抗（耐）枯萎病的芝麻品种，如郑芝 98N09、豫芝 11、中芝 12、驻芝 15 等，可以显著减轻病害发生程度和产量损失。

（二）农业与物理防治

1. 温汤浸种 以减少芝麻种子的带菌量，从而减少发病率。

2. 实施轮作倒茬或间作套种 实行合理轮作或间作套种，可以避免因连作引起的病菌数量不断增多。

3. 加强田间管理 在降雨较多地区实施起垄种植，在干旱地区实施地膜覆盖种植，避免因干旱、渍害等造成枯萎病发生。合理施肥，底肥为主，轻追氮肥，辅以喷施磷、钾叶面肥 1～2 次。及时拔除病株，减少病害发生概率。

（三）生物与化学防治

1. 药剂拌种 播前用 25g/L 咯菌腈悬浮种衣剂、55%硅唑 · 多菌灵可湿性粉剂等拌种，降低苗期发病率。

2. 化学防治 在病害发生初期，特别是雨前湿度大时及时使用 50%咪鲜胺锰盐可湿性粉剂、80%戊唑醇水分散粒剂、25%嘧菌酯水分散粒剂、50%多菌灵可湿性粉剂或 70%甲基硫菌灵可湿性粉剂，防控 1～2 次，可兼治多种真菌性叶部病害；在阴雨天气（在雨前或雨后），及时喷药预防。如喷施 2 次，间隔时间为 10d 左右效果较好。

3. 生物防治 使用解淀粉芽孢杆菌制剂等生物型杀菌剂，进行拌种或土壤处理，可以取得较好的防治效果。

苗红梅（河南省农业科学院芝麻研究中心）

第 26 节　芝麻病毒病

一、分布与危害

芝麻病毒病是一类历史悠久、常见的病害，国内外均有报道。国内最早报道于 20 世纪 50 年代，至今病原病毒得到确认的有菜豆普通花叶病毒（BCMV）引起的芝麻黄花叶病毒病（Sesame yellow mosaic virus disease）和芜菁花叶病毒（TuMV）引起的芝麻普通花叶病毒病（Sesame common mosaic virus disease）。芝麻黄花叶病毒病主要分布在湖北、河南、北京等地芝麻与花生混合种植的区域。芝麻普通花叶病毒病分布于湖北、河南等省芝麻主产区。芝麻花叶病毒病（Sesame mosaic virus disease）于20世纪80年代初在河南省报道发生。此外，1990年在武昌个别田块曾发现土传的芝麻坏死花叶病毒病（Sesame necrosis mosaic virus disease）。在国外，日本和韩国曾报道TuMV在芝麻上的发生，以及美国报道过豇豆蚜传花叶病毒（*Cowpea aphid-borne mosaic virus*，CABMV）引起的芝麻花叶病毒病。在印度和非洲芝麻生产国，通过烟粉虱（*Bemisia tabaci* Genn.）传播的芝麻卷叶病毒病曾给生产带来重大损失。

芝麻病毒病导致芝麻叶片叶绿素被破坏，表现花叶、黄化、皱缩，植株矮化等症状，可严重影响产量。20世纪80年代和90年代，病毒病曾在河南和湖北省芝麻主产区流行，田间普遍发病率为5%～20%，严重的达40%以上。如河南驻马店报道，20世纪80年代芝麻病毒病发生趋于严重，1984年部分田块发病率高达80%，产量损失达70%。1992年病害流行，河南驻马店、南阳、邓县和开封调查，芝麻田块平均发病率为5%～15%，最高达30%。在湖北襄阳和武昌，平均发病率为12%～35%，最高发病率达77%。

二、症状

（一）芝麻黄花叶病毒病

田间典型症状表现为全株叶片由于褪绿而偏黄，表现黄色与绿色相间的黄花叶症状，有的病叶叶尖和叶缘向下卷曲，病株长势弱，表现不同程度的矮化。发病早的植株则严重矮化，不结蒴果或蒴果小而畸形（彩图9-26-1）。

（二）芝麻普通花叶病毒病

病株叶片表现浅绿与深绿相间花叶症状，叶片稍皱缩；病叶上常出现1～3mm大小的黄斑，单个或数个相连，叶脉变黄或褐色坏死。病毒可沿着维管束侵染部分叶片或半边叶片，受感染叶片变小、扭曲、畸形，病株明显矮化。在严重情况下，病株叶片、茎或顶芽出现褐色坏死斑或条斑，最后引起全株死亡（彩图9-26-2）。

（三）芝麻花叶病毒病

苗期感病，植株上部叶片出现褪绿斑，叶片皱缩，严重时出现黄化，随着植株的生长，花叶逐渐扩展变黄，病株节间缩短、矮化，有的出现扭曲变形。病株一般不结蒴果或结蒴果减少，较正常蒴果小，籽粒秕瘦。

（四）芝麻坏死花叶病毒病

病株叶片表现浅绿、绿色相间花叶，由于小脉坏死，叶片呈皱缩状、变小，病株矮化明显。另有病株中、上部叶片黄化和变小，节间缩短，植株矮化。有的病株表现皱缩花叶与黄化的复合症状（彩图9-26-3）。

三、病原

（一）芝麻黄花叶病毒病

芝麻黄花叶病毒病病原为菜豆普通花叶病毒（*Bean common mosaic virus*，BCMV），属马铃薯Y病毒科马铃薯Y病毒属（*Potyvirus*）。病毒粒体线状，长750～775nm，宽约12nm；病毒在病组织细胞质内产生卷筒类型、风轮状内含体。病毒致死温度为55～60℃，稀释限点为10^{-3}～10^{-4}，体外存活期4～5d。除自然侵染花生、大豆、芝麻和鸭跖草外，在人工接种条件下，BCMV还系统侵染望江南、克利夫兰烟、绛三叶草、白羽扇豆、胡卢巴、白氏烟，局部侵染决明、昆诺藜、苋色藜和灰藜等植物。在酶联免疫血清试验（ELISA）中，BCMV芝麻分离物与BCMV和西瓜花叶2号病毒（WMV-2）抗血清有强阳性反应，与大豆花叶病毒（SMV）和花生斑驳病毒（PMV）抗血清有弱阳性反应，与芜菁花叶病毒（TuMV）抗血清为阴性反应。BCMV芝麻分离物壳蛋白基因序列大小为861nt，编码分子量为32.4ku的蛋白。两个BCMV芝麻分离物*cp*基因与BCMV其他株系核苷酸序列一致性为94.4%～99.9%，氨基酸序列一致性为93.7%～100%。

（二）芝麻普通花叶病毒病

芝麻普通花叶病毒病病原为芜菁花叶病毒（*Turnip mosaic virus*，TuMV），属马铃薯Y病毒科马铃薯Y病毒属（*Potyvirus*）。病毒粒体线状，长650～990nm（多数为770～810nm），宽13～17nm（平均15nm）。病毒在病组织细胞质内产生风轮状及直片层叠聚内含体。病毒致死温度为60～65℃，稀释限点为10^{-3}～10^{-4}，体外存活期4d。人工接种8科37种植物，TuMV芝麻分离物能侵染14种植物，包括系统侵染芝麻、油菜、白菜、萝卜、豌豆、灰藜、百日菊、酸浆，局部侵染苋色藜、昆诺藜、蚕豆、千日红，隐症感染红三叶草。不侵染花生、大豆、豇豆、普通烟、黄烟等23种植物。在ELISA血清试验中，TuMV-DNe和TuMV-YS两个芝麻分离物与TuMV抗血清有强阳性反应，与菜豆普通花叶病毒（BCMV）和花生斑驳病毒（PMV）抗血清有弱阳性反应，与大豆花叶病毒（SMV）和西瓜花叶2号病毒（WMV-2）抗血清阴性反应。TuMV芝麻分离物壳蛋白基因大小为867nt，编码288个氨基酸。TuMV芝麻分离物壳蛋白基因和来源于油菜、白菜、红菜薹的15个TuMV分离物序列同源性高达97.6%～100%，同属于TuMV-MB类群。

（三）芝麻花叶病毒病

芝麻花叶病毒病病原暂定名芝麻花叶病毒（Sesame mosaic virus，SMV），属马铃薯Y病毒科马铃薯Y病毒属（*Potyvirus*）。病毒粒体线状，长700～800nm，最长的880nm，宽13nm。芝麻病叶超薄切片中可见到3种形态的内含体，即结晶状、风轮形和纸卷形结构的圆柱状内含体。结晶状内含体分布于细胞质和叶绿体中，风轮形和纸卷形结构的圆柱状内含体均见于细胞质中。纸卷状内含体的横切面可见层状结构，呈椭圆形环。通过人工接种，芝麻花叶病毒可系统侵染心叶烟、三生烟、大豆、甜菜、番茄、黄瓜、昆诺藜、千日红和新西兰菠菜。在心叶烟、三生烟和大豆上表现系统花叶，在甜菜和番茄上表现系统卷叶，在昆诺藜、千日红和新西兰菠菜上表现系统褪绿斑，在黄瓜上表现局部斑。芝麻花叶病毒与西瓜花叶病毒、芜菁花叶病毒及马铃薯Y病毒抗血清无血清学反应。

（四）芝麻坏死花叶病毒病

芝麻坏死花叶病毒病病原暂定名芝麻坏死花叶病毒（Sesame necrosis mosaic virus，SNMV），属番茄丛矮病毒科绿萝病毒属（*Aureusvirus*）。病毒粒体球状，表面有粒状突起，平均直径32nm。致死温度为80～85℃，稀释限点为10^{-4}～10^{-5}，体外存活期为40d。仅发现芝麻为自然侵染寄主。人工接种的7科38种植物，SNMV侵染芝麻产生系统叶脉坏死、皱缩花叶，有的也出现黄化或黄化和皱缩花叶混合病症，病株矮化；系统侵染蚕豆、赤豆、决明、昆诺藜、矮牵牛、白氏烟、杂交烟、克利夫兰烟，引起花叶、轮纹和叶脉坏死症状；局部侵染长豇豆等12种植物。以SNMV RNA为模板，反转录合成cDNA，序列测定后拼接获得3 368nt大小片段序列。该片段含1个完整的开放阅读框（ORF）和3个不完整的ORF，其结构与绿萝病毒属（*Aureusvirus*）病毒相似。SNMV cDNA序列与该属绿萝潜隐病毒（*Pothos latent virus*，PoLV）和黄瓜叶斑病毒（*Cucumber leaf spot virus*，CLSV）相应片段序列同源性最高，达63%和64.3%。

四、病害循环

（一）芝麻黄花叶病毒病

试验未发现种子传毒现象。田间调查表明，BCMV感染花生是芝麻上黄花叶病毒病的主要初侵染源。一是因为病害主要发生于芝麻、花生混作区；二是北方通常花生播种早，BCMV通过花生种传，在花生上传播，花生普遍感染BCMV，并通过蚜虫向芝麻、大豆上传播，在气候条件适宜蚜虫发生和活动的情况下，病害则有在芝麻上流行的可能。田间试验表明，花生田内撒播芝麻发病率高达82%，而与花生田有20m距离的芝麻田发病率仅为1.8%。BCMV被蚜虫以非持久性方式在芝麻田间传毒。桃蚜传毒效率高达37%，豆蚜和大豆蚜传毒效率分别为19.3%和13.8%。

（二）芝麻普通花叶病毒病

初侵染源主要是感染TuMV的十字花科的油菜及蔬菜和其他寄主植物，通过蚜虫以非持久性方式向芝麻传播。在传毒试验中，桃蚜传毒效率为36.6%，但未能通过豆蚜传播。试验未发现TuMV通过芝麻种传。未发现芝麻种子传毒现象。

（三）芝麻花叶病毒病

芝麻花叶病毒病在田间主要通过桃蚜（*Myzus persicae*）传播，汁液摩擦也可传播。病株上的种子和病害发生田的土壤均未发现传播病毒。

（四）芝麻坏死花叶病毒病

用病汁液浸泡未发芽或发芽种子均能引起发病。病毒可通过土壤传僠，将芝麻播入混有病叶的土壤中，或播在病株间均能引起发病。试验未发现蚜虫传毒。

五、流行规律

（一）芝麻黄花叶病毒病

芝麻黄花叶病毒病的流行在不同年份、地区，甚至田块间差异都很大，病害流行与毒源、芝麻生育时期、传播介体蚜虫和气象因素相关。

1. 毒源 邻近花生条纹病毒病发生的田块，芝麻黄花叶病毒病发生重，远离花生条纹病毒病发生的田块，芝麻黄花叶病毒病发生轻。花生条纹病毒病流行年份，芝麻黄花叶病毒病发生重，反之则轻。

2. 芝麻生育时期 芝麻苗期和蕾期为高度感病期，接种发病率为100%，进入花期以后，芝麻抗性略有增强，到蒴果期以后，芝麻对BCMV表现明显的成株期抗性，接种发病率仅为12.7%，并且症状明显减轻。

3. 传播介体蚜虫 芝麻苗期、蕾期和初花期等感病期蚜虫发生量大，芝麻黄花叶病毒病发生则重，这一时期蚜虫发生量少，病害则轻。

4. 气象因素 据中国农业科学院油料作物研究所调查，病害流行与6月下旬至7月上旬（芝麻苗期和花蕾初期）平均气温、降水量及雨日密切相关。若这段时间气温低、雨日多但雨量少，有利于蚜虫发生与活动，病害发生则重，反之病害发生则轻。如1992年6月下旬至7月上旬为阴雨天气，雨日16d，但总雨量仅为72.2mm，平均气温23.9℃，比常年低3～4℃，有利于蚜虫大发生，该年病害发生重，而其他6年或遇上高温或大雨、暴雨，不利于蚜虫大发生，病害仅零星发生或轻度流行。

（二）芝麻普通花叶病毒病

病害的流行与毒源植物多少、相邻远近、蚜虫发生和活动直接相关，而气象因子通过影响蚜虫发生和活动间接影响病害的发生。调查发现，病害多发生在城市郊区和离十字花科蔬菜近的芝麻田块。

（三）芝麻花叶病毒病

病害的流行与蚜虫发生和活动直接相关，影响蚜虫发生和活动的气象因子间接影响病害发生。

六、防治技术

（一）选用抗性强的芝麻品种

利用芝麻品种对病毒病的抗性差异，选种抗病性较好的品种，以减少病害流行造成的损失。武昌田间试验表明，品种对黄花叶病毒病抗性差异显著。1986年鉴定12个品种，发病率为2.5%～19%；1990年鉴定32个品种，发病率为0～33.3%；1992年鉴定8个品种（系）3次重复小区试验中，平均发病率为8.9%～36.1%，以86-302和86-3008-2两个品系表现最好。

芝麻对普通花叶病毒病抗性有明显差异。43份芝麻品种和资源材料对病害抗性人工接种鉴定，病情指数在10以下的高抗材料1份（4-0035），10～25的抗性材料11份，其余均为感病和高感材料。参试的当前推广品种中芝7号、中芝8号、中芝10号、豫芝4号、豫芝10号等均为感病和高感品种。其中，对TuMV和BCMV两种病毒均有抗性的材料有86-302、ZZM2239、2267等。

（二）与花生和十字花科蔬菜等毒源作物隔离种植

在芝麻与花生种植区域，避免芝麻与花生间作或相邻种植，与花生田至少相隔100m以上，可以显著减少病害的发生。如前茬是油菜，应注意清除油菜自生苗。

（三）适期播种

避开芝麻感病生育期与蚜虫发生高峰期相遇。根据各芝麻产区的气候特点和蚜虫发生规律，选择合适的芝麻播种期，避开芝麻苗期、蕾期同蚜虫发生高峰期相遇，减少蚜虫传播病害的机会。

(四) 防治蚜虫

芝麻生长早期及时防治蚜虫，可减少病害的发生。

许泽永（中国农业科学院油料作物研究所）

第 27 节　芝麻疫病

一、分布与危害

芝麻疫病在我国湖北、江西、安徽、河南等芝麻产区均有发生，严重时发病率可达 30%以上，造成植株连片枯死，病株种子瘦瘪，病株与健株相比，单株产量降低 20.4%～89.7%，千粒重降低 3.8%～39.7%，含油量也显著下降。在国外，印度、泰国、埃及、伊朗、阿根廷、委内瑞拉和多米尼加等国也有芝麻疫病发生的报道。

二、症状

芝麻整个生育期均可感病，但以生长中后期发病较多。该病害可侵害芝麻叶片、茎秆、花和蒴果。叶片染病初期，病斑为灰褐色水渍状、不规则形。田间湿度大时，病斑迅速扩展，病斑外缘呈水渍状、色浅，内缘暗绿色，或黑褐色湿腐状，病健组织分界不明显，呈深浅交替的环带（彩图 9-27-1），严重时病斑边缘可见白色霉状物。田间空气干燥条件下，病斑变薄、黄褐色，干缩易裂，病叶畸形。遇到干湿交替变化明显的气候条件时，会出现大的轮纹环斑。叶柄发病易导致落叶。在积水田块中，病部迅速向上下蔓延，继续侵染茎部和蒴果。茎部染病初期为墨绿色水渍状，后逐渐变为深褐色不规则形斑，环绕茎部缢缩凹陷，植株上部易从凹陷处折倒，湿度大时迅速向上下扩展，严重时全株枯死。生长点染病时会收缩变褐枯死，并易腐烂。蒴果染病产生水渍状墨绿色病斑，后变褐凹陷。花蕾发病后，变褐腐烂。在潮湿条件下，叶、茎、花和蒴果病部均会长出绵状菌丝，即病菌的孢囊梗和孢子囊，严重时主根被侵染，整株萎蔫。根系腐烂的病株易拔出，但须根和表皮遗留在土中。

三、病原

病原菌为烟草疫霉芝麻变种（*Phytophthora nicotianae* Breda de Haan var. *sesami* Prasad），属卵菌疫霉属。孢囊梗假单轴分枝，顶端圆形或卵圆形，孢囊梗分枝顶端着生孢子囊。孢子囊梨形至椭圆形，顶端有乳状突起，单胞，无色，大小为（25～50）μm×（20～35）μm（图 9-27-1）。当菌丝浮在冷开水上，48h 形成孢子囊，并释放游动孢子。培养 2 个月的老菌种中可产生卵孢子。卵孢子球状、平滑、双层壁，无色透明。病菌在麦片琼脂培养基上生长良好，最适生长温度为 23～32℃，孢子囊产生最适温度为 24～28℃。该菌仅能侵染芝麻，但各分离物的致病性有明显差异。泰国报道，从 Kamphaengsaen、Sukhothai 两地分离的疫霉菌株 KPS 和 SKT，在 44 个芝麻品系叶片和茎上的发病程度有明显差异，说明侵染芝麻的疫霉致病力存在分化。

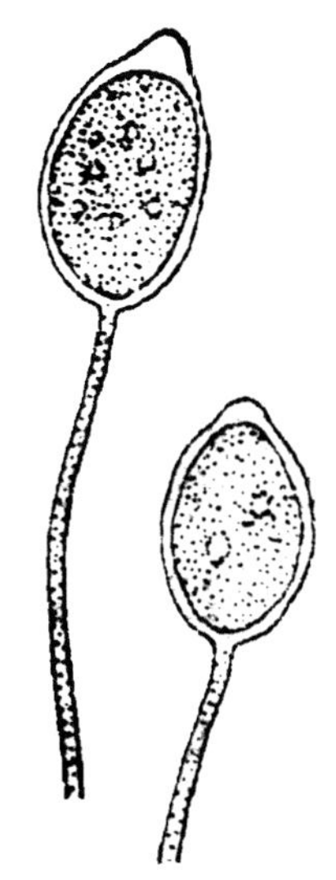

图 9-27-1　烟草疫霉芝麻变种的孢子囊（引自中国农业科学院植物保护研究所，1995）

Figure 9-27-1　Sporangia of *Phytophthora nicotianae* var. *sesami* (from Institute of Plant Protection, Chinese Academy of Agricultural Sciences, 1995)

四、病害循环

病原菌以休眠的菌丝或卵孢子在土壤、病残体和种胚上越冬。翌年侵染苗期芝麻茎基部，形成初次侵染。在潮湿的条件下，经 2～3d 病部孢子囊大量出现，从裂开的表皮或气孔成束伸出，释放游动孢子，经风雨、流水传播蔓延，进行再侵染。用病菌接种芝麻茎基部，保持土壤高湿度，9d后出现水渍状症状，潜育期约9d；接种叶片，4d后表现症状，潜育期约4d。

五、流行规律

芝麻疫病一般在7月芝麻现蕾时田间开始出现病株，8月上旬开始流行。病菌产生的游动孢子借风雨传播进行再侵染。高温高湿条件下病情迅速扩展，连续两周较大降雨或高湿（相对湿度在90%以上）有利于病害大发生。2011年7月下旬和8月上旬淮河流域出现持续降雨，河南平舆、周口芝麻产区疫病发生普遍，地势低洼田块成片发病。土壤温度对疫病的发生有较大的影响，土壤温度在28℃左右，病菌易发生侵染和引起发病，而土温为37℃时，病害的出现延迟。土壤黏重、降水量大的地区，芝麻疫病发生重。

芝麻品种抗病水平的不同，也影响症状表现和发病程度。泰国学者比较了两个疫霉菌株对44个芝麻品系的毒性。有38个品系抗KPS菌株，有36个品系抗SKT菌株。对于KPS菌株，有18个品系仅在叶片上产生轻微症状，有14个品系表现中抗，4个品系叶片上有严重症状，6个品系在茎上有轻微症状，2个品系的茎上有严重症状；SKT菌株在44个芝麻品系叶片和茎上的症状也有明显区别。

六、防治技术

（一）农业防治

1. 实行轮作和间作 发病田块进行3年以上轮作；采用芝麻与珍珠粟按3∶1进行间作，有利于减轻发病。

2. 选用抗病品种 选种优质高产、耐渍、抗病性强的品种。国外报道，TKG-22、TKG-55和JTS-8具有良好的抗病性。

3. 加强栽培管理 淮河流域和长江流域芝麻产区宜采用高畦栽培，雨后及时排水，降低田间湿度；合理密植，加强肥水管理，增施磷、钾肥，苗期不施或少施氮肥，培育健苗。

（二）物理防治

播种前用55～56℃温水浸种30min或60℃温水浸种15min，晾干后播种；芝麻收获后及时销毁田间病残株。

（三）生物防治

用生防制剂哈茨木霉、绿色木霉进行土壤处理或用哈茨木霉、绿色木霉、枯草芽孢杆菌（0.4%）进行种子处理。

（四）化学防治

播前用甲霜灵（0.3%）或福美双（0.3%）进行种子处理；发现病株时及时用甲霜灵（0.25%）淋灌病株2～3次，每次间隔7d；发病初期，可用25%甲霜灵可湿性粉剂500倍液，或58%甲霜灵·锰锌可湿性粉剂500倍液、56%甲硫·噁霉灵600～800倍液、69%烯酰·锰锌1 000倍液喷雾，间隔7～10d，连喷2～3次。

刘红彦 杨修身（河南省农业科学院植物保护研究所）

第28节 芝麻青枯病

一、分布与危害

芝麻青枯病主要分布于我国江西、湖北、湖南、广西、安徽、四川、台湾等南方芝麻产区；北方产区的河南、吉林、新疆等省份也有发生。在湖北、江西发病较重，常年发病率为10%～15%，严重田块发病率可达50%～70%，一般减产10%以上，严重发病田块植株成片死亡。随着耕地日益紧张，旱地轮作年限缩短，芝麻青枯病呈逐年加重趋势。

二、症状

芝麻青枯病为典型的维管束病害，从苗期至成熟期均可发生，一般多在初花期始发，以盛花期发病最重。发病初期植株顶端先出现萎蔫，继而整株呈失水状。也有植株半边叶片（或几片叶）先萎蔫而另半边暂时维持原状，初期白天萎蔫，夜间恢复正常。稍后在茎秆上出现暗绿色水渍状斑块，继而迅速呈黑褐色条斑向上下扩展，顶梢常有2～3个梭形溃疡状裂缝。发病严重的植株常呈湿黑褐色枯死。茎秆表皮下常可见疱状隆起，刺破后有乳色菌脓溢出，渐成为漆黑色晶亮的颗粒。纵剖茎部，可见维管束变褐色。在湿润条件下，横剖茎部，用手挤压，常有污白色菌脓溢出。叶片通常沿茎秆黑褐色条斑扩展方向先出现萎蔫，病叶病斑初呈灰绿色水渍状，继而转为黄褐色至褐色，叶脉呈墨绿色条斑，纵横交错呈网状，迎光透视呈透明油渍状，叶背脉纹黄色突起呈波浪形扭曲，最后病叶褶皱，变褐枯死（彩图9-28-1）。病蒴初现水渍状病斑，后为深褐色条斑，病蒴内种子瘦瘪、污褐色。

三、病原

芝麻青枯病的病原为茄劳尔氏菌［*Ralstonia solanacearum*（Smith）Yabuuchi et al.（1995）］，简称青枯病菌，属薄壁菌门劳尔氏菌属。曾用名：*Burkholderia solanacearum*（Smith）Yabuuchi et al.（1992），*Pseudomonas solanacearum*（Smith）Smith et al.（1896）。菌体短杆状，两端钝圆，大小为(1～2)μm×（0.5～0.8）μm，具1～3根极生鞭毛，无芽孢和荚膜，革兰氏染色反应阴性。病菌在肉汁冻（NA）琼脂培养基上28℃下培养3d，菌落污白色，平滑有光泽，呈黏液状，直径2～3mm。在半选择性培养基TZC（含0.005% 2，3，5-氯化三苯四氮唑）培养基上可产生两种类型的菌落，一种是致病力强的菌落，直径2～5mm，不规则圆形，具流动性，初为白色，后中心呈红色至橘红色，菌落外缘白边大小因不同菌株而异；另一种是致病力弱或丧失致病力的变异菌落，很小，圆形，多为深红色，边缘颜色稍浅。强致病力菌株经长期人工培养，其致病力会减弱，甚至完全丧失。病菌最适生长温度为28～33℃，最适pH6.8～7.2。江西省农业科学院植物保护研究所报道，26～30℃温室保湿条件下，1×10^{8}cfu/mL菌悬液剪叶接种3d，叶片即出现灰绿色湿润病斑；针刺和灌根接种6～7d，茎秆或叶柄上出现典型的褐色至黑褐色条斑。

芝麻青枯病菌寄主范围广泛。2011—2012年江西省农业科学院植物保护研究所人工接种表明，芝麻青枯病菌可侵染花生、烟草、马铃薯、茄子、辣椒、番茄、大白菜、小白菜、萝卜、甘薯、玉米、芸豆、绿豆、加拿大蓬、青葙、凹头苋等多种植物，引起枯萎症状或产生黄褐至黑褐色病斑；接种圆叶牵牛、苘麻等植物不产生明显症状，但接种后30～90d，在距离针刺接种点5～15cm处仍可成功分离到青枯病菌。对来自广西、江西、湖北、安徽等地的芝麻青枯病菌菌株鉴定结果表明，芝麻青枯病菌属1号生理小种，大多数为生化变种Ⅲ。

四、病害循环

芝麻青枯病菌主要在土壤、病株残体、用病残体制作的堆肥及杂草寄主等处越冬，成为翌年的初侵染源。该菌能侵入许多寄生植物和非寄主植物，还可在植株表面附生存活，因而即使没有适当寄主，也能在土壤中长期存活。病菌主要借流水（雨水、灌溉水），其次借人、畜、农具及昆虫等媒介物传播。病菌通常从伤口或自然孔口侵入，通过皮层组织而侵入维管束，在维管束内繁殖并分泌毒素致使植株失水萎蔫。同时，病菌从维管束向四周组织扩散，侵入皮层和髓部薄壁组织细胞间隙，并分泌果胶酶，消解细胞壁的中胶层，致寄主组织崩解腐烂。病菌从腐烂的寄主组织散布到土壤中，借流水等媒介传播至健株，引起再侵染。芝麻收获后，病菌又在土壤、病残体等场所越冬。

五、流行规律

芝麻青枯病菌属喜温细菌，当土壤温度上升至13℃左右时，即可侵染；气温为25～30℃时发病进入盛期，因而发病高峰多在7～8月。在我国各地芝麻生长期间的温度，一般均适于青枯病的发生，所以病害发生流行的决定因素主要为土壤湿度。降雨增加土壤湿度利于病害发生，尤以久雨骤晴、时晴时雨最易诱发该病害严重发生。暴风雨后骤晴，植株叶面蒸腾加大，病株导管内细菌迅速繁殖上升，阻塞导管，使植株大量发病，且雨水对病菌的传播极为有利。地势低洼、排水不畅的田块发病重。江西省农业科学院植物保护研究所2012年9月调查一块坡度约6°的田块，地势高处芝麻青枯病病株率为10.2%，而地势低处病株率高达66.3%。江淮流域和长江中下游地区芝麻产区发病重。连作地块病菌不断积累，发病日益加重。江西省农业科学院植物保护研究所报道，连作 2 年和 5 年，芝麻根际土壤中的青枯病菌数量显著高于新种植田芝麻根际土壤中青枯病菌数量。

六、防治技术

（一）农业防治

1. 合理轮作 有条件的地区，实施水旱轮作，轮作 1 年即可取得明显的效果。无水旱轮作条件的地区和田块，与甘蔗、棉花等非寄主作物轮作，重病田要实行 4～5 年以上的轮作，轻病田可实行 2～3 年的轮作。

2. 选用抗病品种 芝麻品种之间抗病性有一定差异，应因地制宜选用具有一定抗病性的丰产良种如豫芝 11、丰城灰芝麻等，雨水充沛地区避免种植赣芝 5 号、金黄麻、中芝 11 等感病品种。

3. 加强栽培管理 注意开沟排水降低田间湿度，遇涝及时排水，防止雨水滞留；遇旱小水轻浇，切忌大水漫灌，避免流水传播病菌。合理施肥，增施有机肥料，合理施用氮、磷、钾肥，避免偏施氮肥。及时除草，尤其要注意清除青枯病菌的杂草寄主，如青葙、凹头苋、加拿大蓬、圆叶牵牛等芝麻田中的常见杂草。若发生小地老虎等地下害虫，要及时施用 48%毒死蜱乳油 1 000 倍液进行防治。芝麻生长中、后期停止中耕，以免伤根。

（二）物理防治

发现零星病株时，及时连根拔除，带到田外晒干烧毁。

（三）化学防治

在发病初期可选用 40%噻唑锌悬浮剂或 20%噻菌铜悬浮剂 500 倍液，或 72%农用硫酸链霉素 4 000 倍液，根据芝麻植株大小配备足量药液进行喷雾防治，间隔 7～10d，喷 2～3 次。

华菊玲（江西省农业科学院植物保护研究所）

第 29 节 芝麻立枯病

一、分布与危害

芝麻立枯病是芝麻苗期常见的重要病害，分布广泛，在我国各芝麻产区均有发生，以南方产区发生较重。特别是芝麻播种后 1 个月内，如遇降雨多、土壤湿度大，常可引起大量死苗，造成田间缺苗。芝麻立枯病菌寄主范围甚广，除侵染芝麻外，还可侵染油菜、白菜、马铃薯、棉花、红麻、黄麻、甜菜、烟草、大豆、花生、茄子等 160 多种植物。

二、症状

芝麻立枯病是芝麻苗期常见的重要病害之一，主要侵害芝麻茎基部和根部，初发病时，幼苗茎基部或地下部一侧产生黄色至黄褐色条状病斑，逐渐凹陷腐烂，后绕茎部扩展，最后茎部缢缩成线状，幼苗从地表处折倒枯死。发病轻的病苗仍能恢复生长。病部皮层变褐缢缩，遇有天气干旱或土壤缺水时，下部叶片萎蔫，严重时则全株枯死（彩图 9－29－1）。

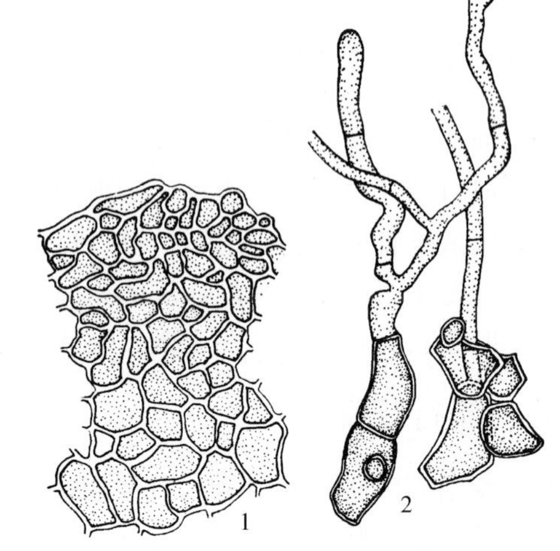

图 9－29－1 立枯丝核菌形态特征
（引自魏景超，1979）
Figure 9－29－1 Morphology of *Rhizoctonia solani*
（from Wei Jingchao，1979）
1. 菌核切面 2. 菌核细胞萌发

三、病原

芝麻立枯病病原为立枯丝核菌（*Rhizoctonia solani* Kühn），属担子菌无性型丝核菌属真菌，有性型为瓜亡革菌［*Thanatephorus cucumeris*（Frank）Donk］。该病菌在 PDA 上菌丝生长迅速，初生菌丝无色，后为黄褐色至棕褐色，菌丝粗壮呈蛛网状，有横隔，粗8～12μm，分枝处成直角，分枝基部略缢缩。老菌丝常呈一连串桶形细胞。菌核浅褐、棕褐至黑褐色，质地疏松（图9-29-1）。担孢子近圆形，大小为（6～9）μm×（5～7）μm。该菌生长温度范围为10～38℃，最适温度为28～31℃。菌核在12～15℃开始形成，以30～32℃形成最多，40℃以上则不形成。

四、病害循环

芝麻立枯病菌以菌丝体或菌核在土壤或病组织上越冬，在土壤中营腐生生活，可存活2～3年，带菌土壤是主要初侵染源。翌年地温高于10℃时开始萌发，进入腐生阶段。遇适宜环境条件，病菌以菌丝体从植物气孔、伤口或表皮直接侵入组织，引起发病，后病部长出菌丝接触健株继续传播。风雨、流水、肥料、种子或农具均可传播病菌。

五、流行规律

立枯病主要发生在芝麻苗期，低温、高湿、土壤板结、积水条件有利于发病。在土温11～30℃、土壤湿度20%～60%时，易发病。芝麻出土后至2～3对真叶期，如遇降雨多、土壤湿度大时极易发病而导致幼苗大量死亡，造成缺苗断垄。春芝麻播种过早和土壤湿度过大时，往往发病也较严重。田间芝麻根系发病，常常是立枯丝核菌、尖孢镰刀菌等多种土传病原菌复合侵染。

芝麻品种间对立枯病抗病性存在差异。埃及学者采用人工接菌鉴定，筛选出中抗和抗病品种，具有较高的利用价值。

六、防治技术

（一）农业防治

选用抗（耐）性强的品种；适期播种，精细整地；南方芝麻产区宜采用高畦栽培，及时排水除渍；加强田间管理，合理施肥，增施草木灰，及时间苗中耕，增强植株抗病力；与非寄主作物轮作，避免重茬。

（二）生物防治

利用生防菌木霉进行土壤处理，能够显著提高芝麻植株成活率，增加种子产量。土壤处理的防病效果要好于种子包衣处理。

（三）化学防治

每667m^{2}可用70%敌磺钠可湿性粉剂1kg，加细土30kg，拌匀制成药土，播种前撒施。播种前用种子重量0.2%（有效成分）的50%多菌灵可湿性粉剂或70%甲基硫菌灵可湿性粉剂、50%福美双可湿性粉剂拌种。田间发病初期，可用70%敌克松可湿性粉剂1 000倍液，或50%多菌灵可湿性粉剂800～1 000倍液、75%百菌清可湿性粉剂600～700倍液、20%甲基立枯磷乳油1 200倍液喷雾防治，重病田间隔7天喷洒1次，连续施药2～3次，有较好的预防和治疗作用。

刘红彦　杨修身（河南省农业科学院植物保护研究所）

第30节　芝麻细菌性角斑病

一、分布与危害

芝麻细菌性角斑病又称细菌性叶斑病，广泛分布于全世界芝麻产区，如中国、印度、巴基斯坦、日本、韩国、美国、墨西哥、巴西、委内瑞拉、希腊、南非、苏丹、坦桑尼亚、土耳其、乌干达、前南斯拉夫等均有报道。此病在我国芝麻产区发生普遍，多数地方都能见到，但在芝麻田间多为零星发生，在部分地区及田块可造成较重危害。河南省平舆、原阳、镇平、嵩县、鲁山、开封、民权、商丘、太康、杞县、洛阳等地均有发生报道。芝麻生育后期多雨条件下发病重，使叶片早期脱落，影响产量。

二、症状

芝麻细菌性角斑病主要侵害叶片，也能侵害叶柄、茎秆和蒴果。苗期、成株期均可发病。幼苗刚出土即可染病，近地面处的叶柄基部变黑枯死。成株期染病，叶片上病斑呈多角形水渍状，黑褐色。前期有黄色晕圈，后期不明显。病斑常沿叶脉发展而形成黑褐色条斑，大小为2～8mm。病斑时常引起附近组织干缩，因而使叶片变形。发病叶片有时会向叶背稍卷曲。潮湿时叶背病斑上有菌脓渗出，干燥情况下病斑破裂穿孔。严重时病叶由下而上干枯脱落，甚至仅剩顶部几片嫩叶。叶柄和茎秆上的病斑黑褐色、条状。蒴果上会出现褐色、凹陷、有光泽斑点。发病早的蒴果呈黑色，不结种子（彩图9-30-1）。

三、病原

芝麻细菌性角斑病病原为丁香假单胞菌芝麻致病变种［*Pseudomonas syringae* pv. *sesami*（Malkoff.）Young，Dye et Wilkie］，属薄壁菌门假单胞菌属。菌体杆状，大小为（1.2～3.8）μm×（0.6～0.8）μm，单生或双生，无荚膜，无芽孢，极生2～5根鞭毛。革兰氏染色阴性，好气性。培养基上形成白色圆形菌落。病菌培养生长适温为30℃，最高生长温度为35℃，最低生长温度为0℃。该病菌仅侵染芝麻，从不同芝麻产区分离的病菌菌株致病性有差异，在美国有2个生理小种。

四、病害循环

芝麻种子携带病菌，可作为病害初侵染来源。病菌在病残体和土壤中不能长时间存活，在土壤中能存活1个月，4～40℃条件下可在病残体上存活165d，在种子上能存活11个月。初侵染形成的病组织分泌菌脓，病菌借雨水和农事操作传播，引起再侵染。病菌通过植物伤口和气孔进入植物体内，最后到达薄壁组织。

五、流行规律

降雨天气有利于病菌传播，高温高湿天气有利于病菌侵染。芝麻生长期遇到高温、多雨和持续高湿的天气条件该病发生严重；遇干旱少雨，空气干燥的天气条件发病轻。芝麻田常在7月份雨后突然发病，在8月中、下旬进入盛发期。病害初期先从植株下部叶片发生，遇阴雨天气后逐渐向植株上部叶片和周围植株传播发展。

六、防治技术

（一）农业防治

1. 清除病残株 芝麻收获后及时将病株残体清除，降低菌源量，减少菌源积累。

2. 实行轮作倒茬 与禾本科作物实行3年以上轮作，可有效减轻发病。

3. 加强田间管理 精细平整土地或采取深沟高垄栽培，防止田间低洼处积水和田间流水冲刷传播病害。

4. 选用抗病品种 在芝麻育种和生产中，选育和利用抗病性较强的品种。据观察，目前白芝麻品种较黑芝麻品种抗病性强。

（二）物理防治

采用温汤浸种处理可消灭种子上的病原细菌，减少初侵染源。在芝麻播种前，用52℃热水浸种30min，待晾干后播种，可杀灭种子携带的病菌。

（三）生物防治

在播种前，将芝麻种子用220mg/L农用硫酸链霉素液浸泡30min，然后控干水分，在阴凉处晾干后播种，可抑制病菌，减轻发病。

（四）化学防治

发病初期及早喷洒30%碱式硫酸铜悬浮剂300倍液，或47%春雷·王铜可湿性粉剂700～800倍液、12%松脂酸铜乳油600倍液、72%农用硫酸链霉素可湿性粉剂4 000倍液，间隔15d，连续喷2次以上。

杨修身 刘红彦（河南省农业科学院植物保护研究所）

第31节 芝麻叶枯病

一、分布与危害

芝麻叶枯病在我国各芝麻产区均有发生。主要侵害芝麻叶片，在叶片上形成病斑，严重时可引起叶片枯死，同时侵害叶柄、茎秆和蒴果，使叶片提早脱落，病株芝麻种子瘦秕，千粒重降低。蒴果染病易提前开裂，收获前及收获时遇刮风容易落粒，造成产量损失。叶枯病是最严重的芝麻叶部病害之一。美国、日本、菲律宾等国芝麻产区也有发生。

二、症状

芝麻叶片、茎秆和蒴果均可发病。叶片染病之初产生暗褐色近圆形至不规则形病斑，大小为4～12mm，具不明显的轮纹，边缘褐色，上生黑色霉层，严重的叶片干枯脱落。叶柄、茎秆染病产生梭形病斑，后变为红褐色条形病斑。茎秆上病斑从小斑点到凹陷、暗褐色大病斑（40mm×30mm），有时候愈合。蒴果染病产生红褐色稍凹陷圆形病斑，大病斑可覆盖蒴果。该病扩展迅速，芝麻生长后期遇连阴雨，仅20d左右即可蔓延至全田引致大量落叶，对产量影响很大（彩图9-31-1）。

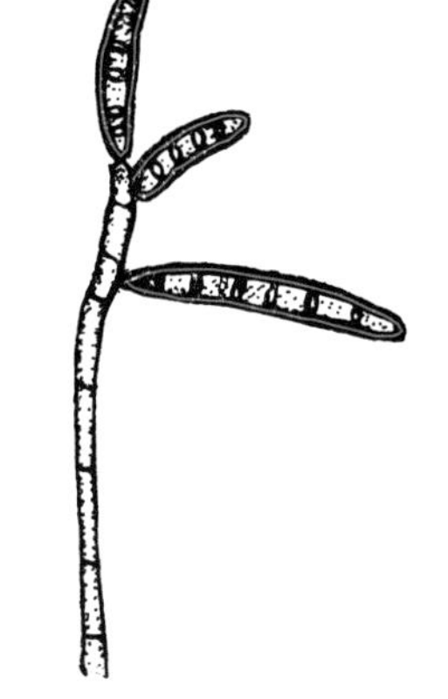

图9-31-1 芝麻内脐蠕孢的分生孢子梗和分生孢子（引自中国农业科学院植物保护研究所，1995）

Figure 9-31-1 Conidiophores and conidia of *Drechslera sesami* (from Institute of Plant Protection, Chinese Academy of Agricultural Sciences, 1995)

三、病原

芝麻叶枯病病原为芝麻内脐蠕孢［*Drechslera sesami* (I. Miyake) M. J. Richardson et E. M. Fraser，异名：*Helminthosporium sesami* Miyake］，属子囊菌无性型内脐蠕孢属真菌。分生孢子梗单生、不分枝，有2～9个隔膜，大小为（150～240）μm×（6～8）μm；分生孢子倒棍棒形，常弯曲，褐色，有5～9个隔膜，大小为（46～68）μm×（8～11）μm（图9-31-1）。

四、病害循环

芝麻叶枯病菌随病残体组织遗留在土壤中或附着在种子表面越冬，成为翌年发病的初侵染源。越冬菌源在适宜条件下产生分生孢子，随风雨传播，侵染芝麻。

五、流行规律

据河南省农业科学院植物保护研究所2010年在平舆县芝麻试验站田间设立孢子捕捉器观察，芝麻长蠕孢菌分生孢子从7月5日至8月2日均有出现，其间空中孢子密度变化不大，8月2日后再未捕捉到长蠕孢菌孢子。2011年在同一地点观察，长蠕孢菌孢子从7月2日至8月13日均有出现，以7月中旬捕捉到的分生孢子量较大。

在黄淮流域芝麻产区，7～9月的田间温、湿度多有利于叶枯病的发生。黄淮流域夏芝麻叶枯病发生进程可分为3个阶段。始发期：从7月上、中旬（3～4对真叶）始见病株至7月下旬、8月上旬（现蕾—初花）病株率饱和；普发期：从7月下旬到8月下旬（封顶）病叶率饱和；盛发期：8月底病叶率饱和到芝麻成熟，病害全面发展，严重度迅速上升达最高，叶片枯死脱落。从发病进程可见，病害始发期菌源量最小，病叶多在植株下部，中、上部叶片尚未受到侵染，是药剂保护的有利时机。

降雨对芝麻叶枯病发生流行的影响最明显，芝麻初花期和盛花期两个阶段降雨量大，尤其是多日连阴雨，空气湿度大，有利于病菌侵染，病害发展快、发生重；此段时间降雨少、天气干旱，则不利于病害发生，病害发展缓慢，为害较轻。

六、防治技术

（一）农业防治

1. 种植抗病芝麻品种 在芝麻生产和育种过程中，注意观察选择芝麻叶枯病发生较轻的品种，如豫芝11、郑芝98N09、郑芝13、驻芝15、驻芝19、中芝11、中芝12等，各地可因地制宜选择应用。

2. 合理密植 在芝麻播种和定苗时，要做到合理密植，减少芝麻行间郁闭，可减轻病害发生。

3. 加强田间管理 科学施肥，注意氮、磷、钾肥配合使用，避免过量使用氮肥，增施有机肥料，提高植株抗性；在多雨易涝地区和排灌不畅低洼田块实行起垄种植，遇旱时以小水轻浇，切忌大水漫灌；遇涝及时排水，降低田间和土壤湿度。

（二）化学防治

在发病初期，可选用50%多菌灵可湿性粉剂600倍液、70%甲基硫菌灵可湿性粉剂800倍液、25%戊唑醇可湿性粉剂3 000倍液、12.5%烯唑醇可湿性粉剂3 000倍液或25%嘧菌酯悬浮剂1 000倍液喷施芝麻叶面及茎秆。一般年份黄淮流域夏播芝麻在7月下旬和8月上旬各喷施1次，防病增产效果显著，多雨年份应在8月下旬增加喷施1次。喷药时注意茎秆和叶片正反面全部喷到。

杨修身　刘红彦（河南省农业科学院植物保护研究所）

第32节　芝麻白粉病

一、分布与危害

芝麻白粉病分布十分广泛，在我国河南、湖北、安徽、吉林、山东、山西、陕西、云南、湖南、江苏、江西、广东、广西、海南等省份均有发生，但一般为害不大。在南方多发生在迟播芝麻或秋芝麻上。在印度和泰国芝麻产区发生普遍，尤其是在安得拉邦和泰米尔纳德邦，是一种毁灭性病害，造成的产量损失达25%～50%。

二、症状

芝麻白粉病侵害芝麻叶片、叶柄、茎秆、花及蒴果。叶表面生白粉状霉层，严重时白粉状物覆盖全叶，导致叶变黄，影响植株光合作用，使植株生长不良，严重时致叶片枯死脱落，病株先为灰白色，后呈苍黄色。茎秆、蒴果染病亦产生类似症状。种子瘦瘪，产量降低（彩图9-32-1）。

三、病原

芝麻白粉病病原为菊科高氏白粉菌［*Golovinomyces cichoracearum*（DC.）V. P. Gelyuta，异名：*Erysiphe cichoracearum* DC.］，属子囊菌门高氏白粉菌属真菌。菌丝匍匐在寄主叶两面，以吸器伸入表皮细胞内吸收营养。从菌丝上生出短梗，梗端串生分生孢子。分生孢子单胞，椭圆形，无色，大小为（30～40）μm×（18～25）μm。后期病部菌丝层中偶尔可见黑褐色小点，即病菌子囊壳，壳上生有附属丝；闭囊壳直径85～114μm，内生子囊6～21个；子囊卵圆形，大小为(44～107）μm×（23～59）μm，内生子囊孢子2个，子囊孢子大小为（19～38）μm×（11～22）μm。国外报道，引起芝麻白粉病的病原菌还有*G. orontii*（Castagne）V. P. Gelyuta（*Erisiphe orontii* Castagne）、*Sphaerotheca fuliginea*、*Leveillula taurica*（Lév.）Arn.、*Oidium erysiphoides* Fr. 和*Oidium sesami*。

四、病害循环

芝麻白粉病菌寄主范围广，除芝麻外，还寄生烟草、野菊花、豆类、瓜类、向日葵等。在南方终年均可侵染，无明显越冬期。在北方寒冷地区，以闭囊壳随病残体在土表越冬，翌年条件适宜时产生子囊孢子进行初侵染，病斑上产出分生孢子借气流传播，进行再侵染。

五、流行规律

降水量大、湿度高、夜间温度低有利于病害发生流行。黄淮和北方芝麻产区，多在芝麻生长后期发病，气候凉爽有利于病害的发生。土壤肥力不足或偏施氮肥，易发病。在南方产区，该病发病时间长，早春2～3月温暖多湿、雨水大或露水重易发病。在海南进行南繁加代的芝麻，遇凉爽天气，易受白粉病侵害，品种间发病程度不同。

印度学者调查发现，芝麻品种间存在耐病性差异。30份品系中，有18份感病，12份耐病，其中，PKDS 37耐病性最好，病情指数为30.85，而高感品系病情指数为87.65。

六、防治技术

(一) 农业防治

适期早播早熟品种；选用抗病品种，印度筛选出了 3 个抗病品种 TKG - 22、NSKMS - 260 和 G - 55，1 个耐病品系 PKDS 37；合理间作，可采用芝麻与珍珠粟以 3∶1 方式间作；加强栽培管理，注意清沟排渍，降低田间湿度；增施磷、钾肥，避免偏施氮肥或缺肥，增强植株抗病力。

(二) 物理防治

做好土壤清洁及田间卫生，芝麻收获后，销毁芝麻病株残体和其他寄主植物残体。

(三) 化学防治

发病初期，及时喷洒 25%三唑酮可湿性粉剂 1 000～1 500 倍液或 40%氟硅唑乳油 8 000 倍液。

刘红彦　刘新涛（河南省农业科学院植物保护研究所）

第 33 节　芝麻黑斑病

一、分布与危害

芝麻黑斑病又称链格孢叶斑病，在我国河南、湖北、安徽、河北、山西、吉林、辽宁、黑龙江、内蒙古等地芝麻产区均有发生。在国外芝麻产区如埃塞俄比亚、尼日利亚、萨尔瓦多、印度和美国等发生也较为普遍。该病侵染芝麻叶片和茎秆，严重影响芝麻产量。据印度调查，每百个蒴果粒重降低 0.1～5.7g。

二、症状

芝麻叶片发病后，出现圆形至不规则形褐色至黑褐色病斑。田间常见大型病斑和小型病斑两种类型。大型病斑多为圆形，或因叶脉限制呈椭圆形或不规则形，直径 3～10mm，有明显轮纹；下部叶片的病斑浅褐色；叶片上的病斑愈合后，导致叶片干枯。小型病斑多为圆形至近圆形，直径 1～4mm，轮纹不明显，中央色稍浅，严重时一片叶上有几十个病斑，愈合成大枯斑（彩图 9 - 33 - 1）。叶柄、茎秆发病，呈现黑褐色水渍状条斑；蒴果上也能产生褐色小病斑。病斑上有黑色霉状物，即病菌的分生孢子梗和分生孢子。轻度发生时造成落叶，严重时植株枯死。

三、病原

芝麻黑斑病大型病斑的病原为芝麻链格孢［*Alternaria sesami*（Kawamura）Mohanty et Behera］，属子囊菌无性型链格孢属真菌。分生孢子梗黄褐色至暗褐色，不分枝，具隔膜，单生或簇生，大小为（65.0～109.5）μm×（6.0～9.5）μm。分生孢子单生，梭形或倒棒形，褐色至深褐色，具横隔膜 5～12 个，纵隔膜 3～8 个，孢身大小为(71.5～101.5) μm×(18.5～31) μm。喙丝状，极淡的褐色至无色，大小为（85.5～234.0）μm×（3.0～3.5）μm（图 9 - 33 - 1，1）。该病菌在 10～35℃可生长，以 25℃为生长最适温度。分生孢子在 5～40℃均能萌发，以20～30℃为最适范围，孢子萌发快，24h 达 100%，在此范围以外萌发慢，萌发率低。相对湿度低，不利于孢子萌发，相对湿度在 90%以上时萌发较快，萌发率较高，但以水滴中的孢子萌发率最高。

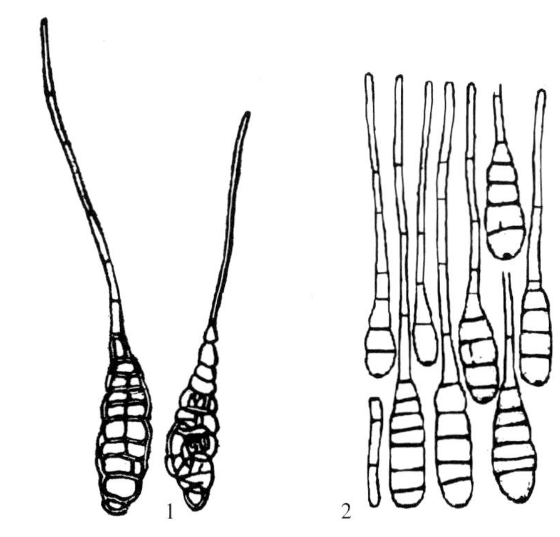

图 9 - 33 - 1　芝麻黑斑病菌的分生孢子（1. 引自中国农业科学院植物保护研究所，1995；2. 引自孙霞，2006）

Figure 9 - 33 - 1　Conidiospores of *Alternaria sesami* and *Alternaria sesamicola*（1. from Institute of Plant Protection, Chinese Academy of Agricultural Sciences, 1995；2. from Sun Xia, 2006）

1. 芝麻链格孢的分生孢子　2. 芝麻生链格孢的分生孢子

叶片和茎秆接种孢子液后，均可产生病斑，潜育期为36～72h。

芝麻黑斑病小型病斑的病原为芝麻生链格孢（*A. sesamicola* Kawamura），属子囊菌无性型链格孢属。分生孢子梗直立，单生，分隔，分枝或不分枝，淡黄褐色。分生孢子单生，偶尔两个孢子链生，长椭圆形或倒棒状，棕褐色至深褐色，主横隔膜增厚，具横隔膜3～7个，纵、斜隔膜0～3个，分隔处缢缩明显，孢身大小为（29.0～49.0）μm×（10.0～16.5）μm（图9-33-1，2）。喙丝状，极淡的褐色至无色，大小为（61.0～197.0）μm×（2.0～3.5）μm。该病菌在PCA平板上生长极慢。

四、病害循环

对豫芝1号黑斑病自然病株种子进行种子带菌率测定，经分离，未经任何处理的种子带菌率10.4%，升汞水表面消毒，再用无菌水冲洗后带菌率为0.8%。表明黑斑病菌主要附着在种子表面。

芝麻黑斑病菌随病组织遗留在土壤中或附着在种子上越冬，成为翌年发病的初侵染源。越冬菌源在适宜条件下产生分生孢子，随风雨传播，侵染芝麻。国外报道，带菌种子在播后4～6周产生典型病症。

五、流行规律

病菌在出苗期侵染能导致幼苗枯死，但发病盛期主要在播后8～12周，在黄淮流域即7月中旬至9月上旬。

7～9月的温、湿度有利于多种叶部病害的发生，田间常常是黑斑病、棒孢霉叶斑病、尾孢霉叶斑病、叶枯病、褐斑病、轮纹病等混合发生。不同地区、不同年份、不同品种叶部病害发生始期和最终病情有所差异，但一般为先是植株下部叶片水平发展，而后自下而上垂直发展，然后再水平发展的流行动态。发病过程分为3个阶段。始发期：在河南省夏播芝麻产区，7月上、中旬（3～4对真叶）始见病株，7月下旬、8月上旬（现蕾—初花）病株率达到饱和，此阶段病害以水平方向扩展为主，表现为病株率增加，病叶率上升缓慢，病情指数很低，为菌源初步积累期。普发期：从7月下旬到8月下旬（封顶）病叶率饱和，此阶段病害自下而上垂直发展，主要表现为病叶率增加迅速，病情指数上升缓慢，为菌源的再积累期。盛发期：从8月底病叶率饱和到芝麻成熟，病害全面发展，严重度迅速上升达最高，叶片枯死脱落。由此可见，始发期菌源量最小，病叶尚在植株下部，是药剂保护的有利时机。

降雨对该病发生迟早和流行进程影响最为明显，初花期和盛花期两个阶段的降雨尤为重要，此时段雨量大、雨日多，空气湿度大，有利于病菌侵染，病害发生早且重，反之晚且轻。

芝麻播种期与叶病发生关系密切，根据分期播种定株定叶序系统调查结果，河南省夏芝麻从5月20日到6月20日播种，播种越早发病越早，病情越重。播期推迟虽然发病较轻，但对芝麻产量影响较大。

六、防治技术

（一）农业防治

选择抗病品种，如郑芝98N09、郑杂芝3号、漯芝16、中芝12等；同甘薯、花生、小尖辣椒等低秆作物间作，增加田间通风透光；加强田间管理，增施有机肥料，提高植株抗性；及时排水防涝，降低田间和土壤湿度；合理密植，减少行间郁闭，为芝麻生长创造良好条件，均可减轻叶斑病的发生。

（二）生物防治

在芝麻盛花期用微生物农药96-79连续喷洒2次，对黑斑病等真菌性叶部病害有良好的防治效果。国外报道，用印楝叶提取物喷洒芝麻幼苗，能产生诱导抗性，降低黑斑病发病率。

（三）化学防治

播种前用50%福美双可湿性粉剂+50%多菌灵可湿性粉剂混配，按种子重量的0.5%用量进行种子处理；在芝麻开花结蒴期，先用70%代森锰锌可湿性粉剂400～600倍液进行预防，在发病初期用50%多菌灵可湿性粉剂500倍液或25%嘧菌酯水分散粒剂800倍液喷雾，每隔10d喷雾1次，连续2～3次。

杨修身　倪云霞（河南省农业科学院植物保护研究所）

第 34 节　芝麻褐斑病

一、分布与危害

芝麻褐斑病分布广泛，在我国吉林、山东、河南、山西、陕西、云南、湖北、湖南、江苏、江西、广东、广西等省份芝麻产区均有发生，侵害芝麻叶片和茎秆，严重发生时，造成芝麻叶片枯死或提前脱落，使芝麻不能正常成熟，籽粒瘦秕，千粒重降低，影响芝麻产量和品质。

二、症状

此病主要侵害芝麻叶片。叶片上的病斑初期较小，暗褐色，后逐渐扩大，变为灰褐色，形状不规则；有时病斑外围出现棱角，病斑中心常有灰白色圆点，病斑周围有黑褐色小点（病原菌分生孢子器），无明显轮纹（彩图 9-34-1）。

三、病原

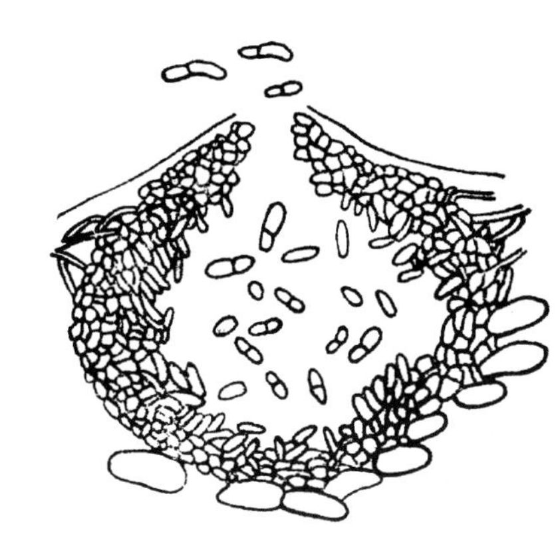

图 9-34-1　芝麻壳二胞的分生孢子器和分生孢子（引自中国农业科学院植物保护研究所，1995）

Figure 9-34-1　Pycnidia and conidiospores of *Ascochyta sesami* (from Institute of Plant Protection, Chinese Academy of Agricultural Sciences, 1995)

芝麻褐斑病病原为芝麻壳二胞（*Ascochyta sesami* Miura）和芝麻生壳二胞（*A. sesamicola* P. K. Chi），均属子囊菌无性型壳二胞属真菌。分生孢子器球形，黑褐色，直径 80～100μm，有孔口，寄生在寄主组织里，部分外露。分生孢子纺锤形，无色，多数双胞，大小为 10μm×3μm，少数单胞，椭圆形，大小为 5μm×3μm（图 9-34-1）。

芝麻生壳二胞分生孢子器散生或聚生在寄主病部组织中，后突破表皮外露。分生孢子器球形至近球形，器壁膜质浅褐色，直径 84～104μm。分生孢子圆柱形至椭圆形，无色透明，多为双胞，中间隔膜处略缢缩，个别单胞，大小为（6～11）μm×（2～4）μm。该病菌在芝麻上引起轮纹病，病斑与褐斑病的典型区别是有轮纹。

四、病害循环

芝麻褐斑病菌随病组织残留在土壤中越冬，成为第二年发病的初侵染源。越冬菌源在适宜条件下产生分生孢子，随风雨传播，侵染芝麻下部叶片，形成病斑；病斑上产生的分生孢子再传播侵染周围植株叶片，并逐渐向中、上部叶片蔓延。

五、流行规律

据河南省农业科学院植物保护研究所 2011—2012 年在河南芝麻主产区平舆县利用孢子捕捉器进行捕捉孢子调查，在芝麻田间，芝麻壳二胞分生孢子均从 7 月上旬开始出现，8 月上、中旬孢子捕捉量骤减，此后再未捕捉到其孢子。通过孢子捕捉和田间病害系统观察发现，芝麻壳二胞分生孢子出现时间与田间芝麻褐斑病发病时期有相随关系。该病 7 月中、下旬在河南夏芝麻上开始出现，最初主要发生在芝麻植株下部叶片上，然后逐渐向中、上部叶片发展蔓延。田间种植密度过大，偏施氮肥致使芝麻旺长，行间叶片郁闭，病害发生严重。7～8 月连续降雨、田间空气湿度大，有利于病菌传播和侵染，病害蔓延快，发生重。干旱少雨天气则不利于病菌传播侵染，病害发展慢，发生轻。

六、防治技术

（一）农业防治

1. 合理轮作　轮作倒茬、清理田间病残体，减少菌源积累。

2. 合理密植 在芝麻播种和定苗时，要做到合理密植，减少芝麻行间郁闭，可减轻病害发生。

3. 加强田间管理 科学施肥，注意氮、磷、钾肥配合使用，避免过量使用氮肥，增施有机肥料，提高植株抗性；遇旱时以小水轻浇，避免大水漫灌；遇雨涝天气及时排除田间积水，降低田间和土壤湿度。在多雨易涝地区和排灌不畅低洼地块实行起垄种植，减少渍涝灾害和病害发生。

4. 选用抗病品种 在芝麻生产和育种过程中，注意观察选择和应用病害发生较轻的品种，如豫芝11、郑芝98N09、郑芝13、驻芝15、驻芝19、中芝11、中芝12等，各地可因地制宜选择应用。

（二）化学防治

在发病初期，可选用50%多菌灵可湿性粉剂600倍液、70%甲基硫菌灵可湿性粉剂800倍液、25%戊唑醇可湿性粉剂3 000倍液、12.5%烯唑醇可湿性粉剂3 000倍液或25%嘧菌酯悬浮剂2 000倍液进行喷施保护。一般年份，黄淮流域夏播芝麻在7月下旬和8月中旬各喷施1次，防病增产效果显著，多雨年份应在8月下旬增加喷施1次加强保护。喷药时注意芝麻植株周身包括叶片正反面全部喷到。

杨修身 刘红彦（河南省农业科学院植物保护研究所）

第35节 芝麻棒孢叶斑病

一、分布与危害

芝麻棒孢叶斑病又称棒孢叶枯病，是我国芝麻产区的主要叶部病害之一，发生普遍，对千粒重和产量影响较大。在印度、哥伦比亚、美国和委内瑞拉等国也有报道。

二、症状

芝麻棒孢叶斑病在叶片上的初期病斑为圆形、近圆形或不规则形，褐色或暗褐色，中心有1白点，后来病斑扩大，有些病斑因受叶脉限制而呈不规则形，有不明显的同心轮纹，白点居中或位于病斑一侧。尾孢引起的叶斑病，病斑中心区域是灰色，这是两种叶斑病的典型区别。随着病害的发展叶斑形成枯死斑，多个病斑愈合导致病叶脱落。在茎秆上形成褐色、不规则长形或长椭圆形病斑，病斑扩大后病株会在病斑处不规则弯曲，有时病斑发展为溃疡，溃疡中心呈疣状。后期病斑长达5cm左右，其上产生多圈黑色霉状物，即病菌的分生孢子。茎秆上大病斑多位于下部，常围绕叶柄（彩图9-35-1）。病害严重时，病株纵裂或折断。蒴果上病斑先呈圆形，后延长呈凹陷斑点。

三、病原

芝麻棒孢叶斑病病原为山扁豆生棒孢［*Corynespora cassiicola*（Berk. and M. A. Curtis）C. T. Wei］，早期曾被定名为 *Heminthosporium cassiicola*（Berk. et M. A. Curtis）Berk.（Wei，1950）。菌丝初为无色，后变为褐色，有隔，分枝。分生孢子梗单生或丛生，隔膜多达20个，大小为（44～380）μm×（6～11）μm。分生孢子无色，圆柱形，通常有10～15个隔膜，长39～280μm，有时顶端呈链状（图9-35-1）。该病菌存在2个生理小种，均能侵染大豆、豇豆、扁豆和番茄，还能侵染黄瓜、南瓜、灯笼椒、番木瓜、黄秋葵、棉花和一些观赏植物。

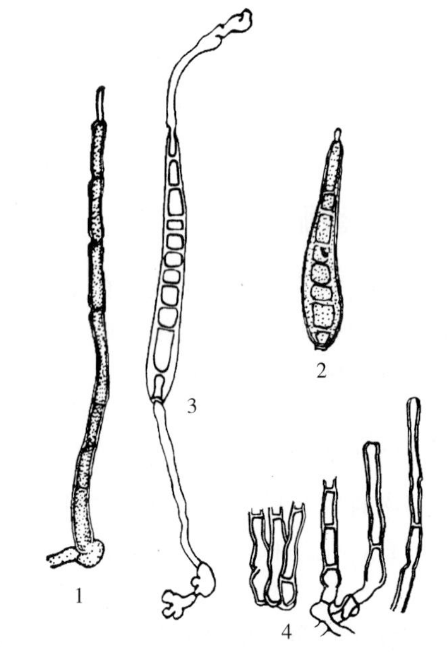

图9-35-1 山扁豆生棒孢的分生孢子梗和分生孢子（引自魏景超，1979）

Figure 9-35-1 Conidiophores and conidia of *Corynespora cassiicola*（from Wei Jingchao，1979）

1. 分生孢子梗示层出现象 2. 分生孢子 3. 萌发的分生孢子 4. 分生孢子梗

四、病害循环

芝麻种子内外均能携带病菌，病原菌能够在病残体或病种子上长久存活，在田间条件下能存活 10 个月以上，成为初侵染源，病斑上产生的分生孢子成为再侵染源，通过气流和水持续传播为害。种子储存在（26±2)℃、相对湿度 50％的条件下，其上的病原菌在 10 个月内失去活性。

五、流行规律

据 2011 年在河南芝麻主产区平舆县调查，芝麻田棒孢病菌分生孢子从 7 月上旬开始出现，至 9 月上、中旬芝麻采收前均能捕捉到，7 月 9～13 日和 8 月 10～13 日出现了 2 个分生孢子数量高峰。2012 年平舆县芝麻田棒孢病菌分生孢子 6 月 21 日已经出现，7 月 25 日至 8 月 6 日和 8 月 10～14 日出现了 2 个分生孢子密度高峰，至 9 月 13 日芝麻采收前均能捕捉到。田间 8 月上、中旬棒孢叶斑病病叶率上升很快，8 月下旬至 9 月上旬，病叶严重度上升很快。棒孢叶斑病多和其他叶部病害如黑斑病等混合发生，综合严重度高达 50％～80％，导致病叶在芝麻成熟前大量脱落。7～8 月多雨、高湿天气有利于病害的发生流行。

六、防治技术

（一）农业防治

清除寄主杂草和芝麻病株残体；实行轮作倒茬，压低菌源量；合理间作套种，芝麻与珍珠粟以 3∶1 方式间作，可降低发病程度；在芝麻播种和定苗时，要做到合理密植，减少行间郁闭，可减轻叶部病害；遇涝及时排水，降低田间和土壤湿度；加强田间管理，增施有机肥料，提高植株抗性。

（二）物理防治

采用 55～56℃温水浸种 30min 或 60℃温水浸种 15min，以杀灭种子携带的病原菌。

（三）化学防治

播前可用 50％福美双可湿性粉剂和 50％多菌灵可湿性粉剂混配，按种子重量的 0.5％用量进行种子处理；病害初发时，可选用 50％多菌灵可湿性粉剂 500 倍液、70％甲基硫菌灵可湿性粉剂 800 倍液、25％嘧菌酯悬浮剂 800 倍液喷雾，间隔 10d 连续喷 2～3 次，注意茎秆和叶片上下全部喷到。

刘红彦　刘新涛（河南省农业科学院植物保护研究所）

第 36 节　向日葵菌核病

一、分布与危害

向日葵菌核病又叫白腐病，是由核盘菌［*Sclerotinia sclerotiorum*（Lib.）de Bary］侵染导致的一种世界范围内普遍发生的向日葵病害，能够造成向日葵根茎部腐烂、茎秆折断、花盘腐烂等症状。该病菌的寄主范围十分广泛，除侵害向日葵外，还可侵害大豆、黄瓜、甘蓝、茄子、番茄、胡萝卜、油菜、花生等 64 科 360 多种植物。我国向日葵菌核病在东北、华北和西北等向日葵种植地区为害十分严重，其发病株率为 10％～30％。在内蒙古巴彦淖尔市五原地区、宁夏固原地区发病严重的地块发病株率可高达 80％以上。一般地块由向日葵菌核病造成的减产为 10％～30％，严重的高达 60％。由于向日葵菌核病对向日葵的产量和品质均造成很大影响，是目前向日葵生产中为害极为严重的一个病害。

二、症状

向日葵菌核病在整个生育期均可发病，可侵染植株的各个部位，造成茎秆、茎基、花盘及种仁腐烂。常见的症状类型有根颈腐型(彩图 9－36－1，1)、茎腐型(彩图 9－36－1，2)和盘腐型(彩图 9－36－1，3) 3 种。在我国向日葵主产区根颈腐型发生频率最高，盘腐型次之，茎腐型发生频率最低。向日葵菌核病的盘腐和根颈腐症状对向日葵产量和品质造成的危害最为严重。

（一）根颈腐型

根颈腐型症状从苗期至收获期均可发生。苗期感病后，向日葵的幼芽和胚根会产生水渍状褐色斑。随后，病斑扩展可导致被侵染部位腐烂，从而使幼苗不能出土或虽能出土但随着病斑的扩展导致幼苗萎蔫或死亡。成株期被侵染后，根或茎基部产生褐色病斑。病斑在茎基部可以向上下或左右扩展导致植株根或茎基部腐烂，最后向日葵呈全株枯死症状。潮湿时在发病根颈部能够看到白色菌丝和黑色不规则形的菌核。

（二）茎腐型

茎腐型症状主要发生在向日葵茎秆的中上部。感病初期可形成椭圆形褐色病斑。随后，病斑扩展并在其中央形成浅褐色同心轮纹，同时发病部位颜色变为浅白色。茎秆受侵染后可导致发病部位以上的叶片萎蔫或枯死。茎腐型病斑表面往往很少见到菌核形成，但是茎秆里面能够形成黑色菌核。

（三）盘腐型

盘腐型症状最初出现在花盘背面。当花盘受到病菌侵染后，首先在花盘背面形成褐色水渍状圆形斑，随后扩展蔓延并使整个花盘受害，花盘的组织变软并腐烂。当环境湿度很大时，在受侵染的花盘上可见到白色绒毛状菌丝。菌丝能够在花盘中的籽实之间蔓延，最后形成网状的黑色菌核。严重的盘腐症状可导致颗粒无收。

三、病原

向日葵菌核病的病原为核盘菌［*Sclerotinia sclerotiorum*（Lib.）de Bary］，属子囊菌门核盘菌属。其菌丝体白色绒毛状，有分隔。菌丝体在营养缺乏和环境恶劣的条件下能够形成黑色的菌核。菌核的形成可以被划分为 3 个阶段，即起始期（有白色菌丝聚集体形成）、发育期（菌体聚集体不断增大形成颗粒状）、成熟期（以菌丝聚集体外黑色素的沉积为标志）（图 9－36－1）。菌核的形状多为椭圆形、肾形、圆柱形或不规则形。菌核在适宜的温度和湿度条件下萌发形成子囊盘。子囊盘肉褐色，碟状，直径为 2～6mm。一个菌核可形成多个子囊盘（彩图 9－36－2）。子囊盘内生有子囊和子囊孢子。子囊棍棒状，无色，侧丝丝状、无色，大小为（91～141）μm×（6～11）μm，内藏 8 个子囊孢子。子囊孢子单胞，无色，椭圆形，大小为（8～14）μm×（3～8）μm，两端有油点，在子囊内单行、斜向、整齐排列。

核盘菌有两个主要的致病因子，即草酸（oxalic acid，OA）与细胞壁降解酶（cell－wall－degrading enzymes，CWDEs）。Max Well 等从核盘菌侵染的大豆组织中检测到草酸盐的存在，明确了草酸是核盘菌主要的致病因子。首先，核盘菌分泌的草酸可以降低侵入部位 pH，从而有利于增强细胞壁降解酶如 PG 酶（酸性酶）的活性，进而降解寄主植物的细胞壁；其次，草酸还作为一种毒素直接对寄主细胞造成毒害；再次，草酸可以螯合寄主细胞壁中的钙离子，从而抑制钙离子介入的植物防卫反应的建立。最近的研究结果表明，草酸可以通过抑制寄主植物的活性氧的暴发而抑制寄主植物防卫反应体系的建立，从而有利于病原菌在侵入部位的扩展。核盘菌分泌的多聚半乳糖醛酸酶（polygalacturonase，PG）是核盘菌分泌的重要果胶酶，它们能降解存在于高等植物的胞间层与初级细胞壁中的逆酯化的果胶酸盐聚合物中。

亲和分组的结果表明，我国向日葵种植区采集的 112 株核盘菌被划分到 36 个亲和组中（mycelium compatibility group，MCG），不同的亲和组间的致病力存在显著差异。强致病力和弱致病力菌株占供试菌株的比例分别为 11.8%和 7.8%，其余菌株的致病力均介于这两者之间。不同菌株的致病力和其草酸的分泌量以及 PG 酶的活性呈极显著正相关（相关系数分别为 0.94 和 0.91），但与菌丝的生长速度、菌核产生的数量以及采集地点无显著相关性。同一地块采集的核盘菌株也存在明显的致病力差异。此外，药剂敏感性试验结果表明，几乎所有供试向日葵核盘菌株均对 5mg/L 多菌灵和菌核净敏感。

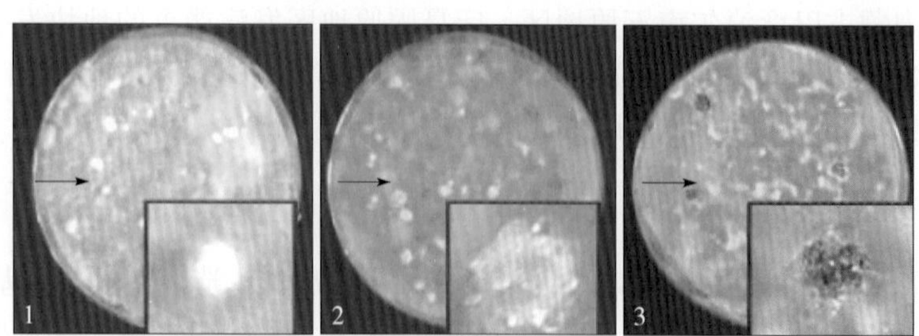

图 9－36－1　核盘菌菌核形成的起始阶段（1）、发育阶段（2）和成熟阶段（3）（仿 Harel，2005）

Figure 9－36－1　The three stages of *Sclerotinia sclerotiorum* formation（from Harel，2005）

四、病害循环

向日葵菌核病菌以菌核在土壤中、病残体及种子上越冬。向日葵种子内的菌丝及种子间夹杂着的菌核也是该病的主要初侵染源之一。向日葵种子带菌率一般在 3%～13%。带菌的种子播种后轻者可侵染幼苗根部或根颈部形成根颈腐型症状，重者可以导致幼苗死亡。土壤中残留的菌核在一定湿度条件下可以直接萌发形成菌丝并通过直接侵入或从伤口处侵入的方式侵染向日葵根颈部造成典型的根颈腐症状。当土壤中的温度为 20℃、相对湿度为 80%时，菌核最易萌发形成子囊盘。子囊盘中的子囊孢子弹射出来后，能够随风、气流传播到向日葵的茎或花盘造成茎腐及盘腐症状。当发病部位形成的菌核成熟后又可以落入土壤中作为翌年初侵染来源（图 9－36－2）。

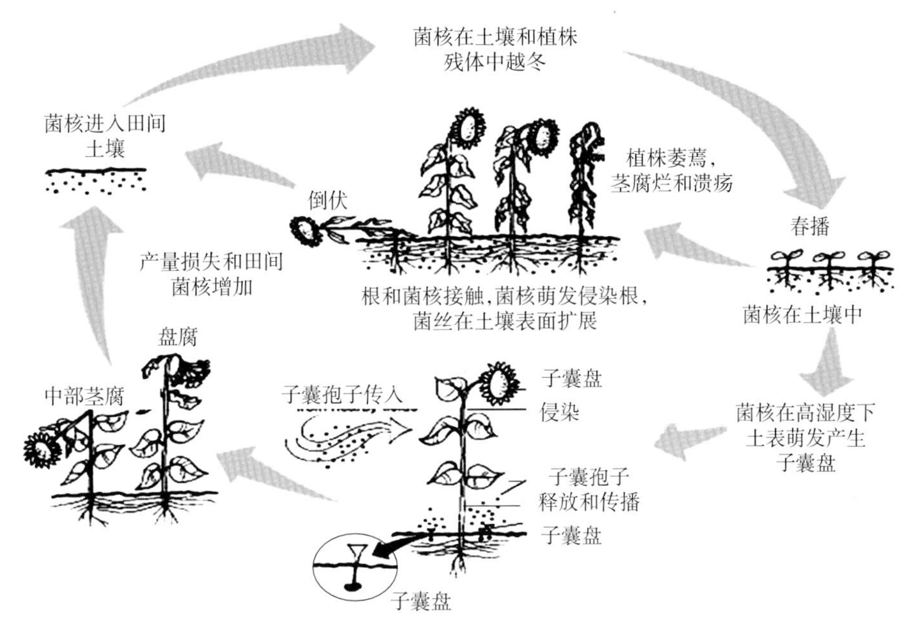

图 9－36－2　向日葵菌核病的病害循环（仿刘胜毅，1992）

Figure 9－36－2　Disease cycle of sunflower white mold（from Liu Shengyi，1992）

五、流行规律

向日葵菌核病的发生与降水量、温度及光照均密切相关。向日葵播种后，如果温度适宜，土壤潮湿，菌核萌发形成菌丝体后能够侵染根部或根颈部，引起根或根颈部腐烂。菌核萌发形成子囊盘的最适温度为 10～25℃，最适土壤相对湿度为 80%～90%。菌核是否萌发形成子囊盘主要与 7 月中、下旬和 8 月上旬频繁的降雨相关，因此与温度相比，湿度是菌核是否萌发形成子囊盘的决定性因素。菌核萌发不需要光，但子囊盘的形成需要一定的散射光。土壤中残留的菌核一般在 1～3cm 土层中极易萌发形成子囊盘，当菌核被埋入土层深 7cm 以上则很难萌发出土。当遇到连续降雨以及降水量较大的年份，土层深 5cm 范围内的菌核极易萌发形成子囊盘并出土。出土后子囊盘中的子囊孢子成熟后从子囊中弹射出去，借助气流传播，落到向日葵的茎秆和花盘上，在高湿度条件下萌发并完成侵入，导致典型的茎腐或盘腐症状。土壤中菌核的埋藏时间与其萌发率呈显著负相关，即埋藏时间越长萌发率越低。同时，菌核埋藏的深度与菌核萌发率也呈负相关关系，即埋藏越深菌核萌发率越低。室内试验结果还表明，冬季灌水能够抑制次年土壤中菌核的萌发率，从而可不同程度地降低菌核病的发生率。

向日葵菌核病侵染寄主的最适温度为 15～20℃，若平均气温超过 30℃则不能侵染。春季低温、多雨根腐和茎基腐发病重，花期多雨盘腐和茎腐的发生比较严重。

向日葵的花期与子囊孢子的弹射期是否吻合及吻合时间的长短也会影响向日葵菌核病特别是盘腐症状的发生程度。环境条件适宜时，落在向日葵花盘上的子囊孢子可以萌发形成菌丝体。菌丝体蔓延到整个花盘约需 10～20d。因此，适当晚播，使花期和雨季错开，能够降低向日葵菌核病（盘腐型）的发生程度。有灌溉条件的田块可进行冬季灌水处理。灌水处理能够使向日葵菌核病的发病率降低 49.31%，病情指数下降 40.25%。此外，低洼、潮湿、通风不良、连作的田块菌核病发生重。偏施氮肥会加重病害的发生，施用磷、钾肥辅以微量元素，不仅能够提高向日葵籽仁率，同时还可以提高植株的整体抗病性。

六、防治技术

由于自然界缺少向日葵菌核病的抗源材料，因此，目前针对向日葵菌核病的防治主要以农业措施为主，辅以化学防治方法。

（一）建立无病留种田

向日葵种子经脱粒后，菌核可混杂在种子间携带传播。因此，向日葵制种和繁育基地要进行严格的产地检疫。如制种田有菌核病发生，收获的种子一律不能作种用；另外也不能从有菌核病发生地区调运种子。

（二）选种耐菌核病品种

食葵品种可以选择龙食葵 2 号、赤葵 2 号、巴葵 118、T33、JK518、科阳 1 号等；油葵品种可以选择 7K512、法国 A18、CY101、S31、白葵杂 6 号、NC209 等。

（三）与禾本科作物轮作

向日葵菌核病发生田块的土壤中残留有大量的菌核。菌核在土壤中可存活数年，但一般 3 年后其萌发活力大大降低。所以，采用禾本科作物与向日葵轮作换茬，能大大降低菌核病的发生频率，轮作时间越长效果越好，但不能与豆科、十字花科、茄科等作物轮作。

（四）深耕土壤

由于菌核在 5～10cm 以下的土层不易萌发，因此向日葵田块一定要进行深松深耕（10cm 左右），将地面菌核翻入深土层中使其不能萌发。

（五）适当推迟播期

在保证向日葵正常成熟的前提下，适当推迟播期能够降低菌核病的发生程度。华北和西北地区可将播期推迟到 5 月底或 6 月初，均能够不同程度降低菌核病的发生。

（六）大小垄种植

在等行距的基础上，隔两垄去掉一垄，使大行行距达到 80cm，小行行距达到 40cm（通过降低株距来保证单位面积有效株数不变）。采用大小垄方式种植不仅利于向日葵田块的通风透光，还能降低田间湿度，减轻菌核病的发生。同时，大小垄种植还可充分利用边行效应增加产量，而且便于在花期喷施化学农药。

（七）搞好田园卫生

收获后一定彻底清除发病株、残枝败叶、发病的花盘，深埋或烧掉，以减少翌年初侵染源。

（八）合理使用肥料

建议氮、磷、钾肥的施用量要适中。适量减少氮肥的施用量，增加钾肥和磷肥的施用量，不仅可以使向日葵幼苗茁壮，植株生长健康，同时还可以增加整体抗性水平。

（九）生物防治

由于种子夹带和土壤中残留的菌核是初侵染的主要来源，因此利用生防制剂来抑制土壤中菌核的萌发是一种非常有效的防治方法。目前，枯草芽孢杆菌对向日葵菌核病有一定的防效，而盾壳霉只在特定地区（如宁夏惠农地区）对向日葵菌核病有一定的防效。生防制剂可以在播种时用作种子处理，对菌核病的防治有一定的效果。

（十）药剂防治

1. 种子处理 向日葵播种前用 10%盐水选种，除去菌核、病粒、秕粒。种子洗净晒干后选用 50%腐霉利可湿性粉剂或 50%菌核净可湿性粉剂等药剂（用量为种子重量的 0.3%～0.5%）进行拌种；或用 2.5%咯菌腈种衣剂作包衣处理（药剂与种子的比例为 1∶50）。同时，25%戊唑醇水乳剂和 20%苯醚甲环唑水乳剂（其安全使用浓度为 2.5μg/g）也可以用来拌种防止核盘菌对向日葵根颈部位的侵染。

2. 花期及时喷药 当向日葵现蕾开花后如遇连雨天，或重病连茬田块应及早施药防治，药剂可选用 50%异菌脲可湿性粉剂 800～1 000 倍液、50%多菌灵可湿性粉剂 500 倍液、40%菌核净可湿性粉剂 500 倍液于盛花期喷施。每隔 7d 喷 1 次，连喷 2～3 次，对向日葵盘腐症状的防治效果显著。

赵君 周洪友 景岚（内蒙古农业大学）

第 37 节 向日葵黑斑病

一、分布与危害

向日葵黑斑病是向日葵主要的叶部病害之一，在向日葵各个产区均有发生和为害。自 1943 年首次在乌干达发现向日葵黑斑病以来，世界各向日葵产区如坦桑尼亚、日本、前南斯拉夫、印度、巴西、伊朗、澳大利亚、保加利亚、巴基斯坦、加拿大、意大利等陆续有发生的报道。我国主要在黑龙江、吉林、辽宁、内蒙古、新疆、山西、云南等地普遍发生。

黑斑病在向日葵各生育阶段均可发生，一般在开花后发生加重。病原菌侵染后，叶片中矿物质含量发生变化，坏死组织中磷、钾和钙的含量减少，而镁、锌和铜的含量增多；邻二羟基苯酚在晕圈形成前和晕圈形成的区域比较多，坏死的叶部组织中含量比较少；蛋白质和碳水化合物的含量降低；光合作用降低，减少绿叶面积并影响进行光合作用的组织，发病叶片上未出现斑点的部位光合作用也降低；叶片中抗坏血酸氧化酶的活性下降，抗坏血酸的含量减少。向日葵黑斑病可造成生育后期叶片大面积枯死，严重影响籽实产量和油分含量，减产幅度在20%～80%，油分含量降低15%～35%。

二、症状

黑斑病可侵害向日葵叶片、叶柄、茎和花瓣，但以叶片为主。叶片发病初期，病斑为褐色小圆点，逐渐扩大呈圆形，暗褐色，直径为5～20mm，具同心轮纹，边缘有黄绿色晕圈（彩图9-37-1，1）。大病斑中心灰褐色，边缘褐色，潮湿条件下病斑上生出一层淡褐色霉状物，即分生孢子梗和分生孢子。叶柄染病后病斑为圆形、椭圆形或梭形。病情严重时，叶柄上布满病斑，叶片上病斑连接成片，使叶柄和叶片一起干枯。茎部染病，病斑椭圆形或梭形，黑褐色，由下向上蔓延，最长可达140mm，病斑常连成片，使茎秆全部变褐色。花托染病后病斑圆形，稍凹陷。花瓣染病，病斑椭圆形或梭形，褐色，中央灰白色，具同心轮纹，病斑扩展使花瓣枯死。葵盘染病后病斑圆形或梭形，具同心轮纹，褐色、灰褐色或银灰色，中心灰白色，病斑扩大汇合，全葵盘呈褐色，病斑上长一层灰褐色霉状物（彩图9-37-1，2）。病原菌还可侵染向日葵种子，被侵染的种子出现棕黑色斑点，发芽率降低，播种后种苗可出现症状。

三、病原

向日葵黑斑病的病原为向日葵链格孢［*Alternaria helianthi*（Hansf.）Tubaki et Nishihara］，属子囊菌无性型链格孢属真菌。病菌的分生孢子梗单生或2～4根束生，浅榄褐色或深榄褐色，直立或屈膝状，分枝或不分枝，分隔；顶细胞稍大，有0～4个隔膜，大小为（40～110）μm×（7～10）μm。分生孢子单生，初期无色，逐渐为褐色，圆柱形、长椭圆形，多正直，有的稍弯曲，横隔膜4～12个，大小为（50～120）μm×（15～20）μm；成熟后的分生孢子为褐色，圆柱形较多，正直或弯曲，横隔膜3～13个，纵隔膜0～2个，少数可达3个以上，大小为（50～135）μm×（15～40）μm（图9-37-1）。病原菌的子实体生于病斑两面。病菌生长的温度为5～35℃，最适温度为25～30℃，形成孢子的最适温度为25℃，菌丝和分生孢子可以在pH 4.5～10的条件下生长，最适pH为7。病原菌生长和产孢的最佳碳源是纤维素和淀粉，最佳氮源是蛋白胨。向日葵煎汁琼脂培养基最适于病菌生长发育，产孢量也最多。黑光灯连续照射对病菌产孢量具刺激作用。

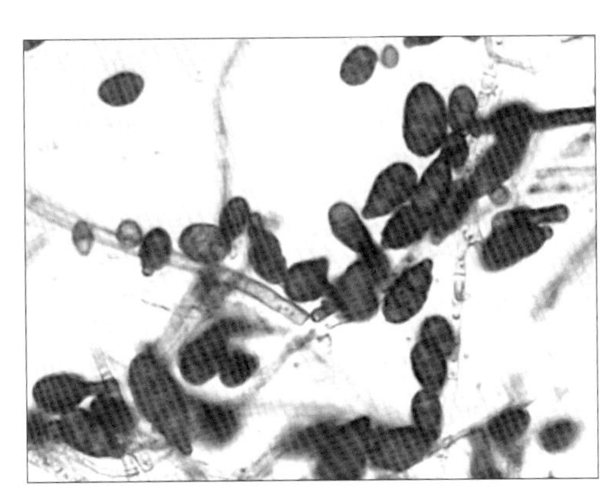

图9-37-1　向日葵链格孢分生孢子
（赵君提供）
Figure 9-37-1　Conidiospores of *Alternaria helianthi*
(by Zhao Jun)

病原菌在对向日葵侵染的过程中会在病组织中产生毒素，所产生的毒素很稳定，在121℃高压蒸汽灭菌20min不失活性，并可在向日葵叶片上产生黑斑病的典型症状，偶尔也会出现黄色晕圈。毒素可导致叶细胞的细胞壁变形，质壁分离，质膜断裂，叶绿体膜、线粒体膜、核膜膨胀断裂，叶绿体片层排列紊乱，线粒体脊膨胀甚至消失，损害发生早而严重的是叶绿体片层和质膜，抗病品种的膜系统比感病品种的受害轻，近细胞壁处有电子密集物沉积。

四、病害循环

向日葵黑斑病菌在病残体上均能越冬，成为翌年初侵染源。菌丝在田间病残体上能保持3～4年生活力。从病田收获的种子表面及胚中带有大量病菌孢子，也可以传播病害。播种带病种子可引起叶斑和苗枯症状。病残体上的病原菌在条件适合时进行初侵染，病原菌侵染的最适温度为25～30℃。叶片表面的分生孢子萌发产生一至多个芽管，然后形成附着胞，通过表皮、伤口或气孔直接侵入寄主。植株初次感病后，在潮湿的条件下，病斑上产生大量分生孢子，借风、雨再传播可进行多次再侵染。种子带菌在病害远距离传播中起主要作用。

五、流行规律

向日葵黑斑病的流行与气象条件密切相关。每年7、8月降水量和天气相对湿度对黑斑病的流行与否起着决定性作用，高湿多雨条件有利于病原菌的大量增殖形成多次再侵染，导致病害迅速流行。向日葵黑斑病在植株不同生育阶段感病程度不同，随着叶龄的增加，植株的感病性也增加，所以老龄叶比幼叶更易感病。向日葵处于乳熟至腊熟期最易感染该病害，如遇雨季易造成病害迅速流行。此外，连作田或离向日葵秆垛近的田块发病重，早播向日葵黑斑病的发生也比较严重。

六、防治技术

（一）选用抗病良种

向日葵品种对黑斑病的抗性存在差异，一些品种对黑斑病抗性较好，如CY101、赤葵2号、甘葵2号、龙食葵2号等。

（二）农业防治

1. 实行合理轮作 实行向日葵与禾本科作物的轮作，一般轮作间隔5年以上。

2. 清除田间菌源 在向日葵收获后及时清除向日葵茎秆或进行深翻可以清除菌源或减轻翌年发病。向日葵黑斑病一般由植株下部叶片开始出现病斑，然后向上逐渐侵染至上部叶片、叶柄、茎和花，在发病初期将下部发病叶片摘除，对黑斑病扩散有一定控制作用。

3. 适当调整播期 向日葵乳熟至腊熟期最易感染黑斑病，每年7月和8月的气候条件适合该病发生。可依据当地气候特点及各品种的生育特性，适当调整播期（晚播），使向日葵易感病阶段避开阴雨连绵的季节，达到防病目的。

（三）物理防治

用50～60℃热水浸种20min进行高温杀菌，可有效地杀灭由种子传带的向日葵黑斑病菌。

（四）化学防治

化学防治是控制黑斑病的重要方法，有效的杀菌剂有：甲基硫菌灵、多菌灵、百菌清、代森锰锌、环唑醇、异菌脲、丙环唑、己唑醇、戊菌唑、萎锈灵、福美双等。种子处理可有效杀灭种子上携带的病原菌，可用50%福美双可湿性粉剂或70%代森锰锌可湿性粉剂按种子重量的0.3%拌种，或用2.5%咯菌腈种衣剂包衣处理，药与种子的比例为1∶50。在植株发病初期及时喷洒化学药剂，可有效控制病害，可选用25%嘧菌酯悬浮剂1 500倍液或70%代森锰锌可湿性粉剂400～600倍液、75%百菌清可湿性粉剂800倍液、50%异菌脲可湿性粉剂1 000倍液，隔7～10d喷1次，连喷2～3次。

孟庆林（黑龙江省农业科学院植物保护研究所）

第38节 向日葵锈病

一、分布与危害

向日葵锈病是世界各地普遍发生的向日葵病害，主要分布在前苏联、罗马尼亚、美国、中国、澳大利亚、保加利亚、法国、日本、印度、匈牙利、津巴布韦等多个国家。国内有向日葵栽培的省份均有发生，食葵上发生尤为严重。我国向日葵锈病随着种植面积的扩大呈逐年加重趋势，大流行年份可造成减产40%～80%，经济损失巨大。该病主要侵害向日葵叶片，也可侵害叶柄、茎秆、葵盘等部位。受侵染叶片上产生大量孢子堆，叶片表皮破裂，光合作用受阻，蒸腾作用加剧，过多失水致使叶片提早枯死，病株因养分和水分的大量消耗生长发育受阻，籽粒灌浆不足，空壳率增加，果实瘦小，含油量降低，经济价值下降。据调查，向日葵花期以前感染锈病，减产35%左右，种子形成期染病，减产10%左右。

二、症状

向日葵锈病在向日葵各生育时期、各个部位都能发生，特别是叶片发生最为严重，也可侵害叶柄、茎秆、葵盘等部位。发病初期在叶片上开始出现不规则圆形的褪绿黄斑，在病斑中央很快散生一些针尖大小的点状物即性子器，随后，在与性子器相对应的叶片背面的病斑上产生许多黄色绒毛状的突起物即锈子器。夏初，叶片背面散生褐色小疱，小疱表皮破裂后散出褐色粉状物，即病菌的夏孢子堆和夏孢子。叶柄、茎秆、葵盘及苞叶上也能产生很多夏孢子堆。接近收获时，发病部位出现黑色裸露的小疱，内生大量黑褐色粉末，即为病菌的冬孢子堆及冬孢子（彩图9-38-1）。

三、病原

向日葵锈病病原是冬孢菌向日葵柄锈菌（*Puccinia helianthi* Schwein.），属担子菌门柄锈菌属真菌。刮取叶片背面病斑上的褐色粉状物和黑褐色粉末在显微镜下观察，可以看到病原菌的夏孢子着生在无色单细胞的小梗顶端。夏孢子单生，球形或卵圆形，表面密生细刺；冬孢子椭圆形至棍棒形，顶部钝圆或向上呈锥状增厚，色深，双细胞，中隔膜稍缢缩。夏孢子萌发的最适温度是18℃，适于发病的相对湿度是100%。向日葵柄锈菌存在生理小种分化现象。Gulya等在2002—2005年对美国59个标样利用9个国际标准鉴别寄主鉴定出25个小种，其中，100、310、700小种占34%，其余22个分别占2%～7%。Miller等2007年鉴定出一个高毒性小种，定名为777，这个小种可以克服所有已知抗性基因。经鉴定，我国目前存在有300、310、500、724、735、737生理小种，优势小种为300，占59%。

四、病害循环

向日葵锈病菌是5种孢子俱全的单寄主寄生菌。病原菌发育的各个阶段都在向日葵植株上完成。一般冬孢子在病叶和花盘残体上越冬，翌春冬孢子萌发产生担孢子，担孢子随气流传播，初次侵染向日葵幼苗，产生性孢子器和锈孢子器。锈孢子传播到叶片或其他部位进行侵染，产生夏孢子堆和夏孢子，夏孢子随气流传播进行多次再侵染。

五、流行规律

向日葵锈病的发生与上年累积菌源数量、当年降水量关系密切，尤其是锈孢子出现后，降雨对其流行起重要作用。进入夏孢子阶段后，雨季来得早，可进行多次重复侵染，常引起该病流行。向日葵开花期（7月下旬至8月），如雨量多、雨日多、湿度大有利于锈病流行；氮肥施用过多、种植过密会导致田间湿度增加，通风不良，锈病发生也较严重。

1995年Shtienberg和Vintal的研究表明，向日葵锈病夏孢子堆萌发需要的温度是4～20℃，在叶片相对湿度达到100%的条件下需要4～6h，在15～25℃条件下，从接种病菌到表现症状需要8～10d。锈菌侵染的最低、最适宜、最高的温度分别是4℃、10～24℃、30℃，而形成孢子所需要的温度为4～39℃，最适宜的温度为20～35℃，说明锈病的流行与环境条件有密切关系。

六、防治技术

防治向日葵锈病的基本措施是培育和种植抗病品种，实施农业防病措施，合理施用氮肥，控制栽培密度，必要时辅之以化学防治。

（一）选用抗锈病品种

由于自然界的向日葵中有抗锈病的抗源，因此，选用抗锈病的杂交种，如LD5009、TK152、S18、TK3307、JK102、巴葵118等将能够有效控制向日葵锈病的发生，要尽量避免使用具有常规种（如黑大片和三道眉）遗传背景的高感锈病的向日葵品种。

（二）减少病菌数量

注意田间卫生，及时清除病残株，降低翌年的初始菌源量。

（三）加强栽培管理

深翻地，勤中耕，合理增施磷肥，增强寄主的抗病性。

（四）药剂防治

播种前可进行种子处理：每100kg种子用25%三唑醇干拌种剂30～45g拌种。发病初期可以喷洒15%三唑酮可湿性粉剂1 000～1 500倍液，或50%萎锈灵乳油800倍液，隔15d左右1次，施药1～2次。在国外，对用药剂处理或用杀菌剂处理防治向日葵锈病的研究较多，且都有一定的效果。Amaresh等及Nagesha等报道非系统杀菌剂百菌清和代森锰锌，内吸杀菌剂丙环唑、己唑醇、十三吗啉和戊菌唑对抑制夏孢子萌发均有很好的效果。在田间试验中氧环三宝、己唑醇和百菌清这3种杀菌剂对锈病的防治效果较好。Sharma在1999年雨季运用杀菌剂防治向日葵锈病的结果表明，内吸杀菌剂己唑醇和克菌丹可湿性粉剂结合起来对控制向日葵锈病有很好的效果。在美国，吡唑醚菌酯和嘧菌酯是注册的可用于防治向日葵锈病的药剂。

景岚　赵君　周洪友（内蒙古农业大学）

第39节　向日葵霜霉病

一、分布与危害

向日葵霜霉病最早于1882年在美国东北部报道，后来传入欧洲并迅速蔓延。目前已在除澳大利亚和南非外的欧洲、亚洲、非洲和美洲的30多个种植向日葵的国家与地区发生，是向日葵生产上的一种毁灭性病害。我国在1963年刘惕若等人报道了向日葵霜霉病在黑龙江省的发生，以后相继在吉林、辽宁、新疆、山西、甘肃、内蒙古等地也有发生的报道。一般年份该病发生较轻，但个别年份在一些地区发生比较严重，如1987年新疆北部地区普遍发生霜霉病，有的田块发病株率高达90%以上。由于向日葵霜霉病发病后能够导致整株死亡，因此可造成严重减产和经济损失。

二、症状

向日葵霜霉病在整个生长期均可发生，从种子发芽到第一对真叶出现是向日葵感染霜霉病的敏感期。根据病害发生时期和症状特点可将症状分为如下4种类型。

（一）矮化型

矮化型病株根系发育不良，节间缩短，导致植株严重矮化。叶片呈现褪绿或在叶片上出现沿主脉或侧脉褪绿的“花叶型”斑。若遇降雨或高湿，在病叶背面则出现浓密的白色霉层（病菌的孢子囊和孢囊梗），但在持续干旱的气候条件下，即使在发病特别严重的植株上，也不出现霉层（彩图9-39-1，1）。这种病株往往顶芽变褐枯死，不能形成花盘或即使形成花盘并开花结实，但花盘很小，结实率极低。这种症状主要是病原物在幼苗期侵入、系统扩展所致。

（二）叶斑型

植株生长发育良好，只在叶正面或沿主脉附近出现大型多角形的褪绿斑，在叶片病部的背面则出现白色致密的霉层（彩图9-39-1，2、3）。这种症状一般对产量影响较小，是生长期病菌再次侵染造成局部扩展所致。

（三）花果被害型

主要发生在向日葵生长发育后期，即开花后病原物侵入花器和子房，引起部分花干枯和胚死亡。这种病株的籽粒不实，种子秕瘦，千粒重显著下降；花盘常不弯垂，也无向阳性。

（四）潜隐型

外部症状不明显，病原物局限在植株地下部分，有时也侵染到地面以上25～30cm处，使茎呈淡绿色，髓部周围细胞呈淡褐色。

三、病原

向日葵霜霉病病原为霍尔斯轴霜霉［*Plasmopara halstedii*（Farl.）Berl. et de Toni］，属卵菌门轴霜

霉属。用挑针挑取或刀片刮取叶片背面病斑上的白色霉层制片，在显微镜下观察，可以看到病原菌的孢囊梗从气孔伸出，具隔膜，主轴长105～370μm，粗9.1～10.8μm，常3～4枝簇生成直角分枝；分枝顶端钝圆，长1.7～11.6μm。孢子囊着生在孢囊梗上，卵圆形、椭圆形至近球形，顶端有浅乳突，无色，大小为（16～35）μm×（14～26）μm。有性阶段的卵孢子为球形，黄褐色，直径23～30μm。该病菌只寄生在向日葵属的一年生植物上，是专化性真菌，具有生理小种分化。可侵害向日葵的所有部分，发病后的症状在向日葵地上部有比较明显的特征。

四、病害循环

向日葵霜霉病菌以卵孢子在土壤中或病株残体内越冬，也可以菌丝在种子内越冬，成为翌年初侵染源。厚壁的卵孢子可以在土壤中存活长达10年，卵孢子产生在受侵染植株的表皮下，根部比叶部更为普遍。经过休眠后，春季在适宜的温、湿度（温度16～18℃，湿度在70%以上）条件下形成游动孢子，游动孢子产生芽管通过寄主根系侵入植株，引起初侵染（系统侵染）。一般5月中旬始见霜霉病病株，6月上旬病株逐渐增多。初次侵染发病的植株产生的孢子囊，借风雨传播进行再侵染，造成局部侵染病株。一般局部侵染病株6月下旬始见，7月中旬最多，发病早而严重的局部侵染病株可发展成系统侵染病株。在向日葵生长后期，系统发病的轻病株携带的菌丝体向上发展，在营养生长末期侵染花盘和子房，造成种子带菌。带菌籽粒是该病远距离传播的主要载体。在向日葵收获时，随病株残体大量散落在土壤中的卵孢子或遗留在地面的病株残体上的卵孢子，成为翌年主要初侵染源。

五、流行规律

（一）品种的抗性水平

油葵品种的整体抗性水平高于食葵品种。食葵品种中又以常规种最为感病如黑大片、三道眉等（国家向日葵产业技术体系数据）。由于霜霉病抗性基因多为单基因控制，因此含有抗霜霉病基因的品种对霜霉病特定的生理小种呈现免疫的水平。目前商用杂交种可以抗一些生理小种，但不能抵抗所有生理小种。

（二）向日葵的生育期

寄主的生育时期是决定向日葵霜霉病菌进行系统侵染的主要影响因子。作为一种可产生游动孢子的卵菌要完成其生活史，必须有自由水的存在。这种情况下，植物最感病的时期是其萌发到出苗这一阶段。国外研究表明，种子从发芽到6～8片真叶期是根系侵染的临界期；同时，王富荣等（1991）也证明幼苗期易感染霜霉病，说明幼苗期是该病侵染的主要时期。向日葵进入成株期以后抗病性明显增强。

（三）环境条件

卵孢子和游动孢子囊萌发及侵入均需要高湿的条件。当空气的相对湿度超过70%时，卵孢子萌发将产生大量的游动孢子囊。而游动孢子囊发育的最适温度为10～18℃。游动孢子需要借助水才能游到侵染部位。Göre（2009）认为低温和大量的春雨会加重病情。因此，播种后若温度在4～20℃，播种后3～14d有充足的雨水将使得系统发病率高达90%以上。如果在播种前或出苗后遇上大的降雨，对发病率无影响。另外气温对发病率有明显的影响，最适宜的温度是播种后5d的平均气温在10～15℃。

六、防治技术

由于向日葵霜霉病主要由种子带菌传播，同时又是典型的系统侵染病害，因此，选用抗病品种，辅以种子处理，同时结合农业措施是防治这一病害的主要策略。

（一）建立无病留种田，保护无病区

严禁从病区引种，选用健康无病菌的种子播种。特别是初次播种向日葵的田块和无病菌侵染的田块，选用健康种子尤为重要。

（二）严格执行轮作制度，严禁重茬和迎茬

一般发病田块要求轮作4～5年，重病的田块要求轮作7～8年再种植向日葵。轮作作物以禾本科作物为主。

（三）选用抗病品种

大多数种子公司具有对所有已知生理小种抗病或免疫的杂交种，可以根据当地的致病生理小种针对性

地选用抗病品种。建议选用杂交种如LD5009等，避免选用常规种如三道眉、黑大片等。

（四）及时清除田间病株

在种子田里当向日葵长至3～4对真叶时，发现病株要及时拔出，并喷药或灌根，防止病情扩展，减少再次侵染和晚期潜隐型病害的发生。收获前应仔细检查并剔除晚期染病的花盘，以杜绝霜霉病随种子传播。

（五）调整播期

在冷湿的土壤条件下，推迟播种期直到土壤温度升高也是控制向日葵霜霉病的策略之一。

（六）化学防治

为了延长向日葵抗性品种的使用年限，建议化学药剂处理种子与使用抗性品种相结合。目前在美国嘧菌酯及咪唑菌酮可用于控制霜霉病。苗期或成株发病后可喷洒58%甲霜灵·锰锌可湿性粉剂1 000倍液、64%噁霉灵·锰锌可湿性粉剂800倍液、25%甲霜灵可湿性粉剂800～1 000倍液、72%霜脲·锰锌可湿性粉剂700～800倍液。怀疑携带霜霉病菌的向日葵种子，要检测其种子的内果皮和种皮，明确带菌率。发病重的地区用种子重量0.5%的25%甲霜灵可湿性粉剂拌种。

景岚　赵君　周洪友（内蒙古农业大学）

第40节　向日葵列当

一、分布与危害

向日葵列当又称毒根草、兔子拐棍，是一年生草本植物。我国1979年在吉林省首次发现向日葵列当，随后在河北、北京、新疆、山西、内蒙古、黑龙江、辽宁等省份均有报道，尤其以内蒙古巴彦淖尔市的河滩地和新疆北部地区为害最重。列当的寄主范围广泛，可寄生在菊科、豆科、茄科、葫芦科、十字花科、大麻科、亚麻科、伞形科、禾本科等植物根上，使植株矮小、瘦弱，最后全株枯死。在我国为害较重的列当主要有3种，即向日葵列当、分枝列当和埃及列当。向日葵列当主要为害向日葵、西瓜、甜瓜、豌豆、蚕豆、胡萝卜、芹菜、烟草、亚麻、洋葱、红三叶草等作物。一般向日葵每株可寄生列当20～30棵，重发生区每株可寄生列当100棵左右。向日葵被列当寄生后，植株生长缓慢，株高下降，茎秆变细，花盘小，籽粒瘪，产量和品质降低。寄生严重时，向日葵花盘枯萎凋落，并导致全株枯死。2007年该植物已被列入《中华人民共和国进境植物检疫性有害生物名录》中。

二、症状

向日葵列当寄生在向日葵根部。列当种子发芽后可长出一种短须状并有趋化性的吸根，对寄主的分泌物非常敏感。向日葵出苗后其根部很快被列当寄生，植株周围长出1株、几株至几十株列当的茎，如刨开土层可见到列当的茎都长在向日葵的须根上（彩图9-40-1）。一般列当多寄生在6～15cm深处的须根上，依靠吸根吸取向日葵里的营养和水分而生存。向日葵生长的前期被列当寄生会影响其正常生长。列当开花后，对向日葵的影响主要表现为植株营养不良和水分不足，生长缓慢，茎秆变得纤细矮小，花盘细弱，空瘪粒明显增加，籽仁含油率降低，严重影响向日葵的产量和籽粒的品质。

三、病原

向日葵列当（*Orobanche cumana* Wallr.）属于列当科列当属，是一年生全寄生草本植物，无真正的根，以短须状的吸根寄生在向日葵的根上。茎单生，直立，有纵棱，不分枝。茎高30～40cm，最高40～50cm，黄褐色至紫褐色。叶退化为鳞片状，螺旋状排列在茎上。蓝紫色的两性花呈紧密的穗状花序排列，长10～20mm，花冠合瓣，二唇形，雄蕊4枚，二长二短，着生在花冠内壁上。花丝白色，枯死后成黄褐色。花药2室，下尖，黄色，纵裂。雌蕊1枚，柱头膨大呈头状，柱头多2裂。每株有花50～70朵，最多207朵。蒴果3～4纵裂，内含大量深褐色粉末状的微小种子（彩图9-40-2）。种子不规则形，坚硬，表面有纵横网纹，大小差异很大。向日葵列当具有生理小种分化现象。目前国际上已经报道的生理小种有8个，即A、B、C、D、E、F、G和H。已经克隆到的和这些生理小种对应的抗性基因有*Or1*、*Or2*、

Or3、*Or4*、*Or5* 和 *Or6*（对应小种 A～F）。

四、病害循环

向日葵列当以种子在土壤中或混在向日葵种子中越冬。落入土壤中的种子受到寄主植物根部分泌物的刺激后开始萌发。种子萌发后形成线状稍弯曲的芽管，遇到寄主根便吸附其上，形成瘤状吸器。列当一旦和寄主根表皮建立起寄生关系后可以深达木质部形成吸盘，从寄主根内吸取养分和水分。另一端由鳞片下覆盖的发芽点突起长成茎。茎出土后开花、结果。当列当种子成熟后可以借助气流、水流及人、畜、农具传播到其他田块进行越冬，也可以混在向日葵种子中进行远距离传播。翌年，落入土中的列当种子在合适的土壤酸碱度及温、湿度条件以及向日葵根系的分泌物刺激下萌发并侵入。如果列当的种子没有受到寄主植物根系分泌物的刺激，在土壤中能存活 5～10 年。

五、流行规律

列当的种子很小，很容易被风、水、农具所传播，或随向日葵种子远距离传播。列当种子储存的能量有限，发芽后只能维持几天的生命。因此，种子只有在发芽后的几天内成功到达寄主根部并且与寄主木质部建立寄生关系才能够存活下去。列当的种子在土层 5～10cm 处发芽最多，其次为 1～5cm 处，再次为 10～12cm 处，而在 12cm 以下发芽的很少，故向日葵 5～10cm 处的侧根上寄生最多，受害最为严重。

在自然条件下，列当种子的萌发需要适宜的温度和湿度（即土壤具有充足的水分）。当温度低于 10℃或高于 35℃时列当种子不能发芽，20℃时最适宜其种子萌发。在土壤水分持续饱和时列当种子也会很快丧失发芽力。所以，一般干旱年份或土壤干旱情况下，列当发生较轻。列当在碱性土壤中易生存，如果土壤偏酸则列当发生较轻。然而除了上述条件外，列当种子的萌发还必须在发芽刺激物质的作用下才能开始，如果没有发芽刺激物质，1～2 周后列当种子进入二次休眠，等待翌年有寄主时再发芽。

六、防治技术

针对向日葵列当的生物学特性及其流行规律，防治列当主要采取以下综合防控措施。

（一）加强检疫

对调运的向日葵种子要进行严格检疫，禁止从疫区调运向日葵种子，以杜绝向日葵列当传播蔓延。

（二）农业防治

1. 种植抗性品种　由于向日葵列当存在生理小种分化，各向日葵产区应该选用适合本地的抗向日葵列当的品种，如北屯 1 号、JK102、JK103、巴葵 138 等。

2. 及时铲除田间向日葵列当苗　在向日葵列当出土至开花前，集中铲（拔）除几次，使其不再开花结果。而对开花后铲（拔）下来的向日葵列当的花茎一定要及时处理。

3. 深耕土壤　对向日葵列当发生重的向日葵田进行深翻，把向日葵列当种子深埋入 25cm 以下，阻止其和寄主植物根系的接触，减轻为害。

4. 实行轮作　实行 8～10 年的轮作制度，与禾谷类作物轮作较为适宜。同时，应清除向日葵自生苗。

（三）物理防治

在向日葵播种前剔除夹混种子中的向日葵列当的蒴果和种子。

（四）生物与化学防治

1. 芽前处理　向日葵列当萌芽前（向日葵播后苗前）进行土壤封闭。用 48%地乐胺乳油 3kg/hm^{2}或 48%氟乐灵乳油 1 800g/hm^{2}或 96%精异丙甲草胺（金都尔）乳油 1 050～1 275mL/hm^{2}对水进行地表喷雾，喷药后立即浅耙地，使药混合均匀，随后即可播种。

2. 生长期处理　在向日葵花盘直径生长超过 10cm 时，向地表及列当植株喷 0.2% 2，4-滴丁酯乳油 100 倍液，可有效防除向日葵列当。但必须注意，向日葵的花盘直径普遍超过 10cm 时，才能进行田间喷药，否则易发生药害。在向日葵和豆类作物间作田不能施药，因豆类作物对 2，4-滴敏感，易产生药害而死亡。

3. 生物防治　割断向日葵列当后，用感染镰孢菌枯死或感染欧文氏杆菌腐烂的列当病株的花茎碎块覆盖断茬，再用土压埋，盖住全部残茬，覆土厚度为 2～4cm 以上，以达到防除列当的目的，或用寄生列当的昆虫幼虫取食列当的花茎和果实对防治列当有一定的效果。

周洪友 赵君（内蒙古农业大学）
徐利敏（内蒙古农牧业科学院植物保护研究所）

第41节 向日葵黄萎病

一、分布与危害

向日葵黄萎病是向日葵上普遍发生的一种真菌病害，广泛分布于欧洲、亚洲、美洲等地，在美洲部分地区的发病株率可达40%以上。2008年以来，该病害在我国向日葵主产区如内蒙古、宁夏、黑龙江、新疆等地均有不同程度的发生，并呈现发病面积逐年加大、病情加重的态势。如2009年的田间病害调查结果表明，向日葵黄萎病在全国向日葵产区均有发生，以宁夏黄灌区发生最重，平均发病株率达40%；其次是黑龙江，平均发病株率高于15%；而内蒙古和河北地区的发病株率均介于10%～15%；2011年国家向日葵产业技术体系的调查数据表明，黑龙江甘南地区个别向日葵田块黄萎病发病株率高达70%，内蒙古巴彦淖尔地区和宁夏地区的平均发病株率达30%。向日葵黄萎病是典型的土传病害，能系统侵染向日葵，导致病株发育不良，花盘缩小，籽实不饱满（空籽粒可达25%），严重的可致植株提前枯死。因此，向日葵黄萎病是向日葵生产中继菌核病之后的又一严重影响向日葵产业发展的重要病害。

二、症状

向日葵黄萎病在田间从植株下层叶片开始呈现典型褪绿或黄化症状。开花前后向日葵叶片叶尖的部分开始呈现浸润、褪绿或黄化的症状（彩图9-41-1，1）。随后，发病组织迅速扩大，向叶片的脉间组织发展并呈现组织坏死。最后，叶片除主脉及其两侧组织勉强保持绿色外，其余组织均变为黄色，病叶皱缩变形，严重时整个叶片呈现褐色，焦脆坏死。发病后期病情逐渐向上位叶扩展，最后发病植株的全部叶片均焦枯（彩图9-41-1，2）。剖开发病植株的茎部，可见典型的维管束变褐现象（图9-41-1，3）。

三、病原

引起向日葵黄萎病的病原主要有黑白轮枝孢（*Verticillium albo-atrum* Reinke et Berthold）和大丽轮枝孢（*V. dahliae* Kleb.），属子囊菌无性型轮枝孢属真菌。然而，我国向日葵黄萎病株上分离到的病原菌都是大丽轮枝孢（图9-41-1）。大丽轮枝孢菌体初期无色，老熟后变为褐色，有隔膜。菌丝能够形成直立无色的轮状分生孢子梗，一般为2～4轮生，每轮着生3～5个小枝，多者为7枝，呈辐射状。分生孢子梗长110～130μm，无色纤细，基部略膨大呈轮状分枝，分枝大小为（13.7～21.4）μm×（2.3～9.1）μm。分生孢子一般着生在分生孢子梗的顶枝和分枝顶端；分生孢子长卵圆形，单孢子，无色或微黄，纤细基部略膨大，大小为（2.3～9.1）μm×（1.5～3.0）μm。当条件不适合时，菌丝体膜加厚成为串状黑

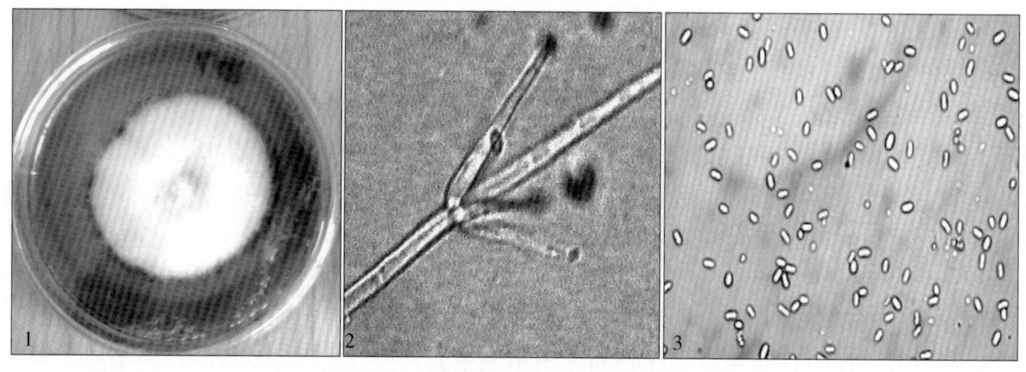

图9-41-1 大丽轮枝孢形态特征（赵君提供）
Figure 9-41-1 Morphology of *Verticillium dahliae* (by Zhao Jun)
1. 菌落形态 2. 分生孢子梗 3. 分生孢子

褐色的厚垣孢子（扁圆形）或膨胀成为瘤状的黑色近球形或长条形的微菌核，大小为30～50μm。微菌核是一种多细胞结构，内外层细胞壁都较厚，能够抵抗不良环境条件，是土壤中大丽轮枝孢长期存活及初侵染的主要形式。一般条件下，微菌核多在寄生阶段的末期形成，是病原菌在土壤中主要的休眠结构。

大丽轮枝孢的最适生长温度为25℃；最适 pH 为6.0～7.0；最适宜生长的土壤类型为壤土；且在土壤湿度小于30%时，随着土壤湿度的增加，病原菌生长增快。

不同田块分离到的大丽轮枝孢致病力存在明显分化现象。供试的120株向日葵大丽轮枝孢菌株按照其致病性可以划分为3个致病类群，即：强致病型菌株（Ⅰ）有10株，占供试菌株的7.3%；中等致病型菌株（Ⅱ）有62株，占供试菌株的52.7%；弱致病型菌株（Ⅲ）有48株，占供试菌株的40%。亲和分组（VCG）的结果表明，从向日葵黄萎病病株上分离到的大丽轮枝孢均被划分到VCG6组中，只有来自宁夏地区的黄萎病菌属于VCG2B组。

大丽轮枝孢产生的致萎毒素是其主要的致病因子。致萎毒素产生的量和致病力呈显著正相关，即致萎毒素产生的量越多，菌株的致病力也越强。

大丽轮枝孢有生理小种分化现象。在生菜和番茄上，大丽轮枝孢有2个生理小种即生理小种1和2；但是向日葵黄萎病菌都是2号生理小种。

向日葵和棉花上分离到的大丽轮枝孢可以交互侵染，且在不同寄主上大丽轮枝孢的致病力分化趋势基本一致。因此，棉花和向日葵不能互为轮作对象。

大丽轮枝孢分生孢子的产生和培养基类型有显著的相关性。麦麸培养基是其产孢的最佳培养基，其次为燕麦粒培养基。同时浸根接种方法是室内条件下发病最快且接种效率最高的向日葵黄萎病的接种方法。

四、病害循环

向日葵黄萎病菌属典型的土传维管束病害。该菌的寄生期可以划分为3个阶段：一是病菌在寄主根系周围与根际微生物的相互作用，决定其能否侵入；二是病菌侵入寄主的表皮、皮层等维管束以外的组织；三是病菌在维管束中的定殖和蔓延。大丽轮枝孢主要在土壤、病残体和种子中越冬，发病田块中的土壤、病株上收获的种子、病株残体以及粪肥是其主要的初侵染来源。种子的果皮带菌，胚和胚乳不带菌。大丽轮枝孢的分生孢子和菌丝体虽能在不良环境条件下存活，但时间都很短。病菌以微菌核的形式在土中可长期存活。条件适宜时微菌核可萌发形成菌丝，从寄主根部的微伤口或幼根直接侵入，潜育期一般为7d。因此，微菌核是病原菌在土壤中主要的休眠结构，是土壤带菌及初侵染的主要来源。微菌核多在被侵染的组织中形成，随着病残体分解而落入土壤中，形成新的初侵染菌源。微菌核主要分布在田间40cm以上的土层中，在病残体中存活长达7年以上，在混有植物病残体的土壤中密度较大。

五、流行规律

向日葵黄萎病的发生和流行与多种条件有关系。

（一）温度和湿度

黄萎病发病最适气温为25～28℃，低于22℃或高于33℃不利于发病，超过35℃不表现症状。黄萎病的发生与湿度也有一定关系。当相对湿度为55%时，发病株率65%；相对湿度65%时，发病株率上升为70%。在适宜温度与高湿条件相结合的环境下，病株率会迅速增加。

（二）播期

田间试验结果表明，随着播期的推迟，食葵和油葵黄萎病发病率呈逐渐降低趋势，即由第一播期（5月1日）的29.1%降低到第五播期（6月10日）的7.1%；且随着播期的推迟，向日葵黄萎病的发病级别逐渐降低，产量损失降低。浇水频率对黄萎病发生的严重度以及向日葵产量有显著影响。随着浇水次数的增多，向日葵黄萎病的发生加重，病情指数由浇水1次的29.0递增到浇水3次的51.5左右，向日葵产量则呈现递减的趋势，由浇水1次的4 690.5kg/hm^{2}降低至浇水3次的3 816.0kg/hm^2。病害的严重度与向日葵产量以及主要产量构成呈显著负相关。

（三）土壤、肥料及品种

肥料的种类和施用量对向日葵黄萎病发生程度也有一定的影响。施加氮肥或混有氮肥的复合肥，能够不同程度地提高向日葵植株对黄萎病的抗性水平。

不同土壤类型与向日葵黄萎病的发生程度有一定相关性。其中，黏土中向日葵黄萎病的发生程度重，沙土中发病轻。

向日葵黄萎病对食用向日葵侵害较重，对油用向日葵侵害则相对较轻。

向日葵黄萎病的发病级别与花盘直径、株高、茎粗、叶片数、结实率、千粒重、单盘重均呈明显的负相关。

（四）菌源与耕作

此外，发病田连作年限越长，土壤内病菌积累越多，发病越重；与非寄主作物如水稻、小麦、玉米轮作，可以明显减轻病害的发生。国外的研究表明，利用花椰菜作为轮作对象，轮作的年限越长黄萎病发生越轻；深耕土壤把病残体翻入土壤深层，加速其分解，同时降低微菌核的萌发率，能够减轻发病；地势低洼、排水不畅的大田发病较重，尤其是大水漫灌的地块，影响根系的发育，利于病害的扩展和蔓延。

六、防治技术

（一）种植抗病品种

选用对黄萎病表现高抗的向日葵品种，如食葵品种JK102、JK103、JK105、JK107、BC11-1、BC11-2、BC11-3、巴葵138、TK8640、K518、科阳1号，油葵品种CY101、S26、S67、S18、TK3307、垦油8号、MGS、PR2302、TK3303、F08-2等，可有效降低病害造成的损失。

（二）推迟播期

在保证向日葵正常成熟的前提下，推迟播期能够不同程度地降低黄萎病的发生程度。内蒙古西部和宁夏地区可以将播期推迟到5月底或6月初。

（三）合理轮作

与禾本科作物实行3年以上轮作，切忌以感病的寄主植物为轮作对象，特别不能与棉花、茄科植物等实行轮作。同时，有灌溉条件的地区可以与花椰菜进行轮作，对土壤中黄萎病的初始菌源有很好的抑制作用。

（四）清除田间病残体

向日葵收获后，应及时将病残株清除出田并集中烧毁，以降低来年的初始菌量。

（五）合理浇灌和施肥

由于黄萎病在高湿度的条件下发病严重，因此，在保证向日葵正常生长的前提下尽量减少浇水的次数；同时避免大水漫灌，降低田间积水的概率，对控制黄萎病发生有一定的作用。田间试验结果表明，施加氮肥或混有氮肥的复合肥能够不同程度地提高向日葵植株对黄萎病的抗性水平。

（六）种子处理

用50%多菌灵可湿性粉剂或40%多·锰锌可湿性粉剂按种子重量的0.5%拌种；也可用商业化的生防制剂枯草芽孢杆菌颗粒剂（BK）和粉剂（BB）进行拌种处理对黄萎病均有一定的防治作用。此外，用10%氟硅唑可湿性粉剂用于拌种或包衣对控制向日葵黄萎病菌也有一定的效果。

赵君　周洪友　景岚（内蒙古农业大学）

第42节　向日葵黑茎病

一、分布与危害

向日葵黑茎病首先于20世纪70年代发现于欧洲，随后在美国、法国、罗马尼亚、前苏联、前南斯拉夫、加拿大、阿根廷等国均有报道。2005年首次在我国新疆伊犁发现了向日葵黑茎病。目前该病分布在新疆特克斯县、新源县、伊宁市、昭苏县、巩留县和伊宁县，内蒙古巴彦淖尔地区、鄂尔多斯市、呼和浩特市，河北省张家口地区和宁夏惠农地区。2010年，该病害被农业部、国家质量检验检疫总局列入《中华人民共和国进境植物检疫性有害生物名录》。该病害在田间蔓延快、为害重，一般发生地块发病率在30%左右，严重的可达100%，植株死亡率在50%左右，造成向日葵严重减产及含油率降低，甚至完全绝收。目前，该病害的发生面积和为害程度呈逐年上升趋势，新疆地区是该病害发生最为严重的地区。

二、症状

向日葵黑茎病主要侵染向日葵地上部，典型症状是引起茎秆倒折。病斑最初发生于叶柄基部，褐色至黑色；随后，迅速在茎秆上纵向扩展，形成黑色椭圆形病斑。病斑最长 11.6cm，最短 2cm，平均 7.39cm。病斑有光泽，病健边缘清晰，上有黑色小粒点结构（分生孢子器）。严重时茎上病斑可绕茎一周，并使茎秆变黑腐烂。发病植株易在茎秆病斑处折断而倒伏（彩图 9 - 42 - 1）。黑茎病的再次侵染可导致向日葵的花盘背面形成大小不等的褐色病斑，导致向日葵花盘变小，籽粒干瘪。田间发病植株枯死后，秋季病菌在茎秆表面能够形成黑色小粒点即子囊壳。子囊壳是黑茎病菌主要的越冬结构。

三、病原

向日葵黑茎病病原为麦氏茎点霉（*Phoma macdonaldii* Boerma），属子囊菌无性型茎点霉属真菌，有性型为林德奎斯特小球腔菌（*Leptosphaeria lindquistii* Frezzi）。病部表面出现的小黑点为病菌无性阶段产生的分生孢子器。压破后镜检可见其内生的分生孢子。分生孢子器暗褐色，近球形或稍扁，有乳头状突起，直径 165～300μm，肉眼较难看清。分生孢子无色，单胞，肾形，大小为（2.5～4.0）μm×（1.0～2.5）μm（图 9 - 42 - 1）。有性阶段的子囊壳只能在前一年死亡的向日葵上找到。子囊壳生于茎秆表面，近球形。子囊壳中有成束的子囊，每个子囊内有 6～8 个子囊孢子。子囊孢子常具1～3 个分隔，无色，腊肠形。该菌的最适生长温度为 25℃，致死温度为 50℃；最适 pH 为 6.0 左右。菌丝在连续光/暗条件下均能生长，但菌落直径和产孢量均有较显著差异，在连续光照条件下，孢子产生最多，其次为光/暗交替条件下，连续黑暗条件下产孢量最少。

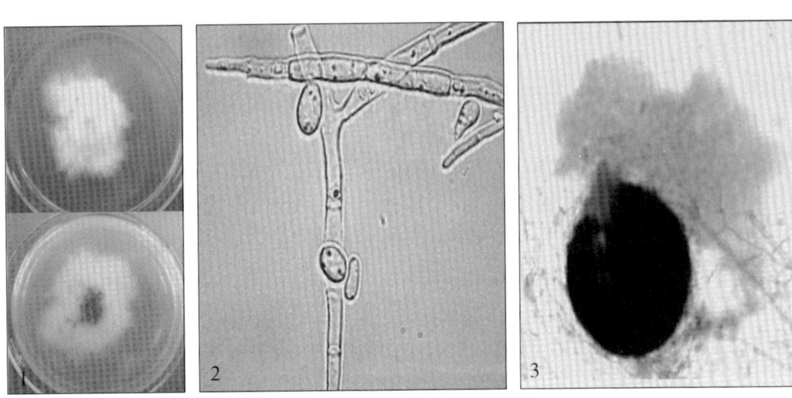

图 9 - 42 - 1 麦氏茎点霉形态（赵君提供）

Figure 9 - 42 - 1 Morphology of *Phoma macdonaldii*（by Zhao Jun）

1. 菌落形态 2. 分生孢子 3. 分生孢子器

四、病害循环

向日葵黑茎病以子囊壳、分生孢子器在向日葵的茎秆、花盘以及种子上越冬。初次侵染来源主要是向日葵种子上携带的分生孢子和田间病残体上的子囊壳中的子囊孢子以及分生孢子器中的分生孢子。子囊孢子和分生孢子借助雨水飞溅进行传播并侵染向日葵的叶柄和幼嫩的茎组织。同时大青叶蝉（*Tettigella viridis* L.）通过取食幼嫩的茎秆和叶柄而成为黑茎病菌的又一传播介体。分生孢子存在于向日葵种子表面、种壳、内种皮 3 个部位，因此，带菌种子是该病害远距离传播的主要方式。野生寄主苍耳也是黑茎病菌越冬的主要场所。

五、流行规律

温度和降水量是影响向日葵黑茎病流行的主要因子。向日葵黑茎病菌侵染温度为 5～30℃，最适 25℃。在向日葵出苗期和开花期，降雨多有利于向日葵黑茎病的发生流行。因此，适宜的温、湿度成为向日葵黑茎病大发生的重要因素。此外，不同的向日葵品种对黑茎病的抗性水平存在一定差异。

六、防治技术

由于向日葵黑茎病的初次侵染来源主要为向日葵带菌种子和病株残体，因此防治的关键为选留或选用无病种子和有效地处理病残体。

（一）植物检疫

对向日葵种子进行严格检疫，禁止从疫区调运向日葵种子，防止黑茎病菌通过种子传播蔓延。

（二）种植抗病品种

种植抗性相对较好的向日葵品种，如龙食葵3号、新食葵6号、T33、巴葵118、7K512、KJ003、CY101等，可以有效降低发病程度。

（三）减少菌源

清除病残体并焚烧或深埋。秋收后要将向日葵残株连根拔出，并及时运出田外，彻底焚毁或者进行深翻，使病残体腐烂，达到清除越冬菌源、降低翌年初侵染菌量的目的。

（四）轮作换茬

轻病田至少在2年以内不种植向日葵。重病田可以和禾本科作物轮作5年以上。

（五）合理密植

采用宽窄行种植，食葵以37 500～45 000株/hm^2，油葵52 500～60 000株/hm^2为宜，从而达到增加田间通风透光、降低湿度的目的。

（六）适时晚播

在不影响产量的前提下尽量晚播，如新疆伊犁地区一般可推迟到5月上旬种植，而新疆北部、内蒙古西部、宁夏北部地区可推迟播期到5月下旬至6月初。

（七）化学防治

1. 种子处理 选用50%多菌灵可湿性粉剂按种子重量的0.3%拌种或用2.5%咯菌腈悬浮种衣剂作种子包衣处理，每250mL药剂拌100kg向日葵种子。

2. 植株喷药 发病初期，用10%苯醚甲环唑可湿性粉剂、70%甲基硫菌灵可湿性粉剂或50%多菌灵可湿性粉剂，每隔7～10天喷1次，共喷2次。

周洪友　赵君　景岚（内蒙古农业大学）

第43节　胡麻锈病

一、分布与危害

胡麻锈病在世界各胡麻产区均有发生。在美国、澳大利亚和西欧等地，有关胡麻锈病的研究已有70多年的历史。1925年美国育成了早熟、粒大、高抗枯萎病的品种Bison，随即在生产上迅速实现大面积种植。由于Bison高感锈病，其大面积推广促进了胡麻锈病的流行，以致锈病迅速蔓延，对胡麻生产造成了严重损失。胡麻锈病的流行和造成的巨大损失引起了对锈病研究的重视，抗锈病育种逐步成为胡麻育种的主要目标。1948年、1956年和1972年先后根据胡麻品种田间的抗性反应差异，发现了锈病病原生理小种的分化。病原生理小种每发生一次变化，胡麻生产上品种必须有相应的更新。与此同时，Flor通过对胡麻植株与病原菌进行遗传学研究，发现一个植株只对具有相应无致病基因的病原菌有抗性，而病原菌也只对具有相应抗病基因的单株无致病力，提出了著名的“基因对基因”学说，是世界胡麻抗锈病育种的理论依据。

胡麻锈病在我国也时有发生。由于我国胡麻主要分布在西北、华北等干旱、冷凉地区，胡麻锈病不曾有大面积的发生，为害程度也不是很重。但是随着气候变暖，特别是降雨多的年份，锈病发生较为严重而且发生范围广泛，因此，是一个值得关注的潜在危险性病害。

二、症状

胡麻锈病在胡麻整个生育期间均可发生侵害，但总体上开花前症状更为明显，一般先侵染上部叶片，后扩展到下部叶片、茎、枝、蒴果及花梗等部位。

病原菌首先侵染幼叶和嫩茎，病部呈淡黄色或橙黄色小斑，即性孢子器和锈孢子器，以后在叶、茎、蒴果上产生鲜黄色至橙黄色的小斑点为夏孢子堆（彩图9-43-1）。到成熟期则在病部表皮下产生许多密集的褐色至黑色有光泽的不规则斑点，即冬孢子堆，茎上特别多，叶及萼片上较少。由于该病能降低胡麻光合作用，影响种子产量，同时茎部病斑常使纤维折断，不易剥离，也影响纤维产量和品质。

三、病原

胡麻锈病病原菌为亚麻栅锈菌［*Melampsora lini*（Ehrenb）Lév］，属担子菌门栅锈菌属真菌。胡麻锈病寄主范围窄，是一种单主寄生的专性寄生菌，无中间寄主，整个生活史都在胡麻上完成。

四、病害循环

胡麻锈病以种子上黏附的冬孢子及病残体上的冬孢子堆越冬，翌春条件适宜时，冬孢子萌发产生担孢子进行初侵染，侵染胡麻的嫩叶和茎秆，一般感染后约2周即形成性孢子器，再经4～10d出现锈孢子器，内生锈孢子。锈孢子从气孔侵入胡麻叶而形成夏孢子堆，散出大量夏孢子，随气流和昆虫传播，到达健株，再从气孔侵入进行重复侵染。至生长后期在胡麻上形成冬孢子堆并以冬孢子在病株残体和种子上越冬。

五、流行规律

（一）品种

胡麻品种间对锈病的抗性有较大差异，抗病品种多为单基因垂直抗性，即一个品种抗一个生理小种。而生产中常以某一个生理小种为主，多个生理小种同时发生，在应用抗主要生理小种的品种后，随着主要生理小种被抑制，次要小种便上升为主要小种。缺乏兼抗多个生理小种的品种或具有水平抗性的品种是造成胡麻锈病发生严重的原因。

（二）气候

气候条件与胡麻锈病发病程度有密切关系。病株残体上的冬孢子，翌年萌发产生担孢子先侵染胡麻幼苗，约半月后形成性孢子器，4～10d形成锈孢子器，产生大量锈孢子，再侵染上部叶片形成夏孢子堆。夏孢子在22℃下能存活1个月左右，靠气流传播，从胡麻气孔侵入，此后夏孢子在田间循环侵染流行，至生长期结束。夏孢子侵染最适温度为18～20℃，夏孢子在水中萌发，因此在有风、雾或露水的潮湿天气里，气温在18～20℃时，最适宜夏孢子的传播与侵染，每5～10d就能产生一代夏孢子，夏孢子可连续产生数代，病势扩展迅速；而在凉爽干燥的天气条件下，胡麻很少感染锈病。夏孢子只能侵染绿色多汁的胡麻，当胡麻开始成熟时，夏孢子堆则被冬孢子堆所代替。

（三）土壤

胡麻锈病的发生扩展受土壤理化性状的影响很大，胡麻田地势低洼，排水不良，易造成田间积水，土壤湿度增大，病害则加重。土质黏重，土壤板结，使幼苗出土困难，生长衰弱，锈病就严重。

六、防治技术

根据胡麻锈病的性质和发生规律，必须采取以种植抗锈良种为主，药剂、栽培等防治为辅的综合防治措施。

（一）选育和种植抗病品种

胡麻锈菌和其他作物锈菌一样，具有高度的专化性，病菌有生理小种的分化并存在不断变异的可能。因此，在选用抗病胡麻品种时要注意特定产区病菌生理小种的现实状况。胡麻不同品种间对锈病有明显的抗性差异，故在引种和选种工作中，要结合本地情况选用布局抗锈品种。目前可用的抗锈品种有Rocket、Redwood65、Flor、McGregor、Norlin、陇亚7号、陇亚10号、晋亚7号、天亚7号、定亚23等。

（二）合理轮作

多年种植胡麻的连作田块不仅会使土壤理化性状变劣，不利于麻株生长发育，而且土壤中的病原菌不断积累，将增加环境中的侵染来源。因此，在胡麻产区进行轮作换茬十分必要，应采取5年以上轮作，避免重茬或迎茬种植。

（三）化学防治

在缺乏抗病品种的地区，应根据预测预报及时进行药剂防治。胡麻锈病的初次侵染源来自种子带菌，播前种子用药剂处理十分必要。播前可使用种子量0.3%的20%萎锈灵可湿性粉剂拌种。生长期间发病可使用20%萎锈灵可湿性粉剂400～600倍液，或12.5%三唑醇可湿性粉剂1 500～2 000倍液，每667m^{2}喷药液30～50L，隔10d喷1次，连续防治2～3次，可取得良好的防治效果。

党占海（甘肃省农业科学院作物研究所）
李子钦（内蒙古农牧科学院植物保护研究所）

第44节 胡麻枯萎病

一、分布与危害

胡麻枯萎病是胡麻生产上最重要、最具毁灭性的病害。这一病害早在19世纪末就在北美胡麻产区流行蔓延，农场主连茬或迎茬种植胡麻时，植株长势很差，即使存活下来，也缺乏活力，常常在成熟前枯死，导致严重减产，当地农场主曾把这种现象称为“亚麻病”。欧洲的农场主采用每隔8年种植一次胡麻的轮作方式来解决这一问题。20世纪初，由于胡麻枯萎病的发生，北美地区的胡麻生产不断地向新开垦的土地转移，以避免枯萎病的侵害。1894年Bolley首次在北达科他州农业试验站建立枯萎病病圃以选择抗枯萎病胡麻品种，1908年他选育出第一批抗枯萎病品种，直到20世纪20～30年代Bison、Redwing、Bolley Golden等抗胡麻枯萎病品种选育成功后，胡麻才得以在同一地区大面积种植。

胡麻枯萎病在我国也早有发生，一般发病率为10%～20%，严重时可达30%以上，对部分地区胡麻生产造成了严重影响，但并未引起足够重视。到20世纪70年代末，该病表现出严重的危害并有逐年上升的趋势。最早是在新疆伊犁地区，1980年严重发生，面积约达3 753hm^2，占该地区胡麻种植总面积的12.58%。20世纪80年代中期以来，该病在我国胡麻主产区普遍发生。1985年河北坝上地区约6 666.67hm^{2}胡麻因枯萎病严重减产，约1 333.33hm^{2}绝收。1986年山西忻州地区胡麻枯萎病重发面积达16 666.67hm^2，约占当年胡麻面积的1/3。1980年雁北地区因枯萎病流行，胡麻种植面积大幅度下降，平均减产27.7%。1989年山西大同市新荣区胡麻播种面积只完成任务的一半，另一半因病基本无收。1990年甘肃省永昌县因枯萎病流行，发病面积达5 333.33hm^2，占播种面积的80%以上，导致后来胡麻种植面积的明显下降。直至90年代陇亚7号、天亚5号和定亚17等高抗枯萎病品种育成应用，胡麻枯萎病才得以控制，胡麻生产得以恢复发展。

二、症状

胡麻枯萎病从苗期至收获期均有发生，以苗期发病最重，在苗期引起猝倒和死亡。病原菌主要有两种侵染方式：一种侵染幼根的皮层，而不侵染维管束，干旱时根部皮变皱，呈灰褐色或淡蓝色，土壤湿度大时根部腐烂；另一种从土壤经根部进入茎内，在导管里发育，致导管组织变黄或变褐，导管被堵塞，最初下部叶片黄化，失绿凋萎，向上部发展，梢部下垂，最后全株死亡，变褐色，病株根系破坏，极易从土中拔出（彩图9-44-1）。胡麻前期发病，多呈萎蔫状，植株变褐，整个胡麻田像火烧过一样；后期发病，多成片发生，受害植株矮小，很容易从地里拔出，即使未死的成株，因导管堵塞，也出现条形失绿，呈红褐色条斑。

三、病原

胡麻枯萎病的病原菌为尖镰孢亚麻专化型［*Fusarium oxysporum* Schltdl. ex Snyder et Hansen f. sp. *lini*（Bolley）Snyder et Hansen］，属于子囊菌无性型镰孢属真菌。

胡麻枯萎病菌在被害茎上初期不产生分生孢子，而在寄主组织中有纵横分布的有隔菌丝，只在后期才穿过胡麻茎表皮而生出粉状物，这是分生孢子及分生孢子梗。分生孢子梗短小，乳白色至淡肉色，丛生，有分枝。

胡麻枯萎病菌产生 3 种类型的孢子：小型分生孢子无色，卵圆形或肾形，单胞，极少数有 1 个隔膜；大型分生孢子无色，月牙形或镰刀形，两端略尖稍弯曲，具有 2～9 个隔膜，典型的为 3 个隔膜，大小为（4～7.5）μm×（25～45）μm；厚垣孢子淡黄色，近圆形，光滑，顶生或间生于菌丝及大型分生孢子上，单生或串生。

病菌生长的温度为 10～36℃，最适温度为 20～30℃，致死温度为 75℃ 10min。酸碱度为 pH2.3～8.8，最适 pH 为 3.5～5.5。

四、病害循环

胡麻枯萎病的初侵染源主要是病田土壤和带菌种子。胡麻枯萎病菌腐生性很强，土壤中残株上的病菌可存活多年，病菌可侵入蒴果和种子，分生孢子能附在种子表面越冬，这些均可成为翌年初侵染来源。分生孢子借雨水传播，重复侵染。在田间，病原菌还可借流水、灌溉水、农具和耕作活动传播蔓延。

胡麻枯萎病菌最易从根部伤口侵入，如害虫咬伤处等，也可直接从嫩根表皮特别是根尖非角质化部分或下胚轴侵入。一般而言，对感病胡麻品种，病菌可以直接侵入，但对抗病品种则通常要通过伤口才能侵入。病菌虽在胡麻整个生长期都能侵入，但以苗期最易侵入。

五、流行规律

胡麻枯萎病是以土壤传播为主的系统性维管束病害。因此，它的发生程度受土壤及耕作栽培条件的影响很大。在胡麻重茬、迎茬田块，可使病菌在土壤内不断积累，加重发病。胡麻田地势低洼，排水不良，地下水位高，造成土壤湿度大，病害则加重。深翻和精耕细作的麻田，麻株生长旺盛、抗病力强，发病轻。

土壤温度对枯萎病的发生有一定影响。一般土温达 20℃时开始发病；25～30℃时最适合枯萎病的发生，是发病的高峰期；35℃以上时，病情停止发展。雨水和湿度的影响也很大，一般在多雨的年份，土壤湿度大，有利于病害的发生，干旱的年份病害发生较轻。

六、防治技术

（一）选用抗病品种

1985 年前育成的品种和传统的地方品种均不抗枯萎病。首批高抗枯萎病品种有：陇亚 7 号、定亚 17 和天亚 5 号，在 20 世纪 90 年代初育成推广。21 世纪以来，我国育成审定的胡麻品种都在中抗枯萎病以上，目前生产上推广种植的高抗品种有：陇亚 10 号、陇亚 11、陇亚 12、陇亚杂 1 号、陇亚杂 2 号、定亚 22、定亚 23、天亚 8 号、轮选 2 号、晋亚 19、宁亚 17 等。在选种抗病品种的同时，还应选择无病的田块留种，避免病株残体及带病土壤通过种子传播扩散。

（二）合理轮作

胡麻枯萎病菌在土壤中可以存活 8～10 年，欧洲的农场主曾采用每隔 8 年种植一次胡麻的轮作方式来解决这一问题。枯萎病发生区单靠轮作防治是靠不住的，抗病品种加合理轮作是可取的。有条件的地区实行 5 年以上的轮作，避免重茬、迎茬种植。

（三）药剂处理种子

枯萎病的初次侵染源来自土壤和种子带菌，播前用药剂处理种子十分必要。可用种子重量 1%的 70%代森锰锌可湿性粉剂，或 50%福美双可湿性粉剂、50%多菌灵可湿性粉剂拌种，或用胡麻专用种衣剂进行包衣处理。

党占海（甘肃省农业科学院作物研究所）
李子钦（内蒙古农牧科学院植物保护研究所）

第 45 节　胡麻白粉病

一、分布与危害

胡麻白粉病是胡麻生产中的常见病害，一般在胡麻生育后期发生，受温度、湿度等气候因素的影响，年度间发生为害程度变化较大。随着全球气候变暖，胡麻白粉病有加重的趋势，部分产区后期发病较重，危害较大。该病侵染胡麻地上部器官，包括茎、叶及花器，受侵染组织表面覆盖白粉状薄层，植株感病后，呼吸作用和蒸腾作用增强，光合效率降低，严重阻碍胡麻的正常生长发育，造成早枯、落叶、原茎光泽度差、种子结实率低、千粒重下降、纤维质量差，严重影响种子和纤维的产量和质量，是制约胡麻产业发展的重要因子。

二、症状

胡麻白粉病主要侵害叶片和茎秆。病原菌侵染一般先从下部叶片开始，逐渐往上部叶片和茎秆蔓延。受侵染后，茎、叶及花器表面出现白色具绢丝状光泽的斑点，即病斑，随着病斑不断扩大，病斑呈现圆形或椭圆形放射状排列。病菌侵染并扩展到一定程度，在叶片的正面出现白色粉状薄层（为菌丝体和分生孢子），粉状层可扩大至叶片背面和叶柄，最后覆盖全叶（彩图9-45-1）。病菌粉状层随后变成灰色或浅褐色，上面散生黑色小粒（为病原菌子囊壳）。发病的叶片提前变黄，卷曲枯死，严重影响光合作用，最终引起胡麻种子、纤维减产和质量下降。

三、病原

胡麻白粉病的病原菌为亚麻粉孢（*Oidium lini* Skoric），属子囊菌无性型粉孢属真菌。其有性型为菊科高氏白粉菌［*Golovinomyces cichoracearum*（DC.）V. P. Gelyuta，异名：*Erysiphe cichoracearum* DC.］，属子囊菌门高氏白粉菌属真菌。病原菌侵染胡麻后，菌丝着生于寄主表面，依靠深入寄主表皮细胞内的吸器吸取养分，菌丝上垂直着生分生孢子梗，分生孢子梗顶端着生成串的分生孢子。分生孢子无色，圆筒形，单胞，大小为（6.0～15.0）μm×（22.5～40.5）μm，自顶端向下逐渐成熟后，单个脱落，有的也形成短链。子囊壳瓶状，黑褐色，大小为（27.0～46.5）μm×（33.0～105.0）μm。子囊孢子无色，单胞，椭圆形，大小为（1.5～4.5）μm×（4.0～10.5）μm。

四、病害循环

胡麻白粉病的病原菌是一种表面寄生菌，以子囊壳在种子表面或病残体上越冬，翌年壳中的子囊孢子在适宜的温度、湿度条件下传播引起初次侵染，发病后由白粉状霉上产生大量分生孢子，经风雨传播，引起再侵染。一个生长季节中再侵染可重复多次，导致胡麻白粉病的发生蔓延。

五、流行规律

胡麻白粉病菌有较强的寄生专化性，不同胡麻品种对白粉病的抗性有显著差异，但目前一般栽培品种很少是高抗白粉病的，主栽品种的抗病力不强，导致田间病害严重和病原菌的积累，也是造成近年来胡麻白粉病发生趋于严重的主要原因之一。

虽然胡麻白粉病菌生长适宜的温度范围较广，但如果温度在10℃以下时，白粉病发展缓慢，当气温在20～26℃时，最适宜白粉病的发生。在阴天、高湿条件下有利于白粉病的发生和流行。

胡麻播期过晚，苗期温度高，可促进白粉病的发生，苗期即可发病。

播种方式及密度也影响白粉病的发生，撒播通风透光条件不良，有利于白粉病发生及蔓延，条播行间通透性较好，发病较撒播轻。密度过大也可促使白粉病发生蔓延。

六、防治技术

（一）选用抗病优良品种

胡麻白粉病的病原菌有较强的寄生专化性，不同品种抗病性差异较大。国内育成的胡麻品种中较抗白粉病的品种有永宁142、天亚4号、陇亚9号、陇亚10号、定亚19、宁亚6号、宁亚7号等。

（二）合理轮作

胡麻的连作不仅使土壤理化性状变劣，而且白粉病的反复发生会导致土壤和环境中病菌数量不断增加。因此，连作是胡麻白粉病发生的重要因素，连作地一般也会增加多种病害的交叉发生和混合为害。在有条件的地方，应采取胡麻与其他非寄主作物轮作4年以上，尽量避免重茬或迎茬种植。

（三）化学防治

胡麻白粉病田间发病一般在胡麻生育阶段的中后期，即现蕾期之后，但不同年份发病早晚也有不同，温、湿度条件适宜，一旦发病，流行很快。因此，防治白粉病，一是要早防，在田间勤观察，在白粉病侵染初期，可用 40% 氟硅唑乳油 30g/hm^2，或 40% 腈菌唑可湿性粉剂 30g/hm^2、43% 戊唑醇悬浮剂 4.5g/hm^2 对水喷雾，也可用 15% 三唑酮可湿性粉剂 800～1 000 倍液，或 50% 异菌脲可湿性粉剂 600～800 倍液喷雾，均可取得较好的防治效果。二是要重复防，一般在初防之后 10d 左右重复喷药防治，重病田块增加用药次数，直至压住病害。同时喷药要细致，防止漏喷，苗高的加大用药量、用水量，保证下部叶片附有药液，同时上述农药应交替使用，以降低抗药性的产生。

党占海（甘肃省农业科学院作物研究所）
李子钦（内蒙古农牧科学院植物保护研究所）

第 46 节　胡麻派斯莫病

一、分布与危害

胡麻派斯莫病又称斑点病或斑枯病，是一种检疫性病害。据国外文献报道，该病于 1911 年最先在阿根廷发现，1930 年苏联在引进非洲油用亚麻种子中发现该病，1934 年宣布为对外检疫对象。派斯莫病在世界各胡麻种植国均有发生和为害，北美、南美、非洲、欧洲在 20 世纪 30 年代已有报道。

在我国，胡麻派斯莫病近几年在黑龙江和云南等地的发病率为 10%～30%，严重地块收获期 80% 以上的植株有病斑，造成胡麻落叶和早衰，发病严重时可显著降低种子产量和质量。在西北和华北胡麻主产区也均有发生，发病程度受温度、湿度等气候因素的影响明显，年度间变化较大。山西朔县曾报道这一病害的发病率达到 80% 以上，山西大同市新荣区该病的病情亦曾经较重。但是我国对胡麻派斯莫病的研究相对较少。

二、症状

胡麻派斯莫病在胡麻幼苗出土、开花、结果及种子成熟期间都能侵染和造成危害。胡麻子叶、真叶上的病斑一般呈近圆形，初为黄绿色，后逐渐变成褐色至暗褐色，迅速扩大到全叶，叶片变褐干枯，表面散生许多黑色小粒点状的分生孢子器，真叶中心病斑变透明，其上布满集中的黑点，病叶干枯脱落（彩图 9-46-1）。茎部染病，初生褐色长圆形斑，扩展后呈不规则形，严重的可环绕全茎，因与绿色交错分布使茎变得五光十色，斑点中心开始透明，出现黑色分生孢子器，后病斑蔓延融合变灰褐色，斑上大部被有分生孢子器，在枯茎上形成子囊壳。感病植株的种子瘦小，粗糙。胡麻植株开花以后病症最明显，在花蕾和蒴果上也可见到病斑，接近成熟期时斑点边缘变成灰色及黑褐色，在斑点中央产生许多小黑点（分生孢子器）；发病植株的产量低，品质差。

三、病原

胡麻派斯莫病病原为亚麻生壳针孢［*Septoria linicola*（Speg.）Garassini］，属子囊菌无性型壳针孢属真菌；有性型为亚麻生球腔菌（*Mycosphaerella linicola* Naumov），属子囊菌门球腔菌属真菌。

病原菌子囊壳球形至卵形，黑褐色，直径 70～100μm；子囊圆筒形或棍棒形，无色，大小为（11.5～15.0）μm×（27.0～48.0）μm，内含 8 个子囊孢子，排列不规则两列或单列；子囊孢子梭形，稍弯曲，无色，大小为（2.5～6.9）μm×（9.6～17.0）μm。

无性型分生孢子器寄生于寄主组织中，扁球形，黑褐色，大小为（50～73）μm×（77～126）μm。分生孢子直杆形或弓形，两端钝圆，无色，有 0～7 个隔膜，多为 3 个隔膜，大小为（1.5～4.5）μm×（12.0～52.5）μm。

四、病害循环

胡麻派斯莫病的病原菌以菌丝体和分生孢子器及子囊壳在胡麻种子或病残体上越冬，翌年当气候条件适宜时即产生分生孢子和子囊孢子，传播引起初次侵染。重复侵染主要靠病部不断产生的分生孢子，一个生长季节中再侵染可重复多次，造成田间病害的严重发生和危害。初次侵染和再次侵染都可以借助风、流水、昆虫、人为农事操作等途径传播。带菌胡麻种子是病害远距离传播的主要途径之一。

五、流行规律

不同胡麻品种之间对派斯莫病的抗性有一定差异。种植品种抗性的强弱，可以在一定程度上决定病害流行的趋势，长期种植抗病品种可以抑制病原菌的增殖和扩散，相反，长期种植感病品种会加重病害的发生。但目前主要胡麻栽培品种抗病性普遍较差，抗病育种的研究和进展有限。

胡麻生长期间，当气温达到20～30℃时，最适宜派斯莫病的发生和侵害，尤其阴雨天多、湿度高的气候条件有利于派斯莫病的发生和流行，所以，在雨水多的年份、低洼潮湿地该病发生严重。

六、防治技术

(一) 选用抗病品种

通过筛选抗病资源，进行抗病育种，培育高产抗派斯莫病的品种，是胡麻育种的主要目标之一。在选用抗病品种的同时，也需要在无病田留种，而且要采取严格的检疫措施，防止带菌种子远距离传播病害。

(二) 合理轮作

由于胡麻派斯莫病的病原菌可在土壤中病残体上存活多年，连作地块的病原菌数量随着连作年限的增加而增加，土壤的理化性质及营养状况也会随着连作年限的增加而变劣，对胡麻植株的生长发育和综合抵抗力产生不良影响，从而导致病害的加重，并促进多种病害的混合、交错发生。在有条件的地方，建议采用与非寄主作物轮作5年以上，避免重茬或迎茬种植。

(三) 加强栽培管理

胡麻种植要选择土层深厚、土质疏松、保水肥、排水良好的地块。秋季深翻地，精耕细作，合理密植，并注意氮、磷、钾和微量元素的合理搭配施用，有利于提高产量和减轻病害。在钾肥不足的土壤上，要增加钾肥的施用，以提高植株的抗病力，施肥不仅可提高寄主的抗性，而且对根际拮抗微生物数量的变化也有影响。清除田间杂草，及时防治虫害，可促进胡麻的生长，提高植株抗病能力。收获后要及时清除田间胡麻残体。切忌在下年准备种胡麻的地块沤麻，以减少初侵染菌源。

(四) 化学防治

胡麻派斯莫病的初次侵染源来自土壤和种子带菌，播前种子用药剂处理是十分必要的。试验表明：用种子重量0.3%的多菌灵拌种，药剂拌种后至少密封1周再播种效果最佳。在病害发生初期，及时喷药，可抑制病害的蔓延与流行，在胡麻苗高达15cm时，喷洒50%甲基硫菌灵可湿性粉剂1 000倍液或50%多霉灵可湿性粉剂800～1 000倍液，隔7～10d喷洒1次，连喷2～3次，现蕾期加喷1次，可以收到良好的防治效果。

党占海（甘肃省农业科学院作物研究所）
李子钦（内蒙古农牧科学院植物保护研究所）

第47节　胡麻立枯病

一、分布与危害

立枯病是胡麻苗期的常见病害，在国内外胡麻产区均有不同程度的发生，一般发病率为10%～30%，严重时可达50%以上。胡麻幼苗感病后，植株生长缓慢或枯死，发病严重地块常造成田间缺苗断垄甚至毁种。该病的发病速度快，除了连作等因素外，由于病原菌的寄主范围很宽，有许多田间杂草或其他农作物也感病，所以该病害具有逐年加重的趋势。

二、症状

胡麻立枯病主要发生在幼苗期。胡麻幼苗出土前受到侵染，可造成烂芽而影响出苗。幼苗出土后，罹病植株先在幼茎基部的一边出现黄褐色条状斑痕，斑痕逐渐向上下蔓延，形成明显的凹陷缢缩，直至腐烂断裂，致地上植株叶片萎蔫、变黄死亡，易从地表部折倒死亡（彩图 9 - 47 - 1）。发病轻的植株，地上部不表现症状，只在地下茎或直根部位形成不规则的褐色稍凹陷病痕，可以恢复，重者顶梢萎蔫，逐渐全株枯死。条件适宜时，病部出现褐色小菌核。

三、病原

胡麻立枯病病原为立枯丝核菌（*Rhizoctonia solani* Kühn），属担子菌无性型丝核菌属真菌。在自然条件下只形成菌丝体和菌核，病菌主要由菌丝体繁殖传染。初生菌丝无色，较纤细；老熟菌丝呈黄色或浅褐色，较粗壮，肥大，菌丝宽为 8～15μm，在分枝处略成直角，分枝基部略细缢，近分枝处有一隔膜。在酷暑中有时能形成担子孢子。担子孢子无色，单胞，椭圆形或卵圆形，大小为（4.0～7.0）μm×（5.0～9.0）μm。能生成表面粗糙的菌核，菌核成熟时呈棕褐色，形状不规则。

病原菌生长的温度范围为 10～38℃，最适温度为 20～28℃，致死温度为 72℃ 10min。该菌对酸碱度的适应范围很广，在 pH2.0～8.0 均可生长，但以 pH 5.0～6.8 为最适。日光对菌丝生长有抑制作用，但可促进菌核的形成。

四、病害循环

胡麻立枯病的病原菌是典型的土传真菌，能在土壤的植物残体及土壤中长期存活。病原菌菌丝在罹病的残株上和土壤中腐生，又可附着或潜伏于种子上越冬，成为翌年发病的初侵染来源。条件适宜时，菌丝可在土壤中扩展蔓延，反复侵染。在田间，病原菌还可借动物、昆虫、流水、灌溉水、农具和耕作活动等途径传播蔓延，对防治造成较大难度。

五、流行规律

胡麻苗期的气候条件是影响立枯病发生的主导因素，播种后如果土温较低，出苗缓慢，抵抗力弱，会增加病原菌侵染的机会。出苗后半个月之内，幼茎柔嫩，最易遭受病原菌侵染。虽然病原菌的发病适宜温度较高，但其发病的温度范围较广，一般在土温 10℃左右即开始活动。在多雨、土壤湿度大时，极有利于病原菌的繁殖、传播和侵染，有利于病害的发生。

胡麻立枯病是以土壤传播为主的病害。因此，它的发生发展受土壤及耕作栽培条件的影响很大。在胡麻重茬、迎茬地块，可使病菌在土壤内不断积累，发病加重；胡麻田地势低洼，排水不良，易造成田间积水，土壤湿度增大，病害则加重。土质黏重，土壤板结，地温下降，使幼苗出土困难，生长衰弱，立枯病严重。播期过早、过深，均使出苗延迟，生长不良，也有利于发病。深翻和精耕细作的麻田，麻株生长旺盛抗病力强，发病轻。由于病原菌可以侵染许多其他农作物和杂草，其他来源的病菌也可能有助于病害的流行。

六、防治技术

（一）选用抗病品种

目前发现不同品种之间的抗病性具有一定差异，选育和应用抗病品种具有良好的潜力。目前应用的抗病或耐病品种有：陇亚 8 号、陇亚 10 号、陇亚杂 1 号、陇亚杂 2 号、定亚 22、定亚 23、黑亚 3 号、黑亚 4 号等。

（二）合理轮作

胡麻立枯病菌腐生于土壤中，多年种麻的连作地不仅土壤理化性状变劣，对麻株生长发育不利，而且土壤中的病菌日积月累，增加了土壤中病原菌数量和初侵染源。因此，在实际生产中胡麻不宜连作和隔年种植。研究结果表明，轮作地块立枯病死苗率为 5.1%，隔年种植的地块立枯病死苗率为 21.5%，连作地块立枯病死苗率高达 60%，连作比轮作减产 35%～60%。实行较长年限轮作倒茬既可减轻立枯病发生，又可提高胡麻产量。生产中要尽量做到与其他非寄主作物轮作 5 年以上，避免重茬或迎茬种植。生产实践中较为常用的轮作方式有：豆类—小麦—胡麻，糜谷—豆类—小麦—玉米—胡麻，小麦—马铃薯—玉米—糜谷—胡麻等。

（三）加强栽培管理

选择土层深厚、土质疏松、保水肥强、排水良好、地势平坦的黑土地、二洼地，深翻和精耕细作，夏粮作物收获后及时伏耕晒垡，有利于除灭杂草和接纳雨水，秋后再进行耕翻耙耱，达到以土蓄水，秋雨春用，春旱秋抗。适时播种，播种过早，萌发的幼芽埋在土壤中，感染立枯病的概率增加。合理施肥，胡麻施肥的现状是数量不足、方法不当。提倡增施有机肥，增施底肥，氮、磷、钾和微量元素合理搭配施用，根据苗情，结合降雨，巧施追肥。及时清除田间杂草，防治虫害，培育壮苗，促进胡麻的生长，以提高植株抗病力。收获后清除胡麻残体，减少越冬菌源。

（四）药剂防治

胡麻立枯病的初次侵染源来自土壤和种子带菌，播前种子用药剂处理是十分必要的。播前用种子重量0.5%～0.8%的50%多菌灵可湿性粉剂拌种或每100kg种子用70%噁霉灵可湿性粉剂300g和50%福美双可湿性粉剂400g混合均匀后再拌种。出苗后用80%退菌特可湿性粉剂1 000倍液或用50%多菌灵可湿性粉剂500倍液灌根。

党占海（甘肃省农业科学院作物研究所）
李子钦（内蒙古农牧科学院植物保护研究所）

第48节　红花枯萎病

一、分布与危害

红花枯萎病亦称根腐病，是一种防治难度很大的土传性维管束病害。该病害在我国新疆、四川、内蒙古、辽宁、河南、浙江和江苏等红花种植地区均有发生，是红花的主要病害之一。红花播种后即可被病菌侵染，最早在幼苗出土前即可发病死亡，红花出苗后的整个生长过程中均可感染发病。据各地调查，红花枯萎病的发病率一般为10%以上，严重地块发病率可达60%，中等程度的发病可导致25%左右的减产，发病严重时可造成植株大量死亡甚至完全绝收。

二、症状

红花枯萎病主要在幼苗期发病，现蕾期、开花期时有发生。幼株发病，发病初期根部出现褐色斑点，茎基部表面出现斑点状或线条状褐色病变，潮湿时茎表面有粉红色的黏质物，随着病程的进展，茎基部皮层组织及须根发生腐烂，根系及根部维管束变褐、萎缩，叶片萎蔫，然后整株枯死，叶片不脱落。成株期发病植株生长缓慢，叶片变成黄绿色并萎蔫，进而整株凋萎枯死。剖视发病植株的根部，可见维管束变成褐色。病部保湿培养后产生白色菌丝体，这些菌丝生长一定时间后出现粉红色的霉层。若生长期间灌溉或大雨后，病株的叶片快速萎蔫下垂，表现出急性萎蔫型症状。红花现蕾期感病较轻的植株，随着植株的生长，症状趋向不明显或隐匿，但收获时，种子空瘪率高，品质差（彩图9-48-1）。

三、病原

红花枯萎病的病原为，尖镰孢红花专化型（*Fusarium oxysporum* Schltdl. ex Snyder et Hansen f. sp. *carthami* Klisiewicz & Houston），属子囊菌无性型镰孢属真菌。病原菌的菌丝体白色，小型分生孢子为卵圆形或椭圆形，无色，单胞，少数有1个隔膜，长度为5～9μm；大型分生孢子镰刀形，无色，两端尖，稍弯曲，大小为（3～5）μm×（30～45）μm，有3～5个隔膜，多数3个隔膜。

四、病害循环

红花枯萎病的病菌为土壤习居菌，以厚垣孢子在土壤中或以菌丝体在病残体中越冬。病菌在土中可存活5～7年，带菌土壤和病残体中的菌丝体是主要初侵染源。病菌菌丝在高温、潮湿条件下易形成分生孢子，分生孢子借助土壤、流水扩展蔓延形成再侵染。在气候干旱的条件下，土壤中的菌源大大减少。此外，病菌还能通过农事操作随人、畜和农具等进行传播。红花种子带菌也可以是田间发病的初侵染源，而且是此病传播到无病区的主要途径。

五、流行规律

红花枯萎病菌孢子萌发最适温度为 24～28℃，土温在 25～30℃时发病重，低于 10℃或高于 38℃时，病害的发展明显受到抑制。翌年当气温达到 24℃，遇高湿条件，越冬的病菌可迅速产生分生孢子侵染植株。分生孢子易从根毛、须根或侧根的自然裂缝以及主根、茎部的伤口入侵，也可直接从嫩根表皮特别是根尖非角质化部分或下胚轴侵入。一般来讲，病菌可以直接侵入感病品种，但对抗病品种则通常通过伤口才能侵入。病菌侵入后通过根的表皮、皮层、内皮层扩展到木质部导管，并沿导管逐渐向上蔓延扩展，使导管中充满菌丝体和分生孢子，并可分泌出毒素，严重破坏代谢作用，致使寄主叶绿体破坏，或蛋白质成分改变，以及碳水化合物含量下降，造成叶片变色，组织坏死，维管束变褐，从而导致根、茎的快速腐烂，整个植株失水枯萎甚至枯死。发病植株根茎部产生新的分生孢子，分生孢子可借助土壤、流水进行再侵染。种子带菌也可成为初侵染源，但红花种子的带菌率一般较低，在老病区作为初侵染源的作用是次要的，但是带菌种子可导致病害的远距离传播。灌水和土壤耕作可使病原作短距离传播。

六、防治技术

（一）降低初侵染来源

红花枯萎病是土传病害，连作会使该病逐年加重，轮作倒茬能够解决病原菌积累的问题，使土壤中的病原菌维持在较低的水平。实行合理轮作，在重病区实行红花与禾本科等非寄主作物轮作，一般轮作 3～4 年，可有效降低病害发生程度；因病残体内的病菌在浸水条件下容易死亡，若实行水旱轮作，可控制和减轻枯萎病的发生。限制由病区引进种子，选择健株留种。播种前进行种子消毒处理。另外，田间线虫与此病的发生有一定关系，线虫取食造成伤口，病菌随之侵入，二者共同为害所致的复合病害，能使红花枯萎病病情显著加重。

（二）加强田间栽培管理

尽量避免重茬种植。高温多雨、土壤酸性、土质黏重、排水不良、田间积水、高氮、连作的条件下，利于病害的发生。适时播种，注意播种质量，使出苗快、齐、壮，以减轻病害发生。深耕和精耕的地块，植株生长旺盛，抗病力强，发病较轻。出苗后中耕，以提高土温，使土壤疏松通气，促进红花根系发育，抑制根部发病。注意平衡施肥，单施氮肥有促进病害发展的趋势，而氮、磷、钾肥混合施用将创造有利于红花生长而不利于病害发生的环境条件，提高植株田间抗病能力。合理灌溉，保持排水良好，遇连续阴雨时，应及时排水防渍；注意清除田间枯枝落叶及杂草，发现病株及时拔除烧毁，病穴撒入石灰粉或喷灌药剂消毒，做到当年发现，当年消灭。

（三）化学防治

红花播种前用 50％多菌灵可湿性粉剂 300 倍液浸种 20～30min，还可用 50％多菌灵可湿性粉剂或 50％福美双可湿性粉剂拌种。发病初期每 667m^2用 200 万 U 农用硫酸链霉素 40g 或 1 000 万 U 农用硫酸链霉素 15g，或 70％甲基硫菌灵可湿性粉剂 600 倍、50％敌磺钠可湿性粉剂 700 倍液、70％代森锰锌可湿性粉剂 500 倍液、75％百菌清可湿性粉剂 600 倍液、硫酸铜：石灰：水（1：2：200）的波尔多液灌根，连灌 2～3 次，可以取得良好的防治效果。

严兴初（中国农业科学院油料作物研究所）
刘旭云（云南省农业科学院经济作物研究所）

第 49 节　红花锈病

一、分布与危害

红花锈病是侵害红花叶片的重要气传病害，在我国新疆、四川、内蒙古、辽宁、河南、浙江和江苏等地普遍发生，流行性强，为害面积大。红花锈病不仅引起大量红花幼苗死亡，造成缺苗，还在成株期导致叶片迅速枯死，不能正常开花结实，对产量影响极大，病株所结籽实不饱满，品质显著下降。

二、症状

在红花幼苗期，锈病病原菌担孢子侵染子叶、下胚轴及根部，形成黄色病斑，大小为(0.2～0.3) cm×(0.5～1.0) cm，其上密集针头状黄色的颗粒物，即性孢子器。之后，性孢子器边缘产生褐栗色圆形或近圆形的斑点，即锈孢子器，逐渐连成片状，表皮破裂后，散出褐栗色锈孢子（或为初生夏孢子器和初生夏孢子）。受害幼苗可见下胚轴单面扭曲，严重时不能直立，最终导致死苗。

在红花的成株期，锈病主要侵害叶片，在叶片背面产生许多茶褐色或暗褐色的稍隆起的小疱状物，当表皮破裂时，散逸出大量的褐色粉末，即病原菌的夏孢子堆和夏孢子，有时夏孢子堆周围有次生夏孢子堆分布并排列成环状，叶片正面出现褪绿斑点（彩图 9-49-1）。随着病程的发展，夏孢子堆处出现黑褐色的疱状物，即为冬孢子堆和冬孢子。病株花朵色泽差，种子不饱满，产量与品质降低，病害发生严重时，叶片局部或全部枯死。

三、病原

红花锈病的病原菌为阿嘉菊柄锈菌矢车菊变种［*Puccinia calcitrapae* DC. var. *centaureae*（DC.）Cummins］，属担子菌门柄锈菌属真菌。该病原菌在锈菌类型的划分上还存在分歧，即单主寄生全孢型还是单主寄生缺锈型，二者的差异在于性孢子器边缘形成的是锈孢子还是初生夏孢子。无论叫锈孢子器和锈孢子还是初生夏孢子器和初生夏孢子，在冬孢子萌发形成担孢子侵染植株后，都可以将其分为以下几个阶段：

1. 性孢子器与性孢子 孢子器球形，颈部凸起于表皮外，黄褐色，直径为 72.5～112.5μm，孔口着生丛状缘丝与管状受精丝，后者大小为（2.2～4.4）μm×（19.5～48.8）μm。性孢子为单胞，无色，椭圆形，大小为（2.5～5）μm×（2.5～3.5）μm。成熟的性孢子从缘丝和受精丝外排出，并密集呈蜜露状。

2. 锈孢子器和锈孢子（初生夏孢子器和初生夏孢子） 锈孢子器褐栗色，圆形或近圆形；后扩展连片为条状或不规则垫状。锈孢子黄褐色，圆形、近圆形或椭圆形，表面具小刺，大小为(21～25.9) μm×(22～31.7) μm，壁厚 1.2～2.4μm。

3. 夏孢子堆与夏孢子 夏孢子堆主要发生于叶片的正、背两面，茶褐色，圆形，粉状，直径为 0.5～1.0mm，多数散生，周围表皮翻起。病害严重时，夏孢子堆布满叶片正、背两面，终致叶片枯死。夏孢子为黄褐色或淡茶色，单胞，球形或近球形、卵圆形、广椭圆形，表面具细刺，于孢子中轴线上有 2 个发芽孔。夏孢子大小为（24～29）μm×（18～26）μm。

4. 冬孢子堆和冬孢子 冬孢子堆出现于夏孢子堆旁边，圆形或长椭圆形，粉状，直径 1.0～1.5mm，黑褐色，散生或聚生。冬孢子广椭圆形，茶褐色，双胞，顶端和基部均呈圆形，中央具一隔膜，隔膜处稍缢缩，表面有小瘤，膜厚 2.5～4.0μm。冬孢子大小为（28～45）μm×（19～25）μm，具一易脱落的无色短柄，周壁厚 1.7～2.4μm，顶壁厚 1.7～6.6μm。

四、病害循环

在红花春播区，病菌以附着在种子表面的冬孢子或散落于田间病残体上的冬孢子越冬，翌春冬孢子萌发产生担孢子引起初侵染。生长季节条件适宜时夏孢子可产生多代，借助气流进行远距离再侵染。冬孢子在红花生长后期产生，无休眠期，在干燥条件下可存活 2 年，条件适宜（萌发温度 10～35℃，最适宜为 18～28℃）即可萌发。如此循环往复。

在四川雅安等红花秋播区，病残体和种子及土壤中冬孢子越夏后，当年萌发产生担孢子侵染红花幼苗，入冬前夏孢子能够再侵染，入冬后病情发展缓慢，次年 4 月前后随着气温的回升，病害进入盛发期。

五、流行规律

红花锈病是否流行，取决于品种的抗病性、菌源、菌量以及环境条件。在此病的流行因素中，夏孢子的萌发和侵染需要高湿度或水分，种植红花年份间温度变化不大，但田间湿度和水分条件有较大差异，所以，湿度是此病流行的重要条件之一。种子表面带菌是远距离传播的主要途径，具冠毛的品种幼苗期发病率较高。连作地发病重。

六、防治技术

（一）降低初侵染来源

适时播种，秋播地区避免过早播种。在病田可实行红花与其他非寄主作物轮作 2～3 年。出苗后 1 个月内，结合间苗彻底拔除病苗，集中烧毁。处理带菌种子。

（二）加强田间栽培管理

选择地势较高，排水良好的地块种植红花。根据品种形态特性，合理密植。施用以腐熟农家肥为主的基肥，增施磷、钾肥，促进植株生长健壮。防止偏施氮肥导致的植株徒长过密，影响通风透光，降低抗性。根据红花田间长势及需水特性，减少浇水次数，控制灌水量，雨后及时开沟排水。

（三）选用抗病品种

红花不同品种对锈病菌的敏感性有明显差异。所以应着重在当地选育抗病品种，或从外地引进抗病力强的品种。在同一地区，种植品种应合理布局，避免抗源基因单一化，有效地控制病害的发生。

（四）药剂防治

播种前进行种子处理，可用 15%三唑酮可湿性粉剂拌种，用量为种子量的 0.2%～0.4%。发病初期用 70%代森锰锌可湿性粉剂 500 倍液或 15%三唑酮可湿性粉剂 1 000 倍液、20%萎锈灵乳油 600 倍液、50%胂·锌·福美双可湿性粉剂 500 倍液、25%丙环唑乳油 2 000 倍液、75%百菌清可湿性粉剂 500～800 倍液、0.3 波美度的石硫合剂、30%氟菌唑可湿性粉剂 1 500 倍液、45%噻菌灵悬浮剂 1 000 倍液、50%硫黄悬浮剂 200 倍液、80%代森锌可湿性粉剂 500 倍液，喷雾防治，每 10d 左右喷 1 次，连续喷施 2～3 次，均有良好的防治效果。

严兴初（中国农业科学院油料作物研究所）
刘旭云（云南省农业科学院经济作物研究所）

第 50 节　蛴　　螬

一、分布与危害

花生地上开花、地下结实的特性，使其受地下害虫为害严重，蛴螬是地下害虫中的重要种类。为害花生的蛴螬种类有 10 余种，主要包括鳃金龟和丽金龟，各地因气候等条件不同，蛴螬的优势种亦不同。调查结果显示，河北唐山和秦皇岛的优势种为暗黑鳃金龟（*Holotrichia parallela* Motschulsky），安徽定远以华北大黑鳃金龟［*H. oblita*（Faldermann）］为主，四川广元、巴中等川北地区以暗黑鳃金龟为主。综合各地花生蛴螬的发生情况，河北、河南、山东、江苏和安徽等地花生产区蛴螬发生严重，以大黑鳃金龟、暗黑鳃金龟和铜绿丽金龟（*Anomala corpulenta* Motschulsky）3 种发生普遍且为害严重。

蛴螬主要为害花生的种子、幼苗及根、茎，取食播下的种子或咬断幼苗的根、茎，咬断处断口整齐。轻则缺苗断垄，重则毁种绝收。花生发育中的嫩果被咬食后不仅直接造成减产，而且容易引起病菌的侵染。进入 21 世纪以来，随着生产上高毒、高残留农药的禁用，蛴螬为害日益加重，蛴螬的发生面积逐年回升，虫口密度迅速增加，导致花生大幅度减产。花生因蛴螬为害一般造成减产 20%～40%，严重的减产 70%～80%，甚至绝产收，并造成花生品质下降（彩图 9－50－1）。

（一）华北大黑鳃金龟

最常见的种类之一，国外分布于蒙古、俄罗斯、朝鲜、日本等国，国内除西藏外均有报道。本种有几个近缘种，依其在国内主要分布区域分别命名为东北大黑鳃金龟（*H. diomphalia* Bates）、华北大黑鳃金龟（*H. oblita* Faldermann）、华南大黑鳃金龟（*H. sauteri* Moser）、江南大黑鳃金龟（*H. gebleri* Faldermann）、四川大黑鳃金龟（*H. szechuanensis* Chang）等。

（二）暗黑鳃金龟

最常见的种类之一，国外分布于前苏联远东地区、朝鲜和日本，国内仅西藏和新疆未见报道，是河北、河南、山东、江苏、安徽等花生产区的重要地下害虫。

（三）铜绿丽金龟

国外分布于前苏联远东地区、朝鲜和日本，国内除西藏和新疆未见报道外，其余各省（自治区、直辖市）均有分布，以气候较湿润、多果树、多林木的地区发生较多。20世纪70年代至80年代初，在河北、河南、山东、江苏和安徽等花生产区发生严重，是当时地下害虫中为害最严重的种类。

二、形态特征

（一）大黑鳃金龟

成虫：体长16～22mm，体宽8～11mm。黑色或黑褐色，具光泽。鞘翅长为前胸背板宽的2倍，每侧有4条明显的纵肋。前足胫节外齿3个，内方距1根；中、后足胫节末端距2根。臀节外露，背板向腹下包卷，与肛腹板汇合于腹面。雄性前臀节腹板中间具明显的三角形凹坑；雌性前臀节腹板中间无三角形凹坑，但具一横向的枣红色棱形隆起骨片（图9-50-1）。

卵：初产时长椭圆形，长约2.5mm，宽约1.5mm，白色略带黄绿色光泽；发育后期近圆球形，长约2.7mm，宽约2.2mm，色洁白，有光泽。

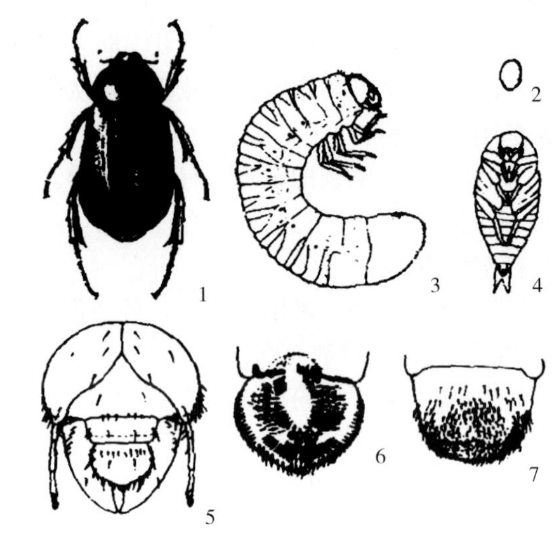

图9-50-1 华北大黑鳃金龟形态（引自刘绍友等，1990）
Figure 9-50-1 Morphology of *Holotrichia oblita* (from Liu Shaoyou et al., 1990)
1. 成虫 2. 卵 3. 幼虫 4. 蛹 5. 幼虫头部 6. 幼虫内唇 7. 幼虫肛腹板

幼虫：三龄幼虫体长35～45mm，头宽4.9～5.3mm。头部前顶毛每侧3根，其中冠缝旁2根，额缝上方近中部1根。内唇端感区刺多为14～16根，在感区刺与感前片间除具6个较大的圆形感觉器外，还有6～9个小的圆形感觉器。肛门孔呈三射裂缝状。肛腹板后覆毛区无刺毛列，只有钩状毛散乱排列，多为70～80根。

蛹：体长21～23mm，体宽11～12mm。化蛹初期为白色，以后变黄褐色至红褐色。尾节瘦长三角形，端部具1对尾角，呈钝角向后岔开。

（二）暗黑鳃金龟

成虫：体长17～22mm，体宽9.0～11.5mm。暗黑色或黑褐色，无光泽。前胸背板前缘有成列的褐色长毛。鞘翅两侧缘几乎平行，每侧4条纵肋，不明显。前足胫节外齿3个，中齿明显靠近顶齿。腹部臀节背板不向腹面包卷，与肛腹板相汇于腹末。

卵：初产时长椭圆形，发育后期呈近圆球形，长约2.7mm，宽约2.2mm。

幼虫：三龄幼虫体长35～45mm，头宽5.6～6.1mm。头部前顶毛每侧1根，位于冠缝旁。内唇端感区刺多为12～14根，在感区刺与感前片间除具6个较大的圆形感觉器外，还有9～11个小的圆形感觉器。肛门孔呈三射裂缝状。肛腹板后覆毛区无刺毛列，只有钩状毛散乱排列，多为70～80根。

蛹：体长20～25mm，体宽10～12mm。臀节三角形，2个尾角呈钝角岔开。

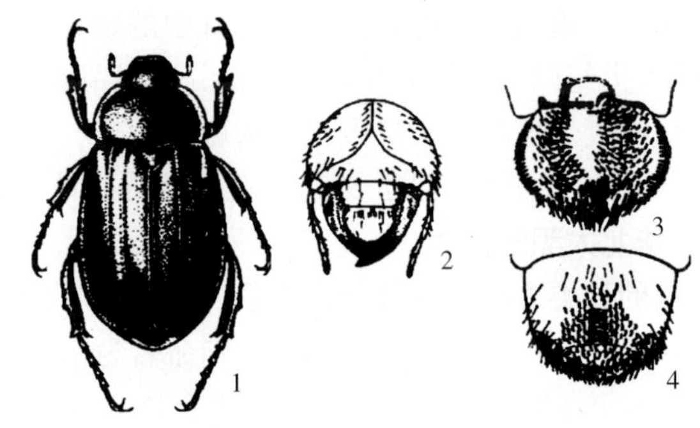

图9-50-2 铜绿丽金龟形态（引自刘绍友等，1990）
Figure 9-50-2 Morphology of *Anomala corpulenta* (from Liu Shaoyou et al., 1990)
1. 成虫 2. 幼虫头部 3. 幼虫内唇 4. 幼虫肛腹板

（三）铜绿丽金龟

成虫：体长19～21mm，体宽10.0～

11.3mm。体具金属光泽，背面铜绿色，前胸背板两侧缘、鞘翅的侧缘、胸及腹部腹面为褐色或黄褐色。鞘翅每侧具不明显纵肋4条，肩部具疣突。前足胫节具2个齿，较钝。前、中足大爪分叉，后足大爪不分叉。臀板基部有1个倒正三角形大黑斑，两侧各有1个小椭圆形黑斑（图9-50-2）。

卵：初产时椭圆形，乳白色；发育后期呈近圆球形，长约2.37mm，宽约2.62mm。

幼虫：三龄幼虫体长30～33mm，头宽4.9～5.3mm。头部前顶毛每侧6～8根，排成1纵列。内唇端感区刺3～4根，在感区刺与感前片间除具9～11个圆形感觉器，其中3～5个较大。肛门孔呈横裂状。肛腹板后部覆毛区无刺毛列，由长针状刺毛组成，每侧多为15～18根，刺毛列前端远未达到钩毛区的前部边缘。

蛹：体长18～22mm，体宽9.6～10.3mm，长椭圆形。体稍弯曲，腹部背面有6对发音器。

三、生活习性

（一）大黑鳃金龟

1. 生活史 大黑鳃金龟在我国华南地区1年发生1代，以成虫在土壤中越冬。其他地区一般两年发生1代，少数1年发生1代，存在局部世代现象。在黑龙江部分个体3年完成1代。在两年1代区，以成虫、幼虫交替在55～145cm深的土层越冬；越冬成虫4月中旬当10cm地温超过16℃时开始出土（10cm日平均地温13.8～22.5℃为出土适宜地温）。在河北中南部盛发期约在5月上、中旬，5月中、下旬田间见卵，6月上旬至7月上旬当日平均气温24.3～27.0℃时为产卵盛期，卵期10～15d；6月上、中旬卵开始孵化，孵化盛期在6月下旬至8月中旬；初孵幼虫先取食土中腐殖质，后食害各种作物、苗木、杂草等的地下部分，末龄时（三龄）食量最大。幼虫除极少数当年化蛹羽化、1年发生1代外，大多在秋季10cm地温低于10℃时向深土层移动，低于5℃时全部下潜进入越冬状态。翌年春季当10cm地温超过5℃时开始活动，13～18℃时为最适活动温度，此时活跃为害；当夏季地温超过23℃时向深土层移动；6月初开始化蛹，6月下旬进入盛期，化蛹深度20cm左右，当5cm地温26～29℃时，前蛹期约12d，蛹期约20d；7月初开始羽化，7月下旬至8月中旬为羽化盛期，成虫羽化后即在土中潜伏越冬直至翌年春季才开始出土活动。

2. 主要习性 成虫白天潜伏在土中和根际处，于傍晚出土活动，20：00～21：00活动最盛，22：00以后逐渐减少。对黑光灯趋光性弱，一般灯下诱到的虫量仅占田间实际出土虫量的0.2%左右。具假死性，受震动或惊扰即假死坠地，飞翔力弱，活动范围一般以虫源地为主，主要集中在田边、沟边或地头等非耕地。因此，虫量分布相对集中，常在局部地区形成连年为害的老虫窝。对未腐熟的厩肥有强烈趋性。喜食蜡条、榆树、大豆、花生、甘薯等树木和作物的叶片，并产卵于这些树木附近的田块或作物田内。单雌产卵量平均百粒左右，散产于土壤6～12cm深处，每次产卵一般3～5粒，多者10余粒，卵相互靠近，在田间呈核心分布。

幼虫有3个龄期，全部在土壤中度过，随一年四季土壤温度变化而上下迁移。以三龄幼虫历期最长，食量最大，为害最重。幼虫活动主要受土壤温湿度影响，一般当10cm土温达5℃时开始上升至表土层，13～18℃时活动最盛，23℃以上则往深土层中移动。土壤湿润活动加强，尤其小雨连绵天气为害加重。土壤湿度过高影响卵的孵化及幼虫的存活率。

3. 为害特点 华北大黑鳃金龟的越冬虫态在不同年份以成虫、幼虫交替发生。以幼虫越冬为主的年份，翌年春播花生受害重，而夏、秋花生受害轻；以成虫越冬为主的年份，翌年春季受害轻，夏、秋受害重。出现隔年严重为害的现象，所以有“大小年”之分。在河北、辽宁逢双数年幼虫越冬量多，成虫越冬量少，逢单数年成虫越冬量多，幼虫越冬量少，非常明显。

（二）暗黑鳃金龟

1. 生活史 在河北、河南、山东、江苏、安徽等地1年发生1代，多数以三龄老熟幼虫在15～40cm深处筑土室越冬，少数以成虫越冬。以成虫越冬的成为翌年5月出土为害的虫源；以幼虫越冬的一般春季不为害。在河北中南部，越冬幼虫于4月初至5月初开始化蛹，5月中旬为化蛹盛期。蛹期15～20d，6月上旬开始羽化，羽化盛期在6月中旬，7月中旬至8月中旬为成虫活动高峰期。7月初田间始见卵，产卵盛期为7月中旬。成虫将卵产于土内10cm左右深处花生根系周围，卵期8～10d，7月中旬卵开始孵化，7月下旬为孵化盛期。初孵幼虫即可为害，秋季为幼虫为害盛期。一直为害到花生收获，而后继续为害后茬作物小麦或就近为害其他嗜食作物，10月下旬以后下移越冬，形成了从其他作物到花生田，再由花生田到其他作物为害的生活史。在山东招远，发生规律与河北中南部相近，蛴螬在花生与小麦间交替为害。在河南驻马店，幼虫的孵化盛期为6月下旬至7月中旬，该时期花生进入开花下针期，田间出现大量的新生低龄幼虫，集中分布在10cm深的土层，占调查虫量的81.4%；8月上旬，花生进入饱果期，当年新生幼虫先后进入三龄期，聚集在花生植株周围10cm左右深的土层，取食幼果、果柄及果针；8月下旬食量增大，取食果仁，进入暴食为害期；10月底逐渐向20cm以下土层转移，开始越冬；11月中旬调查，20cm以下土层中虫量占60.7%，30cm以下占23.2%，40cm以下无虫。在江苏新沂，该虫1年发生1代。以幼虫在花生地犁底层越冬为主。成虫期45～60d，卵期7～11d，幼虫期290d左右，蛹期20d左右。5月上旬化蛹，5月下旬羽化为成虫。成虫常年出土高峰在6月中旬。

2. 主要习性 成虫昼伏夜出，趋光性强，飞翔速度快，20：00～21：00出土活动，出土后交尾、取食，先集中在灌木上交配，20：00～22：00为交配高峰，22：00以后于高大乔木上取食，喜食加拿大杨、榆、椿、梨、花生、大豆、苹果、甘薯等的叶片，有群集性。黎明前飞向附近的花生、大豆和甘薯田里潜伏、产卵，雌虫喜到花生田产卵。温度合适的条件下，成虫出土早晚与降水关系密切；一般在第一场大雨（土壤接潮）后的第二天晚上出土，非常整齐。如果无大的降水，土壤干旱、板结则不能出土。

幼虫有3个龄期，全部在土壤中度过，一年四季随土壤温度变化而上下迁移。以三龄幼虫历期最长，食量最大，为害最重。

3. 为害特点 幼虫一般在10cm左右深处花生根系周围为害。幼虫活动主要受土壤温湿度影响。土壤湿润活动加强，尤其小雨连绵天气为害加重。土壤湿度过高影响卵的孵化及幼虫的存活率。

（三）铜绿丽金龟

1. 生活史 该虫在河北中南部1年发生1代，以幼虫越冬，当10cm土温高于6℃时越冬幼虫开始活动，6月化蛹，成虫于6月中旬前后始见，6月下旬至7月上旬为羽化盛期，7月中旬为卵孵化盛期，孵化幼虫为害至10月中旬进入二至三龄，当10cm土温低于10℃时开始下潜，以老熟幼虫越冬。室内饲养观察表明，卵期、幼虫期、蛹期和成虫期分别为7～13d、313～333d、7～11d和25～30d。在北京，4月10cm土温14.1℃时，50%的幼虫上升至2～10cm土层，31.7%在11～20cm土层，构成早春为害的虫源；7～10月10cm土温23℃、土壤含水量15%～20%时，90%的幼虫在10～35cm土层活动，构成秋季为害虫源。

2. 主要习性 成虫昼伏夜出，湿润的果林区盛发，白天尤嗜食苹果、海棠幼树叶片，严重时食光叶片，仅留叶柄。20：00～22：00为活动高峰，多聚于较高的（2～5m）果树、林木等树上交尾、取食；后半夜渐少，潜入土中。成虫喜食杨、柳、苹果、梨、核桃、丁香、海棠、杏、葡萄、桑、榆等多种林木和大豆、花生、甘薯等农林作物的叶片。每头雌虫平均产卵40粒。趋光性强，有假死性。

3. 为害特点 幼虫活动主要受土壤温湿度影响。气温低于22℃时不活跃。大雨、大风（>3级）活动显著减少。土壤含水量高于15%时才能产卵。适宜卵孵化的土壤含水量为10%～30%。25～26℃时卵期为11d，26.4～29.5℃时卵期为9d。多发生于沙壤土中。

四、发生规律

（一）种植结构调整和作物布局改变

花生种植面积不断扩大，秸秆还田面积逐年增大，为金龟甲和蛴螬提供了十分有利的滋生场所和食源植物。近几年来，国家对生态环境结构进行了宏观调整，退耕还林和环境绿化力度加大，林区和道路、村庄绿化面积不断扩大，为金龟甲成虫提供了有利的栖息、取食和繁殖场所。虫源田和媒介田逐年扩大，适合蛴螬种群发生。

（二）植被

耕作状态影响蛴螬的密度，非耕地由于土壤长期未经耕翻，不受农事活动的影响，杂草丛生，有机质丰富，蛴螬密度明显高于耕地。田间管理粗放的地块以及荒地蛴螬发生严重，花生是蛴螬嗜食的作物种类之一，因此，花生田的翻耕与否及周围环境植被状态直接影响蛴螬的发生程度。

（三）土壤

1. 土壤温度 土壤温度影响蛴螬在土壤中的垂直分布和活动，蛴螬在土壤中活动最适宜的10cm土温为13.8～22.5℃，因而表现出两次高峰，即春、秋为害重，春季5～6月取食花生幼根，造成缺苗断垄；

7月底至8月初，三龄幼虫为害花生达到高峰期，食空果仁而呈泥罐，甚至咬断花生主根，造成成片死苗。

2. 土壤湿度 土壤湿度影响蛴螬的分布及为害活动。多数地下害虫活动的最适土壤含水量为15%～18%，如铜绿丽金龟在土壤含水量高于15%时才能产卵；连续湿度过大，对蛴螬活动极为不利，甚至使其窒息而死。就黄淮海流域而言，2002—2006年的7～8月雨水充沛，且连续5年无大雨，土壤湿度在20%左右，极有利于蛴螬活动，使得蛴螬种群密度增加，造成花生蛴螬的大发生。

3. 土壤质地 各地调查结果表明，土壤带沙、透水性好的地块受蛴螬为害重，土壤中厩肥等有机质丰富的地块蛴螬发生重。

（四）气候条件

气候条件主要影响成虫的出土活动，同时通过影响土壤的物理性质，影响蛴螬在土中的活动与为害。如大黑鳃金龟成虫出土适宜温度是日平均温度12.4～18℃，若日平均温度低于12℃，则基本不出土。已经出土的成虫，当遇到不利的气候条件时，即重新入土潜伏。风雨或低温过后，风和日丽，常为成虫出土盛期。

（五）耕作栽培

精耕细作、深翻改土，不仅对蛴螬有很大的机械杀伤作用，而且可将其各虫态翻至土表，使虫体因失水或天敌取食而死。近年来，随着大型机械的推广普及，小麦高留茬和玉米秸秆直接粉碎还田的田地增多，这些未腐熟的秸秆都是蛴螬的良好饲料，有利于蛴螬的繁殖和生长。现代农业化肥、农药和良种的推广，使复种指数增加，除草剂的使用，减少了土地中耕次数，蛴螬各虫态不断发育，使夏播花生受害更重。同时，当前一家一户的耕作方式，使大型机械连片耕作面积相对较小，对深层幼虫机械杀伤力低，造成越冬虫口基数增加，加重了翌年虫害。

（六）天敌

蛴螬的天敌种类丰富，包括步甲、虎甲、土蜂、蜘蛛类等捕食性天敌和金龟长喙寄蝇等寄生性天敌，也包括金龟子乳状菌、苏云金杆菌、白僵菌、绿僵菌、拟青霉、蜡蚧轮枝霉等多种昆虫病原物及昆虫病原线虫等。

（七）其他因素

背风向阳地的虫量高于迎风背阳地；坡岗地的虫量高于平地；靠近林木、果园、荒地、渠岸、村庄等的田块，一般蛴螬发生重；植树造林、农用林网化为多种金龟甲提供了丰富的食料，引起金龟甲猖獗发生。

五、防治技术

花生蛴螬的防治应贯彻“预防为主，综合防治”的植保方针，采取综合性的保护措施。应以加强花生田间管理为主，改善生态环境，降低虫口密度，辅以物理防治、生物防治和化学防治，做到农防化防综合治、播前播后连续治、成虫幼虫结合治、田内田外联合治，将害虫控制在经济允许水平以下，最大限度地减轻为害。

（一）农业防治

1. 测报 做好测报工作，调查虫口密度，掌握成虫发生盛期，及时防治成虫。

2. 深耕翻土 花生收获及种植前深翻，可机械杀伤蛴螬，亦可将翻出的蛴螬集中销毁，可有效降低虫口密度。

3. 合理灌溉 在蛴螬发生严重地块，合理控制灌溉或及时灌溉，促使蛴螬向土层深处转移，避开幼苗最易受害的时期。

4. 轮作倒茬 花生与禾本科等作物轮作。

5. 合理施肥 避免施用未腐熟的厩肥，减少成虫产卵；要施用充分腐熟的农家肥，氮、磷、钾肥合理配比，适当控制氮肥用量，增施磷、钾肥及微肥，促进花生健壮生长，提高花生抗虫能力。

（二）物理防治

1. 频振灯诱杀 某些种类的金龟甲有明显的趋光性，如暗黑鳃金龟及铜绿丽金龟，生产上可以利用频振灯进行诱杀，从而有效降低成虫种群密度及后代发生数量。用杀虫灯诱杀金龟甲（一般4～8月），每

3hm²安装1盏频振灯，悬挂高度1.5～2.0m，每天黄昏时开灯，翌日清晨关灯。

2. 枝把诱杀 金龟甲喜食榆树叶，可在成虫出土高峰期，将新鲜的榆树枝条截成50～70cm长，3～5枝捆成1把诱杀。

3. 性诱剂诱杀 利用人工合成的暗黑鳃金龟性诱剂，在成虫发生前于田间架设诱捕器，安装专用性诱剂诱芯，诱杀成虫；使用时接虫盆内盛水并加入少许洗衣粉，保持水面距诱芯1cm。

（三）生物防治

1. 微生物杀虫剂 利用活孢子含量为150亿个/g的球孢白僵菌［*Beauveria bassiana*（Bals.）Vuill.］可湿性粉剂，用量为3 750～4 500g/hm²，将菌粉和土混匀，在播种时施药于播种沟、穴内；或中耕期均匀撒入花生根际附近土中或将菌粉用水稀释施于根部。

2. 天敌 在花生田周围种植豇豆等蜜源植物，吸引蛴螬天敌臀钩土蜂，以寄生的方法诱杀蛴螬，可有效降低蛴螬造成的危害。

（四）化学防治

1. 药剂拌种 用18%氟腈·毒死蜱种子处理微囊悬浮剂每100kg种子180～360g，或用600g/L吡虫啉悬浮剂或每100kg种子120～240g，也可每100kg种子用20%克百威·多菌灵悬浮种衣剂500～667g或25%甲·克悬浮种衣剂700～1 000g拌种，均可防治蛴螬，播种前将药剂加水至干种子量的3%～5%，稀释后均匀喷在种子上拌匀，勿使种皮破裂，阴干后播种。

2. 土壤处理 常用药剂有3%辛硫磷颗粒剂3 150～3 600g/hm²或5%毒死蜱颗粒剂1 125～2 250g/hm²，撒施于播种沟内，也可以用30%毒死蜱微囊悬浮剂1 575～2 250g/hm²或30%辛硫磷微囊悬浮剂4 500～5 400g/hm²，于播种前对水喷施于穴内，然后覆土或浅锄，施药后浇水或雨前施药。

3. 毒饵诱杀 将谷子、麦麸、玉米、谷糠、棉籽、豆饼等炒香，用90%敌百虫可溶粉剂按饵料的1%～5%加药量或50%毒死蜱乳油稀释10倍，加上饵料拌成毒饵，在傍晚均匀撒于植株根际周围，可诱杀蝼蛄、地老虎等地下害虫，用饵料50～75kg/hm²，但要注意牲畜的安全。

4. 喷药防治 向田边杂草和杨柳树树冠上喷施40%辛硫磷乳油或48%毒死蜱乳油800～1 000倍液，毒杀成虫和幼虫。

郭巍（北京农学院植物科技学院）
陆秀君（河北农业大学植物保护学院）

第51节 豆 蚜

一、分布与危害

豆蚜（*Aphis craccivora* Koch）别名花生蚜，属同翅目蚜科蚜属，在世界各花生生产国普遍发生，是花生上的主要虫害之一。花生从出苗至收获均可受其为害，但以初花期前后受害最为严重。蚜虫多集中在嫩茎、幼芽、顶端心叶、嫩叶背后和花蕾、花瓣、花萼管及果针上为害（彩图9-51-1）。花生受害严重时叶片卷曲，生长停滞，影响光合作用和开花结实，荚少果秕，甚至枯萎死亡。受害花生一般减产20%～30%，严重的达60%以上。豆蚜是5种花生病毒病的主要传毒介体，所以豆蚜的发生和为害是导致花生病毒病蔓延、流行的主要因素。

豆蚜的食性甚广，除为害花生外，还为害豌豆、菜豆、豇豆、扁豆等豆类作物，苜蓿、紫云英等绿肥植物，“三槐”（刺槐、紫穗槐、国槐）以及荠菜、地丁、野豌豆等寄主植物200余种。

二、形态特征

成虫：可分为有翅胎生雌蚜和无翅胎生雌蚜两种。

有翅胎生雌蚜：体长1.6～1.8mm，黑色或黑绿色，有光泽。触角6节，长度约为体长的0.7倍，橙黄色，第三节有感觉圈4～7个，多数5～6个，排列成行，第五节末端及第六节呈暗褐色。翅基、翅痣和翅脉均为橙黄色，后翅具中脉和肘脉。足黄白色，前足胫节端部、跗节和后足基节、转节及腿节、胫节端部褐色。腹部第一至六节背面各有硬化条斑，第一节及第七节两侧各有1对侧突。腹管圆筒状，黑色，较细长，端部稍细，具覆瓦状花纹，约为尾片的3倍。尾片乳突状，黑色，明显上翘，两侧各有刚毛3根（图9-51-1）。

无翅胎生雌蚜：体长1.8～2.0mm，体较肥胖，黑色或紫黑色，有光泽，体被甚薄的蜡粉。触角6节，约为体长的2/3，第三节无感觉孔，第一、二节和第五节末端及第六节黑色，其余黄白色。腹部第一至六节背面隆起，有一块灰色斑，分节界限不清，各节侧缘有明显的凹陷。足黄白色，胫节、腿节端和跗节黑色。腹管细长，黑色，约为尾片的2倍。其他特征与有翅胎生雌蚜相似。

若蚜：与成蚜相似。若蚜体小，灰紫色，体节明显，体上具薄蜡粉。

卵：长椭圆形，初产淡黄色，后变草绿色至黑色。

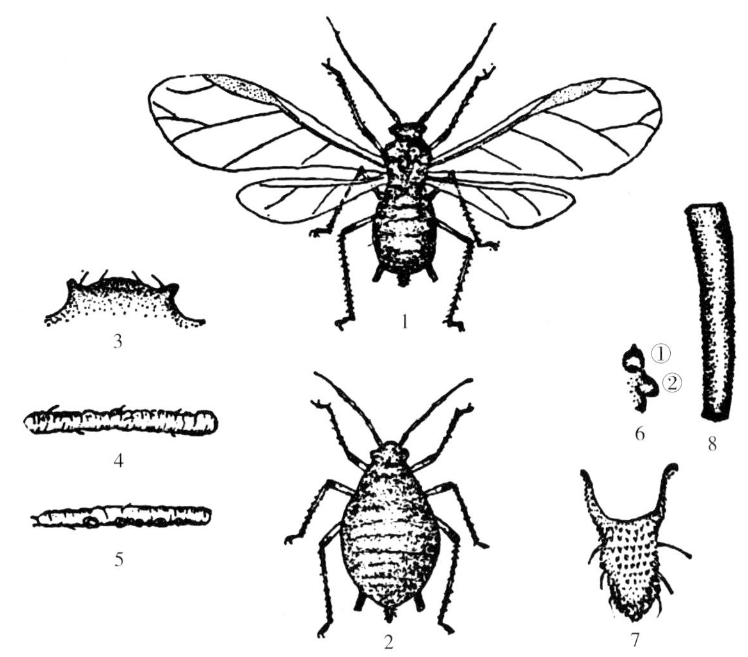

图9-51-1 豆蚜形态特征（引自中国农业科学院植物保护研究所，1995）

Figure 9-51-1 Morphology of *Aphis craccivora* (from Institute of Plant Protection, Chinese Academy of Agricultural Sciences, 1995)

1. 有翅胎生雌蚜 2. 无翅胎生雌蚜 3. 额 4. 触角第三节（无翅胎生雌蚜）
5. 触角第三节（有翅胎生雌蚜） 6. 腹部第一节的一部分（①边缘突起 ②气门）
7. 尾片 8. 腹管（无翅胎生雌蚜）

三、生活习性

豆蚜在山东、河北一般每年发生20代，在广东、福建等地每年发生30多代。豆蚜每年发生代数因地理位置、气象条件的不同而有所差异。例如，在辽宁葫芦岛不同年度发生世代数不同，据多年统计，1年发生6～21代，完成1代所需时间5～17d。以无翅成蚜和若蚜在背风向阳的山坡、沟边、路旁的十字花科和豆科杂草上越冬，少数以卵越冬。据1998—2002年在葫芦岛的连续观察，豆蚜于3月上、中旬开始在越冬寄主上繁殖，4月中、下旬温度达14～15℃时产生大量有翅蚜，向刺槐、紫穗槐的嫩梢和十字花科、豆科杂草迁飞，形成第一次迁飞高峰。5月中、下旬花生出土后，由中间寄主向附近的花生田迁飞，形成第二次迁飞高峰，造成6月上、中旬花生田内点片发生。6月中、下旬可形成第三次迁飞高峰，在花生田内外扩展为害。如此时干旱、少雨、气温较高，便会极快繁殖，7～8d即可完成1代，虫口密度剧增，发生猖獗，这是豆蚜防治的关键时期。7～8月，如遇雨季来临，湿度大，气温升高，加之天敌增加，田间蚜量可明显减少。蚜虫多隐蔽在较阴凉的场所活动。9月下旬至10月上旬，气温下降，花生收获后，有翅蚜迁飞到十字花科或豆科杂草上为害和越冬。少数可产生性蚜，交尾后产卵，以卵越冬。

豆蚜全年均营孤雌生殖，以无翅雌成蚜、若蚜在背风向阳的山坡、沟边、路旁的荠菜、地丁、野苜蓿以及秋播的豌豆、蚕豆等心叶及根颈处越冬，也有少量以卵在枯死寄主残株上越冬。翌年先在越冬寄主上生活繁殖，然后再扩散迁移，在田间呈核心分布。总是有个别植株受害，形成核心，然后再向四周扩散蔓延。在华南各省份能在豆科植物上终年繁殖，无越冬现象。豆蚜发生的适宜温度在25℃以下，适宜湿度为60%～75%，当空气相对湿度高于80%时，繁殖受阻，低于50%时，若蚜大量死亡。

四、发生规律

（一）温度

温度是影响豆蚜繁殖数量和发生迟早的重要因素。据在山东的观察，豆蚜发育的起点温度为1.7℃，完成1代的积温为136℃。其繁殖的适宜温度为15～24℃，最适宜温度为19～22℃。平均气温在8～9℃时，繁殖1代需20d；当气温为12～13℃、22～23℃和24～25℃时完成1代所需的天数和繁殖系数分别为12d、5d、6d和27、56、8。在一般情况下，6月上旬日平均气温为19.5℃时，是豆蚜发生初盛期，6月中旬气温19.7℃时，为盛发期，6月下旬22.8℃时，为盛末期。

（二）湿度和降雨

大气相对湿度和降水量是决定豆蚜种群变动的主要因素。当相对湿度为60%～70%时，有利于其繁殖为害，相对湿度低于50%，特别是高于80%时，其繁殖则受到明显的抑制。在北方，4～6月的降水量、降雨次数和大气湿度与豆蚜为害期长短和猖獗程度呈负相关。如1969年4～6月，山东栖霞县降雨次数少，雨量不大，大气相对湿度适宜，当年豆蚜为害到7月中旬；而1970年同期降雨次数多，雨量大，到6月25日田间的豆蚜数量显著下降，虫口密度大为减少。暴雨能造成蚜虫大量死亡，使种群密度迅速下降。

（三）天敌

对田间豆蚜数量消长影响较大的天敌有瓢虫、食蚜蝇和蚜茧蜂。据观察，在一天内每头瓢虫可捕食豆蚜80～150头；食蚜蝇可捕食豆蚜80～100头；蚜茧蜂在花生生长前期田间寄生率为20%～30%，在花生生长后期可达70%～80%。这些天敌在自然条件下发生比豆蚜晚，但由于数量的增多，对豆蚜的大发生仍起到一定的作用。

（四）栽培措施

一般露地早播，长势好，靠“三槐”近的花生田要比长势差的上坡花生田虫口密度大，受害重。用地膜覆盖的比不用地膜覆盖的花生田豆蚜发生少，这是地膜对光的反射作用，对豆蚜直接产生忌避作用的结果。南方春花生比秋花生发生重，旱地花生比水田花生发生早且严重。

五、防治技术

在防治时应以豆蚜隐蔽为害、发生世代多、繁殖快的特点和虫情测报的情况为根据。如天气干旱，做田间蚜量调查时，每3d调查1次，每块田取5点，每点40株，当有蚜株率达10%时进行大田普查，当有蚜株率达30%时，平均每穴豆蚜量达20～30头时，即应防治。反之，降雨偏多，湿度大或瓢虫、蚜虫比例达到1∶100时，蚜量有下降的趋势，可暂停防治。

（一）保护利用天敌

豆蚜的天敌种类很多。重要的有瓢虫、草蛉、食蚜蝇等，田间百墩豆蚜量4头左右，瓢虫和蚜虫比例为1∶100时，蚜虫为害可以得到有效的控制。作物合理布局，实行麦田与花生田插花种植可以增加瓢虫的数量，有利于减轻蚜虫造成的危害。

（二）物理防治

利用蚜虫对黄色的趋性，在田间放置黄板诱蚜，在30cm×50cm的硬纸板上涂黄漆，或直接使用黄色吹塑纸，其上涂一层机油，黄板会将有翅蚜虫吸引过来并将其黏住。也可在田间挂银灰色塑料膜条，驱避蚜虫。

（三）化学防治

1. 喷雾 用10%吡虫啉可湿性粉剂800～1 000倍液、20%啶虫脒可溶粉剂1 500～2 000倍液、25%噻虫嗪水分散粒剂1 500～1 800倍液等叶面喷雾防治。

2. 种子处理 用25%甲・克悬浮种衣剂，每100kg种子用量700～1 000g，将药剂加干种子量3%～5%的水稀释后均匀喷在种子上搅拌均匀，勿使种皮破裂，阴干后播种。

3. 毒土、毒沙 用1.5%乐果粉剂或2.5%敌百虫粉剂500g对细土（细沙）15kg，每667m^{2}撒施50kg。撒施毒土（毒沙）在早晨和傍晚进行效果好，因为此时花生叶片闭合，蚜虫暴露，使毒土、毒粉易于接触虫体而提高防效。

郭巍（北京农学院植物科技学院）
李瑞军（河北农业大学植物保护学院）

第 52 节　金针虫

一、分布与危害

为害花生的有沟金针虫（*Pleonomus canaliculatus* Faldermann）和细胸金针虫（*Agriotes subvittatus* Motschulsky，异名：*A. fuscicollis* Miwa）两种。

沟金针虫主要分布于长江流域以北、辽宁以南、陕西以东的广大区域，以有机质较贫乏、土质较疏松的粉沙壤土和粉沙黏壤土地带发生较多。除为害花生外，还为害禾谷类、薯类、豆类、甜菜、棉花和各种蔬菜以及林木幼苗等。

细胸金针虫在国内分布于 33°～50°N，98°～134°E 的广大地区。主要包括淮河以北的东北、华北和西北各省份。黄淮海流域、渭河流域、冀中低平原区也是其常发生区。以水浇地、低洼过水地、黄河沿岸的淤地、有机质较多的黏土地带为害较重。细胸金针虫寄主植物广泛，除为害花生外，还为害麦类、玉米、马铃薯、萝卜、白菜、瓜类等多种作物及林木幼苗。

金针虫食性很杂，成虫在地上部活动的时间不长，只取食一些禾谷类和豆类作物的绿叶，不造成严重危害，幼虫长期生活于地下，能咬食刚播下的花生种子，食害胚乳，使种子不能发芽，出苗后为害花生根及茎的地下部分，导致幼苗枯死，严重的造成缺苗断垄。花生结荚后，金针虫可以钻蛀荚果，造成减产（彩图 9-52-1）。此外，花生受金针虫为害后，有利于病原菌侵入，从而加重花生根茎及荚果腐烂病的发生。

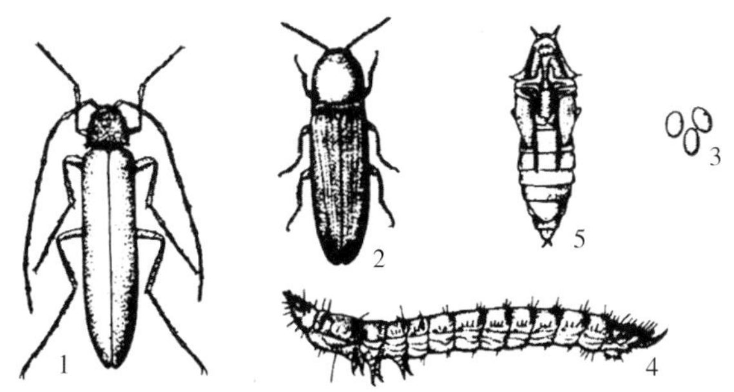

图 9-52-1　沟金针虫形态（引自刘绍友等，1990）
Figure 9-52-1　Morphology of *Pleonomus canaliculatus* (from Liu Shaoyou et al.，1990)
1. 雄成虫　2. 雌成虫　3. 卵　4. 幼虫　5. 蛹

二、形态特征

(一) 沟金针虫

成虫：雌成虫体长 14～17mm，体宽 4～5mm，雄成虫体长 14～18mm，体宽 3～5mm。成虫全身密生金黄色细毛，体浓栗色，无光泽，前胸背板宽大于长，中央具微细纵沟。雌成虫触角 11 节，略呈锯齿形，约为前胸长度的 2 倍；雄成虫触角 12 节，丝状，长可达鞘翅末端。

卵：近椭圆形，乳白色。

幼虫：体长 20～30mm，体宽 4～5mm；体较宽扁平，每节宽大于长。胸腹背面正中具一纵沟。体黄褐色，尾节深褐色，末端分 2 叉，各叉内侧均有 1 个小齿。

蛹：为裸蛹，纺锤形，初呈深绿色，后变浓褐色（图 9-52-1）。

(二) 细胸金针虫

成虫：雌成虫体长 8～9mm，体宽约 2.5mm，全身密生灰色短毛。体黄褐色，有光泽。前胸背板长大于宽，鞘翅上有 9 条纵列的点刻（图 9-52-2，1）。

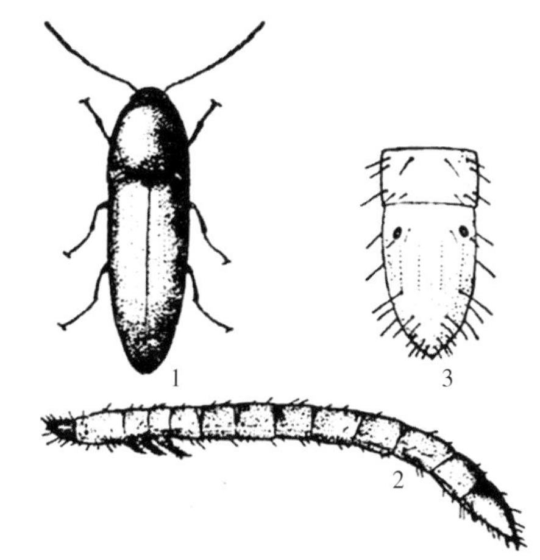

图 9-52-2　细胸金针虫形态（引自魏鸿钧，1989）
Figure 9-52-2　Morphology of *Agriotes subvittatus* (from Wei Hongjun，1989)
1. 成虫　2. 幼虫　3. 幼虫尾节

卵：圆形，乳白色。

幼虫：体长33mm，体宽1～3mm，体细长，圆筒形，淡黄褐色，尾节圆锥形，背面近前缘两侧各有褐色的圆斑1个。并有1条褐色纵纹（图9-52-2，2、3）。

蛹：为裸蛹。长8～9mm。长纺锤形，乳白色。

三、生活习性

沟金针虫成虫白天躲藏在土表、杂草或土块下，傍晚爬出土面活动和交配。雌虫行动迟缓，不能飞翔，有假死性，无趋光性；雄虫出土迅速，活跃，飞翔力较强，只作短距离飞翔，黎明前成虫潜回土中（雄虫有趋光性）。雌成虫活动能力弱，一般多在原地交尾产卵，成虫交配后，将卵产在土下3～7cm深处。卵散产，一头雌虫产卵可达200余粒，卵期约35d。雄虫交配后3～5d即死亡；雌虫产卵后死去，成虫寿命约220d。

细胸金针虫成虫趋光性弱，有假死性和很强的叩头反跳能力，白天多潜伏在土表层，夜晚出来活动。幼虫活泼，有自残习性。幼虫喜低温，土壤湿度大有利于细胸金针虫的生长发育，所以沿河地区分布多。

四、发生规律

沟金针虫2～3年完成1代，以成虫和幼虫越冬，但以幼虫居多。老熟幼虫8月下旬至9月上旬做土室化蛹，羽化成虫在土中越冬；2月上旬始见成虫，3月中旬为出现盛期，卵产在土中，后孵化出幼虫。沟金针虫喜好较高的温度，较耐干燥，土壤适宜湿度为15%～18%。沟金针虫在北京地区3月下旬10cm土温6.8～12℃时到达作物根部开始为害，4月上、中旬土温11.7～19.8℃，正是春播末期，是沟金针虫为害春播作物的一次高峰。5月上旬土温升至19.1～23.3℃，幼虫开始向13～17cm深处下移，一旦温度稍低而表土湿润，仍能上移。6月土温达22～32.1℃时，幼虫即深入土中越夏，待9月下旬至10月上旬，6.5～10cm深处土温约7.8℃左右时，幼虫又回升到13cm以上的土层活动为害，为一年中第二次为害高峰。

细胸金针虫在河北、陕西一带大多2年完成1代。以幼虫和成虫越冬，越冬幼虫6月上、中旬陆续羽化为成虫，6月下旬至7月上旬为产卵盛期，在田间7月中、下旬土温7～11℃时活动最烈，土温超过17℃时，向土壤深处移动，以成虫越冬，翌年5月上、中旬为产卵盛期，卵产于土壤表层。5月下旬到6月上、中旬为卵孵化盛期。幼虫孵化后开始为害花生等作物，直至12月下旬10cm土温下降到3.5℃时才下移至深土层，以幼虫越冬。在陕西，以成虫越冬年份，当10cm土温平均达7.6～11.6℃，气温5.3℃时越冬成虫开始出土活动，4月中、下旬10cm土温平均达15.6℃，气温13℃左右时，是越冬成虫活动盛期。4月下旬越冬成虫开始产卵，5月上旬为产卵盛期，5月中旬卵开始孵化，幼虫开始为害，越夏后，以幼虫越冬。翌年早春幼虫即可开始活动，2月中旬当10cm土温平均达4.8℃时，便有16.2%的越冬幼虫上升到表土层为害，老熟幼虫6月中、下旬逐渐下移至15～30cm深的土层中做土室化蛹，7月为化蛹盛期。金针虫的生活史很长，常需2～5年才能完成1代，以各龄幼虫或成虫在15～85cm深的土层中越冬，在整个生活史中，以幼虫期最长。

五、防治技术

（一）农业防治

1. 精耕细作 通过机械损伤或将虫体翻出土表让鸟类捕食，降低细胸金针虫密度。夏季翻耕暴晒，冬季耕后冷冻，也能消灭部分虫蛹。

2. 加强田间管理 避免施用未腐熟的农家有机肥料，避免诱来成虫繁殖。及时铲除田间杂草，并将杂草深埋于40cm以下的土层或运出田外沤肥，减少幼虫早期食源，消除产卵寄主，可达到消灭部分幼虫和卵的目的。

3. 合理轮作 与亚麻、豌豆、蚕豆等对金针虫为害有耐性的作物进行轮作，可以减轻金针虫造成的危害。

（二）物理防治

人工捕杀，翻土晾晒，利用金针虫的趋光性进行灯光诱杀。利用金针虫对新枯萎的杂草有极强的趋性的特点，可以采用堆草诱杀。羊粪对金针虫具有驱避作用。利用性信息素对金针虫进行诱杀。

（三）化学防治

1. 土壤处理 播种前用20%毒死蜱颗粒剂 2 100～3 000g/hm^2，或3%辛硫磷颗粒剂 2 700～3 600g/hm^2，撒施于播种沟内，覆土播种即可。

2. 药剂拌种 用18%氟腈·毒死蜱种子处理微囊悬浮剂每100kg种子180～360g，或用25%甲·克悬浮种衣剂每100kg种子700～1 000g，将药剂加干种子量3%～5%的水稀释后均匀喷在种子上搅拌均匀，保持种皮完整，阴干后播种。

3. 毒饵诱杀 用炒成糊香味的麦麸与敌百虫晶体原药混合制成毒饵，于傍晚撒在田间进行诱杀，麦麸用量为75kg/hm^2，90%敌百虫可溶性粉剂用量为1 500g/hm^2。

4. 根部灌药 苗期如发现幼虫为害，可选用90%敌百虫可溶粉剂800倍液、50%二嗪农乳油500倍液、50%辛硫磷乳油500倍液每隔8～10d灌根1次，连灌2～3次。

5. 堆草诱杀 在田间堆放8～10cm厚新鲜略萎蔫的小草堆，750堆/hm^2，在草堆下适量撒施5%敌百虫粉剂或5%乐果粉剂，诱杀效果良好。

郭巍（北京农学院植物科技学院）
李瑞军（河北农业大学植物保护学院）

第53节 红蜘蛛

一、分布与危害

为害花生的红蜘蛛，其优势种在我国北方为二斑叶螨（*Tetranychus urticae* Koch），又称棉叶螨、棉红蜘蛛；在南方为朱砂叶螨［*Tetranychus cinnabarinus*（Boisduval）］，又称红叶螨。两者均属蜱螨目叶螨科叶螨属。

近年来花生红蜘蛛为害逐步加重，严重影响花生的正常生长，已成为花生生产上的重要虫害之一。全国各省（自治区、直辖市）均有分布。可为害棉花、花生等近200种植物。红蜘蛛群集在花生叶的背面吸食汁液，受害叶片正面初为灰白色，逐渐变黄，受害严重的叶片干枯脱落。在叶螨发生高峰期，成螨吐丝结网，虫口密度大的地块可见花生叶表面有一层白色丝网，且大片的花生叶片被连接在一起，严重影响花生叶片的光合作用（彩图9-53-1）。阻碍了花生的正常生长，使荚果干瘪，导致产量下降。

二、形态特征

（一）二斑叶螨

雌成螨：体椭圆形，长0.42～0.56mm，宽0.26～0.36mm，足4对，体色呈淡黄色或黄绿色。体躯两侧有暗色斑（夏型），但滞育型（越冬型）暗色斑逐渐消退。肤纹突呈较宽阔的半圆形，有滞育。雄成螨体较小，头、胸部近圆形，腹末稍尖。阳具端弯向背面，两侧突起尖利。

卵：圆形，白色，后期淡黄色，镜下可见红色眼点。

幼螨：初孵幼螨足3对，眼点红，蜕皮2次成若螨，足4对（图9-53-1）。

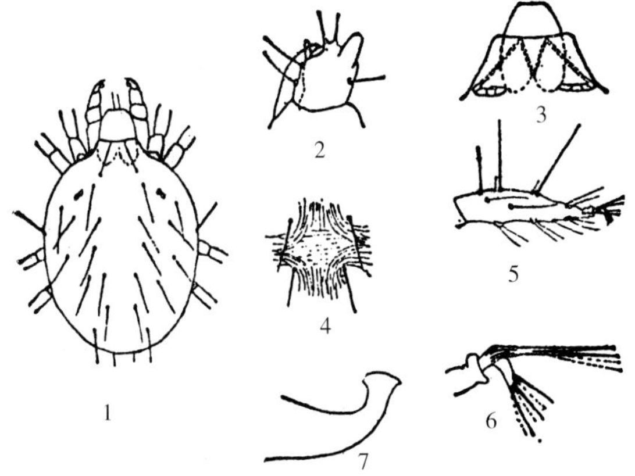

图9-53-1 二斑叶螨（引自中国农业科学院植物保护研究所，1995）

Figure 9-53-1 *Tetranychus urticae* (from Institute of Plant Protection, Chinese Academy of Agricultural Sciences, 1995)

1. 雌螨（背面） 2. 须肢胫节和跗节 3. 气门沟 4. 菱状肤纹 5. 足Ⅰ跗节 6. 爪和爪间突 7. 阳茎

（二）朱砂叶螨

与二斑叶螨极相似，区别在于朱砂叶螨体色一般呈红色或锈红色，雌成螨后半体的肤纹突呈三角形，无滞育，雄成螨阳具端锤背缘形成一钝角，卵初产生时无色（图9-53-2）。

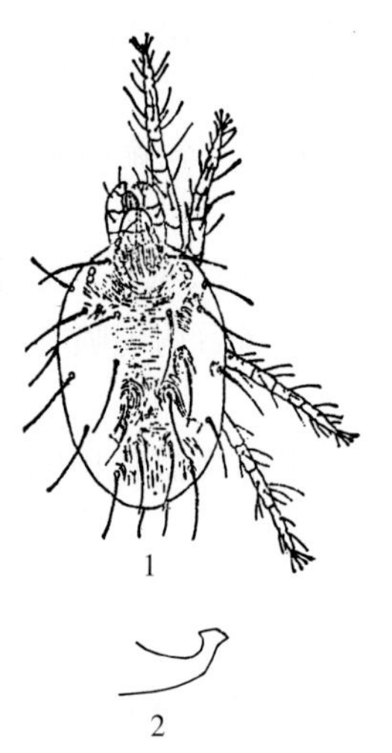

图9-53-2 朱砂叶螨（引自中国农业科学院植物保护研究所，1995）
Figure 9-53-2 *Tetranychus cinnabarinus* (from Institute of Plant Protection, Chinese Academy of Agricultural Sciences, 1995)
1. 雌螨（背面） 2. 阳茎

三、生活习性

花生红蜘蛛在我国北方每年发生12～15代，南方则每年发生20代以上。越冬场所随地区不同而异，在华北以雌成螨在草根、枯叶及土缝或树皮裂缝中吐丝结网越冬；在华中以各种虫态在杂草及树皮缝隙中越冬。花生红蜘蛛繁殖速度快，夏天约10d即可繁殖1代。成螨羽化后即交配，第二天即可产卵，每头雌螨能产卵50～110粒，卵多散产于花生叶片背面。雌螨为两性生殖，有时也可孤雌生殖。幼螨和前期若螨活动性差，为害不大；后期若螨则活泼贪食，有向上爬的习性。繁殖数量过多时，常在叶端群集成团，吐丝结网并借助风力扩散传播为害。2月均温达5～6℃时，越冬雌螨开始活动，3～4月先在杂草或其他为害对象上取食，4月下旬至5月上旬迁入花生田为害，6月至7月上旬为发生盛期，对春花生造成局部为害，7月雨季到来，种群数量下降，8月如遇干旱气候可再次大发生，影响花生后期生长。9月气温下降则陆续向杂草上转移，10月开始越冬。

四、发生规律

花生红蜘蛛的发生与花生的生长期及环境条件关系密切。前茬为豆类、瓜类的花生地比前茬为水稻、小麦的花生地发生严重。花生生长中期（始花期）叶螨种群迅速上升，荚果期达到高峰。高温、低湿适于发生，暴雨对其有一定的抑制作用。据山东省农业科学院花生研究所调查，在山东5～7月降水量少于150mm，平均气温高于25℃，相对湿度70%以下时，红蜘蛛将严重发生。花生红蜘蛛的天敌有草蛉、食虫蝽类、六点蓟马、捕食螨等30多种。

五、防治技术

（一）农业防治

合理进行作物布局，避免叶螨在寄主间相互转移为害，提倡与非寄主植物轮作，避免与豆类、瓜类轮作；加强田间管理，保持田园清洁，及时清除田间病残体及田间、周边杂草，减少虫源；气候干旱时注意浇水，增加田间湿度；花生收获后及时深翻，可杀死大量越冬虫源。

（二）化学防治

当花生田间发现发病中心或被害虫株率达到20%以上时，要及时喷药防治，注意药液要喷到花生叶片背面，雾点均匀；另外，对田边的杂草等寄主植物也要喷药，防止其扩散。同时轮换使用药剂，延缓抗药性的产生。可选用73%炔螨特乳油1 000倍液、3%阿维菌素乳油2 000倍液、2.5%氯氟氰菊酯乳油2 000倍液，均匀喷雾。

郭巍（北京农学院植物科技学院）
陆秀君（河北农业大学植物保护学院）

第54节 端带蓟马

一、分布与危害

为害花生的蓟马主要为端带蓟马［*Megalurothrips distalis*（Karny），异名：*Taeniothrips distalis* Karny和*Taeniothrips nigricornis* Schmutz.］，属缨翅目蓟马科大蓟马属，别名花生蓟马、端大蓟马、豆

蓟马、紫云英蓟马。

端带蓟马在我国南方和北方花生产区均有发生，分布于北京、贵州、陕西、四川、河南、河北、辽宁、江苏、福建、台湾、山东、湖北、湖南、广东、海南、广西、云南、西藏等省（自治区、直辖市）。国外主要分布于朝鲜、日本、印度、印度尼西亚、斯里兰卡、菲律宾、加罗林群岛、斐济等地。端带蓟马的寄主植物种类繁多，除为害花生外，还为害四季豆、豌豆、蚕豆、丝瓜、胡萝卜、白菜、油菜等蔬菜，红花草、小麦、水稻、菊花、胡枝子、茅草、珍珠梅、紫云英、唇形花、象牙红、苜蓿等。成虫及若虫为害花生新叶及嫩叶，以锉吸式口器锉伤嫩心叶，吸食汁液。受害叶片呈黄白色失绿斑点，叶片变细长，皱缩不展开，形成“兔耳状”（彩图 9 - 54 - 1）。受害轻的植株生长、开花和受精受影响，严重的植株生长停滞，矮小黄弱。花受害后，花朵不孕或不结实。

二、形态特征

成虫：体长 1.6～2mm，体及触角黑褐色，前翅暗黄色，近基部和近端部各有一淡色区，前足胫节暗黄色，各足跗节黄色。头长小于宽，眼前、后均有横线纹，单眼间鬃位于两后单眼前缘连线上，触角 8 节，第一节端部有 1 对背顶鬃，第三至四节感觉锥叉状；口锥伸过前胸腹板 1/2 处，下颚须 3 节，第三、四节呈倒花瓶状，端部各有一大而圆的感觉区域和长形呈倒 V 形感觉锥。单眼 3 个，呈三角形排列。前胸长小于宽，背板布满横纹，后角鬃 2 对，外角鬃长于内角鬃，后缘鬃 4 对；后胸背片前中部有 5 条横纹，中后部为网纹，两侧为纵纹，前中鬃位于前缘，其后有 1 对无鬃孔；前翅前缘鬃 31 根，前脉鬃 21 根，端鬃 2 根，后脉鬃 15～16 根，翅瓣前缘鬃 4 根。腹部第二至八节背片两侧及第二至七节腹片布满横纹；第八节背片两侧有少量微毛，后缘鬃仅两侧存在，中间缺；第二节腹片后缘鬃 2 对，第三至七节后缘鬃 3 对，第七节后缘中对鬃在后缘之前。

卵：呈肾脏形。

若虫：体黄色，无翅。

三、生活习性

端带蓟马在广东春花生产区 3～5 月连续发生为害，早播花生受害重，花生开花期前后是严重受害期。夏花生在 7～8 月发生，秋花生在 9～10 月发生最重。在山东，端带蓟马以成虫越冬，于 5 月下旬至 6 月发生严重。成虫及若虫集中于未展开的心叶中或嫩叶背面为害，行动非常活泼。温度高、降雨多对其发生不利。冬、春季少雨干旱时发生猖獗，严重影响花生生长。

四、发生规律

端带蓟马通常为两性，雄虫比雌虫小，体色也较浅。雌雄二型或多型现象较普遍，生殖方式有两性生殖和孤雌生殖，或者两者交替发生。两性生殖的种类其雌性个体往往占多数，这是因为雄性寿命较短，或在某些条件下，雄性不能越冬。其生殖方式是部分或全部孤雌生殖。

端带蓟马为卵生，以锯状产卵器插入植物组织内产卵，卵较小，多为肾形，表面光滑柔软，黄色或灰白色，一般为单粒散产，在田间摘下有卵叶片对光透视，不难看见卵，但有时也会在叶脉下产成一小排。卵历期一般为 2～20d，行将孵化的卵会出现红色或黑色眼点。二龄幼虫没有外生翅芽，翅在体内发育，行动活泼，足和口器等一般外形与成虫相似，触角节数略少。三龄时出现翅芽，行动迟缓，不取食，称为前蛹；四龄进入蛹期，不食不动，触角向后平置于头及前胸背板且不能活动。在叶背面叶脉的交叉处化蛹。

五、防治技术

（一）农业防治

结合花生中耕除草，尽量清除田间地边杂草，减少越冬虫口基数。加强田间管理，促进植株本身生长势，改善田间生态条件，同时要适时灌水施肥，加强管理，促进花生苗早发快长，度过苗期，出苗前及时防除田边地头杂草，减少迁入虫源。轮作可以减轻端带蓟马为害。蓟马生活周期短，适时播种，避开其发生高峰期。

(二) 物理防治

端带蓟马具有趋蓝色的习性，可用蓝色的PVC板，涂上不干胶，每间隔10m左右放置1块，板高70～100cm，高于作物10～30cm，可减少成虫产卵和为害。

(三) 生物防治

端带蓟马的天敌主要有小花蝽、窄姬猎蝽、蜘蛛、螨类、赤眼蜂、草蛉、阶梯脉褐蛉等。目前我国应用天敌防治蓟马的研究尚未见报道，也未见开发有效的生物制剂。可以采用保护和利用自然天敌，如施药时喷雾改为地面喷粉或种衣剂拌种，可明显减少对天敌的伤害。

(四) 化学防治

化学防治是控制端带蓟马的有效措施，关键是苗期早查虫情，及时早治。当种群密度达到防治阈值时，可进行药剂防治。经田间和室内药剂试验证明，菊酯类药剂对蓟马无效，甚至有时可能对蓟马有引诱作用，应避免应用菊酯类农药。田间试验表明，有机磷和氨基甲酸酯类对蓟马有较好的防效。40%氧乐果乳油1 000倍液、40%毒死蜱乳油1 000倍液、20%丁硫克百威1 000倍液、每667m^2 20%吡虫啉可溶性液剂10～15g、25%喹硫磷乳油500倍液、1.5%阿维菌素乳油3 000～4 000倍液，掌握好使用适期防效均在85%以上，尤以吡虫啉效果最好，且可兼治蚜虫。

郭巍（北京农学院植物科技学院）
徐大庆（河北农业大学植物保护学院）

第55节 芝麻鬼脸天蛾

一、分布与危害

芝麻鬼脸天蛾［*Acherontia styx*（Westwood）］，属鳞翅目天蛾科面形天蛾属。根据气候带的不同，芝麻鬼脸天蛾被划分为两个亚种：芝麻鬼脸天蛾东南亚种［*A. s. medusa*（Moore）］和芝麻鬼脸天蛾指名亚种［*A. s. styx*（Westwood）］。在我国，*A. s. styx*（Westwood）主要分布于北京、河北、河南、陕西、山西、山东、湖北和四川等气候较干旱地区，*A. s. medusa*（Moore）主要分布于浙江、江苏、江西、广东、广西、贵州、云南及台湾等气候较湿润地区。在国外，芝麻鬼脸天蛾分布于日本、韩国、新加坡、印度、越南、泰国南部、马来半岛、菲律宾、印度尼西亚（苏门答腊、爪哇等）等国家和地区的芝麻产区，近20年来在新几内亚、俾斯麦群岛以及夏威夷群岛有少量发生。芝麻鬼脸天蛾的寄主植物种类较多，已记载的至少有15科45种，有胡麻科、茄科、马鞭草科、豆科、木樨科、紫葳科及唇形科等，主要包括芝麻、茄子、大豆、马铃薯、水茄等植物。

芝麻鬼脸天蛾在我国属偶发性害虫，个别年份局部发生较重。以幼虫取食芝麻叶片为害，食量很大，常将芝麻吃成光秆（彩图9-55-1），影响光合作用，造成芝麻籽粒瘦瘪，对产量影响较大。2009年8月中旬在河南鲁山县调查，百株虫量0.5头即可造成全田植株的中上部叶片被全部吃光。有时还能为害嫩茎和嫩荫，使芝麻不能结实。

二、形态特征

成虫：属大型蛾类，体长50mm，翅展100～120mm。头部棕黑色。胸部背面有黑色条纹、斑点及黄色斑组成的骷髅状斑纹，肩板青蓝色。腹部背面中央有蓝色中背线，各腹节有黑黄相间的横纹，腹面黄色。前翅棕黑色，三角形，外缘倾斜，翅面布满黑色，间杂有微细的白色和黄褐色鳞粉，基线及亚端线由数条隐约可见的黑黄相间波状纹组成，中室有1金黄色小点，外横线由数条黑黄相间、色调深浅不同的波状纹组成，外缘沿翅脉有黄色短带。后翅杏黄色，有棕黑色横条带2条（彩图9-55-2，1）。

卵：呈球形，淡黄色，高0.8～1.0mm，直径2mm。

幼虫：低龄时体色较浅，头、胸部有明显的淡黄色颗粒。老熟时体长90～110mm，腹部末端具尾角，长10～15mm，向后上方弯曲，上有瘤状刺突和颗粒。体色多变，有绿色、黄绿色、浅橄榄绿色、褐色等，以前两种居多。褐色型：头部黄色，两侧具黑色纵条带，体色暗褐色略带紫色，胸部具白色细背中线，前胸除背中线外均为黑色，中、后胸背中线两侧黑色，再向两侧具白色杂黑色纵条带，腹部各节均具数条环状皱纹，背面有倒"八"字形黑色条纹，腹部第一至八节两侧各有灰色斜纹，背面具灰黄色散点，尾角灰黄色，气门黑色，隐约具白色环，胸足黑色，腹足黑褐色（彩图9-55-2，3）。绿色型：头黄绿色，外缘具黑色纵条带，身体黄绿色，前胸较小，中、后胸膨大，各节具横皱纹1～2条，腹部第一至七节体侧各具1条从气门线到背部的靛蓝色斜线，斜线后缘黄绿色，各腹节有数条绿色皱纹，近背部有较密的褐绿色颗粒，尾角黄色，呈S形，气门黑色，镶黄白色环边，胸足黑色，腹足绿色（彩图9-55-2，4）。

蛹：体长55～60mm，红褐色，各体节前半色深，后半色淡，腹端棕黑色。后胸背面有1对粗糙雕刻状纹，腹部第五至七节气门各有1条横沟纹（彩图9-55-2，2）。

三、生活习性及发生规律

芝麻鬼脸天蛾在河南、湖北每年发生1代，在长江以南的江西、广东、广西、云南等地区每年发生2代，以蛹在土室中越冬。每年1代区：6月上旬成虫羽化，6月中、下旬产卵，7月中、下旬为幼虫为害盛期，8月中、下旬至9月上旬，幼虫老熟后入土化蛹越冬。每年2代区：6月下旬越冬代成虫羽化并产卵，第一代幼虫发生在7月中、下旬，8月上旬化蛹，8月下旬第一代成虫羽化，第二代幼虫发生在9月，10月上旬幼虫老熟后入土化蛹越冬。

成虫昼伏夜出，有一定的趋光性，飞翔力不强，白天常隐蔽在芝麻叶片背面，受惊吓时，腹部节间摩擦可发出吱吱声。成虫一般将卵产于芝麻顶梢的嫩叶上，叶正面和背面都有，每个叶片一般产卵1粒，每只雌蛾可产卵100～150粒。初孵幼虫集中为害芝麻的嫩叶，随着幼虫龄期增加，对植株为害逐渐加重，并有一定的转株为害习性，幼虫老熟后入土6～10cm筑土室化蛹。

四、防治技术

（一）农业防治

芝麻鬼脸天蛾食性较杂，寄主种类多，种植芝麻时应与豆科等其他寄主植物隔离，以减少芝麻鬼脸天蛾的食物来源。

冬季深翻土壤，并随耕拾虫，通过翻耕可以破坏害虫生存和越冬环境，减少翌年虫口密度。头茬作物收获后及芝麻生长期，及时清除田间杂草，将杂草深埋或运出田外沤肥，清洁田园。芝麻收获后及时清除芝麻植株，减少越冬虫源。

（二）物理防治

芝麻鬼脸天蛾成虫有一定的趋光性，在成虫盛发期，利用黑光灯诱杀成虫，以减少下一代虫源基数。害虫大发生地块，幼虫三龄后，清晨和傍晚取食期间幼虫容易被发现，可以进行人工捕杀。

（三）化学防治

芝麻鬼脸天蛾三龄后幼虫有转株为害的习性，且食量增大，低龄幼虫（三龄前）是化学防治的关键时期，可使用20%氯虫苯甲酰胺悬浮剂4 000倍液、10.5%甲维·氟铃脲乳油1 500倍液、150g/L 茚虫威悬浮剂2 000倍液、5%氟啶脲乳油1 000倍液、25%灭幼脲3号悬浮剂500～600倍液、20%杀灭菊酯乳油3 000倍液、80%敌敌畏乳油1 000～1 500倍液或90%敌百虫可溶粉剂1 500～2 000倍液喷雾防治。三龄以上的幼虫可用10%虫螨腈乳油1 000倍液、20%虫酰肼悬浮剂1 000～1 500倍液喷雾防治。芝麻鬼脸天蛾属于偶发性害虫，对农药比较敏感，三龄前一次喷药可有效控制虫害的发生，三龄后害虫体形增大，抗药性增强，可在第一次喷药后7～10d补喷一次。不同杀虫剂可以交替使用，避免害虫产生抗药性。

任应党　倪云霞（河南省农业科学院植物保护研究所）

第56节　甜菜夜蛾

一、分布与危害

甜菜夜蛾［*Spodoptera exigua*（Hübner）］又名玉米叶夜蛾、贪夜蛾、白菜褐夜蛾等，属鳞翅目夜蛾科灰翅夜蛾属。

甜菜夜蛾是一种世界性的害虫，起源于南亚，包括印度及其周边地区，后扩散至世界很多地区，如埃及和北非、中东地区、欧洲等，目前已分布于欧洲、亚洲、北美洲的57°N以南广大地区和整个非洲、澳大利亚，仅在南美洲很少报道，其中，以20°～35°N的亚热带和温带地区受害最重。在我国已报道发生的有辽宁、安徽、海南、广东、江苏、山东、重庆、云南、河南等20余个省（自治区、直辖市），其中，以江淮、黄淮流域为害最为严重，受害面积较大。1997年山东、河南、安徽、河北发生面积266.7万hm^2，1999年仅山东、河南发生面积就达300万hm^2，造成了巨大经济损失。

甜菜夜蛾食性杂，具有暴食性、间歇性大发生等特点。寄主植物种类繁多，涉及35科105属170余种植物。其中大田作物28种，蔬菜32种，主要包括农作物（花生、玉米、大豆、棉花、甜菜、高粱、芝麻、麻类和烟草等）、蔬菜（甘蓝、花椰菜、白菜、萝卜、莴苣、番茄、青椒、茄子、马铃薯、黄瓜、西葫芦、豆角、茴香、韭菜、菠菜、芹菜、胡萝卜、大葱等）、果树（葡萄、苹果、梨等）、林木（杞柳、杨树）、中药材（地黄、板蓝根等）、花卉［月季、玫瑰、香石竹、非洲菊、海星（情人草）、洋桔梗、鸡冠花、香雪兰、菊花、唐菖蒲、勿忘我、紫罗兰、百合等］、牧草等。

甜菜夜蛾以初孵幼虫取食寄主植物叶片下表皮和叶肉，形成“天窗”（彩图9-56-1，1）；大龄幼虫食叶成缺刻或孔洞，严重的把叶片吃光，仅残留叶脉、叶柄；幼虫还能直接蛀食蒴果，极大影响芝麻产量。

二、形态特征

成虫：体长12～14mm，翅展26～34mm。体灰褐色。前翅黄褐色或灰褐色，内横线、外横线均为黑白双色双线，肾状纹与环状纹均为黄褐色，有黑色轮廓线，外缘线有1列黑色三角形小斑。后翅白色，略带粉红色，翅缘灰褐色。

卵：馒头形，直径0.5mm，淡黄色至黄褐色，基部扁平，顶上有40～50条放射状的纵隆起线。卵粒呈块状。每块一般有卵10粒，单层或2～3层重叠，卵块上盖有一层雌虫腹末脱落下的灰色绒毛。

幼虫：一般分为5龄，老熟幼虫体长22～30mm。体色变化很大，有绿色、暗绿色、黄褐色、褐色及黑褐色。不同体色的幼虫腹部有不同颜色的背线，或不明显。气门下线为明显的黄白色纵带，有时带粉红色。每节气门后上方各有1个明显的白斑，体色越深，白斑越明显，此为该虫的重要识别特征（彩图9-56-1，2）。

蛹：长8～12mm，黄褐色。第二至七节背面和第五至七节腹面有粗刻点。腹部末端具两根粗大的臀棘，垂直状，在每根臀棘后方各有1根斜向短刚毛。

三、生活习性

甜菜夜蛾无滞育特性，在热带和亚热带地区能周年为害，在我国福建、广东、台湾、海南等地无越冬现象；在美国佛罗里达州和得克萨斯州南部也可周年繁殖和为害。甜菜夜蛾各虫态有一定的抗寒力，具备越冬的潜力。通过Climex和ArcGis软件预测，其在我国的越冬区南界位于北回归线附近（23.5°N），北界位于长江流域（30°N）。

据报道，甜菜夜蛾年发生世代数随纬度的升高而减少。在海南、广东、台湾等地1年发生10～11代，无越冬现象，可周年繁殖为害；在江西、湖南、浙江1年发生6～7代；在湖北、苏南1年发生6代，少数年份1年发生7代；在河南南部、苏北、安徽1年发生5～6代；在北京、河北、河南中部、山东、陕西关中1年发生4～5代。以上各地均以蛹在土中越冬。

甜菜夜蛾在长江流域各代发生为害高峰期为：第一代5月上旬至6月下旬，第二代6月上旬至7月中旬，第三代7月中旬至8月下旬，第四代8月上旬至9月中、下旬，第五代8月下旬至10月中旬，第六代9月下旬至11月下旬，第七代11月上、中旬（该代为不完全世代）。一般情况下，从第三代开始会出现世代重叠现象。在安徽宿松棉花产区，幼虫盛发期分别为：第一代5月上、中旬，主要为害蔬菜；第二代6月中、下旬，为害芝麻、棉花；第三代7月下旬至8月上旬，主要为害棉花、辣椒，第四代8月中、下旬，为害棉花、蔬菜、山芋；第五代9月下旬至10月上旬，为害蔬菜、油菜苗。在河南驻马店以第二代和第三代为害最重。甜菜夜蛾成虫在3月出现，幼虫在3月底至4月初以杂草为食，6～7月为害芝麻幼苗，7～8月进入为害盛期。各世代发育历期不同，一至三代为21～25d，四至五代平均为32d。在湖北每年发生5～6代，第二代发生在6月中、下旬，第三代发生在7月上、中旬，这两代主要为害芝麻。

成虫白天隐蔽在土块下、土缝内、杂草丛以及枯叶和树木阴凉处，夜间进行活动、取食、交配和产卵，以20：00～23：00以及无月光的夜里活动最盛。成虫羽化后2～3d产卵，产卵具有趋嫩性，多产于叶背面，每雌能产卵100～600粒，多者达1 600粒，卵多单层或双层排列，其上覆盖灰白色鳞毛，其颜色与泥巴较为相似，产卵期10～15d，卵历期3～4d。幼虫昼出夜伏，有假死性，略震动，虫体即蜷曲下落。幼虫一般5龄，少数6龄。一至二龄幼虫常群集在孵化处附近吐丝拉网，在其内咬食叶肉，留下表皮，食量很小。三龄后分散，可吐丝下垂随风飘落他株。四龄后昼伏夜出，食量猛增，进入暴食期，一头五至六龄幼虫可在一夜之间取食芝麻叶片16～24.8cm^2，为害严重时可吃光所有叶片，并可剥食茎秆表皮层。发生数量多时，幼虫有成群迁移的习性，幼虫期16～27d。幼虫老熟后，钻入4～9cm深的土层中做椭圆形的土室化蛹。甜菜夜蛾成虫具有较强的趋光性，对黑光灯趋性强。当温度高，密度大，食料缺乏时，有成群迁移习性。

四、发生规律

（一）气候条件

适温或高温有利于甜菜夜蛾的生长发育。甜菜夜蛾适应温度范围很广，18～38℃范围内各虫期的生长发育速度与温度呈线性相关，温度越高，生长速度越快，各虫态的发育历期缩短。在高温条件下，甜菜夜蛾生殖力旺盛，且飞行、交配、产卵等活动活跃，发育历期短，存活率高，造成世代重叠。

降水量也是影响甜菜夜蛾生长、发育和繁殖的重要因素之一。降雨能提高大气湿度，不利于甜菜夜蛾的生长发育，这在一定程度上限制了甜菜夜蛾的繁殖速度。同时雨后湿度大导致病原菌的大量繁殖、传播，从而降低了甜菜夜蛾发生数量，且大雨冲刷或淹死甜菜夜蛾幼虫，可减少田间的虫口密度。甜菜夜蛾在大田的发生轻重与当年梅雨季节早迟和7～9月的气候关系密切，凡是入梅早、夏季炎热少雨，则秋季甜菜夜蛾发生重。6～8月的总降水量少于常年，并有2或3个月的降雨少于常年的年份，甜菜夜蛾均为偏重发生。

（二）寄主植物

甜菜夜蛾在不同寄主植物上的种群适合度和增长率有明显的差异。甜菜夜蛾在菜田内以卵和幼虫在甘蓝上的数量最多。各种蔬菜中的种群数量依次为：豇豆＞苋菜＞蕹菜＞芥菜＞菜心＞大白菜＞芥蓝＞茄子＞番茄。取食不同寄主植物的甜菜夜蛾酯酶活性存在显著差异，其大小依次为青菜＞苋菜＞甘蓝＞甜菜。而对氯氟氰菊酯的敏感性依次为甜菜＞甘蓝＞苋菜＞青菜，甜菜夜蛾在蔬菜作物不同发育阶段的发生数量，以豇豆为例，表现为爬蔓始期、爬蔓盛期大于结荚盛期、结荚末期。

（三）天敌

甜菜夜蛾的天敌资源丰富。据不完全统计，甜菜夜蛾的寄生性天敌有80多种，其中寄生蜂和寄生蝇就有60多种，寄生甜菜夜蛾的幼虫、蛹和卵等虫态，常见的主要有螟蛉悬茧姬蜂［*Charops biclor*（Szepligeti）］、棉铃虫齿唇姬蜂（*Campoletis chlorideae* Uchida）、姬蜂（*Ichneumon* sp.）、螟蛉盘绒茧蜂［*Cotesia ruficrus*（Haliday）］、斑痣悬茧蜂［*Meteorus pulchricornis*（Wesmael）］、白胫侧沟茧蜂（*Microplitis albotibialis* Telenga）、沟茧蜂（*Microplitis* sp.）、黑卵蜂（*Telenomus* sp.）、赤眼蜂（*Trichogramma* sp.）、双斑膝芒寄蝇（*Gonia bimaculata* Wiedemann）、埃及等鬃寄蝇［*Peribaea orbata*（Wiedemann）］和温寄蝇（*Winthemia* sp.）等。常见的捕食性天敌有各种蛙类、蟾蜍、鸟类、蝽类、蜘蛛类，以及螳螂、蠼螋、草蛉、步甲、瓢虫等。

在田间侵染甜菜夜蛾的病原微生物有真菌、病毒以及微孢子虫等。真菌中主要为球孢白僵菌［*Beauveria bassiana*（Balsamo）Vuillemin］、莱氏野村菌［*Nomuraea rileyi*（Farlow）Samson］等。病毒对甜菜夜蛾的感染能力较强，我国于1978年成功分离出甜菜夜蛾核型多角体病毒（SeNPV）。另外颗粒体病毒（SeGV）对甜菜夜蛾也有一定的致病作用。微孢子虫主要侵染甜菜夜蛾中肠、脂肪体和马氏管，具有很高的致病力。钟玉林等在武汉地区蔬菜地里调查发现甜菜夜蛾幼虫可被地老虎六索线虫（*Hexamermis agrotis*）、白色六索线虫（*H. albicans*）和太湖六索线虫（*H. taihuensis*）寄生，且寄生率高达34%。

五、防治技术

甜菜夜蛾是一种生态可塑性较强的害虫，对杀虫剂的抗性比棉铃虫强。甜菜夜蛾的防治策略是重点压低二代虫数量，控制三、四代为害。在做好深翻、灌水、中耕、除草、清洁等各项农业防治工作的基础上，开展灯光诱杀成虫，掌握卵孵盛期或低龄幼虫的防治适期及时防治。

（一）农业防治

1. 合理安排农作物及蔬菜布局 根据甜菜夜蛾的取食特点，芝麻田应远离豇豆、苋菜等植物。

2. 种植抗虫或耐虫品种 转 *Bt* 基因植物编码的毒蛋白对鳞翅目幼虫有专一的毒杀作用。

3. 加强田间管理 冬季深翻耕地，消灭部分越冬蛹，减轻翌年发生；幼虫化蛹盛期进行灌溉和中耕，可消灭部分越夏虫源，减轻为害；铲除芝麻田内外杂草，及时摘除有卵块和初孵幼虫的叶片，减少虫源。

（二）物理防治

行为防治又称习性防治，是利用甜菜夜蛾成虫的趋光性、趋化性等特性而采取的一些防治措施，具有高效、无毒、无污染、不伤益虫等优点。

1. 用糖醋液诱杀成虫 可利用糖、酒、醋、水混合液（酒∶糖∶醋∶水＝1∶3∶4∶2）或甘薯、豆饼等发酵液加少量敌百虫诱杀。

2. 用杨（柳）树枝诱集成虫 用5～7根杨（柳）树枝扎成1把，每667m^2插10余把，于每天清晨露水未干时捕杀诱集到的成虫，10～15d换1次。

3. 黑光灯诱杀成虫 有供电条件的地方，可安装黑光灯诱杀甜菜夜蛾成虫。

（三）生物防治

加强天敌资源的保护和利用，对于控制甜菜夜蛾的暴发具有十分重要的作用。在控制甜菜夜蛾为害的同时，也降低了杀虫剂对作物、环境以及人畜的毒害。

苏云金杆菌（*Bacillus thuringiensis*，Bt）是一种细菌杀虫剂，能防治上百种害虫，对鳞翅目害虫特别有效。Bt已经广泛应用于鳞翅目害虫的防治。目前我国防治甜菜夜蛾使用的Bt制剂主要有16 000IU/mg可湿性粉剂、8 000IU/mg悬浮剂等，但由于灰翅夜蛾属的害虫包括甜菜夜蛾对Bt制剂较为不敏感，田间防治效果并不理想。

用于防治甜菜夜蛾的病毒制剂主要有核型多角体病毒（SeNPV）和颗粒体病毒（SeGV）。国外研究出一种线虫胶囊，胶囊中装有芫菁夜蛾线虫和异小杆线虫。将胶囊施于田间后释放出线虫成虫，在适宜的温度下感染甜菜夜蛾幼虫，死亡率可达100%。

防治甜菜夜蛾的其他制剂还有昆虫生长调节剂类和抗生素类。昆虫生长调节剂主要有5%氟虫脲乳油，防效很好，但价格昂贵，不适宜大面积使用；抗生素类制剂主要有20%阿维菌素·辛硫磷乳油和1%阿维菌素乳油等。其中，20%阿维菌素·辛硫磷乳油的田间效果较好，而甜菜夜蛾对阿维菌素不敏感。

另外，可以利用性诱剂诱杀成虫。性诱剂诱捕器的制作方法是：把3根竹竿绑成1个三脚架，其上放置1个直径33cm左右的水盆，水面距盆上缘1.5～2cm，用细铁丝将性诱芯固定在水盆上方的中央，距水面3～4cm高。定期将诱集到的成虫捞出，并及时补充盆内因蒸发失去的水分，加1%的洗衣粉，可增大水的黏着性，效果更好。一般每667m^2设1～2个性信息素诱捕器，30～40d更换1次诱芯。

（四）化学防治

当百株虫量在50头以上时，应进行药剂防治，药剂防治应在幼虫三龄以前进行，而且要注意轮换或交替用药。可选用15%茚虫威乳油1 000～1 500倍液、2.5%多杀霉素悬浮剂1 000～1 500倍液、10%虫螨腈悬浮液（除尽）1 000～1 500倍液、24%虫酰肼悬浮剂1 000～1 500倍液、5%氟啶脲乳油1 000～2 000倍液、10%氟铃脲乳油1 000～2 000倍液喷雾。另外，50%辛硫磷乳油＋90%敌百虫可溶粉剂(1 000倍液＋1 500倍液），1～3d后防治效果可达70%～100%；除虫脲以100mg/kg浓度喷雾，对甜菜夜蛾也有较好的防效，但杀虫作用缓慢。

任应党　倪云霞（河南省农业科学院植物保护研究所）

第57节　桃　　蚜

一、分布与危害

桃蚜［*Myzus persicae*（Sulzer）］又称烟蚜、芝麻蚜，俗称腻虫、蜜虫、油汗等，属半翅目蚜科瘤蚜属。

桃蚜是一种世界性分布的害虫，我国各地均有发生。世界记载的寄主植物有 50 科 400 多种，我国记载的有 170 多种，主要包括茄科、十字花科、菊科、豆科、藜科、旋花科、锦葵科、毛茛科、蔷薇科等科的植物。以成蚜、若蚜吸食寄主植物汁液为害，顶梢幼嫩叶片易被害，叶片受害后卷缩、变薄，严重受害时植株生长缓慢，易发生煤污病。除为害芝麻外，还可以为害烟草、茄子、马铃薯、菠菜及十字花科蔬菜等。在果树中主要为害桃、李、杏、樱桃等蔷薇科果树。

桃蚜在春、夏播芝麻上均有发生，以春播发生为多，个别年份为害较重，夏播芝麻产区在干旱年份发生为害也普遍较重。一般在 6 月下旬开始发生，7～8 月为为害盛期，即芝麻现蕾前后和花期。桃蚜多集中在嫩茎、幼芽、顶端心叶及嫩叶的叶背上和花蕾、花瓣、花萼管及果针上吸食汁液为害。植株受害后生长停滞，叶片卷曲、变小、变厚，蚜虫分泌的蜜露影响叶片光合作用和开花结实（彩图 9-57-1）。山西、河北芝麻产区苗期较常发生。2011 年 6～7 月黄河流域干旱少雨，导致桃蚜 8 月中旬在河南原阳少量发生。

二、形态特征

桃蚜分成蚜、若蚜和卵 3 种虫态，并存在形态变异，不同地区、寄主、体色的个体形态上也有一定的差异。

有翅胎生雌蚜：体长 1.8～2.2mm，头、胸部黑色，额瘤明显，向内倾斜。触角 6 节，较体短，除第三节基部淡黄色外，均为黑色，第三节上有 9～17 个次生感觉圈，在外缘几乎排成 1 列，第五、六节各有 1 个感觉圈。翅透明，翅脉微黄，翅痣灰黄或青黄色。腹部颜色变化较大，有绿色、黄绿色、褐色或赤褐色。腹管较长，圆筒形，向端部渐细，有瓦纹。尾片黑色，圆锥形，中部缢缩，着生 3 对弯曲的侧毛。

无翅胎生雌蚜：体长 1.9～2.0mm，体宽 0.94～1.1mm，鸭梨形，有光泽。体色多变，有绿、黄绿、杏黄、洋红等色。触角 6 节，较体短，第三节无感觉圈，第五、六节各有 1 个感觉圈。腹管长筒形，是尾片的 2.37 倍，尾片黑褐色；尾片两侧各有 3 根侧毛。

有翅雄蚜：体长 1.5～2.0mm，体色深绿、灰黄、暗红或红褐。腹部背面黑斑较大。触角第三至五节都生有数目很多的感觉圈。

无翅卵生雌蚜：体长 1.5～2mm，红褐色或暗绿色，无光泽。头部额瘤明显，外倾，触角 6 节，较短，第五、六节各有 1 个感觉圈。后足胫节散布有感觉圈。腹部背面黑斑较小，其余形态同有翅雄蚜。

卵：长椭圆形，长径约 0.44mm，短径约 0.33mm，初产时淡绿色，后变黑色，有光泽。

三、生活习性

桃蚜每年发生代数因地区而异：东北、华北地区 1 年可发生 10 余代，长江流域 1 年发生 20～30 代，广东、云南等地终年繁殖。

桃蚜生活史有全周期型、不全周期型及兼性周期型。东北、西北地区年生活史为全周期型。全周期型以卵在桃树的芽腋或裂缝中越冬，初春孵化为干母，在桃、李等寄主植物上繁殖几代后产生有翅蚜，6 月后迁飞到芝麻等夏寄主上繁殖为害，无性繁殖为害 10 余代后至 9 月迁回桃、李等越冬寄主上产生有性蚜，交配产卵越冬。华北至岭南地区为全周期型和不全周期型混合发生，以不同的方式越冬。不全周期型为全年孤雌生殖，不发生有性阶段，冬季以孤雌生殖胎生成蚜或若蚜在蔬菜上越冬。兼性周期型是全周期型向不全周期型过渡的中间型，仅在热带和亚热带某些地区有记载。

桃蚜具有明显的趋嫩性，有翅孤雌蚜对黄色呈正趋性，对银灰色和白色呈负趋性。传播方式为迁飞和扩散。桃蚜繁殖力较强，属孤雌生殖，一头胎生雌蚜产小蚜量一般为 15～20 头，最多可达 150 头以上，在夏季温湿度适宜的条件下，幼蚜需 2～4d 成熟，继续繁殖。

四、发生规律

（一）气候条件

温度对桃蚜的存活、生长发育及繁殖影响极大。研究发现桃蚜存活的温度范围为 2～32℃，最适发育温度为 24.9℃。在 10～25℃温度范围内，随着温度的上升，发育历期和世代历期缩短，存活率和繁殖力增大。

桃蚜有较强的抗寒能力，过冷却点可达－27～－24℃，蚜虫各虫态的亚致死高温为 29.16～32.4℃。

夏季高温是抑制桃蚜种群数量的主要因子。

湿度对桃蚜繁殖影响极显著，湿度过高或过低均抑制其繁殖。在大田中适宜的发生温度范围为6.16～28.6℃，湿度为40%～80%，在此范围外，种群数量受到抑制。

越冬卵孵化的早晚主要受早春温度的影响，而孵化率的高低则与相对湿度关系最大。早春温度高，孵化期早，湿度大，孵化率低。当5d平均温度高于30℃或低于6℃，相对湿度小于40%时，桃蚜种群数量迅速下降；温度不超过26℃，相对湿度达90%时，种群数量迅速上升；相对湿度大于80%，温度超过26℃时，种群数量表现为下降。说明低温低湿或高温高湿对桃蚜生长繁殖不利。

降雨可以冲刷寄主植株上的蚜虫，降低种群数量，特别是暴风雨会使种群数量暂时大量下降，但雨后条件适宜，种群数量会迅速增加。

（二）天敌

天敌对桃蚜的种群数量起到很大的控制作用，桃蚜的天敌种类很多。国外报道桃蚜的天敌昆虫共有176种，其中捕食性天敌130种，寄生性天敌46种。在河南桃蚜的天敌种类共有15科36种，福建有47种。主要的寄生性天敌有桃蚜茧蜂和菜蚜茧蜂。捕食性天敌主要类群有瓢虫、草蛉、食蚜蝇和蜘蛛。常见种类有七星瓢虫、异色瓢虫、龟纹瓢虫、方斑瓢虫、二星瓢虫、中华草蛉、叶色草蛉、大草蛉、丽草蛉、大灰食蚜蝇和多种蜘蛛。

（三）管理措施

桃蚜喜欢集中在植株幼嫩部分，打顶可直接摘除一部分桃蚜，使田间种群数量下降，促使芝麻成熟，不适于桃蚜取食，迫使其产生有翅蚜外迁，间接抑制了桃蚜的种群数量。

五、防治技术

（一）农业防治

桃蚜对银灰色有明显的负趋性，在芝麻苗期育苗床上覆盖地膜，可避蚜害，还可防止病毒病传播。桃蚜对黄色有明显的正趋性，在大田周围悬挂黄色诱虫板，可及时杀死迁移为害的蚜虫。芝麻生长中后期及时打顶抹杈，可明显抑制蚜虫的发生量。

（二）生物防治

在芝麻生长期，注意保护和利用天敌，通过释放桃蚜茧蜂，可有效地将蚜虫控制在防治水平以下，可不用药或缓用药；可选用生物制剂如1.8%阿维菌素乳油2 000倍液、1%印楝素水剂800～1 200倍液、20%苦参碱可湿性粉剂2 000倍液或0.5%藜芦碱醇溶液800～1 000倍液等。

（三）化学防治

可选择的药剂有10%吡虫啉可湿性粉剂1 500倍液、25%噻虫嗪水分散粒剂5 000倍液、2.5%高效氯氰菊酯乳油2 000倍液。喷雾的重点部位是植株上部幼嫩叶片背面。

任应党　倪云霞（河南省农业科学院植物保护研究所）

第58节　芝麻荚野螟

一、分布与危害

芝麻荚野螟（*Antigastra catalaunalis* Duponchel）又名芝麻荚螟、胡麻蛀螟，属鳞翅目草螟科荚野螟属。在我国北起江苏、河南，南至台湾、广东、广西、云南，东起滨海，西达四川、云南都有分布，是长江以南芝麻产区的重要害虫之一。芝麻荚野螟为寡食性害虫，寄主为芝麻。一般虫荚率10%～20%。以幼虫为害芝麻叶、花和蒴果。幼虫为害初期将花、叶缠绕，取食叶肉或钻入花心在花内取食（彩图9-58-1）。芝麻结蒴时多钻蛀蒴果中，轻者被害籽粒被蛀成缺刻，不能作种，并且充满虫粪以致霉烂，严重者可将整个蒴果中的种子吃尽，致使蒴果变黑，提早脱落。有时蛀入嫩茎，使之枯黄或变黑，影响芝麻的正常生长发育，严重时影响芝麻的产量和品质。

二、形态特征

成虫：体长7～9mm，翅展18mm，体淡褐色或灰黄色。复眼黑褐色，复眼到喙基部具1条白色细线。前翅淡黄色，翅脉橙红色，内、外横线黄褐色，不达翅后缘，中室内有一点及端脉点，外缘线黑褐色，缘毛长，缘毛基半部黑褐色，端半部灰褐色。后翅灰黄色，沿外缘颜色较深，中室端具不明显黑斑，缘毛长，灰白色。腹面有两条灰褐色纵纹。足极细长。

卵：长 0.4mm 左右，长圆形，初产时乳白色，后渐变为淡黄至粉红色。

幼虫：老熟幼虫体长 16mm，头、胸部较细，腹部较粗。幼虫体色变化较大，有绿、黄绿、淡灰黄和红褐等色，越冬幼虫多为淡灰绿色。背线、亚背线较宽，深红褐色。头黑褐色，前胸背板生有 2 个黑褐色长斑，中、后胸背板各有 4 个黑斑，上生刚毛，各腹节背面有 6 个黑斑，前 4 后 2 排成两排，体侧各有小黑疣 3、4 个，上生刚毛。腹足趾钩单序缺环，约 16 个，臀足趾钩单横带（彩图 9－58－1）。

蛹：长约 10mm，淡灰绿到暗绿褐色，喙和触角末端都与蛹体分离。

三、生活习性及发生规律

芝麻荚野螟在芝麻主产区河南、湖北、安徽、江西等地 1 年发生 4 代，以蛹越冬。

成虫从 7 月下旬至 11 月下旬均有出现，8 月上旬为成虫盛发期，9～10 月成虫寿命约 9d，有趋光性，飞翔力弱，白天多停息在芝麻叶背面或附近杂草中，夜间活动，交配产卵。河南省驻马店农科所 2002—2003 年观察，第一代成虫发生期为 7 月中、下旬至 8 月下旬，第二代成虫发生期为 8 月上、中旬至 9 月中、下旬，第三代成虫发生期为 9 月上旬至 10 月上、中旬，第四代成虫发生期为 11 月中、下旬。

卵散产于芝麻叶、茎、花、蒴果及嫩梢处，卵期 6～7d。幼虫有迁移为害的习性，幼虫期约 15d，幼虫老熟后在蒴果中、卷叶内或茎缝间结灰白色薄茧化蛹。蛹期约 7d。完成一个世代需 37～38d。有世代重叠现象。

幼虫喜欢较高的温度，高温高湿年份为害较重；植株茂密、品种混杂、播期参差不齐地区受害较重。

四、防治技术

（一）农业防治

适当早播，芝麻的生育期与害虫的生育期不吻合，可减轻为害。

冬季深翻土壤，通过翻耕可以破坏害虫生存和越冬环境，减少翌年虫口密度。头茬作物收获后及芝麻生长期，及时清除田间杂草，将杂草深埋或运出田外沤肥，清洁田园。芝麻收获后及时清除芝麻植株，减少越冬虫源。

（二）生物防治

在芝麻开花期用 0.3%印楝素乳油 1 000～1 200 倍液喷雾防治。

（三）物理防治

成虫有一定的趋光性，在成虫盛发期，利用黑光灯诱杀成虫，减少下一代虫源基数。

（四）化学防治

幼虫有迁移为害的习性，低龄幼虫（三龄前）是化学防治的关键时期。幼虫发生初期，用 90%敌百虫可溶粉剂 800～1 000 倍液、2.5%氯氟氰菊酯乳油 3 000 倍液、20%甲氰菊酯乳油 1 500～2 500 倍液、50%杀螟丹可湿性粉剂 1 000 倍液、20%氯虫苯甲酰胺悬浮剂 4 000 倍液、10.5%甲维・氟铃脲乳油 1 500 倍液、150g/L 茚虫威悬浮剂 2 000 倍液、5%氟啶脲乳油 1 000 倍液喷雾防治。三龄以上的幼虫可用 10%虫螨腈悬浮液 1 000 倍液、20%虫酰肼悬浮剂 1 000～1 500 倍液喷雾防治。三龄后害虫体形增大，抗药性增强，可在第一次喷药后 7～10d 补喷 1 次农药。不同杀虫剂可以交替使用，避免害虫产生抗药性。

倪云霞　任应党（河南省农业科学院植物保护研究所）

第 59 节　烟 盲 蝽

一、分布与危害

烟盲蝽［*Nesidiocoris tenuis*（Reuter）］属半翅目盲蝽科烟盲蝽属。在我国北起内蒙古，南至台湾、海南、广东、广西、云南，东抵临海，西限自河北斜向河南、甘肃，折入四川、云南都有分布。国外分布于日本、缅甸、印度、尼泊尔、斯里兰卡、地中海沿岸国家以及阿尔及利亚等地。寄主植物除芝麻外，还有烟草、大豆、豌豆和泡桐等。烟盲蝽以成虫、若虫群集为害，吸食芝麻嫩叶、嫩梢和花序的汁液。芝麻叶片受害后，首先中脉基部出现黄色斑点，逐渐扩大后造成叶皱缩畸形，严重时干枯脱落。花蕾受害后，极易变色脱落。有时也咬断茎生长点，影响芝麻正常生长。为害严重时导致被害株后期仅剩光秆和少数畸形蒴果。芝麻田还常有斑须蝽为害芝麻嫩叶、嫩梢和花序，造成一定的危害。

二、形态特征

成虫：体长3.5～4.8mm，体宽0.8～1.1mm，体黄绿色，密生细毛。头部绿色，头顶前缘有黑斑，复眼黑色。触角4节，第一节大部黑色，末端灰白，第二节最长，基部黑色，中间色淡，端部灰褐色，第二、三节节间灰白色，第三、四节褐色；喙黄绿色，末节黑色；前胸背板绿色，中胸背板有4个黑色纵条斑，大部被前胸背板遮盖；小盾片绿或淡黄色，末端黑褐色；前翅狭长，革片前缘末及楔片末端黑褐色，革片后缘端部有一段黑褐色；后翅白色透明，有紫蓝色光泽；足的腿节、胫节黄色，胫节多毛，假爪垫显著（彩图9-59-1）。

卵：长0.72～0.75mm，香蕉形，卵盖一侧有1个稍向内弯的呼吸角。卵初产时白色透明，近孵化时为淡橘黄色，出现红色眼点。

若虫：共5龄。一龄若虫体黄色或橙色，体长0.85～1.32mm，体宽0.22～0.26mm，体形如蚂蚁，头大，初孵时无色透明。复眼红色，触角淡褐色，足淡黄色。二至五龄若虫虫体深绿色，翅芽随龄期而增大，三龄若虫翅芽伸达腹部第一节，四龄若虫翅芽较长，但不及腹部的一半。五龄若虫体长2.6～3.5mm，体宽0.8～1.1mm，黄绿色至深绿色，翅芽伸达第四腹节。体色从一龄到五龄由无色透明变为白黄、黄红至深绿色。

三、生活习性

烟盲蝽在黄淮流域芝麻主产区1年发生3～4代，在南方地区1年发生5代，有世代重叠现象，以卵在杂草上越冬。

黄淮流域芝麻主产区4月下旬至5月上旬可见初孵若虫出现于杂草上，第一代若虫在杂草或其他春季作物上为害，第二、三代若虫从6月芝麻出苗开始在芝麻上为害，8～9月虫量增多，晚熟芝麻品种受害重。芝麻收获后转移到田间杂草和其他秋季作物上为害。10月下旬开始越冬。

成虫主要在芝麻幼嫩叶背和嫩茎上活动，甚为活跃，善飞翔，遇惊扰后即可扑跳起飞到邻近芝麻株上，晴天中午活动更加频繁，在风力较大的情况下则多迁移至叶腋处避风。可昼夜多次交配，交尾过程中可继续取食汁液。成虫交尾后6～13d即可产卵，每雌产卵5～13粒。卵散产于芝麻叶片背面的叶脉内，以中部叶片叶背主脉的表皮下最为常见，极少产于侧脉的表皮下。产卵处略凹陷，有极不明显的褐点。

初孵若虫活动力弱，多栖息在叶背面主脉两侧刺吸汁液，随着虫龄增大，逐渐活泼，若虫很少在叶正面活动、取食。成虫和若虫除在芝麻叶背花蕾和花上刺吸为害以外，还可捕食小型昆虫，如甜菜夜蛾裸露卵粒、一龄和二龄幼虫，蚜虫低龄若蚜等。

四、防治技术

烟盲蝽既是害虫，又是天敌昆虫，所以生产上要视发生数量区别对待。芝麻盲蝽吸取寄主汁液的量较少，而芝麻本身的补偿能力又比较强，因而一般不必单独进行防治。只有当发生数量较大时，才应结合其他害虫进行兼治，以达到既控制害虫，又保护环境的目的。

（一）农业防治

加强田间管理。适期早播，与芝麻盲蝽发生高峰期错开，减轻为害；秋、冬季铲除野生宿主，消灭越冬寄主和宿主烟草，减少来年虫源，及时清除田边地头的杂草。

（二）化学防治

在发生盛期可人工捕杀各虫态；大量发生时可选用25%噻虫嗪水分散粒剂3 000倍液、1.8%甲氨基阿维菌素苯甲酸盐乳油3 000倍液喷雾防治。

倪云霞 任应党（河南省农业科学院植物保护研究所）

第 60 节　向日葵螟

一、分布与危害

向日葵螟（*Homoeosoma nebulella* Denis et Schiffermüller）又称欧洲向日葵同斑螟、葵螟，属鳞翅目螟蛾科同斑螟属。向日葵螟由 Denis 和 Schiffermüller 于 1775 年命名，最早归为谷蛾属（*Tinea*）中，后归入同斑螟属（*Homoeosoma*），其异名包括 *Tinea nebulella* Denis et Schiffermüller、*Lotria nebulella* Denis et Schiffermüller、*Tinea nebulella* Hübner、*Homoeosoma nebulella* Hübner 等。

向日葵螟主要分布于中国、法国、伊朗、西班牙和俄罗斯等欧洲和亚洲国家，在我国向日葵螟主要发生于北方的向日葵产区，包括内蒙古（巴彦淖尔、鄂尔多斯、呼伦贝尔等）、黑龙江（哈尔滨、双城、牡丹江、佳木斯、齐齐哈尔等）、新疆（乌鲁木齐、石河子、北屯等）以及吉林部分地区。

向日葵螟以菊科植物为其主要寄主，主要为害向日葵，其中对食葵品种的为害重于油葵。此外，欧洲向日葵螟在我国新疆还取食野生菊科杂草丝路蓟，在内蒙古还取食茼蒿、野生菊科杂草刺儿菜和苣荬菜。另外，国外报道向日葵螟的寄主植物还有大翅蓟、节毛飞廉、艾、紫鸢、牛蒡、蓟、菊花、瓜叶菊、雏菊等植物，法国报道还取食水飞蓟。

我国于 20 世纪 50 年代开始发现向日葵螟为害向日葵，1962—1963 年，黑龙江向日葵的葵盘被害率一般为 26%～50%，最高达 66%～100%；严重地块籽粒被害率达 15.5%～19.8%。1983—1984 年，吉林向日葵栽培集中的中西部地区，葵盘虫蛀率达 63%～83%。由于向日葵螟的严重为害，黑龙江、吉林、辽宁种植向日葵面积锐减。在随后的 20 年间，随着向日葵新品种和种植新技术的不断推广，向日葵螟得到了不同程度的控制，但由于向日葵种植面积不断扩大，为向日葵螟发生蔓延创造了有利的条件。例如，2008 年黑龙江齐齐哈尔向日葵螟再次严重发生，葵盘被害率达 80%～100%，籽粒被害率达 10%～30%；2005 年向日葵螟随种子扩散至内蒙古巴彦淖尔，2006 年向日葵螟在内蒙古巴彦淖尔暴发成灾，发生面积 11.22 万 hm^2，约占总播种面积的 72.07%。其中，一代发生 1.82 万 hm^2，二代发生 9.40 万 hm^2。从为害程度看，大部分地块的花盘被害率在 30%～50%，籽实被害率在 15%～20%。严重地块的花盘被害率达 70%以上，籽实被害率超过 30%，许多农田几乎绝产（彩图 9-60-1）。由于向日葵在我国油料作物中所占比重较小，因此，向日葵螟长期以来一直被作为一种次要害虫而未得到足够的重视。随着农业结构调整以及国内外市场对葵花籽需求量的增加，包括向日葵在内的油料作物种植面积不断扩大，经济价值也越来越突出，向日葵螟对向日葵产业的威胁才逐步上升为一个受到广泛关注的重要问题。

二、形态特征

成虫：体长 8～12mm，翅展 20～27mm。体灰色，复眼黑褐色。触角丝状，灰褐色，基部的节粗大，较其他节长 3～4 倍。前翅长形，灰色，近中央处有 4 个黑斑。外侧翅端 1/4 处有 1 条与外缘平行的黑色斜条纹。后翅较前翅宽，淡灰色，具暗色的脉纹和边缘。静止时前、后翅紧紧包贴于体躯两侧（彩图 9-60-2，1）。

卵：长 0.8mm，宽 0.4mm 左右。乳白色，长椭圆形，卵壳有光泽，具不规则的浅网状点刻，有的一端还有一圈立起的褐色胶膜圈。

幼虫：有 4 个龄期。一至四龄幼虫的头宽分别为 0.295mm、0.464mm、0.792mm 和 1.216mm，初孵幼虫淡黄褐色，体长 1.5～2mm，老熟幼虫体长 18mm，淡黄灰色，腹面淡黄色，背面有 3 条暗褐色或淡棕色纵带；头部淡褐色，前胸气门淡黄色，气门黑色，腹足趾钩为双序全环（彩图 9-60-2，2）。

蛹：长 8～12mm，褐色，羽化前为暗褐色。蛹背第一至十节均有圆刻点，第一节及第八节刻点较少，第二至七节最多，第九节与第十节背面仅有 3～5 个刻点；腹面仅第五至七节有圆刻点。腹部末端有钩毛 8 根。

茧：长 12～17mm，中部宽，两端尖，椭圆形，以鲜黄色或灰白色丝织成。

三、生活习性

向日葵螟在世界各地发生世代数不同，在法国 1 年发生 3～5 代，在西班牙 1 年发生 3 代。其发生程度受环境影响很大，春季升温慢会压低越冬代成虫的羽化率，夏末秋初高温多雨利于害虫发生。

向日葵螟在我国吉林和黑龙江1年发生1～2代，越冬幼虫一般在7月上旬咬破越冬茧，钻出后2～3d完成化蛹，蛹期6～7d。成虫在7月中旬至下旬陆续出现，7月下旬至8月上旬为成虫羽化高峰和产卵盛期。卵期2～3d。幼虫共4龄，8月中旬为幼虫主要为害期，幼虫期18～20d。8月下旬老熟幼虫开始吐丝下垂，入土越冬。少数幼虫可以在9月上旬化蛹和羽化，并出现第二代幼虫，二代幼虫为害不大，也不能安全越冬，不能成为翌年虫源。在新疆，向日葵螟1年发生2～3代，世代重叠。越冬代成虫5月中旬开始羽化，第一代幼虫于7月上旬开始全部羽化，第二代幼虫大部分于8月中旬开始羽化并产出第三代，少部分第二代幼虫直接滞育越冬。第三代幼虫自9月中旬起陆续做茧越冬。在内蒙古西部地区，向日葵螟1年发生2代，以老熟幼虫在土中结茧越冬。向日葵和菊科杂草开花时（7月上旬）成虫盛发，白天潜伏，傍晚飞向向日葵花和其他菊科植物，取食花蜜，补充营养。7月中、下旬为产卵盛期，卵期3～5d。7月底、8月初是幼虫为害盛期，幼虫期16d左右，幼虫共4龄，8月上、中旬大部分老熟幼虫脱盘入土化蛹。

向日葵螟多在黄昏时羽化。成虫昼伏夜出，白天多隐匿在杂草丛中，日落后飞入向日葵田，趋光性较弱。羽化出的向日葵螟在傍晚时较活跃，雌蛾释放性信息素吸引雄蛾进行交配，雌蛾性腺提取物中包括4种成分，分别为9*Z*-十四碳烯醇（8.6%）、9*Z*，12*E*-十四碳二烯醇（4.8%）、*Z*-11-十六碳醛（49.5%）及*Z*-13-十八碳烯醇（37.1%），其中9*Z*，12*E*-十四碳二烯醇是其性信息素的关键组分。交配活动可持续1～3h，交配后雌蛾的寿命为14.4d。雌蛾交配当天即可产卵，产卵高峰在交配后的前2天，成虫夜间产卵的数量明显高于日间。成虫产卵时，腹部弯曲伸入筒状花内，多数卵产在花药圈内壁的下方，多为散产。24℃条件下，卵经历4～5d即可孵化，温度高于30℃时，卵孵化仅需2～3d。

向日葵螟幼虫为害不同向日葵品种主要集中在向日葵生殖生长时期的$R_{5.5}$～$R_{5.9}$阶段，即筒状花开花率50%～90%时，在此之前很少为害。幼虫孵化后取食向日葵花粉及筒状小花，三龄之后幼虫开始蛀食向日葵籽粒，为害部位主要为籽粒的中部及底部，有些幼虫还会在葵盘内部穿行，形成许多隧道，咬下的碎屑和粪便填充隧道，幼虫在发育过程中需要取食多粒种子，在受害葵盘表面会堆积大量虫粪，多数老熟幼虫自葵盘表面脱出，寻找结茧场所。24℃条件下，整个幼虫发育历期为15.9d，一至四龄幼虫的发育时间分别为3.7d、2.9d、2.9d和3.7d。

向日葵螟以老熟幼虫做茧越冬。第一代向日葵螟幼虫中有9%的老熟幼虫直接入土做茧越冬。对于第二代向日葵螟幼虫，如果是向日葵收获前完成发育，准备做茧越冬的幼虫，绝大多数吐丝下垂，在土中做茧越冬，个别幼虫在蛀食成空壳的葵花籽中和向日葵舌状花基部做茧越冬。对于在向日葵收获时还没有完成发育的幼虫，少部分幼虫在晾晒、脱粒等农事操作中，就地入土做茧，大部分幼虫在最终的筛选时与向日葵小花、秕皮等杂质一同筛选出来，并在其中做茧越冬。因此，向日葵螟老熟幼虫的主要越冬场所有两处：田间土中和筛选出的杂质中。幼虫在土中做茧的深度多为0～4cm，随着土壤深度的增加，做茧的越冬幼虫越来越少。对于土的形状，绝大多数幼虫选择在块状土之间的缝隙内吐丝做茧。

向日葵螟对不同向日葵品种的选择性有明显差异，对食用型向日葵的选择性强，对油用型向日葵的选择性差。

四、发生规律

通常根据性信息素诱捕器的诱捕对向日葵螟田间发生规律及种群动态变化进行调查，在内蒙古巴彦淖尔地区，越冬代成虫始见期为5月16日，从成虫始见到6月上旬的羽化数量一直较低。6月中、下旬越冬代成虫进入羽化始盛期，7月上旬进入羽化盛期，于7月下旬全部羽化。第一代成虫自7月末开始羽化，8月上旬进入羽化始盛期，8月中旬至9月上旬为羽化盛期，成虫终见期为10月初，从始见期到终见期共计144d。总的来说，在整个生长季中有两个明显蛾峰，一般情况下越冬代蛾峰明显高于第一代蛾峰，越冬代蛾峰在6月中旬至7月初，第一代蛾峰在8月下旬左右，到9月中旬向日葵螟诱蛾量逐渐减少。另外，各地每年向日葵螟诱蛾量有较大的差异，同一地区不同年份或同一年份不同地区间也存在较大差异，反映出不同环境对成虫发生量的影响。

另外，向日葵螟在不同寄主植物上的发生规律有所差异。2009年在内蒙古巴彦淖尔地区的调查结果显示，从5月中旬开始到8月下旬，向日葵地、茼蒿地和草滩地3种不同环境下向日葵螟发生时间和蛾峰期基本相同，在6月下旬和8月上旬有两个明显的蛾峰，而且在3种环境条件下诱集的蛾量和蛾峰大致相同，仅仅是第二次蛾峰出现时间略有一点差异，蛾峰出现时间先后依次为茼蒿地、杂草地和向日葵地，其中茼蒿地蛾峰提前7d左右，杂草地较向日葵地提前4d左右。而且，诱蛾量也较向日葵地高，向日葵地诱蛾量仅为茼蒿地和杂草地的60%～70%。

向日葵螟第一代幼虫主要为害茼蒿和开花早的向日葵，第二代幼虫主要为害开花晚的向日葵。茼蒿于6月下旬开花，开花后雌蛾便在其上产卵，卵经3～5d孵化，因此，幼虫自6月末至7月上旬开始为害，杂交食葵的生育期短，5月中旬种植的向日葵在7月中旬便开花，因此幼虫自7月19日开始为害。在整个第一世代期间，无论在茼蒿上还是在向日葵上为害的向日葵螟幼虫，其虫口密度相对稳定。第二代幼虫主要为害开花晚的常规食葵，常规食葵开花晚且不整齐，4月下旬种植的常规食葵于8月中旬陆续开花，第二代幼虫自8月下旬开始为害，至9月下旬虫口密度达到最高。随后老熟幼虫开始入土做茧越冬，但由于此时气温低，幼虫发育慢，到10月5日向日葵收获时，仍有部分幼虫未老熟。菊科杂草刺儿菜和苣荬菜零散生长于田埂，开花时间不一致，第一、二代幼虫均有为害，但数量很低。

在田间，向日葵螟的天敌种类较少，据国外报道从向日葵螟幼虫上采集到的寄生蜂包括甲腹茧蜂（*Chelonus ocellatus*）、长绒茧蜂（*Dolichogenidea* sp.）、弯尾姬蜂（*Diadegma* sp.）等小茧蜂科及茧蜂科的寄生蜂类，在我国未见天敌对向日葵螟自然种群控制的报道。

五、防治技术

向日葵螟作为为害向日葵花盘及籽粒的一种钻蛀性害虫，其隐蔽性强，防除困难。传统的化学防治对花盘进行施药，会引起农药残留，且极易杀伤向日葵传粉昆虫蜜蜂，并且在向日葵生长后期，籽粒已开始成熟变硬，大多幼虫都在籽粒内进行为害，杀虫剂对这类取食种仁的害虫的防治非常困难。另外，向日葵属大型草本植物，在田间使用喷雾机喷药很困难。因此，实施向日葵螟综合防治技术要坚持以农业防治为主，生物防治、物理防治为辅，尽量不使用化学农药，减少或避免对传媒昆虫和环境的影响。

（一）农业防治

1. 清理虫源，降低虫口基数 基于向日葵螟老熟幼虫集中于地面表层土结茧越冬的习性，采取深秋翻地并进行冬灌的农业防治措施，破坏幼虫越冬场所；同时在向日葵采收之后及时收集并焚毁在葵花粗加工过程中筛选出来的杂质，消灭其中包含的越冬幼虫；另外，在生长季期间，及时清除田边的刺儿菜、苣荬菜、沙旋覆花、多头麻花头等杂草，消灭野生虫源。

2. 种植抗虫品种 一般情况下，品种间抗螟性依次是：油葵＞杂交花葵＞常规花葵，油葵对向日葵螟基本表现高抗，多数食葵对向日葵螟不表现抗性。因此，在向日葵螟虫口基数较大的地区可以种植油葵品种或种植相对较耐向日葵螟且商品性状相对较好的杂交食葵如RH118、LD9091和SH909等品种，以减少损失。

3. 调整播种时间 通过调整播种时间，将向日葵花期与越冬代向日葵螟成虫发生期错开。一般情况下，在内蒙古西部地区种植常规杂交花葵播种期安排在5月25日至6月5日，可有效控制向日葵螟为害。各地应根据向日葵螟主要为害代和成虫动态调整播期，使向日葵花期与向日葵螟成虫发生期尽量错开，达到避害效果。

4. 种植诱虫植物 春季在向日葵田的四周种植茼蒿等诱虫植物，可在向日葵开花前将向日葵螟集中诱集到茼蒿田内，然后进行化学药剂防治，将一代葵螟幼虫消灭在茼蒿田内，达到降低一代成虫密度的目的。

（二）生物防治

1. 应用性诱剂诱杀成虫 对于种植感虫的长生育期品种或早播的短生育期品种，在向日葵螟成虫大量出现前，田间放置性诱剂诱捕器25～30枚/hm^2，诱杀大量雄蛾。诱捕器在向日葵田间按棋盘式等距离放置，诱捕器塑料盆捆绑在木制三脚架上，盆距地面高度150cm，盆内盛水，其中加0.2%洗衣粉，在水盆上面用铁丝系1个诱芯，诱芯固定在盆中央，距离水面1～2cm。根据盆中水量的多少，一般每隔2～3d补充1次水。也可以应用柱型诱捕器，减少添水次数，减轻劳动力。

2. 赤眼蜂防治 确保释放赤眼蜂的时间和向日葵螟产卵时间的重合是利用赤眼蜂防治的关键，一般向日葵筒状花R_5时期前为释放赤眼蜂的最佳时期。放蜂分3次完成，分别在向日葵开花量达到20%、50%和80%时进行，放蜂量分别为36万头/hm^2、48万头/hm^{2}和36万头/hm^2。放蜂时，放蜂卡要均匀分布于田间，放置位置在葵盘下面1～2片叶的背面。放蜂前，赤眼蜂蜂卡可存放在0～4℃的冰箱中。

3. 生物制剂防治 在50%的向日葵开花后，应用背负式喷粉机向葵盘喷施Bt可湿性粉剂防治幼虫，使用量为45～60kg/hm^2。

（三）物理防治

利用向日葵螟的弱趋光性，在田间设置频振杀虫灯进行诱杀。安放密度为每4hm^{2}悬挂1盏。杀虫灯防治以及上述性诱剂诱杀、天敌昆虫释放等措施必须有组织地开展连片群防群治，才能达到良好防效。

（四）化学防治

在向日葵开花后、幼虫尚未进入籽粒前进行化学防治，可选用90%敌百虫可溶粉剂500倍液、20%氰戊菊酯乳油1 000倍液、2.5%溴氰菊酯乳油2 000倍液、4.5%高效氯氰菊酯乳油1 500倍液进行喷雾，喷雾共进行两次，间隔4～5d；另外，也可以在成虫发生盛期的傍晚应用喷烟机向田间施放烟雾1～2次熏杀成虫，烟雾剂可选用20%氰戊菊酯乳油、2.5%溴氰菊酯乳油或4.5%高效氯氰菊酯乳油，用量300～450mL/hm^2。上述方法对蜜蜂等传粉昆虫有较大的杀伤作用，从而影响葵花授粉，因此一般不建议应用。

白全江　云晓鹏　杜磊（内蒙古农牧业科学院植物保护研究所）

第61节　胡麻蚜虫

一、分布与危害

蚜虫属同翅目蚜总科。蚜虫主要分布在北半球温带地区和亚热带地区，热带地区分布很少。世界已知约4 700余种，我国分布约1 100种。蚜虫为多态昆虫，同种有无翅和有翅之分，有翅个体有单眼，无翅个体无单眼。

胡麻蚜虫（亚麻蚜）又称蜜虫、腻虫等，在我国甘肃、内蒙古、山西、陕西、宁夏、河北、新疆的胡麻主产区均有分布，是影响胡麻生产的主要害虫之一，在全国各胡麻主产区每年都有不同程度的发生。根据历年的调查和标本鉴定，目前为害胡麻的蚜虫主要是亚麻蚜（*Yamaphis yamana* Chang）和无网长管蚜（*Acyrthosiphon* sp.）。亚麻蚜主要在胡麻苗期和孕蕾期发生，亚麻蚜世代周期短，为害高峰期大约4d发生1代，繁殖速度比较快，每头孤雌蚜每天平均胎生3～5头若蚜。若虫和成虫取食胡麻幼嫩叶片中的汁液，常使植株枝叶萎缩，叶、茎布满蜜露和虫体，严重时胡麻生长点叶片和花蕾萎蔫干枯，为害可以持续到开花末期。亚麻蚜为刺吸式口器的害虫，常群集于胡麻叶片、花蕾、顶芽等部位（彩图9-61-1），刺吸汁液，使叶片皱缩、卷曲、畸形，严重时引起枝叶枯萎甚至整株死亡。

二、形态特征

亚麻蚜有翅蚜：体长1.3mm，头及前胸灰绿色，中胸背面及小盾片漆黑色，额瘤不发达。触角端部黑色，长及胸部后缘，第三节有感觉孔7～10个，单行纵列。复眼黑色或黑褐色。腹部深绿色，侧缘有模糊黑斑数个；腹管淡绿色，略长于尾片，端部缢缩如瓶口；尾片淡绿色，上有刚毛4根。翅有灰黄色光泽，翅痣污黄色。腿节端、胫节端及跗节黑色。

亚麻蚜无翅蚜：体长1.5mm，全体绿色，口吻短，长不及两中足基部。触角第三节无感觉孔。其余同有翅蚜。

三、生活习性

胡麻蚜虫1年发生数代。在甘肃、宁夏、河北、山西、内蒙古、新疆、陕西等地的胡麻产区，一般在5月中、下旬开始为害胡麻，随着气温升高，6月上旬种群数量呈指数倍上升，为害高峰期出现在6月中、下旬，为害较严重时百株虫量为2 000～3 500头。在不同的生态类型区域，由于胡麻生育进程不同，胡麻蚜虫为害可持续至8月。多数蚜虫群集在胡麻植株顶端，为害嫩叶和嫩芽，使叶枝卷缩，严重时可导致植株枯萎而死。只要环境条件适合其生长发育，胡麻蚜虫常出现连年发生的情况，有时亚麻蚜与无网长管蚜混合发生为害胡麻。

四、防治技术

加强栽培管理，一些田间管理措施，包括适期播种、合理密植、施足基肥、避免偏施氮肥而增施磷肥，可促进胡麻健壮生长发育，提高抵抗蚜虫为害的能力。如果水浇地胡麻蚜虫开始发生，通过灌溉也能减轻蚜虫为害，在旱地也可结合喷施叶面肥同时进行蚜虫防治。

胡麻蚜虫防治的化学药剂选择，经过室内毒力测定试验，防治胡麻蚜虫的化学杀虫剂高效氯氰菊酯毒力效果最好，致死中量 LC_{50} 为 2.496mg/L、吡虫啉 LC_{50} 为 2.869mg/L、毒死蜱 LC_{50} 为 3.331mg/L、啶虫脒 LC_{50} 为 5.500mg/L。上述化学药剂对蚜虫防治既有速效性，也有持效性，防治效果较理想。

根据胡麻的生长发育进程，一般在 5 月中、下旬胡麻生育期达到枞形期到现蕾期的时段注意加强胡麻田间蚜虫发生与分布的情况调查。由于胡麻蚜虫繁殖速度比较快，如田间调查发现胡麻蚜虫的虫口密度达到百株 500 头时就要做好及时防治的准备，防治时可选用化学杀虫剂 10%吡虫啉可湿性粉剂 1 500 倍液、3%啶虫脒乳油 1 500～2 000 倍液、4.5%高效氯氰菊酯乳油 2 000 倍液，其中任何一种防治效果可达到 90.2%～96.3%；选择生物杀虫剂藜芦碱、苦参碱防效可达 80%左右，每 667m^2用水量应达到 30kg。

经过连续两年对上述化学杀虫剂的农药残留检测，施药后 3～21d 的胡麻植株样品中农药残留情况为吡虫啉 0.19～0.03mg/kg、啶虫脒 0.88～0.28mg/kg、高效氯氰菊酯 0.86～0.24mg/kg、毒死蜱 3.40～0.04mg/kg。不同化学杀虫剂残留衰败期大不相同，吡虫啉和啶虫脒自施药后 14d 就无残留检出，高效氯氰菊酯和毒死蜱直至施药后 21d 仍有微量残留检出；成熟期胡麻种子（施药后 41d）经两年农药残留检测均未检出残留。

党占海（甘肃省农业科学院作物研究所）
安维太（宁夏回族自治区固原市农业科学研究所）

第 62 节　蓟　　马

一、分布与危害

蓟马属缨翅目，一般吸取植物汁液，为害禾谷类、棉花和烟草、胡麻等，有的能传播植物病毒；也有少数肉食性种类捕食蚜虫和粉虱。蓟马已知约 6 000 种，分为 2 个亚目，即锥尾（锯尾）亚目和管尾亚目，3 总科 6 科。我国已知有 4 科 340 余种。

蓟马在我国甘肃、内蒙古、山西、陕西、宁夏、河北、新疆的胡麻主产区均有分布。为害胡麻的蓟马主要是牛角花齿蓟马［*Odontothrips loti*（Haliday）］和苜蓿齿蓟马，隶属缨翅目蓟马科，是胡麻产区的主要害虫之一。蓟马的寄主还有小麦、水稻、糜子、豌豆、蚕豆、扁豆、大豆、马铃薯、苜蓿及豆科绿肥等 20 多种植物，在田间和自然环境里替代寄主植物多，有利于蓟马的生存和繁殖。对胡麻而言，一般蓟马对水、旱地胡麻都会为害，但主要在旱地胡麻上发生较多，在胡麻的枞形期开始直至开花后期的生育阶段都可以发生为害。蓟马为害的主要方式是取食植株嫩叶和花器，轻者造成胡麻植株上部叶片变形扭曲，影响光合作用，阻碍生长发育，重者使叶片、花器干枯，甚至提早脱落，一般可以减产 10%～20%。

二、形态特征

雌成虫体长 1.3～1.5mm，褐色至紫褐色。头短于前胸，两颊后部收缩；触角 8 节；前翅淡灰色，脉鬃连续，前脉鬃 19～22 根，后脉鬃 14～16 根；前胸前角及后缘角每侧各有 1 对长鬃；腹部背面第八节后缘梳完整，体鬃粗短而色暗。雄虫较小，色黄。

三、生活习性及发生规律

为害胡麻的蓟马其繁殖方式包括两性生殖和孤雌生殖两种。两种方式可以同时存在，也可以交替发生，但基本上以孤雌生殖为主。两性生殖时期的群体中，雌虫常多于雄虫。蓟马科的绝大多数昆虫具有锯齿状产卵器，它们可以将卵产在植物组织内，也可以产于植物表面。蓟马能成群迁飞，但是一般只作近距离迁移，某些时候也可借助风力作远距离迁移。此外，蓟马还可随寄主植物种苗、产品以及交通工具人为传播到异地。

在胡麻生产上，蓟马一般于 5 月中、下旬（胡麻孕蕾前后）开始发生和为害。随着气温的升高，到 6 月中、下旬（胡麻开花期）蓟马种群数量可成倍增长，6 月下旬或 7 月初即可达到全年为害的高峰期。在我国西北胡麻产区，6～8月蓟马为害胡麻的现象十分普遍，尤其到7月胡麻开花期，蓟马成虫体小很难被发现，大量活动于花器中取食，每朵花中常有几头甚至几十头成虫活动，虫量之大颇为惊人，若不进行必要防治，危害是很大的。蓟马种群数量的高峰期与胡麻的盛花期基本一致，或略微滞后，所以开花结果时期是蓟马为害的高峰期，也是防治的关键期。

四、防治技术

加强栽培管理，一些田间管理措施，包括适期播种、合理密植、施足基肥、避免偏施氮肥而增施磷肥，可促进胡麻健壮生长发育，提高抵抗蓟马为害的能力，在旱地也可结合喷施叶面肥进行蓟马防治。

在胡麻蓟马防治的药剂选择上，经过室内毒力测定，防治胡麻蓟马的杀虫剂毒死蜱对胡麻蓟马的毒力作用最大，其致死中量 LC_{50} 为 1.120mg/L。其他药剂苦参碱 LC_{50} 为 1.282mg/L、藜芦碱 LC_{50} 为 3.874mg/L、印楝素 LC_{50} 为 2.106mg/L、高效氯氰菊酯 LC_{50} 为 5.067mg/L。

化学杀虫剂 2.5%高效氯氰菊酯乳油 1 500 倍液、20%氰戊菊酯乳油 1 200 倍液、40%毒死蜱乳油 2 000倍液、2.5%吡虫啉乳油 500 倍液、1.8%阿维菌素乳油 2 000 倍液、2.5%溴氰菊酯乳油 2 500 倍液、5%氰戊菊酯乳油 1 500 倍液，可选其中任何一种，防治蓟马既有速效性，也有持效性，防治效果比较理想。

利用生物杀虫剂 0.5%藜芦碱可溶液剂 2 000 倍液、0.3%印楝素乳油 1 200 倍液、3.8%苦参碱可溶液剂 1 200 倍液。可选其中任何一种生物杀虫剂，对蓟马有较好的防治效果。

党占海（甘肃省农业科学院作物研究所）
安维太（宁夏回族自治区固原市农业科学研究所）

主要参考文献

白丽华，斯琴高娃.2001. 花生蚜的发生与防治方法［J］. 现代农业（7）：21.

白全江，黄俊霞，韩诚，等.2011. 向日葵不同播期对向日葵螟避害效果研究［J］. 中国农学通报，27（9）：362-367.

白应文.2012. 大丽轮枝菌微菌核生物学特性研究［D］. 杨陵：西北农林科技大学（4）.

边正子，何维桢，王德茂，等.1985. 吉林省向日葵螟的发生规律和防治试验报告［J］. 吉林农业科学（1）：51-57.

薄天岳，叶华智，李晓兵.2003. 亚麻抗枯萎病基因 *Fuj7*（t）的分子标记［J］. 中国农业科学，36（3）：287-291.

薄天岳，杨建春，任云英.2006. 胡麻品种资源对枯萎病的抗性研究［J］. 中国油料作物学报，28（4）：470-475.

毕玉平，李广存，王秀丽.1999. 花生条纹病毒外壳蛋白基因 cDNA 的合成、克隆及全序列测定［J］. 农业生物技术学报，7（3）：211-214.

蔡学清，胡方平.2000. 福建省花生新病害疮痂病调查研究初报［J］. 福建农业科技（2）：23.

蔡祝南，许泽永，王东，等.1986. 酶联免疫吸附法（ELISA）检测花生种子带毒的研究［J］. 植物病理学报，16（1）：23-28.

曹方胜，章绍初，曹九龙，等.2004. 适乐时种衣剂应用于花生的增产效果［J］. 江西农业科学，5：12-13.

曹丽霞.2009. 内蒙古地区向日葵主要病虫害发生现状及研究建议［J］. 内蒙古农业科技（6）：83-84.

陈斌，李正跃，和淑琪.2010. 金龟子绿僵菌 KMa0107 菌株对三种玛绢金龟幼虫的致病力［J］. 中国生物防治，26（1）：18-23.

陈川，唐周怀，郭小侠，等.2009. 金龟子绿僵菌对华北大黑鳃金龟幼虫的杀虫活性研究［J］. 中国农学通报，25（4）：208-211.

陈捍军，龚伦香.2010. 芝麻主要病害及其防治技术［J］. 农村经济与科技，21（6）：144-151.

陈鸿山.1995. 我国胡麻育种进展及利用［J］. 中国油料，17（1）：78-80.

陈剑良.2007. 花生根腐病的发生与防治［J］. 福建农业（3）：25.

陈景莲，朱良祥，王小敏.1999. 几种药剂对向日葵锈病担孢子和夏孢子侵染的防治研究［J］. 内蒙古农业科技，27（6）：19-20.

陈景莲，徐利敏，云晓鹏，等.2009. 向日葵螟性诱剂田间控害试验［J］. 内蒙古农业科技（1）：38.

陈凯，谢宏峰，樊堂群，等.2011.80%代森锌可湿性粉剂防治花生叶斑病的效果［J］. 安徽农业科学，39（18）：10932-10933.

陈坤荣，郑健强，毛学明，等.1994. 烟台地区花生病毒病调查和血清学鉴定［J］. 山东农业科学（2）：34-36.

陈坤荣，郑健强，许泽永，等.1995. 烟台地区花生黄花叶病毒病流行与防治研究［J］. 中国油料，17（3）：57-61.

陈坤荣，许泽永，张宗义，等．1999. 花生条纹病毒株系的生物学特性和壳蛋白基因序列分析［J］．中国油料作物学报，21（2）：55－59.

陈坤荣，许泽永，晏立英，等．2003. 一种侵染花生的新病毒鉴定初报［J］．中国油料作物学报，25（2）：82－85.

陈坤荣，许泽永，晏立英，等．2006. 侵染花生的辣椒褪绿病毒（*Capsicum chlorosis virus*）S RNA 全序列分析［J］．中国病毒学，21（5）：506－509.

陈慕蓉，张曙光，郑冠标，等．1994. 华南花生丛枝病发病规律及防治研究［J］．广东农业科学（2）：33－35.

陈培根．1991. 紫纹羽病菌形态及生物学特性观察［J］．植物病理学报，3：198.

陈培军．2003. 花生焦斑病的田间识别与防治［J］. 科技致富向导（6）：26.

陈善铭，齐兆生．1995. 中国农作物病虫害［M］．2 版．北京：中国农业出版社．

陈卫民，张新建，郭庆元，等．2010. 4 种杀菌剂对向日葵黑茎病的田间防治效果［J］．现代农药，9（5）：51－53.

陈卫民，郭庆元，宋红梅，等．2008. 国内新病害——向日葵茎点霉黑茎病在新疆伊犁河谷的发生初报［J］．云南农业大学学报，23（5）：609－612.

陈卫民，李俊兴，轩亚萍，等．2011. 向日葵黑茎病发生规律及综合防治技术研究［J］．新疆农业科学，48（2）：241－245.

陈卫民，宋红梅，郭庆元，等．2008. 新疆伊犁河谷发现向日葵黑茎病［J］．植物检疫，22（3）：176－178.

陈卫民．2008. 新疆向日葵有害生物［M］．北京：科学普及出版社．

陈友强，陈跃华．2003. 不同药剂处理红花种子防治病害的初步研究［J］．新疆农业科学，40（6）：369－371.

陈祝安，黄基荣．1997. 不同来源绿僵菌对云斑金龟蛴螬致病力评价［J］．微生物学通报，24（2）：81－83.

陈祝安，谢佩华，黄基荣，等．1995. 绿僵菌对暗黑金龟蛴螬的室内致病力测定［J］．中国生物防治，11（2）：54－55.

陈作义，沈菊英，彭加木，等．1981. 花生丛枝病原的电子显微镜研究［J］．生物化学与生物物理学报，13（3）：317－319.

戴芳澜．1979. 中国真菌总汇［M］．北京：科学出版社：955－956.

单志慧，廖伯寿，谈宇俊，等．1997. 花生青枯菌潜伏侵染的酶联免疫血清检测技术［J］．中国油料，19（2）：45－47.

邓才富，申明亮，章文伟，等．2007. 牡丹紫纹羽病病原菌的生物学特性及其防治［J］．植物保护科学，5：342－345.

丁锦华．2002. 农业昆虫学：南方本［M］．北京：中国农业出版社．

董双林，杜家纬．2002. 甜菜夜蛾性信息素组分的鉴定及其田间试验［J］．植物保护学报，29（1）：19－24.

董炜博，石延茂，赵志强，等. 2000. 花生品种（系）叶部病害综合抗性鉴定［J]. 中国油料作物学报，22（3）：71－74.

董炜博，石延茂，赵志强，等．2001. 花生种质资源对根结线虫病抗性的稳定性［J］．沈阳农业大学学报（3）：176－180.

窦玉清，祁中廷．1999. 内蒙古赤峰烟区首次发现寄生种子植物——列当［J］．中国烟草科学（1）：33.

段瑞华，韩方胜，史明武，等．2008. 百泰、Opera 防治花生叶斑病田间药效试验［J］．安徽农业科学，14（17）：204.

樊堂群，迟玉成，谢宏峰，等．2009. 不同抗性花生感染网斑病菌的酶活性及丙二醛含量变化［J］．花生学报，38（4）：31－34.

范丽娟．2006. 向日葵主要病害的发生与防治［J］．黑龙江农业科学，29（3）：57－59.

范文忠，程丽，李云江．2011. 不同碳源·氮源对花生网斑病生长的影响［J］．安徽农业科学，39（26）：16020－16021.

方树民，王正荣，郭建铭，等．2006. 花生疮痂病药剂防治试验［J］．中国油料作物学报，28（2）：220－223，227.

方树民，王正荣，黄龙珠，等．2006. 花生疮痂病发生规律和防治试验［J］．植物保护（5）：75－78.

方树民，王正荣，柯玉琴，等．2007. 花生品种对疮痂病抗性及其机制的研究［J］．中国农业科学，40（2）：291－297.

冯书亮，任国栋．2005. 苏云金芽孢杆菌 HBF－1 及其在有害金龟治理中的应用［M］．北京：中国农业科学技术出版社．

符振声，等．1995. 中国农作物病虫害［M］．北京：中国农业出版社．

甘盛锋．2008. 5 种杀菌剂防治花生疮痂病田间药效试验［J］．现代农业科技，18：33－135.

高新国，渠占奇．2005. 花生茎腐病的发生规律及防治技术［J］．河南农业科学，4：87－88.

宫瑞杰．2011. 不同药剂不同时期防治花生根腐病效果对比试验［J］．现代农业科技，7：159.

关雄，黄志鹏，彭建立，等．1996. 不同种类杀虫剂对甜菜夜蛾和小菜蛾的药效测定［J］．福建农业大学学报，25（2）：168－172.

郭洪参，李林，齐军山，等．2009. 山东花生茎腐病发生规律及防治研究初报［J］．山东农业科学，8：83－85.

韩鹏杰，范仁俊，王强，等．1999. 农抗 120 防治花生叶斑病试验［J]. 山西农业科学，27（3）：82－84.

韩晓清，吴志会，张尚卿，等．2011. 冀东地区花生田蛴螬优势种调查及田间防治技术研究［J］．河北农业科学，15（9）：27－29.

何建群，杨学芬，等．2003. 纤用型亚麻白粉病及其综防技术［J］．植物保护，29（4）：57－58.

何建群．2010. 药剂防治亚麻白粉病效果及经济效益分析［J］．中国麻业科学，32（1）：33－36.

何振昌．1997. 中国北方农业害虫原色图鉴［M］．沈阳：辽宁科学技术出版社．

侯绪友，王家绍. 1979. 花生茎腐病的研究 [J]. 农业科技通讯，9：33.
侯珊珊，刘媛媛，迟玉成，等. 2011. 山东花生病毒的 RT-PCR 检测 [J]. 山东农业科学，1：73-75.
胡森，钱才方，李筠，等. 2000. 花生疮痂病的发生与防治 [J]. 植物保护，26 (1)：21-22.
胡文秀，高峻，李中秀，等. 2005. 20%绿野花生包衣剂防治根腐病药效试验 [J]. 江西农业学报，17 (4)：91-92.
荒木隆男，许云龙. 1983. 紫纹羽病和白纹羽病的发生与土壤条件关系的研究 [J]. 河北林业科技，3：38-40.
黄传贤，伊明，沙里. 1980. 向日葵霜霉病 [J]. 新疆农业科学 (6)：16-17，40.
贾爱红，杨新元，王鹏冬，等. 2004. 向日葵主要病害的发生及综合防治 [J]. 山西农业科学，32 (3)：61-64.
贾菊生，汤斌. 1988. 红花锈病菌的孢子阶段及生活史研究 [J]. 植物病理学报，18 (1)：1.
贾菊生，汤斌. 1989. 红花锈病菌的生物学特性及侵染研究 [J]. 植物病理学报，19 (4)：211-216.
贾菊生. 2001. 红花柄锈菌的冬孢子存活力检验 [J]. 新疆农业科学，38 (6)：326-327.
康耀卫，何礼远. 1994. 青枯菌无毒自发突变株接种花生引起的生化变化 [J]. 中国油料，16 (1)：38-40.
孔德胜，孔明海，赵艳丽，等. 2008. 乐斯本等药剂不同处理方法对花生蛴螬药效试验 [J]. 安徽农学通报，14 (6)：78-79.
孔德胤. 2012. 河套灌区向日葵菌核病发生的气象条件分析 [J]. 中国农学通报，28 (7)：287-291.
兰巍巍，陈倩，王文君，等. 2009. 向日葵黑斑病研究进展及其综合防治 [J]. 植物保护，35 (5)：24-29.
李盾，王振中，林孔勋. 1995. 锈菌侵染后花生体内主要生化指标的变化及其与抗性的关系 [J]. 华南农业大学学报，16 (1)：68-75.
李锦辉，汤丰收，赵志芳，等. 2002. 花生网斑病对豫花 15 号主要生理特性的影响 [J]. 河南农业科学 (3)：14-16.
李军华，李绍生，李绍伟，等. 2007. 环境因子对花生蚜虫发生程度的影响 [J]. 浙江农业科学 (6)：719-720.
李丽丽. 1989. 我国芝麻病害种类、研究概况及展望 [J]. 中国油料，1：11-15.
李丽丽，王圣玉，方小平，等. 1991. 我国芝麻种质资源抗茎点枯病鉴定 [J]. 中国油料，1：3-6.
李绍伟，陈国达，王玉霞，等. 1993. 花生叶斑病流行预测研究 [J]. 中国油料 (4)：52-54.
李绍伟，李国恒，闫好钦，等. 1997. 花生蚜虫流行程度预测预报研究 [J]. 花生科技 (1)：25-27.
李文溶，段迺雄. 1987. 花生青枯菌致病性的研究 [J]. 中国油料，10 (4)：1-4.
李晓健，张德荣，赵淑华. 1994. 向日葵人工脱叶防治黑斑病及其对产量的影响 [J]. 中国油料作物学报 (4)：67-69.
李杨，高志山，李建涛. 2012. 戊唑醇等四种杀菌剂防治花生冠腐病应用研究 [J]. 花生学报，41 (2)：13-19.
李玉. 1980. 吉林省发现向日葵霜霉病 [J]. 吉林农业大学学报，2 (1)：134.
李子钦，曹丽霞，白全江，等. 2004. 内蒙古向日葵主要病害及其防治对策 [J]. 内蒙古农业科技 (S1)：63-64.
李子钦，张建平. 1992. 向日葵霜霉病菌生理小种研究进展 [J]. 中国油料，14 (2)：80-53.
廖伯寿. 1989. 国内外花生锈病抗性遗传育种的研究概况 [J]. 中国油料，4：33-35.
廖伯寿，单志慧，雷永，等. 1998. 栽培种花生对青枯菌潜伏侵染的反应 [J]. 中国油料作物学报，20 (4)：61-65.
廖伯寿. 2012. 花生主要病虫害识别手册 [M]. 武汉：湖北科学技术出版社.
刘广瑞. 1997. 中国北方常见金龟子彩色图鉴 [M]. 北京：中国林业出版社.
刘会合，薛玲，吕相生，等. 1999. 芝麻茎点枯病的发生与防治 [J]. 植保技术与推广，19 (3)：15.
刘美昌，丰燕，冯志花，等. 2004. 新型杀菌剂防治花生网斑病的效果 [J]. 山东农业科学 (3)：58-59.
刘绍友. 1990. 农业昆虫学：北方本 [M]. 杨陵：天则出版社.
刘惕若，王守正，李丽丽. 1983. 油料作物病害及其防治 [M]. 上海：上海科学技术出版社.
刘惕若，辛惠普，杜文亮. 1963. 向日葵霉病——我国向日葵的一种新的病害 [J]. 植物保护学报，2 (1)：56.
刘迅，农向群，刘春琴，等. 2011. 花生播种期施用绿僵菌防治蛴螬的研究 [J]. 中国生物防治学报，27 (4)：485-489.
刘永超，张绪萍，阚海礼，等. 2012. 花生疮痂病的发生规律与药剂防治试验 [J]. 山东农业科学，44 (8)：98-99，102.
刘媛媛，侯珊珊，常文程，等. 2010. 花生斑驳病毒青岛分离物 *cp* 基因序列克隆与分析 [J]. 植物病理学报，40 (6)：647-650.
刘正坪，李荣禧，马萍，等. 1991. 芝麻叶斑病病原菌生物学特性的研究 [J]. 内蒙古农业大学学报：自然科学版，1：35-39.
罗友文. 1985. 红花锈病病原生活史及防治研究 [J]. 植物保护学报，12 (1)：45-50.
骆建敏. 2002. 红花柄锈菌生活史超微结构研究 [J]. 新疆大学学报：自然科学版，19 (3)：315-318.
吕佩珂，李学武，康志勇. 1986. 敌力脱锰粉合剂等防治向日葵锈病药效试验初报 [J]. 内蒙古农业科技，14 (2)：18，49.
马德虎，韩方胜. 2006. 毒死蜱颗粒剂防治花生蛴螬试验初探 [J]. 安徽农学通报，12 (3)：115.
马福杰，陈卫民. 2010. 新疆新源县向日葵黑茎病暴发流行的原因及防治对策 [J]. 农业科技通讯 (9)：92-94.
孟祥峰，高新国，张春生. 2003. 河南省芝麻茎点枯病发病规律及防治措施 [J]. 河南农业科学，10：69.

欧善生 . 2003. 花生根腐病发生为害与防治［J］. 广西农业科学（2）：47 - 48.
潘映红，张杰，黄大昉 . 1999. 几种微生物杀虫蛋白基因研究进展［J］. 生物技术通报，2：1 - 4.
商鸿生，胡小平 . 2001. 向日葵检疫性有害生物［J］. 植物检疫，15（3）：152 - 154.
邵玉彬 . 1991. 向日葵菌核病防治研究现状［J］. 国外农学：向日葵（1）：1 - 5.
史桂荣，孟昭萍，张永华，等 . 2002. 花生根腐病发病因素分析及防治技术探讨［J］. 植保技术与推广，22（11）：12 - 13，39.
宋协松，栾文琪，董炜博，等 . 1995. 花生种质资源对花生根结线虫病的抗性鉴定［J］. 植物病理学报，25（2）：139 - 141.
宋协松 . 1991. 氯化苦防治花生根结线虫病的研究［J］. 花生科技（1）：19 - 21.
苏卫华，戚仁德，朱建祥，等 . 2012. 辛硫磷 35CS 释放特性与施药方法对花生蛴螬防治效果的影响［J］. 安徽农业科学，40（8）：4542 - 4543.
苏银玲，苗红梅，魏利斌，等 . 2012. 芝麻枯萎病病原菌分离和纯化方法研究［J］. 河南农业科学，41（1）：92 - 95.
孙宪猛，郭成华，蔡建国，等 . 1990. 杨树紫色根腐病的防治［J］. 湖北林业科技，177：88，90.
谈宇俊，廖伯寿 . 1990. 国内外花生青枯病研究述评［J］. 中国油料，4：87 - 90.
王才斌，孙秀山，成波，等 . 2005. 不同杀菌剂对花生叶斑病的防效及公害研究［J］. 中国油料作物学报，27（4）：72 - 75.
王富荣，蔚志强，石秀琴，等 . 1991. 向日葵霜霉病的发生规律及研究［J］. 华北农学报，6（3）：109 - 114.
王立达，赵秀梅，周传余 . 2010. 应用赤眼蜂防治向日葵螟的效果研究［J］. 黑龙江农业科学（7）：69 - 71.
王青槐，白婵英，曹成元，等 . 1991. 忻州防治向日葵霜霉病已见成效［J］. 植物保护，17（2）：52 - 53.
王锁牢，李广阔，等 . 2006. 几种药剂对亚麻白粉病的防效研究［J］. 新疆农业科学，43（4）：313 - 315.
王文军 . 2009. 黑龙江省向日葵螟虫的发生与危害［J］. 杂粮作物，29（4）：285 - 286.
王正荣 . 2011. 花生新品种对疮痂病抗性对比试验［J］. 热带农业科学，11：49 - 50.
叶家栋，朱秀廷 . 1965. 我国黑龙江省初次发现的向日葵新害虫——向日葵螟［J］. 昆虫学报，14（6）：617 - 619.
魏良民 . 2008. 向日葵茎黑斑病发生原因及防治分析［J］. 农业科技通讯（9）：68 - 71.
温少华，晏立英，方先兰，等 . 2012. 五种杀菌剂对花生褐斑病菌的室内毒力的影响和田间药效［J］. 中国油料作物学报，34（4）：433 - 437.
吴桂香，李运良，刘世扬 . 1996. 芝麻茎点枯病的发生规律及综合防治技术［J］. 河南农业科学，8（7）：17 - 18.
谢吉先，王书勤，陈志德，等 . 2012. 几种种衣剂防治花生蛴螬的效果［J］. 江苏农业科学，40（1）：128 - 130.
徐敬珲，刘效瑞，尚虎山，等 . 2012. 几种农药配比处理土壤对黄芪紫纹羽病的防治效果初报［J］. 甘肃农业科技，4：20 -22.
徐明显，石延茂 . 1990. 我国花生网斑病的病原问题［J］. 花生科技（1）：19 - 20.
徐庆丰，洪家保，巫后长，等 . 1997. 布氏白僵菌防治花生蛴螬的研究［J］. 中国生物防治，13（1）：23 - 25.
徐鑫 . 2012. 向日葵锈病菌的种内群体分化及 SCAR 标记［D］. 呼和浩特：内蒙古农业大学 .
徐秀娟，卢云军，赵冬蕾. 1990. 花生几种叶斑病的发生与防治研究［J］. 植物保护，16（1）：12 - 14.
徐秀娟，石延茂，徐明显，等 . 1992. 花生网斑病的发生与防治研究［J］. 山东农业科学（4）：29.
徐秀娟，崔凤高，石延茂，等 . 1995. 中国花生网斑病研究［J］. 植物保护学报，22（1）：70 - 74.
徐秀娟，赵志强，宋文武，等 . 2003. 花生菌核病及其防治研究［J］. 山东农业大学学报：自然科学版，34（1）：33 - 36.
徐秀娟 . 2009. 中国花生病虫草鼠害［M］. 北京：中国农业出版社 .
徐玉恒，钟建峰，卞建波，等 . 2006. 花生白绢病药剂防治研究［J］. 现代农业科技，12：68.
许泽永，Barnett O W. 1983. 一种侵染花生的黄瓜花叶病毒的鉴定［J］. 中国油料（4）：55 - 58.
许泽永，余子林，Barnett O W. 1983. 花生轻斑驳病毒的研究［J］. 中国油料（4）：51 - 54.
许泽永，蔡祝南，于善立，等 . 1984. 中国北方花生病毒病类型和血清鉴定［J］. 中国油料（3）：48 - 56.
许泽永，张宗义，段乃雄，等 . 1986. 花生轻斑驳病毒病防治试验［J］. 中国油料（2）：73 - 77.
许泽永，张宗义 . 1985. 芝麻黄花叶病毒病——一种 Potyvirus 引起的病害［J］. 中国油料（2）：273.
许泽永 . 1985. 花生种子带 PMMV 和 CMV - CA 病毒检测报告［J］. 中国油料（1）：56 - 58.
许泽永，等 . 1985. 花生矮化病毒的一个新株系——轻型株系的研究［J］. 中国油料（2）：68 - 72.
许泽永，张宗义 . 1986a. 北方花生两种主要病毒病及其防治［J］. 植物保护（6）：13 - 14.
许泽永，张宗义 . 1986b. 三种主要花生病毒侵染对花生生长和产量影响的研究［J］. 中国农业科学（4）：51 - 56.
许泽永，张宗义 . 1988. 我国花生病毒病类型区域分布和病毒血清鉴定［J］. 中国油料（2）：56 - 61.
许泽永，张宗义，陈金香 . 1989. 一种引起花生严重矮化的黄瓜花叶病毒的（CMV）株系鉴定［J］. 植物病理学报，19（3）：141 - 144.

许泽永，张宗义，陈坤荣，等.1990. 我国花生品种资源种子带病毒检测［J］. 植物保护，16（4）：10－11.

许泽永，张宗义，陈坤荣，等.1992. 花生矮化病毒株系寄主反应及对花生致病力研究［J］. 中国油料（4）：25－29.

许泽永，张宗义，陈坤荣，等.1994. 芝麻病毒病类型及发生分布调查［J］. 中国油料，16（2）：46－48.

许泽永，陈坤荣，张宗义，等.1994. 刺槐——花生矮化病毒一个初侵染源［J］. 植物病理学报，24（4）：305－309.

许泽永，张宗义，等.1994. 芝麻病毒病类型及发生分布调查［J］. 中国油料，16（2）：46－48.

许泽永，Dietzgen R G，陈坤荣，等.1998. 我国花生矮化病毒（PSV）株系的血清学和壳蛋白基因序列分析［J］. 农业生物技术学报，6（1）：15－21.

许泽永，晏立英，陈坤荣，等.2004. 花生矮化病毒（PSV）Mi 株系 RNA3 全序列分析［J］. 农业生物技术学报，12（4）：436－441.

薛丽静，于海燕，乔亚民，等.2001. 吉林省向日葵新引资源对黑斑病抗性鉴定［J］. 植物遗传资源科学，2（1）：64－65.

晏立英，陈坤荣，韩成贵，等.2002. 芝麻坏死花叶病毒（SNMV）部分 cDNA 合成及序列分析［J］. 中国油料作物学报，24（2）：61－66.

晏立英，许泽永，陈坤荣，等.2005. 侵染花生的 CMV－CA 株系基因组全序列分析［J］. 中国病毒学，20（3）：315－319.

杨健源，梁志慧，唐伟文.2000. 花生丛枝病病原的血清学研究［J］. 中国油料作物学报，22（4）：58－61.

杨静飞.2001. 向日葵霜霉病的发生与防治［J］. 新疆农业科技，23（6）：20.

杨修身，薛香云，杨永东.1991. 芝麻叶病发生危害调查及防治对策［J］. 病虫测报（2）：34－35.

杨修身，杨永东，薛香云，等.1990. 芝麻叶斑病、茎点枯病的发生对芝麻产量的影响［J］. 河南农业科学（6）：15－17.

杨学，李柱刚，关凤芝，等.2007. 亚麻白粉病发生规律研究［J］. 中国麻业科学，29（2）：86－89.

杨学.2004. 亚麻白粉病发生特点及防治技术研究［J］. 中国麻业，26（3）：121－124.

杨永东，薛香云.1994. 芝麻叶斑病的发生及防治［J］. 河南农业科学（6）：18－20.

于莉，李赤，宋桂茹.1998. 向日葵黑斑病研究进展［J］. 吉林农业大学学报，20（1）：91－94.

曾永三，郑奕雄.2010. 花生焦斑病的识别与防控关键技术［J］. 广东农业科学（4）：54－55.

张改强，张玉红.2011. 2.5%适乐时悬浮种衣剂防治花生根腐病研究［J］. 河南农业，10：46－47.

张曙光，范怀忠.1981. 华南花生丛枝病——由叶蝉传递的花生类菌原体新病害的研究简报［J］. 华南农学院学报，2：104－105.

张宗义，许泽永，陈坤荣，等.1994. 花生品种（系）对花生矮化病毒抗性鉴定［J］. 中国油料，16（2）：48－51.

张宗义，陈坤荣，许泽永，等.1998. 花生普通花叶病毒病发生和流行规律研究［J］. 中国油料作物学报，20（1）：78－82.

张宗义，许泽永，陈坤荣，等.1998. 刺槐上分离的花生矮化病毒研究［J］. 中国病毒学，13（3）：271－273.

张总泽.2010. 向日葵播种期对防治向日葵螟和黄萎病的影响［J］. 植物保护学报，37（5）：414－418.

张总泽，刘双平，罗礼智.2009. 向日葵螟生物学研究进展［J］. 植物保护，35（5）：18－23.

赵辉，倪云霞，鲁晓阳，等.2012. 芝麻种子带菌检测及药剂消毒处理效果［J］. 中国油料作物学报，34（2）：206－209.

赵志国.2011. 辽西北地区向日葵菌核病的发生与防治［J］. 现代农村科技（21）：22.

郑怀民，李桂珍，田本志，等.1986. 向日葵黑斑病防治研究［J］. 辽宁农业科学（4）：26－31.

周亮高，霍超斌，刘景梅，等.1980. 广东省花生锈病研究［J］. 植物保护学报，7（2）：67－74.

周宗璜，张志橙，李玉.1980. 吉林省发现向日葵列当初报［J］. 吉林农业大学学报，2：20.

Ahirwar R M, Banerjee S, Gupta M P. 2009. Insect pest management in sesame crop by intercropping system［J］. Annals of Plant Protection Sciences, 17（1）：225－226.

Ahuja D B, Kalyan R K, Srivastava N. 2005. Evaluation of integrated pest management modules in sesame（*Sesamum indicum* L.）［J］. Indian Journal of Entomology, 67（3）：231－233.

Allen S J, Brown J F, Kochman J K. 1983. The infection process, sporulation and survival of *Alternaria helianthi* on sunflower［J］. Annals of Applied Biology, 102（3）：413－419.

Amaresh V S, Nargund V B. 2002. Field evaluation of fungicides in the management of alternaria leaf blight of sunflower［J］. Annals of Plant Protection Sciences, 10（2）：331－336.

Amaresh Y S, Nargund V B. 2003. Management of sunflower rust through fungicides［J］. Annals of Plant Protection Sciences, 11（2）：296－299.

Arora P, Dilbaghi N, Chaudhury A. 2012. Detection of double stranded RNA in phytopathogenic *Macrophomina phaseolina* causing charcoal rot in *Cyamopsis tetragonoloba*［J］. Molecular Biology Reports, 39（3）：3047－3054.

Babu B K, Saxena A, Srivastava A K, et al. 2007. Identification and detection of *Macrophomina phaseolina* by using species-specific oligonucleotide primers and probe［J］. Mycologia, 99（6）：797－803.

Bhaskaran R, Kandaswamy T K. 1978. Change in ascorbic oxides and ascorbic acid content in sunflower due to *Alternaria helianthi inoculation* [J]. Madras Agricultural Journal, 65 (6): 419-420.

Bixby A, Alm S R, Powr K, et al. 2007. Susceptibility of four species of turfgrass-infesting scarabs (*Coleoptera*: *Scarabaeidae*) to *Bacillus thuringiensis* serovar japonensis Strain Buibui [J]. Horticultural Entomology, 100 (5): 1604-1610.

Bjernemose J K, Raithby P R, Toftlund H. 2008. Severity of Alternaria leaf spot and seed infection by *Alternaria sesami*, as affected by plant age of sesame (*Sesamum indicum* L.) [J]. Journal of Phytopathology, 147 (7-8): 403-407.

Bock K R. 1973. Peanut mottle virus in East Africa [J]. Annals of Applied Biology, 74: 171-179.

Boland G J Hall R. 1994. Index of plant hosts of *Sclerotinia sclerotiorum* [J]. Canadian Journal of Plant Pathology, 16: 93-108.

Brenneman T B, Murphy A P. 1991. Activity of tebuconazole on *Cercosporidium personatum*, a foliar pathogen of peanut [J]. Plant Disease, 75: 699-703.

Breuil S D E, Giolitti F, Lenardon S. 2005. Detection of cucumber mosaic virus in peanut (*Arachis hypogea* L.) in Angentina [J]. Journal of Phytopathology, 153: 722-725.

Breuil S D E, Nievas M S, Giolitti F J, et al. 2010. Occurrence, prevalence, and distribution of viruses infecting peanut in Angentina [J]. Plant Disease, 92: 1237-1240.

Buddenhagen I W, Sequeira L, Kelman A. 1962. Designation of races in *Pseudomonas solanacearum* [J]. Phytopathology, 52: 726.

Butzler T M, Bailey J, et al. 1998. Integrated management of sclerotinia blight in peanut: utilizing canopy morphology, mechanical pruning, and fungicide timing [J]. Plant Disease, 82 (12): 1312-1318.

Calvet N P, Ungaro M R G, Oliveira R F. 2005. Virtual lesion of *Alternaria* blight on sunflower [J]. Helia, 28 (42): 89-99.

Cantonwine E G, Culbreath A K, Stevenson K L, et al. 2005. Integrated disease management of leaf spot and spotted wilt of peanut [J]. Plant Disease, 90: 493-500.

Carson M L. 1985. Epidemiology and yield losses associated with *Alternaria* blight of sunflower [J]. Phytopathology, 75 (10): 1151-1156.

Cessna S G, V E Sears, et al. 2000. Oxalic acid, a pathogenicity factor for *Sclerotinia sclerotiorum*, suppresses the oxidative burst of the host plant [J]. Plant Cell, 12 (11): 2191-2200.

Chiteka Z A, Gorbet D W, Shokes F M, et al. 1997. Component of resistance to early leaf spot in peanut genetic variability and heritability [J]. Soil and Crop Science Society of Florida Proceedings, 56: 63-68.

Cho E K, Choi S H. 1987. Etiology of half stem rot in sesame caused by *Fusarium oxysporum* [J]. Korean Journal of Plant Protection, 26 (1): 25-30.

Cook. 1981. Susceptibility of peanut leaves to *Cercosporidium personatum* [J]. Phytopathology, 71: 787-791.

Demski J W, Kahn M A, Wells H D, et al. 1981. Peanut mottle virus in forage legumes [J]. Plant Disease, 65: 359-362.

Demski J W, Reddy D V R, Sowell G Jr, et al. 1984. Peanut stripe virus—a new seed-borne potyvirus from China infecting groundnut (*Arachis hypogaea*) [J]. Annals of Applied Biology, 105: 495-501.

Demski J W, Reddy D V R. 1995. Diseases caused by viruses [M] //Compendium of Peanut Diseases. American Phytopathological Society: 53-59.

Ekbote A U, Mayee C D. 1984. Biochemical changes due to rust in resistant and susceptible groundnuts. I. Changes in oxidative enzymes [J]. Indian Journal of Plant Pathology, 2 (1): 21-26.

El-Bramawy M A E S A, Veverka K, El-Shazly M S, et al. 2001. Evaluation of resistance to *Fusarium oxysporum* f. sp. *sesami* in hybrid lines of sesame (*Sesamum indicum* L.) [J]. Plant Protection Science, 37: 74-79.

El-Bramawy M A E S A. 2011. Anti-nutritional factors as screening criteria for some diseases resistance in sesame (*Sesamum indicum* L.) genotypes [J]. Journal of Plant Breeding and Crop Science, 3 (13): 353-367.

El-Shakhess S A M, Khalifa M M A. 2007. Combining ability and heterosis for yield, yield components, charcoal-rot and *Fusarium* wilt diseases in sesame [J]. Egypt Journal of Plant Breeding, 11 (1): 351-371.

Emilie F F, Bart P H, Thomma J. 2006. Physiology and molecular aspects of *Verticillium* wilt diseases caused by *V. dahliae* and *V. alboatrum*. Molecular Plant Pathology, 7 (2): 71-86.

Flor H H. 1955. Host-parasite interaction in flax rust its genetics and other implications [J]. Phytopathology, 45: 680-685.

Guleria S, Kumar A. 2006. Azadirachta indica leaf extract induces resistance in sesame against *Alternaria* leaf spot disease

57: 343-351.

Screenivasulu P, Demski J W, Purcifull D E, et al. 1994. A potyvirus causing mosaic disease of sesame (*Sesamum indicum*) [J]. Plant Disease, 78: 95-99.

Sharma N N, Ranganatha M C, Chandramouli B. 2000. Management of sunflower rust (*Puccinia helianthi* Schw.) with hexaconazole in combination with captan [J]. Pestology, 24 (4): 63-64.

Shtienberg D, Vintal H. 1995. Environmental influences on the development of *Puccinia helianthi* on sunflower [J]. Phytopathology, 85: 1388-1393.

Songa W, Hillocks R J. 1998. Survival of *Macrophomina phaseolina* in bean seed and crop residue [J]. International Journal of Pest Management, 44 (2): 109-114.

Srinivas T, Rao K C S, Chattopadhyay C. 1997. Physiological studies of *Altermaria helianthi* (Hansf.) Tubaki and Nishibara, the agent of blight of sunflower [J]. Helia, 20 (27): 51-56.

Stalker H T, Beute M K, Shew B B, et al. 2002. Registration of two root-knot nematode-resistant peanut germplasm lines [J]. Crop Science, 42: 312-313.

Starr J L, Schuster G L, Simpson C E. 1990. Characterizationg of the resistance to *Meloidogyne arenaria* in an interspecific *Arachis* spp. hybrid [J]. Peanut Science, 17: 106-108.

Su G, Suh S O, Schneider R W. et al. 2001. Host specialization in the charcoal rot fungus, *Macrophomina phaseolina* [J]. Phytopathology, 91 (2): 120-126.

Suriachandraselvan M, Seetharaman K. 2000. Survial of *Macrophomina phaseolina*, the causal agent of charcoal rot of sunflower in soil, seed and plant debris [J]. Journal of Mycology and Plant Pathology, 30 (3): 402-405.

Szabó B, Szabó M, Varga Cs, et al. 2009. Feral host plant range as a reservoir of European sunflower moth (*Homoeosoma nebulellum* Den. et Schiff.) populations in Nyírség region [J]. North-Western Journal of Zoology, 5 (2): 290-300.

Teydeney P Y. et al. 1994. Cloning and sequence analysis of the coat protein genes of an Australian strain of peanut mottle and an Indonesian blotch strain of peanut stripe potyviruses [J]. Virus Research, 81: 244-286.

Thiyagu K, Candasamy G, Manivannan N, et al. 2007. Resistant genotypes to root rot disease (*Macrophomina phaseolina*) of sesame (*Sesamum Indicum* L.) [J]. Agricultural Science Digest, 27 (1): 34-37.

Wang Z Z, Lin K H. 2000. Modeling leaf age-related susceptibility and rust eruption dynamics in peanut [J]. Peanut Science, 27: 7-10.

Woodward J E, Brenneman T B, Kemerait Jr R C, et al. 2010. Management of peanut diseases with reduced input fungicide programs in fields with varying levels of disease risk [J]. Crop Protection, 29: 222-229.

Xu Z, Bamett O W, Gibeon P B. 1986. Characterization of peanut stunt virus strains by host reactions, serology and RNA patterns [J]. Phytopatholgy, 76: 390-395.

Xu Z, Barnett O W. 1984. Identification of a cucumber mosaic virus strain from naturally infected peanut in China [J]. Plant Disease, 68: 386-389.

Xu Z, Chen K, Zhang, Z, et al. 1991. Seed transmission of peanut stripe virus in peanut [J]. Plant Disease, 75: 723-726.

Xu Z, Higgins C, Chen K, et al. 1998. Evidence for a third taxonomic subgroup of peanut stunt virus from China [J]. Plant Disease, 82: 992-998.

Xu Z, Yu Z, Liu J, et al. 1983. A virus causing peanut mild mottle in Hubei Province, China [J]. Plant Disease, 67: 1029-1032.

Yan L, Xu Z, Goldbach R, et al. 2005. Nucleotide sequence analyses of genomic RNAs of PSV-Mi, the type strain represent a novel PSV subgroup from China [J]. Archives of Virology, 150: 1203-1211.

Zagatti P, Renou M, Malosse C, et al. 1991. Sex pheromone of the European sunflower moth *Homoeosoma nebulellum* (Den. &Schiff.) (Lepidoptera: Pyralidae) [J]. Journal of Chemical Ecology, 17 (7): 1399-1414.

Zehr E I. 1969. Studies of the distribution and economic importance of *Pseudomonas solanacearum* in certain crops in the Philippines [J]. Philippine Agriculturist, 53: 218-223.

第9单元　花生及其他油料作物病虫害

彩图 9-1-1　花生褐斑病症状（晏立英提供）
Colour Figure 9-1-1　Symptoms of early leafspot of peanut caused by *Cercospora arachidicola* (by Yan Liying)

彩图 9-2-1　花生黑斑病症状（廖伯寿提供）
Colour Figure 9-2-1　Symptoms of late leafspot of peanut caused by *Phaeoisariopsis personata* (by Liao Boshou)

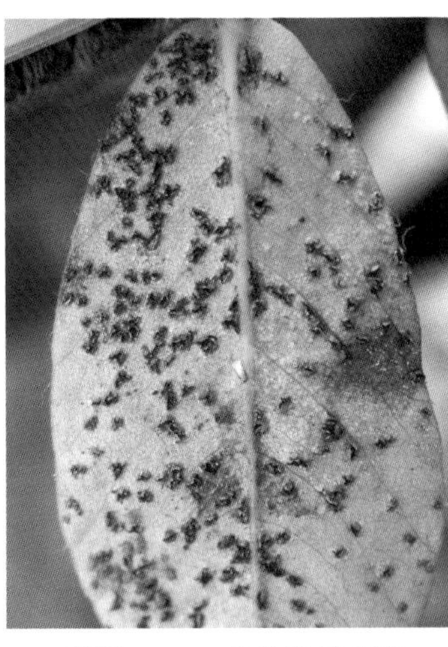

彩图 9-3-1　花生锈病症状（廖伯寿提供）
Colour Figure 9-3-1　Peanut rust caused by *Puccinia arachidis* (by Liao Boshou)

彩图 9-4-1　花生网斑病症状（廖伯寿提供）
Colour Figure 9-4-1　Peanut web blotch caused by *Phoma arachidicola* (by Liao Boshou)
1. 污斑型　2. 网纹型

彩图 9-5-1　花生焦斑病症状（晏立英提供）
Colour Figure 9-5-1　Symptoms of peanut leaf scorch (by Yan Liying)
1. 焦斑型　2. 胡麻斑型

彩图 9-6-1　花生茎腐病症状（郭宏参提供）
Colour Figure 9-6-1　Symptoms of peanut stem rot caused by *Lasiodiplodia theobromae* (by Guo Hongshen)

彩图 9-7-1　花生白绢病症状（廖伯寿提供）
Colour Figure 9-7-1　Peanut white mold caused by *Sclerotium rolfsii* (by Liao Boshou)

…系纹羽病茎部症状（晏立英提供）
Colour Figure 9-23-1　Symptoms caused by *Helicobasidium mompa* on peanut stem (by Yan Liying)

…on stem, petiole
…e et al.,1997)

彩图9-25-1　芝麻枯萎病茎部（1）和根部（2）症状（苗红梅提供）
Colour Figure 9-25-1　Sympoms of sesame Fusarium wilt on stem (1) and root (2) (by Miao Hongmei)

…es

彩图9-8-1 花生根腐病症状（晏立英提供）
Colour Figure 9-8-1 Symptoms of peanut root rot caused by *Fusarium solani* (by Yan Liying)

彩图9-9-1 花生青枯病症状（廖伯寿提供）
Colour Figure 9-9-1 Symptoms of bacterial wilt of peanut caused by *Ralstonia solanacearum* (by Liao Boshou)

彩图9-10-1 花生疮痂病症状（廖伯寿提供）
Colour Figure 9-10-1 Symptoms of peanut scab caused by *Sphaceloma arachidis* (by Liao Boshou)

彩图9-11-1 花生条纹病毒侵染花生引起的沿叶侧脉绿色条纹症状（许泽永提供）
Colour Figure 9-11-1 Symptoms of stripe along peanut laternal vein caused by PStV (by Xu Zeyong)

彩图9-12-1 黄瓜花叶病毒(CMV)CA株系侵染花生引起黄绿相间的黄花叶症状(许泽永提供)
Colour Figure 9-12-1 Symptoms of yellow mosaic of peanut infected by CMV-CA (by Xu Zeyong)

彩图9-13-1 花生矮化病毒（PSV）Mi株系侵染花生引起绿色与浅绿相间的普通花叶症状（许泽永提供）
Colour Figure 9-13-1 Symptoms of common mosaic of peanut plants infected by PSV-Mi (by Xu Zeyong)

彩图9-16-1 花生丛枝病田间症状（晏立英提供）
Colour Figure 9-16-1 Symptoms of witches broom of a diseased peanut (by Yan Liying)

彩图9-17-
Colour Fig

彩图9-18-1 花生苗期立枯病症状
（引自N. Kokalis-Burelle等，1997）
Colour Figure 9-18-1 Symptoms of peanut stem caused by *Rhizoctonia solani* (from N. Kokalis-Burelle et al., 1997)

彩图9-1
Colour Figure 9-
A

彩图9-14-1　感染芽枯病毒病的花生顶端叶片表现黄斑坏死，叶柄和茎坏死(许泽永提供)

Colour Figure 9-14-1　Symptoms of yellow spots and bud necrosis of peanut infected by CaCV (by Xu Zeyong)

彩图9-15-1　花生斑驳病毒(PMV)侵染引起的花生叶片斑驳症状(许泽永提供)

Colour Figure 9-15-1　Symptoms of peanut mottle infected by PMV (by Xu Zeyong)

袁美提供)

彩图 9-20-1 花生菌核茎腐病症状（晏立英提供）
Colour Figure 9-20-1 Symptoms of peanut blight caused by *Sclerotinia miyabeana* (by Yan Liying)

彩图 9-21-1 花生叶片上的炭疽病症状（晏立英提供）
Colour Figure 9-21-1 Symptoms of peanut leaves caused by *Colletotrichum truncatum*（by Yan Liying）

彩图 9-22-1 花生灰霉病茎秆、叶柄和托叶症状
（引自 N. Kokalis-Burelle 等，1997）
Colour Figure 9-22-1 *Botrytis ci*... ...lating on st...
and stipule of pea...

彩图 9-23-1 花生...

彩图9-26-1　菜豆普通花叶病毒（BCMV）引起的芝麻黄花叶病毒病症状（许泽永提供）

Colour Figure 9-26-1　Symptoms of sesame yellow mosaic caused by BCMV (by Xu Zeyong)

彩图9-26-2　芜菁花叶病毒（TuMV）引起的芝麻普通花叶病毒病症状（许泽永提供）

Colour Figure 9-26-2　Symptoms of sesame common mosaic caused by TuMV (by Xu Zeyong)

彩图9-26-3　芝麻坏死花叶病毒（SNMV）引起的芝麻坏死花叶病毒病症状（许泽永提供）

Colour Figure 9-26-3　Symptoms of sesame necrosis mosaic caused by SNMV (by Xu Zeyong)

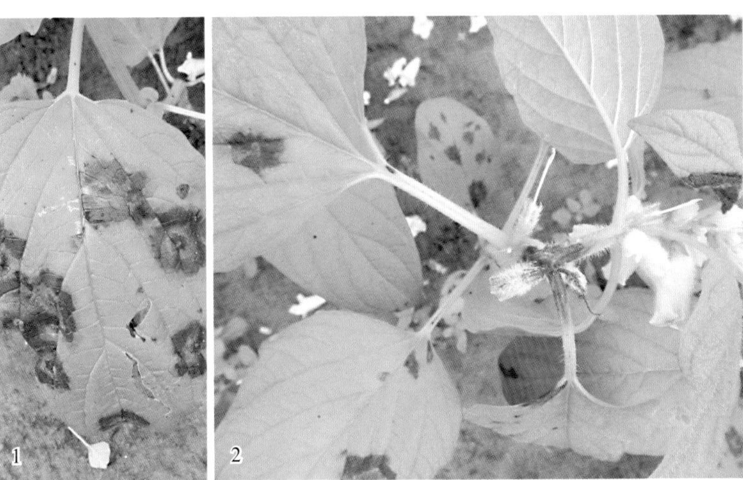

彩图9-27-1　芝麻疫病的叶片（1）和幼茎（2）症状（刘红彦提供）

Colour Figure 9-27-1　Symptoms of sesame Phytophthora blight on leaf (1) and young stem (2) (by Liu Hongyan)

彩图9-28-1　芝麻青枯病症状（刘红彦提供）

Colour Figure 9-28-1　Symptoms of sesame bacterial wilt (by Liu Hongyan)

彩图9-29-1　芝麻立枯病症状（刘红彦提供）

Colour Figure 9-29-1　Symptoms of sesame Rhizoctonia rot (by Liu Hongyan)

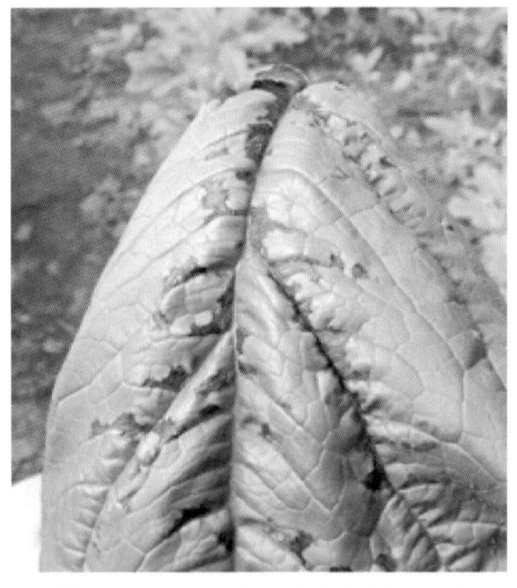

彩图9-30-1 芝麻细菌性角斑病症状
（杨修身提供）
Colour Figure 9-30-1 Symptoms of sesame bacterial leaf spot
(by Yang Xiushen)

彩图9-31-1 芝麻叶枯病叶片（1）和蒴果（2）症状（杨修身提供）
Colour Figure 9-31-1 Symptoms of sesame leaf blight on leaf (1) and capsule (2) (by Yang Xiushen)

彩图9-32-1 芝麻白粉病症状
（刘红彦提供）
Colour Figure 9-32-1 Symptoms of sesame powdery mildew
（by Liu Hongyan）

彩图9-33-1 芝麻黑斑病症状
（刘红彦提供）
Colour Figure 9-33-1 Symptoms of sesame black spot
（by Liu Hongyan）

彩图9-34-1 芝麻褐斑病症状
（杨修身提供）
Colour Figure 9-34-1 Symptoms of sesame brown spot
（by Yang Xiushen）

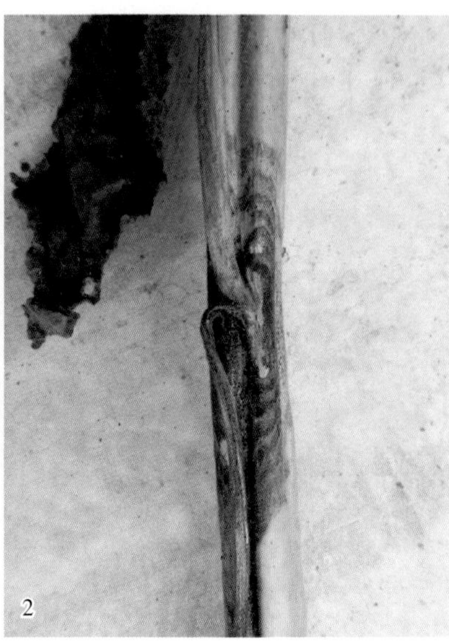

彩图9-35-1 芝麻棒孢叶斑病叶部（1）和茎部（2）症状（刘红彦提供）
Colour Figure 9-35-1 Symptoms of sesame Corynespora leaf spot on leaf (1) and stem (2)（by Liu Hongyan）

彩图9-36-1　向日葵菌核病根茎腐症状（赵君提供）
Colour Figure 9-36-1　Symptoms of sunflower white mold (by Zhao Jun)

彩图9-36-2　核盘菌菌核萌发形成的子囊盘（赵君提供）
Colour Figure 9-36-2　The apothecia developed from sclerotia (by Zhao Jun)

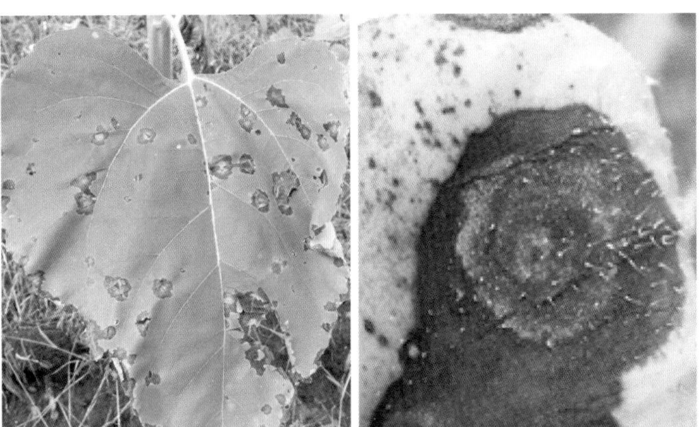

彩图9-37-1　向日葵黑斑病叶部和花盘发病后的症状（马立功提供）
Colour Figure 9-37-1　Symptoms caused by *Alternaria helianthi* on leave and head of sunflower（by Ma Ligong）

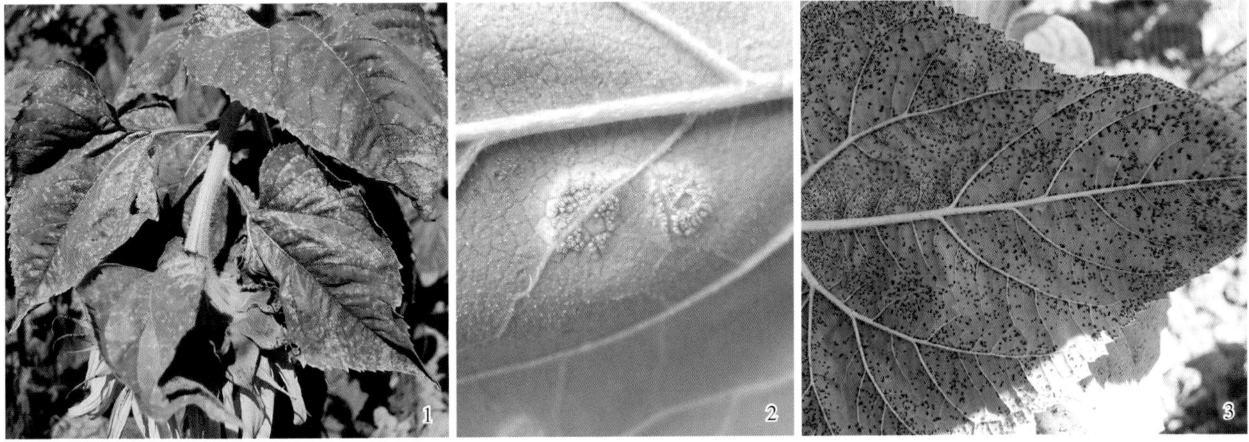

彩图9-38-1　向日葵锈病发病株（1）、锈子器（2）和冬孢子堆（3）（赵君提供）
Colour Figure 9-38-1　Symptoms of sunflower rust on leaves (1), aecia pustules (2) and uredinial pustules (3)（by Zhao Jun）

彩图 9-39-1 向日葵霜霉病症状（景岚提供）
Colour Figure 9-39-1 Symptoms of sunflower downy mildew caused by *Plasmopara halstedii*（by Jing Lan）
1. 植株矮化 2. 叶片褪绿 3. 霜霉层

彩图 9-40-1 列当为害状（1、2）及对向日葵根的寄生（3）（景岚提供）
Colour Figure 9-40-1 The damage caused by broomrape to sunflower in field (1, 2) and parasitic on sunflower roots (3)（by Jing Lan）

彩图 9-40-2 向日葵列当的种子和花（徐利敏和 S.Masirevic 提供）
Colour Figure 9-40-2 The seeds and flowers of sunflower broomrape（by Xu Limin and S.Masirevic）

彩图9-41-1　向日葵黄萎病症状（赵君提供）
Colour Figure 9-41-1　Symptoms of sunflower yellow wilt (by Zhao Jun)
1. 发病初期症状　2. 发病后期症状　3. 发病茎秆的剖面

彩图9-42-1　向日葵黑茎病症状（赵君提供）
Colour Figure 9-42-1　Symptoms of sunflower black stem (by Zhao Jun)

彩图9-43-1　胡麻锈病叶片症状（李子钦提供）
Colour Figure 9-43-1　Symptoms of linseed rust（by Li Ziqin）

彩图9-44-1　胡麻枯萎病植株（党占海提供）
Colour Figure 9-44-1　Linseed wilt caused by *Fusarium oxysporum*（by Dang Zhanhai）

彩图9-45-1　胡麻白粉病症状（党占海提供）
Colour Figure 9-45-1　Linseed powdery mildew caused by *Oidium lini*（by Dang Zhanhai）

彩图 9-46-1 胡麻派斯莫病症状（李子钦提供）
Colour Figure 9-46-1 Linseed symptoms caused by *Septoria linicola* (by Li Ziqin)

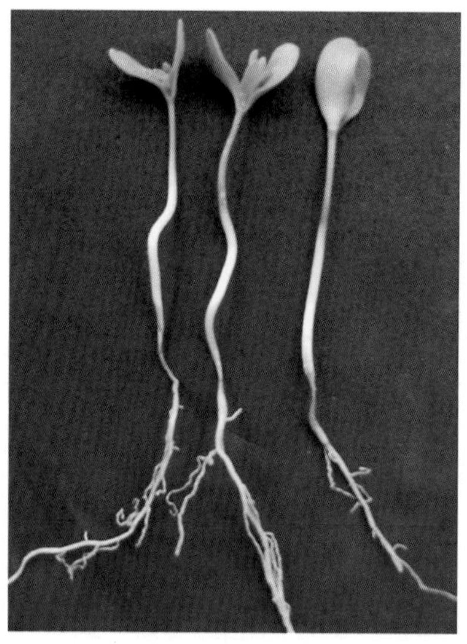

彩图 9-47-1 胡麻立枯病症状（党占海提供）
Colour Figure 9-47-1 Symptoms of linseed seedling caused by *Rhizoctonia solani* (by Dang Zhanhai)

彩图 9-48-1 红花枯萎病根部症状（刘旭云提供）
Colour Figure 9-48-1 Safflower root rot caused by *Fusarium oxysporum* (by Liu Xuyun)

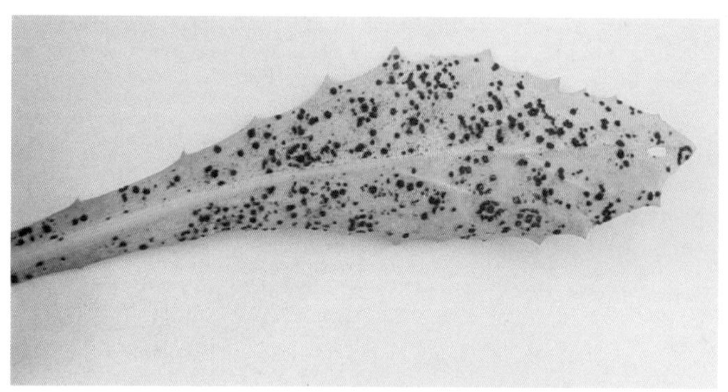

彩图 9-49-1 红花锈病叶片症状（刘旭云提供）
Colour Figure 9-49-1 Safflower rust caused by *Puccinia calcitrapae* var. *centaureae* (by Liu Xuyun)

彩图 9-50-1 蛴螬为害花生状（郭巍提供）
Colour Figure 9-50-1 Symptoms of peanut caused by grubs (by Guo Wei)

彩图 9-51-1 蚜虫为害花生状（李瑞军提供）
Colour Figure 9-51-1 Symptoms of peanut caused by *Aphis craccivora* (by Li Ruijun)

彩图 9-52-1 金针虫为害花生状（李瑞军提供）
Colour Figure 9-52-1 Symptoms of peanut caused by clickbeetle (by Li Ruijun)

彩图9-53-1　二斑叶螨为害花生状（廖伯寿提供）
Colour Figure 9-53-1　Symptoms of peanut caused by *Tetranychus urticae*（by Liao Boshou）

彩图9-54-1　端带蓟马为害花生叶片状（廖伯寿提供）
Colour Figure 9-54-1　Symptoms of peanut leaves affected by *Megalurothrips distalis*（by Liao Boshou）

彩图9-55-1　芝麻鬼脸天蛾幼虫食叶为害状（倪云霞提供）
Colour Figure 9-55-1　Foliar damage to sesame by *Acherontia styx* (by Ni Yunxia)

彩图9-55-2　芝麻鬼脸天蛾（1和2. 引自Tzi等，2011；3和4. 倪云霞提供）
Colour Figure 9-55-2　*Acherontia styx* in sesame
(1 and 2. from Tzi et al., 2011; 3 and 4. by Ni Yunxia)
1. 成虫　2. 蛹　3. 褐色型幼虫　4. 绿色型幼虫

彩图9-56-1　芝麻上的甜菜夜蛾为害状（1）和幼虫（2）（倪云霞提供）
Colour Figure 9-56-1　Damage (1) and larva (2) of *Spodoptera exigua* in sesame plant (by Ni Yunxia)

彩图9-57-1　蚜虫为害芝麻叶片形成的煤污斑（倪云霞提供）
Colour Figure 9-57-1　Black spots on sesame leaf by *Myzus persicae* (by Ni Yunxia)

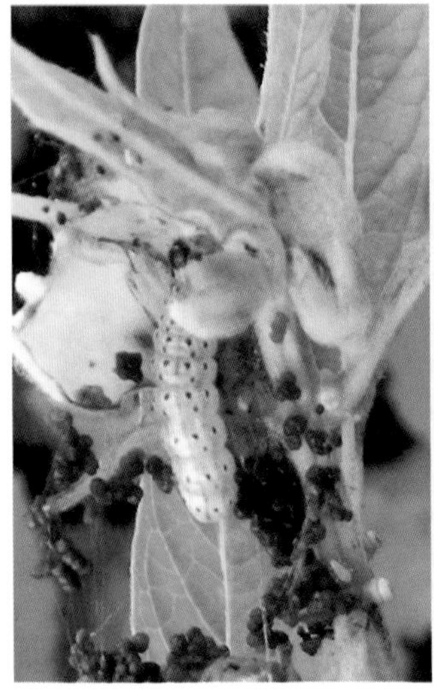
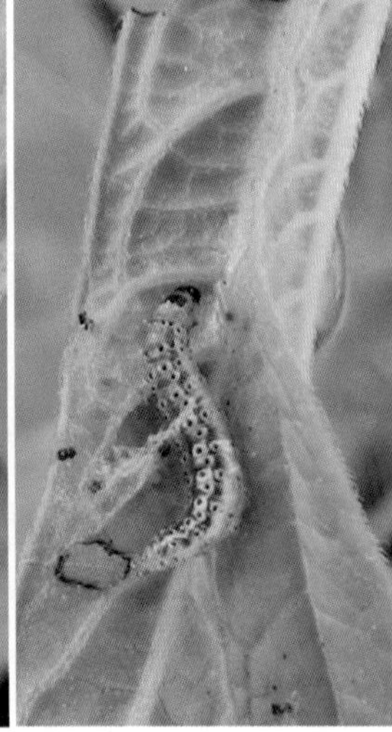
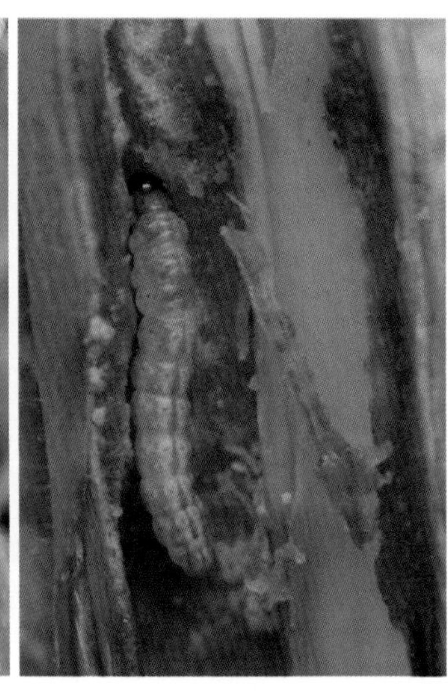

彩图9-58-1 芝麻荚野螟幼虫及其为害状（刘红彦提供）
Colour Figure 9-58-1 Larvae of *Antigastra catalaunalis* and the damage to sesame (by Liu Hongyan)

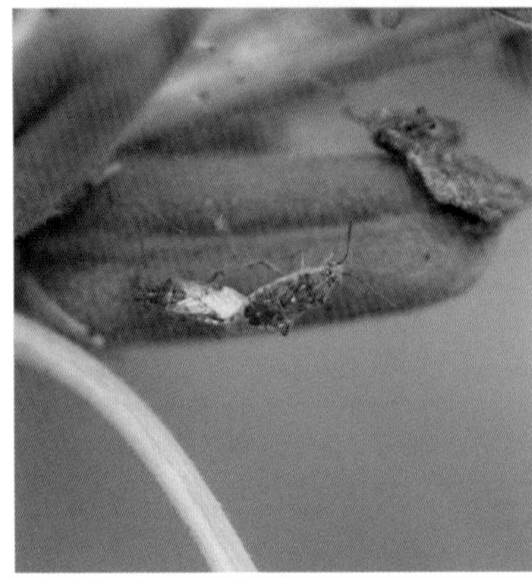

彩图9-59-1 烟盲蝽成虫及其为害状（任应党提供）
Colour Figure 9-59-1 Adults of *Nesidiocoris tenuis* and the damage to sesame (by Ren Yingdang)

彩图9-60-1 向日葵螟为害状（白全江提供）
Colour Figure 9-60-1 Damage to sunflower caused by *Homoeosoma nebulella* (by Bai Quanjiang)

彩图9-60-2 向日葵螟成虫（1）和幼虫（2）（白全江和云晓鹏提供）
Colour Figure 9-60-2 Adult (1) and larvae (2) of *Homoeosoma nebulella* (by Bai Quanjiang and Yun Xiaopeng)

彩图9-61-1 为害胡麻的蚜虫（安维太提供）
Colour Figure 9-61-1 *Yamaphis yamana* feeding line (by An Weitai)

索 引

病原学名索引

E

F

G

H

L

M

N

O

P

R

S

T

U

V

W

X

害虫学名索引

A

B

C

D

E

F

G

H

L

M

N

O

P

R

S

T

U

X

Y

Z